Löffler/Petrides Biochemie und Pathobiochemie

Springer Nature More Media App

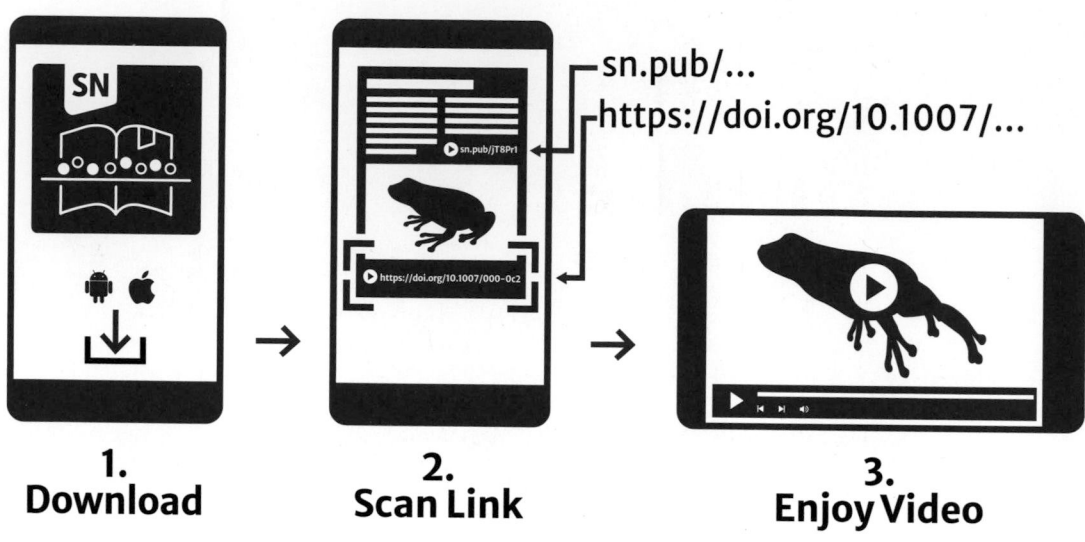

sn.pub/...
https://doi.org/10.1007/...

1.
Download

2.
Scan Link

3.
Enjoy Video

Support: customerservice@springernature.com

Peter C. Heinrich · Matthias Müller
Lutz Graeve · Hans-Georg Koch
Hrsg.

Löffler/Petrides Biochemie und Pathobiochemie

10., vollständig überarbeitete Auflage

 Springer

Hrsg.
Prof. Dr. Peter C. Heinrich
Freiburg, Deutschland

Prof. Dr. Matthias Müller
Freiburg, Deutschland

Prof. Dr. Lutz Graeve
Stuttgart, Deutschland

Prof. Dr. Hans-Georg Koch
Freiburg, Deutschland

Die Online-Version des Buches enthält digitales Zusatzmaterial, das durch ein Play-Symbol gekennzeichnet ist. Die Dateien können von Lesern des gedruckten Buches mittels der kostenlosen Springer Nature „More Media" App angesehen werden. Die App ist in den relevanten App-Stores erhältlich und ermöglicht es, das entsprechend gekennzeichnete Zusatzmaterial mit einem mobilen Endgerät zu öffnen.

ISBN 978-3-662-60265-2   ISBN 978-3-662-60266-9   (eBook)
https://doi.org/10.1007/978-3-662-60266-9

Die Deutsche Nationalbibliothek verzeichnet diese Publikation in der Deutschen Nationalbibliografie; detaillierte bibliografische Daten sind im Internet über http://dnb.d-nb.de abrufbar.

Fotonachweis Umschlag: Cryo-EM 3D-Struktur der mitochondrialen ATP-Synthase, © Werner Kühlbrandt, Max-Planck-Institut für Biophysik, Frankfurt. Molekulare Organisation der mitochondrialen Innenmembran. Die Strukturen der beiden größten energieumwandelnden Membrankomplexe in Mitochondrien, F_1-F_o ATP-Synthase-Dimere aus Polytomella sp. (PDB 6RD4, Murphy, Klusch et al, Science 2019) und Komplex I aus Yarrowia lipolytica (PDB 6GCS, Parey et al, Sci Adv. 2019) wurden mittels Elektronen-Kryo-Mikroskopie (Cryo-EM) bestimmt. Dreidimensionale Dichtekarten hoher Auflösung sind nach Protein-Untereinheiten eingefärbt. ATP-Synthase-Dimere bilden lange Doppelreihen, die eine hohe lokale Krümmung der Membran bewirken, was zur Bildung der mitochondrialen Cristae führt. Komplex I und andere Atmungskettenkomplexe besetzen die flachen Membranregionen auf beiden Seiten der Dimerreihen. Komplex I ist eine redoxgetriebene Protonenpumpe (rote gestrichelte Pfeile) und erzeugt den größten Teil des Protonengradienten über die innere Membran. Protonen (rote Punkte) fließen durch Kanäle im F_o-Subkomplex der ATP-Synthase vom Lumen der Cristae (~pH 7,2) zur mitochondrialen Matrix (pH 8) und treiben den Rotor (gelb) in der Membran an. Das durch den elektrochemischen Gradienten erzeugte Drehmoment wird über eine zentrale Achse (blau) auf den katalytischen F_1-Subkomplex (grün) übertragen, wo durch Rotationskatalyse aus ADP und Phosphat ATP entsteht.

Planung: Christine Ströhla;
Idee für die Umschlagsabbildung: PC Heinrich
Springer ist ein Imprint der eingetragenen Gesellschaft Springer-Verlag GmbH, DE und ist ein Teil von Springer Nature.
Die Anschrift der Gesellschaft ist: Heidelberger Platz 3, 14197 Berlin, Germany

Das Layout

32 Porphyrine – Synthese und Abbau

Matthias Müller, Hubert E. Blum und Petro E. Petrides

Einleitung:
Kurzer Einstieg ins Thema

32

Zahlreiche farbige Abbildungen veranschaulichen komplexe Zusammenhänge.

Schwerpunkte:
Der schnelle Überblick über das Kapitel

Roter Faden:
Zusammenfassende Kernaussagen

Porphyrine bestehen aus vier z. T. unterschiedlich substituierten Pyrrolringen, die über Methinbrücken miteinander verknüpft sind. Das wichtigste Porphyrin für den tierischen Organismus ist das eisenhaltige Häm, das Bestandteil des Hämoglobins und vieler anderer Häm-Proteine ist. Ausgehend von Glycin und Succinyl-CoA findet die Häm-Synthese in allen Zellen statt, wobei sie in erythroiden und nicht-erythroiden Geweben unterschiedlich reguliert wird.

Schwerpunkte

32.1 Die Bildung von Häm
- Biosynthese von Häm aus Glycin und Succinyl-CoA
- Regulation der Häm-Biosynthese in erythroiden und nicht-erythroiden Geweben

32.2 Abbau und Ausscheidung von Häm
- Abbau von Häm zu Bilirubin und Metabolisierung in der Leber

32.3 Pathobiochemie des Porphyrinstoffwechsels
- Porphyrien und Ikterus

32.1 Die Bildung von Häm

32.1.1 Eigenschaften von Häm

❯ Häm gehört zur Gruppe der Tetrapyrrole.

Auf den ersten Blick hat Häm eine komplizierte Struktur, in der sich jedoch definierte Komponenten ausmachen lassen (◧ Abb. 32.1). Grundbausteine sind die vier **Pyrrolringe A-D** (*hellgelb*). Damit gehört Häm zur Gruppe der **Tetrapyrrole**. Andere Tetrapyrrolverbindungen sind z. B. Cobalamin (Vitamin B12; ▶ Abschn. 59.9) oder die pflanzlichen Chlorophylle. Synthetisiert werden diese komplexen Verbindungen aus einem gemeinsamen Vorläufermolekül, der δ-Aminolävulinsäure (s. u.).

2 × δ-Aminolävulinat (δ-ALA)   Porphobilinogen (PBG)

δ-ALA-Dehydratase (Porphobilinogen-Synthase)

◧ **Abb. 32.3** **Synthese von Porphobilinogen aus δ-ALA.** Die Pfeile geben die nacheinander erfolgenden nucleophilen Angriffe an, die zur Quervernetzung der beiden δ-ALA-Moleküle führen. Die Farbgebung der rechten Struktur entspricht der von Abb. 32.1 und 32.4

Übrigens

Die Rezeptoren des Geruchssinns. Der Mensch kann etwa 10.000 Gerüche unterscheiden. Wie Duftstoffe erkannt werden, wurde 1991 von Linda B. Buck und Richard Axel an der Columbia Universität in New York aufgeklärt. Es wurde schon lange vermutet, dass Duftstoffe von Rezeptoren gebunden werden. Einige Befunde deuteten darauf hin, dass es sich dabei um G-Protein-gekoppelte Rezeptoren (GPCR) handeln könnte. Mithilfe der Polymerase-Kettenreaktion

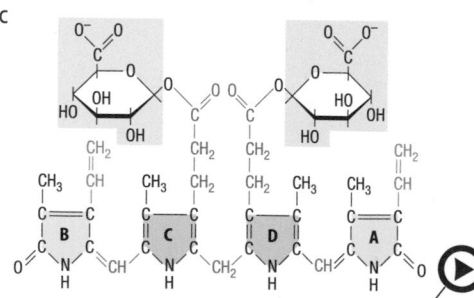

◧ **Abb. 32.7** (Video 32.4) **Indirektes und direktes Bilirubin.** A Die beiden Dipyrrolhälften (B, C und D, A) von Bilirubin sind um die zentrale Methylengruppe frei drehbar (*Pfeil*). Die beiden Propionylgruppen (blau) liegen im Blut überwiegend in nicht-dissoziierter

Übrigens:
Interessante Zusatzinfos zum Vertiefen und zum Schmökern

Zu 375 Abbildungen gibt es Videos, die Sie mit der MoreMediaApp streamen können.

Pathobiochemie:
Erklärt die biochemischen
Grundlagen von Krankheiten

32.3 Pathobiochemie des Porphyrinstoffwechsels

32.3.1 Defekte der Häm-Bildung

Störungen der Häm-Biosynthese führen zu den Krankheitsbildern der sideroblastischen Anämie und der primären (genetisch bedingten) Porphyrien. Bei sekundären Porphyrien handelt es sich um erworbene Porphyrien.

> Sideroblastische Anämie resultiert aus einem Defekt der δ-ALA-Synthase 2.

Diese Anämie ist bedingt durch einen Funktionsverlust der δ-ALA-Synthase 2 der erythroiden Zellen des Knochenmarks, aus dem eine verminderte Biosynthese von Protoporphyrin IX und eine Eisenanreicherung in den Mitochondrien von Erythroblasten resultiert. Inzwischen sind über 20 verschiedene Genmutationen identifiziert worden. Eine davon führt zu einer verminderten Bindung von Pyridoxalphosphat als essenziellem Cofaktor (□ Abb. 32.2) an die δ-ALA-Synthase 2. Therapie ist deswegen ein hohes orales Angebot an Vitamin B_6, um den Defekt zu kompensieren.

Weiterführende Literatur

Axarli A, Ridgen DJ, Labrou NE (2004) Characterization of the ligandin site of maize glutathione S-transferaseI. Biochem J 382:885–893

Bonkovsky HL, Guo JT, Hou W, Li t NT, Thapar M (2013) Prophyrin and heme metabolism and the porphyrias. Compr Physiol 3:365–401

Brockmann H, Knobloch G, Plieninger H, Ehl K, Ruppert J, Moscowitz A, Watson CJ (1971) The absolute configuration of natural (–) stercobilin and other urobilinoid compounds. Proc Natl Acad Sci U S A 68:2141–2144

Dailey TA, Woodruff JH, Dailey HA (2005) Examination of mitochondrial targeting of haem synthetic enzymes: in vivo identification of three functional haem-responsive motifs in 5-aminolaevulinate synthase. Biochem J 386:381–386

De Montellano PRO (2000) The mechanism of hemeoxygenase. Curr Opin Chem Biol 4:221–227

Kolluri S, Sadlon TJ, May BK, Bonkoyski HL (2005) Haem repression of the housekeeping 5-aminolaevulinic acid synthase gene in the hepatoma cell line LMH. Biochem J 392:173–180

Weiterführende
Literatur **zum
Vertiefen**

A. Amylose

B. Amylopectin Glycogen

Wichtige Formeln
sind im Kapitel
Übersichtstafeln
(Kap. 3.5)
zusammengestellt

Zusammenfassung
Angeborene Enzymdefekte in der Reaktionsabfolge der Häm-Synthese führen zur Akkumulation von Häm-Vorstufen, die zum Teil schwere und komplexe Krankheitsbilder hervorrufen (Porphyrien). Die Symptomatik reicht von akuten Abdominalbeschwerden über neuropsychiatrische Störungen bis zur Photosensibilisierung der Haut aufgrund der lichtabsorbierenden Eigenschaften der Porphyrin-Intermediate.

Zusammenfassung:
Das Wichtigste zum
Kapitel in Kürze

Geleitwort

- **„70 Jahre molekulare Medizin – wohin führt der Weg?"**

45 Jahre Lehrbuch *Biochemie und Pathobiochemie* geben Anlass zu einem Rückblick über die Entwicklung einer molekular orientierten Medizin im letzten halben Jahrhundert. In der Einleitung zur 1. Auflage im Jahre 1975 war zu lesen, dass „biochemisches Wissen und Methodik Eingang in nahezu alle Fachgebiete der Medizin gefunden hatten". Dies war das Ergebnis einer Entwicklung, die 30 Jahre zuvor begonnen hatte, als im Frühjahr 1945 nachts auf dem Weg von Denver nach Chicago William Castle, Hämatologe in Boston, und Linus Pauling, Chemiker, damals in Pasadena, über die Wechselwirkung von Antikörpern mit den zugehörigen Antigenen ins Gespräch kamen. In diesem Zusammenhang erwähnte Castle, dass bei der vererbbaren Sichelzellanämie die Erythrozyten bei Sauerstoffabgabe eine Sichelform ausbilden und dabei im polarisierten Licht eine Doppelbrechung zeigen. Dies sprach für eine molekulare Umordnung des Hämoglobins als Träger des Sauerstoffmoleküls.

Sichelzellen und die Sichelzellkrankheit waren zwar schon im Jahre 1910 von James Herrick, einem **praktischen Arzt** mit wissenschaftlichen Interessen in Chicago, erstmalig beschrieben worden. Aber erst im Jahre 1946 begann Paulings Arbeitsgruppe mit der Untersuchung des Hämoglobins von Patienten mit Sichelzellanämie. Für eine Beteiligung des Hämoglobins an dem pathologischen Geschehen sprach, dass Erythrozyten, aus denen das Hämoglobin entfernt worden war, bei Entzug von Sauerstoff die Sichelzellform nicht mehr ausbildeten. Im Sommer 1948 entdeckten die Forscher, dass Hämoglobin aus Sichelzellen bei der Elektrophorese eine veränderte Mobilität aufwies. Die Untersuchungen ergaben weiterhin, dass viele Individuen sowohl normales wie verändertes Hämoglobin enthielten. Sie waren offensichtlich heterozygot für die vermutete Mutation, hatten also ein normales und ein mutiertes Gen. Diese Ergebnisse, die 1949 in einem klassisch gewordenen Artikel veröffentlicht wurden, offenbarten eine direkte Verbindung zwischen der Existenz veränderter Hämoglobin-Moleküle und den entstehenden pathologischen Phänomenen. Mit dieser Schlussfolgerung wurde das Konzept der *molekularen Krankheit* in die Medizin eingeführt.

In den 50er-Jahren gelang es in Cambridge (UK) erstmals dem Biochemiker Frederick Sanger, eine exakte Aminosäure-Sequenz eines Polypeptids, nämlich der A- und der B-Kette des Insulins, zu bestimmen. Damit war der Grundstein für die molekulare Analyse von Peptiden und später von Proteinen anhand ihrer Sequenz gelegt. Im Jahre 1953 publizierten James Watson und Francis Crick ihr bahnbrechendes Modell der Doppelhelix der DNA und lieferten damit eine Erklärung des Mechanismus der Kopierung dieser Erbsubstanz.

Mit der Entwicklung der Technik der Sequenzierung wurde auch die Ermittlung der Primärstruktur des mutierten Sichelzell-Hämoglobins im Jahre 1957 möglich.

Die auf diese Pionierarbeiten folgenden zwei Jahrzehnte führten zu einem vertieften Verständnis des Stoffwechsels von Zellen und Geweben auf dem eingeschlagenen methodischen Weg der molekularen Analyse. Der Fortschritt war jedoch trotz allem eine „Schnecke". Noch 1975, als die 1. Auflage des vorliegenden Lehrbuches erschien, hieß es, dass es „aufgrund der Größe und monotonen Sequenz der DNA noch nicht gelungen sei, die Basensequenz einzelner Gene zu bestimmen".

Vier Jahre später, in der 2. Auflage (1978), wurden die ersten neu entwickelten Sequenzierungsmethoden von Frederick Sanger und Alan Coulson bzw. Alan Maxam und Walter Gilbert (Boston) besprochen (Erste Generation-Sequenzierung). Es waren erstaunliche Verfahren, die sich den Mechanismus der Synthese von DNA mit genauer Einhaltung der Nukleotidsequenz einer Vorlage zunutze machten, wie sie überall in der Natur stattfindet (katalysiert vom Enzym DNA-Polymerase). Der geniale Trick, der die Ablesung der gesuchten Sequenz durch Neusynthese ermöglichte, bestand darin, dass die neugebildeten Moleküle eine physikalisch nachweisbare Markierung trugen (radioaktiv, später mit fluoreszierenden Farbstoffmolekülen). Dieses hochspezifische

Verfahren wurde immer weiter ausgebaut, vervollkommnet und miniaturisiert. Weitere 20 Jahre später, fast zeitgleich mit der Jahrhundertwende, wurde die komplette Sequenz des menschlichen Genoms in weltweit zugänglichen Datenbanken eingespeichert.

Scit der letzten Auflage dieses Lehrbuches im Jahre 2014 hat sich diese Entwicklung weiter beschleunigt. Es blieb nicht bei der Ermittlung der Sequenz eines einzigen typisch menschlichen Genoms. Vielmehr wurde es zunehmend möglich, die Unterschiede festzustellen, die der Genomtext zwischen einzelnen Individuen aufweist. Hatte die Ermittlung der ersten, sogenannten Referenz-Sequenz noch Jahrzehnte internationaler kooperativer Forschung und den Einsatz von mehr als einer Milliarde Dollar erfordert, so machte bereits 10 Jahre danach die Ankündigung eines „1000 Dollar Genoms" die Runde. Gegenwärtig ist es möglich, die individuelle Sequenz der DNA eines Menschen (mit rund 3 Milliarden Basenpaaren) innerhalb von wenigen Tagen zu ermitteln. Beschränkt man die Sequenzierung auf die besonders wichtigen ca. 180.000 Abschnitte (Exons), die die ca. 23.000 Codes für die menschlichen Proteine enthalten (insgesamt als Exom bezeichnet), dann fallen Kosten von nur noch etwa 2000 Euro an.

Diese technische Revolution beruht auf der Methode der massiv parallelen Durchführung der für die Sequenzermittlung von Biomakromolekülen erforderlichen enzymatisch katalysierten Synthesevorgänge. Mithilfe der Methoden der sogenannten „Nächste Generation Sequenzierung" können heute nicht nur vererbte Mutationen im gesamten Genom des individuellen Menschen ermittelt werden, sondern auch die „somatischen" Mutationen, die im Laufe des Lebens entstehen und sich in den Zellen und Geweben ansammeln und eine noch weitgehend ungeklärte Rolle bei nahezu allen Krankheits- und Alterungsprozessen spielen.

Der enorme Fortschritt der Leistungsfähigkeit der massiv parallelen Sequenzierung von DNA-Molekülen ermöglicht es darüber hinaus, die Genomik (Analyse des Genoms eines Zelltyps, Gewebes oder Organismus) durch die Epigenomik (Analyse der konkreten Ablesung, Transkription, genomischer DNA in RNA in einem Zelltyp, Gewebe, Organ usw.) zu ergänzen.

Heute ist es möglich, das Transkriptionsmuster („Transkriptom") sogar einer einzelnen Zelle in ihrem normalen oder pathologisch entarteten Funktionszustand zu bestimmen. Darüber hinaus zeichnet sich die möglichst vollständige räumliche und zeitliche Analyse des Transkriptoms von einzelnen Zellen oder von Zellverbänden ab. Dies ermöglicht ein detailliertes Studium der Dynamik eines normalen oder pathologisch entartenden Differenzierungsvorganges eines Gewebes.

Für die Medizin bedeutet diese Entwicklung, dass vor allem von denjenigen normalen oder krankhaften Prozessen, bei denen weniger die Struktur und auch nicht der Stoffwechsel der Zelle im Vordergrund stehen, sondern vielmehr das digital kodierte Regulationsnetzwerk, ein entscheidender Erkenntnisfortschritt zu erwarten ist. Dies lässt sich für alle immunologisch relevanten Prozesse erwarten, vor allem jedoch für die Entstehung, Pathogenese, Feindiagnostik und die rational fundierte medikamentöse Therapie onkologischer Krankheiten.

Diese Entwicklung hat die Medikamentenentwicklung in der Krebsmedizin und vielen anderen Fachgebieten der Medizin revolutioniert. Heute kann man die intrazellulären Stoffwechselwege von menschlichen Tumoren molekular analysieren und die auftretenden Mutationen nachweisen. Anschließend werden neu entwickelte Medikamente eingesetzt, die im Idealfall spezifisch auf die mutierten Proteine wirken. Die Untersuchung menschlichen Tumorgewebes hat damit zur „personalisierten Medizin" geführt. Die Therapie ist auf die konkreten molekularen Defekte bestimmter „Tumorgene" des einzelnen Patienten ausgerichtet. Nur dadurch ist eine wirklich wirksame Therapie möglich geworden. Kritische Autoren sprechen dagegen von einer Stratifizierung zur Vermeidung von Ineffektivität, d. h., bestimmte Therapien werden nicht verabreicht, wenn die molekularen Voraussetzungen nicht vorliegen.

Heute ist eine reduktionistische Entwicklung zu beobachten, die die Tumorerkrankung auf die Charakterisierung einiger weniger Tumorgene reduzieren möchte. Holistische Ansätze dagegen versuchen, durch die Untersuchung möglichst vieler Parameter (z. B. des Proteoms = Gesamtanalyse des Proteinspektrums einer Zelle oder eines Gewebes) tiefgreifende Unterschiede zu identifizieren, die für die Krankheitsentstehung von entscheidender Bedeutung sind.

Wir stehen damit vor einer Entwicklung, die in Zukunft für den einzelnen Menschen, wenn es medizinisch angezeigt ist, innerhalb kurzer Zeit und zu erträglichen Kosten die Ablesung sowohl des individuellen Genoms (zur Erkennung seiner Besonderheiten, Mutationen usw.) ebenso wie das Ablesungsmuster (als Transkriptom oder Proteom) einzelner Gewebe und Organe ermittelt werden kann. Da nahezu alle manifesten Krankheiten durch die Wechselwirkung der genetisch bestimmten Konstitution mit den Umweltbedingungen, der Lebensweise und der Einwirkung von schädlichen Noxen entstehen, wird sich die Medizin nicht mehr auf „den Fall", also die Einordnung des Menschen in ein Kollektiv mit derselben Diagnose richten, sondern auf die individuelle Spezifik der „informatischen Biographie" des Individuums.

Es sind allerdings auch ernst zu nehmende Bedenken formuliert worden, dass eine derart vollständige molekulare Beschreibung den Menschen auf seine biologische Verfassung reduzieren und damit zahlreiche ursächlich wirkende soziale und ethnisch-kulturelle Faktoren beim Patienten ausblenden könnte.

Damit ist in den 70 Jahren seit der Erstbeschreibung einer molekularen Erkrankung bis zum heutigen Tage eine sich zuletzt abrupt beschleunigende Entwicklung abgelaufen. Sie mündet in die Erkennung der molekularen Grundlagen unserer persönlichen Individualität und der damit verbundenen individuellen Ausprägung von Krankheiten. So erfreulich diese Entwicklung aus naturwissenschaftlicher Perspektive auch ist, darf sie uns den Blick auf die mitlaufenden Risiken einer hochgradig technifizierten zellbiologisch-genetischen Medizin nicht verstellen.

Es ist ein besonderes Privileg, diese eindrucksvolle Entwicklung der modernen Biochemie (Zell- und Molekularbiologie) mit ihrer Bedeutung für die klinische Medizin über die vergangenen 45 Jahre einem großen Leserkreis vermittelt haben zu dürfen.

■ **Petro E. Petrides und Jens Reich**

Prof. Dr. med. Petro E. Petrides, Arzt und Biochemiker, hat vor mehr als 45 Jahren die Gründung dieses Lehrbuches angeregt und mitherausgegeben. Er hat an verschiedenen Universitäten des In- und Auslandes (Ludwigs-Universität-München, Salk-Institut La Jolla, und Stanford-Universität, Palo Alto, Kalifornien, Charité Humboldt Universität Berlin) gearbeitet. An der aktuellen Auflage beteiligt er sich noch mit einzelnen Kapiteln. Er ist in eigener Praxis als Arzt, Dozent und Forscher an der LMU München (Hämatologie/Onkologie) tätig.

Prof. Dr. med. Jens Reich hat die Weiterentwicklung des Lehrbuches von Anfang an mit Interesse beobachtet und mit kritischen Anmerkungen befruchtet. Er hatte den Lehrstuhl für Bioinformatik am Max Delbrück Centrum für Molekulare Medizin an der Humboldt-Universität – Charité in Berlin inne und war von 2001 bis 2012 Mitglied des Deutschen (vormals Nationalen) Ethikrates.

Vorwort zur 10. Auflage

Gegenstand der Biochemie ist die Aufklärung der molekularen Grundlagen des Lebens. Insbesondere aufgrund einer Vielzahl moderner Techniken und Forschungsansätze hat die Biochemie sehr stark ihre Nachbardisziplinen, wie die Zellbiologie, Molekularbiologie, Genetik, Entwicklungsbiologie, Physiologie, Pharmakologie, aber auch die klinische Medizin geprägt. Die Biochemie hat sich aber wegen ihrer Ausrichtung auf das molekulare Verständnis physiologischer Prozesse, wie z. B. der Stoffwechselvorgänge, stets ihre Individualität erhalten.

Seit der 1. Auflage im Jahre 1975 hat sich das Lehrbuch „Biochemie und Pathobiochemie" bis zur 10. Auflage 2022 entwickelt. Es ist zu einem Standard- und Referenzwerk in der vorklinischen Ausbildung der Medizin-Studierenden geworden, weil im Lehrbuch die Biochemie/Molekularbiologie stark mit Klinik und Erkrankungen vernetzt ist. Die Biochemie und besonders die Molekularbiologie sind noch immer sehr stark expandierende Forschungsgebiete und liefern entscheidende Grundlagen für Medizin und Ernährung.

Mit der 10. Auflage hat sich das Herausgeber-Gremium leicht verändert. Als neuen Herausgeber-Kollegen konnten wir Herrn Hans-Georg Koch gewinnen. Er verfügt über jahrelange Erfahrung in der akademischen Lehre und Lehrorganisation für Medizin-Studierende in der Vorklinik am Institut für Biochemie und Molekularbiologie der Universität Freiburg.

Die Herausgeber und Kapitel-Autoren haben in der 10. Auflage wichtige neue Befunde aus der biochemischen und molekularbiologischen Grundlagenforschung, die von klinischer Relevanz sind, mit der Pathobiochemie verknüpft, besonders dann, wenn es um neue Therapie-Möglichkeiten geht. Dies ist in eigenen Pathobiochemie-Kapiteln oder unabhängigen Abschnitten am Schluss der einzelnen Kapitel zu finden. Damit bekommen Medizin-Studierende auch eine Antwort auf ihre ständige Frage „Wozu muss ich die riesige Stoffmenge an detaillierten molekularen Mechanismen und Strukturen wissen?".

Die Struktur der 9. Auflage hat sich bewährt und wurde für die 10. Auflage beibehalten:

I Grundlagen der Biochemie und Molekularen Zellbiologie
II Zellulärer Metabolismus
III Zelluläre Kommunikation
IV Molekularbiologie
V Funktionelle Biochemie der Organe

■ Was ist neu in der 10. Auflage?

Seit der letzten Auflage sind mehrere Millionen wissenschaftliche Arbeiten zu Themen unseres Lehrbuchs publiziert worden. Es ist daher eine Herausforderung für Wissenschaftler, aber auch für Lehrbuch-Autoren, diese exorbitante Menge an Informationen in einer aktuellen, verständlichen Form den Lesern darzustellen. Die riesige Flut der publizierten Forschungsergebnisse zwingt die Lehrbuch-Autoren nur sehr wenige Literaturstellen zu den verschiedenen Themen aufzuführen. In der neuen Auflage befinden sich Literaturlisten am Schluss eines jeden Kapitels.

Hilfe für das Verständnis komplexer Abbildungen finden unsere Leser in über 375 animierten und 12 vertonten Abbildungen. Diese sind über einen *play button* in den Abbildungen und mit der „Springer More Media App" zugänglich.

Vier Kapitel sind völlig neu geschrieben: die zwei Tumorkapitel ▶ 52 „Prinzipien der zellulären Tumorgenese und -progression" und ▶ 53 „Das Tumorstroma", ▶ Kap. 60 „Spurenelemente", sowie das ▶ Kap. 73 „Haut".

Im Folgenden eine Auswahl der wichtigsten Aktualisierungen und Verbesserungen in bereits bestehenden Kapiteln:

— Im ▶ Kap. 2 „Vom Molekül zum Organismus" gibt es einen neuen Beitrag zu „Darwins Evolutionstheorie" (Übrigens).
— Die Darstellung der thermodynamischen Sachverhalte im ▶ Kap. 4 „Bioenergetik" wurde umfassend optimiert und durch anschauliche Beispiele ergänzt.
— Neu aufgenommen in das ▶ Kap. 6 „Proteinanalytik" wurden Untersuchungsmethoden von Protein-Protein- bzw. Protein-Liganden-Wechselwirkungen (FRET, SPR, ITC, *cross-linking* u. a.) sowie die Kryoelektronenmikroskopie.
— ▶ Kap. 9 wurde durch einen Abschnitt über Enzymdesign ergänzt.
— In ▶ Kap. 10 „Nucleinsäuren – Struktur und Funktion" sind neue Befunde zur Topologie von Nukleinsäuren, zu *long non-coding* RNAs als Regulatoren der Genexpression, zum Aufbau des menschlichen Genoms und zu epigenetischen Aspekten der Vererbung aufgenommen worden.
— Das ▶ Kap. 14 „Glucose" enthält neben neuen Daten zu den Hexokinase-Isoenzymen eine aktualisierte Darstellung der anaeroben Glycolyse und des Warburg-Effektes.
— Aktualisierte Informationen zu den GLUT-Isoformen sowie zur transkriptionellen und allosterischen Regulation von Glycolyse und Gluconeogenese finden sich in ▶ Kap. 15 „Mechanismen der Glucosehomöostase".
— Die Struktur von ▶ Kap. 16 „Zucker" wurde erneuert und um den Hexosamin-Biosyntheseweg ergänzt.
— Neu im ▶ Kap. 17 „Pathobiochemie des Kohlenhydratstoffwechsels" ist die Bedeutung von Fructose für die Entstehung des Metabolischen Syndroms.
— In ▶ Kap. 23 wird die *de novo*-Cholesterin-Biosynthese verbessert dargestellt. Eine neue Übersicht beschreibt die Regulation der Cholesterin Biosynthese.
— ▶ Kap. 24 „Lipoproteine – Transportformen der Lipide im Blut" wurde mit dem molekularen Mechanismus der Lipoprotein-Lipase erweitert.
— Die Beschreibung des Aminosäurestoffwechsels in ▶ Kap. 27 wurde um die Regulation durch Sirtuine ergänzt und die Beteiligung des Glutaminstoffwechsels der Niere an der Kompensation einer metabolischen Acidose aktualisiert dargestellt.
— Das ▶ Kap. 28 „Pathobiochemie des Aminosäurestoffwechsels" erhielt einen neuen Abschnitt über den Aminosäurestoffwechsel von Tumorzellen mit dem Zusammenspiel von Folat- und Methionin-Zyklus.
— Neue Informationen zu den Interferonen und Chemokinen (3D-Struktur des Chemokins CXCL8, früher Interleukin-8) wurden in das ▶ Kap. 34 aufgenommen.
— Im ▶ Kap. 35 „Rezeptoren und ihre Signaltransduktion" werden die neu entdeckten Janus-Kinase- und STAT-Mutanten und ihre pathophysiologischen Konsequenzen präsentiert.
— Im überarbeiteten ▶ Kap. 36 „Insulin" wurde die noch immer sehr komplexe Insulin-Signaltransduktion aktualisiert und der Link Fettleber – Diabetes Typ-II dargestellt.
— Im ▶ Kap. 38 „Integration und hormonelle Regulation des Energiestoffwechsels" wurde u. a. der Signaltransduktions-Mechanismus von Leptin aufgenommen.
— In ▶ Kap. 47 „Regulation der Transkription – Aktivierung und Inaktivierung der Genexpression" wird die besondere Bedeutung epigenetischer Faktoren für die Steuerung der Genexpression hervorgehoben.
— ▶ Kap. 48 „Translation – Synthese von Proteinen" wurde im Hinblick auf den molekularen Mechanismus der Translations-Termination, dem Pausieren von Ribosomen und der ribosomalen Qualitätskontrolle aktualisiert.
— Im ▶ Kap. 49 „Proteine – Transport, Modifikation und Faltung" wurde die Darstellung von N- und O-Glycosylierung von Proteinen aktualisiert und Proteinmodifikationen wie Lysin-Acylierung, Methylierung, S-Nitrosylierung und Citrullinierung neu aufgenommen.
— Der Apoptose im ▶ Kap. 51 werden Nekroptose, Ferroptose, Pyroptose und Entosis gegenübergestellt.
— Die beiden Tumorkapitel ▶ 52 und ▶ 53 wurden von Grund auf neu konzipiert und aktuelle Forschungsergebnisse und innovative Therapieansätze einbezogen.

- Zu wichtigen neuen Befunden zählen auch neue Methoden, wie die *new generation*-Sequenzierung im ▶ Kap. 54 „Gentechnik" und das CRISPR/Cas-System zur Entfernung oder zum Einfügen von Genen im ▶ Kap. 55 „Gentechnik in höheren Organismen – Transgene Tiere und Gentherapie" sowie Techniken zum Studium der Funktionen neuer RNAs.
- Im ▶ Kap. 60 „Spurenelemente" ist der Abschnitt über Eisen völlig neu verfasst. Bei den restlichen Spurenelementen wurde auf die ausführlicheren Darstellungen aus der A8 zurückgegriffen und diese aktualisiert.
- Das derzeit immer mehr beachtete Mikrobiom wurde in das ▶ Kap. 61 „Gastrointestinaltrakt" aufgenommen.
- Die Organ-Kapitel, ▶ Kap. 63, 64, 65, und 66 sind biochemisch neu akzentuiert, insbesondere im Hinblick auf die Modulation und Regulation des Querbrückenzyklus im glatten Muskel (▶ Kap. 64), den molekularen Wirkmechanismus des Hypoxie-induzierbaren Faktors HIF (▶ Kap. 65) sowie die Bedeutung von Ammoniak für die H^+-Pufferung (▶ Kap. 27 und 66).
- Das ▶ Kap. 70 „Immunologie" enthält eine Aktualisierung des molekularen Mechanismus der T-Zell-Rezeptor Signaltransduktion, sowie die neue Tumortherapie durch Hemmung der *checkpoint*-Inhibitoren PD-1 und CTLA-4 (Nobelpreis für Medizin an James P. Allison und Tasuku Honjo 2018). Auch werden neuere Immunisierungsstrategien mittels Vector- und mRNA-Impfstoffen beleuchtet, die in der COVID-19 Pandemie weltweit erfolgreich an Milliarden von Menschen verabreicht wurden.
- Im ▶ Kap. 72 „Knorpel und Knochengewebe" ist ein neuer Abschnitt zum molekularen Pathomechanismus der rheumatoiden Arthritis hinzugekommen.

■ **Übrigens**

Die biochemischen Inhalte des Gegenstandskatalogs des Instituts für Medizinische und Pharmazeutische Prüfungsfragen (IMPP) von 2014 werden mit der vorliegenden 10. Auflage des Lehrbuchs „Biochemie und Pathobiochemie" umfassend abgedeckt. Die Benutzung unseres Lehrbuchs wird die Studierenden der Medizin in die Lage versetzen, den 1. Abschnitt der ärztlichen Prüfung erfolgreich zu bestehen.

Das Lehrbuch „Biochemie und Pathobiochemie" ist auf ein molekulares Verständnis pathobiochemischer Zusammenhänge als Grundlage und Vorbereitung für die ärztliche Tätigkeit ausgerichtet. Mit seiner umfassenden Darstellung biochemischer und molekularbiologischer Themen richtet es sich aber auch an Biologen, Biochemiker, Ernährungswissenschaftler, Pharmakologen, Pharmazeuten und Psychologen. Darüber hinaus ist es als eine Orientierungshilfe für die in der Klinik und Praxis tätigen Ärztinnen und Ärzte gedacht.

Ein Buch ist niemals perfekt. Es lebt von der Kritik und den Anregungen seiner Leserinnen und Leser. Wir sind daher – wie in der Vergangenheit – auch künftig dankbar für Kommentare, Korrekturen und Verbesserungsvorschläge.

Unseren Leserinnen und Lesern wünschen wir viel Freude an den spannenden Fächern Biochemie, Molekularbiologie und Pathobiochemie.

Die Herausgeber im Frühjahr 2022

Vorbemerkungen

Reaktionsschemata

Es bedeuten:

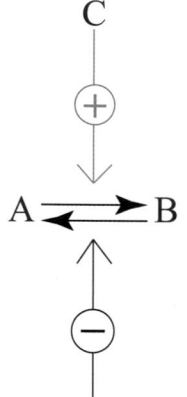

C **reguliert** die Reaktion von A nach B über eine **Aktivierung**;
D **reguliert** die Reaktion von B nach A über eine **Hemmung**.

→   Induktion
➡   Repression

Maßeinheiten

Die IFCC (International Federation for Clinical Chemistry) und die IUPAC (International Union of Pure and Applied Chemistry) haben gemeinsame Empfehlungen zur Vereinheitlichung von Maßeinheiten verabschiedet, die sog. SI-Einheiten (Système International d'Unités). Das Maßsystem basiert auf sieben Grundeinheiten: Meter (m), Kilogramm (kg), Sekunde (s), Ampère (A), Kelvin (K), Mol (mol) und Candela (cd) (◘ Tab. 1).

Die Einheiten für z. B. Volumen, Konzentration, Kraft und Druck werden von diesen Grundeinheiten abgeleitet (◘ Tab. 2).

◘ **Tab. 1**   SI-Basiseinheiten, Namen und Symbole

SI-Basisgröße	Größensymbol	Einheitenzeichen	SI-Einheit	Unübliche Einheiten
Länge	l	m	Meter	. 1 Ångström (Å) = 10^{-10} m = 0,1 nm
Masse	m	kg	Kilogramm	
Zeit	t	s	Sekunde	1 min = 60 s 1 h = 3.600 s 1 d = 86.400 s
Stromstärke	i	A	Ampère	
Temperatur	T	K	Kelvin	Temp. in °C = Temp. in K − 273,2
Stoffmenge 1 mol = 6,022 · 10^{23} Teilchen	n	mol	Mol	
Lichtstärke	l_v	cd	Candela	

◼ **Tab. 2** Abgeleitete Basiseinheiten, Namen und Symbole

Abgeleitete Größe	Symbol	Name der Einheit	Einheit	Definition (in SI-Einheiten)	Unübliche, alte Einheiten
Volumen	V	Liter	l	$10^{-3}\,m^3$	$1\,dm^3 = 1\,l$ $1\,cm^3 = 1\,ml$ $1\,mm^3 = 1\,\mu l$
Konzentration	c	Molarität	M	$mol \cdot l^{-1}$	$1\,mol \cdot m^{-3}$ $= 1\,mmol \cdot l^{-1}$ $1\,mmol \cdot m^{-3}$ $= 1\,\mu mol \cdot l^{-1}$ Angaben in g%, g/100 ml, mg/100 ml sowie mol%, mval/l oder äq/l, mäq/l sollten nicht mehr verwendet werden
Molare Masse, Molmasse Wenn ein Atom $1{,}66 \cdot 10^{-24}\,g$ wiegt, beträgt die Molmasse: $(1{,}66 \cdot 10^{-24})g \cdot (6{,}022 \cdot 10^{23}) = 0{,}999652\,g$		Dalton	Da	$g \cdot mol^{-1}$	Molekulare Masse (M) = Masse (m)/Stoffmenge (n) (früher: Molekulargewicht)
Kraft	F	Newton	N	$kg \cdot m \cdot s^{-2}$	$1\,dyn = 10^{-5}\,N$
Druck	p	Pascal	Pa	$N \cdot m^{-2}$	$1\,bar = 10^5\,Pa$ $= 750\,mm\,Hg$ $1\,mm\,Hg = 133{,}3\,Pa$ $1\,atm = 1{,}0133\,bar$ $1\,Torr = 1{,}3332\,mbar$ $1{,}013 \cdot 10^5\,Pa = 1\,atm$
Energie, Arbeit, Wärmemenge	E, A, Q	Joule	J	$N \cdot m$	1 Kalorie (cal) $= 4{,}1868\,J$ 1 Elektronenvolt (eV) $= 1{,}602 \cdot 10^{-19}\,J$
Frequenz	f	Hertz	Hz	s^{-1}	
Leistung	P	Watt	W	$J \cdot s^{-1} = V \cdot A$	$1\,PS = 735\,W$
Elektrische Ladung	q	Coulomb	C	$A \cdot s$	
Elektrische Spannung	U	Volt	V	$W \cdot A^{-1}$	
Reaktionsgeschwindigkeit	v	–	v	$mol \cdot s^{-1}$	
Katalytische Aktivität		Einheit	U Katal	$\mu mol \cdot min^{-1}$ $mol \cdot s^{-1}$	
Sedimentationskoeffizient		Svedberg	S	$10^{-13}\,s$	
Radioaktivität		Bequerel	Bq	$1\,Zerfall \cdot s^{-1}$	1 Curie (Ci) $= 3{,}7 \cdot 10^{10}\,Bq$

◘ Tab. 3 Häufig verwendete Zehnerpotenzen, Präfixe und Symbole

Dezimale Vielfache u. Teile	Präfix	Symbol	Dezimale Vielfache u. Teile	Präfix	Symbol
10^{15}	Peta-	P	10^{-6}	Mikro-	µ
10^{12}	Tera-	T	10^{-9}	Nano-	n
10^{9}	Giga-	G	10^{-12}	Pico-	p
10^{6}	Mega-	M	10^{-15}	Femto-	f
10^{3}	Kilo-	k	10^{-18}	Atto-	a
10^{-3}	Milli-	m			

Übersichtstafeln

Die Formeln der wichtigsten Kohlenhydrate, Lipide, Aminosäuren und Nucleotide sind im ► Abschn. 3.5 zusammengestellt.

Verweise

Zahlreiche Querverweise sollen den Lesenden das Verständnis einzelner Kapitelthemen auch ohne eine umfassende Kenntnis der im Buch vorausbeschriebenen Sachverhalte ermöglichen.

Übrigens

Wie bereits in der 9. Auflage werden Text und Abbildungen aufgelockert durch sogenannte Übrigens-Boxen, in denen unseren Leserinnen und Lesern in kurzer Form Meilensteine von Entdeckungen – in der Regel mit Nobelpreisen ausgezeichnet – vorgestellt werden. Aber auch Anekdotisches und Wissenswertes ist in den Übrigens-Boxen zu finden.

Animationen

- Von zahlreichen Abbildungen des Lehrbuchs können 375 Videos mit Hilfe eines play buttons und der Springer More Media App heruntergeladen werden.
- Aus 10 Kapiteln sind 12 Videos vertont (s.u.).
- Für Dozenten der Biochemie, der Molekularbiologie, Molekularen Medizin sowie der Life Sciences sind 450 animierte Powerpoint Abbildungen auf der Springer Internetseite zugänglich: „https://link.springer.com/book/10.1007/978-3-642-17972-3" https://link.springer.com/book/10.1007/978-3-662-60266-9

Englische Begriffe

Da für viele Begriffe in der Biochemie/Molekularbiologie keine adäquaten deutschen Übersetzungen geläufig sind, werden sehr oft die englischen Begriffe verwendet, die kursiv gedruckt sind.

Farbklima

— In Abbildungen vorkommende Enzyme sind weitestgehend in hellblauen Kästen mit „runden Ecken" und schwarzer Schrift dargestellt,
— die Plasmamembranen als zwei blaue Linien mit dazwischenliegendem Gelb,
— die Zellkerne violett,
— das endoplasmatische Retikulum (ER) grün,
— der Golgi-Apparat orange,
— die Mitochondrien braun,
— das Cytosol hellblau,
— DNA-Stränge blau und grau,
— RNA-Stränge rot.

Normwertbereiche

Da in diesem Buch bei einigen biologisch-chemischen Größen, wie z. B. bei der Konzentration der Glucose, den Aminosäuren oder Lipiden im Blut, quantitative Angaben gemacht werden, soll kurz einiges zum Begriff des Normbereiches gesagt werden.

Bestimmt man in einem größeren, klinisch nichtkranken Kollektiv z. B. die Blutzuckerkonzentration, so erhält man eine wichtige Größe, den **Mittelwert**, als das arithmetische Mittel der Werte aller untersuchten Personen: dabei wird die Summe aller Einzelwerte durch die Anzahl der durchgeführten Untersuchungen dividiert:

$$\overline{x} = \frac{\Sigma\, x_i}{n}$$

wobei $\overline{x}$ (gelesen „x quer") den Mittelwert, x_i die Einzelmessung und n die Anzahl der untersuchten Personen (bzw. Untersuchungen) darstellt.

Die Kenntnis des Mittelwertes reicht jedoch nicht aus, da er nichts über die Streubreite, d. h. die Differenz zwischen dem höchsten und niedrigsten Wert aussagt. Die Angabe der Streu- oder Variationsbreite ist wiederum unbefriedigend, da 1. nur die beiden Extremwerte berücksichtigt werden und 2. die Variationsbreite durch die Anzahl der Messungen bestimmt wird. Je mehr Messwerte vorliegen, desto höher wird die Differenz zwischen den beiden Extremwerten.

Aus diesen Gründen berechnet man die Standardabweichung (s) oder Variabilität nach der Formel:

$$s = \sqrt{\frac{\Sigma\, (x_i - \overline{x})^2}{n-1}}$$

Sie stellt ein Maß für die Streuung der Einzelwerte um den Mittelwert dar. Ermittelt man die Häufigkeitsverteilung der einzelnen Messgrößen in einem Kollektiv, so kann diese eine beliebige Kurvenform haben. Im Idealfall gruppieren sich die Messwerte in Form einer **Normalverteilung** (Gauß-Verteilung) um den Mittelwert ($\overline{x}$). Die Gauß-Verteilung entspricht einer Glockenkurve, wobei die beiden Wendepunkte von entscheidender Bedeutung sind: der Abstand zwischen $\overline{x}$ und dem Wendepunkt ist der Wert s, die Standardabweichung.

Um z. B. bei klinischen Studien die Normalwerte von den pathologischen Resultaten deutlich trennen zu können, muss man auf beiden Seiten der Kurve Grenzen zwischen den bei Gesunden häufigen bzw. den seltenen Werten ziehen. Als Grenze des sog. **Normwertbereiches** definiert man im Allgemeinen – beim Vorliegen einer Normalverteilung – die Spanne innerhalb der **doppelten Standardabweichung** ($\overline{x} \pm 2s$) zu beiden Seiten des Mittelwertes. Dieser Bereich schließt die mittleren 95 % der Verteilung ein (Vertrauensbereich oder Normbereich).

Danksagungen

■ **Cover**

Werner Kühlbrandt und Paolo Lastrico (Max-Planck-Institut für Biophysik, Frankfurt a.M.) danken wir für die innovative und ästhetische Cover-Abbildung.

■ **Autoren**

Wir freuen uns über die gute Zusammenarbeit und danken den 55 Autorinnen und Autoren der A10.

Unser Dank gilt auch 12 neuen Autorinnen und Autoren:

In den neu geschriebenen Kapiteln sind dies Frau Katharina Gorges (FA Beiersdorf Hamburg, ► Kap. 52 und 53), Frau Martina Muckenthaler (Universität Heidelberg, ► Kap. 60), und Frau Cristina Has, Frau Sabine Müller, Herr Philipp Esser und Herr Stefan Martin (Universitätsklinikum Freiburg, ► Kap. 73).

Wichtige Beiträge wurden verfasst von Herrn Harald Wajant (Universität Würzburg, ► Kap. 51), Frau Anna Kipp (Universität Jena, ► Kap. 58 und 59), Frau Raika Sieger (Universität Freiburg, ► Kap. 61), Herrn Rupert Hallmann, Frau Lydia Sorokin (Universität Münster, ► Kap. 71) und Herrn Hans-Hartmut Peter (Universitätsklinikum Freiburg, ► Kap. 72). Insgesamt ist es uns damit erfreulicherweise gelungen, sechs neue Autorinnen für das Lehrbuch zu gewinnen.

■ **Fachkollegen**

Folgende Fachkollegen haben durch kritische, kompetente Durchsicht in verschiedenen Kapiteln wesentlich zum Gelingen des Lehrbuchs beigetragen.

Joachim Bauer	(Berlin)	► Kap. 2
Thomas Becker	(Universität Bonn)	► Kap. 67, 68, und 69
Wolfgang Bettray	(RWTH Aachen)	► Kap. 1
Tilman Brummer	(Universität Freiburg)	► Kap. 35
Christian Bästlein	(Freiburg)	Vorbemerkungen, Maßeinheiten
Ernst-Peter Fischer	(Universität Konstanz)	► Kap. 10
Leopold Flohé	(Berlin)	► Kap. 35
Peter Gierschik	(Universität Ulm)	► Kap. 35
Robert Grosse	(Universität Freiburg)	► Kap. 51
Theresia Gutmann	(Universität Dresden)	► Kap. 36
Otto Haller	(Universität Freiburg)	► Kap. 12
Heike Hermanns	(Universitätsklinikum Würzburg)	► Kap. 72
Carola Hunte	(Universität Freiburg)	► Kap. 3
Wilhelm Jahnen-Dechent	(RWTH Aachen)	► Kap. 55
Manfred Jung	(Universität Freiburg)	► Kap. 47
Michael Kracht	(Universität Giessen)	► Kap. 35
Matthias Kirsch	(Universität Freiburg)	► Kap. 74
Christine Lambert	(Universität Hohenheim)	► Kap. 58 und 59
Joachim Lauterwasser	(Universität Freiburg)	► Kap. 51
Bjorn Lillemeier	(University of San Diego)	► Kap. 70

Tim Lämmermann	(Max-Planck-Institut Freiburg)	▶ Kap. 71
Pia Müller	(Basel)	▶ Kap. 72
Hans-Hartmut Peter	(Universität Freiburg)	▶ Kap. 61
Nikolaus Pfanner	(Universität Freiburg)	▶ Kap. 70
Martina Preiner	(Universität Düsseldorf)	▶ Kap. 2
Günter Päth	(Universitätsklinikum Freiburg)	▶ Kap. 36
Thomas Reinheckel	(Universität Freiburg)	▶ Kap. 72
Petra Schling	(Universität Heidelberg)	▶ Kap. 66
Annette Schürmann	(DIfE Potsdam – Rehbrücke)	▶ Kap. 36
Jochen Seufert	(Universitätsklinikum Freiburg)	▶ Kap. 36
James Shapiro	(University of Chicago)	▶ Kap. 2
Jan Tavernier	(Universität Ghent)	▶ Kap. 38
Marcus Thelen	(Institute for Research in Biomedicine Bellinzona)	▶ Kap. 34
Honglei Weng	(Universität Mannheim)	▶ Kap. 61
Andrea Yool	(University of Adelaide)	▶ Kap. 1

■ **Animierte Abbildungen**

Peter C. Heinrich bedankt sich bei Peter Freyer (Aachen), Raika Sieger (Universität Freiburg) und Jan Selau (Universität Freiburg) für die Hilfe bei der Anfertigung der animierten Abbildungen.

Matthias Müller dankt Carlo Maurer (TU München) für die Mitwirkung an ◘ Abb. 49.3.

Nicht unerwähnt soll Frau Corinna Pracht bleiben. Sie hat in den Jahren 2013 bis 2016 von Seiten des Springer Verlags die Arbeit an den animierten Abbildungen sehr unterstützt.

Frau Kahl-Scholz danken wir für die Vertonung von 12 komplexen Abbildungen.

■ **Assistenten**

Peter C. Heinrich bedankt sich bei seinen Assistenten Peter Freyer, Katrin Kuscher, Markus Bever, Miriam Schäfer, Jan Selau, Raika Sieger und Lisa Reber für ihren Enthusiasmus und ihre Hilfe bei Literatur-Recherchen, Korrespondenz zwischen Autoren, Herausgebern und dem Springer-Verlag.

■ **Studenten**

Die Herausgeber möchten sich bei allen Studierenden für ihre Kommentare, Vorschläge zur Verbesserung und das Aufspüren von Fehlern unseres Lehrbuchs bedanken.

■ **Institut**

Sehr zu Dank verpflichtet ist Peter C. Heinrich dem Direktor des Instituts für Biochemie und Molekularbiologie der Universität Freiburg, Nikolaus Pfanner, für die Unterstützung der Arbeit an dem Lehrbuch.

Auch die technische Hilfe von Deky Bakti, Wolfgang Fritz und Hans Peter Henniger darf nicht unterwähnt bleiben.

■ **Springer-Verlag**

Besonderer Dank gilt unserer Lektorin Frau Martina Kahl-Scholz. Ebenso wie für die vergangenen Auflagen, war auch für die 10. Auflage der engagierte Einsatz der Lehrbuch-Abteilung des Springer-Verlages von großer Bedeutung. In diesem Zusammenhang danken wir ganz besonders Frau Rosemarie Doyon-Trust und Frau Christine Ströhla.

■ **Familien**

Zum Schluss möchten wir unseren Familien für ihre Geduld und ihr Verständnis für unsere Arbeit an der Neuauflage des Lehrbuchs herzlich danken.

Die Herausgeber im Frühjahr 2022

Vertonte Videos

Zahlreiche Videos stehen für Sie zur Verfügung, davon sind die folgenden Videos vertont:

- **Kapitel 10**
Video 10.4: Die Kondensation der DNA

- **Kapitel 12**
Video 12.8: Infektionszyklus des humanen Immundefizienzvirus

- **Kapitel 21**
Video 21.7: Abbau geradzahliger Fettsäuren durch β-Oxidation

- **Kapitel 35**
Video 35.15: Aktivierung von Makrophagen/Monocyten durch LPS

- **Kapitel 36**
Video 36.2: Mechanismus der Glucose-stimulierten Insulinsekretion

- **Kapitel 43**
Video 43.5: Regulation des Cyclin B/Cdk1-Komplexes und der Proteinphosphatase Cdc25c durch unterschiedliche subzelluläre Lokalisation

- **Kapitel 46**
Video 46.4: Aufbau des Initiationskomplexes der RNA-Polymerase II

- **Kapitel 48**
Video 48.4: Initiationsphase der eukaryontischen Translation
Video 48.5: Elongationszyklus der Translation
Video 48.8: Regulation der eukaryontischen Translationsinitiation

- **Kapitel 58**
Video 58.6: Reaktionsmechanismus der Vitamin-K-abhängigen Carboxylierung von γ-Glutamylresten

- **Kapitel 70**
Video 70.10: Signaltransduktion nach T_H-Zell-Aktivierung

Inhaltsverzeichnis

II   Zellulärer Metabolismus

IV   Molekularbiologie

V Funktionelle Biochemie der Organe

72.5   **Homöostase von Knochengewebe** 1255
72.6   **Knochenumbau durch Cytokine und Steroidhormone**................ 1256
72.7   **Pathobiochemie: Knochenerkrankungen**.................................... 1257
        Weiterführende Literatur... 1267

73   **Haut**... 1269
        Cristina Has, Sabine Müller, Philipp R. Esser und Stefan F. Martin

73.1   **Aufbau und Funktionen der Haut**.. 1269
73.2   **Epidermis** 1270
73.3   **Dermis**.. 1273
73.4   **Pathobiochemie der Haut** 1273
73.5   **Immunologie der Haut** 1276
        Weiterführende Literatur... 1278

74   **Nervensystem**... 1279
        Petra May, Cord-Michael Becker und Hans H. Bock

74.1   **Neurone, Erregungsleitung und -übertragung** 1279
74.2   **Glia** 1299
74.3   **Blutgefäße und Liquor** 1301
74.4   **Stoffwechsel des Gehirns** 1304
74.5   **Neurodegenerative Erkrankungen** 1306
        Weiterführende Literatur... 1310

        Serviceteil
        Wichtige Tabellen und Formeln.. 1314
        Abkürzungsverzeichnis... 1317
        Stichwortverzeichnis.. 1325

Autorenverzeichnis

Prof. Dr. Siegfried Ansorge   Hohenwarthe, Deutschland

Prof. Dr. Cord-Michael Becker   Institut für Biochemie (Emil-Fischer-Zentrum), Friedrich-Alexander-Universität Erlangen-Nürnberg, Erlangen, Deutschland

Prof. Dr. Dr. h.c. mult. Hubert E. Blum   Abteilung Innere Medizin II, Medizinische Universitätsklinik Freiburg, Freiburg, Deutschland

Prof. Dr. Hans H. Bock   Klinik f. Gastroenterologie, Hepatologie u. Infektiologie, Universitätsklinikum Düsseldorf, Düsseldorf, Deutschland

Prof. Dr. Ulrich Brandt   Radboud Institute for Molecular Life Sciences, Radboud University Medical Centre, Nijmegen, Niederlande

Prof. (em) Dr. Regina Brigelius-Flohé   Abteilung Biochemie der Mikronährstoffe, Deutsches Institut für Ernährungsforschung Potsdam-Rehbrücke, Nuthetal, Deutschland

Dr. Jan Brix   Institut für Biochemie und Molekularbiologie, ZBMZ, Albert-Ludwigs-Universität Freiburg, Freiburg, Deutschland

Prof. Dr. Peter Bruckner   Institut für Physiologische Chemie und Pathobiochemie, Westfälische Wilhelms-Universität Münster, Münster, Deutschland

Prof. Dr. Hannelore Daniel   Institut für Ernährungsphysiologie, Technische Universität München, Freising-Weihenstephan, Deutschland

Prof. Dr. Rainer Deutzmann (i.R.)   Institut für Biochemie I, Universität Regensburg, Regensburg, Deutschland

Dr. Philipp R. Esser   Klinik für Dermatologie und Venerologie, Universitätsklinikum Freiburg, Freiburg, Deutschland

Prof. Dr. Hartmut Follmann, (verstorben)

Prof. Dr. Dieter O. Fürst   Institut für Zellbiologie, Universität Bonn, Bonn, Deutschland

Dr. Katharina Gorges   Hamburg, Deutschland

Prof. Dr. Lutz Graeve   Institut für Biologische Chemie und Ernährungswissenschaft (140c), Universität Hohenheim, Stuttgart, Deutschland

Prof. Dr. Serge Haan   Department of Life Sciences and Medicine, University of Luxembourg, Luxembourg, Luxembourg

Prof. Dr. Rupert Hallmann   Institut für Physiologische Chemie und Pathobiochemie, Westfälische Wilhelms-Universität Münster, Münster, Deutschland

Prof. Dr. Dr. h.c. Hans-Ulrich Häring   Endokrinologie, Diabetologie und Nephrologie, Medizinische Universitätsklinik Tübingen, Tübingen, Deutschland

Prof. Dr. Cristina Has   Klinik für Dermatologie und Venerologie, Albert-Ludwigs-Universität Freiburg, Freiburg, Deutschland

Prof. Dr. Dieter Häussinger   Klinik für Gastroenterologie, Hepatologie und Infektiologie, Universitätsklinik Düsseldorf, Düsseldorf, Deutschland

Prof. Dr. Peter C. Heinrich   Institut für Biochemie und Molekularbiologie, ZBMZ, Albert-Ludwigs-Universität Freiburg, Freiburg, Deutschland

PD Dr. Heike M. Hermanns   Medizinische Klinik und Poliklinik II, Hepatologie, Würzburg, Deutschland

Prof. Dr. Dr. Hans R. Kalbitzer   Institut für Biophysik und Physikalische Biochemie, Universität Regensburg, Regensburg, Deutschland

Prof. Dr. med. Monika Kellerer   Zentrum für Innere Medizin I, Marienhospital Stuttgart, Stuttgart, Deutschland

Prof. Dr. Anna Kipp   Institut für Ernährungswissenschaft, Molekulare Ernährungsphysiologie, Friedrich-Schiller-Universität Jena, Jena, Deutschland

Prof. Dr. Hans-Georg Koch   Institut für Biochemie und Molekularbiologie, ZBMZ, Albert-Ludwigs-Universität Freiburg, Freiburg, Deutschland

Prof. Dr. Josef Köhrle   Institut für Experimentelle Endokrinologie, Charité – Universitätsmedizin Berlin, Berlin, Deutschland

Prof. Dr. Thomas Kriegel   Institut für Physiologische Chemie, Medizinische Fakultät Carl Gustav Carus, Technische Universität Dresden, Dresden, Deutschland

Prof. Dr. Armin Kurtz   Institut für Physiologie, Institut Regensburg, Regensburg, Deutschland

Prof. Dr. Georg Löffler   Institut für Biochemie, Universität Regensburg, Regensburg, Deutschland

Prof. Dr. Monika Löffler   Institut für Physiologische Chemie, Universität Marburg, Marburg, Deutschland

Prof. Dr. rer. nat. Stefan F. Martin   Klinik für Dermatologie und Venerologie, Universitätsklinikum Freiburg, Freiburg, Deutschland

Prof. Dr. Petra May   Klinik f. Gastroenterologie, Hepatologie u. Infektiologie, Universitätsklinikum Düsseldorf, Düsseldorf, Deutschland

Prof. Dr. Martina U. Muckenthaler   Pädiatrische Hämatologie, Onkologie, Immunologie und Pulmologie; Molekulare Medizin, Universität Heidelberg, Heidelberg, Deutschland

Prof. Dr. Matthias Müller   Institut für Biochemie und Molekularbiologie, ZMBZ, Albert-Ludwigs-Universität Freiburg, Freiburg, Deutschland

Prof. Dr. Gerhard Müller-Newen   Institut für Biochemie und Molekularbiologie, Universitätsklinikum, RWTH Aachen, Aachen, Deutschland

Dr. Sabine Müller   Klinik für Dermatologie und Venerologie, Albert-Ludwigs-Universität Freiburg, Freiburg, Deutschland

Prof. Dr. Hans-Hartmut Peter   Centrum für chronische Immundefizienz (CCI) Uniklinikum-Freiburg, Freiburg, Deutschland

Prof. Dr. Petro E. Petrides Hämatologisch-onkologische Schwerpunktpraxis am Isartor, München, Deutschland

Prof. Dr. Gabriele Pfitzer Institut für Vegetative Physiologie, Universität zu Köln, Köln, Deutschland

Prof. Dr. Klaus-Heinrich Röhm Berlin, Deutschland

Prof. Dr. Fred Schaper Systembiologie, Otto-von-Guericke-Universität Magdeburg, Magdeburg, Deutschland

Prof. Dr. Wolfgang Schellenberger Rudolf-Schönheimer-Institut für Biochemie, Medizinische Fakultät, Universität Leipzig, Leipzig, Deutschland

Prof. Dr. Lutz Schomburg Institut für Experimentelle Endokrinologie, Charité – Universitätsmedizin Berlin, Berlin, Deutschland

Prof. Dr. med. Rolf Schröder Institut für Neuropathologie, Universitätsklinikum Erlangen, Friedrich-Alexander-Universität Erlangen-Nürnberg, Erlangen, Deutschland

Prof. Dr. Ulrich Schweizer Institut für Biochemie und Molekularbiologie, Rheinische Friedrich-Wilhelms-Universität Bonn, Bonn, Deutschland

Raika M. Sieger, M.Sc. Freiburg, Deutschland

Prof. Dr. Lydia Sorokin Institut für Physiologische Chemie und Pathobiochemie, Westfälische Wilhelms-Universität Münster, Münster, Deutschland

Prof. Dr. rer nat. Harald Staiger Institut für Diabetesforschung und Metabolische Erkrankungen des Helmholtz Zentrums München an der Universität Tübingen, Medizinische Universitätsklinik Tübingen, Tübingen, Deutschland

Prof. Dr. med. Norbert Stefan Endokrinologie, Diabetologie und Nephrologie, Medizinische Universitätsklinik Tübingen, Tübingen, Deutschland

Dr. Michael Täger BMD Life Sciences, Halle, Deutschland

Prof. Dr. Harald Wajant Molekulare Innere Medizin, Medizinische Klinik II, Universitätsklinikum Würzburg, Würzburg, Deutschland

Prof. Dr. Uwe Wenzel Institut für Ernährungswissenschaft, Justus-Liebig-Universität Gießen, Gießen, Deutschland

Über die Herausgeber

Peter C. Heinrich

Studierte Chemie an den Universitäten in Frankfurt und Marburg. Promotion bei Karl Dimroth an der Universität Marburg, *research associate* an der *Yale University* (J. S. Fruton), im Anschluss wissenschaftlicher Assistent am Biochemischen Institut der Universität Freiburg (H. Holzer). Von 1970–1973 wissenschaftlicher Mitarbeiter der Firma Hoffmann LaRoche, Basel. 1975 *visiting professor* im *Department of Pharmacology*, Indianapolis. 1975 Habilitation für das Fach Biochemie an der Universität Freiburg. 1980 Professur für Biochemie an der Universität Freiburg. 1986 *visiting professor* an der *Stanford University Medical School* (G. Ringold). Von 1987 bis 2007 Inhaber des Lehrstuhls für Biochemie und Molekularbiologie und Geschäftsführender Direktor des Institutes für Biochemie an der RWTH Aachen. 1994–2004 Sprecher der DFG-Forschergruppe/Sonderforschungsbereichs 542 „Molekulare Mechanismen Zytokin-gesteuerter Entzündungsprozesse: Signaltransduktion und pathophysiologische Konsequenzen". *Editorial Board Member*: 1994–2001 *Biochemical Journal*; 1995–2008 *Journal of Interferon and Cytokine Research*; 2003–2007 *Journal of Biological Chemistry*. Wichtige wissenschaftliche Beiträge: Identifikation des Hepatozyten-stimulierenden Faktors als Interleukin-6; Entdeckung des Transkriptionsfaktors APRF/STAT3α; Aufklärung der molekularen Mechanismen der Interleukin-6 Signaltransduktion über den Jak/STAT-Weg und deren Signalabschaltung. Seit 2008 Gastprofessor im Institut für Biochemie und Molekularbiologie der Universität Freiburg. 2012 *distinguished visiting professor* am *Beckman Research Institute* und der *Irell & Manella Graduate School of Biological Sciences*, Pasadena. 2014 *visiting professor* am Institut für Biochemie, Mahidol Universität in Bangkok.

Professor Heinrich hat langjährige Erfahrung in der Lehre und Betreuung von Medizin-, Biologie- und Biochemiestudenten.

Matthias Müller

Studium der Humanmedizin an der Universität Freiburg. Am Biochemischen Institut der Universität Freiburg Promotion bei Gerhard Schreiber und nach der Approbation Wissenschaftlicher Assistent bei Helmut Holzer. Anschließend Postdoktorand und später Assistant Professor bei Günter Blobel, The Rockefeller University, New York. Habilitation für das Fach Biochemie an der Universität Freiburg (1987). Professor für Biochemie/Molekularbiologie von 1993–1997 an der Ludwig-Maximilians-Universität in München, seit 1997 an der Albert-Ludwigs-Universität in Freiburg. Neben zahlreichen anderen nationalen und internationalen Forschungsförderungen, seit 1988 Projektleiter in mehreren Sonderforschungsbereichen. Forschungsschwerpunkte: Sec- und Tat-abhängiger Proteintransport in Bakterien; molekulare Chaperone; Biogenese von α-helikalen und β-tonnenförmigen Membranproteinen; Sekretion von bakteriellen Pathogenitätsfaktoren. Langjähriges und breitgefächertes, transregionales Engagement in der Biochemielehre und deren Organisation.

Lutz Graeve

Studierte Biologie an der Universität Hamburg. Promotion am Institut für Physiologische Chemie, Universitätsklinikum Hamburg-Eppendorf, bei Joachim Kruppa. Von 1986–1990 als Postdoktorand bei Enrique Rodriguez-Boulan im Department of Anatomy and Cell Biology an der Cornell University Medical School in New York. Von 1990–2000 als wissenschaftlicher Assistent am Institut für Biochemie des Klinikums der Rheinisch-Westfälischen Technischen Hochschule in Aachen bei Peter C. Heinrich. 1995 Habilitation für das Fach Biochemie an der Medizinischen Fakultät der RWTH Aachen. Seit 2000 Professor für das Fachgebiet Biochemie der Ernährung an der Universität Hohenheim in Stuttgart. Von 2005–2012 Studiendekan, seit 2013 Studiengangsleiter für die ernährungswissenschaftlichen Studiengänge.

Die Arbeitsgebiete umfassen zelluläre Signaltransduktion insbesondere von Interleukin-6-Typ Cytokinen, Biologie von Lipid Rafts, Rolle von Caveolae und Matrix-Metalloproteinasen in der Tumorbiologie und Einfluss sekundärer Pflanzeninhaltsstoffe auf zelluläre Signalvorgänge.

Hans-Georg Koch

Studierte Biologie an den Universitäten Göttingen und Bonn. Promotion am Institut für Mikrobiologie und Biotechnologie der Universität Bonn bei Jobst-Heinrich Klemme. Von 1994–1997 als Postdoktorand bei Fevzi Daldal am Leidy Laboratory for Biology, University of Pennsylvania, Philadelphia. Von 1997–2000 wissenschaftlicher Assistent am Institut für Biochemie und Molekularbiologie der Albert-Ludwigs-Universität Freiburg bei Matthias Müller. 2000 Habilitation für das Fach Biochemie/Molekularbiologie an der Medizinischen Fakultät der Albert-Ludwigs-Universität Freiburg. Seit 2001 Hochschuldozent und seit 2009 Professor für Biochemie und Molekularbiologie an der Medizinischen Fakultät der Albert-Ludwigs-Universität Freiburg. Projektleiter und Vorstandsmitglied in mehreren Sonderforschungsbereichen, Graduiertenkollegs, Schwerpunktprogrammen und Forschergruppen zum bakteriellen Proteintransport, zur Assemblierung von Proteinkomplexen und zu zellulären Stress-Reaktionen. Mitglied des Editorial Boards von *Scientific reports, Journal of Biological Chemistry, Molecular Microbiology* und *Frontiers in Microbiology*. Langjähriges und umfangreiches Engagement in der Biochemielehre und in der Betreuung medizinischer und naturwissenschaftlicher Dissertationen, u. a. als stellv. Direktor der *Spemann Graduiertenschule für Biologie und Medizin* (SGBM) und als stellv. Vorsitzender des Promotionsausschusses der Medizinischen Fakultät.

Grundlagen der Biochemie und Molekularen Zellbiologie

Inhaltsverzeichnis

Ohne Wasser kein Leben

Peter C. Heinrich

» Die Menschen sind wie das Meer, manchmal glatt und freundlich, manchmal stürmisch und tückisch – aber eben in der Hauptsache nur Wasser. Albert Einstein

Das Leben auf der Erde hängt von Wasser ab. Es ist die Hauptkomponente lebender Organismen. Da reines Wasser transparent, geruchlos, geschmacklos und weit verbreitet ist, wird es oft nicht wirklich wahrgenommen. Es ist falsch, Wasser nur als inertes Lösungsmittel zu betrachten. Wasser transportiert, reagiert, stabilisiert, signalisiert, strukturiert, verteilt. Für all diese Funktionen ist die Dipolstruktur und die Fähigkeit von Wassermolekülen, Wasserstoffbrückenbindungen auszubilden und zu lösen, verantwortlich. Das Leben sollte als eine gleichwertige Partnerschaft von Biomolekülen und Wasser betrachtet werden.

Schwerpunkte

1.1 Eigenschaften des Wassers
- Wasser ist ein polares Molekül
- Das Wassermolekül bildet Wasserstoffbrückenbindungen aus
- Ausbildung hydrophober Wechselwirkungen

1.2 Kolligative Eigenschaften des flüssigen Wassers und osmotischer Druck
- Bedeutung der Osmose für Aufnahme und Abgabe von Wasser und damit auch für die Formgebung lebender Zellen
- Wassertransport durch Aquaporine (Wasserkanäle) in Niere, Speichel- und Tränendrüsen

1.3 Autoprotolyse von Wasser, pH-Wert

1.4 Säuren und Basen
- Säuren als Protonen-Donoren, Basen als Protonen-Akzeptoren, Ampholyte

- Brønstedt-Säuren können ihre Wasserstoffionen nur abgeben, wenn Basen anwesend sind
- Beziehung zwischen Säure-Konstante und pK_s-Wert

1.5 Puffersysteme
- Die Henderson-Hasselbalch-Gleichung beschreibt den Zusammenhang zwischen pH, pK_s und dem Konzentrationsverhältnis von konjugierter Base zu schwacher Säure
- Pufferkapazität
- Wichtige Puffersysteme im Blutplasma
- Pathobiochemie: Störungen des Säure-Base-Haushalts, Acidose und Alkalose

1.1 Eigenschaften des Wassers

❯ Ohne Wasser ist Leben nicht vorstellbar.

Während Menschen recht lange Hungerperioden überstehen können, führt ein völliger Wasserentzug bereits nach wenigen Tagen zum Tod durch Verdursten. Der menschliche Körper besteht zu annähernd 60 Gewichtsprozenten aus Wasser, welches auf Intra- und Extrazellulärräume verteilt ist. Zwei Drittel der Wassermenge entfallen auf intrazelluläre Flüssigkeit und etwa ein Drittel auf extrazelluläre Flüssigkeit. Diese befindet sich im interstitiellen Raum zwischen den Körperzellen sowie im Blutplasma, Gelenkflüssigkeit und Liquor cerebrospinalis.

Wasser ist im biologischen Umfeld das universelle Lösungsmittel, in dem sich alle Stoffwechselreaktionen abspielen. Die Bedeutung des Wassers für das Leben basiert auf einer Reihe ungewöhnlicher Eigenschaften dieses Moleküls.

Ergänzende Information Die elektronische Version dieses Kapitels enthält Zusatzmaterial, auf das über folgenden Link zugegriffen werden kann https://doi.org/10.1007/978-3-662-60266-9_1. Die Videos lassen sich durch Anklicken des DOI Links in der Legende einer entsprechenden Abbildung abspielen, oder indem Sie diesen Link mit der SN More Media App scannen.

❯ Wasser ist ein polares Molekül.

Wasser weist im Vergleich zu anderen kleinen, ähnlich aufgebauten Molekülen mit Elementen der sechsten Hauptgruppe des Periodensystems wie Schwefelwasserstoff (H_2S) oder Selenwasserstoff (H_2Se) höhere Schmelz- und Siedetemperaturen sowie eine höhere Wärmekapazität und Oberflächenspannung auf. Während Schwefelwasserstoff (H_2S) bereits bei -61 °C in den gasförmigen Zustand übergeht, siedet Wasser erst bei $+100$ °C. Dieses unterschiedliche Verhalten beruht auf dem hohen Dipolmoment des Wassermoleküls und der Fähigkeit, sog. Wasserstoffbrückenbindungen auszubilden (s. u.).

Das Wassermolekül besteht aus nur zwei Elementen, einem Sauerstoffatom und zwei Wasserstoffatomen. Es ist nicht linear, sondern gewinkelt/v-förmig aufgebaut, mit einem H–O–H-Bindungswinkel von 104,5° (◘ Abb. 1.1A, B). Das Wassermolekül hat die Geometrie eines Tetraeders. Im Inneren des Tetraeders befindet sich das Sauerstoffatom und an zwei Ecken des Tetraeders je ein H-Atom. An den zwei anderen Ecken befinden sich die freien Elektronenpaare des Sauerstoffs (◘ Abb. 1.1C). Da der Sauerstoff aufgrund seiner hohen Elektronegativität die Elektronen von beiden Wasserstoffkernen wegzieht, sind diese partiell positiv und der Sauerstoff partiell negativ geladen. Das elektrisch neutrale Wassermolekül mit seiner ungleichen Ladungsverteilung bezeichnet man daher als Dipol (◘ Abb. 1.1A–C).

❯ Das Wassermolekül bildet Wasserstoffbrückenbindungen aus.

Aufgrund der Dipolstruktur der Wassermoleküle kommt es zur Ausbildung von Wasserstoffbrückenbindungen zwischen den einzelnen Wassermolekülen (◘ Abb. 1.2A). Das partiell positiv geladene Wasserstoffatom (Donor) des rechten Wassermoleküls wird von einem der zwei freien Elektronenpaare des Sauerstoffs (Akzeptor) des linken Wassermoleküls angezogen. Wasserstoffbrückenbindungen sind relativ schwach. Zur Spaltung einer H-O-Brücke im flüssigen Wasser müssen nur 23 kJ/mol aufgewendet werden. Im Vergleich hierzu ist die Bindungsenergie einer covalenten H-O-Einfachbindung mit 470 kJ/mol 20-mal höher. Daher beträgt der Abstand zwischen H-Atom und O-Atom (H-O) bei Wasserstoffbrückenbindungen 0,18 nm und bei covalenten H-O-Bindungen nur 0,10 nm.

Aufgrund der H-Brückenbindungen entstehen in flüssigem Wasser kurzlebige geordnete Assoziate. Dies erklärt warum Wasser bei Raumtemperatur flüssig und der dem Wasser verwandte giftige Schwefelwasserstoff (H_2S), der

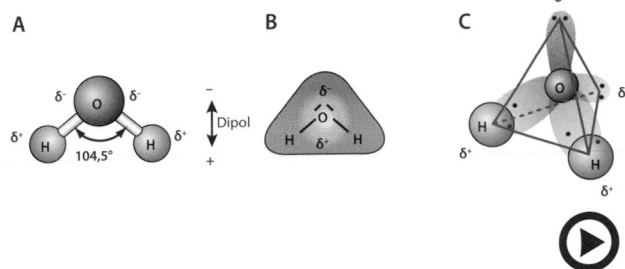

◘ **Abb. 1.1** (Video 01-01) **Struktur des Wassermoleküls. A** Dipolstruktur; δ+, δ–, positive bzw. negative Partialladungen. **B** Elektrostatische Potenzialflächen des Wassermoleküls; rot: hohe, blau: geringe Elektronendichte **C** Das Wassermolekül weist eine tetraedrische Geometrie auf: Im Zentrum des Tetraeders befindet sich das Sauerstoffatom, an den Ecken die beiden H-Atome und die zwei freien Elektronenpaare des Sauerstoffatoms. (B, C Adaptiert nach Müller Esterl 2004) (► https://doi.org/10.1007/000-5e8)

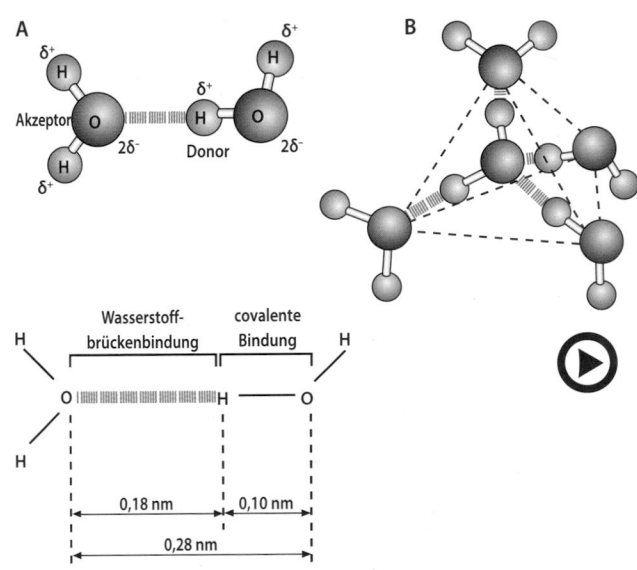

◘ **Abb. 1.2** (Video 01-02) **Wasserstoffbrückenbindung zwischen benachbarten Wassermolekülen. A** Das partiell positiv geladene H-Atom des rechten Wassermoleküls wird von einem der beiden freien Elektronenpaare des Sauerstoffatoms des linken Wassermoleküls angezogen. Die Wasserstoffbrückenbindung ist grün gestrichelt. **B** Das im Zentrum des Tetraeders befindliche Wassermolekül bildet zu vier Wassermolekülen (vier Ecken des Tetraeders) Wasserstoffbrückenbindungen aus, zwei als Donor und zwei als Akzeptor. (Aus Molecular Biology of the Cell, Fifth Edition by Bruce Alberts, et al. Copyright © 2008, 2002 by Bruce Alberts, Alexander Johnson, Julian Lewis, Martin Raff, Keith Roberts, and Peter Walter. Used by permission of W. W. Norton & Company, Inc.) (► https://doi.org/10.1007/000-5e7)

keine Wasserstoffbrückenbindungen ausbilden kann, gasförmig ist, obwohl H_2S eine fast doppelte molekulare Masse (34 Da gegenüber 18 Da, siehe „Übrigens") aufweist.

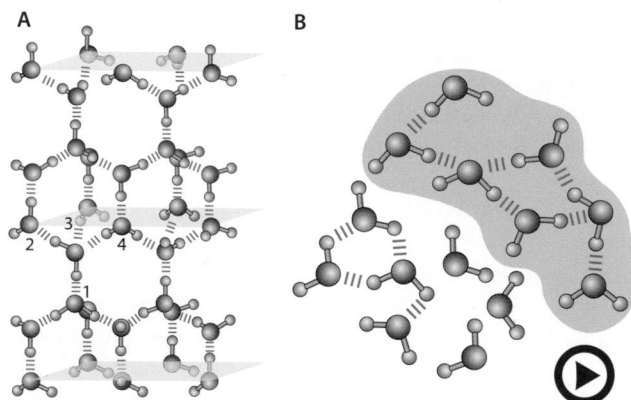

Abb. 1.3 (Video 1.3) **Wasserstoffbrückenbindungen in Eis und Wasser. A** Eis hat ein verhältnismäßig voluminöses, hochgeordnetes Kristallgitter aus tetraedrisch angeordneten Wassermolekülen. Für ein Wassermolekül ist exemplarisch gezeigt, dass dieses mit vier Wassermolekülen über Wasserstoffbrückenbindungen interagiert (mit 1, 2, 3 und 4 markiert). **B** Wenn das Eisgitter beim Schmelzpunkt zusammenbricht, bleiben die geordneten Strukturen im flüssigen Wasser zum Teil erhalten, zum Teil entstehen aber auch kompaktere Anordnungen (*flickering cluster, blau* unterlegt), sodass das flüssige Wasser eine größere Dichte hat als das Eis. Bei Temperatursteigerung lösen sich die Strukturen allmählich auf. Das Dichtemaximum des Wassers liegt bei 4 °C. (Adaptiert nach Müller Esterl 2004) (▶ https://doi.org/10.1007/000-5e9)

Übrigens

Die relative molekulare Masse eines Moleküls ist die Summe der Atommassen. Die Bezeichnung molekulare Masse ersetzt den Begriff Molekulargewicht, weil Letzteres von der Erdanziehung (Gravitation) abhängt. Da die relative molekulare Masse als Quotient aus der Molekülmasse und 1/12 der Masse eines Atoms des Kohlenstoff-Isotops ^{12}C definiert ist, ist die Masseneinheit dimensionslos. Dennoch hat sich eingebürgert, das Dalton als Einheit der molekularen Masse zu benutzen.

❯ Lebensdauer und Zahl der Wasserstoffbrücken im Wasser sind temperaturabhängig.

Mit zunehmender Temperatur nimmt der Ordnungszustand des Wassers ab, mit abnehmender Temperatur dagegen zu. Eis besitzt eine regelmäßige hochgeordnete Kristallstruktur (**Abb. 1.3A**), in der jedes Wassermolekül tetraedrisch vier Wasserstoffbrücken ausbildet, zwei als Donor und zwei als Akzeptor (**Abb. 1.2B**). Auch im flüssigen Wasser befindet sich noch ein großer Teil der Wassermoleküle in geordneten Strukturen. Bei 37 °C liegen 15 % der Wassermoleküle mit je vier assoziierten Wassermolekülen vor. Die Halbwertszeit jeder einzelnen Wasserstoffbrückenbindung ist allerdings kürzer als 10 Picosekunden. Dies bedeutet, dass das durchschnittliche Wassermolekül wandert, sich reorientiert

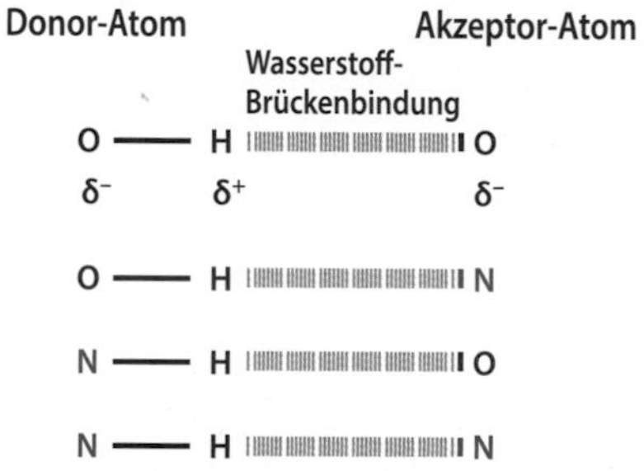

und mit neuen Nachbarn Wasserstoffbrücken ausbildet. Man muss sich reines flüssiges Wasser als ein Netzwerk aus sich schnell bildenden und wieder zerfallenden Clustern (*flickering clusters*) vorstellen (**Abb. 1.3B**). Die *flickering-cluster*-Struktur des flüssigen Wassers hat bei 0 °C eine Dichte von 1,00 g/ml und ist höher als die Dichte der Wassermoleküle im Eis, welches aufgrund seiner ungewöhnlich offenen Struktur nur eine Dichte von 0,92 g/ml aufweist. Der Unterschied der Dichte von flüssigem Wasser und Eis hat wichtige Konsequenzen für das Leben auf der Erde. Wäre Eis dichter als Wasser würde es in Seen und Ozeanen auf dem Grund liegen, statt zu schwimmen. Von der Sonne abgeschirmt wären die Gewässer auf dem Grund dauerhaft gefroren und Leben hätte sich nicht entwickeln können.

❯ Wasserstoffbrückenbindungen kommen nicht nur im Wasser vor.

Grundsätzlich kann man eine Wasserstoffbrücke als die gemeinsame Nutzung eines Wasserstoffatoms zwischen zwei Molekülen definieren. Somit ist die Ausbildung von Wasserstoffbrückenbindungen nicht nur auf Wasser beschränkt.

Abb. 1.4 zeigt, dass ein Wasserstoffatom in einer Wasserstoffbrückenbindung von zwei elektronegativen Atomen wie Stickstoff oder Sauerstoff gemeinsam benutzt werden kann. Deshalb können Alkohole, Aldehyde, Ketone und Moleküle mit N-H-Bindungen ebenfalls Wasserstoffbrückenbindungen ausbilden.

In Nucleinsäuren und Proteinen stabilisieren Wasserstoffbrückenbindungen die räumliche Anordnung dieser Makromoleküle. Die leichte Lösbarkeit von Wasserstoffbrückenbindungen ist eine wichtige Voraussetzung sowohl für die Replikation und Transcription der DNA als auch für Konformationsänderungen in Proteinen.

Donor-Atom   **Akzeptor-Atom**

Wasserstoff-Brückenbindung

O ——— H |||||||||||||||||||||||||| O

δ^- δ^+ δ^-

O ——— H |||||||||||||||||||||||||| N

N ——— H |||||||||||||||||||||||||| O

N ——— H |||||||||||||||||||||||||| N

Abb. 1.4 **Wasserstoffbrückenbindungen.** Die häufigsten Wasserstoffbrückenbindungen in biologischen Systemen. Wasserstoffbrückenbindungen sind durch *senkrechte grüne* Striche dargestellt. Die Donoratome Stickstoff und Sauerstoff sind elektronegative Elemente, die dem Wasserstoff eine positive Partialladung verleihen. Die partiell positiv geladenen H-Atome wechselwirken mit einem freien Elektronenpaar der Akzeptoratome

❯ Die Polarität der Wassertmoleküle ist für die Ausbildung von Hydrathüllen gelöster Ionen verantwortlich.

Die polare Natur der Wassermoleküle (Dipole) und ihre Fähigkeit Wasserstoffbrücken auszubilden ist der Grund dafür, dass sich polare anorganische und organische Moleküle in Wasser lösen. Polare Moleküle wie Salze lösen sich meist sehr leicht in Wasser auf, obgleich das Kristallgitter z. B. von Kochsalz (NaCl) durch die starken ionischen Wechselwirkungskräfte zwischen den positiv und negativ geladenen Na$^+$- und Cl$^-$-Ionen zusammengehalten wird. Das Kristallgitter von NaCl kann sich nur auflösen, weil die positiv geladenen Na$^+$-Ionen von Wassermolekülen so umgeben werden, dass das partiell negativ geladene Dipolende des Sauerstoffatoms des Wassers an die Na$^+$-Ionen und das partiell positiv geladene Dipolende der beiden Wasserstoffatome an die Cl$^-$-Ionen binden (Ionen-Dipol-Wechselwirkung). Man spricht von **Hydratisierung**, das heißt es bilden sich Hydrathüllen um die Na$^+$- und Cl$^-$-Ionen aus. Wenn die daraus resultierende Hydratationsenergie die Gitterenergie von NaCl übersteigt, löst sich das Salz in Wasser auf (◧ Abb. 1.5). Die Anzahl der von einem Ion gebundenen Wassermoleküle hängt von dessen Radius ab. Die kleineren Ionen, z. B. Na$^+$, binden Wasser stärker als die größeren.

Dies bedeutet z. B., dass das hydratisierte Na$^+$-Ion einen größeren Radius als das hydratisierte K$^+$-Ion aufweist, obwohl sich die Atomradien der nicht hydratisierten Ionen umgekehrt verhalten. Dieses Phänomen er-

klärt, warum K$^+$-Ionen biologische Membranen leichter überwinden können als Na$^+$-Ionen.

❯ Hydrophobe Interaktionen entstehen aufgrund der Unverträglichkeit hydrophiler und hydrophober Gruppen.

Nicht-ionische Moleküle mit polaren funktionellen Gruppen wie z. B. Alkohole, Amine und Carbonylverbindungen bilden Wasserstoffbrücken aus und lösen sich daher leicht in Wasser (hydrophile Substanzen; griech: *hydor,* Wasser; *philos,* Freund). Nicht-polare Substanzen wie z. B. Öl, Fette oder Kohlenwasserstoffe sind in Wasser nicht löslich, d. h. sie meiden den Kontakt mit Wasser (hydrophobe Substanzen, griech: phobos, Angst). Hydrophobe Substanzen lösen sich dagegen sehr gut in apolaren Lösungsmitteln wie Chloroform, Tetrachlorkohlenstoff oder Hexan („Gleiches löst sich in Gleichem"). Das Verhalten von Wassermolekülen gegenüber hydrophoben Substanzen und nicht-polaren funktionellen Gruppen in biologischen Makromolekülen unterscheidet sich von der besprochenen leichten Wasserlöslichkeit polarer Stoffe wie NaCl. Da die unpolaren Stoffe keine Wasserstoffbrücken mit den Wasserdipolen ausbilden und deshalb nicht durch Wasserstoffbrückenbindungen in das Wassernetzwerk eingebunden werden können, muss das Wasser seine Struktur reorganisieren. Dazu bilden die Wassermoleküle um die hydrophoben Moleküle herum „käfigartige Clathratstrukturen" (lat.: *clatratus* vergittert) aus, d. h. die hydrophoben Moleküle werden von einer Pentagon-/Hexagon-Hydrathülle umgeben. Dies bedeutet, dass die Clathratbildung von einer vermehrten Ordnung der Wassermoleküle begleitet ist, was einer Verringerung der Entropie entspricht (▶ Abschn. 4.1). Wenn sich zwei nicht-polare Moleküle in ihren Käfigen annähern, führt dies zu einer Aggregation der unpolaren Moleküle und zu einer Freisetzung von Wassermolekülen, die ursprünglich mit der nicht-polaren Oberfläche interagiert hatten (◧ Abb. 1.6). Diese größere Beweglichkeit der Wassermoleküle bedeutet eine größere Unordnung und damit eine Zunahme der Entropie. Somit entsteht die hydrophobe Wechselwirkung infolge eines Entropieeffektes.

Nach der Gibbs-Helmholtz-Gleichung (▶ Abschn. 4.1):

$$\Delta G = \Delta H - T\Delta S \qquad (1.1)$$

ΔH = Enthalpiedifferenz und ΔS = Entropiedifferenz

kommt es bei einer Zunahme der Entropie (ΔS) zu einer Abnahme der Freien Enthalpie (ΔG[1]). Prozesse, bei denen $\Delta G < 0$ ist, laufen spontan ab (exergon). Hydro-

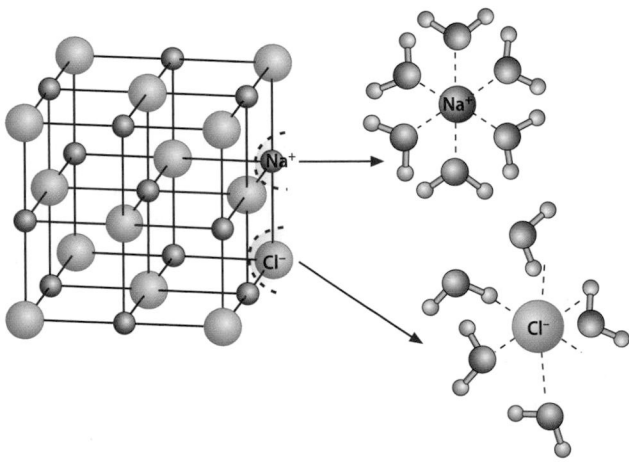

◧ **Abb. 1.5 Auflösung von Kochsalz (NaCl) in Wasser.** Na$^+$ (*magenta*) und Cl$^-$ (*grün*) Ionen werden durch elektrostatische Anziehungskräfte zusammengehalten und bilden ein Kristallgitter. Wasserdipole schwächen die elektrostatischen Anziehungskräfte zwischen den positiv und negativ geladenen Ionen, und das Kristallgitter wird zerstört. Na$^+$ und Cl$^-$ umgeben sich mit Hydrathüllen, deren Wechselwirkungen zwischen den Ionen und den Wassermolekülen durch unterbrochene Linien dargestellt sind. (Adaptiert nach Horton 2008, © Pearson Studium)

---

1   In der Thermodynamik ist ΔG als Freie Enthalpie definiert (s. ▶ Kap. 4). Häufig wird in der angelsächsischen Literatur ΔG als Freie Energie bezeichnet.

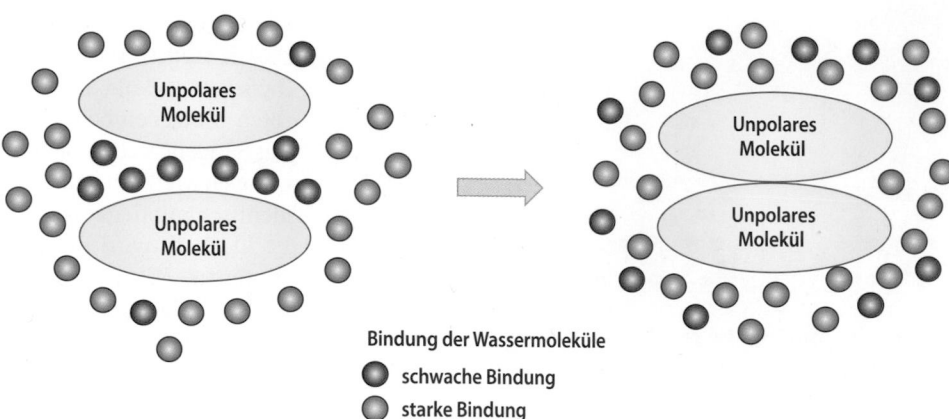

Abb. 1.6 Modell zur Erläuterung des hydrophoben Effektes in wässrigen Lösungen. Hydrophobe Moleküle (*gelb*) können mit Wassermolekülen keine Wasserstoffbrücken ausbilden. Das sie umgebende Wasser in Form von Pentagon-/Hexagon-Hydrathüllen (nicht gezeigt) zwingt die hydrophoben Moleküle zur spontanen Aggregation verbunden mit einer Freisetzung von Wassermolekülen (Entropiezunahme)

phobe Effekte sind demnach nicht auf eine gegenseitige Anziehung/Bindung der hydrophoben Moleküle zurückzuführen, sondern auf eine Abnahme der freien Enthalpie hervorgerufen durch den Anstieg der Entropie der umgebenden Wassermoleküle. Der häufig verwendete Begriff hydrophobe Bindung ist nicht korrekt, es handelt sich vielmehr um hydrophobe Wechselwirkungen, oder anders formuliert:

❯ Wasser zwingt hydrophobe Moleküle in ein sich spontan bildendes Aggregat. Ohne Wasser gibt es keine hydrophoben Effekte.

❯ Hydrophobe Wechselwirkungen spielen eine wichtige Rolle bei der Selbstorganisation von Makromolekülen und biologischen Strukturen.

— Hydrophobe Wechselwirkungen sind für die Ausbildung der 3D-Struktur von Proteinen sehr wichtig. Sie sind dafür verantwortlich, dass das Innere vieler Proteine praktisch wasserfrei ist, da hier die hydrophoben Seitenketten dicht gepackt sind. Auf der Proteinoberfläche dagegen befinden sich die geladenen und polaren Aminosäuren. Häufig tragen hydrophobe Wechselwirkungen mehr zur Stabilität eines Proteins bei als alle übrigen nicht-covalenten Wechselwirkungen.

— Hydrophobe Wechselwirkungen sind auch von großer Bedeutung für die Ausbildung von Quartärstrukturen von Proteinen, der Organisation von Multienzymkomplexen, der Stabilisierung der DNA-Doppelhelix (▶ Abschn. 10.2.1) und der Assemblierung von biologischen Membranen (▶ Abschn. 11.1).

Nähern sich z. B. eine hydrophobe Gruppe eines Liganden (Hormone, kompetitiver Inhibitor, Medikament) und eine unpolare Rezeptorgruppe, die beide von geordneten Wassermolekülen umgeben sind, so gehen die Wassermoleküle bei Annäherung von Wirkstoff und Rezep-

tor in einen ungeordneteren Zustand über. Durch den hiermit verbundenen Entropieanstieg kommt es zu einer Abnahme der Freien Enthalpie, die den Ligand/Rezeptor-Komplex stabilisiert.

1.2 Kolligative Eigenschaften des flüssigen Wassers und osmotischer Druck

Als kolligative Eigenschaften (kolligativ = miteinander verbunden) werden Eigenschaften eines Stoffes bezeichnet, die allein von der Anzahl der gelösten Moleküle/Ionen pro Volumen des Lösungsmittels und nicht von der chemischen Natur (Größe und Ladung) der gelösten Substanz abhängen. Kolligative Eigenschaften des Wassers sind der Dampfdruck, der Siedepunkt, der Schmelz-/Gefrierpunkt und der osmotische Druck. Die Eigenschaften des Wassers werden verändert, wenn Substanzen im Wasser gelöst sind, d. h. wenn die Wasserkonzentration in der Lösung niedriger ist als in reinem Wasser. Zum Beispiel wird in einer 1 molaren Lösung von Glucose (1 mol Glucose gelöst in 1000 ml Wasser bei einem Druck von 1 atm) der Gefrierpunkt der Lösung um 1,86 °C erniedrigt und der Siedepunkt um 0,54 °C erhöht.

❯ Die Diffusion von Wassermolekülen durch selektiv permeable Membranen wird als Osmose bezeichnet.

Wenn eine wässrige Lösung von Glucose durch eine semipermeable (lat: *semi:* halb; *permeare:* durchwandern) Membran (nur durchlässig für Wasser, nicht für Glucose) von reinem Wasser getrennt ist, wandern die Wassermoleküle von der hohen Wasserkonzentration = reines Wasser durch die Membranbarriere in die Glucoselösung mit der niedrigeren Wasserkonzentration, die dadurch verdünnt wird (▪ Abb. 1.7). Man bezeichnet die

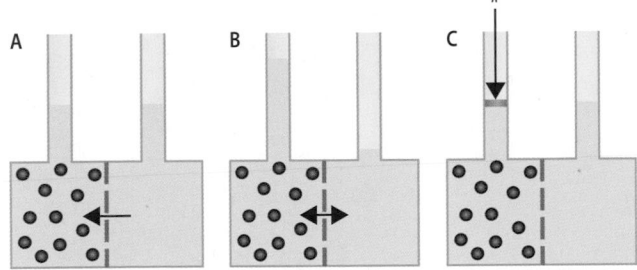

◧ **Abb. 1.7 Vorgänge bei der Osmose. A** Links von einer semipermeablen Membran (gestrichelt) befindet sich eine Glucoselösung (rote Punkte). Rechts befindet sich reines Wasser. Die Membran ist nur für Wasser, nicht aber für die in Wasser gelöste Glucose durchlässig. **B** Links ist die Wasserkonzentration geringer als rechts. Deshalb kommt es zum Konzentrationsausgleich von Wasser, das heißt Wassermoleküle diffundieren von rechts durch die semipermeable Membran in den linken Teil und verdünnen die Glucoselösung. Dabei steigt die Flüssigkeitssäule in der Glasröhre solange an, bis deren Schwerkraft = osmotischer Druck das weitere Eindringen von Wassermolekülen stoppt. **C** Als osmotischen Druck π bezeichnet man die Kraft auf den Stempel, die den Ausgangszustand A wiederherstellt

Lösungsmittel (Wasser)-Bewegung vom Ort hoher Konzentration zum Ort niedriger Konzentration (Glucoselösung) als **Osmose**. Unter **osmotischem Druck** einer Lösung z. B. einer Glucoselösung versteht man den hydrostatischen Druck, der dem Durchtritt des Lösungsmittels durch die semipermeable Membran entgegen wirkt. Der osmotische Druck Π wird durch die van't Hoff-Gleichung beschrieben.

$$\Pi = n \cdot V^{-1} \cdot R \cdot T \qquad (1.2)$$

Dabei stellen n die Teilchenzahl, V das Volumen, R die allgemeine Gaskonstante und T die absolute Temperatur dar.

Der osmotische Druck Π ist proportional zur Konzentration (n/V) des gelösten Stoffes. Für eine 1 molare Glucoselösung beträgt der osmotische Druck 2270 Kilo-Pascal (kPa). Eine 1 molare NaCl-Lösung weist dagegen einen doppelt so hohen osmotischen Druck von 4540 kPa auf, da die NaCl-Lösung aufgrund der Dissoziation des Kochsalzes in Na^+- und Cl^--Ionen 2 mol/l Teilchen enthält. Die Anzahl aller osmotisch wirksamen Teilchen in mol/l Lösung bezeichnet man als **Osmolarität** der Lösung, bezogen auf 1 kg Lösungsmittel spricht man von **Osmolalität**. Die Osmolarität des Blutplasmas hält sich bei Gesunden in einem Bereich zwischen 290 und 300 Milliosmol (mosmol/l), entspricht also ungefähr der Osmolarität von 0,15 mol/l NaCl.

Für alle lebenden Zellen sind Aufnahme und Abgabe von Wasser von großer Bedeutung. Änderungen der extrazellulären Osmolarität können in Säugetierzellen zu schnellen Schrumpfungen oder Schwellungen führen. ◧ Abb. 1.8 zeigt, wie Erythrocyten in reinem Wasser (**hypotones**

Milieu) schwellen. Wasser strömt so lange in das Zellinnere bis die Zellen platzen. In konzentrierter Kochsalzlösung (hypertones Milieu) wird dagegen eine Schrumpfung der roten Blutzellen beobachtet. Bei experimentellen Arbeiten mit Säugetierzellen ist es daher wichtig, dass diese in einem **isotonen** Medium gehalten werden, in dem die Osmolarität identisch mit derjenigen im Zellinneren ist.

Deshalb wird auch in der Medizin zur Infusion als Blutersatz kein reines Wasser, sondern eine isotone Kochsalzlösung (0,9 % = 9 g/l Wasser) verwendet. Diese Lösung hat praktisch den gleichen osmotischen Druck wie das Blutplasma (s. o.).

Um den osmotischen Druck, der von den gelösten Teilchen im Cytosol von Säugetierzellen ausgeht, zu minimieren, speichern Hepatocyten und Muskelzellen nicht freie Glucose, sondern hochmolekulares Glycogen (ca. 50.000 Glucoseeinheiten in einem Glycogenmolekül!) (▶ Abschn. 3.1.4). Sie vermeiden so das Eindringen von Wasser aufgrund osmotischer Effekte.

❯ Die in Adipocyten (Fettzellen) gespeicherten Triglyceride sind aufgrund ihrer Wasserunlöslichkeit osmotisch nicht wirksam.

Zur Beschleunigung des Wassertransports in und aus Säugetierzellen während der Osmose dienen Wasserkanäle, die 1992 von Peter Agre entdeckt und „**Aquaporine**" genannt wurden. Diese Entdeckung wurde 2003 mit dem Nobelpreis für Chemie gewürdigt. Beim Menschen sind inzwischen 13 Aquaporine nachgewiesen worden. Sie werden besonders in der Niere, den Speichel- und Tränendrüsen exprimiert.

Das Aquaporin AQP1 ist ein Homotetramer (◧ Abb. 1.9). Jede Untereinheit besteht aus 6 Transmembranhelices und 2 kurzen Helices. Im Unterschied zu Kaliumkanälen (▶ Abschn. 74.1.4) bildet jede Aquaporin-Untereinheit eine Pore mit einem Durchmesser von 0,3 nm. Der Durchmesser eines Wassermoleküls beträgt 0,28 nm. Aquaporine transportieren Wassermoleküle, aber keine Protonen. Die Kanäle öffnen sich nach Phosphorylierung spezifischer Aminosäurereste und schließen sich bei Dephosphorylierung. Bei Eintritt in den Aquaporinkanal zeigt das O-Atom des Wassers zunächst zur cytosolischen Seite. Während das Wassermolekül den Kanal durchquert, dreht es sich in der Mitte des Kanals um 180° und die H-Atome zeigen jetzt in Richtung Cytoplasma.

Es ist interessant, dass ein Teil der Mitglieder der Aquaporin-Familie Ionenkanal-Aktivität besitzt. In Säugetieren transportieren Aquaporin-0 in der Augenlinse und Aquaporin-6 in intrazellulären Vesikeln negativ geladene Ionen. Aquaporin-1 in Niere, Gefäßsystem und Plexus choroideus des Gehirns transportiert die positiv geladenen Ionen Na^+ und K^+. Diese passieren die zentrale Pore des Tetramers nach Stimulation der intrazellulä-

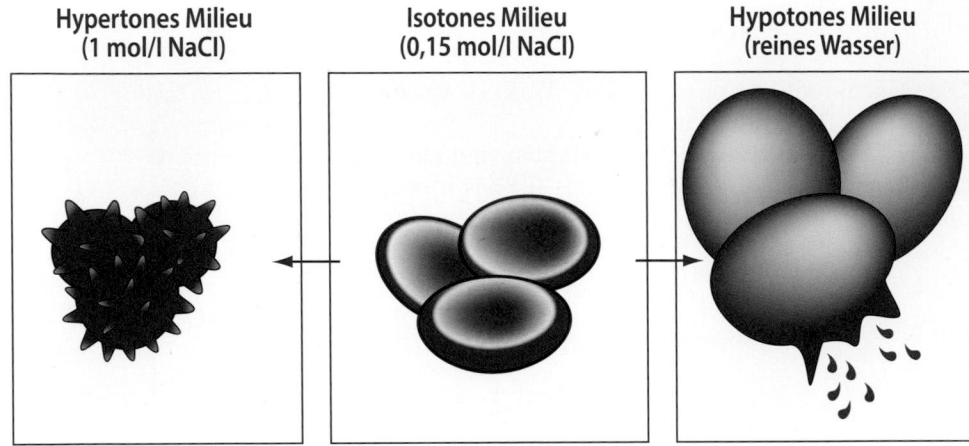

Hypertones Milieu
(1 mol/l NaCl)

Isotones Milieu
(0,15 mol/l NaCl)

Hypotones Milieu
(reines Wasser)

◼ **Abb. 1.8 Effekt von hypotonem, isotonem und hypertonem Milieu auf rote Blutzellen (Einzelheiten s. Text).** Eine physiologische Kochsalzlösung (= isotones Milieu) enthält 0,154 mol NaCl/l, entsprechend 9 g/l

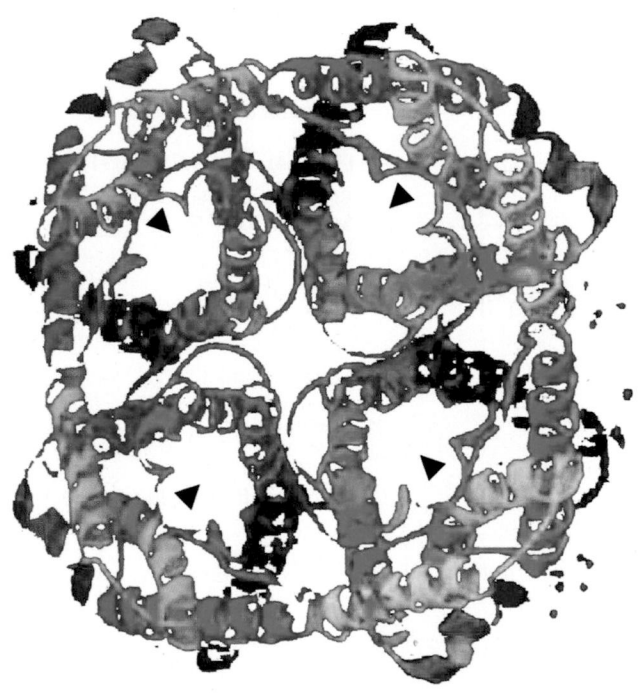

◼ **Abb. 1.9 Aquaporin.** Dreidimensionale Struktur des tetrameren Aquaporin AQP1. Die Ansicht von der cytoplasmatischen Seite zeigt, dass jede der vier Untereinheiten eine Pore (*schwarze Pfeilspitze*) für den Transport eines Wassermoleküls bildet. (Adaptiert nach Sui 2001, mit freundlicher Genehmigung von Macmillan Publishers Ltd)

ren Signalkaskade durch zyklisches GMP. Wahrscheinlich sind die Wasser- und Ionenkanal-Funktionen von Aquaporinen von Bedeutung für die Regulation von Zellvolumen (Mikrodomänen) und Flüssigkeitstransport.

1.3 Autoprotolyse von Wasser, pH-Wert

Wasser hat eine geringe Tendenz zu dissoziieren. Da Wassermoleküle Protonen (H$^+$) untereinander austauschen, kann ein Proton von einem Wassermolekül auf ein benach-

bartes Wassermolekül übertragen werden und es entstehen Hydronium- (H$_3$O$^+$) und Hydroxid-Ionen (OH$^-$) (Gl. 1.3).

$$H_2O + H_2O \rightleftarrows H_3O^+ + OH^- \tag{1.3}$$

Das Gleichgewicht für diese sog. **Autoprotolyse-Reaktion** liegt auf der Seite des undissoziierten Wassers.

Es ist bekannt, dass die Wasserstoffionen (Protonen, H$^+$) nicht nur als Hydronium (H$_3$O$^+$)-Ionen, sondern auch als multimere Hydrate wie H$^+$(H$_2$O)$_2$, H$^+$(H$_2$O)$_3$ und H$^+$(H$_2$O)$_5$ vorliegen.

Zur Vereinfachung hat sich eingebürgert, die Hydroniumionen (H$_3$O$^+$)-Konzentration als H$^+$-Konzentration zu schreiben, obgleich in wässriger Lösung keine Protonen vorliegen. Protonen sind H$^+$-Ionen, die aus H-Atomen entstehen, denen ihr einziges Elektron entzogen wurde.

Die Anwendung des Massenwirkungsgesetzes auf das obige Wasser-Dissoziationsgleichgewicht (Gl. 1.3) ergibt

$$K = [H^+] \cdot [OH^-] / [H_2O]^2 \tag{1.4}$$

Die eckigen Klammern symbolisieren Konzentrationen in mol/l.

Da ein Mol Wasser 18 g wiegt, enthält ein Liter (1000 g) Wasser 1000/18 = 55,6 mol Wasser. Da ferner die molare Konzentration an Wasser mit 55,6 mol/l viel größer ist als die Konzentrationen an H$^+$- und OH$^-$-Ionen, wird die Wasserkonzentration als konstant betrachtet und in die Gleichgewichtskonstante K einbezogen. Dadurch ergibt sich die Ionenprodukt-Konstante K$_w$ des Wassers:

$$K_w = K \cdot [H_2O]^2 = [H^+] \cdot [OH^-] \tag{1.5}$$

Durch Messung der elektrischen Leitfähigkeit wurden die Konzentrationen von H$^+$ und OH$^-$ bei 25 °C bestimmt zu:

$$[H^+] = 10^{-7} \, mol / l$$

1

$$[OH^-] = 10^{-7} \, mol / l$$

Die Ionenprodukt-Konstante des Wassers ist daher $K_w = 10^{-7} \cdot 10^{-7} = 10^{-14} \, mol^2/l^2$

Bei 25 °C (Gleichgewichtskonstanten sind temperaturabhängig) beträgt der Zahlenwert für das Ionenprodukt des Wassers

$$[H^+] \times [OH^-] = 10^{-14} \, mol^2 / l^2$$

Für reines Wasser gilt somit

$$[H^+] = [OH^-] = 10^{-7} \, mol / l$$

❯ Der pH-Wert ist der negative dekadische Logarithmus der Wasserstoffionen-Konzentration.

Da es sehr unbequem ist, mit derart niedrigen Konzentrationen umzugehen, wurde von Søren Sørensen vorgeschlagen, den negativen dekadischen Logarithmus der H⁺-Ionenkonzentration, den sog. **pH-Wert** oder das pH (Neutrum!) (*potentia hydrogenii* oder auch *pondus hydrogenii*) zu verwenden:

$$\mathbf{pH = -\log[H^+]}$$

Daraus folgt:

❯ Je höher die Wasserstoffionen-Konzentration (= Protonenkonzentration) desto niedriger der pH-Wert und umgekehrt.

Die Änderung des pH- Wertes um eine Einheit bedeutet eine 10-fache Änderung in der Wasserstoffionen-Konzentration.

Da die H⁺-Ionenkonzentration von reinem Wasser 10^{-7} mol/l beträgt, ergibt sich ein pH-Wert von

$$pH = -\log [10^{-7}] = -\log [1/10^7] = \log [10^7] = 7,0$$

Auf einer pH-Skala bedeutet pH 7,0 eine neutrale Lösung, pH-Werte kleiner 7 bedeuten saure Lösungen, pH Werte über 7 alkalische Lösungen. In ◘ Abb. 1.10 sind die pH-Werte einiger bekannter Flüssigkeiten und Körperflüssigkeiten zusammengestellt.

Da der pH-Wert die Struktur und Aktivität von Makromolekülen, z. B. die katalytische Aktivität von Enzymen, stark beeinflusst, sind **pH-Messungen** in biochemischen und klinischen Labors sehr wichtig. pH-Messungen können mit Indikatoren durchgeführt werden. Dabei handelt es sich um schwache organische Säuren oder Basen, die bei Base- oder Säurezugabe ihre Farbe ändern, z. B. Lackmus oder Phenolphthalein. Sehr viel präzisere pH-Messungen erfolgen mithilfe einer Glaselektrode in einem pH-Meter,

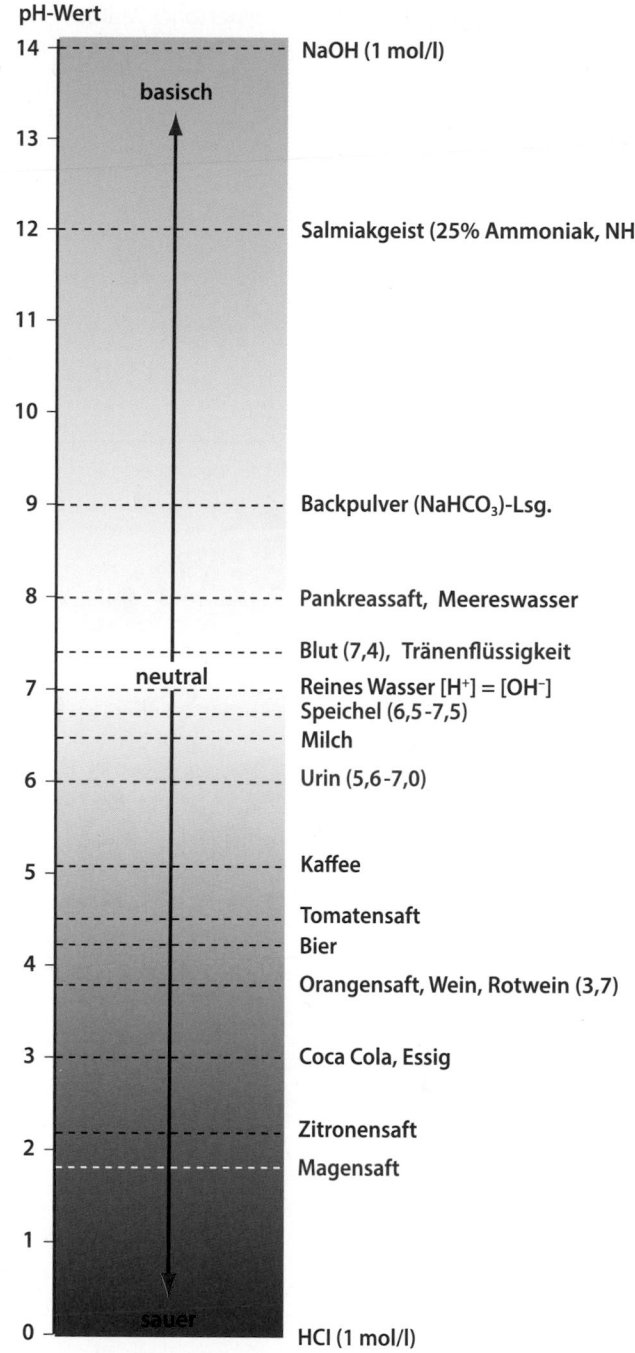

◘ Abb. 1.10   pH-Werte verschiedener Flüssigkeiten und Körperflüssigkeiten (*rote Schrift*)

das eine von der Protonenkonzentration abhängige elektrische Spannung misst. In der medizinischen Diagnostik werden pH-Messungen von Körperflüssigkeiten wie Blut und Urin durchgeführt. Bei nicht behandelten Diabetikern können z. B. aufgrund der hohen Ketonkörperkonzentrationen erniedrigte pH-Werte im Plasma (metabolische Acidose) auftreten (▶ Abschn. 66.3).

1.4 Säuren und Basen

Es gibt eine Vielzahl von Verbindungen, die in reinem Wasser (pH = 7,0) gelöst zu einer Veränderung des pH-Wertes führen. Hierbei kann es sowohl zu einer Erhöhung als auch zu einer Erniedrigung der Wasserstoffionen-Konzentration in der Lösung kommen.

Säuren und Basen können die Protonen (H^+)- und Hydroxid (OH^-)-Ionenkonzentrationen von reinem Wasser verändern. Nach der Definition von Johannes Nicolaus Brønstedt sind **Säuren Protonendonoren**, die in Anwesenheit eines Protonenakzeptors Protonen abgeben. **Basen** sind **Protonenakzeptoren**, die Protonen aufnehmen. Verbindungen wie Wasser, welches sowohl als **Protonendonor** wie auch als **Protonenakzeptor** reagieren kann, werden als **Ampholyte** bezeichnet. Ein weiteres Beispiel sind die Aminosäuren, die sowohl saure wie basische Eigenschaften aufweisen (▶ Abschn. 3.3).

Die allgemeine Darstellung einer Säure-Base-Reaktion

$$HA + B \rightleftarrows A^- + BH^+ \tag{1.6}$$

zeigt, dass Säuren ihre Wasserstoffionen nur abgeben können, wenn Basen anwesend sind, d. h. eine Säure HA geht durch Protonenabgabe in ihre konjugierte Base A^- über, während die Base B durch Protonenaufnahme ihre konjugierte Säure BH^+ bildet.

◘ Tab. 1.1 fasst einige Säuren und ihre konjugierten Basen, sog. konjugierte Säure-Base-Paare, zusammen.

❯ Die Dissoziationskonstante (auch Säurekonstante) ist der zahlenmäßige Ausdruck der Stärke einer Säure.

Die Reaktion einer Säure HA mit der Base Wasser führt zur Bildung von H_3O^+-Ionen und der konjugierten Base A^-.

$$HA + H_2O \rightleftarrows A^- + H_3O^+ \tag{1.7}$$

oder vereinfacht:

$$HA + H_2O \rightleftarrows A^- + H^+ \tag{1.8}$$

◘ **Tab. 1.1** Beispiele für konjugierte Säure-Base-Paare

Säure (Protonendonoren)	Konjugierte Base (Protonenakzeptoren)
HCl	Cl^-
NH_4^+	NH_3
H_2CO_3	HCO_3^-
HCO_3^-	CO_3^{2-}
H_3PO_4	$H_2PO_4^-$
$H_2PO_4^-$	HPO_4^{2-}

Bei starken Säuren wie Salzsäure (HCl) oder Schwefelsäure (H_2SO_4) liegt das Gleichgewicht der Reaktion in wässriger Umgebung vollkommen auf der rechten Seite. In biologischen Systemen herrschen schwache Säuren, d. h. organische Säuren mit Carboxylgruppen (-COOH) vor. Ein Maß für die Stärke einer Säure ist die Gleichgewichts- oder Dissoziationskonstante K'.

Nach dem Massenwirkungsgesetz gilt

$$K' = [H^+] \times [A^-] / [HA] \times [H_2O] \tag{1.9}$$

Da die Konzentration an Wasser praktisch unverändert bleibt, wird diese konventionsgemäß in die Konstante K' einbezogen und das Produkt als Säurekonstante K_s definiert.

$$K' \times [H_2O] = K_s = [H^+] \times [A^-] / [HA] \tag{1.10}$$

Der Index s steht für „Säure", im Englischen ist „a" = *acid* gebräuchlich.

Analog lässt sich die Basekonstante K_B für eine schwache Base B aus der Gleichung

$$B + H_2O = BH^+ + OH^- \tag{1.11}$$

ableiten zu:

$$K' \times [H_2O] = K_B = [BH^+] \times [OH^-] / [B] \tag{1.12}$$

Die Säurekonstante K_s und die Basenkonstante K_B sind temperaturabhängig.

Da die Angabe der Säurekonstanten in Zehnerpotenzen unhandlich ist, verwendet man meist den negativen dekadischen Logarithmus von K_s, der als *pK_s(englisch pK_a)*-**Wert** bezeichnet wird.

$$\mathbf{pK_s = -\log K_s}$$

Dieser ist ein Maß für die Stärke einer Säure. Je kleiner der pK_s-Wert, umso stärker die Säure.

In ◘ Tab. 1.2 sind die pK_s-Werte einiger in der Biochemie wichtiger Säuren in wässriger Lösung (25 °C) aufgeführt.

Bei mehrprotonigen Säuren wie Kohlensäure oder Phosphorsäure gibt es für jede Dissoziationsstufe einen pK_s-Wert. Dabei wird stets das erste Proton leichter als das zweite und dieses leichter als ein drittes abgegeben.

1.5 Puffersysteme

Die Protonenkonzentration (pH-Wert) wird innerhalb von Zellen und in den meisten Körperflüssigkeiten konstant gehalten. Abweichungen vom physiologischen pH-Wert wirken sich z. B. auf die Struktur und katalytische Aktivität von Enzymen besonders nachteilig aus.

◻ Tab. 1.2 pK$_S$-Werte einiger Säure-Base-Paare mit biochemischer Bedeutung in wässriger Lösung bei 25 °C

Säure	Konjugierte Base	pK$_S$	Säurestärke
HCl	Cl$^-$	−6	Stark
Hydroniumionen (H$_3$O$^+$)	H$_2$O	−1,7	Stark
Phosphorsäure (H$_3$PO$_4$)	Dihydrogenphosphat (H$_2$PO$_4^-$)	2,1	Mittelstark
Brenztraubensäure	Pyruvat	2,5	Mittelstark
Acetessigsäure	Acetacetat	3,58	Schwach
β-Hydroxybuttersäure	β-Hydroxybutyrat	3,39	Schwach
Milchsäure	Lactat	3,9	Schwach
Essigsäure	Acetat	4,75	Schwach
Kohlensäure (CO$_2$ + H$_2$O)	Hydrogencarbonat (HCO$_3^-$)	6,35	Schwach
Dihydrogenphosphat (H$_2$PO$_4^-$)	Hydrogenphosphat (HPO$_4^{2-}$)	7,2	Schwach
Ammoniumionen (NH$_4^+$)	Ammoniak (NH$_3$)	9,3	Sehr schwach
Hydrogencarbonat (HCO$_3^-$)	Carbonat (CO$_3^{2-}$)	10,2	Sehr schwach
Hydrogenphosphat (HPO$_4^{2-}$)	Phosphat (PO$_4^{3-}$)	12,3	Kaum noch Säure

❯ Im Stoffwechsel werden Protonen produziert.

Protonen entstehen einerseits aus dem bei der Oxidation von Energiesubstraten (Kohlenhydrate, Fette) entstehenden Kohlendioxid (CO$_2$ ca. 20 mol/Tag = 880 g), und andererseits aus den Carbonsäureprotonen. Im ersten Fall wird das hauptsächlich aus dem Citratzyklus stammende CO$_2$ durch das Enzym Carboanhydrase in H$^+$- und HCO$_3^-$-Ionen umgewandelt. Im zweiten Fall kommen „Carbonsäureprotonen" aus Milchsäure, Acetessigsäure und Hydroxybuttersäure, die in der Glycolyse (▶ Abschn. 14.1.1) bzw. Ketogenese (▶ Abschn. 21.2.2) gebildet werden. Die Protonen werden zunächst vom Blut aufgenommen. Dabei wird eine wesentliche Verschiebung des pH-Wertes des Blutplasmas durch die Puffersysteme des Blutes verhindert.

❯ Schwache Säuren und ihre konjugierten Basen bilden Puffersysteme und halten den pH-Wert im Zellinneren und in Körperflüssigkeiten konstant.

Unter einem Puffersystem oder kurz Puffer versteht man im einfachsten Fall Lösungen, die sich aus einer schwachen Säure und deren konjugierter Base oder umgekehrt aus einer schwachen Base und deren konjugierter Säure zusammensetzen. Der pH-Wert einer Pufferlösung ändert sich in einem bestimmten Pufferbereich auch bei Zugabe größerer Mengen an Säure (Protonen) oder Base (Hydroxidionen) kaum.

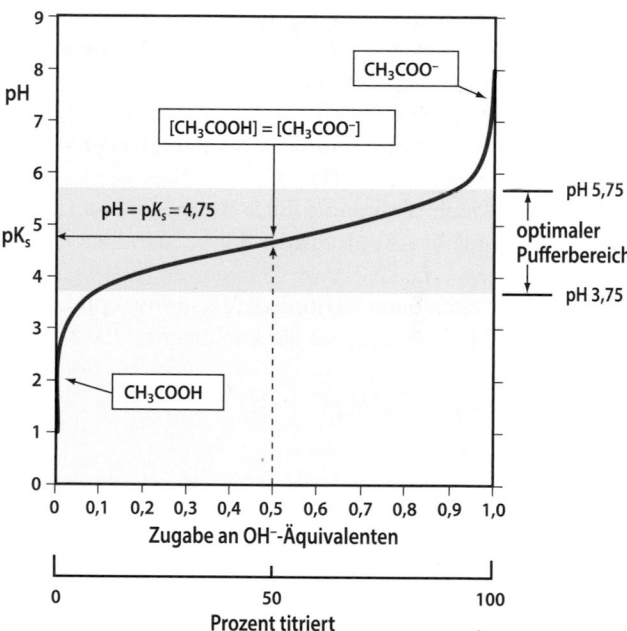

◻ Abb. 1.11   Titrationskurve der Essigsäure. (Einzelheiten s. Text). (Adaptiert nach Nelson, Cox 2013)

Um die Wirkung eines Puffersystems zu verstehen, ist in ◻ Abb. 1.11 der Verlauf der Titration einer schwachen Säure, der Essigsäure (CH$_3$COOH, pK$_s$ 4,75) mit einer starken Base, Natronlauge (NaOH) dargestellt.

In der Abbildung ist der pH-Wert gegen die zugegebene Menge an NaOH – ausgedrückt als Quotient aus

den NaOH- und Essigsäure (HAc)-Konzentrationen in mol/l – aufgetragen. Zu Beginn der Titration, die mit einem pH-Messgerät verfolgt wird, ist die Essigsäure zu einem sehr geringen Teil in H$^+$ und Acetat– (Ac$^-$) dissoziiert:

$$K_s = [H^+] \cdot [Ac^-]/[HAc] = 1,7 \cdot 10^{-5}\, mol/l \qquad (1.13)$$

Zugesetzte Hydroxid(OH$^-$)-Ionen fangen die freien Protonen der Essigsäure unter H$_2$O-Bildung ab. Durch den Protonenentzug wird das System

$$CH_3COOH \rightleftharpoons H^+ + COO^- \qquad (1.14)$$

aus dem Gleichgewicht gebracht. Um das Gleichgewicht wiederherzustellen, dissoziiert die Essigsäure und setzt Protonen in dem Maß frei, wie sie durch OH$^-$-Ionen der Natronlauge zu Wasser verbraucht werden, solange, bis die Essigsäure vollständig in Natriumacetat umgewandelt ist, d. h. aus der gesamten Essigsäure entsteht quantitativ die konjugierte Base Acetat. Als **Äquivalenzpunkt** wird der Punkt bezeichnet, an dem es bei weiterer Zugabe von NaOH zu einem plötzlichen pH-Anstieg kommt. Am **Halbäquivalenzpunkt** ist die Hälfte der ursprünglichen Säure in die konjugierte Base umgewandelt worden. Bei einem pH-Wert von 4,75, der dem pK$_s$-Wert von Essigsäure entspricht, ist das Verhältnis der Konzentrationen von Acetat zu Essigsäure gleich 1 und der pH gleich dem pK$_s$. Von großer Bedeutung ist, dass über einen relativ weiten Bereich NaOH der Essigsäure zugesetzt werden kann, ohne dass sich der pH-Wert stark ändert (in ◻ Abb. 1.11, hellgrün unterlegt). Dieses Phänomen wird als **Pufferung** bezeichnet. Diese Eigenschaft bleibt auch nach Verdünnung von Pufferlösungen erhalten.

❯ Die Henderson-Hasselbalch-Gleichung beschreibt den Zusammenhang zwischen pH, pK$_s$ und dem Konzentrationsverhältnis von konjugierter Base und schwacher Säure.

Der Verlauf der Titrationskurven aller schwachen Säuren wird durch die **Henderson-Hasselbalch-Gleichung** beschrieben. Diese lässt sich wie folgt ableiten:
Schwache Säuren wie Essigsäure, Kohlensäure oder Phosphorsäure (abgekürzt HA) dissoziieren in Wasser

$$HA + H_2O \rightleftharpoons H_3O^+ + A^- \qquad (1.15)$$

oder vereinfacht

$$HA + H_2O \rightleftharpoons H^+ + A^- \qquad (1.16)$$

Auf das Dissoziationsgleichgewicht lässt sich das Massenwirkungsgesetz anwenden

$$K = [H^+] \times [A^-]/[HA] \times [H_2O] \qquad (1.17)$$

Da die Wasserkonzentration durch die Dissoziation der schwachen Säure praktisch nicht beeinflusst wird, kann diese in die Gleichgewichtskonstante K einbezogen werden. Für die Säurekonstante K$_s$ gilt dann

$$K_s = [H^+] \times [A^-]/[HA] \text{ oder} \qquad (1.18)$$

$$[H^+] = K_s \times [HA]/[A^-] \qquad (1.19)$$

Nach Bildung des negativen dekadischen Logarithmus lassen sich folgende Gleichungen ableiten

$$-\log[H^+] = -\log K_s - \log[HA]/[A^-] \text{ bzw.}$$

$$pH = pK_s - \log[HA]/[A^-] \qquad (1.20)$$

$$pH = pK_s + \log[A^-]/[HA] \qquad (1.21)$$

In allgemeiner Form gilt:

$$pH = pK_s + \log[\text{konjugierte Base}/\text{Säure}]$$

Diese Gleichung wurde von **Lawrence Henderson** und **Karl Hasselbalch** erstmals beschrieben. In ihr sind pH- und pK$_s$-Wert sowie das Konzentrationsverhältnis von konjugierter Base und schwacher Säure miteinander verknüpft.

Wenn die Konzentrationen von konjugierter Base und schwacher Säure gleich sind, wird der Quotient 1 und der Logarithmus 0. Somit gilt pH = pK$_s$. Dies bedeutet, dass der pK$_s$-Wert dem pH-Wert entspricht, bei dem die Hälfte der Säure dissoziiert ist.

Beim Verdünnen des Essigsäure/Acetat-Puffers bleibt der pH-Wert konstant, da sich das Verhältnis von A$^-$ und HA nicht ändert, obwohl die absoluten Konzentrationen von A$^-$ und HA kleiner werden.

Ist das Verhältnis von konjugierter Base zu Säure gleich 10:1 bzw. 100:1, so betragen die pH-Werte

$$pK_s + 1 \text{ bzw. } pK_s + 2$$

Die **Pufferkapazität** gibt an, wie viele H$^+$ bzw. OH$^-$ Ionen einem Liter einer Lösung zugegeben werden können bis deren pH- Wert sich um eine Einheit ändert. Die Kapazität eines Puffers ist bei pH = pK am größten und nimmt nach kleineren und größeren pH-Werten glockenförmig ab. Sie steigt linear mit der Gesamtkonzentration des Puffersystems [HA] und [A$^-$] an, d. h. ein 0,5 mol/l-Puffersystem puffert etwa 5-mal so viele Protonen oder Hydroxidionen ab wie ein 0,1 mol/l Puffersystem.

❯ Wichtige Puffersysteme im Blutplasma des menschlichen Organismus sind.

— das **Kohlendioxid/Hydrogencarbonat-System** ($pK_s' = 6,10$)*
— das **Dihydrogenphosphat/Hydrogenphosphat-System** ($pK_s' = 6,80$)*.
— die **Plasmaproteine**

* In Körperflüssigkeiten weichen die pK_s-Werte häufig von denen ab, die in verdünnten wässrigen Lösungen gemessen werden (◻ Tab. 1.2). Daher die Bezeichnung pK_s'.

❯ Das Kohlensäure/Hydrogencarbonat-Puffersystem ist im Extrazellulärraum sehr wichtig.

Der pH-Wert in Extrazellulärräumen wird im Wesentlichen durch das Kohlendioxid/Hydrogencarbonat-Puffersystem konstant gehalten (gelegentlich wird für Hydrogencarbonat die eigentlich veraltete Bezeichnung Bicarbonat verwendet).

Für dieses Puffersystem müssen die folgenden zwei Gleichgewichte (Gl. 1.22 und 1.23) betrachtet werden.

Das Enzym Carboanhydrase, welches in den meisten Geweben und in Erythrocyten vorkommt, katalysiert die Hydratation von Kohlendioxid (CO_2) nach der Gleichung

$$CO_2\left(gel\ddot{o}st\right) + H_2O \rightleftharpoons H^+ + HCO_3^- \tag{1.22}$$

Das zweite Gleichgewicht ist das Verhältnis der im Blut/Extrazellulärraum vorhandenen Konzentration an gelöstem CO_2 zu gasförmigem CO_2 in den Lungenalveolen.

$$CO_2\left(gel\ddot{o}st\right) \rightleftharpoons CO_2\left(gasf\ddot{o}rmig\right) \tag{1.23}$$

Die Anwendung des Massenwirkungsgesetzes auf die Reaktion in Gl. 1.22 liefert

$$K' = [H^+] \times [HCO_3^-] / [CO_2^{(gel\ddot{o}st)}] \times [H_2O] \tag{1.24}$$

Da die Wasserkonzentration konstant ist, wird diese in die Gleichgewichtskonstante einbezogen, es ergibt sich die Säurekonstante K_s

$$K_s = K' \times [H_2O] = [H^+] \times [HCO_3^-] / [CO_2^{(gel\ddot{o}st)}] \tag{1.25}$$
oder

$$[H^+] = K_s \times [CO_2^{(gel\ddot{o}st)}] / [HCO_3^-] \tag{1.26}$$

Nach Bildung des negativen dekadischen Logarithmus ergibt sich

$$pH = pK_s - \log [CO_2^{(gel\ddot{o}st)}] / [HCO_3^-] \text{ oder} \tag{1.27}$$

$$pH = pK_s + \log[HCO_3^-] / [CO_2^{(gel\ddot{o}st)}] \tag{1.28}$$

Der pK_s-Wert für das Kohlensäure/Hydrogencarbonat-Puffersystem beträgt bei 25 °C im wässrigen Milieu 6,4. Aufgrund der Temperaturabhängigkeit der pK_s-Werte beträgt der pK_s-Wert im Blut bei 37 °C 6,1.

Bei einem physiologischen Blut-pH-Wert von 7,4 gilt

$$7,4 = 6,1 + \log[HCO_3^-] / [CO_2^{(gel\ddot{o}st)}] \text{ oder} \tag{1.29}$$

$$7,4 - 6,1 = 1,3 = \log [HCO_3^-] / [CO_2^{(gel\ddot{o}st)}] \tag{1.30}$$

d. h. der Logarithmus des Quotienten $[HCO_3^-]/[CO_2^{(gel\ddot{o}st)}]$ muss 1,3 sein.

Dies ist der Fall bei einem $[HCO_3^-]/[CO_2^{(gel\ddot{o}st)}]$-Verhältnis von 20:1 (Logarithmus von 20 ergibt 1,3).

Es ist nicht zu verstehen, dass der CO_2/HCO_3^--Puffer mit einem pK_s-Wert von 6,1 den Blut-pH von 7,4 konstant halten kann, da optimale Puffersysteme am besten im $pK_s \pm 1$-Bereich wirken. Die Erklärung, warum das CO_2/HCO_3^--System im Blut dennoch seine Funktion erfüllen kann, ist in der Tatsache begründet, dass es ein offenes Puffersystem ist. Die CO_2- und HCO_3^--Konzentrationen werden unabhängig voneinander in den Organsystemen Lunge, Niere und Leber reguliert: die CO_2-Konzentration durch die Atmung über die Lunge, die HCO_3^-- Konzentration über die Ausscheidung und Reabsorption durch die Nieren (▶ Abschn. 65.5 und ▶ Abschn. 27.1.4) sowie über die Regulation der Harnstoffsynthese in der Leber (▶ Abschn. 27.1.2).

Bei einem Abfall des Blut-pH- Wertes, weil z. B. in den Lebermitochondrien eine vermehrte Synthese der Ketonkörper Acetessigsäure und Hydroxybuttersäure stattfindet und diese Ketonkörper ans Blut abgegeben werden, verschiebt sich aufgrund des Anstiegs der Wasserstoffionen im Blut das Gleichgewicht von Hydrogencarbonat und CO_2 in Richtung Kohlensäure (Gl. 1.31).

Blut		Lunge
$H^+\uparrow + HCO_3^- \rightleftharpoons H_2O + CO_2^{(gel\ddot{o}st)}\uparrow$	$\rightleftharpoons CO_2^{(Gas)}$	(1.31)

Die Kohlensäure ist nicht stabil und zerfällt in Wasser und gelöstes CO_2. Letzteres wiederum steht in den Lungenalveolen im Gleichgewicht mit gasförmigem CO_2, welches abgeatmet werden muss.

Bei einer Zunahme des pH-Wertes, d. h. wenn die Wasserstoffionen-Konzentration abnimmt, kommt es zu einer vermehrten Produktion von Hydrogencarbonat aus Kohlensäure.

Pathobiochemie

Es gibt prinzipiell zwei unterschiedliche Störungen des Säure-Base-Haushalts, die zur **Acidose** oder **Alkalose** führen. Sie werden in ▶ Abschn. 66.3.1 ausführlich besprochen.

Metabolische Störungen entstehen bei einem Ungleichgewicht zwischen H^+-Produktion und Verbrauch, respiratorische Störungen entstehen bei abnormaler Lungenfunktion, d. h. bei verstärkter (Hyperventilation) oder bei verminderter Abatmung des CO_2 durch die Lunge (obstruktive Lungenerkrankungen, z. B. Asthma, *chronic obstructive pulmonary disease*, COPD).

■ Dihydrogenphosphat/Hydrogenphosphat-System

Die mehrprotonige Phosphorsäure, H_3PO_4, kann in drei Stufen deprotoniert werden und besitzt drei Dissoziationskonstanten und pK_s-Werte: Da der pH-Wert des Blutes 7,4 beträgt, ist das $H_2PO_4^-/HPO_4^{2-}$-Puffersystem mit einem pK_s-Wert von 7,2 besonders geeignet.

$$H_3PO_4 \underset{pK_s\ 2,12}{\overset{H^+}{\rightleftharpoons}} H_2PO_4^- \underset{pK_s\ 7,21}{\overset{H^+}{\rightleftharpoons}} HPO_4^{2-} \underset{pK_s\ 12,67}{\overset{H^+}{\rightleftharpoons}} PO_4^{3-}$$

$$(1.32)$$

Aufgrund seiner geringen Konzentration (1 mmolar) und damit geringen Pufferkapazität im Blutplasma spielt dieses Säure-Base-Paar dort allerdings eine eher untergeordnete Rolle bei der Abpufferung von Protonen.

■ Plasmaproteine

Die Plasmaproteine und insbesondere das Hämoglobin der Erythrocyten tragen ebenfalls zur Konstanthaltung des Blut-pH's bei. Während die sauren Seitengruppen von Glutamat und Aspartat (pK ~ 4) und die basischen Reste von Lysin und Arginin (pK ~ 10,5) kaum zur Pufferung beitragen, sind der Imidazolring des Histidins (pK ~ 6) und die SH-Gruppe von Cystein (pK ~ 8) wesentlich für die Pufferung durch Proteine verantwortlich.

❯ Puffersysteme im Urin des menschlichen Organismus sind:

— das **Dihydrogenphosphat/Hydrogenphosphat-System** ($pK_s' = 6,80$)* (Tabelle 1.2) und
— das **Ammonium/Ammoniak-System** ($pK_s' = 9,30$)

* In Körperflüssigkeiten weichen die pK_s-Werte häufig von denen ab, die in verdünnten wässrigen Lösungen gemessen werden (◻ Tab. 1.2). Daher die Bezeichnung pK_s'.

Dagegen ist das im Urin reichlich vorhandene Ausscheidungsprodukt Harnstoff als neutrales Säureamid der Kohlensäure NH_2-CO-NH_2 nicht sauer oder basisch und unter physiologischen Bedingungen ohne Einfluss auf den pH-Wert des Urins.

Zusammenfassung

— Mit 60 % unseres Körpergewichtes stellt Wasser die Hauptkomponente des Organismus dar.
— Das Wassermolekül ist ein Dipol, der mit sich selbst aber auch mit anderen polaren Molekülen Wasserstoffbrückenbindungen ausbilden kann.
— Hydrophile Substanzen, wie polare organische Biomoleküle und anorganische Salze, lösen sich leicht in Wasser.
— Hydrophobe Moleküle oder Molekülgruppen werden von Wasser in eine spontane Aggregation/Assoziation gezwungen (Entropieeffekt).
— Wassermoleküle wandern durch Osmose von Orten hoher zu Orten niedriger Wasserkonzentration. Der osmotische Druck einer Lösung ist der Druck, der aufgewendet werden muss, um das Einfließen von Wasser zu verhindern.
— Wassermoleküle zeigen eine sehr schwache, aber wichtige Tendenz in Protonen und Hydroxidionen zu dissoziieren. Die Konzentration an Protonen in einer Lösung wird durch den pH-Wert beschrieben. Dieser ist als negativer dekadischer Logarithmus der normierten Wasserstoffionen-Konzentration $[H^+]$ definiert.
— Säuren sind Protonendonoren, Basen Protonenakzeptoren. Verbindungen, die sowohl als Säuren wie auch als Basen fungieren (z. B. Wasser), nennt man Ampholyte. Die Stärke einer Säure wird durch ihre Dissoziationskonstante K_s bzw. den pK_s-Wert bestimmt. Der negative dekadische Logarithmus von K_s wird als pK_s bezeichnet.
— Ein Puffersystem ist ein Gemisch einer schwachen Säure und deren konjugierter Base. Es hält den pH-Wert einer Lösung bei Zugabe von Säure oder Base innerhalb einer pH-Einheit um den pK der Komponenten konstant. Die Henderson-Hasselbalch-Gleichung beschreibt den Zusammenhang zwischen pH, pK_s und dem Konzentrationsverhältnis von konjugierter Base und korrespondierender Säure.

Weiterführende Literatur

Berg JM, Tymoczko JL, Stryer L (2007) Biochemistry, 6th edition. W.H. Freeman and Company, New York
Campbell MK, Farrell SO (2011) Chapter 2: Water: the solvent for biochemical reactions. In: Biochemistry, 7. Aufl. Brooks Cole, Belmont

1

Chaplin M (2014) Water structure and science. http://www.lsbu. ac.uk/water/abstrct.htmlmem. Zugegriffen am 29.03.2014

Devlin TM (2011) Structure of macromolecules. In: Textbook of biochemistry with clinical correlations, 7. Aufl. Wiley/New York & Sons, New York

Garrett RH, Grisham CM (2010) Water: the medium of life, part 1. In: Biochemistry, 4. Aufl. Brooks Cole, Belmont

Horton HR, Moran LA, Scrimgeour KG, Perry MD, Rawn JD (2008) Biochemie, Horton Biochemie kompakt, 4. Aufl. Pearson Studium

Lieberman M, Marks AD (2009) Acids, bases, and buffers, section 2. In: Mark's basic medical biochemistry a clinical approach water, 3. Aufl. Wolters Kluwer, Köln

Lodish H et al (2013) Chemical foundations. In: Molecular cell biology, 7. Aufl. Freemann, Gumbrills

Müller-Esterl W (2004) Chemie – Basis des Lebens. In: Biochemie, 4. Aufl. Springer Spektrum

Murray et al (2012) Chapter 2: Water and pH. In: Harper's illustrated biochemistry, 29. Aufl. Lange Medical Books, McGraw-Hill, New York

Nelson DL, Cox MM (2013) Chapter 2: Water. In: Lehninger principles of biochemistry, 6. Aufl. Freemann, Gumbrills

Sui H et al (2001) Structural basis of water – specific transport through the AQP1 water channel. Nature 414:872–878

Voet D, Voet JG (2011) Chapter 2: Water. In: Biochemistry, 4. Aufl. Wiley, New York

Vom Molekül zum Organismus

Hartmut Follmann und Peter C. Heinrich

„Ohne Wasser kein Leben!" stellt das erste Kapitel dieses Buches fest. Mit gutem Grund: Das Vorkommen von Wasser auf der Erde in allen drei Aggregatzuständen – Eis, flüssig, gasförmig – erlaubt die Existenz sehr vieler verschiedener, an große Kälte, gemäßigte Temperaturen oder Hitze angepasster Lebensformen und ist für diese als Lösungsmittel und Reaktionspartner unentbehrlich. „Aber auch kein Leben ohne tausende organischer und anorganischer Stoffe!" fügen dieses und folgende Kapitel hinzu. Zum Verständnis physiologischer wie pathologischer Zustände soll deutlich werden, warum beides einander bedingt und wie es zur Existenz lebender Zellen kommen konnte, die einen Baustein-Stoffwechsel und einen Energie-Stoffwechsel unterhalten, replikationsfähig sind und mit ihrer Umwelt kommunizieren.

Schwerpunkte

2.1 Die chemischen Elemente lebender Organismen
- Periodensystem der Elemente
- Häufigkeit und Funktionen in lebenden Organismen

2.2 Charakteristische Eigenschaften organischer Biomoleküle
- Funktionelle Gruppen
- Stoffklassen
- Reaktionsweisen
- Stereoisomerie und Strukturvielfalt in Biomolekülen
- Strukturkomplexität und Strukturvielfalt

2.3 Von chemischer Materie zu biologischer Vielfalt
- Entstehung des Lebens aus einfachen organischen Molekülen
- Der universelle Stammbaum aller lebenden Organismen

Eine wichtige Feststellung zu Beginn: Eine spezielle Chemie „des Lebens" oder gar „des Menschen" gibt es streng genommen nicht. Überall und immer führen chemische,

physikalisch-chemische und somit auch biochemische Vorgänge unter bestimmten Bedingungen nach denselben Gesetzen zu vergleichbaren Zuständen und Produkten. Dass sich Vorgänge im Milieu lebender Zellen oder ganzer Organe (*in vivo*) von den Vorgängen in rein chemisch definierten Systemen („im Reagenzglas", *in vitro*) oftmals drastisch zu unterscheiden scheinen, liegt an der sehr unterschiedlichen Komplexität der jeweils herrschenden Bedingungen:

- Zellen und Zellorganellen enthalten in ihrem kleinen Volumen und wasserarmem Milieu ansehnliche Konzentrationen organischer Stoffe, deren Strukturen meist sog. **schwache Wechselwirkungen** in und zwischen den Molekülen ermöglichen.
- Solche spontan existierenden, energetisch günstigen Wechselwirkungen können ionisch sein (polar, $-X^+$ $-Y^-$), Dipol-artig wie z. B. die H-Brücken im Wasser (► Kap. 1), in Proteinen und Nucleinsäuren ($-H \cdots O=$, ► Kap. 5 und 10), oder von hydrophober Natur (wie in Lipiden, ► Abschn. 3.2). Sie sind einzeln von geringem Energiebetrag, aber sehr zahlreich und meist räumlich gerichtet. Gegenüber verdünnten wässrigen Lösungen (ohne intermolekulare Wechselwirkungen) verändern zwischenmolekulare Kräfte innerhalb von Zellen die **lokale Konzentration** von Substraten und oft auch deren Reaktivität.
- Die meisten Reaktionen innerhalb einer Zelle werden durch die **Enzymkatalyse** stark beschleunigt und für bestimmte Reaktionen und Substrate spezifisch gestaltet.
- Durch hydrophobe Membranen, die die Zelle in Kompartimente (Reaktionsräume, Zellorganellen) unterteilen, werden Konzentrationsgradienten und **Ungleichgewichte** aufrechterhalten, die fern vom thermodynamischen Gleichgewicht sind.
- Regulatorisch wirksame Substanzen (Hormone, Inhibitoren, *second messenger* u. a. m.) können für die **Anpassung** des Zellstoffwechsels an die wechselnden, oft durch die Umwelt diktierten Bedürfnisse eines Organismus sorgen.

Hartmut Follmann: Verstorben

© Springer-Verlag GmbH Deutschland, ein Teil von Springer Nature 2022
P. C. Heinrich et al. (Hrsg.), *Löffler/Petrides Biochemie und Pathobiochemie*, https://doi.org/10.1007/978-3-662-60266-9_2

2

- Durch die makromolekulare Struktur und Funktion von Nucleinsäuren und Proteinen mit ihren spezifischen Wasserstoffbrückenbindungen existiert zwischen ihnen und ggf. zwischen ganzen Zellen ein Austausch und Fluss von **Informationen**.

> Die Biochemie von Zellen ist durch viele sog. schwache Wechselwirkungen der Moleküle untereinander und mit Wasser gekennzeichnet.

Lebensvorgänge wie Stoffwechsel, Zellteilung oder Sinneswahrnehmungen lebender Organismen versteht man neben Kenntnis ihrer chemischen Zusammensetzung nur unter Berücksichtigung derartiger Wechselwirkungen zwischen ihren organischen und anorganischen Molekülen. Zumeist sind daran wegen ihrer Dipolstruktur (▶ Kap. 1, ◼ Abb. 1.1) auch Wassermoleküle beteiligt. Die lebensprägende Bedeutung von Wasser für aquatische Einzeller wie für große Landbewohner vom Säugetier bis zum Mammutbaum wird daran noch einmal deutlich. Sogar in der Raumforschung gilt der (noch nirgends gelungene) spektroskopische Nachweis von Wasser als bester denkbarer Hinweis für mögliches Leben auf „Exoplaneten"[1] ferner Sterne!

2.1 Die chemischen Elemente lebender Organismen

> Im menschlichen Körper kommen 23 verschiedene Elemente vor, darunter viele nur als Spurenelemente für katalytische Funktionen.

Chemische Elemente sind die Grundlage unserer stofflichen Existenz. Von den auf der Erde natürlich vorkommenden 92 Elementen von Wasserstoff bis Uran sind die völlig inerten Edelgase, die „seltenen Erden" sowie nur in vollkommen unlöslichen Verbindungen vorkommende Schwermetalle von vornherein ungeeignet für Zellen und zelluläre Funktionen, die ja auf Existenz in und Stoffaustausch mit einem wässrigen Milieu beruhen. In ◼ Tab. 2.1 sind die für den Menschen nach heutigem Wissensstand essenziellen Mengenelemente und Spurenelemente aufgeführt und im Periodensystem der Elemente (◼ Abb. 2.1) blau dargestellt. Sieben weitere Elemente – Arsen, Bor, Brom, Nickel, Silicium, Vanadium und Zinn – die im menschlichen Körper nachgewiesen wurden, sind dort ebenfalls

---

1 = extrasolarer Planet, nicht zum Sonnensystem gehörig.

markiert (blau/weiß). Ob sie eine essenzielle Funktion erfüllen ist unklar, denn allein der analytische Nachweis eines Elements im Körper und in unserer Nahrung beweist noch keine physiologische Funktion. Silicium, das zweithäufigste Element der Erdkruste, ist z. B. als Kieselsäure in Pflanzen weit verbreitet und wird von uns zwangsläufig aufgenommen. Eine nützliche Funktion von Arsen ist schwer mit der Tatsache zu vereinen, dass es auch ein Stoffwechselgift darstellt. Experimente an Versuchstieren unter Mangelbedingungen bzw. mit dosierter Zufuhr einzelner Elemente sind auf Menschen ohnehin nicht übertragbar.

In ◼ Abb. 2.1 sind auch einige für uns toxische Elemente (lila) aufgeführt, und schließlich solche, die in der Humanmedizin technisch und pharmakologisch verwendet werden (grün). Beispiele sind ein kurzlebiges Technetium-Isotop in der Radiodiagnostik und unlösliches Bariumsulfat als Röntgenkontrastmittel, Lithium in der Psychopharmatherapie, Titan- und Platinverbindungen (Budotitan, Cisplatin) in der Krebsbehandlung. Weitere anorganische Stoffe und kurzlebige Isotope sind in experimenteller Prüfung als Radiopharmaka.

Lebende Zellen setzen sich aus vielfältigen und zahlreichen Verbindungen der (bio)organischen und (bio)anorganischen Chemie zusammen. Leben, wie wir es kennen, vom Einzeller bis zum Menschen, ist auf unserer Erde entstanden (▶ Abschn. 2.3), und hängt in seiner Existenz seitdem und weiterhin von der herrschenden chemischen und physikalischen Umgebung ab. Es ist aufschlussreich und auch von praktischer Bedeutung, das Vorkommen und die Häufigkeit der Elemente im Menschen – repräsentativ für höhere landlebende Wirbeltiere – zu betrachten und mit dem Anteil derselben Elemente an der „anorganischen" Welt der Erdkruste zu vergleichen (◼ Tab. 2.1). Dabei wird klar, dass irdisches Leben vielfach im krassen Ungleichgewicht mit der Chemie unseres Planeten steht, wie insbesondere am Fall von Kohlenstoff und Stickstoff deutlich wird. Vorhandensein bzw. Mangel mancher mineralischer Elemente im menschlichen Körper sind von Bedeutung, wo ihr Einbau als „aktive Zentren" in Proteine (vor allem Enzyme) oder in Coenzym-Moleküle Lebensfunktionen überhaupt erst ermöglicht oder zumindest die Spezifität und Aktivität von Stoffwechselprozessen stark erhöht; das gilt beispielsweise für die Sauerstoffbindung am Eisen der Hämoglobine oder für Zink in Verdauungsenzymen und in Insulin. Derartige Funktionen hängen kritisch von der Verfügbarkeit und der Aufnahme des jeweiligen Metalls aus der Nahrung zusammen, wie in einem späteren Kapitel im Detail besprochen wird (▶ Kap. 60).

◘ **Tab. 2.1** Häufigkeit und wichtige Funktionen der chemischen Elemente in einem menschlichen Körper von 70 kg bzw. der entsprechenden 25 kg Trockenmasse

Element	Masse pro Körpermasse (g)	Massenanteil an Trockenmasse (g)	Vorkommen, Funktionen im Körper (Auswahl)	Massenanteil der Erdkruste (%)
Mengenelemente[a]				
Sauerstoff (O)	43.000	14.000	Wasser; alle organischen Stoffe	49
Kohlenstoff (C)	16.000	6000	Alle organischen Stoffe	0,09
Wasserstoff (H)	7000	2500	Wasser; organische Stoffe	0,9
Stickstoff (N)	1800	650	Proteine, Nucleotide, Nucleinsäuren	0,03
Calcium (Ca)	1200	430	Hydroxylapatit (Knochen, Zähne)	3,4
Phosphor (P)	800	300	Hydroxylapatit, Nucleinsäuren, Coenzyme	0,1
Schwefel (S)	140	50	Thiole und Disulfide in Proteinen, Coenzyme	0,05
Kalium (K)	125	45	Elektrolyt	2,4
Natrium (Na)	100	36	Elektrolyt in Körperflüssigkeiten	2,6
Chlor (Cl)	95	34	Elektrolyt in Körperflüssigkeiten	0,2
Magnesium (Mg)	25	9	Phosphatstoffwechsel, Nucleinsäurefunktionen	1,9
Spurenelemente[b]				
Fluor (F)	5	2	Fluorapatit (Knochen, Zähne)	0,028
Eisen[c] (Fe)	4	1,5	Sauerstofftransport, Atmung, Redoxzentren in Proteinen, Eisentransport und -Speicherung	4,7
Zink (Zn)	2,3		Katalytisch und strukturell in Proteinen	0,012
Silicium (Si)	1,0		Funktion ungewiss	25,7
Kupfer (Cu)	0,07		Katalytisch in Enzymen	0,01
Iod (I)	0,015		In Schilddrüsenhormonen	10^{-5}
Selen (Se)	0,014		Reaktive Zentren von Enzymen	0,008
Mangan (Mn)	0,012		Katalytisch in Enzymen	0,1
Nickel[d] (Ni)	0,01		Indirekt	0,019
Molybdän (Mo)	0,005		Katalytisch in Enzymen	0,007
Chrom (Cr)	0,002		Glucose-Insulin-Wechselbeziehungen	0,019
Kobalt (Co)	0,002		Reaktives Zentrum in Vitamin B_{12}	0,004

[a] Elemente, die mehr als 50 mg/kg Trockenmasse ausmachen
[b] Elemente, die weniger als 50 mg/kg Trockenmasse ausmachen (s. auch ▶ Kap. 60)
[c] >50 mg/kg „Häm-Eisen" und „Nicht-Häm-Eisen"; Eisen wird funktionell oft als Spurenelement betrachtet
[d] Kein menschliches Zielprotein bekannt, aber wahrscheinlich essenziell für bestimmte Darmbakterien

2.2 Charakteristische Eigenschaften organischer Biomoleküle

❯ Biomoleküle befolgen allgemeingültige Reaktionsweisen der organischen Chemie. Sie tragen polare Substituenten, die Wasserlöslichkeit und ionische Wechselwirkungen erlauben, oder sie enthalten in Lipiden unpolare Kohlenwasserstoffreste für die Bildung von Membranen, oder beides.

Alle Lebensvorgänge in einzelnen Zellen und im gesamten Körper – Synthese neuer Zellmasse, Energieproduktion, Informationsfluss u. a. m. – beruhen auf chemischen Umsetzungen zwischen den jeweils vorhandenen Inhaltsstoffen. „Organisch" nannte man ursprünglich die in Organen und einem Organismus gebildeten und umgesetzten Substanzen. Ein grundsätzlicher Unterschied zwischen physiologisch vorkommenden und chemisch-synthetisch hergestellten organischen Stoffen

Hauptgruppenelemente (IA bis VIIIA)

Nebengruppen »Übergangselemente«

	IIA	IIIB	IVB	VB	VIB	VIIB	VIII	VIII	VIII	IB	IIB	IIIA	IVA	VA	VIA	VIIA	
1 H																	2 He
3 Li	4 Be											5 B	6 C	7 N	8 O	9 F	10 Ne
11 Na	12 Mg											13 Al	14 Si	15 P	16 S	17 Cl	18 Ar
19 K	20 Ca	21 Sc	22 Ti	23 V	24 Cr	25 Mn	26 Fe	27 Co	28 Ni	29 Cu	30 Zn	31 Ga	32 Ge	33 As	34 Se	35 Br	36 Kr
37 Rb	38 Sr	39 Y	40 Zr	41 Nb	42 Mo	43 Tc	44 Ru	45 Rh	46 Pd	47 Ag	48 Cd	49 In	50 Sn	51 Sb	52 Te	53 I	54 Xe
55 Cs	56 Ba	57 La ↕	72 Hf	73 Ta	74 W	75 Re	76 Os	77 Ir	78 Pt	79 Au	80 Hg	81 Tl	82 Pb	83 Bi	84 Po	85 At	86 Rn
87 Fr	88 Ra	89 Ac ↕	104	105	106	107	108										

↕ Elemente 58 - 71: Lanthaniden (»seltene Erden«)

58 Ce	59 Pr	60 Nd	61 Pm	62 Sm	63 Eu	64 Gd	65 Tb	66 Dy	67 Ho	68 Er	69 Tm	70 Yb	71 Lu

↕ Elemente 90 - 103: Actiniden

90 Th	91 Pa	92 U	93 Np	94 Pu	95 Am	96 Cm	97 Bk	98 Cf	99 Es	100 Fm	101 Md	102 No	103 Lr

■ Abb. 2.1 **Periodensystem der Elemente.** Die Edelgase (rechte Spalte, von Helium bis Radon) und die der Vollständigkeit halber unten aufgeführten Lanthaniden („seltene Erden", Elemente 58–71) sowie die radioaktiven Actiniden (Elemente 90–103, nach Uran alle künstlich hergestellt) haben – abgesehen von möglichen Strahlenschäden – medizinisch keine Bedeutung. Für den Menschen wichtige Elemente sind farbcodiert: (blau) Essenziell für Körperbau und Stoffwechsel (blau); (blau-weiß) möglicherweise essenziell aber molekulare Funktion im Detail unbekannt (blau-weiß); (lila) Verbindungen sind giftig; (grün) Verbindungen werden pharmakologisch oder in der Medizintechnik genutzt

besteht allerdings nicht: Diese lange gehegte „vitalistische" Auffassung wurde am Beispiel des Harnstoffs (NH_2–CO–NH_2) schon 1828 von dem deutschen Chemiker Friedrich Wöhler widerlegt.

Angesichts der Vielfalt von Stoffwechselprozessen ist es nötig, die Grundstrukturen der häufigsten organischen sowie bioanorganischen Stoffe vor Augen zu haben und die Art der zwischen ihnen ablaufenden Reaktionen zu kennen und zu differenzieren. Die folgende Nennung wichtiger Stoffklassen und Reaktionsweisen soll als Grundlage für deren detaillierte Beschreibung in folgenden Kapiteln (► Kap. 3, 5, 7, 10, und 11) dienen. Insbesondere sollte man folgende spezifische Reaktionsmöglichkeiten zur Kenntnis nehmen:

- Bildung **oligomerer und polymerer** Kohlenhydrate, Proteine, Nucleinsäuren durch Kondensation von monomeren Zuckern, Aminosäuren und Nucleotiden,
- die **Oxidation** bzw. **Reduktion** organischer Verbindungen (durch Sauerstoff bzw. wasserstoffliefernde Coenzyme), ggf. in „Elektronentransportketten",
- die Fähigkeit bestimmter Moleküle als **Energielieferant** für Reaktionen zu dienen, vor allem die Phosphorsäurereste im Adenosintriphosphat ATP,
- die Bildung spezifischer, reaktiver **Metallkomplexe** zwischen organischen Verbindungen und Spurenelementen
- und „**hydrophobe Wechselwirkungen**" zwischen Lipiden oder aromatischen Molekülteilen in wässrigem Milieu als Ursache der Bildung von **Membranen**.

Zum besseren Verständnis für die komplexe Materie der Biochemie und Molekularbiologie werden hier einige Eigenschaften und Reaktionsweisen, die auch Gegenstand der folgenden Kapitel des Buches sind, exemplarisch erläutert. Die nächsten Seiten ersetzen aber kein Lehrbuch der Chemie!

Organische Chemie ist die Chemie des Kohlenstoffs in den Verbindungen mit sich selbst und mit anderen Elementen. Sie umfasst alle Bausteine für Lebewesen und die von ihnen gebildeten „Naturstoffe" ebenso wie die riesige Zahl synthetischer Produkte, die unser tägliches Leben, Technik, Umwelt und die Medizin bestimmen. Biologische Prozesse beruhen auf organisch-chemischen Reaktionen.

Woher rührt die Sonderstellung des Elements Kohlenstoff? Entsprechend seiner Stellung in der Mitte des Periodensystems (■ Abb. 2.1: Hauptgruppe IV, Ord-

nungszahl 6) besitzt er eine nicht-abgeschlossene Elektronenkonfiguration mit vier Außen- oder Valenzelektronen, die zu vier sog. sp³-Orbitalen „hybridisieren". Sie erlauben die Ausbildung von vier covalenten Bindungen hoher Stabilität zu anderen C-Atomen, zu Wasserstoff (→ Kohlenwasserstoffe, „Alkane") oder „Heteroatomen" wie Sauerstoff (→ Alkohole und Ether), Stickstoff (→ Amine) oder Schwefel (→ Thiole). Für derartige Kohlenstoffe und Elementkombinationen ist – im ungestörten Idealfall – eine Tetraeder-Geometrie mit Bindungswinkeln von jeweils 109° typisch (◘ Abb. 2.3).

Mehrere Atome können zu langen Ketten verknüpft sein (mit „freier Drehbarkeit" um die Einfachbindungen), spannungsfreie Fünf- oder Sechsringe bilden, oder auch in Vier- oder Dreiringen mit Bindungswinkeln von 90° bzw. 60° angeordnet sein. Im letzteren Fall besitzen die Moleküle eine Ringspannung und erhöhte Reaktivität; in Biomolekülen kann dies funktionell bedeutsam sein wie z. B. im Antibiotikum Penicillin (◘ Abb. 2.6A).

Organische Moleküle können Doppelbindungen oder Dreifachbindungen enthalten (>C=C<: Alkene; –C≡C–: Alkine). Um derartige Mehrfachbindungen ist im Grundzustand keine freie Drehbarkeit möglich, wohl aber in chemisch oder durch Strahlung angeregten Zuständen (z. B. Rhodopsin, ▶ Abschn. 58.2.6).

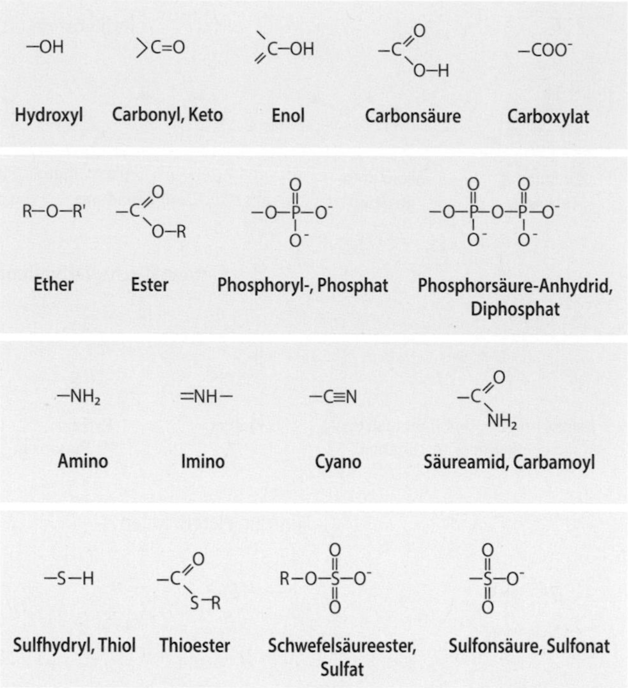

2.2.1 Funktionelle Gruppen

Die spezifischen Funktionen von Biomolekülen werden überwiegend von den an ihren Kohlenstoffketten haftenden „funktionellen Gruppen" bestimmt. ◘ Abb. 2.2 zeigt und benennt die wichtigsten solcher Substituenten und Teilstrukturen.

2.2.2 Stoffklassen

In der folgenden Übersicht und in ◘ Abb. 2.3 sind wichtige Substanzklassen und deren Strukturen, Eigenschaften und Reaktionsweisen innerhalb der Organischen Chemie und Biochemie zusammengestellt.

Kohlenwasserstoffe, Alkohole, Carbonsäuren, Ester, Fette

Kohlenwasserstoffketten biologischen Ursprungs finden sich – je nach Biosyntheseweg – in unverzweigten Fettsäuren mit bis zu 30 C-Atomen Länge und der endständigen funktionellen Gruppe –COOH, oder es sind Terpene mit verzweigten Ketten oder Ringen aus dem C_5-Kohlenwasserstoff Isopren. Sie können „gesättigt" sein (mit Wasserstoff, ohne Doppelbindungen) oder mehr oder weniger stark „ungesättigt" mit Doppelbindungen im Molekül. Doppelbindungen liegen einzeln

◘ **Abb. 2.2 Strukturen und Bezeichnung in Biomolekülen vorhandener funktioneller Gruppen.** An den Bindungen links und ggf. rechts der funktionellen Gruppen stehen i.a. Alkyl- (–C–C–) oder Aryl-(C_6H_5–) Reste (s. auch ◘ Abb. 2.3)

(isoliert) in einer C-Kette vor, oder in mehr oder weniger langen sog. konjugierten Systemen (–C=C–C=C–C=C–C=). Verbindungen der letzteren Art sind *farbig*: Sie absorbieren sichtbares Licht, weil Lichtquanten passender Energie nicht *einzelne* Doppelbindungen anregen, sondern das konjugierte π-Elektronensystem *als Ganzes*. Physiologisch bedeutsame Verbindungen mit dieser Eigenschaft sind z. B. das rote Carotin (Provitamin A) der Nahrung und das daraus entstehende gelb-orange Retinal (Vitamin A) beim Sehvorgang (▶ Abschn. 58.2).

Kohlenwasserstoffe sind häufig mit Hydroxylgruppen (–OH) oder Carboxylgruppen (–COOH) substituiert und dadurch zu Alkoholen bzw. Carbonsäuren („Fettsäuren") funktionalisiert. Die Reaktion einer Carboxylgruppe mit einem Alkohol unter Wasserabspaltung ergibt einen Ester:

$$-COOH + HO\text{-}R \rightleftharpoons -COOR + H_2O \qquad (2.1)$$

Dieser kann umgekehrt leicht wieder zu den Ausgangskomponenten hydrolysiert („verseift") werden. In der Natur finden sich Ester in Fetten, Wachsen, flüchtigen Duft- und Aromastoffen und vielen anderen Stoffklassen.

Fette tierischer und pflanzlicher Herkunft enthalten drei Moleküle Fettsäure mit bis zu 20 C-Atomen Kettenlänge, die durch Esterbindungen mit dem dreiwertigen Alkohol Glycerin C_3H_5 (OH)$_3$ verknüpft sind („Tri-

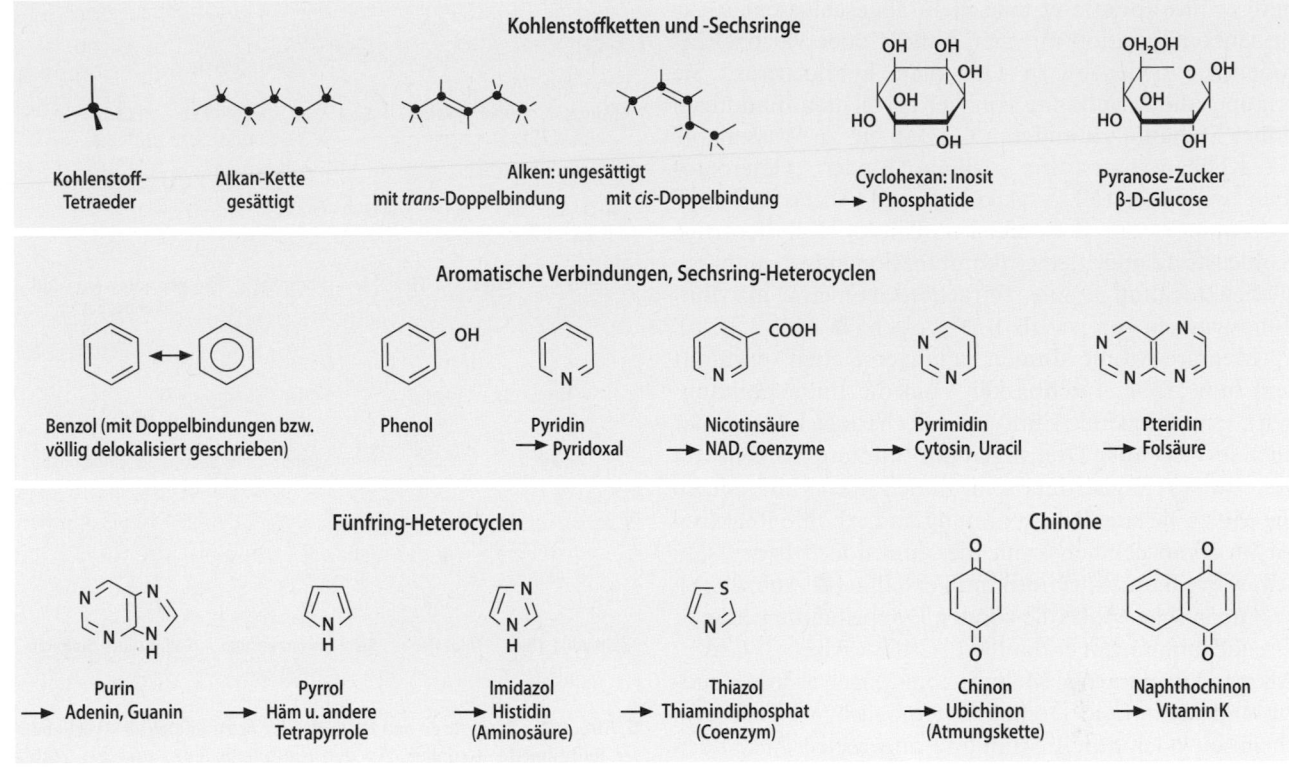

◘ Abb. 2.3   Aromatische, heterozyklische und andere chemische Strukturen in biochemisch wichtigen Stoffklassen. Substituenten der Molekülgerüste sind nicht vollzählig gezeigt. Herkunft und Funktion der Substanzen werden in anderen Kapiteln des Buches beschrieben

glyceride"). Sie sind durch ihren hohen Wasserstoffgehalt *energiereich.* Unter β-Oxidation wird der Energieinhalt von Fettsäuren für den Stoffwechsel physiologisch genutzt (► Abschn. 21.2.1).

Kohlenwasserstoffe und Fette sind bekanntlich **wasserabweisend** (hydrophob). Amphiphile Stoffe, die zugleich lipophile und hydrophile Strukturen enthalten, wie z. B. Phospholipide (► Abschn. 3.2.6), ordnen sich in Wasser spontan zu Lipid-Doppelschichten, die wässrige Innenräume umschließen; dabei werden umgekehrt viele zuvor geordnete Wasserdipole nun ungeordnet, sodass die Entropie (Unordnung) des Gesamtsystems zunimmt. Bildung und Existenz von Membranen und Vesikeln beruhen auf diesem rein physikalisch-chemischen Zusammenhang.

Alkohole, Aldehyde, Zucker

Alkohole tragen Hydroxylgruppen am Ende bzw. im Inneren einer Kohlenstoffkette (primäre bzw. sekundäre oder tertiäre Alkohole). Durch ihre OH-Gruppen sind sie häufig wassermischbar. Die Substanzen mittlerer Oxidationsstufe zwischen Alkohol und Carbonsäure heißen Aldehyde (von *A**l**cohol **dehydr**ogenatus*):

$$-CH_2OH \rightleftharpoons -CH=O \rightleftharpoons -COOH \qquad (2.2)$$

Sie sind reaktive Verbindungen, die wieder zu Alkoholen reduziert und leicht (z. B. aerob durch Sauerstoff) zur Säure oxidiert werden können.

Zucker („Kohlenhydrate", sog. wegen ihrer formalen Zusammensetzung $[C(H_2O)]_n$) sind Polyalkohole. In natürlich vorkommenden Hexosen wie Glucose, Fructose, Galaktose oder Mannose (der Zusammensetzung $C_6H_{12}O_6$, n = 6) tragen je fünf der sechs Kohlenstoffatome eine Hydroxylgruppe; sie sind mit dieser hydrophilen Struktur sehr leicht wasserlöslich. Am ersten, endständigen C-Atom der C6-Kette haben „Aldohexosen" bedingt durch Details der Biosynthese (z. B. Gluconeogenese in der Leber; ► Abschn. 14.3) eine Aldehydfunktion. Dadurch sind sie „reduzierende Zucker". Auf ihrer spezifischen Reaktion mit Oxidationsmitteln beruhen diverse Farbreaktionen zur quantitativen Glucose-Bestimmung. Durch Kondensation aktivierter monomerer Zucker (s. u.) entstehen Polysaccharide wie Glycogen.

Amine, Aminosäuren, Peptide

Amine tragen Aminogruppen $-NH_2$ an einem Kohlenstoffgerüst und sind dadurch basisch (Protonenakzeptoren). Substitution am gleichen endständigen Kohlenstoff (α) mit einer Carboxylgruppe führt zur Substanzklasse α-Aminocarbonsäure mit der Struktur

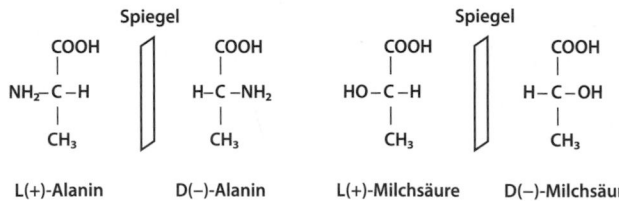

◻ Abb. 2.4 Raumstruktur (schematisch) der Stereoisomeren einer α-Aminosäure (Alanin) und einer α-Hydroxycarbonsäure (Milchsäure) links und rechts einer Spiegelebene

NH_2–CHR–COOH (R = weitere Substituenten, s. u.), den monomeren, „proteinogenen" Bausteinen von Peptiden und Proteinen. Sie sind durch die gleichzeitige Anwesenheit einer sauren und einer basischen Funktion im Molekül amphoter und liegen in wässriger Lösung bei physiologischem pH als Zwitterionen $^+NH_3$–CHR–COO^- vor (▶ Kap. 1 und ▶ Abschn. 3.3). Mit Ausnahme von Glycin (R = H) sind die natürlichen α-Aminosäuren chiral und optisch aktiv (L-Aminosäuren, ◻ Abb. 2.4).

Aminosäuren haben zahlreiche Stoffwechselfunktionen (▶ Kap. 26), darunter z. B. die Bildung von biogenen Aminen durch Decarboxylierung (CO_2-Abspaltung) oder Transaminierungen mit Ketosäuren (Austausch zwischen Carbonyl- und Aminofunktionen):

$$>C=O \rightleftharpoons >CH–NH_2 \tag{2.3}$$

Vor allem dienen die 20 proteinogenen L-Aminosäuren (▶ Abschn. 3.3) als Substrate für die ribosomale Proteinbiosynthese (▶ Kap. 48).

Peptidbindungen zwischen der Carboxylgruppe einer und der Aminogruppe einer zweiten Aminosäure (formal unter Wasserabspaltung entstanden) sind resonanzstabilisiert und daher recht hydrolysestabil:

$$\tag{2.4}$$

Zu ihrer enzymatischen Spaltung – etwa zur Inaktivierung oder Verdauung – existieren eine große Zahl spezifischer Peptidasen und Proteasen (▶ Kap. 50 und ▶ Abschn. 61.3.2).

Aromatische und heteroaromatische Verbindungen, Phenole

Mit **„aromatischem Charakter"** bezeichnet man Benzol (C_6H_6) und andere Ring-Verbindungen, in denen sechs π-Elektronen völlig **delokalisiert** sind (und **nicht** in drei unterscheidbaren Doppelbindungen). Die aromatischen Substituenten der Aminosäuren Phenylalanin, Tyrosin und Tryptophan sowie Nucleotide mit den „heteroaromatischen" (Stickstoffatome enthaltenden) Pyrimidin- und Purinbasen sind aufgrund derartiger Mesomerie sehr stabile Substanzen. Sie sind ebenso wie Lipide hydrophob, und zusätzlich zu einer energetisch günstigen Übereinanderstapelung („*stacking*") der planaren aromatischen Ringe befähigt, die auch die DNA-Doppelhelix stabilisiert.

Manche aromatische Moleküle, wie Phenylalanin und Tryptophan, können vom Menschen nicht synthetisiert werden und müssen als essenzielle Aminosäuren mit der Nahrung aufgenommen werden. Eine Reihe anderer heterozyklischer Verbindungen, teils von spezieller Struktur, kommen in Vitaminen und Coenzymen vor (◻ Abb. 2.3).

Mit OH-Gruppen substituierte Aromaten – wie in der Aminosäure Tyrosin – heißen Phenole. Im Gegensatz zu einfachen Alkoholen sind phenolische OH-Gruppen schwache Säuren weil bei ihrer Deprotonierung das zusätzliche Elektronenpaar des Phenolat-Anions (C_6H_5-O^-) in energetisch günstiger Konjugation mit dem mesomeren π-Elektronensystem des Aromaten steht.

Nucleotide, energiereiche Verbindungen

Fünf verschiedene Nucleotide mit den Zuckern *R*ibose bzw. 2-*D*esoxyribose sind Bausteine der Nucleinsäuren *R*NA bzw. *D*NA; sie tragen die heterozyklischen Purinbasen Adenin und Guanin sowie die Pyrimidine Cytosin und Uracil bzw. Thymin (▶ Abschn. 3.4). Mit einer Triphosphatstruktur am Molekül-5'-Ende fungieren die Nucleotide – unter Abspaltung von Diphosphat – als Substrate von RNA- bzw. DNA-Polymerasen. Eines der Nucleotide, Adenosin-5'-Triphosphat ATP (◻ Abb. 4.2) dient außerdem im gesamten Stoffwechsel als universelle „energiereiche Verbindung". *Energiereich* nennt man ATP mit seinen endständigen Phosphorsäureanhydrid-Bindungen, sowie Substrate mit anderen Strukturen (▶ Abschn. 2.2.3), bei deren Übertragung auf Wasser (Hydrolyse) oder andere Akzeptoren Energie frei wird bzw. für andere Reaktionen verfügbar ist.

$$\tag{2.5}$$

2.2.3 Reaktionsweisen

❯ Zwischen organischen Molekülen einer Zelle erfolgen Kondensationsreaktionen zum Aufbau Kohlenstoff- und Stickstoff-haltiger Ketten- und Ringmoleküle sowie Redoxreaktionen (Elektronenübertragungen), in denen Energie für den Zellstoffwechsel gewonnen wird

Die meisten biochemischen Umsetzungen befolgen aus der organischen Chemie bekannte einfache Reaktionsweisen, insbesondere beim Aufbau größerer Moleküle aus kleineren Substraten (Biosynthesen, Bildung von Oligomeren und Polymeren) und in „Redox"reaktionen, die **red**uzierende und **ox**idierende Moleküle miteinander kombinieren und den Energie-Stoffwechsel dominieren. Sie werden in der Zelle durch eine Vielzahl mehr oder weniger spezifischer Enzyme katalytisch beschleunigt. Viele Stoffwechselreaktionen sind grundsätzlich reversibel. Die *in vivo* vorherrschende Richtung einer reversiblen Reak-

2

tion wird nach dem Massenwirkungsgesetz durch die aktuellen Stoffkonzentrationen bestimmt. Unabhängig davon kann eine hormonelle Steuerung anaboler und kataboler Prozesse den Umsatz von Stoffen bestimmen.

Einige typische Reaktionsmechanismen sind am Beispiel bekannter Substrate und Produkte des Zellstoffwechsels dargestellt.

Substitution und Addition

An einzelnen C-Atomen einer Kette oder an zwei Atomen einer Doppelbindung werden Substituenten ausgetauscht bzw. addiert; dabei sind häufig sterische Verhältnisse zu beachten (hier nicht berücksichtigt). Beispiele:

Ester oder Peptidhydrolysen verlaufen unter Substitution einer Austrittsgruppe –X durch Wasser an einem Carbonylkohlenstoffatom:

$$
\underset{\underset{H-O-H}{\uparrow}}{R-\overset{O}{\overset{\|}{C}}-X} \longrightarrow R-\overset{O}{\overset{\|}{C}}-OH + X-H \quad (X = \text{Alkohol bzw. Amin}) \qquad (2.6)
$$

Unter Addition (im Falle von Wasser: Hydratisierung) werden aus ungesättigten C=C-Doppelbindungen gesättigte Strukturen:

$$
HOOC-CH=CH-COOH + H-O-H \longrightarrow HOOC-CH_2-\underset{OH}{CH}-COOH
$$

Fumarsäure (Salze: Fumarat)   Apfelsäure (Salze: Malat)

$$(2.7)$$

Reaktionen an und in Kohlenstoffgerüsten

Die Decarboxylierung von Carbonsäuren ist durch die Abspaltung des stabilen Moleküls Kohlendioxid (CO_2) begünstigt. Sie wird im Stoffwechsel durch Decarboxylasen wie z. B. Pyruvatdecarboxylase katalysiert:

$$
CH_3-\underset{O}{\overset{\|}{C}}-COOH \longrightarrow CH_3-CHO + CO_2 \qquad (2.8)
$$

Brenztraubensäure (Salze: Pyruvat) Acetaldehyd

Aldolspaltung bzw. -addition nennt man Reaktionen, in denen Zucker wie z. B. Fructose-1,6-bisphosphat reversibel gespalten bzw. gebildet werden; der Begriff „Aldol" stammt von den **Ald**ehyd-alko**hol**-Strukturen in Substraten bzw. Produkten. Besonders bekannt ist die Reaktion unter Katalyse durch Fructosebisphosphat-Aldolase bei der Umwandlung zwischen C_6- und C_3-Zuckern (P = Phosphat):

$$
\begin{array}{ll}
\begin{array}{l}
CH_2-O-P \\
| \\
C=O \\
| \\
H-C-OH \\
| \\
H-C-OH \\
| \\
H-C-OH \\
| \\
CH_2-O-P
\end{array}
& \rightleftharpoons \quad
\begin{array}{l}
CH_2-O-P \\
| \\
C=O \quad \text{Dihydroxyaceton-phosphat} \\
| \\
CH_2-OH \\
\qquad\qquad + \\
H-C=O \\
| \\
H-C-OH \quad \text{Glycerinaldehyd-3-phosphat} \\
| \\
CH_2-O-P
\end{array}
\end{array}
$$

Fructose-1,6-bisphosphat C_6 $2 \cdot C_3$ (2.9)

Kondensationsreaktionen

Zahlreiche biologische Substanzen sind aus kleinen Bausteinen entstandene oligo- und polymere Makromoleküle: Fette und Isopren-Lipide, Polysaccharide, Polypeptide (Proteine) und Polynucleotide (Nucleinsäuren). Da in Zellen die technische Art der Abspaltung von Wasserstoff, Wasser oder anderen kleinen Molekülen durch Hitze, starke Säuren oder Metall-Katalysatoren nicht möglich ist, werden monomere Substrate auf Kosten des Energie-Stoffwechsels zunächst chemisch aktiviert und dann – unter Enzymkatalyse und Wiederfreisetzung der aktivierenden Gruppen – miteinander verknüpft. Als Substrate oder Coenzyme nutzen Polymerasen, Ligasen und Synthetasen energiereiche Di- oder Triphosphate und Thiol-(–SH) Funktionen:

- ATP und andere Nucleosid-Triphosphate → Nucleinsäuren
- ATP → Aminoacyl-tRNA → ribosomale Proteinsynthese
- Uridindiphosphat-(UDP-)Glucose → Polysaccharide
- Isopentenylpyrophosphat → Isoprenlipide
- Acetyl-Coenzym A → Acyl-CoA → Fettsäuren

Redoxreaktionen

Viele biologisch-chemische Stoffumwandlungen, sowohl Synthesen wie Abbaureaktionen und insbesondere der Energie-Stoffwechsel beruhen auf Elektronenübertragungen, deren Komponenten oft in „Elektronentransportketten" physikalisch und räumlich aufeinanderfolgend platziert sind. Chemisch einfachere Umsetzungen wie Oxidation unter „Verbrennung" (mit starker Temperaturerhöhung) oder Reduktion („Hydrierung") mit starken Reduktionsmitteln (die evtl. Wasser zersetzen) sind verständlicherweise in lebenden Zellen nicht möglich.

Allgemein gilt:
- Reduktion: Aufnahme von Elektronen (Wasserstoff)
- Reduktionsmittel: Elektronendonor
- Oxidation: Entzug von Elektronen (Wasserstoff) oder Aufnahme von Sauerstoff
- Oxidationsmittel: Elektronenakzeptor

An komplexen Redoxvorgängen sind oft verschiedene Vorgänge beteiligt und zu differenzieren. Z. B. bei der Atmung sind Eisen in Cytochromen und die Sauerstoff-Aufnahme durch Cytochromoxidase im Enzym zu unterscheiden. Ein augenfälliges Beispiel von Redoxchemie an einer unveränderten C_6-Kohlenstoffkette bei unverändertem Sauerstoffgehalt ist dagegen die Biosynthese von Vitamin C: Die formale Oxidation der Ausgangssubstanz (Zunahme des Sauerstoffanteils im Produkt) beruht hier nicht auf der Zufuhr von Sauerstoff, sondern resultiert aus einer mehrfachen Dehydrierung (Entzug von Wasserstoff):

$$C_6H_{12}O_6 \quad \rightarrow \quad C_6H_{10}O_6 \quad \rightarrow \quad {}^*C_6H_8O_6 \quad \rightarrow \quad C_6H_6O_6 \qquad (2.10)$$

D-Glucose   Gulonolacton   L-Ascorbinsäure   Dehydroascorbat
(Vitamin C)

*Anmerkung: Dieser Schritt der Redoxkette kann von Mensch und Meerschweinchen nicht katalysiert werden; daher muss von ihnen die im Stoffwechsel als Antioxidationsmittel benötigte Ascorbinsäure als Vitamin aufgenommen werden.

Im Folgenden sind einige biologisch, biochemisch und chemisch bedeutsame Redoxreaktionen genannt. Bei Betrachtung der Substrate und Produkte und mit den oben gegebenen Definitionen ist leicht zu erkennen, welche Prozesse eine *Reduktion* des Ausgangsmaterials darstellen und welche Schritte Oxidationen sind:

$$CO_2 + 4\,H_2 \rightarrow CH_4 + 2\,H_2O$$
$$\left(\text{Methanogenese in anaeroben Bakterien}\right),$$
(▸ Abschn. 61.5.2)

$$2\,CO_2 + [8\,H]\left(\text{Coenzyme}\right) \rightarrow CH_3COOH + 2\,H_2O$$
$$\left(\text{Essigsäurebildung}\right)$$

$$6\,CO_2 + 6\,H_2O + \text{Licht} \rightarrow C_6H_{12}O_6 + 6\,O_2$$
$$\left(\text{oxygene Photosynthese, Pflanzen}\right)$$

$$CH_4\left(\text{Methan, Biogas}\right) + 2\,O_2 \rightarrow CO_2 + 2\,H_2O + \text{Wärme}$$
$$\left(\text{Verbrennung}\right)$$

$$C_6H_{12}O_6 + 6\,O_2 \rightarrow \text{Glycolyse, Citratzyklus, Atmungskette}$$
$$\rightarrow 6\,CO_2 + 6\,H_2O\left(\text{Atmung, Energie}\right)$$

Auch an anderen Elementen als Kohlenstoff kann Redoxchemie von Bedeutung sein. So gibt es reversible Wechsel zwischen Thiolgruppen und „Disulfidbrücken" der Aminosäure Cystein im Tripeptid Glutathion (GSH bzw. GSSG = Glutaminyl-Cysteinyl-Glycin in reduzierter bzw. oxidierter Form, ▸ Abschn. 27.2.4), die ein Puffersystem zur Regulation des Redoxzustandes der Zelle darstellen:

$$2\,\text{Cystein–SH} + \text{Akzeptor} \rightleftarrows \underset{\text{(Cystin)}}{\text{Cystein–S–S–Cystein}} + \underset{\text{(Regulation)}}{\text{Akzeptor-H}_2}$$
$$(2.11)$$

Die „Stärke" (Oxidationskraft bzw. Reduktionskraft) von organischen Redoxsystemen und von redoxaktiven Metallen (z. B. zweiwertiges/dreiwertiges Eisen) definiert man im biochemischen Bereich durch ihre Standard-Redoxpotenziale $E^{0'}$ bei pH 7 (▸ Kap. 4). Die Kopplung zwischen elektrochemischem Potenzial der Atmungskette und dem Gewinn chemischer Energie im energiereichen Adeninnucleotid ATP in den Mitochondrien (oxidative Phosphorylierung, „OXPHOS", ▸ Abschn. 19.1) ist Grundlage der Existenz aerober Lebewesen schlechthin.

Radikalreaktionen

In bestimmten Fällen können organische Moleküle existieren, in denen nicht alle vier Valenzelektronen eines C-Atoms Bindungen zu Reaktionspartnern eingegangen sind, sondern nur drei, und das vierte Elektron ungepaart bleibt; es wird in einer Strukturformel i. Allg. mit einem Punkt „•" gekennzeichnet. Derartige, meist sehr reaktionsfähige und kurzlebige Species nennt man „(freie) organische Radikale". Auch an Sauerstoff- oder Schwefelatomen kann ein freies Elektron lokalisiert sein (–O• bzw. –S•). Die Bildung der 2'-Desoxyribonucleotide als Substrate der DNA-Replikation in der S-Phase des Zellzyklus (▸ Abschn. 30.2, ▸ Kap. 43) verläuft beispielsweise nach einem derartigen Mechanismus; therapeutisch kann sie daher durch chemische „Radikalfänger" (z. B. Derivate von Hydroxylamin oder Hydroxamsäuren, R–NH-O-H) unterdrückt werden.

Bildung von Metallkomplexen: Bioanorganische Chemie

Die meisten vom menschlichen Körper benötigten Spurenelemente sind Metalle aus dem Bereich der „Übergangselemente" des Periodensystems (◘ Abb. 2.1). In dieser Reihe sind die außenliegenden fünf d-Atomorbitale nicht voll mit Elektronen besetzt; sie treten daher leicht mit Liganden zusammen, die freie Elektronenpaare besitzen und bilden mit ihnen stabile Komplexe. Biomoleküle (insbesondere Aminosäuren und Coenzyme) besitzen zahlreiche funktionelle Gruppen, die als Komplexliganden fungieren können: Carbonyl- (>C=O) und Carboxylatgruppen (–COO⁻), Amino- (–NH₂), Imino- (=NH) und heterozyklische Stickstofffunktionen (=N– in Pyrrol oder Histidin) sowie Schwefelatome (–SH bzw. –S⁻ im Cystein). In Proteinen werden auf diese Weise Metalle räumlich und chemisch definiert gebunden und für physiologische Wechselwirkungen (Bindung von Substraten, Redoxwechsel, Katalyse u. a.) verfügbar.

Etwa die Hälfte aller bekannten Enzyme und vergleichbarer Proteine enthält Metallionen als unentbehrliche Komponenten. Darunter befinden sich zentrale biologische Systeme wie der Sauerstofftransport an Eisenzentren, die kupferhaltige Cytochrom-*c*-Oxidase der **mitochondrialen Atmungskette** (▸ Abschn. 19.1) und die Kontrolle der Genexpression durch „Zinkfinger" in Transkriptionsfaktoren (▸ Kap. 46 und 47), sowie außerhalb des Tierreiches die Wasserspaltung im Mangan-Zentrum der pflanzlichen Photosysteme oder die mikrobielle Stickstoff-Fixierung an Eisen-Molybdän-Cofaktoren. Besonders zahlreich, strukturell und funktionell vielseitig sind Eisenkomplexe. Sie begegnen uns mit dem Porphyrinstickstoff-Ringsystem im Hämoglobin (◘ Abb. 2.5) und in Cytochromen, mit Schwefelliganden in redoxaktiven Ferredoxinen (▸ Kap. 20,

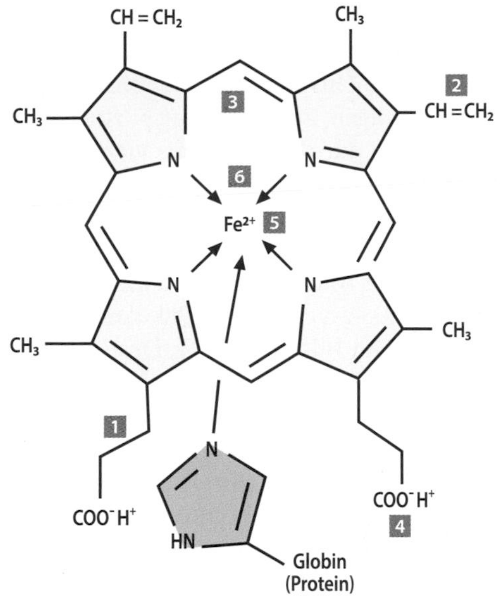

2

■ **Abb. 2.5** Ein Häm-Molekül besitzt C–C-Einfachbindungen (1) , C=C-Doppelbindungen (2) , ein Tetrapyrrol-Ringsystem mit konjugierten C=C- und C=N-Bindungen (3) , zwei ionische bzw. ionisierbare Carbonsäure-Substituenten (4) und einen 6-zähnigen Eisen-Komplex mit fünf koordinativen Bindungen zwischen dem zentralen Metall-Ion und Stickstoff-Liganden (5) (vier vom Tetrapyrrol und eine von Imidazol, der Seitenkette eines Histidin-Restes im Globin). Eine sechste Position am Eisen (6) (hier unbesetzt) ermöglicht die reversible Bindung von Sauerstoff, aber auch von toxischen Liganden wie Blausäure HCN oder Kohlenmonoxid CO. Eisen und das konjugierte π-Elektronensystem sind Ursache der „blutroten" Farbe, die jedoch als solche physiologisch nicht von Bedeutung ist

▶ Tab. 20.2), und Sauerstoff-koordiniert im Eisenspeicherprotein Ferritin (▶ Abschn. 60.2.1).

2.2.4 Stereoisomerie in organischen Molekülen

❯ In „optischen Antipoden" bestimmt die räumliche Asymmetrie der D- bzw. L-Stereoisomeren von Aminosäuren, Zuckern und anderen Biomolekülen deren spezifische Stoffwechselaktivitäten

Die tetraedrische Anordnung von **vier verschiedenen** Substituenten mit Bindungswinkeln von je 109° um ein sp³-hybrisiertes, „asymmetrisches" Kohlenstoffatom herum (■ Abb. 2.3) hat eine unter Biomolekülen weit verbreitete Konsequenz: Die Existenz von zwei Isomeren gleicher chemischer Zusammensetzung aber von unterschiedlicher Raumstruktur („Chiralität" oder „Händigkeit"), die sich wie Bild und Spiegelbild unterscheiden. In ■ Abb. 2.4 ist diese Situation für zwei bekannte Stoffe, Alanin (eine Aminosäure) und Milchsäure (ein Stoffwechselprodukt) dargestellt. Derartige Substanzpaare heißen **„Enantiomere"** oder „optische Antipoden". Sie sind *„optisch aktiv"*, weil ihre Lösungen – wie von Louis Pasteur und J. H. van't Hoff im

19. Jahrhundert erkannt – bei Durchstrahlung mit polarisiertem Licht dessen Ebene nach rechts (Drehwinkel >0 °) bzw. nach links (Drehwinkel <0°) drehen. Eine 1:1-Mischung zweier Enantiomere nennt man Racemat oder racemisches Gemisch; dessen Lösung dreht die Ebene polarisierten Lichts nicht, weil sich die beiden entgegengesetzten Drehwinkel kompensieren. In bestimmten Reaktionsweisen (z. B. Substitution, s. o.) werden reine Enantiomere zum Gemisch „racemisiert".

In der biochemisch gebräuchlichen Darstellung nach Emil Fischer ordnet man die Kohlenstoffatome eines Moleküls senkrecht in einer Kette an mit dem am stärksten oxidierten C-Atom (hier COOH) oben und dem wasserstoffreichsten (hier CH₃) unten. Durch die Stellung des für den Stoff charakteristischen Substituenten (NH₂ bzw. OH) am asymmetrischen Kohlenstoffatom *(C)* links bzw. rechts der C-Kette (*laevus* bzw. *dexter*) wird die Substanz als **L**- oder **D**-Isomeres definiert. Den experimentell bestimmten Drehwinkel kennzeichnet man durch (+) bzw. (–). Man beachte, dass zwischen Drehwinkel (+) bzw. (–) und der Konfiguration D bzw. L **keine** Korrelation besteht. Die Enantiomere sehr kompliziert gebauter chiraler Naturstoffe wie Antibiotika oder Steroide werden besser nach den sog. „CIP-Regeln" mit **R** (*rectus*) und **S** (*sinister*) beschrieben. Dabei entspricht **R** nicht immer **D** der Fischer-Definition.

Die meisten natürlich vorkommenden Aminosäuren, Hydroxycarbonsäuren, Zucker (Kohlenhydrate) und andere chirale Stoffe liegen nicht als Racemat vor, sondern als reine Enantiomere. Ursache dieser Stereoselektivität ist, dass die zur Produktbildung benötigten Enzyme (▶ Kap. 7) ausschließlich aus L-Aminosäuren bestehen – also selbst chiral sind – und daher in ihren räumlich hoch geordneten katalytischen Zentren jeweils nur eins von beiden Stereoisomeren als „passendes" Substrat umgesetzt bzw. Produkt gebildet werden kann. Zwar findet man nicht selten beide Enantiomere in der Natur (■ Abb. 2.4), aber diese entstammen dann ganz unterschiedlichen Stoffwechselprozessen unterschiedlicher Lokalisation: L-Alanin ist Bestandteil aller Standardproteine, D-Alanin dagegen im Murein der Bakterienzellwände zu finden; L-Milchsäure kommt in Blut, Muskel und anderen tierischen Organen vor, D-Milchsäure entsteht bei der Vergärung von Glucose durch Mikroorganismen.

2.2.5 Strukturkomplexität und Strukturvielfalt

Die meisten Biomoleküle besitzen komplexe Strukturen mit mehreren Bindungstypen und Reaktionsmöglichkeiten. Das eisenhaltige, sauerstoffbindende Häm – die prosthetische Gruppe des Blutfarbstoffs Hämoglobin

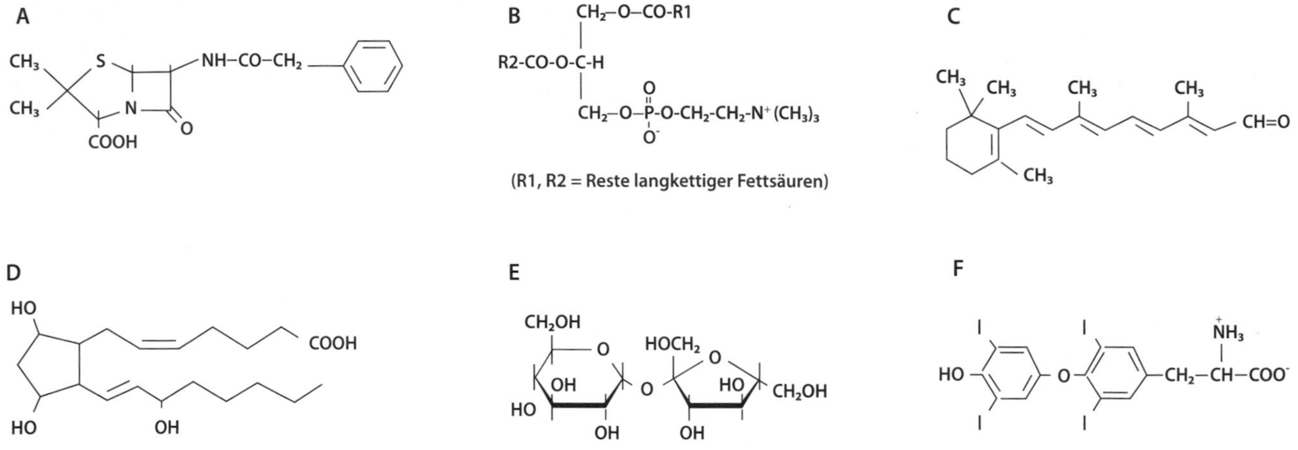

A

CH₃ S NH–CO–CH₂
CH₃
N
COOH O

B

CH₂–O–CO–R1
R2-CO-O-C-H
O
CH₂–O–P-O-CH₂-CH₂-N⁺ (CH₃)₃
O⁻

(R1, R2 = Reste langkettiger Fettsäuren)

C

CH₃ CH₃ CH₃ CH₃
CH=O
CH₃

D

HO
COOH
HO OH

E

CH₂OH HOCH₂
O O
OH HO CH₂OH
HO
OH OH

F

I I ⁺NH₃
HO O CH₂–CH–COO⁻
I I

◧ **Abb. 2.6 Biosyntheseprodukte des tierischen, pflanzlichen oder mikrobiellen Stoffwechsels.** Die gezeigten physiologisch aktiven Moleküle **A** bis **F** entstanden entweder durch chemische Modifizierung ("Funktionalisierung") einer einfacheren Vorstufe vergleichbarer Größe, oder (in vier Fällen) durch Kondensation von zwei oder mehr zunächst unabhängigen Substanzen

(▶ Kap. 32) – vereinigt beispielsweise sechs chemisch unterscheidbare Teilstrukturen in einem Molekül (◧ Abb. 2.5, Ziffern 1 bis 6).

Die in allen Substraten und Produkten des Zellstoffwechsels erkennbare Strukturkomplexität ist eine wesentliche, funktionell wichtige Eigenschaft von Biomolekülen. In komplexeren Strukturen wie Multienzymkomplexen, Ionenkanälen, Rezeptoren oder Zellorganellen herrscht ein noch viel stärkerer Grad an Komplexität. Es kann hilfreich sein, auch das Verhalten von solch spezialisierten Zellkompartimenten unter dem Blickwinkel der in ihren molekularen Komponenten schon vorgegebenen Wechselwirkungen zu verstehen. Dazu wiederum ist es nützlich, die Erkennung von komplexen Molekülen aus ihren Substrukturen zu trainieren.

Zur Gewöhnung an solch eine molekulare Betrachtungsweise sind in ◧ Abb. 2.6 die Strukturformeln einiger physiologisch wichtiger Moleküle ohne Namen wiedergegeben. Deren Ausgangsstoffe sind gängige Metabolite der betreffenden Tiere, Pflanzen oder Bakterien.

Kann man **A** bis **F** durch Betrachtung der Strukturen bestimmten Stoffgruppen zuordnen? Ein Versuch lohnt sich. Hinweise geben die Existenz und Verknüpfung verschiedener unterscheidbarer Molekülteile, die Natur und Position von Heteroatomen (= Elemente zusätzlich zu C, H und O; Spurenelemente nicht vergessen), häufige bzw. seltene Verzweigungsmuster oder gespannte Ringstrukturen in den Molekülen. Unter den gezeigten Substanzen sind ein bekanntes Antibiotikum (◧ Abb. 16.10), ein Phospholipid (◧ Abb. 22.1) und die Licht-absorbierende Komponente eines Sehpigments (◧ Abb. 58.2), ein Gewebshormon (◧ Abb. 22.11), ein sehr häufiger Zucker (◧ Abb. 3.21) und ein Hormon der Schilddrüse (◧ Abb. 41.1).

2.3 Von chemischer Materie zu biologischer Vielfalt

❯ Biomoleküle und einfachste Membran-umhüllte, replikationsfähige Zellen sind auf dem Planeten Erde sehr früh entstanden.

Woher kommt das Leben? Es kann kaum mehr Zweifel daran bestehen, dass "hier bei uns", auf dem noch heißen, aber schon von Ur-Ozeanen mit flüssigem Wasser bedeckten Planeten Erde vor knapp 4 Milliarden Jahren einfache organische Moleküle von selbst entstanden sind und sich unter bestimmten äußeren Bedingungen – in Eis, in verdunstenden Tümpeln, durch Adsorption an Tonmineralien – anreichern und dabei auf einfache Weise "replizieren" konnten.

Aber früher war alles anders: Die kosmisch bedingte Ur-Atmosphäre der Erde enthielt die Elemente überwiegend in reduzierter, wasserstoffreicher Form und noch keinen freien Sauerstoff. Stanley Miller (1930–2007), Doktorand der Chemie in Chicago, hat 1953 solche Szenarien als Erster experimentell geprüft. Er setzte Gasgemische aus heißem Wasserdampf, Wasserstoff, Ammoniak (NH_3), Methan (CH_4) und ggf. Schwefelwasserstoff (H_2S) – aber ohne Sauerstoff – tagelang elektrischen Entladungen und UV-Licht aus und konnte aus den abgekühlten Lösungen ansehnliche Mengen neu gebildeter α-Aminosäuren isolieren. Miller-Experimente sind seitdem in großer Zahl variiert und auf weitere Stoffklassen (beispielsweise Blausäure HCN) ausgedehnt worden. Oft entstehen auch Oberflächenfilme aus hydrophoben Fettsäuren.

Eine andere, wasserfreie Variante abiotischer Chemie, die "Eisen-Schwefel-Welt" verdanken wir dem Münchener Chemiker Günther Wächtershäuser (ab 1988). Er

zeigte, dass sich beim Kontakt einfacher Gase wie Kohlenmonoxid oder -dioxid (CO, CO_2) mit heißen Eisensulfid (FeS)-Oberflächen, wie sie an Vulkanflanken vorkommen, bekannte Metabolite wie Ameisensäure, Essigsäure und Brenztraubensäure (Pyruvat) bilden.

Auch für empfindlichere Biomoleküle, deren Bildung unter den chemischen Bedingungen auf einer frühen Erde bislang schwerer verständlich war (z. B. Zucker, Pyrimidin- und Purinnucleotide, energiereiche Phosphate von der Art des ATP), sind chemisch und geochemisch plausible abiotische Reaktionswege gefunden worden. Fast alle vermuteten Bestandteile und Stoffwechsel-ähnliche Umsetzungen einer Urzelle lassen sich inzwischen *in vitro* realisieren.

Altbekannt ist, dass beim Mischen von wässrigen Lösungen mit Lipiden spontan Membranvesikel entstehen, die einen vom äußeren Milieu abgetrennten Innenraum bilden (Liposomen, ◘ Abb. 3.9D). Manche Eigenschaften einfacher Zellen – z. B. Stoffaustausch zwischen außen und innen – lassen sich damit simulieren.

Membranumhüllte Klümpchen heterogener organischer Substanz sind noch keine lebenden Zellen, die spontan als Amöbe davonkriechen. Aber wenn man **sehr viele** solcher Molekülanhäufungen unter **sehr vielen** verschiedenen äußeren Bedingungen (fluktuierende Temperatur, pH-Wert, Licht-Dunkel-Wechsel, Zufuhr von Substraten u. a.) betrachtet, so werden **einige** davon mit Sicherheit einmal zur Selbstreplikation fähig sein. Physikochemiker wie Hans Kuhn und Manfred Eigen haben gezeigt, dass derartige molekulare Vorgänge in vielen kleinen Schritten in langen Zeiträumen (Millionen Jahren) tatsächlich eintreten **müssen**. Die experimentelle Bestätigung (im Reagenzglas und im Zeitraffer) wird immer vollständiger: Man beginnt die abiotische Kondensation von Aminosäuren zu funktionsfähigen Polypeptiden (Proteinen) mit spezifischer Struktur oder Enzymaktivität (► Kap. 7) zu verstehen, und ebenso die von Nucleotiden zu katalytischen RNAs („Ribozymen") (► Abschn. 10.1 und 48.1.4) und Information-codierenden kleinen RNA-Genen.

Von hier an erforderte der Weg zu „lebenden", sich vermehrenden und mit der anorganischen Umwelt interagierenden Protozellen die Vernetzung mit ersten Stoffwechselprozessen zur Bereitstellung weiterer monomerer Bausteine sowie von energiereichen organischen Molekülen. Zusätzlich zur Aufnahme von unter Hitze und energiereicher Strahlung gebildeter organischer Substanz von außen werden einfache energieliefernde Folgereaktionen wie Glycolyse und Decarboxylierung (► Abschn. 2.2.3) zu einem eigenen chemotrophen Stoffwechsel beigetragen haben. Die ebenfalls gut dokumentierte chemische Bildung lichtabsorbierender Pigmente (Vorstufen von Chlorophyllen) und deren Nutzung in einem einfachen phototrophen Energie-Stoffwechsel wurde wahrscheinlich schon in frühesten Lebensformen produktiv.

❯ Ribosomale RNA ist ein molekularer Ahnenpass für die heutigen Reiche der Archaebakterien, (Eu)Bakterien und der einen Zellkern enthaltenden Eukaryonten (Pilze, Pflanzen und Tiere).

Gibt es einen Zusammenhang zwischen solchen niedersten Lebensformen und heute existierenden „höheren" Organismen? Der amerikanische Mikrobiologe Carl Woese erkannte, dass alle Zellen in der RNA ihrer Protein-synthetisierenden Ribosomen (ribosomale oder rRNA, ► Kap. 48) ein Molekül von wenig mehr als 1500 Nucleotiden in hoch konservierter Sequenz besitzen, das leicht zu analysieren ist und sich als perfekter „Ahnenpass" eignet. Die inzwischen von vielen hundert Organismen, von primitivsten Einzellern bis zu Pflanzen und Tieren analysierten rRNA-Sequenzen erlauben widerspruchsfrei eine Einordnung in drei „Ur-Reiche": Archaebakterien und Eubakterien (ohne Zellkern) sowie kernhaltige Eukaryonten (◘ Abb. 2.7). Die Entdeckung und Analyse vieler zuvor unbekannter sog. hyperthermophiler, acidophiler und anderer „extremophiler" Archaebakterien aus Sauerstoff-freien, schwefelsauren, sehr heißen Lebensräumen, wie sie wohl auf der frühen Erde allenthalben vorkamen, ist deutschen Wissenschaftlern um Karl Otto Stetter zu verdanken.

An der Wurzel des Stammbaums steht mit *„LUCA"*, dem *„last universal common ancestor"* der drei Ur-Reiche eine hypothetische aber physiologisch-chemisch

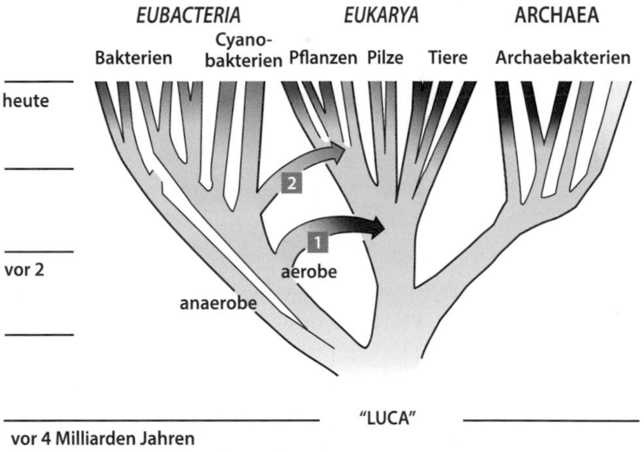

◘ Abb. 2.7 ***Big tree*: Schematische Darstellung des Stammbaums sämtlicher Lebewesen auf der Basis von ribosomaler RNA- und anderen Gensequenzen.** (1) bezeichnet die Aufnahme von frühen aeroben, über Cytochrome (► Kap. 19) zur Sauerstoffatmung fähigen Bakterien als Endosymbionten (spätere Mitochondrien) in bis dahin anaerobe eukaryontische Zellen, (2) die Integration von photosynthetischen Bakterien vom Typ der Cyanobakterien (blaugrüne Algen mit Chlorophyllen) als Vorläufer der Chloroplasten in anderen Eukaryonten. Mitochondrien und Chloroplasten besitzen noch heute spezifische, von den Vorläufern mitgebrachte Gene. *LUCA* last universal common ancestor

beschreibbare Population von Minimalzellen, die mit G-C-reicher RNA und allenfalls 200 Enzymen und anderen Proteinen chemotroph in heißem Milieu vegetierten. Über lange Zeiträume hinweg, unter wechselnden geochemischen Verhältnissen, unterlag ihr Gen-Pool ständig Zufallsmutationen, und durch Selektion von in Stoffwechselwegen oder in Replikationsschritten besser an die jeweilige Umwelt angepassten Zellen kam es zur zunehmenden Diversität von LUCA's Nachfolgern in verschiedenen Reichen des Lebens. In diese frühe Phase der Evolution wird auch das Auftreten von DNA-Genomen zusätzlich zu RNA fallen: DNA konnte erst mit dem komplexen Bildungsweg für 2'-Desoxyribonucleotide entstehen (▶ Abschn. 30.2, ◻ Abb. 30.3) und

dann ihre universelle Funktion als Hydrolyse-stabiles genetisches Material einnehmen. Der Weg von chemischer zu biologischer Vielfalt war vorgegeben.

Ein Beleg für diese Vorstellungen wäre der Fund oder die Rekonstruktion LUCA-ähnlicher, chemoheterotroph „lebender" Minimalzellen mit Mini-Genom. Moderne parasitär-intrazellulär existierende Bakterien wie Mycoplasmen besitzen zwar ebenfalls nur sehr wenige Gene (▶ Abschn. 10.3.2) aber erlauben als „heutige" Zellen keinen direkten Vergleich. Ob aktuelle Forschungsprogramme zum Konzept „Synthetische Biologie" einmal selbständig lebens- und entwicklungsfähige Minizellen im Reagenzglas zeugen werden, ist eine spannende Frage.

Übrigens

— **Darwins Evolutionstheorie.** Die Erkenntnis über die Tatsache der Evolution (die Evolution ist keine „Theorie") war ein epochaler Durchbruch auf dem Weg zu unserem heutigen Weltverständnis. Zwei Geheimnisse der Evolution blieben jedoch ungelüftet: die Frage nach dem **Ursprung des Lebens** und die Frage, wie die Evolution **neue Arten hervorbringt**, d. h. wie Variation entsteht.

— **Darwins Lebenslauf.**

Charles Robert Darwin wurde 1809 als Sohn eines angesehenen und wohlhabenden englischen Landarztes geboren. Er konnte einer geruhsamen, sorgenfreien Zukunft entgegensehen. Ursprünglich sollte Darwin wie sein Vater und sein Großvater Arzt werden. Auf Anraten seines Vaters begann er mit einem Medizin-Studium in Edinburgh, wechselte aber bald zur Theologie. Statt der sorgenfreien Pastoren-Laufbahn wendete er sich in Cambridge geologischen und biologischen Fragestellungen zu. Die Studienjahre am Christ's College waren für Darwin eine unbeschwerte Zeit. Er las die Reisebeschreibungen von Alexander von Humboldt.

Unverhofft bot sich ihm im Alter von 22 Jahren auf Empfehlung einer seiner Professoren die einzigartige Gelegenheit als Naturkundler auf eine fünf-jährige Forschungsreise mit dem englischen Kriegssegelschiff *Beagle* zu gehen. Diese Reise war das wichtigste Ereignis seines Lebens, sie prägte seine weitere Berufslaufbahn.

Die Mission der *Beagle* war die Vermessung von Südamerikas Küsten und Inseln für Seekarten. Es waren aber auch Landaufenthalte geplant, bei denen Proben von Gestein, Flora und Fauna gesammelt werden sollten. Die Seereise begann für Darwin beschwerlich, er wurde seekrank und litt wochenlang unter Übelkeit. Seine Kabine musste er mit drei anderen Seeleuten teilen.

Die Lebensgeister Darwins erwachten nach Ankunft in Brasilien. Er schwärmte vom Dschungel als „großes wildes Treibhaus". Auf den Galapagos Inseln wanderte

Darwin fünf Wochen lang und fing Vögel, Leguane, Insekten und Krabben. Die Tiere, 1529 an der Zahl, wurden in Alkohol konserviert, daneben sammelte er 3907 Knochen und etikettierte diese minutiös.

Nach Rückkehr im Jahre 1836 zog er nach London und heiratete mit 30 Jahren eine Cousine, Emma Wedgwood, eine Miterbin der berühmten Porzellanfabrik Wedgwood. Sie gebar ihm 10 Kinder und Darwin wurde ein umsorgender Familienvater. Wegen der schnell wachsenden Familie erwarb er den großen Landsitz Downe in der Grafschaft Kent, nur zwei Stunden Fahrt mit der Kutsche bis London entfernt. Immer wieder wurden seine exakt geplanten Arbeitstage von gesundheitlichen Beschwerden, einer Form chronischer Depression unterbrochen.

1856 begann Darwin mit seinem „Artenbuch". Etliche Kapitel waren kaum fertiggestellt, als ihn 1858 ein Brief des britischen Naturforschers Alfred Russel Wallace von den Molukken erreichte. Dieser hatte auf den Inseln des malaysischen Archipels aus seinen Tierbeobachtungen geschlussfolgert, dass sich die Arten im Laufe von Jahrtausenden weiterentwickelt haben mussten. Ziel dieser Veränderung war: eine Anpassung an die sich veränderten Lebensumstände. Darwin sah sein Lebenswerk gefährdet und schrieb eine Zusammenfassung seiner Arbeiten aus den vergangenen 20 Jahren.

In kollegialer Absprache veröffentlichten Wallace und Darwin ihre Evolutionstheorie im Jahre 1858. Erstaunlicherweise erregten beide Manuskripte kaum Aufmerksamkeit, aber einer vernichtende Rezension. Ein Jahr später, 1859, erschien Darwins Buch „**Über die Entstehung der Arten/*The Origin of Species*"**. Das Werk wurde sofort ein Bestseller. Die erste Auflage mit 1250 Exemplaren war am Tage des Erscheinens ausverkauft. Die zweite Auflage mit 3000 Exemplaren kurz danach ebenfalls. Es entbrannte ein Kampf zwischen Wis-

senschaft und Kirche, denn seine rational begründete Theorie löste das Jahrhunderte-alte unhaltbare theologische Modell der Weltentstehung ab. Er wurde als Ketzer beschimpft und als Affe karikiert.

Hoch angesehen starb Darwin 1882 im Alter von 73 Jahren an Herzversagen. Er sollte im Dorf Down, wo er 40 Jahre lang sein Lebenswerk geschaffen hatte, bestattet werden. Die Nachricht von seinem Tod löste eine öffentliche Forderung nach einem nationalen Ehrenbegräbnis aus. Sein Grab befindet sich in der Londoner Westminster Abbey (Grabkirche der Könige) in der Nähe von Isaac Newton.

- **Weiterentwicklung der Evolutionstheorie.**
Woher kommen wir? Das Leben auf der Erde ist vor etwa 3,5–4 Milliarden Jahren im Urmeer entstanden. Seitdem hat die Evolution eine schier unfassbare Vielfalt an Lebensformen hervorgebracht. Bis heute ist der Übergang von unbelebter Materie hin zur ersten Urzelle eines der größten Rätsel der Naturwissenschaften.

1858/59 formulierte Charles Darwin seine zentrale Erkenntnis, dass alles Leben aus einer evolutionären Entwicklung hervorgegangen ist. Durch Variation und Auslese der am besten angepassten Individuen können neue Spezies entstehen. Nach Darwin wird die Evolution der Arten durch Konkurrenz-Kampf zwischen einzelnen Individuen/Varianten getrieben, um das Überleben (*survival of the fittest*) und damit einen Vermehrungsvorteil zu erlangen. Darwin hatte jahrelang die Gewohnheiten von Tieren und Pflanzen beobachtet und erkannt, dass überall ein Kampf ums Dasein (*struggle for exsistence*) stattfindet. Aspekte biologischer Kooperation blieben für Darwin von nachrangiger Bedeutung. Der Kampf ums Dasein wurde zu einem Schlüsselbegriff von Darwins Lehre mit dem Ergebnis der natürlichen Selektion. An die Umwelt besser angepasste Variationen können sich im Kampf ums Überleben eher erhalten, unvorteilhafte Variationen werden eher vernichtet.

Doch wie entstehen Variationen? Als ihre Ursache sah Charles Darwin den Zufall. Biologische Systeme sind nach Darwin keine Akteure der Evolution. Sie leisten keinen eigenen Beitrag zur Entwicklungsgeschichte, sondern sind nach dem Zufallsprinzip entstandene Produkte. Für Darwin gab es zu dieser Erklärung keine Alternative.

Seit der Evolutionstheorie im Jahre 1859 ist sehr viel Neues passiert. Was haben uns diese vergangenen Jahre über die Evolution gelehrt? James Shapiro, Bakteriologe und Genetiker an der *University of Chicago* beklagt in seinem Buch „*Evolution – a view from the 21st century*" (2011): „*Where are the last 60 years in molecular biology*", dass zahlreiche molekularbiologische Entdeckungen nach der DNA-Doppelhelix durch Watson und Crick im Jahre 1953 in der evolutionsbiologischen Literatur kaum bzw. nicht erwähnt werden, obgleich die Molekularbiologie neues Wissen über Zellen und wie deren Genome funktionieren geliefert hat.

- **Frühphase der Evolution.**
Nach Carl Woese begann das Leben in einer sogenannten **RNA-Welt**: Erste lebende Systeme bestanden aus kooperierenden und kommunizierenden Komplexen von RNA-Protein-Molekülen, die er „supramolekulare Aggregate" nannte. In einem nächsten Schritt etablierte sich die DNA als Trägerin der genetischen Information, möglicherweise im Zusammenhang mit der Entstehung der Einzeller. In dieser frühen Phase der Evolution entstand eine besondere Form von biologischer Variation: Zwischen den Zellen von verschiedenen Organismen wurde DNA ausgetauscht, ein als **horizontaler Gentransfer** bezeichnetes Phänomen. Diese Form der lateralen Vererbung führt zur schnellen Evolution von Bakterien mit neuen Antibiotika-Resistenzen. Genetische Studien, Genom- und Metagenom-Studien haben gezeigt, dass horizontaler DNA-Transfer fundamental für die Evolution ist und weit verbreitet zwischen allen Domänen des Lebens vorkommt.

Ein weiterer Schritt der Evolution war die Bildung neuer Organismen mit Genom-Mischungen durch Zell-Fusionen. Wir wissen heute, dass die sogenannte **Symbiogenese** für zwei sehr wichtige Ereignisse in der gesamten Evolutionsgeschichte verantwortlich ist (Endosymbionten-Theorie, ◘ Abb. 2.7, ► Abschn. 12.1):

- Aufnahme des α-Proteobakteriums als Mitochondrium in den Vorläufer aller eukaryontischen Zellen,
- Inkorporation des Cyanobakteriums als Plastid in den Vorläufer photosynthetischer Eukaryonten.

Die von der US-amerikanischen Biologin Lynn Margulis vertretene These der Symbiogenese wurde mehrfach bewiesen. Eukaryontische Zellen sind ein Zusammenschluss ehemals einzelliger Organismen. Bei der Fusion wurden Teile der Prokaryonten-DNA in den Zellkern der eukaryontischen Zelle verlagert.

Ein weiterer Mechanismus für die Bildung neuer Spezies besteht in der sogenannten **Hybridisierung**. Der Ausdruck Hybridisierung gilt für Paarungen zwischen Individuen von verschiedenen Spezies. Sie ist eine starke Kraft für die Stimulation schneller Genom-weiter Veränderungen und hat starke Effekte auf die Genom-Zusammensetzung. Auch dies kann zur Entstehung neuer Arten führen.

- **Evolutionäre Novitäten in späteren Phasen der Evolution**
Als Erste erkannte die Genetikerin Barbara McClintock (Nobelpreis 1983), dass es sich beim Genom – so wörtlich – um ein „*sensory organ*" handle, das Verände-

rungen in seiner Umwelt wahrnehmen, auf diese mit einer Selbstveränderung reagieren und damit einen Eigenbeitrag zur Variation leisten könne (siehe unten).

Angeregt von Barbara McClintock definiert der bekannte Mikrobiologe und Evolutionsforscher James Shapiro das Genom als ein komplexes, dynamisches Daten- und Informations-Speichersystem, das eine integrale Komponente der lebenden, sich reproduzierenden Zelle ist. Shapiros Konzept bedeutet einen Paradigmen-Wechsel: Ist die DNA verantwortlich für die Zelle oder die Zelle für die DNA? Und wer gibt die Instruktionen an wen? Er ist der Auffassung, dass Zellen für ihre DNA verantwortlich sind. Zellen kontrollieren das Ablesen der DNA, den Zugang zu verschiedenen Sequenzen der DNA und die Expression verschiedener Informationen, die in der DNA gespeichert sind. Vor allem aber steuern Zellen DNA-Strukturveränderungen, die durch verschiedene biochemische Reaktionen (z. B. Modifikationen) stattfinden. Die DNA für sich allein genommen tut nichts, sie ist nicht „egoistisch", sie kann nur unter der Regie der Zelle repliziert, exprimiert und an Tochterzellen weitergegeben werden. DNA kann nur in Wechselwirkungen mit anderen Molekülen der Zelle treten. Somit ist die Zelle verantwortlich, für das, was mit der DNA passiert.

Das Genom ist ein besonders komplexes Daten-Informations-Speicher-System. Folgende spezifische Genom-Funktionen muss ein solches System in lebenden Zellen erfüllen:
- DNA verpacken/Kondensation und „auspacken"/Dekondensation,
- Replikation des Genoms, synchronisiert mit dem Zell-Zyklus,
- Weitergabe der replizierten DNA an die Tochterzellen während der Zellteilung,
- Signale für Replikation, Transkription und genaue Synthese der codierten RNA- und Proteinmoleküle.

Seit der Entdeckung von Struktur und Funktion der DNA 1953 durch Watson und Crick (◨ Abb. 10.2) entwickelte sich die Molekularbiologie. Die wichtigen Meilensteine dieser grandiosen Entwicklung waren Darwin unbekannt. Er hatte keine Kenntnisse über die DNA-Doppelhelix, die Struktur und Funktion von DNA sowie den genetischen Code. Vor allem waren ihm die Möglichkeiten des Genoms, seine eigene Struktur zu verändern, nicht geläufig.

Darwin nahm an, dass evolutionäre Novitäten (also neue Arten) durch adaptive Veränderungen aufgrund von natürlicher Selektion durch viele kleine allmähliche Modifizierungen über einen langen Zeitraum zustande kommen.

Durch die moderne Genetik der letzten Jahre kamen weit darüberhinausgehende Möglichkeiten ans Licht. So ist heute bekannt, dass Teile von Genomen, bzw. ganze Genome in der Evolutionsgeschichte dupliziert wurden. Diese **Duplikationen** sind keine kleinen, sondern massive Änderungen, die nicht nur Eigenschaften eines Organismus beeinflussen, sondern einen wesentlichen Beitrag zur Entstehung neuer Arten geleistet haben. Verschiedene Arbeitsgruppen zeigten, dass evolutionäre Schübe, in denen neue Arten auftauchten, von Duplikationsschüben begleitet bzw. initiiert waren.

So konnte eine Arbeitsgruppe um Evan Eichler in einer Reihe spektakulärer Studien zeigen, dass die evolutionäre Aufzweigung der Primaten-Spezies (einschließlich des Auftauchens der Hominiden) eine differenzielle Duplikation großer genomischer Segmente zur Grundlage hatte. Zusätzlich spielen auch nachfolgende Punktmutationen eine Rolle, wobei diese u. a. die Genregulation innerhalb duplizierter DNA-Segmente verändern können.

John Sepkoskis Befunde, die auf ein zahlreiches Neu-Auftauchen unbekannter Arten nach biologischen Massen-Extinktionen hinweisen, sprechen dafür, dass Duplikationsschübe möglicherweise durch ökologische Katastrophen, derer es seit der Kambrischen Explosion mindestens fünf gab, ausgelöst werden. Im Kleinen sieht man das bei Bakterien: Werden sie durch Antibiotika nicht sofort getötet, sondern nur sub-letal bedroht, dann entwickeln sich rasch Varianten, darunter besonders viele resistente.

Nach erfolgter **Duplikation** oder **Transposition** kann sich die Genexpression verändern, wenn Kontrollsignale für die Transkription oder epigenetische Modifikation vor Genen eingeführt werden. Durch die Mobilisierung funktioneller Protein-Domänen kann die Protein-Evolution in Gang gesetzt werden, sodass modifizierte Proteine entstehen (*domain shuffling*). Die Änderung der Sequenz kann das Exon verkürzen (Stopp-Codon), ein neues Exon generieren (*exonization*) oder zu alternativem *splicing* führen und schließlich Stellen für epigenetische Modifikationen einfügen.

So sind Zellen in der Lage, existenziell bedrohliche Stressoren (Barbara McClintock nennt es *challenges*) wahrzunehmen und als Reaktion darauf ihre Genome zu verändern. Die Genom-Rekonstruktionen (*rearrangements*) sind keine Mutationen im klassischen Sinne, sondern Chromosomen-Umlagerungen oder Duplikationen großer DNA-Segmente, manchmal ganzer Chromosomen-Teile oder Chromosomen. Barbara McClintock folgerte, dass Zellen eine kognitive Fähigkeit haben, Schäden zu erkennen und mit einer Selbstveränderung zu reagieren.

Zukünftiges Ziel ist es herauszufinden, was die Zelle über sich selbst weiß und wie sie dieses Wissen unter Stress-Bedingungen benutzt.

2

Zusammenfassung

- Der menschliche Körper besteht aus 23 chemischen Elementen, unter denen die Nichtmetalle C, H, O, N, S, P sowie (in geringerer Menge) F, Cl, I und Se den Hauptanteil „organischer" Stoffe ausmachen.
- 12 verschiedene Metalle in Form von Ionen sind für Strukturen (Ca^{2+}), als Elektrolyte (Na^+, K^+) sowie als Spurenelemente in katalytischen Funktionen (Fe-, Cu-, Zn- Ionen u. a.) essenziell.
- Biochemische Reaktionen laufen zumeist in wässrigem Medium und bei annähernd neutralen pH-Werten ab; sie werden durch spezifische und für verschiedene Zellkompartimente typische Enzyme katalytisch beschleunigt.
- Eine Besonderheit organischer Naturstoffe, die C-Atome mit vier verschiedenen Substituenten enthalten, ist ihre mögliche Existenz in zwei Stereoisomeren, die sich zueinander wie Bild und Spiegelbild verhalten und von unterschiedlicher physiologischer Aktivität sind.
- Es besteht kein Zweifel, dass physiologische Vorgänge stets auf molekulare Mechanismen zurückzuführen sind. Als Beispiel für schwindende Wissenslücken sei der Kenntnisfortschritt „epigenetischer" Reaktionen bei der Modulation von Genexpression ohne Änderung einer Gensequenz (▶ Abschn. 47.2.1) genannt.
- Zelluläres Leben begann vor etwa 4 Milliarden Jahren und entwickelte sich über lange Zeiträume zu den drei Reichen der Archaebakterien und Eubakterien (Prokaryonten ohne Zellkern) sowie der eukaryontischen Pilze, Tiere und Pflanzen, die einen Zellkern und aus frühen Prokaryonten übernommene Mitochondrien und ggf. Chloroplasten enthalten.
- Die sogenannte "Kambrische Explosion" führte vor über 500 Millionen Jahren zum Auftauchen einer Vielzahl von Arten. Diese Entstehung beruht auf zahlreichen Mechanismen, die zu Darwins Zeiten noch unbekannt waren, unter ihnen der horizontale Gentransfer, die Hybridisierung und die Selbstveränderungen des Genoms.

Weiterführende Literatur

Bauer J (2009) Das kooperative Gen – Evolution als kreativer Prozess. Wilhelm Heyne Verlag, München

Follmann H, Grahn W (1999) Chemie für Biologen. Teubner Studienbücher, Stuttgart

Guo Z, Sadler PJ (1999) Metalle in der Medizin. Angew Chem 111:1610–1630

Hilt G, Rinze P (2007) Chemisches Praktikum für Mediziner. Teubner Studienbücher, Stuttgart

Huber R, Stetter KO (2001) Discovery of hyperthermophilic microorganisms. Methods Enzymol 330:11–24

Kaim W, Schwederski B (2005) Bioanorganische Chemie. Teubner Studienbücher, Stuttgart

Kronenberg ZN et al (2018) High-resolution comparative analysis of great ape genomes. Science 360:1085

Liebl W (2011) Synthetische Biologie: Perspektiven. Nachr Chem 59:303–308

Marques-Bonet T, Ryder OA, Eichler EE (2009) Sequencing primate genomes: what have we learned? Annu Rev Genomics Hum Genet 10:355–386

McClintock B (1984) The significance of responses of the genome to challenge. Science 226:792–801

Mortimer CE, Müller U (2010) Chemie – Das Basiswissen. Thieme, Stuttgart

Shapiro JA (2011) Evolution – a view from the 21st century. FT Press Science, Upper Saddle River

Wagner A (2014) Arrival of the fittest – how nature innovates. Penguin Random House LLC, New York

Woese CR (2000) Interpreting the universal phylogenetic tree. Proc Natl Acad Sci USA 97:8392–8396

Zeeck A, Grond S, Papastavrou I, Zeeck SC (2014) Chemie für Mediziner, 8. Aufl. Urban & Fischer/Elsevier, Amsterdam

Kohlenhydrate, Lipide, Aminosäuren und Nucleotide – Bausteine des Lebens

Georg Löffler und Matthias Müller

Lebende Organismen synthetisieren und verwerten Kohlenhydrate, Lipide, Aminosäuren und Nucleotide. Die Funktionen dieser Verbindungen sind vielfältig. Kohlenhydrate kommen als rasch metabolisierbare Substrate oder als Speicherstoffe hoher Energiedichte vor. Sie sind Gerüstsubstanzen, bilden wichtige Komponenten der extrazellulären Matrix und sind Bestandteil vieler Proteine. Lipide bilden eine besonders vielfältige Gruppe von Verbindungen. Triacylglycerine sind die energiedichtesten Speicherverbindungen. Die amphiphilen Phospholipide und Sphingolipide bilden Membranstrukturen von Zellen. Wegen ihrer Fähigkeit zur Polymerisation sind Isoprene zur Bildung der besonders umfangreichen Gruppe der Isoprenlipide imstande. Zu diesen gehören u. a. fettlösliche Vitamine, Cholesterin, die von Cholesterin abgeleiteten Steroidhormone und die für die Fettverdauung wichtigen Gallensäuren. Als α-Aminocarbonsäuren sind Aminosäuren formal Derivate von Fettsäuren. Von den etwa 100 bekannten Aminosäuren kommen standardmäßig 20 als sog. proteinogene Aminosäuren in Proteinen vor. Zusätzlich erfüllen Aminosäuren vielfältige Funktionen im Stoffwechsel oder dienen als Signalstoffe. Nucleotide sind Verbindungen aus einer heterozyklischen Base, einer Pentose (Ribose oder Desoxyribose) und einer Phosphatgruppe. In Form ihrer Triphosphate stellen sie eine universelle Form von Energie dar. Die Nucleotide sind außerdem an der Regulation vieler enzymatischer Reaktionen beteiligt. Nucleotide sind die Bausteine von DNA und RNA und bilden aktivierte Zwischenprodukte bei der Biosynthese von Proteinen, Kohlenhydraten und Lipiden. Sie kommen als Bestandteile von Coenzymen vor oder fungieren selbst als Signalmoleküle. Das Kapitel enthält am Ende eine Zusammenstellung von Übersichtstafeln mit den wichtigsten chemischen Strukturen von Kohlenhydraten, Lipiden, Aminosäuren und Nucleotiden.

Schwerpunkte

3.1 Kohlenhydrate
- Mono-, Oligo- und Polysaccharide, Heteroglycane
- Glycosidische Bindungen

3.2 Lipide
- Lipidklassen
- Lipidmembranen, Micellen, Detergenzien

3.3 Aminosäuren
- Proteinogene und nicht-proteinogene Aminosäuren
- Physikochemische Eigenschaften von Aminosäuren

3.4 Nucleotide
- Aufbau und Funktion von Nucleosiden und Nucleotiden

3.5 Übersichtstafeln

3.1 Kohlenhydrate

3.1.1 Einteilung und Funktionen der Kohlenhydrate

Kohlenhydrate oder Saccharide sind mengenmäßig die häufigsten von Lebewesen synthetisierten Verbindungen unseres Planeten. Im Vergleich zu Lipiden und Aminosäuren ist das Prinzip ihres Aufbaus vergleichsweise einfach, da sie alle Abkömmlinge von Verbindungen der Grundstruktur

$$(HCOH)_n$$

sind, wobei n $\geq$ 3 sein muss.

Ergänzende Information Die elektronische Version dieses Kapitels enthält Zusatzmaterial, auf das über folgenden Link zugegriffen werden kann https://doi.org/10.1007/978-3-662-60266-9_3. Die Videos lassen sich durch Anklicken des DOI Links in der Legende einer entsprechenden Abbildung abspielen, oder indem Sie diesen Link mit der SN More Media App scannen.

> Je nach ihrer Zusammensetzung werden Kohlenhydrate in Monosaccharide, Di-, Oligo- und Polysaccharide eingeteilt.

Monosaccharide   Monosaccharide sind durch Hydrolyse nicht mehr weiter zerlegbare Kohlenhydrate. Formal handelt es sich um **Aldehyde** bzw. **Ketone** mehrwertiger Alkohole, also um Aldosen bzw. Ketosen. Wegen des gehäuften Vorkommens asymmetrischer C-Atome gibt es eine große Zahl von stereoisomeren Formen von Monosacchariden (Einzelheiten s. Lehrbücher der organischen Chemie).

Di-, Oligo- und Polysaccharide   Monosaccharide haben die Fähigkeit, weitere Monosaccharide mithilfe glycosidischer Bindungen (► Abschn. 3.1.2) anzulagern und auf diese Weise eine Vielzahl der verschiedensten Verbindungen zu bilden. So entstehen u. a. **Di-** bzw. **Oligosaccharide** und als Makromoleküle die **Polysaccharide**.

> Kohlenhydrate sind Energielieferanten, Energiespeicher und Strukturbestandteile.

Die Funktionen von Kohlenhydraten sind außerordentlich vielfältig. Schon lange ist bekannt, dass sie nahezu allen Organismen als rasch zur Verfügung stehende Energielieferanten dienen. Dies gilt vor allem für Glycogen bzw. Stärke, die in tierischen bzw. pflanzlichen Zellen als Energiespeicher verwendet werden.

Andere Polysaccharide sind Bestandteile der extrazellulären Matrix der Gewebe aller höheren Lebewesen. Sie sind an der für vielzellige Organismen besonders wichtigen Zell-Zell-Kommunikation beteiligt (► Kap. 71).

Außerdem ist eine große Zahl von Proteinen, die Glycoproteine, mit spezifischen Oligosaccharidstrukturen ausgestattet, die für die Proteinfunktion von Bedeutung sind. Im Wesentlichen handelt es sich hierbei um Membranproteine und sezernierte Proteine (► Abschn. 49.3.3).

3.1.2   Monosaccharide – Pentosen und Hexosen

Im Stoffwechsel spielen **Hexosen** und **Pentosen** die größte Rolle. Daneben kommen als Zwischenprodukte des Pentosephosphatweges (► Abschn. 14.1.2) der aus 4 C-Atomen bestehende Zucker **Erythrose** und der aus 7 C-Atomen bestehende Zucker **Sedoheptulose** vor.

> Hexosen sind wichtige Bestandteile von Nahrungskohlenhydraten.

Die für den tierischen Stoffwechsel wichtigsten Hexosen sind in den Übersichtstafeln (► Abschn. 3.5,

■ **Tab. 3.1**   Biochemisch wichtige Hexosen (Auswahl)

Bezeichnung	Vorkommen und biologische Bedeutung
D-Glucose	Fruchtsäfte; Bestandteil von (pflanzlicher) Stärke, Glycogen, Saccharose, Lactose; Wichtigstes vom Organismus verwertetes Monosaccharid; Blutzucker (= Glucosegehalt des Blutes)
D-Galactose	Bestandteil von Lactose (Milchzucker), des wichtigsten Kohlenhydrats der Milch. Wird vom Organismus in Sphingolipide und Glycoproteine eingebaut. Abbau nur nach Umwandlung in Glucose möglich
D-Mannose	Bestandteil von tierischen und pflanzlichen Glycoproteinen. Dient zur Sortierung lysosomaler Proteine. Abbau erst nach Umwandlung in Glucose
D-Fructose	Fruchtsäfte; Bestandteil von Saccharose und dem Süßungsmittel Mais-Sirup (*corn syrup*); Biosynthese aus Glucose in verschiedenen Geweben; Abbau nach Einschleusung in die Glycolyse als Fructose-6-Phosphat oder in Leber und Samenblasen als Fructose-1-Phosphat

■ Abb. 3.19) und in ■ Tab. 3.1 zusammengestellt. Unter ihnen kommt der **Glucose** die größte Bedeutung zu (► Kap. 14 und 16):

— Fast alle mit der Nahrung aufgenommenen Kohlenhydrate werden in Glucose umgewandelt, bevor sie unter Energiegewinn abgebaut werden können.

— Alle im Organismus vorkommenden Monosaccharide können aus Glucose synthetisiert werden.

— Das Kohlenstoffskelett der Glucose kann als Ausgangsmaterial für die Synthese nicht-essenzieller Aminosäuren wie Glutamat und Serin (► Abschn. 26.2.2 und 27.2.6), von Fettsäuren (► Abschn. 21.3) und von Cholesterin verwendet werden.

> Pentosen sind Bestandteile von Nucleotiden und Nucleinsäuren.

■ Tab. 3.2 fasst die am häufigsten vorkommenden Monosaccharide mit 5 C-Atomen zusammen. Aus der Nahrung werden Pentosen in Form von Nucleosiden im Dünndarm resorbiert (► Abschn. 29.3 und 30.4). Intrazellulär entstehen Pentosen im Rahmen des Glucosestoffwechsels und werden als Bausteine von Nucleotiden und Nucleinsäuren verwendet (► Abschn. 3.4). Die Struktur von D-Ribose und D-Desoxyribose ist in den Übersichtstafeln (► Abschn. 3.5, ■ Abb. 3.32) dargestellt.

> Die OH-Gruppen von Monosacchariden werden in vielfältiger Weise modifiziert.

□ Tab. 3.2 Biochemisch wichtige Pentosen (Auswahl)

Bezeichnung	Vorkommen und biologische Bedeutung
D-Ribose	Vorkommen in Ribonucleinsäuren (RNA) und Ribonucleotiden (z. B. ATP); Strukturelement von Coenzymen; Biosynthese aus Glucose
D-Desoxyribose	Vorkommen in Desoxyribonucleinsäuren (DNA) und Desoxyribonucleotiden (z. B. dATP) Biosynthese aus Ribose
D-Ribulose	Stoffwechselzwischenprodukt im Glucoseabbau über den Pentosephosphatweg
D-Xylulose	Stoffwechselzwischenprodukt im Glucoseabbau über den Pentosephosphatweg; Aktivator von Glycolyse und Liponeogenese in der Leber (▶ Abschn. 15.3.1)
D-Arabinose, D-Xylose	Vorkommen in Proteoglycanen

Alle Hexosen und Pentosen können vielfältig modifiziert werden, wie es in □ Abb. 3.1 am Beispiel der Glucose dargestellt ist:

— In wässriger Lösung stellt sich durch Mutarotation ein Gleichgewicht zwischen zwei anomeren Formen der Glucose ein. Dabei beträgt der Anteil der β-D-Glucose 63,9 % und derjenige der α-D-Glucose 36 % (□ Abb. 3.1, Ziffer 1).

— Durch Reduktion am C-Atom 1 entstehen aus Monosacchariden die entsprechenden **mehrwertigen Alkohole** (aus Glucose Sorbitol, aus Mannose Mannitol etc.) (Ziffer 2).

— Durch Oxidation der endständigen -CH$_2$-OH-Gruppe von Monosacchariden entstehen **Uronate (Uronsäuren)**, die u. a. Bestandteile wichtiger Polysaccharide sind (▶ Abschn. 3.1.4). An Glucuronat werden ausscheidungspflichtige körpereigene und auch körperfremde Substanzen gekoppelt (Ziffer 3); ▶ Abschn. 62.3.1).

— Hydroxylgruppen von Monosacchariden können verestert werden (s. Lehrbücher der organischen Chemie). Von biochemischem Interesse sind die Phosphorsäureester, da intrazellulär hauptsächlich **phosphorylierte Monosaccharide** umgesetzt werden (▶ Abschn. 14.1.1) (Ziffer 4).

— **Aminozucker** entstehen durch den Ersatz einer Hydroxylgruppe durch eine Aminogruppe. Bei den physiologischerweise vorkommenden Aminozuckern **Glucosamin, Galactosamin** und **Mannosamin** ist die Aminogruppe mit dem C-Atom 2 des Mono-

saccharids verbunden (Ziffer 5). Häufig ist die NH$_2$-Gruppe acetyliert (Ziffer 6). Die Aminozucker und ihre N-acetylierten Derivate kommen in verschiedenen Glycoproteinen, als Bestandteile der Proteoglycane, in bakteriellen Zellwänden und im Chitin vor.

— Durch Oxidation am C-Atom 1 wird die halbacetalische Hydroxylgruppe zum **Lacton** dehydriert (Ziffer 7), das durch Wasseranlagerung in die entsprechende **Carbonsäure** übergeht. Diese wird i. Allg. durch die Endung –on gekennzeichnet: aus Glucose entsteht Gluconat (Gluconsäure) (Ziffer 8).

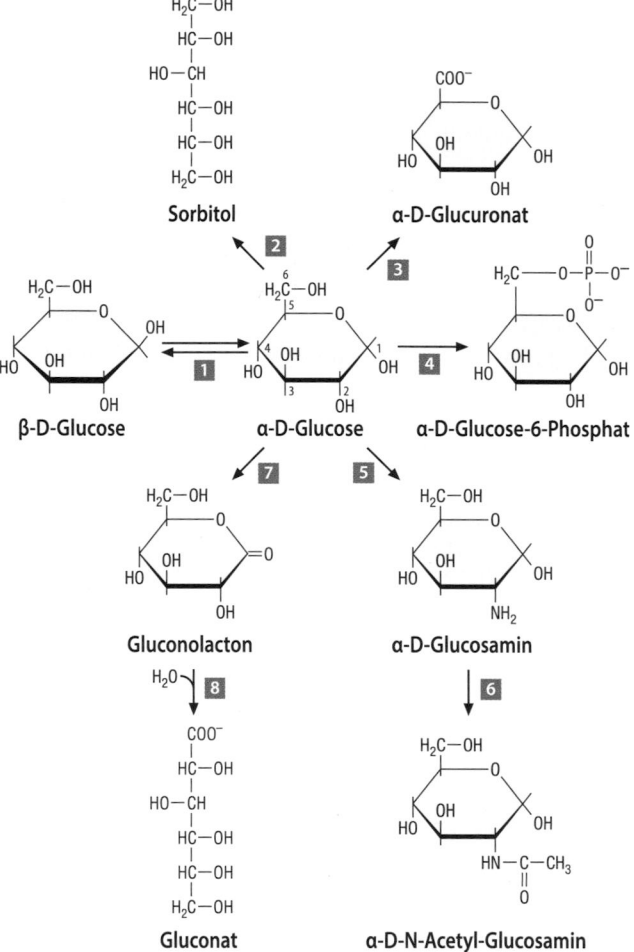

□ Abb. 3.1 Die wichtigsten Derivate der α-D-Glucose. (1) Durch Mutarotation entsteht β-D-Glucose. (2) Durch Reduktion am C-Atom 1 entsteht Sorbitol. (3) Durch Oxidation am C-Atom 6 entsteht Glucuronat (Glucuronsäure). (4) Durch Veresterung der OH-Gruppe am C-Atom 6 mit Phosphorsäure entsteht Glucose-6-Phosphat. (5) Ersatz der Hydroxylgruppe am C-Atom 2 durch eine Aminogruppe führt zum Glucosamin. (6) Glucosamin kann an der Aminogruppe acetyliert werden, sodass N-Acetylglucosamin entsteht. (7) Durch Oxidation am C-Atom 1 entsteht Gluconolacton, welches hydrolytisch zu Gluconat (Gluconsäure) gespalten werden kann (8)

❯ Die halbacetalische Hydroxylgruppe am C-Atom 1 von Monosacchariden geht glycosidische Bindungen ein.

Analog der Bildung eines Vollacetals (s. Lehrbücher der Chemie) kann die Hydroxylgruppe des halbacetalischen C-Atoms 1 von Monosacchariden mit OH- bzw. NH_2-Gruppen unterschiedlichster Verbindungen unter Wasserabspaltung reagieren, wobei sog. **Glycoside** gebildet werden:

— Stammt die OH-Gruppe von einem weiteren Monosaccharid, so entstehen **Di-, Oligo-** oder **Polysaccharide**.

— Handelt es sich dagegen um Nicht-Kohlenhydrate, so entstehen Substanzen, die als **O-** bzw. **N-Glycoside** bezeichnet werden.

— Die Verbindung wird nach dem die glycosidische Bindung eingehenden Zucker benannt (Glucosid, Galactosid etc.), der Nicht-Kohlenhydratanteil der entstehenden Verbindung wird auch als **Aglycon** bezeichnet.

— Der α- und β-Anomerie bei den Monosacchariden (siehe Übersichtstafeln, ▶ Abschn. 3.5, ◘ Abb. 3.20) entspricht die **α- und β-Isomerie** bei den Glycosiden. Allerdings ist hier nicht mehr das Phänomen der Mutarotation möglich, da die Hydroxylgruppe am C-Atom 1 durch den angelagerten Rest blockiert ist (◘ Abb. 3.2).

— Natürlich vorkommende O- und N-Glycoside werden zum Teil als Pharmaka verwendet. So werden beispielsweise die sog. **herzwirksamen Glycoside** für die Therapie der Herzinsuffizienz eingesetzt (◘ Abb. 3.3).

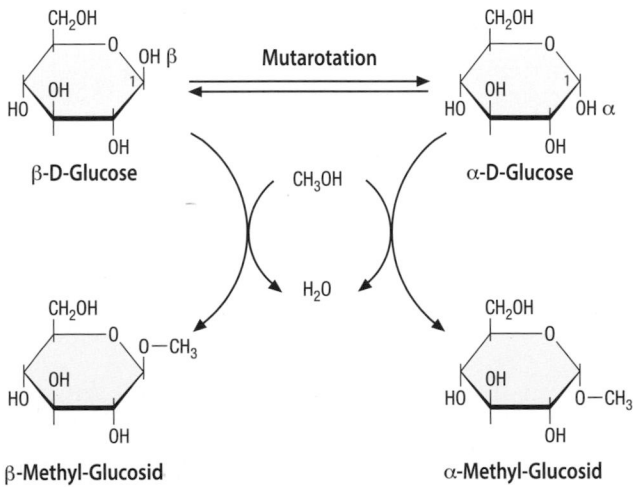

◘ **Abb. 3.2   Entstehung von α-Methylglucosid und β-Methylglucosid.** α- und β-Glucose stehen durch Mutarotation miteinander im Gleichgewicht. Durch Umsetzung mit Methanol entsteht unter den entsprechenden Bedingungen α- bzw. β-Methylglucosid, die allerdings nicht mehr ineinander überführt werden können

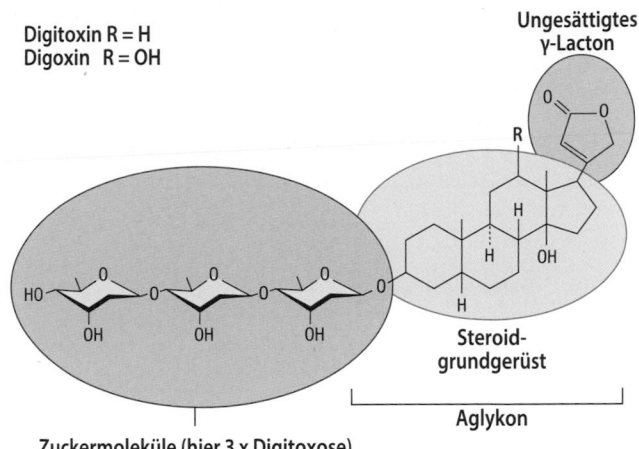

◘ **Abb. 3.3   Struktur der Herzglycoside Digitoxin und Digoxin.** Die pharmakologisch wirksame Komponente ist das Pflanzensteroid Digitoxigenin. Mit einer glycosidischen Bindung ist dieses mit drei Molekülen Digitoxose verknüpft

3.1.3 Disaccharide – glycosidisch verknüpfte Monosaccharide

❯ Disaccharide entstehen durch Knüpfung einer glycosidischen Bindung zwischen zwei Monosacchariden.

Disaccharide entstehen dadurch, dass eine glycosidische Bindung (▶ Abschn. 3.1.2) zwischen der Hydroxylgruppe am halbacetalischen C-Atom 1 eines Monosaccharids mit einer Hydroxylgruppe eines weiteren Monosaccharidmoleküls geknüpft wird. Man unterscheidet Disaccharide vom Maltose- bzw. Trehalosetyp (siehe Übersichtstafeln, ▶ Abschn. 3.5, ◘ Abb. 3.21).

3.1.4 Oligosaccharide und Polysaccharide – Homo- und Heteroglycane

Unter den Begriffen Oligo- bzw. Polysaccharide versteht man kettenförmige, häufig auch verzweigte Moleküle, die durch Kondensation mehrerer, z. T. noch modifizierter Monosaccharide gebildet werden. Diese Verbindungen sind von großer biologischer Bedeutung, eine Einteilung findet sich in ◘ Tab. 3.3.

❯ Oligosaccharide sind Verbindungen, die 3 bis maximal 20 glycosidisch verknüpfte Monosaccharide enthalten.

Freie Oligosaccharide kommen im Pflanzenreich vor, im Tierreich trifft man sie nur in geringen Konzentrationen an. Eine Ausnahme stellen die Oligo-

saccharide dar, die spezifisch in der menschlichen Muttermilch vorkommen (HMOs, *human milk oligosaccharides*). Schätzungen gehen davon aus, dass mehr als 1000 unterschiedliche HMOs aus Glucose, Galactose, N-Acetylglucosamin, Fucose und N-Acetyl-Neuraminsäure aufgebaut werden. Ein Teil von ihnen enthält die charakteristischen Strukturen des Kohlenhydratanteils von Blutgruppen-Antigenen (▶ Abschn. 68.2.5), die u. a. auch auf den Mucosazellen der Darmschleimhaut exprimiert werden und dort als Rezeptoren von Viren und Bakterien fungieren. Als „lösliche Rezeptoren" würden HMOs somit die Fixierung von Viren und Bakterien an der Darmschleimhaut verhindern. Neben dieser antimikrobiellen Funktion, beeinflussen HMOs die Entwicklung des Mikrobioms (▶ Abschn. 61.5) und der Immunabwehr bei Neugeborenen.

In gebundener Form haben Oligosaccharide dagegen als Bestandteile der Glycoproteine (s. u.) und der Ganglioside eine weite Verbreitung. Sie werden bei den Heteroglycanen besprochen (◘ Tab. 3.4).

> Polysaccharide setzen sich aus einer großen Zahl glycosidisch verknüpfter Monosaccharide zusammen.

Polysaccharide sind Verbindungen, die sich aus einer großen Zahl von Monosacchariden zusammensetzen, wobei das schon bei den Disacchariden verwendete Bauprinzip der Verknüpfung über glycosidische Verbindungen beibehalten wird. Man unterscheidet (◘ Tab. 3.3):

- **Homoglycane**, die nur ein einziges Monosaccharid als Baustein enthalten.
- **Heteroglycane**, Oligo- bzw. Polysaccharide, die aus mehreren unterschiedlichen Monosaccharid-Bausteinen zusammengesetzt sind.

> Homoglycane sind wichtige zelluläre Energiespeicher.

Stärke und Glycogen Beide Verbindungen dienen als zelluläre Kohlenhydratspeicher:

- **Amylose** macht 20–30 % der pflanzlichen Stärke aus. Sie ist ein aus mehreren tausend Glucoseresten bestehendes Kettenmolekül. Die Glucosereste sind wie bei der Maltose durch α-(1→4)-glycosidische Bindungen

◘ **Tab. 3.3** Charakterisierung von natürlich vorkommenden Oligo- und Polysacchariden

		Oligosaccharide	Polysaccharide
Homoglycane			Amylose, Amylopectin, Glycogen, Cellulose, Dextrane, Inulin
Heteroglycane	Frei	In der Muttermilch des Menschen[a]	Hyaluronsäure[b]
	Gebunden	In Glycoproteinen und Glycolipiden[a]	In Proteoglycanen[b] und Peptidoglycanen[b]

[a]Diese Oligosaccharide haben in der Regel verzweigte Strukturen
[b]Diese Polysaccharide sind unverzweigt und werden auch als Glycosaminoglycane oder Mucopolysaccharide bezeichnet

◘ **Tab. 3.4** Einteilung der Heteroglycane

Bezeichnung	Kohlenhydrat	Nicht-Kohlenhydrat	Funktion
Glycoproteine	Oligosaccharide aus 2–20 unterschiedlichen Monosacchariden	Verschiedenste Proteine	Vielseitig, z. B. Proteinstabilität, Proteinsortierung, Rezeptoren, Zell-Zell-Kontakte
Proteoglycane	Glycosaminoglycane mit sich wiederholenden Disacchariden; Molekülmasse $2 \cdot 10^3$ bis $3 \cdot 10^6$ Da	Einfach aufgebaute Proteinskelette (*core*-Protein)	Bestandteil der extrazellulären Matrix
Peptidoglycane	Disaccharid aus N-Acetylglucosamin und N-Acetylmuraminsäure	Peptide aus 4–5 Aminosäuren	Bildung der bakteriellen Zellwand
Glycolipide	Oligosaccharide	Ceramid, Polyisoprenol, Phosphatidylinositol	Bauteile zellulärer Membranen, Zwischenprodukt bei der Glycoproteinbiosynthese, Membrananker von Proteinen (GPI-Anker)

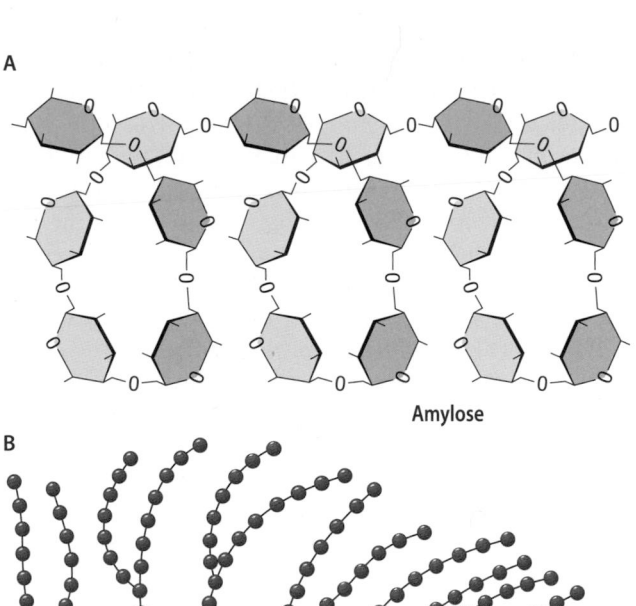

Amylose

verknüpft (siehe Übersichtstafeln,▸ Abschn. 3.5,
◘ Abb. 3.22). Dadurch ergibt sich eine schraubenför-
mige Windung des Amylosemoleküls mit ca. 6 Glucoseeinheiten pro Schraubengang (◘ Abb. 3.4).
- **Amylopectin** stellt den größeren Bestandteil pflanzlicher Stärke dar. Es besteht ebenfalls aus α-(1→4)-
glycosidisch verknüpften Glucoseresten. Es enthält
jedoch zusätzlich Verzweigungsstellen über die Hydroxylgruppe am C-Atom 6 (α-(1→6)-glycosidische
Bindung) (siehe Übersichtstafeln, ▸ Abschn. 3.5,
◘ Abb. 3.22). Da sich die Seitenketten ihrerseits
wieder verästeln können, bilden sich stark verzweigte Riesenmoleküle (◘ Abb. 3.4). Im Amylopectin kommt es im Mittel an jedem 25. Glucoserest zu einer Verzweigung. Die molekulare Masse
des Amylopectins ist mit etwa 10^6 Da sehr hoch.
- **Glycogen** ist das tierische Reservekohlenhydrat. In
seiner Struktur entspricht es weitgehend dem Amylopectin, allerdings ist es mit einer Verzweigung pro
6–10 Glucoseresten noch stärker verzweigt. Die Molekülmasse des Glycogens kann zwischen $1·10^6$ und
$20·10^6$ Da schwanken.

Cellulose Cellulose ist die auf der Erde am weitesten verbreitete, organische Substanz. Sie besteht aus Glucosemolekülen, die β-(1→4)-glycosidisch miteinander verknüpft
sind. Infolge der β-glycosidischen Bindungen liegt das
Molekül als fadenförmiges Kettenmolekül vor, das lange
Fasern ausbildet, die durch Wasserstoffbrücken-
Bindungen verknüpft sind. Cellulose ist die wichtigste
pflanzliche Stützsubstanz.

Dextrane Dextrane sind aus Glucose bestehende Homoglycane, die von Bakterien gebildet werden. Die Glucosereste sind (1→6)-glycosidisch verbunden, wobei
(1→2)-, (1→3)- oder (1→4)-Verzweigungen vorkommen.
Dextrane werden vor allem als Molekularsieb bei der Gelchromatographie (Gelfiltration, s. ▸ Abschn. 6.1.1) verwendet. Außerdem dient Dextran als Blutplasmaersatz
bei starken Blutverlusten.

❯ Heteroglycane sind Oligo- bzw. Polysaccharide aus
mehreren unterschiedlichen Monosaccharid-Bausteinen.

Heteroglycane enthalten neben verschiedenen einfachen
Monosacchariden auch Derivate von Monosacchariden
wie Aminozucker und Uronsäuren.
    Heteroglycane kommen in Form von Oligosacchari-
den oder sog. Glycosaminoglycanen vor. Während die
Oligosaccharidketten von Glycoproteinen meist verzweigt vorliegen, werden als **Glycosaminoglycane** lange,
unverzweigte Heteroglycanketten bezeichnet, die aus repetitiven identischen Disaccharideinheiten zusammengesetzt sind (◘ Tab. 3.5; siehe Übersichtstafeln,

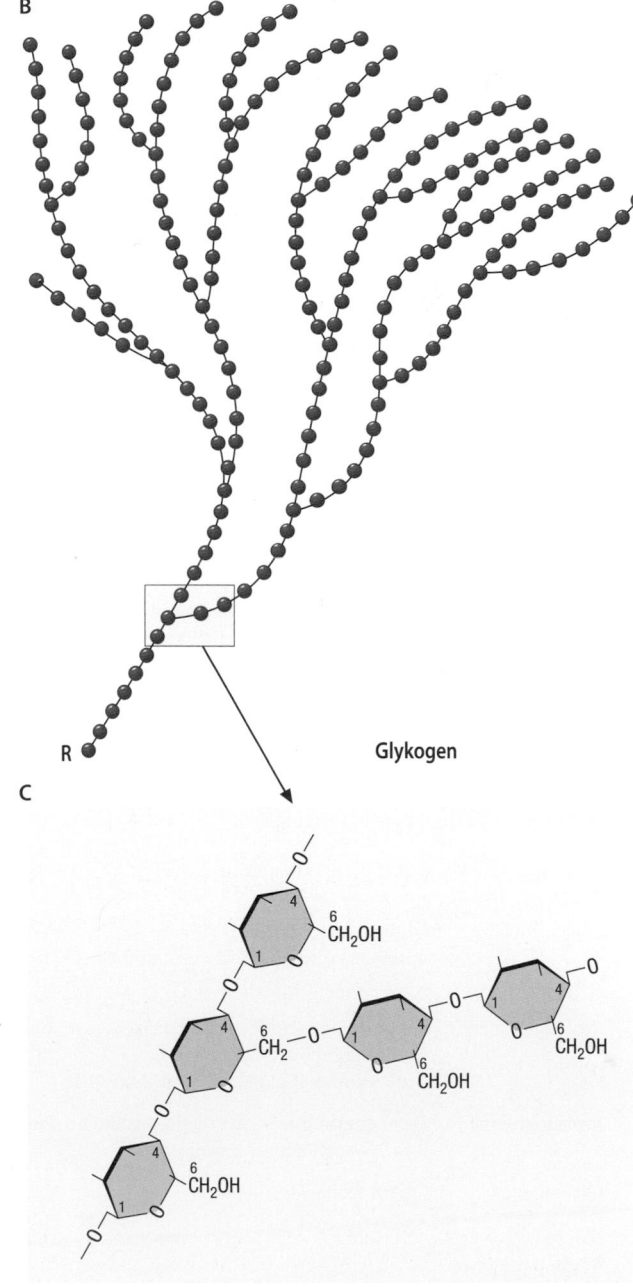

◘ **Abb. 3.4 Aufbau von Stärke und Glycogen. A** Amylose, **B** Glycogen, **C** Ausschnitt eines Amylopectin- bzw. Glycogenmoleküls mit
einer Verzweigungsstelle

▶ Abschn. 3.5, ◘ Abb. 3.23). Diese Disaccharide bestehen typischerweise aus

- einem **Hexosamin** bzw. dessen N-acetyliertem Derivat und
- einer **Uronsäure**, meist Glucuronsäure (Keratansulfat enthält Galactose statt einer Uronsäure).

Zusätzliche **Sulfatgruppen** sind über Esterbindungen mit verschiedenen Hydroxylgruppen der Monosaccharide verknüpft. Eine ältere, heute weniger gebräuchliche Bezeichnung für Glycosaminoglycane ist **Mucopolysaccharide**.

Fast ausnahmslos treten Heteroglycane in covalenter Verknüpfung, meist mit Proteinen, aber auch mit Lipiden auf. Heteroglycane werden eingeteilt in:

- Glycoproteine
- Proteoglycane
- Peptidoglycane
- Glycolipide

◘ Tab. 3.4 fasst wichtige Eigenschaften der Heteroglycane zusammen.

Glycoproteine Es handelt sich um Proteine, an die über N- bzw. O-glycosidische Bindungen Oligosaccharide geknüpft sind (siehe Übersichtstafeln, ▶ Abschn. 3.5, ◘ Abb. 3.24; zu Biosynthese und Funktion von Glycoproteinen siehe ▶ Abschn. 49.3.3).

Die Glycanketten von Glycoproteinen eukaryontischer Zellen bestehen aus folgenden Monosacchariden bzw. Monosaccharidderivaten:

- Glucose
- Galactose
- Mannose
- N-Acetylglucosamin
- N-Acetyl-Galactosamin
- L-Fucose
- Neuraminsäure

◘ **Tab. 3.5** Disaccharide der Glycosaminoglycane

Bezeichnung	Molekülmasse (Da)	Hexosen	Stellung des Sulfats	Bindung	Vorkommen
Hyaluronsäure (Hyaluronan)[a]	$1–3 \cdot 10^6$	N-Acetylglucosamin Glucuronsäure	–	$\beta(1\rightarrow4)$ $\beta(1\rightarrow3)$	Synovialflüssigkeit, Glaskörper, Nabelschnur
Chondroitin-4-Sulfat (Chondroitinsulfat A)	$2–5 \cdot 10^4$	N-Acetyl-Galactosamin Glucuronsäure	4	$\beta(1\rightarrow4)$ $\beta(1\rightarrow3)$	Knorpel, Aorta
Chondroitin-6-Sulfat (Chondroitinsulfat C)	$2–5 \cdot 10^4$	N-Acetyl-Galactosamin Glucuronsäure	6	$\beta(1\rightarrow4)$ $\beta(1\rightarrow3)$	Herzklappen
Dermatansulfat (Chondroitinsulfat B)	$2–5 \cdot 10^4$	N-Acetyl-Galactosamin Iduronsäure oder Glucuronsäure	4, 6 2 2	$\beta(1\rightarrow4)$ $\alpha(1\rightarrow3)$[b] $\beta(1\rightarrow3)$	Haut, Blutgefäße, Herzklappen
Heparin	$0,5–3 \cdot 10^4$	Glucosamin Glucuronsäure oder Iduronsäure	6, N[c] 2 2	$\alpha(1\rightarrow4)$ $\beta(1\rightarrow4)$ $\alpha(1\rightarrow4)$[b]	Kein Bestandteil der extrazellulären Matrix. Wird in Mastzellen gespeichert. Wirkt gerinnungshemmend (▶ Abschn. 69.1.4)
Heparansulfat	$2–10 \cdot 10^3$	Glucosamin oder N-Acetylglucosamin Glucuronsäure oder Iduronsäure	6, N[c] 2 2	$\alpha(1\rightarrow4)$ $\beta(1\rightarrow4)$ $\alpha(1\rightarrow4)$[b]	Blutgefäße, Zelloberfläche
Keratansulfat	$5–20 \cdot 10^3$	N-Acetylglucosamin Galactose	6	$\beta(1\rightarrow3)$ $\beta(1\rightarrow4)$	Cornea, Nucleus pulposus, Knorpel

[a]Eine Bindung von Hyaluronsäure an Protein ist nicht nachgewiesen
[b]Diese glycosidische Bindung der L-Iduronsäure entspricht sterisch der β-glycosidischen Bindung der D-Glucuronsäure, wird jedoch wegen der L-Konfiguration der Iduronsäure als α-glycosidisch bezeichnet
[c]Die Sulfatierung erfolgt nach Deacetylierung am N-Atom der Aminozucker

Bezogen auf die Masse kann der Kohlenhydratanteil der Glycoproteine von weniger als 5 % (Immunglobulin G) bis zu 85 % (bei Blutgruppensubstanzen) betragen.

Glycoproteine sind sehr weit verbreitet. Viele Export- und Membranproteine sind Glycoproteine. Von den menschlichen Plasmaproteinen tragen nur Albumin und Transthyretin (Präalbumin) keine Zuckerreste. Beispiele von Glycoproteinen sind:

- Strukturproteine (z. B. Kollagen)
- Enzyme (z. B. pankreatische Ribonuclease, Amylase, Acetylcholinesterase, Glucocerebrosidase)
- Transportproteine (z. B. Caeruloplasmin, Transferrin)
- Peptidhormone (z. B. Luteinisierendes Hormon, Follikel-stimulierendes Hormon)
- Immunglobuline
- Fibrinogen
- Blutgruppenantigene

Proteoglycane Mit Ausnahme der Hyaluronsäure sind die Glycosaminoglycane an sog. *core*-Proteine gebunden und werden deswegen als **Proteoglycane** bezeichnet. Die Verknüpfung der repetitiven Disaccharideinheiten mit den zugehörigen Peptidketten erfolgt O-glycosidisch über ein Serin und beginnt mit der Zuckersequenz: Xylose-Galactose-Galactose-Glucuronat (▶ Abschn. 16.2.2), an die sich die Disaccharidkette anschließt.

Die wichtigsten in Proteoglycanen nachweisbaren Glycosaminoglycane sind in ◘ Tab. 3.5 aufgelistet.

Mit Ausnahme von Heparin kommen Proteoglycane ausschließlich in der **extrazellulären Matrix** vor und ihre Variabilität ist für deren funktionelle Vielfalt verantwortlich (▶ Abschn. 71.1). Proteoglycane haben die Fähigkeit zu assoziieren und geordnete Strukturen auszubilden (▶ Abschn. 71.1.5). Als **Polyanionen** binden sie Kationen (Ca^{2+}, Mg^{2+}), Wasser, Peptidhormone und Cytokine (▶ Abschn. 34.2). Außerdem nehmen sie wichtige Funktionen im Rahmen von Wachstums- und Differenzierungsvorgängen wahr (▶ Abschn. 71.1.5). Die *core*-Proteine bilden eine umfangreiche Genfamilie (▶ Abschn. 16.2.2). Störungen der Biosynthese und des Abbaus von Proteoglycanen führen zu schweren Abnormitäten (▶ Abschn. 17.2.2).

Peptidoglycane Über Aufbau und biologische Bedeutung der Peptidoglycane als Bestandteil der bakteriellen Zellwand s. ▶ Abschn. 16.2.4.

Glycolipide Als **Glycolipide** werden Verbindungen von meist komplex aufgebauten Oligosacchariden mit Lipiden bezeichnet, die überwiegend als Membranbestandteile vorkommen. Unterschieden werden in tierischen Zellen Sphingo-Glycolipide (▶ Abschn. 3.2.4) und Polyprenol-Glycolipide (▶ Abschn. 3.2.5).

Übrigens

Analytik von Kohlenhydraten. Indische, chinesische und japanische Ärzte kannten schon vor mehr als 2000 Jahren eine Krankheit, die süßen Harn erzeugt. Es wurde beobachtet, dass dieser süße Urin den Hunden schmeckte, Fliegen wurden angelockt und man nannte die Krankheit „Honigharn". Der Ausdruck „Diabetes" (griech. das Hindurchgehende) wurde von Aretheios aus Kappadokien (81–128 n. Chr.) in den medizinischen Sprachgebrauch eingeführt, um die großen Harnmengen, den Harndrang und das häufige Wasserlassen zu charakterisieren. Das Prüfen des süßen Geschmacks von Diabetikerharn wurde noch im 20. Jahrhundert den Studenten in der Vorlesung eindrucksvoll demonstriert. Der Professor ließ sich ein mit Harn gefülltes Glas reichen, steckte einen Finger hinein, zog die Hand wieder zurück und kostete am Finger. Es ging alles ziemlich schnell und die Zuschauer waren fassungslos. Erst später wurde geklärt, was geschehen war. Der Professor hatte den Zeigefinger in das Uringlas gesteckt, aber seinen Mittelfinger abgeschleckt. Niemand im Zuhörerkreis hat das bemerkt. Die heute gebräuchlichen Verfahren zum Glucosenachweis in Körperflüssigkeiten verlangen vom Untersucher weniger Einsatz und sind deutlich weniger störanfällig. Die Glucosebestimmung erfolgt im Allgemeinen mithilfe optisch-enzymatischer Tests (▶ Abschn. 7.5), meist mithilfe von Hexokinase (3.1) und Glucose-6-Phosphat-Dehydrogenase (3.2):

$$Glucose + ATP \rightarrow Glucose - 6 - Phosphat + ADP \tag{3.1}$$

$$Glucose - 6 - Phosphat + NADP^+ \rightarrow \atop 6 - Phosphogluconat + NADPH / H^+ \tag{3.2}$$

Messgröße ist dabei die spezifische Absorption von NADPH bei 340 nm (◘ Abb. 7.5 in ▶ Abschn. 7.5). Gemische komplexer Kohlenhydrate können durch Techniken, die auch bei der Trennung von Proteinen und Aminosäuren eingesetzt werden, getrennt werden. Für die Identifikationen der einzelnen Bestandteile komplexer Kohlenhydrate eignet sich die Kernspinresonanzspektroskopie und die Massenspektrometrie (s. Lehrbücher der biochemischen Analytik).

Zusammenfassung

Alle Kohlenhydrate leiten sich von Aldehyden bzw. Ketonen mehrwertiger Alkohole ab, die als Aldosen bzw. Ketosen bezeichnet werden. Sie sind imstande, miteinander Verbindungen einzugehen und auf diese Weise Makromoleküle zu bilden. Im Einzelnen unterscheidet man:

- Monosaccharide
- Disaccharide
- Oligo- und Polysaccharide

Von besonderer Bedeutung im Stoffwechsel sind:

- Hexosen (Glucose, Galactose, Mannose, Fructose)
- Pentosen (Ribose, Desoxyribose, Ribulose, Xylulose)

Monosaccharide können unter Ausbildung glycosidischer Bindungen mit OH- bzw. NH_2-Gruppen reagieren. Die dabei entstehenden Verbindungen werden Glycoside genannt.

Wird die glycosidische Bindung zwischen zwei Monosacchariden geknüpft, entstehen Disaccharide (Maltose, Lactose, Saccharose).

Saccharide aus 3–20 Monosacchariden werden als Oligosaccharide, solche mit mehr als 20 als Polysaccharide bezeichnet:

- Homoglycane enthalten nur ein einziges Monosaccharid
- Heteroglycane dagegen mehrere unterschiedliche Monosaccharide

Das wichtigste tierische Homoglycan ist das Glycogen. Heteroglycane kommen v. a. in Glycoproteinen und Proteoglycanen der extrazellulären Matrix vor.

3.2 Lipide

3.2.1 Einteilung und Funktionen der Lipide

❯ Die Klassifizierung von Lipiden erfolgt nach dem Vorkommen von Esterbindungen.

Eine gebräuchliche Klassifizierung für die chemisch sehr unterschiedlichen Lipide teilt diese in zwei Hauptgruppen ein, die einfachen, nicht-hydrolysierbaren Lipide und die zusammengesetzten, **Esterbindungen** bzw. **Amidbindungen** enthaltenden und damit hydrolysierbaren Lipide (◻ Tab. 3.6 und 3.7).

❯ Lipide dienen der Energiespeicherung, dem Membranaufbau und der Signaltransduktion.

◻ **Tab. 3.6** Klassifizierung von einfachen, nicht-hydrolysierbaren Lipiden

Lipidklasse		Beispiele
Fettsäuren		Gesättigte, einfach und mehrfach ungesättigte Fettsäuren
Fettsäurederivate		Prostaglandine, Leukotriene
Isoprenderivate	Polyisoprene	Ubichinon, Dolichol, Vitamine A, E, K
	Steroide	Cholesterin, Steroidhormone, Vitamin D

◻ **Tab. 3.7** Klassifizierung von zusammengesetzten, hydrolysierbaren Lipiden

Lipidklasse	Komponenten		
	Acylreste	Alkohol	Weitere Bestandteile
Triacylglycerine	3	Glycerin (Glycerol)	
Phosphoglyceride	2	Glycerin-3-Phosphat	Ethanolamin, Cholin, Inositol, Serin
Sphingomyelin	1[a]	Sphingosin	Phosphorylcholin, Phosphorylethanolamin
Cerebroside, Ganglioside	1[a]	Sphingosin	Zucker
Cholesterinester	1	Cholesterin (Cholesterol)	

[a]Acylrest ist über Amidbindung mit dem Aminoalkohol Sphingosin verknüpft

Lipide haben eine Vielzahl von Funktionen, besonders bei

- der Energiespeicherung,
- dem Aufbau von Membranen und
- der Signalvermittlung.

Energiespeicherung Lipide sind ein wichtiger Nahrungsbestandteil. Die Fettverbrennung ergibt im Vergleich mit anderen Nahrungsstoffen die höchste Energieausbeute

3

(38–39 kJ/g Fett) (▶ Abschn. 56.1). Neben ihrem energetischen Wert haben Nahrungslipide auch Bedeutung, weil sie die **essenziellen Fettsäuren** und die fettlöslichen Vitamine **Retinol**, **Calciferole**, **Tocopherole** und **Phyllochinone** enthalten (▶ Kap. 58).

Im tierischen Organismus findet sich die höchste Lipidkonzentration im **Fettgewebe**. Hier werden **Triacylglycerine** als Energiespeicher, zur Wärmeisolierung (subcutanes Fettgewebe) oder als Druckpolster (Fett der Nierenlager, der Fußsohle, der Orbita) gespeichert. Durch die Fettspeicherung im Fettgewebe ist über längere Zeit die Unabhängigkeit von der Nahrungszufuhr gewährleistet.

Ein Erwachsener speichert etwa 10.000 g Fett (bei Übergewicht wesentlich mehr!), aber maximal nur etwa 500 g Kohlenhydrate in Form von Glycogen.

Membranaufbau Eine besondere Bedeutung haben **Phosphoglyceride**, **Sphingolipide** und **Cholesterin** als Bausteine der Plasmamembran und der intrazellulären Membranen, z. B. der Mitochondrien, der Lysosomen und des endoplasmatischen Retikulums (▶ Abschn. 11.1).

Signalvermittlung Lipide sind an der Regulation des Stoffwechsels, des Wachstums und der Differenzierung beteiligt. Die **Steroidhormone** der Nebennierenrinde und der Gonaden (▶ Kap. 40) sind ebenso Lipide wie **Prostaglandine** und Leukotriene, die als Gewebshormone weit verbreitet sind (▶ Abschn. 22.3.2). Darüber hinaus sind Lipide als *second messenger* für die Signaltransduktion außerordentlich wichtig (▶ Abschn. 33.4.2).

3.2.2 Gesättigte und ungesättigte Fettsäuren

❯ Fettsäuren bestehen aus einer Kohlenwasserstoffkette und einer Carboxylgruppe.

Der allgemeine Aufbau von Fettsäuren und die Regeln für ihre Benennung sind in den Übersichtstafeln, ▶ Abschn. 3.5, ◘ Abb. 3.25 dargestellt. Entsprechend ihrer Biosynthese aus Acetylresten enthalten die Fettsäuren tierischer Organismen meist eine Alkankette mit einer geraden Anzahl von C-Atomen.

In der chemischen Nomenklatur werden Fettsäuren nach den analogen Kohlenwasserstoffen mit gleicher Kettenlänge benannt. So heißt beispielsweise eine gesättigte Fettsäure mit 6 C-Atomen Hexansäure, eine mit 18 C-Atomen Octadecansäure. Für die meisten Fettsäuren sind jedoch Trivialnamen üblich, die häufig den Organismus oder das Gewebe wiedergeben, aus dem die Fettsäure ursprünglich isoliert worden ist (◘ Tab. 3.8).

Fettsäuren sind Bausteine von Acylglycerinen, Phosphoglycerinen, Sphingolipiden und Cholesterinestern. Als unveresterte sog. **freie Fettsäuren** kommen sie in den Ge-

weben in geringen Mengen vor, im Blutplasma beträgt ihre Konzentration im Nüchternzustand etwa 0,5–1 mmol/l.

❯ Gesättigte Fettsäuren enthalten nur Einfachbindungen, ungesättigte Fettsäuren eine oder mehrere Doppelbindungen.

Mehr als die Hälfte der in tierischen bzw. pflanzlichen Zellen vorkommenden Fettsäuren enthalten eine oder mehrere Doppelbindungen. Diese Tatsache ist von erheblicher biologischer Bedeutung, da i. Allg. das Vorhandensein von Doppelbindungen den Schmelzpunkt einer Fettsäure beträchtlich absenkt (◘ Tab. 3.8). Dies wird bei den in Speicher- und in Membranlipiden häufig vorkommenden Fettsäuren mit 16 und 18 C-Atomen besonders deutlich. Ohne das Vorhandensein von Doppelbindungen wären diese Lipide bei physiologischen Temperaturen starr.

Wegen des Fehlens einer entsprechenden Enzymausstattung können mehrfach ungesättigte Fettsäuren, deren Doppelbindungen mehr als 9 C-Atome von der Carboxylgruppe entfernt sind, vom tierischen Organismus nicht synthetisiert werden (▶ Abschn. 21.2.4). Da sie jedoch eine Reihe wichtiger Funktionen erfüllen, müssen sie mit der Nahrung zugeführt werden und werden deshalb auch als **essenzielle Fettsäuren** bezeichnet (◘ Tab. 3.8). Eine wichtige essenzielle Fettsäure ist die **Linolsäure** (siehe Übersichtstafeln, ▶ Abschn. 3.5, ◘ Abb. 3.25) mit 18 C-Atomen. Die zweite Doppelbindung ist hier 12 C-Atome von der Carboxylgruppe entfernt und liegt demzufolge 6 C-Atome vor dem endständigen ω-C-Atom. Man bezeichnet die Linolsäure daher auch als **ω-6-Fettsäure**. Im Gegensatz dazu wird die ebenfalls essenzielle Linolensäure (siehe Übersichtstafeln, ▶ Abschn. 3.5, ◘ Abb. 3.25) wegen der Lage ihrer am weitesten von der Carboxylgruppe entfernten Doppelbindung als **ω-3-Fettsäure** bezeichnet (über die ernährungsphysiologische Bedeutung von ω-6- und ω-3-Fettsäuren ▶ Abschn. 57.1.3).

Wichtige Fettsäurederivate sind **Prostaglandine**, **Thromboxane** und **Leukotriene**. Sie entstehen aus mehrfach ungesättigten Fettsäuren, besonders der Arachidonsäure (20 C-Atome) und werden deswegen auch als **Eicosanoide** (griech. εἴκοσι [eikosi] = 20) bezeichnet. Wegen ihrer Wirkung auf den Zellstoffwechsel in geringsten Konzentrationen (10^{-10}–10^{-8} mol/l) werden sie zu den Gewebshormonen gerechnet. Über Biosynthese, Struktur und Wirkungsweise der Eicosanoide s. ▶ Abschn. 22.3.2.

3.2.3 Triacylglycerine und Phosphoglyceride

Glycerinlipide enthalten als gemeinsame Struktur den dreiwertigen Alkohol Glycerin. Wenn mindestens eine

⬛ Tab. 3.8 Wichtige Fettsäuren

Trivialname	Chemischer Name	Formel	Schmelzpunkt (°C)	Vorkommen
A. Gesättigte Fettsäuren				
Essigsäure	Ethansäure	$C_2H_4O_2$	16	Endprodukt des bakteriellen Kohlenhydratabbaus; als Acetyl-CoA im Intermediärstoffwechsel
Propionsäure	Propansäure	$C_3H_6O_2$	−24	Endprodukt des bakteriellen Kohlenhydratabbaus; als Propionyl-CoA im Intermediärstoffwechsel; Endprodukt beim Abbau ungeradzahliger Fettsäuren und bestimmter Aminosäuren
Buttersäure	Butansäure	$C_4H_8O_2$	−8	In Fetten, z. B. Butter; Endprodukt des bakteriellen Abbaus von z. B. Cellulose („Ballaststoffe"); fördert Proliferation der Darmmucosa
Isovaleriansäure	Isopentansäure	$C_5H_{10}O_2$	−33	Als Isovaleryl-CoA-Intermediat beim Abbau von Leucin
Myristinsäure	Tetradecansäure	$C_{14}H_{28}O_2$	53,9	Anker für Membranproteine
Palmitinsäure	Hexadecansäure	$C_{16}H_{32}O_2$	62,8	Bestandteil tierischer und pflanzlicher Lipide
Stearinsäure	Octadecansäure	$C_{18}H_{36}O_2$	69,6	Bestandteil tierischer und pflanzlicher Lipide
Lignocerinsäure	Tetracosansäure	$C_{24}H_{48}O_2$	84	Bestandteil von Cerebrosiden und Sphingomyelin
B. Einfach ungesättigte Fettsäuren				
Crotonsäure	*trans*-Butensäure	$C_4H_6O_2$	71,6	Als Crotonyl-CoA Metabolit beim Fettsäureabbau
Palmitoleinsäure	*cis*-Δ^9-Hexadecensäure	$C_{16}H_{30}O_2$	1	In Pflanzenölen, Bestandteil tierischer Lipide
Ölsäure	*cis*-Δ^9-Octadecensäure	$C_{18}H_{34}O_2$	16	Hauptbestandteil aller Fette und Öle
Nervonsäure[a]	*cis*-Δ^{15}-Tetracosensäure	$C_{24}H_{46}O_2$	42	In Cerebrosiden
C. Mehrfach ungesättigte Fettsäuren				
Linolsäure[a]	$\Delta^{9, 12}$-Octadecadiensäure	$C_{18}H_{32}O_2$	−5	In Pflanzenölen
α-Linolensäure[a]	$\Delta^{9, 12, 15}$-Octadecatriensäure	$C_{18}H_{30}O_2$	−11	In Pflanzenölen
Arachidonsäure	$\Delta^{5, 8, 11, 14}$-Eicosatetraensäure	$C_{20}H_{32}O_2$	−49	In Fischölen; Bestandteil vieler Phosphoglyceride
EPA	$\Delta^{5, 8, 11, 14, 17}$-Eicosapentaensäure	$C_{20}H_{30}O_2$	−54	In Fischölen; Vorläufer von Prostaglandinen der Serie 3 (▶ Abschn. 22.3.2) antiinflammatorisch, antiatherogen
DHA	$\Delta^{4, 7, 10, 13, 16, 19}$-Docosahexaensäure	$C_{22}H_{32}O_2$	−44	In Phosphatidylserin neuronaler Zellmembranen; verhindert Apoptose, unterstützt neuronale Differenzierung

[a]Essenzielle Fettsäuren

der drei Hydroxylgruppen des Glycerins mit Fettsäuren verestert ist, handelt es sich um Acylglycerine.

❯ Bei Triacylglycerinen sind alle drei Hydroxylgruppen des Glycerins mit Fettsäuren verestert.

Sind alle drei Hydroxylgruppen des Glycerins mit Fettsäuren verestert, spricht man von **Triacylglycerinen** (Triglyceriden) (siehe Übersichtstafeln, ▶ Abschn. 3.5,

⬛ Abb. 3.26). **Monoacyl-** bzw. **Diacylglycerine** (nur eine oder zwei der drei OH-Gruppen des Glycerins sind mit Fettsäuren verestert) kommen in geringen Mengen in den Geweben als Zwischenprodukte beim Auf- und Abbau der Triacylglycerine vor.

In der höchsten Gewebskonzentration kommen Triacylglycerine im Speicherfett des Fettgewebes vor. Die Zusammensetzung der Triacylglycerine ist von großer Bedeutung für ihre Konsistenz:

- Je länger die Kohlenwasserstoffketten der Fettsäurereste sind, umso höher liegt der Schmelzpunkt der Triacylglycerine.
- Je mehr Doppelbindungen die Fettsäurereste in Triacylglycerinen enthalten, umso niedriger liegt der Schmelzpunkt.

Dementsprechend findet man beispielsweise einen besonders hohen Anteil an mehrfach ungesättigten Fettsäuren mit besonders niedrigem Schmelzpunkt im subcutanen Fettgewebe von Meeressäugern. Ein gutes Beispiel hierfür ist das Tranöl der Wale.

> Phosphoglyceride sind Derivate des Glycerin-3-Phosphats.

Phosphoglyceride sind die mengenmäßig bedeutendsten Membranbestandteile tierischer Gewebe (▶ Abschn. 11.1). Ihre Strukturmerkmale finden sich in den Übersichtstafeln, ▶ Abschn. 3.5, ◘ Abb. 3.27.
Von besonderer Bedeutung für den Aufbau von Membranen eukaryontischer Zellen sind **Phosphatidylcholin, Phosphatidylethanolamin, Phosphatidylserin** und **Phosphatidylinositol**.

Phosphatidylcholin Phosphatidylcholin (**Lecithin**) ist mengenmäßig das häufigste Phosphoglycerid. Es ist ein Phosphorsäurediester der Phosphatidsäure mit dem Aminoalkohol **Cholin**.

Phosphatidylethanolamin und Phosphatidylserin Beide Phosphoglyceride entsprechen strukturell dem Phosphatidylcholin, jedoch ist das Cholin durch **Ethanolamin** bzw. **Serin** ersetzt.

Phosphatidylinositol Im Phosphatidylinositol, dem eine besondere Bedeutung im Rahmen der Signaltransduktion zukommt (▶ Abschn. 33.4.2), ist der Phosphatrest mit dem zyklischen sechswertigen Alkohol **Inositol** verknüpft.

Lysophosphoglyceride Unter Einwirkung von Phospholipasen entstehen aus Phosphoglyceriden durch Abspaltung einer Fettsäure die entsprechenden Lysophosphoglyceride. Der bekannteste Vertreter dieser Gruppe ist das **Lysophosphatidylcholin**, welches schon in geringen Mengen hämolytisch wirkt, d. h. eine Auflösung der Erythrocytenmembran bewirkt. **Phospholipasen** kommen u. a. in Bienen- und Schlangengiften vor und sind ebenfalls ein Grund für die Gefährlichkeit dieser Gifte (▶ Abschn. 22.1.2).

Glycosyl-Phosphatidyl-Inositol-Anker Glycosyl-Phosphatidyl-Inositol-Anker oder **GPI-Anker** sind wichtige Membranbestandteile, die auf der Grundstruktur des Phosphatidylinositols basieren (◘ Abb. 3.5). Sie dienen der Verankerung von Rezeptoren oder Enzymen, z. B. der Acetylcholinesterase, der alkalischen Phosphatase oder des Prionproteins (▶ Abschn. 49.3.5) in der Membran. Für den Aufbau des GPI-Ankers werden Glucosamin und 3 Mannosereste mit glycosidischen Bindungen an das Inositol geknüpft, das selbst mit einer dritten Fettsäure verestert sein kann. Die terminale Mannose trägt einen

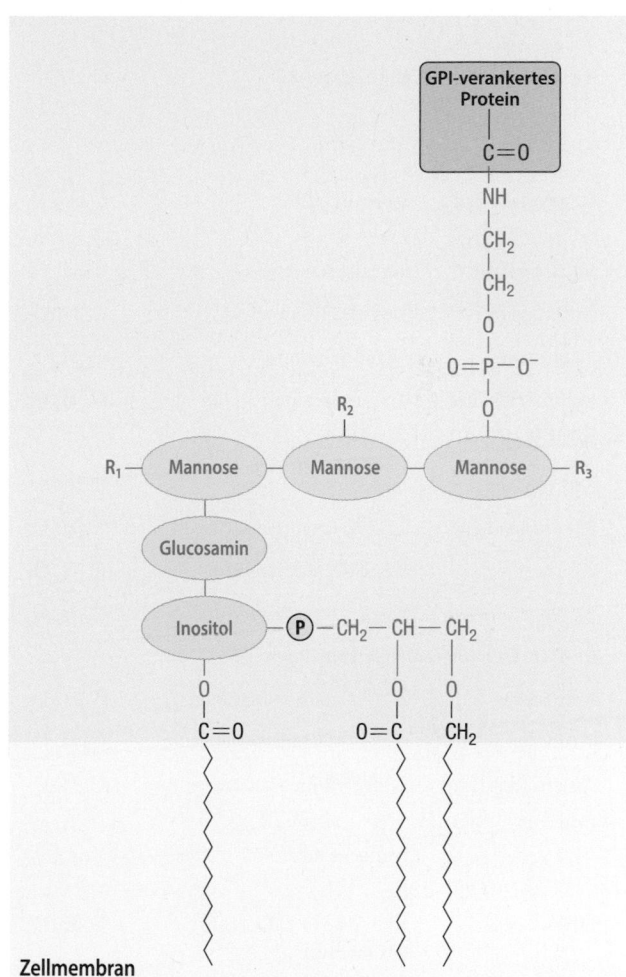

◘ **Abb. 3.5   Aufbau von GPI (Glycosyl-Phosphatidyl-Inositol)-Ankern.** Diese Verankerung von Proteinen in der Membran erfolgt durch ein Phosphatidylinositolmolekül, an welches ein Tetrasaccharid aus Glucosamin und drei Mannoseresten geknüpft ist. Der terminale Mannoserest trägt ein Ethanolaminphosphat, welches über eine Säureamidbindung mit dem C-Terminus des jeweiligen Proteins verbunden ist. Dieses Grundgerüst ist bei den verschiedenen GPI-Ankern modifiziert. Mit der OH-Gruppe am C-Atom 3 des Inositols kann ein weiterer Fettsäurerest verestert sein (wie dargestellt); R_1: die erste Mannose kann zusätzlich mit Phosphoethanolamin, Galactose oder N-Acetyl-Galactosamin verknüpft sein; R_2: die zweite Mannose kann zusätzlich einen Phosphoethanolaminrest tragen; R_3: ein weiterer Mannoserest. Meistens ist der Alkylrest am C1-Atom des Glycerins über eine Etherbindung angeheftet

Phosphoethanolaminrest, der mit dem C-Terminus des jeweiligen Proteins über eine Säureamidbindung verbunden ist. Die Mannosereste können weitere Ethanolamine und andere Saccharide tragen.

Cardiolipin Cardiolipin oder Diphosphatidylglycerin ist ein typisches Phosphoglycerid der bakteriellen Plasmamembran und findet sich bei Eukaryonten entsprechend der Endosymbiontenentwicklung in der inneren Mitochondrienmembran wieder (◻ Abb. 3.6). Auch hier ist das Rückgrat des Moleküls ein Glycerin, bei dem die Hydroxylgruppen der C-Atome 1 und 3 mit je einer Phosphatidsäure verestert sind.

Plasmalogene Plasmalogene stehen strukturell dem Phosphatidylcholin bzw. dem Phosphatidylethanolamin nahe. Sie machen z. B. 20–30 % der Phospholipide des Gehirns und der Muskeln aus. Der Unterschied zu den eigentlichen Phosphoglyceriden besteht darin, dass am C-Atom 1 des Glycerins anstelle einer Fettsäure ein **Fettsäurealdehyd** als Enolether gebunden ist (◻ Abb. 3.7). Die zweite, als Ester gebundene Fettsäure ist immer ungesättigt. Als stickstoffhaltige Alkohole dienen in der Regel Ethanolamin oder Cholin.

3.2.4 Sphingo- und Glycolipide

Die Strukturen der wichtigsten Sphingolipide sind in den Übersichtstafeln, ▶ Abschn. 3.5, ◻ Abb. 3.28 zusammengefasst. Sphingolipide sind wie Phosphoglyceride amphiphile Moleküle. Sie finden sich in wechselnden Konzentrationen als Bestandteile der Lipiddoppelschichten aller zellulären Membranen mit Ausnahme der mitochondrialen Innenmembran. In besonders hoher Konzentration kommen sie im Zentralnervensystem vor. So leitet sich der Name Sphingomyelin vom typischen Vorkommen dieser Lipide in den Myelinscheiden des Nervengewebes ab.

3.2.5 Isoprenoide

Der Grundbaustein der Isoprenlipide ist das **Isopren (2-Methyl-1,3-Butadien)**. Durch Polymerisation mehrerer Isoprenreste entstehen einkettige Moleküle, die ggf. zyklisieren können (siehe Übersichtstafeln, ▶ Abschn. 3.5, ◻ Abb. 3.29). Sie bilden die Grundlage einer großen Zahl von Naturstoffen.

> Polyisoprene sind lineare Polymerisationsprodukte von Isoprenresten.

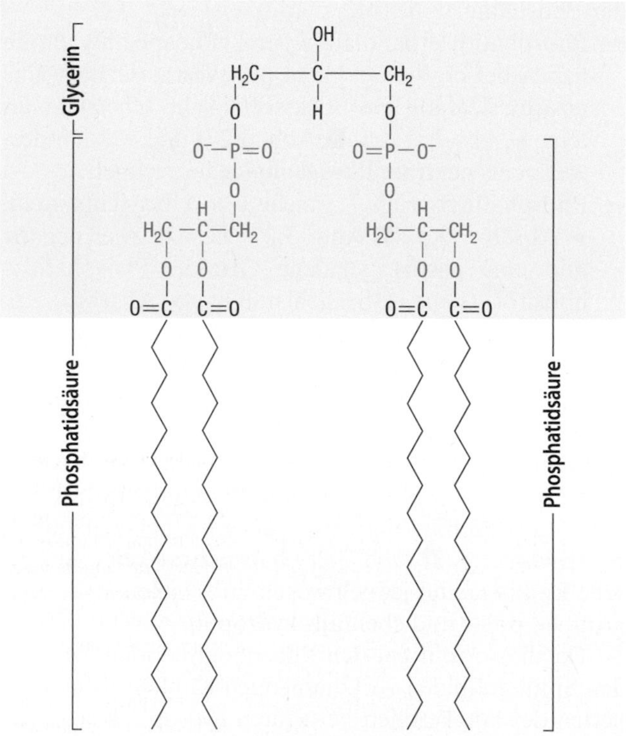

◻ **Abb. 3.6** Struktur des Cardiolipins

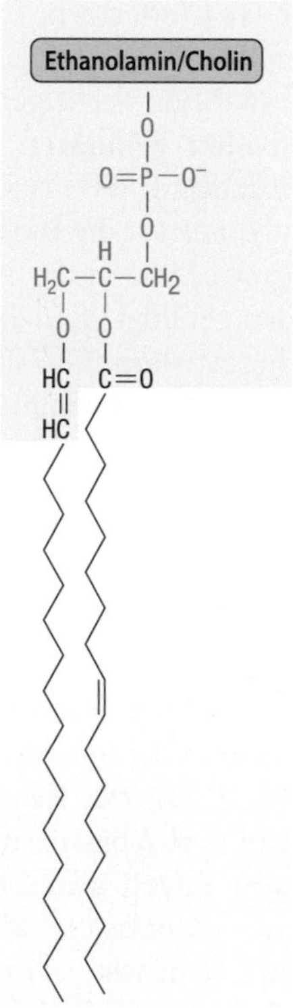

◻ **Abb. 3.7** Aufbau von Plasmalogenen

- Terpene sind Verbindungen aus 10 C-Atomen, die formal durch Polymerisation zweier Isoprenreste entstanden sind. Viele pflanzliche ätherische Öle gehören in die Gruppe der Terpene.
- Sesquiterpene sind Verbindungen mit 15 C-Atomen, die aus drei Isoprenen zusammengesetzt sind.
- C_{20}-Verbindungen werden als Diterpene bezeichnet, C_{30}-Verbindungen als Triterpene.
- Isoprenoide mit besonderer Bedeutung für den tierischen Organismus sind die fettlöslichen Vitamine **Retinal** (siehe Übersichtstafeln, ▶ Abschn. 3.5, ◻ Abb. 3.29), **Tocopherol** und **Phyllochinon** (▶ Kap. 58).
- Dolichol besteht aus 19 Isopreneinheiten (siehe Übersichtstafeln, ▶ Abschn. 3.5, ◻ Abb. 3.29). Als Dolicholphosphat dient es als Membrananker bei der Synthese von Oligosacchariden, die im endoplasmatischen Retikulum auf die neusynthetisierten Polypeptidketten von Glycoproteinen übertragen werden (▶ Abschn. 49.3.3).

❯ Steroide entstehen durch Zyklisierung des Triterpens Squalen.

Steroide sind ebenfalls Derivate des Isoprens, da sie durch Zyklisierung des Triterpens **Squalen** entstehen. Chemisch leiten sie sich vom **Cyclopentanoperhydrophenanthren** (Steran oder Gonan) ab.

Ausgangspunkt aller in tierischen Organismen vorkommenden Steroide ist **Cholesterin** (siehe Übersichtstafeln, ▶ Abschn. 3.5, ◻ Abb. 3.29).

Cholesterin hat eine Reihe wichtiger Funktionen:

- Es ist Bestandteil aller **zellulären Membranen** mit Ausnahme der mitochondrialen Innenmembran.
- Es ist die Muttersubstanz für die Biosynthese der zahlreichen Steroidhormone, die in der Nebennierenrinde und in den Gonaden gebildet werden (▶ Kap. 40).
- Aus einem Synthesevorläufer (7-Dehydrocholesterin) entstehen die **D-Hormone** (D-Vitamine) (▶ Abschn. 58.3).
- Es ist der Ausgangspunkt für die Biosynthese der für die Verdauungsvorgänge unerlässlichen **Gallensäuren** (▶ Abschn. 61.1.4 und 62.4).

Anstelle des Cholesterins enthalten Pflanzen v. a. β-Sitosterol, das sich von diesem nur durch seine aliphatische Seitenkette unterscheidet ((siehe Übersichtstafeln, ▶ Abschn. 3.5, ◻ Abb. 3.29). Zur Resorption von Cholesterin und β-Sitosterol s. ▶ Abschn. 61.3.3. Ergosterol ist ein Steroid, das von Pilzen und Mykoplasmen anstelle von Cholesterin synthetisiert wird. Es dient als Provitamin für die Synthese von Vitamin D2 (▶ Abschn. 58.3). Von besonderem pharmakologischem Interesse sind die vielen Pflanzensteroide, die neben Hydroxylgruppen auch Ether- und Lactongruppierungen enthalten können und häufig als Glycoside vorkommen. Beispiele hierfür sind die Herzglycoside (◻ Abb. 3.3).

3.2.6 Lösungsverhalten von Lipiden

❯ Triacylglycerine sind apolar und in Wasser unlöslich.

Triacylglycerine mit langkettigen Fettsäuren, die den Hauptteil des sog. Speicherfettes des Fettgewebes darstellen, sind wasserunlöslich, da alle drei Hydroxylgruppen des Glycerins verestert sind. Aus diesem Grund sind sie nicht imstande, an wässrigen Grenzflächen geordnete Strukturen (s. u.) auszubilden.

Im Gegensatz zu den Triacylglycerinen verfügen Mono- bzw. Diacylglycerine über freie Hydroxylgruppen. Deshalb sind sie z. B. imstande, an Grenzflächen Micellen zu bilden und spielen eine wichtige Rolle bei der Emulgierung von Lipiden während der intestinalen Resorption (▶ Abschn. 61.3.3).

❯ Phosphoglyceride und Sphingolipide bilden an Grenzflächen oder in Wasser geordnete Strukturen aus.

Im Gegensatz zu den Triacylglycerinen enthalten Phosphoglyceride und Sphingolipide viele geladene bzw. polare Gruppen. Grundsätzlich tragen alle Phosphoglyceride eine **negative Ladung** an einem der Sauerstoffatome der Phosphatgruppe ($pK_S = 1–2$).

- Phosphatidylethanolamin und Phosphatidylcholin haben bei physiologischem pH-Wert zusätzlich eine **positive Ladung** am Stickstoff (siehe Übersichtstafeln, ▶ Abschn. 3.5, ◻ Abb. 3.27) und werden deswegen als **neutrale Phospholipide** bezeichnet.
- Phosphatidylserin (siehe Übersichtstafeln, ▶ Abschn. 3.5, ◻ Abb. 3.27) besitzt zwei **negativ** und eine **positiv** geladene Gruppe, Phosphatidylinositol (siehe Übersichtstafeln, ▶ Abschn. 3.5, ◻ Abb. 3.27) und Cardiolipin (◻ Abb. 3.6) besitzen nur **negativ** geladene Phosphatgruppen. Diese Verbindungen repräsentieren die Gruppe der anionischen **(sauren) Phospholipide**.

Ähnliche Eigenschaften haben die geladenen „Kopfteile" des Sphingomyelins. Kohlenhydratreste von Glycosphingolipiden (siehe Übersichtstafeln, ▶ Abschn. 3.5, ◻ Abb. 3.28) haben zwar keine elektrische Ladung, sind jedoch wegen ihrer vielen Hydroxylgruppen polar und ebenfalls hydrophil.

Da die sowohl bei den Phosphoglyceriden als auch den Sphingolipiden vorkommenden Kohlenwasserstoffketten der langkettigen Fettsäuren hydrophob sind, gehören Phosphoglyceride und Sphingolipide zu den sog. **amphiphilen** (oder auch **amphipathischen**) **Verbindungen**. Auch die sog. **Detergenzien** (◻ Abb. 3.8) gehören in diese Klasse. Für amphiphile Verbindungen ist

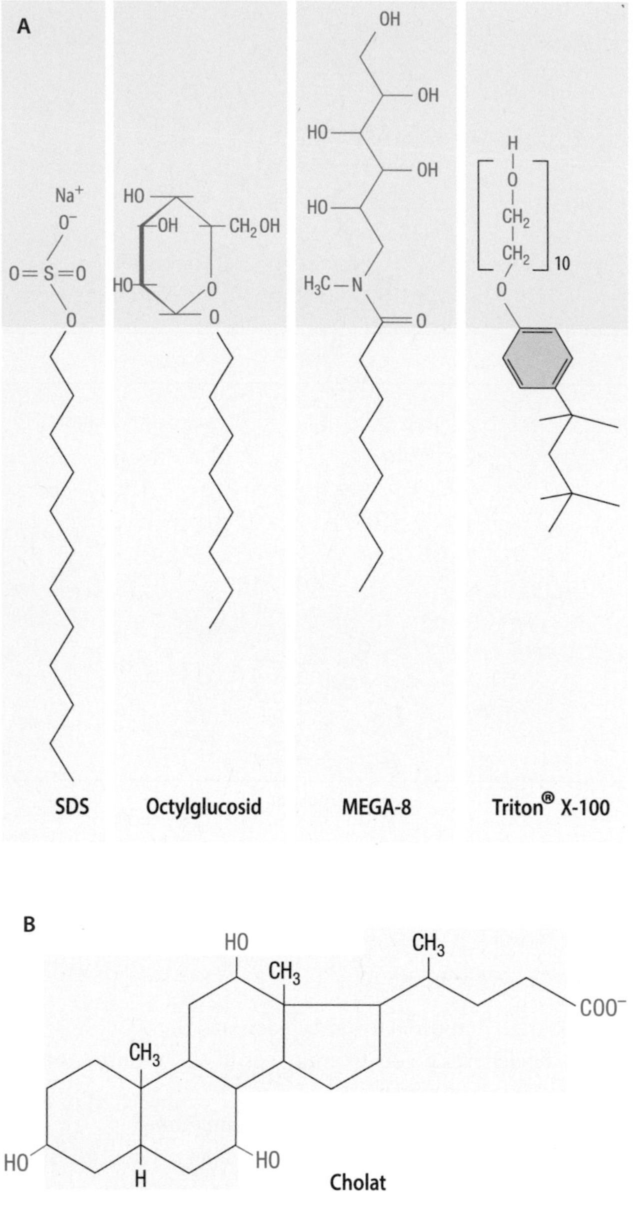

◻ Abb. 3.8 Strukturen von Detergenzien. A Die dargestellten Detergenzien können in bestimmten Konzentrationsbereichen in wässrigem Milieu spontan Micellen bilden. Da Micellen viele apolare Verbindungen einschließen können, sind sie die Grundlage für die fettlösende Wirkung von Seifen und Reinigungsmitteln. **B** Cholat ist eine wichtige Gallensäure (▶ Abschn. 61.1.4 und 62.4) und spielt bei der intestinalen Lipidresorption eine entscheidende Rolle. Hydrophile Anteile sind *blau*, hydrophobe *gelb* hervorgehoben

typisch, dass in einem Molekül hydrophobe wie auch hydrophile Regionen vorkommen.

Amphiphile Lipide ordnen sich an Grenzflächen oder im Wasser in typischer Weise an (◻ Abb. 3.9A–D):

- An Wasser-Luft-Grenzschichten breiten sich amphiphile Lipide in Form von **monomolekularen Filmen** aus, in denen die polaren Anteile des Moleküls ins Wasser

ragen, während sich die hydrophoben Kohlenwasserstoffreste zur Luft hin orientieren (◻ Abb. 3.9A).

- Eine ähnliche Orientierung findet sich an Wasser-Öl-Grenzschichten, wobei der polare Anteil dem Wasser zugewandt ist, während die apolare, hydrophobe Gruppe in der Ölphase steckt.

- In bestimmten Konzentrationsbereichen ordnen sich amphiphile Lipide in wässrigen Lösungen in Form von **Micellen** an (◻ Abb. 3.9B). Die hydrophoben Anteile sind dabei gegeneinander gerichtet und nach außen zur wässrigen Phase hin durch die polaren, hydrophilen Anteile der Moleküle abgeschirmt. Dieses Verhalten trifft v. a. für die in ◻ Abb. 3.8 dargestellten Detergenzien zu, aber auch für Monoacylglycerine. Andere Lipide, die selbst nicht in der Lage sind, Micellen zu bilden (Cholesterin, fettlösliche Vitamine), können mit amphiphilen Lipiden assoziieren und bilden so **gemischte Micellen**. Diese sind eine entscheidende Voraussetzung für die Lipidresorption im Dünndarm (▶ Abschn. 61.3.3).

- Amphiphile Lipide mit umfangreicheren hydrophoben Anteilen wie Phosphoglyceride und Sphingolipide bilden typischerweise sog. **Doppelschichten** oder *lipid bilayers* (◻ Abb. 3.9C) aus. Dieses Phänomen beruht auf der Tatsache, dass sich die hydrophoben Kohlenwasserstoffketten der Fettsäurereste gegeneinander orientieren, während die hydrophilen Teile sich zur wässrigen Phase hin ausrichten.

- Werden Lipiddoppelschichten mit Ultraschall behandelt, entstehen **Liposomen** (◻ Abb. 3.9D), die wegen ihrer strukturellen Ähnlichkeit mit zellulären Membranen leicht mit den Plasmamembranen vieler Zellen fusionieren können. Liposomen werden deshalb gelegentlich mit normalerweise nicht-membrangängigen Wirkstoffen beladen und auf diese Weise als Vehikel benutzt, mit denen Arzneimittel, Enzyme, DNA u. a. in den intrazellulären Raum transportiert werden können.

Über den Aufbau biologischer Membranen aus amphiphilen Lipiden s. ▶ Abschn. 11.1.

Übrigens

Analytik von Lipiden. Da Lipide wasserunlöslich sind, erfordert ihre Extraktion aus Geweben und die anschließende Fraktionierung die Anwendung organischer Lösungsmittel. Ester- bzw. amidgebundene Fettsäuren können durch Hydrolyse abgetrennt und anschließend analysiert werden. Für die Auftrennung der einzelnen Komponenten von Lipidgemischen verwendet man Adsorptionschromatographie, häufig in Form von Dünnschichtchromatographie, wobei die

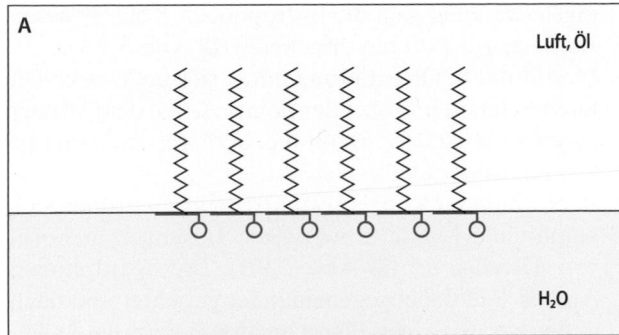

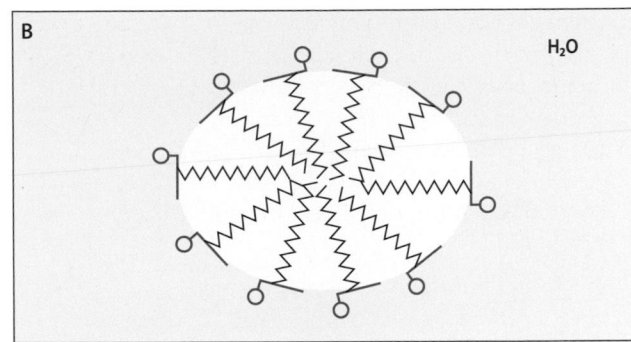

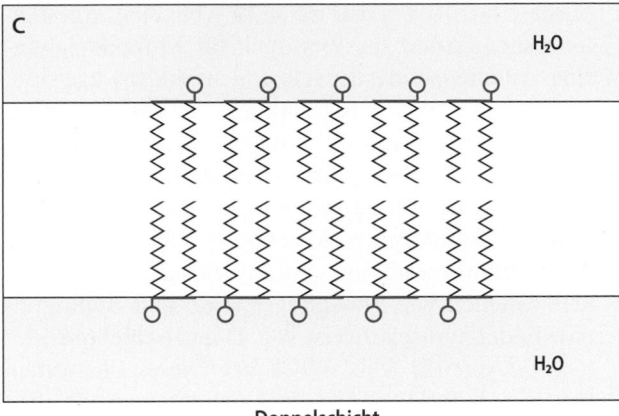

□ **Abb. 3.9   Möglichkeiten der Anordnung von amphiphilen Lipiden. A** In Grenzschichten, **B–D** im Wasser. Die *blau* hervorgehobenen Teile der Phospholipidmoleküle stellen die hydrophilen Bereiche, die *gelb* gezeichneten die hydrophoben Bereiche dar

stationäre Phase Kieselsäuregel ist. Als mobile Phase dienen Gemische unterschiedlicher organischer Lösungsmittel. Einzelne Lipide werden anhand ihrer Beweglichkeit bei derartigen chromatographischen Verfahren identifiziert, ein apparativ aufwendigeres, aber wesentlich empfindlicheres modernes Verfahren ist die Massenspektrometrie von Lipiden (s. Lehrbücher der biochemischen Analytik).

Zusammenfassung
Zu den einfachen, nicht-hydrolysierbaren Lipiden gehören:

- Fettsäuren und deren Abkömmlinge wie Prostaglandine, Thromboxane und Leukotriene
- Isoprenlipide wie Cholesterin und seine Abkömmlinge, die Vitamine A, E, K, sowie viele andere Naturstoffe

Hydrolysierbare Lipide werden nach ihrer Alkoholkomponente eingeteilt. Man unterscheidet:

- Acylglycerine
- Phosphoglyceride
- Sphingolipide

- Cholesterinester

Wichtige Funktionen von Lipiden sind:
- Speicherung von Energie, vor allem in Form von Triacylglycerinen
- Energiegewinnung über Fettverbrennung
- Aufbau von Membranen, vor allem durch Phosphoglyceride, Sphingolipide und Cholesterin
- Bereitstellung von Signalmolekülen, vor allem Steroidhormone, Prostaglandine, Leukotriene, Thromboxane

3.3   Aminosäuren

3.3.1   Einteilung und Funktionen der Aminosäuren

❯ Aminosäuren sind Derivate gesättigter Carbonsäuren.

Aminosäuren sind Derivate von Carbonsäuren, die typischerweise an dem auf das Carboxyl-C-Atom folgenden α-C-Atom mit einer Aminogruppe substituiert sind (□ Abb. 3.10). Es handelt sich also um

α-Aminocarbonsäuren. Das α-C-Atom trägt außerdem den als Seitenkette bezeichneten Rest (R in ◨ Abb. 3.10), der bei jeder Aminosäure verschieden ist und ihre individuellen physikochemischen Eigenschaften wie z. B. Ladung und chemische Reaktivität bestimmt.

Viele Aminosäuren werden mit Trivialnamen bezeichnet, z. B. Alanin anstelle der chemischen Bezeich-

nung α-Aminopropionat etc. Für die proteinogenen Aminosäuren (s. u.) sind Dreibuchstabenabkürzungen üblich, für die Notierung längerer Proteinsequenzen auch Einbuchstabensymbole (siehe Übersichtstafeln, ► Abschn. 3.5, ◨ Abb. 3.30; ◨ Tab. 3.9).

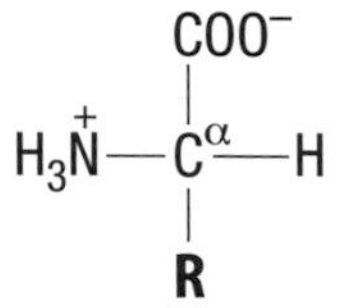

❯ Aminosäuren sind die Bausteine der Proteine, erfüllen aber auch zahlreiche andere Funktionen im Stoffwechsel.

Von über 100 bekannten Aminosäuren kommen in der Natur nur 20 als Bausteine von Proteinen vor. Diese Aminosäuren bilden die Gruppe der **proteinogenen Aminosäuren**. Viele Organismen benutzen darüber hinaus die erst während der Proteinbiosynthese aus Serin

$$\begin{array}{c} \text{COO}^- \\ | \\ \text{H}_3\overset{+}{\text{N}}\!-\!\overset{\alpha}{\text{C}}\!-\!\text{H} \\ | \\ \textbf{R} \end{array}$$

◨ **Abb. 3.10** **Allgemeine Struktur der α-Aminosäuren.** *R*: Seitenkette

◨ **Tab. 3.9** Wichtige Eigenschaften von 20 proteinogenen Aminosäuren. (Nach Kyte und Doolittle 1982)

Aminosäure	Abkürzungen		Molekülmasse[a] (Da)	Ungefähre Häufigkeit in Proteinen (%)	Isoelektrischer Punkt	Hydropathie-Index
Isoleucin	Ile	I	131	5,8	6,02	4,5
Valin	Val	V	117	6,6	5,97	4,2
Leucin	Leu	L	131	9,5	5,98	3,8
Phenylalanin	Phe	F	165	4,1	5,48	2,8
Cystein	Cys	C	121	1,6	5,07	2,5
Methionin	Met	M	149	2,4	5,74	1,9
Alanin	Ala	A	89	7,6	6,02	1,8
Glycin	Gly	G	75	6,8	5,97	−0,4
Threonin	Thr	T	119	5,6	5,87	−0,7
Serin	Ser	S	105	7,1	5,68	−0,8
Tryptophan	Trp	W	204	1,2	5,89	−0,9[b]
Tyrosin	Tyr	Y	181	3,2	5,66	−1,3
Prolin	Pro	P	115	5,0	6,48	−1,6
Histidin	His	H	155	2,2	7,59	−3,2
Asparagin	Asn	N	132	4,3	5,41	−3,5
Glutamin	Gln	Q	146	3,9	5,65	−3,5
Aspartat	Asp	D	133	5,2	2,97	−3,5
Glutamat	Glu	E	147	6,5	3,22	−3,5
Lysin	Lys	K	146	6,0	9,74	−3,9
Arginin	Arg	R	174	5,2	10,8	−4,5

Die Aminosäuren sind in der Tabelle nach ihrem Hydropathie-Index geordnet. Isoleucin ist die hydrophobste, Arginin die hydrophilste Aminosäure

[a]Bei der Berücksichtigung von Molekülmassen einzelner Aminosäuren im Proteinverband müssen 18 Da (H_2O) abgezogen werden

[b]Tryptophan markiert die Grenze zwischen hydrophoben und hydrophilen Aminosäuren und kann beiden Gruppen zugerechnet werden

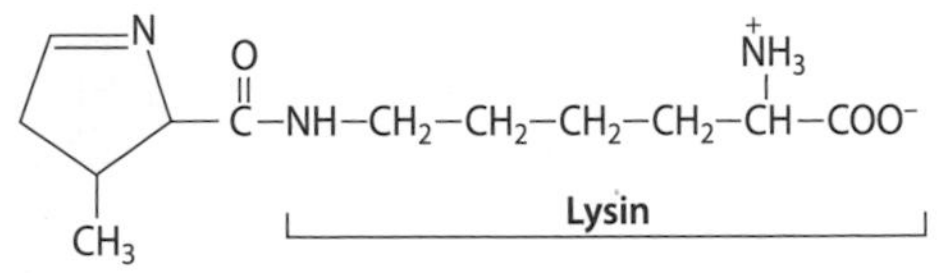

3

☐ **Abb. 3.11   Struktur von Pyrrolysin (Pyl).** Der Name leitet sich von dem Pyrrolinring ab

gebildete Aminosäure Selenocystein (siehe Übersichtstafeln, ▶ Abschn. 3.5, ☐ Abb. 3.30; ▶ Abschn. 48.3.1 und 60.2.10), Archäen außerdem Pyrrolysin (ein modifiziertes Lysin) (☐ Abb. 3.11) als Proteinbausteine, sodass man heute genau genommen von 22 proteinogenen Aminosäuren sprechen muss. Die Zahl der in Proteinen tatsächlich vorkommenden Aminosäuren ist allerdings größer als 22, da einige Aminosäuren noch posttranslational modifiziert werden.

Als nicht-proteinogene Aminosäuren werden alle Aminosäuren bezeichnet, die nicht über eine spezifische tRNA in neusynthetisierte Proteine eingebaut werden. Im Prinzip lassen sie sich einteilen in Aminosäuren, die

— zwar auch im Proteinverband vorkommen, aber erst durch **posttranslationale Modifikation** entstehen (▶ Abschn. 3.3.3),
— außerhalb des Proteinverbandes spezifische Stoffwechselfunktionen erfüllen (▶ Abschn. 26.1.4).

3.3.2 Proteinogene Aminosäuren

❯ Die proteinogenen Aminosäuren werden aufgrund der chemischen Eigenschaften ihrer Seitenketten in unterschiedliche Gruppen eingeteilt.

Nach Aufbau und Eigenschaften der Seitenketten, die weitere funktionelle Gruppen (OH-, SH-, Carboxyl- oder Guanidinogruppen) enthalten können, werden proteinogene Aminosäuren nach Gruppen zusammengefasst (siehe Übersichtstafeln, ▶ Abschn. 3.5, ☐ Abb. 3.30).
Neun Aminosäuren mit **apolaren** Seitenketten:

— Glycin, Alanin, Valin, Leucin, Isoleucin, Methionin und Prolin mit einer **aliphatischen** Seitenkette
— Phenylalanin und Tryptophan mit einer **aromatischen** Seitenkette

Sieben Aminosäuren mit **ungeladenen polaren** Seitenketten:

— Tyrosin, Serin und Threonin mit einer **OH-Gruppe** in der Seitenkette
— Cystein und Selenocystein mit einer **SH-** bzw. **SeH-Gruppe** in der Seitenkette
— Asparagin und Glutamin mit einer **Säureamidgruppe** in der Seitenkette

Zur Dissoziationsfähigkeit von OH- und SH-Gruppen in gefalteten Proteinen siehe ▶ Abschn. 3.3.4.
Fünf Aminosäuren mit **geladenen polaren** Seitenketten:

— Aspartat und Glutamat mit einer **Carboxylgruppe** in der Seitenkette
— Lysin mit einer **Aminogruppe** in der Seitenkette
— Arginin mit einer **Guanidinogruppe** in der Seitenkette
— Histidin mit einer **Imidazolgruppe** in der Seitenkette

❯ Die Hydrophobizität der Aminosäureseitenketten ist eine wesentliche Determinante für Struktur und Funktion von Proteinen.

In ☐ Tab. 3.9 sind weitere Eigenschaften der klassischen 20 proteinogenen Aminosäuren aufgelistet, u. a. der **Hydropathie-Index**. Dieser ist ein relatives Maß für die Hydrophobizität einer Aminosäure. Er variiert von +4,5 für die hydrophobste Aminosäure Isoleucin bis −4,5 für die hydrophilste Aminosäure Arginin.

Ein Vergleich mit den Übersichtstafeln, ▶ Abschn. 3.5, ☐ Abb. 3.30 verdeutlicht, dass sich 6 der 9 Aminosäuren mit apolaren Seitenketten durch einen positiven Hydropathie-Index auszeichnen, also besonders hydrophob sind. Umgekehrt sind alle 5 Aminosäuren mit geladenen Seitenketten besonders hydrophil. Proteinregionen, in denen diese Aminosäuren gehäuft vorkommen, werden für Wechselwirkungen mit einer wässrigen Umgebung verantwortlich sein, Regionen mit hydrophoben Aminosäuren werden dagegen bevorzugt an Stellen des Proteins lokalisiert sein, an denen Wasser keinen Zutritt haben soll.

❯ Abgesehen von Glycin ist bei allen proteinogenen Aminosäuren das α-C-Atom asymmetrisch substituiert.

Bei allen Aminosäuren, außer bei Glycin, trägt das α-C-Atom vier unterschiedliche Liganden und bildet deswegen ein Asymmetriezentrum. Dies ist in ▶ Abb. 2.4 am Beispiel des L- bzw. D-Alanins dargestellt. Wegen der tetraedrischen Anordnung der Bindungsorbitale am α-C-Atom kommen zwei stereoisomere Formen des Alanins vor, die sich wie Bild und nicht deckungsgleiches Spiegelbild verhalten. Beim L-Alanin steht in der üblichen Darstellungsweise die Aminogruppe links vom α-C-Atom, wenn die Carboxylgruppe nach oben zeigt. Alle proteinogenen Aminosäuren sind **L-α-Aminosäuren** (☐ Abb. 3.10). Die Translationsmaschinerie (▶ Abschn. 48.2) hat sich in der Evolution so entwickelt, dass nur L-α-Aminosäuren für die Proteinsynthese Verwendung finden. Ein plausibler Grund für diese Tatsache hat sich bisher nicht finden lassen.

Einige D-α-Aminosäuren (D-Alanin, D-Glutamin) kommen in bakteriellen Zellwänden (▶ Abschn. 16.2.4) und außerdem als Bestandteile mancher Antibiotika und Pilzgifte vor.

3.3.3 Nicht-proteinogene Aminosäuren

❯ Bestimmte Aminosäuren werden posttranslational modifiziert.

Einige Aminosäuren sind das Produkt von Modifikationen an den Seitenketten proteinogener Aminosäuren wie Phosphorylierung, Hydroxylierung, Methylierung, Acetylierung, γ-Carboxylierung oder intramolekulare Cyclisierung. Diese Modifikationen finden erst nach dem Einbau der proteinogenen Aminosäuren in Proteine statt. Beispiele von modifizierten Aminosäuren sind (◘ Abb. 3.12):

— Pyro-Glutamat
— γ-Carboxy-Glutamat
— γ-Hydroxy-Prolin und δ-Hydroxy-Lysin
— N-ε-Acetyl-Lysin
— Phospho-Serin, Phospho-Threonin und Phospho-Tyrosin (▶ Abb. 33.6)

Die meisten derartigen Seitenkettenmodifikationen sind irreversibel. Reversible Modifikationen, wie z. B. die von Proteinkinasen katalysierte Phosphorylierung, haben meist regulatorische Bedeutung (▶ Abschn. 33.4.1 und ▶ Kap. 35).

❯ Viele nicht-proteinogene Aminosäuren werden im Rahmen des Aminosäurestoffwechsels gebildet.

Nicht-proteinogene Aminosäuren sind häufig Derivate von proteinogenen Aminosäuren mit bestimmten Stoffwechselfunktionen (▶ Kap. 27).
Beispiele hierfür sind:

— **Ornithin** und **Citrullin** als Intermediate der Harnstoffsynthese
— **Homocystein** als Zwischenprodukt im Stoffwechsel der proteinogenen Aminosäure Methionin
— **3,4-Dihydroxyphenylalanin (DOPA)** als Vorstufe von Pigmenten und biogenen Aminen
— **γ-Aminobutyrat (GABA)** als Neurotransmitter

3.3.4 Aminosäuren als Ampholyte

❯ Aminosäuren haben amphotere Eigenschaften.

Die NH_2-Gruppen von Aminosäuren sind Protonenakzeptoren, ihre COOH-Gruppen Protonendonoren.

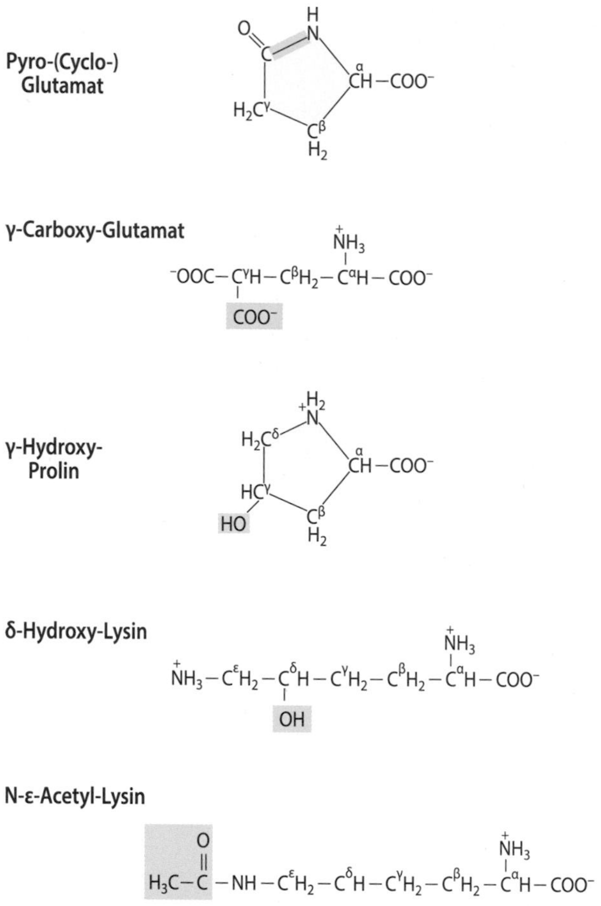

◘ Abb. 3.12 **Posttranslational modifizierte Aminosäuren.** Die Modifikationen sind farblich hervorgehoben

Aminosäuren haben damit die Eigenschaften sowohl von Basen als auch von Säuren, d. h. sie gehören zu den **amphoteren** Verbindungen (▶ Abschn. 1.4). Die pK_S-Werte (▶ Abschn. 1.4) der α-Carboxylgruppen von Aminosäuren liegen im Bereich von 2, die der α-Aminogruppen um 9–10 (◘ Tab. 3.10). Auch die Aminosäureseitenketten haben häufig dissoziierbare Gruppen (◘ Tab. 3.10).

Im Proteinverband hängen die pK_S-Werte aller dissoziierbaren Gruppen stark von der molekularen Umgebung durch die benachbarten Seitenketten ab (◘ Tab. 3.10). Protonierungsvorgänge innerhalb eines Proteins spielen bei der Enzymkatalyse eine herausragende Rolle (▶ Abschn. 7.4).

Wie aus ◘ Tab. 3.10 ersichtlich wird, liegen die meisten pK_S-Werte der dissoziierbaren Gruppen von Aminosäuren deutlich außerhalb des physiologischen pH-Wertes von 7,0–7,4 (▶ Abschn. 66.1.2). Eine Ausnahme stellt das Histidin dar, dessen Imidazolring ein protonierbares N-Atom mit einem pK_S-Wert von ungefähr 6 enthält. Tatsächlich tragen deswegen Proteine mit ihren Histidinresten wesentlich zur Pufferkapazität im Körper bei.

3

❯ Der Ladungszustand von Aminosäuren ist abhängig vom pH-Wert.

Der Zusammenhang zwischen dem pH-Wert einer Lösung und dem Dissoziationsgrad von Säure- und Basengruppen wird durch die Henderson-Hasselbalch-Gleichung beschrieben (▶ Abschn. 1.5). Danach gilt, dass die α-Carboxyl- und α-Aminogruppen von Aminosäuren in den pH-Bereichen ihrer jeweiligen pK_S-Werte zu 50 % dissoziiert vorliegen. Laut ◘ Tab. 3.10 ist das für die α-Carboxylgruppen bei pH = 1,8–2,4 und für die α-Aminogruppen bei pH = 8,8–10,5 der Fall. Wie in ◘ Abb. 3.13 für die Aminosäure Valin dargestellt, sind die α-Carboxylgruppen bei pH-Werten unterhalb ihres pK_S-Wertes von ca. 2,3 weitgehend protoniert (–COOH) und Valin liegt damit positiv geladen vor. Bei Anstieg des pH-Wertes über den pK_S der α-Carboxylgruppe dissoziiert diese und Valin nimmt zunehmend eine zwitterionische Form an. Der pH-Wert, bei dem alle Valinmoleküle je eine positive ($-NH_3^+$)- und eine negative ($-COO^-$)-Gruppe besitzen, wird als **isoelektrischer Punkt (pI, IP, IEP)** bezeichnet (▶ Abschn. 5.2.5). Für Valin liegt dieser beim Mittelwert aus seinen beiden pK_S-Werten (ca. 2,3 und 9,7), also bei pH = 6.0 (◘ Tab. 3.9). Steigt der pH über den pI von 6,0 hinaus, wird die α-Aminogruppe zunehmend

deprotoniert, bis Valin bei pH-Werten oberhalb des pK_S seiner α-Aminogruppe (ca. 9,7) nur noch die negative Ladung der COO^--Gruppen trägt.

Anders verlaufen die Titrationskurven von Aminosäuren, die zusätzliche Carboxyl- oder Aminogruppen in ihren Seitenketten tragen. Dies wird in ◘ Abb. 3.13 an den Beispielen von Glutamat und Lysin gezeigt. Glutamat hat dann keine Nettoladung, wenn die α-Carboxylgruppe schon dissoziiert, die endständige γ-Carboxylgruppe aber noch protoniert vorliegt. Der pI von Glutamat entspricht also dem Mittelwert aus den pK_S-Werten der beiden Carboxylgruppen. Analog ist Lysin dann elektrisch neutral, wenn seine α-Aminogruppe schon deprotoniert ist, die endständige ε-Aminogruppe aber noch ein Proton gebunden hat. In diesem Fall liegt der pI zwischen den pK_S-Werten der beiden Aminogruppen.

Zusammenfassung

Formal sind Aminosäuren Derivate von Fettsäuren, die am α-C-Atom eine Aminogruppe tragen. Nach der Wasserlöslichkeit ihrer Seitenketten kann zwischen hydrophilen und hydrophoben Aminosäuren unterschieden werden. Aminosäuren sind amphotere Verbindungen (Ampholyte). Bei neutralem pH-Wert liegen ihre Carboxyl- und Aminogruppen in der Regel im geladenen Zustand vor. Die 22 proteinogenen Aminosäuren sind die primären Proteinbausteine. Nicht-proteinogene Aminosäuren entstehen durch Modifikationen an den Seitenketten proteinogener Aminosäuren oder sie spielen eine spezifische Rolle im Aminosäurestoffwechsel (z. B. Harnstoffzyklus).

◘ **Tab. 3.10** pK_S-Werte von Aminosäuren. (Nach Fersht 1999)

Dissoziierbare Gruppe	pK_S-Werte freier Aminosäuren	pK_S-Werte im Proteinverband
α-COOH-Gruppe	1,8–2,4	2–5,5
α-NH$_2$-Gruppe	8,8–10,5	ca. 8
COOH-Gruppe der Aspartat-Seitenkette	3,9	2–5,5
COOH-Gruppe der Glutamat-Seitenkette	4,1	2–5,5
NH$_2$-Gruppe der Lysin-Seitenkette	10,8	ca. 10
NH$_2$-Gruppe der Arginin-Seitenkette	12,5	
OH-Gruppe von Tyrosin	9,1	9–12
SH-Gruppe von Cystein	8,4	8–11
NH-Gruppe im Imidazolring von Histidin	6	5–8

3.4 Nucleotide

3.4.1 Struktur von Nucleosiden und Nucleotiden

Nucleotide sind die Bausteine der Nucleinsäuren DNA (*deoxyribonucleic acid*) und RNA (*ribonucleic acid*) (▶ Kap. 10), die demzufolge auch als Polynucleotide bezeichnet werden.

Wie aus ◘ Abb. 3.14 hervorgeht, sind **Nucleotide** aus drei verschiedenen Komponenten aufgebaut:
- einer stickstoffhaltigen, heterozyklischen Base, entweder einem **Purin-** oder **Pyrimidinderivat**,
- einer Pentose, entweder **Ribose** oder **Desoxyribose**,
- einem oder mehreren **Phosphatresten**.

Nucleotide ohne Phosphatreste werden als **Nucleoside** bezeichnet.

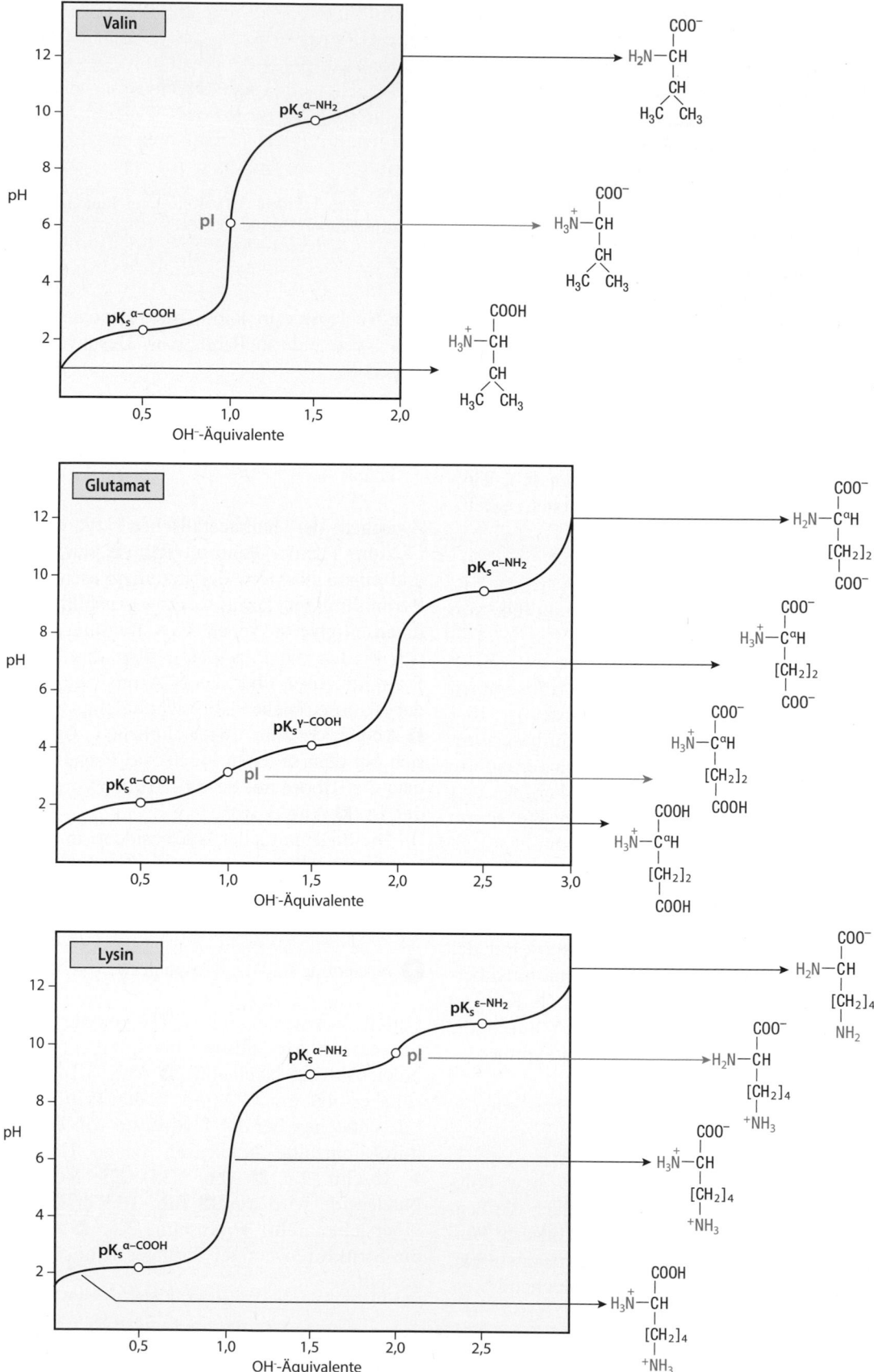

◻ **Abb. 3.13** Ladungsverhalten der Aminosäuren Valin, Glutamat und Lysin in Abhängigkeit vom pH-Wert

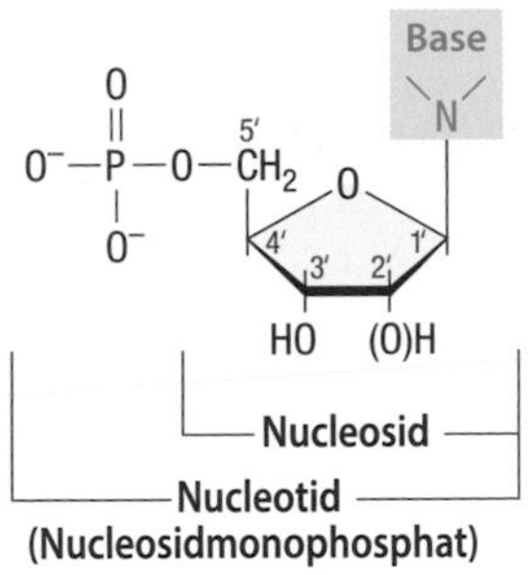

Abb. 3.14 Aufbau von Nucleosiden und Nucleotiden

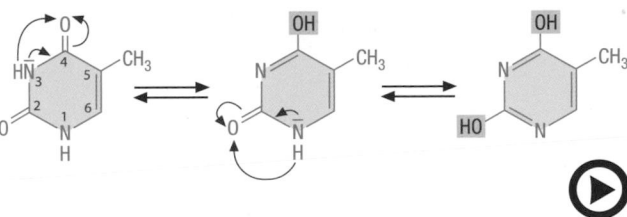

■ **Abb. 3.15** (Video 3.1) Keto-Enol-Tautomerie von Thymin (▶ https://doi.org/10.1007/000-5ec)

❯ Die Basen der Nucleotide sind Purin- oder Pyrimidinderivate.

Die häufigsten in Nucleotiden und Nucleosiden vorkommenden Purinbasen sind **Adenin** (A) und **Guanin** (G), die häufigsten Pyrimidinbasen **Cytosin** (C), **Thymin** (T) und **Uracil** (U) (siehe Übersichtstafeln, ▶ Abschn. 3.5, ■ Abb. 3.31):
— Thymin kommt überwiegend in DNA vor,
— Uracil physiologischerweise nur in RNA,
— Cytosin, Adenin und Guanin sind Bestandteile von DNA wie auch von RNA.

Darüber hinaus kommen vor allem in ribosomalen RNAs und in Transfer-RNAs (▶ Abschn. 10.4 und 48.1.2) sog. seltene Purin- und Pyrimidinbasen vor. Häufig handelt es sich hierbei um chemisch veränderte Basen, deren Modifikation (z. B. Methylierung) erst posttranskriptional erfolgt. Zu den seltenen Basen von Transfer-RNAs gehört auch das Pseudouridin (s. u.).
Oxopurine und Oxopyrimidine zeigen das Phänomen der **Keto-Enol-Tautomerie** (s. Lehrbücher der Chemie), wie in ■ Abb. 3.15 am Beispiel des Thymins dargestellt ist. Das Gleichgewicht liegt dabei stark auf der Seite der Ketoform. Für die korrekte Informationsübertragung bei Replikation und Transkription (▶ Kap. 44 und 46) muss die Ketoform vorliegen, da durch die Enolform Fehlablesungen zustande kommen können.

❯ Zuckerbestandteile der Nucleotide sind Ribose oder Desoxyribose.

Als Zuckerbestandteil finden sich in Mono- bzw. Polynucleotiden und in Nucleosiden ausschließlich die Pentosen **D-Ribose** bzw. die am C-Atom 2 reduzierte Pentose **2-Desoxy-D-Ribose** (siehe Übersichtstafeln, ▶ Abschn. 3.5, ■ Abb. 3.32). Dementsprechend werden Nucleoside in Ribo- bzw. Desoxyribo-Nucleoside und Nucleotide in Ribo- bzw. Desoxyribo-Nucleotide eingeteilt.

❯ In Nucleotiden und Nucleosiden ist die Base durch eine N-glycosidische Bindung mit der Pentose verknüpft.

Zwischen der halbacetalischen Hydroxylgruppe am C-Atom 1' einer Pentose (Ribose bzw. Desoxyribose) und einem N-Atom der heterozyklischen Purin- oder Pyrimidinbasen kommt es zur Ausbildung einer typischen N-glycosidischen C-N-Bindung. Im Allgemeinen binden die Purinbasen über das N-Atom 9, die Pyrimidinbasen über das N-Atom 1 an das C-Atom 1' der Ribose (siehe Übersichtstafeln, ▶ Abschn. 3.5, ■ Abb. 3.33). Eine ungewöhnliche C-C-Bindung findet sich bei dem seltenen Nucleosid **Pseudouridin** (Ψ), bei dem die Ribose mit dem C-Atom 5 von Uracil verbunden ist (■ Abb. 3.16).
Die Benennung der Nucleoside ist in ■ Tab. 3.11 zusammengestellt. Generell gilt, dass bei Pyrimidinbasen meist die Endung –idin, bei Purinbasen die Endung –osin angehängt wird.

❯ Nucleotide sind die Phosphatester von Nucleosiden.

Durch Veresterung einer Hydroxylgruppe der Pentose eines Nucleosids mit Phosphat entsteht aus einem Nucleosid ein **Nucleotid** (■ Abb. 3.14). Die Veresterung erfolgt am C-Atom 5' der Pentose; 3'-Nucleotide entstehen bei der Hydrolyse von Polynucleotiden durch einzelne Nucleasen (siehe Übersichtstafeln, ▶ Abschn. 3.5, ■ Abb. 3.33). Die Nomenklatur der Nucleotide wird aus ■ Tab. 3.11 ersichtlich. In den Übersichtstafeln, ▶ Abschn. 3.5, ■ Abb. 3.33 sind die Strukturen einiger häufiger Mononucleotide dargestellt.

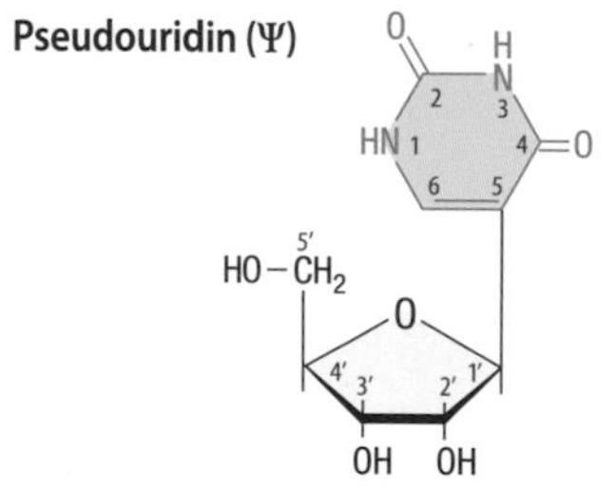

Pseudouridin (Ψ)

◨ **Abb. 3.16** Pseudouridin

◨ **Tab. 3.11** Nomenklatur von Nucleosiden und Nucleotiden

Base	Nucleosid[a]	Nucleotid[b]	Abkürzung[c]
Adenin	Adenosin	Adenosin-5'-Monophosphat (AMP)	A
Guanin	Guanosin	GMP	G
Uracil	Uridin	UMP	U
Thymin	Thymidin	dTMP[d]	T
Cytosin	Cytidin	CMP	C
Hypoxanthin	Inosin	IMP	I
Xanthin	Xanthosin	XMP	X

[a]Aufgelistet sind die Ribonucleoside; Desoxyribonucleoside werden entsprechend als Desoxyadenosin etc. bezeichnet
[b]Neben den aufgeführten Nucleosidmonophosphaten gibt es Di- und Triphosphate (z. B. ADP, ATP)
[c]Die Einbuchstabenabkürzungen werden wahlweise für Basen, Nucleoside und Nucleotide (z. B. bei der Notierung von DNA- bzw. RNA-Sequenzen) verwendet
[d]Als DNA-Baustein liegt TMP nur als Desoxynucleotid vor

3.4.2 Rolle von Nucleosiden und Nucleotiden im Stoffwechsel

❯ Nucleoside entstehen im Intestinaltrakt beim Abbau der Nucleinsäuren der Nahrung und in den Geweben beim Abbau von Nucleotiden.

Nucleoside entstehen im Intestinaltrakt bei der Verdauung der in den Nahrungsstoffen enthaltenen Nucleinsäuren, sind jedoch zum Teil auch in erheblicher Konzentration bereits in bestimmten Nahrungsmitteln enthalten. Besonders nucleosidreich ist z. B. die Muttermilch. Durch spezifische Transportsysteme im Intesti-

naltrakt werden diese Nucleoside resorbiert. Sie dienen hauptsächlich der Synthese von Nucleotiden und Nucleinsäuren, vor allem in den Epithelzellen des Intestinaltraktes. Diese Funktion ist besonders bei Säuglingen von Bedeutung. **Purinnucleoside** und hierbei besonders das **Adenosin** spielen eine wichtige Rolle als extrazelluläre Signalmoleküle. Adenosin führt zu einer Relaxation der glatten Gefäßmuskulatur und steigert die Durchblutung vieler Gewebe.

Die Tatsache, dass viele Zellen spezifische Transportsysteme (Carrier) für die Aufnahme von Nucleosiden besitzen, hat erhebliche medizinische Bedeutung. Derartige Carrier sind nämlich imstande, auch chemisch modifizierte Nucleoside aufzunehmen und dann intrazellulär in die entsprechenden Nucleosidtriphosphate umzuwandeln. Diese dienen dann häufig als Hemmstoffe der Purin- bzw. Pyrimidinsynthese und der Nucleinsäuresynthese. Deshalb werden derartige Verbindungen zur Therapie von Tumor- oder Viruserkrankungen eingesetzt (▶ Abschn. 31.1.1).

❯ Nucleotide sind Träger energiereicher Phosphatbindungen.

Durch Anlagerung weiterer Phosphatmoleküle entstehen aus Nucleosidmonophosphaten **Nucleosiddiphosphate** und **Nucleosidtriphosphate**. Eine besondere Bedeutung als universeller Energiedonor für eine Vielzahl von Reaktionen hat das in den Übersichtstafeln, ▶ Abschn. 3.5, ◨ Abb. 3.33 dargestellte **Adenosin-5'-Triphosphat** (ATP). Die Bindung zwischen dem α- und β- sowie dem β- und γ-Phosphat des ATP ist energiereich, da es sich jeweils um eine **Phosphorsäure-Anhydridbindung** handelt (▶ Abschn. 4.3).

❯ Nucleotide sind an einer Vielzahl biochemischer Prozesse beteiligt.

Nucleotide haben eine außerordentliche Bedeutung für die Aufrechterhaltung der Lebensvorgänge in Zellen, da sie an vielen entscheidenden biochemischen Vorgängen beteiligt sind:
- Sie sind **universelle Energieträger** in Form von **ATP** und **GTP**, die durch Substratkettenphosphorylierung und bei der oxidativen Phosphorylierung entstehen. Diese liefern dann die Energie für alle zellulären Aktivitäten, z. B. Biosynthesen, Transportvorgänge oder Motilität.
- Sie sind die aktivierten Vorstufen für die **DNA-** und **RNA-Biosynthese** (▶ Kap. 44 und 46).

3

- Nucleosidtriphosphate sind an der Regulation zahl-reicher enzymatischer Reaktionen beteiligt (Protein-kinasen ► Abschn. 33.4.1, G-Proteine ► Abschn. 33.4.4).
- Nucleotide bilden die für viele Biosynthesen benötig-ten **aktivierten Zwischenprodukte**. Beispiele sind **UDP-Glucose** für die Glycogenbiosynthese, 3'-Phos-phoadenosyl-5'-Phosphosulfat für Sulfatierungen (◘ Abb. 3.17), **CDP-Cholin** (◘ Abb. 3.18) für die Phospholipidsynthese und **Aminoacyl-Adenylate** für die Proteinbiosynthese (► Abschn. 48.1.3).
- Adeninnucleotide sind **Bestandteile der Coenzyme**
  - Nicotinamid-Adenin-Dinucleotid (NAD$^+$)
  - Flavin-Adenin-Dinucleotid (FAD)
  - Coenzym A (CoA-SH) (► Abschn. 59.6)

❯ Nucleosid-Cyclophosphate sind intrazelluläre Signal-moleküle.

Wichtige Derivate von ATP und GTP sind das **cy-clische Adenosin-3',5'-Monophosphat** (3',5'-cyclo-AMP, **cAMP**, (siehe Übersichtstafeln, ► Abschn. 3.5, ◘ Abb. 3.33) und das **cyclische Guanosin-3',5'-Mono-phosphat** (3',5'-cyclo-GMP, **cGMP**). Beide Nucleotide entstehen intrazellulär unter Pyrophosphatabspaltung durch die Einwirkung spezifischer Cyclasen und die-nen als intrazelluläre Signalmoleküle (*second mes-senger*) mit wichtigen Funktionen bei der Regulation von Zellstoffwechsel, Wachstum und Differenzierung (► Abschn. 33.4.2).

Zusammenfassung

In den Nucleosiden sind die Basen Adenin, Guanin, Cy-tosin, Uracil, Thymin und deren Derivate über N-glyco-sidische Bindungen mit Ribose bzw. Desoxyribose ver-knüpft. Durch Veresterung der Hydroxylgruppe, in der Regel am C-Atom 5' der Ribose bzw. Desoxyribose, mit Phosphorsäure werden aus Nucleosiden die entspre-chenden Nucleotide gebildet. Durch die Anlagerung weiterer Phosphate entstehen aus Nucleosidmonophos-phaten die entsprechenden Di- und Triphosphate. Sie enthalten energiereiche Phosphorsäureanhydridbindun-

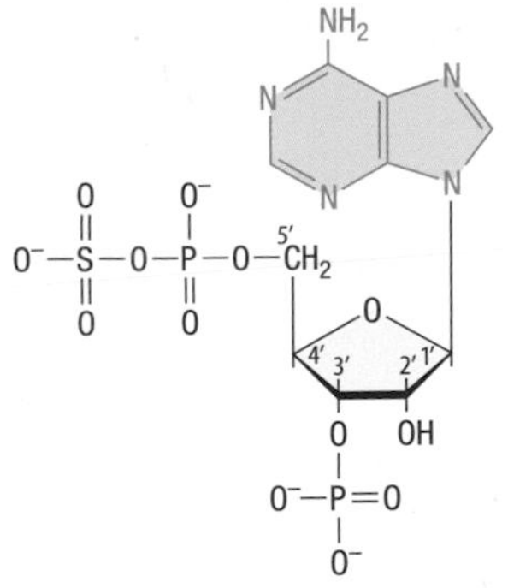

◘ **Abb. 3.17   3'-Phosphoadenosyl-5'-Phosphosulfat (PAPS).** Der aktivierte Sulfatrest ist *rot* hervorgehoben

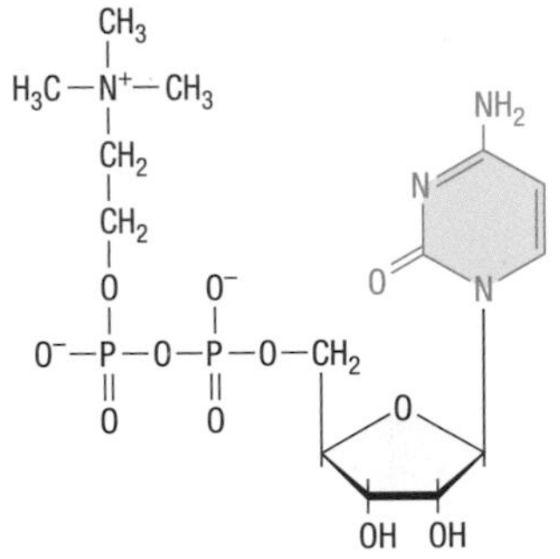

◘ **Abb. 3.18**   Cytidindiphosphat-Cholin

---

gen, deren Hydrolyse endergone Reaktionen ermög-licht. Durch Verbindungen mit Nucleosiddiphosphaten werden Zwischenprodukte des Intermediärstoffwech-sels aktiviert. Die cyclischen Nucleotide cAMP und cGMP sind wichtige intrazelluläre Signalmoleküle.

3.5   Übersichtstafeln

Die hier dargestellten Übersichtstafeln (◘ Abb. 3.19, 3.20, 3.21, 3.22, 3.23, 3.24, 3.25, 3.26, 3.27, 3.28, 3.29, 3.30, 3.31, 3.32 und 3.33) enthalten die chemischen Strukturen der wichtigsten Kohlenhydrate, Lipide, Ami-nosäuren und Nucleotide, die in diesem Kapitel ange-sprochen werden.

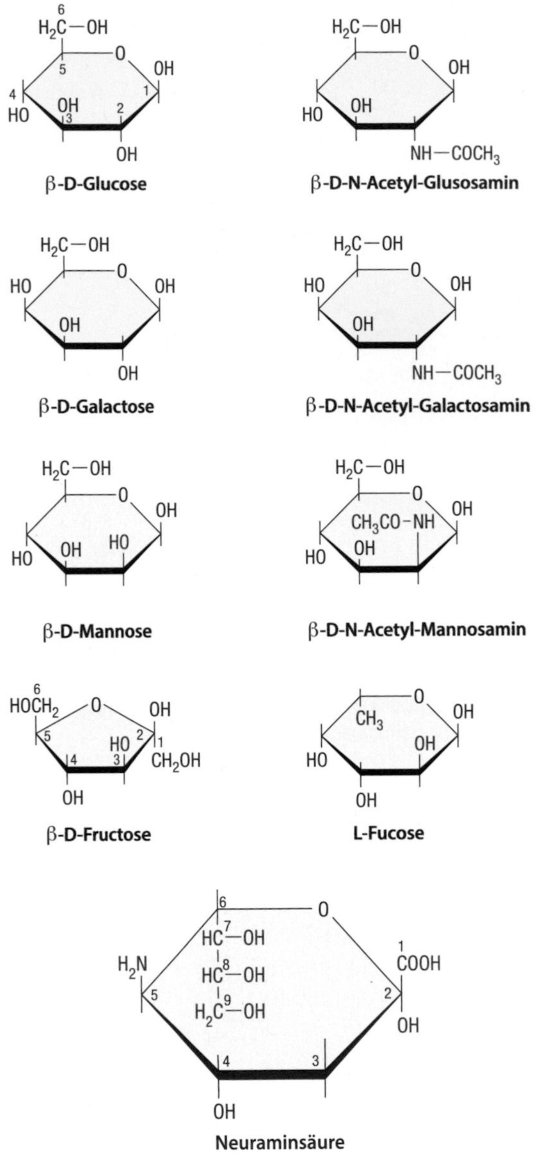

β-D-Glucose

β-D-N-Acetyl-Glusosamin

β-D-Galactose

β-D-N-Acetyl-Galactosamin

β-D-Mannose

β-D-N-Acetyl-Mannosamin

β-D-Fructose

L-Fucose

Neuraminsäure

□ **Abb. 3.19 Häufige Monosaccharide.** Die in Form ihrer β-Anomeren (Diastereomeren) dargestellten Monosaccharide werden nicht nur zur Energiegewinnung abgebaut, sondern auch zum Aufbau von Oligo- und Polysacchariden verwendet

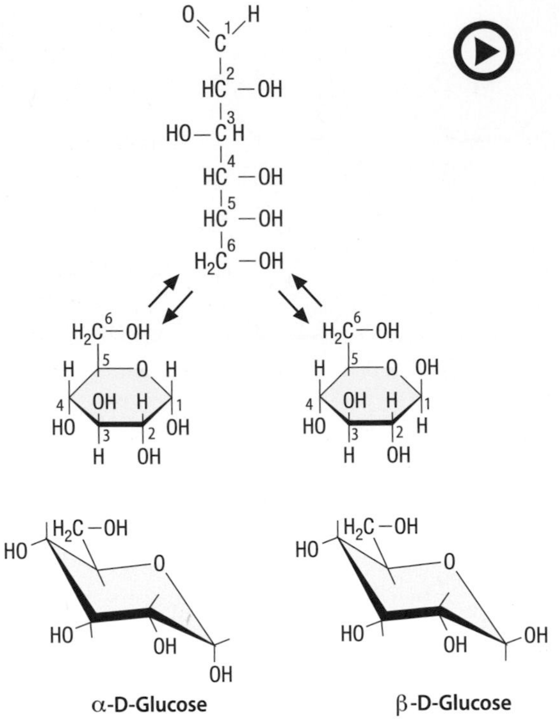

α-D-Glucose

β-D-Glucose

□ **Abb. 3.20** (Video 3.2) **Anomerie der Glucose.** *Oben*: offene Kette; *Mitte*: in wässriger Lösung erfolgt durch Reaktion der C-Atome 1 und 5 der Glucose die Ausbildung eines intramolekularen Halbacetals (Pyranosering). Dadurch entsteht am C-Atom 1 ein weiteres Asymmetriezentrum mit den beiden Anomeren (Diastereomeren) α-D- und β-D-Glucose. *Unten*: Die thermodynamisch begünstigten Sesselformen der beiden Anomeren (▶ https://doi.org/10.1007/000-5eb)

3

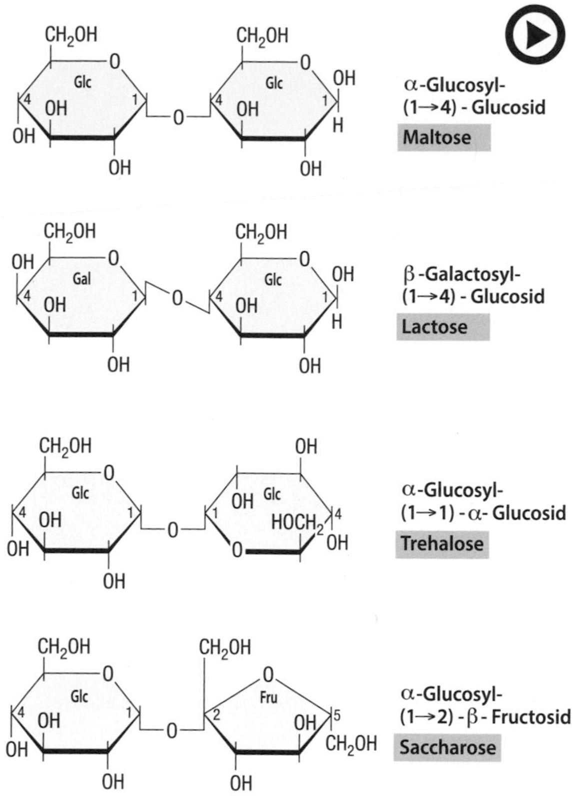

α-Glucosyl-
(1→4) - Glucosid
Maltose

β-Galactosyl-
(1→4) - Glucosid
Lactose

α-Glucosyl-
(1→1) - α- Glucosid
Trehalose

α-Glucosyl-
(1→2) - β - Fructosid
Saccharose

A. Amylose

B. Amylopectin
Glycogen

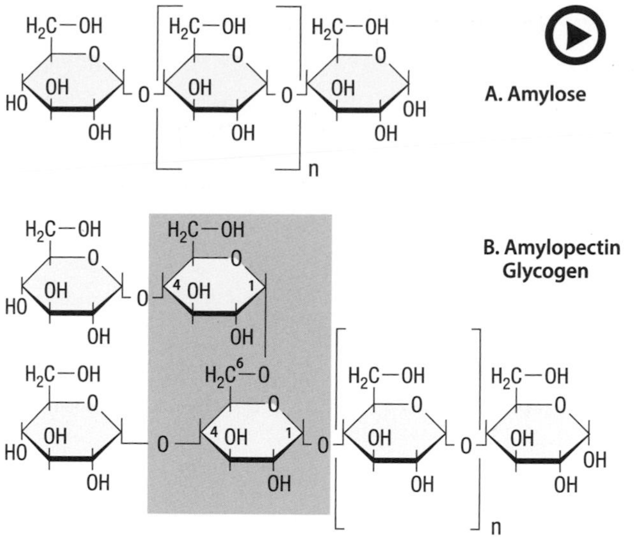

◨ **Abb. 3.22**   (Video 3.4) **Aufbau von Stärke und Glycogen. A** Amylose. Die Glucosereste sind wie bei der Maltose durch α-(1→4)-glycosidische Bindungen verknüpft. **B** Amylopectin und Glycogen. Sie bestehen ebenfalls aus α-(1→4)-glycosidisch verknüpften Glucoseresten, enthalten jedoch zusätzlich Verzweigungsstellen über die Hydroxylgruppe am C-Atom 6 (α-(1→6)-glycosidische Bindung) (▶ https://doi.org/10.1007/000-5ed)

◨ **Abb. 3.21**   (Video 3.3) **Struktur wichtiger Disaccharide.**   Bei Disacchariden vom Maltosetyp (**Maltose, Lactose**) ist die glycosidische Bindung zwischen dem Halbacetal-C-Atom 1 eines Zuckermoleküls und einer alkoholischen Hydroxylgruppe des zweiten Zuckermoleküls geknüpft. Diese Disaccharide enthalten noch eine freie halbacetalische Hydroxylgruppe. Dadurch haben sie reduzierende Eigenschaften und können weitere glycosidische Bindungen eingehen. Dies ist bei Disacchariden vom Trehalosetyp (**Trehalose, Saccharose**) nicht der Fall, da hier die glycosidische Bindung zwischen zwei halbacetalischen Hydroxylgruppen ausgebildet wurde. Beachte, dass bei der hier gewählten Darstellung der glycosidischen Bindungen zwischen den Zuckermolekülen die Winkel zwischen dem zentralen O-Atom und den benachbarten C-Atomen **keine** zwischengelagerten C-Atome bedeuten (vergleiche die Darstellung in ◨ Abb. 3.23) (▶ https://doi.org/10.1007/000-5ea)

Hyaluronsäure
[β-Glucuronat(1→3)-β-GlcNAc(1→4)-]$_n$

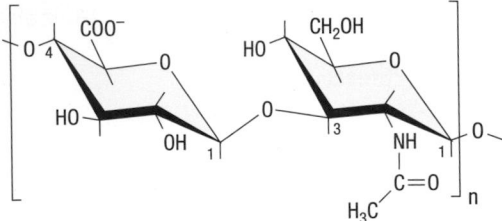

Chondroitin-6-Sulfat
[β-Glucuronat(1→3)-β-GalNAc-6-sulfat(1→4)-]$_n$

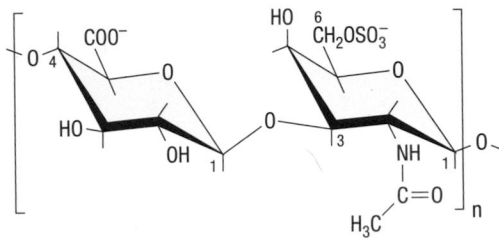

Chondroitin-4-Sulfat
[β-Glucuronat(1→3)-β-GalNAc-4-sulfat(1→4)-]$_n$

Dermatansulfat
[α-Iduronat(1→3)-β-GalNAc-4-sulfat(1→4)-]$_n$

◻ **Abb. 3.23 Struktur der wichtigsten Glycosaminoglycane.** Die funktionellen Gruppen sind *rot* hervorgehoben

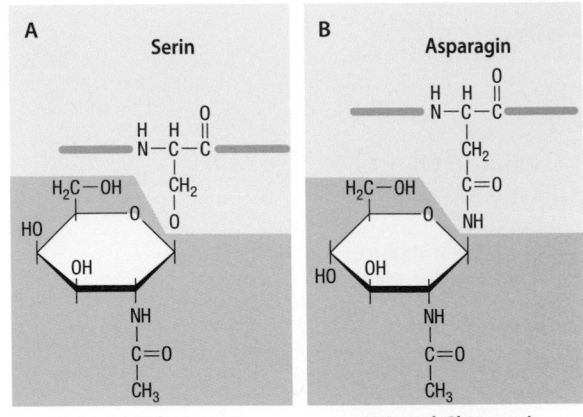

A Serin

H$_2$C—OH

N-Acetyl-Galactosamin

B Asparagin

N-Acetyl-Glucosamin

◻ **Abb. 3.24 Glycoproteine mit O- bzw. N-glycosidisch verknüpften Zuckerresten. A** Bei O-glycosidisch verknüpften Glycoproteinen erfolgt die Bindung eines Zuckermoleküls an die Hydroxylgruppe eines Serin-, seltener eines Threoninrestes. **B** Bei N-glycosidisch verknüpften Glycoproteinen erfolgt die Bindung über die NH$_2$-Gruppe eines Asparaginrestes

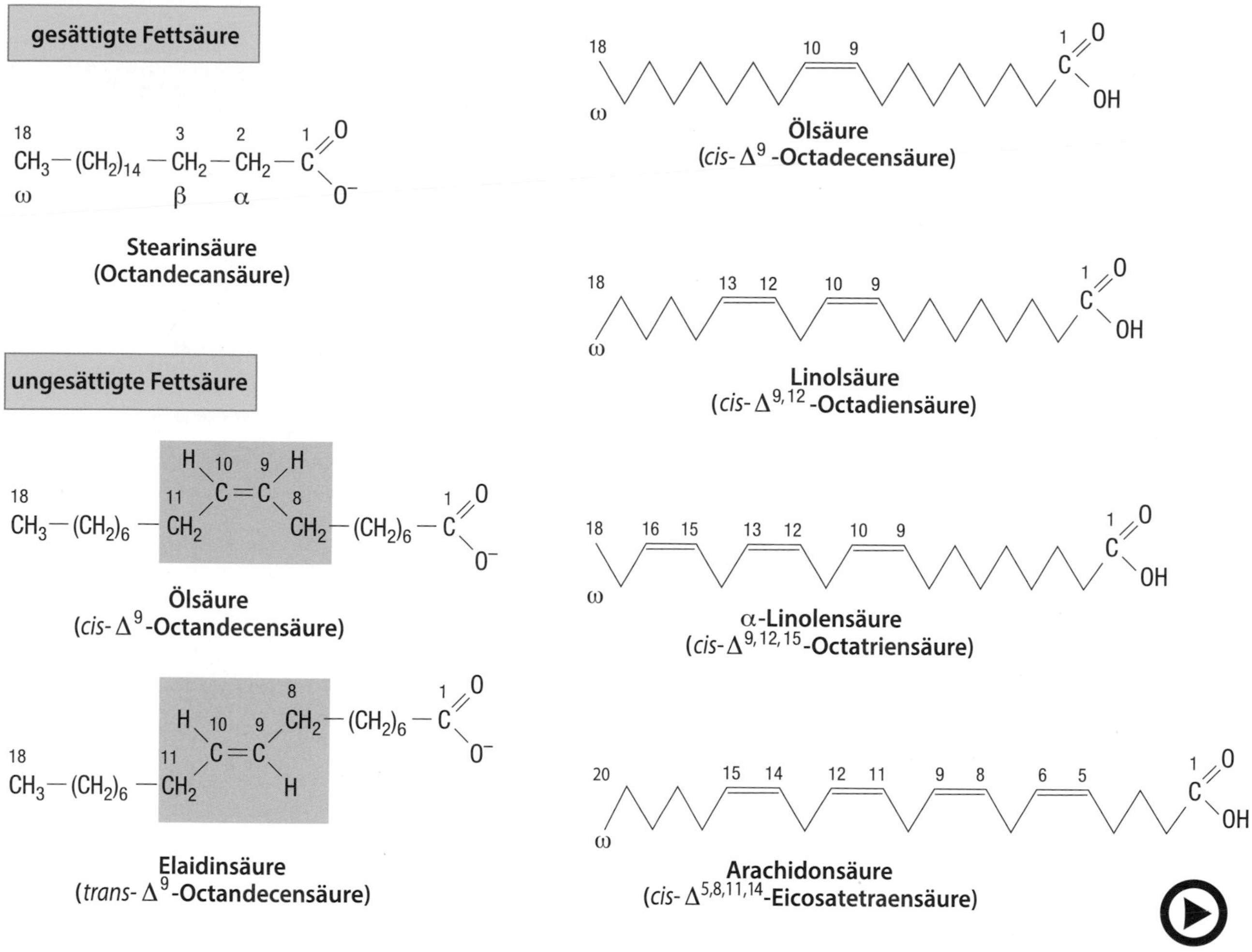

3

gesättigte Fettsäure

$$CH_3-(CH_2)_{14}-CH_2-CH_2-C\overset{O}{\underset{O^-}{}}$$
18   3   2   1
ω   β   α

Stearinsäure
(Octandecansäure)

ungesättigte Fettsäure

$$CH_3-(CH_2)_6-\underset{11}{CH_2}-\underset{\underset{H}{10}}{C}=\underset{\underset{H}{9}}{C}-\underset{8}{CH_2}-(CH_2)_6-C\overset{O}{\underset{O^-}{}}$$
18

Ölsäure
(*cis*-Δ^9-Octandecensäure)

$$CH_3-(CH_2)_6-\underset{11}{CH_2}-\underset{\underset{H}{10}}{C}=\underset{\underset{H}{9}}{C}-\underset{8}{CH_2}-(CH_2)_6-C\overset{O}{\underset{O^-}{}}$$
18

Elaidinsäure
(*trans*-Δ^9-Octandecensäure)

18   10 9   1 O / OH
ω
Ölsäure
(*cis*-Δ^9-Octadecensäure)

18   13 12 10 9   1 O / OH
ω
Linolsäure
(*cis*-Δ^{9,12}-Octadiensäure)

18 16 15 13 12 10 9   1 O / OH
ω
α-Linolensäure
(*cis*-Δ^{9,12,15}-Octatriensäure)

20   15 14 12 11 9 8 6 5   1 O / OH
ω
Arachidonsäure
(*cis*-Δ^{5,8,11,14}-Eicosatetraensäure)

Abb. 3.25 (Video 3.5) **Aufbau von Fettsäuren.** *Links*: Beispiele einer gesättigten und einer einfach ungesättigten Fettsäure in der *cis*- und *trans*-Konformation (Z- bzw. E-Isomere). Die Kohlenstoffatome von Fettsäuren werden, beginnend mit der Carboxylgruppe, mit arabischen Ziffern nummeriert. Ein alternatives Zählverfahren benennt die einzelnen CH$_2$-Gruppen von Fettsäuren mit griechischen Buchstaben. Die der Carboxylgruppe benachbarte CH$_2$-Gruppe wird mit α bezeichnet, die nächstfolgende mit β usw. Die CH$_3$-Gruppe am Ende einer Fettsäure ist immer das ω-C-Atom. Die Stellung einer

Doppelbindung in einer Fettsäure wird durch ein Delta angegeben (Δ). So bezeichnet Δ^9 eine Doppelbindung zwischen den C-Atomen 9 und 10 einer Fettsäure. Doppelbindungen in *cis*-Konformation führen zu einem Knick in der Alkankette. Fast alle in der Natur vorkommenden ungesättigten Fettsäuren liegen in der *cis*-Konformation vor. *Rechts*: wichtige ungesättigte Fettsäuren. Sind zwei oder mehr Doppelbindungen in einer Fettsäure enthalten, so sind diese immer durch zwei C-C-Bindungen getrennt, es handelt sich also um isolierte Doppelbindungen (► https://doi.org/10.1007/000-5ee)

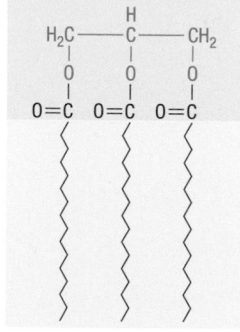

Tripalmitoylglycerin

Abb. 3.26 Tripalmitoylglycerin als Beispiel für ein Triacylglycerin. Die Fettsäurereste (Acylreste) sind *schwarz*, der Glycerinanteil *blau* dargestellt. Gemischte Triacylglycerine mit Fettsäuren verschiedener Kettenlänge und unterschiedlichem Sättigungsgrad kommen allerdings in tierischen Geweben wesentlich häufiger vor. Mehrfach ungesättigte Fettsäuren finden sich dabei häufig in der Position 2 von Glycerin

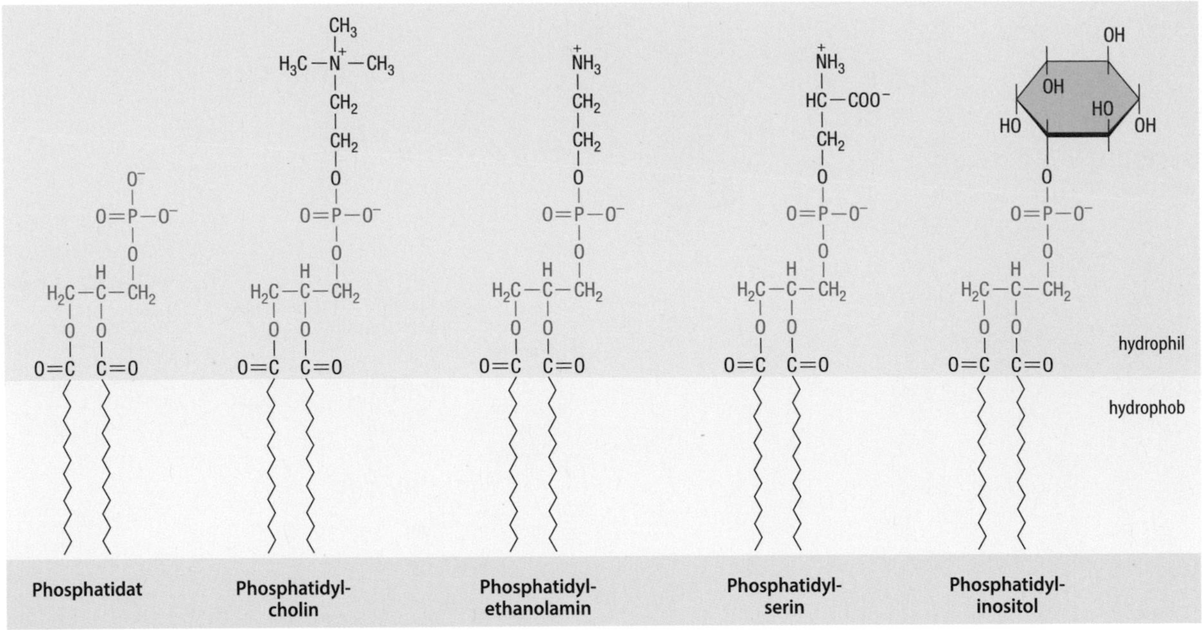

Phosphatidat | Phosphatidyl-cholin | Phosphatidyl-ethanolamin | Phosphatidyl-serin | Phosphatidyl-inositol

◘ **Abb. 3.27 Aufbau von Phosphoglyceriden.** Wie bei Triacylglycerinen ist das Rückgrat der Phosphoglyceride der dreiwertige Alkohol Glycerin. Zwei der Hydroxylgruppen des Glycerins sind mit langkettigen Fettsäuren verestert (zur Vereinfachung in der Abbildung Myristylreste), die dritte mit Phosphorsäure. Deshalb können Phosphoglyceride auch als Derivate des Glycerin-3-Phosphats angesehen werden. Die Ketten der Fettsäuren sind für die hydrophoben, die übrigen Teile der Phosphoglyceride für die hydrophilen Eigenschaften verantwortlich. Phosphatidsäure (Phosphatidat) ist v. a. Zwischenprodukt bei der Synthese von Triacylglycerinen und Phosphoglyceriden. Alle anderen Phosphoglyceride sind Phosphorsäurediester, da der Phosphatrest der Phosphatidsäure mit einem weiteren Alkohol (*rot*) verknüpft ist

3

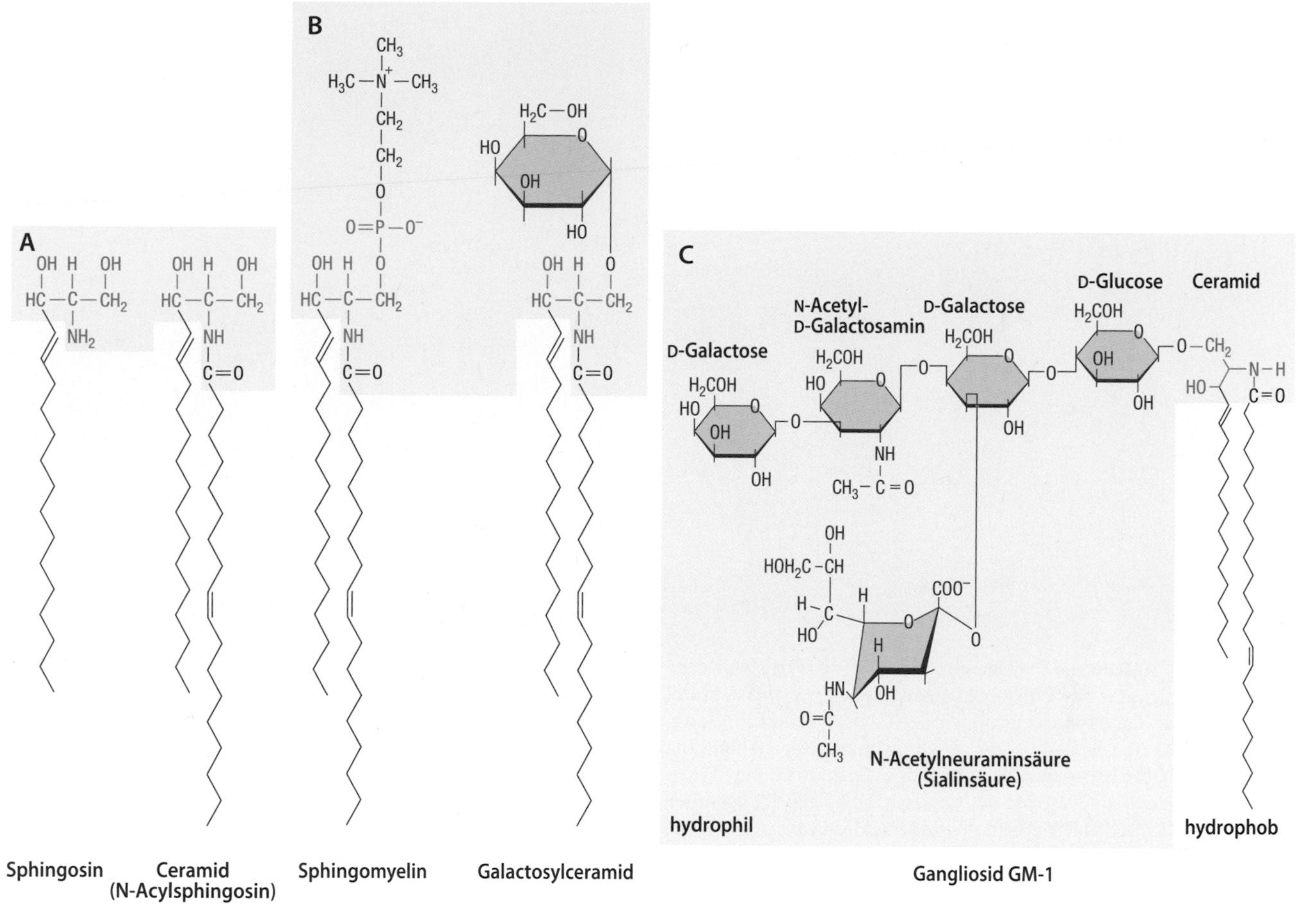

Sphingosin   Ceramid   Sphingomyelin   Galactosylceramid
(N-Acylsphingosin)

Gangliosid GM-1

▣ Abb. 3.28 Sphingolipide. A Sphingolipide sind Verbindungen des Aminodialkohols Sphingosin. Wenn die Aminogruppe des Sphingosins mit einer Fettsäure in Säureamidbindung verknüpft ist, entsteht Ceramid. Häufig kommen ungesättigte Fettsäuren vor, u. a. die Lignocerinsäure mit 24 C-Atomen und ihre ungesättigten Derivate. **B** Sphingomyeline tragen an der endständigen Hydroxylgruppe des Ceramidanteils einen Phosphorylcholin- oder einen Phosphorylethanolaminrest. Im Gegensatz zum Sphingomyelin ist bei den Cerebrosiden die terminale Hydroxylgruppe des Ceramids glycosidisch an das C-Atom 1 einer Ga-

lactose oder Glucose gebunden (Galactosyl- bzw. Glucosylceramid). Sulfatide sind Cerebroside, bei denen der Galactosylrest am C-Atom 3 mit Schwefelsäure verestert ist. **C** Ganglioside enthalten anstelle eines Monosaccharids einen komplexen, häufig verzweigten Oligosaccharidanteil. Als Kohlenhydratreste kommen Glucose, Galactose, Galactosamin und N-Acetylneuraminsäure (Sialinsäure) vor. Das abgebildete Gangliosid GM-1 ist eines von etwa 60 Mitgliedern dieser Lipidklasse. Alle kohlenhydrathaltigen Sphingolipide werden unter dem Begriff Glycosphingolipide zusammengefasst

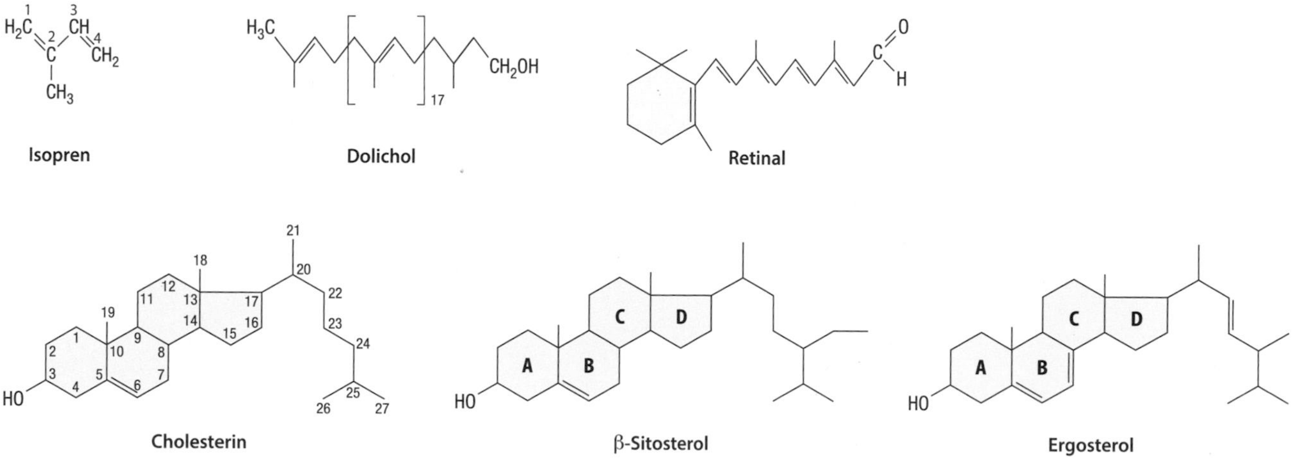

Isopren   Dolichol   Retinal

Cholesterin   β-Sitosterol   Ergosterol

▣ Abb. 3.29 Isoprenderivate. Durch Polymerisation von Isoprenresten entstehen einkettige Moleküle, die zyklisieren können. Steroide sind zyklische Isoprenderivate, die sich vom Steran (die ersten 17

C-Atome von Cholesterin ohne die Doppelbindung) ableiten (zu den abgebildeten Verbindungen s. ▶ Abschn. 3.2.5)

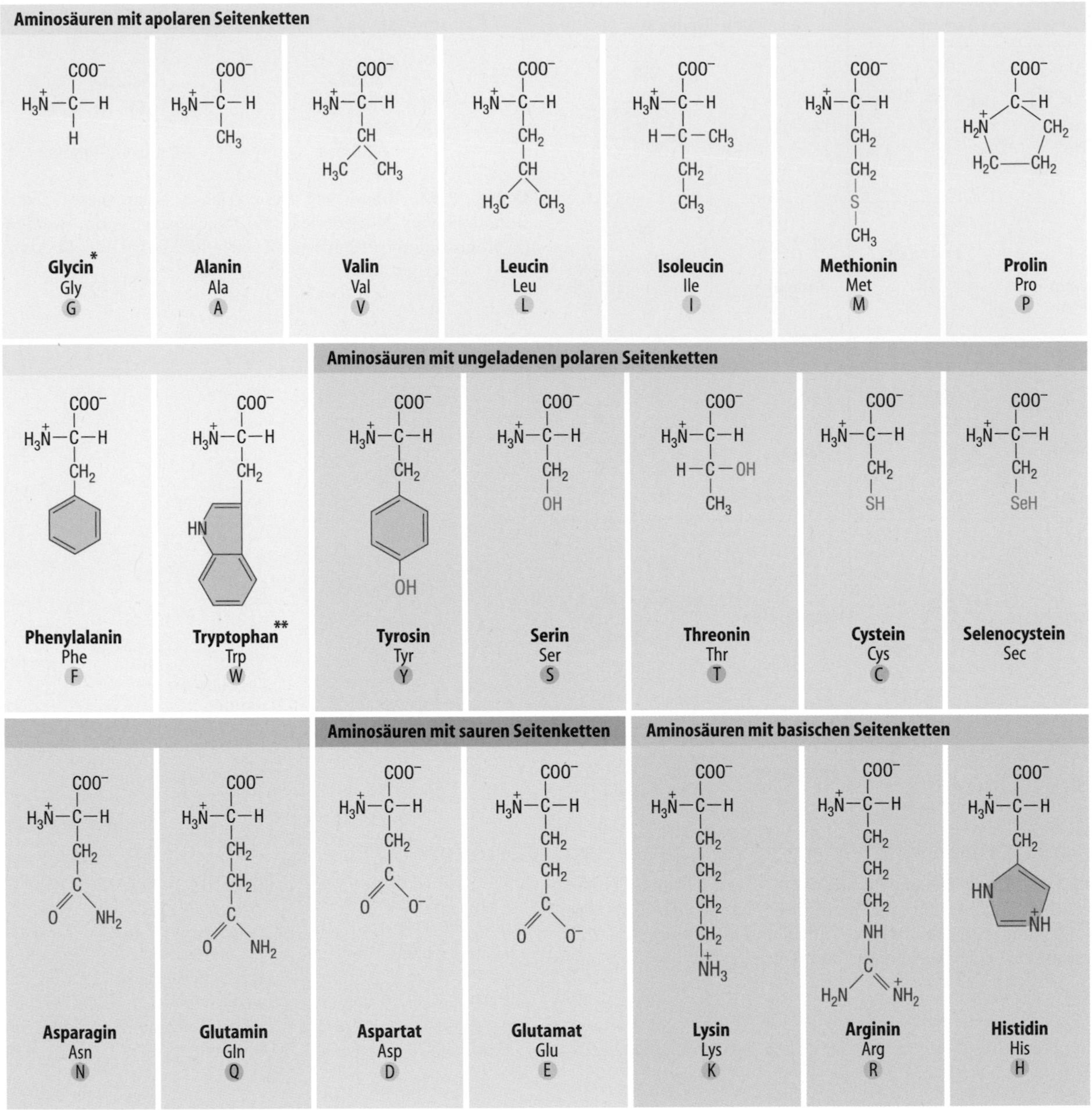

Aminosäuren mit apolaren Seitenketten

Glycin* — Gly — G
Alanin — Ala — A
Valin — Val — V
Leucin — Leu — L
Isoleucin — Ile — I
Methionin — Met — M
Prolin — Pro — P

Aminosäuren mit ungeladenen polaren Seitenketten

Phenylalanin — Phe — F
Tryptophan** — Trp — W
Tyrosin — Tyr — Y
Serin — Ser — S
Threonin — Thr — T
Cystein — Cys — C
Selenocystein — Sec

Aminosäuren mit sauren Seitenketten

Asparagin — Asn — N
Glutamin — Gln — Q
Aspartat — Asp — D
Glutamat — Glu — E

Aminosäuren mit basischen Seitenketten

Lysin — Lys — K
Arginin — Arg — R
Histidin — His — H

Abb. 3.30 Proteinogene Aminosäuren. Die Aminosäuren sind nach chemischen Eigenschaften ihrer Seitenketten geordnet. Unter den Formeln stehen jeweils die Trivialnamen sowie die 3- und 1-Buchstabenabkürzungen. * Glycin besitzt keine eigentliche Seitenkette und wird deswegen oft als eigene Gruppe betrachtet. ** Tryptophan kann auch zu den Aminosäuren mit polarer Seitenkette gerechnet werden (s. Hydrophathieindex in Tab. 3.9)

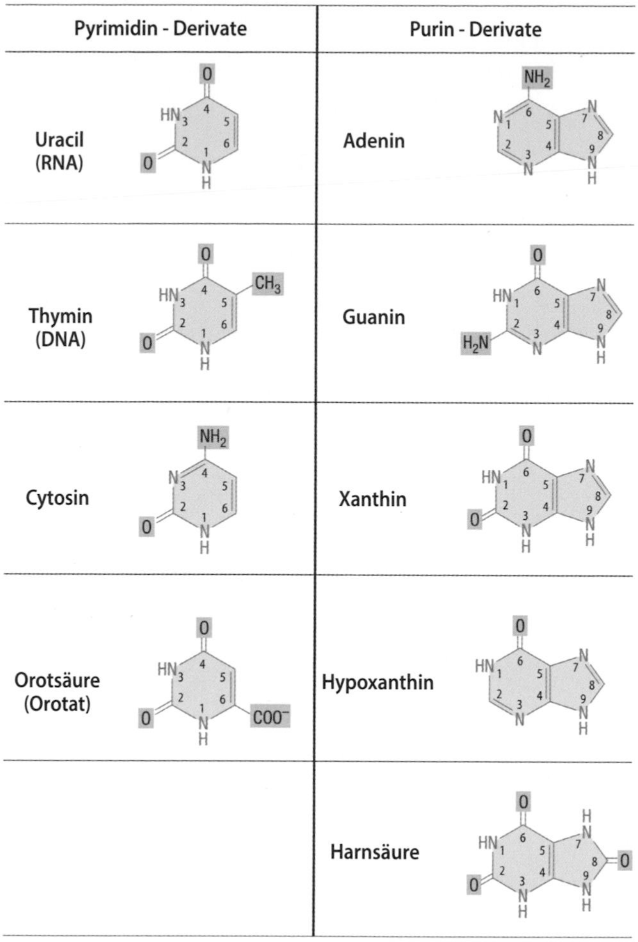

Pyrimidin - Derivate	Purin - Derivate
Uracil (RNA)	Adenin
Thymin (DNA)	Guanin
Cytosin	Xanthin
Orotsäure (Orotat)	Hypoxanthin
	Harnsäure

Abb. 3.31 Pyrimidin- und Purinderivate. Uracil, Thymin, Cytosin, Adenin und Guanin sind die wichtigsten Basen von DNA und RNA. Orotsäure, Xanthin, Hypoxanthin und Harnsäure sind Zwischenprodukte bei deren Synthese und Abbau

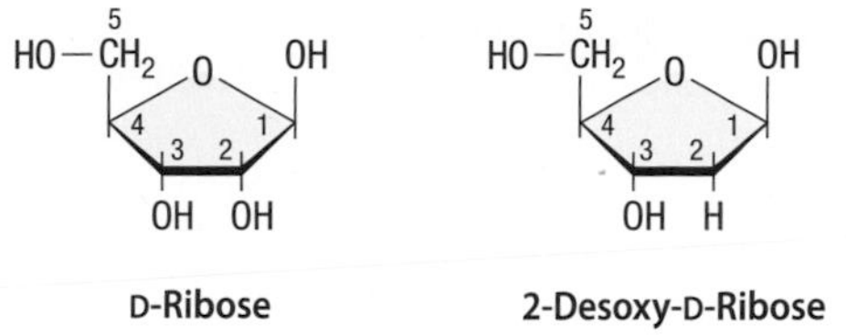

D-Ribose   2-Desoxy-D-Ribose

Abb. 3.32 Ribose und Desoxyribose. Wenn diese Zucker Bestandteile von Nucleotiden und Nucleosiden sind, werden ihre C-Atome mit apostrophierten Zahlen markiert (1' etc. ▪ Abb. 3.33)

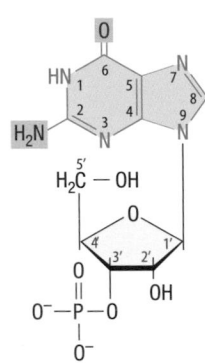

Adenosin-5′-Triphosphat (ATP)

Cytosin-5′-Diphosphat (CDP)

Desoxythymidin-5′-Monophosphat (dTMP)

Zyklisches Adenosin-3′,5′-Monophosphat (3′,5′-cyclo AMP, cAMP)

Guanosin-3′-Monophosphat (3′-GMP)

□ **Abb. 3.33 Nucleotide.** ATP, CDP und dTMP jeweils als Beispiele für ein Nucleosid-5'-Triphosphat, ein Nucleosid-5'-Diphosphat und ein Nucleosid-5'-Monophosphat. Als DNA-Baustein ist dTMP ein Vertreter der Desoxynucleotide. Die zyklischen Nucleosidmono-phosphate cAMP und cGMP kommen als *second messenger* vor. Nucleosid-3'-Monophosphate, wie das abgebildete 3'-GMP, entstehen als Spaltprodukte bestimmter Nucleasen aus Nucleinsäuren

Weiterführende Literatur

Ayechu-Muruzabal V, van Stingt AH, Mank M, Willemsen LEM, Stahl B, Garssen J, van't Land B (2018) Diversity of human milk oligosaccharides and effects on early life immune development. Front Pediatr 6:239

Bernfield M et al (1999) Functions of cell surface heparan sulphate proteoglycans. Annu Rev Biochem 68:729–777

Ernst B, Hart GW, Sinay B (2000) Carbohydrates in chemistry and biology, Bd I–IV. VCH, Weinheim

Fersht A (1999) Structure and mechanism in protein science. Freemann, Gumbrills

Harayama T, Riezman H (2018) Understanding the diversity of membrane lipid composition. Nat Rev Mol Cell Biol 19:281–296

Iozzo RV (1998) Matrix proteoglycans: from molecular design to cellular function. Annu Rev Biochem 67:609–652

Kyte J, Doolittle RF (1982) A simple method for displaying the hydropathic character of a protein. J Mol Biol 157:105

Vance DE, Jean E, Vance JE (Hrsg) (2008) Biochemistry of lipids, lipoproteins and membranes, 5. Aufl. Elsevier, Amsterdam

Varki A, Cummings R, Esko J, Freeze H, Hart G, Marth J (2002) Essentials of glycobiology. Cold Spring Harbor Laboratory Press, Cold Spring Harbor

Thermodynamik und Bioenergetik

Thomas Kriegel und Wolfgang Schellenberger

Die Stoffwechselprozesse in Lebewesen folgen denselben physikalisch-chemischen Gesetzmäßigkeiten, die auch in der unbelebten Natur wirksam sind. Daher lässt sich der Energieaustausch eines Organismus mit seiner Umgebung mit Hilfe der Gesetze der Thermodynamik beschreiben. Auf diese Weise ist es möglich vorauszusagen, ob eine biochemische Reaktion freiwillig (spontan) abläuft oder nicht. In der Zelle werden energiebedürftige (endergone) und daher nicht spontan ablaufende Reaktionen durch Kopplung an energiebereitstellende (exergone) Prozesse ermöglicht. Für die Übertragung von Energie werden vor allem energiereiche Phosphate genutzt. Adenosintriphosphat (ATP) ist der wichtigste Überträger von Energie im Zellstoffwechsel.

Schwerpunkte

4.1 Thermodynamische Grundlagen
- Lebewesen als thermodynamisch offene Systeme, die sich nie im thermodynamischen Gleichgewicht mit ihrer Umgebung befinden
- Freie Enthalpie als thermodynamische Zustandsgröße und Triebkraft biochemischer Reaktionen

4.2 Energietransformation und energetische Kopplung
- Mechanismen der Energietransformation in biologischen Systemen
- Biochemische Redoxreaktionen als Quelle Freier Enthalpie
- Chemische und chemiosmotische Kopplung endergoner und exergoner Reaktionen

4.3 Verbindungen mit hohem Gruppenübertragungspotenzial
- Zellbiochemische Bedeutung der Verbindungen mit hohem Gruppenübertragungspotenzial
- Adenosintriphosphat (ATP) als wichtigster Überträger Freier Enthalpie im Zellstoffwechsel
- ATP-Regenerierung durch Substratkettenphosphorylierung und Atmungskettenphosphorylierung

4.1 Thermodynamische Grundlagen

> Die Energie zur Aufrechterhaltung der Lebensvorgänge entstammt der Sonnenstrahlung.

Das Leben auf der Erde wird durch die in ◻ Abb. 4.1 schematisch dargestellten Energieflüsse und Energietransformationen ermöglicht und bestimmt. Durch Kernfusion entsteht in der Sonne Energie, die zu einem großen Teil in Form von Licht abgestrahlt wird. Auf der Erde kann die Energie des Sonnenlichtes in chemische Energie umgewandelt werden. Zu diesem als **Photosynthese** bezeichneten Prozess sind chlorophyllhaltige Pflanzen und einige Mikroorganismen befähigt. Die Leistung dieser **photosynthetisch-autotrophen** (altgriech. *autotroph* – „sich selbst ernährend") Organismen besteht darin, mithilfe von Sonnenlicht biologische Makromoleküle aus einfachen Substanzen wie Kohlendioxid und Wasser herzustellen und gleichzeitig molekularen Sauerstoff zu erzeugen.

Ein anderes Stoffwechselprinzip ist bei den **heterotrophen** (altgriech. *heterotroph* – „sich von anderen er-

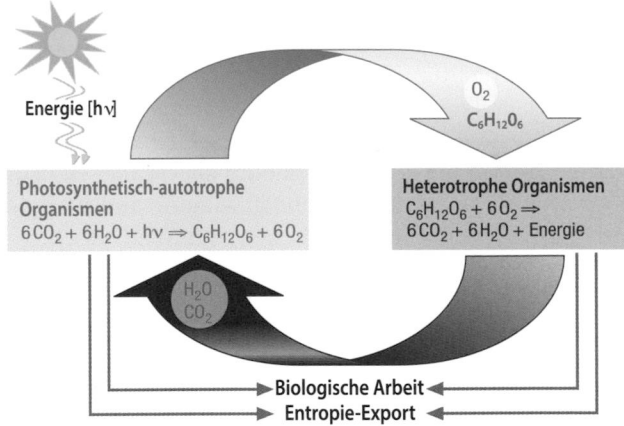

◻ **Abb. 4.1 Quelle der Energie in lebenden Systemen und Energiefluss zwischen autotrophen und heterotrophen Organismen.** Der Stoffwechsel autotropher und heterotropher Organismen führt zu einem Entropie-Export. Entropie kann sowohl in Form von Wärme als auch in Form von Stoffen exportiert werden

P. C. Heinrich et al. (Hrsg.), *Löffler/Petrides Biochemie und Pathobiochemie*, https://doi.org/10.1007/978-3-662-60266-9_4

nährend") Organismen verwirklicht, zu denen neben Bakterien, Pilzen und Tieren auch der Mensch gehört. Heterotrophe Organismen gewinnen die zur Aufrechterhaltung ihrer Lebensfunktionen benötigte Energie aus der sauerstoffabhängigen Oxidation photosynthetisch-autotroph gebildeter komplexer organischer Moleküle (Kohlenhydrate, Fette, Proteine). Dabei entstehen niedermolekulare Oxidationsprodukte wie Kohlendioxid, Wasser und Harnstoff.

> Die Gesetze der Thermodynamik beschreiben die Erhaltung und Transformation von Energie.

Photosynthetisch-autotrophe und heterotrophe Organismen benötigen für eine Vielzahl von Lebensvorgängen Energie in unterschiedlichen Formen. Zu den energieabhängigen Prozessen im menschlichen Organismus gehören:

- Mechanische Arbeit (Beispiel: Kontraktion der Actomyosinkomplexe im Muskelgewebe),
- Chemische Arbeit (Beispiel: Biosynthese und Abbau von Zellbestandteilen),
- Transportarbeit (Beispiel: Membrantransport von Natrium- und Kaliumionen durch die Na^+/K^+-ATPase),
- Erzeugung von Wärme (Beispiel: Thermogenese im braunen Fettgewebe).

Die dem Stoffwechsel der photosynthetisch-autotrophen und heterotrophen Organismen zugrunde liegenden Gesetzmäßigkeiten der Energieerhaltung und der Energietransformation sind in den **Hauptsätzen der Thermodynamik** formuliert. Eine thermodynamische Analyse erfordert, zwischen einem **System** und seiner **Umgebung** zu unterscheiden. Unter einem System ist das im Zentrum der Betrachtung stehende Objekt – z. B. eine Zelle – zu verstehen. Die Umgebung eines Systems besteht – zumindest formal – aus dem Rest des Universums. Ein System kann **offen**, **geschlossen** oder **abgeschlossen (isoliert)** sein. Offene Systeme können Materie und Energie mit ihrer Umgebung austauschen, während geschlossene Systeme nur zum Energieaustausch, nicht jedoch zum Austausch von Materie befähigt sind. Abgeschlossene Systeme tauschen definitionsgemäß weder Energie noch Materie mit ihrer Umgebung aus.

> Erster Hauptsatz der Thermodynamik: Energie kann weder erzeugt noch vernichtet werden.

Die gesamte für thermodynamische Umwandlungsprozesse verfügbare Energie eines Systems wird als **Innere Energie (U)** bezeichnet. Die Innere Energie setzt sich aus einer Vielzahl verschiedener Energieformen zusammen, deren Summe nach dem Ersten Hauptsatz der Thermodynamik in einem abgeschlossenen System konstant ist. Bei der Inneren Energie handelt es sich um eine

thermodynamische Zustandsgröße. **Zustandsgrößen** beschreiben den aktuellen Zustand eines Systems, unabhängig davon, auf welchem Wege es zu diesem Zustand gekommen ist. Die Innere Energie eines Systems ist nicht messbar. Erfolgt jedoch ein Energieaustausch eines Systems mit seiner Umgebung infolge eines physikalischen oder chemischen Vorganges, kann die Änderung der Inneren Energie (ΔU) durch eine Bestimmung der vom System mit der Umgebung ausgetauschten Energie ermittelt werden:

$$\Delta U = \Delta Q + \Delta A \qquad (4.1)$$

Der Energieaustausch kann durch eine Abgabe bzw. Aufnahme von Wärme (ΔQ) und/oder dadurch geschehen, dass das System Arbeit leistet bzw. Arbeit am System geleistet wird (ΔA). Es ist üblich, den Energiefluss vom System aus zu betrachten. Die Abgabe von Wärme bzw. die Leistung von Arbeit durch das System wird dabei mit einem negativen, die Aufnahme von Wärme bzw. die am System geleistete Arbeit mit einem positiven Vorzeichen versehen. Im Kontext von Gl. 4.1 versteht man unter Arbeit sowohl Volumenänderungsarbeit als auch alle anderen Formen von Arbeit, die in biologischen Systemen auftreten. Im Gegensatz zur Inneren Energie handelt es sich bei ΔQ und ΔA nicht um Zustandsgrößen, sondern um **Prozessgrößen**, die vom konkreten Verlauf einer Zustandsänderung (eines Prozesses) abhängig sind.

Ein Beispiel für einen mit einer Volumenänderungsarbeit einhergehenden Energieaustausch eines geschlossenen Systems ist die Erwärmung eines Gases, das sich in einem Zylinder mit einem beweglichen Kolben befindet und infolge der Wärmezufuhr ($\Delta Q > 0$) gegen einen konstanten äußeren Druck (p) ausdehnt. Das System leistet dabei die Volumenänderungsarbeit $\Delta A = -p \cdot \Delta V$. Ausgehend von Gl. 4.1 erhält man für den Zusammenhang zwischen der ausgetauschten Wärme und der Änderung der Inneren Energie:

$$\Delta U = \Delta Q - p \cdot \Delta V \qquad (4.2)$$

Gl. 4.2 zeigt, dass sich die Änderung der Inneren Energie des Gases um den Betrag der geleisteten Volumenarbeit von der zugeführten Wärmemenge unterscheidet.

Da im Organismus Reaktionen typischerweise bei konstantem Druck stattfinden, ist es üblich und zweckmäßig, anstelle der Inneren Energie (U) die **Enthalpie (H)** als thermodynamische Zustandsgröße zu nutzen:

$$H = U + p \cdot V \qquad (4.3)$$

Die Enthalpie eines Systems kann genauso wie dessen Innere Energie nicht gemessen werden. Demgegenüber ist es möglich, die Differenz der Enthalpien zweier Zustände zu bestimmen. Die Änderung der Enthalpie einer unter isobaren Bedingungen ablaufenden Reaktion wird als **Reaktionsenthalpie (ΔH)** bezeichnet. Die Re-

aktionsenthalpie entspricht der kalorimetrisch messbaren Wärmemenge (ΔQ), die bei einer unter konstantem Druck verlaufenden Reaktion freigesetzt oder der Umgebung entzogen wird. Exotherme Reaktionen ($\Delta H < 0$) finden unter Wärmefreisetzung statt, während der Ablauf endothermer Reaktionen ($\Delta H > 0$) die Zufuhr von Wärme erfordert. Die Reaktionsenthalpie wird in der Biochemie auf einen der am Formelumsatz beteiligten Reaktanten bezogen und in der Maßeinheit kJ/mol angegeben.

> Zweiter Hauptsatz der Thermodynamik: Freiwillig (spontan) ablaufende Prozesse sind mit einer Zunahme der Entropie verbunden.

Der Erste Hauptsatz der Thermodynamik liefert mit der Forderung einer ausgeglichenen Energiebilanz eine Rahmenbedingung für physikalische Prozesse und chemische Reaktionen. Er trifft jedoch keine Aussage darüber, ob ein im Hinblick auf die Energieerhaltung möglicher Vorgang tatsächlich stattfindet oder nicht. So geht Wärme nie von einem Körper niedriger Temperatur auf einen Körper höherer Temperatur über, obwohl ein solcher Vorgang unter Einhaltung einer ausgeglichenen Energiebilanz vorstellbar wäre. Der Zweite Hauptsatz der Thermodynamik beantwortet die Frage nach der Richtung des Ablaufes von Prozessen mit Hilfe der thermodynamischen Zustandsgröße der **Entropie (S)**. Ludwig Boltzmann (1877) definierte die Entropie als ein Maß für die Anzahl der mikroskopischen Zustände eines Systems, die mit dem makroskopischen Zustand des Systems vereinbar sind. Hierbei versteht man unter einem Mikrozustand eine der Möglichkeiten der Anordnung der Elemente des Systems zu dem beobachteten Makrozustand. Dementsprechend wird die Entropie häufig als quantitativer Ausdruck der „Unordnung" eines Systems beschrieben. Der zweite Hauptsatz der Thermodynamik besagt, dass in einem abgeschlossenen System nur solche Prozesse freiwillig (spontan) stattfinden, bei denen die Entropie zunimmt. Ein einprägsames Beispiel für einen entropiegetriebenen Prozess ist der freiwillig durch Diffusion eintretende Konzentrationsausgleich in zwei durch eine permeable Membran voneinander getrennten Lösungen mit initial unterschiedlichen Konzentrationen einer diffusiblen Substanz. Dabei findet ein Stofftransport entlang des Konzentrationsgradienten so lange statt, bis der Konzentrationsausgleich erreicht ist.

Nach Rudolf Clausius (1865) hängt die **Entropieänderung (ΔS)** eines Systems von der zugeführten Wärme (ΔQ) und von der absoluten Temperatur (T) ab:

$$\Delta S = \Delta Q / T \qquad (4.4)$$

Aus Gl. 4.4 geht hervor, dass eine Zufuhr von Wärme zu einer Zunahme der Entropie führt und dass die durch Wärmezufuhr verursachte Entropiezunahme umso größer ist, je niedriger die Temperatur (je höher der Ordnungszustand) des Systems ist.

> Biologische Systeme sind thermodynamisch offene Systeme.

Zellorganellen, Zellen, Gewebe und Organe sind genauso wie komplette Organismen thermodynamisch offene Systeme. Sie enthalten im Vergleich zu einem homogen-unstrukturierten System gleicher Zusammensetzung ein geringeres Maß an Entropie (einen höheren Grad innerer Ordnung). Für die Aufrechterhaltung der inneren Ordnung müssen strukturierte Systeme energiereiche Substrate aus ihrer Umgebung aufnehmen und Entropie in Form von Wärme und/oder Materie an die Umgebung abgeben (◨ Abb. 4.1). Erwin Schrödinger (1944) erkannte, dass das Wesen des Stoffwechsels gerade in diesem **Entropie-Export** besteht: Erst der Austausch von Energie und Materie mit der Umgebung ermöglicht die Entstehung und Erhaltung komplexer biologischer Systeme.

Man kann die Entropieänderung (ΔS), die durch einen Prozess in einem thermodynamisch offenen System verursacht wird, in einen Anteil, der die Veränderung der Entropie des Systems und in einen Anteil, der die Veränderung der Entropie der Umgebung beschreibt, zerlegen:

$$\Delta S_{Gesamt} = \Delta S_{System} + \Delta S_{Umgebung} \qquad (4.5)$$

Dabei wird die vom System abgegebene (dem System zugeführte) Entropie mit einem negativen (positiven) Vorzeichen versehen und bei biochemischen Reaktionen in der Maßeinheit kJ/(mol · K) angegeben. In einem thermodynamisch offenen System läuft ein Prozess dann freiwillig, d. h. ohne Investition von Energie bzw. Arbeit ab, wenn $\Delta S_{Gesamt} > 0$ ist. Dabei kann sich die Entropie des Systems verringern, wenn der Entropie-Export die Entropie-Produktion im Inneren des Systems übersteigt.

> Die Freie Enthalpie zeigt an, ob ein Prozess freiwillig (spontan) abläuft oder nicht.

Die Anwendung von Gl. 4.5 auf biologische Systeme ist mit der Schwierigkeit verbunden, sowohl die Entropieänderung des Systems als auch die der Umgebung betrachten zu müssen. Da in biologischen Systemen eine Vielzahl von Prozessen unter isobar-isothermen Bedingungen stattfindet, kann dieses Problem durch die Einführung der thermodynamischen Zustandsgröße der **Freien Enthalpie (Gibbs-Energie, G)** gelöst werden, deren Veränderung unter isobar-isothermen Bedingungen

ausschließlich durch Veränderungen von Zustandsgrößen des Systems beschrieben werden kann (Gl. 4.6, Gibbs-Helmholtz-Gleichung):

$$\Delta G = \Delta H - T \cdot \Delta S \tag{4.6}$$

ΔH bezeichnet die Reaktionsenthalpie, T die absolute Temperatur und ΔS die Änderung der Entropie des Systems. Die Änderung der Freien Enthalpie einer Reaktion wird als **Freie Reaktionsenthalpie (ΔG)** bezeichnet. ΔG ist die maximale Nicht-Volumenänderungsarbeit, die ein Prozess unter isobar-isothermen Bedingungen leisten kann oder die zum Ablauf eines solchen Prozesses aufgewendet werden muss. Die Freie Reaktionsenthalpie wird in der Biochemie auf einen der am Formelumsatz beteiligten Reaktanten bezogen und in der Maßeinheit kJ/mol angegeben. Eine Reaktion läuft unter isobar-isothermen Bedingungen in der betrachteten Richtung genau dann freiwillig ab, wenn die Freie Reaktionsenthalpie einen negativen Wert annimmt. Man bezeichnet eine solche Reaktion als **exergon**. Nimmt ΔG einen positiven Wert an, liegt eine **endergone** Reaktion vor, die nicht in der betrachteten, wohl aber in der entgegengesetzten Richtung freiwillig abläuft. Wenn ΔG gleich Null ist, befindet sich das System im thermodynamischen Gleichgewicht. Die Begriffe „exergon" und „freiwillig" bzw. „spontan" bedeuten, dass eine Reaktion thermodynamisch möglich ist. Sie erlauben jedoch keine Aussage über die Geschwindigkeit des Reaktionsablaufes.

Da es sich bei der Freien Enthalpie um eine thermodynamische Zustandsgröße handelt, kann deren Änderung im Verlaufe eines komplexen Stoffwechselprozesses als die Summe der Freien Reaktionsenthalpien der einzelnen Reaktionsschritte berechnet werden. Dementsprechend ist der ΔG-Wert z. B. für die Oxidation der Glucose zu CO_2 und H_2O unabhängig davon, ob diese Umwandlung im Zellstoffwechsel durch eine Vielzahl von Einzelreaktionen erreicht wird oder ob sie durch direkte Verbrennung im Reagenzglas erfolgt.

> Die Freie Reaktionsenthalpie hängt von der Gleichgewichtskonstanten der Reaktion und von der Zusammensetzung des Reaktionsgemisches ab.

Standardzustand und Freie Standard-Reaktionsenthalpie Der **Standardzustand** ist ein hypothetischer Referenzzustand, in dem alle Reaktionspartner in einer Konzentration von 1 mol/l bei einer Temperatur von 25 °C und einem Druck von 1 bar vorliegen (Standardbedingungen). Da in biologischen Systemen viele Reaktionen bei neutralem pH-Wert stattfinden, wird in der Biochemie ein Standardzustand als Bezugssystem verwendet, für den eine Protonenkonzentration von 10^{-7} mol/l (pH 7) und – einer Empfehlung der IUBMB (*International Union of Biochemistry and Molecular Biology*) folgend – auch die Ionenstärke und die Konzentrationen verschiedener Ionen festgelegt sind.

Die Freie Standard-Reaktionsenthalpie (ΔG^0) ist definiert als die Differenz der Freien Enthalpien der Produkte und der Ausgangsstoffe einer Reaktion unter Standardbedingungen. ΔG^0 ist daher eine reaktionsspezifische Konstante. Betrachtet man exemplarisch die im Zellstoffwechsel durch die Hexosephosphat-Isomerase (▶ Abschn. 14.1) katalysierte Umwandlung von Glucose-6-Phosphat in Fructose-6-Phosphat, so entspricht die Freie Standard-Reaktionsenthalpie dieser Reaktion der Differenz der Freien Enthalpien von Fructose-6-Phosphat und Glucose-6-Phosphat, wenn beide Hexosephosphate in einer Lösung in einer Konzentration von jeweils 1 mol/l bei einer Temperatur von 25 °C und einem Druck von 1 bar vorliegen. Die Freie Standard-Reaktionsenthalpie für biochemische Standardbedingungen wird mit dem Symbol $\Delta G^{0'}$ bezeichnet. ΔG^0 und $\Delta G^{0'}$ unterscheiden sich u. a. dann, wenn Protonen als Substrat oder Produkt der Reaktion auftreten. Die Freie Standard-Reaktionsenthalpie wird auf einen der am Formelumsatz beteiligten Reaktanten bezogen und in der Maßeinheit kJ/mol angegeben.

Konzentrationsabhängigkeit der Freien Reaktionsenthalpie Ausgangspunkt der Betrachtung ist eine Reaktion mit zwei Ausgangsstoffen (A, B) und zwei Reaktionsprodukten (C, D):

$$A + B \rightleftarrows C + D \tag{4.7}$$

Die Änderung der Freien Enthalpie dieser Reaktion wird durch Gl. 4.8 beschrieben:

$$\Delta G = \Delta G^{0'} + R \cdot T \cdot \ln\left(Q_R\right) \text{ mit } Q_R = \left(\frac{[C] \cdot [D]}{[A] \cdot [B]}\right) \tag{4.8}$$

R symbolisiert die Gaskonstante (8,314 J/(mol · K)) und T die absolute Temperatur. Der Reaktionsquotient Q_R berücksichtigt die Abhängigkeit der Freien Reaktionsenthalpie von den Konzentrationen der Reaktionspartner A, B, C und D. Da diese in biologischen Systemen von denen im Standardzustand verschieden sind, unterscheiden sich die Freie Reaktionsenthalpie und die Freie Standard-Reaktionsenthalpie voneinander. Entscheidend für den endergonen oder exergonen Charakter einer Reaktion ist nicht die Freie Standard-Reaktionsenthalpie, sondern die Freie Reaktionsenthalpie. Wenn Wasser in biologischen Systemen als Reaktant auftritt, wird dessen Konzentration (55,6 mol/l) durch die Reaktion nicht signifikant beeinflusst. Deshalb wird die H_2O-Konzentration im Ausdruck für die Freie Standard-Reaktionsenthalpie berücksichtigt und nicht in den Reaktionsquotienten Q_R aufgenommen. Der Reaktionsquotient wird jedoch durch formales Einsetzen einer H_2O-Konzentration von 1 mol/l dimensionslos gehalten.

Thermodynamisches Gleichgewicht Dieser Begriff beschreibt den Zustand eines Systems (einer einzelnen chemischen Reaktion oder einer Reaktionskette), in dem die Freie Enthalpie (G) einen Minimalwert annimmt und keine makroskopischen Flüsse von Materie und Energie stattfinden. Wenn man sich auf Systeme beschränkt, in denen ausschließlich chemische Reaktionen ablaufen, entspricht das thermodynamische Gleichgewicht dem chemischen Gleichgewicht. Der Reaktionsquotient Q_R in Gl. 4.8 entspricht dann der **Gleichgewichtskonstanten (K')** der Reaktion. Dieser Sachverhalt ist Ausdruck des **Massenwirkungsgesetzes**, das die Konzentrationsverhältnisse einer Reaktion im chemischen Gleichgewicht beschreibt. Da die Freie Reaktionsenthalpie (ΔG) im chemischen Gleichgewicht Null beträgt, erhält man aus Gl. 4.8 die Beziehung:

$$\Delta G^{0'} = -R \cdot T \cdot \ln\left(K'\right) \text{ bzw. } K' = e^{-\left(\Delta G^{0'}/(R \cdot T)\right)} \qquad (4.9)$$

Gl. 4.9 demonstriert, dass die Freie Standard-Reaktionsenthalpie ($\Delta G^{0'}$) bei einer bestimmten Temperatur ein logarithmischer Ausdruck der Gleichgewichtskonstanten der Reaktion ist. Umgekehrt kann bei Kenntnis der Gleichgewichtskonzentrationen die Freie Standard-Reaktionsenthalpie berechnet werden. Je stärker negativ $\Delta G^{0'}$ ist, desto größer ist die Gleichgewichtskonstante und umso mehr liegt das Reaktionsgleichgewicht auf der Seite der Reaktionsprodukte.

Das thermodynamische Gleichgewicht ist ein dynamischer Zustand, in dem die Hin- und die Rückreaktion mit gleicher Geschwindigkeit ablaufen und die Konzentrationen der Reaktionsteilnehmer konstant sind. Zugleich ist das thermodynamische Gleichgewicht ein stabiler Zustand, der von jedem beliebigen Ausgangszustand der Reaktion erreicht werden kann. Kommt es - z. B. durch eine Temperaturänderung - zu einer Störung des Systems, so stellt sich spontan ein neues thermodynamisches Gleichgewicht ein. Die Thermodynamik liefert grundsätzlich keine Informationen darüber, wie lange ein System benötigt, um das thermodynamische Gleichgewicht zu erreichen.

Reversible und irreversible Reaktionen Aus dem Zweiten Hauptsatz der Thermodynamik folgt, dass alle in einem System unter isobar-isothermen Bedingungen ablaufenden Prozesse mit einer Abnahme der Freien Enthalpie einhergehen ($\Delta G < 0$). Da die Freie Reaktionsenthalpie gemäß Gl. 4.8 von den Konzentrationen der Reaktionspartner abhängt, kann durch hinreichend große Veränderungen der Konzentrationen der Substrate und/oder Produkte grundsätzlich immer erreicht werden, dass entweder die Hin- oder die Rückreaktion überwiegt. Tatsächlich kann dieser Sachverhalt *in vivo* bei vielen Reaktionen des Zellstoffwechsels beobachtet werden. Reaktionen dieses Typs werden als **reversibel** bezeichnet. Ein Beispiel hierfür ist die durch die Hexosephosphat-Isomerase katalysierte Reaktion (▶ Abschn. 14.1.1), in deren Verlauf in der Glycolyse Glucose-6-Phosphat zu Fructose-6-Phosphat isomerisiert wird, während unter Bedingungen der Gluconeogenese (▶ Abschn. 14.3) die Bildung von Glucose-6-Phosphat aus Fructose-6-Phosphat dominiert. Entscheidend für die Richtung des Reaktionsablaufes sind die Konzentrationen der Hexosephosphate. Im Gegensatz dazu führt die durch Hexokinasen katalysierte Reaktion (Gl. 4.17) bei zelltypischen Substrat- und Produktkonzentrationen immer zur Bildung von Glucose-6-Phosphat. Eine solche Reaktion wird daher als **irreversibel** bezeichnet. Bei der Gluconeogenese wird die Hexokinase-Reaktion durch eine hydrolytische Dephosphorylierung des Glucose-6-Phosphates durch die Glucose-6-Phosphatase in einer gleichfalls irreversiblen Reaktion umgangen (▶ Abschn. 14.3).

Übrigens

Thermodynamisches Gleichgewicht vs. Fließgleichgewicht. In einem abgeschlossenen System nähern sich die Konzentrationen aller Reaktanten einem Gleichgewichtszustand, der durch ein Minimum der Freien Enthalpie charakterisiert ist (thermodynamisches bzw. chemisches Gleichgewicht). Befindet sich ein abgeschlossenes System nicht im thermodynamischen Gleichgewicht, geht es freiwillig (spontan) in Zustände geringerer Freier Enthalpie über, bis schließlich das Minimum der Freien Enthalpie erreicht ist und die Freie Reaktionsenthalpie Null beträgt. In offenen Systemen kann demgegenüber durch einen ständigen Stoff- und Energieaustausch mit der Umgebung die Einstellung eines thermodynamischen Gleichgewichtes verhindert werden. Lebende Organismen können auf diese Weise physiologische Zustände aufrechterhalten, in denen die Konzentrationen der Reaktionsteilnehmer dauerhaft von den Gleichgewichtskonzentrationen abweichen. Einen sich so einstellenden stationären, d. h. zeitunabhängigen Nicht-Gleichgewichtszustand eines offenen Systems bezeichnet man als **Fließgleichgewicht**. Im Fließgleichgewicht gilt die aus Gl. 4.8 und 4.9 ableitbare Beziehung:

$$\Delta G = R \cdot T \cdot \ln\left(Q_R / K'\right) \qquad (4.10)$$

Da der Zahlenwert des Quotienten Q_R/K' im thermodynamischen Gleichgewicht Eins beträgt, ist der Quotient Q_R/K' – genauso wie die Freie Reaktionsenthalpie ΔG – ein Maß für die Abweichung des Fließgleichgewichtes vom thermodynamischen Gleichgewicht. Die Betrachtung von Reaktionsketten und Reaktionszyklen des Stoffwechsels als Fließgleichgewichte gestattet bei vielen Fragestellungen eine Annäherung an die reale Situation im Organismus.

❯ Im Zellstoffwechsel wird Freie Enthalpie durch die Oxidation von Metaboliten gewonnen.

Reduktions-Oxidations-Reaktionen Eine Vielzahl biochemischer Reaktionen geht mit einer **Elektronenübertragung** einher. Reduktion und Oxidation finden dabei immer gleichzeitig statt und lassen sich als die Summe von zwei Halbreaktionen beschreiben. Man spricht deshalb von **Redoxreaktionen**. Das Reduktionsmittel und dessen oxidierte Form sowie das Oxidationsmittel und dessen reduzierte Form bilden jeweils ein **korrespondierendes Redoxpaar**. Liegen zwei korrespondierende Redoxpaare in einer Lösung nebeneinander vor, kommt es zu einer Elektronenübertragung vom Elektronendonor des einen Paares auf den Elektronenakzeptor des anderen Paares. Die Richtung des Elektronenflusses wird dabei durch die **Elektronenaffinitäten** der beteiligten Redoxpaare bestimmt, die durch **Redoxpotenziale (E)** quantitativ charakterisiert werden. Elektronen fließen stets vom Redoxpaar mit dem negativeren zum Redoxpaar mit dem positiveren Redoxpotenzial. Das Bezugssystem zum Vergleich der Elektronenaffinitäten verschiedener Redoxpaare ist die Standard-Wasserstoffelektrode. Redoxpotenziale von Redoxpaaren, die an dieses Bezugssystem Elektronen abgeben (von diesem aufnehmen), erhalten ein negatives (positives) Vorzeichen. Misst man Redoxpotenziale unter Standardbedingungen, erhalten diese das Symbol E^0. In ◻ Tab. 4.1 sind die unter biochemischen Standardbedingungen bestimmten Redoxpotentiale $E^{0\prime}$ ausgewählter Redoxpaare zusammengestellt.

Nernst-Gleichung Das für Redoxprozesse entscheidende aktuelle Redoxpotenzial (E) wird vom Standard-Redoxpotential (E^0), aber auch von den Konzentrationen der oxidierten und reduzierten Komponente des korrespondierenden Redoxpaares (c_{ox}, c_{red}) sowie von der Zahl der übertragenen Elektronen (n) und von der absoluten Temperatur (T) bestimmt. Dieser Zusammenhang wird durch die **Nernst-Gleichung** beschrieben (Gl. 4.11):

$$E = E^0 + \frac{R \cdot T}{n \cdot F} \cdot \ln\left(\frac{c_{ox}}{c_{red}}\right) \tag{4.11}$$

R ist die Gaskonstante, F die Faraday-Konstante (96,5 kJ/(mol·V)).

Die Potenzialdifferenz ΔE einer Redoxreaktion ergibt sich als Differenz der Redoxpotenziale der als Elektronenakzeptor und Elektronendonor wirkenden Redoxpaare. ΔE ist mit der Freien Reaktionsenthalpie (ΔG) gemäß Gl. 4.12 verknüpft:

$$\Delta G = -n \cdot F \cdot \Delta E \tag{4.12}$$

Gl. 4.12 zeigt, dass bei einer Redoxreaktion die Freie Reaktionsenthalpie proportional dem Betrag der Poten-

◻ **Tab. 4.1** Standard-Redoxpotenziale ($E^{0\prime}$) ausgewählter biochemischer Redoxpaare. (Nach Loach 2010)

Korrespondierendes Redoxpaar	$E^{0\prime}$ (V)
½ O_2 + 2 H^+ + 2 e^- → H_2O	+0,82
Cytochrom a (Fe^{3+}) + e^- → Cytochrom a (Fe^{2+})	+0,29
Cytochrom c (Fe^{3+}) + e^- → Cytochrom c (Fe^{2+})	+0,25
Ubichinon + 2 H^+ + 2 e^- → Ubihydrochinon (Ubichinol)	+0,10
Cytochrom b_H (Fe^{3+}) + e^- → Cytochrom b_H (Fe^{2+})	+0,08*
Dehydroascorbat + 2 H^+ + 2 e^- → Ascorbat	+0,06
Fumarat + 2 H^+ + 2 e^- → Succinat	+0,03
Pyruvat + 2 H^+ + 2 e^- → Lactat	−0,18
FAD + 2 H^+ + 2 e^- → $FADH_2$	−0,22
Glutathiondisulfid + 2 H^++ 2 e^- → 2 Glutathion	−0,23
NAD^+ + H^+ + 2 e^- → NADH	−0,32
2 H^+ + 2 e^- → H_2	−0,42

Hinweis: Das Redoxpotenzial der Cytochrome und Flavinnucleotide wird vom jeweiligen Bindungspartner (Apoprotein) beeinflusst.
*Angegeben ist das Standard-Redoxpotenzial der Häm-b_H-Gruppe des Cytochrom-bc_1-Komplexes der Atmungskette.

zialdifferenz ist und dass Redoxreaktionen nur dann spontan stattfinden, wenn die Potenzialdifferenz ein positives Vorzeichen trägt. Das **elektrochemische Gleichgewicht** einer Redoxreaktion (ΔE = 0) wird dann erreicht, wenn sich das thermodynamische Gleichgewicht (ΔG = 0) eingestellt hat.

Der in Gl. 4.12 ausgedrückte Sachverhalt soll anhand der durch die **Lactatdehydrogenase (LDH)** katalysierten Redoxreaktion (▶ Abschn. 14.1.1) verdeutlicht werden:

$$Pyruvat + NADH + H^+ \rightleftarrows Lactat + NAD^+$$

Zur Illustration der Elektronenübertragung kann der Reaktionsablauf als Summe zweier Halbreaktionen dargestellt werden:

$$Pyruvat + 2H^+ + 2e^- \rightarrow Lactat \qquad E_1^{0\prime} = -0,18\ V$$

$$NADH + H^+ \rightarrow NAD^+ + 2H^+ + 2e^- \quad E_2^{0\prime} = -0,32\ V$$

Die Potenzialdifferenz $\Delta E^{0\prime}$ der LDH-Reaktion wird durch Subtraktion des Standard-Redoxpotenzials des Elektronendonors (NADH) vom Standard-Redoxpotenzial des Elektronenakzeptors (Pyruvat) unter Verwendung der in ◻ Tab. 4.1 aufgelisteten Zahlenwerte gebildet:

$$\Delta E^{0'} = E_1^{0'} - E_2^{0'} = -0,18\,V - (-0,32\,V) = +0,14\,V$$

Mithilfe von Gl. 4.12 kann die Freie Standard-Reaktionsenthalpie der LDH-Reaktion berechnet werden:

$$\Delta G^{0'} = -2 \cdot 96,5\,kJ/(mol \cdot V) \cdot 0,14\,V = -27\,kJ/mol \quad (4.13)$$

Vorzeichen und Betrag der Freien Standard-Reaktionsenthalpie zeigen an, dass es sich bei der NADH-abhängigen Reduktion von Pyruvat zu Lactat unter Standardbedingungen um eine stark exergone Reaktion handelt. Unter Verwendung von Gl. 4.9 erhält man für T = 298 K (25 °C) die Gleichgewichtskonstante K′ der Reaktion:

$$K' = \frac{[Lactat] \cdot [NAD^+]}{[Pyruvat] \cdot [NADH + H^+]} = 5,4 \cdot 10^4 \quad (4.14)$$

Der Zahlenwert von K′ verdeutlicht das Überwiegen von Lactat und NAD^+ im Reaktionsgleichgewicht. Trotz des stark negativen Wertes der Freien Standard-Reaktionsenthalpie ist die LDH-Reaktion reversibel und ermöglicht Hepatocyten die Umwandlung von Lactat in Pyruvat (▶ Abschn. 14.3), während im Skelettmuskel und in Erythrocyten die Reduktion von Pyruvat zu Lactat erfolgt. Entscheidend für die Reversibilität der Reaktion sind die in den verschiedenen Zelltypen unterschiedlichen Konzentrationen der Substrate und Produkte der Lactatdehydrogenase.

Die durch die Gl. 4.11 und 4.12 beschriebenen Zusammenhänge sind für das Verständnis der energetischen Aspekte der **biologischen Oxidation**, bei der Elektronen über eine Vielzahl von Redoxsystemen auf Sauerstoff als terminalen Elektronenakzeptor übertragen werden, von zentraler Bedeutung. Die Freie Reaktionsenthalpie dieser exergonen Prozesse wird bei der **Atmungskettenphosphorylierung** zur Regenerierung von Adenosintriphosphat (ATP) aus Adenosindiphosphat (ADP) und anorganischem Phosphat (P_i) genutzt (▶ Abschn. 19.1).

4.2 Energietransformation und energetische Kopplung

❯ In biologischen Systemen werden endergone Reaktionen durch eine Kopplung an exergone Prozesse ermöglicht.

Die Ausführungen zur Triebkraft chemischer Reaktionen (▶ Abschn. 4.1) zeigen, dass die in einem Organismus stattfindenden Lebensvorgänge insgesamt exergon verlaufen müssen. Viele Teilprozesse, die zur Erzeugung,

Erhaltung und Funktion biologischer Strukturen beitragen, sind jedoch endergoner Natur. Beispiele hierfür finden sich bei der Synthese biologischer Makromoleküle, beim Transport durch biologische Membranen und bei der Muskelkontraktion. Diese lebensnotwendigen Vorgänge beziehen ihre Energie aus einer Kopplung an exergone Prozesse. Die Zelle wirkt hierbei als Energietransformator. Der Vergleich der Freien Reaktionsenthalpien (ΔG) lässt dabei erkennen, ob eine exergone Reaktion den Ablauf einer endergonen Reaktion energetisch ermöglicht oder nicht.

Die **Energietransformation** in biologischen Systemen basiert auf zwei prinzipiell unterschiedlichen Mechanismen:

- einer **chemischen Kopplung** exergoner und endergoner Reaktionen unter Beteiligung „energiereicher Verbindungen" und
- einer **chemiosmotischen Kopplung** einer endergonen Reaktion mit einem Membranpotenzial, das durch eine exergone Reaktion erzeugt worden ist.

Eine chemische Kopplung kann durch einzelne Enzyme oder durch die Verbindung von zwei enzymkatalysierten Reaktionen erfolgen, die durch ein gemeinsames Intermediat funktionell miteinander verbunden sind. Die erstgenannte Möglichkeit soll am Beispiel der Phosphorylierung der Glucose (Glc) zu Glucose-6-Phosphat (Glc-6-P) erläutert werden:

$$Glc + P_i + H^+ \rightleftharpoons Glc\text{-}6\text{-}P + H_2O \quad (4.15)$$
$$\Delta G_1^{0'} = +13,8\,kJ/mol$$

Das positive Vorzeichen der Freien Standard-Reaktionsenthalpie $\Delta G_1^{0'}$ zeigt an, dass es sich um eine endergone Reaktion handelt, die unter Standardbedingungen spontan nicht ablaufen kann. Im Gegensatz dazu erfolgt die Hydrolyse von Adenosintriphosphat (ATP) zu Adenosindiphosphat (ADP) und anorganischem Phosphat (P_i) unter Standardbedingungen exergon:

$$ATP + H_2O \rightleftharpoons ADP + P_i + 2H^+ \quad (4.16)$$
$$\Delta G_2^{0'} = -32,6\,kJ/mol$$

In einem System, in dem beide Reaktionen gleichzeitig stattfinden, berechnet sich die Freie Standard-Reaktionsenthalpie der gekoppelten Reaktion als Summe der $\Delta G^{0'}$-Werte der Einzelreaktionen. Dementsprechend könnte die Gesamtreaktion durchaus freiwillig ablaufen. Voraussetzungen hierfür sind jedoch:

- eine direkte Übertragung der γ-Phosphatgruppe des ATP auf Glucose, sodass die Hydrolyse-Energie des ATP nicht in Form von Wärme freigesetzt, sondern für chemische Arbeit verfügbar gemacht wird und

4

— ein Konzentrationsverhältnis der Reaktionspartner Glc, ATP, ADP und Glc-6-P, das die Einhaltung der Bedingung $\Delta G < 0$ gemäß Gl. 4.8 sicherstellt.

In der Zelle wird der direkte Phosphoryltransfer von ATP auf Glucose durch **Hexokinasen** (▶ Abschn. 14.1.1) katalysiert:

$$Glc + ATP \rightleftarrows Glc\text{-}6\text{-}P + ADP + H^+$$
$$\Delta G^{0'} = -18{,}8 \,kJ/mol \tag{4.17}$$

Beispielgebend für eine chemische Kopplung zweier enzymkatalysierter Reaktionen durch ein gemeinsames Intermediat soll die Bildung der UDP-Glucose (UDP-Glc) aus Glucose-1-Phosphat (Glc-1-P) und Uridintriphosphat (UTP) betrachtet werden, die für die Biosynthese von Glycogen, Glycoproteinen und Proteoglycanen erforderlich ist (▶ Abschn. 14.2.1):

$$Glc\text{-}1\text{-}P + UTP \rightleftarrows UDP\text{-}Glc + PP_i \tag{4.18}$$
$$\Delta G_1^{0'} = 0 \,kJ/mol$$

Das durch die **UTP-Glucose-1-Phosphat-Uridyltransferase** gebildete Pyrophosphat (PP_i) ist das gemeinsame Intermediat beider Reaktionen. Pyrophosphat wird durch **Pyrophosphatasen** enzymatisch hydrolysiert:

$$PP_i + H_2O \rightleftarrows P_i + P_i + 2H^+ \tag{4.19}$$
$$\Delta G_2^{0'} = -19{,}6 \,kJ/mol$$

Die unter zellulären Bedingungen stark exergone Hydrolyse des Pyrophosphates bewirkt, dass die in Gl. 4.18 formulierte Reaktion *in vivo* nur unter Bildung von UDP-Glucose abläuft. Im Zellstoffwechsel werden auch andere Biosynthesereaktionen erst durch die enzymatische Hydrolyse von Pyrophosphat durch Pyrophosphatasen thermodynamisch ermöglicht. Zu diesen Reaktionen zählen die Aktivierung von Fettsäuren (▶ Abschn. 21.2.1) und Aminosäuren (▶ Abschn. 48.1.3) sowie die Biosynthese von DNA (▶ Abschn. 44.4) und RNA (▶ Abschn. 46.1).

Ein herausragendes Beispiel einer **chemiosmotischen Kopplung** endergoner und exergoner Prozesse ist die Bildung von ATP aus ADP und anorganischem Phosphat durch das Enzym **ATP-Synthase** (▶ Abschn. 19.1). Voraussetzung hierfür ist der Aufbau eines elektrochemischen Potenzials an der inneren Mitochondrienmembran durch den Export von H^+-Ionen aus der mitochondrialen Matrix durch die Protonenpumpen der **Atmungskette**. Triebkraft der Protonentranslokation sind sauerstoffabhängige exergone Redoxprozesse in den Mitochondrien. Die in der inneren Mitochondrienmembran lokalisierte ATP-Synthase nutzt das elektrochemische Potenzial für die endergone Phosphorylierung des ADP zu ATP.

4.3 Verbindungen mit hohem Gruppenübertragungspotenzial

Der Begriff „Gruppenübertragungspotenzial" beschreibt in der Biochemie die Fähigkeit von Molekülen, Freie Enthalpie in chemischen Bindungen zu speichern und endergone Reaktionen des Stoffwechsels durch die Übertragung funktioneller Gruppen zu ermöglichen. Neben einer Vielzahl von Phosphorylverbindungen, die wie das in (◘ Abb. 4.2) dargestellte ATP an der Übertragung von Phosphorylgruppen beteiligt sind (◘ Tab. 4.2), kommen im Zellstoffwechsel auch Metaboliten mit hohem Gruppenübertragungspotenzial vor, die andere funktionelle Gruppen auf eine Vielzahl von Akzeptoren übertragen. Zu diesen Metaboliten gehören Verbindungen, in denen Fettsäuren (▶ Abschn. 21.2.1) oder Aminosäuren (▶ Abschn. 48.1.3) durch energiereiche Bindungen an Coenzym A oder AMP gebunden sind.

> Für die Übertragung Freier Enthalpie werden energiereiche Phosphate genutzt.

◘ **Tab. 4.2** Phosphorylgruppen-Übertragungspotenziale ausgewählter biochemischer Phosphorylverbindungen. (Nach Alberty 2006)

Phosphorylverbindung und Hydrolyse-Reaktion	$\Delta G^{0'}$ (kJ/mol)
Phosphoenolpyruvat + H_2O → Pyruvat + P_i	−61,9
1,3-Bisphosphoglycerat + H_2O → 3-Phosphoglycerat + P_i	−49,3
ATP + H_2O → AMP + PP_i	−45,6
Kreatinphosphat + H_2O → Kreatin + P_i	−43,1
ATP + H_2O → ADP + P_i	−32,6
ADP + H_2O → AMP + P_i	−32,6
Pyrophosphat (PP_i) + H_2O → 2 P_i	−19,6
Glucose-6-Phosphat + H_2O → Glucose + P_i	−13,8
AMP + H_2O → Adenosin + P_i	−12,8
Fructose-1,6-Bisphosphat + H_2O → Fructose-6-phosphat + P_i	−8,6

Die Phosphorylgruppen-Übertragungspotenziale der Adeninnucleotide werden von der Magnesiumionen-Konzentration ($[Mg^{++}]$) beeinflusst. In der Literatur finden sich daher gelegentlich scheinbar uneinheitliche $\Delta G^{0'}$-Werte für ein und dasselbe Adeninnucleotid.

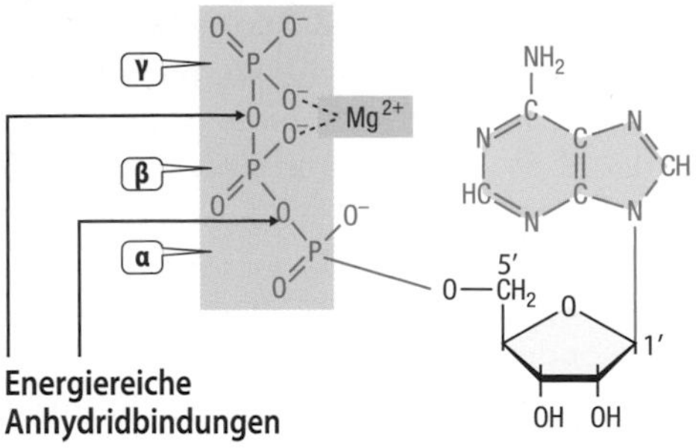

Abb. 4.2 Struktur des Adenosintriphosphates (ATP). Die Phosphatgruppen werden vom C-Atom 5 der Ribose ausgehend mit α, β und γ bezeichnet. Die Bindung zwischen der α-Phosphatgruppe und dem Adenosin ist eine Phosphorsäure-Esterbindung, während die Phosphatgruppen durch energiereiche Phosphorsäure-Anhydridbindungen miteinander verbunden sind. In biologischen Systemen kommt ATP im Komplex mit Magnesium-Ionen vor. Abgebildet ist der MgATP^{2-}-Komplex

Phosphoryltransfer-Reaktionen sind in biologischen Systemen weit verbreitet und erfüllen zentrale Funktionen im intermediären Stoffwechsel. Ist Wasser der Phosphorylakzeptor, wird die Reaktion als Hydrolyse bezeichnet. Neben dem dephosphorylierten Phosphoryldonor entsteht dabei zumeist anorganisches Phosphat (P_i). Die für diesen Reaktionstyp geschaffene thermodynamische Skala der **Phosphorylgruppen-Übertragungspotenziale** gibt die Änderung der Freien Standard-Reaktionsenthalpie ($\Delta G^{0'}$) an, die bei der Hydrolyse von 1 Mol einer Phosphorylverbindung erfolgt (Tab. 4.2). Anhand ihrer Phosphorylgruppen-Übertragungspotenziale werden die biochemisch bedeutsamen Phosphorylverbindungen formal in zwei Gruppen eingeteilt: Bei **energiereichen Verbindungen** ist die Änderung der Freien

Standard-Reaktionsenthalpie der Hydrolyse stärker negativ, bei **energiearmen Verbindungen** dagegen weniger negativ als −25 kJ/mol. Der Begriff „energiereich" sagt aus, dass die Verbindung eine stark exergone Reaktion mit Wasser eingehen kann. Bei biochemischen Phosphorylgruppen-Übertragungsreaktionen fungieren in der Regel jedoch andere Moleküle als Phosphorylakzeptoren. Der Ausdruck „Verbindung mit hohem Gruppenübertragungspotenzial" beschreibt deshalb die biochemischen Funktionen und die energetischen Eigenschaften der als „energiereich" bezeichneten Phosphorylverbindungen besser als der im biochemischen Sprachgebrauch verwurzelte Begriff der „energiereichen Verbindung".

> ATP ist ein universeller Überträger Freier Enthalpie, der eine Vielzahl weiterer Funktionen im Zellstoffwechsel erfüllt.

Das ATP-Molekül enthält zwei energiereiche Phosphorsäure-Anhydridbindungen (Abb. 4.2). Da bei physiologischem pH-Wert die Phosphatgruppen des ATP vollständig dissoziiert sind, handelt es sich um ein vierfach negativ geladenes Molekül, das mit zweiwertigen Kationen lösliche Komplexe bilden kann. In der Zelle kommt das Nucleotid überwiegend in Form von Komplexen mit Mg^{2+}-Ionen vor. Obwohl die Hydrolyse des ATP stark exergon verläuft, erfolgt sie wegen der hohen Aktivierungsenergie der Reaktion (▶ Abschn. 7.1) spontan nur sehr langsam. Diese kinetische Stabilität des ATP ist für seine biochemische Funktion als intrazellulärer Energieüberträger von großer Bedeutung, da hierdurch erreicht wird, dass ATP als Enzymsubstrat verfügbar ist und nicht ungenutzt hydrolysiert.

Übrigens

Energetik der zellulären ATP-Hydrolyse. Die Freie Standard-Reaktionsenthalpie ($\Delta G^{0'}$) der in Gl. 4.16 beschriebenen ATP-Hydrolyse beträgt −32,6 kJ/mol. Die für die Energetik der Reaktion entscheidende Freie Reaktionsenthalpie (ΔG) hängt von den Konzentrationen von ATP, ADP, P_i und dem pH-Wert ab. Gemäß Gl. 4.8 ergibt sich bei pH 7:

$$\Delta G = \Delta G^{0'} + R \cdot T \cdot \ln\left(\frac{[ADP] \cdot [P_i]}{[ATP] \cdot c^0}\right) \qquad (4.20)$$

Konventionsgemäß wird die Konzentration des Wassers nicht in den Reaktionsquotienten aufgenommen, dieser jedoch durch das Einsetzen einer mit c^0 symbolisierten Konzentration von 1 mol/l dimensionslos gehalten.

In menschlichen Erythrocyten betragen die Konzentrationen von ATP, ADP und P_i etwa 2,25 mmol/l, 0,25 mmol/l und 1,65 mmol/l. Die Verwendung dieser Zahlenwerte ergibt bei 37 °C (310 K):

$$\Delta G = -32,6\,\text{kJ/mol} + \left(8,314\,\text{J}/(\text{mol} \cdot \text{K})\right) \cdot (310\,\text{K}) \cdot$$
$$\ln\left(\frac{0,25 \cdot 10^{-3}\,\text{mol/l} \cdot 1,65 \cdot 10^{-3}\,\text{mol/l}}{2,25 \cdot 10^{-3}\,\text{mol/l} \cdot 1\,\text{mol/l}}\right) = -54,8\,\text{kJ/mol}$$

Dieses Beispiel zeigt, dass unter zellulären Bedingungen der Betrag der Freien Reaktionsenthalpie für die Hydrolyse von ATP zu ADP deutlich größer ist als unter Standardbedingungen. Umgekehrt ergibt sich daraus, dass für die Neubildung (Regenerierung) von ATP aus ADP und P_i ein entsprechend höherer Betrag an Freier Enthalpie erforderlich ist.

Exemplarisch für die Funktion des ATP als Überträger Freier Enthalpie kann auf die enzymatische Phosphorylierung der Glucose durch Hexokinasen verwiesen werden (Gl. 4.17). ATP ist jedoch nicht nur an der Übertragung von Phosphorylgruppen beteiligt, sondern kann auch als Donor von Pyrophosphat- und Adenylatgruppen fungieren. Eine Reaktion, bei der eine Pyrophosphatgruppe übertragen wird, ist die durch die Phosphoribosyl-Pyrophosphat-Synthetase katalysierte Bildung von 5-Phosphoribosyl-1-Pyrophosphat bei der Initiation der Biosynthese der Purinnucleotide (▶ Abschn. 29.1). Das Wesen von Adenylierungsreaktionen besteht demgegenüber in einer Übertragung der Adenylatgruppe (5′-AMP) des ATP auf ein Akzeptormolekül. Ein Beispiel für eine physiologisch bedeutsame Adenylierung ist die Aktivierung von Aminosäuren bei der Proteinbiosynthese (▶ Abschn. 48.1.3). Darüber hinaus kann ATP im Zellstoffwechsel als Adenosyldonor wirken. Dieser Reaktionstyp liegt der Bildung des Methylgruppenüberträgers S-Adenosylmethionin (▶ Abschn. 27.2.4) zugrunde. Zu den Stoffwechselprozessen mit hohem ATP-Verbrauch gehören die Synthese von Proteinen und Nucleinsäuren (▶ Kap. 44, 46, und 48), der aktive Transport von Ionen durch biologische Membranen (▶ Abschn. 11.5), die Faltung, Entfaltung und Rückfaltung von Proteinen (▶ Abschn. 49.1) sowie die Muskelarbeit (▶ Abschn. 63.2.4).

Adenosintriphosphat wirkt nicht nur als Energieüberträger, sondern wird auch als Substrat bei der Biosynthese der Nucleinsäuren (▶ Kap. 44 und 46) sowie bei der Bildung der Coenzyme A (CoA), FAD und NAD(P)$^+$ (▶ Kap. 59) benötigt. ATP ist darüber hinaus das Nucleotidsubstrat einer großen Zahl von Proteinkinasen (◨ Abb. 8.11), die für eine koordinierte Regulation des Zellstoffwechsels unverzichtbar sind. Ein repräsentativer Vertreter dieser Enzyme ist die AMP-aktivierbare Proteinkinase AMPK (▶ Abschn. 38.1), deren zentrale Funktion in der Verhinderung eines intrazellulären ATP-Mangels besteht. Extrazellulär wirken ATP und sein Abbauprodukt Adenosin durch Bindung an Membranrezeptoren als Neurotransmitter. Zu diesen Rezeptoren gehören sowohl ligandengesteuerte Ionenkanäle als auch G-Protein-gekoppelte Rezeptoren (▶ Kap. 33.3.3).

Übrigens

ATP ist kein Energiespeicher, sondern ein Überträger Freier Enthalpie. Ausgangspunkt der Betrachtung ist ein Grundenergieumsatz eines erwachsenen Menschen von 6500 kJ pro Tag. Nimmt man an, dass die Energietransformation im Organismus stets mit einer Hydrolyse von ATP zu ADP verbunden ist, entspricht dies bei Zugrundelegung der Freien Standard-Reaktionsenthalpie der ATP-Hydrolyse von −32,6 kJ/mol einem Umsatz von etwa 200 mol bzw. 100 kg ATP pro Tag. Geht man außerdem davon aus, dass der Gesamtbestand des Organismus an Adeninnucleotiden (ATP + ADP + AMP) etwa 0,2 mol (ca. 100 g) beträgt, folgt daraus, dass jedes ATP-Molekül täglich mehr als 1000-mal zu ADP hydrolysiert wird und nachfolgend regeneriert werden muss. Daraus geht hervor, dass ATP im Zellstoffwechsel vor allem als Überträger Freier Enthalpie wirksam ist.

❯ ATP entsteht durch die Kopplung der ADP-Phosphorylierung an exergone Reaktionen.

Adenosintriphosphat kann eine zentrale Funktion im Energiestoffwechsel vor allem deshalb erfüllen, weil sein Phosphorylgruppen-Übertragungspotenzial sowohl den Transfer der γ-Phosphatgruppe auf Akzeptorverbindungen als auch die Phosphorylierung von ADP durch Reaktionen mit anderen energiereichen Phosphorylverbindungen erlaubt (◨ Tab. 4.2). Die Regenerierung des ATP erfolgt generell durch eine Kopplung der ADP-Phosphorylierung an exergone Prozesse. Man spricht von einer **Substratkettenphosphorylierung** (engl. *substrate level phosphorylation*), wenn in einer enzymkatalysierten Reaktion die Phosphorylgruppe eines energiereichen Intermediates auf ADP (oder auf das energetisch gleichwertige GDP) übertragen wird. Beispiele hierfür sind die durch Phosphoglyceratkinase und Pyruvatkinase katalysierten Reaktionen der Glycolyse (▶ Abschn. 14.1) und die Succinyl-CoA-Synthetase-Reaktion des Citratcyclus (▶ Abschn. 18.2). Im Skelettmuskel, aber auch in anderen Geweben, trägt die Kreatinkinase zur schnellen Bereitstellung von ATP unter Verbrauch von Kreatinphosphat (◨ Tab. 4.2) bei, während die Myokinase (Adenylatkinase) durch eine reversible „energetische Disproportionierung" ein Molekül ATP aus zwei Molekülen ADP regenerieren kann (▶ Abschn. 63.3.1). Der größte Teil des täglich synthetisierten ATP entsteht jedoch während der Oxidation von Substratwasserstoff mit Sauerstoff im Rahmen der **Atmungskettenphosphorylierung** in den Mitochondrien (▶ Abschn. 19.1). Hierbei wird im Unterschied zur Substratkettenphosphorylierung anorganisches Phosphat auf ADP übertragen.

Zusammenfassung

- Die strukturelle und funktionelle Komplexität biologischer Systeme kann nur durch eine kontinuierliche Zufuhr Freier Enthalpie erzeugt und aufrechterhalten werden. Wichtigste Quelle der Freien Enthalpie ist die sauerstoffabhängige Oxidation komplexer organischer Verbindungen, die mit der Nahrung zugeführt werden müssen. Nur exergone Reaktionen laufen freiwillig (spontan) ab und können Arbeit leisten. In der Zelle werden endergone Prozesse durch eine Kopplung an exergone Reaktionen ermöglicht.

- Die energetische Kopplung endergoner und exergoner Stoffwechselvorgänge wird durch Verbindungen mit hohem Gruppenübertragungspotenzial (energiereiche Verbindungen) vermittelt. Adenosintriphosphat (ATP) ist die wichtigste Verbindung mit hohem Gruppenübertragungspotenzial und erfüllt im Zellstoffwechsel die Funktion eines Überträgers Freier Enthalpie.

- Die Regenerierung des ATP erfolgt überwiegend in den Mitochondrien durch die Nutzung exergoner Redoxreaktionen, die die endergone Phosphorylierung des ADP durch das Enzym ATP-Synthase ermöglichen (Atmungskettenphosphorylierung). Hierbei fungiert molekularer Sauerstoff als terminaler Elektronenakzeptor. Demgegenüber gestattet die ATP-Regenerierung durch Substratkettenphosphorylierung eine Energiebereitstellung auch unter anaeroben Stoffwechselverhältnissen.

- Die Freie Reaktionsenthalpie ist von den Reaktionsbedingungen und von den Konzentrationen der Reaktionspartner abhängig. Reaktionen, bei denen *in vivo* durch Veränderungen der Konzentrationen der Ausgangsstoffe und/oder Produkte ein Vorzeichenwechsel der Freien Reaktionsenthalpie bewirkt werden kann, werden als reversibel bezeichnet, während Reaktionen, bei denen dies durch die Homöostase der Metabolit-Konzentrationen im Stoffwechsel nicht möglich ist, als irreversibel betrachtet werden.

- In abgeschlossenen Systemen nähern sich alle Prozesse einem thermodynamischen Gleichgewicht, das durch ein Minimum der Freien Enthalpie charakterisiert ist. Lebewesen sind demgegenüber thermodynamisch offene Systeme, in denen gleichgewichtsferne Zustände aufrechterhalten werden. Eine besondere Form gleichgewichtsferner Zustände sind die Fließgleichgewichte. Die Betrachtung von Reaktionsketten und Reaktionszyklen als Fließgleichgewichte gestattet eine Annäherung an die reale Situation im Organismus.

Weiterführende Literatur

Alberty RA (2006) Biochemical thermodynamics. Wiley, New York

Alberty RA et al (2011) Recommendations for terminology and databases for biochemical thermodynamics. Biophys Chem 155:89–103

Aledo JC (2007) Coupled reactions versus connected reactions. Biochem Mol Biol Educ 35:85–88

Boltzmann L (1877) Über die Beziehung zwischen dem zweiten Hauptsatz der mechanischen Wärmetheorie und der Wahrscheinlichkeitsrechnung respektive den Sätzen über das Wärmegleichgewicht. In: Sitzungsber. d. k. Akad. der Wissenschaften zu Wien II 76, S. 428

Clausius R (1865) Über verschiedene, für die Anwendung bequeme Formen der Hauptgleichungen der mechanischen Wärmetheorie. Annalen der Physik und Chemie 125:353–400

Loach PA (2010) Handbook of biochemistry and molecular biology, 4. Aufl. CRC Press, Boca Raton, S. 557–563

Macklem PT, Seely A (2010) Towards a definition of life. Perspect Biol Med 53:330–340

Mendez E (2008) Biochemical thermodynamics under near physiological conditions. Biochem Mol Biol Educ 36:116–119

Meurer F et al (2016) Standard Gibbs energy of metabolic reactions: I. Hexokinase reaction. Biochemistry 55(40):5665–5674

Meurer F et al (2017) Standard Gibbs energy of metabolic reactions: II. Glucose-6-phosphatase reaction and ATP hydrolysis. Biophys Chem 223:30–38

Nicholls D (2013) Bioenergetics, 4. Aufl. Elsevier, München

Rotsaert FA et al (2008) Mutations in cytochrome b that affect kinetics of the electron transfer reactions at center N in the yeast cytochrome bc1 complex. Biochim Biophys Acta 1777:239–249

Schrödinger E (1944) What is life? The physical aspect of the living cell. Cambridge University Press, Cambridge

Proteine – Struktur und Funktion

Hans Robert Kalbitzer

Proteine (Eiweiße) stellen diejenige Klasse von biologischen Makromolekülen dar, die in der Zelle mengenmäßig bei Weitem dominiert. Wenn man einmal von den in spezialisierten Zellen gespeicherten Fetten absieht, stellt die Gruppe der Proteine mit mehr als 20 % des Feuchtgewichts die größte Fraktion organischer Moleküle in menschlichen Zellen und Geweben dar. Der Prototyp des Eiweißstoffes ist das Hühnereiweiß (engl. *egg albumin*). Historisch hat es lange gedauert, bis man zur Erkenntnis kam, dass es sich beim Hühnereiweiß um den Vertreter einer ganzen Stoffklasse handelt. Schon früh wurde das, was man heute als Proteinurie (Eiweiß im Urin) bezeichnet, als Symptom einer Nierenschädigung beobachtet, ohne zu wissen, dass es sich bei dem ausgeschiedenen Material um Protein handelte (der Begriff war noch gar nicht erfunden). So beschrieb Paracelsus (1493–1541) einen Stoff im Urin von Nierenkranken, der beim Erhitzen und Säurebehandlung ausfällt, bezeichnete ihn aber als Milch der Niere. Erst 1765 berichtete Domenico Cotugno, dass er im Urin eines Soldaten nach Erhitzen einen Stoff gefunden habe, der dem Hühnereiweiß gleiche. Die korrekte wissenschaftliche Bezeichnung Protein wurde erst 1838 von Jöns Jakob Berzelius vorgeschlagen, die er vom dem griechischen Wort πρωτεῖος (*proteios*, „grundlegend") ableitete. Sie bezog sich auf alle Stoffe, die dem Hühnereiweiß ähnlich sind. Gerardus Johannes Mulder benutzte dann den Begriff Protein erstmals 1839 in einer Veröffentlichung zur Elementaranalyse von Albumin. Erst 40 Jahre später (1902) wurde schließlich das noch heute gültige Bild von Franz Hofmeister und Emil Fischer entwickelt, dass Proteine aus einer Kette von Aminosäuren aufgebaut sind. Im Erbgut von allen Lebewesen wird als zentrale Information der Aufbau seiner Proteine gespeichert. Das menschliche Genom enthält nach aktuellen Analysen etwa 20.000 für Proteine codierende Nucleotidsequenzen (Gene). Die Anzahl der im Menschen vorkommenden verschiedenartigen Proteine ist aber wesentlich höher, da alternatives Spleißen der Gene zu einer Vielzahl zusätzlicher Proteinvarianten führt. Im Genom ist nur die Sequenz der Aminosäuren gespeichert, die die Proteine aufbauen. Obwohl nur 22 verschiedene Aminosäuren direkt in der DNA codiert werden, kann durch deren Kombination und Verknüpfung über Peptidbindungen eine Vielfalt von verschiedenen Proteinen für alle nur denkbaren Funktionen aufgebaut werden. Posttranslationale Modifikationen der Proteine und die Assoziation mit Nicht-Proteinkomponenten wie Metallionen erhöhen weiter die funktionelle Diversität. Für die ungestörte biologische Funktion ist in vielen Fällen die dreidimensionale Struktur (Konformation) der Proteine von entscheidender Bedeutung, die im Allgemeinen nicht statisch ist, sondern sich den wechselnden Anforderungen dynamisch anpasst.

Schwerpunkte

5.1 Aufbau von Proteinen
- Peptide, Nicht-Proteinanteile

5.2 Konformation von Proteinen
- Peptidbindung
- Primär-, Sekundär-, Tertiär- und Quartärstruktur
- Faltungstopologie

5.3 Hämoglobin und Myoglobin: Ein wichtiges Beispiel für die Konformationsabhängigkeit funktioneller Eigenschaften
- Kooperativität
- Allosterische Beeinflussung der Sauerstoffbindung

5.4 Physiologische und pathologische Faltungsprozesse bei Proteinen
- Native Strukturen, Faltungsintermediate, Konformationsräume, Denaturierung
- Fehlfaltung

5.5 Proteinevolution

5.1 Aufbau von Proteinen

Proteine werden in der Regel in der Zelle am Ribosom gemäß der in der mRNA codierten Aminosäuresequenz durch Verknüpfung der natürlichen proteinoge-

P. C. Heinrich et al. (Hrsg.), *Löffler/Petrides Biochemie und Pathobiochemie*, https://doi.org/10.1007/978-3-662-60266-9_5

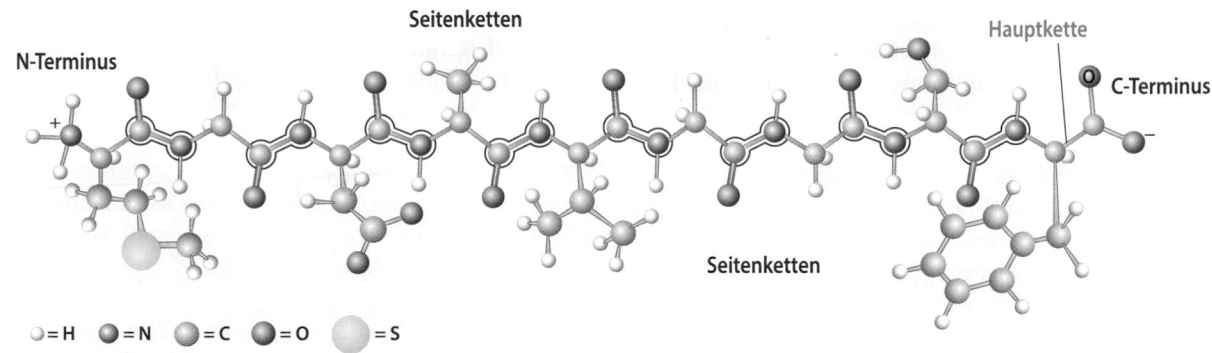

Abb. 5.2   Beispiel für eine Aminosäuresequenz. Die Hauptkette ist *orange* dargestellt und Seitenketten sind *gelb* hinterlegt. Die einzelnen Peptidbindungen sind *rot* umrandet

Abb. 5.3   Mesomerie der Peptidbindung. *Oben*: die beiden Grenzstrukturen; *unten*: der mesomere Zwischenzustand mit der *trans*-Stellung der Peptidbindung (*braun*). δ^+, δ^- : Partialladungen

Das Rückgrat der Polypeptidketten wird auf den ersten Blick aus Einfachbindungen gebildet, daher erwartet man eine freie Drehbarkeit um alle drei Bindungen einer Aminosäureeinheit. Tatsächlich ist die freie Drehbarkeit um die Peptidbindung selbst erheblich eingeschränkt, da die Peptidbindung den Charakter einer **partiellen Doppelbindung** hat, bei der die vier Atome der Peptidbindung in einer Ebene liegen (Abb. 5.3). Die partielle Doppelbindung wird am besten durch zwei mesomere Grenzstrukturen beschrieben, bei denen die freien Elektronenpaare zwischen dem Stickstoff- und dem Sauerstoffatom oszillieren. Neben der Grenzstruktur, die der klassischen Einfachbindung entspricht, existiert eine zweite Grenzstruktur, bei der aufgrund der Elektronegativität des Sauerstoffes ein Elektronenpaar der C=O-Doppelbindung zum Sauerstoff wandert. Der Sauerstoff erhält dadurch eine negative Ladung, und das freie Elektronenpaar des Stickstoffs wird zwischen die C-N-Bindung verschoben, wobei das Stickstoffatom eine positive Ladung erhält. In dieser Grenzstruktur ist die Länge der C-N-Bindung gegenüber einer Einfachbindung von 0,147 auf 0,127 nm verkürzt. Wie immer bei **Resonanzstrukturen** liegt der tatsächlich beobachtete Zustand zwischen

diesen beiden Extremen, die reale Länge der C-N-Bindung, die die **Röntgenstrukturanalyse** von Proteinen experimentell ergibt, liegt bei etwa 0,133 nm.

Eine praktisch genutzte Folge der Resonanzstruktur der Peptidbindung ist ihre Absorption von ultraviolettem Licht mit einem Maximum von etwa 210 nm. Die Messung der Ultraviolettabsorption bei dieser Wellenlänge erlaubt die quantitative Konzentrationsbestimmung von Proteinen in Lösungen.

> Eine *cis*-Konfiguration der Peptidbindung findet man gewöhnlich nur vor Prolylresten.

Grundsätzlich gibt es wie immer bei Doppelbindungen zwei Anordnungen der Atome um die C-N-Bindung, die sich durch eine Rotation um 180° unterscheiden, die *cis*- und die *trans*-**Stellung**. In der *trans*-Stellung liegen die beiden C^α-Atome auf verschiedenen Seiten in der Bindungsebene, bei der *cis*-Stellung auf der gleichen Seite (Abb. 5.4). Aus sterischen Gründen ist die *trans*-Stellung energetisch begünstigt und wird normalerweise in Proteinen vorgefunden (>99.95 %). Eine Ausnahme bildet die Peptidbindung mit der sekundä-

Abb. 5.4 *Cis-* und *trans*-Konfiguration der Peptidbindung. *Linke Reihe:* Peptidbindung zwischen zwei primären Aminosäuren (hier Ala-Ala), *rechte Reihe:* Peptidbindung mit der sekundären Aminosäure Prolin (hier Ala-Pro). Bindungslängen und -winkel adaptiert nach Engh und Huber 1991; Ramachandran und Sasisekharan 1968. (Mit freundlicher Genehmigung von John Wiley & Sons und Elsevier)

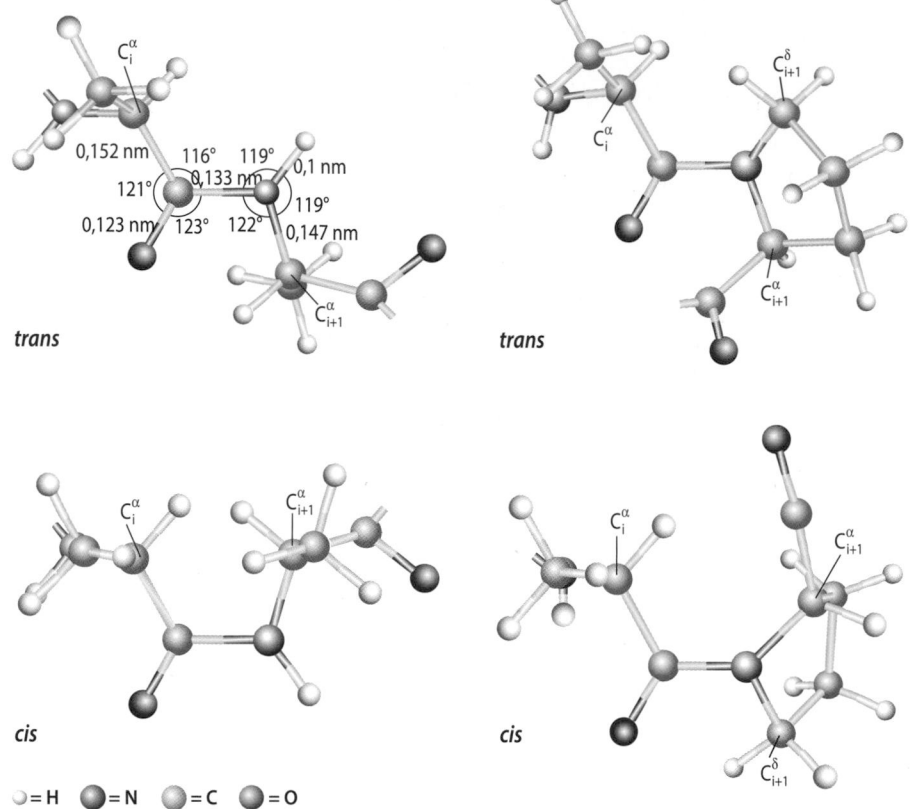

ren Aminogruppe von Prolylresten, bei welcher der Amidwasserstoff durch das C^δ der Seitengruppe ersetzt ist (**Abb. 5.4**). In ungefalteten Proteinen kommt bei einem Prolin die *trans*-Konfiguration nur etwa 5-mal häufiger vor als die *cis*-Konfiguration, in gefalteten Proteinen ist die *cis*-Konfiguration noch etwas seltener. In Lösung stehen beide Konfigurationen in einem dynamischen Gleichgewicht und gehen ununterbrochen ineinander über.

Trotz der eingeschränkten Rotation um die Peptidbindung führt die freie Drehbarkeit um die beiden anderen Einfachbindungen (C^α–C und N–C^α) dazu, dass die meisten kleinen Peptide in der Lösung eine Vielzahl verschiedener Konformationen einnehmen, die miteinander in einem schnellen Gleichgewicht stehen. Ihre „Struktur" wird als statistisches Knäuel („*random-coil*") beschrieben, bei dem alle thermodynamisch möglichen Konformationen vorkommen. Erst spezifische Interaktionen zwischen Aminosäureresten der Kette stabilisieren das Peptid in einer einheitlichen Konformation wie sie typisch für wohlgefaltete Proteine ist.

❯ Peptidbindungen werden unter Energieaufwand geknüpft.

Die Spaltung der Peptidbindung erfolgt durch den Einbau eines Wassermoleküls, der **Hydrolyse**. Im wässrigen Milieu biologischer Systeme ist in der Reaktion von **Abb. 5.1** die Hydrolyse bevorzugt; die Ausbildung einer Peptidbindung ist deswegen eine energieverbrauchende Reaktion, ihre Spaltung durch spezifische Enzyme, die Proteasen, hingegen nicht.

5.2.2 Lokale Struktur der Polypeptidhauptkette (Sekundärstruktur)

Die lokale räumliche Struktur der Polypeptidhauptkette wird durch die Größe der Torsionswinkel (dihedralen Winkel, Diederwinkel) φ, ψ und ω bestimmt (**Abb. 5.5**) und wird auch als **Sekundärstruktur** bezeichnet. Der Winkel ω ist 180°, wenn sich die Peptidbindung in einer perfekten *trans*-Konfiguration befindet. Er ist 0° in der *cis*-Konfiguration der Peptidbindung. Für den φ- und den ψ-Winkel entsprechen 180° einer maximalen Streckung der Hauptkette.

❯ Wasserstoffbrückenbindungen spielen eine zentrale Rolle für die Ausbildung von Sekundärstrukturen.

Bei der Strukturanalyse von Proteinen trifft man häufig auf Bereiche, die durch periodische Muster von Torsionswinkeln charakterisiert sind. Sie entstehen durch die Bildung von **Wasserstoffbrücken** zwischen dem Wasserstoff einer Amidgruppe (Donoren) und dem Sauerstoff-

atom einer Carbonylgruppe (Akzeptoren) verschiedener Aminosäurereste der Hauptkette, wodurch die Proteine eine höhere Stabilität erhalten. Diese Strukturbereiche werden als die **Sekundärstrukturelemente** eines Proteins bezeichnet. Die wichtigsten Sekundärstrukturelemente, die in Proteinen vorkommen, sind die **α-Helix** und das **β-Faltblatt.** Eine Zusammenstellung der kanonischen Sekundärstrukturen von Proteinen, die durch typische Wasserstoffbrückenmuster und Diederwinkel charakterisiert sind, zeigt ◘ Tab. 5.1.

α-Helix Röntgenstreuungsexperimente an Haaren in den 30er-Jahren hatten gezeigt, dass die darin enthaltenen fibrillären Proteine, die **α-Keratine,** aus Einheiten aufgebaut sind, die sich im Abstand von 0,5–0,55 nm entlang ihrer Längsachse wiederholen. Mit dem ursprünglichen einfachen Modell, bei dem das Haar aus parallelen, ausgestreckten Polypeptidketten aufgebaut war, war ein wiederkehrender Atomabstand von 0,5–0,55 nm nicht zu erklären. Linus Pauling und Robert Corey schlugen 1951 ein Modell vor, das im Einklang mit den experimentellen Daten war: In diesem Strukturmodell ist die Polypeptidkette von α-Keratin in Form einer rechtsgängigen Schraube (Helix) angeordnet, bei der die Atome des Peptidrückgrats im Inneren der Helix lagern und die Seitenketten nach außen zeigen.

In dieser helicalen Anordnung der Atome der Peptidhauptkette, die als Strukturelement des α-Keratins als α-Helix bezeichnet wurde, kommen 3,6 Aminosäuren auf eine 360°-Windung der Helix. Die Ganghöhe der Helix, d. h. der Abstand zwischen zwei Windungen beträgt 0,54 nm, entspricht also genau der Entfernung, die mit Röntgenbeugungsuntersuchungen bestimmt wurde. Aus diesen beiden Werten kann man dann den Abstand der C^α-Atome von zwei benachbarten Aminosäuren in Richtung der Helixachse bestimmen, er beträgt 0,54 nm : 3,6 = 0,15 nm.

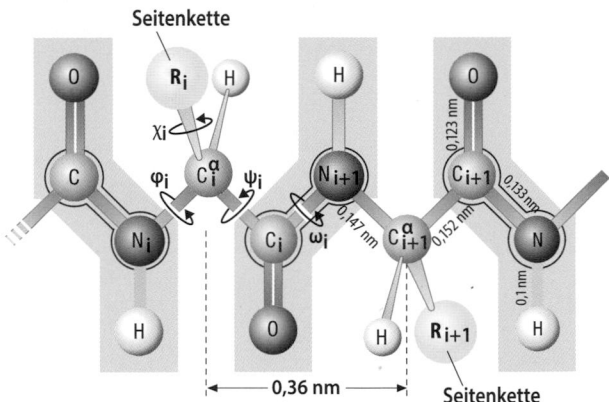

◘ Abb. 5.5 Definition der dihedralen Winkel in Polypeptiden. Die dihedralen (Torsions-)Winkel der Hauptkette sind φ (phi), ψ (psi) und ω (omega), die der Seitenketten werden mit dem griechischen Buchstaben χ (chi) bezeichnet. Beginnend mit χ_i, dem durch die C^α-C^β-Bindung (im Bild C^α-R_i) definierten Winkel, werden die Seitenkettenwinkel fortlaufend (c_{i+1} etc.) durchnummeriert. Die Kette ist in ihrer maximalen Streckung (φ, ψ, ω = 180°) dargestellt. Die jeweils vier mit einem *Grünraster* hinterlegten Atome liegen wegen der Mesomerie der Peptidbindung (*rote* Umrandung) in einer Ebene. Der Abstand der nicht in dieser Ebene liegenden C^α-Atome beträgt 0,36 nm

◘ Tab. 5.1 Kanonische Sekundärstrukturen

Sekundärstruktureinheit	φ [a]	ψ [a]	Wasserstoffbrückenmuster[b]
3_{10}-Helix (rechtsgängig)	−76 (−49)	−5 (−26)	CO_i–NH_{i+3}
α-Helix (rechtsgängig)	−57	−47	CO_i–NH_{i+4}
α-Helix (linksgängig)	+57	+47	CO_i–NH_{i+4}
π-Helix (rechtsgängig)	−57	−70	CO_i–NH_{i+5}
Kollagentripelhelix (linksgängig)	−51 −76 −45	+153 +127 +148	CO_i–NH_{j-1} und NH_{i-1}–CO_k
β-Faltblatt (parallel)	−119	+113	CO_{i-1}–NH_j und NH_{i-1}–CO_j oder CO_{j-1}–NH_i und NH_{j+1}-CO_i
β-Faltblatt (antiparallel)	−139	+135	CO_i–NH_j und NH_i–CO_j oder CO_{i-1}–NH_{j+1} und NH_{i+1}-CO_{j-1}

[a]Die angegebenen Winkel sind die energetisch günstigsten Werte, in realen Strukturen finden sich deutliche Abweichungen von diesen Idealwerten durch intramolekulare Wechselwirkungen mit dem Rest des Proteins. Insbesondere bei der 3_{10}-Helix weichen die idealen Werte weit von den gewöhnlich experimentell gefundenen Werten (in Klammern) ab.

[b]CO_i–NH_{i+4} bezeichnet eine Wasserstoffbrücke zwischen der Carbonylgruppe der Aminosäure in der Position i und der Amidgruppe der Aminosäure in Position i+4. Die Suffixe i, j, k bezeichnen die Position der Aminosäure in verschiedenen Strängen der Peptidkette.

Die auffälligste Eigenschaft der α-Helix ist eine Ausrichtung der Carbonyl- und der Amidgruppen parallel zur Helixachse, die erlaubt, stabile Wasserstoffbrücken zwischen jeder vierten Aminosäure zu bilden (◘ Abb. 5.6).

Die Stabilität von Sekundärstrukturen wird auch von den Seitenketten der Aminosäuren beeinflusst. So wird die Bildung einer α-Helix besonders durch die Aminosäure **Prolin** gestört, dessen Stickstoffatom in die Seitenkette eingebunden ist. Daher steht kein Amid-Wasserstoffatom zur Ausbildung einer Wasserstoffbrücke zur Verfügung (◘ Abb. 5.4). Zusätzlich schränkt die Ringbildung die freie Drehbarkeit um die N-Cα-Bindung ein, der φ-Winkel kann nicht den für die α-Helix idealen Wert von −57° (◘ Tab. 5.1) annehmen. Da jedoch erst ab der 4. Aminosäure eine Amidgruppe für eine Wasserstoffbrücke in der α-Helix zur Verfügung stehen muss, findet man Prolin noch relativ häufig am Beginn von α-Helices. Auch die kleine Aminosäure Glycin destabilisiert α-Helices. Demgegenüber findet man Alanin und Aminosäuren wie Leucin und Glutaminsäure gehäuft in α-Helices.

❯ Das wichtigste helicale Sekundärstrukturelement in Proteinen ist die rechtsgängige α-Helix.

Für die klassische α-Helix (◘ Tab. 5.1) werden die Wasserstoffbrücken zwischen der Amidgruppe einer Peptidbindung und der Carbonylgruppe der **vierten** darauf folgenden Aminosäure gebildet. Obwohl die **rechtsgängige α-Helix** bei weitem die häufigste helicale Struktur in Proteinen ist, sind auch andere Wasserstoffbrückenmuster und damit auch andere Helixformen möglich. Die **rechtsgängige 3_{10}-Helix** mit 3 Aminosäuren pro Windung findet man häufiger an den Enden von α-Helices und macht etwa 10 % aller Helices in globulären Proteinen aus. Sie ist durch Wasserstoffbrücken zwischen jeder **dritten** Aminosäure charakterisiert und ist damit dünner und steiler als die α-Helix. Zusammen mit der Wasserstoffbindung bildet sich ein Ring aus 10 Bindungen wie man sie auch in β-Kehren (◘ Abb. 5.8) findet. Sehr selten ist die **rechtsgängige π-Helix** mit Wasserstoffbrücken zwischen jeder **fünften** Aminosäure und 4.4 Aminosäuren pro Windung. Sie ist dicker und flacher als die α-Helix. Die linksgängige α-Helix ist für L-Aminosäuren energetisch ungünstig, da sich die Seitenketten sterisch behindern.

Die rechtsgängige α-Helix wurde zwar im **α-Keratin** entdeckt, ist aber nicht auf dieses Protein beschränkt, sondern in den meisten Proteinen zu finden. Ihr α-helicaler Anteil ist sehr variabel. Es gibt Proteine, die keine α-Helices haben, oder Proteine wie das Myoglobin mit einem α-Helixgehalt von etwa 70 % (▶ Abschn. 5.3). Die **α-Keratine selbst sind faserförmige** (fibrilläre) Proteine und Hauptbestandteile der Haut (Keratinocyten), Haare und

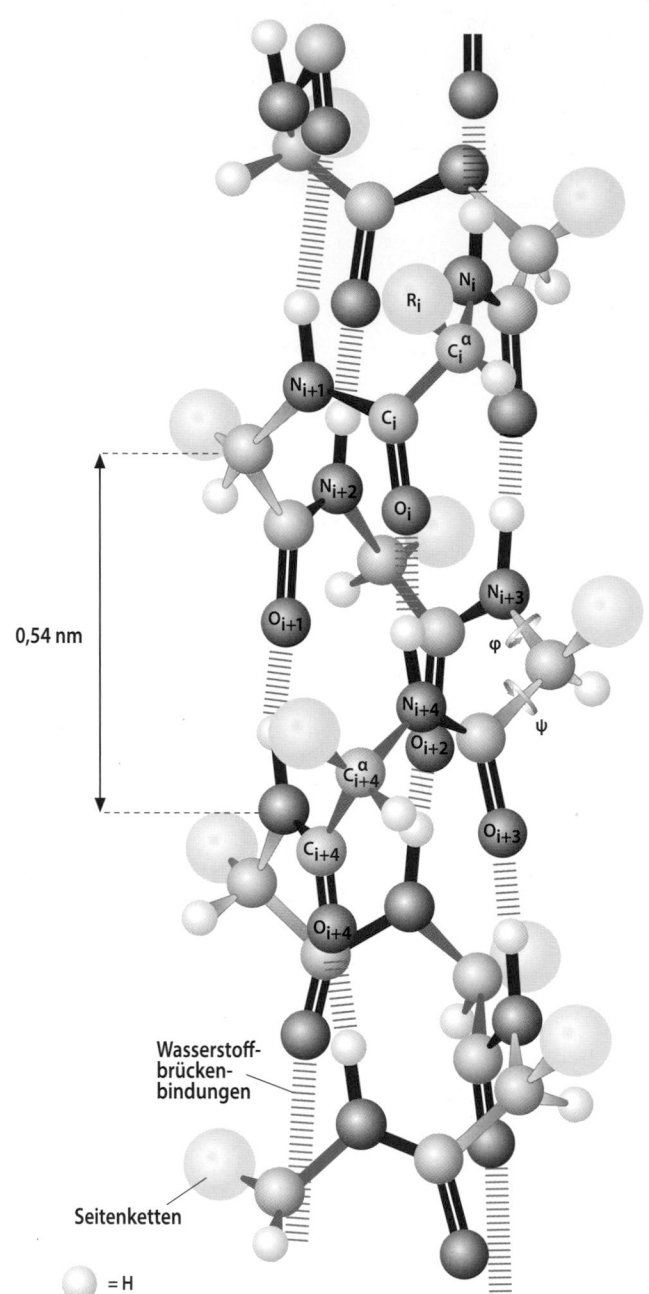

◘ Abb. 5.6 Räumlicher Aufbau einer rechtsgängigen α-Helix. Benachbarte Aminosäuren sind alternierend durch *schwarze* und *gelbe* Atombindungen gekennzeichnet, die Peptidbindungen sind *rot* dargestellt. Der N-Terminus der Polypeptidkette befindet sich in der Zeichnung *oben*, der C-Terminus *unten*. (Adaptiert nach Pauling 1968, © John Wiley & Sons Inc)

Nägel. Zwei Keratinhelices sind umeinandergewunden und bilden eine sog. *coiled coil*-Struktur (▶ Abschn. 63.2.3). Aus diesen Basiseinheiten wird dann letztlich ein Intermediärfilament mit 10 nm Durchmesser aufgebaut. Diese hierarchische Architektur ist in ▶ Abschn. 13.4 detaillierter beschrieben.

5

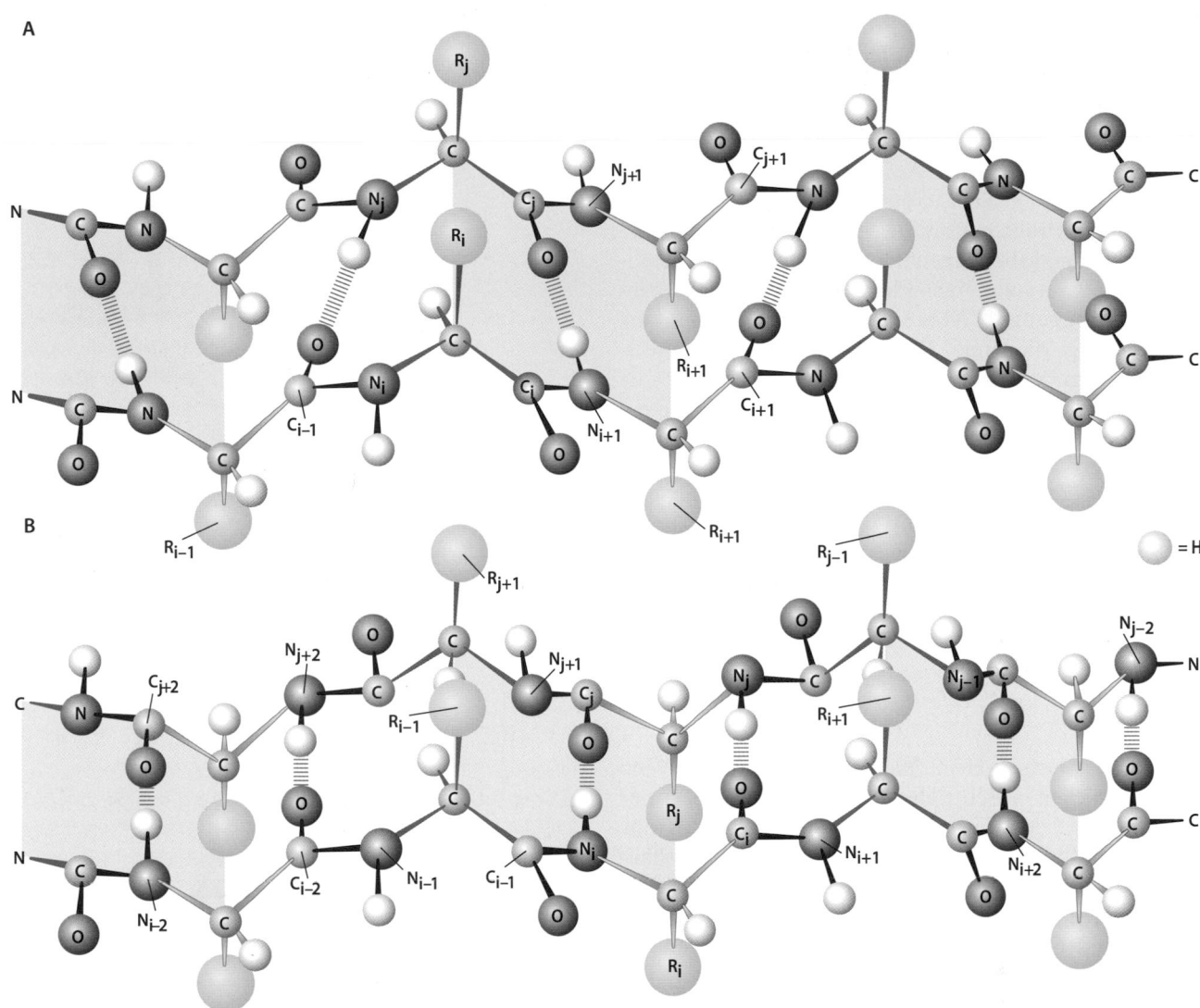

Abb. 5.7   Paralleles (A) und antiparalleles β-Faltblatt (B). Beim parallelen Faltblatt bildet eine Aminosäure (j) Wasserstoffbrücken mit zwei Aminosäuren (i−1; i+1) des Nachbarstranges, beim antiparallelen Faltblatt nur mit einer benachbarten Aminosäure (i)

β-Faltblatt Wie die α-Helix wurde auch das **β-Faltblatt** (*β-pleated sheet*) als die zweite fundamentale Sekundärstruktureinheit durch die Röntgenstrukturanalyse eines faserförmigen Proteins, der Seide, entdeckt. Die Seide gehört zur Familie der β-Keratine, daher leitet sich dann auch der Name dieser Struktur ab. Im Gegensatz zu den α-Keratinen lassen sich β-Keratine kaum in der Längsachse dehnen. Dies beruht darauf, dass die einzelnen Stränge einer Faltblattanordnung schon fast maximal gestreckt sind, die φ- und ψ-Winkel nehmen sehr große Werte an und ähneln damit der maximal ausgestreckten Polypeptidkette (*extended strand*) (■ Tab. 5.1). Die N-H- und C=O-Gruppen einer Aminosäureeinheit zeigen in die entgegengesetzte Richtung und liegen fast auf einer Ebene (■ Abb. 5.7, *graue Flächen*). Diese Anordnung erlaubt die Bildung von stabilen Wasserstoffbrücken zwischen zwei benachbarten β-Strängen, führt aber auch zu einer regel-

mäßigen Knickung der Peptidkette. Die Atome der Hauptkette der verschiedenen Stränge bilden eine Struktur, die mit einem gefalteten Blatt Papier (Faltblatt!) Ähnlichkeiten hat (■ Abb. 5.7). Aminosäuren, die häufig in β-Faltblättern gefunden werden, sind Isoleucin, Valin und Methionin.

Im idealen β-Faltblatt würde der φ- und ψ-Winkel jeweils 135° und −135° annehmen, da dann die Amid- und Carbonylgruppen genau auf einer Ebene liegen würden. Bei realen Faltblättern wie sie in Proteinen gefunden werden, weichen die Winkel leicht von den idealen Werten ab. Hierdurch kann die sterische Behinderung der Seitenketten an den C^{α}-Atomen verringert werden. Dies führt dazu, dass die Faltblätter nicht komplett eben sind, sondern die β-Stränge eine rechtsgängige Verdrillung aufweisen (s. z. B. ■ Abb. 5.13).

❯ Es gibt parallele oder antiparallele β-Faltblätter

Die Lage der Wasserstoffbrücken-Donoren (Amidgruppen) und -Akzeptoren (Carbonylgruppen) in einer Ebene erlaubt zwei grundsätzlich unterschiedliche Anordnungen der einzelnen Stränge im β-Faltblatt. Die benachbarten Peptidketten können in dieselbe oder in die entgegengesetzte Richtung bezüglich ihres N- und C-Terminus verlaufen. Sie sind dann parallel oder antiparallel angeordnet. Wenn alle β-Stränge parallel angeordnet sind, spricht man von einem parallelen β-Faltblatt, im anderen Fall von einem antiparallelen β-Faltblatt (◖ Abb. 5.7). Die meisten β-Faltblätter bestehen aus mehr als zwei Strängen, die sowohl parallel als auch antiparallel angeordnet sein können. In diesem Fall spricht man von einem gemischten β-Faltblatt.

❯ Die kanonischen Sekundärstrukturelemente werden durch Schleifen verbunden.

Um eine kompakte räumliche Faltung zu erreichen, müssen die relativ starren kanonischen Sekundärstruktureinheiten mit nicht-periodischen **Schleifenregionen** (*coils, loops*) verbunden werden. Der Anteil von Sekundärstrukturelementen variiert von Protein zu Protein. Typische globuläre Proteine sind gewöhnlich aus einem hohen Anteil kanonischer Sekundärstrukturen aufgebaut, die durch enge Schleifen miteinander verbunden werden. Diese Schleifenregionen haben in der Regel ebenfalls eine wohldefinierte räumliche Struktur. Die Stränge in einem antiparallelen β-Faltblatt sind oft mit kurzen Schleifen verbunden, die sinngemäß **β-Kehren** (*β-turns*) genannt werden. Sie bestehen meist aus nur 4 Aminosäuren. Wie die kanonischen Sekundärstrukturelemente besitzen auch sie charakteristische Torsionswinkel und Wasserstoffbrückenmuster (◖ Abb. 5.8). Parallele β-Stränge können natürlich nicht durch diese kurzen Schleifen verbunden werden, da ihre Enden räumlich weit auseinander liegen. Sie werden daher oft mit längeren Schleifenregionen verbunden, die zusätzlich α-helicale Bereiche enthalten.

Schleifenregionen haben oft eine höhere Beweglichkeit als der Rest der Struktur und sind oft Teil von Regionen, die funktionell ihre Struktur bei der Bindung von Liganden anpassen müssen.

Da wohlgeordnete, kompakt gefaltete Proteine besonders gut kristallisieren, glaubte man lange Zeit, dass alle Proteine in ihrem nativen Zustand solche kompakten Strukturen annehmen. Inzwischen weiß man, dass ein erheblicher Anteil von Proteinen große ungeordnete Bereiche mit hoher Flexibilität enthält oder sogar gänzlich ungefaltet ist (IDP, *intrinsically disordered proteins*). Eine Analyse des menschlichen Genoms sagt voraus, dass mehr als 40 % der dort codierten Proteine zur Gruppe der intrinsisch ungefalteten Proteine gehören. Die Atomkoordinaten der experimentell bestimmten (▶ Abschn. 6.5), dreidimensionalen Strukturen von Proteinen (und Nucle-

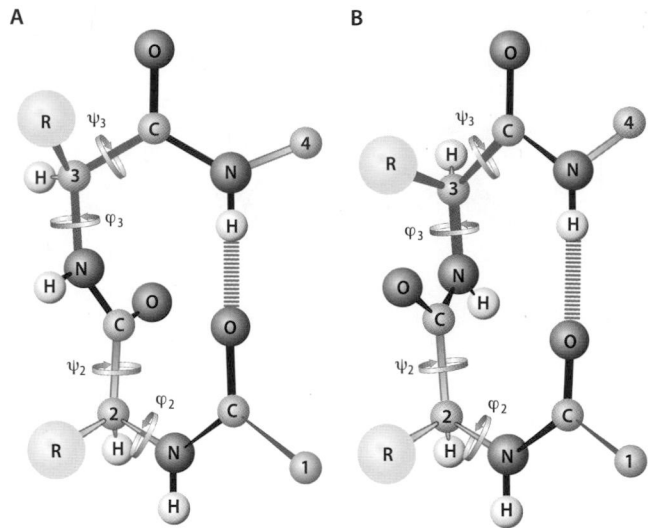

◖ **Abb. 5.8 β-Kehren Typ I (A) und Typ II (B).** Die Abbildung stellt die aus je 4 Aminosäuren gebildeten β-Kehren dar. Typ I und Typ II unterscheiden sich lediglich in den φ- und ψ-Winkeln zwischen den Aminosäuren 2 und 3. An den Aminosäuren 1 und 4 enden bzw. beginnen Faltblattstrukturen. Die C^α-Atome der 4 Aminosäuren sind durchnummeriert

insäuren) sind in der Proteindatenbank (pdb, *protein data bank*) abgelegt. Jedes Protein hat seine eigene PDB-ID, mit der die Struktur identifiziert werden kann.

Wenn die Werte, die die Torsionswinkel von aufeinanderfolgenden Aminosäuren annehmen, gänzlich unkorreliert sind und von Molekül zu Molekül variieren, spricht man von einem **Zufallsknäuel** (*random coil*). In Lösung gehen die verschiedenen Konformationen der Polypeptidkette rasch ineinander über. Das Zufallsknäuel ist der typische Zustand völlig denaturierter Proteine in Lösung.

❯ Die Kollagenhelix wird nur durch intermolekulare Wasserstoffbrückenbindungen stabilisiert.

Kollagenhelix Das wichtigste extrazelluläre Protein des Bindegewebes ist das Kollagen (▶ Abschn. 71.1). Es ist durch eine besondere Aminosäurezusammensetzung und einer daraus folgenden spezifischen Struktur, die **Kollagenhelix**, gekennzeichnet. Es besteht zur Hälfte aus Glycyl- und Prolylresten. Wie die schon besprochenen α- und β-Keratine bildet es stabile Fasern. Aufgrund ihrer besonderen Aminosäuresequenz hat die Kollagenhelix ganz spezifische Struktureigenschaften: sie bildet eine langgestreckte Helix, die anders als die α-Helix nicht durch interne Wasserstoffbrücken stabilisiert ist. Der Abstand zwischen zwei Aminosäuren auf der Längsachse ist nicht mehr 0,15 nm wie bei der α-Helix, sondern 0,286 nm. Im Gegensatz zur klassischen α-Helix ist sie linksgängig, die Carbonyl- und Amidgruppen stehen nicht parallel zur Helixachse, sondern stehen beinahe senkrecht zu ihr, sodass keine Wasserstoffbrücken innerhalb der Kollagenhelix ge-

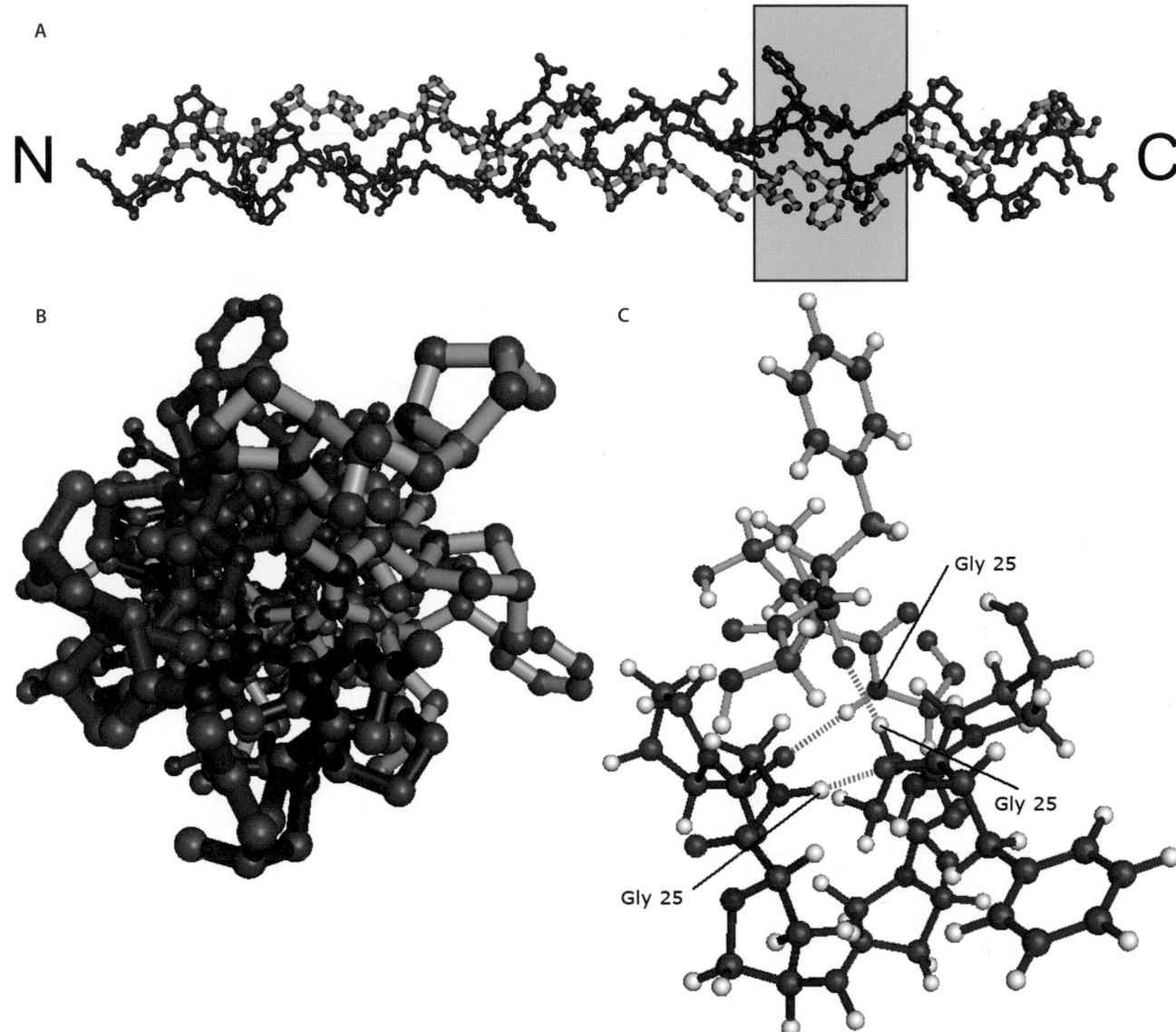

Abb. 5.9   Modell der Kollagentripelhelix. A Drei linksgängige Helices winden sich rechtsgängig umeinander. *N:* N-Terminus, *C:* C-
Terminus. **B** Ansicht der Helix von der C-terminalen Seite aus. Die
drei Polypeptidketten sind durch *rote, grüne* und *blaue* Bindungen

dargestellt, Sauerstoff *rot*, Stickstoff *blau*, Kohlenstoff *schwarz* und
Wasserstoff *hellgrau*. **C** Ausschnitt aus der Kollagenhelix im *grau*
markierten Bereich von A in der Höhe von Gly25. PDB-ID: 2WUH

bildet werden können. Allerdings können Wasserstoffbrücken gebildet werden, wenn sich drei Kollagenhelices zusammenlagern und zusammen eine rechtsgängige Helix
bilden (Abb. 5.9). Jede dritte Aminosäure im Kollagen
liegt im Zentrum der Tripelhelix. Aus sterischen Gründen
muss es ein Glycin sein, da sonst die Seitengruppen die Zusammenlagerung der Einzelstränge behindern würden.
Die generalisierte Sequenz des Kollagens ist daher (Gly-X-
Y)$_n$. Die drei Einzelstränge, die sich zusammenlagern, müssen aber nicht genau dieselbe Sequenz haben. Sie sind so
aneinandergelagert, dass das Glycin eines Strangs eine
Wasserstoffbrücke mit der Aminosäure X des benachbarten Strangs ausbilden kann. Stabilisiert wird die Tripelhelix
außerdem durch hydrophobe Wechselwirkungen zwischen

den Seitenketten der anderen Aminosäuren. Kollagen hat
eine besonders große Zugfestigkeit, da eine Kraft in Richtung der Längsachse nur zu einer leicht kompensierbaren
Querkraft führt, die die Einzelstränge der Tripelhelix zu-
sammenpresst.

❯ Im Ramachandran-Diagramm wird die lokale Struktur der Polypeptidkette dargestellt.

Da zwischen den Atomen aufeinanderfolgender Aminosäuren sterische Behinderungen auftreten können, sind
nicht alle Kombinationen von φ- und ψ-Winkeln in Proteinen möglich. Stellt man alle Kombinationen der dihedralen Winkel der Hauptkette in einem zweidimensio-

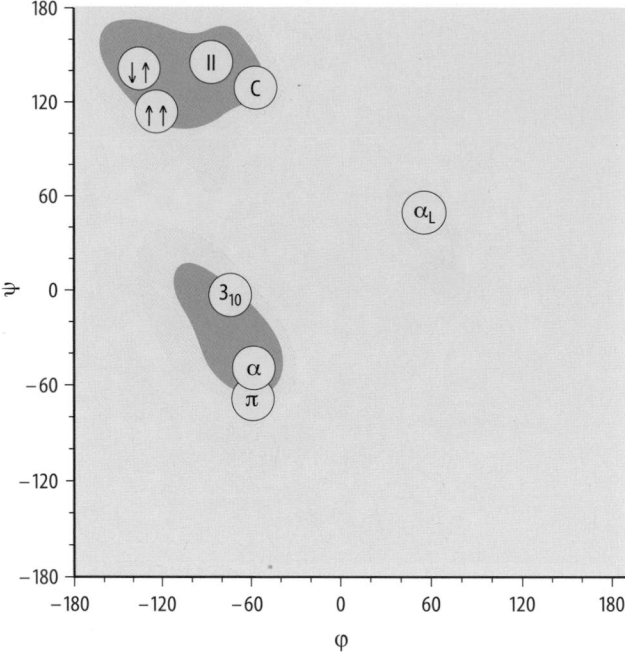

◘ Abb. 5.10 Ramachandran-Diagramm der dihedralen Winkel φ- und ψ der Peptidhauptkette. Die typischen Winkelkombinationen für verschiedene Sekundärstrukturelemente sind eingezeichnet, die idealen Werte sind in ◘ Tab. 5.1 gegeben. Bei der Strukturanalyse von Proteinen trifft man häufig auf Bereiche, die durch periodische Muster von Torsionswinkeln charakterisiert sind (siehe auch ◘ Tab. 5.1). Sie entstehen durch die Bildung von Wasserstoffbrücken zwischen dem Wasserstoff einer Amidgruppe (Donoren) und dem Sauerstoffatom einer Carbonylgruppe (Akzeptoren) verschiedener Aminosäurereste der Hauptkette, wodurch die Proteine eine höhere Stabilität erhalten. Diese Strukturbereiche werden als die Sekundärstrukturelemente eines Proteins bezeichnet. Die wichtigsten Sekundärstrukturelemente, die in Proteinen vorkommen, sind die α-Helix und das β-Faltblatt. α: rechtsgängige α-Helix, $α_L$: linksgängige α-Helix, 3_{10}: rechtsgängige 3_{10}-Helix, ↑↑: paralleles β-Faltblatt, ↓↑: antiparalleles β-Faltblatt, π: π-Helix, C: Kollagenhelix, II: Polyglycinhelix II. (*Rosa*) verbotene Bereiche, (*dunkelgrün*) uneingeschränkt erlaubte Bereiche, (*hellgrün*) erlaubte Bereiche, (*gelb*) beschränkt erlaubte Bereiche

nalen Diagramm dar, so gibt es Regionen, die energetisch günstig (erlaubt) sind, und Regionen, die energetisch ungünstig (verboten) sind (◘ Abb. 5.10). Die kanonischen Sekundärstrukturen sind in den erlaubten Bereichen des Ramachandran-Diagramms zu finden. Wenn in einem Protein Torsionswinkel in den verbotenen Bereichen des Ramachandran-Diagramms zu finden sind, deutet dies entweder auf eine wichtige strukturelle Besonderheit hin oder ist oft nur ein Zeichen für eine fehlerhafte 3D-Strukturbestimmung.

5.2.3 Dreidimensionaler Aufbau (Tertiärstruktur)

❯ Die Tertiärstruktur beschreibt die dreidimensionale Struktur eines Proteins.

Die Tertiärstruktur eines Proteins entspricht der räumlichen Anordnung seiner Sekundärstrukturelemente. Für die anschauliche Darstellung der Raumstruktur eines Proteins werden α-Helices durch Zylinder oder Spiralen und β-Faltblätter durch Pfeile wiedergegeben, wobei der Pfeil die Richtung des Stranges vom N- zum C-Terminus angibt. Die übrigen Teile des Proteins zwischen den Sekundärstrukturelementen werden gewöhnlich durch Kurven (schmale Bänder oder dünne Zylinder) beschrieben, die durch die Positionen der $C^α$-Atome definiert werden (◘ Abb. 5.11).

Supersekundärstrukturen Sind Sekundärstrukturelemente in charakteristischen Abfolgen angeordnet, spricht man von **Supersekundärstrukturen** oder **Motiven**. Hierzu gehören z. B. Helix-Schleife-Helix-Motive (*helix-turn-helix motif*), bei denen zwei α-Helices über eine Schleife miteinander verbunden sind. Dieses Motiv ist typisch für calciumbindende Proteine wie Troponin C oder Calmodulin und wird hier oft als EF-Hand bezeichnet. Es wurde zuerst beim Parvalbumin beschrieben, bei dem die Helix E und F wie der gestreckte Zeigefinger und Daumen der rechten Hand ausgerichtet sind (◘ Abb. 5.12). Bei DNA-bindenden Proteinen dient es zur direkten Interaktion mit der DNA.

❯ Die Bildung von Tertiärstrukturen geht auf physikalische Wechselwirkungen zurück.

Die räumliche Faltung eines Proteins ist das Ergebnis aller physikalischen Wechselwirkungen im Protein selbst und zwischen dem Protein und dem Lösungsmittel. Im Einzelnen sind es die elektrostatischen Wechselwirkungen, die van-der-Waals Wechselwirkungen, die intramolekularen Wasserstoffbrückenbindungen und die hydrophoben Wechselwirkungen, die zwischen allen Atomen des Systems Lösungsmittel – Protein bestehen. Unterstützt wird die Stabilisierung der Struktur oft durch zusätzliche covalente Verknüpfungen zwischen verschiedenen Aminosäuren in der Sequenz.

Elektrostatische (ionische) Wechselwirkung Ionenbindungen zwischen den geladenen Gruppen der Aminosäuren sind die stärksten nicht-covalenten Wechselwirkungen in Proteinen. Da die elektrostatische Energie zwischen zwei geladenen Gruppen umgekehrt proportional zum Abstand r der Ladungen ist (und nicht zu r^3 wie z. B. beim Dipol von H-Brücken), fällt sie nur langsam mit dem Abstand ab und hat prinzipiell eine relativ große Reichweite. In der Lösung sind allerdings die geladenen Gruppen stark solvatisiert und durch Gegenionen im Lösungsmittel partiell abgeschirmt. Daher ist der wirkliche Anteil der Ionenbindungen an der gesamten Stabilisierungsenergie in der Lösung relativ klein. Ausnahmen sind die seltenen Ionenpaare im Inneren von Proteinen

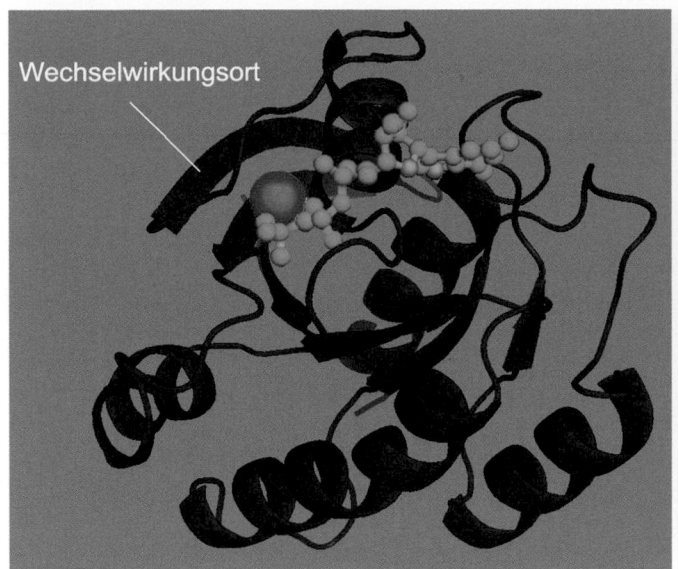

Abb. 5.11   Verteilung von α-Helices und β-Faltblättern im menschlichen Ras-Protein. *Links* Sekundärstrukturdarstellung, *rechts* Atomares Modell. Das Ras-Protein ist C-terminal gekürzt (ab Aminosäure 167), um die Kristallisation zu ermöglichen. Im aktiven Zentrum ist ein Mg^{2+}-Ion und das GTP-Analoge GppNHp gebunden, das nicht hydrolysiert werden kann. Bei der Bindung von vielen Ras-Bindedomänen bildet sich am markierten Wechselwirkungsort ein intermolekulares β-Faltblatt. Im atomaren Modell des Proteins sind Wasserstoffatome *weiß*, Kohlenstoffatome *schwarz*, Sauerstoffatome *rot*, Stickstoffatome *blau* und Schwefelatome *gelb* dargestellt. Das Nucleotid *grün*, das Metallion *orange* dargestellt. PDB-ID: 5P21

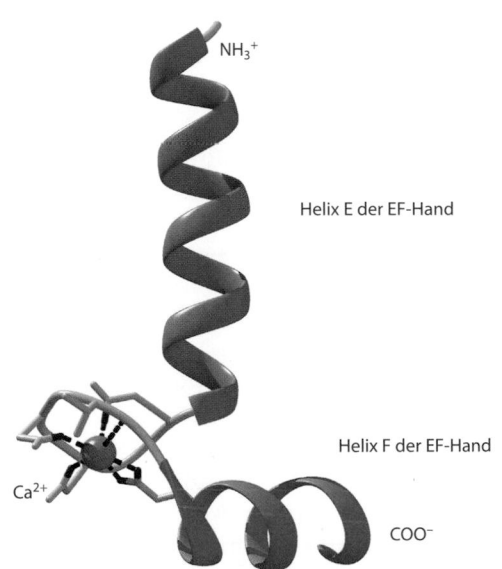

Abb. 5.12   Das Helix-Schleife-Helix-Motiv, eine einfache Supersekundärstruktur. Gezeigt ist hier das erste Helix-Schleife-Helix-Motiv des Calmodulins mit dem in der Schleife koordinierten Calciumatom. PDB-ID: 1CLL

oder definierte Ionencluster an der Oberfläche von Proteinen. Diese findet man relativ häufig bei Proteinen thermophiler Mikroorganismen, deren Struktur auch bei hohen Temperaturen stabil gehalten werden muss.

Van-der-Waals-Wechselwirkung   Die van-der-Waals-Wechselwirkung hat einen abstoßenden und einen anziehenden Anteil. Der abstoßende Anteil verhindert, dass sich zwei Atome im Protein zu nahe kommen und sich durchdringen. Für die Stabilität von Proteinen ist die anziehende Komponente der van-der-Waals-Wechselwirkung besonders wichtig. Sie beruht auf einer räumlichen Ungleichverteilung der Elektronen in den Molekülorbitalen. Die daraus resultierende partielle Ladungstrennung erzeugt elektrische Dipole und führt zu einer wechselseitigen Anziehung zwischen den Dipolen und damit auch den zugehörigen Atomen. Die Carbonyl- und die Amidgruppen der Peptidbindung spielen dabei eine besondere Rolle, da sie ein relativ großes **permanentes statisches Dipolmoment** haben. Diesem permanenten Dipolmoment entsprechen die mesomeren Grenzstrukturen, die wir schon als die Ursache für die Planarität der Peptidbindung kennengelernt haben (■ Abb. 5.3). Zu den statischen Dipolmomenten kommen noch die schwachen **London-Dispersionskräfte**, die durch eine rasch fluktuierende Verschiebung der Elektronenverteilung in nicht-polaren Gruppen hervorgerufen wird. Es entstehen dabei sich schnell ändernde Dipolmomente, die im Zeitmittel zu einer wechselseitigen Anziehung zwischen den beteiligten Atomen führen.

Intramolekulare Wasserstoffbrückenbindung   Die generellen Eigenschaften einer Wasserstoffbrücke können durch eine einfache elektrostatische Anziehungskraft zwischen dem Dipol der negativ polarisierten Akzeptorgruppe und der positiv polarisierten Donorgruppe erklärt werden. Typischerweise sind die Donoren Gruppen des Moleküls, in denen ein Wasserstoffatom durch seine co-

valente Bindung an ein elektronegatives Atom wie Stickstoff oder Sauerstoff positiv polarisiert wird. Der Bindungspartner, der Akzeptor der Wasserstoffbrücke ist dann ein weiteres elektronegatives Atom. Eine quantenchemische Analyse zeigt aber, dass es zusätzlich eine direkte Überlappung der Molekülorbitale zwischen Donor und Akzeptor in der Wasserstoffbrückenbindung gibt. Dies erklärt auch, warum der Abstand zwischen dem Wasserstoffatom und dem Akzeptor mehr als 0,05 nm kleiner ist als von der Summe der van-der-Waals-Radien zu erwarten wäre. In Wasser selbst beträgt der intermolekulare H-O-Abstand in der Wasserstoffbrücke nur etwa 0,18 nm anstatt der 0,26 nm, die sich aus der Summe der van-der-Waals-Radien ergeben würden. Die Theorie erfordert auch eine bevorzugte Ausrichtung der Wasserstoffbrücken relativ zu dem freien Elektronenpaar des Akzeptors. Dies ist auch experimentell in hoch aufgelösten Röntgenstrukturen bestätigt, bei denen der N-H-Verbindungsvektor der Peptidgruppen bevorzugt zum freien Elektronenpaar des Carbonylsauerstoffs zeigt.

Die intramolekularen Wasserstoffbrücken haben typischerweise Bindungsenergien von −12 bis −30 kJ/mol. Der energetische Beitrag einer solchen Wasserstoffbrücke zur Erhaltung der Tertiärstruktur erscheint relativ gering, da er sich nur wenig von demjenigen einer Wasserstoffbrücke zum Wasser der Umgebung unterscheidet. Umgekehrt beträgt die gesamte Stabilisierungsenergie eines Proteins nur etwa −30 bis −60 kJ/mol.

Hydrophobe Wechselwirkung Die hydrophobe Wechselwirkung liefert den Hauptbeitrag zur Bildung der kompakten Tertiärstruktur von Proteinen. Sie bewirkt eine Orientierung hydrophober Seitenketten weg vom polaren Lösungsmittel ins Innere eines Proteins. Während dieses Prozesses wird das Wasser aus dem Kern des Proteins eliminiert. Die Ursachen der **hydrophoben Wechselwirkung** sind immer noch umstritten. Im strengen Sinn existiert sie sogar gar nicht, da es nach neueren experimentellen Daten keine hydrophoben, sondern nur weniger hydrophile Seitenketten gibt. Gewöhnlich wird die hydrophobe Wechselwirkung als **entropischer Effekt** interpretiert, da die hydratisierten hydrophoben Seitenketten eine höhere Ordnung (geringere Entropie) des Wassers in ihrer Umgebung erzwingen. Wenn sie ins Proteininnere verlagert werden, steigt die Entropie in der Wasserhülle. Damit verringert sich die freie Enthalpie (*Gibb's free energy*) des gesamten Systems von Protein und umgebendem Lösungsmittel. Da thermodynamisch ein System immer Zustände mit niedrigerer freier Enthalpie bevorzugt, wird der gefaltete Zustand des Proteins stabilisiert.

Disulfidbindungen Eine weitere Stabilisierung der Tertiärstruktur eines Proteins kann durch eine covalente Verknüpfung räumlich benachbarter Aminosäureseitenketten erfolgen. Allerdings wird normalerweise zunächst die dreidimensionale Struktur unter dem Einfluss der schon diskutierten physikalischen Wechselwirkungen eingenommen, die dann erst später durch die covalenten Bindungen stabilisiert wird. Die häufigste covalente Verknüpfung in Proteinen ist die **Disulfidbindung**, die durch die Verknüpfung der Thiolgruppen zweier Cysteinreste gebildet wird. Da innerhalb der Zelle ein reduzierendes Milieu besteht, können intrazelluläre cytosolische Proteine nur in Ausnahmen stabile Disulfidbindungen ausbilden. Im Gegensatz dazu bilden sich in der nicht-reduzierenden Umgebung des endoplasmatischen Retikulums bzw. des mitochondrialen Intermembranraumes oder im Extrazellulärraum stabile Disulfidbindungen. Hier können sie beträchtlich zur Gesamtstabilität des Proteins beitragen.

Da die Lösungsmittelmoleküle eine Vielzahl von Interaktionen mit den an der Oberfläche gelegenen Aminosäureresten eingehen können, bestimmt deren Interaktion die Stabilität und Struktur wesentlich mit. Die genaue Zusammensetzung des Lösungsmittels (in biologischen Systemen normalerweise Wasser) bestimmt daher auch die energetisch günstigste Struktur des Proteins, die man unter den gegebenen äußeren Bedingungen vorfindet. Wenn der Druck (isobar) und die Temperatur (isotherm) konstant sind, bestimmt die freie Enthalpie G des aus Lösungsmittel und Protein bestehenden Gesamtsystems die Struktur des Proteins. Daher führt beispielsweise der Zusatz von Ethanol zu einer wässrigen Proteinlösung meist zu einer grundlegenden Konformationsänderung des Proteins. Die hydrophoben Kohlenwasserstoffketten der Alkoholmoleküle sind jetzt potenzielle Partner der normalerweise im Proteininneren liegenden hydrophoben Seitenketten. Die hydrophoben Seitenketten des Polypeptids werden dadurch nach außen orientiert, das Protein verliert seine native Struktur. Diesen Verlust der geordneten Struktur eines Proteins nennt man allgemein Denaturierung (▶ Abschn. 5.4.1).

❯ Gemeinsamkeiten von strukturell verwandten Proteinen können durch ihre Faltungstopologie erkannt werden.

Unter der **Faltungstopologie** eines Proteins (*protein-fold*) versteht man die Reihenfolge der kanonischen Sekundärstrukturelemente in der Primärstruktur und deren räumliche Beziehung. Begrifflich steht die Faltungstopologie zwischen den Ebenen der Sekundär- und Tertiärstruktur. Sie wird zur Klassifikation von Proteinen nach gemeinsamen Strukturmerkmalen genutzt. Bei der Faltungstopologie werden gewöhnlich nur Helices und Faltblattstränge als Sekundärstrukturelemente unterschiedlicher Länge berücksichtigt, die durch variable

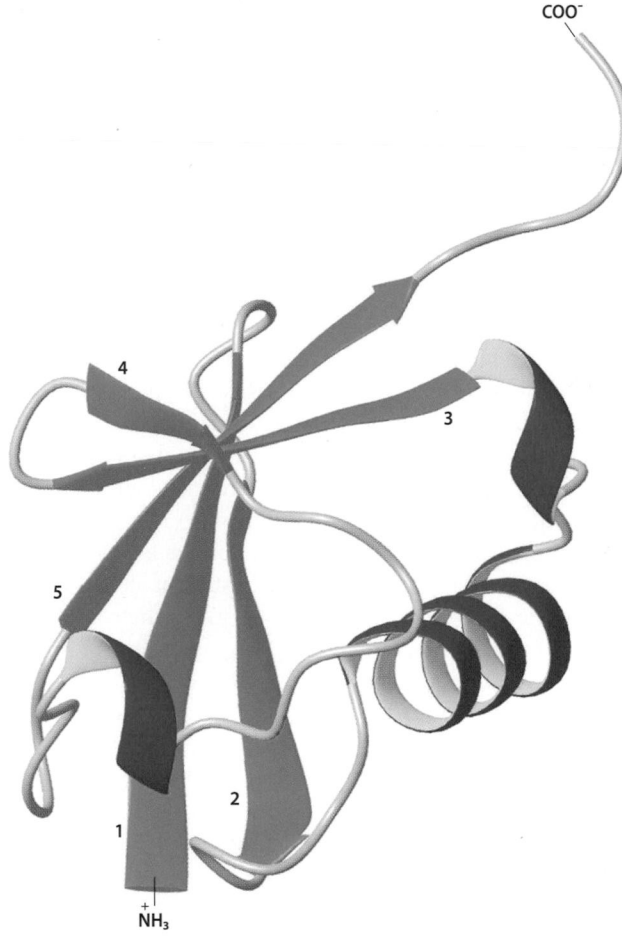

COO⁻

4

3

5

2

1

$\overset{+}{NH_3}$

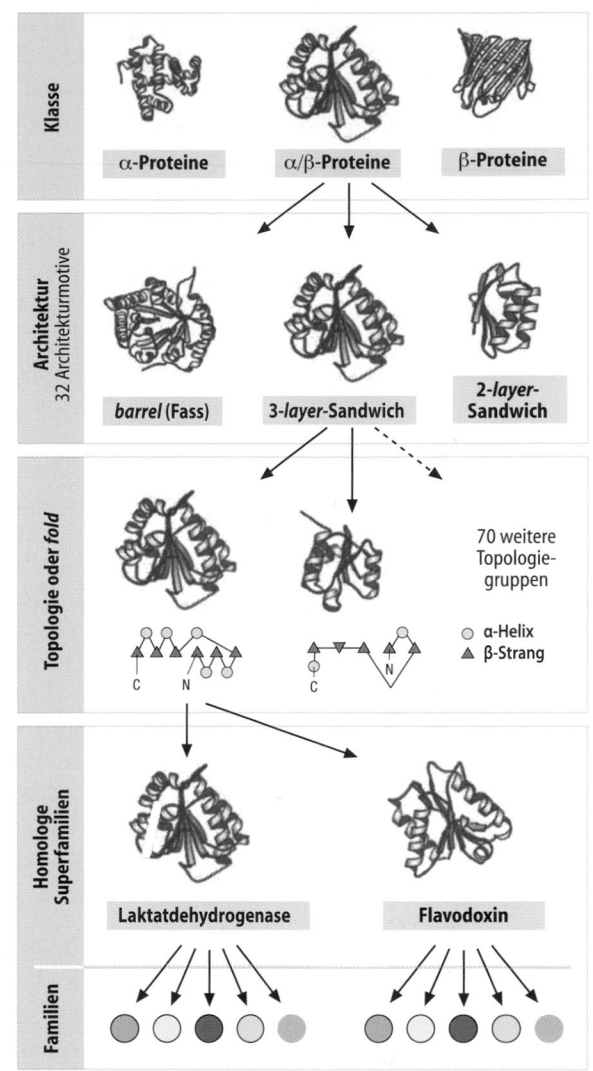

◘ **Abb. 5.13   Faltungstopologie des Ubiquitins.** Vom N-Terminus her zeigt Ubiquitin die Faltungstopologie βββαββαβ. (Einzelheiten siehe Text). PDB-ID: 1UBQ

◘ **Abb. 5.14   Hierarchie der Proteinstrukturen.** In den drei Haupt-klassen der Proteine können jeweils verschiedene Architekturen unter-schieden werden, die sich aus unterschiedlichen Faltungsgruppen zu-sammensetzen. Diese werden dann wieder in Superfamilien und Familien untergliedert. (Einzelheiten s. Text). (Adaptiert nach Orengo und Thornton 2005, © Annual Reviews)

Schleifen verbunden sind. Für die Definition der Topo-logie ist weder die spezifische Aminosäuresequenz noch die Länge der einzelnen Sekundärstrukturelemente und deren genaue Lage im Raum von Belang.

Ein Beispiel ist die ββαββαβ-Faltungstopologie des Ubi-quitins (▸ Abschn. 49.3.2) (*ubiquitin-fold*), das aus einem gemischten 5-strängigen β-Faltblatt und zwei α-Helices be-steht, die auf dem Faltblatt liegen (◘ Abb. 5.13). Die bei-den ersten und die drei letzten Stränge bilden jeweils ein antiparalleles Faltblatt, die über Strang 1 und Strang 5 pa-rallel aneinandergelagert sind. Dieselbe Faltungstopologie findet sich aber auch in den Bindungsdomänen verschie-dener Ras-Effektoren, die bei der Bindung an das akti-vierte **Ras-Protein** (▸ Abschn. 35.4) ein intermolekulares β-Faltblatt zwischen jeweils einem β-Strang des Effektor-proteins und einem des Ras-Proteins bilden (◘ Abb. 5.11).

Einteilung der Proteine nach ihrer Faltungstopologie   Eine erste Klassifizierung der Proteine nach ihrer Faltungs-topologie lässt sich durch eine Einteilung nach den Se-

kundärstrukturelementen erreichen, aus denen sie auf-gebaut sind. Hier kann man drei Hauptklassen definieren (◘ Abb. 5.14):

– **α-Proteine** bestehen überwiegend aus α-Helices.
– **β-Proteine** sind im Wesentlichen aus antiparallelen β-Faltblättern aufgebaut.
– **α-β-Proteine** bestehen aus parallelen oder gemischt parallel-antiparallelen Faltblättern, die durch α-Helices verbunden sind.

In jeder dieser Klassen lassen sich wieder bestimmte Architekturmotive identifizieren (◘ Abb. 5.14). Insge-samt wurden bisher 41 verschiedene Architekturen ge-funden. Proteine mit ähnlichen Architekturen können

dann weiter nach ihrer spezifischen Faltung in **Faltungsgruppen** (*folds*) eingeteilt werden, die zu **Superfamilien** und **Familien** zusammengefasst werden.

Die Klassifizierung von Proteinen nach ihrer Faltungstopologie ermöglicht das Auffinden neuer struktureller Beziehungen zwischen verschiedenen Proteinen. Im vergangenen Jahrzehnt war die Entdeckung neuer Faltungstopologien ein Hauptziel vieler großer Forschungsprogramme in der **strukturellen Proteomik**, die sich auf die systematische Aufklärung der dreidimensionalen Strukturen von Proteinen und deren Interpretation konzentriert. Eine der Erwartungen an die strukturelle Proteomik ist, mit der Erstellung einer weitgehend kompletten Datenbasis auch unbekannte räumliche Strukturen durch Homologie-Modellierung sicher vorherzusagen, wenn die Primärstruktur bekannt ist. Theoretisch wurden etwa 4000 verschiedene Faltungstopologien vorhergesagt, aber bisher nur 1375 gefunden. Da seit 2013 keine Struktur mehr mit einer neuen Topologie aufgeklärt wurde, kann man für praktische Zwecke von einer weitgehend vollständigen Topologie-Datenbank ausgehen.

Domänen   Proteine mit mehr als 150 Aminosäuren lassen sich oft in strukturell unterschiedliche Regionen aufteilen, in die sog. **strukturellen Domänen**. Die Domänen stellen zusammenhängende Teile des Proteins dar, die sich im Allgemeinen auch unabhängig falten können. Sie stellen oft auch **funktionelle Domänen** dar, die bestimmte biologische Funktionen wie die Bindung anderer Proteine (Bindedomäne) oder eine bestimmte katalytische Aktivität übernehmen. Allerdings wird für die enzymatische Katalyse oft mehr als eine strukturelle Domäne benötigt und die Katalyse findet an der Grenzfläche zwischen den strukturellen Domänen statt.

❯ Nach ihrer Form unterscheidet man grob zwischen fibrillären und globulären Proteinen.

Globuläre Proteine   Globuläre Proteine haben eine kugelähnliche Gestalt und sind kompakt gefaltet. Sie zeigen gewöhnlich eine gute Wasserlöslichkeit und übernehmen oft katalytische und regulatorische Funktionen im Stoffwechsel (**Funktionsproteine**). Die meisten Enzyme gehören zur Klasse der globulären Proteine. Auch das Hämoglobin, das den Sauerstoff im Blut transportiert, ist ein Vertreter der globulären Proteine.

Fibrilläre Proteine   Fibrilläre Proteine haben im Gegensatz zu globulären Proteinen eine langgestreckte, faserförmige Gestalt und stellen meist **Strukturproteine** dar. Sie sind oft in Wasser oder verdünnten Salzlösungen schlecht löslich, da sie große Aggregate bilden. Typische Vertreter der **fibrillären Proteine** sind die extrazellulären Proteine α-Keratin (Hauptbestandteil von Haaren und Wolle,

▶ Abschn. 73.2), β-Keratin (Hauptbestandteil von Seide) und Kollagen (Hauptbestandteil der extrazellulären Matrix, von Bändern und Sehnen; ▶ Abschn. 71.1).

5.2.4 Räumliche Anordnung mehrerer Polypeptidketten in einem multimeren Protein (Quartärstruktur)

❯ Die Quartärstruktur beschreibt die räumliche Anordnung mehrerer identischer oder verschiedener Polypeptidketten in Proteinkomplexen.

Wenn sich mehrere Polypeptidketten zu Proteinkomplexen zusammenlagern, spricht man von multimeren Proteinen. Die einzelnen Polypeptidketten solcher Komplexe können als Protomere oder Untereinheiten bezeichnet werden. Häufig wird die Anzahl an Untereinheiten aus der Benennung deutlich: dimere, trimere, tetramere, oligomere, polymere (= multimere) Proteine. Sind die Protomere identisch, werden die Komplexe als Homopolymere, andernfalls als Heteropolymere bezeichnet. Oft verwendet man aber auch die Ausdrücke Protomer und Untereinheit für kleine identische Grundeinheiten eines polymeren Proteins, selbst wenn sie aus mehr als einer Polypeptidkette bestehen. So ist Hämoglobin ein Tetramer, das aus zwei Heterodimeren aufgebaut ist (einem Protomer, das aus einer α- und einer β-Untereinheit besteht; ▶ Abschn. 5.3); das Hüllprotein des Tabakmosaik-Virus ist eine Homomultimer aus 2130 identischen Protomeren.

Die wechselseitige räumliche Anordnung der Protomere in einem multimeren Protein wird als Quartärstruktur bezeichnet. Sie ist oft für spezifische Eigenschaften des Proteins verantwortlich, dementsprechend können kleine Änderungen der Quartärstruktur oft die Eigenschaften des Proteins signifikant beeinflussen. Wichtige Beispiele sind hier die Regulation des Sauerstofftransports durch das Hämoglobin im Blut und die Steuerung der katalytischen Aktivität von Enzymen. Änderungen der Quartärstruktur von Proteinen nach der Bindung von Substraten ist die Basis der klassischen kooperativen Bindung und der allosterischen Regulation (▶ Abschn. 8.4). Die Quartärstruktur von Enzymen und die davon abhängige Aktivität werden häufig durch covalente Modifikationen beeinflusst. Hier spielt die Phosphorylierung von Hydroxylgruppen von spezifischen Seryl-, Threonyl- und Tyrosylresten in den Untereinheiten eines multimeren Proteins biologisch eine dominierende Rolle. Sie erfolgt durch die Aktivität phosphatübertragender Enzyme (Proteinkinasen). Biologisch ist dieser Effekt reversibel, da die Phosphatgruppen unter der Einwirkung von phosphatabspaltenden Enzymen (Proteinphosphatasen) bei Bedarf wieder entfernt werden können. Ein klassisches Beispiel ist hier die Regula-

tion des Glycogenstoffwechsels, bei dem die Glycogenphosphorylase durch Phosphorylierung aktiviert und die Glycogensynthase durch Phosphorylierung deaktiviert wird (▶ Abschn. 15.2).

Damit sich die Protomere gezielt zusammenlagern können, werden bestimmte, komplementäre Bereiche auf der Oberfläche der Proteine benötigt. Diese mussten durch die Evolution für die Protein-Protein-Wechselwirkung optimiert werden und ermöglichen es den Proteinen sich gegenseitig zu „erkennen" und anschließend zusammenzulagern. Um eine starke Interaktion zu gewährleisten, müssen die Oberflächen geometrisch so gut aufeinander abgestimmt sein, dass kein Wasser eindringen kann. Die Packungsdichte der Atome entspricht dann derjenigen innerhalb eines Proteins. Die verschiedenen Untereinheiten werden hauptsächlich durch hydrophobe Wechselwirkungen, Wasserstoffbrücken und elektrostatische Wechselwirkungen zusammengehalten.

Zusätzlich können diese nicht-covalenten Bindungen durch covalente Bindungen zwischen den Untereinheiten verstärkt werden. Die Ausbildung von Disulfidbrücken zwischen zwei Cysteinresten ist sicherlich die am weitesten verbreitete intra- und intermolekulare covalente Verknüpfung. Proteine der extrazellulären Matrix, wie Kollagen und Elastin, lagern sich zu dauerhaft stabilen, hochmolekularen Fibrillen zusammen, indem die Untereinheiten durch Schiff-Basen-Bildung zwischen Lysinseitenketten und Allysinseitenketten miteinander quervernetzt werden (▶ Abschn. 71.1.2).

5.2.5 Geladene Gruppen in Proteinen

Die Mehrzahl aller Proteine enthalten Aminosäuren mit positiv oder negativ geladenen Seitenketten. In der Hauptkette verlieren die α-Aminogruppen und die α-Carboxylgruppen der einzelnen Aminosäuren ihre Ladungen, wenn sie in die Peptidbindungen überführt werden. Nur die bei neutralem pH positiv geladene N-terminale Aminogruppe und die negativ geladene C-terminale Carboxylatgruppe sind nicht in die Peptidbindung eingebunden. In Bakterien wird allerdings die Aminogruppe des N-terminalen Methionins bei der Biosynthese formyliert und verliert dabei seine Ladung.

Die geladenen Seitenketten können je nach pH-Wert der Umgebung reversibel protoniert und deprotoniert werden und damit ihren Ladungszustand ändern. Die **Carboxylgruppe** von **Aspartyl-** und **Glutamylresten** wird bei niedrigen pH-Werten protoniert und verliert ihre negative Ladung. Die **Aminogruppe** von **Lysylresten** und die **Guanidinogruppe** von **Arginylresten** verliert ihre positive Ladung bei sehr hohen pH-Werten. Eine Sonderstellung nimmt die **Imidazolgruppe** von **Histidinen** ein:

in Proteinen hat sie einen pK_s-Wert im Bereich von 7, d. h. bei physiologischen pH-Werten kann sie protoniert und positiv geladen sein oder auch deprotoniert und ungeladen vorliegen (▶ Abschn. 3.3.4).

Bei höheren pH-Werten können auch die Seitenketten der polaren Aminosäuren geladen sein: die Hydroxylgruppen des Threonins, des Serins und des Tyrosins sowie die Sulfhydrylgruppen des Cysteins werden dann deprotoniert (▶ Abschn. 3.3.4) und erhalten eine negative Ladung.

Eine geladene Seitenkette geht mit ihrer Umgebung eine starke elektrostatische Wechselwirkung ein und kann die Faltung eines Proteins stabilisieren oder destabilisieren. Ob eine Seitenkette geladen oder ungeladen ist, hängt vom äußeren pH-Wert ab. Bei unphysiologischen pH-Werten ändern sich die Ladungen und das Protein wird gewöhnlich instabiler und kann denaturieren (Säure- oder Basendenaturierung). Zusätzlich ändern sich auch die Oberflächenladungen und das Protein kann aggregieren.

Ein zweiter, spezifischer Effekt des Protonierungs-Deprotonierungs-Gleichgewichts ist die Beeinflussung der biologischen Aktivität bei den Enzymen, bei denen die Seitenketten geladener Aminosäuren an der Katalyse beteiligt sind. Auf der einen Seite können die elektrischen Ladungen indirekt den katalytischen Zustand stabilisieren oder destabilisieren. Auf der anderen Seite können hier die funktionellen Gruppen direkt an einer speziellen Art der Katalyse, der Säure-Base-Katalyse teilnehmen. Bei dieser werden Protonen reversibel vom Substrat übernommen oder auf das Substrat übertragen (▶ Abschn. 7.4). Auch hier spielt das Histidin wieder eine besondere Rolle, da es bei physiologischen pH-Werten teilweise als Säure und teilweise als Base vorliegt.

Isoelektrischer Punkt Wie bei einzelnen Aminosäuren gibt es auch bei Proteinen einen pH-Wert, bei dem sie im dynamischen Gleichgewicht im Zeitmittel keine Nettoladung besitzen. Daher wandern sie im elektrischen Feld nicht zum positiven oder negativen Pol. Dieser pH-Wert ist der isoelektrische Punkt (pI) des Proteins. Prinzipiell kann man ihn aus den pK_s-Werten aller geladenen Gruppen berechnen. Allerdings ist dies für Proteine nicht so einfach, da die pK_s-Werte der einzelnen Aminosäurereste im Protein in der Regel von den Werten abweichen, die man bei freien Aminosäuren oder Modellpeptiden bestimmt (◻ Tab. 3.10). Der pK_s-Wert einer bestimmten Seitenkette im Protein hängt nämlich von der gesamten räumlichen Struktur des Proteins ab. Auf der einen Seite hat man lokale Effekte: Die Bildung von Wasserstoffbrücken oder Salzbrücken mit räumlich benachbarten Aminosäuren beeinflusst das Dissoziationsgleichgewicht einer Seitenkette im Protein. Darüber hinaus erzeugen alle ge-

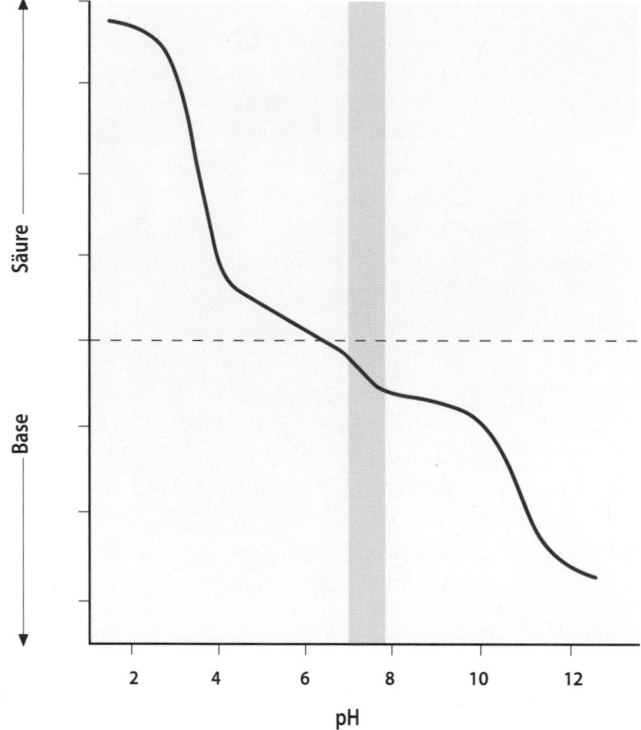

Abb. 5.15 Titrationskurve von Hämoglobin. Die Äquivalente an Säure oder Base, die für eine pH-Änderung notwendig sind, sind gegen den pH aufgetragen. In den Bereichen, in denen sich bei Zusatz von Säure oder Base der pH-Wert nur wenig ändert (*steiler Kurvenbereich*), puffert Hämoglobin am besten. Der physiologische pH-Bereich ist *rosa* markiert

ladenen Gruppen des Proteins ein komplexes elektrisches Feld im Protein und seiner Umgebung, dessen Größe an einer bestimmten Stelle im Protein den pK_s-Wert der dort vorgefundenen Seitengruppe modifiziert.

Die Abweichungen der pK_s-Werte von Modellwerten können mehrere pK_s-Einheiten betragen. Starke Abweichungen der pK_s-Werte findet man oft bei Resten, die direkt an der enzymatischen Katalyse beteiligt sind.

Die Titrationskurve des Hämoglobins ist in Abb. 5.15 zu sehen. In drei pH-Bereichen sind größere Säure-Basen-Äquivalente notwendig, um den pH-Wert zu ändern, d. h. hier puffert das Hämoglobin durch Abgabe bzw. Aufnahme von Protonen besonders gut. Zwei dieser Bereiche bei pH 3 und pH 11 haben für die physiologische Funktion des Hämoglobins keine größere Relevanz. Der Puffereffekt bei pH 3 wird durch die Aspartyl- und Glutamylreste des Hämoglobins verursacht, der Puffereffekt bei pH 11 wird durch Arginyl- und Lysylreste bedingt. Wichtig ist der Effekt im physiologischen pH-Bereich von pH 7.4 (*rosa* markiert), der durch die Histidylreste des Hämoglobins bewirkt wird. Deren Protonierungs-Deprotonierungs-Gleichgewicht

hat einen direkten Einfluss auf den O_2- und den CO_2-Transport durch das Hämoglobin (s. u.) und auf die Regulation des Säure-Basen-Haushalts im Blut (► Abschn. 66.1.3).

Zusammenfassung

Die Hierarchie der Proteinstrukturen hat vier Ebenen:
- Die **Primärstruktur** entspricht der Sequenz der Aminosäuren eines Proteins, die durch Peptidbindungen verknüpft wurden. Die Peptidbindung verknüpft die Carboxylgruppe einer Aminosäure mit der Aminogruppe der darauffolgenden Aminosäure; sie hat einen partiellen Doppelbindungscharakter und ist planar.
- Die **Sekundärstruktur** beschreibt die lokale räumliche Struktur der Hauptkette. Die meisten Proteine enthalten die kanonischen Sekundärstrukturelemente, die durch Wasserstoffbrückenbindungen zwischen den Amid- und Carbonylgruppen der Peptidbindungen stabilisiert werden. Die wichtigsten Sekundärstrukturelemente sind die α-Helix und das β-Faltblatt.
- Die **Tertiärstruktur** entspricht der vollständigen dreidimensionalen Konformation monomerer Proteine. An der Ausbildung der Tertiärstruktur sind elektrostatische (ionische) und van-der-Waals-Wechselwirkungen, intramolekulare Wasserstoffbrücken, hydrophobe Wechselwirkungen und Disulfidbrücken zwischen den Aminosäureseitenketten der Polypeptidketten beteiligt. Die meisten Proteine enthalten geladene Seitenketten, die abhängig vom pH-Wert der Lösung protoniert oder deprotoniert sein können. Eine besondere Bedeutung hat der Imidazolring der Histidine, der Protonen bei der Säure-Base-Katalyse aufnehmen oder abgeben kann.
- Die **Quartärstruktur** von Proteinen gibt die räumliche Anordnung mehrerer Untereinheiten in einem multimeren Protein wieder. Sehr viele Proteine sind nur als Multimere biologisch aktiv. Häufig wird die Aktivität multimerer Proteine durch die Wechselwirkungen zwischen ihren Untereinheiten kontrolliert.

5.3 Hämoglobin und Myoglobin: Ein wichtiges Beispiel für die Konformationsabhängigkeit funktioneller Eigenschaften

Hämoglobin transportiert den Sauerstoff im Blut von Wirbeltieren und Menschen, Myoglobin dient der kontinuierlichen Sauerstoffversorgung des Muskels.

5

Sauerstoff ist ein unpolares Molekül und daher in dem polaren wässrigen Medium des Intra- und Extrazellulärraums schlecht löslich. Wegen seiner geringen physikalischen Löslichkeit im Blut des Menschen ist für eine ausreichende Versorgung der peripheren Gewebe mit Sauerstoff die Anwesenheit eines spezifischen Sauerstofftransporters erforderlich. Es ist das Hämoglobin, das in den roten Blutkörperchen (Erythrocyten) in hoher Konzentration vorkommt. Es wird in den Lungenkapillaren mit Sauerstoff beladen und gibt diesen in den Kapillaren des peripheren Gewebes ab, wenn dort der Sauerstoffpartialdruck durch den Sauerstoffverbrauch absinkt. Dafür nimmt es dann das im katabolen Stoffwechsel entstehende CO_2 auf und transportiert es zurück zur Lunge.

Das Hämoglobin kommt, wie schon das Präfix „haemo" (nach dem griechischen Wort αἷμα [haima] für Blut) sagt, nur im Blut vor. Daneben gibt es mit dem Myoglobin ein zweites Protein, das Sauerstoff bindet und in den Herz- und Skelettmuskelzellen in hohen Konzentrationen vorkommt (daher auch das Präfix „myo" nach dem griechischen Wort μῦς [müs] für Muskel). Im Herzmuskel überbrückt sauerstoffbeladenes Myoglobin den Sauerstoffmangel, der durch die Kompression der Herzkranzgefäße während jeder Systole entsteht. Im Skelettmuskel dient es als Puffer bei einem durch die Muskelkontraktion kurzzeitig gesteigerten Sauerstoffbedarf. Zusätzlich führt die Diffusion des sauerstoffbeladenen Myoglobins (Oxymyoglobin) auch zu einer deutlich schnelleren Verteilung des Sauerstoffs in den Muskelzellen, ähnlich wie Hämoglobin die Transportkapazität des Blutes für Sauerstoff um das 70fache gegenüber der Menge steigert, die physikalisch löslich ist.

❯ α-Helices machen einen hohen Prozentsatz der Sekundärstruktur des Myoglobins aus.

Myoglobin Myoglobin ist ein monomeres Protein von 153 Aminosäuren. Es besitzt eine molekulare Masse von ca. 17,8 kDa. Hugo Theorell entdeckte Myoglobin 1932 in Schweden. Es war auch das erste Protein, dessen räumliche Struktur vollständig in atomarer Auflösung aufgeklärt werden konnte. Nachdem Anfang der fünfziger Jahre schon die α-Helix- und das β-Faltblatt als vorherrschende Sekundärstrukturelemente der α- und β-Keratine durch Röntgenfaserstreuungsexperimente entdeckt wurden, gelang es Ende der fünfziger Jahre John Kendrew in Oxford durch Röntgenstreuung an Myoglobin-Einkristallen die räumlichen Koordinaten der ungefähr 2500 Atome eines Myoglobinmonomers zu ermitteln. Myoglobin ist aus acht α-Helices (A-H) aufgebaut, die zusammen 70 % der Struktur von Myoglobin ausmachen (◘ Abb. 5.16). Somit stellt Myoglobin einen typischen Vertreter der Klasse der α-Proteine (◘ Abb. 5.14) dar.

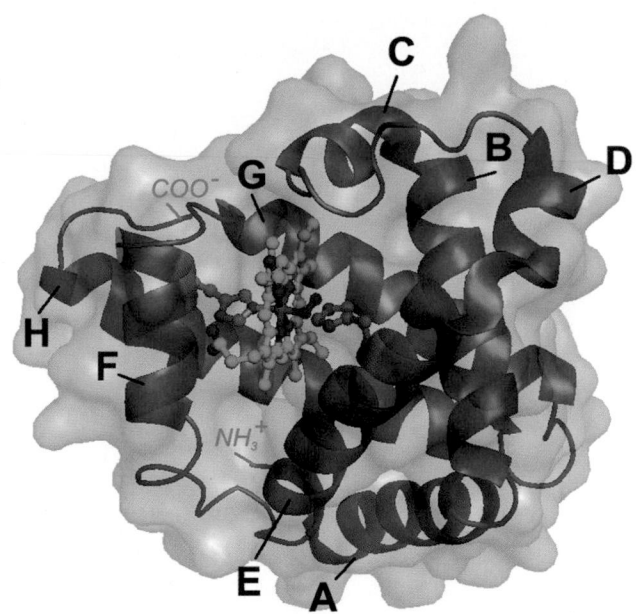

◘ **Abb. 5.16   Räumliche Struktur des Myoglobins.** Die Hauptkette des Myoglobins mit den acht α-Helices ist *blau* dargestellt. Das Porphyringerüst (C-Atome: *grün*; O-Atome: *rot*; N-Atome: *blau*) mit dem Zentralatom Fe^{2+} (*orange*) und dem gebunden O_2-Molekül (*rot*) ist in atomarer Auflösung wiedergegeben. Das proximale (*links*) und das distale (*rechts*) Histidin sind *braun* hervorgehoben. PDB-ID: 1MBO

Die sich zwischen den Helices befindenden Bereiche können keiner bekannten kanonischen Sekundärstruktur wie dem β-Faltblatt zugeordnet werden. Die Helices und Schleifenregionen formen eine kompakt gefaltete, globuläre Struktur mit einer Größe von $4,4 \times 4,4 \times 2,5$ nm.

❯ Das Eisenzentrum des Häm bindet im Myoglobin und Hämoglobin den molekularen Sauerstoff.

Im Zentrum des Myoglobinmoleküls befindet sich eine hydrophobe Tasche, die das Häm als prosthetische Gruppe enthält. Das Häm ist aus **vier Pyrrolringen** aufgebaut, die über Methinbrücken (–CH=) verknüpft sind (▶ Abschn. 32.1.1). Dieses Porphyringerüst wird an den Pyrrolringen durch verschiedene zusätzliche Gruppen modifiziert, nämlich vier Methyl-, zwei Vinyl- und zwei Propionylgruppen. Im Zentrum der Pyrrolringe befindet sich ein **zweiwertiges Eisenatom**, das mit den vier Stickstoffatomen der Pyrrolringe koordiniert ist (◘ Abb. 5.17).

Der Sauerstoff ist nicht-covalent an das Eisenatom gebunden. Da das Porphyringerüst eine Anzahl von konjugierten Doppelbindungen besitzt, absorbiert es Licht im sichtbaren Bereich des elektromagnetischen Spektrums. Daher sind Myoglobin und der myoglobinhaltige Muskel rötlich gefärbt. Da Hämoglobin dieselbe prosthetische Gruppe enthält, erscheint auch Blut rot gefärbt. Die rötliche Färbung der Haut rührt auch von der Farbe des Blutes her. Wenn bei Eisenmangel nicht genügend Hämoglobin gebildet werden kann, nimmt die

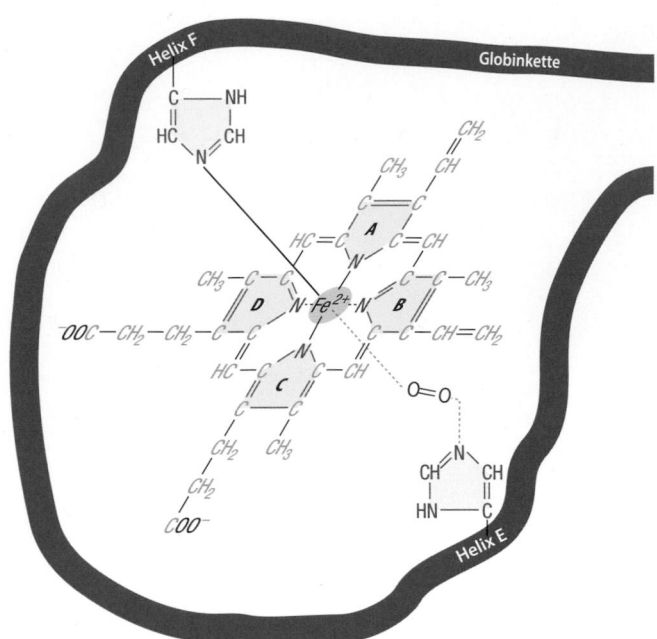

Abb. 5.17 Häm, die prosthetische Gruppe des Myoglobins und Hämoglobins. Das Häm ist über das zentrale Eisenatom koordinativ an den Imidazolring eines Histidinrestes von Helix F (proximales Histidin) der Globinkette gebunden. Bei der Bindung an das zentrale Eisenatom kommt der Sauerstoff zwischen dem Eisenatom und einem weiteren Histidinrest von Helix E der Globinkette, dem distalen Histidin, zu liegen

rötliche Färbung der Haut ab. Daher ist Blässe ein charakteristisches Symptom der Blutarmut (Anämie).

Die Lage des Porphyrinrings im Myoglobin wird durch die Gesetzmäßigkeiten festgelegt, die wir schon bei der Ausbildung der Tertiärstruktur von Proteinen kennengelernt haben: der hydrophobe Porphyrinring und die Vinylseitenketten gehen Interaktionen mit hydrophoben Seitenketten des Proteins ein, die hydrophilen Propionylseitenketten zeigen zur Oberfläche des Myoglobins (■ Abb. 5.16). Neben diesen nicht-covalenten Wechselwirkungen wird die prosthetische Gruppe durch eine koordinative Bindung zwischen einem Histidinrest und dem Eisenatom am Protein verankert (■ Abb. 5.17). Dieser Histidinrest wird auch als proximales Histidin bezeichnet und koppelt Konformationsänderungen des Proteins an Zustandsänderungen am Porphyrinring, die mit der Sauerstoffbindung oder der Sauerstoffabgabe einhergehen.

Auf der anderen Seite des Porphyrinrings liegt ein zweiter Histidinrest in der Nähe des Eisenatoms, ist aber nicht-koordinativ an das Metallion gebunden. Zwischen diesem Histidin und dem Metallion lagert sich das Sauerstoffmolekül bei seiner Bindung an.

Im freien Porphyrin wird das zweiwertige Fe^{2+} in einer wässrigen Lösung durch den Luftsauerstoff schnell zum dreiwertigen Fe^{3+} oxidiert. Das dabei entstehende Hämatin kann keinen Sauerstoff mehr binden. Im Myo-

globin ist dieser Oxidationsprozess durch die Interaktion des Eisens mit dem proximalen Histidin erheblich verlangsamt. Trotzdem findet dieser Vorgang statt, es entsteht Metmyoglobin. Im biologischen Gleichgewicht liegen in den Zellen immer einige Prozent des Myoglobins in diesem Zustand vor, das Metmyoglobin wird aber in der lebenden Zelle immer wieder reduziert. Bei totem Muskelgewebe wird mit der Zeit immer mehr Myoglobin oxidiert. Dadurch entsteht die typische dunkle Färbung von lang gelagertem Fleisch. Denselben Effekt findet man auch beim Hämoglobin, durch Oxidation des Häm-Eisens entsteht hier Methämoglobin. Unter dem Einfluss der NADH-abhängigen Methämoglobinreduktase (▶ Abschn. 68.2.4) kann das Eisenatom im Organismus wieder reduziert werden.

Erst die Proteinumgebung gibt dem Häm seine besonderen funktionellen Eigenschaften. Das Häm-Molekül findet man auch in anderem biologischen Kontext an andere Proteine gebunden. Eine wichtige Gruppe von Enzymen sind hier die Cytochrome (▶ Abschn. 32.1.2).

> Hämoglobin ist ein Tetramer aus zwei α- und zwei β-Ketten.

Hämoglobin   Hämoglobin ist aus vier Polypeptidketten aufgebaut (■ Abb. 5.18). Das Hämoglobin des Erwachsenen besteht aus jeweils zwei α- und zwei β-Ketten. Diese Ketten haben nur eine geringe Sequenzähnlichkeit mit der Polypeptidkette des Myoglobins (27 identische Aminosäuren). Die α-Ketten bestehen aus 141 Aminosäuren, die β-Ketten sind mit 146 Aminosäuren etwas größer. Das aus diesen Ketten gebildete Tetramer hat eine molekulare Masse von etwa 64,5 kDa und besteht aus 574 Aminosäuren.

Die vier Polypeptidketten des Hämoglobins binden mit dem Häm dieselbe prosthetische Gruppe wie das Myoglobin. Trotz der großen Sequenzunterschiede nehmen die Hämoglobinpolypeptide beinahe dieselbe Tertiärstruktur wie das Myoglobin an. Dies legt nahe, dass im Wesentlichen nur die 27 Aminosäuren, die bei Myoglobin- und Hämoglobinketten identisch sind, für die Ausbildung des hydrophoben Kerns und die Kontakte zum Häm verantwortlich sind. Man kann annehmen, dass Hämoglobin und Myoglobin durch Genverdopplung aus einem Gen der Urglobinkette entstanden sind. Im Laufe der Evolution haben sie sich dann unabhängig voneinander weiterentwickelt und sich ihren neuen Aufgaben angepasst. Der Prozess der **Genduplikation** wiederholte sich mehrmals, sodass heute das Myoglobin, die α- und β-Ketten des Hämoglobins sowie weitere Varianten wie die γ-, δ- und ε-Ketten des Hämoglobins existieren, die man aber im Allgemeinen nur in fetalen Entwicklungsstadien oder beim Erwachsenen unter besonderen Bedingungen findet (▶ Abschn. 68.2.3).

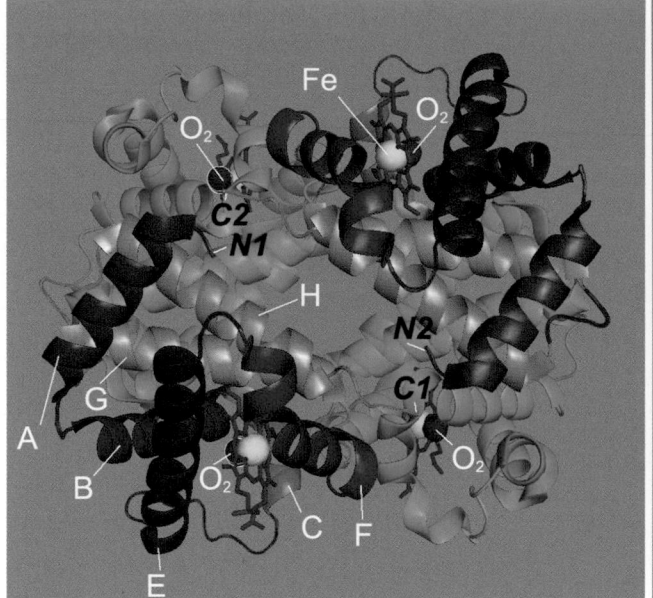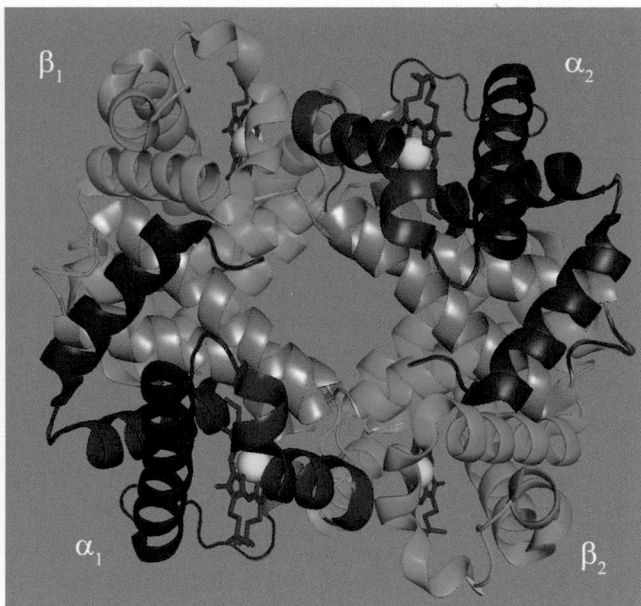

◘ Abb. 5.18 **Darstellung der tetrameren Struktur des menschlichen Hämoglobins.** Die beiden α-Untereinheiten sind in *Rottönen* wiedergegeben, die beiden β-Untereinheiten in *grün*. Die gezeigte Konformation des Oxyhämoglobins (*links*) wird als R-Zustand bezeichnet, die des Desoxyhämoglobins (*rechts*) als T-Zustand. Der zentrale Kanal des Oxyhämoglobins (*links*) ist durch die hier nicht abgebildeten Aminosäure-Seitenketten fast vollständig verschlossen. **C1** und **C2** bezeichnen die C-Termini, **N1** und **N2** die N-Termini der entsprechenden α₁- und α₂-Untereinheiten. Die jeweiligen Termini befinden sich im engen räumlichen Kontakt. Die Helices der α/β-Untereinheiten werden gewöhnlich mit Großbuchstaben (A–H) markiert. PDB-ID: 2DN1, 2DN2

Analog zum Myoglobin enthalten auch die Hämoglobinpolypeptide als kanonische Sekundärstrukturelemente nur α-Helices mit einem Gesamtanteil von über 70 %. Auch die β-Ketten bilden wie das Myoglobin acht Helices (A–H) aus, bei den α-Ketten fehlt eine α-Helix, die D-Helix (◘ Abb. 5.18).

Im funktionellen Hämoglobin-Tetramer werden die vier Einzelketten durch Wechselwirkungen zwischen ihren Kontaktstellen zusammengehalten. Jeweils eine α- und eine β-Untereinheit bilden ein Dimer (α₁/β₁- und α₂/β₂-Dimer), das durch mehr als 30 intermolekulare, hauptsächlich hydrophobe Kontakte stabilisiert wird. Diese beiden Dimere sind so zueinander angeordnet, dass sie durch eine Rotation um 180° ineinander überführt werden können. Auch zwischen den α₁- und β₂- sowie den α₂- und β₁-Untereinheiten gibt es jeweils eine große Anzahl intermolekularer Kontakte. Die stabilisierenden Wechselwirkungen zwischen den beiden α- und den beiden β-Untereinheiten sind im Vergleich dazu nur schwach ausgebildet, es bildet sich ein **flüssigkeitsgefüllter Kanal** (◘ Abb. 5.18). Er verläuft entlang der zweizähligen Symmetrieachse der Homodimere. Wenn Hämoglobin keinen Sauerstoff gebunden hat (**Desoxyhämoglobin**) ist der Kanal etwa 2 nm breit und 5 nm lang. Mit Bindung von Sauerstoff tritt eine Änderung der Tertiär- und Quartärstruktur ein, sodass bei Sauerstoffsättigung im **Oxyhämoglobin** der Kanal beinahe vollkommen verschwunden ist.

Hämoglobin ist nicht nur bei den Wirbeltieren (Vertebraten) zu finden, sondern dient auch bei vielen wirbellosen Tieren (Invertebraten) als Sauerstofftransportsystem. Bei Mollusken (Weichtieren), Arthropoden (Gliederfüßlern) und Brachiopoden (Armfüßlern) übernehmen das kupferhaltige **Hämocyanin** und das eisenhaltige Protein **Hämerythrin** die Rolle des Sauerstofftransporters. Im Unterschied zum Hämoglobin enthalten die beiden Proteine kein aus Porphyrinringen aufgebautes Häm als Cofaktor, der Sauerstoff ist aber auch an die Metallionen gebunden.

❯ Quartärstrukturänderungen sind die Basis kooperativer Effekte im Hämoglobin.

Die Bindung von Sauerstoff an das monomere Myoglobin zeigt eine einfache hyperbolische Abhängigkeit der Sauerstoffsättigung des Proteins von der Konzentration des gelösten Sauerstoffs (◘ Abb. 5.19), wobei die Sauerstoffkonzentration gemäß dem Henry-Dalton-Gesetz proportional zum Sauerstoffpartialdruck ist. Dieselbe Bindungskurve wie für Myoglobin erhält man auch für die isolierte β-Kette des Hämoglobins, die in Lösung als Monomer vorliegt. Eine ganz andere Bindungskurve erhält man für das tetramere Hämoglobin. Hier findet man einen sigmoidalen Verlauf der Bindungskurve, der offensichtlich aus der Zusammenlagerung der einzelnen Unter-

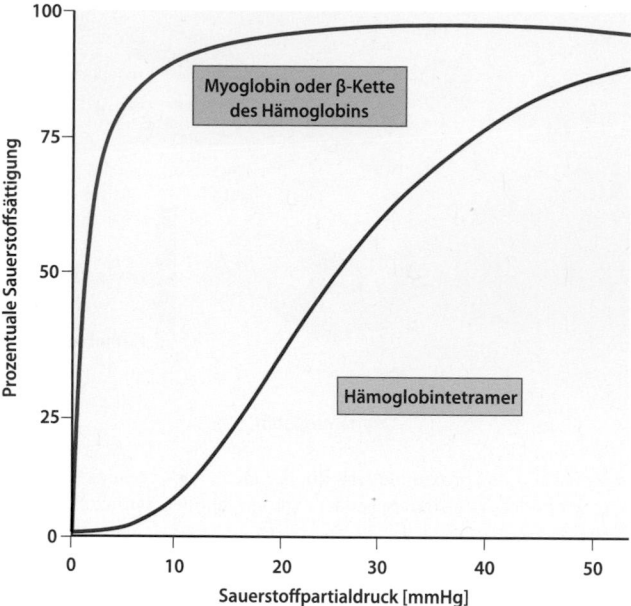

Prozentuale Sauerstoffsättigung

Myoglobin oder β-Kette des Hämoglobins

Hämoglobintetramer

Sauerstoffpartialdruck [mmHg]

■ **Abb. 5.19** Sauerstoffbindungskurven des Myoglobins, der isolierten β-Kette des Hämoglobins und des tetrameren Hämoglobins

einheiten resultiert. Was bedeutet das für die Sauerstoffaufnahme und -abgabe? Im Myoglobin steigt die Sättigung des Proteins mit steigendem Sauerstoffpartialdruck schnell an, sodass bei 1 mmHg (0,13 kPa) 50 % des Myoglobins mit Sauerstoff gesättigt sind. Für das Hämoglobin ist es anders. Die Bindungskurve steigt zunächst nur langsam an, und erst bei höheren Sauerstoffpartialdrücken zeigt sie einen steilen Anstieg. Daher benötigt man zur Halbsättigung einen deutlich höheren Partialdruck von 26,6 mmHg (3,5 kPa). Bei dem in den Lungenalveolen vorherrschenden Sauerstoffpartialdruck von etwa 100 mmHg (13,3 kPa) sind beide Proteine mit Sauerstoff gesättigt. Ganz anders ist es im Kapillarbett, in dem der Sauerstoff möglichst vollständig abgegeben werden muss. Hier führt die S-förmige Bindungskurve schon bei dem hier typischen Sauerstoffpartialdruck von 22,5 mmHg (3 kPa) zu einer signifikanten Abgabe des Sauerstoffs.

Die **sigmoidale Bindungskurve** ist ein Zeichen für eine **kooperative Bindung** des Sauerstoffs an das Hämoglobin: Die Bindung von einem Sauerstoffmolekül an eine Untereinheit führt zu einer Änderung ihrer Tertiärstruktur. Die daraus resultierende Änderung der Quartärstrukturinteraktionen führt dazu, dass die anderen Untereinheiten die Konformation einnehmen, die eine höhere Affinität für Sauerstoff hat.

Die strukturelle Basis zur Erklärung dieser Vorgänge lieferten die Röntgenstrukturanalysen von Max F. Perutz. Schon Ende der 40er-Jahre hatte man die Beobachtung gemacht, dass man bei der Kristallisation von Oxyhämoglobin andere Kristalle erhält als bei Desoxyhämoglobin. Die erhaltenen Röntgenstrukturen zeigten, dass Hämoglobin in zwei unterschiedli-

chen Formen vorliegen kann, je nachdem, ob es keinen Sauerstoff gebunden hat oder mit Sauerstoff gesättigt ist. In Analogie zur mit dem Ein- und Ausatmen einhergehenden Formänderung der Lunge bezeichnete Perutz das Hämoglobin als molekulare Lunge.

Wie wir schon gesehen haben (■ Abb. 5.18) unterscheiden sich Oxy- und Desoxyhämoglobin im Wesentlichen durch ihre Quartärstruktur, das heißt durch die wechselseitige Anordnung der einzelnen Untereinheiten. Bei der durch die Sauerstoffbindung verursachten Änderung der Quartärstruktur bleiben die Struktur des α_1/β_1- und α_2/β_2-Dimers und die internen Kontakte zwischen den Peptidketten weitgehend erhalten. Im Gegensatz dazu ändert sich die relative Orientierung der Dimere dramatisch: Das α_1/β_1-Dimer wird relativ zum α_2/β_2-Dimers um etwa 15° durch die Sauerstoffanlagerung verdreht und der zentrale, wassergefüllte Kanal schließt sich (■ Abb. 5.18). Durch diese Rotationsbewegung ändern sich auch die Kontakte zwischen den α_1-und β_2-Ketten und den α_2- und β_1-Ketten und damit auch die physikalischen Wechselwirkungen zwischen den Aminosäureresten der beiden Dimere deutlich. Als Nettoeffekt dieser Umlagerungen ergibt sich ein zweites Energieminimum, das die Quartärstruktur des Oxyhämoglobins stabilisiert. Dieser Zustand wird als der **R-Zustand** (R = *relaxed*) des Hämoglobins bezeichnet. Der Zustand, bei dem der Sauerstoff schlecht bindet, ist dann der **T- Zustand** (T = *tense*) des Hämoglobins. Die zugehörigen Konformationen der einzelnen Polypeptidketten heißen folgerichtig **r- und t-Konformationen**.

Wie genau nun dieser Übergang vom T- in den R-Zustand bei der kooperativen Sauerstoffbindung im Detail vonstatten geht, ist immer noch Gegenstand aktueller Forschung, da die experimentellen Daten mit mehr als einem kinetischen Modell erklärt werden können. Allerdings sind die Grundzüge der notwendigen konformationellen Übergänge wie sie von Perutz aus den Röntgenstrukturdaten abgeleitet wurden als konsistentes Basismodell allgemein akzeptiert.

❯ Die Sauerstoffbindung verursacht primär eine Bewegung des Eisenatoms und des daran gebundenen proximalen Histidinrestes als Auslöser für eine Konformationsänderung des gesamten Hämoglobins.

Der wichtigste Schritt ist die Bindung des Sauerstoffmoleküls an das Eisen des Häms und die dadurch induzierte Bewegung des proximalen Histidinrestes. In Abwesenheit von Sauerstoff befindet sich das Eisen im **paramagnetischen** *high spin*-**Zustand,** bei dem nicht alle Elektronen gepaart sind. In diesem Zustand liegt das Eisenion außerhalb der Porphyrinringebene und der Porphyrinring selbst ist leicht durchgebogen (■ Abb. 5.20). Wenn nun ein Sauerstoffatom an das Eisenatom bindet, ändert sich dessen Elektronenkonfiguration, das zweiwertige Eisenatom geht in den **diamagnetischen** *low spin*-**Zustand**

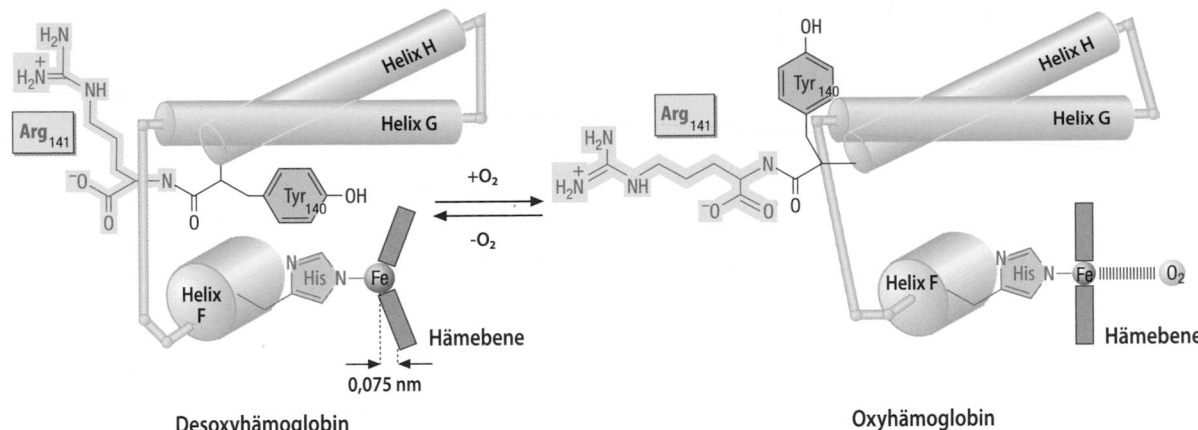

Desoxyhämoglobin   **Oxyhämoglobin**

◼ **Abb. 5.20   Schematische Darstellung von strukturellen Veränderungen bei der Oxygenierung der α-Kette des Hämoglobins.** Die Aminosäuren Tyrosin 140 und das C-terminale Arginin 141 der Helix H der α-Kette und das proximale Histidin der Helix F, das an das Häm-Eisen gebunden ist, sind besonders hervorgehoben. (Einzelheiten s. Text)

über. Eine direkte Folge davon ist eine Verkürzung der Bindungen zu den Stickstoffatomen der Pyrrolringe. Das Eisenatom befindet sich jetzt in der Ebene des Porphyrinsystems und bewegt sich dabei um etwa 0,075 nm auf das nun planare Ringsystem zu. Dieser Bewegung folgt das proximale Histidin (◼ Abb. 5.20) und induziert den Übergang der Untereinheit in den R-Zustand.

Da das proximale Histidin Teil der Helix F ist, überträgt sich die Bewegung des Eisenatoms primär auf diese Helix und dann auf das gesamte Protein. Die Verschiebung der Helix F führt dann zu einer Verschiebung von Helix G und letztlich zu einer deutlichen Lageveränderung der **C-terminalen Aminosäuren Tyrosin und Arginin** der β-Untereinheiten. Dadurch werden v. a. elektrostatische Interaktionen zwischen den α_1- und α_2-Ketten bzw. den β_1- und α_2-Ketten aufgebrochen, was zum Übergang des Hämoglobins in den R-Zustand führt. Die Bedeutung dieser elektrostatischen Interaktionen für den Quartärstrukturübergang kann man experimentell einfach beweisen: Entfernt man die C-terminalen, positiv geladenen Argininreste, so verschwindet die Kooperativität der Sauerstoffbindung, obwohl das Hämoglobin immer noch ein Tetramer bildet.

Der Sauerstoff wird in der **r-Konformation** besser gebunden als in der **t-Konformation**, da er in der r-Konformation näher an das distale Histidin herangeführt wird und auf diese Weise stabilisierende Interaktionen mit diesem eingehen kann. Wenn man dann noch annimmt, dass in der t-Konformation der Sauerstoff schwächer an die β-Ketten als an die α-Ketten bindet, kann man ein plausibles Modell aufstellen, mit dem sich die kooperative Sauerstoffbindung gut qualitativ und quantitativ beschreiben lässt: Bei niedrigem Sauerstoffpartialdruck bindet Sauerstoff zunächst an die α-Kette, die aber im Gleichwicht überwiegend in der t-Konformation bleibt, da diese durch die Quartärstruk-

turinteraktionen stabilisiert wird. Bei Zunahme des Sauerstoffpartialdrucks nimmt die Wahrscheinlichkeit zu, dass eine zweite α-Kette (oder mit geringerer Wahrscheinlichkeit eine β-Kette) oxygeniert wird. Damit erhöht sich die Tendenz, dass die Untereinheiten in die r-Konformation übergehen, die Sauerstoffaffinität nimmt zu. Dies triggert den weiteren Übergang anderer Einheiten in die r-Konformation, sodass bei weiterer Erhöhung des Sauerstoffpartialdrucks das gesamte Molekül schnell in den R-Zustand mit hoher Sauerstoffaffinität übergeht.

❯ Die Sauerstoffaffinität des Hämoglobins wird durch allosterische Effektoren reguliert.

Die Sauerstoffaffinität des Hämoglobins muss den häufig wechselnden äußeren Bedingungen angepasst werden. Eine wichtige Möglichkeit besteht darin, das intrinsische Gleichwicht zwischen dem niederaffinen T-Zustand und dem hochaffinen R-Zustand zu verschieben. Da dieses Gleichwicht von elektrostatischen Wechselwirkungen abhängt (s. o.) und die Ladung der beteiligten Gruppen prinzipiell durch den pH-Wert beeinflusst wird, kann man auch eine Abhängigkeit der Sauerstoffbindung vom pH-Wert erwarten. Im physiologischen pH-Bereich um 7,4 kommen für eine Protonierung/Deprotonierung die N-terminalen Aminogruppen der α- und β-Ketten und die C-terminalen Histidinreste der β-Ketten in Frage, die beide pK_s-Werte im neutralen Bereich haben. Sie werden daher bei einem niedrigen pH-Wert protoniert und sind dann positiv geladen. Die positiven Ladungen stabilisieren den für Sauerstoff niederaffinen T-Zustand des Proteins. Das bedeutet, dass bei niederem pH (Acidose) wie er in den Kapillaren bei ungenügender Sauerstoffversorgung des Gewebes vorliegt, verstärkt Sauerstoff abgegeben wird. Diesen Effekt nennt man **Bohr-Effekt**.

Im Kapillarbett steigt durch den katabolen Stoffwechsel der CO_2-Spiegel erheblich an. Kohlendioxid kann bei hohen Konzentrationen mit den N-terminalen Aminogruppen der Hämoglobinketten reagieren und labile covalente Carbamine bilden (**Carbaminohämoglobin**). Diese Modifikation stabilisiert wieder den T-Zustand (erhöhte Sauerstoffabgabe, **Haldane-Effekt**). Hämoglobin versorgt also nicht nur die peripheren Zellen mit Sauerstoff, sondern ist gleichzeitig am Transport der beim Stoffwechsel entstehenden Protonen und des CO_2 zur Lunge beteiligt (▶ Abschn. 68.2.3).

Durch eine Veränderung des Gleichgewichts zwischen R- und T-Zustand wird also die Sauerstoffanlagerungskurve des Hämoglobins in Abhängigkeit von den **Protonen- und CO_2-Konzentrationen** im Medium nach links oder rechts verschoben (◘ Abb. 68.5). Eine andere wichtige Regulation der Sauerstoffaffinität des Hämoglobins findet bei der Höhenanpassung statt. **2,3-Bisphosphoglycerat** (2,3-BPG) ist ein Stoffwechselprodukt des Glucosestoffwechsels (▶ Abschn. 68.2.4) und kann als hochgeladenes Molekül im zentralen Kanal des Hämoglobins binden. Da dieser nur im T-Zustand offen ist, stabilisiert es dessen offenen Zustand und führt zu einer erleichterten Sauerstoffabgabe. Bei der Höhenadaptation wird in den Erythrocyten vermehrt 2,3-BPG gebildet, um so die verringerte Sauerstoffsättigung des Blutes zumindest teilweise zu kompensieren.

Da die Bindungsstellen für Protonen, Kohlendioxid und 2,3-Bisphosphoglycerat nicht mit denen für den Sauerstoff am Häm identisch sind, handelt es sich bei diesen Komponenten um klassische **allosterische Effektoren** (nach dem griechischen Wort ἄλλος [allos], ein anderer; in diesem Fall also Effektoren, die an „andere Bereiche" des Hämoglobins binden).

Zusammenfassung

Hämoglobin ist das Sauerstofftransportprotein der Wirbeltiere, Myoglobin bindet Sauerstoff im Muskelgewebe. Myoglobin ist ein monomeres Protein, das zu 70 % aus α-Helices aufgebaut ist. Als prosthetische Gruppe besitzt Myoglobin ein Häm-Molekül, bei dem ein zentrales Fe^{2+} mit den N-Atomen von vier Pyrrolringen und einem Histidylrest der Globinkette (proximales Histidin) koordiniert ist. Als weiterer Ligand bindet O_2 an das zentrale Fe^{2+}-Ion.

- Das Hämoglobin des Erwachsenen ist ein Tetramer aus zwei α- und zwei β-Globinketten mit insgesamt vier Häm-Molekülen.
- Die kooperative Sauerstoffbindung ist eine Folge der Wechselwirkung zwischen den α- und β-Globinketten.
- Bei niedrigem pH (Acidose) der Umgebung wird Sauerstoff abgegeben (Bohr-Effekt).

- 2,3-Bisphosphoglycerat-Bindung erhöht die Sauerstoffabgabe bei der Höhenadaptation.
- Carbaminohämoglobin entsteht durch Anlagerung von CO_2 an die N-terminalen Aminogruppen der Globinketten.

5.4 Physiologische und pathologische Faltungsprozesse bei Proteinen

5.4.1 Denaturierung und Faltung von Proteinen

Wie wir schon gesehen haben, ist die ungestörte biologische Funktion eines Proteins von seiner intakten räumlichen Struktur abhängig. Eine Zerstörung der nativen Konformation (**Denaturierung**) führt zum Verlust der biologischen Aktivität. 1961 zeigte Christian Anfinsen experimentell an der Ribonuclease, dass zumindest ein kleines Protein reversibel denaturiert und renaturiert werden kann (◘ Abb. 5.21).

Titriert man eine Lösung von nativ gefalteter, enzymatisch aktiver Ribonuclease mit Harnstoff, geht die enzymatische Aktivität mit steigender Harnstoffkonzentration immer mehr zurück. Parallel dazu wird auch der Anteil an kanonischen Sekundärstrukturelementen immer kleiner, den man mit biophysikalischen Methoden wie der CD-(Circulardichroismus-)Spektroskopie bestimmen kann. Harnstoff geht dabei keine chemische Reaktion mit dem Polypeptid ein, alle covalenten Bindungen bleiben intakt. Die Disulfidbrücken der nativen Ribonuclease können dann zusätzlich noch durch Beigabe eines Reduktionsmittels wie β-Mercaptoethanol gespalten werden, um eine lineare Polypeptidkette zu erhalten. Am Schluss erhält man dann ein vollkommen inaktives, ungefaltetes Protein. Entfernt man den Harnstoff und das Reduktionsmittel durch Dialyse, nimmt das Protein wieder selbstständig seine native Konformation an. Sogar die Disulfidbrücken werden unter dem Einfluss des Luftsauerstoffs wieder korrekt gebildet. Es kommt zur spontanen **Renaturierung**.

Damit ist bewiesen, dass alle Informationen über die native Konformation in der Primärstruktur codiert sind, die ja auch die einzige Information ist, die über das Protein in der DNA gespeichert werden kann. Allerdings garantiert diese Eigenschaft nicht, dass nicht auch Fehlfaltungen entstehen können (im Falle der Ribonuclease z. B. falsche Disulfid-Brücken). Um die Faltungseffizienz zu erhöhen, hat die Zelle für bestimmte Proteine zusätzliche Hilfsmechanismen entwickelt (▶ Abschn. 49.1).

❯ Der Faltungscode von Proteinen ist noch nicht entschlüsselt.

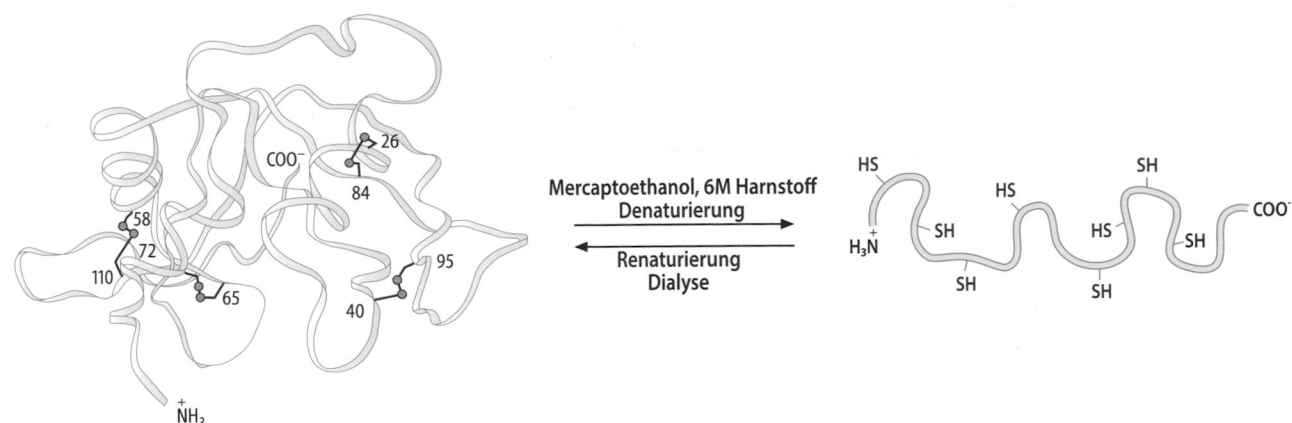

◘ **Abb. 5.21 Denaturierung und Renaturierung der pankreatischen Ribonuclease.** Das native Enzym mit den vier *rot* dargestellten Disulfidbrücken wird durch Behandlung mit einem Überschuss an Thiolen (z. B. Mercaptoethanol) in Gegenwart hoher Harnstoffkonzentrationen entfaltet und somit denaturiert. Nach Entfernung von Harnstoff und Mercaptoethanol durch Dialyse erreicht das Enzym wieder seine ursprüngliche Aktivität und Raumstruktur. Es ist renaturiert

Heutzutage ist die Aufklärung der Nucleotidsequenz einer DNA Routine und kann mit hoher Zuverlässigkeit durchgeführt werden. Da der **genetische Code** bekannt ist, kann daraus die Aminosäuresequenz direkt abgeleitet werden. Anders ist es mit der räumlichen Struktur eines Proteins. Auch wenn die Aminosäuresequenz eines Proteins bekannt ist, kann man seine Raumstruktur im Allgemeinen noch nicht mit hoher Genauigkeit vorhersagen. Es gibt offensichtlich hierzu keine einfache Codierung, die es nur zu entschlüsseln gilt. Dies hat verschiedene physikalische Gründe. Ein wesentlicher Grund ist sicherlich, dass der energetisch zugängliche Konformationsraum für Proteine riesig groß ist. Die Vielzahl der frei drehbaren Einfachbindungen der Haupt- und Seitenketten lässt eine fast unbegrenzte Zahl von möglichen Konformationen zu.

Selbst, wenn man davon ausgeht, dass die native Struktur die Struktur mit der niedrigsten Energie (genauer: niedrigsten freien Enthalpie G) ist, unterscheidet sich die freie Enthalpie der nativen Konformation eines Proteins quantitativ nur wenig von derjenigen anderer, ähnlicher Konformationen. Selbst die Energieunterschiede zwischen einem korrekt gefalteten und einem denaturiertem Protein sind sehr klein. Die freie **Stabilisierungsenthalpie** ΔG^0_{stab} eines typischen mittelgroßen Proteins liegt in der Größenordnung von 45 ± 15 kJ mol^{-1}. Dieser Wert entspricht nur der zusätzlichen Energie von einigen wenigen Wasserstoffbrücken im Protein. Dazu kommt, dass die funktionelle, „native" 3D-Struktur nicht notwendigerweise dem absoluten Minimum der freien Enthalpie entspricht. Wie schon oben diskutiert, haben Zustände, die für die Katalyse oder Protein-Protein-Interaktion verantwortlich sind, oft eine etwas höhere freie Enthalpie als der Grundzustand. Der katalytisch aktive, gefaltete Zustand N kann sogar eine viel größere freie Enthalpie

haben als der ungefaltete, denaturierte Zustand U, der daher thermodynamisch bevorzugt ist. Trotzdem kann der aktive Zustand für lange Zeit bestehen, wenn die Energiebarriere zwischen U und N sehr hoch ist (**kinetische Stabilisierung**). Ein Beispiel hierfür ist die Protease α-Chymotrypsin, die durch limitierte Proteolyse (s. ▶ Abschn. 8.5 und 61.1.3) aus dem stabil gefalteten, inaktiven Vorläuferprotein Chymotrypsinogen hervorgeht. Chymotrypsin befindet sich dann zunächst im Zustand N (Minuten bis Stunden), obwohl dieser thermodynamisch nicht stabil ist.

❯ Kleine Proteine falten und entfalten sich schnell und ohne einfach nachweisbare Zwischenzustände.

Nach ihrer Biosynthese am Ribosom liegen die Proteine noch weitgehend im ungefalteten Zustand vor, obwohl die naszierenden Ketten bereits im Austrittskanal der Ribosomen Sekundärstrukturen ausbilden können. Der ungefaltete Zustand U wird meist hinreichend gut als Zufallsknäuel beschrieben (ist aber eigentlich ein Ensemble von vielen, schnell ineinander übergehenden Konformationen ohne stabile Sekundärstruktureinheiten). Die native Struktur N eines Proteins wird traditionell als eine wohldefinierte, einheitliche Struktur angesehen wie man sie in Kristallstrukturen beobachtet. Computersimulationen von Proteinstrukturen und genauere experimentelle Untersuchungen mit modernen Methoden wie der NMR-Spektroskopie zeigen, dass die Annahme einer einzigen nativen Struktur N in Lösung eine erhebliche Vereinfachung darstellt. In Wirklichkeit findet man wieder ein ganzes **Ensemble ähnlicher Strukturen** in Lösung. Unter günstigen Bedingungen, wie sie in der Zelle vorherrschen, werden die native(n) Struktur(en) N bei kleinen Proteinen, die nur aus einer einzigen Domäne bestehen, oft schon in einigen Millisekunden erreicht.

In einer ersten Näherung kann man die Faltung und die Entfaltung eines Proteins durch eine einfache Reaktionsgleichung beschreiben:

$$U \rightleftarrows I \rightleftarrows N$$
$$\downarrow\uparrow$$
$$X$$
$$\downarrow$$
$$X_\mathrm{n} \qquad\qquad 5.1$$

I ist hier ein Zwischenzustand, der bei der ordnungsgemäßen Faltung auftritt. Faltungsintermediate X, die nicht direkt auf dem Weg zur nativen Struktur liegen, können die Faltung eines Proteins erheblich verzögern und bilden oft stabile Aggregate X_n. Wenn sie aus der Lösung ausfallen, sind sie faktisch aus dem schnellen, reversiblen Gleichgewicht $U \rightleftarrows N$ ausgeschieden. Ihr Auftreten stellt den Prototyp der (scheinbar) irreversiblen Denaturierung dar. Wie schon oben für den denaturierten und den gefalteten Zustand U und N besprochen, stellen in Lösung auch die Zustände I und X eigentlich **Ensembles von ähnlichen Konformationen** dar.

Experimentell lassen sich allerdings bei kleinen Proteinen mit einfachen spektroskopischen Methoden (Fluoreszenzspektroskopie, CD-Spektroskopie) oft nur ein gefalteter und ein denaturierter Zustand (Zweizustandsmodell) nachweisen und es gelingt nicht, ein Faltungsintermediat zu detektieren. Faltungsintermediate müssen allerdings aus fundamentalen, thermodynamischen Gründen immer dann vorhanden sein, wenn ein Protein in mehreren, funktionell wichtigen Konformationen vorkommt **(essenzielle Faltungsintermediate)**. Diese können auch nicht durch die Evolution eliminiert werden. Solche essenziellen Faltungsintermediate findet man oft bei Proteinen, die mit vielen verschiedenen Partnern interagieren müssen. Ein Beispiel hierfür ist das schon erwähnte Ras-Protein, das im Signaltransduktionszyklus nacheinander mit Guaninnucleotid-Austauschfaktoren, Effektoren und GTPasen interagieren muss (▶ Abschn. 35.4.2).

Die wichtigsten strukturellen Eigenschaften eines Ensembles von Zwischenzuständen lassen sich häufig mit dem Bild eines **geschmolzenen Kügelchens** (*molten globule*) darstellen. Im Zwischenzustand des *molten globule* sind schon einige instabile Sekundärstrukturelemente im zeitlichen Mittel vorhanden, die sich aber noch schnell umlagern können, da der hydrophobe Kern des Proteins noch partiell hydratisiert ist.

Der Faltungsvorgang eines Proteins lässt sich anschaulich und theoretisch zutreffend mit dem des **Faltungstrichters** (*folding funnel*) beschreiben. Der Faltungstrichter ist ein Sonderfall der **freien Energielandschaft** (*free energy landscape*), in der die freie Enthalpie (abzüglich des Entropieanteils der Peptidkette) als Funktion aller möglichen Konformationen der Polypeptidkette dargestellt wird

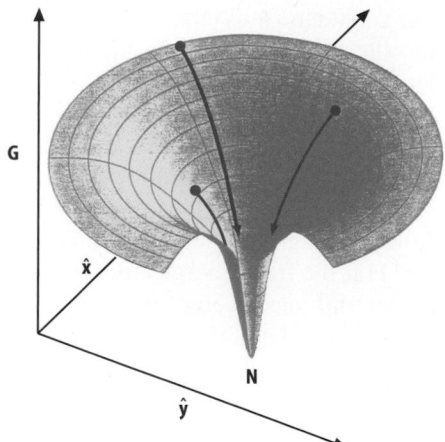

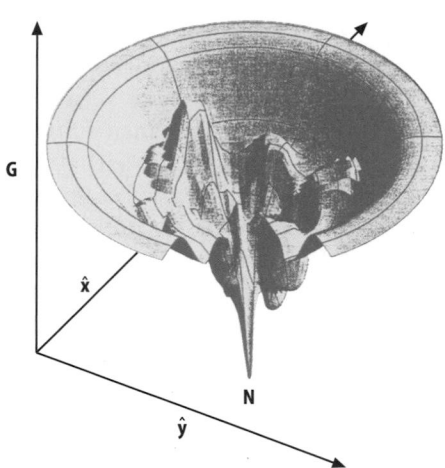

◼ **Abb. 5.22 Schematische Darstellung des Konformationsraums von Proteinen.** Der im Prinzip multidimensionale Konformationsraum ist vereinfacht auf zwei Dimensionen $\hat{x}$ und $\hat{y}$ reduziert, die zugehörige freie Enthalpie G ist durch die senkrechte Koordinate gegeben. *N*: native Struktur. (Einzelheiten s. Text)

(◼ Abb. 5.22). Das primär ungefaltete Protein befindet sich zunächst in einem Zustand hoher freier Enthalpie am Eingang des Faltungstrichters. Wie ein Skifahrer im Schwerefeld der Erde folgt es der Piste bergabwärts (in Richtung kleinerer freier Enthalpien), um schließlich im Tal anzukommen. Es gibt natürlich viele verschiedene Startpositionen (Konformere des Zufallsknäuels) und viele verschiedene Wege (teilgefaltete Konformere) auf dem Weg zum Tal. Wenn sich der Trichter immer mehr verengt, gibt es immer weniger Möglichkeiten. Gleichzeitig wird die Steigung immer größer und damit die Faltung immer schneller.

Im Bild des Faltungstrichters löst sich auch das bekannte **Levinthal-Paradoxon** auf natürliche Weise. Es besteht darin, dass sich bei plausiblen Annahmen selbst ein kleines Protein nicht in endlicher Zeit falten könnte, wenn es alle möglichen Kombinationen von φ- und ψ-Winkeln austesten müsste. Die dazu benötigte Zeit würde das Alter des Universums überschreiten. Der Fal-

tungstrichter zeigt den Denkfehler: Für ein Protein ist es nicht nötig, alle möglichen Konformationen anzunehmen, da der Gradient der freien Energie das Peptid zur korrekten Struktur hinführt. Wenn der Faltungstrichter glatt und unstrukturiert ist, wird sich das Protein schnell ohne nachweisbare Zwischenzustände falten. Wenn kleine lokale Energieminima auf der Oberfläche zu finden sind, wird die Faltung verzögert und Intermediate sind nachweisbar. Hat die freie Energielandschaft tiefe Täler oder gar Täler mit niedrigerer Energie als die native Struktur, ergeben sich Fehlfaltungen X. Diese Nebenminima können dann nur mit zusätzlicher (thermischer) Energie wieder verlassen werden.

> Proteine sind nur bei bestimmten äußeren Bedingungen nativ gefaltet.

Wie die Denaturierung von Eiweiß beim Eierkochen zeigt, können schon kleine Änderungen der äußeren Bedingungen zur Denaturierung (dem Verlust der dreidimensionalen Struktur) von Proteinen führen. Aus der Sicht der Thermodynamik ist dies leicht zu verstehen: Wie wir schon gesehen haben, ist selbst unter günstigen, physiologischen Bedingungen die freie Enthalpie der Stabilisierung ΔG^0_{stab} relativ klein. Sie bestimmt das Gleichgewicht zwischen gefaltetem und ungefaltetem Zustand. Die zugehörige Gleichgewichtskonstante K kann nach der Gleichung als $\Delta G_{stab} = -RT \cdot \ln K$ berechnet werden (▶ Abschn. 4.1). Bei ΔG_{stab} = 45 kJ/mol liegen bei 37 °C in der Lösung nur $2.6 \cdot 10^{-6}$ % aller Proteinmoleküle im denaturierten Zustand vor. Die Temperatur ist hier ein wichtiger Parameter, da ΔG_{stab} selbst stark temperaturabhängig ist. Bei Proteinen von Menschen liegt das Maximum der freien Stabilisierungstemperatur gewöhnlich in der Nähe der physiologischen Körpertemperatur von 37 °C. Manche menschliche Proteine denaturieren schon bei 42 °C, eine typische Temperatur der **Hitzedenaturierung** für viele Proteine ist 55 °C. Auch bei Temperaturerniedrigung geht die Stabilität von Proteinen stark zurück. Allerdings wird die **Kältedenaturierung** nur selten experimentell beobachtet, da die hierzu nötigen Temperaturen gewöhnlich etwas unterhalb des Gefrierpunkts von Wasser liegen.

Ob ein Protein in Lösung im gefalteten oder ungefalteten Zustand vorliegt, hängt davon ab, welcher Zustand energetisch günstiger ist, wenn man die Summe aller physikalischen Wechselwirkungen des Protein-Lösungsmittel-Systems berücksichtigt. Daher spielen das Lösungsmittel, dessen pH und die Ionenstärke eine wichtige Rolle. Außerhalb relativ enger Grenzen dieser Parameter denaturiert das Protein.

Will man Proteine absichtlich denaturieren, benutzt man in der Biochemie meist **Harnstoff** und **Guanidini-**umchlorid (Chloridsalz des Iminoharnstoffs) als Denaturierungsmittel. Deren Zusatz führt nur zur reversiblen Entfaltung des Proteins, ohne eine Modifikation covalenter Bindungen zu bewirken. Da diese Denaturierungsmittel die geordnete Wasserstruktur zerstören, werden sie als **chaotrop** bezeichnet. Als Mechanismus wurde früher angenommen, dass in Anwesenheit von **Harnstoff** oder **Guanidiniumchlorid** die Entropie des Wassers größer wird und damit der Einfluss der hydrophoben Wechselwirkungen im Proteininneren verringert wird. Dies würde zur Solvatisierung des hydrophoben Kerns und der Denaturierung des Proteins führen. Nach neueren Erkenntnissen ist die Hauptursache der Denaturierung eine direkte Wechselwirkung von Harnstoff oder Guanidiniumchlorid mit dem entfalteten Peptidgerüst im denaturierten Zustand des Proteins, der dadurch energetisch begünstigt wird.

Will man Proteine aus einer Lösung ausfällen und gleichzeitig inaktivieren, verwendet man oft pH-Veränderungen durch Zusatz von Trichloressigsäure oder Perchlorsäure. Auch Schwermetallsalze werden zum Denaturieren von Proteinen genutzt. Gleichzeitig mit der Denaturierung werden die Proteine ausgefällt, da die Schwermetallkomplexe der Proteine oft unlöslich sind.

Die Proteindenaturierung wird irreversibel, wenn das denaturierte Protein stabile, unlösliche Aggregate (ungeordnete Proteinkomplexe) oder Polymere (geordnete makromolekulare Komplexe) bildet. Wie wir schon besprochen haben, bilden sich diese gewöhnlich aus fehlgefalteten Faltungsintermediaten X oder dem ungefalteten Protein U. Einen alternativen Mechanismus, der zur irreversiblen Denaturierung führt, stellen chemische Prozesse dar, die die covalente Struktur der Polypeptidkette verändern. Relativ häufig kommt es zu einer spontanen Desaminierung von Asparigin- und Glutaminresten, die dabei in die negativ geladenen Aspartyl- oder Glutamylreste verwandelt werden. Dazu kommen die Oxidation von Cystein- und Methioninresten durch den Luftsauerstoff, die autokatalytische Spaltung von Asp-Pro-Peptidbindungen und die Racemisierung von Aspartaten. In Zellextrakten oder Körperflüssigkeiten kann eine nicht-enzymatische Glykierung der ε-Aminogruppe von Lysinseitenketten spontan stattfinden (▶ Abschn. 17.1.2).

5.4.2 Pathobiochemie der Proteinfaltung

> Fehlgefaltetes Protein muss von der Zelle entweder renaturiert oder eliminiert werden.

Ungefaltetes oder fehlgefaltetes Protein neigt zur Bildung von stabilen Aggregaten oder Polymeren. Oft sind

diese schädlich für die Zellen und führen am Ende zum Zelluntergang. Daher hat die Zelle Schutzmechanismen entwickelt, um eine Bildung dieser Aggregate zu unterdrücken. Prinzipiell gibt es hier zwei Mechanismen, die schnelle Herstellung der nativen Faltung durch Faltungshelfer oder der schnelle Abbau der fehlgefalteten Proteine durch spezialisierte proteolytische Systeme.

Eine noch ungeklärte Frage ist, wie die Zelle zunächst die (nicht triviale) Erkennung der Fehlfaltung eines Proteins bewerkstelligt. Insbesondere gibt es eine große Anzahl von Proteinen (schätzungsweise 30 % aller im Genom codierten Proteine), die intrinsisch ungefaltet sind und dieser Erkennung entgehen müssen. Für die Elimination von fehlgefalteten Proteinen sind die wichtigsten Systeme das **Proteasom** und das **Lysosom** (▶ Kap. 50).

Die Aminosäuresequenzen der meisten Proteine sind durch die Evolution so optimiert worden, dass sie ohne Hilfe schnell in der Zelle ihre korrekte Faltung annehmen. Daher häufen sich auch diese Proteine im Normalfall nicht unkontrolliert als fehlgefaltete oder ungefaltete Proteine in der Zelle an. Dies kann unter Stressbedingungen (z. B. oxidativer Stress) anders sein, da hier die Bildung von irreversibel oxidierten Produkten begünstigt ist.

Auch unter günstigen Bedingungen verzögert sich die Faltung von Proteinen durch eine notwendige *cis-trans*-Isomerisierung der Peptidbindung vor Prolinresten oder durch die notwendige Bildung von Disulfidbindungen. Hier hat die Zelle spezifische Enzyme, die diese Prozesse beschleunigen. Die Isomerisierung der Peptidbindung wird unter dem Einfluss von **Peptidyl-Prolyl-Isomerasen** (▶ Abschn. 49.1.5) beschleunigt, die schnelle Ausbildung von korrekten Disulfidbindungen wird durch **Protein-Disulfid-Isomerasen** unterstützt (▶ Abschn. 49.2.1).

Zu diesen katalytisch aktiven, spezialisierten Isomerasen kommen die **Chaperone** (▶ Abschn. 49.1.1), eine ganze Gruppe von Faltungshelfern, die keine spezifische katalytische Funktion haben. Sie binden Faltungsintermediate I oder fehlgefaltetes Protein X (Gl. 5.1) und verhindern damit deren unkontrollierte Aggregation. Gleichzeitig beschleunigen Chaperone die korrekte Faltung, indem sie die unproduktiven Faltungsintermediate destabilisieren und wieder in den Faltungszyklus einschleusen. Proteine, die viele funktionelle Konformationen einnehmen müssen, sind oft nicht für schnelle Faltung optimierbar (s. o.). Dazu gehört auch das Actin, ein Schlüsselprotein des Cytoskeletts. Da es mit einer Vielzahl anderer Proteine mit unterschiedlichen Oberflächenstrukturen interagiert, muss es selbst viele verschiedene lokale Strukturen annehmen können. In der Zelle ist es auf die Hilfe von Chaperonen angewiesen. Ohne Chaperone lässt sich daher auch rekombinantes Actin *in vitro* nur mit sehr schlechter Ausbeute rückfalten.

❯ Fehlgefaltete Proteine sind für zahlreiche Erkrankungen verantwortlich.

Schon seit langem ist bekannt, dass degenerative neurologische Erkrankungen wie die Alzheimer-Erkrankung mit extrazellulären Ablagerungen von Amyloid im Gehirn einhergehen. Diese Ablagerungen sind mit Farbstoffen wie Kongorot spezifisch einfärbbar. Sie gehören damit zu der großen Gruppe der **Amyloidosen**, die auch andere Organe als das Gehirn befallen können. Biochemisch gemeinsam ist diesen Erkrankungen das Vorkommen unlöslicher, β-Faltblatt-reicher Fibrillen, die aus fehlerhaft gefaltetem, körpereigenem Protein bestehen. Beim Morbus Alzheimer ist es das Aβ-Peptid, ein proteolytisches Fragment eines Membranproteins (▶ Abschn. 74.5.1).

Einen besonderen Fall stellt hier die Gruppe der übertragbaren spongiformen Enzephalopathien (TSE, *transmissible spongiform encephalopathy*) dar, zu denen der Morbus Creutzfeldt-Jakob und BSE (*bovine spongiform encephalopathy*) gehören, bei denen die Krankheiten durch ein fehlgefaltetes Protein, das Prionprotein (PrP), übertragen werden. Eine unerwartete (aber logische) Eigenschaft des fehlgefalteten Zustands des Proteins PrP^{Sc} im Zustand X (Gl. 5.1) ist, dass seine Gegenwart die Fehlfaltung von anderen endogenen Prionproteinen PrP^{C} zu induzieren scheint. Damit erzeugt PrP^{Sc} prinzipiell neue infektiöse Partikel aus dem membranständigen Prionprotein (▶ Abschn. 74.5.5), das auf der Oberfläche vieler körpereigener Zellen vorkommt.

Den generellen Mechanismus der Fibrillenbildung haben wir schon kennengelernt, ein fehlgefaltetes Protein im Zustand X lagert sich zu Aggregaten oder Polymeren zusammen. Kinetisch hat die Bildung von großen Polymeren noch einen zweiten Aspekt: es gibt eine kritische Konzentration von X, bei der die Polymerbildung effektiv wird. Die Polymerisation geht erst dann schnell vonstatten, wenn genügend „Kristallisationskeime" vorhanden sind.

Die Forschung der letzten Jahre hat auch experimentell gezeigt, dass die Bildung amyloidartiger Fibrillen kein einzigartiges, seltenes Ereignis ist. Diese Fibrillen entstehen vielmehr häufig im Reagenzglas aus partiell denaturierten Proteinen. Ein Beispiel ist das Apomyoglobin, also das Häm-freie Myoglobin. Es bildet bei niedrigem pH-Wert spontan Fibrillen, die alle Eigenschaften von β-Amyloid haben (◻ Abb. 5.23). Wie die CD-Spektroskopie zeigt, entstehen aus dem primär α-helicalen Protein bei der Fibrillenbildung intermolekulare β-Faltblattstrukturen. Die Details dieses Übergangs sind bis heute allerdings noch nicht verstanden.

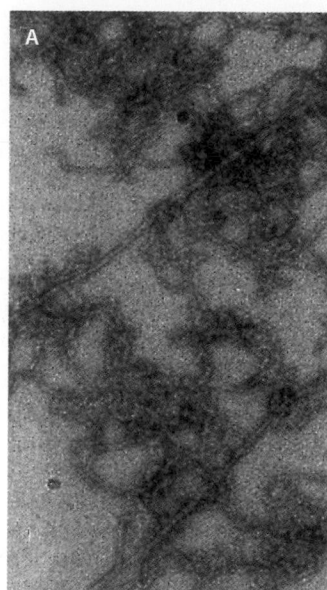

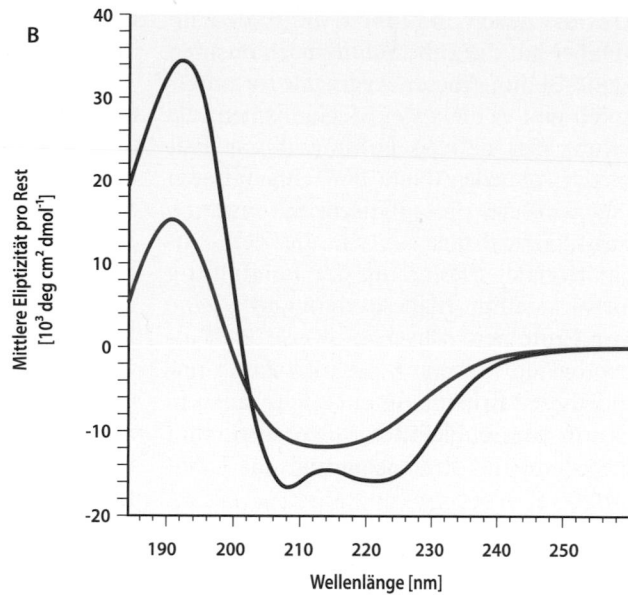

◘ Abb. 5.23   Bildung amyloidähnlicher Fibrillen aus Apomyoglobin. A Natives Myoglobin besitzt typischerweise einen hohen Anteil an α-helicalen Abschnitten. Nach Ansäuern entstehen aus Myoglobin unlösliche Fibrillen, die alle Eigenschaften von Amyloid haben. **B** CD-Spektren von nativem Myoglobin (*rot*) bzw. säurebehandeltem amyloidartigem Myoglobin (*blau*). Das Minimum des CD-Spektrums des amyloidartigen Myoglobins bei 215 nm zeigt einen hohen Anteil an β-Faltblattstruktur an. (Aus Fändrich et al., mit freundlicher Genehmigung von Macmillan Publishers, Ltd)

Zusammenfassung

Ein Protein bezeichnet man als denaturiert, wenn seine native räumliche Struktur verloren gegangen ist. Die Denaturierung eines Proteins ist gewöhnlich mit dem Verlust seiner biologischen Funktion verbunden. Denaturierung tritt immer dann auf, wenn der entfaltete oder partiell entfaltete Zustand durch äußere Einwirkungen (z. B. Temperaturänderungen, Zusatz von denaturierenden Substanzen, extremer pH, Änderung der Salzkonzentration) energetisch günstiger ist als der native Zustand. Die dreidimensionale Struktur von Proteinen ist prinzipiell in seiner Primärstruktur codiert. Kleine Proteine falten sich in der Regel spontan aus dem ungefalteten Vorläufer. In der Zelle sind komplexere Proteine häufig auf Faltungshelfer wie Disulfid-Isomerasen, Peptidyl-Prolyl-Isomerasen und Chaperone angewiesen. Fehlgefaltete Proteine sind die Ursache vieler degenerativer Krankheiten, die mit der Bildung von β-Amyloid verbunden sind.

5.5   Proteinevolution

Nach der in der Naturwissenschaft allgemein akzeptierten Evolutionstheorie sind alle derzeit auf der Erde existierenden Lebewesen aus einem Vorgänger hervorgegangen und haben einen gemeinsamen Stammbaum. Dabei sind die meisten Basisfunktionen mit leichten Modifikationen erhalten geblieben, obwohl die diesen Funktionen zugrundeliegenden Gene durch Mutagenese modifiziert und durch die Evolution selektiert wurden. Daher sollten die im Genom verankerten fundamentalen Stoffwechselwege in allen Organismen weitgehend erhalten geblieben sein. Dies betrifft beispielsweise fundamentale Funktionen wie die Energieversorgung der Zellen oder die Synthese und den Abbau wichtiger zellulärer Komponenten. Da im Genom die Sequenzen aller Proteine abgespeichert sind, die diese Basisfunktionen als Hauptakteure ausführen, sollten diese Gene in verschiedenen Spezies miteinander verwandt sein.

Da die Wahrscheinlichkeit einer Mutation sich im Laufe der Evolution erhöht, lässt sich auch auf Grund der Mutationsrate in einem Gen oder dem Genprodukt ein Stammbaum aufstellen, der die klassischen morphologischen Klassifikationen durch seine Informationsfülle in seiner Aussagekraft deutlich übertrifft. Zusätzlich lassen sich durch den Vergleich von Aminosäuresequenzen konservierte Aminosäuren identifizieren und damit strukturell oder funktionell bedeutende Reste im Protein identifizieren. Durch die Sequenzierung der Genome vieler Organismen steht uns dazu heutzutage eine riesige Datenbasis zur Verfügung.

> Das Cytochrom *c* des Menschen unterscheidet sich nur wenig von dem anderer Arten.

Im Folgenden wollen wir diese Zusammenhänge an einem wichtigen Protein der Atmungskette, dem Cytochrom *c*, ausführen (▶ Abschn. 19.1.2). Cytochrom *c* ist ein Protein, das in den Mitochondrien aller Eukaryonten und bei allen aeroben Bakterien zu finden ist.

Proteine – Struktur und Funktion

Ein Vergleich der Aminosäuresequenzen von Wirbeltieren, Insekten, Pilzen und Pflanzen zeigt, dass an 35 Positionen des aus 104 Aminosäuren bestehenden Wirbeltier-Cytochroms die Aminosäuren identisch (vollständig konserviert) sind. Dies bestätigt die Hypothese, dass alle Cytochrome von einem gemeinsamen Vorfahren abstammen. Die Unterschiede in den Aminosäuresequenzen korrelieren sehr gut mit dem bekannten Verwandtschaftsgrad der untersuchten Spezies.

Acht der komplett konservierten Aminosäuren sind Glycine und zusätzlich ist ein zusammenhängender 11 Aminosäuren langer Bereich erhalten. Diese Aminosäuren spielen eine besondere Rolle für die Funktion des Cytochrom c als Elektronenüberträger im Mitochondrium. Aber auch über die konservierten Bereiche hinaus ist die Häufigkeit der Aminosäuresubstitutionen signifikant von der Position abhängig. Die hydrophoben Reste, die das für den Elektronentransport verantwortliche Häm in Position halten und den hydrophoben Kern des Proteins bilden, werden, wenn überhaupt, durch strukturell ähnliche Reste ersetzt. Typische Austausche sind Valin gegen Isoleucin oder Leucin, Leucin gegen Methionin und Phenylalanin gegen Tyrosin. Zwei konservierte Cysteinreste in Position 14 und 17, ein Histidinrest in Position 18 und ein Methioninrest in Position 80 halten das Häm in Position. An der Oberfläche des Proteins sind 16 Lysinreste konserviert, die wichtig für die Interaktion mit Cytochrom b und der Cytochromoxidase sind. Im funktionell wichtigen Interaktionsbereich sind auch andere polare Aminosäuren nur durch ähnliche Aminosäuren ersetzt, typischerweise Lysin gegen Arginin, Serin gegen Threonin und Aspartat gegen Glutamat.

Die Sequenzen des Cytochrom c von Säugetieren unterscheiden sich im Schnitt an 11 Stellen von denen der Vögel. Wenn man annimmt, dass sich der Stammbaum von Vögeln und Säugetieren vor etwa 280 Millionen Jahren trennte, würde etwa eine Aminosäuresubstitution in 25 Millionen Jahren stattfinden. Diese innere Uhr ist natürlich abhängig von dem untersuchten Protein, für jedes Protein findet man im Prinzip eine eigene Zeitskala. Wenn man daher eine große Anzahl von Proteinen miteinander vergleicht, kann man ein sehr genaues Bild über den phylogenetischen Stammbaum bekommen. Selbstverständlich kann man auch spezifische Nucleotidsequenzen zur Konstruktion des Stammbaums nutzen. Hier ist besonders die ribosomale RNA wegen ihrer zentralen Stellung und ihres ubiquitären Vorkommens ein guter Verwandtschaftsindikator.

Multidomänenproteine Wir haben schon gelernt, dass sich viele Proteine gemäß ihrer Topologien in Proteinfamilien einteilen lassen. Viele der Proteine einer solchen Familie (aber nicht notwendigerweise alle) sind auch evolutionär miteinander verwandt, obwohl sie durchaus unterschiedliche Funktionen ausüben können. Aus der Sicht der Evolution bedeutet das, dass durch die Variation einer bewährten Faltungstopologie Proteine mit neuen Funktionen geschaffen werden können. Ein alternatives Prinzip ist die wiederholte Duplikation kleinere Sequenzmotive durch Genduplikation oder, sehr weit verbreitet, die Kombination verschiedener existierender Domänen zu neuen Proteinen mit neuen Funktionen. Auf DNA-Ebene entspricht dieses einer Neukombination von Exons *(exon shuffling)*. Ein Beispiel für die Neukombination von Domänen zur Erzeugung neuer Proteine ist in ◘ Abb. 5.24

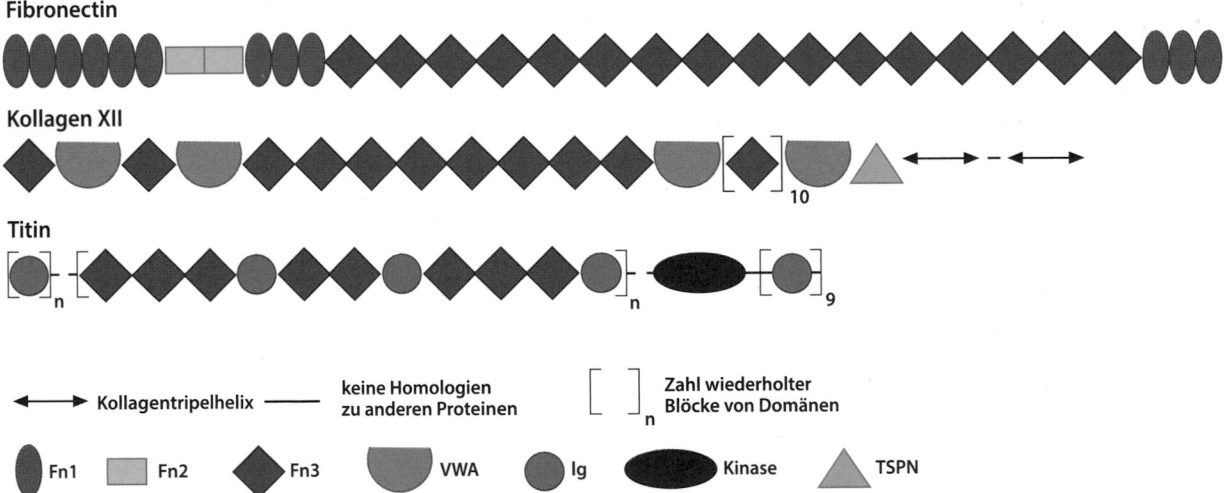

◘ Abb. 5.24 Proteindomänen. Viele Proteine haben einen modularen Aufbau, bei dem verschiedene Domänen hintereinander aufgereiht sind. Fibronektin, Kollagen XII und das Muskelprotein Titin enthalten nur wenige verschiedene Domänen in vielfacher Wiederholung, die nach ihren Mutterproteinen benannt sind *Fn:* Fibronektin Typ I, II, III; *VWA:* von Willebrand Faktor A; *Ig:* Immunglobulindomäne; *TSPN:* Trombospondin N-terminale Domäne. (Adaptiert nach Doolittle und Bork 1993)

Grundschritte nötig: der **Aufschluss der Probe** und die **Isolation des Proteins** aus dem Aufschluss. Für die Reinigung eines Proteins spielt die **chromatographische Auftrennung** eine zentrale Rolle.

> Proteine können über chromatographische Verfahren voneinander getrennt werden.

Homogenisierung von biologischem Material Je nach Zelltyp oder Gewebeart müssen die Zellen mit unterschiedlichen Methoden aufgeschlossen werden, um die Proteine freizusetzen. Dabei wird Gewebe zunächst mit einem Mixer mechanisch homogenisiert. Die Zellen selbst werden dann mit verschiedenen Methoden aufgeschlossen; Standardverfahren sind hierbei die Zerstörung der Zellwände in der Glasperlenmühle, die Behandlung mit hohem Druck (*French press*), Ultraschall, Detergenzien und Lysozym (zur Zerstörung der Zellwände von Bakterien). Unlösliche Komponenten wie Zellwände werden dann gewöhnlich mithilfe der Zentrifugation entfernt.

Prinzip der Verteilungschromatographie Wenn sich die Proteine im Überstand befinden, wird man sie gewöhnlich in einem ersten Schritt chromatographisch fraktionieren. Befinden sie sich im unlöslichen Pellet, werden die Proteine zunächst durch Zusatz von Detergenzien oder Denaturierungsmitteln solubilisiert, bevor sie chromatographiert werden. Typisch für die meisten Formen der Chromatographie sind zwei unterschiedliche Phasen, eine **stationäre** und eine **mobile Phase**. Die stationäre Phase bindet die aufzutrennenden Proteine reversibel. Die mobile Phase ist gewöhnlich eine Flüssigkeit, kann aber auch ein Gas sein (**Gaschromatographie**). Die mobile Phase strömt an der stationären Phase vorbei und die zu isolierende Substanz verteilt sich dann gemäß der relativen Affinität auf die beiden Phasen.

Zur **präparativen** Anwendung der Chromatographie muss das Zielprotein zurückgewonnen werden. Gewöhnlich ist die stationäre Phase in einem Rohr (Säule) eingeschlossen, durch das die Flüssigkeit strömt (**Säulenchromatographie**). Bei einem moderaten Unterschied der Affinitäten eines Proteins für beide Phasen stellt sich ein dynamisches Gleichgewicht ein, indem das Protein immer wieder an die stationäre Phase bindet und dann wieder in die nachströmende Lösung übergeht. Dies führt zu einer allmählichen Elution von der Säule. Bei hohen Affinitätsunterschieden wird das Protein zunächst fest an die Säule gebunden. In einem zweiten Schritt wäscht man dann das Protein mit einer Lösung, die die Interaktion mit dem Säulenmaterial stark verringert, von der Säule.

Für die Durchführung der präparativen Säulenchromatographie werden grundsätzlich vier verschiedene Komponenten benötigt, eine **Pumpe**, eine **Säule**, ein De-

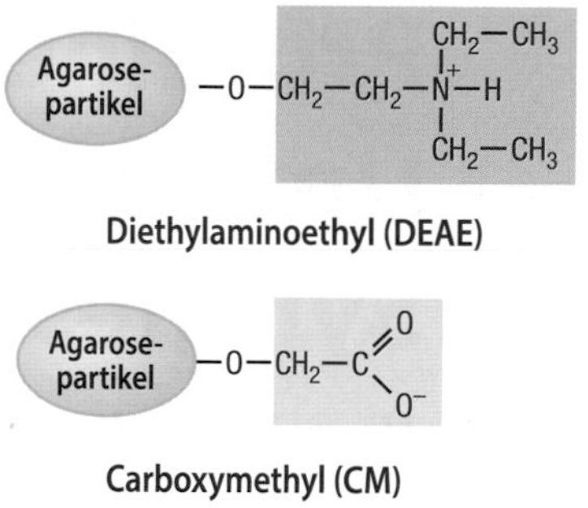

■ **Abb. 6.1**   Ionenaustauscher auf Agarose-Basis mit Diethylaminoethyl- oder Carboxymethyl-Resten

tektor und ein **Fraktionssammler**. Die Pumpe sorgt dafür, dass die Flüssigkeit durch das System gepumpt wird. Im einfachsten Fall kann man hier auch den hydrostatischen Druck (Schwerkraft) nehmen. Die Säule sorgt für die Auftrennung des Materials. Der Detektor (bei Proteinen meist ein UV-Detektor, der die UV-Absorption durch die Peptidgruppen misst) zeigt an, wann die Proteine die Säule verlassen. Der Probensammler schließlich sammelt nacheinander die verschiedenen Fraktionen in getrennten Behältern.

Für die Proteinreinigung nimmt man heutzutage meist Systeme zur **schnellen Proteinflüssigkeitschromatographie** (**FPLC**, *fast protein liquid chromatography*), die die Flüssigkeit mit erhöhtem Druck von bis zu 0,2 MPa (2 bar) durch das System pumpen. Sie sind computergesteuert und erlauben, die Flüssigkeitszusammensetzung während der Elution automatisch zu variieren. Ändert man dabei kontinuierlich die Konzentration einer Komponente (z. B. von NaCl), spricht man von der Elution mit einem **Gradienten**.

Ionenaustauschchromatographie Eine wichtige, relativ unspezifische Auftrennmethode ist die **Ionenaustauschchromatographie**. Als stationäre Phase nimmt man heutzutage meist modifizierte Agarose (Sepharose). Ein häufig genutzter Anionenaustauscher enthält beispielsweise positiv geladene Diethylaminoethylreste (DEAE-Sepharose), ein entsprechender Kationenaustauscher enthält negativ geladene Carboxymethylreste (CM-Sepharose) (■ Abb. 6.1). Sie binden dann Moleküle, die die entgegengesetzte Ladung haben. Da die Gesamtladung eines Proteins von seinem pI (isoelektrischen Punkt) und dem pH des Puffers abhängt, kann man die Stärke der Bindung des Zielproteins über die Auswahl des Säulenmaterials und den Puffer kontrollieren. Salzionen im Puffer konkurrieren um die Bindungsplätze auf dem Säulenmaterial. Nach Bindung werden die Zielmoleküle durch einen stufenweise oder linear ansteigenden Salzgradienten in Abhängigkeit ihrer Bindungsstärke (Ladung) eluiert und somit voneinander getrennt.

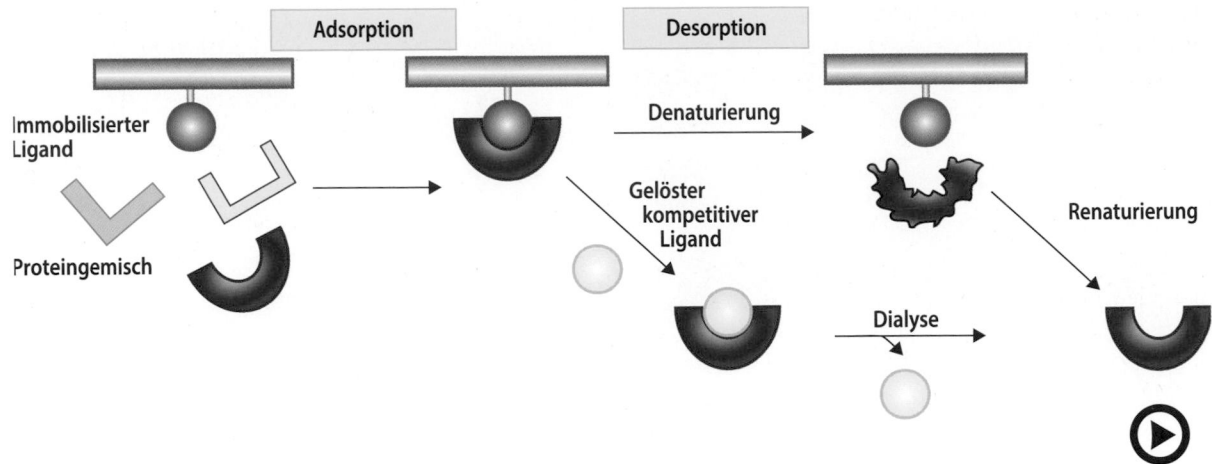

Abb. 6.2 (Video 6.1) **Prinzip der Affinitätschromatographie.** An den an eine inerte Matrix immobilisierten Liganden bindet das zu reinigende Protein mit hoher Spezifität, während andere Moleküle nicht gebunden werden. Durch denaturierende Verbindungen, pH-Änderungen oder kompetitive lösliche Liganden wird das zu reinigende Protein von der Matrix abgelöst (▶ https://doi.org/10.1007/000-5ej)

Affinitätschromatographie Bei der **Affinitätschromatographie** werden ganz spezifische Eigenschaften eines Proteins zur selektiven Bindung an die stationäre Phase ausgenutzt. Daher kann man oft in einem einzigen Reinigungsschritt das Zielprotein vollständig von anderen Proteinen trennen. Grundsätzlich bindet man covalent einen für das gesuchte Protein spezifischen Liganden an eine poröse, inerte Säulenmatrix. Wenn dann die Proteinlösung durch die Säule gepumpt wird, bindet das gesuchte Protein an seinen Liganden. Der Ligand kann das Substrat eines Enzyms, ein Interaktionspartner des gesuchten Proteins oder ein Antikörper gegen das Protein sein. Insbesondere die letzte Methode ist universell einsetzbar, aber für Präparationen im großen Maßstab zu aufwendig. Nach der selektiven Bindung des Proteins auf der Säule und der Abtrennung aller anderen Proteine, wird es im nächsten Schritt wieder von dem Säulenmaterial gelöst. Hierzu gibt man den freien Liganden im Überschuss dazu oder schwächt unspezifisch die Interaktion mit dem Protein durch eine pH-Änderung oder durch die Denaturierung der Proteine (■ Abb. 6.2).

Bei rekombinant erzeugten Proteinen (▶ Abschn. 54.2.1) kann man die obige Reinigungsstrategie durch Manipulation des Proteins gezielt variieren. Dazu baut man gentechnisch künstliche Bindungsstellen in das Protein ein. Gewöhnlich fügt man dazu an den N- oder C-Terminus zusätzliche Protein- oder Peptidsequenzen (*tags*) an, für die es spezifische Liganden gibt. Man wählt in der Regel Liganden aus, die in Form von kommerziell hergestellten Säulenmaterialien verfügbar sind. Standardproteine für eine Fusion mit dem Zielprotein sind z. B. die **Glutathion-S-Transferase** (GST) oder das **Maltosebindungsprotein** (MBP) von *Escherichia coli*. Die rekombinanten Fusionsproteine können dann auf Affinitätssäulen gebunden werden, die mit Glutathion oder Amylose (= Maltosepolymer) modifiziert sind. Anschließend können sie mit Lösungen der entsprechenden Liganden (Glutathion oder Maltose) eluiert werden. Gewöhnlich möchte man am Ende ein reines Protein ohne Fusionsanteil erhalten. Daher baut man zwischen dem Fusionsanteil und dem Zielprotein ein Peptid ein, das eine Spaltstelle für eine sequenzspezifische Protease enthält. Gängig ist das Einfügen einer Schnittstelle für die Protease **Thrombin**, die **Enterokinase** und die **TEV-Protease** (*tobacco etch virus protease*).

Ein weiterer Vorteil solcher Fusionen ist, dass durch sie sehr oft auch die Expression und Löslichkeit der Konstrukte erhöht wird. Manchmal ist allerdings ein großer Fusionsanteil unerwünscht. Dann kann man auf Oligopeptide mit spezifischen Bindungseigenschaften zurückgreifen. Hier hat sich besonders das **Histidin-Oligopeptid** (*His-tag*) bewährt. Die Histidine binden mit mikromolarer Affinität an das Metallion von Ni^{2+}-NTA-Säulen, auf denen das Metallion an NTA (*nitrilotriacetic acid*) fest gebunden ist. Das Fusionsprotein kann leicht wieder mit Imidazol oder durch eine Absenkung des pH-Wertes eluiert werden.

Gelchromatographie Die Gelchromatographie (**Gelfiltration**, **Molekularsiebchromatographie**, *size exclusion chromatography*) trennt Proteine nach ihrer Molekülgröße auf. Molekularsiebe enthalten hochvernetzte poröse Partikel (z. B. aus Dextran) als stationäre Phase. Gibt man eine Lösung mit Molekülen verschiedener Größe auf eine derartige Säule, wandern kleinere Moleküle auch durch die Poren in den Gelpartikeln, während große Moleküle nur den direkten Weg zwischen den Partikeln nehmen können (■ Abb. 6.3). Daher wandern die größeren Moleküle schneller als die kleinen durch die Säule, was zu einer Trennung nach Molekülgröße führt.

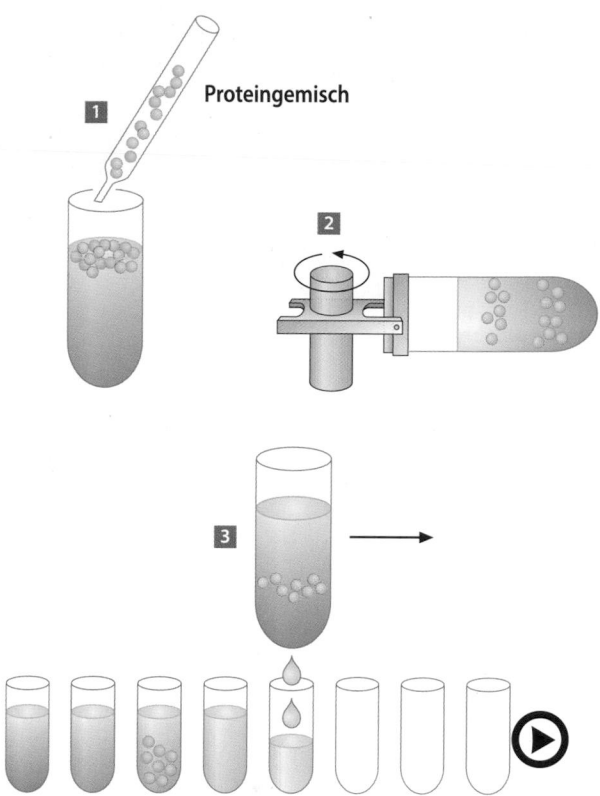

Proteingemisch

□ **Abb. 6.3** (Video 6.2) **Prinzip der Gelchromatographie.** Bei der Gelchromatographie können kleine Moleküle (*gelb*) in die porösen Gelpartikel eindringen und legen einen längeren Weg zurück als Moleküle, die hierfür zu groß sind (*violett*). Daher kommen die kleinen Moleküle später am Säulenausgang an. Es findet eine Auftrennung nach der Molekülgröße (Molekülmasse) statt (▶ https://doi.org/10.1007/000-5eg)

❯ Ultrazentrifugation kann ebenfalls zur Trennung von Proteinen eingesetzt werden.

Präparative Ultrazentrifugation Das Prinzip der Ultrazentrifugation (▶ Abschn. 6.2) wird zu präparativen Zwecken in Form der **Gleichgewichts-Dichtegradienten-Zentrifugation** (□ Abb. 6.4) angewendet. Hierbei wird ausgenutzt, dass sich Proteine in einem Dichtegradienten im Gleichgewicht an der Stelle anreichern, bei der ihre eigene Dichte der des umgebenden Mediums entspricht. Der Dichtegradient wird üblicherweise aus einer Saccharoselösung hergestellt. Der Gradient wird entweder vor der Zentrifugation durch eine Mischung von Saccharoselösungen mit unterschiedlichen Konzentrationen aufgebaut, oder aber man lässt sich den Gradienten während des Zentrifugenlaufes selbst formen. Die präparative (Ultra-)Zentrifugation eignet sich nicht nur für die Auftrennung von Proteinen, sondern auch von Nucleinsäuren (z. B. in CsCl-Gradienten) und von subzellulären Partikeln.

6.1.2 Analytische Trennverfahren von Proteinen

Hochdruckflüssigkeitschromatographie Die **Hochdruckflüssigkeitschromatographie** (**HPLC**; *high pressure* oder auch *high performance liquid chromatography*) stellt eine moderne analytische Variante der Verteilungschromatographie mit besonders großer Trennschärfe und reduziertem Zeitbedarf dar. Sie ist (nur) geeignet, kleinste Mengen von Proteinen in hochreiner Form zu erhalten. Im Gegensatz zur normalen Säulenchromatographie wird die Flüs-

□ **Abb. 6.4** (Video 6.3) **Prinzip der Dichtegradienten-Zentrifugation.** Auftragung des Proteingemischs auf den Dichtegradienten (1); Zentrifugation (2); Fraktionierung (3) (▶ https://doi.org/10.1007/000-5eh)

sigkeit unter hohem Druck von 2–20 MPa (20- bis 200 facher Atmosphärendruck) durch ein dicht gepacktes Säulenmaterial gedrückt. Typischerweise werden Hochdruckröhren mit 25 cm Länge und einem Durchmesser von 2–4,6 mm genutzt.

Als stationäre Phase bei der Normalphasen-HPCL (NP-HPLC) dienen normalerweise kleine Silicapartikel mit einem Durchmesser von 5 μm und einer Porengröße von typischerweise 30 nm. Die Oberfläche der Partikel ist stark polar, daher werden die Moleküle hauptsächlich nach ihrer Polarität aufgetrennt.

Wenn die native Faltung keine Rolle spielt, nimmt man für die analytische Auftrennung von Peptiden und Proteinen gewöhnlich die **Umkehrphasen-Hochdruckflüssigkeitschromatographie** (**RP-HPLC**, *reversed phase HPLC*). Hier ist die stationäre Phase hydrophob, da die Silicapartikel mit Alkanresten mit variierenden Kettenlängen von 4 bis 18 Kohlenstoffatomen modifiziert sind. Die Elution wird mit einer Mischung von Wasser oder Puffer mit einem organischen Lösungsmittel wie n-Propanol oder Acetonitril (□ Abb. 6.5) durchgeführt. Die Auftrennung der Moleküle erfolgt hier nach ihrer Hydrophobizität.

Trägerelektrophorese Proteine in Körperflüssigkeiten wie Blutplasma, Urin oder Liquor kann man mithilfe der **Trägerelektrophorese** einfach und schnell auftrennen. Als sta-

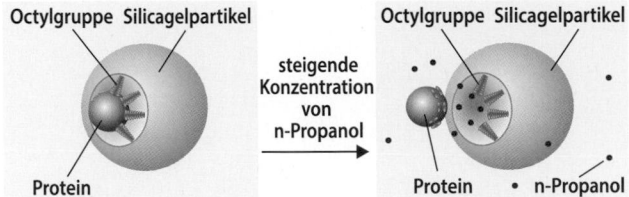

Abb. 6.5   Prinzip der Umkehrphasen-HPLC. Weniger hydrophobe Proteine werden schon bei einer geringeren Konzentration an n-Propanol (*rote Punkte*) eluiert als stärker hydrophobe. Dabei konkurriert das Propanol um Bindungsstellen am Protein mit den hydrophoben Seitenketten (Octylgruppen) der stationären Phase

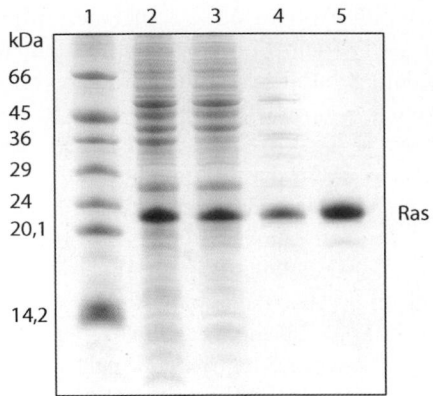

Abb. 6.6   SDS-Polyacrylamid-Gelelektrophorese von Proteinen. Eine typische Anwendung der SDS-PAGE ist die Kontrolle von Proteinreinigungen. Die Trennung erfolgte in einem 16,5 %igen Polyacrylamidgel. *Spur 1:* Molekülmassenstandards, *Spur 2:* Extrakt von *E. coli*-Bakterien, in denen das menschliche Ras-Protein überexprimiert wurde, *Spur 3:* Extrakt nach Zentrifugation, *Spur 4:* Ergebnis nach Auftrennung mit dem Anionenaustauscher Q-Sepharose®, *Spur 5:* nachfolgende Gelchromatographie

tionäre Phase dient hier eine Celluloseacetatfolie oder ein Agarose-Gel. Sie stellt eine billige Alternative zur analytischen Säulenchromatographie dar. Bei dieser Methode erfolgt die Trennung ausschließlich aufgrund der Ladung der Proteine. Die Auftrennung ist umso größer, je weiter der pH-Wert des Elektrophoresepuffers vom isoelektrischen Punkt eines Proteins entfernt ist (Abb. 3.13).

> SDS-Polyacrylamid-Gelelektrophorese trennt Proteine ausschließlich nach ihrer Molekülmasse.

SDS-Polyacrylamidgel-Elektrophorese Bei der **SDS-Polyacrylamid-Gelelektrophorese (SDS-PAGE)** werden Proteine nach ihrer Molekülmasse aufgetrennt. Trägermaterial ist ein **Polyacrylamidgel**, das meistens zwischen zwei Glasplatten gegossen wird. Die Porengröße des Gels bestimmt die Trennschärfe des Gels und muss der Größe der untersuchten Proteine angepasst werden. Die Porengröße wird durch die Konzentration des zugesetzten Acrylamids und seiner Quervernetzung bestimmt. Die Proteine werden in einem Puffer aufgetragen, der das **negativ geladene Detergens SDS** (*sodium dodecyl sulfate*) (Abb. 3.8) und das **Reduktionsmittel β-Mercaptoethanol** enthält. SDS denaturiert das Protein, da die Wechselwirkung seiner hydrophoben Alkankette mit den hydrophoben Resten des Proteins zur Auflösung des hydrophoben Kerns führt. Gleichzeitig werden dabei bestehende Protein-Protein-Interaktionen oder Bindungen an Membranlipide so abgeschwächt, dass Polymere monomerisieren und Lipide freigesetzt werden. Das β-Mercaptoethanol reduziert mögliche Disulfidbindungen. Damit kann sich das Protein ganz entfalten und Polymere, die durch Disulfidbindungen verknüpft sind, können dissoziieren. Am Ende sind 1,5 bis 2 SDS-Moleküle pro Peptidbindung an das Protein gebunden. Die negativen Ladungen des SDS bestimmen wegen ihrer hohen Anzahl im Wesentlichen die Gesamtladung des entstehenden SDS-Protein-Komplexes. Im elektrischen Feld wandern dann diese negativ geladenen SDS-Protein-Komplexe zur positiv geladenen Anode. Somit hängt die Wanderungsgeschwindigkeit der Proteine nur noch von ihrer Größe ab und ist in guter Näherung **proportional** zu ihrer **molekularen Masse**.

Auf ein Elektrophoresegel trägt man gewöhnlich mehrere Proben in gleichem Abstand voneinander auf, sodass nach der Elektrophorese parallele Spuren von Proteinen entstehen (Abb. 6.6). Zur Bestimmung der Molekülmassen trägt man auf einer Spur noch eine Referenzprobe auf, die Proteine mit bekannten Molekülmassen enthält. Nach Abschluss der Elektrophorese müssen die Proteine fixiert und sichtbar gemacht werden. Normalerweise nimmt man hierzu Coomassie Blau, das die Proteine gleichmäßig einfärbt. Es erlaubt deshalb eine semiquantitative Bestimmung der relativen Proteinkonzentrationen im Gel nach der Farbintensität. Will man Proteine in geringen Mengen nachweisen, wählt man die sehr empfindliche Silberfärbung, die allerdings für eine Quantifizierung wenig geeignet ist.

> Mit der zweidimensionalen Gelelektrophorese werden Proteine nach der Molekülmasse und dem isoelektrischen Punkt aufgetrennt.

Kombiniert man die klassische SDS-Gelelektrophorese mit einer anderen Trennmethode, spricht man von der **zweidimensionalen Gelelektrophorese** (2D-Gelelektrophorese), da die Proteine nach zwei verschiedenen Eigenschaften aufgetrennt werden. Normalerweise nimmt man für die zusätzliche Dimension als Trennmethode die **isoelektrische Fokussierung** (IEF).

In der Praxis wird zunächst die isoelektrische Fokussierung durchgeführt. Die Probe wird mit Harnstoff, β-Mercaptoethanol und einem nicht-ionischen Detergens versetzt. Dabei werden wie bei der SDS-Elektrophorese die Proteine denaturiert und mögliche Disulfidbindungen gespalten. Das nicht-ionische Detergens

solubilisiert das Protein, ohne seine Gesamtladung zu verändern. Auf einem Polyacrylamidstreifen, der einen durch covalent gebundene Ladungsträger erzeugten, immobilisierten pH-Gradienten enthält, wird die Probe aufgetragen (◨ Abb. 6.7). Nach Anlegen des elektrischen Feldes wandern die Proteine bis zu dem jeweiligen pH-Wert, bei dem sie nicht geladen sind. Dieser pH-Wert ist definitionsgemäß gerade ihr **isoelektrischer Punkt (pI)**, und die Proteine sind daher nach ihrem pI-Wert aufgetrennt. Anschließend wird der Streifen auf ein klassisches SDS-Gel gelegt (◨ Abb. 6.7), und ein elektrisches Feld wird nun noch einmal senkrecht zur Längsachse des Streifens angelegt. Hierdurch werden die Proteine in einer zweiten Dimension nach ihrer Molekülmasse aufgetrennt. Es entsteht ein zweidimensionales Muster auf dem Gel, bei dem jedem Protein eine Position auf dem Gel zugeordnet werden kann. Es ist möglich, mehr als 1.000 Proteine auf einem solchen Gel aufzutrennen (◨ Abb. 6.7). Arbeitet man unter gut standardisierten Bedingungen, kann man mit der entsprechenden Software die Proteine semiautomatisch identifizieren.

6.2 Charakterisierung von Proteinen

Charakterisierung des gereinigten Proteins Die Isolation und Reinigung eines Proteins bis zur Homogenität ist meist der erste Schritt, bevor es mit anderen Methoden weiter charakterisiert werden kann. Abhängig von der Vorgeschichte gibt es zwei grundsätzlich unterschiedliche Szenarien, je nachdem, ob es sich um

- ein mit rekombinanter Technologie hergestelltes Protein bekannter Aminosäuresequenz oder
- ein aus natürlichen Quellen gereinigtes Protein unbekannter Sequenz handelt

Im ersten Fall muss man nur die Identität des Produkts bestätigen. Hierzu wird das Protein normalerweise „ansequenziert", um mögliche Modifikationen wie N-Methylierung der ersten Aminosäure oder die Abspaltung N-terminaler Aminosäuren zu erkennen. Solche Modifikationen können durch Expression eines rekombinanten Proteins in einem fremden Wirtssystem entstehen. Die genaue Molekülmasse wird mit der Massenspektrometrie bestimmt. Ist das Massenspektrum durch die bekannte Sequenz erklärbar und stimmt die Sequenz der ersten Aminosäuren mit der Zielsequenz überein, gilt die Identität als bestätigt. Im zweiten Fall ist man manchmal mit einer qualitativen Bestätigung der Identität zufrieden. Wenn man das gereinigte Protein allerdings genau charakterisieren will, muss man auch hier die Aminosäuresequenz bestimmen.

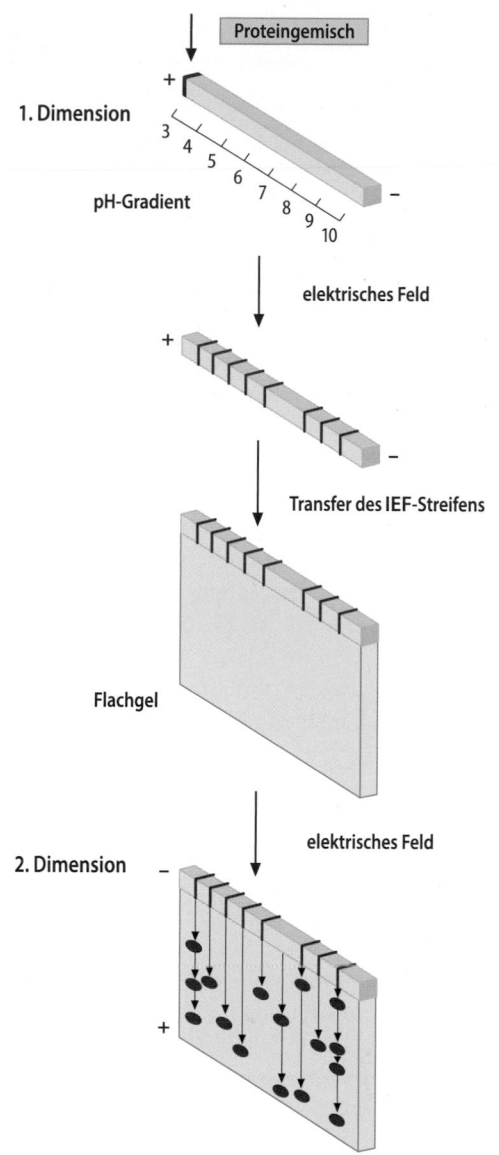

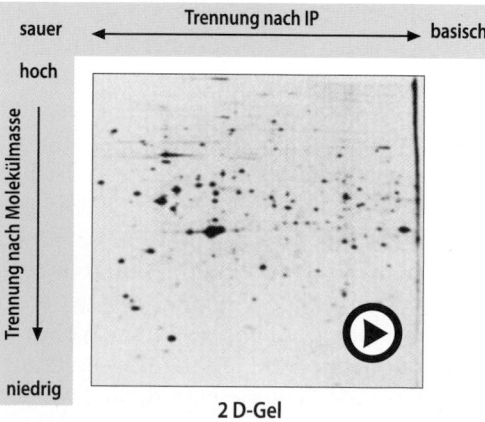

◨ **Abb. 6.7** (Video 6.4) **Prinzip der zweidimensionalen Gelelektrophorese.** *Oben:* Trennung der Proteine nach dem isoelektrischen Punkt in der ersten Dimension und nach der Molekülmasse in der zweiten Dimension. *Unten:* 2D-Gel der zellulären Proteine menschlicher Leukämiezellen (▶ https://doi.org/10.1007/000-5ef)

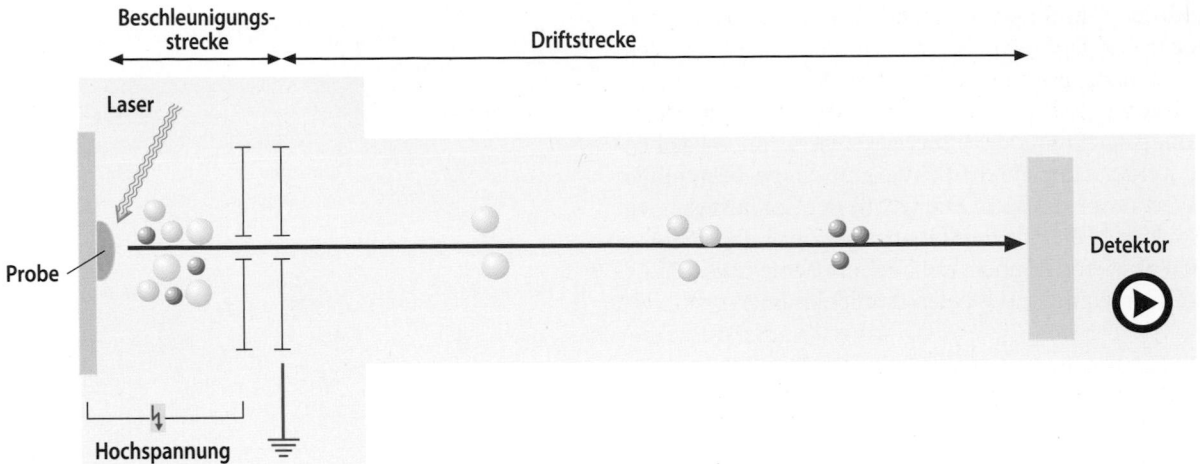

Abb. 6.8 (Video 6.5) **Prinzip der Massenspektrometrie.** Beim MAL-DI-TOF-Verfahren werden die in der Probe enthaltenen Proteine zunächst mithilfe eines gepulsten Lasers ionisiert. Die dabei entstehenden (positiv geladenen) Protein-Ionen werden in einem elektrischen Feld beschleunigt. Sie durchlaufen anschließend eine sog. Driftstrecke. Ihre Flugzeit durch die Driftstrecke wird durch einen Detektor gemessen und ist dem Verhältnis aus Masse und Ladung (*m/z*) proportional. (Einzelheiten s. Text) (▶ https://doi.org/10.1007/000-5ek)

> Die Molekülmasse von Proteinen kann mithilfe der SDS-Polyacrylamid-Gelelektrophorese abgeschätzt werden

Eine Methode zur ungefähren Bestimmung der Molekülmasse von Proteinen haben wir mit der **SDS-PAGE** (Abb. 6.6) schon kennengelernt. Sie wird immer routinemäßig vor weiteren Analysen durchgeführt.

Die **relative Molekülmasse** M_r, die fälschlicherweise häufig als Molekulargewicht bezeichnet wird, ist die Summe aller Atommassen eines Moleküls. Die relative Molekülmasse entspricht dabei einem Zwölftel der Masse des Kohlenstoffisotops ^{12}C, also etwa $1{,}66 \cdot 10^{-24}$ g. In der Biochemie wird diese Einheit als Dalton (Da) bezeichnet. Im Gegensatz zur relativen Molekülmasse bezieht sich die **molare Masse** (oder Molmasse) **auf eine Stoffmenge** von $6{,}02214 \cdot 10^{23}$ Molekülen und wird in kg/mol angegeben. Eine relative Molekülmasse von 1 kDa entspricht also einer molaren Masse von 1 kg/mol.

> Die Molekülmasse kann mit hoher Empfindlichkeit und Genauigkeit mit der Massenspektrometrie bestimmt werden

Massenspektrometrie Heutzutage ist die **Massenspektrometrie (MS**, *mass spectrometry*) die Methode der Wahl für eine genaue Bestimmung der molaren Masse eines Proteins und ist hierin allen anderen, alternativen Methoden weit überlegen. Die Empfindlichkeit der Massenspektrometrie ist so groß, dass die Proteinmenge einer einzelnen, auf der SDS-PAGE sichtbaren Proteinbande ausreicht, um problemlos die Masse des Proteins zu bestimmen. Die dabei erreichbare Genauigkeit ist besser als 0,1 Da.

Grundsätzlich ist ein Massenspektrometer aus drei Komponenten aufgebaut, der **Ionenquelle**, einem **Analysator** und einem **Detektor** (Abb. 6.8). In der Ionenquelle müssen aus der Proteinprobe Ionen erzeugt und in das Hochvakuum abgegeben werden, das im Massenspektrometer herrscht. Eine Methode, um aus Proteinlösungen Ionen zu erzeugen, ist die **Matrix-unterstützte Laser-Desorption/Ionisation** (**MALDI**, *matrix-assisted laser desorption/ionization*), bei dem eine kleine Menge der Probe zunächst mit einer kristallinen Matrix (z. B. 2,5-Dihydroxybenzoesäure, DBT) gemischt und auf einem metallischen Träger co-kristallisiert und getrocknet wird. Mit einem gepulsten Laser wird die Matrix schlagartig verdampft. Dabei werden die Proteine mitgerissen und gleichzeitig unter dem Einfluss der Matrix ionisiert. Ein elektrisches Feld saugt dann die entstandenen Ionen ab. Eine Alternative ist die **Elektrospray-Ionisation** (**ESI**, *electrospray ionization*), die besonders schonend ist. Sie führt kaum zur Fragmentierung des Analyten und ist daher zur Massenbestimmung von Proteinen gut geeignet. Der gelöste Analyt wird in einer dünnen Kapillare durch ein elektrisches Feld beschleunigt. Dabei entsteht an der Spitze der Kapillare ein Überschuss an Ionen gleichartiger Ladungen, die dann ein feines Aerosol bilden. Gleichzeitig wird Probenflüssigkeit durch heißes Stickstoffgas verdampft. Die entstanden Ionen werden dann wieder durch ein elektrisches Feld separiert.

In einem starken elektrischen Feld werden dann die geladenen Moleküle beschleunigt. Da die Beschleunigung der Moleküle von ihrer Ladung z und ihrer Masse m abhängt, hängt auch ihre Geschwindigkeit am Ende der Beschleunigungsstrecke von den beiden Parametern ab. Sie ist proportional zum Verhältnis m/z. Daher treffen die Ionen auch zu verschiedenen Zeiten auf dem Detektor

auf und man kann sie aufgrund ihrer Flugzeit in einem **TOF**(*time of flight*)-Massenspektrometer trennen. Elektrische Quadrupole (4 stabförmige Elektroden, an die eine Gleichspannung angelegt wird, die mit einer Wechselspannung der Frequenz ω überlagert ist) können dazu benutzt werden, um nur Moleküle mit einem bestimmten *m/z*-Wert durchzulassen. Die Größe der Spannungen legt fest, welche Moleküle den Quadrupol ohne abgelenkt zu werden passieren können, die anderen Moleküle kollidieren mir der Wand und werden damit eliminiert.

❯ Die Ultrazentrifugation erlaubt die Massenbestimmung von großen Proteinen und Proteinkomplexen.

Analytische Ultrazentrifugation   Mit der Massenspektrometrie kann man sehr genau die molare Masse eines isolierten Proteins bestimmen. Proteine bilden in Lösung oft nicht-covalente, wenig stabile Komplexe mit sich selbst oder anderen Proteinen. Diese Komplexbildung kann für ihre biologische Funktion von großer Bedeutung sein. Oft liegt in Lösung ein Gleichgewicht von Monomeren und Polymeren verschiedener Größe vor. Diese instabilen Komplexe sind für die Massenspektrometrie nicht geeignet. Hier gibt die **analytische Ultrazentrifugation**, die von Theodor Svedberg und seinen Mitarbeitern eingeführt wurde, eine Antwort.

Zentrifugiert man eine Proteinlösung mit einer sehr hohen Umdrehungszahl U, sind alle Moleküle in der Lösung einer hohen Zentrifugalkraft ausgesetzt, die wie ein **künstliches Schwerefeld** wirkt. Bei Zentrifugalkräften, die das 400.000 fache der Erdanziehungskraft erreichen können, sedimentieren die Proteine in der wässrigen Lösung. Da aber gleichzeitig der hydrostatische Druck zu einer entgegengesetzten **Auftriebskraft** führt, wird die **Zentrifugalkraft** partiell kompensiert. Generell ist der Auftrieb proportional zur Dichtedifferenz von Lösungsmittel und gelöster Substanz und damit für alle Moleküle unterschiedlich. Nur diejenigen Moleküle sedimentieren in einer wässrigen Lösung, die wie die Proteine eine höhere Dichte als Wasser haben.

Man kann nun die Sedimentationsgeschwindigkeit $v = dr/dt$ in Richtung der Zentrifugalkraft $m_p\omega^2 r$ mit einem optischen System messen. Dabei ist r der Abstand von der Rotationsachse zum betrachteten Molekül im Zentrifugenröhrchen, m_p die Masse des Proteins und ω die Rotationsgeschwindigkeit $\omega = 2 \cdot \pi \cdot U$ (U: Umdrehungen/s). Da die Beschleunigung der Proteinmoleküle im künstlichen Schwerefeld durch die Reibung mit dem Lösungsmittel aufgehoben wird, die proportional zur Geschwindigkeit v ist, stellt sich eine konstante Sedimentationsgeschwindigkeit v ein (Stokes-Gesetz).

Als Maß für die Größe der Molekülmasse erhält man den **Sedimentations- oder Svedberg-Koeffizienten s**, der unter sonst gleichen experimentellen Bedin-

◻ **Tab. 6.1   S-Werte und daraus errechnete Molekülmassen einiger Proteine** (Ribosomen enthalten neben Proteinen einen großen Anteil von RNA)

	S_{20} (Svedberg-Einheiten bei 20 °C)	Molekülmassen (Da)
Insulin	1,2	6.300
Myoglobin	2,0	16.900
Hämoglobin	4,5	63.000
Fibrinogen	7,6	340.000
Ribosom (Bakterien)	70	2.500.000
Tabakmosaikvirus	174	59.000.000

gungen (s. u.) für ein Molekül unabhängig von der Zentrifugalbeschleunigung ist:

$$s = v / \omega^2 r \qquad (6.1)$$

Da sich hier in den Basiseinheiten Meter, Kilogramm und Sekunde (MKS-System) sehr kleine Werte ergeben, drückt man s in der Svedberg-Einheit S aus, wobei 1 Svedberg $1 \cdot 10^{-13}$ s entspricht. Typischerweise haben Proteine Svedberg-Werte im Bereich von 1–200 S (◻ Tab. 6.1).

Die Sedimentationsgeschwindigkeit v ist primär von der Molekülgröße und Dichte abhängig, wird aber von einer Reihe anderer Faktoren mit beeinflusst. Von der Proteinseite her ist es im Wesentlichen die Form des Proteins, bei gleichem Gesamtvolumen sedimentieren die fibrillären Proteine wegen ihrer elongierten Form langsamer als die typischen globulären Proteine mit ihrer nahezu sphärischen Form. Natürlich hängt die Sedimentationsgeschwindigkeit auch vom benutzten Lösungsmittel ab. Insbesondere wird die absolute Sedimentationsgeschwindigkeit von der Dichte und Viskosität des Lösungsmittels beeinflusst. Daher misst man gewöhnlich Sedimentationskonstanten immer im gleichen Puffer bei der gleichen Temperatur und bestimmt nur die relativen Sedimentationskonstanten der einzelnen Komponenten. Eine einfache lineare Beziehung zwischen der Molekülmasse und dem Sedimentationskoeffizienten ist wegen all dieser Faktoren nicht zu erwarten, sondern nur eine gute Korrelation. Dies kann man auch an den in ◻ Tab. 6.1 angegebenen Werten sehen.

❯ Die vollständige saure Hydrolyse der Peptidbindungen erlaubt die Bestimmung der Aminosäurezusammensetzung.

Die Peptidbindungen in Proteinen können durch Behandlung mit starken Säuren oder Basen hydrolytisch ge-

spalten werden. Die entstandenen Aminosäuren lassen sich dann mit einer HPLC quantifizieren und bei bekannter Molekülmasse kann daraus die Aminosäurezusammensetzung berechnet werden. Allerdings muss man dabei berücksichtigen, dass bei der Hydrolyse gewöhnlich Nebenreaktionen ablaufen. Bei der meist angewandten sauren Hydrolyse mit 6 N HCl werden die Seitengruppen von Asparaginen und Glutaminen angegriffen, und es entsteht durch Abspaltung der Aminogruppe Aspartat und Glutamat. Zusätzlich geht ein Teil der Serine, Threonine und Tryptophane bei der Hydrolyse verloren.

6.3 Nachweisverfahren und Identifizierung von Proteinen

> Immunologische Nachweisverfahren ermöglichen die Identifizierung und Quantifizierung einzelner Proteine (und anderer Antigene) durch spezifische Antikörper.

Immunpräzipitation Bei ausreichenden Mengen an Antigen und Antikörper führt deren Interaktion zur Bildung von Proteinpräzipitaten, die in Agarose-Gelen sichtbar gemacht werden können. Verwendet man z. B. für die Trägerelektrophorese von Proteinen (▶ Abschn. 6.1.2) ein Agarose-Gel, lassen sich anschließend Antiseren in einer Vertiefung entlang der Laufstrecke einbringen, die an denjenigen Stellen Präzipitationsbanden bilden, an denen in der Elektrophorese die entsprechenden Antigene aufgetrennt wurden (**Immunelektrophorese**).

Enzymimmunoassays Enzymimmunologische Tests finden häufig zum Nachweis und zur Konzentrationsbestimmung solcher Antigene (Proteine) Anwendung, die in einer sehr niedrigen Konzentration vorliegen. Die erforderliche Signalverstärkung wird durch die Verwendung von **Enzym-Antikörper-Konjugaten** ermöglicht. Das zugrunde liegende Funktionsprinzip ist in ▣ Abb. 6.9 gezeigt. Das Antigen (*rot*) ist fest an eine Oberfläche gebunden (Nitrocellulose, (s. u.) oder in Reaktionsgefäßen). Anschließend wird ein Enzym-Antikörper-Konjugat zugegeben (▣ Abb. 6.9A). Dieses besteht aus einem gegen das Antigen gerichteten Immunglobulinmolekül (dem Antikörper, *dunkelgrün*), an das ein Enzymmolekül (*blau*) covalent gebunden ist. Die hohe Spezität der Antigen-Antikörper-Wechselwirkung ermöglicht die selektive Erkennung und Bindung des Antigens. Nach der Entfernung von überschüssigem Enzym-Antikörper-Konjugat wird ein für das gekoppelte Enzym geeignetes Substrat zugesetzt und das gebildete Reaktionsprodukt anhand der Lichtabsorption oder Fluoreszenz erkannt bzw. quantifiziert. Steht nur ein normaler (unkonjugierter) Antikörper zur Verfügung (▣ Abb. 6.9B, *dunkelgrün*),

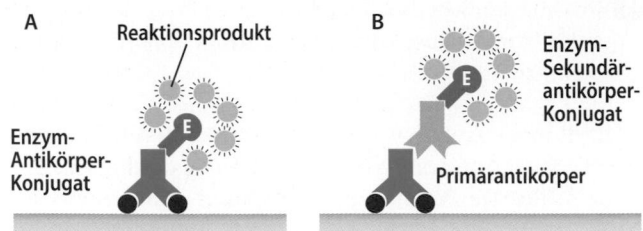

▣ **Abb. 6.9** **Verstärkung immunologischer Signale durch Enzyme. A** Test mit einem Enzym-Antikörper-Konjugat (*grün/blau*), dessen Antikörper (*grün*) das Antigen (*rot*) direkt erkennt. **B** Detektion eines Primärantikörpers gegen das Antigen mit einem enzymgekoppelten Sekundärantikörper. Die große Zahl der Produktmoleküle führt zu einer enormen Verstärkung des Eingangssignals (Antigen)

kann dieser als **Primärantikörper** eingesetzt und mit einem enzymgekoppelten **Sekundärantikörper** einer anderen Tierart (*hellgrün*), der den Fc-Teil (▶ Abschn. 70.9.1) des Primärantikörpers erkennt, nachgewiesen werden.

Dieses Prinzip wird bei verschiedenen Nachweisverfahren für Proteine (und andere Antigene) eingesetzt, wie bei:

— **Western Blot** (s. u.),
— **RIA** und **ELISA** (▶ Abschn. 70.9.5) und
— **Immunhistochemie** (s. u.).

Western Blot Der erste Schritt der Western-Blot-Analyse entspricht der schon besprochenen Auftrennung der Proteine mit einer SDS-Gelelektrophorese. Im zweiten Schritt müssen die Proteine zur weiteren Analyse auf Nitrocellulosepapier oder Nylonfolien übertragen werden. Diesen Vorgang nennt man **Blotten** (*blot* = Abklatsch). Gewöhnlich werden die Proteine vom Gel auf die Folie durch ein senkrecht zur Geloberfläche angelegtes elektrisches Feld übertragen. Die Blots können anschließend mit Antikörpern getränkt werden, die an ihre spezifischen Antigene (Proteine) binden. Diese Reaktion wird über einen zweiten Antikörper enzymimmunologisch (s. o.) sichtbar gemacht, wodurch die Stelle der Antigen-Antikörper-Antikörper-Reaktion angefärbt oder fluoreszenzmarkiert wird. **Western-Blots** sind wegen der Verwendung von Antikörpern hochspezifisch, sehr empfindlich und relativ einfach herzustellen, daher ist *Western-Blotting* im Routinebetrieb eine häufig genutzte Methode zur Identifizierung von bekannten Proteinen.

Immunhistochemie Die Visualisierbarkeit eines bestimmten Proteins in einem Gewebeschnitt demonstriert die große Spezität und Sensitivität enzymimmunologischer Nachweisverfahren. Ähnlich wie beim Enzymimmunoassay kommen oftmals zwei Antikörper zum Einsatz, von denen der Sekundärantikörper mit einem Enzym markiert ist. Die Bildung gefärbter Reaktionsprodukte erfolgt dabei nur am Ort der Lokalisation des Antigens (▣ Abb. 62.3).

❯ Proteine können durch die Ermittlung ihrer N-terminalen Aminosäuresequenz über den Edman-Abbau identifiziert werden.

Beim Edman-Abbau werden die Proteine durch eine chemische Reaktion vom N-terminalen Ende des Peptids her Aminosäure für Aminosäure abgebaut. Nach der Abspaltung werden die entstandenen Aminosäurederivate mit organischen Lösungsmitteln extrahiert und nacheinander chromatographisch mit der Umkehrphasen-HPLC identifiziert. Die Abspaltung erfolgt nach einer Reaktion der Aminogruppe mit **Phenylisothiocyanat** (PITC). Das entstandene Phenylthiocarbamid cyclisiert bei Behandlung mit wasserfreier Trifluoressigsäure und das daraus hervorgehende Phenylthiohydantoinderivat (PTH-Derivat) wird vom Restpeptid abgespalten. Nach der Extraktion des Produkts kann die Reaktion wieder durch eine Erhöhung des pH-Wertes und Zusatz von Phenylisothiocyanat gestartet werden. Der nächste Zyklus beginnt. Wegen sich anhäufender Nebenprodukte kann man nur Sequenzen von 30–40 Aminosäuren sicher aufklären. Die Edman-Analyse ist sehr empfindlich, nur etwa 10–100 pmol Protein sind für eine Sequenzierung notwendig, eine Proteinmenge, die in einer Bande eines SDS-Polyacrylamidgels nach der Elektrophorese typischerweise enthalten ist. Die Edman-Sequenzierung wird heutzutage im Allgemeinen durch Automaten durchgeführt.

Will man größere Peptide sequenzieren, muss man sie erst in kleinere Fragmente zerlegen. Diese Fragmente werden dann wieder mit der HPLC aufgetrennt und anschließend wie beschrieben mit dem Edman-Abbau analysiert. Hierzu gibt es verschiedene chemische und enzymatische Methoden. Eine effektive chemische Methode zur **Fragmentierung** ist die **Bromcyanspaltung**. Durch die Behandlung der Probe mit Bromcyan (CNBr) werden die Polypeptidketten hinter Methionylresten gespalten. Die Alternative hierzu ist die Spaltung der Polypeptidkette mit Proteasen, die eine bekannte Sequenzspezifität haben. Üblicherweise nimmt man für die Sequenzierung die allgemein verfügbaren Proteasen Trypsin und Chymotrypsin. **Trypsin** spaltet Polypeptidketten bevorzugt hinter den **basischen Aminosäuren** Arginin und Lysin, **Chymotrypsin** erkennt **aromatische Seitenketten**, hinter denen die Spaltung stattfindet. Für eine vollständige Aminosäuresequenzierung benötigt man überlappende Fragmente, um deren Anordnung eindeutig zu bestimmen. Solche überlappende Teilstücke kann man dadurch erhalten, dass man die beschriebenen Methoden zur Fragmentierung parallel anwendet. Eine große Gefahr bei dieser klassischen Aminosäuresequenzierung besteht darin, dass man Fragmente bei der Reinigung verliert und so fehlerhafte Gesamtsequenzen erhält.

Zuverlässigere Daten erhält man, wenn man in die Analyse eine DNA-Sequenzierung miteinbezieht, da DNA-Sequenzierungen automatisiert durchgeführt werden und für praktische Zwecke als fehlerfrei angesehen werden können. Eine gute Strategie ist, aus den Partialsequenzen der durch proteolytische Behandlung gewonnenen Bruchstücke DNA-Sonden zu erzeugen. Diese DNA-Sonden können dazu benutzt werden, das unbekannte Gen aus einer experimentellen **cDNA-Bibliothek** heraus mithilfe der PCR (▶ Abschn. 54.1.2) zu amplifizieren und dann die zugehörige cDNA zu sequenzieren.

Die Identifizierung des Proteins (d. h. die Ermittlung seiner Aminosäuresequenz) kann viel effektiver erfolgen, wenn für den betrachteten Organismus (wie für den Menschen und eine Vielzahl von Mikroorganismen) das Genom schon aufgeklärt ist. Hier sucht man einfach die experimentell ermittelte(n) Partialsequenz(en) in der Genomdatenbank und kann daraus direkt die zugehörige Proteinsequenz ableiten.

Allerdings gibt es immer noch Situationen, in denen die Standardaminosäuresequenzierung benötigt wird, nämlich immer dann, wenn man auf die DNA nicht zugreifen kann, oder **posttranskriptionale** oder **posttranslationale Modifikationen** zu erwarten sind. Letztere sind natürlich nicht aus einer einfachen DNA-Sequenzierung zu erhalten.

❯ Massenspektrometrie ist heutzutage die eleganteste Methode zur Identifikation von Proteinen.

Vor der Massenspektrometrie müssen die gereinigten Proteine erst fragmentiert und die erhaltenen Bruchstücke aufgetrennt werden. Die Erzeugung der Fragmente kann wie oben beschrieben erfolgen oder aber direkt im Massenspektrometer. Gewöhnlich benutzt man eine Kombination beider Methoden (◨ Abb. 6.10). Geht man von Proteingemischen aus, führt man zunächst eine zweidimensionale Gelelektrophorese durch. Die Proteine werden nach Abschluss der Elektrophorese direkt auf dem Gel proteolytisch gespalten. Die dabei erhaltenen Peptidgemische der einzelnen Proteinflecken (*spots*) werden dann über eine HPLC weiter aufgetrennt und in das Massenspektrometer eingespritzt. Mit einem Quadrupolfilter werden wohldefinierte Peptide ausgewählt und dann in einer mit Heliumgas gefüllten **Kollisionszelle** in kleinere Bruchstücke zerlegt. Diese entstehen beim Zusammenstoß der vorher beschleunigten Peptide mit den Heliumatomen (CID, *collision induced dissociation*). Die dabei erhaltenen Fragmente werden dann in einem zweiten, mit der Kollisionszelle verbundenen Massenspektrometer endgültig analysiert (**MS-MS, Tandem-MS**).

Die erhaltenen Massenspektren der Fragmente werden anschließend mit bioinformatischen Methoden analysiert und ergeben am Ende die Proteinsequenz(en).

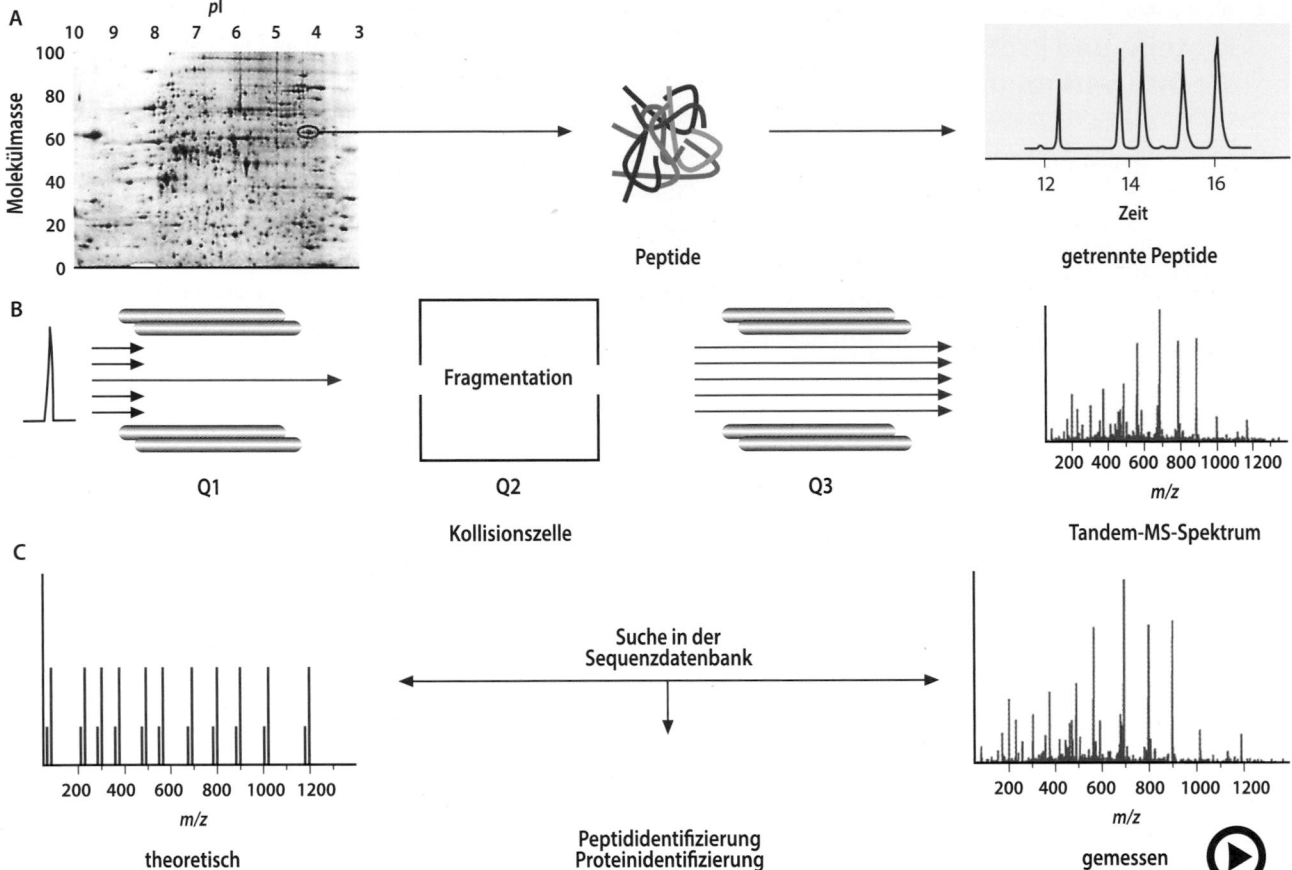

□ **Abb. 6.10**   (Video 6.6) **Standardproteomanalyse mit der zweidimensionalen Elektrophorese und der Tandemmassenspektrometrie. A** Zunächst werden die Proteine mithilfe einer zweidimensionalen Gelelektrophorese aufgetrennt und auf dem Gel mit Trypsin verdaut. Die erhaltenen Peptide werden dann mittels HPLC aufgetrennt. **B** Das ausgewählte Peptid wird mit der Tandemmassenspektrometrie analysiert. Zunächst erfolgt dabei die Isolierung des zugehörigen Massenpeaks, der Moleküle mit gleichem *m/z* enthält. Diese Moleküle werden anschließend in einer Kollisionszelle fragmentiert. Die dabei entstehenden Peptidionen werden massenspektrometrisch analysiert. Die Quadrupole Q1, Q2 und Q3 dienen der Abtrennung von Ionen mit instabiler Flugbahn. **C** Die erhaltenen experimentellen Massenspektren werden analysiert und mit theoretischen Massenspektren verglichen, die aus einer Sequenzdatenbank vorhergesagt werden können. (Adaptiert nach Gygi und Aebersold 2000, mit freundlicher Genehmigung von Elsevier) (▶ https://doi.org/10.1007/000-5em)

Zusammenfassung

— Eine wesentliche Voraussetzung für die Charakterisierung von Proteinen ist ihre **Reindarstellung** aus Zellextrakten oder Körperflüssigkeiten. Diese Reinigung wird gewöhnlich mit einer Kombination verschiedener **säulenchromatographischer Verfahren** bewirkt. Gängige Techniken sind hier:
  – Ionenaustauschchromatographie
  – Gelchromatographie
  – Affinitätschromatographie
  – Umkehrphasen-HPLC (bei kleinen Mengen)

— Zur schnellen Bestimmung der **Molekülmasse** im Biochemielabor eignet sich die **SDS-Polyacrylamid-Gelelektrophorese** (SDS-PAGE). Als genauere Methoden stehen die **Massenspektrometrie** und die, für den Routinebetrieb wenig geeignete, **analytische Ultrazentrifugation** zur Verfügung.

— Zur schnellen **Identifizierung** von bekannten Proteinen greift man oft auf den **Western-Blot** zurück. Zur analytischen Auftrennung von komplexen Proteingemischen wird häufig die **zweidimensionale Elektrophorese** gewählt. Proteine können in einfachen Fällen aus der Position ihres Flecks auf dem Gel identifiziert oder durch nachfolgende Analyse durch Massenspektrometrie erkannt werden.

— Die **Aminosäuresequenz** kleiner Polypeptide kann mithilfe des **Edman-Abbaus** bestimmt werden. Bei Proteinen muss vorher eine chemische oder enzymatische Fragmentierung durchgeführt werden. Eine moderne Methode ist die **CID-MS-MS**. Die höchste Zuverlässigkeit liefert die Sequenzierung der zugehörigen **cDNA** oder die rechnergestützte Suche von Peptidfragmenten in **Genom-Datenbanken**.

6.4 Nachweis und Analytik von Protein-Protein- und Protein-Liganden-Wechselwirkungen

Wenn Proteine ihre Funktion ausüben wollen, müssen sie in der Regel mit anderen Molekülen direkt interagieren und müssen daher zumindest kurzzeitig an diese binden. Daher sind alle Methoden, mit denen man Bindungen zwischen zwei oder mehreren Molekülen nachweisen kann, prinzipiell auch geeignet, um Protein-Protein-Wechselwirkungen zu detektieren. Die verschiedenen Methoden unterscheiden sich wesentlich darin, ob sie quantitative Informationen über Bindungskonstanten liefern können, oder ob sie nur qualitativ eine Interaktion nachweisen. Für die Anwendung ist auch wichtig, ob eine Methode *in vitro* oder *in vivo* funktioniert, und ob sie für Hochdurchsatzmessungen einsetzbar ist, wie es in der Proteomik (▶ Abschn. 6.6) oder beim industriellen Wirkstoffscreening erforderlich ist. Für eine quantitative Bestimmung der zugehörigen Bindungskonstanten muss man bei den meisten Methoden die Konzentration mindestens eines der Partner variieren und eine ganze Messserie aufnehmen. Dies geht normalerweise nur bei den klassischen *in vitro*-Experimenten in der Biochemie.

> Änderungen der spektroskopischen Eigenschaften mit der Proteinbindung erlauben eine quantitative Analyse.

Eine Standardmethode in der Biochemie ist die **Fluoreszenzspektroskopie**, bei der die **Fluoreszenzintensität** (Quantenausbeute) und -**frequenz** einer fluoreszierenden Gruppe eines der Partner beobachtet wird. Diese ändern sich, wenn sich die Eigenschaften der Umgebung (wie die Polarität) der fluoreszierenden Gruppe durch die Bindung des anderen Partners ändern. Hier kommen die aromatischen Aminosäuren, insbesondere das Tryptophan, in Frage oder man kann ein Protein mit einer fluoreszierenden Gruppe (Fluorophor) markieren. Das vom Fluorophor ausgesandte Licht hat auch eine bestimmte Polarisationsrichtung und Lebensdauer. Auch diese Eigenschaften können zum Nachweis der Bindung verwendet werden, wenn sie sich bei einer Bindung ändern. Die Polarisationsrichtung des emittierten Lichts wird durch die Rotationsdiffusion des Proteins geändert, die bei Bindung an ein anderes Molekül verlangsamt wird. Damit ändert sich die mittlere Polarisationsrichtung des emittierten Lichts (**Fluoreszenz-Anisotropie-Spektroskopie**).

Sind beide Reaktionspartner A und B mit geeignet ausgewählten fluoreszierenden Farbstoffen A* und B* markiert, kann deren Interaktion direkt durch die Messung des **Förster-Resonanzenergietransfers (FRET)** zwischen den beiden Farbstoffen detektiert werden, wenn sich die Farbstoffe näher als etwa 10 nm kommen. Dabei wird zunächst der Farbstoff A* mit der höheren Absorptionsfrequenz durch einen Laser mit der entsprechenden Frequenz angeregt. Kommt das Protein B nicht nahe genug, da es nicht bindet, wird nur die Fluoreszenz von A* beobachtet. Kommt B* bei einer Bindung A* nahe genug, findet ein strahlungsloser Energietransfer auf B* statt, die Fluoreszenz von A* wird schneller verschwinden/abgeschwächt und B* gibt eine Fluoreszenzstrahlung bei einer anderen Frequenz ab. Aus der Stärke der Effekte kann man den Abstand der Farbstoffe im Komplex zusätzlich bestimmen. Der Nachteil der Methode ist, dass beide Partner spezifisch markiert werden müssen.

Spektrale Veränderungen in den NMR-Spektren eines Proteins durch die Bindung eines zweiten Proteins oder auch eines kleinen Liganden können zum sicheren Nachweis der Interaktion verwendet werden. Die **NMR-Spektroskopie** hat den Vorteil, dass keine Fluorophore eingeführt werden müssen, jedoch den Nachteil, dass die zugehörigen Spektrometer sehr teuer sind (siehe auch ▶ Abschn. 6.5.3).

> Die Bindung von Liganden an das Zielprotein ändert seine biophysikalischen Eigenschaften und kann für die quantitative Analyse verwendet werden.

Die **Oberflächen-Plasmonresonanz-Spektroskopie** (*surface plasmon resonance spectroscopy*, **SPR-Spektroskopie**) ist eine hochempfindliche *in vitro*-Methode, bei der die Ratenkonstanten für die Bindung und die Freisetzung des zweiten Reaktionspartners gemessen werden können. Hier wird die Änderung des Brechungsindexes in der dünnen Flüssigkeitsschicht, in der der Partner A immobilisiert ist, gemessen, wenn Partner B bindet.

Bei der **isothermen Titrationskalorimetrie** wird die Wärme gemessen, die bei der Reaktion zweier Bindungspartner freigesetzt oder verbraucht wird. Eine Zusatzinformation, die man bei der Messung erhält, ist dann die Bestimmung von thermodynamischen Parametern wie der Bindungsenthalpie und -entropie.

Qualitative Bindungsinformation ist leicht mit den chromatographischen Methoden zu erhalten, die wir schon bei der Proteinreinigung und -identifikation kennengelernt haben, nur muss hier die Komplexbildung mit einem zweiten Partner so stabil sein, dass man sie zusammen nachweisen kann. Eine Anwendung ist die **Affinitätschromatographie**, bei der ein Partner fest an eine Säule gebunden ist (z. B. durch einen *His*-*Tag*; ▶ Abschn. 6.1.1). Ein Bindungspartner wird dann zusätzlich auf die Säule gegeben, bindet an das immobilisierte Protein und coeluiert mit ihm. Dieses Experiment kann man auch mit einem Proteingemisch, wie man es in einem Zellaufschluss hat, durchführen (*Pulldown-assay*). Der an das Zielmolekül gebundene Interaktionspartner muss anschließend

noch mit einer der schon beschriebenen Methoden, vorzugsweise der Massenspektrometrie, identifiziert werden.

Ähnlich kann die **native Gelelektrophorese** in An- und Abwesenheit des Bindungspartners durchgeführt werden. Bindung ändert dann das Laufverhalten des Komplexes.

Die **Quervernetzung** zweier Proteine mithilfe bifunktioneller Reagenzien wie Glutaraldehyd kann zum Nachweis einer Proteininteraktion genutzt werden. Glutaraldehyd reagiert mit den freien Aminogruppen von Lysinen der beiden Proteine, falls diese aneinander binden. Gleichzeitig erhält man eine Information über die Interaktionsfläche, wenn man Lysine in der Sequenz analysiert. Allerdings ist die Methode sehr artefaktanfällig. Methoden der **ortsgerichteten Quervernetzung** erlauben die Identifizierung einzelner Kontaktstellen zwischen zwei Proteinen. Dazu wird an einer definierten Position von Protein A eine chemisch modifizierte Aminosäure eingebaut, die nach Aktivierung (z. B. mit UV-Licht) eine covalente Bindungen mit der ihr unmittelbar benachbarten Aminosäure-Seitenkette eines Proteins B eingehen kann (*Site-specific photo cross-linking*). Ist Protein B bekannt, kann es in dem entstandenen Proteinkomplex über Western-Blot (▸ Abschn. 6.3) nachgewiesen werden; ist es unbekannt, erfolgt seine Identifizierung über Massenspektrometrie. Für den ortsspezifischen Einbau **nicht-natürlicher Aminosäuren**, die solche chemischen Quervernetzer in ihren Seitenketten tragen, wird an der gewünschten Position in Protein A auf DNA-Ebene das natürliche Codon in ein Stopp-Codon (▸ Abschn. 48.1.1) mutiert (ortsgerichtete Mutagenese; ▸ Abschn. 54.4). Diese modifizierte DNA wird dann z. B. in Bakterien in Anwesenheit einer modifizierten tRNA exprimiert, die durch Mutagenese so verändert wurde, dass sie mit der nicht-natürlichen Aminosäure beladen werden kann und außerdem weitgehend selektiv an das Stopp-Codon bindet (das Stopp-Codon **supprimiert**; ▸ Abschn. 48.3.1).

Kontaktstellen zwischen zwei Proteinen lassen sich auch dadurch identifizieren, dass die beiden beteiligten Aminosäuren durch Mutagenese gegen zwei Cysteinreste ausgetauscht werden. Nach Behandlung mit SH-Gruppen-spezifischen, **bifunktionellen Quervernetzern** (z. B. Bis-Maleimide) bilden sich dann Proteindisulfide aus, die in der SDS-Gelelektrophorese dargestellt werden können.

Der **Filterbindungstest** ist ein sehr einfach durchzuführender Test. Ein Protein wird auf ein Filterpapier gegeben, der potenzielle Interaktionspartner, der radioaktiv markiert ist, wird zugesetzt und bleibt auf dem Filter gebunden, falls er interagiert und ist durch seine Radioaktivität nachweisbar.

❯ Molekularbiologische Verfahren erlauben ein Screening von möglichen Interaktionspartnern.

Das **Hefe-Zwei-Hybrid-System** (*yeast two-hybrid system*) ist geeignet, um Interaktionspartner im zellulären Umfeld unter *in vivo*-Bedingungen zu finden. Hierbei wird ein Hefetranskriptionsfaktor, gewöhnlich GAL4 genutzt, der aus zwei unabhängigen Domänen besteht. Die N-terminale Domäne bindet an die DNA (GAL4-BD), die C-terminale Domäne (GAL4-AD) aktiviert die Transkription. Gentechnologisch werden zwei Konstrukte hergestellt, eines, das die BD-Gensequenz als Fusion mit der Gensequenz des Proteins A enthält, und ein zweites, in dem die AD-Sequenz und diejenige des potenziellen Interaktionspartners B miteinander fusioniert wurden. Ein Hefestamm, der GAL4 nicht enthält, wird mit beiden Plasmiden transformiert. In der Zelle werden dann die Proteine exprimiert. Falls sie interagieren, wird ein Reporter-Gen, das unter der Kontrolle des GAL4-Promoters steht, aktiviert, was einen Farbumschlag der Zellen induziert. Mit dieser Methode lassen sich viele verschiedene Proteininteraktionen mit einfachen molekularbiologischen Methoden identifizieren, mit denen sich viele verschiedene Konstrukte herstellen lassen.

Das **Phagen-Display** (*phage display*) stellt eine andere biotechnologische Methode dar, die im Hochdurchsatz durchgeführt werden kann. Hier wird eine DNA-Bibliothek aufgebaut, in der die Gene der möglichen Interaktionspartner eines Zielproteins als Fusion mit der DNA eines Hüllproteins des Bakteriophagen vorliegen. Die Phagen werden im Bakterium *Escherichia coli* vermehrt. Sie tragen nach ihrer Reifung die Proteine, die in der DNA codiert sind, an der Oberfläche. Das Lösungsgemisch der Phagen wird auf einen Träger gegeben, der das immobilisierte Zielprotein enthält. Nach einem Waschvorgang enthält der Träger nur noch die Phagen mit hoher Affinität für das Zielprotein. Mit diesen Phagen wird dann wieder das Bakterium infiziert, das dann nur die für die Bindung selektiven Phagen vermehrt. Dieser Zyklus kann mehrmals durchgeführt werden. Am Ende wird das bindende Protein durch DNA-Sequenzierung identifiziert.

6.5 Methoden zur Aufklärung der dreidimensionalen Struktur von Proteinen

Die genaue räumliche Struktur von Proteinen in **atomarer Auflösung** kann bis heute mit ausreichender Sicherheit nur mit experimentellen Methoden ermittelt werden. Allerdings kann die allgemeine Faltung eines Proteins oft gut aus der Aminosäuresequenz vorhergesagt werden, wenn die 3D-Struktur eines eng verwandten Proteins bekannt ist. Zwei grundsätzlich unterschiedliche Verfahren werden zur Strukturaufklärung von Proteinen eingesetzt. Wenn das Protein in festem, kristallinem Zustand vor-

liegt, nutzt man die Streuung von Röntgenstrahlen (**Röntgenkristallographie**), Neutronen oder Elektronen durch Protein-Einkristalle zur Strukturaufklärung. Liegt das Protein in Lösung vor, kann man seine Struktur mithilfe der **Kernresonanzspektroskopie** (NMR, *nuclear magnetic resonance*) erhalten. Die Kernresonanzspektroskopie kann allerdings auch für Proteine im festen Zustand durchgeführt werden. In den letzten Jahren hat die **Kryoelektronenmikroskopie** (**Cryo-EM**) die Strukturbestimmung von sehr großen Proteinen und Proteinkomplexen revolutioniert. Hier werden einzelne Moleküle in glasartiges Eis eingebettet und aus vielen elektronenmikroskopischen Einzelbildern eine 3D-Struktur in atomarer Auflösung berechnet.

☐ **Abb. 6.11   Rasterelektronenmikroskopische Aufnahme eines Kristalls der Pyruvatkinase.** Der Kristall besteht aus regelmäßig im Kristallgitter geordneten Enzymmolekülen. Auf einer Kante liegen etwa 2000 Moleküle nebeneinander. (Aus Hess und Sosinka 1974)

6.5.1   Röntgenstrukturanalyse

Eine bahnbrechende Eigenschaft der Röntgenstrahlen, die von Wilhelm Conrad Röntgen 1895 entdeckt wurden, war die Möglichkeit, das Innere von Gegenständen sichtbar zu machen. Es dauerte nicht lange, bis man herausfand, dass man mit Röntgenstrahlen auch die räumliche Anordnung der Atome in einfachen Kristallen und damit letztendlich auch die atomare Struktur von kleinen anorganischen (NaCl, 1913) und organischen Molekülen (Benzol, 1928) durch die Interpretation der Röntgenbeugungsmuster aufklären konnte. Die ersten Strukturuntersuchungen von Makromolekülen in den 30er-Jahren des letzten Jahrhunderts scheiterten an der Komplexität der sich ergebenden Beugungsbilder. Es mussten noch 20 Jahre vergehen bis es John Kendrew gelang, 1958 mit der Struktur des Myoglobins die erste Röntgenstruktur zu lösen. Heute ist die Röntgenbeugung (*X-ray diffraction*) die wichtigste Methode zur Strukturbestimmung biologischer Makromoleküle. Mehr als 90 % aller Proteinstrukturen der internationalen Proteindatenbank (pdb, *protein data bank*) wurden mithilfe der Röntgenstrukturanalyse gelöst.

❯ Für eine Röntgenstrukturanalyse benötigt man Einkristalle von Proteinen.

Um die Röntgenbeugungsdaten interpretieren zu können, benötigt die **Röntgenstrukturanalyse** Einkristalle der zu untersuchenden Proteine. Deshalb wählt man auch oft den alternativen Ausdruck **Röntgenkristallographie** (*X-ray crystallography*) zur Beschreibung der Methode. Die Kristallisation von Proteinen stellt auch nach der Einführung von automatisierten Kristallisationsverfahren (»Kristallisationsrobotern«) immer noch die größte Herausforderung auf dem Weg zur 3D-Struktur eines Proteins dar. Proteine können spontan aus konzentrierten Proteinlösungen innerhalb von Stunden kristallisieren, die Suche nach geeigneten Kristallisati-

onsbedingungen für ein ganz bestimmtes Protein kann aber auch viele Jahre in Anspruch nehmen.

Bei der Kristallisation wird eine konzentrierte, nahezu gesättigte Proteinlösung durch geeignete Manipulation der äußeren Bedingungen langsam in den übersättigten Zustand überführt. In der Regel wird ein Tropfen der Proteinlösung auf einen Objektträger gegeben, der dann umgedreht auf ein kleines Gefäß gelegt wird (**hängender Tropfen**, *hanging drop*). Durch Dampfdiffusion im Gefäß verliert der Tropfen langsam Wasser, und die Proteinkonzentration steigt. Wenn alle Bedingungen korrekt gewählt wurden, bilden sich schließlich in der übersättigten Lösung kleine Kristallisationskeime, die durch Anlagerung weiterer Proteinmoleküle langsam größer werden (☐ Abb. 6.11).

Allerdings tritt meistens ein konkurrierender unerwünschter Prozess ein: Das Protein aggregiert ungeordnet und fällt aus der Lösung aus, bevor sich Kristalle gebildet haben. Daher muss man in der Regel viele verschiedene Lösungsbedingungen ausprobieren, bis man einen ausreichend großen Kristall erhält. Oft führt auch eine extensive Variation der Pufferbedingungen nicht zum Ziel. In diesen Fällen versucht man, die Kristallisationstendenz durch kleine Änderungen der Proteinoberfläche zu erhöhen, die man durch gezielte Mutagenese einführt. Daher entsprechen viele der in der Proteinstrukturdatenbank gespeicherten Röntgenstrukturen nicht genau dem gesuchten, natürlichen Zielprotein.

Im nächsten Schritt wird ein Einkristall auf einem Goniometer befestigt, einer Vorrichtung, mit der der Einkristall in der **monochromatischen Röntgenstrahlung** schrittweise gedreht werden kann. Die gebeugten Röntgenstrahlen werden dann heutzutage mit einem Flächendetektor wie der CCD-Kamera (CCD, *charge coupled device*) registriert und digitalisiert. Für eine scharfe Ab-

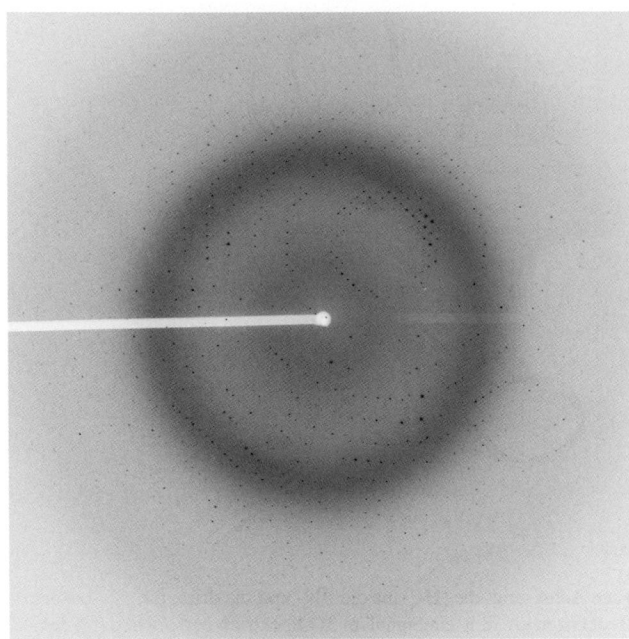

Abb. 6.12   Röntgenbeugungsmuster eines Ras-Kristalls. Die Daten wurden an einem Synchrotron mit einem 0,2 × 0,1 × 0,1 mm großen Kristall bei einer Temperatur von 100 K und einer Wellenlänge von 0,128 nm aufgenommen. (Mit freundlicher Genehmigung von I. Vetter, MPI für molekulare Physiologie, Dortmund)

bildung muss die Wellenlänge der benutzten Strahlung der gewünschten Auflösung (kleinster Abstand, bei der zwei Atome getrennt beobachtbar sind) entsprechen. Dies ist schon für die im Labor genutzte charakteristische Strahlung der Kupferanode einer konventionellen Röntgenröhre der Fall, deren K_α-Linie eine Wellenlänge von 0,154 nm hat. Gewöhnlich nutzt man heutzutage für die Strukturbestimmung die **Synchrotronstrahlung**, die von großen Teilchenbeschleunigern erzeugt wird. Wegen ihrer wesentlich größeren Luminosität (Strahlungsintensität) kann man einen ganzen Datensatz in weniger als einer Stunde aufnehmen und mit viel kleineren Kristallen arbeiten. Im Gegensatz zur charakteristischen Strahlung einer Röntgenröhre kann man sich die Wellenlänge bei der Synchrotronstrahlung aussuchen und arbeitet gewöhnlich bei kleineren Wellenlängen um 1 nm. Bessere Ergebnisse scheint man bei noch kleineren Wellenlängen zu erhalten.

Die Streuung (Diffraktion) der Röntgenstrahlen an der Elektronenhülle der Proteinatome ergibt dann typische Muster von Reflexen. ◨ Abb. 6.12 zeigt ein solches Diffraktionsmuster, das von einem Einkristall des Ras-Proteins aufgenommen wurde. Abhängig von der Qualität der verwendeten Kristalle enthält ein vollständiger Satz von unter verschiedenen Winkeln aufgenommen Beugungsbildern zwischen 10.000 und 100.000 Reflexe. Diese Reflexe enthalten genug Information, um die räumlichen Koordinaten aller Atome des Proteins genau zu bestimmen.

Wie jede elektromagnetische Strahlung hat auch die Röntgenstrahlung eine Intensität und eine Phase. Wenn nun neben den Intensitäten auch die Phasen aller Reflexe bekannt wären, könnte man aus den Diffraktionsbildern direkt die Elektronenverteilung des ganzen Proteins und damit auch alle Atompositionen durch eine einfache mathematische Operation, die Fourier-Transformation, berechnen. Leider erhält man experimentell nur die Intensität der gestreuten Röntgenstrahlung, aber nicht deren Phase. Um die zur Berechnung der 3D-Struktur notwendige Phaseninformation zu erhalten, gibt es verschiedene Ansätze. Die Standardmethode, die bei den ersten Proteinstrukturen angewandt wurde, und auch heute noch von Bedeutung ist, ist der **multiple isomorphe Ersatz (MIR**, *multiple isomorphous replacement*). Hier erzeugt man von den Kristallen verschiedene Schwermetallderivate, indem man sie sich mit Schwermetallsalzen wie Uranylacetat oder Quecksilberacetat vollsaugen lässt (*soaking*). Dabei wird idealerweise eines oder mehrere Schwermetallatome an wohldefinierten Stellen des Proteins gebunden, ohne dass sich dessen räumliche Struktur ändert. Die Position der Schwermetalle im Kristall ist dann der Ausgangspunkt zur Lösung des Phasenproblems.

Alternativ wird biosynthetisch Selenomethionin statt Methionin in das Protein eingebaut und die **anomale Streuung** des Selens bei einer oder (in schwierigen Fällen) mehreren Wellenlängen gemessen (**SAD**, *single-wavelength anomalous dispersion*, **MAD**, *multiple-wavelength anomalous dispersion*). Liegt schon eine 3D-Struktur eines stark verwandten Proteins vor, kann man diese Struktur zur Bestimmung von Ausgangswerten für die Phasen verwenden (**molekularer Ersatz**, *molecular replacement*).

Wenn die Kristalle eine ausreichende Qualität haben, ist die Röntgenstrukturanalyse auch großer Proteine eine Routineangelegenheit und erste Strukturen können prinzipiell schon innerhalb eines Tages erhalten werden. Daher ist die Kristallisation der Proteine der eigentliche Engpass. Sie ist besonders schwierig für Membranproteine, die zur Erhaltung ihrer Struktur Membranlipide benötigen. Trotzdem hat man auch hier schon erhebliche Fortschritte gemacht, sodass heute die Röntgenstruktur von mehr als 1000 Membranproteinen bekannt ist.

6.5.2 NMR-Strukturbestimmung

Im Jahr 1984 gelang es der Gruppe von Kurt Wüthrich, die erste dreidimensionale Struktur eines kleinen globulären Proteins, des Stiersperma-Proteaseinhibitors (BUSI, *bull seminal proteinase inhibitor*) mithilfe der zweidimensionalen NMR-Spektroskopie zu bestimmen. Damit wurde die **NMR-Strukturbestimmung** als eine neue Alternative zur **Röntgenstrukturanalyse** in die Biochemie eingeführt.

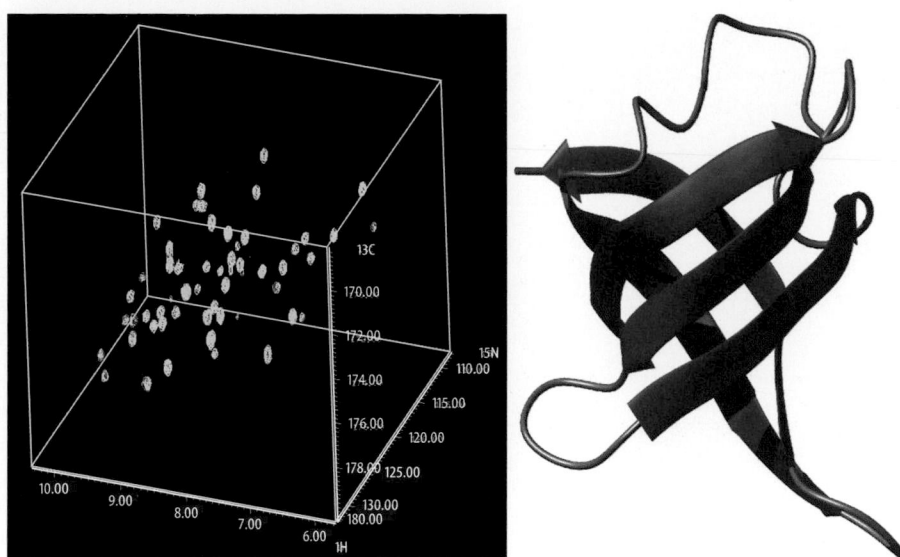

◘ Abb. 6.13   Mehrdimensionale NMR-Spektroskopie zur Proteinstrukturbestimmung in Lösung. *Links*: 3D-HNCO-NMR-Spektrum des Kälteschockproteins Csp (*cold shock protein*) des hyperthermophilen Mikroorganismus *Thermotoga maritima*. Das Protein wurde in *E. coli* exprimiert und dabei mit den stabilen Isotopen ^{15}N und ^{13}C angereichert. In den HNCO-Spektren werden Amidprotonen (H), der Amidstickstoff (N) und der Carbonylsauerstoff (CO) der Peptidbindung selektiv detektiert. Eine Achse zeigt die ^{1}H-, eine die ^{15}N- und die dritte die ^{13}C-Resonanzfrequenzen an, d. h. ein Signal im 3D-Spektrum entspricht dann dem C, N und Amidproton (H) genau einer Peptidbindung im Protein. *Rechts*: Die NMR-Struktur von Csp ergibt eine β-Fass-Topologie, die aus 5 β-Strängen gebildet werden. Das Kälteschockprotein wird bei Abkühlung von der optimalen Wachstumstemperatur von *T. maritima* von mehr als 80 °C in hoher Konzentration gebildet. (PDB ID: 1G6P)

❯ NMR-Spektroskopie erlaubt die Bestimmung der Struktur von Proteinen in Lösung.

Schon vor der ersten 3D-Proteinstrukturbestimmung war die **Kernresonanzspektroskopie** (Synonyme: **Kernmagnetische Resonanz, NMR** (*nuclear magnetic resonance*)**-Spektroskopie**) als eine wichtige analytische Methode in der Chemie weitverbreitet und wurde zur Aufklärung der covalenten Struktur von Syntheseprodukten routinemäßig eingesetzt. Im Gegensatz zur Röntgenkristallographie arbeitet sie mit Proteinen im gelösten Zustand. Die Proteinstruktur wird also unter **quasiphysiologischen Bedingungen** ermittelt. Es ist evident, dass natürlich keine Kristallisation der Proteine erforderlich ist. Ein Nachteil ist die Komplexität der Strukturbestimmung selbst, die Monate oder Jahre dauern kann.

Bei der NMR-Strukturbestimmung werden die strukturabhängigen Wechselwirkungen der magnetischen Momente der im Protein enthaltenen Atomkerne dazu genutzt, um eine Struktur zu berechnen. Die wichtigste Größe ist hier der **Kern-Overhauser-Effekt** (**NOE**, *nuclear Overhauser effect*), mit dem sich paarweise Abstände zwischen den Atomen bis zu maximal 0,6 nm messen lassen.

Um ein NMR-Experiment durchführen zu können, müssen die magnetischen Momente in einem starken äußeren Magnetfeld ausgerichtet werden. Hierzu nutzt man gewöhnlich (teure) supraleitende Magnete mit hohen Magnetfeldstärken, da die Empfindlichkeit der NMR-Spektroskopie stark mit dem Magnetfeld zunimmt. Im Vergleich zur Röntgenkristallographie ist die NMR-Spektroskopie eine junge Methode, daher sind viele Bereiche noch in Entwicklung begriffen und nicht für den Routinebetrieb optimiert.

Für die NMR-Strukturbestimmung müssen eine Reihe verschiedener **mehrdimensionaler NMR-Spektren** aufgenommen werden (◘ Abb. 6.13).

Für Proteine mit Molekülmassen über 10 kDa müssen die Proteine biosynthetisch mit den **stabilen Isotopen** ^{13}**C und** ^{15}**N** (bei sehr großen Proteinen noch zusätzlich ^{2}H) angereichert werden, die in der Natur nur in geringer Häufigkeit vorkommen. Mit einer Steigerung der Molekülmasse wird die NMR-Strukturbestimmung immer schwieriger, eine praktische Obergrenze für die Bestimmung einer vollständigen dreidimensionalen Struktur eines Proteins liegt derzeit bei etwa 100 kDa.

Die meisten von DNA codierten Proteine haben eine molekulare Masse in diesem Bereich. Trotzdem bleibt die **Größenbeschränkung** der Hauptnachteil der NMR-Spektroskopie. Die Bestimmung einer Ribosomenstruktur, wie sie mit der Röntgenstrukturanalyse gelungen ist, ist weit außerhalb dessen, was die NMR derzeit leisten kann. Ein Vorteil der NMR-Strukturbestimmung bleibt aber, dass sie im gelösten Zustand funktioniert und gleichzeitig empfindlich für Bewegungsvorgänge im Protein ist. Die Kristallisation kann Artefakte erzeugen und muss nicht notwendigerweise das konformationelle Ensemble in der Lösung repräsentieren.

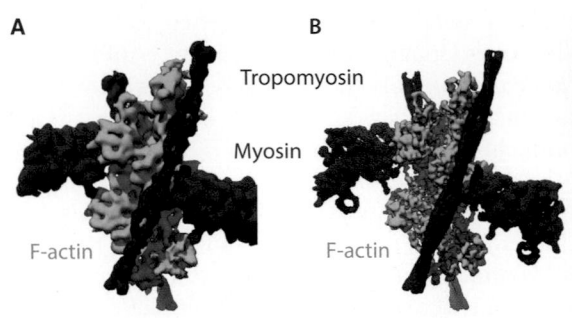

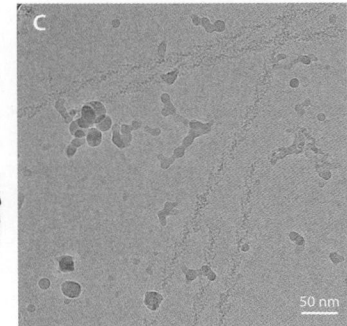

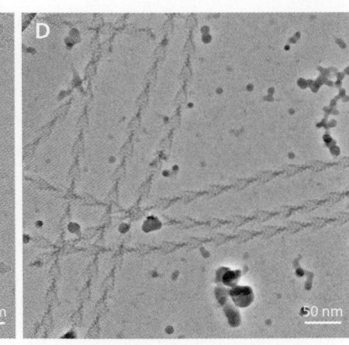

Abb. 6.14 Kryoelektronenmikroskopische Rekonstruktion des Actin-Myosin-Tropomyosin-Komplexes. Die Strukturen wurden aus einem Datensatz, der entweder (**A**) mit einem konventionellen CMOS-Detektor oder (**B**) mit einem modernen, direkten Elektronendetektor aufgenommen wurde, rekonstruiert. Zusätzlich sind die primären kryoelektronenmikroskopischen Bilder des Actin-Myosin-Komplexes gezeigt, die entweder bei einem Defokus von −2 μm (**C**) oder mit einer Volta-Phasenplatte (**D**) aufgenommen wurden (Mit freundlicher Genehmigung von S. Raunser, MPI für molekulare Physiologie, Dortmund)

Eine neue Entwicklung ist die NMR-Strukturbestimmung im festen, nicht-kristallinen Zustand mithilfe der **Festkörperresonanzspektroskopie** (*solid state NMR*). Mit ihr ist es bereits gelungen, die ersten Strukturen von membrangebundenen Proteinen zu bestimmen.

6.5.3 Kryoelektronenmikroskopie

Die Elektronenmikroskopie (EM) ist ein in den Materialwissenschaften und der Biologie schon lange etabliertes Verfahren, um sehr kleine Objekte wie Viren, Zellen und Gewebe mit Auflösungen bis in den Nanometer-Bereich abzubilden. Ernst Ruska erhielt für die Erfindung des Elektronenmikroskops 1986 den Nobelpreis für Physik für das von ihm 55 Jahre vorher zusammen mit Max Knoll entwickelte Elektronenmikroskop. Der Aufbau eines **Transmissions-Elektronenmikroskops** entspricht im Wesentlichen demjenigen eines optischen Mikroskops, nur dass an Stelle von Glaslinsen elektromagnetische Linsen verwendet werden, um den Elektronenstrahl für die Abbildung zu fokussieren. Im Unterschied zur optischen Mikroskopie muss sich die Probe im Hochvakuum befinden, da sonst die Elektronen schon im Strahlengang gestreut und absorbiert werden. Daher kann man Objekte lebend nicht im Elektronenmikroskop untersuchen. Um ein besseres Kontrast-zu-Rausch-Verhältnis zu erhalten, werden die Proben in der klassischen Elektronenmikroskopie gewöhnlich mit Schwermetallionen negativ kontrastiert, die die Elektronen stark streuen. Ein alternativer Abbildungsmechanismus ist bei der **Rasterelektronenmikroskopie** realisiert. Bei ihr tastet ein extrem fokussierter Elektronenstrahl die Probe in einem Raster punktweise ab. Die dabei rückgestreuten Elektronen werden detektiert und ein Bild wird rekonstruiert. Ein Beispiel für eine rasterelektronenmikroskopische Aufnahme eines Proteinkristalls haben wir schon in Abb. 6.11 gesehen.

❯ Kryoelektronenmikroskopie erlaubt die Strukturbestimmung von Proteinkomplexen im gefrorenen Zustand

Mit der klassischen Elektronenmikroskopie war es lange Zeit nicht möglich, Strukturen von Proteinen in atomarer Auflösung direkt zu erhalten. Allerdings konnte man schon früh atomare Auflösung von großen Komplexen dadurch erhalten, dass man vorhandene Kristallstrukturen von Domänen in die Elektronendichte aus elektronenmikroskopischen Bildern einpasste. Probleme hierbei waren aber, dass die notwendige negative Kontrastierung Details der untersuchten Molekülstruktur verändern konnte, und dass man nie sicher davon ausgehen konnte, dass die Struktur der Domäne im Kristall unverändert im makromolekularen Komplex vorliegt. In den 90er-Jahren wurde dann mit der **Elektronenkristallographie** eine alternative, direkte Strukturbestimmungsmethode entwickelt, bei der wie bei der Röntgenstrukturanalyse die Beugung der Elektronenstrahlen unter verschiedenen Kippwinkeln zur Strukturbestimmung eingesetzt wurde. Diese Methode konnte sich aber nicht richtig durchsetzen, da die Erzeugung der sehr dünnen, „zweidimensionalen" Kristalle sehr schwierig ist.

Den Durchbruch brachte in den letzten Jahren die **Einzelmolekül-Kryoelektronenmikroskopie**, mit der sich beinahe routinemäßig Proteinstrukturen von großen Proteinen in atomarer Auflösung (bis zu etwa 0.2 nm) erhalten lassen (Abb. 6.14). Die zu analysierenden Proteine werden zunächst in amorphem Eis schockgefroren (vitrifiziert), aber nicht negativ kontrastiert. Die inhärent geringen Kontraste und das schlechte Signal-zu-Rausch-Verhältnis können nun durch zwei technologische Entwicklungen ausgeglichen werden. Der Einsatz von Volta-Phasenplatten ergibt einen deutlich stärkeren Phasenkontrast und hochempfindliche direkte Elektronendetektoren (DED, *direct electron detec-*

tor) ein wesentlich verbessertes Signal-zu-Rausch-Verhältnis. Zudem ist die Auslesegeschwindigkeit der Elektronendetektoren sehr hoch. Dadurch können Filme anstatt einzelner Bilder aufgenommen werden, was durch spätere Korrektur erlaubt, die Bewegung der Proteine während der Bildaufnahme zu korrigieren. Aus vielen Einzelbildern, die zweidimensionale Projektionen der Moleküle darstellen, die unter verschiedenen Winkeln zufällig aufgenommen wurden, wird dann mit 3D-Rekonstruktions-Algorithmen eine dreidimensionale Struktur berechnet. Die Unterschiede in den Projektionen können noch durch wohl-definiertes Kippen des Objektträgers im Strahl erhöht werden.

Das Ergebnis all dieser Verbesserungen sind in ◘ Abb. 6.14 zu sehen, die die dreidimensionale Struktur des Komplexes von Actin mit Tropmyosin und den Köpfen des Myosins zeigt.

Während zunächst nur sehr große Molekülkomplexe im MDa-Bereich wie Ribosomen genügend Kontrast lieferten, um eine atomare Struktur zu erzeugen, verschiebt sich jetzt die Grenze kontinuierlich zu kleineren Molekülmassen. Der Rekord liegt derzeit bei 52 kDa, der EM-Struktur von Streptavidin. Es ist zu erwarten, dass sich diese Entwicklung weiter fortsetzt und die Einzelmolekül-Kryoelektronenmikroskopie in weiten Teilen die konventionelle Röntgenkristallographie ersetzen wird, da bei der EM keine Kristallisation der Moleküle notwendig ist.

Zusammenfassung

Die räumliche Struktur von Proteinen wird im Wesentlichen mit zwei verschiedenen Methoden bestimmt:

- Die am weitesten verbreitete Methode zur Proteinstrukturbestimmung ist die **Röntgenstrukturanalyse**. Sie führt schnell zum Ziel, wenn Protein-Einkristalle hoher Qualität zur Verfügung stehen. Allerdings ist es oft nicht einfach, ausreichend gut streuende Kristalle des Zielproteins in der zur Verfügung stehenden Zeit zu erzeugen.
- Mit der **NMR-Strukturbestimmung** wird die eigentlich relevante Lösungsstruktur von Proteinen ermittelt. Sie ist sehr zeitaufwendig und für große Proteine schwierig.
- Mit der **Einzelmolekül-Kryoelektronenmikroskopie** können 3D-Strukturen von großen Proteinen und Proteinkomplexen in amorphem Eis in atomarer Auflösung ohne Kristallisation rekonstruiert werden.

6.6 Proteombestimmung (Proteomik)

Die Initiative zur Aufklärung des menschlichen Genoms hat zur Erfindung effektiver, schneller und zuverlässiger DNA-Sequenzierungsmethoden geführt. In der Zwischenzeit stehen uns die kompletten DNA-Sequenzen zahlreicher Organismen zur Verfügung. Auf der Seite des *National Center for Biotechnology Information* (▶ http://www.ncbi.nim.nih.gov/genome) sind derzeit Genome von mehr als 20.000 Mikroorganismen wie *Staphylococcus aureus*, *Escherichia coli*, *Streptococcus pyogenes*, Genome von 361 Landpflanzen wie *Arabidopsis thaliana* (Gänserauke), *Vitis vinifera* (Weinrebe), *Zea mays* (Mais), *Oryza satina* (Reis), und Genome von zahlreichen Viren, Pilzen und Tieren abgespeichert. Komplette Genome von 298 Säugetieren sind hier zugänglich, die von der Maus (*Mus musculus*) über das Rind (*Bos primigenius taurus*) und den Gorilla (*Gorilla gorilla*) bis zum Menschen (*Homo sapiens*) reichen. Die Anzahl der gelösten Genome steigt weiterhin schnell an. Kommerzielle Unternehmen haben inzwischen vollständige Genome von mehr als 100.000 Menschen sequenziert.

> Die Untersuchung des Proteoms ergänzt die Aufklärung des Genoms.

Da im Genom auch alle Proteine codiert werden, stehen uns auch die Aminosäuresequenzen aller Proteine, das **Proteom**, zur Verfügung. Daher ist die Untersuchung des Proteoms in der **Proteomik** (*proteomics*) eine Aufgabe, die sich zwanglos aus der **Genomik** (*genomics*) ergibt.

Wie unterscheidet sich nun die Proteomik von der klassischen Proteinbiochemie? Der Hauptunterschied folgt aus der Vollständigkeit der Daten, die im Prinzip erlaubt, ein geschlossenes Bild aller Interaktionen der Proteine in einer Zelle zu erhalten. Da nicht alle Proteine zur selben Zeit und in allen Zellen exprimiert werden, ist eine fundamentale Aufgabe der Proteomik das **Expressionsmuster** der Proteine in bestimmten Zellen und bei bestimmten funktionellen Zuständen zu ermitteln. Für das Verständnis des Zusammenwirkens der Proteine ist auch eine Kenntnis ihrer **posttranslationalen Modifikationen** erforderlich. Diese Informationen erlauben dann mit bioinformatischen Methoden die Unterschiede verschiedener Proteome zu analysieren, um deren Rolle bei der Krankheitsentstehung oder der Entwicklung individueller Besonderheiten zu verstehen. Die **funktionelle Proteomik** konzentriert sich besonders auf die Analyse des Netzwerks der Protein-Protein-Interaktionen und deren Rolle bei der Erhaltung und Regulation der Funktionen, die für das Überleben und die Vermehrung von isolierten Zellen und deren Organisation in Geweben und ganzen Organismen verantwortlich sind.

Wie wir wissen, ist für die ungestörte Funktion von Proteinen deren intakte dreidimensionale Struktur entscheidend. Deshalb wäre auch die Kenntnis aller Proteinstrukturen von Nutzen (**strukturelle Proteomik**). Wegen des hohen experimentellen Aufwands lässt sich dieses Ziel nicht erreichen. Deshalb versucht man in den

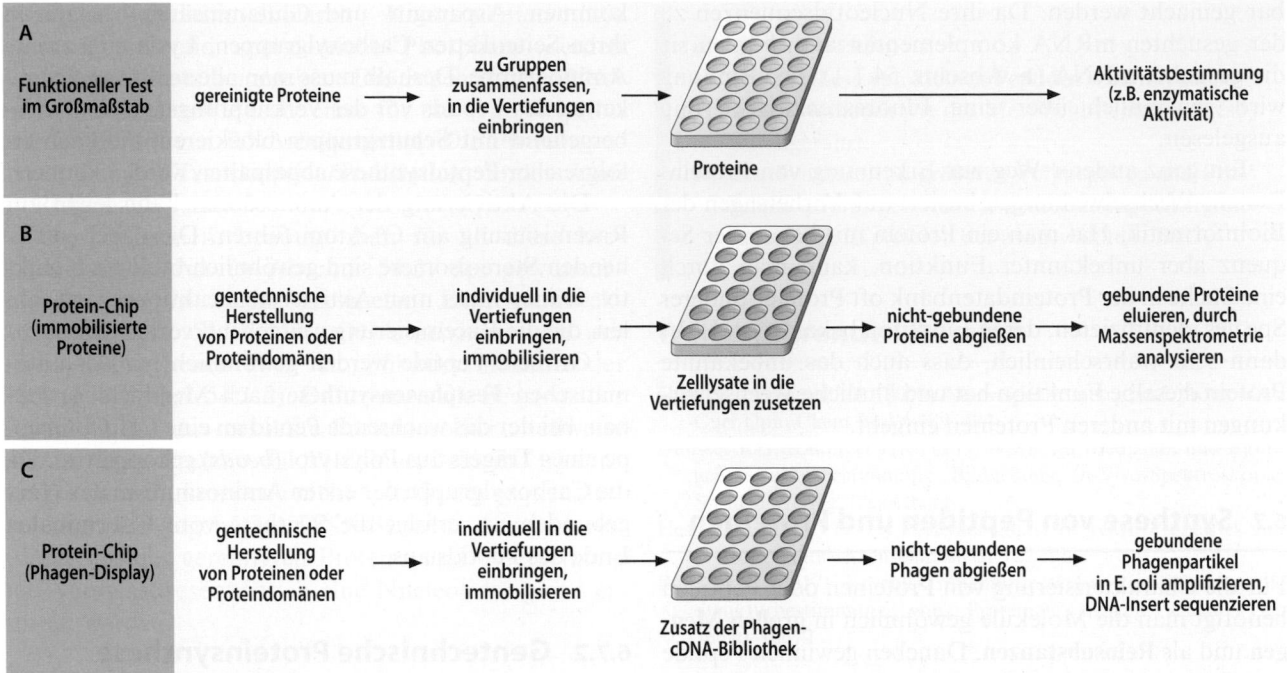

A Funktioneller Test im Großmaßstab
gereinigte Proteine → zu Gruppen zusammenfassen, in die Vertiefungen einbringen → Proteine → Aktivitätsbestimmung (z.B. enzymatische Aktivität)

B Protein-Chip (immobilisierte Proteine)
gentechnische Herstellung von Proteinen oder Proteindomänen → individuell in die Vertiefungen einbringen, immobilisieren → Zelllysate in die Vertiefungen zusetzen → nicht-gebundene Proteine abgießen → gebundene Proteine eluieren, durch Massenspektrometrie analysieren

C Protein-Chip (Phagen-Display)
gentechnische Herstellung von Proteinen oder Proteindomänen → individuell in die Vertiefungen einbringen, immobilisieren → Zusatz der Phagen-cDNA-Bibliothek → nicht-gebundene Phagen abgießen → gebundene Phagenpartikel in E. coli amplifizieren, DNA-Insert sequenzieren

◼ **Abb. 6.15 Standardverfahren der Proteomanalyse.** Grundlage dieser Verfahren ist die Verwendung von Platten mit Vertiefungen, in die Proben eingebracht werden können und die als Reaktionsgefäße dienen. Die Zahl dieser Vertiefungen kann von 24 bis zu vielen Tausenden variieren. Die Detektion oder Auslese der gewünschten Proben erfolgt im Allgemeinen mit automatisierten Verfahren. Die Verwendung von Protein-Chips mit immobilisierten Proteinen dient vor allem der Identifikation von Protein-Protein-Wechselwirkungen. **A** Bei funktionellen Tests im Großmaßstab werden zelluläre Proteine in Gruppen separiert und in die Reaktionsgefäße eingebracht. Entsprechende Bestimmungen der Proteinaktivität, z. B. der Enzymaktivität, erfolgen dann automatisiert. **B** Bei Protein-Chips werden spezifische Proteine oder Proteindomänen gentechnisch hergestellt und in den Reaktionsgefäßen immobilisiert. Fügt man dann Zell-Lysate aus Geweben oder Kulturen zu, binden die für die immobilisierten Proteine spezifischen Proteinliganden aus den Lysaten an die immobilisierten Proteine. Nicht-gebundene Proteine aus den Lysaten werden entfernt, die gebundenen können anschließend isoliert und beispielsweise durch Massenspektrometrie analysiert werden. **C** Auch beim Phagen-Display (▶ Abschn. 6.4) geht man von gentechnisch hergestellten Proteinen oder Proteindomänen aus, die in den Reaktionsgefäßen immobilisiert werden. Diese reagieren mit Bakteriophagen, in deren Genom die cDNAs (▶ Abschn. 54.3) von Geweben oder Zellen so integriert sind, dass jeweils einzelne cDNA-Moleküle als Proteinbestandteile der Phagenhülle exprimiert werden (einer sog. Phagen-cDNA-Bibliothek) und deswegen ggf. mit den immobilisierten Proteinen reagieren können. Nicht-gebundene Phagen werden durch Waschen entfernt, die gebundenen in *E. coli* vermehrt und anschließend die DNA-Sequenz der inserierten cDNAs ermittelt

Programmen der strukturellen Proteomik wenigstens alle wichtigen **Faltungstopologien** (▶ Abschn. 5.2.3) aufzuklären, um dann mit Homologiemodellierung aus den Aminosäuresequenzen die 3D-Strukturen der Proteine vorhersagen zu können. Die Proteomik ist ein Teilgebiet der zur Zeit sehr aktuellen **Systembiologie**, die alle molekularen Komponenten der Zelle in ein funktionelles Netzwerk einordnet. Sie will damit die lebende Zelle oder den Organismus als ganzes, miteinander gekoppeltes System verstehen.

Ein wichtiges Werkzeug der funktionellen Proteomik ist die uns schon bekannte zweidimensionale Gelelektrophorese in Kombination mit der Massenspektrometrie (▶ Abschn. 6.3). Mit ihr lässt sich das Proteom in Zellen in interessanten funktionellen Zuständen charakterisieren und in den Zellextrakten etwa 1.000 Proteine gleichzeitig semiquantitativ erfassen.

In jüngerer Zeit werden für die notwendige Automatisierung der Analysen vorgefertigte Testfelder (*arrays*) immer häufiger eingesetzt, die mit der entsprechenden Computersteuerung eine automatische Auslesung und Auswertung der Daten erlauben (◼ Abb. 6.15). Zur Bestimmung des Interaktoms können miteinander wechselwirkende Proteine in Testfeldern identifiziert werden, auf denen rekombinant erzeugte Proteine immobilisiert sind. Gibt man auf diese Testfelder ein Zell-Lysat und wäscht dieses anschließend mit einer Pufferlösung, so bleiben nur die Proteine haften, die eine spezifische Interaktion zeigen. Sie können dann anschließend beispielsweise massenspektrometrisch identifiziert werden (siehe auch ▶ Abschn. 6.4).

In vielen Fällen ist es technisch einfacher, nicht das Protein selbst, sondern die mRNA in einem Zell-Lysat nachzuweisen. Statt der Proteinkonzentrationen erhält man dann das **Expressionsmuster der Proteine**, das meistens mit dem Konzentrationsmuster gut korreliert. Das Expressionsmuster kann mit **DNA-Chips**, auf denen kurze DNA-Stücke immobilisiert sind, leicht sicht-

Molekulare und funktionelle Grundlagen der Biokatalyse durch Enzyme

Thomas Kriegel und Wolfgang Schellenberger

Mithilfe der Thermodynamik kann eine Voraussage über die Freiwilligkeit des Ablaufes einer biochemischen Reaktion getroffen, nicht aber deren unerwartet hohe Geschwindigkeit erklärt werden (▶ Kap. 4). Erst die Entdeckung und Charakterisierung der in biologischen Systemen als hochspezifische Katalysatoren wirksamen Enzyme lieferte eine Erklärung dieses Phänomens. Molekulare Grundlage der unübertroffenen Wirksamkeit dieser Biokatalysatoren ist die beeindruckende Vielfalt und Flexibilität ihrer molekularen Strukturen. Enzyme bilden spezifische Bindungsstellen aus, die nicht nur eine selektive Anlagerung und Umsetzung ihrer Substrate ermöglichen, sondern darüber hinaus eine Anpassung ihrer katalytischen Aktivität an die aktuelle Stoffwechselsituation gestatten.

Schwerpunkte

7.1 Struktur und Funktion der Enzyme
- Beschleunigung biochemischer Reaktionen durch Erniedrigung der Aktivierungsenergie
- Molekulare Architektur des aktiven (katalytischen) Zentrums der Enzyme
- Cofaktoren von Enzymen: Metallionen, Cosubstrate, prosthetische Gruppen
- Substratspezifität, Reaktionsspezifität und Stereospezifität der Enzyme

7.2 Nomenklatur und Klassifizierung der Enzyme
- Trivialnamen, systematische Nomenklatur und Klassifizierung der Enzyme

7.3 Multiple Formen von Enzymen
- Isoenzyme, covalente Modifikation der Enzymproteine, Moonlighting-Enzyme

7.4 Mechanismen der Enzymkatalyse
- Säure-Base-Katalyse, covalente Katalyse, Metallionenkatalyse

7.5 Definition, Maßeinheiten und Bestimmung der Enzymaktivität
- Internationale Einheit, Katal, Optischer Test

7.6 Kinetik enzymkatalysierter Reaktionen
- Michaelis-Menten-Modell

7.7 Experimentelle Bestimmung enzymkinetischer Parameter
- Transformation der Michaelis-Menten-Gleichung nach Lineweaver und Burk
- Bestimmung enzymkinetischer Parameter durch nichtlineare Regression

7.1 Struktur und Funktion der Enzyme

 Katalysatoren beschleunigen die Einstellung chemischer Gleichgewichte, ohne die Gleichgewichtslage zu beeinflussen.

Die Aufklärung der Mechanismen des Stoffwechsels hat gezeigt, dass chemische Reaktionen unter den hinsichtlich Stoffkonzentration, Temperatur, pH-Wert und Druck für biologische Systeme typischen Reaktionsbedingungen nur in Gegenwart von **Katalysatoren** hinreichend schnell ablaufen können. Die Wechselwirkung des Katalysators mit dem umzusetzenden Stoff steigert dessen Reaktionsfähigkeit und führt zu einer enormen Reaktionsbeschleunigung, ohne die Lage des Reaktionsgleichgewichtes zu verändern. Der Katalysator geht aus

(▶ Kap. 70). Ein wesentlicher Unterschied zwischen Enzymen und Antikörpern besteht darin, dass Enzyme ihre Substrate bevorzugt im Übergangszustand der Reaktion binden, während Antikörper in der Regel mit den im „Grundzustand" befindlichen Antigenen interagieren. Setzt man jedoch Übergangszustandsanaloga als Antigene zur Immunisierung ein, so können Antikörper mit katalytischer Aktivität erzeugt werden. Katalytische Antikörper werden im Zusammenhang mit pathologischen Prozessen wie Autoimmunität, Entzündung und Sepsis diskutiert. Gegenwärtig werden katalytische Antikörper zur Inaktivierung von Viren und zur Behandlung der Kokain-Abhängigkeit entwickelt und erprobt.

❯ Eine Vielzahl von Enzymen benötigt Cofaktoren zur Katalyse der Reaktion.

Zahlreiche biochemische Reaktionen werden von Enzymen unter Beteiligung von Cofaktoren katalysiert. Zu den Cofaktoren gehören anorganische Ionen, aber auch niedermolekulare nicht-proteinartige organische Moleküle, die man als **Coenzyme** bezeichnet. **Cosubstrate** sind Coenzyme, die während der Katalyse an das Enzym gebunden, strukturell verändert und in modifizierter Form vom Enzym freigesetzt werden. Die veränderten Cosubstrate werden in einer Folgereaktion in ihren Ausgangszustand zurückgeführt und können so erneut an der Katalyse teilnehmen. Ein herausragendes Beispiel für ein Cosubstrat ist das an mehr als 250 Redoxreaktionen beteiligte NAD$^+$ (Nicotinsäureamid-Adenin-Dinucleotid) bzw. dessen reduzierte Form NADH. In Abgrenzung von den Cosubstraten spricht man von **prosthetischen Gruppen**, wenn Coenzyme dauerhaft – z. T. auch covalent – an das jeweilige Enzym gebunden sind und am Enzym regeneriert werden. Man bezeichnet das Enzymprotein allein als **Apoenzym**, den Komplex aus Enzym und Cofaktor als **Holoenzym**. Die Integration eines Cofaktors in das aktive Zentrum eines Apoenzyms ermöglicht oftmals erst die Katalyse bzw. erweitert das Reaktionsspektrum des Enzyms. So sind die Seitenketten von Aminosäuren nur bedingt geeignet, Elektronen zu übertragen. Oxidoreduktasen (▶ Abschn. 7.2) nutzen deshalb Cofaktoren wie NAD$^+$, FMN (Flavinmononucleotid), FAD (Flavin-Adenin-Dinucleotid), Pterine, Eisen-Schwefel-Zentren oder Häm-Gruppen zur Katalyse des Elektronentransfers.

❯ Die Mehrzahl der Cosubstrate und prosthetischen Gruppen wird aus Vitaminen gebildet.

◘ Tab. 7.2 gibt einen Überblick über die vielfältigen biochemischen Funktionen der Cosubstrate und prosthetischen Gruppen. Die Mehrzahl der dort aufgeführten Substanzen leitet sich von wasserlöslichen Vitaminen

ab. Da Vitamine essentielle Substanzen sind und definitionsgemäß vom Organismus nicht synthetisiert werden können, jedoch an zentralen Stoffwechselprozessen unverzichtbar beteiligt sind, müssen sie mit der Nahrung lebenslang aufgenommen werden (▶ Kap. 58 und 59). Das breite Funktionsspektrum der Coenzyme macht deutlich, dass bei einer häufig mehrere Vitamine betreffenden Mangelernährung ein eher unspezifisches, jedoch komplexes und schweres Krankheitsbild auftreten kann.

❯ Metallionen wirken als Cofaktoren von Enzymen.

Nahezu zwei Drittel aller Enzyme benötigen Metallionen als Cofaktoren. **Metalloenzyme** enthalten Metallionen, die in einem stöchiometrischen Verhältnis fest an das Apoenzym gebunden sind. Ein typischer Vertreter der Metalloenzyme ist die Carboanhydrase. Bei diesem Enzym ist ein an Histidinreste gebundenes Zink-Ion (Zn^{2+}) unmittelbar in den Katalysemechanismus einbezogen (▶ Abschn. 7.4). Im Unterschied zu den Metalloenzymen binden **metallionenaktivierte Enzyme** die Metallionen gleichermaßen spezifisch, jedoch reversibel. Die hier wirksamen Metallionen stammen vor allem aus der Gruppe der Alkali- und Erdalkalimetalle (Na$^+$, K$^+$, Mg^{2+}, Ca^{2+}). Beispiele metallionenaktivierter Enzyme sind die durch Mg^{2+}-Ionen aktivierten Restriktionsendonucleasen (▶ Abschn. 54.1.1). Metallionen können darüber hinaus Enzymreaktionen beeinflussen, indem sie durch die Bildung eines **Metallion-Substrat-Komplexes** eine optimale Substratkonformation stabilisieren. So stellt der in Gegenwart von Magnesiumionen (Mg^{2+}) entstehende Magnesium-ATP-Komplex (◘ Abb. 4.2) das eigentliche Substrat der ATP-abhängigen Phosphotransferasen dar (▶ Abschn. 14.1.1). Auch als Bestandteile prosthetischer Gruppen wie Häm und 5'-Desoxyadenosylcobalamin (◘ Tab. 7.2) sind Metallionen an enzymatischen Reaktionen beteiligt.

❯ Enzyme können aus mehreren identischen oder nicht-identischen Polypeptidketten bestehen

Eine Vielzahl von Reaktionen des Zellstoffwechsels wird durch Enzyme katalysiert, die aus mehreren durch nicht-kovalente Bindungen miteinander verbundenen Polypeptidketten bestehen und eine **Quartärstruktur (Oligomerstruktur)** ausbilden. Die als **Untereinheiten** (subunits) bezeichneten Polypeptidketten dieser Enzyme können identisch (homooligomere Enzyme) oder nicht-identisch (heterooligomere Enzyme) sein (▶ Abschn. 5.2.4). Die Ausbildung einer Quartärstruktur bildet die strukturelle Grundlage der allosterischen Regulierbarkeit der Enzymaktivität (▶ Abschn. 8.4). Für das Verständnis der Stoffwechselregulation war die

◙ **Tab. 7.2**   Herkunft und biochemische Funktionen von Coenzymen

Coenzym	Funktion(en)	Korrespondierendes Vitamin	Enzym bzw. Reaktionsweg (Beispiel)
Cosubstrat			
Ascorbat	Redoxsystem, Hydroxylierung	Ascorbat (Vitamin C)	Prolylhydroxylase (▶ Abschn. 59.1.4)
Adenosintriphosphat (ATP)	Phosphat- und Aden(os)yl-transfer	–	Phosphofructokinase (▶ Abschn. 14.1.1)
Coenzym A (CoA)	Acyltransfer	Pantothenat	Citratsynthase (▶ Abschn. 18.2)
Cytidintriphosphat (CTP)	Transfer von Lipidbausteinen	–	Biosynthese von Phosphatidyl-cholin (▶ Abschn. 22.1.1)
Difarnesylnaphthochinon	γ-Carboxylierung von Glutamylresten	K-Vitamine	Biosynthese von Gerinnungs-faktoren (▶ Abschn. 69.1.3)
Nicotinsäureamid-Adenin-Dinucleotid(phosphat) (NAD^+, $NADP^+$)	Wasserstofftransfer	Nicotinat (Niacin), Nicotinsäureamid	Glutamatdehydrogenase (▶ Abschn. 26.3.2)
Phosphoadenosylphosphosulfat (PAPS)	Sulfattransfer	–	Biosynthese der Proteoglycane (▶ Abschn. 71.1.5)
S-Adenosylmethionin (SAM)	Methylgruppentransfer	–	Biosynthese des Adrenalins (▶ Abschn. 37.2.2)
Tetrahydrobiopterin (THB)	Wasserstofftransfer	–	Biosynthese des Tyrosins (▶ Abschn. 27.2.5)
Tetrahydrofolat (THF)	C1-Gruppentransfer	Folat	Purinnucleotidbiosynthese (▶ Abschn. 29.1)
Ubichinon (CoQ)	Wasserstofftransfer	–	Atmungskette (▶ Abschn. 19.1.1)
Uridintriphosphat (UTP)	Saccharidtransfer	–	Glycogensynthase (▶ Abschn. 14.2.1)
Prosthetische Gruppe			
5'-Desoxyadenosylcobalamin	1,2-Verschiebung von Alkyl-gruppen	Cobalamin (Vitamin B_{12})	Methylmalonyl-CoA-Mutase (▶ Abschn. 21.2.1)
Biotin	CO_2-Transfer (Carboxylierungen)	Biotin	Acetyl-CoA-Carboxylase (▶ Abschn. 21.2.3)
Flavinmononucleotid (FMN), Flavin-Adenin-Dinucleotid (FAD)	Wasserstofftransfer	Riboflavin (Vitamin B_2)	Atmungskette (▶ Abschn. 19.1.1)
Hämgruppen	Elektronentransfer	–	Katalase (▶ Abschn. 20.1.1)
Lipoat	Wasserstoff- und Acyltransfer	–	Pyruvatdehydrogenase (▶ Abschn. 18.2)
Pyridoxalphosphat (PALP)	Transaminierung, Decarboxylierung	Pyridoxin (Vitamin B_6)	Aspartat-Aminotransferase (▶ Abschn. 26.3.1)
Thiaminpyrophosphat (TPP)	Oxidative Decarboxylierung	Thiamin (Vitamin B_1)	Pyruvatdehydrogenase (▶ Abschn. 18.2)

Erkenntnis bedeutsam, dass oftmals nur ein Typ der Untereinheiten heterooligomerer Enzyme Träger der katalytischen Aktivität ist, während andere Untereinheiten der Steuerung der Enzymfunktion dienen. Eine solche „Arbeitsteilung" wird auf einprägsame Weise am Aktivierungsmechanismus der an der hormonellen Signaltransduktion beteiligten Proteinkinase A deutlich (▶ Abschn. 35.3).

❯ Multienzymkomplexe und multifunktionelle Enzyme
vereinigen und koordinieren unterschiedliche Enzymaktivitäten.

Multienzymkomplexe sind stabile Assoziate aus mehreren Enzymen, die aufeinander folgende Reaktionen eines
Stoffwechselweges katalysieren. Im Falle des Pyruvatde-
hydrogenase-Multienzymkomplexes (▶ Abschn. 18.2)
kooperieren drei Einzelenzyme bei der oxidativen Decarboxylierung des Pyruvates. Demgegenüber sind bei
multifunktionellen Enzymen mehrere aktive Zentren
auf ein und derselben Polypeptidkette lokalisiert. So
besitzt jede der Untereinheiten der homodimeren multifunktionellen Fettsäuresynthase des Menschen alle
sieben für die Synthese von Fettsäuren aus Acetyl- und
Malonyl-Coenzym A erforderlichen Enzymaktivitäten
(▶ Abschn. 21.2.3). Die in Multienzymkomplexen und
multifunktionellen Enzymen erreichte räumliche Koordination der Einzelreaktionen ist mit wichtigen funktionellen Vorteilen verbunden: Durch die als *substrate
channeling* bezeichnete direkte Weiterleitung der Reaktionsprodukte auf im Reaktionsweg nachfolgende und
sich in unmittelbarer Nachbarschaft befindliche aktive
Zentren können instabile Zwischenprodukte geschützt
und Nebenreaktionen verhindert werden. Darüber hinaus wird die Effizienz des katalysierten Prozesses durch
die Vermeidung von Diffusionswegen erhöht.

❯ Enzyme sind regulierbare substrat- und reaktionsspezifische Biokatalysatoren.

Im Unterschied zu den aus der Chemie bekannten „klassischen" Katalysatoren besitzen Enzyme über ihre große
katalytische Effizienz hinaus weitere funktionelle Eigenschaften, die sie als Katalysatoren für die in biologischen
Systemen herrschenden Reaktionsbedingungen prädesti-
nieren. Zu diesen spezifischen Fähigkeiten der Enzyme gehören:
- die als **Substratspezifität** bezeichnete selektive Erkennung eines Substrates und die oftmals präzise
Unterscheidung zwischen strukturell ähnlichen
Substraten,
- die als **Reaktionsspezifität** bezeichnete Auswahl nur
eines von mehreren thermodynamisch möglichen
Reaktionstypen für ein bestimmtes Substrat
- die als **Stereospezifität** bezeichnete Unterscheidung
spiegelbildisomerer Substrate, die sich nur durch die
Konfiguration ihrer Stereozentren voneinander unterscheiden und
- die **Regulierbarkeit** der Enzymaktivität als Voraussetzung der Aufrechterhaltung stabiler Stoffwechsel-
zustände (Homöostase) und der Stoffwechselkontrolle durch Signalstoffe.

Die Substratspezifität betrifft entweder das Substrat als
Gesamtmolekül oder aber bestimmte Strukturelemente
des Substrates. Niedermolekulare Substrate können
vom Enzym als Gesamtmolekül erkannt, gebunden
und umgesetzt werden. Demgegenüber kommt es bei
makromolekularen Substraten (Proteine, Polysaccharide, Nucleinsäuren) häufig zu einer auf spezifische
Substratstrukturen begrenzten Interaktion mit dem
Enzym. Eine absolute Substratspezifität ist eher selten.
Zu den Enzymen mit breiter Substratspezifität gehört
die Alkoholdehydrogenase, die sowohl Methanol,
Ethanol als auch höhere Alkanole umsetzen kann
(▶ Abschn. 8.3).

Das Phänomen der Reaktionsspezifität ermöglicht
es dem Organismus, in Abhängigkeit von der Stoffwechselsituation aus einem Substrat unterschiedliche Produkte zu bilden. Exemplarisch hierfür können die Enzyme Hexosephosphat-Isomerase (▶ Abschn. 14.1.1),
Phosphoglucomutase (▶ Abschn. 14.2.1), Glucose-6-
Phosphatase (▶ Abschn. 14.2.2) und Glucose-6-Phos-
phat-Dehydrogenase (▶ Abschn. 14.1.2) genannt werden, die Glucose-6-Phosphat zu Intermediaten der
Glycolyse, des Glycogenstoffwechsels, der Gluconeogenese oder des Pentosephosphatweges umwandeln.

Der Begriff „Stereospezifität" beschreibt die Fähigkeit eines Enzyms, selektiv zwischen den Enantiomeren
eines Substrates zu unterscheiden. So akzeptieren die
Enzyme des Hexosestoffwechsels D-Hexosen, aber
keine L-Hexosen, während die Lactatdehydrogenase
tierischer Organismen die Oxidation von L-Lactat zu
Pyruvat katalysiert, D-Lactat aber nicht als Substrat
benutzt.

❯ Enzyme können unter Erhalt ihrer katalytischen
Aktivität in reiner Form dargestellt werden.

Das Verständnis der Funktion(en) eines Enzyms ist an
die Kenntnis seiner molekularen Struktur und seiner
katalytischen Eigenschaften gebunden. Die Aufklärung
einer Enzymstruktur und die kinetische Charakterisierung eines Enzyms wiederum erfordern die Verfügbarkeit des reinen Enzymproteins. Bemerkenswerterweise
kann die Mehrzahl der Enzyme ohne den Verlust ihrer
katalytischen Aktivität aus verschiedensten biologischen Materialien extrahiert und in reiner Form dargestellt werden. Selbst solche Enzyme, die normalerweise
in einer Zelle in nur sehr geringen Konzentrationen
vorkommen, können durch gentechnische Verfahren
als **rekombinante Proteine** erzeugt und für Forschungszwecke, biotechnologische Prozesse und therapeutische Anwendungen eingesetzt werden (▶ Kap. 54
und 55).

7.2 Nomenklatur und Klassifizierung der Enzyme

> Die Nomenklatur und die Klassifizierung der Enzyme werden durch die beteiligten Substrate und den Typ der katalysierten Reaktion bestimmt.

Die unüberschaubar große Zahl bekannter Enzyme und ihre häufige Bezeichnung mit Trivialnamen macht die Notwendigkeit einer systematischen Nomenklatur und Einteilung deutlich. In der Biochemie findet ein von der IUBMB (*International Union of Biochemistry and Molecular Biology*) vorgeschlagenes hierarchisches **Nomenklatur- und Klassifizierungssystem** Anwendung, das auf der enzymkatalysierten Reaktion beruht.

Enzymnomenklatur Der systematische Name eines Enzyms besteht aus zwei Teilen: Der erste Namensteil gibt das Substrat (die Substrate) an, der zweite Teil des Namens spezifiziert den Typ der katalysierten Reaktion und endet auf „-ase".

Die Enzymnomenklatur soll am Beispiel der mit Trivialnamen als **Hexokinasen** bezeichneten Enzyme erläutert werden: Hexokinasen katalysieren die unter zellulären Bedingungen irreversible ATP-abhängige Phosphorylierung von D-Glucose, D-Fructose oder D-Mannose zum jeweiligen Hexose-6-Phosphat:

$$\text{ATP} + \text{D-Hexose} \rightarrow$$
$$\text{ADP} + \text{D-Hexose-6-Phosphat} + \text{H}^+ \quad (7.1)$$

Dementsprechend tragen alle Hexokinasen den systematischen Namen ATP:D-Hexose-6-Phosphotransferase.

Enzymklassifikation Zusätzlich zu ihrem systematischen Namen erhalten die Enzyme eine sog. EC-Nummer (EC, *Enzyme Commission*), die aus vier Ziffern bzw. Zahlen besteht und in Klammern angegeben wird. Die erste Ziffer ordnet das jeweilige Enzym einer der insgesamt sieben in ▢ Tab. 7.3 aufgeführten Hauptklassen zu, die nachfolgenden Ziffern bzw. Zahlen beziehen sich auf chemische Einzelheiten der katalysierten Reaktion und dienen der laufenden Nummerierung. Zur Illustration dieses „Zahlencodes" kann erneut das Beispiel der mit der EC-Nummer 2.7.1.1 klassifizierten Hexokinasen aufgegriffen werden:

2.-.-.- - Transferase

2.7.-.- - Übertragung phosphorhaltiger Gruppen

2.7.1.- - Phosphotransferasen mit einer Alkoholgruppe als Akzeptor

2.7.1.1 - Hexokinase

Die prinzipiellen Funktionen der Enzyme der Hauptklassen 1–7 sollen nachfolgend näher erläutert werden:

— Oxidoreduktasen katalysieren Redoxreaktionen, die bei der Energiegewinnung durch oxidativen Substratabbau, aber auch bei Biosynthesen eine große Rolle spielen. Viele dieser Enzyme benutzen wasserstoffübertragende Coenzyme wie FMN/FMNH_2, FAD/FADH_2 oder $\text{NAD(P)}^+/\text{NAD(P)H}$. Trivialnamen für Oxidoreduktasen sind Dehydrogenasen, Reduktasen, Oxidasen und Hydroxylasen.

— Transferasen sind Enzyme, die den Transfer einer funktionellen Gruppe zwischen zwei Substraten katalysieren. Herausragende Vertreter dieser Hauptklasse

---

▢ **Tab. 7.3** Einteilung der Enzyme in Hauptklassen (S = Substrat)

Enzymhauptklasse	Reaktionstyp (vereinfacht)	Beispiele
1. Oxidoreduktasen	$S_1(\text{red}) + S_2(\text{ox}) \rightleftarrows S_1(\text{ox}) + S_2(\text{red})$	Lactatdehydrogenase (▶ Abschn. 14.1.1) Phenylalaninhydroxylase (▶ Abschn. 27.2)
2. Transferasen	$S_1 + S_2 - R \rightleftarrows S_1 - R + S_2$ (R = übertragbare Gruppe)	Hexokinase (▶ Abschn. 14.1.1) Glycogensynthase (▶ Abschn. 14.2.1)
3. Hydrolasen	$S_1 - S_2 + H_2O \rightleftarrows S_1 - H + S_2 - OH$	Glucose-6-Phosphatase (▶ Abschn. 14.3) Enteropeptidase (▶ Abschn. 61.1.3)
4. Lyasen	$S_1 - S_2 \rightleftarrows S_1 + S_2$	Aldolase (▶ Abschn. 14.1) Adenylatcyclase (▶ Abschn. 35.3.2)
5. Isomerasen	$S \rightleftarrows S'$ (S' = isomere Form von S)	UDP-Galactose-4-Epimerase (▶ Abschn. 16.1.3) Methylmalonyl-CoA-Mutase (▶ Abschn. 21.2.1)
6. Ligasen	$S_1 + S_2 + X^* \rightleftarrows S_1 - S_2 + X$ (X*: energiereiche Verbindung)	Pyruvatcarboxylase (▶ Abschn. 14.3) Glutaminsynthetase (▶ Abschn. 27.1.2)
7. Translokasen	$S\ (\text{Ort 1}) + [R_1] \rightleftarrows S\ (\text{Ort 2}) + [R_2]$ R_1, R_2 = Reaktanten der den Transport antreibenden Reaktion	P-Typ-Phospholipid-Transporter (Flippase) (▶ Abschn. 11.6) H^+/K^+-ATPase (▶ Abschn. 61.1.2)

sind die als Kinasen bezeichneten Phosphotransferasen, die die Übertragung der γ-Phosphatgruppe des ATP auf Akzeptorsubstrate katalysieren.

— Hydrolasen katalysieren die hydrolytische Spaltung covalenter Bindungen. Sie sind insbesondere für den Abbau biologischer Makromoleküle bedeutsam. Zu den Hauptklasse-3-Enzymen gehören die Hydrolasen des Verdauungstraktes, der Blutgerinnung und des Komplementsystems.

— Lyasen katalysieren die nicht-hydrolytische und nicht-oxidative Spaltung covalenter Bindungen ohne Beteiligung von ATP oder anderen Verbindungen mit hohem Gruppenübertragungspotenzial (▶ Abschn. 4.3). Charakteristisch für Lyasen ist die Teilnahme von zwei Substraten an der Hinreaktion und nur einem Substrat an der Rückreaktion bzw. umgekehrt. Lyasen, die unter zellulären Bedingungen Kondensationsreaktionen katalysieren, werden auch als Synthasen bezeichnet.

— Isomerasen katalysieren die Umwandlung isomerer Formen von Substraten ineinander. Vertreter der Hauptklasse-5-Enzyme sind die Racemasen, Epimerasen und cis/trans-Isomerasen, aber auch die intramolekularen Transferasen (Mutasen).

— Ligasen katalysieren die Ausbildung covalenter Bindungen und sind vor allem an Biosynthesen beteiligt. Die Ligation geht immer mit der Hydrolyse von ATP oder einer anderen Verbindung mit hohem Gruppenübertragungspotenzial einher. Ligasen werden gelegentlich auch als Synthetasen bezeichnet.

— Translokasen katalysieren Reaktionen, die mit dem Transport von Ionen oder Molekülen durch Membranen oder deren Trennung (Separation) innerhalb von Membranen verbunden sind. Diese Enzymhauptklasse kann sowohl anhand der transportierten/separierten Ionen oder Moleküle als auch hinsichtlich der die Translokation antreibenden Reaktionen (Oxidoreduktion, Hydrolyse von Nucleosiddiphosphaten oder -triphosphaten, Decarboxylierung) unterteilt werden. Viele Translokasen hydrolysieren ATP und wurden daher zunächst der Hauptklasse der Hydrolasen zugeordnet, gehören heute aber der Hauptklasse 7 an.

❯ *Moonlighting*-Enzyme sind Stoffwechselenzyme mit zusätzlichen Funktionen.

Die Benennung von Enzymen nach dem Typ der katalysierten Reaktion ist Ausdruck einer „Ein-Gen-ein-Protein-eine-Funktion"-Vorstellung, die sich in einer zunehmenden Zahl von Fällen als zu einfach erwiesen hat. *Moonlighting* (*to moonlight* – „eine Nebenbeschäftigung ausüben") ist ein Begriff, der in der Enzymologie dafür steht, dass ein Enzym verschiedene katalytische Funktionen erfüllt oder neben seiner Funktion als Biokatalysator andere Funktionen im Organismus ausübt.

Multifunktionelle Enzyme wie die Fettsäuresynthase (▶ Abschn. 21.2.3) werden nicht als *Moonlighting*-Enzyme bezeichnet.

Moonlighting-Enzyme erfüllen ihre unterschiedlichen Funktionen oftmals an verschiedenen Orten im Organismus. Auch die Interaktion mit Substraten und Cofaktoren sowie eine Veränderung der Oligomerstruktur können einen Funktionswechsel auslösen. Ein typischer Vertreter der *Moonlighting*-Enzyme ist die Hexosephosphat-Isomerase, die intrazellulär die reversible Umwandlung von Glucose-6-Phosphat in Fructose-6-Phosphat katalysiert (▶ Abschn. 14.1.1), während das von verschiedenen Zelltypen sezernierte Protein extrazellulär als Cytokin wirkt (▶ Abschn. 34.2). Demgegenüber katalysieren unterschiedliche oligomere Formen der Glycerinaldehyd-3-Phosphatdehydrogenase (GAPDH) unterschiedliche Reaktionen in verschiedenen Kompartimenten derselben Zelle: Das tetramere Enzym katalysiert im Cytosol eine Reaktion der Glycolyse (▶ Abschn. 14.1.1), die monomere GAPDH hingegen ist im Zellkern als Uracil-DNA-Glycosylase an der DNA-Basenexcisionsreparatur beteiligt (▶ Abschn. 45.2). Erst in jüngster Zeit wurde erkannt, dass „metabolische" Kinasen wie Hexokinase, Phosphoglyceratkinase und Pyruvatkinase (▶ Abschn. 14.1.1), die wichtige Reaktionen im Zellstoffwechsel katalysieren, auch eine Vielzahl von Proteinsubstraten phosphorylieren und auf diese Weise zur Kontrolle grundlegender zellulärer Prozesse beitragen. Zu den durch metabolische *Moonlighting*-Enzyme kontrollierten Lebensvorgängen zählen Genexpression, Zellzyklus, T-Zell-Aktivierung und Apoptose.

7.3   Multiple Formen von Enzymen

Die Verfeinerung der biochemischen Analytik hat gezeigt, dass eine große Zahl von Enzymen in multiplen Formen vorkommt. Mit dieser Aussage wird die Existenz molekular unterschiedlicher Formen eines Enzyms in einer Spezies beschrieben, die die gleiche Reaktion katalysieren, sich jedoch funktionell voneinander unterscheiden. Das Vorkommen multipler Enzymformen kann das Resultat einer unterschiedlichen genetischen Codierung, co- bzw. posttranskriptioneller Veränderungen der Prä-mRNA (▶ Abschn. 47.2.3 und 47.2.4) oder aber die Folge covalenter Modifikationen des Enzymproteins sein (▶ Abschn. 49.3).

❯ Isoenzyme katalysieren trotz einer unterschiedlichen Enzymstruktur die gleiche Reaktion.

Eine wichtige Gruppe von Enzymen, die in multiplen Formen vorkommen, sind die Isoenzyme. Der Isoenzym-Begriff bezeichnet diejenigen multiplen Formen eines Enzyms in einer Spezies, deren Existenz auf eine Codierung durch unterschiedliche Gene (die in vielen Fällen

durch Genduplikation und divergente Evolution entstanden sind) und/oder auf co- bzw. posttranskriptionelle Veränderungen der Prä-mRNA (▶ Abschn. 46.3.3 und 47.2) zurückgeführt werden kann. Multiple Enzymformen, die aufgrund von Allel-Variationen desselben Genlocus (DNA-Polymorphismen) oder infolge covalenter Modifikationen des Enzymproteins entstehen, werden nicht als Isoenzyme bezeichnet. Isoenzyme katalysieren die gleiche Reaktion, weisen in der Regel jedoch unterschiedliche funktionelle Eigenschaften auf. Die Ausbildung charakteristischer Expressionsmuster von Isoenzymen im Verlaufe der Individualentwicklung sowie das Vorkommen unterschiedlicher Isoenzyme in verschiedenen Organen, Geweben, Zellen und Zellkompartimenten tragen zur Differenzierung und Entwicklung des Organismus und dessen Anpassung an unterschiedliche Stoffwechselerfordernisse bei.

Isoenzyme entstehen häufig durch die Assemblierung unterschiedlicher Typen von Polypeptidketten zu einem oligomeren Enzym. Ein medizinisch bedeutsames Beispiel hierfür ist die im Serum des Menschen in fünf verschiedenen Formen nachweisbare **Lactatdehydrogenase (LDH)**. Die LDH-Isoenzyme bestehen aus jeweils vier Untereinheiten, von denen jede eine Molekularmasse von etwa 32 kDa besitzt. Die Aufklärung der Tetramerstruktur der LDH ergab, dass die Entstehung der Isoenzyme die Folge einer Kombination der durch das LDH-A-Gen codierten Polypeptidketten vom **M-Typ** (abgeleitet von **M**uskel) und der durch das LDH-B-Gen codierten Polypeptidketten vom **H-Typ** (abgeleitet von **H**erz) ist (◘ Tab. 7.4). Während die Expression des LDH-B-Gens konstitutiv erfolgt, wird die Transkription des LDH-A-Gens durch Hypoxie induziert und damit eine Anpassung des Muskelstoffwechsels an anaerobe Bedingungen unterstützt.

Wegen ihrer unterschiedlichen Nettoladung lassen sich die LDH-Isoenzyme mittels Elektrophorese voneinander trennen und nachfolgend quantifizieren. Veränderungen der Gesamtaktivität und des relativen Verhältnisses der LDH-Isoenzyme im Blut sind bei verschiedenen Erkrankungen von klinischer Bedeutung. Eine LDH-Analytik

wird im Rahmen der Diagnostik der hämolytischen und megaloblastären Anämie (▶ Abschn. 68.3) sowie bei Funktionsstörungen der Skelettmuskulatur und der Leber durchgeführt.

7.4 Mechanismen der Enzymkatalyse

❯ Die katalytische Aktivität der Enzyme beruht auf spezifischen Katalysemechanismen.

Die Wechselwirkungen der Cofaktoren und der reaktiven Seitenketten der Aminosäuren im aktiven Zentrum eines Enzyms mit dem jeweiligen Substrat können sehr verschiedenartig sein. Während des katalytischen Prozesses kommt es zur Ausbildung von Wasserstoffbrücken, ionischen Wechselwirkungen, hydrophoben Wechselwirkungen, van-der-Waals-Wechselwirkungen und temporär-covalenten Bindungen zwischen dem Enzym und dem Substrat. Der Vielzahl dieser Interaktionsmöglichkeiten entspricht die Vielfalt der Katalysemechanismen. Bei formaler Betrachtung können drei grundlegende Mechanismen unterschieden werden:
- Metallionenkatalyse
- Säure-Base-Katalyse
- covalente Katalyse

Eine große Zahl von Enzymen nutzt mehrere Katalysemechanismen (kombinierte Katalyse).

Metallionenkatalyse Zu den vielfältigen Wirkmechanismen der Metallionen gehören die Abschirmung negativer Ladungen und die Aktivierung von Wassermolekülen, aber auch die reversible Aufnahme von Elektronen bei Redoxreaktionen und die Induktion einer optimalen Substratkonformation wie bei der Bildung des Magnesium-ATP-Komplexes (▶ Abschn. 4.3). Ein gut untersuchtes Beispiel für die Beteiligung von Metallionen an der Biokatalyse ist die reversible Hydratisierung von CO_2 zu Hydrogencarbonat (Bicarbonat) durch das zinkabhängige Enzym **Carboanhydrase** (▶ Abschn. 61.1.2):

◘ **Tab. 7.4** Isoenzyme der Lactatdehydrogenase

Isoenzym	Oligomerstruktur	Vorkommen	Referenzbereich (%)[1]
LDH-1	HHHH	Herzmuskel, Erythrocyten, Niere	15–23
LDH-2	HHHM	Herzmuskel, Erythrocyten, Niere	30–39
LDH-3	HHMM	Milz, Lunge, Lymphknoten, Thrombocyten, Endokrine Drüsen	20–25
LDH-4	HMMM	Leber, Skelettmuskel	8–15
LDH-5	MMMM	Leber, Skelettmuskel	9–14

[1]Prozentualer Anteil an der LDH-Gesamtaktivität in Serum und Plasma

7

$$CO_2 + H_2O \rightleftarrows HCO_3^- + H^+ \qquad (7.2)$$

Der in ◘ Abb. 7.3 dargestellte Katalysemechanismus der Carboanhydrase illustriert die Wirkung des pro-

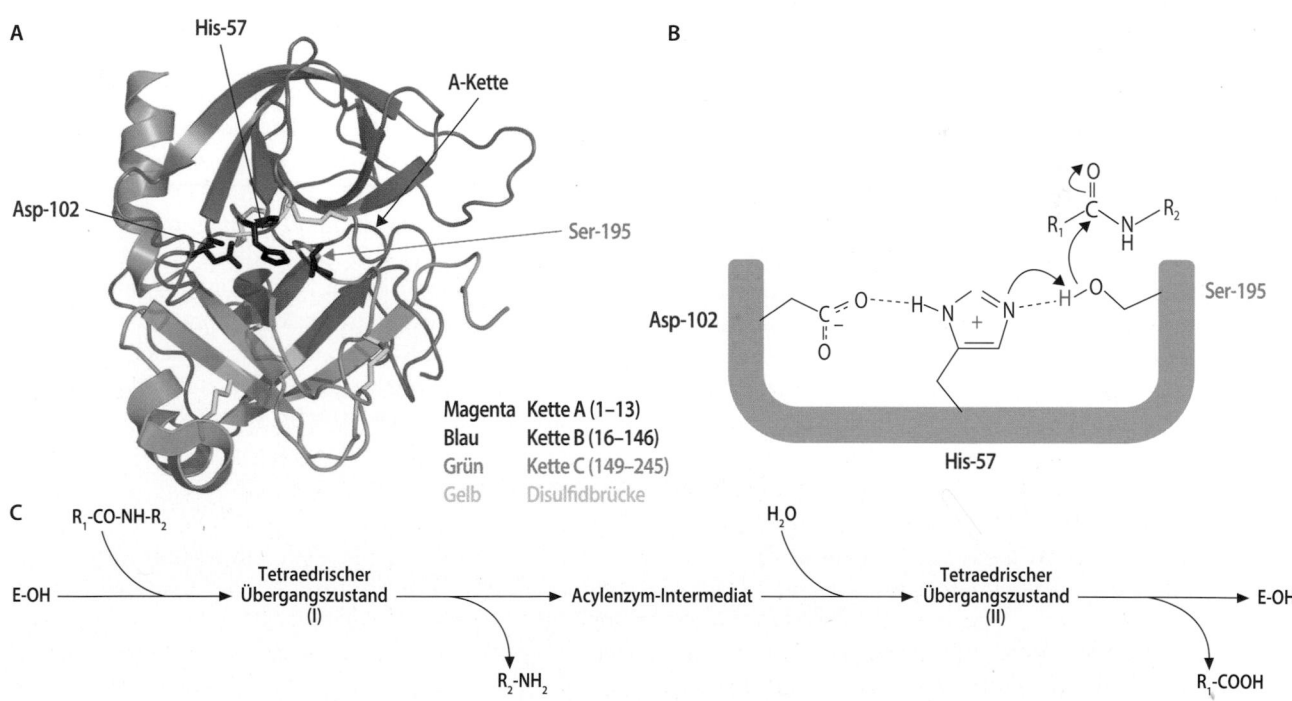

teingebundenen Zink-Ions als Elektronenpaar-Akzeptor (Lewis-Säure). Das Substrat CO_2 wird so positioniert, dass ein Angriff des an das Zinkion gebundenen Hydroxylanions auf dessen C-Atom erfolgen kann. Der Enzym-Zink-Bicarbonat-Komplex wird durch Wasser unter Freisetzung von HCO_3^- gespalten. Das in diesem Reaktionsschritt entstandene und temporär an einen Histidinrest (nicht gezeigt) gebundene Proton wird infolge einer Konformationsänderung freigesetzt und damit das aktive Zentrum der Carboanhydrase regeneriert.

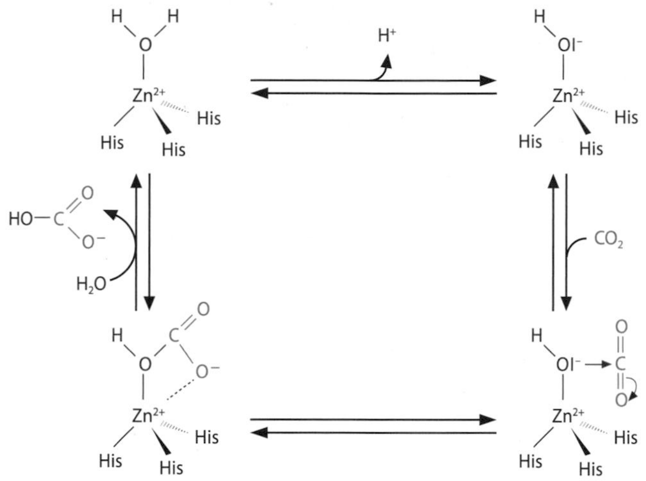

Säure-Base-Katalyse Bei diesem Katalysemechanismus fungieren Seitenketten von Aminosäuren im aktiven Zentrum als Brønsted-Säure oder Brønsted-Base, indem sie Protonen reversibel abgeben oder aufnehmen. Zu den beteiligten Aminosäuren gehören neben dem häufig anzutreffenden Histidin auch Cystein, Tyrosin und Lysin. Auch Cofaktoren können hierbei als Protonenakzeptoren oder -donoren wirken. Das Prinzip der Säure-Base-Katalyse wird bei der Darstellung der „Kombinierten Katalysemechanismen" am Beispiel der Serinproteasen beschrieben (◘ Abb. 7.4).

Covalente Katalyse Charakteristisch für die covalente Katalyse ist die vorübergehende Ausbildung einer cova-

◘ **Abb. 7.3 Katalysemechanismus der Carboanhydrase (Metallionenkatalyse).** Im aktiven Zentrum entsteht an dem durch drei Histidinreste und ein Wassermolekül komplexierten Zink-Ion ein reaktionsfähiges Hydroxylanion. Die Bildung des Bicarbonats (HCO_3^-) erfolgt ohne intermediäre Entstehung und Dissoziation von Kohlensäure (H_2CO_3)

◘ **Abb. 7.4 Struktur und Katalysemechanismus der Serinprotease Chymotrypsin. A** Raumstruktur des Chymotrypsins (Bändermodell). Das Enzym besteht aus drei Polypeptidketten, die durch Disulfidbrücken miteinander verbunden sind. Die Aminosäuren Histidin 57, Aspartat 102 und Serin 195 bilden die katalytische Triade (rot) im aktiven Zentrum der Protease. Die in Klammern angegebenen Zahlen bezeichnen die N- und C-terminalen Aminosäuren der Polypeptidketten A, B und C (PDB ID 4CHA). **B** Reversible Verschiebung von Elektronen und Protonen innerhalb der katalytischen Triade (Säure-Base-Katalyse). **C** Hydrolyse der Peptidbindung in zwei Schritten unter Ausbildung eines Acylenzym-Intermediates (covalente Katalyse). E-OH: Hydroxylgruppe des Serinrestes 195

lenten Bindung zwischen einer funktionellen Gruppe des Enzyms und dem Substrat: Es entsteht ein **covalentes Reaktionsintermediat**. Strukturelle Grundlage der covalenten Katalyse sind nucleophile Gruppen – z. B. Serinreste – im aktiven Zentrum des Enzyms. Exemplarisch kann erneut der Katalysemechanismus der Serinproteasen angeführt werden, der ein covalentes Reaktionsintermediat einschließt (◘ Abb. 7.4). An der Ausbildung covalenter Bindungen zwischen Enzym und Substrat können auch Cofaktoren beteiligt sein. Ein Beispiel hierfür ist die Funktion von Pyridoxalphosphat bei Transaminierungsreaktionen (▶ Abschn. 26.3.1).

Kombinierte Katalysemechanismen Die **Serinproteasen** gehören zu einer weit verbreiteten Familie von Enzymen, die die Hydrolyse von Peptidbindungen in Proteinen und Peptiden katalysieren. Serinproteasen besitzen in ihrem aktiven Zentrum einen namensgebenden Serinrest, der eine entscheidende Rolle bei der Katalyse der proteolytischen Reaktion spielt. Vertreter der Serinproteasen sind verschiedene Enzyme der Proteinverdauung (▶ Kap. 61), der Blutgerinnung (▶ Abschn. 69.1.3) und der Fibrinolyse (▶ Abschn. 69.1.5), aber auch das am Fortpflanzungsgeschehen beteiligte prostataspezifische Antigen (PSA). Der Katalysemechanismus der exemplarisch ausgewählten Serinprotease **Chymotrypsin** ist eine Kombination von Säure-Base-Katalyse und covalenter Katalyse. ◘ Abb. 7.4A gibt einen Einblick in die Architektur des aktiven Zentrums dieses Enzyms. Funktionell bedeutsam sind neben dem Serinrest 195 die Seitenketten von Histidin 57 und Aspartat 102. Diese Aminosäuren bilden die sog. **katalytische Triade**, die trotz einer immensen strukturellen Variabilität der Serinproteasen ein streng konserviertes Strukturmotiv dieser Enzyme darstellt.

Durch den nucleophilen Angriff des deprotonierten Serinrestes 195 auf den Carbonylkohlenstoff der zu spaltenden Peptidbindung (◘ Abb. 7.4B) entsteht ein „tetraedrischer Übergangszustand" („I" in ◘ Abb. 7.4C), aus dem das C-terminale Substratfragment R_2-NH$_2$ freigesetzt wird. Gleichzeitig entsteht durch die covalente Bindung des N-terminalen Substratfragmentes an Serin 195 ein covalentes Reaktionszwischenprodukt, das als **Acylenzym-Intermediat** bezeichnet wird (covalente Katalyse). Nach Bindung eines Wassermoleküls und erneuter Ausbildung eines tetraedrischen Übergangszustandes („II" in ◘ Abb. 7.4C) wird das N-terminale Substratfragment R_1-COOH als zweites Produkt freigesetzt.

Histidin 57 wirkt während der Katalyse alternierend als Protonenakzeptor und -donor, indem sein Imidazolrest zunächst das Proton der Hydroxylgruppe von Serin 195 auf das C-terminale Substratfragment unter Entstehung von R_2-NH$_2$ und nachfolgend ein

Proton eines Wassermoleküls auf den deprotonierten Serinrest 195 überträgt (Säure-Base-Katalyse). Damit wird das aktive Zentrum des Chymotrypsins regeneriert. Die Funktion der β-Carboxylatgruppe des Aspartats 102 besteht in einer Stabilisierung der Imidazoliumgruppe des Histidins 57 durch die Ausbildung einer Wasserstoffbrücke (◘ Abb. 7.4B). Die Bedeutung dieser Interaktion wird eindrucksvoll durch das Ergebnis einer „ortsgerichteten" Mutagenese verdeutlicht, bei der Aspartat 102 durch Asparagin ersetzt wurde: Infolge der Mutation kam es zu einer Abnahme der katalytischen Wirkung des Chymotrypsins auf 0,01 % seiner Ausgangsaktivität.

7.5 Definition, Maßeinheiten und Bestimmung der Enzymaktivität

Enzyme können an ihrer katalytischen Wirkung erkannt werden. Der Begriff „Enzymaktivität" beschreibt die Fähigkeit eines Enzyms, die Geschwindigkeit einer chemischen Reaktion zu steigern. Alle Maßeinheiten der Enzymaktivität leiten sich daher von den Basiseinheiten der **Reaktionsgeschwindigkeit** ab.

❯ Die Enzymaktivität wird in Enzymeinheiten oder in Katal angegeben.

Maßeinheiten der Enzymaktivität Die traditionelle Maßeinheit der Enzymaktivität ist die Enzymeinheit (*unit*, U). Eine Enzymeinheit ist definiert als diejenige Enzymaktivitätsmenge, die den Umsatz von einem Mikromol Substrat in Produkt in einer Minute katalysiert (1 U ≙ 1 μmol/min). In Übereinstimmung mit dem Internationalen Metrischen Einheitensystem wird empfohlen, das Katal (kat) als Maßeinheit der Enzymaktivität zu verwenden. Ein Katal entspricht derjenigen Enzymaktivitätsmenge, die den Umsatz von einem Mol Substrat in Produkt in einer Sekunde katalysiert (1 kat ≙ 1 mol/s). Der Gebrauch dieser Maßeinheit ist im Laboralltag wegen der Größe des damit bezeichneten Stoffumsatzes jedoch unzweckmäßig, so dass in der Regel die traditionelle Enzymeinheit genutzt und bei Bedarf in Katal umgerechnet wird (1 kat = $60 \cdot 10^6$ U).

Für viele Anwendungen ist es zweckmäßig, die Messung der Enzymaktivität unter definierten Reaktionsbedingungen hinsichtlich Substratkonzentration, Temperatur, pH-Wert u. a. durchzuführen. Während in der experimentellen Enzymologie die Messung von Enzymaktivitäten nicht zuletzt aus Praktikabilitätsgründen oftmals bei Temperaturen von 25 °C oder 30 °C erfolgt, ist in der klinisch-chemischen Laboratoriumsdiagnostik eine Messtemperatur von 37 °C üblich.

❯ Die Enzymaktivität kann auf das Volumen der Enzymlösung, deren Proteinkonzentration oder auf die Enzymkonzentration bezogen werden.

Katalytische Aktivitätskonzentration   Die auf die Volumeneinheit einer Enzymlösung bezogene Enzymaktivität wird als katalytische Aktivitätskonzentration oder Volumenaktivität bezeichnet. Eine übliche Maßeinheit ist *unit* pro Milliliter (U/ml) bzw. Katal pro Liter (kat/l). In der klinisch-chemischen Laboratoriumsdiagnostik kommt der Bestimmung der katalytischen Aktivitätskonzentration verschiedenster Enzyme in Körperflüssigkeiten eine herausragende Bedeutung zu (▶ Abschn. 9.2).

Spezifische katalytische Aktivität   Die Bestimmung der katalytischen Aktivitätskonzentration ist zur molekular-funktionellen Charakterisierung eines Enzyms notwendig, aber nicht ausreichend, da sie sich auf die Lösung des Enzyms, nicht aber auf das Enzym selbst bezieht. Der Quotient aus katalytischer Aktivitätskonzentration und Proteinkonzentration der Enzymlösung wird als spezifische katalytische Aktivität (kurz: spezifische Aktivität) bezeichnet. Die Maßeinheit der spezifischen katalytischen Aktivität ist *unit* pro Milligramm (U/mg) bzw. Katal pro Kilogramm (kat/kg).

Die Interpretation einer spezifischen katalytischen Aktivität erfordert eine differenzierende Betrachtung, da zwischen Proteinkonzentration und Enzymkonzentration ein erheblicher Unterschied bestehen kann. Wird die Lösung eines reinen Enzyms analysiert, kann der Quotient aus katalytischer Aktivitätskonzentration und Proteinkonzentration als ein für das jeweilige Enzym spezifischer Funktionsparameter betrachtet werden. Demgegenüber erlaubt die Kenntnis einer spezifischen katalytischen Aktivität keinen unmittelbaren Rückschluss auf die katalytische Wirksamkeit des Enzyms, wenn die zur Aktivitätsbestimmung eingesetzte Enzymlösung neben dem jeweiligen Enzym weitere Proteine enthält. Ein solcher Fall liegt typischerweise bei der Analyse eines Zellextraktes oder bei der Untersuchung einer Blutprobe vor.

Die spezifische katalytische Aktivität wird routinemäßig zur Kontrolle des Verlaufes der Reinigung von Enzymen bestimmt. Da das Wesen einer Enzymreinigung in der Abtrennung unerwünschter Begleitproteine besteht, vergrößert sich der Anteil des Zielenzyms am Gesamtprotein mit dem Fortschreiten der Reinigungsprozedur. Dieser angestrebte Effekt kann anhand einer Zunahme der spezifischen katalytischen Aktivität erkannt werden.

Molare katalytische Aktivität   Der Quotient aus katalytischer Aktivitätskonzentration und molarer Enzymkonzentration wird als molare katalytische Aktivität bezeich-

net. Mögliche Maßeinheiten sind Katal pro Mol (kat/mol) oder 1/s. Die molare katalytische Aktivität gibt die Anzahl der Mole eines Substrates an, die in einer Sekunde von einem Mol Enzym in Produkt umgewandelt werden. Dividiert man die molare katalytische Aktivität durch die Anzahl der aktiven Zentren eines Enzymmoleküls, so erhält man die **Wechselzahl** (*turnover number*), die den Substratumsatz auf ein aktives Zentrum bezieht.

❯ Enzyme können durch die Bestimmung ihrer katalytischen Aktivität identifiziert, quantifiziert und charakterisiert werden.

Enzymkonzentration und Enzymaktivität   Die Bestimmung der Konzentration eines Enzyms in einer biologischen Flüssigkeit ist mit klassischen physikochemischen Methoden wegen des oftmals sehr geringen Enzymgehaltes und wegen der begrenzten Spezität der analytischen Verfahren problematisch. Unspezifische Methoden zur Messung der Proteinkonzentration (▶ Kap. 6) kommen für die Bestimmung von Enzymkonzentrationen nicht in Betracht, da sie zwischen verschiedenen Proteinen nicht zu unterscheiden vermögen. Andererseits lässt die spezifische Bestimmung der Konzentration eines Enzyms mithilfe hochsensitiver immunologischer Methoden keinen Rückschluss auf die Enzymfunktion zu, da auf diese Weise das Enzymprotein, nicht aber dessen katalytische Aktivität erfasst wird. Daher bestimmt man anstelle der Enzymkonzentration die Geschwindigkeit der durch das Enzym katalysierten Reaktion. Diese Geschwindigkeit ist in der Regel der Anzahl der katalytisch aktiven Enzymmoleküle und damit deren Konzentration proportional.

Bestimmung der Enzymaktivität   Grundlage der Bestimmung einer Enzymaktivität ist die Messung des Substratverbrauches oder die Ermittlung der Produktbildung pro Zeiteinheit. In der Praxis hat sich die **spektralphotometrische Bestimmung** der Substrat- oder Produktkonzentration auf der Grundlage des **Lambert-Beer'schen Gesetzes** durchgesetzt, das die Proportionalität des Ausmaßes der Absorption monochromatischen Lichts (Extinktion) und der Konzentration der lichtabsorbierenden Substanz in einer Lösung (c) beschreibt:

$$E_\lambda = \log_{10}\left(\frac{I_0}{I}\right) = c \cdot \varepsilon_\lambda \cdot d \tag{7.3}$$

Die Extinktion E_λ ist eine dimensionslose Größe. I_0 und I bezeichnen die Intensitäten des in die Messzelle einfallenden und des aus der Messzelle austretenden Lichtes. ε_λ ist der Extinktionskoeffizient der lichtabsorbierenden Substanz bei der Wellenlänge λ und d die Wegstrecke des Lichtes in der die lichtabsorbierende Substanz enthaltenden Lösung.

Voraussetzung für die Anwendung dieser Methodik ist eine spezifische Absorption von monochromatischem Licht durch ein Substrat oder ein Produkt der enzymkatalysierten Reaktion. Die Enzymaktivität kann dann aus der gemessenen Extinktionsänderung pro Zeiteinheit berechnet werden.

Optischer Test Der von Otto H. Warburg 1936 in die biochemische Analytik eingeführte „optische Test" stellt die Anwendung des geschilderten Messprinzips auf die Bestimmung der Enzymaktivität NAD⁺/NADH- oder NADP⁺/NADPH-abhängiger Oxidoreduktasen dar (◘ Abb. 7.5). Da sich die spezifische Lichtabsorption von NADH und NADPH bei einer Wellenlänge von 340 nm (Absorptionsmaximum) von der des NAD⁺ und NADP⁺ deutlich unterscheidet (◘ Abb. 7.5A), lassen sich Änderungen der Konzentrationen der oxidierten bzw. reduzierten Formen dieser Cosubstrate photometrisch leicht ermitteln. Beispielgebend ist in ◘ Abb. 7.5B die Anwendung des optischen Tests zur Bestimmung der katalytischen Aktivität einer NADH-abhängigen Dehydrogenase dargestellt. Die Abnahme der Extinktion ist dem Verbrauch von NADH proportional und spiegelt den zeitlichen Verlauf (die Kinetik) der enzymkatalysierten Reaktion wider. Das Messprinzip wird daher auch als kinetisch-optischer Test bezeichnet.

Gekoppelter optischer Test Die Anwendbarkeit des optischen Tests ist nicht auf NAD⁺/NADH- und NADP⁺/NADPH-abhängige Enzyme begrenzt. Durch eine funktionelle Kopplung der Reaktion, die durch das zu charakterisierende Enzym katalysiert wird, mit einer nachgeschalteten enzymatischen Indikatorreaktion, an der NAD(P)⁺ oder NAD(P)H als Cosubstrat beteiligt ist, kann die Aktivität einer Vielzahl von Enzymen bestimmt werden, die selbst keine Oxidoreduktasen sind. Ein solcher „gekoppelter optischer Test" liegt der in der Leberfunktionsdiagnostik häufig durchgeführten Bestimmung der Aktivität der Alanin-Aminotransferase (ALAT; Gl. 7.4) im Blut mit Lactatdehydrogenase (LDH; Gl. 7.5) als Indikatorenzym zugrunde:

$$\text{L-Alanin} + \alpha\text{-Ketoglutarat} \rightleftarrows$$
$$\text{Pyruvat} + \text{L-Glutamat} \tag{7.4}$$

$$\text{Pyruvat} + \text{NADH} + \text{H}^+ \rightleftarrows \text{L-Lactat} + \text{NAD}^+ \tag{7.5}$$

Sind die Substrate der Alanin-Aminotransferase (L-Alanin und α-Ketoglurat) sowie das Indikatorenzym (LDH) und sein reduziertes Cosubstrat (NADH) im Überschuss vorhanden, so ist die Geschwindigkeit der NADH-Oxidation nur von der Geschwindigkeit der Bereitstellung des Substrates der Lactatdehydrogenase (Pyruvat) und damit von der katalytischen Aktivität der Alanin-Aminotransferase abhängig.

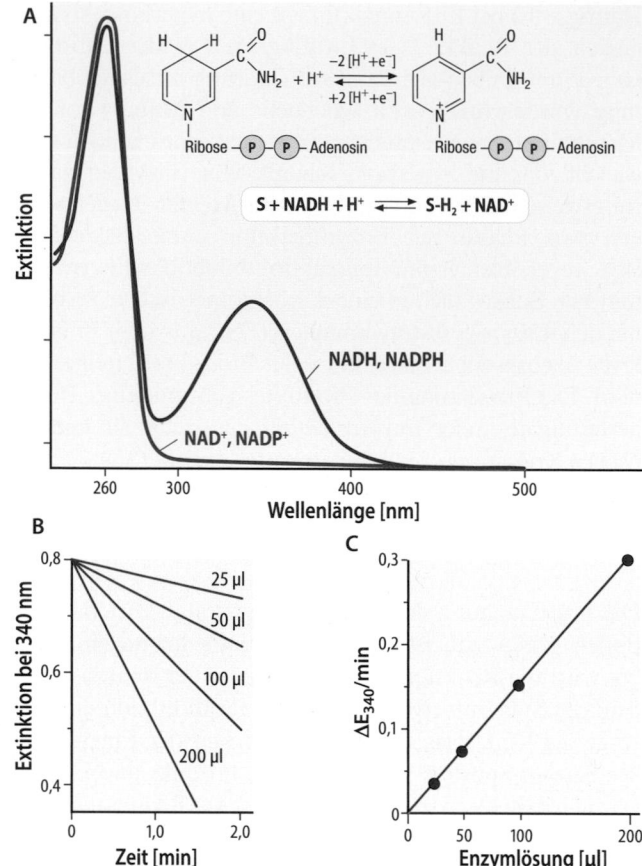

◘ **Abb. 7.5 Funktionsprinzip des optischen Tests.** A UV-Absorptionsspektren und Cosubstrat-Funktionen von NAD(P)⁺/NAD(P)H. B Aktivitätsbestimmung einer NADH-abhängigen Dehydrogenase. Die Extinktion bei 340 nm nimmt infolge des Verbrauches des NADH ab. Die Volumina beziehen sich auf die eingesetzte Enzymlösung. C Die Extinktionsänderung pro Zeiteinheit (ΔE_{340}/min) ist der im Reaktionsansatz vorhandenen Enzymmenge proportional

Der (gekoppelte) optische Test besitzt wegen seiner breiten Anwendbarkeit und großen Spezifität eine herausragende Bedeutung für Enzymaktivitätsbestimmungen sowie für die enzymatische Bestimmung von Metabolitkonzentrationen in biologischen Flüssigkeiten (► Kap. 9).

7.6 Kinetik enzymkatalysierter Reaktionen

Die Geschwindigkeit einer enzymkatalysierten Reaktion wird durch die Konzentrationen des Enzyms und des Substrates bestimmt.

Die Reaktionsgeschwindigkeit (V) ist allgemein definiert als die Veränderung der Substrat- oder Produktkonzentration pro Zeiteinheit:

$$V = \frac{d[P]}{dt} = -\frac{d[S]}{dt} \tag{7.6}$$

Häufig wird bei Enzymreaktionen eine hyperbole Abhängigkeit der Reaktionsgeschwindigkeit von der Substratkonzentration beobachtet. Zur Erklärung dieser Beobachtung wurde von Leonor Michaelis und Maud Leonora Menten (1912) ein einfaches mathematisches Modell entwickelt, das die hyperbole Kinetik von Enzymen näherungsweise beschreibt. Im **Michaelis-Menten-Modell** werden zwei Phasen der Enzymreaktion unterschieden: In einer reversiblen ersten Teilreaktion bildet das Enzym (E) mit dem Substrat (S) in einem stöchiometrischen Verhältnis den **Enzym-Substrat-Komplex (ES)**, aus dem in einer reversiblen zweiten Teilreaktion das Produkt (P) freigesetzt wird. Die Freisetzung des Produktes geht mit einer Regenerierung des freien Enzyms einher, das erneut am **katalytischen Kreisprozess** teilnehmen kann:

$$E+S \underset{k_{-1}}{\overset{k_{+1}}{\rightleftharpoons}} ES \underset{k_{-2}}{\overset{k_{+2}}{\rightleftharpoons}} E+P \qquad (7.7)$$

Die Untersuchung der Kinetik enzymkatalysierter Reaktionen erfolgt zumeist unter sog. **Initialbedingungen**. Hierbei wird die Reaktion in einem Zeitfenster analysiert, in dem der Substratverbrauch und die Produktbildung noch so gering sind, dass die Geschwindigkeit der Entstehung des Enzym-Substrat-Komplexes aus Produkt und Enzym vernachlässigt werden kann. Unter diesen Bedingungen ist die Reaktionsgeschwindigkeit (V) der Konzentration des Enzym-Substrat-Komplexes [ES] proportional:

$$V = k_{+2} \cdot [ES] \qquad (7.8)$$

Die in Gleichung 7.8 enthaltene Konzentration des Enzym-Substrat-Komplexes ist nicht direkt messbar. Unter der Annahme eines **Fließgleichgewichtes** (*steady state*), in dem sich die Konzentration des Enzym-Substrat-Komplexes nicht wesentlich verändert (◨ Abb. 7.6), kann man jedoch eine Gleichung ableiten, die die Konzentration des Komplexes als Funktion der Konzentrationen des Substrates und des Enzyms ausdrückt. Für den Enzym-Substrat-Komplex im Fließgleichgewicht gilt:

$$\frac{d[ES]}{dt} = \left(k_{+1} \cdot [E] \cdot [S] - \left(k_{-1} + k_{+2}\right) \cdot [ES]\right) = 0 \qquad (7.9)$$

[S] bezeichnet die Konzentration des freien Substrates und [E] die des freien Enzyms. [E] und [ES] stehen mit der Gesamtenzymkonzentration [E_T] in folgender Beziehung:

$$[E_T] = [E] + [ES] \qquad (7.10)$$

Wenn die Gesamtenzymkonzentration sehr viel kleiner als die Gesamtsubstratkonzentration ist, entspricht die Konzentration des freien Substrates näherungsweise der Gesamtsubstratkonzentration.

Die Kombination der Gleichungen 7.9 und 7.10 ergibt eine Gleichung für die Konzentration des Enzym-Substrat-Komplexes im Fließgleichgewicht:

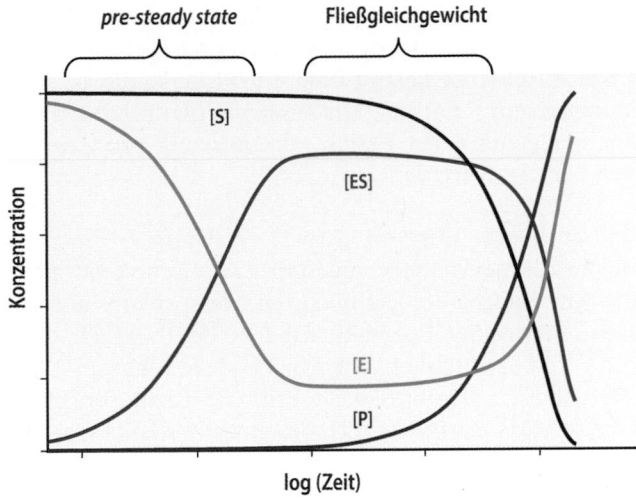

◨ **Abb. 7.6 Entstehung eines Fließgleichgewichtes während einer enzymkatalysierten Reaktion.** In der als *pre-steady state* bezeichneten Reaktionsphase erfolgt der Aufbau des Enzym-Substrat-Komplexes (ES), dessen Konzentration im Fließgleichgewicht (*steady state*) nahezu konstant bleibt. Die Konzentration von ES im Fließgleichgewicht ist von der Konzentration des Substrates abhängig und nähert sich bei sehr hohen Substratkonzentrationen der Gesamtkonzentration des Enzyms an. Im Fließgleichgewicht nimmt die Produktkonzentration linear zu (infolge der halblogarithmischen Darstellung ergibt sich ein exponentieller Kurvenverlauf). Die Konzentrationen des freien Enzyms und des Enzym-Substrat-Komplexes sind überproportional dargestellt

$$[ES] = [E_T] \cdot \frac{[S]}{\left(\dfrac{k_{-1} + k_{+2}}{k_{+1}} + [S]\right)} \qquad (7.11)$$

Durch die Zusammenfassung der Gl. 7.8 und 7.11 erhält man die **Michaelis-Menten-Gleichung**, die die Abhängigkeit der Geschwindigkeit einer enzymkatalysierten Reaktion von der Substratkonzentration unter Initialbedingungen beschreibt:

$$V = k_{+2} \cdot [E_T] \cdot \frac{[S]}{\left(\dfrac{k_{-1} + k_{+2}}{k_{+1}} + [S]\right)} = V_{MAX} \cdot \frac{[S]}{(K_M + [S])} \qquad (7.12)$$

Der Parameter K_M wird als **Michaelis-Konstante**, V_{MAX} als **Maximalgeschwindigkeit** bezeichnet.

❯ Mit steigender Substratkonzentration nähert sich die Reaktionsgeschwindigkeit (V) asymptotisch der Maximalgeschwindigkeit (V_{MAX})

Die durch die Michaelis-Menten-Gleichung beschriebene V/[S]-Charakteristik zeigt einen hyperbolen Verlauf (◨ Abb. 7.7A). Wird die Substratkonzentration erhöht, während alle anderen Parameter konstant bleiben,

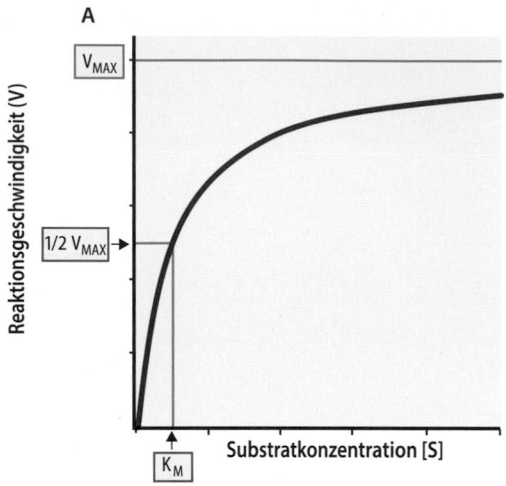

A

V_MAX

Reaktionsgeschwindigkeit (V)

½ V_MAX

K_M

Substratkonzentration [S]

B

1/V

Anstieg = K_M / V_{MAX}

1/V_MAX

-1/K_M

1/[S]

◻ **Abb. 7.7 Kinetik einer Enzymreaktion vom Michaelis-Menten-Typ. A** Hyperbole Abhängigkeit der Reaktionsgeschwindigkeit von der Substratkonzentration. **B** Linearisierung der Michaelis-Menten-Gleichung nach Lineweaver und Burk zur Bestimmung der Parameter K_M und V_{MAX} eines Enzyms

nähert sich die Reaktionsgeschwindigkeit asymptotisch der Maximalgeschwindigkeit und die Konzentration des Enzym-Substrat-Komplexes der Gesamtkonzentration des Enzyms. Die Maximalgeschwindigkeit (V_{MAX}) ist – wie auch die aktuelle Reaktionsgeschwindigkeit (V) – der Enzymkonzentration proportional.

❯ Die Michaelis-Konstante (K_M) gibt diejenige Substratkonzentration an, bei der halbmaximale Reaktionsgeschwindigkeit erreicht wird

Die in Gl. 7.12 eingeführte Michaelis-Konstante trägt die Maßeinheit einer Konzentration und entspricht derjenigen Substratkonzentration, bei der die Reaktionsgeschwindigkeit ½ V_{MAX} beträgt (◻ Abb. 7.7A). Im Unterschied zu V_{MAX} hängt der numerische Wert der Michaelis-Konstanten nicht von der Enzymkonzentration ab. Der K_M-Wert kann auch unter Verwendung der Dissoziationskonstanten des Enzym-Substrat-Komplexes (K_D) angegeben werden:

$$K_M = \frac{(k_{-1} + k_{+2})}{k_{+1}} = K_D + \frac{k_{+2}}{k_{+1}} \qquad (7.13)$$

Gl. 7.13 zeigt, dass die Michaelis-Konstante stets größer ist als die Dissoziationskonstante des Enzym-Substrat-Komplexes. Wenn jedoch die Dissoziation des Enzym-Substrat-Komplexes in Enzym und Substrat schnell im Vergleich zur Freisetzung des Produktes erfolgt, entspricht die Michaelis-Konstante näherungsweise der Dissoziationskonstanten des Enzym-Substrat-Komplexes. Der K_M-Wert kann dann als ein Maß für die

Affinität des Enzyms zu seinem Substrat betrachtet werden. Dementsprechend ist ein Enzym mit hoher Substrataffinität durch eine niedrige Michaelis-Konstante charakterisiert und umgekehrt.

Die Michaelis-Menten-Gleichung kann auch zur Charakterisierung der Kinetik von Enzymen mit zwei Substraten eingesetzt werden. Dazu wird die Abhängigkeit der Enzymaktivität von einem der Substrate bei konstanter Konzentration des jeweils anderen Substrates bestimmt. Die K_M-Werte der Substrate sind dabei in der Regel unterschiedlich und von der Konzentration des jeweils anderen Substrates abhängig. Zur Illustration dieses Sachverhaltes kann auf die ATP-abhängige Phosphorylierung der D-Glucose zu Glucose-6-Phosphat durch Hexokinasen verwiesen werden (▶ Abschn. 7.2): Die K_M-Werte des Hexokinase-Isoenzyms 1 (HK1) betragen für das Hexosesubstrat Glucose etwa 0.1 mmol/l, für das Nucleotidsubstrat ATP jedoch etwa 1 mmol/l.

7.7 Experimentelle Bestimmung enzymkinetischer Parameter

❯ Linearisierungen der Michaelis-Menten-Gleichung ermöglichen die Bestimmung von K_M und V_{MAX}

Die für ein Enzym charakteristischen kinetischen Parameter K_M und V_{MAX} lassen sich aus Messungen initialer Reaktionsgeschwindigkeiten bei verschiedenen Substratkonzentrationen ableiten. Praktisch ist die Schätzung beider Parameter aus der graphischen Darstellung der experimentell bestimmten V/[S]-Wertepaare jedoch schwierig, da die Reaktionsgeschwindigkeit ihrem Ma-

◘ Tab. 7.5   Kinetische Konstanten von Enzymen

Enzym	Substrat	K_M (M)	k_{cat} (s^{-1})	k_{cat}/K_M (s$^{-1} \cdot$ M^{-1})	Siehe Kapitel
Superoxiddismutase	Superoxidanion	$3{,}5 \cdot 10^{-4}$	$2{,}4 \cdot 10^{6}$	$6{,}8 \cdot 10^{9}$	► 20
Triosephosphatisomerase	D-Glycerinaldehyd-3-Phosphat	$4{,}0 \cdot 10^{-4}$	$9{,}6 \cdot 10^{4}$	$2{,}4 \cdot 10^{8}$	► 14
Acetylcholinesterase	Acetylcholin	$9{,}0 \cdot 10^{-5}$	$1{,}4 \cdot 10^{4}$	$1{,}6 \cdot 10^{8}$	► 74
Carboanhydrase	CO_2	$1{,}2 \cdot 10^{-2}$	$1{,}0 \cdot 10^{6}$	$8{,}3 \cdot 10^{7}$	► 61
Katalase	H_2O_2	$8{,}0 \cdot 10^{-2}$	$1{,}6 \cdot 10^{6}$	$2{,}0 \cdot 10^{7}$	► 20

ximalwert erst bei sehr hohen Substratkonzentrationen nahe kommt (◘ Abb. 7.7A). Dieses Problem kann durch verschiedene Transformationen der Michaelis-Menten-Gleichung in lineare Beziehungen gelöst werden. Das bekannteste Beispiel hierfür ist die **Linearisierung nach Lineweaver und Burk:**

$$\frac{1}{V} = \frac{1}{V_{MAX}} + \frac{K_M}{V_{MAX}} \cdot \frac{1}{[S]} \tag{7.14}$$

Die Auftragung der reziproken Werte von Substratkonzentration und Reaktionsgeschwindigkeit ergibt eine Gerade, die die Abszisse bei $-1/K_M$ und die Ordinate bei $1/V_{MAX}$ schneidet (◘ Abb. 7.7B). Die bei niedrigen Substratkonzentrationen relativ ungenau bestimmten V-Werte erhalten hierbei allerdings ein besonders großes Gewicht. Daher finden heute computergestützte Verfahren der nicht-linearen Regression zur statistisch korrekten Schätzung von K_M und V_{MAX} aus Messdaten Anwendung.

Die Michaelis-Menten-Gleichung wurde für ein minimales Reaktionsschema (Gl. 7.7) hergeleitet, bei dem der Zerfall des Enzym-Substrat-Komplexes unmittelbar zur Bildung des Reaktionsproduktes führt. Man kann jedoch zeigen, dass auch komplexere Reaktionsmodelle, die mehrere Zwischenschritte der Umwandlung des Substrates zum Produkt einschließen, unter *Steady-state*-Bedingungen mit der Michaelis-Menten-Gleichung beschrieben werden können. In der Michaelis-Menten-Gleichung tritt dann anstelle der Geschwindigkeitskonstanten k_{+2} die **katalytische Konstante k_{cat}** auf, die eine Kombination mehrerer elementarer kinetischer Konstanten darstellt. In den nachfolgenden Gleichungen wird daher die katalytische Konstante k_{cat} anstelle von k_{+2} verwendet. Die katalytische Konstante entspricht der in ► Abschn. 7.5 eingeführten Wechselzahl.

❯ Die Konstante k_{cat} und der Quotient k_{cat}/K_M sind Maße für die katalytische Wirksamkeit eines Enzyms

Die Messung von Enzymaktivitäten erfolgt *in vitro* oft bei Substratkonzentrationen, die den K_M-Wert um ein Vielfaches überschreiten. Unter diesen Bedingungen wird die katalytische Wirksamkeit eines Enzyms durch die Konstante k_{cat} charakterisiert. Die Michaelis-Menten-Gleichung geht dann in eine lineare Beziehung über:

$$V = k_{cat} \cdot [E_T] \cdot \frac{[S]}{(K_M + [S])} \xrightarrow{[S] \gg K_M} k_{cat} \cdot [E_T] \tag{7.15}$$

Demgegenüber findet man unter physiologischen Bedingungen häufig Substratkonzentrationen vor, die weit unterhalb der K_M-Werte der Enzym-Substrat-Paare liegen. Die Michaelis-Menten-Gleichung geht dann näherungsweise in eine bilineare Beziehung über:

$$V = k_{cat} \cdot [E_T] \cdot \frac{[S]}{(K_M + [S])} \xrightarrow{[S] \ll K_M} \frac{k_{cat}}{K_M} \cdot [E_T] \cdot [S] \tag{7.16}$$

Der Quotient k_{cat}/K_M ist eine apparente Geschwindigkeitskonstante zweiter Ordnung und charakterisiert die katalytische Wirksamkeit eines Enzyms bei $[S] \ll K_M$. Der Wert dieses Quotienten wird durch die Geschwindigkeit der diffusionskontrollierten Kollision der Enzym- und Substratmoleküle limitiert und ist deshalb in wässrigen Lösungen auf etwa 10^9 s^{-1} M^{-1} begrenzt. Enzyme, deren k_{cat}/K_M-Werte diesen Grenzwert näherungsweise erreichen, können als katalytisch perfekt betrachtet werden, da bei nahezu jedem Zusammentreffen von Enzym und Substrat eine katalytische Reaktion stattfindet (◘ Tab. 7.5). Eine Erhöhung der katalytischen Effizienz „perfekter" Enzyme kann nur durch eine Vermeidung oder Begrenzung von Diffusionswegen erreicht werden. In biologischen Systemen wird eine solche Optimierung z. B. durch die Integration von Einzelenzymen in Multienzymkomplexe realisiert (► Abschn. 7.1).

Zusammenfassung

Die weitaus überwiegende Zahl der in biologischen Systemen vorkommenden Katalysatoren sind Proteine. Man bezeichnet diese Biokatalysatoren als Enzyme, ihre katalytische Wirkung als Enzymaktivität. Eine Vielzahl von Enzymen entfaltet erst im Zusammenwirken mit Cofaktoren eine katalytische Aktivität. Enzyme besitzen die Fähigkeit, die umzusetzenden Stoffe auszuwählen (Substratspezifität), zwischen stereoisomeren Substraten zu unterscheiden (Stereospezifität), den Reaktionstyp zu bestimmen (Reaktionsspezifität), die Einstellung des Reaktionsgleichgewichtes zu beschleunigen (Katalyse) und ihre katalytische Aktivität in Abhängigkeit von den Stoffwechselverhältnissen zu verändern (Regulation). Die Struktur des aktiven Zentrums eines Enzyms muss komplementär zu der des Übergangszustandes des Substrates der Reaktion sein, um eine effiziente Katalyse zu ermöglichen. Die Wechselwirkungen der Aminosäureseitenketten und Cofaktoren im aktiven Zentrum mit dem Substrat werden durch nicht-covalente und temporär-covalente Bindungen bestimmt. Bei den grundlegenden Mechanismen der Enzymkatalyse kann zwischen Metallionenkatalyse, Säure-Base-Katalyse und covalenter Katalyse unterschieden werden. In der Regel nutzen Enzyme mehrere Katalysemechanismen. Isoenzyme sind multiple Formen von Enzymen einer Spezies, die die gleiche Reaktion katalysieren, jedoch aufgrund einer unterschiedlichen genetischen Codierung und/ oder infolge co- bzw. posttranskriptioneller Veränderungen der Prä-mRNA eine unterschiedliche Struktur und unterschiedliche funktionelle Eigenschaften aufweisen. Multiple Formen von Enzymen können auch durch eine co- und/oder posttranslationale covalente Modifikation der Enzymproteine entstehen. Die Michaelis-Menten-Gleichung beschreibt näherungsweise das kinetische Verhalten vieler Enzyme. Bei einer Erhöhung der Substratkonzentration nähert sich die Reaktionsgeschwindigkeit hyperbelförmig dem Maximalwert (V_{MAX}). Die Michaelis-Konstante (K_M) entspricht derjenigen Substratkonzentration, bei der die Reaktionsgeschwindigkeit die Hälfte des Maximalwertes erreicht. Enzyme können unter Erhalt ihrer strukturellen und funktionellen Eigenschaften aus biologischem Material isoliert oder gentechnisch hergestellt werden. Die molekulare und kinetische Analyse der Enzyme und die Aufklärung ihrer regulatorischen Eigenschaften haben ein umfassendes Verständnis der grundlegenden Stoffwechselvorgänge im menschlichen Organismus ermöglicht.

Weiterführende Literatur

Amyes TL, Richard JP (2015) Specificity in transition state binding: the Pauling model revisited. Biochemistry 26:2021–2035

Barbany M et al (2003) On the generation of catalytic antibodies by transition state analogues. ChemBioChem 4:277–285

Bisswanger H (2000) Enzymkinetik: Theorie und Methoden. Wiley-VCH, Weinheim

Bowen A et al (2017) Antibody-mediated catalysis in infection and immunity. Infect Immun 85:202–217

Cook PF, Cleland WW (2007) Enzyme kinetics and mechanism. Garland Science Publishing, New York

Evans GB et al (2015) The immucillins: design, synthesis and application of transition-state analogues. Curr Med Chem 22:3897–3909

Fersht A (1999) Structure and mechanism in protein science: a guide to enzyme catalysis and protein folding. W. H. Freeman H, New York

Frey PA, Hegeman AD (2006) Enzymatic reaction mechanisms. Oxford University Press, New York

Jeffery CJ (2009) Moonlighting proteins – an update. Mol BioSyst 5:345–350

Lilley DM (2005) Structure, folding and mechanisms of ribozymes. Curr Opin Struct Biol 15:313–323

Lu Z, Hunter T (2018) Metabolic kinases moonlighting as protein kinases. Trends Biochem Sci 43:301–310

Traut T (2008) Allosteric regulatory enzymes, Springer-Verlag, New York

Regulation der Enzymaktivität

Thomas Kriegel und Wolfgang Schellenberger

In ▶ Kap. 7 wurden die molekularen und funktionellen Grundlagen der Biokatalyse durch Enzyme besprochen. Das folgende Kapitel beschäftigt sich mit den zahlreichen Mechanismen der Regulation der Enzymaktivität. Die Fähigkeit biologischer Systeme, die katalytische Aktivität ihrer Enzyme an veränderte Bedingungen anzupassen, ist eine unabdingbare Voraussetzung für Wachstum, Differenzierung, Zellteilung und Stoffwechselregulation. Hierbei kann zwischen einer schnellen Veränderung der Aktivität bereits vorhandener Enzymmoleküle und einer vergleichsweise langsamen Kontrolle der Enzymaktivität durch eine Veränderung von Transkription, Translation und Proteolyse unterschieden werden. Die Entwicklung und der Einsatz von Pharmaka, die als Enzymeffektoren wirksam sind, eröffnet eine Vielzahl neuer Möglichkeiten zur Therapie verschiedenster Erkrankungen.

Schwerpunkte

8.1 Einfluss von Temperatur und pH-Wert auf die Enzymaktivität
- Temperatur- und pH-Optimum der Enzymaktivität

8.2 Abhängigkeit der Enzymaktivität von der Enzym- und Substratkonzentration
- Proportionalität von Enzymaktivität und Enzymkonzentration
- Modulation der Enzymaktivität durch Veränderung der Substratkonzentration

8.3 Regulation der Enzymaktivität durch Hemmstoffe
- Reversible Hemmung der Enzymaktivität durch kompetitive, nicht-kompetitive und unkompetitive Inhibitoren
- Irreversible Hemmung der Enzymaktivität durch Mechanismus-basierte Enzyminhibitoren und Suizidinhibitoren

8.4 Allosterische Regulation der Enzymaktivität
- Molekulare Grundlagen und zellbiochemische Bedeutung von Kooperativität und Allosterie

8.5 Regulation der Enzymaktivität durch covalente Modifikation des Enzymproteins
- Reversible Regulation der Enzymaktivität durch covalente Modifikation
- Irreversible Aktivierung von Proenzymen durch limitierte Proteolyse

8.6 Regulation der Enzymaktivität durch Protein-Protein-Wechselwirkung
- Transiente Wechselwirkungen von Enzymen mit Proteinen

8.1 Einfluss von Temperatur und pH-Wert auf die Enzymaktivität

Temperaturabhängigkeit der Enzymaktivität Innerhalb eines begrenzten Temperaturbereiches erhöht sich die Geschwindigkeit enzymkatalysierter Reaktionen mit steigender Temperatur. Der Beschleunigungsfaktor, der sich ergibt, wenn die Temperatur um 10 °C ansteigt, wird als **Temperaturkoeffizient (Q_{10})** bezeichnet. Eine Temperaturerhöhung um 10 °C führt bei vielen enzymatischen Reaktionen etwa zu einer Verdoppelung der Reaktionsgeschwindigkeit. Die Temperaturabhängigkeit der Enzymaktivität zeichnet sich jedoch durch ein **Temperaturoptimum** aus, jenseits dessen die Reaktionsgeschwindigkeit steil abfällt (◘ Abb. 8.1). Ursache des Abfalls der Enzymaktivität ist eine **Hitzedenaturierung** des Enzymproteins.

Für die meisten Enzyme liegt das Temperaturoptimum oberhalb der jeweiligen physiologischen „Arbeitstemperatur". Die Lage des Temperaturoptimums ist von den Konzentrationen der Substrate und Produkte sowie

Ergänzende Information Die elektronische Version dieses Kapitels enthält Zusatzmaterial, auf das über folgenden Link zugegriffen werden kann https://doi.org/10.1007/978-3-662-60266-9_8. Die Videos lassen sich durch Anklicken des DOI Links in der Legende einer entsprechenden Abbildung abspielen, oder indem Sie diesen Link mit der SN More Media App scannen.

P. C. Heinrich et al. (Hrsg.), *Löffler/Petrides Biochemie und Pathobiochemie*, https://doi.org/10.1007/978-3-662-60266-9_8

anderer Liganden des Enzyms, aber auch vom pH-Wert abhängig. Beim Menschen findet man für viele Enzyme Temperaturoptima um 40 °C. Einige humane Enzyme überstehen jedoch höhere Temperaturen ohne Verlust ihrer katalytischen Aktivität. Zu diesen Enzymen gehört die Ribonuclease, deren Temperaturoptimum bei etwa 60 °C liegt.

Enzyme thermophiler Mikroorganismen weisen oftmals Temperaturoptima nahe dem Siedepunkt des Wassers auf. Die strukturellen Besonderheiten dieser **thermostabilen Enzyme**, die vor einer Hitzedenaturierung schützen, sind bislang nur unvollständig verstanden.

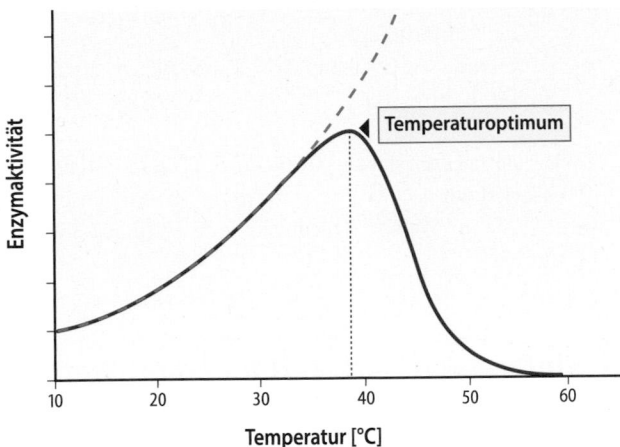

◘ **Abb. 8.1   Temperaturabhängigkeit der Enzymaktivität.** Die unterbrochene Kurve zeigt den für chemische Reaktionen charakteristischen exponentiellen Anstieg der Reaktionsgeschwindigkeit bei steigender Temperatur ($Q_{10} \approx 2$). Der Abfall der Enzymaktivität bei höheren Temperaturen wird durch die Hitzedenaturierung des Enzymproteins verursacht (rote Kurve)

Praktische Anwendung findet eine hitzestabile **DNA-Polymerase** aus *Thermus aquaticus* (Taq-Polymerase) bei der **Polymerasekettenreaktion (PCR)**. Das Enzym wird dabei vielfach wiederholt Reaktionstemperaturen um 90 °C ausgesetzt (▸ Abschn. 54.1.2).

pH-Abhängigkeit der Enzymaktivität   Bestimmt man die katalytische Aktivität eines Enzymes bei unterschiedlichen pH-Werten, so findet man in der Regel ein Aktivitätsmaximum zwischen pH 4 und pH 9. Enzyme, die physiologischerweise extremen pH-Bedingungen ausgesetzt sind wie das im sauren Milieu des Magens wirksame Verdauungsenzym **Pepsin** (▸ Abschn. 61.1.2) zeigen eine maximale katalytische Aktivität außerhalb dieses pH-Bereiches. Die pH-Abhängigkeit der Enzymaktivität kann zurückgeführt werden auf eine:

— reversible Dissoziation bzw. Protonierung funktioneller Gruppen des Enzyms,
— reversible Dissoziation bzw. Protonierung von Substraten und/oder Cofaktoren des Enzyms,
— Konformationsänderung bzw. Denaturierung des Enzymproteins.

Der Einfluss des pH-Wertes auf die Enzymaktivität ist in ◘ Abb. 8.2 am Beispiel der an der **Apoptose** (▸ Kap. 51) beteiligten Caspase 9 illustriert. **Caspasen** sind Cysteinylproteasen, die im aktiven Zentrum einen Cystein- und einen Histidinrest besitzen und ihre Substrate nach einem Aspartatrest spalten. Die katalytische Aktivität der Caspase-9 erfordert die Ausbildung einer Wasserstoffbrücke zwischen den Seitenketten der Aminosäuren Cystein 287 und Histidin 237 des Enzyms. Durch die Beteiligung von Protonen an der reversiblen

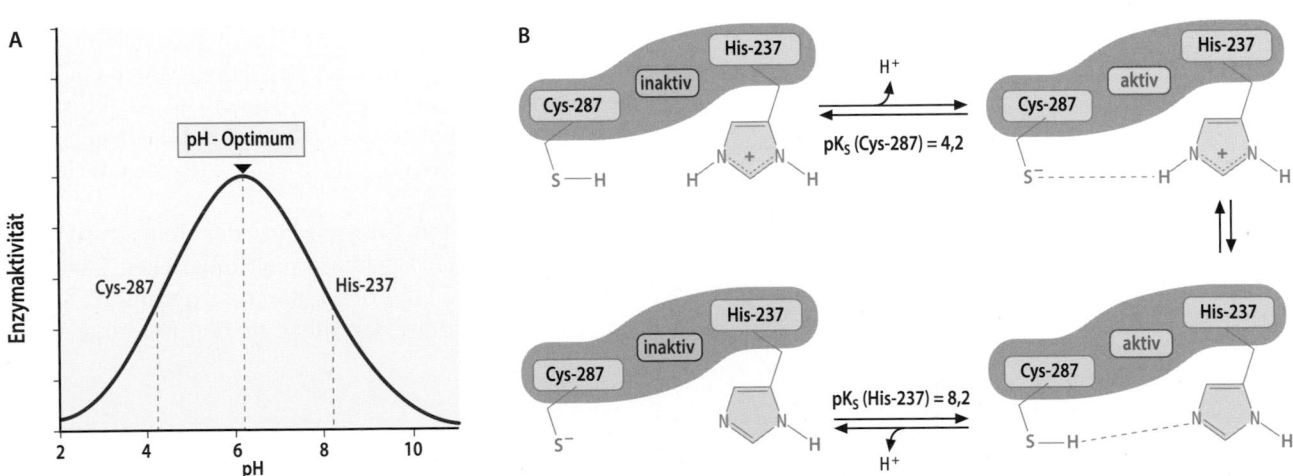

◘ **Abb. 8.2   pH-Abhängigkeit der katalytischen Aktivität der Cysteinylprotease Caspase 9. A** Die Wendepunkte der Kurve spiegeln die Titration der an der Katalyse beteiligten Seitenketten der Aminosäuren Cys- tein 287 und Histidin 237 im aktiven Zentrum des Enzyms wider. **B** pH-abhängige reversible Ausbildung der für die Katalyse erforderlichen Wasserstoffbrücke zwischen Cystein 287 und Histidin 237

Ausbildung dieser Wasserstoffbrücke kommt es zu einer glockenförmigen Abhängigkeit der Caspase-9-Aktivität vom pH-Wert.

8.2 Abhängigkeit der Enzymaktivität von der Enzym- und Substratkonzentration

❯ Die Veränderung der Enzymkonzentration ist eine Möglichkeit der Langzeitregulation der Enzymaktivität.

Die Geschwindigkeit der durch ein Enzym katalysierten Reaktion ist *in vitro* der Enzymkonzentration in der Regel proportional (▶ Abschn. 7.6). Im Zellstoffwechsel sind Enzyme typischerweise in Reaktionsketten oder Reaktionszyklen integriert. Der Anstieg der Konzentration eines Enzyms bewirkt auch *in vivo* eine Erhöhung der Enzymaktivität und dadurch eine Steigerung des Stoffdurchsatzes durch den jeweiligen Reaktionsweg. Einige Enzyme liegen unter bestimmten Stoffwechselbedingungen in der Zelle in so hoher Konzentration vor, dass die Substratbereitstellung limitierend und die Geschwindigkeit des durch diese Enzyme katalysierten Stoffumsatzes nicht mehr proportional der Enzymkonzentration ist.

Die Anpassung des Enzymbestandes einer Zelle an unterschiedliche Stoffwechselsituationen wird durch eine Veränderung der Transkription der codierenden Gene (▶ Kap. 46 und 47), der Translation der synthetisierten mRNAs (▶ Kap. 48 und 49) und/oder des proteolytischen Abbaus (▶ Kap. 50) der vorhandenen Enzymproteine erreicht. Veränderungen dieser Art werden oft durch extrazelluläre Signalstoffe (▶ Kap. 33) ausgelöst und führen – im Vergleich mit einer Regulation der Enzymaktivität durch Substrate – zu einer langsamen Veränderung der Enzymaktivität.

❯ Eine Veränderung der Substratkonzentration kann eine schnelle Veränderung der Enzymaktivität bewirken.

Die Geschwindigkeit einer enzymkatalysierten Reaktion wird wesentlich von den aktuellen Konzentrationen der jeweiligen Substrate bestimmt (▶ Abschn. 7.6). Bei hohen Substratkonzentrationen hat deren Veränderung einen nur geringen Einfluss auf die Reaktionsgeschwindigkeit, während im Bereich niedriger Substratkonzentrationen bereits kleine Veränderungen zu einem relativ großen Abfall oder Anstieg der Reaktionsgeschwindigkeit führen können. Da sich die Konzentrationen der meisten Substrate in der Zelle unterhalb der K_M-Werte der zugehörigen Enzyme bewegen, können schon geringe Veränderungen von Substratkonzentrationen schnelle und funktionell bedeutsame Veränderungen von Stoffumsatzgeschwindigkeiten bewirken.

8.3 Regulation der Enzymaktivität durch Hemmstoffe

Verbindungen, deren Wechselwirkung mit einem Enzym dessen katalytische Aktivität verändern, werden als **Effektoren** bezeichnet. Positive Effektoren wirken als **Aktivatoren**, während negative Effektoren die Enzymaktivität erniedrigen und als **Inhibitoren (Hemmstoffe)** klassifiziert werden. Eine Vielzahl zellulärer Enzyme wird durch niedermolekulare Stoffwechselzwischenprodukte gehemmt. Auf diese Weise entsteht ein regulatorisches Netzwerk, das für die Kontrolle des Zellstoffwechsels essentiell ist. So wirkt das in der Glycolyse gebildete Glucose-6-Phosphat als Inhibitor verschiedener Isoenzyme der Hexokinase (▶ Abschn. 15.1.2). Beispiele makromolekularer Enzymhemmstoffe sind die im Serum vorkommenden Serinproteaseinhibitoren α1-Antitrypsin (▶ Abschn. 67.3) und Antithrombin (▶ Abschn. 69.1.4). Zu den medizinisch relevanten Hemmstoffen von Enzymen gehören darüber hinaus eine große Anzahl von Therapeutika (▶ Kap. 9) und ein breites Spektrum von Zellgiften.

Nach der Art der Reaktion des Inhibitors mit dem Enzym kann zwischen einer reversiblen und einer irreversiblen Hemmung unterschieden werden. Eine **reversible Enzymhemmung** ist durch eine dem Massenwirkungsgesetz folgende Bindung des Inhibitors an das Enzym charakterisiert und kann – im Unterschied zu einer **irreversiblen Enzymhemmung** – durch eine Entfernung des Inhibitors aufgehoben werden.

❯ Reversible kompetitive Inhibitoren haben keinen Einfluss auf die Maximalgeschwindigkeit einer Enzymreaktion.

Kompetitive Enzymhemmung Charakteristisch für diesen Hemmtyp ist eine Konkurrenz des Substrates (S) und des Inhibitors (I) um dieselbe Bindungsstelle im aktiven Zentrum des Enzyms (E). Eine kompetitive Hemmung wird beobachtet, wenn die Struktur des Inhibitors der des Substrates ähnlich ist und der Hemmstoff reversibel mit dem Enzym zum Enzym-Inhibitor-Komplex (EI) reagiert (◉ Abb. 8.3). Erhöht man bei gleichbleibender Hemmstoffkonzentration die Konzentration des Substrates, nimmt die Wahrscheinlichkeit zu, dass sich der Enzym-Substrat-Komplex (ES) anstelle des Enzym-Inhibitor-Komplexes bildet. Die maximale Reaktionsgeschwindigkeit V_{MAX} wird daher nicht verändert.

Eine kompetitive Hemmung führt zu einem Anstieg der Michaelis-Konstanten K_M (◉ Tab. 8.1). Der in Gegenwart eines kompetitiven Inhibitors bestimmte K_M-Wert wird als apparent (scheinbar) bezeichnet (K_M^{app}). Die Wirkung des Inhibitors kann durch eine Hemmkonstante (K_i) charakterisiert werden, die der Dissoziationskonstanten des Enzym-Inhibitor-Komplexes entspricht. K_i trägt die Maßeinheit einer Konzentration und gibt

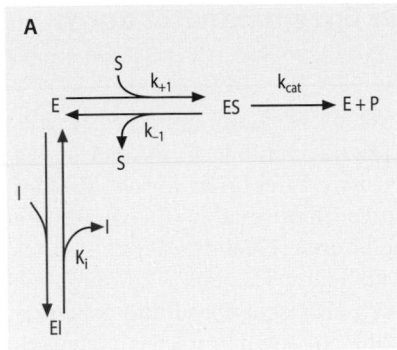
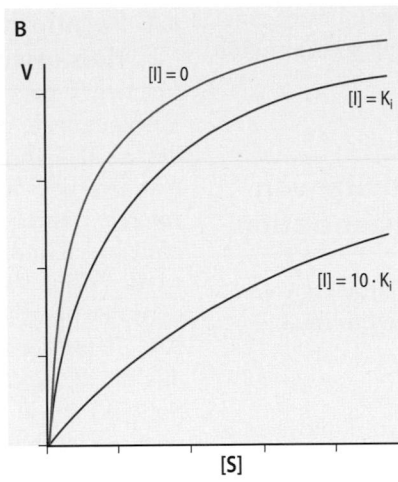
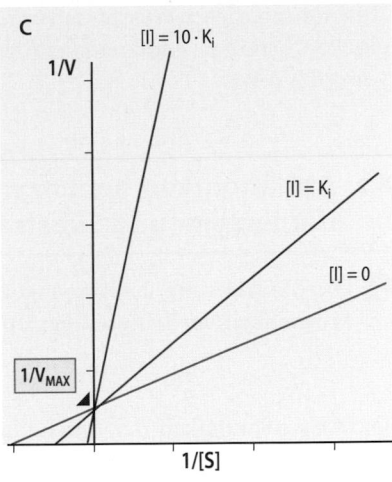

◻ **Abb. 8.3   Kompetitive Enzymhemmung. A** Reaktionsschema. Das Substrat (S) und der Inhibitor (I) konkurrieren um dieselbe Bindungsstelle im aktiven Zentrum des Enzyms (E). **B** Kinetik bei verschiedenen Konzentrationen des Inhibitors. Auch in Gegenwart des Inhibitors nähert sich die Reaktionsgeschwindigkeit (V) asymptotisch der maximalen Reaktionsgeschwindigkeit (V_{MAX}). **C** Darstellung der Kinetik im Lineweaver-Burk-Diagramm. Die kompetitive Hemmung bewirkt eine Erhöhung des K_M-Wertes, während V_{MAX} unverändert bleibt

◻ **Tab. 8.1**   Einfluss reversibler Hemmstoffe auf K_M und V_{MAX}

Hemmtyp	Veränderte Parameter	Unveränderte Parameter
Kompetitiv	$K_M^{app} = K_M \cdot \left(1 + [I]/K_i\right)$	V_{MAX}
Nicht-kompetitiv	$V_{MAX}^{app} = V_{MAX}/\left(1 + [I]/K_i\right)$	K_M
Un-kompetitiv	$K_M^{app} = K_M/\left(1 + [I]/K_i\right)$ $V_{MAX}^{app} = V_{MAX}/\left(1 + [I]/K_i\right)$	V_{MAX}^{app}/K_M^{app}

diejenige Inhibitorkonzentration an, die eine Verdoppelung der Michaelis-Konstanten bewirkt. In der Darstellung nach Lineweaver und Burk (◻ Abb. 8.3C) schneiden sich die für unterschiedliche Hemmstoffkonzentrationen erhaltenen Geraden auf der Ordinate bei $1/V_{MAX}$. Pharmakologisch wichtige Beispiele sind die kompetitive Hemmung der HMG-CoA-Reduktase durch Statine im Rahmen der Therapie der Hypercholesterinämie (► Abschn. 23.3) und die Hemmung der bakteriellen Folsäurebiosynthese durch Sulfonamide.

❯ Alternative Substrate können als kompetitive Enzyminhibitoren wirken.

Eine Vielzahl von Enzymen ist in der Lage, mehrere strukturell ähnliche Substrate alternativ umzusetzen. Die alternativen Substrate wirken dabei wechselseitig als kompetitive Inhibitoren. Ein Beispiel aus dem Zellstoffwechsel ist der extrahepatische Fructoseabbau. Während Fructose in der Leber durch das Enzym **Fructokinase** (EC 2.7.1.3) zu Fructose-1-Phosphat phosphoryliert wird, metabolisieren in extrahepatischen Geweben verschiedene Isoenzyme der

Übrigens

Sulfonamide wirken als kompetitive Enzyminhibitoren bei der bakteriellen Folsäurebiosynthese. Die Folsäure gehört zu den wasserlöslichen Vitaminen des Menschen. Dagegen können Mikroorganismen die für ihren Stoffwechsel benötigte Folsäure (► Abschn. 59.8) aus **p-Aminobenzoesäure** und anderen Metaboliten selbst synthetisieren. Eine Hemmung der Folsäurebiosynthese bewirkt eine Hemmung des bakteriellen Wachstums. 1932 entdeckte Gerhard Domagk, dass Derivate des **Sulfanilamids** als Strukturanaloga der p-Aminobenzoesäure durch eine kompetitive Hemmung der an der Folsäurebiosynthese beteiligten Dihydropteroatsynthase bakteriostatisch wirken. Seit dieser Zeit finden Sulfonamide, deren Grundstruktur der des Sulfanilamids entspricht, bei der Behandlung bakterieller Infektionen Anwendung (◻ Abb. 8.4). Da der Mensch das Enzym Dihydropteroatsynthase nicht exprimiert, entfalten die therapeutisch eingesetzten Sulfonamide in dieser Hinsicht keine toxische Wirkung. Domagk erhielt für seine Entdeckung

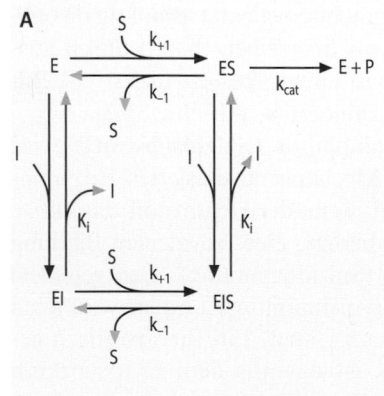

Abb. 8.4 Struktur von Sulfonamiden. Sulfonamide wie Sulfanilamid und Sulfamethoxazol sind Strukturanaloga der p-Aminobenzoesäure, die ein Bestandteil der Folsäure ist. Sie verhindern die bakterielle Synthese der Folsäure durch eine kompetitive Hemmung der Dihydropteroatsynthase

1939 den Nobelpreis für Medizin. Die Sulfonamidresistenz zahlreicher Bakterienstämme hat dazu geführt, dass Sulfonamide heute in Kombination mit anderen Medika-

menten angewendet werden. Ein Beispiel hierfür ist die Therapie von Infektionen des Urogenitalsystems mit einem Kombinationspräparat, das das Sulfonamid Sulfamethoxazol und Trimethoprim, einen Inhibitor der bakteriellen Dihydrofolatreduktase (▶ Kap. 30), enthält.

Hexokinase (EC 2.7.1.1) Fructose zu Fructose-6-Phosphat (▶ Abschn. 14.1). Da diese Hexokinasen sowohl Glucose als auch Fructose phosphorylieren, wirken beide Hexosen als kompetitive Inhibitoren in Bezug auf das jeweils andere Zuckersubstrat. Ein Beispiel für die klinische Bedeutung der Substratkonkurrenz ist der Einsatz von Ethanol bei der Therapie einer Methanolvergiftung. Hierbei verhindert Ethanol als alternatives Substrat der Alkoholdehydrogenase der Leber die Umwandlung von Methanol zu toxischem Formaldehyd.

❯ Reversible nicht-kompetitive Inhibitoren reduzieren die Maximalgeschwindigkeit einer Enzymreaktion.

Nicht-kompetitive Enzymhemmung Die Bezeichnung dieses Hemmtyps verdeutlicht, dass eine Konkurrenz zwischen Substrat und Hemmstoff im aktiven Zentrum des Enzyms nicht stattfindet. Der Inhibitor bindet außerhalb des aktiven Zentrums sowohl an das freie Enzym als auch an den Enzym-Substrat-Komplex, ohne die Bindung des Substrates an das Enzym zu beeinflussen (▶ Abb. 8.5).

Ursache der bei einer nicht-kompetitiven Enzymhemmung auftretenden Erniedrigung von V_{MAX} ist eine durch die Bindung des Inhibitors induzierte Konformationsänderung im aktiven Zentrum des Enzyms, die eine Bildung des Reaktionsproduktes verhindert. Formal betrachtet verringert der Hemmstoff die Konzentration des katalytisch wirksamen Enzyms. Nicht-kompetitive Inhibitoren reduzieren daher V_{MAX}, ohne den K_M-Wert zu verändern (▶ Tab. 8.1). Die in Gegenwart des Hemmstoffes beobachtete maximale Reaktionsgeschwindigkeit wird als V_{MAX}^{app} bezeichnet. Im Gegensatz zur kompetitiven Hemmung ist eine Aufhebung der nicht-kompetitiven Hemmung durch eine Erhöhung der Substratkonzentration nicht möglich, da die Bindung des Inhibitors unabhängig von der Gegenwart des Substrates erfolgt. Die Hemmkonstante K_i bezeichnet die Dissoziationskonstante der Enzym-Inhibitor-Komplexe EI und ESI und gibt diejenige Inhibitorkonzentration an, die eine Halbierung der maximalen Reaktionsgeschwindigkeit bewirkt. Eine rein nicht-kompetitive Enzymhemmung tritt nur selten auf, da die infolge der Hemmstoffbindung ausgelöste Konforma-

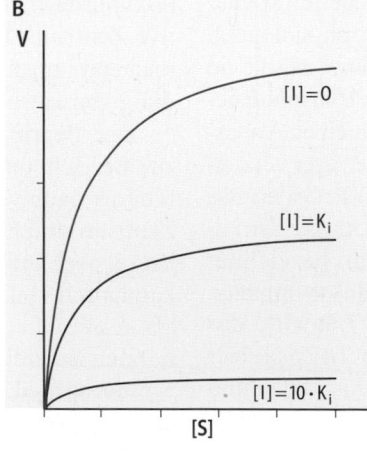

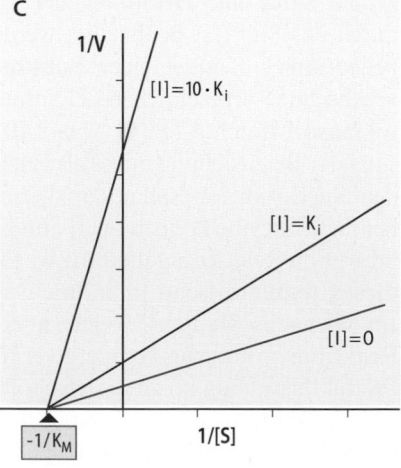

Abb. 8.5 Nicht-kompetitive Enzymhemmung. A Reaktionsschema. Der Inhibitor (I) bindet außerhalb des aktiven Zentrums sowohl an das freie Enzym (E) als auch an den Enzym-Substrat-Komplex (ES). **B** Kinetik bei verschiedenen Konzentrationen des Inhibitors. **C** Dar-

stellung der Kinetik im Lineweaver-Burk-Diagramm. Die nicht-kompetitive Hemmung bewirkt eine Erniedrigung von V_{MAX}, während der K_M-Wert unverändert bleibt

tionsänderung oftmals auch die Interaktion des Enzyms mit dem Substrat beeinflusst und so zu einer Veränderung des K_M-Wertes führen kann. Beispiel einer nicht-kompetitiven Hemmung ist die Wirkung des therapeutisch u. a. zur Behandlung der arteriellen Hypertonie eingesetzten Calciumantagonisten Nifedipin auf die Cytochrom-P450-Monooxygenase CYP2C9 der Leber (▶ Abschn. 20.1.2). Bei der klinischen Anwendung von Nifedipin muss beachtet werden, dass CYP2C9 an der Inaktivierung einer großen Zahl von Metaboliten und Xenobiotika beteiligt ist, sodass eine Hemmung des Enzyms zu einer Erhöhung der Bioverfügbarkeit dieser Substanzen führt.

❯ Reversible unkompetitive Inhibitoren erniedrigen sowohl die Maximalgeschwindigkeit als auch die Michaelis-Konstante einer Enzymreaktion.

Unkompetitive Enzymhemmung Der unkompetitive Hemmtyp ist dadurch charakterisiert, dass der Inhibitor nur mit dem Enzym-Substrat-Komplex, nicht aber mit dem freien Enzym reagiert. Die funktionelle Folge ist neben einer Erniedrigung von V_{MAX} auch eine Abnahme des K_M-Wertes (◼ Tab. 8.1). Im Lineweaver-Burk-Diagramm erhält man für unterschiedliche Hemmstoffkonzentrationen eine Schar paralleler Geraden. Die unkompetitive Enzymhemmung wird – ähnlich wie die rein nicht-kompetitive Hemmung – nur selten beobachtet. Zu den medizinisch bedeutsamen Beispielen gehört die Hemmung der am Abbau des Inositol-1,4,5-Trisphosphates (▶ Abschn. 35.3) beteiligten **Inositolmonophosphatase** durch Lithiumionen, die in Form von Lithiumsalzen im Rahmen der Therapie verschiedener psychischer Erkrankungen eingesetzt werden.

❯ Die Substrate und Produkte einer Enzymreaktion können als reversible Inhibitoren wirken.

Substrat- und Produkthemmung Bei einer Vielzahl von Enzymen kann eine Hemmung der katalytischen Aktivität durch das Substrat beobachtet werden. Ein physiologisch bedeutsames Beispiel einer **Substrathemmung** ist die in ▶ Abschn. 8.4 beschriebene Hemmung der **Phosphofructokinase 1** durch ATP (◼ Abb. 8.10), die zu einer Anpassung der Bereitstellung dieses als Energieüberträger wirkenden Nucleosidtriphosphates an die zellulären Erfordernisse beiträgt. Enzyme können auch durch die Produkte der katalysierten Reaktion gehemmt werden. Man bezeichnet dieses regulatorische Phänomen als **Produkthemmung**. Im Michaelis-Menten-Modell (▶ Abschn. 7.6) wirkt das Reaktionsprodukt als kompetitiver Inhibitor. Beispiel einer Produkthemmung im zentralen Stoffwechsel ist die inhibitorische Wirkung von Glucose-6-Phosphat auf verschiedene **Hexokinase-Isoenzyme** (▶ Kap. 14).

❯ Irreversible Inhibitoren wirken durch eine covalente Modifikation des Enzyms oder durch eine sehr feste nichtcovalente Bindung an das Enzym.

Reversible Inhibitoren werden durch nichtcovalente Wechselwirkungen an das Enzymprotein gebunden und können deshalb *in vitro* z. B. durch Dialyse und *in vivo* z. B. durch enzymatischen Abbau unter Aufhebung der Hemmung vom Enzym entfernt werden. Demgegenüber ist eine irreversible Enzymhemmung in der Regel die Folge einer stabilen covalenten Modifikation des aktiven Zentrums des Enzyms. Einige prinzipiell reversible Inhibitoren binden jedoch mit sehr hoher Affinität an das jeweilige Enzym, sodass ihre Bindung und inhibitorische Wirkung praktisch irreversibel ist. Zu diesen Inhibitoren gehören die in ▶ Kap. 7 beschriebenen Übergangszustandsanaloga, deren therapeutisches Potenzial im nachfolgenden Kapitel dargestellt wird, aber auch Inhibitoren der **Cytochrom-c-Oxidase** wie Kohlenmonoxid und Cyanidionen (▶ Abschn. 19.1).

❯ Mechanismus-basierte Enzyminhibitoren und Suizidinhibitoren nutzen den Katalysemechanismus des Enzyms zur Entfaltung ihrer inhibitorischen Wirkung.

Mechanismus-basierte Enzyminhibitoren werden aufgrund ihrer Ähnlichkeit mit dem physiologischen Substrat im aktiven Zentrum des Enzyms gebunden und durch dessen katalytische Wirkung in eine Verbindung umgewandelt, die das aktive Zentrum vorübergehend oder dauerhaft besetzt und so die Weiterführung der Katalyse verhindert. Pharmaka, die als Mechanismus-basierte Enzyminhibitoren wirken, sind von großem medizinischen Interesse, weil durch die Spezität der katalytischen Aktivierung des Hemmstoffes eine im Vergleich zur Wirkung anderer Inhibitoren selektive Hemmung des Zielenzyms erfolgt und dadurch unerwünschte Nebenwirkungen begrenzt werden (▶ Kap. 9). Zu den medizinisch bedeutsamen Mechanismus-basierten Enzyminhibitoren gehört das zur Therapie der Hyperuricämie eingesetzte Purin-Analogon **Allopurinol** (◼ Abb. 31.2). Die enzymatische Hydroxylierung von Allopurinol durch die **Xanthinoxidoreduktase (XOR)** führt zur Bildung von Alloxanthin (Oxypurinol), das trotz nicht-covalenter Bindung das aktive Zentrum des Enzyms über einen therapeutisch ausreichend langen Zeitraum hinweg besetzt und so die Bildung von Harnsäure verhindert (▶ Abschn. 31.2).

Der Begriff „**Suizidinhibitor (Suizidsubstrat)**" wird zur Bezeichnung eines Mechanismus-basierten Enzyminhibitors dann verwendet, wenn der Hemmstoff das aktive Zentrum durch die Ausbildung einer covalenten Bindung irreversibel modifiziert (Suizidhemmung). Der gebildete katalytisch inaktive Enzym-Inhibitor-Komplex wird auch als *dead-end complex* bezeichnet. Ein therapeutisch genutzter Suizidinhibitor ist das aus dem Cytostatikum **5-Fluorouracil** (▶ Abschn. 31.1.2) durch die Orotat-Phosphoribosyl-Transferase gebildete 5-Fluoro-dUMP (▶ Abschn. 30.1), das – wie das natürliche Substrat dUMP – zusammen mit dem Cofaktor N^5, N^{10}-Methylentetrahydrofolsäure covalent an das aktive Zentrum der **Thymidylat-Synthase** (▶ Abschn. 30.3) gebunden wird. Infolge der Substitution des H-Atoms am C-Atom 5 des

Uracils durch ein stark elektronegatives Fluoratom wird die Weiterführung der Katalyse jedoch verhindert und das aktive Zentrum dauerhaft blockiert, sodass kein physiologisches Reaktionsprodukt (dTMP) als Ausgangsstoff für die Biosynthese des bei der Replikation benötigten dTTP gebildet werden kann (▶ Abschn. 30.2).

> Die oxidative Inaktivierung von Enzymen kann durch antioxidative Schutzmechanismen verhindert werden.

Bei einer Vielzahl intrazellulärer Enzyme nehmen Sulfhydrylgruppen von Cysteinseitenketten am Katalyseprozess teil. Unter der Einwirkung von Oxidationsmitteln, die im Zellstoffwechsel entstehen und als **reaktive Sauerstoffspezies (ROS)** bezeichnet werden (▶ Abschn. 20.2), können SH-Gruppen zu Disulfidstrukturen oxidiert und damit dem Katalyseprozess entzogen werden. In den Zellen des Organismus ist deshalb die Erzeugung und Aufrechterhaltung eines antioxidativen Potenzials essentiell. Hierzu tragen Enzyme wie Glutathionreduktase, Superoxiddismutase, Katalase und Peroxidase im Zusammenwirken mit den Redoxsystemen Glutathion, Ascorbinsäure und Vitamin E bei (▶ Abschn. 20.2 und 68.2.4).

Übrigens

Prostaglandin-G/H-Synthasen werden durch Acetylsalicylsäure irreversibel gehemmt. Prostaglandin-G/H-Synthasen (PGHS) sind bifunktionelle Enzyme, die aus zwei identischen Untereinheiten bestehen und in den Membranen des endoplasmatischen Retikulums, des Golgi-Apparates und der Kernhülle lokalisiert sind (◻ Abb. 8.6). PGHS katalysieren die Umwandlung von Arachidonsäure zu Prostaglandin H$_2$ (▶ Abschn. 22.3.2):

$$\text{Arachidonsäure} + \text{NAD(P)H} + \text{H}^+ + 2\,\text{O}_2 \rightarrow$$
$$\text{Prostaglandin H}_2 + \text{NAD(P)}^+ + \text{H}_2\text{O} \qquad (8.1)$$

Die PGHS-Untereinheiten besitzen zwei katalytische Zentren, ein Cyclooxygenase-Zentrum und ein Peroxidase-Zentrum. Der Zugang des Fettsäuresubstrates zum Cyclooxygenase-Zentrum erfolgt durch einen hydrophoben Kanal, der im Bereich der membranbindenden Domäne beginnt (◻ Abb. 8.6A). Im Cyclooxygenase-Zentrum findet die Umwandlung des Substrates zum Prostaglandin G$_2$ (PGG$_2$) statt, das im Peroxidase-Zentrum zu Prostaglandin H$_2$ (PGH$_2$) reduziert wird. Beim Menschen werden die Isoenzyme PGHS-1 (vereinfachend als COX-1 bezeichnet) und PGHS-2 (vereinfachend als COX-2 bezeichnet) exprimiert. Medizinisch bedeutsam sind ihre zelltypabhängige Expression, differentielle Regulation und unterschiedliche pharmakologische Beeinflussbarkeit. Der schmerzstillende, blutgerinnungs- und entzündungshemmende sowie fiebersenkende Arzneistoff Acetylsalicylsäure wirkt durch eine spezifische Acetylierung eines Serinrestes in der Nähe des Cyclooxygenase-Zentrums beider PGHS-Isoenzyme (◻ Abb. 8.6B). Folge dieser Modifikation ist eine irreversible Enzymhemmung. Das Isoenzym COX-1 wird durch Acetylsalicylsäure wesentlich stärker gehemmt als COX-2. Im Gegensatz zur Acetylsalicylsäure wirken nicht-steroidale Entzündungshemmer (*non-steroidal anti-inflammatory drugs*, NSAID) wie Ibuprofen und Diclofenac als reversible kompetitive Inhibitoren der PGHS-Isoenzyme. Die unbefriedigende Magenverträglichkeit der Acetylsalicylsäure hat zur Suche nach selektiven Inhibitoren des in der Magenschleimhaut nicht vorkommenden COX-2-Isoenzyms geführt (▶ Abschn. 25.2.2). Da COX-1 in dem zum aktiven Zentrum führenden hydrophoben Kanal einen Isoleucinrest

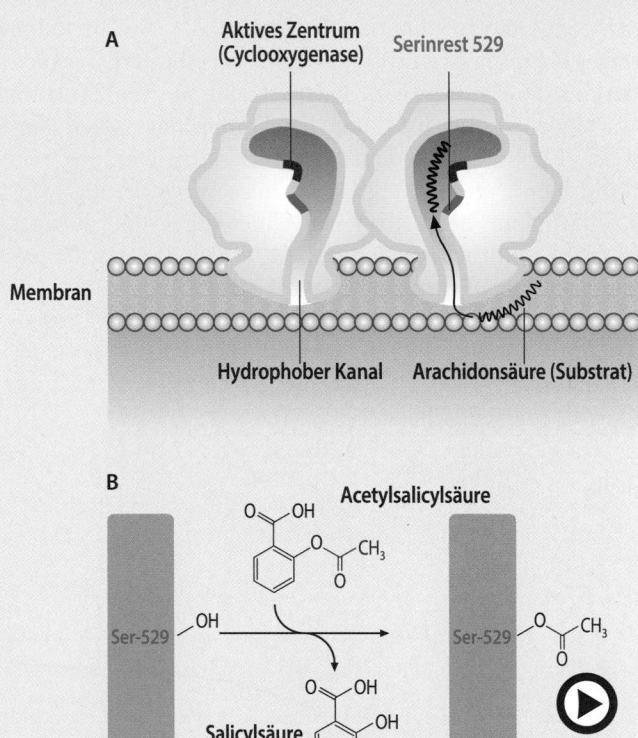

◻ **Abb. 8.6** (Video 8.1A, B) **Irreversible Hemmung der Prostaglandin-G/H-Synthasen durch Acetylsalicylsäure. A** Schematische Darstellung der Struktur des homodimeren Prostaglandin-G/H-Synthase-Isoenzyms 1 (PGHS-1, COX-1). Die Peroxidase-Zentren sind nicht abgebildet. **B** Covalente Modifikation des Serinrestes 529 der PGHS-1 durch Acetylsalicylsäure. (A Adaptiert nach Fitz-Gerald 2003, mit freundlicher Genehmigung von Macmillan Publishers Ltd) (▶ https://doi.org/10.1007/000-5eq)

besitzt, COX-2 hingegen an dieser Position einen (kleineren) Valinrest enthält, bewirken größere nicht-steroidale Antiphlogistika eine im Vergleich zur Acetylsalicylsäure erhöhte Selektivität für COX-2. Interessanterweise führt die Acetylierung des COX-2-Isoenzyms durch Acetylsalicylsäure zu einer Veränderung der Substratspezifität, in deren Folge andere Fettsäuren oxidiert und dadurch Signallipide mit antioxidativer und entzündungshemmender Wirkung (Lipoxine, Resolvine, Protectine) gebildet werden.

8.4 Allosterische Regulation der Enzymaktivität

Eine Vielzahl von Enzymen zeigt ein komplexes kinetisches Verhalten, das durch die Michaelis-Menten-Gleichung nicht beschrieben werden kann. Häufig wird eine **sigmoidale Abhängigkeit der Enzymaktivität von der Substratkonzentration** beobachtet (◘ Abb. 8.7), die eine bemerkenswerte Ähnlichkeit mit der Sauerstoffbindungskurve des Hämoglobins aufweist (▶ Abschn. 5.3). Die katalytische Aktivität dieser aus zwei oder mehreren Untereinheiten bestehenden Enzyme kann wirksam durch Effektoren gesteuert werden, die oftmals keine strukturelle Ähnlichkeit mit den Substraten oder Produkten des Enzyms aufweisen und an einen vom aktiven Zentrum entfernt gelegenen Ort des gleichen Enzymmoleküls binden. Zur Beschreibung dieses Phänomens wurde der Begriff der **Allosterie** geprägt, der auf die Existenz von zusätzlich zum aktiven Zentrum vorhandenen **Substrat- und Effektorbindungsstellen** hinweist. Funktionell bedeutsam ist, dass die Bindung von Substraten und Effektoren eine Veränderung der Konformation der betroffenen Untereinheit und darüber hinaus Konformationsänderungen in den anderen Untereinheiten des oligomeren Enzyms verursachen kann. Die durch die Bindung von Substraten und Effektoren ausgelöste strukturelle und funktionelle Kommunikation der Untereinheiten eines allosterischen Enzyms bezeichnet man als **Kooperativität**.

Im Falle einer **positiven Kooperativität** führt die Bindung eines Substratmoleküls zu einer erleichterten Bindung weiterer Substratmoleküle an noch unbesetzte katalytische Zentren des gleichen Enzymmoleküls, während bei **negativer Kooperativität** die Substratbindung durch die zunehmende Besetzung von Substratbindungsstellen sukzessive erschwert wird. Man spricht von **homotroper Kooperativität**, wenn der kooperative Effekt durch das Substrat selbst ausgelöst wird. Kommt der kooperative Effekt infolge der Bindung eines Effektors zustande, der nicht mit dem Substrat identisch ist, liegt **heterotrope Kooperativität** vor.

Allosterie ist nicht zwingend an Kooperativität gebunden. So beruht die nicht-kompetitive Enzymhemmung (▶ Abschn. 8.3) auf der Bindung eines inhibitorisch wirksamen Effektors an eine allosterische Bindungsstelle eines monomeren Enzyms, ohne dass kooperative Wechselwirkungen beteiligt sind.

Kooperativität und Allosterie treten auch bei Proteinen ohne Enzymfunktion auf. Ein großes pharmakotherapeutisches Potenzial wird der allosterischen Kontrolle der an der Regulation verschiedenster Zellfunktionen beteiligten G-Protein-gekoppelten Rezeptoren (GPCR; ▶ Abschn. 35.3) zugeordnet, die – wie das bereits genannte Hämoglobin (▶ Abschn. 5.3) – selbst keine katalytische Aktivität aufweisen.

> Struktur-Funktions-Modelle allosterischer Enzyme erklären die sigmoidale Kinetik und den Einfluss allosterischer Effektoren.

Das komplexe kinetische Verhalten allosterischer Enzyme kann durch einfache Modelle näherungsweise beschrieben werden. Jaques Monod, Jeffries Wyman und Jean-Pierre Changeux entwickelten 1965 ein Modell, das als **konzertiertes Modell** oder **Symmetriemodell** bezeichnet wird. Ausgangspunkt der Betrachtung ist ein homodimeres Enzym, dessen Untereinheiten in Abwesenheit des Substrates in den Konformationszuständen T (*tense* – „gespannt") und R (*relaxed* – „relaxiert") vorliegen (◘ Abb. 8.8). Beide Konformationen besitzen prinzipiell die Fähigkeit zur Substratbindung und zur Katalyse, jedoch ist die Affinität der R-Konformation zum Substrat größer als die der T-Konformation. Das Symmetriemodell basiert auf der Annahme, dass infolge der Wechselwirkungen der Untereinheiten des Enzyms nur symmetrische Strukturformen des Dimers existieren (TT oder RR), hybride Zustände (RT) hingegen nicht auftreten. Die symmetrischen Strukturformen stehen in einem **allosterischen Gleichgewicht** miteinander. Zwischen beiden Strukturformen sind folglich nur **„Alles-oder-Nichts"-Übergänge** möglich. Ein Anstieg der Substratkonzentration führt im Symmetriemodell zu einer Verschiebung des R/T-Gleichgewichtes zugunsten des R-Zustandes. Die Vergrößerung des Anteils der Enzymmoleküle, die infolge der Bindung eines Substratmoleküls in der R-Form vorliegen, ermöglicht die Bindung weiterer Substratmoleküle an noch unbesetzte hochaf-

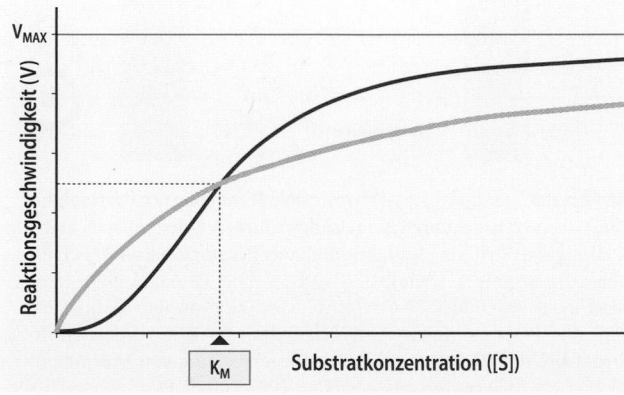

◘ Abb. 8.7 Sigmoidale Kinetik eines allosterischen Enzyms. Die Wechselwirkungen der Substratbindungsstellen des allosterischen Enzyms führen zu einer sigmoidalen Abhängigkeit der Reaktionsgeschwindigkeit von der Substratkonzentration (rote Kurve), die sich von der durch die Michaelis-Menten-Gleichung bestimmten hyperbolen V/[S]-Charakteristik unterscheidet (graue Kurve). Die Parameter K_M (bei Michaelis-Menten-Enzymen) und $S_{0,5}$ (bei allosterischen Enzymen) geben diejenige Substratkonzentration an, bei der halbmaximale Reaktionsgeschwindigkeit erreicht wird. Beide Kurven nähern sich asymptotisch der gleichen Maximalgeschwindigkeit (V_{MAX})

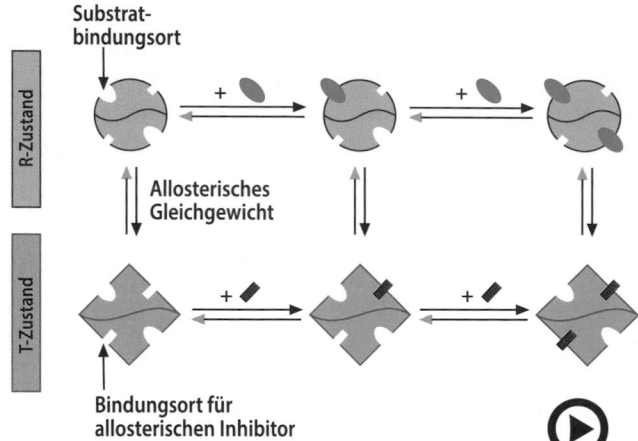

Substrat-bindungsort

R-Zustand

Allosterisches Gleichgewicht

T-Zustand

Bindungsort für allosterischen Inhibitor

☐ **Abb. 8.8** (Video 8.2) **Symmetriemodell allosterischer Enzyme.** Die Wechselwirkungen der Untereinheiten des homodimeren Enzyms erzwingen symmetrische Strukturformen (RR und TT), die in einem allosterischen Gleichgewicht vorliegen. Der Übergang zwischen R- und T-Zustand erfolgt nach dem „Alles-oder-Nichts"-Prinzip. Beide Zustände unterscheiden sich in ihrer Affinität zum Substrat. Mit steigender Substratkonzentration kommt es zu einer Verschiebung des allosterischen Gleichgewichtes zugunsten des für das Substrat (grün) hochaffinen R-Zustandes. Auch allosterische Aktivatoren binden bevorzugt an den R-Zustand (nicht dargestellt). Die Bindung eines allosterischen Inhibitors (rot) stabilisiert den für das Substrat niedrigaffinen T-Zustand (▶ https://doi.org/10.1007/000-5ep)

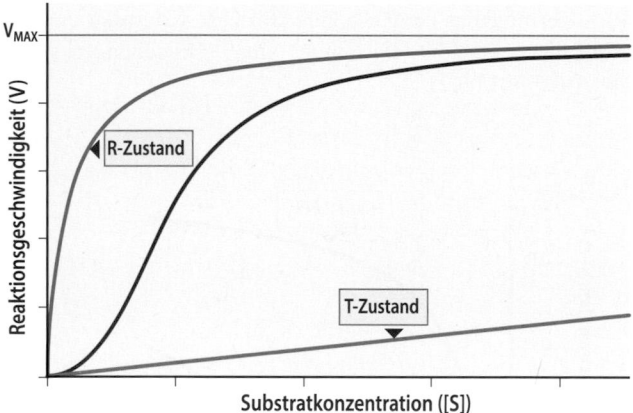

V$_{MAX}$

Reaktionsgeschwindigkeit (V)

R-Zustand

T-Zustand

Substratkonzentration ([S])

☐ **Abb. 8.9 Kinetik eines allosterischen Enzyms nach dem Symmetriemodell.** Die obere hyperbole Kurve entspricht der V/[S]-Charakteristik des R-Zustandes, die scheinbar lineare tatsächlich aber ebenfalls hyperbole untere Kurve der des T-Zustandes. Die sigmoidale Kurve entsteht durch die Zunahme des Anteils der R-Konformation des Enzyms bei steigender Substratkonzentration

fine Substratbindungsstellen der gleichen Enzymmoleküle (positive homotrope Kooperativität) und bewirkt so eine sigmoidale Abhängigkeit der Enzymaktivität von der Substratkonzentration (☐ Abb. 8.9).

Im Kontext des Symmetriemodells beruht die Wirkung allosterischer Effektoren darauf, dass sie das Gleichgewicht zwischen R- und T-Zustand durch eine bevorzugte Bindung an einen der zwei Konformations-

zustände verändern (☐ Abb. 8.8). Negative allosterische Effektoren binden bevorzugt an die T-Konformation des Enzyms und verschieben so das allosterische Gleichgewicht zugunsten des für das Substrat niedrigaffinen T-Zustandes. Im Gegensatz dazu bewirken positive allosterische Effektoren – ähnlich wie das Substrat – eine Verschiebung des allosterischen Gleichgewichtes hin zu dem für das Substrat hochaffinen R-Zustand. Durch hinreichend hohe Konzentrationen eines positiven allosterischen Effektors kann das allosterische Gleichgewicht so weit verschoben werden, dass bei Variation der Substratkonzentration eine hyperbole Kinetik beobachtet wird, die dann die katalytischen Eigenschaften des R-Zustandes widerspiegelt (☐ Abb. 8.9).

Ein alternatives Modell zur Beschreibung der funktionellen Eigenschaften allosterischer Enzyme wurde von Daniel E. Koshland Jr. (1966) entwickelt und wird als **sequentielles Modell** (Koshland-Nemethy-Filmer-Modell) bezeichnet. Im Unterschied zum konzertierten Modell wird angenommen, dass die Bindung eines Liganden an eine Untereinheit eines oligomeren Enzyms eine Konformationsänderung unmittelbar in dieser Untereinheit und mittelbar in benachbarten Untereinheiten induziert. Die im konzertierten Modell eingeführte Symmetrieforderung wird durch eine thermodynamische Beschreibung der Wechselwirkungen zwischen den Untereinheiten des oligomeren Enzyms ersetzt. Eine wichtige Eigenschaft des sequentiellen Modells besteht darin, dass dieses im Gegensatz zum Symmetriemodell auch eine **negative Kooperativität** erklären kann. Zu den Enzymen, die eine negative Kooperativität zeigen, gehört die cAMP-spezifische Phosphodiesterase (▶ Abschn. 33.4.2).

Die vorgestellten Modelle allosterischer Enzyme basieren auf vereinfachenden Annahmen hinsichtlich der Enzym-Ligand-Interaktion. Während nach dem sequentiellen Modell die neue Enzymkonformation erst durch die Bindung des Liganden entsteht („*induced fit*"), geht das konzertierte Modell von der Bindung des Liganden an einen von mehreren bereits existierenden Konformationszuständen aus („*conformational selection*"). Untersuchungen zur Dynamik von Proteinstrukturen zeigen, dass Induktion und Auswahl einer Enzymkonformation durch einen Liganden nebeneinander auftreten und miteinander konkurrieren können. Kommt es dabei zu Konformationsänderungen, die langsamer erfolgen als die Freisetzung des Produktes aus dem Enzym-Produkt-Komplex, können auch monomere Enzyme mit nur einem aktiven Zentrum ein kooperatives Verhalten zeigen.

❯ Allosterische Enzyme werden wirksam durch positive und negative allosterische Effektoren reguliert.

Zu den positiven und negativen Effektoren allosterischer Enzyme gehören Moleküle, die im Stoffwechsel gebildet werden und oftmals bereits in sehr geringen Konzentra-

tionen regulatorisch wirksam sind. Generell kann die Gegenwart allosterischer Effektoren zu einer Veränderung der Maximalaktivität V_{MAX} führen (**V-Systeme**) oder eine Veränderung der Substratkonzentration $S_{0,5}$ bewirken, bei der halbmaximale Reaktionsgeschwindigkeit beobachtet wird (**K-Systeme**). In vielen Fällen beobachtet man jedoch eine Veränderung beider Parameter.

Regulatorisch bedeutsam ist, dass allosterische Enzyme oftmals irreversible Reaktionen am Anfang von Stoffwechselwegen oder an Verzweigungspunkten des Stoffwechsels katalysieren. Die sensitive Regulation die-

ser Enzyme durch allosterische Effektoren ermöglicht dem Organismus eine wirksame Stoffwechselkontrolle und eröffnet darüber hinaus vielfältige Möglichkeiten für therapeutische Interventionen. Exemplarisch hierfür können Pharmaka angeführt werden, die als allosterische Aktivatoren der löslichen Guanylatcyclase (▶ Abschn. 35.6.1) wirken und die Bildung von zyklischem Guanosin-3',5'-Monophosphat (cGMP) fördern. Da zu den physiologischen Wirkungen des cGMP eine Vasodilatation gehört, werden allosterische Aktivatoren der Guanylatcyclase u. a. zur Behandlung der pulmonal-arteriellen Hypertonie eingesetzt.

Übrigens

Phosphofructokinasen sind komplex kontrollierte allosterische Enzyme. Das Enzym Phosphofructokinase 1 (PFK1, EC 2.7.1.11) katalysiert eine unter zellulären Bedingungen irreversible Reaktion der Glycolyse (▶ Abschn. 14.1.1):

$$Fructose\text{-}6\text{-}Phosphat + ATP \rightarrow$$
$$Fructose\text{-}1,6\text{-}Bisphosphat + ADP + H^+ \qquad (8.2)$$

Die Isoenzyme der PFK1 des Menschen (Muskel: PFKM; Leber: PFKL; Blutplättchen: PFKP) sind homo- oder heterotetramere Proteine, deren Untereinheiten M, L und P durch verschiedene Gene codiert werden. Da diese Gene durch Genduplikation und Genfusion aus einem Vorläufergen entstanden sind, zeigen die N- und C-terminalen Hälften der Polypeptidketten der PFK1 ein hohes

Maß an Sequenzidentität. Die N-terminalen Abschnitte enthalten die Aminosäuren des aktiven Zentrums, während die C-terminalen Anteile ihre katalytische Funktion verloren haben, jedoch Bindungsstellen für allosterische Effektoren wie AMP, Fructose-2,6-Bisphosphat und ATP besitzen. Das Substrat Fructose-6-Phosphat übt einen positiv-homotropen kooperativen Effekt aus. Demgegenüber wirkt der Magnesium-ATP-Komplex sowohl als Substrat als auch als allosterischer Inhibitor. Fructose-2,6-Bisphosphat ist der stärkste physiologische Aktivator des Enzyms (◻ Abb. 8.10). Die allosterische Regulation der PFK1 ermöglicht der Zelle eine effiziente Kontrolle und Koordination von Glycolyse und Gluconeogenese (▶ Abschn. 15.3.2).

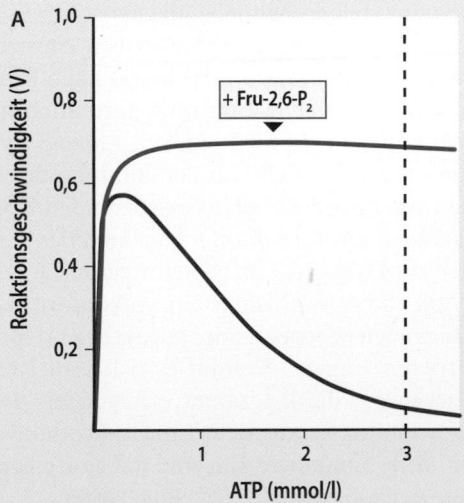 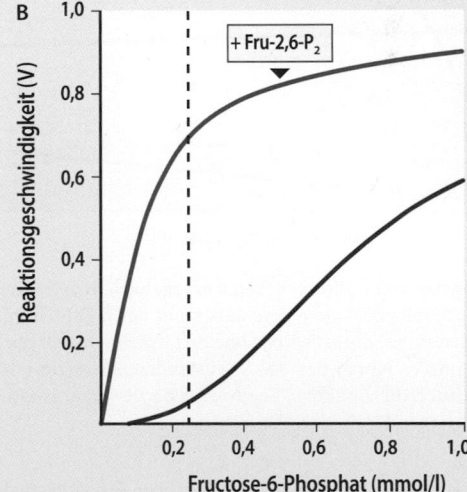

◻ **Abb. 8.10 Allosterische Regulation des Muskel-Isoenzyms der PFK1 des Menschen.** **A** Abhängigkeit der Enzymaktivität von der ATP-Konzentration ([Fructose-6-Phosphat] = 0,25 mM) (rote Kurve). **B** Abhängigkeit der Enzymaktivität von der Fructose-6-Phosphat-Konzentration ([MgATP^{2-}] = 3 mM) (rote Kurve). **Blaue Kurven**: Aktivierung der PFK1 durch Fructose-2,6-Bisphosphat (1 µM). Die unterbrochenen Linien markieren typische intrazelluläre Konzentrationen der Substrate MgATP^{2-} bzw. Fructose-6-Phosphat

8.5 Regulation der Enzymaktivität durch covalente Modifikation des Enzymproteins

Die covalente Modifikation stellt einen weit verbreiteten Mechanismus der Regulation der Enzymaktivität dar, der auf einer **zellphysiologisch reversiblen** Übertragung funktioneller Gruppen auf Aminosäureseitenketten oder auf einer **irreversiblen** hydrolytischen Spaltung von Peptidbindungen des Enzymproteins beruht. Der Begriff „zellphysiologisch reversibel" soll zum Ausdruck bringen, dass die enzymkatalysierte Übertragungsreaktion zwar irreversibel ist (▶ Abschn. 4.1), durch die ebenso irreversible enzymatische Abspaltung der übertragenen Gruppe jedoch rückgängig gemacht werden kann. Man bezeichnet Enzyme, deren Aktivitätszustand durch eine zellphysiologisch reversible covalente Modifikation von Aminosäureseitenketten des Enzymproteins verändert werden kann (▶ Abschn. 49.3), als **interkonvertierbare Enzyme**. In vielen Fällen führt die covalente Modifikation zu einer Veränderung der Enzymstruktur, der subzellulären Lokalisation und/oder der Interaktion des Enzyms mit anderen Proteinen.

❯ Die Phosphorylierung/Dephosphorylierung ist ein weit verbreiteter Mechanismus der Regulation der Enzymaktivität.

Eine häufig vorkommende covalente Modifikation von Enzymen ist die Phosphorylierung durch **Proteinkinasen** und die Dephosphorylierung der Phosphoenzyme durch **Proteinphosphatasen** (◻ Abb. 8.11). Proteinkinasen wirken als Transferasen und katalysieren die Übertragung der γ-Phosphatgruppe des ATP auf spezifische Serin-, Threonin- oder Tyrosinreste verschiedenster Proteine und Enzyme. Das humane Genom codiert etwa 500 Proteinkinasen, die sich hinsichtlich ihrer Spezifität für die als Phosphorylakzeptor wirkenden Aminosäu-

ren der Substratproteine voneinander unterscheiden und als Serin/Threonin-Kinasen oder als Tyrosinkinasen klassifiziert werden. Die Proteinkinasen zählen zu einer der größten Proteinfamilien des menschlichen Proteoms (▶ Abschn. 6.5).

Antagonisten der Proteinkinasen sind die Proteinphosphatasen, die als Hydrolasen die Dephosphorylierung der Phosphoenzyme und Phosphoproteine katalysieren. Das Genom des Menschen codiert etwa 150 Proteinphosphatasen. Anhand ihrer Substratspezifität unterscheidet man Phosphoserin-/Phosphothreoninspezifische und Phosphotyrosin-spezifische Proteinphosphatasen. Eine dritte Gruppe der Proteinphosphatasen weist eine duale Spezifität auf und ist in der Lage, sowohl Phosphoserin- und Phosphothreonin- als auch Phosphotyrosinreste zu dephosphorylieren.

Das Ausmaß der Phosphorylierung der Zielproteine wird durch die relativen Aktivitäten der Proteinkinasen und Proteinphosphatasen bestimmt. Störungen dieses dynamischen Gleichgewichtes sind an der Pathogenese komplexer Erkrankungen (Autoimmunerkrankungen, Diabetes mellitus Typ 2, Krebs) beteiligt.

Die verschiedenen Formen interkonvertierbarer Enzyme weisen in der Regel unterschiedliche funktionelle Eigenschaften auf und ermöglichen dadurch schnelle Veränderungen von Stoffwechselprozessen. In ◻ Tab. 8.2 ist eine Auswahl von Enzymen zusammengestellt, deren katalytische Aktivität durch Phosphorylierung und Dephosphorylierung reguliert wird. Häufig ist dieser Typ der covalenten Modifikation von einer allosterischen Kontrolle überlagert. So wird das im Muskel exprimierte Isoenzym der **Phosphorylasekinase** (▶ Abschn. 15.2) sowohl durch Phosphorylierung als auch - allosterisch - durch Ca^{2+}- Ionen aktiviert. Phosphorylierung und allosterische Aktivierung wirken dabei „synergistisch", d. h., dass die durch beide Effekte

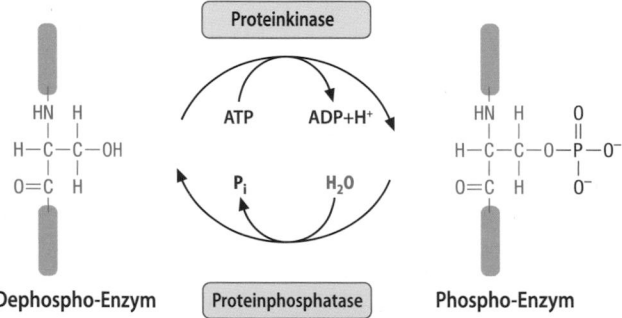

◻ **Abb. 8.11 Phosphorylierung und Dephosphorylierung eines interkonvertierbaren Enzyms.** Ein Serinrest des Enzymproteins wird durch eine Proteinkinase in einer ATP-abhängigen Reaktion phosphoryliert. Die Regenerierung des unmodifizierten Serinrestes erfolgt hydrolytisch durch eine Proteinphosphatase

◻ **Tab. 8.2** Regulation der katalytischen Aktivität von Enzymen durch Phosphorylierung und Dephosphorylierung

Enzym	Aktive Form	Siehe Abschnitt
Glycogensynthase	Dephosphoryliert	▶ 15.2
Glycogenphosphorylase	Phosphoryliert	▶ 15.2
Phosphorylasekinase	Phosphoryliert	▶ 15.2
Pyruvatdehydrogenase	Dephosphoryliert	▶ 18.3
Acetyl-CoA-Carboxylase	Dephosphoryliert	▶ 21.3
Hormonsensitive Lipase	Phosphoryliert	▶ 21.2
HMG-CoA-Reduktase	Dephosphoryliert	▶ 23.3

erreichte Aktivitätssteigerung deutlich größer als die Summe der Einzelwirkungen ist.

Für die Regulation des Stoffwechsels ist es von wesentlicher Bedeutung, dass ein und dieselbe Proteinkinase oftmals mehrere Substratproteine phosphorylieren kann. So wird bei ATP-Mangel die durch Adenosin-5'-Monophosphat aktivierbare Proteinkinase (AMPK) aktiviert, die durch die Phosphorylierung einer Vielzahl von Enzymen ATP-verbrauchende anabole Stoffwechselwege unterdrückt und energieliefernde katabole Prozesse stimuliert (▶ Abschn. 38.1.1). Andererseits kann ein und dasselbe Enzym durch unterschiedliche Proteinkinasen an verschiedenen Aminosäureresten phosphoryliert werden. Ein Beispiel hierfür ist die Gykogensynthasekinase-3, die an Serin- und Tyrosinresten phosphoryliert wird und selbst neben der Glycogensynthase eine Vielzahl anderer Proteine und Enzyme phosphoryliert und reguliert (▶ Abschn. 15.2).

Besonders eindrucksvoll ist die Kontrolle von multifunktionellen Enzymen und Multienzymkomplexen durch covalente Modifikation. So bewirkt die Phosphorylierung eines einzigen Serinrestes der bifunktionellen **Fructose-6-Phosphat-2-Kinase/Fructose-2,6-Bisphosphatase (PFK2/FBPase2)** der Leber bei Glucosemangel sowohl eine Hemmung der Kinaseaktivität als auch eine Aktivierung der Phosphataseaktivität des Enzyms. Folge der Modifikation ist eine Erniedrigung der intrazellulären Konzentration des Signalmetaboliten Fructose-2,6-Bisphosphat und dadurch eine Hemmung der hepatischen Glycolyse und eine Aktivierung der Gluconeogenese (▶ Abschn. 15.3.2).

Die Phosphorylierung von Enzymen erfolgt oftmals im Rahmen vernetzter und hierarchisch organisierter Regulationssysteme, die ein schnelles und wirkungsvolles An- und Abschalten von Stoffwechselwegen und physiologischen Prozessen ermöglichen. Derartige „Phosphorylierungskaskaden" führen darüber hinaus zu einer enormen Verstärkung des regulatorischen „Eingangssignals". Beispielgebend hierfür kann die Regulation von Proteinkinasen und Stoffwechselenzymen im Rahmen der Signaltransduktion des Insulins angeführt werden (▶ Abschn. 36.6).

> Die Acetylierung von Lysylresten ist ein Mechanismus der zellphysiologisch reversiblen Regulation der Enzymaktivität.

Zu den zellphysiologisch reversiblen kovalenten Modifikationen von Enzymen gehört die Acetylierung der ε-Aminogruppen von Lysylresten. Diese Modifikation wurde bei der Aufklärung der Regulation der Genaktivität an Histonproteinen entdeckt, die selbst keine katalytische Aktivität aufweisen (▶ Abschn. 47.2). Darüber hinaus wird eine Vielzahl von Enzymen, die Funktionen in zentralen Stoffwechselwegen erfüllen, durch Lysinacety-

lierung reguliert. Infolge der Modifikation werden nicht nur die kinetischen Eigenschaften der Enzyme verändert, sondern auch deren intrazelluläre Lokalisation und Interaktionen mit anderen Proteinen gesteuert. Die Lysinacetylierung wird durch **Lysinacetyltransferasen**, die hydrolytische Deacetylierung durch **Lysindeacetylasen** katalysiert.

> Die limitierte Proteolyse dient der Aktivierung inaktiver Enzymvorstufen.

Zahlreiche Enzyme werden als katalytisch inaktive **Proenzyme** synthetisiert. Erst durch die als limitierte Proteolyse bezeichnete hydrolytische Spaltung einer begrenzten Zahl von Peptidbindungen werden die Proenzyme in eine katalytisch aktive Form überführt. Die limitierte Proteolyse gehört zu den irreversiblen Mechanismen der Regulation der Enzymaktivität. Beispiele hierfür sind die intrazelluläre Aktivierung von **Caspasen** während der Apoptose (▶ Kap. 51) und die extrazelluläre Aktivierung von **Proteasen der Blutgerinnung** (▶ Abschn. 69.1.3). Auch die an der Verdauung der Proteine und Lipide beteiligten Hydrolasen des exokrinen Pankreas (▶ Abschn. 61.1.3) werden als katalytisch inaktive Vorstufen synthetisiert, als solche intrazellulär gespeichert und bei Bedarf sezerniert. Die extrazelluläre Aktivierung durch limitierte Proteolyse stellt sicher, dass der Abbau der makromolekularen Substrate erst im Darmlumen erfolgt und eine Schädigung des Syntheseortes der Proenzyme ausgeschlossen wird.

In ▪ Abb. 8.12 ist das Prinzip der Enzymaktivierung durch limitierte Proteolyse am Beispiel verschiedener Verdauungsenzyme des exokrinen Pankreas dargestellt. Die initiale proteolytische Aktivierung

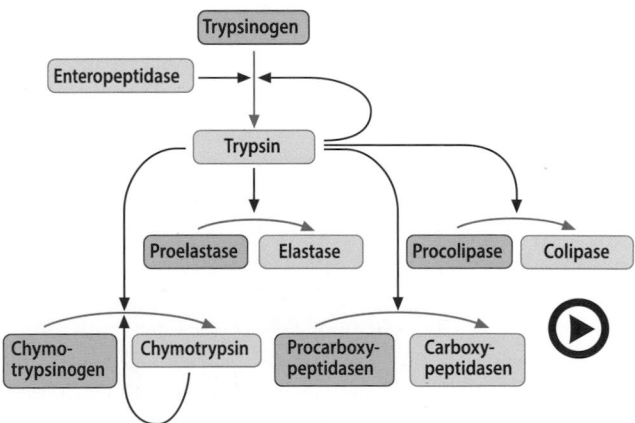

▪ **Abb. 8.12** (Video 8.3) **Aktivierung von Hydrolasen des exokrinen Pankreas durch limitierte Proteolyse.** Trypsin aktiviert neben verschiedenen Proenzymen auch eine Colipase, die als Aktivator der Pankreaslipase wirkt. Die Aktivierung von Trypsinogen und Chymotrypsinogen wird autokatalytisch verstärkt (▶ https://doi.org/10.1007/000-5er)

des Trypsinogens erfolgt durch die von den Enterocyten des Duodenums gebildete membrangebundene Enteropeptidase, die im Darmlumen als Endopeptidase wirkt und die Abspaltung eines Hexapeptids vom N-Terminus des Trypsinogens katalysiert. Die Aktivierung des Trypsinogens wird dabei durch geringe Mengen des bereits gebildeten Trypsins verstärkt (Autokatalyse). Das katalytisch aktive Trypsin aktiviert sowohl Trypsinogen als auch alle anderen in der Abbildung aufgeführten Proenzyme.

8.6 Regulation der Enzymaktivität durch Protein-Protein-Wechselwirkung

Die katalytische Aktivität von Enzymen kann nicht nur durch die Bindung niedermolekularer Effektoren, sondern auch durch eine transiente Interaktion mit anderen Proteinen wirksam reguliert werden. Ein eindrucksvolles Beispiel ist die Aktivierung der an der Kontrolle des Zellzyklus beteiligten **cyclinabhängigen Proteinkinasen** (**CDK**) durch als **Cycline** bezeichnete Proteine, die selbst keine enzymatische Aktivität besitzen (▶ Abschn. 43.3).

Die Bedeutung von Protein-Protein-Wechselwirkungen soll anhand der regulatorischen Funktion des Calcium-bindenden Proteins **Calmodulin** illustriert werden. Calmodulin (CaM) besitzt vier hochaffine Bindungsstellen für jeweils ein Calcium-Ion (Ca^{2+}) und fungiert als Calciumsensor und Signalüberträger (▶ Abschn. 35.3.3). Beispielgebend für ein durch den Calcium/Calmodulin-Komplex aktiviertes Enzym kann die Myosin-leichte-Ketten-Kinase (*myosin light-chain kinase*, MLCK) angeführt werden, die durch Myosinphosphorylierung die Kontraktion der glatten Muskulatur auslöst (▶ Abschn. 35.3.2.1).

Protein-Protein-Wechselwirkungen finden auch im extrazellulären Kompartiment statt. So unterliegt die Aktivität von Serinproteasen des Blutes (▶ Abschn. 69.1.3) einer komplexen Kontrolle, an der Proteine aus der Familie der **Serpine** (**Ser**inp**r**oteas**ein**hibitoren) beteiligt sind. Die Bindung des Serpins im aktiven Zentrum führt zunächst zu einer kompetitiven Hemmung der Serinprotease. Bei der nachfolgenden Spaltung einer Peptidbindung im Serpinmolekül kommt es zur Bildung eines covalenten Acylenzym-Intermediates (▶ Abschn. 7.5) und zu einer Konformationsänderung des Protease-Serpin-Komplexes. Die funktionelle Folge ist eine irreversible Enzymhemmung, bei der das Serpin als Suizidinhibitor wirkt. Zu den Serpinen gehört das in der Leber gebildete α1-Antitrypsin (α1-Antiproteinase). Ein α1-Antitrypsinmangel ist wegen einer verminderten Hemmung der neutrophilen Elastase mit einem deutlich erhöhten Risiko der Entstehung eines Lungenemphysems verbunden (▶ Abschn. 67.4).

Zusammenfassung

Die Regulierbarkeit der katalytischen Aktivität der Enzyme ist eine notwendige Voraussetzung für Wachstum, Differenzierung und Zellteilung sowie für die Kontrolle von Stoffwechselprozessen durch Metabolite und Signalstoffe. Hierbei wirken Mechanismen einer schnellen Regulation der Aktivität vorhandener Enzymmoleküle mit solchen Mechanismen zusammen, die zu einer vergleichsweise langsamen Veränderung der Enzymkonzentration führen. Enzyme können durch Inhibitoren reversibel oder irreversibel gehemmt werden. Bei einer reversiblen Hemmung kommt es zu einer dem Massenwirkungsgesetz folgenden Bindung des Inhibitors an das Enzym. Im Gegensatz dazu wird das Enzym bei einer irreversiblen Hemmung durch den Inhibitor dauerhaft und zumeist covalent modifiziert. Suizidinhibitoren sind Hemmstoffe, die erst nach einem katalytischen Schritt covalent an das aktive Zentrum binden und dieses dauerhaft blockieren. Eine große Zahl moderner Pharmaka gehört zur Wirkstoffgruppe der Enzyminhibitoren. Die Wechselwirkung allosterischer Enzyme mit positiven und negativen Effektoren trägt zu einer schnellen Kontrolle der Enzymaktivität bei. Folgen der Bindung allosterischer Effektoren sind Konformationsänderungen, die mit einer Veränderung der Substrataffinität und/oder der molekularen katalytischen Aktivität einhergehen und eine wirksame Stoffwechselregulation ermöglichen. Zu den Mechanismen der schnellen Regulation der Enzymaktivität gehört die covalente Modifikation von Enzymproteinen. Eine herausragende Bedeutung kommt hierbei der zellphysiologisch reversiblen Phosphorylierung verschiedenster Enzyme zu. Demgegenüber hat die Hydrolyse von Peptidbindungen und die Abspaltung von Peptiden durch limitierte Proteolyse eine irreversible Veränderung der Enzymaktivität zur Folge. Die katalytische Aktivität von Enzymen kann auch durch eine transiente Interaktion mit regulatorisch wirksamen Proteinen gesteuert werden.

Weiterführende Literatur

Ardito F et al (2017) The crucial role of protein phosphorylation in cell signaling and its use as targeted therapy. Int J Mol Med 40:271–280

Bisswanger H (2000) Enzymkinetik: Theorie und Methoden. Wiley-VCH, Weinheim

Blobaum AL, Lawrence JM (2007) Structural and functional basis of cyclooxygenase inhibition. J Med Chem 50:1425–1441

Buys ES et al (2018) Discovery and development of next generation sGC stimulators with diverse multi-dimensional pharmacology and broad therapeutic potential. Nitric Oxide 78:72–80

Changeux JP (2012) Allostery and the Monod-Wyman-Changeux model after 50 years. Annu Rev Biophys 41:83–113

Cook PF, Cleland WW (2007) Enzyme kinetics and mechanism. Garland Science Publishing, New York

Drazic A et al (2016) The world of protein acetylation. Biochim Biophys Acta 1864:1372–1401

FitzGerald GA (2003) COX-2 and beyond: approaches to prostaglandin inhibition in human disease. Nat Rev Drug Discov 2:879–890

Grosser T et al (2006) Biological basis for the cardiovascular consequences of COX-2 inhibition: therapeutic challenges and opportunities. J Clin Invest 116:4–15

Henriksen EJ et al (2006) Role of glycogen synthase kinase-3 in insulin resistance and type 2 diabetes. Curr Drug Targets 7:1435–1441

Kerr F et al (2018) Molecular mechanisms of lithium action: switching the light on multiple targets for dementia using animal models. Front Mol Neurosci 11:297

Lu S, Zhang J (2019) Small molecule allosteric modulators of G-protein-coupled receptors: drug–target interactions. J Med Chem 62:24–45

Michel D (2016) Conformational selection or induced fit? New insights from old principles. Biochimie 128:48–54

Pasquali L (2010) Intracellular pathways underlying the effects of lithium. Behav Pharmacol 21:473–492

Romano M (2010) Lipoxin and aspirin-triggered lipoxins. Sci World J 10:1048–1064

Schramm VL (2018) Enzymatic transition states and drug design. Chem Rev 118:11194–11258

Zhao S et al (2010) Regulation of cellular metabolism by protein lysine acetylation. Science 327:1000–1004

8

Enzyme in Analytik, Diagnostik und Therapie

Thomas Kriegel und Wolfgang Schellenberger

In ▶ Kap. 7 und 8 wurden die molekularen und funktionellen Grundlagen der Biokatalyse und die Regulation der Enzymaktivität besprochen. Die Fähigkeit der Enzyme, Substrate selektiv zu erkennen, an spezifische Bindungsstellen hochaffin zu binden und mit großer katalytischer Wirksamkeit zu einem von mehreren möglichen Reaktionsprodukten umzusetzen, begründet ihre Bedeutung für die moderne medizinische Forschung, Diagnostik und Therapie. Eine Reihe von Krankheiten beruht auf dem Fehlen, einer veränderten Expression oder veränderten Eigenschaften von Enzymen und geht mit einem veränderten Vorkommen von Enzymen und Metaboliten in biologischen Flüssigkeiten einher. Der Nachweis und die Messung der Aktivität von Enzymen sowie die Bestimmung von Metabolitkonzentrationen mithilfe von Enzymen stellen daher eine wichtige Grundlage der klinisch-chemischen Laboratoriumsdiagnostik dar. Die Kenntnis der Raumstruktur vieler Enzyme und ihrer Substrate hat zu einer strukturbasierten Entwicklung hochwirksamer und nebenwirkungsarmer Therapeutika geführt. Strukturbasierte und evolutionäre Methoden des Proteindesigns ermöglichen darüber hinaus eine Optimierung der physikochemischen und katalytischen Eigenschaften von Enzymen sowie die Entwicklung neuer, in der Natur nicht vorkommender Enzyme, die für die Herstellung von Medikamenten und den Einsatz in Biosensoren genutzt werden.

Schwerpunkte

9.1 Einsatz von Enzymen in der Medizin
- Enzym- und Metabolitbestimmungen, enzymimmunologische Nachweis- und Bestimmungsverfahren, gezielte Veränderung von Nucleinsäuren, Enzyme in Biosensoren

- Unterstützung von Körperfunktionen mithilfe rekombinanter humaner Enzyme

9.2 Bestimmung von Enzymen in biologischen Flüssigkeiten
- Bestimmung von Enzymaktivitäten und Isoenzymmustern im Rahmen der klinisch-chemischen Laboratoriumsdiagnostik

9.3 Enzyme als Zielstrukturen von Pharmaka
- Reversible und irreversible Enzyminhibitoren, Suizidsubstrate und Übergangszustandsanaloga als hochwirksame Pharmaka
- Individuelle Enzymausstattung als Grundlage der Optimierung von Therapiekonzepten

9.4 Enzymdesign für biomedizinische und biotechnologische Anwendungen
- Rationales und evolutionäres Enzymdesign

9.1 Einsatz von Enzymen in der Medizin

In der medizinischen Forschung, Diagnostik und Therapie erfüllen Enzyme vielfältige Funktionen als substrat- und reaktionsspezifische Katalysatoren, Reaktionsverstärker, Informationsüberträger und molekulare Werkzeuge. Zu den Einsatzgebieten von Enzymen in der Medizin gehören:
- die Bestimmung von Enzymaktivitäten in Körperflüssigkeiten (Enzymdiagnostik). Ein Beispiel ist der Einsatz von Hexokinase und Glucose-6-Phosphatdehydrogenase bei der Bestimmung der Aktivität der Kreatinkinase im gekoppelten optischen Test (▶ Abschn. 7.5) im Rahmen der Diagnostik des akuten Myokardinfarktes;

Ergänzende Information Die elektronische Version dieses Kapitels enthält Zusatzmaterial, auf das über folgenden Link zugegriffen werden kann https://doi.org/10.1007/978-3-662-60266-9_9. Die Videos lassen sich durch Anklicken des DOI Links in der Legende einer entsprechenden Abbildung abspielen, oder indem Sie diesen Link mit der SN More Media App scannen.

- die Bestimmung von Metabolitkonzentrationen in Körperflüssigkeiten. Da die Metabolitzusammensetzung von Blut und Harn den Funktionszustand und die Kooperation der Zellen, Gewebe und Organe widerspiegelt, stellt die Metabolitanalytik eine sinnvolle Ergänzung der Enzymdiagnostik dar. Ein Beispiel ist die Verwendung von Urease und Glutamatdehydrogenase bei der Bestimmung der Harnstoffkonzentration zur Beurteilung des Proteinstoffwechsels des Organismus;
- enzymimmunologische Analyseverfahren zum spezifischen Nachweis und zur Konzentrationsbestimmung von Biomolekülen. Ein Beispiel ist die Kopplung von Peroxidase oder alkalischer Phosphatase an Immunglobulinmoleküle. Die so erzeugten Enzym-Antikörper-Konjugate werden z. B. in Enzymimmunoassays zur Bestimmung von Hormonkonzentrationen im Rahmen der endokrinologischen Diagnostik oder im „*Western Blot*" (▶ Abschn. 6.3) zur selektiven Identifizierung von Proteinen nach deren elektrophoretischer Trennung eingesetzt;
- die Amplifikation, Sequenzierung, Klonierung und gezielte Veränderung von DNA in der klinischen Genetik, forensischen Medizin und rekombinanten DNA-Technologie. Ein Beispiel ist die Verwendung einer thermostabilen bakteriellen DNA-Polymerase bei der Polymerasekettenreaktion (▶ Abschn. 54.1.2);
- die Unterstützung von Körperfunktionen mithilfe rekombinanter humaner Enzyme. Ein Beispiel ist der Einsatz des rekombinanten humanen gewebespezifischen Plasminogenaktivators (rh-tPA, *recombinant human tissue-type plasminogen activator*), einer Serinprotease, die zur enzymatischen Auflösung von Thromben im Rahmen der Thrombolyse-Therapie eingesetzt wird (▶ Abschn. 69.1.5);
- die Entwicklung und Anwendung von Biosensoren. Ein Beispiel ist die Nutzung von Glucosesensoren in Blutzuckermessgeräten, die eine schnelle und minimal-invasive Bestimmung der Blutglucosekonzentration mithilfe mikrobieller Enzyme ermöglichen. Darüber hinaus ist ein breites Spektrum enzymbasierter Biosensoren für medizinisch relevante Substanzen wie Methanol, Ethanol, Lactat, Medikamente und Umweltgifte verfügbar.

Übrigens

Glucosesensoren für Diabetiker. Biosensoren sind Messinstrumente, die zur Erkennung und zur Bestimmung der Konzentration eines Analyten einen biochemischen Prozess nutzen. Ein Funktionsprinzip der zur Bestimmung der Blutglucosekonzentration eingesetzten Glucosesensoren beruht auf einer Glucoseoxidation durch das auf einer Platinelektrode immobilisierte mikrobielle Enzym Glucoseoxidase (EC 1.1.3.4):

$$\text{D-Glucose} + O_2 \rightleftharpoons \text{D-Gluconolacton} + H_2O_2 \qquad (9.1)$$

In einer elektrochemischen Folgereaktion kommt es zur Oxidation des in der Primärreaktion entstandenen Wasserstoffperoxids unter Freisetzung von Elektronen, die einen der Glucosekonzentration der Probe proportionalen Stromfluss bewirken:

$$H_2O_2 \rightarrow 2H^+ + O_2 + 2e^- \qquad (9.2)$$

Alternativ stehen Glucosesensoren zur Verfügung, die anstelle der Glucoseoxidase eine mikrobielle thermostabile FAD-abhängige Glucosedehydrogenase (EC 1.1.5.9) nutzen und damit die O_2-Abhängigkeit der dargestellten Methode überwinden. Die Miniaturisierung und Automatisierung der Messapparaturen und das geringe erforderliche Blutprobevolumen haben zu einer breiten Anwendung von Glucosesensoren bei der Blutglucosekontrolle von Diabetikern geführt.

9.2 Bestimmung von Enzymen in biologischen Flüssigkeiten

Blutplasma ist eine extrazelluläre Flüssigkeit, in der Enzyme, die Funktionen im intrazellulären Kompartiment erfüllen, unter physiologischen Bedingungen in nur sehr geringen Konzentrationen nachweisbar sind. Die Erkenntnis, dass sich der Enzymgehalt des Blutplasmas infolge pathologischer Prozesse in einem Organ in typischer Weise verändern kann, hat die Bestimmung von Enzymaktivitäten und Enzymkonzentrationen in Körperflüssigkeiten wie Plasma, Serum, Harn oder Liquor zu einem unverzichtbaren Instrument der Diagnostik verschiedenster Erkrankungen werden lassen (Enzymdiagnostik). Die Bestimmung von **Enzymaktivitäten** er-

folgt hierbei häufig im (gekoppelten) optischen Test (▶ Abschn. 7.5). **Enzymkonzentrationen** werden zunehmend mit enzymimmunologischen Analyseverfahren unter Verwendung spezifischer Antikörper gemessen (▶ Abschn. 6.3). Auf diese Weise können auch inaktive Proenzyme bestimmt und Isoenzyme differenzierend erfasst werden.

> Die Enzymaktivitäten im Blut sind Indikatoren der morphologischen Integrität und des Funktionszustandes der Zellen, Gewebe und Organe.

Die medizinische Bedeutung der Enzymdiagnostik besteht in der Möglichkeit, Erkrankungen anhand charakteristischer Enzymaktivitäten in Körperflüssigkeiten erkennen und den Krankheitsverlauf sowie den Therapieerfolg durch die Bestimmung überwiegend intravasaler Enzymaktivitäten kontrollieren zu können. Die im Blutplasma nachweisbaren Enzyme können nach ihrer Herkunft und ihren Funktionen in drei Gruppen eingeteilt werden:

- **Plasmaspezifische Enzyme:** Diese Enzyme werden als „Exportproteine" von den sie produzierenden Zellen in das Blut sezerniert und erfüllen dort eine physiologische Funktion. Beispiele sind die in der Leber synthetisierten Enzyme der Blutgerinnung (▶ Abschn. 69.1.3) und des Komplementsystems (▶ Abschn. 70.2.3). Eine Schädigung des Herkunftsorgans kann zu einer Einschränkung der Proteinbiosynthese und damit zu einem Absinken der Aktivität der betroffenen Enzyme im Plasma führen.
- **Sekret-Enzyme:** Im Unterschied zu den plasmaspezifischen Enzymen werden die Sekret-Enzyme nicht in das Blutplasma, sondern in andere extrazelluläre Kompartimente sezerniert. Zu dieser Enzymgruppe gehören die Hydrolasen des exokrinen Pankreas, deren Funktion in der Verdauung der Nahrungsstoffe im Darmlumen besteht (▶ Abschn. 61.1.3). Verdauungsenzyme können unter physiologischen Bedingungen nur in einem geringen Maße durch Gefäßwände diffundieren. Erst bei einer Schädigung des Pankreas kommt es zu einem Anstieg der intravasalen Aktivitäten dieser Enzyme. Auch die α-Amylase des Speichels und das im Seminalplasma vorkommende prostataspezifische Antigen (PSA, Semenogelase), das als Serinprotease die Verflüssigung des koagulierten Ejakulates bewirkt, gehören zur Gruppe der Sekretenzyme.
- **Zell-Enzyme:** Mit diesem Begriff werden Enzyme bezeichnet, die in den verschiedenen Zelltypen des Organismus wirksam sind und keine physiologischen Funktionen im extrazellulären Kompartiment erfüllen. Ein Anstieg der intravasalen Aktivität von Zell-Enzymen über den Normalbereich hinaus zeigt eine Enzymfreisetzung infolge einer pathologischen Zunahme der Permeabilität der Cytoplasmamem-

bran der Herkunftszellen oder einen Zelluntergang durch Nekrose an (▶ Kap. 51).

Der Nachweis und die Bestimmung der katalytischen Aktivität von plasmaspezifischen Enzymen und Sekret-Enzymen im Blut erlaubt in der Regel einen Rückschluss auf den Funktionszustand des Herkunftsorgans. Demgegenüber ist die Interpretation des Nachweises von Zell-Enzymen im Blut häufig komplizierter. Hinweise auf das Herkunftsorgan ergeben sich aus der differenziellen Expression von Enzymen in verschiedenen Zelltypen sowie aus gewebespezifischen Isoenzym-Mustern. Der Grad der morphologischen Integrität einer Zelle ist auch am Auftreten von Zell-Enzymen im Blut zu erkennen, die in unterschiedlichen intrazellulären Kompartimenten vorkommen. Ein Anwendungsbeispiel hierfür ist die Bestimmung von Alanin-Aminotransferase (ALAT) und Glutamatdehydrogenase (GLDH) im Rahmen der Leberfunktionsdiagnostik. Während ein Anstieg der cytosolischen ALAT eine eher geringgradige Zellschädigung signalisiert, weist eine Erhöhung der Aktivität der mitochondrialen GLDH im Blut auf einen stärker ausgeprägten Zell- bzw. Organschaden hin.

> Organspezifische Isoenzyme können den Ort und das Ausmaß einer Zellschädigung anzeigen.

Die medizinische Bedeutung der **Isoenzym-Analytik** soll am Beispiel der **Kreatinkinase** (creatine kinase, CK) (▶ Abschn. 63.3) dargestellt werden. Kreatinkinase kommt in zwei mitochondrialen und drei cytosolischen Formen vor. Bei den cytosolischen Isoenzymen der Kreatinkinase handelt es sich um dimere Proteine, die aus katalytisch aktiven Untereinheiten des M-Typs (*muscle*) und/oder des B-Typs (*brain*) zusammengesetzt sind:
- CK-BB kommt in hoher Konzentration nur im Gehirn vor und wird daher als **Hirntyp** bezeichnet.
- CK-MB kann sowohl im Herzmuskel als auch im Skelettmuskel nachgewiesen werden. Da die Konzentration dieses Isoenzyms im Myokard am höchsten ist, wird es als **Myokardtyp** bezeichnet.
- CK-MM wird neben dem Isoenzym CK-MB im Herz- und Skelettmuskel exprimiert und als **Muskeltyp** bezeichnet.

Die intravasale Gesamtaktivität der Kreatinkinase ist beim Gesunden überwiegend auf das Isoenzym CK-MM zurückzuführen. Bei einem akuten Myokardinfarkt jedoch kann das Isoenzym CK-MB bereits 3 h nach Auftreten der Symptomatik in signifikant erhöhter Konzentration im Serum nachgewiesen werden (◨ Abb. 9.1). Der akute Myokardinfarkt geht mit einer charakteristischen Freisetzung weiterer Zell-Enzyme und anderer zellulärer Proteine infolge einer durch eine Mangel-

Übrigens

Analytik des Kreatinkinase-Isoenzyms CK-MB. Für die Bestimmung der cytosolischen heterodimeren Kreatinkinase CK-MB im Blut werden in der klinisch-chemischen Laboratoriumsdiagnostik zwei Methoden angewendet: In einem **Immuninhibitionstest** wird die M-Untereinheit der Isoenzyme CK-MM und CK-MB durch einen spezifischen Antikörper vollständig gehemmt und die katalytische Aktivität der durch den Anti-M-Antikörper nicht gehemmten B-Untereinheit in einem gekoppelten optischen Test (▶ Abschn. 7.5) ermittelt:

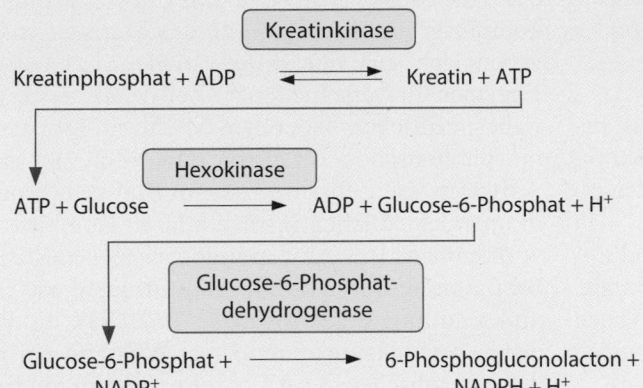

(9.3)

Da die Untereinheiten M und B die gleiche molekulare katalytische Aktivität aufweisen, wird das Messergebnis mit dem Faktor 2 multipliziert und die CK-MB-Aktivität in einer Maßeinheit der katalytischen Aktivitätskonzentration angegeben (▶ Abschn. 7.5). Die Konzentration des CK-MB-Isoenzyms wird in einem **Immunoassay** (▶ Abschn. 6.3) mithilfe CK-MB-spezifischer Antikörper bestimmt. Im Unterschied zum Immuninhibitionstest wird dabei das CK-MB-Protein selbst und nicht dessen katalytische Aktivität erfasst und das Messergebnis in einer Maßeinheit der Proteinkonzentration angegeben. Die mit diesem Test bestimmte Konzentration der CK-MB wird in der klinischen Praxis auch als „CK-MB-Masse" bezeichnet.

durchblutung verursachten Nekrose von Myokardgewebe einher. ◘ Abb. 9.1 zeigt schematisch den Verlauf der Konzentrationen des freigesetzten cytosolischen Kreatinkinase-Isoenzyms CK-MB, des kardialen Troponins T (cTnT) (▶ Abschn. 63.2.3), des Myoglobins und des Lactatdehydrogenase-Isoenzyms LDH-1 (▶ Abschn. 7.3) im Serum. Die unterschiedliche Eignung dieser Enzyme und Proteine als Biomarker zur Feststellung kardialer Ereignisse ist von der Spezifität und Sensitivität ihres Nachweises in einem für therapeutische Interventionen relevanten Zeitfenster abhängig.

Das kardiale Troponin T wird spezifisch im Herzmuskel exprimiert und erst bei einer Zellschädigung aus den Kardiomyozyten freigesetzt. Wegen der hohen Spezifität und Sensitivität des Nachweises dieses Proteins mittels hochempfindlicher Immunoassays gilt die Bestimmung von cTnT heute als „Goldstandard" bei der laborchemischen Diagnostik des akuten Myokardinfarktes. Die im Vergleich zum kardialen Troponin T deutlich schnellere Normalisierung der CK-MB im Serum begründet die Eignung dieses Marker-Enzyms zur

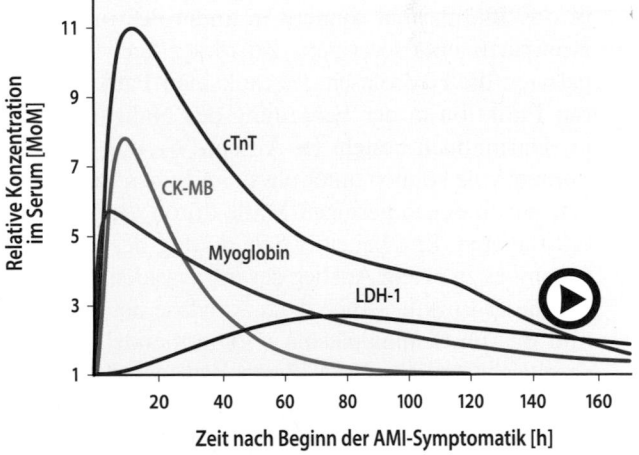

◘ **Abb. 9.1** (Video 9.1) **Schematische Darstellung der relativen Konzentrationen von Myoglobin, kardialem Troponin cTnT, Kreatinkinase-Isoenzym CK-MB und Lactatdehydrogenase-Isoenzym LDH-1 im Serum nach einem akuten Myokardinfarkt (AMI).** Die relativen Konzentrationen sind als Vielfaches der Normalwerte im Serum angegeben (MoM: *multiple of normal median*) (▶ https://doi.org/10.1007/000-5es)

Verlaufsbeurteilung eines Myokardinfarktes und zur Detektion eines Reinfarktes.

Der Anstieg der Myoglobinkonzentration im Serum unmittelbar nach einem akuten Myokardinfarkt zeigt eine nekrotische Schädigung des Herzmuskels mit hoher Sensitivität an. Die fehlende Kardiospezifität des Myoglobins relativiert jedoch dessen Bedeutung als Infarktmarker. Ursache der geringen Bedeutung der LDH-Analytik im Rahmen der Diagnostik des akuten Myokardinfarktes ist der späte und vergleichsweise moderate intravasale Anstieg des auch außerhalb des Herzmuskels vorkommenden LDH-1-Isoenzyms (▶ Abschn. 7.3).

9.3 Enzyme als Zielstrukturen von Pharmaka

> Eine Vielzahl moderner Pharmaka wirkt durch die spezifische Hemmung oder Aktivierung von Enzymen.

Die molekulare Grundlage der Wirkung eines Pharmakons besteht in dessen möglichst spezifischer Wechselwirkung mit seiner Zielstruktur (*target*). Zu den therapeutisch bedeutsamen Zielstrukturen gehören verschiedenste bakterielle, virale, fungale und humane Enzyme, deren katalytische Aktivität durch Enzymeffektoren gehemmt oder erhöht werden kann. Ein zentrales Erfordernis der molekularen Modellierung von Enzyminhibitoren mit therapeutischem Einsatzpotenzial ist neben der Kenntnis der katalysierten Reaktion die Verfügbarkeit einer hochaufgelösten Raumstruktur des Zielenzyms. Man bezeichnet einen solchen multidisziplinären Ansatz zur Schaffung hochwirksamer Medikamente bei gleichzeitiger Minimierung unerwünschter Nebenwirkungen als **strukturbasiertes (rationales)** *drug design*.

Eine Auswahl von Pharmaka, deren therapeutische Wirkung in der spezifischen Hemmung eines bestimmten Enzyms besteht, ist in ◻ Tab. 9.1 zusammengestellt. Beispielgebend soll auf **Inhibitoren der HIV-Protease** eingegangen werden, die im Rahmen der AIDS-Therapie zum Einsatz kommen. Die für den Replikationszyklus des HI-Virus benötigte HIV-Protease ist ein homodimeres Enzym aus der Familie der Aspar-

◻ **Tab. 9.1** Therapeutisch eingesetzte Enzyminhibitoren (Auswahl)

Zielenzym	Pharmakon	Hemm-Mechanismus	Anwendungsbeispiel
Angiotensin-converting enzyme (▶ Abschn. 65.4.3)	Lisinopril	Kompetitiver Inhibitor	Antihypertensivum
Carboanhydrase (▶ Abschn. 7.4)	Acetazolamid	Kompetitiver Inhibitor	Glaukom-Therapeutikum
Cyclooxygenase (COX-1) (▶ Abschn. 22.3.2)	Acetylsalicylsäure	Irreversibler Inhibitor	Antipyretikum
Glycopeptidtranspeptidase (▶ Abschn. 16.2.4)	Penicillin	Suizidinhibitor	Antibiotikum
HMG-CoA-Reduktase (▶ Abschn. 23.3)	Atorvastatin	Kompetitiver Inhibitor	Statin (Therapie der Hypercholesterinämie)
Virale Neuraminidase (▶ Abschn. 12.4)	Oseltamivir	Übergangszustandsanalogon (Prodrug)	Virostatikum (Therapie der Virusgrippe)
Phosphodiesterase (▶ Abschn. 35.6.2)	Sildenafil	Kompetitiver Inhibitor	PDE-5-Inhibitor (Therapie der erektilen Dysfunktion)
Thrombin (▶ Abschn. 69.1.4)	Antithrombin (Antithrombin III)	Suizidinhibitor	Antikoagulans
Thymidylatsynthase (▶ Abschn. 31.1.2)	5-Fluorouracil	Suizidinhibitor (Prodrug)	Cytostatikum
Xanthinoxidoreduktase (▶ Abschn. 29.4)	Allopurinol	Mechanismus-basierter Inhibitor	Urikostatikum

A

B

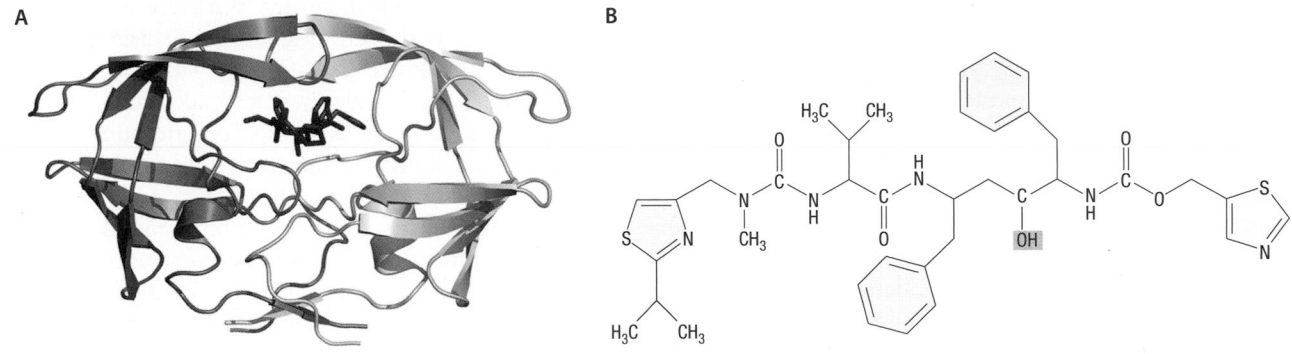

◘ **Abb. 9.2   Komplex der HIV-Protease mit dem Inhibitor Ritonavir.**
A Raumstruktur des HIV-Protease-Ritonavir-Komplexes (Bändermodell). Der Inhibitor (*rot*) ist als Ball-und-Stab-Modell gezeigt.

B Chemische Struktur von Ritonavir. Die OH-Gruppe des Moleküls
ist an der Interaktion mit einem der Aspartylreste im aktiven Zentrum der HIV-Protease beteiligt. (PDB ID 1hxw)

tatproteasen, das im aktiven Zentrum zwei am Katalysemechanismus beteiligte Aspartylreste besitzt. Die
Aufklärung der Raumstruktur der HIV-Protease und
ihres Reaktionsmechanismus sowie die Kenntnis des
natürlichen Polypeptidsubstrates eröffnete die Möglichkeit der Konstruktion spezifischer und hochwirksamer Hemmstoffe. Ein solcher durch strukturbasiertes
drug design entwickelter Hemmstoff der HIV-Protease
ist das **Ritonavir** (◘ Abb. 9.2), das mit sehr hoher Affinität an das Enzym gebunden wird ($K_i \sim 0{,}1$ nmol/l).
Zunehmend begrenzt wird der klinische Einsatz von
Ritonavir durch die hohen Mutationsraten des retroviralen Genoms, die zu einem Verlust der Hemmwirkung
auf die HIV-Protease geführt haben. Bemerkenswerterweise gewinnt in dieser Situation eine ursprünglich
unerwünschte Nebenwirkung der Ritonavir-Therapie
an Bedeutung: Ritonavir hemmt Cytochrom-P450-ab-
hängige Monooxygenasen der Leber (CYP3A4 und
CYP2D6) und verlangsamt so den Abbau weiterer Medikamente, die im Rahmen einer antiretroviralen Therapie Anwendung finden.

Zu den medizinisch bedeutsamen *targets* von Enzyminhibitoren gehören die mehr als 500 im humanen
Genom kodierten Proteinkinasen (▶ Abschn. 8.5), die
an der Regulation verschiedenster Zellfunktionen beteiligt sind. Die Deregulation einer Vielzahl dieser Enzyme
steht in einem Zusammenhang mit der Entstehung und
Progression maligner Erkrankungen. Bislang sind mehr
als 30 Proteinkinase-Inhibitoren zur Therapie verschiedener Tumore verfügbar. Die Mehrzahl dieser Wirkstoffe wurde durch rationales *drug design* entwickelt.

Das therapeutische Spektrum der modernen Medizin wird durch eine zunehmende Zahl von Pharmaka erweitert, die als Enzymaktivatoren wirken.
Ein Beispiel hierfür ist die Entwicklung und der Einsatz von Substanzen, deren therapeutisches Potential
auf einer Aktivierung der löslichen Guanylatcyclase
(▶ Abschn. 35.6) beruht.

> Körpereigene Enzyme beeinflussen die Wirksamkeit
> von Pharmaka.

DNA-Polymorphismen können zu einer interindividuell unterschiedlichen Expression sowie zu individuell
spezifischen Eigenschaften von Enzymen führen. Die
Bedeutung dieses Phänomens soll an einem therapeutisch bedeutsamen Beispiel demonstriert werden:
Eine Vielzahl von Arzneimitteln wird in der Leber im
Rahmen der Biotransformation durch das **Cytochrom-
P450-System** (▶ Abschn. 62.3) chemisch verändert
(„metabolisiert"). Beim Menschen wurden mehr als
50 Gene identifiziert, die Cytochrom-P450-Enzyme
(CYP) codieren. Die Wirksamkeit und die individuelle Verträglichkeit zahlreicher Pharmaka hängt daher
entscheidend von der Expression und von der molekularen katalytischen Aktivität dieser Cytochrome
ab. Das Enzym CYP2D6 ist an der Metabolisierung
von etwa einem Viertel aller verschreibungspflichtigen
Medikamente beteiligt. Die interindividuelle Variabilität der CYP2D6-Aktivität wird durch die Existenz
von mehr als 70 Allelvarianten, aber auch durch eine
unterschiedliche Kopienzahl des *CYP2D6*-Gens begründet. Zu den durch CYP2D6 metabolisierten Pharmaka gehört der zur Therapie des Mammakarzinoms
eingesetzte Östrogenrezeptor-Antagonist **Tamoxifen**,
ein *prodrug*, das erst durch CYP2D6 in die pharmakologisch aktive Form (Endoxifen) umgewandelt wird.
Trägerinnen einer genetischen Variante mit niedriger
CYP2D6-Aktivität ziehen daher keinen oder einen nur
geringen Nutzen aus einer Behandlung mit Tamoxifen.
Eine Optimierung der Tamoxifen-Therapie wird durch
die Verfügbarkeit von Biochips unterstützt, die eine
Identifizierung der Allelvarianten des CYP2D6-Gens
gestatten. Bei der Interpretation der Biochip-Daten
muss berücksichtigt werden, dass auch nicht-genomi-
sche Faktoren wie Hormone und Medikamente die
CYP2D6-Aktivität modulieren. So bewirken Gluco-

9

corticoide (▶ Abschn. 40.2) eine verstärkte Transkription des *CYP2D6*-Gens, während das zur antiretroviralen Therapie eingesetzte Ritonavir als Inhibitor des CYP2D6-Enzyms wirkt.

9.4 Enzymdesign für biomedizinische und biotechnologische Anwendungen

Die im Verlaufe der Evolution an verschiedenste physiologische Funktionen optimal angepassten Eigenschaften der natürlich vorkommenden Enzyme entsprechen oftmals nicht den Erfordernissen biotechnologischer und biomedizinischer Anwendungen. Aus diesem Grunde wurden Strategien zur Optimierung von Enzymen für deren Einsatz in Biotechnologie und Biomedizin entwickelt. Die Ziele dieser Optimierung bestehen vor allem in der Veränderung allgemeiner Enzymeigenschaften wie Thermostabilität, Substratspezifität und Stereospezifität. Darüber hinaus werden neuartige Enzyme für die Katalyse solcher Reaktionen entwickelt, die in Organismen nicht oder nur in einem sehr geringen Ausmaß stattfinden.

Ausgangspunkt der Optimierung ist die Auswahl und biochemische Charakterisierung eines in der Natur vorkommenden Enzyms und die Festlegung der zu verändernden Enzymeigenschaften. Für die nachfolgenden Schritte des als **Enzymdesign** (*enzyme engineering*) bezeichneten Verfahrens existieren zwei grundlegend verschiedene experimentelle Ansätze:

- **Rationales Enzymdesign:** Dieses Verfahren beruht auf der Strukturanalyse eines Enzymproteins und einer (intuitiven oder auf quantenchemische Berechnungen gestützten) Vorhersage von vorteilhaften Veränderungen der Enzymstruktur, die nachfolgend durch gentechnische Methoden (▶ Abschn. 54.4) in das Enzymprotein eingeführt werden.
- **Evolutionäres Enzymdesign**: Dieses auch als „*directed enzyme evolution*" bezeichnete Verfahren basiert auf einer Nachahmung der evolutionären Anpassung der Organismen an veränderte Umweltbedingungen durch Zufallsmutation und Selektion. Grundlage des evolutionären Enzymdesigns ist die Einführung von zufälligen Mutationen in die DNA-Sequenz, die das zu verändernde Enzymprotein kodiert. Hierfür stehen verschiedene molekularbiologische Methoden zur Verfügung (▶ Kap. 54). Die durch die Expression der erzeugten Genvarianten in Mikroorganismen erhaltene „Enzymbibliothek" wird gezielt nach Enzymvarianten durchsucht, die im Vergleich zum Wildtyp-Enzym verbesserte Eigenschaften aufweisen. Dieser Prozess wird mehrfach wiederholt, sodass durch die Akkumulation einer Vielzahl geringfügiger Veränderungen des En-

zymproteins über mehrere Mutantengenerationen hinweg große Veränderungen der Enzymeigenschaften erzielt werden können.

Das Anwendungspotenzial des Enzymdesigns reicht von der Konstruktion von Enzymen, die als Therapeutika, aber auch als Werkzeuge in der biomedizinischen Grundlagenforschung und in der Umweltmedizin eingesetzt werden, bis hin zur Erzeugung von Enzymen für stereospezifische Synthesen zur Herstellung von pharmazeutischen Zwischenprodukten und Medikamenten. Zu den durch rationales Enzymdesign entwickelten Therapeutika gehören modifizierte Formen des gewebespezifischen Plasminogenaktivators (tPA, *tissue-type plasminogen activator*, ▶ Abschn. 69.1.5), die im Vergleich mit dem natürlich vorkommenden Gewebeplasminogenaktivator eine deutlich höhere Affinität zu Fibrin und eine längere Halbwertszeit im Blut aufweisen. Ein Beispiel für evolutionäres Enzymdesign ist die Synthese des oralen Antidiabetikums Sitagliptin, dessen Wirkung auf einer Hemmung des Abbaus eines Stimulators der Insulinsekretion beruht (▶ Abschn. 36.3). Sitagliptin, das zur Behandlung des Typ-2-Diabetes eingesetzt werden kann, wird mithilfe eines durch evolutionäres Enzymdesign gewonnenen Enzyms hergestellt.

Zusammenfassung

Die Bestimmung von Enzymaktivitäten und Metabolitkonzentrationen in Körperflüssigkeiten ist ein unverzichtbares Instrument der medizinischen Diagnostik. Zelluläre Enzyme, die in das Blut übertreten, können das geschädigte Organ identifizieren und Informationen über den Schweregrad und den Verlauf der Erkrankung sowie über den Erfolg einer Therapie liefern. Die Aufklärung der Raumstrukturen und Reaktionsmechanismen der Enzyme und die Charakterisierung ihrer Funktionen im Stoffwechsel hat zur Entwicklung hochwirksamer Pharmaka geführt, die als Enzyminhibitoren oder Enzymaktivatoren im Rahmen der Therapie einer Vielzahl von Erkrankungen Anwendung finden. Zu den vielfältigen Einsatzgebieten der Enzyme in der Medizin gehören die Analyse und die gezielte Veränderung von Nucleinsäuren genauso wie die therapeutische Unterstützung von Körperfunktionen mithilfe rekombinanter humaner Enzyme. DNA-Polymorphismen führen zu interindividuell unterschiedlichen Enzymausstattungen, deren Kenntnis zur Optimierung von Therapiekonzepten genutzt werden kann. Die physikochemischen und katalytischen Eigenschaften von Enzymen können durch rationales und evolutionäres Enzymdesign für die Herstellung von Medikamenten und für den Einsatz in Biosensoren optimiert werden.

Weiterführende Literatur

Arnold FH (2018) Directed evolution: bringing new chemistry to life. Angew Chem Int Ed Eng 57:4143–4148

Bhullar KS et al (2018) Kinase-targeted cancer therapies: progress, challenges and future directions. Mol Cancer 17:48

El Harrad L et al (2018) Recent advances in electrochemical biosensors based on enzyme inhibition for clinical and pharmaceutical applications. Sensors 18:164–178

Furge LL, Guengerich FP (2006) Cytochrome P450 enzymes in drug metabolism and chemical toxicology: An introduction. Biochem Mol Biol Educ 34:66–74

Imming P (2007) Drugs, their targets and the nature and number of drug targets. Nat Rev Drug Discov 5:821–834

Krauß J, Bracher F (2018) Pharmacokinetic enhancers (boosters) – escort for drugs against degrading enzymes and beyond. Sci Pharm 86:43

Mican J et al (2019) Structural biology and protein engineering of thrombolytics. Comput Struct Biotechnol J 17:917–938

Robertson JG (2007) Enzymes as a special class of therapeutic target: clinical drugs and modes of action. Curr Opin Struct Biol 17:674–679

Thomas L (2012) Labor und Diagnose, 8. Aufl. Verlag TH-Books, Frankfurt am Main

9

Nucleinsäuren – Struktur und Funktion

Hans-Georg Koch, Jan Brix und Peter C. Heinrich

Nucleinsäuren wie DNA und RNA sind polymere Verbindungen, die aus Nucleotiden aufgebaut sind. Die DNA ist Trägerin der genetischen Information, lediglich einige Viren nutzen RNA als Informationsträger. Bei Eukaryonten liegt die DNA im Zellkern vor, wo sie zusammen mit den Histonproteinen den wesentlichen Teil des Chromatins ausmacht. RNA spielt eine entscheidende Rolle bei der Proteinbiosynthese. Sie ist Baustein der Ribosomen, dient als Matrize für die Biosynthese von Proteinen, ist Trägerin von aktivierten Aminosäuren und ist entscheidend an der Regulation der Genexpression beteiligt.

Schwerpunkte

10.1 Struktur und Funktion von DNA und RNA
- Aufbau von Nucleinsäuren

10.2 Die DNA-Struktur
- Aufbau der DNA-Doppelhelix
- Topologie der DNA
- Verpackung der DNA mithilfe von Proteinen zum Chromatin

10.3 DNA als Trägerin der Erbinformation
- Zentrales Dogma der Molekularbiologie
- Übertragung der genetischen Information der DNA über RNA in Protein
- Aufbau des menschlichen Genoms

10.4 Funktion und Struktur der RNA
- Codierende RNA
- Nicht-codierende RNA

1869 beschrieb Friedrich Miescher, dass im Zellkern eine phosphathaltige proteinfreie Substanz vorkommt, die er Nuclein nannte. In späteren Jahren vermutete er, dass sie etwas mit dem Fertilisierungsvorgang zu tun haben müsste. 1889 prägte Richard Altmann den Begriff **Nucleinsäure** und 1893 identifizierte Albrecht Kossel die in Nucleinsäuren vorkommenden Basen und Zuckerkomponenten.

10.1 Struktur und Funktion von DNA und RNA

Neben der Funktion der Nucleinsäuren als Informationsträger ist die katalytische Funktion bestimmter Ribonucleinsäuren (Ribozyme) von besonderer Bedeutung, so wird z. B. die Bildung der Peptidbindung im Ribosom durch die ribosomale RNA katalysiert und nicht durch Proteine (▶ Abschn. 48.1). Katalytische RNA-Moleküle, die die Fähigkeit besitzen, sich selbst zu replizieren, waren darüber hinaus vermutlich wesentlich an der Entstehung des Lebens aus einer präbiotischen Atmosphäre beteiligt: Die sog. **RNA-Welt-Hypothese** geht davon aus, dass ursprünglich RNA-Moleküle sowohl für die Informationsspeicherung als auch für die Katalyse verantwortlich waren und die Trennung von Informationsspeicherung (DNA) und Katalyse (Proteine) erst später erfolgte. Ribonucleinsäuren sind allerdings instabiler als Desoxyribonucleinsäuren, besonders unter alkalischen Bedingungen. Dabei ist die 2'-OH-Gruppe der Ribose direkt an der hydrolytischen Spaltung der Phosphodiesterbindung der Ribonucleinsäuren bei alkalischem pH-Wert beteiligt. Daher hat sich

Ergänzende Information Die elektronische Version dieses Kapitels enthält Zusatzmaterial, auf das über folgenden Link zugegriffen werden kann https://doi.org/10.1007/978-3-662-60266-9_10. Die Videos lassen sich durch Anklicken des DOI Links in der Legende einer entsprechenden Abbildung abspielen, oder indem Sie diesen Link mit der SN More Media App scannen.

vermutlich die Desoxyribonucleinsäure als Informationsträger durchgesetzt; lediglich in einigen Viren ist die Information in der RNA codiert.

> Nucleinsäuren sind Polymere, aufgebaut aus Nucleotiden, die untereinander durch Phosphodiesterbindungen verknüpft sind.

In ◻ Abb. 10.1 ist ein hypothetisches Tetranucleotid aus je einem DNA- bzw. RNA-Strang dargestellt. Dabei gelten folgende Besonderheiten:
— Nach Konvention wird das **5'-Phosphat-Ende** der Kette (oben) an den Anfang, das **3'-OH-Ende** (unten) an das Ende der Kette geschrieben.
— Die stickstoffhaltigen Purin- oder Pyrimidinbasen sind stets über eine **N-glycosidische Bindung** an das C1'-Atom der Pentose gebunden. Ausnahme ist das häufig in der *transfer*-RNA (tRNA) vorkommende **Pseudouridin**; hier ist die Ribose mit dem C-Atom 5 von Uracil verbunden (◻ Abb. 3.16, ▸ Abschn. 3.4.1).
— Die Verbindung zwischen den einzelnen Mononucleotiden erfolgt durch eine **Phosphodiesterbindung** zwischen dem C-Atom 3' der einen Pentose und dem C-Atom 5' der nächsten. In der DNA ist diese 3',5'-Bindung die einzig mögliche, da in der Desoxyribose keine weiteren Hydroxylgruppen für die Bindung von Phosphatestern zur Verfügung stehen. Auch in der RNA kommen am häufigsten 3',5'-Bindungen vor, obwohl auch 2',5'-Bindungen möglich sind, z. B. während des Spleißens (▸ Abschn. 46.3.3).

Die Struktur einer Nucleinsäurekette kann in abgekürzter Form angegeben werden:
— Die Buchstaben **A, G, C** und **U** oder **T** dienen dabei als Symbole für die Basen.
— Der Buchstabe **p** bezeichnet Phosphat. p auf der linken Seite der Nucleosidabkürzung stellt eine 5'-Zuckerphosphatbindung dar, auf der rechten Seite der Nucleosidabkürzung eine 3'-Zuckerphosphatbindung.
— Mit dem Präfix **d** wird zum Ausdruck gebracht, dass es sich um ein **Desoxyribonucleotid** handelt.

So wird beispielsweise mit dem Ausdruck **dpG** Desoxyguanosin-5'-Phosphat bezeichnet. Ein **dGp** steht dagegen für Desoxyguanosin-3'-Phosphat. Die in ◻ Abb. 10.1 dargestellten Tetranucleotide würden in der Kurzschreibweise als d(pA-T-G-C) bzw. pA-U-G-C bezeichnet werden. Damit werden als Verknüpfung Phosphodiesterbindungen zwischen dem C-Atom 3' des einen Zuckermoleküls und dem C-Atom 5' des nächsten angenommen.

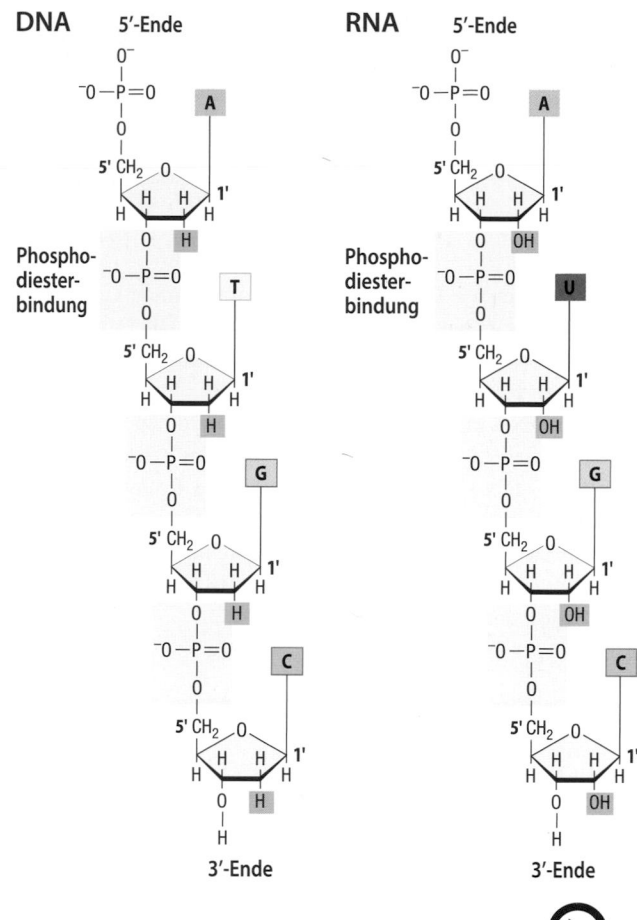

◻ **Abb. 10.1** (Video 10.1) **Primärstruktur eines hypothetischen DNA- bzw. RNA-Tetranucleotids.** Die Buchstaben A, T, G, C und U bezeichnen die Basen Adenin, Thymin, Guanin, Cytosin und Uracil. (Einzelheiten s. Text) (▸ https://doi.org/10.1007/000-5ew)

Aufgrund der Phosphatgruppen sind Nucleinsäuren negativ geladen und starke mehrbasige Säuren, die bei pH-Werten über 4 vollständig dissoziiert sind. DNA und RNA unterscheiden sich nicht nur durch die Art der verwendeten Zucker, sondern auch durch die Basenzusammensetzung:
— In der DNA kommen Adenin, Guanin, Thymin und Cytosin vor.
— In der mRNA findet sich in der Regel statt der Pyrimidinbase Thymin die Pyrimidinbase Uracil. Die Verwendung von Thymin (=5-Methyluracil) anstelle von Uracil in der DNA ist notwendig, da Uracil auch durch spontane Desaminierung aus Cytosin entstehen kann. Diese spontan und häufig auftretende Mutation wird über spezielle DNA-Reparatursysteme (▸ Abschn. 45.2) erkannt und behoben, was allerdings nur gelingen kann, weil Uracil nicht natürlicherweise in der DNA vorkommt.

- Insbesondere die Basen in der tRNA und rRNA weisen häufig Modifikationen auf. So werden bestimmte Uracil-Basen in der tRNA methyliert und damit in Thymin umgewandelt.
- Die Bildung ungewöhnlicher Basen scheint auch Teil einer antiviralen Strategie zu sein. Das Enzym Viperin wird von humanen Zellen nach Virusinfektion gebildet und wandelt Cytosintriphosphat (CTP) in 3′-Deoxy-3′,4′ Didehydro-CTP um, das wiederum die RNA-Polymerase vieler Viren hemmt, z. B. die von Zika-Viren, HI-Viren und Hepatitis C-Viren.
- Synthetische Nucleotide werden schon lange als Basenanaloga bei der Tumorbehandlung und der Behandlung von viralen Infekten eingesetzt. Neuerdings wird allerdings auch versucht, mit synthetischen Basen die Codierkapazität der DNA zu erhöhen. Die in der DNA vorkommenden 4 Basen erlauben 64 unterschiedliche Drei-Buchstaben Kombinationen (Codons), die für jeweils eine Aminosäure codieren (▶ Abschn. 48.1.1). Durch die Tatsache, dass mehrere, unterschiedliche Codons für dieselbe Aminosäure codieren, sind fast alle Proteine aus lediglich 20 Aminosäuren aufgebaut. Durch synthetische Nucleotide könnte die Codierkapazität auf über 100 Aminosäuren erhöht werden und damit möglicherweise auch neue Proteintypen erzeugt werden.

> **Zusammenfassung**
>
> Nucleotidbausteine bilden durch Verknüpfung über Phosphorsäurediesterbrücken zwischen den C-Atomen 3' und 5' der Ribose bzw. Desoxyribose lange kettenförmige Moleküle, die Nucleinsäuren. In DNA-Molekülen kommen ausschließlich Desoxyribonucleotide vor, in RNA-Molekülen Ribonucleotide. DNA und RNA unterscheiden sich auch durch die Basenzusammensetzung.

10.2 Die DNA-Struktur

10.2.1 Die DNA-Doppelhelix

Erst 1944, also 75 Jahre nach der Erstbeschreibung der Nucleinsäuren, entdeckte Oswald Theodore Avery, dass DNA Trägerin der Erbmerkmale ist und nicht Proteine, wie von vielen Wissenschaftlern postuliert worden war. Bis 1950 hatte schließlich Erwin Chargaff eine Reihe wichtiger Eigenschaften der DNA aufgeklärt:

- Die Basenzusammensetzung der DNA ist in verschiedenen Species unterschiedlich und wird üblicherweise als GC-Gehalt (prozentualer Anteil der Basen Guanin und Cytosin an der Gesamtheit der Basen (A, G, C, T) in der DNA) angegeben.
- Aus verschiedenen Geweben der gleichen Art isolierte DNA-Proben haben immer die gleiche Basenzusammensetzung.
- Innerhalb einer bestimmten Spezies ist die Basenzusammensetzung der DNA konstant und nicht vom Alter, Ernährungszustand oder Veränderungen der Umgebung abhängig. Allerdings können Basen durch Modifkationen wie z. B. Methylierung verändert werden und diese Modifikationen sind von äußeren Faktoren abhängig (epigenetische Veränderungen der DNA; ▶ Abschn. 47.2).
- Aufgrund der Tatsache, dass die Purinbase Adenin immer mit der Pyrimidinbase Thymin paart, und die Purinbase Guanin immer mit der Pyrimidinbase Cytosin (**Chargaff-Regel**), ergibt sich, dass in allen untersuchten DNA-Proben die Anzahl der Adeninreste gleich der Anzahl der Thyminreste ist. Ebenso ist die Anzahl der Guaninreste stets gleich der Anzahl der Cytosinreste. Daraus folgt, dass die Summe der Purinnucleotide gleich der Summe der Pyrimidinnucleotide sein muss ($A + G = T + C$). Diese Anordnung der Basen in der DNA ist einer der Gründe für ihre Stabilität, da die beiden DNA-Stränge immer im gleichen Abstand zueinander angeordnet sind und somit maximal durch Wasserstoffbrücken stabilisiert werden können.

Trotz dieser Erkenntnisse waren der DNA-Aufbau und der Mechanismus der Informationsspeicherung und -wiedergabe durch die DNA völlig rätselhaft. Rosalind Franklin und Maurice Wilkins stellten als erste röntgenkristallographische Untersuchungen über die DNA an und schlossen auf eine spiralige Struktur (s. Übrigens: Der Weg zur Doppelhelix und ◻ Abb. 10.2). Erst James Watson und Francis Crick gingen von der Annahme aus, dass im DNA-Molekül Wasserstoffbrückenbindungen zwischen den Basen vorhanden sind und schlugen 1953 ein Modell für die DNA-Struktur vor, das sich schließlich als richtig erwies (◻ Abb. 10.3A). Es handelt sich um die **B-DNA**. Ihre Struktur ergibt sich aufgrund von Wasserstoffbrückenbindungen und hydrophoben Wechselwirkungen (◻ Abb. 10.3B):

- B-DNA besteht aus zwei helicalen Polydesoxynucleotidsträngen, die sich um eine gemeinsame Achse winden. Dabei verlaufen die Stränge in entgegengesetzter Richtung, sind also **antiparallel**.
- B-DNA bildet eine rechtsgängige Doppelhelix mit etwa 10 Basenpaaren pro Windung auf einer Länge von 3,4 nm. Der Durchmesser dieser Helix liegt bei 2 nm.

Maurice Wilkins

Rosalind Franklin

James D. Watson   Francis Crick

☐ Abb. 10.2   A Die vier Entdecker der DNA-Doppelhelix, B Röntgenbild kristallisierter DNA. (© The Nobel Foundation)

10

- Die Basen zeigen in das Innere der Helix und sind planar übereinander angeordnet. Über van der Waals-Kräfte und hydrophobe Wechselwirkungen tragen diese „Basenstapel" zusätzlich zur Stabilität der DNA bei. Die Zucker-Phosphat-Reste sind nach außen orientiert und bilden das negativ geladene Rückgrat der DNA-Doppelhelix.
- Benachbarte Basen entlang der Helixachse sind 0,34 nm voneinander entfernt und um 36° gegeneinander verdreht.
- Die B-DNA weist eine große Furche (Breite 1–2 nm) und eine kleine Furche (Breite 0,6 nm) auf; in diesen Bereichen kann die Basensequenz der DNA von DNA-interagierenden Proteinen erkannt werden.
- Die beiden DNA-Einzelstränge werden durch Wasserstoffbrückenbindungen zwischen jeweils zwei Basen zusammengehalten.
- Guanin und Cytosin können **drei**, Adenin und Thymin **zwei Wasserstoffbrücken** ausbilden (☐ Abb. 10.4). Da ein DNA-Strang in Bereichen mit hohem Anteil an Adenin und Thymin leichter in Einzelstränge getrennt werden kann, finden sich AT-reiche Sequenzen in den Promotor-Bereichen (TATA-Box; ▶ Kap. 46) oder am Replikationsursprung in Bakterien und Hefen (*origin or replication*, ▶ Kap. 44).

Übrigens

- **Der Weg zur Doppelhelix.** Einer der wichtigsten und wohl folgenreichsten Beiträge zur Wissenschaftsgeschichte des 20. Jahrhunderts lässt sich auf den 25. April 1953 datieren. An diesem Tag erschien in dem britischen Magazin *Nature* – auf nur zwei Seiten – die Veröffentlichung eines Modells für den Stoff, aus dem die Gene bestehen. Im britischen Cambridge schlugen die Amerikaner James D. Watson (*1928) und der Brite Francis Crick (1916–2004) eine grandiose Struktur für eine Säure (*acid*) vor, die im 19. Jahrhundert im Zellkern entdeckt worden war und seitdem Desoxyribonucleinsäure (DNS, heute nur noch DNA) hieß: die Watson-Crick-Doppelhelix. Diese stellt ein Molekül zur Verfügung, dessen Struktur unmittelbar erkennen lässt, wie grundlegende biologische Funktionen zustande gebracht werden können – nämlich die Verdoppelung des Erbmaterials als Vorstufe der Vermehrung von Zellen und Organismen.
- **Wie kamen Watson und Crick zu ihrer Entdeckung?** Sie erkannten in ihren endlosen Diskussionen (die andere Mitarbeiter des Cavendish Laboratoriums in Cambridge derart nervten, dass man den beiden ein gemeinsames Büro gab), dass es wichtig sei, „sich nicht all zu sehr auf irgendwelche experimentellen Einzelergebnisse zu verlassen", denn „sie könnten sich als irreführend herausstellen". Man musste da-

mit rechnen, dass Messdaten schlichtweg falsch waren und deswegen in die Irre führen könnten – so schwer verständlich dies für Außenstehende auch sein mag. Diese Möglichkeit machte es zum Beispiel sinnlos, von einem Modell zu erwarten, dass es alle (gemessenen) Eigenschaften seines natürlichen Vorbildes auf einmal erklärt. Die beiden sagten sich, dass nicht Präzision und Detailbesessenheit in erster Linie wichtig seien, sondern Mut und Phantasie. So wichtig in vielen Fällen Genauigkeit ist, sie stellt keinen Wert an sich dar. Und eine begrenzte Schlampigkeit im Denken kann manchmal weiter führen als die größte Sorgfalt. Nicht die perfekte Beherrschung des komplizierten Handwerkszeugs entscheidet über Erfolg und Misserfolg, sondern die richtige Fragestellung, und die lautete im Frühjahr 1953: „Wie sieht die Substanz, aus der Gene bestehen, aus? Welche Struktur hat die DNA?"

Von dem Physiker Maurice Wilkins hatten Watson und Crick erfahren, dass Rosalind Franklin Röntgenstrukturaufnahmen von DNA erhalten hatte, die keinen Zweifel daran ließen, dass DNA eine Helixstruktur haben musste. Sie konnte eine neue Form der DNA sichtbar machen, die heute berühmte B-Form, die sich von der bislang immer in den Experimenten verwendeten A-Struktur dadurch unterschied, dass sie mehr Wasser enthielt. Frau Franklin wollte diese Daten für sich behalten – was ihr offenbar niemand verübelt hat – aber Watson und Crick wussten sich auf verschiedenen Wegen, diese Informationen zu beschaffen – was ihnen alle Welt verübelte. Das Röntgenbild der DNA, das Rosalind Franklin ihren Kollegen nicht zeigen wollte, lässt im Wesentlichen ein Kreuz erkennen, womit nicht nur die Schraubenstruktur der DNA festliegt, sondern sogar eine Doppelhelixstruktur (◘ Abb. 10.2B).

Der Durchbruch zur richtigen Struktur des Erbmaterials konnte aber erst gelingen, nachdem Watson und Crick von dem Chemiker Erwin Chargaff in New York neueste Ergebnisse zur DNA-Basenstöchiometrie erfahren hatten. In der Folge wurden sie von dem amerikanischen Kristallographen Jerry Donohue darauf hingewiesen, dass die vier Basen der DNA eine andere Struktur haben, als in den Lehrbüchern dargestellt war. Trotz dieser Information kam die Arbeit nicht automatisch zum Ziel, weil weder Crick noch Watson eine Idee hatten, wie sie die großen Ba-

sen Adenin (A) und Guanin (G) und die kleinen Basen Cytosin (C) und Thymin (T) anordnen sollten.

Wochenlang versuchten die beiden, A mit A und T mit T zu paaren, weil sie (ohne wissenschaftliche Grundlage) meinten, eine Gleiches-mit-Gleichem-Theorie würde angemessen wiedergeben, was in der Natur vorliegt. Erst die neuen biochemischen Strukturen zwangen sie zum Umdenken. Die Sternstunde zur Lösung der Basenanordnung in der DNA beschreibt Watson in seinem Buch *The Double Helix*: „Plötzlich merkte ich, dass ein durch zwei Wasserstoffbindungen zusammengehaltenes Adenin-Thymin-Paar dieselbe Gestalt hatte wie ein Guanin-Cytosin-Paar, das durch drei Wasserstoffbrücken zusammengehalten wurde. Alle diese Wasserstoffbindungen schienen sich ganz natürlich zu bilden. Es waren keine Schwindeleien nötig, um diese zwei Typen von Basenpaaren in eine identische Form zu bringen … Ich hatte das Gefühl, dass wir jetzt das Rätsel gelöst hatten, warum die Zahl der Purine immer genau der Zahl der Pyrimidine entsprach, wie dies von Erwin Chargaff bereits publiziert worden war. Diese Entsprechung erwies sich plötzlich als notwendige Folge der doppelspiralförmigen Struktur der DNA. Aber noch aufregender war, dass dieser Typ von Doppelhelix ein Schema für die Autoreproduktion ergab, das viel befriedigender war als das Gleiches-mit-Gleichem-Schema, das ich eine Zeitlang in Erwägung gezogen hatte. Wenn sich Adenin immer mit Thymin und Guanin immer mit Cytosin paarte, so bedeutete das, dass die Basenfolgen in den beiden verschlungenen Ketten komplementär waren. War die Reihenfolge der Basen in einer Kette gegeben, so folgte daraus automatisch die Basenfolge der anderen Kette. Es war daher begrifflich sehr einfach, sich vorzustellen, wie eine einzige Kette als Gussform für den Aufbau einer Kette mit der komplementären Sequenz dienen konnte".

Nach dieser Jahrhundertentdeckung, die nicht aufgrund logischer Überlegungen, sondern letztlich durch einen glücklichen Zufall gemacht wurde, ließ es sich Francis Crick nicht nehmen, mit seiner bekannt lauten Stimme im Gasthaus „Eagle", das dem Cavendish Laboratorium gegenüber lag, lautstark zu verkünden, das Geheimnis des Lebens sei soeben gelüftet worden; eine kühne Behauptung, denn die Doppelhelix löst nicht das Geheimnis des Lebens, die Doppelhelix ist es.

Der größte Teil der DNA liegt *in vivo* als B-DNA vor (**Watson-Crick-Struktur**). Grundsätzlich anders aufgebaut ist die **Z-DNA** (◘ Abb. 10.5). Bei dieser DNA-Form handelt es sich um **eine linksgängige** Doppelhelix, die im Vergleich zur B-DNA gestreckter ist und deren große und kleine Furchen weniger stark ausgebildet sind. Die Z-DNA macht insgesamt nur einen sehr kleinen Teil der zellulären DNA aus und findet sich v. a. in GC-rei-

chen DNA-Sequenzen. Über ihre biologische Bedeutung ist lange spekuliert worden; erst durch die Charakterisierung von Proteinen, die spezifisch mit der Z-DNA interagieren, ist eine Beteiligung am **RNA-Editing** (► Abschn. 47.2.4) gezeigt worden. Darüber hinaus ist die Z-DNA sehr immunogen: Z-DNA spezifische Antikörper finden sich häufig bei Autoimmunerkrankungen, z. B. bei Systemischem *Lupus erythematodes*. Die

10

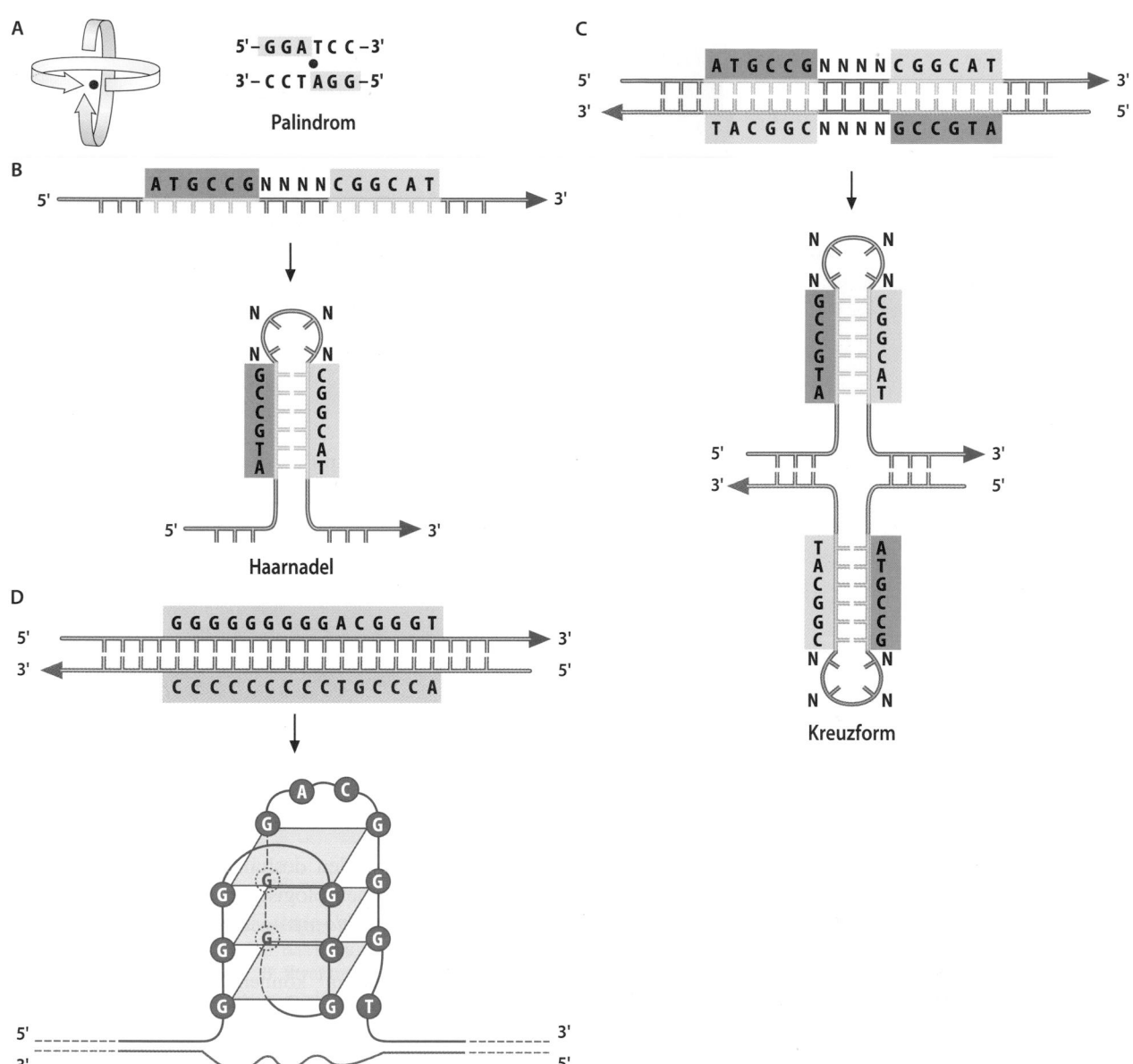

Abb. 10.6 Sequenz-abhängige Bildung von DNA-Strukturen.
A Darstellung einer palindromischen DNA-Sequenz. Der *rote Punkt*
stellt den Schnittpunkt einer horizontalen und einer vertikalen Symmetrieachse dar. **B** In einzelsträngigen DNA-Bereichen können mit

sich selbst komplementäre Sequenzen Haarnadelstrukturen ausbilden. **C** In doppelsträngiger DNA können aus aus *inverted repeats*
kreuzförmige Strukturen entstehen. **D** Guanin-reiche Sequenzen können eine viersträngige G-Quadruplex DNA-Struktur bilden

stande, haarnadelförmige (*hairpin*) oder kreuzförmige
(*cruciform*) Strukturen auszubilden (□ Abb. 10.6B, C).
   Wegen der in Längsrichtung hohen Flexibilität der
DNA können auch DNA-interagierende Proteine eine
Konformationsänderung der DNA auslösen. So bewirkt z. B. die Bindung des TATA-*box binding protein*
(TBP) einen starken Knick in der DNA. TBP bindet
an adenin- und thyminreiche DNA-Abschnitte und die
ausgelöste Konformationsänderung wird für die Transkription der meisten eukaryontischen Gene benötigt
(► Abschn. 46.3.2). Konformationsänderungen der
DNA können auch durch Medikamente ausgelöst werden. Cisplatin, eine zur Behandlung von z. B. Hoden-

tumoren eingesetzte Verbindung, führt zur chemischen
Quervernetzung der beiden DNA-Stränge. Die veränderte Konformation der DNA-Cisplatin-Addukte führt
vermehrt zu Strangbrüchen, die die Apoptose der Tumorzellen auslösen (► Abschn. 45.1 und 51.1).

> Guanin-reiche Sequenzen können eine viersträngige
> DNA ausbilden, die G-Quadruplex-Struktur.

Guanin-reiche DNA-Abschnitte bilden eine weitere
DNA-Form: die **G-Quadruplex-Struktur** (□ Abb.
10.6D). Hierbei handelt es sich um eine viersträngige
DNA, die z. B. häufig an den Enden der Chromoso-

men, den sogenannten **Telomeren**, vorkommt, aber auch an den *origins of replication* (*oris*) in höheren Eukaryonten (▸ Kap. 44). Spezielle DNA-Helikasen sind für die Entfaltung der G-Quadruplex-Struktur während der Replikation verantwortlich. Allerdings finden sich diese Sequenzen nicht nur an den Telomeren und *oris*. Vorhersagen gehen von etwa 400.000 G-Quadruplex-Sequenzen im menschlichen Genom aus. Da sich diese Strukturen häufig in den Promotorbereichen von Proto-Oncogenen finden, wird eine Beteiligung an der Tumorentwicklung angenommen. Auch RNAs können G-Quadruplex-Strukturen bilden. Bei der erblichen Form der **Amyotrophen Lateralsklerose (ALS)** kommt eine dieser G-Quadruplex-Sequenzen in bis zu 1000 Wiederholungen in der mRNA vor, was vermutlich den Transport dieser mRNA aus dem Zellkern in das Cytoplasma reduziert.

❯ Durch Superspiralisierung entstehen kompaktere DNA-Formen.

Die genomische DNA vieler Prokaryonten und Viren, aber auch die mitochondriale DNA der Eukaryonten, ist ringförmig, d. h. die beiden DNA-Stränge bilden eine geschlossene Struktur ohne freie Enden. Bei der DNA-Replikation und -Transkription muss der Doppelstrang allerdings lokal entwunden werden, was zwangsläufig eine erhöhte Torsionsspannung im übrigen Teil der DNA-Doppelhelix auslöst.

Die genomische DNA der Eukaryonten ist zwar linear, aber die DNA-Stränge sind durch den Kontakt mit Proteinen ebenfalls zumindest partiell fixiert, d. h. das Problem der Torsionspannung besteht auch hier. Es leuchtet ein, dass sich die durch lokale Entwindungen ausgelösten sog. Superhelices nicht unbegrenzt entwickeln dürfen, sondern dass die Zelle über Möglichkeiten verfügen muss, die Abweichungen vom normalen Windungszustand zu beheben. Dies geschieht durch lokale Spaltung der Phosphodiesterbindung in einem oder in beiden Strängen der DNA-Doppelhelix und einer nachfolgenden Entspiralisierung. Danach werden die Enden der DNA-Stränge wieder verknüpft. Die hierfür verantwortlichen Enzyme sind die **Topoisomerasen**. Details zum Mechanismus dieser Enzyme werden in ▸ Abschn. 44.3 beschrieben.

10.2.3 Der Aufbau des Chromatins

Der DNA-Gehalt von Säugetierzellen liegt je nach Spezies zwischen 4 und 8 pg/Zelle. Dies ist mehr als 1000-mal so viel wie der DNA-Gehalt von Mikroorganismen. Die höchsten Werte zeigen die Zellen höherer Pflanzen mit mehr als dem 10^4-fachen des DNA-Gehaltes von Bakterienzellen. Dementsprechend variabel ist auch die

sog. **Konturlänge** der DNA. Dieser Wert ergibt sich unter der Annahme, dass die gesamte DNA einer Zelle als lineares Makromolekül vorliegen würde. *E. coli* hätte demnach eine Konturlänge von 1,36 mm, die diploide humane DNA dagegen eine Konturlänge von etwa 1,8 m pro Zelle! Dies bedeutet, dass die Gesamt-DNA eines erwachsenen Menschen (bei einer Zellzahl von etwa 10^{14}) eine Länge von etwa $2 \cdot 10^{11}$ km besitzt, also mehr als die 1000-fache Entfernung zwischen Erde und Sonne ($1,5 \cdot 10^8$ km). Im Allgemeinen ist es jedoch üblich, die Größe von DNA-Abschnitten durch die Zahl der Basen (*base,* b) oder Basenpaare (*base pairs*, bp) anzugeben. Ein DNA-Einzelstrang von 1 kb Größe besteht demnach aus 10^3 Basen, einer von 1 Mb aus 10^6 Basen usw.

Die DNA prokaryontischer Mikroorganismen ist meist ringförmig als stark gefaltetes Gebilde im Cytoplasma lokalisiert. Im Gegensatz dazu befindet sich die DNA aller eukaryontischen Zellen mit Ausnahme der mitochondrialen DNA und der DNA der Chloroplasten (▸ Abschn. 12.1) im Zellkern. Sie bildet dort einen Komplex mit verschiedenen Proteinen, der als **Chromatin** bezeichnet wird. In Anbetracht der riesigen Konturlänge muss die DNA sehr dicht verpackt sein. Hierfür ist ihre Assoziation mit den **Histonproteinen** unter Bildung von **Nucleosomen** von besonderer Bedeutung.

❯ Histone sind DNA-bindende Proteine.

Histone (◻ Tab. 10.1) kommen überwiegend in fünf unterschiedlichen Formen vor und zeichnen sich durch einen hohen Gehalt an basischen Aminosäuren aus. Die Histone H2A, H2B, H3 und H4 sind besonders hoch konservierte Proteine, d. h. sie unterscheiden sich beim Vergleich zwischen verschiedenartigen Spezies nur durch sehr wenige Aminosäuren. Diese Tatsache spricht für ihre besondere Bedeutung bei der DNA-Kondensation im Zellkern. Das Histon H1 ist dagegen geringer konserviert, existiert in gewebsspezifischen Isoformen und

◻ **Tab. 10.1** Die fünf wichtigsten humanen Histonproteine[*]

Bezeichnung	% Arginin	% Lysin	Molekülmasse (kDa)
H1	11	29	19–23
H2A	19	11	14
H2B	16	16	14
H3	13	10	15
H4	14	11	11

[*]Die prozentualen Anteile der basischen Aminosäuren wurden aus den in Datenbanken hinterlegten Sequenzen ermittelt (▸ http://www.ncbi.nlm.nih.gov)

zeigt eine abweichende 3D-Struktur (■ Abb. 10.7A). Das gehäufte Vorkommen basischer Aminosäurereste in den genannten Histonproteinen dient der Neutralisierung des polyanionischen DNA-Rückgrats und erleichtert so die Faltung von Nucleosomen zu höheren Strukturordnungen.

Da inzwischen die Histonproteine ganz unterschiedlicher Spezies kloniert, sequenziert und kristallisiert wurden, sind gesicherte Daten über ihre Raumstruktur vorhanden. Die Histone H2A, H2B, H3 und H4 zeigen einen sehr ähnlichen Aufbau (■ Abb. 10.7A). C-terminal befinden sich α-helicale Abschnitte, von denen je drei eine Domäne bilden, die mit DNA interagieren kann und die auch als *histone fold* bezeichnet wird. Etwa 20–40 Aminosäuren bilden die sog. „Schwanz"-Domäne der Histone (*histone tails*). Diese sind im N-terminalen Abschnitt aller 4 Histonproteine lokalisiert, darüber hinaus aber auch am C-Terminus des Histons H2A. Die Schwanzdomänen der Histone können enzymatisch modifiziert werden und spielen eine wichtige Rolle bei den regulierten Änderungen der Nucleosomenstruktur während Replikation und Transkription (▶ Kap. 44 und ▶ Abschn. 47.2.1).

Neben den fünf genannten Histonen kommen besonders in Vertebraten noch einige seltene Histon-Isoformen vor. So wird z. B. statt H2A punktuell die Variante H2AX in Nucleosomen eingebaut, die bei Doppelstrangbrüchen DNA-Reparaturenzyme rekrutiert. An den Centromeren (▶ Abschn. 43.2) findet man die H3-Variante CENP-A *(centromere protein A)*, die an der Bindung des Spindelapparates beteiligt ist. In manchen Vertebraten ist H1 durch eine sechste Histonform, das H5 ersetzt.

Die Histon-Gene werden fast ausschließlich während der S-Phase des Zellzyklus, also während der DNA-Replikation exprimiert. Eine Besonderheit der Histone ist, dass ihre mRNAs keine Introns enthalten und auch keinen Poly(A)-Schwanz (▶ Kap. 46); dadurch ist die mRNA-Prozessierung und die nachfolgende Translation der Histon-Gene sehr schnell.

❯ Nucleosomen sind die unterste Organisationsebene des Chromatins.

Die Erkenntnisse über den Aufbau der Histonproteine haben zu einer molekularen Beschreibung des bereits 1974 von Roger G.R. Kornberg beschriebenen **Nucleosoms** geführt (■ Abb. 10.8). Nucleosomen enthalten einen aus den Histonproteinen gebildeten sog. Nucleosomenkern *(nucleosome core)*, um den die DNA gewunden ist (■ Abb. 10.7B):

– Die Bildung eines stabilen Nucleosomenkerns beginnt mit der Heterodimerisierung der Histonproteine H3 und H4. Zwei derartige Dimere bilden anschließend ein $(H3–H4)_2$-Tetramer.
– Die Histone H2A und H2B bilden ebenfalls Heterodimere, welche auf beiden Seiten des $(H3-H4)_2$-Tetramers angelagert werden.
– Das auf diese Weise gebildete **Histonoctamer** der Zusammensetzung (H2A-H2B)-(H4-H3)-(H3-H4)-(H2B-H2A) bildet eine scheibenförmige Struktur, um die 146–147 Basenpaare DNA gewunden sind. Die DNA bildet dabei eine flache Superhelix mit 1,8 Windungen.
– Die Schwanzdomänen ragen aus dem globulären Histonoctamer heraus und sind daher für Modifikationen (s. u.) zugänglich.

Das Histon H1 nimmt nicht an der Bildung des Histonoctamers teil, ist jedoch für die Stabilisierung der DNA auf den Histonoctameren und die Aufrechterhaltung höherer Ordnungen der Chromatinstruktur von Bedeutung. H1-Histone bilden eine Familie von sog. *linker*-Histonen (Verbindungshistone) und sind mit den DNA-Zwischenstücken zwischen den Nucleosomen (*linker*-DNA) assoziiert. Neben den Histonen werden für die Ausbildung des Nucleosoms auch histonspezifische Chaperone benötigt, die die Histone mit der DNA zusammenfügen und die vermutlich auch an der Positionierung der Nucleosomen beteiligt sind.

❯ Nucleosomen ordnen sich zu einer linksgängigen Helix, der 30-nm-Faser.

Wie aus ■ Abb. 10.9A zu entnehmen ist, bilden Nucleosomen eine perlenschnurartige Struktur (auch *beads-on-a-string*-Struktur genannt), wobei die zwischen den einzelnen Nucleosomenpartikeln gelegene sog. Verbindungs-DNA (*linker*-DNA) in ihrer Länge variabel ist, in der Regel aber etwa 50–60 Basenpaare umfasst. Das Histon H1 verschließt gewissermaßen das Nucleosom und bestimmt die Länge der Verbindungs-DNA. Die Bildung der Nucleosomen führt zu einer etwa 7-fachen Kondensation der DNA.

Bei physiologischen Salzkonzentrationen bildet die Nucleosomenkette eine 30 nm dicke Faser. Sie entsteht durch spiralförmige Aufwicklung der Nucleosomenkette, wobei jede Windung etwa 6 Nucleosomen enthält (■ Abb. 10.9B, C). Dabei reagieren die positiv geladenen Schwanzdomänen der Histone mit negativ geladenen Bereichen im H2A/H2B-Heterodimer. Diese Spulen-artige Anordnung der Nucleosomen wird auch als **Solenoid** bezeichnet und durch H1-Moleküle stabilisiert, wodurch die DNA etwa 100-fach kondensiert

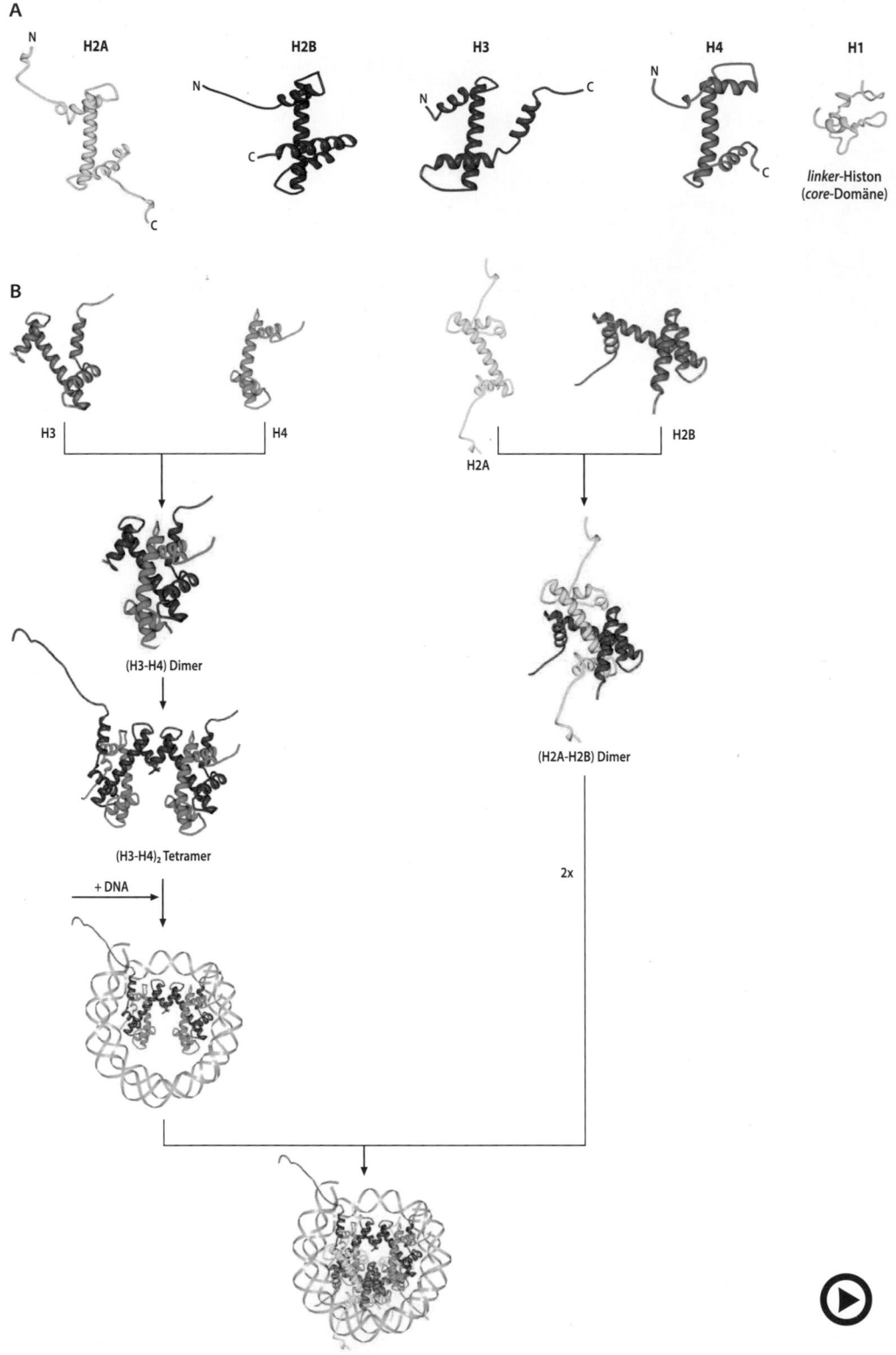

■ **Abb. 10.7** (Video 10.3) **Dreidimensionale Strukturen der Histone.** **A** Strukturen der Kernhistone H2A, H2B, H3 und H4 und des *linker*-Histons H1. Von dem *linker*-Histon H1 ist bislang nur die Struktur der globulären (*core*) Domäne gelöst. Die Abbildungen wurden mit dem Programm ProteinWorkshop 2.0 erstellt. PDB-Koordina-ten: 1AO1 und 1GHC Dreidimensionale Strukturen der Histone. **B Schrittweise Assemblierung des Nucleosomenkerns**. (Einzelheiten s. Text). (Adaptiert nach Alberts 2014, mit freundlicher Genehmigung von Taylor u. Francis) (► https://doi.org/10.1007/000-5et)

A

B

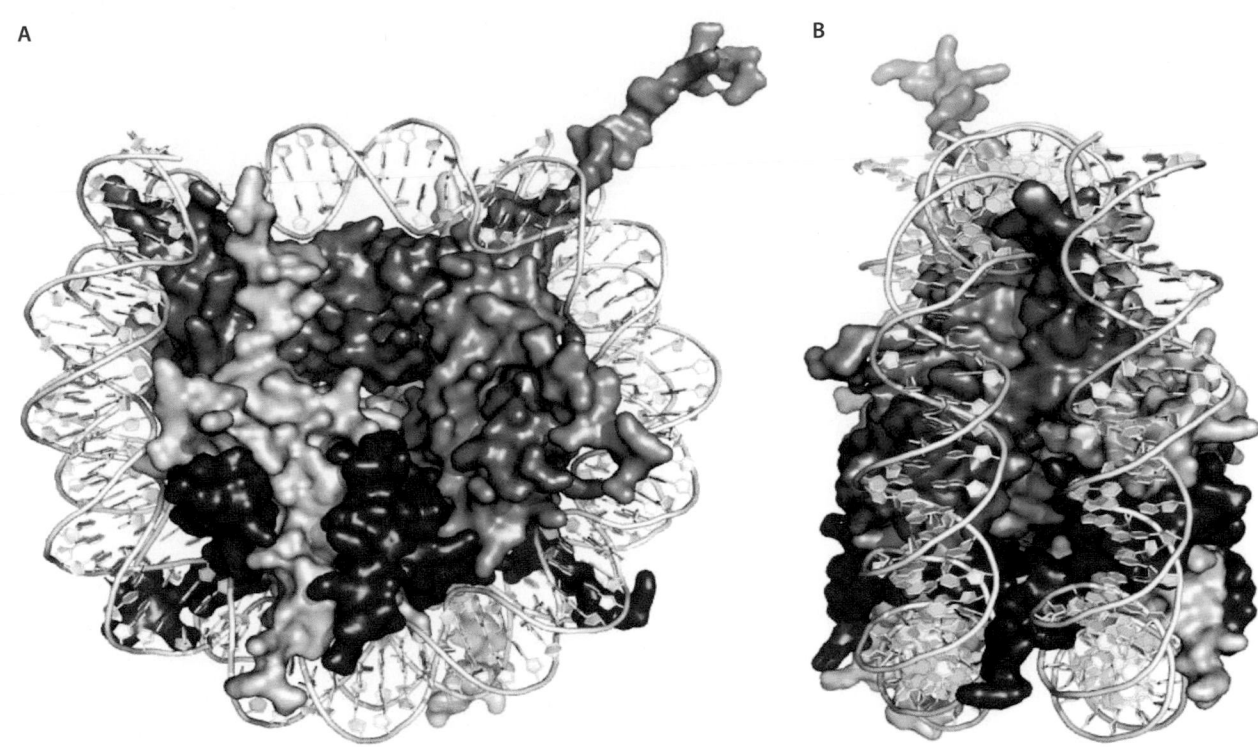

◼ Abb. 10.8   Struktur eines Nucleosomenkerns. A Aufsicht auf die DNA-Superhelix. Die Histone H2A, H2B, H3 und H4 sind *gelb, rot, blau* bzw. *grün* eingefärbt, die DNA hellgrau. **B** Ansicht derselben Struktur nach einer Drehung um 90° um die senkrechte Achse. (Einzelheiten s. Text). (Aus Luger et al. 1997. Reprinted by permission from Springer Nature: Nature, Crystal structure of the nucleosome core particle at 2.8 A resolution, Luger K, Mäder AW, Richmond RK, Sargent DF, Richmond TJ, © 1997)

wird. Neuere Untersuchungen deuten allerdings darauf hin, dass die Chromatinfaser einen eher polymorphen Aufbau besitzt und sich sowohl Solenoid-artige Bereiche als auch Bereiche mit alternativen Strukturen, wie z. B. einer zickzackartigen Anordnung der Nucleosomen finden lassen. Vermutlich sind diese Strukturen sehr dynamisch und werden kontinuierlich neu arrangiert, um die Sequenzinformation in der DNA ablesen zu können. Die Struktur des Chromatins hat unmittelbare Auswirkungen auf die Mutationshäufigkeit. Während Punktmutationen (z. B. Basensubstitutionen, ▶ Kap. 45) gehäuft in dichter gepackten Bereichen der DNA auftreten, finden sich Deletionen und Insertionen häufiger in eher locker verpackten Bereichen. Alternde Zellen zeigen in weiten Bereichen eine verstärkte Kondensation der DNA, was möglicherweise als Schutzmechanismus gegen solche Deletionen/Insertionen dient, aber gleichzeitig auch die Expression von Genen in diesen stärker kondensierten Bereichen reduziert.

Die 30-nm-Faser faltet sich schließlich zu vielen Schleifen, die durchschnittlich etwa 20.000 bp enthalten. Diese Schleifen werden durch ein Proteingerüst stabilisiert, das im Wesentlichen aus dem Histon H1 und sog. **Nicht-Histonproteinen** aufgebaut ist. Diese Proteine machen insgesamt etwa 10 % von der Proteinmenge von Chromosomen aus. Die häufigsten sind **Typ-II-Topoisomerasen** (▶ Abschn. 44.3), die die durch die Kondensation auftretenden Superspiralisierungen auflösen können, und **SMC-Proteine** *(structural maintenance of chromosome)*. Bei SMC-Proteinen handelt es sich um große (1000–1500 Aminosäuren) ATP-bindende Proteine, die mit den Metaphase-Chromosomen (▶ Abschn. 43.3) assoziiert vorliegen. Zusammen mit Histonen und Topoisomerasen stellen sie die häufigsten Chromatinproteine dar. Ein SMC-Monomer besteht aus einer ATPase-Domäne, die über eine lange *coiled-coil*-Struktur (eine Helix, welche ihrerseits zu einer Helix mit größerem Radius gewunden ist) mit einer Gelenkdomäne verbunden ist (◼ Abb. 10.10). SMC-Proteine sind universell konserviert und finden sich sowohl in Bakterien als auch in Eukaryonten, wobei Eukaryonten zwei Klassen von SMC-Proteinen besitzen, die **Kondensine** und die **Kohäsine**. Beiden Klassen ist gemeinsam, dass sie über ihre Gelenkdomänen dimerisieren. Kondensine sind über die gesamte Länge der Chromosomen verteilt und führen in einer ATP-abhängigen Reaktion *supercoils* in die DNA ein, was zu einer verstärkten Kondensation der

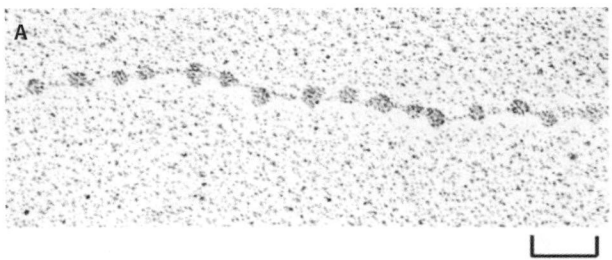

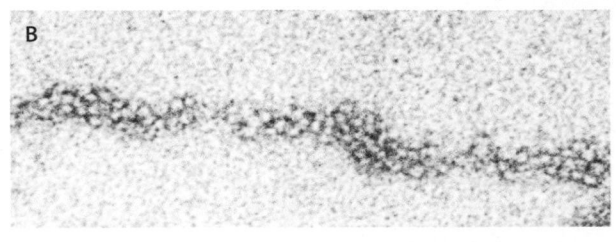

50 nm

C

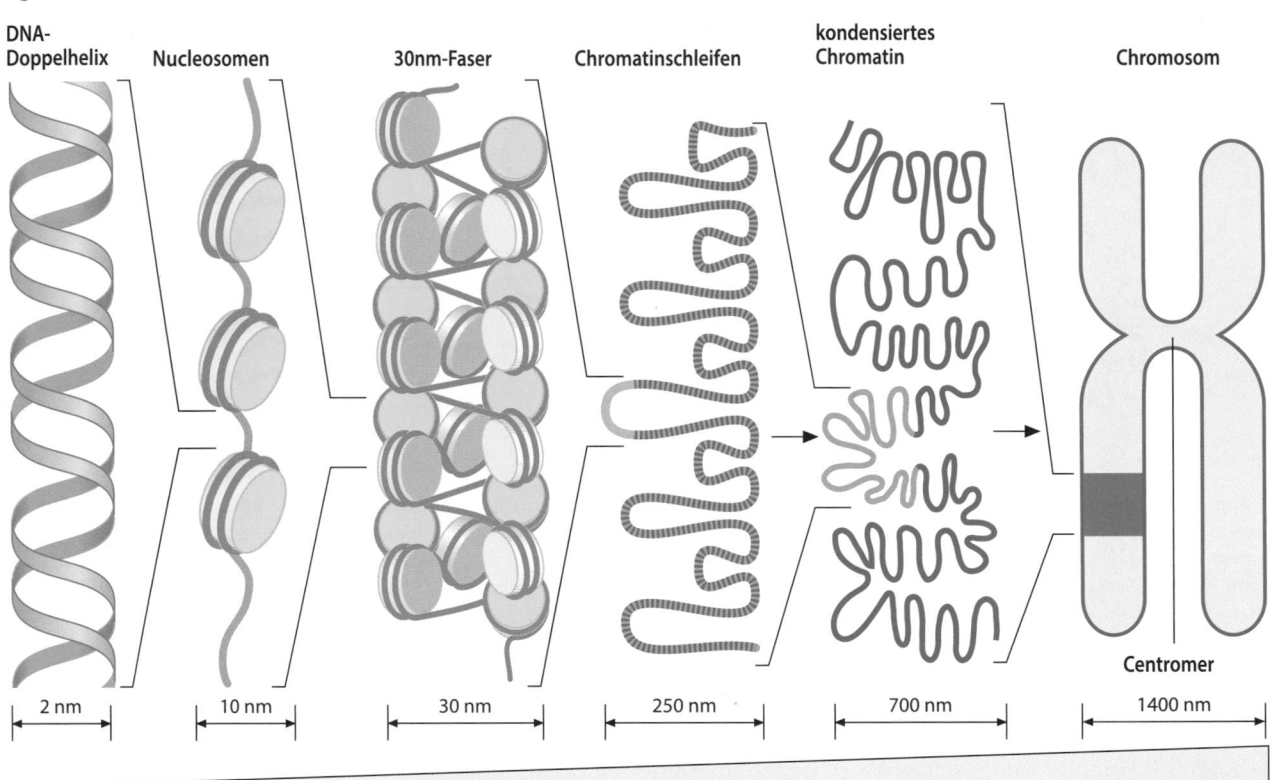

| DNA-Doppelhelix | Nucleosomen | 30nm-Faser | Chromatinschleifen | kondensiertes Chromatin | Chromosom |

Centromer

| 2 nm | 10 nm | 30 nm | 250 nm | 700 nm | 1400 nm |

zunehmende Packungsdichte der DNA

◘ Abb. 10.9 (Video 10.4) **Die Kondensation der DNA. A** Elektronenmikroskopische Aufnahmen von Nucleosomen, die wie Perlen auf einer Kette (*beads-on-a-string*) aufgereiht erscheinen. **B** 30-nm-Faser (Solenoid), die durch Interaktionen zwischen den Nucleosomen entsteht. (A, B aus Alberts et al. 2014, mit freundlicher Genehmigung von Taylor und Francis). **C** Schematische Darstellung der DNA-Verpackung zum Chromosom. (Einzelheiten s. Text) (► https://doi.org/10.1007/000-5ex)

DNA führt. Kohäsine dagegen sind nur an bestimmten Stellen der Chromosomen zu finden und scheinen eine klammerähnliche Struktur zu bilden, die durch **Kleisin**, ein weiteres Protein, stabilisiert wird. Es wird vermutet, dass diese klammerartige Struktur die replizierten Chromosomen (Tochterchromatiden) bis zur Zellteilung zusammenhält, wobei die ATP-Hydrolyse eine Kontraktion oder Ausdehnung der Klammer erlaubt. Während der Mitose (► Abschn. 43.3) wird Kleisin spezifisch gespalten und die replizierten Chromosomen können auf die Tochterzellen verteilt werden. Mutationen in Kohäsinen sind z. B. für die erbliche Form der **Trisomie 21** (Down-Syndrom) verantwortlich. Die SMC-Proteine sind allerdings nicht nur für die korrekte Faltung und Verteilung der Chromosomen zuständig, sondern beeinflussen auch DNA-Reparaturprozesse, die DNA-Replikation und die Transkription.

Über die weitere Strukturbildung zu den **Chromosomen**, die im Vergleich zur DNA-Doppelhelix etwa um

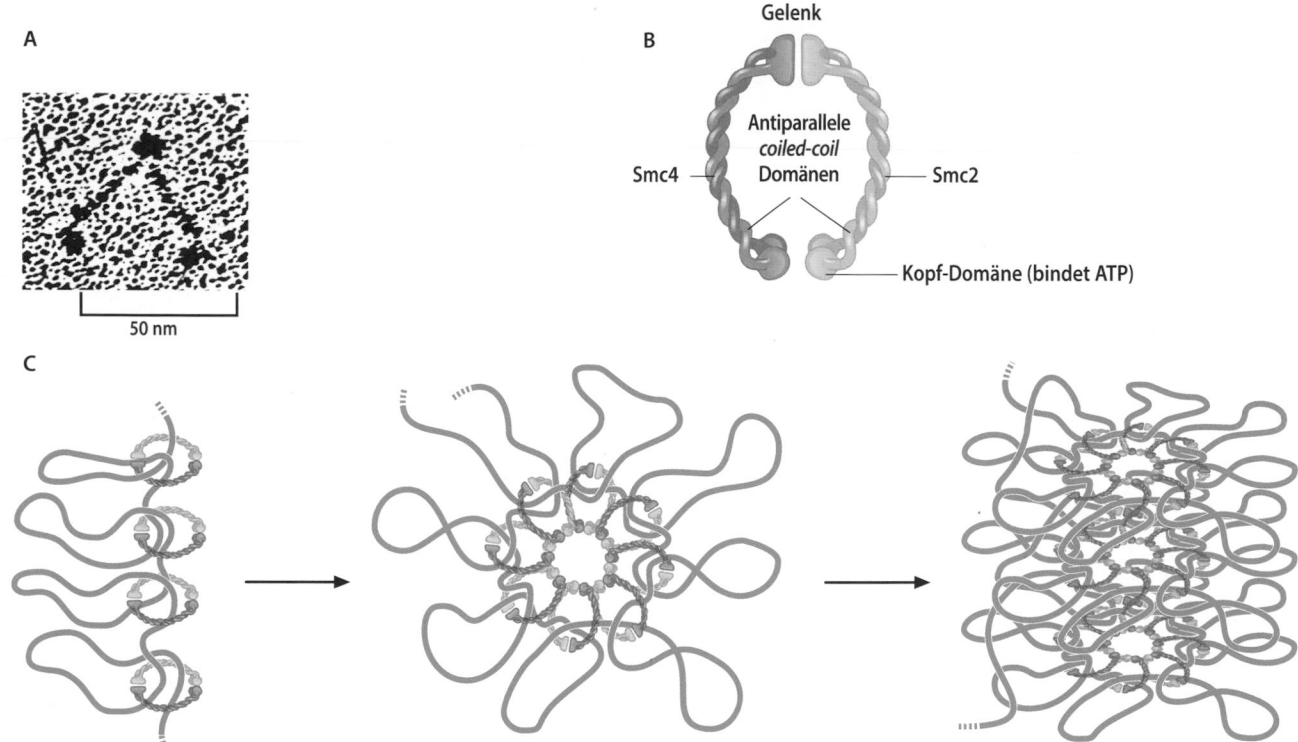

A

50 nm

B

Gelenk

Antiparallele *coiled-coil* Domänen

Smc4

Smc2

Kopf-Domäne (bindet ATP)

C

10

☐ **Abb. 10.10   Struktur und Funktion der SMC (*structural mainte-nance of chromosome*)-Proteine für die DNA-Kondensation. A** Elektronenmikroskopische Aufnahme eines gereinigten SMC-Dimers. Die klammerartige Struktur der SMC-Dimere erlaubt eine stabile Interaktion mit der DNA. (Aus Hirano 2006, mit freundlicher Genehmigung von Macmillan Publishers Ltd). **B** Schematischer Aufbau eines SMC-Protein-Dimers. SMC-Proteine bilden Dimere, die über eine Gelenkdomäne miteinander verknüpft sind. Die Gelenkdomäne ist über eine flexible *coiled-coil*-Domäne mit der ATP-bindenden Kopfdomäne verbunden. **C** Modell der SMC Funktion für die DNA-Kondensation. Der DNA-Doppelstrang ist in hellgrün gezeigt. (Einzelheiten s. Text)

den Faktor 10.000 kondensiert sein müssen, ist bislang wenig bekannt. Allerdings sind Motorproteine (▶ Kap. 13) beteiligt, wie z. B. das überwiegend im Zellkern lokalisierte Kinesin KIF4, das zusammen mit Kondensinen für eine maximale DNA-Kondensation während der Mitose notwendig ist.

❯ Die posttranslationale Modifikation von Histonen reguliert die Kondensation der DNA und die Genexpression.

Die maximale Kondensation der DNA tritt lediglich während der Metaphase des Zellzyklus (▶ Abschn. 43.3) auf, d. h. in der Phase, in der die Chromosomen auf die Tochterzellen verteilt werden müssen. Für die Replikation und Transkription muss die DNA aber zumindest lokal entfaltet sein. Daher wird die Fähigkeit der Histone, mit der DNA zu interagieren, über posttranslationale Modifikationen reguliert. Hierbei werden im Wesentlichen die positiven Ladungen der Histone maskiert, oder es werden negative Ladungen eingefügt. Die posttranslationale Modifikation der Histone dient aber nicht allein dazu, ihre Interaktionen mit der DNA zu modulie-

ren. Zusätzlich ist das Modifizierungsmuster der Histone (der sog. **Histoncode**) auch für die Rekrutierung weiterer chromatinbindender Proteine verantwortlich, z. B. während der DNA-Reparatur oder der Transkription.

Die wichtigsten Histonmodifikationen sind:

- Acetylierung
- Methylierung
- Phosphorylierung
- Ubiquitinierung
- Sumoylierung
- Mono- und Poly(ADP)-Ribosylierung

Die Ubiquitinierung von Proteinen dient häufig als Signal für deren Abbau (▶ Abschn. 49.3.2), bei Histonen leitet diese Modifikation allerdings die DNA-Reparatur ein und steuert die Genexpression. Die Ubiquitinierung findet am häufigsten an den Histonproteinen H2A und H2B statt. So führt eine Ubiquitinierung von H2A häufig zu einer Repression der Transkription, während die Ubiquitinierung von H2B häufig zu einer Aktivierung der Transkription führt. Die Steuerung der Genexpression über Histonmodifikationen ist ein wichtiger Faktor bei der **epigenetischen Vererbung**, d. h. der Weitergabe von Merkmalen durch Me-

chanismen, die nicht DNA-Sequenz-gebunden sind. Sie werden in ▶ Abschn. 47.2.1 besprochen.

> **Zusammenfassung**
>
> DNA zeigt folgende Strukturmerkmale:
> - Der DNA-Einzelstrang ist ein Polydesoxyribonucleotid.
> - Sein Rückgrat wird von Desoxyribosemolekülen gebildet, die durch Phosphodiesterbindungen verknüpft sind.
> - Jede Desoxyribose trägt in N-glycosidischer Bindung eine der vier Basen Adenin, Guanin, Thymin oder Cytosin.
> - DNA liegt als Doppelhelix vor. Diese Struktur wird aus zwei antiparallel verlaufenden DNA-Einzelsträngen gebildet und durch die Basenpaarung von Adenin mit Thymin sowie Guanin mit Cytosin stabilisiert. Stapelkräfte zwischen den π-Elektronen der Purin- und Pyrimidinringe spielen für die Stabilität der DNA ebenfalls eine Rolle.
> - Bei Eukaryonten liegt die DNA im Zellkern als Komplex mit Histon- und Nicht-Histonproteinen vor. Diese Struktur wird als Chromatin bezeichnet.
> - Die Grundeinheit des Chromatins ist das Nucleosom, dessen Kern besteht aus den Histonproteinen H2A, H2B, H3 und H4. Um dieses Histon-Octamer windet sich die DNA. An die linker-DNA zwischen den Nucleosomen bindet das Histon H1, das entscheidend an der weiteren Verpackung der DNA beteiligt ist.

10.3 DNA als Trägerin der Erbinformation

Mit der Identifizierung der DNA als Trägerin genetischer Informationen und ihrer anschließenden Strukturaufklärung kam es zur Entwicklung der Molekularbiologie. Die Verfahren der Gentechnik erweiterten schließlich das zur Verfügung stehende Arsenal von Methoden: Sie haben zur Aufklärung der Struktur nicht nur einfacher bakterieller Genome, sondern im Jahr 2003 auch des komplexen menschlichen Genoms geführt:
- Für die Medizin hat die Molekularbiologie die Entwicklung einer Vielzahl neuer diagnostischer Verfahren ermöglicht.
- Der enorme Fortschritt der DNA-Sequenziertechnologie ermöglicht eines der derzeit ambitioniertesten Projekte der biologischen Forschung, das *Earth BioGenome Project*. Ziel dieses Projektes ist es, innerhalb der nächsten 10 Jahre die Genome aller höheren Lebewesen zu sequenzieren.

- Dank Molekularbiologie und Gentechnologie können in einfach zu handhabenden Zellkulturen (Bakterien, Hefen, Säugerzellen) medizinisch wichtige Verbindungen wie Hormone, Wachstumsfaktoren, Antikörper etc. hergestellt und für die Therapie vieler Erkrankungen eingesetzt werden.
- Gentechnische Verfahren bieten die Möglichkeiten, Pflanzen und Tiere so zu modifizieren, dass die Versorgung der ständig wachsenden Weltbevölkerung mit Nahrungsmitteln verbessert werden kann.
- Es ist in Zukunft vorstellbar, schwer zu behandelnde Erbkrankheiten durch gentechnische Verfahren zu heilen. Im Falle monogenetischer Immunerkrankungen (SCID, *severe combined immunodeficiency*, z. B. aufgrund einer defekten IL-2-Rezeptor γ-Kette oder eines Adenosindesaminase-Mangels) wurde dies bereits erfolgreich durchgeführt.

Für die in der Auflistung genannten Einsatzgebiete muss das genetische Material der entsprechenden Organismen – im Extremfall auch des Menschen – gentechnisch verändert werden. Da im Einzelfall die damit verbundenen Konsequenzen nicht vollständig abzusehen sind, wird die Gentechnik in der Gesellschaft kontrovers diskutiert (▶ Kap. 54 und 55).

10.3.1 Das zentrale Dogma der Molekularbiologie

❯ Bei jeder Zellteilung wird das Genom vollständig verdoppelt.

Bei der Zellteilung und Fortpflanzung ist es von großer Bedeutung, dass eine möglichst genaue Kopie der gesamten DNA einer parentalen Zelle für die entstehenden Tochterzellen gebildet wird. Dieser Vorgang wird als **Replikation** bezeichnet und findet bei eukaryontischen Zellen während der S-Phase (Synthesephase) des Zellzyklus statt. Humane Zellen benötigen für die DNA-Replikation etwa 6–8 h. Die Einzelheiten dieses Vorgangs werden in den ▶ Kap. 43 und 44 beschrieben.

❯ Zur Expression von Genen werden diese in RNA transkribiert.

Als **Gen** wird im Allgemeinen die Nucleotidsequenz bezeichnet, die benötigt wird, um die als Basensequenz auf der DNA codierte Information in einem Genprodukt zu realisieren. Dabei gilt diese Definition unabhängig davon, ob es sich bei dem Genprodukt um ein Protein oder eine RNA handelt, z. B. eine ribosomale RNA oder *transfer*-RNA. Die Umsetzung der genetischen Information beginnt damit, dass die DNA-Sequenz eines

Gens in ein RNA-Molekül übersetzt wird. Dieser Vorgang wird als **Transkription** bezeichnet und ist in ▶ Kap. 46 und 47 beschrieben. Die Gesamtheit der transkribierten Gene eines Organismus oder eines Zelltyps nennt man auch **Transkriptom**.

Durch den Vorgang der **Translation** wird die in der *messenger*-RNA enthaltene Information in eine Aminosäuresequenz übersetzt (▶ Kap. 48). Die Gesamtheit aller synthetisierten Proteine wird als **Proteom** bezeichnet.

Die Aufklärung des Codes, mit dem die fortlaufende Sequenz der Basen auf der DNA mit der Aminosäuresequenz eines Peptids oder Proteins verknüpft ist, gehört zu den großen Leistungen der molekularbiologischen Forschung.

Die DNA ist durch die festgelegte Sequenz der vier Nucleotidbasen Adenin, Thymin, Guanin und Cytosin gekennzeichnet. Nimmt man an, dass aus ihnen ein „Alphabet" mit den vier Buchstaben A, T, G und C gebildet wird, lässt sich leicht berechnen, wie viele Basen für die Festlegung einer Aminosäure benötigt werden. Bausteine aller Proteine sind die 20 unterschiedlichen proteinogenen Aminosäuren. Wenn eine Folge von je 2 Basen eine Aminosäure beschreiben würde, wäre der Code unvollständig, da mit ihm nur $4^2 = 16$ Aminosäuren codiert werden könnten, d. h. in der DNA wird eine Sequenz von mindestens 3 Basen benötigt. Diese kleinste Informationseinheit aus drei Basen, das sog. **Basentriplett**, wird auch als **Codon** bezeichnet. Allerdings können mit drei Basen schon $4^3 = 64$ Aminosäuren codiert werden. Wie man heute weiß, gibt es eine Reihe von Aminosäuren, die durch mehr als ein Triplett codiert werden. Dieses Phänomen wird auch als Degeneration des genetischen Codes bezeichnet (▶ Abschn. 48.1). Unter Zugrundelegung dieser Codierung ist es möglich, aus der Nucleotidsequenz eines Gens die Aminosäuresequenz des codierten Polypeptids abzuleiten.

Das in ◻ Abb. 10.11 dargestellte **zentrale Dogma der Molekularbiologie** formuliert die Beziehungen des Nucleinsäurestoffwechsels zu den wesentlichen zellulären Vorgängen und legt die Richtung des Informationsflusses fest. Entscheidend dabei ist, dass beim Vorgang der Informationsübertragung zwischen DNA und Protein nur die Richtung von der DNA zum Protein, nicht aber die umgekehrte Richtung eingeschlagen wird. In einem Proteinmolekül kann also nicht die Information zur DNA-Synthese gespeichert sein. Nach der Entdeckung der reversen Transkriptase in Retroviren wurde das ursprünglich von Francis Crick vorgeschlagene zentrale Dogma der Molekularbiologie um die Informationsübertragung von RNA in DNA erweitert. Die Informationsweitergabe bei der Zellteilung setzt die DNA-Replikation voraus. Auch hier wurde eine Ausnahme bei z. B. Polio- oder Reoviren gefunden. Im Genom dieser

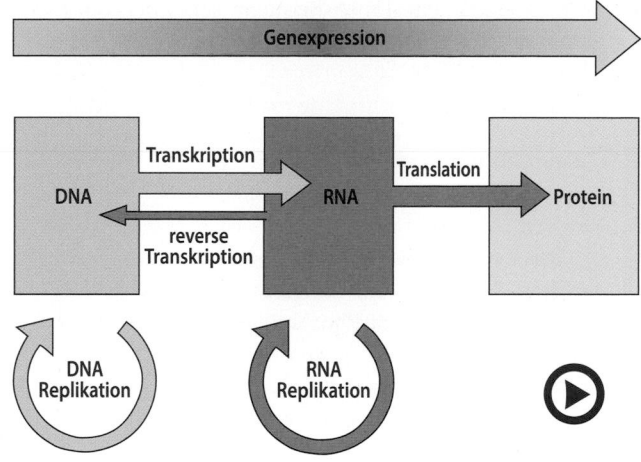

◻ **Abb. 10.11** (Video 10.5) **Erweitertes zentrales Dogma der Molekularbiologie.** (Einzelheiten s. Text) (▶ https://doi.org/10.1007/000-5ey)

Viren sind RNA-abhängige RNA-Polymerasen codiert, die eine direkte Replikation des RNA-Genoms ermöglichen.

10.3.2 Die Struktur von Genomen

Nach der Entdeckung, dass genetisch fixierte Eigenschaften von Organismen in der DNA verschlüsselt sind, war es natürlich von großem Interesse herauszufinden, wie die vielen für einen Organismus typischen Gene in der Gesamtmenge seiner DNA, seinem **Genom**, angeordnet sind. Das Genom bestimmter Viren besteht nur aus wenigen tausend Basenpaaren, deshalb überlappen virale Gene häufig. Im Unterschied hierzu sind bakterielle Genome bereits deutlich größer und überlappende Gene selten. Allerdings ist die Gendichte des Bakterienchromosoms mit etwa 1000 Genen/1 Millionen Basenpaare (Mbp) sehr hoch und die gebildete mRNA ist häufig polycistronisch, d. h. sie enthält die Information für mehrere Proteine. Bei Eukaryonten ist die Gendichte deutlich niedriger als bei Bakterien (beim Menschen etwa 10 Gene/1 Mbp) und die gebildete mRNA ist fast ausschließlich monocistronisch, d. h. sie codiert nur für ein Protein (▶ Kap. 46, 47, und 48).

Die kleinsten Genome findet man in Viren und Bakteriophagen (Viren, die Bakterien als Wirtszellen benutzen). Da Viren und Bakteriophagen allerdings nicht zu einer selbstständigen Lebensweise fähig sind, liefert deren Genom keinen Aufschluss darüber, wie viele Gene ein Organismus benötigt, um autonom leben zu können. Das Genom von *Mycoplasma genitalium*, ist eines der kleinsten bislang sequenzierten Genome freilebender Organismen; es umfasst 0,58 Mbp und enthält 525 proteincodierende Gene, wovon ein großer Teil (>30 %) für die Prozesse der Replikation, Transkription und Trans-

lation benötigt wird. Allerdings sind von den 525 Genen nur etwa 260 Gene essentiell für das Überleben von *M. genitalium*. Ähnliche Ergebnisse wurden auch in dem grampositiven Bakterium *Bacillus subtilis* gewonnen: von den etwa 4000 Genen, die dieser Organismus besitzt, werden nur etwa 250 Gene benötigt, um den Organismus zumindest unter Laborbedingungen am Leben zu erhalten. Daher kann man annehmen, dass für eine autonome Lebensweise mindestens 250 proteincodierende Gene notwendig sind. Aus der Definition eines minimalen Genoms ergibt sich prinzipiell die Möglichkeit, künstliches Leben zu erschaffen. Tatsächlich gelang es Eckhard Wimmer 2002 erstmalig, ein synthetisches Poliovirus zu erzeugen. Mittlerweile ist auch ein künstliches Bakterium erzeugt worden. Dieser als Syn3.0 bezeichnete Organismus wurde von Craig Venter 2016 beschrieben und zeigt ein sechsfach schnelleres Wachstum als *Mycoplasma genitalium*. Syn3.0 verfügt über 473 Gene, allerdings ist die genaue Funktion von etwa einem Drittel dieser Gene (149) bislang unbekannt.

❯ Nahezu alle Gene eukaryontischer Organismen sind auf der chromosomalen DNA lokalisiert.

Mit dem Fortschritt der technischen Möglichkeiten konnte die genetische und strukturelle DNA-Analyse auch auf die wesentlich komplexer aufgebauten Genome zunächst niederer, später auch höherer eukaryontischer Organismen einschließlich des Menschen ausgeweitet werden. Die dabei gewonnenen Erkenntnisse lassen sich folgendermaßen zusammenfassen:

— Auf der DNA sind die unterschiedlichen Gene in einer **linearen Sequenz** angeordnet. Überlappende Gene kommen bei höheren Organismen nur sehr selten vor.

— Im Unterschied zu Prokaryonten ist die Nucleotidsequenz eukaryontischer Gene nicht colinear mit der Aminosäuresequenz des entstandenen Proteins, da eukaryontische Gene aus codierenden Abschnitten (Exons) und nicht-codierenden Abschnitten (Introns) bestehen (▶ Abschn. 46.3.3).

— Der Anteil der Introns in einem Gen kann sehr unterschiedlich sein: während in dem gesamten Hefegenom nur etwa 240 Introns existieren, kann ein einziges menschliches Gen mehr als 100 Introns enthalten. Eine Ausnahme bilden die Histon-Gene beim Menschen, hier scheinen keine Introns vorzukommen.

— Die auf der DNA lokalisierten Gene codieren für die verschiedenen **RNAs** und für **Proteine**.

— Außer im Zellkern kommt in tierischen Zellen DNA noch in Mitochondrien vor. Die **mitochondriale DNA** codiert für wenige mitochondriale Proteine

(▶ Abschn. 12.1.7) und macht nur einen sehr kleinen Bruchteil der gesamten DNA aus.

❯ Die Zahl der Gene in eukaryontischen Organismen ist nicht proportional zur DNA-Menge und spiegelt nicht unbedingt die Komplexität eines Organismus wider.

Bislang sind die Genome von 18.747 eukaryontischen Organismen sequenziert worden, davon 1.010 vollständige oder partielle Sequenzen des Menschen. Darüberhinaus existieren die Sequenzen von 353.087 Prokaryonten, von 44.751 Viren, von 31.359 Plasmiden und 19.331 Organellen (Mitochondrien und Chloroplasten) (Stand August 2021; ▶ http://www.ncbi.nlm.nih.gov/genome/).

Die bis heute durchgeführten Totalsequenzierungen der Genome verschiedener Organismen haben eine Reihe überraschender Befunde erbracht, die in ◘ Tab. 10.2 zusammengefasst sind.

◘ **Tab. 10.2** Genomgröße und Genzahl verschiedener Organismen

Organismus	Genomgröße (Mega-Basenpaare)	Zahl der Gene
HI-Virus (Virus)	0,009	9 (aus denen 15 verschiedene Proteine synthetisiert werden)
Hämophilus influenzae (Bakterium)	1,8	1740
Escherichia coli (Bakterium)	4,64	4397
Saccharomyces cerevisiae (Bierhefe)	12,1	6034
Caenorhabditis elegans (Fadenwurm)	97	19.099
Amoeba dubia (Amoebe)	670.000	Nicht bekannt
Arabidopsis thaliana (Blattpflanze)	100	25.000
Frittilaria assyriaca (Blattpflanze)	120.000	Nicht bekannt
Drosophila melanogaster (Taufliege)	180	13.061
Homo sapiens (Mensch)	3200	ca. 20.000

Das Genom eines komplexen Organismus wie das des Menschen ist etwa 1500-mal größer als das eines einfachen Bakteriums. Auch die anderen untersuchten Vielzeller haben im Vergleich zur Bakterienzelle um das 50- bis 100-fach größere Genome. Diese markanten Größenunterschiede spiegeln sich jedoch nicht in der Zahl der bei den einzelnen Organismen nachgewiesenen Gene wider. Im Vergleich zu Bakterien wie *Escherichia coli* oder *Bacillus subtilis*, verfügt der Mensch lediglich über etwa 5-mal mehr Gene. Besonders augenfällig ist der geringe Unterschied in der Zahl der Gene beim Vergleich des Menschen mit dem Fadenwurm oder der Taufliege. Aus diesen Beobachtungen muss man also schließen, dass die Komplexität eines u. a. mit einem komplizierten zentralen Nervensystem ausgestatteten vielzelligen Säugetiers sich nicht ohne Weiteres aus der Zahl seiner Gene ablesen lässt. Allerdings ist die Zahl der Gene keine einfach zu bestimmende Größe und die verbesserten Analysemethoden haben zur Identifizierung einer stetig wachsenden Zahl kleiner Proteine/Peptide (< 50 Aminosäuren) und kleiner RNAs geführt, sodass die Zahl der Gene bei höheren Organismen möglicherweise deutlich nach oben korrigiert werden muss. Tatsächlich wurde im Rahmen des **ENCODE-Projekts** (▸ https://www.encodeproject.org/) gezeigt, dass etwa 80 % des menschlichen Genoms in entsprechende RNAs transkribiert werden, allerdings sind deren genaue Funktionen weitestgehend unbekannt. Die weitaus meisten dieser RNAs scheinen eine DNA-Bindeaktivität zu besitzen, regulieren also vermutlich die Genexpression.

Dennoch bleibt eine fehlende Korrelation zwischen dem Gesamt-DNA-Gehalt eines Organismus (Chromatin- oder **C-Wert**) und der Zahl seiner Gene, was als **C-Wert-Paradoxon** bezeichnet wird. Es gibt allerdings auch keine strikte Korrelation zwischen der Genomgröße und dem Entwicklungszustand eines Organismus. So besitzt die zur Familie der Liliengewächse zählende *Fritillaria* ein Genom von etwa 120.000 Mbp und das Genom einer einzelligen Amöbe ist etwa 200-mal größer als das Genom des Menschen.

10.3.3 Das menschliche Genom

❯ Die Sequenzierung des menschlichen Genoms hat zu neuen Erkenntnissen über die Zusammenhänge von Anzahl der Gene und deren Expression geführt.

Das humane Genom umfasst ca. 3200 Mega-Basenpaare (Mbp). Diese sind inzwischen vollständig sequenziert, sodass die Zuordnung der bislang identifizierten etwa 20.000 Protein-codierenden (je nach Datenbank zwischen 19.957 (▸ www.gencodesgenes.org) und 20.352 (▸ www.ccb.jhu.edu/chess); Stand August 2021) menschlichen Gene zu den verschiedenen Chromosomen möglich ist. Als Beispiel hierfür ist in ◘ Abb. 10.12 ein Teil der Gen-Karte eines besonders kleinen humanen Chromosoms, nämlich des Chromosoms 21 dargestellt. Eine Liste aller dort lokalisierten Sequenzen kann im Internet unter ▸ http://www.ncbi.nlm.nih.gov/mapview/ (National Center for Biotechnology Information) gefunden werden.

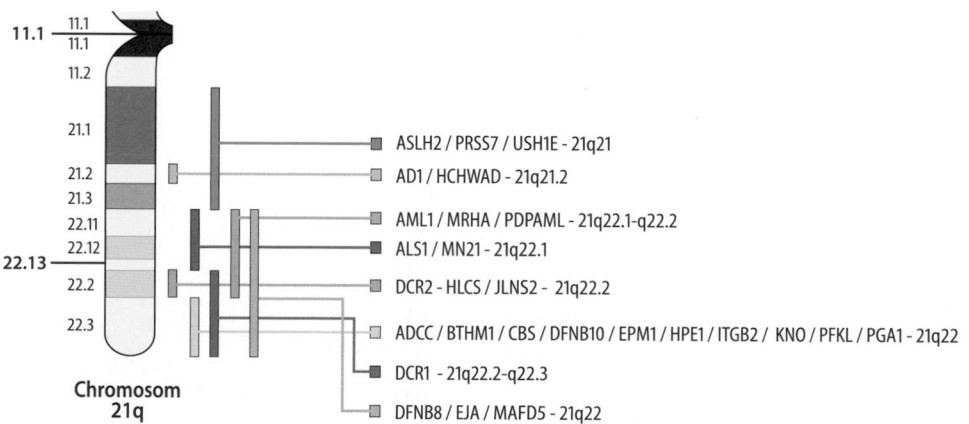

◘ **Abb. 10.12   Gen-Karte eines Teils des humanen Chromosoms 21.** Die jeweiligen Abkürzungen stehen für in der angegebenen Region lokalisierte Krankheitsgene (z. B. AML1, akute myeloische Leukämie; HCHWAD, hereditäre Amyloidose VIb). Die Zahlenangaben links vom Chromosom beschreiben genetische Distanzen zwischen Genloci. Weitere Angaben sind unter ▸ http://www.ncbi.nlm.nih.gov/mapview/zu finden

Erkenntnisse aus der Sequenzierung des humanen Genoms sind:

- Die Gene sind nicht gleichmäßig auf die 46 menschlichen Chromosomen verteilt. Genreiche Abschnitte wechseln sich mit Genarmen Abschnitten ab; dies ist vermutlich der Grund für das Bandenmuster der Chromosomen nach Giemsa-Färbung. Die durchschnittliche Gendichte beträgt etwa 10 Gene/1 Mbp, bei einem durchschnittlichen Abstand von etwa 40.000 bp zwischen den Genen. Besonders wenige Gene finden sich auf Chromosom 13 (649 Gene) und dem Y-Chromosom (397 Gene), während Chromosom 1 sehr viele Gene (3380) enthält.
- Überraschenderweise codieren nur etwa 2 % des Genoms für Proteine, ribosomale RNA oder *transfer*-RNA. Allerdings sind die Introns häufig deutlich größer als die Exons und machen daher in der Regel den größten Teil eines Gens aus. Berücksichtigt man diese zu den Genen dazugehörenden Introns, dann beträgt der Genanteil im menschlichen Genom etwa 30 %.
- Ein durchschnittliches für Proteine codierendes Gen erstreckt sich über 27 kbp und enthält etwa 9 Introns. Die meisten Introns (234) sind im Gen für das Muskelprotein Titin vorhanden, während Histon-Gene keine Introns enthalten. Die codierende Sequenz besteht im Durchschnitt aus etwa 1350 Basenpaaren, d. h. sie codiert für ein Protein mit 450 Aminosäuren, was einer molekularen Masse von etwa 50 kDa entspricht.
- Die Analyse der für Proteine codierenden Gene ergibt eine klare Einteilung in eine Reihe unterschiedlicher Proteinfamilien (◘ Abb. 10.13). Etwa 50 % der vorhergesagten Proteine lassen sich allerdings bisher noch nicht zuordnen. Dies gilt im Übrigen für fast alle bisher sequenzierten Organismen: für etwa 50 % der vorhergesagten Proteine lässt sich bislang keine Funktion postulieren.
- Das menschliche Genom ähnelt dem bakteriellen Genom dahingehend, dass von den etwa 20.000 für Proteine codierenden, menschlichen Genen 7,5 % für Proteine codieren, die am Nucleinsäurestoffwechsel beteiligt sind (z. B. Replikation, Rekombination, Reparatur). Ebenso ist der Anteil der Gene, die für Stoffwechselenzyme codieren mit etwa 7–8 % bei Bakterien und beim Menschen sehr ähnlich, auch wenn natürlich die absolute Zahl der Enzyme beim Menschen deutlich höher ist als bei Bakterien.

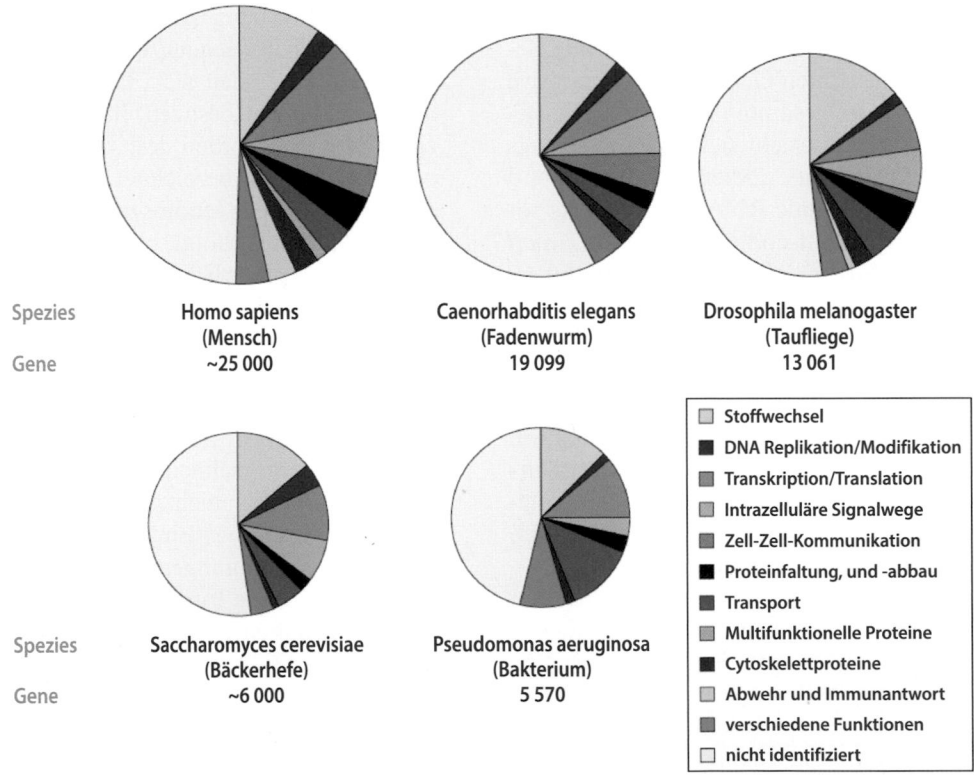

◘ **Abb. 10.13** **Verteilung der Funktionen proteincodierender Gene in unterschiedlichen Genomen.** Die Flächen der Tortendiagramme sind proportional zur Zahl der Gene. Weitere Informationen unter ▶ http:// www.ncbi.nlm.nih.gov/mapview/ (National Center for Biotechnology Information, Stand August 2021)

– Im Unterschied zu Bakterien codiert das menschliche Genom allerdings für eine große Zahl von Transkriptionsfaktoren sowie für Signal- und Regulatorproteine, die insgesamt fast 20 % der codierenden Sequenz ausmachen. Zusätzlich codiert das menschliche Genom natürlich für eine Vielzahl von Proteinen, die an der Immunabwehr beteiligt sind.

Es wird vermutet, dass humane Zellen trotz der nur etwa 20.000 Protein-codierenden Gene mehr als 100.000 verschiedene Proteine bilden können. Vermutlich gelingt dies im Wesentlichen über zwei Mechanismen. Durch alternatives Spleißen (▶ Abschn. 47.2.3) können aus einem Gen mehrere verschiedene Genprodukte synthetisiert werden und durch posttranslationale Modifikation (▶ Abschn. 49.3) können synthetisierte Proteine weiter verändert werden, z. B. durch limitierte Proteolyse oder Glycosylierung. Es wird geschätzt, dass allein etwa 70.000 Proteinvarianten durch unterschiedliche Spleißvorgänge entstehen (▶ https://www.uniprot.org/).

❯ Das menschliche Genom enthält verschiedene Arten von repetitiven Sequenzen.

Neben dem Protein-codierenden Anteil der Gene (Exons, ca. 2 % des Genoms) und dem nicht-codierenden Anteil der Gene (Introns, etwa 28 % des Genoms) enthält das menschliche Genom viele nicht-codierende Bereiche (etwa 20 % des gesamten Genoms) und repetitive Sequenzen (etwa 50 % des gesamten Genoms). Die Bezeichnung nicht-codierend bezieht sich dabei allerdings allein auf den nicht für Proteine codierenden Anteil und beinhaltet Gene für ribosomale RNAs und tRNAs sowie für kurze und lange nicht-codierende RNAs (*small and long non-coding RNAs*, ncRNA) (▶ Abschn. 10.4). Darüberhinaus zählen Pseudogene und Genfragmente sowie die die Gene umgebenden untranslatierten Regionen am 5'- und 3'-Ende (5'-UTR und 3'-UTR) dazu. Bei Pseudogenen handelt es sich um inaktive Kopien Protein-codierender Gene, die häufig durch Genduplikation entstanden sind und durch Mutationen inaktiviert wurden. Das menschliche Genom enthält etwa 13.000 dieser Pseudogene. Genfragmente wiederum sind durch unvollständige Genduplikation entstanden.

Bei den repetitiven Sequenzen handelt es sich um DNA-Abschnitte, die einen hohen Anteil sich wiederholender Nucleotidsequenzen enthalten. Diese repetitiven Sequenzen existieren insbesondere bei höheren Organismen und sind eine Erklärung für das C-Wert-Paradoxon. Man unterscheidet im Einzelnen:

– Satelliten-DNA, die etwa 8 % des menschlichen Genoms ausmacht und aus repetitiven Sequenzen von unterschiedlicher Länge bestehen. Ganz kurze Sequenzwiederholungen werden auch als **STRs** (*short tandem repeats;* **Mikrosatelliten**) bezeichnet; sie bestehen aus nur wenigen (häufig 2–5) sich wiederholenden Basenpaaren, die in der Regel 10- bis 100-mal wiederholt auftreten. Hierzu zählen die **Telomere** (▶ Abschn. 44.5), die an den Chromosomenenden lokalisiert sind und bei denen die Sequenzabfolge (TTAGGG) allerdings mehr als 1500-mal wiederholt ist. Zu den STRs zählen auch die **Centromere**, an denen der Spindelapparat während der Zellteilung bindet (▶ Abschn. 13.3 und 43.2). Individuelle Unterschiede in der Zahl der STR-Wiederholungen werden für genetische Profile genutzt, z. B. beim **Vaterschaftstest** oder in der **Gerichtsmedizin (Forensik)** (▶ Kap. 54). Längere repetitive Sequenzen (10–100 Nucleotide) werden als **Minisatelliten** oder VNTRs (*variable number of tandem repeats*) bezeichnet und sie bestehen in der Regel aus fünf bis 50 Wiederholungen. **Makrosatelliten** können aus mehreren tausend Nucleotiden bestehen und enthalten häufig eine CG-Sequenzwiederholung. Die Base Cytosin in dieser CG-Sequenz wird häufig methyliert, was neben der Histonmodifizierung ein weiteres Merkmal der epigenetischen Vererbung ist (▶ Kap. 46 und ▶ Kap. 47).

– **Transponierbare Sequenzen.** In fast allen Pro- und Eukaryonten finden sich DNA-Sequenzabschnitte, die die Fähigkeit besitzen, ihre Position im Genom zu ändern. Sie werden deshalb als **springende Gene** oder **Transposons** bezeichnet und machen etwa 42 % des menschlichen Genoms aus. Da die Transposition häufig replikativ erfolgt, bleibt das Transposon auch an seiner ursprünglichen Position erhalten und das Genom vergrößert sich. Das häufigste Transposon im menschlichen Genom ist die *Alu*-Sequenz, die aus etwa 300 bp besteht und in mehr als 50.000 Kopien vorkommt. Ihre Bezeichnung leitet sich von dem Restriktionsenzym *Alu*I ab, das die Alu-Sequenz in zwei Fragmente schneidet. Alu-Sequenzen werden transkribiert, aber nicht translatiert; sie haben aber möglicherweise einen Einfluss auf die Genexpression unter Stressbedingungen. Generell scheinen Transposons aber keine Funktion zu besitzen, außer sich selbst zu erhalten, weshalb sie von Francis Crick als „egoistische DNA" bezeichnet worden sind. Es lassen sich zwei Klassen unterscheiden: Bei **Klasse I Transposons** handelt es sich um sogenannte **Retrotransposons**, bei denen die DNA-Sequenz zunächst

durch die RNA-Polymerase in RNA überschrieben wird. Die gebildete RNA wird dann über Reverse Transkriptase wieder in DNA umgewandelt, die sich anschließend an anderer Stelle integrieren kann. Diese Retrotransposons sind vermutlich retroviralen Ursprungs. Je nach Länge wird zwischen **SINE** (*short interspersed nuclear elements*), wozu die Alu-Sequenz zählt und **LINE** (*long interspersed nuclear elements*) unterschieden. LINEs haben eine Länge von etwa 7000 bp und codieren häufig für die reverse Transkriptase. Obwohl LINEs für reverse Transkriptase codieren können, werden sie zur nicht-codierenden DNA gezählt, da die reverse Transkriptase allein der Transposon-Vermehrung dient. SINEs und LINEs machen etwa 33 % des menschlichen Genoms aus. Weitere Retrotransposons beim Menschen sind solche mit langen terminalen Wiederholungen (*long terminal repeats*, **LTRs**), die etwa 7 % des menschlichen Genoms ausmachen. Deutlich seltener sind Klasse-II-Transposons, die im Unterschied zu Klasse-I-Transposons nicht zur Vergrößerung des Genoms beitragen und deren Transposition nicht über RNA-Intermediate erfolgt. Spezielle Enzyme, die als Transposasen bezeichnet werden, entfernen das Transposon an einer Stelle des Genoms und integrieren es an anderer Stelle. Wegen dieser nicht-replikativen Transposition beträgt der Anteil der Klasse-II-Transposons nur etwa 2 % des menschlichen Genoms.

Die nicht-codierende DNA beim Menschen und anderen Lebewesen ist ursprünglich als „Ramsch-DNA" (*junk*-DNA) bezeichnet worden, als DNA ohne biologische Funktion. Allerdings zeigt ein Vergleich der Genomsequenzen von Nagetieren (Rodentia) und Beuteltieren (Marsupialia), dass sich beide im Wesentlichen im nicht-codierenden Anteil des Genoms unterscheiden. Dies ist ein Hinweis darauf, dass der nicht-codierende Anteil des Genoms eine wichtige Rolle bei der Entstehung der Arten spielt. Die Beobachtung, dass beim Menschen etwa 80 % des gesamten Genoms in RNAs transkribiert werden, spricht ebenfalls für eine Bedeutung dieser nicht-codierenden Bereiche. Allerdings sind die gebildeten RNAs z. T. sehr klein und besitzen nur eine sehr kurze Lebensdauer, weshalb ihr Nachweis sehr schwierig ist. Dennoch zeigt die steigende Zahl regulatorischer RNAs, dass die nicht-codierenden Bereiche eine wichtige Aufgabe bei der Regulation der Genexpression spielen.

> Einzelnucleotid-Polymorphismen stellen die häufigste DNA-Sequenzvariation des Humangenoms dar.

Unter einem **Einzelnucleotidpolymorphismus** (*single nucleotide polymorphism, SNP*) versteht man eine Sequenzvarianz in nur einer Nucleotidbase innerhalb eines definierten DNA-Abschnitts zwischen verschiedenen Individuen einer Spezies. Wenn man diesen DNA-Abschnitt beim Menschen sequenziert, findet man also bei einem bestimmten Prozentsatz der Bevölkerung z. B. die Base T, beim Rest die Base C. SNPs machen etwa 90 % der genetischen Unterschiede zwischen Individuen aus und können als genetische Marker dienen, deren Vererbung von Generation zu Generation verfolgt werden kann. Man kennt inzwischen mehrere Millionen SNPs, von denen einige 10.000 in codierenden Regionen liegen. Sie können, müssen aber nicht, Aminosäuresubstitutionen verursachen. Liegen SNPs innerhalb von regulatorischen Regionen, so können sie zu Unterschieden in der Proteinexpression führen. Gegenwärtig wird intensiv untersucht, inwieweit bestimmte SNPs mit der individuellen Anfälligkeit für bestimmte Erkrankungen korrelieren. Der technologische Fortschritt erlaubt die Genomsequenzierung von Individuen und damit die Identifizierung aller SNPs in einem Menschen, was die Voraussetzungen für eine personalisierte medizinische Therapie schafft.

Zusammenfassung

Auf dem DNA-Doppelstrang sind die Gene in linearer Sequenz lokalisiert. Während Bakterien über ein einziges ringförmiges DNA-Molekül verfügen, sind die DNA-Moleküle eukaryontischer Organismen auf die für jeden Organismus in charakteristischer Zahl vorliegenden Chromosomen verteilt, die allerdings erst während der Mitose sichtbar werden. Somatische Zellen von Wirbeltieren enthalten einen diploiden, Gameten dagegen nur einen haploiden Chromosomensatz. Durch die Fortschritte der molekularbiologischen Verfahren ist es inzwischen gelungen, die Genome von etwa 300.000 Organismen einschließlich des Menschen vollständig zu sequenzieren und zu analysieren. Als wichtiger Befund hat sich dabei ergeben, dass keine direkte Beziehung zwischen der Komplexität eines Organismus und der Zahl seiner Gene besteht. Nur weniger als 2 % des menschlichen Genoms codieren für Proteine, der Rest sind nicht-codierende Sequenzen, zu mehr als 50 % repetitive Sequenzen. Die gesamte DNA einer Zelle macht deren **Genom** aus, die Gesamtzahl der in RNA transkribierten Gene, das **Transkriptom** und die Menge der in Proteine translatierten Gene das **Proteom**.

Geschichte eines gewaltigen Projektes

- 1985 Charles De Lisi, Department of Energy, USA, diskutiert die Möglichkeiten der Sequenzierung des menschlichen Genoms.
- 1988 James Watson gründet das Office of Human Genome Research, später National Center for Human Genome Research und beginnt mit der Einwerbung öffentlicher Mittel.
- 1990 Man ist sich einig, dass das menschliche Genom vor der Sequenzierung kartiert werden muss.
- 1992 Francis Collins löst James Watson als Leiter des Projektes ab. Verschiedene internationale Gruppen schließen sich an.
- 1997 Die internationalen Partner des Genomprojektes einigen sich während einer Tagung auf den Bermudas über die Bedingungen des öffentlichen Zugangs zu den Sequenzdaten und verpflichten sich, Daten innerhalb von 24 Stunden zugänglich zu machen (Bermuda-Prinzipien).
- 1998 Craig Venter gründet die Firma Celera und kündigt die kommerzielle Sequenzierung des menschlichen Genoms nach einem einfacheren Verfahren an. Celera wird sich nicht an die Bermuda-Prinzipien halten.
- 1999–2000 Durch internationale Kollaboration von Gruppen in den USA, Japan und Europa gelingt die vollständige Sequenzierung der menschlichen Chromosomen 21 und 22.
- 2001 Zeitgleich wird die erste Rohsequenz des menschlichen Genoms, die etwa 90 % des Genoms umfasst, von der öffentlich geförderten Gruppe in der Zeitschrift Nature und von Craig Venter, Celera, in der Zeitschrift Science veröffentlicht.
- 2003 Vorläufiger Abschluss der Sequenzierung des humanen Genoms; Aktualisierungen laufen noch immer (▶ http://www.ncbi.nlm.nih.gov/mapview/ – National Center for Biotechnology Information).
- 2003 Beginn des ENCODE Projekts (Encyclopedia of DNA Elements) zur Bestimmung aller gebildeten RNAs beim Menschen.
- 2008 Das Human Microbiome Project (▶ https://hmpdacc.org/) beginnt mit der Identifizierung der mikrobiellen Flora des Menschen und analysiert deren Einfluss auf den Gesundheitszustand.
- 2016 Das Genome-Project – Write wird angekündigt. Neue Technologien, um synthetische Genome zu erzeugen sollen entwickelt werden.
- 2018 Das EarthBioGenome Projekt möchte innerhalb der nächsten 10 Jahre bis zu 15 Millionen Genome sequenzieren.

10.4 Funktion und Struktur der RNA

Zellen enthalten wesentlich mehr RNA als DNA, auch sind die Funktionen der RNA vielfältiger als die der DNA (◘ Tab. 10.3):

- Aufgrund ihrer Fähigkeit zur spezifischen Basenpaarung nimmt RNA an der Codierung und Decodierung genetischer Information teil und ist damit ein essentieller Bestandteil der Transkriptions- und Translationsmaschinerie.
- Im Gegensatz zur DNA können RNA-Moleküle über wichtige strukturgebende oder katalytische Eigenschaften verfügen. Sie sind Bestandteile z. B. der Ribosomen (▶ Kap. 48), der Telomerase (▶ Kap. 44) und des *signal recognition particle* (SRP) (▶ Kap. 49).
- Ebenso wie DNA, sind RNA-Moleküle fast immer an Proteine gebunden, was ihre Stabilität und die Spezifität der RNA-vermittelten Mechanismen erhöht.
- RNA-Moleküle dienen als Katalysatoren. Sie knüpfen die Peptidbindung bei der ribosomalen Proteinbiosynthese und sind am Vorgang des Spleißens der Prä-mRNA und der Prä-tRNA beteiligt. Häufig wird anstelle von Prä-mRNA auch der Begriff hnRNA (*heterogeneous nuclear*-RNA) verwendet. Dies ist nicht ganz korrekt, da hnRNA nicht nur die zahlreichen Prä-mRNAs im Zellkern, sondern auch alle Zwischenstufen von Spleißprodukten der Prä-mRNA beschreibt.
- RNA-Moleküle nehmen eine große Zahl regulatorischer Aufgaben wahr, die sich auf alle Aspekte der Genexpression erstrecken, z. B. die Hemmung der Translation von mRNA oder die Regulation der mRNA Stabilität (▶ Kap. 47). Dies ist die am wenigsten charakterisierte und gleichzeitig die am schnellsten wachsende Gruppe von RNA-Molekülen.

◘ Tab. 10.3 zeigt eine Einteilung der RNA-Moleküle nach funktionellen Gesichtspunkten.

Codierende RNA *Messenger*-RNAs (mRNA) dienen als Matrize bei der Proteinbiosynthese. Sie entstehen aus Prä-mRNAs, den primären Transkripten der für Proteine codierenden Gene (beim Menschen ca. 20.000). Die einzelnen Schritte dieser Reaktionsfolge sind komplex, da sie nicht nur die Anheftung einer *cap*-Gruppe und eines Poly(A)-Endes beinhalten, sondern auch die Entfernung der Introns, die nicht für die Proteinsynthese benötigt werden (▶ Abschn. 46.3.3).

◼ **Tab. 10.3**   Klassifizierung der RNA

Typ	Bezeichnung	Funktion	Besprochen in Kapitel
Codierende RNA	*messenger*-RNA (mRNA)	Matrize bei der Proteinbiosynthese	46–48
Nicht-codierende RNA mit struktureller und z. T. katalytischer Funktion	*transfer*-RNA (tRNA)	Proteinbiosynthese	46–48
	Ribosomale RNA (rRNA)	Strukturelement der Ribosomen	46–48
		Katalysator bei der Knüpfung der Peptidbindung	48
	small-nuclear-RNA (snRNA)	Strukturelement der Spleißosomen	46
		Spleißen der Prä-mRNA	46
	small-nucleolar-RNA (snoRNA)	Modifikation von RNA; Spleißen der Prä-rRNA	46
	7SL-RNA im *signal recognition particle* (SRP)	Intrazellulärer Proteintransport	49
	Ribonuclease P-RNA	Reifung der Prä-tRNA	46
	Telomerase-RNA	DNA-Synthese an den Telomeren	44
Nicht-codierende RNA mit regulatorischer Funktion	*micro*-RNA (miRNA)	Abbau von mRNA	46
	small-interfering-RNA (siRNA)	Hemmung der Translation Regulation der Genexpression	46
	antisense-RNA	Regulation der Genexpression	46
	long-non-coding-RNA Zirkuläre RNA (circRNA)	z. B. Xist (X-inactive specific transcript): Inaktivierung des X-Chromosoms Stabilisierung und Transport anderer RNAs; einige scheinen in Protein translatiert zu werden, wären dann also codierend	10 10

Nicht-codierende RNA mit strukturellen und z. T. katalytischen Funktionen   Diese umfangreiche, nicht für Proteine codierende Gruppe von RNA-Molekülen (*noncoding*-RNA) nimmt entweder als struktureller Bestandteil und/oder als Katalysator an verschiedenen Stufen der Genexpression teil:

— **Transfer-RNAs** (tRNAs) dienen nach Beladung mit der jeweiligen Aminosäure als Adaptermoleküle für die Proteinbiosynthese (▶ Abschn. 48.2). Da in Proteinen insgesamt 20 unterschiedliche Aminosäuren vorkommen können (mit Selenocystein sind es sogar 21, ▶ Abschn. 3.2.2 und 60.2.10), muss die Minimalausstattung einer Zelle aus wenigstens 20 tRNA-Molekülen bestehen. In Wirklichkeit liegt diese Zahl aber höher, da für die einzelnen Aminosäuren eine unterschiedliche Zahl von Codons (Degeneration des genetischen Codes) vorkommt. Allen tRNA-Molekülen liegt ein gemeinsamer Bauplan zugrunde. Sie bestehen aus je 65–110 Nucleotiden. Unter der Annahme, dass die maximal möglichen Basenpaarungen innerhalb eines einkettigen tRNA-Moleküls stattfinden, ergibt sich eine klee-

blattförmige Sekundärstruktur (◼ Abb. 10.14B). Aus Röntgenstrukturanalysen weiß man allerdings, dass die verschiedenen Schleifen sehr eng beieinander liegen, sodass sich insgesamt das Bild eines L-förmigen Stäbchens ergibt (◼ Abb. 10.14C).

— **Ribosomale RNA** (rRNA) kommt in verschiedenen Fraktionen mit Sedimentationskoeffizienten zwischen 5S und 28S und entsprechend unterschiedlichen molekularen Massen vor. Sie sind Bestandteile der Ribosomen. Die 28S-rRNA spielt als Ribozym (katalytisch aktive RNA) bei der ribosomalen Proteinbiosynthese als Peptidyltransferase eine entscheidende Rolle für die Knüpfung der Peptidbindung (▶ Abschn. 48.3).

— **Small-nuclear-RNAs** (snRNAs) sind eine Klasse kleiner RNA-Moleküle (etwa 150 Nucleotide), die sich im Zellkern befinden. Sie werden durch RNA-Polymerase II oder III gebildet. Sie sind v. a. am Spleißen der Prä-mRNA (▶ Abschn. 46.3.3) beteiligt und immer mit Proteinen zu *small nuclear ribonucleoproteins* (snRNPs) assoziiert. Die snRNAs werden auch als U-RNA bezeichnet und die snRNAs

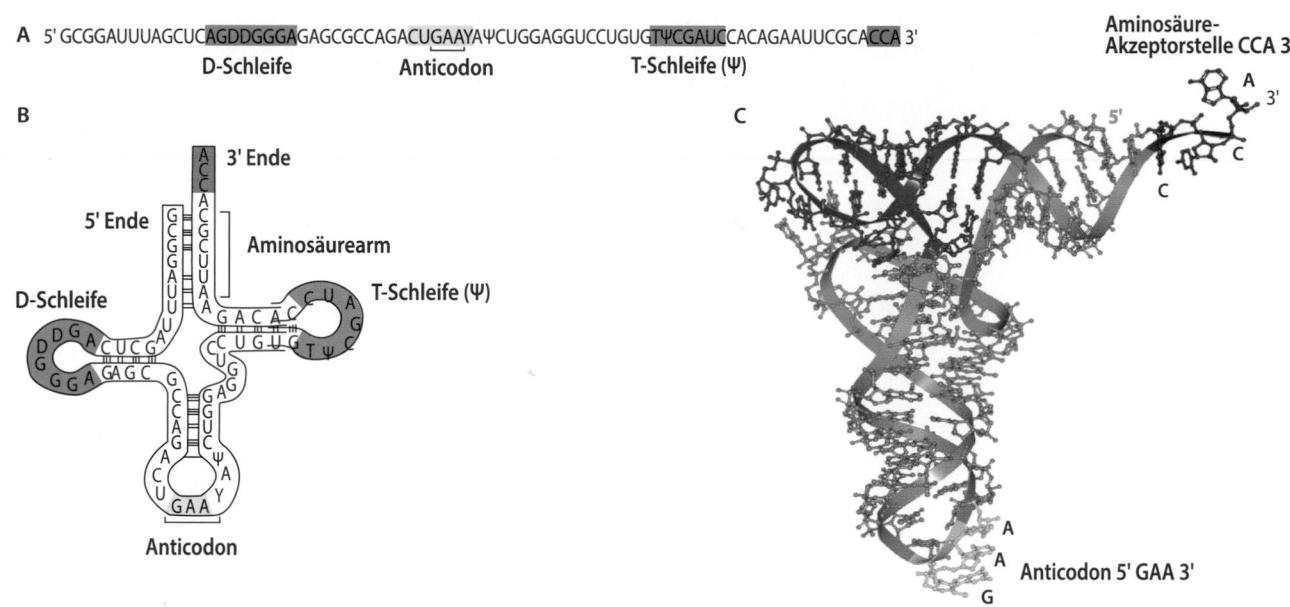

A 5' GCGGAUUUAGCUCAGDDGGGAGAGCGCCAGACUGAAYAΨCUGGAGGUCCUGUGTΨCGAUCCACAGAAUUCGCACCA 3'
  D-Schleife   Anticodon   T-Schleife (Ψ)

B   5' Ende · 3' Ende · Aminosäurearm · D-Schleife · T-Schleife (Ψ) · Anticodon

C   Aminosäure-Akzeptorstelle CCA 3' · Anticodon 5' GAA 3'

☐ **Abb. 10.14   Struktur einer tRNA. A** Primär-, **B** Sekundärstruktur (Kleeblattstruktur), **C** 3D-Struktur der Phenylalanin-tRNA. *Rot*: Aminosäureakzeptorstelle (CCA); *gelb*: Anticodon; *grün*: D (Dihydrouridin)-Schleife; *blau*: Ψ (Pseudouridin)-Schleife. (A, B From Molecular Biology of the Cell, Sixth EDITION by Bruce Alberts, et al. 2014 Copyright © 2014 by Bruce Alberts, Alexander Johnson, Julian Lewis, Martin Raff, Keith Roberts, and Peter Walter. Used by permission of W. W. Norton & Company, Inc.)

U1, U2, U4, U5 und U6 bilden zusammen mit mehr als 150 Proteinen das Spleißosom. Die Bezeichnung U-RNA leitet sich von ihrem hohen Uridin-Gehalt ab. An der Assemblierung der snRNPs sind Proteine wie das Protein *survival motor neuron-1* (SMN1) beteiligt und Mutationen in diesem Protein führen zur **Spinalen Muskelatrophie**, nach der Duchenne Muskelatrophie (▶ Kap. 63) die häufigste neuromuskuläre Erkrankung.

— **Small-nucleolar-RNAs** (snoRNAs) sind eine Klasse kleiner RNA-Moleküle (etwa 100–170 Nucleotide), die im Nucleolus lokalisiert sind. Zusammen mit Proteinen bilden sie die *small nucleolar ribonucleoproteins* (snoRNPs). Sie sind sie an der Modifikation von RNA-Molekülen beteiligt, insbesondere von rRNAs. Hierzu gehört die 2'-O-Methylierung von Riboseresten oder der Einbau von Pseudouridinen. Deletionen von snoRNAs sind z. B. mit dem **Prader-Willi-Syndrom** assoziiert, das durch Muskelschwäche und geistige Retardierung ausgezeichnet ist. Da die Betroffenen auch ein nicht-sättigbares Hungergefühl verspüren, leiden sie häufig an Übergewicht und Typ-2-Diabetes.

— **Ribonuclease P-RNA**. Ribonuclease P ist an der Prozessierung der Prä-tRNA sowie der 5S rRNA, der SRP-RNA und der U6 snRNA beteiligt und unterscheidet sich von anderen Ribonucleasen durch das Vorhandensein einer RNA, die zusammen mit dem Proteinanteil für die enzymatische Aktivität essenziell ist.

— **Telomerase-RNA** ist Bestandteil des Enzyms Telomerase und wird für die Verlängerung der Telomeren-DNA während der DNA-Replikation benötigt (▶ Abschn. 44.5). Sie ist auf Chromosom 3 codiert und besteht aus 450 Nucleotiden.

Nicht-codierende RNA mit regulatorischen Funktionen   Nicht-codierende RNA-Moleküle haben eine Vielzahl von regulatorischen Funktionen im gesamten Bereich der Genexpression. Beispiele sind:

— *micro*-**RNAs** (miRNAs) sind kleine RNAs, die in allen Lebewesen vorkommen und an komplementäre Sequenzabschnitte in mRNAs binden können. Dadurch wird die Translation dieser mRNAs reduziert und gleichzeitig ihre Empfindlichkeit gegenüber RNasen erhöht. Die komplementäre miRNA Sequenz ist häufig Teil einer Haarnadelstruktur.

— *small-interfering*-**RNAs** (siRNAs) sind ebenfalls kleine RNA-Moleküle, die ähnlich wirken wie miRNAs, allerdings werden sie aus größeren doppelsträngigen RNA-Molekülen freigesetzt (▶ Kap. 47).

— *antisense*-**Transkripte** sind in *antisense*-Richtung synthetisierte Transkripte von proteincodierenden Genen. D. h. sie werden vom komplementären DNA-Strang ausgehend synthetisiert und bilden mit dem *sense*-Transkript ein perfektes Paar. Bisher sind im menschlichen Genom einige Tausend derartiger Transkripte nachgewiesen worden. Auch sie inhibieren die Translation durch die mögliche Bildung

doppelsträngiger RNA-Bereiche. Als alternative Erklärung wird ein *transcriptional collision model* postuliert, wonach die beiden aufeinander zulaufenden RNA-Polymerasen kollidieren und sich von der DNA ablösen, was zu einem vorzeitigen Transkriptionsstop führt.

– *Long-non-coding*-RNAs (lncRNAs) sind RNAs mit mehr als 200 Nucleotiden und damit länger als die anderen regulatorischen RNAs. Ihre Bildung ist in hohem Maße Gewebe-spezifisch und durch den Entwicklungszustand des Organismus geprägt. Eine Vielzahl der lncRNAs befindet sich im Zellkern, gebunden an Chromatin oder in subnucleären Kompartimenten. Obwohl als *non-coding* bezeichnet, scheinen einige lncRNAs translatiert zu werden, allerdings ist die biologische Funktion der dabei entstehenden, überwiegend sehr kleinen Proteine unklar. Bislang sind etwa 100.000 humane lncRNAs experimentell identifiziert worden (Stand August 2021, ▶ http://lncrna.big.ac.cn/index.php/). Beispiele sind BANCR (*BRAF-activated non coding RNA*), die als Regulator der Tumorentstehung wirkt. Eine reduzierte BANCR Expression wird als negativer prognostischer Faktor bei nichtkleinzelligen Lungenkarzinomen angesehen. Ein weiteres Beispiel ist Lunar1, das die Funktion des Insulin-*like growth factor receptor* 1 (IGF1R) stimuliert, sowie die Xist-RNA (X-*inactive specific transcript*, 16.481 Nucleotide Länge) die benötigt wird, um bei weiblichen Individuen eines der beiden X-Chromosomen zu inaktivieren. Aufgrund ihrer Größe und Heterogenität, gibt es keinen einheitlichen Mechanismus, der die inhibierende Wirkung von lncRNAs beschreibt und es sind sowohl eine direkte Hemmung der Transkription, der mRNA-Prozessierung, der Translation als auch ein Beeinflussung der Histon- und DNA-Modifikationen beschrieben worden. Generell scheinen diese RNAs häufig als Teil von Protein-haltigen Komplexen zu wirken. An Möglichkeiten, lncRNAs als therapeutische Werkzeuge für die Behandlung von Tumorerkrankungen einzusetzen, wird derzeit geforscht.

– **Circuläre RNA** (circRNA): Ringförmige RNAs wurden ursprünglich in Viroiden, den kleinsten bekannten infektiösen Krankheitserregern, sowie als Intermediate bei RNA-Prozessierungsschritten gefunden. Inzwischen konnte aber gezeigt werden, dass ringförmige RNAs an der Stabilisierung und dem Transport anderer RNAs beteiligt sind. Ringförmige RNAs befinden sich überwiegend im Cytoplasma und einige scheinen auch in Proteine translatiert zu werden. Bei Säugern werden sie besonders im Nervengewebe gebildet und eine dieser circulären RNAs, Cdr1, ist mit psychischen Erkrankungen assoziiert worden.

Neben diesen im Zellkern codierten RNA-Spezies existiert in geringen Mengen noch **mitochondriale** mRNA, rRNA und tRNA.

Zusammenfassung

Zur Expression der auf der DNA codierten Information ist deren Transkription notwendig. Die dabei entstehende RNA wird in verschiedene Klassen eingeteilt:

– **mRNA** entsteht aus den als Prä-mRNA bezeichneten Transkripten der proteincodierenden Gene und dient als Matrize bei der Proteinbiosynthese.

– **Nicht-codierende RNAs mit strukturellen/katalytischen Funktionen.** Zu ihnen gehören v. a. die als Adapter der Proteinbiosynthese dienenden tRNAs und die ribosomalen RNAs. snRNAs und snoRNAs haben katalytische Funktionen beim Spleißvorgang und bei RNA-Modifikationen. Ebenfalls katalytisch aktiv ist die RNA der Ribonuclease P. Die Telomerase-RNA wird für die Verlängerung der Telomeren-DNA benötigt. Die SRP-RNA ist am intrazellulären Proteintransport beteiligt.

– **Nicht-codierende RNAs mit regulatorischen Funktionen.** Eine große Zahl nicht-codierender RNAs hat regulatorische Funktionen. miRNAs und siRNAs sind kleine RNAs, die den Abbau von mRNA regulieren bzw. die Translation hemmen können. Antisense-Transkripte von proteincodierenden Genen sind große RNA-Transkripte, die für die Regulation der Genexpression benötigt werden. Darüber hinaus gibt es weitere regulatorische RNAs, z. B. für die Inaktivierung von X-Chromosomen (Xist-RNA).

Weiterführende Literatur

Monographien

Echolls H, Cross C (2001) Operators and promoters: the story of molecular biology and its creators. University of California Press, Berkeley

MacAlpine DM, Almouzni G (2013) Chromatin and DNA replication. Cold Spring Harb Perspect Biol 5(8):a010207

Portugal F, Cohen J (1980) A century of DNA: a history of the discovery of the structure and function of the genetic substance. MIT Press, Cambridge, MA

Übersichtsarbeiten

Allgemeine Übersichtsarbeiten

Hirano T (2006) At the heart of the chromosome: SMC proteins in action. Nat Rev Mol Cell Biol 7:311–322

International Human Genome Sequencing Consortium (2004) Finishing the euchromatic sequence of the human genome. Nature 431:931–945

Luger K (2003) Structure and dynamic behavior of nucleosomes. Curr Opin Genet Dev 13:127–135

Redi CA, Capanna E (2012) Genome size evolution: sizing mammalian genomes. Cytogenet Genome Res 137:97–112

Venter JC, Adams MD, Myers EW et al (2001) The sequence of the human genome. Science 291:1304–1351

Woodcock CL (2006) Chromatin architecture. Curr Opin Struct Biol 16:213–220

Zamore PD, Haley B (2005) Ribo-genome: the big world of small RNAs. Science 309:1519–1524

Spezielle Übersichtsarbeiten

Bacolla A, Wells RD (2009) Non-B DNA conformations as determinants of mutagenesis and human disease. Mol Carcinog 48:273–285

Fabian MR, Sonenberg N (2012) The mechanics of miRNA-mediated gene silencing: a look under the hood of miRISC. Nat Struct Mol Biol 19:586–593

Gilbert N, Allan J (2013) Supercoiling in DNA and chromatin. Curr Opin Genet Dev 25C:15–21

Lasda E, Parker R (2014) Circular RNAs: diversity of form and function. RNA 20(12):1829–1842

Lavorgna G, Dahary D, Lehner B, Sorek R, Sanderson CM, Casari G (2004) In search of antisense. TIBS 29:88–94

Malone CD, Hannon GJ (2009) Small RNAs as guardians oft he genome. Cell 136:656–668

Neveu M, Kim HJ, Brenner SA (2013) The „strong" RNA world hypothesis: fifty years old. Astrobiology 13(4):391–403

Paulsen T, Kumar P, Koseoglu MM, Dutta A (2017) Discoveries of extrachromosomal circles of DNA in normal and tumor cells. Trends Genet 34(4):270–278

Rich A, Zhang S (2003) Z-DNA: the long road to biological function. Nat Rev Genet 4:566–572

Salzberg SL (2018) Open questions: how many genes do we have? BMC Biol 16:92

Swygert SG, Peterson CL (2014) Chromatin dynamics: interplay between remodeling enzymes and histone modifications. Biochim Biophys Acta. https://doi.org/10.1016/j.bbagrm.2014.02.013

Originalarbeiten

Cello J, Paul A, Wimmer E (2002) Chemical synthesis of poliovirus cDNA: generation of infectious virus in the absence of natural template. Science 297:1016–1018

Cerf C, Lippens G, Ramakrishnan V, Muyldermannes S, Segers A, Wodak SJ, Hallenga K (1994) Homo- und heteronuclear two-dimensional NMR studies of the globular domain of histone H1: full assignment, tertiary structure, and comparison with the globular domain of histone H5. Biochemistry 33:11079–11086

Luger K, Mader AW, Richmond RK, Sargent DF, Richmond TJ (1997) Crystal structure of the nucleosome core particle at 2.8 A resolution. Nature 389:251–260

Watson JD, Crick F (1953a) Molecular structure of nucleic acids; a structure for desoxypentose nucleic acid. Nature 171:737–738

Watson JD, Crick F (1953b) Genetical implications of the structure of desoxyribonucleic acid. Nature 171:964–967

Wilkins M, Stokes A, Wilson H (1953) Molecular structure of desoxypentose nucleic acid. Nature 171:738–740

Lehrbücher

Alberts B, Johnson A, Lewis J, Raff M, Roberts K, Walter P (2014) Molecular biology of the cell, 6. Aufl. Garland Science, New York

Alberts B, Bray D, Hopkin K, Johnson A, Lewis J, Raff M, Roberts K, Walter P (2019) Essential cell biology, 5. Aufl. W W Norton & Company, New York

Berg JM, Tymoczko JL, Stryer L (2019) Biochemistry, 7. Aufl. Freemann, Gumbrills

Lewin B (2017) Genes XII. Jones & Bartlett Publishers, Sudbury

Lodish H, Berk A, Kaiser C, Krieger M, Scott M, Bretscher A, Ploegh H, Matsudaira P (2016) Molecular cell biology, 8. Aufl. Freemann, Gumbrills

Nelson DL, Cox MM (2017) Lehninger principles of biochemistry, 6. Aufl. Macmillan, London

Watson JD, Baker TA, Bell SP, Gann A, Levine M, Losick R (2011) Molekularbiologie, 7. Aufl. Pearson Studium, Hallbergmoos

Links im Netz

http://www.ncbi.nlm.nih.gov/mapview/ (National Center for Biotechnology Information)

Biomembranen

Lutz Graeve und Matthias Müller

Alle lebenden Zellen sind von mindestens einer in sich geschlossenen Biomembran umgeben, die das Zellinnere von der Umgebung abtrennt und somit den Stoffaustausch zwischen Zelle und Umwelt begrenzt. Damit stellt die Biomembran eine der essenziellen Grundstrukturen des Lebens dar. Die irreversible Zerstörung der Zellmembran führt unmittelbar zum Zelltod. Alle eukaryontischen Zellen haben dazu intrazelluläre Reaktionsräume (Zellorganelle) gebildet, die durch mindestens eine Biomembran begrenzt werden. In diesem Kapitel werden grundlegende Eigenschaften von Biomembranen vorgestellt.

Schwerpunkte

11.1 Aufbau und Eigenschaften von Biomembranen
- Amphiphile Lipide (Phosphoglycerolipide, Sphingolipide, Cholesterin)

11.2 Membranfluidität
- Flüssig-geordneter und flüssig-ungeordneter Zustand der Membran

11.3 *Lipid Rafts* oder *Membrane Rafts*
- Membranmikrodomänen und Caveolae

11.4 Membranproteine
- Monotope und polytope Membranproteine, Lipidverankerung

11.5 Transport durch Membranen
- Uniport, Symport, Antiport
- Einfache und erleichterte Diffusion, primär und sekundär aktiver Transport

11.6 Biosynthese von Membranen
- ER und Golgi als Orte der Synthese
- Asymmetrie durch Flippasen, Floppasen und Scramblasen

11.1 Aufbau und Eigenschaften von Biomembranen

> Biologische Membranen stellen eine unverzichtbare Grundstruktur jeder Zelle dar. Sie sind für die Abgrenzung der Zelle nach außen (Plasmamembran) und für die Gliederung des Zellinneren in verschiedene Kompartimente verantwortlich.

Die strukturelle Grundlage aller zellulären Membranen ist die Lipiddoppelschicht, die durch Zusammenlagerung amphiphiler Lipide zustande kommt. Dies sind im Wesentlichen:
- Die Phosphoglycerolipide: Phosphatidylcholin, Phosphatidylethanolamin, Phosphatidylserin und Phosphatidylinositol,
- die Sphingolipide: Sphingomyelin und die Glycosphingolipide sowie
- Cholesterin (▶ Abschn. 3.2).

Die amphiphilen Lipide lagern sich dabei derart zusammen, dass eine Doppelschicht entsteht, bei der die hydrophoben Anteile zueinander nach innen und die hydrophilen Kopfgruppen nach außen zum wässrigen Milieu weisen (◻ Abb. 11.1 und 11.6).

Biologische Membranen sind üblicherweise in sich selbst geschlossen. Die Verteilung der Lipide zwischen den beiden Membranhalbschichten (*membrane leaflets*) ist dabei asymmetrisch. So zeichnet sich die äußere Halbschicht einer tierischen Plasmamembran durch einen hohen Anteil an Phosphatidylcholin und Sphingolipiden aus, dagegen sind Phosphatidylserin, Phosphatidylethanolamin und Phosphatidylinositol vorwiegend auf der Innenseite der Lipiddoppelschicht zu finden (◻ Abb. 11.2). Diese Lipidasymmetrie muss unter Energieaufwand generiert und aufrechterhalten werden (▶ Abschn. 11.6). Bei sterbenden Zellen, z. B. während einer Apoptose (▶ Kap. 51), geht diese Asymmetrie verloren. Das Auftauchen von Phospha-

Ergänzende Information Die elektronische Version dieses Kapitels enthält Zusatzmaterial, auf das über folgenden Link zugegriffen werden kann https://doi.org/10.1007/978-3-662-60266-9_11. Die Videos lassen sich durch Anklicken des DOI Links in der Legende einer entsprechenden Abbildung abspielen, oder indem Sie diesen Link mit der SN More Media App scannen.

© Springer-Verlag GmbH Deutschland, ein Teil von Springer Nature 2022
P. C. Heinrich et al. (Hrsg.), *Löffler/Petrides Biochemie und Pathobiochemie*, https://doi.org/10.1007/978-3-662-60266-9_11

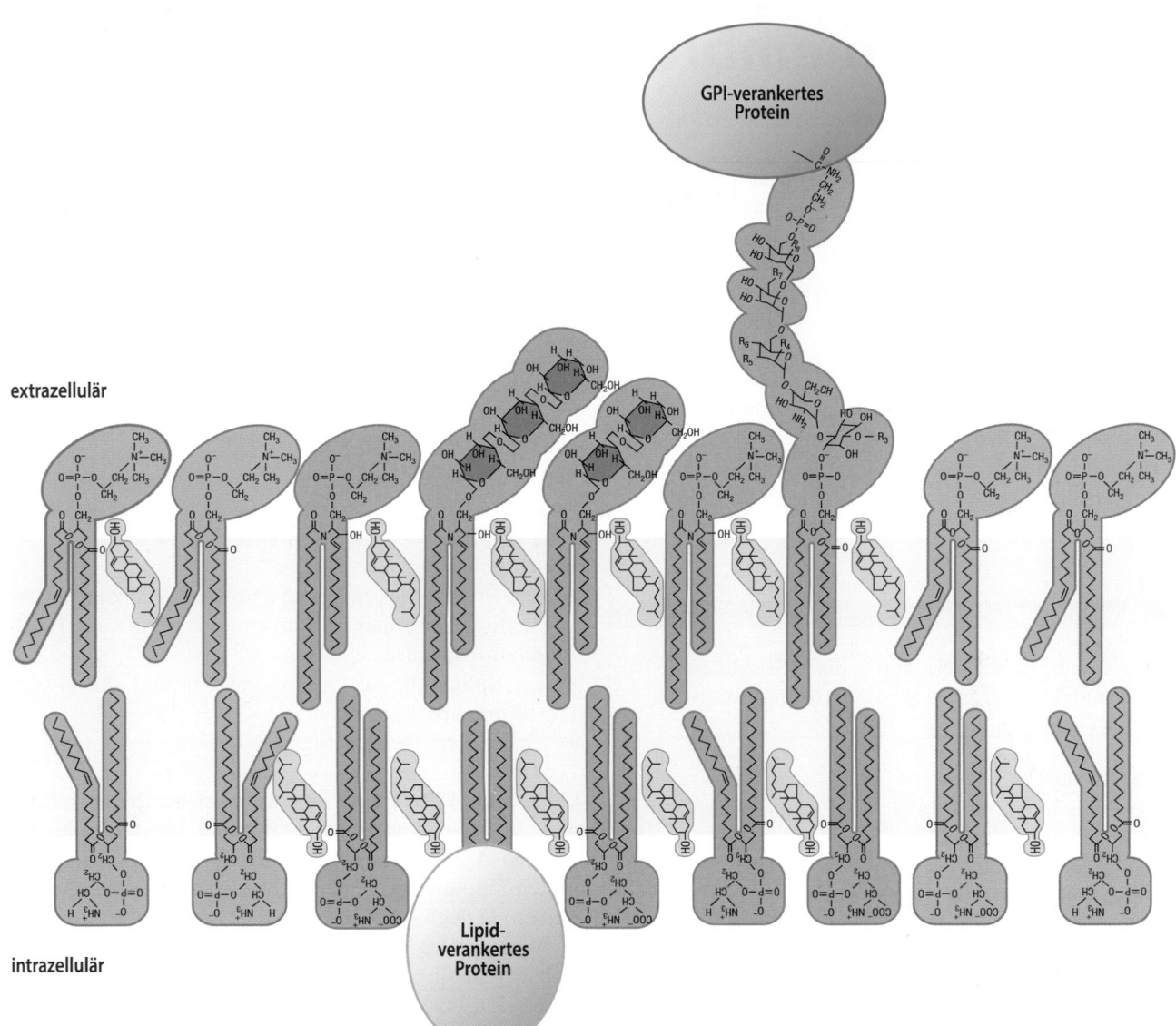

Abb. 11.1 Lipidstruktur einer Zellmembran. Die schematische Darstellung zeigt einen Ausschnitt aus der Zellmembran mit der asymmetrischen Verteilung von Phospholipiden (Phosphatidylcholin außen, Phosphatidylserin und -ethanolamin innen) und Sphingo- und Glycolipiden (außen) auf den beiden Seiten der Lipiddoppelschicht. Im mittleren Teil bilden die Lipide ein *lipid raft* (*orange*), das besonders cholesterinreich ist und in dem die Phospho- und Sphingolipide überwiegend gesättigte Fettsäurereste enthalten. Im *lipid raft* sind außerdem zwei lipidverankerte Proteine dargestellt, das extrazelluläre ist mit einem Glycosyl-Phosphatidyl-Inositol-Anker mit der Membran verhaftet. (Adaptiert nach Simons und Ikonen 2000)

tidylserin auf der Membranaußenseite kann durch Bindung des Proteins Annexin 5 nachgewiesen werden und dient als Hinweis auf eine ablaufende Apoptose.

Membranen unterschiedlicher Kompartimente zeigen außerdem eine unterschiedliche Lipidzusammensetzung. Beispielsweise ist der Anteil an Cholesterin in der Plasmamembran meist höher als in intrazellulären Membranen, der von Phosphatidylcholin dagegen kleiner (Abb. 11.3). Mitochondriale Membranen enthalten beträchtliche Mengen an Cardiolipin, das in anderen Membranen nur in Spuren zu finden ist. (Abb. 3.6 und 11.3). Diese Ungleichverteilung von Lipiden in verschiedenen zellulären Membranen ist insofern überraschend, da viele dieser Membranen (z. B. endoplasmatisches Retikulum, Golgi-Apparat und Plasmamembran) durch einen vesikulären Transport miteinander kommunizieren und ständig Lipide austauschen (Abb. 12.2). Der Einbau von Lipiden in die entsprechenden Transportvesikel findet also nicht statistisch, sondern kontrolliert statt.

11.2 Membranfluidität

> Biologische Membranen besitzen nach unserer heutigen Vorstellung eine flüssig-kristalline Struktur.

Bei biologischen Membranen können zwei Zustände unterschieden werden, der **flüssig-geordnete** und der **flüssig-ungeordnete** Zustand (◘ Abb. 11.4). In welchem

Zustand eine Membran vorliegt, hängt von der Lipidzusammensetzung und der Umgebungstemperatur ab:

— Bei einem hohen Anteil an gesättigten Fettsäuren, Sphingolipiden und Cholesterin, wird die Membran v. a. bei niedrigen Temperaturen eher im flüssiggeordneten Zustand vorliegen. Hierbei sind die Alkanketten der Fettsäurereste von Membranlipiden dicht gepackt und maximal gestreckt.

— Ein hoher Anteil an ungesättigten Fettsäuren und höhere Temperaturen führen dagegen zu einem flüssig-ungeordneten Zustand der Membran, bei dem die Beweglichkeit der Lipide in der Membran deutlich zunimmt.

Der Übergang von der geordneten in die ungeordnete Phase wird auch als **Schmelzen** der Membran bezeich-

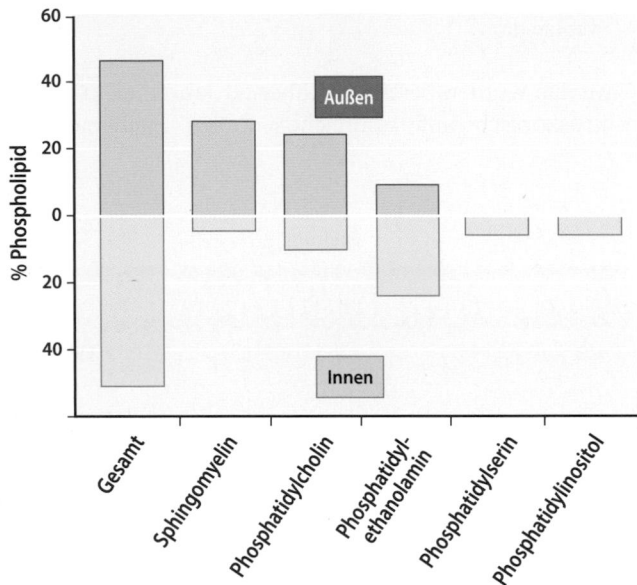

◘ **Abb. 11.2 Asymmetrische Verteilung von Phospholipiden in der Plasmamembran.** Die verschiedenen Phospho- und Sphingolipide verteilen sich nicht statistisch über beide Membranhalbschichten. (Erläuterungen s. Text)

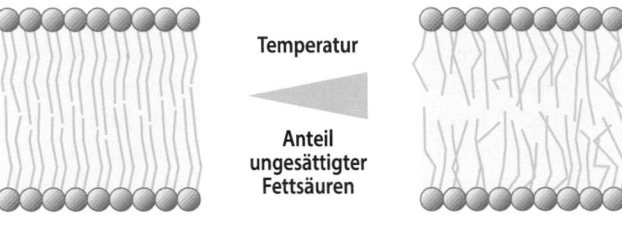

◘ **Abb. 11.4 Lipidmembranen können in unterschiedlichen Aggregatzuständen vorliegen.** In Abhängigkeit von der Zusammensetzung und der Umgebungstemperatur liegen Membranen im flüssiggeordneten oder flüssig-ungeordneten Zustand vor. Hoher Anteil an mehrfach ungesättigten Fettsäuren und hohe Temperaturen erhöhen die Fluidität der Membran

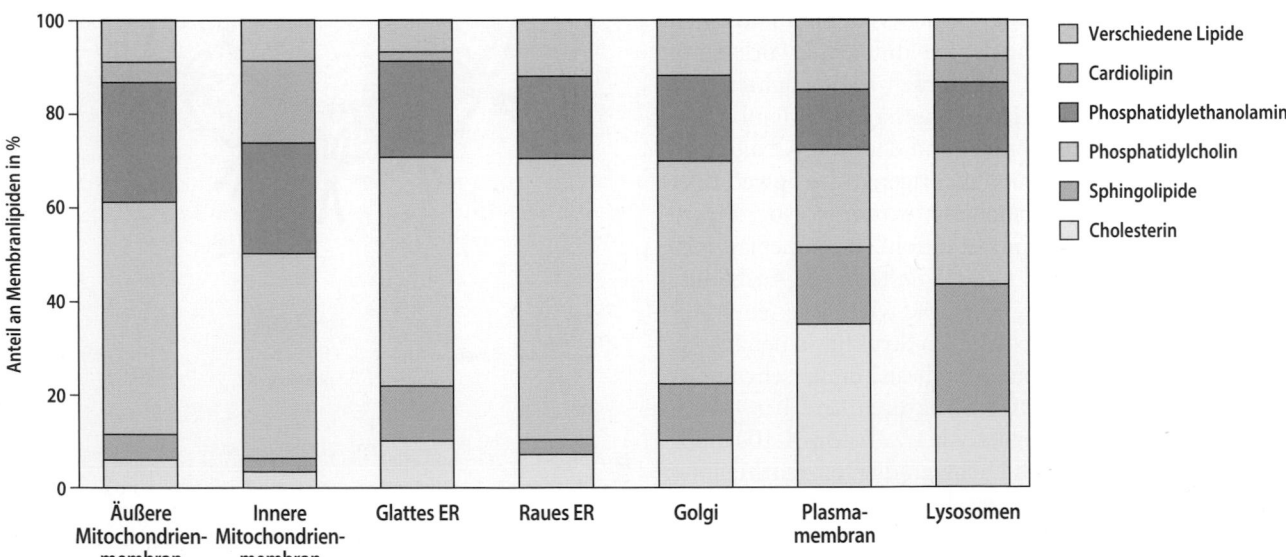

◘ **Abb. 11.3 Unterschiedliche zelluläre Membranen haben eine unterschiedliche Zusammensetzung.** Prozentuale Verteilung verschiedener Lipide in unterschiedlichen Membranen eines Hepatocyten aus der Ratte. (Adaptiert nach Nelson und Cox 2012)

net, die zum Schmelzen benötigte Temperatur als **Schmelzpunkt**.

Biologische Membranen haben in Abhängigkeit von der Kettenlänge und der Zahl der Doppelbindungen der vorkommenden Fettsäuren einen Schmelzpunkt zwischen 10 °C und 40 °C. Je länger die Kohlenwasserstoffketten und je geringer die Zahl der Doppelbindungen umso höher liegt der Schmelzpunkt. Kaltwasserfische besitzen einen besonders hohen Anteil an mehrfach ungesättigten Fettsäuren wie Eicosapentaen- und Docosahexaensäure (◻ Tab. 3.8), damit ihre Membranen auch bei niedrigen Temperaturen noch fluide sind. Diese zur Gruppe der Omega-3-Fettsäuren gehörende Fettsäuren sind für den Menschen ernährungsphysiologisch von besonderer Bedeutung (▶ Abschn. 22.3.2)

Auch Natrium-, Kalium- und Calciumionen und Anteil und Art der Membranproteine beeinflussen die Membranfluidität. Ein weiterer wichtiger Parameter ist der Cholesterinanteil. **Cholesterin** lagert sich zwischen die Fettsäurereste, seine polare OH-Gruppe weist dabei in Richtung der hydrophilen Kopfgruppen der Phospho- und Sphingolipide (◻ Abb. 11.1). Die Einlagerung von Cholesterin führt zu einer Verbreiterung des Temperaturbereichs, in dem die Membran schmilzt und erhöht auch die Membranstabilität.

11.3　Membranmikrodomänen

Das von Singer-Nicholson in den 70er-Jahren des letzten Jahrhunderts entwickelte Fluid-Mosaic-Modell der Biomembran postulierte, dass Lipide wie auch Proteine innerhalb der Lipiddoppelschicht lateral frei diffundieren können und somit innerhalb einer Membranhalbschicht eine homogene Verteilung der Lipidmoleküle vorliegt. Im Gegensatz hierzu haben sich in den letzten Jahren Hinweise ergeben, dass die Lipide innerhalb der Membran inhomogen verteilt sein können und dadurch Areale höherer (flüssig-ungeordnet) und niedrigerer (flüssig-geordnet) Membranfluidität nebeneinander existieren (sog. Mikrodomänen). Hierbei kommt es durch Zusammenlagerung v. a. von Sphingolipiden und Cholesterin zur Ausbildung sog. *lipid* oder *membrane rafts*, die wie Flöße (engl. *raft*: Floß) mit einer flüssig-geordneten Struktur in der ansonsten flüssig-ungeordneten Membran umherschwimmen (◻ Abb. 11.5A). Derartige Strukturen sind bei 4 °C in nicht-ionischen Detergenzien wie 1 % Triton-X-100 unlöslich und lassen sich durch Dichtegradientenzentrifugation isolieren und charakterisieren. Diese Untersuchungen haben ergeben, dass zahlreiche Rezeptoren und an der zellulären Signaltransduktion beteiligte Proteine (z. B. kleine und heterotrimere G-Proteine, Proteinkinasen der src-Familie, EGF-, PDGF-, Endothelinrezeptoren, Adapterproteine (Grb2), Proteinkinase C und die p85-Untereinheit der PI-3-Kinase, ▶ Kap. 33 und 35) in *membrane rafts* lo-

kalisiert sind. Der künstliche Entzug von Cholesterin aus der Membran (z. B. mittels Methyl-β-Cyclodextrin) führt meist zu einer Auflösung der *membrane-rafts* und zu einer veränderten Signaltransduktion.

Aufgrund der geringen Größe der *membrane rafts* und ihrer möglicherweise hohen Instabilität und Dynamik ist ihr direkter Nachweis bis heute aber schwierig und ihre Existenz und Bedeutung wird auch kontrovers diskutiert.

> Eine spezielle Form der *membrane rafts* stellen die Caveolae dar.

Caveolae wurden bereits vor über 50 Jahren elektronenmikroskopisch auf zahlreichen Zellen nachgewiesen.

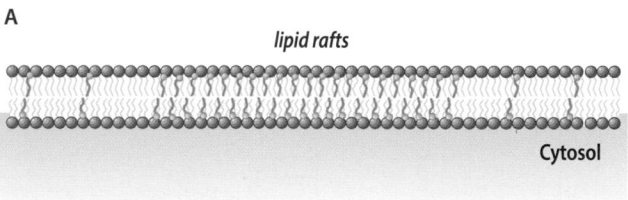

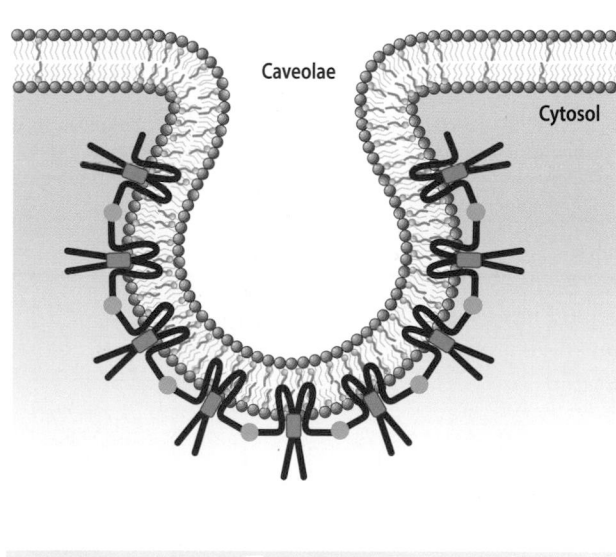

◻ **Abb. 11.5　Organisation von *lipid/membrane rafts* und Caveolae in Membranen. A** *Lipid/membrane rafts* sind reich an Cholesterin und Sphingolipiden und bilden eine flüssig-geordnete Phase in der flüssig-ungeordneten Lipiddoppelschicht. **B** Caveoline verfügen über Bindungsdomänen für Cholesterin und lagern sich haarnadelförmig in die flüssig-geordneten Domänen von Membranen ein, ohne diese vollständig zu durchqueren. Über eine Dimerisierungsdomäne (*blau*) bilden sich Dimere, die über C-terminale Bereiche (*grün*) oligomerisieren. Dies führt zur Ausbildung von Caveolae und ggf. zur Abschnürung von Vesikeln. (Adaptiert nach Razani et al. 2002)

Diese stabilen 50–100 nm großen Plasmamembraninvaginationen enthalten ein als **Caveolin** bezeichnetes Protein, welches Cholesterin bindet und in der cytoplasmatischen Membranschicht Haarnadelstrukturen ausbildet (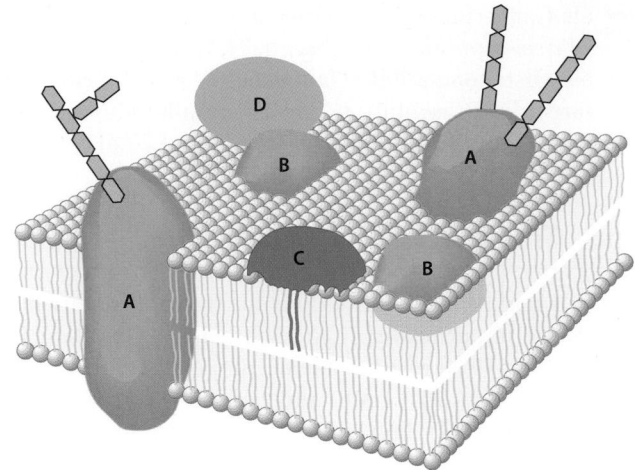 Abb. 11.5B). Es existieren drei Isoformen, Caveolin-1, -2 und -3, die durch verschiedene Gene codiert werden. Caveolin-1 und -2 werden in vielen Zellen meist gemeinsam exprimiert, Caveolin-3 findet sich nur in Muskelzellen. Durch Oligomerisierung erzwingt Caveolin die Membrankrümmung, was zur Ausbildung der Membraninvaginationen führt. Caveolae können unter Vesikelbildung abgeschnürt werden und sind an wichtigen zellbiologischen Phänomenen wie z. B. Fettsäuretransport, Cholesterintransport, vesikulärer Transport von Proteinen (Endocytose ▶ Kap. 12, Transcytose ▶ Abschn. 70.9.3 und ◨ Abb. 61.20) und Signaltransduktion beteiligt. Durch seine Interaktion mit Wachstumsfaktorrezeptoren und anderen Signalproteinen beeinflusst Caveolin-1 die Proliferation wie auch die Transformation von Zellen. Auf diese beiden Prozesse wirkt Caveolin-1 eher hemmend und verhält sich dementsprechend wie ein Tumorsuppressor-Gen (▶ Abschn. 52.5). Tumorzellen zeichnen sich oft durch niedrige bzw. fehlende Caveolin-1-Expression aus. Einige Viren nutzen Caveolae als Eintrittspforte in die Zelle.

◨ **Abb. 11.6   Assoziation von Proteinen mit Membranen. A** Integrale Transmembranproteine durchqueren die Lipiddoppelschicht komplett. **B** Integrale, monotope Membranproteine tauchen nur in eine Lipidhalbschicht ein. **C** Integrale, lipidverankerte Membranproteine sind über covalent verknüpfte Lipide (*dicke grüne Linien*) mit der Membran verhaftet. **D** Periphere Membranproteine sind über Kontakte zu integralen Membranproteinen mit Membranen assoziiert (*blau:* Kohlenhydratseitenketten)

11.4 Membranproteine

❯ Biologische Membranen enthalten neben den verschiedenen Lipiden immer Proteine.

Der Proteinanteil unterschiedlicher zellulärer Membranen liegt zwischen 20 % (Myelinmembran) und 80 % (mitochondriale Innenmembran). Es lassen sich grundsätzlich drei Typen von Membranproteinen unterscheiden (◨ Abb. 11.6):

Transmembranproteine durchqueren mindestens einmal vollständig die Membran. Sie besitzen hierzu **Transmembrandomänen**, welche 20–25 fast ausschließlich hydrophobe Aminosäuren enthalten, die die nötigen Wechselwirkungen mit der Lipidphase der Membranen ermöglichen. Strukturell bestehen Transmembrandomänen üblicherweise aus α-Helices, selten aus zirkulären β-Faltblättern (sog. β-Tonnen). Viele Membranproteine durchqueren die Membran mehrfach (z. B. heptahelicale Rezeptoren, ▶ Abschn. 33.3 und 35.3 und werden dann auch als **polytope Membranproteine** bezeichnet).

— **Monotope Membranproteine** sind nur mit einer Hälfte der Lipiddoppelschicht assoziiert (Caveoline s. o., Prostaglandin-G/H-Synthase (▶ Abschn. 22.3.2).
— **Lipidverankerte Membranproteine** sind durch covalente Verknüpfung mit Lipiden in Membranen verankert. Als derartige Lipide kommen Isoprenoidreste, Fettsäurereste und Glycosyl-Phosphatidyl-Inositol-Anker infrage (▶ Abschn. 49.3.4).

Alle genannten Proteine lassen sich nur nach Auflösung der Membranstruktur mithilfe von Detergenzien (◨ Abb. 3.8) isolieren. Sie werden deshalb als **integrale Membranproteine** bezeichnet. Demgegenüber sind **periphere Membranproteine** über Protein-Protein-Wechselwirkungen mit Membranen assoziiert. Periphere Membranproteine können deshalb durch Zugabe von Salzen oder Harnstoff ohne Zerstörung der Lipiddoppelschicht von Membranen entfernt werden. Periphere Membranproteine können auch direkt an Membranlipide binden, z. B. Proteine mit Pleckstrin-Homologie-Domäne, die reversibel im Rahmen von Signaltransduktionsprozessen mit anionischen Phospholipiden (Phosphoinositolderivate) interagieren (▶ Abschn. 33.4.3).

Membranproteine sind meist Glycoproteine (▶ Abschn. 49.3.3). Die Kohlenhydratketten sind dabei immer mit der im extrazellulären oder extracytosolischen Raum befindlichen Proteindomäne covalent verknüpft. Membranproteine sind wesentlich für die Kommunikation der Zelle mit der Außenwelt und ermöglichen u. a.:

— als **Kanäle oder Carrier** den Transport von Molekülen durch die Membran
— als **nutritive Rezeptoren** die Bindung und Endocytose von Nährstoffmolekülen (z. B. LDL) (▶ Kap. 24)
— als **Signalrezeptoren** die Bindung von löslichen oder membranständigen Liganden und nachfolgend die Signaltransduktion durch Signalmoleküle (▶ Kap. 35)

- als **Cadherine** oder **Integrine** die Zell-Zell- bzw. Zell-Matrix-Kontakte (▶ Abschn. 71.1.7)
- als **Histokompatibiltätsantigene, T- und B-Zellrezeptoren** die Präsentation und Erkennung von Fremdstrukturen (▶ Abschn. 70.4, 70.7, und 70.8).

11.5 Transport durch Membranen

Reine Lipidmembranen sind für die meisten chemischen Moleküle impermeabel. Lediglich gelöste Gase wie O_2 und CO_2, Wasser und kleine unpolare Substanzen (z. B. Ethanol) und ungeladene Verbindungen (z. B. Harnstoff) können die Membran ungehindert durchqueren. Für hydrophile Substanzen, d. h. Kohlenhydrate, Aminosäuren und alle Makromoleküle, stellt die Membran eine Barriere dar, die nur mithilfe spezifischer Transportproteine überwunden werden kann. Eine große Zahl an Transmembranproteinen ist an diesen Transportprozessen beteiligt. Die Transportmechanismen können zum einen aufgrund der Transportrichtung und zum anderen aufgrund ihrer Energieabhängigkeit unterschieden werden (◘ Abb. 11.7). So differenziert man zwischen:

- **Uniport**, bei dem ein Substrat von der einen Seite der Membran auf die andere Seite transportiert wird,
- **Symport**, bei dem zwei Substrate von der einen Seite der Membran auf die andere Seite transportiert werden, und
- **Antiport**, bei dem ein Substrat in die eine Richtung, ein zweites in die Gegenrichtung transportiert wird (◘ Abb. 11.7A).

Diese Betrachtungsweise lässt energetische Fragen allerdings unberücksichtigt. Wenn man die Energetik von Transportprozessen mit einbezieht, so unterscheidet man zwischen:

- **passivem Transport**, bei dem ein Substrat entlang eines bestehenden Konzentrationsgefälles transportiert und keine Energie benötigt wird (◘ Abb. 11.7B), und
- **aktivem Transport**, bei dem ein Substrat entgegen einem Konzentrationsgefälle transportiert wird, und Energie, in der Regel in Form von ATP, direkt oder indirekt den Transport antreibt (◘ Abb. 11.7C).

Passiver Transport   Die einfachste Form des passiven Transports ist die **einfache Diffusion** durch eine Membran, wie sie z. B. gelöste Gase, Wasser oder kleine lipophile Substanzen zeigen. Interessanterweise gibt es für viele dieser Prozesse, die eigentlich ohne Proteine ablaufen können und auch ablaufen, trotzdem zusätzlich spezifische Transportproteine, wie z. B. die Aquaporine (▶ Abschn. 1.2

und 65.5.2, ◘ Abb. 65.16) oder die Fettsäuretransporter (▶ Abschn. 21.1.3). Müssen Substrate, die nicht direkt die Membran permeieren können, entlang eines Konzentrationsgradienten transportiert werden, benötigt man substratspezifische Transporter. Diese integralen Membranproteine binden das Substrat auf der einen Seite der Membran, durchlaufen eine Konformationsänderung und entlassen das Substrat auf der anderen Seite wieder. Solche Transporter werden auch als **Permeasen** oder **Carrier** bezeichnet.

Kanäle sind eine weitere Gruppe von Transportproteinen, die im Gegensatz zu den Permeasen verschließbare Poren in der Membran bilden. Transportprozesse durch Permeasen und Kanäle, die entlang eines Konzentrationsgefälles ablaufen, bezeichnet man als **erleichterte Diffusion**. Im Gegensatz zur einfachen Diffusion zeigt die erleichterte Diffusion eine Sättigungskinetik ganz analog einer Enzymkinetik (▶ Abschn. 7.6) und kann mathematisch vergeichbar beschrieben werden (◘ Abb. 11.8). Die erleichterte Diffusion ist prinzipiell umkehrbar, d. h. kehrt sich das Konzentrationsgefälle um, so findet der Transport in die Gegenrichtung statt. Klassisches Beispiel für die erleichterte Diffusion ist die Aufnahme von Glucose in die Zelle bzw. Abgabe aus der Zelle durch die aus 12 Transmembranhelices aufgebauten **Glucosetransporter der GLUT-Familie** (▶ Abschn. 15.1.1). Einfache und erleichterte Diffusion findet nur bis zum Konzentrationsausgleich statt; dieser wird aber häufig durch sofortige Metabolisierung des transportierten Substrats verhindert.

Aktiver Transport   Soll ein Substrat entgegen eines bereits bestehenden Gradienten transportiert werden, handelt es sich grundsätzlich um einen endergonen Prozess, der nur durch Kopplung mit einem exergonen Prozess, in der Regel der Spaltung von ATP, vollzogen werden kann. Diese aktiven Transportprozesse werden noch in **primär aktiven Transport** und **sekundär aktiven Transport** untergliedert. Bei ersterem ist die ATP-Spaltung direkt an den Transportprozess gekoppelt. So pumpen z. B. **Protonenpumpen** direkt unter ATP-Verbrauch Protonen aus dem Cytosol ins Endosom, um dieses anzusäuern (Uniport). Ein weiteres Beispiel wäre die **Na^+/K^+-ATPase**, die unter ATP-Verbrauch im Antiport aus dem Cytosol drei Natriumionen nach außen und zwei Kaliumionen nach innen transportiert (◘ Abb. 11.9). Beide gehören zu den **Transport-ATPasen**, die sich auf vier Gruppen aufteilen lassen:

- die **F-ATPasen** (bestehen aus F_1/F_0-Domänen und synthetisieren angetrieben durch einen Protonengradienten ATP)
- die **P-ATPasen** (werden während des Transports an Aspartylresten phosphoryliert)
- die **V-ATPasen** (vacuoläre ATPasen) und
- die **ABC-Transporter** (ABC = *ATP binding cassette*)

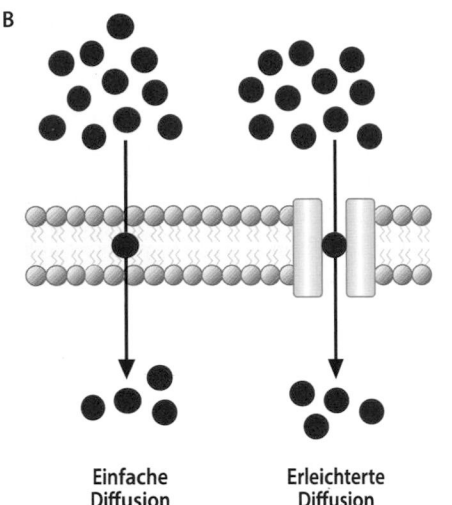

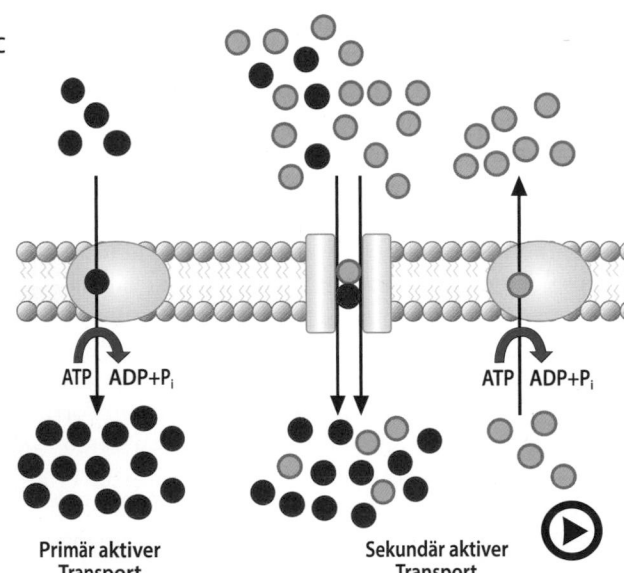

☐ Tab. 11.1 nennt Beispiele der verschiedenen transportierenden ATPasen.

Ein primär aktiver Transport liefert auch die Triebkraft für einen sekundär aktiven Transportprozess. So wird z. B. die Einschleusung von Glucose aus dem Darmlumen in Enterocyten durch einen aktiv aufgebauten Natriumgradienten an der Plasmamembran (außen hoch/ innen niedrig) angetrieben. Dieser Transport findet als Symport mit jeweils zwei Natriumionen und einem Glucosemolekül mithilfe des **natriumabhängigen Glucosetransporters SGLT1/SLC5A1** (*sodium dependent glucose*

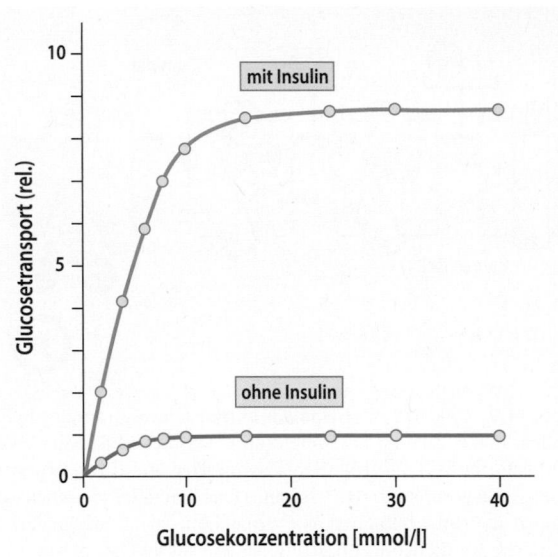

☐ **Abb. 11.8   Kinetik der erleichterten Diffusion am Beispiel des Glucosetransporters GLUT4 in isolierten Fett- oder Muskelzellen.** Die Kinetik ist wie bei einer klassischen Enzymkinetik hyperbolisch. Die Sättigung ist ein wichtiger Hinweis darauf, dass die Diffusion mit einer limitierten Zahl von Transportern erfolgt. Durch eine Stimulierung der Zellen mit Insulin wird die Zahl der an der Plasmamembran lokalisierten Transporter um ein Mehrfaches erhöht, wodurch sich die Maximalgeschwindigkeit erhöht, ohne dass sich die Halbsättigung verändert

☐ **Abb. 11.7**   (Video 11.1) **Transportmechanismen. A** Uniport, Symport und Antiport geben an, ob ein oder mehrere Substrate in jeweils welcher Richtung transportiert werden. **B** Passiver Transport: einfache Diffusion eines membrangängigen Substrates in Richtung des Konzentrationsgefälles; erleichterte Diffusion eines nichtmembrangängigen Substrates mithilfe eines Transportproteins in Richtung des Konzentrationsgefälles. **C** Aktiver Transport: primär aktiver Transport eines Substrates mithilfe eines Transportproteins entgegen des Konzentrationsgefälles unter direkter ATP-Spaltung; sekundär aktiver Transport eines Substrates (*rot*) im Symport mit einem zweiten Molekül (*grün*), das durch einen primär aktiven Transport entgegen dem Konzentrationsgefälle transportiert wurde (▶ https://doi.org/10.1007/000-5f0)

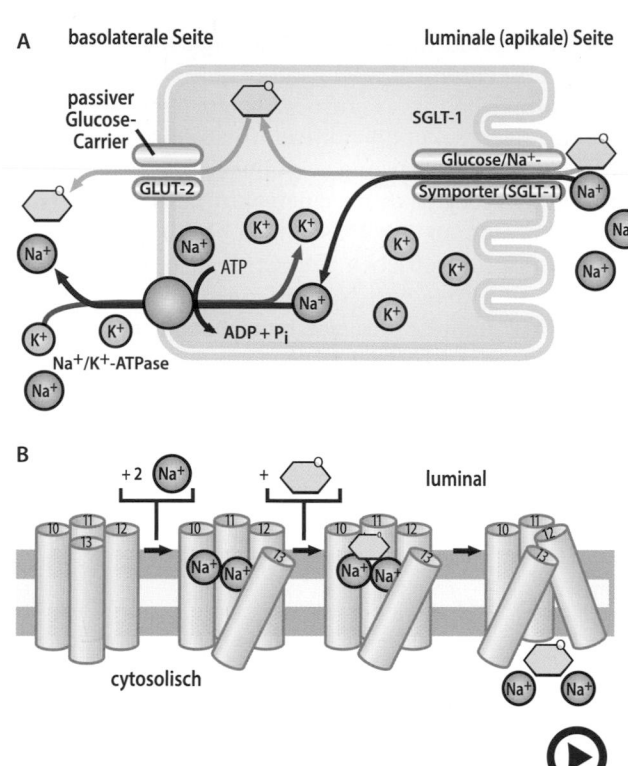

A basolaterale Seite   luminale (apikale) Seite

passiver
Glucose-
Carrier

SGLT-1

Glucose/Na⁺-
Symporter (SGLT-1)

GLUT-2

ATP

ADP + P$_i$

Na⁺/K⁺-ATPase

B +2 Na⁺   +   luminal

cytosolisch

Abb. 11.9 (Video 11.2) **Sekundär aktiver Glucosetransport in Epithelzellen. A** Der auf der luminalen (apikalen) Seite lokalisierte Glucosetransporter SGLT1 arbeitet als Symporter und transportiert gemeinsam Glucose und Na⁺-Ionen. Das Gefälle zwischen den luminalen und intrazellulären Na⁺-Ionenkonzentrationen liefert die freie Energie für die Konzentrierung der Zucker im Cytoplasma. Dieses Gefälle ist Ergebnis der ATP-angetriebenen Na⁺/K⁺-ATPase auf der basolateralen Seite. Glucose verlässt die Zelle auf der basolateralen Seite durch erleichterte Diffusion mittels GLUT-Transportern. **B** Partielles Modell des SGLT1. Die Transmembransegmente 10–13 bilden zunächst eine nach außen gerichtete, halbe Pore. Nach Bindung von Glucose und zwei Na⁺-Ionen kommt es zu einer Konformationsänderung, bei der die Halbpore sich nach innen öffnet und die Liganden entlässt (► https://doi.org/10.1007/000-5ez)

transporter-1/solute carrier 5A1) statt (Abb. 11.9). Dieser Transporter besitzt 14 Transmembranhelices, von denen die Helices 10–13 für die Bindung und Durchschleusung von Glucose und Na+-Ionen verantwortlich sind (Abb. 11.9B). Dieser Transporter gehört zur großen Gruppe der *solute*-Carrier, die über 300 Mitglieder hat und in 47 Familien unterteilt wird (Nomenklatur: SLCnXm, mit n = Nummer der Familie; X = A, B, C, Bezeichnung der Subfamilie; m = Nummer des Mitglieds). Der Vorteil des sekundär aktiven Transports liegt darin, dass der durch einen primär aktiven Transport aufgebaute Ionengradient genutzt wird, um Substrate, z. B. Glucose, quantitativ durch Symport (in anderen Fällen durch Antiport) in Zellen aufzunehmen. In einigen Fällen beobachtet man sogar einen **tertiär aktiven Transport**, beispielsweise bei der Aufnahme von Dipeptiden

aus dem Darm. Hier wird der Natriumgradient genutzt, um einen Protonengradienten zu erzeugen, der dann die Aufnahme von Dipeptiden antreibt (s. Abb. 61.13).

11.6 Biosynthese von Membranen

Fast alle Enzyme der Lipidsynthese sind in den Membranen des glatten endoplasmatischen Retikulums verankert, allerdings bewirkt ihre Lokalisation eine asymmetrische Verteilung der neu synthetisierten Lipide. So beginnt beispielsweise die Biosynthese des Sphingomyelins mit der Bildung von Ceramid aus Sphingosin und einer Fettsäure auf der luminalen Seite des ER. Ceramid wird zum Golgi-Apparat exportiert, wo entweder durch Verknüpfung mit Oligosaccharidseitenketten Glycolipide oder durch Anheftung von Phosphorylcholin Sphingomyelin entsteht (► Abschn. 22.2). Auch die hierfür verantwortlichen Enzyme befinden sich ausschließlich auf der luminalen Membranseite, sodass nach Transport zur Plasmamembran Sphingo- und Glycolipide weitestgehend nur in der extrazellulären Halbschicht zu finden sind. Die Enzyme der Phosphoglyceridbiosynthese sind dagegen auf der cytosolischen Seite des ER lokalisiert.

> Lipidtransferproteine und Membranvesikel sind die wichtigsten Transportmöglichkeiten für Membranlipide.

Durch die asymmetrisch verteilten Biosyntheseenzyme der Membranlipide ergibt sich zwangsläufig eine Lipidasymmetrie zwischen den beiden Halbschichten von Membranen, die jedoch dadurch beeinflusst wird, dass einzelne Membranlipide von einem Blatt der Doppelschicht in das andere hinüberwechseln. Weil dabei die polaren Kopfgruppen der Membranlipide durch die hydrophobe Phase der Lipiddoppelschicht hindurchtauchen müssen, tritt dieser Vorgang (der sog. Flip-Flop) spontan nur selten auf. Für einen benötigten raschen Austausch sorgt im endoplasmatischen Retikulum eine als **Scramblase** (engl. *scramble* = verquirlen, vermischen) bezeichnete Phospholipidtranslokase (Abb. 11.10). Während die Aktivität der Scramblase zu einem Ausgleich der Lipidzusammensetzung beider Halbschichten führt, werden Lipidasymmetrien durch einen energieabhängigen Transport aufrechterhalten bzw. erzeugt. Hierfür sind **Flippasen** und **Floppasen** verantwortlich, die Phospholipide vom äußeren Blatt zum inneren bzw. in umgekehrter Richtung transportieren (Abb. 11.10). So werden Phosphatidylethanolamin und Phosphatidylserin von einer ATP-abhängigen Flippase quantitativ auf die cytoplasmatische Halbschicht der Plasmamembran transferiert (Abb. 11.2). Wie die Aktivität von Scramblasen, Flippasen und Floppasen in verschie-

Tab. 11.1 Übersicht über Transport-ATPasen

ATPase-Typ	Beispiel	Funktion
F-Typ-ATPase	F_1/F_0-ATPase	ATP-Synthese in der inneren Mitochondrienmembran (▶ Abschn. 19.1.3), auch in Chloroplasten und Bakterien; nutzt zwar überwiegend den Protonengradienten zur ATP-Synthese, kann aber auch durch ATP-Hydrolyse Protonen pumpen
P-Typ-ATPase	Na^+/K^+-ATPase	Erzeugung eines Membranpotenzials (▶ Kap. 74)
	Ca^{2+}-ATPase	Senkung des cytosolischen Ca^{2+}-Spiegels (▶ Abschn. 35.3.3)
	H^+/K^+-ATPase	Säuresekretion der Belegzellen des Magens (▶ Abschn. 61.1.2)
V-Typ-ATPase	H^+-ATPase	Ansäuern des Lumens von Endosom und Lysosom (▶ Abschn. 12.1.5)
ABC-Transporter	*Multi drug resistance* (MDR)	Entfernung von Chemotherapeutika u. a. aus der Zelle (▶ Abschn. 62.4.1)
	TAP-Transporter	Import von Peptidfragmenten ins ER zur Beladung von MHC-I (▶ Abschn. 70.5.1)
	Cystic fibrosis transmembrane regulator (CFTR)	Epithelialer Chloridkanal, Defekt ist Ursache der Mukoviszidose (▶ Abschn. 61.3.4)

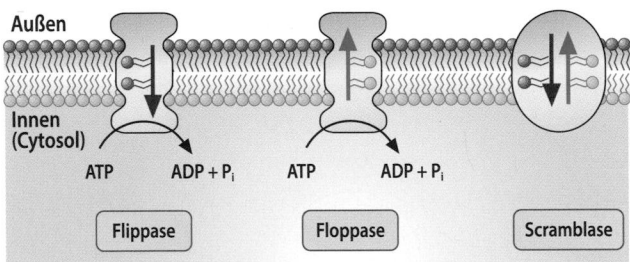

Abb. 11.10 Wirkungsweise von Flippasen, Floppasen und Scramblasen. (Einzelheiten s. Text)

nen Membranen gesteuert wird, ist weitgehend unbekannt.

Der Zusammenbruch der Lipidasymmetrie hat unterschiedliche Folgen. Er ist z. B.:

- eine Voraussetzung der Thrombocytenaktivierung,
- ein frühes Zeichen der Erythrocytenalterung,
- am Substraterkennungsvorgang von Makrophagen oder
- an der Auslösung der Apoptose beteiligt.

Mitochondrien sind am vesikulären Austausch nicht beteiligt, sie synthetisieren keine Lipide selbst, ggf. werden bestimmte Lipide hier jedoch modifiziert. Vermutlich stammen die mitochondrialen Lipide vom ER ab; jedenfalls legen dies elektronenmikroskopische Aufnahmen nahe, die ER und mitochondriale Membranen in unmittel-

barer Nachbarschaft zeigen. In Hefe wurde kürzlich ein Proteinkomplex (*ERMES*, **ER** – *Mitochondria Encounter Structure*) identifiziert, der am Phospholipidaustausch zwischen Mitochondrien und dem ER beteiligt ist. Diesen Komplex gibt es in tierischen Zellen zwar nicht, aber dort könnte ein ähnlicher ER-Membran-Proteinkomplex (EMC) diese Funktion übernehmen.

Zusammenfassung

Biomembranen werden aus amphiphilen Lipiden, v. a. Phospho-, Sphingo- und Glycolipiden sowie Cholesterin aufgebaut. Diese Lipide verteilen sich asymmetrisch über die beiden Lipidhalbschichten und in unterschiedlicher Zusammensetzung auf die verschiedenen zellulären Membranen. Die Lipidzusammensetzung beeinflusst die Membranfluidität und es existieren höchstwahrscheinlich Membranareale mit unterschiedlicher Fluidität nebeneinander. Integrale und mit ihnen assoziierte periphere Membranproteine sind in Biomembranen eingebettet. Diese Proteine haben eine wesentliche Funktion beim passiven und aktiven Transport von Biomolekülen durch die Membran. Die Biosynthese der Membranlipide erfolgt in den Membranen des glatten endoplasmatischen Retikulums. Durch z. T. ATP-abhängige Translokasen wird die für jede Membran typische Verteilung von Lipiden im inneren bzw. äußeren Blatt der Doppelschicht eingestellt.

Weiterführende Literatur

Bevers EM, Williamson PL (2010) Phospholipid scramblase: an update. FEBS Lett 584:2724–2730

Blom T, Somerharju P, Ikonen E (2011) Synthesis and biosynthetic trafficking of membrane lipids. Cold Spring Harb Perspect Biol 3:a004713

Cao X, Surma MA, Simons K (2012) Polarized sorting and trafficking in epithelial cells. Cell Res 22:793–805

Devaux PF, Herrmann A, Ohlwein N, Kozlov MM (2008) How lipid flippases can modulate membrane structure. Biochim Biophys Acta Biomembr 778:1591–1160

Lodish H, Berk A, Kaiser CA, Krieger M, Bretscher A, Ploegh H, Amon A, Martin KC (2016) Molecular cell biology. WH Freeman, New York

Nelson DL, Cox MM (2012) Chapter 12: Biological membranes and transport. In: Lehninger principles of biochemistry, 6. Aufl. Freemann, Gumbrills

Razani B, Woodman SE, Lisanti MP (2002) Caveolae: from cell biology to animal physiology. Pharmacol Rev 54(3):431–467. Review

Simons K, Ikonen E (2000) How cells handle cholesterol. Science 1;290(5497):1721–1726. Review

Simons K, Sampaio JL (2011) Membrane organization and lipid rafts. Cold Spring Harb Perspect Biol 3:a004697

Wright EM, Loo DD, Hirayama BA (2011) Biology of human sodium glucose transporters. Physiol Rev 91:733–794

11

Zellorganellen und Vesikeltransport

Lutz Graeve und Matthias Müller

Lebende Organismen sind aus Zellen zusammengesetzt. Im einfachsten Falle (Einzeller) besteht der gesamte Organismus aus nur einer Zelle, die überwiegende Zahl von Organismen wird jedoch aus zahlreichen unterschiedlichen Zellen (Mehrzeller) gebildet, die in verschiedenen Geweben und Organen organisiert sind und sehr unterschiedliche Formen und Funktionen haben. Zellen stellen die kleinste mögliche Einheit des Lebens dar, unterhalb dieser Ebene existiert kein Leben. Während der Evolution haben sich zwei grundlegende Zelltypen herausgebildet, die prokaryontische Zelle und die eukaryontische Zelle. Prokaryonten sind einfacher aufgebaut und häufig Einzeller; zu ihnen gehören die Bakterien und die Blaualgen. Eukaryonten zeigen einen wesentlich komplexeren Aufbau mit Zellkern (Karyon) und Zellkompartimenten. Alle Pflanzen und Tiere sowie die Pilze gehören zu den Eukaryonten. Eukaryonten sind während der Evolution vermutlich aus Prokaryonten hervorgegangen und haben ursprünglich symbiotisch lebende Prokaryonten dauerhaft in ihre Struktur integriert, und zwar in Form von Mitochondrien und Chloroplasten (Endosymbiontentheorie). Da die meisten biochemischen Vorgänge im Inneren von Zellen ablaufen, ist eine genaue Kenntnis zellulärer Strukturen und Funktionen unabdingbar für das Verständnis dieser Prozesse. Zahlreiche Erkrankungen lassen sich als eine Funktionsstörung zellulärer Strukturen erklären.

Schwerpunkte

12.1 Die Zellkompartimente
- Aufbau und Funktion der Zellorganellen
- Transport zwischen Cytoplasma und Zellkern

12.2 Vesikulärer Transport
- Bildung und Fusion von Vesikeln

12.3 Proteinsortierung
- Signale der Proteinsortierung und ihre Erkennung durch Rezeptoren

12.4 Viren
- Aufbau und Infektionszyklus

Ergänzende Information Die elektronische Version dieses Kapitels enthält Zusatzmaterial, auf das über folgenden Link zugegriffen werden kann https://doi.org/10.1007/978-3-662-60266-9_12. Die Videos lassen sich durch Anklicken des DOI Links in der Legende einer entsprechenden Abbildung abspielen, oder indem Sie diesen Link mit der SN More Media App scannen.

© Springer-Verlag GmbH Deutschland, ein Teil von Springer Nature 2022
P. C. Heinrich et al. (Hrsg.), *Löffler/Petrides Biochemie und Pathobiochemie*, https://doi.org/10.1007/978-3-662-60266-9_12

Übrigens

Meilensteine der Zellbiologie

1655   Hooke prägt den Begriff „Zelle"
1674   Leeuwenhoek entdeckt Protozoen
1833   Brown beschreibt den Zellkern in pflanzlichen Zellen
1838   Schleiden und Schwann formulieren die Zelltheorie, nach der alle Pflanzen und Tiere aus Zellbausteinen aufgebaut sind
1857   Kolliker beschreibt die Mitochondrien in Muskelzellen
1879   Flemming beschreibt das Verhalten der Chromosomen während der Mitose
1882   Koch entdeckt die Bakterien
1898   Golgi entdeckt den nach ihm benannten Apparat
1932   Das Phasenkontrastmikroskop wird entwickelt

1939   Elektronenmikroskopische Darstellung des Tabakmosaikvirus
1945   Erste elektronenmikroskopische Aufnahmen von eukaryontischen Zellen
1953   Watson und Crick entdecken die DNA-Doppel-Helix
1971   Blobel und Sabatini formulieren eine erste Version der Signalhypothese
1972   Singer und Nicolson entwerfen das Fluid-Mosaic-Modell der Zellmembran
1975   Milstein und Köhler entwickeln ein Verfahren zur Herstellung monoklonaler Antikörper
1988   Konfokale Laser-Scanning-Mikroskope halten Einzug in die Zellbiologie
1994   Chalfie und Tsien entwickeln das *green fluorescent protein* als Marker

12.1   Die Zellkompartimente

❯ Die typische eukaryontische Zelle zeigt eine kompartimentierte Strukturierung, die verschiedene zelluläre Reaktionsräume in sinnvoller Weise voneinander separiert.

Eine Kompartimentierung der Zelle ist notwendig, damit beispielsweise Auf- und Abbauprozesse räumlich voneinander getrennt stattfinden oder Proteine wie am Fließband einem mehrstufigen Umbau- und Reifungsprozess unterzogen werden können. Grundlage aller Kompartimente ist die Biomembran. Die wesentlichen Zellkompartimente (◻ Abb. 12.1), die in fast jeder eukaryontischen Zelle identifiziert werden können, sind:
- Plasmamembran
- Zellkern
- endoplasmatisches Retikulum
- Golgi-Apparat
- Endosomen
- Lysosomen
- Mitochondrien
- Peroxisomen
- Lipidtröpfchen

❯ Die meisten Kompartimente sind durch vesikulären oder vesikotubulären Transport funktionell miteinander verknüpft und bilden das Endomembransystem.

Nur Mitochondrien und Peroxisomen zählen nicht zum **Endomembransystem** (◻ Abb. 12.2). Das Endomembransystem stellt also praktisch ein Kontinuum dar, in dem sich Lipide und Proteine nach bestimmten Gesetzmäßigkeiten bewegen können. So wird ein Transmembranprotein, z. B. der LDL-Rezeptor (*low-density lipoprotein* Rezeptor), an der Membran des rauen endoplasmatischen Retikulums synthetisiert, wandert dann über Vesikel zum Golgi-Apparat, wird dort prozessiert, und wieder über Vesikel an die Plasmamembran transportiert. Diesen Prozess bezeichnet man als **Exocytose**. Bindet er hier seinen Liganden, das *low-density lipoprotein*, wird er durch **Endocytose** wiederum in Vesikel verpackt, die mit dem Endosom fusionieren. Das LDL wird sogar noch weiter bis ins Lysosom transportiert und dort abgebaut, wohingegen der Rezeptor meist zur Plasmamembran zurückkehrt. Ähnliche „Reisewege" innerhalb des Endomembransystems lassen sich auch für die verschiedenen Membranlipide beschreiben.

Das Endomembransystem ist während der Evolution vermutlich durch die Einstülpung der Plasmamembran einer einfacher gebauten Urkaryontenzelle entstanden. Diese Membraneinstülpungen haben sich dann weiter zu den heutigen Kompartimenten differenziert. Mitochondrien hingegen sind laut **Endosymbiontentheorie** von vor ca. 2 Milliarden Jahren eingewanderten, symbiotisch lebenden Prokaryonten abgeleitet. Ursprünglich nahm man eine ähnliche Entstehung auch für die Peroxisomen an. Es gibt aber neuere Hinweise darauf, dass Peroxisomen aus der Membran des endoplasmatischen Retikulums neu gebildet werden können. Dies würde sie zu einem Teil des Endomembransystems machen.

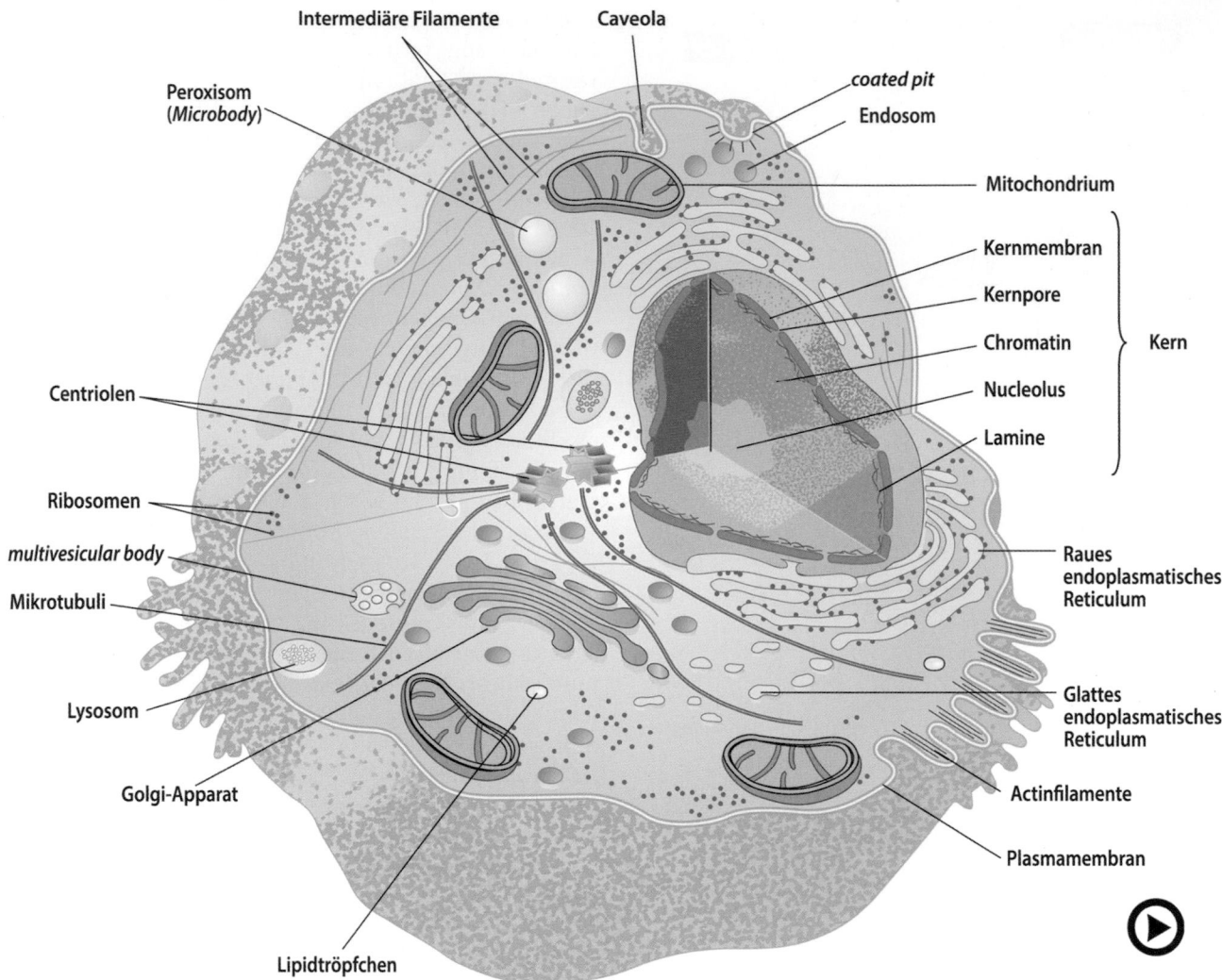

Abb. 12.1 (Video 12.1) **Aufbau einer tierischen Zelle.** Schematische Darstellung einer idealisierten tierischen Zelle. (Einzelheiten s. Text)
(▶ https://doi.org/10.1007/000-5f5)

12.1.1 Die Plasmamembran

❯ Die Plasmamembran ist die Biomembran, die jede lebende Zelle umgibt und sie von der Außenwelt abtrennt.

Sie gibt jeder Zelle ihre Identität und verhindert den freien Stoffaustausch mit der Umgebung. In komplexen Organismen müssen Zellen aber in koordinierter Weise untereinander Stoffe austauschen und miteinander kommunizieren. Die Plasmamembran ist deshalb auch der Ort, an dem diese Prozesse ablaufen. Hierfür ist eine große Zahl von in die Plasmamembran integrierten Proteinen verantwortlich. Diese bewirken u. a.:

- geregelten Stoffaustausch
- Bindung von Signalmolekülen und Weiterleitung des Signals ins Zellinnere

- Generierung verschiedener elektrochemischer Gradienten (Membranpotenzial)
- Kontakt zu benachbarten Zellen
- Kontakt zur umgebenden extrazellulären Matrix und
- Erkennung körperfremder Strukturen

Die Plasmamembran ist demnach kein statisches System, sondern von einer hohen Dynamik gekennzeichnet. Ständig werden durch Fusion intrazellulärer Vesikel mit der Plasmamembran neue Lipide und Proteine an die Plasmamembran transportiert und in vergleichbarem Maße werden Lipide und Proteine durch Endocytose wieder ins Zellinnere gebracht. Die Mechanismen, die diese beiden Prozesse steuern sind äußerst komplex und müssen gewährleisten, dass die Plasmamembran ihre Größe nicht verändert, es sei denn, die Zelle wächst.

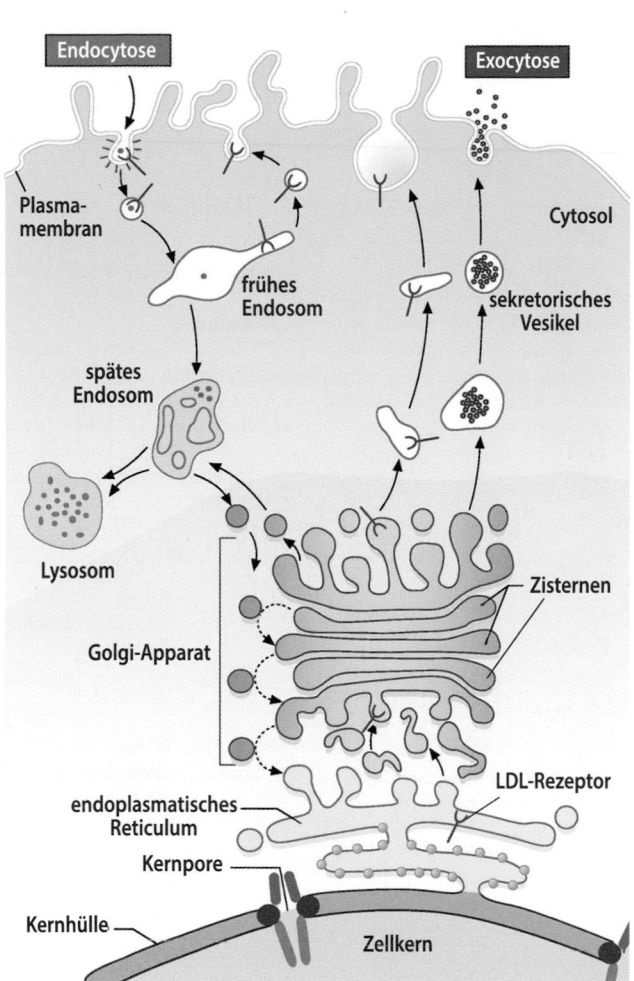

Abb. 12.2   Endomembransystem. Schematische Darstellung der zellulären Kompartimente, die durch vesikulären Transport miteinander verknüpft sind. LDL-Rezeptoren sind an ihren verschiedenen „Reisestationen" gezeigt. (Einzelheiten s. Text). (Aus Schmidt et al. 2011)

Epitheliale Zellen grenzen den Körper häufig zur Außenwelt hin ab und bilden eine normalerweise dichte Barriere, die z. B. das Eindringen von Mikroorganismen in den Körper verhindert. In epithelialen Zellen ist die Plasmamembran in mindestens zwei Domänen untergliedert, einer **apikalen Membran**, die die Zelle nach außen hin abgrenzt (z. B. dem Darmlumen) und einer **basolateralen Membran**, die zur Körperinnenwelt hinweist. Diese Eigenschaft bezeichnet man auch als **Zellpolarität**. Apikale und basolaterale Membranen sind durch eine unterschiedliche Protein- und Lipidzusammensetzung gekennzeichnet. Diese kann nur dadurch aufrechterhalten werden, dass zwischen apikaler und basolateraler Membran eine Barriere den Austausch von Proteinen und Lipiden durch laterale Diffusion verhindert.

Hierbei handelt es sich um *tight junctions* oder **Zonulae occludentes**, die die Zelle am apikalen Pol ringför-

mig umgeben und sie mit den rundum sitzenden Nachbarzellen eng verbinden. *tight junctions* werden von viermal die Membran durchquerenden Adhäsionsproteinen (Tetraspan-Proteinen), den **Claudinen** und **Occludinen** gebildet, die über ihre extrazellulären Anteile homodimerisieren und intrazellulär mit verschiedenen Gerüstproteinen, wie den **ZO-Proteinen**, interagieren (**Abb. 12.3). Unterhalb der *Zonula occludens* findet sich eine zweite ringförmige Verbindung, *adherens junction* oder **Zonula adhaerens**. Diese Strukturen werden u. a. von **E-Cadherinen** benachbarter Zellen gebildet, die Ca^{2+}-abhängig miteinander homodimerisieren (Cadherine = Ca-abhängige Adherine). Über Catenine sind die E-Cadherine mit dem Actincytoskelett verbunden, das an diesen Stellen benachbarte Zellen gürtelförmig umschließt. Durch koordinierte Kontraktion können sich plattenförmige Epithelien auf diese Weise biegen, einstülpen und schließlich Epithelrohre bilden. β-Catenin, dessen zelluläre Konzentration stark kontrolliert wird, kann nach Disintegration von Zellverbänden auch im Zellkern transkriptionell wirken. Generell spielen diese Adaptorproteine auch eine wichtige Rolle in der Proliferationskontrolle, sodass auf diesem Weg z. B. Epitheldefekte durch Teilung randständiger Zellen wieder aufgefüllt werden. Eine dritte Membranstruktur epithelialer Zellen in unmittelbarer Nachbarschaft zur **Zonula occludens** und **adhaerens** sind *Desmosomen*, kreisförmige Haftpunkte zwischen Zellen, die durch die Cadherinhomologen **Desmocollin** und **Desmoglein** gebildet und über Adaptorproteine (Plakophilin, Plakoglobin) mit den Intermediärfilamenten verbunden werden. An der Basalseite sind Epithelzellen über **Integrine** mit der Basallamina verknüpft (▶ Abschn. 71.1.7).

Eine spezielle Form von Zell-Zell-Verbindungen stellen die *gap junctions* (Nexus) dar (**Abb. 12.3). Hierbei handelt es sich um Ansammlungen von wenigen bis zu tausenden von porenartigen Membranproteinkomplexen, die das Cytoplasma zweier benachbarter Zellen direkt miteinander verbinden, sodass Ionen, *second messenger* und andere kleinere Biomoleküle (<1 kDa) durch die Poren von einer Zelle zur anderen diffundieren können. Die *gap junctions* werden von **Connexinen** gebildet, Membranproteinen mit vier Transmembrandurchgängen, von denen sich je sechs pro Membran zu einem ringförmigen **Connexon** zusammenlagern. Zwei Halbkanäle aus je sechs Connexonen bilden dann die Poren der *gap junctions,* durch die die kommunizierenden Membranen im Abstand von 2–4 nm (*gap*) gehalten werden. *gap junctions* spielen bei der interzellulären Kommunikation, der Weiterleitung von Aktionspotenzialen, aber auch der Nährstoffversorgung schlecht durchbluteter Organe eine Rolle. Durch Phosphorylierung der Connexine (z. B. durch Tyrosinkinasen) kann die Aktivität von *gap junctions* reguliert werden. Tumor-

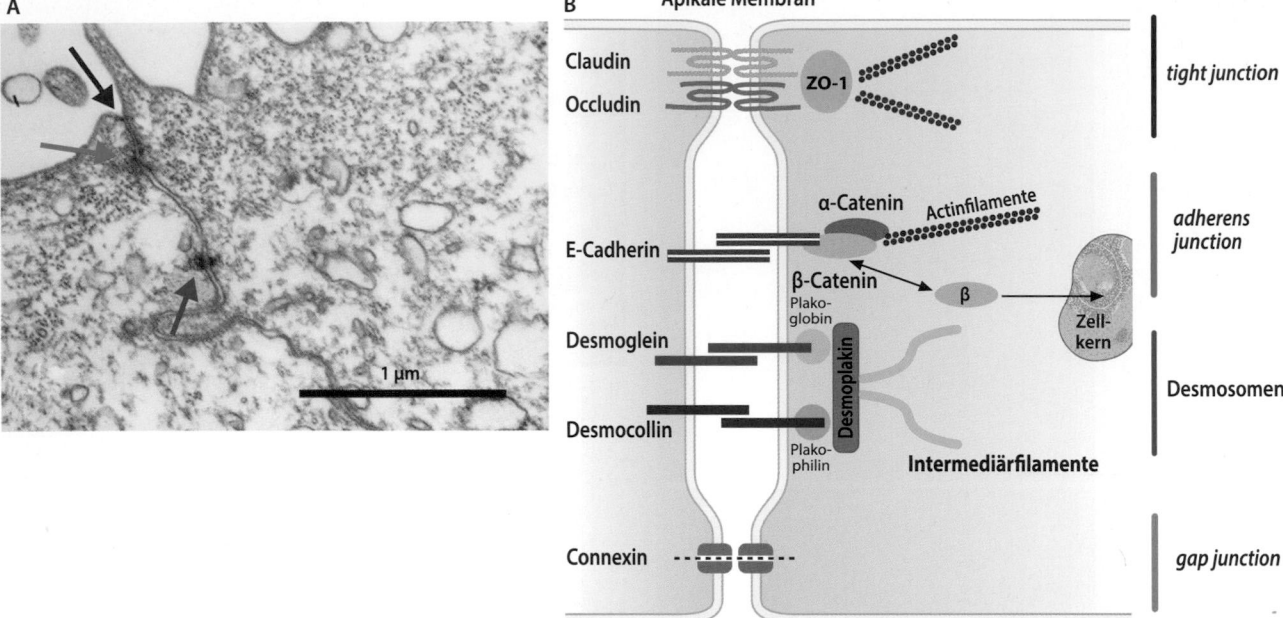

A

1 µm

B Apikale Membran

Claudin

Occludin

ZO-1

tight junction

α-Catenin Actinfilamente

adherens junction

E-Cadherin

β-Catenin
Plako-globin

β

Zell-kern

Desmoglein

Desmoplakin

Desmosomen

Desmocollin

Plako-philin

Intermediärfilamente

Connexin

gap junction

◻ **Abb. 12.3 Apikale und basolaterale Plasmamembran von Epithel-zellen und ihre Verbindungsstrukturen. A** Transmissionselektronen-mikroskopische Aufnahme der interzellulären Verbindung zwischen zwei epithelialen Zellen. *Zonula occludens* bzw. *tight junction* (*roter Pfeil*), *Zonula adhaerens* (*grüner Pfeil*), Desmosom (*blauer Pfeil*). (A aus Kreft et al. 2006). **B** Schematische Darstellung von Zelladhäsi-onsmolekülen, cytoplasmatischen Adaptorproteinen und mit ihnen verknüpften Cytoskelett-Elementen. *β*-Catenin ist im Cytosol an Verbindungen zum Cytoskelett und im Kern an der Regulation der Transkription beteiligt

zellen sind häufig durch einen Verlust von *gap junctions* gekennzeichnet.

Die Plasmamembran zeigt häufig Ausstülpungen, die die zelluläre Oberfläche vergrößern. So sind resorp-tive Zellen durch Mikrovilli und migrierende Zellen durch Lamellipodien und Filopodien gekennzeichnet. Diese Strukturen bedürfen der Unterstützung durch das Cytoskelett (▶ Kap. 13). Darüber hinaus wurde beob-achtet, dass viele Zellen relativ lange Zellausläufer bil-den, die der interzellulären Kommunikation und dem Stoffaustausch dienen. Hierbei werden drei Strukturen unterschieden:

- **Cytoneme**, die bis zu 700 µm lang werden können und vor allem der Signaltransduktion dienen (im Sinne einer juxtakrinen Signalübermittlung, ◻ Abb. 33.2). Diese Strukturen werden vor allem durch Actinfila-mente (▶ Abschn. 13.2) stabilisiert.
- **Mikrotubuli-basierte Nanotubes**, die von einer Zelle ausgehend in eine andere Zelle eindringen, ohne de-ren Membranintegrität zu zerstören und ebenfalls der juxtakrinen Signaltransduktion dienen, sowie
- **Tunnel-bildende Nanotubes (TNT)**, die das Cyto-plasma von weit (mehrere 100 µm) voneinander ent-fernten Zellen direkt miteinander verbinden und auf diese Weise Organellen, intrazelluläre Botenstoffe (z. B. Ca $^{2+}$), aber auch Viren austauschen können. TNT werden auch häufig zwischen Krebszellen beob-achtet. Die Prozesse, die zur Ausbildung dieser Strukturen führen, sind noch wenig verstanden.

12.1.2 Der Zellkern

❯ Der Zellkern ist das einzige Zellorganell, das be-reits im Lichtmikroskop deutlich erkennbar ist (◻ Abb. 12.4A).

Der Zellkern wird von einer Doppelmembran umge-ben, der **Kernhülle**, deren äußere Membran mit dem endoplasmatischen Retikulum ein Kontinuum bildet (◻ Abb. 12.2). Bei jeder Mitose löst sich die Kern-hülle auf und formt sich in den Tochterzellen neu. Die Kernhülle ist von innen durch die **Kernlamina** ausge-kleidet, die aus den Laminen gebildet wird, fibrillären Proteinen, die zur Familie der Intermediärfilamente (▶ Abschn. 13.4) gehören. Kernhülle und Kernlamina umgeben das Nucleoplasma oder Karyoplasma, das komplex strukturiert ist. Neuere Untersuchungen wei-sen auf die Existenz auch eines nucleoplasmatischen Retikulums hin, dessen physiologische Bedeutung aber noch nicht klar ist. Die Kernhülle ist an zahlreichen Stel-len mit **Kernporenkomplexen** durchsetzt (◻ Abb. 12.5); pro Zellkern existieren oft mehrere tausend Kernporen.

Der Zellkern ist die Informations- und Steuerungs-zentrale der Zelle. Er enthält im Nucleoplasma das genetische Material in Form der DNA, die beim Men-schen in 46 Chromosomen organisiert sind (22 Paare autosomaler Chromosomen plus zwei Geschlechtschro-mosomen, XX bei der Frau und XY beim Mann). Hier finden die wesentlichen Prozesse der **DNA-Replikation**

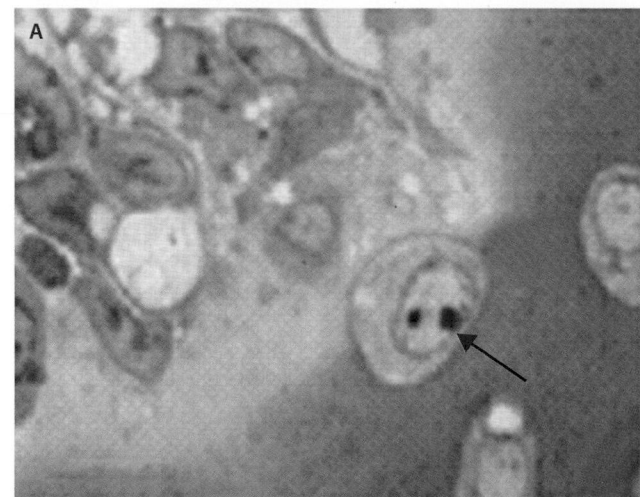

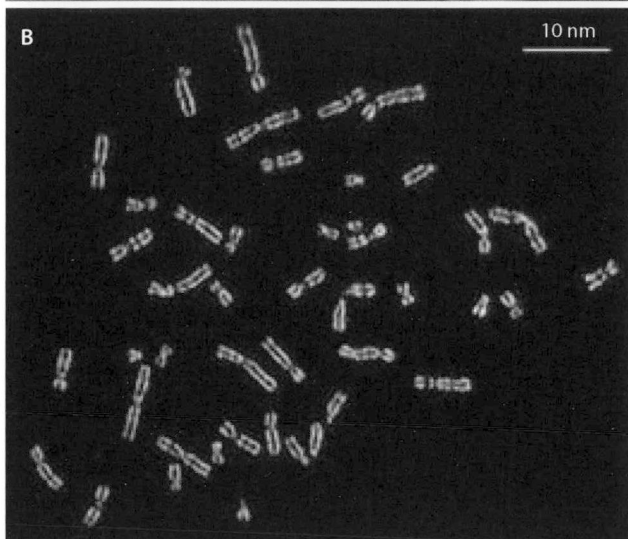

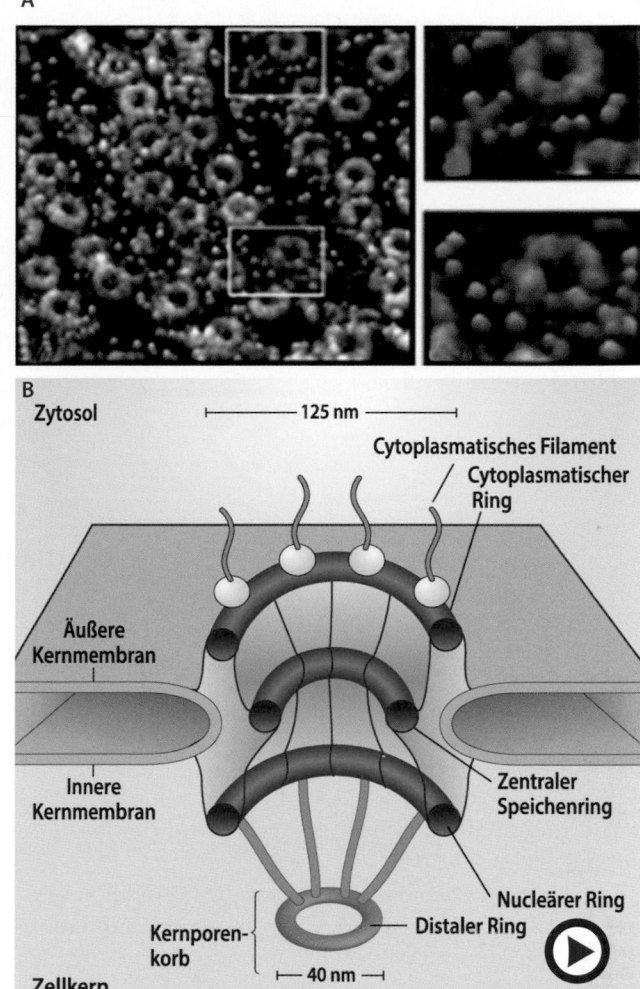

12

⬛ **Abb. 12.4 Zellkern. A** Lichtmikroskopische Aufnahme eines Chondrocyten. Zellkern mit zwei Nucleoli (*Pfeil*), **B** kondensierte menschliche Chromosomen. (A aus Alvarez et al. 2005, B aus Liu et al. 2004)

⬛ **Abb. 12.5** (Video 12.2) **Strukturen von Kernporenkomplexen. A** Rasterkraftmikroskopische (*atomic force microscopy*, AFM) Aufnahmen von Kernporenkomplexen der Oozyte des Krallenfrosches *Xenopus laevis*. Gezeigt ist die cytoplasmatische Seite der Poren. Die 8fache Symmetrie des Porenaufbaus ist gut zu erkennen. (Aus Shahin 2006). **B** Räumlich-schematische Darstellung des Kernporenkomplexes im Anschnitt. Die Pore besteht aus einem dreifachen Ring, dem zentralen Speichenring und den cytoplasmatischen und nucleären Kernporenringen. Ausgehend vom cytoplasmatischen und nucleären Ring erstrecken sich cytoplasmatische und nucleäre Porenfilamente. Im Nucleoplasma verbinden sich die Filamente zu einem Korb, dessen Boden der sog. distale Ring bildet (▶ https://doi.org/10.1007/000-5f2)

(▶ Kap. 44), der **Transkription** und des **mRNA-Spleißens** (▶ Kap. 46) statt. Die einzelnen Chromosomen sind nur während der Metaphase und Anaphase einer Mitose mikroskopisch gut zu erkennen (⬛ Abb. 12.4B), zwischen den Mitosen liegen sie dekondensiert als Chromatin vor. Es wird das **Heterochromatin**, bei dem die DNA stark verdichtet und transkriptionell inaktiv vorliegt, und das **Euchromatin**, in dem die DNA aufgelockerter ist und aktiv transkribiert werden kann, unterschieden. Unter anderem mittels der **Giemsa-Färbung** kann man zwischen Hetero- und Euchromatin differenzieren. Beim Heterochromatin können unterschieden werden:

– **konstitutives Heterochromatin,** das v. a. im Bereich der Centromere und Telomere vorliegt und zahlreiche repetitive DNA-Sequenzen ohne proteincodierende Funktion enthält,

– **fakultatives Heterochromatin** auch Sexchromatin genannt, das in „stillgelegten" X-Chromosomen (Barr-Körper) zu finden ist, und

– **funktionelles Heterochromatin**, das abhängig von Zelltyp und -differenzierung unterschiedliche Teile der Chromosomen umfassen kann.

Eine bereits im Lichtmikroskop erkennbare Substruktur des Zellkerns ist der **Nucleolus**, das Kernkörperchen (⬛ Abb. 12.4A). Hierbei handelt es sich um ein kugelför-

miges, jedoch nicht von einer Membran umgebenes Ge-bilde, von dem es pro Zellkern eines oder mehrere gibt. In Proteinsynthese-aktiven Zellen können Nucleoli bis zu 25 % des Kernvolumens einnehmen. Der Nucleolus ist der Ort der **Transkription der ribosomalen RNAs** (in der *Pars fibrosa*, ▶ Abschn. 46.3.4) und des **Zusammenbaus der ribosomalen Untereinheiten** (in der *Pars granulosa*). Au-ßerdem findet hier die **Synthese von Nicotinamid-Ade-nin-Dinucleotid (NAD⁺)** statt (▶ Abschn. 59.4).

Eine weitere sphärische nucleäre Struktur mit einem Durchmesser von 0,1–2 μm sind die *Cajal bodies*. In diesen erstmals 1903 von Santiago Ramon y Cajal be-schriebenen intranucleären Partikeln wird vermutlich der Zusammenbau und die Reifung von nucleären Ri-bonucleoproteinkomplexen (*nuclear RNPs*) vollzogen. Sie scheinen aber nicht direkt an Transkription und Spleißen beteiligt zu sein. Als molekularer Marker von *Cajal bodies* wurde das Protein **Coilin** identifiziert.

Proteine und RNAs, die für das Spleißen von Prä-mRNAs benötigt werden, sind in **Interchromatingranula** angereichert, aber auch hier scheint es sich eher um ein Speicherkompartiment als um das aktive Spleißzentrum zu handeln.

❯ Kernporen stellen die Verbindung zwischen Cyto-plasma und Nucleoplasma her, über die wesentliche Transportprozesse ablaufen.

Der permanente Stoffaustausch zwischen Cytoplasma und Zellkern ist eine wichtige Grundfunktion einer eu-karyontischen Zelle. Ribo- und Desoxyribonucleosid-triphosphate, Enzyme der Replikation und Transkrip-tion, Histone und Transkriptionsfaktoren sowie zahlreiche weitere Proteine müssen vom Cytosol in den Zellkern transportiert werden (**Kernimport**), wohingegen die verschiedenen Transkriptionsprodukte (mRNAs, tRNAs u. a.) und nicht mehr benötigte Transkriptions-faktoren aus dem Zellkern ins Cytosol verlagert werden müssen (**Kernexport**) (◻ Abb. 12.6). Alle diese Trans-portprozesse finden an den Kernporenkomplexen (*nuc-lear pore complexes*, NPCs) statt.

Kernporenkomplexe sind makromolekulare Struktu-ren (60–125 MDa), die einen wassergefüllten Kanal zwi-schen dem Cytosol und dem Nucleoplasma bilden, der die äußere und innere Kernmembran durchzieht. Dieser Kanal ist permanent offen und lässt Ionen, Nucleotide und Proteine bis ca 40 kDa mehr oder weniger ungehin-

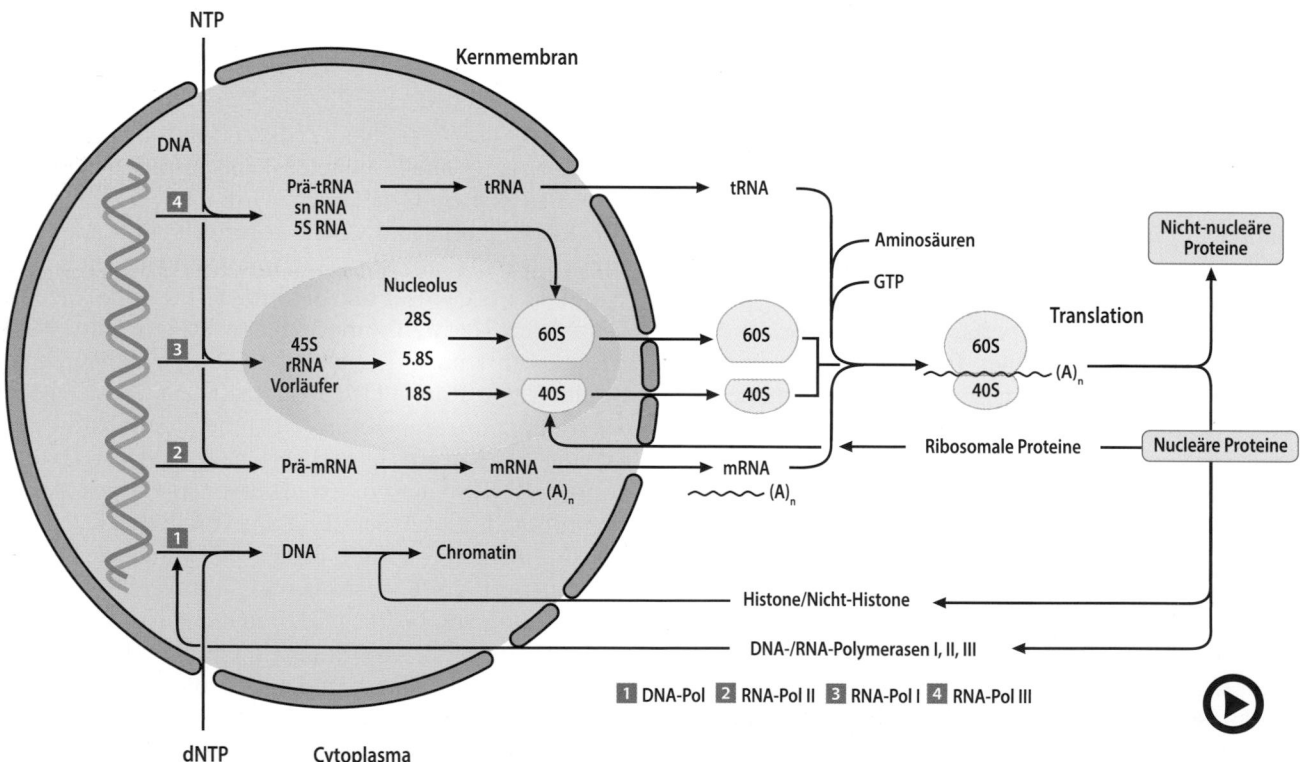

◻ **Abb. 12.6** (Video 12.3) **Stoffaustausch zwischen Zellkern und Cy-toplasma.** Im Kern findet die DNA-Replikation (1) und die Tran-skription der Prä-mRNA (2), der 45S rRNA (3) und verschiedener kleiner RNAs (4) statt. Nach diversen Prozessierungsschritten und Bildung von RNA-Proteinkomplexen (z. B. Ribosomen) werden diese durch die Kernporen in das Cytosol exportiert. DNA- und RNA-bindende Proteine sowie die verschiedenen DNA- und RNA-Polymerasen werden an cytosolischen Ribosomen translatiert und in den Zellkern importiert. Nucleotidbausteine können die Kernporen durch Diffusion durchqueren. (d)*NTP*: (Desoxy-)Ribo-nucleosidtriphosphat; *Pol*: Polymerase; *snRNA*: *small nuclear RNA* (▶ https://doi.org/10.1007/000-5f3)

dert hindurch. Größere Proteine und RNA-Moleküle bedürfen eines spezifischen Transportmechanismus. Kernporenkomplexe bestehen aus ca. 30 unterschiedlichen Proteinen, den **Nucleoporinen** oder **NUPs**. Bei den meisten NUPs handelt es sich um lösliche Proteine, lediglich drei NUPs sind Transmembranproteine, die den Kernporenkomplex in der Kernmembran verankern. Der Kernporenkomplex ist insgesamt kreisförmig und besitzt eine 8fache Symmetrie (◨ Abb. 12.5). Von den NUPs finden sich deshalb jeweils acht oder ein Vielfaches von acht im Porenkomplex. Insgesamt besteht eine Kernpore aus 500–1000 NUPs. Dem zentralen Ring des Kernporenkomplexes sitzen jeweils ein cytoplasmatischer und ein nucleärer Ring auf, von dem aus je acht Filamente ins Cytosol bzw. Nucleoplasma weisen. Letztere sind zusätzlich querverbunden, sodass eine korbartige Struktur (*nuclear basket*) entsteht. Die ca. 30 unterschiedlichen NUPs weisen eine überraschend geringe Zahl verschiedener Proteindomänen auf, zahlreiche NUPs, v. a. des zentralen Kanals, besitzen sog. **FG-repeats**, die durch vielfache Wiederholungen kurzer Aminosäuremotive, die Phenylalanin (F) und Glycin (G) enthalten, gekennzeichnet sind. Diese FG-reichen Domänen sind ungefaltet und füllen möglicherweise den zentralen Kanal im Sinne eines molekularen Siebes aus. Sie sind darüber hinaus Andockstellen für die nucleären Transporter (s. u.).

Nucleocytoplasmatischer Transport Dem geregelten Transport durch den Kernporenkomplex unterliegen alle größeren Proteine und RNA-Spezies. Grundlegend für das Verständnis dieses Transports war die Entdeckung, dass die zu transportierenden Proteine, auch **Cargo** genannt, in ihrer Proteinstruktur die Information für den Transport in Form von Import- und Exportsequenzen tragen. Die Importsequenzen werden als *nuclear localization sequences* (**NLS**), die Exportsequenzen als *nuclear export sequences* (**NES**) bezeichnet. In einigen Fällen sind diese Sequenzen als kurze Aminosäuremotive gut definiert und auch auf andere Proteine transferierbar, in anderen Fällen steht die genaue Bestimmung des Transportsignals aber noch aus und ist vermutlich in der dreidimensionalen Struktur des Proteins codiert. Die klassischen NLS sind ein Cluster aus ca. 5 basischen Aminosäuren bzw. zwei kleinere Cluster aus basischen Aminosäuren, unterbrochen von einem *linker* aus ca. 10 Aminosäuren. Gut charakterisierte NES sind Aminosäuremotive mit 3–4 hydrophoben Aminosäuren, häufig Leucinen.

Die Erkennung der NLS und NES, gefolgt von einer Bindung an und dem Transport durch den NPC, wird durch Mitglieder der Proteinfamilie der **Karyopherine** bewirkt. Beim Menschen sind bisher mindestens 20 Karyopherine identifiziert worden. Bis auf eine Ausnahme vermittelt ein Karyopherin entweder nur den Import eines Cargo-Moleküls (dann auch **Importin** genannt) oder

aber den Export (dann auch **Exportin** genannt) (◨ Abb. 12.7). Bisher sind etwas mehr Importine als Exportine charakterisiert worden. Da die Zahl der zu transportierenden Cargo-Moleküle bedeutend größer ist als die der Importine/Exportine, kann ein bestimmtes Karyopherin offensichtlich eine größere Zahl an verschiedenen Proteinen transportieren. Alle bisher identifizierten Karyopherine können ihr Cargo direkt binden, einige benutzen aber auch Adaptorproteine, von denen Importin-α am besten charakterisiert ist.

Neben den Karyopherinen spielt beim nucleocytoplasmatischen Transport noch ein kleines G-Protein eine entscheidende Rolle. Es handelt sich um ein G-Protein aus der Ras-Superfamilie und wird als **Ran** (*ras-like nuclear*) bezeichnet. Wie alle G-Proteine liegt Ran entweder in einer GDP-oder GTP-gebundenen Form vor (◨ Abb. 33.9). Ran steuert in entscheidender Weise die Richtung des Transports, und zwar liegt Ran im Cytosol überwiegend in der GDP-Form vor, im Zellkern aber in der GTP-Form (◨ Abb. 12.7). Dieses Ungleichgewicht wird dadurch erreicht, dass ein **Ran-GEF** (*Ran guanine nucleotide exchange factor*) im Zellkern lokalisiert ist, wohingegen sich im Cytosol ein **Ran-GAP** (*Ran GTPase activating protein*) findet. Ran-GEF bewirkt bei Ran einen Nucleotidaustausch von GDP durch GTP, Ran-GAP wiederum steigert die schwache endogene GTPase-Aktivität von Ran um den Faktor 10^5. Ergebnis der Wirkung der beiden kompartimentalisierten Enzyme ist ein steiler Gradient von Ran-GTP zwischen Zellkern und Cytoplasma, mit einer ca. 100fach höheren Konzentration im Zellkern. An diesen Gradienten wird jetzt die Bindung von Karyopherin und Cargo gekoppelt, und zwar bezüglich Import und Export in unterschiedlicher Weise. Während im Cytosol die Bindung eines Importins an das in den Kern zu importierende Protein ohne Ran erfolgt, führt nach Translokation in den Zellkern die Bindung von Ran-GTP an Importin zur Dissoziation des Importin-Cargo-Komplexes und damit zur Freisetzung des Cargos. Umgekehrt bedarf es der Erkennung der NES eines zu exportierenden Cargos durch ein Exportin vorab der Bindung von Ran-GTP, und alle drei Proteine werden gemeinsam durch den NPC transportiert. Im Cytosol bewirkt Ran-GAP bei Ran die Spaltung von GTP zu GDP und der Exportin-Cargo-Ran-Komplex zerfällt. Auch die Rückkehr leerer Importine vom Zellkern in das Cytoplasma ist an diesen Ran-GTP-Gradienten gekoppelt.

Der nucleäre Export von mRNAs ist weniger gut verstanden, läuft aber offensichtlich über RNA-bindende Proteine, die gemeinsam mit der RNA mRNPs bilden. Der Export setzt einen abgeschlossenen Spleißvorgang voraus (▶ Abschn. 46.3.3 und 46.3.6, ◨ Abb. 46.22).

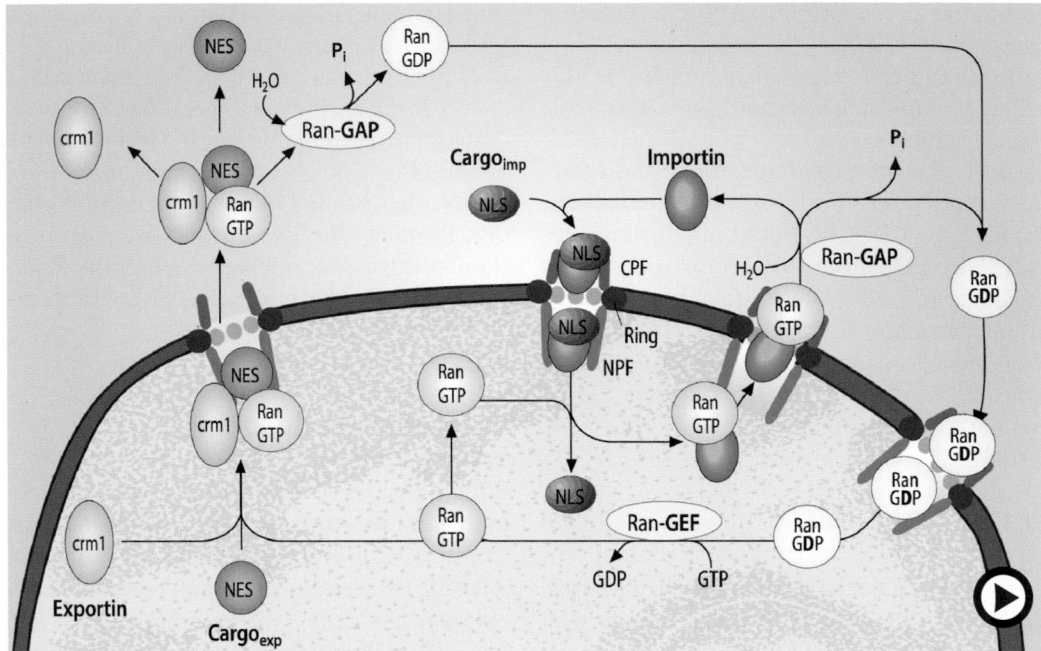

◘ Abb. 12.7 (Video 12.4) **Transport durch Kernporen.** Im Cytosol werden Frachtmoleküle mit Kernlokalisierungssequenz NLS (Cargo$_{imp}$) von einem Importin, beispielsweise dem Karyopherin-β, gebunden. Der Komplex bindet reversibel an cytoplasmatische und nucleoplasmatische Porenfilamente (CPF, NPF) und diffundiert dabei durch die Poren. Die notwendige Direktionalität wird durch eine Interaktion mit Ran-GTP, das nur im Kern gebildet wird, erzielt. Ran-GTP verdrängt die Fracht vom Importin und eskortiert Letzteres zurück ins Cytosol. Das Ran-GTP sorgt für den Export fracht-

freier Importine und mit einer Fracht (Cargo$_{exp}$) komplexierter Exportine (hier crm1). Nach diesem ebenfalls reversiblen Durchgang wird das gebundene GTP unter Einwirkung eines cytosolischen Ran-GTPase aktivierenden Faktors (Ran-GAP) hydrolysiert. Das Importin bzw. der Exportkomplex werden frei und können an einer weiteren Transportrunde teilnehmen. Ran-GDP diffundiert alleine oder mit anderen Proteinen zusammen in den Kern und wird dort durch einen Guanosinnucleotidaustauschfaktor (Ran-GEF) und GTP aktiviert (► https://doi.org/10.1007/000-5f4)

12.1.3 Das endoplasmatische Retikulum

Das endoplasmatische Retikulum (ER) ist ein weitverzweigtes intrazelluläres Membransystem, das einen Hohlraum umschließt, das ER-Lumen. Das ER besteht aus zahlreichen Zisternen und Tubuli, ein Teil der ER-Membran umschließt auch als Kernhülle den Zellkern (◘ Abb. 12.2). Das ER findet sich in allen kernhaltigen Zellen, seine Größe und Ausdehnung ist aber vom Zelltyp abhängig. Man unterscheidet zwischen **glattem** (*smooth*) **ER** und **rauem** (*rough*) **ER**. Letzteres erhält seine charakteristische „Rauheit" durch die Bindung von Ribosomen auf der cytoplasmatischen Seite. Dies weist auch schon auf die wesentliche Rolle des rauen ER hin, es ist nämlich der Ort der Biosynthese der meisten sekretorischen und membranständigen Proteine Hierbei wird die auf der cytoplasmatischen Seite gebildete Polypeptidkette noch während ihrer Synthese (cotranslational) ungefaltet durch einen Membrankanal, das Sec-Translocon, in das ER-Lumen hindurchgeschleust, wo dann Faltung und Modifizierung erfolgen (► Abschn. 49.2.1). Dementsprechend haben Zellen mit großer Sekretionskapazität wie z. B. Hepatocyten oder Acinuszellen des exokrinen Pankreas ein

besonders ausgeprägtes raues ER. Das glatte ER trägt keine Ribosomen und ist für verschiedene Stoffwechselfunktionen wichtig. So finden hier die Synthese von Phospholipiden (► Abschn. 22.1), die Verlängerung und Desaturierung von Fettsäuren (► Abschn. 21.2.4) und bestimmte Schritte der Bildung von Steroiden statt (► Abschn. 23.2). Eine weitere wichtige Funktion des glatten ER, v. a. der Leberzellen, ist die Beherbergung der Cytochrom-P_{450}-Enzyme, die als Phase-I-Enzyme der Biotransformation für die Entgiftung zahlreicher Medikamente und Xenobiotica verantwortlich sind (► Abschn. 62.3).

Das Lumen des ER enthält im Wesentlichen die Enzyme, die an der Modifikation (z. B. Glycosylierung) und der Faltung (z. B. Ausbildung von Disulfidbrücken) von neugebildeten Sekret- und Membranproteinen beteiligt sind (► Abschn. 49.2.1). Darüber hinaus stellt das ER-Lumen den wichtigsten intrazellulären Calciumionenspeicher dar. Dieser ist bedeutend, da Ca^{2+}-Ionen als *second messenger* dienen und dementsprechend an zellulären Signalketten beteiligt sind (► Abschn. 35.3.3). Durch Öffnung von ligandengesteuerten Calciumkanälen in der ER-Membran kommt es zum Einstrom von Ca^{2+}-Ionen ins Cytosol und zur

Aktivierung zahlreicher calciumbindender Proteine. Dieser Vorgang spielt v. a. bei der Muskelkontraktion eine entscheidende Rolle; das spezialisierte ER von Skelettmuskelzellen wird als **sarkoplasmatisches Retikulum** bezeichnet (▸ Abschn. 63.2.2).

Der Transport neusynthetisierter Sekret- und Membranproteine vom ER zum Golgi-Apparat findet über Vesikel statt, die von der ER-Membran ausknospen (◨ Abb. 12.2). Je nach Zelltyp fusionieren diese direkt mit dem Golgi-Apparat oder aber miteinander und bilden dann ein intermediäres Kompartiment, das **ERGIC** (**ER**-**G**olgi **i**ntermediate **c**ompartment), das als Ganzes weitertransportiert wird und ebenfalls mit dem Golgi-Apparat fusioniert.

12.1.4 Der Golgi-Apparat

Der Golgi-Apparat ist nach seinem Erstbeschreiber, dem italienischen Mediziner und Nobelpreisträger Camillo Golgi benannt. Auch hier handelt es sich um ein System flacher membranumhüllter Zisternen. Diese sind jedoch im Gegensatz zum ER in einem auffällig geordneten Stapel (*Golgi stack*) angeordnet, von dem jede Zelle üblicherweise nur einen besitzt, der meist kernnah lokalisiert ist. Der Golgi-Apparat hat eine Orientierung von *cis* über *medial* nach *trans*. Vom ER kommende Vesikel fusionieren mit der cis-Seite oder bilden diese sogar aus. Ihr Inhalt (Cargo) wird dann über *medial* nach *trans* geleitet und dort in Vesikel verpackt, die entweder mit der Plasmamembran oder mit dem Endosom/Lysosom fusionieren (◨ Abb. 12.2). Die Membranen von benachbarten Golgi-Zisternen sind nicht miteinander verbunden, sondern tauschen Material ebenfalls über vesikulären Transport aus. Ob dieser in beide Richtungen verläuft, also vorwärts (*anterograd*) und rückwärts (*retrograd*) oder ob sich die gesamte Golgi-Zisterne weiterbewegt und Vesikel nur für den Rücktransport gebildet werden, ist derzeit noch umstritten.

Die Hauptaufgabe des Golgi-Apparates ist die Prozessierung von Sekret- und Membranproteinen. Diese kann sich in einem Umbau der Kohlenhydratseitenketten, in weiteren posttranslationalen Modifikationen wie Phosphorylierung oder Sulfatierung und in proteolytischen Spaltungen äußern. So erhalten viele Glycoproteine hier ihre finalen Oligosaccharidstrukturen und viele Peptidhormone werden aus größeren inaktiven Vorstufen (Prohormonen) herausgeschnitten (z. B. Proopiomelanocortin ◨ Abb. 39.2) bzw. durch Proteolyse aktiviert (z. B. Konversion von Proinsulin zu Insulin, ▸ Abschn. 36.2). Die für die Prozessierung der reifenden Proteine verantwortlichen Enzyme (z. B. Glycosyltrans-

ferasen) sind in einzelnen Golgi-Zisternen lokalisiert und zwar in geordneter Weise, sodass z. B. der Umbau der Glycosylierung nach einem genauen Plan in zahlreichen Einzelschritten erfolgen kann (▸ Abschn. 49.3.3). Nach dem Durchlauf durch den Golgi-Apparat gelangen die Proteine abschließend ins *trans*-**Golgi-Netzwerk** (**TGN**), wo letzte Modifizierungen und eine Sortierung der Proteine für die unterschiedlichen Destinationen (konstitutive oder regulierte Sekretion, Endosom, Lysosom, apikale oder basolaterale Membran in epithelialen Zellen) stattfinden.

12.1.5 Das Endosom

So wie ein durch Exocytose sezerniertes oder zur Plasmamembran transportiertes Protein mehrere Kompartimente (ER, Golgi-Apparat) durchlaufen muss, gilt dies auch für Moleküle, die durch **rezeptorvermittelte Endocytose** in die Zelle aufgenommen werden (◨ Abb. 12.2). Nach Einstülpung und Abschnürung der Vesikel von der Plasmamembran stellt hier das **Endosom** das erste Zielkompartiment dar, mit dem die Vesikel verschmelzen. Dabei gelangen die extrazellulären Anteile der Rezeptoren mit ihren Liganden ins Lumen des Endosoms. Vom Endosom existieren mehrere Reifungsstadien, die als **frühes** und **spätes Endosom** bezeichnet werden. Häufig werden endosomale Kompartimente auch funktionell benannt, z. B. als *CURL = compartment of uncoupling of receptor and ligand* oder Recycling Endosom. In der endosomalen Membran lokalisierte Protonenpumpen (V-Typ-ATPasen) transportieren aktiv Protonen in das Lumen des Endosoms, was zu einer Ansäuerung dieses Kompartimentes (pH-Wert ~ 6) führt. Hierdurch wird häufig die Bindung zwischen Ligand und Rezeptor gelöst und beide gelangen letztlich in unterschiedliche Kompartimente: der Rezeptor in ein Recycling-Kompartiment, von dem aus eine Rückkehr zur Plasmamembran erfolgt, der Ligand in das späte Endosom und von da aus zum Lysosom. Späte Endosomen sind u. a. dadurch gekennzeichnet, dass sich in ihnen die Membran auch nach innen ausstülpen kann, um nach Abschnürung die *multivesicular bodies* (MVBs) zu bilden. Die Bildung interner Vesikel dient der Entfernung der Proteine aus der Membran der Endosomen, die anschließend im Lysosom vollständig abgebaut werden sollen. Diese Membranproteine werden durch Ubiquitinierung (▸ Abschn. 49.3.2) an ihren cytosolischen Domänen markiert und dann von cytosolischen Eskortkomplexen (*ESCORT, endosomal sorting complex required for transport*) erkannt. Eskortkomplexe sind letztlich auch an dem Invaginationsprozess der Endosomenmembran beteiligt.

Das Endosom steht durch vesikulären Transport nicht nur mit der Plasmamembran, sondern auch mit dem Golgi-Apparat in enger Beziehung. So werden lysosomale Enzyme im Golgi-Apparat durch eine spezifische Markierung mit **Mannose-6-Phosphat-Resten** versehen, die im TGN eine spezifische Sortierung in solche Vesikel vermittelt, die direkt mit der endosomalen Membran fusionieren. Somit ist gewährleistet, dass lysosomale Enzyme i. d. R. die Zelle nicht verlassen können. Spezielle Formen des Endosoms sind u. a. das **MHC-Klasse-II-Kompartiment**, in dem die Beladung von MHC-Klasse-II-Molekülen mit lysosomal generierten Fremdpeptiden erfolgt (▶ Abschn. 70.5.2) und das **GLUT4-Recycling-Kompartiment**, in dem GLUT4-Glucosetransporter auf einen Insulinstimulus zum Einbau in die Plasmamembran warten (▶ Abschn. 15.1.1). Inwieweit und wodurch sich diese Membranstrukturen vom klassischen Recycling-Endosom unterscheiden, ist derzeit unklar.

12.1.6 Das Lysosom

Die eukaryontische Zelle ist in der Lage, Proteine und andere Makromoleküle nicht nur zu synthetisieren, sondern auch abzubauen und in wiederverwertbare Bausteine, z. B. Aminosäuren, Monosaccharide, Fettsäuren etc. zu zerlegen. Das zentrale Organell hierfür ist das **Lysosom**. Hierbei handelt es sich um membranumhüllte, unregelmäßig geformte, meist rundliche Kompartimente mit einem Durchmesser von 100 nm bis 1 µm. Lysosomen sind angefüllt mit zahlreichen unterschiedlichen **Hydrolasen** wie Proteinasen, Lipasen, Nucleasen, Glycosidasen, Sulfatasen und Phosphatasen, die im sauren Milieu des Lysosoms (pH-Wert ~ 4–5) gemeinsam praktisch alle Biomakromoleküle und phagocytierte Mikroorganismen verdauen können. Lysosomen stellen also praktisch den „Schrottplatz" bzw „Recyclinghof" der Zelle dar. Lysosomale Enzyme werden am rauen ER synthetisiert und wie oben erwähnt bei der Passage durch den Golgi-Apparat mit einer **Mannose-6-Phosphat-Markierung** versehen. Man kann primäre und sekundäre Lysosomen unterscheiden. **Primäre Lysosomen** werden von Vesikeln generiert, die vom Golgi-Apparat kommen und die Hydrolasen in konzentrierter Form enthalten. Fusionieren diese primären Lysosomen mit späten Endosomen oder Phagosomen entstehen **sekundäre Lysosomen**. Einige Zellen, z. B. Zellen des Immunsystems, bilden auch **sekretorische Lysosomen**, die verdautes Material und spezifische Proteine (z. B. das porenfor-

mende Protein **Perforin**) in regulierter Weise sezernieren.

Grundsätzlich gibt es mindestens zwei Mechanismen, wie Makromoleküle ins Lysosom gelangen:

- **Endocytose oder Phagocytose.** Makromoleküle werden von außerhalb der Zelle ins Zellinnere gebracht und über das Endosom letztlich zum Lysosom transportiert.
- **Autophagocytose** bzw. **Autophagie.** Innerhalb der Zelle bildet sich um ein spezifisches Areal eine Doppelmembran. Nach Fusion mit einem Lysosom wird alles, was sich innerhalb der Membran befindet, abgebaut bis hin zu Organellen wie Mitochondrien oder Peroxisomen (▶ Abschn. 50.4, ◘ Abb. 50.2).

12.1.7 Das Mitochondrium

Mitochondrien sind von einer Doppelmembran umschlossene Zellorganellen, die für den Hauptteil der ATP-Synthese verantwortlich sind. Man bezeichnet sie deshalb auch als „Kraftwerke" der Zelle. Je nach Energiebedarf variiert deshalb auch die Zahl der Mitochondrien pro Zelle.

Im Mitochondrium sind vier Reaktionsräume definierbar:

- äußere Mitochondrienmembran
- innere Mitochondrienmembran
- Intermembranraum
- mitochondriale Matrix

Im Gegensatz zur **äußeren Mitochondrienmembran** weist die **innere Mitochondrienmembran** einen hohen Grad an Membraneinstülpungen auf, die als Cristae bezeichnet werden und zu einer erheblichen Vergrößerung der Membranoberfläche führen. Der **Intermembranraum** ist durch die zahlreichen in der äußeren Mitochondrienmembran lokalisierten Porine mit dem Cytoplasma verbunden. Durch diese Poren können Ionen und kleinere Moleküle frei diffundieren, nicht aber z. B. das im Intermembranraum lokalisierte Cytochrom c, dessen Austritt aus dem Mitochondrium Apoptose auslösen kann (▶ Abschn. 51.1). In der **Mitochondrienmatrix** laufen wichtige Reaktionen des **katabolen Stoffwechsels** ab. Hier findet zum einen die **β-Oxidation von Fettsäuren** statt (▶ Abschn. 21.2.1), zum anderen sind in der Matrix der **Pyruvatdehydrogenasekomplex** (▶ Abschn. 18.2) und Enzyme des **Citratcyclus** (▶ Kap. 18) lokalisiert.

In die **innere Mitochondrienmembran** sind die vier Komplexe der **Atmungskette** integriert, in die die Reduktionsäquivalente $NADH/H^+$ und $FADH_2$, die während verschiedener Redoxvorgänge gebildet wer-

den, ihre Elektronen einspeisen. Diese durchlaufen die Atmungskette und führen letztlich zur Reduktion von Sauerstoff zu Wasser und zur Ausbildung eines Protonengradienten über der inneren Mitochondrienmembran. Dieser Protonengradient treibt die **ATP-Synthase** an, die ebenfalls in der inneren Mitochondrienmembran lokalisiert ist und auf der Matrixseite die Synthese von ATP katalysiert (Atmungskettenphosphorylierung) (▶ Abschn. 19.1).

Darüber hinaus finden Teile der Harnstoffsynthese (▶ Abschn. 27.1.2), der Steroidhormonsynthese (▶ Kap. 40) und der Häm-Biosynthese (▶ Abschn. 32.1) in den Mitochondrien statt.

Mitochondrien besitzen ein ringförmiges eigenes Genom, das beim Menschen 16.569 bp groß ist und nur 37 Gene (13 Protein-Gene, 22 tRNA-Gene und 2 rRNA-Gene) umfasst. Die überwiegende Mehrzahl der mitochondrialen Proteine (ca. 1500) ist somit in der Kern-DNA codiert. Sie werden im Cytoplasma synthetisiert und posttranslational in das Mitochondrium importiert (▶ Abschn. 49.2.2). Die mitochondriale DNA ist nicht in Nucleosomen verpackt und hat keine Introns. Auch der mitochondriale Translationsapparat ähnelt dem der Prokaryonten. Mitochondrien replizieren sich autonom durch Teilung, die mitochondriale DNA wird üblicherweise maternal vererbt.

Mitochondrien sind mobile und dynamische Organellen, die ständig miteinander fusionieren und sich wieder trennen können (*fusion and fission*). Für den Teilungsprozess sind die Proteine Fis1 und Drp1 verantwortlich. Fis1 ist dabei mit seiner C-terminalen Transmembrandomäne in die äußere Mitochondrienmembran integriert und rekrutiert über den cytoplasmatisch orientierten Teil Drp1, ein Mitglied der Dynaminfamilie (▶ Abschn. 12.2), das den Abschnürungsprozess durchführt. Für die Fusion zweier Mitochondrien sind die Proteine Mfn1 und Mfn2 sowie OPA1 notwendig. Mfn1 und Mfn2 sind ebenfalls in der äußeren Mitochondrienmembran lokalisiert und verknüpfen durch homotypische Interaktion zwei Mitochondrien miteinander. OPA1 ist an der inneren Mitochondrienmembranen lokalisiert und koordiniert deren Fusion. Die Signale, die diese Prozesse im Einzelnen steuern, sind noch nicht gut verstanden.

12.1.8 Das Peroxisom

Peroxisomen (auch Mikrobodies genannt) sind runde, von einer einfachen Membran umgebene Organellen mit einem Durchmesser von 0,1–1 μm. Sie sind in den meisten Zellen nachweisbar, vor allem aber in Leber- und Nierenzellen häufig zu finden. Eine Aufgabe der Peroxisomen ist die **peroxisomale β-Oxidation** lang- oder verzweigtkettiger Fettsäuren unter Verwendung von mole-

kularem Sauerstoff (▶ Abschn. 21.2.1) und die Entgiftung des dabei entstehenden Wasserstoffperoxids durch das Enzym Katalase:

$$2\,H_2O_2 \rightarrow 2\,H_2O + O_2 \qquad (12.1)$$

Die peroxisomale Katalase beseitigt auch andere freie Sauerstoffradikale und ist somit ein wichtiger Schutzfaktor gegen oxidativen Stress. Weitere Funktionen sind der oxidative Abbau verschiedener Umweltgifte. Auch bei der Synthese von Etherlipiden (▶ Abschn. 22.1.1), Polyprenolen (▶ Abschn. 23.2) und Gallensäuren (▶ Abschn. 61.1.4) spielen Peroxisomen eine Rolle.

Die Entstehung von Peroxisomen ist noch umstritten; es gibt sowohl Hinweise für eine autonome Vermehrung durch Teilung wie auch für eine Entstehung aus ER-Membranen. Für die Biogenese der Peroxisomen sind **Peroxine** (Pex) verantwortlich, von denen bisher über 20 identifiziert wurden. Die löslichen peroxisomalen Proteine werden im Cytosol an freien Ribosomen synthetisiert und posttranslational in die Peroxisomen importiert. Signalsequenzen hierfür sind meist C-terminal, in seltenen Fällen auch N-terminal lokalisiert (▶ Abschn. 49.2.3).

12.1.9 Lipidtröpfchen

Lipidtröpfchen oder Fettvakuolen (*lipid droplets*) sind runde bis ovale im Cytoplasma eingelagerte Strukturen, die neutrale Fette (Triglyceride, Cholesterinester, Retinylester) speichern und in zahlreichen Zelltypen zu finden sind. Adipocyten, die Zellen des Fettgewebes, sind fast ausschließlich von Lipidtröpfchen ausgefüllt. Lipidtröpfchen sind nicht von einer kompletten Biomembran umgeben, sondern nur von einer Halbschicht, überwiegend aus Phospholipiden. Sie zeigen einen micellaren Aufbau, vergleichbar den Lipoproteinpartikeln im Plasma (◨ Abb. 24.1). Dieser Lipidhalbschicht ist eine Gruppe von Proteinen aufgelagert, die als **Perilipin-Familie** bezeichnet wird. Perilipine übernehmen dabei offensichtlich nicht nur strukturelle Aufgaben, sondern sind auch an der Regulation der Lipolyse beteiligt, indem sie den Zugang von lipolytischen Enzymen zum Fettspeicher steuern (▶ Abschn. 21.3.1). Auch die Entstehung von Lipidtröpfchen ist noch unklar. Ein Modell geht von einer Entstehung aus der ER-Membran aus, indem zwischen den beiden Lipidhalbschichten zunehmend neutrale Lipide akkumulieren und so die beiden Halbschichten linsenförmig auseinanderdrängen. Wann und wie daraus ein separates Organell entsteht, ist unbekannt. Es ist auch gezeigt, dass die Hülle der Lipidtröpfchen eine andere Lipidzusammensetzung als die ER-Membran aufweist.

Zusammenfassung

Eukaryontische Zellen sind kompartimentiert, die verschiedenen zellulären Reaktionsräume sind durch eine oder zwei Membranen voneinander getrennt. Der Zellkern enthält die genetische Information, in ihm finden Transkription und die Reifung der mRNA statt. Import und Export von Proteinen in den bzw. aus dem Zellkern ist signalvermittelt und erfolgt mithilfe von Karopherinen. Endoplasmatisches Retikulum, Golgi-Apparat, Plasmamembran, Endosom und Lysosom stellen ein durch Vesikeltransport verbundenes Kontinuum dar, in dem sich Lipide und Proteine nach bestimmten Gesetzmäßigkeiten bewegen. Exo- und Endocytose sorgen dabei für die Sekretion bzw. Aufnahme von Proteinen und anderen Makromolekülen. Mitochondrien sind die Kraftwerke der Zelle, in den Peroxisomen finden oxidative Prozesse statt.

12.2 Vesikulärer Transport

Die meisten zellulären Kompartimente sind durch einen vesikulären Transport miteinander verknüpft, bei dem sowohl Membranlipide und Membranproteine als auch im Vesikellumen selektiv verpacktes lösliches Material (sog. Cargo) ausgetauscht werden. Eine der großen Leistungen der Zellbiologie war Ende des letzten Jahrhunderts die Aufklärung der grundlegenden Mechanismen der Vesikelbildung und die Erkenntnis, dass die hierfür notwendige Maschinerie zwischen Hefe und Mensch hoch konserviert ist. Der Vorgang der Vesikelbildung an einer Donormembran und seiner Fusion mit der Zielmembran läuft im Prinzip immer nach folgendem Schema ab:

- Rekrutierung sog. Mantelproteine (Clathrin-Triskelions oder Coatamere) an die Donormembran
- Bildung einer Membranknospe (*budding*)
- Abschnürung des umhüllten Vesikels
- Verlust der Vesikelhülle (*uncoating*)
- Andocken an die Zielmembran (*docking*)
- Fusion mit der Zielmembran

Bisher sind mindestens drei unterschiedliche Mantelproteine (*coatamer proteins*) identifiziert worden. Bei dem zuerst identifizierten handelt es sich um **Clathrin**, ein Mantelprotein, das bei der Bildung von endocytotischen Vesikeln an der Plasmamembran eine wesentliche Rolle spielt (◐ Abb. 12.8). Darüber hinaus findet auch der Transport zwischen Golgi-Apparat und Lysosom mit Clathrin-beschichteten Vesikeln (*clathrin coated vesicles*) statt (◐ Abb. 12.9). Clathrin ist ein Hexamer, bestehend aus drei schweren und drei leichten Ketten, die ein Triskelion bilden (◐ Abb. 12.8). Durch Zusammenlagerung zahlreicher Triskelia, die spontan auch im Reagenzglas

stattfindet, wird ein kugelförmiger Korb mit hexagonaler und pentagonaler Strukturierung gebildet, der an die Nähte eines Fußballs erinnert. Über **Adaptorproteine** (AP1 bis AP4) werden die Clathrinmoleküle an die Membran rekrutiert, wobei die Adaptorproteine an die cytoplasmatischen Domänen spezifischer Transmembranproteine (**Cargo-Rezeptoren**) binden und somit deren Verpackung in die sich bildenden Vesikel vermitteln. Bei der rezeptorvermittelten Endocytose erkennt das Adaptorprotein AP2 **Internalisierungssequenzen** innerhalb der cytosolischen Domäne von internalisierenden Rezeptoren (◐ Abb. 12.8E), die in den allermeisten Fällen entweder auf einem Tyrosinrest basieren (Tyrosin-Typ: Tyr-X-X-Φ, mit Φ für eine hydrophobe Aminosäure mit großer Seitenkette) oder durch zwei benachbarte Leucinreste mit saurer Umgebung (Di-Leucin-Typ) gekennzeichnet sind. Das Vesikel formt sich aus einer zunehmend einstülpenden Membran (*clathrin-coated pit*). Die Abschnürung der Vesikel von der Membran erfolgt mithilfe der GTPase **Dynamin**, die sich spiralförmig um den entstehenden Hals legt und diesen nach GTP-Spaltung vermutlich mechanisch durchtrennt. Bei der Entstehung von Vesikeln spielen offensichtlich auch regulatorische Lipide eine wichtige Rolle, v. a. unterschiedlich phosphorylierte Formen von Phosphatidylinositol (z. B. PI[4,5]P2; ◐ Abb. 12.8E und ◐ Abb. 35.8). Diese werden durch Lipidkinasen lokal vermehrt gebildet und rekrutieren ebenfalls Adaptorproteine, die an der Vesikelbildung beteiligt sind.

Die anderen beiden Mantelproteine bezeichnet man als *COPI* und *COPII* (*coatamer proteins*). Sie sind für die Vesikelbildung im anterograden (COPII) und retrograden (COPI) Transport zwischen ER und Golgi-Kompartimenten verantwortlich (◐ Abb. 12.9). Auch diese Mantelproteine bilden korbförmig strukturierte Membranmäntel. Unregelmäßiger geformt ist das kürzlich beschriebene **Retromer**, ein Multiproteinkomplex, der offensichtlich für den Rücktransport von Proteinen, wie dem Mannose-6-Phosphat-Rezeptor, vom Endosom zum Golgi-Apparat verantwortlich ist.

Die Rekrutierung der Mantelproteine Clathrin, COPI und COPII an die Membran wird über kleine G-Proteine gesteuert, die zur Familie der Arf/Sar-Proteine gehören (◐ Abb. 12.10). Diese liegen in GDP-gebundener Form löslich im Cytoplasma vor und werden durch membranständige Nucleotidaustauschfaktoren (GEF, *guanine nucleotide exchange factor*) aktiviert (Ziffer 1). Nach Austausch von GDP durch GTP wird eine amphiphile Helix des Arf/Sar-Proteins exponiert, die zu dessen Rekrutierung an die Membran führt. An dieses binden jetzt die Mantelproteine (Ziffer 2) und die Vesikelbildung schreitet voran. Die Mantelproteine wiederum rekrutieren in das entstehende Vesikel transmembrane **Cargo-Rezeptoren** und diese binden an das zu transportierende Cargo (Ziffer 2). Nach Vesikelab-

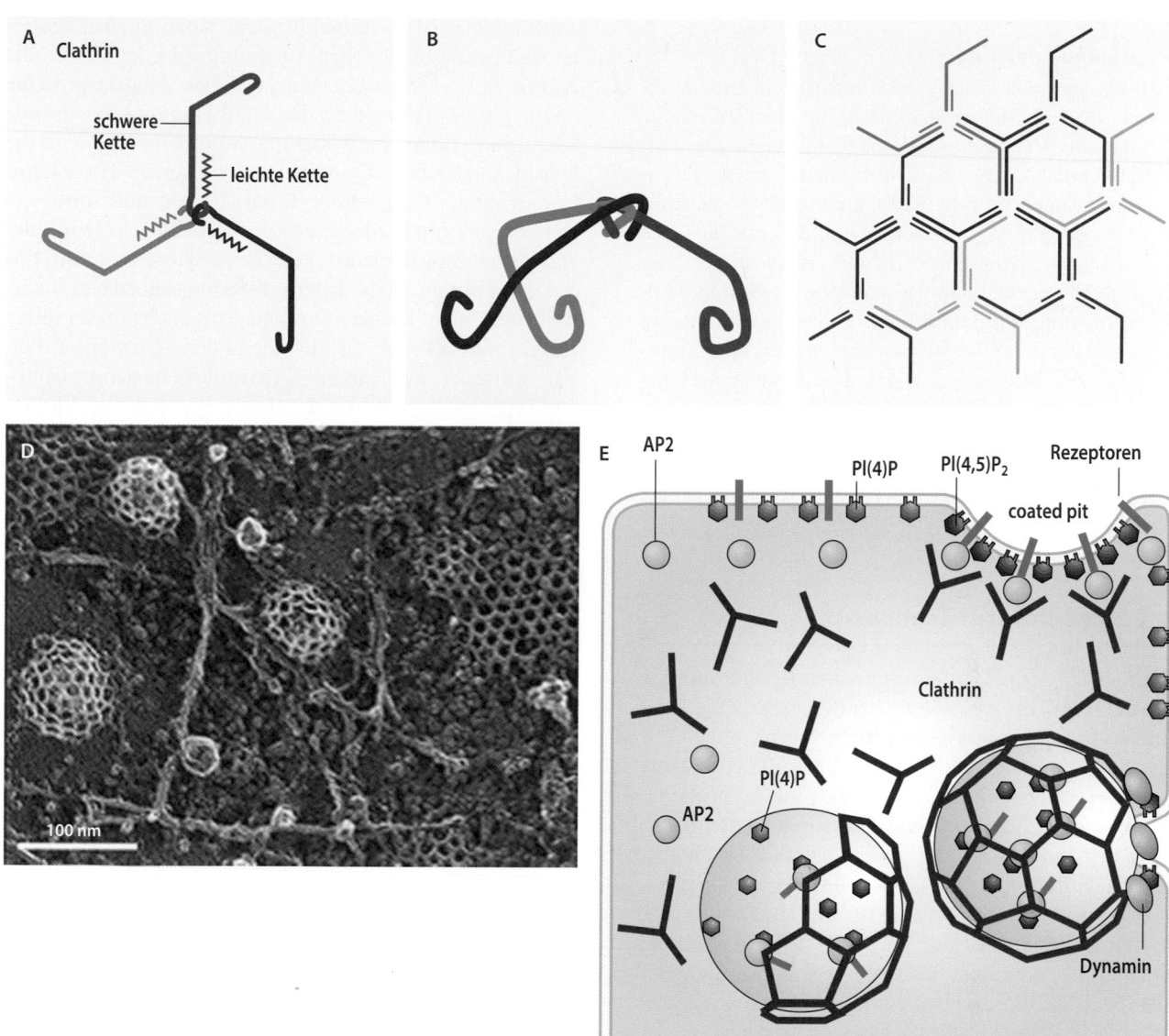

◘ Abb. 12.8   Beteiligung von Clathrin und PI(4,5)P$_2$ an der Endocytose. A Modell eines Clathrintriskelions aus drei leichten und drei schweren Ketten. **B** Seitliche Betrachtung eines Triskelionmodells. **C** Clathrintriskelia assoziieren zu einer hexagonalen Struktur. **D** Intrazelluläre Seite der Plasmamembran (Gefrierätzung) mit verschiedenen Stadien der Vesikelbildung. In den Arealen mit wabenartiger Beschichtung sind neben Hexa- auch Pentagone zu erkennen, die eine knospenartige Vorwölbung ermöglichen. Bei den kleineren Ausstülpungen ohne Waben handelt es sich um Caveolae. Die Fasern sind Actinfilamente. (Aus Heuser und Anderson 1989, Republished with permission of Rockefeller University Press, from Hypertonic media inhibit receptor-mediated endocytosis by blocking clathrin-coated pit formation, Heuser JE, Anderson RG, J Cell Biol 108[2]:389–400, © 1989; permission conveyed through Copyright Clearance Center, Inc.). **E** Modell der Bildung von Clathrinvesikeln. In Membranbereichen mit verstärkter Bildung von PI(4,5)P$_2$ kommt es zu einer Ansammlung von endocytierbaren Rezeptoren und einer Anlagerung von Clathrin und Adaptorproteinen, z. B. AP2, an die Plasmamembran. Clathrin unterstützt die Einstülpung der Membran, Dynamin die Abschnürung des Vesikels, nach der die Beschichtung abgelöst wird. Dies geht einher mit der Dephosphorylierung von PI(4,5)P$_2$ zur PI(4)P receptors) (◘ Abb. 12.11). Hiervon gibt es beim Menschen mindestens 35 verschiedene, einige finden sich auf der Vesikelmembran (**v-SNAREs**, v für *vesicle*) (Ziffer 1), einige auf der Zielmembran (**t-SNAREs**, t für *target*) (Ziffer 2). SNAREs sind über Transmembrandomänen oder über Lipidmodifikationen (z. B. *soluble NSF-attachment protein*, **SNAP-25**) in der Membran veran-

schnürung (z. B. durch Dynamin) (Ziffer 3) kommt es durch GTP-Hydrolyse (Ziffer 4) zu einer schnellen Absprengung des Mantels (Ziffer 5), denn dieser ist für die Fusion mit der Zielmembran störend.

Für diese Fusion ist eine weitere Klasse von Membranproteinen verantwortlich, die sich sowohl auf der Vesikelmembran wie auch auf der Zielmembran befinden, die sog. **SNAREs** (*soluble NSF-attachment protein*

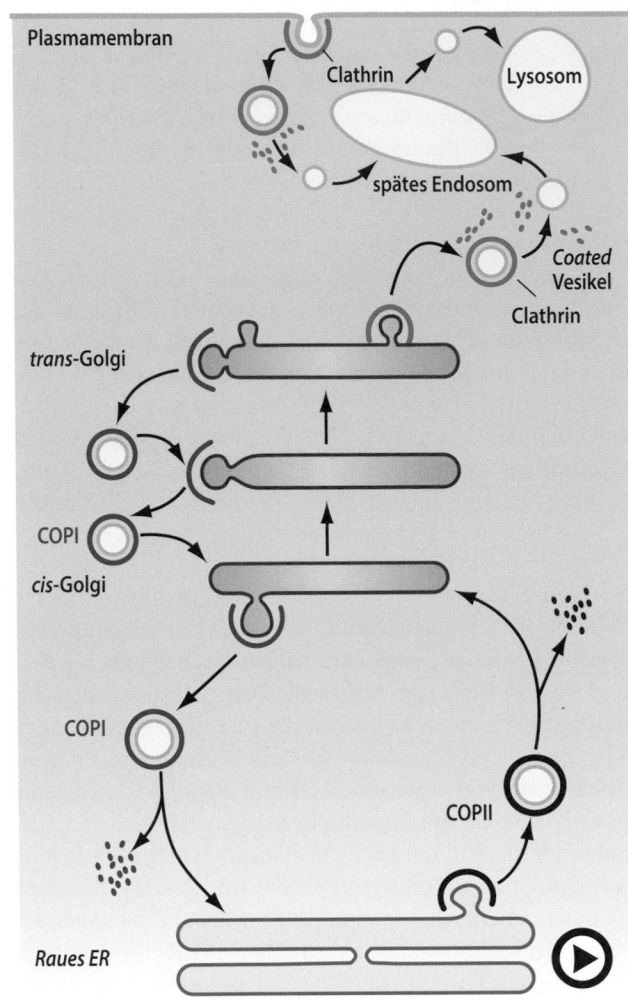

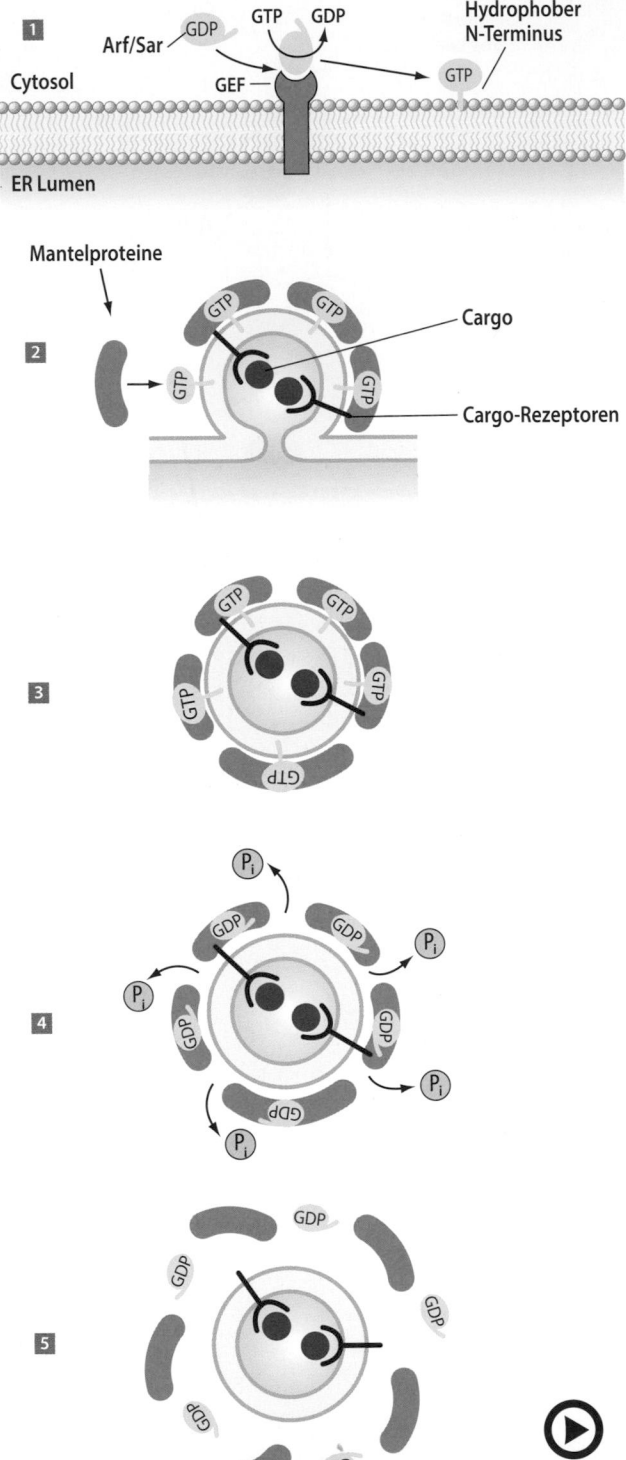

Abb. 12.9 (Video 12.5) **Verschiedene Mantelproteine werden für unterschiedliche Transportschritte verwendet.** COPI sind für den retrograden Transport zwischen Golgi-Kompartimenten und ER verantwortlich, COPII für den anterograden Transport zwischen ER und *cis*-Golgi. Ob es einen anterograden Vesikeltransport zwischen den verschiedenen Golgi-Stapeln gibt, ist umstritten. Clathrinvesikel werden am *trans*-Golgi und an der Plasmamembran gebildet (► https://doi.org/10.1007/000-5f1)

kert und durch helicale Bereiche auf der cytoplasmatischen Seite (SNARE-Motive) charakterisiert. Nach neuerer Nomenklatur unterscheidet man unter Bezugnahme auf strukturelle Eigenschaften auch zwischen **R- und Q-SNAREs** (Arginin bzw. Glutamin im zentralen Verdrillungsbereich). Jeweils vier Helices (eine vom v-SNARE, eine vom t-SNAREs und zwei von SNAP-25) winden sich umeinander und bilden den **SNARE-Komplex**. Dies bringt Vesikel und Zielmembran so nahe aneinander, dass die Fusion beider Membranen eingeleitet werden kann (Ziffer 4). Wie dieser letzte Schritt genau abläuft, ist noch unklar. Ein Paradigma für diesen Prozess stellt die Fusion von verschiedenen membranumhüllten Viren mit der Wirtszellmembran

Abb. 12.10 (Video 12.6) **Bildung eines Transportvesikels an der Donormembran.** GEF, *guanine nucleotide exchange factor.* (Einzelheiten s. Text) (► https://doi.org/10.1007/000-5f6)

dar. Viren verfügen über membranständige virale Fusionsproteine, z. B. das **Influenza-Hämagglutinin**. Hier kommt es durch pH-Veränderung (z. B. im Endosom) und darauffolgende Konformationsänderung zur Einla-

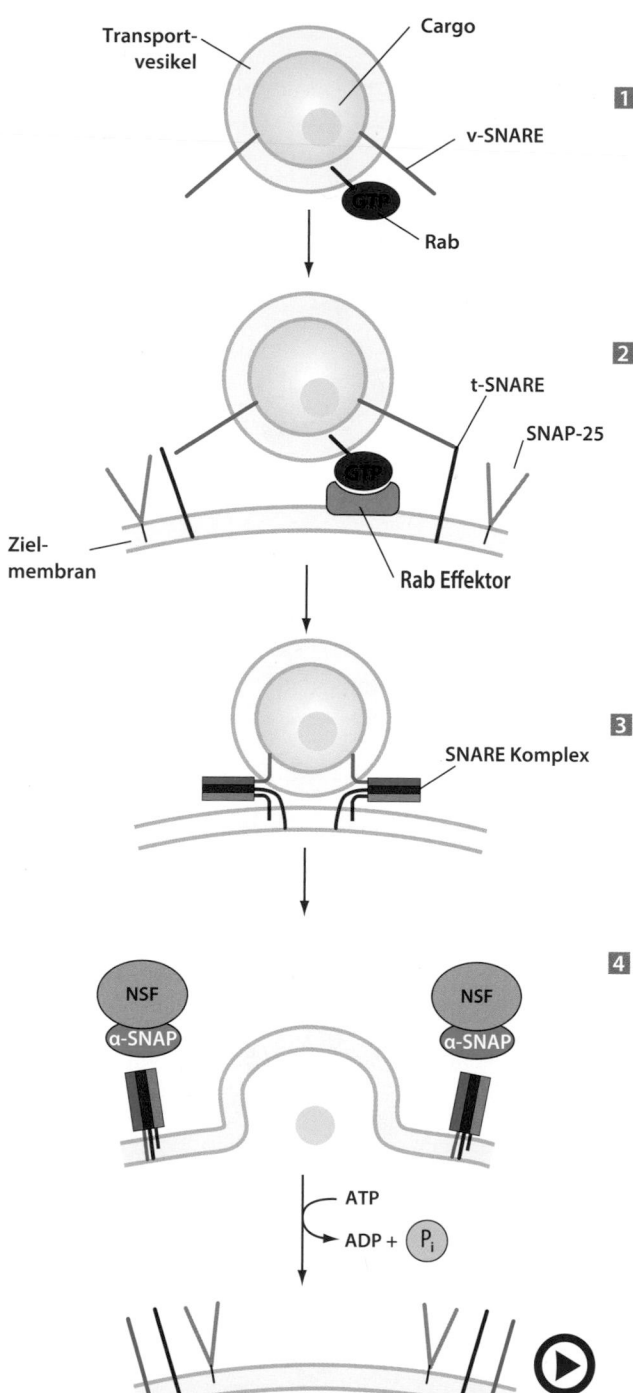

Transport-vesikel
Cargo
v-SNARE
Rab

1

t-SNARE
SNAP-25
Ziel-membran
Rab Effektor

2

SNARE Komplex

3

NSF
α-SNAP
NSF
α-SNAP

4

ATP
ADP + P$_i$

◉ **Abb. 12.11** (Video 12.7) **Andocken eines Transportvesikels an die Zielmembran mit anschließender Fusion beider.** (Einzelheiten s. Text) (▶ https://doi.org/10.1007/000-5f7)

gerung hydrophober Fusionspeptide in die Zielmembran, wodurch die virale Membran in unmittelbare Nähe zur Zellmembran gebracht wird, was dann eine Fusion zur Folge hat. Auf jeden Fall müssen nach der Fusion v-SNAREs von den t-SNAREs wieder getrennt und retrograd zurück zur Donormembran transportiert werden

(Letzteres nicht gezeigt). Dieser Prozess benötigt ATP, den *N-ethylmaleimide sensitive factor,* **NSF** aus der Familie der AAA+-ATPasen (▶ Abschn. 49.1.4) und das *α-soluble NSF-attachment protein* **α-SNAP** (Ziffer 4).

Bei der Zielfindung von Vesikeln spielen auch G-Proteine der **Rab**-Familie eine entscheidende Rolle. Mit über 60 Mitgliedern handelt es sich um die größte Gruppe monomerer GTPasen. Verschiedene Rab-Proteine dekorieren unterschiedliche vesikuläre und kompartimentäre Membranen und stellen somit ein weiteres System der Membranspezifität dar. Auch Rab-Proteine wandern zwischen Cytosol (GDP-Form) und Membran (GTP-Form) hin und her und regulieren die Assoziation weiterer Proteine mit der Membran. Von den zwei interagierenden Membranen tragen in der Regel beide aktive Rab-Proteine, die über die Bindung an Rab-Effektoren das Andocken und die Fusion zeitlich koordinieren und kontrollieren.

Exo- und Ectosomen Neben der Bildung intrazellulärer Vesikel wurde in den letzten Jahren auch die Sekretion von Vesikeln in das extrazelluläre Milieu beobachtet. Hierbei gibt es mindestens zwei unterschiedliche Mechanismen der Bildung. Zum einen kann sich die Plasmamembran einer Zelle ausstülpen und dann als Vesikel abschnüren. Dann spricht man von **Ectosomen**. Dieser Prozess ähnelt dem *Budding* von membranumhüllten Viren (◉ Abb. 12.13). Zum anderen können nach Ausbildung von *multivesicular bodies* im späten Endosom (▶ Abschn. 12.1.5) diese mit der Plasmamembran fusionieren und dabei die bereits gebildeten intraendosomalen Vesikel in die Außenwelt entlassen. In diesem Fall spricht man von **Exosomen**. Ectosomen (100–1000 nm) sind üblicherweise größer als Exosomen (50–150 nm) und beide können so voneinander differenziert werden. Ecto- und Exosomen können mit der Plasmamembran anderer Zellen fusionieren und ihren Inhalt (mRNAs, miRNAs, Proteine etc.) somit in diese Zellen transferieren. In welchem Umfang dieser „Kommunikationsweg" *in vivo* eine Rolle spielt, ist noch unklar. Für medizinische Therapieansätze ist dieser Mechanismus aber von großem potenziellem Interesse.

Zusammenfassung

Vesikulärer Transport zwischen verschiedenen zellulären Kompartimenten beginnt mit der Bildung einer von Mantelproteinen umhüllten Membran-Knospe, die sich letztendlich als ummanteltes Vesikel abschnürt. Nach Absprengung des Mantels und vermittelt über eine spezifische Interaktion zwischen Vesikel- und Zielmembranproteinen (v- und t-SNAREs) kommt es zur Fusion des Vesikels mit der Zielmembran. Rab-G-Proteine steuern Spezifität und zeitlichen Ablauf des vesikulären Transports. Bei Vesikeln, die Zellen an die Umgebung abgeben, unterscheidet man zwischen Ecto- und Exosomen.

12.3 Proteinsortierung

Die Kompartimentierung der Zelle in zahlreiche Reaktionsräume macht es erforderlich, dass Proteine nach der Synthese gezielt an den richtigen zellulären Wirkort transportiert werden. Eine Fehllokalisation, z. B. von Enzymen oder Transportern, kann gravierende Konsequenzen haben. Eine herausragende Leistung der Zellbiologie war die Erkenntnis, dass Proteine innerhalb ihrer Primärsequenz Aminosäuremotive tragen, die als „Adressen" für ihre korrekte Sortierung sorgen. Ein derartiges Sortiersignal bedarf natürlich eines erkennenden Rezeptors und einer geeigneten Transportmaschinerie. Günter Blobel erhielt 1999 den Nobelpreis dafür, dass er mit seiner Signalhypothese den Grundstein für diese Erkenntnisse gelegt und in der Folgezeit zusammen mit anderen Forschern die experimentellen Nachweise dafür erbracht hat.

Bei dem Transport neusynthetisierter Proteine zu ihren Zielkompartimenten ist in aller Regel mindestens eine Biomembran zu durchqueren. So müssen sekretorische Proteine die Membran des endoplasmatischen Retikulums überqueren, um in das Lumen des ER zu gelangen. Proteine, die im Zellkern codiert werden, ihre Funktion aber in der Matrix des Mitochondriums ausüben, müssen die äußere und innere Mitochondrienmembran durchqueren und Proteine, die ihre Funktion im Zellkern ausüben, müssen durch den Kernporenkomplex durchgeschleust werden. Für all diese Transportprozesse hat die Zelle ausgeklügelte Transportsysteme entwickelt. Während man ursprünglich glaubte, dass Proteine möglicherweise im ungefalteten Zustand die Lipidmembran direkt durchdringen können (einige virale Proteine können das, z. B. das HIV TAT-Protein), ist inzwischen klar, dass hierfür spezielle Proteinkanäle (z. B. Translocons und Kernporen) verantwortlich sind.

Die Sortierung von Proteinen in das endoplasmatische Retikulum und in das Mitochondrium sind irreversible Prozesse. Die hierfür verantwortlichen Signalsequenzen werden deshalb in den meisten Fällen während oder nach der Translokation abgespalten. Der Transport in den Zellkern dagegen ist reversibel und viele Proteine (z. B. Transkriptionsfaktoren) wandern mehrere Male zwischen Zellkern und Cytoplasma hin und her. Sie tragen deshalb permanente Import- und Exportsequenzen, die je nach Bedarf durch geeignete Maßnahmen exponiert oder verdeckt werden, z. B. durch Bindung und Dissoziation von *heat shock*-Proteinen oder durch Phosphorylierung/Dephosphorylierung. Innerhalb des Endomembransystems werden lösliche und transmembranäre Proteine ebenfalls über bestimmte Signalsequenzen zu den jeweiligen Kompartimenten transportiert. So tragen Rezeptoren an der Plasmamembran in ihrer cytosolischen Domäne

Internalisierungssequenzen, die den Einbau in *clathrin-coated vesicles* vermitteln (s. o.). Lösliche ER-Proteine sind durch eine C-terminale KDEL-(Lys-Asp-Glu-Leu)-Sequenz charakterisiert, die dafür sorgt, dass diese Proteine das ER nicht verlassen oder aus dem *cis*-Golgi zurückgeholt werden, falls sie doch einmal dorthin gelangt sind. Dafür sind wiederum KDEL-Rezeptoren verantwortlich, transmembranäre Proteine, die in ihrer cytoplasmatischen Domäne ebenfalls ein Sortiersignal tragen durch das sie in retrograd zu transportierende COPI-Vesikel rekrutiert werden. ◘ Tab. 12.1 gibt eine Übersicht über verschiedene permanente und nicht-permanente Signalsequenzen von Proteinen, die bei den unterschiedlichen zellulären Transportmechanismen eine Rolle spielen (◘ Tab. 12.1).

> **Zusammenfassung**
>
> Proteine müssen noch während oder nach ihrer Synthese in das richtige Zellkompartiment transportiert werden. Die Information für diesen Sortierungsprozess ist in der Primärsequenz in Form von „Proteinadressen" festgelegt. Diese werden durch entsprechende Rezeptoren erkannt und die zu sortierenden Proteine dadurch an bestimmte Transportprozesse gekoppelt. Nach einmaligen und irreversiblen Transportschritten wird die Proteinadresse häufig proteolytisch abgespalten.

12.4 Viren

Viren sind submikroskopisch kleine (Durchmesser 20–300 nm) Infektionserreger, die aus Nucleinsäuren (RNA oder DNA), Proteinen und häufig auch einer Lipidmembran bestehen (◘ Abb. 12.12). Aufgrund ihrer geringen Größe können sie nur im Elektronenmikroskop sichtbar gemacht werden. Viren zählt man nicht zur belebten Natur, da sie keinen eigenen Stoffwechsel besitzen. Viren vermehren sich intrazellulär und nutzen die Biosynthesemaschinerie ihrer Wirtszelle für ihre eigenen Bedürfnisse. Viren können extrem kleine Genome besitzen, mit nur wenigen Tausend Basenpaaren, die für nur eine Handvoll Proteine codieren (z. B. Retroviren); es gibt aber auch Viren mit Genomen von 250.000 bp und mehr (z. B. Herpes- oder Pockenviren). Viren werden in Familien eingeteilt, wobei u. a. folgende Kriterien berücksichtigt werden:

- die Art des Genoms,
- das Vorhandensein einer Membranhülle,
- die Struktur und die Symmetrie des Proteinmantels (**Capsid** oder **Nucleocapsid**), der das Genom umgibt und aus mehr oder weniger identischen **Capsomeren** besteht.

◻ **Tab. 12.1**   Typische Proteinsortierungssignale

Zielorganell	Lokalisation innerhalb des Proteins	Erkennung durch	Abspaltung	Art der Sequenz
Endoplasmatisches Retikulum (Translokation)	N-Terminus	*Signal recognition particle* (SRP) (▶ Abschn. 49.2.1)	+	Positiv geladener N-Terminus, gefolgt von 7–15 zentralen hydrophoben Aminosäuren und 2–9 polaren Resten mit Signalpeptidase-Spaltstelle
Endoplasmatisches Retikulum (Retention von löslichen Proteinen)	C-Terminus	KDEL-Rezeptor	–	Lys-Asp-Glu-Leu (KDEL)
Endoplasmatisches Retikulum (Retention von Membranproteinen)	Cytoplasmatische Domäne	*Coatamer protein* COPI	–	Lys-Lys-X-X
cis-Golgi (Export von Membranproteinen vom ER)	Cytoplasmatische Domäne	*Coatamer protein* COPII	–	Asp/Glu-X-Asp/Glu
Mitochondrium (Matrix)	N-Terminus	TOM (*translocase of the outer membrane*)-Komplex (▶ Abschn. 49.2.2)	+	Amphipathische Helix, auf einer Seite mit basischen auf der anderen mit hydrophoben Aminosäuren
Peroxisom	C-Terminus	*peroxisomal targeting signal receptor* (PTSR) (▶ Abschn. 49.2.3)	–	Ser-Lys-Leu (SKL)
Nucleus (Import)	Verteilt	Importine	–	Kurze Sequenz aus basischen Aminosäuren bzw. zwei Cluster aus basischen Aminosäuren
Nucleus (Export)	Verteilt	Exportine und RanGTP	–	Hydrophobe Aminosäuren, häufig Leu
Lysosom (lösliche Proteine)	Kohlenhydratanteil	Mannose-6-Phosphat-Rezeptor	–	Mannose-6-Phosphat
Endosom (über *clathrin-coated vesicles*)	Cytoplasmatische Domäne	Adaptorprotein (AP2)	–	Tyr-X-X-Φ oder Leu-Leu

(Übersicht über die derzeit bekannten Virusfamilien s. ▶ https://talk.ictvonline.org).

Als virales Genom können RNA oder DNA dienen, und zwar sowohl als Einzelstrang als auch als Doppelstrang. Bei Viren mit einem einzelsträngigen RNA-Genom kann dieses codierend sein (Positivstrang-Viren, *sense*-Orientierung) oder nicht-codierend (Negativstrang-Viren, *anti-sense*-Orientierung). Bei den Viren mit Positivstrang-RNA kann die virale RNA direkt als mRNA in der Proteinsynthese eingesetzt werden, es ist also keine Transkription nötig. In diesem Fall ist auch die nackte RNA infektiös. Das Genom dieser Viren codiert u. a. für eine RNA-abhängige RNA-Polymerase, die die einzelsträngige RNA in einen Negativstrang übersetzt, der dann wiederum als Matrize für die Synthese eines Positivstranges dient. Bei den Viren mit Negativstrang-RNA muss diese zuerst von einer RNA-abhängigen RNA-Polymerase in mRNAs übersetzt werden, die dann die Synthese viraler Proteine veranlassen. Diese RNA-Polymerase muss das Viruspartikel in seinem Nucleocapsid mitbringen.

Bei den **Influenzaviren** ist das Negativstrang-RNA-Genom segmentiert, d. h. einzelne Gene sind auf unterschiedliche RNA-Molekülen (in der Regel 7 bis 8) verteilt. Die Gene für die beiden Hüllproteine der Influenzaviren **Hämagglutinin** und **Neuraminidase** existieren in verschiedenen Varianten (aus ihnen beziehen die Influenzaviren auch ihre Subtypbezeichnung, z. B. H1N1). Wenn zwei Virusstämme, die auf unter-

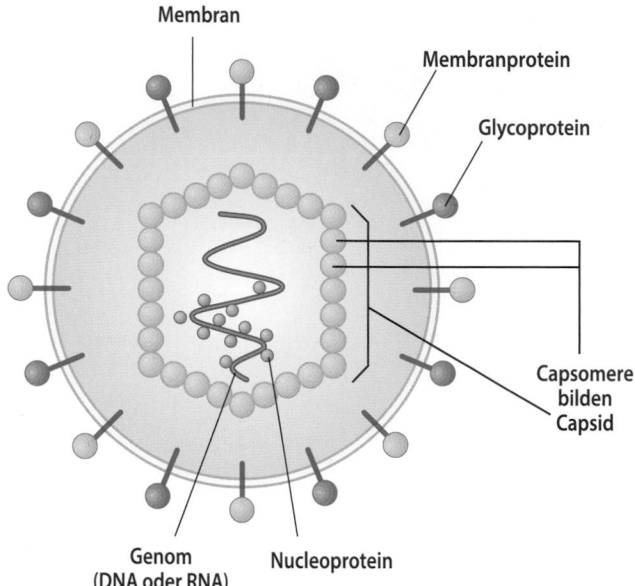

Membran

Membranprotein

Glycoprotein

Capsomere
bilden
Capsid

Genom
(DNA oder RNA)

Nucleoprotein

Abb. 12.12 Aufbau eines Virus mit Membranhülle

schiedlichen Wirten wachsen (z. B. Ente und Mensch) gemeinsam einen dritten Wirt (z. B. Schwein) infizieren, kann es durch eine Durchmischung der segmentierten Genome zur Bildung neuer hochinfektiöser Varianten kommen, die dann gefährliche weltweite Pandemien auslösen können (*antigenic shift*).

Die große Gruppe der **Retroviren** verfügt über eine einzelsträngige RNA mit positiver Orientierung, die nach Infektion in einen DNA-Doppelstrang übersetzt werden muss. Für diesen ungewöhnlichen Schritt besitzen die Retroviren eine RNA-abhängige DNA-Polymerase, die sog. **Reverse Transkriptase** (▶ Abschn. 10.3.1 und 54.3). Die Entdeckung dieses Enzyms 1970 durch Howard Temin und David Baltimore war eine der Schlüsselentdeckungen der Molekularbiologie. Durch dieses Enzym kann eine gespleißte eukaryontische mRNA in eine intronfreie cDNA rückübersetzt werden, was die Grundvoraussetzung für die Expression eines eukaryontischen Proteins in Prokaryonten ist (▶ Abschn. 54.2). Ohne die „Erfindung" der Reversen Transkriptase durch Viren hätte sich die Molekularbiologie nicht in der Weise entwickeln können wie sie es tat.

Viren mit DNA-Genomen nutzen häufig die zelluläre Transkriptions- und Replikationsmaschinerie, obwohl es auch hier Familien gibt, die z. B. für eigene DNA-Polymerasen codieren. Alle Viren benutzen den zellulären Translationsapparat. Durch verschiedene Strategien gelingt es den Viren, die zelluläre Proteinsynthese abzuschalten und dafür die Synthese viraler Proteine durchzusetzen. So codiert z. B. das Genom der Pockenviren für Enzyme, die die 5'-*cap*-Struktur von mRNAs abspalten (*de-capping enzymes*) und somit den *turnover* zellulärer mRNAs beeinflussen können.

Eine typische virale Infektion wie die mit dem AIDS (*Aquired Immune Deficiency Syndrom*) auslösenden humanen Immundefizienzvirus (HIV) lässt sich in folgende Phasen gliedern (Abb. 12.13):

- Anhaftung (Adsorption) des Virus an die Plasmamembran
- Fusion von Virushülle und Zellmembran (nur bei membranumhüllten Viren)
- Freisetzung des Genoms
- Umschreibung in DNA und Integration in Wirts-DNA (nur bei Retroviren)
- Expression der Virusgene
- Replikation des Virusgenoms
- Einbau von viralen Hüllproteinen in die Plasmamembran
- Knospung und Freisetzung von neuen Viren

Die **Anheftung (Adsorption)** findet über die Bindung an Zelloberflächenstrukturen statt. Dies können Proteine oder Oligosaccharide von Glycoproteinen und Glycolipiden sein. HIV bindet z. B. an zwei unterschiedliche zelluläre Membranproteine, zum einem an CD4, einem Zelloberflächenmarker von T-Helferzellen, Monocyten und Makrophagen (Tab. 70.3) und zum anderen an bestimmte Chemokinrezeptoren (CCR5, CXCR4) (▶ Abschn. 34.2.4). Menschen, die aufgrund einer seltenen Mutation die Chemokinrezeptorgene nicht exprimieren, scheinen weitgehend vor einer HIV-Infektion geschützt zu sein.

Die **Penetration** des Virus kann direkt an der Plasmamembran oder aber nach rezeptorvermittelter Endocytose des Viruspartikels in endocytotischen Vesikeln stattfinden. Der niedrige pH-Wert des Endosoms aktiviert dabei häufig virale Fusionsproteine (z. B. Influenza-Hämagglutinin), die die Verschmelzung der Viruslipidhülle und der endosomalen Membran vermitteln, wodurch das Nucleocapsid ins Cytosol freigesetzt wird (uncoating).

Die **Expression viraler Gene,** die **Replikation** und der **Zusammenbau neuer Viruspartikel** läuft für die verschiedenen Virustypen nach jeweils charakteristischen Szenarien ab. Bei den lipidumhüllten Viren ist mindestens eines der viralen Proteine ein transmembranes Glycoprotein, das am ER translatiert und über den Exocytoseweg zur Plasmamembran transportiert wird. Hier markiert es die Stelle, an der die neugebildeten Nucleocapside von innen an die Plasmamembran andocken und dann eine Membranknospe bilden, die sich schließlich als neues Viruspartikel von der Zelle abschnürt.

Neben diesem akuten „lytischen" Infektionszyklus, der in der Regel zum Untergang der infizierten Zelle durch Apoptose, Nekrose oder immunvermittelter Zell-Lyse führt, gibt es auch persistierende oder latente Infektions-

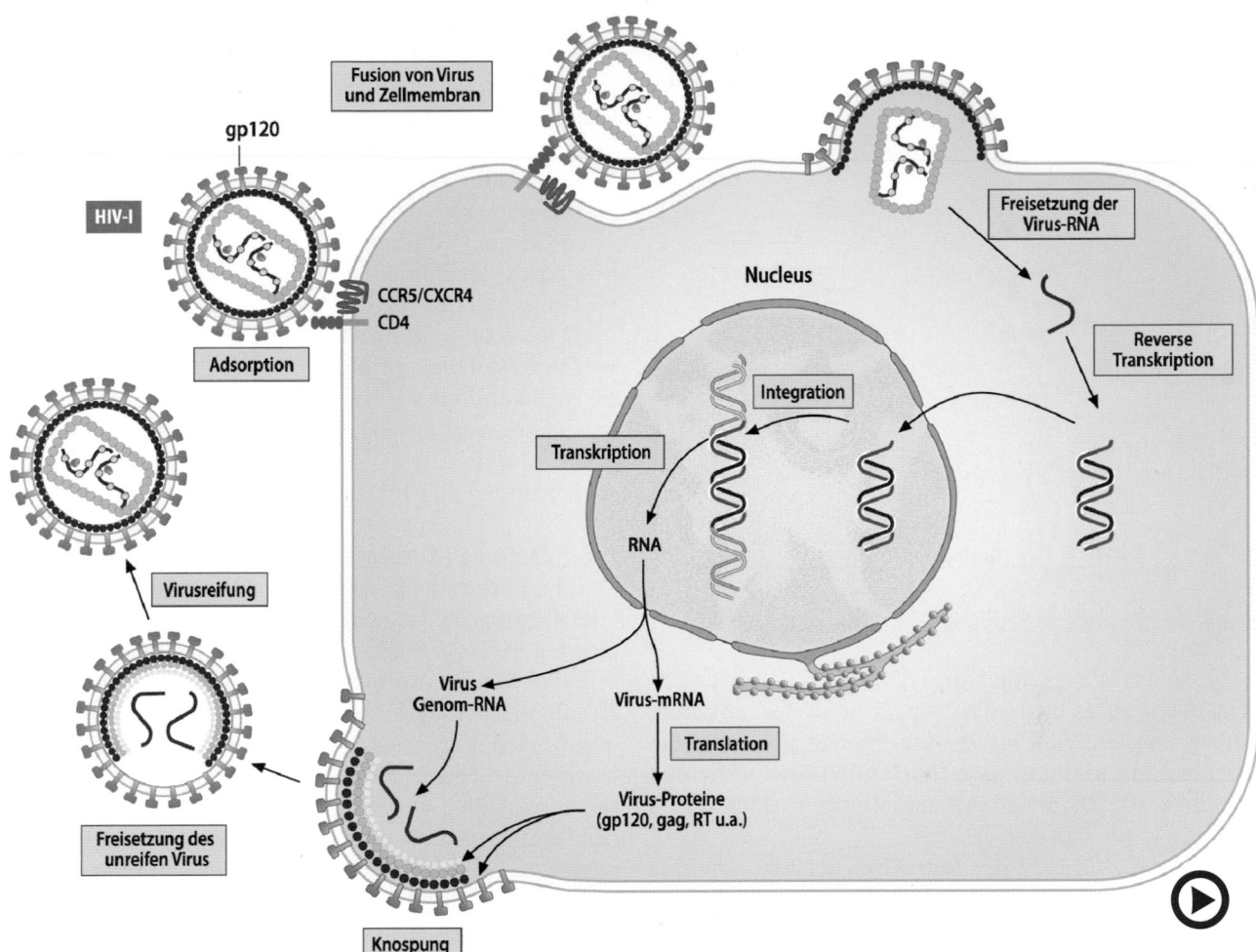

12

■ **Abb. 12.13** (Video 12.8) **Infektionszyklus des humanen Immunde-fizienzvirus.** Für die Bindung des Virus an die Zelloberfläche und seine nachfolgende Aufnahme ist neben dem CD4-Protein ein Che-mokinrezeptor notwendig. Dabei kann es sich entweder um einen CC-Chemokinrezeptor (CCR5) oder einen CXC-Chemokinrezeptor (CXCR4) handeln. Sie bestimmen den Zelltropismus des Virus und sind dafür verantwortlich, ob die Virusvarianten Makrophagen oder T-Lymphocyten infizieren. Nach der Aufnahme des Virus und der Freisetzung des RNA-Genoms wird dieses mithilfe der viralen rever-sen Transkriptase (RT) in doppelsträngige DNA umgeschrieben und als die Provirus-DNA in das zelluläre Genom integriert. Von dort wer-den die einzelnen viralen Gene transkribiert und translatiert, sodass anschließend der Zusammenbau neuer Viren und deren Freisetzung durch Knospung erfolgen können. Das env-Gen codiert für ein Trans-membranprotein ENV, das am rER translatiert wird und aus dem pro-teolytisch die Transmembranproteine gp120 und gp41 entstehen. Sie dienen der Knospung des Virus an der Plasmamembran. Die cytoplas-matisch gebildeten Capsidproteine werden ebenfalls proteolytisch pro-zessiert, bevor sie gemeinsam mit der neugebildeten Virus-RNA das Nucleocapsid formen (▶ https://doi.org/10.1007/000-5f8)

zyklen (z. B. Hepatitis-B- und C-Viren, Papillomviren, Herpesviren). Hier werden nur in geringem Umfang oder gar keine Viren gebildet und die Schädigungen verlaufen über sehr lange (manchmal lebenslange) Zeiträume. Bei latenten Infektionen lösen häufig psychischer und physi-scher Stress eine erneute Expression viraler Gene aus. In einigen Fällen (z. B. Retroviren) können auch Teile des vi-ralen Genoms in die Wirtszell-DNA integriert werden und sind dort über lange Zeiträume nachweisbar. Je nach Inte-grationsort kann dies u. a. zur Auslösung von Tumorer-krankungen führen. Eine Reihe von Retroviren tragen vi-rale Onkogene (z. B. src des Rous-Sarkoma-Virus), das sind mutierte zelluläre Gene, deren Produkte an Schlüssel-stellen der zellulären Wachstumsregulation sitzen (▶ Abschn. 52.4). Eine permanente Expression oder Ak-tivierung derartiger Oncogene kann bei der Tumorentste-hung eine wichtige Rolle spielen. Beim Menschen sind z. B. gewisse Papillomviren für die Entstehung des Zervix-karzinoms ursächlich verantwortlich. Zudem werden ver-schiedene persistierende Infektionen mit unterschiedli-chen DNA-Viren beim Menschen mit bestimmten Tumorentitäten in Verbindung gebracht (primäres Leber-zellkarzinom: Hepatitis B- und C-Viren; Burkitt-Lym-phom: Epstein-Barr-Virus; Kaposi-Sarkom: Humanes Herpesvirus 8, häufig in Kombination mit einer HIV-In-fektion).

Zusammenfassung

Viren sind submikroskopisch kleine Infektionserreger, deren Genom aus RNA oder DNA besteht. Dieses bildet mit wenigen Proteinen das Nucleocapsid, das häufig von einer Lipidhülle mit Hüllproteinen umgeben ist. Viren infizieren Zellen und programmieren deren Transkriptions- und Translationsmaschinerie um, um zahlreiche Tochterviren zu generieren. In einigen Fällen können sie ihr Genom auch in das der Wirtszelle integrieren und dadurch persistierende Infektionen und Tumorerkrankungen auslösen.

Weiterführende Literatur

Allen TD, Cronshaw JM, Bagley S, Kiseleva E, Goldberg MW (2000) The nuclear pore complex: mediator of translocation between nucleus and cytoplasm. J Cell Sci 113:1651–1659

Alvarez J, Costales L, Lopez-Muniz A, Lopez JM (2005) Chondrocytes are released as viable cells during cartilage resorption associated with the formation of intrachondral canals in the rat tibial epiphysis. Cell Tissue Res 320:501–507

Aranda-Anzaldo A, Dent MA, Martínez-Gómez A (2014) The higher-order structure in the cells nucleus as the structural basis of the post-mitotic state. Prog Biophys Mol Biol 79:6107(14)00005-4

Barr FA (2013) Review series: rab GTPases and membrane identity: causal or inconsequential? J Cell Biol 202:191–199

Chook YM, Süel KE (2011) Nuclear import by karyopherin-βs: recognition and inhibition. Biochim Biophys Acta 1813:1593–1606

Geva Y, Schuldiner M (2014) The back and forth of cargo exit from the endoplasmic reticulum. Curr Biol 24:R130–R136

Godlee C, Kaksonen M (2013) Review series: from uncertain beginnings: initiation mechanisms of clathrin-mediated endocytosis. J Cell Biol 203:717–725

Görlich D (Hrsg) (2016) Special issue: functional and mechanistic landscape of the nuclear-pore complex J Mol Biol 42:1947–1948

Harbauer AB, Zahedi RP, Sickmann A, Pfanner N, Meisinger C (2014) The protein import machinery of mitochondria – a regulatory hub in metabolism, stress, and disease. Cell Metab 19:357–372

Heuser JE, Anderson RG (1989) Hypertonic media inhibit receptor-mediated endocytosis by blocking clathrin-coated pit formation. J Cell Biol 108(2):389–400

Kornmann B, Walter P (2010) ERMES-mediated ER-mitochondria contacts: molecular hubs for the regulation of mitochondrial biology. J Cell Sci 123:1389–1393

Kreft ME, Sterle M, Jezernik K (2006) Distribution of junction- and differentiation-related proteins in urothelial cells at the leading edge of primary explant outgrowths. Histochem Cell Biol 125:475–85

Kusumi A, Suzuki KGN, Kasai RS, Ritchie K, Fujiwara TK (2011) Hierarchical mesoscale domain organization of the plasma membrane. Trends Biochem Sci 36:604–615

Liu JY, She CW, Hu ZL, Xiong ZY, Liu LH, Song YC (2004) A new chromosome fluorescence banding technique combining DAPI staining with image analysis in plants. Chromosoma 113:16–21

Lodhi IJ, Semenkovich CF (2014) Peroxisomes: a nexus for lipid metabolism and cellular signaling. Cell Metab 19:380–392

Lodish H, Berk A, Kaiser CA, Krieger M, Bretscher A, Ploegh H, Amon A, Martin KC (2016) Molecular cell biology. WH Freeman, Gumbrills

Robinson DG, Pimpl P (2014) Clathrin and post-Golgi trafficking: a very complicated issue. Trends Plant Sci 19:134–139

Sahini N, Borlak J (2014) Recent insights into the molecular pathophysiology of lipid droplet formation in hepatocytes. Prog Lipid Res 54:86. Epub ahead of print

Shahin V (2006) Route of glucocorticoid-induced macromolecules across the nuclear envelope as viewed by atomic force microscopy. Pflugers Arch. 453:1–9

Schmidt RF, Lang F, Heckmann, M (2011) Kapitel 1: Grundlagen der Zellphysiologie. In: Physiologie des Menschen. 31. Auflage. Springer Verlag Berlin Heidelberg

Scott I, Youle RJ (2010) Mitochondrial fission und fusion. Essays Biochem 47:85–89

Cytoskelett

Lutz Graeve und Matthias Müller

Bis in die 70er-Jahre des letzten Jahrhunderts war umstritten, ob und in welchem Ausmaß das Cytosol einer Zelle durch ein Cytoskelett strukturiert ist. Entsprechende faserartige Strukturen in elektronenmikroskopischen Aufnahmen wurden oft für Fixierungsartefakte gehalten. Mit der Einführung immuncytochemischer Methoden gelang dann endgültig der Nachweis, dass eukaryontische Zellen von einem hochstrukturierten Netzwerk aus unterschiedlichen cytoskelettären Elementen durchzogen sind. Diese sind an der dynamischen Organisation von Zellform und -bewegung, der Zellteilung, der Verankerung von Zelladhäsionsproteinen und dem intrazellulären Transport unterschiedlichster membranärer Strukturen beteiligt.

Schwerpunkte

13.1 Aufbau und Funktion der Elemente des Cytoskeletts
- Die drei Elemente des Cytoskeletts: Actinfilamente, Mikrotubuli, Intermediärfilamente

13.2 Mikro- oder Actinfilamente
- G- und F-Actin, Dynamik von Actinfilamenten: Treadmilling

13.3 Mikrotubuli
- α- und β-Tubulin, Mikrotubuli-Organisationszentrum (MTOC), Spindelapparat

13.4 Intermediärfilamente
- Keratine, Vimentin, Neurofilamente, Lamine

13.5 Motorproteine
- Aufbau und Funktion von Motorproteinen: Myosine, Kinesine, Dyneine

13.1 Aufbau und Funktion der Elemente des Cytoskeletts

❯ Die typische eukaryontische Zelle ist durch ein aus mindestens drei unterschiedlichen grundlegenden Elementen gebildetes Cytoskelett charakterisiert.

Das Cytoskelett fast jeder Zelle besteht aus:
- **Intermediärfilamenten**, die aus zahlreichen unterschiedlichen eher stäbchenförmigen Strukturen zusammengesetzt sind und einen Durchmesser von 10 nm besitzen (◘ Abb. 13.1A).
- **Mikro-** oder **Actinfilamenten**, die aus langen Ketten aneinandergereihter globulärer Actinmoleküle bestehen und einen Durchmesser von 7–9 nm besitzen (◘ Abb. 13.1B).
- **Mikrotubuli**, die aus röhrenförmig aneinandergelagerten Strängen von polymerisierten αβ-Tubulinen bestehen und einen Durchmesser von 25 nm besitzen (◘ Abb. 13.1C, D).

Während Actinfilamente und Mikrotubuli in praktisch allen Zellen zu finden sind, gibt es viele unterschiedliche Intermediärfilamentproteine, die in zelltypspezifischer Weise exprimiert werden und auch zur Identifizierung bestimmter Zellarten herangezogen werden können (◘ Tab. 13.1). Einige Intermediärfilamentproteine, z. B. die **Lamine**, die von innen die Zellkernmembran auskleiden, finden sich aber in allen kernhaltigen Zellen. Neben diesen grundlegenden Strukturen gibt es hunderte von Proteinen, die mit den Cytoskelettelementen assoziieren und diese untereinander und mit anderen zellulären Strukturen (z. B. Zelladhäsionsmolekülen, ◘ Abb. 12.3) verbinden und das ganze System dynamisch regulieren.

Das Cytoskelett sorgt für die Trennung der Chromosomen während der Zellteilung und bewirkt die

Ergänzende Information Die elektronische Version dieses Kapitels enthält Zusatzmaterial, auf das über folgenden Link zugegriffen werden kann https://doi.org/10.1007/978-3-662-60266-9_13. Die Videos lassen sich durch Anklicken des DOI Links in der Legende einer entsprechenden Abbildung abspielen, oder indem Sie diesen Link mit der SN More Media App scannen.

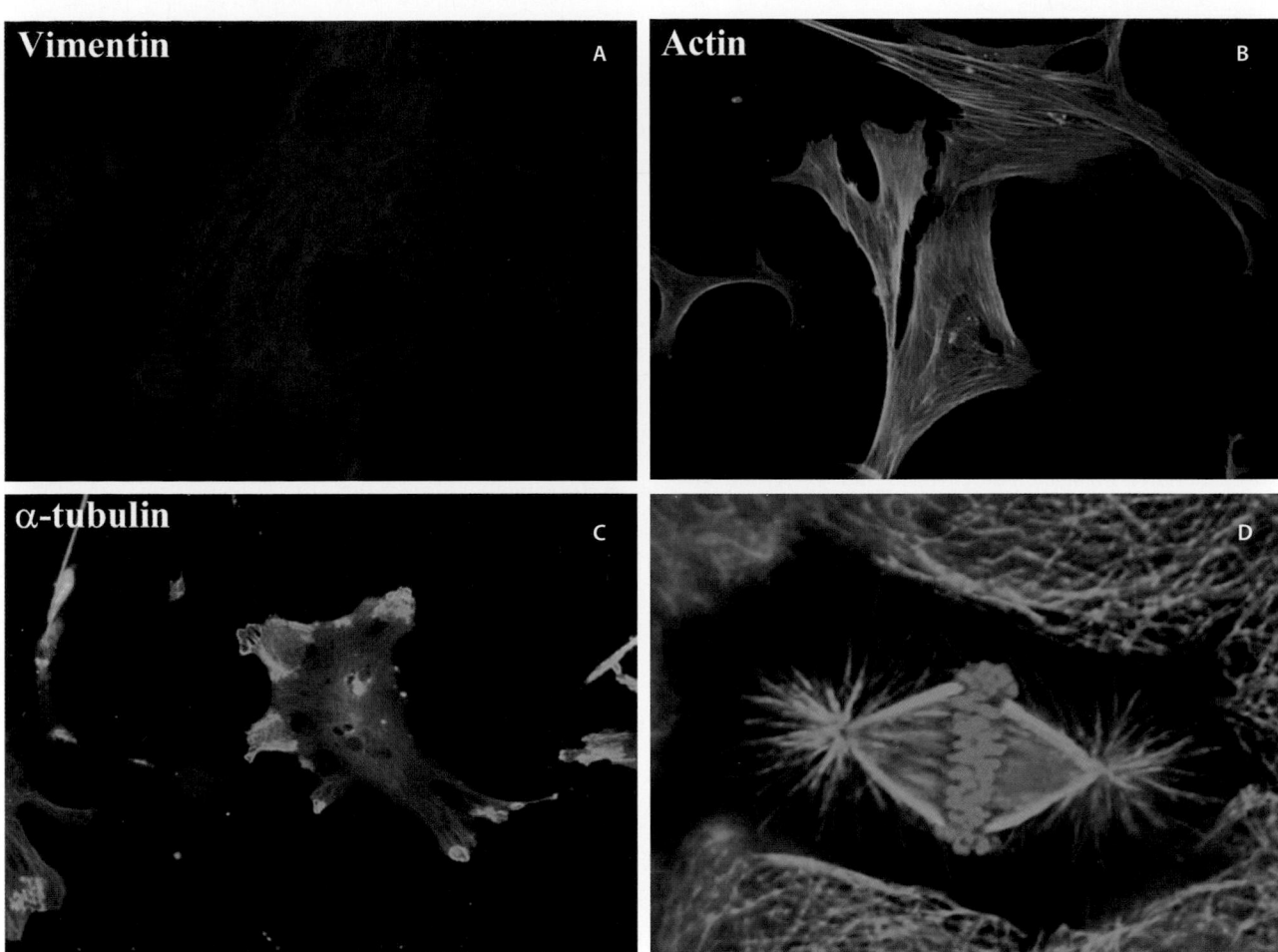

◘ **Abb. 13.1   Darstellung wichtiger Elemente des Cytoskeletts durch Immunfluoreszenzmikroskopie in Synoviocyten. A** Darstellung von Vimentin-Intermediärfilamenten durch spezifische Antikörper. Das wabige Flechtwerk der Filamentbündel erstreckt sich über das ganze Cytoplasma. **B** Darstellung von Actinfilamenten mit Alexa 488-konjugiertem Phalloidin. Die angespannten Actinfilamentbündel entsprechen den Stressfilamenten, die in fokale Kontakte münden. **C** Darstellung von Mikrotubuli mit Tubulinantikörpern. Die flexiblen Mikrotubuli erstrecken sich meist radial vom Kern zur Peripherie. **D** Spindelapparat während der Anaphase. (Aus Berg et al. 2009)

◘ **Tab. 13.1**   Einteilung der Intermediärfilamentproteine in Klassen und ihr Vorkommen

Typ	Vertreter	Vorkommen
Typ I Saure Keratine	Keratin 9–28	Epithelien
Typ II Basische Keratine	Keratin 1–8, 71–80	Epithelien
Typ III Vimentinartige Intermediärfilamentproteine	Desmin *glial fibrillary acidic protein* (GFAP) Peripherin Vimentin	Muskel Astrocyten, Gliazellen Periphere Neurone Fibroblasten, Leukocyten, Endothelzellen
Typ IV Axonale Intermediärfilamentproteine	Neurofilamente-L,-M,-H α-Internexin Nestin	Neurone
Typ V Nucleäre Intermediärfilamentproteine	Lamin A, B, C	Nucleus kernhaltiger Zellen
(Typ VI)	Bfsp1 (Filensin) Bfsp2 (Phakinin)	Faserzellen (Linse)

Einschnürung der sich teilenden Zelle bis zur Bildung zweier Tochterzellen (◘ Abb. 13.1D). Es unterstützt die fragile Plasmamembran und sorgt dafür, dass Epithelzellen stabil miteinander verbunden werden und großen mechanischen Einflüssen (z. B. der Darmperistaltik) widerstehen können. Ausstülpungen der Plasmamembran wie Mikrovilli, Filo- und Lamellipodien oder Fokalkontakte werden durch Cytoskelett-Elemente stabilisiert (▶ Abschn. 71.1.7). Mithilfe sog. **Motorproteine**, die unter ATP-Verbrauch mechanische Bewegungen durchführen können, bewirkt das Cytoskelett die Kontraktion von Muskelzellen und die Bewegung von Organellen innerhalb der Zelle. Mobile Zellen (z. B. neutrophile Granulocyten und Makrophagen) können sich mithilfe des Cytoskeletts und der Motorproteine durch Gewebe hindurch bewegen, um Pathogene aufzufinden und zu bekämpfen. Das Cytoskelett erlaubt Spermien zu schwimmen und Fibroblasten über Oberflächen hinwegzuwandern. In Neurone schließlich ist das Cytoskelett für das Auswachsen von Dendriten und Axonen unerlässlich. Dabei zeigt das Cytoskelett auf der einen Seite eine hohe Flexibilität und Dynamik, die innerhalb kürzester Zeit auf Veränderungen der Umwelt reagieren kann, bildet aber auf der anderen Seite oft auch sehr stabile Strukturen aus, die über lange Zeiträume unverändert erscheinen.

❯ Alle Cytoskelettstrukturen werden durch Polymerisation kleinerer Proteinuntereinheiten gebildet.

Mikrofilamente, Mikrotubuli und Intermediärfilamente können eine beträchtliche Länge von mehreren hundert

Mikrometern erreichen und somit die Zelle komplett durchqueren. Die Proteine, aus denen das Cytoskelett aufgebaut ist, sind aber nur wenige Nanometer groß. Cytoskelettstrukturen werden also durch Polymerisation von oft mehreren tausend gleichen Untereinheiten gebildet, die durch Aneinanderlagerung lange filamentöse oder tubuläre Strukturen ausbilden. Das Studium dieser Strukturen und ihrer Dynamik wurde wesentlich erleichtert, indem sich diese Proteine aufreinigen und auch *in vitro* im Reagenzglas unter geeigneten Bedingungen zur Polymerisation bringen ließen.

13.2 Mikro- oder Actinfilamente

Aufbau Die Mikrofilamente bestehen aus dem globulären 42 kDa großen Protein **G-Actin**. Actin ist mit 1–10 % Anteil am Gesamtproteingehalt in vielen Zellen das häufigste Protein. Das humane Genom enthält 6 Actin-Gene, die gewebespezifisch exprimiert werden, funktionelle Unterschiede zwischen den verschiedenen Formen scheint es jedoch nicht zu geben. Polymerisiert G-Actin zu helicalen Filamenten, wird es als **F-Actin** bezeichnet. F-Actin besteht aus zwei helical umeinander gewundenen Protofilamenten (◘ Abb. 13.2). G-Actin trägt eine Bindungstasche für ATP oder ADP, die auch immer mit einem der beiden Nucleosidphosphate besetzt ist. In der ATP-gebundenen Form wird G-Actin üblicherweise in F-Actin eingebaut, nach kurzer Zeit im Filament wird das ATP dann zu ADP hydrolysiert. Innerhalb eines Filaments zeigen alle Actinmoleküle in die gleiche Richtung. Actinfila-

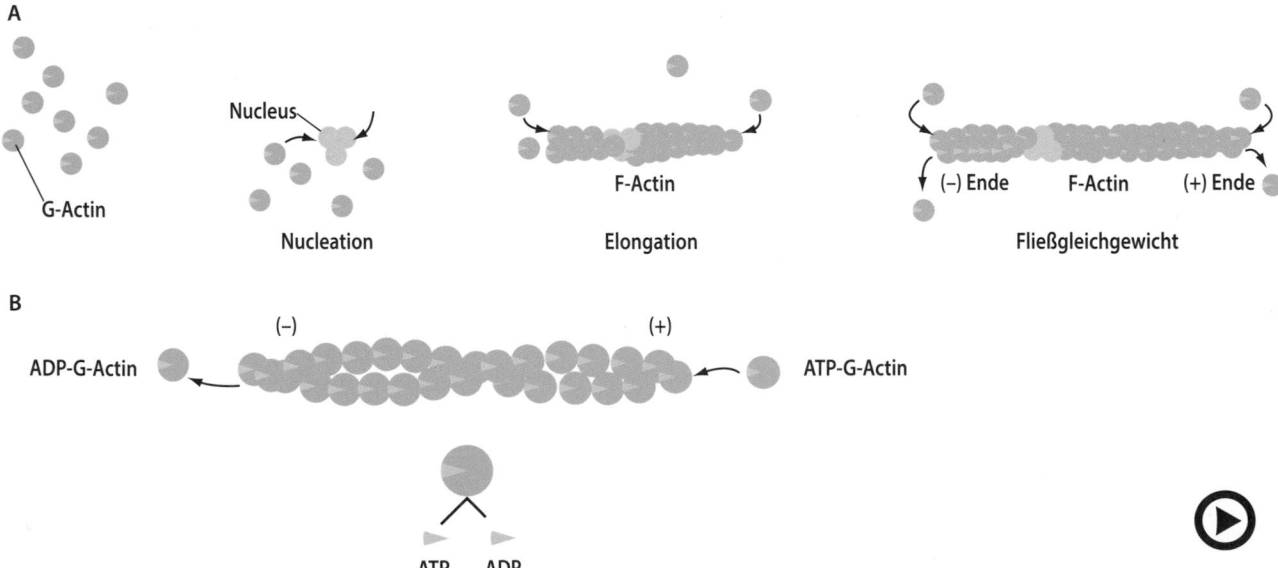

◘ **Abb. 13.2** (Video 13.1) **Aufbau eines Actinfilaments und sein** *treadmilling.* **A** Lösliches G-Actin polymerisiert spontan zu Filamenten (F-Actin), wobei die Plus-Enden schneller wachsen als die Minus-Enden. **B** Liegt die Konzentration an G-Actin zwischen den Schwellenwerten für die beiden Enden werden am Plus-Ende Actineinheiten addiert, am Minus-Ende abdissoziiert, dies führt zum *treadmilling* (Tretmühle). (Adaptiert nach Lodish et al. 2016) (▶ https://doi.org/10.1007/000-5fa)

mente zeigen dementsprechend eine Polarität und man unterscheidet ein Plus- (auch *barbed* oder stumpfes) und ein Minus- (auch *pointed* oder spitzes)- Ende. An beide Enden kann sich G-Actin anlagern und damit das Filament verlängern. Die Polymerisation erfolgt allerdings nur, wenn die Konzentration an freiem G-Actin über einem kritischen Schwellenwert liegt. Zuerst kommt es zur Ausbildung eines Polymerisationskernes (Nucleation), dann lagern sich an beiden Ende zunehmend weitere G-Actine an das Filament an (Elongation). Sinkt die Konzentration unter den Schwellenwert, dissoziiert G-Actin aus dem F-Actin und das Filament wird kürzer. Für das Plus- und Minus-Ende gelten unterschiedliche kritische Konzentrationen, wobei die am Plus-Ende deutlich niedriger ist als die am Minus-Ende. Liegt die aktuelle G-Actinkonzentration zwischen diesen beiden Werten, findet am Plus-Ende eine Anlagerung von Untereinheiten, dagegen am Minus-Ende eine Abdissoziierung statt (Fließgleichgewicht). Man erhält also stabile Filamente, die ihre Untereinheiten ständig austauschen. Würde man ein einzelnes Actinmolekül verfolgen, so würde es am Plus-Ende in ein Filament eingebaut werden, langsam zum Minus-Ende wandern und dort schließlich wieder abdissoziieren. Dieses Phänomen bezeichnet man auch als *treadmilling* (Tretmühle) (🎞 Abb. 13.2). Die beschriebene Dynamik von Actinfilamenten lässt sich in dieser einfachen Weise aber nur mit gereinigten Komponenten *in vitro* studieren. In der Zelle gibt es zahlreiche Proteine, die die Polymerisation und den Abbau, die Zerschneidung von langen Filamenten in kürzere usw. regulieren.

Wichtige regulatorische Proteine sind **Profilin**, das an der Innenseite der Plasmamembran sitzt und nach Aktivierung die Bildung von Actinfilamenten fördert, β4-Thymosin, das G-Actin bindet und dessen Polymerisation blockiert, sowie Cofilin/*Actin-depolymerizing factor* (ADF), das die Depolymerisation am Minus-Ende fördert und Actinfilamente fragmentiert. Andere fragmentierende Proteine sind **Severin** und **Gelsolin**, die auch gleichzeitig die neu entstehenden Enden durch Bindung verschließen und somit stabilisieren können (*capping*). Derartige *capping*-Proteine, zu denen auch **CapZ** (blockiert Plus-Enden) und **Tropomodulin** (blockiert Minus-Enden) gehören, sind v. a. für stabile Actinfilamente z. B. im Cytoskelett unterhalb der Erythrocytenmembran und im Muskelsarcomer wichtig. Für die Verzweigung von Actinfilamenten, z. B. bei der Ausbildung von Lamellipodien, ist der **Arp2/3-Komplex** verantwortlich, der die Ausbildung neuer Stränge im 70°-Winkel zu bestehenden Filamenten initiiert. Andere actinbindende Proteine wie **Filamin** und das in Mikrovilli anzutreffende **Villin** sind in der Lage, Actinfilamente kreuzweise oder parallel querzuvernetzen.

Das Actincytoskelett einer Zelle unterliegt einer komplexen Dynamik aus Auf-, Ab- und Umbau, die durch extrazelluläre Signale über Protein- und Lipid-

kinasen, Phosphatasen und einer Gruppe von kleinen G-Proteinen gesteuert wird. Letztere sind die Mitglieder der Rho-G-Protein-Familie: **Cdc42**, **Rac** und **Rho**. Wie andere G-Proteine sind dies „molekulare Schalter", die zwischen einem inaktiven, GDP-gebundenen und einem aktiven, GTP-gebundenen Zustand hin- und herschalten (▶ Abschn. 33.4.4). Eine Aktivierung von Cdc42 fördert die Ausbildung von **Filopodien**, dünnen fingerförmigen Ausstülpungen der Plasmamembran, die von wenigen langen Actinfilamenten durchzogen sind. Wird Rac aktiviert, kommt es zur Bildung von **Lamellipodien**, eher flachen, lippenförmigen Ausstülpungen der Zellmembran, in denen vor allem kürzere, verzweigte Actinfilamente vorherrschen. Diese Strukturen bilden u. a. wandernde Zellen an der vorwärts gerichteten Zellmembranseite aus. Rho selbst ist für die Ausbildung sog. Stressfasern und die Entstehung von **fokalen Adhäsionskontakten** verantwortlich (▶ Abschn. 71.1.7, 🎞 Abb. 71.14). In Letzteren werden die Actinfilamente über Integrine mit der extrazellulären Matrix verknüpft.

Die Funktionen des Actinfilamentsystems sind aufgrund seines universalen Vorkommens und seiner komplexen Dynamik vielfältig:
- Muskelkontraktion
- Stabilisierung von Zellmembranausstülpungen, z. B. Microvilli
- Zellformgebung, z. B. im Erythrocyten
- gemeinsam mit Myosin II Ausbildung des **kontraktilen Rings** zur Trennung zweier Tochterzellen nach Mitose
- Zellwanderung, z. B. bei der Wundheilung und Tumormetastasierung
- Zellkontraktion, z. B. von Thrombocyten während des Wundverschlusses
- Vesikeltransport
- axonales Wachstum
- Aufbau von Stereocilien in den Haarzellen des Innenohrs

Viele dieser Funktionen bedürfen der Interaktion von Actin mit anderen Cytoskelettelementen.

Pathobiochemie *Listeria monocytogenes*, ein fakultativ intrazellulär sich vermehrendes grampositives Bakterium, ist Auslöser der **Listeriose**, einer von Käse aus nicht-pasteurisierter Milch übertragenen Infektionserkrankung mit besonderer Gefahr für Schwangere. Nach der Infektion einer Säugetierzelle bewegen sich die Listerien mit einer Geschwindigkeit von 10 μm/min durch das Cytoplasma, angetrieben durch eine Actinpolymerisation an einem Ende des Bakteriums, die auf einer Aktivierung des Arp2/3-Komplexes durch ein bakterielles Hüllprotein ActA beruht. Mittels dieses „Antriebs" wird die Wirtszelle zur Bildung von bakteriengefüllten Filopodien gezwungen, die der Infektion von Nachbarzellen dienen.

Die **Duchenne-Muskeldystrophie** (► Abschn. 63.5) beruht auf einem Gendefekt im Dystrophin-Gen, das für ein actinbindendes Protein codiert, welches im Muskel das submembranäre Actincytoskelett mit einem Membranglycoprotein verknüpft.

Verschiedene Pilzgifte beeinflussen das Actincytoskelett. So binden **Cytochalasine** an Actinfilamente und blockieren eine weitere Polymerisation. Dies führt u. a. zur Hemmung der Zellteilung und zur Apoptose. **Phalloidin**, ein Gift des Grünen Knollenblätterpilzes *Ammanita phalloides*, lagert sich an F-Actin an und verhindert dessen Depolymerisation. Mit Fluoreszenzfarbstoffen markiertes Phalloidin wird in der molekularen Zellbiologie eingesetzt, um das Actincytoskelett sichtbar zu machen (◘ Abb. 13.1B).

13.3 Mikrotubuli

Im Gegensatz zu den fibrillären Actinfilamenten handelt es sich bei den Mikrotubuli um zylinderförmige Röhren mit einem Durchmesser von ca. 25 nm (◘ Abb. 13.3). Schon aufgrund ihres Aufbaus sind sie wesentlich steifer als Intermediär- und Mikrofilamente. Die Grundeinhei-

ten der Mikrotubuli sind Heterodimere, bestehend aus zwei nahe verwandten Proteinen, **α- und β-Tubulin**, mit einer molekularen Masse von je 55 kDa. Das menschliche Genom enthält je 6 Gene für α- und β-Tubulin. Eine weitere Form, γ-Tubulin, scheint nur bei der Bildung des Polymerisationskeims eine Rolle zu spielen. α- und β-Tubulin können vergleichbar dem Actin Nucleosidtriphosphate binden, in diesem Fall allerdings nicht ATP, sondern GTP. Während das an α-Tubulin gebundene GTP im Heterodimer durch die Bindung des β-Tubulins blockiert und damit nicht hydrolysierbar ist, kann das an β-Tubulin gebundene GTP zu GDP hydrolysiert und auch ausgetauscht werden (◘ Abb. 13.3). Durch Kopf-Schwanz-Zusammenlagerung von α- und β-Tubulin-Heterodimeren werden Protofilamente gebildet, die sich kreisförmig zu den Mikrotubuli zusammenlagern. Meist bilden 13, manchmal auch mehr Protofilamente einen Mikrotubulus. Werden Doublet- oder Triplettmikrotubuli gebildet, besteht der zweite bzw. dritte Ring häufig aus je zehn zusätzlichen Protofilamenten. Wie Actinfilamente haben auch Mikrotubuli eine Polarität, wobei das β-Tubulin mit der Nucleotidphosphatbindungsstelle das Plus-Ende markiert. Mikrotubuli wachsen v. a. durch Anheftung von Heterodimeren am

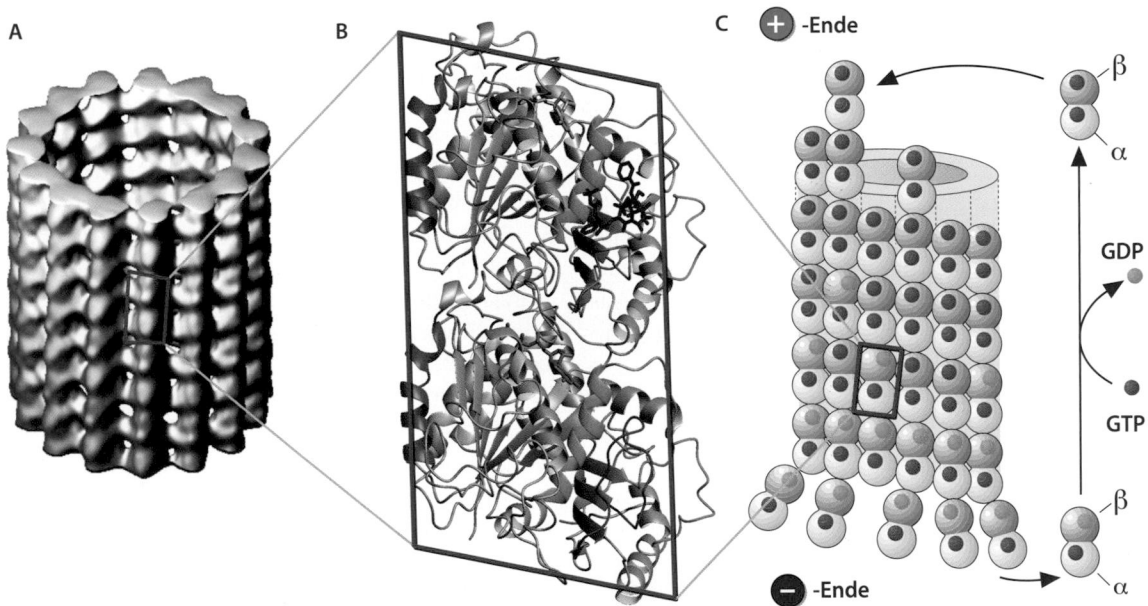

◘ **Abb. 13.3   Struktur von Mikrotubuli und Mechanismus ihrer polaren Verlängerung bzw. Verkürzung. A** Kryoelektronenmikroskopische Darstellung eines Segments eines aus 15 Protofilamenten bestehenden Mikrotubulus. *Rot* umrahmt ist ein Grundbaustein aus α- und β-Untereinheiten. **B** Kristallographische Modelle (*ribbon diagram*) von α- (*unten*) und β-Tubulin (*oben*) mit gebundenem GTP bzw. GDP (*lila*), die in das in **A** gezeigte Tubulinmodell eingepasst worden sind. **C** Modell der Depolymerisation und Polymerisation. α-Tubulin bindet GTP und bildet stabile Heterodimere mit β-Tubulin aus. Durch Bindung von GTP (*magenta*) an β-Tubulin wird die Konformation der Dimere verändert. Danach können diese Bausteine am Plus-Ende in den Mikrotubulus eingebaut werden. Mittels einer

dem β-Tubulin eigenen GTPase-Aktivität wird GTP zu GDP (*orange*) langsam gespalten. Die GDP-haltigen Dimere tendieren dazu, die Filamente nach außen zu krümmen, können dies jedoch nur am Minus-Ende bewirken. Von den auseinander driftenden Filament-Enden lösen sich die Dimere ab. Durch raschen Austausch von GDP gegen das cytosolische GTP stehen die meisten Dimere für die Verlängerung des Plus-Endes zur Verfügung. Die Gesamtlänge der Mikrotubuli ändert sich nur dann, wenn die Polymerisation am Plus-Ende schneller oder langsamer erfolgt als die Depolymerisierung am Minus-Ende. Die im Tubulus eingebauten Dimere entfernen sich vom Plus- und nähern sich dem Minus-Ende (*treadmilling*)

Plus-Ende, das Minus-Ende ist weniger dynamisch und auch häufig durch weitere Proteine blockiert. Der Einbau von Heterodimeren am Plus-Ende erfolgt, wenn diese GTP am β-Tubulin gebunden haben. Nach kurzer Zeit im Mikrotubulus wird dieses zu GDP hydrolisiert. Solange weitere GTP-Tubuline addiert werden können, wächst der Mikrotubulus weiter, sobald diese aber aufgebraucht sind und das Ende jetzt auch GDP-Tubuline enthält, wird es instabil und verkürzt sich durch Dissoziation von Heterodimeren wieder. Die Enden von Mikrotubuli sind also dynamisch instabil und wachsen und schrumpfen unablässig. Durch Interaktion mit verschiedenen Proteinen können Mikrotubuli aber erheblich stabilisiert werden.

In vielen Zellen verlaufen die Mikotubuli von einem kernnah gelegenen **Centrosom** oder **Mikrotubuli-Organisationscentrum (MTOC)** radial nach außen (◻ Abb. 13.4). Der Minus-Pol der Mikrotubuli ist dabei im MTOC lokalisiert, das dynamischere Plus-Ende liegt also in der Zellperipherie. In den MTOCs befinden sich die **Centriolen**, röhrenförmige Gebilde, die selbst aus 9 relativ kurzen Triplett-Mikrotubuli bestehen. Üblicherweise sind im MTOC zwei Centriolen rechtwinkelig zueinander orientiert. Hier findet u. a. die Neubildung von Mikrotubuli statt. Aus den Centriolen entsteht nach Verdoppelung und Wanderung an die Zellperipherie der **Spindelapparat**, der im Rahmen einer Zellteilung (Mitose oder Meiose) für die Verteilung der Chromosomenpaare oder der homologen Chromosomen auf die Tochterzellen verantwortlich ist (◻ Abb. 13.4 und Abb. 43.2). Dabei sind die Plus-Enden der Mikrotubuli über **Kinetochore** mit den Centromeren der Chromosomen verbunden (Kinetochormikrotubuli). Die Verkürzung der Kinetochormikrotubuli führt zur Trennung der Chromosomenpaare. Gleichzeitig bewirken sog. Spindelmikrotubuli das Auseinanderdriften der Spindelpole, dieser Vorgang benö-

tigt auch Motorproteine (▶ Abschn. 13.5). Interessanterweise spielt bei der Ausbildung des Spindelapparates auch die Ran-GTPase eine regulatorische Rolle, die bereits in ▶ Abschn. 12.1.2 als Regulator des Kernimports und -exports besprochen wurde.

Bei folgenden weiteren Vorgängen spielen Mikrotubuli eine entscheidende Rolle:
— Aufbau und Schlagbewegung von Cilien und Geißeln
— Transport von Vesikeln
— Umhüllung von Mikroorganismen durch Makrophagen
— Zellwanderung
— Wachstum von Nervenfortsätzen

Die Axone von Nervenzellen verbinden die Synapsen mit dem Zellkörper und können bis über einen Meter lang sein. Um Vesikel vom Zellkörper zu den Synapsen transportieren zu können, müssen demnach erhebliche Wegstrecken zurückgelegt werden. Die Axone sind von verschieden langen und überlappend angeordneten stabilen Mikrotubuli durchzogen, die alle die gleiche Polarität besitzen (Plus-Ende weist in Richtung der Synapse). An diesen Mikrotubuli entlang werden die Vesikel mithilfe von Kinesin-Motorproteinen (▶ Abschn. 13.5) transportiert. Dabei müssen sie häufiger von einem Mikrotubulus auf einen anderen „umsteigen", um zu ihrem Ziel zu gelangen.

Pathobiochemie Wie bei den Actinfilamenten gibt es auch bei Mikrotubuli Naturgifte, die die Dynamik des Auf- und Abbaus beeinflussen können. An erster Stelle zu nennen wäre hier **Colchicin**, das Gift der Herbstzeitlosen (*Colchicum autumnale*). Colchicin bindet an freie Tubulindimere und verhindert ihren Einbau in Mikrotubuli. Dadurch blockiert es die Ausbildung der Mitosespindeln. Ähnlich wirken die Vinca-Alkaloide **Vinblastin** und **Vincristin**, die aus *Catharanthus roseus*, früher *Vinca rosea*, isoliert werden können und als Chemotherapeutika in der Krebstherapie eingesetzt werden. Das Chemotherapeutikum Paclitaxel (Taxol) aus der pazifischen Eiche (*Taxus brevifolia*) dagegen bindet an β-Tubulin an den Plus-Enden und verhindert die Freisetzung von Heterodimeren. Es wirkt also über eine Stabilisierung der Mikrotubuli und hemmt ebenfalls die Mitose. Andere Funktionen von Mikrotubuli werden jedoch nicht beeinflusst.

Zu den *Mikrotubuli-assoziierten Proteinen* gehört das **Tau-Protein**, das vor allem in Nervenzellen exprimiert wird. Mutationen im dazugehörigen Gen *mapt* können beim Menschen zu erblichen Erkrankungen wie dem **Morbus Pick** und anderen neurodegenerativen Erkrankungen führen. Gehen diese Erkrankungen mit einer Ablagerung des Tau-Proteins einher, spricht man auch von **Tauopathien**. Die bekannteste Tauopathie ist der **Morbus Alzheimer** (▶ Abschn. 74.5.1). Bei dieser Erkrankung kommt es offensichtlich zu einer verstärk-

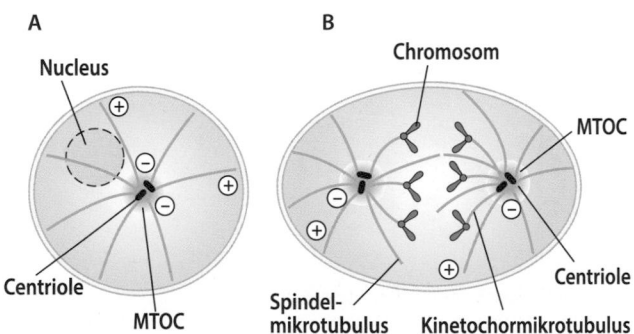

◻ **Abb. 13.4 Organisationszentren (MTOCs) und Polarität von Mikrotubuli. A** Ein kernnah gelegenes MTOC enthält zwei Centriolen (*rot*), von denen aus Mikrotubuli (*grün*) sternförmig in die Peripherie ausstrahlen mit dem Plus-Ende in der Peripherie. **B** Bei der Mitose verdoppeln sich die MTOCs und wandern an entgegengesetzte Zellpole, von wo aus sie mittels Kinetochormikrotubuli und Spindelmikrotubuli die Trennung der homologen Chromosomen (*blau*) bewirken. (Adaptiert nach Lodish et al. 2016)

ten Phosphorylierung von Tau-Proteinen. Dies wiederum führt zur Bildung von „Alzheimer-Fibrillen" auch *paired helical filaments* (PHF) genannt und zum Zelltod. Derartige Ablagerungen können als neurofibrilläre Läsionen in den Gehirnen von Alzheimer-Patienten beobachtet werden.

13.4 Intermediärfilamente

Intermediärfilamente haben einen Durchmesser von ca. 10 nm, liegen also größenmäßig zwischen den Mikrofilamenten und den Mikrotubuli (daher der Name) und stellen die dritte Säule des Cytoskeletts dar. Sie verleihen den Zellen mechanische Zugfestigkeit und Elastizität. Intermediärfilamente können an der Plasmamembran u. a. mit den Zelladhäsionsproteinen von Desmosomen und Hemidesmosomen verknüpft sein (◘ Abb. 12.3). Intermediärfilamente kommen in einer großen Vielfalt vor und werden oft gewebespezifisch exprimiert. Zelltypen lassen sich deshalb häufig über den Nachweis bestimmter Intermediärfilamentproteine identifizieren. Im Gegensatz zu den Actinfilamenten und den Mikrotubuli, die aus globulären Proteinen aufgebaut sind, haben die Intermediärfilamentproteine eine längliche Struktur (◘ Abb. 13.5). Jeweils zwei Peptidketten winden sich mittels zentraler *coiled-coil*-Domänen umeinander (► Abschn. 5.2.2) und tragen N- und C-terminal nicht-helicale Bereiche. Diese parallel orientierten Dimere lagern sich antiparallel und versetzt mit einem zweiten Dimer zusammen und bilden als Tetramer den Grundbaustein aller Intermediärfilamente. Durch Aneinander- und Hintereinanderlagerung der Tetramere entstehen Protofilamente, Protofibrillen und schließlich Intermediärfilamente. Aufgrund der antiparallelen Anordnung verfügen die Bausteine wie auch die entstehenden Filamente über keine Polarität. Auch die Dynamik dieser Strukturen ist von der der Actinfilamente und Mikrotubuli deutlich unterschieden, bei ausdifferenzierten Zellen findet kein wesentlicher Umbau des Intermediärfilamentsystems mehr statt. Ausnahme bilden die Lamine, die den Zellkern von innen auskleiden und bei jeder Zellteilung ab- und wieder aufgebaut werden.

Typisch für die Haut und andere epitheliale Gewebe sind die **Keratine**, eine große Familie filamentöser Proteine. Im humanen Genom sind inzwischen mehr als 50 funktionelle Keratin-Gene identifiziert worden. Je nach Aminosäurezusammensetzung handelt es sich bei den Genprodukten um saure oder basische Proteine. Je ein saures und ein basisches Keratin bilden dabei ein Dimer. Cytokeratine vermitteln die Elastizität und Druckstabilität der Haut. ◘ Tab. 13.1 nennt einige weitere wichtige Intermediärfilamentproteine.

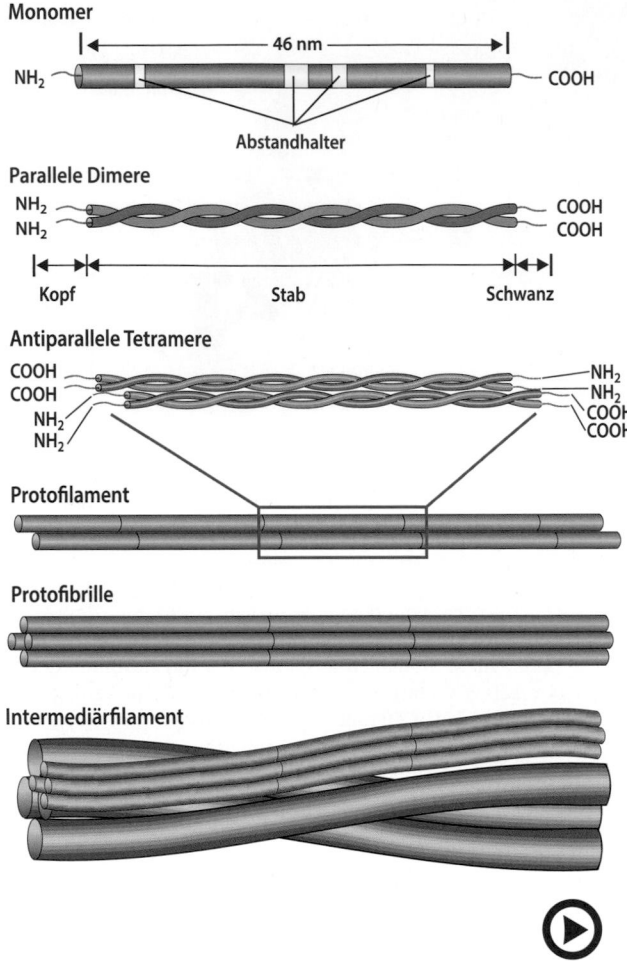

◘ **Abb. 13.5** (Video 13.02) **Aufbau von Intermediärfilamenten.** (Einzelheiten s. Text) (► https://doi.org/10.1007/000-5f9)

Pathobiochemie Mutationen in Genen von Keratinen oder desmosomalen Proteinen können schwerwiegende Fehlfunktionen der Haut auslösen. So neigen Patienten mit einer **Epidermolysis bullosa** bei mechanischer Belastung der Haut zur Blasenbildung (► Abschn. 73.4).

13.5 Motorproteine

Bewegungsvorgänge ganzer Zellen oder zellulärer Strukturen sind gekennzeichnet durch eine Verschiebung intrazellulärer cytoskelettärer Elemente gegeneinander bzw. durch die Bewegung von zellulären Strukturen wie Vesikeln an cytoskelettären Elementen entlang. Derartige mechanische Bewegungsvorgänge bedürfen einer besonderen Klasse von Enzymen, den sog. **Motorproteinen**. Diese **Mechanoenzyme** sind in der Lage, die Hydrolyse von ATP in Bewegungsvorgänge zu transformieren. Die wesentlichen Motorproteine sind:

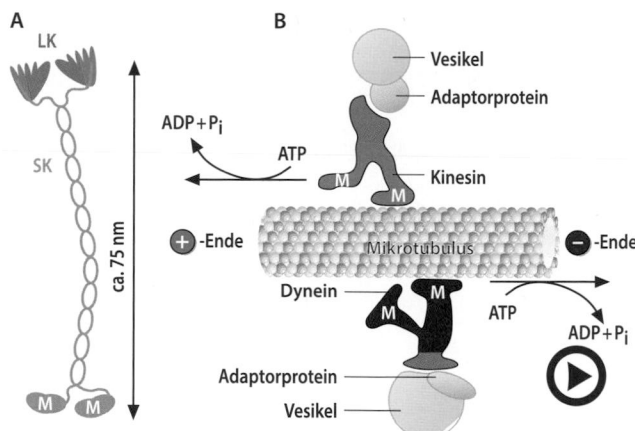

◻ Abb. 13.6 (Video 13.3) **Kinesin, Dynein und intrazellulärer Vesikeltransport. A** Domänenstruktur des Motorproteins Kinesin. Es besteht aus jeweils zwei leichten (LK) und zwei schweren (SK) Polypeptidketten. Die SK enthalten je eine myosinähnliche Motordomäne (*M*), die ATP und Tubulin binden kann, und lang gestreckte α-helicale Sequenzen. Untereinander bilden zwei SK eine doppelhelicale *coiled-coil*-Domäne, deren Enden zusammen mit den leichten Ketten zwei weitere Domänen ausbilden, die für die Bindung der Fracht (Vesikel) zuständig sind (*oben*). **B** Die Motorproteine Kinesin und Dynein binden Organellen mittels Adaptorproteinen und transportieren die Fracht zum Plus- bzw. zum Minus-Ende. Dabei arbeiten die beiden „Füße" mit ihren Motordomänen im Gegentakt. *LK:* leichte Kette; *SK:* schwere Kette der Kinesinmoleküle (▶ https://doi.org/10.1007/000-5fb)

– **Myosine**, die sich an Actinfilamenten entlang bewegen,
– **Kinesine**, die verschiedene Frachten in anterograder Richtung an Mikrotubuli entlang transportieren und
– **Dyneine**, die verschiedene Frachten in retrograder Richtung an Mikrotubuli entlang transportieren.

Allen Motorproteinen strukturell gemeinsam ist eine globuläre Motordomäne, die über einen Hals mit einem filamentösen Schwanz verknüpft ist (◻ Abb. 13.6A). Letzterer ist häufig für die Bindung der zu transportierenden „Fracht" verantwortlich. Die Motordomäne enthält sowohl die Bindungsstelle für das jeweilige Cytoskelett-Element wie auch die ATP-Bindungsstelle. Die Hydrolyse von ATP – genau genommen die Freisetzung der abgespaltenen Phosphatgruppe – führt dabei zu einer Konformationsänderung des Moleküls, die den Bewegungsvorgang verursacht (*power stroke*). Besonders gut untersucht ist dieser Vorgang beim Myosin II des Skelettmuskels (s. Querbrückenzyklus; ◻ Abb. 63.7). Neben dem Muskelmyosin gibt es eine Reihe von Nicht-Muskel-Myosinen, die für verschiedene Transport- und Bewegungsvorgänge in der Zelle verantwortlich sind. Das humane Genom enthält insgesamt 38 Myosin-Gene, die sich in 12 Klassen unterteilen lassen.

Der gleiche Mechanismus gilt für die mikrotubulären Motorproteine, die Membranvesikel und tubuläre Elemente, Mitochondrien und andere zelluläre Strukturen an den Mikrotubulisträngen entlang transportieren können. Ähnlich wie das Myosin V haben Kinesine und Dyneine eine dimere Struktur mit zwei Motordomänen, von denen jeweils eine immer mit dem Cytoskelettelement verbunden bleibt, während sich die andere am Filament entlang bewegt, es kommt also quasi zu einem „Entlangschreiten" am Filament (◻ Abb. 13.6). Die Bewegungsvorgänge von Myosinen und Kinesinen/Dyneinen an ihren Cytoskelettelementen entlang kann man durch elegante *in vitro*-Versuche sichtbar machen. Bei dem sog. *sliding filament assay* werden die Motorproteine auf einem Objektträger fixiert und isolierte fluoreszenzmarkierte Filamente dazugegeben. Nach ATP-Gabe schieben die fixierten Motorproteine die Filamente über den Objektträger, was im Fluoreszenzmikroskop beobachtet werden kann. Das humane Genom enthält 45 Kinesin-Gene und 16 Gene für die schwere Kette von Dyneinen. Dyneine werden noch in cytoplasmatische und axonemale Dyneine differenziert. Letztere findet man in Zellen, die Cilien oder Flagellen (Geißeln) ausbilden.

Zusammenfassung

Das Cytoskelett besteht aus Actin- oder Mikrofilamenten, Mikrotubuli und Intermediärfilamenten. Diese Strukturen entstehen aus der Aneinanderlagerung zahlreicher jeweils gleichartiger globulärer oder filamentöser Proteinuntereinheiten. Bei den Actinfilamenten und Mikrotubuli wird zwischen einem Plus- und einem Minus-Ende, die sich durch eine unterschiedliche Dynamik bezüglich der Assoziation und Dissoziation von Untereinheiten auszeichnen, differenziert. Zahlreiche assoziierte Proteine modulieren diese Prozesse. Motorproteine können als Mechanoenzyme eine ATP-Spaltung in mechanische Bewegungsvorgänge übersetzen und sind Grundlage zahlreicher zellulärer Bewegungsprozesse.

Weiterführende Literatur

Bachmann A, Straube A (2015) Kinesins in cell migration. Biochem Soc Trans 43:79–83
Berg KD, Tamas RM, Riemann A et al (2009) Caveolae in fibroblast-like synoviocytes: static structures associated with vimentin-based intermediate filaments. Histochem Cell Biol 131:103–114
Blanchoin L, Boujemaa-Paterski R, Sykes C, Plastino J (2014) Actin dynamics, architecture, and mechanics in cell motility. Physiol Rev 94:235–263

Chung BM, Rotty JD, Coulombe PA (2013) Networking galore: intermediate filaments and cell migration. Curr Opin Cell Biol 25:600–612

Dey P, Togra J, Mitra S (2014) Intermediate filament: Structure, function, and applications in cytology. Diagn Cytopathol 42:628, Epub ahead of print

Etienne-Manneville S (2013) Microtubules in cell migration. Annu Rev Cell Dev Biol 29:471–499

Etienne-Manneville S (2018) Cytoplasmic intermediate filaments in cell biology. Annu Rev Cell Dev Biol 34:1–28

Hermann H, Aebi U (2016) Intermediate filaments: Structure and assembly. Cold Spring Harb Perspect Biol 8:a018242

Kneussel M, Wagner W (2013) Myosin motors at neuronal synapses: drivers of membrane transport and actin dynamics. Nat Rev Neurosci 14:233–247

Lodish H, Berk A, Kaiser CA, Krieger M, Bretscher A, Ploegh H, Amon A, Martin KC (2016) Molecular cell biology. WH Freeman, New York

Mallik R, Rai AK, Barak P, Rai A, Kunwar A (2013) Teamwork in microtubule motors. Trends Cell Biol 23:575–582

Masters TA, Kendrick-Jones J, Buss F (2016) Myosins: domain organisation, motor properties, physiological roles and cellular functions. In: Jockusch B (Hrsg) The actin cytoskeleton Handbook of experimental pharmacology, Bd 235. Springer, Cham, S 77–122

Roberts AJ, Kon T, Knight PJ, Sutoh K, Burgess SA (2013) Functions and mechanics of dynein motor proteins. Nat Rev Mol Cell Biol 14:713–726

Schmidt H, Carter AP (2016) Structure and mechanism of the dynein motor ATPase. Biopolymers 105:557–567

Zellulärer Metabolismus

Inhaltsverzeichnis

Glucose – Schlüsselmolekül des Kohlenhydratstoffwechsels

Matthias Müller und Georg Löffler

Nahrungskohlenhydrate sind neben Fructose und Galactose hauptsächlich die aus dem Stärkeabbau stammende Glucose. Intrazellulär wird Glucose in der Glycolyse unter ATP-Gewinn zu Pyruvat umgesetzt. Unter aeroben Bedingungen, d. h. in Anwesenheit von Sauerstoff, kann Pyruvat nach Transport in die Mitochondrien unter hohem Energiegewinn weiter zu CO_2 und H_2O abgebaut werden, wie in Kap. 18 und Kap. 19 beschrieben wird. In den mitochondrienfreien Erythrocyten, im arbeitenden Muskel bei Vorliegen von Sauerstoffmangel, oder aber in stark proliferierenden Zellen wird das aus dem Glucoseabbau stammende Pyruvat vollständig bzw. teilweise zu Lactat umgewandelt. Der Abbau von Glucose zu Lactat ist entwicklungsgeschichtlich sehr alt und entspricht den Gärungsprozessen einzelliger Organismen. Der Pentosephosphatweg ist ein alternativer oxidativer Abbauweg der Glucose und liefert das für viele Biosynthesen und den Oxidationsschutz notwendige NADPH. Außerdem entstehen auf diesem Weg Ribose und andere Pentosen. Glucose wird v. a. in der Leber und dem Muskelgewebe in Form des Glucosepolymers Glycogen gespeichert, das strukturell große Ähnlichkeit mit der pflanzlichen Stärke hat. Die Gluconeogenese ist die endogene Synthese von Glucose aus Nicht-Kohlenhydraten wie den Aminosäuren. Sie ist für die Versorgung glucosepflichtiger Organe wie Erythrocyten, ZNS, und Nierenmark bei Nahrungsentzug verantwortlich und findet vorwiegend in Leber und Niere statt. Der Abbauweg der Fructose mündet in den der Glucose ein. Für die Spermien ist Fructose ein wichtiges Energiesubstrat. Glucose als Ausgangspunkt anderer Zuckermoleküle sowie der Stoffwechsel von Galactose sind Themen von Kap. 16.

Schwerpunkte

14.1 Katabole Verwertung von Glucose und Fructose
- Glucose als Ausgangspunkt zahlreicher Stoffwechselwege
- Glycolyse
- Fructosestoffwechsel
- Pentosephosphatweg

14.2 Bildung und Verwertung der Glycogenspeicher
- Glycogensynthese
- Glycogenolyse

14.3 Die Gluconeogenese – endogene Glucoseproduktion
- Synthese von Glucose aus Nicht-Kohlenhydratvorstufen

14.1 Katabole Verwertung von Glucose und Fructose

Nahrungskohlenhydrate bestehen zum überwiegenden Teil aus pflanzlicher Stärke, außerdem aus Disacchariden wie Saccharose bzw. Lactose. Bei der Verdauung im Intestinaltrakt entstehen aus den Nahrungskohlenhydraten **Glucose** und in geringeren Mengen **Fructose** oder **Galactose**. Diese Monosaccharide werden resorbiert und gelangen über die V. portae zur Leber (◘ Abb. 14.1). Von den Hepatocyten werden sie aufgenommen und so verarbeitet, dass

Ergänzende Information Die elektronische Version dieses Kapitels enthält Zusatzmaterial, auf das über folgenden Link zugegriffen werden kann https://doi.org/10.1007/978-3-662-60266-9_14. Die Videos lassen sich durch Anklicken des DOI Links in der Legende einer entsprechenden Abbildung abspielen, oder indem Sie diesen Link mit der SN More Media App scannen.

P. C. Heinrich et al. (Hrsg.), *Löffler/Petrides Biochemie und Pathobiochemie*, https://doi.org/10.1007/978-3-662-60266-9_14

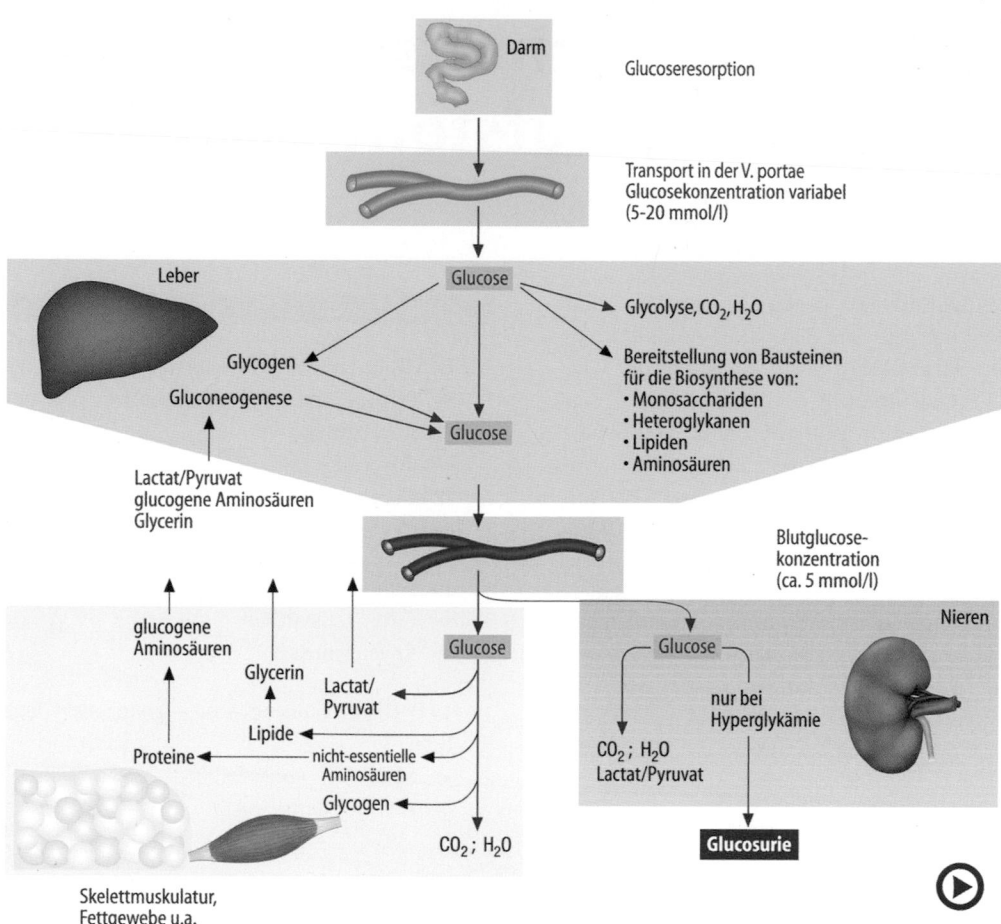

☐ **Abb. 14.1** (Video 14.1) **Übersicht über die Hauptwege des Glucosestoffwechsels.** Im Darm resorbierte Monosaccharide, hauptsächlich Glucose, gelangen über die V. portae zur Leber. Von der aufgenommenen Glucose wird so viel in das Kreislaufsystem abgegeben, wie zur Konstanthaltung der Blutglucosekonzentration benötigt wird. Der Rest wird als Glycogen gespeichert, oxidiert oder für andere Biosynthesen verwendet. In den extrahepatischen Geweben wird Glucose zur Energiegewinnung oxidiert oder für Biosynthesen verwendet. (Einzelheiten s. Text) (▶ https://doi.org/10.1007/000-5fh)

- die Glycogenvorräte der Leber durch Glycogensynthese aufgefüllt werden,
- aus der aufgenommenen Glucose Bausteine für die Biosynthese von Monosacchariden, Heteroglykanen, Lipiden und Aminosäuren gebildet werden (▶ Abschn. 62.2).

Fructose bzw. Galactose, die aus den Nahrungskohlenhydraten stammen, können nach Umwandlung in Glucosemetabolite in den Stoffwechsel eingeschleust werden.

Glucose ist Ausgangspunkt bzw. Endprodukt zahlreicher Stoffwechselwege, die außer in der Leber auch in den extrahepatischen Geweben ablaufen können:
- Abbau von Glucose zu **Pyruvat** bzw. **Lactat** durch **Glycolyse**
- Abbau von Glucose über Pyruvat zu CO_2 und H_2O durch **Glycolyse, Pyruvatdehydrogenase** und **Citratzyklus**

- Umbau von Glucose im **Pentosephosphatweg** (Hexosemonophosphatweg)
- Biosynthese des Homoglycans **Glycogen** als intrazelluläre Speicherformen der Glucose
- Biosynthese von Glucose durch **Gluconeogenese**
- Biosynthese von verschiedenen **Monosacchariden** aus Glucose (▶ Abschn. 16.1)

14.1.1 Glycolyse – Abbau von Glucose und Fructose zu Pyruvat und Lactat

❯ Die Glycolyse umfasst eine Reaktionsfolge, in der Glucose zu Pyruvat abgebaut wird.

Die Summengleichung der zentralen Reaktionsfolge der Glycolyse lautet:

$$\text{Glucose} + 2\,\text{NAD}^+ \rightarrow 2\,\text{Pyruvat} + 2\,\text{NADH} / \text{H}^+ \qquad (14.1)$$
$$\Delta G^{0'} = -146 \text{ kJ/mol}$$

Wie dem negativen $\Delta G^{0'}$ zu entnehmen ist, handelt es sich um eine exergone Reaktion. Ein Teil der freiwerdenden Energie kann aus diesem Grund in Form von ATP konserviert werden.

Die Glycolyse eukaryonter Zellen läuft im Cytosol ab. Wie in ■ Abb. 14.2 dargestellt, lässt sich die Reaktionssequenz der Glycolyse in zwei unterschiedliche Abschnitte einteilen.

❯ Im ersten Abschnitt der Glycolyse wird Glucose zu Glycerinaldehyd-3-Phosphat (Glyceral-3-Phosphat) und Dihydroxyaceton-Phosphat (Glyceronphosphat) gespalten.

Der erste Abschnitt der Glycolyse umfasst fünf Schritte:

ATP-abhängige Phosphorylierung von Glucose zu Glucose-6-Phosphat Im **ersten Schritt** der Glycolyse entsteht Glucose-6-Phosphat. Diese Verbindung stellt einen sog. Stoffwechselknotenpunkt dar (► Abschn. 15.1.2), denn sie ist nicht nur Intermediat der Glycolyse, sondern auch Ausgangspunkt für anabole Reaktionen, wie die **Glycogenbiosynthese** (► Abschn. 14.2.1), die **Monosaccharidsynthese** (► Abschn. 16.1) und den **Pentosephosphatweg** (► Abschn. 14.1.2).

Katalysiert wird die ATP-abhängige Phosphorylierung von Glucose zu Glucose-6-Phosphat durch **Hexokinasen**, die in insgesamt vier Isoformen vorkommen:

— Die **Hexokinasen I–III** haben Michaeliskonstanten für Glucose im Bereich von 0,1 mmol/l und werden

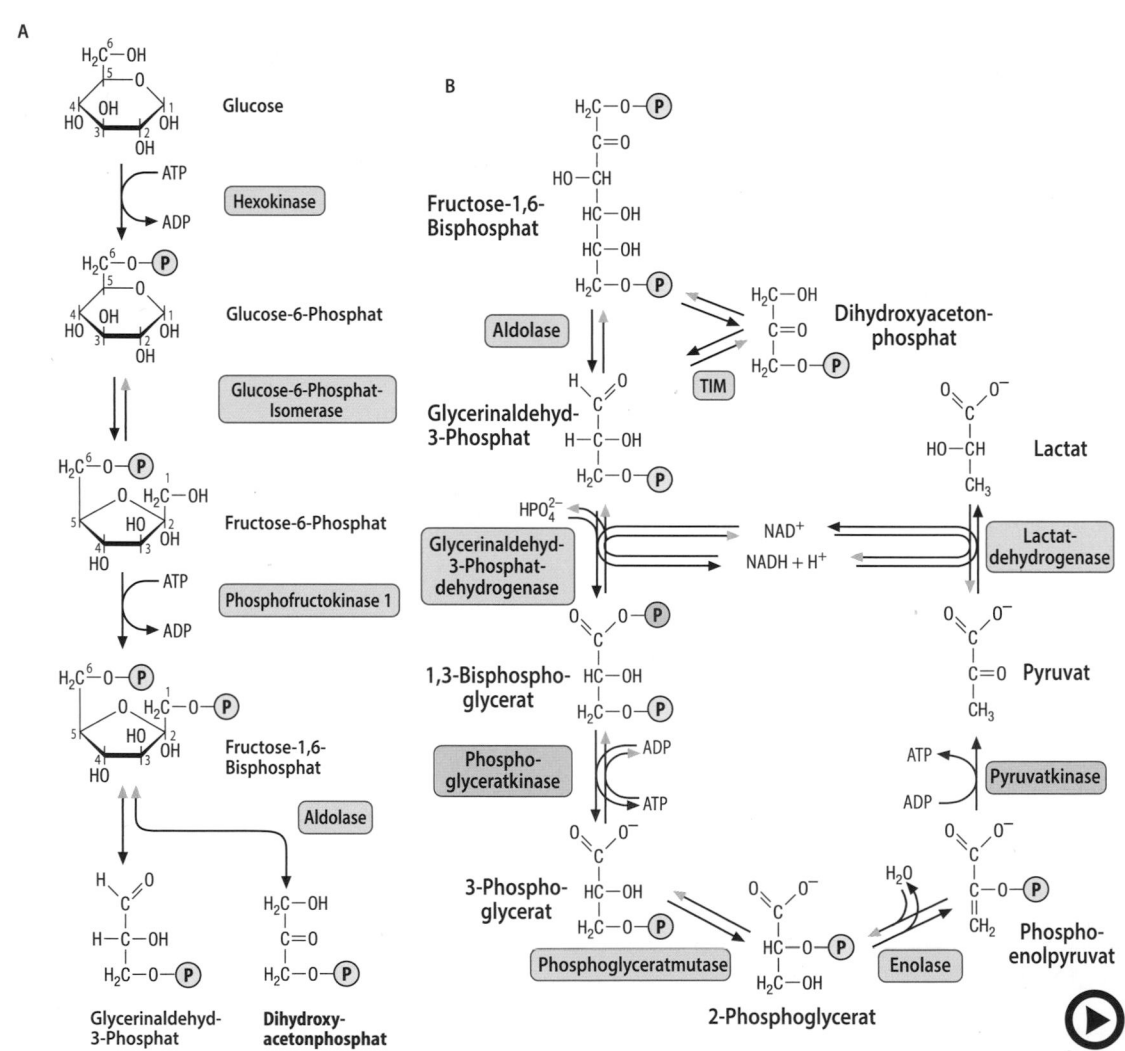

■ **Abb. 14.2** (Video 14.2) **Reaktionsfolge der Glycolyse. A** Umwandlung von Glucose in die beiden Triosephosphate Dihydroxyaceton-Phosphat (Glyceronphosphat) und Glycerinaldehyd-3-Phosphat (Glyceral-3-Phosphat). **B** Umwandlung von Fructose-1,6-Bisphosphat in Lactat. Zum besseren Verständnis der Aldolasereaktion ist in

B Fructose-1,6-Bisphosphat in der offenkettigen Form dargestellt. Die beiden energieliefernden Reaktionen sind *rot* hervorgehoben. *TIM:* Triosephosphat-Isomerase. (Einzelheiten s. Text) (► https://doi.org/10.1007/000-5fd)

durch physiologische Konzentrationen von **Glucose-6-Phosphat** gehemmt. **Hexokinase I** kommt in den meisten Geweben vor und ist dort überwiegend über eine Bindung an Porin (VDAC, ▶ Abschn. 49.2.2) mit der Außenmembran von Mitochondrien assoziiert. Dies ermöglicht der Hexokinase I einen direkten Zugriff auf das von den Mitochondrien produzierte ATP. Auf diese Weise wird der im Cytosol stattfindende Abbau von Glucose zu Pyruvat, welcher von der Hexokinase-Reaktion eingeleitet wird, mit der ATP-Gewinnung gekoppelt, die aus dem weiteren Abbau von Pyruvat in den Mitochondrien über oxidative Phosphorylierung erfolgt. Die Hauptaufgabe der Hexokinase I ist somit, ihr Reaktionsprodukt (Glucose-6-Phosphat) in den katabolen Abbau von Glucose einzuschleusen.

— **Hexokinase II** wird in insulinsensitiven Geweben, wie Fettzellen, Skelett- und Herzmuskulatur, angetroffen und kommt sowohl Mitochondrien-gebunden als auch frei im Cytosol vor. Dabei liefert die cytosolische Form der Hexokinase II Glucose-6-Phosphat für die Glycogenbiosynthese und den Pentosephosphatweg. Die Verteilung der Hexokinase II zwischen Mitochondrien (katabole Funktion) und Cytosol (anabole Funktion) wird entsprechend dem Energiezustand der Zelle reguliert. Die physiologische Bedeutung von **Hexokinase III** ist weniger gut untersucht.

— **Hexokinase IV** wird auch als **Glucokinase** bezeichnet. Sie wird spezifisch in Hepatocyten und den β-Zellen der Langerhans-Inseln des Pankreas exprimiert, hat eine Michaelis-Konstante für Glucose im Bereich von 10 mmol/l und wird nicht durch Glucose-6-Phosphat gehemmt (▶ Abschn. 15.1.2).

Isomerisierung von Glucose-6-Phosphat zu Fructose-6-Phosphat Das hierfür verantwortliche Enzym ist die **Glucose-6-Phosphat-Isomerase** (Phosphoglucose-Isomerase, Hexosephosphat-Isomerase).

ATP-abhängige Phosphorylierung von Fructose-6-Phosphat zu Fructose-1,6-Bisphosphat Diese Reaktion wird von der **Phosphofructokinase 1** (PFK1, Fructose-6-Phosphat-1-Kinase) katalysiert. Sie ist das **geschwindigkeitsbestimmende** Enzym der Glycolyse und wird hormonell sowie durch allosterische Faktoren reguliert (▶ Abschn. 15.3).

Spaltung von Fructose-1,6-Bisphosphat in Glycerinaldehyd-3-Phosphat und Dihydroxyaceton-Phosphat Die bisher erfolgte Verschiebung der Carbonylgruppe des Glucose-6-Phosphats von C-Atom 1 auf das C-Atom 2 unter Bildung von Fructose-1,6-Bisphosphat ist die Voraussetzung für diese Aldolspaltung, deren Produkte auch als Triosephosphate bezeichnet werden.

Beim Menschen kommen drei Aldolasen vor. **Aldolase A** findet sich in den meisten Geweben, hauptsächlich aber im Muskel („Muskelenzym"), während **Aldolase B** („Leberenzym") in Leber, Nieren und Dünndarm vorkommt und **Aldolase C** im ZNS. Alle drei Isoenzyme spalten neben Fructose-1,6-Bisphosphat auch Fructose-1-Phosphat, das beim Abbau von Fructose entsteht (s. u.). Dabei ist das Verhältnis der Spaltungsgeschwindigkeit von Fructose-1,6-Bisphosphat und Fructose-1-Phosphat für Aldolase A und C bis zu 50:1, für Aldolase B jedoch etwa 1:1. Dies ist für die Pathogenese der hereditären Fructose-Intoleranz von Bedeutung (▶ Abschn. 17.2.1).

Isomerisierung von Glycerinaldehyd-3-Phosphat zu Dihydroxyaceton-Phosphat Diese Reaktion wird durch die **Triosephosphat-Isomerase** katalysiert. Durch sie können die beiden Triosephosphate Glycerinaldehyd-3-Phosphat und Dihydroxyaceton-Phosphat ineinander überführt werden. Während Glycerinaldehyd-3-Phosphat im zweiten Abschnitt der Glycolyse direkt umgesetzt wird, besteht mit Dihydroxyaceton-Phosphat eine Verbindung zum Stoffwechsel von Glycerin-3-Phosphat und damit zu Abbau und Synthese von Triacylglycerinen (▶ Abschn. 21.1) und Membranlipiden (▶ Abschn. 22.1)

❯ Im zweiten Abschnitt der Glycolyse erfolgt ein Nettogewinn von ATP.

In den sich nun anschließenden energieliefernden Reaktionen des zweiten Abschnitts der Glycolyse wird Glycerinaldehyd-3-Phosphat oxidiert, wobei als primäres Endprodukt Pyruvat entsteht:

Oxidation von Glycerinaldehyd-3-Phosphat zu 1,3-Bisphosphoglycerat Die für diese Reaktion verantwortliche **Glycerinaldehyd-3-Phosphat-Dehydrogenase** ist ein Tetramer aus vier identischen Polypeptidketten. Im aktiven Zentrum jeder Peptidkette befindet sich ein funktioneller **Cysteinylrest**, dessen SH-Gruppe an der enzymatischen Reaktion teilnimmt. Außerdem ist NAD^+ in einer spezifischen Tasche des Enzyms nicht-covalent gebunden. Der molekulare Mechanismus der Reaktion ist in ◻ Abb. 14.3 dargestellt:

— Die **Carbonylgruppe** des Glycerinaldehyd-3-Phosphats reagiert mit der SH-Gruppe im aktiven Zentrum des Enzyms, wobei ein **Thiohalbacetal** gebildet wird.

— Dieses wird mit dem enzymgebundenen NAD^+ oxidiert, wobei $NADH/H^+$ und ein **Thioester** entstehen. Im Gegensatz zu Thiohalbacetalen haben Thioester ein hohes Gruppenübertragungspotenzial und gehören somit zu den **energiereichen Verbindungen** (▶ Abschn. 4.3).

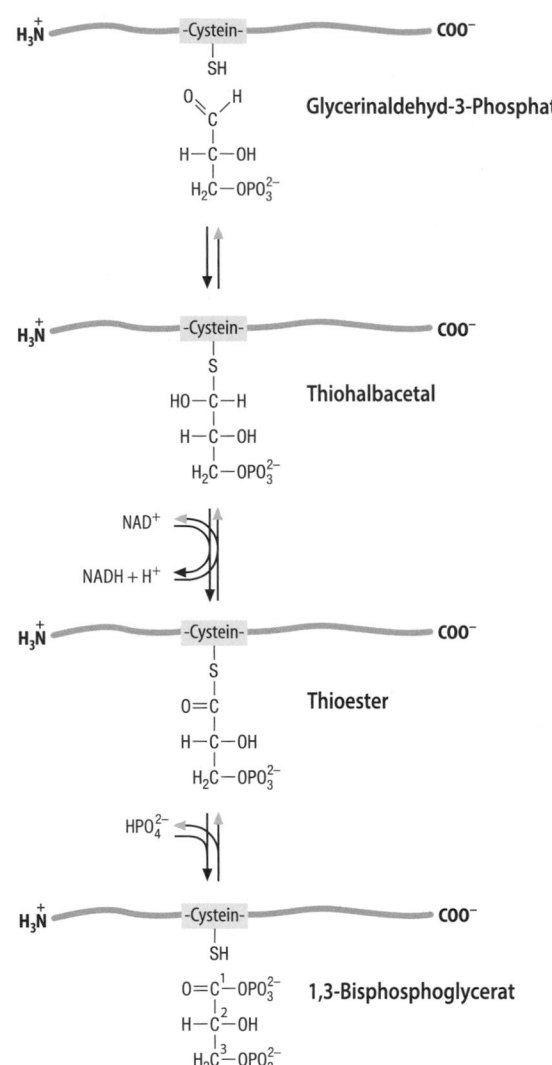

Abb. 14.3   Reaktionsmechanismus der Glycerinaldehyd-3-Phosphat-Dehydrogenase. An die funktionelle SH-Gruppe des Enzymproteins addiert sich der Carbonylkohlenstoff des 3-Phosphoglycerinaldehyds. Das entstehende Thiohalbacetal wird zum Thioester oxidiert, der phosphorolytisch vom Enzymprotein unter Bildung von 1,3-Bisphosphoglycerat (3-Phosphoglyceroylphosphat) abgespalten wird

- NADH wird vom Enzym abgegeben und durch ein neues NAD^+ ersetzt.
- Durch **phosphorolytische Spaltung** des Thioesters entsteht **1,3-Bisphosphoglycerat** und die SH-Gruppe des Enzyms wird regeneriert.

Die beiden im 1,3-Bisphosphoglycerat vorliegenden Phosphatgruppen unterscheiden sich grundsätzlich.[1] Diejenige in Position 3 ist ein Phosphorsäure-Ester, dagegen handelt es sich bei dem Phosphat in Position 1 um

---

[1]   Die Bezeichnung 1,3-Biphosphoglycerat ist, obwohl allgemein eingeführt, streng genommen nicht korrekt. Da es sich um das Phosphorsäureanhydrid der 3-Phosphoglycerinsäure handelt, müsste es eigentlich 3-Phosphoglyceroylphosphat heißen.

ein **Carbonsäure/Phosphorsäure-Anhydrid**. Carbonsäure/Phosphorsäure-Anhydride sind ebenfalls energiereiche Verbindungen (► Abschn. 4.3). Durch die phosphorolytische Abspaltung des Substrats vom aktiven Zentrum der Glycerinaldehyd-3-Phosphat-Dehydrogenase wird somit das hohe Gruppenübertragungspotenzial des Thioesters in Form eines gemischten Phosphorsäureanhydrids erhalten, was insgesamt einer **Konservierung** der durch die Redoxreaktion freigewordenen Energie entspricht. Deswegen wird diese Reaktion auch als der **energiekonservierende Schritt** der Glycolyse bezeichnet.

Dihydroxyaceton-Phosphat kann nach Isomerisierung zu Glycerinaldehyd-3-Phosphat durch die Triosephosphat Isomerase ebenfalls zu 1,3-Bisphosphoglycerat umgesetzt werden.

Erste ATP-Bildung   Übertragung des energiereichen Phosphats des 1,3-Bisphosphoglycerats auf ADP **unter Bildung von ATP und 3-Phosphoglycerat**. Das für die Reaktion verantwortliche Enzym ist die **Phosphoglyceratkinase**. Von ihr sind eine Reihe genetischer Defekte bekannt, die zu Störungen der Glycolyse führen. Da in der Glycolyse aus einem Glucosemolekül zwei Moleküle Triosephosphat gebildet werden, werden auch zwei Moleküle ATP erzeugt. Diese Art von ATP-Gewinnung wird im Gegensatz zur **oxidativen Phosphorylierung** der Mitochondrien als **Substratketten-Phosphorylierung** bezeichnet.

In den **Erythrocyten** der Säugetiere, einiger Vögel und Reptilien sowie vieler Amphibien kann der durch die Phosphoglyceratkinase katalysierte Schritt umgangen werden (► Abschn. 68.2.4). Mithilfe der **Bisphosphoglyceromutase** wird 1,3-Bisphosphoglycerat unter Verlust der energiereichen Bindung in **2,3-Bisphosphoglycerat** umgewandelt. Dieses wirkt am Hämoglobin als allosterischer Effektor, durch den die Sauerstoffbindungskurve des Hämoglobins nach rechts verschoben wird. In Anwesenheit von 2,3-Bisphosphoglycerat wird damit den Erythrocyten die Abgabe des Sauerstoffs an die Gewebe erleichtert (► Abschn. 68.2.3). Der Abbau von 2,3-Bisphosphoglycerat erfolgt durch die **2,3-Bisphosphoglycerat-Phosphatase**, wobei 3-Phosphoglycerat und anorganisches Phosphat entstehen.

Bildung von 2-Phosphoglycerat aus 3-Phosphoglycerat   Durch diese Reaktion wird der Phosphatrest von Position 3 nach Position 2 des Phosphoglycerats verschoben. Das hierfür verantwortliche Enzym ist die **Phosphoglyceratmutase**.

Bildung von Phosphoenolpyruvat aus 2-Phosphoglycerat   Diese durch das Enzym **Enolase** katalysierte Reaktion schließt die Dehydratation und Bildung einer neuen energiereichen Verbindung ein. Der Phosphatrest in Position 2 des Phosphoenolpyruvats hat ein hohes Phosphorylgruppen-Übertragungspotenzial; Phosphoe-

nolpyruvat gehört damit zu den energiereichen Phosphaten (▶ Abschn. 4.3).

Zweite ATP-Bildung Im nächsten Schritt wird die energiereiche Phosphorylgruppe des Phosphoenolpyruvats auf ADP unter Bildung von ATP und Pyruvat übertragen. Das für die Reaktion verantwortliche Enzym ist die **Pyruvatkinase**. In der Bilanz werden so pro mol Glucose noch einmal durch **Substratketten-Phosphorylierung** 2 mol ATP gebildet. Anders als bei der Bildung von 1,3-Bisphosphoglycerat (s. o.) stammen die auf ADP übertragenen Phosphatgruppen des Phosphoenolpyruvats nicht aus dem Pool an anorganischem Phosphat, sondern aus den beiden ATP-verbrauchenden Phosphorylierungen zu Beginn der Glycolyse, die damit in der Bilanz wieder ausgeglichen werden.

Reversibilität Die meisten Reaktionen der Glycolyse sind grundsätzlich reversibel. Dies trifft jedoch nicht zu für die von den folgenden Enzymen katalysierten Reaktionen:
- Hexokinase (Glucokinase),
- Phosphofructokinase 1 und
- Pyruvatkinase

Diese sind unter physiologischen Bedingungen irreversibel und werden umgangen, wenn Glucose aus Nicht-Kohlenhydratvorstufen synthetisiert werden muss. Die Umgehungsreaktionen werden ausführlich im Abschnitt Gluconeogenese (▶ Abschn. 14.3) besprochen.

❯ Für einen kontinuierlichen Ablauf der Glycolyse muss das während der Reaktionsfolge gebildete NADH reoxidiert werden.

Die Glycolyse ist entwicklungsgeschichtlich ein sehr alter Stoffwechselweg, da ihre Reaktionsfolge bei allen eukaryontischen Zellen und den meisten Prokaryonten identisch ist. Bei anaerob wachsenden Organismen kann das in der Glycolyse gebildete NADH nicht mithilfe von O_2 in der mitochondrialen Atmungskette (Kap. 19) zu NAD^+ oxidiert werden. Da aber die Glycerinaldehyd-3-Phosphat-Dehydrogenase NAD^+ benötigt, muss dies auf andere Weise durch Reoxidation von NADH **regeneriert** werden. Möglichkeiten hierfür sind:
- die NADH/H^+-abhängige Reduktion von Pyruvat zu Lactat, die in vielen Zelltypen einschließlich menschlicher Zellen vorkommt und als **Milchsäuregärung** bezeichnet wird, oder
- der Abbau von Pyruvat zu Ethanol, der in der Hefe stattfindet und **alkoholische Gärung** genannt wird.

Die Summengleichungen der beiden Formen der Gärung (oder Fermentierung) lautet:

$$Glucose + 2\,ADP + 2\,P_i \rightarrow 2\,Lactat + 2\,ATP \quad (14.2)$$
$$\Delta G^{0'} = -136\ kJ/mol$$

$$Glucose + 2\,ADP + 2\,P_i \rightarrow$$
$$2\,Ethanol + 2\,CO_2 + 2\,ATP \quad (14.3)$$
$$\Delta G^{0'} = -165\ kJ/mol$$

Reduktion von Pyruvat zu L-Lactat Die hierfür verantwortliche **Lactatdehydrogenase** ist ein tetrameres Enzym, das in Form von fünf verschiedenen Isoenzymen vorkommt (▶ Abschn. 7.3), die sich in ihren K_M-Werten gegenüber Pyruvat unterscheiden. Als Reduktionsmittel dient **NADH/H^+**, das dabei zu NAD^+ reoxidiert wird.

Bildung von Ethanol in Hefezellen In **Hefezellen** endet unter anaeroben Bedingungen die Glycolyse nicht beim Lactat. Hier wird vielmehr Pyruvat zunächst durch Decarboxylierung in **Acetaldehyd** umgewandelt, welches dann analog der Lactatdehydrogenase durch die **Alkoholdehydrogenase** in einer NADH-abhängigen Reaktion zu **Ethanol** reduziert wird:

Pyruvatdecarboxylase:
$$Pyruvat \rightarrow Acetaldehyd + CO_2 \quad (14.4)$$

Alkoholdehydrogenase:
$$Acetaldehyd + NADH/H^+ \rightarrow Ethanol + NAD^+ \quad (14.5)$$

Die Decarboxylierung des Pyruvats zum Acetaldehyd ähnelt der Anfangsreaktion des **Pyruvatdehydrogenase-Komplexes** (▶ Abschn. 18.2). Wie dort benötigt die **Pyruvatdecarboxylase** der Hefe das Vitamin B_1 in Form des **Thiaminpyrophosphats** als Cofaktor. An diesem Cofaktor wird Pyruvat unter Bildung von **Hydroxyethylthiamin-Pyrophosphat** decarboxyliert, welches dann zu Thiaminpyrophosphat und Acetaldehyd gespalten wird.

❯ Der Abbau von Glucose in der Glycolyse liefert 2 ATP, ihre vollständige Oxidation mehr als 30 ATP.

In ◻ Tab. 14.1 ist die Energiebilanz der Glycolyse zusammengefasst. Pro mol Glucose werden 2 mol ATP benötigt, um das Fructose-1,6-Bisphosphat zu bilden. Die beiden energieliefernden Reaktionen der Glycolyse führen zur Bildung von zusammen 4 mol ATP, sodass in der Endbilanz pro mol abgebauter Glucose ein Energiegewinn von **2 mol ATP** erzielt wird. Unter **anaeroben Bedingungen** ist dies die maximale Energieausbeute der Glycolyse. Das in der Glycolyse über die Glycerinaldehyd-3-Phosphat-Dehydrogenase gebildete

◻ **Tab. 14.1** Energiebilanz der anaeroben Glycolyse

Enzym	Reaktion	ATP-Ausbeute
Hexokinase/ Glucokinase	Glucose + ATP → Glucose-6-P + ADP	–1 ATP
Phosphofructokinase	Fructose-6-P + ATP → Fructose-1,6-P_2 + ADP	–1 ATP
Phosphoglyceratkinase	1,3-Bisphosphoglycerat + ADP → 3-Phosphoglycerat + ATP	+2 ATP (aus Glucose entstehen zwei 1,3-Bisphosphoglycerat)
Pyruvatkinase	Phosphoenolpyruvat + ADP → Pyruvat + ATP	+2 ATP (aus Glucose entstehen zwei Phosphoenolpyruvat)
	Summe	**+2 ATP**

◻ **Tab. 14.2** Energiebilanz des aeroben Abbaus von Glucose über Pyruvat zu CO_2 und H_2O

Reaktionen	Summengleichung	ATP-Ausbeute[a]	Siehe
Phosphoglyceratkinase	1,3-Bisphosphoglycerat → 3-Phosphoglycerat	1	◻ Abb. 14.2
Pyruvatdehydrogenase	Pyruvat → Acetyl-CoA + NADH/H$^+$	2,7	▶ Abschn. 18.2
Citratzyklus	Acetyl-CoA → 2 CO_2 + 3 NADH/H$^+$ + 1 $FADH_2$ + 1 GTP	8,1 1,6 1	▶ Abschn. 18.2
Malat/Aspartat-Zyklus	2 NADH/H$^+_{cytosolisch}$ → 2 NADH/H$^+_{mitochondrial}$	2,7	◻ Abb. 19.3
	Summe	**17,1 × 2[b]**	

[a]Zur ATP-Ausbeute pro NADH/H$^+$ bzw. $FADH_2$ s. ▶ Abschn. 19.1.3
[b]Aus jedem Molekül Glucose entstehen 2 Moleküle 3-Phosphoglycerat bzw. Pyruvat bzw. Acetyl-CoA

NADH/H$^+$ wird bei anaerober Stoffwechsellage für die Reduktion von Pyruvat zu Lactat verbraucht.

Unter **aeroben Bedingungen** hingegen kann das aus der Glycolyse stammende Pyruvat nach Transport in die mitochondriale Matrix durch den Pyruvatdehydrogenase-Komplex zu **Acetyl-Coenzym A** umgesetzt und im Citratzyklus zu CO_2 und H_2O abgebaut werden (▶ Abschn. 18.2). Wie in ◻ Tab. 14.2 zusammengestellt, führt dies zu einer im Vergleich zur anaeroben Glycolyse erheblich höheren Ausbeute von ca. 34 ATP. Prinzipiell kann in dieser Situation auch aus dem NADH, das in der Glycolyse von der Glycerinaldehyd-3-Phosphat-Dehydrogenase gebildet wird, über die mitochondriale Atmungskette ATP gewonnen werden (◻ Tab. 14.2). Da NADH allerdings nicht die innere Mitochondrienmembran passieren kann, muss der Transport der Elektronen indirekt über den **Malat/Aspartat-Zyklus** erfolgen (▶ Abschn. 19.1.1) bzw. über den in manchen Geweben ablaufenden Glycerin-3-Phosphat-Zyklus (◻ Abb. 19.9), der jedoch aus cytosolischem NADH/H$^+$ intramitochondriales $FADH_2$ liefert.

❯ Glucose wird auch unter aeroben Bedingungen zu Lactat abgebaut.

Wie oben erwähnt, sorgt die Reduktion von Pyruvat zu Lactat durch die Lactat-Dehydrogenase für die Bereitstellung von ausreichend NAD$^+$, damit die Glycolyse kontinuierlich ablaufen kann. In den Erythrocyten, die keine Mitochondrien besitzen, muss deswegen die gesamte aufgenommene Glucose in Lactat überführt werden. Eine Bildung von Lactat findet sich aber auch in denjenigen Geweben, in denen ein relativer Sauerstoffmangel aufgrund von belastungsbedingter Unterversorgung (arbeitender Muskel) oder anatomisch begründeter Minderdurchblutung (Nierenmark) den oxidativen Abbau von Pyruvat zu CO_2 und H_2O in den Mitochondrien einschränkt. Der unter all diesen Bedingungen stattfindende Abbau der Glucose zu Lactat wird als **anaerobe Glycolyse** bezeichnet.

In Tumorzellen wurde erstmals die sog. **aerobe Glycolyse** nachgewiesen, d. h. der Abbau von Glucose zu Lactat, obwohl ausreichende Sauerstoffmengen die Oxidation von Pyruvat über die Pyruvat-Dehydrogenase

und den Citratzyklus ermöglichen würden. Nach seinem Erstbeschreiber Otto Warburg wird dieses Phänomen auch **Warburg-Effekt** genannt. Heute weiß man, dass viele proliferierende, d. h. schnell wachsende und sich teilende Zellen aerobe Glycolyse betreiben. Auf den ersten Blick mag dies paradox erscheinen, weil Zellwachstum hohe Mengen an ATP erfordert, die viel effizienter durch einen oxidativen Abbau von Glucose zu CO_2 und H_2O bereitgestellt werden können. Allerdings sind anabol aktive Zellen nicht nur auf die Bildung von ATP angewiesen, sondern auch auf die Bereitstellung von Substraten für ihre zahlreichen Biosynthesen. So benötigt z. B. die *de novo*-Synthese von Membran-Phospholipiden den Baustein Dihydroxyaceton-Phosphat (▶ Abschn. 22.1.1), der in der Glycolyse aus Glucose entsteht, oder die Fettsäuresynthese verbraucht große Mengen an NADPH (▶ Abschn. 21.2.3), wie sie durch den Umbau von Glucose im Pentosephosphatweg bereitgestellt werden (▶ Abschn. 14.1.2).

Mit anderen Worten, Glucose wird in proliferierenden Zellen auch als Vorläufer von Biosynthese-Substraten benötigt und kann deswegen nicht vollständig zu CO_2 und H_2O abgebaut werden. Allerdings würde auch die vollständige Umwandlung von Glucose in Lactat keine Biosynthese-Substrate wie Dihydroxyaceton-Phosphat oder NADPH liefern. Man muss deswegen davon ausgehen, dass die betreffenden Zellen über aerobe Glycolyse immer nur einen Teil der vorhandenen Glucose zu Lactat abbauen, was durch quantitative Messungen auch bestätigt werden konnte. Die doppelte Funktion von Glucose als Energielieferant und Quelle von Substraten für Biosynthesen erfordert einen hohen Glucose-Umsatz in den betreffenden Zellen. Dies spiegelt sich z. B. in der Hochregulierung des membranständigen Glucosetransporters GLUT1 (▶ Abschn. 15.1.1) in vielen Tumorzellen wider.

❯ Die Leber ist das wichtigste Organ für den Fructose-abbau.

Fructose wird in z. T. beträchtlichen Mengen mit der Nahrung zugeführt, im Wesentlichen in Form des Disaccharids **Saccharose** (Speisezucker, Obst). Im Intestinaltrakt wird Saccharose durch die dort lokalisierten **Disaccharidasen** (▶ Abschn. 61.3.1) gespalten und die dabei freigesetzte Fructose nach Resorption über die Pfortader zur Leber transportiert. Nur in Hepatocyten (und Spermien! s. u.) kann Fructose durch folgende Reaktionen abgebaut werden (◘ Abb. 14.4):

— ATP-abhängige Phosphorylierung von Fructose durch die **Fructokinase** zu **Fructose-1-Phosphat**.
— Spaltung von Fructose-1-Phosphat durch die in der Leber und den Nieren vorkommende **Aldolase B**.

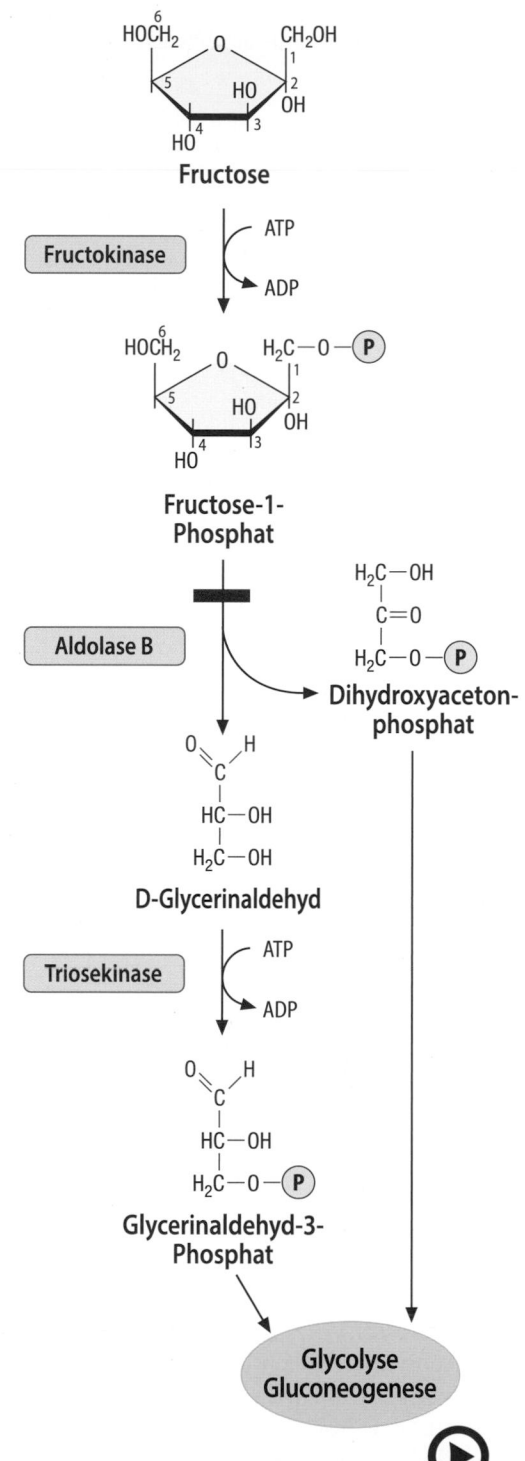

◘ **Abb. 14.4** (Video 14.3) **Fructosestoffwechsel der Leber.** Die für die Leberzelle typischen Reaktionen des Fructosestoffwechsels sind die durch Fructokinase, Aldolase B und Triosekinase katalysierten Reaktionen. Der *rote Balken* gibt den bei hereditärer Fructose-Intoleranz (▶ Abschn. 17.2.1) vorliegenden Enzymdefekt wieder (▶ https://doi.org/10.1007/000-5fe)

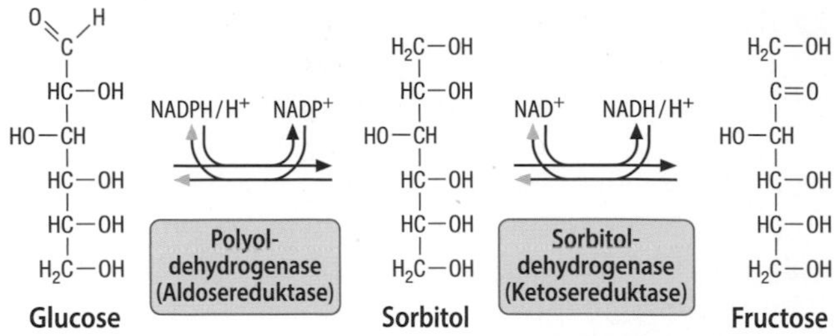

Abb. 14.5 Extrahepatische Synthese von Fructose aus Glucose mithilfe der Polyoldehydrogenase und der Sorbitoldehydrogenase

Die Reaktionsprodukte sind **D-Glycerinaldehyd** und **Dihydroxyaceton-Phosphat**.

— D-Glycerinaldehyd wird durch das Enzym **Triosekinase** zu **Glycerinaldehyd-3-Phosphat** phosphoryliert und so in die Glycolyse eingeschleust.

Die für den Fructoseabbau benötigten Reaktionen laufen schneller als die Glycolyse ab. Wahrscheinlich ist dies darauf zurückzuführen, dass die für die Glycolyse geschwindigkeitsbestimmenden Reaktionen der Glucokinase und Phosphofructokinase umgangen werden.

In extrahepatischen Geweben kann Fructose aus Glucose gebildet werden.

Über den sog. **Polyolweg** kann Glucose in Fructose umgewandelt werden (Abb. 14.5). Dabei katalysiert zunächst das Enzym **Polyoldehydrogenase** (Aldosereduktase) die NADPH-abhängige Reduktion von Glucose zu **Sorbitol**. Dieses kann seinerseits durch das Enzym **Sorbitoldehydrogenase** (Ketosereduktase) in einer NAD^+-abhängigen Reaktion zu **Fructose** oxidiert werden.

In den Samenblasen, in denen Fructose in beträchtlichen Mengen als Energiesubstrat für die Spermien produziert wird, finden sich besonders hohe Aktivitäten der Enzyme des Polyolweges. Da die Biosynthese der beiden Enzyme des Polyolwegs in den Samenblasen unter der Kontrolle von Testosteron steht, erlaubt die Bestimmung der Fructosekonzentration in der Spermaflüssigkeit Rückschlüsse auf die Testosteronproduktion der Testes bzw. die Funktion der Samenblasen.

14.1.2 Der Pentosephosphatweg – Bildung von Pentosen und NADPH/H$^+$

Im Pentosephosphatweg findet eine Oxidation und Decarboxylierung von Glucose statt.

Im **Pentosephosphatweg** (Synonyme: Pentosephosphat-Zyklus, Hexosemonophosphatweg) entsteht im Cyto-

sol aus Glucose-6-Phosphat durch Oxidation (Dehydrierung) und Decarboxylierung am C-Atom 1 der Glucose **Ribulose-5-Phosphat**. Dieses kann zu Ribose-5-Phosphat isomerisiert und als essenzieller Baustein für die **Nucleotidbiosynthese** benutzt werden. Alternativ können aus Ribulose-5-Phosphat Molekülen durch mehrere Umwandlungen **Fructose-6-Phosphat** und **Glycerinaldehyd-3-Phosphat** entstehen. Wenn diese Produkte über rückläufige Reaktionen der Glycolyse (d. h. Reaktionen der Gluconeogenese ▶ Abschn. 14.3) wieder in Glucose überführt werden und erneut den Pentosephosphatweg durchlaufen, wird Glucose nach mehrfachen Zyklen vollständig zu CO_2 oxidiert. Ein wichtiger Unterschied zum Abbau der Glucose in der Glycolyse ist, dass der bei den oxidativen Reaktionen (Dehydrierungsreaktionen) des Pentosephosphatweges entstehende Wasserstoff auf $NADP^+$ und nicht auf NAD^+ übertragen wird. NADPH ist u. a. das wasserstoffübertragende Coenzym für **reduktive, hydrierende Biosynthesen**, beispielsweise die Fettsäure- oder Steroidhormonbiosynthese (▶ Abschn. 21.2.3 und 40.2.2). Außerdem wird es beim Abbau von H_2O_2 benötigt, spielt also eine wichtige Rolle bei der Antwort auf oxidativen Stress (▶ Kap. 20).

Formal kann man die Reaktionsfolge des Pentosephosphatweges in zwei Phasen einteilen:

— In der oxidativen Phase wird Glucose-6-Phosphat unter Bildung der Pentose **Ribulose-5-Phosphat** irreversibel oxydiert (dehydriert) und decarboxyliert.

— In der nicht-oxidativen Phase werden Pentosen und Hexosen ineinander umgewandelt. Diese Reaktionen sind alle reversibel.

In der ersten Phase des Pentosephosphatweges entstehen NADPH/H$^+$ und Pentosephosphate.

Das Enzym **Glucose-6-Phosphat-Dehydrogenase** katalysiert die Dehydrierung (Oxidation) von Glucose-6-Phosphat zu **6-Phosphogluconolacton**, wobei NADPH/H$^+$ entsteht (Abb. 14.6). 6-Phosphogluconolacton wird durch die Gluconolacton-Hydrolase zu 6-Phosphogluconat hydrolysiert. Der sich anschließende Schritt ist ebenfalls oxidativ und wird durch die **6-Phosphogluconat-Dehydrogenase** katalysiert. Auch dieses Enzym benötigt $NADP^+$ als Wasserstoffakzeptor. Das bei der Reaktion intermediär entstehende 3-Keto-6-Phosphogluconat ist eine β-Ketosäure und decarboxyliert als solche spontan, wobei neben CO_2 die Pentose **Ribulose-5-Phosphat** entsteht (Abb. 14.6). Die Reoxidation des gebildeten NADPH erfolgt über NADPH/H$^+$-verbrauchende Prozesse (s. u.).

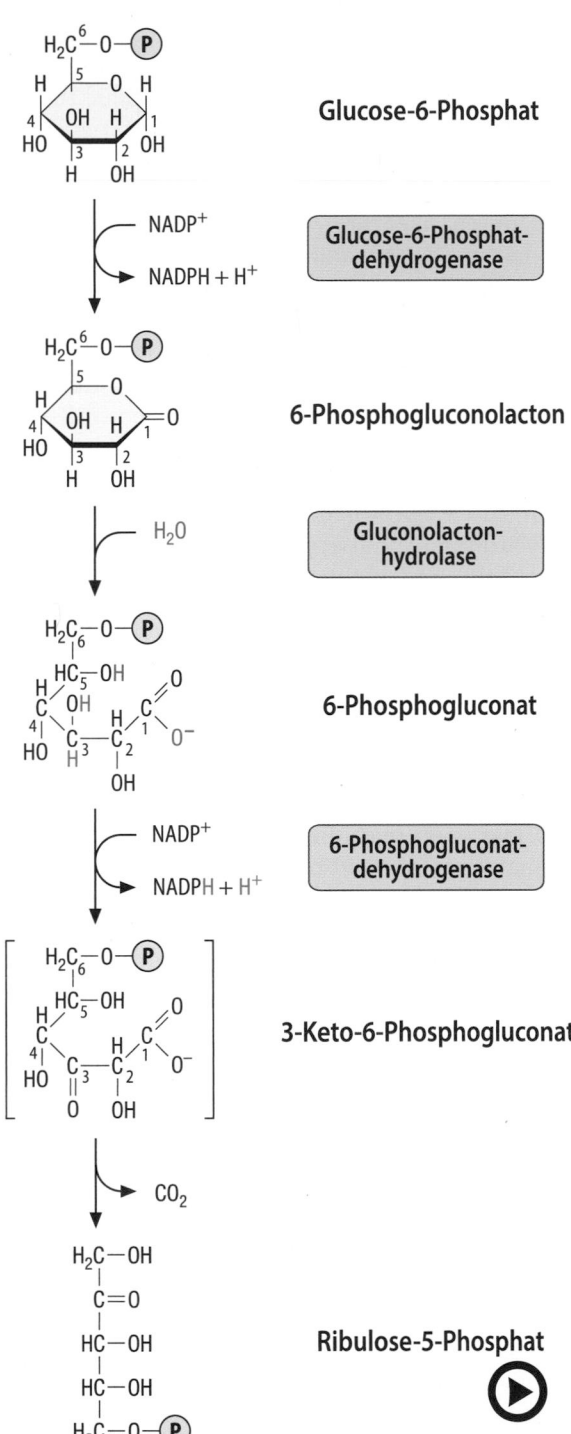

Glucose-6-Phosphat

Glucose-6-Phosphat-dehydrogenase

NADP$^+$

NADPH + H$^+$

6-Phosphogluconolacton

Gluconolacton-hydrolase

H$_2$O

6-Phosphogluconat

NADP$^+$

NADPH + H$^+$

6-Phosphogluconat-dehydrogenase

3-Keto-6-Phosphogluconat

CO$_2$

Ribulose-5-Phosphat

⊙ **Abb. 14.6** (Video 14.4) **Oxidation und Decarboxylierung von Glucose-6-Phosphat zu Ribulose-5-Phosphat im oxidativen Teil des Pentosephosphatwegs** (▶ https://doi.org/10.1007/000-5ff)

❯ Der nicht-oxidative Teil des Pentosephosphatweges erlaubt eine Rückgewinnung von Hexosen aus Pentosen oder die Synthese von Pentosen aus Hexosen.

Für die zweite Phase des Pentosephosphatweges sind die beiden Enzyme **Transketolase** und **Transaldolase** von besonderer Bedeutung (⊙ Abb. 14.7). Ribulose-5-Phosphat ist allerdings kein Substrat dieser Enzyme. Es muss durch zwei weitere Enzyme umgelagert werden. Die Reaktionsfolge läuft folgendermaßen ab:

— Die **Ribulose-5-Phosphat-Epimerase** führt zu einer Änderung der Konfiguration am C-Atom 3 der Ribulose, wobei **Xylulose-5-Phosphat** entsteht.

— Durch die **Ribulose-5-Phosphat-Isomerase** kann die entsprechende Aldopentose, nämlich **Ribose-5-Phosphat**, gebildet werden. Diese Reaktion gleicht der Umwandlung von Glucose-6-Phosphat in Fructose-6-Phosphat in der Glycolyse. Ribose-5-Phosphat kann als Baustein für die Biosynthese von Nucleosiden und **Nucleotiden** verwendet werden (▶ Abschn. 29.1 und 30.1).

— Die **Transketolase** katalysiert die gemeinsame Übertragung der C-Atome 1 und 2 (*blau* in ⊙ Abb. 14.7) der Ketose **Xylulose-5-Phosphat** auf den Carbonylkohlenstoff der Aldose **Ribose-5-Phosphat**. Damit entsteht aus Xylulose-5-Phosphat und Ribose-5-Phosphat der aus 7 C-Atomen bestehende Ketozucker **Sedoheptulose-7-Phosphat** und die Aldose **Glycerinaldehyd-3-Phosphat**. Ein Cofaktor der Transketolase ist **Thiaminpyrophosphat** (▶ Abschn. 59.2). Das Ketose-Substrat (Xylulose-5-Phosphat) wird dabei an Thiaminpyrophosphat gebunden und dann so gespalten, dass ein Rest aus 2 C-Atomen als **aktiver Glycolaldehyd** am Thiaminpyrophosphat verbleibt. Der Glycolaldehyd wird anschließend auf ein Aldose-Substrat (Ribose-5-Phosphat) übertragen.

— Sedoheptulose-7-Phosphat und Glycerinaldehyd-3-Phosphat reagieren mit dem Enzym **Transaldolase**. Dies führt zur Übertragung eines **Dihydroxyaceton-Rests** aus den C-Atomen 1–3 des Sedoheptulose-7-Phosphats (*gelber Kasten* in ⊙ Abb. 14.7) auf die Aldose Glycerinaldehyd-3-Phosphat. Dabei entstehen **Fructose-6-Phosphat** und die Aldose **Erythrose-4-Phosphat** mit 4 C-Atomen.

— Ein weiteres Molekül **Xylulose-5-Phosphat** dient unter Katalyse der **Transketolase** als Donor eines aktiven Glycolaldehydes, der jetzt auf die Aldose **Erythrose-4-Phosphat** übertragen wird. Dabei entsteht

noch einmal ein Molekül **Fructose-6-Phosphat** und **Glycerinaldehyd-3-Phosphat**.

Im nicht-oxidativen Teil des Pentosephosphatwegs finden in der Summe also folgende Umwandlungen statt:

$$2 \text{ Xylulose-5-Phosphat} + 1 \text{ Ribose-5-Phosphat} \rightleftarrows$$
$$2 \text{ Fructose-6-Phosphat} + 1 \text{ Glycerinaldehyd-3-Phosphat}$$
$$(14.6)$$

oder unter Berücksichtigung der Isomerisierungen von ◘ Abb. 14.7:

$$3 \text{ Ribose-5-Phosphat} \rightleftarrows 2 \text{ Fructose-6-Phosphat}$$
$$+ 1 \text{ Glycerinaldehyd-3-Phosphat} \qquad (14.7)$$

❯ Der Pentosephosphatweg dient der Erzeugung von NADPH/H$^+$ und Ribose-5-Phosphat.

Der Pentosephosphatweg spielt quantitativ eine besondere Rolle in den Geweben mit hohem NADPH-Bedarf. Hierzu gehören:
— die **Leber**, das **Fettgewebe** und die **laktierende Brustdrüse** wegen ihrer sehr aktiven Fettsäurebiosynthesen,
— die **Nebennierenrinde**, die **Ovarien** und die **Testes** wegen der Cholesterin- und Steroidhormonbiosynthese und
— die **Erythrocyten**. Wegen der in ihnen besonders hohen O$_2$-Konzentration werden die Thiolgruppen wichtiger Proteine (z. B. Glycerinaldehyd-3-Phosphat-Dehydrogenase) durch Oxidation zu Disulfidgruppen oxidiert. Dies kann durch das in Erythrocyten in besonders hohen Konzentrationen vorkommende Glutathion rückgängig gemacht werden, wobei Glutathiondisulfid entsteht. Dieses wird durch die **Glutathionreduktase** mithilfe von NADPH/H$^+$ als Wasserstoffdonor wieder reduziert (▶ Abschn. 68.2.4). Außerdem ist Glutathion für die Peroxyd-Eliminierung von großer Bedeutung (▶ Abschn. 20.2).
— **Tumorzellen** mit hohen Syntheseraten an Nucleinsäuren, Fettsäuren sowie an reaktiven Sauerstoffspezies (ROS; ▶ Kap. 20).

In Skelettmuskeln und im Herzmuskel ist die Aktivität des Pentosephosphatwegs dagegen gering.

In den NADPH-verbrauchenden Geweben zeigt der Pentosephosphatweg unterschiedliche Funktionsweisen, je nachdem, ob der Bedarf an NADPH größer oder etwa gleich dem an Pentosen ist. Werden gleich viel Pentosen wie NADPH/H$^+$ benötigt, ist nur der oxidative Teil des Pentosephosphatweges erforderlich. Überwiegt dagegen der Bedarf an NADPH, werden die überschüssigen Pentosen im nicht-oxidativen Teil des Pentosephosphatweges zu Fructose-6-Phosphat und Glycerinaldehyd-3-Phosphat umgewandelt. Diese können entweder in der Glycolyse weiter abgebaut (z. B. bei gleichzeitigem Energiebedarf) oder aber über rückläufige Reaktionen der Glycolyse (Gluconeogenese) wieder in Glucose-6-Phosphat umgewandelt werden. Nur in diesem speziellen Fall kann man von einem **Pentosephosphat-Zyklus** (PPZ) sprechen. Für dessen Gesamtbilanz gilt:

$$6 \text{ Glucose-6-Phosphat} + 12 \text{ NADP}^+ \rightarrow 6 \text{ Ribose-5-Phosphat}$$
$$+ 12 \text{ NADPH} / \text{H}^+ + 6 \text{ CO}_2 \left(\text{oxidativer Teil des PPZ} \right)$$
$$(14.8)$$

$$6 \text{ Ribose-5-Phosphat} \rightleftarrows 4 \text{ Fructose-6-Phosphat} + 2$$
$$\text{Glycerinaldehyd-3-Phosphat} \left(\text{nicht-oxidativer Teil des PPZ} \right)$$
$$(14.9)$$

$$4 \text{ Fructose-6-Phosphat} + 2 \text{ Glycerinaldehyd-3-Phosphat}$$
$$\rightleftarrows 5 \text{ Glucose-6-Phosphat} \left(\text{Glycolyse-Umkehr} \right)$$
$$(14.10)$$

Somit werden in der Summe im Pentosephosphat-Zyklus von sechs Molekülen Glucose-6-Phosphat fünf regeneriert, während eines vollständig zu 6 CO$_2$ abgebaut wird.

Da nur relativ kleine Mengen von Pentosen über die Nahrung aufgenommen werden, dient der Pentosephosphatweg der Bereitstellung von Ribose für die Nucleotid- und Nucleinsäurebiosynthese (▶ Abschn. 29.1 und 30.1). Dies trifft auch für Gewebe mit nur geringen Aktivitäten an Glucose-6-Phosphat- und 6-Phosphogluconat-Dehydrogenase zu, wo demnach der Bedarf an Pentosen höher ist als der von NADPH/H$^+$. In diesem Fall wird Ribose-5-Phosphat über die reversiblen Reaktionen von Tranketolase und Transaldolase aus Fructose-6-Phosphat und Glycerinaldehyd-3-Phosphat gebildet (◘ Abb. 14.7).

Das **geschwindigkeitsbestimmende Enzym** des Pentosephosphatweges ist die Glucose-6-Phosphat-Dehydrogenase. Entsprechend des allgemeinen Bedarfs an NADPH für Biosynthesen und die Entgiftung von toxischen Sauerstoffspezies wird das Gen der Glucose-6-Phosphat-Dehydrogenase ubiquitär und konstitu-

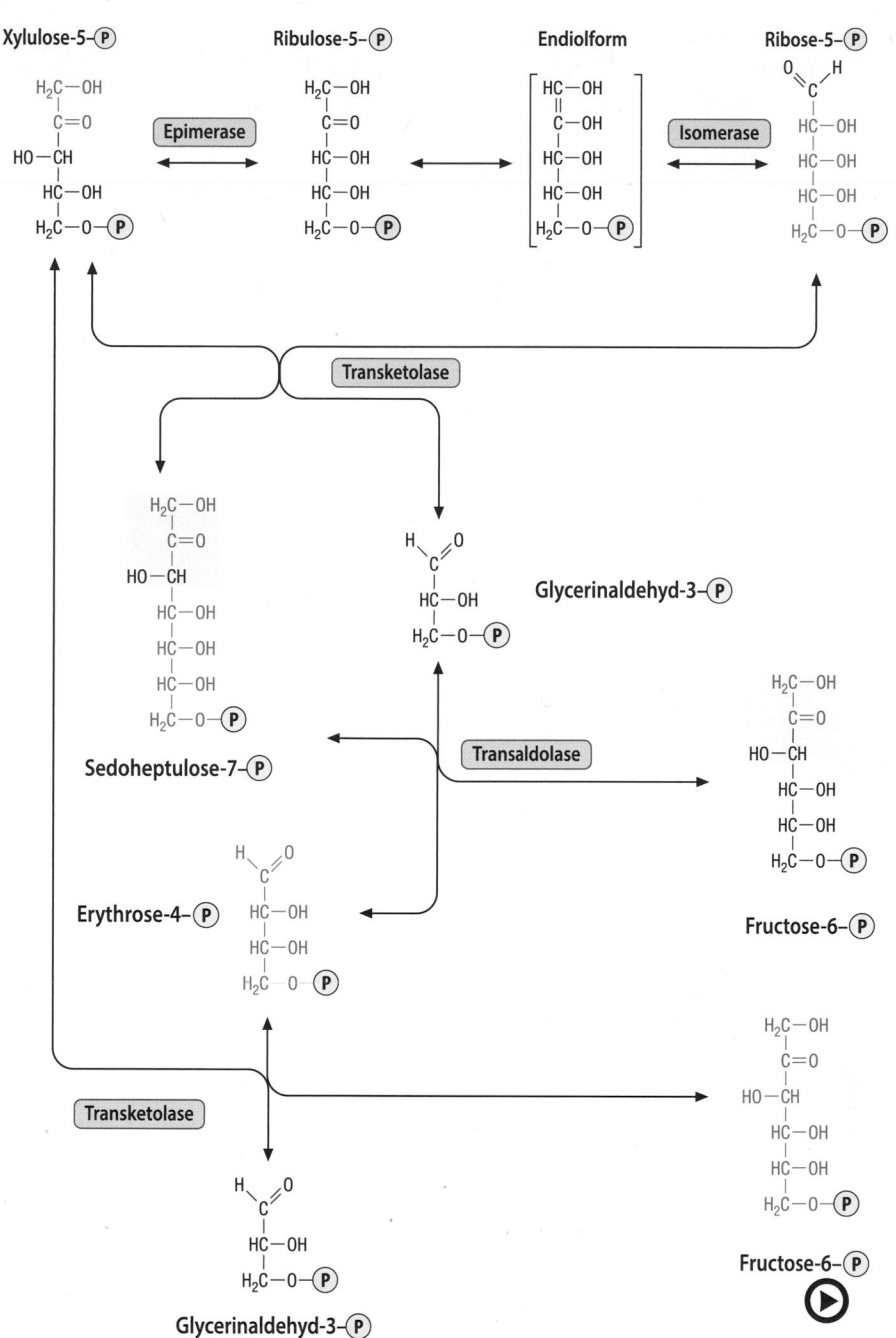

Abb. 14.7 (Video 14.5) **Bildung von Fructose-6-Phosphat und Glycerinaldehyd-3-Phosphat aus Ribulose-5-Phosphat**. Da alle Reaktionen reversibel sind, kann die Reaktionssequenz auch zur Biosynthese von Pentosen aus Hexosen benutzt werden. (Einzelheiten s. Text) (▶ https://doi.org/10.1007/000-5fg)

tiv exprimiert. Global gesehen wird die Aktivität der Glucose-6-Phosphat-Dehydrogenase vom **Quotienten von NADPH/NADP$^+$** bestimmt, der normalerweise etwa 100/1 beträgt. Ein Abfall des Quotienten löst eine Aktivierung des Enzyms aus (**NADP$^+$** wird für die Stabilisierung des aktiven Enzyms benötigt). In Leber und Fettgewebe wird das Enzym durch kohlenhydratreiche Ernährung zusammen mit Insulin und Glucocorticoiden **induziert**, wodurch ausreichend NADPH für die Fettsäurebiosynthese bereitgestellt wird. Zahlreiche **posttranslationale und transkriptionelle Regulationsmechanismen** sind in letzter Zeit beschrieben worden, die v. a. für die Hochregulierung des Enzyms in proliferativen Geweben (Tumorzellen) von Bedeutung sind.

Zusammenfassung

Für alle Zellen des menschlichen Organismus ist Glucose der wichtigste Energielieferant. Die zwei wesentlichsten Stoffwechselwege für ihren Abbau sind die Glycolyse und der Pentosephosphatweg.

In der Glycolyse wird Glucose zu Pyruvat abgebaut. Pyruvat kann dann mithilfe von NADH/H$^+$ zu Lactat reduziert werden, um so das für den Ablauf der Glycolyse notwendige NAD$^+$ zurückzugewinnen. Alternativ kann Pyruvat intramitochondrial zu CO_2 und H_2O abgebaut werden. Im Verlauf der Glycolyse entsteht 1,3-Bisphophoglycerat, mit dessen energiereichem Phosphorylrest ADP zu ATP phosphoryliert wird (Substratketten-Phosphorylierung). Pro mol Glucose werden so 2 mol ATP gebildet. Ca. 34 mol ATP werden gewonnen, wenn Pyruvat intramitochondrial weiter zu CO_2 und H_2O oxidiert wird. Bei Fehlen von Mitochondrien (Erythrocyten) oder bei Sauerstoffmangel (arbeitender Skelettmuskel) endet der Abbau von Glucose ausschließlich oder teilweise beim Lactat. In diesem Fall spricht man auch von anaerober Glycolyse. Aerobe Glycolyse bezeichnet den Abbau von Glucose zu Lactat trotz Anwesenheit von O_2. Diese Situation findet sich in Tumorzellen und gesunden proliferierenden Zellen, in denen die Gewinnung von Biosynthese-Intermediaten aus Glucose Vorrang vor deren vollständigem Abbau hat.

Über einen hauptsächlich in der Leber vorkommenden Nebenweg der Glycolyse wird Fructose in den Stoffwechsel eingeschleust.

Ein alternativer Abbauweg der Glucose ist der Pentosephosphatweg, bei dem aus Glucose Pentosen (Ribose-5-Phosphat) gebildet werden bzw. Glucose unter Bildung von NADPH/H$^+$ oxidiert wird. NADPH wird für anabole Prozesse wie die Synthese von Fettsäuren, Cholesterin und Steroidhormonen und zur Entgiftung toxischer Sauerstoffmetabolite benötigt.

14.2 Bildung und Verwertung der Glycogenspeicher

14.2.1 Glycogensynthese

> Der wesentliche Schritt der Glycogenbiosynthese ist die Verlängerung bereits vorhandener Glycogenmoleküle mit UDP-Glucose.

Glycogen lässt sich außer in Erythrocyten in allen Zellen des Organismus nachweisen. Die Hauptmasse findet sich jedoch in **Leber** und **Muskulatur** (◻ Tab. 14.3). Kurz nach einer kohlenhydratreichen Mahlzeit kann die Leber 5–10 % Glycogen enthalten, nach 12- bis 18-stündigem Fasten ist sie dagegen praktisch glycogenfrei. Der Glycogengehalt der Muskulatur steigt normalerweise nicht über 1 % (◻ Tab. 14.3).

Die Biosynthese von Glycogen aus Glucose ist in ◻ Abb. 14.8 dargestellt und erfolgt in folgenden Schritten:

— Nach Phosphorylierung von Glucose zu Glucose-6-Phosphat (Hexokinase, Glucokinase) wird dieses durch das Enzym **Phosphoglucomutase** in Glucose-1-Phosphat überführt.

— Für den Einbau von Glucose in Glycogen muss Glucose-1-Phosphat aktiviert werden. Hierfür reagiert es mit Uridintriphosphat (UTP) unter Bildung von **Uridindiphosphatglucose** (UDP-Glucose). Das für diese Reaktion verantwortliche Enzym ist die **Glucose-1-Phosphat-UTP-Transferase** oder UDP-Glucose-Pyrophosphorylase (genauer UTP-Glucose-1-Phosphat-Uridyltransferase). Es katalysiert die Knüpfung einer Phosphorsäure-Anhydrid-Bindung zwischen dem Phosphatrest am C-Atom 1 der Glucose und dem α-Phosphat des UTP, wobei dessen β- und γ-Phosphate als Pyrophosphat abgespalten werden. Da Pyrophosphatasen in jeder Zelle in hoher Aktivität vorkommen, wird Pyrophosphat rasch in anorganisches Phosphat gespalten, was das Gleich-

---

◻ **Tab. 14.3** Kohlenhydratspeicher in Leber und Muskulatur des Menschen (maximale Werte) im Vergleich zur Glucosemenge in der extrazellulären Flüssigkeit

Gewebe	Konzentration (g/100 g Gewebe)	Gesamtmenge (g)
Leberglycogen	0–10	0–150
Muskelglycogen	1	250
Extrazelluläre Glucose	0,1	15

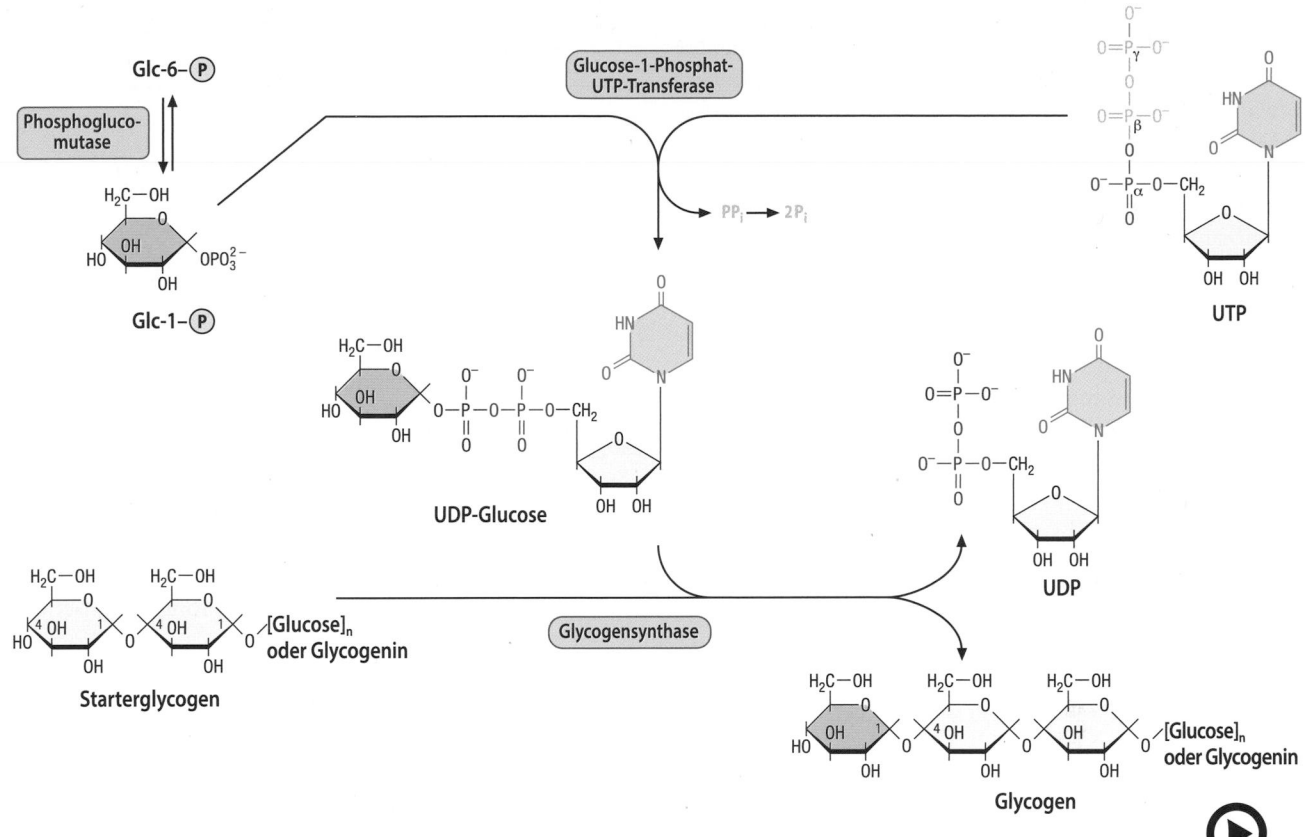

◘ Abb. 14.8 (Video 14.6) **Einzelschritte der Glycogenbiosynthese.** Glucose-6-Phosphat wird durch die Phosphoglucomutase in Glucose-1-Phosphat überführt, welches mit UTP zu UDP-Glucose reagiert (Glucose-1-Phosphat-UTP-Transferase). Der Glucoserest der UDP-Glucose wird auf die terminale 4-OH-Gruppe eines Start- erglycogens übertragen (Glycogensynthase), wobei UDP freigesetzt und das Glycogen um eine Glycosyleinheit verlängert wird. Als Star- ter-Glycogen dient normalerweise schon vorhandenes zelluläres Gly- cogen. Glycogenin wird nur bei der *de novo*-Synthese eines Glycogen- moleküls verwendet (▶ https://doi.org/10.1007/000-5fc)

gewicht der UDP-Glucose-Biosynthese in Richtung der UDP-Glucose verschiebt.

— Unter Einwirkung des Enzyms **UDP-Glycogen- transglucosylase** oder **Glycogensynthase** wird das auf diese Weise aktivierte Glucosemolekül auf ein Star- ter-Glycogen (Primer) übertragen. Hierbei wird eine **glycosidische Bindung** (▶ Abschn. 3.1.3) zwischen dem C-Atom 1 der aktivierten Glucose und dem C-Atom 4 des terminalen Glucosylrests am Star- ter-Glycogen geknüpft. Uridindiphosphat wird frei. Ausgehend von freier Glucose, erfordert der Einbau eines Moleküls Glucose in Glycogen also die Spal- tung von drei Phosphorsäure-Anhydrid-Bindungen.

Auf diese Weise werden Glucose-Moleküle durch α-1,4- glycosidische Bindungen linear miteinander verknüpft. Hat die Kette eine Länge von 6–11 Glucoseresten er- reicht, tritt als weiteres Enzym das *branching enzyme* oder die **Amylo-1,4→1,6-Transglucosylase** in Aktion. Dieses Enzym überträgt einen aus wenigstens 6 Gluco- seresten bestehenden Teil der 1,4-glycosidisch verknüpf- ten Kette auf einen Glucoserest derselben oder einer be- nachbarten Kette, wobei ohne weiteren ATP-Verbrauch eine 1,6-glycosidische Bindung entsteht (◘ Abb. 14.9). Durch diesen Vorgang kommt es zu den für Glycogen (und Amylopektin, ▶ Abschn. 3.1.4) typischen, baum- artigen Verzweigungsstellen.

❯ Für die *de novo*-Synthese von Glycogen ist das Pro- tein Glycogenin erforderlich.

Der oben dargestellte Mechanismus erklärt nur die Ver- längerung existierender Ketten, aber nicht die Neuent- stehung von Glycogenmolekülen. Hierfür wird das Pro- tein **Glycogenin** benötigt:

— Glycogenin ist ein cytosolisches Protein mit einer **Glycosyltransferase-Aktivität**.

— Deswegen ist Glycogenin imstande, sich selbst an ei- nem **Tyrosylrest** zu glycosylieren. Insgesamt werden bis zu 8 Glucosereste autokatalytisch angefügt. Der Donor der Glycosylgruppe ist UDP-Glucose.

— An das glycosylierte Glycogenin lagert sich die **Gly- cogensynthase** an und beginnt mit der Anheftung weiterer Glucosereste wie oben beschrieben.

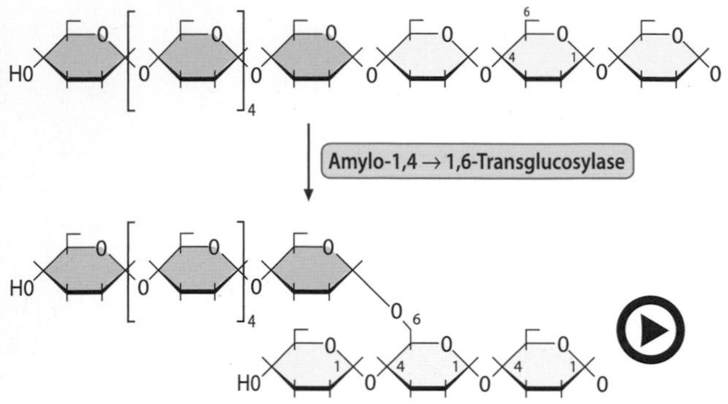

Abb. 14.9 (Video 14.7) **Biosynthese der Verzweigungsstellen in Glycogenmolekülen durch die Amylo-1,4→1,6-Transglucosylase.** Zur Vereinfachung wurden die Hydroxylgruppen weggelassen. (Einzelheiten s. Text) (▶ https://doi.org/10.1007/000-5fj)

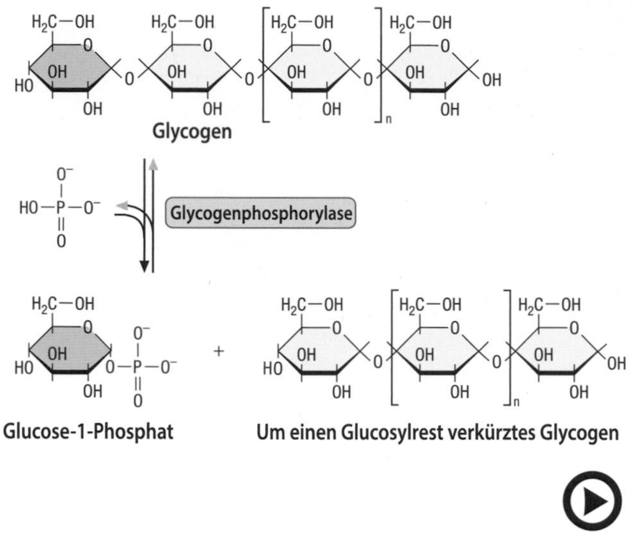

Abb. 14.10 (Video 14.8) **Phosphorolytische Spaltung des Glycogens zu Glucose-1-Phosphat unter Katalyse der Glycogenphosphorylase** (▶ https://doi.org/10.1007/000-5fk)

— Die anderen Enzyme der Glycogensynthese vervollständigen dann das Glycogenmolekül.

14.2.2 Glycogenolyse

Der Abbau des Glycogens (**Glycogenolyse**) erfolgt nicht durch hydrolytische, sondern durch phosphorolytische Abspaltung der einzelnen Glucosereste:

— Das erste Produkt des Glycogenabbaus ist **Glucose-1-Phosphat**. Es entsteht durch Spaltung der 1,4-glycosidischen Bindungen im Glycogen unter Einbau von anorganischem Phosphat. Diese Reaktion ist also nicht an die Hydrolyse von ATP gekoppelt. Das hierfür verantwortliche Enzym ist die **Phosphorylase** (eigentlich **Glycogenphosphorylase**) (Abb. 14.10). Dieses Enzym ist für den Glycogenabbau (Glycogenolyse) geschwindigkeitsbestimmend.

— Die aus zwei identischen Untereinheiten bestehende Glycogenphosphorylase trägt an jeder Untereinheit ein covalent gebundenes **Pyridoxalphosphat** (▶ Abschn. 59.5). Anders als bei den Enzymen des Aminosäurestoffwechsels ist es nicht die Aldehyd-, sondern die Phosphatgruppe des Pyridoxalphosphats, die in die Katalyse eingeschaltet wird. Wie in Abb. 14.11 dargestellt, wird zunächst die terminale α-1,4-Bindung gespalten, wobei eine neue 4-OH-Gruppe am verbleibenden Glycogen entsteht. Das hierfür notwendige Proton stammt von anorganischem Phosphat (*grün*), das hierzu ein Proton vom Pyridoxalphosphat (*rot*) übernimmt. Das ursprünglich terminale Glucosemolekül liegt intermediär als Carbeniumion vor, das mit dem anorganischen Phosphat unter Bildung von Glucose-1-Phosphat reagiert, wobei ein Proton an das Pyridoxalphosphat zurückgegeben wird. Dieses

dient also bei der Phosphorylase-Reaktion als Säure-Basen-Katalysator.

— Die Phosphorylase baut die äußeren Ketten des Glycogenmoleküls bis etwa vier Glucose-Einheiten vor der nächsten 1,6-glycosidischen Verzweigungsstelle ab.

— Fortgesetzt wird der Glycogenabbau (Abb. 14.12) durch das *debranching enzyme* („Entzweigungsenzym"). Dieses verfügt über eine **α(1,4)-Glucantransferase-Aktivität**, welche von den verbliebenen vier Glucose-Einheiten eine Trisaccharid-Einheit auf eine Nachbar-Kette überträgt, wobei die Verzweigungspunkte freigelegt werden. Die Spaltung der 1,6-glycosidischen Bindung erfolgt hydrolytisch durch die **Amylo-1,6-Glucosidase-Aktivität** des *debranching enzyme*. Nur die 1,6-glycosidischen Bindungen werden somit hydrolytisch gespalten, was im Gegensatz zur phosphorolytischen Spaltung der 1,4-glycosidischen Bindungen durch die Phosphorylase nicht zur Bildung von Glucose-1-Phosphat sondern zu **freier Glucose** führt. Durch die gemeinsame Wirkung des *debranching enzyme* und der Phosphorylase wird Glycogen also zu **Glucose-1-Phosphat** und **Glucose** abgebaut.

Wegen der Reversibilität der Phosphoglucomutase-Reaktion wird Glucose-1-Phosphat leicht in Glucose-6-Phosphat umgewandelt. Zur Glucosefreisetzung muss Glucose-6-Phosphat unter Katalyse der Glucose-6-Phosphatase zu Glucose und P_i gespalten werden. Dieses Enzym ist in hohen Aktivitäten in Leber und Nieren, nicht aber in der Muskulatur vorhanden. Deshalb dient das Muskelgykogen nicht zur Aufrechterhaltung der Blutglucosekonzentration.

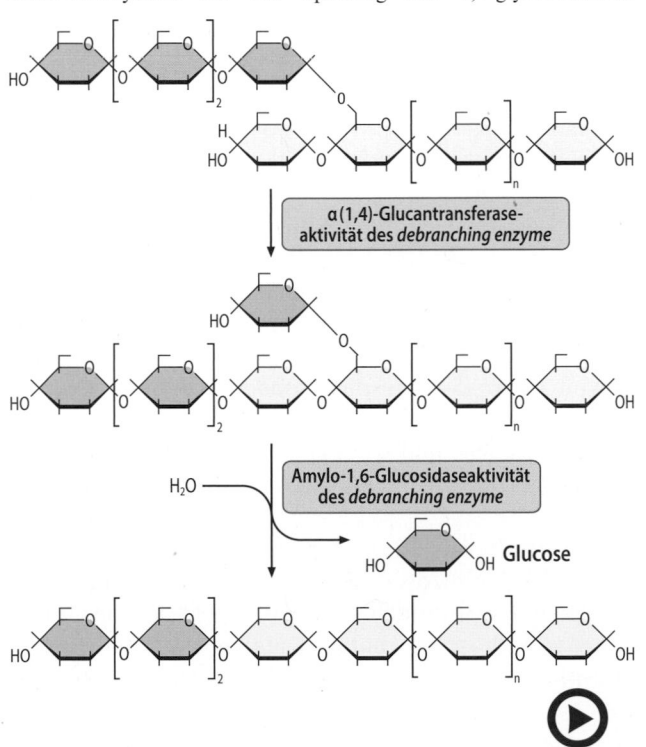

◼ Abb. 14.11 (Video 14.9) **Katalysemechanismus der Glycogenphosphorylase.** Über einen Lysinrest (Lys) covalent an die Phosphorylase gebundenes Pyridoxalphosphat (PALP) wirkt als Säure-Basen-Katalysator bei der Spaltung der 1,4-glycosidischen Bindung im Glycogen mit anorganischem Phosphat (*grün* eingefärbt) unter Bildung von Glucose-1-Phosphat. (Einzelheiten s. Text) (▶ https://doi.org/10.1007/000-5fm)

◼ Abb. 14.12 (Video 14.10) **Abbau der Verzweigungsstellen im Glycogenmolekül durch die α(1,4)-Glucantransferase-Aktivität und die Amylo-1,6-Glucosidase-Aktivität des *debranching enzyme*.** Zur Vereinfachung sind die Hydroxylgruppen weggelassen. (Einzelheiten s. Text) (▶ https://doi.org/10.1007/000-5fn)

Zusammenfassung

Glycogen ist das wichtigste Speicherkohlenhydrat tierischer Gewebe. Es kommt in unterschiedlichen Konzentrationen in allen Zelltypen außer den Erythrocyten vor. Mengenmäßig am bedeutendsten sind die Glycogenvorräte in Leber (Gesamtmenge ca. 150 g) und Skelettmuskulatur (Gesamtmenge ca. 250 g).

Glycogen wird aus Glucose synthetisiert. Hierzu ist die Aktivierung von Glucose zu UDP-Glucose notwendig. Die Glycogensynthase knüpft Glucoseeinheiten in α-1,4-Bindung an bereits bestehendes Glycogen an oder an das Glycoprotein Glycogenin. Das *branching enzyme* führt die α-1,6-Verzweigungen im Glycogenmolekül ein.

Für den Glycogenabbau ist die Phosphorylase verantwortlich, die eine phosphorolytische Spaltung der α-1,4-glycosidischen Bindungen im Glycogen unter Bildung von Glucose-1-Phosphat ermöglicht. Für die Entfernung von Verzweigungsstellen ist das *debranching enzyme* notwendig. Glucose-1-Phosphat kann zu Glucose-6-Phosphat und – in Leber und Nieren – in Glucose umgewandelt und so an das Blut abgegeben werden.

14.3 Die Gluconeogenese – endogene Glucoseproduktion

Die Glucosebiosynthese aus Nicht-Kohlenhydratvorstufen wird als Gluconeogenese bezeichnet.

Die **Gluconeogenese** stellt die Versorgung des Organismus mit Glucose dann sicher, wenn diese nicht mit der Nahrung aufgenommen wird. Dies ist von besonderer Bedeutung für die **Erythrocyten** (▶ Abschn. 68.2.4) und das **Nierenmark** (▶ Abschn. 65.2), die Glucose als einzige Energiequelle benutzen. Auch das **Nervensystem** ist auf die Verwertung von Glucose angewiesen. Erst nach mehrtägigem Fasten erlangt es die Fähigkeit, einen Teil seines Energiebedarfs durch die Oxidation von Ketonkörpern abzudecken (▶ Abschn. 74.4). Bei Säugern und damit beim Menschen ist die enzymatische Ausstattung zur vollständigen Synthese von freier Glucose nur in Leber, Nieren und der intestinalen Mucosa vorhanden.

Substrate der Gluconeogenese sind:

- das v. a. von Erythrocyten und der arbeitenden Skelettmuskulatur produzierte Lactat,
- die verschiedenen glucogenen Aminosäuren, die v. a. in der Muskulatur durch Proteolyse entstehen (▶ Abschn. 38.1.3),
- das durch das Fettgewebe freigesetzte Glycerin (▶ Abschn. 38.1.3).

Drei Schlüsselreaktionen unterscheiden Gluconeogenese und Glycolyse.

Die Reaktionen der Gluconeogenese sind überwiegend eine Umkehr der Glycolyse. Allerdings müssen die drei aus thermodynamischen Gründen irreversiblen Reaktionen der **Glucokinase** (Hexokinase), der **Phosphofructokinase** und der **Pyruvatkinase**, umgangen werden (◘ Abb. 14.13). Das $\Delta G^{0\prime}$ aller drei Reaktionen der Glycolyse ist so negativ, dass ein nennenswerter Substratdurchsatz bei den in der Zelle vorkommenden Metabolitkonzentrationen in umgekehrter Richtung unmöglich ist.

Umgehung der Pyruvatkinase Betrachtet man die Gluconeogenese aus Lactat oder Alanin, so ist nach Umwandlung dieser Verbindungen in Pyruvat die erste für die Gluconeogenese typische Reaktionssequenz die Bildung von **Phosphoenolpyruvat** (◘ Abb. 14.14):

- Durch das **mitochondriale** Enzym **Pyruvatcarboxylase** wird Pyruvat zu **Oxalacetat** carboxyliert. Die Pyruvatcarboxylase gehört in die Gruppe der **Biotin- und ATP-abhängigen** Carboxylasen (▶ Abschn. 59.7). Zur anaplerotischen Funktion der Pyruvatcarboxylase s. ▶ Abschn. 18.4.
- Durch die **Phosphoenolpyruvat-Carboxykinase** (PEPCK, PEP-Carboxykinase) wird das durch die Pyruvatcarboxylase gebildete Oxalacetat decarboxyliert und gleichzeitig phosphoryliert. Die Triebkraft für die Bildung des Phosphoenolpyruvats liegt in der Decarboxylierung des Oxalacetats, wobei gleichzeitig die Einführung einer energiereichen Enolphosphatbindung durch Verbrauch von GTP möglich ist.

Die an der Umgehung der Pyruvatkinase beteiligten Enzyme sind auf das mitochondriale bzw. cytosolische Kompartiment verteilt:

- Die Pyruvatcarboxylase ist ein Enzym der mitochondrialen Matrix. Das von ihr produzierte Oxalacetat ist also mitochondrial lokalisiert (◘ Abb. 14.15A).
- Von der Phosphoenolpyruvat-Carboxykinase existieren zwei Isoenzyme, die mitochondriale $PEPCK_{mt}$ und die cytosolische $PEPCK_{cyt}$. Das cytosolische Isoenzym wird reguliert, z. B. durch cAMP bzw. Insulin (▶ Abschn. 15.3.1), und macht in Leber und Niere etwa 95 % der gesamten PEPCK-Aktivität aus. Aufgrund dieser Tatsachen ist davon auszugehen, dass für die Gluconeogenese hauptsächlich die cytosolische PEPCK verantwortlich ist.
- Das von der Pyruvatcarboxylase produzierte Oxalacetat kann mangels eines entsprechenden Transportsystems in der mitochondrialen Innenmembran nicht direkt ins Cytosol gelangen. Wie in ◘ Abb. 14.15C beschrieben, wird es intramitochondrial zu Malat reduziert (mitochondriale Malatdehydrogenase) und dieses durch entsprechende Carrier in das Cytosol exportiert. Anschließend erfolgt eine Oxidation des Malats durch die cytosolische Malatdehydrogenase. Das dabei entstehende Oxalacetat ist Substrat der cytosolischen PEPCK. Dieser Mechanismus geht mit dem Transfer von Elektronen von mitochondrialem NADH auf NAD^+ im Cytosol einher. Auf diese Weise wird der NADH-Bedarf der Gluconeogenese gedeckt.
- Das durch die mitochondriale PEPCK erzeugte Phosphoenolpyruvat kann durch entsprechende Transporter (◘ Abb. 14.15B) aus den Mitochondrien ausgeschleust und so direkt der Gluconeogenese zugeführt werden. Es ist allerdings noch unklar, welche Bedeutung dieser Weg hat.

Umgehung der Phosphofructokinase 1 Die Umwandlung von Fructose-1,6-Bisphosphat zu Fructose-6-Phosphat erfolgt durch eine **Fructose-1,6-Bisphosphatase**. Das Enzym kommt v. a. in der Leber und in den Nieren vor.

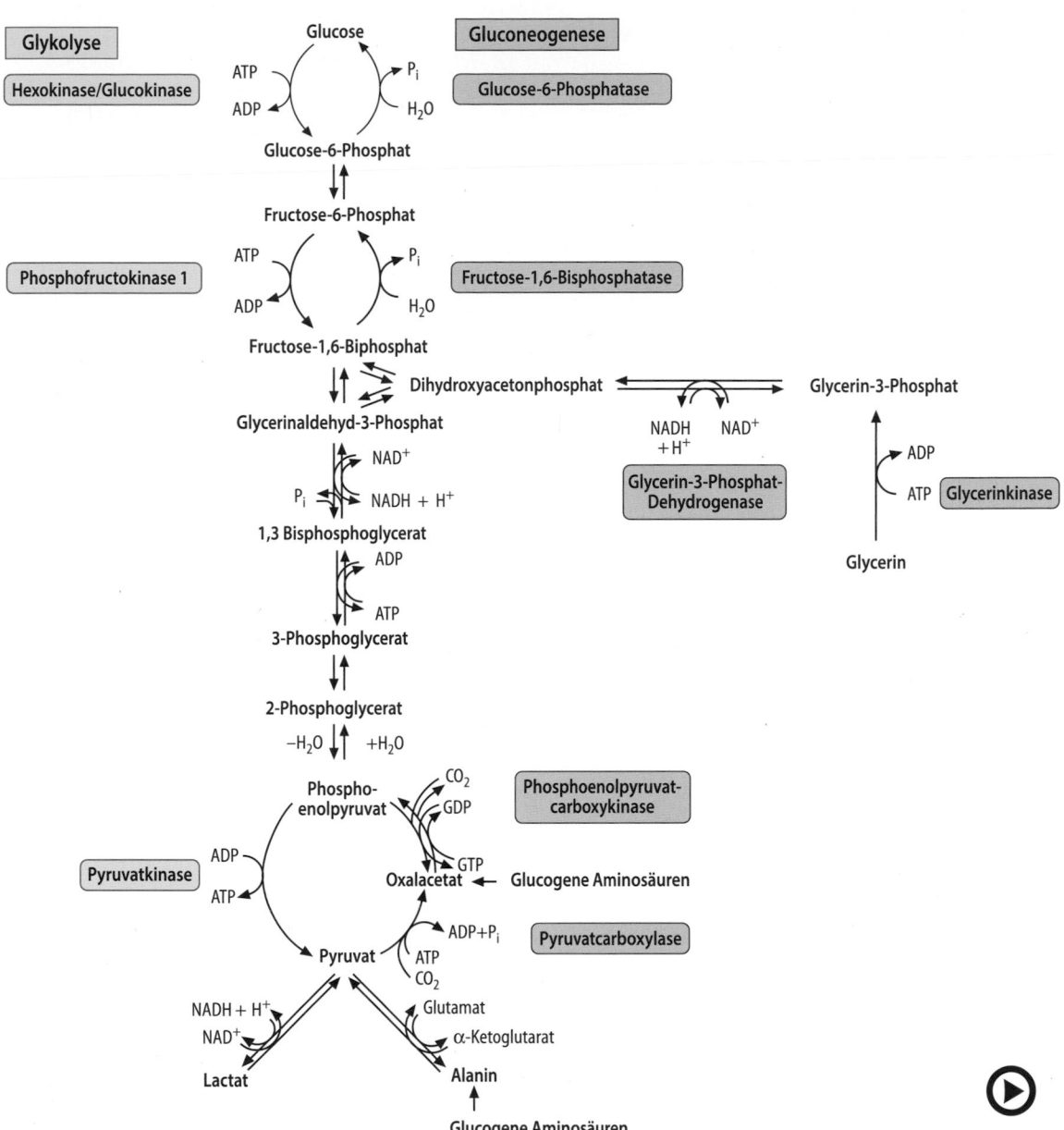

Abb. 14.13 (Video 14.11) **Einzelreaktionen von Glycolyse und Gluconeogenese.** Die Reaktionsfolge der Gluconeogenese ist *violett* dargestellt. Sie unterscheidet sich durch vier enzymkatalysierte Schritte von der Glycolyse. Nur Leber, Niere und die intestinale Mu- cosa verfügen über diese vier Enzyme und sind deswegen zur Gluco- neogenese imstande. Neben Lactat sind glucogene Aminosäuren und Glycerin Substrate der Gluconeogenese. (Einzelheiten s. Text) (► https://doi.org/10.1007/000-5fp)

Umgehung der Glucokinase (Hexokinase) Die Glucose- bildung aus Glucose-6-Phosphat ist nur in Gegenwart ei- ner weiteren spezifischen Phosphatase, der **Gluco- se-6-Phosphatase**, möglich. Dieses Enzym kommt in hoher Aktivität in Leber und Nieren als den Hauptorga- nen der Gluconeogenese vor.

In der intestinalen Mucosa lassen sich in relativ ho- her Aktivität PEPCK, Fructose-1,6-Bisphosphatase und Glucose-6-Phosphatase nachweisen. Vor allem während

längeren Hungerns stammen etwa 20 % der Glucosepro- duktion aus der Mucosa. In der quergestreiften Musku- latur und im Fettgewebe sind die Enzyme der Gluconeo- genese nur in geringsten Konzentrationen nachweisbar.

Die Gluconeogenese aus Pyruvat benötigt beträcht- liche Energiemengen. Vom Pyruvat bis auf die Stufe der Triosephosphate werden 3 mol ATP pro mol Triosephos- phat, also 6 mol ATP pro mol Glucose verbraucht. Da- von werden je eines für die Bildung von Oxalacetat aus

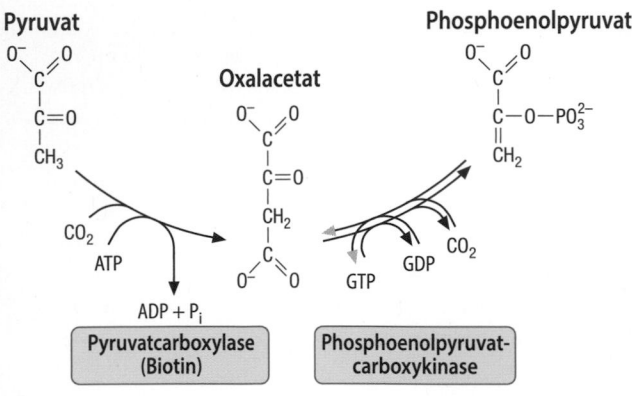

Abb. 14.14 Biotinabhängige Carboxylierung von Pyruvat zu Oxalacetat und Decarboxylierung und Phosphorylierung von Oxalacetat zu Phosphoenolpyruvat

Pyruvat, von Phosphoenolpyruvat aus Oxalacetat (GTP ist energetisch gesehen äquivalent zu ATP) und von 1,3-Bisphosphoglycerat aus 3-Phosphoglycerat benötigt.

> Die Gluconeogenese hat enge Beziehungen zum Lipid- und Aminosäurestoffwechsel.

Während der **Lipolyse** gibt das Fettgewebe nicht nur Fettsäuren, sondern auch Glycerin in beträchtlichen Mengen ab (▶ Abschn. 38.1.3) Glycerin wird besonders in der Leber und den Nieren in den Stoffwechsel eingeschleust. Diese Gewebe verfügen über das hierzu notwendige Enzym **Glycerinkinase**, welches Glycerin zu **Glycerin-3-Phosphat** phosphoryliert. Glycerin-3-Phosphat wird durch die **Glycerin-3-Phosphat-Dehydrogenase** in

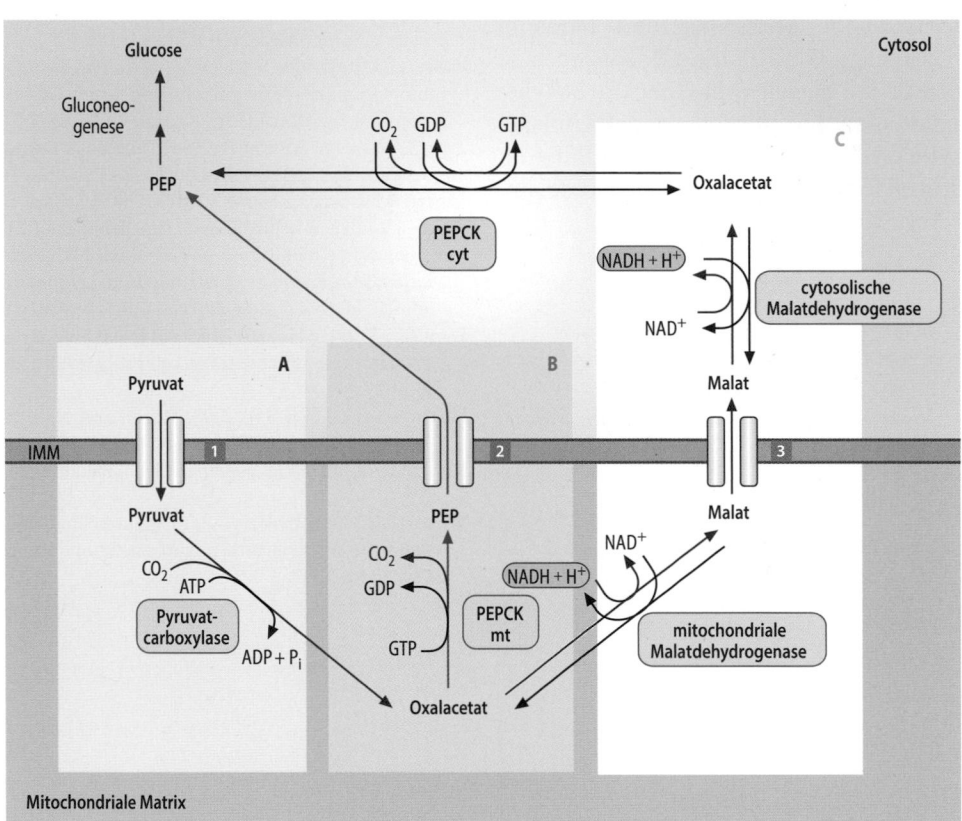

Abb. 14.15 **Verteilung der Reaktionen zur Bildung von Phosphoenolpyruvat aus Pyruvat auf das mitochondriale und cytoplasmatische Kompartiment.** Für die Ausschleusung des mitochondrial aus Pyruvat erzeugten Oxalacetats (**A**) bestehen zwei Möglichkeiten. Entweder wird Oxalacetat intramitochondrial in PEP umgewandelt, das durch die innere Mitochondrienmembran transportiert wird (**B**). Hauptsächlich aber erfolgt eine mitochondriale Reduktion von Oxalacetat zu Malat, dessen Export ins Cytosol, die anschließende Re-Oxidation zu Oxalacetat und die Umwandlung zu cytosolischem PEP (**C**). Hierbei werden gleichzeitig Elektronen von mitochondrialem NADH auf cytosolisches NAD^+ übertragen. *PEP:* Phosphoenolpyruvat; *PEPCK$_{cyt}$:* cytosolische Phosphoenolpyruvat-Carboxykinase; *PEPCK$_{mt}$:* mitochondriale Phosphoenolpyruvat-Carboxykinase; (1) = Pyruvat-Carrier; die unter (2) bzw. (3) dargestellten Carrier sind mitochondriale Austausch-Carrier (□ Tab. 19.1). *IMM*: innere Mitochondrienmembran. (Einzelheiten s. Text)

Dihydroxyaceton-Phosphat umgewandelt und der Gluconeogenese zugeführt (◨ Abb. 14.13).

Auch in den Mucosazellen des Intestinaltrakts lässt sich eine beträchtliche Glycerinkinaseaktivität nachweisen. Das dabei gebildete Glycerin-3-Phosphat wird allerdings nicht für die Gluconeogenese, sondern für die Synthese von Triacylglycerinen verwendet.

Mengenmäßig noch bedeutender für die Gluconeogenese sind die **glucogenen Aminosäuren**. Sie werden durch Proteolyse in jedem Gewebe, besonders aber in der Skelettmuskulatur, freigesetzt. Nach Transaminierung (▶ Abschn. 26.3.1) liefern sie entweder **Pyruvat** oder **Zwischenprodukte** des Citratzyklus mit vier oder mehr C-Atomen.

Auch **Propionat** kann zur Gluconeogenese beitragen. Es wird als Propionyl-CoA beim Abbau ungeradzahliger Fettsäuren (▶ Abschn. 21.2.1) und der Aminosäuren Valin, Isoleucin, Methionen und Threonin (◨ Abb. 27.21) gebildet. Die für die Gluconeogenese notwendigen Reaktionen bestehen in einer Carboxylierung von Propionyl-CoA mit anschließender Umlagerung zu **Succinyl-CoA**, welches nach Umwandlung im Citratzyklus zu Oxalacetat in die Gluconeogenese eintreten kann (◨ Abb. 21.9).

Zusammenfassung

Die Gluconeogenese findet überwiegend in der Leber und den Nieren statt und dient der Neusynthese von Glucose aus Nicht-Kohlenhydratvorstufen. Hierfür kommen infrage
- Lactat,
- Glycerin,
- glucogene Aminosäuren.

Die Einzelreaktionen der Gluconeogenese sind im Wesentlichen eine Umkehr der Glycolyse. Allerdings müssen aus energetischen Gründen folgende Reaktionen umgangen werden
- die Pyruvatkinase durch Pyruvatcarboxylase und Phosphoenolpyruvat-Carboxykinase,
- die Phosphofructokinase 1 durch die Fructose-1,6-Bisphosphatase,
- die Glucokinase (Hexokinase) durch die Glucose-6-Phosphatase.

Weiterführende Literatur

Au SWN, Gover S, Lam VHS, Adams MJ (2000) Human glucose-6-phosphate dehydrogenase: the crystal structure reveals a structural NADP$^+$ molecule and provides insights into enzyme deficiency. Structure 8:293–303

Calvert SJ, Reynolds S, Paley MN, Walters SJ, Pacey AA (2018) Probing human sperm metabolism using ^{13}C-magnetic resonance spectroscopy. Mol Hum Reprod 25:30–41

John S, Weiss JN, Ribalet B (2011) Subcellular localization of hexokinases I and II directs the metabolic fate of glucose. PLoS ONE 6:e17674

Liberti MV, Locasale JW (2016) The Warburg effect: how does it benefit cancer cells? Trends Biochem Sci 41:211–218

Livanova NB, Chebotareva NA, Eronina TB, Kurganov BI (2002) Pyridoxal-5-phosphate as a catalytic and conformational cofactor of muscle glycogen phosphorylase. Biochemistry 67:1317–1327

Lunt SY, Vander Heiden MG (2011) Aerobic glycolysis: meeting the metabolic requirements of cell proliferation. Annu Rev Cell Dev Biol 27:441–464

Pastorino JG, Hoek JB (2008) Regulation of hexokinase binding to VDAC. J Bioenerg Biomembr 40:171–182

Roach PJ (2002) Glycogen and its metabolism. Curr Mol Med 2:101–120

Wilson JE (2003) Isoenzymes of mammalian Hexokinase: structure, subcellular localization and metabolic function. J Exp Biol 206:2049–2057

14

Mechanismen der Glucosehomöostase

Matthias Müller und Georg Löffler

Der in ▶ Kap. 14 beschriebene, weitverzweigte Stoffwechsel der Glucose unterliegt einer komplizierten Regulation. Diese setzt bereits auf der Stufe der Glucoseaufnahme in die Zellen ein. Die Konzentration an Glucose-6-Phosphat, als dem zentralen Ausgangspunkt des Glucosestoffwechsels, wird vielfältig kontrolliert. Die Regulation von Glycolyse und Gluconeogenese erfolgt hormonell wie allosterisch. Vor allem Proteinkinasen und Proteinphosphatasen koordinieren die Auffüllung und die Mobilisierung der zellulären Glycogenvorräte mit dem Energiebedarf von Zellen und Gewebe.

Schwerpunkte

15.1 Glucosetransport durch Membranen
- GLUT-Proteine
- Die zentrale Rolle von Glucose-6-Phosphat im Glucosestoffwechsel

15.2 Regulierte Leerung und Füllung der Glycogenspeicher
- Regulation von Glycogensynthase und Phosphorylase

15.3 Steuerung von Glucoseabbau und Glucoseproduktion
- Schlüsselenzyme von Glycolyse und Gluconeogenese
- Wirkungen von Glucagon, Katecholaminen und Insulin
- Fructose-2,6-Bisphosphat

15.1 Glucosetransport durch Membranen

15.1.1 Membranständige Glucosetransporter

Nahezu alle Zelltypen, von den einfachsten Bakterien bis hin zu den komplexesten Neuronen des menschlichen Zentralnervensystems, müssen Glucose mithilfe entsprechender Transportsysteme durch ihre Plasmamembranen transportieren. Beim Säuger und damit auch beim Menschen kommen zwei mechanistisch unterschiedliche Glucosetransportsysteme vor (▶ Abschn. 11.5):
- der sekundär aktive, natriumabhängige Glucosetransport an der luminalen Seite der Epithelien des Intestinaltrakts und der Nieren (▶ Abschn. 61.3.1 und 65.7),
- die Glucoseaufnahme durch erleichterte Diffusion in allen Zellen des Organismus.

Das Phänomen der **erleichterten Diffusion** von Glucose beruht auf der Funktion spezifischer als **Glucosetransporter** (**GLUT** = *glucose transporter*) dienender Carrier in der Plasmamembran, da freie Glucose die Lipiddoppelschicht der Membranen nicht passieren kann.

Beim Menschen sind **14 GLUT-Isoformen** identifiziert worden, die sich aufgrund von Sequenzhomologien drei Klassen zuordnen lassen. Sie werden gewebs- bzw. zellspezifisch exprimiert und zum Teil durch externe Stimuli reguliert.

Ergänzende Information Die elektronische Version dieses Kapitels enthält Zusatzmaterial, auf das über folgenden Link zugegriffen werden kann https://doi.org/10.1007/978-3-662-60266-9_15. Die Videos lassen sich durch Anklicken des DOI Links in der Legende einer entsprechenden Abbildung abspielen, oder indem Sie diesen Link mit der SN More Media App scannen.

P. C. Heinrich et al. (Hrsg.), *Löffler/Petrides Biochemie und Pathobiochemie*, https://doi.org/10.1007/978-3-662-60266-9_15

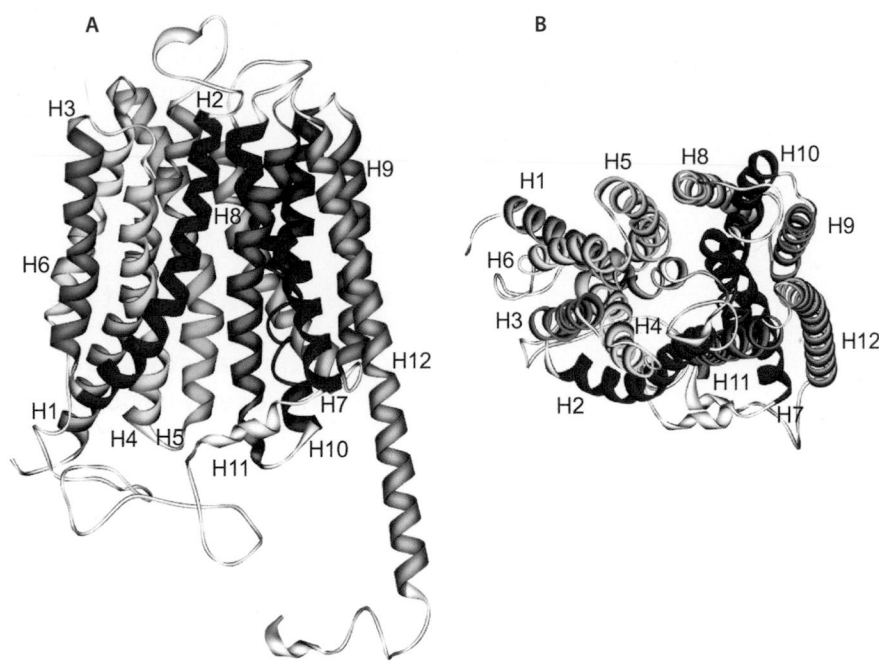

◼ **Abb. 15.1 Membrantopologie von Glucosetransportern am Beispiel des GLUT1. A** Rekonstruktion der räumlichen Beziehungen der 12 Transmembranhelices zueinander in der Seitenansicht. **B** Aufsicht auf die Struktur der 12 Transmembranhelices von der Außenseite der Membran. *H1–H12:* Helix 1–Helix 12. (Mit freundlicher Genehmigung von K. Kaßler)

Alle GLUT-Proteine sind mit insgesamt 12 hydrophoben Transmembrandomänen (▶ Abschn. 11.4) in der Plasmamembran verankert: ◼ Abb. 15.1A, B zeigen ein Modell der Raumstruktur von Glucosetransportern am Beispiel von GLUT1. Die 12 Transmembranhelices H1–H12 sind in zwei Domänen angeordnet, einer N-terminalen (H1–H6) und einer C-terminalen (H7–H12) Domäne, die zwischen sich die Substratbindestelle etwa im Zentrum der Membran ausbilden. Diese ist immer nur von einer Seite der Membran zugänglich. Nach Bindung von Substrat ändern die beiden Domänen ihre Konformation zueinander, wodurch der ursprüngliche Zugang zur Bindestelle verschlossen und ein neuer zur anderen Seite der Membran geöffnet wird, wo das Substratmolekül abdiffundieren kann. Danach kehren die beiden Domänen des GLUT-Proteins wieder in ihre ursprüngliche Konformation zurück, in der das nächste Molekül Glucose binden kann.

Strukturell und funktionell am besten charakterisiert sind die Glucosetransporter der Klasse I. Es handelt sich um GLUT1, 2, 3, 4 und 14.

- **GLUT1** ist am weitesten verbreitet. Er kommt besonders in fetalen, aber auch in vielen adulten Säugerzellen vor, häufig zusammen mit anderen GLUT-Isoformen. Eine hohe Expression von GLUT1 findet sich in den **Erythrocyten** und den Kapillarendothelien der **Blut-Hirn-Schranke** (▶ Abschn. 74.3.2). Beim Menschen ist GLUT1 (neben GLUT2) auch an der Glucoseaufnahme in die **β-Zellen der Langerhans-Inseln** des Pankreas beteiligt (▶ Abschn. 36.3).

- **GLUT2** kommt in Zellen vor, die hohen Glucosekonzentrationen ausgesetzt sind. Dies trifft auf die Glucose-resorbierenden Epithelien von **Intestinaltrakt** und **proximalen Nierentubuli** zu, in denen GLUT2 die in z. T. beträchtlichem Umfang resorbierte Glucose über die basolaterale Membran dem Blutkreislauf zuführt. Hohe Glucosekonzentrationen finden sich postprandial auch im Pfortaderblut, von wo sie über GLUT2 in die **Hepatocyten** gelangen. Umgekehrt kann die über Gluconeogenese in den Leberzellen gebildete Glucose über GLUT2 an den Kreislauf abgegeben werden. Charakteristisch für GLUT2 ist sein auffallend hoher K_M-Wert für Glucose (ca. 17 mmol/l). Damit kann dieser Transporter auch noch im hohen Glucosekonzentrationsbereich auf ein steigendes Glucoseangebot mit einer Zunahme der Transportrate reagieren. Auch die mit der Nahrung zugeführte **Fructose** wird offensichtlich über GLUT2 in die Hepatocyten aufgenommen.

- **GLUT3** findet sich bevorzugt in den **Neuronen** des Gehirns. Die Glucosekonzentration in der interstitiellen Flüssigkeit des Gehirns ist niedriger als im Serum, da Glucose zunächst mithilfe von GLUT1 durch die Blut-Hirn-Schranke transportiert werden muss (s. o.). Dies erklärt den vergleichsweise niedrigen K_M-Wert von GLUT3 für Glucose, der bei diesen

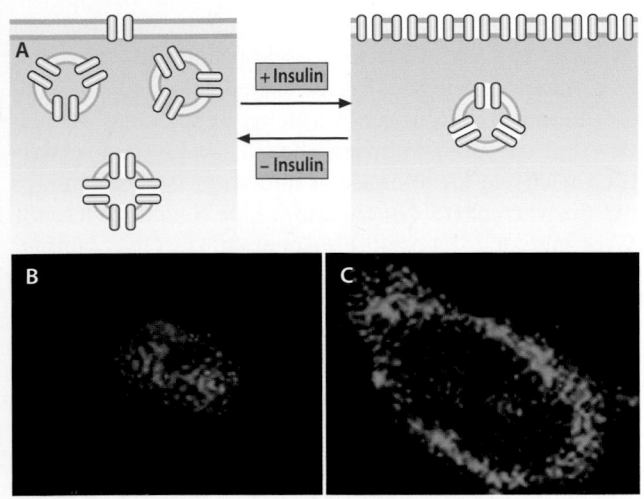

Abb. 15.2 Beeinflussung der Verteilung von GLUT4-Transportern zwischen Plasmamembran und intrazellulären Vesikeln durch Insulin. A Ohne Insulin liegen die Transporter bevorzugt in der Membran intrazellulärer Vesikel vor. Die Bindung von Insulin an seinen Rezeptor (▶ Abschn. 36.6) löst die Translokation der intrazellulären Vesikel in die Plasmamembran (PM) aus. **B** In Adipocyten wurde das GLUT4-Protein als Fusionsprotein mit GFP (*green fluorescent protein*) dargestellt (▶ Abschn. 54.4). In Abwesenheit von Insulin sind die meisten Transportermoleküle im Cytoplasma lokalisiert. **C** Nach Zugabe von Insulin zeigt sich, dass ein großer Teil der GLUT4-Transporter in die Plasmamembran verlagert wird

geringen Glucosekonzentrationen eine proportionale Glucoseaufnahme gewährleistet.

— **GLUT4** kommt ausschließlich in **Adipocyten, Skelettmuskel-** und **Herzmuskelzellen** vor. GLUT4 ist der **insulinabhängige Glucosetransporter**, über welchen Insulin die Glucoseaufnahme in extrahepatische Gewebe stimuliert. Die Bedeutung einer insulinabhängigen Glucoseaufnahme in die Skelettmuskulatur wird daran ersichtlich, dass im Nüchternzustand nur 20 %, bei erhöhten Insulinkonzentrationen jedoch 75–95 % des Glucoseumsatzes des Organismus auf die Skelettmuskulatur entfallen, in der die vermehrt aufgenommene Glucose nahezu vollständig in Glycogen umgewandelt wird. Der zellbiologische Mechanismus des Insulineffekts auf den Glucosetransport ist in ◼ Abb. 15.2A-C dargestellt. GLUT4-Transporter befinden sich sowohl in der **Plasmamembran** als auch in spezifischen, **vesikulären Kompartimenten** im Cytosol. Insulin bewirkt die **Fusion** der Vesikel mit der Plasmamembran und erhöht somit dort die Zahl der Glucosetransporter. Bei niedrigen Insulinkonzentrationen werden über clathrinabhängige **Endocytose** (▶ Abschn. 12.1.5) GLUT4-Moleküle aus der Plasmamembran entfernt. Die dabei ablaufenden Signaltransduktionsvorgänge sind in ▶ Abschn. 36.6 beschrieben. In Skelettmuskelzellen wird eine vermehrte Transloka-

tion von GLUT4 aus intrazellulären Vesikeln in die Plasmamembran nicht nur durch Insulin, sondern auch durch die **AMP-abhängige Proteinkinase** (**AMPK**; ▶ Abschn. 38.1.1) vermittelt. Auf diese Weise kann auch in Abwesenheit von Insulin durch den Anstieg des intrazellulären AMP-Spiegels der arbeitende Muskel mit Glucose versorgt werden. Umgekehrt kann so durch Muskelarbeit bei Patienten mit Typ-2-Diabetes mellitus (▶ Abschn. 36.7.2) trotz Insulinresistenz der Blutzuckerspiegel gesenkt werden.

— **GLUT14** hat strukturell große Ähnlichkeit mit GLUT3, wird jedoch ausschließlich in den Testes exprimiert.

— **GLUT1, GLUT2** und **GLUT3** transportieren neben Glucose auch andere Monosaccharide wie **Galactose, Mannose, Glucosamin** sowie Zuckerderivate wie die **Dehydroascorbinsäure** (oxidiertes Vitamin C) (▶ Abschn. 59.1.1).

Die GLUT-Transporter der Klassen II (GLUT5, 7, 9, 11) und III (GLUT6, 8, 10, 12, 13) werden in unterschiedlichem Umfang in den verschiedensten Geweben exprimiert. Ein Großteil von ihnen wurde erst über die Sequenzierung des menschlichen Genoms identifiziert und die Vorstellungen über ihre physiologische Funktion sind mit wenigen Ausnahmen noch weitgehend unklar.

— **GLUT5** und möglicherweise auch **GLUT11** sind **Fructosetransporter** und kommen in hoher Konzentration in den apikalen Membranen der **Enterocyten** und der Plasmamembran reifer **Spermien** vor. GLUT5 wird auch in den Zellen des proximalen Nierentubulus (▶ Abschn. 65.7) und in Adipocyten exprimiert.

— **GLUT9** ist ein **Urattransporter**, von dem zwei Splicevarianten auf die jeweils apikale und basolaterale Seite der Plasmamembran proximaler Nierentubulus-Zellen verteilt sind.

— **GLUT13** wird als **HMIT** (H⁺-*coupled myo-inositol transporter*) bezeichnet. Das von diesem Transporter v. a. im **ZNS** transportierte Inositol wird vermutlich in Form von Inositol-1,4,5-Trisphosphat (IP$_3$) und anderen Derivaten für die Regulation von Prozessen wie die Vesikelfusion benötigt.

15.1.2 Der Stoffwechselknotenpunkt Glucose-6-Phosphat

Mit Ausnahme der direkten Umwandlung von Glucose in Fructose über den Polyolweg (▶ Abschn. 14.1.1) ist Glucose-6-Phosphat Ausgangspunkt sämtlicher von Glucose ausgehender Stoffwechselwege.

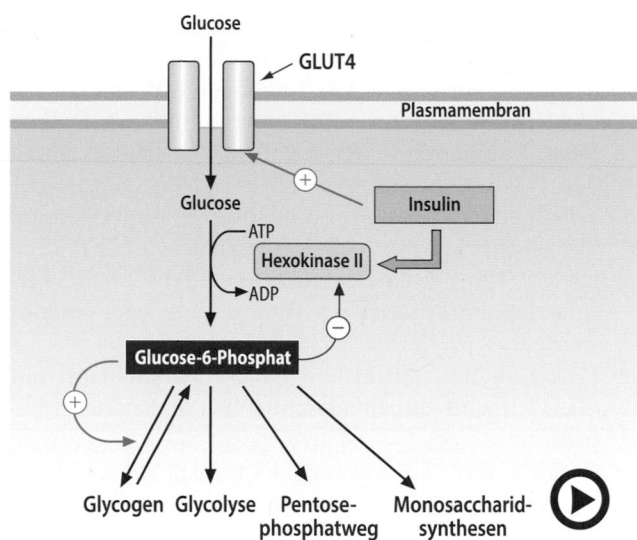

■ **Abb. 15.3** (Video 15.1) **Bildung und Verwertung von Glucose-6-Phosphat in extrahepatischen, insulinabhängigen Geweben (Muskel- und Fettgewebe);** *dicker grüner Pfeil:* Induktion; *dünne Pfeile:* Aktivierung *(grün)* bzw. Hemmung *(rot).* (Einzelheiten s. Text) (▶ https://doi.org/10.1007/000-5fv)

❯ In extrahepatischen, insulinabhängigen Geweben wird die Glucose-6-Phosphat-Konzentration durch die Hexokinase II reguliert.

■ Abb. 15.3 stellt die Bildung und Verwertung von Glucose-6-Phosphat in extrahepatischen, **insulinabhängigen Geweben** dar, also v. a. in der Skelettmuskulatur und dem Fettgewebe. Nach dem Transport von Glucose in die Zelle unter Katalyse des GLUT4-Transporters wird Glucose durch die **Hexokinase II** (▶ Abschn. 14.1.1) zu Glucose-6-Phosphat phosphoryliert. Dieses bildet den Startpunkt für die Biosynthese von Glycogen und einer Reihe von Monosacchariden, die für die Biosynthese komplexer Kohlenhydrate gebraucht werden (▶ Abschn. 16.1). Außerdem startet von Glucose-6-Phosphat der Abbau der Glucose über die Glycolyse bzw. den Pentosephosphatweg. Bei der Regulation des Glucose-6-Phosphat-Spiegels spielt Insulin eine wichtige Rolle:
— Insulin stimuliert die Glucoseaufnahme durch Translokation von GLUT4 in die Plasmamembran (▶ Abschn. 15.1.1).
— Insulin induziert die Hexokinase II.
Auch Glucose-6-Phosphat hat regulatorische Funktionen:
— Es ist ein Inhibitor der Hexokinase II.
— Es stimuliert die Glycogenbiosynthese (▶ Abschn. 15.2).

Diese Regulationsmechanismen kommen in Gang, sobald die extrazelluläre Glucosekonzentration ansteigt, z. B. nach einer kohlenhydratreichen Mahlzeit. Das unter diesen Bedingungen vermehrt freigesetzte Insulin (▶ Abschn. 36.3) induziert die für die Glucoseverwertung wichtige Hexokinase II und sorgt darüber hinaus für die vermehrte Glucoseaufnahme. Die aktivierende Wirkung von Glucose-6-Phosphat auf die Glycogenbiosynthese bewirkt, dass die aufgenommene Glucose zur Auffüllung der Glycogenvorräte benutzt wird. Eine Überschwemmung der Zelle mit Glucose-6-Phosphat wird durch die Hemmwirkung dieses Metaboliten auf die Hexokinase II verhindert (Feedback-Hemmung).

❯ Das Gleichgewicht zwischen Glucokinase und Glucose-6-Phosphatase ist für den Glucose-6-Phosphat-Spiegel der Hepatocyten entscheidend.

Prinzipiell sind die ersten Schritte des Glucosestoffwechsels in der **Leber** die gleichen wie in den oben dargestellten, insulinabhängigen extrahepatischen Geweben. Die Regulation der Glucose-6-Phosphat-Konzentration in den Hepatocyten ist jedoch wesentlich komplexer als in extrahepatischen Geweben. Das beruht v. a. auf der Existenz der Glucose-6-Phosphatase in der Leber. ■ Abb. 15.4 stellt die in der Leber vorliegenden Verhältnisse dar.
— Glucose wird proportional zur extrazellulären Konzentration durch den Transporter GLUT2 in die Hepatocyten transportiert (▶ Abschn. 15.1.1).
— Das für die Glucosephosphorylierung in den Hepatocyten verantwortliche Enzym ist die **Glucokinase** (Hexokinase IV). Bei niedrigen Glucosekonzentrationen bildet die Glucokinase einen Komplex mit einem als **Glucokinase-Regulatorprotein** (GKRP) bezeichneten Protein. Dieses bindet an die Glucokinase und wirkt wie ein kompetitiver Inhibitor, der Glucose verdrängt. Außerdem vermittelt GKRP die Translokation der Glucokinase in den Zellkern. Hohe intrazelluläre Glucosekonzentrationen verdrängen GKRP von der Glucokinase. Da die Glucokinase ein nucleäres Exportsignal (▶ Abschn. 12.1.2) trägt, gelangt sie ins Cytosol und steht zur Phosphorylierung von Glucose zur Verfügung.
— Insulin hat zwar keinen Einfluss auf die Aktivität des Glucosetransporters GLUT2, ist jedoch ein starker Induktor der Glucokinase (▶ Abschn. 15.3.1). Die Aktivität der **Fructokinase** (▶ Abschn. 14.1.1) wird im Gegensatz zu Glucokinase nicht durch Insulin induziert. Deshalb wird Fructose auch aus dem Blut diabetischer Patienten mit normaler Geschwindigkeit in die Leber aufgenommen.

15

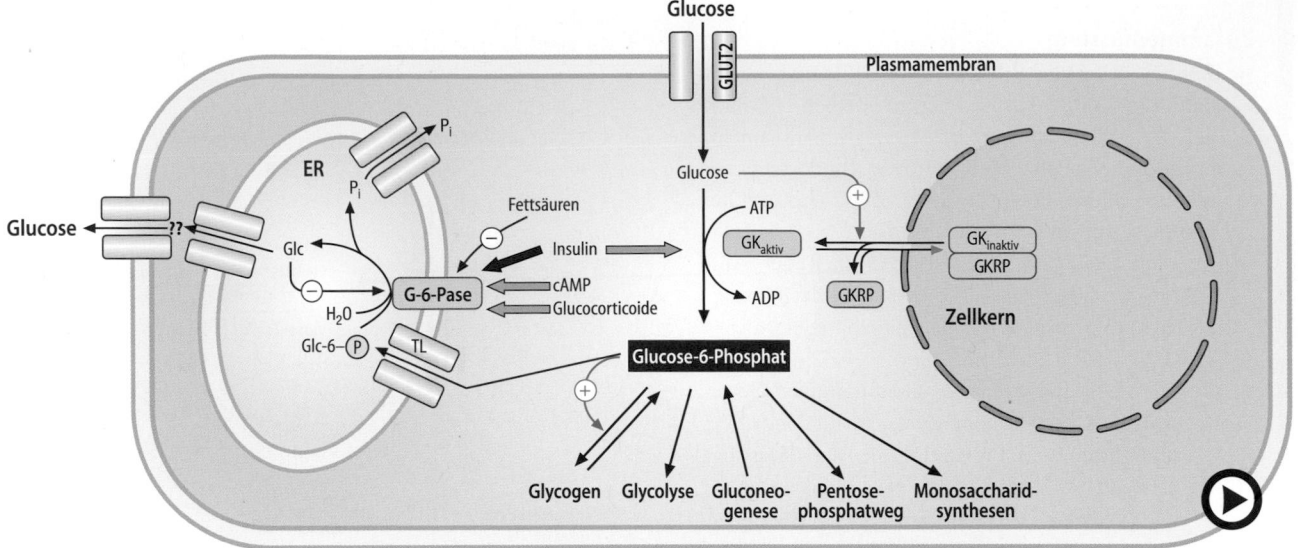

Abb. 15.4 (Video 15.2) **Bildung und Verwertung von Glucose-6-Phosphat in Hepatocyten.** *ER:* endoplasmatisches Retikulum; *G-6-Pase:* Glucose-6-Phosphatase; *GK:* Glucokinase; *GKRP:* Glucokinase-Regulatorprotein; *Glc:* Glucose; *Glc-6-P:* Glucose-6-Phosphat; *TL:* Glucose-6-Phosphat-Translokase; *??:* GLUT2 und andere Transporter; *dicke Pfeile:* Induktion (*grün*) bzw. Repression (*rot*); *dünne Pfeile*: Aktivierung (*grün*) bzw. Hemmung (*rot*). (Einzelheiten s. Text) (▶ https://doi.org/10.1007/000-5fr)

— Im Leber- und Nierengewebe, die zur Gluconeogenese befähigt sind, ist Glucose-6-Phosphat auch Zwischenprodukt der Gluconeogenese (▶ Abschn. 14.3). Durch die Glucose-6-Phosphatase wird Glucose-6-Phosphat in Glucose und anorganisches Phosphat gespalten und Glucose wird dann von den Zellen abgegeben.

— Die Glucose-6-Phosphatase ist ein Teil des im endoplasmatischen Retikulum lokalisierten **Glucose-6-Phosphatase-Systems**. Dieses besteht aus der eigentlichen Glucose-6-Phosphatase, einer Glucose-6-Phosphat-Translokase und noch nicht endgültig charakterisierten Transportern für Glucose und Phosphat. Die vom endoplasmatischen Retikulum abgegebene Glucose kann über GLUT2 aus den Hepatocyten transportiert werden, wobei es aber auch Hinweise auf die Existenz anderer Transportwege gibt. Insulin ist ein Repressor der Glucose-6-Phosphatase, cAMP und Glucocorticoide sind hingegen Induktoren.

— Ähnlich wie in den extrahepatischen Geweben ist auch in der Leber Glucose-6-Phosphat ein wichtiger Stimulator der Glycogenbiosynthese.

Charakteristisch für den Glucosestoffwechsel der Hepatocyten ist, dass sie die enzymatische Ausstattung sowohl für die Glycolyse als auch für die Gluconeogenese enthalten. Dennoch kommt es zu keinem Leerlaufzyklus, bei dem durch gleichzeitiges Ablaufen z. B.

der Reaktionen von Glucokinase und Glucose-6-Phosphatase kontinuierlich ATP zu ADP und P_i hydrolysiert würde. Glycolyse und Gluconeogenese werden in der Leber über folgende Mechanismen individuell reguliert:

— Bei **erhöhtem Glucoseangebot**, z. B. nach kohlenhydratreicher Nahrung, löst die durch den Glucosetransporter GLUT2 vermehrt aufgenommene Glucose eine Aktivierung der Glucokinase aus, da sie aus ihrem Komplex mit dem GKRP gelöst wird. Als Folge steigt die Glucose-6-Phosphat-Konzentration an, was zu einer Stimulierung der Glycogenbiosynthese führt. Eine weitere Folge des erhöhten Glucoseangebots ist ein Anstieg des Insulinspiegels. Hält dieser länger an, kommt es zu einer Induktion der Glucokinase und Repression der Glucose-6-Phosphatase (▶ Abschn. 15.3).

— Eine Steigerung der Gluconeogenese und Glycogenolyse ist immer dann notwendig, wenn die Glucosekonzentration in der extrazellulären Flüssigkeit absinkt, z. B. bei **Nahrungskarenz**. In diesem Fall ist die Insulinkonzentration niedrig, was zu einer Hemmung der Glucokinase-Expression und einer Derepression der Glucose-6-Phosphatase führt. Außerdem wird durch den Glucosetransporter GLUT2 wenig Glucose in die Hepatocyten transportiert, was eine Inaktivierung der Glucokinase durch Assoziation mit GKRP auslöst.

Zusammenfassung

- Für die erleichterte Diffusion sind Transportproteine der GLUT-Familie verantwortlich. Es handelt sich um Membranproteine mit 12 Transmembrandomänen, die eine zentrale Bindestelle für Glucose bilden. Nach Bindung von Glucose öffnet sich diese zur anderen Membranseite.
- In allen Geweben wird Glucose nach der Aufnahme durch Enzyme aus der Familie der Hexokinasen zu Glucose-6-Phosphat phosphoryliert.
- Von besonderer Bedeutung sind:
    - Die Hexokinase II in insulinabhängigen Geweben. Das Enzym wird durch Insulin induziert und durch sein Produkt Glucose-6-Phosphat gehemmt.
    - Die Glucokinase (Hexokinase IV) in der Leber. Sie wird ebenfalls durch Insulin induziert. Bei niedrigen Glucosekonzentrationen assoziiert die Glucokinase mit einem spezifischen Bindungsprotein und wird dadurch inaktiviert. Erhöhung der zellulären Glucosekonzentration führt zur Lösung dieser Bindung und zur Aktivierung der Glucokinase.
- In der Leber wird Glucose-6-Phosphat außer durch die Glucokinase auch im Verlauf der Gluconeogenese gebildet und dann mit der Glucose-6-Phosphatase im endoplasmatischen Retikulum gespalten und als Glucose freigesetzt. Die Glucose-6-Phosphatase wird durch Insulin reprimiert und durch cAMP und Glucocorticoide induziert.

15.2 Regulierte Leerung und Füllung der Glycogenspeicher

Die genaue Regulation von Glycogenbiosynthese und -abbau ist für den Energiestoffwechsel des Organismus von ausschlaggebender Bedeutung.

Für den Organismus ist der Glycogenstoffwechsel besonders wichtig:
- Glycogen stellt für die meisten Zellen einen Energiespeicher dar, aus dem in wenigen Schritten Glucose mobilisiert und selbst bei Hypoxie bzw. Anoxie in die anaerobe Glykolyse eingeschleust werden kann.
- Aus dem Glycogen der Leber kann Glucose zur Aufrechterhaltung der Blutglucosekonzentration während kürzerer (bis zu ca. 24 h) Fastenperioden entnommen werden, was vor allem für die Aufrechterhaltung der Funktion des Zentralnervensystems von ausschlaggebender Bedeutung ist.

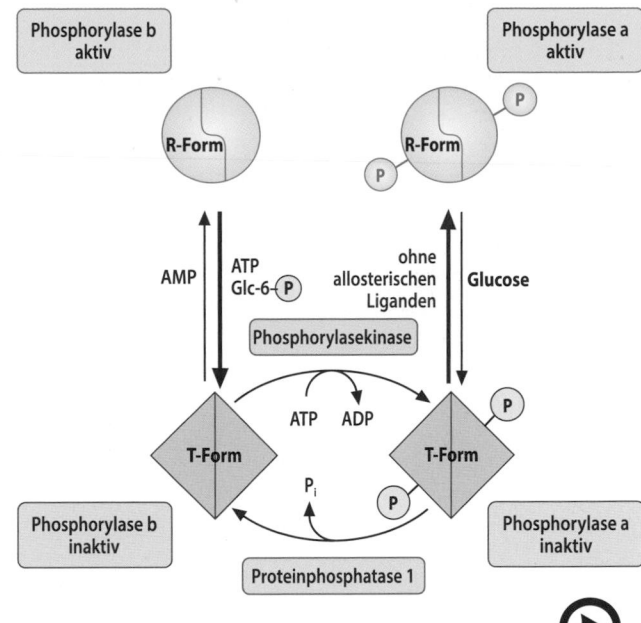

◘ Abb. 15.5 (Video 15.3) **Regulation der Glycogenphosphorylase durch allosterische Liganden und covalente Modifikation.** Die R- und T-Formen der Phosphorylase sind als Dimere dargestellt. In den R-Formen sind die aktiven Zentren leichter zugänglich als in den T-Formen. (Einzelheiten s. Text) (▶ https://doi.org/10.1007/000-5fs)

- Bei maximaler Arbeitsbelastung deckt die Skelettmuskulatur einen Großteil ihres Energiebedarfs aus dem Abbau von muskulärem Glycogen.

Der Glycogenstoffwechsel unterliegt einer sehr genauen Regulation. Diese gewährleistet bei gesteigertem Energiebedarf und bei Kohlenhydratmangel die rasche Freisetzung von Glucose-6-Phosphat bzw. Glucose aus Glycogen und die schnelle Wiederauffüllung der Glycogenspeicher, sobald Nahrungskohlenhydrate zur Verfügung stehen.

Das geschwindigkeitsbestimmende Enzym der Glycogenolyse ist die Phosphorylase, die durch allosterische Effektoren und durch covalente Modifikation reguliert wird.

Die **Phosphorylase** wird sowohl **allosterisch** als auch durch **covalente Modifikation** reguliert.

Wie in ◘ Abb. 15.5 dargestellt, kann die Phosphorylase durch **allosterische Effektoren** aus einer weniger aktiven **T-Form** (T für *tense*) in eine aktivere **R-Form** (R für *relaxed*) überführt werden, bei der die beiden aktiven Zentren des dimeren Enzyms besser zugänglich sind. Zusätzlich kann die T-Form der beiden Untereinheiten der Phosphorylase an den Serylresten 14 durch die Phosphorylasekinase (s. u.) phosphoryliert werden. Hierdurch kommt es ohne allosterische Effektoren

zum Übergang in die aktive R-Form. Diese covalente Modifikation ist die Grundlage der hormonellen Regulation der Phosphorylase. Die phosphorylierten Enzymformen werden als **Phosphorylase a** bezeichnet und die dephosphorylierten Formen entsprechend als **Phosphorylase b**. Für die Phosphorylase b liegt das Gleichgewicht ganz auf Seiten der T-Form, bei der Phosphorylase a auf Seiten der R-Form (◐ Abb. 15.5). Deswegen ist in Muskel und Leber die T-Form der Phosphorylase b die überwiegend inaktive, und die R-Form der Phosphorylase a die überwiegend aktive Form des Enzyms.

Im **Muskel** wirkt das unter Arbeit akkumulierende **AMP** als allosterischer Aktivator, der die inaktive T-Form der Phosphorylase b in die enzymatisch aktivere R-Form überführt. Damit setzt der Glycogenabbau ein, der über eine Steigerung der Glycolyse zu einer vermehrten ATP-Bildung führt. Diese Regulation ist von besonderer Bedeutung bei Hypoxie oder Anoxie (z. B. Myokardinfarkt; s. „Übrigens: Myokardinfarkt").

Umgekehrt zeigen hohe Spiegel an **ATP** und **Glucose-6-Phosphat** eine ausreichende Energieversorgung an und wirken als allosterische Inhibitoren, die die inaktive T-Form der Phosphorylase b stabilisieren.

Die Phosphorylase a der **Leber** wird durch **Glucose** als allosterischem Liganden inaktiviert (◐ Abb. 15.5). Dieser Mechanismus wirkt bei hohen Glucosekonzentrationen, z. B. nach kohlenhydratreichen Mahlzeiten, dem Glycogenabbau entgegen.

Die **hormonelle Regulation** der Glycogenphosphorylase ist in ◐ Abb. 15.6 zusammengefasst:

- Für die Phosphorylierung der Phosphorylase b zur aktiven Phosphorylase a ist eine Proteinkinase verantwortlich, die als **Phosphorylasekinase** bezeichnet wird.
- Dieses Enzym kommt in einer aktiven und einer inaktiven Form vor. Wie bei der Phosphorylase wird das inaktive, dephosphorylierte Enzym durch ATP-abhängige Phosphorylierung eines spezifischen Serinrestes aktiviert.

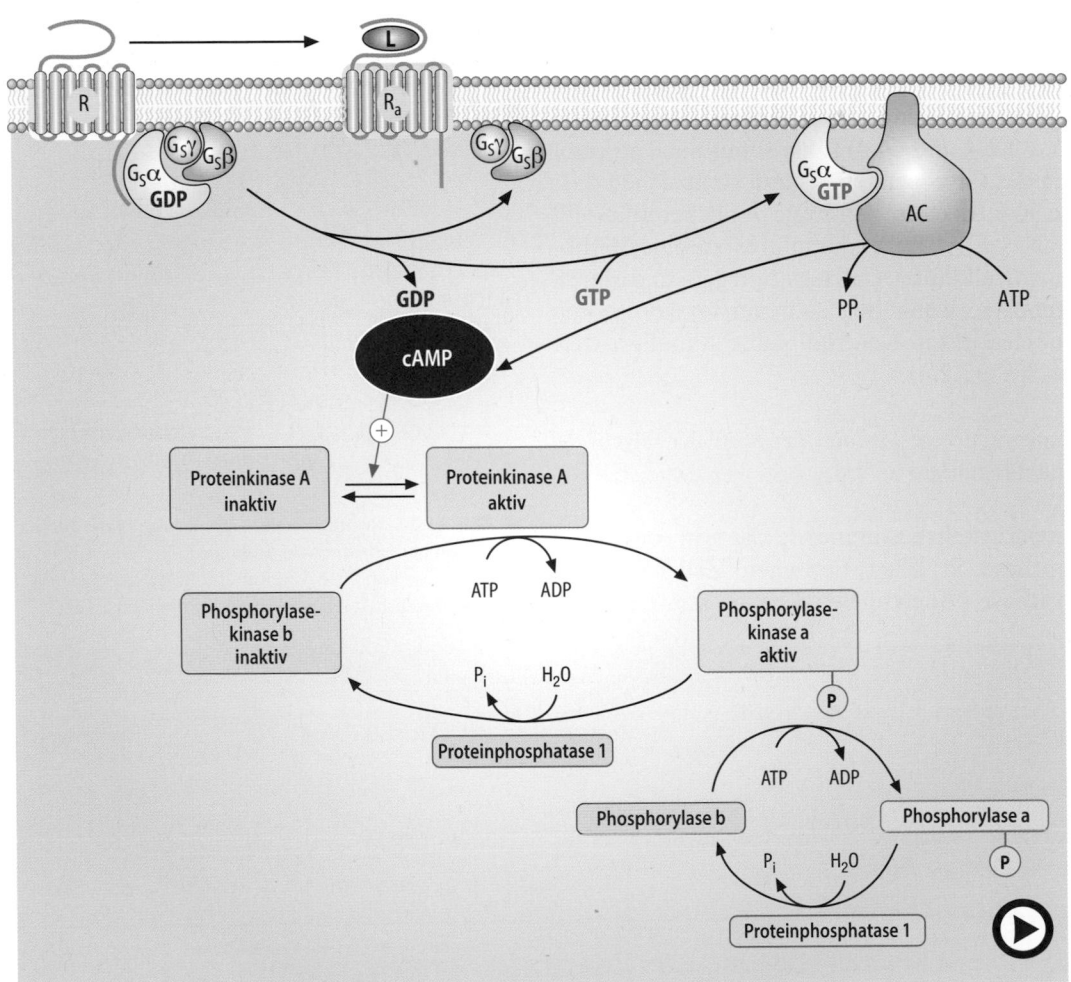

◐ **Abb. 15.6** (Video 15.4) **Mechanismus der hormonell induzierten Aktivierung der Glycogenphosphorylase.** *L:* Ligand (Adrenalin, Glucagon), *R:* Rezeptor; R_a: aktivierter Rezeptor; G_s: stimulierendes G-Protein; *AC:* Adenylatcyclase. (Einzelheiten s. Text) (▶ https://doi.org/10.1007/000-5ft)

- Diese Phosphorylierung wird durch die **Proteinkinase A (PKA)** katalysiert, die durch 3′,5′-cyclo-AMP (cAMP) aktiviert wird (▶ Abschn. 35.3.2).
- Für die Erzeugung von cAMP aus ATP ist die **Adenylatcyclase** verantwortlich, die über die in den ▶ Abschn. 33.4.2 und 35.3.2 geschilderten Mechanismen durch Adrenalin, Noradrenalin und v. a. in der Leber durch Glucagon aktiviert wird.
- Insulin als Antagonist dieser Hormone stimuliert den Abbau von cAMP durch Aktivierung einer entsprechenden Phosphodiesterase (▶ Abschn. 36.6).
- Für die Inaktivierung der Phosphorylase und der Phosphorylasekinase ist die **Proteinphosphatase 1** (PP1; s. u.) verantwortlich.

Die Phosphorylasekinase ist ein Hexadekamer aus 4 verschiedenen Untereinheiten mit der Zusammensetzung ($\alpha_4\beta_4\gamma_4\delta_4$) und einer Molekülmasse von 1.300 kDa. Die δ-Untereinheiten werden durch **Calmodulin** gebildet. Die Bindung von Calcium an diese Untereinheit führt zu einer Aktivierung der Phosphorylasekinase, unabhängig von der Aktivierung durch Phosphorylierung. Diese Art der Aktivierung spielt für Muskelzellen eine große Rolle. Die mit der Kontraktion einhergehende Erhöhung der Calciumkonzentration (▶ Abschn. 63.2.4 und 64.4) führt somit auch zu einer Aktivierung des Glycogenabbaus und stellt sicher, dass das für die Kontraktion benötigte ATP bereitgestellt werden kann. In der Leber kommt es zu einer Erhöhung des intrazellulären Calcium-Spiegels und damit zur Glycogenolyse, wenn die α_1-adrenergen Rezeptoren der Hepatocyten durch Katecholamine stimuliert werden (▶ Abschn. 37.2.4).

❯ Die Glycogensynthese wird auf der Stufe der Glycogensynthase reguliert.

Das geschwindigkeitsbestimmende Enzym der Glycogenbiosynthese in allen tierischen Zellen ist die **Glycogensynthase**. Auch dieses Enzym kann allosterisch und durch **covalente Modifikation** reguliert werden, allerdings in reziprokem Sinn zur Phosphorylase (◘ Abb. 15.7).

Covalente Modifikation Die enzymatisch aktive Form der als Homodimer vorliegenden Glycogensynthase ist die **dephosphorylierte**. Die Glycogensynthase besitzt insgesamt 9 Serylreste, die durch verschiedene Proteinkinasen phosphoryliert werden können, was zur **Inaktivierung** des Enzyms führt:

- Die **cAMP-abhängige Proteinkinase A** phosphoryliert spezifisch drei der neun Serylreste. Die dadurch entstehende **Glycogensynthase b** ist weniger aktiv.
- In ◘ Tab. 15.1 sind andere Proteinkinasen zusammengestellt, die ebenfalls die Glycogensynthase phosphorylieren können. Da jede von ihnen andere

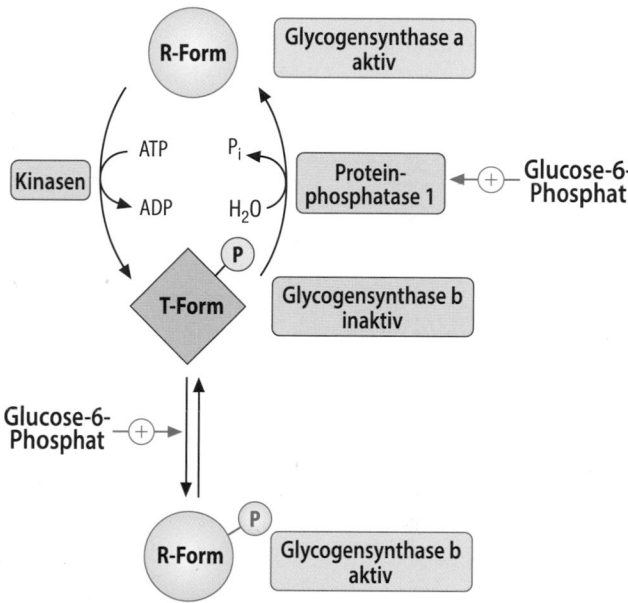

◘ **Abb. 15.7 Regulation der Glycogensynthase durch covalente Modifikation und allosterische Liganden.** Die Glycogensynthase liegt als Homodimer vor. Zur Vereinfachung ist lediglich die Modifikation einer Untereinheit dargestellt. (Einzelheiten s. Text)

◘ **Tab. 15.1**   Phosphorylierung der Glycogensynthase durch verschiedene Proteinkinasen (Auswahl)

Kinase	Zahl der phosphorylierten Serylreste	Hemmung
cAMP-abhängige Proteinkinase (PKA)	3	+
cGMP-abhängige Proteinkinase (PKG)	2	+
Glycogensynthasekinase 3	4	+++
CaM-Kinase	2	+
Caseinkinase 1	9	+++
Proteinkinase C (PKC)	2	+
CaM: Calcium-Calmodulin		

Phosphorylierungsstellen auf der Glycogensynthase erkennt und modifiziert, kann damit der Aktivitätszustand der Glycogensynthase ganz besonders fein reguliert werden.

— Von besonderer Bedeutung ist die **Glycogensynthasekinase 3**. Sie phosphoryliert vier spezifische Serylreste und bewirkt eine dramatische Aktivitätsabnahme des Enzyms. Da die Glycogensynthasekinase 3 auch andere regulatorische Proteine wie **Proto-Oncogene** und **Transkriptionsfaktoren** modifiziert, nimmt man an, dass dieses Enzym eine wichtige Rolle bei der Embryogenese und bei Differenzierungsvorgängen spielt.

Allosterische Regulation Die inaktive phosphorylierte Glycogensynthase kann durch Glucose-6-Phosphat reaktiviert werden. Dieser Effekt ist dann wichtig, wenn die Glycogensynthese des Muskels unter der Einwirkung von Insulin maximal beschleunigt werden soll.

❯ Die Glycogensynthasekinase 3 (GSK3) wird durch Insulin inaktiviert.

Es ist schon sehr lange bekannt, dass die Behandlung von Zellen mit Insulin in Anwesenheit von Glucose zu einer Steigerung der **Glycogenbiosynthese** führt. Einen wesentlichen Anteil hieran hat die Inaktivierung der Glycogensynthasekinase 3 durch Insulin. Der Mechanismus dieses Vorgangs ist in ◘ Abb. 15.8 dargestellt:

— Über die in ▸ Abschn. 35.4.1 und 36.6 dargestellten Signaltransduktionsvorgänge löst Insulin eine Aktivierung der Proteinkinase PDK1 und anschließend der **Proteinkinase B** (PKB) aus.

— Die PKB phosphoryliert die GSK3, was zu einer Hemmung dieses Enzyms führt. Dies wiederum bewirkt eine Abnahme der Phosphorylierung und damit der Inaktivierung der Glycogensynthase.

— Infolge der Anwesenheit von Proteinphosphatasen (s. u.) wird der Phosphorylierungszustand der Glycogensynthase vermindert und das Enzym in die aktive Form überführt.

❯ Spezifische Proteinphosphatasen sind für die Dephosphorylierung von Glycogensynthase, Phosphorylase und Phosphorylasekinase verantwortlich.

Die Phosphorylierung der am Glycogenstoffwechsel beteiligten Enzyme Glycogensynthase und Phosphorylase

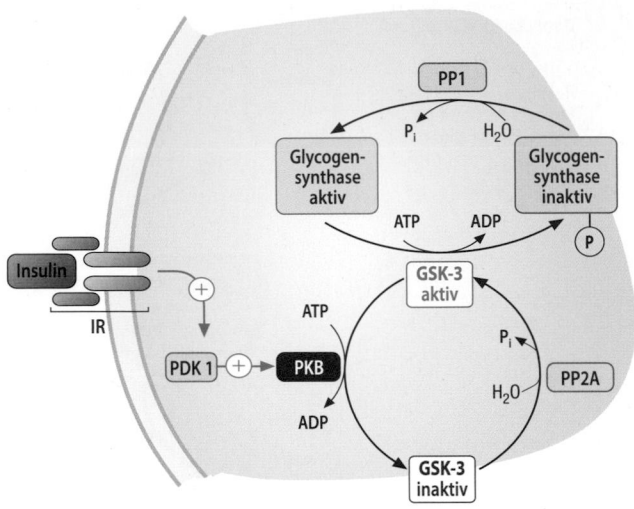

◘ **Abb. 15.8 Mechanismus der Aktivierung der Glycogensynthase durch Insulin.** *IR:* Insulinrezeptor; *PDK1:* phospholipidabhängige Proteinkinase (*phospholipid dependent kinase*); *PKB:* Proteinkinase B; *GSK3:* Glycogensynthasekinase 3; *PP:* Proteinphosphatase. (Einzelheiten s. Text)

löst letztendlich eine Hemmung der Biosynthese des Glycogens und eine Steigerung der Glycogenolyse aus (◘ Abb. 15.6 und 15.7). Die Umkehr dieser Effekte erfordert eine Reihe enzymatischer Mechanismen:

Sie beginnen mit der **Inaktivierung** des Adenylatcyclasesystems durch die **GTPase-Aktivität** der G-Proteine (▸ Abschn. 35.3.1). cAMP wird durch eine cAMP-spezifische **Phosphodiesterase** abgebaut, die durch Insulin aktiviert werden kann (▸ Abschn. 36.6). Bei niedrigen cAMP-Konzentrationen wird die Bildung des inaktiven Proteinkinase-A-Tetramers bevorzugt. Damit wird die weitere Phosphorylierung von Glycogensynthase, Phosphorylasekinase und Phosphorylase verhindert.

Für die Dephosphorylierung der genannten Enzyme und damit das Umschalten von Glycogenolyse auf Glycogensynthese ist außerdem die Aktivierung der **Proteinphosphatase 1 (PP1)** notwendig. Die katalytische Untereinheit dieses Enzyms erlangt ihre Spezifität durch Assoziation an glycogenspezifische regulatorische Untereinheiten, die als G-Untereinheiten bezeichnet werden und organspezifisch verteilt vorkommen. In der Skelettmuskulatur wird die regulatorische Untereinheit als G_M bezeichnet, in der Leber als G_L (◘ Abb. 15.9).

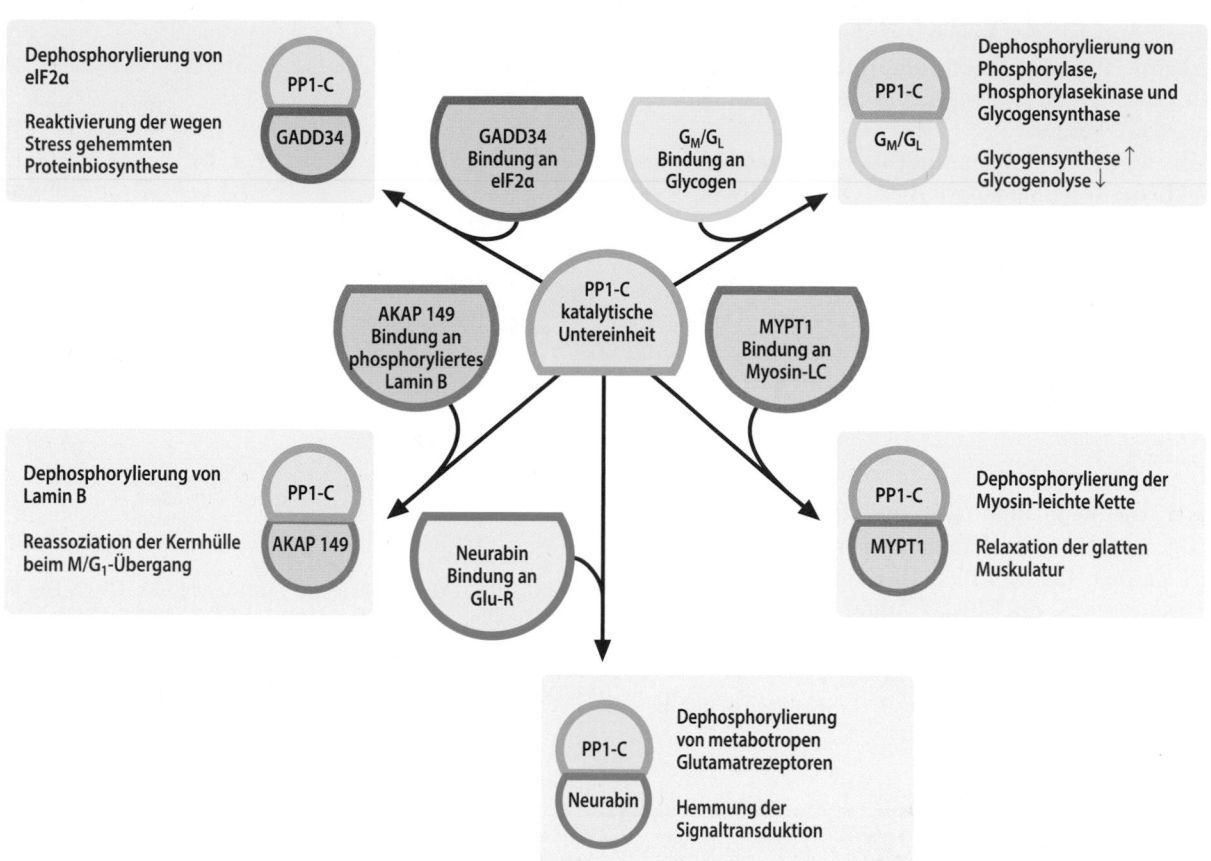

Abb. 15.9 Aktivierung der Proteinphosphatase 1. Die Proteinphosphatase 1 ist ein dimeres Enzym. Die katalytische Untereinheit PP1-C wird durch Bindung an regulatorische Untereinheiten aktiviert. Von diesen sind bis heute mehr als 100 nachgewiesen worden. Dargestellt sind 5 Beispiele, bei denen die regulatorischen Untereinheiten dazu dienen, die PP1-C an die entsprechenden, phosphorylierten Substratproteine zu binden. Dies löst dann die Dephosphorylierung mit den jeweils angegebenen Funktionsänderungen aus. Zu eIF2α ▶ Abschn. 48.3.3 und zu MYPT1 ▶ Abschn. 64.3.3. *PP1-C:* katalytische Untereinheit der Proteinphosphatase 1

Übrigens

Proteinphosphatasen sind die Gegenspieler von Proteinkinasen. Unter den Möglichkeiten der Regulation zellulärer Vorgänge steht die Phosphorylierung von Proteinen an erster Stelle. Sie wird durch Proteinkinasen katalysiert, wobei in der Mehrzahl der Fälle die Phosphorylierung an Serin- oder Threoninresten erfolgt. Dem entsprechend enthält das menschliche Genom über 400 Serin/Threonin-Kinasen. Insgesamt werden ca. 30 % der in eukaryontischen Organismen vorkommenden Proteine phosphoryliert. Um die Regulierbarkeit durch Kinasen und damit ihre Reversibilität zu gewährleisten, müssen entsprechende Proteinphosphatasen (PPs) vorhanden sein. Diese sind immer oligomere Enzyme, die aus einer katalytischen (PP-C) und wenigstens einer regulatorischen Untereinheit (PP-R) bestehen. Überraschenderweise steht der großen Vielfalt an Proteinkinasen nur eine kleine Zahl von katalytischen Proteinphosphatasen gegenüber. Misst man die Fähigkeit, Phosphoserin- bzw. Phosphothreoninreste in Proteinen zu spalten, so kommt man auf lediglich 8 Enzymaktivitäten, die als PP1, PP2A, PP2B und PP3–PP7 bezeichnet werden. Ihre hohe Spezifität erlangen diese erst durch Assoziation mit regulatorischen Untereinheiten, von denen bis heute mehr als 100 nachgewiesen werden konnten (Abb. 15.9). Da zusätzlich sehr spezifische Inhibitoren vorkommen, ergibt sich auf diese Weise eine große Vielfalt und Spezifität dieser für die Regulation zellulärer Prozesse außerordentlich wichtigen Klasse von Enzymen.

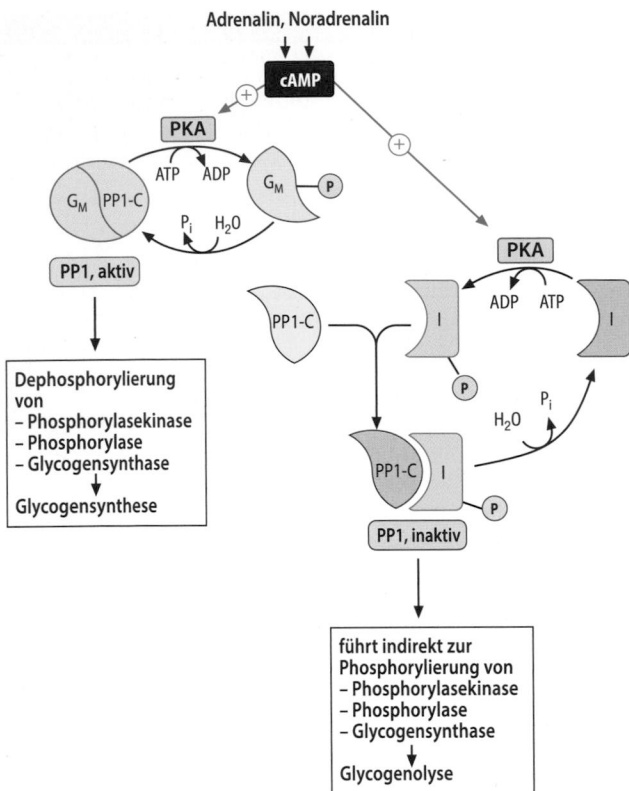

□ Abb. 15.10   Regulation der Proteinphosphatase 1 der Skelettmuskulatur. *PP1*: Proteinphosphatase 1; *PP1-C*: katalytische Untereinheit der PP1; G_M: glycogenspezifische regulatorische Untereinheit; *I*: Inhibitor; *PKA*: Proteinkinase A. (Einzelheiten s. Text)

Regulation der Proteinphosphatase 1 in der Skelettmuskulatur   Die Regulation der PP1 in der Skelettmuskulatur verläuft in folgenden Schritten (□ Abb. 15.10):

— Die aktive Proteinphosphatase 1 der Skelettmuskulatur ist ein Dimer aus einer glycogenbindenden G_M-Untereinheit und der katalytisch aktiven PP1-C-Untereinheit. Sie dephosphoryliert die Phosphorylasekinase, Phosphorylase und Glycogensynthase. Dies bewirkt eine Stimulierung der Glycogensynthese.

— Ein wichtiger allosterischer Aktivator der Proteinphosphatase 1 ist **Glucose-6-Phosphat** in physiologischen Konzentrationen (□ Abb. 15.7).

— Durch die cAMP-abhängige **Proteinkinase A** wird die G_M-Untereinheit phosphoryliert, was zur Ab-

dissoziation der katalytischen Untereinheit führt und damit die Aktivität der PP1-C erheblich verringert.

— Die cAMP-abhängige Proteinkinase A phosphoryliert außerdem ein spezifisches Inhibitorprotein (I), das an die katalytische Untereinheit bindet und sie vollständig inaktiviert.

— Wahrscheinlich ist die Proteinphosphatase 2B für die Dephosphorylierung der G_M-Untereinheit und des Inhibitors I verantwortlich.

Zusammenfassung

Für die meisten Zellen ist ihr Glycogenvorrat der wichtigste Energiespeicher, weil er kurzfristig und auch unter anaeroben Bedingungen mobilisierbar ist. Glycogensynthese und Glycogenolyse werden daher sowohl durch allosterische Mechanismen als auch durch covalente Modifikation der beteiligten Enzyme reguliert.

Das geschwindigkeitsbestimmende Enzym der Glycogenolyse ist die Phosphorylase. In der Leber und allen anderen Geweben wird die Phosphorylase über cAMP-vermittelte, covalente Modifikation durch die Phosphorylasekinase aktiviert; cAMP wird v. a. unter dem Einfluss von Katecholaminen und Glucagon vermehrt gebildet. In extrahepatischen Geweben wird die Phosphorylase darüber hinaus durch hohe AMP-Konzentrationen aktiviert, die u. a. bei anaeroben Bedingungen oder bei maximaler Arbeitsleistung der Muskulatur auftreten.

Die Glycogensynthase als geschwindigkeitsbestimmendes Enzym der Glycogenbiosynthese wird durch reversible Phosphorylierung/Dephosphorylierung reguliert. Besonders wichtige Proteinkinasen, die die Glycogensynthase phosphorylieren und dadurch inaktivieren, sind die Proteinkinase A und die Glycogensynthasekinase 3. Letztere wird durch Insulin inaktiviert, was die durch dieses Hormon ausgelöste Stimulierung der Glycogenbiosynthese erklärt.

Glucose-6-Phosphat ist ein wichtiger Aktivator der Glycogensynthese, Glucose ein Inhibitor der Glycogenolyse.

Übrigens

Myokardinfarkt. Eine Aktivierung der Glycogenolyse verzögert das Auftreten der durch einen Herzinfarkt ausgelösten Myokardnekrose. Jeder Myokardinfarkt entsteht durch einen vollständigen oder partiellen Verschluss einer der Koronararterien bzw. ihrer Äste. Die daraus resultierende Minderdurchblutung des Myokards führt zu folgenden Stoffwechselstörungen:

- Das Myokard verfügt über nur geringfügige Energiespeicher. Die vorhandenen Vorräte an Kreatinphosphat und ATP genügen gerade für drei bis vier effektive Kontraktionsvorgänge. Aus diesem Grund hören beim kompletten Gefäßverschluss sehr schnell die Kontraktionsvorgänge im nicht durchbluteten Gebiet auf, was zunächst den Substratbedarf der betroffenen Kardiomyocyten vermindert.

- Da die Sauerstoffzufuhr weiter sistiert, kommen Atmungskette und oxidative Phosphorylierung zum Erliegen. NADH/H$^+$ kann nicht mehr reoxidiert werden, weswegen zunächst die mitochondriale und in Folge auch die cytosolische NADH/H$^+$-Konzentration ansteigt.

- Wegen des Stillstands der oxidativen Phosphorylierung fällt die ATP-Konzentration ab. Die ADP-Konzentration steigt zunächst entsprechend dem ATP-Abbau an, durch die Adenylatkinase (Myokinase, Nucleosiddiphosphat-Kinase) (▶ Abschn. 19.1.1 und 63.3.1), werden 2 ADP in jeweils 1 ATP und AMP umgewandelt.

- AMP aktiviert allosterisch die Glycogenphosphorylase. Die dadurch gesteigerte Freisetzung von Glucose-1-Phosphat bzw. Glucose-6-Phosphat könnte den Durchsatz der anaeroben Glycolyse erhöhen, die zusätzlich über die allosterische Aktivierung der PFK1 durch AMP stimuliert wird. Da die hohe NADH/H$^+$-Konzentration jedoch die Glycerinaldehyd-3-Phosphatdehydrogenase (▶ Abschn. 14.1.1) hemmt, wird nur etwa ein Viertel der normalen, unter aeroben Bedingungen auftretenden Glycolysegeschwindigkeit erreicht. Dies genügt, um den Abfall des myokardialen ATP etwas zu verlangsamen, sodass dieser erst nach 30–40 min auf 10 % des Normalwerts absinkt.

- Akkumuliertes AMP wird durch die 5'-Nucleotidase zu Adenosin und später zu Inosin und Hypoxanthin abgebaut (▶ Abschn. 29.4). Wegen des herabgesetzten Blutflusses akkumulieren diese Metabolite ebenso wie das durch die Glycolyse entstehende Lactat in der Herzmuskelzelle. Diese Störungen führen zu Änderungen der Ionenverteilung im Myokard und damit auch zu frühen elektrokardiographischen Veränderungen.

Etwa 20 min nach dem Ende der Sauerstoffversorgung beginnen die ersten Kardiomyocyten zugrunde zu gehen, nach 60 min ist ein großer Teil von ihnen abgestorben. Bei einem unvollständigen Verschluss kann sich dieses Ereignis um einige Stunden verzögern. Die einsetzende Zellnekrose führt zum Austritt von Enzymen wie Kreatinkinase und Aspartat-Aminotransferase, welche dann diagnostisch im Serum nachgewiesen werden können. Durch eine frühzeitig eingeleitete fibrinolytische Therapie (▶ Abschn. 69.1.5) oder durch Koronarangioplastie wird versucht, den Gefäßverschluss zu beheben und das hypoxische Gewebe zu reperfundieren. Dies kann dann zu einer Ausheilung des Schadens führen, wenn die betroffenen Kardiomyocyten noch nicht irreversibel geschädigt oder abgestorben sind. Allerdings ist auch die **Reperfusion** nicht unproblematisch. Es kommt nämlich rasch zum Ausschwemmen der verschiedenen Stoffwechselzwischenprodukte aus dem infarzierten Gewebe, u. a. der Adeninnucleotide und -nucleoside. Wegen des zum Teil beträchtlichen Abbaus kann es Tage dauern, bis der Adeninnucleotidpool wieder vollständig durch *de novo*-Synthese aufgefüllt und die Kontraktionskraft der Herzmuskelzellen hergestellt ist. Eine der möglichen Ursachen für weitere Schädigungen sind die durch die Oxygenierung während der Reperfusion entstehenden **Sauerstoffradikale**. Eine Reihe von Untersuchungen hat jedenfalls Anhaltspunkte dafür gegeben, dass Antioxidantien die Erholungsphase des Myokards verkürzen können.

15.3 Steuerung von Glucoseabbau und Glucoseproduktion

Wie im ▶ Abschn. 15.1.2 bereits erwähnt, werden in der Leber Glycolyse und Gluconeogenese entgegengesetzt reguliert. Einen Überblick über die wichtigsten Regulationsmechanismen beider Prozesse gibt ☐ Abb. 15.11.

15.3.1 Transkriptionelle Regulation von Glycolyse und Gluconeogenese

❯ Die Biosynthese von Schlüsselenzymen der Glycolyse wird durch Insulin und Glucose stimuliert.

Die wichtigsten Enzyme von Glycolyse und Gluconeogenese, deren Biosynthesegeschwindigkeit durch **hor-**

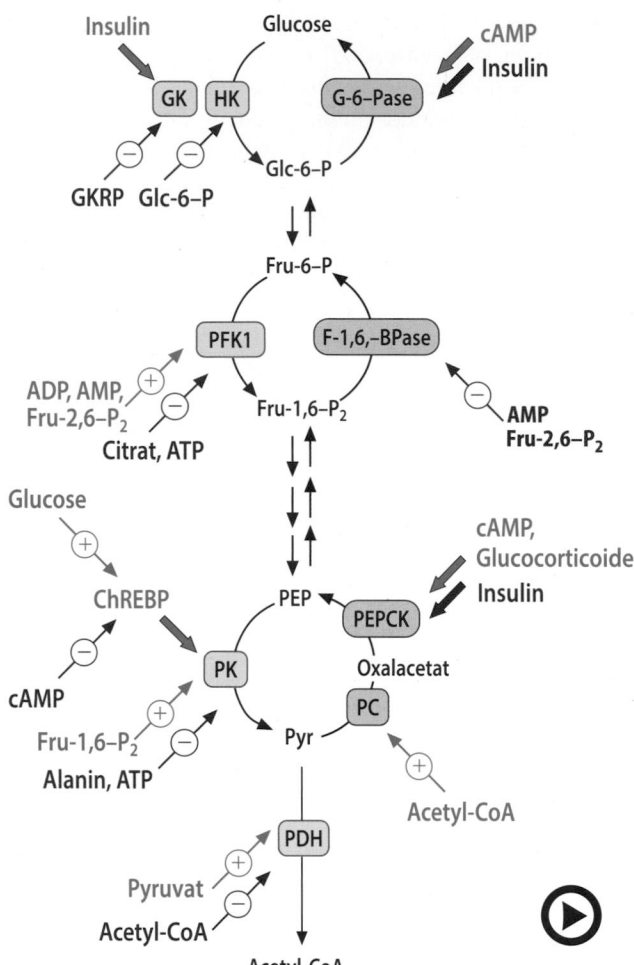

Abb. 15.11 (Video 15.5) **Koordinierte transkriptionelle und alloste-rische Regulation von Glycolyse und Gluconeogenese in der Leber.** *Dicke Pfeile* geben die transkriptionelle Regulation wieder, *dünne* die alloste-rische. Induktion bzw. Aktivierung sind mit der Farbe *Grün*, Repression bzw. Hemmung mit der Farbe *Rot* gekennzeichnet. *ChREBP: carbohydrate response element binding protein; F-1,6-BPase:* Fructo-se-1,6-Bisphosphatase; *F-2,6-P_2:* Fructose-2,6-Bisphosphat; *G-6-Pase:* Glucose-6-Phosphatase; *GK:* Glucokinase; *GKRP:* Glucokinase-Re-gulatorprotein (○ Abb. 15.4); *PFK:* Phosphofructokinase 1; *PC:* Pyr-uvatcarboxylase; *PDH:* Pyruvatdehydrogenase; *PEPCK:* Cytosolische Phosphoenolpyruvat-Carboxykinase; *PK:* Pyruvatkinase. (Einzelhei-ten s. Text) (► https://doi.org/10.1007/000-5fq)

monelle oder **nutritive** (Glucose) Faktoren reguliert werden, sind **Glucokinase** und **Pyruvatkinase** bzw. **Phosphoenolpyruvat-Carboxykinase (PEPCK)** und **Glucose-6-Phosphatase** (○ Abb. 15.11). Da es sich um geschwindigkeitsbestimmende Enzyme handelt, be-wirkt ihre Induktion bzw. Repression (Stimulierung bzw. Hemmung der Biosynthese) gleichzeitig eine Er-höhung oder Verminderung der maximal möglichen **Umsatzgeschwindigkeit** in Glycolyse bzw. Gluconeoge-nese.

Von besonderer Bedeutung für die transkriptio-nelle Regulation der Glycolyse sind **Insulin** und **Glu-**

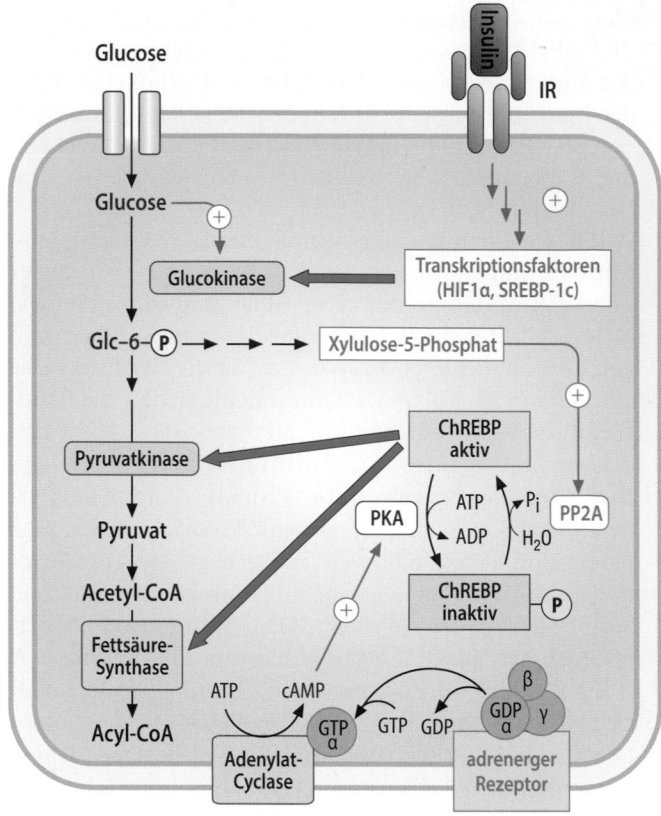

Abb. 15.12 Einfluss von Insulin und Glucose auf die Expression von Glycolyse-Enzymen der Leber. *ChREBP: carbohydrate response element binding protein; HIF-1α: hypoxia inducible factor; IR:* Insu-linrezeptor; *PKA:* Proteinkinase A; *PP2A:* Proteinphosphatase 2A; *SREBP-1c: sterol response element binding protein; α, β, γ:* Untereinheiten eines trimeren G-Proteins; *dicke grüne Pfeile:* Steigerung der Genexpression; *dünne grüne Pfeile:* Aktivierung. Die Aktivierung der Glucokinase durch Glucose erfolgt über das Glucokinase-Regulatorprotein (○ Abb. 15.4). ChREBP und SREBP-1c induzieren ebenfalls Schlüsselenzyme der Lipogenese wie die Fettsäuresynthase. Für SREBP-1c ist dieser Zusammenhang nicht dargestellt

cose (○ Abb. 15.12). Insulin aktiviert über Proteinki-nase B bzw. mTOR (*mammalian target of rapamycin;* ► Abschn. 38.2.1 und 57.1.1) bestimmte Transkrip-tionsfaktoren wie HIF-1α (*hypoxia-inducible factor*) und SREBP-1c (*sterol response element binding protein*), die die Expression des Glucokinase-Gens stimulieren. Außerdem bewirkt Insulin die Entfernung negativer Re-gulatoren wie FoxO1 (*forkhead box protein*) von der Pro-moterregion des Glucokinase-Gens (► Abschn. 36.6). Insulin ist somit ein direkter Induktor der **Glucokinase**, wobei sein Effekt unabhängig von der gleichzeitigen An-wesenheit von Glucose ist.

SREBP-1c gehört zu einer Familie von Leucin-Zipper-Transkriptionsfaktoren (► Abschn. 47.2.2), de-ren Aktivierungsmechanismus am Beispiel der Regula-tion der Cholesterinbiosynthese durch SREBP-2 in ► Abschn. 23.3 besprochen wird. Neben einer Beteili-

gung an der Regulation der Glucokinase stimuliert SREBP-1c die Expression von Genen wichtiger Enzyme der Lipogenese wie der Acetyl-CoA-Carboxylase oder der Fettsäuresynthase. Offenbar ist eine Hauptfunktion von SREBP-1c die Umschaltung des Leberstoffwechsels auf Lipogenese aus Kohlenhydraten (Glucose) s. a. (▶ Abschn. 38.2.1).

Die insulinabhängige Stimulierung der Glucokinase führt zu einem Anstieg an Glucose-6-Phosphat in der Leberzelle. Metaboliten von Glucose-6-Phosphat wie Xylulose-5-Phosphat fungieren als weitere Induktoren von Glycolyse-Enzymen, was v. a. für die **Pyruvatkinase** gilt. Wie in ◻ Abb. 15.12 dargestellt, erfolgt die Transkriptionskontrolle des Pyruvatkinase-Gens durch den Transkriptionsfaktor ChREBP (*carbohydrate response element binding protein*), der im Promotorbereich des Pyruvatkinase-Gens an eine spezifische *enhancer*-Sequenz bindet. In seiner inaktiven Form liegt der Transkriptionsfaktor im Cytosol vor und ist an zwei spezifischen Serylresten phosphoryliert. Das hierfür verantwortliche Enzym ist die cAMP-abhängige Proteinkinase A (PKA). Der Glucosemetabolit Xylulose-5-Phosphat aktiviert die Proteinphosphatase PP2A, was zu einer Dephosphorylierung von ChREBP und zu seiner Translokation in den Zellkern führt. Der aktivierte ChREBP gehört ebenfalls in die Familie der Leucin-Zipper-Transkriptionsfaktoren (▶ Abschn. 47.2.2). Neben der Pyruvatkinase induziert ChREBP in den Hepatocyten auch die Expression von Schlüsselenzymen der Liponeogenese wie der Fettsäuresynthase (◻ Abb. 15.12). Damit stimuliert ChREBP, genau wie SREBP-1c, die Fettsäuresynthese der Leber aus Nahrungs-Glucose nur mit dem Unterschied, dass ChREBP nicht durch Insulin, sondern durch einen Metaboliten von Glucose (Xylulose-5-Phosphat) aktiviert wird.

Insulin aktiviert also direkt die Expression der Glucokinase und damit indirekt die der Pyruvatkinase. Daneben zeigt es einen stark reprimierenden Effekt auf Enzyme der Gluconeogenese. Das betrifft vor allem die **Phosphoenolpyruvat-Carboxykinase** und die **Glucose-6-Phosphatase**.

❯ Glucagon oder Katecholamine wirken antagonistisch zum Insulin auf die Genexpression der Glycolyse- bzw. Gluconeogenese-Enzyme.

Der molekulare Mechanismus zur Erklärung dieses Befunds ist besonders gut an den Genen für **Pyruvatkinase** (Glycolyse) und **Phosphoenolpyruvat-Carboxykinase** (Gluconeogenese) zu sehen. Beide werden durch eine glucagon- bzw. katecholaminvermittelte Erhöhung von cAMP reguliert, die Expression der Pyruvatkinase wird runtergefahren (◻ Abb. 15.11), die Phosphoenolpyruvat-Carboxykinase dagegen wird induziert. In der Pro-

motorregion des Phosphoenolpyruvat-Carboxykinase-Gens findet sich ein *cAMP-response-element*, das auch als **CRE** bezeichnet wird. Das zugehörige Bindungsprotein **CREB** hat wiederum eine Leucin-Zipper-Struktur. Es wird durch die **cAMP-abhängige Proteinkinase** phosphoryliert und damit aktiviert. Für die Inaktivierung ist eine Dephosphorylierung durch die **Proteinphosphatasen PP1 bzw. PP2A** verantwortlich.

Für Enzyme der Gluconeogenese sind **Glucocorticoide** weitere wichtige Induktoren. Die Gene für die **Phosphoenolpyruvat-Carboxykinase** und **Glucose-6-Phosphatase** enthalten in ihren Promoterbereichen Glucocorticoid-responsive Elemente, an die der **Glucocorticoidrezeptor** (▶ Abschn. 35.1) bindet und eine gesteigerte Transkription der entsprechenden Gene bewirkt. Die transkriptionelle Regulation der Schlüsselenzyme von Glycolyse und Gluconeogenese ist z. T. außerordentlich komplex und umfasst weitere Hormone und Transkriptionsfaktoren. So wird beispielsweise die Expression der Phosphoenolpyruvat-Carboxykinase auch durch **Schilddrüsenhormone** stimuliert.

15.3.2 Allosterische Regulation der Glycolyse

Wie in ◻ Abb. 15.11 zu sehen ist, werden außer den in ▶ Abschn. 15.1.2 besprochenen Enzymen für die Bildung und den Abbau von Glucose-6-Phosphat viele Schlüsselenzyme von Glycolyse und Gluconeogenese allosterisch reguliert.

❯ Die Phosphofructokinase 1 ist ein Sensor für den energetischen Zustand der Zelle.

Das geschwindigkeitsbestimmende Enzym der Glycolyse in allen Geweben ist die **Phosphofructokinase 1** (PFK1). Dieses Enzym wird durch die in ◻ Tab. 15.2 zusammengestellten Faktoren allosterisch reguliert. Durch sie wird sichergestellt, dass bei hohen Konzentrationen von den der Glycolyse nachgeschalteten Metaboliten (z. B. Citrat) bzw. bei hoher ATP-Konzentration der Substratdurchfluss durch die Glycolyse gebremst wird. Beim Anstau der oberhalb der Phosphofructoki-

◻ **Tab. 15.2** Allosterische Aktivatoren und Inhibitoren der Phosphofructokinase 1 (PFK1)

Inhibitor	Aktivator
ATP	ADP, AMP
Citrat	Fructose-6-Phosphat Fructose-2,6-Bisphosphat

nase gelegenen Glycolysemetaboliten oder aber bei hohen Konzentrationen von ADP und AMP setzt dagegen eine Aktivierung des Flusses durch die Glycolyse ein.

Von besonderer Bedeutung ist diese Art der Regulation der Glycolyse für den von Louis Pasteur erstmalig beschriebenen und nach ihm benannten **Pasteur-Effekt**. Wie ursprünglich an der Hefe beobachtet, zeigen viele Gewebe beim Übergang von Normoxie zu Hypoxie/Anoxie eine deutliche Zunahme der Glycolyserate. Das ist auf die durch den Sauerstoffmangel ausgelöste Zunahme der AMP-Konzentration und die damit einhergehende Aktivierung der PFK1 zurückzuführen. Für das Überleben von Geweben bei Sauerstoffmangel, z. B. bei Blutgefäßverschlüssen, ist dieser Mechanismus von besonderer Bedeutung (s. „Übrigens: Myokardinfarkt").

> Fructose-2, 6-Bisphosphat ist ein allosterischer Aktivator der PFK1, der für die hormonelle Regulation der Glycolyse verantwortlich ist.

Mit den in der Leber vorherrschenden Konzentrationen an Adeninnucleotiden und Citrat wird praktisch nie eine Konstellation erreicht, bei der die Phosphofructokinase aktiv ist. Dies weist auf das Vorhandensein eines weiteren allosterischen Aktivators des Enzyms hin. Es handelt sich um das 1980 von Henry-Geri Hers entdeckte **Fructose-2,6-Bisphosphat** (Strukturformel in ◧ Abb. 15.14). Liegt Fructose-2,6-Bisphosphat in hoher Konzentration vor, wird die PFK1 aktiviert und die Fructose-1,6-Bisphosphatase gehemmt, was zu einer Konzentrationszunahme von Fructose-1,6-Bisphosphat führt (◧ Abb. 15.13). Dieses Glycolyse-Intermediat wiederum ist ein allosterischer Aktivator der Pyruvatkinase (◧ Abb. 15.11).

Fructose-2,6-Bisphosphat entsteht mithilfe der **Phosphofructokinase 2** (PFK2, Fructose-6-Phosphat-2-Kinase) aus Fructose-6-Phosphat (◧ Abb. 15.14). Der Abbau des Fructose-2,6-Bisphosphats erfolgt durch eine hydrolytische Phosphatabspaltung, wobei wieder Fructose-6-Phosphat entsteht. Katalysiert wird diese Reaktion durch die **Fructose-2,6-Bisphosphatase** (FBPase2).

Beide Enzymaktivitäten, die PFK2 und die FBPase2, sind auf ein und derselben Peptidkette lokalisiert, die als **PFK2/FBPase2** bezeichnet wird. Von diesem bifunktionellen Enzym (Tandemenzym) gibt es gewebsspezifisch exprimierte Isoformen. Unter Einwirkung der **cAMP-abhängigen Proteinkinase A** kann die **PFK2/FBPase2** an einem Serylrest phosphoryliert werden. Das hat unterschiedliche Folgen für die jeweiligen Enzyme aus der Leber und dem Herzmuskel:

Leber In der Leber wirkt die **PFK2/FBPase2** in phosphorylierter Form ausschließlich als **Fructose-2,6-Bisphosphatase**, baut also Fructose-2,6-Bisphosphat zu

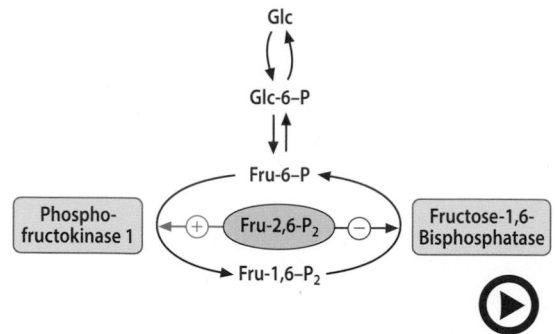

◧ **Abb. 15.13** (Video 15.6) **Bedeutung von Fructose-2,6-Bisphosphat für die Regulation von Glycolyse und Gluconeogenese in der Leber.** Fructose-2,6-Bisphosphat ist der wirksamste allosterische Aktivator der Phosphofructokinase 1 und gleichzeitig ein Inhibitor der Fructose-1,6-Bisphosphatase. *Glc:* Glucose; *Fru:* Fructose; *Fru-2,6-P$_2$:* Fructose-2,6-Bisphosphat (▶ https://doi.org/10.1007/000-5fw)

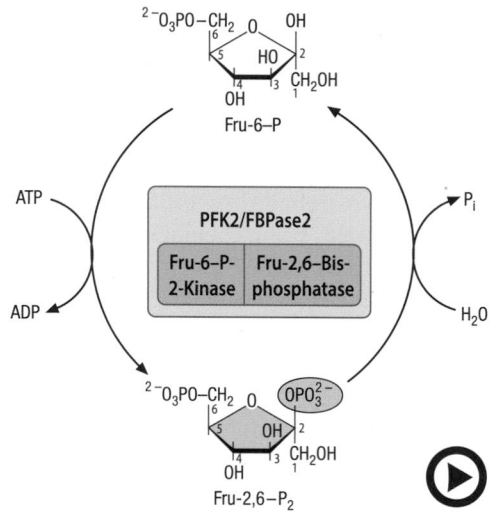

◧ **Abb. 15.14** (Video 15.7) **Bildung und Abbau von Fructose-2,6-Bisphosphat.** Man beachte, dass es sich bei der PFK2 und der FBPase2 um zwei Enzymaktivitäten handelt, die auf einer einzigen Polypeptidkette lokalisiert sind, die als PFK2/FBPase2 bezeichnet wird. Durch covalente Modifikation werden die beiden Enzymaktivitäten an- oder abgeschaltet (◧ Abb. 15.15) (▶ https://doi.org/10.1007/000-5fx)

Fructose-6-Phosphat ab (◧ Abb. 15.15). Nach Dephosphorylierung durch die Proteinphosphatase 1 gewinnt das Enzym die **PFK-2-Aktivität**, die es befähigt, aus Fructose-6-Phosphat Fructose-2,6-Bisphosphat zu bilden.

Der durch Glucagon oder Katecholamine ausgelöste Anstieg der **cAMP**-Konzentration bewirkt über eine Aktivierung der Proteinkinase A eine Phosphorylierung der **PFK2/FBPase2** und favorisiert damit die Fructose-2,6-Bisphosphatase-Aktivität. In der Folge sinkt der Fructose-2,6-Bisphosphat-Spiegel der Hepatocyten ab. Damit entfällt der wesentliche allosterische Aktivator der Phosphofructokinase 1 und die Glycolyse verlangsamt sich. Dagegen führt die Anwesenheit von Insulin

durch Aktivierung von Phosphodiesterasen zu einer Erniedrigung des cAMP-Spiegels. Dies löst eine Dephosphorylierung der **PFK2/FBPase2** aus. Durch Katalyse der damit aktiven PFK2 wird vermehrt Fructose-2,6-Bisphosphat gebildet. Dieses aktiviert die PFK1, womit die Glycolyse stimuliert wird.

Herzmuskel Anders als in der Leber verläuft die Regulation der **PFK2/FBPase2** im Herzmuskel. Die Phosphorylierung der hier vorliegenden Isoform des Enzyms erfolgt wahrscheinlich durch andere Proteinkinasen, u. a. der AMP-abhängigen Proteinkinase (AMPK; ▶ Abschn. 38.1.1). Dadurch wird – anders als in der Leber – nicht die Phosphatase sondern die Kinaseaktivität stimuliert. Dies führt zu einer vermehrten Bildung von Fructose-2,6-Bisphosphat und damit zu einer Beschleunigung der Glycolyse. Ein Anstieg der AMP-Konzentration in den Herzmuskelzellen als Ausdruck eines Mangels an ATP fördert somit die Energiegewinnung aus dem Glucoseabbau.

Skelettmuskulatur Die in der Skelettmuskulatur vorhandene Isoform der PFK2/FBPase2 wird nicht durch die Proteinkinase A phosphoryliert. Trotzdem kommt es nach Gabe von Adrenalin zu erhöhten Fructose-2,6-Bisphosphat-Spiegeln, wahrscheinlich als Folge einer gesteigerten Glucoseaufnahme.

❯ Die Steigerung der PFK1-Aktivität löst eine Aktivierung von Pyruvatkinase und Pyruvatdehydrogenase aus.

Das nächste allosterisch regulierte Glycolyse-Enzym ist die **Pyruvatkinase**. **Fructose-1,6-Bisphosphat** wirkt als allosterischer Aktivator, sodass ein verstärkter Glycolysefluss bei Anhäufung dieses Substrats gewährleistet ist (◘ Abb. 15.11). Ein hoher **ATP-Spiegel** bewirkt dagegen eine Hemmung dieses Enzyms. Alanin ist ein allosterischer Inhibitor, allerdings nur in hohen Konzentrationen.

Der Eintritt des Glycolyse-Endproduktes Pyruvat in den Citratzyklus in Form von Acetyl-CoA wird durch die **Pyruvatdehydrogenase** reguliert. Dieses Enzym wird auf komplizierte Weise reguliert (s. ◘ Abb. 18.6). Neben seiner reversiblen Inaktivierung durch Phosphorylierung wird die aktive (dephosphorylierte) Form des Enzyms durch **Acetyl-CoA** und **NADH** in physiologischen Konzentrationen gehemmt.

15.3.3 Allosterische Regulation der Gluconeogenese

❯ Die Gluconeogenese der Leber wird allosterisch durch Fructose-2,6-Bisphosphat gehemmt.

Ähnlich wie die Phosphofructokinase 1 ist auch die **Fructose-1,6-Bisphosphatase** ein vielfach reguliertes Enzym. **AMP** ist ein potenter allosterischer Hemmstoff, was allerdings nur bei Hypoxie/Anoxie von Bedeutung ist. Wichtiger ist jedoch die allosterische Hemmung der Fructose-1,6-Bisphosphatase der Leber durch **Fructose-2,6-Bisphosphat** (◘ Abb. 15.13 und 15.14). Damit ergibt sich eine bemerkenswerte Analogie zur Regulation des Glycogenstoffwechsels. Hier ist cAMP der wichtigste unter hormoneller Kontrolle stehende intrazelluläre Effektor für eine Hemmung der Glycogenbiosynthese und eine Aktivierung der Glycogenolyse (▶ Abschn. 15.2). Dies führt in der Leber zu einer vermehrten Bereitstellung und Abgabe von **Glucose**. Durch ein Absenken des Spiegels an **Fructose-2,6-Bisphosphat** (◘ Abb. 15.15) führt derselbe Effektor, nämlich cAMP, zu einer Hemmung der Glycolyse und Stimulierung der Gluconeogenese. Dies dient ebenfalls einer vermehrten **Glucoseabgabe** durch die Leber.

Von ihrer enzymatischen Ausstattung her sind lediglich **Leber**, **Nieren** und **intestinale Mucosa** zur Gluconeogenese aus Lactat bzw. Pyruvat oder glucogenen Aminosäuren befähigt. Trotzdem sind die verschiedensten Gewebe mit den Enzymen ausgerüstet, die für Teilstrecken des Gluconeogenesewegs zuständig sind. So finden sich beispielsweise relativ hohe Aktivitäten des

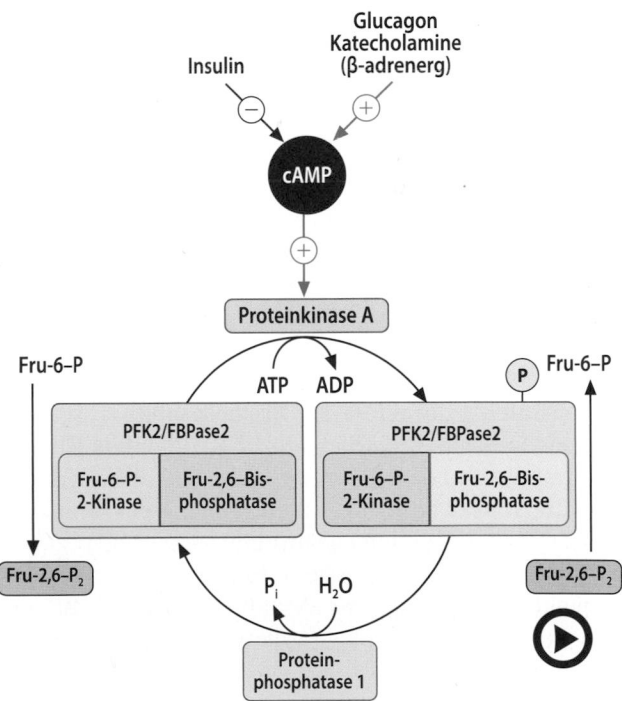

◘ **Abb. 15.15** (Video 15.8) **Hormonelle Regulation der Bildung und des Verbrauchs von Fructose-2,6-Bisphosphat in der Leber.** Die jeweils aktiven Teile der PFK2/FBPase2 sind *grün*, die inaktiven *rot* hervorgehoben. (Einzelheiten s. Text) (▶ https://doi.org/10.1007/000-5fy)

ersten Enzyms der Gluconeogenese, der **Pyruvatcarb-oxylase**, außer in Leber und Nieren auch in der Nebenniere, der laktierenden Milchdrüse und im Fettgewebe. Das Enzym wird hier v. a. für die anaplerotische Synthese von Oxalacetat benötigt.

> Das geschilderte Wechselspiel zwischen Enzymaktivierung bzw. -inaktivierung durch Metabolite ermöglicht ein sinnvolles Reagieren des Leberstoffwechsels auf Kohlenhydratzufuhr und -mangel.

Bei einem Überschuss an Kohlenhydraten kommt es in der Leber zu einem gesteigerten Fluss durch die Glycolyse, weil vermehrt gebildetes Fructose-6-Phosphat über Fructose-2,6-Bisphosphat die **Phosphofructokinase 1** und Fructose-1,6-Bisphosphat die **Pyruvatkinase** stimulieren. Das vermehrt gebildete Pyruvat aktiviert schließlich die **Pyruvatdehydrogenase**. Das dadurch gesteigerte Angebot an Acetyl-CoA kann für die Lipogenese, Cholesterinsynthese bzw. zur Energiegewinnung durch Oxidation verwendet werden.

Bei Kohlenhydratmangel kann die Leber auf die Oxidation anderer Energiequellen, v. a. von Fettsäuren, zurückgreifen. Eine gesteigerte β-Oxidation hat einen Anstieg der Konzentrationen von **Acetyl-CoA** zur Folge. Acetyl-CoA ist ein Hemmstoff der **Pyruvatdehydrogenase** und ein Aktivator der **Pyruvatcarboxylase** (◘ Abb. 15.11). Außerdem kommt es durch die während des Hungerzustands vorherrschenden Hormone **Glucagon** und **Katecholamine** zu einer vermehrten cAMP-Produktion. Dies löst ein Absinken der Fructose-2,6-Bisphosphat-Konzentration und damit eine Stimulierung der **Fructose-1,6-Bisphosphatase** und eine Hemmung der **Phosphofructokinase 1** aus. Auf diese Weise werden Schlüsselenzyme der Glycolyse blockiert und die der Gluconeogenese zur Bereitstellung von Glucose für die glucosepflichtigen Organe aktiviert.

Zusammenfassung

Transkriptionell reguliert werden in der Leber die Glycolyse-Enzyme Glucokinase und Pyruvatkinase und die Gluconeogenese-Enzyme Phosphoenolpyruvat-Carboxykinase und Glucose-6-Phosphatase. Die Expression der Glucokinase wird durch Insulin-abhängige Transkriptionsfaktoren induziert, die der Pyruvatkinase durch den Transkriptionsfaktor ChREBP, der durch Glucosemetabolite wie Xylulose-5-Phosphat aktiviert wird. Eine Inaktivierung von ChREBP erfolgt durch cAMP. Demgegenüber werden Phosphoenolpyruvat-Carboxykinase und Glucose-6-Phosphatase durch cAMP und Glucocorticoide induziert und durch Insulin reprimiert. Für die Glycolyse der Leber ist der wichtigste allosterische Regulator

das Fructose-2,6-Bisphosphat, das bei niedrigen cAMP-Konzentrationen synthetisiert wird. Es aktiviert die Phosphofructokinase 1 und inhibiert die Fructose-1,6-Bisphosphatase. Umgekehrt führen hohe cAMP-Konzentrationen zu einem Abbau des Fructose-2,6-Bisphosphats, was eine Hemmung der Glycolyse und eine Aktivierung der Gluconeogenese auslöst. Über das Fructose-2,6-Bisphosphat als allosterischem Aktivator hinaus hängt die Geschwindigkeit der Glycolyse in allen untersuchten Geweben von der Energieladung der Zellen ab:

- hohe ATP- oder Citratkonzentrationen sind allosterische Inhibitoren der Phosphofructokinase 1
- hohe AMP- und ADP-Konzentrationen aktivieren dagegen die Phosphofructokinase 1
- hohe Fructose-1,6-Bisphosphat-Konzentrationen aktivieren die Pyruvatkinase

Weiterführende Literatur

Aggen JB, Nairn AC, Chamerlin R (2000) Regulation of protein phosphatase-1. Chem Biol 7:R13–R23

Agius GK (2016) Hormonal and metabolite regulation of hepatic glucokinase. Annu Rev Nutr 36:389–415

Ferrer JC, Favre C, Gomis RR, Fernandez-Novell JM, Garcia-Rocha M, de la Iglesia N, Cid E, Guinovart JJ (2003) Control of glycogen deposition. FEBS Lett 546:127–132

Israelsen WJ, Vander Heiden MG (2015) Pyruvat kinase: function, regulation and role in cancer. Semin Cell Dev Biol 43:43–51

Jeong YS, Kim D, Lee YS, Kim HJ, Han JY, Im SS, Kim Chong H, Kwon JK, Cho YH, Kyung Kim W, Osborne TF, Horton JD, Jun HS, Ahn YH, Ahn SM, Cha JY (2011) Integrated expression profiling and genome-wide analysis of ChREBP targets reveals the dual role for ChREBP in glucose-regulated gene expression. PLoS One 6(7):e22544

Jitrapakdee S, St. Maurice M, Rayment I, Cleland WW, Wallace JC, Attwood PV (2008) Structure, mechanism and regulation of pyruvate carboxylase. Biochem J 413:369–387

Mayr B, Montminy M (2001) Transcriptional regulation by the phosphorylation-dependent factor CREB. Nat Rev Mol Cell Biol 2:599–609

Mor I, Cheung EC, Vousden KH (2011) Control of glycolysis through regulation of PFK1: old friends and recent additions. Cold Spring Harb Symp Quant Biol 76:211–216

Mueckler M, Thorens B (2013) The SLC2 (GLUT) family of membrane transporters. Mol Asp Med 34:128–138

Rider MH, Bertrand L, Vertommen D, Michels PA, Rousseau GG, Hue L (2004) 6-phosphofructo-2-kinase/fructose-2,6-bisphosphatase: head-to-head with a bifunctional enzyme that controls glycolysis. Biochem J 381(Pt 3):561–579

Schöneberg T, Kloos M, Brüser A, Sträter N (2013) Structure and allosteric regulation of eukaryotic 6-phosphfructokinases. Biol Chem 394:977–993

Van Schaftingen E, Gerin I (2002) The glucose-6-phosphatase system. Biochem J 362:513–532

Xu X, So JS, Park JP, Lee AH (2013) Transcriptional control of hepatic lipid metabolism by SREBP and ChREBP. Semin Liver Dis 33:301–311

Zucker – Bausteine von Glycoproteinen und anderen Heteroglycanen

Matthias Müller und Georg Löffler

Glucose ist ein wichtiger Baustein für die Biosynthese der verschiedensten Monosaccharide, da diese bis auf Fructose und Galactose nur in geringen Konzentrationen in der Nahrung vorkommen. Monosaccharide werden direkt und nach Modifikation zu Uronsäuren, Aminozuckern sowie deren N-acetylierten Derivaten für die Biosynthese von Oligosacchariden und Heteroglycanen benötigt. Diese sind Bestandteile von Glycoproteinen, Proteoglycanen und der Hyaluronsäure. Die bakterielle Peptidoglycansynthese wird durch Penicillin gehemmt.

Schwerpunkte

16.1 Glucose als Substrat für die Biosynthese anderer Zucker, Aminozucker und Zuckersäuren

- Nucleosiddiphosphat-Monosaccharide
- UDP-Glucuronsäure, Glucuronidierung
- Stoffwechsel von Lactose und Galactose, Mannose, Fucose
- Biosynthese von Aminozuckern

16.2 Die Saccharide von Proteoglycanen, Hyaluronsäure und Peptidoglycan

- Struktur und Biosynthese von Proteoglycanen und Hyaluronsäure (Hyaluronan)
- Aufbau des bakteriellen Peptidoglycans, Lysozym
- Wirkungsweise von Penicillin

16.1 Glucose als Substrat für die Biosynthese anderer Zucker, Aminozucker und Zuckersäuren

16.1.1 Zuckerbausteine und deren Derivate

Neben Glucose kommen in **Oligosacchariden** und den **Heteroglycanen** von Glycoproteinen, Glycolipiden und Glycosaminoglycanen (▶ Abschn. 3.1.4) folgende Monosaccharide bzw. deren Derivate vor:

- Galactose
- Mannose
- Fucose
- einige Uronsäuren
- verschiedene Aminozucker

Die Strukturen dieser Zuckerbausteine sind in ▶ Kap. 3 (mit Übersichtstafeln) gezeigt und ◘ Abb. 16.1 gibt einen Überblick über deren Biosynthese ausgehend von Glucose.

> Die Aktivierung von Monosacchariden zu Nucleosiddiphosphat-Monosacchariden ist Voraussetzung für viele ihrer Reaktionen im anabolen Stoffwechsel.

Biosynthese und Stoffwechsel dieser Monosaccharide und deren Derivate erfordern die vorherige Aktivierung

Ergänzende Information Die elektronische Version dieses Kapitels enthält Zusatzmaterial, auf das über folgenden Link zugegriffen werden kann https://doi.org/10.1007/978-3-662-60266-9_16. Die Videos lassen sich durch Anklicken des DOI Links in der Legende einer entsprechenden Abbildung abspielen, oder indem Sie diesen Link mit der SN More Media App scannen.

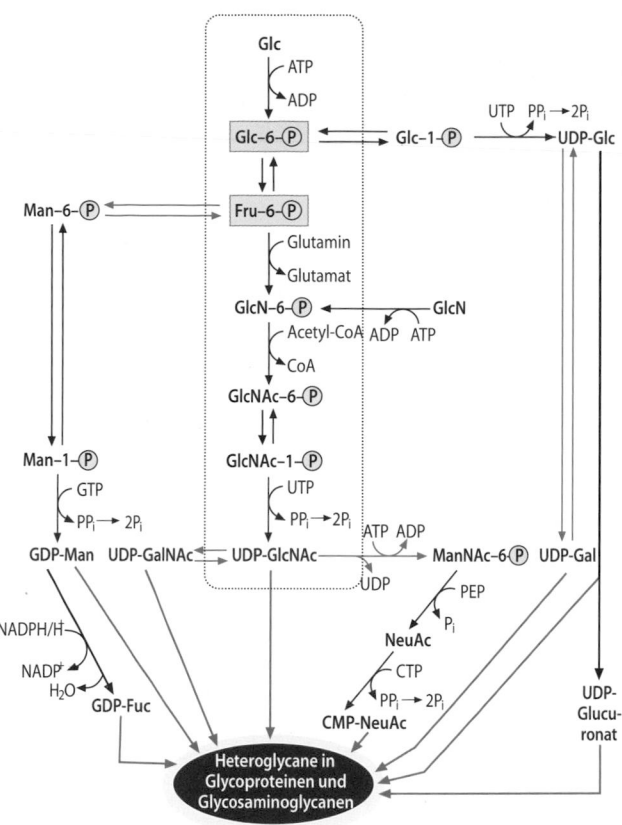

◻ Abb. 16.1   Biosynthese wichtiger Zuckerbausteine in Glycoproteinen und Glycosaminoglycanen. *Glc:* Glucose; *Fru:* Fructose; *Man:* Mannose; *Fuc:* Fucose; *Gal:* Galactose; *GlcN:* Glucosamin; *GlcNAc:* N-Acetylglucosamin; *GalNAc:* N-Acetyl-Galactosamin; *ManNAc:* N-Acetylmannosamin; *NeuAc:* N-Acetylneuraminsäure (Sialinsäure); *grüne Pfeile:* Epimerisierungen; *rote Pfeile:* Aktivierungen; *blaue Pfeile:* Einbau in Heteroglycane; unmittelbare Substrate für die Heteroglycansynthese sind *rot* hervorgehoben. Der Hexosamin-Biosyntheseweg (HBP) ist eingerahmt. (Einzelheiten s. Text)

mit einem Nucleosidtriphosphat (NTP) nach folgendem Schema:

$$\text{Monosaccharid-1-Phosphat} + \text{NTP} \rightleftarrows$$
$$\text{NDP-Monosaccharid} + \text{Pyrophosphat} \quad (16.1)$$

Ein Beispiel für eine derartige Reaktion ist die Bildung von UDP-Glucose aus Glucose-1-Phosphat und UTP, die sowohl für die Biosynthese von Glycogen (▶ Abschn. 14.2.1) als auch von Glucuronsäure (▶ Abschn. 16.1.2) benötigt wird. Die solche Reaktionen katalysierenden Enzyme werden allgemein als **Glycosyl-1-Phosphat-Nucleotid-Transferasen** oder **Glycosylpyrophosphorylasen** bezeichnet (der korrekte Namen ist UTP-Glycosyl-1-Phosphat-Uridyl[yl]transferase).

Die Bildung des NDP-Monosaccharids erfolgt in einer frei reversiblen Reaktion. Erst die Hydrolyse des dabei

gebildeten Pyrophosphats zu zwei anorganischen Phosphaten mithilfe der in jedem Gewebe vorkommenden Pyrophosphatasen verschiebt das Gleichgewicht der Reaktion in Richtung der Biosynthese des aktivierten Zuckers.

Das bevorzugte Nucleosidtriphosphat zur Zuckeraktivierung ist das **UTP**. Daneben finden das **GTP** im **Mannosestoffwechsel** und das **CTP** im **N-Acetylneuraminsäure-Stoffwechsel** Verwendung.

Wie im Folgenden detailliert beschrieben, gehen die Monosaccharide nach ihrer Aktivierung vielfältige Reaktionen ein wie

- Oxidationen
- Reduktionen
- Epimerisierungen
- Übertragung auf andere Zucker oder Zuckerpolymere

16.1.2   Glucuronsäure

Glucuronsäure und ihre Derivate sind zum einen Bausteine von Proteoglycanen. Zum anderen werden lipophile Verbindungen durch covalente Kopplung an Glucuronsäure im Rahmen der Biotransformation (▶ Abschn. 62.3.1) löslich und damit ausscheidungsfähig gemacht.

❯ UDP-Glucuronat entsteht durch Oxidation von UDP-Glucose.

Biosynthese   Uronsäuren (bzw. deren Salze, die Uronate) entstehen durch Oxidation der Hydroxylgruppe am C-Atom 6 von Hexosen. Die Biosynthese der aus Glucose abgeleiteten **Glucuronsäure** (des Glucuronats) ist in ◻ Abb. 16.2 dargestellt:

- Überführung von Glucose-6-Phosphat in Glucose-1-Phosphat und anschließende Reaktion mit UTP unter Bildung von UDP-Glucose (s. Glycogenbiosynthese, ▶ Abschn. 14.2.1).
- Oxidation von UDP-Glucose am C-Atom 6 in zwei Schritten zu **UDP-Glucuronat** durch die NAD⁺-abhängige **UDP-Glucose-Dehydrogenase**.

❯ Aus Glucuronsäure werden andere Uronsäuren, Ascorbinsäure und Pentosen synthetisiert.

Stoffwechsel des Glucuronats   Aus UDP-Glucuronat werden weitere Verbindungen gebildet (◻ Abb. 16.3):

- Durch Epimerisierung am C-Atom 4 entsteht aus UDP-D-Glucuronat **UDP-D-Galacturonat**. Dieses ist ein wichtiges Substrat für die Biosynthese der pflanzlichen **Pectine** und der Zellwände von verschiedenen Mikroorganismen.

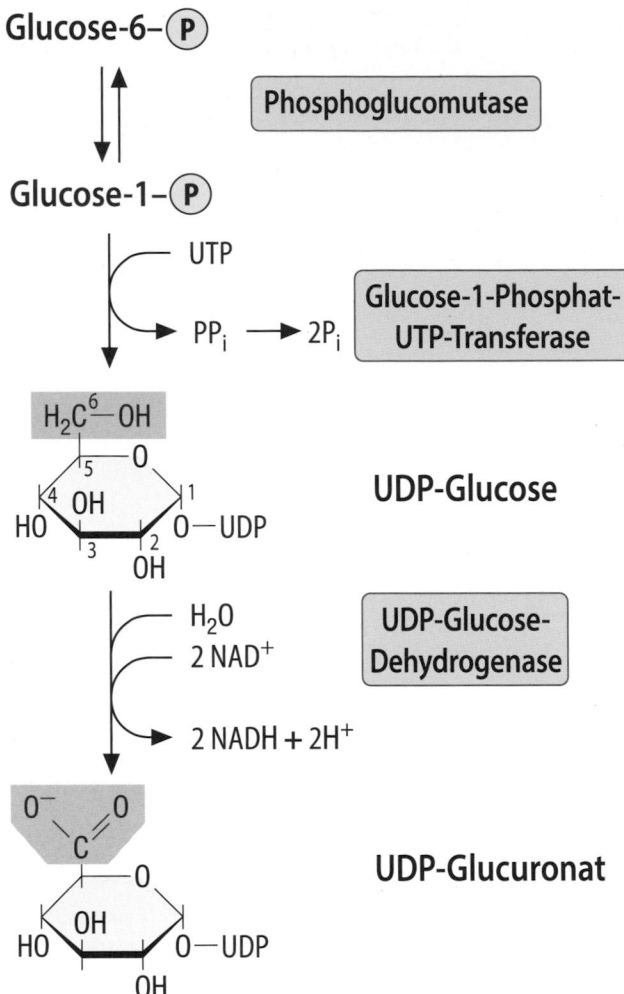

Glucose-6–P

Phosphoglucomutase

Glucose-1–P

UTP

PP_i → 2P_i

Glucose-1-Phosphat-UTP-Transferase

UDP-Glucose

H_2C^6—OH

HO   O—UDP

OH

H_2O

2 NAD$^+$

2 NADH + 2H$^+$

UDP-Glucose-Dehydrogenase

UDP-Glucuronat

HO   O—UDP

OH

☐ **Abb. 16.2   Biosynthese von UDP-Glucuronsäure aus Glucose-6-Phosphat.** (Einzelheiten s. Text)

— Nach Einbau von UDP-Glucuronat in Heparan- bzw. Dermatansulfat (▶ Abschn. 16.2.2) kann es durch Epimerisierung am C-Atom 5 in **L-Iduronat** umgewandelt werden.

— Glucuronat entsteht durch hydrolytische Spaltung von UDP-Glucuronat bzw. unter der Einwirkung von lysosomalen Glucuronidasen aus Glycosaminoglycanen.

Aus Glucuronat kann in Leber und Niere D-Xylulose-5-Phosphat gebildet werden (sog. **Gucuronat-Xylulose-Weg**). Durch Reduktion der Aldehydgruppe von D-Glucuronsäure entsteht dabei zunächst L-Gulonsäure, die anschließend oxidativ in die entsprechende β-Ketosäure überführt wird. Diese decarbo-

xyliert zu L-Xylulose, die über Xylitol zu D-Xylulose isomerisiert und dann zu **D-Xylulose-5-Phosphat** phosphoryliert wird. D-Xylulose-5-Phosphat kann entweder in den Pentosephosphatweg eingeschleust werden oder fungiert über den Transkriptionsfaktor ChREBP (*carbohydrate response element binding protein*) als Aktivator von Glycolyse und Liponeogenese (▶ Abschn. 15.3.1).

Die aus Glucuronat gebildete L-Gulonsäure cyclisiert intramolekular zu L-Gulonolacton, aus dem außer bei Primaten und Meerschweinchen durch Oxidation **Ascorbinsäure** gebildet wird (▶ Abschn. 59.1).

❯ Viele Verbindungen werden durch Glucuronidierung ausscheidungsfähig gemacht.

Glucuronide   Viele körpereigene (Bilirubin, Steroidhormone) und körperfremde Verbindungen (Arzneimittel, toxische Verbindungen) reagieren mit UDP-Glucuronat unter Bildung von **Glucuroniden**. Dabei wird Glucuronat in β-glycosidischer Bindung mit Hydroxyl-, Amino- und Carboxyl-Gruppen verknüpft (☐ Abb. 16.4). Die Zahl der möglichen Substrate geht in die Tausende.

Glucuronat-Transferasen   Die für die Glucuronidierung verantwortlichen Enzyme werden als **UDP-Glucuronat-Transferasen** (UGTs) bezeichnet. Sie bilden eine Großfamilie mit beim Menschen insgesamt 16 Mitgliedern. Die einzelnen Mitglieder der Großfamilie weisen unterschiedliche Substratspezifitäten auf. Diese erstrecken sich allerdings mehr auf chemische Gruppen als auf definierte Moleküle, was das außerordentlich breite Substratspektrum erklärt. UGTs kommen im Intestinaltrakt und in besonders hoher Aktivität in der Leber vor, wo sie für die zweite Phase der Biotransformation von besonderer Bedeutung sind (▶ Abschn. 62.3.1).

16.1.3   Galactose

❯ Galactose wird nach Aktivierung über UDP-Galactose zu UDP-Glucose epimerisiert.

Stoffwechsel von Galactose   Galactose wird v. a. vom Säugling und Kleinkind in großen Mengen über das Hauptkohlenhydrat der Milch, das Disaccharid **Lactose** (▶ Kap. 3, ☐ Abb. 3.21) aufgenommen. Wie andere Disaccharide wird Lactose im Intestinaltrakt durch die dort

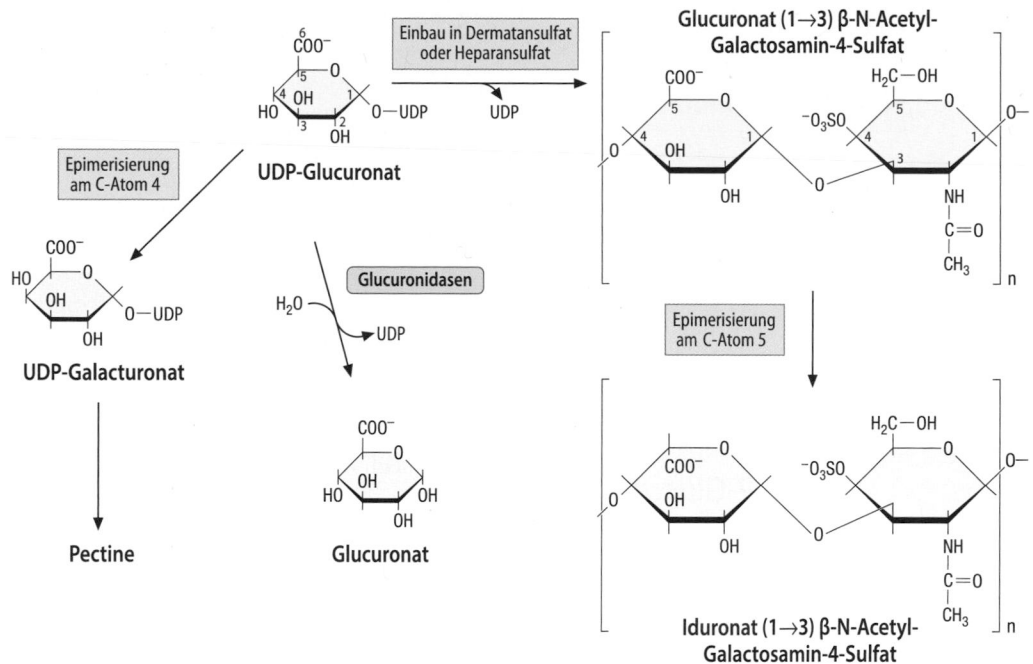

◘ Abb. 16.3   Synthese von UDP-D-Galacturonat, L-Iduronat und Glucuronat. Die Epimerisierung von Glucuronylresten zu Iduronylresten erfolgt erst nach Einbau in Heparan- bzw. Dermatansulfat

anwesenden **Disaccharidasen** (► Abschn. 61.3.1) hydro-lytisch in ihre Bausteine **Glucose** und **Galactose** gespal-ten, die über die Pfortader aufgenommen werden. Der Ga-lactoseabbau findet im Wesentlichen in der Leber statt (◘ Abb. 16.5):

— ATP-abhängige Phosphorylierung von **Galactose** durch eine spezifische Galactokinase zu **Galactose-1-Phosphat**.

— Reaktion von Galactose-1-Phosphat mit UDP-Glucose unter Bildung von **UDP-Galactose** und **Glucose-1-Phosphat**. Diese durch das Enzym **Galac-tose-1-Phosphat-Uridyltransferase** vermittelte Reak-tion besteht also in einem Austausch von Galactose und Glucose am Uridindiphosphat.

— Epimerisierung von UDP-Galactose am C-Atom 4. Das hierfür verantwortliche Enzym ist die **UDP-Galactose-4-Epimerase**. Ihr Produkt ist **UDP-Glucose**. Die entstandene UDP-Glucose kann in Glycogen eingebaut und auf dem Weg der Glycoge-nolyse in den Stoffwechsel eingeschleust werden.

Biosynthese von aktivierter Galactose   Galactose ist Be-standteil einer Reihe von Heteroglycanen (► Abschn. 3.1.4). Daraus ergibt sich die Notwendigkeit, diesen Zucker auch dann zur Verfügung zu haben, wenn die Nahrung galactosefrei ist. Da die UDP-Galactose-4-Epimerase (◘ Abb. 16.5) eine reversible Reaktion

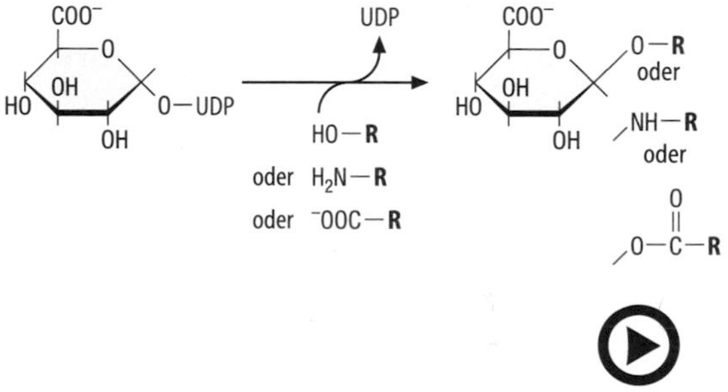

◘ Abb. 16.4 (Video 16.1) **Biosynthese von Glucuroniden aus UDP-Glucuronat.** Die dargestellten Reaktionen werden durch Mit-glieder der Familie der Glucuronat-Transferasen katalysiert (► https://doi.org/10.1007/000-5g0)

katalysiert, kann die benötigte Galactose leicht aus UDP-Glucose hergestellt werden, wobei UDP-Galac-tose entsteht.

❯ Für die Lactosesynthese in der Brustdrüse wird Lact-albumin als Cofaktor benötigt.

Biosynthese von Lactose   Sie erfolgt durch Übertragung von UDP-Galactose auf Glucose unter Bildung von Lac-tose nach der Gleichung:

$$\text{UDP-Galactose} + \text{Glucose} \rightleftarrows \text{UDP} + \text{Lactose} \qquad (16.2)$$

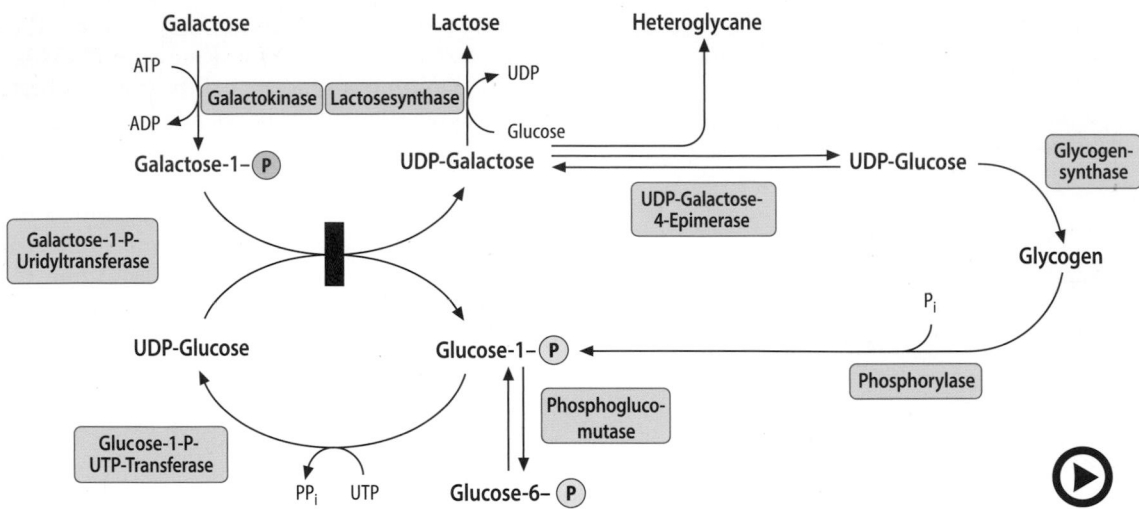

■ **Abb. 16.5** (Video 16.2) **Stoffwechsel der Galactose.** Der *rote Balken* gibt den Stoffwechseldefekt bei der hereditären Galactosämie wieder (▶ Abschn. 17.2.1). (Einzelheiten s. Text) (▶ https://doi.org/10.1007/000-5fz)

Das hierfür benötigte Enzym ist die **Lactosesynthase**. Sie ist ein heterodimeres Enzym aus den Untereinheiten A und B. Die **Untereinheit A** ist eine außer in den Epithelzellen der Brustdrüse in vielen anderen Zellen vorkommende **Galactosyltransferase**, welche folgende Reaktion katalysiert:

UDP-Galactose + N-Acetylglucosamin $\rightleftarrows$

$$\text{UDP} + \text{N-Acetyllactosamin} \quad (16.3)$$

Diese Untereinheit gehört damit zu den für die Heteroglycansynthese verantwortlichen Enzymen (N-Glycosylierung; ▶ Abschn. 49.3.3).

Zur Biosynthese von Lactose ist sie allein nicht imstande, weil ihre K_M für Glucose als Akzeptor außerordentlich groß ist. Erst zusammen mit der **Untereinheit B**, dem **α-Lactalbumin**, wird die Spezifität der Untereinheit A derart modifiziert, dass Glucose als Akzeptor bevorzugt wird.

Während der Schwangerschaft werden die Zellen der Milchdrüse durch die Hormone Insulin (▶ Kap. 36), Cortisol (▶ Abschn. 40.2) und Prolactin (▶ Abschn. 39.2.2) in sekretorische Zellen umgewandelt und dabei die Biosynthese der Untereinheit A induziert. Die Biosynthese der Untereinheit B wird dagegen durch die während der Schwangerschaft stark erhöhten Progesteronspiegel gehemmt. Mit dem unmittelbar vor der Geburt einsetzenden Progesteronabfall erlischt diese Hemmung, sodass mit Beginn der Milchbildung Lactose in benötigtem Umfang synthetisiert werden kann.

16.1.4 Mannose und Fucose

❯ Mannose und Fucose werden aus Glucose synthetisiert.

Mannose und Fucose sind wichtige Bestandteile vieler Glycoproteine. Sie werden mit folgenden Reaktionen aus Glucose synthetisiert (■ Abb. 16.1 und 16.6):
- Isomerisierung von Glucose-6-Phosphat zu **Fructose-6-Phosphat** mithilfe des Glycolyse-Enzyms **Phosphoglucose-Isomerase**.
- Sterische Umkehr der Hydroxylgruppe am C-Atom 2 unter Bildung von **Mannose-6-Phosphat** durch eine zweite Isomerase.
- Umwandlung zu Mannose-1-Phosphat.
- Aktivierung von Mannose-1-Phosphat mit GTP zu **GDP-Mannose** (▶ Abschn. 16.1.1).

GDP-Mannose ist nicht nur Substrat für die Biosynthese von mannosehaltigen Glycoproteinen, sondern auch für die des 6-Desoxyzuckers L-Fucose, der ebenfalls in Glycoproteinen vorkommt (▶ Abschn. 3.1.4). Formal ist die komplizierte, mehrstufige Umwandlung von GDP-Mannose in GDP-Fucose eine mit einer Wasserabspaltung einhergehende Reduktion der CH_2OH-Gruppe des C-Atoms 6 zu einer Methylgruppe (■ Abb. 16.6).

16.1.5 Glucosamin und Derivate

❯ Die NH_2-Gruppe der Aminozucker wird durch Glutamin bereitgestellt.

Sowohl in den Oligosacchariden der Glycoproteine als auch in Glycosaminoglycanen kommen häufig Monosaccharide mit Aminogruppen vor, die meist zusätzlich acetyliert sind. Diese befinden sich immer am C-Atom 2 des zugrunde liegenden Monosaccharides. Die Grund-

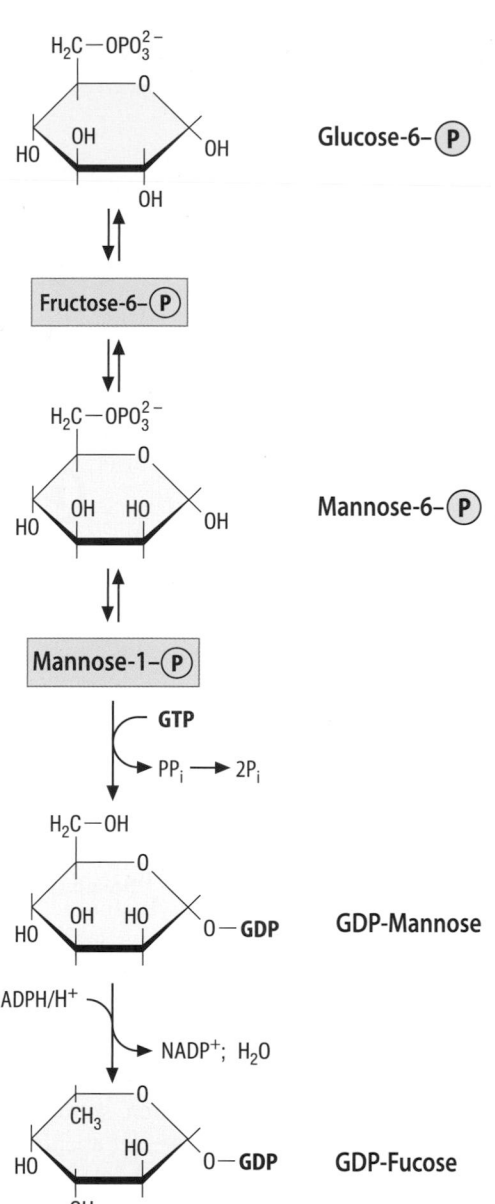

☐ Abb. 16.6   Biosynthese von GDP-Mannose und GDP-Fucose aus Glucose-6-Phosphat. (Einzelheiten s. Text)

züge der Biosynthese dieser Aminozucker sind in ☐ Abb. 16.1 zusammengestellt.

N-Acetylglucosamin Da es sich um eine Substitution am C-Atom 2 handelt, beginnt die Biosynthese mit der Isomerisierung von Glucose-6-Phosphat zu **Fructose-6-Phosphat** (☐ Abb. 16.1). Dieses reagiert anschließend mit dem Amidstickstoff des Glutamins unter Bildung von **Glucosamin-6-Phosphat** (GlcN-6-P). Katalysiert wird diese geschwindigkeitsbestimmende

Reaktion durch die Glutamin-Fructose-6-Phosphat-Amidotransferase (GFAT). Eine zweite Möglichkeit der Glucosamin-6-Phosphat-Biosynthese besteht in der direkten Phosphorylierung von Glucosamin, das über GLUT-Transporter (▶ Abschn. 15.1.1) in die Zellen aufgenommen wird. Durch Acetylierung mit Acetyl-CoA entsteht aus Glucosamin-6-Phosphat das **N-Acetylglucosamin-6-Phosphat** (GlcNAc-6-P). Nach Verlagerung der Phosphatgruppe zum GlcNAc-1-P reagiert dieses mit UTP zum UDP-GlcNAc, das für die Glycoproteinbiosynthese verwendet wird (▶ Abschn. 49.3.3). Die Umwandlung von Glucose in UDP-GlcNAc wird als **Hexosamin-Biosyntheseweg** (HBP, *hexosamine biosynthetic pathway*) bezeichnet.

N-Acetyl-Galactosamin und N-Acetylneuraminsäure N-Acetyl-Galactosamin entsteht durch Epimerisierung von UDP-GlcNAc zu UDP-GalNAc in einer Reaktion, die der Epimerisierung von UDP-Glc zu UDP-Gal entspricht (☐ Abb. 16.5).

Die Biosynthese der N-Acetylneuraminsäure (Sialinsäure; die Struktur der Neuraminsäure ist in ▶ Kap. 3, ☐ Abb. 3.19 gezeigt) beginnt mit der ATP-abhängigen Umwandlung von UDP-GlcNAc zu **N-Acetylmannosamin-6-Phosphat** (ManNAc-6-P), das anschließend mit Phosphoenolpyruvat reagiert (☐ Abb. 16.1). Dabei addiert sich das nach Phosphatabspaltung entstehende Enolat-Ion des Pyruvats an das C-Atom 1 des **N-Acetylmannosamin-6-Phosphats**, wobei N-Acetylneuraminat-9-Phosphat entsteht. Dieses wird analog zu schon geschilderten Reaktionen diesmal mit CTP zu **CMP-N-Acetyl-Neuraminat** aktiviert und steht damit der Glycoproteinbiosynthese zur Verfügung.

Zusammenfassung

Die im Stoffwechsel benötigten Monosaccharide werden überwiegend aus Glucose synthetisiert, die hierzu allerdings zu UDP-Glucose aktiviert werden muss. UDP-Glucose ist Ausgangspunkt für die Biosynthese des Glucuronats, der Glucuronide, des Galacturonats und des Iduronats.

Viele Organismen können aus Glucuronat Ascorbinsäure synthetisieren. Primaten sind hierzu allerdings nicht in der Lage.

UDP-Glucose wird zu UDP-Galactose epimerisiert, das der Lactosesynthese dient. Mit der Nahrung aufgenommene Galactose wird zu UDP-Galactose aktiviert und anschließend zu UDP-Glucose epimerisiert.

Die Biosynthese der Zuckerbausteine von Heteroglycanen geht von Glucose aus:

16

- Glucose-6-Phosphat liefert UDP-Glucose und UDP-Galactose.
- Fructose-6-Phosphat liefert GDP-Mannose und GDP-Fucose.
- Fructose-6-Phosphat ist Ausgangspunkt für die Biosynthese der aktivierten Aminozucker UDP-GlcNAc, UDP-GalNAc und CMP-N-Acetylneuraminsäure.

16.2 Die Saccharide von Proteoglycanen, Hyaluronsäure und Peptidoglycan

16.2.1 Glycosyltransferasen

Oligosaccharide und Heteroglycane finden sich als Bestandteile von
- N-glycosidisch verknüpften Glycoproteinen
- O-glycosidisch verknüpften Glycoproteinen
- Glycolipiden
- Proteoglycanen
- Hyaluronsäure

Die Biosynthese der Glycoproteine wird im Zusammenhang mit der Proteinbiosynthese (▶ Abschn. 49.3.3) besprochen.

Im Gegensatz zur Biosynthese von Nucleinsäuren (▶ Kap. 44 und 46) oder Proteinen (▶ Kap. 48) erfolgt die Biosynthese von Oligosacchariden und Heteroglycanen nicht nach einem in einer Matrize (DNA für Nucleinsäuren oder mRNA für Proteine) codierten Plan. Sie besteht vielmehr in der schrittweisen Anheftung von Glycosylresten, die dazu in **Nucleosiddiphosphat-aktivierter** Form (▶ Abschn. 16.1.1) vorliegen müssen, an einen Akzeptor. Die hierfür nötigen Glycosyltransferasen haben jeweils die erforderliche Spezifität hinsichtlich des Akzeptors und des Nucleosiddiphosphat-Zuckers.

16.2.2 Disaccharidketten von Proteoglycanen

Proteoglycane sind essenzielle Bestandteile der extrazellulären Matrix. Ihre im Einzelnen spezifischen Funktionen werden in ▶ Abschn. 71.1.5 besprochen.

❯ In Proteoglycanen sind Ketten aus repetitiven Disacchariden mit einem *core*-Protein verknüpft.

Aufbau und Einteilung Proteoglycane bestehen aus einem sog. *core*-Protein, an das lange **unverzweigte** Poly-

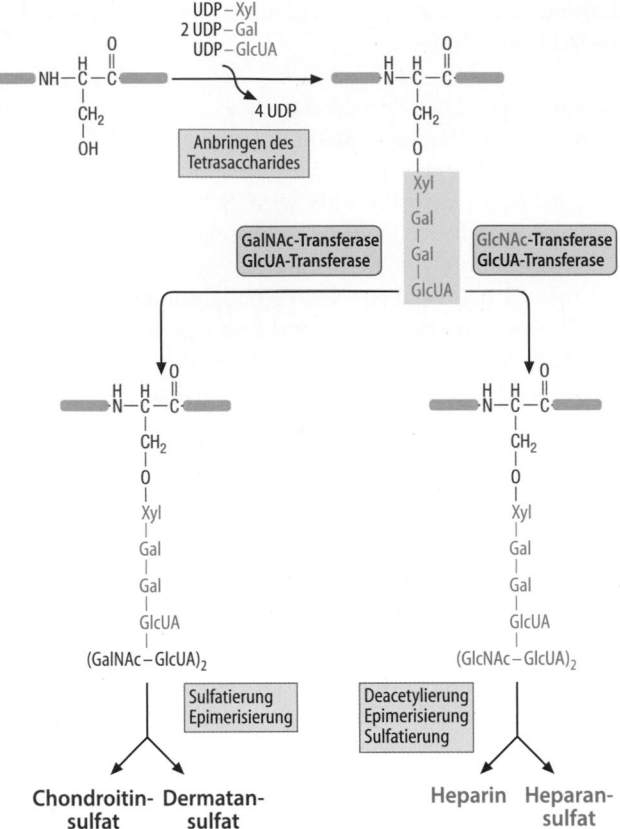

■ **Abb. 16.7 Biosynthese von Proteoglycanen.** *Xyl:* Xylose; *Gal:* Galactose; *GlcUA:* Glucuronat; *GalNAc:* N-Acetyl-Galactosamin; *GlcNAc:* N-Acetylglucosamin. (Einzelheiten s. Text)

saccharidketten aus repetitiven Disaccharideinheiten (▶ Tab. 3.5) geheftet sind, die als **Glycosaminoglycane** bezeichnet werden. Sie werden unterteilt in:
- Chondroitinsulfat
- Dermatansulfat
- Keratansulfat
- Heparin und
- Heparansulfat

Die repetitiven Disaccharideinheiten bestehen aus einer Uronsäure und einem Aminozucker (▶ Kap. 3, ■ Abb. 3.23). Eine Ausnahme ist Keratansulfat, das Galactose statt einer Uronsäure enthält. Uronsäuren und Aminozucker können mit Sulfatgruppen verestert sein, weswegen es sich um stark negativ geladene Moleküle handelt.

Die Variabilität der zugehörigen Proteine ist außerordentlich groß. Bis heute sind mehr als 40 Gene mit vielen *Splice*-Varianten für die in Proteoglycanen vor-

kommenden sog. *core*-**Proteine** identifiziert worden (▶ Abschn. 71.1.5).

Biosynthese Das Prinzip der Biosynthese der Glycosaminoglycanketten ist in ◻ Abb. 16.7 dargestellt:

- An eine **Serylgruppe** innerhalb einer spezifischen Sequenz des *core*-Proteins wird Schritt für Schritt ein aus vier Monosacchariden bestehendes Oligosaccharid geknüpft. Die Struktur Xylose–Galactose–Galactose–Glucuronat ist allen Proteoglycanen gemeinsam.
- Dieses Tetrasaccharid wird nun durch alternierende Addition von zwei Monosacchariden verlängert, einem Aminozucker und Glucuronat, jeweils als UDP-aktivierte Verbindung (▶ Abschn. 16.1.1).
- Das für Heparin und Heparansulfat typische Disaccharid besteht aus dem Aminozucker **N-Acetylglucosamin** und **Glucuronat**, im Chondroitin- und Dermatansulfat kommt dagegen das Disaccharid aus **N-Acetyl-Galactosamin** und **Glucuronat** vor.

Durch jeweils unterschiedliche Epimerisierung von Glucuronat zu **L-Iduronat** (▶ Abschn. 16.1.2) und unterschiedliche **Sulfatierung** kommen weitere Unterschiede zwischen den einzelnen Saccharidketten zustande. Substrat für die beteiligten Sulfat-Transferasen ist **3′-Phosphoadenosyl-5′-Phosphosulfat** (PAPS, s. ▶ Abb. 3.17). Zusammen mit der großen Zahl unterschiedlicher *core*-Proteine entsteht dadurch eine nahezu unüberschaubare Vielzahl von Proteoglycanen.

Die Synthese der Saccharide (Glycosaminoglycane) von Proteoglycanen ist im Golgi-Apparat lokalisiert.

16.2.3 Disaccharidketten von Hyaluronsäure (Hyaluronan)

❯ Hyaluronsäure ist ein proteinfreies Glycosaminoglycan besonderer Größe.

Aufbau und Vorkommen Hyaluronsäure, nach neuerer Nomenklatur als Hyaluronan bezeichnet, ist ein Heteroglycan, in dem Glucuronat und N-Acetylglucosamin alternierend vorkommen und eine lineare Struktur bilden (◻ Tab. 3.5).

Die Zahl der repetitiven Disaccharide kann bei über 30.000 liegen, woraus sich eine Molekülmasse von mehr als 10^7 Da ergibt.

Hyaluronsäure kommt in tierischen Geweben ubiquitär vor und bildet einen wichtigen Bestandteil der extrazellulären Matrix, wird jedoch auch von verschiedenen Bakterien als Bestandteil ihrer Zellwand gebildet. Seine Funktionen sind vielfältig:

- Es moduliert die Zellwanderung und Differenzierung während der Embryogenese,

- reguliert die Organisation der extrazellulären Matrix und
- nimmt an der Metastasierung, der Wundheilung und der Entzündung teil.

Die Halbwertszeit von Hyaluronsäure in verschiedenen Geweben variiert beträchtlich. In der Epidermis beträgt sie weniger als einen Tag, im Knorpel dagegen bis zu 1–3 Wochen.

Biosynthese Hyaluronsäure enthält kein Protein und ihre Biosynthese unterscheidet sich grundsätzlich von derjenigen der Proteoglycane. Die repetitiven Disaccharideinheiten werden Schritt für Schritt in Form ihrer Nucleosiddiphosphat-aktivierten Monosaccharide an die wachsende Zuckerkette angeheftet. Die hierfür verantwortliche **Hyaluronatsynthase** verfügt über zwei Bindungsstellen für die beiden UDP-Monosaccharide. Beim Menschen kommen drei unterschiedliche Hyaluronatsynthasen vor, die untereinander beträchtliche Sequenzhomologien aufweisen. Sie sind mit sieben Transmembranhelices in der Plasmamembran verankert, das aktive Zentrum ist zum Cytosol gerichtet, die synthetisierte Hyaluronsäure wird direkt in den Extrazellulärraum sezerniert.

Über die Funktion von Proteoglycanen s. auch ▶ Kap. 3 und 71.

16.2.4 Das bakterielle Peptidoglycan als Angriffspunkt von Penicillin

❯ Peptidoglycan, die Hauptkomponente der bakteriellen Zellwand, besteht aus repetitiven Disaccharidketten, die mit Peptiden quervernetzt sind.

Unter den verschiedenen Bestandteilen der bakteriellen Zellwand ist das für das Überleben der Bakterien wichtigste das **Peptidoglycan**, das auch als **Murein**, seltener als **Glycopeptid** oder **Mucopeptid**, bezeichnet wird. Es ist ein einziges, sehr großes Makromolekül, welches eine käfigartige Hülle um die Bakterien bildet.

Grundbaustein des Mureins ist eine lineare Kette eines repetitiven Disaccharids aus N-Acetylglucosamin und N-Acetylmuraminsäure (◻ Abb. 16.8A). Formal ist die Muraminsäure ein 3-O-Ether des Glucosamins mit Lactat. Die N-Acetylmuraminsäurereste sind covalent mit je einem **Tetrapeptid** der Struktur Ala–D-Gln–Lys–D-Ala verknüpft. Ein aus fünf Glycinresten bestehendes **Pentapeptid** ist für die **Quervernetzung** der Zuckerketten zwischen der ε-Aminogruppe des Lysylrests in Position 3 des einen Tetrapeptides und dem Ala-

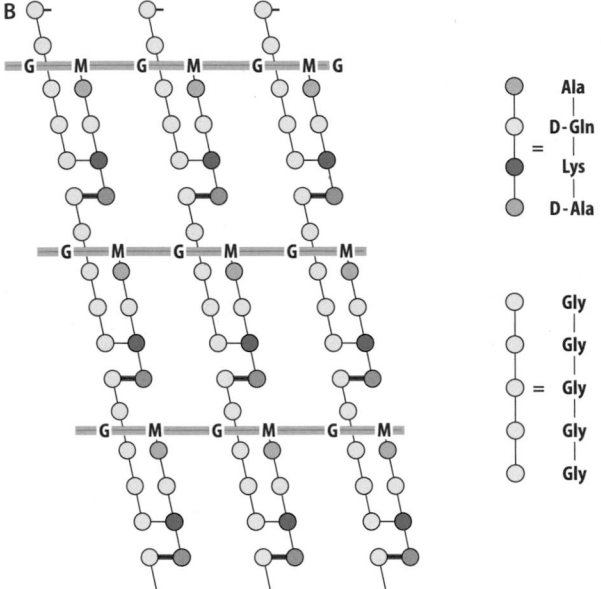

NAc-Glucosamin — NAc-Muraminsäure

R= —Ala—D-Gln—Lys—D-Ala

= Ala
D-Gln
Lys
D-Ala

= Gly
Gly
Gly
Gly
Gly

■ **Abb. 16.8 Struktur des Peptidoglycans (Mureins).** A Ausschnitt aus dem repetitiven Disaccharid aus N-Acetylglucosamin und N-Acetylmuraminsäure. *R:* Peptidkette **B** Schematische Darstellung der Mureinstruktur. Die Vernetzungsstellen sind durch *rote* Verbindungslinien hervorgehoben. *G:* N-Acetyl-Glucosamin; *M:* N-Acetyl-Muraminsäure

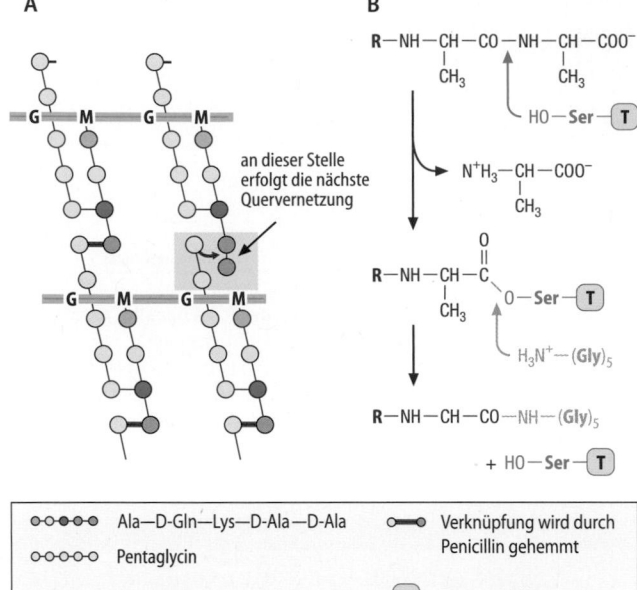

an dieser Stelle
erfolgt die nächste
Quervernetzung

Ala—D-Gln—Lys—D-Ala—D-Ala   Verknüpfung wird durch Penicillin gehemmt

Pentaglycin

G—M repetitives Disaccharid   T Transpeptidase

■ **Abb. 16.9 Mechanismus der Quervernetzung des Mureinmoleküls.** **A** Im letzten Schritt der Quervernetzung greift formal der freie N-Terminus des Pentaglycins eine D-Ala–D-Ala-Peptidbindung an. **B** Für die Quervernetzung ist die Glycopeptid-Transpeptidase verantwortlich. Das Enzym reagiert im ersten Schritt mit dem an die Zuckerreste geknüpften Peptid Ala–D-Gln–Lys–D-Ala–D-Ala, indem die beiden D-Alaninreste unter Bildung eines Acyl-Enzym-Zwischenproduktes gespalten werden. Anschließend wird das Zwischenprodukt durch die Aminogruppe des Pentaglycinpeptides unter Bildung der Quervernetzung angegriffen. *G:* N-Acetylglucosamin; *M:* N-Acetylmuraminsäure. (Einzelheiten s. Text)

nylrest in Position 4 des nächstfolgenden verantwortlich (■ Abb. 16.8B).

Muraminsäureketten werden spezifisch durch **Muraminidase** gespalten. Dieses auch als **Lysozym** bezeichnete Enzym ist im Tierreich weit verbreitet. Es zerstört die Zellwand von Bakterien und führt damit zu deren Absterben. Lysozym findet sich v. a. in der Nasenschleimhaut und der Tränenflüssigkeit und hat die Aufgabe, die mit der Luft eindringenden Mikroorganismen zu zerstören.

❯ Das Antibiotikum Penicillin hemmt die Biosynthese des Mureins.

Penicillin ist das erste Antibiotikum, das zur Bekämpfung von Infektionskrankheiten eingesetzt wurde. Der

bakteriostatische Effekt des Penicillins beruht auf einer Hemmung der Biosynthese der bakteriellen Zellwand.

Wie Jack Strominger zeigen konnte, hemmt Penicillin die letzte Reaktion der Mureinbiosynthese, nämlich die Quervernetzung. Diese erfolgt zwischen dem N-Terminus des Pentaglycins und dem C-Terminus des Tetrapeptids. Die Reaktion wird durch das Enzym **Glycopeptid-Transpeptidase**, das einen für die Reaktion essenziellen Serylrest besitzt, katalysiert und läuft in folgenden Teilschritten ab (■ Abb. 16.9):

- An die N-Acetylmuraminsäurereste wird zunächst nicht das spätere Tetrapeptid, sondern ein um **ein D-Alanin** verlängertes Peptid aus insgesamt 5 Aminosäuren synthetisiert. Es hat die Struktur Ala–D-Gln–Lys–D-Ala–**D-Ala** (■ Abb. 16.9A).
- Das Enzym Glycopeptid-Transpeptidase greift die Peptidbindung zwischen den zwei D-Alaninresten des an die Zuckerkette geknüpften Peptids an. Unter Abspaltung des terminalen D-Alanins wird ein Acyl-Enzym-Zwischenprodukt gebildet (■ Abb. 16.9B).
- Die so entstandene Esterbindung zwischen Alanin und Enzym wird durch die terminale Aminogruppe des Pentaglycins gespalten. Dabei wird das Enzym

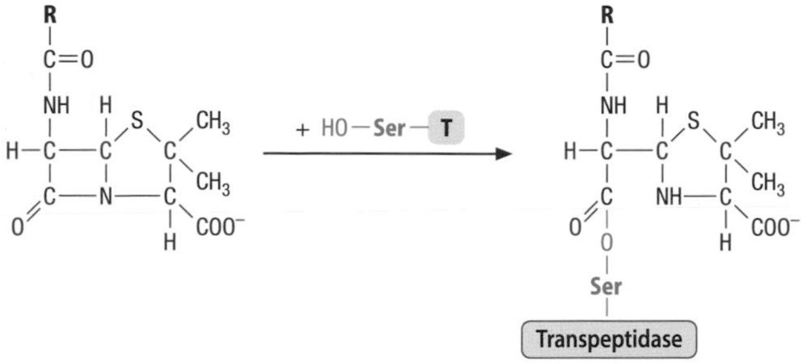

◘ Abb. 16.10 Irreversible Hemmung der Glycopeptid-Transpeptidase durch Penicillin. Penicillin (*links*) besteht aus einem Thiazolidinring, an den ein viergliedriger β-Lactamring (*rot*) geknüpft ist. Dieser trägt zusätzlich eine variable Gruppe, z. B. eine Benzylgruppe beim Benzylpenicillin. Der β-Lactamring wird durch die reaktive OH-Gruppe der Glycopeptid-Transpeptidase (T) gespalten, wodurch das Enzym irreversibel blockiert wird

regeneriert und die für die Quervernetzung verantwortliche Peptidbindung gebildet.

Penicillin ist ein außerordentlich wirksamer **Inhibitor** der Glycopeptid-Transpeptidase. Der für alle Penicillinantibiotika typische, sehr reaktive **β-Lactamring** (◘ Abb. 16.10) ähnelt in seiner Raumstruktur der terminalen D-Ala–D-Ala-Einheit. Aus diesem Grund ist das Penicillin auch ein gutes Substrat der Glycopeptid-Transpeptidase. Diese spaltet mithilfe ihrer reaktiven OH-Gruppe den β-Lactamring und bildet einen **Penicilloyl-Enzymkomplex** (◘ Abb. 16.10), der die Glycopeptid-Transpeptidase irreversibel inaktiviert und damit die Biosynthese der bakteriellen Zellwand verhindert.

Übrigens

Penicillin: "That is funny!". Der englische Mikrobiologe **Alexander Fleming** (1881–1955) hatte 1922 das Lysozym entdeckt. Danach arbeitete er weiter auf der Suche nach Substanzen, die Bakterien abtöten können. 1928 erhielt er den Auftrag, einen Handbucharartikel über Staphylokokken zu schreiben. Dazu untersuchte er im Auflichtmikroskop Staphylokokkenkolonien, die er in Petrischalen auf Gallertnährböden gezüchtet hatte. Die Petrischalen lagen dabei längere Zeit unbedeckt unter dem Mikroskop, öfters wurden durch den Luftzug Schimmelpilze auf die Nährböden verfrachtet. Das war bekannt. Er klagte seinem Kollegen Melvin Pryce „Immer fällt etwas aus der Luft herein", ergriff eine solche Schale und wollte sie herzeigen.

Plötzlich hielt er inne, blickte lange auf die Bakterienkolonie und sagte dann die historischen Worte „That is funny!" In dieser Schale war der Nährboden ebenso mit Schimmel bedeckt wie in den anderen, aber hier waren rings um den Schimmelpilz die Staphylokokkenkolonien zugrunde gegangen. Fleming versuchte, den Pilz zu bestimmen, und kam zu dem Schluss, es sei *Penicillium chrysogenum*. Erst zwei Jahre später wurde dieser Schimmelpilz in den USA als *Penicillium notatum* identifiziert. Er wurde zum Ausgangspunkt für die Penicillinproduktion. 1945 erhielt Sir Alexander Fleming den Nobelpreis für Medizin, gemeinsam mit dem Biochemiker Ernst Boris Chain und dem Pathologen Sir Howard Walter Florey.

Zusammenfassung

Heteroglycane sind neben ihrem Vorkommen in Glycoproteinen wichtige Bestandteile der repetitiven Disaccharidsequenzen (Glycosaminoglycane) von Proteoglycanen und der Hyaluronsäure (Hyaluronan). Der **Biosyntheseweg** der Heteroglycane verläuft unterschiedlich: **Proteoglycane** werden an sog. *core*-Proteinen synthetisiert. An spezifische Sequenzabschnitte wird zunächst eine Tetrasaccharideinheit angeheftet. An diese werden dann die repetitiven Disaccharideinheiten angefügt. Diese werden durch Epimerisierung und Sulfatierung noch modifiziert. **Hyaluronsäure** enthält kein *core*-Protein und wird durch die Hyaluronatsynthase direkt unter Verwendung der aktivierten Monosaccharide synthetisiert. Für die genannten Biosynthesen ist die Aktivierung des jeweiligen Monosaccharides zu einem **NDP-Monosaccharid** notwendig. Das **Peptidoglycan** oder **Murein** ist ein lebensnotwendiger Bestandteil bakterieller Zellwände, das über Pentapeptide quervernetzt ist. Für diese Reaktion ist eine Transpeptidase erforderlich, die durch Penicillin irreversibel gehemmt werden kann.

Weiterführende Literatur

Bunker RD, Bulloch EMM, Dickson JMJ, Loomes KM, Baker EN (2013) Structure and function of human xylulokinase, an enzyme with important roles in carbohydrate metabolism. J Biol Chem 288:1643–1652

Iozzo RV, Schaefer L (2015) Proteoglycan form and function: a comprehensive nomenclature of proteoglycans. Matrix Biol 42:11–55

Lander AD, Selleck SB (2000) The elusive functions of proteoglycans: in vivo veritas. J Cell Biol 148:227–232

Prydz K, Dalen KT (2000) Synthesis and sorting of proteoglycans. J Cell Sci 113:193–205

Pummill PE, DeAngelis PL (2002) Evaluation of critical structural elements of UDP-sugar substrates and certain cysteine residues of a vertebrate hyaluronan synthase. J Biol Chem 277:21610–21616

Schauer R (2004) Victor Ginsburgs influence on my research of the role of sialic acids in biological recognition. Arch Biochem Biophys 426:132–141

Taylor ME, Drickamer K (2003) Introduction to glycobiology. Oxford University Press, Oxford

Tukey RH, Strassburg CP (2001) Genetic multiplicity of the human UDP Glucuronosyltransferases and regulation in the gastrointestinal tract. Mol Pharmacol 59:405–414

Yoshida M et al (2000) In vitro synthesis of hyaluronan by a single protein derived from mouse HAS1 gene and characterization of amino acid residues essential for the activity. J Biol Chem 275:497–506

Pathobiochemie des Kohlenhydratstoffwechsels

Georg Löffler und Matthias Müller

Im Kohlenhydratstoffwechsel kann es zu mannigfachen Störungen kommen, die häufigste von ihnen ist die Erhöhung des Blutzuckerspiegels bei Diabetes mellitus. Diese geht vermehrt einher mit einer spontanen, covalenten Bindung von Glucose an zahlreiche Proteine, die für die Pathogenese der Folgeerkrankungen von Diabetikern von großer Bedeutung ist. Ein Absinken des Blutzuckerspiegels unter einen kritischen Wert kann unterschiedliche Ursachen haben und gefährdet akut die Energieversorgung des zentralen Nervensystems. Klassische Krankheitsbilder, die auf angeborene Störungen des Kohlenhydratstoffwechsels zurückgehen, sind Galactosämie und hereditäre Fructose-Intoleranz. Fehler in der Biosynthese von Heteroglycanen führen zu schweren Störungen, da diese Verbindungen für die Regulation von Wachstum, Differenzierung und anderen zellulären Funktionen von besonderer Bedeutung sind.

Schwerpunkte

17.1 Erworbene pathologische Veränderungen des Kohlenhydratstoffwechsels
- Hypoglykämien
- Lactatacidose
- Beteiligung von Fructose an der Pathogenese des Metabolischen Syndroms
- Glykierung von Proteinen und *advanced glycation endproducts*

17.2 Hereditäre Defekte des Kohlenhydratstoffwechsels
- Galactosämien
- Hereditäre Fructose-Intoleranz
- Glycogenosen
- angeborene hämolytische Anämie
- Chondrodystrophien, Mucopolysaccharidosen

17.1 Erworbene pathologische Veränderungen des Kohlenhydratstoffwechsels

> Störungen des Kohlenhydratstoffwechsels sind die Ursache der verschiedensten Erkrankungen.

Erworbene Störungen des Kohlenhydratstoffwechsels können in den vielfältigsten Formen auftreten und führen häufig zu klassischen Stoffwechselkrankheiten (◘ Tab. 17.1). Beispiele hierfür sind der **Diabetes mellitus**, **Hyperinsulinismus** oder die **Kohlenhydrat-Malabsorption**, die an anderer Stelle besprochen werden.

17.1.1 Hypoglykämien, Lactatacidose und Störungen der Glucuronidierung von Bilirubin

Hypoglykämien Hypoglykämien, d. h. Zustände, bei denen die Blutglucosekonzentration unter 3,6 mmol/l (65 mg/dl) absinkt, kommen bei einer Reihe von Erkrankungen vor. Diese Situation ist insofern bedrohlich, da das **Zentralnervensystem** zur Deckung seines Energiebedarfs auf eine kontinuierliche Glucosezufuhr angewiesen ist. Der Körper versucht infolgedessen, Glycogenolyse und Gluconeogenese zu aktivieren, wozu die Katecholamin-Sekretion stimuliert wird. Dies macht die Symptomatik verständlich, die von Heißhunger, Schweißausbrüchen und Herzklopfen gekennzeichnet ist. Bei weiterem Absinken der Blutglucosekonzentration treten mehr und mehr die Symptome der Funktionsstörungen des Zentralnervensystems auf: Tremor, neurologische Störungen, Bewusstseinstrübung bis hin zum **Coma hypoglycämicum**.

Ergänzende Information Die elektronische Version dieses Kapitels enthält Zusatzmaterial, auf das über folgenden Link zugegriffen werden kann https://doi.org/10.1007/978-3-662-60266-9_17. Die Videos lassen sich durch Anklicken des DOI Links in der Legende einer entsprechenden Abbildung abspielen, oder indem Sie diesen Link mit der SN More Media App scannen.

◻ Tab. 17.1   Erworbene Störungen des Kohlenhydratstoffwechsels

Bezeichnung	Ursache	Besprochen in Abschnitt
Diabetes mellitus	Absoluter oder relativer Insulinmangel	► 36.7
Hyperinsulinismus	Inselzelltumoren des Pankreas; Fehlen von Insulinantagonisten	► 17.1
Kohlenhydrat-Malabsorption	Gestörte intestinale Resorption von Monosacchariden	► 61.3.5
Hypoglykämien	„Unreife" der Gluconeogenese bei Frühgeborenen; Alkoholintoxikation; Insulinüberdosierung, Insulinüberproduktion	► 17.1.1, ► 62.6.1
Lactatacidose	Störung des aeroben Glucoseabbaus bei Schocksyndrom, bei Krampfanfällen und nach Gabe mancher Arzneimittel (Phenformin)	► 17.1.1
Frühgeborenenikterus	Mangel an Glucuronat-Transferase-Aktivität	► 32.2.2

Hypoglykämien können verschiedenste Ursachen haben. Besonders empfindlich sind nicht ausreichend mit Kohlenhydraten versorgte **Frühgeborene**, da bei ihnen die für die Gluconeogenese verantwortlichen Enzyme noch nicht in ausreichender Aktivität vorhanden sind. **Akute Alkoholintoxikation** kann ebenfalls zu Hypoglykämien führen, da Ethanol die Gluconeogenese hemmt. Wahrscheinlich wird dieser Effekt durch das beim Ethanolabbau entstehende $NADH/H^+$ verursacht, das die Verhältnisse von Lactat/Pyruvat und Malat/Oxalacetat zugunsten der reduzierten Reaktionspartner verschiebt. Die Folge ist ein Konzentrationsabfall der Gluconeogenese-Substrate Pyruvat und Oxalacetat.

Eine durch **Tumoren der β-Zellen** der pankreatischen Langerhans-Inseln ausgelöste gesteigerte und nicht regulierte Insulinsekretion kann zu schweren Hypoglykämien führen. Bei **insulinpflichtigen Diabetikern** kommt es gelegentlich infolge eines Missverhältnisses des zugeführten Insulins und der aufgenommenen Nahrung zu Hypoglykämien.

Die **hyperinsulinämische Hypoglykämie** des Kindesalters als Folge einer Regulationsstörung der Glutamatdehydrogenase wird in ► Abschn. 28.2 besprochen.

Lactatacidose   Ein sehr ernst zu nehmendes Krankheitsbild ist die **Lactatacidose**, von der man spricht, wenn die Lactatkonzentration im Blut über den Grenzwert von 1,2–1,5 mmol/l steigt. Das Krankheitsbild findet sich als Symptom von Störungen des aeroben Glucoseabbaus bei Patienten mit **Schocksyndrom** oder **generalisierten Krampfanfällen**, aber auch nach bestimmten Arzneimitteln, z. B. nach Gabe des früher als Antidiabetikum verwendeten Phenformins. Das Krankheitsbild der Lactatacidose ist von der Symptomatik einer schweren metabolischen Acidose begleitet und muss entsprechend behandelt werden (► Abschn. 66.3.1).

Fructose und Metabolisches Syndrom   Als Metabolisches Syndrom wird die Kombination von Insulinresistenz (Diabetes mellitus Typ 2), Adipositas, Dyslipidämie, und Hypertonie bezeichnet (► Abschn. 36.7.2 und 56.3.2). Im Zentrum der Pathogenese dieses Krankheitsbildes steht die Sekretion von proinflammatorischen Cytokinen und eine erhöhte Produktion von Glucocorticoiden durch das (v. a. abdominelle) Fettgewebe. Studien belegen nun einen Zusammenhang zwischen der Ausbreitung des Metabolischen Syndroms und dem stark zugenommenen **Verzehr von Fructose**, hauptsächlich in Form von Speisezucker (Saccharose) und dem zum Süßen vieler Nahrungsmittel verwendeten Mais-Sirup (*corn syrup*).

In die **Hepatocyten** wird Fructose über GLUT2 (► Abschn. 15.1.1) wie Glucose aufgenommen, dann aber mit höherem Durchsatz als Glucose zu Pyruvat bzw. Acetyl-CoA abgebaut. Der Grund liegt in der spezifischen Phosphorylierung von Fructose durch die Fructokinase zu Fructose-1-Phosphat, das direkt durch Aldolase B in zwei Triosen gespalten wird (► Abschn. 14.1.1), ohne dass dafür die von Insulin abhängige und durch negativen Feedback hemmbare Phosphofructokinase 1 erforderlich wäre. Das aus dem Abbau der Fructose gebildete Acetyl-CoA steht den Hepatocyten zur **Lipogenese** zur Verfügung. **Adipocyten** haben keine Fructokinase und schleusen deswegen Fructose – wie Glucose – über die Hexokinase in die Glycolyse ein. Dennoch scheint auch hier der Umsatz von Fructose zu Acetyl-CoA und weiter zur Liponeogenese gegenüber dem Umsatz von Glucose beschleunigt zu sein, weil Adipocyten die Fructose über den Insulin-unabhängigen GLUT5 aufnehmen und dessen Expression direkt durch Fructose stimuliert wird.

Experimentelle Befunde deuten außerdem daraufhin, dass Fructose-6-Phosphat nach Transport in das endoplasmatische Retikulum von Adipocyten und anschließender Isomerisierung zu Glucose-6-Phosphat und Oxi-

dation durch die Glucose-6-Phosphat-Dehydrogenase erheblich zur luminalen Bildung von **NADPH$_2$** beiträgt. Mithilfe von NADPH$_2$ wandelt die **11β-Hydroxysteroid-Dehydrogenase** (◘ Abb. 40.4) inaktives Cortison in aktives Cortisol um, sodass Fructose auf diese Weise direkt die Produktion von Glucocorticoiden (s. o.) stimuliert.

17.1.2 Glykierung

❯ Die nicht-enzymatische Glykierung von Proteinen ist die Ursache vieler zellulärer Dysfunktionen.

Aldehyde bilden spontan **Schiff-Basen** mit Verbindungen, die Aminogruppen enthalten. Dies trifft naturgemäß auch für Aldosen und damit in besonderem Maße für Glucose zu. Wie aus ◘ Abb. 17.1 hervorgeht, kann Glucose mit Aminogruppen in Proteinen, aber auch Lipiden oder Nucleinsäuren nicht-enzymatisch unter Bildung einer Schiff-Base reagieren. Diese Reaktion ist reversibel, ihr Ausmaß hängt von der Dauer und der Höhe der Glucosekonzentration ab. In einer folgenden, ebenfalls nicht-enzymatischen **Amadori-Umlagerung** bildet sich aus der Schiff-Base ein **Ketoamin**, welches vom Organismus nicht mehr gespalten werden kann. Die Menge des auf diese Weise **glykierten** Proteins hängt ab:

- von der Höhe und Dauer der Glucoseexposition,
- der biologischen Lebensdauer des Proteins,
- der Zahl der freien Aminogruppen,
- dem pK-Wert der Aminogruppen,
- der Zugänglichkeit der Aminogruppen für Glucose und
- dem Vorhandensein benachbarter protonierter Aminogruppen wie Histidin oder Arginin.

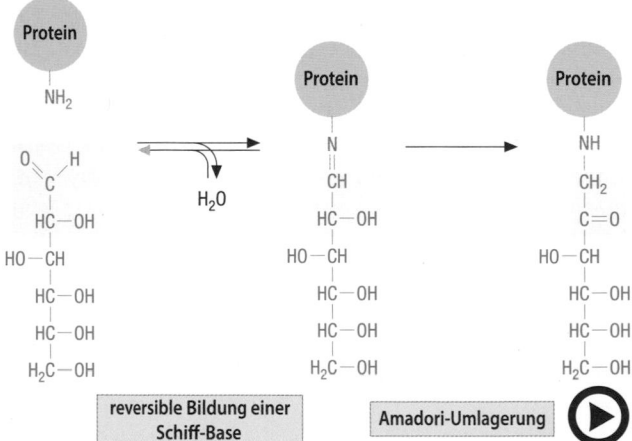

reversible Bildung einer Schiff-Base   Amadori-Umlagerung ▶

◘ **Abb. 17.1** (Video 17.1) **Mechanismus der nicht-enzymatischen Glykierung von Proteinen.** Die Carbonylgruppe von Aldosen, besonders von Glucose, reagiert reversibel mit Aminogruppen in Proteinen. Die dabei entstehenden Schiff-Basen erfahren eine Amadori-Umlagerung, für deren Spaltung keine Enzyme vorliegen (▶ https://doi.org/10.1007/000-5g1)

Das Hämoglobin der Erythrocyten wird wegen des Fehlens einer eigenen Proteinbiosynthese nicht durch Neusynthese ausgetauscht. Deswegen ist seine irreversible Glykierung (s. o.) ein gutes Maß für die durchschnittliche Blutglucosekonzentration während der erythrocytären Lebensdauer von ungefähr 100 Tagen. Tatsächlich liegen schon beim Gesunden etwa 4–6 % des Hämoglobins in glykierter Form, d. h. als **HbA$_{1c}$** (Glykierung des N-terminalen Valins der β-Globinketten) vor. Bei Patienten mit Hyperglykämien, z. B. einem Diabetes mellitus, steigt die Konzentration des glykierten Hämoglobins an. Infolge seiner langen Halbwertszeit erlaubt die Bestimmung des glykierten HbA$_{1c}$ bei Diabetikern eine Abschätzung der qualitativen Diabeteseinstellung während der vergangenen Wochen.

Außer Hämoglobin wird eine Reihe weiterer Proteine glykiert. Sie finden sich entweder in der extrazellulären Flüssigkeit oder in Geweben mit hoher intrazellulärer Konzentration von Glucose und anderen Aldosen. Glykierte Anteile lassen sich im Albumin, in den Apolipoproteinen der LDL, im Kollagen, im Myelin, in Basalmembranproteinen, in Linsenproteinen und in Proteinen der Erythrocytenmembran nachweisen. Sehr häufig gehen mit der Proteinglykierung Änderungen der **Proteinstruktur**, der **Halbwertszeit** oder auch der **Funktion** einher.

Werden sehr langlebige Proteine, z. B. bestimmte Bindegewebsproteine, glykiert, so erfolgen innerhalb von Wochen weitere Umlagerungen der primären Amadori-Produkte zu sog. Glykierungsendprodukten, die englisch als *advanced glycation endproducts* (**AGE**) bezeichnet werden (◘ Abb. 17.2A). Die zugrunde liegenden Reaktionen sind aus der Lebensmittelchemie als **Maillard-Reaktion** bekannt. Unter diesem Begriff werden nicht-enzymatische Bräunungsreaktionen von Lebensmitteln bezeichnet, die auf Reaktionen zwischen Aminen und Carbonylgruppen beruhen. Die Bildung der AGE wird mit einer Reihe physiologischer, aber auch pathophysiologischer Vorgänge in Verbindung gebracht. So nimmt man an, dass sie an den physiologischen Alterungsvorgängen beteiligt sind und möglicherweise bei der Entstehung von Angiopathien eine Rolle spielen. Jedenfalls nimmt mit zunehmendem Alter die Menge an AGE im Bindegewebe linear zu, wie in ◘ Abb. 17.2B anhand des **Pentosidinspiegels** im Kollagen der Dura mater, aber auch in der Haut und in den Nieren des Menschen nachgewiesen wurde. AGE finden sich in endothelialen Proteinen, Linsenkristallinen (Proteine der Augenlinse), Hautkollagenen und treten bei Patienten mit **Diabetes mellitus** gehäuft auf. Auf Makrophagen und Endothelzellen sind in letzter Zeit spezifische Rezeptoren für AGE gefunden worden, die als **RAGE** (*receptors for* AGE) bezeichnet werden und zur Superfamilie der Immunglobuline (▶ Abschn. 70.9) gehören. Sie sind möglicherweise für Reaktionen verantwortlich, die zu Arteriosklerose und anderen Gefäßveränderungen führen.

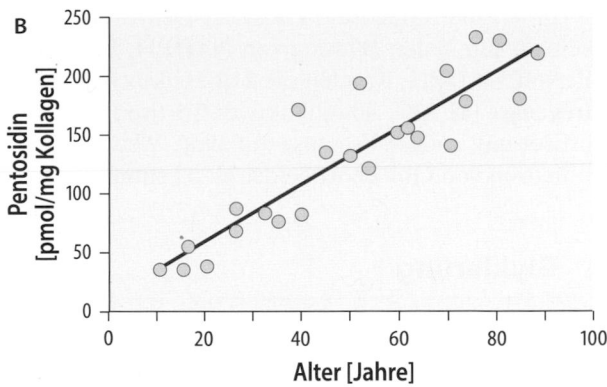

◻ Abb. 17.2   Bildung von *advanced glycation endproducts* **(AGE).**
A Durch Maillard-Reaktionen erfahren die als Ketoamine gebundenen Zuckerreste auf Proteinen komplizierte Umlagerungen, die u. a. zu dem dargestellten Endprodukt Pentosidin (rot hervorgehoben)
führt, welches Quervernetzungen von Peptidketten auslöst. **B** Zunahme der Pentosidinmenge im Kollagen menschlicher Dura mater in Abhängigkeit vom Lebensalter. (Mit freundlicher Genehmigung von VM Monnier, Cleveland)

17.2   Hereditäre Defekte des Kohlenhydratstoffwechsels

17.2.1   Störungen im Stoffwechsel von Monosacchariden und Glycogen

Angeborene Störungen des Kohlenhydratstoffwechsels betreffen **Enzymdefekte**, die bei homozygoten Trägern zu schweren, meist lebensbedrohlichen und lebensverkürzenden Erkrankungen führen.

Prinzipiell können derartige Defekte natürlich jedes Enzym der beschriebenen Wege des Kohlenhydratstoffwechsels betreffen. In ◻ Tab. 17.2 ist eine Auswahl solcher angeborener Störungen des Kohlenhydratstoffwechsels zusammengestellt. Wie man sieht, handelt es sich um seltene Erkrankungen. Über diese genannten Defekte hinaus sind in Einzelfällen Defekte von Enzymen der Gluconeogenese, des Glucuronsäurestoffwechsels, des Pentosephosphatweges und der Enzyme für die Biosynthese von Glycoproteinen beschrieben worden. Etwas häufiger sind **lysosomale Defekte**, die den Abbau von Proteoglycanen, Glycoproteinen und Glycolipiden betreffen (▶ Abschn. 25.3.2).

Galactosämien   Es handelt sich um Erkrankungen, die sich durch erhöhte Serumgalactosespiegel bereits unmittelbar nach der Geburt auszeichnen. Sie kommen mit einer Häufigkeit von etwa 1:50.000 vor.

Bei der leichten Form der Erkrankung ist die **Galactokinase** (▶ Abschn. 16.1.3) defekt. Die sich anhäufende Galactose wird mit einer Aldosereduktase (▶ Abschn. 14.1.1) zu Galactitol reduziert, welches die Entstehung von frühkindlichen Linsenkatarakten auslöst.

Die schwere Form der Erkrankung wird auch als „klassische Galactosämie" bezeichnet. Ihr liegt ein Mangel an **Galactose-1-Phosphat-Uridyltransferase** (▶ Abschn. 16.1.3) zugrunde. Da aber die Aktivität der Galactokinase normal ist, kommt es zu einer beträchtlichen Zunahme der Galactose-1-Phosphat-Konzentration. Dadurch werden die Phosphoglucomutase, Glucose-6-Phosphatase und Glucose-6-Phosphat-Dehydrogenase gehemmt, was eine schwere Störung des Glucosestoffwechsels zur Folge hat. Die hohe Galactose-1-Phosphat-Konzentration bindet darüber hinaus einen großen Teil des zellulären Phosphats. Deswegen wird die mitochondriale ATP-Regenerierung aus ADP und P_i und damit der gesamte Energiestoffwechsel schwer beeinträchtigt.

Die Betroffenen erkranken unmittelbar nach der Geburt an Erbrechen, Durchfällen, Gewichtsabnahme und Ikterus als Ausdruck von Leberfunktionsstörungen. Außerdem entwickeln sich Zeichen einer geistigen Retardierung, deren Ursache noch nicht bekannt ist. Bei Belastung mit Galactose kommt es zu schweren, protrahierten Hypoglykämien, die auf eine Hemmung der Gluconeogenese zurückzuführen sind. Die Synthese von UDP-Galactose verläuft bei den Patienten ungestört, da die UDP-Gal-4-Epimerase (▶ Abschn. 16.1.3) ja in normaler Aktivität vorhanden ist. Die Betroffenen sind also auch bei galactosefreier Kost, die die einzig erfolgreiche Therapie des Leidens darstellt, zur Synthese der Galactose enthaltenden Glycoproteine und Ganglioside befähigt.

Hereditäre Fructose-Intoleranz   Wesentlich seltener ist die **hereditäre Fructose-Intoleranz** mit einer Inzidenz von 1:130.000. Betroffene exprimieren eine katalytisch defekte Aldolase B in Leber und Nieren, sodass dort nur die Ak-

▣ Tab. 17.2   Angeborene Störungen des Kohlenhydratstoffwechsels (Auswahl)

Bezeichnung	Defektes Enzym	Hauptsymptom	Häufigkeit
Galactosämie	Galactokinase	Galactosämie, Katarakte	1:55.000
	Galactose-1-Phosphat-Uridyltransferase	Hypoglykämien, Leberfunktionsstörung, Leberzirrhose, geistige Retardierung	1:50.000
Fructose-Intoleranz	Aldolase B	Hypoglykämien, Leberzirrhose	1:130.000
Glycogenose Typ I	Glucose-6-Phosphatase	Hypoglykämie, Lebervergrößerung	1:100.000
Glycogenose Typ III	Amylo-1,6-Glucosidase	Hypoglykämie, Lebervergrößerung, Muskelschwäche	1:45.000
Glycogenose Typ VI	Leberphosphorylase	Hypoglykämie, Lebervergrößerung	1:45.000
Angeborene hämolytische Anämie	Pyruvatkinase	Beschleunigter Abbau von Erythrocyten	1:30.000

tivität der **Aldolase A** vorkommt. Diese Isoform der Aldolase spaltet Fructose-1-Phosphat wesentlich langsamer als Fructose-1,6-Bisphosphat (▶ Abschn. 14.1.1). Nach alimentärer Fructosezufuhr häuft sich infolgedessen in der Leber neben Fructose auch Fructose-1-Phosphat an. Dieses hemmt sowohl die Fructose-1,6-Bisphosphatase als auch die Aldolase A. Dadurch werden der Abbau von Glucose wie auch die Gluconeogenese blockiert. Außerdem sinkt, wie bei der klassischen Galactosämie, der zelluläre Phosphatgehalt stark ab. Die Patienten leiden an protrahierten hypoglykämischen Zuständen, vor allem nach obsthaltigen Mahlzeiten. Die einzige Therapie besteht in der Vermeidung saccharose- und fructosehaltiger Nahrungsmittel.

Glycogenosen   Bis heute sind insgesamt 12 Defekte im **Glycogenstoffwechsel** (▶ Abschn. 14.2) beschrieben worden. Sie betreffen immer einzelne Enzyme von Glycogenbiosynthese, Glycogenabbau oder Regulation des Glycogenstoffwechsels. Generell handelt es sich auch hier um seltene Erkrankungen. In ▣ Tab. 17.2 sind drei Beispiele genannt. Bei der **Glycogenose Typ I** liegt ein Defekt der Glucose-6-Phosphatase vor, der dazu führt, dass die Leber nicht mehr zur Glucosefreisetzung aus Glucose-6-Phosphat imstande ist. Da dies zu einem Anstau von Glucose-1-Phosphat führt, ergibt sich eine Hemmung der Glycogenphosphorylase und damit eine Störung des Abbaus von Glycogen. Die Patienten leiden an einer Lebervergrößerung infolge massiver Glycogenablagerungen und Hypoglykämien. Die **Glycogenosen Typ III** und **Typ VI** betreffen Enzyme des Glycogenabbaus. Auch sie sind durch Hypoglykämien und Lebervergrößerung gekennzeichnet.

Defekt der Pyruvatkinase   Die häufigste Ursache der sog. **angeborenen hämolytischen Anämie** ist ein Defekt der **Pyruvatkinase** (▶ Abschn. 14.1.1) der Erythrocyten. Meist ist bei den Patienten die Aktivität des Enzyms auf etwa 20 % der Norm reduziert. Die Vorstufen der Erythrocyten entwickeln sich normal, da ihr Energiebedarf mit der geringen Aktivität der Pyruvatkinase gedeckt werden kann und sie über intakte Mitochondrien verfügen. Nach Verlust der Mitochondrien bei den reifen Erythrocyten reicht die Pyruvatkinaseaktivität jedoch nicht mehr aus, um durch die jetzt notwendige anaerobe Glycolyse genügend ATP für die Aufrechterhaltung der Erythrocytenfunktion zu synthetisieren. Aus diesem Grund kommt es zum vorzeitigen Altern der Erythrocyten und zu ihrer Lyse.

Gilbert-Syndrom und Crigler-Najjar Syndrom   Bei diesen Erkrankungen handelt es sich um angeborene Störungen der Bilirubinglucuronidierung. Sie beruhen auf jeweils unterschiedlichen Defekten der Bilirubin-UDP-Glucuronat-Transferasen und gehen mit einem Ikterus einher. Weiteres s. ▶ Abschn. 32.3.2.

17.2.2   Heteroglycandefekte

Die Glycosaminoglycane von Proteoglycanen und Hyaluronsäure (▶ Abschn. 16.2) gehören zu den am vielfältigsten modifizierten Makromolekülen vielzelliger Organismen. Sie haben für das Leben essenzielle Funktionen. Im Prinzip kann jedes der vielen Enzyme, die an der Biosynthese der entsprechenden Moleküle beteiligt sind, von einer Mutation betroffen sein und dann schwere Krankheitsbilder auslösen. Dies kann auch

■ **Tab. 17.3** Kongenitale Defekte des Stoffwechsels der Glycosaminoglycane (Auswahl)

Name	Betroffener Stoffwechselweg
Defekte der Glycosaminoglycan-Sulfatierung (Chondrodystrophien)	Sulfattransport Sulfataktivierung Sulfatierung der Glycosaminoglycanketten
Mucopolysaccharidosen	Defekte des Abbaus von Glycosaminoglycanen

tierexperimentell durch die gezielte Ausschaltung einzelner für die Biosynthese verantwortlicher Gene bestätigt werden. Sehr häufig ergeben sich dabei Missbildungen, die bereits in der Embryonalzeit tödlich sind.

■ Tab. 17.3 fasst einige beim Menschen vorkommende Erkrankungen zusammen, die auf **Enzymdefekten** der Heteroglycansynthese beruhen. Im Allgemeinen handelt es sich um zwar seltene, aber äußerst schwer verlaufende Krankheitsbilder, die mit gravierenden Entwicklungsstörungen der Betroffenen einhergehen und meist tödlich verlaufen.

Weiterführende Literatur

Ali M, Rellos P, Cox TM (1998) Hereditary fructose intolerance. J Med Genet 35:353–365

Jakus V, Rietbrock N (2004) Advanced glycation end-products and the progress of diabetic vascular complications. Physiol Res 53:131–142

Legeza B, Marcolongo P, Gamberucci A, Varga V, Bánhegyi G, Benedetti A, Odermatt A (2017) Fructose, glucocorticoids and adipose tissue: implications for the metabolic syndrome. Nutrients 9:426

Parodi AJ (2000) Protein glucosylation and its role in protein folding. Annu Rev Biochem 69:69–93

Sakurai S, Yonekura H, Yamamoto Y, Watanabe T, Tanaka N, Li H, Rahman AKMA, Myint KM, Kim CH, Yamamoto H (2003) The AGE-RAGE system and diabetic nephropathy. J Am Soc Nephrol 14:S259–S263

Schmidt AM, Yan SD, Yan SF, Stern DM (2000) The biology of the receptor for advanced glycation end products and its ligands. Biochim Biophys Acta 1498:99–111

Zusammenfassung

Störungen des Glucosestoffwechsels führen je nach ihrer Lokalisation zu unterschiedlichsten Erkrankungen:

— Zu den erworbenen Störungen gehört der Diabetes mellitus, verschiedene Formen von Hypoglykämien, die Malabsorption von Monosacchariden und die Lactatacidose. Der übermäßige Verzehr von Fructose ist vermutlich an der Entstehung eines Metabolischen Syndroms mitbeteiligt.

— Die während des ganzen Lebens stattfindende nicht-enzymatische Glykierung verändert Proteine strukturell und funktionell und wird mit den Alterungsvorgängen in Beziehung gebracht. Bei Patienten mit Diabetes mellitus findet diese Glykierung in verstärktem Umfang statt. Sie spielt möglicherweise als pathogenetischer Faktor u. a. bei der Entstehung der diabetischen Angiopathien eine wichtige Rolle.

— Hereditäre Erkrankungen des Kohlenhydratstoffwechsels können jedes Enzym des Kohlenhydratstoffwechsels betreffen. Beispiele sind die Galactosämie, Glycogenosen, die hereditäre Fructose-Intoleranz und Defekte der Bilirubin-UDP-Glucuronat-Transferasen. Enzymdefekte des Stoffwechsels von Heteroglycanen sind seltene, aber schwerwiegende Erkrankungen, die meist tödlich verlaufen.

17

Der Citratzyklus – Abbau von Acetyl-CoA zu CO$_2$

Ulrich Brandt

Der Abbau von Glucose durch die Reaktionen der Glycolyse endet beim Pyruvat und liefert nur einen bescheidenen Energiebetrag. Erst nach Einschleusung von Pyruvat in den Citratzyklus ist seine vollständige Oxidation zu CO$_2$ möglich, wobei das dabei gebildete NADH/H$^+$ und FADH$_2$ durch die im folgenden Kapitel besprochenen Reaktionen der oxidativen Phosphorylierung unter erheblichem ATP-Gewinn reoxidiert werden. Da auch andere Stoffwechselwege wie die Fettsäureoxidation oder der Abbau vieler Aminosäuren in den Citratzyklus einmünden, stellt dieser die gemeinsame Endstrecke des katabolen Stoffwechsels dar.

Schwerpunkte

18.1 Stoffwechselbedeutung des Citratzyklus
- Bedeutung des Citratzyklus für Kohlenhydrat-, Fett-, und Proteinstoffwechsel
- Intrazelluläre Lokalisation des Citratzyklus

18.2 Einzelreaktionen des Citratzyklus
- Umwandlung von Pyruvat zu Acetyl-CoA durch oxidative Decarboxylierung durch den Multienzymkomplex der Pyruvatdehydrogenase
- Bilanz des Citratzyklus

18.3 Regulierte Schritte im Citratzyklus
- Regulation der Pyruvatdehydrogenase
- Regulation des Citratzyklus über den zellulären Energiebedarf

18.4 Anabole Reaktionen im Citratzyklus
- Biosynthesen, die von Zwischenprodukten des Citratzyklus ausgehen

18.5 Pathobiochemie
- Pathobiochemische Bedeutung des Citratzyklus

18.1 Stoffwechselbedeutung des Citratzyklus

Die Stoffwechselwege für den Abbau von Kohlenhydraten, Fetten und Aminosäuren enden auf der Stufe des **Acetyl-CoA** oder der **α-Ketosäuren mit drei bis fünf C-Atomen** (Propionyl-CoA, Pyruvat, Oxalacetat, α-Ketoglutarat) (▶ Abschn. 14.1.1, 21.2.1, und 26.4). Große Teile des Kohlenstoffskeletts bleiben somit zunächst erhalten, energieliefernde Redoxreaktionen sind nur in beschränktem Umfang möglich und die Energieausbeute ist relativ gering. Eine wesentliche Steigerung des Energiegewinns setzt den vollständigen Abbau der Substrate voraus. ◘ Tab. 18.1 zeigt die verfügbare freie Energie am Beispiel des Glucoseabbaus. Erfolgt der Glucoseabbau unter anaeroben Bedingungen über die Glycolyse bis zum Lactat (▶ Abschn. 14.1.1), entspricht dies einer Änderung der freien Energie von -197 kJ pro mol Glucose. Die vollständige Oxidation des Glucosemoleküls in CO$_2$ und H$_2$O, die allerdings nur in Anwesenheit von Sauerstoff möglich ist, ergibt dagegen eine mehr als 14-mal höhere Änderung der freien Energie. Dies liefert der Zelle also einen ungleich größeren Energiebetrag für die zu leistende Arbeit.

Ähnliches gilt für den Abbau von Lipiden und Aminosäuren (▶ Abschn. 21.2, 26.4, und 27.2) mit ihren Endprodukten Acetyl-CoA, Propionyl-CoA,

◘ **Tab. 18.1** Änderung der freien Energie bei anaerobem (glycolytischem) und aerobem Abbau von Glucose

Abbauweg	ΔG^0
Glucose → 2 Lactat	-197 kJ/mol
Glucose + 6 O$_2$ → 6 CO$_2$ + 6 H$_2$O	-2881 kJ/mol

Ergänzende Information Die elektronische Version dieses Kapitels enthält Zusatzmaterial, auf das über folgenden Link zugegriffen werden kann https://doi.org/10.1007/978-3-662-60266-9_18. Die Videos lassen sich durch Anklicken des DOI Links in der Legende einer entsprechenden Abbildung abspielen, oder indem Sie diesen Link mit der SN More Media App scannen.

© Springer-Verlag GmbH Deutschland, ein Teil von Springer Nature 2022
P. C. Heinrich et al. (Hrsg.), *Löffler/Petrides Biochemie und Pathobiochemie*, https://doi.org/10.1007/978-3-662-60266-9_18

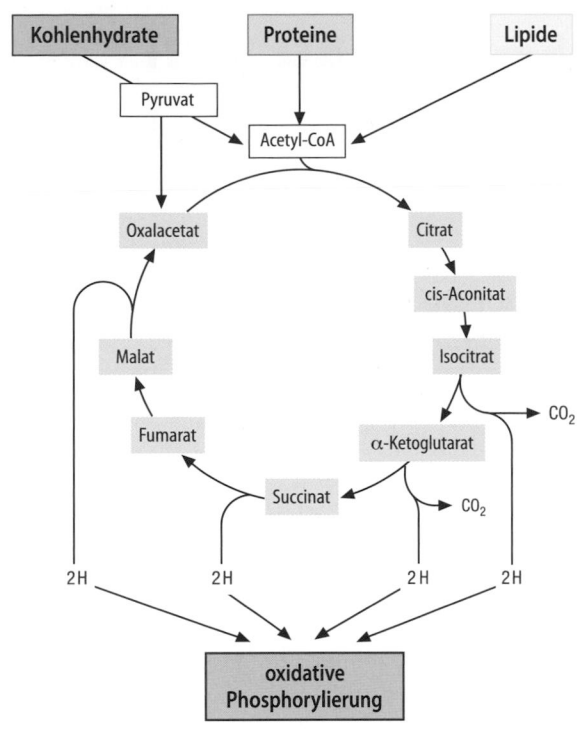

■ **Abb. 18.1** Beziehungen des Citratzyklus zum Kohlenhydrat-, Fett- und Proteinstoffwechsel sowie zur oxidativen Phosphorylierung

Pyruvat, (α-Ketopropionat), Succinyl-CoA, Oxalacetat, (α-Ketosuccinat) oder α-Ketoglutarat.

Nachdem Albert Szent-Györgyi, Franz Knoop und Carl Martius gezeigt hatten, dass Citrat in α-Ketoglutarat und Succinat in Oxalacetat überführt werden können, gelang es dem deutsch-englischen Biochemiker Sir Hans Adolf Krebs als erstem, Licht in das Dunkel der gemeinsamen **oxidativen Endstrecke** des Substratabbaus zu bringen. In einer Serie von eleganten Untersuchungen zwischen dem Ende der 30er- und den 40er-Jahren des 20. Jahrhunderts konnte er zeigen, dass die Endoxidation der Substrate in einem Zyklus abläuft, bei dem Citrat als charakteristisches Zwischenprodukt auftritt.

Der danach **Citratzyklus** (Krebs-Zyklus, Tricarbonsäurezyklus) genannte Prozess übernimmt die Aufgabe einer zentralen Drehscheibe zwischen Substratabbau und oxidativer Phosphorylierung und führt bei einem Durchgang formal zur Zerlegung eines Moleküls Acetat in 2 Moleküle CO_2 und 8 Wasserstoffatome (■ Abb. 18.1).

Die besondere Bedeutung des Citratzyklus für den oxidativen Stoffwechsel wird durch die Tatsache unterstrichen, dass kein anderes Bindeglied zwischen Substratabbau und Endoxidation nachgewiesen werden konnte. In allen bisher untersuchten aerob arbeitenden Zellen wurde die enzymatische Ausstattung für den Citratzyklus gefunden.

Der Citratzyklus läuft im Matrixraum der **Mitochondrien** ab. Er befindet sich somit in engster Nach-

barschaft zu der in ▶ Abschn. 19.1 geschilderten oxidativen Phosphorylierung, deren Enzyme sich in der inneren Mitochondrienmembran befinden. Dies ist von zentraler Bedeutung für die Regulation des Citratzyklus (▶ Abschn. 18.3).

Zusammenfassung

Beim Abbau von Kohlenhydraten, Lipiden und Proteinen entsteht Acetyl-CoA. Dieses wird im Citratzyklus oxidiert und decarboxyliert, wobei 2 Moleküle CO_2 freigesetzt und 8 Wasserstoffatome für die Endoxidation bereitgestellt werden. Sämtliche Enzyme des Citratzyklus befinden sich in der mitochondrialen Matrix.

18.2 Einzelreaktionen des Citratzyklus

In ■ Abb. 18.2 ist die Reaktionsfolge des Citratzyklus dargestellt. Gezeigt ist auch die für den Anschluss an die Glycolyse erforderliche dehydrierende Decarboxylierung von Pyruvat zu Acetyl-CoA.

Der Citratzyklus selbst lässt sich formal in zwei Phasen einteilen:
- Bildung von Citrat aus Oxalacetat und Acetyl-CoA und anschließende Wiedergewinnung einer C4-Dicarbonsäure (Succinat) durch zweimalige Oxidation und zweimalige Decarboxylierung.
- Regenerierung von Succinat zu Oxalacetat, das damit wieder zur Reaktion mit Acetyl-CoA zur Verfügung steht. Diese Reaktionssequenz hat formal Ähnlichkeit mit den ersten drei Reaktionen der Fettsäureoxidation.

❯ Acetyl-CoA entsteht aus Pyruvat durch dehydrierende Decarboxylierung von Pyruvat.

Um Kohlenhydrate in den Citratzyklus einschleusen zu können, muss Pyruvat als Endprodukt der Glycolyse in **Acetyl-CoA** umgewandelt werden. Dies geschieht in einer mehrstufigen Reaktion, die als **dehydrierende Decarboxylierung von Pyruvat** bezeichnet wird. Sie wird von einem kompliziert aufgebauten Multienzymkomplex, dem **Pyruvatdehydrogenase-Komplex** (PDH-Komplex) katalysiert.

Die dehydrierende Decarboxylierung von α-Ketosäuren wie Pyruvat wird auch als oxidative Decarboxylierung bezeichnet. Der erste Ausdruck beschreibt die molekularen Vorgänge jedoch besser, da Sauerstoff an der Reaktion nicht beteiligt ist, sondern dem Substrat Wasserstoff entzogen wird (Dehydrierung).

Die Einzelreaktionen der durch den PDH-Komplex katalysierten Reaktionen sind in ■ Abb. 18.3 dargestellt:

18

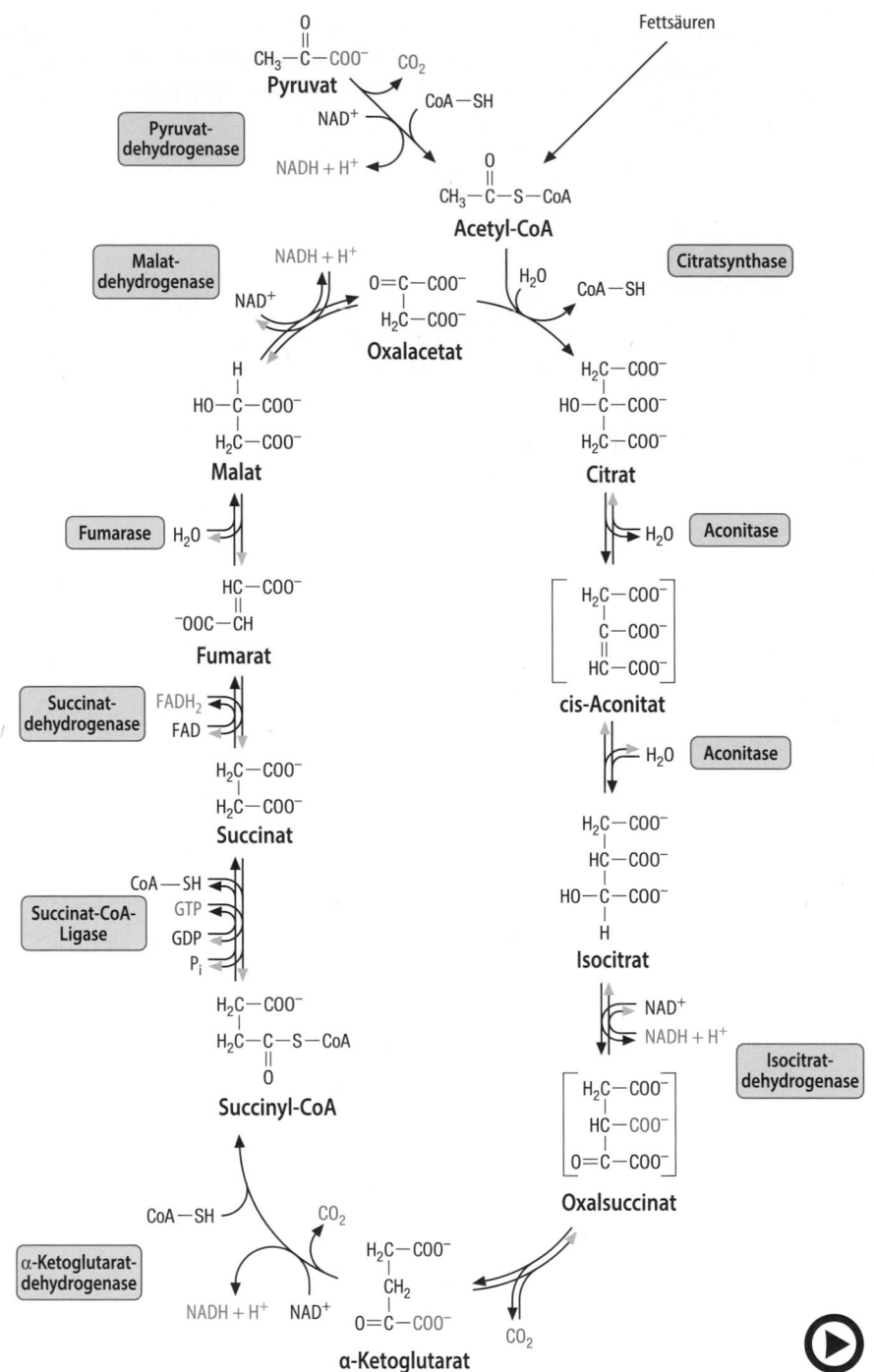

◼ Abb. 18.2 (Video 18.1) **Reaktionsfolge des Citratzyklus.** Die beiden vom Acetyl-CoA abstammenden C-Atome sind rot hervorgehoben. Die asymmetrische Wirkungsweise der Aconitase führt dazu, dass der in Form von CO_2 abgespaltene Kohlenstoff nicht dem Acetyl-CoA-Kohlenstoff entstammt. Dieser findet sich nach einmaligem Durchlauf des Zyklus in zwei der 4 C-Atome des Oxalacetats wieder, da Succinat eine symmetrische Verbindung ist. (▶ https://doi.org/10.1007/000-5g4)

— Pyruvat wird decarboxyliert. Hierzu katalysiert die Pyruvatdecarboxylase-Untereinheit die Addition des dem Stickstoff benachbarten, sehr reaktionsfähigen C-Atoms des Thiazolrings im Thiaminpyrophosphat an die Carbonylgruppe des Pyruvats. Die für die Decarboxylierung zum Hydroxyethylthiaminpyrophos-phat erforderliche Elektronenverschiebung wird erleichtert, indem das Intermediat vom Ring mesomer stabilisiert wird.

— Hydroxyethylthiaminpyrophosphat kann als „aktiver" Acetaldehyd betrachtet werden. Dieser wird zum Acetylrest oxidiert und dabei auf die enzymgebun-

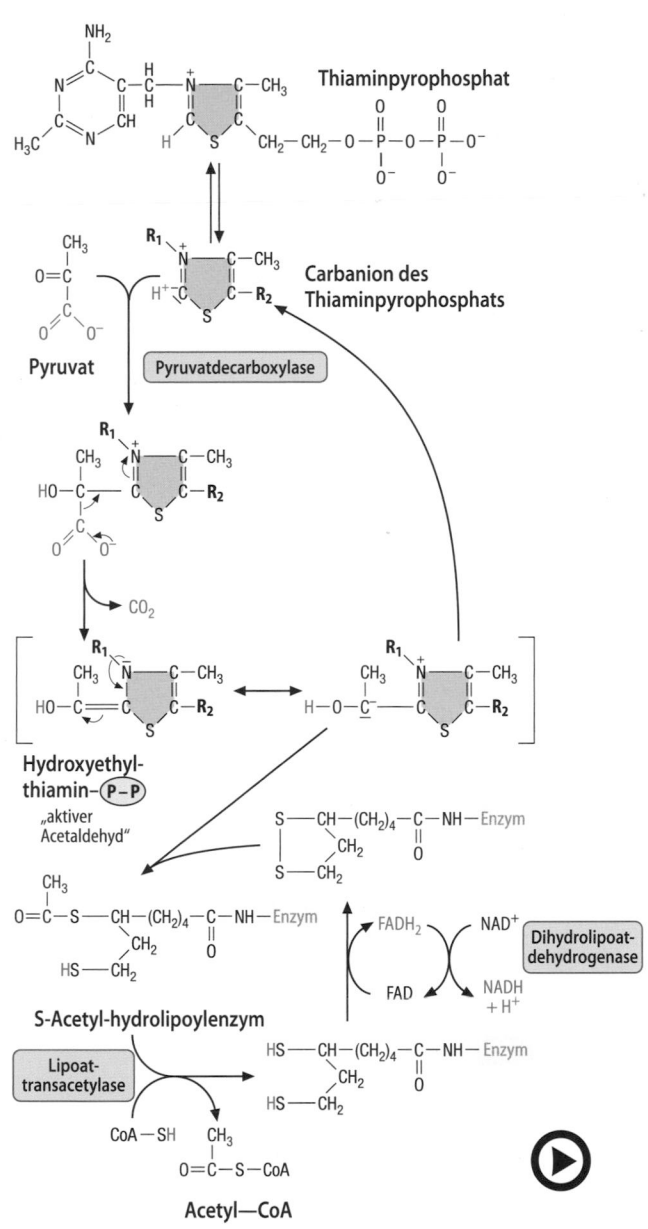

□ **Abb. 18.3** (Video 18.2) **Mechanismus der dehydrierenden Decarboxylierung von Pyruvat durch den Pyruvatdehydrogenase-Komplex.** Die Atome des Pyruvats sind *rot* und *blau* hervorgehoben. Aus Platzgründen ist lediglich der Thiazolring des Thiaminpyrophosphats dargestellt. (▸ https://doi.org/10.1007/000-5g3)

18

dene α-Liponsäure übertragen, welche außerdem das bei der Oxidation freiwerdende Elektronenpaar aufnimmt. Die Redoxenergie wird zur Bildung des energiereichen Thioesters im S-Acetylhydrolipoat genutzt.
— Der als energiereicher Thioester an das Enzym gebundene Acetylrest wird auf Coenzym A übertragen, wobei Acetyl-CoA und reduziertes Lipoat entsteht. Oxidation und Transacetylierung werden von der Lipoat-Transacetylase-Untereinheit des Pyruvatdehydrogenase-Komplexes katalysiert.

— Das reduzierte Lipoat wird durch die FAD-haltige Dihydrolipoatdehydrogenase reoxidiert. Sie kann ihre Reduktionsäquivalente im Gegensatz zu anderen FAD-Enzymen auf NAD^+ übertragen, da das Redoxpotenzial des Flavins aufgrund der spezifischen Proteinumgebung negativer ist als das des Nicotinamid-Cosubstrates.

In der Thioesterkonfiguration des Acetyl-CoA liegt eine sog. **„energiereiche Verbindung"** vor. Die Reaktion der Pyruvatdehydrogenase ist trotzdem mit einem $\Delta G0'$ von −34 kJ/mol so stark exergon, dass sie unter physiologischen Bedingungen praktisch irreversibel ist.

In □ Abb. 18.4 ist schematisch der Aufbau der für Säugergewebe typischen Form des PDH-Komplexes dargestellt. Insgesamt sind am Aufbau des Enzymkomplexes die vier Komponenten E_1, E_2, E_3 und E_3BP (*dihydrolipoamide binding protein*) beteiligt.
— Die E_1-Komponente ist ein Tetramer der Zusammensetzung $\alpha_2\beta_2$ und katalysiert die geschwindigkeitsbestimmende Teilreaktion der PDH. Die $E_1\alpha$-Untereinheiten tragen das **Thiaminpyrophosphat**. Wahrscheinlich wird die Decarboxylierung des Pyruvats durch die Untereinheit $E_1\beta$ katalysiert.
— Die Untereinheit E_2 trägt zwei Lipoatreste, das *dihydrolipoamide binding protein* E_3BP einen Lipoatrest. Während des Katalysezyklus wird der Hydroxyethylrest (s. o.) zunächst auf das erste Lipoat der E_2-Untereinheit übertragen, wobei dort ein **Acetylrest** entsteht, der durch eine Thiotransferase-Aktivität auf den zweiten Lipoatrest gelangt. Von diesem wird er mit Coenzym A unter Bildung von **Acetyl-CoA** abgespalten. Der Lipoatrest von E_3BP ist das unmittelbare **Oxidationsmittel** für den Lipoatrest der Untereinheit E_2.
— Die Untereinheit E_3 reoxidiert nun den Lipoatrest im E_3BP. Dabei wird das FAD der Untereinheit E_3 reduziert. Dieses wird mit Hilfe von NAD^+ reoxidiert, womit der Ausgangszustand wiederhergestellt ist.

Der tierische PDH-Komplex hat eine sehr hohe molekulare Masse. Er besteht aus etwa 22 E_1-Tetrameren, etwa 60 E_2-Komponenten und je 6 E_3BP- und E_3-Komponenten.

Die α-Untereinheit von E_1 kann durch eine spezifische **Kinase** phosphoryliert und inaktiviert sowie durch eine spezifische **Phosphatase** dephosphoryliert und aktiviert werden. Die Phosphorylierung findet sequenziell an drei Serylresten der α-Untereinheit statt, wobei die Phosphorylierung des ersten Serylrestes bereits mit einer Abnahme der Aktivität um 60–70 % einhergeht. Sowohl die Kinase wie auch die Phosphatase sind Bestandteil des PDH-Komplexes und können durch spezifische Effektoren aktiviert oder gehemmt werden (▸ Abschn. 18.3).

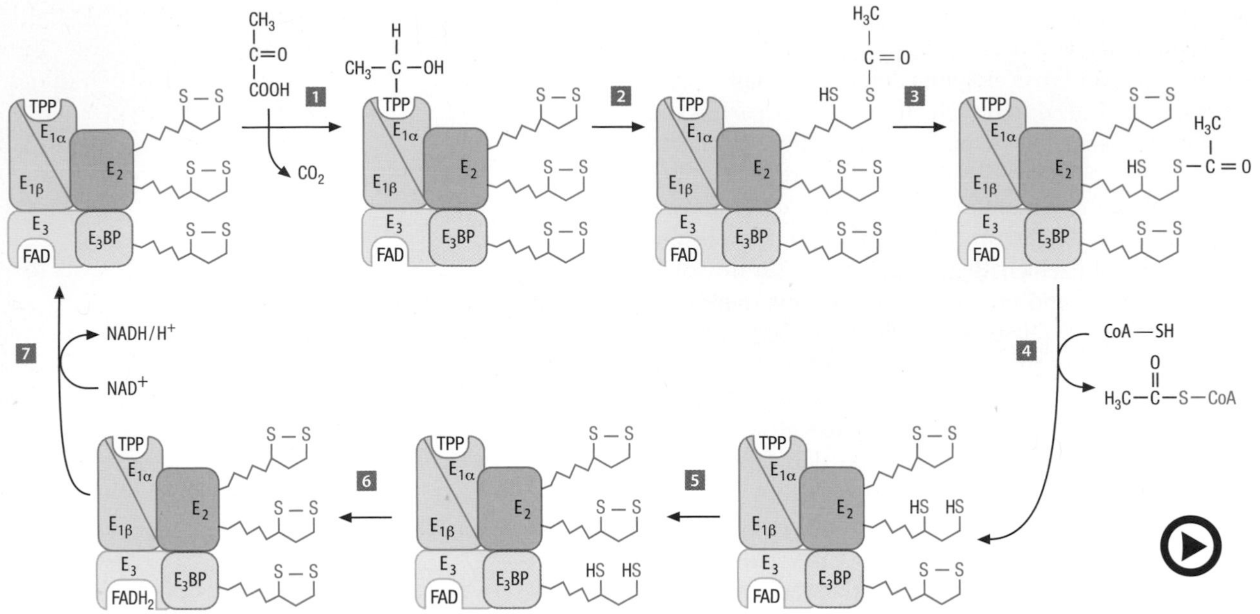

■ **Abb. 18.4** (Video 18.3) **Die Beteiligung der PDH-Untereinheiten am Reaktionszyklus.** In der Reaktion 1 erfolgt die Bindung des Substrats an Thiaminpyrophosphat (TPP) und die Decarboxylierung. Die Oxidation zum Acetylrest durch Liponsäure geschieht in Reaktion 2. Den Reaktionen 3 und 4 entspricht die Übertragung des Acetylrestes auf CoA, in den Reaktionen 5, 6 und 7 wird das reduzierte Lipoat reoxidiert, wobei letztlich NADH/H$^+$ gebildet wird. *E1–E3*: Untereinheiten des PDH-Multienzymkomplexes; *FAD*: Flavin-Ade-

nin-Dinucleotid; *TPP*: Thiaminpyrophosphat. (Einzelheiten s. Text) (Adaptiert nach Patel u. Roche 1990. Republished with permission of the Federation of American Societies for Experimental Biology, from Molecular biology and biochemistry of pyruvate dehydrogenase complexes, Patel MS, Roche TE, FASEB J 4: 3224–3233, © 1990; permission conveyed through Copyright Clearance Center, Inc.) (► https://doi.org/10.1007/000-5g2)

Der Pyruvatdehydrogenase-Komplex gehört damit zu den sog. **interkonvertierbaren Enzymen** (► Abschn. 8.5). Der Vorteil dieses weit verbreiteten Prinzips besteht darin, dass durch die Phosphorylierung bzw. Dephosphorylierung der Enzymkomplex sehr rasch „ab- bzw. angeschaltet" werden kann.

❯ Durch die Reaktion von Acetyl-CoA mit Oxalacetat entsteht Citrat, aus dem durch zweimalige Decarboxylierung Succinat gebildet wird.

Nachdem in der Eingangsreaktion aus Oxalacetat (α-Ketosuccinat) und einem Acetylrest **Citrat** entstanden ist, wird dieses in der ersten Teilsequenz des Citratzyklus oxidativ um ein Kohlenstoffatom zu **α-Ketoglutarat** verkürzt. Dabei finden folgende Reaktionen statt (■ Abb. 18.2):
— Die **Citratsynthase** katalysiert die Bildung von Citrat aus Oxalacetat und Acetyl-CoA. Bei dieser Reaktion handelt es sich formal um eine Aldoladdition, da sich die durch die Thioesterbindung aktivierte, „CH-acide" CH$_3$-Gruppe des Acetyl-CoA nucleophil an die polarisierte Carbonylgruppe des Oxalacetats addiert. Da dabei unter Spaltung der Thioesterbindung Coenzym A freigesetzt wird, liegt das Gleichgewicht der Reaktion ganz auf der Seite der Citratbildung.
— Die **Aconitase** wandelt Citrat in Isocitrat um, wobei intermediär enzymgebundenes *cis*-Aconitat entsteht. Citrat ist eine prochirale Verbindung, da sich die beiden CH$_2$-COOH-Gruppen des Moleküls wie Bild und Spiegelbild verhalten. Die Aconitase erkennt dies und bindet ihr Substrat so, dass die Hydroxylgruppe nur auf den vom Oxalacetat stammenden CH$_2$-COOH-Rest übertragen werden kann.
— Die **Isocitratdehydrogenase** dehydriert Isocitrat zu enzymgebundenem Oxalsuccinat, welches sofort zu α-Ketoglutarat decarboxyliert. Die meisten tierischen und pflanzlichen Gewebe sowie Mikroorganismen enthalten zwei verschiedene Isocitratdehydrogenasen, die die Reaktion

$$\text{Isocitrat} + \text{NAD}^+ \left(\text{NADP}^+ \right) \rightarrow$$
$$\alpha - \text{Ketoglutarat} + CO_2 + \text{NADH} \left(\text{NADPH} \right) + H^+ \quad (18.1)$$

katalysieren. Während die NAD$^+$-abhängige Isocitratdehydrogenase ausschließlich in den Mitochondrien vorkommt, wird das NADP$^+$-abhängige Enzym auch im Cytosol gefunden. Das NAD$^+$-abhängige Enzym wird für den Citratzyklus benutzt, während die NADP$^+$-ab-

hängige Isocitratdehydrogenase eine Nebenstrecke des Zyklus darstellt (▶ Abschn. 18.4).

— Das Enzym **α-Ketoglutaratdehydrogenase** setzt α-Ketoglutarat durch dehydrierende Decarboxylierung in Succinyl-CoA um. Der Reaktionsmechanismus entspricht dem der Pyruvatdehydrogenase: Das Enzym benötigt Thiaminpyrophosphat, α-Liponsäure, Coenzym A, NAD^+ und FAD als Cofaktoren, und die für die einzelnen Reaktionsschritte verantwortlichen Enzyme sind in einem **Multienzymkomplex** zusammengefasst. Dieser wird jedoch im Gegensatz zur Pyruvatdehydrogenase nicht per Interkonversion durch reversible Phosphorylierung reguliert. Die Änderung der freien Energie der α-Ketoglutaratdehydrogenase-Reaktion liegt wie bei der dehydrierenden Decarboxylierung von Pyruvat bei −34 kJ/mol.

— Die **Succinat-CoA-Ligase** (Succinyl-CoA-Synthase) bildet durch Abspaltung von CoA aus Succinyl-CoA mit Phosphat zunächst das reaktive Succinylphosphat. Der Phosphatrest wird unter Erhaltung einer energiereichen Bindung auf einen spezifischen Histidylrest des Enzyms übertragen und dient anschließend zur Bildung eines GTP aus GDP (◻ Abb. 18.5).

— Durch **Phosphatgruppentransfer** nach der Gleichung

$$GTP + ADP \rightleftarrows GDP + ATP \qquad (18.2)$$

— kann ATP aus GTP erzeugt werden. Diese Reaktion wird von der **Nucleosiddiphosphatkinase** katalysiert.[1]

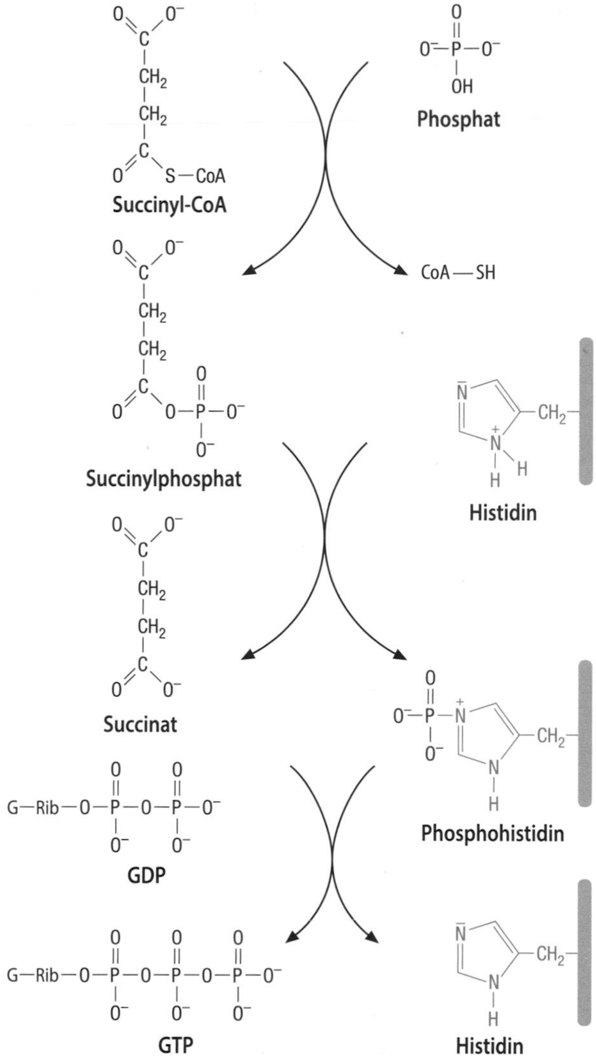

Durch die **Succinat-CoA-Ligase** wird also die in der vorangegangenen Redoxreaktion gewonnene, freie Energie in Form von GTP konserviert, das leicht in ATP überführt werden kann. Im Gegensatz zur oxidativen Phosphorylierung wird diese Form der ATP-Gewinnung auch als **Substratkettenphosphorylierung** bezeichnet (▶ Abschn. 4.3).

❯ Succinat wird zu Oxalacetat oxidiert

Die Rückgewinnung von Oxalacetat aus Succinat erfolgt in einer Serie von Schritten, die große Ähnlichkeit mit denen der Fettsäureoxidation (▶ Abschn. 21.2.1) haben:

— Die **Succinatdehydrogenase** oxidiert Succinat zu Fumarat. Dieses Enzym ist Teil des Komplexes II der Atmungskette, der die Reduktionsäquivalente über FAD auf Ubichinon überträgt (▶ Abschn. 19.1.2).

◻ Abb. 18.5 Reaktionsmechanismus der Succinat-CoA-Ligase. (Einzelheiten s. Text)

— Die **Fumarase** lagert Wasser in einer reversiblen Reaktion an Fumarat an, sodass Malat entsteht.
— Schließlich oxidiert die **Malatdehydrogenase** unter Gewinnung eines weiteren Reduktionsäquivalentes Malat zu Oxalacetat.

■ **Die Energieausbeute des Citratzyklus beträgt etwa 11 ATP pro oxidiertem Acetylrest**

Die Summengleichung des Citratzyklus lautet:

$$H_3C-\overset{O}{\underset{||}{C}}-S-CoA + 3\,NAD^+ + FAD + GDP + P_i + 3H_2O \rightarrow$$
$$2\,CO_2 + 3\,NADH/H^+ + FADH_2 + GTP + CoA-SH \quad (18.3)$$

Damit dient der Zyklus formal der vollständigen Dehydrierung von Acetat zu CO_2 und Wasserstoff. Der

---

1 Außer der GTP-abhängigen gibt es auch eine ATP-abhängige Isoform des Enzyms.

◻ Tab. 18.2 Energiebilanz der einzelnen Schritte des Citratzyklus

Schritt	H-Akzeptor	ATP-Ausbeute[a]
Isocitrat → α-Ketoglutarat	$NAD^+ \rightarrow NADH + H^+$	2,7
α-Ketoglutarat → Succinyl-CoA	$NAD^+ \rightarrow NADH + H^+$	2,7
Succinyl-CoA → Succinat	(Substratkettenphosphorylierung)	1
Succinat → Fumarat	$FAD \rightarrow FADH_2$	1,6
Malat → Oxalacetat	$NAD^+ \rightarrow NADH + H^+$	2,7
	Summe	10,7

[a]Über die ATP-Ausbeute bei der oxidativen Phosphorylierung s. ► Abschn. 19.1.4

Acetatabbau erfolgt durch Bindung an das **Träger-molekül** Oxalacetat (s. auch Harnstoffbiosynthese, ► Abschn. 27.1.2). ◻ Tab. 18.2 gibt die energetische Ausbeute der Acetatdehydrierung im Citratzyklus bei Kopplung an die oxidative Phosphorylierung wieder.

Erst die enge Verbindung des Zyklus mit der oxidativen Phosphorylierung ermöglicht die hohe Energieausbeute im Citratzyklus. Ohne diese Kopplung könnte nur durch die Substratkettenphosphorylierung Energie konserviert werden.

> **Zusammenfassung**
>
> Der Citratzyklus dient dem oxidativen Abbau von Acetyl-CoA. Neben der β-Oxidation der Fettsäuren liefert v. a. die dehydrierende Decarboxylierung von Pyruvat Acetyl-CoA. Der hierfür verantwortliche Multienzymkomplex der Pyruvatdehydrogenase ist intramitrochondrial lokalisiert und benötigt die Vitamine Thiamin, Pantothensäure, Riboflavin und Nicotinamid sowie das Lipoat in Form ihrer jeweiligen Coenzyme. Die Reaktionssequenz des Citratzyklus umfasst folgende Schritte:
> — Acetyl-CoA wird unter Abspaltung von CoA-SH auf Oxalacetat übertragen, wobei Citrat entsteht.
> — Citrat wird nach Umlagerung zu Isocitrat zweimal oxidiert und decarboxyliert, wobei schließlich aus Succinyl-CoA unter Gewinnung eines GTP Succinat entsteht.
> — Succinat wird durch zweimalige Oxidation in Oxalacetat, das Trägermolekül des Citratzyklus, umgewandelt.

18.3 Regulierte Schritte im Citratzyklus

❯ Die PDH wird durch Acetyl-CoA und NADH gehemmt und durch Pyruvat aktiviert.

> **Übrigens**
>
> **Die Aconitase ist ein bifunktionelles Protein.** Schon 1973 wurde neben der mitochondrialen eine cytosolische Aconitase entdeckt. Die beiden Proteine sind außerordentlich ähnlich, die Aminosäuresequenz zeigt etwa 31 % Identität. Die Funktion der cytosolischen Aconitase besteht allerdings weniger in der Bildung von Isocitrat aus Citrat. Vielmehr ist die Apoform dieses Enzyms, die durch Abspaltung des Eisen-Schwefel-Zentrums bei Eisenmangel entsteht, ein wichtiger Regulator der Expression eisenabhängiger Gene. Sie wird infolgedessen auch als IRP (*Iron Responsive Element binding protein*) bezeichnet (► Abschn. 60.2.1 und 32.1.5). Je nach Gen kann IRE-Bp in der Nähe des 5′-Endes der mRNA binden und die Translation blockieren oder durch Bindung im Bereich des 3′-Endes die mRNA stabilisieren und so die Genexpression steigern. Die cytosolische Aconitase ist das am besten untersuchte Beispiel für sog. bifunktionelle Proteine. Andere Proteine mit zweierlei Funktionen sind die Thymidylatsynthase (► Abschn. 30.2) oder multifunktionelle Enzyme, z. B. die Fettsäuresynthase (► Abschn. 21.2.3) oder die PFK-2 (► Abschn. 15.3.2).

Das mitochondriale Acetyl-CoA für den Citratzyklus wird vor allem durch Fettsäureoxidation oder dehydrierende Decarboxylierung von Pyruvat bereitgestellt. Während die Geschwindigkeit des ersteren Vorgangs im Wesentlichen durch das mitochondriale Fettsäureangebot bestimmt wird, wird die Geschwindigkeit der Pyruvatoxidation zu Acetyl-CoA komplex reguliert. Dabei ist vor allem die interkonvertierbare und zugleich allosterisch regulierbare Pyruvatdehydrogenase von besonderer Bedeutung (► Kap. 8).

Die aktive dephosphorylierte Form des Enzyms wird durch **Acetyl-CoA** und **NADH** gehemmt (◻ Abb. 18.6). Andere Effektoren beeinflussen das

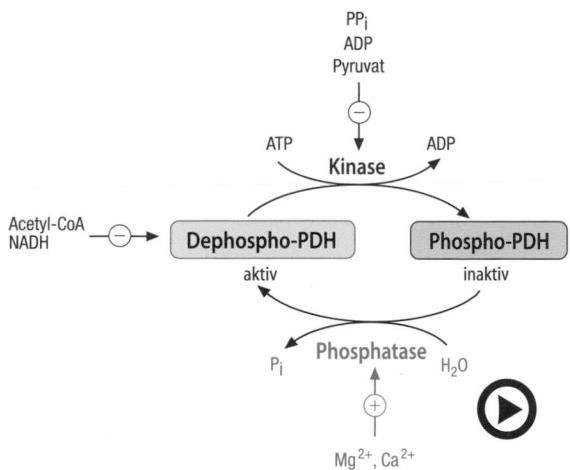

Abb. 18.6 (Video 18.4) **Regulation der Pyruvatdehydrogenase durch Interkonversion.** (Einzelheiten s. Text) (▶ https://doi.org/10.1007/000-5g5)

Tab. 18.3 Aktivatoren und Inhibitoren einzelner Enzyme des Citratzyklus in tierischen Zellen

Enzymatischer Schritt	Aktivierung	Hemmung
Citratsynthase	–	ATP, NADH, Citrat
NAD-Isocitratdehydrogenase	ADP, Mg^{2+}, Ca^{2+}	ATP, NADH
Succinatdehydrogenase	Succinat	Oxalacetat
Pyruvatdehydrogenase	Pyruvat, ADP, Mg^{2+}	Acetyl-CoA, ATP, NADH

Gleichgewicht zwischen aktiver dephosphorylierter und inaktiver phosphorylierter Form des Enzyms. Eine Aktivierung wird durch Hemmung der Kinase bei erhöhter Konzentration von Pyruvat, ADP und Pyrophosphat erreicht. Umgekehrt führt eine gesteigerte Fettsäureoxidation (Hunger, Nahrungskarenz, Diabetes) über die Erhöhung des Acetyl-CoA-Spiegels und indirekt über die vermehrte Umwandlung von ADP in ATP zu einer weitgehenden Abschaltung des Enzyms (◘ Tab. 18.3). So werden die Glucosevorräte geschont, da Pyruvat nicht mehr in Acetyl-CoA umgewandelt werden kann. Dagegen signalisiert ein Anstieg der Ca^{2+}-Ionenkonzentration in der Regel einen erhöhten Energiebedarf und führt über die Aktivierung der Phosphatase zur Aktivierung der PDH.

> Der zelluläre Energiebedarf ist der wichtigste Regulator des Citratzyklus.

Die Geschwindigkeit der Acetyl-CoA-Oxidation im Citratzyklus passt sich sehr genau dem zellulären Energiebedarf an. Im Einzelnen spielen dabei folgende Faktoren eine wichtige Rolle:

- **Kinetische Kontrolle der Citratsynthase.** Die Konzentrationen von Acetyl-CoA und Oxalacetat liegen in der Regel deutlich unterhalb der Substratsättigung, sodass die Citratsynthase weit unter ihrer V_{MAX} arbeitet. Daraus folgt unmittelbar, dass die Geschwindigkeit, mit der das Substrat Acetyl-CoA angeliefert wird, den metabolischen Fluss durch den Citratzyklus direkt bestimmt.
- **Hemmung durch NADH.** Ein Anstieg der NADH-Konzentration zeigt an, dass die Atmungskette (▶ Abschn. 19.1.2) das gebildete NADH zu langsam reoxidiert. Dies signalisiert in der Regel einen generellen Überschuss an energiereichen Verbindungen. Deshalb drosselt NADH die Geschwindigkeit des Citratzyklus, indem es die Citratsynthase, die Isocitratdehydrogenase, die α-Ketoglutaratdehydrogenase und die Pyruvatdehydrogenase hemmt.
- **Hemmung durch ATP.** Ähnlich wie NADH signalisiert ATP ein hohes Angebot energiereicher Verbindungen. Konsequenterweise werden Citratsynthase, Isocitratdehydrogenase und Pyruvatdehydrogenase durch ATP gehemmt.
- **Aktivierung durch ADP.** ADP signalisiert Energiemangel. Entsprechend aktiviert ADP die Isocitratdehydrogenase und die Pyruvatdehydrogenase.
- **Aktivierung durch Calcium.** Calcium ist ein Aktivator vieler zellulärer Funktionen (▶ Abschn. 33.4.2) und erhöht so den Energiebedarf. Deshalb ist es sinnvoll, dass Calcium die Pyruvatdehydrogenasephosphatase (▶ Abschn. 18.2), die Isocitratdehydrogenase und die α-Ketoglutaratdehydrogenase zur vermehrten Energiebereitstellung aktiviert.
- **Regulation durch Zwischenprodukte.** Die α-Ketoglutaratdehydrogenase wird durch Succinyl-CoA, die Succinatdehydrogenase durch Oxalacetat gehemmt. Succinat führt dagegen zu einer Aktivierung der Succinatdehydrogenase.

Eine Reihe von Stoffwechselgiften hemmt Enzyme des Citratzyklus. So blockieren Fluoracetat bzw. Fluorcitrat die Aconitase, Malonat die Succinatdehydrogenase und Fluoroxalacetat bzw. Fluormalat die Malatdehydrogenase.

Zusammenfassung

Die Geschwindigkeit der Acetyl-CoA-Oxidation im Citratzyklus ist eng mit dem zellulären Energiehaushalt verknüpft:

- NADH und ATP hemmen den Citratzyklus.
- ADP und Calcium sind Aktivatoren des Citratzyklus.
- Die Pyruvatdehydrogenase als wichtigstes Acetyl-CoA lieferndes Enzym wird zusätzlich durch reversible Phosphorylierung/Dephosphorylierung reguliert.

18

18.4 Anabole Reaktionen im Citratzyklus

Der Citratzyklus ist nicht nur die Endstrecke des oxidativen Abbaus der Substrate. Vielmehr ist er neben dieser *„katabolen"* Funktion auch Ausgangspunkt einer Vielzahl biosynthetischer *„anaboler"* Reaktionswege. In ◻ Abb. 18.7 sind die Beziehungen des Citratzyklus zu anderen Stoffwechselwegen dargestellt. Da die meisten Biosynthesen im Cytosol und nicht in der mitochondrialen Matrix ablaufen, müssen Zwischenprodukte aus den Mitochondrien heraustransportiert werden. Wenn nicht alle Intermediate mit ausreichender Geschwindigkeit transportiert werden, können die Teilabschnitte des Citratzyklus vom Citrat zum α-Ketoglutarat und vom Fumarat zum Oxalacetat auch von cytosolischen Isoenzymen katalysiert werden.

Besondere Bedeutung als anabole Reaktionssequenz hat der Citratzyklus für:

- die Fettsäurebiosynthese,
- die Häm-Biosynthese,
- die Gluconeogenese,
- die Biosynthese nicht-essentieller Aminosäuren.

Fettsäurebiosynthese Von besonderer Bedeutung für die im Cytosol stattfindende Fettsäurebiosynthese (▶ Abschn. 21.2.3) ist das Acetyl-CoA, das nicht über die innere Mitochondrienmembran heraustransportiert werden kann. Um Acetyl-CoA im Cytosol bereitzustellen, muss es daher zunächst auf Oxalacetat übertragen werden. Das mitochondriale Citrat gelangt dann mit Hilfe eines spezifischen Transporters (▶ Abschn. 19.1.1) in das Cytosol, wo es die **ATP-Citratlyase** nach der Reaktion

$$Citrat + CoA - SH + ATP \rightarrow$$
$$Oxalacetat + Acetyl - CoA + ADP + P_i \qquad (18.4)$$

spaltet. Da dieses Enzym cytosolisches Acetyl-CoA liefert, kommt ihm eine Schlüsselrolle bei der Fettsäurebiosynthese zu.

Tatsächlich findet es sich in hoher Aktivität in Geweben mit großer Kapazität zur Fettsäurebiosynthese, z. B. in der Leber oder dem Fettgewebe. Gewebe mit geringer Fettsäurebiosynthese, z. B. die Muskulatur, haben dagegen kaum ATP-Citratlyase.

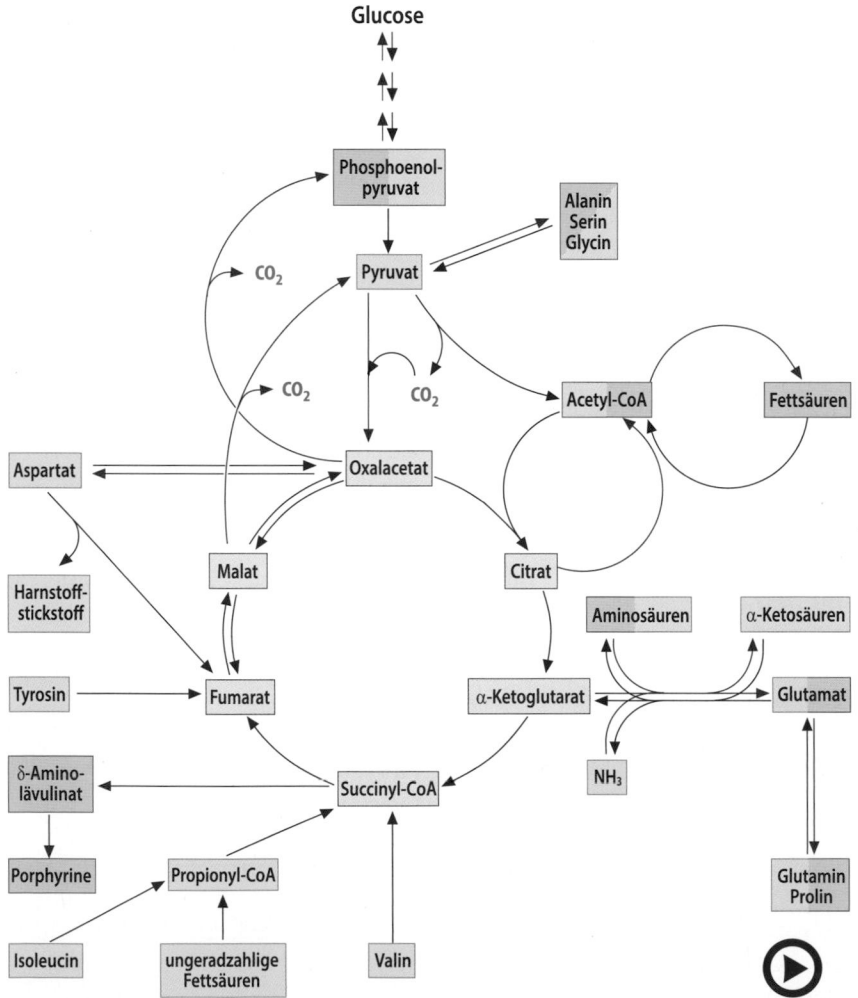

◻ **Abb. 18.7** (Video 18.5) **Beziehungen des Citratzyklus zu anderen Stoffwechselwegen.** *Rot* biosynthetische („anabole") Reaktionen; *grün* abbauende („katabole") Reaktionen. (▶ https://doi.org/10.1007/000-5g6)

Die **extramitochondriale NADP+-Isocitratdehydrogenase** dient der Erzeugung cytosolischen α-Ketoglutarats mit seinen vielfältigen Beziehungen zum Stoffwechsel der Aminosäuren (▸ Abschn. 26.4.2). Gleichzeitig wird NADPH/H$^+$ als Reduktionsäquivalent für cytosolische Biosynthesen, v. a. der Fettsäurebiosynthese bereitgestellt.

Häm-Biosynthese Succinyl-CoA ist der Startpunkt für die Häm-Biosynthese (▸ Abschn. 32.1.3). Durch Kondensation mit Glycin nach der Reaktion

$$Succinyl - CoA + Glycin \rightarrow$$
$$\delta - Aminolävulinat + CoA - SH \qquad (18.5)$$

entsteht δ-Aminolävulinat, von dem die weitere Häm-Synthese ausgeht.

Gluconeogenese Für die Gluconeogenese aus glucogenen Aminosäuren (▸ Abschn. 26.4.2) bzw. aus Lactat/Pyruvat ist, wie in ▸ Abschn. 26.3 und 18.2 beschrieben, ihre Umwandlung in Oxalacetat erforderlich. Die erste für die Gluconeogenese spezifische Reaktion wird durch die Phosphoenolpyruvatcarboxykinase katalysiert:

$$Oxalacetat + GTP \rightarrow$$
$$Phosphoenolpyruvat + GDP + CO_2 \qquad (18.6)$$

Biosynthese nicht-essentieller Aminosäuren Die Biosynthese der nicht-essentiellen Aminosäuren startet von Pyruvat bzw. den beiden α-Ketosäuren Oxalacetat und α-Ketoglutarat (▸ Abschn. 27.2).

Anaplerotische Reaktionen Die Konzentrationen der verschiedenen Zwischenprodukte des Citratzyklus sind mit 10^{-5}–10^{-4} mol/l relativ gering. Da sie alle mit Ausnahme von Acetyl-CoA eine katalytische Funktion haben, d. h. im Zyklus regeneriert werden, ist eine optimale Durchsatzgeschwindigkeit trotzdem gewährleistet. Dies trifft allerdings nur zu, wenn der ständige Abfluss von Zwischenprodukten für Biosynthesen wieder ausgeglichen wird. Die hierfür verantwortlichen Reaktionen werden nach Hans Leo Kornberg als **anaplerotische Reaktionen** (griech. auffüllende Reaktionen) bezeichnet. Neben den Transaminierungsreaktionen v. a. von Alanin zu Pyruvat, Aspartat zu Oxalacetat und Glutamat zu α-Ketoglutarat (▸ Abschn. 26.3.1) ist die wichtigste anaplerotische Reaktion die Carboxylierung von Pyruvat zu Oxalacetat nach

$$Pyruvat + CO_2 + ATP + H_2O \rightarrow$$
$$Oxalacetat + ADP + P_i \qquad (18.7)$$

Das entsprechende biotinhaltige Enzym, die **Pyruvatcarboxylase**, ist in der Leber besonders aktiv. Es wird bereits durch sehr geringe Konzentrationen Acetyl-CoA aktiviert, sodass ausreichend Oxalacetat für die Citratbildung zur Verfügung steht. Anaplerotisch wirken kann ferner das cytosolische **Malatenzym**, das die Malatbildung aus Pyruvat nach

$$Pyruvat + CO_2 + NADPH + H^+ \rightarrow$$
$$Malat + NADP^+ \qquad (18.8)$$

katalysiert. Malat kann dann in die Mitochondrien transportiert werden. Die eigentliche Bedeutung des Enzyms liegt jedoch wahrscheinlich eher in der Rückreaktion, die der Bildung von cytosolischem NADPH/H$^+$ dient.

Zusammenfassung

Mehrere Zwischenprodukte des Citratzyklus liefern Bausteine für Fettsäurebiosynthese, Häm-Biosynthese, Gluconeogenese, Biosynthese nicht-essentieller Aminosäuren. Diese Biosynthesen führen zum Verlust wichtiger Zwischenprodukte des Citratzyklus. Durch die sog. anaplerotischen Reaktionen wird dieser Abfluss kompensiert. Neben der Bildung von Oxalacetat und α-Ketoglutarat aus Aminosäuren ist die wichtigste anaplerotische Reaktion die Bildung von Oxalacetat durch Carboxylierung von Pyruvat.

18.5 Pathobiochemie

18.5.1 Aktivitätsminderung der Pyruvatdehydrogenase

Zu Beginn des 20. Jahrhunderts wurde die Ursache einer in Südostasien bekannten und als **Beri-Beri** bezeichneten Krankheit gefunden. Es handelt sich hierbei um einen Thiaminmangel, der besonders in Südostasien durch die Verwendung von thiaminarmem, poliertem Reis als Grundnahrungsmittel ausgelöst wird (▸ Abschn. 59.2). Die Beri-Beri-Erkrankung betrifft v. a. das Nervensystem, daneben aber auch Herz und Kreislaufsystem. Da ein intakter aerober Glucosestoffwechsel eine Voraussetzung für das Funktionieren des Nervensystems ist, schädigt ein Thiaminmangel dieses Gewebe besonders stark. Durch die verminderte Aktivität der thiaminabhängigen Pyruvatdehydrogenase wird der Energiestoffwechsel des Zentralnervensystems empfindlich gestört. Symptome sind chronische Müdigkeit und Reizbarkeit, Gedächtnisverlust, Schädigungen des peripheren Nervensystems, Verlust der Sensibilität und

Muskelschwäche. Im Herz-Kreislauf-System finden sich Tachykardie, Herzinsuffizienz und Ödeme.

Während die Beri-Beri-Erkrankung in Südostasien immer noch vorkommt, ist sie in den industrialisierten Staaten bei normaler Ernährung sehr selten. Bei der chronischen Alkoholerkrankung ist dies allerdings anders. Hier lässt sich bei 25 % der Erkrankten ein Thiaminmangel feststellen, der in schweren Fällen zu einem Krankheitsbild führt, das als **Wernicke-Korsakoff-Syndrom** bezeichnet wird. Neben Lähmungen der Augen-, Rumpf- und Beinmuskulatur ist es durch psychische Störungen mit Halluzinationen und Erregungszuständen gekennzeichnet.

Die **primär biliäre Leberzirrhose** ist eine relativ seltene Form der Leberzirrhose. Die Erkrankung ist durch eine schwere Cholestase (▶ Abschn. 62.6.1) gekennzeichnet. Die fehlende Ausscheidung von Gallensäuren in den Intestinaltrakt löst dort wegen der gestörten Micellenbildung (▶ Abschn. 61.1.4) eine Hemmung der Resorption von Lipiden und fettlöslichen Vitaminen aus. In den Hepatocyten häufen sich dagegen die nicht ausgeschiedenen Gallenbestandteile an, was wohl ursächlich für die Entstehung der Zirrhose ist. Außerdem findet sich häufig ein Ikterus. Man findet bei den betroffenen Patienten regelmäßig Autoantikörper, die gegen die Lipoat-Transacetylase-Untereinheit des Pyruvatdehydrogenase-Komplexes gerichtet sind. Es gibt allerdings zurzeit noch keine Vorstellungen darüber, wie diese Autoimmunreaktion mit der Entwicklung der biliären Zirrhose in Zusammenhang zu bringen ist.

18.5.2 Seltene genetische Defekte einzelner Enzyme des Citratzyklus

Als seltene Erkrankungen sind genetische Defekte der Pyruvatdehydrogenase und einzelner Enzyme des Citratzyklus, v. a. der α-Ketoglutaratdehydrogenase, Succinatdehydrogenase und Fumarase beschrieben worden. Die Krankheiten gehen meist mit dem Symptombild einer schweren Enzephalopathie einher und beginnen vor dem ersten Lebensjahr. Eine Behandlungsmöglichkeit ist nicht bekannt.

Zusammenfassung

Zu den erworbenen Erkrankungen des Citratzyklus gehört v. a. der Thiaminmangel (Beri-Beri-Erkrankung), der zu einer Aktivitätsminderung der Pyruvatdehydrogenase führt. In industrialisierten Ländern kommt er praktisch nur bei Alkoholkranken vor. Eine Autoimmunreaktion gegen die Lipoat-Transacetylase-Untereinheit des Pyruvatdehydrogenase-Komplexes ist an der Entwicklung der primär biliären Leberzirrhose beteiligt. Seltene genetische Defekte einzelner Enzyme des Citratzyklus gehen mit einer schweren Enzephalopathie einher.

Weiterführende Literatur

Hansford RG, Zorov D (1998) Role of mitochondrial calcium transport in the control of substrate oxidation. Mol Cell Biochem 184(1–2):359–369

Patel MS, Roche TE (1990) Molecular biology and biochemistry of pyruvate dehydrogenase complexes. FASEB J 4:3224–3233

Rustin P, Bourgeron T, Parfait B et al (1997) Inborn errors of the Krebs cycle: a group of unusual mitochondrial diseases in human. Biochim Biophys Acta 1361(2):185–197

Zhou ZH, McCarthy DB, O Connor CM et al (2001) The remarkable structural and functional organization of the eukaryotic pyruvate dehydrogenase complexes. Proc Natl Acad Sci USA 98(26):14802–14807

Lehrbücher

Alberts B, Johnson A, Lewis J, Morgan D, Roberts K, Walter P (2014) Molecular biology of the cell, 6. Aufl. Garland Science, New York

Alberts B, Hopkin K, Johnson A, Morgan D, Raff M, Roberts K, Walter P (2019) Essential cell biology, 5. Aufl. W.W. Norton, New York

Berg JM, Stryer L, Tymoczko JL, Gatto G (2019) Biochemistry, 7. Aufl. Freemann, Gumbrills

Müller-Esterl W (2018) Biochemie, Bd 3. Springer-Spektrum, Heidelberg

Nelson DL, Cox MM (2017) Lehninger principles of biochemistry, 7. Aufl. Macmillan, London

Mitochondrien – Organellen der ATP-Gewinnung

Ulrich Brandt

Alle bekannten Lebensformen müssen aus ihrer Umgebung ständig Energie aufnehmen, um ihre hoch geordneten, komplexen Strukturen aufrecht zu erhalten und die unterschiedlichen biologischen Aktivitäten zu entfalten. Außer bei photosynthetischen Organismen sind es letztlich immer exergone Redoxreaktionen, welche die beiden zellulären „Energiewährungen", die reduzierten wasserstoffübertragenden Coenzyme und das ATP, bereitstellen. Durch Oxidation der Nahrungsstoffe werden Elektronen freigesetzt, die direkt als Reduktionsäquivalente für Biosynthesen oder als Energiequelle genutzt werden können. Zur oxidativen Bildung von ATP werden die Elektronen auf ein niedermolekulares Oxidationsmittel übertragen. Dieser terminale Elektronenakzeptor ist bei **aeroben Zellen** molekularer Sauerstoff. Der Elektronenfluss zum Sauerstoff erfolgt dabei in der Atmungskette kaskadenartig über hintereinandergeschaltete Redoxenzyme der mitochondrialen Innenmembran. Dabei wird ein elektrochemischer Protonengradient über der Membran aufgebaut. Dieser liefert die Energie für die Synthese von ATP aus ADP und anorganischem Phosphat. Neben der besonders hohen Energieausbeute seiner Reduktion bildet die universelle Verfügbarkeit und quasi unerschöpfliche Regenerierbarkeit des Sauerstoffs, die auf der wasserspaltenden Photosynthese der Pflanzen beruht, die Grundlage des großen evolutionären Erfolges **aerober Zellen.** In Eukaryonten haben sich die Mitochondrien auf die Oxidation von Nahrungsstoffen und die sauerstoffabhängige Energiekonservierung spezialisiert. Sie stammen wahrscheinlich von aeroben, heterotrophen Prokaryonten ab.

Schwerpunkte

19.1 Die mitochondriale Energietransformation
- Enzymkomplexe der Atmungskette
- Carrier-Systeme für den Stoffaustausch zwischen Intermembranraum und mitochondrialer Matrix
- Zusammensetzung und Anordnung der Komponenten des Elektronen- und Protonentransports der Atmungskette

- Mechanismus der ATP-Synthese durch die F_1/F_o-ATP-Synthase
- Regulation der oxidativen Phosphorylierung

19.2 Pathobiochemie der Mitochondrien
- Pathogenese von Defekten der oxidativen Phosphorylierung
- Angeborene Defekte der mitochondrialen DNA
- Mitochondrien und Alterungsprozesse

19.1 Die mitochondriale Energietransformation

Der mitochondriale Energiestoffwechsel ist Hauptlieferant der universellen „Energiewährung" **ATP**. Die grundlegende Erkenntnis, dass die Energieversorgung der Zellen auf einer Art „kalter Verbrennung" der Nahrung beruht, geht bis in das 18. Jahrhundert auf Antoine Laurent de Lavoisier zurück. Dieser wies nach, dass Tiere Luftsauerstoff aufnehmen und Kohlendioxid und Wasser abgeben. Otto Warburg leitete aus der Hemmung der Zellatmung durch Cyanid die Aktivierung des Sauerstoffs durch ein eisenhaltiges „Atmungsferment" ab und erkannte damit als Erster, dass es sich bei der „Verbrennung" der Nahrung um einen enzymatischen Prozess handelt. David Keilin entdeckte die **Cytochrome** als Träger dieses katalytisch aktiven Eisens, denen Helmut Beinert später die **Eisen-Schwefel-Proteine** an die Seite stellte. Heinrich Wieland zeigte, dass den Nährsubstraten durch spezifische **Dehydrogenasen** zunächst Wasserstoff entzogen wird. Es war wiederum Warburg, der nachwies, dass das von Karl Lohmann entdeckte ATP durch die Oxidation von Glycolyseprodukten gebildet werden kann. Damit war das grundlegende Prinzip der **oxidativen Phosphorylierung** („OXPHOS") formuliert, welche besonders durch grundlegende Arbeiten von Albert L. Lehninger und David Green bald den Mitochondrien zugeordnet wurde. Lange Zeit blieb jedoch unklar, wie

Ergänzende Information Die elektronische Version dieses Kapitels enthält Zusatzmaterial, auf das über folgenden Link zugegriffen werden kann https://doi.org/10.1007/978-3-662-60266-9_19. Die Videos lassen sich durch Anklicken des DOI Links in der Legende einer entsprechenden Abbildung abspielen, oder indem Sie diesen Link mit der SN More Media App scannen.

© Springer-Verlag GmbH Deutschland, ein Teil von Springer Nature 2022
P. C. Heinrich et al. (Hrsg.), *Löffler/Petrides Biochemie und Pathobiochemie*, https://doi.org/10.1007/978-3-662-60266-9_19

zwei so unterschiedliche Prozesse wie die Oxidation des Substratwasserstoffs und die Kondensation von ADP und anorganischem Phosphat energetisch aneinandergekoppelt sind. Erst vor gut 40 Jahren setzte sich die **chemiosmotische Hypothese** von Peter Mitchell durch, welche die **Kopplung** der ATP-Synthese an den Elektronentransport durch einen elektrochemischen **Protonengradienten** über die innere Mitochondrienmembran beschreibt.

19.1.1 Enzymkomplexe der Atmungskette

❯ Die Endstrecken des katabolen Stoffwechsels von Nahrungsstoffen liefern an Coenzyme gebundenen Wasserstoff.

Wie schon besprochen, werden die Nährstoffe im katabolen Stoffwechsel letztlich zu Kohlendioxid oxidiert. Diese reagieren jedoch nicht direkt mit molekularem Sauerstoff. Vielmehr wird ihnen schrittweise Wasserstoff entzogen, bis die Kohlenstoffatome schließlich über die Zwischenstufe einer Carboxylgruppe als CO_2 frei werden. Der Sauerstoff der Carboxylgruppe stammt dabei entweder aus der ursprünglichen Verbindung, z. B. dem Kohlenhydrat, oder aus der Wasseranlagerung an eine vorher durch Dehydrierung gebildete Doppelbindung. Nach diesem grundlegenden Schema verlaufen insbesondere die Reaktionen der Pyruvatdehydrogenase, des Citratzyklus und der β-Oxidation (▶ Kap. 18 und ▶ Abschn. 21.2.1).

Da Wasserstoff sehr klein und flüchtig ist, wird er als sog. **Reduktionsäquivalent** in Form von **NADH** und **FADH$_2$** zwischengespeichert. Dies ist sehr effizient, denn das für den Energiegehalt entscheidende Redoxpotenzial dieser beiden Coenzyme ist kaum positiver als das des Wasserstoffs. Die Umsetzung des gebundenen Wasserstoffs mit molekularem Sauerstoff in der **Atmungskette** entspricht damit formal annähernd der Knallgasreaktion:

$$H_2 + \tfrac{1}{2}O_2 \rightarrow H_2O \quad \Delta G^{o'} = -235\,kJ/mol \qquad (19.1)$$

Während NADH ein reversibel an das jeweilige Enzym bindendes Cosubstrat ist, liegt FADH$_2$ immer als fest gebundene prosthetische Gruppe vor. Dies hat grundsätzliche Folgen für Transport und Verwertung der Reduktionsäquivalente bei der oxidativen Phosphorylierung.

❯ Die in den Reduktionsäquivalenten gespeicherte Energie wird zur Erzeugung einer Phosphorsäureanhydridbindung im ATP benutzt

ATP entsteht in einer stark endergonen Reaktion durch Kondensation von ADP und anorganischem Phosphat.

Die gebildete „energiereiche" Phosphorsäureanhydridbindung besitzt ein sehr hohes **Gruppenübertragungspotenzial**. Die Energie der Reduktionsäquivalente muss also im Verlauf der oxidativen Phosphorylierung in eine chemisch völlig andere Energieform umgewandelt werden. Die Mitochondrien lösen dieses Problem, indem sie die Redoxenergie in Form eines elektrochemischen **Protonengradienten** über ihre innere Membran zwischenspeichern (◘ Abb. 19.1). Dieser Gradient wird durch die **Atmungskettenkomplexe** gebildet, welche die Elektronen der Reduktionsäquivalente schrittweise bis auf den Sauerstoff übertragen, und dann zur **ATP-Synthese** genutzt. Deshalb ist eine sehr dichte Membran, über die sich ein ausreichend stabiler Protonengradient ausbilden kann, unbedingte Voraussetzung für die oxidative Phosphorylierung.

❯ Die mitochondrialen Membranen bilden funktionelle Kompartimente

Aufbau und Organisation der Mitochondrien (▶ Abschn. 12.1.7) sind in hervorragender Weise an ihre Aufgaben angepasst: Wahrscheinlich als Relikt ihres evolutionären Ursprungs als eigenständige Organismen sind die Mitochondrien von zwei Membranen umgeben, die **mehrere Kompartimente** definieren:
Im Inneren der Mitochondrien, der mitochondrialen **Matrix**, findet v. a. die Endoxidation der Nahrungsmetabolite statt.

— Für den Elektronentransport und die ATP-Synthese sind Enzyme zuständig, die in die vielfach zu **Cristae** gefalteten **innere Mitochondrienmembran** integriert sind (◘ Abb. 19.1).
— Die **äußere Mitochondrienmembran** markiert die Grenze zum Cytoplasma.
— Der **Intermembranraum** zwischen den beiden Membranen beherbergt zwei Proteine, die wichtig für die oxidative Phosphorylierung sind: Cytochrom *c*, ein wasserlöslicher Elektronenüberträger, und die Adenylatkinase („Myokinase"), die über die Reaktion

$$AMP + ATP \rightleftharpoons 2\,ADP \qquad (19.2)$$

im anabolen Stoffwechsel entstandenes AMP der oxidativen Phosphorylierung zuführt.

❯ Spezifische Transportsysteme sind für den Stoffaustausch zwischen dem Intermembranraum und der mitochondrialen Matrix verantwortlich.

Zur Endoxidation müssen Substrate wie Pyruvat und Fettsäuren aus dem Cytoplasma über zwei Membranen in die mitochondriale Matrix transportiert werden. Da die ATP-Synthese an der Innenseite der inneren Mitochondrienmembran stattfindet, gilt dies auch für ADP und P$_i$. Das gebildete ATP muss dann zurück in das Cytoplasma transportiert werden.

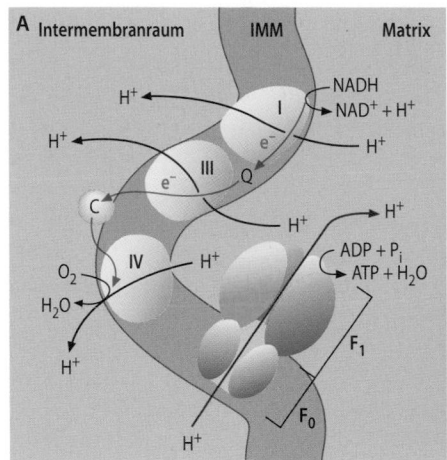

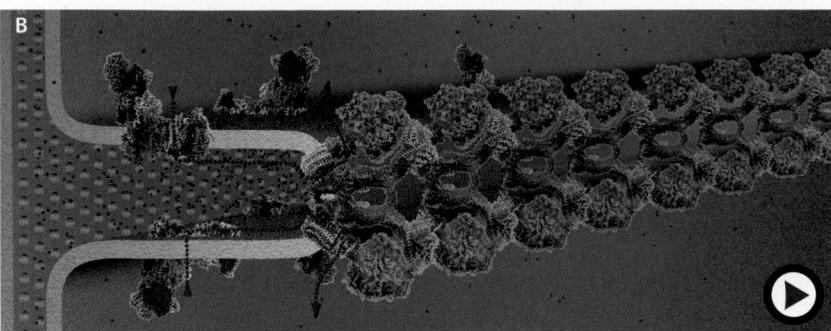

Abb. 19.1 (Video 19.1) **Funktionelle und strukturelle Organisation der oxidativen Phosphorylierung.** In A ist eine Übersicht der zentralen Enzymkomplexe der oxidativen Phosphorylierung und deren Reaktionen gezeigt: Elektronen aus NADH werden von Komplex I auf Ubichinon (Q) übertragen. Komplex III transportiert sie zum Cytochrom c (C), von wo sie über Komplex IV zum Sauerstoff gelangen und diesen unter Wasserbildung reduzieren. Der Elektronentransport über die Komplexe I, III und IV ist an die Translokation von Protonen aus dem Matrixraum in den Intermembranraum gekoppelt. Die F_1/F_o-ATP-Synthase nutzt den Protonengradienten zur Synthese von ATP aus ADP und P_i. Komplex II ist nicht dargestellt, da er keine Protonen pumpt. IMM: Innere Mitochondrienmembran.

In B ist die strukturelle Organisation der mitochondrialen Membranen gezeigt. Die Enzymkomplexe der oxidativen Phosphorylierung befinden sich größtenteils in Einstülpungen der inneren Mitochondrienmembran, den Cristae. Während der Elektronentransport in den flachen Regionen der Cristae stattfinden (gezeigt ist exemplarisch Komplex I; s. ▶ Abschn. 19.1.3), sitzen Reihen von Dimeren der F_1/F_o-ATP-Synthase (Komplex V; ▶ Abschn. 19.1.4) an den am stärksten gekrümmten Bereichen für deren Ausbildung sie verantwortlich sind. Die roten Pfeile deuten den Fluss der Protonen an (*rote Punkte*). PDB: 6GCS. (B mit freundlicher Genehmigung von Werner Kühlbrandt) (▶ https://doi.org/10.1007/000-5g9)

Übrigens

Protonen, Puffer, Potenziale. Eine Besonderheit der oxidativen Phosphorylierung („OXPHOS") besteht darin, dass die Energie aus der Oxidation der Reduktionsäquivalente als Protonengradient zwischengespeichert wird, der dann für Transportvorgänge und v. a. die ATP-Synthese genutzt wird. Wie z. B. beim Aufbau neuronaler Aktionspotenziale ist dabei zunächst das über die Membran aufgebaute elektrische Potenzial entscheidend. Allerdings gibt es einen wesentlichen Unterschied, der sich aus dem besonderen Verhalten von Protonen in wässriger Lösung ergibt: Im Gegensatz zu Na^+ oder K^+ ist die freie Konzentration von Protonen extrem gering; bei einem pH-Wert von 7,0 ist die H^+-Konzentration definitionsgemäß 0,1 µmol/l. Wenn Protonen über die innere Mitochondrienmembran gepumpt werden, ändert sich deshalb ihr Konzentrationsverhältnis auf beiden Seiten signifikant, sodass auch ihr osmotischer Gradient berücksichtigt werden muss. Man spricht deshalb von einem chemiosmotischen Potenzial $\Delta\mu H$ aus einer elektrischen Komponente $\Delta\Psi$ (dem Ladungsgradienten) und einer osmotischen Komponente ΔpH (dem Konzentrationsgradienten):

$$\Delta\mu H = F \cdot \Delta\Psi - 2{,}3 \cdot RT \cdot \Delta pH$$

F ist die Faraday-Konstante, der Faktor −2,3 ergibt sich aus pH = −log [H^+]. $\Delta\mu H$ hat die Dimension einer Energiedifferenz (kJ/mol) und kann analog zur „elektronenmotorischen Kraft" eines galvanischen Elements in eine „protonenmotorische Kraft" Δp umgerechnet werden:

$$\Delta p = \Delta\mu H / F$$

Δp hat die Dimension einer Spannungsdifferenz, die bei aktiver oxidativer Phosphorylierung in Mitochondrien 180–200 mV beträgt. Wegen der sehr niedrigen Konzentration freier Protonen sollte man erwarten, dass der Konzentrationsgradient den größten Teil der protonenmotorischen Kraft ausmacht. Tatsächlich ist der Beitrag des osmotischen Terms in Mitochondrien nur 10–20 %. Dies liegt an einer weiteren Besonderheit von Protonen: Sowohl die mitochondriale Matrix als auch der Intermembranraum (Raum zwischen innerer und äußerer Mitochondrienmembran) enthalten eine hohe Konzentration biologischer Puffer, v. a. in Form von Phosphat, organischen Säuren und Proteinen. Durch diese Puffer werden die gepumpten Protonen innen ständig „nachgeliefert" und außen „weggebunden". Damit ändert sich der pH-Wert kaum und der Konzentrationsgradient wird größtenteils in einen reinen Ladungsgradienten umgewandelt. Diese freie Umwandelbarkeit von ΔpH in $\Delta\Psi$ und umgekehrt wurde experimentell nachgewiesen und ist ein wesentliches Prinzip der oxidativen Phosphorylierung.

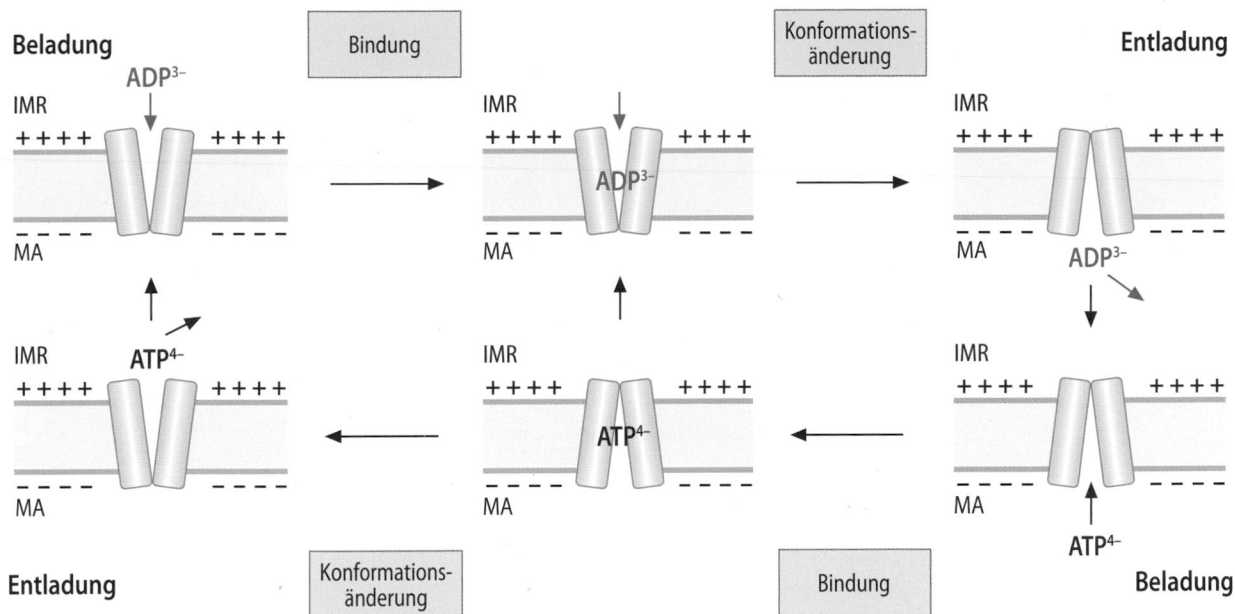

Abb. 19.2 Mechanismus des Adeninnucleotid-Carriers. Die Abbildung stellt einen Katalysezyklus des Carriers dar, bei dem ein ADP in den Matrixraum und anschließend ein ATP in den Intermembranraum transportiert wird. Der Adeninnucleotid-Carrier enthält eine Bindungsstelle für Adeninnucleotide, die normalerweise entweder mit ATP oder mit ADP beladen werden kann. Wegen des Ladungsgradienten (positiv außen) über der inneren Mitochondrienmembran erfolgt der Transport von ATP^{4-} von innen nach außen etwa 30-mal schneller als der von ADP^{3-}, welches im Gegenzug schneller in die andere Richtung transportiert wird. *IMR:* Intermembranraum; *MA:* Matrixraum

Die **äußere Mitochondrienmembran** ist mit **Porinen** besetzt, einem Protein, das sie für kleine Moleküle (<4000–5000 Da) frei durchlässig macht. Dagegen erfordert es die chemiosmotische Kopplung, dass die **innere Mitochondrienmembran** selbst für Protonen weitgehend undurchlässig sein muss. Tatsächlich können diese Membran grundsätzlich nur kleine, ungeladene Moleküle wie CO_2, O_2 und Wasser ungehindert passieren. Es folgt, dass es spezielle Systeme geben muss, die einen selektiven Transport von Metaboliten über die innere Mitochondrienmembran ermöglichen, ohne gleichzeitig ein „Leck" für Protonen zu erzeugen. Im Einzelnen unterscheidet man:
- mitochondriale Carrier für Anionen
- Transportsysteme für Redoxäquivalente
- Kationentransporter und
- Aquaporine für den Wassertransport

Mitochondriale Carrier für Anionen Um den notwendigen Stoffaustausch zwischen mitochondrialer Matrix und den übrigen zellulären Kompartimenten zu gewährleisten, enthält die innere Mitochondrienmembran eine große Zahl von Transportproteinen, die alle zur selben Proteinfamilie gehören und als **mitochondriale Carrier** bezeichnet werden. Der in Abb. 19.2 für den Adeninnucleotid-Carrier gezeigte generelle Mechanismus gilt wahrscheinlich für alle Vertreter dieser Familie. Im Genom der Hefe *Saccharomyces cerevisiae* wurden 35 Gene für Proteine dieser Familie gefunden, von denen jedoch möglicherweise nicht alle funktionell exprimiert werden. 14 mitochondriale Carrier, deren Funktion bekannt ist, sind in Tab. 19.1 zusammengestellt. Mitochondriale Carrier katalysieren meist im **Symport** oder **Antiport** den Transport von Anionen, der auch an die Übertragung eines Protons gekoppelt sein kann. Entsprechend werden die mitochondrialen Transportproteine in vier Klassen eingeteilt (Tab. 19.1):
- Bei einem **elektrogenen Carrier** wird mit den Substraten eine Ladung über die Membran transportiert. Dies geht im Sinne eines **sekundär aktiven Transports** zu Lasten des mitochondrialen Protonengradienten und muss daher bei der Bilanz der oxidativen Phosphorylierung berücksichtigt werden (s. u.). Mit mehr als 10 % des Proteins der inneren Mitochondrienmembran ist der **Adeninnucleotid-Carrier** der wichtigste Vertreter dieser Gruppe (Abb. 19.2). Er katalysiert die Austauschreaktion der Adeninnucleotide über die innere Mitochondrienmembran. Durch ATP-verbrauchende Prozesse im Cytoplasma entstandenes ADP wird im Austausch gegen ATP in die mitochondriale Matrix transportiert wobei netto eine negative Ladung mehr nach außen gelangt. **Atractylosid**, das Gift der Distel *Atractylis gummifera* hemmt den Adeninnucleotid-Carrier, indem es ihn in einer bestimmten Konformation festhält.

■ Tab. 19.1 Auswahl mitochondrialer Transportproteine

Transportprotein	Wichtiges Substrat	Transportmechanismus	Stoffwechselbedeutung	Hauptsächliches Vorkommen
Elektrogene Carrier				
Adeninnucleotid-Carrier	ADP^{2-}/ATP^{4-}	Antiport	Energietransfer	Ubiquitär
Aspartat/Glutamat-Carrier	Asp/Glu	Antiport	Malat/Aspartat-Zyklus Gluconeogenese, Harnstoffsynthese	
Thermogenin	H^+	Uniport	Thermogenese	Braunes Fettgewebe
Elektroneutrale, protonenkompensierte Carrier				
Phosphat-Carrier	Phosphat/H^+	Symport	Phosphattransfer	Ubiquitär
Pyruvat-Carrier	Pyruvat/H^+, Ketonkörper/H^+	Symport	Citratzyklus, Gluconeogenese	Ubiquitär
Glutamat-Carrier	Glutamat/H^+	Symport	Harnstoffsynthese	Leber
Carrier für verzweigtkettige Aminosäuren	Verzweigtkettige Aminosäuren/H^+	Symport	Abbau verzweigtkettiger Aminosäuren	Skelettmuskel, Herzmuskel
Elektroneutrale Austausch-Carrier				
Ketoglutarat/Malat-Carrier	Ketoglutarat/Malat, Succinat	Antiport	Malat/Aspartat-Zyklus, Gluconeogenese	Ubiquitär
Dicarboxylat/Phosphat-Carrier	Malat, Succinat/Phosphat	Antiport	Gluconeogenese, Harnstoffsynthese	Leber
Citrat/Malat-Carrier	Citrat/Isocitrat, Malat, Succinat, Phosphoenolpyruvat	Antiport	Lipogenese, Gluconeogenese	Leber
Glycerin-3-Phosphat/Dihydroxyacetonphosphat-Carrier	Glycerin-3-Phosphat/Dihydroxyacetonphosphat	Antiport	Glycerin-3-Phosphat-Zyklus	Ubiquitär
Ornithin-Carrier	Ornithin, Citrullin	Antiport	Harnstoffsynthese	Leber
Neutrale Carrier				
Carnitin-Carrier	Carnitin/Acylcarnitin	Antiport	Fettsäureoxidation	Ubiquitär
Glutamin-Carrier	Glutamin	Uniport	Glutaminabbau	Leber, Niere

- Beispiel für einen **elektroneutralen, protonenkompensierten Carrier** ist der **Phosphat-Carrier.** Im Symport mit einem Proton bringt er ein Phosphatanion ($H_2PO_4^-$) in den Matrixraum, wo es zur ATP-Synthese benötigt wird. Ein weiterer wichtiger Transporter ist der **Pyruvat-Carrier,** der in der aeroben Glycolyse für den Substrattransport in die Mitochondrien verantwortlich ist. Auch Carrier für Glutamat und verzweigtkettige Aminosäuren gehören in diese Gruppe.

- Eine Reihe **elektroneutraler Austausch-Carrier** sind für den Austausch von Di- und Tricarboxylaten zwischen Cytoplasma und mitochondrialer Matrix zuständig. Oft ist dies für die Verknüpfung von Stoffwechselwegen über die Kompartimente hinweg bedeutsam. So dient beispielsweise der **Citrat/Malat-Carrier** dem Transport von Acetylresten für die Fettsäuresynthese aus der Matrix in das Cytoplasma.

- Ein **neutraler Carrier** ist der **Carnitin-Carrier,** der Fettsäuren, gekoppelt an das zwitterionische Carnitin, für die β-Oxidation in die mitochondriale Matrix liefert (▶ Abschn. 21.2.1). Vor allem in Mitochondrien der Leber und der Nieren transportiert der ebenfalls neutrale **Glutamin-Carrier** Glutamin für die Harnstoffsynthese in den Matrixraum (▶ Abschn. 27.1.2).

Insgesamt sorgen die mitochondrialen Carrier für einen bedarfsgerechten Strom von Metaboliten, der ein reibungsloses Zusammenspiel cytoplasmatischer und mitochondrialer Stoffwechselwege sicherstellt. In einigen Fällen, z. B. dem des Carnitin-Carriers oder des Citrat/Malat-Carriers, werden Moleküle gekoppelt an eine Trägersubstanz transportiert, die dann nach ihrer „Entladung" in das ursprüngliche Kompartiment zurückkehrt. Solche Transportzyklen können sich gleich mehrerer Carrier bzw. Enzyme bedienen und werden dann auch als **Substrat-Shuttle** bezeichnet.

Transport von Reduktionsäquivalenten   Das Zusammenspiel von zwei Carriern und vier Enzymen ermöglicht in vielen Stoffwechselsituationen den Transport von Reduktionsäquivalenten zwischen Cytoplasma und Matrixraum. Für den Transport von cytoplasmatischem NADH/H^+, z. B. aus der Glycolyse, in die Matrix dient der **Malat/Aspartat-Shuttle** (◘ Abb. 19.3): Zunächst wird cytoplasmatisches Oxalacetat mit NADH/H^+ zu Malat reduziert. Nach Transport durch den α-Ketoglutarat/Malat-Carrier wird das Malat unter Bildung von NADH/H^+ in der Matrix zu Oxalacetat reoxidiert. Da kein Carrier für Oxalacetat existiert, muss vor dem Rücktransport des Kohlenstoffgerüsts zunächst Oxalacetat mit Glutamat zu Aspartat und α-Ketoglutarat transaminiert werden. Nach Austausch mit dem Cytoplasma über den Aspartat/Glutamat-Carrier vervollständigt die Umkehr des Transaminierungsschrittes den Zyklus.

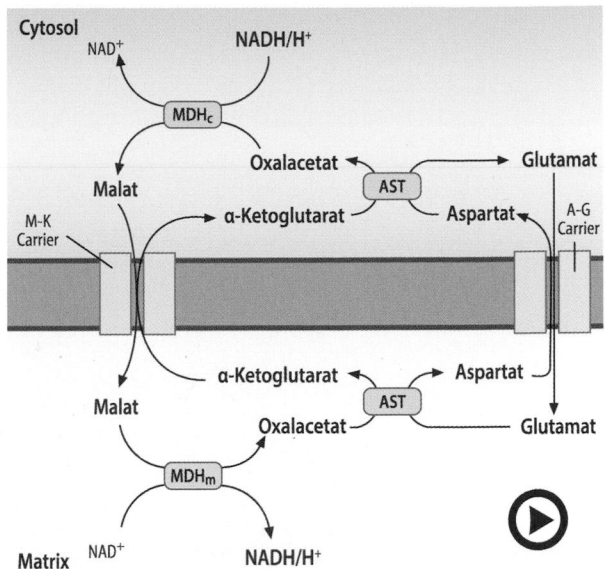

◘ **Abb. 19.3**   (Video 19.2) **Malat/Aspartat-Shuttle zum Transport von Reduktionsäquivalenten über die innere Mitochondrienmembran.** Der Transport vom Cytosol in die Mitochondrien ist *rot* hervorgehoben. Da es sich um reversible Reaktionen handelt, kann der Transport auch in umgekehrter Reihenfolge erfolgen. Die aufgrund des Porins für kleinere Moleküle durchlässige äußere Mitochondrienmembran ist nicht gezeigt. *IMM:* Innere Mitochondrienmembran; *AST:* Aspartat-Aminotransferase; *MDH:* Malatdehydrogenase; *M-K-Carrier:* Malat/Ketoglutarat-Carrier; *A-G-Carrier:* Aspartat/Glutamat-Carrier. (Einzelheiten s. Text) (▶ https://doi.org/10.1007/000-5g8)

Kationentransporter   Die innere Mitochondrienmembran enthält auch Systeme für den Transport von mono- und divalenten Kationen. Von besonderer Bedeutung ist die durch das Membranpotenzial getriebene Aufnahme von bis zu 3 mmol Calcium pro mg Mitochondrienprotein. Funktionelle Untersuchungen zeigen, dass der hierfür verantwortliche Transporter ein **hochselektives Kanalprotein** mit sehr hoher Affinität für Ca^{2+} ist. Es ist offenbar immer nur sehr kurzzeitig und begrenzt auf kleine Bereiche der inneren Mitochondrienmembran geöffnet. Dies führt zu einem kurzzeitigen lokalen Zusammenbruch der oxidativen Phosphorylierung. Hohe Calciumkonzentrationen im Cytosol aktivieren den Calciumkanal. Die resultierende Erhöhung des mitochondrialen Calciums führt über die Aktivierung verschiedener Dehydrogenasen zu einer Stimulierung des Energiestoffwechsels.

19.1.2   Elektronen- und Protonentransport in der Atmungskette

❯ Die Multiproteinkomplexe der Atmungskette sind durch mobile Substrate verbunden.

Wie in ◘ Abb. 19.4 gezeigt, erfolgt der Elektronentransport über mehrere große Proteinkomplexe, die oft mit

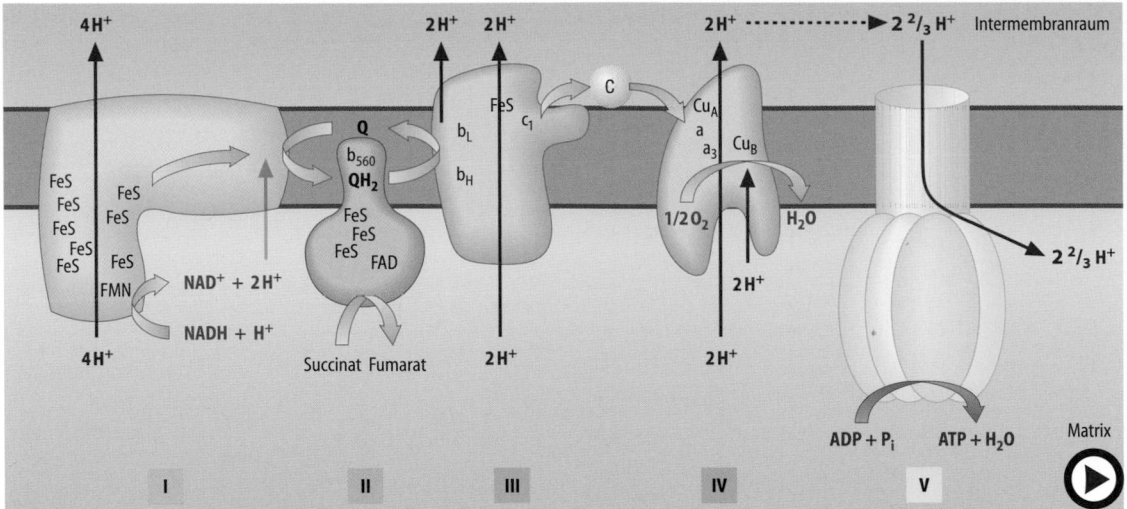

◘ Abb. 19.4 (Video 19.3) **Die fünf Komplexe der oxidativen Phosphorylierung.** Der Elektronentransport über die vier Komplexe der Atmungskette erfolgt über die mobilen Substrate Ubichinon (Q/QH$_2$) und Cytochrom c. Pro oxidierten NADH/H$^+$ werden 10 H$^+$, pro oxidierten Succinat 6 H$^+$ über die Membran gepumpt. Die ATP-Synthase in Säugetiermitochondrien benötigt rechnerisch 2,7 H$^+$ zur Synthese von einem ATP. Zusätzlich wird jeweils ein H$^+$ für den Transport von ADP, P$_i$ und ATP verbraucht. (nicht gezeigt, Einzelheiten s. Text) (► https://doi.org/10.1007/000-5g7)

◘ Tab. 19.2   Die Enzymkomplexe der mitochondrialen Atmungskette

Komplex	Bezeichnung	Molekulare Masse (kDa)	Untereinheiten[a]	Prosthetische Gruppen	Ladungstransport
I	NADH:Ubichinon-Oxidoreduktase	940	45 (7)	FMN 8-Eisen-Schwefel-Zentren	2 Ladungen/e$^-$
II	Succinat:Ubichinon-Oxidoreduktase	125	4 (0)	FAD 3 Eisen-Schwefel-Zentren Häm b_{560}	–
III	Ubihydrochinon:Cytochrom-c-Oxidoreduktase	240	11 (1)	Häm b_L/Häm b_H Häm c_1 1 Eisen-Schwefel-Zentrum	1 Ladung/e$^-$
IV	Cytochrom-c-Oxidase	205	13 (3)	Cu$_A$-Zentrum, Häm a Häm a_3/Cu$_B$ („binucleares Zentrum")	2 Ladungen/e$^-$

[a]Zahl der davon mitochondrial codierten Untereinheiten in Klammern

römischen Ziffern bezeichnet werden (◘ Tab. 19.2). Die schrittweise Übertragung der Elektronen der Reduktionsäquivalente auf den Sauerstoff erlaubt es den Komplexen I, III und IV, die freiwerdende Energie zu nutzen, um Protonen über die innere Mitochondrienmembran zu pumpen. Obwohl die Aufklärung molekularer Strukturen mehrerer Atmungskettenkomplexe in den letzten Jahren große Fortschritte im Verständnis der Mechanismen des redoxgetriebenen Protonentransports gebracht hat, ist das Wissen auf diesem Gebiet noch sehr lückenhaft.

Die Elektronenübertragung zwischen den Komplexen übernehmen zwei mobile Substrate, das **Cytochrom c** und das **Ubichinon**:

- Das **Cytochrom c** ist ein kleines basisches Protein, das ein covalent gebundenes Häm-c-Zentrum (◘ Abb. 19.5) trägt. Wie bei allen Cytochromen kann das zentrale Eisenatom der Häm-Gruppe durch Redoxwechsel zwischen Fe^{3+} und Fe^{2+} **ein** Elektron aufnehmen und wieder abgeben. Cytochrom c ist lose mit der Außenseite der inneren Mitochondrien-

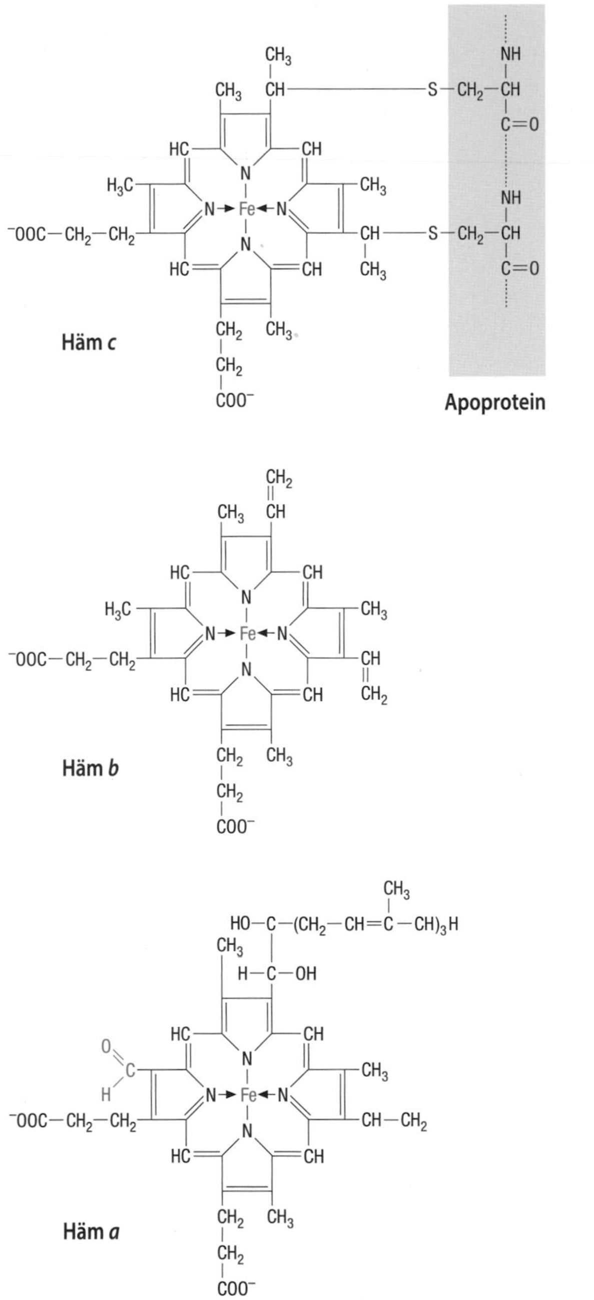

Häm c

Apoprotein

Häm b

Häm a

Ubichinon

e⁻ ↑↓ e⁻

Ubisemichinon

e⁻, 2H⁺ ↑↓ e⁻, 2H⁺

Ubihydrochinon

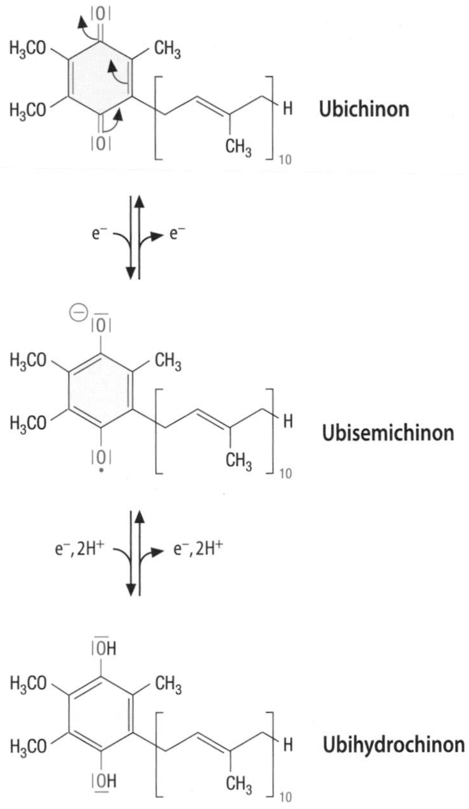

◻ Abb. 19.6   Struktur und Redoxstufen des Ubichinon-10. Ubichinon kann in zwei Stufen zum Ubihydrochinon reduziert werden. Die Reduktion vom Semichinon zum Hydrochinon ist an die Aufnahme von zwei Protonen gekoppelt. Beim Menschen besteht die Seitenkette ganz überwiegend aus 10 Isopreneinheiten. Bei anderen Eukaryonten sind es zwischen 6 und 10

◻ Abb. 19.5   Struktur der Häm-Zentren. Häm *c* ist über zwei Thioetherbrücken mit Cysteinylresten des Apoproteins covalent verknüpft. Häm *b* besitzt den unveränderten Protoporphyrin-IX-Ring. Beim Häm *a* ist der Porphyrinring durch einen Formyl- und einen langen Farnesylrest modifiziert

membran assoziiert und überträgt Elektronen von Komplex III auf Komplex IV.

– Das **Ubichinon** ist ein extrem hydrophobes Isoprenoid, dessen Kopfgruppe durch Wechsel zwischen der oxidierten **Chinon-** und der reduzierten **Hydrochinonform zwei** Elektronen aufnehmen und wieder abgeben kann (◻ Abb. 19.6). Die einfach reduzierte Form wird als **Semichinon** bezeichnet. Anders als

beim Cytochrom *c* werden bei vollständiger Reduktion des Ubichinons gleichzeitig zwei Protonen zur **Ladungskompensation** aufgenommen. Diese Kopplung einer Redoxreaktion an eine Protonenaufnahme bzw. -abgabe stellt ein allgemeines Prinzip dar, das z. B. der Komplex III für die Protonentranslokation nutzt (s. u.).

Anders als vielfach beschrieben wird tatsächlich, außer beim Eintritt der Elektronen in die Kette, an keiner Stelle der mitochondrialen Atmungskette Wasserstoff übertragen. Vielmehr folgen Protonen immer einer durch Aufnahme bzw. Abgabe von Elektronen bedingten Ladungsänderung, was formal, aber nicht mechanistisch, einer Wasserstoffübertragung entspricht. Dieser zentrale Punkt wird am Beispiel der Redoxintermediate des Ubichinons (◻ Abb. 19.6) deutlich: Erst mit der vollständigen Reduktion zum Ubihydrochinon werden zwei Protonen aufgenommen. Das Ubichinon diffundiert frei in der inneren Mitochondrienmembran, übernimmt Elektronen von allen Dehydrogenasen und überträgt diese auf den

19

Komplex III. Dort treffen sich also die verschiedenen Eingangsrouten der Reduktionsäquivalente (s. u.) zu einer gemeinsamen Endstrecke. Da Ubichinon im stöchiometrischen Überschuss vorliegt, kann es als Redoxpuffer zwischen den verschiedenen Dehydrogenasen dienen. Man spricht auch von der **Poolfunktion** des Ubichinons.

❯ Die Reduktion von Ubichinon erfolgt mit spezifischen Dehydrogenasen.

Ubichinon kann von verschiedenen spezifischen Dehydrogenasen reduziert werden. Die Wichtigsten sind:
- NADH:Ubichinon-Oxidoreduktase
- Succinat:Ubichinon-Oxidoreduktase
- ETF (*electron transferring flavoprotein*): Ubichinon-Oxidoreduktase
- Glycerophosphat:Ubichinon-Oxidoreduktase

NADH:Ubichinon-Oxidoreduktase (Komplex I) Dieser mit Abstand größte Enzymkomplex der Atmungskette oxidiert das v. a. im Citratzyklus, in der β-Oxidation und durch die Pyruvatdehydrogenase gebildete NADH/H⁺ und reduziert Ubichinon in der inneren Mitochondrienmembran. Die freiwerdende Redoxenergie wird zum Transport von vier Protonen aus der Matrix (M) in den Intermembranraum (IMR) genutzt:

$$NADH + H^+ + Ubichinon + 4H^+(M) \rightarrow$$
$$NAD^+ + Ubihydrochinon + 4H^+(IMR) \qquad (19.3)$$

In Säugetiermitochondrien besteht der **L-förmige Komplex** aus 45 Proteinen, von denen nur eines in zwei Ko-

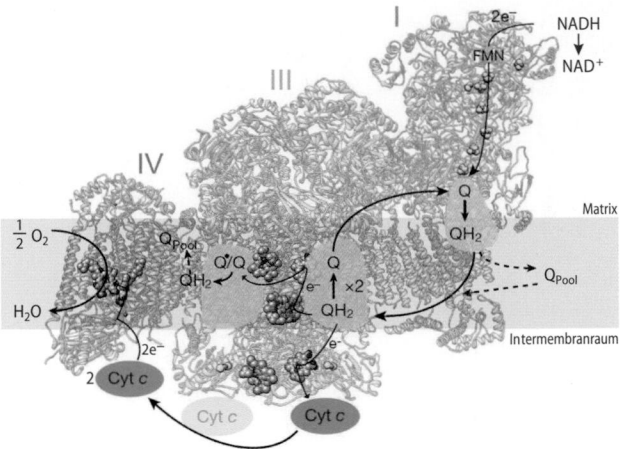

Abb. 19.7 Struktur eines mitochondrialen Superkomplexes. Das Strukturmodell eines Respirasoms mit der Komplexstöchiometrie I₁III₂IV₁ wurde durch elektronenmikroskopische Einzelpartikelanalyse isolierter Superkomplexe bestimmt und ist zusammen mit dem Fluss der Elektronen durch die verschiedenen Komplexe in Seitenansicht gezeigt. Die Redoxzentren sind als Kalottenmodell dargestellt. Es wurden auch Varianten mit 0–4 Kopien des Komplex IV und ohne Komplex I nachgewiesen. Die römischen Ziffern in der entsprechenden Farbe bezeichnen die jeweiligen Einzelkomplexe. (Leicht modifiziert aus Letts et al. 2016)

pien vorhanden ist. Insgesamt ergibt dies eine Masse von fast 1000 kDa. 14 dieser Untereinheiten sind auch im funktionell vergleichbaren bakteriellen Enzym vorhanden. Es folgt, dass diese „zentralen" Untereinheiten Träger der katalytischen Funktion des Komplex I sind. Über die Aufgaben der übrigen Untereinheiten ist wenig bekannt. Einen ähnlichen Aufbau aus zentralen, katalytischen und peripheren, „akzessorischen" Untereinheiten findet sich auch bei den Komplexen III und IV. Sieben besonders hydrophobe zentrale Untereinheiten des Komplex I werden durch das mitochondriale Genom codiert. Die sieben übrigen zentralen Untereinheiten tragen keine Transmembrandomänen und befinden sich im peripheren Arm, der in den Matrixraum hineinragt (Abb. 19.4). Sie tragen das Coenzym **FMN** und acht sog. **Eisen-Schwefel-Zentren.** FMN übernimmt durch Hydridtransfer beide Elektronen vom NADH und überträgt diese einzeln auf eine lineare Kette aus sieben der zwei- und vierkernigen Eisen-Schwefel-Zentren (Abb. 19.8). Obwohl sie mehrere, mit anorganischem Schwefel verbrückte Eisenatome enthalten, können Eisen-Schwefel-Zentren immer nur ein einziges Elektron aufnehmen und wieder abgeben. Schließlich werden die Elektronen auf Ubichinon übertragen und zwei Protonen aus dem Matrixraum aufgenommen. Die vom Komplex I katalysierte Redoxreaktion findet vollständig im peripheren Teil statt und ist indirekt an den Transport von vier Protonen pro oxidierten NADH über die innere Mitochondrienmembran gekoppelt. Dabei indu-

Übrigens

Mitochondriale Superkomplexe (Abb. 19.7). Tatsächlich liegen die Komplexe I, III und IV in der inneren Mitochondrienmembran nicht wie üblicherweise dargestellt vollständig voneinander getrennt vor, sondern bilden stöchiometrische **Superkomplexe** in der inneren Mitochondrienmembran. Die funktionelle Bedeutung dieser „**Respirasomen"** ist noch weitgehend ungeklärt. Bemerkenswert ist aber, dass der menschliche Komplex I nur im Superkomplex stabil ist. Auch der Komplex V (ATP-Synthase; s. ▶ Abschn. 19.1.3) liegt als Dimer vor. Es konnte gezeigt werden, dass die Komplex-V-Dimere sogar lange Ketten bilden, die an der starken Krümmung der Cristaemembranen wesentlich beteiligt sind. Der Winkel zwischen den beiden Komplexen im Dimer gibt dabei den Krümmungsradius vor (Abb. 19.1).

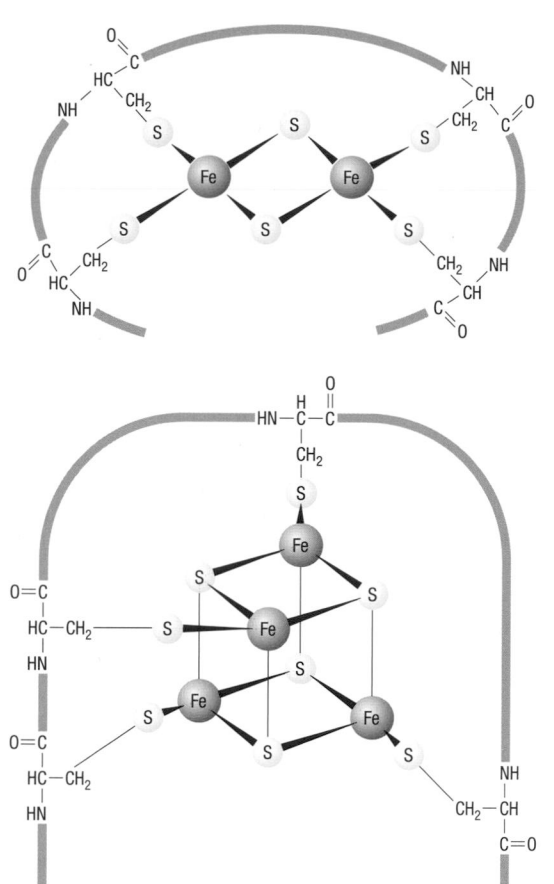

Abb. 19.8 Raumstruktur von zwei- und vierkernigen Eisen-Schwefel-Zentren

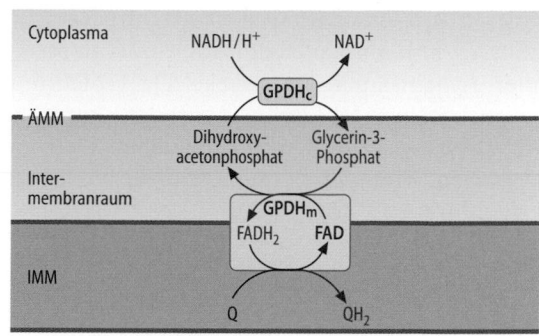

Abb. 19.9 Verknüpfung des Glycerin-3-Phosphat-Zyklus mit der Atmungskette. Die cytoplasmatische Glycerin-3-Phosphatdehydrogenase (GPDH$_c$) reduziert Dihydroxyacetonphosphat mit NADH/H$^+$ zu Glycerin-3-Phosphat. Durch die mitochondriale Glycerin-3-Phosphatdehydrogenase (GPDH$_m$) erfolgt eine flavinabhängige Reoxidation des Glycerin-3-Phosphats. FADH$_2$ wird mithilfe von Ubichinon reoxidiert. *ÄMM:* Äußere Mitochondrienmembran; *IMM:* Innere Mitochondrienmembran

zieren die Intermediate des Ubichinons offenbar einen elektrostatischen und konformativen Puls, der an die auf dem Membranarm verteilten Pumpmodule übertragen wird. Diese Pumpmodule stammen von Na$^+$/H$^+$ Antiportern ab.

Der bekannteste einer großen Zahl chinonanaloger Hemmstoffe des Komplex I ist das aus Leguminosen isolierbare **Rotenon**. Aber auch höhere Konzentrationen von **Barbituraten**, wie z. B. Amytal, und eine Vielzahl anderer Verbindungen hemmen den Komplex I.

Succinat:Ubichinon-Oxidoreduktase (Komplex II) Der zweite Atmungskettenkomplex ist wesentlich kleiner und besteht in Säugetieren aus nur vier Untereinheiten. Die beiden hydrophilen Untereinheiten entsprechen der Succinatdehydrogenase des Citratzyklus (▶ Abschn. 18.2). Das dort gebildete FADH$_2$ überträgt also seine Elektronen im selben Enzymkomplex gleich weiter auf Ubichinon. Dabei werden keine Protonen gepumpt:

$$\text{Succinat} + \text{Ubichinon} \rightarrow$$
$$\text{Fumarat} + \text{Ubihydrochinon} \qquad (19.4)$$

Wiederum dient das Flavin dazu, die paarweise übernommenen Elektronen einzeln auf das erste einer Kette von drei Eisen-Schwefel-Zentren zu übertragen. Zudem enthält der Komplex II ein Häm b_{560}-Zentrum. Dieses Häm-Zentrum befindet sich im Transmembranbereich, ist aber wahrscheinlich nicht am Elektronentransport beteiligt.

ETF:Ubichinon-Oxidoreduktase Außer über die genannten großen Komplexe können noch über andere Wege Reduktionsäquivalente in die Atmungskette eingeschleust werden: Da FADH$_2$ als prosthetische Gruppe nicht frei diffundieren kann, reduziert die Acyl-CoA-Dehydrogenase der β-Oxidation (▶ Abschn. 21.2.1) zunächst das **ETF** (*electron transferring flavoprotein*). Dieses FAD-haltige, kleine Überträgerprotein wird von der **ETF:Ubichinon-Oxidoreduktase** oxidiert, die dann, wieder unter Beteiligung eines Eisen-Schwefel-Zentrums, Ubichinon reduziert.

Glycerin-3-Phosphat:Ubichinon-Oxidoreduktase (Glycerin-3-Phosphatdehydrogenase) Im **Glycerin-3-Phosphat-Zyklus** (■ Abb. 19.9) besteht eine weitere Möglichkeit, cytoplasmatische Reduktionsäquivalente in die Atmungskette zu übertragen. Zunächst wird Dihydroxyacetonphosphat durch die cytoplasmatische Glycerin-3-Phosphatdehydrogenase (GPDH$_c$) NADH/H$^+$-abhängig zu Glycerin-3-Phosphat reduziert. Dieses wird an der inneren Mitochondrienmembran durch die **Glycerin-3-Phosphatdehydrogenase** (GPDH$_M$) FAD-abhängig reoxidiert, wobei Ubichinon zu Ubihydrochinon (QH$_2$) reduziert wird.

Der Cytochrom-bc_1-Komplex (Komplex III) reduziert Cytochrom c In Säugetiermitochondrien wird Ubihydrochinon ausschließlich durch die **Ubihydrochinon:Cytochrom-c-Oxidoreduktase (Komplex III)** reoxidiert, die wegen

19

ihrer charakteristischen Häm-Zentren häufig als **Cytochrom-bc_1-Komplex** bezeichnet wird:

$$\text{Ubihydrochinon}\left(QH_2\right) + 2\,\text{Cyt}\,c^{3+} + 2\,H^+\left(M\right) \rightarrow$$
$$\text{Ubichinon}\left(Q\right) + 2\,\text{Cyt}\,c^{2+} + 4\,H^+\left(IMR\right) \qquad (19.5)$$

Obwohl vier H^+ im Intermembranraum (IMR) freigesetzt werden, gelangen effektiv nur zwei H^+ pro oxidierten Ubihydrochinon über die Membran. Die Ladungsbilanz wird dadurch ausgeglichen, dass die beiden zusätzlichen H^+ im Intermembranraum mit der Aufnahme von zwei Elektronen durch das auf derselben Seite befindliche Cytochrom c kompensiert werden.

In Säugetiermitochondrien besteht der Komplex III aus 11 Untereinheiten, von denen drei den katalytischen Kern bilden: Das sehr hydrophobe Cytochrom b wird vom mitochondrialen Genom codiert und besitzt zwei Häm b-Zentren (Häm b_L und Häm b_H), die einen Elektronentransportweg über die Membran ausbilden. Das Cytochrom c_1 trägt sein Häm c-Zentrum, ebenso wie das „Rieske"-Eisen-Schwefel-Protein sein zweikerniges Eisen-Schwefel-Zentrum, in einer peripheren Domäne auf der cytoplasmatischen Seite der inneren Mitochondrienmembran.

Mechanismus des Protonentransports im Komplex III Am Mechanismus des Protonentransports im Komplex III, der über den sog. Ubichinonzyklus (auch „Q-Zyklus") verläuft, lässt sich das bereits angesprochene Grundprinzip der Ladungskompensation verdeutlichen (◨ Abb. 19.10): Der Komplex III hat zwei aktive Zentren, ein Ubihydrochinonoxidationszentrum auf der cytoplasmatischen Seite der inneren Mitochondrienmembran und ein Ubichinonreduktionszentrum auf der Matrixseite. Da die beiden Zentren „elektrisch" über die beiden Häm b-Gruppen verbunden sind, können Elektronen, die auf der einen Seite durch Oxidation freigesetzt werden, auf der anderen Seite zur Reduktion verwendet werden, wobei gleichzeitig ein Ladungstransport über die Membran stattfindet. Da der Redoxwechsel des Ubichinons mit einer Protonenabgabe bzw. -aufnahme gekoppelt ist (s. o., ◨ Abb. 19.6), ergibt sich so ein Nettotransport von H^+ über die Membran, ohne dass die Protonen im eigentlichen Sinne „gepumpt" werden. Um diesen Ladungstransport anzutreiben, müssen die Elektronen, die auf das Cytochrom b übertragen werden sollen, zunächst auf ein höheres Energieniveau gelangen. Dies geschieht in einer Art „Redoxwippe" dadurch, dass jeweils das erste Elektron des Ubihydrochinons in einer exergonen Reaktion auf das „Rieske"-Eisen-Schwefel-Zentrum übertragen wird, wobei ein stark reduzierendes Ubisemichinon entsteht, das dann Cyto-

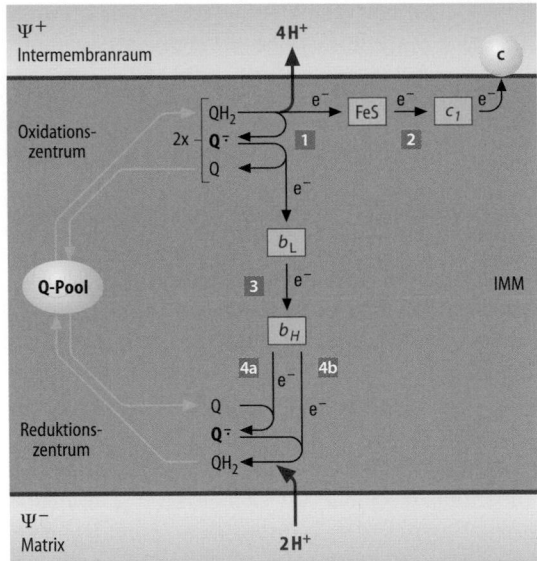

◨ **Abb. 19.10 Reaktionsschema des Protonentransports durch den Ubichinonzyklus im Komplex III.** (1) Verzweigte Oxidation von Ubihydrochinon auf der cytosolischen Seite (Intermembranraum) und Übertragung des ersten Elektrons auf das Eisen-Schwefel-Protein (FeS) und des zweiten Elektrons auf Häm b_L. (2) Elektronenübertragung auf Häm c_1. (3) Elektronenübertragung von Häm b_L auf Häm b_H. Reduktion von Ubichinon zu Ubisemichinon (4a), bzw. Ubisemichinon zu Ubihydrochinon (4b) auf der Matrixseite. *IMM:* Innere Mitochondrienmembran. (Einzelheiten s. Text)

chrom b reduzieren kann. Aus dieser **Verzweigung** im Elektronentransport und der **Rückübertragung** jedes zweiten Elektrons auf ein Ubichinon im Reduktionszentrum ergibt sich, dass in einem vollständigen Zyklus zwei Moleküle Ubihydrochinon auf der cytoplasmatischen Seite oxidiert und ein Molekül Ubichinon auf der Matrixseite reduziert werden müssen, um netto die Oxidation von einem Ubihydrochinon zu ergeben. Eine bemerkenswerte Erkenntnis aus der molekularen Struktur des Cytochrom-bc_1-Komplexes ist, dass die für die Energiekonservierung entscheidende Verzweigung des Elektronentransports durch einen regelrechten „molekularen Schalter" sichergestellt wird: Um das vom Ubihydrochinon aufgenommene Elektron auf Cytochrom c_1 übertragen zu können, muss sich die hydrophile Domäne des „Rieske"-Proteins jedes Mal um 60° drehen, sodass nie gleichzeitig „elektrischer Kontakt" mit Elektronendonor und -akzeptor besteht.

Zur Aufklärung des Q-Zyklus haben in hohem Maß spezifische, chinonanaloge Hemmstoffe des Komplex III beigetragen. So blockieren **Myxothiazol** und **Stigmatellin** das Ubihydrochinonoxidationszentrum und **Antimycin** das Ubichinonreduktionszentrum.

❯ Die Cytochrom-c-Oxidase reduziert Sauerstoff zu Wasser.

Der letzte Komplex der Atmungskette, die **Cytochrom-c-Oxidase** (Komplex IV) überträgt die Elektronen von Cytochrom c auf Sauerstoff. Gleichzeitig werden je Sauerstoffatom („$\frac{1}{2}O_2$") zwei Protonen über die Membran gepumpt:

$$2\,\text{Cyt}\,c^{2+} + \frac{1}{2}O_2 + 4\,H^+\,(M) \rightarrow$$
$$2\,\text{Cyt}\,c^{3+} + H_2O + 2\,H^+\,(IMR) \qquad (19.6)$$

In diesem Fall werden zwei zusätzliche H^+, die für die Wasserbildung benötigt werden, von der Matrixseite her aufgenommen. Da dieser Protonenaufnahme die Abgabe von zwei Elektronen durch Cytochrom c auf der **anderen** Seite der Membran gegenübersteht, ergibt sich ein vektorieller Transport von zwei weiteren Ladungen über die innere Mitochondrienmembran. Die Protonenbilanz wird formal durch die beiden „chemischen" Protonen des Komplex III ausgeglichen. Insgesamt pumpt die Cytochrom-c-Oxidase also vier Ladungen für jedes reduzierte Sauerstoffatom.

In Säugetiermitochondrien besteht die Cytochrom-c-Oxidase aus mindestens 13 Untereinheiten, von denen drei den katalytischen Kern bilden und im mitochondrialen Genom codiert werden. Zwei dieser Untereinheiten tragen die Redoxzentren: Die Bindungsstelle für Cytochrom c und ein zweikerniges, mit **Cu$_A$** bezeichnetes Kupferzentrum (◘ Abb. 19.11A) befinden sich in der Untereinheit 2. Vom Cu$_A$-Zentrum, das wie die Eisen-Schwefel-Zentren nur ein Elektron auf- und wieder abgeben kann, fließen die Elektronen über das **Häm a-Zentrum** (◘ Abb. 19.5) der Untereinheit 1 auf das sog. **binucleare Zentrum** (◘ Abb. 19.11B). Das binucleare Zentrum aus **Häm a_3** und einem als **Cu$_B$** bezeichneten Kupferatom ist die Reduktionsstelle für den Sauerstoff und befindet sich ebenfalls in der Untereinheit 1. Bemerkenswerterweise kann der Sauerstoff erst binden, wenn das binucleare Zentrum mit zwei Elektronen „vorgeladen" ist. So kann das Sauerstoffmolekül unmittelbar zur Peroxidstufe reduziert und in seine beiden Einzelatome gespalten werden. Auf diese Weise wird effektiv die Bildung schädlicher Superoxidradikale verhindert (▶ Abschn. 20.2). Der Mechanismus der Protonentranslokation im Komplex IV ist noch nicht bis ins Detail aufgeklärt. Jedoch ist klar, dass das in der Membran weiter auf der cytoplasmatischen Seite gelegene binucleare Zentrum für die Pumpfunktion verantwortlich ist und über zwei Protonenkanäle mit der Matrixseite in Verbindung steht. Auch hier scheint das Prinzip der Ladungskompensation eine entscheidende Rolle zu spielen. Darüber hinaus konnte die Beteiligung eines Tyrosylradikals gezeigt werden.

Die Cytochrom-c-Oxidase wird durch eine Reihe sauerstoffähnlicher Moleküle kompetitiv gehemmt, die ebenfalls mit Eisen komplexieren können. Beispiele sind

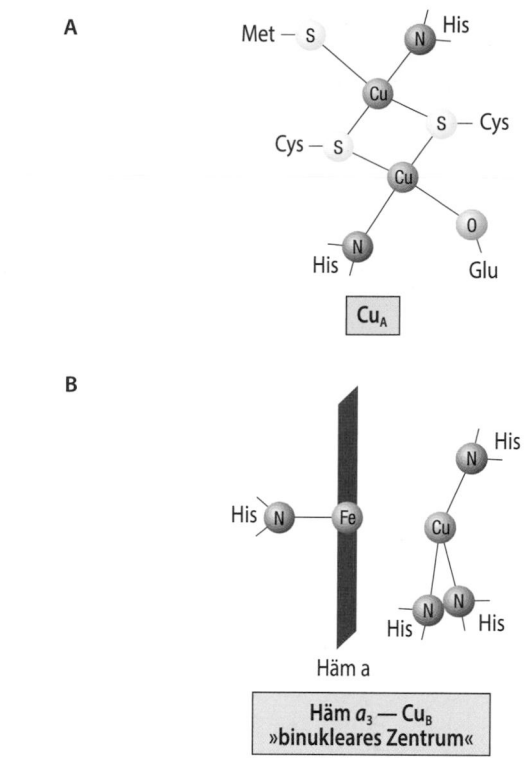

A Cu$_A$

Met — S

N His

Cu

Cys — S

S — Cys

Cu

His N

O

Glu

Cu$_A$

B

His N — Fe

N His

Cu

His N

N His

Häm a

Häm a_3 — Cu$_B$
»binukleares Zentrum«

◘ **Abb. 19.11   Raumstruktur der Kupferzentren der Cytochrom-c-Oxidase. A** Cu$_A$ enthält zwei Kupferatome und wird durch Seitenketten der Untereinheit 2 ligiert. **B** Cu$_B$ bildet zusammen mit Häm a_3 das „binucleare Zentrum", welches zwischen Kupfer- und Eisenatom den Sauerstoff bindet und reduziert

Cyanid, Kohlenmonoxid und **Azid. Stickstoffmonoxid** (NO), das inzwischen als wichtiges Gewebshormon bekannt ist, hemmt ebenfalls und wird langsam zu Lachgas (N_2O) reduziert. Inwieweit dies Bedeutung für die Wirkung und den Abbau des NO hat, ist noch nicht abschließend geklärt.

❯ Pro NADH/H^+ werden 10 und pro Succinat 6 Protonen aus der Matrix gepumpt.

Angetrieben durch schrittweise Übertragung der Elektronen auf den Sauerstoff, pumpen die Komplexe I, III und IV der Atmungskette insgesamt 10 H^+ pro oxidiertem NADH/H^+ über die innere Mitochondrienmembran (◘ Abb. 19.4). Bei der Einschleusung von Elektronen über den Komplex II und die übrigen Dehydrogenasen wird der Komplex I umgangen, und es tragen dann nur die Komplexe III und IV mit 6 H^+/2e^- zur Bildung des Protonengradienten bei.

19.1.3   F$_1$/F$_O$-ATP-Synthase

❯ Die F$_1$/F$_O$-ATP-Synthase (Komplex V) katalysiert die ATP-Bildung.

19

Die Nutzung des Protonengradienten zur ATP-Synthese erfolgt durch die manchmal auch als **Komplex V** bezeichnete **F_1/F_O-ATP-Synthase**:

$$ADP + P_i + 2,7\,H^+ \,(IMR) \rightarrow$$
$$ATP + H_2O + 2,7\,H^+ \,(M) \qquad (19.7)$$

Pro gebildetem ATP müssen rechnerisch $2^2/_3$ oder 2,7 Protonen zurückfließen. Diese Zahl hat unmittelbare Konsequenzen für die Energiebilanz der oxidativen Phosphorylierung (s. u.) und damit z. B. auch der aeroben Glycolyse. Die Ursache für die Abweichung von einer ganzzahligen Stöchiometrie ergibt sich aus Struktur und Mechanismus der ATP-Synthase.

❯ Die F_1/F_O-ATP-Synthase besteht aus 16 Untereinheiten.

Die pilzförmige F_1/F_O-ATP-Synthase aus Säugetiermitochondrien setzt sich aus 16 verschiedenen Untereinheiten zusammen, wobei zwei mitochondrial codiert werden (◘ Abb. 19.12). Diese Untereinheiten, von denen einige in mehreren Kopien vorkommen, bilden den **membranständigen F_O-Teil,** durch den die Proto-

nen fließen, und den **in die Matrix hineinragenden F_1-Teil**, welcher die Nucleotidbindungsstellen enthält. Der F_O-Teil besteht aus der Untereinheit a und in Säugetiermitochondrien aus 8 Kopien der Untereinheit c. Neben weiteren nicht gezeigten kleinen Untereinheiten enthält er noch ein Protein, welches den Hemmstoff der ATP-Synthase **Oligomycin** bindet, dem dieser Teil die Bezeichnung F_O verdankt. Der F_1-Teil ist ein **Hexamer aus drei α- und drei β-Untereinheiten ($α_3β_3$).** Eine β-Untereinheit trägt die **d-Untereinheit**, die wiederum zwei **b-Untereinheiten** verankert, welche Teil des sog. peripheren Stiels sind. Der periphere Stiel verbindet F_1- und F_O-Teil. Ein weiterer, zentraler Stiel, der bis in die Spitze des F_1-Teils ragt, wird durch die **γ-Untereinheit** gebildet, deren Kontakt mit den **ringförmig angeordneten c-Untereinheiten** des F_O-Teils durch die **δ- und ε-Untereinheit** verstärkt wird. Während der isolierte F_1-Teil nur zur ATP-Hydrolyse in der Lage ist, ist nur der vollständige F_1/F_O-Komplex zur ATP-Synthese bzw. der Umkehrung dieser Reaktion, dem ATP-getriebenen Protonenpumpen, fähig.

❯ Die ATP-Synthese beruht auf einer Rotation von Teilen der ATP-Synthase.

Die ringförmige Anordnung der α- und β-Untereinheiten im F_1-Teil und der c-Untereinheiten im F_O-Teil suggeriert die Beteiligung einer Drehbewegung am Mechanismus der ATP-Synthase. Tatsächlich wurden schon vor der Strukturaufklärung des F_1-Teils durch John Walker und seine Kollegen, u. a. von Paul Boyer ein Rotationsmechanismus für die ATP-Synthese vorgeschlagen. Inzwischen wurde die Drehung von Teilen der ATP-Synthase mit verschiedenen Methoden auch experimentell gezeigt: Der Protonengradient treibt eine Drehung des c-Rings an, die „mechanisch" über eine Konformationsänderung die ATP-Bildung im F_1-Teil bewirkt.

❯ Der Protonengradient treibt eine Drehbewegung im F_O-Teil.

Der sich drehende Teil der ATP-Synthase („Rotor") besteht aus ringförmig angeordneten **c-Untereinheiten** im F_O-Teil und dem zentralen Stiel aus den Untereinheiten γ, δ und ε. Jede **c-Untereinheit** trägt einen essentiellen Asparaginsäurerest im hydrophoben Bereich. Es wird immer eine dieser sauren Gruppen durch die **a-Untereinheit** „maskiert". Die Untereinheit **a** besitzt außerdem zwei Protonenkanäle, die Protonen an die saure Gruppe heran- und wieder wegführen können. Induziert nun ein Proton, das sich durch diese Kanäle von einer Seite der Membran zur anderen bewegt, das **Weiterrücken des Rings** um eine c-Untereinheit, so entsteht eine Drehbewegung, die über den zentralen Stiel in den F_1-Teil übertragen wird. Wie bei jedem Motor muss verhindert

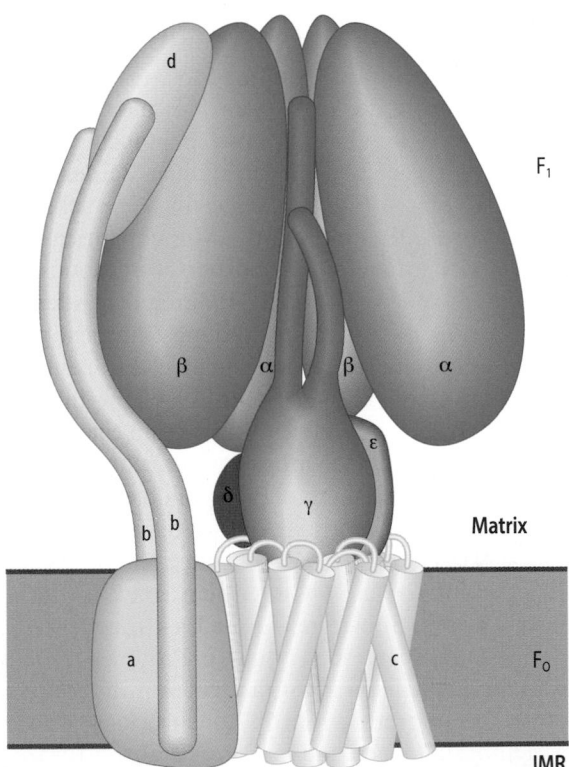

◘ **Abb. 19.12   Aufbau der F_1/F_O-ATP-Synthase.** Eine α- und eine β-Untereinheit ist nicht gezeigt, um die Sicht auf den zentralen Stiel freizugeben. Außerdem fehlen in dieser Darstellung sieben weitere Untereinheiten, die für die Funktion der ATP-Synthase nicht unmittelbar von Bedeutung sind. (Einzelheiten s. Text)

werden, dass sich der F_1-Teil („Stator") als Ganzes mit-dreht. Diese Aufgabe übernimmt der periphere Stiel, der auch die a-Untereinheit festhält. Die Funktionsweise des F_O-Teils entspricht prinzipiell der eines Flagellen-motors, der ebenfalls durch einen Protonengradienten angetrieben wird.

❯ Der F_1-Teil nutzt die Rotation zur ATP-Synthese.

Wie die Rotation des zentralen Stils zur Ausbildung einer „energiereichen" Phosphorsäureanhydridbindung genutzt wird, geht aus der Struktur des F_1-Teils hervor: Jeweils gemeinsam aus einer α- und einer β-Untereinheit gebildet, besitzt jeder F_1-Teil drei katalytische Zentren, die in drei verschiedenen Konformationen vorliegen (❏ Abb. 19.13). In der **L-Form** (*loose*) bindet das Zent-rum ADP und Phosphat, während in der **O-Form** (*open*) die Affinität sowohl für ADP+P_i als auch für ATP ge-ring ist. Die dritte Konformation ist entscheidend für die Ausbildung der Phosphorsäureanhydridbindung des ATP. Diese **T-Form** (*tight*), die während der ATP-Synthese aus der mit ADP+P_i beladenen L-Form ent-steht, bindet ATP mit sehr hoher Affinität, was seine Bildung aus ADP+P_i begünstigt. Außerdem wird in dieser Konformation Wasser aus der Bindungstasche ausgeschlossen, was die Reaktion ebenfalls in Richtung der Kondensation verschiebt. Tatsächlich konnte für die T-Form eine Gleichgewichtskonstante abgeleitet wer-den, nach der sich ATP praktisch spontan bildet. Der Preis hierfür ist jedoch eine sehr feste Bindung des ATP an die T-Form, sodass Energie benötigt wird, um das Produkt der Reaktion freizusetzen. Diese Energie liefert die asymmetrisch rotierende γ-Untereinheit, indem sie einen Übergang der T-Form in die O-Form erzwingt, die eine sehr niedrige Affinität für ATP hat. Da sich jeweils ein katalytisches Zentrum in der O-, L- und T-Form befindet, werden bei einer vollständigen Rotation der γ-Untereinheit 3 ATP synthetisiert.

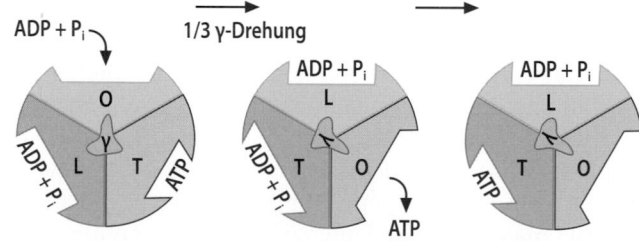

❏ **Abb. 19.13** **Mechanismus der ATP-Bildung durch die F_1/F_O-ATP-Synthase.** Der zentrale Stiel ist gekoppelt an den Ring aus c-Untereinheiten und rotiert, angetrieben durch den Rückstrom der Protonen, relativ zu den drei αβ-Paaren. Durch die Asymmetrie der γ-Untereinheit durchlaufen die αβ-Paare verschiedene Konformati-onszustände. In der T-Form wird ATP gebildet, das unter Energie-aufwand beim Übergang in die O-Form freigesetzt wird. (Einzelhei-ten s. Text)

❯ Die Zahl der c-Untereinheiten bestimmt die Proto-nenstöchiometrie.

Da die Drehung des Rings aus c-Untereinheiten die ATP-Synthese antreibt, ergibt sich die Zahl der Proto-nen, die für die Synthese eines ATP benötigt werden, aus der Protonenzahl, die für eine Umdrehung des c-Rings in die Matrix zurückfließen. Wenn der Ring mit jedem Proton jeweils eine c-Untereinheit weiterrückt, muss diese Zahl direkt der Zahl der c-Untereinheiten entspre-chen. Die Zahl der c-Untereinheiten kann bei verschie-denen Organismen unterschiedlich sein. Damit kann die „Übersetzung" der ATP-Synthase angepasst werden. Die ATP-Synthase der Säugetiermitochondrien besitzt 8 c-Untereinheiten, was dem Verbrauch von 2,7 Proto-nen pro ATP entspricht. Es wird angenommen, dass der Bruch der Rotationssymmetrie zwischen F_O- und F_1-Teil nicht zufällig ist, sondern hilft, die Rotationsbewegung in Gang zu halten, indem in der ATP-Synthase immer eine Restspannung verbleibt.

19.1.4 P/O-Quotient und Wirkungsgrad der oxidativen Phosphorylierung

❯ Der P/O-Quotient gibt an, wie viel ATP pro ver-brauchtem Sauerstoff gebildet wird.

Aus der Protonentranslokations-Stöchiometrie für die einzelnen Schritte der oxidativen Phosphorylierung er-gibt sich, wie viele ATP („P") pro verbrauchtem Sauer-stoffatom („O") gebildet werden können. Bei der Berech-nung dieses sog. *P/O-Quotienten* muss berücksichtigt werden, dass ADP und P_i in die Mitochondrien hinein und ATP wieder heraus transportiert werden muss. Der Gegentausch von ATP und ADP durch den Adeninnu-cleotid-Carrier ist mit einem Ladungstransport gekop-pelt. Der Phosphattransport erfolgt elektroneutral im Symport mit einem H^+(▶ Abschn. 19.1.1, ❏ Tab. 19.1). Insgesamt entspricht dies dem Rückstrom eines H^+, was zu den durch die ATP-Synthase verbrauchten Protonen dazugerechnet werden muss. Pro gebildetem und expor-tiertem ATP gelangen also 3,7 H^+ in die Matrix zurück. Für NADH/H^+, bei dessen Oxidation 10 H^+ gepumpt werden, ergibt sich ein P/O-Quotient von 2,7. Für Suc-cinat und andere Substrate, die die Elektronen direkt an Ubichinon abgeben, sodass nur 6 Protonen gepumpt werden, ergibt sich ein P/O-Quotient von 1,6. Wegen ei-nes gewissen unproduktiven Protonenrückstroms durch die Membran (*leak*) und anderer Transportprozesse, die den Protonengradienten nutzen, sind dies Maximal-werte, die *in vivo* sicher nicht erreicht werden.

❯ Der Wirkungsgrad der oxidativen Phosphorylierung liegt bei rund 65 %.

Aus der Differenz der Redoxpotenziale für NADH/NAD$^+$ von −320 mV und H$_2$O/O$_2$ von + 820 mV lässt sich über die Beziehung

$$\Delta G^{0\prime} = -n \cdot F \cdot \Delta E_0' \qquad (19.8)$$

eine maximale Energieausbeute von −220 kJ/mol pro oxidierten NADH berechnen. Setzt man aufgrund der physiologischen Konzentrationsverhältnisse ein ΔG von etwa +50 kJ/mol für die ATP-Synthese an, so ergibt sich, dass mit einem NADH maximal 4 ATP gebildet werden könnten. Da aber nur maximal 2,7 ATP entstehen, liegt der Wirkungsgrad der oxidativen Phosphorylierung bei rund 65 %. Mithilfe der Redoxpotenziale für Ubichinon (+80 mV) und Cytochrom *c* (+250 mV) lässt sich auch die den einzelnen protonenpumpenden Komplexen zur Verfügung stehende Energie berechnen. Komplex I stehen 77 kJ/mol zur Verfügung, Komplex III 33 kJ/mol und Komplex IV 110 kJ/mol. In diesen Zahlen spiegelt sich gut der Beitrag dieser Komplexe zum Protonengradienten wider (◨ Abb. 19.4).

19.1.5 Atmungskontrolle und Regulation der oxidativen Phosphorylierung

❯ Substratoxidation und ATP-Bildung sind strikt gekoppelt.

Lange bevor Einzelheiten über die Komponenten der oxidativen Phosphorylierung bekannt waren, wurde beobachtet, dass isolierte, intakte Mitochondrien nur dann schnell Substrat oxidieren, wenn ihnen ADP und P$_i$ zur Verfügung stehen. Diese strikte Kopplung von Substratoxidation und ATP-Bildung wird als **Atmungskontrolle** bezeichnet. ◨ Abb. 19.14 stellt dieses Phänomen an Lebermitochondrien dar. In Anwesenheit von Sauerstoff und Succinat als Substrat erhöht sich die Geschwindigkeit des Sauerstoffverbrauchs erst nach Zugabe von ADP um das 5- bis 6fache und geht wieder zurück, wenn das zugesetzte ADP komplett zu ATP phosphoryliert worden ist. Ist ausreichend Substrat vorhanden, kann die Atmungsrate durch erneute Zugabe von ADP nochmals erhöht werden. Britton Chance hat bereits 1956 fünf Fließgleichgewichtszustände definiert, bei denen die Atmungsgeschwindigkeit durch jeweils verschiedene Faktoren kontrolliert wird (◨ Tab. 19.3). Besonders wichtig sind die Zustände 3 und 4:

- Im **Zustand 3** oder **aktiven Zustand** sind ausreichend Sauerstoff, Substrat, ADP und Phosphat vorhanden, sodass die oxidative Phosphorylierung mit maximaler Geschwindigkeit abläuft.
- Im **Zustand 4** oder **kontrollierten Zustand** limitiert das Fehlen von ADP den Sauerstoffverbrauch. Unter diesen Bedingungen ist die protonenmotorische

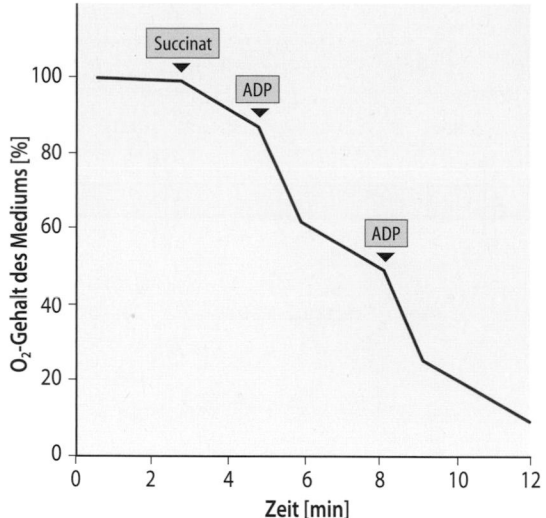

◨ **Abb. 19.14 Experiment zur Atmungskontrolle an isolierten Lebermitochondrien.** Isolierte Rattenlebermitochondrien wurden mit Succinat als Substrat versetzt. Mithilfe einer Sauerstoffelektrode wurde der Sauerstoffverbrauch gemessen. An den markierten Stellen wurden jeweils 0,1 μmol/ml ADP zugesetzt. Der aktive Zustand wird durch die Erhöhung der Atmungsrate angezeigt. Ist das zugesetzte ADP verbraucht, gehen die Mitochondrien wieder in den kontrollierten Zustand über (s. auch Tab. 19.3)

◨ **Tab. 19.3** Fließgleichgewichtszustände der Atmungskette

	Im Überschuss vorhanden	Atmungsrate begrenzt durch
Zustand 1	O$_2$	ADP und Substrat
Zustand 2	O$_2$, ADP	Substrat
Zustand 3 „aktiv"	O$_2$, ADP, Substrat	ΔμH
Zustand 4 „kontrolliert"	O$_2$, Substrat	ADP
Zustand 5	ADP, Substrat	O$_2$
Entkoppelt	O$_2$, Substrat[a]	Maximalgeschwindigkeit des Elektronentransports

[a]In diesem Zustand hat ADP keinen Einfluss auf die Atmungsrate

Kraft maximal und bremst den Elektronentransport in der Atmungskette.

❯ Entkoppler heben die Atmungskontrolle auf.

Die Abhängigkeit der Atmungskontrolle von der Dichtheit der inneren Mitochondrienmembran zeigt sich daran, dass die Atmungsrate auch in Abwesenheit von

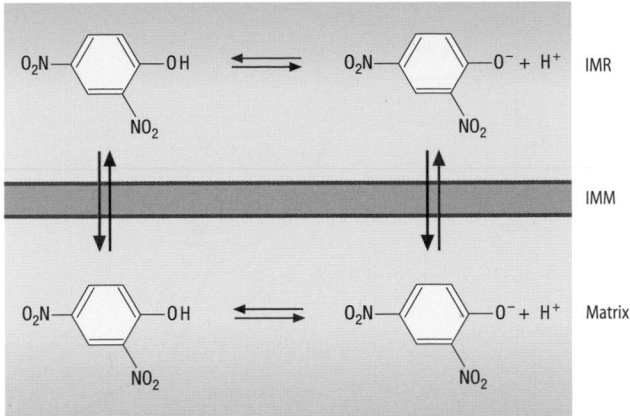

Abb. 19.15 **Wirkungsmechanismus von 2,4-Dinitrophenol als Entkoppler der oxidativen Phosphorylierung.** *IMR*: Intermembranraum; *IMM*: Innere Mitochondrienmembran (Einzelheiten s. Text)

ADP maximal ist, wenn man durch Zugabe eines **Entkopplers** wie z. B. Dinitrophenol (■ Abb. 19.15) den passiven Rückstrom von Protonen ermöglicht und so das elektrochemische Potenzial aufhebt (■ Tab. 19.3). Lipophile, schwache organische Säuren haben meist entkoppelnde Eigenschaften, da sie sowohl in der protonierten als auch in der deprotonierten Form frei über die Membran diffundieren können.

> Das Entkopplungsprotein dient der Thermogenese.

Im entkoppelten Zustand wird die Energie des Protonengradienten nicht im ATP gespeichert, sondern als Wärme frei. Säugetierzellen nutzen dies zur Thermogenese aus. Martin Klingenberg konnte zeigen, dass v. a. Mitochondrien des braunen Fettgewebes ein auch **Thermogenin** genanntes Entkopplungsprotein enthalten, das zur Familie der mitochondrialen Carrier gehört (■ Tab. 19.1). Es katalysiert einen passiven, elektrogenen Uniport von H⁺ und wirkt so als Entkoppler, was zu einer Erwärmung des Gewebes führt. Das Entkopplungsprotein wird durch Purinnucleotide, v. a. GDP und wahrscheinlich auch Ubichinon reguliert, sodass zwischen Thermogenese und ATP-Bildung umgeschaltet werden kann. Inzwischen wurden im Menschen mehrere Isoformen des Entkopplungsproteins nachgewiesen und gezeigt, dass es in fast allen Gewebetypen exprimiert wird. Außerhalb des braunen Fettgewebes ist über seine Regulation und Bedeutung bisher wenig bekannt. Im **braunen Fettgewebe**, das bei allen bisher untersuchten Säugetieren in unterschiedlichem Ausmaß subscapular und entlang der großen Gefäße vorkommt, dient es der Thermogenese. Beim Menschen wird es durch den mit der Geburt einhergehenden Kälteschock aktiviert und ermöglicht dem **Neugeborenen** die Aufrechterhaltung der Körpertemperatur. In ■ Abb. 19.16 ist der Mechanismus der Thermogeneseauslösung dargestellt. Hypo-

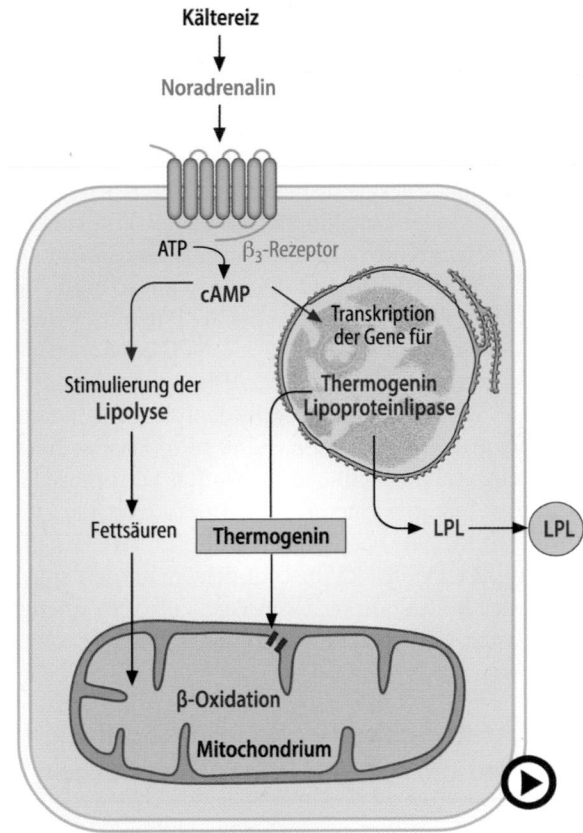

Abb. 19.16 (Video 19.4) **Induktion der Thermogenese durch einen Kältereiz.** Die durch Noradrenalin erhöhten cAMP-Spiegel führen zu einer Erhöhung der Lipolyse und einer gesteigerten Expression der Gene für Lipoproteinlipase (*LPL*) und Thermogenin (▶ https://doi.org/10.1007/000-5ga)

thalamische Signale führen zu einer Stimulierung des sympathischen Nervensystems, was zu einer gesteigerten Freisetzung von Katecholaminen an den Nervenendigungen führt. Über besonders im braunen Fettgewebe nachweisbare **β₃-Rezeptoren** kommt es zum Anstieg der cAMP-Konzentration im braunen Fettgewebe und zur gesteigerten Lipolyse. Die dabei freigesetzten Fettsäuren werden in der mitochondrialen Matrix abgebaut und die gebildeten Reduktionsäquivalente über die Atmungskette oxidiert. Gleichzeitig induziert die hohe cAMP-Konzentration die Transkription einiger für die Thermogenese wichtiger Proteine. Eines von ihnen ist die Lipoproteinlipase, die die Aufnahme von Fettsäuren aus extrazellulären Triacylglycerinen durch die braunen Adipocyten ermöglicht (▶ Abschn. 21.1.3). Das andere ist das Thermogenin, das in die innere Mitochondrienmembran integriert wird und dort die Steigerung der Wärmebildung bewirkt. Da das braune Fettgewebe ungewöhnlich gut durchblutet ist, kann die produzierte Wärme leicht abgeführt werden und dient der Aufrechterhaltung der Körpertemperatur. Das braune Fettge-

19

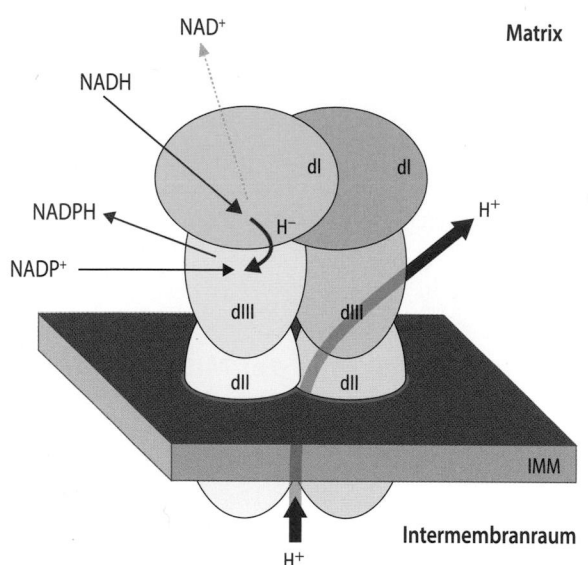

Abb. 19.17 Aufbau und Funktion der Transhydrogenase. Die mit der Untereinheit dII in der inneren Mitochondrienmembran verankerte Transhydrogenase überträgt unter Ausnutzung des Protonengradienten ein Hydridanion von NADH/H$^+$ auf NADP$^+$. (Adaptiert nach Rodrigues und Jackson 2002)

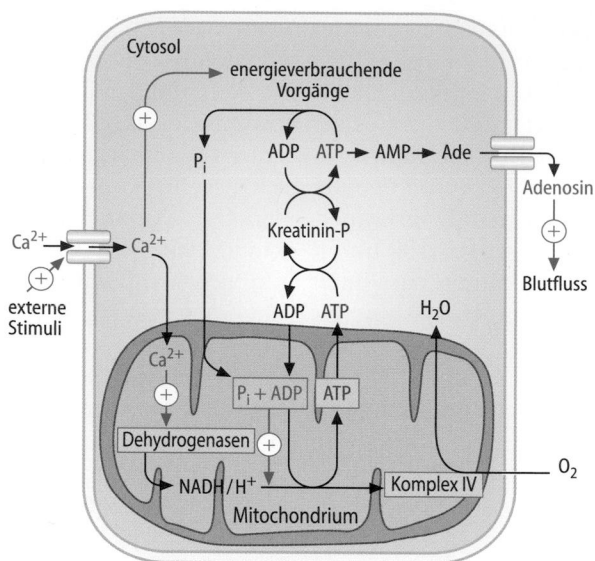

Abb. 19.18 Zelluläre Regulation der oxidativen Phosphorylierung. Eine Beschleunigung von Elektronentransport und ATP-Synthese in den Mitochondrien kann prinzipiell durch zwei im Cytosol stattfindende Prozesse ausgelöst werden. Zum einen kann ein erhöhter Energiebedarf zu einer beschleunigten ATP-Hydrolyse führen, sodass sich der ATP/ADP-Quotient verkleinert. Dies kann kurzzeitig über die Kreatinphosphatreserve ausgeglichen werden. Aus dem Abbau von Adeninnucleotiden gebildetes Adenosin kann abgegeben werden und vasodilatorisch wirken. Der so erhöhte Blutfluss verbessert die Nährstoffversorgung der Gewebe. Auch durch externe Stimuli kann es zu einer Erhöhung der cytosolischen und damit sekundär der mitochondrialen Calciumkonzentration kommen. Dies führt zu einem gesteigerten Substratabbau, indem die Dehydrogenasen des Citratzyklus in der Matrix aktiviert werden. Die vermehrt anfallenden Reduktionsäquivalente müssen über die Atmungskette reoxidiert werden

webe ist auch Wärmeproduzent für **Winterschläfer**, bei denen es eine rasche und effektive Erhöhung der Körpertemperatur bei den im Winterschlaf auftretenden intermittierenden Aufwachphasen erlaubt.

> Die Transhydrogenase nutzt den Protonengradienten um Reduktionsäquivalente von NADH/H$^+$ auf NADP$^+$ zu übertragen.

Auch in der mitochondrialen Matrix wird NADPH/H$^+$ z. B. zur Regeneration von Glutathion benötigt. Da dieses nicht über die innere Mitochondrienmembran transportiert werden kann, muss es in der Matrix gebildet werden. Diese Aufgabe übernimmt vor allem die Transhydrogenase, die ein Hydridion von NADH/H$^+$ auf NADP$^+$ übertragen kann (■ Abb. 19.17). Allerdings ist die Reaktion dieses integralen Membranproteins der inneren Mitochondrienmembran zwingend an den Rückstrom eines Protons in den Matrixraum gekoppelt.

$$NADH + NADP^+ + H^+ (IMR) \rightarrow$$
$$NAD^+ + NADPH + H^+ (M) \qquad (19.9)$$

So wird in energetisierten Mitochondrien eine optimale Verfügbarkeit von NADPH sichergestellt.

> Die zelluläre ATP-Synthese wird an den jeweiligen Energieverbrauch angepasst.

In der intakten Zelle wird die Geschwindigkeit der Substratoxidation nicht nur durch die Verfügbarkeit von ADP kontrolliert. Eine große Zahl energieverbrauchender Stoffwechselprozesse liefert zwar ADP, jedoch unterliegt auch die Bereitstellung von oxidierbarem Substrat einer komplexen Regulation und kann damit geschwindigkeitsbestimmend werden. In einigen Geweben kann dies auch für die Versorgung mit Sauerstoff gelten. ■ Abb. 19.18 fasst die wichtigsten Regulationsmöglichkeiten zusammen. Es erscheint zunächst einleuchtend, dass eine gesteigerte Arbeitsleistung über vermehrte ADP-Bildung zu erhöhter Substratoxidation in den Mitochondrien führt. Allerdings steigt in den seltensten Fällen tatsächlich der cytoplasmatische ADP-Spiegel infolge gesteigerter Arbeit. Dies liegt v. a. daran, dass einige Gewebe über ein **Phosphokreatin-Kreatin-System** (▶ Abschn. 63.3.1) zur kurzfristigen Auffüllung der ATP-Speicher verfügen. In einigen Fällen wurde beobachtet, dass ein gesteigertes Angebot von Reduktionsäquivalenten zu einer Erhöhung der Atmungsrate führt, ohne dass sich das ATP zu ADP-Verhältnis ändert. Hierfür könnten die in allen Geweben vorhandenen Isoformen des Thermogenins von Bedeutung sein, deren Aktivierung zu einer von der ATP-Synthese unabhängigen Erhöhung des Sauerstoff-

verbrauchs führen könnte. Eine weitere Möglichkeit besteht darin, dass eine Erhöhung des cytoplasmatischen Calciums zu dessen verstärkter Aufnahme in die Mitochondrien führt, wo es den Citratzyklus aktiviert. Eine direkte Regulation über die Sauerstoffversorgung kann ausgeschlossen werden, da die Michaelis-Konstante der den Sauerstoff verbrauchenden Cytochrom-c-Oxidase mit weniger als 100 nmol/l extrem klein ist. Allerdings wird spekuliert, dass unter mikroaeroben Bedingungen eine Kompetition mit NO physiologische Bedeutung haben könnte. Schließlich wurde gezeigt, dass die Aktivität des Komplex IV in gewissem Maße über allosterische Nucleotidbindungsstellen, Phosphorylierung und Isoformen der akzessorischen Untereinheiten reguliert werden kann.

Zusammenfassung
Die oxidative Phosphorylierung (OXPHOS) ist Hauptlieferant für ATP in aeroben Organismen. Als Energiequelle dient gebundener Wasserstoff, der den Nährstoffen im katabolen Stoffwechsel entzogen und auf NAD$^+$ oder FAD übertragen wurde. In Eukaryonten findet die OXPHOS in den Mitochondrien statt.
- Die Redoxenergie wird von der Atmungskette durch schrittweise Übertragung der Elektronen auf Sauerstoff in einen Protonengradienten über die innere Mitochondrienmembran umgewandelt, der dann zur ATP-Synthese genutzt wird.
- Metabolite, ADP, P$_i$ und ATP werden mithilfe mitochondrialer Carrier über die innere Mitochondrienmembran transportiert. Reduktionsäquivalente werden über *shuttle*-Mechanismen transportiert.
- Am Elektronentransport sind vier Multiproteinkomplexe beteiligt, die über Ubichinon und Cytochrom c als mobile Substrate verbunden sind. An der Elektronenübertragung in den Komplexen sind Flavine, Eisen-Schwefel-Zentren, Cytochrome und Kupferzentren beteiligt. Bei der Oxidation von NADH werden 10 H$^+$, bei der Oxidation von Succinat und anderer FAD-abhängiger Substrate 6 H$^+$ über die Membran gepumpt. Die ATP-Synthase (Komplex V) nutzt den Protonengradienten zur ATP-Synthese. Im F$_O$-Teil wird durch den Rückstrom der Protonen eine Drehbewegung erzeugt, die im F$_1$-Teil durch eine Konformationsänderung die ATP-Freisetzung bewirkt. Der P/O-Quotient für NADH/H$^+$ beträgt maximal 2,7 und für Succinat maximal 1,6 gebildete ATP-Moleküle pro reduziertem Sauerstoffatom. Der maximale Wirkungsgrad der oxidativen Phosphorylierung liegt bei rund 65 %.

- Entkoppler machen die innere Mitochondrienmembran durchlässig für Protonen und verhindern so die ATP-Synthese. Der Protonen-Carrier Thermogenin entkoppelt die Mitochondrien im braunen Fettgewebe und dient so der Wärmefreisetzung (Thermogenese).

19.2 Pathobiochemie der Mitochondrien

Angesichts der fundamentalen Bedeutung für die Energieversorgung der Zelle mag es zunächst als schwer vorstellbar erscheinen, dass Defekte im System der oxidativen Phosphorylierung („OXPHOS") mit dem Leben vereinbar sind. So sind Substanzen wie Cyanid und Kohlenmonoxid hochgiftig, da sie Zellatmung bzw. den Sauerstofftransport im Blut blockieren. Auch die schwerwiegenden Folgen des Sauerstoffmangels im Herzen beim Infarkt oder im Gehirn bei Schlaganfall bzw. Herzstillstand unterstreichen die extreme Abhängigkeit des menschlichen Organismus vom aeroben Energiestoffwechsel. Tatsächlich hat sich herausgestellt, dass funktionelle Abweichungen der Mitochondrien bei einer Vielzahl von Erkrankungen eine wesentliche Rolle spielen. Dabei reicht das Spektrum von schwersten, angeborenen neuromuskulären Erkrankungen, die schon kurz nach der Geburt zum Tod führen, bis hin zu degenerativen Prozessen, die mit dem normalen Alterungsprozess einhergehen. Eine mitochondriale Beteiligung an der Pathogenese von Morbus Alzheimer und Parkinson gilt inzwischen als ebenso gesichert, wie die bei Diabetes mellitus und metabolischem Syndrom. Selbst bei Tumorerkrankungen und entzündlichen Prozessen spielen spezifische Veränderungen im mitochondrialen Stoffwechsel offenbar eine zentrale Rolle. Es ist unmöglich, im Rahmen dieses Kapitels die ganze Vielfalt dieser Erkrankungen abzudecken. Allerdings sollen einige grundlegende Prinzipien der OXPHOS-Erkrankungen besprochen werden.

19.2.1 Pathogenese von Defekten der oxidativen Phosphorylierung

Die Besonderheiten und die vielfältigen Erscheinungsformen von Störungen im OXPHOS-System haben ihre Ursache v. a. darin, dass eine Reihe der katalytisch besonders wichtigen Untereinheiten der beteiligten Komplexe (▶ Abschn. 19.1.2) vom **mitochondrialen Genom** codiert werden. Jede Zelle enthält viele Mitochondrien (Hepatocyten z. B. 1000–2000), jedes mit etwa zehn Kopien des mitochondrialen Genoms. Demzufolge

kann ein einzelnes Mitochondrium eine variable Zahl defekter Gene enthalten und in einer Zelle können „gesunde" und mehr oder weniger „kranke" Mitochondrien gemeinsam vorkommen. Folge dieser ausgeprägten **Heteroplasmie** ist, dass der Grad und die Art der Erkrankung nicht nur vom genetischen Defekt, sondern v. a. auch vom Anteil defekter, mitochondrialer Gene und Mitochondrien in den Zellen abhängen. Die mitochondriale DNA (mtDNA) ist außerdem erheblich anfälliger für Mutationen als die chromosomale DNA im Kern, weil ihr die Histone und ein effektiver Reparaturapparat fehlen (▶ Abschn. 10.2 und 45.2). Deshalb kann es im Laufe des Lebens zu einer Akkumulation defekter mitochondrialer Genome kommen, was den **progressiven Verlauf** vieler OXPHOS-Erkrankungen erklärt. Offenbar wird die zunehmende Ansammlung von Defekten der mtDNA auch dadurch begünstigt und beschleunigt, dass durch bereits defekte Atmungskettenkomplexe die Bildung **reaktiver Sauerstoffspezies** ansteigt, was eine höhere Mutationsrate der mitochondrialen DNA zur Folge hat. Im Einzelfall ist es schwierig, einen kausalen Zusammenhang zwischen einem bestimmten genetischen Defekt und den spezifischen Symptomen und dem Verlauf einer Erkrankung herzustellen. Allgemein lässt sich jedoch feststellen, dass kleinere Defekte in der Regel eingrenzbare zentralnervöse Erkrankungen wie eine Schädigung des Sehnervs oder epileptische Anfälle zur Folge haben, und dass mit zunehmender Schwere generalisierte Ausfälle des ZNS (**Enzephalopathie**) und ausgeprägte **Myopathien** hinzukommen.

□ **Tab. 19.4** Klinische Symptome bei ausgewählten mitochondrialen angeborenen Enzephalomyopathien. (Nach Di Mauro et al. 1985)

Symptome	MERRF Defekt der mt-tRNA^{Lys}	MELAS Defekt der mt-tRNA^{Leu}	CPEO/ KSS (mtDNA Deletion)
Ophthalmoplegie	–	–	+
Degeneration der Retina	–	–	+
Herzblock	–	–	+
Myoklonien	+	–	–
Ataxie	+	–	±
Muskelschwäche	+	+	±
Cerebrale Anfälle	+	+	–
Episodisches Erbrechen	–	+	–
Corticale Blindheit	–	+	–
Hemiparesen	–	+	–
Lactatacidose	+	+	+
ragged red fibers	+	+	+

MERRF: Myoklonale Epilepsie mit *ragged red fibers*; MELAS: Mitochondriale Enzephalomyopathie mit Lactatacidose und schlaganfallähnlichen Episoden; CPEO: Chronisch Progressive Externe Ophthalmoplegie; KSS: Kearns-Sayre-Syndrom

19.2.2 Angeborene Defekte der mitochondrialen DNA

Defekte der mitochondrialen DNA werden maternal vererbt. Betroffen sind entweder Strukturgene der Atmungskettenkomplexe oder tRNA- und rRNA-Gene, die für die mitochondriale Proteinbiosynthese benötigt werden. In einigen Fällen können auch ganze Bereiche des mitochondrialen Genoms deletiert sein (□ Tab. 19.4). Da ein völliger Ausfall der OXPHOS mit dem Leben unvereinbar wäre, findet man bei Patienten mit schwerwiegenden angeborenen Defekten der mtDNA fast immer auch intakte mitochondriale Sequenzen, wobei der Grad der Heteroplasmie und damit die Ausprägung der Störung in hohem Maße gewebsspezifisch sein kann. Je nachdem, wie groß der Anteil defekter Genome ist, sind schon bei der Geburt klinische Symptome feststellbar oder es kommt später, z. T. erst im zweiten Lebensjahrzehnt, zur Erkrankung. Erster Hinweis auf eine schwere Störung der OXPHOS beim Neugeborenen ist eine Lactat-Acidose, die unmittelbar durch die gestörte Endoxi-

dation entsteht. Allerdings kommen für dieses klinische Bild auch andere Ursachen in Betracht.

Selbstverständlich kommen auch angeborene Defekte in den im Kern befindlichen Genen der übrigen Komponenten des OXPHOS-Systems oder anderer mitochondrialer Proteine als Ursache für Erkrankungen in Betracht. Auch hierfür sind zahlreiche Beispiele gefunden worden. Die Symptome sind ähnlich und oft besonders stark ausgeprägt. In jüngster Zeit wird eine typisch mitochondriale Symptomatik zunehmend auch bei vergleichsweise milden Verlaufsformen festgestellt, die sich öfter erst im Erwachsenenalter z. B. als Trainingsintoleranz oder durch chronische Ermüdungszustände bemerkbar macht. Insgesamt geht man inzwischen davon aus, dass die Inzidenz angeborener mitochondrialer Defekte in Neugeborenen bei mindestens 1:2000 liegt. Da aber durch globale Populationsstudien inzwischen sogar ein Zusammenhang zwischen bestimmten Sequenzvariationen der mitochondrialen DNA (sogenannte *Haplogroups*) und genereller physischer Leistungsfähigkeit nachgewiesen werden konnte, wird es immer schwieriger

Permeability transition pore. Mitochondrien sind auch am Signalweg der Apoptose (▶ Kap. 51) beteiligt. Wann dieser ausgelöst wird, ist noch nicht vollständig geklärt. Allerdings ist bekannt, dass sowohl oxidativer Stress als auch die teilweise Hemmung von Atmungskettenkomplexen die mitochondriale Apoptose hervorrufen können. Hierbei kommt es zur Öffnung einer in ihrer Zusammensetzung noch unbekannten *permeability transition pore* (PTP) über beide mitochondriale Memb-

ranen, durch welche Cytochrom *c* und andere mitochondriale Proteine freigesetzt werden. Diese können dann im Cytoplasma durch Aktivierung von Caspasen die Apoptose einleiten. Wahrscheinlich öffnet sich die PTPs auch unter normalen Bedingungen zeitweise, dann reversibel und auf Teilbereiche der Mitochondrien begrenzt. Offenbar spielt die mitochondrial induzierte Apoptose eine zentrale Rolle bei der Pathogenese neurodegenerativer Erkrankungen.

eine Grenze zwischen natürlicher Variabilität und klinisch relevanter Mutation zu ziehen.

19.2.3 Mitochondriale Defekte beim Altern

Es lässt sich nachweisen, dass auch beim gesunden Menschen die Zahl der defekten mtDNA-Kopien im Laufe des Lebens kontinuierlich zunimmt. Es kommt besonders zu einer Anhäufung von großen Deletionen, durch die das mitochondriale Genom um mehrere Kilobasen verkürzt wird. Parallel dazu lassen sich mit steigendem Alter eine Zunahme von Funktionsstörungen des OXPHOS Systems und eine Zunahme der Produktion reaktiver Sauerstoffspezies (ROS) feststellen. Weiterführende Untersuchungen scheinen zu bestätigen, dass der „Teufelskreis" aus Akkumulation mitochondrialer Defekte und Bildung von ROS für das komplexe Phänomen des Alterns von erheblicher Bedeutung ist. Es stellt sich die Frage, wie verhindert wird, dass die im Laufe des Lebens akkumulierten Defekte an die Nachkommen weitergegeben werden. Zum einen scheinen die Eizellen keine oder weniger Schäden in ihrer mtDNA zu akkumulieren, weil sie schon in der Embryonalzeit angelegt werden und bis zu ihrer Reifung in einem Ruhezustand vorliegen. Zum anderen scheint es einen als *bottleneck*-Phänomen bezeichneten Prozess zu geben, bei dem nach der meiotischen Teilung die Zahl der Mitochondrien pro Keimzelle auf wenige Exemplare reduziert wird. In diesem Zustand einer stark reduzierten Heteroplasmie können normalerweise nur die Keimzellen überleben und sich zu Oogonien entwickeln, welche eine intakte mtDNA besitzen. Defekte, die zu ererbten Störungen der OXPHOS führen, überstehen diesen Selektionsmechanismus offenbar meist nicht. Auch an der Entstehung einer Reihe klinisch manifester, v. a. neurodegenerativer Erkrankungen des Alters sind mitochondriale Defekte. So können Hemmstoffe des Komplex I spezifisch zu einer Zerstörung der **Substantia nigra** im Gehirn führen und damit Morbus Parkinson auslösen.

Zusammenfassung
Störungen im OXPHOS-System haben ihre Ursache in einer großen Zahl verschiedener genetischer Defekte. Liegt die Mutation auf der mitochondrialen DNA wird sie maternal vererbt. Typische Symptome sind Lactacidose, Fehlfunktionen des ZNS und Muskelschwäche. Die progressive Akkumulation von mitochondrialen Defekten ist wahrscheinlich am Alterungsprozess, an degenerativen Erkrankungen im Alter und einer Vielzahl anderer Erkrankungen beteiligt.

Weiterführende Literatur

Original- und Übersichtsarbeiten
Abrahams JP, Leslie AGW, Lutter R, Walker JE (1994) Structure at 28 A resolution of F1-ATPase from bovine heart mitochondria. Nature 370:621–628

Bose A, Beal MF (2016) Mitochondrial dysfunction in Parkinson's disease. J Neurochem 139:216–231

Brand MD (2016) Mitochondrial generation of superoxide and hydrogen peroxide as the source of mitochondrial redox signaling. Free Radic Biol Med 100:14–31

Crofts AR, Rose SW, Burton RL, Desai AV, Kenis PJA, Dikanov SA (2017) The Q-Cycle mechanism of the bc1 complex: a biologist's perspective on atomistic studies. J Phys Chem B 121:3701–3717

Davies KM, Anselmi C, Wittig I, Faraldo-Gómez JD, Kühlbrandt W (2012) Structure of the yeast F1Fo-ATP synthase dimer and its role in shaping the mitochondrial cristae. Proc Natl Acad Sci USA 109:13602–13607

Di Mauro S, Zeviani M, Bonilla E, Bresolin N, Nakagawa M, Miranda AF, Moggio M (1985) Cytochrome c oxidase deficiency. Biochem Soc Trans 13:651–653

Dröse S, Brandt U (2012) Molecular mechanisms of superoxide production by the mitochondrial respiratory chain. Adv Exp Biol Med 748:145–169

Echtay KS, Bienengraeber M, Mayinger P, Heimpel S, Winkler E, Druhmann D, Frischmuth K, Kamp F, Huang SG (2018) Uncoupling proteins: Martin Klingenberg's contributions for 40 years. Arch Biochem Biophys 657:41–55

Fiedorczuk K, Letts JA, Degliesposti G, Kaszuba K, Skehel M, Sazanov LA (2016) Atomic structure of the entire mammalian mitochondrial complex I. Nature 538:406–410

19

Frazier AE, Thorburn DR, Compton AG (2019) Mitochondrial energy generation disorders: genes mechanisms and clues to pathology. J Biol Chem 294:5386–5395

Giorgi C, Marchi S, Pinton P (2018) The machineries regulation and cellular functions of mitochondrial calcium. Nat Rev Mol Cell Biol 19:713–730

Gustafsson CM, Falkenberg M, Larsson NG (2016) Maintenance and expression of mammalian mitochondrial DNA. Annu Rev Biochem 85:133–160

Iverson TM (2013) Catalytic mechanisms of complex II enzymes: a structural perspective. Biochim Biophys Acta 1827:648–657

Kampjut D, Sazanov LA (2019) Structure and mechanism of mitochondrial proton-translocating transhydrogenase. Nature 573:291–295

Kühlbrandt W (2019) Structure and mechanisms of F-type ATP synthases. Annu Rev Biochem 88:515–549

Letts JA, Fiedorczuk K, Sazanov LA (2016) The architecture of respiratory supercomplexes. Nature 537:644–648

Mitchell P (2011) Chemiosmotic coupling in oxidative and photosynthetic phosphorylation (Nachdruck „Grey Book" von 1966). Biochim Biophys Acta 1807:1507–1538

Palmieri F, Monne M (2016) Discoveries metabolic roles and diseases of mitochondrial carriers: A review. Biochim Biophys Acta 1863:2362–2378

Palozzi JM, Jeedigunta SP, Hurd TR (2018) Mitochondrial DNA purifying selection in mammals and invertebrates. J Mol Biol 430:4834–4848

Pernas L, Scorrano L (2016) Mito-morphosis: mitochondrial fusion fission and cristae remodeling as key mediators of cellular function. Annu Rev Physiol 78:505–531

Rodrigues DJ, Jackson JB (2002) A conformational change in the isolated NADP(H)-binding component (dIII) of transhydrogenase induced by low pH: a reflection of events during proton translocation by the complete enzyme? Biochim Biophys Acta 1555:8–13

Wallace DC (2018) Mitochondrial genetic medicine. Nat Genet 50:1642–1649

Wikström M, Krab K, Sharma V (2018) Oxygen activation and energy conservation by cytochrome c oxidase. Chem Rev 118:2469–2490

Wirth C, Brandt U, Hunte C, Zickermann V (2016) Structure and function of mitochondrial complex I. BBA-Bioenergetics 1857:902–914

Zhu J, Vinothkumar KR, Hirst J (2016) Structure of mammalian respiratory complex I. Nature 536:354–358

Lehrbücher

Alberts B, Johnson A, Lewis J, Morgan D, Roberts K, Walter P (2014) Molecular biology of the cell, 6. Aufl. Garland Science, New York

Alberts B, Hopkin K, Johnson A, Morgan D, Raff M, Roberts K, Walter P (2019) Essential cell biology, 5. Aufl. W.W. Norton, New York

Berg JM, Stryer L, Tymoczko JL, Gatto G (2019) Biochemistry, 7. Aufl. Freemann, Gumbrills

Müller-Esterl W (2018) Biochemie, 3. Aufl. Springer-Spektrum, Heidelberg

Nelson DL, Cox MM (2017) Lehninger Principles of Biochemistry, 7. Aufl. Macmillan, London

Oxidoreduktasen und reaktive Sauerstoffspezies

Ulrich Brandt

Die im vorangegangenen Kapitel beschriebenen Reaktionen der Atmungskette gehören zu der umfangreichen Gruppe der Redoxreaktionen. Enzyme, die Redoxreaktionen katalysieren, werden als Oxidoreduktasen bezeichnet und haben eine große Zahl unterschiedlicher Funktionen. Häufig, aber nicht immer, ist Sauerstoff der Elektronenakzeptor. Umsetzungen des Sauerstoffs mit organischen Verbindungen können zur verstärkten Bildung hochreaktiver radikalischer Zwischenstufen führen. Diese können dann eine unkontrollierte Oxidation zellulärer Strukturen mit weitreichenden Folgen auslösen („oxidativer Stress"). Aerobe Zellen haben deshalb ein ganzes Arsenal von Schutzmechanismen gegen diesen „oxidativen Stress" entwickelt. Andererseits sind reaktive Sauerstoffspezies und ihre Folgeprodukte an der zellulären Signaltransduktion beteiligt und werden zu diesem Zweck auch eigens synthetisiert.

Schwerpunkte

20.1 Katalyse von Redoxreaktionen durch Oxidoreduktasen
− Einteilung und Aufgaben von Oxidoreduktasen
− Mechanismus und Funktion von Monooxygenasen

20.2 Reaktive Sauerstoffspezies
− Oxidativer Stress
− Entstehung und Eliminierung von reaktiven Sauerstoffspezies
− Reaktive Sauerstoffspezies als Signalmoleküle

20.1 Katalyse von Redoxreaktionen durch Oxidoreduktasen

20.1.1 Einteilung von Oxidoreduktasen

Oxidoreduktasen sind Enzyme, die Redoxreaktionen katalysieren. Häm-haltige Oxidoreduktasen werden wegen ihrer rotbraunen Farbe auch als **Cytochrome** bezeichnet.

Nach ihrem Mechanismus können Oxidoreduktasen in fünf Gruppen eingeteilt werden (◨ Tab. 20.1):

1. **Dehydrogenasen** katalysieren die Oxidation einer Vielzahl von Substraten. Als Elektronendonor oder -akzeptor dient oft NAD(P)H bzw. NAD(P)$^+$. Als prosthetische Gruppen kommen Flavinnucleotide, Eisen-Schwefel-Zentren und Häm-Zentren vor.

2. **Oxidasen** übertragen die Elektronen des Substrats auf Sauerstoff. Dabei sind in den allermeisten Fällen wiederum Flavinnucleotide, aber auch proteingebundenes Eisen, Kupfer und Molybdän beteiligt (▶ Kap. 60). In der Regel werden nur zwei Elektronen auf O_2 übertragen, sodass cytotoxisches Superoxid (O_2^-) oder Wasserstoffperoxid (H_2O_2) und nicht Wasser entsteht. Wichtige Ausnahme ist die Cytochrom-*c*-Oxidase, die Häm-Gruppen und keine Flavinnucleotide enthält und O_2 mit vier Elektronen vollständig zu Wasser reduziert (▶ Abschn. 19.1.2).

3. **Hydroperoxidasen** dienen der Entgiftung von H_2O_2. Durch Oxidation ihres Substrats übertragen sie zwei Elektronen auf H_2O_2, sodass zwei Moleküle H_2O ent-

Ergänzende Information Die elektronische Version dieses Kapitels enthält Zusatzmaterial, auf das über folgenden Link zugegriffen werden kann https://doi.org/10.1007/978-3-662-60266-9_20. Die Videos lassen sich durch Anklicken des DOI Links in der Legende einer entsprechenden Abbildung abspielen, oder indem Sie diesen Link mit der SN More Media App scannen.

◻ Tab. 20.1   Klassifizierung der Oxidoreduktasen. (S: Substrat)

Gruppe	Katalysierte Reaktion	Funktionelle Gruppen	Wichtige Vertreter
Dehydrogenasen a) NAD^+-abhängig bzw. $NADP^+$-abhängig	$SH_2 + NAD(P)^+ \rightarrow S + NAD(P)H + H^+$		Malatdehydrogenase, Lactatdehydrogenase, u. v. m.
b) FMN- bzw. FAD-abhängig	$SH_2 + FAD(FMN) \rightarrow S +$ $FADH_2(FMNH_2)$ $FADH_2(FMNH_2) +$ $A \rightarrow FAD(FMN) + AH_2$	FMN, FAD	NADH-Dehydrogenase, Succinatdehydrogenase, Acyl-CoA- Dehydrogenase, u. v. m.
c) Cytochrome	$SH_2 + 2\,Häm\,(Fe^{3+}) \rightarrow S + 2\,H^+$ $+ 2\,Häm\,(Fe^{2+})$	Häm b, c	Atmungskettenkomplex III
Oxidasen	$SH_2 + O_2 \rightarrow S + H_2O_2$ $SH_2 + 2\,O_2 \rightarrow S + 2\,O_2^{\cdot-}$ $4\,Häm\,(Fe^{2+}) + O_2 + 4\,H^+ \rightarrow$ $4\,Häm\,(Fe^{3+}) + 2\,H_2O$	FAD, FMN, Fe, Mo FAD, Häm b Häm a, Cu	Aminoxidasen, Xanthinoxidase NADPH-Oxidasen Cytochrom-c-Oxidase
Hydroperoxidasen a) Peroxidase	$SH_2 + H_2O_2 \rightarrow S + 2\,H_2O$	Häm	Peroxidasen
b) Katalase	$H_2O_2 + H_2O_2 \rightarrow O_2 + 2\,H_2O$	Häm	Katalasen
Dioxygenasen	$S + O_2 \rightarrow SO_2$	Häm, Fe	Tryptophandioxygenase, Homogentisatdioxygenase, Prolinhydroxylase
Monooxygenasen	$SH + O_2 + NADPH + H^+ \rightarrow$ $SOH + H_2O + NADP^+$	Häm, Fe	Cytochrom-P_{450}-Hydroxylasen, Phenylalaninhydroxylase, Tyrosinase

stehen. Ein Spezialfall der Peroxidasen ist die Katalase, die H_2O_2 auch als Elektronendonor verwendet, sodass zwei Moleküle H_2O_2 zu zwei Molekülen H_2O und einem Molekül O_2 disproportionieren. Katalase ist wie die anderen Peroxidasen ein Häm-Protein.

4. **Dioxygenasen** bauen beide Atome eines Sauerstoffmoleküls in das Substrat ein. Dioxygenasen sind besonders beim Aminosäurestoffwechsel und bei der Prostaglandinsynthese wichtig. Sie sind meist Häm-Proteine oder enthalten Eisen bzw. Kupfer.

5. **Monooxygenasen** werden auch als mischfunktionelle Hydroxylasen bezeichnet und bauen ein Atom des molekularen Sauerstoffs als Hydroxylgruppe in das Substrat ein. Gleichzeitig wird das andere Sauerstoffatom in der Regel durch NADPH zu H_2O reduziert. Wegen ihrer großen Bedeutung bei der Synthese der Steroidhormone und der Biotransformation werden die Monooxygenasen im folgenden Abschnitt genauer besprochen.

20.1.2 Die Enzymfamilie der Monooxygenasen

❯ Cytochrom P_{450} bildet das katalytische Zentrum der Monooxygenasen.

◻ Abb. 20.1 fasst den molekularen Mechanismus der durch die Monooxygenasen katalysierten Hydroxylierungsreaktion zusammen. Die zentrale Gruppe, das **Cytochrom P_{450}**, das besonders im glatten endoplasmatischen Retikulum von Leber und Niere gefunden wird, bindet den Sauerstoff und das zu hydroxylierende Substrat. Nach Reduktion des Häm-Zentrums des Cytochrom P_{450} von Fe^{3+} zu Fe^{2+} wird Sauerstoff am Häm-Eisen gebunden und gleich zum Superoxidradikal reduziert. Das übertragene Elektron stammt fast immer vom NADPH/H^+, das von einem Flavoprotein oxidiert wird. Durch das zweite Elektron wird das gebundene Superoxid zur Peroxyform reduziert. Anschließend spaltet sich die O-O-Bindung und es wird H_2O freigesetzt. Das am Häm-Zentrum verbleibende Sauerstoffatom liegt nun als sog. Oxoferrylgruppe vor. Um die Bindung des Sauerstoffatoms in diesem Zustand korrekt darzustellen, muss die Oxidationstufe des Häm-Eisens formal auf 5^+ erhöht werden. Schließlich wird das Sauerstoffatom, vermutlich über einen radikalischen Mechanismus, in die C-H-Bindung des zu hydroxylierenden Substrats „eingeschoben". Das Cytochrom P_{450} bleibt in der Fe^{3+}-Form zurück.

❯ Monooxygenasen bilden eine der größten Enzymfamilien und haben vielfältige Aufgaben.

20

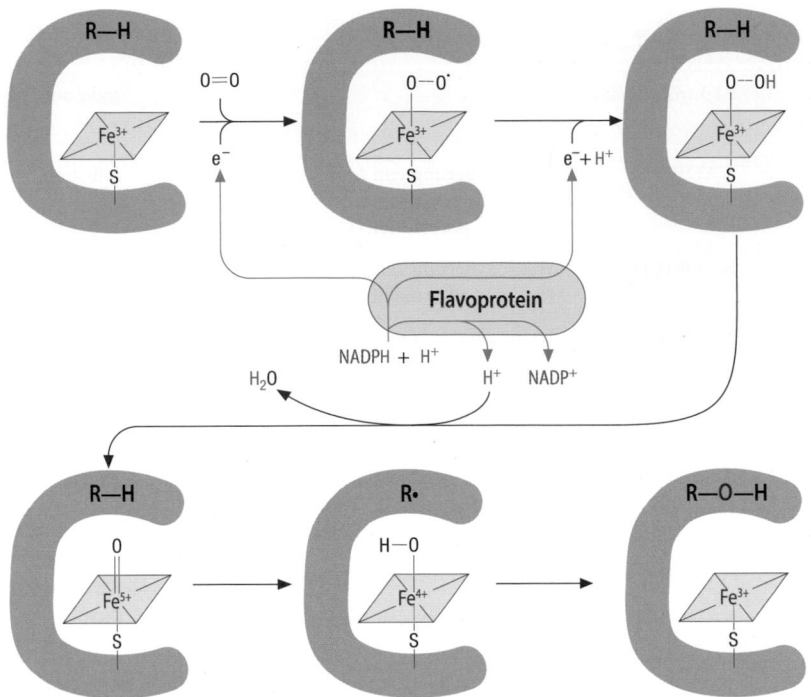

○ **Abb. 20.1 Reaktionsmechanismus der Hydroxylierung durch die Cytochrom-P_{450}-Monooxygenasen.** Nach Anlagerung des Substrats R-H an Cytochrom P_{450} erfolgt die Reduktion des Häm-Zentrums (nicht dargestellt). Anschließend wird O_2 gebunden und zum Superoxidradikal reduziert. Nach Übertragung eines weiteren Elektrons entsteht ein Peroxyintermediat, das in H_2O und ein Oxoferrylintermediat zerfällt. Schließlich wird der verbleibende Sauerstoff radikalisch auf das Substrat übertragen. Cytochrom P_{450} wird über ein Flavoprotein durch NADPH/H+ reduziert. (Einzelheiten s. Text)

Die Monooxygenasen bilden eine der größten bekannten Enzymfamilien und sind an den unterschiedlichsten Stellen des prokaryontischen und eukaryontischen Stoffwechsels von Bedeutung. Sie kommen außer im glatten ○ Tab. 20.2 endoplasmatischen Retikulum auch in den Mitochondrien vor. Diese mitochondrialen Enzyme ähneln prokaryontischen Monooxygenasen und besitzen zusätzlich ein Eisen-Schwefel-Protein. Bis heute sind weit mehr als 200 Enzyme dieses Typs beschrieben worden. Sie lassen sich funktionell in Unterfamilien einteilen (○ Tab. 20.2). Eng verwandt mit den Monooxygenasen sind die NO-Synthasen (▶ Abschn. 35.6).

Unspezifische Monooxygenasen hydroxylieren Fremdstoffe Die vielen Mitglieder der Familien I und II (○ Tab. 20.2) katalysieren die Hydroxylierung der verschiedensten Fremdstoffe, der sog. **Xenobiotica**. Es handelt sich dabei v. a. um hydrophobe Pflanzentoxine, Pestizide, verschiedene Kohlenwasserstoffe, aber auch Pharmaka und andere toxische Verbindungen, die vom Organismus aufgenommen und durch sog. **Biotransformation** (▶ Abschn. 62.3) entgiftet und dann nach Konjugation mit hydrophilen Resten ausgeschieden werden. Charakteristisch für Monooxygenasen dieses Typs ist eine sehr geringe Substratspezifität, die eine Entgiftung fast beliebiger Xenobiotica

erst ermöglicht. Häufig wird die Expression bestimmter Isoformen durch ein Substrat, z. B. ein Arzneimittel, induziert; dies hat dann große Bedeutung für dessen Stoffwechsel und Halbwertszeit. Meist sind damit eine abnehmende Wirksamkeit und ggf. unerwünschte Wechselwirkungen mit anderen Medikamenten verbunden.

Spezifische Monooxygenasen hydroxylieren Hormone und andere Metabolite Zahlreiche andere Monooxygenasen hydroxylieren hochspezifisch ein bestimmtes Substrat. Sie sind wichtige Enzyme bei der Biosynthese der Steroidhormone, der Hydroxylierung von Fettsäurederivaten, der Gallensäuresynthese, dem Bilirubinstoffwechsel und dem Aminosäurestoffwechsel.

Zusammenfassung

Unter dem Begriff Oxidoreduktasen fasst man Enzyme zusammen, die Redoxreaktionen katalysieren. Sie werden in fünf Gruppen eingeteilt: 1. Dehydrogenasen, 2. Oxidasen, 3. Hydroperoxidasen, 4. Dioxygenasen, 5. Monooxygenasen. Die Monooxygenasen hydroxylieren im Rahmen der Biotransformation Xenobiotica und sind an zahlreichen Schritten der Synthese der Steroidhormone und anderer Substanzen beteiligt.

Dies wird am Beispiel der oxidierten LDL besonders deutlich, die eine wichtige Rolle bei der Entstehung der Arteriosklerose spielen. Ähnliche, jedoch spezifisch durch Enzyme katalysierte Lipidoxidationen finden bei der Bildung von **Eicosanoiden** statt (▶ Abschn. 22.3.2). Dabei entstehen keine schädlichen Intermediate, sondern wichtige Signalmoleküle.

❯ Die Entgiftung reaktiver Sauerstoffspezies erfolgt über enzymatische und nicht-enzymatische Mechanismen.

Zur Ausschaltung der zerstörerischen Wirkung reaktiver Sauerstoffspezies haben aerobe Organismen verschiedene Strategien entwickelt. Zum einen werden zur Prävention Nebenreaktionen sauerstoffabhängiger Metalloenzyme möglichst zurückgedrängt. Eindrucksvollstes Beispiel ist der Komplex IV der Atmungskette, bei dem die Superoxidstufe übersprungen und die O-O-Bindung des Sauerstoffs sofort gespalten wird. Eine weitere Ebene der Prävention ist das Abfangen reaktiver Verbindungen, bevor diese ein Elektron auf Sauerstoff übertragen können. Ein Beispiel hierfür sind die **Glutathion-S-Transferasen**, die reaktive Verbindungen wie Semichinone durch Bildung von **Thioethern** neutralisieren, die dann über entsprechende Transportsysteme in den extrazellulären Raum gebracht werden. Sind reaktive Sauerstoffspezies erst einmal entstanden, sorgen effektive enzymatische und nicht-enzymatische Mechanismen für ihre Entgiftung.

— Die enzymatische Entfernung der Sauerstoffradikale übernehmen Enzyme wie die Superoxiddismutase, Katalase und Glutathionperoxidase (◼ Abb. 20.3).
— Nicht-enzymatisch abgefangen werden Sauerstoffradikale durch verschiedene Antioxidantien, von denen v. a. das wasserlösliche Ascorbat (Vitamin C) und das lipidlösliche α-Tocopherol (Vitamin E) von Bedeutung sind (▶ Abschn. 58.4 und 59.1). α-Tocopherol „entschärft" Lipid-Peroxyl-Radikale und unterbricht so die Lipidperoxidationskette. Das dabei entstehende Tocopherol-Radikal kann durch Ascorbat neutralisiert und Tocopherol so regeneriert werden (◼ Abb. 58.7).

Sind trotz dieser Schutzmechanismen oxidative Schäden aufgetreten, versucht die Zelle, diese zu reparieren. Während diese Reparatur bei DNA tatsächlich auf eine Instandsetzung hinausläuft, werden beschädigte Proteine und Lipide gezielt abgebaut und durch neue ersetzt.

20.2.2 Reaktive Sauerstoffspezies als Signalmoleküle

Reaktive Sauerstoffspezies greifen auch direkt in intrazelluläre Signaltransduktionswege ein. Dies erfolgt teilweise unmittelbar als Antwort auf den im vorigen

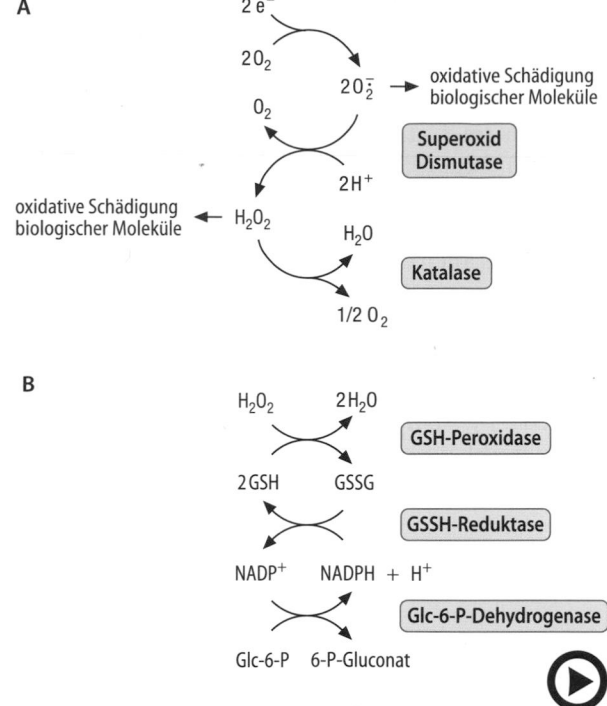

◼ **Abb. 20.3** (Video 20.1) **Entstehung und Abbau reaktiver Sauerstoffspezies. A** Das Superoxidradikal entsteht durch Ein-Elektronen-Reduktion von Sauerstoff im Gefolge biologischer Oxidationen. Durch zwei Dismutationsreaktionen werden letztlich H_2O und O_2 gebildet. **B** Durch GSH-Peroxidase und GSSG-Reduktase wird H_2O_2 abgebaut. Die Glucose-6-Phosphatdehydrogenase ist das wichtigste Enzym zur Bereitstellung von NADPH/H$^+$. *Glc-6-P*: Glucose-6-Phosphat; *GSH*: Glutathion; *GSSG*: oxidiertes Glutathion (▶ https://doi.org/10.1007/000-5gb)

Abschnitt beschriebenen oxidativen Stress, um Schutzmechanismen zu aktivieren. Offenbar werden ROS aber auch gezielt synthetisiert, um den Stoffwechsel an Stressbedingungen wie z. B. Sauerstoffmangel oder die Über- oder Unterversorgung mit Nährstoffen anzupassen. Die regulatorischen Zusammenhänge sind dabei auch aufgrund der besonderen chemischen Eigenschaften reaktiver Sauerstoffspezies hochkomplex und bisher nur ansatzweise aufgeklärt.

❯ Wegen ihrer extrem kurzen Halbwertszeit wirken reaktive Sauerstoffspezies primär in der unmittelbaren Umgebung ihrer Entstehung.

Die Halbwertszeit aller reaktiven Sauerstoffspezies ist sehr kurz. Dies liegt zum einen an ihrer chemischen Reaktionsfähigkeit, zum anderen daran, dass sie durch die oben beschriebenen Schutzmechanismen schnell abgefangen werden. Wenn beispielsweise das vergleichsweise wenig reaktive Wasserstoffperoxid in der mitochondrialen Matrix gebildet wird, können davon signifikante Mengen maximal an der Außenseite der Mitochondrien aber nicht

mehr frei im Cytosol nachgewiesen werden. Daraus folgt, dass ROS ihre Signalwirkung primär nur in der unmittelbaren Umgebung ihrer Entstehung entfalten können.

Eine Übertragung des ROS-Signals über größere Distanzen erfolgt dann, wie bei anderen Signalkaskaden auch, sekundär. Dies kann durch die direkte Oxidation von Proteinfaktoren z. B. durch die Oxidation bestimmter Cysteinseitenketten (▶ Abschn. 49.2) vom Thiol-(-SH) zum **Sulfenyl-** (SOH) **Sulfinyl-**(-SO_2H) oder **Sulfonyl-**(-SO_3H)Rest. Da Glutathion normalerweise fast vollständig reduziert vorliegt, genügt bereits die Oxidation weniger Moleküle, um lokal eine erhebliche Erhöhung seines Redoxpotenzials zu bewirken. Durch die Ausbildung von Disulfidbrücken kann so eine transiente Oxidation des Glutathionpools indirekt spezifische Signalwege aktivieren. Innerhalb einer Membran ist die Signalfortpflanzung auch über oxidierte Lipide wie Lipidhydroperoxide (◘ Abb. 20.2) möglich.

ROS-Signale können eine ganze Reihe verschiedenster zellulärer Signalwege modulieren. Dazu gehören die Phosphorlierungskaskaden der Mitogen-aktivierten Proteinkinase (**MAPK**) (▶ Abschn. 35.4), der Phosphatidylinositol-3-Kinase (**PI3K**) (▶ Abschn. 35.3) und der Proteinkinase C (**PKC**) (▶ Abschn. 35.4), aber auch solche zur Regulation der Transkriptionsfaktoren **NF-κB** (▶ Abschn. 35.5), **Nrf2** und des Hypoxieinduzierten Faktor **HIF1α** (▶ Abschn. 65.3). Allerdings stellt die Entschlüsselung der Signalkaskaden und die Identifikation der daran beteiligten Faktoren und Modifikationen weiterhin eine große Herausforderung dar. Dies liegt daran, dass es in der Praxis oft schwierig ist, Modifikationen, die für die Signalübertragung wichtig sind, von unspezifischen Oxidationsprozessen zu unterscheiden, die dem „oxidativen Stress" zuzuordnen sind und in viel größerem Umfang stattfinden.

> **Zusammenfassung**
>
> Reaktive Sauerstoffspezies (ROS) entstehen meist durch Ein-Elektronen-Reduktion von molekularem Sauerstoff. Häufig tritt dies als Nebenreaktion von Oxidoreduktasen oder durch energiereiche Strahlung auf. ROS werden aber auch von spezialisierten Enzymen, den NADPH-Oxidasen, gebildet. ROS können zahlreiche zelluläre Strukturen schädigen und Mutationen verursachen. Antioxidantien und Enzyme wie Superoxiddismutase, Katalase und Glutathionperoxidase wirken diesem „oxidativen Stress" entgegen. ROS sind auch an der intrazellulären Signaltransduktion beteiligt. Wegen ihrer extrem kurzen Halbwertszeit üben sie ihre Wirkung nur lokal aus, indem sie spezifische Proteinfaktoren oder Lipide modifizieren, die das Signal weitertragen.

Weiterführende Literatur

Original- und Übersichtsarbeiten

Cadenas S (2018) ROS and redox signaling in myocardial ischemia-reperfusion injury and cardioprotection. Free Radic Biol Med 117:76–89

Guengerich FP, Waterman MR, Egli M (2016) Recent structural insights into cytochrome P450 function. Trends Pharmacol Sci 37:625–640

Sies H, Berndt C, Jones DP (2017) Oxidative stress. Annu Rev Biochem 86:715–748

Smith KA, Waypa GB, Schumacker PT (2017) Redox signaling during hypoxia in mammalian cells. Redox Biol 13:228–234

Winterbourn CC (2018) Biological production detection and fate of hydrogen peroxide. Antioxid Redox Signal 29:541–551

Zelko IN, Mariani TJ, Folz RJ (2002) Superoxide dismutase multigene family: a comparison of the CuZn (SOD1) Mn-SOD (SOD2) and EC-SOD (SOD3) gene structures evolution and expression. Free Radic Biol Med 33:337–333

Lehrbücher

Alberts B, Hopkin K, Johnson A, Morgan D, Raff M, Roberts K, Walter P (2019) Essential cell biology, 5. Aufl. W.W. Norton, New York

Berg JM, Stryer L, Tymoczko JL, Gatto G (2019) Biochemistry, 7. Aufl. Freemann, Gumbrills

Müller-Esterl W (2018) Biochemie, Bd 3. Springer-Spektrum, Heidelberg

Nelson DL, Cox MM (2017) Lehninger principles of biochemistry, 7. Aufl. Macmillan, London

Lipogenese und Lipolyse – Bildung und Verwertung der Fettspeicher

Georg Löffler und Lutz Graeve

Triacylglycerine stellen den größten und effizientesten Energiespeicher des menschlichen Organismus dar. Sie kommen in nahezu allen Zellen vor, werden jedoch in großen Mengen in einem spezifischen Gewebe, dem Fettgewebe, gespeichert. Spezifische Lipasen sorgen für den Abbau (Mobilisation) von Nahrungs- und Speicher-Triacylglycerinen (Lipolyse). Fettsäuren werden unter hohem ATP-Gewinn in Mitochondrien und teilweise in Peroxisomen zu Acetyl-CoA und CO_2 abgebaut. Bei Hunger und Diabetes mellitus findet der Fettsäureabbau verstärkt statt. Aus dem dabei anfallenden Acetyl-CoA synthetisiert die Leber die Ketonkörper und stellt sie peripheren Organen zur Energiegewinnung zur Verfügung. Für die Biosynthese von Triacylglycerinen (Lipogenese) müssen ihre Bausteine, Fettsäuren und Glycerin, zunächst in aktivierte Formen überführt werden. Leber und Fettgewebe können aus Acetyl-CoA, das beim Abbau von Nahrungskohlenhydraten entsteht, gesättigte Fettsäuren synthetisieren. Doppelbindungen können nur im begrenzten Umfang in Fettsäuren eingeführt werden, weswegen einige der im menschlichen Körper vorkommenden ungesättigten Fettsäuren essenziell sind und über die Nahrung zugeführt werden müssen. Biosynthese und Abbau von Fettsäuren und Triacylglycerinen stehen in ganz engem Zusammenhang mit dem Energiestoffwechsel des Organismus und werden an die jeweiligen energetischen Bedürfnisse der Zellen angepasst.

Schwerpunkte

21.1 Aufbau und Abbau von Triacylglycerinen
- Triacylglycerine als wichtigster Energiespeicher
- Adipocyten-Triacylglycerinlipase, hormonsensitive Lipase und Monoacylglycerinlipase
- Lipoproteinlipase
- Glycerin- und Monoacylglycerinweg der Triacylglycerinbiosynthese

- Intrazelluläre Lipidtröpfchen

21.2 Abbau und Aufbau von gesättigten und ungesättigten Fettsäuren
- β-Oxidation und der Abbau von geradzahligen und ungeradzahligen, gesättigten und ungesättigten Fettsäuren
- Ketogenese und Verwertung von Ketonkörpern
- Bildung von gesättigten Fettsäuren aus AcetylCoA durch Acetyl-CoA-Carboxylase, Fettsäuresynthase mit Pantetheinarm, Desaturasen und Elongasen

21.3 Regulation von Lipogenese und Lipolyse
- Regulation des Abbaus und der Synthese von Fettsäuren und Triacylglycerinen

21.1 Aufbau und Abbau von Triacylglycerinen

21.1.1 Nahrungs- und Speicher-Triacylglycerine

> Triacylglycerine sind ein wesentlicher Bestandteil der Nahrungslipide.

Unter den in Europa und Nordamerika vorherrschenden Ernährungsbedingungen bestehen mehr als 40 % der mit der Nahrung zugeführten Energie aus Lipiden. Zu diesen gehören:
- Triacylglycerine
- Phospholipide
- Sphingolipide
- Cholesterin und Cholesterinester

Triacylglycerine machen mengenmäßig den größten Anteil der Nahrungslipide aus. Vor ihrer Resorption

Ergänzende Information Die elektronische Version dieses Kapitels enthält Zusatzmaterial, auf das über folgenden Link zugegriffen werden kann https://doi.org/10.1007/978-3-662-60266-9_21. Die Videos lassen sich durch Anklicken des DOI Links in der Legende einer entsprechenden Abbildung abspielen, oder indem Sie diesen Link mit der SN More Media App scannen.

werden sie durch die **Pankreaslipase** in ein Gemisch von Fettsäuren, Monoacylglycerinen und Glycerin gespalten (▶ Abschn. 61.1.3) und nach Micellenbildung mit Gallensäuren durch die Enterocyten resorbiert (▶ Abschn. 61.3.3).

In den Epithelzellen des Intestinaltrakts erfolgt aus den resorbierten Produkten der Pankreaslipase eine Resynthese von Triacylglycerinen. Diese werden mit den entsprechenden Apolipoproteinen verpackt und als **Chylomikronen** (▶ Abschn. 24.2) in die Lymphgänge abgegeben. Von dort werden sie auf die verschiedenen Gewebe verteilt.

❯ Triacylglycerine sind der mengenmäßig bedeutendste Energiespeicher des Organismus.

Die meisten Zellen des Organismus sind imstande, Triacylglycerine zu speichern, allerdings überwiegend in relativ geringen Mengen. Sie dienen hier, neben dem Glycogen, als rasch verfügbare Energiespeicher.

Einen besonders umfangreichen Energiespeicher stellen die Triacylglycerine des **Fettgewebes** dar. Fettzellen (Adipocyten) sind auf die Triacylglycerinsynthese und -speicherung spezialisierte Zellen; bei ihnen machen Triacylglycerine etwa 95 % der Zellmasse aus. Triacyl-

glycerine können v. a. bei Nahrungskarenz rasch mobilisiert werden, womit die gespeicherte Energie der überwiegenden Zahl der Gewebe des Organismus zur Verfügung steht (▶ Abschn. 38.1.3).

Bei Normalgewichtigen macht das Fettgewebe zwischen 10 und 15 % des Körpergewichtes aus. Die hier gespeicherte Energie übertrifft diejenige des Glycogens bei weitem.

21.1.2 Intrazelluläre Hydrolyse von Triacylglycerinen

❯ Durch Lipolyse entstehen aus Triacylglycerinen Fettsäuren und Glycerin.

Die gespeicherten Triacylglycerine werden durch die in ◘ Abb. 21.1 dargestellten drei Reaktionsschritte intrazellulär zu Fettsäuren und Glycerin hydrolysiert und diese Spaltprodukte zur Deckung des Energiebedarfs oxidiert oder im Fall des Fettgewebes in die Zirkulation abgegeben. Dieser Vorgang wird als **Lipolyse** bezeichnet und die daran beteiligten Enzyme als **Lipasen**. Diese Esterasen spalten die in Acylglycerinen vorkommenden Esterbindungen zwischen den Hydro-

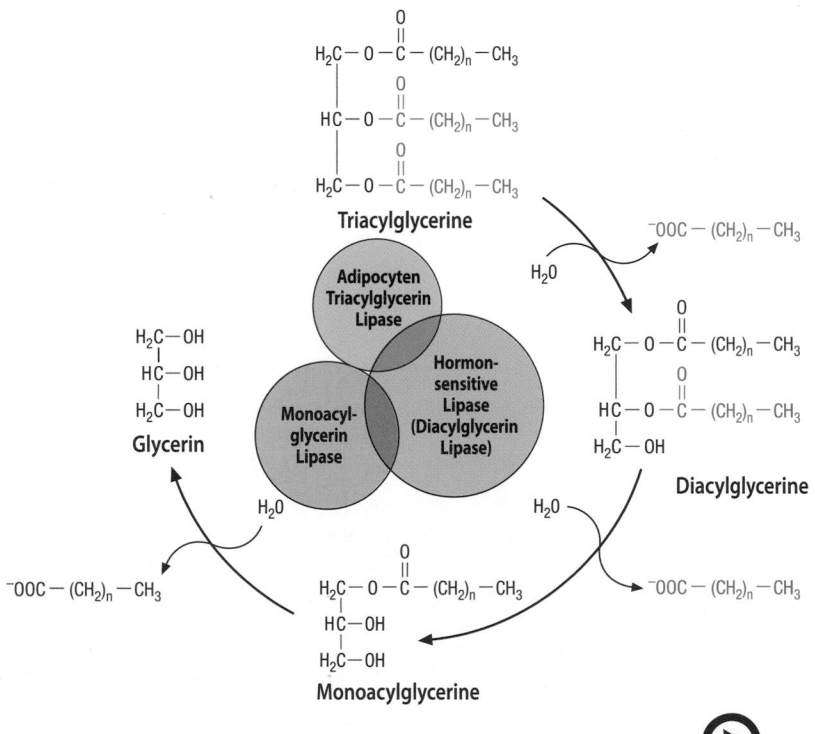

◘ **Abb. 21.1** (Video 21.1) **Mechanismus der Lipolyse von Triacylglycerinen.** Zur vollständigen Spaltung von Triacylglycerinen in Fettsäuren und Glycerin sind die Aktivitäten der Adipocyten-Triacylglycerinlipase, der hormonsensitiven Lipase und der

Monoacylglycerinlipase notwendig. Die verschiedenen Lipasen sind durch Kreisflächen symbolisiert. Überlappungen zeigen die unterschiedlichen Spezifitäten gegenüber Tri- bzw. Diacylglycerinen an (▶ https://doi.org/10.1007/000-5gj)

xylgruppen des Glycerins und der Carboxylgruppe von Fettsäuren.

> In den Fettzellen sind an der Lipolyse drei unterschiedliche Lipasen beteiligt.

Die Spaltung der drei in Triacylglycerinen vorhandenen Esterbindungen wird durch drei unterschiedliche Lipasen katalysiert:
- die Adipocyten-Triacylglycerinlipase (*adipose triglyceride lipase*, ATGL)
- die hormonsensitive Lipase (*hormone sensitive lipase*, HSL)
- die Monoacylglycerinlipase

Adipocyten-Triacylglycerinlipase Dieses Enzym zeichnet sich durch folgende Eigenschaften aus:
- Die ATGL spaltet Triacylglycerine mit hoher Aktivität zu Diacylglycerinen, zeigt jedoch nur eine sehr geringe Aktivität gegenüber Diacyl- und Monoacylglycerinen. Das Enzym kommt in hoher Aktivität im weißen und braunen Fettgewebe vor, mit wesentlich geringerer Aktivität im Skelett- und Herzmuskel, der Leber und einigen anderen Geweben.
- Überexpression des Enzyms führt zu einer deutlichen Steigerung der basalen und durch Katecholamine stimulierten Lipolyse.
- Bei Nahrungskarenz nimmt die Aktivität der ATGL stark zu.

Ein Knockout (▶ Abschn. 55.2) von ATGL vermindert die basale und stimulierte Lipolyse um etwa 75 %. Die Tiere zeigen massive Einlagerungen von Triacylglycerinen nicht nur im Fettgewebe, sondern in nahezu allen Organen mit entsprechenden Funktionsausfällen. Die nicht vollständige Reduktion zeigt aber auch, dass außer der ATGL andere Lipasen, v. a. die HSL (s. u.) zur Spaltung von Triacylglycerinen imstande sind.

Hormonsensitive Lipase Die hormonsensitive Lipase (HSL) ist das bis jetzt am besten charakterisierte lipolytische Enzym. Sie zeichnet sich durch folgende Eigenschaften aus:
- Die HSL zeigt eine breite Substratspezifität. Sie katalysiert die Hydrolyse von Diacylglycerinen, aber auch von Tri- und Monoacylglycerinen, Cholesterin- und Retinsäureestern. Die HSL spaltet Diacylglycerine etwa 10-mal schneller als Triacylglycerine.
- Sie kommt im Fettgewebe, Skelett- und Herzmuskel, Gehirn, in pankreatischen β-Zellen, der Nebenniere, den Ovarien, den Testes und Makrophagen vor.
- Die HSL gehört in die Gruppe der interkonvertierbaren Enzyme. Sie wird durch cAMP-abhängige Phosphorylierung aktiviert und durch Dephosphorylierung inaktiviert (▶ Abschn. 8.5 und ▶ 21.3.1).
- Ein Knockout von HSL führt nur zu einer etwa 40%igen Reduktion der basalen und stimulierten Lipolyse.

Ein gleichzeitiger Knockout von ATGL und HSL führt zu einer etwa 95 %igen Verminderung der Lipolyserate. Daraus kann geschlossen werden, dass die Lipolyse ausschließlich durch ATGL und HSL bewerkstelligt wird. Einzelheiten zur hormonellen Regulation der Lipolyse (▶ Abschn. 21.3.1).

Die Monoacylglycerinlipase Eine Aktivität der Monoacylglycerinlipase wurde bereits vor 30 Jahren im Fettgewebe identifiziert. Sie katalysiert den letzten Schritt der Lipolyse, nämlich die Spaltung von Monoacylglycerinen zu Glycerin und Fettsäuren. Über eine Beteiligung dieses Enzyms an der Regulation der Lipolyse ist nichts bekannt.

Übrigens

Nicht alles was in Lehrbüchern steht ist richtig oder: Die gezielte Gen-Ausschaltung kann zu überraschenden Erkenntnissen führen. Die hormonsensitive Lipase HSL des Fettgewebes wurde zwischen 1970 und 1980 genauer charakterisiert und ihre Regulation durch Phosphorylierung/ Dephosphorylierung beschrieben. Der damals verwendete Test beruhte auf der Spaltung von radioaktiv markierten Triacylglycerinen und ergab eine hohe Aktivität des Enzyms gegenüber Triacylglycerin, sodass man in der Folge davon ausging, dass das Enzym eine durch cAMP-abhängige Phosphorylierung aktivierbare Triacylglycerinlipase ist. Diese Erkenntnisse wurden so in alle Lehrbücher der Biochemie aufgenommen und sind Gegenstand unzähliger Prüfungsfragen gewesen. Mit der Entwicklung gentechnischer Methoden wurde natürlich auch das Gen für die HSL isoliert und charakterisiert. Seine Überexpression in Mäusen führte erwartungsgemäß zu Tieren mit verminderter Fettmasse und gesteigerter Lipolyse. Gänzlich unerwartet waren jedoch Ergebnisse, die mithilfe von HSL-Gen-Knockout-Tieren (HSL$^{-/-}$) zustande kamen: Zwar waren die Adipocyten im weißen Fettgewebe der Tiere vergrößert, die Fettmasse war jedoch gegenüber dem Wildtyp nicht verändert. Die Fettsäurefreisetzung nach Behandlung von Fettgewebe mit Katecholaminen war in den HSL$^{-/-}$-Mäusen nur geringfügig vermindert. Im Fettgewebe der HSL$^{-/-}$-Mäuse

Plasmamembran vermitteln, sondern bevorzugt deren Aktivierung zum entsprechenden Acyl-CoA-Derivat katalysieren (▶ Abschn. 21.2.1).

- Die **Fettsäuretranslokase** (*fatty acid translocase*, FAT) wurde ursprünglich als ein Oberflächenprotein von Thrombocyten isoliert und **CD 36** benannt (▶ Abschn. 70.6.1). Es handelt sich um ein integrales Membranprotein, das vor allem im Herz- und Skelettmuskel, im Fettgewebe und den Enterocyten des Intestinaltraktes vorkommt. Eine gentechnische Ausschaltung des *FAT*-Gens führte zu einer drastischen Abnahme der Fettsäureaufnahme in Skelett- und Herzmuskel, Fettgewebe und Intestinaltrakt, nicht jedoch in der Leber.

21.1.4 Bildung von Triacylglycerinen

❯ Triacylglycerine werden aus Glycerin oder Monoacylglycerin und Fettsäuren synthetisiert.

Die Biosynthese von Triacylglycerinen erfolgt entweder durch den Glycerin- oder durch den Monoacylglycerinweg.

Glycerinweg Der Glycerinweg dient der *de novo*-Biosynthese von Triacylglycerinen. Hierzu müssen zunächst die Fettsäuren wie auch das Glycerin in ATP-abhängigen Reaktionen aktiviert werden:

- Die für die Triacylglycerinbiosynthese verwendeten Fettsäuren werden mithilfe der ATP-abhängigen **Acyl-CoA-Synthetase** (▶ Abschn. 21.2.1) in Acyl-CoA umgewandelt.
- Glycerin-3-Phosphat kann durch Reduktion von Dihydroxyacetonphosphat (DHAP) mit der Glycerin-3-Phosphatdehydrogenase gewonnen werden. Seine Verfügbarkeit steht damit in direkter Verbindung zum Glucoseabbau in der Glycolyse (▶ Abschn. 14.1.1). In den meisten Geweben wird Glycerin-3-Phosphat auf diese Weise gewonnen.
- Die Leber, die Niere, die Darmmukosa und die laktierende Milchdrüse verfügen als Alternativweg zur Glycerin-3-Phosphatsynthese aus Dihydroxyacetonphosphat über die Möglichkeit, Glycerin durch direkte ATP-abhängige Phosphorylierung in Glycerin-3-Phosphat umzuwandeln. Sie sind hierzu mit einer entsprechend hohen Aktivität des Enzyms **Glycerinkinase** ausgestattet.

Die einzelnen Syntheseschritte (◻ Abb. 21.4) sind:
- Das Enzym **Glycerin-3-Phosphat-Acyltransferase** (GPAT) katalysiert die Verknüpfung von Acyl-CoA mit Glycerin-3-Phosphat zu **Lysophosphatidat** (Monoacylglycerinphosphat).

- Durch die **Lysophosphatidat-Acyltransferase** (LPAAT) wird unter Bildung von Phosphatidat ein weiterer Acylrest angefügt.
- Aus dem Phosphatidat wird durch eine Phosphatidatphosphohydrolase (PAP) ein 1,2-Diacylglycerin gebildet.
- Die Anheftung eines dritten Acyl-CoA durch die **Diacylglycerin-Acyltransferase** (DGAT) schließt die Triacylglycerinbiosynthese ab.

Von allen Acyltransferasen und der Phosphatidatphosphohydrolase kommt eine Reihe von Isoenzymen vor, die sich in ihrer Spezifität für Fettsäuren unterschiedlichen Sättigungsgrades und unterschiedlicher Kettenlänge sowie in ihrer subzellulären Lokalisation unterscheiden. Häufig ist die Bindung an Membranen des endoplasmatischen Retikulums, daneben gibt es aber auch mitochondriale Acyltransferasen.

Monoacylglycerinweg Diese Reaktionssequenz ist für die intestinale Lipidresorption besonders wichtig, kommt aber auch in anderen Geweben vor. Seine Bedeutung liegt u. a. darin, dass durch ihn das Verhältnis der Signalmoleküle Monoacylglycerin und Diacylglycerin eingestellt werden kann (▶ Abschn. 22.3.1). Der Monoacylglycerinweg umfasst folgende Reaktionen:
- Durch die **Monoacylglycerin-Acyltransferase** (MGAT) wird Monoacylglycerin zu Diacylglycerin acyliert.
- Diacylglycerin wird schließlich durch die DGAT (s. o.) in Triacylglycerin umgewandelt.

Die ersten Schritte der Triacylglycerinbiosynthese sind mit denen der Phospholipidbiosynthese (▶ Abschn. 22.1.1) identisch. Der Verzweigungspunkt der beiden Stoffwechselwege ist das Diacylglycerin (◻ Abb. 21.4). Infolgedessen ist die Diacylglycerin-Acyltransferase das für die Triacylglycerinbiosynthese spezifische Enzym.

❯ Die synthetisierten Triacylglycerine werden intrazellulär in spezifischen Lipidtröpfchen gespeichert.

Mit Ausnahme der Erythrocyten sind alle Zellen zur Speicherung von Triacylglycerinen fähig, wobei diese Eigenschaft bei den Zellen des Fettgewebes am ausgeprägtesten ist, bei denen 95 % der Zellmasse aus Triacylglycerinen besteht. Die fehlende Wasserlöslichkeit von Triacylglycerinen führt jedoch zu Problemen mit der Speicherung, die folgendermaßen gelöst werden:
- Die für die Triacylglycerinbiosynthese spezifische Diacylglycerin-Acyltransferase ist ein integrales Membranprotein des endoplasmatischen Retikulums.
- Die von der Diacylglycerin-Acyltransferase synthetisierten Triacylglycerine sammeln sich zwischen den

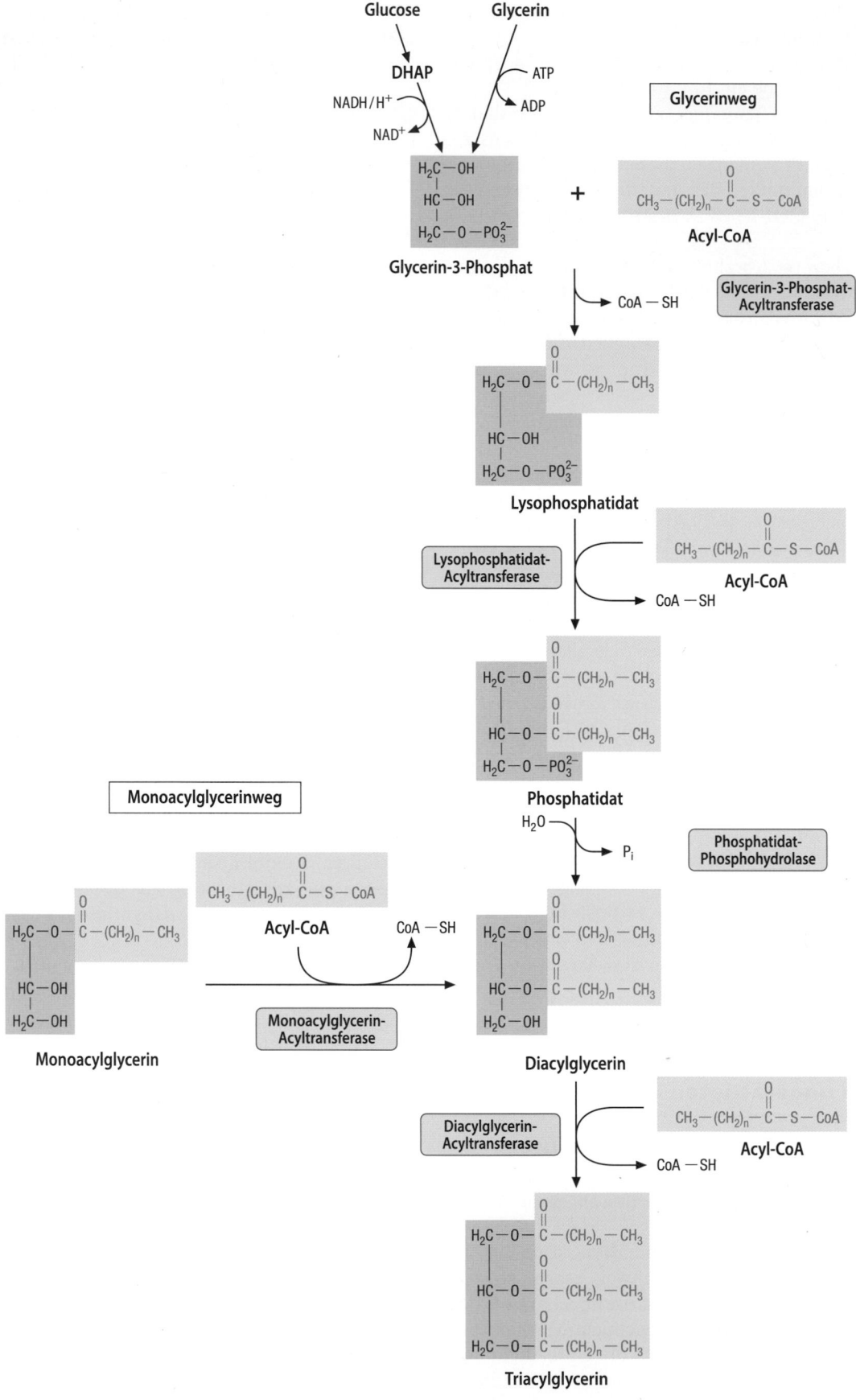

■ Abb. 21.4 **Biosynthese von Triacylglycerinen durch den Glycerin- bzw. Monoacylglycerinweg.** (Einzelheiten s. Text)

beiden Blättern der Membran des endoplasmatischen Retikulums an.

- Unter Mitnahme einer Einzelschicht von Phospholipiden schnürt sich ein Lipidtröpfchen ab.
- Während dieses Vorgangs oder unmittelbar danach erfolgt eine Beschichtung des Lipidtröpfchens mit spezifischen Proteinen. Zu diesen gehören Mitglieder der Perilipinfamilie oder das für die Lipolyse wichtige Protein CGI-58 (▶ Abschn. 21.3.1).

Lipidtröpfchen (▶ Abschn. 12.1.9) stellen ein dynamisches Kompartiment dar. Sie können mit Caveolae, Endosomen, Mitochondrien oder Peroxisomen interagieren. Besonders wichtig ist ihre Fähigkeit zur reversiblen Fusionierung zu größeren Lipidtropfen, wie sie z. B. im Fettgewebe vorkommen.

Zusammenfassung

Mengenmäßig macht die Fraktion der Triacylglycerine, die auch den größten Energiespeicher des Organismus darstellt, den größten Anteil der Lipide aus. Durch intrazelluläre Lipolyse werden Triacylglycerine zu Fettsäuren und Glycerin gespalten. Die hierfür verantwortlichen Enzyme sind die Adipocyten-Triacylglycerinlipase, die hormonsensitive Lipase und die Monoacylglycerinlipase. Die Spaltung der im Blutplasma vorhandenen Triacylglycerine erfolgt extrazellulär durch die Lipoproteinlipase. Die dabei freigesetzten Fettsäuren werden durch entsprechende Transportsysteme aufgenommen. Die Triacylglycerinbiosynthese beginnt mit der Biosynthese von Lysophosphatidat aus Glycerin-3-Phosphat und Acyl-CoA, gefolgt von der nochmaligen Acylierung und Phosphatabspaltung, sodass Diacylglycerin entsteht. Dieses wird zu Triacylglycerin acyliert. In Enterocyten beginnt die Triacylglycerinsynthese überwiegend mit der Acylierung von resorbiertem Monoacylglycerin.

21.2 Abbau und Aufbau von gesättigten und ungesättigten Fettsäuren

21.2.1 Die β-Oxidation von Fettsäuren

❯ Fettsäuren werden durch β-Oxidation abgebaut.

Schon Anfang des letzten Jahrhunderts konnte Franz Knoop den experimentellen Nachweis erbringen, dass geradzahlige Fettsäuren zu Essigsäure abgebaut werden. Dieser auch als **β-Oxidation** bezeichnete Mechanismus des Fettsäureabbaus ist u. a. durch die Untersuchungen von Feodor Lynen aufgeklärt worden. Die für die β-Oxidation benötigten Enzyme sind in der mitochond-

rialen Matrix lokalisiert. Sie befinden sich so in der Nähe der in der mitochondrialen Innenmembran gelegenen Enzyme der Atmungskette (▶ Abschn. 19.1).

❯ Fettsäuren können nur als Thioester mit Coenzym A verstoffwechselt werden.

Da Fettsäuren chemisch relativ reaktionsträge Moleküle sind, müssen sie vor ihrem Abbau zunächst in einer ATP-abhängigen Reaktion zu einem aktiven Zwischenprodukt, dem Acyl-CoA, aktiviert werden.

Für diese Umwandlung zu „aktivierten" Fettsäuren ist eine **Acyl-CoA-Synthetase** (Syn. Thiokinase) notwendig. Wie ❒ Abb. 21.5 zeigt, katalysiert diese eine zweistufige Reaktion, in deren ersten Teil die Carboxylgruppe der Fettsäure mit ATP unter Bildung eines **Acyladenylates** (Acyl-AMP) und Freisetzung von Pyrophosphat aus den β- und γ-Phosphaten des ATP reagiert. Da die Hydrolyseenergie der Acyladenylatbindung ungefähr derjenigen einer energiereichen Phosphatbindung entspricht, liegt das $\Delta G^{0'}$ der Reaktion bei etwa 0. Nur aufgrund der Tatsache, dass Pyrophosphat durch die in allen Zellen vorkommende **Pyrophosphatase** in zwei anorganische Phosphate gespalten wird, verlagert sich das Gleichgewicht der Reaktion auf die Seite der Acyladenylatbildung. Im zweiten Teil der Reaktion wird das Acyladenylat mit Coenzym A gespalten, sodass **Acyl-CoA** und AMP entstehen. Auf diese Weise wird die energiereiche Anhydridbindung des Acyladenylates in eine energiereiche Thioesterbindung umgewandelt.

Acyl-CoA-Synthetasen finden sich intra- und extramitochondrial und unterscheiden sich in ihrer Substratspezifität hinsichtlich der Kettenlänge der zu aktivierenden Fettsäuren. Es gibt über 20 verschiedene Acyl-CoA-Synthetasen plus zusätzliche Splice-Varianten. Die „langkettenspezifischen" Acyl-CoA-Synthetasen *(long chain acyl-CoA-synthetases, ACSL1-ACSL6)* aktivieren besonders Fettsäuren mit einer Kettenlänge von 10–18 C-Atomen. Da der Hauptteil der durch Lipolyse freigesetzten Fettsäuren in diese Kategorie gehört, sind diese Enzym für den Stoffwechsel von besonderer Bedeutung. Sie sind in der äußeren Mitochondrienmembran, aber auch an der Plasmamembran (▶ Abschn. 21.1.3) und in Lipidtröpfchen lokalisiert.

❯ Fettsäuren werden als Carnitinester durch die innere Mitochondrienmembran transportiert.

Die Enzyme der β-Oxidation der Fettsäuren sind ausschließlich im mitochondrialen **Matrixraum** lokalisiert. Der weitaus größte Teil des für die β-Oxidation verwendeten Acyl-CoA entsteht jedoch im Cytosol als Folge der Aufnahme von Fettsäuren aus dem extrazellulären Raum oder durch intrazelluläre Lipolyse. Da Acyl-CoA-Moleküle mit Kettenlängen über 12 C-Atomen die mitochon-

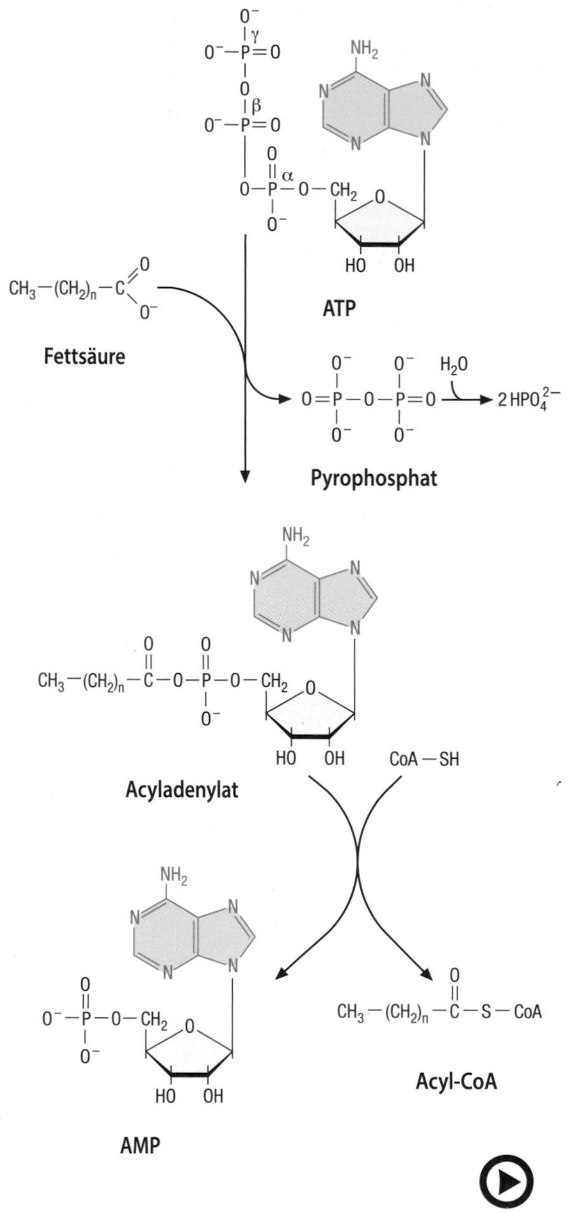

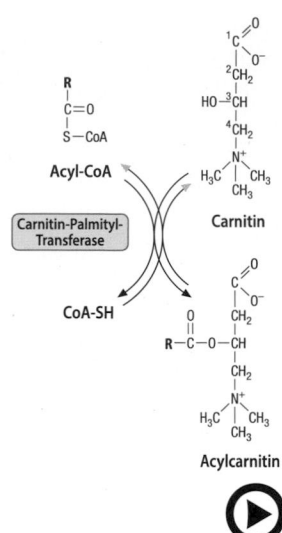

◘ Abb. 21.6 (Video 21.5) **Reversible Bildung von Acylcarnitin aus Acyl-CoA und Carnitin** (▶ https://doi.org/10.1007/000-5gg)

◘ Abb. 21.5 (Video 21.4) **Aktivierung von Fettsäuren zu Acyl-CoA durch die Acyl-CoA-Synthetase** (▶ https://doi.org/10.1007/000-5gf)

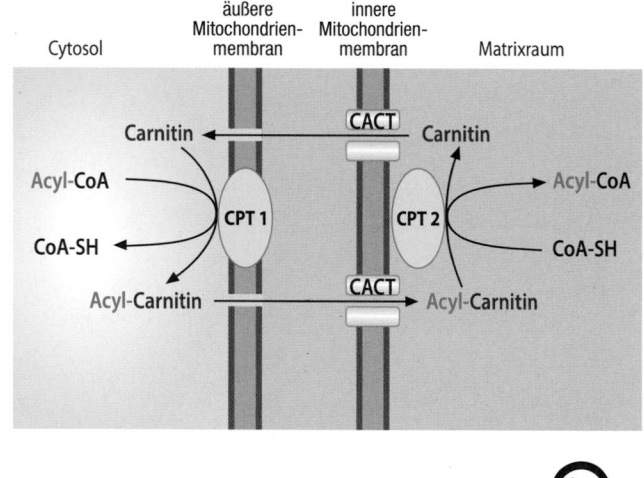

◘ Abb. 21.7 (Video 21.6) **Carnitin als Carrier für den Transport langkettiger Fettsäuren durch die mitochondriale Innenmembran.** *CPT:* Carnitin-Palmityltransferase; *CACT:* Carnitin/Acylcarnitin-Translokase. Der Substrattransport durch die äußere Mitochondrienmembran erfolgt durch Porine. (Einzelheiten s. Text) (▶ https://doi.org/10.1007/000-5gh)

driale Innenmembran nicht passieren können, muss ein Transportsystem eingeschaltet werden:

Mit der **Carnitin-Palmityltransferase 1** (CPT1, Carnitin-Acyltransferase 1) wird der Thioester durch Kopplung an L-Carnitin (4-Trimethylamino-3-Hydroxybutyrat) zum **Acylcarnitin** umgeestert und CoA freigesetzt (◘ Abb. 21.6). Die CPT1 ist ein integrales Protein der äußeren Mitochondrienmembran, dessen aktives Zentrum zum Cytosol hin orientiert ist.

Acylcarnitin passiert die äußere Mitochondrienmembran durch Porine und wird dann mithilfe der **Carnitin/Acylcarnitin-Translokase** durch die innere Mitochondrienmembran transportiert (◘ Abb. 21.7).

Auf der Innenseite der mitochondrialen Innenmembran findet der umgekehrte Vorgang statt. Der Fettsäurerest des Acylcarnitins wird durch die an der Innenseite der inneren Mitochondrienmembran gelegene **Carnitin-Palmityltransferase 2** (CPT2, Carnitin-Acyltransferase 2) auf Coenzym A übertragen, wobei Acyl-CoA entsteht und freies Carnitin regeneriert wird.

Carnitin kommt in den meisten Organen vor. Es wird über die Nahrung aufgenommen, aber auch endogen

synthetisiert. Muskelzellen, deren Kapazität zur β-Oxidation beträchtlich ist, verfügen über einen besonders hohen Carnitingehalt. Carnitin ist ein beliebtes Nahrungsergänzungsmittel in der Bodybuilder-Szene, obwohl ein Nutzen bisher nicht zweifelsfrei nachgewiesen wurde.

❯ Die β-Oxidation der Fettsäuren besteht aus vier Einzelreaktionen.

Die β-Oxidation der Fettsäuren beginnt mit Acyl-CoA und läuft in folgenden Schritten ab (◻ Abb. 21.8):

- Durch eine **Acyl-CoA-Dehydrogenase** wird Acyl-CoA an den C-Atomen 2 und 3 (α und β) dehydriert, wobei ein Δ^2-*trans*-**Enoyl-CoA** entsteht. Der Wasserstoffakzeptor dieser ersten Oxidationsreaktion ist FAD. Das entstehende $FADH_2$ gibt seine Reduktionsäquivalente an ein anderes Flavoprotein weiter, das auch als ETF (*electron transfering flavoprotein*) bezeichnet wird. Dieses reagiert direkt mit dem Ubichinon der Atmungskette (▶ Abschn. 19.1.2). Es gibt Isoformen der Acyl-CoA-Dehydrogenase, die

für verschiedene Kettenlängen der Acylreste spezifisch sind.

- Unter Katalyse durch eine **Enoyl-CoA-Hydratase** wird an das Δ^2-Enoyl-CoA Wasser angelagert, wobei **L-3-Hydroxyacyl-CoA** entsteht.
- Eine **L-3-Hydroxyacyl-CoA-Dehydrogenase** katalysiert die zweite Oxidationsreaktion der β-Oxidation der Fettsäuren. Das Oxidationsmittel ist diesmal NAD^+, Reaktionsprodukte sind **3-Ketoacyl-CoA** und $NADH/H^+$.
- Im letzten Schritt der β-Oxidation wird unter Katalyse der 3-Ketothiolase (β-Ketothiolase, 3-Oxo-Acyl-CoA-Thiolase) ein Molekül **Acetyl-CoA** vom 3-Ketoacyl-CoA abgespalten. Die Reaktionsprodukte sind Acetyl-CoA und ein um zwei C-Atome verkürztes Acyl-CoA. Dieses kann erneut in die β-Oxidation eintreten, sodass auf diese Weise die vollständige Zerlegung geradzahliger Fettsäuren zu Acetyl-CoA möglich ist.

❯ Alle Enzyme der β-Oxidation kommen in Kettenlängen-spezifischen Isoformen vor.

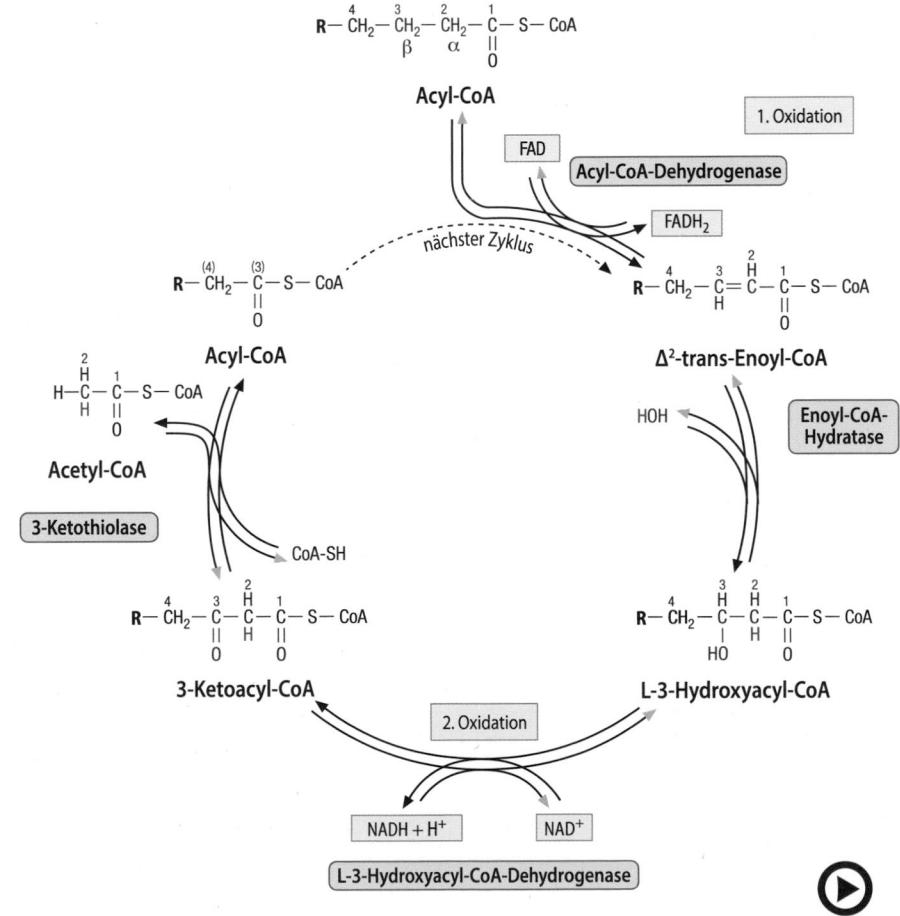

◻ **Abb. 21.8** (Video 21.7) **Abbau geradzahliger Fettsäuren durch β-Oxidation.** Der Name β-Oxidation rührt daher, dass die Oxidationen am C-Atom β (C-Atom 3) der Fettsäuren erfolgen. (Einzelheiten s. Text) (▶ https://doi.org/10.1007/000-5gc)

21

Ein wichtiges Problem der β-Oxidation ist die Tatsache, dass die für den Abbau vorgesehenen Fettsäuren sich während der Oxidationszyklen sowohl in ihrer Kettenlänge als auch ihrer Wasserlöslichkeit dramatisch verändern. Deshalb gibt es für jede der vier an der β-Oxidation beteiligten Enzymaktivitäten Isoenzyme, die sich nur durch ihre Lokalisation und Kettenlängenspezifität unterscheiden:

Acyl-CoA-Moleküle mit Kettenlängen zwischen C12 und C24 und mehr werden zunächst durch die **VLC-Acyl-CoA-Dehydrogenase** (VLCAD, *very long chain acyl-CoA-dehydrogenase*) oxidiert. Dieses homodimere Enzym ist in der inneren Mitochondrienmembran lokalisiert. Im Matrixraum sind dagegen drei weitere Acyl-CoA-Dehydrogenasen nachweisbar, die jeweils für kürzerkettige Acyl-CoAs spezifisch sind.

Langkettige Enoyl-CoAs als Produkte der VLCAD werden durch ein sog. **trifunktionelles Enzym** umgesetzt, das ebenfalls mit der inneren Mitochondrienmembran assoziiert ist. Es enthält eine Enoyl-CoA-Hydratase, Hydroxyacyl-CoA-Dehydrogenase und 3-Ketothiolase, jeweils spezifisch für Kettenlängen oberhalb von 12 C-Atomen.

Nach Abbau einer langkettigen Fettsäure durch die membrangebundenen Enzyme VLCAD und trifunktionelles Enzym bis zu einer Kettenlänge von etwa 12 C-Atomen erfolgt die weitere Oxidation durch lösliche Enzyme mit verschiedenen Kettenlängenspezifitäten im Matrixraum.

❯ Beim Abbau ungeradzahliger Fettsäuren entsteht Propionyl-CoA.

In der Milch von Wiederkäuern kommen in geringen Mengen (ca. 3 % der Gesamtfettsäuren) Fettsäuren mit einer ungeraden Zahl von C-Atomen vor, die nach dem Verzehr von Milch resorbiert und metabolisiert werden müssen. Ihr Abbau erfolgt durch β-Oxidation nach demselben Mechanismus wie bei geradzahligen Fettsäuren. Dabei bleibt allerdings beim letzten Durchgang der β-Oxidation anstelle eines Acetyl-CoA ein aus drei C-Atomen bestehendes Acyl-CoA, das **Propionyl-CoA**, übrig.

Für die Einschleusung dieses Produktes in den Citratzyklus sind insgesamt drei weitere Enzyme notwendig, die die in ◻ Abb. 21.9 dargestellte Reaktionsfolge katalysieren:

— Zunächst wird Propionyl-CoA durch die biotinabhängige Propionyl-CoA-Carboxylase (▶ Abschn. 59.7) zum D-Methylmalonyl-CoA carboxyliert.
— Durch eine Epimerase (Racemase) erfolgt die Umlagerung zum L-Methylmalonyl-CoA. Aus diesem entsteht durch eine Vitamin-B$_{12}$-katalysierte Umgruppierung der Substituenten am C-Atom 2 (▶ Abschn. 59.9) das Succinyl-CoA, welches als Zwischenprodukt des Citratzyklus leicht oxidiert werden kann.

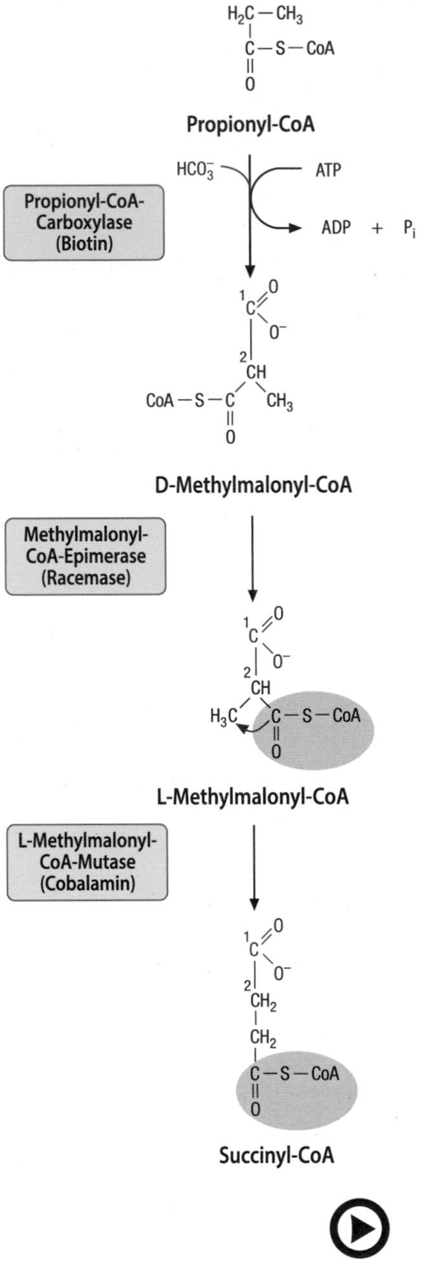

◻ **Abb. 21.9** (Video 21.8) **Carboxylierung von Propionyl-CoA zu Methylmalonyl-CoA und anschließende Umlagerung zu Succinyl-CoA.** (Einzelheiten s. Text) (▶ https://doi.org/10.1007/000-5gk)

Außer beim Abbau von ungeradzahligen Fettsäuren entsteht Propionyl-CoA auch beim Abbau der Aminosäuren Methionin, Threonin, Isoleucin und Valin (◻ Abb. 27.21). Propionsäure wird zudem in der Lebensmittelindustrie als Konservierungsmittel eingesetzt und auch von der Darm-Mikrobiota gebildet (▶ Abschn. 61.5.2).

❯ Für den Abbau ungesättigter Fettsäuren werden Hilfsenzyme benötigt.

Da in den natürlichen Fettsäuren die Doppelbindung in der *cis*- (▶ Kap. 3, ◻ Abb. 3.25), bei den Zwischen-

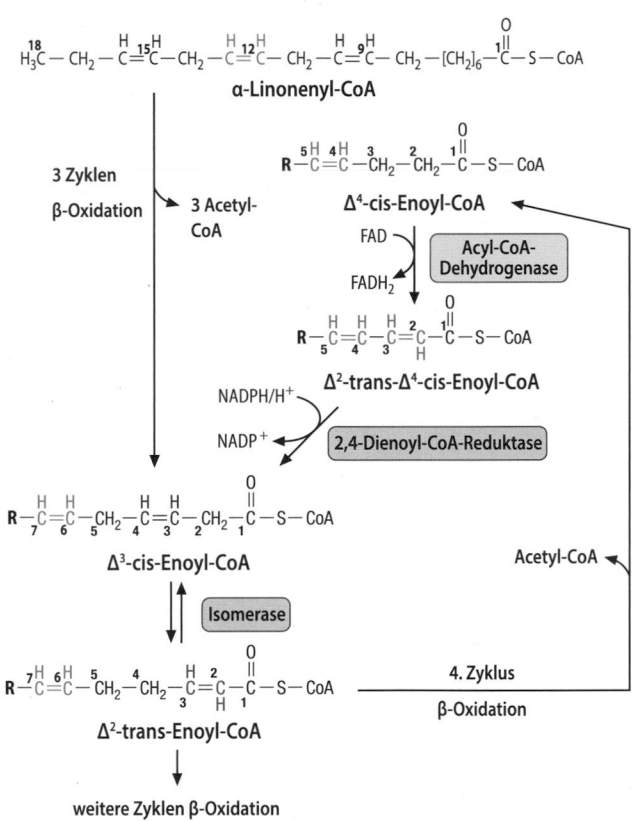

$$\overset{18}{H_3C}-CH_2-\overset{H}{\underset{15}{C}}=\overset{H}{C}-CH_2-\overset{H}{\underset{12}{C}}=\overset{H}{C}-CH_2-\overset{H}{\underset{9}{C}}=\overset{H}{C}-CH_2-[CH_2]_6-\overset{O}{\underset{1}{C}}-S-CoA$$

α-Linonenyl-CoA

3 Zyklen
β-Oxidation → 3 Acetyl-CoA

$$R-\overset{5}{C}\overset{H}{=}\overset{4}{C}\overset{H}{-}\overset{3}{C}H_2-\overset{2}{C}H_2-\overset{O}{\underset{1}{C}}-S-CoA$$

Δ⁴-cis-Enoyl-CoA

FAD
FADH₂
Acyl-CoA-Dehydrogenase

$$R-\overset{H}{\underset{5}{C}}=\overset{H}{\underset{4}{C}}-\overset{H}{\underset{3}{C}}=\overset{O}{\underset{2}{C}}-\overset{O}{\underset{1}{C}}-S-CoA$$

Δ²-trans-Δ⁴-cis-Enoyl-CoA

NADPH/H⁺
NADP⁺
2,4-Dienoyl-CoA-Reduktase

$$R-\overset{H}{\underset{7}{C}}\overset{H}{\underset{6}{C}}-\overset{}{\underset{5}{C}}H_2-\overset{H}{\underset{4}{C}}\overset{}{\underset{3}{C}}=\overset{}{\underset{2}{C}}H_2-\overset{O}{\underset{1}{C}}-S-CoA$$

Δ³-cis-Enoyl-CoA

Acetyl-CoA

Isomerase

$$R-\overset{H}{\underset{7}{C}}\overset{H}{\underset{6}{C}}=\overset{}{\underset{5}{C}}-\overset{}{\underset{4}{C}}H_2-\overset{H}{\underset{3}{C}}\overset{2}{=}\overset{O}{\underset{1}{C}}-S-CoA$$

4. Zyklus
β-Oxidation

Δ²-trans-Enoyl-CoA

↓

weitere Zyklen β-Oxidation

■ **Abb. 21.10 Für die Oxidation ungesättigter Fettsäuren benötigte Hilfsmechanismen.** Die benötigten Enzyme sind *rot* hervorgehoben. (Einzelheiten s. Text)

produkten der β-Oxidation der Fettsäuren jedoch in der trans-Konfiguration auftreten (■ Abb. 21.8), ergeben sich für den Abbau ungesättigter Fettsäuren gewisse Schwierigkeiten. Sie können durch die Enzyme der β-Oxidation abgebaut werden, bis ein Δ³-*cis*- oder ein Δ⁴-*cis*-Enoyl-CoA in Abhängigkeit von der jeweiligen ursprünglichen Position der Doppelbindung in der abzubauenden Fettsäure entsteht. Beim Abbau der Linolensäure wird z. B. nach 3 Zyklen der β-Oxidation das Δ³-*cis*-Enoyl-CoA gebildet (■ Abb. 21.10, linker Teil).

Δ³-*cis*-Enoyl-CoA wird durch eine Δ³-***cis***-Δ²-***trans***-**Enoyl-CoA-Isomerase** zu Δ²-*trans*-Enoyl-CoA umgelagert. Da jetzt eine *trans*-Konfiguration an den C-Atomen 2 und 3 erzielt ist, verläuft der nächste Zyklus der β-Oxidation ohne Schwierigkeiten.

Das dabei gebildete Δ⁴-*cis*-Enoyl-CoA wird zunächst von der Acyl-CoA-Dehydrogenase zum Δ²-trans-Δ⁴-cis-Dienoyl-CoA oxidiert (■ Abb. 21.10, rechter Teil). Dieses wird in einer NADPH-abhängigen Reaktion zum Δ³-*cis*-Enoyl-CoA reduziert. Durch die oben erwähnte Isomerase entsteht dann aus Δ³-*cis*-Enoyl-CoA wieder das Δ²-*trans*-Enoyl-CoA.

21

❯ Bei der β-Oxidation der Fettsäuren entstehen große Mengen von NADH+H⁺ und FADH₂

Die β-Oxidation liefert erhebliche Mengen an reduzierten wasserstoffübertragenden Coenzymen. Für den Abbau von Stearinsäure (18 C-Atome) ergibt sich:

$$\text{Stearyl-CoA} + 8\,FAD + 8\,NAD^+ + 8\,H_2O + 8\,CoA\text{-SH} \rightarrow$$
$$9\,\text{Acetyl-CoA} + 8\,FADH_2 + 8\,NADH + 8\,H^+ \quad (21.1)$$

Insgesamt fallen also 8 • 2 [H] als FADH₂ und 8 • 2 [H] als NADH+H⁺ an. Beide wasserstoffübertragenden Coenzyme werden in der Atmungskette reoxidiert. Da hierbei pro NADH/H⁺ 2,3 ATP und pro FADH₂ 1,4 ATP gebildet werden (▶ Abschn. 19.1.4) ist die Energieausbeute der Fettsäureoxidation beträchtlich. ■ Tab. 21.1 gibt eine Übersicht über die maximal mögliche Energieausbeute bei der β-Oxidation der Fettsäuren im Vergleich zur Oxidation von Glucose wieder. Die β-Oxidation kann nur unter aeroben Bedingungen erfolgen, da es in den Mitochondrien keinerlei Hilfsreaktionen gibt, die FADH₂ bzw. NADH/H⁺ in Abwesenheit von Sauerstoff reoxidieren könnten.

❯ In Peroxisomen findet in beträchtlichem Umfang Fettsäureoxidation statt.

Außer in Mitochondrien können Fettsäuren auch in den Peroxisomen oxidiert werden. Im Prinzip laufen dabei die gleichen Reaktionen wie bei der mitochondrialen β-Oxidation ab, allerdings ergeben sich einige Einschränkungen und für einzelne Enzyme beträchtliche Unterschiede. Substrate der peroxisomalen Fettsäureoxidation sind hauptsächlich:

− Fettsäuren mit Kettenlängen über 22 C-Atomen,
− verzweigtkettige Fettsäuren,
− Fettsäuren mit einer Isoprenseitenkette wie die aus dem Abbau von Chlorophyll entstehende Pristansäure (2,6,10,14-Tetramethylpentadecansäure),
− die Seitenkette des Cholesterins bei der Synthese von Gallensäuren.

Im Gegensatz zur mitochondrialen β-Oxidation verläuft die peroxisomale nur über zwei bis maximal fünf Zyklen. Sie dient damit eher der Verkürzung langkettiger Fettsäuren als der vollständigen Oxidation zu Acetyl-CoA. Die Einschleusung von Acyl-CoA in die Peroxisomen ist nicht carnitinabhängig. Die **peroxisomale Acyl-CoA-Dehydrogenase** katalysiert folgende Reaktion:

$$\text{Acyl} - CoA + O_2 \rightarrow trans - \Delta^2 - \text{Enoyl} - CoA + H_2O_2$$

$$(21.2)$$

◻ **Tab. 21.1 Energieausbeute bei der β-Oxidation von 1 mol Stearyl-CoA (18 C-Atome) durch β-Oxidation und Citratzyklus** (alle Angaben in mol). Zum Vergleich sind die entsprechenden Angaben für die Oxidation von 3 Glucosen (ebenfalls 18 C-Atome) angegeben

Schritt	Gebildete Reduktionäquivalente		ATP-Gewinn bei der Reoxidation von[a]		ATP-Gewinn durch Substratkettenphosphorylierung[b]
	NADH/H$^+$	FADH$_2$	NADH/H$^+$	FADH$_2$	
Stearyl-CoA → 9 Acetyl-CoA	8	8	21,6	12,8	–
9 Acetyl-CoA → 18 CO$_2$ + 18 H$_2$O	27	9	72,9	14,4	9
ATP-Gewinn (Summe)			130,7[c]		
3 Glucose → 6 Acetyl-CoA	12	–	32,4	–	6
6 Acetyl-CoA → 12 CO$_2$ + 12 H$_2$O	18	6	48,6	9,6	6
ATP-Gewinn (Summe)			102,6		

[a]Über die ATP-Ausbeute bei der Reoxidation von NADH/H$^+$ und FADH$_2$ in der oxidativen Phosphorylierung (▶ Abschn. 19.1.4).
[b]In Citratzyklus bzw. Glycolyse.
[c]Bezogen auf Stearinsäure müssen von diesem Wert noch 2 energiereiche Phosphate abgezogen werden, die bei der Aktivierung von Stearinsäure zu Stearyl-CoA verbraucht werden.

Das Enzym benötigt FAD als Cofaktor. Das entstehende H$_2$O$_2$ wird durch eine entsprechende peroxisomale **Katalase** (▶ Abschn. 20.1.1) eliminiert.

Der weitere Verlauf der peroxisomalen β-Oxidation entspricht der der Mitochondrien. Allerdings gibt es in Peroxisomen keinerlei Mechanismen zur NADH/H$^+$-Reoxidation, sodass dieses über die Abgabe von Reduktionsäquivalenten in den cytosolischen Raum reoxidiert werden muss.

Die Enzyme des Citratzyklus fehlen in Peroxisomen. Deshalb ist der Abbau des gebildeten Acetyl-CoA zu CO$_2$ nicht möglich. Er benötigt den Transfer von Acetylresten in den mitochondrialen Matrixraum.

21.2.2 Ketogenese und Ketonkörperverwertung

Schon Ende des 19. Jahrhunderts wurde in Blut und Urin von Diabetikern (▶ Abschn. 36.7) **Aceton, β-Hydroxybuttersäure** und **Acetessigsäure** nachgewiesen. Wegen ihrer strukturellen Verwandtschaft zum Aceton wurden die beiden letzten Verbindungen auch als **Ketonkörper** bezeichnet. Heute weiß man, dass Ketonkörper auch unter physiologischen Bedingungen in der Leber synthetisiert werden. Dieser Vorgang nimmt mit dem Ausmaß der β-Oxidation der Fettsäuren zu. Die besonders bei Insulinmangel und im Hungerzustand gebildeten Ketonkörper werden von der Leber an das Blutplasma abgegeben und in extrahepatischen Geweben, besonders in der Muskulatur, in beträchtlichem Umfang oxidiert.

❯ Ketonkörper werden ausschließlich in der Leber synthetisiert.

Die Leber hat als einziges Organ die Fähigkeit zur Ketonkörperbiosynthese, kann Ketonkörper allerdings nicht verwerten. Daher findet ein ständiger Fluss von Ketonkörpern von der Leber zu den extrahepatischen Geweben statt.

◻ Abb. 21.11 gibt den Ablauf der mitochondrial lokalisierten Ketonkörperbiosynthese wieder. Sie erfolgt in einer dreistufigen Reaktion:
— Durch Umkehr der Reaktion der **3-Ketothiolase**, des letzten Enzyms der β-Oxidation der Fettsäuren, entsteht aus zwei Molekülen Acetyl-CoA **Acetacetyl-CoA**.
— Unter Katalyse durch die **β-Hydroxy-β-Methylglutaryl-CoA-Synthase** wird ein weiteres Molekül Acetyl-CoA an den Carbonylkohlenstoff des Acetacetyl-CoA geheftet. Hierbei entsteht **β-Hydroxy-β-Methylglutaryl-CoA** (HMG-CoA) (über die Bedeutung des cytosolischen HMG-CoA für die Cholesterinbiosynthese, ▶ Abschn. 23.2.)
— In einer dritten Reaktion spaltet die **HMG-CoA-Lyase** unter Freisetzung von **Acetacetat** ein Acetyl-CoA ab. Die Herkunft der C-Atome des Acetacetates wird aus ◻ Abb. 21.11 ersichtlich.

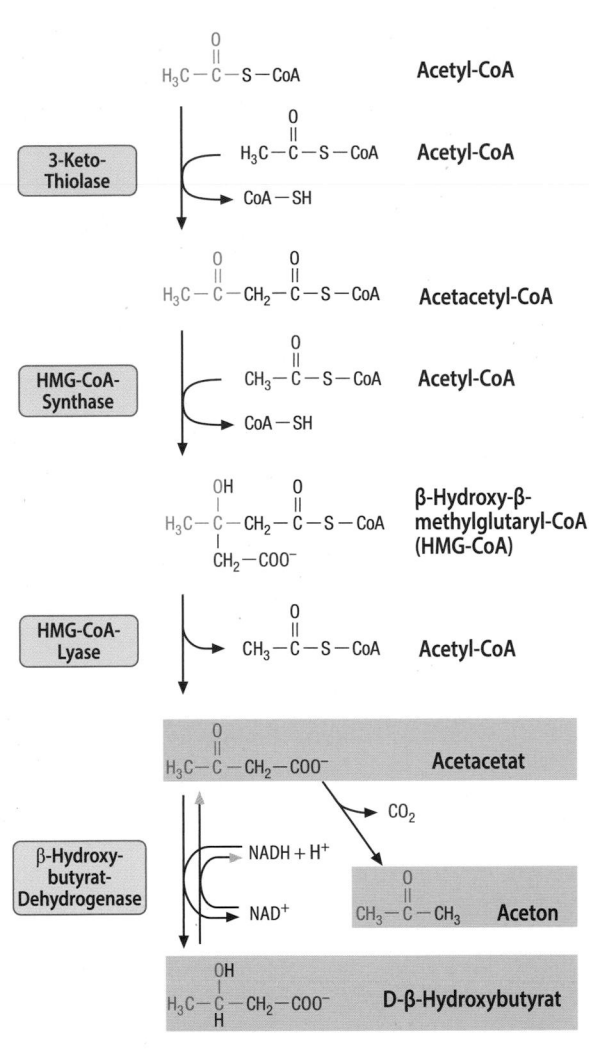

■ **Abb. 21.11** (Video 21.9) **Biosynthese der Ketonkörper Acetacetat, β-Hydroxybutyrat und Aceton aus Acetacetyl-CoA und Acetyl-CoA** (▶ https://doi.org/10.1007/000-5gm)

Acetacetat wird durch eine NADH-abhängige D-β-Hydroxybutyrat-Dehydrogenase, die außer in der Leber auch in vielen anderen Geweben vorkommt, zu **D-β-Hydroxybutyrat** reduziert. Durch spontane nicht-enzymatische Decarboxylierung kann aus Acetacetat auch **Aceton** entstehen, das über Atemluft, Schweiß und Urin ausgeschieden wird. **D-β-Hydroxybutyrat** macht den Hauptanteil der Ketonkörper in Blut und Urin aus.

❯ Vor ihrer Verwertung müssen Ketonkörper mit Coenzym A aktiviert werden.

■ Abb. 21.12 stellt die zur Verwertung von Ketonkörpern in extrahepatischen Geweben benötigten Reaktionen zusammen. D-β-Hydroxybutyrat wird zunächst zu Acetacetat oxidiert. Anschließend erfolgt eine Transacylierung,

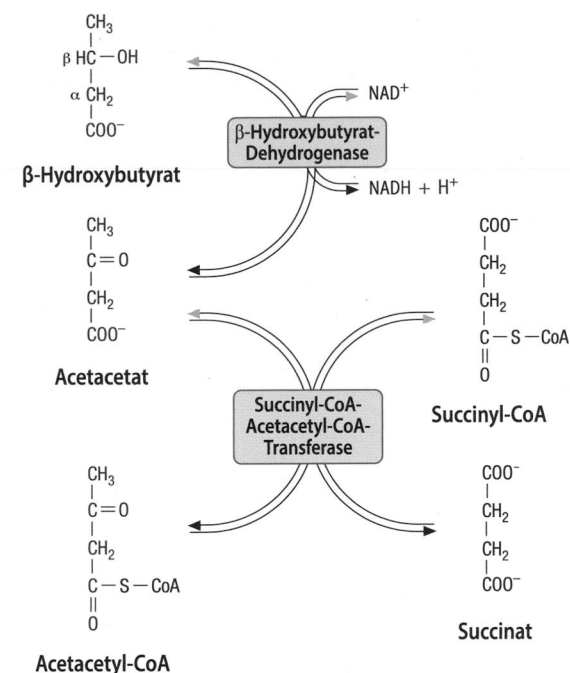

■ **Abb. 21.12   Succinyl-CoA-abhängige Aktivierung von Ketonkörpern zu Acetacetyl-CoA**

bei der der Succinylrest eines Succinyl-CoA gegen Acetacetat ausgetauscht wird. Das hierfür verantwortliche Enzym ist die **Succinyl-CoA-Acetacetyl-CoA-Transferase (3-Ketoacyl-CoA-Transferase)**. Das dabei gebildete Acetacetyl-CoA kann in die β-Oxidation eingeschleust werden. Zur Verwertung von Ketonkörpern durch das ZNS s. ▶ Abschn. 74.4.1.

Durch Decarboxylierung von Acetacetat entstandenes Aceton kann nicht in nennenswertem Umfang verwertet werden.

21.2.3 Bildung gesättigter Fettsäuren aus Acetyl-CoA

❯ Die Biosynthese gesättigter Fettsäuren findet im Cytosol statt und benötigt Malonyl-CoA.

Der größte Teil der im tierischen Organismus vorkommenden Fettsäuren besitzt eine gerade Zahl von C-Atomen, da die Biosynthese von Fettsäuren durch Kondensation von Bruchstücken aus zwei C-Atomen (= Acetyleinheiten) erfolgt.

In den meisten Zellen können zum Teil in beträchtlichem Umfang langkettige Fettsäuren mit einer geraden Anzahl von C-Atomen aus Acetylresten synthetisiert werden. Dieser Vorgang ist keine Umkehr der β-Oxidation der Fettsäuren. Er:

— findet bei allen Eukaryonten im **Cytosol** statt,

21

- wird durch ein multifunktionelles Enzym, die **Fett-säuresynthase**, katalysiert,
- benötigt **NADPH/H⁺** als Reduktionsmittel und
- benötigt **Malonyl-CoA** anstelle von Acetyl-CoA.

Den Arbeitsgruppen von Feodor Lynen und Roy Vagelos ist die Aufklärung der einzelnen bei der Fettsäurebiosynthese beteiligten Reaktionen gelungen. Sie konnten zeigen, dass die Fettsäurebiosynthese zwar vom Acetyl-CoA ausgeht und durch Verlängerung der Fettsäurekette um jeweils zwei C-Atome fortgesetzt wird. Es war jedoch nicht möglich, mit gereinigter Fettsäuresynthase eine Fettsäurebiosynthese aus Acetyl-CoA in Gang zu setzen. Eine Erklärung für diesen Befund bietet die Tatsache, dass der Fettsäuresynthase eine der 3-Ketothiolase (▶ Abschn. 21.2.1) entsprechende Aktivität fehlt. Sie benutzt für die Kondensation der Acetylreste an die wachsende Fettsäurekette nicht Acetyl-CoA, sondern **Malonyl-CoA**, das einem carboxylierten Acetyl-CoA entspricht (◼ Abb. 21.13).

Die bei der für die Kettenverlängerung notwendigen Decarboxylierungen freiwerdende Energie verschiebt dann das Gleichgewicht der Reaktion auf die Seite der Kondensation.

Das für die Kondensationsreaktion benötigte Malonyl-CoA wird durch eine Carboxylierungsreaktion aus Acetyl-CoA und CO_2 unter Katalyse der biotinabhängigen **Acetyl-CoA-Carboxylase** bereitgestellt (◼ Abb. 21.13).

Der Mechanismus der Acetyl-CoA-Carboxylase entspricht damit dem anderer biotinabhängiger Carboxylierungen (▶ Abschn. 59.7).

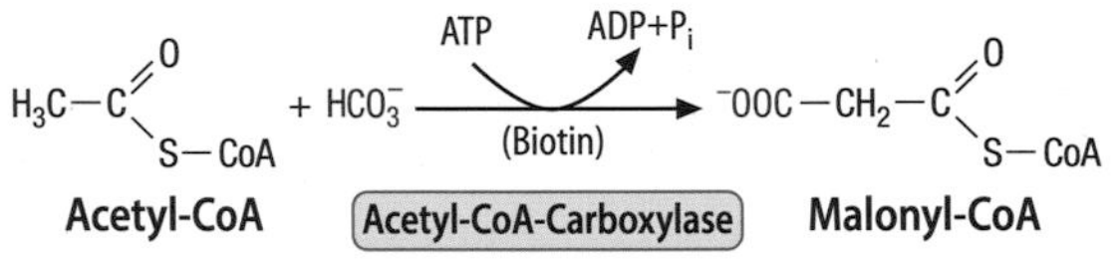

❯ Die Fettsäuresynthase katalysiert sämtliche Teilreaktionen der Fettsäurebiosynthese.

Bei der Fettsäurebiosynthese werden an ein als Startermolekül dienendes Acetyl-CoA sukzessive Bruchstücke aus zwei C-Atomen (= Acetatreste) gehängt, die vom Malonyl-CoA abstammen. Das bedeutet, dass zur Synthese von Palmitat 7 mol, zur Synthese von Stearat 8 mol Malonyl-CoA pro mol synthetisierter Fettsäure verbraucht werden.

Die Teilreaktionen der Fettsäuresynthase Die verschiedenen für die Fettsäurebiosynthese aus Acetyl-CoA und Malonyl-CoA notwendigen Reaktionsschritte werden durch das dimere, multifunktionelle Enzym der **Fettsäuresynthase** (s. u.) katalysiert. Im Fettsäuresynthasekomplex kommen in jedem Monomer zwei für seine Funktion essenzielle **SH-Gruppen** vor, eine sog. zentrale und eine periphere. Die zentrale Sulfhydrylgruppe gehört zu einem Molekül, das sich auch als Bestandteil des Coenzym A findet. Es handelt sich um das **4′-Phosphopanthein** (◼ Abb. 21.14, ▶ Abschn. 59.6). Dieses ist covalent mit einem Serylrest der **Acyl-Carrier-Domäne** der Fettsäuresynthase verknüpft. Die periphere Sulfhydrylgruppe gehört zu einem Cysteinylrest im aktiven Zentrum der kondensierenden Domäne.

Die Fettsäurebiosynthese mithilfe der Fettsäuresynthase läuft in folgenden Schritten ab (◼ Abb. 21.15):

- Der Acetylrest des Startermoleküls Acetyl-CoA wird an die zentrale Sulfhydrylgruppe gebunden.
- Der Acetylrest wird auf die periphere Sulfhydrylgruppe übertragen.
- Die jetzt wieder freie zentrale Sulfhydrylgruppe übernimmt einen Malonylrest vom Malonyl-CoA. Für diese Reaktionen ist die Malonyl/Acetyltransferase-Domäne (MAT) der Fettsäuresynthase (◼ Abb. 21.16) verantwortlich.
- Die Ketoacylsynthase-Domäne (KS, kondensierende Domäne) der Fettsäuresynthase katalysiert die

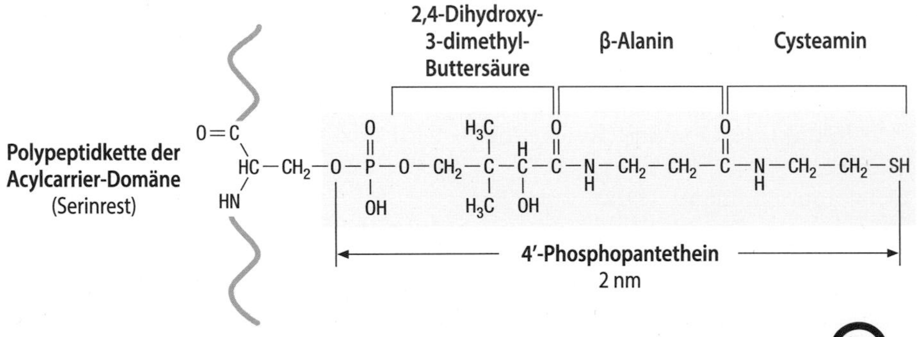

◼ **Abb. 21.13** **Biotinabhängige Carboxylierung von Acetyl-CoA zu Malonyl-CoA**

◼ **Abb. 21.14** (Video 21.10) **4′-Phosphopanthein als prosthetische Gruppe der Acyl-Carrier-Domäne der Fettsäuresynthase** (▶ https://doi.org/10.1007/000-5gn)

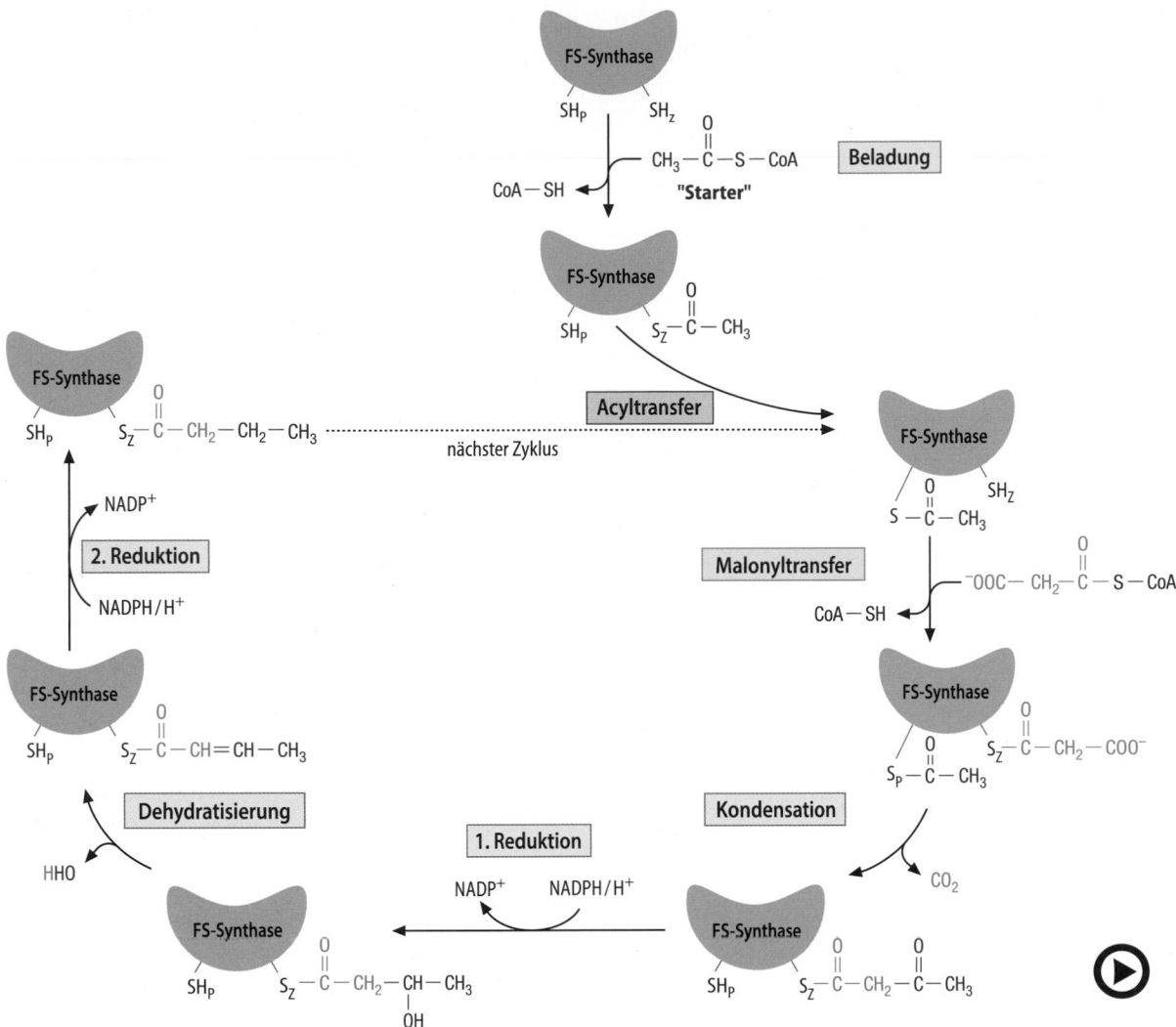

■ **Abb. 21.15**   (Video 21.11) **Einzelreaktionen der Biosynthese langkettiger, geradzahliger Fettsäuren aus Acetyl-CoA.** SH_p: periphere SH-Gruppe; SH_z: zentrale SH-Gruppe. (Einzelheiten s. Text) (▶ https://doi.org/10.1007/000-5gp)

Kondensation des Acetyl- mit dem Malonylrest, wobei unter Decarboxylierung ein Acetacetylrest entsteht, der an die zentrale SH-Gruppe gebunden ist. Bei den folgenden drei Reaktionen verbleibt dieser Acylrest als Thioester an der zentralen SH-Gruppe.
— Die folgende sog. „erste" Reduktion besteht in einer NADPH-abhängigen Reaktion zum D-3-Hydroxybutyrylrest. Die zugehörige Domäne wird als β-Ketoacylenzym-Reduktase-Domäne (Ketoreduktase, KR) bezeichnet.
— Durch eine Dehydratasedomäne (DH) wird ein Δ^2-Enoylrest erzeugt.
— Die sog. „zweite" Reduktion, die wiederum NADPH-abhängig verläuft, wandelt den ungesättigten in einen gesättigten Acylrest um (Enoylreduktase, ER).

— Dieser wird im folgenden Zyklus von der zentralen auf die periphere SH-Gruppe übertragen, die nun freie zentrale Sulfhydrylgruppe übernimmt den nächsten Malonylrest und der Zyklus beginnt erneut.

Die oben beschriebenen Zyklen wiederholen sich, bis der Acylrest auf eine Länge von 16–18 C-Atomen (beim Menschen 16 C-Atome) angewachsen ist, anschließend wird er durch die Thioesterasedomäne (TE) abgespalten.

Abspaltung und Aktivierung der synthetisierten Fettsäure   In der Hefe und in einigen Mikroorganismen wird die Palmitin- bzw. Stearinsäure von der zentralen Sulfhydrylgruppe direkt auf freies Coenzym A übertragen und

21

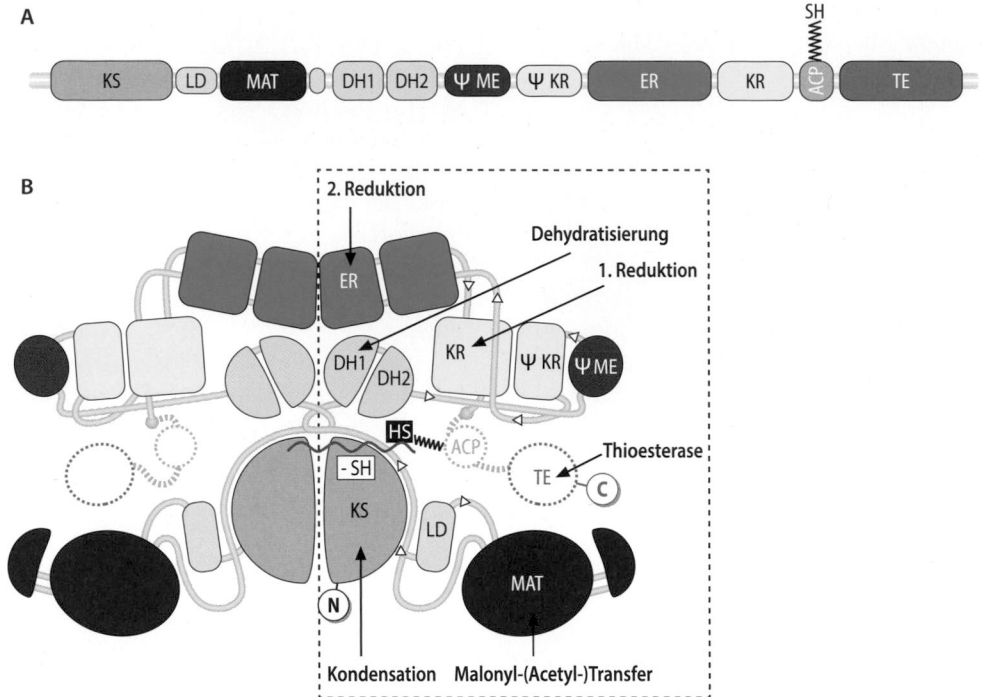

○ Abb. 21.16 Aufbau der tierischen Fettsäuresynthase. Die tierische Fettsäuresynthase hat eine Größe von etwa 200 Å × 150 Å und liegt als dimeres Protein vor. **A** Jede Untereinheit trägt die für die vollständige Synthese von Fettsäuren aus Acetyl-CoA und Malonyl-CoA benötigten Enzymaktivitäten als funktionelle Domänen. Der Pantetheinrest der zentralen SH-Gruppe ist durch die gezackte Linie angedeutet, die periphere SH-Gruppe befindet sich in der KS-Domäne. **B** Schematische Darstellung der röntgenkristallographisch ermittelten Raumstruktur der tierischen Fettsäuresynthase. Die rechte Untereinheit (Kasten) ist mit der linken verflochten. Beide bilden zwei unabhängige Reaktionszentren. Der Pantetheinrest des ACP dient als Schwingarm, der die wachsende Fettsäurekette zu den einzelnen, enzymatisch aktiven Domänen trägt (Einzelheiten s. Text). *KS:* Ketoacylsynthase; *MAT:* Malonyl/Acetyl-Transferase; *DH:* Dehydratase; *ER:* Enoylreduktase; *KR:* Ketoreduktase; *ACP:* Acyl-Carrier-Domäne; *TE:* Thioesterase; *ΨKR* und *ΨME:* funktionslose Pseudoketoreduktase und Pseudomethyltransferase; *LD:* Linker-Domäne. (Adaptiert nach Maier et al. 2008, © AAAS. Republished with permission of the American Association for the Advancement of Science, from The crystal structure of a mammalian fatty acid synthase, Maier T, Leibundgut M, Ban N, Science 321 [5894]: 1315–1322, © 2008; permission conveyed through Copyright Clearance Center, Inc.)

somit als Acyl-CoA aus dem Synthasekomplex entlassen. Bei der Fettsäurebiosynthese in tierischen Organen wird die Fettsäure durch Hydrolyse aus dem Enzymkomplex freigesetzt. Danach muss sie zu ihrer weiteren Verwendung im Stoffwechsel in einer ATP-abhängigen Reaktion durch eine **Acyl-CoA-Synthetase** (▶ Abschn. 21.2.1) zum Acyl-CoA aktiviert werden.

○ Abb. 21.15 macht auch verständlich, dass sich der Kohlenstoff des Acetyl-CoA, das als Starter für die Fettsäurebiosynthese diente, beispielsweise im Palmitat als die C-Atome 15 und 16 wiederfindet.

❯ Die tierische Fettsäuresynthase besteht aus einem dimeren Komplex zweier multifunktioneller Proteine.

Bei vielen Bakterien, Pflanzen und einigen Einzellern werden die Teilaktivitäten der Fettsäuresynthase als individuelle Enzymproteine synthetisiert und assoziieren mit dem Acyl-Carrier-Protein zu einem Multienzymkomplex, der durch geeignete experimentelle Behandlung in seine Einzelkomponenten zerlegt werden kann.

Dagegen liegt die Fettsäuresynthase tierischer Organismen als dimeres multifunktionelles Protein vor, das sämtliche zu einem vollständigen Reaktionszyklus benötigten Enzymaktivitäten als Domänen auf einer Peptidkette enthält (○ Abb. 21.16A). N-terminal befindet sich die Domäne der Ketoacylsynthase, gefolgt von der Malonyl/Acetyl-Transferase, der Dehydratase, der Enoylreduktase, der Ketoreduktase, des Acyl-Carrier-Proteins und schließlich der für die Abspaltung der fertigen Fettsäure benötigten Thioesterase.

Die beiden das funktionelle Enzym bildenden identischen Untereinheiten sind so assoziiert, dass zwei katalytische Zentren entstehen (○ Abb. 21.16B). Der Phosphopantheinrest der Acyl-Carrier-Domäne jeder Untereinheit dient als Schwingarm, der die wachsende Fettsäurekette zu jeder der für die Kettenverlängerung benötigten Teilaktivitäten trägt. Interessanterweise ist eine einzelne isolierte Untereinheit nicht aktiv, wahrscheinlich weil im monomeren Zustand die korrekte Konformation nicht aufrechterhalten werden kann.

❯ Die für die Fettsäurebiosynthese benötigten Substrate entstammen der Glycolyse oder dem Citratzyklus.

◫ Abb. 21.17 stellt die Beziehungen zwischen Fettsäurebiosynthese und Kohlenhydratstoffwechsel dar. Dieser kann sowohl den für die Fettsäurebiosynthese benötigten Wasserstoff als auch den Kohlenstoff liefern.

Herkunft des Wasserstoffs Für die beiden während der Fettsäurebiosynthese ablaufenden Reduktionsschritte wird Wasserstoff in Form von NADPH/H$^+$ benötigt. Dieser stammt zu einem großen Teil aus dem oxidati-

ven Abbau der Glucose über den **Pentosephosphatweg** (▶ Abschn. 14.1.2). Bezeichnenderweise sind diejenigen Gewebe, die über eine beträchtliche Aktivität dieses Stoffwechselwegs verfügen, auch im Besitz einer besonders aktiven Lipogenese. Zu ihnen gehören die Leber, das Fettgewebe und die laktierende Milchdrüse. Da sowohl der Pentosephosphatweg als auch die Fettsäurebiosynthese im Cytoplasma ablaufen, können beide Prozesse den cytoplasmatischen NADPH/H$^+$-Pool ohne Behinderung durch Permeabilitätsschranken benutzen.

Läuft die Fettsäurebiosynthese mit maximaler Geschwindigkeit ab, genügt der aus dem Pentosephos-

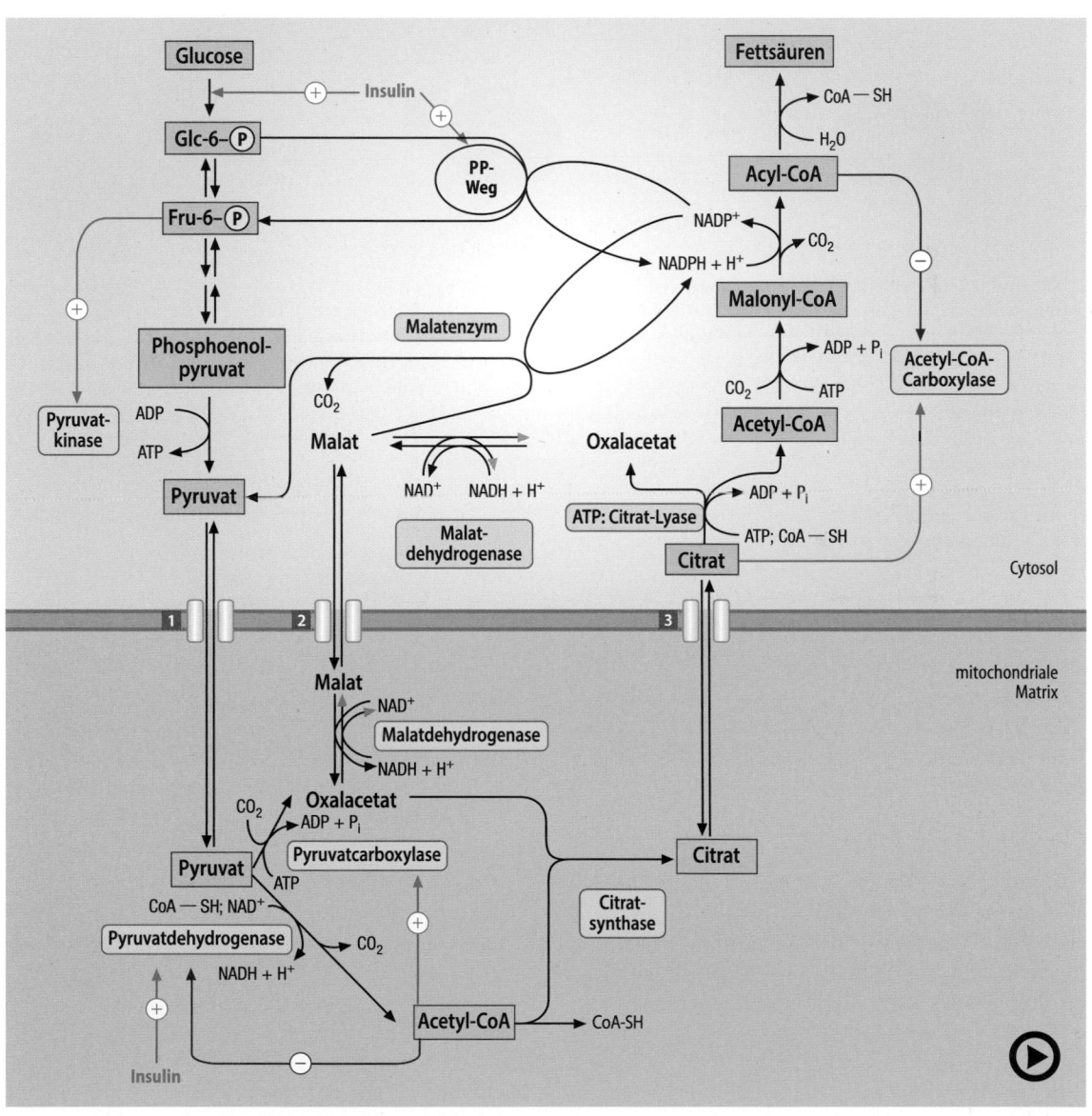

◫ **Abb. 21.17** (Video 21.12) **Wechselbeziehungen zwischen Glucoseabbau und Fettsäurebiosynthese.** Die für die Fettsäurebiosynthese aus Glucose wichtigen Zwischenprodukte sind *rot* gerastert. Geschwindigkeitsbestimmende Enzyme dieses Prozesses unterliegen einer hormonalen bzw. metabolischen Regulation, die durch die *grünen* und *roten* Pfeile dargestellt ist. *PP-Weg:* Pentosephosphatweg. (1) Pyruvat-Carrier; (2) Ketoglutarat/Malat (= Dicarboxylat)-Carrier; (3) Tricarboxylat-Carrier. (Einzelheiten s. Text) (▶ https://doi.org/10.1007/000-5gq)

21

phatweg zur Verfügung gestellte Wasserstoff nicht mehr. In diesem Fall kann NADPH/H$^+$ über die extramitochondriale **Isocitratdehydrogenase** erzeugt werden (▶ Abschn. 18.4). Wichtiger ist aber die dehydrierende Decarboxylierung von Malat zu Pyruvat, die durch das ebenfalls im Cytosol lokalisierte **Malatenzym** (▶ Abschn. 18.4) katalysiert wird. Da das für diese Reaktion benötigte extramitochondriale Malat aus Oxalacetat stammt, ergibt das Zusammenspiel von Malatdehydrogenase (Gl. 21.3) und Malatenzym (Gl. 21.4) in der Bilanz eine Wasserstoffübertragung von NADH/H$^+$ auf NADP$^+$ (Gl. 21.5):

$$\text{Oxalacetat} + \text{NADH} + \text{H}^+ \rightleftharpoons \text{Malat} + \text{NAD}^+$$
$$(21.3)$$

$$\text{Malat} + \text{NADP}^+ \rightleftharpoons$$
$$\text{Pyruvat} + \text{CO}_2 + \text{NADPH} + \text{H}^+$$
$$(21.4)$$

zusammen:

$$\text{Oxalacetat} + \text{NADH} + \text{H}^+ + \text{NADP}^+ \rightleftharpoons$$
$$\text{Pyruvat} + \text{CO}_2 + \text{NAD} + \text{NADPH} + \text{H}^+$$
$$(21.5)$$

Herkunft des Kohlenstoffs Acetyl-CoA ist die Kohlenstoffquelle für die Biosynthese der Fettsäuren, da es das Startermolekül wie auch die Ausgangssubstanz für die Biosynthese von Malonyl-CoA darstellt. Ein Teil des Acetyl-CoA entsteht durch dehydrierende Decarboxylierung von aus der Glycolyse stammendem Pyruvat durch die Pyruvatdehydrogenase (▶ Abschn. 18.2). Da diese ein mitochondriales Enzym ist, muss Pyruvat durch einen entsprechenden Transporter von Mitochondrien aufgenommen werden (◻ Abb. 21.17, Ziffer 1). Das in der mitochondrialen Matrix durch die Pyruvatdehydrogenase erzeugte Acetyl-CoA muss für die cytosolische Fettsäurebiosynthese wieder aus dem mitochondrialen Matrixraum ausgeschleust werden. Da jedoch Acetyl-CoA die mitochondriale Innenmembran nicht permeieren kann, wird es durch Reaktion mit Oxalacetat zu Citrat umgewandelt, wofür die Citratsynthase zur Verfügung steht. Citrat kann nun durch den Tricarboxylat-Carrier aus dem mitochondrialen in den cytosolischen Raum transportiert werden (Ziffer 3). Durch die dort lokalisierte **ATP-Citratlyase** wird Citrat in Oxalacetat und Acetyl-CoA umgewandelt:

$$\text{Citrat} + \text{ATP} + \text{CoA} - \text{SH} \rightarrow$$
$$\text{Oxalacetat} + \text{Acetyl} - \text{CoA} + \text{ADP} + \text{P}_i$$
$$(21.6)$$

Das dabei entstehende Oxalacetat wird durch die NADH-abhängige **Malatdehydrogenase** zu Malat reduziert, welches ohne Schwierigkeit durch den Dicarboxylat-

Carrier in den mitochondrialen Raum zurücktransportiert werden kann (Ziffer 2). Eine weitere Möglichkeit für das aus cytosolischem Oxalacetat gebildete Malat besteht in der oben erwähnten Umwandlung zu Pyruvat und CO$_2$ durch Einschalten des Malatenzyms.

Auf diese Weise kann Glucosekohlenstoff über den Umweg der mitochondrialen Citratbildung in Form von Acetyl-CoA der cytosolischen Fettsäurebiosynthese zur Verfügung gestellt werden.

21.2.4 Einführung von Doppelbindungen in Fettsäuren

Sowohl der Schmelzpunkt von Triacylglycerinen als auch die Membranfluidität (▶ Abschn. 11.2) hängen vom Anteil ein- oder mehrfach ungesättigter Fettsäuren in den entsprechenden Lipiden ab. Ungesättigte Fettsäuren sind darüber hinaus Vorläufer essenzieller Signalmoleküle wie beispielsweise der Eicosanoide (▶ Abschn. 22.3.2). Deshalb ist die Einführung von Doppelbindungen in die durch die Fettsäuresynthase gebildeten gesättigten Fettsäuren eine für alle Lebensformen außerordentlich wichtige Funktion. Die für den Stoffwechsel des Säugerorganismus wichtigen ungesättigten Fettsäuren sind in ◻ Tab. 3.8 (▶ Kap. 3) zusammengestellt. Wegen der spezifischen Eigenschaften der tierischen **Fettsäuredesaturasen** (s. u.) können lediglich Palmitolein- und Ölsäure in tierischen Zellen synthetisiert werden. Linol- und Linolensäure müssen dagegen mit der Nahrung zugeführt werden, sind also **essenzielle Fettsäuren**. Von diesen geht auch die Biosynthese der weiteren in ◻ Tab. 3.8 angeführten mehrfach ungesättigten Fettsäuren aus.

> Für die Biosynthese ungesättigter Fettsäuren aus gesättigten Fettsäuren werden Desaturasen und Elongasen benötigt.

Desaturasen sind an das endoplasmatische Retikulum gebundene Enzymkomplexe aus einer **NADPH-Cytochrom-b$_5$-Reduktase**, **Cytochrom** b_5 und der eigentlichen **Desaturaseaktivität** (◻ Abb. 21.18). Ihr Reaktionsmechanismus entspricht demjenigen mischfunktioneller Oxygenasen. Zunächst werden Elektronen von NADPH/H$^+$ auf FAD übertragen, das als Coenzym der NADPH-Cytochrom-b_5-Reduktase dient. Das Häm-Eisen des Cytochrom b_5 wird dadurch zur zweiwertigen Form reduziert. Von ihm werden Elektronen auf ein binucleäres Eisenzentrum der Desaturase übertragen. Ein Elektronenpaar reagiert danach mit dem Sauerstoff, ein weiteres wird vom gesättigten Acyl-CoA abgezogen. Dabei entsteht eine cis-Doppelbindung und zwei Moleküle Wasser werden freigesetzt. Zwei der Elektronen entstammen somit dem NADPH/H$^+$, zwei weitere der Einfachbindung des Acyl-CoA.

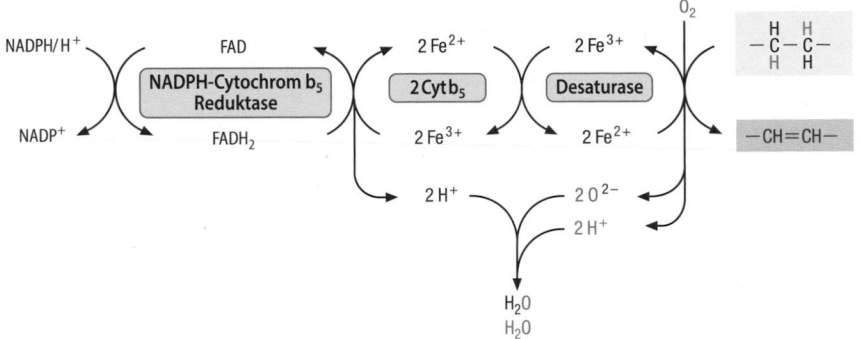

◻ **Abb. 21.18 Mechanismus der durch Desaturasen katalysierten Biosynthese ungesättigter Fettsäuren aus gesättigten Fettsäuren.** Die dargestellte Reaktionsfolge findet unter Katalyse eines membrangebundenen Enzymkomplexes aus NADPH-Cytochrom-b_5-Reduktase, Cytochrom b_5 und Desaturase statt. (Einzelheiten s. Text)

❯ In tierischen Zellen kommen nur Δ^9-, Δ^6- und Δ^5-Desaturasen vor.

Die Desaturasen tierischer Zellen zeichnen sich dadurch aus, dass sie nur Doppelbindungen erzeugen können, die nicht weiter als 9 C-Atome von der Carboxylgruppe entfernt sind. Man unterscheidet im Einzelnen:

Δ^9-Desaturasen Sie bilden eine Gruppe von Enzymen, die als Substrate Palmityl- und v. a. Stearyl-CoA verwerten, weswegen sie auch als **Stearyl-CoA-Desaturasen** bezeichnet werden. Wie ihr Name sagt, führen sie eine Doppelbindung am C-Atom 9 dieser Fettsäuren ein, sodass als Reaktionsprodukte **Palmitoleyl-CoA** bzw. **Oleyl-CoA** entstehen. Beide Fettsäuren werden in Triacylglycerine und die verschiedenen Membranlipide eingebaut. Man kennt inzwischen vier Isoformen der Δ^9-Desaturasen, die sich durch unterschiedliche Organverteilungen auszeichnen.

Δ^6- und Δ^5-Desaturasen Diese Gruppe von Enzymen führt Doppelbindungen an den C-Atomen 5 bzw. 6 von **ungesättigten** Fettsäuren ein. Bevorzugte Substrate sind **Linolenyl-CoA** ($\Delta^{9,12,15}$-Octadecatrienoyl-CoA) bzw. **Linoleyl-CoA** ($\Delta^{9,12}$-Octadecadienoyl-CoA) (◻ Abb. 21.19). In diese Fettsäuren, die von tierischen Organismen nicht synthetisiert werden können und deshalb als **essenzielle Fettsäuren** bezeichnet werden, fügen die Δ^6- und Δ^5-Desaturasen zusätzliche Doppelbindungen ein, sodass weitere mehrfach ungesättigte Fettsäuren (*polyunsaturated fatty acids*, PUFA) entstehen. Auch diese werden u. a. in Phospholipide eingebaut.

❯ Für die Biosynthese sehr langkettiger Fettsäuren werden Elongationssysteme benötigt.

Die von tierischen Zellen synthetisierten Fettsäuren haben 16–18 C-Atome, die essenziellen Fettsäuren Linol- und Linolensäure 18 C-Atome. In vielen Membranen kommen jedoch mehrfach ungesättigte Fettsäuren mit 20, 22 und mehr C-Atomen vor (▶ Kap. 3, ◻ Tab. 3.8). Neben den Desaturasen ist für deren Biosynthese ein im endoplasmatischen Retikulum lokalisiertes **Elongationssystem** notwendig. Neben dem zu verlängernden Acyl-CoA benötigt es Malonyl-CoA und NADPH/H$^+$. Die vom Elongationssystem katalysierten Reaktionen entsprechen den Teilreaktionen der Fettsäurebiosynthese, jedoch wird für jede Teilreaktion ein eigenes Enzym benötigt. Im menschlichen Genom wurden 7 Gene für derartige Fettsäure-Elongasen identifiziert (*elongation of very long fatty acids*, Elovl1-7).

❯ Die für den Stoffwechsel besonders wichtigen mehrfach ungesättigten Fettsäuren mit 20 C-Atomen entstehen durch Kombination von Desaturasen und Elongationssystemen.

Durch Kombination von Desaturasen und Verlängerungsenzymen entstehen die besonders wichtigen, in ◻ Tab. 3.8 genannten mehrfach ungesättigten Fettsäuren.

Die für die Biosynthese der sog. Eicosanoide (▶ Abschn. 22.3.2) benötigten Substrate sind die beiden ω-6-Fettsäuren **Arachidonsäure** und **Dihomo-γ-Linolensäure** sowie die ω-3-Fettsäure **Eicosapentaensäure** (EPA). Sie werden aus den essenziellen Fettsäuren Linol- bzw. Linolensäure nach deren Aktivierung zum entsprechenden Acyl-CoA mit folgenden Reaktionen synthetisiert (◻ Abb. 21.19):
— In einem ersten Schritt wird dabei durch die Δ^6-Desaturase eine neue Doppelbindung eingeführt, sodass $\Delta^{6,9,12,15}$-Octadecatetraenoyl-CoA bzw. $\Delta^{6,9,12}$-Octadecatrienoyl-CoA gebildet wird.
— Durch Kettenverlängerung um zwei C-Atome entstehen aus der 4fach ungesättigten C18-Fettsäure

21

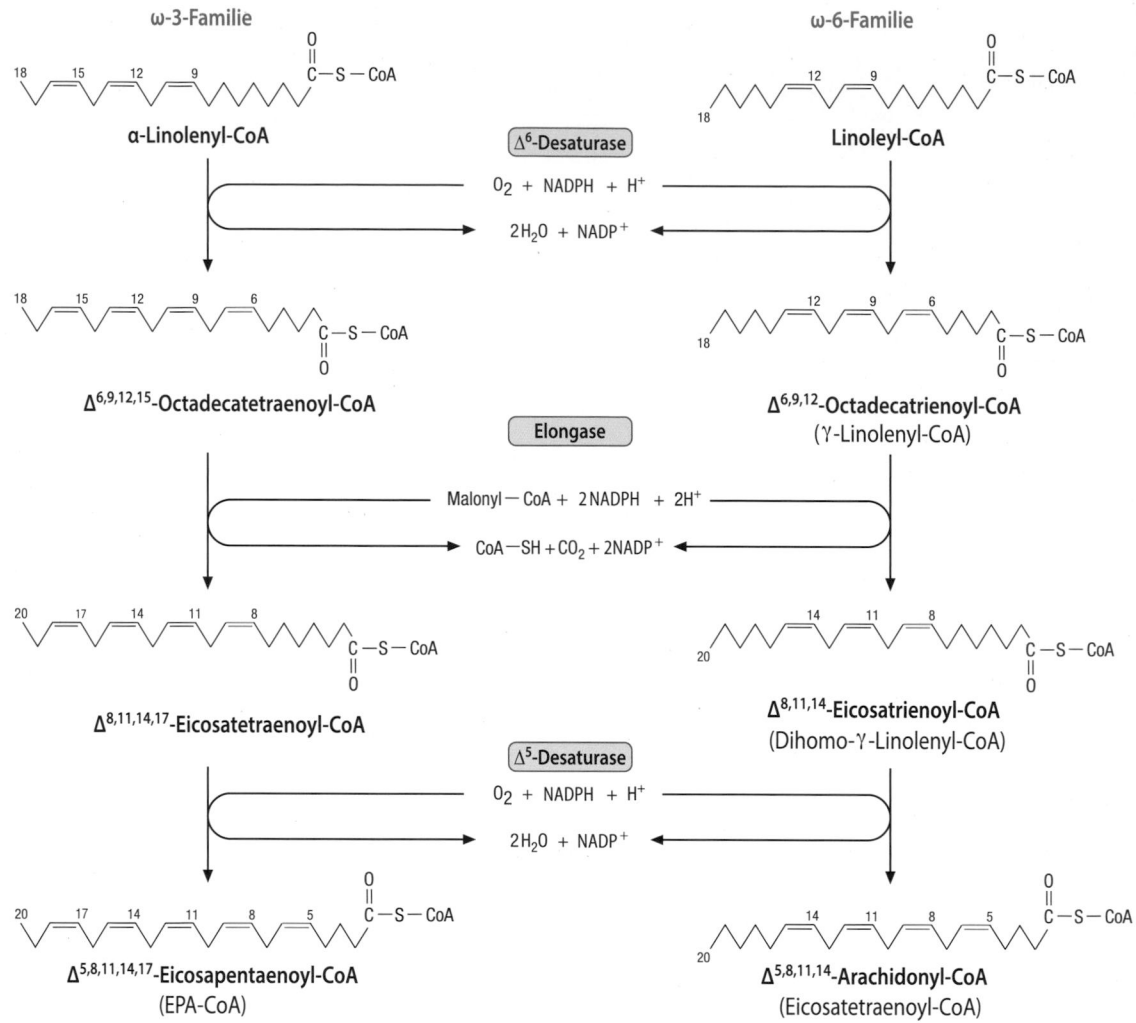

◻ Abb. 21.19 Biosynthese von mehrfach ungesättigten Fettsäuren aus der ω-3-Fettsäure Linolsäure bzw. der ω-6-Fettsäure Linolensäure. Dargestellt sind die Biosyntheseschritte nach Aktivierung der Fettsäuren zum entsprechenden Acyl-CoA. Über die Einteilung der Fettsäuren in ω-3- und ω-6-Fettsäuren und deren ernährungsphysiologische Bedeutung s. ▶ Abschn. 57.1.3. (Einzelheiten s. Text)

das $\Delta^{8,11,14,17}$- Eicosatetraenoyl-CoA und aus der 3fach ungesättigten C18-Fettsäure das $\Delta^{8,11,14}$-Eicosatrienoyl-CoA (Dihomo-γ-Linolensäure), jeweils mit 20 C-Atomen.

- In diese Verbindungen wird durch die Δ^5-Desaturase je eine weitere Doppelbindung eingeführt. Dabei entstehen das $\Delta^{5,8,11,14,17}$ Eicosapentaenoyl-CoA (EPA-CoA) bzw. das $\Delta^{5,8,11,14}$-Eicosatetraenoyl-CoA, das **Arachidonyl-CoA**.
- Die auf diese Weise synthetisierten Acyl-CoAs werden in Membranphospholipide eingebaut und so „gespeichert".

Mithilfe ähnlicher Reaktionen gelingt auch die Biosynthese anderer, mehrfach ungesättigter Fettsäuren wie der 6-fach ungesättigten C22-Fettsäure Docosahexaensäure. Allerdings kann im tierischen Organismus jede neue Doppelbindung nur zwischen bereits vorhandenen Doppelbindungen und der Carboxylgruppe der Fettsäure eingeführt werden (s. o.).

Zusammenfassung

- Fettsäuren können nur als Thioester mit Coenzym A verstoffwechselt werden. Für diese Reaktion sind Acyl-CoA-Synthetasen verantwortlich.
- Da der Fettsäureabbau intramitochondrial lokalisiert ist, ist ein Fettsäuretransport durch die mitochondriale Innenmembran notwendig. Dieser erfolgt ab einer Kettenlänge von 14 C-Atomen als Acylcarnitin nach vorheriger Übertragung des Acylrestes von Acyl-CoA auf Carnitin. Im mitochondrialen Matrixraum findet dann unter Bildung von Acyl-CoA die Rückreaktion statt.

- Intramitochondrial werden die Fettsäuren in einem sich wiederholenden zyklischen Prozess schrittweise zu Acetyl-CoA abgebaut. Jeder Zyklus dieser β-Oxidation beinhaltet zwei Oxidationsreaktionen, eine Hydratisierung sowie die thiolytische Abspaltung von Acetyl-CoA.
- Für den Abbau ungesättigter Fettsäuren sind zusätzliche Hilfsreaktionen notwendig, die die Doppelbindungen entfernen.
- Beim Abbau ungeradzahliger Fettsäuren entsteht Propionyl-CoA, das durch biotin- und cobalaminabhängige Reaktionen in Succinyl-CoA umgewandelt wird.
- Das bei der β-Oxidation gebildete Acetyl-CoA kann für Biosynthesen verwendet werden, dient aber vorrangig der Energieerzeugung. Beim vollständigen Abbau zu CO_2 und H_2O ist die Energieausbeute wesentlich höher als beim Abbau von Glucose
- In den Peroxisomen findet ebenfalls eine β-Oxidation statt, die v. a. der Verkürzung von Fettsäuren mit Kettenlängen über 22 C-Atomen dient.
- Bei stark gesteigerter β-Oxidation wie bei Nahrungskarenz und Diabetes mellitus entstehen nur in der Leber aus Acetyl-CoA die Ketonkörper als wasserlösliche Derivate von Fettsäuren, die Substrate für eine Reihe extrahepatischer Gewebe sind.
- Die Fettsäurebiosynthese geht vom Acetyl-CoA aus. Sie ist im Cytosol lokalisiert und findet an einem multifunktionellen Enzym, der Fettsäuresynthase, statt.
- Mechanistisch handelt es sich dabei um die Umkehr der Reaktionen der β-Oxidation, allerdings bleiben die Substrate und Zwischenprodukte an zwei essenziellen SH-Gruppen der Fettsäuresynthase gebunden und als Reduktionsmittel wird NADPH/H⁺ verwendet. Das Substrat der Fettsäurebiosynthese ist das durch Carboxylierung von Acetyl-CoA entstehende Malonyl-CoA.
- In tierischen Zellen können cis-Doppelbindungen in gesättigte Fettsäuren eingefügt werden, allerdings nicht weiter als 9 C-Atome von der Carboxylgruppe entfernt. Aus den essenziellen Fettsäuren Linolsäure und Linolensäure werden durch Einführung neuer Doppelbindungen und Kettenverlängerung mehrfach ungesättigte Fettsäuren synthetisiert.
- Von besonderer Bedeutung sind dabei mehrfach ungesättigte Fettsäuren mit 20 C-Atomen, v. a. die Arachidonsäure.

21

21.3 Regulation von Lipogenese und Lipolyse

21.3.1 Regulation der Bildung und Mobilisation von Triacylglycerinen

Triacylglycerine sind der größte Energiespeicher des Organismus. Deswegen wird der Triacylglycerinstoffwechsel sehr genau reguliert (◘ Abb. 21.20 und 21.21).

⟩ Katecholamine sind die wichtigsten Stimulatoren der Lipolyse.

Die Behandlung von Fettgewebe mit Katecholaminen löst eine Steigerung der Freisetzung von Fettsäuren und Glycerin um bis das Einhundertfache aus. Dieser durch β-Rezeptoren (▶ Abschn. 37.2.4) vermittelte Effekt beruht auf einem sehr komplexen Zusammenspiel der an der Lipolyse beteiligten Lipasen (▶ Abschn. 21.1.2) und der Hüllproteine des Lipidtropfens (▶ Abschn. 21.1.4):
- Im unstimulierten Zustand ist der Lipidtropfen von einer Proteinhülle aus Perilipin umgeben, an welches das zweite Hüllprotein CGI-58 gebunden ist. Die in diesem Zustand wenig aktive Adipocyten-Triacylglycerinlipase (ATGL) ist ebenfalls mit dem Lipidtröpfchen assoziiert, dagegen befindet sich die hormonsensitive Lipase (HSL) im Cytosol. Behandlung mit

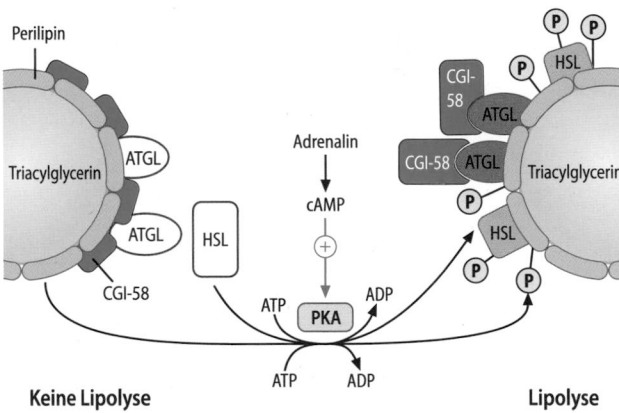

◘ **Abb. 21.20 cAMP-abhängige Phosphorylierung von Perilipin und hormonsensitiver Lipase bei der Lipolyse.** *HSL:* hormonsensitive Lipase; *CGI-58, Perilipin:* Hüllproteine von Lipidtröpfchen; *ATGL:* Adipocyten-Triacylglycerinlipase; *PKA:* Proteinkinase A. (Einzelheiten s. Text)

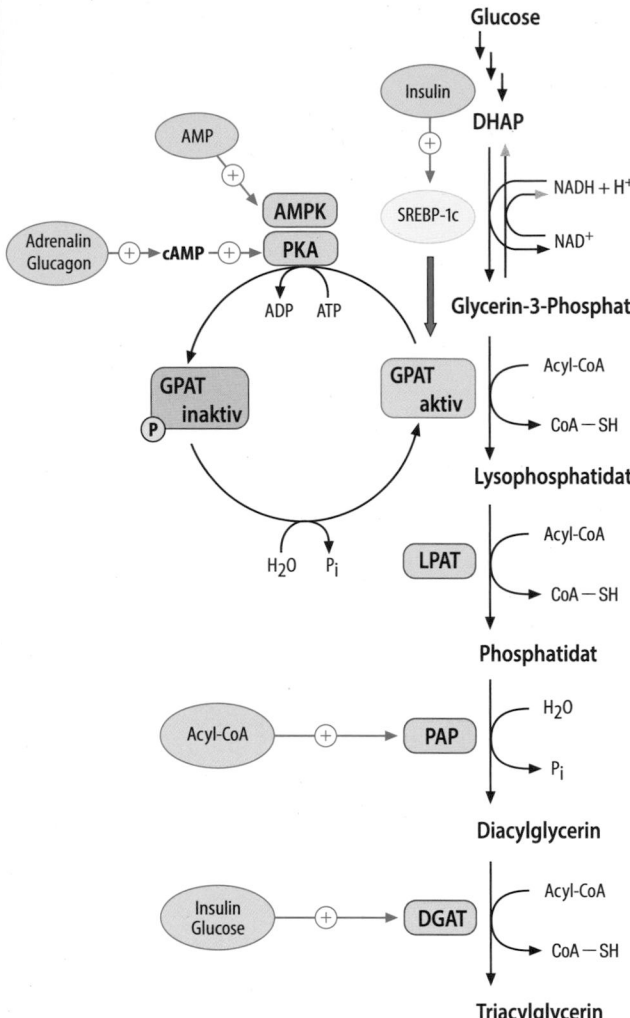

Sinkt der cAMP-Spiegel, z. B. bei erhöhten Insulinkonzentrationen, werden Perilipin und HSL durch die Proteinphosphatase PP1 dephosphoryliert und damit die Lipolyse abgeschaltet.

> Die Enzyme der Lipogenese werden durch den Ernährungszustand und Hormone reguliert.

Viele experimentelle Daten haben eindeutig gezeigt, dass die Aktivität der Triacylglycerinbiosynthese in vielen Geweben vom Ernährungszustand abhängig ist. Bei Nahrungskarenz werden keine Triacylglycerine synthetisiert. Bei kohlenhydratreicher Kost steigt die Aktivität der für die Triacylglycerinbiosynthese verantwortlichen Enzyme dagegen dramatisch an. Da diese erst seit kurzer Zeit charakterisiert sind, ist über ihre Regulation im Gegensatz zum lipolytischen System noch relativ wenig bekannt (◘ Abb. 21.21):

- Die **Glycerin-3-Phosphat-Acyltransferase** (GPAT) wird durch **Insulin** induziert, wobei die Beteiligung des Transkriptionsfaktors SREBP-1c (▶ Abschn. 15.3.1) gesichert ist. Außerdem wird das Enzym durch Interkonvertierung reguliert, es kann durch **Proteinkinase A** phosphoryliert und damit inaktiviert werden. Auch die **AMP-abhängige Proteinkinase** (AMPK, ▶ Abschn. 38.1.1) ist zur Inaktivierung der GPAT imstande.
- Die **Phosphatidatphosphohydrolase** (PAP) wird durch Acyl-CoA aktiviert.
- Da Diacylglycerin an einer Verzweigungsstelle der Lipidbiosynthese steht, muss angenommen werden, dass auch die **Diacylglycerin-Acyltransferase** (DGAT) reguliert wird. Behandlung von Zellen mit Insulin und Glucose führt zu einer Zunahme der DGAT-Aktivität, über die zugrunde liegenden Mechanismen ist jedoch noch nichts bekannt.

◘ **Abb. 21.21   Regulation der Lipogenese.** *AMPK:* AMP-abhängige Proteinkinase; *DGAT:* Diacylglycerin-Acyltransferase; *DHAP:* Dihydroxyacetonphosphat; *GPAT:* Glycerin-3-Phosphat-Acyltransferase; *LPAT:* Lysophosphatidat-Acyltransferase; *PAP:* Phosphatidatphosphohydrolase; *PKA:* Proteinkinase A; *SREBP: sterol response element binding protein. Dicke grüne Pfeile* bedeuten Induktion, *dünne grüne Pfeile* Aktivierung. (Einzelheiten s. Text)

21.3.2   Regulation der β-Oxidation und Fettsäurebiosynthese

> Die Geschwindigkeit der β-Oxidation der Fettsäuren wird hauptsächlich durch die Aktivität der Carnitin-Palmityltransferase 1 reguliert.

Katecholaminen setzt über β-Rezeptoren eine Aktivierung der Adenylatcyclase mit Zunahme der cAMP-Konzentration in Gang. Die dadurch aktivierte Proteinkinase A phosphoryliert Perilipin und die hormonsensitive Lipase.
- CGI-58 wird nicht mehr vom phosphorylierten Perilipin gebunden und wirkt jetzt als Aktivator der ATGL. Die Spaltung von Triacylglycerinen zu Diacylglycerinen beginnt.
- Die HSL wird durch die Phosphorylierung aktiviert und bindet über das phosphorylierte Perilipin an den Lipidtropfen. Die Spaltung von Diacylglycerinen wird in Gang gesetzt.

Intrazelluläre Fettsäuren liegen, unabhängig davon ob sie durch die Plasmamembran aufgenommen bzw. durch Lipolyse oder Biosynthese erzeugt wurden, zunächst im Cytoplasma vor. Sie werden dort durch die Acyl-CoA-Synthetase in Acyl-CoA umgewandelt und verschiedenen Stoffwechselwegen zugeführt. Für ihre Oxidation in der mitochondrialen Matrix ist eine Umesterung auf Carnitin unter Bildung von

Acylcarnitin mit der **Carnitin-Palmityltransferase 1** (▶ Abschn. 21.2.1) notwendig. Dies ist der geschwindigkeitsbestimmende Schritt der β-Oxidation der Fettsäuren. Das Enzym wird durch folgende Mechanismen reguliert (◻ Abb. 21.22):

- **Malonyl-CoA** ist ein Inhibitor der Carnitin-Palmityltransferase 1. Hohe Spiegel von Malonyl-CoA treten immer bei gesteigerter Fettsäurebiosynthese auf (▶ Abschn. 21.2.3). Unter diesen Umständen wäre es sinnlos, die synthetisierten Fettsäuren der Oxidation zuzuführen.

- **Langkettige Fettsäuren** steigern die Expression der Carnitin-Palmityltransferase 1. Hierfür ist der ligandenaktivierte Transkriptionsfaktor PPARα (*peroxisome proliferator activated receptor,* ▶ Abschn. 57.1.3) verantwortlich, der möglicherweise durch die Bindung von Metaboliten langkettiger Fettsäuren aktiviert wird. PPARα, ein Mitglied der Familie der nucleären Rezeptoren (▶ Abschn. 35.1) wird außerdem durch eine als **Fibrate** bezeichnete Gruppe von Arz-

neimitteln aktiviert, die zur Bekämpfung von Hyperlipidämien eingesetzt werden, weil sie u. a. zu einer Peroxisomenproliferation führen (daher der Name PPAR).

- **Schilddrüsenhormone** induzieren die Expression der Carnitin-Palmityltransferase 1. Dies dient dazu, den unter dem Einfluss von Schilddrüsenhormonen erhöhten Energiebedarf durch Steigerung der β-Oxidation der Fettsäuren zu decken.

Die in die mitochondriale Matrix translozierten Fettsäuren werden überwiegend von den dort lokalisierten Enzymen der β-Oxidation zu Acetyl-CoA abgebaut und in den Citratzyklus eingeschleust. Es gibt experimentelle Hinweise dafür, dass auch einige der Enzyme der β-Oxidation durch PPARα induziert werden.

❯ Die Fettsäurebiosynthese wird auf der Stufe der Pyruvatdehydrogenase, der Acetyl-CoA-Carboxylase und der Fettsäuresynthase reguliert.

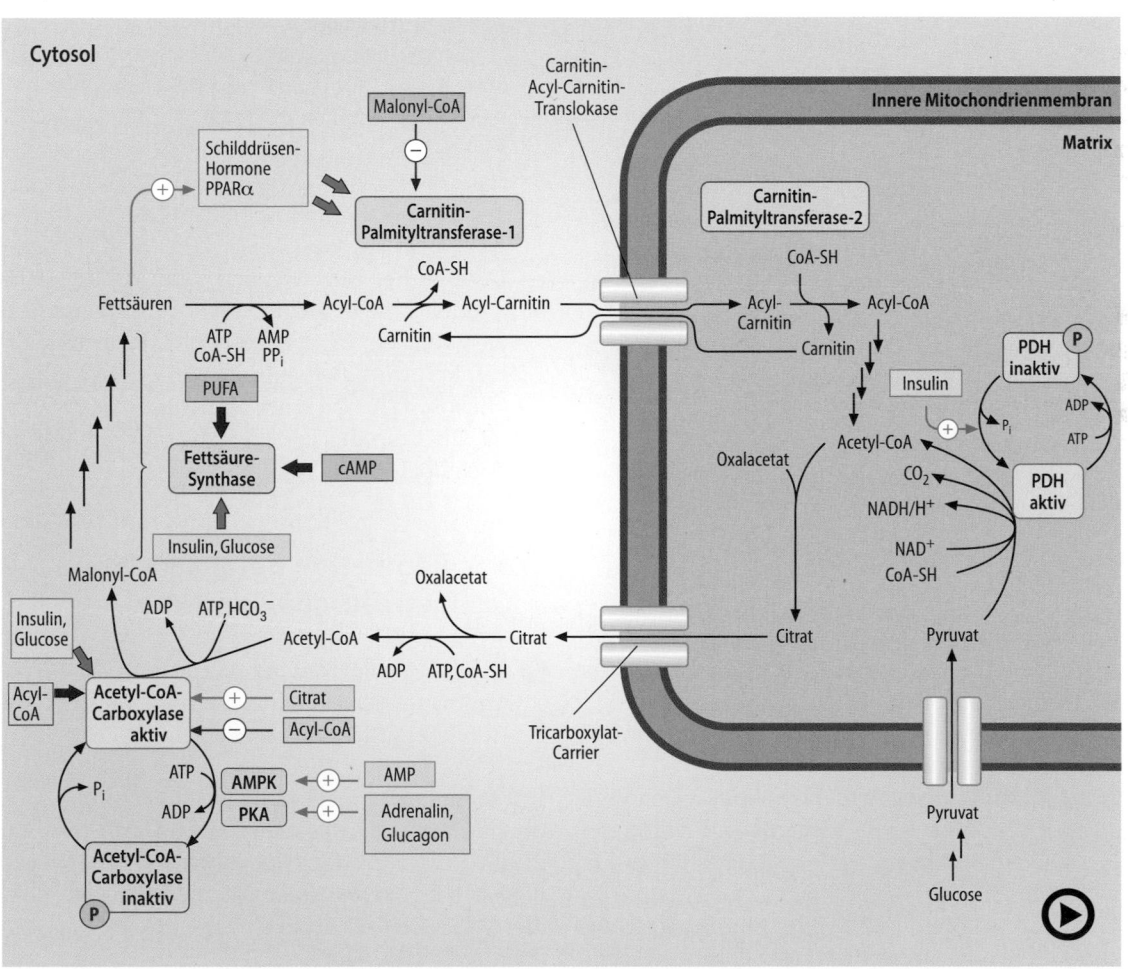

◻ **Abb. 21.22** (Video 21.13) **Regulation der β-Oxidation der Fettsäuren sowie der Fettsäurebiosynthese.** *AMPK:* AMP-abhängige Proteinkinase; *PPAR:* Peroxisomen Proliferator Aktivator Rezeptor; *PUFA* (engl. *polyunsaturated fatty acids):* mehrfach ungesättigte langkettige Fettsäuren; *PDH:* Pyruvatdehydrogenase; *PKA:* Proteinkinase A. *Dicke Pfeile* bedeuten Induktion (*grün*) bzw. Repression (*rot*), *dünne Pfeile* Aktivierung (*grün*) bzw. Hemmung (*rot*). (Einzelheiten s. Text) (▶ https://doi.org/10.1007/000-5gr)

Pyruvatdehydrogenase Bei fettarmer Ernährung müssen Fettsäuren aus Glucose synthetisiert werden. Dabei wird das durch Glycolyse erzeugte Pyruvat intramitochondrial durch die Pyruvatdehydrogenase in Acetyl-CoA umgewandelt. Anschließend kann der Acetylkohlenstoff in Form von Citrat aus den Mitochondrien ausgeschleust werden und dient dann der Fettsäurebiosynthese (▶ Abschn. 21.2.3). Der geschwindigkeitsbestimmende Schritt in dieser Reaktionsfolge ist die Pyruvatdehydrogenase, die in einer phosphorylierten inaktiven und einer dephosphorylierten aktiven Form vorkommt (◻ Abb. 18.6). In Geweben, die eine aktive Lipogenese betreiben, besteht eine direkte Proportionalität zwischen dem aktiven Anteil der Pyruvatdehydrogenase und der Geschwindigkeit der Fettsäurebiosynthese. Dies zeigt sich besonders deutlich am Fettgewebe, wo eine lebhafte Lipogenese aus Kohlenhydraten stattfinden kann. Hier spielt Insulin (▶ Abschn. 36.5) eine entscheidende Rolle:

- Insulin beschleunigt den Glucosetransport über GLUT4 in die Fettzelle (▶ Abschn. 15.1) und erhöht dadurch das Pyruvatangebot als Substrat für die mitochondriale Pyruvatdehydrogenase.
- Unter dem Einfluss von Insulin wird die Pyruvatdehydrogenase aus der inaktiven in die aktive Form überführt. Ohne Insulin, also im Hunger oder bei Diabetes mellitus, liegen weniger als 10 % der Pyruvatdehydrogenase des Fettgewebes in der aktiven Form vor.

Neben der hormonellen findet auch eine **metabolische Regulation** der Pyruvatdehydrogenase statt. Die im Hunger und bei Insulinmangel auftretende Lipolyse (▶ Abschn. 38.1.4) führt zu einer Beschleunigung der β-Oxidation mit Erhöhung der intramitochondrialen Quotienten Acetyl-CoA/CoA-SH und NADH/NAD⁺. Änderungen dieser Quotienten führen zu einer Hemmung der Aktivität des Pyruvatdehydrogenasekomplexes (▶ Abschn. 18.2).

Acetyl-CoA-Carboxylase Die Acetyl-CoA-Carboxylase ist das geschwindigkeitsbestimmende Enzym der Fettsäurebiosynthese aus Acetyl-CoA. Es unterliegt einer komplexen Regulation durch allosterische Effektoren, covalente Modifikation und Beeinflussung seiner Genexpression (◻ Abb. 21.22):
- Die Acetyl-CoA-Carboxylase kommt in einer inaktiven monomeren Form und einer aktiven polymeren Form vor. Das aktive polymere Enzym setzt sich aus 10–20 Protomeren zusammen und erscheint im Elektronenmikroskop als filamentöse Struktur. Der Übergang in die aktive, polymere Form wird *in vitro* durch Tricarboxylatanionen, besonders Citrat, stimuliert.

- Acyl-CoA ist ein Inhibitor der Acetyl-CoA-Carboxylase. Das Auftreten dieses Metaboliten bedeutet, dass der Acyl-CoA-Pool aufgefüllt ist und eine weitere Fettsäuresynthese nicht notwendig ist.
- Die Acetyl-CoA-Carboxylase kann durch die AMP-abhängige Proteinkinase (▶ Abschn. 38.1.1) phosphoryliert und inaktiviert werden. Damit wird verhindert, dass bei einem zellulären Energiemangel mit Erhöhung der AMP-Spiegel Fettsäuren synthetisiert werden.
- Besonders am Herz- und Skelettmuskel ist eine Phosphorylierung der Acetyl-CoA-Carboxylase mit der cAMP-abhängigen Proteinkinase A beschrieben worden. Dies erklärt die Hemmung der Fettsäuresynthese durch Katecholamine.
- Schließlich wird die Acetyl-CoA-Carboxylase durch Glucose und Insulin induziert und durch Acyl-CoA reprimiert. Diese Regulation gewährleistet, dass bei überschüssiger Zufuhr von Nahrungsstoffen, insbesondere von Kohlenhydraten, eine Speicherung dieser Nahrungsstoffe in Form von Fettsäuren und Triacylglycerinen erfolgen kann.

Fettsäuresynthase Anders als bei der Pyruvatdehydrogenase und der Acetyl-CoA-Carboxylase ist für die Fettsäuresynthase keine Regulation durch allosterische Effektoren oder Interkonvertierung bekannt. Das Enzym wird aber durch eine Reihe unterschiedlicher Faktoren induziert oder reprimiert (◻ Abb. 21.22):
- **Insulin** ist zusammen mit Glucose ein starker Induktor der Fettsäuresynthase, wobei wiederum der Transkriptionsfaktor SREBP-1c beteiligt ist. Dies erklärt die starke Zunahme der Fettsäurebiosynthese bei kohlenhydratreicher und fettarmer Ernährung.
- Hormone, die zu einer Steigerung der cAMP-Konzentration führen, z. B. **Katecholamine** oder **Glucagon**, reprimieren die Fettsäuresynthase.
- **Langkettige, mehrfach ungesättigte Fettsäuren** sind starke Repressoren der Fettsäuresynthase.

Diese Regulationsmechanismen erlauben eine wirkungsvolle Anpassung der Fettsäurebiosynthese und damit der Lipogenese an das Nahrungsmittelangebot und gewährleisten eine Hemmung der Fettsäuresynthese bei Nahrungskarenz.

Zusammenfassung
- Substratzufuhr bzw. Substratmangel bestimmen das Verhältnis von Lipogenese bzw. Lipolyse. Nahrungskarenz führt zu einer Inaktivierung der lipo-

genetischen und zu einem Überwiegen der lipolytischen Enzyme.

— Die cAMP-abhängige Proteinkinase A phosphoryliert das Hüllprotein Perilipin, was zu einer Freisetzung des Proteins CG-58 führt, das hier als Aktivator der Adipocyten-Triacylglycerinlipase wirkt.

— Die cAMP-abhängige Proteinkinase A phosphoryliert und aktiviert die hormonsensitive Lipase und stimuliert die Lipolyse.

— Für die Lipogenese ist das Insulin als Aktivator der Glycerin-3-Phosphat-Acyltransferase wichtig. Dieses Enzym wird außerdem durch Phosphorylierung inaktiviert, wofür die Proteinkinase A und die AMP-aktivierte Proteinkinase verantwortlich sind.

— Die Phosphatidatphosphohydrolase wird durch Acyl-CoA aktiviert.

— Die Translokation von Acylresten durch das Carnitin/Acylcarnitin-System der Mitochondrienmembranen ist für die β-Oxidation der Fettsäuren limitierend. Die geschwindigkeitsbestimmende Carnitin-Palmityltransferase-1 wird durch Malonyl-CoA gehemmt und durch Schilddrüsenhormone und Liganden des Transkriptionsfaktors PPARα induziert.

— Die Acetyl-CoA-Carboxylase ist das geschwindigkeitsbestimmende Enzym der Fettsäuresynthese. Sie wird durch Acyl-CoA gehemmt und durch Citrat aktiviert. Reversible Phosphorylierung durch die AMP-abhängige Proteinkinase und Proteinkinase A führt zur Inaktivierung. Insulin und Glucose sind starke Induktoren, Acyl-CoA ist ein Repressor des Enzyms.

— Insulin und Glucose induzieren die Fettsäuresynthase, cAMP und mehrfach ungesättigte Fettsäuren reprimieren sie.

Weiterführende Literatur

Anderson CM, Stahl A (2013) SLC27 fatty acid transport proteins. Mol Asp Med 34:516–528

Bevers EM, Comfurius P, Dekkers DWC, Zwaal RFA (1999) Lipid translocation across the plasma membrane of mammalian cells. Biochim Biophys Acta 1439:317–330

Jensen-Urstad AP, Semenkovich CF (2012) Fatty acid synthase and liver triglyceride metabolism: housekeeper or messenger. Biochim Biophys Acta 1821:747–753

Jump DB (2009) Mammamlian fatty acid elongases. Methods Mol Biol 579:375–389

Lass A, Zimmermann R, Oberer M, Zechner R (2011) Lipolysis – a highly regulated multi – enzyme complex mediates the catabolism of cellular fat stores. Prog Lipid Res 50:14–27

Lodhi IJ, Semenkocich CF (2014) Peroxisomes: a nexus for lipid metabolism and cellular signalling. Cell Metab 19:380–392

Maier T, Leibundgut M, Ban N (2008) The crystal structure of a mammalian fatty acid synthase. Science 321(5894):1315–1322

Soupene E, Kuypers FA (2008) Mammalian long-chain acyl-CoA synthetases. Exp Biol Med 233:507–521

Walther TC, Chung J, Varese RV (2017) Lipid droplet biogenesis. Annu Rev Cell Dev Biol 33:491–510

Wang H, Eckel RH (2009) Lipoprotein lipase: from gene to obesity. Am J Physiol Endocrinol Metab 297:E271–E288

Young SG, Davies BSJ, Voss CV, Gin P, Weinstein MM, Tontonoz P, Reue K, Bensadoun A, Fong LG, Beigneux AP (2011) GPIHBP1, an endothelial cell transporter for lipoprotein lipase. J Lipid Res 52:1869–1884

Zechner R, Kienesberger PC, Haemmerle G, Zimmermann R, Lass A (2009) Adipose triglyceride lipase and the lipolytic catabolism of cellular fat stores. J Lipid Res 50:3–21

Stoffwechsel von Phosphoglyceriden und Sphingolipiden

Georg Löffler und Lutz Graeve

Amphiphile Lipide wie Phosphoglyceride und Sphingolipide sind Bausteine aller zellulären Membranen. Sie verfügen neben den für Lipide typischen hydrophoben Alkanketten auch über hydrophile, polare und geladene Gruppen und können somit die für Membranen typischen Doppelschichten ausbilden. Auch Cholesterin, das in ▶ Kap. 3 und 23 beschrieben wird, ist ein essenzieller Bestandteil aller tierischen Membranen mit Ausnahme der mitochondrialen Innenmembran. Lipide sind aber auch Ausgangspunkt für die Biosynthese einer großen Zahl biologisch aktiver Moleküle. So werden aus Phosphoglyceriden und Sphingolipiden wichtige Signalmoleküle gebildet und Derivate ungesättigter Fettsäuren bilden die Gruppe der als Eicosanoide bezeichneten Gewebshormone.

Schwerpunkte

22.1 Synthese und Abbau von Phosphoglyceriden
- Biosynthese der Phosphoglyceride
- Phospholipasen und Lysophospholipide

22.2 Synthese und Abbau von Sphingolipiden
- Biosynthese und Abbau von Sphingomyelin, Cerebrosiden, Sulfatiden und Gangliosiden

22.3 Funktionelle Metabolite von Membranlipiden
- Von Phosphoglyceriden und Sphingolipiden abgeleitete Signalmoleküle
- Eicosanoide: Prostaglandine, Thromboxane und Leukotriene

22.1 Synthese und Abbau von Phosphoglyceriden

Phosphoglyceride (▶ Abschn. 3.2.3) gehören ebenso wie **Sphingolipide** (▶ Abschn. 3.2.4) in die Kategorie der **amphiphilen Lipide**, da ihre Kopfgruppen hydrophil, die Alkanketten ihrer Fettsäurereste jedoch hydrophob sind. Dies erklärt ihre besondere Bedeutung für die Synthese von zellulären Membranen, deren strukturelle Basis eine Lipiddoppelschicht ist (▶ Abschn. 3.2.6 und 11.1). Unter dem gelegentlich verwendeten Begriff der **Phospholipide** fasst man die phosphathaltigen amphiphilen Lipide zusammen. Es handelt sich dabei um die Phosphoglyceride und die Sphingomyeline.

22.1.1 Unterschiedliche Synthesewege von Phosphoglyceriden

❯ Für die Biosynthese von Phosphoglyceriden werden CDP-aktivierte Zwischenprodukte benötigt.

In den ersten Reaktionen gleichen sich die Biosynthesewege von Phosphoglyceriden und Triacylglycerinen. Mithilfe von Enzymen, die im glatten endoplasmatischen Retikulum lokalisiert sind, muss zunächst durch Veresterung von zwei Hydroxylgruppen des Glycerin-3-Phosphats mit zwei Molekülen Acyl-CoA ein Phosphatidat hergestellt werden (▶ Abschn. 21.1.4, ◘ Abb. 21.4).

An dieses müssen nun die für Phosphoglyceride typischen hydrophilen Gruppen geknüpft werden. Im Einzelnen handelt es sich dabei um
- Cholin,
- Ethanolamin,
- Serin oder
- den zyklischen Alkohol Inositol.

Die hierzu benutzten Biosynthesewege unterscheiden sich beträchtlich (◘ Abb. 22.1):

Biosynthese von Phosphatidylcholin bzw. -ethanolamin Hierbei muss zunächst durch Abspaltung des

Ergänzende Information Die elektronische Version dieses Kapitels enthält Zusatzmaterial, auf das über folgenden Link zugegriffen werden kann https://doi.org/10.1007/978-3-662-60266-9_22. Die Videos lassen sich durch Anklicken des DOI Links in der Legende einer entsprechenden Abbildung abspielen, oder indem Sie diesen Link mit der SN More Media App scannen.

© Springer-Verlag GmbH Deutschland, ein Teil von Springer Nature 2022
P. C. Heinrich et al. (Hrsg.), *Löffler/Petrides Biochemie und Pathobiochemie*, https://doi.org/10.1007/978-3-662-60266-9_22

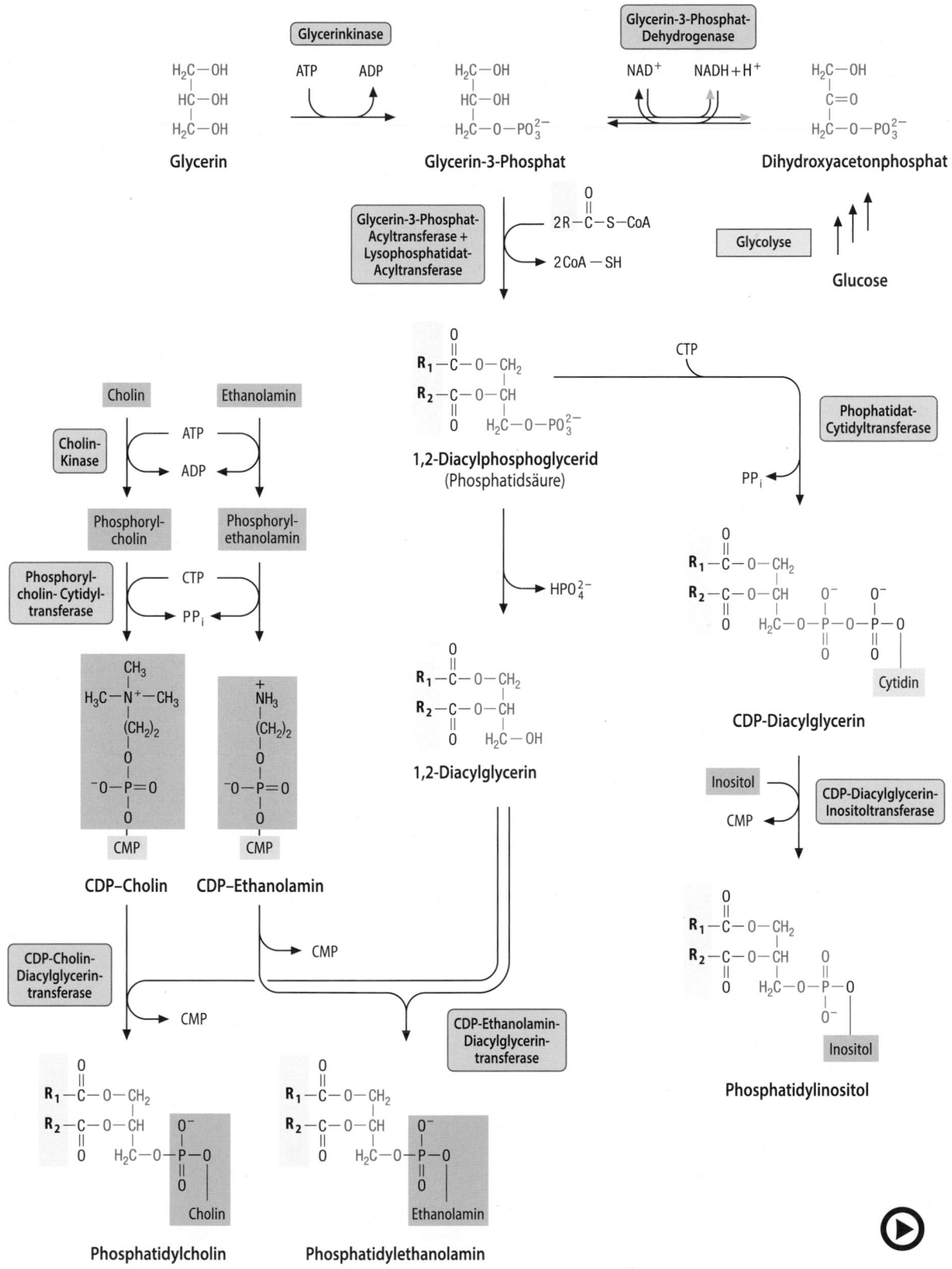

Abb. 22.1 (Video 22.1) **Biosynthese der Phosphoglyceride.** Das benötigte Glycerin-3-Phosphat entsteht durch Reduktion von Dihydroxyacetonphosphat oder in den Geweben, die über eine Glycerinkinase verfügen, durch Phosphorylierung von Glycerin (▶ Abschn. 21.1.4). (Einzelheiten s. Text) (▶ https://doi.org/10.1007/000-5gw)

22

Phosphats aus dem Phosphatidat ein 1,2-Diacylglycerin gebildet werden. Anschließend werden Cholin bzw. Ethanolamin in einer ATP-abhängigen Reaktion phosphoryliert, sodass Phosphorylcholin bzw. Phosphorylethanolamin entstehen. Ähnlich der Aktivierung bei der Biosynthese von Zuckern (▶ Abschn. 16.1.1) wird im nächsten Schritt ein Nucleotidderivat von Cholin bzw. Ethanolamin hergestellt. Phosphorylcholin bzw. Phosphorylethanolamin reagieren hierbei unter Pyrophosphatabspaltung mit Cytidintriphosphat (CTP), sodass **Cytidindiphosphat-Cholin** bzw. **Cytidindiphosphat-Ethanolamin** (CDP-Cholin, CDP-Ethanolamin) entstehen. Das dabei beteiligte Enzym ist die **CTP-Phosphorylcholin-** (bzw. Phosphorylethanolamin-)**Cytidyltransferase**. Im letzten Schritt der Biosynthese reagieren die „aktivierten" Verbindungen mit dem 1,2-Diacylglycerin, sodass unter CMP-Abspaltung **Phosphatidylcholin** bzw. **Phosphatidylethanolamin** entstehen. **Phosphatidylserin** wird durch eine Austauschreaktion aus Phosphatidylethanolamin gebildet (◘ Abb. 22.3).

Biosynthese von Phosphatidylinositol Hierbei reagiert zunächst Phosphatidat mit Cytidintriphosphat, wobei wiederum unter Abspaltung von Pyrophosphat **CDP-Diacylglycerin** gebildet wird. Dieses reagiert unter Abspaltung von CMP mit Inositol, sodass **Phosphatidylinositol** (◘ Abb. 3.27) entsteht. Damit spielt das CTP bei der Biosynthese der Phosphoglyceride eine ähnlich entscheidende Rolle wie das UTP bei der Biosynthese von Polysacchariden (▶ Abschn. 16.1.1). Entsprechende Nucleotidderivate müssen als aktivierte Zwischenprodukte vorliegen, damit die Biosynthese erfolgen kann. Phosphatidylinositol besitzt noch fünf freie OH-Gruppen im Ringsystem, von denen die an den Positionen 3, 4 und 5 zusätzlich durch verschiedene Lipidkinasen phosphoryliert werden können (◘ Abb. 35.8). Diese phosphorylierten Phosphatidylinositole, von denen es aufgrund der Kombinationsmöglichkeiten sieben unterschiedliche Species gibt, spielen eine herausragende Rolle bei verschiedenen Signalvorgängen (▶ Abschn. 22.3 und ▶ Abschn. 35.3.3) und dem intrazellulären vesikulären Transport (▶ Abschn. 12.2)

Ein Phosphoglycerid, das in besonders großer Menge in der mitochondrialen Innenmembran, daneben aber auch in der Wand von Bakterien vorkommt, ist das Diphosphatidylglycerin oder **Cardiolipin** (▶ Abschn. 3.2.3). Es entsteht durch Reaktion von CDP-Diacylglycerin mit Glycerin-3-Phosphat unter Bildung von Phosphatidylglycerinphosphat und Abspaltung von CMP. Das Phosphatidylglycerinphosphat entspricht einer Phosphatidsäure, bei der der Phosphatrest als Diester mit einem Molekül Glycerin-3-Phosphat verbunden ist. Durch hydrolytische Abspaltung des Phosphats entsteht Phosphatidylglycerin, welches mit einem

weiteren Molekül CDP-Diacylglycerin unter Bildung des Diphosphatidylglycerins reagiert (◘ Abb. 22.2).

❯ Die verschiedenen Phosphoglyceride können ineinander überführt werden.

Phosphoglyceride stellen integrale Bauteile aller biologischen Membranen dar. Dabei ist das Verhältnis der verschiedenen Phosphoglyceride untereinander von großer Bedeutung für den Funktionszustand der jeweiligen Membranen. Um jederzeit ausreichende Mengen von Phosphoglyceriden zur Verfügung zu haben, besteht außer der oben geschilderten *de novo*-Synthese aus den einzelnen Bauteilen die Möglichkeit der Umwandlung einzelner Phosphoglyceride ineinander (◘ Abb. 22.3). Hier nimmt das Phosphatidylethanolamin eine zentrale Position ein. Es kann durch dreifache Methylierung am Stickstoff in Phosphatidylcholin umgewandelt werden. Der Reaktionspartner ist das S-Adenosylmethionin (▶ Abschn. 27.2.4), das dabei in Adenosylhomocystein umgewandelt wird. Durch Austausch von Ethanolamin gegen Serin kann aus Phosphatidylethanolamin Phosphatidylserin entstehen. In einer weiteren Reaktion kann schließlich Phosphatidylserin decarboxyliert

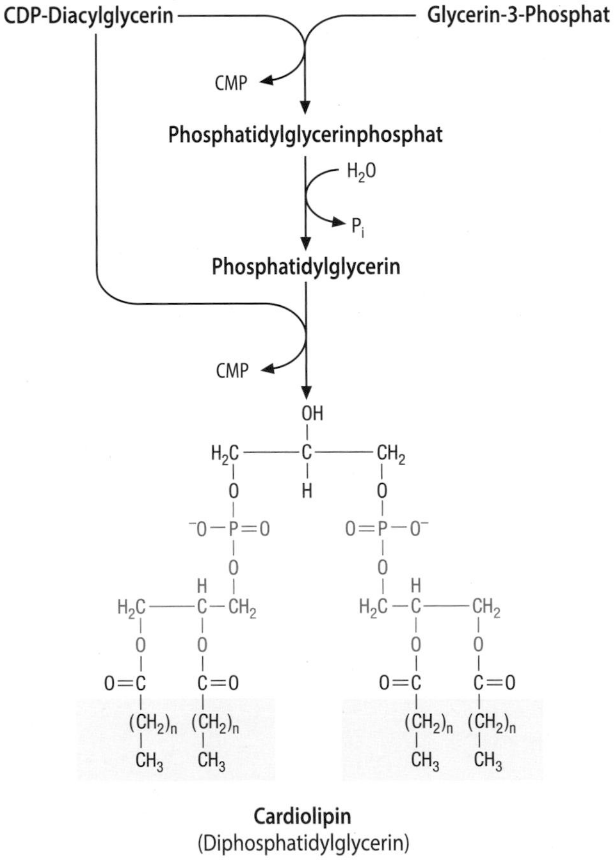

◘ Abb. 22.2 **Biosynthese von Cardiolipin**

werden (■ Abb. 22.3), wobei Phosphatidylethanolamin entsteht.

In manchen Organen, z. B. im Nervengewebe oder in der Leber, haben Phosphoglyceride einen besonders hohen Umsatz. Dieser wird dann nicht nur durch *de novo*-Synthese aus den einzelnen Bauteilen oder durch Überführung einzelner Phosphoglyceride ineinander gedeckt, sondern zum Teil auch durch Resynthese aus nur teilweise abgebauten Phosphoglyceriden gedeckt. Diesem Zweck dient der in ■ Abb. 22.4 am Beispiel des Phosphatidylcholins dargestellte Acylierungszyklus. Unter Einwirkung einer **Phospholipase A₂** (► Abschn. 22.1.2) entsteht das entsprechende Lysophosphoglycerid, in diesem Fall das Lysophosphatidylcholin. Dieses kann durch direkte Acylierung mit Acyl-CoA wieder zu Phosphatidylcholin umgewandelt werden. Auf diese Weise ist ein rascher Austausch von Acylresten in Phosphoglyceriden möglich. Ein weiteres, den Acyl-Austausch katalysierendes Enzym ist die im Blut vorkommende überwiegend an HDL gebundene **Lecithin-Cholesterin-Acyltransferase (LCAT** ► Abschn. 24.2).

❯ Etherlipide sind Phosphoglyceride mit langkettigen Alkylresten.

Etherlipide sind Phosphoglyceride, bei denen eine der Acylketten durch einen langkettigen Alkohol ersetzt und über eine Etherbindung anstelle einer Esterbindung mit dem Glycerinrest verbunden ist. Ihre Biosynthese ist in ■ Abb. 22.5 dargestellt:

— Dihydroxyacetonphosphat wird zunächst in Position 1 mit Acyl-CoA acyliert.
— Danach wird die Esterbindung mit einem langkettigen Alkohol (meist C16 oder C18) unter Einführung

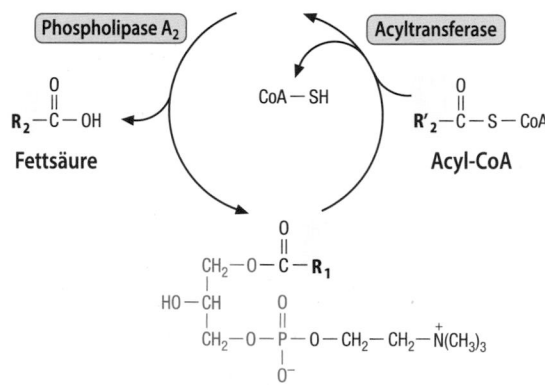

■ Abb. 22.4 Acylierungszyklus des Phosphatidylcholins. Durch eine Phospholipase A₂ wird Phosphatidylcholin in Lysophosphatidylcholin umgewandelt, welches wiederum mit Acyl-CoA acyliert werden kann. *R₁, R₂, R′₂:* Acylreste

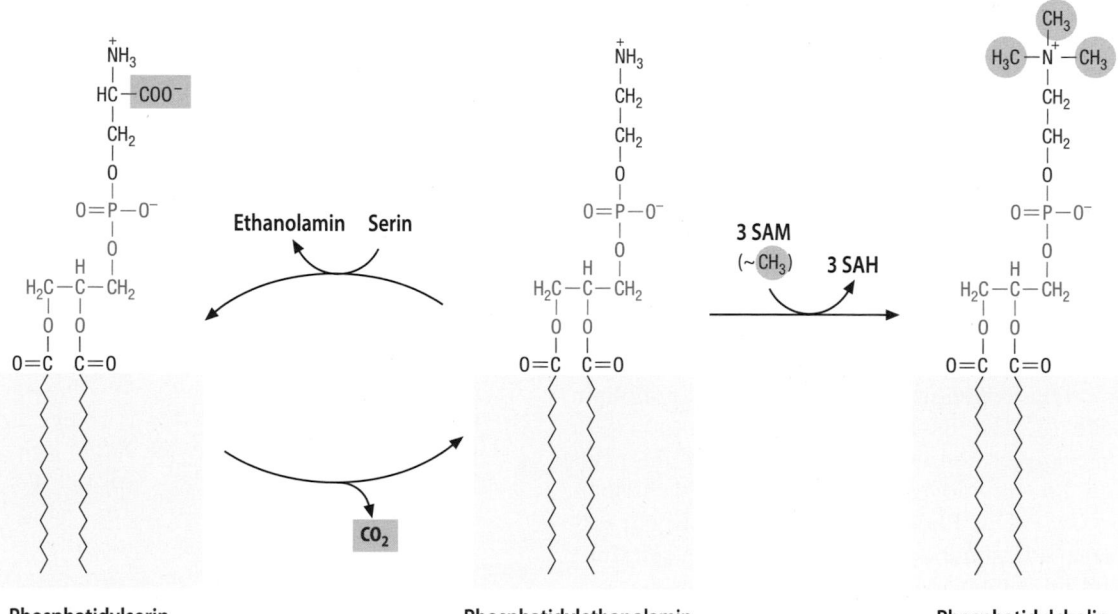

■ Abb. 22.3 Umwandlungen der N-haltigen Phosphoglyceride. *SAM:* S-Adenosylmethionin; *SAH:* S-Adenosylhomocystein

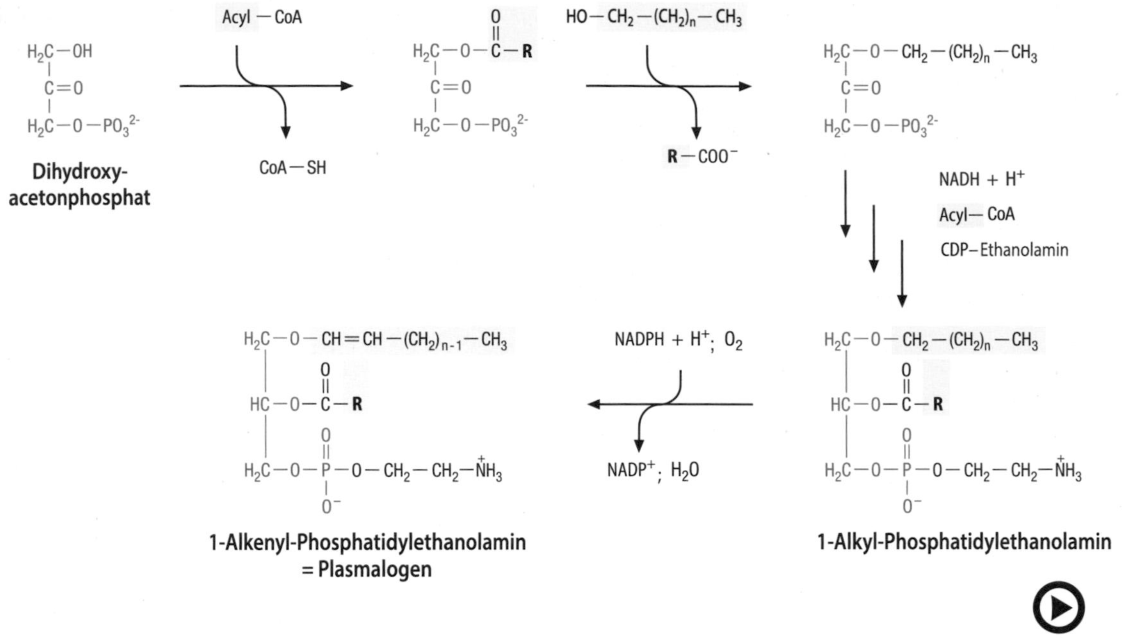

Abb. 22.5 (Video 22.2) **Biosynthese von 1-Alkyl-Phosphatidylethanolamin und des zugehörigen Plasmalogens.** (Einzelheiten s. Text) (▶ https://doi.org/10.1007/000-5gt)

einer Etherbindung gespalten, sodass 1-Alkyl-Dihydroxyacetonphosphat entsteht.

- Nach Reduktion der Ketogruppe zum 1-Alkyl-Glycerin-3-Phosphat folgen die Acylierung, meist mit mehrfach ungesättigten Fettsäuren, und die Anheftung einer Ethanolamin- bzw. (seltener) Cholingruppe.

Die so gebildeten **1-Alkylphosphoglyceride** können durch Einführung einer der Etherbindung benachbarten Doppelbindung in Alkenylphosphoglyceride oder **Plasmalogene** umgewandelt werden.

Die ersten drei Schritte dieser Biosynthese erfolgen in Peroxisomen, die weiteren im endoplasmatischen Retikulum.

20–30 % der Phospholipide im Zentralnervensystem, dem Herzmuskel oder der Skelettmuskulatur sind Etherlipide, v. a. Plasmalogene. Über ihre physiologische Funktion ist wenig bekannt. So sollen Plasmalogene zur Stabilisierung zellulärer Membranen beitragen und vor oxidativem Stress schützen. Da plasmalogenspezifische Phospholipasen A2 (▶ Abschn. 22.1.2) nachgewiesen werden konnten, dienen Plasmalogene als Lieferanten mehrfach ungesättigter Fettsäuren, besonders des Eicosanoidpräkursors Arachidonat. Glycosylphosphatidylinositol-verankerte Proteine tragen an der Position 1 überwiegend eine Alkylgruppe (▶ Abb. 3.5).

Der in ▶ Abb. 69.2 dargestellte blutplättchenaktivierende Faktor *platelet activating factor* (PAF) ist ein derartiges Etherlipid. Es löst bereits in einer Konzen-

tration von 10^{-11} mol/l (!) die Aggregation von Thrombocyten aus. Neben dieser Wirkung ist er als Mediator an Entzündungsreaktionen und an der Regulation des Blutdrucks beteiligt.

Als sehr seltene Erkrankungen kommen Defekte des peroxisomalen Teils der Plasmalogenbiosynthese vor. Sie sind durch stark erniedrigte Plasmalogenkonzentrationen in den Geweben gekennzeichnet und lösen das Krankheitsbild der rhizomelischen Form der **Chondrodystrophia punctata** aus. Das Krankheitsbild geht mit Wachstumsstörungen der Gliedmaßen, geistiger Retardierung und schweren Myelinisierungsstörungen des Nervensystems einher.

22.1.2 Hydrolytische Spaltung von Phosphogliceriden durch Phospholipasen

Für den Abbau von Phosphogliceriden sind **Phospholipasen** verantwortlich. Diese sind imstande, je eine der vier in Phosphogliceriden vorkommenden Esterbindungen zu spalten (■ Abb. 22.6):

- Die Phospholipasen A_1 bzw. A_2 spalten die Fettsäurereste an den Positionen 1 bzw. 2 des Glycerinanteils der Phosphoglyceride ab. Dabei entstehen die entsprechenden **Lysophosphoglyceride**, die hauptsächlich durch Lysophospholipasen weiter abgebaut werden können (■ Abb. 22.7).
- Durch die Phospholipase B werden beide Acylreste von Phosphogliceriden abgespalten. Gelegentlich

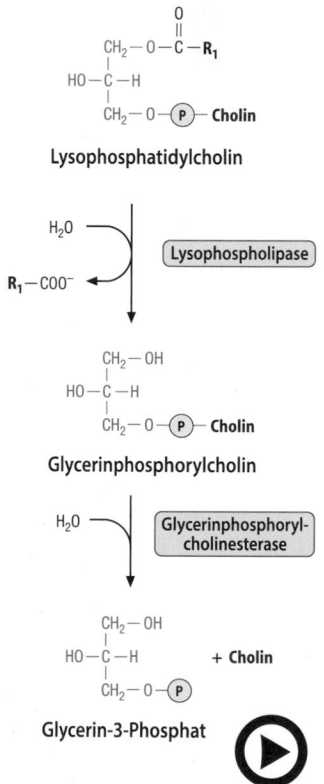

◼ Abb. 22.6 (Video 22.3) **Spaltstellen der Phospholipasen A$_1$, A$_2$, C und D im Phosphatidylcholin** (▶ https://doi.org/10.1007/000-5gv)

◼ Abb. 22.7 (Video 22.4) **Abbau von Lysophosphatidylcholin.** Lysophosphatidylcholin wird durch eine Lysophospholipase zu Glycerinphosphorylcholin gespalten und dieses durch eine Esterase in Glycerin-3-Phosphat und Cholin zerlegt (▶ https://doi.org/10.1007/000-5gs)

wird auch ein Gemisch der Phospholipasen A$_1$ und A$_2$ als Phospholipase B bezeichnet.

- Phospholipasen des Typs C spalten die Phosphorsäurediesterbindung zum Glycerinrest, wobei die entsprechenden phosphorylierten Alkohole gebildet werden.
- Phospholipasen des Typs D spalten die Phosphorsäurediesterbindung zur hydrophilen Kopfgruppe. Reaktionsprodukte sind Phosphatidate und die jeweiligen freien Kopfgruppen.

Grundsätzlich kann man dabei zwischen sezernierten, extrazellulär wirkenden und intrazellulären Phospholipasen unterscheiden.

Extrazelluläre Phospholipasen Extrazelluläre Phospholipasen kommen vor:
- im Intestinaltrakt, wo sie für die Hydrolyse der mit der Nahrung aufgenommenen Phospholipide verantwortlich sind,
- in den Giften von Schlangen, Bienen, Spinnen und Skorpionen,
- als Sekrete von vielen pathogenen Mikroorganismen.

Als Gifte von verschiedenen Organismen (Hymenopteren, Spinnen u. a.) gebildete extrazelluläre Phospholipasen des Typs A erzeugen Lysophosphoglyceride, besonders Lysophosphatidylcholin, welche die Membranen der roten Blutkörperchen hämolysieren. Ein Teil der biologischen Wirkung der genannten Gifte lässt sich mit der in großem Umfang stattfindenden Lysophosphoglyceridbildung in den biologischen Membranen erklären.

Intrazelluläre Phospholipasen Intrazelluläre Phospholipasen sind für den Ab- bzw. Umbau von den als Membranbestandteile dienenden Phosphoglyceriden verantwortlich. Von besonderer Bedeutung ist ihre Funktion bei der Gewinnung vielfältiger Signalmoleküle (Lipidmediatoren, ▶ Abschn. 22.3.1). Intrazelluläre Phospholipasen bilden große Enzymfamilien:
- **Phospholipasen A$_1$ (PLA$_1$)** sind für den Abbau von Phosphoglyceriden der Membranen verantwortlich. Über weitere Funktionen ist wenig bekannt.
- **Phospholipasen A$_2$ (PLA$_2$)** haben vielfältige Funktionen. Man unterscheidet:
  - **Cytosolische, Ca^{2+}-abhängige PLA$_2$ (cPLA$_2$).** Die verschiedenen Mitglieder dieser Gruppe spalten bevorzugt Phosphoglyceride mit Arachidonat in der Position 2 und liefern damit das Substrat für die Biosynthese von Eicosanoiden (▶ Abschn. 22.3.2, ◼ Abb. 22.11). Eine Erhöhung der cytosolischen Calciumkonzentration löst eine Translokation der PLA$_2$ an zelluläre Membranen und damit die Aktivierung der Enzyme aus. Die Bindung an Membranphospholipide wird außerdem durch Phosphorylierung des Enzyms verstärkt. Als hierfür verantwortliche Proteinkinasen konnten die MAP-Kinase und die CaM-Kinase II identifiziert werden (▶ Abschn. 35.4.2). cPLA2 wird im Rahmen von Entzündungsprozessen durch die proinflammatorischen Mediatoren IL-1 und TNFα über den Transkriptionsfaktors NF-κB induziert (▶ Abschn. 35.5.2)

22

- **Cytosolische, calciumunabhängige PLA$_2$ (iPLA$_2$).** Die verschiedenen Mitglieder dieser Gruppe von Phospholipasen sind nicht spezifisch für Arachidonat an der Position 2 und benötigen kein Calcium für ihre Aktivität. Ihre Funktion ist wahrscheinlich der Ab- bzw. Umbau von Membranlipiden.
- **Lysosomale Phospholipase A$_2$.** Die lysosomale PLA$_2$ ist ein ubiquitär vorkommendes Enzym, wobei sich die höchsten Aktivitäten in alveolären Makrophagen befinden. Die genetische Ausschaltung der lysosomalen PLA$_2$ führt bei Mäusen zu einer schweren Lipidspeicherkrankheit.
- **PAF-Acetylhydrolase.** Diese aus zwei Isoenzymen bestehende Gruppe von Phospholipasen spaltet spezifisch den Acetylrest des *platelet activating factors* (PAF, ▶ Abschn. 69.1.2) ab und inaktiviert diesen.
- **Phospholipasen C (PLC).** Von dieser Gruppe von Phospholipasen sind bis jetzt 6 Isoformen entdeckt worden (PLCβ, γ, δ, ε, ζ und η). Die besondere Bedeutung dieser Enzyme ist ihre Substratspezifität. Sie hydrolysieren Phosphatidylinositol-4,5-bisphosphat (PIP$_2$) und setzen dabei die Lipidmediatoren Diacylglycerin und Inositoltrisphosphat (IP$_3$) frei (▶ Abschn. 35.3.3, ◘ Abb. 35.8). Die verschiedenen PLC-Isoenzyme werden unterschiedlich reguliert. PLCβ wird über G-Proteine der G$_q$-Familie aktiviert, PLCγ durch Assoziation mit aktivierten Rezeptortyrosinkinasen (z. B. dem PDGF-Rezeptor; ▶ Abschn. 35.4.3, ◘ Abb. 35.14).
- **Phospholipasen D.** Diese Phospholipasen kommen bei Säugetieren in zwei Isoformen (PLD$_1$ und PLD$_2$) vor, die durch verschiedenste Faktoren (G-Proteine, Calcium, Inositoltrisphosphat u. a.) reguliert werden. Sie spielen bei der Synthese der als Signalmoleküle dienenden Lysophosphatidate eine Rolle (▶ Abschn. 22.3.1).

Zusammenfassung

Phosphoglyceride sind für den Aufbau aller zellulären Membranen unerlässlich. Für ihre Biosynthese reagieren Diacylglycerine mit CDP-aktiviertem Cholin bzw. Ethanolamin unter Bildung von Phosphatidylcholin bzw. -ethanolamin und reagiert Inositol mit CDP-aktiviertem Diacylglycerin zu Phosphatidylinositol. Phosphatidylserin wird durch Austausch der alkoholischen Gruppe aus Phosphatidylethanolamin gebildet. Plasmalogene, z. B. PAF (*platelet activating factor*), sind Phosphoglyceride, die einen langkettigen Alkohol in Etherbindung gebunden haben. Lysophospholipide entstehen aus Phosphoglyceriden durch enzymatische Entfernung eines Acylrestes. Die

amphiphilen Lipide in Membranen befinden sich in einem dynamischen Zustand. Sie unterliegen einem permanenten Umbau, der auch ihren Abbau durch Phospholipasen beinhaltet. Für jede der 4 Esterbindungen von Phosphoglyceriden kommen jeweils spezifische Phospholipasen vor. Phospholipasen bilden große Enzymfamilien, deren Aktivität durch viele, auch hormonelle Faktoren reguliert wird. Sie sind damit auch für die Erzeugung von Lipidmediatoren verantwortlich.

22.2 Synthese und Abbau von Sphingolipiden

22.2.1 Bildung von Sphingolipiden

❯ Sphingolipide enthalten als Alkohol Sphingosin.

1874 entdeckte der deutsche Arzt Johann Ludwig Thudichum im Nervengewebe eine neue Lipidart, die er wegen ihrer für ihn rätselhaften Funktion nach der griechischen Sagenfigur Sphinx als Sphingolipide bezeichnete. Heute weiß man, dass Sphingolipide 10–20 % der Membranlipide ausmachen und essenzielle Funktionen haben, da die genetische Ausschaltung der Sphingolipid-Synthese zum Zelltod führt.

In den Sphingolipiden ist das Glycerin der Phosphoglyceride durch den Aminodialkohol Sphingosin ersetzt (über die Zusammensetzung der verschiedenen Sphingolipide ▶ Kap. 3, ◘ Abb. 3.28). Die Sphingolipidbiosynthese erfolgt im endoplasmatischen Retikulum und im Golgi-Apparat, wobei allerdings Sphingosin nicht als Zwischenprodukt auftritt. Zunächst wird nämlich an der cytosolischen Seite des endoplasmatischen Retikulums als gemeinsames Zwischenprodukt **Ceramid** synthetisiert (◘ Abb. 22.8):
- Palmityl-CoA reagiert in einer pyridoxalphosphatabhängigen Reaktion unter CO$_2$-Abspaltung mit Serin, wobei 3-Ketosphinganin entsteht.
- Dieses wird an der Ketogruppe reduziert und reagiert dann mit Acyl-CoA, wobei das Dihydroceramid entsteht. Je nach Sphingolipid variiert die Länge der Acylreste von 14–24 C-Atomen mit maximal einer Doppelbindung.
- In einer FAD-abhängigen Reaktion wird Dihydroceramid zu Ceramid oxidiert.

Ceramid ist der Ausgangspunkt für die Biosynthese aller Sphingolipide:
- **Sphingomyelin** wird nach dem Transfer von Ceramid vom endoplasmatischen Retikulum auf die luminale Seite der Golgi-Membran synthetisiert. Dazu re-

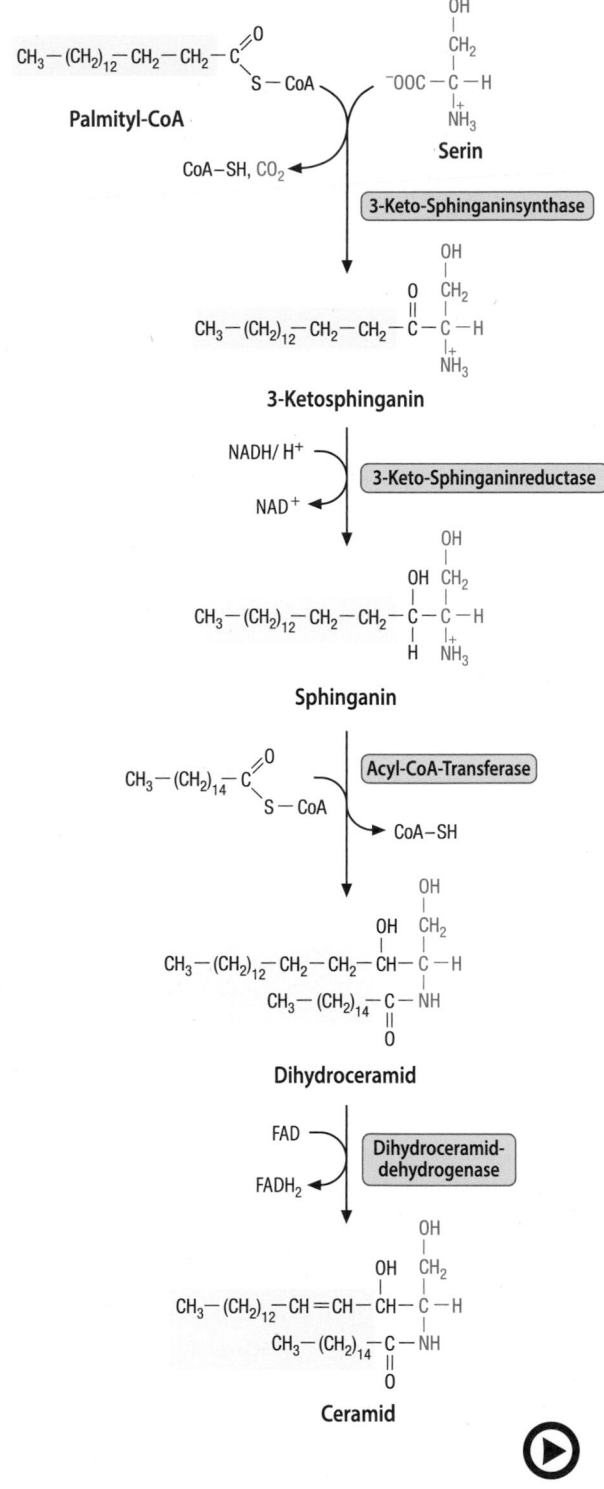

◻ Abb. 22.8 (Video 22.5) **Biosynthese von Ceramid aus Palmityl-CoA und Serin.** (Einzelheiten s. Text) (▶ https://doi.org/10.1007/000-5gx)

thase. Ebenfalls im endoplasmatischen Retikulum werden die **Galactosylceramide** (◻ Abb. 3.28) synthetisiert.

— **Glucosylceramide** und **Sulfatide** werden im Golgi-Apparat synthetisiert (◻ Abb. 22.9). **Ceramid** reagiert zunächst mit UDP-Glucose (▶ Abschn. 16.1.3) unter Abspaltung von UDP. Dabei entsteht das mit Glucose substituierte Sphingolipid, das **Glucosylceramid** (◻ Abb. 22.9). Für die Sulfatid-Biosynthese aus Galactosylceramid ist die Einführung eines Sulfatrests, im Allgemeinen an das C-Atom 3 der Galactose, notwendig. Für diese Sulfatierung wird das aktive Sulfat **3'-Phosphoadenosin-5'-Phosphosulfat** (◻ Abb. 3.18) verwendet.

— Die Biosynthese der **Ganglioside**, die in besonders hohen Konzentrationen im Nervensystem vorkommen, findet im Golgi-Apparat statt. Zunächst wird an der cytosolischen Seite des Golgi-Apparats ein aus UDP-Glucose stammender Glucosylrest an das Ceramid geheftet. Das entstandene Glucosylceramid wird anschließend auf die luminale Seite des Golgi-Apparats transloziert, wo die weitere Anheftung von Monosaccharid-Resten zur Biosynthese von Gangliosiden erfolgt (▶ Kap. 3, ◻ Abb. 3.28). Wie bei den Heteropolysacchariden dienen UDP-aktivierte Zucker, im Fall der N-Acetylneuraminsäure die CMP-N-Acetylneuraminsäure, als aktivierte Bausteine.

22.2.2 Hydrolyse der Sphingolipide

❯ Der Abbau der Sphingolipide erfolgt hauptsächlich in den Lysosomen.

Ähnlich wie die Phosphoglyceride haben auch Sphingolipide einen raschen Umsatz, der die Dynamik der Zellmembranstrukturen widerspiegelt. Für ihren Abbau sind eine Reihe lysosomaler Hydrolasen verantwortlich. Das Problem, wie diese wasserlöslichen Enzyme mit den Sphingolipiden in den Membranen und Membranvesikeln interagieren, wird von der Zelle offensichtlich so gelöst, dass hierfür zusätzliche **Sphingolipid-Aktivatorproteine, sog. Saposine** (*Sphingolipid activator proteins*) benötigt werden. Es handelt sich um Glycoproteine, die die abzubauenden Sphingolipide binden und damit erst den Angriff der o. g. lysosomalen Hydrolasen ermöglichen. Man kennt vier Saposine A-D, die durch Proteolyse aus einem gemeinsamen Prosaposin entstehen.

Glycosphingolipide Bei **Cerebrosiden** und **Gangliosiden** erfolgt der Abbau von der Kohlenhydratseitenkette aus, wobei z. B. durch

22

agiert es mit **Phosphatidylcholin**, wobei Sphingomyelin und Diacylglycerin entstehen (◻ Abb. 22.9). Das verantwortliche Enzym ist die Sphingomyelin-Syn-

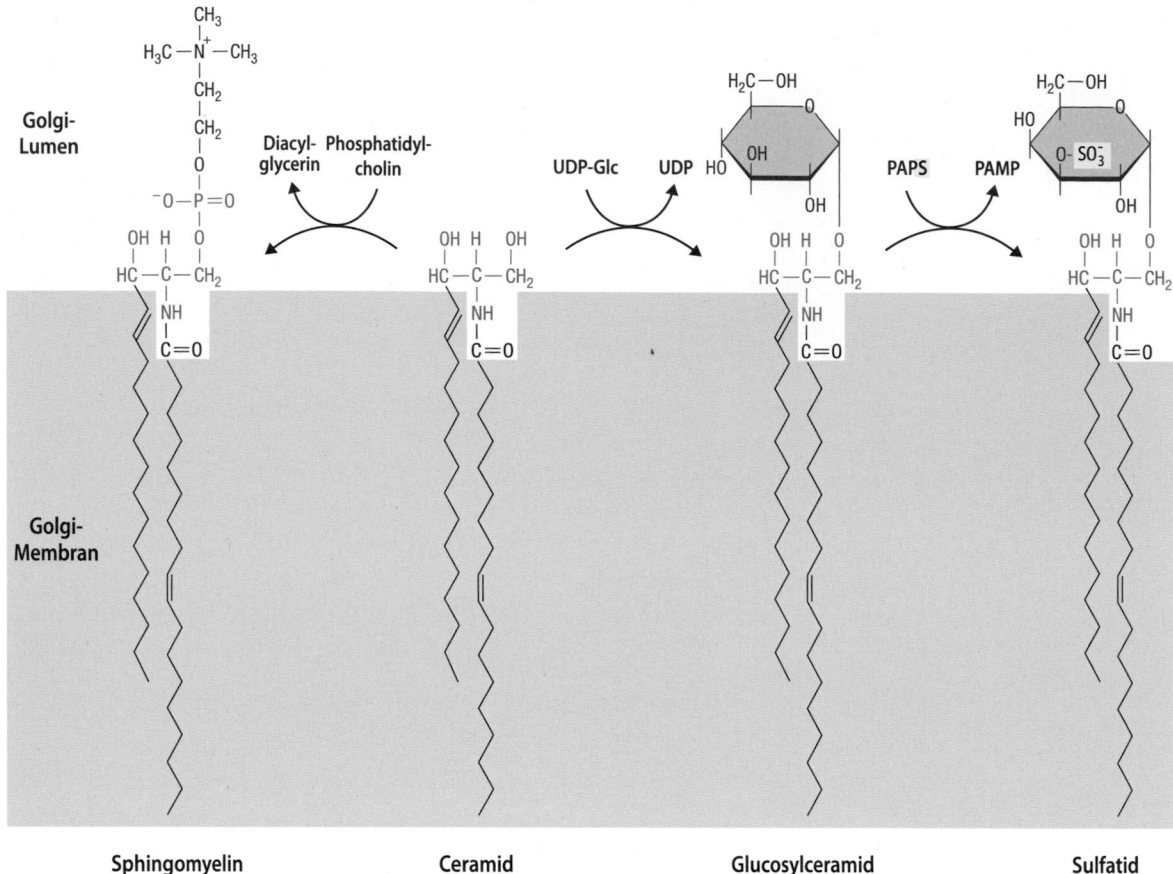

Sphingomyelin   **Ceramid**   **Glucosylceramid (Cerebrosid)**   **Sulfatid**

☐ **Abb. 22.9   Biosynthese von Sphingomyelin, Glucosylceramid (Cerebrosid) und Sulfatiden.** Glucosylceramide entstehen in einer analogen Reaktion unter Verwendung von UDP-Glucose anstelle von UDP-Galactose (Einzelheiten s. Text) . *Glc:* Glucose; *PAPS:* 3′-Phosphoadenosin-5′-Phosphosulfat; *PAMP:* 3′-Phosphoadenosin-5′-Monophosphat; *UDP:* Uridindiphosphat

— β-Galactosidasen die Galactosylreste,
— Neuraminidasen die Neuraminsäurereste,
— Hexosaminidasen die acetylierten Galactosaminreste und
— β-Glucosidasen die Glucosylreste abgespalten werden.
— Es entsteht dabei neben den abgespaltenen Zuckerresten das **Ceramid**.

Sulfatide   Bei ihnen sind spezifische Sulfatidasen für die Sulfatabspaltung verantwortlich.

Sphingomyeline   Der Abbau dieser Sphingolipide wird durch spezifische **Sphingomyelinasen** katalysiert, die unter Abspaltung des Phosphorylcholinrests **Ceramid** bilden (☐ Abb. 22.10). Man unterscheidet:
— saure Sphingomyelinasen für den lysosomalen Sphingomyelinabbau,
— alkalische Sphingomyelinasen, die zu den Verdauungsenzymen des Intestinaltrakts gehören,
— neutrale, membrangebundene Sphingomyelinasen, die in verschiedenen Isoformen vorkommen.

Das beim Abbau der Sphingolipide gebildete Ceramid kann
— durch die **Ceramidkinase** zu Ceramid-1-Phosphat phosphoryliert oder
— durch die **Ceramidase** deacyliert werden, wobei **Sphingosin** entsteht (☐ Abb. 22.10).

Nach Phosphorylierung zu **Sphingosin-1-Phosphat** wird dieses durch die **Sphingosin-1-Phosphatlyase** zu Palmitinsäurealdehyd und Phosphorylethanolamin gespalten.

Zusammenfassung

Ceramid, das aus Palmityl-CoA, Serin und einem Acyl-CoA synthetisiert wird, ist der Ausgangspunkt für die Biosynthese von Sphingomyelin, Cerebrosiden, Sulfatiden und Gangliosiden. Hierzu reagiert Ceramid jeweils mit den entsprechenden aktivierten Bestandteilen. Sämtliche Biosynthesen erfolgen in den Membranen des endoplasmatischen Retikulums und des Golgi-Apparates. Der Abbau von Sphingolipiden erfolgt

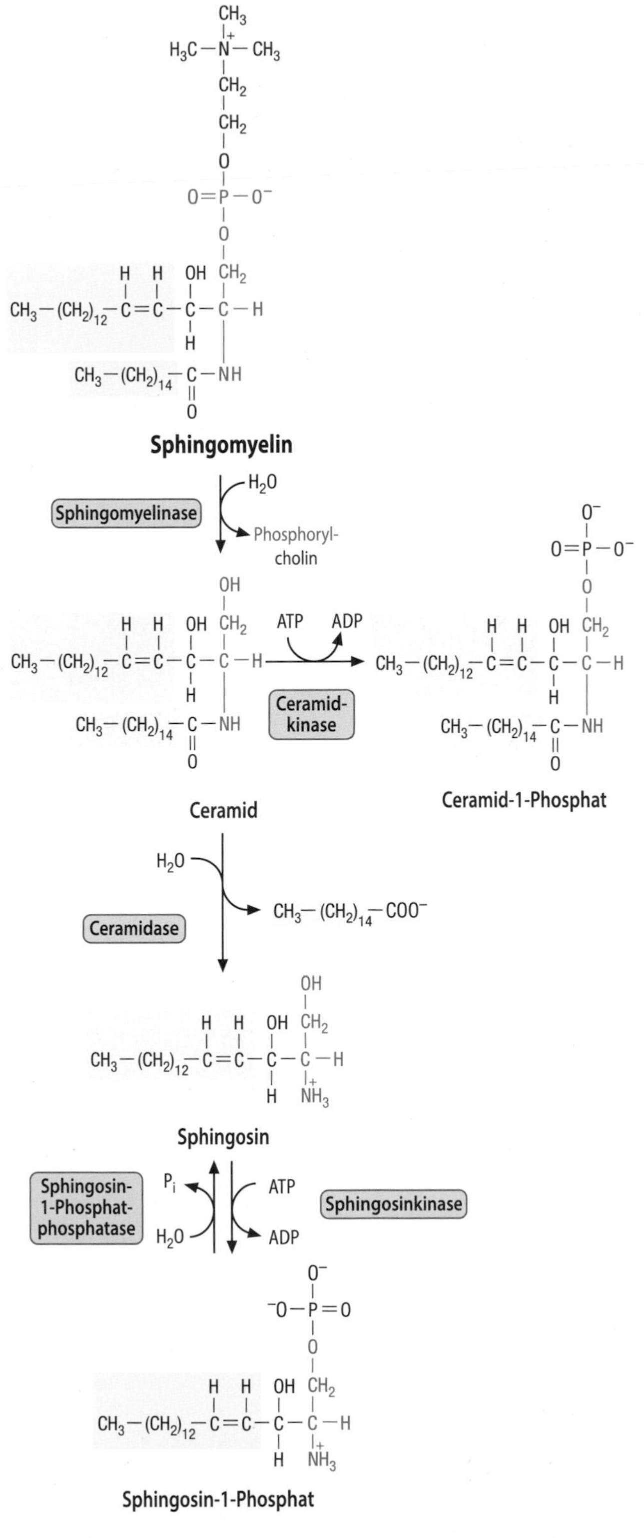

Sphingomyelin

Sphingomyelinase   → H$_2$O

→ Phosphoryl-cholin

Ceramid-kinase   ATP   ADP

Ceramid

Ceramid-1-Phosphat

Ceramidase   H$_2$O

→ CH$_3$—(CH$_2$)$_{14}$—COO$^-$

Sphingosin

Sphingosin-1-Phosphat-phosphatase   P$_i$ ATP   **Sphingosinkinase**

H$_2$O   ADP

Sphingosin-1-Phosphat

◨ **Abb. 22.10** Entstehung von Ceramid, Ceramid-1-Phosphat sowie Sphingosin und Sphingosin-1-Phosphat beim Abbau von Sphingolipiden. (Einzelheiten s. Text)

22

überwiegend lysosomal durch entsprechende Hydrolasen, die jeweils spezifisch für die in Sphingolipiden vorkommenden Ester- bzw. Glycosidbindungen sind. Das dabei entstehende Ceramid wird weiter zu Sphingosin und dieses nach Phosphorylierung zu Sphingosin-1-Phosphat zu Palmitinsäurealdehyd und Phosphorylethanolamin gespalten.

22.3   Funktionelle Metabolite von Membranlipiden

22.3.1   Derivate von Phosphoglyceriden und Sphingolipiden als Signalmoleküle

Phospholipide, Sphingolipide und Cholesterin sind nicht nur die für den Membranaufbau benötigten Lipidbausteine, sondern erfüllen wichtige Funktionen im Bereich der **Signaltransduktion**, d. h. der Umsetzung extrazellulärer Signale in intrazelluläre Änderungen des Stoffwechsels und anderer zellulärer Aktivitäten.

Phosphoglyceride   Spaltprodukte von **Phosphoglyceriden** durch die Phospholipasen A$_2$, C bzw. D liefern:

— **Arachidonsäure**. Sie stellt den Ausgangspunkt für die Biosynthese der Eicosanoide der Serie 2 dar (▶ Abschn. 21.2.4 und ▶ Abschn. 22.3.2), für ihre Freisetzung ist die Phospholipase A$_2$ verantwortlich.

— **Lysophosphatidate**. Diese entstehen u. a., wenn von den Spaltprodukten der Phospholipase A$_2$, den Lysophospholipiden (◨ Abb. 22.4), durch die Einwirkung der Phospholipase D auch die alkoholische Gruppe entfernt wird. Die bekanntesten sind Lysophosphatidsäure (LPA), Lysophosphatidylcholin und -inositol. Bis heute sind sechs G-Protein-gekoppelte Rezeptoren für Lysophosphatidate mit unterschiedlicher Organverteilung gefunden worden (LPA$_{1-6}$). In die jeweilige Signaltransduktion sind Adenylatcyclase, Phospholipase Cβ, das kleine G-Protein rho sowie Proteinkinase B/Akt und PI-3-Kinase (▶ Abschn. 35.4.3) eingeschaltet. Lysophosphatidate sind u. a. an der Angiogenese und Vaskularisation, der Differenzierung des Nervensystems und der T-Zellfunktion beteiligt (▶ Abschn. 70.7).

- **Monoacylglycerin**. Von besonderer Bedeutung ist das 2-Arachidonylglycerin. Es ist das wichtigste Endocannabinoid und wirkt als endogener Ligand der Cannabisrezeptoren im Nerven- und Immunsystem. Für seine Biosynthese ist v. a. die Kombination von Phospholipase C und Diacylglycerinlipase verantwortlich. Das Endocannabinoidsystem wurde bei Untersuchungen über den Wirkungsmechanismus des Wirkstoffs der Cannabispflanze, Tetrahydrocannabinol (THC), entdeckt. Bindung von THC bzw. endogenen Cannabinoiden an die entsprechenden Rezeptoren führen u. a. zu verstärktem Hungergefühl, vermindertem Schmerzempfinden, aber auch einer Schwächung des Kurzzeitgedächtnisses. Darüber hinaus modulieren Endocannabinoide das Immunsystem.
- **Diacylglycerin und Inositoltrisphosphat**. Sie entstehen unter der Einwirkung der Phospholipase C aus Phosphatidylinositol-4,5-bisphosphat. Diacylglycerin ist ein Aktivator der Proteinkinase C (▶ Abschn. 35.4.3), Inositoltrisphosphat (IP3) erhöht die cytosolische Calciumkonzentration (▶ Abschn. 35.3.3).
- **Phosphatidylinositol-(3,4,5)-Trisphosphat** entsteht durch Phosphorylierung von Phosphatidylinositol-4,5-bisphosphat durch die PI3-Kinase. Es bleibt in der Membran verankert und ist Andockplatz für spezifische Proteine, die über eine sog. Pleckstrin-Homologiedomäne verfügen (▶ Abschn. 33.4.3), v. a. die 3-Phosphoinositid-abhängige Kinase-1 (PDK1) und die Proteinkinase B (PKB). Diese Kinasen spielen eine wichtige Rolle bei der Signaltransduktion von Wachstumsfaktoren (▶ Abschn. 35.4) und Insulin (▶ Abschn. 36.6).
- *Platelet activating factor* (**PAF**, Abb. 69.2). Er wird aus 1-Alkylphosphatidylcholin (Abb. 22.5) gebildet. Zunächst entsteht durch eine spezifische Phospholipase A$_2$ das Lyso-PAF, welches anschließend an der Position 2 durch eine Lyso-PAF-Acetyltransferase mit Acetyl-CoA acetyliert wird. PAF löst die Aggregation von Thrombocyten aus, wirkt proinflammatorisch und aktiviert die Phospholipasen A$_2$ und C.

Sphingolipide Die in Abb. 22.10 dargestellten Möglichkeiten des Sphingolipidabbaus liefern Zwischenprodukte, die verschiedene zellbiologische Phänomene beeinflussen:
- **Ceramid**, das durch *de novo*-Biosynthese (Abb. 22.8) oder aus Sphingomyelin durch die Sphingomyelinase entsteht, ist in vielen Zellen an der Auslösung der Apoptose und der zellulären Seneszenz (▶ Abschn. 51.1) beteiligt. Aktivatoren der Ceramidbildung sind u. a. TNFα, Interleukin-1 und UV-Licht. Ceramide aktivieren u. a. verschiedene

Proteinphosphatasen (*ceramide-activated protein phosphatases*, CAPPs).
- **Ceramid-1-Phosphat** entsteht unter Katalyse der Ceramidkinase. Es hemmt die Apoptose und ist ein wichtiger Aktivator der Phospholipase A$_2$.
- **Sphingosin** entsteht durch die Ceramidase aus Ceramid und ist ein Inhibitor der Proteinkinase C (Abb. 35.15).
- **Sphingosin-1-Phosphat** wird durch die Sphingosinkinase gebildet und durch die Sphingosin-1-Phosphatphosphatase zu Sphingosin abgebaut. Es lässt sich extrazellulär nachweisen und wirkt über fünf spezifische Sphingosin-1-Phosphat-Rezeptoren (S1P$_{1-5}$). Es stimuliert in vielen Zellen die Proliferation und wirkt antiapoptotisch.

Durch die vielfältigen Wirkungen der Sphingolipid-Metabolite sind diese in zahlreichen Krankheitsprozesse wie Krebsentstehung, neurodegenerative Erkrankungen, Diabetes, Adipositas und Entzündung involviert.

22.3.2 Eicosanoide – ungesättigte Fettsäuren mit 20 C-Atomen

Unter dem Begriff der Eicosanoide fasst man eine umfangreiche Gruppe von Gewebshormonen zusammen, deren Gemeinsamkeit darin besteht, dass sie aus mehrfach ungesättigten Fettsäuren mit 20 C-Atomen synthetisiert werden. Im Einzelnen unterscheidet man **Prostaglandine**, **Thromboxane**, **Leukotriene** und die erst seit Kurzem identifizierten **Lipoxine** und **Resolvine**. Thromboxane und Prostaglandine werden auch als **Prostanoide** bezeichnet.

Aus Eicosatriensäure (Dihomo-γ-Linolensäure) entstehen die Prostanoide und Leukotriene der Serie 1, aus Eicosatetraensäure (Arachidonsäure) diejenigen der Serie 2 und schließlich aus Eicosapentaensäure diejenigen der Serie 3 (Abb. 21.19).

Diese Gewebshormone entstehen in den meisten tierischen Geweben, wo sie eine große Zahl hormoneller und anderer Stimuli modulieren.

❯ Prostaglandin-G/H-Synthasen sind die geschwindigkeitsbestimmenden Enzyme für die Prostanoidsynthese.

Abb. 22.11 zeigt, ausgehend von der ω-6-Fettsäure Arachidonat, die einzelnen Schritte der Biosynthese von Prostanoiden:
- Das wichtigste Substrat für die Prostanoidsynthese ist **Arachidonat**. Dieses ist häufig mit der OH-Gruppe 2 des Glycerinteils von Membranphosphoglyceriden (z. B. Phosphatidylcholin, Phosphatidyl-

serin) verestert. Für seine Freisetzung wird deshalb eine cytosolische **Phospholipase A₂** benötigt. Die Phospholipasen des Typs A₂ bilden eine besonders umfangreiche Superfamilie. Sie können in sezernierte, cytosolische und lysosomale Phospholipasen eingeteilt werden (▶ Abschn. 22.1.2).

— In einer sauerstoffabhängigen Reaktion entsteht unter Katalyse der **Prostaglandin-G/H-Synthase** (PGHS) das **Prostaglandin H₂** (PGH₂) als Muttersubstanz der Prostaglandine (PG) D₂, E₂, F₂α, I₂ und des Thromboxans A₂.

— Es gibt zwei Isoformen der Prostaglandin-G/H-Synthase, die als PGHS1 und PGHS2 bezeichnet werden.

— Beide PGHS-Isoformen enthalten eine **Cyclooxygenase (COX)**- und eine **Peroxidaseaktivität**. Erstere ist für die Umwandlung von Arachidonsäure zu Prostaglandin G₂ verantwortlich, letztere für die anschließende **Reduktion** der 15-Hydroperoxylgruppe des Prostaglandins G₂ zur 15-Hydroxylgruppe des Prostaglandins H₂.

— PGHS1 wird konstitutiv in vielen Zellen exprimiert, PGHS2 unterliegt dagegen einer vielfältigen Regulation. Als allgemeine Regel gilt, dass die Aktivität der PGHS2 wie auch cPLA₂ durch Wachstumsfaktoren und Entzündungsmediatoren wie **Interleukin-1** oder **TNF-α** induziert wird. Dagegen reprimieren **Glucocorticoide** und **antiinflammatorische Cytokine** die PGHS2-Expression.

— Jeweils spezifische Prostaglandin-Synthasen führen zu den weiteren Prostaglandinen (PGD₂, PGE₂, PGF₂α, PGI₂) und zum Thromboxan A₂ (◼ Abb. 22.11).

▶ Prostaglandine und Thromboxane der Serie 2 haben vielfältige Wirkungen als Signalmoleküle.

Die Gewebsverteilung der PGHS und der Prostaglandin-Synthasen, die an der Biosynthese der Prostaglandine beteiligt sind, zeigt, dass nahezu alle Gewebe zur Prostaglandin-Biosynthese befähigt sind. Allerdings haben die sezernierten Prostaglandine Halbwertszeiten zwischen einigen Sekunden und wenigen Minuten. Man geht deswegen davon aus, dass sie im Wesentlichen para- bzw. autokrin wirken und damit eine Funktion als Gewebshormone haben. Ihr Wirkungsprofil hängt dabei entscheidend davon ab, welche Prostaglandinrezeptoren (s. u.) in der unmittelbaren Nachbarschaft der prostaglandinsynthetisierenden Zellen exprimiert werden.

Prostaglandin-Effekte sind außerordentlich vielfältig und schwer unter dem Aspekt eines einheitlichen Wirkungsmechanismus zu verstehen (◼ Tab. 22.1).

— In vielen, allerdings nicht allen bis jetzt untersuchten Geweben führt **Prostaglandin E₂** zu einer Zunahme des cAMP-Gehalts, was z. B. eine Relaxierung der

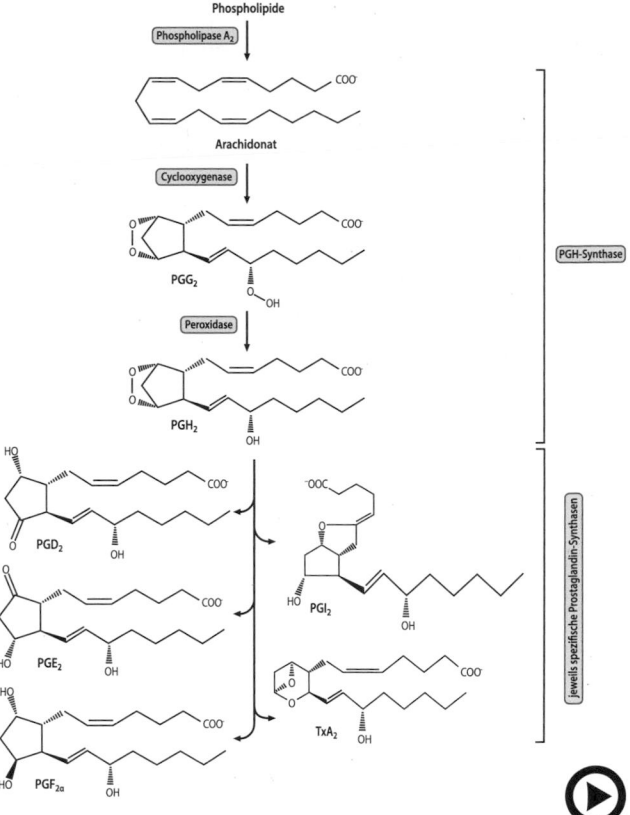

◼ **Abb. 22.11** (Video 22.6) **Biosynthese der Prostaglandine und Thromboxane aus Arachidonat (Prostanoide der Serie 2).** Durch eine Phospholipase A₂ wird Arachidonat aus Phospholipiden abgespalten. Die Prostaglandin-G/H-Synthase (PGH-Synthase) führt zum Prostaglandin H₂ als Muttersubstanz der weiteren Prostaglandine und des Thromboxans A₂. *PG:* Prostaglandin; *Tx:* Thromboxan (▶ https://doi.org/10.1007/000-5gy)

glatten Muskulatur hervorruft (▶ Abschn. 64.5). Dies zeigt sich besonders deutlich an einer allgemeinen Vasodilatation und einer Erweiterung des Bronchialsystems. Im Magen hat Prostaglandin E₂ einen cytoprotektiven Effekt, da es die Mucinsekretion stimuliert. Am Fettgewebe ist Prostaglandin E₂ nach Insulin die am stärksten wirksame antilipolytische Verbindung, da es hier eine Senkung des cAMP-Spiegels auslöst. Außerdem ist Prostaglandin E₂ an der Erzeugung von Fieber und dem Entzündungsschmerz beteiligt.

— **Prostaglandin D₂** führt zu einer Bronchokonstriktion und ist, wie andere Prostaglandine auch, mit der Entstehung von Asthma bronchiale in Verbindung gebracht worden.

— **Prostaglandin F₂α** hat in vielen Aspekten einen zum Prostaglandin E₂ antagonistischen Effekt. So führt es zu einer Broncho- und Vasokonstriktion sowie zu einer auch klinisch ausgenützten Kontraktion der Uterusmuskulatur (Auslösung von Geburtswehen).

◼ Tab. 22.1 Überblick über die biologischen Effekte von Prostaglandinen und Thromboxanen

Verbindung	Wichtigste biologische Aktivität
Prostaglandin E_2	Bronchodilatation, Vasodilatation, Antilipolyse im Fettgewebe, Erzeugung von Fieber, Entzündungsreaktion, Entzündungsschmerz, Aktivierung von Osteoklasten, Kontraktion der Uterusmuskulatur, Hemmung der Säuresekretion und Stimulation der Mucinsekretion im Magen
Prostaglandin D_2	Bronchokonstriktion, Schlaferzeugung
Prostaglandin $F_{2\alpha}$	Bronchokonstriktion, Vasokonstriktion, Konstriktion der glatten Muskulatur
Thromboxan A_2	Bronchokonstriktion, Vasokonstriktion, Plättchenaggregation
Prostaglandin I_2 (Prostacyclin)	Vasodilatation, Zunahme der Gefäßpermeabilität, Hemmung der Plättchenaggregation, Entzündungsreaktion

◼ Tab. 22.2 Rezeptoren für Prostaglandine

Rezeptor für	Effekt	Nachgewiesen in
PG D_2		
Subtyp DP_1	Zunahme von cAMP	Gastrointestinaltrakt, Nervensystem
Subtyp DP_2	Abfall von cAMP	Viele Gewebe
PG E_2		
Subtyp EP_1	Zunahme von IP_3	Nieren
Subtyp EP_2	Zunahme von cAMP	Thymus, Lunge, Myokard, Milz, Ileum, Uterus
Subtyp EP_3	Abfall von cAMP	Fettgewebe, Magen, Nieren, Uterus
Subtyp EP_4	Zunahme von cAMP	Viele Gewebe
PG $F_{2\alpha}$	Zunahme von IP_3	Nieren, Uterus
Thromboxan A_2	Abfall von cAMP	Thrombocyten, Thymus, Lunge, Nieren, Myokard
Prostaglandin I_2	Zunahme von cAMP	Thrombocyten, Thymus, Myokard, Milz

— Von besonderem Interesse sind die Beziehungen zwischen dem **Prostaglandin I_2** (Syn. Prostacyclin) und **Thromboxan A_2**. Letzteres entsteht bevorzugt in Blutplättchen aus Prostaglandin H_2. Es induziert die Plättchenaggregation sowie die damit verbundene Freisetzungsreaktion (▶ Abschn. 69.1.2) und spielt somit eine wichtige Rolle bei der Blutstillung. Seine Wirkung wird über einen Abfall der cAMP-Konzentration in Thrombocyten vermittelt.

— Ein Thromboxan-Antagonist ist das Prostaglandin I_2, das in Gefäßendothelzellen aus Prostaglandin $F_{2\alpha}$ entsteht. Es ist ein Aktivator der Adenylatcyclase in vielen Geweben. Deswegen hemmt es die Aggregation der Blutplättchen.

— Der Antagonismus zwischen der gerinnungsfördernden Wirkung von Thromboxan A_2 und Hemmung der Plättchenaggregation durch Prostaglandin I_2 ist für die Entstehung der Arteriosklerose von Bedeutung.

In ◼ Tab. 22.2 sind die bis heute bekannten Prostaglandinrezeptoren zusammengefasst. Es handelt sich immer um G-Protein gekoppelte Rezeptoren mit sieben Transmembrandomänen (▶ Abschn. 35.3.1). Sie führen je nach Typ zu einer Stimulierung bzw. Hemmung der Adenylatcyclase mit entsprechenden Veränderungen der cAMP-Konzentration oder beeinflussen die zelluläre Calciumkonzentration über den Phosphatidylinositol-Zyklus (▶ Abschn. 35.3.3).

Prostaglandine sind eine vielfältige Gruppe von Gewebshormonen, die von sehr vielen Zellen synthetisiert werden können. Allerdings zeigen die verschiedenen Zellen ausgeprägte Unterschiede bezüglich ihrer Fähigkeit zur Synthese spezifischer Prostaglandine und, was noch wichtiger ist, zur Spezifität ihrer Prostaglandinrezeptoren. Hier zeichnet sich ein besonders fein differenziertes Bild ab. So konnte z. B. durch *in situ*-Hybridisierung gezeigt werden, dass in der Niere der Subtyp EP_3 der Prostaglandin-E-Rezeptoren vornehmlich in den medullären Tubulus-Epithelien lokalisiert ist, der Subtyp EP_1 in den Sammelrohren der Papille und der Subtyp EP_2 in den Glomeruli. Man nimmt an, dass diese Verteilung die durch Prostaglandin E_2 vermittelten Regulationen von Ionentransport, Wasserreabsorption und glomerulärer Filtrationsrate ermöglicht. Bei der Analyse der Prostaglandin-E_2-Rezeptoren des Nervensystems hat sich gezeigt, dass der Subtyp EP_3 des Prostaglandin-E-Rezeptors in kleinen Neurone der Ganglien der dorsalen Wurzel besonders hoch exprimiert ist. Man spekuliert, dass sich hierin die durch Prostaglandin E_2 vermittelte Hyperalgesie (Schmerzempfindlichkeit) widerspiegelt.

❯ Für die Erzeugung von Leukotrienen aus Arachidonsäure sind Lipoxygenasen verantwortlich.

Eine alternative Modifikation der ω-6-Fettsäure Arachidonsäure wird durch **Lipoxygenasen** erzeugt. Die 5-Lip-

oxygenase führt zur Bildung einer Hydroperoxydstruktur am C-Atom 5 der Arachidonsäure, aus der durch Umlagerung der Doppelbindungen eine Verbindung mit drei konjugierten Doppelbindungen, das **Leukotrien A$_4$** (LtA$_4$) entsteht (◙ Abb. 22.12, Ziffer 2). Dieses ist der Ausgangspunkt für die Biosynthese der anderen Leu-

◙ Abb. 22.12 (Video 22.7) **Biosynthese der Leukotriene aus Arachidonat.** Aus Arachidonat entsteht durch die Lipoxygenase das 5-Hydroperoxyeicosatetraenoat (5-HPTE), das durch Umlagerung das Leukotrien A$_4$ liefert. Durch eine Epoxydhydrolase entsteht das Leukotrien B$_4$, durch Anlagerung von Glutathion das Leukotrien C$_4$. Die Leukotriene D$_4$ und E$_4$ werden durch schrittweise Abspaltung von Glutamat und Glycin gebildet. (1) Phospholipase A2; (2) 5-Lipoxygenase; (3) Leukotrien-A$_4$-Epoxydhydrolase; (4) Leukotrien-C$_4$-Synthase; (5) γ-Glutamyltranspeptidase; (6) Cysteinyl-Glycin-Dipeptidase; *GSH*: Glutathion (► https://doi.org/10.1007/000-5gz)

kotriene. Durch die Leukotrien-A$_4$-Epoxydhydrolase entsteht Leukotrien B$_4$ (LtB$_4$) (◨ Abb. 22.12, Ziffer 3). Alternativ heftet die Leukotrien-C$_4$-Synthase über eine Thioetherbrücke Glutathion an das Leukotrien A$_4$, wodurch **Leukotrien C$_4$** entsteht (◨ Abb. 22.12, Ziffer 4). Durch schrittweise Abtrennung von Glutamat und Glycin entstehen aus dem Leukotrien C$_4$ die **Leukotriene D$_4$ und E$_4$** (LtD$_4$, LtE$_4$) (◨ Abb. 22.12, Ziffern 5, 6). Außer der 5-Lipoxygenase ist in verschiedenen Geweben eine 14- bzw. 15-Lipoxygenase nachgewiesen worden. Sie ist für die Bildung von 14- bzw. 15-Hydroperoxyeicosatetraensäuren (14-, 15-HPETE) verantwortlich. Über die biologische Bedeutung dieser Arachidonsäurederivate ist noch relativ wenig bekannt.

❯ Leukotriene sind Mediatoren der Entzündungsreaktion.

Schon Mitte des letzten Jahrhunderts wurde beobachtet, dass aus mit Kobragift behandelter Lunge eine Substanz freigesetzt wird, die die glatte Muskulatur zur Kontraktion bringt. Später ergab sich, dass diese als *slow reacting substance* (*SRS*) bezeichnete Verbindung zusammen mit anderen Mediatoren bei durch Immunglobulin E vermittelten Überempfindlichkeitsreaktionen entsteht, und dass es sich bei ihr um ein Gemisch aus den **Leukotrienen C$_4$, D$_4$ und E$_4$** handelt. Sie gehören zu den stärksten Konstriktoren der Bronchialmuskulatur. Das Leukotrien C$_4$ ist beispielsweise 100- bis 1000-mal wirksamer als Histamin und spielt bei der Entstehung von Asthma-Anfällen eine entscheidende Rolle.

Auch in eine Reihe von entzündlichen Phänomenen sind Leukotriene eingeschaltet. Sie erhöhen die Kapillarpermeabilität und führen zu Ödemen. Das **Leukotrien B$_4$** hat dagegen einen chemotaktischen Effekt auf Leukocyten. Man vermutet deshalb, dass es an der Wanderung weißer Blutzellen in Entzündungsgebiete beteiligt ist.

Die eigentliche physiologische Funktion der Leukotriene ist allerdings nach wie vor ungeklärt. *Knockout*-Mäuse (▶ Abschn. 55.2), bei denen das 5-Lipoxygenase-Gen ausgeschaltet wurde, waren erwartungsgemäß nicht mehr zur Leukotrienbiosynthese imstande, entwickelten sich jedoch normal und überstanden eine Reihe experimentell ausgelöster Entzündungs- und Schockreaktionen besser als die Wildtypmäuse.

❯ Aus ω-3-Fettsäuren synthetisierte Prostanoide und Leukotriene hemmen die Effekte der aus Arachidonsäure synthetisierten Prostanoide und Leukotriene.

Auch aus Eicosatriensäure (Dihomo-γ-Linolensäure) und der Eicosapentaensäure (EPA) können Prostanoide und Leukotriene synthetisiert werden, wobei die Einzelreaktionen den oben geschilderten entsprechen. Die dabei entstehenden Produkte werden entsprechend der Zahl der in ihnen vorkommenden Doppelbindungen benannt:

- aus Dihomo-γ-Linolensäure entstehen die Prostanoide Prostaglandin D$_1$, E$_1$, F$_1$, I$_1$ und Thromboxan A$_1$ sowie die Leukotriene des Typs Lt$_3$,
- aus EPA entstehen die Prostanoide des Typs PG$_3$, das Thromboxan A$_3$ und die Leukotriene des Typs Lt$_5$.

Besonders die aus EPA synthetisierten Prostanoide und Leukotriene hemmen im Allg. die Effekte der aus Arachidonat synthetisierten analogen Verbindungen. Dies beruht z. T.
- auf einer Verdrängung des als Substrat der Biosynthese benötigten Arachidonats durch EPA,
- einer kompetitiven Hemmung der Cyclooxygenase und Lipoxygenase und
- einer direkten Hemmwirkung an den entsprechenden Zielgeweben.

Ebenfalls antiinflammatorisch wirken die sog. nicht-klassischen Eicosanoide, die **Lipoxine** (gebildet aus Arachidonat) und **Resolvine** (gebildet aus EPA). Sie unterscheiden sich von den klassischen Eicosanoiden durch die Positionierung von OH-Gruppen und Doppelbindungen. Für ihre Biosynthese werden v. a. Isoformen der Lipoxygenase benötigt. Auch aus der C22-Docosahexaensäure werden über vergleichbare Reaktionen antiinflammatorische Mediatoren synthetisiert: Resolvine der D-Serie, **Protectine** und **Maresine**.

Zusammenfassung

Im Lipidstoffwechsel entstehen wichtige Signalmoleküle. Aus dem Stoffwechsel der Phosphoglyceride sind dies verschiedene Phosphatidylinositolphosphate, Inositoltrisphosphat, Diacylglycerin, Lysophosphatidat, 2-Arachidonylglycerin, *platelet-activating factor* sowie Eicosanoide. Eicosanoide sind Derivate der Arachidonsäure. Sie bilden eine Gruppe sehr wirkungsvoller Gewebshormone, die Prostanoide und Leukotriene. Prostanoide wirken über heptahelicale Rezeptoren und beeinflussen u. a. die Entzündungs- und Schmerzreaktion sowie die Kontraktion der glatten Muskulatur. Aus dem Stoffwechsel der Sphingolipide entstehen Ceramid, Ceramid-1-Phosphat, Sphingosin und Sphingosin-1-Phosphat.

Weiterführende Literatur

Chalfant CE, Spiegel S (2005) Sphingosine 1-phosphate and ceramide1-phosphate: expanding roles in cell signalling. J Cell Sci 118:4605–4612

Funk CD (2001) Prostaglandins and leukotrienes: advances in eicosanoid biology. Science 294:1871–1875

Futerman AH, Hannun YA (2004) The complex life of simple sphingolipids. EMBO Rep 5:777–782

Hla T, Lee M, Ancellin N, Paik JH, Kluk MJ (2001) Lysophospholipids: receptor revelations. Science 294:1875–1878

Huwiler A, Kolter T, Pfeilschifter J, Sandhoff K (2000) Physiology and pathophysiology of sphingolipid metabolism and signaling. Biochem Biophys Acta 1485:63–99

Jeyakumar SM, Vajreswari A (2019) Dietary management of non-alcoholic fatty liver disease (NAFLD) by n-3 polyunsaturated fatty acid (PUFA) supplementation: a perspective on the role of n-3 PUFA-derived lipid mediators. Chapter 30 in: Dietary interventions in liver Disease: 373–389. Academic Press (London, Oxford, Boston, New York und San Diego)

Jimenez-Rojo N, Riezman H (2019) On the road to unravelling the molecular functions of ether lipids. FEBS Lett. https://doi.org/10.1002/1873-3468.13465

Katso R, Okkenhaug K, Ahmadi K, White S, Timms J, Waterfield MD (2001) Cellular function of phosphoinositide 3-kinases: implications for development, immunity, homeostasis, and cancer. Annu Rev Cell Dev Biol 17:615–675

Kawabata A (2011) Prostaglandin E2 and pain-an update. Biol Pharm Bull 34:1170–1173

Lowther J, Naismith JH, Dunn TM, Campopiano D (2012) Structural, mechanistic and regulatory studies of serine palmitoyltransferase. Biochem Soc Trans 40:547–554

Murakami M (2011) Lipid mediators in life science. Exp Anim 60:7–20

Pyne S, Pyne NJ (2000) Sphingosine 1-phosphate signalling in mammalian cells. Biochem J 349:385–402

Suckau O, Gross I, Schrötter S, Yang F, Luo J, Wree A, Chun J, Baska D, Baumgart J, Kano K, Aoki J, Bräuer AU (2018) LPA1, LPA2, LPA4 and LPA6 receptor expression during mouse brain development. Dev Dyn 248:375–395

22

Stoffwechsel von Cholesterin

Peter C. Heinrich und Georg Löffler

Das zu den Isoprenlipiden zählende Cholesterin ist neben den Phosphoglyceriden und Sphingolipiden (▶ Kap. 22) ein typisches Membranlipid tierischer Zellen. Darüber hinaus ist Cholesterin die Vorstufe der Steroidhormone (▶ Kap. 40) und der Gallensäuren (▶ Kap. 61 und 62). Vitamin-D-Hormone (Calciferole) werden aus 7-Dehydro-Cholesterin (▶ Abschn. 58.3) gebildet. Als Fettsäureester kann Cholesterin auch intrazellulär gespeichert werden. Wie andere Polyisoprene wird Cholesterin ausgehend von Acetyl-CoA aus einer aktivierten Isopren-Zwischenstufe synthetisiert. Die Biosynthese von Cholesterin wird über vielfältige Regulationsmechanismen gesteuert. Die Hauptausscheidungsform von Cholesterin sind die Gallensäuren.

Schwerpunkte

23.1 Cholesterin – Membranlipid und Ausgangssubstanz von Steroidhormonen, Gallensäuren und Vitamin-D

- Neun Nobelpreise für die chemische Synthese von Cholesterin
- Bestandteil zellulärer Membranen
- Vorläufer aller Steroidhormone
- Ausgangssubstanz für die Biosynthese von Gallensäuren, die für eine geordnete Lipidverdauung essenziell sind

23.2 Biosynthese von Cholesterin

- Cytosolische Synthese von HMG-CoA
- Intermediate: Mevalonat, Isopentenylpyrophosphat, Squalen
- Vom Squalen zum Cholesterin

23.3 Regulation der Cholesterinbiosynthese

- Nahrungscholesterin und *de novo*-Synthese
- HMG-CoA-Reduktase Regulation
- Genexpression *SREBP2*
- Halblebenszeit
- Reversible chemische Modifikation durch Phosphorylierung
- Statine: Inhibitoren der HMG-CoA-Reduktase und Behandlung von Hypercholisterinämie

Übrigens

Cholesterin. Kaum eine Verbindung ist auf so großes chemisches wie auch medizinisches Interesse gestoßen wie Cholesterin. Es wurde wahrscheinlich bereits im 18. Jahrhundert aus Gallensteinen angereichert. Jedoch gelang die erfolgreiche Isolierung erst dem französischen Chemiker Michel Eugene Chevreul (1786–1889), der auch für die Bezeichnung Cholesterin (von griech. *chole* = Galle und *stereos* = fest) verantwortlich ist. Anfang des 20. Jahrhunderts war über die Cholesterinstruktur nicht viel mehr bekannt als die Summenformel und die Tatsache, dass das Molekül eine Doppelbindung und eine OH-Gruppe enthält. Dies änderte sich jedoch rasch. Zwischen 1928 und 1975 wurden für Arbeiten zur Struktur und chemischen Synthese von Cholesterin und verwandten Verbindungen insgesamt neun Nobelpreise vergeben. Viele frühe Untersuchungen zeigten die weite Verbreitung von Cholesterin in tierischen Geweben. Die Frage, wie dieses kompliziert aufgebaute Molekül in Zellen synthetisiert wird, konnten Konrad Bloch und Feodor Lynen beantworten, die dafür 1964 mit dem Nobelpreis für Medizin geehrt wurden. Einen ersten Hinweis auf die Verbindung von Cholesterin mit pathologischen Vorgängen ergab schon 1903 die Beobachtung von Adolf Windaus, dass Cholesterin in arteriosklerotischen Plaques in großer Menge vorhanden ist. Der russische Wissenschaftler Alexander Ignatowski zeigte 1908, dass die Verfütterung einer cholesterinreichen Diät

Ergänzende Information Die elektronische Version dieses Kapitels enthält Zusatzmaterial, auf das über folgenden Link zugegriffen werden kann https://doi.org/10.1007/978-3-662-60266-9_23. Die Videos lassen sich durch Anklicken des DOI Links in der Legende einer entsprechenden Abbildung abspielen, oder indem Sie diesen Link mit der SN More Media App scannen.

P. C. Heinrich et al. (Hrsg.), *Löffler/Petrides Biochemie und Pathobiochemie*, https://doi.org/10.1007/978-3-662-60266-9_23

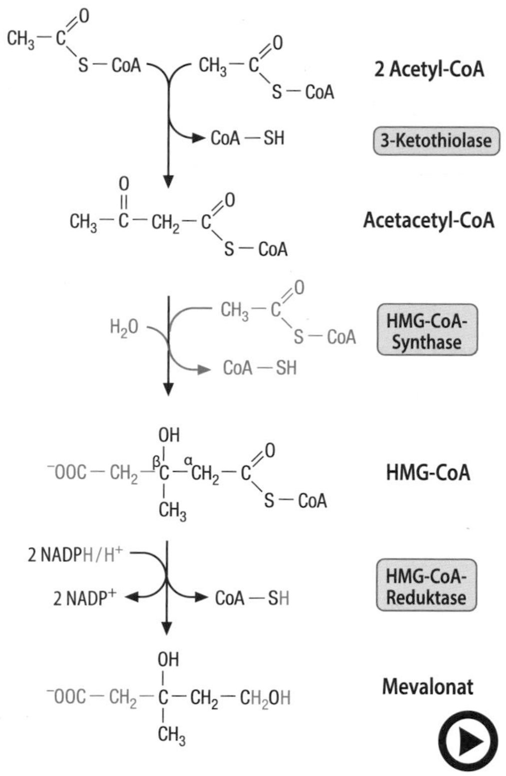

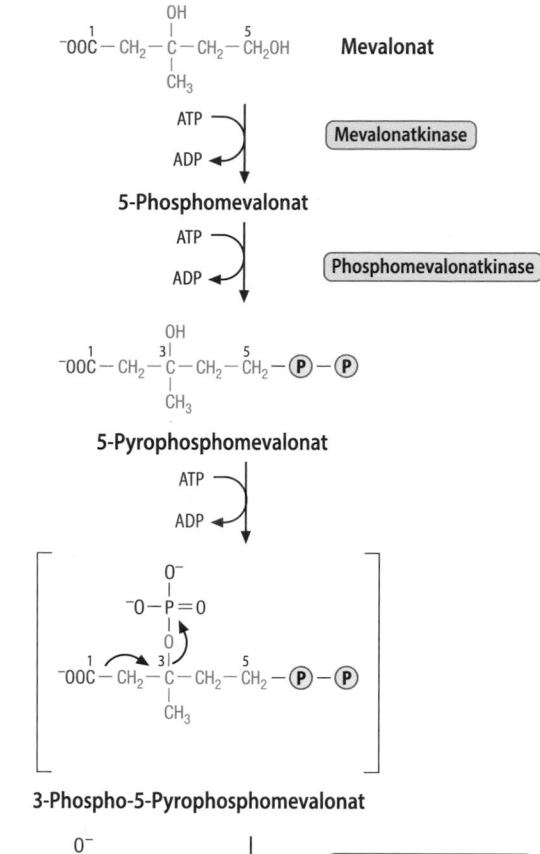

Abb. 23.4 (Video 23.2) **Biosynthese von Mevalonat aus Acetyl-CoA.** Die dargestellten Reaktionen finden im Cytosol statt. (Einzelheiten s. Text) (▶ https://doi.org/10.1007/000-5h1)

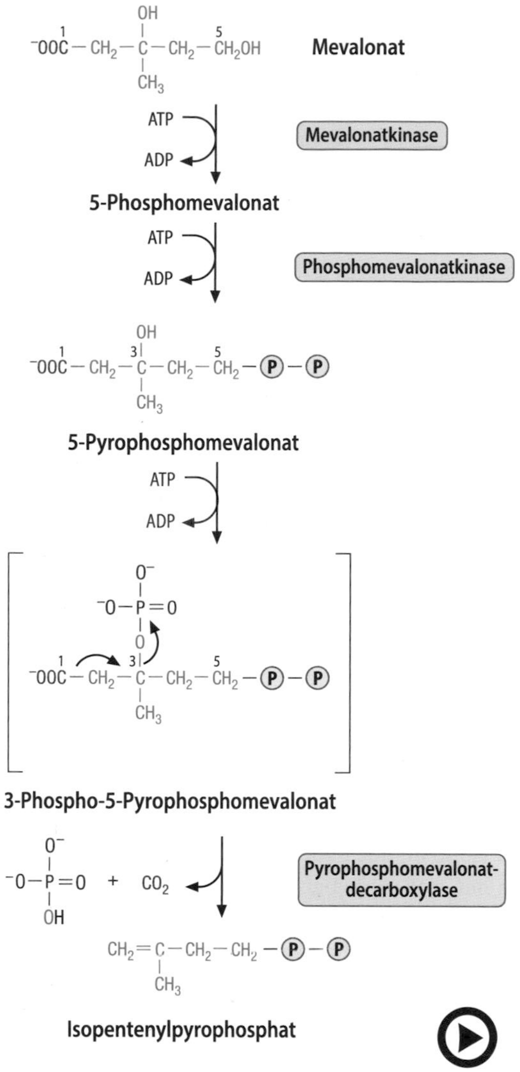

synthese wird allerdings das für die Mevalonatsynthese benötigte HMG-CoA im Cytosol erzeugt. Durch die **HMG-CoA-Reduktase, einem integralen ER-Membran-Protein**, wird HMG-CoA unter Verbrauch von 2 NADPH reduziert. Die Reduktion erfolgt an der den Thioester tragenden Carboxylgruppe des HMG-CoA über einen Aldehyd zum Alkohol. Unter der Abspaltung von CoA-SH entsteht das Produkt Mevalonat.

Die HMG-CoA-Reduktase ist ein intergrales Protein der ER Membran und das geschwindigkeitsbestimmende Enzym in der Cholesterinbiosnythese.

❯ Aktives Isopren wird aus Mevalonat synthetisiert.

Bildung von aktivem Isopren Die zweite Phase der Cholesterinbiosynthese besteht in der Herstellung des aktiven Isoprens **Isopentenylpyrophosphat** (Abb. 23.5), welches sich formal vom 2-Methyl-1,3-Butadien herleitet. Isopentenylpyrophosphat ist Ausgangsprodukt nicht nur für die Biosynthese des Cholesterins, sondern auch für die der Polyisoprene und Terpene, die verschiedenste Funktionen in der Natur übernehmen (s. u.; ▶ Abschn. 3.2.5).

Die vom Mevalonat zum aktiven Isopren führenden Reaktionen sind in Abb. 23.5 zusammengestellt. Die

Abb. 23.5 (Video 23.3) **Biosynthese von „aktivem Isopren" aus Mevalonat.** (Einzelheiten s. Text) (▶ https://doi.org/10.1007/000-5h2)

verantwortlichen Enzyme sind sowohl im Cytosol als auch in den Peroxisomen nachweisbar:

— Mevalonat wird durch zweimalige ATP-abhängige Phosphorylierung an der -CH$_2$OH-Gruppe über das Zwischenprodukt 5-Phosphomevalonat in **5-Pyrophosphomevalonat** umgewandelt.

— Eine dritte ATP-abhängige Phosphorylierung führt zur Veresterung auch der Hydroxylgruppe am C-Atom 3 des Mevalonats, sodass das Zwischenprodukt **3-Phospho-5-Pyrophosphomevalonat** entsteht.

— Dieses wird decarboxyliert und unter Mitnahme des aus der Hydroxylgruppe stammenden Sauerstoffs dephosphoryliert, sodass als Zwischenprodukt **Isopentenylpyrophosphat**, das sog. aktive Isopren, entsteht.

23

❯ Vom Isopentenylpyrophosphat gehen Kondensationsreaktionen aus, die zu den Polyisoprenen und zum Squalen führen.

Bildung von Squalen Die Kondensationen von aktiven Isoprenresten laufen in folgenden Schritten unter Katalyse der **Isopentenylpyrophosphat-Isomerase** und der **Prenyltransferase** ab (◻ Abb. 23.6). Zunächst wird Isopentenylpyrophosphat durch die Isopentenylpyrophosphat-Isomerase zu **Dimethylallylpyrophosphat** isomerisiert und damit ein weiteres aktives Isopren erzeugt. Grundlage der folgenden Kondensationsreaktionen ist eine Kopf-Schwanz-Kondensation:

- Vom Enzym-gebundenen Dimethylallylpyrophosphat wird Pyrophosphat eliminiert.
- An das dadurch als Intermediat entstehende **Carbo-Kation** (Carbeniumion) kondensiert Isopentenylpyrophosphat, wobei ein neues Carbo-Kation gebildet wird, aus dem durch Abspaltung eines Protons **Geranylpyrophosphat** entsteht.
- Die Prenyltransferase katalysiert nach einem gleichartigen Mechanismus die Kondensation von Geranylpyrophosphat mit Isopentenylpyrophosphat. Das Reaktionsprodukt ist das aus 15 C-Atomen bestehende **Farnesylpyrophosphat**.

Durch Kondensation von zwei Molekülen Farnesylpyrophosphat entsteht unter Katalyse der **Squalensynthase** das aus insgesamt 30 C-Atomen bestehende **Squalen**. Bei dieser Reaktion handelt es sich um eine Kopf-Kopf-Kondensation, bei der ebenfalls nach Pyrophosphat-Eliminierung ein Carbo-Kation als Intermediat auftritt. Außerdem ist eine NADPH-abhängige Reduktion des Zwischenprodukts Präsqualenpyrophosphat erforderlich.

❯ Die durch Kondensation von aktiven Isoprenresten gebildeten Zwischenprodukte sind Ausgangspunkt für die Biosynthese einer großen Zahl von Naturstoffen.

Aus den bei der Kondensation der aktiven Isoprene entstehenden Verbindungen werden außer Squalen viele Naturstoffe gebildet (◻ Abb. 23.7). Zu ihnen gehören u. a.:

- Cholesterin und seine Abkömmlinge,
- Dolichol (▶ Abschn. 3.2.5),
- Ubichinon (▶ Abschn. 19.1.2),
- Häm*a* (▶ Abschn. 19.1.2),
- D-Hormone (Vitamin D, ▶ Abschn. 58.3),
- Carotinoide (Vitamin A, ▶ Abschn. 58.2),
- Tocopherol (Vitamin E, ▶ Abschn. 58.4),
- Phyllochinone (Vitamin K, ▶ Abschn. 58.5), aber auch

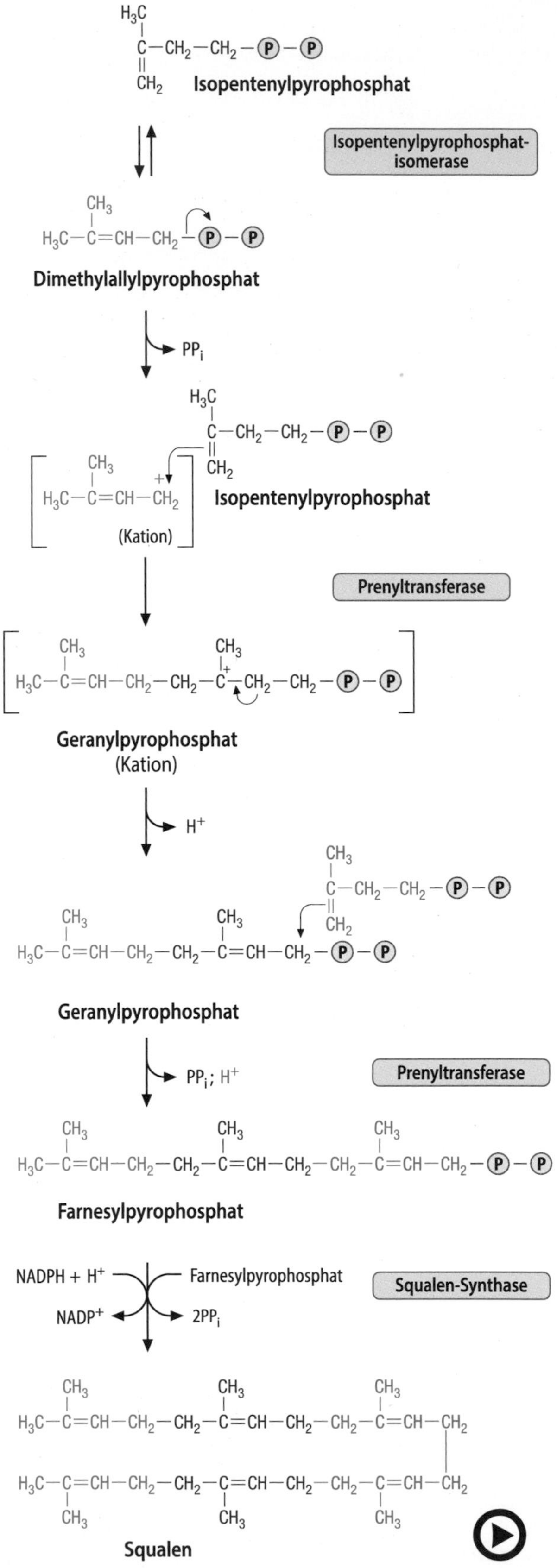

◻ **Abb. 23.6** (Video 23.4) **Reaktionsmechanismus der Prenyltransferase.** (Einzelheiten s. Text) (▶ https://doi.org/10.1007/000-5h0)

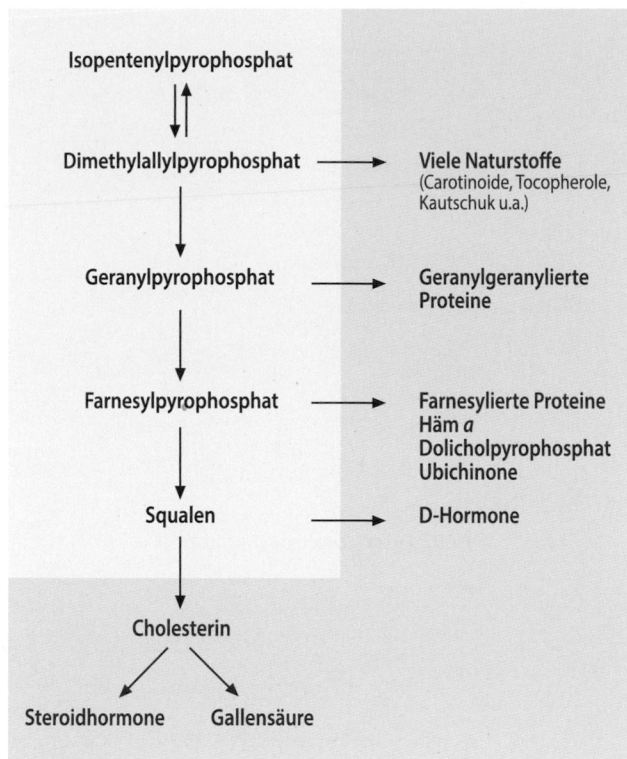

Abb. 23.7 Biosynthese wichtiger Verbindungen aus „aktivem Isopren" in Säugerzellen. (Einzelheiten s. Text)

— eine große Zahl pflanzlicher Metabolite, u. a. Kautschuk.

Darüber hinaus werden einige vor allem an Regulationsvorgängen beteiligte Proteine durch Geranylierung oder Farnesylierung (Prenylierung, ▶ Abschn. 49.3.4) mit den entsprechenden Gruppen covalent verknüpft und erhalten damit einen **Membran-Anker**.

❯ Cholesterin entsteht in 22 Teilreaktionen aus Squalen.

Synthese von Cholesterin aus Squalen Squalen ist ein Vorläufer des Cholesterins (■ Abb. 23.8). Die Squalen-Epoxidase katalysiert die Umwandlung von Squalen in das Epoxid (2,3-Oxido-Squalen). Bei dieser Reaktion werden NADPH als Reduktions- und molekularer Sauerstoff (O_2) als Oxidationsmittel benötigt. Ein O-Atom wird in das Squalen eingebaut, das andere zu Wasser reduziert.

Die Protonierung des Epoxids initiiert eine Reihe von Elektronen-Verschiebungen, die nach Zyklisierung des Epoxids zum Lanosterin führen. Dabei wandert eine Methylgruppe auf das C-Atom 13 und eine weitere auf das C-Atom 14 (rote Pfeile). Durch dreimalige Demethylierung an den C-Atomen 4 und 14 entsteht aus Lanosterin

das **Zymosterin**. Dieses unterscheidet sich von **Cholesterin** nur noch durch die Lage der Doppelbindung und durch eine weitere Doppelbindung in der Seitenkette.

Zusammenfassung

Cholesterin und andere Isoprenlipide werden aus Acetyl-CoA synthetisiert, wobei zunächst als Zwischenstufe die aktiven Isopreneinheiten Dimethylallylpyrophosphat und Isopentenylpyrophosphat entstehen. Durch Kondensationsreaktionen beider Verbindungen wird eine große Zahl von Naturstoffen gebildet, zu denen Cholesterin, viele Vitamine, aber auch das intrazellulär synthetisierte Ubichinon gehören.

23.3 Regulation der Cholesterinbiosynthese

Es ist schon lange bekannt, dass die Geschwindigkeit der Cholesterinbiosynthese und damit der Cholesteringehalt des Plasmas von der Menge des mit der Nahrung aufgenommenen Cholesterins abhängen. Durch Reduktion der Cholesterinaufnahme lässt sich der Cholesterinspiegel im Plasma senken. Umgekehrt führt eine Mehraufnahme von 100 mg Cholesterin/Tag zu einer Erhöhung des Cholesterinspiegels um etwa 5 mg/100 ml (0,13 mmol/l) Plasma.

Cholesterin ist unlöslich in wässrigen Medien und zeigt u. a. bei erhöhter Plasmakonzentration die Tendenz zur Ablagerung, z. B. in der Wand von Blutgefäßen, mit entsprechenden Konsequenzen (▶ Abschn. 25.4.2). Deshalb müssen endogene Cholesterinsynthese und Cholesterinzufuhr mit der Nahrung möglichst gut aufeinander abgestimmt werden.

23.3.1 Mechanismen der Regulation der Cholesterinbiosynthese

❯ Cholesterin hemmt die Transkription der Enzyme der Cholesterinbiosynthese.

Die Transkription von Enzymen der Cholesterinbiosynthese hängt von der Verfügbarkeit von Cholesterin ab:

— Zufuhr von Cholesterin zu kultivierten Zellen führt zu einer raschen Abnahme der mRNAs aller an der Cholesterinsynthese beteiligter Gene, besonders derjenigen, welche für die **HMG-CoA-Reduktase**, die **HMG-CoA-Synthase**, die **Prenyltransferase**, aber auch den **LDL-Rezeptor** codieren (▶ Abschn. 24.2).

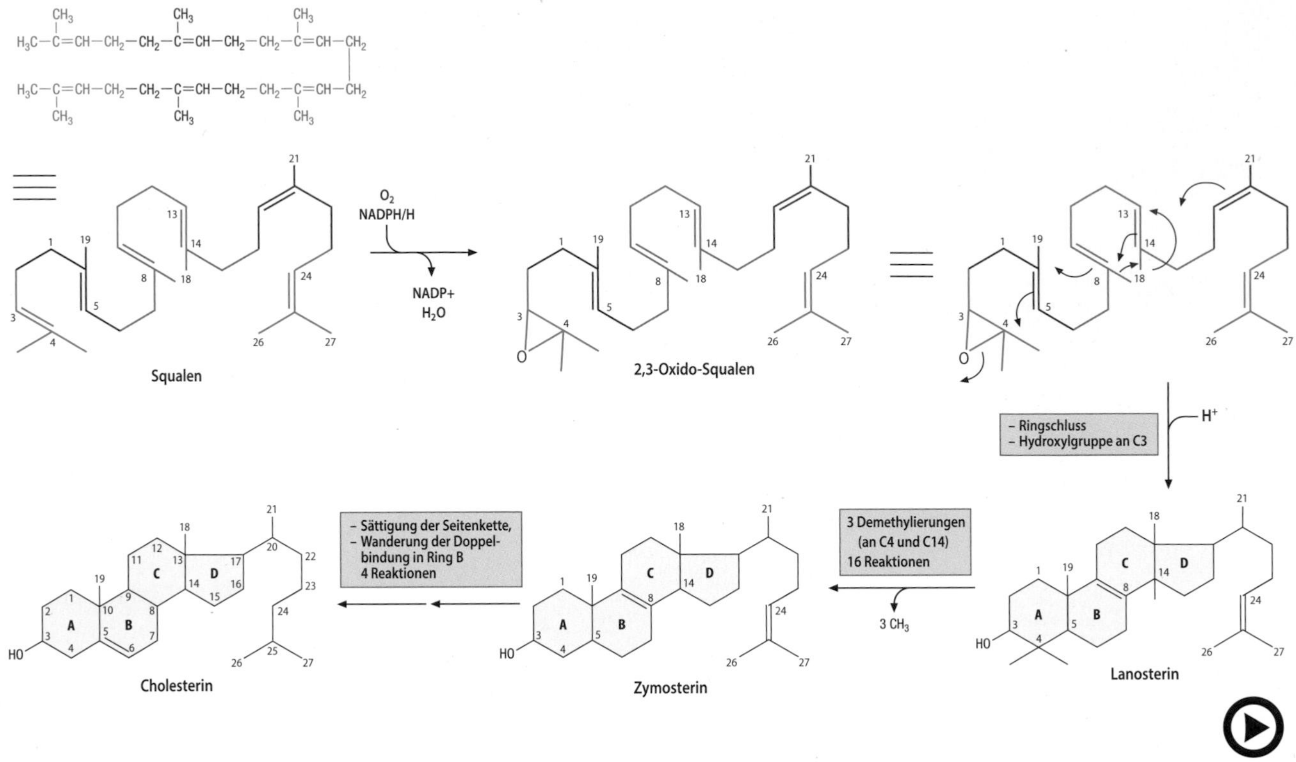

Abb. 23.8 (Video 23.5) **Biosynthese von Cholesterin aus Squalen.** Die Nummerierung der C-Atome in den Zwischenprodukten entspricht der Nummerierung im Cholesterin. (Einzelheiten s. Text) (▶ https://doi.org/10.1007/000-5h4)

— Bei Cholesterinmangel nimmt dagegen die Transkription dieser Gene und damit deren mRNA-Spiegel zu.

Die Gene der genannten Proteine haben in ihrer Promotor-Region in mehreren Kopien ein aus acht Nucleotiden bestehendes sog. **Sterol-Regulationselement 1** (SRE 1, s*terol* r*egulatory* e*lement*). Nach Deletion dieser Elemente geht die Transkriptionsabhängigkeit von Cholesterin und anderen Sterolen verloren. SRE 1 ist ein en*hancer* (▶ Abschn. 47.2.2), der die Transkription der o. g. Gene dann aktiviert, wenn Transkriptionsfaktoren an ihn binden, die als **SREBPs** (s*terol* r*egulatory* e*lement* b*inding* p*roteins*) bezeichnet werden. SREBPs kommen in drei Isoformen vor, SREBP-1a, -1c und -2. Für die Regulation der Gen-Transkription durch Cholesterin ist v. a. SREBP-2 zuständig. Seine Aktivierung erfolgt in folgenden Schritten (Abb. 23.9):
— SREBP-2 ist ein aus drei Domänen bestehendes Protein, das mit seiner luminalen Domäne haarnadelartig in die Membran des endoplasmatischen Retikulums integriert ist. Die N-terminale und die C-terminale Domäne ragen ins Cytosol. Die N-terminale Domäne ist ein Transkriptionsfaktor der Helix-*turn*-Helix-Familie (▶ Abschn. 47.2.2), die C-terminale Domäne hat eine regulatorische Funktion.

— Die C-terminale Domäne bindet an ein als SCAP (**SREBP** c*leavage*-a*ctivating* p*rotein*) bezeichnetes, mit acht Transmembrandomänen im endoplasmatischen Retikulum verankertes Protein.
— Fünf der acht Transmembransegmente von SCAP wirken als Sensor für in die Membran eingebautes Cholesterin.
— Ist die Cholesterin-Konzentration hoch, so bindet der Komplex aus SREBP-2 und SCAP an ein als *Insig*(**ins***ulin* **i***nduced* **g***ene*)-Protein bezeichnetes Membranprotein des endoplasmatischen Retikulums und fixiert auf diese Weise SREBP-2.
— Bei niedrigen Cholesterin-Konzentrationen bindet das SCAP kein Cholesterin, löst sich von der Bindung an *Insig* und der SREBP/SCAP-Komplex wird vesikulär zum Golgi-Apparat transportiert.
— Durch eine als S1P bezeichnete Protease wird dort SREBP-2 in der luminalen Domäne gespalten. Beide cytosolische Domänen sind danach noch in die Golgi-Membran integriert.
— Erst durch die S2P-Protease wird die N-terminale Domäne von SREBP-2 freigesetzt, in den Zellkern transloziert und wirkt dann als Transkriptionsfaktor. S2P ist nur aktiv, wenn S1P die luminale Domäne geschnitten hat.
— Die Transkription aller an der Cholesterinbiosynthese beteiligter Gene wird durch SREBP-2 gesteigert.

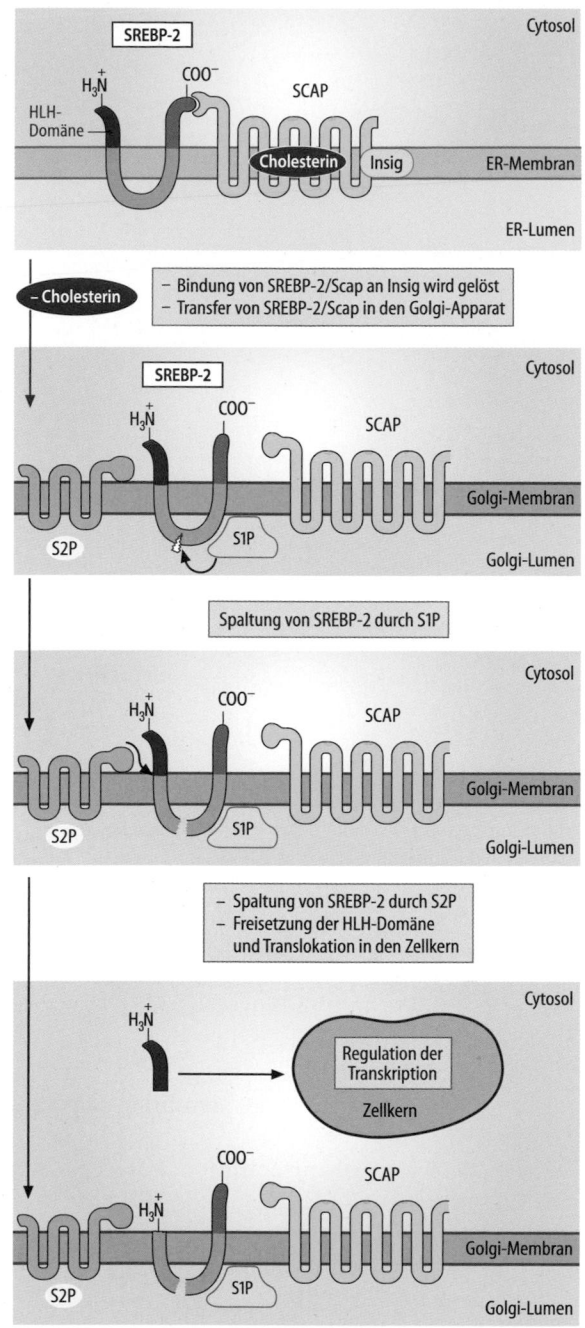

◻ Abb. 23.9 (Video 23.6) **Regulation der Cholesterinbiosynthese durch proteolytische Aktivierung von SREBP-2.** SREBPs und damit auch SREBP-2 sind integrale Membranproteine des endoplasmatischen Retikulums, die dort einen Komplex mit Scap (SREBP *cleavage-activating protein*) bilden. Scap hat eine Cholesterin-bindende Domäne. Bei hohen Cholesterin-Konzentrationen wird der SREBP-2/Scap-Komplex an das *Insig*-Protein (*insulin induced gene*) gebunden. Die Freisetzung der als Transkriptionsfaktor dienenden N-terminalen Domäne des SREBP-2 erfolgt bei niedrigen Cholesterin-Konzentrationen nach Translokation in den Golgi-Apparat. Sie wird durch eine Spaltung durch die Protease S1P eingeleitet. Nach der ersten Spaltung wird die Protease S2P aktiv und spaltet den DNA-bindenden Teil des SREBPs ab. Dieser gelangt in den Zellkern und wirkt als Transkriptionsfaktor. *HLH*: Helix-*Loop*-Helix. (Einzelheiten s. Text) (► https://doi.org/10.1007/000-5h5)

Dieser Mechanismus gewährleistet, dass die für die Cholesterinbiosynthese benötigten Gene nur dann aktiviert werden, wenn die Zelle arm an Cholesterin ist.

SREBPs sind nicht nur an der Regulation des Cholesterinstoffwechsels beteiligt, sondern greifen auch in die Fettsäure- und Triacylglycerin-Synthese, die Aufnahme von Cholesterin und Fettsäuren in Zellen und sogar in den Glucosestoffwechsel ein (◻ Tab. 23.1). Die Aktivierung ist in diesem Fall allerdings nicht Cholesterin-, sondern Insulin-abhängig (► Abschn. 15.3.1).

Eine Übersicht über die Regulation der Cholesterin-Biosynthese gibt die ◻ Abb. 23.10. Bei hohen Cholesterin-Konzentrationen sind die Gene für die HMG-CoA-Synthase, -Reduktase und den LDL-Rezeptor inaktiviert/inaktiv (Ziffern 1, 2).

Hohe Cholesterin-Konzentrationen aktivieren die Acyl-CoA-Cholesterin-Acyl-Transferase (ACAT) (Ziffer 3). Dies führt zur Synthese von Cholesterinester und seiner Speicherung in intrazellulären Lipidtröpfchen (Ziffer 4).

> Eine Erhöhung des zellulären Cholesteringehalts senkt die Halbwertszeit der HMG-CoA-Reduktase.

Das die Reaktionsgeschwindigkeit der Cholesterinbiosynthese bestimmende Enzym ist die **HMG-CoA-Reduktase**. Die HMG-CoA-Reduktase ist ein Protein des endoplasmatischen Retikulums. Eine cytosolische Domäne trägt die Enzymaktivität, in die Membran ist das Enzym mit acht Transmembrandomänen integriert. Diese sind eng mit den acht Transmembrandomänen von SCAP verwandt und dienen auch als Sensor für Sterole, neben Cholesterin v. a. Oxysterole (enzymatisch oder nicht-enzymatisch entstandene Oxidationsprodukte des Cholesterins, mit Hydroxylgruppen an den C-Atomen 7 oder in der Seitenkette). Die Bindung solcher Sterole an diese Transmembran-Domänen löst eine Ubiquitinierung aus (◻ Abb. 23.10 [Ziffer 5]) und damit einen gesteigerten Abbau von HMG-CoA-Reduktase, was zu einer Verminderung der Cholesterinbiosynthese führt.

> Die HMG-CoA-Reduktase wird durch reversible Phosphorylierung inaktiviert.

Nicht in der Übersicht gezeigt ist die Regulation der HMG-CoA-Reduktase-Aktivität durch reversible Phosphorylierung.

Die **AMP-aktivierte Proteinkinase** (AMPK), die auch die Acetyl-CoA-Carboxylase phosphoryliert und inaktiviert (► Abschn. 38.1.1), inaktiviert die HMG-CoA-Reduktase. Eine Proteinphosphatase macht diesen Effekt rückgängig. AMP als der Aktivator der AMPK fällt immer dann an, wenn in Zellen Energiemangel herrscht. In diesem Zustand erscheint es sinnvoll, Energie-verbrauchende Biosynthesen wie die Fettsäure- oder Cholesterinbiosynthese abzuschalten.

23

Tab. 23.1 Proteine, deren Expression durch SREBPs aktiviert wird (Auswahl)

SREBP-2 Aktiviert durch Cholesterinmangel	SREBP-1a Aktiviert durch Mangel an ungesättigten Fettsäuren	SREBP-1c Aktiviert durch Insulin
HMG-CoA-Synthase HMG-CoA-Reduktase Alle Enzyme bis zum Isopentenylpyrophosphat Prenyltransferase Squalensynthase Enzyme vom Squalen bis zum Cholesterin LDL-Rezeptor	Acetyl-CoA-Carboxylase Fettsäuresynthase Fettsäure-Elongasen Fettsäure-Desaturasen	GLUT2 Glucokinase Malatenzym Acetyl-CoA-Carboxylase Fettsäuresynthase Glycerophosphat-Acyltransferase

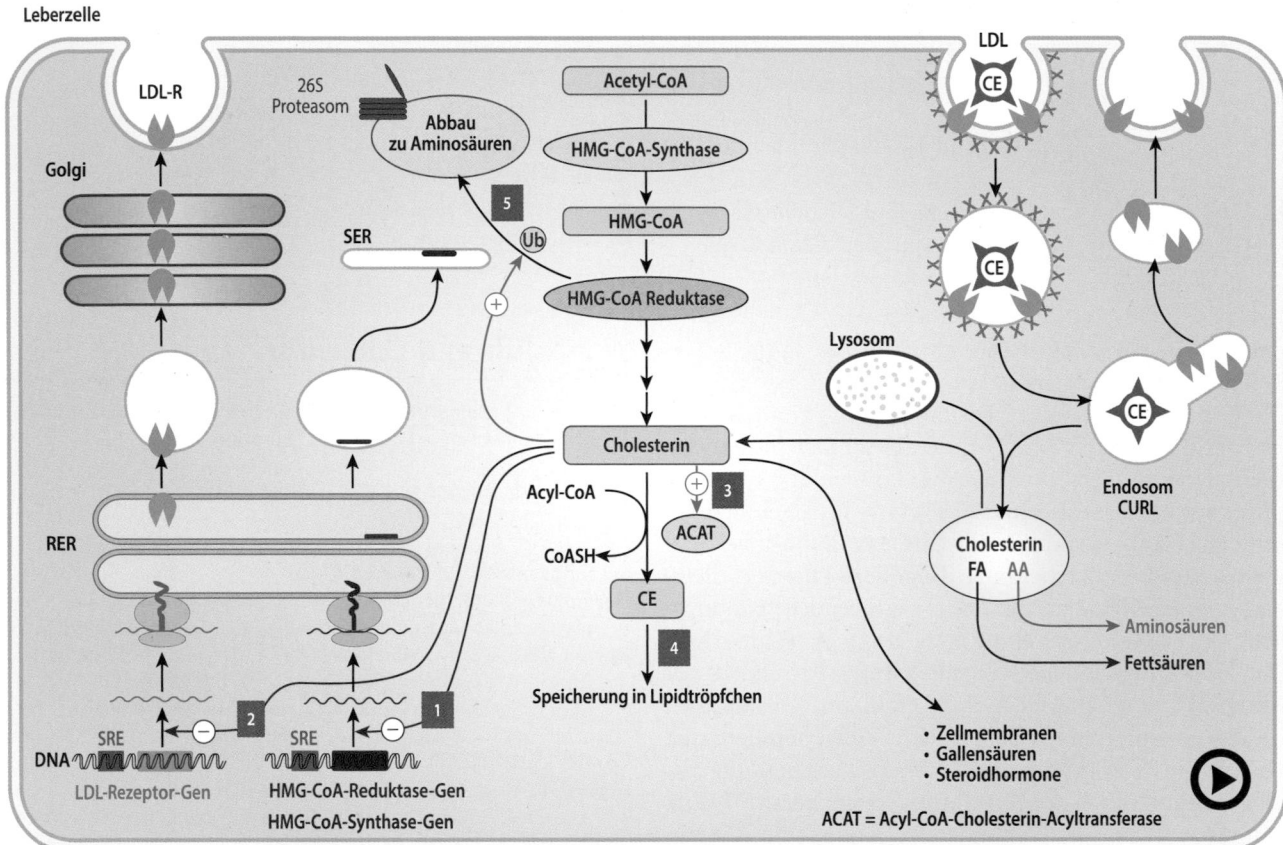

Abb. 23.10 (Video 23.7) **Übersicht über die Regulationsmechanismen der Cholesterin-Biosynthese** (Einzelheiten s. Text). *AA: amino acid; ACAT*: Acyl-CoA-Cholesterin-Acyltransferase; *CE*, Cholesterin-Ester; *CURL: compartment of uncoupling of receptor and ligand; FA: fatty acid; Insig: insulin induced gene; LDL: low density lipoprotein; RER*: raues endoplasmatisches Retikulum; *SER: smooth endoplasmic reticulum; SRE: sterol regulatory element* (▶ https://doi.org/10.1007/000-5h6)

23.4 Pathobiochemie

❯ Zur Behandlung von Hypercholesterinämien werden Inhibitoren der HMG-CoA-Reduktase verwendet.

Von besonderer Bedeutung für die Behandlung von Hypercholesterinämien (▶ Abschn. 25.4.2) sind eine Reihe spezifischer Pilzmetabolite. Es handelt sich um Verbindungen wie **Mevinolin** oder **Compactin**, deren Derivate

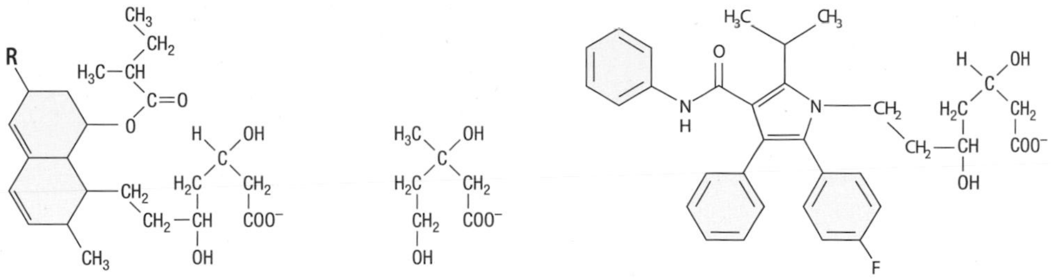

◘ Abb. 23.11 **Strukturen von Compactin und Mevinolin.** Der zum Mevalonat strukturhomologe Teil ist *rot* hervorgehoben

als **Statine** bezeichnet werden (◘ Abb. 23.11). Sie verfügen über eine dem Mevalonat strukturell entsprechende Gruppe, werden deswegen von der HMG-CoA-Reduktase gebunden und wirken als kompetitive Inhibitoren. Da sie eine besonders hohe Affinität zu diesem Enzym besitzen, kann mit ihnen die Biosynthese von Isopren-Derivaten und Cholesterin vollständig gehemmt werden.

> Einfluss von Fasten, Diabetes mellitus, Schilddrüsenhormonen und Gallensäuren auf den Cholesterinspiegel.

Bei Nahrungskarenz ist die Aktivität der HMG-CoA-Reduktase deutlich reduziert, was das Absinken des Cholesterinspiegels beim Fasten erklärt. Ähnlich niedrige Aktivitäten der HMG-CoA-Reduktase finden sich auch beim Diabetes mellitus. Hier können allerdings die Cholesterinspiegel im Blut hoch sein, wahrscheinlich wegen einer Verlangsamung des Cholesterinumsatzes und der Cholesterinausscheidung. Eine dem Diabetes mellitus ähnliche Konstellation findet man bei der Schilddrüsenunterfunktion, der Hypothyreose (► Abschn. 41.4). Die Hyperthyreose geht dagegen trotz Erhöhung der Aktivität der HMG-CoA-Reduktase mit erniedrigten Cholesterinspiegeln im Blut einher, wahrscheinlich, weil gleichzeitig Cholesterinumsatz und -ausscheidung gesteigert sind. Auch Gallensäuren hemmen die Cholesterinbiosynthese (► Abschn. 61.1.4). Wird die Rückresorption der Gallensäuren im Darm durch die Bindung an einen nicht-resorbierbaren Ionenaustauscher (Colestyramin; ► Abschn. 25.4.2) unterbunden, kommt es zu einer Steigerung der Cholesterinbiosynthese in der Leber. Da jedoch gleichzeitig die Gallensäure-Neubildung aus Cholesterin beträchtlich beschleunigt ist, sinkt der Serumcholesterinspiegel trotzdem ab.

Zusammenfassung

Da Cholesterin sowohl mit der Nahrung zugeführt als auch endogen synthetisiert wird, muss seine Synthese genau reguliert werden. Dabei sind folgende Prinzipien

wirksam: Cholesterin hemmt die Aktivierung von SREBP-2, das als Transkriptionsfaktor das geschwindigkeitsbestimmende Enzym der Cholesterinbiosynthese (HMG-CoA-Reduktase) und andere Enzyme der Cholesterinsynthese induziert. Cholesterin verkürzt die Halbwertszeit der HMG-CoA-Reduktase. Die HMG-CoA-Reduktase wird durch reversible Phosphorylierung inaktiviert.

Weiterführende Literatur

Fielding CJ, Fielding PE (2000) Cholesterol and caveolae: structural and functional relationships. Biochim Biophys Acta 1529: 210–222

Goldstein JL, Brown MS (2001) The cholesterol quartet. Science 292:1310–1314

Goldstein JL, DeBose-Boyd RA, Brown MS (2006) Protein sensors for membrane sterols. Cell 124:35–46

Hardie DG (2004) The AMP-activated protein kinase pathway – new players upstream and downstream. J Cell Sci 117:5479–5487

Horton JD, Shah NA, Warrington JA, Anderson NN, Wook Park S, Brown MS, Goldstein JL (2003) Combined analysis of oligonucleotide microarray data from transgenic and knockout mice identifies direct SREBP target genes. Proc Natl Acad Sci USA 100:12027–12032

Legler DF, Matti C, Laufer JM, Jakobs BD, Purvanov V, Uetz-von Allmen E, Thelen M (2017) Modulation of chemokine receptor function by cholesterol: new prospects for pharmacological intervention. Mol Pharmacol 91:331–338

Liu J, Chang CC, Westover EJ, Covey DF, Chang TY (2005) Investigating the allosterism of acyl-CoA: cholesterol acyltransferase (ACAT) by using various sterols: in vitro and intact cell studies. Biochem J 391:389–397

Schamel WW et al (2017) The allostery model of TCR regulation. J Immunol 198:47–52

Xu J et al (2018) Current status and future prospects of the strategy of combining CAR-T with PD-1 blockade for antitumor therapy. Mol Med Rep 17:2083–2088

23

Lipoproteine – Transportformen der Lipide im Blut

Peter C. Heinrich und Georg Löffler

Den vielfältigen Funktionen der in den ▶ Kap. 21, 22, und 23 besprochenen Lipide steht ein Problem gegenüber, das gelegentlich pathobiochemische Konsequenzen hat. Die überwiegend hydrophoben Lipide müssen im Blut und der extrazellulären Flüssigkeit transportiert werden, was wegen der wässrigen Natur dieser Transportmedien naturgemäß schwierig ist. Der Transport erfolgt in Form von Lipoproteinen, Komplexen aus spezifischen Proteinen mit definierten Mischungen der einzelnen Lipide.

Schwerpunkte

24.1 Zusammensetzung der Lipoproteine
- Vier Hauptklassen: Chylomikronen, VLDL, LDL, HDL
- Aufbau der Lipoproteine

24.2 Funktion und Umsatz einzelner Lipoproteine
- Chylomikronen und VLDL entstehen in Darm und Leber, sie transportieren Triacylglycerine
- Lipoproteinlipase an der Plasma-Membran von Kapillar-Endothelien wird durch ApoCll aktiviert und spaltet Triacylglycerine
- LDL transportieren Cholesterin zur Leber und den extrahepatischen Geweben
- Endocytose von LDL/LDL-Rezeptor-Komplexen und Regulation der Cholesterin-Biosynthese
- Reverser Cholesterintransport durch HDL

24.1 Zusammensetzung der Lipoproteine

Extrahiert man die Lipide des Blutplasmas mit geeigneten organischen Lösungsmitteln oder trennt sie mit chemischen Methoden auf, so finden sich hauptsächlich:
- Cholesterin und Cholesterinester,
- Phosphoglyceride,
- Triacylglycerine und
- in geringeren Mengen unveresterte langkettige Fettsäuren (◘ Tab. 24.1).

Bei Lipiden überwiegen die hydrophoben Eigenschaften. Es ist deswegen verständlich, dass ihr Transport im wässrigen Medium, dem Blutplasma, schwierig ist. Für die mengenmäßig unbedeutende Fraktion der nicht veresterten Fettsäuren steht als Transportvehikel das **Serumalbumin** zur Verfügung. Alle anderen Lipide des Plasmas müssen durch Bindung an spezifische Transportproteine in Form der **Lipoproteine** transportiert werden.

❯ Aufgrund ihrer Dichte können Lipoproteine in vier Hauptklassen eingeteilt werden.

Die verschiedenen Lipoproteine lassen sich entsprechend ihrer Dichte in der präparativen Ultrazentrifuge (▶ Abschn. 6.2) voneinander trennen. Dabei ergeben sich, nach ansteigender Dichte geordnet, folgende Klassen:
- **Chylomikronen**
- *very low density lipoproteins* (VLDL)

◘ Tab. 24.1 Konzentrationsbereiche der im Serum von Gesunden vorkommenden Lipide

Lipid	Konzentrationsbereich	
	(mg/100 ml)	(mmol/l)
Triacylglycerine	50–200	0,6–2,4
Phosphoglyceride	160–250	2,2–3,4
Cholesterin (frei + verestert)	150–220	3,9–6,2
Nichtveresterte Fettsäuren	14–22	0,5–0,8

Ergänzende Information Die elektronische Version dieses Kapitels enthält Zusatzmaterial, auf das über folgenden Link zugegriffen werden kann https://doi.org/10.1007/978-3-662-60266-9_24. Die Videos lassen sich durch Anklicken des DOI Links in der Legende einer entsprechenden Abbildung abspielen, oder indem Sie diesen Link mit der SN More Media App scannen.

- *low density lipoproteins* (LDL) und
- *high density lipoproteins* (HDL)

Diese Lipoproteine unterscheiden sich sowohl im Lipidgehalt als auch im Verhältnis von Lipiden zu Proteinen.

In den Chylomikronen beträgt dieses Verhältnis 98 zu 2. Die 98 % der Lipide setzen sich zusammen aus 86 % Triacylglycerine, 5 % Cholesterin und nur 7 % Phospholipide. Über VLDL, LDL und HDL nimmt das Lipid-Protein-Verhältnis bis auf etwa 50 zu 50 bei den HDL ab. In der gleichen Reihenfolge sinkt auch der Anteil von transportierten Triacylglycerinen. Den höchsten Cholesteringehalt zeigt die LDL-Fraktion, den höchsten Phosphoglyceridgehalt die HDL-Fraktion (◘ Tab. 24.2).

Dass sich die einzelnen Lipoproteinklassen auch bezüglich ihrer Proteinzusammensetzung unterscheiden, wird aus ihrem elektrophoretischen Verhalten klar, welches eine weitere Einteilungsmöglichkeit liefert. Während Chylomikronen keine elektrophoretische Beweglichkeit haben, wandern LDL mit den β-Globulinen und HDL mit den α-Globulinen. Sie werden dementsprechend als **β- bzw. α-Lipoproteine** bezeichnet. VLDL wandern dagegen in der Elektrophorese den β-Globulinen voraus und werden als **Prä-β-Lipoproteine** bezeichnet.

❯ Für die verschiedenen Lipoproteinklassen sind spezifische Apolipoproteine charakteristisch.

◘ Tab. 24.3 fasst die wichtigsten Eigenschaften und Funktionen der einzelnen Apolipoproteine zusammen.

Strukturell können die Apolipoproteine in zwei Gruppen eingeteilt werden:
- $ApoB_{100}$ und $ApoB_{48}$ werden als nicht-austauschbare Apolipoproteine bezeichnet, die nicht zwischen den verschiedenen Lipoproteinen wechseln können. Sie sind in Wasser unlöslich.
- Die Apolipoproteine der Gruppen A, C, D und E sind in freier Form wasserlöslich und werden zwischen Lipoproteinen ausgetauscht (s. u.).

Wie aus physikalisch-chemischen Untersuchungen hervorgeht, nehmen Apolipoproteine erst in Gegenwart von Phosphoglyceriden ihre endgültige räumliche Konformation an. Diese zeichnet sich durch einen relativ großen Gehalt an α-helicalen Bereichen aus, die häufig als sog. **amphiphile Helices** organisiert sind. Dies bedeutet, dass sich auf der einen Hälfte der Helix-Oberfläche überwiegend hydrophile und auf der anderen Hälfte dagegen überwiegend hydrophobe Aminosäure-Seitenketten befinden. Grundlage aller Strukturmodelle

◘ **Tab. 24.2**   Physikalische Eigenschaften, chemische Zusammensetzung und Haupt-Apolipoproteine der verschiedenen Lipoproteinklassen

	Chylomikronen	VLDL	LDL	HDL
Dichte (g/ml)	0,93	0,93–1,006	1,019–1,063	1,063–1,21
Durchmesser (nm)	75–1200	30–80	18–25	5–12
Triacylglycerine (%)	86	55	6	4
Cholesterin und Cholesterinester (%)	5	19	50	19
Phospholipide (%)	7	18	22	34
Apolipoproteine (%) davon	2	8	22	42
Apo A I	+	–	–	+
Apo A II	–	–	–	+
Apo A IV	+	–	–	+
Apo A V	–	+	–	+
*Apo B_{48}	+ (48 %)	–	–	–
*Apo B_{100}	–	+ (25 %)	+ (95 %)	–
Apo C I	(+)	+	–	+
Apo C II	+	+	–	+
Apo C III	+	+	–	+
Apo D	–	–	–	+
Apo E	+	+	+	+
Apo M	–	+	–	+

*Nicht zwischen den Lipoproteinklassen austauschbare Apolipoproteine. Nur für sie ist in Klammern der prozentuale Anteil an der Gesamtmenge der Apolipoproteine angegeben

◘ Tab. 24.3 Klassifizierung und Funktion der Apolipoproteine des menschlichen Serums

Apolipoprotein	Lipoprotein	Molekülmasse (kDa)	Syntheseort	Funktion
A I	Chylomikronen, HDL	28,5	Leber, Darm	Strukturelement, Aktivator der LCAT
A II	HDL	17	Leber	Strukturelement, Aktivator der hepatischen Lipase
A IV	Chylomikronen, HDL	46	Darm	Strukturelement, Aktivator der LCAT
A V	VLDL, HDL	38	Leber	Aktivator der hepatischen Lipase
B_{100}*	VLDL, LDL	513	Leber	Ligand des $ApoB_{100}$-Rezeptors
B_{48}*	Chylomikronen	241	Darm	Strukturelement
CI	Chylomikronen, VLDL, HDL	7,6	Leber	Aktivator der LCAT
CII	Chylomikronen, VLDL, HDL	8,9	Leber	Aktivator der LPL
CIII	Chylomikronen, VLDL, HDL	8,7	Leber	Inhibitor der LPL
D	HDL	33	Leber	Aktivator der LCAT, Strukturelement
E	Chylomikronen, VLDL, HDL, (LDL)	34	Leber	Ligand des ApoE-Rezeptors
M	HDL, VLDL	13	Leber, Nieren	Unbekannt

*Nicht austauschbare Apolipoproteine
LCAT: Lecithin-Cholesterin-Acyltransferase; *LPL:* Lipoproteinlipase

für Lipoproteine bildet die Annahme, dass der hydrophobe Kern jedes Lipoproteins aus Lipiden besteht. Die Apolipoproteine „schwimmen" mit ihren hydrophoben Strukturen auf der Lipidphase und treten mit ihren hydrophilen Domänen mit der wässrigen Umgebung in Wechselwirkung.

Für den Aufbau der LDL-Klasse bestehen experimentell einigermaßen gesicherte Vorstellungen (◘ Abb. 24.1), die auf der Strukturaufklärung des Apolipoproteins B100 (ApoB100) beruhen. Dieses außerordentlich große Protein besteht aus 4527 Aminosäureresten und lässt sich in fünf Domänen unterteilen (◘ Abb. 24.1A). Beginnend vom N-Terminus findet sich zunächst eine Lipovitellin-ähnliche Domäne. Lipovitellin ist das Lipoprotein des Eidotters. Man nimmt an, dass diese Domäne für die Lipidbeladung des LDL verantwortlich ist. In den folgenden vier Domänen bis zum C-Terminus wechseln sich amphipathische β-Faltblattstrukturen mit ebenfalls amphipathischen α-Helices ab. In ◘ Abb. 24.1B, C ist der Aufbau des LDL schematisch dargestellt:

– In einem Kernbereich des LDL befinden sich apolare Lipide wie Triacylglycerine und Cholesterinester. Um diesen herum legt sich eine Schale aus Cholesterin und amphiphilen Lipiden, v. a. Phosphoglyceriden.

▬ Ein Molekül $ApoB_{100}$ ist um das kugelförmige Lipidpartikel gewunden. Dabei tauchen die β-Faltblattstrukturen $β_1$ und $β_2$ in die Phosphoglycerid-Struktur ein.

Außer ihrer strukturgebenden Funktion haben Apolipoproteine wichtige Aufgaben im Rahmen des Metabolismus der Lipoproteine zu erfüllen (◘ Tab. 24.3). So sind die Apolipoproteine B_{100} und E Liganden für spezifische Rezeptoren, die die Internalisierung der Lipoproteine und damit ihren weiteren Stoffwechsel vermitteln. Das Apolipoprotein CII ist ein unerlässlicher Aktivator der Lipoproteinlipase (LPL). Die Apolipoproteine AI, CI und D aktivieren die Lecithin-Cholesterin-Acyltransferase (LCAT).

Zusammenfassung

Im Blutplasma erreichen die Lipide Konzentrationen, die ihre Löslichkeit weit übersteigen. Sie werden infolgedessen als Proteinkomplexe in Form von Lipoproteinen transportiert. Diese werden aufgrund ihrer Dichte in vier Hauptklassen eingeteilt: Chylomikronen, VLDL, LDL und HDL. Die unterschiedlichen Dichten ergeben sich durch die für die jeweilige Lipoprote-

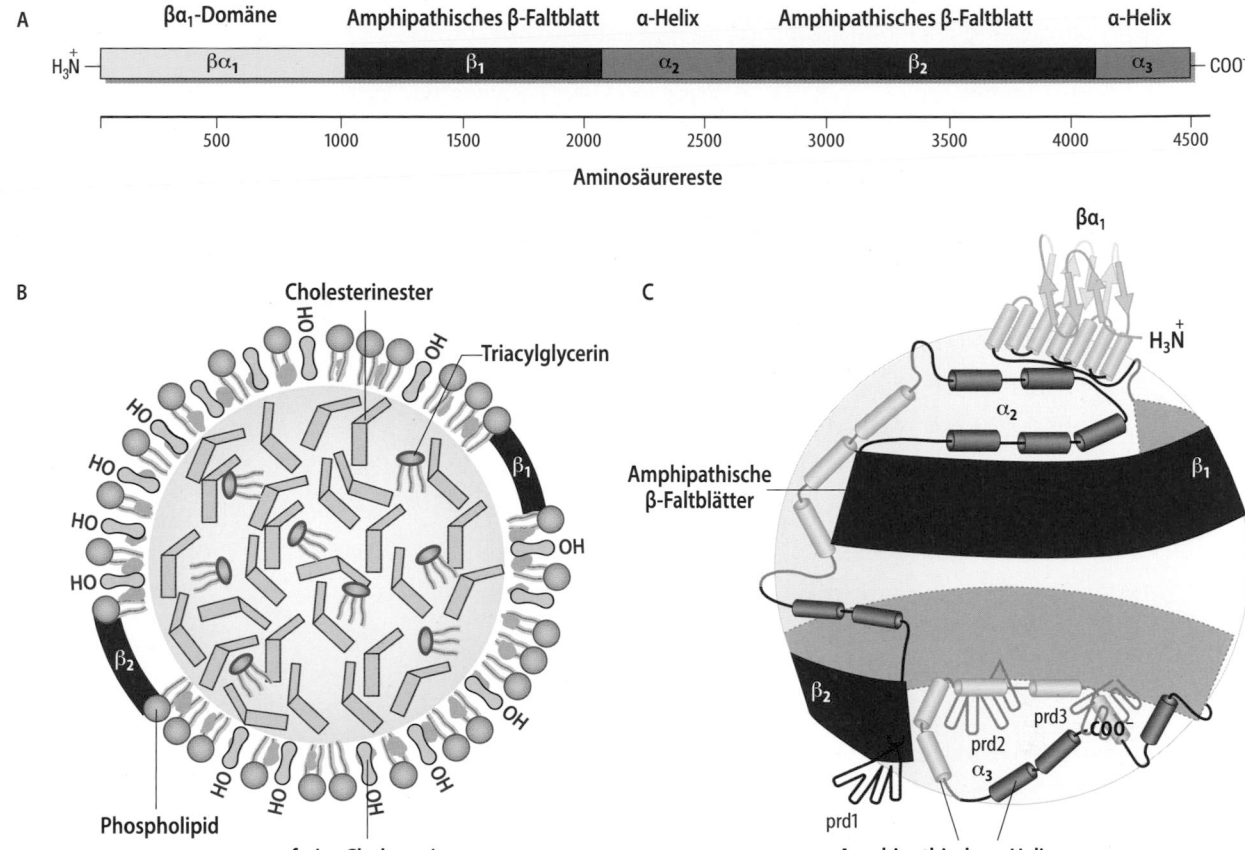

◨ Abb. 24.1 Aufbau eines LDL-Lipoproteins. A Domänen des Apolipoproteins B_{100} (Apo B_{100}). N-terminal befindet sich eine dem Lipovitellin-ähnliche Domäne, die wegen ihrer Zusammensetzung auch als $\beta\alpha_1$-Domäne bezeichnet wird. Die als β_1 und β_2 bezeichneten Domänen zeichnen sich durch einen hohen Gehalt an β-Faltblattstruktur aus, während die Domänen α_2 und α_3 (C-Terminus) überwiegend α-helicale Elemente aufweisen. **B** Querschnitt durch ein LDL-Partikel. Man erkennt den inneren, aus Triacylglycerinen und Cholesterinestern zusammengesetzten Kern (*gelb*); die ihn umgebenden amphiphilen Lipide sind *blau* dargestellt, das

ApoB$_{100}$-Molekül *rot*. **C** LDL in der Aufsicht. Man erkennt, wie sich ApoB$_{100}$ mit α-helicalen und β-Faltblattanteilen um den Lipidkern windet. Die *hell* dargestellten Anteile sind hinter dem Lipidkern gelegen. *Prd1–prd3:* Prolin-reiche Domänen, die für die Bindung an den LDL-Rezeptor wichtig sind. (Adaptiert nach Segrest et al. 2001. Republished with permission of the American Society for Biochemistry and Molecular Biology, from Structure of apolipoprotein B-100 in low density lipoproteins, Segrest JP, Jones MK, De Loof H, Dashti N, J Lipid Res 42: 1346–1367, © 2001; permission conveyed through Copyright Clearance Center, Inc.)

inklasse spezifischen Verhältnisse an Triacylglycerinen, Cholesterin, Phospholipiden und Apolipoproteinen. Apolipoproteine sind neben den Phospholipiden die Lösungsvermittler von Cholesterinestern und Triacylglycerinen. Darüber hinaus erfüllen sie spezifische Funktionen im Stoffwechsel der einzelnen Lipoproteine. Einige von ihnen werden zwischen den Lipoproteinen ausgetauscht.

24.2 Funktion und Umsatz einzelner Lipoproteine

❯ Triacylglycerin-reiche Lipoproteine entstehen in Darm und Leber.

Chylomikronen und VLDL sind die besonders Triacylglycerin-reichen Lipoproteine. Die ersteren sind für den Transport von mit der Nahrung aufgenommener Triacylglycerine, die letzteren für den Transport der in der Leber aus endogenen Quellen synthetisierten Triacylglycerine verantwortlich.

Chylomikronen Chylomikronen entstehen in den Mucosazellen der duodenalen Schleimhaut:
- Im rauhen endoplasmatischen Retikulum der Mucosazellen assoziieren Phospholipide cotranslational mit dem Apolipoprotein B_{48}, wobei kleine, unreife Chylomikronen entstehen.
- Die bei der Resorption durch die Pankreaslipase gespaltenen Triacylglycerine werden im glatten endoplasmatischen Retikulum zu Triacylglycerinen resynthetisiert (▶ Abschn. 61.3.3, ◨ Abb. 61.16).

- Mithilfe eines **Triacylglycerin-Transferproteins** assoziieren unreife Chylomikronen und Triacylglycerine. Die Reifung von Chylomikronen wird durch Aufnahme weiterer Lipide wie Cholesterin und Phosphoglyceride sowie der Apolipoproteine AI und AIV abgeschlossen.
- Vom rauhen endoplasmatischen Retikulum gelangen die Chylomikronen in den Golgi-Apparat, wo sie in Sekretgranula gespeichert und durch Exocytose in den extrazellulären Raum abgegeben werden.
- Hier sammeln sie sich in den intestinalen Lymphgängen und gelangen über den Ductus thoracicus in den Blutkreislauf.

VLDL Prinzipiell gleichartig wie bei den Chylomikronen erfolgt die in den Einzelheiten noch nicht völlig aufgeklärte Bildung der VLDL:
- Im rauhen endoplasmatischen Retikulum wird das Apolipoprotein B_{100} synthetisiert und bereits cotranslational mit Triacylglycerinen beladen.
- Hierfür und für den Transfer ins glatte endoplasmatische Retikulum ist das mikrosomale Lipid-Transferprotein **MTP** notwendig.
- Im glatten endoplasmatischen Retikulum erfolgt eine Fusion mit Lipidvesikeln, die außer Triacylglycerinen auch Phosphoglyceride, Cholesterin und Cholesterinester enthalten.
- Die so entstandenen fertigen VLDL gelangen in den Golgi-Apparat und werden von dort sezerniert.
- Bei niedrigen Cholesterin- und Phosphoglycerid-Spiegeln in der Leber wird die VLDL-Synthese eingeschränkt. Hohe Cholesterin-Spiegel in der Leber führen dagegen zu Cholesterin-reichen VLDL, die eine Arteriosklerose auslösen können.

❯ Triacylglycerin-reiche Lipoproteine werden durch die Lipoproteinlipase abgebaut

Am Abbau der Triacylglycerin-reichen Lipoproteine sind in besonderem Umfang die extrahepatischen Gewebe beteiligt. Allerdings bestehen beträchtliche Unterschiede in den Abbauwegen für Chylomikronen und VLDL (◼ Abb. 24.2 und 24.3).

Chylomikronen gelangen in die Lymphe und fließen über den Ductus thoracicus in die obere Hohlvene. Unmittelbar nach ihrem Erscheinen im Blut ändert sich die Oberfläche der Chylomikronen (◼ Abb. 24.2). In Abhängigkeit von der Konzentration der HDL, besonders der Untergruppe HDL_2 (s. u.), erfolgt ein Austausch der Apolipoproteine des Typs C und E zwischen HDL und Chylomikronen, d. h. die Chylomikronen werden mit ApoE und ApoCII/CIII von den HDL beladen. In den Kapillaren des Fettgewebes, sowie der Skelett- und

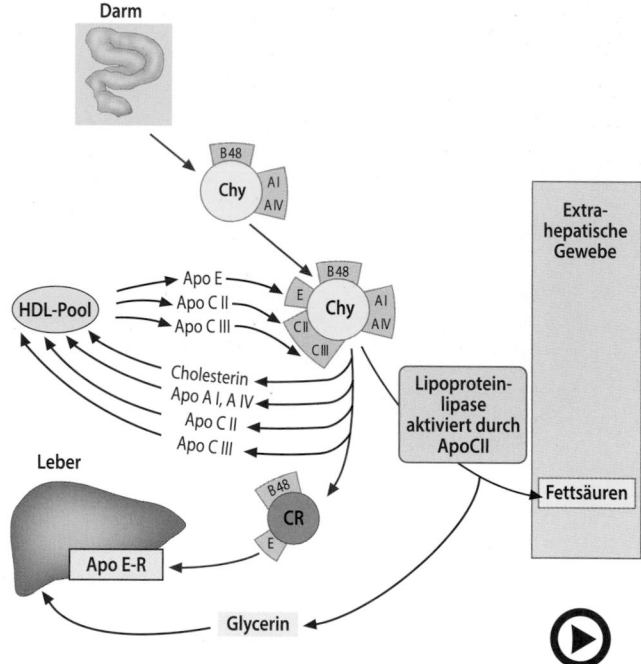

◼ **Abb. 24.2**   (Video 24.1) **Abbau von Chylomikronen.** *Chy:* Chylomikronen; *CR:* Chylomikronen-*remnants*; *ApoE-R:* Apolipoprotein-E-Rezeptor. (Einzelheiten s. Text) (▶ https://doi.org/10.1007/000-5h8)

Herzmuskulatur werden nun die in den Chylomikronen enthaltenen Triglyceride abgebaut. Hier spielt die **Lipoproteinlipase** (LPL, ◼ Tab. 24.4), die in Adipocyten und Myocyten synthetisiert wird, eine wichtige Rolle. Nach Transcytose durch das Endothel wird die LPL, die positive Ladung trägt, über ionische Wechselwirkungen mit den negativen Ladungen von Heparansulfat, einem Proteoglykan, in der Membran von Kapillar-Endothel-Zellen an die luminale Seite gebunden (◼ Abb. 24.4).

Das Apoprotein CII auf der Oberfläche der Chylomikronen erkennt und aktiviert die LPL. Die aktivierte LPL spaltet nun die Triacylglycerine der Chylomikronen in Glycerin und Fettsäuren. Die Fettsäuren werden von den extrahepatischen Geweben aufgenommen und verstoffwechselt (▶ Abschn. 21.1.3): in Adipocyten zur Fettspeicherung, im Skelettmuskel zur Energie-Gewinnung. Das Glycerin wird in der Leber phosphoryliert und in den Stoffwechsel eingeschleust (▶ Abschn. 21.1.2).

❯ Durch die Apolipoproteine CIII und E wird die LPL-vermittelte Lipolyse gehemmt.

Beim Abbau der Chylomikronen durch die Lipoproteinlipase gehen 70–90 % des Triacylglycerin-Gehalts verloren. Gleichzeitig wird ein beträchtlicher Teil der Apolipoprotein A- und C-Moleküle und Cholesterin auf HDL-Vorstufen, sog. diskoidale HDL, übertragen, wo-

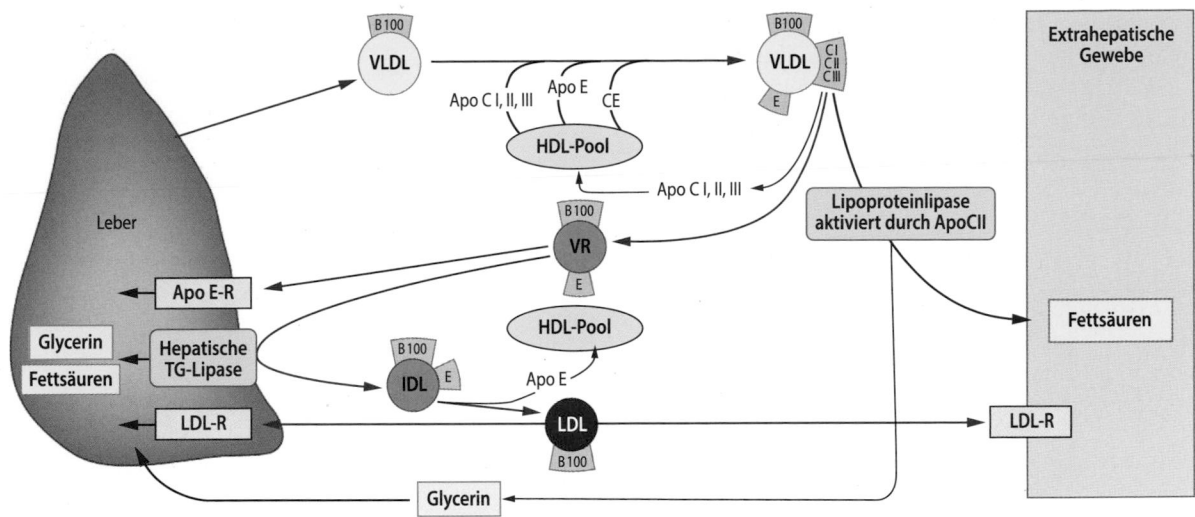

Abb. 24.3   Abbau von *very low density*-Lipoproteinen (VLDL). *TG:* Triacylglycerin; *VR:* VLDL-*remnant*; *CE:* Cholesterinester; *–R:* Rezeptor. (Einzelheiten s. Text)

Tab. 24.4   Übersicht der Lipasen

	Lipoproteinlipase	Pankreaslipase	Hormonsensitive Lipase/ Diacylglycerin-Lipase	Hepatische Lipase
Vorkommen	Auf Endothelzellen in Muskel-/ Fettgewebe, über Proteoglycane gebunden	Dünndarmlumen	Ubiquitär intrazellulär (v. a. in Fettgewebe)	Leber, an den Kapillaren der Endothelzellen
Substrate	Triacylglycerine der Chylomikronen/VLDL	Nahrungs-Triacylglycerine	Speicher-Triacylglycerine	Triacylglycerine der Remnants, IDL und HDL$_2$
Produkte	Fettsäuren + Glycerin	Fettsäuren + Monoacylglycerin	Fettsäuren + Glycerin	Fettsäuren + Diacylglycerin

bei die Fraktion HDL$_3$ entsteht. Das Überbleibsel des Chylomikronenabbaus, welches auch als *remnant* (engl. Überbleibsel) bezeichnet wird, enthält noch die Apolipoproteine B$_{48}$ und E, außerdem weitere resorbierte Lipide, v. a. das Nahrungscholesterin. In der Leber erfolgt über spezifische Rezeptoren für das Apolipoprotein E eine Internalisierung und damit schließlich ein Abbau dieses Restpartikels.

■ **VLDL**

Im Gegensatz zu Chylomikronen werden VLDL in der Leber synthetisiert. Nach der Sekretion erfolgt durch Wechselwirkung mit HDL-Partikeln eine Anreicherung mit Cholesterinestern sowie den Apolipoproteinen E und C, besonders CII (**Abb. 24.3**). Durch CII-vermittelte Stimulation der am Kapillarendothel vorhandenen **Lipoproteinlipase** werden die Triglyceride der VLDL-Partikel zu Glycerin und Fettsäuren abgebaut, wobei ähnlich wie bei Chylomikronen, zunächst VLDL-*remnants* entstehen. Wegen ihres Gehalts an

Apolipoprotein E können sie von der Leber über entsprechende Rezeptoren internalisiert werden. Alternativ reagieren die VLDL-*remnants* mit der hepatischen Triacylglycerinlipase (**Tab. 24.4**) und verlieren auf diese Weise weiter an Triacylglycerinen, wobei ein Lipoprotein intermediärer Dichte, das **IDL** (**i**ntermediate **d**ensity **l**ipoprotein), entsteht. Dieses verliert unter Bildung von LDL-Partikeln sein Apolipoprotein E an den HDL-Pool. LDL enthalten nur noch das Apolipoprotein B$_{100}$.

❯ Die LDL transportieren Cholesterin zur Leber und den extrahepatischen Geweben und regulieren deren Cholesterinbiosynthese.

Von den Plasmalipoproteinen enthalten die **LDL** am meisten Cholesterin und Cholesterinester, die zu den Geweben transportiert werden, wo sie als Membranbauteil oder zur Synthese von Steroidhormonen oder Gallensäuren verwendet werden. Besondere Mechanismen sind allerdings notwendig, um die Cholesterinzufuhr

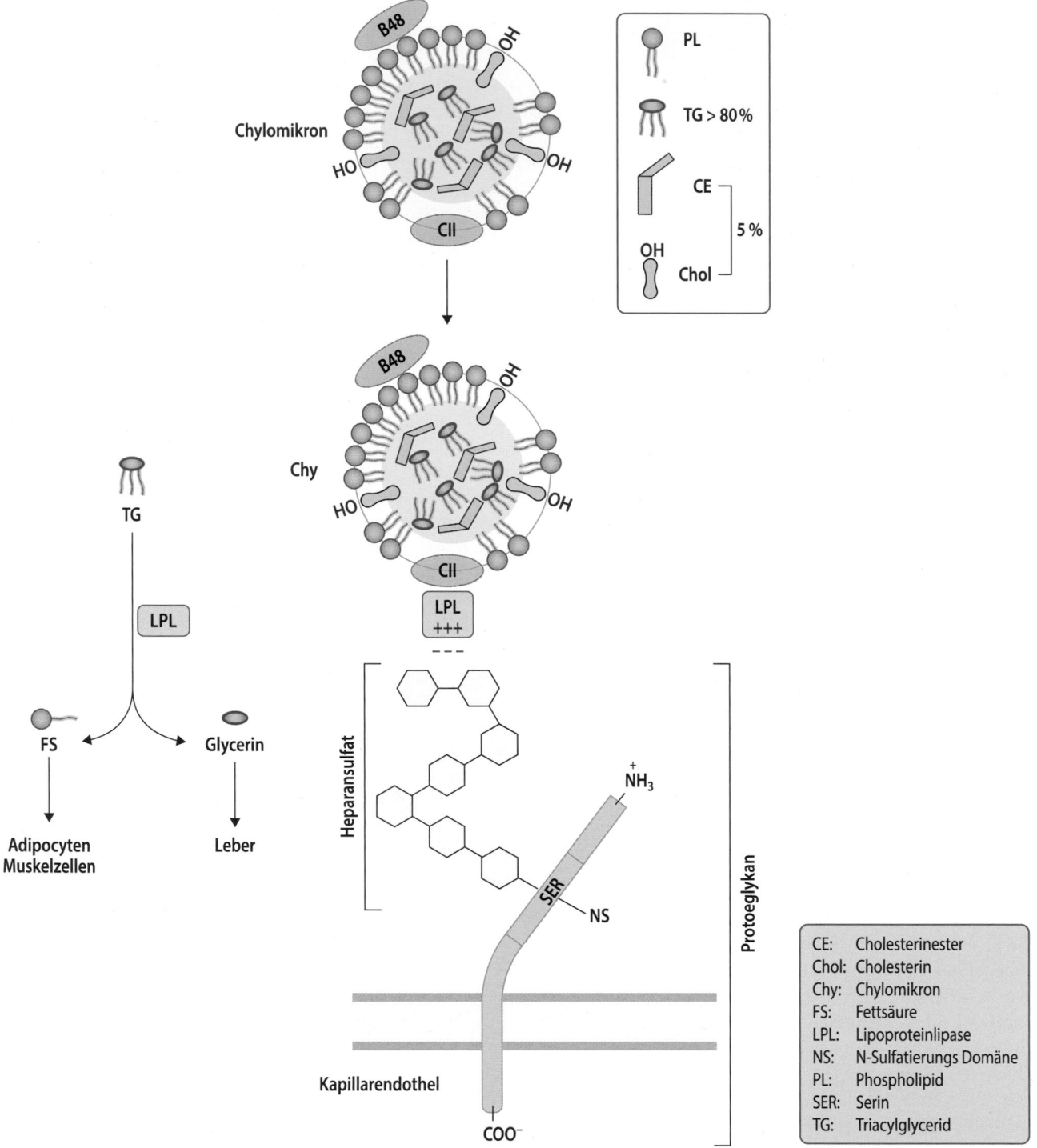

Abb. 24.4 Die Lipoprotein-Lipase in der Membran von Kapillar-Endothel-Zellen spaltet Triacylglycerine in Glycerin und Fettsäuren. (Einzelheiten s. Text)

mit LDL und die endogene Cholesterinsynthese der jeweiligen Zellen aufeinander abzustimmen.

Schon vor vielen Jahren haben Joseph Goldstein und Michael Brown (Nobelpreis für Medizin 1985) gefunden, dass Zusatz von LDL zu kultivierten Zellen deren endogene Cholesterinsynthese blockiert. Dies führte in der Folge zur Entdeckung der Beziehung zwischen dem in den LDL transportierten Cholesterin und der Cholesterinbiosynthese extrahepatischer Gewebe.

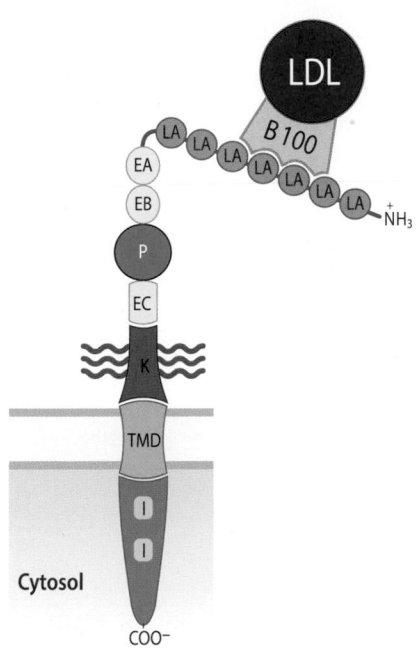

◻ **Abb. 24.5 Aufbau des LDL-Rezeptors aus verschiedenen Domänen.** *LA:* LDL-*receptor type* A-Domäne; *EA–EC:* EGF(*epidermal
growth factor*)-homologe Domänen; *P:* β-Propellerdomäne; *K:*
Kohlenhydrat-reiche Domäne mit O-glycosidisch gebundenen Kohlenhydrat-Seitenketten (braune Wellenlinien); *TMD:* Transmembrandomäne; *I:* Internalisierungsdomänen. (Einzelheiten s. Text)

Entscheidend hierfür ist, dass zunächst die LDL-
Partikel an einen spezifischen, in der Plasmamembran
der Zielzelle gelegenen Rezeptor, den **LDL-Rezeptor,**
binden. Sein Ligand ist das Apolipoprotein B$_{100}$.

Der LDL-Rezeptor (◻ Abb. 24.5) besteht aus
839 Aminosäuren und ist ein Membranprotein mit
einer Transmembrandomäne, einem extrazellulären
N-Terminus und einem intrazellulären C-Terminus.
N-terminal befinden sich zunächst 7 sog. LA-Module
(LA: -*receptor type A*), die für die Bindung des Liganden Apo B$_{100}$ verantwortlich sind. Sie bilden einen beweglichen Arm, der die unterschiedlich großen LDL
(und VLDL-*remnants*) binden kann. An die LA-Module schließen sich zwei EGF-homologe Domänen
(EGF-A, EGF-B) an. Ihnen folgt eine Domäne mit einer
sog. β-Propellerstruktur (P), danach eine weitere EGF-
homologe Domäne (EGF-C). Der extrazelluläre Teil des
Rezeptors wird durch eine Sequenz mit O-glycosidisch
gebundenen Kohlenhydrat-Seitenketten abgeschlossen
(K). In der intrazellulären Domäne befinden sich noch
zwei Sequenzen (I), die für die Internalisierung des Rezeptors einschließlich des gebundenen LDL verantwortlich sind.

Der LDL-Rezeptor wird im rauhen endoplasmatischen Retikulum in Form eines Präkursor-Proteins
synthetisiert und wie alle Glycoproteine dort, sowie im
Golgi-Apparat prozessiert (◻ Abb. 24.6). Etwa 45 min

nach seiner Synthese erscheint der Rezeptor in korrekter
Orientierung auf der Zelloberfläche. Der cytoplasma-
tische Teil des Rezeptorproteins kann über das Adap-
torprotein AP2 mit Clathrin in Wechselwirkung treten
(▶ Abschn. 6.4), sodass sich der Rezeptor in *coated pits*
anreichert. Die Bindung von LDL an den LDL-Rezeptor
erfolgt im Verhältnis 1:1. Innerhalb von 3–5 min nach der
Bindung kommt es unter Bildung von *coated vesicles* zur
Endocytose der LDL/LDL-Rezeptor-Komplexe. Nach
Verlust der Clathrinschicht fusionieren diese mit frühen Endosomen. In ihnen sinkt der pH-Wert wegen des
Vorhandenseins einer ATP-getriebenen Protonenpumpe
(▶ Abschn. 19.1.3) auf Werte unter 6,5, was die Dissoziation von LDL und Rezeptor auslöst. Der Rezeptor
kehrt in Form kleiner Vesikel wieder zur Zelloberfläche
zurück (*receptor recycling*) und steht für die Bindung weiterer Lipoproteine zur Verfügung. Die für einen derartigen Transportzyklus benötigte Zeit beträgt etwa 10 min.
Das LDL-Apolipoprotein wird in Lysosomen abgebaut
und die in den LDL-Partikeln enthaltenen Cholesterinester durch eine lysosomale saure Lipase hydrolysiert. Danach verlässt das freie Cholesterin das Lysosom.

An den Membranen des endoplasmatischen Retikulums beeinflusst Cholesterin nun zwei Vorgänge:

- Es reduziert die Aktivität sämtlicher an der Cholesterinbiosynthese beteiligter Enzyme durch eine Reduktion der Transkription der zugehörigen Gene
(▶ Abschn. 23.3).
- Es aktiviert hauptsächlich über einen allosterischen
Effekt die Acyl-CoA-Cholesterin-Acyltransferase
(ACAT), was zu einer Veresterung des Cholesterins
mit Speicherung der entstehenden Cholesterinester
in den Lipidtropfen der Zelle führt.

Auf diese Weise spielt der LDL-Rezeptor extrahepatischer Gewebe eine bedeutende Rolle im Cholesterin-
stoffwechsel. Er ist für die Bindung und Aufnahme der
Cholesterin-reichen LDL-Partikel verantwortlich und
sorgt damit für eine Senkung des Cholesterin-Spiegels
im Plasma. Zusätzlich vermittelt er eine Hemmung
der Cholesterinbiosynthese extrahepatischer Gewebe
und verhindert so eine Überschwemmung der Zellen mit Cholesterin. (Über die Bedeutung der LDL-
Rezeptoren bei der familiären Hypercholesterinämie s.
▶ Abschn. 25.4.2.

Neben der Endocytose von LDL/LDL-Rezeptor
und dem Recycling des Rezeptors ist auch ein lysosomaler Abbau des LDL-Rezeptors bekannt. Das lysosomale
Enzym PCSK9 (Proproteinkonvertase Subtilisin/Kexin
Typ 9) degradiert LDL-Rezeptoren auf den Hepatocyten der Leber. Es resultiert ein Anstieg der LDL-Kon-
zentration im Blut. Eine Hemmung von PCSK9 sollte
zu einem Anstieg der LDL-R-Dichte führen und die
Plasmaspiegel von LDL senken. In der Tat wurde die

■ **Abb. 24.6** (Video 24.2) **Der intrazelluläre Kreislauf des LDL-Rezeptors.** *ACAT:* Acyl-CoA-Cholesterin-Acyltransferase; CURL: *compartment of uncoupling of receptor and ligand.* (Einzelheiten s. Text) (► https://doi.org/10.1007/000-5h7)

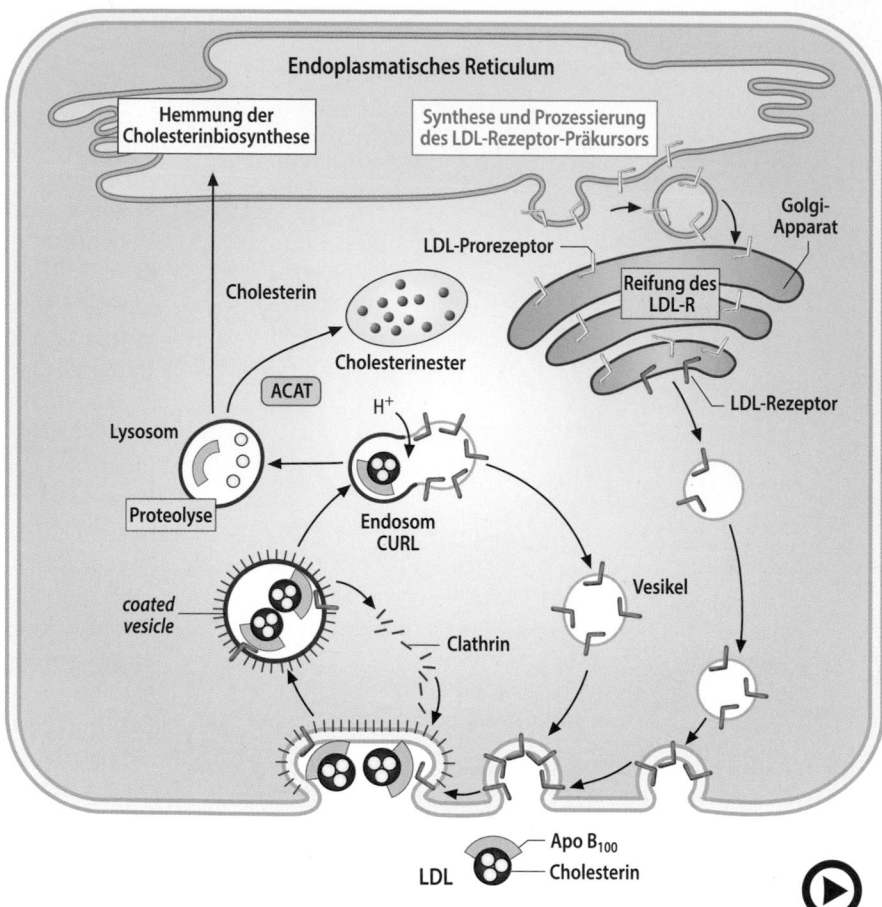

PCSK9 erfolgreich mit einem monoklonalen Antikörper gehemmt und die klinische Wirksamkeit auf LDL-Cholesterin-Spiegel nachgewiesen.

> Die HDL sind für den reversen Cholesterintransport verantwortlich.

Unter dem Begriff des **reversen Cholesterintransportes** fasst man die Mechanismen zusammen, die den Transport von Cholesterin aus den extrahepatischen Geweben zur Leber und damit zur Cholesterinausscheidung vermitteln. Ein derartiger Transport ist notwendig, da extrahepatische Gewebe zwar Cholesterin synthetisieren können, aber über keine Reaktionen zum Cholesterinabbau verfügen. Beim reversen Cholesterintransport spielt die sehr uneinheitliche Fraktion der HDL eine entscheidende Rolle. Aufgrund eines unterschiedlichen Gehalts an Apolipoproteinen und unterschiedlichem Lipidgehalt können mindestens drei HDL-Gruppen unterschieden werden, die als diskoidale HDL, HDL_2 und HDL_3 bezeichnet werden (als HDL_1 bezeichnet man eine HDL_2-Fraktion, die lediglich das Apolipoprotein E enthält).

■ Abb. 24.7 fasst die Vorstellungen über die Entstehung, die Reifung und den Abbau der verschiedenen HDL-Fraktionen zusammen:

— Der Stoffwechsel der HDL beginnt mit der Synthese und Sekretion der für diese Lipoproteinfraktion charakteristischen **Apolipoproteine AI und AII** in der Leber und in den Mucosazellen des Dünndarms. Eine weitere Quelle von A-Apolipoproteinen sind Triacylglycerin-reiche Lipoproteine (Chylomikronen, VLDL).

— Unter Bildung **diskoidaler HDL** binden Apo AI und AII Cholesterin und Phospholipide, bevorzugt aus der Leber. Für diesen Vorgang ist der ATP-abhängige **Lipidtransporter ABCA1** (ABC = ATP-*binding cassette*) verantwortlich. Durch das **Phospholipid-Transferprotein** (PLTP) werden weitere Phospholipide aus Triacylglycerin-reichen Lipoproteinen auf die diskoidalen HDL übertragen.

— Das Apolipoprotein A1 bindet das von der Leber synthetisierte und sezernierte Enzym **Lecithin-Cholesterin-Acyltransferase** (LCAT). Das Enzym katalysiert die Reaktion: Cholesterin + Phosphatidylcholin → Cholesterinester + Lysophosphatidylcholin

— Durch die Einwirkung der LCAT nimmt der Gehalt der HDL an Cholesterinestern zu, gleichzeitig verringert sich ihr Gehalt an Phosphoglyceriden, da das gebildete Lysophosphatidylcholin wegen seiner bes-

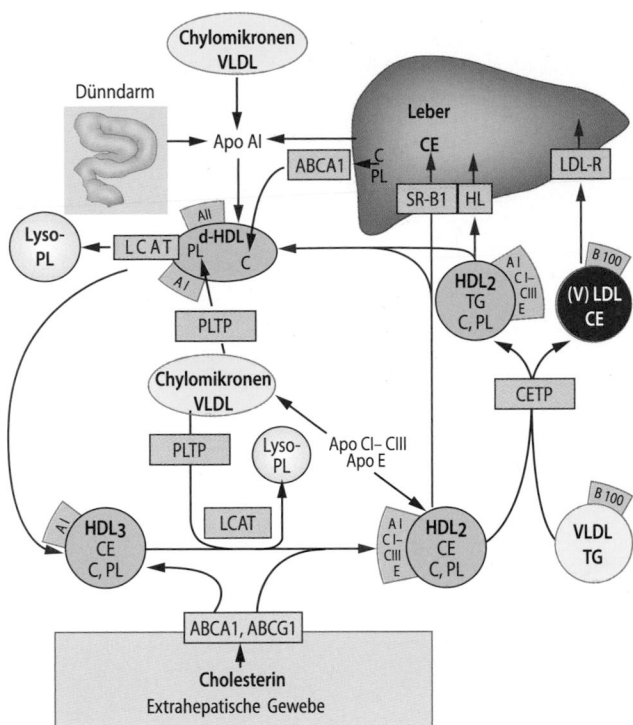

□ Abb. 24.7   Die Funktion der HDL beim reversen Cholesterintransport.
ABCA1, ABCG1: Lipidtransporter; C: Cholesterin; *CE:* Cholesterines-
ter; *d-HDL:* diskoidale HDL; *CETP:* Cholesterinester-Transferprotein;
HL: hepatische Triacylglycerinlipase; *LCAT:* Lecithin-Cholesterin-
Acyltransferase; *LDL-R:* LDL-Rezeptor; *PL:* Phospholipide; *PLTP:*
Phospholipid-Transferprotein; *SR-B1:* hepatischer *scavenger recep-
tor-B1; Lyso-PL:* Lysophospholipid, (Einzelheiten s. Text)

pid-Transferprotein, Apolipoproteine C, E) auch die
HDL$_2$.
- Für die Aufnahme der in den HDL gespeicherten Li-
pide in die Leber gibt es drei Möglichkeiten:
  - Für den Menschen am wichtigsten ist die selektive
Aufnahme von Cholesterinestern durch den **scavenger receptor-B1** (SR-B1-Rezeptor). Dabei entstehen aus den HDL$_2$ diskoidale HDL oder (in
□ Abb. 24.7 nicht dargestellt) HDL$_3$.
  - Das **Cholesterinester-Transferprotein** (CETP) vermittelt den Austausch von Cholesterinestern der
HDL$_2$ gegen Triacylglycerine der VLDL. Dadurch
entstehen mit Triacylglycerinen beladene HDL$_2$
und VLDL, die reich an Cholesterinestern sind
und deswegen den LDL ähneln.
  - Durch die **hepatische Triacylglycerinlipase (HL)**
werden die mit Triacylglycerinen beladenen HDL$_2$
abgebaut, wodurch wieder diskoidale HDL oder
HDL$_3$ entstehen.
  - Die an Cholesterinestern reichen (V)LDL werden
durch den **LDL-Rezeptor** der Leber aufgenommen.
- Außer durch die genannten Mechanismen besteht
die Möglichkeit der direkten Aufnahme von HDL$_2$
in die Leber durch Apo-E- oder Apo-A$_1$-Rezeptoren
(nicht gezeigt).
- Die □ Abb. 24.8 gibt einen etwas vereinfachten Ge-
samtüberblick über den Lipoprotein-Stoffwechsel.

seren Wasserlöslichkeit von den HDL-Partikeln ab-
diffundiert. Hierdurch nehmen die HDL ihre runde
Form als mizelläre Partikel an.
- Die durch LCAT gebildeten Cholesterinester wandern
in den apolaren Kern der HDL-Partikel. Dadurch ent-
steht auf der HDL-Oberfläche Platz, in den aus den
Membranen extrahepatischer Gewebe stammendes
Cholesterin eingelagert werden kann. Für den Choles-
terintransport durch die Plasmamembran werden die
Lipidtransporter ABCA1 und ABCG1 benötigt.
- Auf diese Weise entsteht zunächst die Fraktion der
HDL$_3$, durch weiteren Angriff der LCAT und Über-
nahme von Material, welches beim Abbau der VLDL
entsteht (Phospholipide mithilfe des Phospholi-

Zusammenfassung
- Chylomikronen sind für den Transport von mit der
Nahrung aufgenommenen Triacylglycerinen und
anderen Lipiden verantwortlich.
- VLDL transportieren im Wesentlichen in der Leber synthetisierte Triacylglycerine sowie Phospholipide und Cholesterin.
- Beim VLDL-Abbau durch die Lipoproteinlipase
entstehen LDL als Cholesterin-reiche Lipoproteine, die rezeptorvermittelt v. a. von extrahepatischen Geweben aufgenommen werden.
- Für den reversen Cholesterintransport zur Leber
und damit zum Ort der Ausscheidung sind die
HDL verantwortlich.

24

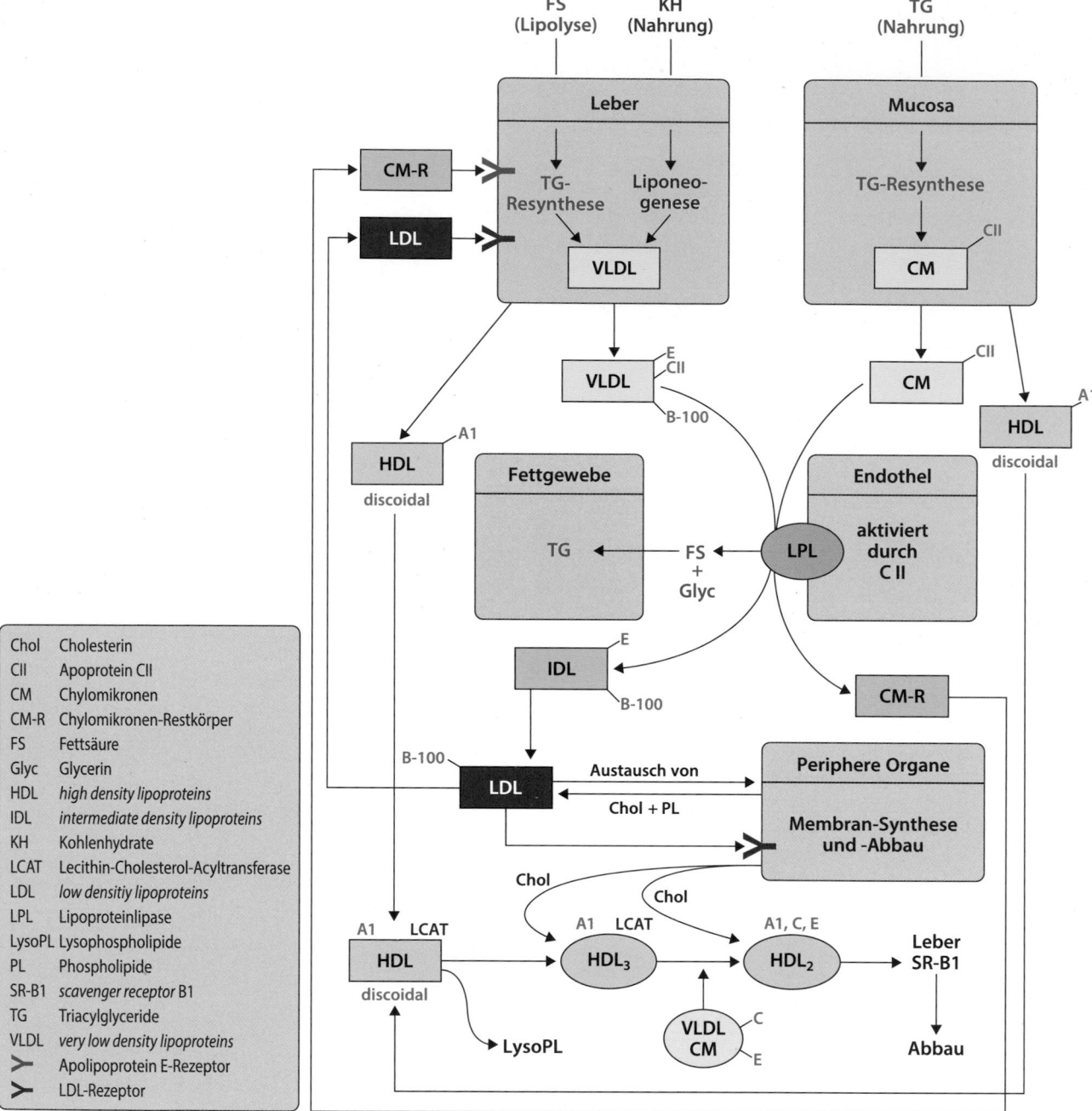

○ **Abb. 24.8   Gesamtübersicht über den Lipoprotein-Stoffwechsel.** (Für HDL vereinfacht, Einzelheiten s. Text)

Weiterführende Literatur

Dallinga-Thie GM, Franssen R, Mooij HL, Visser ME, Hassing HC, Peelman F, Kastelein JJ, Pétery M, Newdorp M (2010) The metabolism of triglyceride-rich lipoproteins revisited: new players, new insight. Atherosclerosis 211:1–8

Pieper-Fürst U, Lammert F (2013) Low density lipoprotein receptors in liver: old acquaintances and a newcomer. Biochim Biophys Acta 1831:1191–1198

Rye KA, Barter PJ (2014) Regulation of high density lipoprotein metabolism. Circ Res 114:143–156

Segrest JP, Jones MK, De Loof H, Dashti N (2001) Structure of apolipoprotein B-100 in low density lipoproteins. J Lipid Res 42:1346–1367

Wang H, Eckel RH (2009) Lipoprotein lipase: from gene to obesity. Am J Physiol Endocrinol Metab 297:E271–E288

Willnow TE (1999) The low-density lipoprotein receptor gene family: multiple roles in lipid metabolism. J Mol Med 77: 306–315

Pathobiochemie des Lipidstoffwechsels

Georg Löffler und Peter C. Heinrich

Diabetes mellitus, Fettleber und Adipositas sind häufige Störungen des Stoffwechsels von Triacylglycerinen und Fettsäuren. Die Symptomatik von angeborenen Erkrankungen wie der Adrenoleukodystrophie und von Störungen der mitochondrialen β-Oxidation verdeutlicht die Bedeutung der Energieversorgung von Geweben durch Fettsäuren. Enzymdefekte im Abbau von Sphingolipiden (▶ Kap. 22) führen zu den Lipidspeicherkrankheiten, die heute über Enzym-Ersatztherapie behandelt werden. Überschreiten Serumlipoproteine (▶ Kap. 24) die normalen Konzentrationen, kann es zu Ablagerungen von Lipiden in Blutgefäßen, zur Verengung des Lumens der Blutgefäße und damit zu einer Reihe bedrohlicher Krankheitsbilder kommen. Die Biosynthese der Eicosanoide (▶ Abschn. 22.3.2) ist Angriffspunkt der in der Alltagsmedizin weit verbreiteten steroidalen und nichtsteroidalen Schmerz- und Entzündungshemmer.

Schwerpunkte

25.1 Störungen des Fettsäure-Stoffwechsels
- Angeborene Defekte des peroxisomalen und mitochondrialen Fettsäureabbaus
- Mangel an essenziellen Fettsäuren

25.2 Störungen und pharmakologische Beeinflussung des Eicosanoid-Stoffwechsels
- Verhältnis von Thromboxan A_2 zu Prostaglandin I_2
- Hemmung der Eicosanoid-Biosynthese

25.3 Störungen des Stoffwechsels von Phosphoglyceriden und Sphingolipiden
- Antiphospholipid-Syndrom
- Lipidspeicherkrankheiten

25.4 Störungen des Lipoprotein-Stoffwechsels
- Hypolipoproteinämien
- Hyperlipoproteinämien, Typen I, II, III, IV und V

25.1 Störungen des Fettsäure-Stoffwechsels

Störungen des Stoffwechsels von Triacylglycerinen und Fettsäuren sind häufige Begleiterscheinungen oder Folgen unterschiedlichster Erkrankungen und werden in anderen Kapiteln besprochen (◘ Tab. 25.1).

25.1.1 Defekte im Fettsäureabbau

Prinzipiell können Mutationen in jedem der am Triacylglycerin- und Fettsäure-Stoffwechsel beteiligten Enzyme zu funktionellen Defekten führen.

Es handelt sich immer um relativ seltene Erkrankungen. Gut untersucht sind u. a. die Adrenoleukodystrophie und die Defekte der Acyl-CoA-Dehydrogenase bzw. der Carnitin-Palmitoyl-Transferase.

> Ein Defekt des peroxisomalen Abbaus von langkettigen Fettsäuren führt zu schweren Stoffwechselstörungen.

Adrenoleukodystrophie Bei dieser Erkrankung handelt es sich um einen Defekt des **Adrenoleukodystrophie-Proteins** (ALDP), das überlange Fettsäuren in die Peroxiso-

◘ **Tab. 25.1** Hinweise zur Pathobiochemie

Erkrankung	Siehe Abschnitt
Adipositas	▶ 56.3.2
Fettleber	▶ 62.6.1 und 36.7
Diabetes mellitus	▶ 36.7
Dyslipidämie	▶ 25.4.2

Ergänzende Information Die elektronische Version dieses Kapitels enthält Zusatzmaterial, auf das über folgenden Link zugegriffen werden kann https://doi.org/10.1007/978-3-662-60266-9_25. Die Videos lassen sich durch Anklicken des DOI Links in der Legende einer entsprechenden Abbildung abspielen, oder indem Sie diesen Link mit der SN More Media App scannen.

25

men einschleust (▶ Abschn. 21.2.1), sodass bei Ausfall die Oxidation langkettiger Fettsäuren in den Peroxisomen nicht mehr erfolgen kann. Sie sammeln sich daher intrazellulär an und führen zu schweren Stoffwechselstörungen. Typisch für die Adrenoleukodystrophie sind Schäden der Myelinscheiden der Nerven, v. a. in der weißen Hirnsubstanz. Außerdem ist die Funktion der Nebenniere stark beeinträchtigt. Im Vordergrund der Symptomatik der Erkrankten stehen neurologische Symptome wie Gleichgewichtsstörungen, Taubheit und Krämpfe sowie die Symptome einer allgemeinen Unterfunktion der Nebennierenrinde. Die **Adrenoleukodystrophie** ist die am längsten bekannte peroxisomale Erkrankung. Sie tritt mit einer Häufigkeit von 1:20.000 bis 1:100.000 Geburten auf. Eine ursächliche Therapie ist nicht bekannt.

❯ Myopathien sind charakteristisch für Störungen des mitochondrialen Fettsäureabbaus.

Defekt der Acyl-CoA-Dehydrogenase   Bei der Mehrzahl der betroffenen Patienten ist das trifunktionelle Protein der β-Oxidation der Fettsäuren (▶ Abschn. 21.2.1) infolge einer autosomal-rezessiv vererbten Mutation defekt. Die Patienten erkranken anfallsweise an einem hypoketotisch-hypoglykämischen Koma mit Kardiomyopathie, Muskelschwäche und Störungen des Leberstoffwechsels. 70 % der Erkrankten erblinden im Laufe der Zeit. Bei der Behandlung steht die Therapie der Koma-Anfälle im Vordergrund, außerdem sollte die Ernährung arm an langkettigen Fettsäuren sein.

Defekt der Carnitin-Palmitoyltransferase 1 oder 2   Bei der häufigsten myopathischen Form dieser Erkrankung steht die Unfähigkeit v. a. der Muskulatur zur Oxidation von Fettsäuren im Vordergrund. Ursächlich liegt der Erkrankung ein autosomal-rezessiv vererbter Defekt der Carnitin-Palmitoyltransferase 2 (◻ Abb. 21.7) zugrunde, der die Erzeugung von mitochondrialem Acyl-CoA verhindert (▶ Abschn. 21.2.1). Die Erkrankung tritt häufig erst im Erwachsenenalter auf und ist durch anfallsweise Muskelschwäche, Rhabdomyolyse (Zerstörung von Muskelfasern), Myoglobinurie und Myalgie (Muskelschmerz) gekennzeichnet.

25.1.2   Mangel an essenziellen Fettsäuren

❯ Ein Mangel an essenziellen Fettsäuren löst ein unspezifisches Krankheitsbild aus.

Versucht man im Tierexperiment durch Weglassen essenzieller Fettsäuren (Linolsäure und Linolensäure, ▶ Kap. 3, ◻ Abb. 3.25) in der Nahrung Mangelerscheinungen zu erzeugen, so beobachtet man:

- eine Wachstumsverlangsamung,
- Schäden des Hautepithels und der Nieren sowie
- Fertilitätsstörungen.

Alle diese Änderungen bilden sich nach Zusatz von essenziellen Fettsäuren wieder zurück.

Beim Menschen lassen sich Ausfallerscheinungen, die auf einen Mangel an essenziellen Fettsäuren zurückzuführen sind, nicht so deutlich nachweisen. Man hat jedoch beobachtet, dass Hautveränderungen bei Kleinkindern, die mit einer speziell fettarmen Diät ernährt wurden, nach Zugabe von Linolsäure verschwinden.

Zusammenfassung

Viele erworbene Störungen des Fettstoffwechsels sind Begleiterscheinungen häufiger Erkrankungen (z. B. Diabetes mellitus) und werden an anderer Stelle besprochen. Angeborene Störungen des Stoffwechsels von Triacylglycerinen und Fettsäuren können prinzipiell jedes der beteiligten Enzyme und Proteine betreffen. Besonders gut untersuchte hereditäre Erkrankungen sind:

- die Adrenoleukodystrophie, bei der ein Defekt des Fettsäure-Transportsystems in die Peroxisomen vorliegt,
- Defekte der Acyl-CoA-Dehydrogenase, die mit einem hypoketotisch-hypoglykämischem Koma einhergehen und
- Defekte der Carnitin-Palmitoyltransferase mit einer Unfähigkeit v. a. der Muskulatur zur Fettsäureoxidation.

25.2   Störungen und pharmakologische Beeinflussung des Eicosanoid-Stoffwechsels

25.2.1   Verhältnis von Thromboxan A$_2$ zu Prostaglandin I$_2$

❯ Störungen der Produktion einzelner Eicosanoide spielen eine Rolle bei unterschiedlichen pathologischen Zuständen und können mit spezifischen Hemmstoffen behandelt werden.

Ein wichtiges Beispiel für die pathobiochemische Bedeutung verschiedener Eicosanoide ist das Verhältnis von Thromboxan A$_2$ und Prostaglandin I$_2$ (◻ Abb. 22.11). Bei der Arteriosklerose, aber auch bei Diabetes mellitus mit Gefäßkomplikationen, findet man eine Verminderung der Prostaglandin-I$_2$-Biosynthese und eine Steigerung der Thromboxan-Biosynthese. Dies löst ein Überwiegen der gerinnungsfördernden gegenüber

den fibrinolytischen Vorgängen aus. Wahrscheinlich hat das arteriosklerotisch geschädigte Gefäßendothel eine verringerte Kapazität zur Prostaglandin-I_2-Synthese. Das alleine führt schon dazu, dass die Plättchenaggregierende Wirkung der Thromboxane überwiegt.

In zahlreichen Studien wurde das Prinzip der Therapie arteriosklerotischer Gefäßkrankheiten, besonders der Koronarsklerose, mit Hemmstoffen der Cyclooxygenase bestätigt (s. u.).

25.2.2 Hemmung der Eicosanoid-Biosynthese

❯ Eine Vielzahl entzündungs- und schmerzhemmender Pharmaka greift in den Stoffwechsel der Eicosanoide ein.

◼ Abb. 25.1 fasst die verschiedenen Angriffspunkte derartiger Medikamente zusammen.
Nicht-steroidale Entzündungshemmer (NSAIDs, *non steroidal anti-inflammatory drugs*)
Unter dieser Bezeichnung fasst man Wirkstoffe zusammen, die die Prostaglandin-Biosynthese durch Hemmung der Cyclooxygenase (COX)-Aktivität, eine der zwei Enzymaktivitäten der Prostaglandin-H-Synthase, vermindern. Die Prostaglandin-H-Synthase (PGHS, ▶ Abschn. 22.3.2) verfügt über zwei unterschied-

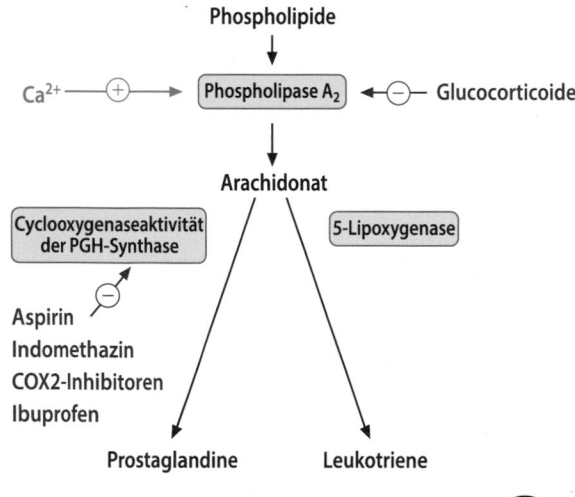

◼ **Abb. 25.1** (Video 25.1) **Pharmakologische Hemmung der Eicosanoid-Biosynthese.** Glucocorticoide führen zu einer Hemmung der cytosolischen Phospholipase A_2, die auch durch Hemmung der intrazellulären Calciumakkumulation negativ beeinflusst werden kann. Nicht-steroidale Entzündungshemmer (Aspirin, Indomethazin, Ibuprofen) sind dagegen Hemmstoffe der Cyclooxygenasen (▶ https://doi.org/10.1007/000-5h9)

liche katalytische Aktivitäten: eine Cyclooxygenase-Aktivität, die die Synthese von Prostaglandin G_2 aus Arachidonsäure katalysiert und eine Peroxidase-Aktivität, die Prostaglandin G_2 zu Prostaglandin H_2 reduziert. Der Gruppe der NSAIDs ist gemeinsam, dass die beiden Isoformen der PGHS in gleicher Weise in ihrer Aktivität reduziert werden. Das bekannteste derartige Arzneimittel ist das **Aspirin** (Acetylsalicylsäure), das die beiden PGHS-Isoformen an einem Serylrest acetyliert (◼ Abb. 8.6) und damit die Bindung des Substrates Arachidonsäure hemmt. Ein anderer Wirkstoff aus dieser Gruppe ist das **Indomethacin**, das als kompetitiver Hemmstoff an der Arachidonsäure-Bindungsstelle wirkt. Nicht-steroidale Entzündungshemmer haben vielfältige Effekte. Sie wirken vermutlich durch eine Hemmung der Biosynthese von Prostaglandin E_2 schmerzstillend und dämpfen Entzündungsreaktionen. In wesentlich geringerer Dosierung hemmen sie hauptsächlich die Thromboxan-Biosynthese und vermindern damit die Plättchenaggregation, während eine Hemmung der Prostaglandin-I_2-Synthese demgegenüber nicht ins Gewicht fällt. Dies ist die Grundlage der **Aspirindauerbehandlung** bei der Bekämpfung der mit einer Koronarsklerose einhergehenden koronaren Herzerkrankung, bei der eine Störung des Gleichgewichts zwischen Thromboxanen und Prostaglandin I_2 vorliegt. Eine allen nicht-steroidalen Entzündungshemmern gemeinsame Nebenwirkung betrifft die Mucinproduktion des Magens, die durch Prostaglandin E_2 gesteigert wird (▶ Abschn. 61.2). Jede Hemmung der Prostaglandinsynthese führt also zu einer verminderten Mucinsynthese und damit zum Wegfall eines wichtigen Faktors, der die Magenmucosa vor der Selbstverdauung v. a. durch die Salzsäure schützt. Etwa 1 % der Patienten, die diese Arzneimittel in Dauermedikation nehmen, erkranken an Magengeschwüren und anderen schweren gastrointestinalen Komplikationen.

COX2-Inhibitoren Eine neue Gruppe von Inhibitoren der Prostaglandinbiosynthese sind die sog. COX2-Inhibitoren. Diese Verbindungen hemmen spezifisch die Cyclooxygenaseaktivität der PGHS2. Da dieses Enzym in der Magenschleimhaut nicht vorkommt, fällt bei Verwendung von COX2-Inhibitoren die oben beschriebene Nebenwirkung weg, während die erwünschten Wirkungen weitgehend erhalten bleiben. Allerdings hemmen COX2-Inhibitoren auch die Prostaglandin-I_2-Produktion der Endothelzellen und fördern so thrombotische Ereignisse.

Phospholipase-A_2-Inhibitoren Die sog. nicht-steroidalen Entzündungshemmer beeinflussen aufgrund ihres Wirkungsspektrums nicht die Leukotrien-Biosynthese. Für die Hemmung der Biosynthese aller Eicosanoide muss die durch die cytosolische **Phospholipase A_2** (cPLA_2) ausge-

25

löste Arachidonsäurefreisetzung gehemmt werden. Hier spielen Glucocorticoide eine wichtige Rolle: Sie reprimieren die cPLA$_2$ (◻ Abb. 25.1) und induzieren **Lipocortin 1**. Dieses zur Annexin-Familie gehörende Protein hemmt die durch Phospholipase A$_2$ katalysierte Arachidonsäurefreisetzung.

Außer durch Hemmstoffe wird die Aktivität der Phospholipase A$_2$ durch Veränderung der intrazellulären Lokalisation beeinflusst. Dies beruht auf der Tatsache, dass die Phospholipase A$_2$ in einer inaktiven Form im Cytosol lokalisiert ist. Sämtliche Signale, die zu einer Erhöhung der intrazellulären Calciumkonzentration führen, katalysieren die Translokation der cPLA$_2$ an die Plasmamembran, wo es zu ihrer Aktivierung kommt. Außerdem wird das Enzym durch Phosphorylierung aktiviert. Wirkstoffe, die in diese Vorgänge eingreifen, beeinflussen die Eicosanoidproduktion. Allerdings sind die bisher entwickelten Verbindungen zu unspezifisch und eignen sich deshalb nicht für den klinischen Einsatz.

❯ Für therapeutische Zwecke werden Prostanoid-Analoga verwendet.

Wegen ihrer oftmals außerordentlich kurzen Halbwertszeit eignen sich natürliche Prostanoide und Leukotriene nicht für den therapeutischen Einsatz. Einige Prostaglandinanaloga sind jedoch synthetisiert worden, die sich zur Therapie einiger Erkrankungen eignen. Es handelt sich besonders um die Behandlung von Glaukomen, Gefäßverschlüssen und Durchblutungsstörungen, aber auch um die Geburtseinleitung und die Verstärkung der Wehentätigkeit.

Zusammenfassung

Erkrankungen mit Arteriosklerose gehen häufig mit Störungen der Biosynthese einzelner Prostaglandine einher, wobei das Verhältnis von Thromboxan A$_2$ zu Prostaglandin I$_2$ von besonderer Bedeutung ist. Derartige Störungen werden mit Inhibitoren der Prostaglandin-H-Synthase (Cyclooxygenase) behandelt. Neben dem Aspirin, das beide PGH-Synthase-Isoenzyme hemmt, stehen hierfür auch Wirkstoffe mit einer hohen Spezifität für die PGH-Synthase 2 zur Verfügung. Zur Hemmung der Prostaglandin- und Leukotriensynthese eignen sich Glucocorticoide, welche die Phospholipase A$_2$ hemmen.

25.3 Störungen des Stoffwechsels von Phosphoglyceriden und Sphingolipiden

25.3.1 Antiphospholipid-Syndrom

❯ Autoantikörper gegen Phospholipide führen zum Antiphospholipid-Syndrom.

Von Graham Hughes wurde 1983 ein Krankheitsbild beschrieben, das durch Thrombosen gekennzeichnet ist. Ca. 80 % der Betroffenen sind Frauen, bei denen es infolge der Erkrankung zu Fehlgeburten und intra-uterinem Fruchttod kommt. Für die als **Antiphospholipid-Syndrom** bezeichnete Erkrankung ist typisch, dass hohe Titer von Autoantikörpern gegen verschiedene, meist negativ geladene Phospholipide auftreten. Am häufigsten handelt es sich um Antikörper gegen das mitochondriale Phospholipid **Cardiolipin**. Man weiß heute allerdings, dass die Antikörper bevorzugt mit an bestimmten Proteinen gebundenen Phospholipiden reagieren. Hierzu gehören u. a. Gerinnungsproteine wie Prothrombin, Protein C oder Protein S (▶ Abschn. 69.1). Es handelt sich um eine relativ häufige Autoimmunerkrankung, da Phospholipid Antikörper bei etwa 1–5 % der Bevölkerung nachweisbar sind.

25.3.2 Lipidspeicherkrankheiten

❯ Enzymdefekte des Sphingolipidabbaus verursachen Lipidspeicherkrankheiten.

Eine Reihe erblicher Stoffwechseldefekte ist durch pathologische Lipidansammlungen in verschiedenen Geweben charakterisiert, weswegen für diese Erkrankungen auch der Sammelbegriff Lipidspeicherkrankheiten oder **Lipidosen** verwendet wird. Häufig ist das Zentralnervensystem, nicht selten aber auch Leber und Niere betroffen.

Die spezielle Bezeichnung **Sphingolipidose** wird auf bestimmte, in der Regel autosomal-rezessiv vererbte Stoffwechseldefekte angewendet, die meist schon im Kindesalter auftreten. Bei diesen Erkrankungen finden sich abnorme Ablagerungen von gelegentlich falsch aufgebauten Sphingolipiden in den betroffenen Geweben. Die Ursache dieser Sphingolipidspeicherung lässt sich auf genetisch bedingte Defekte der spezifischen,

Krankheit	Gespeicherte Verbindung	Defektes Enzym
Niemann-Pick	Cer—(P)—Cholin	Sphingomyelinase
Gaucher	Cer—Glc	β-Glucoceramidase
Metachromatische Leukodystrophie	Cer—Gal—OSO$_3^-$	Sulfatidase
Angiokeratoma corporis diffusum (Fabry)	Cer—Glc—Gal—Gal	α-Galactosidase
Tay-Sachs	Cer—Glc—Gal—GalNAc | NANA	Hexosaminidase
Generalisierte Gangliosidose	Cer—Glc—Gal—GalNAc—Gal | NANA	β-Galactosidase

◻ **Abb. 25.2 Enzymdefekte, die Sphingolipidosen verursachen (Auswahl).** *Cer:* Ceramid; *Gal:* Galactose; *GalNAc:* N-Acetyl-Galactosamin; *Glc:* Glucose; *NANA:* N-Acetyl-Neuraminat. Der *blaue* Balken gibt die Lokalisation des Enzymdefekts beim Sphingolipidabbau an, aus dem sich die pathologisch gespeicherte Verbindung ableitet

für den Abbau der betreffenden Lipide verantwortlichen Hydrolasen zurückführen, seltener auch auf Defekte der Sphingolipid-Aktivatorproteine. ◻ Abb. 25.2 stellt die wichtigsten heute bekannten Sphingolipidosen zusammen. Die Diagnose kann durch die Bestimmung des gespeicherten Lipids und v. a. durch den Nachweis des entsprechenden Enzymdefekts, häufig mit molekularbiologischen Methoden, in Gewebeproben von Haut, Leber, Dünndarm und auch in den Leukocyten gesichert werden. Selbst beim noch ungeborenen Kind können durch Amniocentese aus dem Fruchtwasser Zellen gewonnen und angezüchtet werden, in denen der Lipidosenachweis durch Enzymbestimmung oder Genanalyse durchgeführt wird. Für die Behandlung einer der Sphingolipidosen, des **Morbus Gaucher**, gibt es inzwischen ein gut eingeführtes Verfahren. Die Erkrankung, die mit einer Häufigkeit von 1:40.000 vorkommt, beruht auf dem Mangel einer spezifischen **Glucoceramidase**. Sie geht mit der Ablagerung großer Mengen an Glucoceramid in den Makrophagen einher und befällt verschiedene Organe und Gewebe. Im Knochenmark kommt es zu einer schweren Störung der Hämatopoese, am Knochen treten Nekrosen und Frakturen auf, Leber und Milz können extrem vergrößert sein.

Für die Therapie injiziert man den Patienten die ihnen fehlende Glucocerebrosidase. In nativer Form wird dieses Enzym allerdings eher von Hepatocyten als von Makrophagen aufgenommen und ist deswegen ziemlich wirkungslos. Besser ist die Verwendung modifizierter Glucocerebrosidasen, die vermehrt Mannose-haltige Kohlenhydrat-Seitenketten aufweisen und deswegen viel besser von Makrophagen internalisiert werden können. Hiermit sind bei einer Reihe von Patienten gute Erfolge erzielt worden.

> **Zusammenfassung**
> Störungen im Stoffwechsel von Phosphoglyceriden und Sphingolipiden sind:
> — Das Antiphospholipid-Syndrom, das durch Autoantikörper gegen Phopholipide gekennzeichnet ist und zu Thrombosen und Fehlgeburten führt, sowie
> — Lipidspeicherkrankheiten, die auf hereditären Defekten der für den Sphingolipidabbau verantwortlichen Enzyme beruhen.

25.4 Störungen des Lipoprotein-Stoffwechsels

Sehr häufig kommen Erkrankungen vor, die durch Veränderungen im Lipoproteinmuster des Plasmas gekennzeichnet sind. Generell kann man zwischen Hypo- und Hyperlipoproteinämien unterscheiden.

Neben primären Lipoprotein-Stoffwechselstörungen, die auf genetischen Defekten beruhen, kommen wesentlich häufiger sekundäre Lipoprotein-Stoffwechselstörungen vor, die durch Diätfehler oder andere Primärerkrankungen verursacht werden.

25.4.1 Hypolipoproteinämien

❯ Hypolipoproteinämien beruhen meist auf genetischen Defekten.

A-β-Lipoproteinämie Die A-β-Lipoproteinämie ist charakterisiert durch eine Verminderung oder das Fehlen der LDL und anderer, das Apolipoprotein B tragender Lipoproteine im Plasma. Ursache dieser Erkrankung ist entweder eine Störung der Apolipoprotein-B-Biosynthese oder Mutationen des Triacylglycerin-Transferproteins

(► Abschn. 24.2). Da beide Proteine für die Freisetzung von Apolipoprotein B enthaltenden Lipoproteinen notwendig sind, findet sich bei den Patienten eine Verminderung der Chylomikronen, VLDL und LDL. Nach oraler Fettbelastung kommt es nicht zu einer Freisetzung von Chylomikronen. Als Ausdruck der Transportstörung findet sich eine ausgeprägte Erhöhung des Triacylglyceringehalts der Darmmucosa und der Leber. Die Patienten haben zwar ein erniedrigtes Risiko für kardiovaskuläre Erkrankungen, jedoch ein erhöhtes Risiko für Karzinome und Erkrankungen des Gastrointestinaltraktes sowie der Lungen, das derzeit nicht erklärt werden kann.

Hypo-α-Lipoproteinämie (Tangier-Erkrankung)   Diese Erkrankung wurde erstmalig bei Geschwistern, die auf der Tangier-Insel in Virginia lebten, entdeckt. Im Plasma dieser Patienten sind die Menge an HDL und damit auch der Choleringehalt extrem erniedrigt; es kommt zu einer Cholesterinspeicherung in den Zellen des retikuloendothelialen Systems. Die Ursache dieser Erkrankung beruht auf einer Mutation des ABCA1-Transporters. Dies führt zu einer Unfähigkeit, HDL-Vorstufen entsprechend mit Cholesterin zu beladen. Dementsprechend finden sich Cholesterinablagerungen bei den betroffenen Patienten im retikuloendothelialen System. Eine Erhöhung des Risikos für kardiovaskuläre Erkrankungen ist nicht bei allen Patienten nachweisbar.

25.4.2 Hyperlipoproteinämien

❯ Hyperlipoproteinämien stellen ein schweres Gesundheitsrisiko dar.

Im Jahr 2019 starben in Deutschland 331.200 Personen an Krankheiten des Herz-Kreislauf-Systems, was ungefähr 45 % aller Todesfälle ausmacht. An einer koronaren Herzerkrankung leiden mehr als 15 % der Bevölkerung. Diese beruht auf einer arteriosklerotischen Erkrankung der Koronararterien und kann u. a. zum Herzinfarkt führen. Auch die arterielle periphere Verschlusskrank-

heit ist häufig (ca. 5 % der Bevölkerung). Sie betrifft meist die Beinarterien und kann im Endstadium sogar eine Gangrän auslösen.

Untersucht man die Betroffenen, so finden sich außerordentlich häufig die in ☐ Tab. 25.2 zusammengestellten Risikofaktoren. Neben Adipositas, Diabetes mellitus, Hypertonie oder Homocysteinämie und Zigarettenrauchen nehmen Hyper- und Dyslipoproteinämien einen ganz besonders hohen Rang ein. In einer Reihe von Studien konnte gezeigt werden, dass eine Korrelation zwischen der Höhe des Cholesterinspiegels und der Mortalität an koronarer Herzerkrankung besteht. Darüber hinaus haben mehrere prospektive Langzeitstudien zu der Erkenntnis geführt, dass eine Senkung des Cholesterinspiegels in der Tat das Koronarrisiko vermindert. Natürlich sind über den Faktor Hyperlipidämie hinaus noch eine Reihe weiterer pathophysiologischer Mechanismen entscheidend an der Entstehung der koronaren Herzerkrankung beteiligt (☐ Abb. 25.3). Zu diesen gehören Störungen der Plättchenaggregation und die Hypertonie mit ihren Folgeerkrankungen.

❯ Primäre Hyperlipoproteinämien beruhen auf genetischen Defekten des Lipoprotein-Stoffwechsels.

Hyperlipoproteinämie Typ I   Bei der Hyperlipoproteinämie Typ I sind auch nach 12-stündiger Nahrungskarenz Chylomikronen im Plasma nachweisbar. Aus dem trüben, lipämischen Serum setzt sich nach einiger Zeit eine dicke Fettschicht ab (☐ Abb. 25.4). Der Triacylglyceringehalt des Serums ist entsprechend erhöht, jedoch kann auch der Cholesteringehalt gesteigert sein. Der Grund für diesen Anstieg der Plasma-Triacylglycerine ist ein Mangel an Lipoproteinlipase, der autosomal-rezessiv vererbt wird. In manchen Fällen fehlt auch das Apolipoprotein CII, sodass es nicht zur Aktivierung

☐ **Tab. 25.2**   Risikofaktoren für koronare Herzerkrankung und arterielle periphere Verschlusskrankheit

Koronare Herzerkrankung	Arterielle periphere Verschlusskrankheit
Hyper- und Dyslipoproteinämie Zigarettenrauchen Hypertonie Diabetes mellitus Übergewicht	Zigarettenrauchen Hyper- und Dyslipoproteinämie Diabetes mellitus

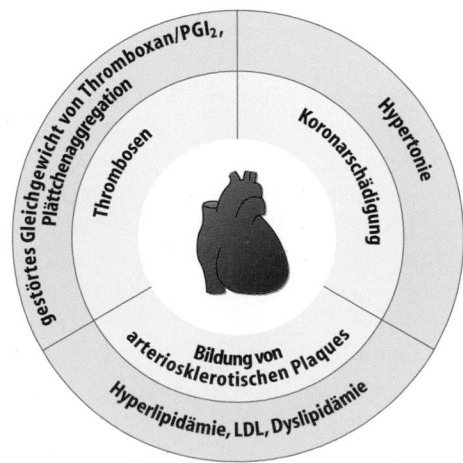

☐ **Abb. 25.3**   An der Entstehung der koronaren Herzkrankheit beteiligte Risikofaktoren

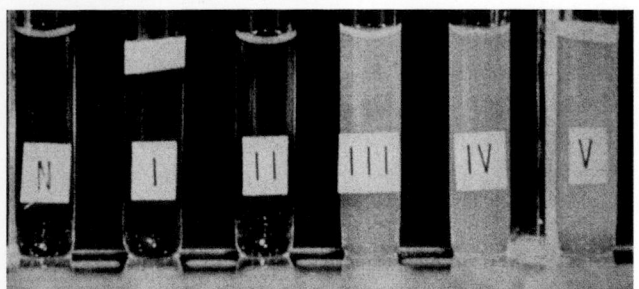

Abb. 25.4 Seren von Hyperlipoproteinämie-Patienten der Typen I–V nach 12-stündiger Aufbewahrung im Kühlschrank

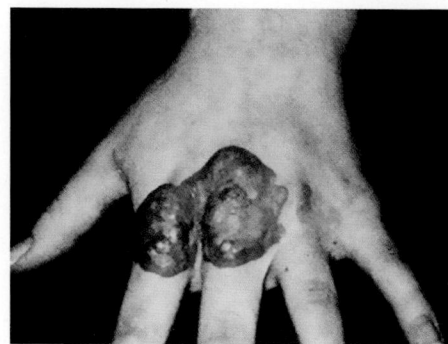

Abb. 25.5 Xanthome in der Haut als Symptom der Hyperlipoproteinämien Typ I und IV

der Lipoproteinlipase kommt (▶ Abschn. 24.2). Dieser Mangel an Lipoproteinlipase-Aktivität führt dazu, dass Nahrungsfette zwar resorbiert und als Chylomikronen in das Blut eingespeist, aber nicht rasch genug verwertet werden können. Klinisch äußert sich die Erkrankung durch Fettablagerungen in Form von Xanthomen der Haut (■ Abb. 25.5). Die Therapie der Erkrankung besteht in einer Reduktion der Fettzufuhr auf weniger als 3 g/Tag. Dabei sollten Triacylglycerine mit Fettsäuren kurzer und mittlerer Kettenlänge bevorzugt werden, da diese direkt an das Pfortaderblut abgegeben und nicht in Chylomikronen eingebaut werden (▶ Abschn. 57.1.3).

Hyperlipoproteinämie Typ II (familiäre Hypercholesterinämie) Diese autosomal-dominant vererbte Erkrankung ist durch eine sehr starke Erhöhung der Cholesterinkonzentration des Serums auf 300 mg/100 ml Serum in Heterocygoten und > 680 mg/100 ml in Homocygoten gekennzeichnet, die mit einer Erhöhung der LDL-Fraktion einhergeht. Die Triacylglycerinkonzentration kann normal (Typ IIa) bzw. leicht erhöht (Typ IIb) sein. Heterozygote kommen mit einer Häufigkeit von 1:500 vor und machen etwa 5 % der Patienten aus, die jünger als 60 Jahre sind und bereits einen Myokardinfarkt hinter sich haben. Homozygote Träger der Erkrankung kommen mit einer Frequenz von 1:1.000.000 vor und leiden schon in der Kindheit an einer schweren Arteriosklerose mit koronarer Herzerkrankung und Cerebralsklerose.

Die Ursache des Defektes liegt in einem **Funktionsdefekt des LDL-Rezeptors** (■ Abb. 24.5 und 24.6). Aufgrund molekularbiologischer Untersuchungen des LDL-Rezeptors bzw. seines Gens an einer großen Zahl homozygoter Patienten konnten vier Klassen von Mutationen definiert werden, die das Krankheitsbild auslösen können. Am häufigsten (ca. 50 % der Fälle) findet sich ein Rezeptormangel. In anderen Fällen wird der Rezeptor zwar synthetisiert jedoch nicht posttranslational prozessiert und glycosyliert, sodass er nicht in die Membran eingebaut werden kann. Gelegentlich fanden sich Defekte der LDL-Bindungsstellen des Rezeptors oder infolge von Mutationen am C-terminalen Teil des Rezeptors, eine Störung der Assoziation mit Clathrin und damit der Bildung der für die Rezeptor-Internalisierung wichtigen *coated pits*. Die genannten Defekte führen ohne Ausnahme zu einer Hemmung der LDL-Aufnahme und damit zum Anstieg des Serumcholesterins. Auf der anderen Seite fällt die Hemmung der endogenen Cholesterin-Biosynthese der extrahepatischen Gewebe durch die LDL-Aufnahme (▶ Abschn. 24.2) weg, sodass es zur verstärkten Cholesterin-Biosynthese kommt. Dies erhöht die Serumcholesterin-Konzentration und damit das Arteriosklerose-Risiko weiter.

Die Behandlung besteht bei Homozygoten darin, das Plasma in regelmäßigen Abständen durch Affinitätschromatographie an einer mit einem Apolipoprotein-B-Antikörper gekoppelten Matrix zu behandeln. Daneben muss die Cholesterinzufuhr gesenkt und der Cholesterinspiegel durch Gaben von Colestyramin (▶ Abschn. 23.3 und 61.1.4) gesenkt werden. Zusätzlich kann eine Behandlung mit Nicotinsäure (Niacin) durchgeführt werden.

Ein weiteres Therapieprinzip, das bei heterozygoten Patienten eingesetzt werden kann, besteht in der Behandlung mit Hemmstoffen der HMG-CoA-Reduktase (Mevinolin, Atorvastatin, s. ■ Abb. 23.11), die außerdem zu einer vermehrten Synthese von LDL-Rezeptoren führen. Bei Homozygoten ist wegen des Befalls beider Allele des LDL-Rezeptor-Gens eine derartige Therapie nicht sinnvoll.

Hyperlipoproteinämie Typ III Kennzeichnend für diese Erkrankung ist das Auftreten einer besonders breiten Lipoproteinbande im β-Globulinbereich der Lipidelektrophorese. Die in dieser Bande wandernden Lipoproteine gehören ihrer Dichte nach zu den VLDL. Aus der gegenüber normalen VLDL geänderten elektrophoretischen

Wanderungsgeschwindigkeit kann geschlossen werden, dass es sich um ein **atypisches VLDL** mit geänderter Zusammensetzung der Apolipoproteine handelt. Die Patienten sind homozygot für eine als Apo E$_2$ bezeichnete Variante des Apolipoproteins E. Lipoproteine mit diesem Protein werden nicht vom LDL-Rezeptor erkannt, weswegen sich im Blut relativ Cholesterin-reiche Apolipoproteine ansammeln, die von einem spezifischen, als *scavenger*-**Rezeptor** bezeichneten Makrophagenrezeptor (*scavenger receptor* A, SRA oder CD 36) gebunden werden. Dies führt zur Internalisierung und zur Umwandlung von Makrophagen in lipidreiche Schaumzellen. Im Serum finden sich erhöhte Triacylglycerin- und Cholesterinspiegel (◘ Abb. 25.4), außerdem lagert sich Cholesterin in der Haut der Erkrankten ab. Das Arterioserosierisiko ist extrem hoch. Die Behandlung besteht in einer Reduktion der Cholesterinzufuhr.

Hyperlipoproteinämie Typ IV   Diese Form der Hyperlipoproteinämie zeichnet sich durch eine deutliche Zunahme der Triacylglycerine mit einem geringgradigen Anstieg des Cholesteringehalts im Serum aus. Das Serum ist in Abhängigkeit vom Ausmaß der Triacylglycerinvermehrung klar bis milchig trüb (◘ Abb. 25.4). Vermehrt sind die VLDL. Die Konzentration der Lipoproteine wird durch eine Kohlenhydrat-reiche Mahlzeit deutlich erhöht, weswegen die Erkrankung auch als Kohlenhydrat-induzierte Hyperlipämie bezeichnet wird. Der metabolische Defekt der Erkrankung ist nicht bekannt, häufig handelt es sich um Patienten mit auffallendem Übergewicht, Diabetes mellitus und Hyperurikämie. Klinisch fallen Haut-Xanthome auf (◘ Abb. 25.5). Die Therapie besteht in einer Reduktion der Energie- und Kohlenhydratzufuhr.

Hyperlipoproteinämie Typ V   In ihrem Erscheinungsbild entspricht diese Form der Hyperlipoproteinämie einer Mischform der Typen I und IV. Charakteristisch sind eine exzessive Vermehrung der Triacylglycerine und eine mäßige Vermehrung des Cholesterins im Serum (◘ Abb. 25.4). In der Elektrophorese findet sich eine Zunahme der Chylomikronen und der VLDL. Der primäre Defekt der Erkrankung ist nicht bekannt, das Krankheitsbild ist außer der Änderung der Blutfettkonzentrationen durch Ablagerung von Cholesterin in der Haut gekennzeichnet. Ein besonderes Arterioserosierisiko besteht nicht.

❯ 20–25 % der erwachsenen Bevölkerung leiden an sekundärer Hypercholesterinämie.

Sekundäre Hypercholesterinämie   20–25 % der erwachsenen Bevölkerung Deutschlands leiden an einer Erhöhung der Serumcholesterin-Konzentration über den Normalbereich. Man nimmt an, dass bei diesen Patienten eine genetische Disposition zu erhöhten LDL-Konzentrationen besteht, die jedoch durch zusätzliche exogene Faktoren wie Übergewicht oder Bewegungsmangel verstärkt werden muss.

Sekundäre Hyperlipoproteinämien können die verschiedensten Ursachen haben. Bei einer Reihe von Erkrankungen wie Diabetes mellitus, Übergewicht, Verschlussikterus, nephrotisches Syndrom, Gicht, Pankreatitis, Alkoholismus und Hypothyreose entstehen Hyperlipoproteinämien, bei denen häufig spezifische Lipoproteine vermehrt vorkommen. Am häufigsten handelt es sich um Hyperlipoproteinämien des Typs IV, gelegentlich auch des Typs II. Eine sekundäre Hyperlipoproteinämie des Typs I findet sich nur bei unbehandeltem Diabetes-Typ-1 und ist dementsprechend heute sehr selten. Beim Verschlussikterus und der Hyperthyreose finden sich darüber hinaus atypische Lipoproteine.

Zusammenfassung

Häufig kommen Störungen der Lipoproteinzusammensetzung oder des Lipoprotein-Stoffwechsels vor. Man unterscheidet Hypo- und Hyperlipidämien. Letztere werden auch als Dyslipidämien bezeichnet.

Genetische Formen dieser Erkrankungen betreffen Mutationen in den Genen für:

- Apolipoproteine
- die Assemblierung von Lipoproteinen
- lipolytische Enzyme und
- Rezeptoren, die für die Lipoprotein-Aufnahme benötigt werden.

Erworbene Hyperlipoproteinämien betreffen häufig das Verhältnis von LDL zu HDL und sind von einer Hypercholesterinämie begleitet. Sie gelten als Risikofaktoren für Arteriosklerose und koronare Herzerkrankung. Eine Gesamtübersicht der Hyperlipoproteinämien I-V gibt ◘ Tab. 25.3.

Tab. 25.3   Primäre Hyperlipoproteinämien im Vergleich

Typ	Befund (Lipoproteine)	Lipide	Defekt	Symptome	Atherosklerose	Therapie
I	CM↑	TG↑↑	LP-Lipasemangel oder CII fehlt	Xanthome in der Haut	–	Fettarme Diät <3 g/d
II	LDL↑	Chol ↑ 1:500 Heterozygote 300 mg/100 ml Chol ↑ 1:10^6 Homozygote 680 mg/100 ml	LDL-Rezeptor 1. Rez-Mangel 2. kein TP→PM 3. keine LDL-Bindung 4. keine Interaktion mit Clathrin	Tödliche Infarkte	+	Cholesterin ↓: LDL-Apharese*
III	VLDL↑	Chol↑ TG↑	Atypisches Apo-E2	Chol-Ablagerungen in der Haut	+	Cholestyramin + Mevinolin Leber-Transplantation
IV	VLDL↑	Chol (leicht↑)	Verzögerter VLDL-Abbau, LPL ist normal	Xanthome, Gefäßveränderungen	–	Lipidsenker
V	CM↑ VLDL↑	TG↑↑ Chol↑	LP-Lipase↓	Chol in der Haut	(+)	Wie IV

Apo: Apoprotein; *Chol*: Cholesterin; *CM*: Chylomikronen; *LP*: Lipoprotein; *LPL*: Lipoproteinlipase, *PM*: Plasmamebran *TG*: Triglyceride, *TP*: Transport; *VLDL*: *very low density lipoproteins*; *LDL*: *low density lipoproteins*

*LDL-Apharese: In einem extrakorporalen Kreislauf werden die LDL-Lipoproteine abgetrennt

Weiterführende Literatur

Original- und Übersichtsarbeiten

Bodzioch M, Orso E, Klucken J, Langmann T, Bottcher A, Diederich W, Drobnik W, Barlage S, Buchler C, Porsch-Ozcurumez M, Kaminski WE, Hahmann HW, Oette K, Rothe G, Aslanidis C, Lackner KJ, Schmitz G (1999) The gene encoding ATP-binding cassette transporter 1 is mutated in Tangier disease. Nat Genet 22:347–351

Brown MS, Ye J, Rawson RB, Goldstein JL (2000) Regulated intramembrane proteolysis: a control mechanism conserved from bacteria to humans. Cell 100:391–398

Hardie DG, Sakamoto K (2006) AMPK: a key sensor of fuel and energy status in skeletal muscle. Physiology 21:48–60

von Landenberg P, von Landenberg C, Schölmerich J, Lackner KJ (2001) Antiphospholipid syndrome. pathogenesis, molecular basis and clinical aspects. Med Klin 96(6):331–342

Prinzipien von Aminosäurestoffwechsel und Stickstoffumsatz

Klaus-Heinrich Röhm

Der allgemeine Aufbau und die physikochemischen Eigenschaften von Aminosäuren werden in ▶ Abschn. 3.3 vorgestellt und ▶ Kap. 5 beschreibt die Aminosäuren als strukturgebende Bausteine von Proteinen. Darüber hinaus erfüllen Aminosäuren aber auch zahlreiche Stoffwechselfunktionen. Mit ihren Aminogruppen nehmen sie eine zentrale Rolle im Stickstoff-Stoffwechsel des Organismus ein. Die Entfernung der Aminogruppen erfolgt meistens durch Übertragung auf eine α-Ketosäure (Transaminierung) oder direkt durch Desaminierung. Durch Decarboxylierung von Aminosäuren entstehen zahlreiche biogene Amine, von denen viele als Neurotransmitter fungieren. Zur Energiegewinnung kann das Kohlenstoffgerüst der Aminosäuren direkt abgebaut werden oder es dient der Synthese von Glucose und Ketonkörpern. Da der menschliche Organismus 8 bis 9 Aminosäuren nicht *de novo* synthetisieren kann, stellen Proteine eine essenzielle Nahrungsquelle dar.

Schwerpunkte

26.1 Beziehung zwischen Stickstoff, Ammoniak und Aminosäurestoffwechsel
- Bedeutung von Aminosäuren für den Stickstoffkreislauf in der Natur
- Rolle von Aminosäuren beim Stoffwechsel des neurotoxischen Ammoniaks
- Nicht-proteinogene Funktionen von Aminosäuren

26.2 Stickstoffumsatz im menschlichen Organismus
- Essenzielle Aminosäuren und minimale Eiweißzufuhr

26.3 Enzymatische Mechanismen des Aminosäurestoffwechsels
- Pyridoxalphosphat (Vitamin B_6) und die Transaminierung, Desaminierung und Decarboxylierung von Aminosäuren

26.4 Prinzipien des Aminosäureabbaus beim Menschen
- Die sechs Endprodukte des Aminosäureabbaus
- Synthese von Glucose und Ketonkörpern aus Aminosäuren

26.1 Beziehung zwischen Stickstoff, Ammoniak und Aminosäurestoffwechsel

Stickstoff ist ein Hauptbestandteil von Proteinen, Nucleotiden und anderen Biomolekülen und damit ein unentbehrliches Makroelement. Als N_2-Molekül steht Stickstoff in der Erdatmosphäre in fast unbegrenzten Mengen zur Verfügung, kann in dieser Form aber nur von wenigen Lebewesen genutzt werden. Der **Stickstoffkreislauf** ist in ◻ Abb. 26.1 in vereinfachter Form dargestellt.

26.1.1 Bildung von Ammoniak in der Biosphäre

Die Fähigkeit zur **Stickstoff-Fixierung** – d. h. zur Reduktion von N_2 zu NH_4^+ – ist auf einige Bakterien beschränkt, die häufig in Symbiose mit Pflanzen leben.

Ergänzende Information Die elektronische Version dieses Kapitels enthält Zusatzmaterial, auf das über folgenden Link zugegriffen werden kann https://doi.org/10.1007/978-3-662-60266-9_26. Die Videos lassen sich durch Anklicken des DOI Links in der Legende einer entsprechenden Abbildung abspielen, oder indem Sie diesen Link mit der SN More Media App scannen.

© Springer-Verlag GmbH Deutschland, ein Teil von Springer Nature 2022
P. C. Heinrich et al. (Hrsg.), *Löffler/Petrides Biochemie und Pathobiochemie*, https://doi.org/10.1007/978-3-662-60266-9_26

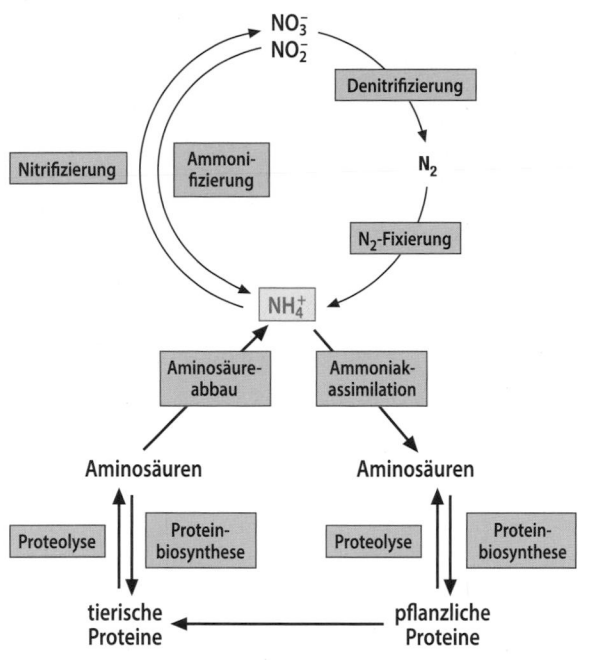

◻ Abb. 26.1   Stickstoffkreislauf. (Einzelheiten s. Text)

N₂-fixierende Organismen stellen einen großen Teil der für die Landwirtschaft wichtigen Ammoniumsalze bereit und sind deshalb ökologisch sehr wichtig.

Für Pflanzen und bestimmte Bakterien stellen Nitrat (NO_3^-) und Nitrit (NO_2^-) alternative Stickstoffquellen dar, die ebenfalls zu Ammoniak (NH_3) reduziert werden müssen, bevor sie in organische Moleküle eingebaut werden können (**Nitratreduktion**, **Ammonifizierung**).

Andere Bakterien oxidieren NH_3 zu Nitrat und wandeln dieses weiter in N_2 um. Diese Prozesse (**Nitrifizierung und Denitrifizierung**) entziehen der Biosphäre leicht nutzbaren Stickstoff und vermindern den für eine effiziente landwirtschaftliche Nutzung wichtigen Stickstoffgehalt des Bodens.

Im tierischen Stoffwechsel kommt Stickstoff fast ausschließlich auf der Oxidationsstufe von **Ammoniak (NH_3)** vor (eine der wenigen Ausnahmen ist NO, ▶ Abschn. 27.2.2). Tiere können Stickstoff nur in Form von Ammoniumionen verwerten. Für sie stellen Aminosäuren die einzige verwertbare Stickstoffquelle dar.

26.1.2   Eigenschaften von Ammoniak

❯ Unter physiologischen Bedingungen liegt Ammoniak zu 99 % protoniert vor.

Ammoniak ist eine mittelstarke Base mit einem pK_s-Wert von 9,2. Beim pH-Wert des Blutes (7,4) liegen demnach etwa 98,5 % des Ammoniaks als **Ammoniumionen (NH_4^+)** vor. Im Zellinneren, wo der pH-Wert zwischen 6,0 und 7,1 liegt, ist dieser Prozentsatz sogar noch höher. Das Protonierungsgleichgewicht zwischen NH_3 und der konjugierten Säure NH_4^+ ist mit dem CO_2/Hydrogencarbonat-System (▶ Abschn. 66.1.3) gekoppelt, und damit vom Säure-Basen-Status des Organismus abhängig, d.h.

$$NH_3 + CO_2 + H_2O \rightleftharpoons NH_4^+ + HCO_3^- \qquad (26.1)$$

In der Literatur wird häufig vereinfachend von „Ammoniak" gesprochen, auch wenn das physiologische Gleichgewichtsgemisch von 99 % NH_4^+ und 1 % NH_3 gemeint ist. In diesem Kapitel wird die Bezeichnung „Ammoniak" nur dann verwendet, wenn es tatsächlich um die freie Base NH_3 geht.

❯ Die toxischen Wirkungen von NH_4^+ schädigen v. a. das ZNS.

Im Blut ist sind die Konzentrationen von NH_3 und NH_4^+ normalerweise sehr gering (15–60 µmol/l). Eine deutliche Erhöhung dieses Wertes kann bei Mensch und Tier schwere neurologische Defekte hervorrufen.

Mögliche Ursachen der **Neurotoxizität von Ammoniak** werden in ▶ Abschn. 28.1 diskutiert. Vorausgeschickt sei hier, dass die Toxizität von NH_3 nicht auf pH-Verschiebungen aufgrund seiner basischen Eigenschaften beruht. Allerdings spielt der NH_3-Anteil im NH_4^+/NH_3-Gleichgewicht für den Übergang von NH_3 aus dem Blut in die Gewebe eine wesentliche Rolle: Während NH_3 in Lipiden (und damit auch in biologischen Membranen) gut löslich ist, kann das geladene Ammoniumion Biomembranen nicht passieren. Änderungen des pH-Werts im Blut (▶ Abschn. 66.1) verschieben das NH_4^+/NH_3-Gleichgewicht. Eine Alkalisierung des Körpers führt zum vermehrten Auftreten von lipidlöslichem NH_3 in Blut und Liquor. So verdoppelt sich z. B. bei einer pH-Erhöhung von 7,4 auf 7,7 der NH_3-Anteil im Gleichgewicht von 1,5 % auf 3 %.

26.1.3   Fixierung von Ammoniak und Stickstoffeliminierung

❯ Pflanzen und Bakterien fixieren Ammoniumionen in Glutamat und Glutamin.

Prozesse, bei denen Ammoniumionen in organischer Bindung fixiert werden, bezeichnet man als „**Ammoniumassimilation**". In Bakterien und Pflanzen ist der wichtigste Assimilationsweg die Bildung der Aminosäuren **Glutamat** und **Glutamin** aus α-Ketoglutarat

und NH_4^+ bzw. Glutamat und NH_4^+. Im menschlichen Stoffwechsel scheint die Glutamatbildung aus α-Ketoglutarat quantitativ keine große Rolle zu spielen, während die Fixierung von NH_4^+ im Glutamin und Alanin v. a. zu Transportzwecken dient (▶ Abschn. 27.1.1).

❯ Landlebende Tiere wandeln NH_4^+ in weniger giftige Ausscheidungsprodukte um.

Ausscheidungsformen Die Art und Weise, wie Tiere Stickstoff ausscheiden, ist sehr unterschiedlich und wird v. a. von ihrer Lebensweise bestimmt. Fische und andere wasserlebende Tiere geben NH_4^+ über die Kiemen oder die Haut direkt ins Wasser ab. Diese **ammonotelische** Form der Exkretion steht landlebenden Tieren nicht zur Verfügung. Sie integrieren NH_4^+ in weniger toxische Verbindungen, wie **Harnstoff**, **Harnsäure**, **Guanin** oder **Kreatinin** und geben diese Substanzen über Nieren oder Kloaken nach außen ab.

Die Bildung von Harnsäure (die sog. **uricotelische** Form der Ausscheidung) wird u. a. von Vögeln und Reptilien genutzt. Sie ist besonders wassersparend, weil die schwer lösliche Harnsäure in fester Form abgegeben werden kann. Deshalb können uricotelische Tiere auch in extrem trockenen Umgebungen überleben.

Die **ureotelische** Form (d. h. die Ausscheidung von Harnstoff mit dem Urin wie sie auch im Menschen vorkommt) ist zwangsläufig mit beträchtlichen Wasserverlusten verbunden. Deshalb kann es vorkommen, dass sich während der Individualentwicklung die Art der Stickstoffausscheidung ändert. So verwandeln sich ammonotelische Kaulquappen in ureotelische Frösche. Auch beim Menschen entwickelt sich die Fähigkeit zur Harnstoffbildung erst kurz vor der Geburt.

26.1.4 Zelluläre Aufgaben von Aminosäuren

Aminosäuren haben im Organismus zahlreiche Funktionen. Aminosäuren oder von ihnen abgeleitete Verbindungen dienen u. a. als

- bevorzugte **Substrate des Energiestoffwechsels** (z. B. Glutamin für Leukocyten und Enterocyten),
- **Bausteine von Peptiden und Proteinen** (die proteinogenen Aminosäuren),
- **Bausteine anderer Biomoleküle**, (z. B. Glycin, Taurin und Serin in Lipiden),
- **Vorläufer von Glucose** (die glucogenen Aminosäuren),
- **Vorläufer von Lipiden und Ketonkörpern** (die ketogenen Aminosäuren),

- **Vorstufen für die Synthese von Nucleotiden, Aminozuckern und Häm** (Glycin, Glutamin, Aspartat),
- **Transportmoleküle** für Aminogruppen (v. a. Glutamin und Alanin),
- **Signalstoffe und Neurotransmitter** bzw. Vorläufer solcher Substanzen (Glutamat, Aspartat, Tyrosin, Tryptophan),
- **Antioxidantien** (Cystein, Glycin, Glutamat als Bestandteile von Glutathion),
- **Regulatoren des Säure-Basen-Haushalts** (v. a. Glutamin).

> **Zusammenfassung**
>
> Im tierischen Stoffwechsel kommt Stickstoff fast ausschließlich auf der Oxidationsstufe des Ammoniaks vor. Ammoniak (NH_3) steht im Gleichgewicht mit der konjugierten Säure Ammoniumion (NH_4^+), die bei physiologischen pH-Werten dominiert. Prozesse zur Fixierung von Ammoniumionen in organische Verbindungen werden Ammoniumassimilation genannt. Im menschlichen Organismus ist die Ammoniumfixierung im Glutamin zu Transportzwecken bedeutsam. Im Stoffwechsel entstehen NH_3 und NH_4^+ v. a. beim Aminosäureabbau. Sie sind neurotoxisch und werden deshalb zum Transport und zur Ausscheidung in weniger giftige organische Verbindungen (Glutamin, Alanin, Harnstoff, u. a.) eingebaut. Aminosäuren erfüllen im Stoffwechsel zahlreiche Aufgaben, u. a. als Molekülbausteine, Vorstufen für andere Metabolite und als Signalmoleküle.

26.2 Stickstoffumsatz im menschlichen Organismus

26.2.1 Anpassung von Stickstoffaufnahme und -abgabe

Der Körper eines Erwachsenen enthält etwa 10 kg Protein, von denen allein 2,5 kg auf Kollagen entfallen (◧ Abb. 26.2). Da die meisten anderen Proteine relativ kurzlebig sind, werden täglich 250–300 g Protein ab- und etwa die gleiche Menge wieder aufgebaut. Besonders intensiv ist die Proteinsynthese in der Muskulatur (bis zu 100 g/Tag), in der Leber (etwa 50 g/Tag, davon entfallen allein 12 g auf Albumin) und in Immunzellen, die u. a. Antikörper bilden. Auch die Neusynthese von Hämoglobin im Knochenmark macht mit etwa 8 g/Tag einen erheblichen Teil der Gesamtsynthese aus.

Bewohner entwickelter Industriestaaten nehmen mit der Nahrung täglich mindestens 100 g Protein zu sich. Zu diesen Nahrungsproteinen kommen 70 g Protein

26

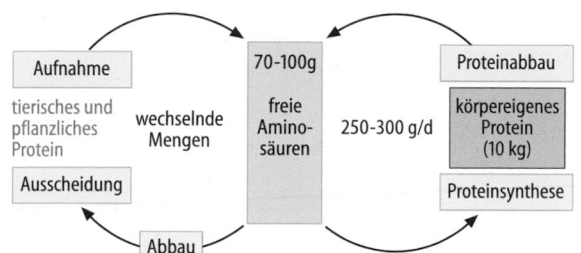

◻ Abb. 26.2 Stickstoffhaushalt des Menschen. Beim Aminosäure-pool eines gesunden Erwachsenen halten sich die Zuflüsse und Ab-flüsse die Waage. Die Werte sind auf eine Person von 70 kg Körper-gewicht bezogen

hinzu, die mit den Verdauungssekreten ins Darmlumen gelangen oder aus abgeschilferten Mukosazellen stammen. Auch diese Proteine werden zum großen Teil verdaut und in Form von Aminosäuren wieder aufgenommen. Die Vorräte an freien Aminosäuren in Geweben und Blut (der „Aminosäurepool") machen zusammen 70–100 g aus.

Die Ausscheidung von Stickstoff erfolgt beim Menschen v. a. in Form von **Harnstoff** über den Urin (etwa 85 %) und in den Faeces (10–15 %). Kleinere Mengen von Stickstoff (<5 %) gehen auch mit dem Schweiß, abgeschilferten Hautzellen, ausgefallenen Haaren und mit anderen Körpersekreten verloren. Die ausgeschiedene Menge an Harnstoff spiegelt v. a. die aufgenommene Proteinmenge wider.

Regulation Komplexe Mechanismen sorgen dafür, dass in unterschiedlichen Stoffwechselsituationen (Resorptions- und Postresorptionsphase, Hunger) Proteinsynthese sowie Protein- und Aminosäureabbau und Stickstoffausscheidung den Erfordernissen angepasst werden. Da Menge und Qualität der Proteinzufuhr von den physiologischen Regulationssystemen des Körpers nicht zu beeinflussen sind, sind es v. a. der Abbau und die Ausscheidung von Aminosäuren, die zum Ausgleich der Stickstoffbilanz herangezogen werden. Weniger wichtige Angriffspunkte sind die Biosynthese und der Abbau körpereigener Proteine.

26.2.2 Essenzielle und nicht-essenzielle Aminosäuren

❯ Der Mensch kann fast die Hälfte der proteinogenen Aminosäuren nicht selbst synthetisieren.

Die Fähigkeit zur Eigensynthese vieler proteinogener Aminosäuren ging Vorläufern der heutigen Tiere schon vor Millionen von Jahren verloren. Da sich diese Vorläufer von reichlich vorhandenen Pflanzen oder anderen Tieren ernähren konnten, waren die Reaktionen der Aminosäurebiosynthese für ihren Stoffwechsel eine un-

nötige energetische Belastung. Mutationen, die durch Inaktivierung eines oder mehrerer Enzyme zum Verlust eines Biosynthesewegs führten, bedeuteten deshalb einen Selektionsvorteil.

❯ Bei Aminosäuren ist „essenziell oder nicht" eine Frage der Definition.

Bis heute gibt es in der Literatur Kontroversen über Art und Menge der Aminosäuren, die der Mensch mit der Nahrung aufnehmen muss. Die klassischen Untersuchungen zum Aminosäurebedarf des Menschen wurden an jungen, gesunden Erwachsenen durchgeführt. Als **essenziell** wurden dabei diejenigen Aminosäuren eingestuft, deren Fehlen in der Nahrung zu einer negativen Stickstoffbilanz (▶ Abschn. 57.1.1) und verzögertem Wachstum führte.

Essenzielle Aminosäuren Einigkeit besteht darüber, dass 8 proteinogene Aminosäuren absolut essenziell sind (◻ Tab. 26.1). Neben **Lysin** und **Methionin** sind dies alle **verzweigtkettigen Aminosäuren** (Val, Leu, Ile, Thr) und zwei der **aromatischen** Aminosäuren (Phe, Trp).

Von diesen Aminosäuren benötigen Erwachsene pro kg Körpergewicht täglich zwischen 5 und 40 mg (◻ Tab. 26.1, auch hierzu können die Angaben verschiedener Autoren erheblich voneinander abweichen). Die Tabelle nennt zudem die chemischen Ursachen für den essenziellen Charakter der jeweiligen Aminosäure („Grundstruktur"), d. h. die chemische Struktur, die im tierischen Stoffwechsel nicht *de novo* gebildet werden kann. Über die Bedeutung von essenziellen Aminosäuren in der menschlichen Nahrung informiert ▶ Abschn. 57.1.1.

Ob **Histidin** für Erwachsene essenziell ist oder nicht, ist immer noch umstritten, u. a. weil im Körper erhebliche Vorräte an Histidin vorhanden sind, die dafür sorgen, dass bei histidinfreier Kost Mangelerscheinungen erst sehr spät auftreten. Bis heute fehlen jedenfalls Befunde, die eindeutig belegen, dass der menschliche Organismus Histidin in größeren Mengen synthetisieren kann. Für Säuglinge ist Histidin mit Sicherheit essenziell.

Bedingt essenzielle Aminosäuren Eine weitere Gruppe von 7 Aminosäuren sind nur deshalb nicht-essenziell, weil sie aus anderen Aminosäuren synthetisiert werden können, so z. B. **Tyrosin** aus Phenylalanin oder **Cystein** aus Serin bzw. Methionin. Solche Aminosäuren bezeichnet man als **bedingt essenziell.** Unter veränderten Stoffwechselbedingungen und bei raschem Wachstum können sie durchaus essenziell werden. Für Säuglinge und Kleinkinder sind – strenggenommen – nur Alanin, Aspartat, Glutamat und Serin nicht-essenziell.

☐ **Tab. 26.1** Aminosäurebedarf des Menschen

Nicht-essenziell	Bedingt essenziell		Essenziell		
		Synthesevorstufe		Bedarf (mg/kg pro Tag)	Grundstruktur
Alanin	Asparagin	Aspartat	Histidin[a]	20	Imidazolring
Aspartat	Arginin	Glutamat	Isoleucin	18	Verzweigung
Glutamat	Cystein	Serin	Leucin	25	Verzweigung
Serin	Glutamin	Glutamat	Lysin	22	Primäres Amin
	Glycin	Serin	Methionin	24	Sekundäres Thiol
	Prolin	Glutamat	Phenylalanin	25	Aromat
	Tyrosin	Phenylalanin	Threonin	13	Verzweigung
			Tryptophan	6	Indolring
			Valin	18	Verzweigung

[a]Siehe Text.

Nicht-essenzielle Aminosäuren Nicht-essenziell im engeren Sinne sind Aminosäuren, die der Organismus aus leicht zugänglichen Vorstufen und mit ausreichender Geschwindigkeit selbst herstellen kann. So wäre der Mensch zwar in der Lage, mehrere essenzielle Aminosäuren aus den entsprechenden α-Ketosäuren durch Transaminierung zu synthetisieren, keine dieser Vorstufen ist jedoch normalerweise in der Nahrung enthalten oder als Zwischenprodukt des Stoffwechsels zugänglich. Völlig von Grund auf – also ohne Beteiligung anderer Aminosäuren – kann nur **Glutamat** gebildet werden (in der GLDH-Reaktion aus α-Ketoglutarat und NH_4^+).

❯ Die optimale Proteinzufuhr hängt von vielen Faktoren ab.

Proteinbedarf des Menschen Für die täglich notwendige Proteinzufuhr lassen sich keine allgemein gültigen Werte angeben. Die optimale Menge hängt u. a. vom Alter, vom körperlichen Zustand und v. a. von der Qualität des aufgenommenen Proteins ab (▶ Abschn. 57.1.1). Für Erwachsene wird (je nach **biologischer Wertigkeit** des Proteins) eine tägliche Aufnahme von **0,5–1 g Protein/kg Körpergewicht** empfohlen, für Kinder bis zum 6. Lebensjahr liegt die Menge – bezogen auf das Körpergewicht – etwa doppelt so hoch. Um die obligatorischen Stickstoffverluste von 30–50 mg N_2/kg Körpergewicht und Tag auszugleichen, ist eine minimale Proteinaufnahme von 20–30 g Protein/Tag erforderlich.

Übrigens

— **Biosynthese der essenziellen Aminosäuren.** Ohne auf Einzelheiten einzugehen, wird im Folgenden kurz erläutert, wie Mikroorganismen und Pflanzen die für den Menschen essenziellen Aminosäuren aufbauen (Einzelheiten s. Lehrbücher der Mikrobiologie oder Pflanzenbiochemie). Die Kohlenstoffgerüste dieser Aminosäuren stammen aus dem Stoffwechsel der Kohlenhydrate. Da anabole Wege stets reduktive Schritte enthalten, wird NADPH/H[+] benötigt, das in Pflanzen vorwiegend durch Photosynthese und bei Mikroorganismen im Pentosephosphatweg entsteht. Die Aminogruppen werden meist durch Transaminierung von Glutamat übernommen, das von diesen Organismen durch die GLDH aus α-Ketoglutarat gebildet werden kann.

— **Familien.** Ausgangsmoleküle für die Biosynthese der essenziellen Aminosäuren sind andere Aminosäuren bzw. die entsprechenden α-Ketosäuren. Je nachdem, aus welcher Carbonsäure die Mitglieder einer Gruppe von Aminosäuren hervorgehen, unterscheidet man drei Familien:

 – die **Aspartat-Familie** (aus Aspartat bzw. Oxalacetat entstehen Threonin, Methionin, Isoleucin und Lysin)

 – die **Pyruvat-Familie** (aus Pyruvat gehen Leucin und Valin hervor)

 – die **Shikimat-Familie** (aus Shikimisäure, einer α-Ketosäure mit 7 C-Atomen, die aus Intermediaten von Glycolyse und Pentosephosphatweg gebildet wird, entstehen die aromatischen Aminosäuren Phenylalanin, Tyrosin und Tryptophan)

— Alle diese Wege sind kompliziert und benötigen für die Biosynthese bis zu 11 Enzyme. Bei den nicht-essenziellen Aminosäuren benötigt dagegen kein Syntheseweg mehr als 4 Enzyme.

26

Zusammenfassung
Auf- und Abbau von Proteinen im Organismus sind
streng reguliert. Der „Pool" an freien Aminosäuren im
Organismus ist weitgehend konstant. Aufgefüllt wird er
v. a. durch Nahrungsaminosäuren und aus dem Proteinabbau. Überschüssige freie Aminosäuren werden abgebaut. Fast die Hälfte der 20 proteinogenen Aminosäuren
können vom menschlichen Stoffwechsel nicht synthetis-
siert werden. Diese Aminosäuren sind essenzielle Nahrungsbestandteile. Absolut **essenziell** sind Lys, Met, Val,
Leu, Ile, Thr, Phe, Trp und wahrscheinlich auch His.

26.3 Enzymatische Mechanismen des Aminosäurestoffwechsels

Kohlenstoff wird im Intermediärstoffwechsel überwiegend durch katabole Stoffwechselwege zu CO_2 oxidiert
und ausgeschieden. Dabei fallen Reduktionsäquivalente
an, die zur Bildung energiereicher Triphosphate genutzt
werden.

Würden im tierischen Stoffwechsel Stickstoffver-
bindungen auf ähnliche Weise oxidiert, entstünden
sehr toxische Endprodukte (Stickoxide unterschiedlicher Oxidationsstufen und die entsprechenden Säuren).
Stattdessen setzen die Zellen organisch gebundenen
Stickstoff in Form von Ammoniumionen (NH_4^+) frei
und scheiden diese direkt oder nach Einbau in weniger
giftige Verbindungen aus.

Der Aminostickstoff der Aminosäuren wird beim
Abbau entweder als NH_4^+ abgespalten (**Desaminierung**, ▶ Abschn. 26.3.2) oder durch **Transaminierung**
(▶ Abschn. 26.3.1) für die Biosynthese anderer Aminosäuren verwendet (v. a. in Alanin, Aspartat oder Glutamat). Die Aminogruppen dieser Transaminierungs-
produkte werden – je nach Stoffwechsellage – wieder
für Biosynthesen verwendet oder zur Ausscheidung in
Harnstoff eingebaut (▶ Abschn. 27.1.2). In anderen
Abbauwegen wird die Aminogruppe erst nach **Decarboxylierung** der Aminosäure entfernt. Die so gebildeten
biogenen Amine sind Molekülbausteine oder erfüllen
wichtige Signalfunktionen (▶ Abschn. 26.3.3).

26.3.1 Transaminierung

❯ An Transaminierungsreaktionen sind zwei Aminosäuren und zwei α-Ketosäuren beteiligt.

Transaminierungsreaktionen werden von **Aminotransferasen** (Transaminasen) katalysiert (Enzymklassen-
Klassifikationsnummer 2.6.1). Diese Enzyme übertragen die Aminogruppe einer Aminosäure auf eine
α-Ketosäure (2-Oxosäure), wobei eine neue Aminosäure
entsteht und von der ursprünglichen Aminosäure eine
α-Ketosäure zurückbleibt.

$$\text{Aminosäure 1} + \text{α-Ketosäure 2} \rightleftharpoons \text{α-Ketosäure 1} + \text{Aminosäure 2} \quad (26.2)$$

Eines der beiden Aminosäure/α-Ketosäure-Paare wird
in der Regel von Glutamat/α-Ketoglutarat gebildet.
So katalysiert z. B. die **Aspartat-Aminotransferase**
(AST, oder im klinischen Sprachgebrauch Glutamat-
Oxalacetat-Transaminase, GOT, ▶ Abschn. 27.2.1) die
Reaktion

$$\text{Glutamat} + \text{Oxalacetat} \rightleftharpoons \text{α-Ketoglutarat} + \text{Aspartat} \quad (26.3)$$

und die **Alanin-Aminotransferase** (ALT, oder Glutamat-
Pyruvat-Transaminase, GPT) die Reaktion

$$\text{Glutamat} + \text{Pyruvat} \rightleftharpoons \text{α-Ketoglutarat} + \text{Alanin} \quad (26.4)$$

Nicht nur α-Aminogruppen können transaminiert werden, sondern auch Aminogruppen in Seitenketten (s. dazu
Reaktion 2 in ◼ Abb. 27.9). Während der Reaktion wird
die zu transferierende Aminogruppe vom enzymgebundenem Coenzym **Pyridoxalphosphat** übernommen (s. u.),
das in allen Aminotransferasen und vielen weiteren Enzymen des Aminosäurestoffwechsels vorkommt.

❯ Pyridoxalphosphat ist das Coenzym der Aminotransferasen und weiterer Enzyme im Aminosäurestoffwechsel.

Pyridoxalphosphat (PALP, ▶ Abschn. 59.5) ist ein ungewöhnlich vielseitiges Coenzym, das zahlreiche Umsetzungen im Aminosäurestoffwechsel unterstützt.
PALP-abhängige Reaktionen finden nicht nur am α-C-
Atom statt, sondern können auch die β- und γ-Atome
in der Seitenkette von Aminosäuren betreffen. Wichtige
Beispiele sind in ◼ Tab. 26.2 zusammengestellt.

Wirkungsweise In Abwesenheit von Substraten ist die
Aldehydgruppe des Pyridoxalphosphats in der Regel als
Aldimin (Schiff-Base) covalent an einen Lysinrest der
Aminotransferasen gebunden. Zu Beginn der Reaktion
verdrängt die α-Aminogruppe der zuerst gebundenen
Aminosäure den Lysinrest und bildet mit dem Coenzym
selbst ein Aldimin (◼ Abb. 26.3, *links*).

Aus diesem Zwischenprodukt lässt sich der Wasserstoff am α-C-Atom leicht als Proton abspalten, weil die
zurückbleibende negative Ladung in der **chinoiden Form**
des Coenzyms delokalisiert werden kann (◼ Abb. 26.3,

◻ Tab. 26.2　Von Pyridoxalphosphat abhängige Reaktionen im Aminosäurestoffwechsel

Reaktion	Enzym(e)	Beispiel	Siehe Abb.
Reaktionen am α-C-Atom			
Transaminierung	Aminotransferasen		◻ Abb. 26.4
Decarboxylierung	Aminosäuredecarboxylasen		◻ Abb. 26.7
Racemisierung	D/L-Aminosäureracemasen		
Eliminierung	Serin-Hydroxymethyl-Transferase		◻ Abb. 27.20
Reaktionen am β-C-Atom			
Substitution	Tryptophansynthase (nicht beim Menschen)	Serin + Indol → Tryptophan	–
α,β-Eliminierung	Serin-Threonin-Dehydratase	Serin → Pyruvat + NH_4^+ Threonin → α-Ketobutyrat + NH_4^+	◻ Abb. 26.6
Reaktionen am γ-C-Atom			
Eliminierung	Cystathionin-γ-Lyase	Cystathionin → Cystein + α-Ketobutyrat	◻ Abb. 27.13

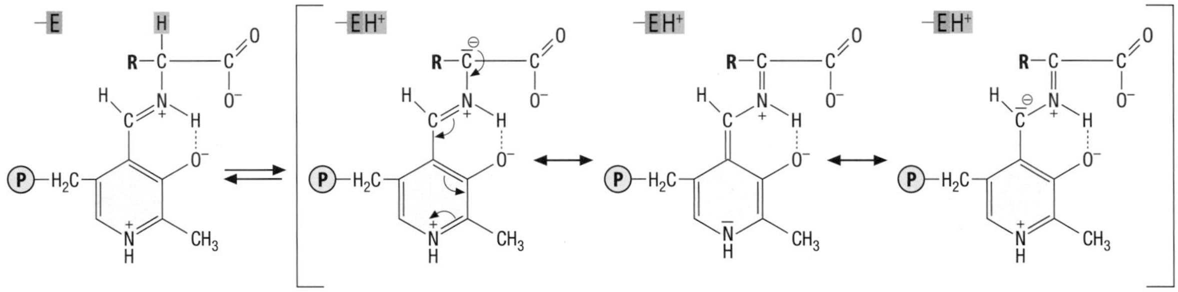

Aldimin　　　　　　　　　　**Chinoide Form (Grenzstrukturen)**

◻ Abb. 26.3　(Video 26.1) **Die chinoide Form von Pyridoxalphosphat als gemeinsames Intermediat PALP-abhängiger Reaktionen.** (Einzelheiten s. Text) (▶ https://doi.org/10.1007/000-5hb)

eckige Klammer). Mit anderen Worten: Die Deprotonierung ist begünstigt, weil das gebildete Carbanion mesomeriestabilisiert ist. Dabei wirkt der Pyridinring von PALP als „Elektronenfalle". Das Proton wird von einer basischen Gruppe „E" des Enzyms übernommen, die dadurch in die protonierte Form „EH⁺" übergeht. Fast alle der in ◻ Tab. 26.2 genannten Reaktionen verlaufen über ein derartiges chinoides Zwischenprodukt. Welcher Reaktionsweg von dort aus eingeschlagen wird, hängt von den Aminosäureresten des Enzyms ab, die mit der chinoiden Form in Wechselwirkung treten.

❯ Bei Transaminierungen tritt als covalentes Zwischenprodukt Pyridoxaminphosphat auf.

Mechanismus der Transaminierung　Der Ablauf einer enzymkatalysierten Transaminierung ist in ◻ Abb. 26.4 im Einzelnen dargestellt. Zunächst bildet sich aus dem **Aldimin 1** die **chinoide Form 1** (*oben Mitte*), die in das entsprechende **Ketimin 1** umgelagert wird. Die C-N-Doppelbindung dieses Zwischenprodukts lässt sich hydrolytisch spalten, wobei die Ketosäure 1 freigesetzt wird. Zurück bleibt **Pyridoxaminphosphat**, in dem die Aminogruppe der ehemaligen Aminosäure 1 covalent an das Coenzym gebunden ist.

Der zweite Teil der Reaktion (*unterer Bildteil*) ist die exakte Umkehrung des bisher beschriebenen Ablaufs: Die Ketosäure 2 bildet mit Pyridoxaminphosphat ein **Ketimin 2**, das nach Umlagerung zur **chinoiden Form**

26

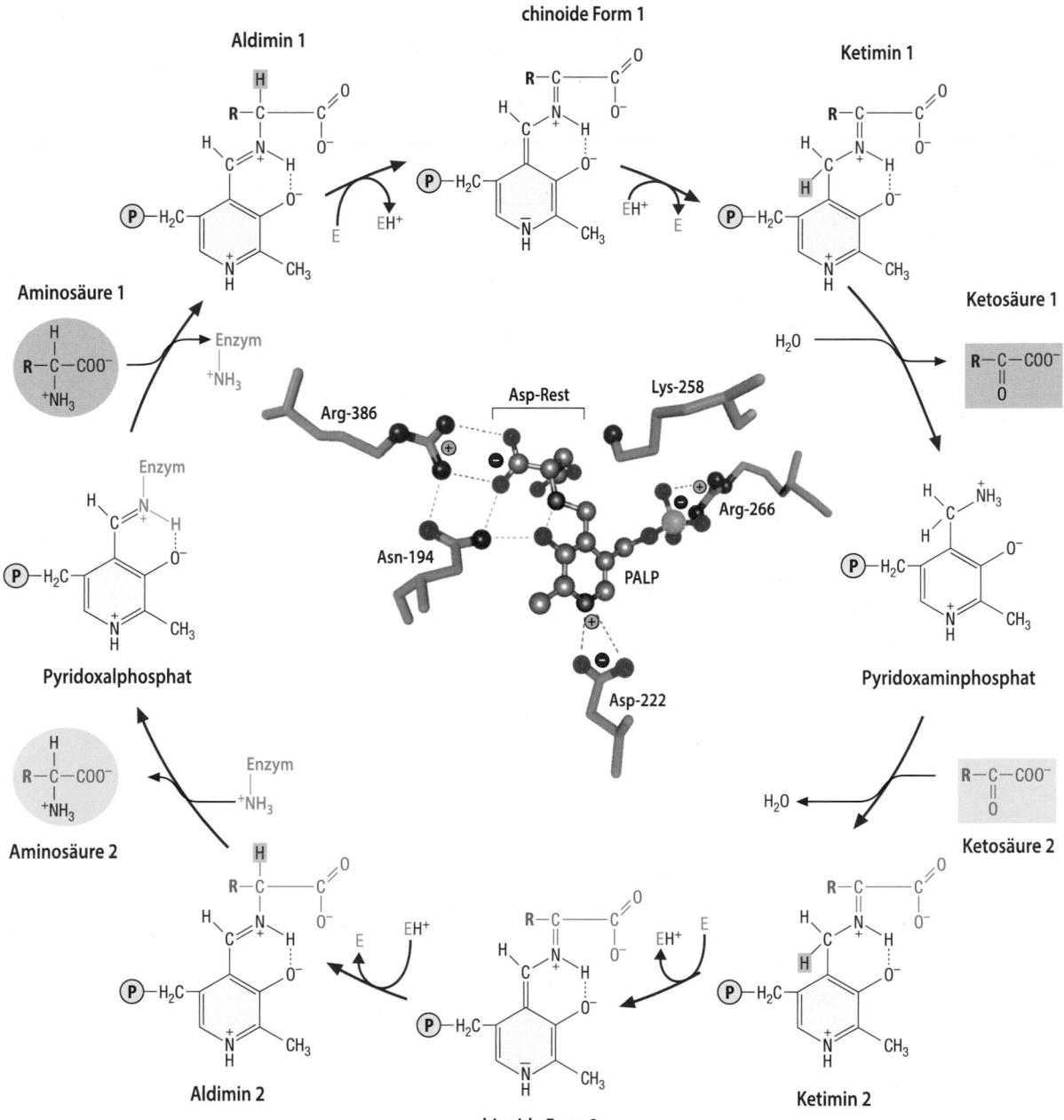

Abb. 26.4 Mechanismus der Transaminierung. In der Mitte der Abbildung ist ein Teil des aktiven Zentrums einer Aspartat-Aminotransferase dargestellt. Sauerstoffatome sind *rot*, Stickstoffatome *blau* und das Phosphoratom *grün* dargestellt. (Einzelheiten s. Text)

zum **Aldimin 2** protoniert wird. Dieses setzt schließlich die Aminosäure 2 frei, an deren Stelle wieder der Lysinrest des Enzyms tritt.

Aktives Zentrum Wichtige funktionelle Gruppen PALP-abhängiger Enzyme (in ◻ Abb. 26.4 mit „E" abgekürzt) sind basische Aminosäurereste, die das aus der α-Position des Aldimins abgespaltene Proton binden (mit „EH⁺" abgekürzt). Weitere Aminosäurereste fixieren den positiv geladenen Pyridiniumstickstoff und die Phosphatgruppe des Coenzyms sowie die Carboxylatgruppen der

gebundenen Amino- bzw. Ketosäuren. In der Mitte der ◻ Abb. 26.4 ist die Lage dieser Reste am Beispiel der Aldiminform einer **Aspartat-Aminotransferase** dargestellt (funktionell wichtige Aminosäurereste des Enzyms sind **grün** gefärbt, H-Atome der Übersichtlichkeit wegen weggelassen). In der gezeigten Aminotransferase hat Lysin 258 eine Doppelfunktion: In Abwesenheit der Substrate verknüpft es das Coenzym PALP covalent mit dem Apoenzym; zusätzlich übernimmt es während der Katalyse die Rolle der Base „E". Das Coenzym ist u. a. durch elektrostatische Wechselwirkungen mit Asp 222 und Arg 266 und

über Wasserstoffbrücken mit Asn 194 verbunden. Die beiden Carboxylatgruppen des covalent mit PALP verknüpften Aspartatrestes sind durch elektrostatische Wechselwirkungen mit Argininresten fixiert, von denen nur einer (Arg 386) dargestellt ist.

26.3.2 Desaminierung

Desaminierungsreaktionen setzen NH_4^+ aus Aminosäuren frei.

Desaminierung Als Desaminierungen bezeichnet man Reaktionen, bei denen die Aminogruppe einer Aminosäure als Ammoniumion (NH_4^+) freigesetzt wird. Nach ihrem Reaktionsmechanismus lassen sich mehrere Fälle unterscheiden (■ Abb. 26.5):

- Die **dehydrierende Desaminierung** betrifft beim Menschen nur Glutamat, das durch die Glutamatdehydrogenase (GLDH) in NH_4^+, α-Ketoglutarat und $NADH+H^+$ zerlegt wird (■ Abb. 26.5A).
- Bei der **hydrolytischen Desaminierung** wird NH_4^+ durch Hydrolyse der Amidgruppen von Glutamin oder Asparagin freigesetzt (■ Abb. 26.5B).
- Durch **eliminierende Desaminierung** werden im menschlichen Stoffwechsel nur Serin und Threonin (■ Abb. 26.5C) abgebaut.
- Aspartat wird indirekt über den **Purinnucleotidzyklus** und den **Harnstoffzyklus** desaminiert (■ Abb. 27.8).
- Bei der **O_2-abhängigen oxidativen Desaminierung** werden Aminosäuren oder biogene Amine durch Oxidasen in α-Ketosäuren oder Aldehyde umgewandelt.

Die dehydrierende Desaminierung von Glutamat verläuft über ein Iminzwischenprodukt.

Die von der **mitochondrialen Glutamatdehydrogenase (GLDH)** katalysierte dehydrierende Desaminierung von Glutamat ist ein wichtiger Schritt beim Aminosäureabbau.

Die GLDH-Reaktion läuft in zwei Schritten ab (■ Abb. 26.5A). Zunächst wird Glutamat an der α-Aminogruppe zum entsprechenden **Imin** (α-Iminoglutarat) oxidiert das – ähnlich wie das Ketimin bei Transaminierungsreaktionen – Hydrolyse-empfindlich ist und im zweiten Schritt unter Wasseraufnahme in NH_4^+ und α-Ketoglutarat gespalten wird.

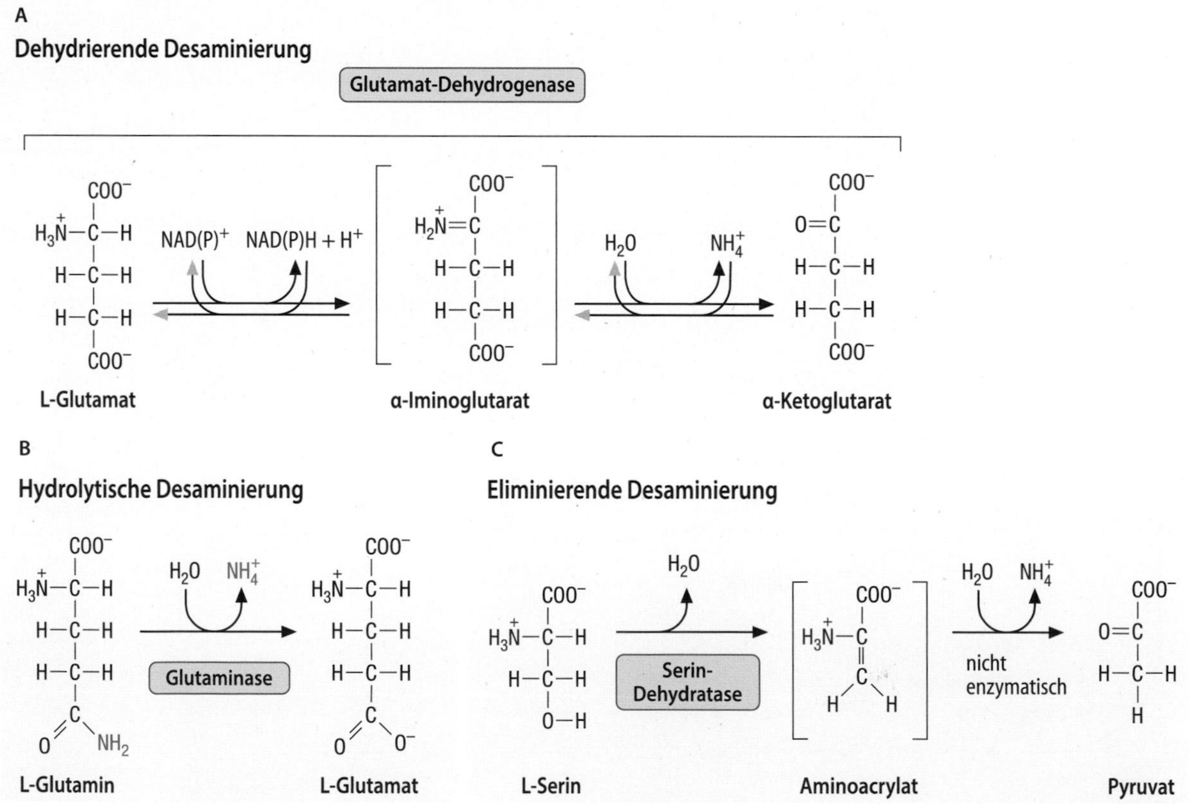

■ **Abb. 26.5** (Video 26.2) **Desaminierungsformen.** **A** Dehydrierende Desaminierung, **B** Hydrolytische Desaminierung, **C** Eliminierende Desaminierung (▶ https://doi.org/10.1007/000-5ha)

26

Über die Regulation der GLDH-Aktivität und die Bedeutung des Enzyms im Stoffwechsel der Leber informiert ▶ Abschn. 27.2.1.

❯ Die eliminierende Desaminierung von Serin und Threonin benötigt PALP.

Mechanismus der Serin-Threonin-Dehydratase Wie schon ihr Name andeutet, setzt diese PALP-abhängige **Dehydratase** bei der Desaminierung ihrer Substrate Ammoniumionen nicht direkt frei, sondern spaltet zunächst durch α, β-Eliminierung ein Wassermolekül ab (◻ Abb. 26.6).

Die Rolle des Pyridoxalphosphats ähnelt derjenigen in Aminotransferasen, d. h. auch hier entstehen der Reihe nach ein Aldimin und eine chinoide Form. Nach Abgabe von H_2O und Abspaltung von **Aminoacrylat** (im Fall von Serin) wird freies Coenzym regeneriert. Aminoacrylat ist instabil und zerfällt nach spontaner Umlagerung in **α-Iminopropionat** durch Hydrolyse in Pyruvat und NH_4^+.

In geringem Umfang wird auch Cystein durch eliminierende Desaminierung abgebaut (▶ Abschn. 27.2.4). Die Desaminierung von Histidin durch die **Histidase** (◻ Abb. 27.22) folgt einem anderen Mechanismus und benötigt kein PALP.

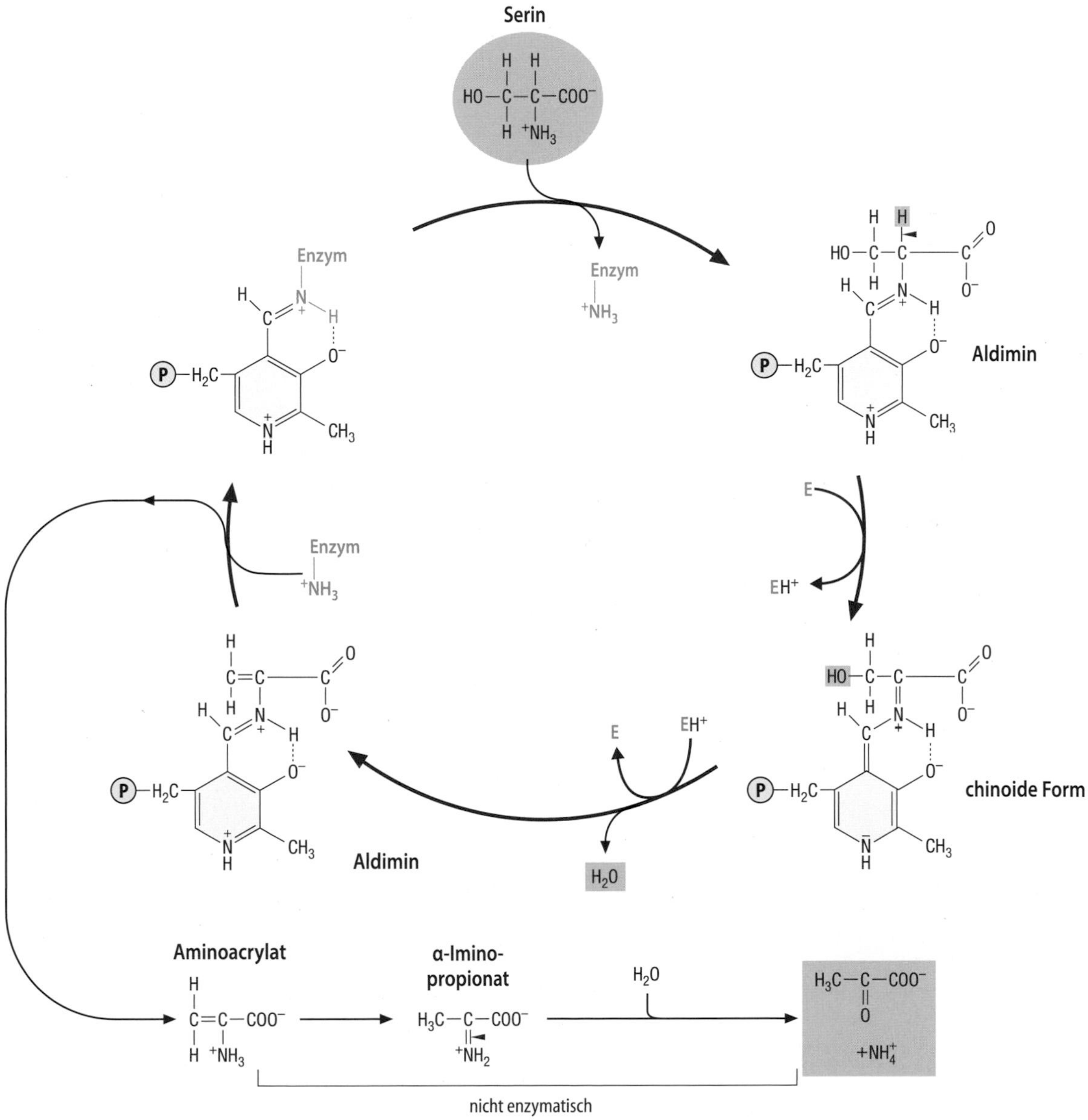

◻ **Abb. 26.6** Reaktionsmechanismus der Serin-Threonin-Dehydratase am Beispiel von Serin

❯ Die oxidative Desaminierung von Aminosäuren und Aminen hat unterschiedliche Funktionen.

In Leber, Nieren und anderen Organen gibt es Enzyme, die Aminosäuren sauerstoffabhängig zu α-Ketosäuren desaminieren. Diese **Aminosäure-Oxidasen** greifen nach folgendem Schema entweder normale L-Aminosäuren oder unphysiologische D-Aminosäuren an:

$$\text{Aminosäure} + H_2O + O_2 \rightarrow \alpha - \text{Ketosäure} + NH_4^+ + H_2O_2$$

$$(26.5)$$

— **D-Aminosäure-Oxidasen** sind in den Peroxisomen (▶ Abschn. 12.1.8) lokalisiert und benutzen FAD als Coenzym. Sie bauen D-Aminosäuren ab, die mit der Nahrung aufgenommen wurden.
— **L-Aminosäure-Oxidasen** finden sich u. a. im endoplasmatischen Retikulum und arbeiten mit FMN. Ihre Funktion ist unklar.

Die reduzierten Coenzyme $FMNH_2$ und $FADH_2$ werden durch O_2 reoxidiert. Das dabei gebildete H_2O_2 wird in den **Peroxisomen** durch Katalase zu ½ O_2 und H_2O disproportioniert.
— Die **Monoaminoxidase (MAO)**, ein integrales Flavoenzym der äußeren Mitochondrienmembran, oxidiert biogene Amine (▶ Abschn. 26.3.3), darunter Neurotransmitter wie Serotonin, Noradrenalin und Dopamin und inaktiviert sie dadurch. Bei der Reaktion entstehen Aldehyde, die weiter zu Carbonsäuren abgebaut werden (◨ Abb. 26.7).

26.3.3 Decarboxylierung

❯ Durch PALP-abhängige Decarboxylierung von Aminosäuren entstehen biogene Amine.

Decarboxylierung Fast alle Aminosäuren lassen sich durch Pyridoxalphosphat-abhängige Decarboxylasen zu **Aminen** (sog. „biogenen Aminen") decarboxylieren

(◨ Abb. 26.7), die als Gewebshormone, Neurotransmitter oder Bestandteile von Coenzymen fungieren (◨ Tab. 26.3).

> **Zusammenfassung**
>
> Beim Abbau der meisten Aminosäuren wird zunächst die α-Aminogruppe entfernt. Dies geschieht entweder durch Übertragung der NH_2-Gruppe auf eine Ketosäure unter Bildung einer anderen Aminosäure (**Transaminierung**) oder durch Abspaltung als NH_4^+ (**Desaminierung**). Einige Aminosäuren werden zunächst decarboxyliert, bevor die Aminogruppe der so gebildeten **biogenen Amine** durch oxidative Desaminierung freigesetzt wird. Transaminierung, Decarboxylierung und von den Desaminierungen die eliminierende Form werden von **Pyridoxalphosphat (PALP)**-abhängigen Enzymen katalysiert.

26.4 Prinzipien des Aminosäureabbaus beim Menschen

26.4.1 Abbauprodukte und Abbauprinzipien

❯ Der Abbau der Aminosäuren liefert nur sechs Endprodukte.

Abbau (und Biosynthese) der nicht- (oder bedingt-) essenziellen Aminosäuren (▶ Abschn. 26.2.2) sind eng mit dem Citratzyklus und seinen Eingangsreaktionen verknüpft. Lediglich Serin und Glycin entstehen aus einem Zwischenprodukt der Glycolyse. Die meisten nicht-essenziellen Aminosäuren werden zu denselben Verbindungen abgebaut, aus denen sie auch gebildet wurden. Die entsprechenden Prozesse sind in ◨ Abb. 26.8 im Vergleich dargestellt.

Nicht-essenzielle Aminosäuren liefern beim Abbau
— **α-Ketoglutarat** (Pro, Arg, Gln, Glu),
— **Oxalacetat** (Asn, Asp),
— **Pyruvat** (Gly, Ser, Cys, Ala),
— **Fumarat** (Asp).

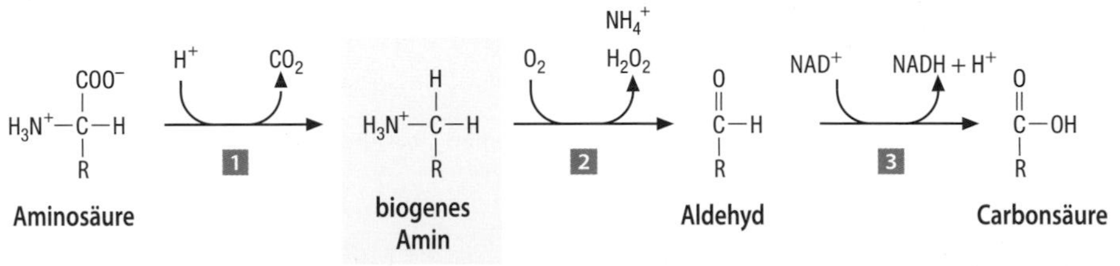

◨ **Abb. 26.7 Biosynthese und Abbau der biogenen Amine.** (1) Aminosäuredecarboxylase, (2) Monoaminoxidase, (3) Aldehyddehydrogenase

Tab. 26.3   Pyridoxalphosphat-abhängige Decarboxylierungen von Aminosäuren (Auswahl)

Aminosäure	Gebildetes Amin	Funktion des Amins
Arginin	Agmatin	Möglicherweise Neurotransmitter
Aspartat	β-Alanin (in Mikroorganismen)	Komponente von Coenzym A
Cystein	Cysteamin	Komponente von Coenzym A
3,4-Dihydroxyphenylalanin (Dopa)	3,4-Dihydroxyphenylethylamin (Dopamin)	Neurotransmitter, Zwischenstufe der Katecholaminsynthese
Glutamat	γ-Aminobutyrat (GABA)	Neurotransmitter
Histidin	Histamin	Gewebshormon, Immunmodulator
5-Hydroxytryptophan	Serotonin (5-Hydroxytryptamin)	Neurotransmitter
Lysin	Cadaverin	Produkt der Darmflora
Methionin (als S-Adenosylmethionin)	decarboxyliertes S-Adenosylmethionin („Methamin")	Coenzym der Polyaminbiosynthese
Ornithin	Putrescin	Polyamin-Vorstufe
Serin	Ethanolamin	Komponente von Phospholipiden
Tryptophan	Tryptamin	Neuromodulator, möglicherweise Neurotransmitter
Tyrosin	Tyramin	Produkt der Darmflora, stimuliert Katecholaminfreisetzung

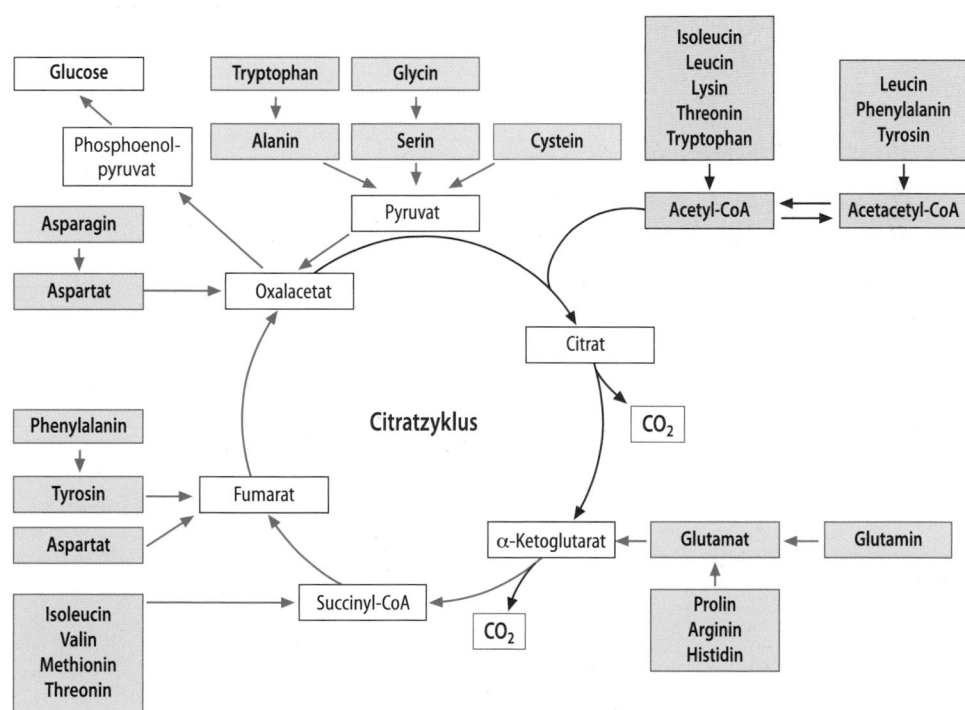

Abb. 26.8   Abbau der glucogenen (*grün*) und ketogenen (*rot*) Aminosäuren im Überblick

Der katabole Stoffwechsel der essenziellen Aminosäuren ist komplizierter als derjenige der nichtessenziellen. Aber auch er liefert nur eine kleine Zahl von Endprodukten, die entweder dem Citratzyklus angehören oder mit ihm in Verbindung stehen, nämlich

- **α-Ketoglutarat** (His),
- **Succinyl-CoA** (Val, Ile, Met, Thr),
- **Fumarat** (Phe/Tyr),
- **Pyruvat** (Trp, Thr),
- **Acetyl-CoA** (Phe/Tyr, Trp, Leu, Ile und Lys).

> Der Abbau der Aminosäuren folgt wenigen enzymatischen Prinzipien.

Die meisten essenziellen Aminosäuren werden schon zu Beginn des Abbaus transaminiert oder desaminiert, wobei in der Regel α-Ketosäuren entstehen. Die α-Aminogruppen von Methionin und Tryptophan enden dagegen als Aminogruppen nicht-essenzieller Aminosäuren (Cystein bzw. Alanin). Mit Ausnahme von Histidin, das über einen besonderen Weg zu Glutamat abgebaut wird, werden die Kohlenstoffskelette der neun essenziellen Aminosäuren ganz oder teilweise in sechs verschiedene α-Ketosäuren überführt.

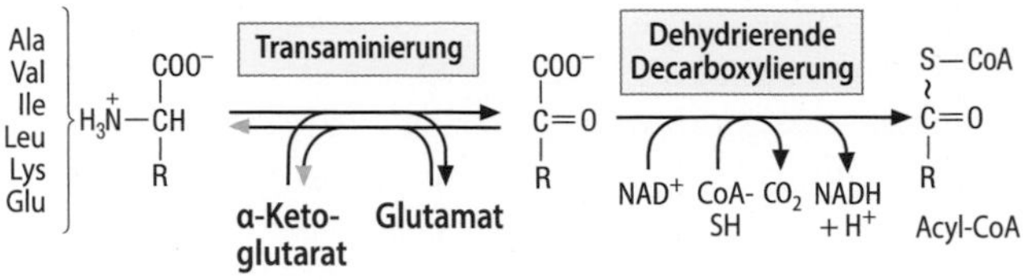

☐ **Abb. 26.9** Transaminierung gefolgt von dehydrierender Decarboxylierung als einleitende Reaktionen im Abbau einiger Aminosäuren (Einzelheiten s. Text)

In vielen Fällen schließt sich der Transaminierung eine dehydrierende Decarboxylierung dieser α-Ketosäuren zu Coenzym-A-Derivaten an, wie sie aus dem Abbau von Pyruvat und α-Ketoglutarat bekannt ist (☐ Abb. 26.9). Auch beim Aminosäureabbau sind **Multienzymkomplexe** für die dehydrierende Decarboxylierung zuständig. So werden die aus dem Abbau von Valin, Leucin und Isoleucin hervorgehenden α-Ketosäuren alle von einem sog. **Verzweigtketten-Dehydrogenase-Komplex** umgesetzt (▶ Abschn. 27.2.3).

Der weitere Abbau zu den oben genannten Endprodukten umfasst diverse weitere Reaktionen, darunter Oxidationsschritte, Hydratisierungen sowie Carboxylierungen und Decarboxylierungen. Sie werden im Zusammenhang mit dem Stoffwechsel einzelner Aminosäuren in ▶ Abschn. 27.2 genauer besprochen.

Übrigens

Evolution des Aminosäurestoffwechsels. Freie Aminosäuren kommen auch in Materialien vor, die abiogen (ohne Beteiligung von Lebewesen) entstanden sind, z. B. in Meteoriten, in steriler Lava und in Proben eines Kometen, die zur Erde zurückgebracht wurden. Auch im Labor lassen sich viele Aminosäuren abiogen erzeugen. Im klassischen Miller-Urey-Experiment (1953) wurden hypothetische Bestandteile der frühen Erdatmosphäre (H_2O, CH_4, NH_3, H_2O, und CO) gemischt und längere Zeit elektrischen Entladungen ausgesetzt. Unter den organischen Reaktionsprodukten dominierten neben Carbonsäuren auch Aminosäuren (v. a. Gly, Ala, Glu und Asp). Genau diese Aminosäuren sind es auch, die in abiogenen Materialien und in modernen Proteinen besonders häufig sind. Da freie Aminosäuren offenbar schon unter primitiven abiotischen Bedingungen verfügbar waren, ist es nicht unwahrscheinlich, dass ihre Umsetzungen auch zu den frühesten Reaktionen des Stoffwechsels gehörten. Dies wird auch durch phylogenetische Untersuchungen gestützt, bei denen man mit statistischen Methoden Enzyme und Wege des Aminosäurestoffwechsels in zahlreichen Spezies verglich. Die Ergebnisse legen nahe, dass sich in einer sehr frühen Phase des Lebens zuerst der katabole Stoffwechsel von Asn, Asp, Gln und Glu entwickelte – wahrscheinlich noch vor Entstehung des Citratzyklus. Die ältesten Reaktionen waren dabei offenbar Desaminierungen, Transaminierungen und Decarboxylierungen.

26.4.2 Umbau zu Glucose und Ketonkörpern

> Nur zwei proteinogene Aminosäuren können nicht zu Glucose umgebaut werden.

Ein entscheidendes Ausgangsprodukt für die Gluconeogenese ist mitochondriales **Oxalacetat** (▶ Abschn. 14.3). Alle Aminosäuren, deren Kohlenstoffskelett ganz oder teilweise in Oxalacetat umgebaut werden kann, sind deshalb auch Vorstufen der Gluconeogenese, sie sind **glucogen**. Wie ☐ Abb. 26.8 zeigt, trifft dies für fast alle proteinogenen Aminosäuren zu.

Die einzigen Ausnahmen sind **Leucin** und **Lysin**, deren C-Skelette nur Acetacetat bzw. Acetyl-CoA liefern, aus denen in Säugerzellen keine Glucose neugebildet werden kann. Da im Hungerzustand die Leber aus Acetyl-CoA Ketonkörper bildet, sind diese Aminosäuren **ketogen** (☐ Abb. 26.8).

26

Nur Leucin und Lysin sind **rein ketogene** Aminosäuren. Die meisten anderen (darunter alle nicht-essenziellen) Aminosäuren sind **rein glucogen**, während Threonin, Phenylalanin, Tyrosin und Tryptophan **glucogene** und **ketogene** Eigenschaften haben. Wie in ▸ Abschn. 14.3 besprochen, bilden glucogene Aminosäuren die wichtigsten Vorstufen der Gluconeogenese in Leber und Niere.

Zusammenfassung

Die 20 proteinogenen Aminosäuren ergeben beim Abbau nur 6 verschiedene Endprodukte, die entweder Zwischenprodukte des Citratzyklus sind (α-Ketoglutarat, Oxalacetat, Fumarat, Succinat) oder mit diesem in enger Verbindung stehen (Pyruvat, Acetyl-CoA). Je nachdem ob diese Endprodukte in Glucose umgebaut werden können oder nicht, unterscheidet man glucogene und ketogene Aminosäuren. Alle proteinogenen Aminosäuren, außer Lysin und Leucin, sind glucogen.

Weiterführende Literatur

Bender DA (2012) Amino acid metabolism, 3. Aufl. E-book. Wiley, New York. ISBN: 9781118357514. https://doi.org/10.1002/9781118357514

D'Mello JPF (2012) Amino acids in human nutrition and health. Cabi, Wallingford. ISBN: 978-1845937980

Funktioneller Aminosäurestoffwechsel

Klaus-Heinrich Röhm

Die Prinzipien des Abbaus und Aufbaus von Aminosäuren sind Thema von ▶ Kap. 26. Über die Bereitstellung von Aminogruppen oder die Verwendung ihres Kohlenstoffgerüsts für die Synthese von Glucose oder Ketonkörpern hinaus, dienen Aminosäuren als Vorstufen bzw. Bausteine zahlreicher Biomoleküle. In bestimmten Organen ist der Aminosäurestoffwechsel in deren spezifische Organfunktionen eingebunden, wie in die Energiegewinnung in Leber, Darm und Muskulatur, die Ausscheidung von Ammoniak in Leber und Niere oder in individuelle Syntheseleistungen von Leber und ZNS (Neurotransmitter).

Schwerpunkte

27.1 Organspezifische Aspekte
- Transport von gebundenem Ammoniak im Blut über Glutamin und Alanin
- Entgiftung von Ammoniumionen im Harnstoffzyklus der Leber
- Beteiligung der Niere am Säure-Basen-Haushalt über den Abbau von Glutamin

27.2 Stoffwechsel einzelner Aminosäuren
- Stoffwechsel von Glutamat und die Fixierung und Freisetzung von Ammoniumionen
- Bedeutung von Aspartat als Stickstoffdonor im Aspartat- und Purinnucleotidzyklus
- Bereitstellung von aktivierten Methylgruppen über den Methioninzyklus
- Stoffwechselprodukte von Alanin, Aspartat, Glutamin und Glutamat; Arginin, Prolin und Ornithin; Cystein und Methionin; Tyrosin und Tryptophan; Glycin und Serin; Histidin und Lysin

---

27.1 Organspezifische Aspekte

27.1.1 Transport von Aminostickstoff

❯ Glutamin und Alanin dienen dem Transport von Aminostickstoff im Blut.

Im Aminosäurestoffwechsel der Tiere übernehmen die einzelnen Organe besondere Aufgaben. Sie produzieren oder verstoffwechseln bestimmte Aminosäuren und geben die Produkte ins Blut ab, um sie anderen Geweben zugänglich zu machen. Dabei ist sichergestellt, dass nur geringe Mengen an Ammoniumionen (NH_4^+) entstehen, da diese stark neurotoxisch wirken (▶ Abschn. 28.1). Als Transportmoleküle für Aminostickstoff im Blut dienen deshalb freie Aminosäuren, insbesondere **Glutamin** und **Alanin**, die mengenmäßig mehr als ein Drittel der Aminosäuren im Blut stellen (◘ Tab. 27.1).

Zentrales Organ des Aminosäurestoffwechsels ist – wie auch im Kohlenhydratstoffwechsel – die **Leber**. Sie ist als einziges Organ in der Lage, aus Glutamin und Alanin freigesetzte Ammoniumionen zur Ausscheidung in den weniger giftigen **Harnstoff** umzuwandeln. Auch die Niere setzt Ammoniak aus Glutamin frei. Dieser Vorgang dient jedoch in erster Linie der pH-Regulation (▶ Abschn. 66.1.5).

◘ Abb. 27.1 zeigt in vereinfachter Form die Beteiligung der wichtigen Organe an Bildung und Verbrauch von Glutamin und Alanin. Die größten Mengen beider Aminosäuren werden von der **Muskulatur** abgegeben. Sie entstammen v. a. dem Proteinabbau oder dem Abbau verzweigtkettiger Aminosäuren (▶ Abschn. 27.2.3). Auch die **Lunge** und das **Fettgewebe** bilden beträchtliche Mengen von Glutamin, ohne dass die Ursachen hierfür völlig verstanden sind. Der **Darm** entlässt v. a. Alanin

Ergänzende Information Die elektronische Version dieses Kapitels enthält Zusatzmaterial, auf das über folgenden Link zugegriffen werden kann https://doi.org/10.1007/978-3-662-60266-9_27. Die Videos lassen sich durch Anklicken des DOI Links in der Legende einer entsprechenden Abbildung abspielen, oder indem Sie diesen Link mit der SN More Media App scannen.

© Springer-Verlag GmbH Deutschland, ein Teil von Springer Nature 2022
P. C. Heinrich et al. (Hrsg.), *Löffler/Petrides Biochemie und Pathobiochemie*, https://doi.org/10.1007/978-3-662-60266-9_27

◻ Tab. 27.1   Aminosäurekonzentrationen im Plasma normaler Versuchspersonen im postprandialen Zustand (n = 10). Mittelwerte ± Standardabweichung des Mittelwertes. (Nach Felig et al. 1970)

Aminosäure	Konzentration (µmol/l)
Alanin	344 ± 29
Arginin	69 ± 8
Aspartat	<20
Citrullin[a]	30 ± 3
Cystein und Cystin	92 ± 5
Glutamat	30–70
Glutamin	600–800
Glycin	215 ± 8
Histidin	73 ± 4
Isoleucin	59 ± 2
Leucin	112 ± 4
Lysin	164 ± 9
Methionin	24 ± 1
Ornithin[a]	67 ± 9
Phenylalanin	49 ± 2
Prolin	175 ± 13
Serin	109 ± 7
Taurin[b]	51 ± 3
Threonin	134 ± 10
Tryptophan	39 ± 6
Tyrosin	54 ± 4
Valin	212 ± 8
α-Aminobutyrat[b]	20 ± 2

[a]Nicht-proteinogene Aminosäuren, die an der Harnstoffbiosynthese teilnehmen.
[b]Taurin entsteht im Stoffwechsel aus Cystein, α-Aminobutyrat durch Transaminierung aus α-Ketobutyrat (Threonin- und Methioninabbau).

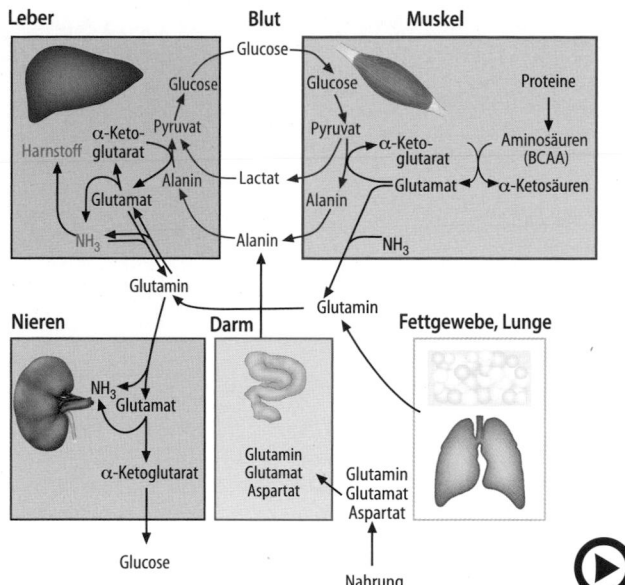

◻ Abb. 27.1   (Video 27.1) **Aminosäurestoffwechsel der Organe im Überblick** *BCAA: branched-chain amino acids.* (Einzelheiten s. Text) (► https://doi.org/10.1007/000-5hf)

Die **Nieren** nutzen Glutamin in erster Linie zur Freisetzung von HCO_3^-, das zur Basenreserve des Organismus beiträgt. Deshalb steigt der renale Glutaminverbrauch bei metabolischen Acidosen stark an (► Abschn. 27.1.4). Das im proximalen Tubulus durch „Transdesaminierung" aus Glutamin gebildete α-Ketoglutarat wird zum größten Teil über Oxalacetat in die Gluconeogenese eingeschleust.

Weitere Glutaminverbraucher sind die Enterocyten des Darms (► Abschn. 27.1.3) und die Lymphocyten, die Glutamin zur Energiegewinnung veratmen. Das **Gehirn** verbraucht Glutamin v. a. zur Synthese der Neurotransmitter Glutamat und GABA (► Abschn. 27.1.6).

❯ Der Alaninzyklus stellt die Glucoseversorgung des arbeitenden Muskels sicher.

Cori- und Alaninzyklus   Das vom arbeitenden Muskel freigesetzte Alanin stammt vorwiegend aus dem anaeroben Glucoseabbau. Da Pyruvat bei Sauerstoffmangel nicht weiter abgebaut werden kann, wird es unter diesen Bedingungen entweder zu Lactat reduziert oder zu Alanin transaminiert. Beide Produkte gelangen über den Blutkreislauf zur Leber, wo sie durch die jeweiligen Umkehrreaktionen wieder zu Glucose aufgebaut werden. Die so gebildete Glucose wird ins Blut abgegeben und steht der Muskulatur erneut zur Verfügung. Die geschilderten Kreisläufe sind im Falle des Lactats als **Cori-Zyklus** (► Abschn. 38.1.3), beim Alanin als **Alaninzyklus** bekannt. Natürlich leistet auch das von den Enterocyten des Darms freigesetzte Alanin einen Beitrag zum Alaninzyklus.

ins Blut, jedoch kaum Glutamin (► Abschn 27.1.3). Alanin im Plasma dient vorwiegend der **Gluconeogenese** in der Leber, während Glutamin sowohl von der Leber als auch von Darm, Nieren, Gehirn und Leukocyten aufgenommen und verstoffwechselt wird. In der Leber werden die freigesetzten Ammoniumionen zur Ausscheidung in Harnstoff eingebaut. Restmengen von NH_4^+, die dem Harnstoffzyklus entgangen sind, werden von perivenösen Hepatocyten abgefangen und in Form von Glutamin wieder ins Blut abgegeben (► Abschn. 27.1.2).

27.1.2 Fixierung von Ammoniak in der Leber

Die Leber verfügt als einziges Organ über eine komplette Enzymausstattung zum Abbau der Aminosäuren. Zusätzlich enthält sie hohe Aktivitäten desaminierender Enzyme. Ebenfalls als einziges Organ ist die Leber in der Lage, die durch Desaminierung freigesetzten neurotoxischen Ammoniumionen wirksam zu entgiften.

> Die Leber spielt auch im Aminosäurestoffwechsel eine zentrale Rolle.

Übersicht Nach einer proteinreichen Mahlzeit kommt es zu einem starken Anstieg der Aminosäurekonzentrationen im Pfortaderblut, nicht jedoch im Systemkreislauf, da die Leber den größten Teil der im Darm resorbierten (und dort nicht abgebauten) Aminosäuren aufnimmt. In der Leber werden sie entweder in Plasmaproteine und lebereigene Proteine eingebaut oder unter NH_4^+-Abspaltung in α-Ketosäuren umgewandelt, die dann als Gluconeogenesevorstufen dienen oder unter ATP-Bildung oxidativ abgebaut werden.

Die freigesetzten Ammoniumionen können in stickstoffhaltige Verbindungen (Purin-, Pyrimidinbasen, Aminozucker) eingebaut werden, überschüssiges NH_4^+ wird in der Leber in **Harnstoff** umgewandelt, der mit dem Blut zu den Nieren transportiert und dort mit dem Urin eliminiert wird. Außerdem fixiert die Leber NH_4^+ in Form von **Glutamin**, aus dem die Nieren Ammoniumionen freisetzen und in den Urin abgeben können.

> Zur Entgiftung baut die Leber NH_4^+ in Carbamylphosphat oder Glutamin ein.

Die quantitativ wichtigste Reaktion zur Fixierung von Ammoniumionen im menschlichen Stoffwechsel ist die Eingangsreaktion des Harnstoffzyklus, nämlich die ATP-abhängige Verknüpfung von NH_4^+ und HCO_3^- zu **Carbamylphosphat**, katalysiert durch die mitochondriale **Carbamylphosphat-Synthetase 1** (CPS1; ◘ Abb. 27.2, Ziffer 1)

Die CPS1 macht in der Matrix der Lebermitochondrien etwa 20 % aller Proteine aus. Die hohe Konzentration des Enzyms und sein niedriger K_M-Wert für NH_4^+ (etwa 0,2 mmol/l) sind wesentlich für die Effizienz der Ammoniakfixierung in der Leber verantwortlich. Die

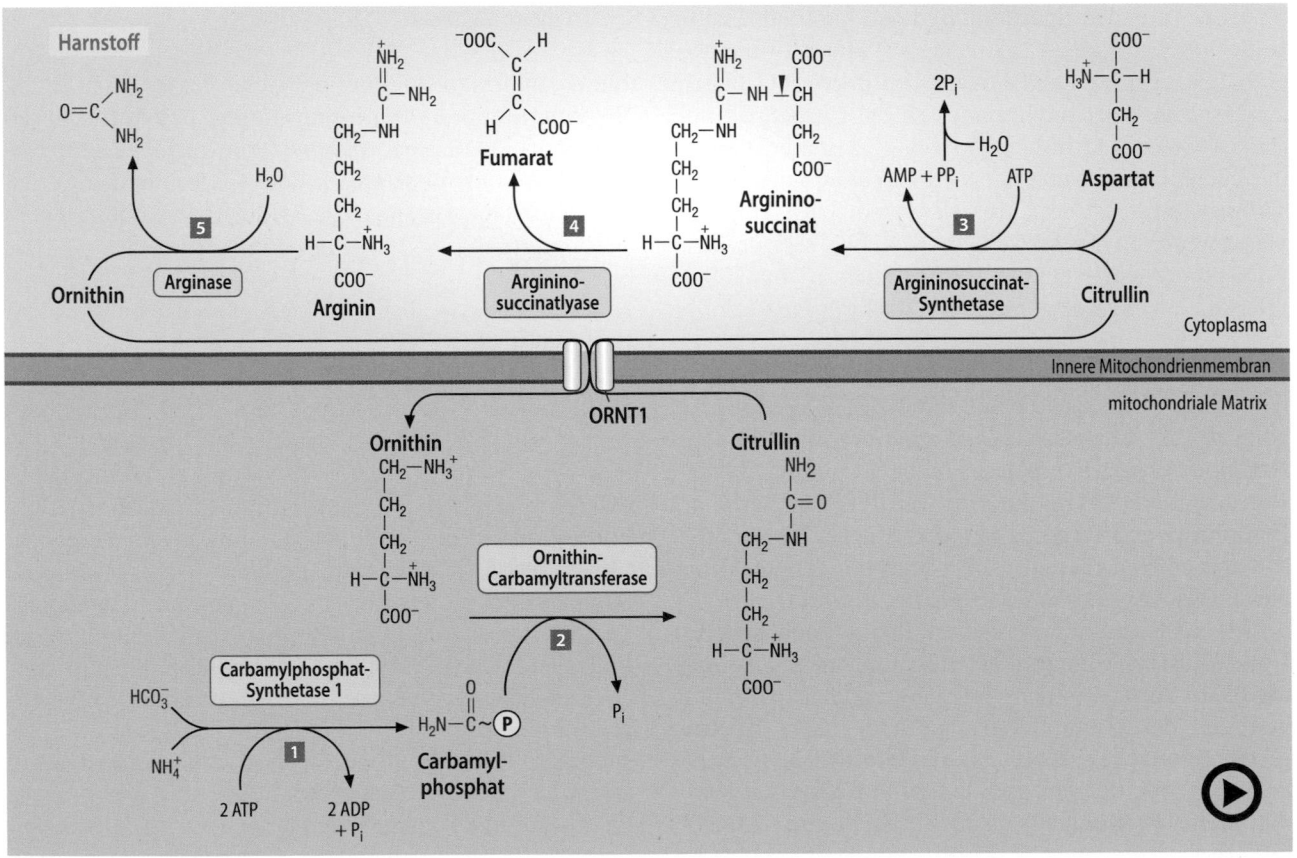

◘ **Abb. 27.2** (Video 27.2) **Reaktionen des Harnstoffzyklus.** *ORNT1:* Ornithin/Citrullin-Antiport. (Einzelheiten s. Text) (► https://doi.org/10.1007/000-5hd)

ebenfalls mitochondrial lokalisierte Glutamatdehydrogenase (GLDH) hat einen viel höheren K_M-Wert für NH_4^+ als die CPS1 (etwa 3 mmol/l) und wird zudem durch ATP gehemmt. Unter physiologischen Bedingungen dürfte die GLDH daher nicht wesentlich zur NH_4^+-Fixierung beitragen (s. u.).

Mechanismus Die CPS1-Reaktion verläuft in drei Teilschritten, wobei **zwei** Moleküle **ATP** zu ADP und P_i gespalten werden. Im ersten Schritt entsteht ein gemischtes Anhydrid aus Kohlensäure und Phosphorsäure, danach wird der Phosphatrest dieses Intermediats durch NH_4^+ substituiert, bevor im dritten Schritt das gebildete Carbamat durch das zweite ATP zu Carbamylphosphat phosphoryliert wird. Die Aktivität der CPS1 ist von der Anwesenheit von **N-Acetylglutamat** abhängig, das als allosterischer Aktivator der CPS1 fungiert (s. u.). Außerdem wird in Säugerzellen die CPS1 (und die Ornithin-Carbamyltransferase, s. u.) durch Acetylierung inaktiviert. Für die Aktivierung sorgen NAD$^+$-abhängige Deacetylasen (sog. **Sirtuine** s. u.).

❯ Der Harnstoffzyklus ist zwischen Cytosol und Mitochondrien verteilt.

Reaktionen des Harnstoffzyklus Im Carbamylphosphat ist – auf den Stickstoff bezogen – bereits eine der beiden NH_2-Gruppen des späteren Harnstoffmoleküls enthalten. Zur weiteren Umsetzung überträgt zunächst die **Ornithin-Carbamyltransferase** die Carbamylgruppe (H_2N-CO–) auf **Ornithin** (◻ Abb. 27.2, Ziffer 2), wobei das ebenfalls nicht-proteinogene **Citrullin** entsteht. Dieses muss zunächst ins Cytosol transportiert werden, bevor es weiter umgesetzt werden kann. Das entsprechende Transportsystem in der inneren Mitochondrienmembran, **ORNT1**, ist ein Antiporter, der Citrullin gegen Ornithin austauscht.

Anschließend wird die zweite Aminogruppe des späteren Harnstoffmoleküls eingeführt. Die Kondensation von Citrullin mit Aspartat zu **Argininosuccinat** durch die **Argininosuccinat-Synthetase** (Ziffer 3) benötigt ebenfalls zwei energiereiche Bindungen, weil ATP zu AMP und Pyrophosphat (PP_i) gespalten wird. Die nachfolgende enzymatische Hydrolyse von PP_i verschiebt das Reaktionsgleichgewicht weiter in Richtung der Produkte.

Im nächsten Schritt spaltet die **Argininosuccinat-Lyase** (Ziffer 4) Fumarat ab, und das proteinogene **Arginin** bleibt zurück, in dem der spätere Harnstoff nun einen Teil der Guanidinogruppe bildet. Die **Arginase** (Ziffer 5) setzt schließlich aus Arginin hydrolytisch Isoharnstoff frei, der sich spontan zu **Harnstoff** umlagert. Als zweites Produkt entsteht **Ornithin**, das über ORNT1 ins Mitochondrium zurückkehrt, um an einer weiteren Runde des Zyklus teilzunehmen.

Bilanz Die Synthese von Harnstoff ist energieaufwändig: Für jedes Harnstoffmolekül wird das Äquivalent von 4 Molekülen ATP verbraucht. Die Bilanz des Zyklus ist:

$$NH_4^+ + HCO_3^- + 3\,ATP + Aspartat + H_2O \rightarrow$$
$$Harnstoff + 2\,ADP + AMP + 2\,P_i + PP_i + Fumarat$$

$$(27.1)$$

Bei dieser Aufstellung wird allerdings außer Acht gelassen, dass am Zyklus eine ganze Reihe geladener Reaktanden und Produkte beteiligt sind, deren Ladungszustände vom pH-Wert abhängen. Bei genauerer Betrachtung zeigt sich, dass die Elektroneutralität der Gesamtreaktion nur gewahrt werden kann, wenn bei neutralem pH pro Umlauf des Zyklus zusätzlich mehrere Protonen freigesetzt werden, die neben dem in Harnstoff eingebauten Hydrogencarbonat weitere HCO_3^--Moleküle neutralisieren können. Diese entstehen beim Aminosäureabbau in großen Mengen, weil die Decarboxylierung von negativ geladenen α-Ketosäuren aus Gründen der Elektroneutralität stets auch äquimolare Mengen an HCO_3^- liefert:

$$R-COO^- + H_2O \rightarrow R-H + HCO_3^- \qquad (27.2)$$

❯ Der Harnstoffzyklus wird v. a. über das Aminosäureangebot reguliert

Da die Harnstoffbildung im Wesentlichen dazu dient, die Ammoniumkonzentration in den Körperflüssigkeiten niedrig zu halten, unterliegt nur die CPS1 (das einzige NH_4^+-fixierende und zudem das geschwindigkeitsbestimmende Enzym des Zyklus) einer besonderen Regulation.

N-Acetylglutamat Fehlt N-Acetylglutamat, ist die CPS1 praktisch inaktiv, während sie in Gegenwart ausreichender Mengen dieser Verbindung in einer Art „Alles-oder-Nichts"-Reaktion voll aktiv wird. Die Biosynthese von N-Acetylglutamat aus Glutamat und Acetyl-CoA wird in den Mitochondrien durch eine besondere Synthase katalysiert (◻ Abb. 27.3, Ziffer 10). Ein hohes Angebot des Substrats **Glutamat** erhöht die Aktivität der Acetylglutamat-Synthase, außerdem wird sie durch Arginin aktiviert. Es hat daher den Anschein, dass nicht der Ammoniakspiegel, sondern das Aminosäureangebot im Hepatocyten die Harnstoffbildung steuert.

Langfristig werden bei hohem Aminosäureangebot, im Hunger und bei hyperkatabolen Zuständen mit gesteigerter Proteolyse über eine Aktivierung der Transkription vermehrt Enzyme des Harnstoffzyklus sowie die N-Acetylglutamat-Synthase und ORNT1 gebildet. Verantwortlich für diese Induktionsprozesse sind v. a. die Hormone **Glucagon** und **Cortisol**.

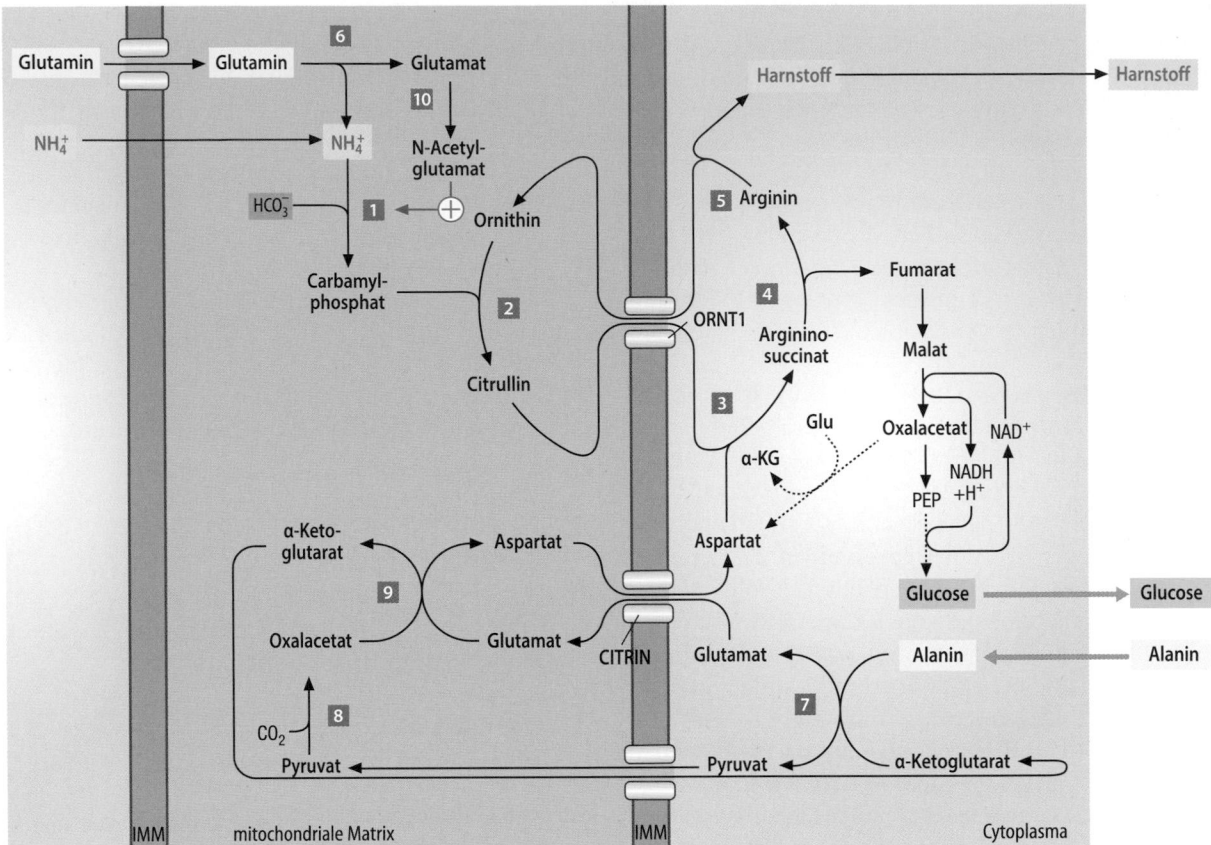

Abb. 27.3 Stellung des Harnstoffzyklus im Aminosäurestoffwechsel. *Enzyme* (1)–(5) s. Abb. 27.2. Weitere Enzyme: (6) Glutaminase; (7) Alanin-Aminotransferase; (8) Pyruvatcarboxylase; (9) Aspartat-Aminotransferase; (10) N-Acetyglutamat-Synthase. Zur Bedeutung der Regeneration von Aspartat aus Oxalacetat (gestrichelte Pfeile) s. Text. *CITRIN:* Glutamat-Aspartat-Antiporter; *IMM:* Innere Mitochondrienmembran; *ORNT1:* Ornithin/Citrullin-Antiporter; *PEP:* Phosphoenolpyruvat. (Einzelheiten s. Text)

Sirtuine In Säugerzellen wird die CPS1 zusätzlich durch Acetylierung/Deacetylierung reguliert. Während das acetylierte Enzym inaktiv ist, sorgt die NAD⁺-abhängige Deacetylase Sirt5 für seine Aktivierung (▶ Abschn. 56.3.1). Wichtig ist dies besonders im Hungerzustand, wenn zur Versorgung der Gluconeogenese mit Oxalacetat ein intensiver Aminosäureabbau stattfindet. Der im Hunger erhöhte NAD⁺-Spiegel aktiviert dann Sirt5, das durch Aktivierung der CPS1 den Harnstoffzyklus ankurbelt, um seine Aktivität diesen Bedingungen anzupassen. Mäuse mit inaktivem Sirt-5-Gen litten wegen einer sehr geringen CPS-1-Aktivität an einer ausgeprägten Hyperammoniämie.

In ähnlicher Weise wird die Ornithin-Carbamyltransferase durch das ebenfalls mitochondrial lokalisierte Sirtuin Sirt3 aktiviert. Sirt3-*knockout*-Mäuse entwickelten eine Orotacidurie (▶ Abschn. 31.3), weil das nicht umgesetzte Carbamylphosphat nach Export aus den Mitochondrien verstärkt zur Pyrimidinsynthese eingesetzt wurde.

❯ Der Harnstoffzyklus ist eng mit der Gluconeogenese verknüpft.

Herkunft von NH₄⁺ und Aspartat Die für die Bildung von Carbamylphosphat benötigten Ammoniumionen gelangen entweder als solche in die Mitochondrien oder sie werden dort durch die mitochondriale **Glutaminase** aus Glutamin freigesetzt (◻ Abb. 27.3, Ziffer 6).

Woher das in Reaktion 3 (◻ Abb. 27.3) in den Zyklus eingeführte **Aspartat** stammt, ist weniger leicht zu beantworten. Wie bereits erwähnt, sind die Aspartatspiegel im Blut gering, während andererseits neben Glutamin erhebliche Mengen an Alanin zur Verfügung stehen. Im unteren Teil von ◻ Abb. 27.3 ist ein Weg zur Umwandlung von Alanin in Aspartat dargestellt, der mit den heute verfügbaren Daten in Einklang steht: Zunächst wandelt die cytosolische **Alanin-Aminotransferase** (Ziffer 7), die in Hepatocyten in hoher Aktivität vorkommt, Alanin und α-Ketoglutarat in Glutamat und Pyruvat um. Beide Produkte gelangen in die Mitochondrienmatrix (Glutamat durch den Glutamat-Aspartat-Antiporter und Pyruvat im Cotransport mit H⁺). Dort wird das importierte Glutamat durch die **Aspartat-Aminotransferase** zu Aspartat transaminiert (Ziffer 9). Das dazu notwendige Oxalacetat kann in der Mitochondrienmatrix durch die **Pyruvatcarboxylase** (Ziffer 8) aus

Pyruvat gebildet werden, ohne die Funktion des Citratzyklus zu beeinträchtigen. Schließlich werden die Produkte von Reaktion 9 (Aspartat und α-Ketoglutarat) über entsprechende Transportsysteme wieder ins Cytosol exportiert, wo sie den Reaktionen 3 und 7 erneut zur Verfügung stehen.

Dass der Aspartat-Glutamat-Austausch für den Harnstoffzyklus eine wesentliche Rolle spielt, wird u. a. daran deutlich, dass Defekte dieses auch als **Citrin** bezeichneten Transporters zu Störungen der NH_4^+-Entgiftung führen können (▶ Abschn. 28.2).

Schicksal des Fumarats Obwohl das in Reaktion 4 (◻ Abb. 27.3) anfallende Fumarat durch Reaktionen des Aspartatzyklus (◻ Abb. 27.8) wieder in Aspartat umgewandelt werden kann, ist fraglich, ob diese Reaktionsfolge in der Leber vorherrscht. Vor allem energetische Überlegungen sprechen gegen einen solchen Mechanismus. So lässt sich berechnen, dass bei vollständiger Oxidation der Tagesmenge von 100 g Aminosäuren zu CO_2 und H_2O in der Leber weit mehr ATP anfallen würde, als diese in dieser Zeit überhaupt bilden und verbrauchen kann. Man nimmt deshalb an, dass mehr als die Hälfte der aus dem Aminosäureabbau stammenden Kohlenstoffskelette über Fumarat, Malat und Oxalacetat in die **Gluconeogenese** eingeschleust werden (◻ Abb. 27.3). Dies geschieht wohlgemerkt nicht nur bei Glucosemangel, sondern bereits in der Postresorptionsphase, wenn der Insulinspiegel wieder abgesunken ist. Die gebildete Glucose wird dann wie üblich zur Glycogenbildung oder zur Versorgung anderer Organe eingesetzt.

❯ Perivenöse Hepatocyten fixieren Restammoniak in Form von Glutamin.

Zonierung Genauere Untersuchungen zur Verteilung der Enzyme des Aminosäureabbaus in der Leber zeigten, dass auch in dieser Hinsicht nicht alle Hepatocyten äquivalent sind (▶ Abschn. 62.1.2). Die **periportalen Hepatocyten** im äußeren Bereich der Leberläppchen enthalten **Glutaminase** und die Enzyme des **Harnstoffzyklus** in hohen Aktivitäten. Sie „entgiften" den im arteriellen Blut vorhandenen Stickstoff, indem sie einen großen Teil des aufgenommenen Glutamins mithilfe der Glutaminase desaminieren. Die dabei entstehenden Ammoniumionen werden – ebenso wie diejenigen, die mit dem Pfortaderblut aus dem Darm (▶ Abschn. 27.1.3) zur Leber gelangen – im Harnstoffzyklus fixiert.

Eine dünne Schicht von Hepatocyten rund um die Zentralvene, die **perivenösen Hepatocyten** oder **Scavenger-Zellen** (▶ Abschn. 62.1.2), sind darauf spezialisiert, mithilfe der cytosolischen **Glutaminsynthetase** restlichen Ammoniak, der den periportalen Zellen ent

gangen ist, in organischer Bindung zu fixieren und wieder in Form von Glutamin freizusetzen (▶ Abschn. 27.2.1). Die Glutaminsynthetase hat – im Gegensatz zur Glutamatdehydrogenase – einen relativ günstigen K_M-Wert für NH_4^+ (etwa 1 mmol/l) und wird nicht durch ATP gehemmt. Das zur Fixierung notwendige Glutamat wird von den perivenösen Hepatocyten wahrscheinlich aus Arginin erzeugt, das von den Nieren synthetisiert und ins Blut abgegeben wird (▶ Abschn. 27.1.4).

Vom oben beschriebenen Vorgang einmal abgesehen, ist die räumlich getrennte Expression von Glutaminase und Glutaminsynthetase in unterschiedlichen Hepatocyten ohnehin notwendig, da sonst ein ATP-verbrauchender Leerlaufzyklus entstehen würde.

27.1.3 Aminosäurestoffwechsel von Enterocyten

Auch die Enterocyten des Dünndarms betreiben einen sehr aktiven Aminosäurestoffwechsel.

❯ Enterocyten decken ihren Energiebedarf v. a. durch Oxidation der sauren Aminosäuren.

Die Zellen der Darmschleimhaut haben wegen der zahlreichen dort ablaufenden aktiven Transportprozesse einen hohen Bedarf an ATP. Da die Enterocyten die aus dem Darm resorbierte Glucose nicht zur Energiegewinnung nutzen, sondern zum größten Teil in die Pfortader abgeben, gewinnen sie ATP überwiegend durch den oxidativen Abbau der Aminosäuren **Glutamin**, **Glutamat** und **Aspartat** (◻ Abb. 27.4). Diese Aminosäuren werden dem Blut fast vollständig entnommen und auch die aus dem Darmlumen resorbierten Mengen der drei Aminosäuren erreichen den Systemkreislauf nur zu einem geringen Teil. Glutamin wird nach Desaminierung zu Glutamat über α-Ketoglutarat und den Citratzyklus abgebaut und so zur ATP-Synthese genutzt. Aspartat nimmt nach Transaminierung zu Oxalacetat denselben Weg. Auch einige der essenziellen Aminosäuren wie Threonin, Leucin, Lysin und Phenylalanin werden von Enterocyten verstoffwechselt.

❯ Die Darmschleimhaut produziert Alanin und fixiert NH_4^+ in Form von Citrullin.

Ein kleiner Teil der von den Enterocyten resorbierten Glucose dient als Vorstufe zur Bildung von Pyruvat, das überwiegend zu **Alanin** transaminiert wird. In dieser Form verlässt der größte Teil des Stickstoffs der abgebauten Aminosäuren die Darmschleimhaut (◻ Abb. 27.4).

Etwa ein Viertel des in der Leber gebildeten Harnstoffs gelangt nicht in den Urin, sondern durch Diffu

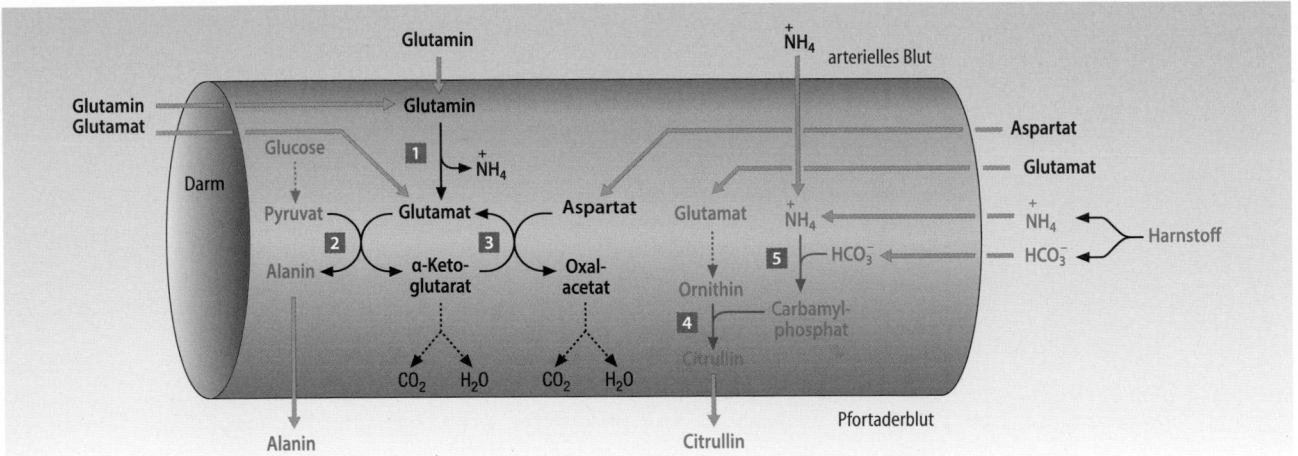

Abb. 27.4 Aminosäurestoffwechsel der Enterocyten. (1) Glutaminase; (2) Alanin-Aminotransferase; (3) Aspartat-Aminotransferase; (4) Ornithin-Carbamyltransferase; (5) Carbamylphosphat-Synthetase 1. (Einzelheiten s. Text)

sion aus dem Blut ins Darmlumen. Dort wird er durch die **Urease** der Darmbakterien zu einem großen Teil wieder in NH_4^+ und HCO_3^- gespalten. Die Enterocyten können diese Produkte wieder in organischer Bindung fixieren, indem sie mithilfe von CPS1 und Ornithin-Carbamyltransferase **Citrullin** bilden. Das dazu notwendige Ornithin wird aus Glutamat hergestellt (Abb. 27.9). Das vom Darm produzierte Citrullin gelangt aber nicht in die Leber sondern dient v. a. der renalen **Argininsynthese** (▶ Abschn. 27.1.4).

27.1.4 Kopplung von Aminosäurestoffwechsel und Säure-Basen-Haushalt in den Nierentubuli

Die Nieren beteiligen sich am Aminosäurestoffwechsel des Gesamtorganismus durch die Synthese von **Arginin** aus Citrullin und von **Serin** aus Glutamin bzw. Glycin. Zusätzlich beteiligen sie sich maßgeblich an der Regulation des Säure-Basen-Haushalts (Abb. 27.5). Das Kohlenstoffskelett des Glutamins wird überwiegend zur **Gluconeogenese** genutzt, die nicht nur in der Leber sondern auch in den Tubuluszellen der Niere ablaufen kann (▶ Abschn. 14.3).

❯ Extrahepatisch gebildetes Arginin stammt überwiegend aus den Nieren.

Leberzellen enthalten wegen des dort lokalisierten Harnstoffzyklus eine sehr hohe Arginaseaktivität und geben deshalb kaum Arginin ins Blut ab. Das Arginin, das extrahepatisch zur Proteinbiosynthese und zur Bildung von NO und Polyaminen benötigt wird (▶ Abschn. 27.2.2), stammt überwiegend aus den Nie-

ren. Zur Synthese nehmen sie das v. a. im Darmepithel gebildete Citrullin auf und bauen es durch zwei Enzyme des Harnstoffzyklus über Argininosuccinat in Arginin um. Die täglich von den Nieren synthetisierte Argininmenge von 2–4 g entspricht etwa derjenigen, die im gleichen Zeitraum durch Abbau von Nahrungsproteinen freigesetzt wird. Strikten Fleischfressern fehlen die Enzyme zur intestinalen Synthese von Citrullin. Für sie ist Arginin deshalb eine essenzielle Aminosäure.

❯ Der renale Abbau von Glutamin dient der Kompensation metabolischer Acidosen.

Nieren und Säure-Basen-Haushalt Die Nieren haben eine wichtige Funktion im Säure-Basen-Haushalt des Organismus, weil sie bei Bedarf Hydrogencarbonat-Anionen (HCO_3^-) erzeugen und ins Blut abgeben können. Dazu wird v. a. im proximalen Tubulus Glutamin durch zweifache Desaminierung in α-Ketoglutarat umgewandelt (Abb. 27.5, Ziffern 1 und 2), dessen weiterer Abbau über den Citratzyklus und die PEP-Carboxykinase-Reaktion (Ziffer 3) zwei Moleküle HCO_3^- liefert (Abb. 27.5). Die bei der Desaminierung von Glutamin und Glutamat gebildeten NH_4^+-Ionen werden entweder im aufsteigenden Schenkel der Henle-Schleife rückresorbiert oder im Sammelrohr über den in ▶ Abb. 66.5 skizzierten Mechanismus und weitere Transportsysteme in den Urin abgegeben.

Bei normalem Säure-Basen-Status extrahieren die Nieren kaum Glutamin aus dem Plasma, und auch das aus dem Tubuluslumen rückresorbierte Glutamin gelangt fast vollständig wieder zurück ins Blut. Beim Eintritt einer metabolischen Acidose (▶ Abschn. 66.1.5) ändert sich dies schlagartig. Der resultierende Mangel an Hydrogencarbonat drosselt den Harnstoffzyklus in der Leber. Zudem wird in der Leber die Synthese von

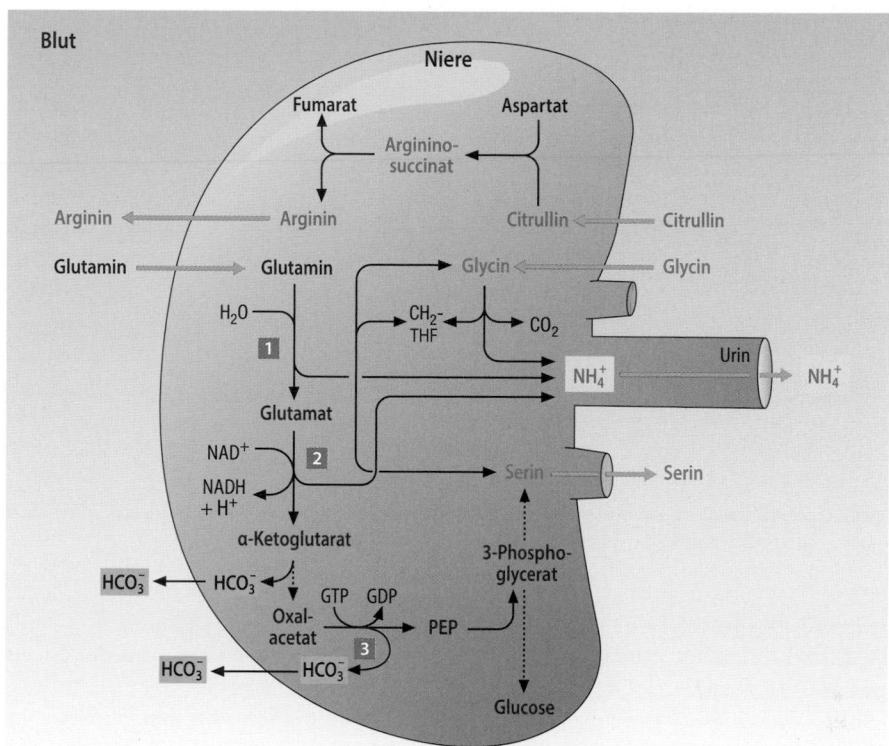

◘ Abb. 27.5   Aminosäurestoffwechsel der Nieren. (1) Glutaminase; (2) Glutamatdehydrogenase; (3) PEP-Carboxykinase. (Einzelheiten s. Text)

Glutamin gesteigert und die Glutaminase gehemmt (▶ Abschn. 62.2.2), und auch der Verbrauch von Glutamin durch die Enterocyten (▶ Abschn. 27.1.3) wird reduziert. Dies und weitere Ursachen führen dazu, dass der Plasmaspiegel von Glutamin innerhalb weniger Stunden um bis zu 100 % steigt, und die Nieren damit beginnen, dem Blut zur HCO_3^--Produktion erhebliche Mengen von Glutamin zu entnehmen. NH_4^+ wird unter diesen Bedingungen zum größten Teil mit dem Urin ausgeschieden, während das gebildete Hydrogencarbonat zur Basenreserve des Organismus beiträgt.

> Zur Steigerung der renalen HCO_3^--Bildung werden Glutaminase, GLDH und PEPCK induziert.

Regulation   Um die Kapazität der Niere zur HCO_3^--Bildung zu steigern, werden bei Acidosen pH-abhängig nicht nur die beiden Desaminasen Glutaminase (GLS1, ▶ Abschn. 27.2.1) und Glutamatdehydrogenase induziert, sondern auch die PEP-Carboxykinase, ein Schlüsselenzym der Gluconeogenese. Auch der an der Sekretion von NH_4^+ beteiligte Na^+/H^+-Antiporter (◘ Abb. 65.6) wird bei Acidosen verstärkt exprimiert.

Die für diese pH-abhängige Induktion verantwortlichen Signaltransduktionswege sind noch nicht vollständig aufgeklärt, es scheint jedoch, dass die gesteigerte Synthese beider Desaminasen auf der längeren Lebens-

dauer der entsprechenden mRNAs beruht. In diesen mRNAs fand man aus 8 Nuclcotiden bestehende *pH-response elements*. Unter acidotischen Bedingungen synthetisiert das Tubulusepithel spezielle Proteine, die an diese Elemente binden und dadurch die mRNAs vor Abbau schützen. Im Gegensatz dazu beruht die Induktion der PEP-Carboxykinase auf der Phosphorylierung bestimmter Transkriptionsfaktoren, die durch Rekrutierung weiterer Faktoren die Transkription des Gens verstärken.

27.1.5   Produktion von Glutamin und Alanin im Muskel

> Die Muskulatur baut überwiegend verzweigtkettige Aminosäuren ab und produziert große Mengen an Glutamin und Alanin.

Glutamin- und Alaninbiosynthese   Die Muskulatur liefert mehr als die Hälfte des im Blut zirkulierenden Glutamins und ist damit der wichtigste Glutaminproduzent (der Rest stammt überwiegend aus Lungen und Fettgewebe) (◘ Abb. 27.6). Ein großer Teil des im Muskel gebildeten Glutamins und Alanins stammt aus dem Abbau der **verzweigtkettigen Aminosäuren** (Valin, Leucin, Isoleucin),

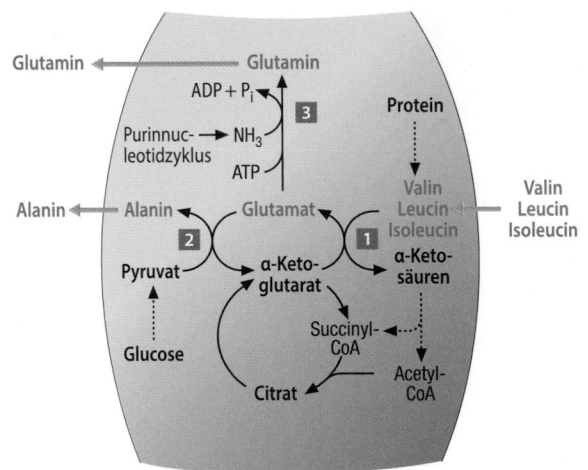

Abb. 27.6 Aminosäurestoffwechsel der Muskulatur. (1) Verzweigtketten-Aminotransferase; (2) Alanin-Aminotransferase; (3) Glutaminsynthetase. (Einzelheiten s. Text)

auf den die Muskulatur spezialisiert ist (◘ Abb. 27.12). Die Glutaminsynthese wird u. a. durch **Glucocorticoide** reguliert, die die Glutaminsynthetase induzieren. Andererseits beschleunigen hohe Glutaminkonzentrationen den proteolytischen Abbau des Glutaminsynthetase-Proteins und verhindern so eine überschießende Bildung von Glutamin.

Der Abbau von Valin und Isoleucin liefert u. a. **Succinyl-CoA**, dessen anaplerotische (den Citratzyklus auffüllende) Wirkung sicherstellt, dass genügend α-Ketoglutarat für die Transaminierung der verzweigtkettigen Aminosäuren zur Verfügung steht (◘ Abb. 27.12).

27.1.6 Aminosäuren als Vorstufen von Neurotransmittern

❯ Im ZNS dienen Aminosäuren als Vorstufen von Neurotransmittern.

Aminosäuren als Neurotransmitter Quantitativ betrachtet ist der Aminosäurestoffwechsel des Gehirns im Vergleich zu anderen Organen unbedeutend. Seine Relevanz beruht v. a. auf der Tatsache, dass einige Aminosäuren (Glu, Gln, Asp, Gly, Tyr, Trp) entweder selbst als Neurotransmitter (Glu, Gly, Asp) oder als Vorstufen von Transmittern dienen (Glu, Tyr, Trp). Um zu verhindern, dass Schwankungen von Aminosäurekonzentrationen im Blut die Gehirnfunktion beeinflussen, trennt die Blut-Hirn-Schranke den Aminosäurepool des Blutplasmas weitgehend von dem des zentralen Nervensystems.

Besonders wichtig ist auch im Gehirn der Stoffwechsel von Glutamin und Glutamat. Glutamin wird v. a. in Gliazellen synthetisiert und von diesen an

Neurone weitergegeben, die daraus **Glutamat** oder **γ-Aminobuttersäure (GABA)** herstellen. Beide Transmitter werden nach der Ausschüttung rückresorbiert und wieder in Glutamin umgewandelt. Diese Zusammenhänge werden in ▶ Abschn. 74.1.6 und 74.1.7 ausführlich dargestellt.

Zusammenfassung

Die größeren Organe (Leber, Muskulatur, Darm, Niere) übernehmen im Aminosäurestoffwechsel besondere Aufgaben. So werden verzweigtkettige Aminosäuren v. a. in der Muskulatur abgebaut, während die Nieren Arginin synthetisieren. Wegen der Toxizität von NH_4^+ wird Aminostickstoff im Blut in Form von Aminosäuren (Ala und Gln) transportiert. Die Leber nimmt diese Aminosäuren auf und „entgiftet" den Stickstoff durch Einbau in Harnstoff, der im Urin ausgeschieden wird. Zusätzlich geben die Nieren auch NH_4^+ in den Urin ab.

27.2 Stoffwechsel einzelner Aminosäuren

Im Folgenden werden wichtige Wege des menschlichen Aminosäurestoffwechsels im Detail besprochen. Die einzelnen Aminosäuren sind dabei zu Gruppen zusammengefasst, deren Einteilung an Wechselbeziehungen im Stoffwechsel orientiert ist. Bei essenziellen Aminosäuren werden nur die Abbauwege berücksichtigt.

27.2.1 Alanin, Aspartat und Asparagin, Glutamat und Glutamin

❯ Ala, Asp, Asn, Glu, Gln haben vielfältige Stoffwechselfunktionen.

Die Aminosäuren dieser Gruppe zeichnen sich dadurch aus, dass sie sich durch eine oder höchstens zwei Reaktionen in α-Ketosäuren überführen lassen, die als Vorstufen oder Zwischenprodukte des Citratzyklus im Zwischenstoffwechsel von zentraler Bedeutung sind. Die physiologischen Funktionen dieser Aminosäuren sind in ◘ Tab. 27.2 zusammengefasst.

Stoffwechselbedeutung **Alanin** ist neben Glutamin das wichtigste Transportmolekül für Aminostickstoff im Blut (▶ Abschn. 27.1.1) und ein bedeutendes Substrat der Gluconeogenese in der Leber. **Glutamat**, **Aspartat** und das von Glutamat abgeleitete **GABA** wirken im Gehirn als Neurotransmitter, wobei die beiden Letztgenannten von Gliazellen aus Glutamin gebildet wer-

◨ Tab. 27.2 Stoffwechselbedeutung von Alanin, der sauren Aminosäuren und ihrer Amide

Aminosäure	Produkt	Funktion als/bei	Siehe
Alanin		NH$_2$-Transport (Alaninzyklus)	▶ Abschn. 27.1.1
Aspartat		Neurotransmitter	
	→ Argininosuccinat	NH$_2$-Donor (Harnstoffzyklus)	▶ Abschn. 27.1.2
	→ Carbamylaspartat	NH$_2$-Donor (Pyrimidinsynthese)	▶ Abschn. 30.1
	→ AICAR	NH$_2$-Donor (Purinsynthese)	▶ Abschn. 29.1
	→ Adenylosuccinat	NH$_2$-Donor (Purinsynthese)	▶ Abschn. 29.1
	→ Asparagin	Vorstufe	▶ Abschn. 27.2.1
Glutamat		Neurotransmitter	▶ Abschn. 74.1.6
	→ γ-Aminobutyrat	Neurotransmitter	▶ Abschn. 74.1.7
	→ Andere Aminosäuren	NH$_2$-Donor (Transaminierung)	▶ Abschn. 26.3.1
	→ NH$_4^+$/NH$_3$	Vorstufe (Desaminierung)	▶ Abschn. 26.3.2
	→ Glutamin, Prolin, Ornithin, Arginin	Vorstufe	▶ Abschn. 27.2.2
	→ N-Acetylglutamat	Vorstufe	▶ Abschn. 27.1.2
Glutamin		NH$_2$-Transport	▶ Abschn. 27.1.1
	→ Asparagin	NH$_2$-Donor	▶ Abschn. 27.2.1
	→ Glucosamin-6-Phosphat	NH$_2$-Donor (Aminozuckersynthese)	▶ Abschn. 16.1.5
	→ Carbamylphosphat	NH$_2$-Donor (Pyrimidinsynthese)	▶ Abschn. 30.1
	→ Phosphoribosylamin	NH$_2$-Donor (Purinsynthese)	▶ Abschn. 29.1
	→ Formylglycinamidin-Ribonucleotid	NH$_2$-Donor (Purinsynthese)	▶ Abschn. 29.1
	→ GMP	NH$_2$-Donor (Purinsynthese)	▶ Abschn. 29.1
	→ CTP	NH$_2$-Donor (Pyrimidinsynthese)	▶ Abschn. 30.1
	→ NAD$^+$	NH$_2$-Donor (NAD$^+$-Synthese)	▶ Abschn. 59.4
	→ Glutaminkonjugate	Biotransformation (Phase II)	▶ Abschn. 62.3

den (▶ Abschn. 74.1.7). Im Stoffwechsel beteiligen sich Aspartat, Glutamat und Glutamin als **NH$_2$-Donoren** an zahlreichen Reaktionen. Aspartat und Glutamat fungieren außerdem als Ausgangssubstanzen für die Biosynthese weiterer Aminosäuren.

❯ Glutamat ist die Drehscheibe im Aminosäurestoffwechsel.

Wie ◨ Abb. 27.7 zeigt:
– lassen sich Ammoniumionen durch **Amidierung** von Glutamat zu Glutamin (Ziffer 1) oder durch **Aminierung** von α-Ketoglutarat zu Glutamat (Ziffer 4) in organischer Bindung fixieren,

– können die Reaktionen 2 und 4 durch **Desaminierung** von Glutamin bzw. Glutamat auch Ammoniak freisetzen,
– kann die Aminogruppe des Glutamats durch **Transaminierung** auf Pyruvat und andere α-Ketosäuren übertragen werden, wobei Alanin oder andere Aminosäuren gebildet werden (Ziffer 3).
– Umgekehrt kann aus den entsprechenden Aminosäuren durch die gleiche reversible Reaktion auch Glutamat entstehen,
– kann die Aminogruppe von Glutamat durch **Transaminierung** auf die α-Ketosäure Oxalacetat übertragen werden, wobei **Aspartat** entsteht (Ziffer 5),

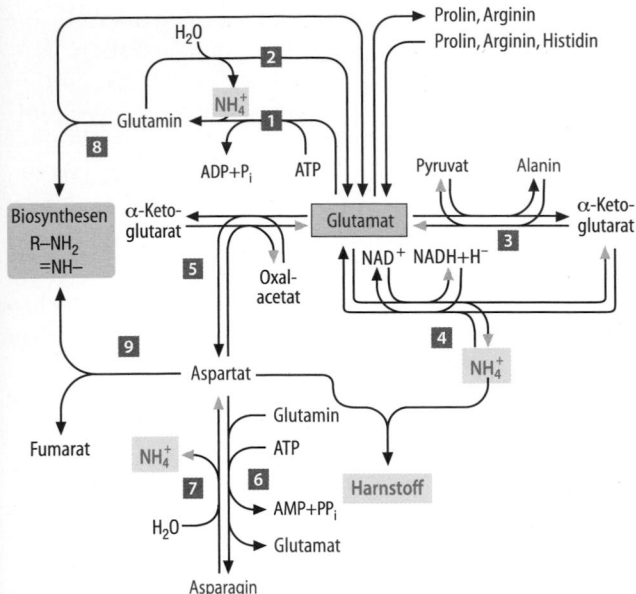

◪ Abb. 27.7 **Stoffwechsel von Alanin, den sauren Aminosäuren und ihren Amiden.** (1) Glutaminsynthetase; (2) Glutaminase; (3) Alanin-Aminotransferase (ALT, GPT); (4) Glutamatdehydrogenase; (5) Aspartat-Aminotransferase (AST, GOT); (6) Asparaginsynthetase; (7) Asparaginase; (8) Glutamin als NH_2-Donor; (9) Aspartat als NH_2-Donor. (Einzelheiten s. Text)

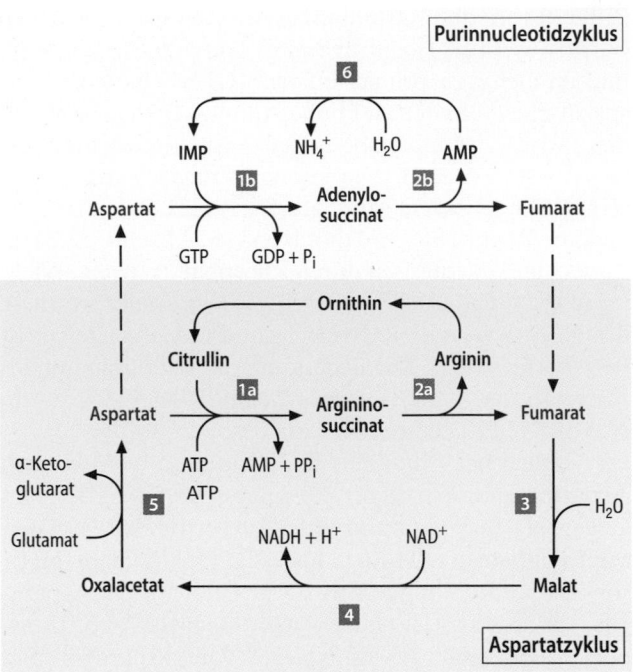

◪ Abb. 27.8 **Aspartatzyklus und Purinnucleotidzyklus.** (Einzelheiten s. Text)

- wird aus Glutamin und Aspartat **Asparagin** gebildet (Ziffer 6), das wieder hydrolytisch zu Aspartat desaminiert werden kann (Ziffer 7),
- ist das aus Glutamat gebildete Glutamin ein wichtiger **Stickstoffdonor** bei Biosynthesen (Ziffer 8),
- wirkt auch Aspartat als **Stickstoffdonor**, wobei es in Fumarat übergeht (Ziffer 9). Aus diesem kann in mehreren Schritten wieder Aspartat regeneriert werden (Aspartatzyklus; ◪ Abb. 27.8).

Außerdem stellt Glutamat die Vorstufe für die Aminosäuren Prolin und Arginin dar bzw. entsteht bei deren Abbau und beim Abbau von Histidin (▶ Abschn. 27.2.2 und 27.2.7).

❯ Alanin, Aspartat und Glutamat lassen sich durch Aminotransferasen ineinander überführen.

Biosynthese und Abbau Alanin, Aspartat und Glutamat stehen über zwei ubiquitär vorkommende Transaminierungsreaktionen miteinander im Gleichgewicht (▶ Abschn. 26.3.1 und ◪ Abb. 27.7).

Sowohl die **Aspartat-Aminotransferase** (in der Klinik mit AST oder GOT abgekürzt) (◪ Abb. 27.7, Ziffer 5) wie auch die **Alanin-Aminotransferase** (ALT, GPT) (◪ Abb. 27.7, Ziffer 3) kommen als cytosolische und mitochondriale Isoenzyme vor. Wichtig ist dies u. a. für den Transport von Reduktionsäquivalenten über den **Malat-Aspartat-Zyklus** (▶ Abschn. 19.1.1), an dem die

beiden AST-Isoenzyme beteiligt sind. Die Deacetylierung des mitochondrialen Isoenzyms (AST2) durch das Sirtuin Sirt3 (▶ Abschn. 27.1.2, ▶ 49.3.6 und 56.3.1) fördert die Aufnahme von NADH in die Mitochondrien und damit die mitochondriale ATP-Produktion.

Während die AST im Herzen und in der Skelettmuskulatur in besonders hohen Aktivitäten vorkommt, findet sich die ALT vorwiegend in der Leber und Muskel wo sie im Rahmen des **Alaninzyklus** (▶ Abschn. 27.1.1) eine besondere Rolle spielt.

❯ Die Amide Glutamin und Asparagin werden ATP-abhängig gebildet und durch Hydrolasen abgebaut.

Glutamin und Asparagin Wie in ▶ Abschn. 27.1.2 besprochen, ist neben der Carbamylphosphat-Synthetase 1-Reaktion die Bildung von Glutamin aus Glutamat die zweite wichtige Reaktion zur NH_4^+-Fixierung. Katalysiert wird sie durch die **Glutaminsynthetase**, die die γ-Carboxylgruppe von Glutamat ATP-abhängig amidiert (◪ Abb. 27.7, Ziffer 1). Als Zwischenprodukt tritt enzymgebundenes γ-Glutamylphosphat auf. Im menschlichen Organismus läuft die Glutaminsynthese in der Leber, aber auch in der Muskulatur, in den Lungen und im Fettgewebe ab. Das in diesen Organen gebildete Glutamin gelangt überwiegend ins Blut und bildet dort die Haupt-Transportform für Aminostickstoff und eine wichtige Vorstufe für andere Metabolite (◪ Abb. 27.7). Die Umkehrreaktion, d. h. die hydrolytische Desaminierung von Glutamin zu Glutamat und NH_4^+ (◪ Abb. 27.7,

Ziffer 2) wird durch **Glutaminasen** katalysiert, von denen es zwei wichtige Isoenzyme gibt: Die v .a. in der Niere und im Gehirn exprimierte Form (**GLS1**) hat eine hohe spezifische Aktivität und hohe Affinität für ihr Substrat. Sie wird bei metabolischen Acidosen induziert (▶ Abschn. 27.1.4). Die zweite, weniger aktive Form (**GLS2**) findet sich in Mitochondrien der Leber aber auch anderer Organe. Sie wird durch p53 (▶ Abschn. 52.5) induziert und allosterisch durch Phosphat aktiviert. Wichtig ist die GLS1 auch im Gehirn, wo sie an der Synthese der Neurotransmitter Glutamat und GABA beteiligt ist (▶ Abschn. 74.1). Die Bedeutung der Glutaminasen als Zielmoleküle für Tumortherapeutika wird in ▶ Abschn. 28.3 besprochen.

Ähnlich wie Glutamat und Glutamin werden auch Aspartat und Asparagin ineinander umgewandelt. Im Gegensatz zur Glutaminsynthetase verwendet die **Asparaginsynthetase** allerdings als NH_2-Donor nicht NH_4^+ sondern Glutamin (◻ Abb. 27.7, Ziffer 6). Da Asparagin – anders als Glutamin – nicht dem Stickstofftransport dient, sind die Blutspiegel von Asparagin und Aspartat und die Aktivitäten von Asparaginsynthetase und **Asparaginase** (◻ Abb. 27.7, Ziffern 6 und 7) im tierischen Organismus vergleichsweise niedrig.

❯ Die menschliche Glutamatdehydrogenase (GLDH) unterliegt einer komplexen Regulation.

Die wichtigste Desaminierungsreaktion bei Aminosäuren ist die **dehydrierende Desaminierung** von Glutamat (▶ Abschn. 26.3.2), die nicht nur NH_4^+ freisetzt, sondern mit NADH/H$^+$ und α-Ketoglutarat zwei weitere Produkte bildet, die zur mitochondrialen ATP-Synthese beitragen (◻ Abb. 27.7, Ziffer 4).

Die menschliche GLDH ist in der Mitochondrienmatrix lokalisiert und besteht aus 6 identischen Untereinheiten. Sie kommt in allen Geweben vor, die weitaus höchsten Aktivitäten finden sich jedoch in der Leber. Obwohl das Gleichgewicht der GLDH-Reaktion auf der Seite der Glutamatbildung liegt, dominiert in der Leber unter physiologischen Bedingungen wahrscheinlich die Desaminierungsreaktion, weil:

— der K_M-Wert der GLDH für Ammoniak mit etwa 3 mmol/l relativ hoch ist, während die NH_4^+-Konzentration in Hepatocyten durch Glutaminsynthetase und Carbamylphosphat-Synthetase 1 sehr niedrig gehalten wird (▶ Abschn. 27.1.2),
— GTP (in geringerem Maße auch ATP) die GLDH allosterisch hemmt, während ADP, AMP und Leucin das Enzym aktivieren.

Die Tatsache, dass die GLDH-Aktivität durch den Energiestatus der Zelle (d. h. vom ATP/ADP-Verhältnis) kontrolliert wird, legt nahe, dass die Reaktion nicht in erster Linie der Freisetzung oder Fixierung von NH_4^+

dient, sondern der Bereitstellung von Vorstufen für die ATP-Bildung (d. h. α-Ketoglutarat und NADH/H$^+$).

Auch die Hemmung der GLDH durch das Sirtuin Sirt4 ist damit in Einklang. Hunger und niedriger Blutzuckerspiegel heben diese Hemmung auf und führen wegen der anaplerotischen Wirkung der GLDH zu verstärkter ATP-Synthese durch oxidative Phosphorylierung. Auch für die Kontrolle der Insulinsekretion durch das Pankreas ist dieser Effekt von Bedeutung, wie die Symptome der seltenen **Hyperinsulinämischen Hypoglykämie des Kindesalters (HHI)** zeigen (▶ Abschn. 28.2).

❯ Aspartat dient als Stickstoffdonor im Aspartat- und Purinnucleotidzyklus.

Neben Glutamat und Glutamin kann auch Aspartat seine α-Aminogruppe auf Ketoverbindungen übertragen. Dabei geht es allerdings nicht in die Ketosäure Oxalacetat, sondern in das ungesättigte Fumarat über.

Zwei wichtige Reaktionen dieser Art sind die Bildung von Arginin aus Citrullin im Harnstoffzyklus (▶ Abschn. 27.1.2) und die Synthese von AMP aus IMP im Rahmen der Synthese von Purinnucleotiden (▶ Abschn. 29.1). Wie ◻ Abb. 27.8 zeigt, verlaufen beide Reaktionen nach einem ähnlichen Mechanismus: Zunächst entsteht in einer energieabhängigen Reaktion ein Kondensationsprodukt (Argininosuccinat bzw. Adenylosuccinat; ◻ Abb. 27.8, Ziffern 1a bzw. 1b), das in einem zweiten Schritt durch eine Lyase in Fumarat und das jeweilige Produkt zerlegt wird (Ziffern 2a bzw. 2b). Diese Reaktionen und drei weitere Umsetzungen, die aus Fumarat wieder Aspartat regenerieren (◻ Abb. 27.8, Ziffern 3–5) bilden den sog. **Aspartatzyklus**.

Im **Purinnucleotidzyklus**, der besonders in der Muskulatur von Bedeutung ist, wird das aus IMP gebildete AMP durch die AMP-Desaminase (◻ Abb. 27.8, Ziffer 6) wieder zu IMP desaminiert. In der Bilanz wird also Aspartat in Fumarat und NH_4^+ zerlegt. Während Fumarat dem arbeitenden Muskel als Energiesubstrat dient, wird NH_4^+ in Glutamin eingebaut und in dieser Form exportiert (▶ Abschn. 27.1.1).

27.2.2 Arginin, Prolin, Ornithin

Die Aminosäuren dieser Gruppe bilden zusammen mit Glutamin die **Glutamatfamilie**. Alle können aus Glutamat synthetisiert und durch Umkehrung der Syntheseschritte wieder zu Glutamat abgebaut werden.

Stoffwechselbedeutung Die zyklische Aminosäure Prolin ist als Vorstufe von posttranslational gebildetem **Hydroxyprolin** wichtig (▶ Abschn. 71.1.2). Ornithin und Arginin sind Intermediate im **Harnstoffzyklus**. Arginin

dient außerdem als Vorstufe für **Stickstoffmonoxid** (NO) und **Kreatin**, während Ornithin die Muttersubstanz der sog. **Polyamine** ist (◘ Tab. 27.3).

❯ Glutamat, Arginin und Prolin lassen sich leicht ineinander überführen.

Biosynthese und Abbau Die Stoffwechselschritte, die Ornithin bzw. Arginin und Prolin mit Glutamat verknüpfen, sind weitgehend reversibel und dienen deshalb sowohl der Biosynthese wie auch dem Abbau der betreffenden Aminosäuren. Gemeinsame Zwischenprodukte beider Wege sind **Glutamat-γ-Semialdehyd** bzw. dessen unter Wasserabspaltung gebildete zyklische Form Δ^1-Pyrrolincarboxylat (◘ Abb. 27.9).

Während der freie Semialdehyd über eine Transaminierungsreaktion mit Ornithin in Beziehung steht (◘ Abb. 27.9, Ziffer 2), lassen sich Δ^1-Pyrrolincarboxylat und Glutamat durch eine Dehydrogenase ineinander überführen (◘ Abb. 27.9, Ziffer 1). Eine weitere Dehydrogenase (◘ Abb. 27.9, Ziffer 3) katalysiert die Gleichgewichtseinstellung zwischen Δ^1-Pyrrolincarboxylat und Prolin. Arginin kann deshalb sowohl zu Glutamat als auch zu Prolin abgebaut werden. Ein weiterer (nicht im Detail dargestellter) Abbauweg des Arginins führt über das biogene Amin **Agmatin** und das Polyamin **Putrescin** (s. u.) zum Succinat.

Die Biosynthese von **Arginin** findet überwiegend extrahepatisch statt, weil in der Leber keine größeren Argininmengen aus dem Harnstoffzyklus abgezweigt werden

◘ Tab. 27.3 Stoffwechselbedeutung von Prolin und Arginin

Aminosäure	Produkt	Funktion als/bei	Siehe
Prolin	→ Hydroxyprolin	Vorstufe	► Abschn. 71.1.2
Ornithin	→ Citrullin	Intermediat im Harnstoffzyklus	► Abschn. 27.1.2
	→ Putrescin	Polyaminvorstufe	► Abschn. 27.2.2
Arginin	→ Harnstoff	Intermediat im Harnstoffzyklus	► Abschn. 27.1.2
	→ Guanidinoacetat	Kreatinvorstufe	◘ Abb. 27.10 ◘ Abb. 63.9
	→ NO	Vorstufe	► Abschn. 35.6.1
	→ Agmatin	Vorstufe	◘ Tab. 26.3

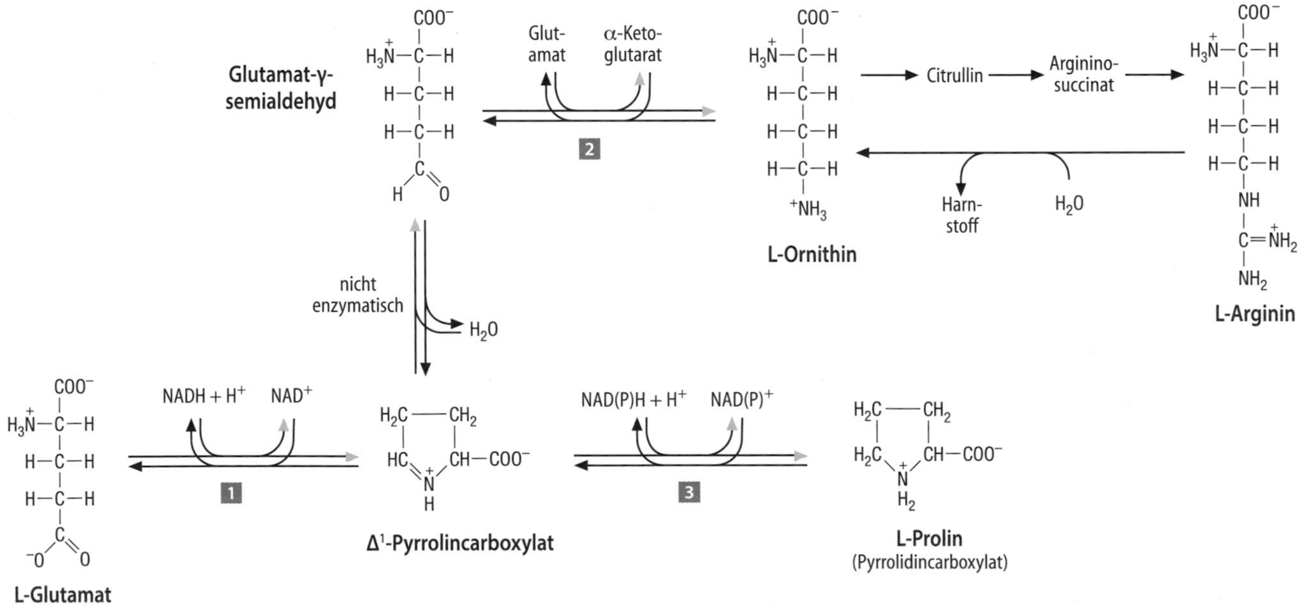

◘ Abb. 27.9 Stoffwechsel von Prolin, Ornithin und Arginin. (1) Pyrrolincarboxylat-Dehydrogenase; (2) Ornithintransaminase; (3) Pyrrolincarboxylat-Reduktase. (Einzelheiten s. Text)

können. Die Argininsynthese teilen sich die **Enterocyten** des Darms (Umwandlung von Glutamat in Citrullin, ▢ Abb. 27.4) und die Niere (Citrullin in Arginin, ▢ Abb. 27.5). Das extrahepatisch gebildete Arginin wird u. a. zur Synthese von Kreatin und NO sowie zur Bereitstellung von Glutamat in perivenösen Hepatocyten genutzt (▶ Abschn. 27.1.2).

❯ Der Mediator Stickstoffmonoxid (NO) wird aus Arginin gebildet.

NO-Synthese Stickstoffmonoxid (NO) ist ein kurzlebiges Radikal mit Signalfunktion (▶ Abschn. 35.6.1). Unter anderem erweitert es die Blutgefäße, wirkt als Neurotransmitter und beeinflusst das Immunsystem sowie die Hämostase. Wegen seiner begrenzten Lebensdauer muss NO in der Nähe des jeweiligen Wirkortes gebildet werden. Das dafür verantwortliche Enzym, die **NO-Synthase** (NOS), kommt in mehreren Formen vor: Konstitutiv gebildet werden das **neuronale** (**nNOS**) und das **endotheliale** Isoenzym (**eNOS**). Beide werden durch Ca^{2+}-Calmodulin aktiviert, während die sog. **induzierbare** NOS (**iNOS**) durch diverse Stimuli calciumunabhängig induziert wird.

Mechanismus Die Biosynthese von NO aus Arginin ist ein komplizierter, noch nicht völlig verstandener Prozess, der zwei Oxidationsschritte vom Monooxygenasetyp umfasst. Als enzymgebundenes Intermediat tritt N^{ω}-**Hydroxyarginin** auf (▢ Abb. 27.10, Ziffer 3). Die N-terminale Oxygenasedomäne der NO-Synthese (NOS) (▢ Abb. 27.11) enthält eine Häm-Gruppe und als weiteren Cofaktor Tetrahydrobiopterin (THB) (▢ Abb. 27.17). Die C-terminale Reduktasedomäne, die im Falle von nNOS und eNOS auch den Aktivator Ca^{2+}-Calmodulin bindet, überträgt Elektronen von $NADPH/H^+$ über FAD und FMN zum Oxygenasezentrum.

Übrigens

Gasförmige Aminosäuremetabolite als Signalmoleküle. Die toxischen Gase Stickstoffmonoxid (NO), Schwefelwasserstoff (H_2S), Schwefeldioxid (SO_2) und Kohlenmonoxid (CO) haben im tierischen Organismus in niedriger Konzentration Signalfunktionen. Alle sind Produkte des Aminosäurestoffwechsels: NO entsteht aus Arginin (▶ Abschn. 27.2.2), H_2S und SO_2 werden aus Cystein gebildet (▶ Abschn. 27.2.4), während das beim Häm-Abbau anfallende CO ursprünglich aus Glycin stammt (▶ Abschn. 32.2.1). NO, SO_2 und CO aktivieren die Guanylatzyklase und beeinflussen damit über die Erhöhung des cGMP-Spiegels die Gefäßweite und andere physiologische Prozesse (▶ Abschn. 35.6.1). Auch H_2S führt zu einer Relaxation der Gefäßmuskulatur, allerdings ist dieser Effekt nicht durch cGMP vermittelt. Das ebenfalls aus dem Aminosäureabbau stammende NH_3 wirkt in entgegengesetztem Sinne, indem es die Synthese von NO hemmt. NO und H_2S üben ihre Wirkung u. a. durch covalente S-Nitrosylierung (▶ Abschn. 49.3.7) bzw. S-Sulfhydrierung von Cysteinylresten ihrer Zielproteine aus.

❯ Polyamine regulieren Zellproliferation und Apoptose.

Polyamine **Putrescin**, **Spermidin** und **Spermin** (▢ Abb. 27.10) sind di-, tri- bzw. tetravalente organische Kationen, die in tierischen Zellen in millimolaren Konzentrationen vorkommen und für den normalen Ablauf der Zellproliferation notwendig sind. Ihre Wirkung beruht auf ihren amphipathischen Eigenschaften: Während die Methylengruppen (–CH_2–) hydrophobe Wechselwirkungen eingehen können, interagieren die positiv geladenen N-Atome mit negativen Ladungen, z. B. den Phosphatresten der DNA. Wegen dieser Eigenschaften sind die Polyamine in der Lage, DNA-Protein- und Protein-Protein-Wechselwirkungen zu modifizieren und dadurch in die Regulation von Zellzyklus und Apoptose einzugreifen (▶ Kap. 43 und 51). Zum sperminabhängigen Block von K_{ir}-Typ Kaliumkanälen s. Lehrbücher der Physiologie.

Biosynthese Die Synthese der Polyamine geht von **Ornithin** aus, das von der **Ornithindecarboxylase** (ODC) (▢ Abb. 27.10, Ziffer 4) zu **Putrescin** (1,4-Diaminobutan) decarboxyliert wird. Mit Halbwertszeiten von wenigen Stunden ist die ODC eines der kurzlebigsten zellulären Proteine. An den beiden nachfolgenden Reaktionen, der Umwandlung von Putrescin in **Spermidin** und von Spermidin in **Spermin** ist ein ungewöhnlicher Cofaktor beteiligt, nämlich **decarboxyliertes S-Adenosylmethionin**, das als Donor für 3-Aminopropylreste fungiert.

Über Synthese und Funktion von **Kreatin** informiert ▶ Abschn. 63.3.1.

27.2.3 Valin, Leucin und Isoleucin

Die verzweigten aliphatischen Aminosäuren Valin, Leucin und Isoleucin (*branched-chain amino acids*, BCAA) sind für den Menschen essenziell. Ihre Abbauwege zeigen Übereinstimmungen und werden deshalb gemeinsam besprochen.

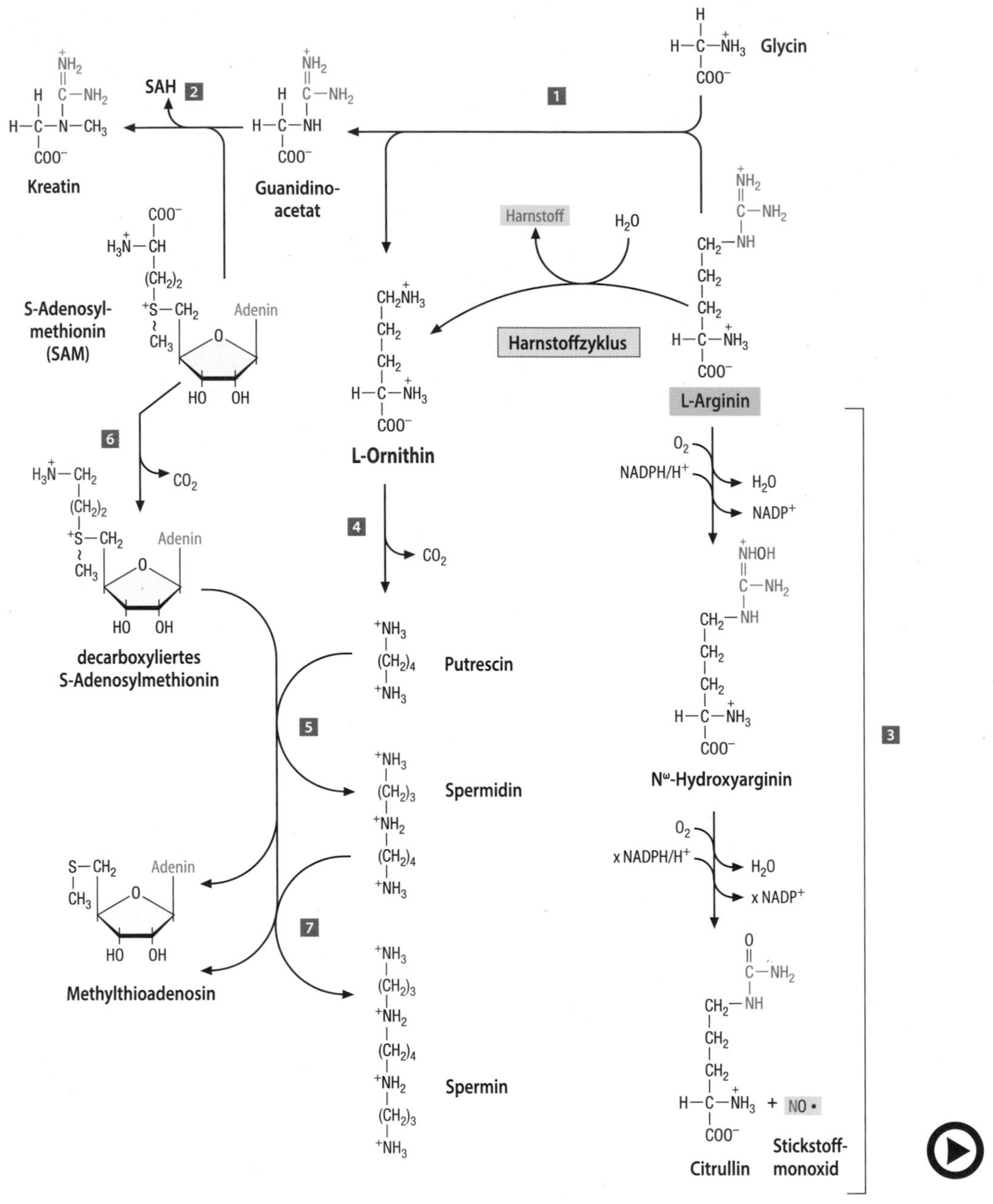

Glycin

Kreatin   SAH **2**   Guanidino-acetat   **1**   Harnstoff H_2O

S-Adenosyl-methionin (SAM)

Harnstoffzyklus

L-Arginin

6 CO_2

L-Ornithin

decarboxyliertes S-Adenosylmethionin

4 CO_2

O_2
NADPH/H$^+$ H_2O
NADP$^+$

$^+NH_3$
$(CH_2)_4$ Putrescin
$^+NH_3$

5

$^+NH_3$
$(CH_2)_3$ Spermidin
$^+NH_2$
$(CH_2)_4$
$^+NH_3$

N$^\omega$-Hydroxyarginin

O_2
x NADPH/H$^+$ H_2O
x NADP$^+$

Methylthioadenosin

7

$^+NH_3$
$(CH_2)_3$
$^+NH_2$
$(CH_2)_4$
$^+NH_2$ Spermin
$(CH_2)_3$
$^+NH_3$

Citrullin   **3**   Stickstoff-monoxid

▶ **Abb. 27.10** (Video 27.3) **Umwandlungsreaktionen von Arginin.**
(1) Glycin-Amidinotransferase; (2) Guanidinoacetat-Transmethy-lase; (3) NO-Synthase; (4) Ornithindecarboxylase; (5) Spermidinsyn-thase; (6) Adenosylmethionin-Decarboxylase; (7) Sperminsynthase;

SAH: S-Adenosylhomocystein. Zu Reaktion 2 s. auch Abb. 27.14. Die Zahl der benötigten NADPH-Moleküle in Reaktion 3 ist nicht geklärt (▶ https://doi.org/10.1007/000-5he)

Stoffwechselbedeutung Wie in ▶ Abschn. 27.1.5 be-sprochen, werden die BCAA v. a. von der Muskulatur verstoffwechselt und tragen so zur Versorgung anderer Gewebe mit Alanin und Glutamin bei. Als ketogene Aminosäure ist **Leucin** eine Vorstufe für Ketonkörper und Fettsäuren. Die BCAA-Konzentration im Plasma stellt vermutlich ein globales Signal für den Ernährungs-zustand des Organismus dar. Sicher ist, dass Leucin zu den Aminosäuren gehört, die zusammen mit Glucose die Insulinausschüttung aus dem Pankreas fördern (▶ Abschn. 36.3).

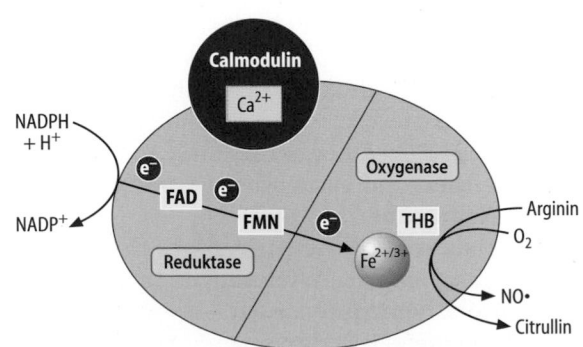

▶ **Abb. 27.11   Struktur der NO-Synthase.** (Einzelheiten s. Text)

27

Aminosäuren als globale Stoffwechselregulatoren. An der globalen Regulation des Intermediärstoffwechsels und der Proteinbiosynthese sind die Proteinkinasen mTOR und AMPK maßgeblich beteiligt. In den letzten Jahren wurde klar, dass beide Kinasen auch durch freie Aminosäuren reguliert werden. mTOR (▶ Abschn. 38.2.1) aktiviert in Form des mTORC1-Komplexes Zielproteine, die für Proteinsynthese und Zellproliferation wichtig sind. Neben Hormonen aktivieren auch freie Aminosäuren (Leu, Glu, Arg u. a.) mTORC1, wobei Leucin in der Regel die stärkste Wirkung zeigt. Noch unklar ist, ob dieser Effekt durch Aminosäuremetabolite oder durch einen besonderen Aminosäuresensor vermittelt wird. Die AMPK dient als Sensor für den Energiestatus der Zelle (▶ Abschn. 38.1.1). Sie wird aktiviert, wenn der AMP-Spiegel ansteigt und unterdrückt dann ATP-verbrauchende anabole Stoffwechselwege, während energieliefernde katabole Wege stimuliert werden. Freie Aminosäuren hemmen – ebenso wie Glucose – die AMPK und fördern damit eine anabole Stoffwechsellage. Da die AMPK indirekt mTORC1 hemmt, stimuliert die Wirkung von Aminosäuren auf die AMPK indirekt auch die Proteinbiosynthese.

❯ Die Abbauwege für Valin, Leucin und Isoleucin zeigen viele Gemeinsamkeiten.

In ◻ Abb. 27.12 sind die Abbauwege von Isoleucin, Leucin und Valin in einer Übersicht dargestellt. Die einleitenden Schritte sind in allen drei Fällen die gleichen, nämlich:
- eine **Transaminierung** (katalysiert durch ein und dasselbe Enzym für alle drei Aminosäuren) gefolgt von der
- **dehydrierenden Decarboxylierung** der gebildeten α-Ketosäuren zu Acyl-CoA-Derivaten.
- Auch für diese zweite Reaktion gibt es nur ein Enzymsystem, den in der inneren Mitochondrienmembran lokalisierten **Verzweigtketten-Dehydrogenase-Komplex**. In Aufbau und Reaktionsmechanismus ähnelt die Verzweigtketten-Dehydrogenase den Pyruvatdehydrogenase- bzw. α-Ketoglutaratdehydrogenase-Komplexen (▶ Abschn. 18.2).

Der weitere Abbau des aus **Isoleucin** gebildeten 2-Methylbutyryl-CoA (◻ Abb. 27.12, *linke Spalte*) verläuft ähnlich wie die β-Oxidation der Fettsäuren: Zunächst wird durch eine FAD-abhängige Dehydrogenase eine Doppelbindung eingeführt. Durch Hydratisierung entsteht aus dem Enoyl-CoA ein Alkohol, der durch eine weitere Oxidation in die β-Ketoverbindung 2-Methylacetoacetyl-CoA übergeht. Eine abschließende Spaltung liefert schließlich Acetyl-CoA und Propionyl-CoA.

Beim Abbau von **Leucin** wird das Enoyl-CoA-Zwischenprodukt zunächst in einer biotinabhängigen Reaktion carboxyliert. Durch Hydratisierung entsteht daraus 3-Hydroxy-3-Methylglutaryl-CoA, das auch Zwischenprodukt der Ketonkörpersynthese ist (▶ Abschn. 21.2.2). Da seine Spaltung Acetyl-CoA und Acetacetat liefert, ist Leucin neben Lysin die einzige rein ketogene Aminosäure.

Der Abbau von **Valin** unterscheidet sich deutlich von dem der beiden anderen Aminosäuren. In drei Schritten wird das hydratisierte Intermediat 3-Hydroxyisobutyryl-CoA zu Propionyl-CoA abgebaut.

27.2.4 Methionin, Cystein und Derivate von Cystein

Stoffwechselbedeutung   Der Stoffwechsel der schwefelhaltigen Aminosäuren Cystein und Methionin ist eng verzahnt. Cystein gehört zu den bedingt essenziellen Aminosäuren, weil seine SH-Gruppe aus dem Abbauweg des essenziellen **Methionins** stammt. **Methionin** ist gleichzeitig Vorstufe für **S-Adenosylmethionin**, das wichtigste methylierende Coenzym im Stoffwechsel (s. u.). Aus Cystein entstehen u. a. die nicht-proteinogene Aminosäure **Taurin**, das durch nicht-enzymatische Oxidation bzw. im Proteinverband gebildete Disulfid **Cystin** und das als Antioxidans wirksame Tripeptid **Glutathion** (◻ Tab. 27.4).

❯ Der Methioninabbau benötigt Serin und liefert Cystein.

Der Abbauweg des Methionins (◻ Abb. 27.13) durchläuft zunächst Teile des sog. **Methioninzyklus** (s. u.), wobei die Methylgruppe entfernt wird. Das dabei gebildete Homocystein wird im nächsten Schritt durch die PALP-abhängige Cystathionin-β-Synthase auf Serin übertragen wobei Cystathionin entsteht. Dessen Spaltung durch die ebenfalls PALP-abhängige Cystathionin-γ-Lyase (▶ Tab. 26.2) liefert **Cystein** und **α-Ketobutyrat**. Dieser Reaktionsweg wird auch als „Transsulfurierung" bezeichnet, weil er das Schwefelatom des Methionins in Cystein einbaut. Menschliche Feten und Frühgeborene besitzen noch keine ausreichende Aktivität von Cystathionin-γ-Lyase. Für sie ist Cystein deshalb essenziell.

Das aus Methionin gebildete α-Ketobutyrat wird zu Succinyl-CoA abgebaut (◻ Abb. 27.21) oder in peripheren Geweben, denen die α-Ketobutyratdehydrogenase fehlt, zunächst zu α-Aminobutyrat transaminiert, das in der Leber weiter verstoffwechselt wird.

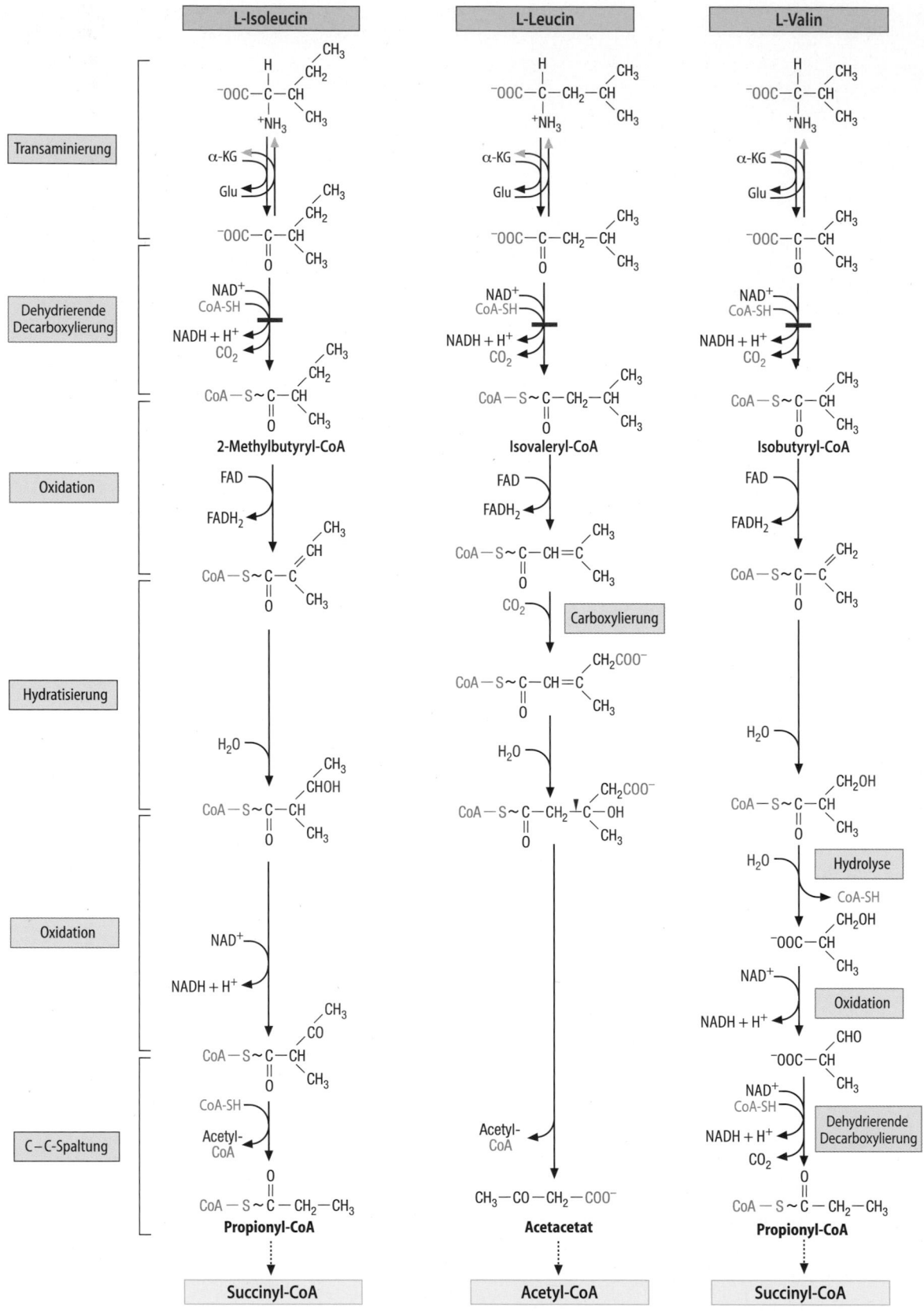

Abb. 27.12 **Abbau der verzweigtkettigen Aminosäuren.** *Roter Balken:* Enzymdefekt bei der Ahornsirupkrankheit. (Einzelheiten s. Text)

◻ Tab. 27.4   Stoffwechselbedeutung der schwefelhaltigen Aminosäuren

Aminosäure	Produkt	Funktion als/bei	Siehe
Cystein	→ Taurin	Vorstufe	► Abschn. 27.2.4
	→ Cystin	Vorstufe	► Abschn. 27.2.4
	→ Glutathion	Vorstufe	► Abschn. 27.2.4
	→ Coenzym A	Vorstufe	► Abschn. 59.6
Methionin	→ Cystein	Vorstufe	► Abschn. 27.2.4
	→ S-Adenosylmethionin	Vorstufe, CH_3-Donor	► Abschn. 27.2.4

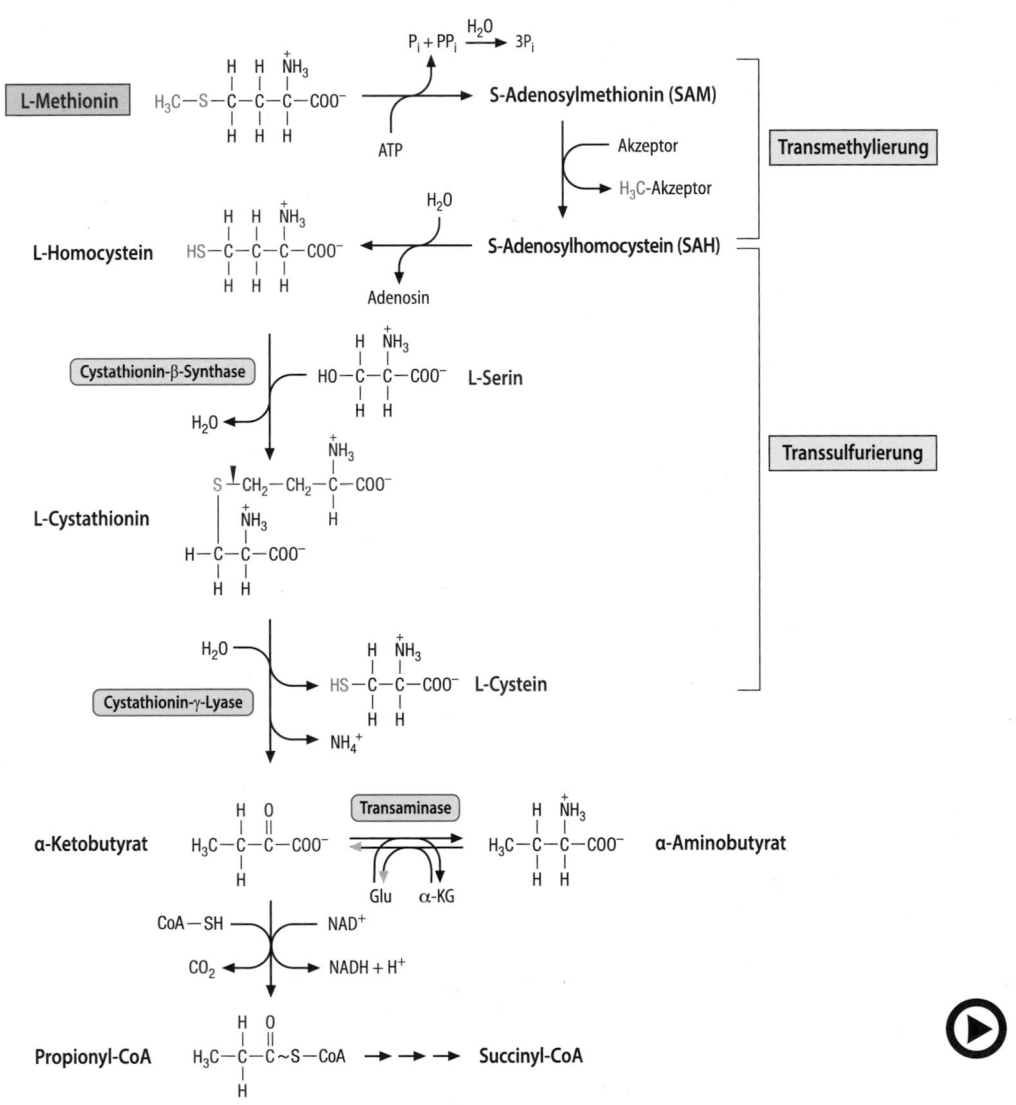

◻ Abb. 27.13   (Video 27.4) **Abbau von Methionin.** (Einzelheiten s. Text) (► https://doi.org/10.1007/000-5hc)

> Der Methioninzyklus liefert aktivierte CH₃-Gruppen für Methylierungsreaktionen.

S-Adenosylmethionin Der Methioninzyklus (■ Abb. 27.14) ist ein geschlossener Kreislauf, in dessen Verlauf zunächst aus Methionin das Coenzym **S-Adenosylmethionin** (SAM) gebildet wird, der wichtigste Cofaktor bei Methylierungsreaktionen an Stickstoff- und Sauerstoffatomen. Bis heute wurden mehr als 40 SAM-abhängige Methyltransferasen identifiziert. Wichtige Beispiele sind in ■ Tab. 27.5 zusammengestellt. Nach Decarboxylierung von S-Adenosylmethionin kann auch der entstehende Aminopropylrest für Biosynthesen eingesetzt werden (■ Abb. 27.10). Wegen des Bedarfs an Methylgruppen

■ **Tab. 27.5**   S-Adenosylmethionin als Coenzym von Methyltransferasen

Edukt	Methyliertes Produkt	Funktion des Produkts/der Methylierung
Metabolite		
Phosphatidylethanolamin	Phosphatidylcholin	Membranlipid
Guanidinoacetat	Kreatin	Vorstufe von Kreatinphosphat
N-Acetylserotonin	Melatonin	Hormon
Noradrenalin	Adrenalin	Hormon, Neurotransmitter
Pharmaka	Methylierte Pharmaka	Inaktivierung
Makromoleküle		
Nucleobasen in DNA und RNA	Methylierte Basen	Genregulation
Arginin- und Lysinreste in Histonen	Methylierte Reste	Genregulation
Histidinreste in Muskelproteinen	3-Methylhistidin	unklar

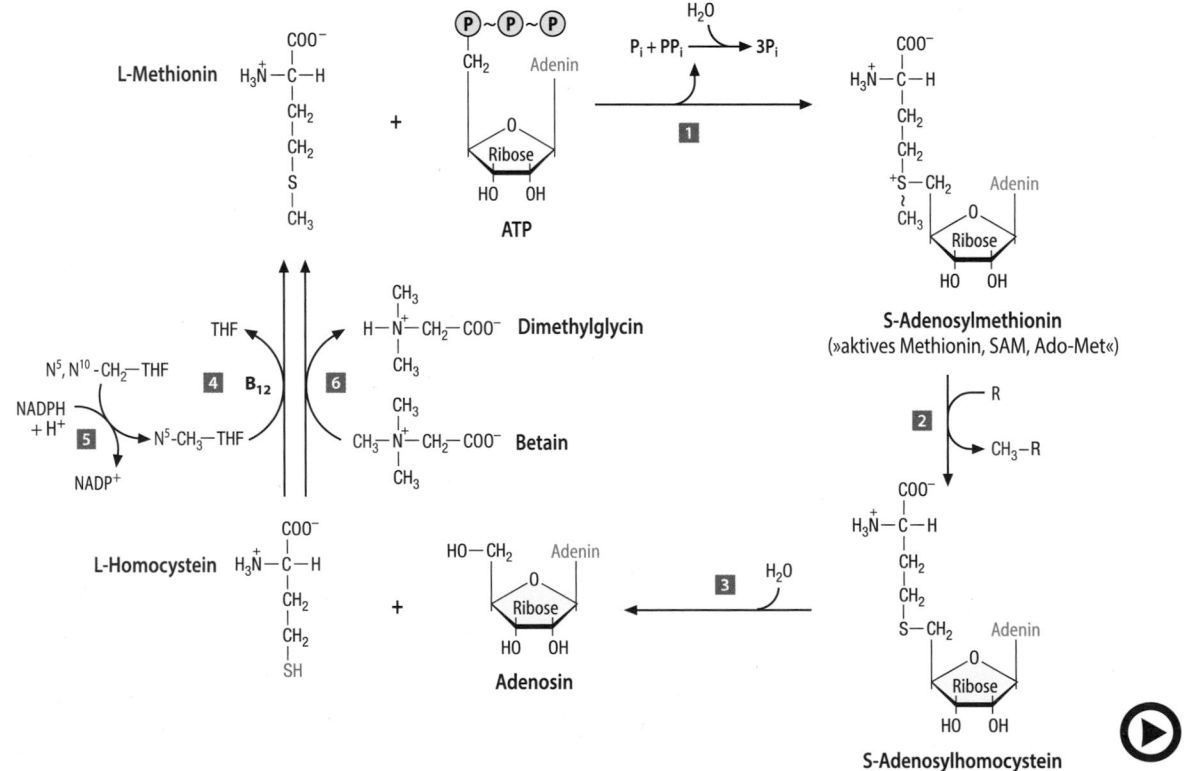

■ **Abb. 27.14** (Video 27.5) **Methioninzyklus.** (1) Methionin-Adenosyltransferase; (2) diverse Methyltransferasen; (3) Adenosyl-Homocystein-Hydrolase; (4) Methioninsynthase; (5) Methylen-THF-Re- duktase; (6) Betain-Homocystein-Transmethylase; *THF:* Tetrahydrofolat. (Einzelheiten s. Text) (▶ https://doi.org/10.1007/000-5hg)

für Methylierungsreaktionen verfügen auch nicht-hepatische Gewebe über die meisten Enzyme des Methioninstoffwechsels.

Transmethylierung Bei der Synthese von S-Adenosylmethionin überträgt eine Transferase den Adenosylrest von ATP auf das Schwefelatom von Methionin (◼ Abb. 27.14, Ziffer 1). Die CH_3-Gruppe gelangt dadurch auf hohes chemisches Potenzial und kann leicht auf andere Moleküle übertragen werden („Transmethylierung"). Außerdem entstehen anorganisches Phosphat und Pyrophosphat. Letzteres wird anschließend durch eine Pyrophosphatase hydrolysiert, sodass die Methionin-Aktivierung zwei energiereiche Bindungen „kostet".

Bei Transmethylierungen geht SAM in **S-Adenosylhomocystein** über (◼ Abb. 27.14, Ziffer 2), das im nächsten Schritt hydrolytisch in Adenosin und das im Vergleich zu Cystein um eine CH_2-Gruppe verlängerte **Homocystein** gespalten wird (◼ Abb. 27.14, Ziffer 3). Adenosin wird über mehrere Schritte wieder zu ATP rephosphoryliert, das für die Methionin-Aktivierung wiederverwendet werden kann.

Remethylierung Homocystein wird entweder in Methionin zurück verwandelt („remethyliert") oder durch Transsulfurierung (s. o.) weiter abgebaut. Zur Remethylierung von Homocystein gibt es zwei Möglichkeiten:

- Die **Methioninsynthase** (◼ Abb. 27.14, Ziffer 4) enthält als Cofaktor **Methylcobalamin** (B$_{12}$-Coenzym). Die Methylgruppe stammt aus N^5-Methyltetrahydrofolat (N^5-CH$_3$-THF), das durch die **Methylen-THF-Reduktase** (◼ Abb. 27.14, Ziffer 5) unter NADPH/H$^+$-Verbrauch aus N^5,N^{10}-Methylen-THF hergestellt wird.

- Die **Betain-Homocystein-Methylase** (◼ Abb. 27.14, Ziffer 6). entnimmt die Methylgruppe dem Betain (N-Trimethylglycin), das dabei in Dimethylglycin übergeht.

Die Methioninsynthase ist neben der Methylmalonyl-CoA-Mutase (◼ Abb. 27.21) das einzige Vitamin-B$_{12}$-abhängige Enzym im tierischen Stoffwechsel.

❯ Cystein wird über mehrere Wege zu Pyruvat abgebaut.

Cysteinabbau Zum Abbau von Cystein gibt es mehrere Wege (◼ Abb. 27.15). Im menschlichen Stoffwechsel vorherrschend ist die O_2-abhängige Oxidation zu **Cysteinsulfinat**, das durch die ubiquitär vorhandene Aspartat-Aminotransferase (▶ Abschn. 27.2.1) zu **Sulfinylpyruvat** transaminiert wird. Dieses Intermediat zerfällt schließlich in Pyruvat und Sulfit (SO_3^{2-}), das durch Oxidation mithilfe der Sulfitoxidase in Sulfat (SO_4^{2-}) übergeht.

Kleine Mengen von Cystein werden außerdem durch Abspaltung von H_2S über Aminoacrylat in Pyruvat überführt. Diese Reaktion, eine eliminierende Desaminierung (▶ Abschn. 26.3.2), geht auf eine Nebenaktivität der Cystathionin-γ-Lyase (◼ Abb. 27.13) zurück. Das freigesetzte H_2S hat Wirkungen, die denen von NO (▶ Abschn. 35.6.1) ähneln (s. o. Übrigens: Gasförmige Aminosäuremetabolite als Signalmoleküle).

❯ In vielen Geweben gehört Taurin zu den häufigsten Aminosäuren.

Taurinsynthese Im menschlichen Stoffwechsel wird etwa ein Drittel des Cysteins zu **Taurin** abgebaut. Diese nicht-proteinogene Aminosäure (eine

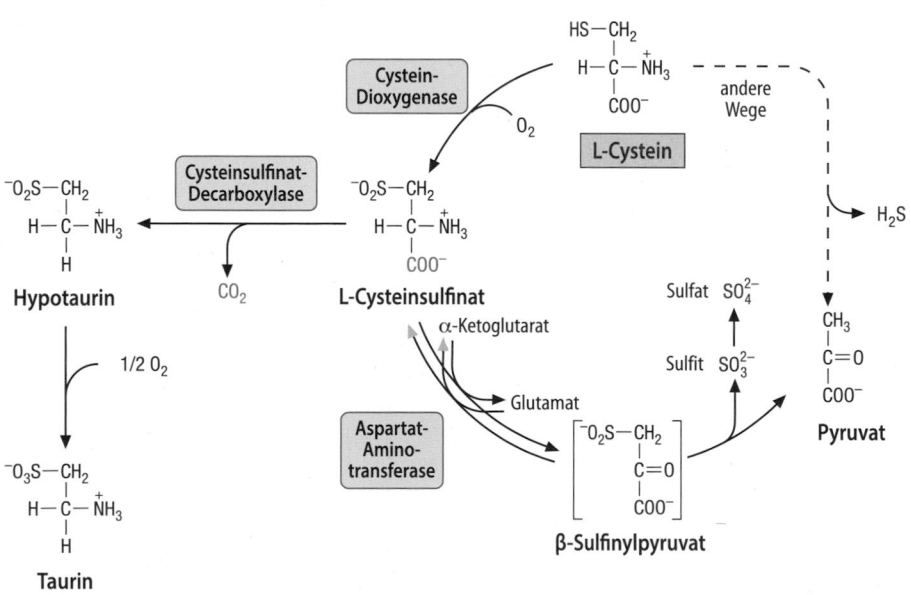

◼ **Abb. 27.15 Abbau von Cystein.** (Einzelheiten s. Text)

β-Aminosulfonsäure) wird durch eine PALP-abhängige Decarboxylase und nachfolgende Oxidation der Sulfinatgruppe aus Cysteinsulfinat gebildet (◘ Abb. 27.15). Während die Konzentrationen von Taurin im Blut gering sind (◘ Tab. 27.1), kann es intrazellulär Konzentrationen bis 50 mmol/l erreichen. In Muskulatur, Gehirn und Leukocyten ist es sogar die häufigste Aminosäure.

In den Zellen entfaltet Taurin v. a. cytoprotektive Wirkungen. Unter anderem wirkt es als Osmolyt und puffert die Auswirkungen osmotischer Schwankungen der Körperflüssigkeiten ab. Taurin schützt außerdem vor oxidativen Zellschäden, hemmt Entzündungsreaktionen und aktiviert bestimmte Immunzellen. Diese noch nicht voll verstandenen Wirkungen werden teilweise durch **Taurinchloramin** vermittelt, das bei der Reaktion von Taurin mit hypochloriger Säure entsteht. Schon länger bekannt ist die Rolle des Taurins als Baustein konjugierter Gallensäuren (▶ Abschn. 61.1.4). Die Expression der Cysteinsulfinat-Decarboxylase, des Schlüsselenzyms der Taurinsynthese, wird unter Beteiligung des Kernrezeptors FXR durch Gallensäuren gehemmt. Kürzlich wurde gezeigt, dass Taurin auch als funktioneller Bestandteil modifizierter Basen in mitochondrialen tRNAs vorkommt (▶ Abschn. 48.1.2).

❯ Glutathion (GSH) ist das wichtigste intrazelluläre Antioxidans.

Cystin Wie alle Thiole wird Cystein durch Luftsauerstoff und andere Oxidationsmittel rasch zum Disulfid Cystin oxidiert (◘ Abb. 27.16). In Proteinen stellen Disulfidbrücken aus zwei verknüpften Cysteinresten die einzigen Konformation stabilisierenden Wechselwirkungen covalenter Art dar. Cystin kann auf nicht-enzymatischem Wege durch Disulfidaustausch wieder zu Cystein reduziert werden, es gibt aber auch Enzyme, die es in NH_4^+, Pyruvat und Thiocystein zerlegen (◘ Abb. 27.16, Ziffer 5). Das Letztere zerfällt spontan zu Cystein und H_2S (s. o.).

Glutathion Das cysteinhaltige Tripeptid **Glutathion** (GSH, γ-Glu-Cys-Gly) ist mit intrazellulären Konzentrationen zwischen 0,5 und 10 mmol/l das wichtigste **Antioxidans** des menschlichen Organismus. Seine Funktion beruht auf der stark reduzierenden Wirkung der Thiolgruppe, die leicht mit freien Radikalen und reaktiven Sauerstoffspezies (*reactive oxygen species*, ROS) reagiert. Dabei entsteht das Glutathiondisulfid GSSG, das in einer $NADPH/H^+$-abhängigen Reaktion wieder zu GSH reduziert werden kann (▶ Abschn. 68.2.4). Das Redoxpaar GSSG/2 GSH sorgt für das stark reduktive Milieu im Inneren der Zellen und bestimmt ihre antioxidative Kapazität. Außerdem dient GSH als Bestandteil von Leukotrienen (▶ Abschn. 22.3.2), als Konjugationspartner bei Biotransformationen in der Leber (▶ Abschn. 62.3) und unterstützt den Aminosäuretransport (s. u.).

Die ATP-abhängige Synthese von GSH aus Glutamat, Cystein und Glycin wird durch zwei cytosolische Synthetasen katalysiert. Zunächst verknüpft die **γ-Glutamylcystein-Synthetase** (◘ Abb. 27.16, Ziffer 1) die γ-Carboxylgruppe von Glutamat mit der

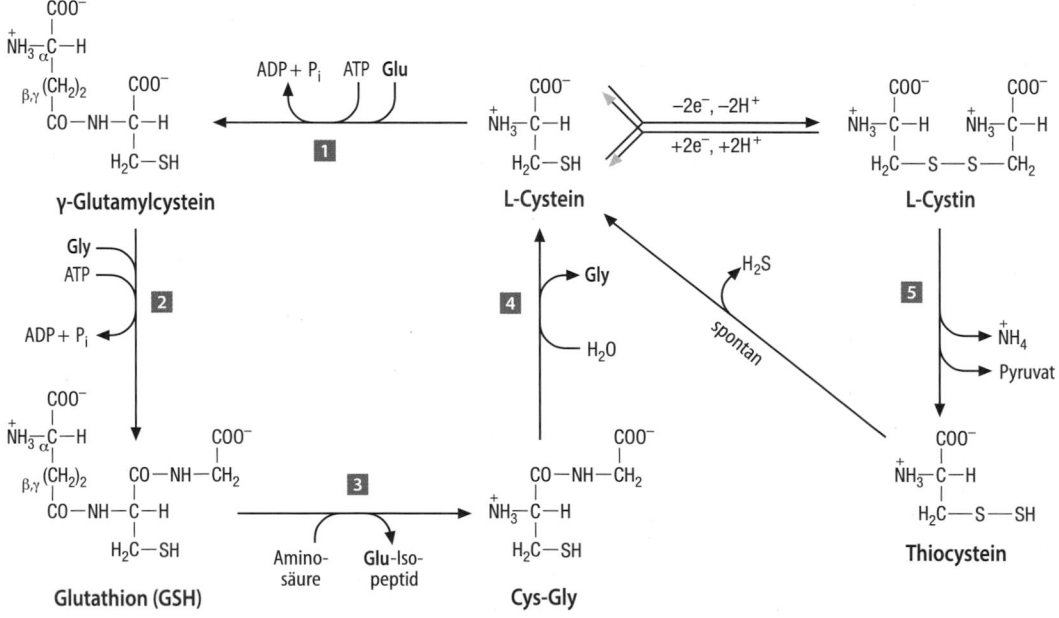

◘ **Abb. 27.16 Umwandlungsreaktionen von Cystein.** (1) γ-Glutamylcystein-Synthetase; (2) Glutathionsynthetase; (3) γ-Glutamyltranspeptidase; (4) Aminopeptidase N; (5) Cystathionin-γ-Lyase. (Einzelheiten s. Text)

α-Aminogruppe von Cystein (Isopeptidbindung), dann wird durch die **GSH-Synthetase** (Ziffer 2) der Glycinrest angefügt. Da die **γ-Glutamyltranspeptidase** (◙ Abb. 27.16, Ziffer 3) in der Plasmamembran lokalisiert ist, überträgt sie den γ-Glutamylrest von intrazellulär synthetisiertem Glutathion auf extrazelluläre Aminosäuren, die dann als γ-Glu-Isopeptid in Zellen aufgenommen werden können. Nach intrazellulärer Freisetzung der aufgenommenen Aminosäure wird Glutamat regeneriert und kann zur Resynthese von Glutathion (◙ Abb. 27.16, Ziffer 1) dienen, was den Zyklus (**γ-Glutamylzyklus**) schließt.

27.2.5 Tyrosin, Phenylalanin und Tryptophan

Stoffwechselbedeutung Tryptophan und das aus Phenylalanin gebildete Tyrosin sind Vorstufen für eine Reihe wichtiger Signalstoffe (◙ Tab. 27.6). Dazu gehören die von Tyrosin abgeleiteten Katecholamine **Dopamin**, **Noradrenalin** und **Adrenalin**, die als Neurotransmitter bzw. Hormone wirken (▶ Abschn. 37.2). Tyrosin ist zudem Vorstufe der braunen oder roten **Melanine**, die in Haut und Haaren abgelagert werden und vor den Auswirkungen von UV-Strahlung schützen. Dabei oxidiert die in Melanocyten vorhandene **Tyrosinase** Tyrosin in zwei Schritten zu Dopachinon, das dann – unterstützt durch weitere Enzyme – zu Melanin polymerisiert.

Aus Tryptophan entstehen der Mediator und Transmitter **Serotonin** sowie **Melatonin**, welches den circadianen Rhythmus reguliert. In begrenzten Mengen kann aus Tryptophan auch der **Nicotinamidring** von NAD(P)$^+$ synthetisiert werden.

❯ Tyrosin entsteht durch Hydroxylierung von Phenylalanin.

Phenylalaninhydroxylase Da der menschliche Stoffwechsel außer dem Benzolring der Östrogene (▶ Abschn. 40.5)

keine aromatischen Ringsysteme aufbauen kann, sind Tryptophan und Phenylalanin essenzielle Aminosäuren. Im Gegensatz dazu ist Tyrosin nur bedingt-essenziell, weil es unter normalen Stoffwechselbedingungen in ausreichenden Mengen aus Phenylalanin gebildet werden kann. Die Tyrosinbildung verbraucht normalerweise etwa drei Viertel des mit der Nahrung aufgenommenen Phenylalanins, der Rest wird zum größten Teil in Proteine eingebaut.

Verantwortlich für die Tyrosinsynthese ist die **Phenylalaninhydroxylase** (PAH, ◙ Abb. 27.17, Ziffer 1), eine hauptsächlich in der Leber vorkommende, eisenhaltige Monooxygenase. Sie benötigt molekularen Sauerstoff (O$_2$) und als Cofaktor 5,6,7,8-Tetrahydrobiopterin (THB), das in einem mehrstufigen Prozess aus GTP synthetisiert wird. Die zerebralen Nebenwirkungen bestimmter Sulfonamid-Antibiotika (▶ Abschn. 8.3) beruhen wahrscheinlich auf einer Hemmung der THB-Synthese, da THB auch an der Bildung von Dopamin und Serotonin beteiligt ist (▶ Abb. 37.5).

Reaktionsmechanismus Wie bei allen Monooxygenasen baut die PAH eines der beiden Sauerstoffatome von O$_2$ unter Bildung von p-Hydroxyphenylalanin (Tyrosin) in das Substrat Phenylalanin ein. Das zweite O-Atom erscheint zunächst als Hydroxylgruppe im Biopterin-Cofaktor bevor es als Wassermolekül freigesetzt wird. Der oxidierte Cofaktor, das sog. **chinoide Biopterin** (6,7-Dihydrobiopterin), wird schließlich wieder zu THB reduziert. Die beiden regenerierenden Reaktionen werden durch spezielle Hilfsenzyme (◙ Abb. 27.17, Ziffern 2 und 3) katalysiert.

❯ Die aromatischen Ringe von Tyrosin und Tryptophan werden durch Dioxygenasen aufgespalten.

Tyrosinabbau Wie bei vielen anderen Aminosäuren auch, leitet eine Transaminierung den Tyrosinabbau ein (◙ Abb. 27.18). Der aromatische Ring des gebildeten **p-Hydroxyphenylpyruvats** wird dann in zwei aufeinander folgenden oxidativen Schritten aufgespalten. Diese

◙ Tab. 27.6 Stoffwechselbedeutung der aromatischen Aminosäuren

Aminosäure	Produkt	Funktion als/bei	Siehe
Tyrosin	→ Dopa → Dopachinon (katalysiert durch Tyrosinase)	Melaninvorstufe	▶ Abschn. 27.2.5
	→ Dopa (katalysiert durch Tyrosinhydroxylase)	Katecholaminvorstufe	▶ Abschn. 37.2.2
	→ 3-Iodotyrosin	Hormonvorstufe (T$_3$, T$_4$)	▶ Abschn. 41.2
Tryptophan	→ Chinolinat	NAD$^+$-Vorstufe	▶ Abschn. 27.2.5
	→ 5-Hydroxytryptophan	Vorstufe für Serotonin und Melatonin	▶ Abschn. 74.1.10

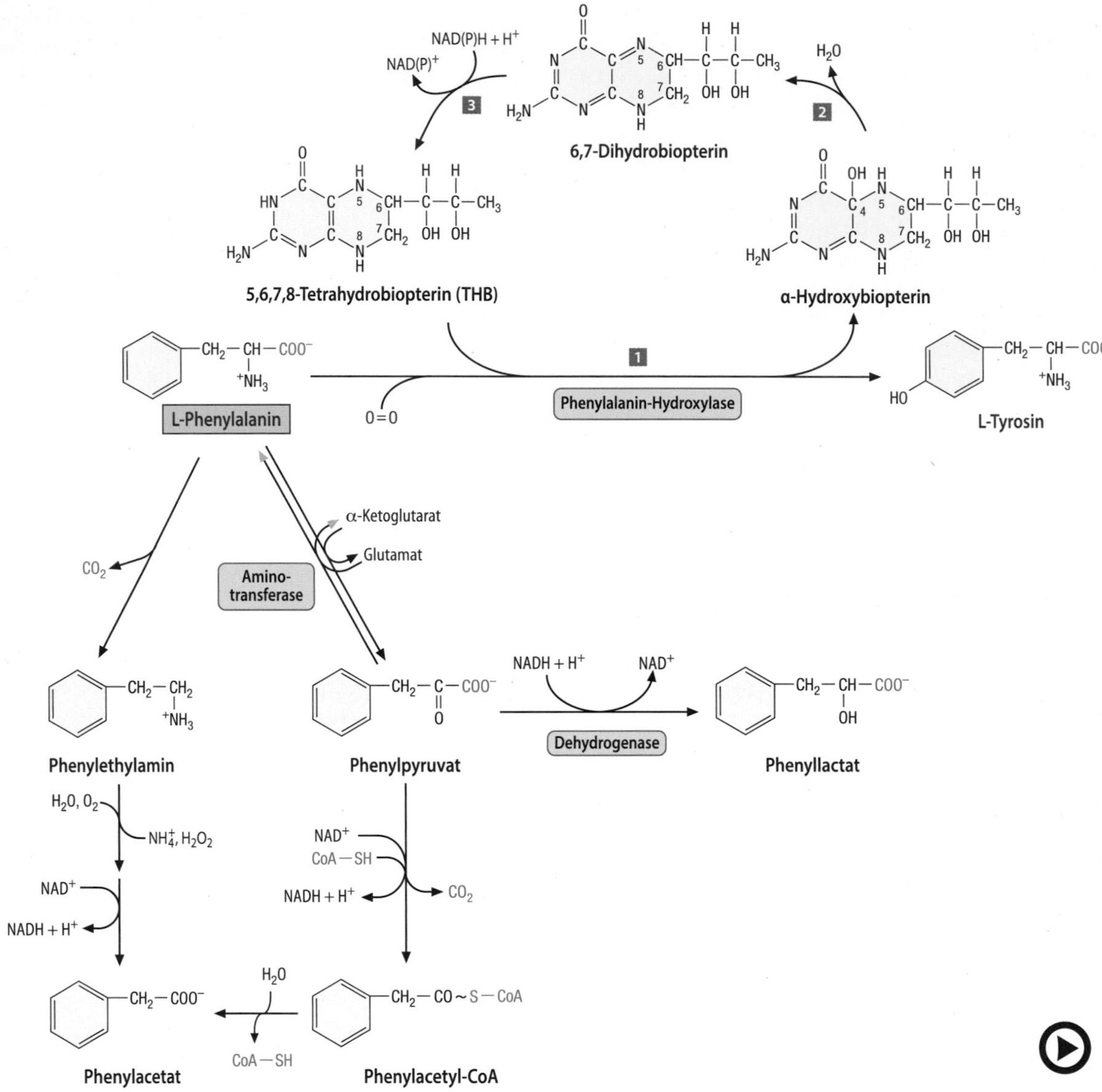

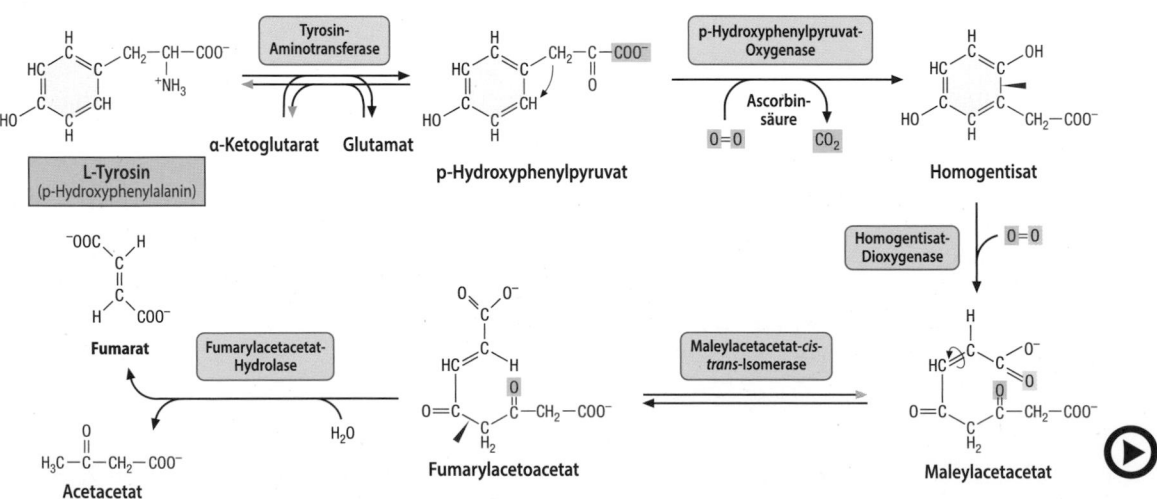

Abb. 27.17 (Video 27.6) **Umwandlungsreaktionen des Phenylalanins.** (Einzelheiten s. Text) (▶ https://doi.org/10.1007/000-5hh)

Abb. 27.18 (Video 27.7) **Abbau von Tyrosin.** (Einzelheiten s. Text) (▶ https://doi.org/10.1007/000-5hj)

Schritte werden durch **Dioxygenasen** katalysiert, d. h. Enzyme, die (anders als Monooxygenasen) beide Sauerstoffatome eines O_2-Moleküls in ihre Substrate einbauen. Im ersten Schritt, an dem **Ascorbinsäure** (Vitamin C) als Cofaktor beteiligt ist, wird die Ringspaltung vorbereitet: ein und dasselbe Enzym decarboxyliert und hydroxyliert p-Hydroxyphenylpyruvat und verschiebt die Seitenkette innerhalb des Moleküls. Dann spaltet eine zweite Dioxygenase das gebildete (immer noch aromatische) **Homogentisat** unter Bildung von **Maleyl-Acetacetat**. Nach Isomerisierung des *cis*-konfigurierten Maleyl-Acetacetats in die *trans*-Verbindung **Fumaryl-Acetacetat** setzt eine abschließende hydrolytische Spaltung die Endprodukte **Acetacetat**, einen Ketonkörper und die Gluconeogenesevorstufe **Fumarat** frei. Tyrosin (und natürlich auch seine Vorstufe Phenylalanin) gehören deshalb zu den Aminosäuren, die gleichzeitig **glucogen** und **ketogen** sind.

Tryptophanabbau Im Menschen wird Tryptophan fast ausschließlich über den sog. **Kynureninweg** abgebaut. Er enthält keinen Transaminierungs- oder Desaminierungsschritt, weil der aliphatische Teil des Tryptophanmoleküls während des Abbaus in unveränderter Form als **Alanin** freigesetzt wird (◘ Abb. 27.19).

In der Leber beginnt der Tryptophanabbau mit der oxidativen Spaltung des Pyrrolanteils des Indolrings durch die **Tryptophandioxygenase**. Das Produkt der Reaktion, **N-Formylkynurenin**, wird zunächst zu **Kynurenin** deformyliert und dann im Ring hydroxyliert, bevor mithilfe von PALP die schon erwähnte Abspaltung von Alanin erfolgt. Der aromatische Sechsring des Reaktionsprodukts **3-Hydroxyanthranilat** wird durch eine zweite Dioxygenase in **Acroleyl-β-aminofumarat** gespalten, das schließlich über eine Reihe weiterer Reaktionen **α-Ketoadipat** liefert, wie es auch beim Abbau von Lysin entsteht. Der weitere Abbau verläuft über Glutaryl-CoA und Acetacetyl-CoA zu **Acetyl-CoA**.

> Bei Pyridoxinmangel werden Kynurensäure und Xanthurensäure gebildet.

Bei Mangel an Vitamin B_6 (Pyridoxin) beschreitet der Tryptophanabbau einen Nebenweg, der v. a. in den Nieren und anderen extrahepatischen Geweben abläuft. Sinkt die Aktivität der **Kynureninase** wegen des Fehlens von Pyridoxalphosphat stark ab, häufen sich Kynurenin und 3-Hydroxykynurenin an und zyklisieren nach Transaminierung durch eine vom PALP-Mangel weniger betroffene Kynurenin-Aminotransferase nichtenzymatisch zu **Kynurensäure** bzw. **Xanthurensäure**

(◘ Abb. 27.19). Auf diesen Reaktionen beruht ein klinischer Test zum Nachweis einer B_6-Hypovitaminose, bei dem die Xanthurensäure-Ausscheidung im Urin nach Gabe von Tryptophan gemessen wird.

> Tryptophan ist Provitamin für die Nicotinsäuresynthese.

NAD^+-Synthese Von Acroleyl-β-Aminofumarat zweigt der Biosyntheseweg der Nicotinsäure ab (◘ Abb. 27.19). Die Isomerisierung zum *cis*-Isomeren und dessen nicht-enzymatische Kondensation führen zum Pyridinderivat Chinolinsäure (Pyridin-2,3-Dicarbonsäure), das nach Kondensation mit Phosphoribosyl-Pyrophosphat (PRPP) und Decarboxylierung die NAD^+-Vorstufe **Nicotinsäuremononucleotid** (NMN) liefert.

Angesichts dieses Stoffwechselwegs zählt Nicotinsäure nur bedingt zur Stoffklasse der Vitamine. Beim Menschen reicht die tägliche Aufnahme von Tryptophan i. Allg. zur Deckung des Nicotinsäurebedarfs aus. Mangelzustände wie die **Pellagra** (▶ Abschn. 59.4) beruhen deshalb eher auf einer Kombination von Protein- (d. h. Tryptophan-) und Vitaminmangel.

> Tryptophan und seine Metabolite beeinflussen Zellproliferation, Immunantwort und Transmitterfunktionen im Zentralnervensystem.

Die physiologische Bedeutung von Tryptophan beruht nicht nur auf seiner Eigenschaft als Vorstufe für Serotonin und Melatonin, auch die Aminosäure selbst und die beim Abbau entstehenden Metabolite haben wichtige physiologische Wirkungen. Schon lange ist bekannt, dass hohe intrazelluläre Tryptophankonzentrationen die Proteinsynthese und die Zellproliferation stimulieren. Umgekehrt wirkt eine Verarmung der Zellen an Tryptophan cytostatisch – ein Effekt, der auch im Organismus von Bedeutung zu sein scheint.

Während die Tryptophandioxygenase auf die Leber beschränkt und für die Regulation des Tryptophanspiegels im Plasma verantwortlich ist, exprimieren periphere Gewebe ein zweites Enzym mit ähnlicher Wirkungsspezifität, die sog. **Indolamin-2,3-Dioxygenase (IDO)**. Man geht heute davon aus, dass die cytostatische Wirkung von Interferon-γ ganz oder teilweise auf einer Aktivierung der Indolamin-2,3-Dioxygenase und nachfolgender Tryptophanverarmung in den Tumorzellen beruht. Hinzu kommt, dass einige Tryptophanmetabolite, z. B. 3-Hydroxykynurenin, cytotoxische Wirkung haben.

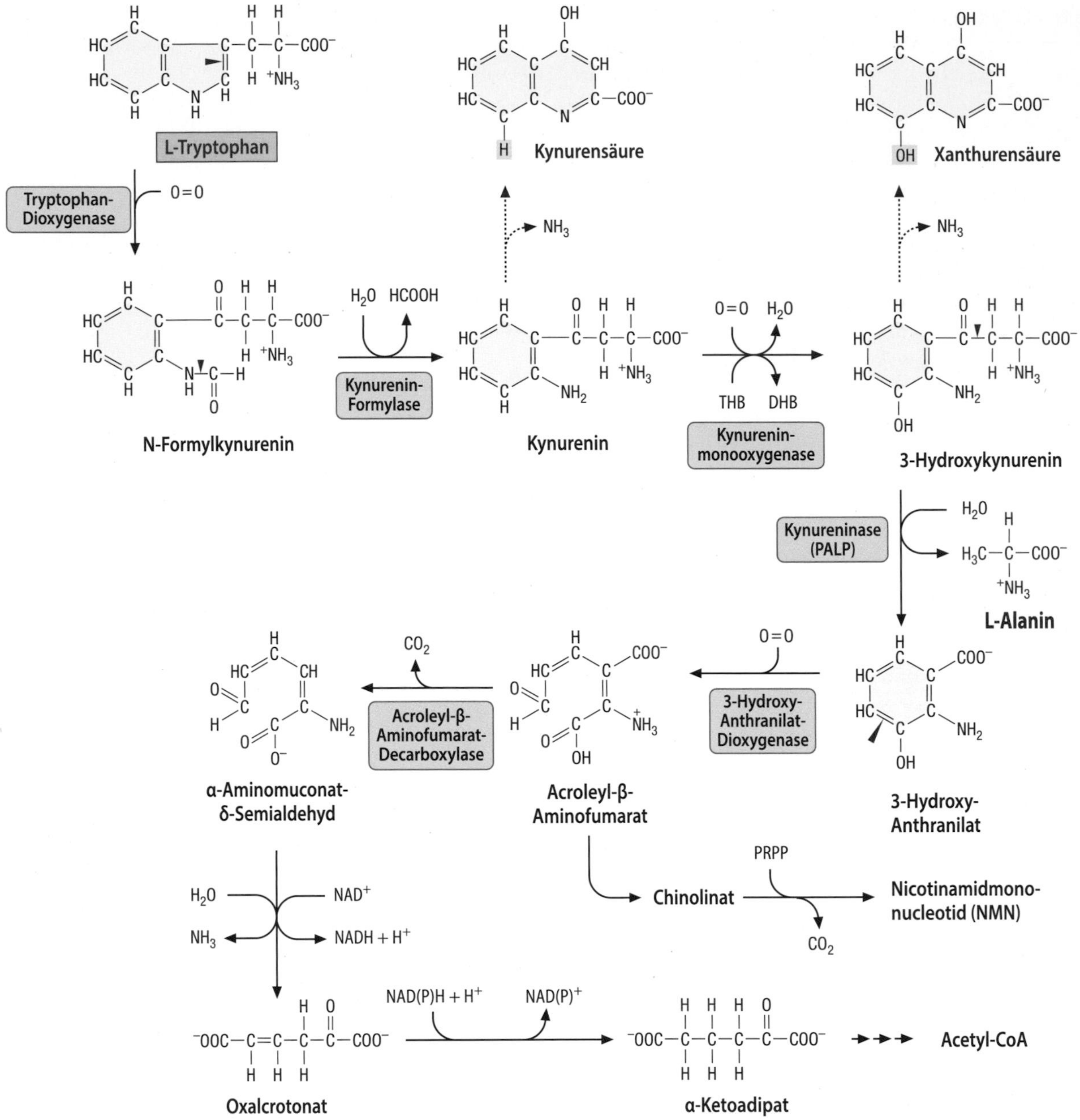

Abb. 27.19   Abbau von Tryptophan. (Einzelheiten s. Text)

Ein zweiter Prozess, bei dem die Indolamin-2,3-Dioxygenase eine Rolle zu spielen scheint, ist die T-Zellaktivierung durch antigenpräsentierende Zellen (▶ Abschn. 70.7). Die lange rätselhafte Tatsache, dass das Immunsystem der Mutter während einer Schwangerschaft den Fetus toleriert, beruht zumindest teilweise darauf, dass über die Aktivierung der Indolamin-2,3-Dioxygenase die Proliferation und Reaktivität der mütterlichen T-Zellen herabgesetzt ist. Tatsächlich

ließ sich zeigen, dass Hemmstoffe der Indolamin-2,3-Dioxygenase wie 1-Methyltryptophan zur Abstoßung des Fetus führen können.

Schließlich beeinflussen Tryptophanmetabolite auch die Funktion des Nervensystems. So interagieren Chinolinsäure (als Agonist) und Kynurensäure (als Antagonist) mit Glutamatrezeptoren vom NMDA-Typ. Diese Verbindungen spielen deshalb eine wichtige Rolle bei der Entwicklung verschiedener neurologischer Erkrankungen.

27.2.6 Glycin, Serin und Threonin

Die physiologischen Funktionen dieser Aminosäuren sind in ◘ Tab. 27.7 zusammengefasst.

❯ Glycin und Serin lassen sich leicht ineinander umwandeln.

Biosynthese von Serin Der wichtigste Weg zum **Serin** geht von 3-Phosphoglycerat aus, einem Zwischenprodukt von Glycolyse und Gluconeogenese (◘ Abb. 27.20, Ziffern 1, 2 und 3). Nach Oxidation der α-OH-Gruppe zur Ketogruppe wird die α-Aminogruppe durch Transaminierung eingeführt. Die Hydrolyse der Phosphorsäureesterbindung in 3-Stellung schließt die Synthese ab.

Alternativ dazu kann Serin in **Mitochondrien** durch die PALP-abhängige **Serin-Hydroxymethyl-Transferase** (SHMT2) aus Glycin gebildet werden (◘ Abb. 27.20, Ziffer 5). Die dazu notwendige Hydroxymethylgruppe stammt aus N^5,N^{10}-Methylen-THF, das beim Abbau eines weiteren Glycinmoleküls zu CO_2 und NH_4^+ entsteht. Für die letztere Reaktion ist das sog. „**Glycin-spaltende System**" (GCS, ◘ Abb. 27.20, Ziffer 6) verantwortlich, ein komplexes Enzym aus 4 unterschiedlichen Komponenten, von denen eine einen Liponamid-„Arm" trägt, wie er auch in α-Ketosäuredehydrogenasen zu finden ist (▶ Abschn. 18.2). Die Bedeutung der SHMT2 und des Glycin-spaltenden Systems für die Proliferation von Tumorzellen wird in ▶ Abschn. 28.3 besprochen.

Biosynthese von Glycin Die Bildung von Glycin aus Serin wird durch ein cytosolisches Isoenzym der **Serin-Hydroxymethyl-Transferase** (SHMT1) katalysiert. Es liefert außerdem N^5, N^{10}-Methylen-THF, das im Cytosol u. a. zur Bildung von dTMP aus dUMP (▶ Abschn. 30.2) benötigt wird. Glycin wird außerdem in Peroxisomen durch Transaminierung aus Glyoxylat gebildet, welches auf diese Weise entgiftet wird (◘ Abb. 27.20, Ziffer 10). Fällt diese Transaminase aus, kann es zum Krankheitsbild der **primären Hyperoxalurie (Typ 1)** kommen, weil dann das angestaute Glyoxylat vermehrt zu **Oxalat** oxidiert wird (◘ Abb. 27.20, Ziffer 11).

❯ Serin und Threonin werden über mehrere Wege abgebaut.

Abbau Wie oben besprochen, wird **Glycin** durch das Glycin-spaltende System (GCS) abgebaut und/oder in Serin umgewandelt. Zum Abbau von **Serin** gibt es mehrere Möglichkeiten:

- die direkte Desaminierung zu Pyruvat (◘ Abb. 27.20, Ziffer 4)
- die Transaminierung zu Hydroxypyruvat (◘ Abb. 27.20, Ziffer 9)
- den durch die SHMT katalysierten Abbau zu Glycin (◘ Abb. 27.20, Ziffer 5) und
- die Umwandlung in Cystein (◘ Abb. 27.13)

Die eliminierende Desaminierung von **Serin** zu Pyruvat (◘ Abb. 27.20, Ziffer 4) wird in ▶ Abschn. 26.3.2 im

◘ **Tab. 27.7**   Stoffwechselbedeutung von Glycin, Serin und Threonin

Aminosäure	Produkt	Funktion als/bei	Siehe
Glycin		Neurotransmitter	▶ Abschn. 74.1.7
	→ Guanidinoacetat	Kreatinvorstufe	▶ Abschn. 27.2.2
	→ Glutathion	Vorstufe	▶ Abschn. 27.2.4
	→ δ-Aminolävulinat	Häm-Vorstufe	▶ Abschn. 32.1.3
	→ Glycinamidribonucleotid	Purinvorstufe	▶ Abschn. 29.1
	→ Glycocholsäure	Gallensäurebaustein	▶ Abschn. 61.1.4
	→ Glycinkonjugate	Biotransformation (Phase II)	▶ Abschn. 62.3
	→ Serin	Vorstufe	▶ Abschn. 27.2.6
Serin	→ Phosphatidylserin	Phospholipidbaustein	▶ Abschn. 3.2.3
	→ N^5,N^{10}-CH_2-THF	C_1-Donor	▶ Abschn. 59.8
	→ Sphingosin	Vorstufe	▶ Abschn. 3.2.4
	→ Selenocystein	Vorstufe	▶ Abschn. 3.3.1
	→ Glycin	Vorstufe	▶ Abschn. 27.2.6
	→ Cystein	Vorstufe	▶ Abschn. 27.2.4

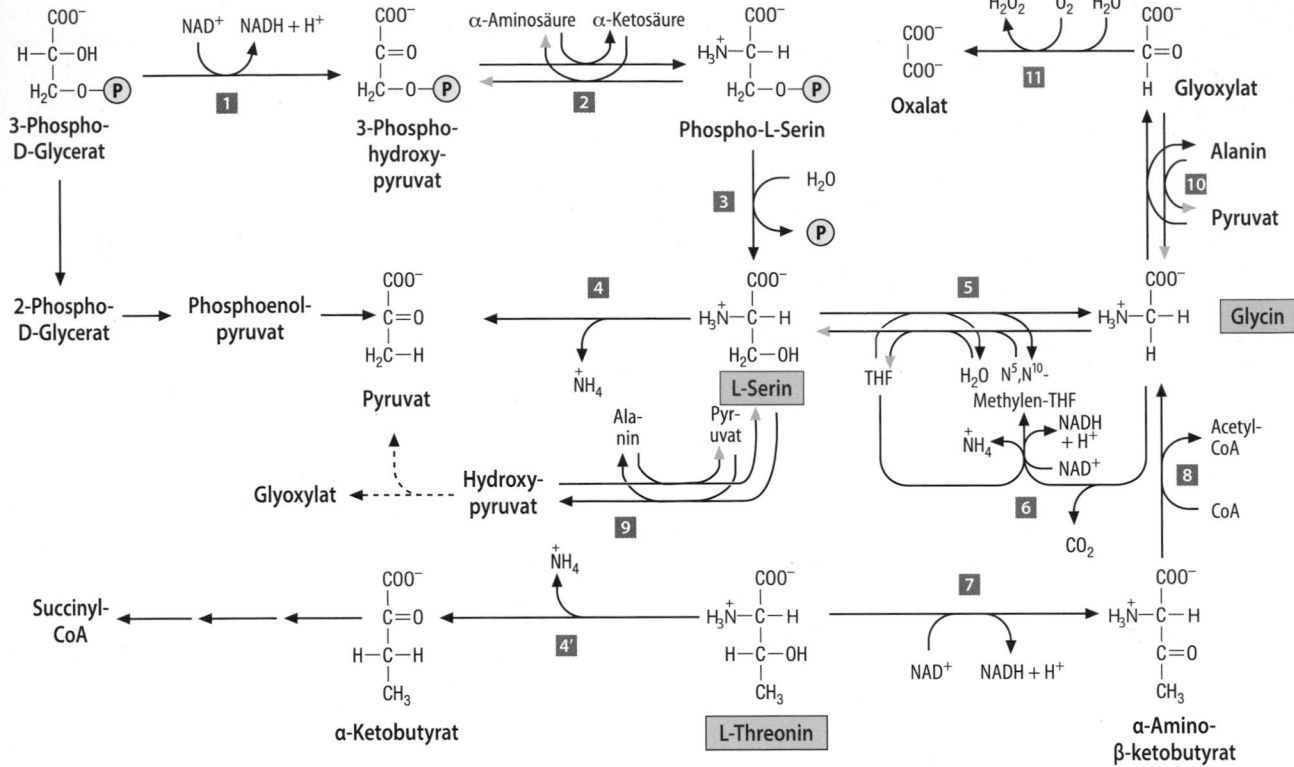

■ **Abb. 27.20 Stoffwechsel von Serin, Threonin und Glycin.** (1) Phosphoglycerat-Dehydrogenase; (2) Phosphoserin-Transaminase; (3) Phosphoserin-Phosphatase; (4), (4′) Serin-Threonin-Dehydratase; (5) Serin-Hydroxymethyl-Transferase; (6) Glycin-spaltendes System; (7) Threonindehydrogenase; (8) α-Amino-β-Ketobutyrat-CoA-Ligase; (9) Serin-Pyruvat-Transaminase; (10) Glyoxylat-Alanin-Aminotransferase; (11) Glyoxylatoxidase. (Einzelheiten s. Text)

Einzelnen dargestellt. Alternativ dazu wandelt eine kurz als **Serin-Pyruvat-Transaminase** (SPT) bezeichnete Aminotransferase Serin und Pyruvat in Alanin und Hydroxypyruvat um, das über weitere Zwischenstufen (nicht dargestellt) in Glyoxylat oder in Pyruvat übergehen kann. Welcher dieser beiden Wege zum Serinabbau dominiert, hängt vom untersuchten Organ ab.

Threonin wird im menschlichen Organismus zu einem geringen Anteil zu α-Amino-β-Ketobutyrat dehydriert und anschließend zu Acetyl-CoA und Glycin zerlegt (■ Abb. 27.20, Ziffern 7 und 8). Der überwiegende Teil wird jedoch zu α-Ketobutyrat desaminiert (■ Abb. 27.20, Ziffer 4′). Verantwortlich für diese Reaktion ist dieselbe Lyase, die auch Serin desaminiert und deshalb statt Serindehydratase zutreffender als **Serin-Threonin-Dehydratase** bezeichnet werden sollte. Das gebildete α-Ketobutyrat wird zunächst oxidativ zu Propionyl-CoA decarboxyliert (■ Abb. 27.21). Die anschließende dreistufige Synthese von Succinyl-CoA aus Propionyl-CoA stellt den Anschluss an den Citratzyklus her und wird als gemeinsame Endstrecke von mehreren katabolen Wegen genutzt (■ Abb. 27.21). Diese sind:

– die Abbauwege der Aminosäuren Threonin, Methionin, Isoleucin, und Valin (► Abschn. 27.2.3, 27.2.4, und 27.2.6),

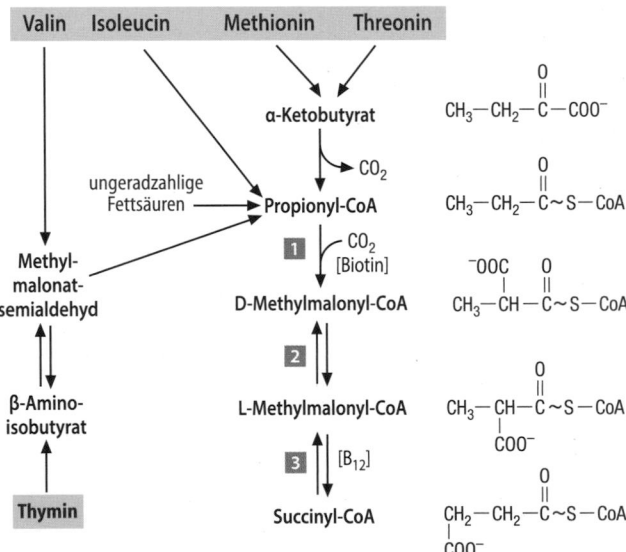

■ **Abb. 27.21 Stoffwechsel von Propionyl-CoA.** (1) Propionyl-CoA-Carboxlase; (2) Methylmalonyl-CoA-Epimerase; (3) Methylmalonyl-CoA-Mutase. (Einzelheiten s. Text)

– der Abbau ungeradzahliger Fettsäuren (► Abschn. 21.2) und

– der Abbau von Thymin (► Abschn. 30.5).

Zunächst wird Propionyl-CoA zu D-Methylmalonyl-CoA carboxyliert ([□] Abb. 27.21, Ziffer 1), das nach Isomerisierung zum L-Epimeren ([□] Abb. 27.21, Ziffer 2) durch eine Coenzym-B$_{12}$-abhängige Isomerase in Succinyl-CoA umgelagert wird. Diese **Methylmalonyl-CoA-Mutase** ([□] Abb. 27.21, Ziffer 3) ist neben der Methioninsynthase (▶ Abschn. 27.2.4) das einzige menschliche Enzym, das ein Cobalamin als Coenzym benötigt (▶ Abschn. 59.9).

27.2.7 Histidin und Lysin

Die essenziellen Aminosäuren Lysin und Histidin werden über besondere Wege abgebaut, die keine Beziehungen zueinander und zu den Abbauwegen der anderen Aminosäuren erkennen lassen.

Stoffwechselbedeutung ([□] Tab. 27.8)   Im Actin und im Myosin der weißen Muskelfasern ist die ungewöhnliche Aminosäure **3-Methylhistidin** enthalten, die posttranslational gebildet und nach dem Abbau der Muskelproteine nicht reutilisiert wird. Die mit dem Urin ausgeschiedene Menge von 3-Methylhistidin spiegelt deshalb den Proteinumsatz in der Muskulatur wider. N-Trimethyllysin ist die Vorstufe des Acyl-Carriers **Carnitin** (▶ Abschn. 21.2.1). Posttranslational gebildetes **5-Hydroxylysin** ist neben Hydroxyprolin ein typischer Baustein von Kollagen (▶ Abschn. 71.1.2). Da freies Hydroxylysin (wie auch Hydroxyprolin) nicht in Kollagen eingebaut werden kann, wird es entweder unverändert im Urin ausgeschieden oder über α-Aminoadipat abgebaut.

❯ Histamin ist ein vielseitiger Mediator zellulärer Funktionen.

Biosynthese und Abbau   Das biogene Amin **Histamin** wird durch PALP-abhängige Decarboxylierung aus Histidin gebildet. Für diese Reaktion gibt es zwei Enzyme:

- die in Gehirn, Nieren und Leber vorkommende **aromatische L-Aminosäuredecarboxylase** hat eine breite Substratspezifität (Phenylalanin, Tyrosin, 3,4-Dihydroxyphenylalanin (DOPA), Tryptophan, 5-Hydroxytryptophan, Histidin) während
- die **Histidindecarboxylase** (in Mastzellen, basophilen Granulocyten, den ECL-Zellen (*enterochromaffine-like*) der Magenmucosa und weiteren Geweben) für Histidin spezifisch ist.

Der Abbau von Histamin kann ebenfalls zwei Wege nehmen:

- die oxidative Desaminierung durch die **Diaminoxidase** (Histaminase) ergibt den entsprechenden Aldehyd, dessen Dehydrierung durch Aldehyddehydrogenase **Imidazolacetat** liefert ([□] Abb. 27.22) oder
- durch N-Methylierung des Imidazolrings und anschließende Oxidation des Produkts zu N(τ)-Methylimidazolacetat (nicht gezeigt).

Alle Enzymaktivtitäten des Histaminaufbaus und -abbaus werden durch mehrere Hormone und Cytokine kontrolliert.

Funktionen   Histamin ist ein Mediator mit vielen Wirkungen. Über **H$_1$-Rezeptoren** führt es zur Kontraktion der glatten Muskulatur von Bronchien und Darm. In Gefäßendothelzellen fördert es dagegen die Freisetzung von NO ([□] Abb. 27.10), welches sekundär die Relaxation glatter Muskelzellen und damit eine Gefäßerweiterung verursacht. Auf den Belegzellen der Magenschleimhaut bindet Histamin an G-Protein-gekoppelte **H$_2$-Rezeptoren** und stimuliert so die Freisetzung von Magensäure (▶ Abschn. 61.2). Die Funktionen der Rezeptoren vom Typ H$_3$ und H$_4$ sind noch wenig untersucht. Histaminantagonisten (Antihistaminika) werden zur Behandlung von allergischen Reaktionen und Magengeschwüren eingesetzt.

❯ Histidin wird zu Glutamat abgebaut.

[□] **Tab. 27.8**   Stoffwechselbedeutung von Histidin und Lysin

Aminosäure	Produkt	Funktion als/bei	Siehe
Histidin	→ 3-Methylhistidin	Bestandteil von Actin und Myosin	
	→ Histamin	Mediator	▶ Abschn. 27.2.7
Lysin	→ 5-Hydroxylysin	Bestandteil von Kollagen	▶ Abschn. 71.1.2
	→ Trimethyllysin	Vorstufe von Carnitin	▶ Abschn. 21.2.1
	→ Allysin	Quervernetzung von Kollagenfibrillen	▶ Abschn. 71.1.2
	→ N-Acetyllysin	Vorkommen in Histonen	▶ Abschn. 49.3.6
	→ Biocytin	Bestandteil von Carboxylasen	▶ Abschn. 59.7

Histidinabbau Beim Histidinabbau (◻ Abb. 27.22) wird zunächst die α-Aminogruppe durch **Desaminierung** als Ammoniumion freigesetzt. Im Gegensatz zur Serin-Threonin-Dehydratase (▶ Abb. 26.6) benötigt die dafür verantwortliche Lyase (Histidase) kein Pyridoxalphosphat. Im nächsten Schritt wird das gebildete **Urocanat** zu **Imidazolonpropionat** hydratisiert, dessen Amidbindung hydrolytisch gespalten werden kann. Die Formiminogruppe des Zwischenprodukts „Figlu" wird von Tetrahydrofolsäure (THF, ▶ Abschn. 59.8) übernommen und **Glutamat** bleibt zurück. Das gebildete Formimino-THF wird schließlich durch eine Desaminase in das Folsäurederivat N^5,N^{10}-**Methenyl-THF** überführt.

Bei Patienten, die einen Folsäuremangel aufweisen, ist die Abspaltung der Formiminogruppe gestört. Ein derartiger Mangel lässt sich deshalb durch Bestimmung von Formiminoglutamat im Urin nach Histidingabe diagnostizieren (Histidinbelastungstest).

❯ Der Lysinabbau beginnt mit einer besonderen Transaminierung.

Lysin kann über verschiedene Wege abgebaut werden. Im menschlichen Stoffwechsel ist der **Saccharopinweg** (◻ Abb. 27.23) vorherrschend.

ε-Transaminierung Die einleitende Reaktion des Saccharopinweges entspricht im Ergebnis einer Transaminierung, nimmt aber einen völlig anderen Verlauf. Die Saccharopindehydrogenase (eine neuere Bezeichnung ist Aminoadipatsemialdehyd-Synthase) wird stark in der Leber und in geringerem Ausmaß auch in anderen Geweben exprimiert.

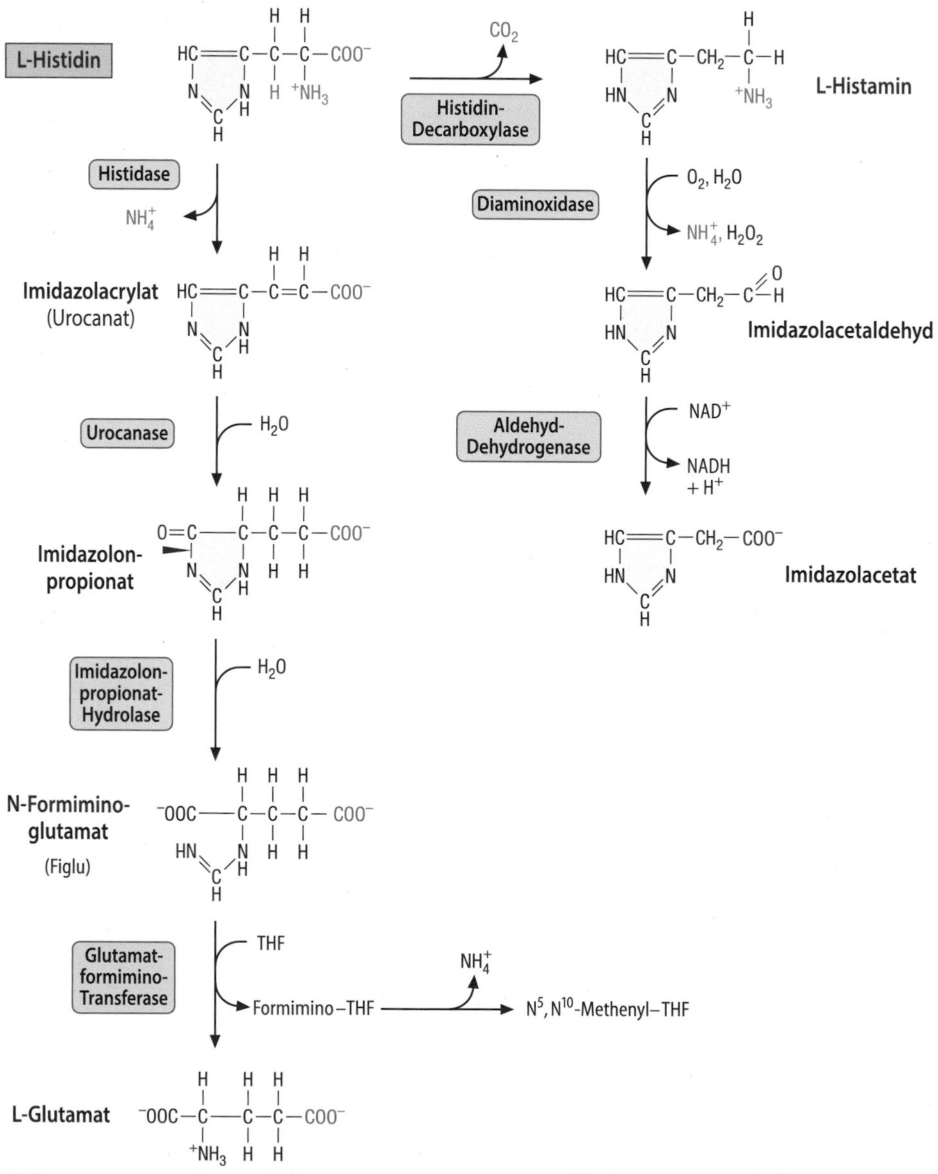

◻ **Abb. 27.22 Abbau von Histidin.** (Einzelheiten s. Text)

27

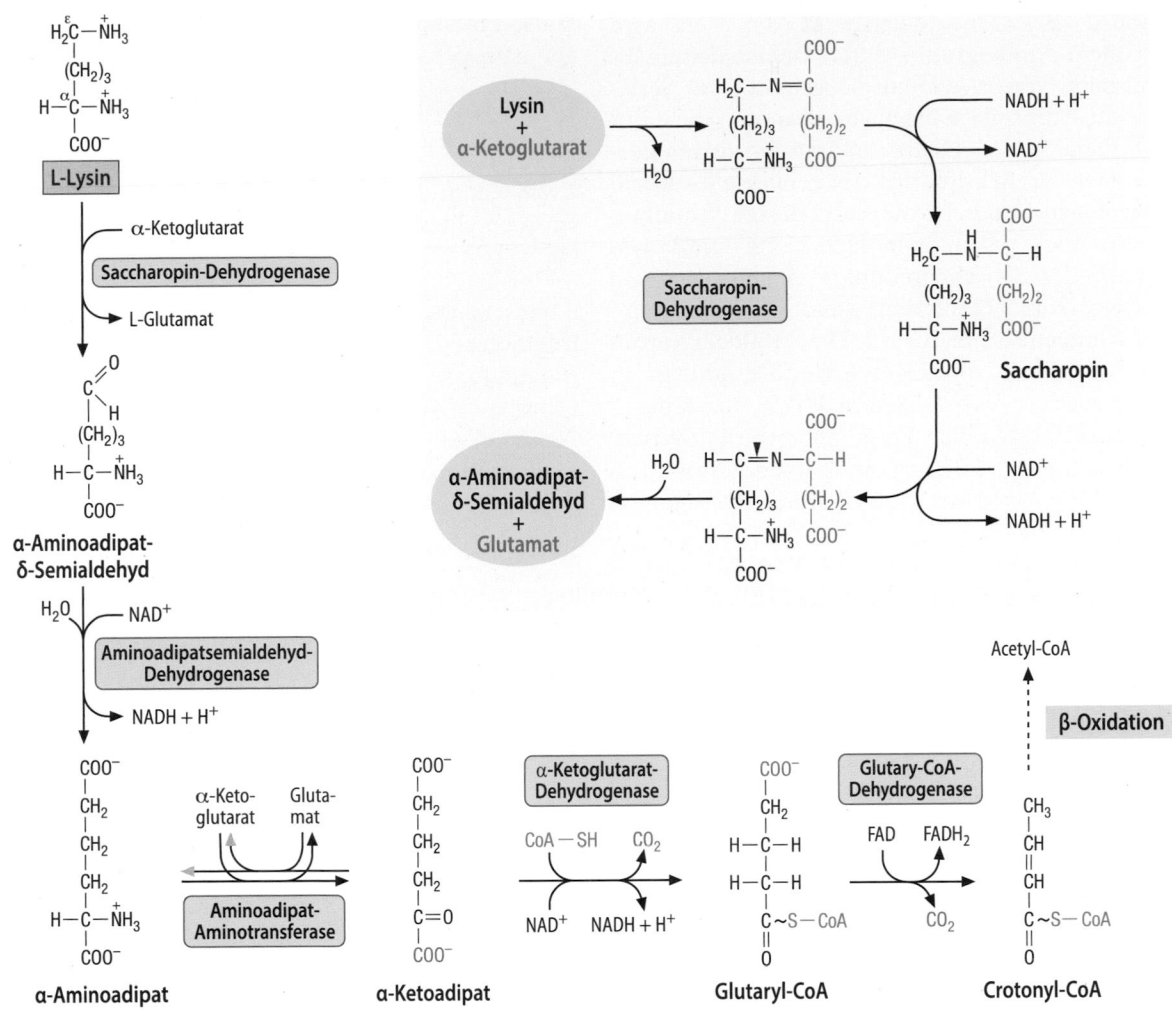

■ **Abb. 27.23   Abbau von Lysin.** Im Einschub ist der Mechanismus der Saccharopindehydrogenase im Detail dargestellt. (Einzelheiten s. Text)

Zunächst wird die ε-Aminogruppe des Lysins unter Wasserabspaltung mit der Ketogruppe von α-Ketoglutarat kondensiert (■ Abb. 27.23, *Einschub*). Durch Hydrierung dieser Schiff-Base entsteht eine Zwischenverbindung namens **Saccharopin**. Durch eine NAD⁺-abhängige Oxidation wird die Stickstoff-Kohlenstoff-Doppelbindung vom α-C-Atom des ehemaligen α-Ketoglutarats zum ε-C-Atom des Lysinanteils hin verschoben. Die hydrolytische Spaltung dieser neu gebildeten C=N-Bindung lässt schließlich **α-Aminoadipat-δ-Semialdehyd** und Glutamat entstehen.

Zusammengenommen bewirken Synthese und Spaltung von Saccharopin die irreversible Transaminierung der ε-Aminogruppe des Lysins. Warum diese Reaktionsfolge in der Evolution einer einfachen Transaminierung vorgezogen wurde ist unklar, zumal im Peptidverband (Kollagen, ▶ Abschn. 71.1.2) die direkte Desaminierung von Lysin möglich ist.

Weiterer Abbau   Der entstandene Semialdehyd wird – wie bei Semialdehyden üblich – zunächst zur Dicarbonsäure dehydriert und anschließend zu **α-Ketoadipat**

(einem Homologen von α-Ketoglutarat) transaminiert. Als α-Ketocarbonsäure kann α-Ketoadipat durch dehydrierende Decarboxylierung mithilfe der α-Ketoglutaratdehydrogenase (▶ Abb. 26.9) in **Glutaryl-CoA** überführt werden, das nach Oxidation und Decarboxylierung **Crotonyl-CoA** liefert. Als Intermediat der β-Oxidation lässt sich diese Verbindung auf dem üblichen Weg zu **Acetyl-CoA** abbauen. Da Acetyl-CoA das einzige Reaktionsprodukt darstellt, ist Lysin – wie auch Leucin – eine rein ketogene Aminosäure.

Ein weiterer (hier nicht im Einzelnen dargestellter) Abbauweg des Lysins führt über L-Pipecolinsäure, die sich ebenfalls in α-Aminoadipat-δ-Semialdehyd überführen lässt.

Regulation   Die Oxidation von Lysin wird durch einen erhöhten Gehalt an Proteinen in der Ernährung gesteigert. Dabei wird der Abbau wahrscheinlich durch das einleitende Enzym (die Saccharopindehydrogenase) und den Transport von α-Ketoadipat vom Cytoplasma in das Mitochondrium reguliert.

Zusammenfassung

Zum Abbau der proteinogenen Aminosäuren gibt es eine Vielzahl von Stoffwechselwegen. Abbau und Synthese der nicht- oder bedingt essenziellen Aminosäuren sind eng mit Glycolyse und Citratzyklus verknüpft und benötigen höchstens vier Reaktionsschritte. Die Abbauwege der essenziellen Aminosäuren sind komplizierter. Häufig beginnen sie mit einer Transaminierung, gefolgt von der dehydrierenden Decarboxylierung der gebildeten α-Ketosäure zu CoA-Derivaten. Besondere Abbauwege existieren für Histidin, Methionin, Lysin und Tryptophan.

Aminosäuren dienen als **Transportformen von Ammoniak** (Ala, Gln), als **Neurotransmitter** bzw. Vorstufen davon (Asp, Gln, Glu, Gly, Trp, Tyr), liefern **Stickstoffatome für Synthesen** (Asp, Gln, Glu) und sind **Vorstufen** für die Synthese **zahlreicher Metabolite** (Katecholamine, Coenzym A, Kreatin, Gallensäurekonjugate, Glutathion, Häm, Histamin, Melanine, NAD$^+$, NO, Polyamine, Phospholipide, Purin- und Pyrimidinbasen, Schilddrüsenhormone). Ala, Asp und Glu lassen sich durch **Aminotransferasen** ineinander überführen. Der Stoffwechsel von Ser, Gly, Met und His ist eng mit dem von **Tetrahydrofolsäure** verknüpft. Der **Methioninzyklus** liefert aktivierte CH$_3$-Gruppen für Methylierungsreaktionen. Verzweigtkettige Aminosäuren sind bevorzugte Energiesubstrate der Muskulatur.

Weiterführende Literatur

Adeva MM, Souto G, Blanco N, Donapetry C (2012) Ammonia metabolism in humans. Metabolism 61:1495–1511

Brosnan JT (2003) Interorgan amino acid transport and its regulation. J Nutr 133:2068S–2072S

Felig P, Marliss E, Pozefsky T, Cahill GF (1970) Amino acid metabolism in the regulation of gluconeogenesis in man. Am J Clin Nutr 23:986–992

Jungas RL, Halperin ML, Brosnan JT (1992) Quantitative analysis of amino acid oxidation and related gluconeogenesis in humans. Physiol Rev 72:419–448

Katagiri M, Nakamura M (2003) Reappraisal of the 20th-century version of amino acid metabolism. Biochem Biophys Res Commun 312:205–208

Reeds PJ (2000) Dispensable and indispensable amino acids for humans. J Nutr 130:1835S–1840S

Taylor L, Curthoys NP (2004) Glutamine metabolism. Role in acid-base balance. Biochem Mol Biol Educ 32:291–304

Watford (2003) The urea cycle: teaching intermediary metabolism in a physiological setting. Biochem Mol Biol Educ 31:289–297

Weiner ID, Verlander JW (2013) Renal ammonia metabolism and transport. Compr Physiol 3:201–220

Pathobiochemie des Aminosäurestoffwechsels

Klaus-Heinrich Röhm

Die Symptomatik von angeborenen oder erworbenen Störungen der Harnstoffsynthese wird im Wesentlichen durch die Akkumulation der neurotoxischen Ammoniumionen bestimmt. Von den angeborenen Defekten im Aminosäurestoffwechsel kommt die Phenylketonurie am häufigsten vor. Ein erhöhter Spiegel an Homocystein führt v. a. zu Endothelschäden. Die medikamentöse Hemmung von Monoaminoxidasen spielt in der Neuropharmakologie eine bedeutende Rolle. Der hohe Bedarf von Tumorzellen an Glycin, Serin, Asparagin und Glutamin bietet neue Angriffspunkte für gezielte Chemotherapien. Enzyme des hepatozellulären Aminosäurestoffwechsels sind für die Differentialdiagnostik von Lebererkrankungen von herausragender Bedeutung.

Schwerpunkte

28.1 Neurotoxizität von Ammoniak
- Mögliche molekulare Ursachen der NH_3-Toxizität

28.2 Angeborene Störungen im Aminosäurestoffwechsel
- Harnstoffzyklusdefekte, Hyperinsulinämische Hypoglykämie, Methylmalonacidämie, Hyperhomocysteinämie, Verzweigtkettenkrankheit, Phenylketonurie

28.3 Aminosäurestoffwechsel von Tumorzellen
- Bedeutung von Glycin, Serin und Glutamin für den Tumorstoffwechsel

28.4 Aminosäurestoffwechsel in Therapie und Diagnostik
- MAO-Inhibitoren, Therapie von Hyperammoniämie, Enzyme in der klinischen Diagnostik

28.1 Neurotoxizität von Ammoniak

❯ Die Ursachen der Neurotoxizität von Ammoniak sind noch nicht völlig geklärt.

Ammoniakvergiftung Wie in ▸ Abschn. 26.1 besprochen, fixieren höhere Tiere Ammoniak durch Bildung von Harnstoff, Glutamin oder anderer Verbindungen. In den Körperflüssigkeiten des Menschen wird der Spiegel an freiem Ammoniak durch diese Reaktionen normalerweise bei Werten unter 35 µmol/l gehalten. Ein starker NH_4^+-Anstieg im Blut, wie er bei Leberversagen, als Folge von erblichen Störungen der Harnstoffsynthese (▸ Abschn. 27.1.2) oder beim Einatmen von gasförmigem Ammoniak auftritt, kann das Gehirn in kurzer Zeit irreversibel schädigen. Typische Symptome einer Ammoniakvergiftung sind:
- Husten, Atemnot
- Sprach- und Sehstörungen
- Störungen der Bewegungskoordination
- Lethargie bis hin zum Koma

Trotz intensiver Bemühungen sind die Ursachen für die Neurotoxizität von Ammoniumionen noch nicht völlig geklärt. Veränderungen des Blut-pH-Wertes durch erhöhte Ammoniumkonzentrationen scheinen keine wesentliche Rolle zu spielen. Wichtiger sind Stoffwechselveränderungen im Gehirn als Folge des zu hohen Angebots an NH_3 bzw. NH_4^+. Betroffen sind v. a. die **Astrocyten**, die als Zellen der Makroglia NH_4^+-Ionen aufnehmen und für die Glutaminsynthese einsetzen (▸ Abschn. 74.1.6). Die Folgen sind
- eine Verarmung der Astrocyten an Glutamat und α-Ketoglutarat aufgrund der verstärkten Glutaminsynthese und eine daraus resultierende Hemmung des Citratzyklus.
- ein Hirnödem durch Anschwellen der Astrocyten aufgrund des erhöhten intrazellulären Glutaminspiegels. Dies beruht vermutlich z. T. auf einer gesteigerten Permeabilität der inneren Mitochondrienmembran, gefolgt vom Anschwellen der Mitochondrien und oxidativem Stress.

Diskutiert werden auch
- ein ATP-Mangel durch Stimulation der Na^+/K^+-ATPase oder

© Springer-Verlag GmbH Deutschland, ein Teil von Springer Nature 2022
P. C. Heinrich et al. (Hrsg.), *Löffler/Petrides Biochemie und Pathobiochemie*, https://doi.org/10.1007/978-3-662-60266-9_28

- die Hemmung der Atmungskette durch NH_3/NH_4^+ und
- ein Anstieg des $NAD^+/NADH$-Quotienten in der Mitochondrienmatrix.

Zusätzlich ist die Signalweiterleitung im ZNS betroffen, v. a. durch
- Störungen der Glutamat-abhängigen Neurotransmission,
- die Interferenz von NH_4^+-Ionen mit der Funktion der ähnlich großen K^+-Ionen und damit Beeinträchtigungen der Erregungsleitung oder
- Störungen von Signaltransduktionswegen, v. a. solcher, die von NMDA-Rezeptoren (▶ Abschn. 74.1.6) ausgehen.

Am wahrscheinlichsten ist, dass alle diese Vorgänge (und weitere noch unbekannte Effekte) zur Neurotoxizität von Ammoniak und Ammoniumionen beitragen.

28.2 Angeborene Störungen im Aminosäurestoffwechsel

❯ Die aromatische L-Aminosäuredecarboxylase hat zentrale Aufgaben im Neurotransmitterstoffwechsel.

Alle aromatischen Aminosäuren (Phe, Tyr, Trp und His und L-Dopa und 5-Hydroxytryptophan) werden durch ein und dasselbe Enzym, die sog. **aromatische L-Aminosäuredecarboxylase (AADC)**, decarboxyliert. Erbliche Defekte der AADC können deshalb zu einem Mangel an wichtigen Signalstoffen (Dopamin, Serotonin, Histamin) führen. Andererseits scheint die Substitution der humanen AADC über einen viralen Vektor (Gentherapie, ▶ Abschn. 55.5) durch verstärkte Bildung von Dopamin im Gehirn die Symptome der Parkinson-Erkrankung günstig zu beeinflussen. Ein therapeutischer Ansatz dieser Art befindet sich zurzeit in klinischer Erprobung.

❯ Angeborene Defekte des Harnstoffzyklus sind relativ häufig.

Hyperammoniämien Da der Harnstoffzyklus während der Embryonalentwicklung noch nicht benötigt wird, machen sich angeborene Defekte in diesem Bereich bis zur Geburt kaum bemerkbar. Sie gehören deshalb zu den häufigeren erblichen Stoffwechselerkrankungen (etwa 1 Fall unter 30.000 Lebendgeburten).

Schon in den ersten Lebenstagen führen homozygote Defekte von Enzymen des Harnstoffzyklus zu massiven **Hyperammoniämien** mit Spitzenwerten von 2000 µmol/l NH_4^+ und mehr, die aufgrund von Gehirnschädigungen letal enden können, wenn sie nicht rechtzeitig erkannt

und behandelt werden. Heterozygote Träger zeigen in der Regel keine oder nur geringfügige Symptome, da die verbliebene Aktivität von 50 % für eine wirksame Entgiftung ausreicht. Patienten mit Restaktivitäten unter 50 % sind während der Neugeborenenphase weitgehend symptomfrei, erkranken aber oft in der Jugend oder im frühen Erwachsenenalter (*late onset*). Zu den typischen Spätfolgen von Zyklusdefekten gehören Entwicklungsstörungen und Minderungen der Intelligenz. Unter Stress können auch immer wieder Schübe von Hyperammoniämie auftreten.

Molekulare Ursachen Wichtige Defekte des Harnstoffzyklus, ihre Ursachen und ihre Auswirkungen sind in ◘ Tab. 28.1 zusammengestellt. Nicht nur Enzyme des Zyklus können betroffen sein, sondern auch die Synthese des Aktivators N-Acetylglutamat und Transportsysteme, die Vor- und Zwischenstufen des Zyklus durch die innere Mitochondrienmembran schleusen.

Bei Neugeborenen sind die ersten Symptome einer gestörten NH_4^+-Entgiftung (Lethargie, Appetitlosigkeit, Erbrechen, Krämpfe) wenig charakteristisch und könnten z. B. auch auf eine Acidose zurückgehen. Ist eine Acidose auszuschließen, müssen zur Sicherung der Diagnose unbedingt die Plasmaspiegel wichtiger Zyklusmetabolite (NH_4^+, Citrullin, Argininosuccinat) bestimmt werden. Wie bei Enzymdefekten üblich, stauen sich auch bei Störungen im Harnstoffzyklus Substrate der betroffenen Enzyme an. So kann z. B. bei der **Citrullinämie I**, bei der die Argininosuccinat-Synthetase defekt ist, der Citrullinspiegel im Serum von 50 µmol/l auf über 1000 µmol/l ansteigen, während sich beim Fehlen der **Argininosuccinat-Lyase** neben kleineren Mengen von Argininosuccinat, das überwiegend mit dem Urin ausgeschieden wird, auch Citrullin ansammelt. Beim Ausfall der **Ornithin-Carbamyltransferase** sind die Spiegel beider Metabolite unverändert, dafür taucht im Blut und im Urin die Pyrimidinvorstufe Orotat auf. Da Carbamylphosphat in diesem Fall nicht mehr zur Synthese von Citrullin dienen kann, wird es im Cytosol zur Synthese von Pyrimidinbasen verwendet (▶ Abschn. 30.1). Bei Defekten des Eingangsenzyms **Carbamylphosphat-Synthetase 1** treten außer einer starken Hyperammoniämie keine anderen Metabolitveränderungen auf. Auch der seltene **Arginasemangel** fällt eher durch neurologische Symptome auf.

❯ Mutationen der Glutamatdehydrogenase (GLDH) können eine Hyperinsulinämie auslösen.

Bei einer seltenen erblichen Stoffwechselerkrankung, der **Hyperinsulinämischen Hypoglykämie (HHI) des Kindesalters** ist die Regulation der Insulinausschüttung aus den β-Zellen des Pankreas gestört (▶ Abschn. 36.3).

◘ Tab. 28.1 Angeborene Störungen des Harnstoffzyklus

Krankheit	Betroffenes Gen/Enzym	Bemerkungen
Hyperammoniämie Typ I	*CPS1 2q35* Carbamylphosphat-Synthetase 1 (CPS1)	NH_4^+, Glutamat ↑ Citrullin, Arginin ↓ Therapie: Arginin, Benzoat, Phenylacetat
Hyperammoniämie Typ II	*OTC Xp21.1* Ornithin-Carbamyltransferase	Häufigste Form, X-chromosmal vererbt NH_4^+, Glutamat, Orotat ↑ Citrullin, Arginin ↓
Citrullinämie Typ I	*ASS 9q34* Argininosuccinat-Syntethase	NH_4^+ ↑ (bis > 1000 µM), Citrullin ↑ Therapie: Arginin, Benzoat, Phenylacetat
Argininosuccinaturie	*7cen-q11.2* Argininosuccinat-Lyase	NH_4^+ ↑, Citrullin ↑ (100–300 µM), Argininosuccinat ↑ Therapie: Arginin, Benzoat
Hyperargininämie	*6q23* Arginase	Selten NH_4^+ ↑, Arginin ↑ Therapie: Arginin- und proteinarme Diät
N-Acetylglutamat-Synthase-Mangel	*17q21.31* N-Acetylglutamat-Synthase	NH_4^+ ↑ Therapie: Carbamylglutamat zur Aktivierung der CPS1
Citrullinämie Typ II	– „Citrin" (Glutamat-Aspartat-Antiporter)	late onset NH_4^+ ↑, Citrullin ↑ Arginin

Als eine der möglichen Ursachen wurden Mutationen im Glutamatdehydrogenase-Gen identifiziert, die das Enzym gegen die allosterische Hemmung durch ATP und GTP unempfindlich machen, sodass die Aktivierung durch Leucin überwiegt (► Abschn. 27.2.1). In der Folge kommt es nicht nur zu einer (in der Regel milden) **Hyperammoniämie** (mit Blutspiegeln um 100 µmol/l), sondern auch zu einer **Hypoglykämie**. Offenbar führt die höhere GLDH-Aktivität zur Erhöhung des ATP-Spiegels in den β-Zellen und damit zur verstärkten Insulinausschüttung. Die bei der HHI beobachtete Hyperammoniämie resultiert nicht allein aus der gesteigerten NH_4^+-Freisetzung durch die höhere GLDH-Aktivität, sondern indirekt auch aus der verminderten Synthese von N-Acetylglutamat als Folge geringerer Glutamatkonzentrationen in der Mitochondrienmatrix. Dies senkt die Aktivität der CPS1 und damit die Fähigkeit der Leber zur NH_4^+-Fixierung.

❯ Störungen des Propionyl-CoA-Stoffwechsels.

Propionacidämie Patienten, die an einem angeborenen Defekt der **Propionyl-CoA-Carboxylase** (◘ Abb. 27.21, Ziffer 1) leiden, weisen hohe Konzentrationen an Propionsäure im Blutplasma auf, die aus dem hydrolytischen Abbau von Propionyl-CoA stammt. Therapeutische Maßnahmen sind:

━ Einschränkung der Proteinzufuhr
━ Beseitigung der durch Propionsäure ausgelösten Acidose

Methylmalonacidämie und -urie Genetische Defekte der **Methylmalonyl-CoA-Mutase** (◘ Abb. 27.21, Ziffer 3) führen zum Anstieg von Methylmalonat im Plasma und zur Eliminierung über die Nieren. Da Vitamin-B_{12}-Mangel ähnliche Auswirkungen hat, dient die Konzentration an Methylmalonat im Blutplasma als Parameter für die Vitamin-B_{12}-Versorgung.

❯ Erhöhte Homocysteinspiegel sind ein Risikofaktor für kardiovaskuläre Erkrankungen und M. Alzheimer.

Homocystinurie Homocystein findet sich im Plasma normalerweise in Konzentrationen um 10 µmol/l. Es liegt dort hauptsächlich in Form des Disulfids Homocystin oder gebunden an Albumin vor. Schon geringfügige Erhöhungen der Homocysteinkonzentration im Blut führen zu Schäden an den Gefäßendothelien und dadurch zu einem deutlich höheren Risiko für kardiovaskuläre Erkrankungen. Auch das Risiko, an der Alzheimer-Krankheit zu erkranken, ist signifikant erhöht.

Neben einem Mangel der Vitamine, die für die Remethylierung oder Transsulfurierung von Homocystein

(◧ Abb. 27.13 und 27.14) benötigt werden (Folsäure, B_6 oder B_{12}), kann eine Homocystinurie auch auf einen autosomal-rezessiv vererbten Defekt der Cystathionin-β-Synthase zurückgehen. Die Methioninsynthase oder das Hilfsenzym Methylen-THF-Reduktase können ebenfalls betroffen sein. In allen Fällen staut sich Homocystein bzw. Homocystin im Blut und in den Geweben an und verursacht bei homozygoten Formen schwere Endothelschäden, die schon im frühen Alter zu Gefäßverschlüssen und damit zu Myokardinfarkten und Gehirnschlägen (Apoplexen) führen können. Cystein, das beim Menschen zu den bedingt essenziellen Aminosäuren zählt, wird durch diese Enzymdefekte absolut essenziell. Verantwortlich für die Endothelschädigung bei Homocysteinämie ist möglicherweise die Bildung des äußerst cytotoxischen Metaboliten **Homocysteinthiolacton.**

Die Therapie der Homocystinurie besteht in einer Diät, die wenig Methionin enthält, dafür aber mit Cystein und Vitaminen angereichert ist.

❯ Verzweigtkettenkrankheit („Ahornsirupkrankheit").

Verzweigtkettenkrankheit Bei dieser Störung liegt ein genetischer Defekt der dehydrierenden Decarboxylierung der drei aus BCAA (*branched-chain amino acid*) gebildeten α-Ketosäuren vor. Da die Verzweigtketten-Dehydrogenase aus drei Komponenten besteht (▶ Abschn. 27.2.3), ist es möglich, dass Mutationen in allen drei Genen eine Änderung der Enzymaktivität des Multienzymkomplexes zur Folge haben. Entsprechend stark ist die molekulare Heterogenität der Erkrankung.

Eine frühe Erkennung der Erkrankung ist ausschlaggebend. Erste Hinweise gibt der seltsame Geruch von Urin und Schweiß, der an den Sirup des amerikanischen Zuckerahorns oder – bei uns besser bekannt – an Maggi-Würze erinnert. Neben den drei Aminosäuren werden auch die entsprechenden α-Ketosäuren und die durch Reduktion gebildeten α-Hydroxysäuren vermehrt im Urin ausgeschieden. Außerdem tritt im Plasma und Urin die ungewöhnliche Aminosäure **L-Alloisoleucin** auf.

Eine Diät, arm an (aber nicht frei von) Valin, Leucin und Isoleucin, sollte sofort eingeleitet werden. Sonst entwickeln sich eine Acidose und schwere zentralnervöse Schädigungen, die mit Atemnot und Zyanose verbunden sind und schon in den ersten Lebenswochen zum Tode führen können.

❯ Die Phenylketonurie (PKU) ist die häufigste genetisch bedingte Störung des Aminosäurestoffwechsels.

Phenylketonurie Defekte der Phenylalaninhydroxylase (PAH) sind die häufigsten genetischen Veränderungen des Stoffwechsels der Aminosäuren. In Deutschland werden jährlich ca.100 Kinder mit **homozygoter Phenylketonurie** geboren (1:10.000). Die Häufigkeit heterozygoter Träger in der Bevölkerung liegt bei etwa 1:50. Wegen der fehlenden Aktivität der **Phenylalaninhydroxylase** wird Phenylalanin nicht mehr oder nur noch langsam in Tyrosin überführt und häuft sich deshalb in den Zellen und im Blut an. Die Plasmakonzentration des Phenylalanins, die normalerweise bei 50–100 µmol/l (1–2 mg/dl) liegt, kann bei den Patienten auf das 50fache erhöht sein.

Durch den Defekt der Phenylalaninhydroxylase wird Tyrosin zur essentiellen Aminosäure. Da der vorherrschende Abbauweg über Tyrosin ausfällt, wird Phenylalanin bei den Patienten über alternative Stoffwechselwege abgebaut, die bei Gesunden wegen ihrer geringen Aktivität kaum ins Gewicht fallen (◧ Abb. 27.17):

- Durch Transaminierung entsteht aus Phenylalanin die α-Ketosäure **Phenylpyruvat**, deren Vorkommen in Blut und Urin der Krankheit ihren Namen verliehen hat.
- Das gebildete Phenylpyruvat wird entweder zu **Phenyllactat** reduziert oder durch dehydrierende Decarboxylierung in **Phenylacetyl-CoA** überführt, dessen Kondensationsprodukt mit Glutamin als **Phenylacetylglutamin** im Urin nachgewiesen werden kann.
- Ein Teil des Phenylalanins wird außerdem durch Decarboxylierung und anschließende oxidative Desaminierung über **Phenylethylamin** zu **Phenylacetat** abgebaut.

Symptome Die schwerwiegendsten Symptome der unbehandelten Krankheit sind eine geistige Retardierung bis hin zum Schwachsinn und progressiv verlaufende neurologische Ausfälle. Die biochemischen Ursachen sind noch nicht abschließend geklärt. Diskutiert werden u. a.

- eine durch Phenylalanin bedingte Hemmung des Transports anderer Aminosäuren durch die Blut-Hirn-Schranke und daraus resultierende Störungen der Proteinbiosynthese im Gehirn,
- Defekte in der Biosynthese der Neurotransmitter Dopamin, Noradrenalin und Serotonin und
- Störungen der Myelinisierung bzw. Demyelinisierung von Nervenfasern durch Phenylalaninmetabolite.

Molekulargenetik Das Gen für die Phenylalaninhydroxylase liegt auf Chromosom 12. Während das PAH-Gen eine Länge von über 90 kbp aufweist, ist die reife mRNA nur 2,4 kb lang. Das entsprechend Gen ist auf 13 Exons verteilt. Die Phenylalaninhydroxylase erreicht ihre maximale Aktivität erst nach der Trennung vom mütterlichen Kreislauf, in der Leber menschlicher Feten sind nur geringe Mengen nachweisbar.

Pathobiochemie des Aminosäurestoffwechsels

461

28

Durch molekularbiologische Analysen des Phenylalaninhydroxylase-Gens von Patienten wurden bisher fast 500 verschiedene Mutationen identifiziert. Ein Großteil der Patienten ist gemischt heterozygot, d. h. die beiden Allele der Phenylalaninhydroxylase enthalten unterschiedliche Mutationen.

Bei einzelnen Patienten erklären die beobachteten Genotypen die individuelle Ausprägung der Krankheit. Bei einigen Betroffenen lässt sich keine Enzymaktivität mehr nachweisen, bei anderen wiederum findet man Restaktivitäten bis ca. 30 %. Es wird vermutet, dass die Phenylketonurie unterschiedliche geographische und ethnische Ursprünge hat, da die Mutationshäufigkeit in verschiedenen Ethnien stark variiert.

Diagnose An Phenylketonurie erkrankte Säuglinge werden ohne erkennbare Störungen geboren. Erst nach der Geburt und nach der ersten Nahrungszufuhr steigt der Phenylalaninspiegel stark an.

Da eine phenylalaninarme Diät die Entwicklung des Schwachsinns bei den Patienten verhindern kann, muss die Diagnose sehr früh gestellt werden. Reihenuntersuchungen zur Erkennung der Phenylketonurie werden in der Regel zwischen dem 4. und 6. Lebenstag durchgeführt. Zum Nachweis erhöhter Phenylalaninspiegel setzt man heute anstelle des klassischen mikrobiologischen **Guthrie-Tests** die **Tandem-Massenspektrometrie** ein. Dies hat den Vorteil, mit einer Messung ein ganzes Spektrum von Störungen des Aminosäure- und Fettstoffwechsels diagnostizieren zu können. Phenylalaninkonzentrationen über 240 µmol/l (3,5 mg/dl) gelten als verdächtig und ziehen weitere Untersuchungen nach sich.

Therapie Eine phenylalaninarme, aber nicht phenylalaninfreie Diät (Phenylalanin ist eine essentielle Aminosäure) sollte mindestens 10 Jahre eingehalten werden. Da der Phenylalaninanteil natürlicher Proteine mit 4–5 % relativ hoch ist, wird der Proteinbedarf der Patienten durch Produkte gedeckt, denen das Phenylalanin weitgehend entzogen wurde. Diese Präparate sind im Handel zu beziehen. Die sonstige Nahrung sollte möglichst proteinfrei sein. Mit einer solchen Kost gelingt es in den meisten Fällen, die Phenylalaninspiegel im Blut dauerhaft unter 500 µmol/l (10 mg/dl) zu halten und damit die Folgen der Phenylketonurie zu verhindern.

28.3 Aminosäurestoffwechsel von Tumorzellen

Seit einigen Jahren wird zunehmend klar, dass viele Tumorzellen einen besonders intensiven Aminosäurestoffwechsel betreiben, und dass die Fähigkeit zur Aminosäureverwertung mit der Proliferationsrate dieser Zellen korreliert. Hemmstoffe von Schlüsselenzymen solcher Stoffwechselwege haben deshalb ein großes Potenzial als Chemotherapeutika gegen Tumorerkrankungen. Besonders wichtig sind in diesem Zusammenhang Serin, Glycin, Glutamin und Asparagin.

> Der Abbau von Serin und Glycin stimuliert die Proliferation von Tumorzellen.

Ein großer Teil der C1-Einheiten, die zur Synthese von RNA- und DNA-Bausteinen und anderen Zellbestandteilen benötigt werden, stammen aus dem Abbau von Serin, Glycin und Methionin (▶ Abschn. 27.2.4, ▶ 27.2.6). Dabei werden diverse Folat-Coenzyme und S-Adenosylmethionin generiert, die dann C1-Gruppen für die Biosynthese von Purinbasen, Desoxyribonucleotiden und Cholin sowie für die Methylierung von DNA und Histonen im Rahmen epigenetischer Prägungen liefern (▶ Abschn. 47.2.1). Einen vereinfachten Überblick über Wechselbeziehungen im Stoffwechsel der drei genannten Aminosäuren gibt ▢ Abb. 28.1. Man erkennt, dass C1-Fragmente über zwei Zyklen verschoben werden: Der Folatzyklus wird durch den Abbau von Serin durch die Serin-Hydroxymethyl-Transferase (SHMT, Ziffer 1) und den Abbau des gebildeten Glycins durch das Glycin-spaltende System (Ziffer 2) gespeist. Beide Reaktionen liefern N^5,N^{10}-Methylen-THF, das die Methylgruppe für die Synthese von dTMP bereitstellt oder nach Umwandlung in N^{10}-Formyl-THF für die Purinbiosynthese zur Verfügung steht. Das durch Reduktion gebildete N^5-Methyl-THF speist den Methioninzyklus, indem es Methylgruppen für die Synthese von Methionin (Ziffer 3) bereitstellt, von wo sie schließlich zum universellen Methylase-Coenzym S-Adenosylmethionin (SAM) gelangen. Homocystein ist außerdem die Vorstufe von Cystein, einem Bestandteil von Glutathion (GSH), dem wichtigsten zellulären Antioxidans.

Alle erwähnten Produkte beider Zyklen (Nucleinsäurebausteine, GSH, SAM und SAM-abhängige Methylierungsprodukte wie Phosphatidylcholin) werden von rasch proliferierenden Tumorzellen in großen Mengen benötigt. Es ist daher nicht überraschend, dass der Serin/Glycin-Weg in vielen Tumorzellen hyperaktiv ist, wobei der Glycinverbrauch mit der Proliferationsrate korreliert. Besonders wichtig ist dabei offenbar das mitochondriale Isoenzym der Serin-Hydroxymethyl-Transferase (SHMT2, ▶ Abschn. 27.2.6). Man fand z. B., dass ein Knockout oder die Hemmung der SHMT2 die Proliferation bestimmter Tumorzelllinien und ihre Tendenz zur Tumorbildung stark reduzierte, während die Hemmung der cytosolischen SHMT1 weit geringere Effekte zeigte. Bei anderen Zellen führte der Entzug von Threonin, einer Vorstufe von Glycin (▶ Abschn. 27.2.6), zum Zelltod, verbunden mit einem massiven Rückgang der Histonmethylierung. Zahlreiche Inhibitoren des Serin-/Glycinabbaus befinden sich bereits in der klinischen Erprobung.

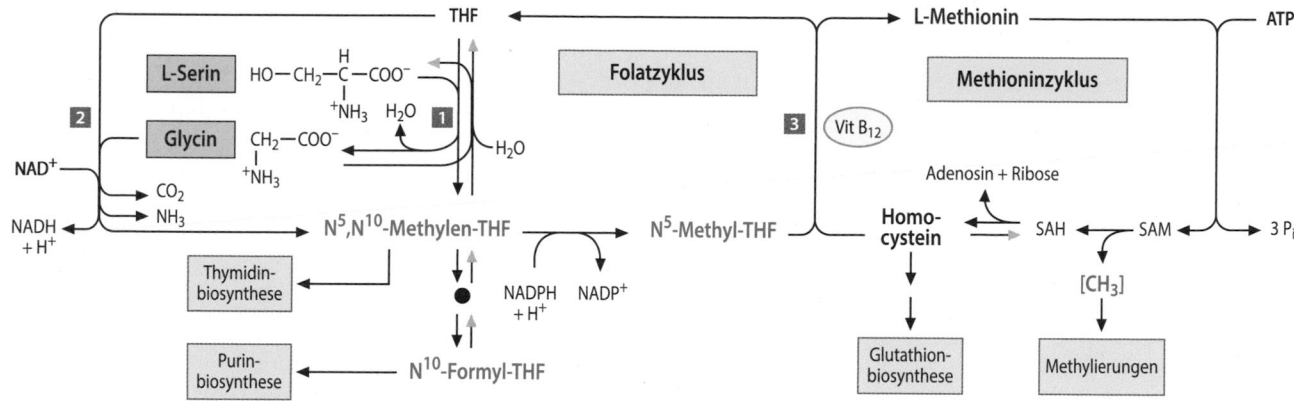

◻ Abb. 28.1   Folatzyklus und Methioninzyklus. (**1**) Serin-Hydroxymethyl-Transferase; (**2**) Glycin-spaltendes System; (**3**) Methioninsynthase

> Viele Tumorzellen bevorzugen Glutamin als Energie-substrat.

Nicht nur Enterocyten (▸ Abschn. 27.1.3) und Immun-zellen, sondern auch viele Tumoren nutzen bevorzugt Glutamin für ihren Energiestoffwechsel. Glutamin wird in den Mitochondrien über Glutamat zu α-Ketoglutarat abgebaut und wirkt deshalb anaplerotisch auf den Ci-tratzyklus. Darüber hinaus fungiert Glutamin als Vor-stufe von Glutamat und als NH$_2$-Donor für zahlreiche Biosynthesen (◻ Tab. 27.2). Viele Tumorzellen benöti-gen weitaus mehr Glutamin als normale Zellen und sind deshalb von einer ausreichenden Glutaminversorgung abhängig. Dies gilt insbesondere für Tumorzelllinien, die einen ausgeprägten „Warburg-Effekt" zeigen (d. h. ATP auch unter aeroben Bedingungen überwiegend durch Milchsäuregärung gewinnen). Klinische Tests zur Behandlung von Hirntumoren und anderen Tumorfor-men mit Hemmstoffen der mitochondrialen Glutami-nase sind im Gange.

> Mikrobielle Asparaginasen werden zur Behandlung von Leukämien eingesetzt.

Zu den wenigen Enzymen, die bereits einen festen Platz in der Therapie von Tumorerkrankungen gefunden ha-ben, gehören bakterielle **Asparaginasen**, die zusammen mit anderen Cytostatika seit über 30 Jahren erfolgreich gegen die **akute lymphatische Leukämie** (ALL) einge-setzt werden. Die Wirkung der Asparaginasen (heute wird klinisch nur noch ein Enzym aus *E. coli* verwendet) beruht auf der Tatsache, dass die für ALL verantwort-lichen transformierten Leukocytenvorläufer (Blasten) kaum Asparaginsynthetase-Aktivität enthalten und des-halb auf die Zufuhr von Asparagin angewiesen sind. Die Gabe von Asparaginase senkt die Asparaginkon-zentration im Blut so weit, dass die Proliferation der Blasten massiv gehemmt wird. Ein schwerwiegender

Nachteil der Asparaginasetherapie sind immunologi-sche Reaktionen gegen das bakterielle Protein, die aller-gische Reaktionen auslösen und das verabreichte En-zym unwirksam machen können.

28.4   Aminosäurestoffwechsel in Therapie und Diagnostik

> In der Nahrung lassen sich α-Aminosäuren durch α-Ketosäuren ersetzen.

Viele Ketosäuren können die entsprechenden Amino-säuren in der Ernährung substituieren. Dieser therapeu-tische Ansatz wird bei Leberkoma und chronischem Nierenversagen erfolgreich angewendet.

Da bei den Betroffenen die Entgiftung bzw. Aus-scheidung stickstoffhaltiger Metabolite gestört ist, muss die Aufnahme solcher Substanzen vermieden oder stark eingeschränkt werden.

> Hemmstoffe der Monoaminoxidase werden zur Be-handlung neurologischer und psychischer Erkran-kungen eingesetzt.

Eine Hemmung der Monoaminoxidase (MAO; ▸ Abschn. 26.3.2) führt zu erhöhten Konzentrationen der betreffenden Neurotransmitter im Gehirn und hat deshalb einen günstigen Einfluss auf depressive Zustände und andere Erkrankungen des Zentralnervensystems.

MAO kommt in zwei Isoformen (MAO-A und MAO-B) mit etwas unterschiedlicher Substratspezifität vor. Inhibitoren der Monoaminoxidase werden in se-lektive und nicht-selektive Wirkstoffe unterteilt. Selek-tive MAO-A-Inhibitoren (z. B. Moclobemid) haben eine vorwiegend antidepressive Wirkung. Gegen MAO-B gerichtete Wirkstoffe (z. B. Selegilin) werden

dagegen in erster Linie zur Behandlung der Parkinson-Erkrankung eingesetzt. Nicht-selektive irreversible MAO-Inhibitoren (z. B. Tranylcypromin) hemmen beide Isoenzyme.

Inhibitoren der MAO gelten als gut wirksam, sind jedoch nicht frei von unerwünschten Nebenwirkungen. So müssen z. B. Patienten, die nicht-selektive irreversible MAO-Hemmer einnehmen, eine streng tyraminarme Diät einhalten. Das in Käse und Nüssen enthaltene Tyramin (◘ Tab. 26.3) kann bei gleichzeitiger Einnahme der genannten Inhibitoren zu einem gefährlichen Blutdruckanstieg führen.

❯ Zur Therapie von Harnstoffzyklusdefekten werden alternative Wege der Stickstoffausscheidung genutzt.

Therapie   Zur Behandlung der akuten Phasen von Störungen der Harnstoffbildung gibt es mehrere Ansätze, die meist gleichzeitig verfolgt werden:

- rasche Erniedrigung des NH_4^+-Spiegels im Blut durch Hämodialyse,
- Verabreichung einer möglichst stickstoffarmen, dafür aber fett- und kohlenhydratreichen Diät,
- Substitution fehlender Metabolite (v. a. in Form von Arginin) und
- Gabe von Substanzen, die zusätzliche Wege zur Stickstoffausscheidung eröffnen (s. u.).

Langfristig geht es darum, die neurologischen Folgen der Hyperammoniämie zu mildern.

Zur Substitution der fehlenden Metabolite verabreicht man in der Regel **Arginin**, das nicht nur Ornithin bilden, sondern auch als Baustein für die Proteinbiosynthese dienen kann. Um dem Organismus zusätzlichen Stickstoff zu entziehen, gibt man außerdem Substanzen, die in der Leber mit Glycin oder Glutamin konjugiert werden können. Beide Aminosäuren werden in freier

Form in der Niere rückresorbiert, als Konjugate jedoch über die Nieren eliminiert. Wirksame Konjugationspartner sind **Benzoesäure**, die mit Glycin **Hippursäure** liefert und **Phenylacetat**, das mit Glutamin zu **Phenylacetylglutamin** konjugiert wird (◘ Abb. 28.2). Diese Substanzen werden über Wochen in relativ hohen Dosen von 300–500 mg/kg/d verabreicht. Gaben von Phenylbutyrat, das durch β-Oxidation zu Phenylacetat abgebaut wird, haben die gleiche Wirkung.

Auch Defekte der N-Acetylglutamatsynthase können die Ursache von Hyperammoniämien sein. Hier können Gaben von **Carbamylglutamat** helfen, welches wie N-Acetylglutamat die CPS1 aktiviert, im Gegensatz zu diesem aber in den Hepatocyten nicht enzymatisch abgebaut wird.

Eine Heilung von Defekten des Harnstoffzyklus ist zurzeit nur durch eine Lebertransplantation möglich.

❯ Enzyme des Glutamatstoffwechsels in der klinischen Diagnostik.

AST (Aspartat-Aminotransferase) und **ALT** (Alanin-Aminotransferase; ▶ Abschn. 26.3.1) gehören zu den Enzymen, deren Übertritt ins Blut diagnostische Hinweise auf Gewebeschädigungen liefern kann. Zusammen mit der **Glutamatdehydrogenase** (GLDH) und der γ-**Glutamyltranspeptidase** (γ-GT, ▶ Abschn. 27.2.4) sind beide Aminotransferasen v. a. zur Erkennung und Differentialdiagnose von Lebererkrankungen nützlich. Zur weiteren Differenzierung der Befunde kann man das Verhältnis der Serumaktivitäten von AST und ALT (den de-Ritis-Quotienten) heranziehen. Bei leichteren Leberzellschäden ist der Quotient in der Regel <1 weil die vorwiegend cytosolisch lokalisierte hepatische ALT leichter ins Blut übertritt als die hauptsächlich mitochondrial lokalisierte AST-Aktivität. Bei schweren Leberschäden mit Zerfall der Mitochondrien und ganz be-

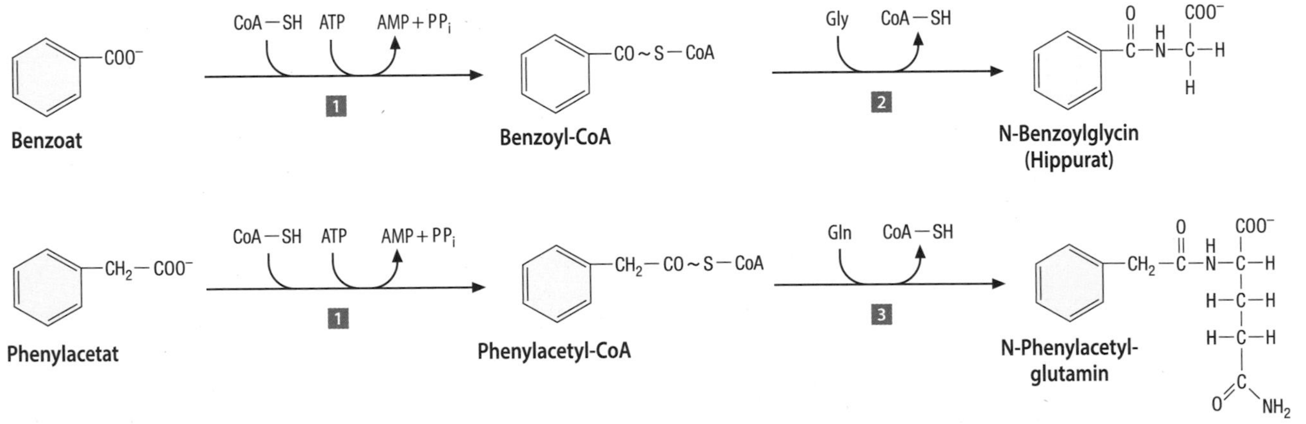

◘ **Abb. 28.2   Konjugation von Glycin und Glutamin in der Leber.** (1) Acyl-CoA-Synthetase; (2) Glycin-N-Acyltransferase; (3) Glutamin-N-Acyltransferase

sonders bei Myokardinfarkten und schweren Muskeltraumen dominiert die AST, sodass der Quotient auf Werte bis über 2 ansteigen kann.

Zusammenfassung

Wegen der zahlreichen Reaktionen im Aminosäurestoffwechsel sind angeborene Enzymdefekte in diesem Stoffwechselsegment besonders häufig. Ausfälle von Enzymen oder Transportern des Harnstoffzyklus äußern sich in der Regel in Hyperammoniämien mit neurotoxischer Wirkung. Defekte im Abbauweg bestimmter Aminosäuren führen zur Akkumulation einzelner Metabolite mit jeweils unterschiedlichen Auswirkungen. Viele Enzyme aus dem Aminosäurestoffwechsel haben außerdem diagnostische Bedeutung oder dienen als Zielmoleküle für Pharmaka zur Behandlung von Tumoren.

Weiterführende Literatur

Amelio I, Cutruzzola F, Antonov A, Agostini M, Melino G (2014) Serine and glycine metabolism in cancer. Trends Biochem Sci 39:191–198

Avramis VI (2012) Asparaginases: biochemical pharmacology and modes of drug resistance. Anticancer Res 32:2423–2438

Katt WP, Cerione RA (2014) Glutaminase regulation in cancer cells: a druggable chain of events. Drug Discov Today 19:450–457

Mak CM, Lee HCH, Chan AYW, Lam CW (2013) Inborn errors of metabolism and expanded newborn screening: review and update. Crit Rev Clin Lab Sci 50:142–162

Ney DM, Blank RD, Hansen KE (2014) Advances in the nutritional and pharmacological management of phenylketonuria. Curr Opin Clin Nutr Metab Care 17:61–68

Purinnucleotide – Biosynthese, Wiederverwertung und Abbau

Monika Löffler

In Kap. 29 werden Biosynthese, Wiederverwertung und Abbau der Purine und in ▶ Kap. 30 die der Pyrimidine besprochen. Mit der Pathobiochemie der genannten Nucleinsäurebasen beschäftigt sich ▶ Kap. 31. Purine und Pyrimidine dienen in Form von ihren zugehörigen Nucleinsäuren der Informationsspeicherung und -weitergabe in biologischen Systemen. Sie sind universelle Energieträger und an Prozessen der Signaltransduktion beteiligt. Außerdem haben sie als Bausteine von Coenzymen wie z. B. im NAD, FAD, CoA wichtige Aufgaben im Stoffwechsel. Sie sind zur Aktivierung von Zuckern für den Aufbau von Glycogen, Glycoproteinen und Glycolipiden notwendig. Darüber hinaus sind sie in Form von aktiviertem Cholin, Ethanolamin und Diacylglycerin an der Bildung von Phospholipiden und somit am Membranstoffwechsel beteiligt. Für die Biosynthese der Purin- und Pyrimidinbasen werden einfache Bausteine als Substrate verwendet.

Schwerpunkte

29.1 Biosynthese von Purinnucleotiden
– Die Purinsynthese beim Menschen mithilfe multifunktioneller Proteine
– Adenosinmonophosphat (AMP) und Guanosinmonophosphat (GMP) Bildung aus dem Präkursor Inosinmonophosphat (IMP)
– Der ungewöhnlich hohe Energieaufwand für die Purinneusynthese

29.2 Regulation der Biosynthese von Purinnucleotiden

29.3 Wiederverwertung von Purinen
– Wiederverwertung (*salvage pathway*) der aus dem Abbau von Nucleinsäuren entstandenen Purinbasen Adenin, Guanin und Hypoxanthin durch Phosphoribosyltransferasen

29.4. Abbau von Purinnucleotiden
– Die Oxidation von Purinbasen zu Harnsäure, dem Endprodukt des Purinabbaus beim Menschen

29.1 Biosynthese von Purinnucleotiden

> Das Puringerüst wird aus Glutamin, Aspartat, Glycin sowie Formiat und HCO_3^- aufgebaut.

Schon in den fünfziger Jahren konnte experimentell durch Einsatz isotopenmarkierter Verbindungen die Herkunft der einzelnen, am Aufbau des Puringerüstes beteiligten Kohlenstoff (C)- und Stickstoff (N)-Atome nachgewiesen werden (◨ Abb. 29.1).

> Purine werden als Ribonucleotide synthetisiert.

Der Mechanismus dieser Biosynthese wurde erst verständlich, als gezeigt werden konnte, dass im Gegensatz zur Pyrimidinbiosynthese (▶ Abschn. 30.1) nicht zuerst das Puringerüst synthetisiert und danach die N-glycosidische Bindung mit Ribose geknüpft wird. Die Biosynthese erfolgt vielmehr von der ersten Reaktion an in Form eines zunächst offenen, später ringförmigen **Ribonucleotids**. Dazu ist zunächst die Biosynthese eines reaktionsfreudigen Derivats des Ribose-5-Phosphats notwendig.

Biosynthese von 5-Phosphoribosyl-1α-Pyrophosphat Um die reaktionsfähige Verbindung **5-Phosphoribosyl-**

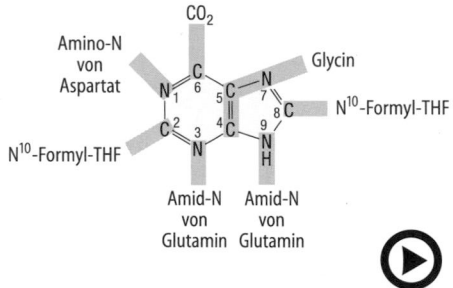

◨ **Abb. 29.1** (Video 29.1) **Herkunft der Kohlenstoff- und Stickstoffatome im Puringerüst.** *THF:* Tetrahydrofolat (▶ https://doi.org/10.1007/000-5hq)

Ergänzende Information Die elektronische Version dieses Kapitels enthält Zusatzmaterial, auf das über folgenden Link zugegriffen werden kann https://doi.org/10.1007/978-3-662-60266-9_29. Die Videos lassen sich durch Anklicken des DOI Links in der Legende einer entsprechenden Abbildung abspielen, oder indem Sie diesen Link mit der SN More Media App scannen.

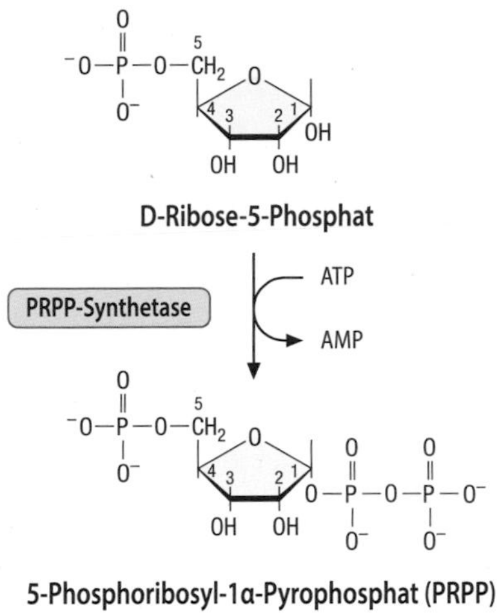

D-Ribose-5-Phosphat

PRPP-Synthetase

ATP

AMP

5-Phosphoribosyl-1α-Pyrophosphat (PRPP)

◘ **Abb. 29.2** Pyrophosphorylierung von D-Ribose-5-Phosphat

1α-Pyrophosphat (PRPP) herzustellen, wird ein Zwischenprodukt des Pentosephosphatweges (▶ Abschn. 14.1.2) – Ribose-5-Phosphat – pyrophosphoryliert (◘ Abb. 29.2). Diese Reaktion ist ungewöhnlich, da eine aus dem β- und γ-Phosphat des ATP bestehende Pyrophosphatgruppe in α-Stellung auf das C1-Atom des Ribose-5-Phosphats übertragen wird. Die für diese Reaktion verantwortliche PRPP-Synthetase ist nicht ausschließlich für die Biosynthese von Purinnucleotiden spezifisch, sie wird auch bei der Biosynthese von Pyrimidinnucleotiden benötigt (▶ Abschn. 30.1). Die PRPP-Synthetase wird durch ADP gehemmt und durch Phosphat aktiviert (◘ Abb. 29.5).

Biosynthese von Inosinmonophosphat Durch schrittweise Anlagerung der einzelnen C- und N-Atome an das PRPP wird der Purinring aufgebaut. Dabei wird zunächst in fünf Schritten der Imidazolring gebildet, an den in weiteren fünf Schritten ein Pyrimidinring angeheftet wird, sodass Inosinmonophosphat entsteht (IMP) (◘ Abb. 29.3). Die insgesamt 10 Reaktionen laufen in folgender Reihenfolge ab:

– Anlagerung des **N-Atoms 9** des Puringerüsts. Der Stickstoff entstammt der Amidogruppe des **Glutamins** und wird unter Abspaltung von Pyrophosphat und gleichzeitiger Inversion am C-Atom 1 der Ribose angelagert, sodass **5-Phosphoribosyl-1β-Amin** (PRA) entsteht (Ziffer 1). Dies ist der geschwindigkeitsbestimmende Schritt der Purinnucleotidsynthese.

– Anlagerung der Atome 4, 5 und 7 des Puringerüsts. An PRA wird in einer ATP-abhängigen Reaktion **Glycin** unter Bildung einer Säureamidbindung zwischen seiner Carboxylgruppe und der Aminogruppe des 5-Phosphoribosylamins angelagert, wobei **Glycinamid-Ribonucleotid** (GAR) entsteht (Ziffer 2).

– Anlagerung des C-Atoms 8 des Puringerüsts an die freie Aminogruppe des GAR. Es wird als Formylrest vom N^{10}-**Formyltetrahydrofolat** übertragen, wobei **Formylglycinamid-Ribonucleotid** (FGAR) entsteht (Ziffer 3).

– Anlagerung des N-Atoms 3 des Puringerüsts. In einer weiteren ATP-abhängigen Reaktion wird das C-Atom 4 amidiert. Der Stickstoff stammt wiederum vom Amidstickstoff des Glutamins, das dabei in Glutamat übergeht. Es entsteht **Formylglycinamidin-Ribonucleotid** (FGAM) (Ziffer 4).

– Bildung des Imidazolrings des Puringerüsts. Diese erfolgt in einer wiederum ATP-abhängigen Reaktion durch Ringschluss zwischen dem C-Atom 8 und N-Atom 9. Es entsteht **5-Aminoimidazol-Ribonucleotid** (AIR) (Ziffer 5).

– Anlagerung des C-Atoms 6 des Puringerüsts. An AIR wird in einer reversiblen Reaktion CO_2 angelagert, womit auch das C-Atom 6 des Purinkörpers gebildet ist und das **4-Carboxy-5-Aminoimidazol-Ribonucleotid** (CAIR) entsteht. Auffallenderweise erfolgt die Carboxylierung ohne Beteiligung von Biotin, das typischerweise für Carboxylierungs-Reaktionen benötigt wird. Im Gegensatz zu Mikroorganismen benötigen Vertebraten dazu kein ATP (Ziffer 6).

– Anlagerung des N-Atoms 1 des Puringerüsts. Hierfür werden zwei Reaktionen benötigt. Zunächst wird in einer ATP-abhängigen Reaktion am C-Atom 6 Aspartat angelagert, sodass **5-Aminoimidazol-4-N-Succinocarboxamid-Ribonucleotid** (SAICAR) entsteht (Ziffer 7).

– Von dieser Verbindung wird **Fumarat** abges palten, sodass **5-Aminoimidazol-4-Carboxamid-Ribonucleotid** (AICAR) entsteht. Diese Art der Übertragung einer Aminogruppe kommt auch bei verschiedenen Reaktionen des Aminosäurestoffwechsels und beim Harnstoffzyklus (▶ Abschn. 27.2.2) vor. Aspartat stellt gewissermaßen das Trägermolekül für die Aminogruppe dar (Ziffer 8).

– Anheftung des C-Atoms 2 des Puringerüsts. Das noch fehlende C-Atom 2 wird wieder als Formylrest vom N^{10}-Formyltetrahydrofolat an das N-Atom in Position 3 des Purinrings angelagert, sodass **5-Formamidoimidazol-4-Carboxamid-Ribonucleotid** (FAICAR) entsteht (Ziffer 9).

– Durch einfache Wasserabspaltung zwischen dem C-Atom 2 und dem N-Atom 1 erfolgt ohne ATP der Schluss des zweiten Rings, wobei Inosinmonophosphat (IMP, Inosylat) gebildet wird (Ziffer 10).

❯ IMP ist der Startpunkt der Biosynthese von AMP und GMP.

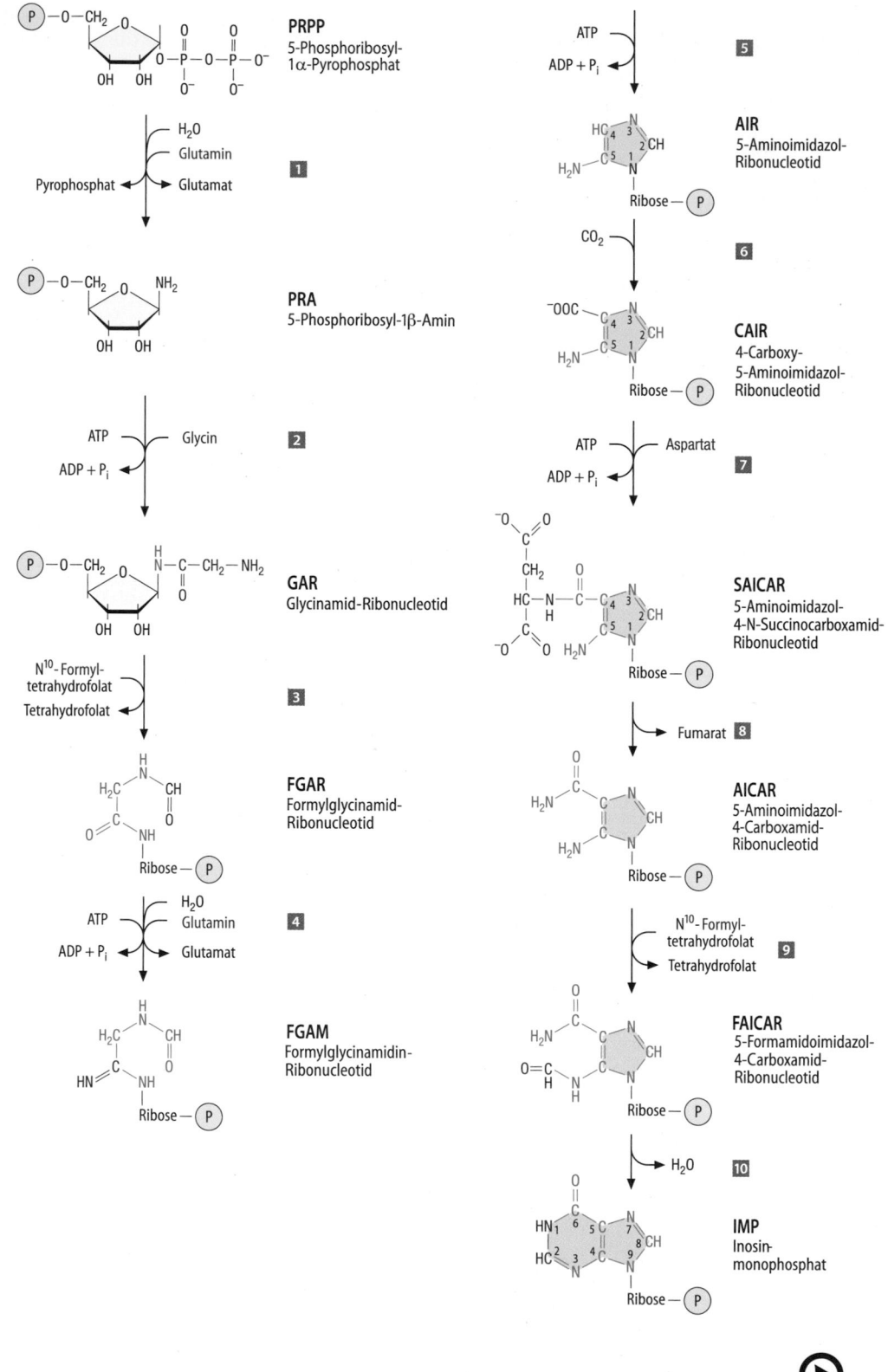

■ **Abb. 29.3** (Video 29.2) **Reaktionen der Purinbiosynthese bis zum IMP bei Vertebraten (Einzelheiten s. Text).** (1) Glutamin-PRPP-Amidotransferase; (2) GAR-Synthetase; (3) GAR-Transformylase; (4) FGAM-Synthetase; (5) AIR-Synthetase; (6) AIR-Carboxylase; (7) SAICAR-Synthetase; (8) Adenylsuccinat-Lyase; (9) AICAR-Transformylase; (10) IMP-Cyclohydrolase. Es ist zu beachten, dass sich die Nummerierung des zunächst aufgebauten Imidazolrings von derjenigen im Purinring unterscheidet (► https://doi.org/10.1007/000-5hm)

Vom IMP startet die Biosynthese der beiden Purinnucleotide **Adenosin-5′-Monophosphat** (AMP, Adenylat) und **Guanosin-5′-Monophosphat** (GMP, Guanylat) (◘ Abb. 29.4).

AMP-Biosynthese   Zur AMP-Biosynthese ist der Ersatz des Sauerstoffs am C-Atom 6 des IMP durch eine Aminogruppe notwendig. Dieser erfolgt in einer zweistufigen Reaktion, wobei Aspartat wieder der Donor der Aminogruppe ist:

- Aspartat wird in einer GTP-abhängigen Reaktion unter Wasserabspaltung an das C-Atom 6 des IMP geheftet. Es entsteht das **Adenylosuccinat** (Succinoadenosin-5′-Monophosphat).
- Durch Abspaltung von Fumarat wird nun **Adenosin-5′-Monophosphat** (AMP) gebildet.

GMP-Biosynthese   Auch die Biosynthese des GMP erfolgt in einer zweistufigen Reaktion:

- Zunächst wird IMP am C-Atom 2 in einer NAD$^+$-abhängigen Reaktion oxidiert, wobei **Xanthosin-5′-Monophosphat** (XMP, Xanthosylat) entsteht.
- An dieses wird in einer ATP-abhängigen Reaktion unter Bildung von **Guanosin-5′-Monophosphat** (GMP) eine Aminogruppe geheftet. Der Stickstoff entstammt dem Amidstickstoff des Glutamins, das dadurch in Glutamat umgewandelt wird.

Bildung von Purinnucleosiddi- und -triphosphaten   Für die Überführung von AMP und GMP in die entsprechenden Di- und Triphosphate (NDP und NTP) steht eine Reihe von transphosphorylierenden Reaktionen zur Verfügung:

- die   Nucleosidmonophosphatkinase
  $$NMP + ATP \rightleftharpoons NDP + ADP$$
- die   Nucleosiddiphosphatkinase
  $$NDP + ATP \rightleftharpoons NTP + ADP$$
- die Adenylatkinase $AMP + ATP \rightleftharpoons 2\,ADP$

> Drei multifunktionelle Enzyme sind bei Vertebraten an der IMP-Biosynthese beteiligt.

Die oben geschilderten Reaktionssequenzen für die Biosynthese von Purinnucleotiden sind bei Pro- und Eukaryonten identisch. Bei Prokaryonten sind inzwischen sämtliche Enzyme für die 10 benötigten Reaktionen isoliert, charakterisiert und kristallisiert worden. Mit Blick auf die Entwicklung spezifischer Hemmstoffe wurde die räumliche Struktur einiger Säugerenzyme ebenfalls aufgeklärt. Beim Menschen und anderen Vertebraten sind drei **multifunktionelle Enzyme** an der Purinnucleotidbiosynthese beteiligt, deren Gene auf unterschiedlichen Chromosomen lokalisiert sind:

- Das *GART-Gen* (auf Chromosom 21) codiert für ein multifunktionelles Protein mit den Aktivitäten für die GAR-Synthetase, GAR-Transformylase und AIR-Synthetase (katalysieren die Reaktionen 2, 3, 5).
- Das *AIRC-Gen* (auf Chromosom 4) codiert für ein multifunktionelles Protein mit einer AIR-Carboxylase- und SAICAR-Synthetaseaktivität (katalysieren die Reaktionen 6–7).
- Das *IMPS-Gen* (auf Chromosom 2) codiert für ein multifunktionelles Protein mit einer AICAR-Transformylase- und IMP-Cyclohydrolaseaktivität (katalysieren die Reaktionen 9–10).

Lediglich die **Glutamin-PRPP-Amidotransferase** (Gen auf Chromosom 4) und die **FGAM-Synthetase** (Gen auf Chromosom 17) sowie die **Adenylosuccinat-Synthetase** (Gen auf Chromosom 1), **IMP-Dehyrogenase** (Chromo-

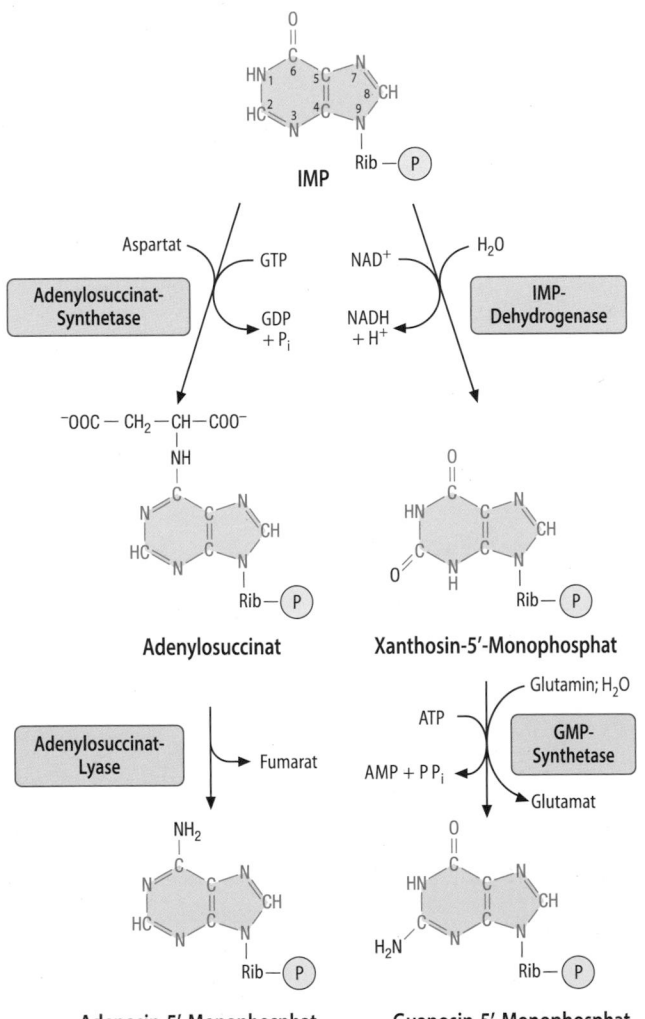

◘ **Abb. 29.4**   (Video 29.3) **Biosynthesen von AMP und GMP aus IMP.** (Einzelheiten s. Text) (▶ https://doi.org/10.1007/000-5hn)

som 7 und 3) und **GMP-Synthetase** (Chromosom 3) stellen monofunktionelle Proteine dar. Die **Adenylosuccinat-Lyase** (Gen auf Chromosom 22) katalysiert jedoch außer der Reaktion 8 der IMP-Biosynthese auch die Umwandlung von Adenylosuccinat zu AMP, ist also für zwei Reaktionen verantwortlich.

Die Enzyme der Purinbiosynthese sind damit ein weiteres eindrucksvolles Beispiel für die in höheren Eukaryonten zu findende Tendenz, die Enzyme für längere Biosynthesewege als multifunktionelle Proteine bzw. Proteinkomplexe zusammenzufassen und damit unter die Kontrolle nur eines oder weniger Promotoren zu stellen (▶ Abschn. 30.1). Außerdem ermöglichen multifunktionelle Enzyme die allosterische Regulation der einzelnen Domänen und halten die beteiligten Aktivitäten in genau gleichen stöchiometrischen Verhältnissen zueinander. Sie bieten zudem instabilen Substraten/Zwischenprodukten einen Schutz vor Zerfall oder Abbau. Darüberhinaus wurden die sechs an der IMP-Biosynthese beteiligten multifunktionellen und monofunktionellen Enzyme in einem Multienzymkomplex (**Metabolon**) nachgewiesen, der auch als **Purinosom** bezeichnet wird. Eine Optimierung von Ablauf und Regulation der zehnstufigen Reaktionsfolge bis zum IMP könnte durch die Bildung eines solchen Purinosoms erreicht werden. Ob dieses Aggregat beständig vorliegt und metabolisch aktiv ist oder nur unter besonderen Bedingungen (z. B. bei Zellproliferation oder infolge Stressfaktoren) gebildet wird, ist nicht geklärt.

❯ Fünf ATP werden für die Biosynthese von IMP benötigt.

Der Energieaufwand für die gesamte Purinbiosynthese ist sehr hoch. Wie ◘ Abb. 29.2 und 29.3 zu entnehmen ist, werden für die *de novo*-Biosynthese von IMP insgesamt 5 ATP benötigt. Das für die Bildung von PRPP (◘ Abb. 29.3) benutzte ATP wird zudem zu AMP und Pyrophosphat (entsprechend 2 P_i) gespalten. Um zum AMP zu kommen, wird ein GTP benötigt. Die Biosynthese von GMP aus IMP erfordert ein ATP, das jedoch wieder zu AMP und Pyrophosphat (entsprechend 2 P_i) gespalten wird (◘ Abb. 29.4). In der Summe werden also sieben energiereiche Bindungen für die Biosynthese des AMP und acht für die des GMP benötigt.

❯ Purindesoxynucleotide werden von der Ribonucleotidreduktase gebildet.

Die Desoxyribonucleotidsynthese wird in ▶ Abschn. 30.2 beschrieben.

Zusammenfassung

Bei Eukaryonten liegen die für die Purinbiosynthese benötigten Enzymaktivitäten überwiegend als Domänen multifunktioneller Proteine vor. Die Biosynthese der Purinnucleotide ist sehr energieaufwändig. Die Purinbiosynthese startet mit Ribose-5-Phosphat und umfasst folgende Schritte:

- Bildung von 5-Phosphoribosyl-1α-Pyrophosphat (PRPP).
- Biosynthese von IMP in 10 Reaktionen durch schrittweise Anheftung der C- bzw. N-Atome des Purinrings an PRPP unter Beteiligung von Glycin, Aspartat, Glutamin, HCO_3^-, N^{10}-Formyl-THF.
- Biosynthese von AMP bzw. GMP aus der gemeinsamen Vorstufe IMP.

29.2 Regulation der Biosynthese von Purinnucleotiden

❯ Die Purinbiosynthese wird allosterisch reguliert.

Regulation der IMP-Biosynthese Das geschwindigkeitsbestimmende Enzym der IMP-Biosynthese ist die Glutamin-**PRPP-Amidotransferase**, welche die glutaminabhängige Bildung von 5-Phosphoribosylamin katalysiert (◘ Abb. 29.3; Schritt 1). Das Enzym unterliegt der Regulation durch allosterische Aktivatoren und Inhibitoren (◘ Abb. 29.5):

- PRPP, der Akzeptor der vom Glutamin abgespaltenen Amidgruppe, erniedrigt den K_M-Wert des Enzyms für Glutamin und führt so zu einer beträchtlichen Aktivierung.
- AMP und ADP sowie GMP und GDP sind allosterische Inhibitoren der Glutamin-PRPP-Amidotransferase.

Dieser komplexe Mechanismus gewährleistet eine sehr genaue Anpassung der *de novo*-Biosynthese von Purinen an die Bedürfnisse des Organismus, ist aber auch zugleich die pathobiochemische Grundlage einiger schwerer Störungen des Purinstoffwechsels (▶ Abschn. 31.2).

Regulation der Biosynthese von Adenin- und Guaninnucleotiden Auch die Umwandlung von IMP zu AMP bzw. GMP wird reguliert (◘ Abb. 29.5):

- Die Adenylosuccinat-Synthetase wird durch AMP gehemmt, die IMP-Dehydrogenase durch GDP und GTP.

— Hohe Konzentrationen von GTP fördern die AMP-Bildung, hohe Konzentrationen von ATP die GMP-Bildung.

Hemmstoffe der Purinsynthese werden in ► Abschn. 31.1 besprochen.

Zusammenfassung

Die Purinnucleotidbiosynthese wird durch allosterische Mechanismen reguliert:
— Das Schlüsselenzym für die Purinnucleotidbiosynthese ist die Glutamin-PRPP-Amidotransferase. Sie wird durch PRPP aktiviert und durch AMP, ADP, GMP und GDP inhibiert.
— Die IMP-Dehydrogenase wird durch GDP und GTP gehemmt.
— Die Adenylosuccinat-Synthetase wird durch AMP gehemmt
— Die AMP-Bildung wird durch GTP, die GMP-Bildung durch ATP gefördert.

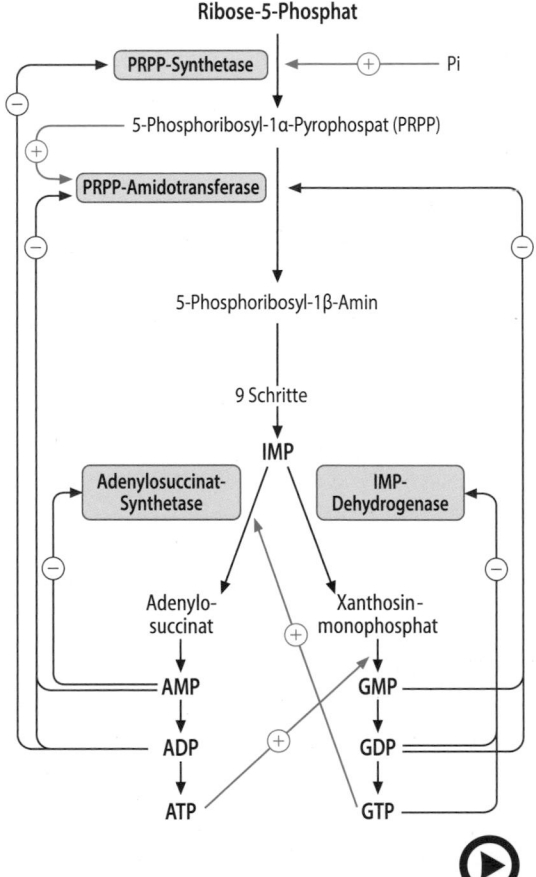

☐ **Abb. 29.5** (Video 29.4) **Regulation der Purinbiosynthese**. (Einzelheiten s. Text) (► https://doi.org/10.1007/000-5hp)

29.3 Wiederverwertung von Purinen

Purin- und Pyrimidinbasen bzw. die entsprechenden Nucleoside fallen beim **intrazellulären Abbau** von Nucleinsäuren an, außerdem werden sie bei der **intestinalen Resorption** von Nahrungsstoffen in den Organismus aufgenommen. Wiederverwertungsreaktionen gewährleisten, dass diese unter hohem Energieaufwand synthetisierten Purine dem Organismus nicht verloren gehen.

❯ Durch den *salvage pathway* werden Purinbasen in die entsprechenden Mononucleotide umgewandelt.

Für die **Wiederverwertung** (Reutilisierung; *salvage pathway*) der **Purinbasen** Adenin, Hypoxanthin und Guanin stehen zwei Enzyme zur Verfügung (☐ Abb. 29.6).
Durch die **Adenin-Phosphoribosyltransferase** (APRT [Ziffer 1]) wird Adenin in einer PRPP-abhängigen Reaktion zu Adenosinmonophosphat umgewandelt. Das Enzym wird durch Adeninnucleotide (insbesondere AMP) gehemmt.
Die **Hypoxanthin-Guanin-Phosphoribosyltransferase** (HGPRT [Ziffer 2]) ist für die Wiederverwertung von Hypoxanthin und Guanin verantwortlich. Wieder ist PRPP der Donor des Phosphoribosylrestes. Das Enzym wird durch seine Endprodukte IMP und GMP gehemmt.

In Anbetracht der biologischen Bedeutung der Purinnucleotide muss gewährleistet sein, dass der Zelle unter allen Umständen ausreichende Mengen der einzelnen Vertreter dieser Substanzklasse zur Verfügung stehen. Dafür steht ein aus zahlreichen Enzymen bestehendes System bereit, mit dessen Hilfe es gelingt, Purine, Purinnucleoside und Purinnucleotide ineinander zu

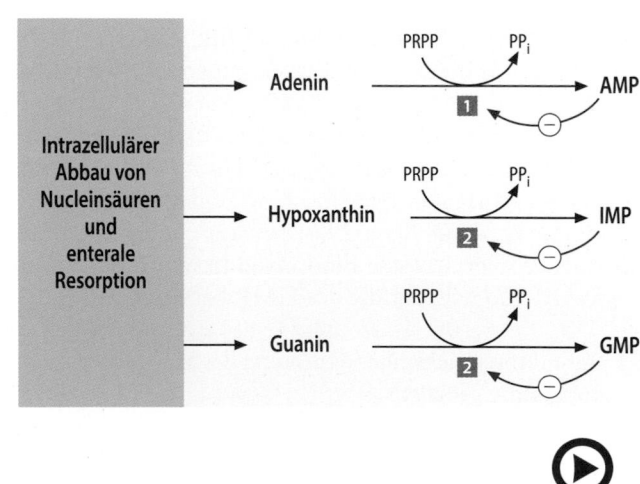

☐ **Abb. 29.6** (Video 29.5) **Wiederverwertung von Adenin, Hypoxanthin und Guanin.** (1) Adenin-Phosphoribosyltransferase (*APRT*); (2) Hypoxanthin-Guanin-Phosphoribosyltransferase (*HGPRT*) (► https://doi.org/10.1007/000-5hk)

überführen. Da auf diese Weise eine gewisse Unabhängigkeit der Purinnucleotidneubildung von der Biosynthesegeschwindigkeit aus den Grundbausteinen gewährleistet wird, ist die biologische Bedeutung dieses „enzymatischen Netzwerkes" beträchtlich.

> Die Wiederverwertung von Purinen ist für manche Gewebe von besonderer Bedeutung.

Im Prinzip sind alle kernhaltigen Zellen zur *de novo*-Biosynthese von Purinnucleotiden und Pyrimidinnucleotiden (▶ Abschn. 30.1) imstande, allerdings in ganz unterschiedlichem Umfang. Eine besonders schlechte Enzymausstattung zur Purinbiosynthese hat z. B. das Zentralnervensystem. Hier findet sich jedoch die höchste Aktivität der Hypoxanthin-Guanin- und der Adenin-Phosphoribosyltransferase (HGPRT und APRT). Völliges Fehlen der HGPRT ist möglicherweise die Ursache für die ausgeprägte cerebrale Symptomatik beim **Lesch-Nyhan-Syndrom** (▶ Abschn. 31.2). Eine Wiederverwertung von Adenosin kann auch durch direkte Phosphorylierung erfolgen. Die ubiquitär vorhandene Adenosinkinase kontrolliert zusammen mit der Adenosindesaminase den intrazellulären Adenosinspiegel. Für beide Enzyme sind multiple Formen (▶ Abschn. 7.3) bekannt. Im Gehirn hat die Adenosinkinase eine wichtige metabolische Funktion im Rahmen der purinergen Signalübertragung, an der z. B. ATP, UTP und Adenosin mittels P2X- und P2Y-Rezeptoren beteiligt sind (▶ Abschn. 74.1.12).

Die Wiederverwertung von **Purindesoxynucleosiden** wird durch besondere Enzyme gewährleistet. Im Cytosol phosphoryliert die Desoxycytidinkinase nicht nur Desoxycytidin (▶ Abschn. 30.4), sondern auch Desoxyguanosin und Desoxyadenosin. In Mitochondrien werden beide Purindesoxynucleoside von der Desoxyguanosinkinase phosphoryliert. Die Rolle der Nucleosidtransporter wird in ▶ Abschn. 31.1.1 betrachtet.

> Der Purinnucleotidzyklus liefert Fumarat für den Skelettmuskel.

Die einzelnen Schritte des sog. **Purinnucleotidzyklus** sind in ◰ Abb. 29.7 dargestellt:

- Die zyklusstartende **AMP-Desaminase** überführt AMP unter NH_3-Abspaltung in IMP. Dadurch wird der Abbau von AMP zu Adenosin verhindert.
- IMP wird, wie schon bei der Biosynthese der Adeninnucleotide beschrieben, unter Aufnahme von Aspartat mithilfe der **Adenylosuccinat-Synthetase** in Adenylosuccinat umgewandelt.
- Adenylosuccinat wird durch die **Adenylosuccinat-Lyase** wieder in AMP überführt und dabei das C-Skelett des Aspartats als Fumarat freigesetzt.

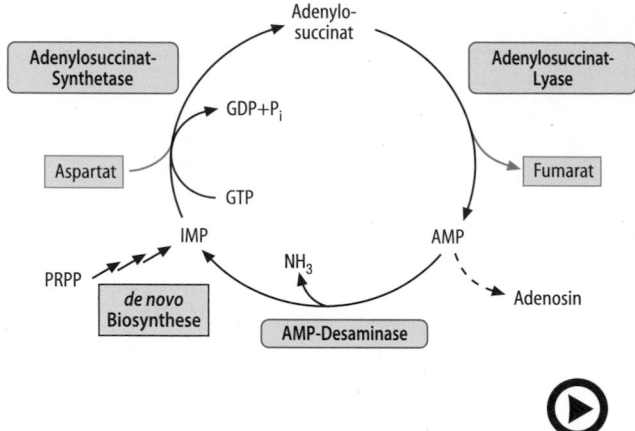

◰ **Abb. 29.7** (Video 29.6) **Der Purinnucleotidzyklus.** Der Purinnucleotidzyklus wird durch die Enzyme AMP-Desaminase, Adenylosuccinat-Synthetase und Adenylosuccinat-Lyase gebildet und hängt mit einer Reihe anderer Enzyme des Purinstoffwechsels zusammen. (Einzelheiten s. Text) (▶ https://doi.org/10.1007/000-5hr)

Die biologische Bedeutung des Purinnucleotidzyklus besteht im Wesentlichen in der Umwandlung von **Aspartat** in **Fumarat**. Hierdurch kann der Citratzyklus im Sinne einer **anaplerotischen (d. h. auffüllenden) Reaktion** (▶ Abschn. 18.1) mit Substrat beschickt werden. Eine direkte Überführung des Aspartats zu Oxalacetat – in Analogie zur Glutamatdehydrogenase katalysierten oxidativen Desaminierung (▶ Abschn. 27.2.1) – scheint aufgrund des Fehlens von Aspartatdehydrogenase im Menschen nicht möglich zu sein. Die schon in den späten 1920er-Jahren gemachte Beobachtung, dass gesteigerte Muskelarbeit mit einer gesteigerten NH_3-Produktion im Muskelgewebe einhergeht, wird durch die Existenz des Purinnucleotidzyklus erklärt. Da der Zyklus die AMP-Konzentration niedrig hält, wird zudem das bei starker Muskelkontraktion anfallende AMP nur in geringem Umfang zu Adenosin abgebaut. Dass dieser Zyklus für den Muskelstoffwechsel von großer Bedeutung ist, geht aus den gelegentlich zu beobachtenden schweren Störungen der Muskelfunktion bei einem Mangel an AMP-Desaminase oder Adenylosuccinat-Lyase hervor (◰ Tab. 31.1).

Zusammenfassung

Purine, die beim Abbau der Nucleinsäuren entstehen bzw. bei der intestinalen Resorption aufgenommen werden, können wiederverwertet werden:

- Für die Wiederverwertung von Purinbasen sind die Adenin-Phosphoribosyltransferase und die Hypoxanthin-Guanin-Phosphoribosyltransferase verantwortlich.
- Die cytosolische Desoxycytidinkinase sowie die mitochondriale Desoxyguanosinkinase sind an der

Wiederverwertung von Purindesoxynucleosiden beteiligt.

- Für die Wiederverwertung sind auch Nucleosidtransporter von Bedeutung.
- Der Purinnucleotidzyklus dient der Auffüllung des Citratzyklus mit Fumarat und wird insbesondere bei starker Muskelarbeit benötigt.

29.4 Abbau von Purinnucleotiden

❯ Purinnucleotide werden zu Basen abgebaut und anschließend unter Bildung von Harnsäure oxidiert.

Der Abbau der Purinnucleotide läuft nach einer anderen Reaktionssequenz als ihre Biosynthese ab (◘ Abb. 29.8).

- Die Purinmononucleotide werden zunächst durch spezifische **Purin-5′-Nucleotidasen** (Ziffer 1) **die sowohl cytoplasmatisch als auch membrangebunden** als Ectoenzyme (d. h. das aktive Zentrum liegt extrazellulär) vorkommen, in die entsprechenden Nucleoside überführt.
- Adenosin wird durch die **Adenosindesaminase** (Ziffer 2) in **Inosin** überführt. Auch dieses Enzym kommt sowohl cytoplasmatisch als auch extrazellulär vor.
- Die Purinnucleoside **Inosin**, **Xanthosin** und **Guanosin** werden mit anorganischem Phosphat unter Katalyse entsprechender **Nucleosidphosphorylasen** (Ziffer 3) gespalten. Dadurch werden die Purinbasen **Hypoxanthin** aus Inosin, **Xanthin** aus Xanthosin und **Guanin** aus Guanosin gebildet, außerdem entsteht **Ribose-1-Phosphat**.
- Unter Abspaltung von NH_3 wird Guanin durch die **Guanase** (Ziffer 4) in **Xanthin** überführt.

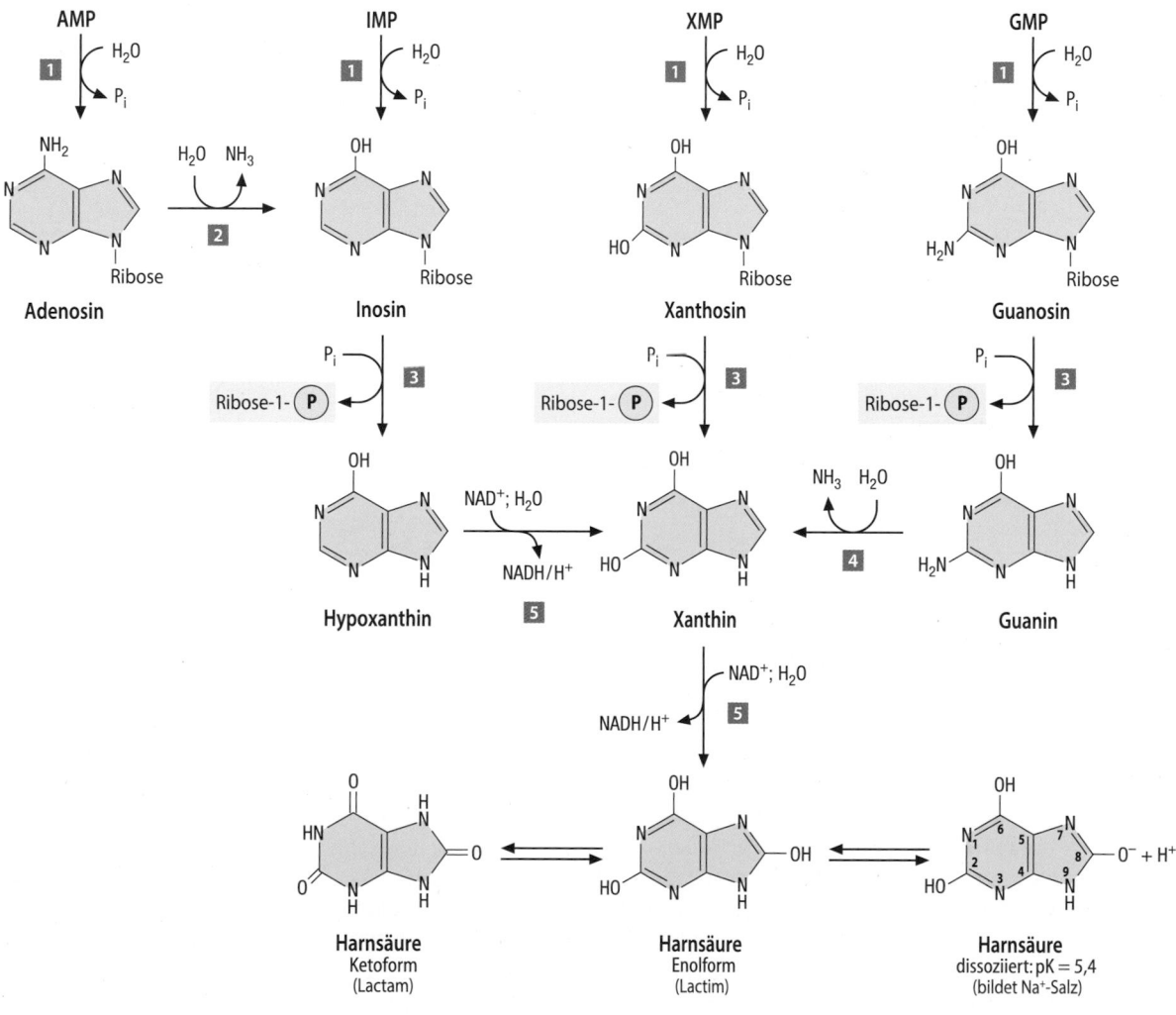

◘ **Abb. 29.8** (Video 29.7) **Reaktionen des Purinabbaus.** (1) Purin-5′-Nucleotidase; (2) Adenosindesaminase; (3) Purinnucleosidphosphorylase; (4) Guanase; (5) Xanthindehydrogenase/Oxidase. (Einzelheiten s. Text) (▶ https://doi.org/10.1007/000-5hs)

— Die **Xanthindehydrogenase/Oxidase** (Ziffer 5) wandelt Hypoxanthin in Xanthin und dieses in Harnsäure um. Das komplex aufgebaute Enzym liegt als Homodimer vor. Jede Untereinheit enthält als Cofaktor Molybdän, Eisen-Schwefel-Zentren und FAD. Es kommt in zwei Formen vor: Xanthindehydrogenase und Xanthinoxidase.

Unter physiologischen Bedingungen liegt das Enzym als **Xanthindehydrogenase** vor. Es katalysiert die Reaktionen

$$\text{Hypoxanthin} + \text{NAD}^+ + \text{H}_2\text{O} \rightarrow \text{Xanthin} + \text{NADH} + \text{H}^+$$
(29.1)

$$\text{Xanthin} + \text{NAD}^+ + \text{H}_2\text{O} \rightarrow \text{Harnsäure} + \text{NADH} + \text{H}^+$$
(29.2)

Interessanterweise kann die Xanthindehydrogenase in eine O_2-abhängige **Xanthinoxidase** umgewandelt werden. Sie katalysiert dann die gleichen Reaktionen, verwendet allerdings O_2 als Oxidationsmittel, wobei das Superoxidradikal $O_2^{-}\bullet$ entsteht. Dieses wird durch die Superoxiddismutase in H_2O_2 umgewandelt (▶ Kap. 20). Die Umwandlung der Xanthindehydrogenase in eine Xanthinoxidase kann entweder reversibel durch Oxidation von Cysteinylresten des Enzymproteins oder irreversibel durch limitierte Proteolyse erfolgen. Die Xanthinoxidase spielt also eine Rolle bei der Entstehung reaktiver Sauerstoffspezies (▶ Kap. 20).

❯ Harnsäure ist bei Primaten, Vögeln und einigen Reptilien das Endprodukt des Purinabbaus.

Harnsäure kann von Primaten und damit auch vom Menschen, außerdem von Vögeln und einigen Reptilien nicht weiter metabolisiert werden und ist deswegen das Endprodukt des Purinabbaus. Harnsäure ist ein Enol und kann in die Ketoform tautomerisieren (◘ Abb. 29.8). Ihr Säurecharakter erklärt sich aus dem pKs-Wert von 5,4 der OH-Gruppe am C-Atom 8. Nach Dissoziation können Salze (z. B. Natrium-Urat) gebildet werden. Andere Lebewesen können Harnsäure zu besser wasserlöslichen Produkten abbauen. Die meisten Säuger exprimieren das Enzym **Uricase**, welches die Harnsäure zu dem wesentlich besser löslichen **Allantoin** spaltet. Fische sind in der Lage, Allantoin nach Ringspaltung zu Allantoinsäure in **Harnstoff** und **Glyoxylsäure** umzuwandeln, und marine Invertebraten spalten schließlich Harnstoff mithilfe der **Urease** zu **Ammoniak** und CO_2.

Im Gegensatz zur Oxidation von Kohlenhydraten, Fetten oder Aminosäuren kann der Purinabbau von der Zelle nicht zur Energiegewinnung herangezogen werden, da weder eine Substratkettenphosphorylierung noch die Produktion von Reduktionsäquivalenten zur Energiegewinnung in der Atmungskette möglich sind.

❯ Die Nieren sind das Hauptorgan der Harnsäureausscheidung.

In zwei Organen wird die Hauptmenge an Harnsäure gebildet:
— In der **Leber** wird der größte Teil der im Stoffwechsel entstehenden und abzubauenden Purine im Cytosol und in den Peroxisomen der Hepatocyten zu Harnsäure umgewandelt.
— Im **Darm** wird bereits ein Großteil der in der Nahrung enthaltenen Purine zu Harnsäure abgebaut, die anschließend über die Pfortader zur Leber gelangt.

Die Gesamtmenge der durch intrazellulären Purinabbau entstandenen und an das Blut abgegebenen **Harnsäure** beträgt beim Menschen etwa 4–6 mmol/24 h entsprechend etwa 0,65–1 g/24 h. Von dieser Menge wird der größte Teil (gut zwei Drittel) mit dem Urin ausgeschieden (ca. 0,4–0,7 g/24 h). Bis zu einem Drittel kann über den Gastrointestinaltrakt ausgeschieden werden. Die kalkulierte Geschwindigkeit der Purinbiosynthese (s. auch Pyrimidine ▶ Abschn. 30.4) entspricht somit ziemlich genau der täglichen Harnsäureausscheidung.

❯ Beim Menschen wird die renale Harnsäureausscheidung durch das Verhältnis von glomerulärer Filtration und tubulärer Reabsorption bestimmt.

Die von der Leber an das Blut abgegebene Harnsäure wird zunächst glomerulär filtriert. Anschließend erfolgt jedoch eine tubuläre Reabsorption der Harnsäure, sodass schließlich weniger als 10 % der filtrierten Menge ausgeschieden werden.

Für die Reabsorption der Harnsäure ist ein spezifisches Anionenaustauschprotein verantwortlich, das **URAT1-Protein** (auch SLC22A12 genannt). Dieses reabsorbiert luminale Harnsäure im Austausch gegen eine Reihe verschiedener organischer Anionen, z. B. Lactat, Butyrat oder Acetacetat. Die Letzteren werden durch sekundär aktiven, Na^+-abhängigen Transport wieder in die Tubulusepithelien aufgenommen (durch SLC5A8) (◘ Abb. 29.9). Der Transport erfolgt nicht streng stöchiometrisch. Das Verhältnis Na^+ zu Substrat-Anion kann 2:1 bis 4:1 sein. Auf der basolateralen Seite erfolgt die Abgabe der Harnsäure an das Blut über den Transporter SLC2A9, welcher das Produkt einer Splice Variante des GLUT-9 Gens ist (▶ Abschn. 15.1). Durch Rückresorption der Harnsäure wird verhindert, dass

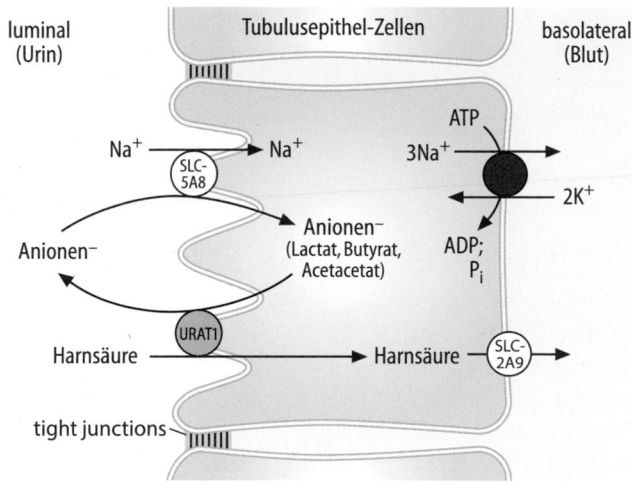

luminal (Urin) | Tubulusepithel-Zellen | basolateral (Blut)

◻ Abb. 29.9 (Video 29.8) **Tubuläre Reabsorption von Harnsäure.** Glomerulär filtrierte Harnsäure wird mithilfe des Anionenantiporters URAT1 (SLC22A12) in den renalen Tubuli reabsorbiert. SLC5A8: Na+-abhängiger Anionentransporter. SLC2A9: Splice Variante des GLUT-9 Gens; transportiert Harnsäure in das Blut. (Einzelheiten s. Text) (▶ https://doi.org/10.1007/000-5ht)

diese während der Urinankonzentrierung im Tubuluslumen ausfällt. Dem hohen Harnsäurespiegel im Blut des Menschen wird außerdem eine wichtige Rolle im antioxidativen, nicht-enzymatischen Schutzsystem zuerkannt, weil die chemische Struktur des Moleküls Harnsäure diese zu einem effizienten, wasserlöslichen Radikalfänger macht (▶ Abschn. 20.2). Das URAT1-Protein ist mit 12 Transmembranhelices in der luminalen Membran der Tubulusepithelien verankert. Auf der cytosolischen Seite sind Sequenzmotive vorhanden, die eine Phosphorylierung durch die Proteinkinasen A und C ermöglichen. Somit ist eine Regulation des URAT1 über Phosphorylierung/Dephosphorylierung vorstellbar.

Zusammenfassung

Der Abbau von Purinnucleotiden führt über eine Reihe von Reaktionen zur Harnsäure, die bei Primaten, Vögeln und einigen Reptilien das Endprodukt des Purinabbaus ist:

- Durch Nucleotidasen werden Nucleotide in die entsprechenden Nucleoside überführt. Aus diesen entstehen durch die Nucleosidphosphorylasen die Basen Hypoxanthin, Xanthin und Guanin.
- Die Xanthindehydrogenase/Oxidase wandelt Hypoxanthin und Xanthin in einer NAD+/sauerstoffabhängigen Reaktion in Harnsäure um.

Weiterführende Literatur

Monographien und Lehrbücher

Garrett RH, Grisham CM (2017) Biochemistry, 6. Aufl. Cengage Learning, Brooks Cole, Belmont

Voet D, Voet JG (2011) Biochemistry, 4. Aufl. Wiley, New York

Übersichtsartikel

Caulfield MJ, Munroe PB, O'Neill D, Witkowska K, Charchar FJ et al (2008) SLC2A9 is a high-capacity urate transporter in humans. PLoS Med 5:1505–1523

Garattini E et al (2003) Mammalian molybdo-flavoenzymes, an expanding family of proteins: structure, genetics, regulation, function and pathophysiology. Biochem J 372:15–32

Huang A, Holden AM, Raushel FM (2001) Channeling of substrates and intermediates in enzyme-catalyzed reactions. Annu Rev Biochem 70:149–180

Ipata PL, Balestri F (2013) The functional logic of cytosolic-5'-nucleotidases. Curr Med Chem 20:4205–4216

Lipkowitz MS (2012) Regulation of uric acid excretion by the kidney. Curr Rheumatol Rep 14:179–188

Pedley AM, Benkovic SJ (2017) A new view into the regulation of purine metabolism: the purinosome. TIBS 42:141–154

Zhang Y, Morar M, Ealick SE (2008) Structural biology of the purine biosynthetic pathway. Cell Mol Life Sci 65:3699–3724

Originalarbeiten

Ames BN, Cathcart R, Schwiers E, Hochstein (1981) Uric acid provides an antioxidant defense in humans against oxidant- and radical-caused aging and cancer: A hypothesis. Proc Natl Acad Sci USA 78:6858–6862

Brodsky G et al (1997) The human GARS-AIRS-GART gene encodes two proteins which are differentially expressed during brain development and temporally overexpressed in cerebellum of individuals with Down syndrome. Hum Mol Gen 6:2043–2050

Hoxhaj G, Hughes-Hallett J, Timson R, Ilagan E, Yuan M et al (2017) The mTORC1 signaling network senses changes in cellular purine nucleotide levels. Cell Rep 21:1331–1346

Keppeke GD, John Calise SJ, Chan EKL, Andrade LEC (2015) Assembly of IMPDH2-based, CTPS-based, and mixed rod/ring structures is dependent on cell type and conditions of induction. J Genet Genomics 42:287–299

Kozhevnikova EN, van der Knaap JA, Pindyurin AV, Ozgur Z, van Ijcken WFJ et al (2012) Metabolic enzyme IMPDH is also a transcription factor regulated by cellular state. Mol Cell 47:133–139

Li S, Lu Y, Peng B, Ding J (2007) Crystal structure of human phosphoribosylpyrophosphate synthetase 1 reveals a novel allosteric site. Biochem J 401:39–47

Nishino T, Okamoto K, Kawaguchi Y, Hori H, Matsumara et al (2005) Mechanism of the conversion of xanthine dehydrogenase to xanthine oxidase: identification of the two disulfide bonds and crystal structure of a non-convertible rat liver xanthine dehydrogenase mutant. J Biol Chem 280:24888–24894

Smith JL (1998) Glutamine PRPP amidotransferase: snapshots of an enzyme in action. Curr Opin Struct Biol 8:686–694

Van der Knaap JA, Kozhevnikova E, Langenberg K, Moshkin YM, Verrijzer CP (2010) Biosynthetic enzyme GMP synthetase cooperates with ubiquitin-specific protease 7 in transcriptional regulation of ecdysteroid target genes. Mol Cell Biol 30:736–744

Wolan DW, Cheong CG, Greasley SE, Wilson IA (2004) Structural insights into the human and avian IMP cyclohydrolase mechanism via crystal structure with the bound XMP inhibitor. Biochemistry 43:1171–1183

29

Pyrimidinnucleotide – Biosynthese, Wiederverwertung und Abbau

Monika Löffler

In ▶ Kap. 29 wurden Biosynthese, Wiederverwertung und Abbau der Purine besprochen. Das folgende Kapitel beschäftigt sich mit den Pyrimidinen. Mit der Pathobiochemie von Pyrimidinen und Purinen befasst sich ▶ Kap. 31.

Schwerpunkte

30.1 Die Biosynthese von Pyrimidinnucleotiden
- Synthese des Pyrimidinrings aus Aspartat und Carbamylphosphat, im Unterschied dazu Beginn der Neusynthese des Puringerüsts mit der aktivierten Ribose PRPP
- Pyrimidinbiosynthese durch multifunktionelle Enzyme

30.2 Biosynthese von Desoxyribonucleotiden
- Reduktion der 2′-OH-Gruppe in Ribonucleosiddiphosphaten zu 2′-Desoxyribonucleosiddiphosphaten durch die Ribonucleotidreduktase

30.3 Regulation der Biosynthese von Pyrimidinnucleotiden
- Komplexe allosterische Regulation von Pyrimidinbiosynthese und Ribonucleotidreduktase

30.4 Wiederverwertung von Pyrimidinen
- Effektive Wiederverwertungsmechanismen für Pyrimidine auf der Ebene der Nucleoside

30.1 Biosynthese von Pyrimidinnucleotiden

❯ Aspartat und Carbamylphosphat liefern die Kohlenstoff- und Stickstoffatome des Pyrimidinrings.

Das Pyrimidingerüst wird aus **Aspartat** und **Carbamylphosphat** aufgebaut (◘ Abb. 30.1):
Die Synthese beginnt mit Carbamylphosphat, welches aus Glutamin, Bicarbonat und zwei ATP mithilfe der Carbamylphosphatsynthetase 2 gebildet wird.
- Durch Kondensation von Aspartat mit Carbamylphosphat entsteht **Carbamylaspartat** (Ureidosuccinat), das damit bereits die Atome 1–6 des Pyrimidinrings enthält.
- Durch Wasserabspaltung zwischen der endständigen Carboxylgruppe und der NH_2-Gruppe des Carbamylaspartats wird **Dihydroorotat** gebildet. Damit ist das Grundgerüst der Pyrimidine synthetisiert.
- Durch die Dihydroorotatdehydrogenase der inneren Mitochondrienmembran entsteht **Orotat**.
- Orotat reagiert mit PRPP zum **Orotidin-5′-Monophosphat** (OMP). Im Gegensatz zur Purinbiosynthese, die von Anfang an in Form des entsprechenden Nucleotids erfolgt (◘ Abb. 29.3), kommt es bei der Pyrimidinbiosynthese erst relativ spät zur Anlagerung eines Ribosephosphats.
- Durch Decarboxylierung von OMP wird **Uridinmonophosphat** (UMP, Uridylat) gebildet, das den Grundbaustein für die anderen Nucleotide der Pyrimidinreihe zur Verfügung stellt.

❯ Aus UMP entstehen die weiteren Pyrimidinnucleotide.

◘ Abb. 30.2 gibt einen Überblick über die Biosynthese der weiteren Pyrimidinnucleotide aus UMP. Dieses kann in zwei ATP-abhängigen Reaktionen zu **Uridindiphosphat** (UDP) und **Uridintriphosphat** (UTP) mithilfe spezifischer Kinasen phosphoryliert werden. Durch die CTP-Synthetase wird die Amidogruppe von Glutamin auf das C-Atom in Position 4 des UTP übertragen, wo-

Ergänzende Information Die elektronische Version dieses Kapitels enthält Zusatzmaterial, auf das über folgenden Link zugegriffen werden kann https://doi.org/10.1007/978-3-662-60266-9_30. Die Videos lassen sich durch Anklicken des DOI Links in der Legende einer entsprechenden Abbildung abspielen, oder indem Sie diesen Link mit der SN More Media App scannen.

P. C. Heinrich et al. (Hrsg.), *Löffler/Petrides Biochemie und Pathobiochemie*, https://doi.org/10.1007/978-3-662-60266-9_30

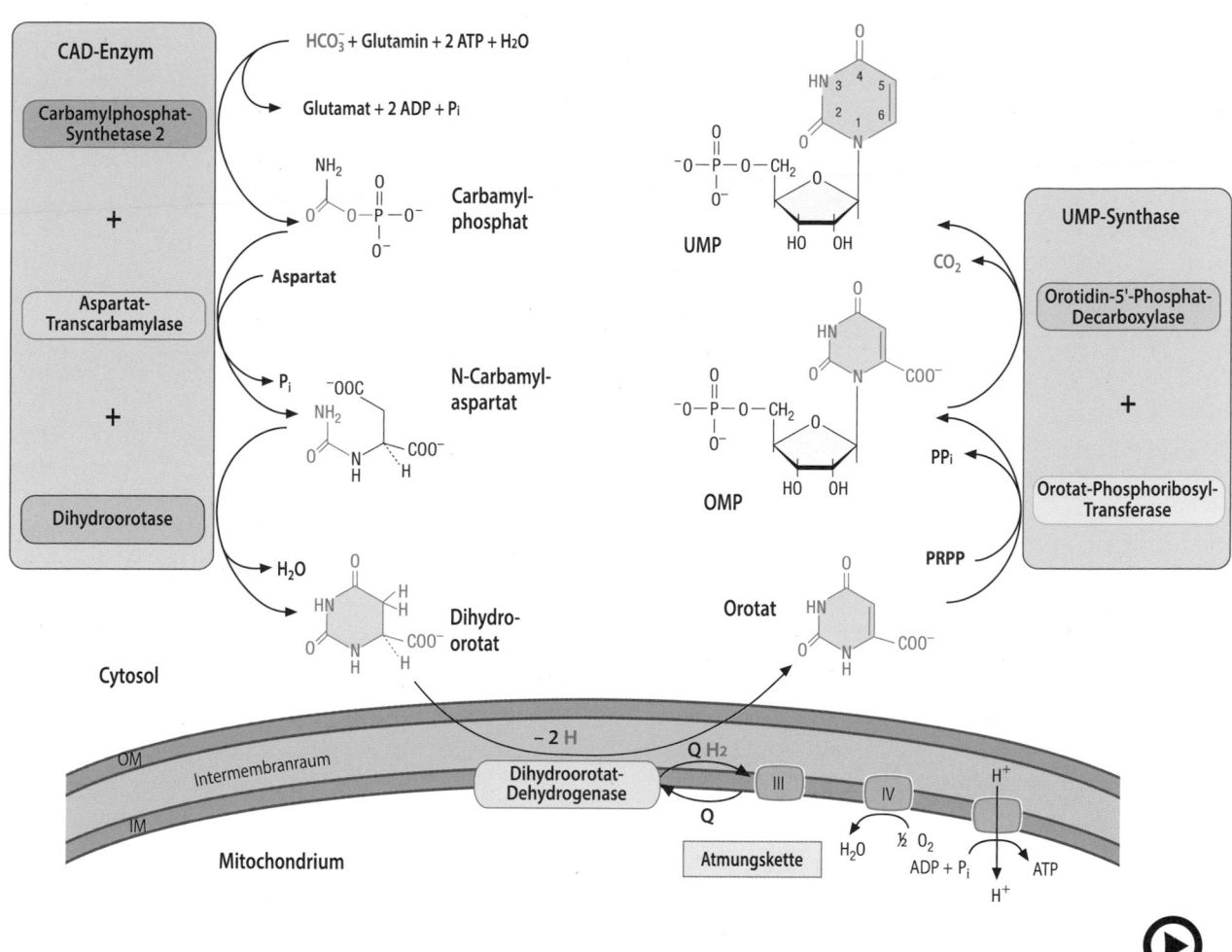

◻ Abb. 30.1 (Video 30.1) **Reaktionen der Pyrimidinbiosynthese**. *OM*: äußere Mitochondrienmembran; *IM*: innere Mitochondrienmembran; *Q*: Ubichinon; *QH₂*: Ubihydrochinon. (Einzelheiten s. Text) (▶ https://doi.org/10.1007/000-5hx)

bei **Cytidintriphosphat** (CTP) entsteht. Über die Biosynthese von Thyminnucleotiden s. ▶ Abschn. 30.2.

❯ Auch für die Pyrimidinbiosynthese werden multifunktionelle Enzyme verwendet.

Im Gegensatz zu Prokaryonten und niederen Eukaryonten werden bei Vertebraten für die sechs Reaktionen der Pyrimidinbiosynthese lediglich drei Enzymproteine benötigt, von denen zwei multifunktionelle Proteine sind:
— Das vom sog. CAD-Gen (auf Chromosom 2) codierte trifunktionelle **CAD-Enzym** ist im Cytosol lokalisiert und enthält in seinen drei Domänen eine *C*arbamylphosphatsynthetase-, eine *A*spartattranscarbamylase- und eine *D*ihydroorotase-Aktivität. Von besonderem Interesse ist die Carbamylphosphatsynthetase-Aktivität, die auch als **Carbamylphosphatsynthetase 2** bezeichnet wird. Im Gegensatz zu der Carbamylphosphatsynthetase 1 des Harnstoffzyklus ist bei ihr der Donor für die NH_2-Gruppe

des Carbamylphosphats nicht Ammoniak, sondern die Amidgruppe der Aminosäure Glutamin, sodass die **Carbamylphosphatsynthetase 2** eine **Glutaminase** als zusätzliche Domäne enthält. Die von diesem Enzym katalysierte Reaktion lautet:

$$Glutamin + HCO_3^- + 2\,ATP + H_2O \rightarrow$$
$$Carbamylphosphat + Glutamat + 2\,ADP + P_i \quad (30.1)$$

— Die **Dihydroorotatdehydrogenase** (Gen auf Chromosom 16) ist ein aus einer Peptidkette bestehendes Flavinenzym (FMN). Es ist in der inneren Mitochondrienmembran lokalisiert und benutzt unmittelbar das Ubichinon (Q) der Atmungskette als Elektronenakzeptor.
— Für die letzten beiden Teilreaktionen wird ein von einem Gen auf Chromosom 3 codiertes bifunktionelles Enzym verwendet, das als **UMP-Synthase** bezeichnet wird. Es verfügt über eine **Orotat-Phosphoribosyltransferase** sowie eine

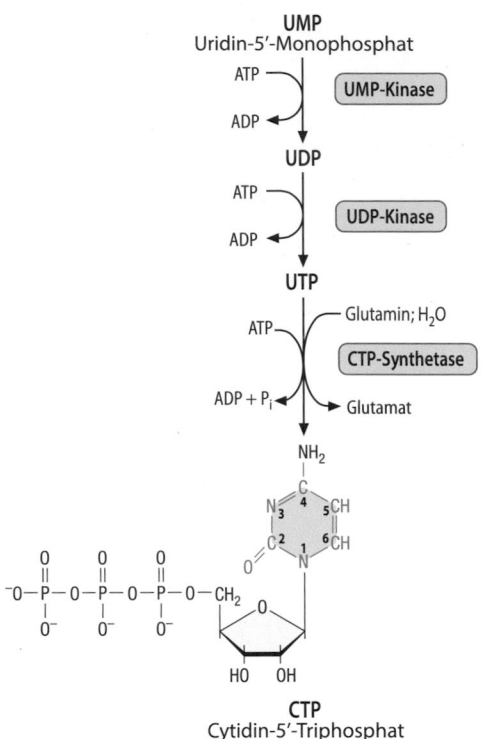

□ Abb. 30.2 Biosynthese von Uridindiphosphat, Uridintriphosphat und Cytidintriphosphat (Einzelheiten s. Text)

OMP-Decarboxylase-Domäne und ist wiederum im Cytosol lokalisiert (□ Abb. 30.1).

30.2 Biosynthese von Desoxyribonucleotiden

❯ Die Ribonucleotidreduktase katalysiert die Reduktion der Ribose von Ribonucleosiddiphosphaten zu Desoxyribose.

Die Existenz zweier verschiedener Zucker in den Nucleotiden, die zum Aufbau von RNA und DNA dienen, ist von grundsätzlicher Bedeutung (▶ Abschn. 3.4.1). RNA-Stränge sind – bedingt durch die Reaktivität der den Phosphorsäurediesterbindungen benachbarten 2'-OH-Gruppen der Ribose – hydrolyseempfindlich. Durch Verwendung der Desoxyribose an Stelle der Ribose konnte die viel stabilere DNA als genetisches Material entstehen. Da allerdings 2-Desoxyribose in freier Form ein wenig stabiler Zucker ist und im Stoffwechsel nicht vorkommt, ist die enzymatische Umwandlung von Ribonucleotiden zu entsprechenden Desoxyribonucleotiden ein essenzieller Biosyntheseschritt für alle Lebewesen.

Die irreversible Reaktion wird durch **Ribonucleotidreduktase** katalysiert. Reduktionsmittel sind kleine Redoxproteine mit Dicysteinzentren wie Glutaredo-

xin (Grx) oder alternativ Thioredoxin (Trx), die ihrerseits aus der oxidierten (= Disulfid) Form durch NADPH-abhängige Reduktasen (insbesondere Glutathionreduktase) regeneriert werden (□ Abb. 30.3):

$$\text{Ribonucleosiddiphosphat} + \text{Grx}(\text{SH})_2 \rightarrow$$
$$2' - \text{Desoxyribonucleosiddiphosphat} + \text{Grx} - \text{S}_2 + \text{H}_2\text{O}$$

(30.2)

Ungeachtet dieser einfachen Summengleichung handelt es sich um eine komplizierte Reaktion, da die Reduktion (Abtrennung der OH-Gruppe aus einem Zuckermolekül und Ersatz durch H) unter physiologischen Bedingungen nur mit radikalischen Zwischenstufen, d. h. Übertragung einzelner Elektronen anstelle von Elektronenpaaren, möglich ist.

Reaktionsmechanismus der Ribonucleotidreduktasen Die Ribonucleotidreduktasen eukaryontischer Zellen einschließlich des Menschen bestehen aus zwei sehr unterschiedlichen, jeweils dimeren Proteinuntereinheiten R1 und R2. Die R1-Untereinheiten besitzen Bindungsstellen für die vier Ribonucleosiddiphosphat-Substrate und für andere Nucleotide als allosterische Effektoren (s. u.) sowie drei essenzielle Cysteinreste mit **Thiolgruppen** (–SH). Die R2-Untereinheiten enthalten proteingebundene **Eisenzentren** vom Typ „Fe-O-Fe" und ein langlebiges **Tyrosylradikal** Tyr-O•. Dieses wird am Phenolring eines Tyrosinrestes im Protein oxidativ durch Sauerstoff und das Eisenzentrum erzeugt und stabilisiert. In einer für Enzymmechanismen sehr ungewöhnlichen, sich über beide Untereinheiten erstreckenden Radikalkettenreaktion laufen mehrere schnelle Ein-Elektronenübertragungen ab. Der Ablauf an der R1-Untereinheit ist im Folgenden beschrieben (□ Abb. 30.3):

Das Tyrosylradikal (Tyr-O•) in R2 (wird nicht gezeigt) abstrahiert das Wasserstoffatom eines einzelnen Cysteinrestes in R1 und erzeugt dort ein kurzlebiges **Thiylradikal–S •** (Ziffer 1).

- Dieses abstrahiert das Wasserstoffatom in Position 3' eines Ribonucleotidsubstrats (Ziffer 2) und wird zum Thiol (Ziffer 3), das Nucleotid zu einem kurzlebigen Substratradikal (Ziffer 4).
- Nach Protonierung der OH-Gruppe am C2'-Atom des Substrats (Ziffer 4) tritt Wasser aus (Ziffer 5) und es entsteht ein positiv geladenes Radikal (Ziffer 6). Dieses Radikal ist mesomeriestabilisiert (die mesomeren Grenzstrukturen sind in □ Abb. 30.3 nicht dargestellt).
- Vom reduzierten Dicysteinzentrum in R1 gehen über ein Radikalanion als Zwischenstufe insgesamt ein Wasserstoffatom und ein Elektron als Reduktionsmittel stereospezifisch auf Position C2' des Substratradikals (Ziffer 6) über und es entsteht ein **Produktradikal** (Ziffer 7). Die Cysteine sind nun zum Disulfid

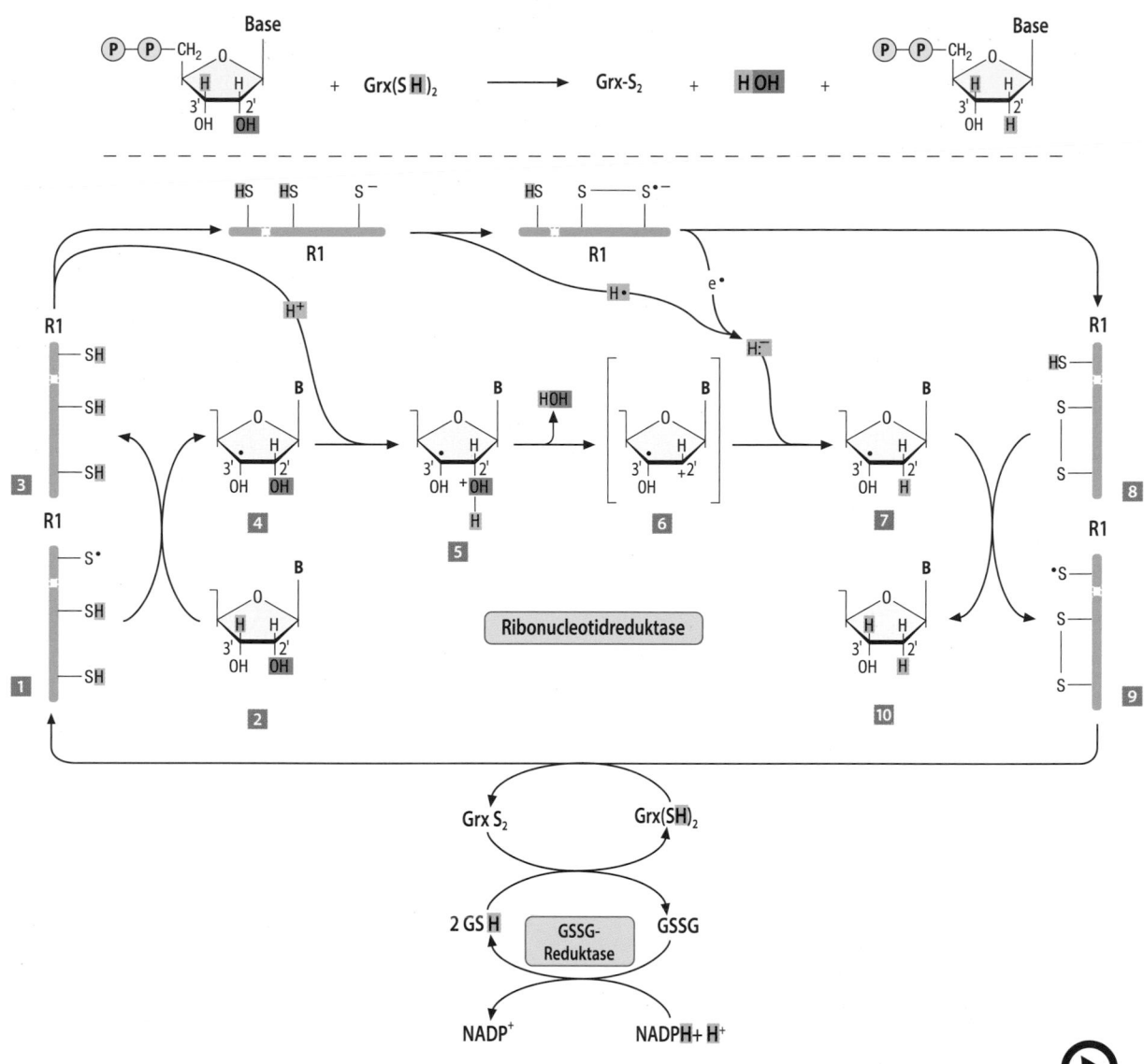

Abb. 30.3 (Video 30.2) **Mechanismus der Ribonucleotidreduktase. Oben: Nettoreaktion der Desoxyribonucleotidbildung.** *Mitte*: Der Austausch der Hydroxylgruppe (*rot*) an C2′ des Riboserestes eines Substratmoleküls gegen Wasserstoff (*blau*) geschieht in Ein-Elektronenschritten über radikalische Zwischenstufen des Nucleotidsubstrats und der Cysteinreste des Enzyms (R1-Untereinheit). Die kurzlebigen Zwischenstufen sind nicht isolierbar, aber durch Experimente mit Wasserstoffisotopen (Deuterium und Tritium) und Elektronenspinresonanz (ESR)-spektroskopisch belegt. *Unten*: Die Regeneration des reduzierenden Dicysteinzentrums von R1 geschieht durch reduziertes Glutaredoxin, Grx(SH)₂. Das oxidierte GrxS₂ wird von Glutathion (GSH) reduziert. Schließlich reduziert die Glutathionreduktase das GSSG mithilfe von NADPH+H⁺. (Einzelheiten s. Text) (▶ https://doi.org/10.1007/000-5hw)

oxidiert und müssen durch reduziertes Glutaredoxin (Grx) regeneriert werden.

— Das einzelne Cystein auf R1 (Ziffer 8) überträgt sein H (*grün*) radikalisch auf C3′ des Produktradikals zurück und wird dadurch wieder zum Thiylradikal (Ziffer 9). Desoxyribose (Ziffer 10) ist als Endprodukt der Reaktion entstanden.

Der beschriebene radikalische Mechanismus der Ribonucleotidreduktase in der DNA-Vorläufersynthese erklärt, warum bestimmte Chemikalien, die als „Radikalfänger" (Ein-Elektronen-Akzeptoren) wirken, Inhibitoren der DNA-Synthese und des Zellzyklus sind. Besonders wirksam sind Hydroxyharnstoff (NH₂-CO-NH-OH) und seine Derivate (▶ Kap. 31, ◼ Abb. 31.1). Solche Substanzen sind daher auch von chemotherapeutischem Interesse.

Die durch die Ribonucleotidreduktase gebildeten Desoxyribonucleosiddiphosphate werden mithilfe von ATP durch entsprechende Nucleosiddiphosphatkinasen in die Desoxyribonucleosidtriphosphate umgewandelt:

$$\text{dNDP} + \text{ATP} \rightarrow \text{dNTP} + \text{ADP} \tag{30.3}$$

❯ Thyminnucleotide entstehen durch Methylierung von Desoxyuridinmonophosphat.

Bezeichnend für den Unterschied zwischen DNA und RNA ist nicht nur, dass die DNA 2′-Desoxyribose enthält, sondern auch die Base **Thymin** (5-Methyluracil) anstelle des in der RNA typischerweise vorkommenden Uracils (▶ Abschn. 3.4 bzw. ▶ 10.1).

Das für die Biosynthese der Thyminnucleotide verantwortliche Enzym ist die **Thymidylatsynthase**, die folgende Reaktion katalysiert:

$$dUMP + N^5,N^{10} - Methylentetrahydrofolat$$
$$\rightarrow dTMP + Dihydrofolat \qquad (30.4)$$

❑ Abb. 30.4 zeigt die bei der Thymidylatsynthese ablaufenden Teilreaktionen:
- Der Donor der Methylgruppe ist das N^5,N^{10}-Methylentetrahydrofolat (N^5,N^{10}-THF). Da dieses

jedoch eine höhere Oxidationsstufe aufweist als eine Methylgruppe, liefert das reduzierte Pteridingerüst des N^5,N^{10}-Methylentetrahydrofolats auch noch Wasserstoff und Elektronen, sodass es nach der Thymidylatbildung als **Dihydrofolat** (DHF) vorliegt (▶ Abschn. 59.8).
- Durch die als Hilfsenzym wirkende **Dihydrofolatreduktase** wird DHF mithilfe von NADPH/H$^+$ in Tetrahydrofolat (THF) umgewandelt.
- THF kann unter Katalyse der Serin-Hydroxymethyltransferase einen -CH$_2$OH-Rest des Serins aufnehmen und liegt nach Wasserabspaltung wieder als N^5,N^{10}-Methylentetrahydrofolat vor (▶ Abschn. 59.8).

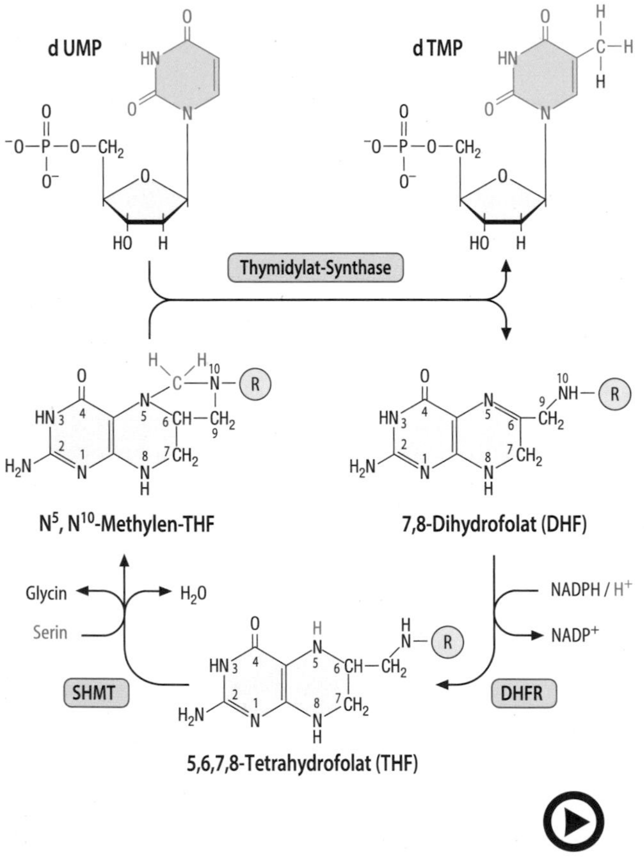

Damit ist die Geschwindigkeit der Thyminnucleotidbiosynthese eng mit dem Stoffwechsel der Folsäure verknüpft. Bei jeder Verminderung des Folsäureangebotes bzw. der zur Verfügung stehenden Folsäure muss es zu einer Störung der Thyminnucleotidbiosynthese und damit v. a. der DNA-Replikation kommen.

❑ **Abb. 30.4** (Video 30.3) **Mechanismus der Thymidylatsynthase.** Bei der Umwandlung des Methylenrestes des N^5,N^{10}-Methylentetrahydrofolats (N^5,N^{10}-THF) in die Methylgruppe des Thymidylats werden Reduktionsäquivalente aus der Tetrahydrofolsäure benötigt. Dies führt zur Dehydrierung/Oxidation der Tetrahydrofolsäure zu Dihydrofolsäure (DHF). Durch die Dihydrofolatreduktase (DHFR) entsteht Tetrahydrofolsäure (THF), die mit der Serin-Hydroxymethyltransferase (SHMT) und Serin in N^5,N^{10}-Methylen-THF umgewandelt wird. (Einzelheiten s. Text) (▶ https://doi.org/10.1007/000-5hv)

> **Zusammenfassung**
> Bei Eukaryonten liegen die für die Pyrimidinbiosynthese benötigten Enzymaktivitäten überwiegend als Domänen multifunktioneller Proteine vor. Die Biosynthese von Pyrimidinnucleotiden läuft in verschiedenen Zellkompartimenten ab. Sie ist im Vergleich zu derjenigen von Purinnucleotiden einfacher und energiesparender:
> - Aus Carbamylphosphat und Aspartat entsteht Carbamylaspartat, aus dem unter Wasserabspaltung und Oxidation Orotat gebildet wird.
> - Orotat reagiert mit PRPP zum OMP, aus dem durch Decarboxylierung UMP entsteht.
> - UTP übernimmt die Amidogruppe des Glutamins, wobei CTP entsteht.
> - dUMP wird mit N^5,N^{10}-Methylen-THF zu dTMP methyliert.
> - Die NADPH-abhängige Reduktion von Pyrimidin- und Purinribonucleotiden zu Desoxyribonucleotiden wird durch die Ribonucleotidreduktase katalysiert.

30.3 Regulation der Biosynthese von Pyrimidinnucleotiden

❯ Die Pyrimidinbiosynthese wird auf der Stufe des trifunktionellen CAD-Enzyms reguliert.

Bei Prokaryonten ist das hierfür verantwortliche allosterisch regulierte Enzym die Aspartattranscarbamylase (▶ Abschn. 30.1), bei Eukaryonten ist es dagegen das

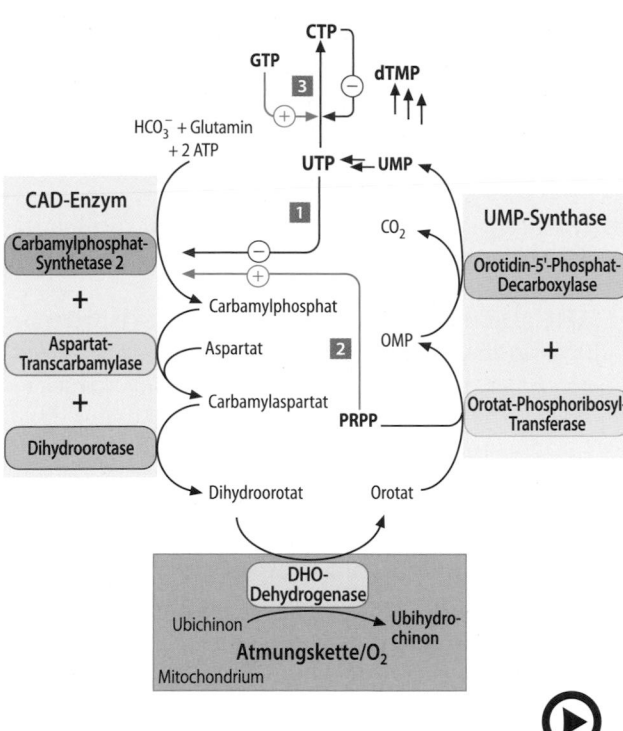

◧ Abb. 30.5 (Video 30.4) **Regulation der Pyrimidinbiosynthese.** (Einzelheiten s. Text) (▶ https://doi.org/10.1007/000-5hy)

erste für die Pyrimidinbiosynthese spezifische Enzym, die **Carbamylphosphatsynthetase-2-Aktivität** des CAD-Proteins (◧ Abb. 30.5). Diese wird durch UTP als Endprodukt der Biosynthesekettc gehemmt (Ziffer 1). PRPP ist dagegen ein wirksamer allosterischer Aktivator (Ziffer 2). Für eine Koordination von Purin- und Pyrimidinbiosynthese sorgt auch die **CTP-Synthetase**, die durch GTP allosterisch aktiviert und durch ihr Produkt CTP gehemmt wird (Ziffer 3).

❯ Um die Biosynthese von Nucleinsäuren zu gewährleisten, müssen Purin- und Pyrimidinbiosynthese koordiniert ablaufen.

Regulation der Purin- und Pyrimidinbiosynthese In ruhenden oder voll differenzierten Zellen ist die Geschwindigkeit der *de novo*-Biosynthese von Purin- und Pyrimidinnucleotiden relativ gering, da ein großer Teil des Bedarfs über die Wiederverwertungsmechanismen (▶ Abschn. 29.3 und 30.4) gedeckt werden kann. Für proliferierende Zellen muss beim Übergang von der G_1-Phase in die S-Phase des Zellzyklus (▶ Abschn. 43.1) gewährleistet sein, dass Nucleinsäurevorstufen in erhöhtem Umfang und in richtigen stöchiometrischen Verhältnissen zueinander synthetisiert werden können. Dem PRPP kommt dabei nicht nur die Rolle eines Substrates, sondern auch die eines allosterischen Aktivators für die Pyrimidin- und Purinbiosynthese zu. Besonders gut ist

dies für die Pyrimidinbiosynthese untersucht. So konnte gezeigt werden, dass für den Übergang von der G_1- in die S-Phase benötigte Wachstumsfaktoren (z. B. EGF, ▶ Abschn. 43.4) eine Phosphorylierung des CAD-Enzyms über eine Aktivierung von MAP-Kinasen bewirken. Dadurch wird die **Stimulierbarkeit des CAD durch PRPP** erhöht und die **Hemmbarkeit durch UTP** erniedrigt. Eine deutliche Aktivitätszunahme der Enzyme der Purinbiosynthese, der Ribonucleotidreduktase, der Thymidylatsynthase, der Dihydrofolatreduktase und der Thymidinkinase 1 findet ebenfalls beim Übergang in die S-Phase des Zellzyklus statt. Hierbei spielen in diesem Stadium des Zellzyklus aktivierte Transkriptionsfaktoren eine wichtige Rolle (▶ Abschn. 43.3). In der Pyrimidin- und Purinbiosynthese treten multiple Enzymformen (Isoformen) auf (▶ Abschn. 7.3). Insbesondere in Tumorzellen wurden CTP-Synthetase 2, Uridin-Phosphorylase 2, Uridin-Cytidinkinase 2 nachgewiesen. Isoformen der Inosinmonophosphat-Dehydrogenase und der PRPP-Synthetase sind ebenfalls bekannt. Ob diese nur zur Erhöhung der Gesamtaktivität der Nucleotidsynthese beitragen oder eine erweiterte physiologische Rolle spielen, ist noch nicht geklärt. Funktionen, die über die Teilnahme an der cytosolischen Purinbiosynthese hinausgehen, wurden zum Beispiel für IMP-Dehydrogenase und GMP-Synthetase, nachgewiesen („*moonlighting enzymes*" ▶ Abschn. 7.3). Die zusätzliche Lokalisation dieser Enzyme im Zellkern lässt zudem andere Regulationsmechanismen vermuten. In vielen Organismen und auch in humanen Zellen bilden CTP-Synthetase 1 und IMP-Dehydrogenase filamentöse Strukturen aus, sogenannte **Cytoophidia** oder *ring/rod-strucures*. Diese subzelluläre Organisation metabolischer Enzyme eröffnet eine neue Perspektive für die Anpassung von Enzymaktivitäten.

Regulation der Ribonucleotidreduktase Die Ribonucleotidreduktase muss die für die DNA-Biosynthese benötigten Desoxyribonucleosidtriphosphate im richtigen Verhältnis zueinander zur Verfügung stellen. Sie unterliegt deswegen einer besonders komplexen allosterischen Regulation. Die Aktivität der R1-Untereinheiten wird i. Allg. durch steigende zelluläre ATP-Konzentrationen stimuliert, während bei Anhäufung von Desoxyribonucleotiden (insbesondere dATP) eine Hemmung beobachtet wird. So werden Substratbedarf und Energiebedarf der DNA-Replikation während der S-Phase des Zellzyklus einander angepasst.

Regulation der Thymidylatsynthase Die Thymidylatsynthase hat eine wichtige Funktion für die Einstellung des Thyminnucleotid Spiegels in proliferierenden Zellen. Thyminmangel führt zum Zelltod durch Apoptose, ein Überschuss zum Stopp des Zellzyklus. Durch spezifische Bindung der Thymidylatsynthase an ihre eigene mRNA und an die mRNA des Tumorsuppressorproteins p53

30

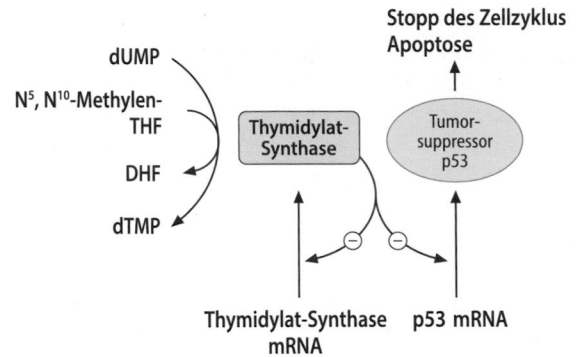

○ **Abb. 30.6** **Regulation der Thymidylatsynthase.** *p53:* Tumorsuppressorprotein p53 (Einzelheiten s. Text)

(▶ Kap. 52) wird die Translation beider Proteine vermindert (○ Abb. 30.6). Hierdurch wird zum einen eine überschießende Thyminnucleotidsynthese vermieden und zum anderen der durch p53 verursachte Stopp am G1/S-Übergang des Zellzyklus aufgehoben und ggf. die Einleitung einer Apoptose (▶ Kap. 51) verhindert.

Hemmstoffe der Pyrimidinsynthese werden im ▶ Abschn. 31.1 besprochen.

> **Zusammenfassung**
>
> Die Pyrimidinnucleotidbiosynthese wird durch allosterische Mechanismen reguliert:
> - Die Carbamylphosphatsynthetase 2 ist das Schlüsselenzym der Pyrimidinbiosynthese. UTP ist ein allosterischer Inhibitor, PRPP ein allosterischer Aktivator dieses Enzyms.
> - Die Ribonucleotidreduktase unterliegt einer komplexen allosterischen Regulation durch Ribo- und Desoxyribonucleotide.
> - Die Thymidylatsynthase unterliegt einer Translationskontrolle.

30.4 Wiederverwertung der Pyrimidine

Pyrimidin- und Purinnucleoside sowie Desoxynucleoside bzw. die entsprechenden Basen fallen beim **intrazellulären Abbau** von Nucleinsäuren an, außerdem werden sie bei der **intestinalen Resorption** von Nahrungsstoffen in den Organismus aufgenommen. Wiederverwertungsreaktionen gewährleisten, dass diese Verbindungen dem Organismus nicht verloren gehen. Dies ist besonders für die mit hohem Energieaufwand synthetisierten Purine wichtig (▶ Abschn. 29.1).

❯ Pyrimidine werden als Nucleoside wiederverwertet.

Pyrimidinnucleotide kommen in den Nucleinsäuren in etwa den gleichen Mengen vor wie Purinnucleotide. Ihre

tägliche Biosyntheserate liegt beim Menschen mit etwa 400–700 mg in der gleichen Größenordnung wie die der Purinnucleotide. Im Prinzip sind alle kernhaltigen Zellen zur *de novo*-Biosynthese von Pyrimidinnucleotiden imstande. Beim Abbau von Nucleinsäuren aus der Nahrung werden im Darm Pyrimidinnucleoside gebildet und resorbiert. Für diese gibt es in allen Zellen effektive Wiederverwertungssysteme. Das Enzym Uridin-Cytidinkinase phosphoryliert Ribonucleoside mit ATP zu den entsprechenden Mononucleotiden. Pharmakologisch wirksame Nucleosidanaloge können ebenfalls phosphoryliert werden (▶ Abschn. 31.1). Auch Desoxyribonucleoside werden durch Kinasen phosphoryliert. Der Mensch verfügt über cytosolische Desoxycytidinkinase und Thymidinkinase 1. Die mitochondriale Thymidinkinase 2 phosphoryliert sowohl Thymidin als auch Desoxcytidin. Die Rolle der Nucleosidtransporter wird in ▶ Kap. 31 betrachtet.

> **Zusammenfassung**
>
> Pyrimidine, die beim Abbau der Nucleinsäuren entstehen bzw. bei der intestinalen Resorption aufgenommen werden, können wiederverwertet werden:
> - Pyrimidine werden als Nucleoside wiederverwertet. Daran beteiligt sind die Enzyme Uridin-Cytidin-Kinase, Thymidinkinase und Desoxycytidinkinase.
> - Die cytosolische Desoxycytidinkinase ist zudem an der Wiederverwertung von Purindesoxynucleosiden beteiligt (▶ Abschn. 29.3).
> - Für die Wiederverwertung sind auch Nucleosidtransporter von Bedeutung.

30.5 Abbau von Pyrimidinnucleotiden

In Analogie zum Abbau der Purinnucleotide (▶ Kap. 29, ○ Abb. 29.8) werden die Pyrimidinnucleotide zunächst durch die 5′-Pyrimidinnucleotidase in die entsprechenden Nucleoside überführt. Diese können über das Blut zur Leber und Niere transportiert werden, wo im Wesentlichen der Abbau erfolgt. Cytidin wird mithilfe der Cytidindesaminase zu Uridin desaminiert. Anschließend erfolgt – ähnlich wie bei den Purinnucleosiden – die Phosphorolyse der Nucleoside Uridin und Thymidin zu Ribose-1-Phosphat bzw. Desoxyribose-1-Phosphat und den Basen Uracil bzw. Thymin. Ribose-1-Phosphat wird zu Ribose-5-Phosphat isomerisiert und dann dem Pentosephosphatweg zugeführt, wohingegen Desoxyribose-1-Phosphat durch eine Aldolase in Acetaldehyd und Glycerinaldehyd-3-Phosphat gespalten wird. Der weitere Abbau der Basen Uracil bzw. Thymin ist in ○ Abb. 30.7 dargestellt. Zunächst kommt es durch Reduktion zu **Dihydrouracil** bzw. **Dihydrothymin**. Durch Wasseranlagerung können nun die Pyrimidinringe zwischen den

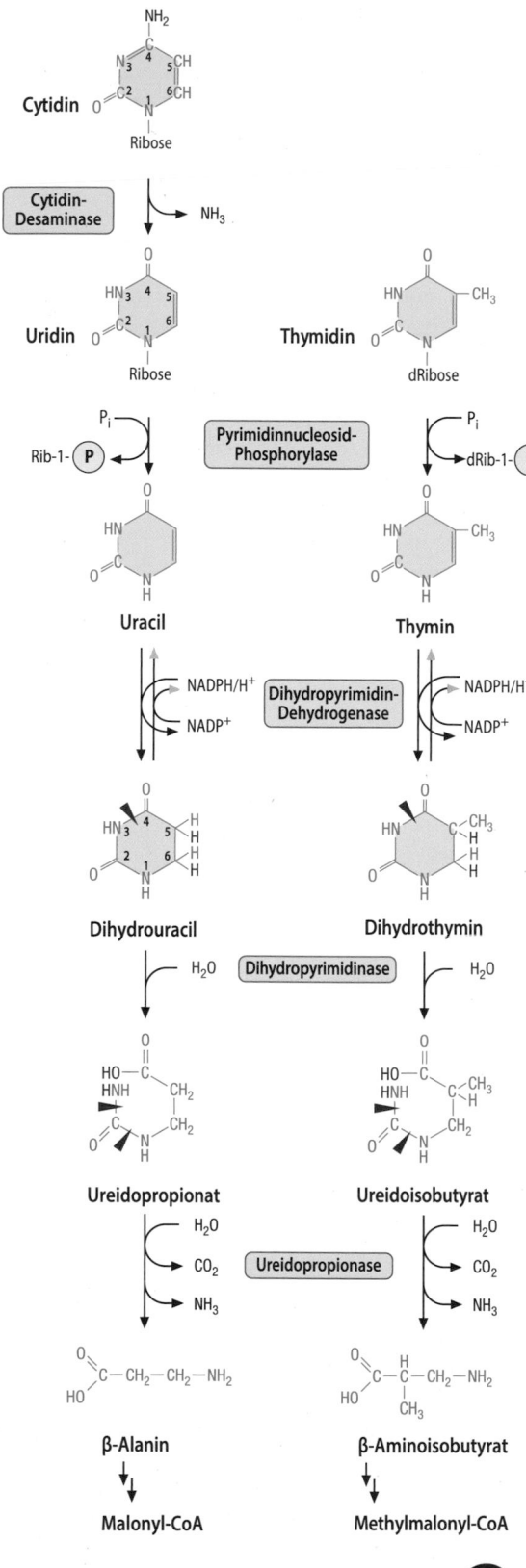

■ **Abb. 30.7** (Video 30.5) **Reaktionen des Pyrimidinabbaus.** (Einzelheiten s. Text) (▶ https://doi.org/10.1007/000-5hz)

Positionen 3 und 4 gespalten werden. Es entstehen **Ureidopropionat** aus Dihydrouracil bzw. **Ureidoisobutyrat** aus Dihydrothymin. Von beiden Verbindungen können CO_2 und NH_3 abgespalten werden, sodass β-Alanin bzw. β-Aminoisobutyrat entstehen. Diese werden nach Transaminierung, Oxidation und Aktivierung mit Coenzym A zu Malonyl-CoA bzw. Methylmalonyl-CoA umgewandelt. Die weitere Verstoffwechselung führt zu Acetyl-CoA bzw. Succinyl-CoA, die zur Energiegewinnung verwendet werden können. Hier besteht ein großer Unterschied zwischen Purin- und Pyrimidinabbau. Berücksichtigt man, dass auch während der Pyrimidinbiosynthese die ubichinonabhängige Oxidation des Dihydroorotats zu Orotat durch die Verknüpfung mit der Atmungskette ATP liefert (▶ Abschn. 30.1 und 19.1), stellt sich der gesamte Pyrimidinstoffwechsel als sehr ökonomisch dar.

Zusammenfassung
Pyrimidinnucleotide werden zu CO_2, Ammoniak, β-Alanin/β-Aminoisobutyrat abgebaut und weiter über Malonyl- und Succinyl-CoA zur Energiegewinnung verwendet.

Weiterführende Literatur

Monographien und Lehrbücher

Garrett RH, Grisham CM (2017) Biochemistry, 6. Aufl. Cengage Learning, Brooks Cole, Belmont
Löffler M, Carrey EA, Zameitat E (2015a) Essential role of mitochondria in pyrimidine metabolism. In: Mazurek S, Shoshan M (Hrsg) Tumor cell metabolism: pathways, regulation and biology. Springer, Wien, S 287–312
Voet D, Voet JG (2011) Biochemistry, 4. Aufl. Wiley, New York

Übersichtsartikel

Carreras CW (1995) The catalytic mechanism and structure of thymidylate synthase. Annu Rev Biochem 64:721–762
Del Cano-Ochoa F, Ramon-Maiques S (2021) Deciphering CAD: Structure and function of a mega-enzymatic pyrimidine factory in health and disease. Protein Sci 30:1995–2008
Eriksson S, Munch-Petersen B, Johansson K, Eklund H (2002) Structure and function of cellular deoxyribonucleoside kinases. Cell Mol Life Sci 59:1327–1346
Follmann H (2004) Deoxyribonucleotides: the unusual chemistry and biochemistry of DNA precursors. Chem Soc Rev 33:225–233
Jones ME (1980) Pyrimidine nucleotide biosynthesis in animals: genes, enzymes, and regulation of UMP biosynthesis. Annu Rev Biochem 49:253–279
Liu JL (2011) The enigmatic cytoophidium compartment of CTP synthetase via filament formation. BioEssays 33:59–164
Löffler M, Fairbanks L, Zameitat E, Marinaki T, Simmonds A (2005) Pyrimidine pathways in health and disease. Trends Mol Med 11:430–437
Löffler M, Carrey EA, Zameitat E (2015b) Orotic Acid, more than just an intermediate of pyrimidine de novo synthesis. J Genet Genomics 42:207–219

Löffler M, Carrey EA, Zameitat E (2018) New perspective on the roles of pyrimidines in the central nervous system. Nucleo Nucleot Nucleic 35:566–577

Lynch EM, Hick DR, Shepard M, Endrizzi JA, Maker A et al (2017) Human CTP synthase filament structure reveals the active enzyme conformation. Nat Struct Mol Biol 24:507–514

Mathews CK, Song S (2007) Maintaining precursor pools for mitochondrial DNA replication. FASEB J 21:2294–2303

Pizzorno G et al (2002) Homeostatic control of uridine and the role of uridine phosphorylase: a biological and clinical update. Biochem Biophys Acta 1587:133–144

Stubbe JA, Riggs-Gelasco P (1998) Harnessing free radicals: formation and function of the tyrosyl radical in ribonucleotide reductase. TIBS 23:438–443

Traut TW, Jones ME (1996) Uracil metabolism - UMP synthesis from orotic acid to uridine and conversion to ß-alanine: enzymes and cDNA. Prog Nucleic Acid Res Mol Biol. 53:1–78

Originalarbeiten

Ben-Sahra I, Howell JJ, Asara JM, Manning BD (2013) Stimulation of de novo pyrimidine synthesis by growth signalling through mTOR and S6K1. Science 339:1323–1328

Chu E, Copur SM, Ju J, Chen TM, Khleif S et al (1999) Thymidylate synthase protein and p53 mRNA form an in vivo ribonucleoprotein complex. Mol Cell Biol 19:1582–1594

Gokare P, Finnberg NK, Abbosh PH, Dai J, Murphy ME et al (2017) P53 represses pyrimidine catabolic gene dihydropyrimidine dehydrogenase (DPYD) expression in response to thymidylate synthase (TS) targeting. Sci Rep 7:9711–9723

Robitaille AM, Christen S, Shimobayashi M, Cornu M, Fava LL et al (2013) Quantitative phosphoproteomics reveal mTORC1 activates de novo pyrimidine synthesis. Science 339:1320–1323

Sigoillot FD, Evans DR, Guy HI (2002) Growth dependent regulation of mammalian pyrimidine biosynthesis by the protein kinase A and MAPK signaling cascades. J Biol Chem 277:15745–15751

Van Kuilenburg AB, Meinsma R, Vreken P, Waterham HR, van Gennip AH (2000) Idenfication of a cDNA encoding an isoform of human CTP synthetase. Biochem Biophys Acta 1492:548–552

Willer GB, Lee VM, Gregg RG, Link BA (2005) Analysis of the Zebrafish perplexed mutation reveals tissue-specific roles for de novo pyrimidine synthesis during development. Genetics 170:1827–1837

Pathobiochemie des Purin- und Pyrimidinstoffwechsels

Monika Löffler

Das folgende Kapitel befasst sich mit den verschiedenen Aspekten der Pathobiochemie von Purinen und Pyrimidinen. In den vorangegangenen Kapiteln wurden die Biosynthese, Regulation, Wiederverwertung und Abbau der Purine (▶ Kap. 29) und der Pyrimidine (▶ Kap. 30) besprochen. In der Einführung zu ▶ Kap. 29 wurde auf die verschiedenen Funktionen der Purine und Pyrimidine eingegangen. Es ist verständlich, dass Störungen der (normalen) Enzymaktivitäten im Purin- und Pyrimidinhaushalt Auswirkungen auf den Zellstoffwechsel haben müssen. Störungen können entweder genetisch bedingt oder eine Folge exogener Einflüsse – wie z. B. Pharmaka oder Ernährung – sein.

Schwerpunkte

31.1 Transport und Wirkung von Hemmstoffen der Purin- und Pyrimidinbiosynthese
- Inhibitoren der Purin- und Pyrimidinsynthese-Enzyme als Pharmaka zur klinischen Therapie

31.2 Störungen im Purinstoffwechsel
- Auswirkungen hereditärer Enzymdefekte des Purinstoffwechsels
- Primäre und sekundäre Hyperurikämien als Auslöser der Gicht
- Immundefekte infolge Adenosindesaminasemangel

31.3 Störungen im Pyrimidinstoffwechsel
- Auswirkungen hereditärer Enzymdefekte des Pyrimidinstoffwechsels
- Pyrimidinabbaustörungen als Ursache schwerer neurologischer Erkrankungen

31.1 Transport und Wirkung von Hemmstoffen der Purin- und Pyrimidinbiosynthese

31.1.1 Transport von Hemmstoffen über Nucleosidtransporter

In ◗ Abb. 31.1 sind wichtige Hemmstoffe der Purin- und Pyrimidinbiosynthese, die klinische Verwendung in der Tumortherapie, der Behandlung von Viruserkrankungen oder bei der Immunsuppression finden, zusammengestellt.

Oftmals handelt es sich dabei um Strukturanaloge von Nucleosiden, die mehr oder weniger spezifisch einzelne enzymatische Schritte der Purin- bzw. Pyrimidinbiosynthese hemmen und deswegen auch als **Antimetabolite** bezeichnet werden. Auch diese Strukturanaloga werden wie die physiologischen Nucleoside über **Nucleosidtransporter** in die Zellen aufgenommen. Bei der Wiederverwertung von Purinen und Pyrimidinen (▶ Abschn. 29.3 und 30.4) spielen Transportvorgänge eine wichtige Rolle. Die in der Plasmamembran lokalisierten Transporter für Nucleoside kommen in zwei Formen vor, Transport durch:
- **Erleichterte Diffusion** entlang eines Konzentrationsgradienten (▶ Abschn. 11.5). Derartige Transporter vom Typ ENT (*equilibrative nucleoside transport*) finden sich als integrale Membranproteine in allen Zellen.
- **Sekundär aktiver, natriumabhängiger Transport** gegen einen Konzentrationsgradienten (▶ Abschn. 11.5). Transporter des Typs CNT (*concentrative nucleoside transport*) sind vor allem im Intestinaltrakt, renalen Epithelien und der Leber vorhanden.

Ergänzende Information Die elektronische Version dieses Kapitels enthält Zusatzmaterial, auf das über folgenden Link zugegriffen werden kann https://doi.org/10.1007/978-3-662-60266-9_31. Die Videos lassen sich durch Anklicken des DOI Links in der Legende einer entsprechenden Abbildung abspielen, oder indem Sie diesen Link mit der SN More Media App scannen.

© Springer-Verlag GmbH Deutschland, ein Teil von Springer Nature 2022
P. C. Heinrich et al. (Hrsg.), *Löffler/Petrides Biochemie und Pathobiochemie*, https://doi.org/10.1007/978-3-662-60266-9_31

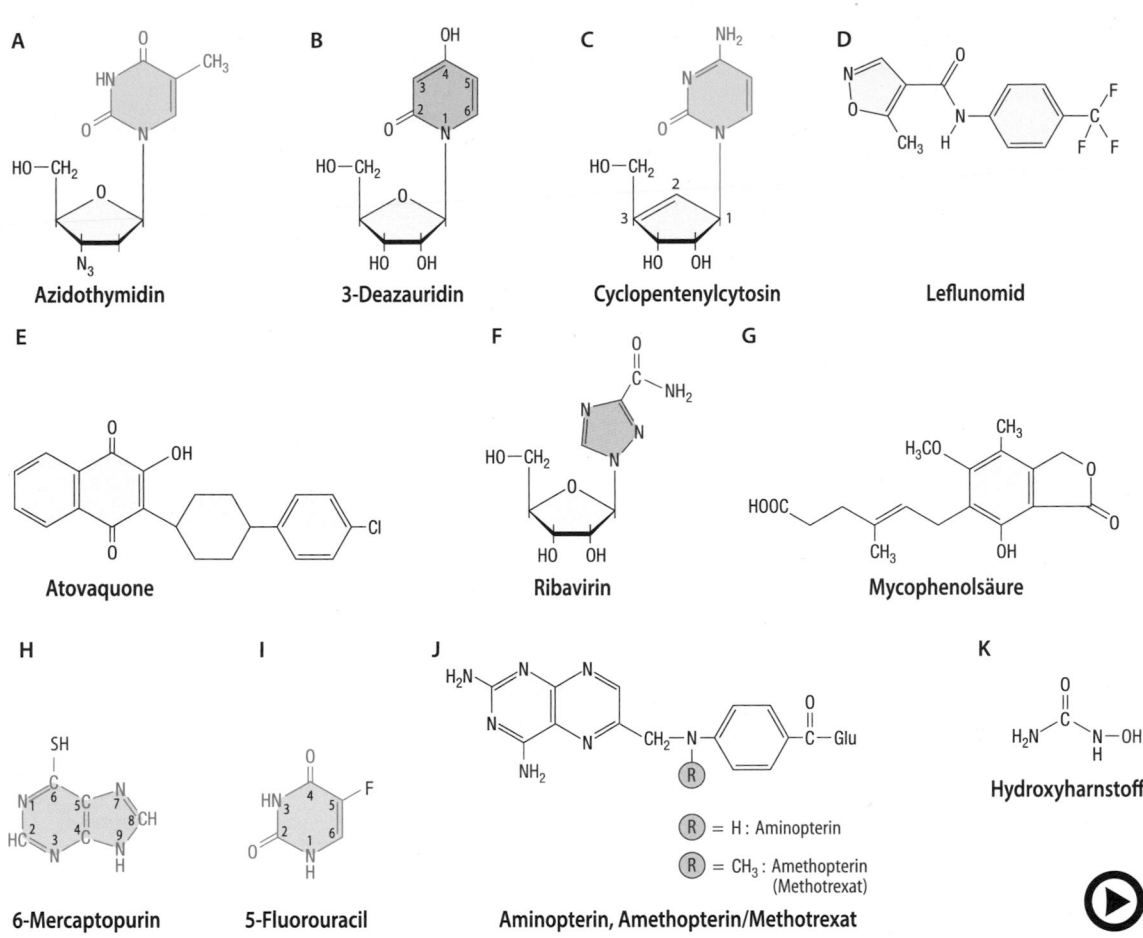

□ Abb. 31.1 (Video 31.1) Hemmstoffe der Pyrimidin- und Purinbiosynthese (▶ https://doi.org/10.1007/000-5j0)

Transporter vom Typ ENT1 gewährleisten auch die Aufnahme von Pyrimidin- und Purindesoxyribonucleosiden in die Mitochondrien. Die ständige Bereitstellung von DNA-Vorstufen ist essenziell, da die mtDNA der schädigenden Wirkung von reaktiven Sauerstoffspecies direkt ausgesetzt ist (▶ Abschn. 19.2.1). In der inneren Mitochondrienmembran befinden sich außerdem spezielle Transporter (PNC1, *pyrimidine nucleotide carrier*), die Pyrimidinribonucleotide translozieren können. Nucleosidtransporter der Plasmamembran und der Mitochondrienmembran spielen nicht nur für die Wiederverwertung von Purinen und Pyrimidinen (▶ Abschn. 29.3 und 30.4), sondern auch für die Aufnahme der zur Therapie eingesetzten cytostatisch und antiviral wirkenden Nucleosidanaloga eine bedeutende Rolle. Eine weitere Voraussetzung für die Wirksamkeit dieser Pharmaka ist die anschließende intrazelluläre Umsetzung durch die Wiederverwertungsenzyme, die nicht alle streng spezifisch für ihre physiologischen Substrate sind. Thymidinkinase phosphoryliert z. B. das über einen Nucleosidtransporter aufgenommene antiretrovirale AZT (3′-Azido-3′-Desoxy-Thymidin, Zidovudin) (□ Abb. 31.1A). Nach weiteren Phosphory-

lierungen zum Triphosphat (AZT-TP) wird dieses von der reversen Transkriptase der Retroviren als Substrat verwendet. Da die mitochondriale DNA-Polymerase γ (□ Tab. 44.3) ebenfalls durch AZT-TP gehemmt wird, kann es während der Therapie zu einer unerwünschten Abnahme von mtDNA kommen. Diese und andere Nebenwirkungen auf Mitochondrien (▶ Abschn. 19.2) haben die Entwicklung modifizierter antiviraler Wirkstoffe veranlasst. Andererseits wurden gezielt Hemmstoffe gegen Nucleosidtransporter entwickelt. Diese Substanzen können zum Beispiel die Aufnahme von Nucleosiden in die Zelle verhindern und somit ihre Verfügbarkeit für die Wiederverwertungsenzyme limitieren. Die Wirkung von Cytostatika, die in die Biosynthesen eingreifen, kann somit unterstützt werden.

31.1.2 Wirkung von Hemmstoffen der Pyrimidin- und Purinbiosynthese

Hemmstoffe der Pyrimidinbiosynthese (□ Abb. 31.1B–E) 3-Deazauridin und Cyclopentenylcytosin (□ Abb. 31.1B, C) werden nach Aufnahme in die Zielzellen phos-

phoryliert und sind dann kompetitive Hemmstoffe der CTP-Synthetase (◘ Abb. 30.2). Sie werden v. a. in Kombination mit anderen Cytostatika zur Tumortherapie eingesetzt. Die klinisch angewendeten Hemmstoffe der Dihydroorotat-Dehydrogenase (◘ Abb. 30.1) sind keine Strukturanalogen. Leflunomid (◘ Abb. 31.1D) dient zur Behandlung von Autoimmunerkrankungen, z. B. von rheumatoider Arthritis, und Atovaquone (◘ Abb. 31.1E) wirkt gegen den Malariaerreger *Plasmodium falciparum* und Infektionen mit *Pneumocystis carinii*.

Hemmstoffe der Thymidylatsynthese (◘ Abb. 31.1I) Diese bilden einen inaktiven Komplex mit dem Enzym Thymidylatsynthase. Besonders gut ist in dieser Beziehung das zur Chemotherapie angewendete 5-Fluorouracil (◘ Abb. 31.1I) untersucht. 5-Fluorouracil wird in proliferierenden Zellen durch die hohe Aktivität der Orotat-Phosphoribosyltransferase (◘ Abb. 30.1) zu 5-Fluoro-UMP umgesetzt. Zusätzlich kann 5-Fluorouridin aus 5-Fluorouracil und Ribose-1-Phosphat durch die Uridinphosphorylase hergestellt werden, die normalerweise im Abbauweg Uracil und Ribose-1-Phosphat aus Uridin und Phosphat bildet (◘ Abb. 30.7). Für die Cytotoxizität ist sowohl die Bildung von 5-Fluoro-dUMP als Inhibitor der Thymidylatsynthase (◘ Abb. 30.4) als auch die Bildung von 5-Fluoro-UTP durch Kinasen notwendig. Dieses wird anstelle von UTP zum Einbau in die RNA verwendet.

Hemmstoffe der Dihydrofolatreduktase (◘ Abb. 31.1J) Die Folsäureanaloga **Aminopterin** bzw. **Amethopterin/Methotrexat** verhindern die Regeneration des THF durch die Dihydrofolatreduktase (◘ Abb. 30.4) und erzeugen dadurch einen Mangel an Thyminnucleotiden.

Hemmstoffe der Ribonucleotidreduktase (◘ Abb. 31.1K) Der Hauptvertreter dieser Gruppe von Arzneimitteln ist der Hydroxyharnstoff, der in den radikalischen Mechanismus der Ribonucleotidreduktase (◘ Abb. 30.3) eingreift. Es kommt zu einer Verarmung der Zellen an Desoxyribonucleotiden. Bei Tumorzellen löst dies im Allgemeinen eine Wachstumsverlangsamung aus.

Hemmstoffe der Purinbiosynthese (◘ Abb. 31.1F–H) Für die spezifische Hemmung der Biosynthese von Purinen sind hochwirksame Antimetabolite entwickelt worden.

So führen Hemmstoffe der IMP-Dehydrogenase (◘ Abb. 29.4) zu einer Verarmung der Zellen an Guaninribo- und -desoxyribonucleotiden. Beispiele sind das Ribavirin (◘ Abb. 31.1F) und die Mykophenolsäure (◘ Abb. 31.1G). Ribavirin wirkt nach intrazellulärer Phosphorylierung zu Ribavirin-5-monophosphat als kompetitiver Hemmstoff der IMP-Dehydrogenase (◘ Abb. 29.4). Die Di- und Triphosphate des Riba-

virins hemmen zusätzlich verschiedene virale RNA Polymerasen. Mykophenolsäure wird sowohl in der Tumortherapie als auch zur Immunsuppression in Kombination mit anderen Wirkstoffen angewendet. 6-Mercaptopurin (◘ Abb. 31.1H) wird wie die Basen Adenin und Guanin wiederverwertet (◘ Abb. 29.6) und in die DNA eingebaut. Außerdem hemmen Metabolite des 6-Mercaptopurins die Synthese von GMP und AMP. Es wird direkt oder in Form eines *prodrug* (Arzneimittelvorstufe, aus der erst im Körper die wirksame Form gebildet wird) verabreicht. So wird z. B. Azathioprin, aus dem 6-Mercaptopurin freigesetzt wird, zur Tumortherapie verwendet. Zur Behandlung von Patienten mit chronisch-endzündlichen Darmerkrankungen und anderen Autoimmunerkrankungen wird ebenfalls Mercaptopurin bzw. Azathioprin herangezogen.

> **Zusammenfassung**
>
> Strukturanaloga von Pyrimidinen und Purinen werden mittels Nucleosidtransporter und Wiederverwertungsenzymen in den Zellstoffwechsel eingeschleust. Hemmstoffe der Pyrimidin- und Purinsynthese sind als Pharmaka zur Krebstherapie, Behandlung von Virusinfektionen und Immunsuppression zugelassen.

31.2 Störungen im Purinstoffwechsel

❯ Hyperurikämien können zur Gicht führen.

Infolge ihrer geringen Wasserlöslichkeit sind dem Transport der Harnsäure im Blut relativ enge Grenzen gesetzt. Schon der noch normale Serumharnsäurespiegel (ca. 0,4 mmol/l, entspricht 7 mg/dl) ist nur möglich, weil ein Teil der Harnsäure an Proteine gebunden ist. Vermindert sich die renale Ausscheidung oder fällt Harnsäure vermehrt im Stoffwechsel an, kommt es zur **Hyperurikämie**. Da ein niedriger pH-Wert und erniedrigte Temperatur die Löslichkeit noch weiter herabsetzen, kann es zur Entstehung von Natrium-Urat-Kristallen in Geweben mit einem hohen Gehalt an sauren Proteoglycanen und Kollagen kommen. Uratablagerungen in Gelenkflüssigkeit, Bindegewebe, Sehnenscheiden, Ohrknorpel, peripheren Gelenken und im Nierenmark bestimmen die klinische Symptomatik der **Gicht**, die häufig von akuten Entzündungsschüben mit starken Schmerzen begleitet ist. Man nimmt an, dass in Deutschland etwa 1–2 % der männlichen und bis zu 0,4 % der weiblichen Erwachsenen an einer unerkannten Gicht leiden. Bezeichnenderweise sinkt, ähnlich wie beim Diabetes mellitus (▶ Abschn. 36.7), die Gichthäufigkeit in Notzeiten auf Werte von 0,1–0,2 % der Bevölkerung. Offenbar

führt Luxuskonsum nicht nur zu einer Zunahme der Kohlenhydratstoffwechselstörungen, sondern – wahrscheinlich wegen des überhöhten Fleischkonsums – zu einem hohen Angebot an Purinbasen, deren Abbau bei entsprechender genetischer Konstellation eine Gicht auslösen kann.

Man unterscheidet primäre (familiäre) und sekundäre Hyperurikämien:

- Bei den **primären Hyperurikämien** handelt es sich um hereditäre Störungen des Purinstoffwechsels (◘ Tab. 31.1), wobei sowohl die Biosynthese als auch die Ausscheidung betroffen sein kann.
- Bei den **sekundären Hyperurikämien** liegt keine Störung im Bereich des Purinstoffwechsels vor. Hier ist das Krankheitsbild die Folge von Erkrankungen, bei denen durch vermehrten Zelluntergang ein Übermaß an Purinbasen zum Abbau gelangt, oder aber durch erworbene Nierenerkrankungen die Harnsäureausscheidung beeinträchtigt ist.

Primäre Hyperurikämie Die primäre Hyperurikämie ist durch eine allmähliche Zunahme der Gesamtmenge der im Körperwasser gelösten Harnsäure, also des Harnsäurepools, von normal 6 mmol (entsprechend ca. 1 g) bis auf 180 mmol und mehr gekennzeichnet. Mehrere ursächliche Faktoren sind als Auslöser dieses Krankheitsbildes bekannt. Oftmals kommt es zur Bildung von Ablagerungen, z. B. von Natrium-Urat oder dem ebenfalls schwer löslichen 2,8-Dihydroxyadenin, welches die Xanthindehydrogenase/Oxidase aus Adenin bilden kann (◘ Tab. 31.1).

Bei einem großen Teil der Betroffenen (75–80 %) handelt es sich um eine **renale Störung der Harnsäureausscheidung**. Im Vordergrund steht dabei eine gesteigerte tubuläre Rückresorption von Harnsäure. Da diese im Wesentlichen von der Aktivität des Urat-Anionenaustauschers URAT 1 (► Abschn. 29.4) abhängig ist, werden Regulationsstörungen diskutiert, die die Aktivität dieses Proteins erhöhen. Eine sehr seltene Erkrankung ist die **familiäre juvenile hyper-**

31

◘ **Tab. 31.1**   Hereditäre Störungen des Purinstoffwechsels (Auswahl)

Defektes Enzym	Auswirkungen
PRPP-Synthetase	Zunahme der Enzymaktivität: Hyperurikämie (◘ Abb. 29.2)
Glutamin-PRPP-Amidotransferase	Aufhebung der Rückkoppelungshemmung durch Purinnucleotide: Hyperurikämie (◘ Abb. 29.3, Ziffer 1, und ◘ Abb. 29.5)
Adenylosuccinatlyase	Abnahme der Enzymaktivität: psychomotorische Retardierung; epileptische Anfälle (◘ Abb. 29.4)
AICAR-Transformylase/IMP-Cyclohydrolase	Abnahme der Enzymaktivität: AICAR-Ribosidurie; neurologisches Krankheitsbild (◘ Abb. 29.3, Ziffer 9 + 10)
Xanthindehydrogenase/Oxidase	Zunahme der Enzymaktivität: Hyperurikämie; Abnahme der Enzymaktivität: Xanthinurie, Xanthinablagerungen, Nierenkoliken, Muskelkrämpfe (◘ Abb. 29.8, Ziffer 5); Abnahme der Enzymaktivität auch bei Molybdäncofaktormangel (► Abschn. 60.2.3)
Hypoxanthin-Guanin-Phosphoribosyltransferase	Abnahme der Enzymaktivität: Hyperurikämie; Fehlen der Enzymaktivität: schweres neurologisches Krankheitsbild, Lesh-Nyhan Syndrom (◘ Abb. 29.6, Ziffer 2)
Adenin-Phosphoribosyltransferase	Abnahme oder Fehlen der Enzymaktivität: Bildung von 2,8-Dihydroxyadenin; Ablagerungen mit Nierenschädigung (◘ Abb. 29.6, Ziffer 1)
Adenosindesaminase 1	Abnahme oder Fehlen der Enzymaktivität: Schwere Immundefizienz (◘ Abb. 29.8, Ziffer 2)
Adenosindesaminase 2	Abnahme oder Fehlen der Enzymaktivität: Systemische Vaskulitis, Haut, innere Organe, Gastrointestinaltrakt, ZNS betroffen
Adenosinkinase	Abnahme der Enzymaktivität: Methioninzyklus und Transmethylierungen gestört (► Abschn. 27.2.4); hepatische Enzephalopathie (► Abschn. 74.4.2), Krampfanfälle, Störungen kognitiver Funktionen
AMP-Desaminase	Abnahme oder Fehlen der Enzymaktivität im Muskel: Myopathien; neuromuskuläre Erkrankungen (◘ Abb. 29.7)
Purinnucleosidphosphorylase	Abnahme oder Fehlen der Enzymaktivität: Hypourikämie; Immundefizienz (◘ Abb. 29.8, Ziffer 3)
Desoxyguanosinkinase	Abnahme oder Fehlen der in den Mitochondrien lokalisierten Enzymaktivität: mtDNA Mangel; Leber-, Multiorganversagen (► Abschn. 29.3)
GLUT-9/SLC2A9	Mutationen im Transporter können renale Hypourikämie verursachen (► Abschn. 29.4)

urikämische Nephropathie. Es handelt sich um eine autosomal-dominant vererbte Erkrankung, die mit Hyperurikämie, verminderter Uratausscheidung im Urin und einer chronischen Nephropathie einhergeht und zum Nierenversagen führt.

Bei dem anderen, etwa 20–25 % umfassenden Teil der Patienten mit primärer Hyperurikämie beruht die Erkrankung nicht auf einer Störung der renalen Ausscheidung, sondern auf einer **gesteigerten Biosynthese von Purinen** aufgrund verschiedener Enzymdefekte. Eine Übersicht zu hereditären Störungen des Purinstoffwechsels gibt die �‌ Tab. 31.1:

— Am häufigsten ist ein Gen-Defekt der **Hypoxanthin-Guanin-Phosphoribosyltransferase** (◌ Abb. 29.6), der zur verminderten Aktivität des Enzyms führt. Deshalb kommt es zu einem durch einen Minderverbrauch ausgelösten Anstieg der PRPP-Konzentration und in der Folge zu einer Aktivierung der Glutamin-PRPP-Amidotransferase mit einer Steigerung der Purinbiosynthese (◌ Abb. 29.5). Insgesamt führt der Enzymdefekt zu einer schon im juvenilen Alter auftretenden Gicht, die sich dadurch auszeichnet, dass die Harnsäurekonzentration im Serum auch bei purinarmer Ernährung nicht absinkt.

— Vollständiges Fehlen der **Hypoxanthin-Guanin-Phosphoribosyltransferase** liegt beim **Lesch-Nyhan-Syndrom** vor. Das Krankheitsbild ist durch eine schwere Gicht und Nephrolithiasis gekennzeichnet. Zusätzlich findet sich ein neurologisches Krankheitsbild mit Spastik, verzögerter geistiger und motorischer Entwicklung und einer auffallenden Tendenz zur Selbstverstümmelung.

— Seltener ist ein Gendefekt mit verminderter Aktivität der Adenin-Phosphoribosyltransferase (◌ Abb. 29.6). Das anfallende Adenin kann hier durch die Xanthindehydrogenase/Oxidase zu 2,8-Dihydroxyadenin umgesetzt werden. Dieser schwer lösliche Metabolit wird im Blut fast ausschließlich proteingebunden transportiert, führt jedoch in der Niere zu Ablagerungen und progressiven Nierenschäden.

— Eine sehr seltene Enzymopathie ist eine Erhöhung der Harnsäurebildung infolge einer gesteigerten Aktivität der **PRPP-Synthetase wegen eines genetischen Defekts** (◌ Abb. 29.2).

— Darüber hinaus gibt es Fälle, bei denen die allosterische Hemmung der **Glutamin-PRPP-Amidotransferase** durch Guaninnucleotide (GMP und GDP) gestört ist (◌ Abb. 29.5).

Übrigens

Gichtfamilien. Die primäre Hyperurikämie ist eine hereditäre Stoffwechselstörung. Es gibt daher sog. „Gichtfamilien", wobei die Vererbung vornehmlich vom Vater auf den Sohn erfolgt. Dazu gehören die Medici, englische Könige und auch die Familie Hohenzollern:

— Friedrich Wilhelm (1620–1688), der Große Kurfürst. Mit 40 Jahren hatte er seinen ersten Gichtanfall. Seit dieser Zeit musste er wegen quälender Gelenkschmerzen pelzgefütterte Juchtenstiefel tragen. Er strapazierte seinen Stoffwechsel durch ein Übermaß von „köstlichen Speisen und edlen Weinen" und durch „Bechergelage, des Podagra nicht achtend". Als Podagra bezeichnet man einen akuten Gichtanfall am Großzehengrundgelenk oder am Großzehenendgelenk

(Podagra bedeutet „Steigbügel", da ein Betroffener nur schwer ein Pferd besteigen konnte).

— Friedrich I. (1657–1713), der erste Preußenkönig. Beim Feiern, im Essen wie im Trinken, entwickelte er dieselbe Leidenschaft wie sein Vater. Seit der Jugend hatte er Gichtanfälle.

— Friedrich Wilhelm I. (1688–1740), der Soldatenkönig. Die Gicht bereitete ihm derartige Qualen, dass er oftmals an den Rollstuhl gefesselt war und sich mit Abdankungsgedanken trug, denn „dieses Leiden unerträglich, aber viehisch ist."

— Friedrich II. (1712–1786), der Große. Als Neunundzwanzigjähriger bekam er den ersten Gichtanfall, die Krankheit begleitete ihn sein ganzes Leben lang.

Sekundäre Hyperurikämien **Für die Entstehung von sekundären,** d. h. **erworbenen Hyperurikämien** gibt es verschiedene Ursachen:

— Eine Überproduktion von Harnsäure kann die Folge eines gesteigerten Nucleinsäureumsatzes sein. Dieser tritt z. B. bei lymphatischen und myeloischen Leukämien, chronisch hämolytischen Anämien und der Psoriasis auf. Bei der Strahlen- und Chemotherapie von Tumoren kann es infolge der Gewebezerstörung zu einem starken Anstieg der Harnsäure im

Blut und zu Nierenschädigung kommen (**Tumorlyse-Syndrom**). Ein erhöhter Abbau von Adeninnucleotiden in der Leber wird als Ursache für den Anstieg des Blutharnsäurespiegels nach übermäßiger Aufnahme Fructose haltiger Nahrungsmittel angesehen.

— Eine gesteigerte *de novo*-Purinbiosynthese, die letztendlich zu einer Überproduktion von Harnsäure führen kann, findet sich beim hereditären Glucose-6-Phosphatase-Mangel (Glycogenose Typ 1

▶ Abschn. 17.2.1). Dieser Mangel führt dazu, dass sich Glucose-6-Phosphat in der Zelle anhäuft und deshalb vermehrt über die Glycogensynthese, den Pentosephosphatweg und die Glycolyse metabolisiert wird. Über den oxidativen Teil des Pentosephosphatweges kommt es dadurch zu einer gesteigerten Überführung von Glucose-6-Phosphat in Ribose-5-Phosphat und somit auch zu einer vermehrten PRPP-Bildung durch die PRPP-Synthetase (◘ Abb. 29.2). Die Hyperurikämie wird außerdem durch eine Lactatacidose infolge der hohen Glycolyse verstärkt. Ursache ist die gesteigerte Reabsorption der Harnsäure über das URAT1-Protein in der Niere (◘ Abb. 29.9).

— Eine **Verminderung der renalen Ausscheidung** als Ursache für die sekundäre Hyperurikämie findet sich bei verschiedenen Nierenerkrankungen, z. B. bei chronischen Nephropathien, bei Schwermetallvergiftungen oder der Schwangerschaftstoxikose (Stoffwechselstörungen während der Schwangerschaft).

— Die bei fortgeschrittenem Alkoholabusus oftmals bestehende **metabolische Acidose** wird als Mitursache für die ebenfalls häufig beobachteten Gichterkrankungen dieses Personenkreises angesehen, da hohe Lactat- und Ketosäurespiegel durch Stimulation des URAT1-Proteins die Rückresorption der Harnsäure fördern und somit die Eliminierung vermindern können (◘ Abb. 29.9). Auch bei nicht-behandeltem Typ-I-Diabetes ist infolge einer Acidose das Risiko einer Gichterkrankung erhöht.

❯ Hyperurikämien werden mit Diät und spezifischen Arzneimitteln behandelt

Zur korrekten Diagnose von harnsäurebedingten Erkrankungen sollte nicht nur der Harnsäurespiegel im Blut, sondern auch die Harnsäure-**Clearance** geprüft werden. Konzentrationsänderungen in Plasma und Urin müssen nicht immer gleichartig verlaufen. Folgende Maßnahmen eignen sich für die Behandlung von Hyperurikämien:

— **Diätetische Einschränkung** der Purinzufuhr, die durch Nahrungsmittel wie mageres Fleisch, Wild, Innereien, Krustentiere und Hülsenfrüchte besonders hoch ist.

— Gabe von sog. **Uricosurica**. Diese (z. B. Probenecid) hemmen die tubuläre Reabsorption von Harnsäure und führen auf diese Weise zu einem Anstieg der Uratausscheidung.

— Therapie mit **Uricostatika** wie zum Beispiel **Allopurinol** (◘ Abb. 31.2) und **Febuxostat**. Allopurinol wird als Strukturanalogon des Hypoxanthins von der Aldehydoxidase zu Oxypurinol umgesetzt. Oxypurinol hemmt ebenso wie Allopurinol die Xanthinoxidase.

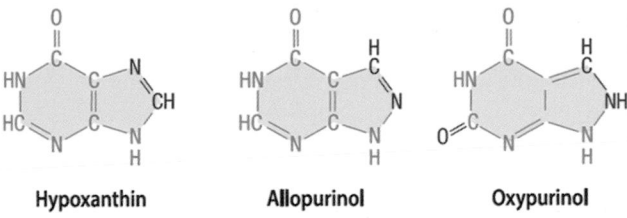

◘ **Abb. 31.2** Hypoxanthin, Allopurinol und Oxypurinol

Es ist aufgrund seiner sehr viel längeren Halbwertszeit für die über 24 h anhaltende Wirkung verantwortlich, zeigt jedoch auch einen Einfluss auf andere Enzyme wie zum Beispiel die UMP-Synthase (▶ Abschn. 31.3). Febuxostat ist kein strukturanaloges Purin. Es hemmt die Xanthindehydrogenase und Oxidase. Unter therapeutischen Dosen von Allopurinol oder Febuxostat kommt es zu einer deutlichen Verminderung der Harnsäureproduktion, gleichzeitig steigen Serumkonzentration und Urinausscheidung von Hypoxanthin und Xanthin an. Durch die Verteilung der Purinausscheidung auf drei Metabolite – Harnsäure, Hypoxanthin und Xanthin – wird das Risiko einer Überschreitung des Löslichkeitsprodukts dieser Stoffe und damit der Nierenschädigung vermieden.

— Eine Senkung akut hoher Harnsäurespiegel kann auch durch intravenöse Anwendung des harnsäurespaltenden Enzyms **Uricase** erfolgen.

Die Feststellung einer **erniedrigten Harnsäurekonzentration (Hypourikämie)** im Blut kann ebenfalls Störungen im Purinstoffwechsel anzeigen, z. B. einen Mangel an Purinnucleotidase, Purinnucleosidphosphorylase, Xanthindehydrogenase/Oxidase oder Molybdäncofaktor (◘ Abb. 29.9 und ◘ Tab. 31.1). Auch hereditäre Defekte im Harnsäurerücktransportsystem können eine Hypourikämie bedingen.

❯ Der hereditäre Adenosindesaminasemangel geht mit einem schweren Immundefekt einher

Die Adenosindesaminase katalysiert die Desaminierung von Adenosin und 2′-Desoxyadenosin zu den entsprechenden Inosinen hinweis auf ◘ Abb. 29.8 einfügen. Für das Enzym sind zwei Isoformen bekannt. Als relativ seltener hereditärer Enzymdefekt (Häufigkeit etwa 1:100.000 Geburten) kommt ein Mangel an Adenosindesaminase 1 vor. Dieser verursacht eine Akkumulierung von Adenosin und 2′-Desoxyadenosin in den Lymphocyten. Beide Verbindungen werden wiederverwertet und phosphoryliert, sodass sich schließlich ATP und dATP anhäufen. Da dATP der wichtigste allosterische Inhibitor der Ribonucleotidreduktase (▶ Abschn. 30.2) ist,

können die zur Lymphocytenproliferation notwendigen Desoxyribonucleotide nicht mehr erzeugt werden. Dies führt zu schwerem Immundefizienz-Syndrom *(SCID, severe combined immundeficiency syndrome)*. Ein hereditärer Mangel an Adenosindesaminase 2 verursacht abnorme Entzündungsreaktionen in verschiedenen Organen, im ZNS, Gastrointestinaltrakt und Blutgefäßsystem. Weltweit wird derzeit eine Reihe von Verfahren zur Gentherapie des Adenosindesaminasemangels getestet (▶ Abschn. 55.4).

31.3 Störungen im Pyrimidinstoffwechsel

Im gesamten Pyrimidinstoffwechsel sind bisher 12 genetische Defekte sicher erkannt (◘ Tab. 31.2).

Die am besten beschriebene genetische Erkrankung des Pyrimidinstoffwechsels ist die **hereditäre Orotacidurie**. Es handelt sich um eine relativ seltene Erkrankung, deren Ursache ein Defekt der bifunktionellen UMP-Synthase ist (◘ Abb. 30.1). Dabei ist die Aktivität der **Orotat-Phosphoribosyltransferase** nur noch in Spuren nachweisbar. Dies führt zu einem beträchtlichen Anstau von Orotsäure, die im Urin ausgeschieden werden muss, da es im Säuger keinen Abbauweg für Orotsäure gibt. Infolge des erniedrigten UTP Spiegels wird das für die Pyrimidinbiosynthese geschwindigkeitsbestimmende Enzym – Carbamylphosphatsynthetase 2 – enthemmt, sodass die Biosynthese bis zur Orotsäure unreguliert abläuft (◘ Abb. 30.5). Schwere Störungen des Zellstoffwechsels infolge des Mangels an Pyrimidinnucleotiden sind unvermeidlich. Eine megaloblastäre Anämie, Leukopenie, Verlangsamung von Wachstum und geistiger Entwicklung mit erhöhter Infektanfälligkeit führten bei betroffenen Kindern zum frühen Tod. Bei rechtzeitiger Diagnose ist eine Therapie der Erkrankung jedoch dadurch möglich, dass Uridin in Dosen von mehreren Gramm pro Tag lebenslang zugeführt wird. Das Nucleosid kann durch die Uridin-Cytidinkinase in UMP umgewandelt werden und zum Aufbau

◘ Tab. 31.2 Hereditäre Störungen des Pyrimidinstoffwechsels

Defektes Enzym	Auswirkungen
CAD	Abnahme oder Fehlen der Enzymaktivität: Unzureichende Proteinglycosylierung; epileptische Enzephalopathie; neurodegenerative Erkrankungen, Anämie (◘ Abb. 30.1)
Dihydroorotat-Dehydrogenase	Abnahme oder Fehlen der Enzymaktivität: Embryonale Entwicklungsstörung; Anomalien insbesondere von Kopf, Zehen, Finger (Millersyndrom); mentale Beeinträchtigungen nicht beschrieben (◘ Abb. 30.1)
Orotat-Phosphoribosyltransferase	Abnahme oder Fehlen der Enzymaktivität: Orotacidurie, hämatologische Störungen; Verlangsamung der geistigen Entwicklung; Immundefizienz; alimentäre Uridinzufuhr notwendig (◘ Abb. 30.1)
CTP-Synthetase 1	Abnahme oder Fehlen der Enzymaktivität: Proliferationshemmung von aktivierten T- und B-Zellen. Schwere Immundefizienz; chronisch virale Infektionen (◘ Abb. 30.2)
Pyrimidin-5′-Nucleotidase	Abnahme oder Fehlen der Enzymaktivität: Akkumulation von Pyrimidinnucleotiden in Erythrocyten, hämolytische Anämie Zunahme der Enzymaktivität: neurologische Entwicklungsstörungen; alimentäre Uridinzufuhr notwendig (▶ Abschn. 30.5)
Dihydropyrimidindehydrogenase	Abnahme oder Fehlen der Enzymaktivität: Ausscheidung von Thymin und Uracil; Neurologisches Krankheitsbild; Epilepsie (◘ Abb.30.7)
Dihydropyrimidinase	Abnahme oder Fehlen der Enzymaktivität: Ausscheidung von Dihydrouracil und Dihydrothymin; neurologisches Krankheitsbild (◘ Abb. 30.7)
Ureidopropionase	Abnahme oder Fehlen der Enzymaktivität: N-Carbamyl-β-Aminoacidurie; neurologische Entwicklungsstörungen (◘ Abb. 30.7)
ß-Aminoisobutyrat-Pyruvat-Aminotransferase	Abnahme oder Fehlen der Enzymaktivität in der Leber: Ausscheidung von β-Aminoisobutyrat; benigner Polymorphismus (▶ Abschn. 30.5)
β-Alanin-α-Ketoglutarat-Aminotransferase	Abnahme oder Fehlen der Enzymaktivität: Ausscheidung von β-Alanin; Hypotonie der Muskulatur mit epileptischen Anfällen (▶ Abschn. 30.5)
Thymidinphosphorylase	Abnahme oder Fehlen der Enzymaktivität: Mitochondriale Neurogastrointestinale Enzephalomyopathie (▶ Abschn. 30.5)
Thymidinkinase 2, mitochondrial	Abnahme oder Fehlen der Enzymaktivität: Schwere Myopathien (▶ Abschn. 30.4)

der anderen Pyrimidinnucleotide verwendet werden. Durch den angeborenen Enzymdefekt ist somit das Uridin, das sonst leicht durch Biosynthese hergestellt werden könnte, zu einer essenziellen Substanz geworden, die wie essenzielle Aminosäuren mit der Nahrung zugeführt werden muss.

Der häufigste Defekt des Pyrimidinstoffwechsels ist die gesteigerte Ausscheidung von **β-Aminoisobutyrat**, einem Zwischenprodukt des Thyminabbaus (◻ Abb. 30.7). Zugrunde liegt wahrscheinlich eine Störung der Transaminierung von β-Aminoisobutyrat zum Zwischenprodukts Methylmalonsäuresemialdehyd. 5–10 % der weißen Bevölkerung und bis zu 50 % der asiatischen Bevölkerung sind Träger dieses Merkmals, das jedoch keinerlei pathologische Bedeutung hat.

Andere eher seltene Störungen im Abbauweg – wie der Mangel an **Dihydropyrimidindehydrogenase**, **Dihydropyrimidinase** oder **Ureidopropionase** (◻ Abb. 30.7) – sind mit schweren körperlichen und geistigen Entwicklungsstörungen der betroffenen Kinder verbunden. Der ursächliche Zusammenhang ist nicht geklärt.

Auch bei asymptomatischen Trägern eines Dihydropyrimidindehydrogenase- oder Dihydropyrimidinase-Mangels kommt es bei Behandlung mit dem Cytostatikum 5-Fluorouracil (◻ Abb. 31.1i), welches ebenfalls über diesen Weg abgebaut wird, zu unerwartet hohen Nebenwirkungen.

Erst in neuerer Zeit hat man Störungen im mitochondrialen Desoxyribonucleotidstoffwechsel diagnostiziert. Infolge von Mutationen im **Thymidinphosphorylase-Gen** (◻ Abb. 30.7) kommt es zu verheerenden Störungen der Mitochondrienfunktion (*mitochondrial neurogastrointestinal encephalomyopathy*), die sich in Muskelatrophie, Malabsorption und einer Myopathie der Augen- und Skelettmuskeln äußert. Eine defekte mitochondrienspezifische **Thymidinkinase 2**, die sowohl Thymidin als auch Desoxycytidin phosphoryliert und somit die DNA-Synthese in Mitochondrien ermöglicht, verursacht ebenfalls schwere Myopathien (▶ Abschn. 30.4)

Mit verfeinerten Methoden der Molekulargenetik (z. B *Exome sequencing* ▶ Kap. 54) konnten in kurzer Zeit weitere Sequenzvariationen auch in Enzymen des Pyrimidinstoffwechsels – z. B. **CAD**, **Dihydroorotatdehydrogenase, CTP-Synthetase** – nachgewiesen und als mögliche Ursache für verschiedene Krankheitsbilder identifiziert werden. (◻ Tab. 31.2). Es ist derzeit nicht geklärt, warum ein Aktivitätsverlust infolge von Mutationen in einem der drei sequenziellen Enzyme des unverzweigten UMP-Biosyntheseweges zu unterschiedlichen klinischen Symptomen führt.

Mittels DNA Sequenzanalyse wurden erstmalig Mutationen im präferenziell Pyrimidin-transportierenden Nucleosidtransporter hCNT1 (▶ Abschn. 31.1.) nachgewiesen und mit der beobachteten Uridin-Cytidinurie sowie schweren Leberfunktionsstörungen in Verbindung gebracht.

Ähnlich wie bei der Pathobiochemie des Purinstoffwechsels gibt es auch **sekundäre Störungen** des Pyrimidinstoffwechsels. So kann es bei gesteigertem Nucleinsäureumsatz zu einem Anstieg der Orotsäureausscheidung kommen. Eine ausgeprägte Orotacidurie ist bei Kindern mit Ornithincarbamyltransferase-Mangel (▶ Abschn. 27.1.2) beobachtet worden. Offenbar kann unter diesen Umständen auch das von der Carbamylphosphatsynthetase 1 zum Zweck der Harnstoffbildung bereitgestellte mitochondriale Carbamylphosphat für die cytosolische Pyrimidinbiosynthese verwendet werden. Schließlich kann eine Reihe von Pharmaka Orotazidurie verursachen. Dazu gehören Antimetabolite wie z.B. 6-Azauridin und Derivate des 3-Deazauridins (◻ Abb. 31.1) sowie Allopurinol. Aufgrund der Bildung von Oxypurinolribosemonophosphat aus Oxypurinol und PRPP durch die UMP-Synthase kann es zu Störungen der UMP-Bildung kommen, da PRPP für die OMP-Bildung nicht in der notwendigen Konzentration zur Verfügung steht.

Zusammenfassung

Störungen im Purin- bzw. Pyrimidinstoffwechsel kommen als primäre, genetisch verursachte bzw. erworbene Erkrankungen vor:

- Die primäre Hyperurikämie ist die Folge einer verminderten Ausscheidung oder Überproduktion von Harnsäure infolge genetischer Erkrankungen. 20–25 % der Fälle werden durch eine Überproduktion von Harnsäure ausgelöst und beruhen auf Defekten der Hypoxanthin-Guanin-Phosphoribosyltransferase, der PRPP-Synthetase und der Glutamin-PRPP-Amidotransferase. 75–80 % der Fälle primärer Hyperurikämie beruhen auf Störungen der renalen Ausscheidung.
- Sekundäre Hyperurikämien entstehen infolge einer Harnsäureüberproduktion bzw. durch verminderte Ausscheidung von Harnsäure auf Grund von Störungen, die nicht im Purinstoffwechsel, sondern im Bereich der Nierenphysiologie liegen.
- Die am längsten bekannte genetische Erkrankung des Pyrimidinstoffwechsels ist die hereditäre Orotacidurie. Die Überproduktion von Orotsäure kann auch aufgrund von Störungen des Harnstoffzyklus sowie als Auswirkung von Pharmaka erworben sein.
- Genetisch bedingte Abbaustörungen der Pyrimidinbasen können die Entgiftung von Antipyrimidinpharmaka stark verändern.
- Das klinische Bild der Pyrimidin- und Purinstoffwechselstörungen ist sehr heterogen und oft von gravierenden neurologischen Erkrankungen begleitet. Die Diagnose ist deswegen erheblich erschwert.

Weiterführende Literatur

Monographien und Lehrbücher

Bierau J, van Gennip AH (2007) Defekte des Purin- und des Pyrimidinstoffwechsels. In: Lentze MJ, Schaub J, Schulter FJ, Spranger J (Hrsg) Pädiatrie. Grundlagen und Praxis. Springer, Berlin/Heidelberg/New York, S 413–416

Scriver CR et al (2001) The metabolic and molecular bases of inherited disease. Vol II, Part 11 purines and pyrimidines. McGraw-Hill, New York, S 2513–2702

Übersichtsartikel/Reviews

Adema AD, Bijnsdorp IV, Sandvold ML, Verheul HM, Peters GJ (2009) Innovations and opportunities to improve conventional (deoxy)nucleoside and fluoropyrimidine analogs in cancer. Curr Med Chem 16:4632–4643

Balasubramaniam S, Duley JA, Christodoulou J (2014) Inborn errors of pyrimidine metabolism: clinical update and therapy. J Inherit Metab Dis 37:687–698

Cuny GD, Suebsuwong C, Ray SS (2017) Inosine-5′-monophosphate dehydrogenase (IMPDH) inhibitors: a patent and scientific literature review (2002–2016). Expert Opin Ther Pat 27:677–690

Duley JA, Christodoulou J, de Brouwer APM (2011) The PRPP synthetase spectrum: what does it demonstrate about nucleotide syndromes? Nucleosides Nucleotides Nucleic Acids 30:1129–1139

Meyts I, Aksentijevich I (2018) Deficiency of adenosine deaminase 2 (DADA2): updates on the phenotype, genetics, pathogenesis, and treatment. J Clin Immunol 38:569–578

Micheli V, Camici M, Tozzi MG, Ipata PL, Sestini S et al (2011) Neurological disorders of purine and pyrimidine metabolism. Curr Top Med Chem 11:923–947

Nishino T, Okamoto K (2015) Mechanistic insights into xanthine oxidoreductase from development studies of candidate drugs to treat hyperuricemia and gout. J Biol Inorg Chem 20:195–207

Nuki G, Simkin PA (2006) A concise history of gout and hyperuricemia and their treatment. Arthritis Res Ther 8: Suppl. 1

Nyhan WL (2005) Disorders of purine and pyrimidine metabolism. Mol Genet Metab 86:25–33

Parker WB (2009) Enzymology of purine and pyrimidine antimetabolites used in the treatment of cancer. Chem Rev 109:2880–2893

Pastor-Anglada M, Perez-Torras S (2018) Emerging roles of nucleoside transporters. Front Pharmacol 9:606–613

Wilson FP, Berns JS (2014) Tumor lysis syndrome: new challenges and recent advances. Adv Chronic Kidney Dis 21:18–26

Originalarbeiten

Herrmann ML, Schleyerbach R, Kirschbaum BJ (2000) Leflunomide: an immunomodulatory drug for the treatment of rheumatoid arthritis and other autoimmune diseases. Immunopharmacology 47:273–289

Koch J, Mayr JA, Alhaddad B, Rauscher C, Bierau J et al (2017) CAD mutations and uridine-responsive epileptic encephalopathy. Brain 140:279–286

Lopez-Gomez C, Levy RJ, Sanchez-Quintero MJ, Juanola-Falgarona M, Barca E et al (2017) Deoxycytidine and deoxythymidine treatment for thymidine kinase 2 deficiency. Ann Neurol 81:641–652

Martin E, Palmic N, Sanquer S, Lenoir C, Hauck F et al (2014) CTP synthase 1 deficiency in humans reveals its central role in lymphocyte proliferation. Nature 510:288–292

Ng SB, Buckingham KJ, Lee C, Bigham AW, Tabor HK et al (2009) Exome sequencing identifies a mendelian disorder. Nat Genet 42:30–35

Page T, Yu A, Fontanesi J, Nyhan WL (1997) Developmental disorder associated with increased cellular nucleotidase activity. Proc Natl Acad Sci USA 94:1601–1606

Rainger J, Bengani H, Campbell L, Anderson E, Sokhi K et al (2012) Miller (Genée–Wiedemann) syndrome represents a clinically and biochemically distinct subgroup of postaxial acrofacial dysostosis associated with partial deficiency of DHODH. Hum Mol Genet 21:3969–3983

Reiter S, Löffler W, Gröbner W, Zöllner N (1986) Urinary oxipurinol-1-riboside excretion and allopurinol-induced orotic aciduria. Adv Exp Med 195A:453–460

Sandrine M, Heron B, Bitoun P, Timmerman T, Van den Berghe G et al (2004) AICA-Ribosiduria: a novel neurologically devasting inborn error of purine biosynthesis caused by mutation of ATIC. Am J Hum Genet 74:1276–1281

Sun R, Eriksson S, Wang L (2014) Zidovudine induces downregulation of mitochondrial deoxynucleoside kinases: implications for mitochondrial toxicity of antiviral nucleoside analogs. Antimicrob Agents Chemother 58:6758–6766

Van Kuilenburg AB, Meinsma R (2016) The pivotal role of uridinecytidine kinases in pyrimidine metabolism and activation of cytotoxic nucleoside analogues in neuroblastoma. Biochim Biophys Acta 1862:1504–1151

Yanovich OO, Titov LP, Dyusmikeeva MI, Shpakovskaya NS (2015) Evaluation of adenosine deaminase (ADA) and ADA1 and ADA2 isoenzyme activities in patients with pulmonary tuberculosis and tuberculous pleurisy. Int J Mykobacteriol 4:93–94

Porphyrine – Synthese und Abbau

Matthias Müller, Hubert E. Blum und Petro E. Petrides

Porphyrine bestehen aus vier z. T. unterschiedlich substituierten Pyrrolringen, die über Methinbrücken miteinander verknüpft sind. Das wichtigste Porphyrin für den tierischen Organismus ist das eisenhaltige Häm, das Bestandteil des Hämoglobins und vieler anderer Häm-Proteine ist. Ausgehend von Glycin und Succinyl-CoA findet die Häm-Synthese in allen Zellen statt, wobei sie in erythroiden und nicht-erythroiden Geweben unterschiedlich reguliert wird. Beim Abbau der Häm-Gruppe entsteht das schwer lösliche Bilirubin, das wichtige Funktionen als Antioxidans hat. In der Leber wird Bilirubin durch Glucuronidierung ausscheidungsfähig gemacht und als Gallenfarbstoff in den Darm sezerniert. Die Akkumulation von Bilirubin im Körper ist ein Charakteristikum von Leberfunktionsstörungen. Defekte der Häm-Synthese sind mit komplexen Krankheitsbildern vergesellschaftet.

Schwerpunkte

32.1 Die Bildung von Häm
- Biosynthese von Häm aus Glycin und Succinyl-CoA
- Regulation der Häm-Biosynthese in erythroiden und nicht-erythroiden Geweben

32.2 Abbau und Ausscheidung von Häm
- Abbau von Häm zu Bilirubin und Metabolisierung in der Leber

32.3 Pathobiochemie des Porphyrinstoffwechsels
- Porphyrien und Ikterus

32.1 Die Bildung von Häm

32.1.1 Eigenschaften von Häm

> Häm gehört zur Gruppe der Tetrapyrrole.

Auf den ersten Blick hat Häm eine komplizierte Struktur, in der sich jedoch definierte Komponenten ausmachen lassen (◘ Abb. 32.1). Grundbausteine sind die vier **Pyrrolringe A-D** (*hellgelb*). Damit gehört Häm zur Gruppe der **Tetrapyrrole**. Andere Tetrapyrrolverbindungen sind z. B. Cobalamin (Vitamin B12; ▶ Abschn. 59.9) oder die pflanzlichen Chlorophylle. Synthetisiert werden diese komplexen Verbindungen aus einem gemeinsamen Vorläufermolekül, der δ-Aminolävulinsäure (s. u.).

Im Häm-Molekül sind die vier Pyrrolringe über **Methinbrücken** (*grün*) miteinander verbunden. Diese Verbindung wird als Porphin bezeichnet. Tragen die Pyrrolringe Substituenten wie in ◘ Abb. 32.1, nennt man sie **Porphyrine**. Die Substituenten des Häm-Moleküls (Eisenprotoporphyrin) sind
- vier Methylgruppen (*schwarz*)
- zwei Vinylgruppen (*ocker*)
- zwei Propionylgruppen (*blau*)

Weiterhin sind Tetrapyrrole mit einem zentralen **Metallion** komplexiert, und zwar Häm mit Fe^{2+}, Chlorophyll mit Mg^{2+} und Cobalamin mit Co^{3+}.

> Porphyrinogene sind die ungefärbten Vorstufen der Porphyrine.

Der Name „Porphyrine" verrät, dass es sich um purpurfarbene Verbindungen handelt. Ursache hierfür ist die Lichtabsorption durch ein zyklisches System von konjugierten Doppelbindungen, das sich über die vier Pyrrolringe und die vier Methinbrücken erstreckt (◘ Abb. 32.1). Dieses bildet sich erst ganz am Ende der Häm-Synthese (s. u.) aus, sodass mehrere nicht gefärbte Synthesevorstufen entstehen, die allgemein als **Porphyrinogene** bezeichnet werden. Charakteristisch für Porphyrinogene ist die Verknüpfung der vier Pyrrolringe über Methylenbrücken ($-CH_2-$), die auch nicht-enzymatisch zu Methinbrücken ($=CH-$) oxidiert werden können, sodass Porphyrinogene in Anwesenheit von Licht und Luftsauerstoff leicht in die entsprechenden gefärbten Porphyrine übergehen (s. Porphyrien in ▶ Abschn. 32.3.1).

Ergänzende Information Die elektronische Version dieses Kapitels enthält Zusatzmaterial, auf das über folgenden Link zugegriffen werden kann https://doi.org/10.1007/978-3-662-60266-9_32. Die Videos lassen sich durch Anklicken des DOI Links in der Legende einer entsprechenden Abbildung abspielen, oder indem Sie diesen Link mit der SN More Media App scannen.

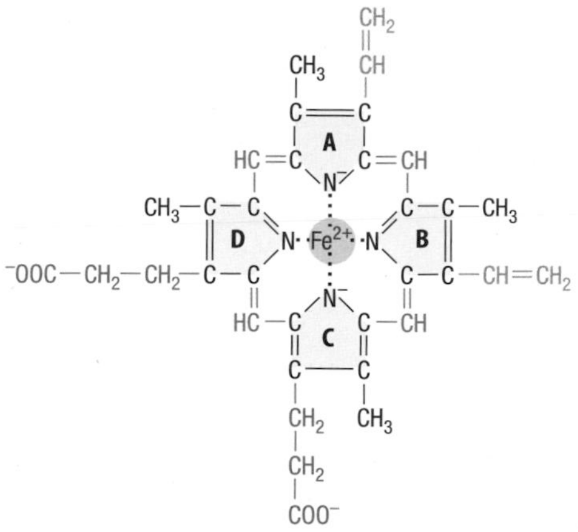

Häm

☐ **Abb. 32.1   Molekülstruktur von Häm.** Man beachte am Ring D die umgekehrte Anordnung der Substituenten

32

❯ Häm ist ein weitgehend planares und hydrophobes Molekül.

Im Häm von Hämoglobin und Myoglobin ist das zentrale Fe^{2+}-Ion mit den Stickstoffatomen der vier Pyrrolringe sowie einem Histidinrest der Globinkette ligandiert und bindet mit einer weiteren Koordinationsstelle O_2 (☐ Abb. 5.17). Häm ist ein nahezu planares Molekül, bei dem das Eisenatom leicht aus der Ebene der Pyrrolringe herausragt. Häm ist nicht nur die prosthetische Gruppe von Hämoglobin und Myoglobin, sondern auch von weiteren Häm-Proteinen (s. u.). Eine Besonderheit der Cytochrome vom *c*-Typ (▶ Abschn. 19.1.2) ist, dass bei ihnen Häm zusätzlich über seine beiden Vinylgruppen mit zwei SH-Gruppen der Apocytochrome covalent verknüpft ist.

Häm ist eine überwiegend hydrophobe Verbindung, die im Hämoglobin in eine hydrophobe Tasche eingelagert ist, aus der die einzigen hydrophilen Anteile, nämlich die beiden Carboxylreste der Propionylgruppen herausragen. Die Bedeutung der hydrophoben Eigenschaften des Häm für seine Ausscheidung über Bilirubin sind in ▶ Abschn. 32.2.1 beschrieben.

32.1.2   Vorkommen von Häm

Häm ist nicht nur die prosthetische Gruppe von Hämoglobin und Myoglobin, sondern auch von einer Vielzahl anderer Enzyme. Daraus erklärt sich die Tatsache, dass die Häm-Synthese eine Stoffwechselleistung aller Zellen ist.

Häm-haltige Proteine werden als Häm-Proteine bezeichnet. Enzymatisch gesehen erfüllen Häm-Proteine mehrere Funktionen (☐ Tab. 20.1):

- Bei einigen dient das zentrale Eisenatom als Ligand für O_2 oder andere Sauerstoffverbindungen wie NO. Hierzu gehören:
  - Hämo- und Myoglobin (▶ Abschn. 5.3)
  - lösliche Guanylatzyklasen (▶ Abschn. 35.6.1)
- Viele Häm-haltige Enzyme sind durch Redoxwechsel des zentralen Eisenatoms an Elektronentransferprozessen beteiligt:
  - Cytochrome der Atmungskette (▶ Abschn. 19.1.2),
  - Cytochrom b_5 überträgt Elektronen auf Desaturasen von gesättigten Fettsäuren (▶ Abschn. 21.2.4)
- Oxygenasen verknüpfen Elektronentransfer-Reaktionen mit der Bindung und Spaltung von molekularem O_2
  - Cytochrom-P_{450}-Monooxygenasen (▶ Abschn. 20.1.2)
  - Dioxygenasen (▶ Abschn. 27.2.5 und 20.1.1)
  - NO-Synthase (▶ Abschn. 27.2.2)
  - Desaturasen von gesättigten Fettsäuren (▶ Abschn. 21.2.4)
- Auch einige Peroxidasen, die u.a. Elektronen auf H_2O_2 oder organische Peroxide unter Bildung von H_2O übertragen, sind Häm-Proteine:
  - Myeloperoxidase (▶ Abschn. 69.2.1)
  - Thyreoperoxidase (▶ Abschn. 41.2.1)
  - Katalase (▶ Abschn. 20.1.1)

32.1.3   Syntheseweg von Häm

❯ Glycin und Succinyl-CoA sind die Bausteine von Häm.

Die Häm-Synthese besteht aus acht enzymatischen Einzelschritten. Im ersten Schritt reagiert Succinyl-CoA mit der Aminosäure Glycin unter Bildung von δ-Aminolävulinsäure (δ-Aminolävulinat, δ-*amino levulinic acid* = δ-ALA). Katalysiert wird die Reaktion von der δ-Aminolävulinatsynthase (δ-ALA-Synthase) in einer Pyridoxalphosphat (PALP, Vitamin B_6)-abhängigen Reaktion (☐ Abb. 32.2).

Beim Menschen existieren zwei Isoenzyme der δ-ALA-Synthase (▶ Abschn. 32.1.5). In Pflanzen und den meisten Bakterien wird δ-ALA aus Glutamat gebildet.

❯ Der Pyrrolring entsteht durch Kondensation von zwei Molekülen δ-Aminolävulinsäure.

Das erste Zwischenprodukt der Häm-Synthese, das einen Pyrrolring aufweist, ist das **Porphobilinogen**. Wie in ☐ Abb. 32.3 gezeigt, entsteht es aus zwei Molekülen δ-ALA unter Abspaltung von zwei Mole-

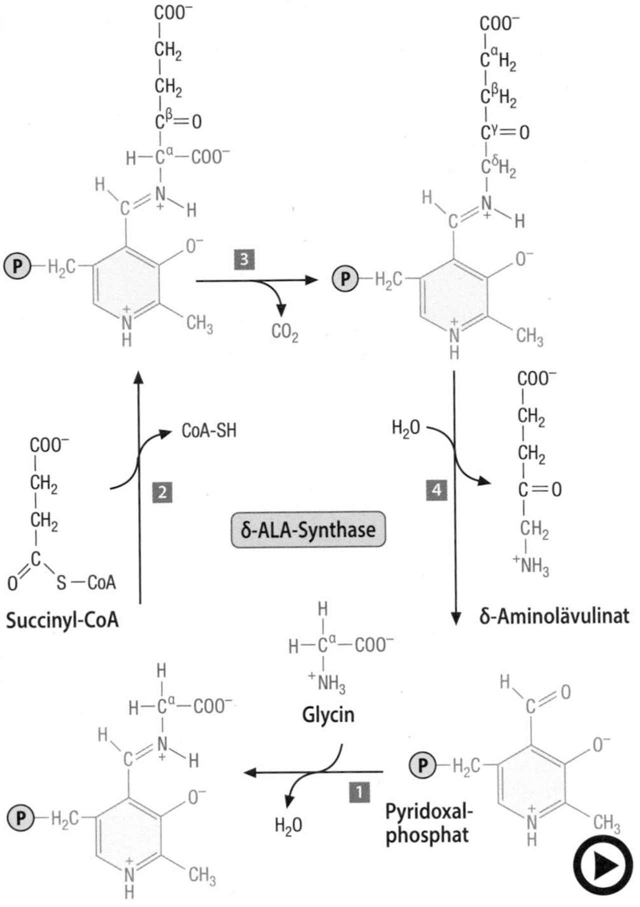

Abb. 32.2 (Video 32.1) **Reaktion der δ-ALA-Synthase.** Unter Ausbildung einer Schiff-Base mit PALP (▶ Abschn. 26.3.1) wird das C^α-Atom von Glycin aktiviert (1) und erlaubt dessen anschließenden Angriff auf das mit Coenzym A veresterte Carboxyl-C-Atom des Succinyl-CoA (2). Das entstehende Zwischenprodukt α-Amino-β-Ketoadipinsäure decarboxyliert wie alle β-Ketosäuren spontan (3), wobei δ-Aminolävulinat (C^δ jetzt bezogen auf die verbliebene, in der Abbildung *schwarz* gezeichnete Carboxylgruppe) entsteht. Dieses wird hydrolytisch von PALP abgespalten (4) (▶ https://doi.org/10.1007/000-5j3)

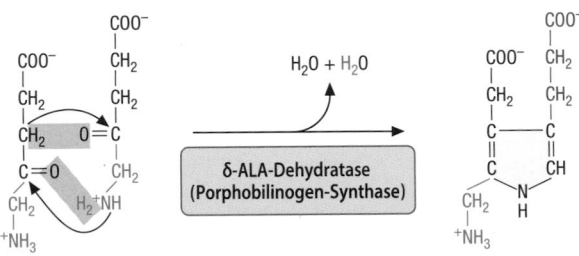

2 × δ-Aminolävulinat (δ-ALA)   Porphobilinogen(PBG)

Abb. 32.3 **Synthese von Porphobilinogen aus δ-ALA.** Die Pfeile geben die nacheinander erfolgenden nucleophilen Angriffe an, die zur Quervernetzung der beiden δ-ALA-Moleküle führen. Die Farbgebung der rechten Struktur entspricht der von ■ Abb. 32.1 und 32.4

külen Wasser. Das verantwortliche Enzym ist die Porphobilinogen-Synthase oder **δ-ALA-Dehydratase**, ein zinkhaltiges Enzym, welches aufgrund einer speziellen Zn-Bindungsdomäne das primäre Angriffsziel von Bleivergiftungen darstellt. Intoxikationen mit Blei führen somit zu einem Anstau von δ-Aminolävulinsäure mit erhöhter Ausscheidung im Urin, was einen Kardinalbefund einer Bleivergiftung darstellt.

Der Pyrrolring des Porphobilinogens trägt drei Substituenten, einen Propionylrest (■ Abb. 32.3, *blau*), einen Acetylrest (*schwarz*) und eine Aminomethylgruppe (*grün*), aus der die vernetzenden Methylen- bzw. Methinbrücken der Tetrapyrrole entstehen.

❯ Das erste Tetrapyrrol-Intermediat der Häm-Synthese ist noch gut wasserlöslich.

Uroporphyrinogen ist die erste Zwischenstufe, bei der ein Tetrapyrrolring ausgebildet ist. Es entsteht aus vier Molekülen Porphobilinogen. Hierfür sind zwei enzymatische Aktivitäten erforderlich. Die erste (**Porphobilinogen-Desaminase**) führt unter 4-facher Desaminierung zunächst zu einem linearen Tetrapyrrol (■ Abb. 32.4, Hydroxymethylbilan, Ziffer 1), das sich spontan zum Ring schließen kann. Das dabei entstehende Produkt wäre Uroporphyrinogen I, bei dem die Substituenten aller vier Pyrrolringe symmetrisch in der Reihenfolge Acetylrest – Propionylrest angeordnet sind. Das zweite Enzym (**Uroporphyrinogen-III-Synthase**) katalysiert jedoch einen Ringschluss von Hydroxymethylbilan, bei dem sich Ring D umdreht, sodass hier die Acetyl- und Propionylseitenketten in umgekehrter Reihenfolge angeordnet sind (■ Abb. 32.4, Ziffer 2). Dieses natürlich vorkommende Isomer wird als **Uroporphyrinogen III** bezeichnet.

Der Name Uroporphyrinogen rührt daher, dass dieses Zwischenprodukt mit dem Urin ausgeschieden wird, wenn es sich bei angeborenen Störungen der Häm-Synthese (▶ Abschn. 32.3.1) anstaut. Aufgrund der acht Carboxylgruppen ist Uroporphyrinogen demnach ausreichend wasserlöslich. Wie oben erwähnt, kann Uroporphyrinogen durch Luftsauerstoff und Lichtexposition zum gefärbten Uroporphyrin oxidiert werden, was zur Rotfärbung des Urins der betroffenen Patienten führt

❯ Auf dem Weg zum Häm werden die neusynthetisierten Tetrapyrrole mehrfach decarboxyliert und oxidiert.

Der nächste Syntheseschritt besteht in der Decarboxylierung der vier Acetylseitenketten von Uroporphyri-

32

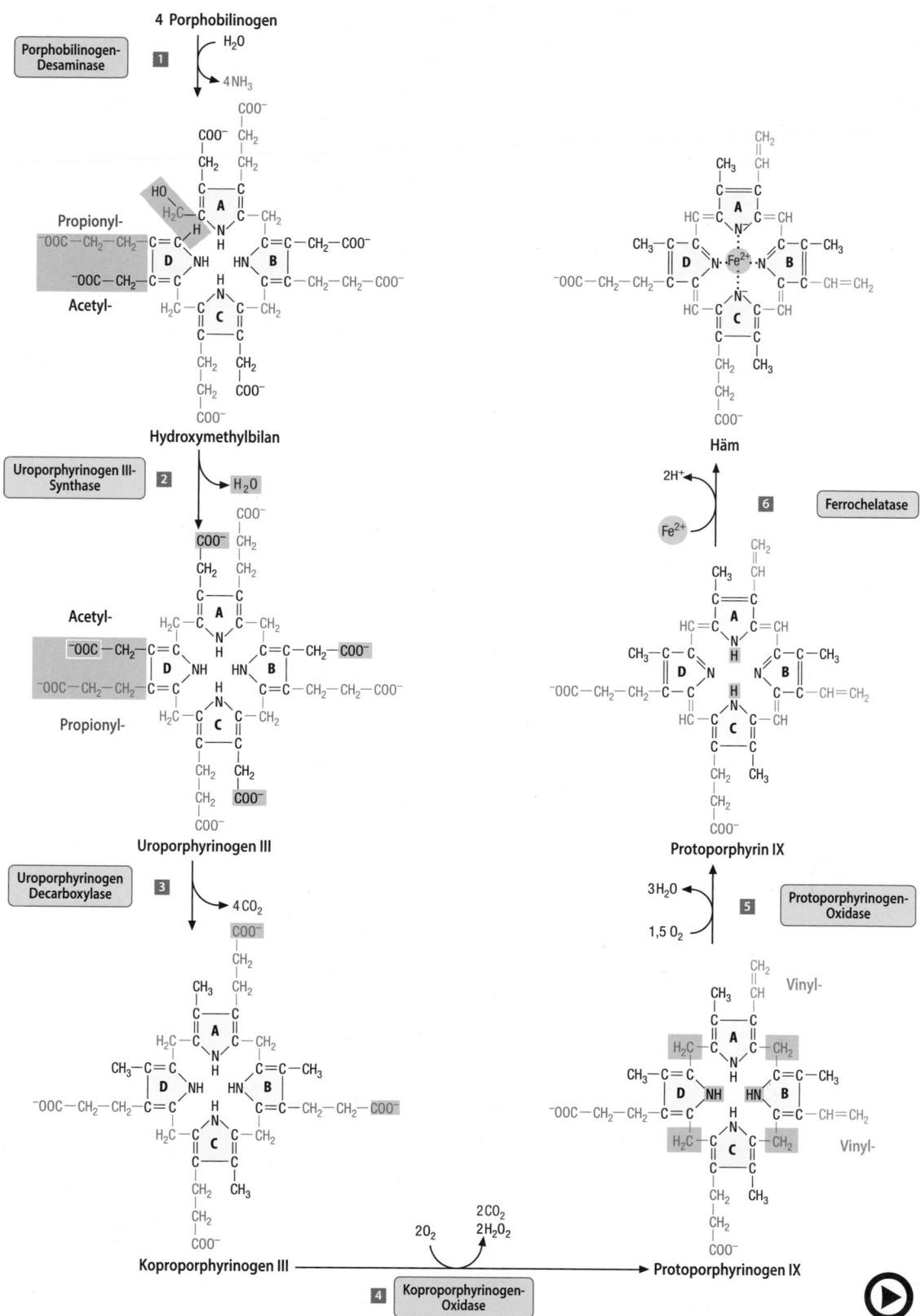

◻ Abb. 32.4 (Video 32.2) **Biosynthese von Häm.** Man beachte, dass im Hydroxymethylbilan die Ringe A und D nicht-covalent miteinander verbunden sind. Modifikationen bzw. Gruppen, die enzymatisch entfernt werden, sind *rot* hervorgehoben. Der Reaktionsmechanismus, nach dem die Koprophorphyrinogen-Oxidase Elektronen auf O_2 überträgt und dabei Wasserstoffperoxid bildet, ist nicht vollständig aufgeklärt. (Einzelheiten s. Text) (► https://doi.org/10.1007/000-5j2)

nogen III durch die **Uroporphyrinogen-Decarboxylase** (◼ Abb. 32.4, Ziffer 3). Das Reaktionsprodukt **Koproporphyrinogen III** ist weniger wasserlöslich als Uroporphyrinogen III und wird daher bei pathologischem Anstau mit dem Stuhl (griech. κόπρος, *kopros*) ausgeschieden.

Die Propionylseitenketten an Ring A und B des Koproporphyrinogens werden anschließend decarboxyliert und unter Einführung von Doppelbindungen zu Vinylresten oxidiert (◼ Abb. 32.4, Ziffer 4). Das Reaktionsprodukt dieser durch die **Koproporphyrinogen-Oxidase** katalysierten Reaktion ist **Protoporphyrinogen IX**.

Im nächsten Schritt werden durch die **Protoporphyrinogen-Oxidase** alle Methylenbrücken zu Methinbrücken oxidiert, wodurch ein geschlossenes System konjugierter Doppelbindungen und damit die erste gefärbte Zwischenverbindung entsteht, die nun als **Protoporphyrin IX** bezeichnet wird (◼ Abb. 32.4, Ziffer 5).

Schließlich baut die **Ferrochelatase** zweiwertiges Eisen ein, wodurch Protoporphyrin IX in das fertige **Häm** (= Eisenprotoporphyrin IX) umgewandelt wird (◼ Abb. 32.4, Ziffer 6).

32.1.4 Lokalisation der Häm-Synthese

❯ Die Hauptmenge an Häm wird von Vorläuferzellen der Erythrocyten und von Hepatocyten gebildet.

Prinzipiell sind alle Zellen in der Lage, Häm zu synthetisieren, da Häm als Cofaktor von Cytochromen, Peroxidasen, Katalasen ubiquitär benötigt wird. Die spezielle Ausstattung der Leber mit vielen P_{450}-Cytochromen (▶ Abschn. 62.3.1) bedingt dort eine besonders hohe Häm-Syntheseleistung. Die Hauptmenge an Häm (80–90 %) wird aber in den Vorläuferzellen der Erythrocyten gebildet, und zwar in den Erythroblasten des Knochenmarks und in den kernlosen Reticulocyten, die in den Blutstrom gelangen und noch so lange Häm synthetisieren bis sie ihre Ribosomen und Mitochondrien verlieren. Die Häm-synthetisierenden Vorläuferzellen der Erythrocyten besitzen spezielle Isoenzyme für die Häm-Synthese, die anders reguliert werden als diejenigen anderer Körperzellen (▶ Abschn. 32.1.5).

❯ Der Biosyntheseweg von Häm ist auf Mitochondrien und Cytosol verteilt.

Intrazellulär erfolgt die Häm-Synthese in den Mitochondrien und im Cytosol (◼ Abb. 32.5). Die erste Reaktion, die Kondensation von Glycin mit dem Citratzyklus-Intermediat Succinyl-CoA läuft in der Matrix der Mitochondrien ab. Das Reaktionsprodukt δ-ALA verlässt das Mitochondrium und alle weiteren Syntheseschritte

bis zum Koproporphyrinogen finden im Cytosol statt. Koproporphyrinogen wird dann in den mitochondrialen Intermembranraum zurücktransportiert (◼ Abb. 32.5, Ziffer 1), wo es erst zu Protoporphyrinogen und dann zu Protoporphyrin oxidiert wird. Protoporphyrin landet durch ein noch unbekanntes Zusammenspiel von Protoporphyrinogen-Oxidase und Ferrochelatase schließlich wieder in der mitochondrialen Matrix (◼ Abb. 32.5, Ziffer 2).

32.1.5 Regulierte Schritte der Häm-Synthese

❯ In den nicht-erythroiden Geweben hemmt Häm die Aktivität der δ-ALA-Synthase 1 auf unterschiedlichen Wegen.

Die Häm-Biosynthese wird im Wesentlichen über die Aktivitätskontrolle der δ-ALA-Synthase reguliert (◼ Abb. 32.5). Beim Menschen wird dieses Enzym von zwei Genen codiert, *ALAS 1*, das in allen Geweben exprimiert wird, und *ALAS 2* mit spezifischer Expression in Erythroblasten. Die beiden Isoenzyme werden unterschiedlich reguliert. Die δ-ALA-Synthase 1 wird durch einen hohen Hämspiegel im Sinn einer negativen Rückkopplung inhibiert. Die ALA-Synthase 2 hingegen wird durch Fe^{2+} und Erythropoietin stimuliert. Da in Erythroblasten die Hämsynthese überwiegend der Bildung von Hämoglobin dient, ist sie hier v. a. an die Bereitstellung von Eisen und Globin gekoppelt (▶ Abschn. 48.3.3).

Häm hemmt die ubiquitär vorkommende δ-ALA-Synthase 1 auf unterschiedlichen Wegen (◼ Abb. 32.5A):
— durch **Repression** des δ-ALA-Synthase-1-Gens. Dieser Regulationsmechanismus ist möglich, weil die δ-ALA-Synthase mit einer Halbwertszeit von 30–60 min ein relativ kurzlebiges Enzym ist,
— über die **Blockade ihres Imports in Mitochondrien**. Die δ-ALA-Synthase 1 wird zunächst im Cytosol als Präenzym mit einer typischen mitochondrialen Präsequenz synthetisiert (▶ Abschn. 49.2.2 und ◼ Tab. 12.1), die nach dem Import in die Mitochondrien abgespalten wird. Da die Prä-ALA-Synthase 1 Bindungsstellen für Häm aufweist, ist es möglich, dass freies cytosolisches Häm durch Bindung an das Präenzym den Transport in die Mitochondrien blockiert.

❯ Die Expression der δ-ALA-Synthase 1 wird auch durch Pharmaka und die Nahrungsaufnahme beeinflusst.

Einige Pharmaka induzieren die Transkription des δ-ALA-Synthase-1-Gens (◼ Abb. 32.5A). Dies lässt sich sehr deutlich bei Patienten beobachten, die Anlageträger einer akuten Porphyrie sind. Bei diesem Krank-

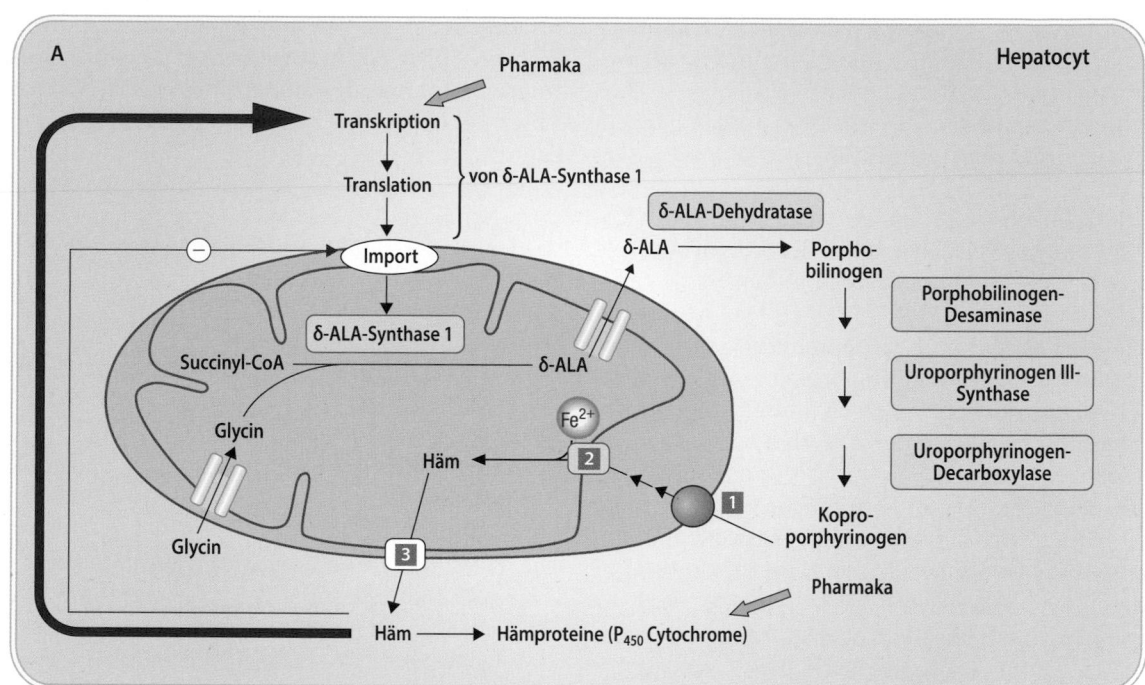

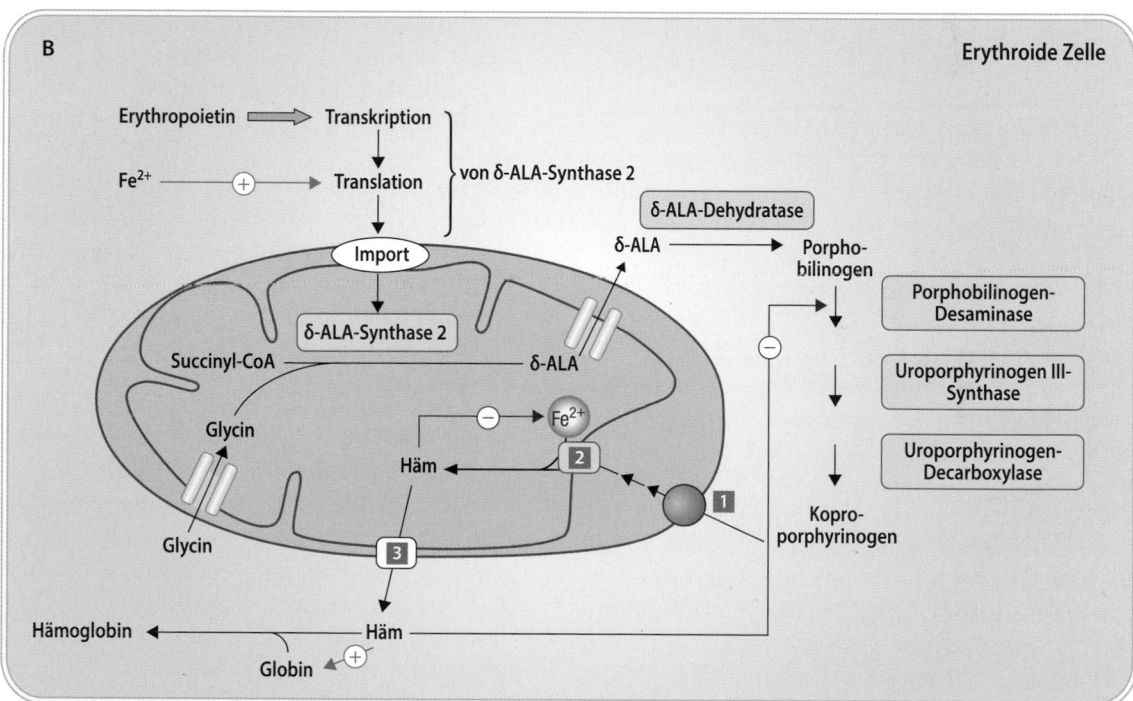

■ **Abb. 32.5 Regulation und intrazelluläre Lokalisation der Häm-Synthese in (A) Leber (δ-ALA-Synthase 1) und (B) erythroiden Zellen (δ-ALA-Synthase 2).** *ALA:* δ-Aminolävulinat. (1) Vermutlicher ABC-Transporter (▶ Abschn. 11.5) für den Transport von Koproporphyrinogen über die mitochondriale Außenmembran. (2) Komplex aus Protoporphyrinogen-Oxidase und Ferrochelatase, die beide neben ihren spezifischen katalytischen Funktionen auch für die Einschleusung von Protoporphyrin in die mitochondriale Matrix sorgen. (3) Der Mechanismus des Häm-Exports aus den Mitochondrien ist nicht verstanden. Zum Mechanismus des Imports von Proteinen, wie

der δ-ALA-Synthase, in Mitochondrien ▶ Abschn. 49.2.2 und zur Regulation der Globinsynthese durch Häm ▶ Abschn. 48.3.3. Bei der Akuten intermittierenden Porphyrie (▶ Abschn. 32.3.1) kommt es unter normalen Bedingungen trotz ca. 50 % Aktivitätsverlustes der Porphobilinogen-Desaminase zu keinem Anstau von δ-ALA und Porphobilinogen, weil durch die verminderte Produktion von Häm dessen negativer Rückkopplungseffekt auf die Bereitstellung der δ-ALA-Synthase 1 im Hepatocyten entfällt. Dies ändert sich, wenn z. B. bestimmte Pharmaka eine zusätzliche Induktion der δ-ALA-Synthase-1 bewirken. Weitere Einzelheiten s. Text

heitsbild handelt es sich um eine angeborene Störung der Häm-Synthese, die zur Akkumulation von Häm-Synthesevorstufen führt (▶ Abschn. 32.3.1). Nehmen die betroffenen Patienten bestimmte Pharmaka wie Barbiturate oder Steroide (Kontrazeptiva) ein, kann es zu einem klinischen Schub dieses Krankheitsbildes kommen. Dies lässt sich dadurch erklären, dass die genannten Pharmaka in der Leber über eine Bindung an die (ligandenabhängigen) Transkriptionsfaktoren CAR und SXR (PXR) (▶ Abschn. 62.3.1) die Expression von Häm-haltigen Monooxygenasen der Cytochrom-P_{450}-Familie induzieren, mithilfe derer die Pharmaka im Rahmen der Biotransformation ausscheidungsfähig gemacht werden. Dieselben Transkriptionsfaktoren stimulieren gleichzeitig aber auch die Expression der δ-ALA-Synthase 1 und damit die Häm-Synthese, damit genügend Häm für die Synthese der P_{450}-Cytochrome bereitsteht.

Die Expression der δ-ALA-Synthase 1 in der Leber ist außerdem von der Ernährung abhängig. Während Glucose die Expression der δ-ALA-Synthase 1 hemmt, wird sie durch Nahrungskarenz stimuliert. Verantwortlich hierfür ist der Transkriptionsfaktor FOXO-1. Entsprechend können Hungerperioden (Diäten) bei Porphyrieanlageträgern einen klinischen Schub auslösen.

❯ In Vorläuferzellen von Erythrocyten wird die Expression der δ-ALA-Synthase 2 durch Fe^{2+} und Erythropoietin stimuliert.

In Erythroblasten hemmt Häm vorwiegend die Ferrochelatase und die Porphobilinogen-Desaminase (◻ Abb. 32.5B). Die δ-ALA-Synthase 2 wird in ihrer Aktivität v. a. durch den intrazellulären Fe^{2+}-Pool beeinflusst. Hohe Spiegel an Fe^{2+} verdrängen das eisenregulatorische Protein (▶ Abschn. 60.2.1) aus seiner Bindung an das IRE (*iron responsive element*) im 5'-nicht-translatierten Bereich der δ-ALA-Synthase-2-mRNA und ermöglichen damit eine Translation der mRNA. Die Transkription der δ-ALA-Synthase-2-mRNA wird außerdem durch Erythropoietin reguliert, das über seinen membranständigen Rezeptor und die JAK/STAT-Signalkaskade den induzierenden Transkriptionsfaktor GATA 1 aktiviert.

Zusammenfassung

Häm ist ein mit Fe^{2+}-Ionen komplexiertes Porphyrin. Neben Hämoglobin kommt es als Cofaktor in vielen anderen Häm-Proteinen vor, wie Myoglobin, Cytochromen, Cytochrom-P_{450}-Monooxygenasen, NO-Synthase, löslichen Guanylatcyclasen, Katalase u. a.

Die Syntheseschritte von Häm sind auf Mitochondrien (Synthese von δ-ALA, Fe^{2+}-Einbau) und Cytosol verteilt:

- δ-Aminolävulinat (δ-ALA) entsteht in einer PALP-abhängigen Reaktion aus Glycin und Succinyl-CoA mithilfe des Enzyms δ-ALA-Synthase,
- der Pyrrolring entsteht durch die Kondensation von zwei Molekülen δ-ALA zu Porphobilinogen,
- erstes zyklisches Tetrapyrrol ist Uroporphyrinogen,
- durch mehrmalige Decarboxylierung und Oxidation werden die Seitenketten verkürzt und ein System konjugierter Doppelbindungen eingeführt,
- erste gefärbte Verbindung ist Protoporphyrin, das durch den Einbau von Fe^{2+} durch die Ferrochelatase in Häm übergeht.

Alle Zellen sind zur Häm-Synthese befähigt; quantitativ am meisten synthetisieren Vorläuferzellen der Erythrocyten (→ Hämoglobin) und die Leber (→ Cytochrom-P_{450}-Monooxygenasen). Die Hauptregulation erfolgt über die δ-ALA-Synthase. In erythroiden Geweben wird sie durch Fe^{2+} auf Translations- und durch Erythropoietin auf Transkriptionsebene stimuliert. In der Leber hemmt Häm das Enzym transkriptionell und blockiert dessen Import in die Mitochondrien; einige ausscheidungspflichtige Pharmaka induzieren die δ-ALA-Synthase 1 parallel zu den Cytochrom-P_{450}-Monooxygenasen.

32.2 Abbau und Ausscheidung von Häm

32.2.1 Die Bildung von Bilirubin aus Häm

Da das beim Abbau von Häm-Proteinen freiwerdende Häm nicht wiederverwendet wird, muss es in eine ausscheidungsfähige Form überführt werden.

❯ Beim Menschen werden täglich ca. 250 mg Häm zu Bilirubin umgebaut.

Die mittlere Lebensdauer von Erythrocyten beträgt ca. 120 Tage. Danach werden die Erythrocyten von den Monocyten und Makrophagen in Knochenmark, Leber und Milz durch Phagocytose aufgenommen. Die Globinketten des freiwerdenden Hämoglobins werden durch Proteolyse abgebaut und Häm wird in Bilirubin überführt.

Gehen Erythrocyten bereits intravasal zugrunde, wird Hämoglobin von **Haptoglobin** (▶ Abschn. 67.3), einem von Hepatocyten sezernierten Plasmaprotein, gebunden und dem reticulohistiocytären System zugeführt. Freigesetztes Häm hingegen wird von **Hämopexin** zur Leber transportiert. Aus dem Hämoglobinumsatz und dem Abbau anderer Häm-Proteine (s. o.) fallen bei

einem normalgewichtigen Erwachsenen täglich etwa 250 mg Bilirubin (Häm) an.

> Der zweistufige Umbau von Häm zu Bilirubin wird durch die Häm-Oxygenase und die Biliverdin-Reduktase katalysiert.

Im ersten Schritt des Häm-Abbaus entsteht zunächst eine lineare Tetrapyrrolverbindung. Bei Vertebraten wird der Tetrapyrrolring des Häm zwischen den Pyrrolringen A und B (diejenigen, welche die beiden Vinylreste tragen) so gespalten, dass die Methylengruppe als CO freigesetzt wird (Abb. 32.6). Dies ist die einzige

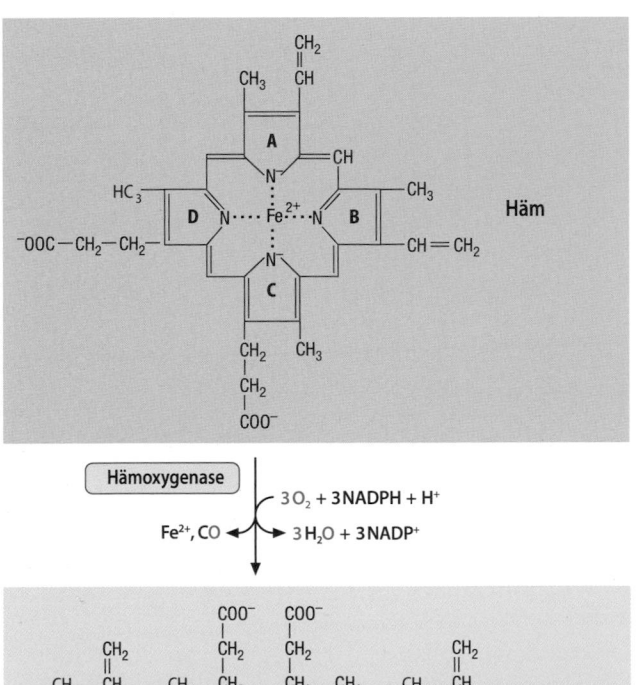
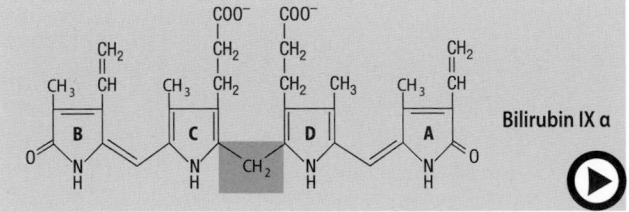

Abb. 32.6 (Video 32.3) **Bildung von Bilirubin aus Häm.** Als α-Isomere von Biliverdin und Bilirubin werden diejenigen Produkte der Häm-Oxygenase bezeichnet, die bei Öffnung von Häm zwischen den Pyrrolringen A und B entstehen. (► https://doi.org/10.1007/000-5j1)

Reaktion im Menschen, bei der CO entsteht. CO ist allerdings nicht nur das Nebenprodukt dieser Reaktion, sondern scheint auch als Botenstoff zu fungieren, z. B. über eine Stimulation löslicher Guanylatcyclasen.

Das verantwortliche Enzym, die **Häm-Oxygenase**, von dem mehrere Isoenzyme existieren (s. u.), ist dem Reaktionstyp nach eine Monooxygenase. Sie fixiert von drei Molekülen O_2 drei O-Atome, und zwar zwei im geöffneten Tetrapyrrolring und eines im CO, während die restlichen drei O-Atome mit dem Wasserstoff von drei NADPH-Molekülen zu H_2O reduziert werden. Bei dieser Reaktion, bei der das Eisenatom freigesetzt wird, ändert sich das geschlossene System konjugierter Doppelbindungen vom Häm und es entsteht das grünlich gefärbte **Biliverdin**.

Der Folgeschritt ist eine einfache Reduktion der Methinbrücke zwischen den Pyrrolringen C und D, bei der eine weitere, konjugiert stehende Doppelbindung entfernt wird und sich die Farbe in das Orangerot von Bilirubin ändert. Katalysiert wird die Reaktion durch die **Biliverdin-Reduktase**, die NADPH/H$^+$ als Wasserstoffdonor benutzt.

> Bilirubin ist ein schlecht wasserlösliches Molekül.

Als Derivat von Häm (s. o.) ist Bilirubin ein überwiegend hydrophobes Molekül, das als solches im Blut an Albumin gebunden zur Leber transportiert werden muss, um dort über die Biotransformation (► Abschn. 62.3) in eine ausscheidungsfähige Form überführt zu werden.

Wie erklärt sich trotz der zwei Carboxylgruppen der stark hydrophobe Charakter von Bilirubin? Ursache ist die freie Drehbarkeit der beiden Dipyrrolhälften von Bilirubin um die in der Biliverdin-Reduktase-Reaktion entstandene Methylgruppe zwischen den Ringen C und D (Abb. 32.7A). Dadurch können sich die beiden Carboxylgruppen so positionieren, dass sie über stabilisierende Wasserstoffbrücken mit den polaren Gruppen der Pyrrolringe in Wechselwirkung treten (Abb. 32.7B). Resultat ist eine kompakte Molekülstruktur, deren hydrophile Komponenten nicht mehr mit den Wassermolekülen der Umgebung interagieren können.

Diese Form des Bilirubins kann in einer bestimmten Farbreaktion (**Diazoreaktion** oder van den Bergh-Reaktion) erst dann ausreichend schnell nachgewiesen werden, wenn seine Wasserstoffbrücken durch geeignete Lösungsmittel (z. B. Methanol) aufgebrochen wurden. Es wird deswegen als **indirektes Bilirubin** bezeichnet. Durch zweifache Glucuronidierung in den Hepatocyten (s. u.), werden die beiden Carboxylgruppen maskiert (Abb. 32.7C) und Bilirubin gallengängig gemacht. Durch diese Modifikation kann Bilirubin dann auch direkt in der Farbreaktion nachgewiesen werden. Glucuronidiertes Bilirubin stellt damit die Fraktion des **direkten Bilirubins** dar. Die normale Konzentration an Bilirubin

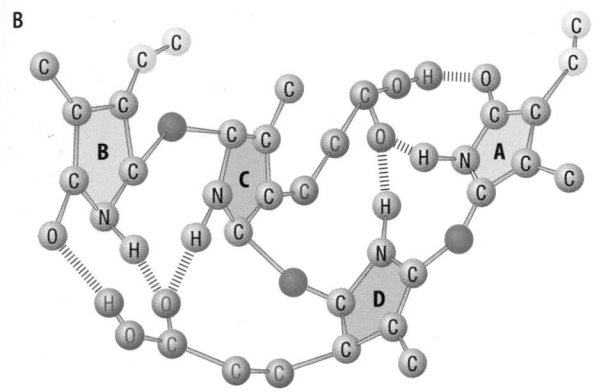

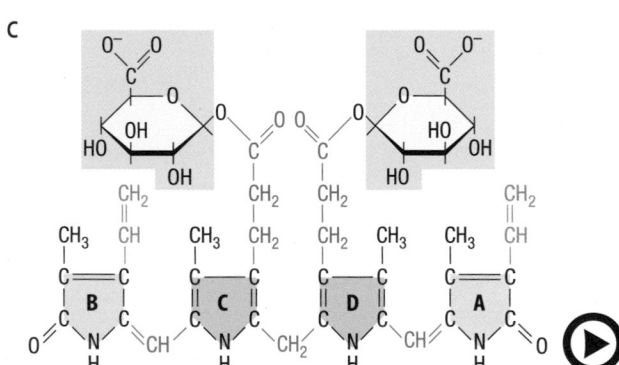

◘ Abb. 32.7 (Video 32.4) **Indirektes und direktes Bilirubin. A** Die beiden Dipyrrolhälften (B, C und D, A) von Bilirubin sind um die zentrale Methylengruppe frei drehbar (*Pfeil*). Die beiden Propionylgruppen (blau) liegen im Blut überwiegend in nicht-dissoziierter Form vor. **B** Beim indirekten, weitgehend wasserunlöslichen Bilirubin wird die räumliche Anordnung der beiden Dipyrrolhälften durch intramolekulare Wasserstoffbrücken (*blau gestrichelte Linien*) fixiert. **C** Maskierung der beiden Carboxylgruppen durch Glucuronidierung verhindert die durch die intramolekularen H-Brücken verursachte, stabile Faltung und erhöht die Wasserlöslichkeit (direktes Bilirubin). (► https://doi.org/10.1007/000-5j4)

im Blutplasma beträgt bis zu 0,9 mg/100 ml. Da direktes Bilirubin überwiegend in die Gallencanaliculi ausgeschieden wird (► Abschn. 32.2.3), kommt es beim Gesunden mit nicht mehr als 0,3 mg/100 ml im Plasma vor.

❯ Die leberspezifische Metabolisierung von Bilirubin kann durch Phototherapie umgangen werden.

Die intramolekularen Wasserstoffbrücken von Bilirubin als Ursache für seine geringe Wasserlöslichkeit sind die

Grundlage für die Behandlung eines Neugeborenenikterus (► Abschn. 32.2.2) durch **Phototherapie**. Die Phototherapie mit blauem Licht (400–500 nm) bewirkt die Photo-Isomerisierung von Bilirubin. Durch diese Bestrahlung werden die beiden Doppelbindungen an den Methinbrücken zwischen den Ringen B und C bzw. D und A (◘ Abb. 32.7A) aus der üblichen *cis-(Z-)* in die *trans-(E-)* Konfiguration überführt. Dadurch werden die NH- und O=C-Gruppen der Ringe A und B räumlich so verlagert, dass sie nicht mehr für Wasserstoffbrücken mit den Carboxylgruppen der Propionylseitenketten zur Verfügung stehen. Die entstehenden Photo-Isomere des Bilirubins werden dann auch ohne vorherige Glucuronidierung in die Gallenflüssigkeit sezerniert.

❯ Bilirubin ist nicht nur ein Ausscheidungsprodukt von Häm.

Letztlich sind also die intramolekularen Wasserstoffbrücken des indirekten Bilirubins für dessen Löslichkeits- und damit Ausscheidungsprobleme verantwortlich. Dagegen ist Biliverdin, das im Gegensatz zu Bilirubin die freie Drehbarkeit zwischen den zentralen Ringen (C, D) nicht besitzt (◘ Abb. 32.6), wesentlich besser wasserlöslich. Somit drängt sich die Frage nach dem physiologischen Sinn der Umwandlung von Häm zu Bilirubin auf.

Bilirubin hat nachweislich eine cytoprotektive Wirkung, indem es die Funktion eines **lipophilen Antioxidans** ausübt. So kann Bilirubin Peroxide (► Abschn. 20.2) reduzieren, wobei es selbst zurück zu Biliverdin oxidiert und dann mithilfe der Biliverdin-Reduktase wieder regeneriert wird. Eine experimentell durchgeführte Inaktivierung der Biliverdin-Reduktase, die zu einem Absinken des Bilirubinspiegels führt, ist tatsächlich mit einem messbaren Anstieg von zellulären Sauerstoffradikalen vergesellschaftet. Die antioxidative Schutzfunktion von Bilirubin erklärt auch, warum eines der Isoenzyme der für die Entstehung von Bilirubin verantwortlichen Häm-Oxygenase durch diverse cytotoxische Stimuli induziert wird. Aufgrund der Lipophilie von Bilirubin scheinen es v. a. Lipidperoxide (► Abschn. 20.2) zu sein, die durch Bilirubin detoxifiziert werden können.

32.2.2 Metabolisierung von Bilirubin in der Leber

Im Blut wird Bilirubin an Albumin gebunden zur Leber transportiert. Da die Bindungskapazität von Serumalbumin für Bilirubin begrenzt ist, kann ein Überangebot an Bilirubin, wie es beispielsweise bei Neugeborenen durch eine noch eingeschränkte Metabolisierung in der Leber auftritt, zu vermehrt freiem Bilirubin führen. Dieses bindet bevorzugt an Membranlipide und verur-

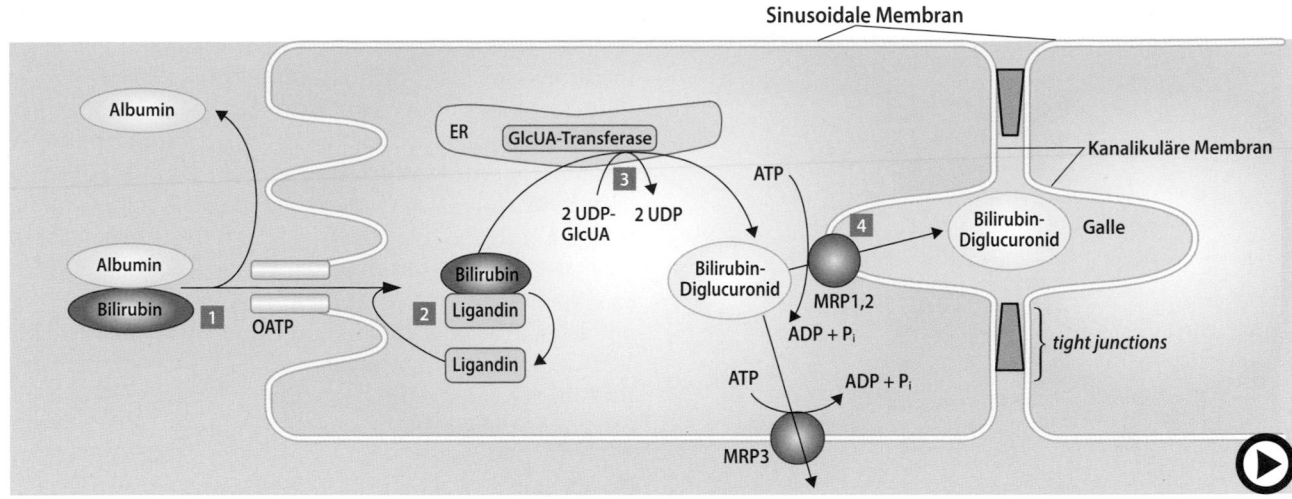

◻ Abb. 32.8 (Video 32.5) **Die Funktion des Hepatocyten bei der Aufnahme, Metabolisierung und Sekretion von Bilirubin.** *MRP: multidrug resistance-related protein; GlcUA:* Glucuronat. Weitere Einzelheiten s. Text (▶ https://doi.org/10.1007/000-5j5)

sacht bei unreifer Blut-Hirn-Schranke so den Kernikterus (Ablagerung in Ganglienzellen des Stammhirns).

Nach Freisetzung vom Albumin wird Bilirubin über einen Transporter der OATP-Familie (*organic anion transport protein*) (▶ Abschn. 62.4.1) durch die sinusoidale (basolaterale) Membran von Hepatocyten aufgenommen (◻ Abb. 32.8, Ziffer 1).

Intrazellulär wird Bilirubin von einem auch als **Ligandin** bezeichneten Protein gebunden (Ziffer 2). Dabei handelt es sich um die Glutathion-S-Transferase, die eine wichtige Rolle bei der Metabolisierung von hydrophoben Verbindungen im Rahmen der Biotransformation spielt (▶ Abschn. 62.3.1). Dieses Enzym besitzt zusätzlich zur Substratbindestelle eine Bindungsstelle für hydrophobe Liganden wie Bilirubin, Gallensäuren u. a., die enzymatisch nicht umgesetzt, sondern offensichtlich auf diese Weise intrazellulär nur transportiert werden. Über Ligandin gelangt Bilirubin zum endoplasmatischen Retikulum, (Ziffer 3) in dem es von **UDP-Glucuronat-Transferasen** (Bilirubin-UDP-Glucuronat-Transferase, Bilirubin-UGT) i. d. R. an beiden Propionylseitenketten glucuronidiert wird (◻ Abb. 32.7C). Substrat ist UDP-Glucuronsäure, die aus Glucose-1-Phosphat gebildet wird (▶ Abschn. 16.1.2).

32.2.3 Sekretion von Bilirubin-Diglucuronid in die Gallenflüssigkeit

Die Sekretion von Bilirubin-Diglucuronid (BDG) erfolgt an der kanalikulären Membran der Hepatocyten in die Gallencanaliculi (◻ Abb. 32.8, Ziffer 4). Diese enthält eine Reihe von Transport-ATPasen, unter ihnen das **MRP2** (*multidrug resistance-related protein* 2),

welches u. a. Bilirubin unter ATP-Verbrauch aktiv in die Gallenflüssigkeit pumpt (▶ Abschn. 62.4.1). Ähnliche, ATP-getriebene Pumpen (MRP3, MRP4) kommen auch in der sinusoidalen Membran vor und werden bei Überladung des Hepatocyten mit Bilirubin-Diglucuronid, wie z. B. bei Cholestase (Verlegung der Gallenwege), verstärkt exprimiert. Diese Transporter sind dann die Ursache für den Anstieg des direkten Bilirubins (BDG) im Blut unter diesen pathologischen Verhältnissen.

32.2.4 Abbau und Ausscheidung von Bilirubin

❯ Im Darm modifizieren bakterielle Enzyme Bilirubin zu Stercobilin.

Bilirubin-Diglucuronid wird im Darm mehrfach modifiziert (◻ Abb. 32.9). Hydrolasen von Darmbakterien spalten im terminalen Ileum und Dickdarm die Glucuronatreste von den Propionylseitenketten ab. Wiederholte reduktive Schritte führen zu einem Verlust des durchgehenden Systems konjugierter Doppelbindungen und damit zu den farblosen Zwischenprodukten Urobilinogen und Stercobilinogen. Letzteres wird schließlich zu Stercobilin oxidiert, welches wieder orange-gelb bis bräunlich gefärbt ist. Stercobilin und die durch die Einwirkung bakterieller Enzyme aus Stercobilinogen gebildeten Dipyrrolverbindungen ergeben die übliche Farbe der Faeces.

❯ Ein Teil der Abbauprodukte von Bilirubin wird rückresorbiert und über die Galle oder Niere erneut ausgeschieden.

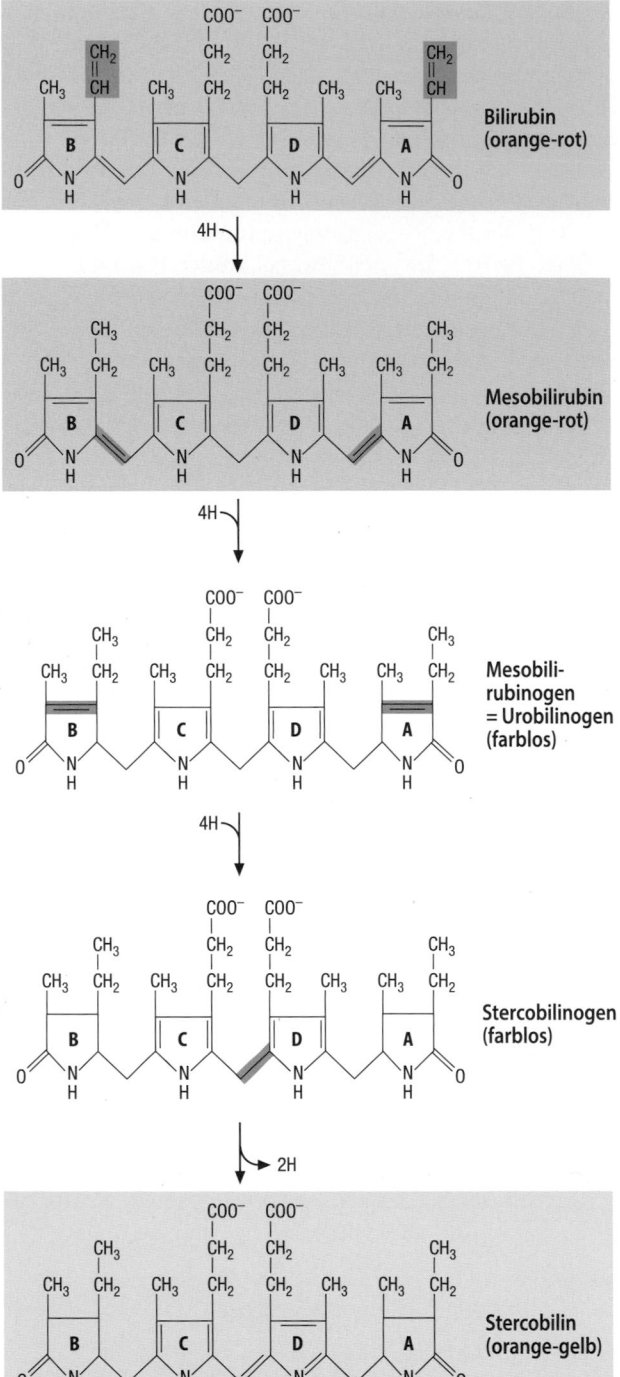

□ Abb. 32.9 Umbau von Bilirubin zu Stercobilin im Darm. Durch Reduktion der beiden Vinylseitenketten zu Ethylresten entsteht Mesobilirubin. Durch Reduktion der beiden Methinbrücken zwischen den Pyrrolringen B/C und D/A geht das System durchgehender konjugierter Doppelbindungen verloren und es bildet sich das farblose Mesobilirubinogen (Urobilinogen). Die Reduktion von zwei Doppelbindungen in den Ringen B und A führt zu Stercobilinogen. Dieses wird an der zentralen Methylengruppe reoxidiert, wodurch im Zentrum der Verbindung wieder ein System konjugierter Doppelbindungen entsteht, sodass das Reaktionsprodukt Stercobilin wieder gefärbt ist

Bis zu 20 % der Abbauprodukte von Bilirubin werden über einen enterohepatischen Kreislauf im terminalen Ileum und Dickdarm rückresorbiert und zur Leber transportiert, von wo sie erneut über die Galle in den Darm sezerniert werden. Ein kleinerer Teil gelangt in den Körperkreislauf und wird über die Niere ausgeschieden. Urobilinogen (□ Abb. 32.9) kann durch Luftsauerstoff an der zentralen Methylengruppe zwischen den Ringen C und D zu Urobilin oxidiert werden, was für die Gelbfärbung des Urins mit verantwortlich ist.

> **Zusammenfassung**
> Beim Menschen fallen täglich ca. 250 mg Häm aus dem Abbau von Hämoglobin bzw. anderen Häm-Proteinen an, die über das Zwischenprodukt Biliverdin zu Bilirubin umgebaut werden.
> Dabei wird zunächst der Tetrapyrrolring geöffnet und das C-Atom der verbindenden Methinbrücke als CO abgespalten (Häm-Oxygenase-Reaktion). Anschließend wird die gegenüberliegende (d. h. zentrale) Methinbrücke des Biliverdins reduziert (Biliverdin-Reduktase), wobei Bilirubin entsteht.
> Durch diese Reaktion werden die beiden Dipyrrolhälften von Bilirubin frei drehbar und ordnen sich so an, dass intramolekulare H-Brücken entstehen, die Bilirubin zu einem schwer löslichen Molekül machen (indirektes Bilirubin).
> An Albumin gebunden wird Bilirubin zur Leber transportiert und dort im Rahmen der Biotransformation zu Bilirubin-Diglucuronid umgewandelt (direktes Bilirubin), das mit der Gallenflüssigkeit in das Duodenum sezerniert wird. Im Darm wird Bilirubin unter der Einwirkung von bakteriellen Enzymen über Urobilinogen zu Stercobilin umgebaut. Nach Rückresorption wird ein kleiner Teil als Urobilinogen über den Urin ausgeschieden.
> Bilirubin ist nicht nur die Ausscheidungsform von Häm, sondern hat als lipophiles Antioxidans eine cytoprotektive Wirkung.

32.3 Pathobiochemie des Porphyrinstoffwechsels

32.3.1 Defekte der Häm-Bildung

Störungen der Häm-Biosynthese führen zu den Krankheitsbildern der sideroblastischen Anämie und der primären (genetisch bedingten) Porphyrien. Bei sekundären Porphyrien handelt es sich um erworbene Porphyrien.

> Sideroblastische Anämie resultiert aus einem Defekt der δ-ALA-Synthase 2.

Diese Anämie ist bedingt durch einen Funktionsverlust der δ-ALA-Synthase 2 der erythroiden Zellen des Knochenmarks, aus dem eine verminderte Biosynthese von Protoporphyrin IX und eine Eisenanreicherung in den Mitochondrien von Erythroblasten resultiert. Inzwischen sind über 20 verschiedene Genmutationen identifiziert worden. Eine davon führt zu einer verminderten Bindung von Pyridoxalphosphat als essenziellem Cofaktor (◘ Abb. 32.2) an die δ-ALA-Synthase 2. Therapie ist deswegen ein hohes orales Angebot an Vitamin B_6, um den Defekt zu kompensieren.

> ❯ Porphyrien sind durch einen Anstieg von Tetrapyrrolintermediaten gekennzeichnet.

Mutationsbedingte Defekte sind für alle Enzyme der Häm-Biosynthese bekannt. Die klinisch Bedeutsamsten sind in ◘ Tab. 32.1 zusammengestellt. Eine erste laborchemische Diagnostik beruht auf dem Ausscheidungsmuster von δ-ALA und Porphobilinogen im Urin und von Uro- und Koproporphyrinogenen in Urin und Stuhl.

Porphobilinogen-Desaminasemangel Die Bezeichnung **Akute intermittierende Porphyrie** verrät, dass die Symptome akut und in Schüben auftreten. Die Pathogenese und Therapie dieses Krankheitsbildes erklärt sich aus den Merkmalen der Regulation der δ-ALA-Synthase 1 (▶ Abschn. 32.1.5). Da bei einer verminderten Produktion von Häm dessen hemmender Effekt auf die δ-ALA-Synthase 1 entfällt, genügt eine auf 50 % reduzierte Aktivität der Porphobilinogen-Desaminase offensichtlich für eine ausreichende Häm-Synthese. Wird dagegen die δ-ALA-Synthase 1 hochreguliert, meist durch Pharmaka oder Nahrungskarenz (▶ Abschn. 32.1.5), stauen sich δ-ALA und Porphobilinogen vor der reduziert aktiven Porphobilinogen-Desaminase an. Hauptsymptome sind dann akute Abdominalbeschwerden und neurologisch-

psychiatrische Störungen (periphere Neuropathien, Krampfanfälle), die vermutlich durch GABAerge Wirkungen der strukturverwandten δ-ALA verursacht sind. Therapeutisch wird im Akutstadium Hämarginat (infundierbares Hämpräparat) verabreicht, das die δ-ALA-Synthase 1 hemmt; gleichzeitig müssen die auslösenden Pharmaka abgesetzt werden. Interessanterweise bleiben fast 90 % der Anlageträger asymptomatisch, d. h. die Genanlage besitzt aus noch unbekannten Gründen eine niedrige Penetranz. Eine innovative Therapieform chronisch rezidivierender Schübe dieses Krankeitsbildes besteht in der subcutanen Applikation einer siRNA (▶ Abschn. 55.3) für die δ-ALA-Dehydratase. Die siRNA wird über ein gekoppeltes Galactosemolekül in die Leber aufgenommen und blockiert dort die Transkription der δ-ALA-Dehydratase und damit die Häm-Synthese.

Uroporphyrinogen-Decarboxylasemangel Diese häufigste Form der Porphyrie entwickelt sich meist erst im Erwachsenenalter („**Porphyria cutanea tarda**"), z. B. durch die mehrjährige Einnahme von Kontrazeptiva oder durch einen zusätzlichen Leberschaden wie bei Hepatitis B- oder C-Virus-Infektion, alkoholischer oder nicht-alkoholischer Fettleber, Eisenüberladung u. a. m. Der Enzymdefekt bewirkt einen cytosolischen Anstau von Uroporphyrinogen III, das in Lysosomen aufgenommen wird. Nach Oxidation zu Uroporphyrin absorbiert es sichtbares Licht (400 nm), was mit einer generellen Zellschädigung einhergeht. Diese manifestiert sich überwiegend durch Blasen- und Narbenbildung und eine leichte Verletzbarkeit lichtexponierter Hautpartien.

Ferrochelatasemangel Das bei der **Erythropoietischen Protoporphyrie** angestaute Intermediat ist das intramitochondrial entstehende Protoporphyrin. Es führt ebenfalls zu einer Photosensibilisierung mit Brennen, Jucken und Erythemen der Haut nach Sonnenexposition. Protopor-

◘ **Tab. 32.1**   Ausgewählte primäre Porphyrien

Porphyrietyp	Defektes Enzym	Primär akkumulierendes Häm-Intermediat	Symptome		
			Viszeral-neurologische	Cutane	Andere
Akute intermittierende Porphyrie	Porphobilinogen-Desaminase	δ-ALA, Porphobilinogen	+		
Kongenitale erythropoietische Porphyrie	Uroporphyrinogen-III-Synthase	Uroporphyrinogen I		+	Hämolytische Anämie, rot gefärbte Zähne
Porphyria cutanea tarda	Uroporphyrinogen-Decarboxylase	Uroporphyrinogen III		+	
Erythropoietische Protoporphyrie	Ferrochelatase	Protoporphyrin		+	Leberaffektion

phyrin ist cytotoxisch, weil es sich vermutlich in Membranen einlagern kann. Typisch ist ein hepatotoxischer Effekt, sodass einzelne dieser Patienten auch an einer Leberfunktionsstörung leiden. Ein neues Therapieprinzip ist die Anwendung von α-MSH (▶ Abschn. 39.2.4), welches die Melanocytenproduktion in der Haut stimuliert.

Uroporphyrinogen-III-Synthasemangel Diese als **Kongenitale erythropoietische Porphyrie** bezeichnete, seltene Erkrankung wird schon im Kleinkindesalter manifest mit einer durch Uroporphyrin bedingten Rotverfärbung der Windeln. Uroporphyrin entsteht nach Luftexposition aus dem im Urin in großen Mengen ausgeschiedenen Uroporphyrinogen I, das bei fehlender Uroporphyrinogen-III-Synthaseaktivität spontan aus Hydroxymethylbilan gebildet wird (▶ Abschn. 32.1.3). Hauptsymptom ist eine schwere Photodermatose.

❯ Bei sekundären Porphyrien ist die Ausscheidung von Häm-Synthese-Intermediaten aufgrund anderer Krankheiten erhöht.

Eine vermehrte Ausscheidung von Zwischenprodukten der Häm-Biosynthese tritt bei Hemmung einzelner Enzyme der Häm-Synthesekaskade auf, wie z. B. der δ-ALA-Dehydratase bei Blei-Intoxikationen (▶ Abschn. 32.1.3) oder auch bei hepatobiliären Erkrankungen, da ein gewisser Teil von Koproporphyrinogen normalerweise auch immer über die Galle eliminiert wird.

32.3.2 Ikterus

Als Ikterus wird eine gelbliche Verfärbung von Geweben (Haut, Skleren) und Körperflüssigkeiten (Serum) durch Zunahme des Bilirubins bezeichnet. Die sichtbare gelbliche Verfärbung der Skleren tritt bei einer Serumkonzentration des Bilirubins über 2–2,5 mg/100 ml (normal 0,3–1,0 mg/100 ml), die der Haut bei Konzentrationen über 3,0–4,0 mg/100 ml auf. Ein Ikterus ist kein spezifisches Symptom von Leberkrankheiten, gibt aber wichtige Aufschlüsse über deren Schweregrad und Prognose.

Fünf Hauptformen des Ikterus können nach pathogenetischen Gesichtspunkten unterschieden werden:
- prähepatischer Ikterus
- intrahepatischer Ikterus
- posthepatischer Ikterus
- Kombinationen dieser Formen
- hereditäre Störungen des Bilirubinstoffwechsels

❯ Häufigste Ursache eines prähepatischen Ikterus ist eine Hämolyse.

Bei einer Verkürzung der Erythrocytenlebensdauer unter 50 % der Norm überschreitet die Bilirubinbildung die Aufnahmekapazität der Leber. Die Folge ist eine Zunahme des unkonjugierten Bilirubins im Blutplasma. Bei schweren Hämolysen nimmt auch der Anteil des konjugierten Bilirubins zu, da bei extremem Anfall von Bilirubin die Sekretionskapazität der Leber für konjugiertes Bilirubin überschritten wird. Konjugiertes Bilirubin gelangt dann aus den Leberzellen „retrograd" in das Blut. Eine seltene Sonderform ist der Ikterus bei dyserythropoietischer Anämie, verursacht durch hereditäre oder erworbene Störungen der Erythrocytenreifung bzw. eine ineffektive Erythropoiese.

❯ Ein intrahepatischer (hepatozellulärer) Ikterus tritt bei vielen Leberkrankheiten auf.

Ein Ikterus ist zunächst kein obligates Symptom einer Lebererkrankung. Je schwerer allerdings die Parenchymschädigung der Leber ist, umso ausgeprägter ist i. d. R. der Ikterus. Auftreten und Schweregrad des Ikterus haben deshalb bei vielen Leberkrankheiten prognostische Bedeutung. Ursache des Ikterus ist die Störung der Ausscheidung des Bilirubins von den Hepatocyten in die Gallenkapillaren, nicht jedoch die Glucuronidierung von Bilirubin, die als sehr „stabile" Leberfunktion bei erworbenen Leberkrankheiten i. d. R. nicht oder nur wenig eingeschränkt ist. Das konjugierte Bilirubin, das sich bei gestörter Exkretion in den Hepatocyten anstaut, gelangt durch passive Diffusion oder durch ein Transportsystem (▶ Abschn. 32.2.3) in der sinusoidalen Membran in das Blut. Bei sehr schwerer Leberschädigung mit Störungen der Bilirubinaufnahme und -glucuronidierung kann auch das unkonjugierte Bilirubin im Blut zunehmen. Das konjugierte Bilirubin wird über die Niere ausgeschieden. Der Urin wird dadurch braun verfärbt. Das Ausmaß der Stuhlentfärbung hängt vom Grad der Exkretionsstörung ab.

❯ Ein posthepatischer Ikterus tritt bei Abfluss-Störungen der Galle auf.

Ein partieller oder kompletter Verschluss der Gallenwege führt zu einem Rückstau von Galle und zu einer Behinderung der Gallensekretion (Cholestase). Konjugiertes Bilirubin tritt aus den Leberzellen und Gallenkapillaren in das Blut über und wird vermehrt mit dem Urin ausgeschieden, der dadurch eine braune Farbe erhält. Bei komplettem Verschluss der Gallenwege können im Darm Urobilinogen, Urobilin und Stercobilin nicht gebildet werden. Der Stuhl ist deshalb entfärbt, die Urobilinogenausscheidung im Urin fehlt. Bei partiellem und intermittierendem Verschluss wechseln Ikterus, Stuhlfarbe und die Ausscheidung von Urobilinogen und Bilirubin im Urin in Abhängigkeit vom Grad der Obstruktion. Da ein länger

bestehender posthepatischer Ikterus zu Störungen der Leberfunktion mit Beeinträchtigung der Bilirubinaufnahme und -konjugation führen kann, ist unter diesen Bedingungen auch indirektes Bilirubin im Blut meist erhöht.

❯ Häufig entsteht ein Ikterus durch kombinierte Störungen des Bilirubinstoffwechsels.

Zahlreiche Fremdstoffe und Arzneimittel können einen Ikterus verursachen. Die Pathogenese dieser Ikterusform ist komplex: Verdrängung des Bilirubins aus der Bindung an Albumin, verminderte Bilirubinaufnahme in die Leber durch Konkurrenz um das Transportsystem, Störungen der Bilirubinglucuronidierung und Störungen der Exkretion von Bilirubin in die Canaliculi oder eine generell verminderte Gallensekretion (Cholestase, ▶ Abschn. 62.6.1) können die Ursache des Ikterus sein. Häufig sind mehrere dieser pathogenetischen Mechanismen in unterschiedlichem Ausmaß und in Abhängigkeit von der Art des Fremdstoffes an der Entstehung des Ikterus beteiligt. Der Verdacht auf einen Fremdstoffikterus ergibt sich aus der Anamnese. Der Nachweis dieser Ikterusform wird durch einen Auslassversuch erbracht.

❯ Schwangerschaft kann zur Entwicklung eines Ikterus führen.

Ein Schwangerschaftsikterus kann im letzten Trimenon der Schwangerschaft auftreten und verschwindet unmittelbar nach der Geburt. Seine Pathogenese ist nicht definitiv geklärt. Wahrscheinlich sind mehrere Faktoren, z. B. Östrogene und cholestatisch wirkende Gallensäuren, an seiner Entstehung beteiligt. Zahlreiche Beobachtungen sprechen auch für hereditäre Faktoren.

❯ Hereditäre Störungen des Bilirubinstoffwechsels manifestieren sich als Crigler-Najjar-, Gilbert-, Dubin-Johnson- oder als Rotor-Syndrom.

Gemeinsam ist dieser Krankheitsgruppe, dass genetische Defekte einen Ikterus bei normaler Leberfunktion und fehlender Hämolyse verursachen.

Crigler-Najjar Typ I Die Ursache ist eine Genmutation, die zum vollständigen Aktivitätsverlust der Bilirubin-UDP-Glucuronat-Transferase (Bilirubin-UGT) führt. Klinisches Leitsymptom ist die extreme Hyperbilirubinämie, die ausschließlich durch unkonjugiertes Bilirubin verursacht wird und bereits in den ersten Lebenstagen auftritt. Die Folge ist ein Kernikterus (▶ Abschn. 32.2.2) mit neurologischen Symptomen. Die Galle ist farblos oder durch Übertritt von unkonjugiertem Bilirubin leicht gelblich gefärbt. Alle Leberfunktionen und die Leberhistologie sind normal. Ohne therapeutische Maßnahmen

beträgt die Lebenserwartung nicht mehr als 15 Monate. Therapie der Wahl ist die Lebertransplantation. Neuerdings wurde auch die Transplantation von Leberzellen durchgeführt. Therapeutisch wirksam ist ferner eine UV-Licht-Behandlung. Dadurch entstehen aus dem Bilirubinmolekül Konformationsisomere, zyklische Derivate und Fragmente, die ohne Konjugation im Urin ausgeschieden werden können (▶ Abschn. 32.2.1).

Crigler-Najjar Typ II Hierbei handelt es sich um eine abgeschwächte Form des Typs I mit vorhandener Restaktivität der Bilirubin-UGT. Der Ikterus ist weniger stark ausgeprägt als bei Typ I. Kernikterus und neurologische Symptome sind selten. Die Galle enthält konjugiertes Bilirubin, jedoch ist die biliäre Exkretion von Bilirubin reduziert. Die Relation von Mono- zu Diglucuroniden ist zugunsten der Monoglucuronide verschoben. Das Erwachsenenalter wird von den Betroffenen erreicht. Manchmal wird die Krankheit erst beim Erwachsenen diagnostiziert. Therapeutisch ist bedeutsam, dass – im Gegensatz zu Typ I – durch Phenobarbital die Restaktivität des Enzyms stimuliert und der Bilirubinspiegel gesenkt werden kann.

Gilbert-Syndrom Synonyme Bezeichnungen für diese Krankheit sind „Morbus Meulengracht", „familiärer, nicht-hämolytischer Ikterus" und „konstitutionelle hepatische Dysfunktion".

In der Pathogenese hat eine Verminderung der Aktivität der Bilirubin-UGT auf 30–50 % der Norm zentrale Bedeutung. Zusätzlich zur verminderten Konjugation des Bilirubins ist wahrscheinlich auch die Aufnahme des Bilirubins in die Leberzellen beeinträchtigt. In einigen Fällen wurden auch diskrete Hämolysezeichen festgestellt (Abnahme des Haptoglobins, Zunahme der Reticulocyten). Die Hyperbilirubinämie wird dadurch verstärkt. Die Hämolyse ist aber kein obligates Symptom der Krankheit.

Das Gilbert-Syndrom ist bei 2–7 % der Bevölkerung nachweisbar. Die Betroffenen, meist männliche Personen im Pubertätsalter oder im 2. Dezennium, sind häufig beschwerdefrei. Die Hyperbilirubinämie ist gering ausgeprägt (meist unter 5 mg/100 ml) und durch Erhöhung des unkonjugierten Bilirubins verursacht (indirekte Hyperbilirubinämie). Die Prognose ist gut. Eine Therapie ist nicht erforderlich. Die meist sehr besorgten Betroffenen und Angehörigen sollten über die Harmlosigkeit der Anomalie informiert werden.

Dubin-Johnson-Syndrom Es liegt eine Störung der biliären Exkretion von konjugiertem Bilirubin vor, verursacht durch Mutationen mit Verlust der Funktion des kanalikulären Transportsystems für Konjugate organischer Anionen mit Glucuronsäure und Glutathion (MRP 2)

(▸ Abschn. 62.4.1). Klinisch wird die Störung meist als Zufallsbefund im Pubertätsalter oder in der Schwangerschaft oder bei Einnahme oraler Antikonzeptiva entdeckt. Die Hyperbilirubinämie ist gering ausgeprägt (2–5 mg/100 ml). 50 % des Bilirubins im Serum liegen in konjugierter Form vor. Die Bilirubinerhöhung korreliert mit der Dauer der Nahrungskarenz vor Blutentnahme (nüchtern deutliche, nicht nüchtern geringe Erhöhung). Alle Tests der Leberfunktionen sind normal. Die Prognose ist gut. Eine Therapie ist nicht erforderlich.

Rotor-Syndrom Es besteht eine Störung der biliären Exkretion des konjugierten Bilirubins ähnlich wie beim Dubin-Johnson-Syndrom, dem auch die klinische Symptomatik entspricht. Ursachen sind Mutationen in den Genen *OATP1B1* und *OATP1B3* (▸ Abschn. 62.4.1), die für die Wiederaufnahme von konjugiertem Bilirubin sorgen, welches über MRP3 in der sinusoidalen Hepatocytenmembran (◾ Abb. 32.8) in die Blutbahn gelangte. Eine Therapie ist nicht erforderlich.

> ❯ Grundlage der Differentialdiagnose des Ikterus ist die Bestimmung von direktem und indirektem Bilirubin.

Ausgangspunkt der Differentialdiagnose eines Ikterus ist die Bestimmung des indirekt und direkt reagierenden Bilirubins im Serum mit der Diazoreaktion (▸ Abschn. 32.2.1). Angenähert entspricht das indirekt reagierende Bilirubin dem unkonjugierten, das direkt reagierende dem konjugierten Bilirubin. Für eine exakte Bestimmung des direkten und indirekten Bilirubins mit Differenzierung zwischen Bilirubinmono- und -diglucuronid stehen chromatographische Verfahren zur Verfügung. Sie sind aufwändig und werden klinisch nicht angewandt. Aufgrund der Diazoreaktion können zwei Typen der Hyperbilirubinämien unterschieden werden:
- vorwiegend unkonjugierte Hyperbilirubinämien, wenn 80–85 % des Gesamtbilirubins im Serum eine indirekte Diazoreaktion ergeben,
- vorwiegend konjugierte Hyperbilirubinämien, wenn mehr als 40 % des Gesamtbilirubins im Serum eine direkte Diazoreaktion ergeben.

Wenn eine **Hyperbilirubinämie mit vorwiegend unkonjugiertem Bilirubin** vorliegt, muss durch Prüfung allgemeiner Hämolysezeichen (Reticulocytenerhöhung, Haptoglobinverminderung, Erhöhung der Lactatdehydrogenase (LDH), eventuell erhöhtes Urobilinogen im Urin) eine Hämolyse ausgeschlossen werden. Der hämolytische Ikterus ist i. d. R. nur mäßig ausgeprägt. Eine Anämie ist nicht obligat. Bei Nachweis allgemeiner Hämolysezeichen ist die Ursache der Hämolyse zu klären. Fremdstoffe, z. B. Pharmaka, können durch Verdrängung des Bilirubins aus der Albuminbindung oder durch Konkurrenz um die hepatischen Transportsysteme für die Aufnahme von Bilirubin, selten auch durch Konkurrenz um die UDP-Glucuronat-Transferase einen Ikterus mit vorwiegend unkonjugiertem Bilirubin hervorrufen. Eine häufige Ursache einer vorwiegend unkonjugierten Hyperbilirubinämie beim Erwachsenen ist das Gilbert-Syndrom, dessen Diagnose im Wesentlichen eine Ausschlussdiagnose ist. Seltene Ursachen der überwiegend unkonjugierten Hyperbilirubinämie sind Anämien bei verschiedenen angeborenen oder erworbenen Störungen der Erythropoiese, bestimmten Porphyrien oder Bleiintoxikation. Im Gegensatz zum hämolytischen Ikterus sind dabei Reticulocytenzahl und Haptoglobin normal. Extrem selten ist beim Erwachsenen ein Crigler-Najjar-Syndrom Typ II.

Wenn eine **Hyperbilirubinämie mit vorwiegend konjugiertem Bilirubin** vorliegt, ist die Ursache meist eine hepatobiliäre Erkrankung. Vordringlichste differentialdiagnostische Aufgabe ist dann, zwischen obstruktiver und nicht obstruktiver Cholestase als Ursache des Ikterus zu unterscheiden. Häufig sind vorwiegend konjugierte Hyperbilirubinämien durch Pharmaka verursacht, die mit Bilirubin um kanalikuläre Exkretionssysteme konkurrieren. Sehr selten ist das Dubin-Johnson-Syndrom und noch seltener das Rotor-Syndrom Ursache einer konjugierten Hyperbilirubinämie.

32.3.3 Cholestase

Als Cholestase bezeichnet man eine Reduktion oder ein völliges Sistieren des Galleflusses. In Abhängigkeit vom Grad der Cholestase kommt es zu einem Rückstau gallepflichtiger Substanzen in die Leber und evtl. in das Blut und zu einem Mangel funktionell wichtiger Gallenbestandteile im Darm. Bei obstruktiven Cholestasen ist die Ursache eine mechanische Behinderung des Galleabflusses. Bei nicht-obstruktiv bedingten Cholestasen liegt ein solches Hindernis nicht vor. Ihre Ursache ist eine funktionelle Störung der Gallesekretion. Weiteres zur Cholestase s. ▸ Abschn. 62.6.1.

> **Zusammenfassung**
>
> Angeborene Enzymdefekte in der Reaktionsabfolge der Häm-Synthese führen zur Akkumulation von Häm-Vorstufen, die zum Teil schwere und komplexe Krankheitsbilder hervorrufen (Porphyrien). Die Symptomatik reicht von akuten Abdominalbeschwerden über neuropsychiatrische Störungen bis zur Photosensibilisierung der Haut aufgrund der lichtabsorbierenden Eigenschaften der Porphyrin-Intermediate.
>
> Hyperbilirubinämien (Ikterus) können verschiedene Ursachen haben:
> - prähepatisch bei verstärkter Hämolyse

- intrahepatisch bei Leberparenchymschäden
- posthepatisch bei mechanischer Behinderung des Galleflusses
- hereditäre und erworbene Störungen der Glucuronidierung und der Ausscheidung von Bilirubin in die Gallencanaliculi.

Weiterführende Literatur

Axarli A, Ridgen DJ, Labrou NE (2004) Characterization of the ligandin site of maize glutathione S-transferase I. Biochem J 382:885–893

Bonkovsky HL, Guo JT, Hou W, Li T, Narang T, Thapar M (2013) Porphyrin and heme metabolism and the porphyrias. Compr Physiol 3:365–401

Brockmann H, Knobloch G, Plieninger H, Ehl K, Ruppert J, Moscowitz A, Watson CJ (1971) The absolute configuration of natural (–) stercobilin and other urobilinoid compounds. Proc Natl Acad Sci U S A 68:2141–2144

Dailey TA, Woodruff JH, Dailey HA (2005) Examination of mitochondrial targeting of haem synthetic enzymes: in vivo identification of three functional haem-responsive motifs in 5-aminolaevulinate synthase. Biochem J 386:381–386

De Montellano PRO (2000) The mechanism of hemeoxygenase. Curr Opin Chem Biol 4:221–227

Kolluri S, Sadlon TJ, May BK, Bonkoyski HL (2005) Haem repression of the housekeeping 5-aminolaevulinic acid synthase gene in the hepatoma cell line LMH. Biochem J 392:173–180

Lee DS, Flachsová E, Bodnárová M, Demeler B, Martásek P, Raman CS (2005) Structural basis of hereditary coproporphyria. Proc Natl Acad Sci USA 102:14232–14237

McDonagh AF (2001) Turning green to gold. Nat Struct Biol 8:198–200

Schultz IJ, Chen C, Paw BH, Hamza I (2010) Iron and porphyrin trafficking in heme biogenesis. J Biol Chem 285:26753–26759

Sedlak TW, Saleh M, Higginson DS, Paul BD, Juluri KR, Snyder SH (2009) Bilirubin and glutathione have complementary antioxidant and cytoprotective roles. Proc Natl Acad Sci USA 106:5171–5176

Shimizu T, Lengalova A, Martinek V, Martinkova M (2019) Heme: emergent roles of heme in signal transduction, functional regulation and as catalytic centres. Chem Soc Rev 48:5624–5657

van de Steeg E, Stránecky V, Hartmanová H, Nosková L, Hřebíček M, Wagenaar E, van Esch A, de Waart DR, Elferink RPJO, Kenworthy KE, Sticová E, al-Edreesi M, Knisely AS, Kmoch S, Jirsa M, Schinkel AH (2012) Complete OATP1B1 and OATP1B3 deficiency causes human Rotor syndrome by interrupting conjugated bilirubin reuptake into the liver. J Clin Invest 122:519–528

Watson CJ (1963) Recent studies of the urobilin problem. J Clin Pathol 16:1–11

Zelluläre Kommunikation

Inhaltsverzeichnis

Prinzipien zellulärer Kommunikation

Gerhard Müller-Newen, Peter C. Heinrich, Heike M. Hermanns und Fred Schaper

Die Entwicklung mehrzelliger, arbeitsteilig organisierter Lebewesen von Einzelzellen stellt einen gewaltigen Fortschritt in der Evolution dar. Eine der wesentlichen Voraussetzungen für diese Entwicklung ist die Möglichkeit der Kommunikation zwischen den Zellen eines Organismus. Dies ist wichtig, um die Aktivitäten von Geweben und Organen aufeinander abzustimmen und an sich ändernde äußere Bedingungen anpassen zu können. In diesem Kapitel werden die molekularen Grundlagen der zellulären Kommunikation vermittelt. Auch wenn die molekularen Mechanismen vielfältig sind, so erfolgt die Kommunikation nach einem Grundschema, das auf extrazellulären Mediatoren, Rezeptorproteinen und intrazellulärer Signaltransduktion beruht. In den sich anschließenden Kapiteln werden die extrazellulären Mediatoren, wie die klassischen, in Drüsen gebildeten Hormone und die als Cytokine bezeichneten Gewebshormone (▶ Kap. 34) sowie ihre Rezeptoren und die Mechanismen der Signaltransduktionen (▶ Kap. 35) vertiefend besprochen.

Schwerpunkte

33.1 Kommunikation zwischen Zellen
- Auto-, para-, juxta-, endokrine und neuronale Signalweiterleitung

33.2 Extrazelluläre Mediatoren
- Einteilung nach chemischen Stoffklassen, physikochemischen Eigenschaften, Syntheseorten
- Wirkung der glandulären Hormone und der Gewebshormone

33.3 Rezeptoren als zentrale Signalvermittler
- Rezeptor-Typen (nucleäre Rezeptoren, Ligandenregulierte Ionenkanäle, Membranrezeptoren) und ihre Aktivierungsmechanismen

33.4 Prinzipien der intrazellulären Signaltransduktion
- Mechanismen der Signaltransduktion: *second messenger*, posttranslationale Modifikationen, Protein-Protein- oder Protein-Lipid-Wechselwirkungen, Konformationsänderungen

33.1 Kommunikation zwischen Zellen

Die interzelluläre Kommunikation beginnt mit einem Signalstoff, der von einer Senderzelle als Antwort auf einen auslösenden Reiz freigesetzt wird (◻ Abb. 33.1). Dieser **extrazelluläre Mediator** ist von definierter chemischer Natur und kann nur solche Zellen ansprechen, die den passenden **Rezeptor** tragen. Ausgehend vom Rezeptor wird nun in der Zielzelle eine intrazelluläre Signalkaskade ausgelöst (**Signaltransduktion**), die zu einer Reaktion der Zelle in Form einer biologischen Antwort führt.

In ◻ Abb. 33.2 sind die verschiedenen Wege dargestellt, die ein extrazellulärer Mediator nutzen kann, um eine Zielzelle zu erreichen. Diffundiert der Mediator von der sezernierenden Zelle direkt zu einer Zelle eines anderen Zelltyps in der näheren Umgebung, spricht man von **parakriner** Signalweiterleitung (◻ Abb. 33.2A). Sie ist charakteristisch für Gewebshormone. Einen Sonderfall stellt die **juxtakrine** Signalübermittlung (◻ Abb. 33.2B) dar, bei der der Mediator in der Plasmamembran der produzierenden Zelle verankert bleibt und somit für die Wechselwirkung mit dem entsprechenden Rezeptor auf der Zielzelle ein direkter Zell-Zell-Kontakt notwendig ist. Das proinflammatorische Cytokin Tumornekrosefaktor (TNF) wirkt in löslicher Form parakrin und in membranständiger Form juxtakrin (▶ Abschn. 35.5.3). Wird

Ergänzende Information Die elektronische Version dieses Kapitels enthält Zusatzmaterial, auf das über folgenden Link zugegriffen werden kann https://doi.org/10.1007/978-3-662-60266-9_33. Die Videos lassen sich durch Anklicken des DOI Links in der Legende einer entsprechenden Abbildung abspielen, oder indem Sie diesen Link mit der SN More Media App scannen.

33

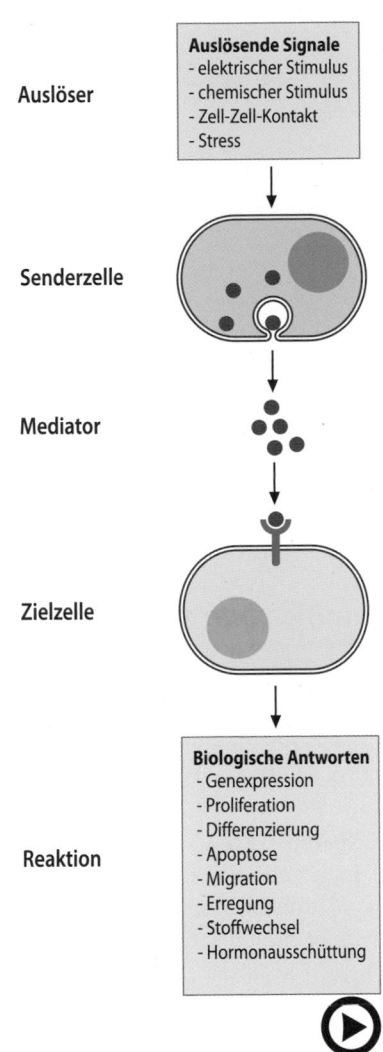

Auslöser

Auslösende Signale
- elektrischer Stimulus
- chemischer Stimulus
- Zell-Zell-Kontakt
- Stress

Senderzelle

Mediator

Zielzelle

Reaktion

Biologische Antworten
- Genexpression
- Proliferation
- Differenzierung
- Apoptose
- Migration
- Erregung
- Stoffwechsel
- Hormonausschüttung

▶ **Abb. 33.1**   (Video 33.1) **Kommunikation in biologischen Systemen.** Nach Stimulation einer Senderzelle schüttet diese Mediatoren aus, die von Rezeptoren der Zielzelle registriert werden und schließlich zu einer biologischen Antwort führen (▶ https://doi.org/10.1007/000-5j8)

der Mediator hingegen von den sezernierenden Zellen in die Blutbahn abgegeben, um seine Wirkung auf eine oft weit entfernte Zielzelle auszuüben, handelt es sich um eine **endokrine** Signalübertragung (▶ Abb. 33.2C). Dieser Weg wird von den klassischen **Hormonen** eingeschlagen, die in endokrinen Drüsen produziert werden.

Von parakriner und endokriner Signaltransduktion abzugrenzen ist schließlich die **autokrine** Signalweiterleitung ▶ Abb. 33.2D. Sie beruht darauf, dass der von einer sezernierenden Zelle gebildete Mediator auf diese Zelle selbst bzw. auf Nachbarzellen vom gleichen Zelltyp einwirkt. Das von stimulierten T-Lymphocyten sezernierte Interleukin-2 ist beispielsweise von fundamentaler Wichtigkeit für die autokrin vermittelte Proliferation der T-Lymphocyten. Die autokrine Sekretion von Wachstumsfaktoren spielt auch

bei manchen Tumoren eine wichtige Rolle. So geben bestimmte Mammakarzinomzellen in großer Menge den insulinähnlichen Wachstumsfaktor-1 (*insulin-like growth factor 1*, IGF-1, ▶ Abschn. 42.1.2) ab, der auf die Tumorzellen selbst als Proliferationsfaktor rückwirkt.

Die **neuronale** Signalübertragung (▶ Abb. 33.2E) zeichnet sich durch Zielgenauigkeit und eine hohe Geschwindigkeit aus. Hier steuert die Senderzelle über einen Zellausläufer (**Axon**) die Zielzellen, die ebenfalls Nervenzellen aber auch z. B. Muskelzellen oder Drüsenzellen sein können, direkt an. Der extrazelluläre Mediator, in diesem Fall ein **Neurotransmitter**, hat im **synaptischen Spalt** nur noch eine winzige Distanz (etwa 20 nm) zu überbrücken. Wie der Name andeutet, stellt diese Form der interzellulären Kommunikation die Grundlage der Signalvermittlung zwischen Nervenzellen dar und wird in einem gesonderten Kapitel behandelt (▶ Kap. 74).

Zusammenfassung

In der Kommunikation zwischen den Zellen mehrzelliger, höher entwickelter Organismen unterscheidet man zwischen:
- autokriner,
- parakriner,
- juxtakriner und
- endokriner Signalweiterleitung.

Die neuronale Signalübertragung zwischen Nervenzellen erfolgt über spezielle Mechanismen.

33.2   Extrazelluläre Mediatoren

33.2.1   Einteilung extrazellulärer Mediatoren

Die extrazellulären Mediatoren gehören sehr verschiedenen chemischen Stoffklassen an (▶ Abb. 33.3). Eine Einteilung lässt sich z. B. in lipophile (Steroide, Retinoide) und hydrophile Moleküle (Peptide, Proteine, Aminosäurederivate, Fettsäurederivate) vornehmen. Sehr häufig werden extrazelluläre Mediatoren aber auch in:
- glanduläre Hormone = klassische Hormone und
- aglanduläre Hormone = Gewebshormone eingeteilt

Glanduläre Hormone werden in endokrinen Drüsen (lat. *glandula*) gebildet, von diesen sezerniert und auf dem Blutweg zu den jeweiligen Zielzellen transportiert. Dort entfalten sie ihre spezifischen Wirkungen. Bis auf wenige Ausnahmen sind glanduläre Hormone:

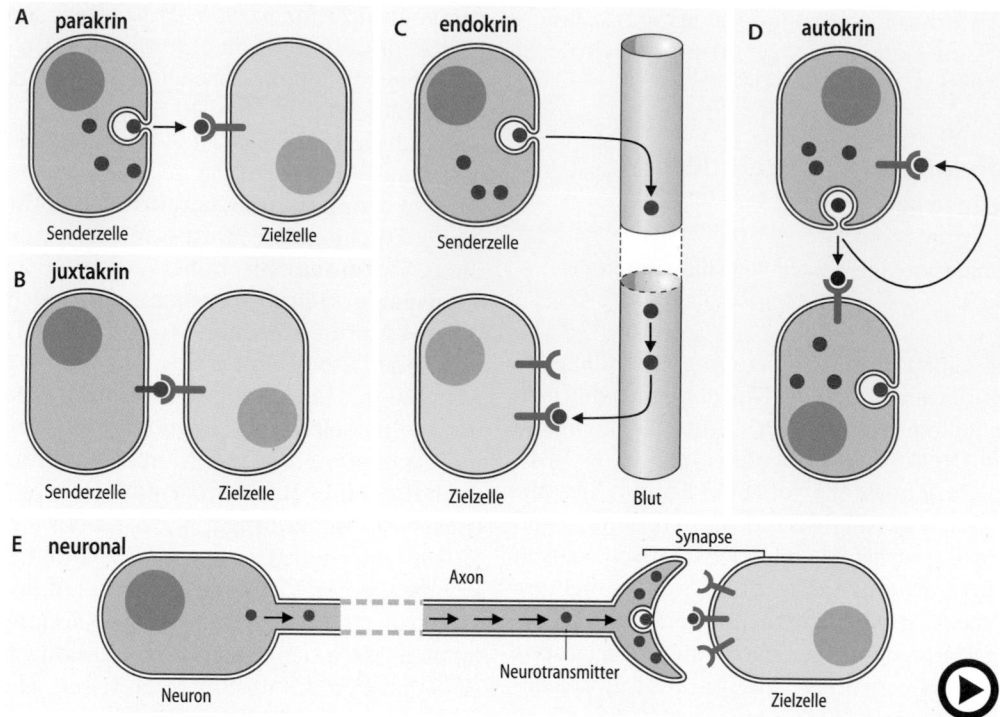

Abb. 33.2 (Video 33.2) **A** Parakrine, **B** juxtakrine, **C** endokrine, **D** autokrine, **E** neuronale Signalübertragung. (Einzelheiten s. Text) (▶ https://doi.org/10.1007/000-5j7)

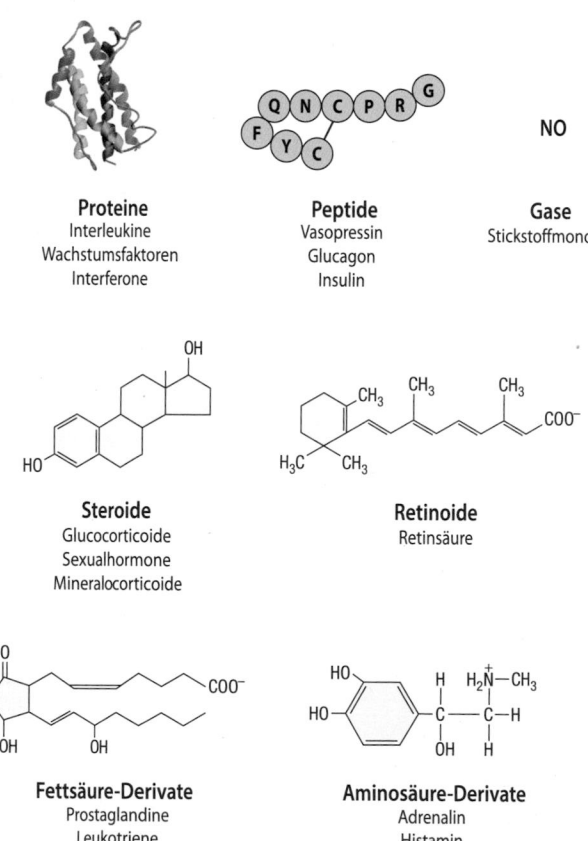

Abb. 33.3 Einteilung der Mediatoren nach Stoffklassen. Hormone lassen sich entsprechend der Zugehörigkeit zu verschiedenen chemischen Stoffklassen einteilen. (Einzelheiten s. Text)

— Proteine und Peptide (z. B. Insulin, Vasopressin, Glucagon, adrenocorticotropes Hormon)
— Aminosäurederivate (z. B. Schilddrüsenhormone: Thyroxin, T_4 und Triiodthyronin, T_3; Katecholamine: Adrenalin, Noradrenalin)
— Steroide (z. B. Glucocorticoide: Cortisol; Mineralocorticoide: Aldosteron; männliche Sexualhormone: Testosteron; weibliche Sexualhormone: Östradiol)

Die glandulären Hormone werden in ▶ Kap. 39, 40, und 41 besprochen.

Im Gegensatz zu den glandulären Hormonen werden die **Gewebshormone** oder **aglandulären Hormone** von einzelnen Zellen in den verschiedensten Geweben synthetisiert. Viele Gewebshormone sind Proteine und werden als **Cytokine** bezeichnet (▶ Abschn. 34.2). Hierzu zählen:
— Wachstumsfaktoren
— Interleukine
— Interferone
— Chemokine

Die übrigen Gewebshormone lassen sich wie folgt einteilen:
— Aminosäurederivate (z. B. die biogenen Amine Histamin und Serotonin)
— Fettsäurederivate (z. B. Prostaglandine, Leukotriene)
— Gase (Stickstoffmonoxid, NO, und Kohlenmonoxid, CO)
— Adenosin

Im Einzelfall kann die Zuordnung eines extrazellulären Mediators zu einer der o. g. Gruppen schwierig sein.

33.2.2 Stoffwechsel extrazellulärer Mediatoren

❯ Hormone und Cytokine werden von stimulierten Zellen freigesetzt.

Aufgrund der Zugehörigkeit zu den unterschiedlichsten chemischen Stoffklassen sind die Mechanismen der Biosynthese **glandulärer Hormone** vielfältig. Besonders die sekretorischen Peptid- und Proteohormone (z. B. Insulin, Glucagon, Parathormon) werden in Form höhermolekularer Vorstufen synthetisiert, d. h. man unterscheidet eine Proform (*precursor*) von der biologisch aktiven reifen Form des Hormons. Gelegentlich werden mehrere unterschiedliche Hormone durch limitierte proteolytische Spaltung aus derartigen Vorläufern freigesetzt (z. B. Proopiomelanocortin, ▶ Abschn. 39.1.2, Glicentin, ▶ Abschn. 37.1.2).

Nach erfolgter Transkription und Translation werden viele Peptid- und Proteohormone, aber auch Aminosäurederivate wie die Katecholamine in **intrazellulären Sekretvesikeln** gespeichert. Die Menge der gespeicherten reifen Mediatoren kann von Fall zu Fall sehr stark variieren, weshalb die Biosynthese sehr genau reguliert werden muss. Beispiele stellen zum einen die in großen Mengen in der Schilddrüse in Form von kolloidalen Thyreoglobulinkomplexen gespeicherten Schilddrüsenhormone dar ▶ Kap. 41, während die Steroidhormone oder das Parathormon nur in sehr geringem Umfang bereitgehalten werden. Die Sekretion der Mediatoren erfolgt entsprechend den zellbiologischen Vorgängen des **regulierten vesikulären Transports** (▶ Abschn. 12.2). Ein wichtiger Auslöser der Sekretion ist die Erhöhung der cytosolischen Calciumkonzentration (▶ Abschn. 35.3.3 und 36.3, Insulinsekretion).

Anders als die glandulären Hormone sind **Cytokine** immer Polypeptide und werden meist *de novo* synthetisiert. Die Mehrzahl der Cytokine verfügt über ein N-terminales Signalpeptid, wodurch ihre Sekretion über den vesikulären Transportweg ermöglicht wird (Exocytose, ▶ Abschn. 12.2). Ausnahmen stellen z. B. die Cytokine Interleukin-1 (IL-1) (▶ Abschn. 35.5.3) und *ciliary neurotrophic factor* (*CNTF*) dar, die ohne eine klassische Signalsequenz über einen im Detail noch nicht verstandenen Mechanismus sezerniert werden.

❯ Hormone werden im Blut transportiert.

Die **glandulären** Hormone gelangen über den Blutkreislauf an ihren Wirkungsort. Im Allgemeinen sind die Serumkonzentrationen von Hormonen äußerst gering. Für Peptid- und Proteohormone liegen sie bei etwa 10^{-12} bis 10^{-10} mol/l, für Schilddrüsen- und Steroidhormone zwischen 10^{-9} und 10^{-6} mol/l.

Die vom Cholesterin abgeleiteten Steroidhormone und die Hormone der Schilddrüse sind besonders hydrophob und somit schlecht wasserlöslich. Die Löslichkeit im Blutplasma wird erhöht, indem diese Hormone mit hoher Affinität an spezifische **Transportproteine** (*binding proteins*) binden. Die hohe Affinität zwischen Hormon und Transportprotein erklärt, warum im Serum stets nur sehr geringe Mengen der betreffenden Hormone in freier und damit biologisch aktiver Form vorkommen. Insofern ist nicht nur die Konzentration des Hormons, sondern auch die seines Bindeproteins für die biologische Aktivität von Bedeutung.

Im Unterschied zu den glandulären Hormonen wirken die meisten Cytokine eher lokal, d. h. in para- oder autokriner Weise. Bei akuten und chronischen Entzündungen lassen sich jedoch auch Cytokine wie IL-1, TNF, IL-6 und CXCL8 im Blut nachweisen. Die Bioaktivität dieser Cytokine im Blut wird häufig durch lösliche Rezeptoren moduliert (▶ Abschn. 34.2 und 35.7.1).

❯ Abbau und Ausscheidung tragen wesentlich zur Regulation der Aktivität extrazellulärer Mediatoren bei.

Besonders unter pathologischen Bedingungen kann die Geschwindigkeit des Abbaus der Hormone und ihrer Ausscheidung über die Niere für deren Serumkonzentration und damit für die biologische Aktivität wichtig sein. Cytokine, Peptid- und Proteohormone werden durch Endocytose von den Zielzellen aufgenommen und durch anschließende **Proteolyse** abgebaut.

Für den Abbau und die Ausscheidung von Steroid- bzw. Schilddrüsenhormonen oder Katecholaminen sind wesentlich spezifischere Mechanismen notwendig. Die Metabolisierungsreaktionen für die genannten Hormone finden nach den Mechanismen der Phase I und Phase II des **Biotransformationssystems** (▶ Abschn. 62.3) in der Leber statt.

Zusammenfassung

– Extrazelluläre Mediatoren werden in glanduläre Hormone und Gewebshormone unterteilt. Glanduläre Hormone werden von spezialisierten Drüsen in die Blutbahn sezerniert und sind meist:
  – Proteine,
  – Peptide,
  – Aminosäurederivate oder
  – Steroide.

- Gewebshormone werden im Gewebe gebildet und wirken vor Ort. Auch sie sind chemisch heterogen und lassen sich unterteilen in:
  - Aminosäurederivate,
  - Fettsäurederivate,
  - Gase,
  - Proteine.

  Proteine, die als Gewebshormone wirken, werden als Cytokine bezeichnet.
- Die wirksame Konzentration an extrazellulären Mediatoren wird durch Biosynthese, Sekretion, Bindeproteine und lösliche Rezeptoren sowie durch Abbau bzw. Ausscheidung reguliert.

33.3 Rezeptoren als zentrale Signalvermittler

Unabhängig von Wirkort und Wirkungsspektrum muss man für alle extrazellulären Mediatoren (**Liganden**) annehmen, dass sie primär mit einem **Rezeptor** interagieren und dass der dabei entstehende Ligand/Rezeptor-Komplex die intrazellulären Signalkaskaden aktiviert:

Ligand + Rezeptor → Ligand / Rezeptor – Komplex → intrazelluläre Signale

Rezeptoren sind ausnahmslos Proteine, meist Glycoproteine. Mit Ausnahme der nucleären Rezeptoren sind sie an der Plasmamembran und den Membranen des Endomembransystems lokalisiert. Die Interaktion von Ligand und Rezeptor ist durch eine hohe **Spezifität** gekennzeichnet, die als Schlüssel-Schloss-Prinzip verstanden werden kann. Die Kinetik der Bindung des Liganden an seinen Rezeptor lässt sich mit der Bindung eines Substrats an das aktive Zentrum eines Enzyms vergleichen (▶ Abschn. 7.1). Da die Anzahl der Rezeptoren einer Zelle begrenzt ist, erreicht die Ligandenbindung mit steigender Ligandenkonzentration eine **Sättigung**. Man kann eine Bindungskonstante bestimmen, die Informationen über die **Affinität** des Liganden zum Rezeptor liefert. Moleküle, die spezifisch an einen Rezeptor binden, die Bindung des natürlichen Liganden verhindern, aber selbst keine Antwort hervorrufen, werden als **Antagonisten** bezeichnet.

Die Reaktion einer Zelle auf einen Mediator hängt entscheidend davon ab, ob der entsprechende Rezeptor von dieser Zelle exprimiert wird. Manche Rezeptoren findet man auf nahezu allen Körperzellen, sie werden **ubiquitär** exprimiert. Viele Rezeptoren werden auf einer begrenzten Zahl von Zelltypen oder sogar nur auf einem Zelltyp exprimiert, wie z. B. der T-Zell-Rezeptor. Der Nachweis der Expression eines **zellspezifischen** Rezeptors wird häufig zur Identifizierung eines be-

stimmten Zelltyps genutzt. In polarisierten Zellen, z. B. Epithelzellen, die über eine apikale und eine basolaterale Membran verfügen, werden Rezeptoren oft nur auf einer der beiden Membrandomänen exprimiert. In diesem Fall spricht man von einer **polaren** Expression (▶ Abschn. 12.3 und 35.7.1).

Entsprechend ihrer Lokalisierung und ihres Wirkmechanismus werden die Rezeptoren in drei Klassen eingeteilt (◘ Abb. 33.4):
- nucleäre Rezeptoren
- ligandenregulierte Ionenkanäle
- Membranrezeptoren

33.3.1 Nucleäre Rezeptoren

Einige extrazelluläre Mediatoren wie die **Steroid**- oder **Schilddrüsenhormone** (▶ Kap. 40 und 41), aber auch **Retinsäure** (▶ Abschn. 58.2) oder die **D-Vitamine** (▶ Abschn. 58.3) können aufgrund ihrer lipophilen Eigenschaften die Plasmamembran passieren. Im Zellinneren binden sie an intrazellulär vorliegende Rezeptorproteine, sog. **nucleäre Rezeptoren** (◘ Abb. 33.4). Eine Besonderheit dieser Rezeptorklasse besteht darin, dass durch die Interaktion des Hormons mit seinem Rezeptor ein Komplex entsteht, der durch Bindung an spezifische Promotorregionen von Zielgenen (*enhancer/silencer*) deren Transkription positiv oder negativ beeinflussen kann. Nucleäre Rezeptoren sind somit ligandengesteuerte Transkriptionsfaktoren (▶ Abschn. 47.2.2).

33.3.2 Ligandenregulierte Ionenkanäle

Im Gegensatz zu den intrazellulären nucleären Rezeptoren sind die **ligandenregulierten Ionenkanäle** ihrer Natur nach immer Membranproteine (◘ Abb. 33.4). Sie kommen sowohl in der Plasmamembran als auch in intrazellulären Membranen vor. Anders als bei den spannungsgesteuerten Ionenkanälen, die sich in Abhängigkeit vom Membranpotenzial öffnen oder schließen, wird der Öffnungszustand der ligandenregulierten Ionenkanäle durch die Bindung eines Liganden an den Kanal beeinflusst.

Extrazelluläre Liganden sind beispielsweise die Neurotransmitter
- γ-Aminobutyrat (*γ-aminobutyric acid*, GABA)
- Acetylcholin
- Glutamat
- Serotonin

Intrazelluläre Ionenkanäle, die in der Membran des endoplasmatischen Retikulums lokalisiert sind, spielen u. a. bei der Regulation der cytosolischen Calciumkonzentration, z. B. durch Inositolphosphate, eine wichtige Rolle (▶ Abschn. 35.3.2.1, ◘ Abb. 35.9).

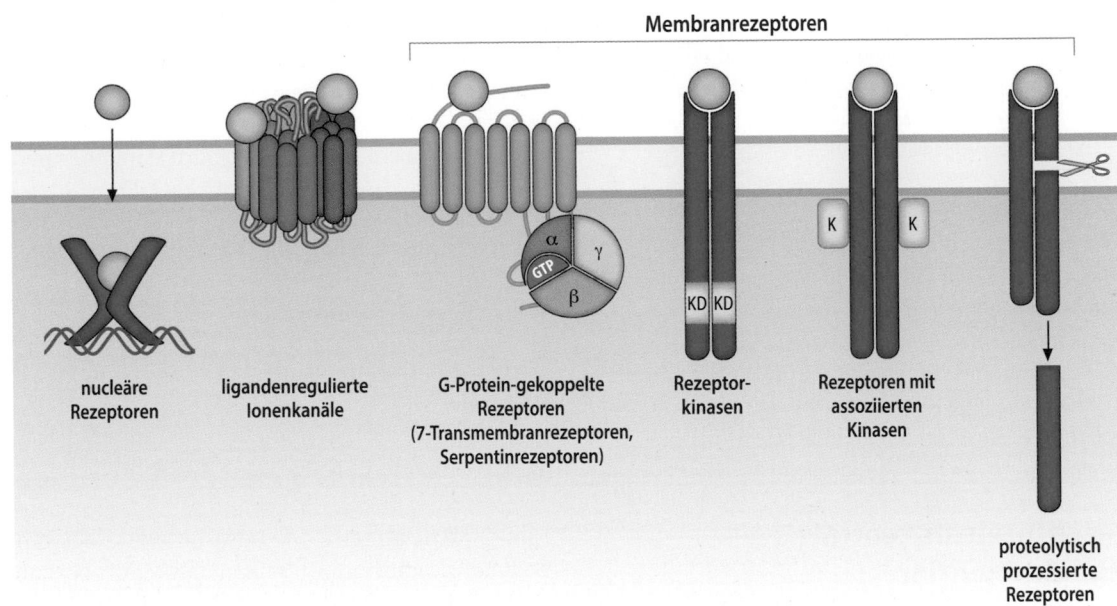

Membranrezeptoren

nucleäre
Rezeptoren

ligandenregulierte
Ionenkanäle

G-Protein-gekoppelte
Rezeptoren
(7-Transmembranrezeptoren,
Serpentinrezeptoren)

Rezeptor-
kinasen

Rezeptoren mit
assoziierten
Kinasen

proteolytisch
prozessierte
Rezeptoren

■ **Abb. 33.4** (Video 33.3) **Rezeptoren für extrazelluläre Mediatoren.** Rezeptoren für extrazelluläre Mediatoren lassen sich einteilen in nucleäre Rezeptoren, ligandenregulierte Ionenkanäle und Membranrezeptoren. Die Membranrezeptoren können mit trimeren G-Proteinen gekoppelt sein, eine eigene Kinaseaktivität aufweisen, mit Kinasen assoziiert sein, oder durch proteolytische Prozessierung aktiviert werden. *α, β, γ:* Untereinheiten des trimären G-Proteins; *KD:* Kinase Domäne; *K:* Kinase. (Einzelheiten s. Text) (▶ https://doi.org/10.1007/000-5j6)

Ligandenregulierte Ionenkanäle vermitteln die schnellsten zellulären Reaktionen auf Signalstoffe, da die Bindung des Liganden unmittelbar mit dem Öffnen oder Schließen eines Ionenkanals verknüpft ist. Sie sind neben den spannungsgesteuerten Ionenkanälen von zentraler Bedeutung für die interzelluläre Kommunikation im Nervensystem und werden daher ausführlicher in ▶ Abschn. 74.1.4 besprochen.

33.3.3 Membranrezeptoren

Unter der bereits zuvor erwähnten Voraussetzung, dass ein Rezeptor auf der Zelloberfläche vorhanden ist, löst die Bindung eines Liganden an den extrazellulären Teil des Rezeptors eine **intrazelluläre Reaktionskaskade** aus. In Abhängigkeit von ihrer Struktur und den Mechanismen der Signalweiterleitung im Cytoplasma unterscheidet man vier Arten von Membranrezeptoren (■ Abb. 33.4):
- G-Protein-gekoppelte Rezeptoren
- Rezeptorkinasen
- Rezeptoren mit assoziierten Kinasen
- proteolytisch prozessierte Rezeptoren

Bei den Membranrezeptoren kann es sich um ein **einzelnes Protein**, um **Multimere eines Proteins** (homooligomere Rezeptoren) oder **Multimere aus mehreren unterschiedlichen Proteinen** (heterooligomere Rezeptoren) handeln.

❯ G-Protein-gekoppelte Rezeptoren bilden die größte Rezeptorfamilie.

G-Protein-gekoppelte Rezeptoren (*G-protein-coupled receptors*, GPCR) durchspannen die Plasmamembran 7-mal und werden daher auch als heptahelicale, 7-Transmembran- oder Serpentinrezeptoren bezeichnet (■ Abb. 33.4). Sie bilden die weitaus größte Familie der Membranrezeptoren. Es handelt sich um Proteine aus 350–800 Aminosäuren und Molekularmassen zwischen 40 und 90 kDa. Der N-Terminus ist extrazellulär lokalisiert, der C-Terminus intrazellulär. Auffallend ist bei vielen GPCR eine große intrazelluläre Schleife zwischen der 5. und 6. Transmembrandomäne. Sie induziert die Signaltransduktion, an der immer heterotrimere G-Proteine beteiligt sind (▶ Abschn. 35.3.1). Bei dieser Rezeptorfamilie ändert die Bindung des Liganden auf der extrazellulären Seite die Orientierung der an sich starren Transmembranhelices zu-

einander, wodurch die Signaltransduktion ausgelöst wird. G-Protein-gekoppelte Rezeptoren werden von den unterschiedlichsten Mediatoren als Signalvermittler genutzt. Zu ihnen gehören glanduläre Hormone wie Adrenalin und Glucagon, aber auch Chemokine und die Vielzahl der Geschmacks- und Geruchsstoffe sowie das im Sehprozess durch Lichtquanten isomerisierte Retinal (Rhodopsin, ▶ Abschn. 58.2.5).

Übrigens

Die Rezeptoren des Geruchssinns. Der Mensch kann etwa 10.000 Gerüche unterscheiden. Wie Duftstoffe erkannt werden, wurde 1991 von Linda B. Buck und Richard Axel an der Columbia Universität in New York aufgeklärt. Es wurde schon lange vermutet, dass Duftstoffe von Rezeptoren gebunden werden. Einige Befunde deuteten darauf hin, dass es sich dabei um G-Protein-gekoppelte Rezeptoren (GPCR) handeln könnte. Mithilfe der Polymerase-Kettenreaktion (*polymerase chain reaction*, PCR ▶ Abschn. 54.1.2) gelang es Buck, eine Vielzahl neuer GPCR in den Riechsinneszellen zu identifizieren. Heute weiß man, dass in den Sinneszellen des Riechepithels mehrere hundert verschiedene GPCR exprimiert werden, die jeweils bestimmte Duftstoffe erkennen.

Dabei exprimiert eine Riechsinneszelle nur einen bestimmten Rezeptor, ist also Spezialist für einen Duftstoff oder eine Gruppe chemisch verwandter Duftstoffe. Die Aktivierung des GPCR durch den Duftstoff führt über den *second messenger* cAMP (▶ Abschn. 33.4.2, ▶ Abschn. 35.3.2) zur Depolarisation der Sinneszelle und somit zur Weiterleitung des Signals in den Bulbus olfactorius (Riechkolben) und von dort zur Hirnrinde. Durch die Kombinatorik aus Aktivierung verschiedener Geruchsrezeptoren und neuronaler Verarbeitung der Signale können mit einigen hundert Rezeptoren tausende verschiedene Gerüche differenziert werden. Die Entdeckung der Geruchsrezeptoren wurde 2004 mit dem Medizinnobelpreis gewürdigt.

❯ Rezeptorkinasen besitzen eine katalytische Domäne.

Die Rezeptoren des Insulins (▶ Abschn. 35.4.1 und 36.6) und der meisten Wachstumsfaktoren (*growth factors*) gehören zur Familie der **Rezeptor-Tyrosinkinasen**. Hierbei handelt es sich um integrale Membranproteine mit einer Transmembranhelix, die nach Aktivierung durch den Liganden meist als Dimere vorliegen (◘ Abb. 33.4). Der N-Terminus des Proteins ragt in den extrazellulären Raum, während der C-Terminus im Zellinnern lokalisiert ist. Rezeptor-Tyrosinkinasen sind Glycoproteine, deren extrazelluläre Bereiche oft aus immunglobulinähnlichen Domänen modular aufgebaut sind. Die Bindung des Liganden erfolgt über spezifische, nicht-covalente Wechselwirkungen zwischen definierten Regionen des Liganden und entsprechenden extrazellulären Bereichen des Rezeptors. Auch im Fall der Rezeptorkinasen wird eine ligandenvermittelte Konformationsänderung der Rezeptoren diskutiert, die für deren Aktivierung erforderlich ist. Einzelheiten zum Aufbau dieser Membranrezeptoren finden sich in ▶ Abschn. 35.4.1.

Die Bezeichnung Rezeptor-Tyrosinkinase leitet sich von der enzymatisch aktiven Domäne in der cytoplasmatischen Region des Rezeptors ab. Nach Aktivierung katalysiert diese Domäne unter ATP-Verbrauch die Phosphorylierung des Rezeptors selbst (**Autophosphorylierung**) und anderer Proteine (**Transphosphorylierung**) an Tyrosinseitenketten (▶ Abschn. 33.4.1).

Eine weitere Untergruppe der Rezeptorkinasen stellen die Rezeptoren der *transforming growth factor-β* (TGF-β) Familie dar. Hier katalysiert der aktivierte Rezeptor nicht die Phosphorylierung von Tyrosinresten, sondern von Serin- und Threoninseitenketten. Dementsprechend werden diese Rezeptoren als **Rezeptor-Serin/Threoninkinasen** bezeichnet (▶ Abschn. 35.4.4).

❯ Rezeptoren mit assoziierten Kinasen steuern Immunantworten und die Hämatopoese.

Kinaseassoziierte Rezeptoren haben prinzipielle Ähnlichkeit mit den Rezeptorkinasen mit dem Unterschied, dass die enzymatische Aktivität nicht innerhalb derselben Polypeptidkette vorliegt, sondern als separates Protein meist konstitutiv, aber nicht-covalent, mit dem Membranrezeptor verbunden ist. Im Fall der Rezeptoren für Interleukine und Interferone erfolgt eine Rekrutierung von Tyrosinkinasen über zwei membrannah liegende, hoch konservierte Rezeptorregionen. Bis auf diese Bereiche sind die intrazellulären Regionen der Rezeptoren wenig homolog und strukturell noch nicht näher charakterisiert. Nach Ligandenbindung und Oligomerisierung der Rezeptorketten kommt es zur Aktivierung der gebundenen Tyrosinkinasen, die über Phosphorylierungsreaktionen die Signaltransduktion einleiten (▶ Abschn. 33.4.1 und ▶ Abschn. 35.5.1).

Auch die Rezeptoren der wichtigen proinflammatorischen Cytokine Interleukin-1 und Tumornekrosefaktor gehören zu den Rezeptoren mit assoziierten Kinasen. Für die Signalweiterleitung sind hier jedoch Serin/Threoninkinasen von größerer Bedeutung. Diese wer-

den meist nicht direkt an den Rezeptor rekrutiert, sondern benötigen zwischengeschaltete Adapterproteine für ihre Aktivierung (▶ Abschn. 35.5.2 und 35.5.3). Wie die Rezeptorkinasen gehören auch die kinaseassoziierten Rezeptoren zur Familie der Typ-I-Transmembranproteine, d. h. sie besitzen eine Transmembrandomäne und der N-Terminus des Proteins ragt in den Extrazellulärraum.

> Einige Rezeptoren werden nach Ligandenbindung durch limitierte Proteolyse gespalten.

Die proteolytisch prozessierten Rezeptoren stellen eine Sonderform dar, bei denen die Ligandenbindung dazu führt, dass der cytoplasmatische Teil des Rezeptors durch enzymatische Spaltung in der Transmembranregion von der Plasmamembran freigesetzt wird (*regulated intramembrane proteolysis, RIP,* ◘ Abb. 33.4). Dieser Vorgang ist irreversibel. Der nun lösliche cytoplasmatische Teil des Rezeptors wandert in den Zellkern und wirkt dort als Transkriptionsfaktor. Ein Beispiel für diese Klasse von Rezeptoren ist Notch, ebenfalls ein Typ-I-Transmembranprotein. Dieser Rezeptor spielt eine wichtige Rolle bei Differenzierungs- und Entwicklungsprozessen.

Der RIP-Mechanismus ist nicht zu verwechseln mit den sog. Protease-aktivierten Rezeptoren (*protease activated receptors,* PAR). PAR sind G-Protein-gekoppelte Rezeptoren, die v. a. auf Immunzellen und Thrombocyten exprimiert werden. Ihre Aktivierung erfolgt durch eine proteolytische Abspaltung eines inhibitorischen Peptids im N-terminalen extrazellulären Bereich des Rezeptors durch Proteasen wie Thrombin oder Cathepsin G. Der verbleibende neue N-terminale Bereich des Rezeptors agiert nun wie ein Ligand und autoaktiviert den Rezeptor, der bei Entzündungsprozessen eine wichtige Rolle spielt.

33.4 Prinzipien der intrazellulären Signaltransduktion

Nach Ausbildung des Ligand/Rezeptor-Komplexes erfolgt nun die Einleitung der intrazellulären Signaltransduktion. Dieser Prozess kann – wie im Fall der nucleären Rezeptoren – sehr direkt sein, da der Ligand/Rezeptor-Komplex selbst die Fähigkeit besitzt, im Zellkern als Transkriptionsfaktor die Expression von Zielgenen zu regulieren und damit eine biologische Antwort der Zelle hervorzurufen. Ähnlich direkt gestaltet sich die Signalweiterleitung im Fall einiger proteolytisch prozessierter Rezeptoren. Wie zuvor erwähnt, führt die Ligandenbindung an den Notch-Rezeptor zur enzymatischen Abspaltung des intrazellulären Bereichs des Rezeptors, der nun ebenfalls selbst als Transkriptionsfaktor im Zellkern Zielgene anschalten kann.

Diese sehr einfach verlaufenden Signaltransduktionen sind aber eher die Ausnahme. Für die meisten extrazellulären Mediatoren verläuft der Informationstransfer von extrazellulärer Ligandenbindung hin zur Auslösung einer biologischen Antwort über eine Vielzahl von nachgeschalteten cytoplasmatischen Signalproteinen. Voraussetzung dafür ist, dass die Signalproteine in unmittelbare Nachbarschaft zueinander und zum Rezeptor gelangen (Protein-Protein-Interaktion, s. u.). Viele dieser Signalproteine und ihre Interaktionen sind im Detail noch nicht charakterisiert, was das Gebiet der Signaltransduktion zu einem hochaktuellen Forschungsgebiet macht. Die Anzahl der erforderlichen Signalmoleküle kann von Ligand zu Ligand sehr stark schwanken und ihre Aktivierung kann entweder linear oder kaskadenartig erfolgen. Die kaskadenartige Aktivierung verschiedener Signalproteine hat den Vorteil, dass eine enorme **Signalamplifikation** erzielt werden kann (◘ Abb. 33.5). Dies unterscheidet eine komplexe Signaltransduktion von den zuvor erwähnten einfachen Mechanismen, bei denen ein Ligand genau einen Transkriptionsfaktor aktiviert.

Zusammenfassung
- Alle extrazellulären Mediatoren binden mit hoher Affinität und Spezifität an Rezeptorproteine. Rezeptoren lassen sich in
  - nucleäre Rezeptoren,
  - ligandenregulierte Ionenkanäle und
  - Membranrezeptoren einteilen.
- Membranrezeptoren leiten das Signal über vielfältige molekulare Mechanismen in das Zellinnere weiter. Dabei kommen häufig
  - G-Proteine,
  - Kinasen und
  - Proteasen zum Einsatz.

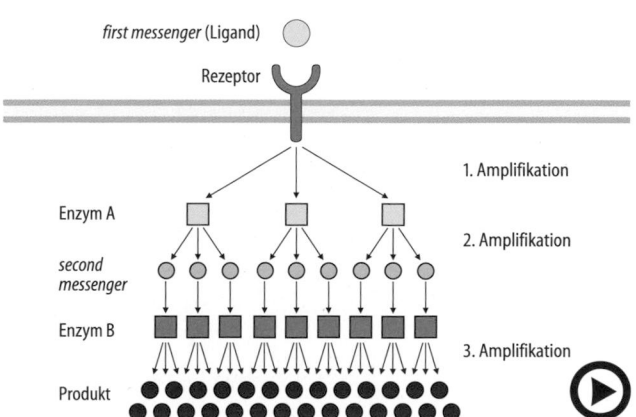

◘ **Abb. 33.5** (Video 33.4) **Signalamplifikation bei der Signalweiterleitung.** (Einzelheiten s. Text) (▶ https://doi.org/10.1007/000-5j9)

Durch die Rekrutierung verschiedener Signalproteine an einen Membranrezeptor entsteht eine regelrechte **Signalplattform** auf der cytoplasmatischen Seite der Plasmamembran (▶ Abschn. 33.4.3). Es gibt Hinweise, dass bestimmte Bereiche der Plasmamembran mit besonderer Lipidkomposition (*lipid rafts*, ▶ Abschn. 11.3) für die Ausbildung solcher Plattformen bevorzugt genutzt werden.

Die meisten Membranrezeptoren werden nach der Ligandenbindung gemeinsam mit dem Liganden in Form von Vesikeln in das Zellinnere aufgenommen (**Endocytose**, ▶ Abschn. 12.2). Diese Vesikel werden zunächst als *coated vesicles* bezeichnet und bilden nach Fusion das **Endosom**. Der ehemals extrazelluläre Teil des Rezeptors mit gebundenem Liganden ragt ins Lumen des Vesikels/Endosoms, der cytoplasmatische Teil des Rezeptors liegt nach wie vor im Cytosol. Daher können auch von diesen intrazellulären Membranen aus Signalkaskaden initiiert werden; man spricht daher von signalisierenden Endosomen (*signalling endosomes*).

Verschiedene Signalwege beeinflussen sich wechselseitig (*cross-talk*), wodurch die Komplexität der Signaltransduktion weiter gesteigert wird. Letztlich ist die Zelle gefordert, aus der Vielzahl der auf sie einwirkenden Mediatoren mithilfe der **Signalintegration** die für den Gesamtorganismus erforderliche biologische Antwort hervorzurufen. Die Modellierung solcher komplexer Signalnetzwerke mit mathematischen Methoden ist eine wesentliche Aufgabe der **Systembiologie**.

Die Leistung des Systems beeindruckt durch die Koordination einer Vielzahl von gleichzeitig ablaufenden Vorgängen, die so unterschiedliche biologische Prozesse wie
- die Genexpression,
- den Stoffwechsel,
- die Umstrukturierung des Cytoskeletts und die Migration,
- die Proliferation oder Apoptose,
- die Differenzierung der Zelle betreffen.

Häufig vermag ein einzelner extrazellulärer Mediator je nach Zielzelle unterschiedliche Antworten auszulösen (**Pleiotropie**). Gleichzeitig können aber auch unterschiedliche Mediatoren die gleichen biologischen Antworten hervorrufen (**Redundanz**). Letzteres rührt häufig daher, dass verschiedene Liganden gemeinsame Rezeptoruntereinheiten nutzen oder die gleichen Signalwege aktivieren.

Im Verlauf einer komplexen Signaltransduktion wird das extrazelluläre Signal in Form eines Ligand/Rezeptor-Komplexes intrazellulär in vielfältige Veränderungen übersetzt, die sich wechselseitig beeinflussen. Zu den wichtigsten Veränderungen gehören:
- posttranslationale Modifikationen von Proteinen
- die Erzeugung von intrazellulären Botenstoffen (*second messengers*),

- Protein-Protein- sowie Protein-Lipid-Interaktionen und
- Proteinkonformationsänderungen

Einzelne Signalwege werden über **Rückkopplungsmechanismen** reguliert. *Feedback* und *feedforward*-Mechanismen steuern die Dynamik der Signaltransduktion (▶ Abschn. 35.7.2).

33.4.1 Posttranslationale Modifikationen

Ein zentraler Mechanismus zur intrazellulären Weitergabe extrazellulärer Signale ist die posttranslationale Proteinmodifikation. Von großer Bedeutung sind hierbei Phosphorylierungen, Ubiquitinierungen, SUMOylierung, Prenylierung, Acylierung, Acetylierungen, Methylierungen, ADP-Ribosylierung, N- und O-Glycosylierung sowie die jeweiligen Umkehrreaktionen (▶ Abschn. 49.3). Posttranslational modifizierte Proteine weisen Veränderungen ihres Aktivierungsstatus, ihrer zellulären Lokalisation oder ihrer Stabilität auf. Des Weiteren ermöglichen posttranslationale Modifikationen häufig erst die Interaktion mit anderen Proteinen (▶ Abschn. 33.4.3 und 35.4.1).

Phosphorylierung Phosphorylierungskaskaden treten in der Signaltransduktion der meisten Membranrezeptoren auf und sind von zwei Enzymklassen abhängig: den **Proteinkinasen** und den **Proteinphosphatasen**. Proteinkinasen gehören zu den Transferasen (▶ Abschn. 7.2 und 8.5) und übertragen die γ-Phosphatgruppe des ATP auf Tyrosyl-, Seryl- oder Threonylreste. Die Phosphatasen gehören zu den Hydrolasen (▶ Abschn. 7.2 und 8.5) und sind die direkten Gegenspieler der Kinasen, indem sie die Phosphatreste von den entsprechenden Aminosäuren durch Hydrolyse der Phosphorsäureester-Bindung entfernen (◘ Abb. 33.6A).

Von essenzieller Bedeutung sind Phosphorylierungsprozesse für die Signaltransduktion über Rezeptorkinasen (z. B. Insulinrezeptor) und Rezeptoren mit assoziierten Kinasen (z. B. Interleukinrezeptoren) (◘ Abb. 33.6B, ▶ Abschn. 35.5.1). Der erste Schritt in der Signalweiterleitung dieser Rezeptoren ist die Aktivierung der Kinasen selbst. Interessanterweise ist dieser initiale Schritt immer noch nicht im Detail verstanden. Man vermutet, dass durch eine Konformationsänderung der Rezeptoren nach Ligandenbindung zwei schwach aktive Kinasen in räumliche Nähe zueinander gebracht werden und sich im Anschluss gegenseitig über Phosphorylierungen an Tyrosyl-, Seryl- oder Threonylresten aktivieren (**Autophosphorylierung**). Die so aktivierten Kinasen phosphorylieren daraufhin weitere Aminosäureseitenketten in der cytoplasmatischen Region des Rezeptors, die dann der Rekrutierung

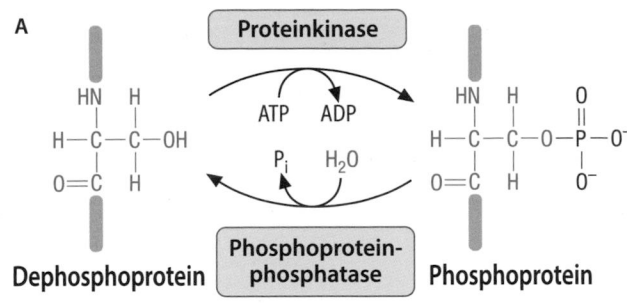

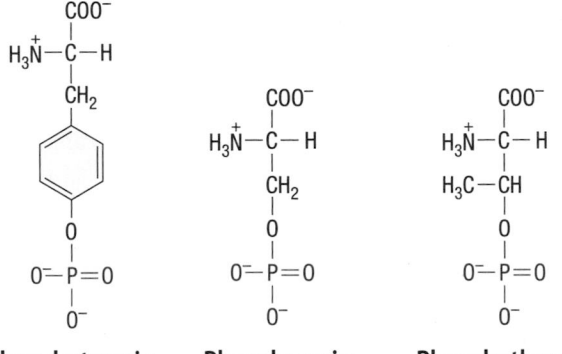

Phosphotyrosin   Phosphoserin   Phosphothreonin

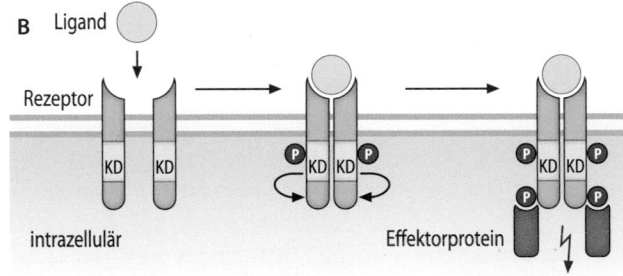

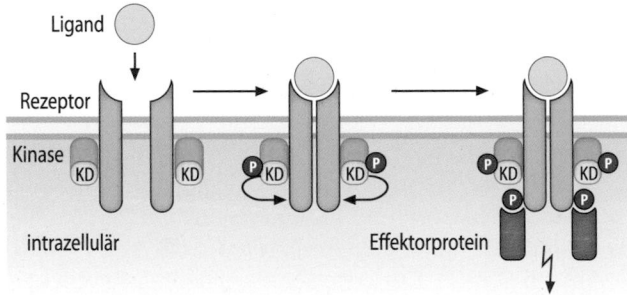

☐ **Abb. 33.6 Phosphorylierung und Dephosphorylierung. A** Proteine werden durch Kinasen unter Verbrauch von ATP an Serin-, Threonin-, oder Tyrosinseitenketten phosphoryliert. Phosphatasen entfernen die Phosphatgruppen von den Aminosäureseitenketten durch Hydrolyse. Der Phosphorylierungsstatus eines Proteins kann dessen Aktivierungszustand beeinflussen. **B** Rezeptoren mit intrinsischer Kinaseaktivität (*oben*) und assoziierter Kinaseaktivität (*unten*). *KD:* Kinasedomäne; *P:* Phosphat

anderer Signalmoleküle dienen. Wichtige Signalmoleküle, die an die phosphorylierten Rezeptoren rekrutiert werden, sind zum Beispiel Transkriptionsfaktoren, Adapterproteine, die weitere Kinasen rekrutieren, oder Phosphatasen, die die Signalkaskade wieder abschalten können. Beispiele, in denen diese Art der Signaltransduktion ausführlich erklärt ist, finden sich in ▶ Kap. 35.

Neben den Rezeptor-Tyrosinkinasen und den rezeptorassoziierten Kinasen gibt es zahlreiche cytosolische Kinasen, die durch *second messenger*, aktivierte kleine G-Proteine (s. u.) oder durch „*upstream*" gelegene Kinasen aktiviert werden. Sie sind u. a. für die Phosphorylierung von Stoffwechselenzymen, Cytoskelettproteinen und wiederum Transkriptionsfaktoren verantwortlich. Das menschliche Genom codiert für über 500 verschiedene Kinasen und mindestens ein Drittel aller zellulären Proteine wird phosphoryliert. Viele Proteine werden dabei nicht nur an einem, sondern mehreren Serin-, Threonin- oder Tyrosinresten modifiziert, wobei die verschiedenen Phosphorylierungsstellen jeweils spezifische funktionelle Bedeutungen haben.

Viele Phosphatasen und einige Kinasen enthalten katalytisch wichtige Cysteine, deren SH-Gruppen leicht oxidiert werden können. Daher ist deren Aktivität vom Redoxstatus der Zelle abhängig. Der regulierte Anstieg von **reaktiven Sauerstoffmolekülen** (*ROS, reactive oxygen species*) beeinflusst damit direkt Signalwege, die von der Balance zwischen unphosphorylierten und phosphorylierten Aminosäureseitenketten abhängig sind.

Ubiquitinierung   Bei der Ubiquitinierung (▶ Abschn. 49.3 und 50.2) werden Proteine durch das Anfügen eines kleinen, ubiquitär exprimierten Proteins mit dem Namen Ubiquitin an Lysinreste modifiziert. Die Verknüpfung mit der ε-Aminogruppe eines Lysinrestes des Zielproteins erfolgt über den C-Terminus des Ubiquitins (Isopeptidbindung). Interessanterweise können die Ubiquitinreste ihrerseits wiederum ubiquitiniert werden. Je nach Art der Verknüpfung und Länge der Ubiquitinketten stellt die Ubiquitinierung ein Signal zur Internalisierung, zur Proteindegradation (▶ Abschn. 49.3 und 50.2) oder zur Ausbildung von Proteinkomplexen dar.

SUMOylierung   Die SUMOylierung ähnelt der Ubiquitinierung. Das angefügte kleine Protein **SUMO** (*small ubiquitin-like modifier*) gehört zur Ubiquitinfamilie und ist ebenfalls mit Lysinresten des Zielproteins verknüpft. Im Gegensatz zur Ubiquitinierung werden jedoch keine SUMO-Multimere an Zielproteine angefügt. SUMOylierung und Ubiquitinierung schließen sich häufig gegenseitig aus. Die SUMOylierung beeinflusst die nucleäre Translokation und Aktivität von Transkriptionsfaktoren.

An Arginyl- und Lysylresten von Transkriptionsfaktoren finden darüber hinaus auch **Methylierungen** und im Fall von Lysylresten auch **Acetylierungen** statt, die die Interaktionsmöglichkeiten des Proteins beeinflussen.

33.4.2 *Second messenger*

Einige Signalwege führen zur Synthese oder Freisetzung eines niedermolekularen zweiten Botenstoffs (*second messenger*), der sich in der Zelle frei verteilen und selbst neue Signalkaskaden einleiten kann. So aktivieren bestimmte G-Protein-gekoppelte Rezeptoren über heterotrimere G-Proteine (▶ Abschn. 33.4.4,

▶ Abschn. 35.3.2) die membranständige **Adenylatcyclase** (◘ Abb. 33.7A). Diese wandelt ATP in den *second messenger* **cyclisches AMP (cAMP)** um. Eine aktivierte Adenylatcyclase kann viele tausend cAMP-Moleküle generieren. Auf diese Weise trägt die Adenylatcyclase zur effizienten Amplifikation des Signals bei. Der *second messenger* cAMP verteilt die Information ausgehend von der Plasmamembran über die gesamte Zelle

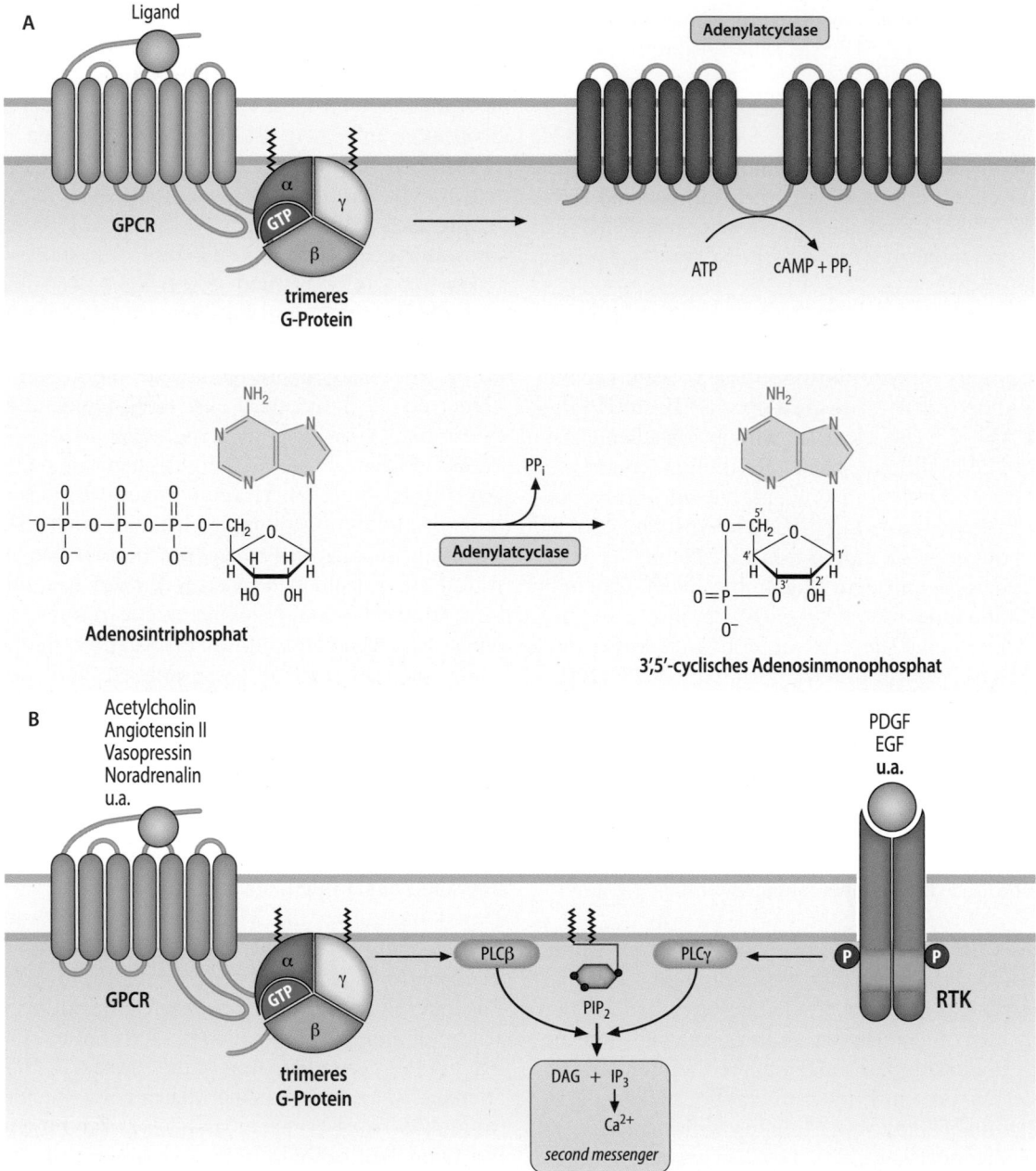

◘ **Abb. 33.7 Synthese der** *second messenger* **Moleküle cAMP und IP$_3$. A** Generierung von cAMP aus ATP nach Stimulation der Adenylatcyclase durch trimere G-Proteine. **B** Entstehung der *second messenger* Inositol-1,4,5-Trisphosphat (IP$_3$) und Diacylglycerin (DAG) durch Phospholipase-C-vermittelte Spaltung von Phosphatidylinositol-4,5-Bisphosphat (PIP$_2$). Während G-Protein-gekoppelte Rezeptoren (GPCR) über trimere G-Proteine die Phospholipase Cβ (PLCβ) aktivieren, können Rezeptortyrosinkinasen (*RTK*) Phospholipase Cγ (*PLCγ*) rekrutieren und aktivieren. Die Bildung von IP$_3$ und DAG führt zur Ca^{2+}-Freisetzung

(◼ Abb. 33.5). Dies ist z. B. für die Aufrechterhaltung des Blutzuckerspiegels von Bedeutung. In der Leber aktiviert cAMP die Proteinkinase A (PKA), die ihrerseits über eine Reihe nachgeschalteter Enzyme unter anderem den Glycogenmetabolismus steuert. Über diese amplifizierende Signalkaskade führt die Aktivierung weniger Membranrezeptoren zur Freisetzung einer großen Anzahl von Glucosemolekülen aus Glycogenspeichern (▶ Abschn. 14.2.2, 15.2, 35.3.2, und 37.1.4). Dieser Mechanismus ermöglicht also eine **schnelle Stoffwechselregulation**. Das Enzym **Phosphodiesterase** überführt cAMP in AMP und schaltet damit das Signal wieder ab.

Der *second messenger* **cyclisches GMP (cGMP)** entsteht analog zu cAMP durch die Umsetzung von GTP durch **Guanylatcyclasen**. Die Stimulation der löslichen Guanylatcyclasen erfolgt durch **Stickstoffmonoxid (NO)** (▶ Abschn. 35.6.1). Über die Aktivierung einer cGMP-abhängigen Proteinkinase (PKG) wirkt NO relaxierend auf die glatte Muskulatur.

Weitere wichtige *second messenger* sind **Inositoltrisphosphat (IP3), Diacylglycerin (DAG)** und **Calciumionen (Ca^{2+})**. Das Enzym Phospholipase C (PLC) spaltet Phosphatidylinositol-4,5-Bisphosphat (PIP_2) in IP_3 und DAG (◼ Abb. 33.7B). Über IP_3 wird anschließend Ca^{2+} aus dem endoplasmatischen Retikulum freigesetzt (◼ Abb. 35.9). DAG und Ca^{2+} aktivieren unter anderem die Proteinkinase C (PKC) (▶ Abschn. 35.4.3). Proteine können auch indirekt durch Calcium aktiviert werden, indem sie mit dem calciumbeladenen Calciumsensor **Calmodulin** interagieren (▶ Abschn. 35.3.2.1). Calcium steuert eine Vielzahl von zellulären Antworten, wie die Muskelkontraktion, den Umbau des Cytoskeletts und den vesikulären Transport.

33.4.3 Protein-Protein- und Protein-Lipid-Wechselwirkungen

❯ Signalproteine interagieren miteinander.

Die spezifische Interaktion zwischen Proteinen ist ein grundlegendes Prinzip der Signaltransduktion, da Signalproteine einerseits an einen aktivierten Rezeptor rekrutiert werden müssen, andererseits aber auch in einen bereits bestehenden Signalkomplex aufgenommen werden können. Dabei können Protein-Protein-Interaktionen konstitutiv, d. h. völlig unabhängig vom Stimulus, vorliegen oder erst durch eine Signalkaskade hervorgerufen werden.

Bereits angesprochene konstitutive Interaktionen findet man bei denjenigen kinaseassoziierten Rezeptoren, die über eine prolinreiche Region im membrannahen intrazellulären Bereich dauerhaft mit Janus-Tyro-

sinkinasen verbunden sind (▶ Abschn. 35.5.1). Auch die heterotrimeren G-Proteine sind bereits im unstimulierten Zustand mit dem Rezeptor verbunden. Diese Interaktion wird aber durch die Aktivierung des Rezeptors aufgehoben (▶ Abschn. 35.3.1).

Im Verlauf der Evolution haben sich spezifische Interaktionsdomänen herausgebildet, die stets auf eine Art der Protein-Protein-Interaktion spezialisiert sind. Zu den zuerst beschriebenen Proteininteraktionsdomänen gehören die **Src-Homologiedomänen 2 (SH2)** und **3 (SH3)**. Diese beiden Domänen beziehen ihren Namen von der Src-Tyrosinkinase, einem Proto-Oncogen. Zahlreiche zelluläre Signalproteine und Adaptoren verfügen über derartige SH2- und SH3-Domänen, die charakteristische dreidimensionale Strukturen aufweisen. SH2-Domänen erkennen Phosphotyrosinreste innerhalb einer kurzen Aminosäuresequenz und erlauben damit z. B. die spezifische Bindung von cytoplasmatischen und Membran-assoziierten Proteinen an phosphorylierte Cytokin- oder Wachstumsfaktorrezeptoren (▶ Abschn. 35.5.1 und 35.4.3). SH3-Domänen wiederum binden an prolinreiche Regionen anderer Proteine. Da diese Interaktion unabhängig von einer posttranslationalen Modifikation erfolgt, ist sie meist von längerer Dauer als die Interaktion einer SH2-Domäne mit einer tyrosinphosphorylierten Peptidsequenz.

Bei Protein-Protein-Interaktionen handelt es sich um eine 1:1-Signalübertragung. Damit ist diese Art der Signalweiterleitung zu unterscheiden von der Signalverstärkung über *second messenger*, bei der wie zuvor erwähnt ein einzelnes aktiviertes Enzym unzählige neue intrazelluläre Signalmoleküle erzeugen kann. Proteine, die in der Signaltransduktion als **Adapter** fungieren, besitzen mehrere Interaktionsdomänen und können so unterschiedliche Signalproteine zusammenführen.

❯ Signalproteine werden an Membranen rekrutiert.

Um eine effiziente Aktivierung eines cytoplasmatischen Signalmoleküls zu ermöglichen, kann es notwendig sein, das Protein an die Zellmembran zu binden. Dies kann durch die **Modifizierung von Membranlipiden** erreicht werden. Bestimmte **Lipidkinasen** wie die Phosphatidylinositid-3-Kinase (PI3K) phosphorylieren Phosphatidylinositolphosphate, an die daraufhin Proteine mit lipidbindenden Domänen binden können. Eine wichtige lipidbindende Domäne ist die **Pleckstrin-Homologie-Domäne**, kurz **PH-Domäne**, die mit Phosphatidylinositol-(3,4,5)-Trisphosphaten assoziiert. Zu Proteinen mit PH-Domänen gehören z. B. Enzyme wie die Proteinkinase B, die an der Plasmamembran ihre ebenfalls dorthin rekrutierten Substrate umsetzt (▶ Abschn. 35.4.3) oder Adapterproteine, die nach Rekrutierung an die Plasmamembran eine neue Signalplattform ausbilden.

Proteine können aber auch über angefügte Lipide in der inneren Lipidschicht der Plasmamembran verankert werden. Wird der N-Terminus eines Proteins mit Myristinsäure (eine gesättigte Fettsäure aus 14 C-Atomen) acyliert, so spricht man von **Myristylierung**. Bei der **Palmitylierung** wird die Palmitinsäure (C16) über einen Thioester an eine Cysteinseitenkette des Proteins gebunden. Am C-terminalen Ende einiger Proteine findet man Modifikationen von Cysteinresten durch Isoprenderivate z. B. bei der **Farnesylierung** (C15) oder der **Geranylgeranylierung** (C20), die ebenfalls als Membrananker dienen (▶ Abschn. 49.3.4).

33.4.4 Proteinkonformationsänderungen

Induzierte Veränderungen der Proteinkonformation Ein weiteres grundlegendes Prinzip der intrazellulären Kommunikation ist die induzierte Veränderung der Proteinkonformation. Viele Enzyme (z. B. Kinasen oder Phosphatasen) liegen vor ihrer Aktivierung in einer Konformation vor, in der ihre enzymatische Aktivität inhibiert ist. Ein klassisches und sehr gut untersuchtes Beispiel stellt die Tyrosinkinase Src dar. Src ist über einen Myristylanker mit der Plasmamembran verbunden und an der Regulation von Zellproliferation und Migration beteiligt. In ihrer inaktiven Form ist diese Kinase bereits an einem C-terminalen Tyrosylrest phosphoryliert. Durch die intramolekulare Interaktion des phosphorylierten Tyrosinmotivs mit der SH2-Domäne (▶ Abschn. 33.4.1) ist die Kinasedomäne inaktiv (**Autoinhibition**). Das Enzym liegt quasi in einem „zugeklappten" Zustand vor (◉ Abb. 33.8). Im Verlauf der Aktivierung wird nun der inhibitorische Phosphotyrosinrest dephosphoryliert und damit die Interaktion mit der eigenen SH2-Domäne aufgehoben. Eine Tyrosinphosphorylierung in der Kinasedomäne führt zur vollständigen Aktivierung des nun aufgeklappten Enzyms. Dieses Beispiel zeigt, dass Phosphorylierungen Proteine nicht nur aktivieren, sondern auch inaktivieren können. Umgekehrt sind Phosphatasen nicht nur für das Abschalten von Signalwegen zuständig, sondern können auch für das Anschalten von Signalwegen von großer Bedeutung sein.

G-Proteine Guaninnucleotidbindende Proteine (**G-Proteine**) stellen eine weitere Klasse von Proteinen dar, deren Aktivität über Proteinkonformationsänderungen beeinflusst wird. Sie sind als molekulare Schalter nicht nur für hormonelle, sondern auch für sensorische Signaltransduktionsmechanismen von großer Bedeutung. Wie aus ◉ Abb. 33.9 hervorgeht, kommen G-Proteine in zwei unterschiedlichen Zuständen vor, die sich nur durch das jeweils gebundene Guaninnucleotid unterscheiden. In aktiver Form sind sie mit **GTP** beladen und imstande, eine Reihe unterschiedlicher Proteine (z. B. die Adenylatcyc-

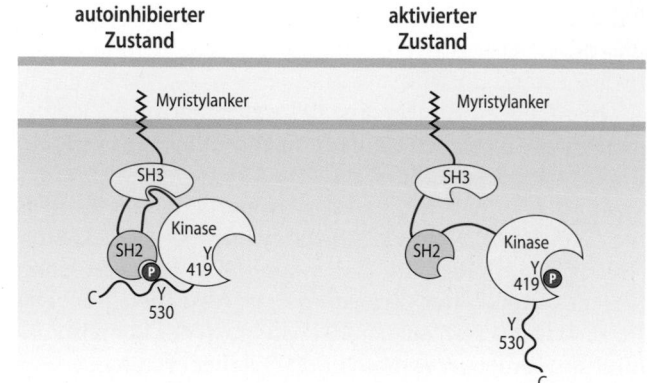

◉ **Abb. 33.8 Aktivierung der Tyrosinkinase Src durch Phosphorylierung und Dephosphorylierung.** Im autoinhibierten Zustand ist Src an Tyrosin 530 phosphoryliert. Die phosphorylierte Seitenkette des Tyrosins und die benachbarten Aminosäuren werden durch die SH2-Domäne von Src erkannt. Weitere intramolekulare Wechselwirkungen werden durch die SH3-Domäne vermittelt. In diesem kompakten Zustand ist das Enzym inaktiv. Durch Dephosphorylierung von Phosphotyrosin 530 lösen sich die intramolekularen Wechselwirkungen. Nach Autophosphorylierung des Tyrosins 419 besitzt das Enzym die volle Kinaseaktivität. Die Nummerierung der Tyrosinreste im humanen Src-Protein ist angegeben

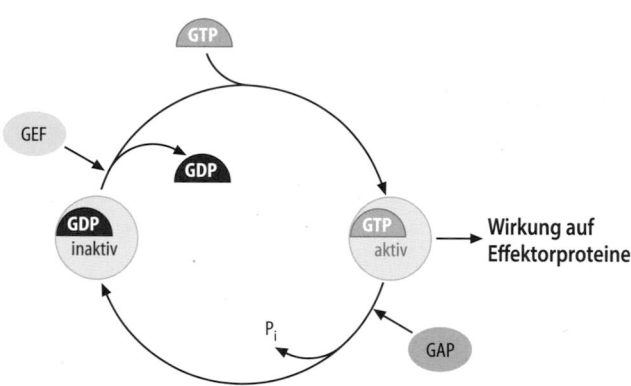

◉ **Abb. 33.9 Der Aktivierungszyklus der G-Proteine.** G-Proteine werden durch den Austausch von GDP durch GTP aktiviert und wirken als „molekulare Schalter". Die Inaktivierung erfolgt durch Hydrolyse des GTP zu GDP. *GEF: guanine nucleotide-exchange factor; GAP:* GTPase aktivierendes Protein. (Einzelheiten s. Text)

lase, die Phospholipase Cβ oder die Proteinkinase RAF) zu aktivieren. Für die Überführung der aktiven in die inaktive Form des G-Proteins ist die intrinsische **GTPase-Aktivität** des G-Proteins verantwortlich, die meist durch einen Hilfsfaktor, ein sog. **GTPase-aktivierendes Protein (GAP)** stimuliert wird. Soll das inaktive, GDP-beladene G-Protein wieder aktiviert werden, so ist zunächst die Dissoziation des GDP notwendig. Hierfür werden unterschiedlichste Proteine benötigt, die allgemein als *guanine nucleotide-exchange factors* (GEF) bezeichnet werden. Das guaninnucleotidfreie G-Protein besitzt eine

Konformation, die eine hohe Affinität zu GTP aufweist und dieses daher rasch bindet, womit es wieder in den aktiven Zustand überführt wird.

Bis heute sind mehr als 100 unterschiedliche Isoformen von G-Proteinen isoliert und charakterisiert worden, die für die Signalweiterleitung nahezu aller Membranrezeptoren von Bedeutung sind. Darüber hinaus kontrollieren G-Proteine auch wesentliche Schritte der Translation (Initiation, Elongation, Erkennung der Signalsequenz) und des vesikulären Transports (▶ Abschn. 12.2). Die Funktionen verschiedener G-Proteine in der Signaltransduktion werden in ▶ Abschn. 35.3 näher erläutert.

Zusammenfassung

Die interzelluläre Kommunikation beruht auf der Triade
- extrazellulärer Mediator,
- spezifischer Rezeptor,
- intrazelluläre Signaltransduktion.

Der Komplex aus Ligand und Rezeptor löst die intrazelluläre Signaltransduktion aus. Die molekularen Mechanismen der Signaltransduktion hängen weitgehend von der Natur des Rezeptorproteins ab. Die intrazelluläre Signaltransduktion beruht auf
- der posttranslationalen Modifikation und Konformationsänderung von Proteinen,
- konstitutiven oder induzierten Protein-Protein-Wechselwirkungen,
- der Rekrutierung von Proteinen an die Plasmamembran oder an intrazelluläre Membranen,
- der Generierung von niedermolekularen *second messengers*.

Da eine Zelle zu einem gegebenen Zeitpunkt einer Vielzahl von extrazellulären Mediatoren ausgesetzt ist, entsteht ein Netzwerk von sich wechselseitig beeinflussenden Signalwegen (*cross-talk*).

Weiterführende Literatur

Bain DL, Heneghan AF, Connaghan-Jones KD, Miura MT (2007) Nuclear receptor structure: implications for function. Annu Rev Physiol 69:201–220

Evans RM, Mangelsdorf DJ (2014) Nuclear Receptors, RXR, and the Big Bang. Cell 157:255–266

Hancock JT (2016) Cell Signalling, 4rd. Aufl. Oxford Universtiy Press, Oxford

Hubbard SR, Till JH (2000) Protein tyrosine kinase structure and function. Annu Rev Biochem 69:373–398

Kramer IM (2015) Signal Transduction, 3. Aufl. Academic Press, Waltham/MA, USA

Krauss G (2014) Biochemistry of Signal Transduction and Regulation, 5. Aufl. Wiley-VCH, Weinheim

Lefkowitz RJ (2013) A brief history of G-protein coupled receptors. Angew Chem Int Ed Engl 52: 6366–6378 (Nobel lecture)

Mangelsdorf DJ, Thummel C, Beato M, Herrlich P, Schutz G et al (1995) The nuclear receptor superfamily: the second decade. Cell 83:835–839

Marks F, Klingmüller U, Müller-Decker K (2017) Cellular Signal Processing, 2nd. Aufl. Garland Science, New York

Vetter IR, Wittinghofer A (2001) The guanine nucleotide-binding switch in three dimensions. Science 294:1299–1304

Mediatoren

Peter C. Heinrich, Serge Haan, Heike M. Hermanns, Gerhard Müller-Newen und Fred Schaper

Im vorangegangenen ▶ Kap. 33 wurden die Prinzipien zellulärer Kommunikation beschrieben. In diesem und im folgenden Kapitel werden die extrazellulären Mediatoren (▶ Kap. 34) sowie Rezeptoren und ihre Signaltransduktion (▶ Kap. 35) im Detail besprochen. Extrazelluläre Signalmoleküle spielen eine entscheidende Rolle bei der Kommunikation zwischen Zellen und Organen. Störungen dieser Kommunikation führen zu klinisch oft gut definierten Krankheitsbildern. In verstärktem Maße werden vor allem akute und chronisch-entzündliche Erkrankungen als Konsequenzen einer gestörten Regulation durch Cytokine verstanden, sodass speziell diesen Signalmolekülen eine zunehmende klinische Bedeutung zukommt.

Schwerpunkte

34.1 Klassische Hormone
- glanduläre Hormone extrazelluläre Botenstoffe mit überwiegend endokriner Wirkung
- Die wichtigsten Hormone und ihre Hauptbildungsorte

34.2 Cytokine
- Cytokine: extrazelluläre Botenstoffe mit überwiegend parakriner oder autokriner Wirkung
- Einteilung in Wachstumsfaktoren, Interleukine, Interferone und Chemokine
- Biologische Funktionen der Cytokine

34.1   Klassiche Hormone

Die Wissenschaftsdisziplin, die sich mit den Hormonen, ihrer Wirkung und ihrer Pathophysiologie beschäftigt, ist die Endokrinologie. Der Hormonbegriff (griech. *horman:* antreiben, erregen) wurde 1905 vom englischen Physiologen Ernest Starling geprägt. Im klassischen Sinne sind Hormone biochemische Botenstoffe, die von spezialisierten Zellen (Hormondrüsen, *glandulae*) gebildet und sezerniert werden und nach Transport durch die Blutbahn auf Zielorgane regulierend einwirken (endokrine Wirkung, s. ◘ Abb. 33.2C). Die klassischen Hormone bezeichnet man deshalb auch als glanduläre Hormone. Aglanduläre Hormone werden von Gewebszellen produziert, die nicht in Drüsengewebe organisiert sind. Sie wirken meist lokal (auto- oder parakrin). Hauptaufgaben der glandulären Hormone sind die Regulation des Stoffwechsels (z. B. Glucose- und Lipidstoffwechsel), die Anpassung des Organismus an veränderte Umweltparameter (Kälte, Sauerstoffpartialdruck) und die Steuerung des Reproduktionsprozesses (Oogenese- und Spermatogenese, Schwangerschaft). Wie in ▶ Abschn. 33.2 ausgeführt, sind Hormone verschiedenen biochemischen Stoffklassen zuzuordnen. Sie leiten sich von Aminosäuren, Fettsäuren, Cholesterin (Steroide) oder Peptiden ab. Dennoch wirken Hormone unterschiedlicher Substanzklassen oft über vergleichbare Signalketten (z. B. Adrenalin und Glucagon über G-Protein-gekoppelte Rezeptoren). Eine scharfe Abgrenzung der Hormone von Neurotransmittern einerseits und Cytokinen andererseits ist manchmal schwierig und die Übergänge sind fließend. ◘ Tab. 34.1 gibt einen Überblick über wichtige Hormone und ihre Bildungsorte.

Hormone wirken auf Zielzellen über die Bindung an spezifische Rezeptoren, die je nach chemischer Eigenschaft des Mediators intrazellulär oder an der Plasmamembran lokalisiert sind. Die von membranständigen Rezeptoren abhängige Signaltransduktion von Hormonen läuft nach denselben Grundprinzipien wie die der Cytokine (s. u.) ab und wird in ▶ Kap. 35 beschrieben.

34.2   Cytokine

Cytokine entfalten im Unterschied zu den klassischen Hormonen, die endokrin über den Blutstrom weit entfernte Zielzellen/-gewebe erreichen, ihre Wirkung meist über sehr viel kürzere Distanzen (wenige Mikrometer) entweder parakrin oder autokrin. Einige Cytokine wirken bei entsprechend hoher Ausschüttung aber auch systemisch.

Cytokine sind Polypeptide mit Molekularmassen von ca. 15–25 kDa, die nach auslösenden Reizen/Noxen schnell von verschiedenen Zelltypen synthetisiert und sezerniert werden. Sie werden selten als präformierte

© Springer-Verlag GmbH Deutschland, ein Teil von Springer Nature 2022
P. C. Heinrich et al. (Hrsg.), *Löffler/Petrides Biochemie und Pathobiochemie*, https://doi.org/10.1007/978-3-662-60266-9_34

◻ Tab. 34.1   Die wichtigsten Hormone, ihre Hauptbildungsorte und ihre chemische Strukturklasse

Hypothalamus

Corticotropin *releasing hormone* (CRH)	P
Thyrotropin *releasing hormone* (TRH)	P
Gonadotropin *releasing hormone* (GnRH)	P
Growth-hormone releasing hormone (GHRH)	P
Somatostatin (SSt)	P
Dopamin (DA)	A
Vasopressin	P
Oxytocin	P
Kisspeptin	P
Endorphine	P
Enkephaline	P
Dynorphine	P
Neuropeptid Y	P
Neurotensin	P
Agouti-related peptide (AGRP)	P
Galanin	P
Galanin-like peptide (GALP)	P
Neuromedin U	P
Calcitonin gene-related peptide (CGRP)	P
Melanocyten stimulierendes Hormon (α, β, γ-MSH)	P

Hypophyse

Adrenocorticotropes Hormon (ACTH)	P
β-Lipotropin	P
Thyroid-stimulierendes Hormon (TSH)	P
Luteinisierendes Hormon (LH)	P
Follikel-stimulierendes Hormon (FSH)	P
Wachstumshormon (GH)	P
Prolactin (PRL)	P

Schilddrüse

Thyroxin (T4)	A
Triiodthyronin (T3)	A
Calcitonin	P

Nebenschilddrüse

Parathormon	P

Pankreas

Glucagon	P
Insulin	P

◻ Tab. 34.1   (Fortsetzung)

Somatostatin	P
Pankreatisches Polypeptid (PP)	P

Niere

Calcitriol (1,25-(OH)$_2$-Vitamin D$_3$)	S

Nebennierenrinde

Aldosteron	S
Cortisol	S
Corticosteron	S

Nebennierenmark

Adrenalin	A
Noradrenalin	A

Gonaden

Östrogene	S
Gestagene	S
Androgene	S

Magen-Darm-Trakt

Cholecystokinin (CCK)	P
Gastrin	P
Ghrelin	P
Sekretin	P
Vasoactive intestinal peptide (VIP)	P
Glucoseabhängiges insulinotropes Peptid/Gastrininhibitorisches Peptid (GIP)	P
Glucagon-*like peptide*-1 and -2 (GLP-1, -2)	P

Herz

Atrialer natriuretischer Faktor (ANF)	P

Fettgewebe

Leptin	P
Adiponektin	P

Leber

Hepcidin	P

Gewebshormone (ohne Cytokine)

Prostaglandine	F
Leukotriene	F
Thromboxane	F
Histamin	A
Serotonin	A
Kinine	P

Gase mit Signaleigenschaften

NO, CO	G

A: Aminosäurederivat, *F:* Fettsäurederivat, *G:* gasförmig, *P:* Peptidhormon, *S:* Steroidhormon.

34

Moleküle gespeichert und entfalten ihre Wirkung bereits in pico- bis nanomolaren Konzentrationen. Ihre Aktivität initiieren die Cytokine über die Bindung an spezifische Rezeptoren auf der Oberfläche ihrer Zielzellen, die daraufhin über eine intrazelluläre Signalkaskade die Zielzelle zur Änderung ihrer Genexpression, zur Differenzierung, Proliferation, Migration oder Apoptose veranlassen. Da Cytokine Zellen unterschiedlichen Zelltyps ansprechen und dort unterschiedliche Antworten auslösen können, bezeichnet man sie als **pleiotrop**

wirksam. Umgekehrt können aber auch Cytokine unterschiedlicher Art auf ihren Zielzellen Gleiches bewirken, d. h. sie haben **redundante Eigenschaften.** Viele biologische Prozesse erfordern eine additive, synergistische oder antagonistische Wirkung der Cytokine.

Eine Dysregulation der Cytokinsignaltransduktion kann zu schwerwiegenden akuten und chronischen Entzündungen, Autoimmunerkrankungen und Neoplasien führen. Daher ist das Verständnis ihrer molekularen Mechanismen für therapeutische Ansätze von großer Bedeutung.

Übrigens

Lösliche Rezeptoren als Cytokininhibitoren Im Blutplasma, häufig auch im Urin, kann man lösliche Formen von Cytokinrezeptoren nachweisen. Die löslichen Rezeptoren bestehen aus der Extrazellulärregion des Rezeptors, während die Transmembrandomäne und der cytoplasmatische Teil fehlen. Lösliche Rezeptoren entstehen durch Translation einer alternativ gespleißten mRNA oder durch limitierte proteolytische Spaltung membranständiger Rezeptoren (*shedding*). Sie binden ihren Liganden mit vergleichbarer Affinität und Spezifität wie der membranständige Rezeptor. Cytokine, die an den löslichen Rezeptor gebunden sind, können oft nicht mehr an den membranständigen Rezeptor binden und sind daher in den meisten Fällen unwirksam. Lösliche Rezeptoren wirken deswegen mit wenigen

Ausnahmen als Cytokininhibitoren. Man nimmt an, dass sie bei der Modulation von Cytokinsignalen eine wichtige Rolle spielen (▶ Abschn. 35.7.1). Chronische Entzündungen werden durch eine Überproduktion von proinflammatorischen Cytokinen wie Interleukin-1 (IL-1), Tumornekrosefaktor (TNF) und Interleukin-6 (IL-6) aufrechterhalten. Daher ist die gezielte Hemmung proinflammatorischer Cytokine ein vielversprechender Therapieansatz. Der lösliche TNF-Rezeptor wird in dimerer Form in großen Mengen biotechnologisch produziert und als TNF-Inhibitor mit Erfolg zur Behandlung rheumatischer Erkrankungen (▶ Kap. 72, ◻ Tab. 72.1) und von Morbus Crohn eingesetzt (Etanercept/Enbrel). Weitere Cytokininhibitoren auf der Basis löslicher Rezeptoren befinden sich im Entwicklungsstadium.

Cytokine lassen sich nach verschiedenen Gesichtspunkten klassifizieren: entsprechend ihrer biologischen Antwort, nach strukturellen Gesichtspunkten der Cytokine selbst oder anhand der gemeinsam genutzten Rezeptorkomponenten.

In ◻ Tab. 34.2 findet sich ein Überblick über die verschiedenen Cytokine, die sich nach ihren biologischen Funktionen und der Natur ihrer Rezeptoren in **Wachstumsfaktoren, Interleukine, Interferone** und **Chemokine** einteilen lassen.

34.2.1 Wachstumsfaktoren

❯ Wachstumsfaktoren regulieren die Entwicklung von Vorläuferzellen zu differenzierten Zelltypen und stimulieren die Zellproliferation.

Innerhalb der Wachstumsfaktoren ist eine Einteilung nach funktionellen Eigenschaften schwierig. Die meisten Wachstumsfaktoren signalisieren über Rezeptoren mit **intrinsischer Kinaseaktivität** (Rezeptor-Tyrosinkinasen oder Rezeptor-Serin/Threoninkinasen). Ein ge-

meinsamer zentraler Mechanismus in den Signalwegen aller Wachstumsfaktoren, die über Rezeptor-Tyrosinkinasen signalisieren, besteht in der Aktivierung der Ras/Raf/MAPK-Kaskade (▶ Abschn. 35.4.2).

34.2.2 Interleukine

❯ Interleukine besitzen vielfältige Aufgaben in der Regulation der Immunabwehr, der Entzündungsreaktion, der Hämatopoese und der Apoptose.

Bisher sind 40 Interleukine bekannt. Andere Cytokine wie z. B. Tumornekrosefaktor (TNF), Leptin, Erythropoetin (EPO), Thrombopoetin (TPO) werden ebenfalls zur Gruppe der Interleukine gezählt. Interleukine signalisieren über Rezeptoren mit assoziierten Kinasen. Viele nutzen als gemeinsamen zentralen Signalweg die Janus-Kinase/*signal transducer and activator of transcription* (JAK/STAT)-Kaskade (▶ Abschn. 35.5.1). TNF und IL-1 nehmen innerhalb der Interleukinfamilie im Hinblick auf ihre Rezeptoren und Effektorproteine (NF-κB) eine Sonderstellung ein (▶ Abschn. 35.5.2 und 35.5.3).

34.2.3 Interferone

> Die mit den Interleukinen nahe verwandten Interferone spielen eine wesentliche Rolle bei der Immunabwehr (besonders nach Virusinfektionen) und der Apoptose, sie wirken stark wachstumshemmend.

Von den Interleukinen werden die sehr nahen verwandten Interferone abgegrenzt. Auch die Interferone signalisieren über Rezeptoren mit assoziierten Kinasen und nutzen die JAK/STAT-Signalkaskade (▶ Abschn. 35.5.1).

Die Interferone selbst werden in drei Klassen eingeteilt (◻ Tab. 34.2). α-Interferone (IFN-α), β-Interferon (IFN-β), ε-Interferon (IFN-ε), κ-Interferon (IFN-κ), und ω-Interferone (IFN-ω) gehören zu den **Typ-1-Interferonen**. Sie signalisieren über die gleichen Rezeptorheterodimere. Von den α-Interferonen sind derzeit 13, von den ω-Interferonen zwei Subtypen und von den β-, ε-, κ-Interferonen nur jeweils eine Form bekannt. IFN-γ ist das einzige derzeit bekannte **Typ-2-Interferon**. Es bindet als Dimer an IFN-γ-spezifische Rezeptorheterodimere. Die λ-Interferone, auch als IL-28A und B sowie

◻ Tab. 34.2   Einteilung der Cytokine (Auswahl) und ihre biologischen Funktionen

Wachstumsfaktoren	Interleukine	Interferone	Chemokine
Signaltransduktion über Rezeptor-Tyrosinkinasen	**Proinflammatorische Cytokine** Interleukin-1 (IL-1)	**Typ-1-Interferone** Interferon-α	**CC-Chemokine (CCL1 bis CCL28)**
brain-derived neurotrophic factor (BDNF)	Tumornekrosefaktor (TNF)	(IFN-α1,-2,-4,-5,-6,-7, -8,-10,-	Eotaxine
colony-stimulating factor (CSF)	**Signaltransduktion über die common-β-Kette**	13,-14,-16,-17,-21) Interferon-β (IFN-β)	Eotaxin 1 (CCL11) Eotaxin 2 (CCL24)
epidermal growth factor (EGF)	Interleukin-3 (IL-3) Interleukin-5 (IL-5)	Interferon-ε (IFN-ε) Interferon-κ (IFN-κ)	Eotaxin 3 (CCL26) *macrophage inflammatory*
fibroblast growth factor (FGF)	*granulocyte macrophage colony-stimulating factor*	Interferon-ω (IFN-ω1, IFN-ω2) **Typ-2-Interferon**	*proteins* MIP1α (CCL3)
insulin-like growth factor (IGF)	(GM-CSF) **Signaltransduktion über die**	Interferon-γ (IFN-γ) **Typ-3-Interferone**	MIP1β (CCL4) MIP1δ (CCL15)
keratinocyte growth factor (KGF)	**common-γ-Kette** Interleukin-2 (IL-2)	Interleukin-10 (IL-10) Interleukin-19 (IL-19)	MIP3α (CCL20) MIP3β (CCL19)
macrophage colony-stimulating factor (MCSF)	Interleukin-4 (IL-4) Interleukin-7 (IL-7)	Interleukin-20 (IL-20) Interleukin-22 (IL-22)	*regulated on activation, normal T-cell expressed and secreted*
nerve growth factor (NGF)	Interleukin-9 (IL-9) Interleukin-15 (IL-15)	Interleukin-24 (IL-24) Interleukin-28A (IL-28A) auch	(RANTES) (CCL5) *monocyte chemoattractant*
platelet-derived growth factor (PDGF)	Interleukin-21 (IL-21) **IL-6-Typ-Cytokine**	IFN-λ 2 Interleukin-28B (IL-28B) auch	*proteins* MCP1 (CCL2)
stem cell factor (SCF)	**(Signaltransduktion über gp130)**	IFN-λ 3 Interleukin-29 (IL-29) auch	MCP2 (CCL8) MCP3 (CCL7)
vascular endothelial growth factor (VEGF)	Interleukin-6 (IL-6)	IFN-λ 1	MCP4 (CCL13)
Signaltransduktion über Rezeptor-Serin/ Threoninkinasen	Interleukin-11 (IL-11) Interleukin-27 (IL-27)		**CXC-Chemokine (CXCL1 bis CXCL15)**
transforming growth factor β (TGF-β)	Oncostatin M (OSM) *leukemia inhibitory factor*		Interleukin-8 (IL-8, CXCL8) *stromal derived factor 1*
bone morphogenetic protein (BMP)	(LIF) *ciliary neurotrophic factor*		(SDF1, CXCL12) *growth-related oncogenes*
Aktivine	(CNTF) Cardiotrophin-1 (CT-1)		GROα (CXCL1) GROβ (CXCL2)
	cardiotrophin-like cytokine (CLC)		GROγ (CXCL3) **XC-Chemokine**
	Neuropoetin (NP) **Sonstige**		Lymphotactin (XCL1) SCM-1β (XCL2)
	Erythropoetin (EPO) *growth hormone* (GH)		**CX3C-Chemokine** Fractalkin (CX3CL1)
	granulocyte colony-stimulating factor (GCSF)		
	Thrombopoetin (TPO)		
Biologische Funktion			
Proliferation, Differenzierung	**Immunabwehr, Entzündung, Hämatopoese, Apoptose**	**Virusabwehr, Proliferationshemmung, Apoptose**	**Migration, Chemotaxis**

IL-29 bezeichnet, und die Cytokine der Interleukin-10-Familie gehören trotz ihrer anders lautenden Bezeichnung strukturell gesehen zu den **Typ-3-Interferonen**.

34.2.4 Chemokine

> Chemokine koordinieren die Immunantwort durch ihre chemotaktische Wirkung auf verschiedene Leukocyten.

Die Bewegung einer Zelle entlang eines Konzentrationsgradienten bezeichnet man als Chemotaxis. Der Name Chemokine (*chemotactic-cytokine*) hebt die Funktion dieser Cytokine als Migrations-auslösende Faktoren hervor. Das erste Chemokin wurde in den späten 80er-Jahren als *neutrophil-activating peptide* (NAP) von mehreren Arbeitsgruppen, darunter Marco Baggiolini gleichzeitig beschrieben.

Endothelzellen besitzen Granula, die unter anderem Chemokine enthalten und diese nach Anstieg der intrazellulären Ca^{2+}-Konzentration durch Exocytose freisetzen, z. B. CXCL8 (früher IL-8). Chemokine, die auf Zelloberflächen gebunden werden, bilden einen Konzentrationsgradienten und induzieren die Chemotaxis, die zur Einwanderung von Leukocyten u.a. neutrophilen Granulocyten in entzündetes Gewebe führt. Hier nehmen sie durch Phagocytose Mikroorganismen auf und töten sie ab. Wie im ▶ Kap. 69 (▶ Abschn. 69.2.2) dargestellt, ist der **Durchtritt von Leukocyten durch das Endothel (Diapedese)** ein koordinierter komplexer Vorgang, der durch die Abfolge der Expression von Zelladhäsionsmolekülen, Chemokinen und Chemokin-Rezeptoren gesteuert wird.

Heute umfasst die Chemokin-Familie ca. 50 Mitglieder, die eine Struktur-Homologie – den sogenannten *chemokine-fold* – teilen. Dieses Struktur-Motiv besteht aus vier konservierten Cystein-Resten, die zwei charakteristische Disulfid-Bindungen ausbilden (◻ Abb. 34.1). Chemokine werden in zwei Hauptklassen unterteilt: CCL- und CXCL-Chemokine (◻ Tab. 34.2): **CXCL-Chemokine** enthalten zwischen zwei konservierten, N-terminal lokalisierten Cysteinen (C) eine weitere Aminosäure, während bei **CC-Chemokinen** diese Cysteine direkt benachbart sind.

Während ungefähr 50 Chemokine beschrieben sind, gibt es nur 19 Rezeptoren. Entsprechend ihrer Liganden werden auch die Chemokinrezeptoren in CC- und CXC-Rezeptoren unterteilt. Einzelne Chemokine sind in der Lage, verschiedene Rezeptoren der gleichen Klasse zu binden.

Alle Chemokine besitzen einen flexiblen, ungefalteten N-Terminus bis zum ersten Cystein, einen „stei-

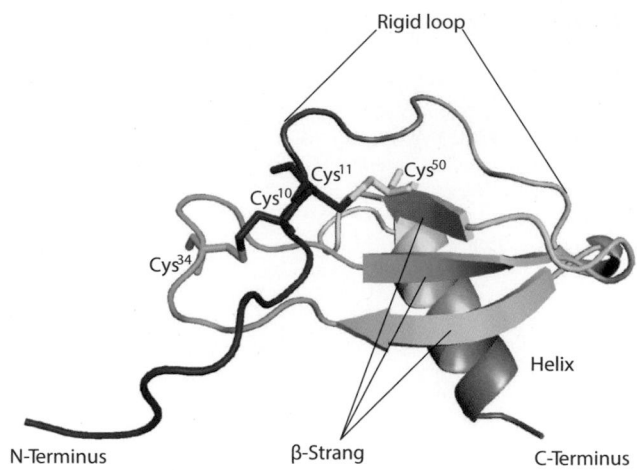

◻ **Abb. 34.1 Kristallstruktur des CC-Chemokins CCL5 (RANTES)** (Erstellt anhand PDB ID: 1B3A. Mit freundlicher Genehmigung von Marcus Thelen)

fen" *(rigid) loop*, der in 3 antiparallele β-Stränge übergeht. Der C-Terminus ist helical und an seinem Ende ungefaltet (◻ Abb. 34.1).

Die Primärsequenzen der Chemokine sind sehr unterschiedlich, aber nahezu alle weisen ähnliche Tertiärstrukturen und einen ausgeprägten alkalischen isoelektrischen Punkt auf.

Im Unterschied zu den Wachstumsfaktoren, Interleukinen und Interferonen **signalisieren die Chemokine über G-Protein-gekoppelte Rezeptoren (GPCRs)**.

Abhängig von ihrer Funktion werden Chemokine als inflammatorisch, d. h. entzündungsfördernd oder homöostatisch eingeteilt. Homöostatische Chemokine steuern die Migration der Leukocyten in lymphoiden Organen. In der Regel ist die Bindung inflammatorischer Chemokine an Rezeptoren nur bedingt selektiv, während im Gegensatz homöostatische Chemokine Rezeptor-spezifisch sind.

Zusammenfassung

Cytokine werden nach ihrer biologischen Funktion eingeteilt in
– Wachstumsfaktoren,
– Interleukine,
– Interferone,
– Chemokine.

Die meisten Wachstumsfaktoren signalisieren über Rezeptor-Tyrosinkinasen. Interleukine und Interferone signalisieren über Rezeptoren mit assoziierten (Tyrosin-)Kinasen. Chemokine benutzen G-Protein-gekoppelte Rezeptoren.

Weiterführende Literatur

Baggiolini M, Loetscher P (2000) Chemokines in inflammation and immunity. Immunol Today 21: 418–420

Dinarello CA, Simon A, van der Meer JW. (2012) Treating inflammation by blocking interleukin-1 in a broad spectrum of diseases. Nat Rev Drug Discov. 11(8):633–52. https://doi.org/10.1038/nrd3800. PMID: 22850787; PMCID: PMC3644509.

Garlanda C, Dinarello CA, Mantovani A. (2013) The interleukin-1 family: back to the future. Immunity. 39(6):1003–18. https://doi.org/10.1016/j.immuni.2013.11.010. PMID: 24332029; PMCID: PMC3933951.

Legler DF, Thelen M (2016) Chemokines: Chemistry, Biochemistry and Biological Function. CHIMIA International Journal for Chemistry. PMID 28661356

Schwache D, Müller-Newen G (2012) Receptor fusion proteins for the inhibition of cytokines. Eur J Cell Biol 91:428–434

Volinsky N, Kholodenko BN (2013) Complexity of receptor tyrosine kinase signal processing. Cold Spring Harb Perspect Biol 5:a009043

Rezeptoren und ihre Signaltransduktion

Peter C. Heinrich, Serge Haan, Heike M. Hermanns, Gerhard Müller-Newen und Fred Schaper

In den vorangegangenen Kapiteln wurden die Prinzipien der Signaltransduktion (▶ Kap. 33) und extrazelluläre Mediatoren, klassische Hormone und Cytokine (▶ Kap. 34) besprochen. In diesem Kapitel werden die verschiedenen Rezeptoren und deren Signaltransduktion vorgestellt.

Die meisten Rezeptoren extrazellulärer Signalmoleküle durchspannen die Plasmamembran. An die Aktivierung dieser membranverankerten Rezeptoren schließen sich auf deren cytoplasmatischer Seite **Signaltransduktionskaskaden** an, bei denen aufeinander folgend verschiedene Proteine aktiviert werden.

Im Gegensatz dazu liegen nucleäre Rezeptoren im Zellinneren vor und binden ihre lipophilen Liganden nach deren Transport durch die Plasmamembran. Diese ligandenbeladenen Rezeptoren können selbst als mobile Signalweiterleiter angesehen werden, die nach Ligandenbindung die Information bis in den Zellkern und an die DNA tragen können.

Sowohl für nucleäre als auch für membranverankerte Rezeptoren führt die Signaltransduktion zu Veränderungen im Stoffwechsel, zur Differenzierung, Proliferation, Apoptose, Migration oder zu einer gesteigerten oder verminderten Transkription von Zielgenen.

Wegen ihrer grundsätzlich unterschiedlichen Wirkungsweise werden im Folgenden die Signaltransduktion über nucleäre Rezeptoren und über membranständige Rezeptoren getrennt beschrieben.

Schwerpunkte

35.1 Nucleäre Rezeptoren
- Nucleäre Rezeptoren als ligandenaktivierte Transkriptionsfaktoren kontrollieren die Genexpression

35.2 Aktivierung membranständiger Rezeptoren
- Schnittstelle extrazellulärer und intrazellulärer Signaltransduktion

35.3 G-Protein-gekoppelte Rezeptoren
- Größte Rezeptorfamilie, die über heterotrimere G-Proteine viele unterschiedliche Signalkaskaden aktivieren kann
- Aktivierung der Adenylatzyklase, Phospholipase Cβ oder kleiner G-Proteine

35.4 Rezeptoren mit intrinsischer Kinase (Rezeptorkinasen)
- Zwei Klassen von Rezeptorkinasen: Tyrosin- und Serin-/Threonin-Rezeptorkinasen
- Mitogen-aktivierte Proteinkinase-Kaskade (MAPK)

35.5 Rezeptoren mit assoziierten Kinasen
- Rezeptoren mit assoziierten Janus-Kinasen
- Rezeptoren mit TIR- und Todesdomänen

35.6 Spezielle Aktivierungsmechanismen
- Lösliche und Membran-gebundene Guanylatcyclase
- Direkte Aktivierung der löslichen Guanylatzyclase durch NO
- cGMP als *second messenger*

35.7 Regulation der Rezeptor-Inaktivierung
- Mechanismen der Termination von Signalkaskaden
- *Receptor shedding*
- Desensitisierung und Internalisierung (Endocytose) von Membranrezeptoren
- Feedback-Regulationsmechanismen

Ergänzende Information Die elektronische Version dieses Kapitels enthält Zusatzmaterial, auf das über folgenden Link zugegriffen werden kann https://doi.org/10.1007/978-3-662-60266-9_35. Die Videos lassen sich durch Anklicken des DOI Links in der Legende einer entsprechenden Abbildung abspielen, oder indem Sie diesen Link mit der SN More Media App scannen.

35.1 Nucleäre Rezeptoren

> Durch die Bindung des Signalmoleküls an intrazelluläre Rezeptoren entsteht ein Komplex, der als Transkriptionsfaktor wirkt.

Die Plasmamembran einer Zelle stellt in vielerlei Hinsicht eine Barriere dar, nicht zuletzt auch für die meisten klassischen Hormone und alle Cytokine. Daher signalisieren diese hydrophilen Mediatoren über integrale Membranproteine der Plasmamembran. Nur die lipophilen Hormone können die Membran passieren und an Rezeptoren im Zellinneren (nucleäre Rezeptoren) binden.

Die Mitglieder der Superfamilie der nucleären Rezeptoren weisen untereinander eine große Ähnlichkeit auf. Ihre Struktur ist modular, d. h. aus verschiedenen Domänen aufgebaut. Beginnend vom N-Terminus besitzen nucleäre Rezeptoren eine variable Region, die essenzielle Bereiche zur Regulation der Genexpression enthält, eine DNA-Bindungsdomäne, eine Kernlokalisationssequenz und die Ligandenbindungsdomäne, die immer C-terminal zu finden ist (◘ Abb. 35.1A). Die Strukturhomologie der Rezeptoren ist besonders im Bereich der DNA-Bindungsdomäne sehr hoch.

Soweit bisher bekannt, binden alle nucleären Rezeptoren die DNA als Dimere. Sie erkennen zwei konservierte DNA-Sequenzen aus je sechs Basen, die entweder auf dem gleichen DNA-Strang als sog. *direct repeats* oder auf entgegengesetzten Strängen, d. h. als *inverted repeats* vorliegen (◘ Abb. 35.1B). Während die in homodimerer Form bindenden Steroidhormonrezeptoren, z. B. Glucocorticoidrezeptor und Östrogenrezeptor, an *inverted repeats* binden, erkennen die in heterodimerer Form bindenden Rezeptoren für Vitamin D$_3$, Retinsäure und Schilddrüsenhormone *direct repeats*. Inzwischen gibt es gute Kenntnisse über die Raumstruktur der DNA-Bindungsdomäne der Hormonrezeptoren. Sie enthalten häufig cysteinreiche Sequenzen, die Zinkionen koordinativ bin-

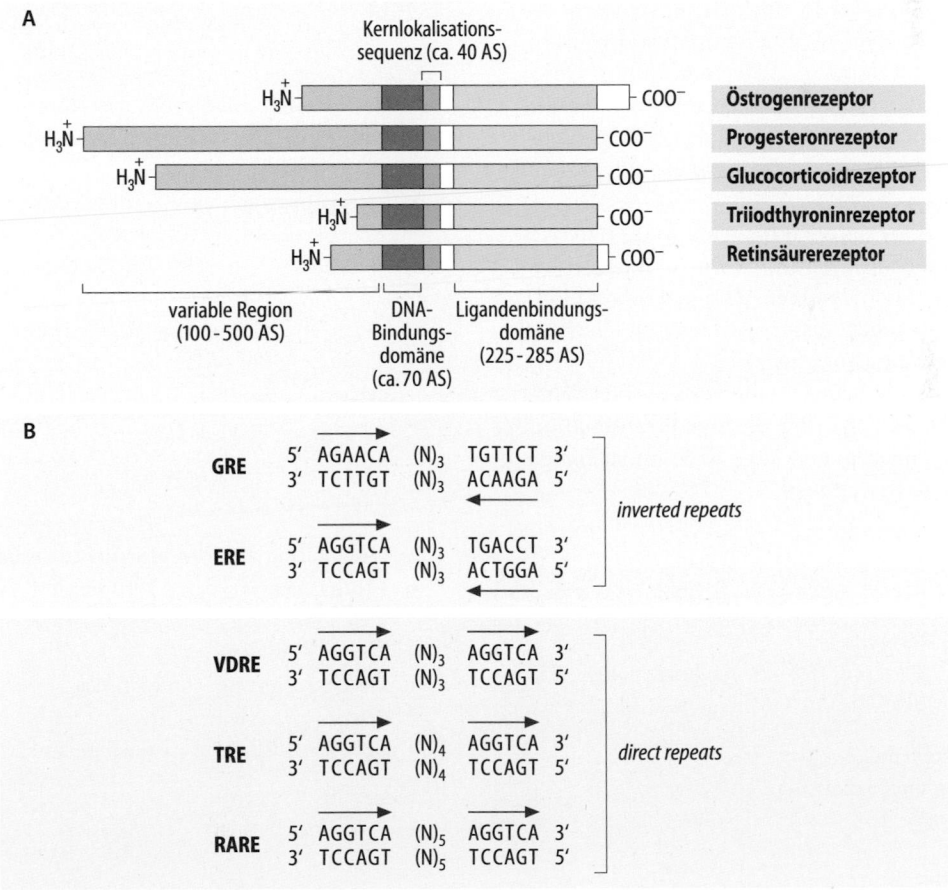

◘ **Abb. 35.1   Aufbau und *enhancer*-Sequenzen nucleärer Rezeptoren.**
A Domänenstruktur einiger nucleärer Rezeptoren. *AS*: Aminosäuren.
B *enhancer*-Sequenzen, die durch aktivierte, dimere Hormon-Rezeptor-Komplexe erkannt werden. *GRE: glucocorticoid response element; ERE: estrogen response element; VDRE: vitamin D response* element; *TRE: thyroid hormone response element; RARE: retinoic acid response element; N:* beliebige Base (A, G, C oder T) (die Sequenzen können in einzelnen Genen leicht von den oben dargestellten *enhancer*-Sequenzen abweichen)

den und daher „Zinkfinger-Motive" genannt werden (▶ Abschn. 47.2.2).

Die Spezifität der Bindung von Steroidhormonrezeptoren an die Hormon-regulierten *enhancer* Elemente wird über feine Unterschiede in der DNA-Erkennungssequenz, z. B. AGAACA (Glucocorticoid) im Vergleich zu AGGTCA (Östrogen) und im Fall der heterodimeren nucleären Rezeptoren auch durch den Abstand der beiden Sequenzen zueinander bestimmt (◘ Abb. 35.1B).

Die Aktivierungsmechanismen der nucleären Rezeptoren sind bei homo- und heterodimeren Rezeptoren unterschiedlich. Als Homodimere binden Steroidhormonrezeptoren, als Heterodimere binden Rezeptoren für Vitamin D$_3$, Retinsäure und Schilddrüsenhormone (▶ Kap. 40 und 41, ▶ Abschn. 58.2 und 58.3). Die Rezeptoren für die D-Vitamine, Retinsäure und Schilddrüsenhormone sind ausschließlich nucleär lokalisiert. In Abwesenheit der Hormone (= Liganden) reprimieren sie in Kooperation mit Corepressoren die Transkription bestimmter Gene. Nach Ligandenbindung erfolgt eine drastische Konformationsänderung des Rezeptors, die Rekrutierung verschiedener Coaktivatoren und die Aktivierung der Gentranskription (▶ Abschn. 47.2, ◘ Abb. 46.6).

Im Gegensatz dazu sind die Rezeptoren für Steroidhormone in Abwesenheit ihrer Liganden cytoplasmatisch lokalisiert, meist gebunden an Proteine, die ihre DNA-Bindungsdomäne und die Kernlokalisierungssequenz (NLS) blockieren. Als solches ist u. a. das **Hitzeschock-Protein** (▶ Abschn. 49.1.2 und 49.1.4) **Hsp90** identifiziert worden. Die Bindung des Hormons an den Rezeptor führt zur Dissoziation der Hitzeschock-Proteine und anschließend zur Bildung von homodimeren Formen der jeweiligen Hormonrezeptoren. ◘ Abb. 35.2 gibt die heutigen Vorstellungen über die Aktivierung derartiger intrazellulärer Hormonrezeptoren durch ihre jeweiligen Liganden wieder.

Zusammenfassung

Die Interaktion mit einem spezifischen Rezeptor ist der erste Schritt in der Wirkung von klassischen Hormonen und Cytokinen. Intrazellulär lokalisierte Hormonrezeptoren gehören zur Gruppe der ligandenaktivierten Transkriptionsfaktoren. Diese treten mit *enhancer*-Sequenzen der entsprechenden Gene in Wechselwirkung und kontrollieren so die Genexpression.

35.2 Aktivierung membranständiger Rezeptoren

Ein großer Teil von Rezeptoren ist in zellulären Membranen und in die Plasmamembran integriert. Im Ver-

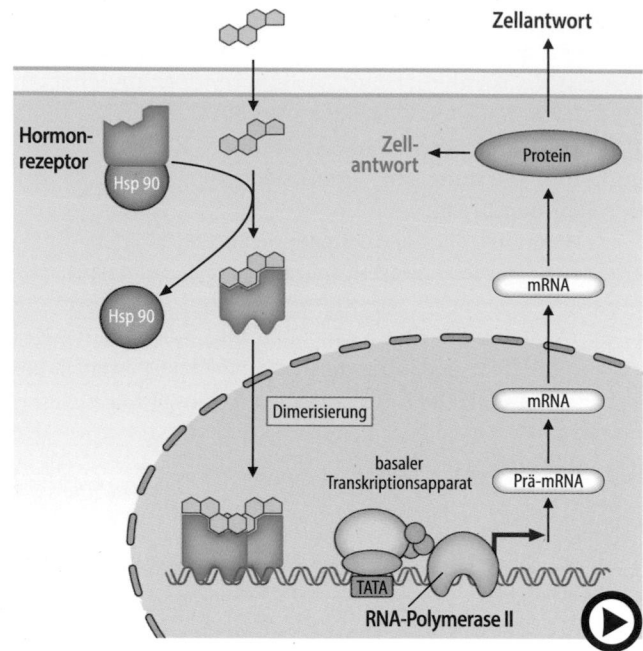

◘ **Abb. 35.2** (Video 35.1) **Signaltransduktion nucleärer Rezeptoren.** Die Abbildung zeigt den bei Glucocorticoiden aufgeklärten Mechanismus. Glucocorticoide diffundieren durch die Zellmembran und binden an den intrazellulären Glucocorticoidrezeptor. Das zuvor an diesen gebundene Hitzeschock-Protein Hsp90 löst sich ab und gibt die DNA-Bindungsdomäne und die Kernlokalisierungssequenz (NLS) des Rezeptors frei. Dieser wird in dimerer Form in den Zellkern transportiert, bindet dort an *enhancer*-Sequenzen responsiver Gene und führt zur Aktivierung des basalen Transkriptionsapparats (▶ https://doi.org/10.1007/000-5js)

gleich zur Signalweiterleitung mittels nucleärer Rezeptoren ist die Signaltransduktion über Membranrezeptoren eher indirekt. Bei allen Membranrezeptoren muss die Ligandenbindung an der extrazellulären Region der Rezeptoren über die Transmembranhelices in ein cytoplasmatisches Signal übersetzt werden. Auf der cytoplasmatischen Seite sind unterschiedliche Signalproteine in die Signalweiterleitung eingebunden.

Die Bindung des Liganden an den Membranrezeptor ist der erste Schritt jeder Signaltransduktionskaskade. Die Ligand/Rezeptor-Wechselwirkung ist durch Spezifität und hohe Affinität charakterisiert. Die Bindung eines Liganden an den extrazellulären Bereich eines Rezeptormoleküls wird über mehrere nicht-covalente Wechselwirkungen vermittelt.

Die **Rezeptorkinasen** (▶ Abschn. 35.4) und die **Rezeptoren mit assoziierten Kinasen** (▶ Abschn. 35.5) werden erst nach ihrer Dimerisierung oder Oligomerisierung aktiviert. Eine einzelne, starre Transmembranhelix könnte extrazelluläre Konformationsänderungen nur schlecht ins Zellinnere weitergeben. Die Oligomerisierung wird durch multivalente Liganden erreicht, die mit mehreren Rezeptorproteinen gleichzeitig interagieren. Bei der Bindung von Cytokinen an Rezeptorkomplexe, die aus mehr als einer Protein-

spezies aufgebaut sind (HeteroOligomere), kann häufig eine definierte Reihenfolge der Bindungsereignisse festgestellt werden. Das Cytokin bindet zunächst an eine der beteiligten Rezeptoruntereinheiten. Erst nach Bindung einer oder mehrerer weiterer Rezeptoruntereinheiten entsteht ein signalisierender Komplex auf der Zellmembran.

G-Protein-gekoppelte Rezeptoren (▶ Abschn. 35.3) enthalten keine Kinasedomänen und sind nicht mit Kinasen assoziiert. Stattdessen binden heterotrimere G-Proteine an die dritte intrazelluläre Schleife der Rezeptoren. Die Ligandenbindung induziert den Austausch von GDP zu GTP an der α-Untereinheit des trimeren G-Proteins und vermittelt so die Dissoziation der α- und β/γ-Untereinheiten.

35.3 G-Protein-gekoppelte Rezeptoren

Mit etwa 800 identifizierten Genen stellen die G-Protein-gekoppelten Rezeptoren (*G-protein-coupled receptors;* GPCR) die größte Rezeptorklasse dar. Die Rezeptoren dieser Familie weisen typischerweise sieben Transmembrandomänen auf (heptahelical). Sie vermitteln die Effekte vieler unterschiedlicher Liganden von Aminosäurederivaten wie Adrenalin bis zu den Chemokinen wie CXCL8. Die Struktur von GPCRs ist in ◻ Abb. 35.3 am Beispiel des β$_2$-adrenergen Rezeptors (β$_2$-AR) verdeutlicht.

Während die extrazellulären Schleifen des Rezeptors für die Ligandenbindung verantwortlich sind, vermitteln die intrazellulären Schleifen die Rekrutierung der heterotrimeren G-Proteine. ◻ Tab. 35.1 gibt einen Überblick über die Großfamilie der G-Proteine und deren Funktionen.

Die heterotrimeren G-Proteine bilden eine Unterfamilie der G-Proteine. Sie bestehen aus einer 36–52 kDa schweren α-Untereinheit, einer 35–36 kDa β-Untereinheit und einer 8–10 kDa γ-Untereinheit. Die hohe Diversität und Komplexität wird durch eine Vielfalt verschiedener Subtypen der einzelnen G-Proteinuntereinheiten erreicht. Man kennt inzwischen mindestens 35 Gene für die verschiedenen G-Proteinuntereinheiten in Säugetieren. Die heterotrimeren G-Proteine werden aufgrund der Eigenschaften ihrer α-Untereinheit in weitere Untergruppen eingeteilt (◻ Tab. 35.2).

35.3.1 G-Protein-gekoppelte Rezeptoren signalisieren über heterotrimere G-Proteine

In ◻ Abb. 35.4 ist das Prinzip der Signaltransduktion von G-Protein-gekoppelten Rezeptoren dargestellt. Der allen Rezeptoren gemeinsame Aktivierungs-/Inaktivie-

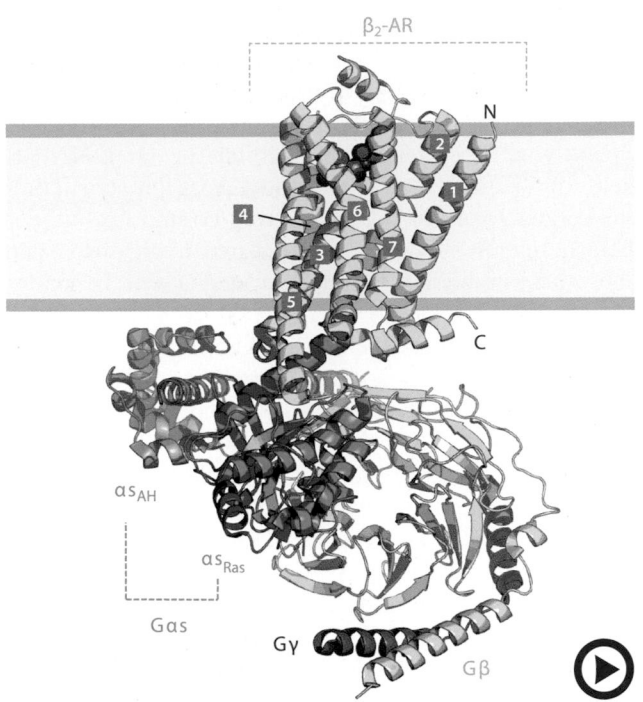

◻ **Abb. 35.3** (Video 35.2) **Kristallstruktur des aktivierten Komplexes aus Ligand** (*rot*), **β2-adrenergem Rezeptor** (*gelb*) **und seinem trimeren G$_S$-Protein bestehend aus den Untereinheiten Gα** (*grün* und *hellgrün*), **Gβ** (*hellblau*) **und Gγ** (*magenta*). Der extrazelluläre N-Terminus und der intrazelluläre C-Terminus des β$_2$-AR sind verkürzt. Einige Helixverbindende Schleifen sind in der Struktur nicht sichtbar. β2-AR, β2-adrenerger Rezeptor; G$_S$, Adenylatcyclase stimulierendes G-Protein; Gα$_S$, α-Untereinheit von G$_S$; Gβ, Gγ, Untereinheiten von G$_S$. Gα$_S$ besteht aus zwei Domänen, der Ras-*like* GTPase Domäne Gα$_S$ Ras und der α-helicalen Domäne Gα$_S$ AH. Erstere interagiert mit dem β2-AR und der Gβ-Untereinheit (*hellblau*). (Erstellt anhand PDB ID: 3SN6. Adaptiert nach Rasmussen et al. 2011, © mit freundlicher Genehmigung von Macmillan Publishers, Ltd) (▶ https://doi.org/10.1007/000-5jb)

rungszyklus der heterotrimeren G-Proteine lässt sich in folgende Schritte unterteilen:

- Das inaktive, an den Rezeptor gebundene heterotrimere G-Protein besteht aus den drei Untereinheiten α, β und γ, wobei die α-Untereinheit mit GDP beladen ist.
- Der durch den entsprechenden Liganden aktivierte Rezeptor dient als GEF (*guanine nucleotide exchange factor*) und bewirkt den Austausch des an die α-Untereinheit gebundenen GDP gegen GTP.
- Das aktivierte G-Protein zerfällt in seine α- und βγ-Untereinheiten und löst sich vom Rezeptor.
- Die mit GTP beladene α-Untereinheit oder die βγ-Untereinheiten des G-Proteins assoziieren mit den für die biologische Antwort verantwortlichen Effektorproteinen. Diese werden dadurch aktiviert oder inaktiviert.
- Eine intrinsische GTPase-Aktivität der α-Untereinheit sorgt für die Spaltung des gebundenen GTP zu GDP und anorganischem Phosphat (P$_i$). Diese Hydrolyse wird durch GTPase-aktivierende Proteine (RGS,

■ **Tab. 35.1** Die Großfamilie der G-Proteine

Familie	Bezeichnung	Funktion
Heterotrimere G-Proteine	G_s-Familie	Aktivierung der Adenylatcyclase
	G_i-Familie	Hemmung der Adenylatcyclase bzw. Aktivierung der cGMP-Phosphodiesterase
	G_q-Familie	Aktivierung der PLC β
	$G_{12/13}$-Familie	Aktivierung der Rho-Kinase
Kleine G-Proteine	Ras-Proteine	Wachstum, Differenzierung, Genexpression
	Rho/Rac/Cdc42-Proteine	Organisation des Cytoskeletts, Genexpression
	Rab-Proteine	Vesikulärer Transport (*vesicle trafficking*)
	Sar1/Arf-Proteine	Vesikelknospung (*vesicle budding*)
	Ran-Proteine	Nucleocytoplasmatischer Transport, Organisation von Mikrotubuli
Translationsfaktoren	eIF-2	Initiation der Translation
	EF-Tu; eEF-1; eEF-2	Elongation

■ **Tab. 35.2** Einteilung der trimeren G-Proteine

G-Proteinfamilie	Untergruppen (Auswahl)	Liganden, die zur Aktivierung des G-Proteins führen (Beispiele)	Wirkung auf Effektorenzyme (Auswahl)	Weitere Effekte (Auswahl)
G_s-Familie	G_s	Katecholamine, Histamin, Glucagon, LSH, FSH, TSH, Vasopressin, Prostaglandin E_2	Aktivierung der Adenylatcyclase	cAMP ↑
	G_{olf}	Geruchsstoffe	Aktivierung der Adenylatcyclase	cAMP ↑
G_i-Familie	G_i/G_o	Angiotensin, Somatostatin, Glutamat, Opiate, Chemokine, Histamin, Katecholamine	Hemmung der Adenylatcyclase	cAMP ↓
	G_t	Photonen, Opsin, Rhodopsin	Aktivierung der cGMP-Phosphodiesterase	cGMP ↓
	G_{gust}	Geschmacksstoffe	Aktivierung der cGMP-Phosphodiesterase	cGMP ↓
G_q-Familie	G_q	Bradykinin, Bombesin, Angiotensin, Katecholamine	Aktivierung der PLCβ	IP_3 ↑, DAG ↑ Ca^{2+}-Influx
$G_{12/13}$-Familie	G_{13}	Bradykinin, Bombesin, TSH	Aktivierung der Rho-Kinase	Wirkung auf das Cytoskelett

FSH, Follikel-stimulierendes H.; *LSH*, Luteinisierendes H.; *TSH*, Thyroidea-stimulierendes H.

regulator of G-protein signalling – entspricht dem *GTPase activating protein* (GAP) bei kleinen G-Proteinen) beschleunigt. Damit ist die α-Untereinheit inaktiviert und das Signal abgeschaltet.

— Die GDP-beladene α-Untereinheit assoziiert mit den βγ-Untereinheiten und dem Rezeptor, womit der Ausgangszustand wiederhergestellt ist.

35.3.2 Rezeptoren, die an das Adenylatcyclasesystem gekoppelt sind

❯ Das Adenylatcyclasesystem katalysiert die Synthese des zweiten Botenstoffs (*second messenger*) cyclisches AMP.

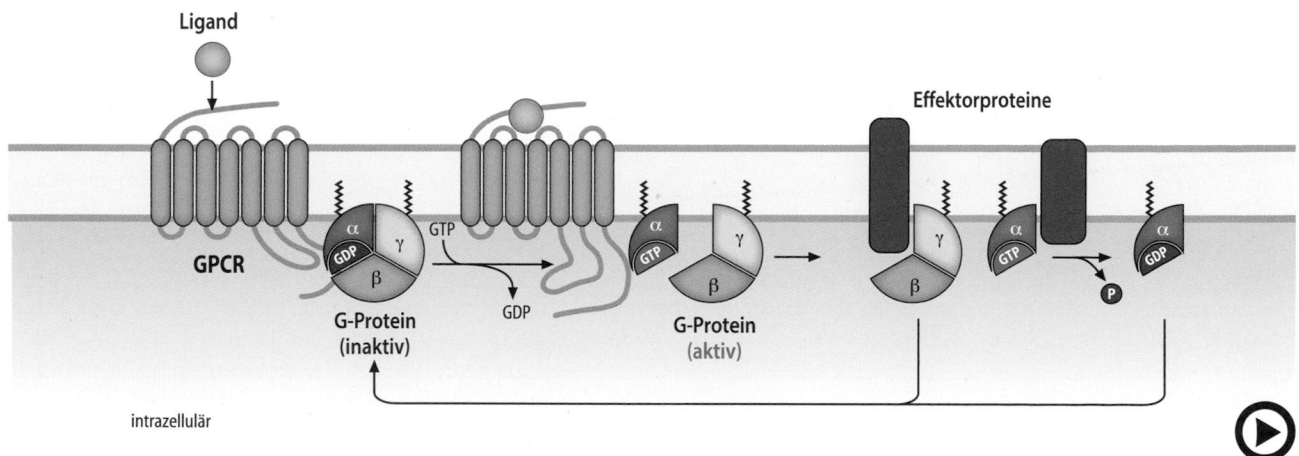

◘ Abb. 35.4 (Video 35.3) **Prinzip der Signaltransduktion von trimeren G-Proteinen.** Nach der Aktivierung des trimeren G-Proteins zerfällt dieses in eine α- und eine βγ-Untereinheit, die dann auf verschiedene Effektorproteine wirken. *GPCR*: G-Protein-gekoppelter Rezeptor (▶ https://doi.org/10.1007/000-5jc)

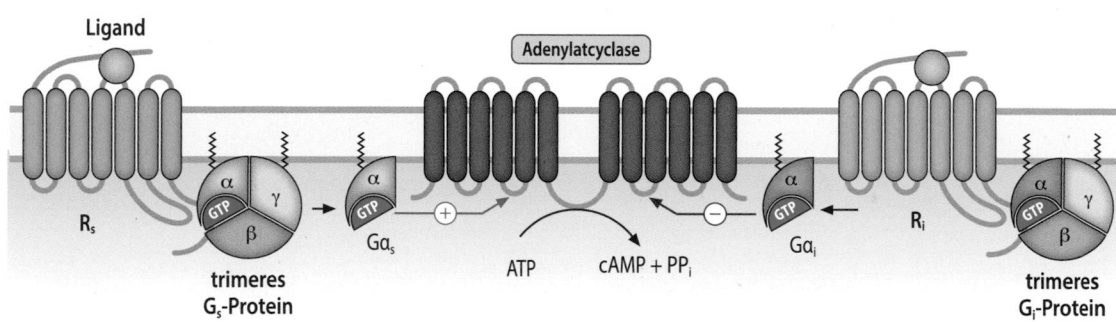

◘ Abb. 35.5   Das Adenylatcyclasesystem. Die katalytische Domäne der Adenylatcyclase kann durch stimulierende $G\alpha_s$-Untereinheiten oder inhibierende $G\alpha_i$-Untereinheiten reguliert werden. Auf die Darstellung der Regulation der Adenylatcyclasen durch die βγ-Untereinheiten wurde verzichtet. R_s: stimulierender Rezeptor; R_i: inhibierender Rezeptor; G_s: stimulierendes G-Protein; G_i: inhibierendes G-Protein; PP_i: Pyrophosphat

Eine große Zahl von Signalstoffen bedient sich des **Adenylatcyclasesystems** zur Signaltransduktion. Wichtige Beispiele sind neben Geruchsstoffen die Botenstoffe Glucagon, Adrenalin und Serotonin. Der extrazelluläre Ligand wird auch als erster Botenstoff oder *first messenger* bezeichnet. Er bindet an seinen spezifischen GPCR und aktiviert über ein heterotrimeres G-Protein die auf der Innenseite der Zellmembran lokalisierte katalytische Domäne der **Adenylatcyclase** (Übrigens „Adenylatcyclasen"). Diese katalysiert die Reaktion:

$$ATP \rightarrow 3',5'-cAMP + Pyrophosphat \qquad (35.1)$$

Der amerikanische Biochemiker Earl Sutherland entdeckte als Erster, dass das Nucleotid 3',5'-cyclo-AMP (cAMP, ▶ Abschn. 33.4.2) als intrazellulärer Vermittler der Wirkung vieler Hormone eine einzigartige Rolle spielt. Aus diesem Grund wird diese Verbindung zu den zweiten Botenstoffen (*second messenger*) gezählt.

In ◘ Abb. 35.5 ist das in die Plasmamembran integrierte Adenylatcyclasesystem dargestellt. Zu diesem System gehören Adenylatcyclase-stimulierende und -hemmende Rezeptoren (R_s bzw. R_i), über die die zelluläre cAMP-Konzentration reguliert werden kann. Durch die Bindung des Liganden an den Rezeptor wird das entsprechende heterotrimere G-Protein aktiviert. Während die **stimulatorischen G-Proteine** (*G_s-Proteine*) über ihre α-Untereinheit $G\alpha_s$ die Adenylatcyclase aktivieren können, führen die **inhibitorischen G-Proteine** (*G_i-Proteine*) zu einer Hemmung der Adenylatcyclase durch die $G\alpha_i$-Untereinheit.

Die Rolle der βγ-Untereinheiten trimerer G-Proteine Folgende Funktionen können durch die βγ-Untereinheiten ausgeübt werden:
– Die βγ-Untereinheiten sind von Bedeutung für die Interaktion des trimeren G-Proteins mit dem GPCR.

- Sie inhibieren die spontane Dissoziation des an die α-Untereinheit gebundenen GDPs und erfüllen so die Funktion eines *guanine nucleotide dissociation inhibitors* (GDI).
- Sie aktivieren bzw. hemmen verschiedene Isoformen der Adenylatcyclase.
- Sie aktivieren weitere Effektorenzyme wie z. B. die Phospholipase Cβ (PLCβ; ▶ Abschn. 35.3.3) oder die Phosphatidylinositid-3-Kinase-γ (PI3K-γ, ▶ Abschn. 35.4.3).
- Sie steuern die Aktivität von Ionenkanälen.
- Sie regulieren die an der Signalabschaltung beteiligten G-Protein-gekoppelten Rezeptorkinasen (GRK) (▶ Abschn. 35.7.2).

Übrigens

Adenylatcyclasen. Alle Mitglieder der Adenylatcyclasefamilie weisen einen charakteristischen Aufbau mit insgesamt 12 Transmembrandomänen auf. Zwischen der 6. und 7. Transmembranhelix sowie am C-terminalen Ende existiert jeweils ein großer cytoplasmatischer Bereich (◘ Abb. 35.6). Beide Regionen besitzen eine Tertiärstruktur und bilden zusammen die katalytische Domäne der Adenylatcyclase, die in ihrer Struktur der DNA-Polymerase ähnelt. Dies ist verständlich, da beide Enzyme eine ähnliche Reaktion katalysieren: Während die Adenylatcyclase die Bildung einer intramolekularen 3′,5′-Diesterbindung vermittelt, katalysiert die DNA-Polymerase die Bildung einer intermolekularen 3′,5′-Diesterbindung.

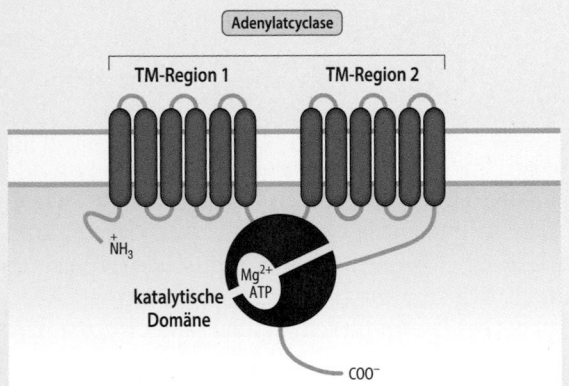

◘ **Abb. 35.6 Schematische Darstellung der Adenylatcyclase.** Die meisten Adenylatcyclasen sind integrale Membranproteine mit 12 Transmembrandomänen. Sie enthalten eine große cytoplasmatische Schleife zwischen den 6. und 7. membrandurchspannenden Helices und einen längeren cytoplasmatischen C-terminalen Bereich. Diese beiden Bereiche bilden zusammen die katalytische Domäne der Adenylatcyclase. In ihrem katalytischen Zentrum binden Mg^{2+}-Ionen und das Substrat ATP

Bis heute sind neun Isoformen der membrangebundenen Adenylatcyclase nachgewiesen worden, die eine unterschiedliche Gewebsverteilung aufweisen. So werden Adenylatcyclasen des Typs IV und IX in vielen Geweben exprimiert und solche des Typs I, II und VIII kommen vorwiegend in neuronalem Gewebe vor. Adenylatcyclasen des Typs III finden sich in olfaktorischem Gewebe und die des Typs V und VI werden verstärkt in Leber, Lunge, Nieren und Herzmuskel exprimiert. Unterschiede zwischen den einzelnen Subtypen liegen in ihrer Aktivierung und Inaktivierung durch die verschiedenen α- und βγ-Untereinheiten der trimeren G-Proteine, aber auch in der unterschiedlichen Regulation durch *second messenger*-aktivierte Kinasen wie Proteinkinase C (PKC) und Proteinkinase A (PKA).

Übrigens

G-Protein-gekoppelte Rezeptoren. Wegen der Vielzahl an G-Protein-gekoppelten Rezeptoren und ihrer großen Bedeutung bei nahezu allen physiologischen Prozessen wurde diese Rezeptorklasse zum wichtigsten Ziel für therapeutische Interventionen. Über die Hälfte der verschreibungspflichtigen Medikamente beeinflussen GPCR-vermittelte Signale. Es ist von besonderem medizinischem Interesse, dass die Effekte einiger Bakterientoxine offensichtlich über Wechselwirkungen mit den G-Proteinen vermittelt werden.

35.3.2.1 Pathobiochemie: Choleratoxin und Keuchhustenerreger

Das Toxin des **Choleraerregers** *Vibrio cholerae* führt zu einer ADP-Ribosylierung (▶ Abschn. 49.3.7) der $G\alpha_s$-Untereinheit, die dadurch irreversibel aktiviert wird und das Adenylatcyclasesystem in einen permanent aktiven Zustand überführt. Der erhöhte cAMP-Spiegel führt zur Fehlsteuerung cAMP-regulierter Ionenkanäle und begründet so die intestinale Symptomatik bei der Cholera.

Das Toxin des **Keuchhustenerregers** *Bordetella pertussis* ADP-ribosyliert dagegen die $G\alpha_i$-Untereinheit und hält diese in einer inaktiven Form. Somit wird auch durch das Pertussistoxin die Adenylatcyclase in einen permanent aktiven Zustand überführt, allerdings über einen anderen Mechanismus als durch das Choleratoxin.

❯ cAMP aktiviert die Proteinkinase A und löst damit spezifische Phosphorylierungskaskaden aus.

cAMP übt mehrere intrazelluläre Funktionen aus; es aktiviert:

- die Proteinkinase A (PKA)
- einige *cyclic nucleotide gated* (CNG) Kationenkanäle
- bestimmte *guanine nucleotide exchange factors* (GEF), die kleine G-Proteine aktivieren

Die am besten verstandene Funktion von cAMP ist die **Aktivierung der Proteinkinase A.** ◨ Abb. 35.7 stellt den Aufbau der PKA dar. Es handelt sich um ein tetrameres Enzym, welches aus **zwei regulatorischen (***regulatory***) R-Untereinheiten** und zwei **katalytischen (***catalytic***) C-Untereinheiten** besteht. In Abwesenheit von cAMP werden durch die R-Untereinheiten die Substratbindungsstellen der C-Untereinheiten blockiert. Die Bindung von jeweils zwei cAMP-Molekülen an jede R-Untereinheit führt zu einer Konformationsänderung, die eine Dissoziation der beiden katalytischen C-Untereinheiten auslöst. Dadurch werden die Substratbindungsstellen der PKA freigelegt und diese somit in die Lage versetzt, ihre Substrate an Serylresten zu phosphorylieren.

Erhöhte zelluläre cAMP-Spiegel aktivieren bzw. inaktivieren nicht nur Stoffwechselenzyme, sondern lösen auch die Transkription spezifischer Gene aus. Derartige cAMP-abhängige Gene enthalten in ihrer Promotorregion die spezifische Sequenz

$$5' - TGACGTCA - 3',$$

die als *cAMP-response-element (CRE)* bezeichnet wird. Die Aktivierung von Genen, die CRE als *enhancer*-Element enthalten, erfolgt nach Bindung eines spezifischen Transkriptionsfaktors, des *CREB* (*cAMP response-element binding protein*), dessen Dimerisierung durch eine im Protein enthaltene **leucine-zipper-Struktur** hervorgerufen wird. Das dimere CREB wird durch die in den Zellkern translozierte PKA phosphoryliert und kann danach mit dem **Transkriptionsfaktor TFIID** und der **RNA-Polymerase II** assoziieren und die Transkription von Zielgenen induzieren, z. B. Schlüsselenzyme der Gluconeogenese (▶ Abschn. 14.3) und die Gene für Somatostatin, Parathormon und das vasoaktive intestinale Peptid (VIP).

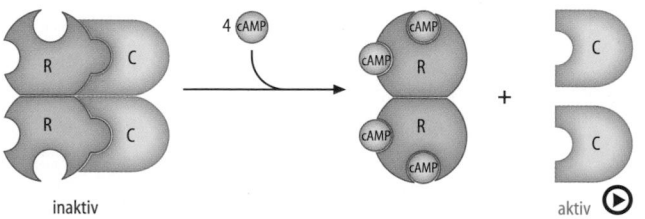

◨ **Abb. 35.7** (Video 35.4) **Mechanismus der PKA-Aktivierung.** Die Bindung von cAMP an die regulatorischen Untereinheiten der PKA führt zur Freisetzung der enzymatisch aktiven C-Untereinheiten (▶ https://doi.org/10.1007/000-5jd)

35.3.3 Rezeptoren, die an die Phospholipase Cβ gekoppelt sind und zur Ca²⁺-Freisetzung führen

G-Protein-gekoppelte Rezeptoren für Katecholamine (▶ Abschn. 35.3.1), Acetylcholin, Histamin, Angiotensin, Vasopressin, Pankreozymin, Serotonin, Thyreotropin-*releasing*-Hormon (TRH) und für Chemokine und Geruchsstoffe führen nach Bindung des jeweiligen Liganden und Aktivierung des heterotrimeren G-Proteins zur Aktivierung der Phospholipase Cβ, welche in mehreren Isoformen vorkommt. Im Gegensatz zu den GPCR binden Rezeptor-Tyrosinkinasen (▶ Abschn. 35.4.1) nach Aktivierung das verwandte Enzym Phospholipase Cγ, das ebenfalls in verschiedenen Isoformen auftritt. Beide Enzymfamilien katalysieren die Hydrolyse von Phosphatidylinositol-4,5-Bisphosphat (PIP$_2$) (◨ Abb. 35.8).

PIP$_2$ wird durch zweimalige ATP-abhängige Phosphorylierung von Phosphatidylinositol gebildet (◨ Abb. 35.8). Die genannten Phospholipasen spalten PIP$_2$ in Inositol-(1,4,5)-Trisphosphat (IP$_3$) und Diacylglycerin (DAG). IP$_3$ löst im weiteren Verlauf der Signaltransduktion einen Anstieg der intrazellulären Ca²⁺-Konzentration aus, was Ca²⁺-spezifische Kinasen aktiviert und zu Änderungen des Stoffwechsels der Zielzellen führt (s. u.). Neben den Ca²⁺-spezifischen Kinasen wird das in der Membran zurückbleibende Diacylglycerin benötigt, um Proteinkinase C (PKC) zu aktivieren (▶ Abschn. 35.4.3 und Übrigens „Protcinkinase C").

❯ IP$_3$ vermittelt die calciumabhängige Zellaktivierung.

IP$_3$ ist imstande, die cytoplasmatische Calciumkonzentration zu erhöhen. Die Calciummobilisierung erfolgt hierbei im Wesentlichen aus intrazellulären Calciumspeichern, welche im endoplasmatischen Retikulum lokalisiert sind. Dort finden sich die **IP$_3$-Rezeptoren**, von denen drei Subtypen bekannt sind. Es handelt sich um ligandenaktivierte Ionenkanäle mit zwei Membrandomänen und einer großen cytoplasmatischen N-terminalen Schleife. Man nimmt an, dass hier die Bindungsstelle für IP$_3$ liegt. Insgesamt bilden vier derartige Rezeptormoleküle ein Homotetramer, das einen durch den Liganden IP$_3$ aktivierten Calciumkanal darstellt.

❯ Eine Vielzahl zellulärer Prozesse wird über die cytosolische Calciumionenkonzentration gesteuert.

Jede Erhöhung der cytosolischen Calciumkonzentration führt zu markanten Änderungen des Zellstoffwechsels. So kommt es u. a. zu einer Stimulierung des **Glycogenabbaus** in Leber und Muskulatur (▶ Abschn. 14.2.2), zu einer Stimulierung **sekretorischer Prozesse** (▶ Abschn.

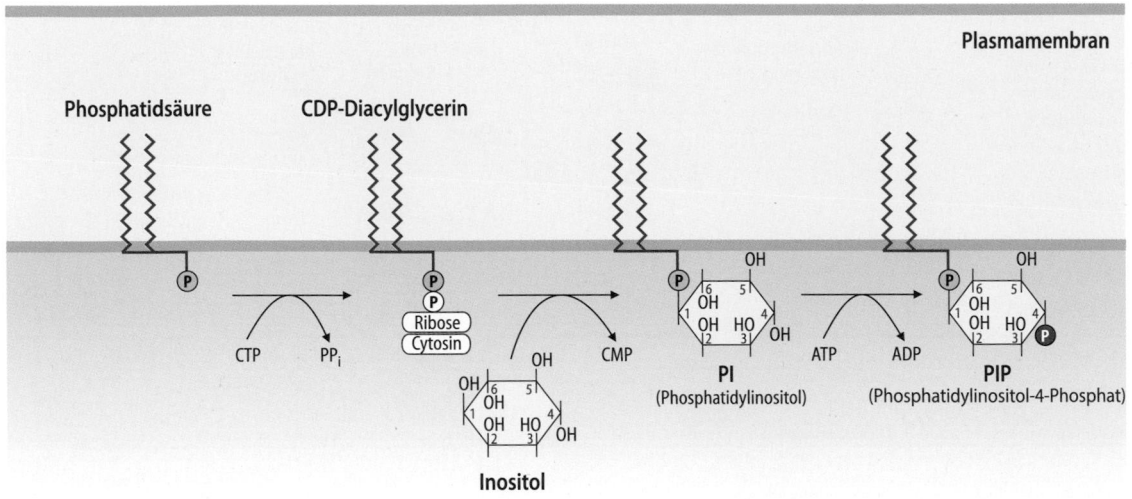

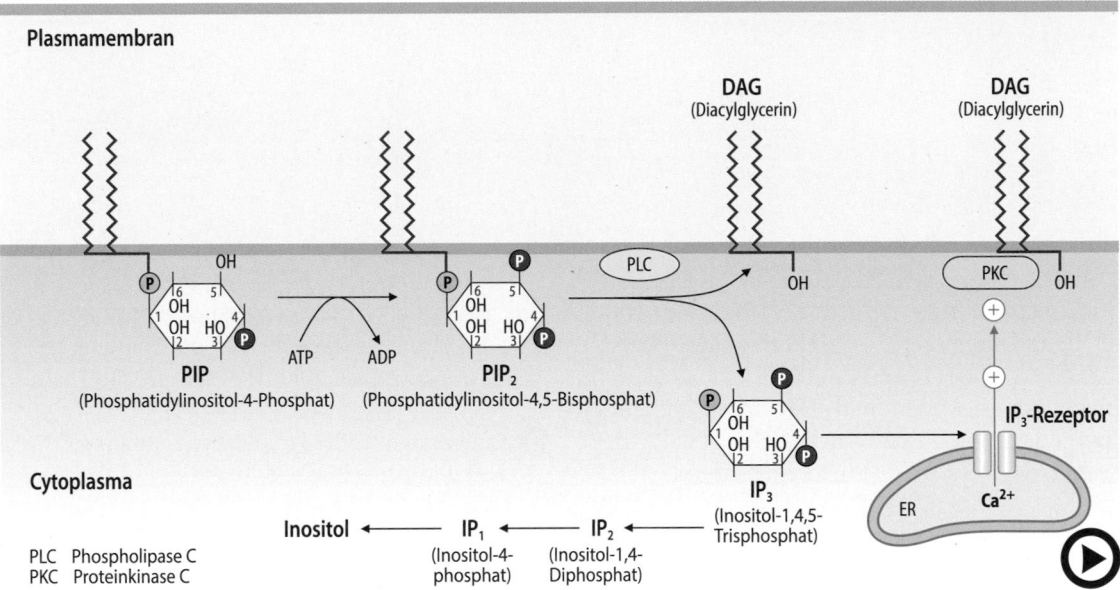

Abb. 35.8 (Video 35.5) **Biosynthese und Spaltung von Phosphatidylinositol-4,5-Bisphosphat (PIP$_2$) in die** *second messenger* **IP$_3$/DAG durch Phospholipasen und nachfolgende PKC-Aktivierung.** *ER*: endoplasmatisches Retikulum; *PKC*: Proteinkinase C; *PLC*: Phospholipase C (▶ https://doi.org/10.1007/000-5je)

36.3) und zur Verstärkung einer Reihe von cAMP-vermittelten Effekten.

Die cytosolische Calciumkonzentration wird durch verschiedene Transportsysteme sehr genau reguliert.

Mechanismen für die schnelle Bereitstellung von Ca^{2+} im Cytoplasma:

— Calciumeinstrom aus intrazellulären Calciumspeichern durch die **IP3-aktivierten Calciumkanäle** (■ Abb. 35.9, Ziffer 1) des endoplasmatischen Retikulums. In vielen Geweben, besonders in der Skelettmuskulatur, finden sich zusätzlich als ligandenaktivierte Calciumkanäle des sarkoplasmatischen Retikulums sog. **Ryanodinrezeptoren**. Sie werden durch spannungs- oder ligandenregulierte Calciumkanäle in der Plasmamembran aktiviert. In Skelettmuskelzellen sind Ryanodinrezeptoren mit spannungsregulierten Rezeptoren in der Plasmamembran der transversen Tubuli gekoppelt (■ Abb. 63.3 und 63.12). In Herzmuskelzellen werden die Ryanodinrezeptoren selbst durch die Erhöhung des Ca^{2+}-Spiegels in der Zelle aktiviert.

— Calciumeinstrom aus dem extrazellulären Raum durch **spannungsregulierte Calciumkanäle** (■ Abb. 35.9, Ziffer 2). Die Öffnung derartiger Kanäle, die in einer Reihe unterschiedlicher Isoformen vorkommen, erfolgt nach Depolarisierung von Zellen. Interessanterweise kann die Öffnungswahrscheinlichkeit des spannungsregulierten Calciumkanals, z. B. im Herzmuskel, dadurch vergrößert werden, dass das Kanalprotein durch die cAMP-abhängige Proteinkinase A phosphoryliert wird. Dies ist eine der Möglichkeiten, die intrazelluläre Calciumkonzentration durch Hormone zu regulieren.

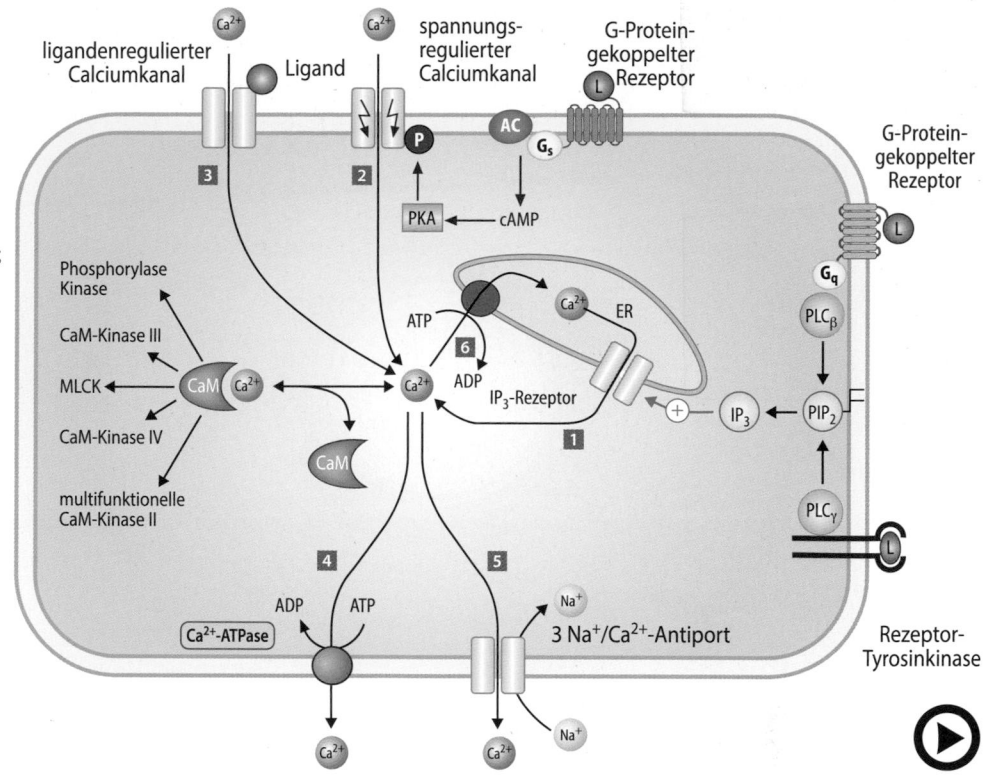

◘ Abb. 35.9 (Video 35.6)
Regulation des zellulären Calciumstoffwechsels.
AC: Adenylatcyclase;
CaM: Calmodulin;
ER: endoplasmatisches Retikulum;
G: trimeres G-Protein;
L: Ligand;
MLCK: myosin light chain kinase;
PKA: Proteinkinase A;
PLC: Phospholipase C
(▶ https://doi.org/10.1007/000-5jf)

— Calciumeinstrom aus dem extrazellulären Raum durch **ligandenregulierte Calciumkanäle** (◘ Abb. 35.9, Ziffer 3). Derartige Kanäle öffnen sich, wenn entsprechende Liganden, meist Hormone, gebunden werden. Hierzu gehören Vasopressin, Leukotriene oder extrazelluläres ATP (Purinrezeptoren).

Mechanismen für den Export von Ca^{2+} aus dem Cytoplasma:
— Export durch eine in der Plasmamembran aller Zellen nachweisbare **Ca^{2+}-ATPase** (◘ Abb. 35.9, Ziffer 4).
— Ca^{2+}-Ausstrom durch einen *Ca^{2+}/ 3 Na$^+$-Antiporter* (◘ Abb. 35.9, Ziffer 5), welcher den mithilfe der Na$^+$/K$^+$-ATPase erzeugten Natriumgradienten über der Zellmembran zum sekundär aktiven Calciumexport nutzt.
— Reduktion der cytoplasmatischen Ca^{2+} Konzentration durch Sequestrierung von Calcium im endoplasmatischen Retikulum, welches durch eine dort lokalisierte **Ca^{2+}-ATPase** (◘ Abb. 35.9, Ziffer 6) ermöglicht wird.
— Bei Calciumüberladung von Zellen wird ein System benutzt, das die **Akkumulierung von Calcium** als Calciumphosphat in den Mitochondrien ermöglicht (in ◘ Abb. 35.9 nicht dargestellt).

Die genannten Exportsysteme sind dafür verantwortlich, dass im Ruhezustand im Cytoplasma eine niedrige Calciumkonzentration (10^{-7} mol/l) aufrechterhalten wird.

❯ Calciumbindende Proteine vermitteln die Calciumwirkung auf zelluläre Systeme.

Die cytosolische Ca^{2+}-Konzentration tierischer Zellen liegt im Ruhezustand bei etwa 10^{-7} mol/l und kann nach voller hormoneller Aktivierung auf etwa 10^{-5} mol/l ansteigen. Jede Wechselwirkung enzymatischer Systeme mit intrazellulärem Ca^{2+} kann aufgrund dieser Tatsache nur dann erfolgen, wenn sie über hochaffine Bindungsstellen für Calcium verfügen. Darüber hinaus müssen solche Bindungsstellen sehr spezifisch für Calcium sein, da intrazellulär andere zweiwertige Kationen, v. a. Magnesium, in einer Konzentration von etwa 10^{-3} mol/l vorkommen.

Calcium wirkt meist nicht direkt, sondern über calciumbindende Proteine auf verschiedene enzymatische Systeme ein. Das Vorkommen calciumbindender Proteine war schon aus Untersuchungen über die Skelettmuskelkontraktion bekannt. Hier ist **Troponin** das calciumbindende Protein (▶ Kap. 64). Auch das calciumbindende Protein **Calmodulin** (s. Übrigens „Calmo-

Übrigens

Calmodulin. Viele der zellulären Funktionen von Calcium werden von Ca^{2+}-beladenem Calmodulin vermittelt. Etwa 1 % des gesamten zellulären Proteins tierischer Zellen besteht aus Calmodulin, welches nicht nur im Cytosol vorkommt, sondern auch mit verschiedenen zellulären Strukturen wie den Mitosespindeln, Actinfilamenten und Intermediärfilamenten assoziiert ist. Calmodulin verfügt über vier hochaffine Bindungsstellen für Calcium. Diese zeichnen sich dadurch aus, dass das Calcium über eine Reihe von Carboxylaten sowie Carbonylgruppen von Peptidbindungen fixiert wird. Das mit Ca^{2+} beladene Calmodulin kann unterschiedliche Konformationen annehmen und auf diese Weise mit vielen Proteinen interagieren. In ■ Tab. 35.3 sind einige durch Calmodulin regulierte Proteine aufgeführt.

■ **Tab. 35.3** Beispiele für calmodulinbindende Proteine

Calmodulin-bindendes Protein	Effekt der Calmodulinbindung	Funktion des Proteins	Siehe Kapitel/Abschnitt
CaM-Kinase II	Freigabe der autoinhibierenden Domäne (AID)	Pleiotrope Funktionen	▶ 64.3.4
Myosin light-chain kinase (MLCK)	Freigabe der AID	Beeinflusst den Kontraktionszyklus der glatten Muskulatur	▶ 64.3.3
Phosphorylase-Kinase	Regulation der Glycogenolyse	Bedeutung für die Glycogenolyse	▶ 15.2
Anthrax-Adenylatcyclase	Konformationsänderung im aktiven Zentrum	Ödemischer Faktor beim Milzbrand	▶ 35.3.3.1
Ca^{2+}-aktivierter K^+-Kanal	Dimerisierung von Kanaluntereinheiten	Regulation der neuronalen Erregung	▶ 74

dulin"), ein aus einer einzelnen Peptidkette mit 148 Aminosäuren bestehendes Protein, besitzt große Ähnlichkeit mit Troponin C. Nach Bindung von Calcium ändert Calmodulin seine Konformation und kann dann an weitere Effektorproteine wie z. B. calmodulinabhängige Kinasen oder Phosphatasen binden. So spielt beispielsweise die calciumregulierte Phosphatase **Calcineurin** bei der T-Zell-Rezeptor-Signaltransduktion eine wichtige Rolle.

35.3.3.1 Pathobiochemie: Aktivierung der Anthrax-Adenylatcyclase durch Calmodulin

Das Milzbrand (Anthrax) auslösende Bakterium *Bacillus anthracis*, das selbst kein Calmodulin exprimiert, nutzt das wirtseigene Calmodulin, um auf die Zellen eines infizierten Organismus zu wirken. Hierbei wird die Aktivität eines der bakteriellen Toxine, einer löslichen Adenylatcyclase, durch die Bindung von Calmodulin bis zu 1000 fach verstärkt. Als Konsequenz werden 20–50 % des zellulären ATPs zu cAMP umgesetzt, die Membranpermeabilität verändert sich und es kommt zu einem Flüssigkeitsausstrom aus den infizierten Zellen und damit extrazellulär zur Ödembildung. Somit stellt die Adenylatcyclase die ödemauslösende Komponente von Anthrax dar. Die Nutzung des Calmodulins ist für das Bakterium sinnvoll, da es ubiquitär exprimiert wird und die Aminosäuresequenz des Calmodulins in allen Vertebraten hoch konserviert ist.

35.3.4 Die GPCR-vermittelte Signaltransduktion am Beispiel von CXCL8 (Interleukin-8)

CXCL8 (auch Interleukin-8 genannt) ist ein proinflammatorisches, chemotaktisch wirkendes Cytokin, das zur Gruppe der CXC-Chemokine gehört (▶ Abschn. 34.2). Es wird im Zuge einer proinflammatorischen Cytokinkaskade produziert. So stimuliert z. B. Tumornekrosefaktor (TNF) die Freisetzung von Interleukin-1β (IL-1β), das seinerseits die Bildung von CXCL8 induziert. CXCL8 ist einer der potentesten

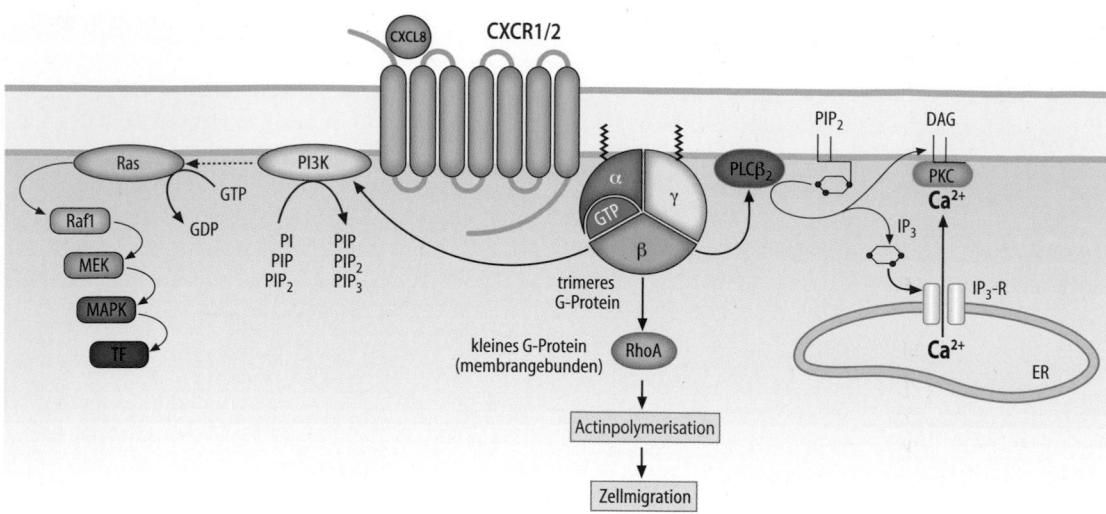

Abb. 35.10   CXCL8-Signaltransduktion. CXCL8 bindet an die G-Protein-gekoppelten Rezeptoren CXCR1 oder CXCR2. Diese aktivieren ein heterotrimeres G-Protein, welches neben dem MAPK-Weg (▶ Abschn. 35.4.2) und der Erhöhung des cytoplasmatischen Ca^{2+}-Spiegels die Aktivierung des membrangebundenen kleinen G-Proteins Rho A induziert. *ER*: Endoplasmatisches Retikulum; *PI3 K*: Phosphatidylinositid-3-Kinase; *TF*: Transkriptionsfaktor

chemotaktischen Faktoren für neutrophile Granulocyten, spielt aber auch eine Rolle bei der Angiogenese und Zellteilung.

> Die Produktion von CXCL8 (Interleukin-8) im Entzündungsherd ist von zentraler Bedeutung für die Rekrutierung neutrophiler Granulocyten.

Das sezernierte CXCL8 bildet im Gewebe einen Konzentrationsgradienten aus und wird an der Innenseite der Blutgefäßwand präsentiert. Zusätzlich bewirken die ebenfalls ausgeschütteten Cytokine TNF und IL-1 die Expression von Adhäsionsmolekülen auf Endothelzellen. Die im Blut zirkulierenden Neutrophilen heften sich an die Endothelzellen an und rollen durch wiederholtes Binden und Lösen an diesen entlang. Das präsentierte CXCL8 aktiviert die heranrollenden Leukocyten, bewirkt eine vermehrte Expression aktiver Integrine an deren Oberfläche und führt somit zu einer stabilen Anheftung an die Endothelzellen und zur Passage der Leukocyten durch die Gefäßwand in das Gewebe (**Diapedese**). Im Gewebe bewegen sich die Neutrophilen entlang des CXCL8-Konzentrationsgradienten sowie mithilfe weiterer chemotaktischer Faktoren zum Entzündungsherd. Die Bekämpfung der Pathogene durch die Neutrophilen erfolgt dann durch reaktive Sauerstoffspezies, freigesetzte Proteasen (u. a. Cathepsin G) und DNA, zur Ausbildung sogenannter extrazellulärer Fallen (NET = *neutrophil extracellular traps*).

Auf molekularer Ebene werden die beschriebenen Prozesse folgendermaßen vermittelt:

Die CXCL8-Rezeptoren – CXCR1 und CXCR2 – sind G-Protein-gekoppelte Rezeptoren (■ Abb. 35.10).

Nach CXCL8-Stimulus werden G-Protein-vermittelt die PI3-Kinase, die Phospholipase Cβ$_2$ und Rho A aktiviert. Rho A gehört zur Gruppe der kleinen G-Proteine. Es beeinflusst die Actinpolymerisation und damit die Organisation des Cytoskeletts und die Zellmigration. Die PI3-Kinase katalysiert die Phosphorylierung verschiedener Phosphatidylinositole an Position 3 des Inositolringes. Wie in ▶ Abschn. 35.3.3 besprochen, führt die Phospholipase Cβ$_2$ zur Freisetzung der *second messenger* IP$_3$, DAG und Ca^{2+}.

Zusammenfassung

G-Protein-gekoppelte Rezeptoren durchspannen die Plasmamembran mit sieben Transmembrandomänen. Sie können durch eine Vielzahl von extrazellulären Signalen sehr unterschiedlicher chemischer Natur aktiviert werden und signalisieren über heterotrimere G-Proteine.

Die Adenylatcyclase ist ein integrales Membranenzym, das durch verschiedene G-Proteine aktiviert (G$_s$-Proteine) bzw. inhibiert (G$_i$-Proteine) wird. Sie ist für die Synthese des intrazellulären *second messengers* cAMP verantwortlich, das unter anderem die Proteinkinase A aktiviert und dadurch in den Stoffwechsel vieler Zellen und Gewebe eingreift.

Weitere durch G-Proteine regulierte Enzyme sind die Phospholipase Cβ und die Phosphatidylinositid-3-Kinase. Die PLC β spaltet das Membranphospholipid PIP$_2$, wobei Diacylglycerin und IP$_3$ gebildet werden. IP$_3$ löst eine Calciumfreisetzung aus dem endoplasmatischen Retikulum aus, die zur Zellaktivierung und zusammen mit Diacylglycerin zur Aktivierung der Proteinkinase C führt. Die PI3K phosphoryliert PIP_2 zu PIP_3, welches als Bindestelle für Proteine mit PH (*Pleckstrin-homology*)-Domäne dient.

35.4 Rezeptoren mit intrinsischer Kinase (Rezeptorkinasen)

Alle Rezeptorkinasen bestehen aus einer ligandenbindenden Extrazellulärregion, einer einzelnen Transmembrandomäne und einem cytoplasmatischen Teil, der die Kinasedomäne enthält. Die Rezeptorkinasen lassen sich in die großen Familien der Rezeptor-Tyrosinkinasen und der Rezeptor-Serin/Threoninkinasen unterteilen. In beiden Fällen führt die Ligandenbindung am extrazellulären Teil des Rezeptors zur Aktivierung der cytoplasmatischen Kinasedomäne.

35.4.1 Rezeptor-Tyrosinkinasen

Seit der vollständigen Sequenzierung des menschlichen Genoms weiß man, dass der Mensch Gene für 58 verschiedene **Rezeptor-Tyrosinkinasen** besitzt. Rezeptor-Tyrosinkinasen sind modulartig aufgebaut. Sie enthalten alle eine cytoplasmatische Tyrosinkinasedomäne, während sich die extrazellulären Bereiche von Rezeptor zu Rezeptor beträchtlich unterscheiden können (◘ Abb. 35.11).

Die Familie der Rezeptor-Tyrosinkinasen umfasst eine Reihe medizinisch relevanter Proteine (s. Übrigens: „ErbB2 und Brustkrebs") die fundamentale biologische Prozesse steuern. So ist der Rezeptor für den *vascular endothelial growth factor* (VEGFR) für die Bildung neuer Blutgefäße von Bedeutung (Angiogenese). Durch Inhibition der VEGFR-Signaltransduktion versucht

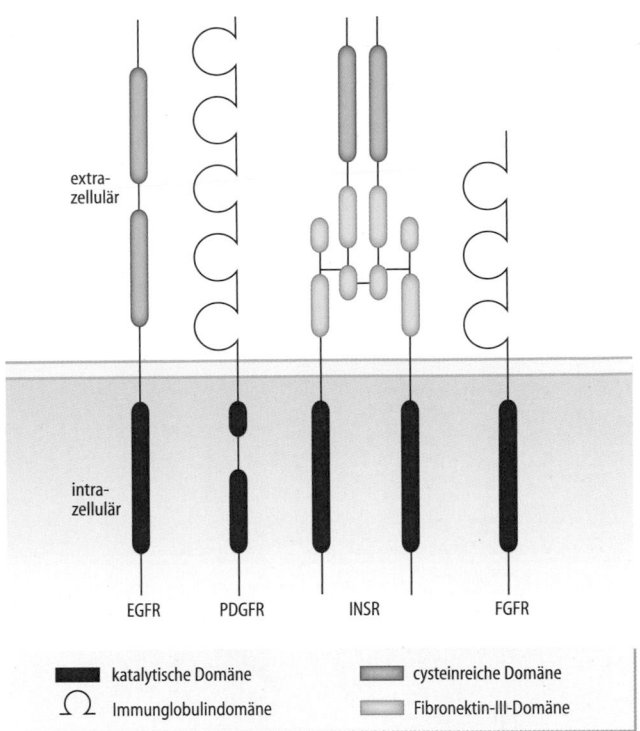

◘ **Abb. 35.11 Aufbau von Rezeptor-Tyrosinkinasen.** Während sich die extrazellulären Bereiche der verschiedenen Rezeptor-Tyrosinkinasefamilien unterscheiden, sind alle Rezeptoren durch eine konservierte intrazelluläre Tyrosinkinasedomäne charakterisiert. *EGFR: epidermal growth factor receptor; PDGFR: platelet-derived growth factor receptor; INSR: insulin receptor; FGFR: fibroblast growth factor receptor*

man, die Vaskularisierung von Tumoren zu verhindern und dadurch ihr Wachstum zu bremsen. Auch der Insulinrezeptor ist eine Rezeptor-Tyrosinkinase. Wegen der herausragenden Bedeutung der Insulinrezeptor-Signaltransduktion für die Glucosehomöostase und den Diabetes mellitus ist ihm ein gesondertes Kapitel gewidmet (► Abschn. 36.7).

Übrigens

ErbB2 und Brustkrebs. Rezeptor-Tyrosinkinasen aktivieren häufig mitogene und anti-apoptotische Signalwege, die gemeinsam zur Zellproliferation führen. Eine Dysregulation solcher Signalwege trägt zur Krebsentstehung bei. In einer Vielzahl von Brustkrebstumoren ist die Rezeptor-Tyrosinkinase ErbB2 (auch Her2 genannt), die zur Familie der *epidermal growth factor*-Rezeptoren (EGFR) gehört, vermehrt auf der Zelloberfläche zu finden. Zudem ist der Rezeptor in diesen Krebszellen dauerhaft aktiviert und trägt damit zum unkontrollierten Zellwachstum bei.

Die Blockierung von ErbB2 ist eine vielversprechende Strategie bei der Brustkrebstherapie. Man hat daher gegen die extrazelluläre Domäne des humanen Rezeptors

eine Reihe monoklonaler Antikörper produziert und in Zellkulturexperimenten ihr inhibitorisches Potenzial analysiert. Dabei wurde ein besonders wirksamer neutralisierender Antikörper identifiziert. In humanisierter Form wird dieser Antikörper (Herceptin) nun mit Erfolg in der Brustkrebstherapie eingesetzt, wobei etwa 30 % der Patientinnen auf diese Behandlung ansprechen. Bei fortgeschrittenem oder metastasiertem Brustkrebs wurde vor kurzem eine Weiterentwicklung dieser Form der Antikörpertherapie zur Behandlung zugelassen, bei der der humanisierte Anti-ErbB2 Antikörper mit einem Cytostatikum konjugiert wird (Kadcyla®). Dieses wird nach Rezeptor-vermittelter Endocytose in der Zelle freigesetzt und leitet einen apoptotischen Zelltod ein.

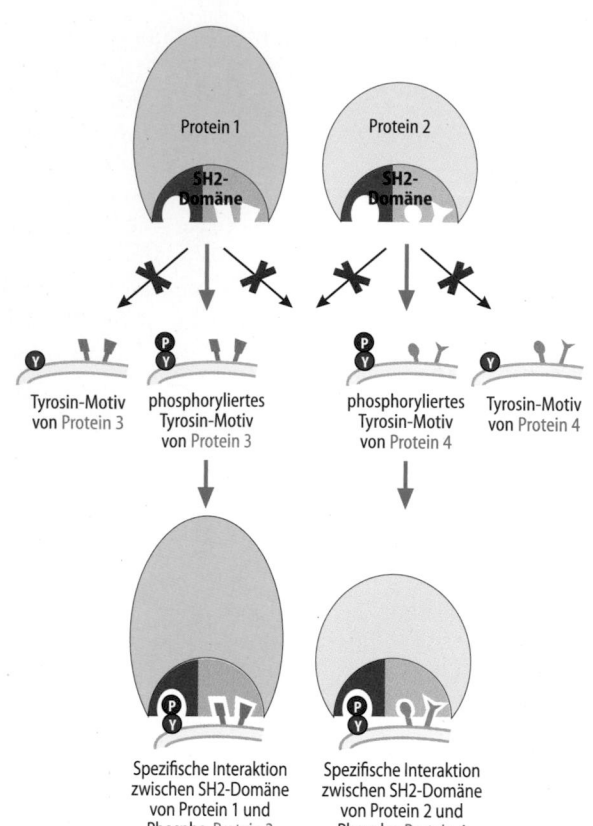

Abb. 35.12 Prinzip der spezifischen Erkennung von Phosphotyro-sinmotiven durch SH2-Domänen-enthaltende Proteine. Dargestellt sind zwei Proteine mit SH2-Domänen, die jeweils nur spezifische Tyrosinmotive in der phosphorylierten Form erkennen. Diese spezifische Erkennung ist die Grundlage für die Spezifität der Signalweiterleitung

Die Bindung des Liganden an eine Rezeptor-Tyrosinkinase führt zur Aktivierung der cytoplasmatischen Tyrosinkinasedomäne mit der Konsequenz der **Phosphorylierung** cytoplasmatischer Tyrosylreste des Rezeptors.

> SH2-Domänen und PTB-Domänen binden spezifisch an Phosphotyrosinmotive.

Die Phosphotyrosinseitenketten im cytoplasmatischen Teil einer aktivierten Rezeptor-Tyrosinkinase, aber auch eines aktivierten Kinase-assoziierten Rezeptors, dienen als Rekrutierungsstellen für weitere Signalmoleküle. Proteine mit **SH2-Domänen-**(*src-homology 2 domains*) oder **PTB-Domänen** (*phosphotyrosine binding domains*) binden spezifisch an Phosphotyrosinmotive. Die spezifische Interaktion zwischen Proteinen ist ein grundlegendes Prinzip der Signaltransduktion (▶ Abschn. 33.4.3). Die Erkennung von Phosphotyrosinmotiven durch SH2-Domänen ist in Abb. 35.12 verdeutlicht. Obwohl Proteine mit SH2-Domänen prinzipiell Phosphotyrosinmotive erkennen, ist es von grundlegender Bedeutung

für eine gerichtete, spezifische Signaltransduktion, dass nur ausgewählte SH2-Domänen enthaltende Proteine (z.B. Proteine 1 und 4 in Abb. 35.12) mit bestimmten phosphorylierten Proteinen (Protein 3) interagieren. Deshalb enthalten SH2-Domänen eine konservierte Region mit einem essenziellen Argininrest, die die Erkennung von Phosphotyrosinen gewährleistet (*rot*) und eine variable Region (*blau* bzw. *grün*), die für die spezifische Erkennung der C-terminal zum Phosphotyrosin liegenden Aminosäuren (*orange* bzw. *oliv*) zuständig ist. Diese duale Erkennung gewährleistet, dass nur Proteine mit einer festgelegten Aminosäuresequenz in phosphorylierter Form gebunden werden.

SH2- und PTB-Domänen arbeiten in sehr vergleichbarer Weise. Jedoch erkennen SH2-Domänen C-terminal zum Phosphotyrosin und PTB-Domänen N-terminal zum Phosphotyrosin gelegene Aminosäuren.

35.4.2 Rezeptor-Tyrosinkinasen aktivieren organisierte Kinasekaskaden

Ein weit verbreiteter Signalweg, der von Rezeptor-Tyrosinkinasen aber auch von G-Protein-gekoppelten Rezeptoren und Rezeptoren mit assoziierten Kinasen genutzt wird, ist die sog. **Mitogen-aktivierte Proteinkinase** (**MAPK**)**-Kaskade**. Seit der Entdeckung der ersten Kinase dieser Familie im Jahre 1987 wurden große Fortschritte in der Entschlüsselung ihrer Aktivierungs- und Wirkungsweise gemacht. Heute weiß man, dass es drei Hauptfamilien von MAP-Kinasen gibt (Abb. 35.13A), die aufgrund ihrer aktivierenden Faktoren in zwei Gruppen eingeteilt werden können:

- die hauptsächlich bei wachstumsfördernden Prozessen aktivierten Kinasen **ERK1** und **ERK2** (*extracellular signal-regulated kinases*) und
- die durch extrazellulären Stress (wie z. B. UV-Licht, oxidativen Stress, Hungersignale, osmotische Veränderungen) und proinflammatorische Cytokine aktivierte Familie der **p38-Kinasen** (p38α, β, γ, δ; benannt nach ihrer Molekülmasse von 38 kDa) und die **JNK-Familie** (c-Jun N-terminale Kinase) (JNK1, -2 und -3).

Die erwähnten Kinasen können nicht direkt von den Membranrezeptoren aktiviert werden, sondern stehen als ausführende (*executive*) Kinasen am Ende einer wohlorganisierten Kinasenkaskade aus drei einzelnen Kinasen mit unterschiedlichen Kinaseaktivitäten:

- MAP-Kinase Kinase Kinase (*MAP3K*)
- MAP-Kinase Kinase (*MAP2K*)
- MAP-Kinase (*MAPK*)

Dieses Modul ist für alle drei MAPK-Familien ähnlich organisiert (Abb. 35.13A). Die MAP3K ist immer eine Serin/Threoninkinase, d. h. sie aktiviert die unter

35

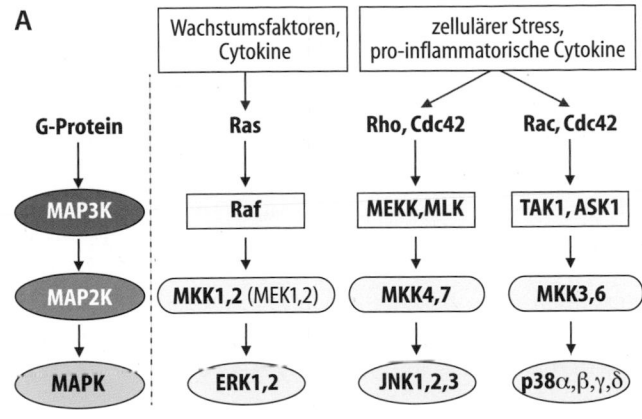

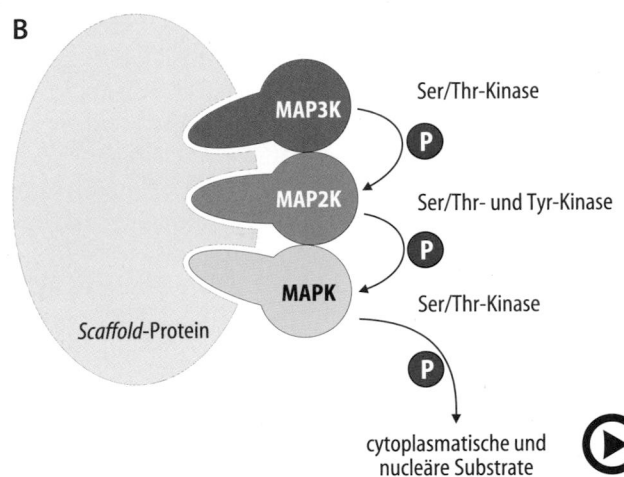

A

Wachstumsfaktoren, Cytokine

zellulärer Stress, pro-inflammatorische Cytokine

G-Protein | Ras | Rho, Cdc42 | Rac, Cdc42

MAP3K | Raf | MEKK, MLK | TAK1, ASK1

MAP2K | MKK1,2 (MEK1,2) | MKK4,7 | MKK3,6

MAPK | ERK1,2 | JNK1,2,3 | p38α,β,γ,δ

B

MAP3K — Ser/Thr-Kinase — P

MAP2K — Ser/Thr- und Tyr-Kinase — P

MAPK — Ser/Thr-Kinase — P

Scaffold-Protein

cytoplasmatische und nucleäre Substrate

☐ Abb. 35.13 (Video 35.7) **MAP-Kinasekaskaden. A** Die drei Familien der MAP-Kinasen. *MEK: mitogen-activated/extracellular signal-activated kinase kinase; MKK: mitogen-activated protein kinase kinase; ERK: extracellular signal-regulated kinase; MEKK: mitogen-activated/extracellular signal-activated kinase kinase kinase; MLK: mixed-lineage kinase; ASK: apoptosis signalling kinase; TAK: TGF-β-activated kinase; JNK: c-Jun N-terminal kinase.* **B** Aktivierung der MAP-Kinasen am Gerüstprotein (*scaffold*) (▶ https://doi.org/10.1007/000-5jg)

ihr stehende MAP2K über eine Phosphorylierung spezifischer Seryl- und/oder Threonylreste. Die MAP2K hingegen ist eine dualspezifische Kinase, d. h. sie besitzt sowohl eine Serin/Threoninkinase- als auch eine Tyrosinkinaseaktivität, eine Fähigkeit, die sehr wenige Kinasen aufweisen. Diese duale Kinaseaktivität ist erforderlich, da die hierarchisch unter ihr stehende MAPK durch die Phosphorylierung eines, in allen MAPK konservierten, Threonin-X-Tyrosinmotivs aktiviert wird (wobei „X" im Fall der ERKs Glutamat, im Fall der JNKs Prolin und im Fall der p38-Familie Glycin ist). Die MAPK selbst sind wieder reine Serin/Threoninkinasen, d. h. sie aktivieren ihre Substrate über eine Phosphorylierung von Seryl- und/oder Threonylresten (☐ Abb. 35.13B).

Es ist leicht einzusehen, dass eine solche Abfolge von Phosphorylierungsreaktionen eine räumliche Nähe der drei MAPK zueinander erfordert. Inzwischen ist klar geworden, dass es sog. Gerüst (*scaffold*)-Proteine gibt, die alle drei Kinasen gleichzeitig binden können und somit in unmittelbare räumliche Nähe zueinander bringen (☐ Abb. 35.13B). MAPK wirken im Cytoplasma und im Nucleus. Alleine für ERK1/2 wurden bislang über 160 Substrate identifiziert, was ihre Bedeutung für eine Vielzahl zellulärer Prozesse widerspiegelt.

Während die Anzahl verschiedener MAPK und MAP2K relativ gering zu sein scheint, werden immer wieder neue Kinasen beschrieben, die den MAP3K zuzuordnen sind. Sie stellen mit Sicherheit die sowohl strukturell als auch funktionell variabelste Gruppe dar. Die wohl bekannteste Trias unter den verschiedenen MAPK-Kaskaden ist die RAF/MEK/ERK-Kaskade. Eine normale Säugerzelle besitzt ca. 10.000 Moleküle der MAP3K RAF, aber schon 36.000–80.000 Moleküle der MAP2K MEK und ca. 1.000.000 Moleküle der MAPK ERK1 und ERK2. Somit kann durch den kaskadenartigen Ablauf der Aktivierung eine enorme Signalamplifikation erzielt werden.

Um eine überschießende Signalverbreitung zu verhindern, werden die MAPK durch negative Rückkoppelungsmechanismen reguliert. Hierzu gehört vor allem die Aktivierung dual-spezifischer Phosphatasen (DUSP) und die Phosphorylierung und Aktivierung von *downstream*-Kinasen, die inhibierend auf *upstream*-Kinasen wirken.

Übrigens

B-RAF. Die MAP3K B-RAF ist ein potentes Oncogen. Mutationen der Aminosäure Valin 600 treten in bis zu 50 % aller Melanome oder Schilddrüsentumore auf. Mit der Entdeckung dieser sogenannten Treibermutation, die für das Wachstum und Überleben der Tumorzellen wichtig ist, begann die Suche nach möglichen therapeutisch einsetzbaren Inhibitoren. Bis heute sind drei niedermolekulare, chemisch synthetisierte Wirkstoffe („nibs") für die Behandlung von Tumoren mit V600-B-RAF-Mutationen zugelassen: Dabrafenib, Vemurafenib und Encorafenib. In der Tat können bei Patienten Ansprechraten von 50–60 % erzielt und damit das mittlere Überleben deutlich verlängert werden. Leider ist der Therapie-Erfolg aufgrund weiterer genetischer oder epigenetischer Veränderungen häufig nicht von Dauer. Daher kombiniert man mittlerweile die B-RAF-Inhibitoren mit MEK-Inhibitoren (Trametinib, Cobimetinib, Binimetinib), um gleich zwei Kinasen der Kaskade auszuschalten. Im Falle des Vorhandenseins einer Ras-Mutation wurde jedoch beobachtet, dass es bei Anwendung von B-RAF-Inhibitoren zu einer sogenannten paradoxen Aktivierung dieser Kinase kommen kann, weshalb sich z. Zt. eine neue Generation von B-RAF-Inhibitoren ohne diese Aktivität in Testphasen befindet.

Bevor die MAP3K die Kaskade auslösen kann, muss sie ihrerseits aktiviert werden. Hierzu sind die kleinen G-Proteine der Ras- und der Rho-Familie notwendig. Die kleinen G-Proteine liegen in monomerer Form vor und dienen als molekulare Schalter bei der Regulation von Wachstum und Differenzierung. Wie die eng verwandten heterotrimeren G-Proteine werden auch die kleinen G-Proteine durch den Austausch von GDP gegen GTP aktiviert. Ras kommt in drei Isoformen vor (H-Ras, N-Ras, K-Ras), die alle über C-terminale Lipidanker membranlokalisiert sind. Große pathobiologische Bedeutung erlangten diese Proteine aufgrund der Tatsache, dass sie in 27 % aller menschlichen Krebsformen in einer mutierten, konstitutiv aktiven Form vorliegen. Im Fall des Pankreaskarzinoms liegt die Mutationsrate sogar bei nahezu 100 %, bei Kolonkarzinomen bei 50 % (▶ Kap. 53).

Aufgrund der hohen Mutationsrate dieser Proteine in vielen Krebsarten wurden große Anstrengungen für die Entwicklung spezifischer pharmakologischer Inhibitoren unternommen. Trotz des inzwischen sehr guten Verständnisses der Struktur und Funktionsweise, ist bislang kein Ras-Inhibitor für die klinische Anwendung zugelassen. Neueste Forschungsergebnisse zu Molekülen, die direkt Ras binden und essenzielle Funktionen, wie den GDP/GTP-Austausch oder die Interaktion mit wichtigen Effektorproteinen hemmen, geben jedoch zu der Hoffnung Anlass, dass auch diese Familie von Oncogenen in Zukunft als therapeutische Zielstrukturen genutzt werden kann.

Die Verbindung zwischen Ras/Raf/MAPK-Aktivierung und aktivierten Rezeptor-Tyrosinkinasen wird von Adapterproteinen mit SH2- oder PTB-Domänen, die an die phosphorylierten Tyrosylreste im intrazellulären Bereich der Rezeptoren binden, übernommen.

35.4.3 Signaltransduktion der Rezeptor-Tyrosinkinasen am Beispiel des PDGF-Rezeptors

Platelet-derived growth factor (PDGF) (◘ Abb. 35.14) ist ein Wachstumsfaktor, der auch chemotaktische Aktivitäten besitzt. PDGF liegt in seiner biologisch aktiven Form als Homo- oder Heterodimer vor. Die beiden PDGF-A- und PDGF-B-Polypeptide sind im Dimer über Disulfidbrücken verknüpft. Die Zusammensetzung des Dimers aus zwei A-Polypeptiden, zwei B-Polypeptiden oder jeweils eines A- und eines B-Polypeptids ist für die Rezeptorbindung von Bedeutung.

PDGF-C entsteht im Unterschied zu PDGF-A und PDGF-B nach proteolytischer Spaltung aus einer Prä-PDGF-C-Form. PDGF-C enthaltende Heterodimere sind noch nicht beschrieben. Ebenfalls durch limitierte Proteolyse entsteht aus dem vor kurzem identifizierten Prä-PDGF-D das aktive PDGF-D. Bisher ist nur das PDGF-D-Homodimer bekannt.

PDGF/PDGF-Rezeptorinteraktion Die Bindung von PDGF an seinen Rezeptor führt zur Dimerisierung zweier PDGF-Rezeptor-Tyrosinkinasen. Der entstehende PDGF-Rezeptorkomplex kann dabei aus zwei α-Rezeptoren, zwei β-Rezeptoren oder aus je einem α- und β-Rezeptor zusammengesetzt sein. Die PDGF-Typen AA, AB, BB und CC binden α-Rezeptordimere (◘ Abb. 35.14A). PDGF-Dimere, die PDGF-B enthalten, und das PDGF-C-Homodimer binden α/β-Rezeptorheterodimere. PDGF-B- und PDGF-D-Homodimere binden β/β-Rezeptorhomodimere.

PDGF-A und -B haben eine unterschiedliche Bedeutung in der Embryonalentwicklung. In Knockout-Mäusen wurde gezeigt, dass PDGF-B bzw. der PDGF-β-Rezeptor essenziell für die Nierenentwicklung, PDGF-A jedoch wichtig für die Lungenentwicklung ist. Der Verlust des α-Rezeptors führt zu weitreichenderen Fehlentwicklungen als der Verlust des PDGF-A-Gens. Dies lässt sich dadurch erklären, dass über den PDGF-α-Rezeptor sowohl PDGF-A als auch PDGF-B und PDGF-C signalisieren. Die hier für das PDGF-System exemplarisch beschriebenen Kombinationsmöglichkeiten bei der Zusammensetzung der Liganden und der Rezeptorkomplexe ermöglichen verschiedenen Zellen – bedingt durch eine zelltypspezifische Expression der Liganden- und Rezeptoruntereinheiten – jeweils individuell zu reagieren. Dieses Prinzip ist von genereller Bedeutung innerhalb der Familie der Rezeptor-Tyrosinkinasen, aber auch für die Wirkung anderer Cytokine und wird in ▶ Abschn. 35.5.1 im Zusammenhang mit der Signaltransduktion von Interleukin-6 skizziert.

PDGF-induzierte Rezeptoraktivierung Die ligandeninduzierte Rezeptordimerisierung führt zur Autophosphorylierung und damit zur Aktivierung der Rezeptor-Tyrosinkinasen. Die aktivierten Kinasen phosphorylieren daraufhin Tyrosylreste im cytoplasmatischen Teil der Rezeptorkette. Diese Phosphotyrosinreste dienen weiteren Signalmolekülen als Rekrutierungsstellen. Für die in ◘ Tab. 35.4 beschriebenen Proteine sind die Interaktionsstellen am PDGF-Rezeptor bekannt.

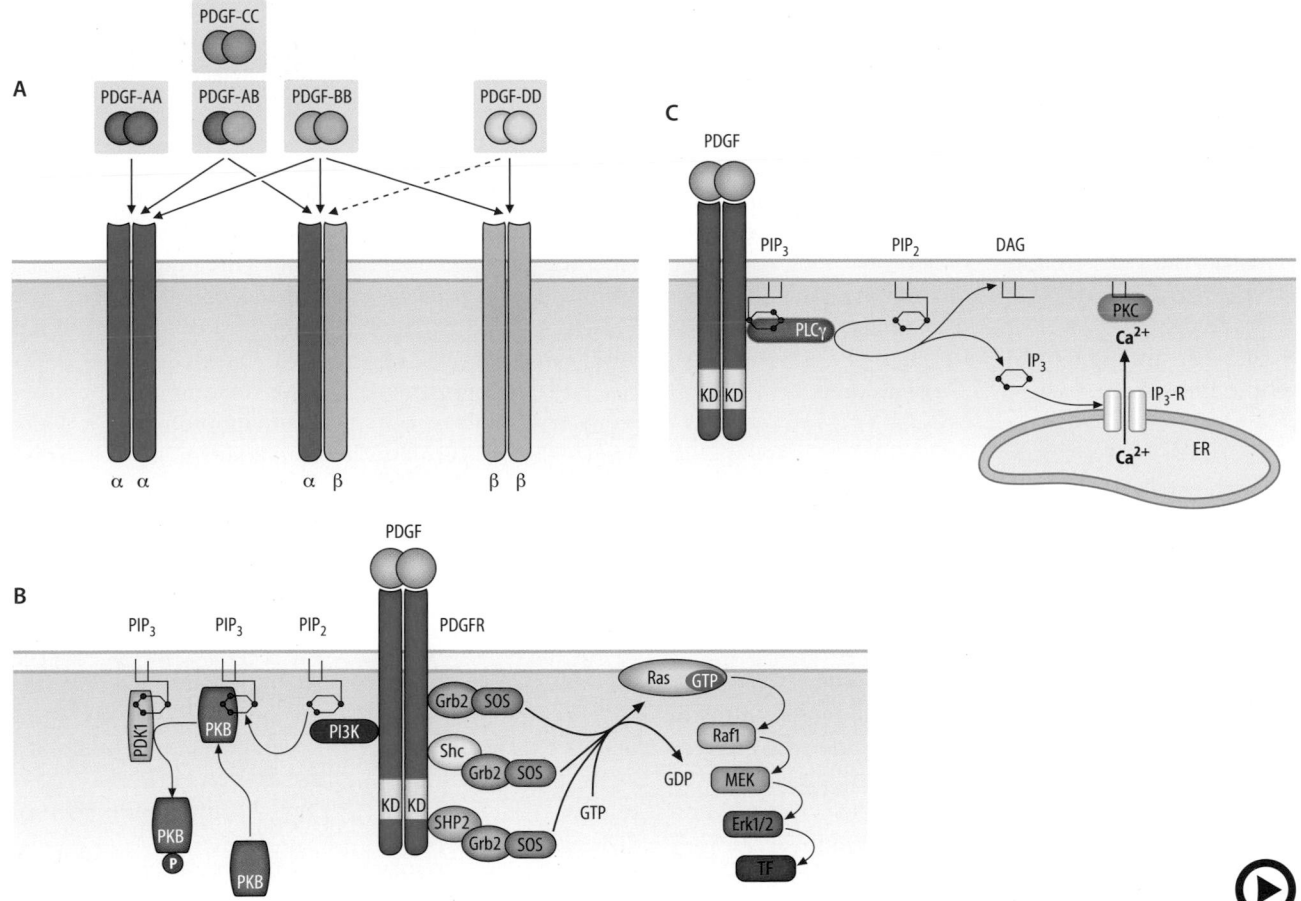

Abb. 35.14 (Video 35.8) **PDGF-Signaltransduktion. A** Aktivierung der PDGF-Rezeptoren durch die verschiedenen PDGF-Isoformen A, B, C und D. PDGF-Isoformen binden als Dimere an den PDGF-Rezeptor. Der *gestrichelte Pfeil* verdeutlicht eine niedrig-affine Bindung. **B** Vom aktivierten Rezeptor können verschiedene Signaltransduktionswege ausgehen: Grb2/SOS-Assoziation löst die Aktivierung der MAPK-Kaskade aus (*rechts*); Bindung der PI3-Kinase resultiert in der PKB-Aktivierung (*links*). **C** Assoziation der PLCγ führt zur Erhöhung der cytoplasmatischen Ca^{2+}-Konzentration und zur Aktivierung der Proteinkinase C (PKC). *ER*: endoplasmatisches Retikulum; *KD*: Kinasedomäne; *PDK*: *phospholipid-dependent kinase*; *PI3 K*: Phosphatidylinositid-3-Kinase; *PKB*: Proteinkinase B; *PLC*: Phospholipase C (▶ https://doi.org/10.1007/000-5jh)

Tab. 35.4   Signaltransduktionsmoleküle, die an den PDGF-Rezeptor binden

Signaltransduktionsmolekül	Funktion	Interaktionsdomänen[a]
Phosphatidylinositid-3-Kinase (PI3K)	Lipidkinase	SH2, SH3
Phospholipase Cγ (PLCγ)	Lipase	SH2, SH3, PH
Src	Tyrosinkinase	SH2, SH3
SH2-*containing tyrosine phosphatase* (SHP2)	Tyrosinphosphatase, Adapterprotein	SH2
Signal transducer and activator of transcription (STAT1, 3 und 5)	Transkriptionsfaktor	SH2
Shc	Adapterprotein	SH2, PTB
Grb2	Adapterprotein	SH2, SH3
Crk	Adapterprotein	SH2, SH3

[a]SH2- und PTB-Domänen binden Phosphotyrosinmotive; SH3-Domänen binden prolinreiche Sequenzen; PH-Domänen binden Phosphatidylinositolphosphate.

Häufig besitzen die an den Rezeptor rekrutierten Proteine mehrere Interaktionsdomänen und können darüber mit weiteren Proteinen assoziieren. Viele dieser Proteine dienen ausschließlich als Adaptermoleküle, andere stellen Enzyme oder Transkriptionsfaktoren dar.

PDGF-induzierte Signalkaskaden Im Wesentlichen werden nach PDGF-Stimulation drei Signalkaskaden aktiviert (◨ Abb. 35.14B, C):
- die Mitogen-aktivierte-Proteinkinase-(MAPK)-Kaskade
- die Phosphatidylinositid-3-Kinase-(PI3K)-Kaskade
- die Phospholipase Cγ (PLCγ)-Kaskade

Mitogen-aktivierte-Proteinkinase (MAPK)-Kaskade Die Mitogen-aktivierte-Proteinkinase (MAPK)-Kaskade (▶ Abschn. 35.4.2) beginnt mit der Rekrutierung eines Grb2/SOS-Proteinkomplexes an den Rezeptor (◨ Abb. 35.14B). Hierbei kann Grb2/SOS entweder direkt oder über die Adapter Shc oder SHP2 an den PDGF-Rezeptor gebunden werden. Der Guaninnucleotid-Austauschfaktor SOS (*son of sevenless*) gelangt hierdurch in die Nähe des in der Membran verankerten G-Proteins Ras und bewirkt dessen Übergang in die aktivierte, GTP-bindende Form. Die nun mögliche Interaktion von Ras-GTP mit der Serin/Threoninkinase RAF-1 führt zur deren Aktivierung. Die MAP3K RAF-1 ist wiederum der Aktivator der MAP2K MEK (*mitogen-activated/extracellular signal-activated kinase kinase*). Diese dualspezifische Kinase phosphoryliert schließlich die Mitogen-aktivierten-Proteinkinasen ERK1 und ERK2, deren Substrate unter anderem Transkriptionsfaktoren sind (◨ Abb. 35.13).

Phosphatidylinositid-3-Kinase Die Phosphatidylinositid-3-Kinase (PI3K), die aus einer regulatorischen und einer katalytischen Untereinheit besteht, bindet über die regulatorische Untereinheit SH2-domänenvermittelt ebenfalls an den aktivierten PDGF-Rezeptor (◨ Abb. 35.14B).

Dies führt zur Aktivierung der katalytischen Untereinheit der PI3K und somit zur Phosphorylierung von Phosphatidylinositol-4,5-Bisphosphat (PIP_2). Das entstehende Phosphatidylinositol-3,4,5-Trisphosphat (PIP_3) wird von der Pleckstrin-Homologiedomäne (PH-Domäne) der Proteinkinase B (PKB, auch Akt-Kinase genannt) gebunden. Die Rekrutierung der PKB an die Zellmembran ist ein essenzieller Schritt für die Phosphorylierung und Aktivierung der PKB durch die Serin/Threoninkinase PDK1 (*phospholipid-dependent kinase*), die ebenfalls über ihre PH-Domäne an PIP_3 gebunden wird. Die aktivierte PKB wirkt ihrerseits über Phosphorylierungen spezifischer Serin- und Threoninseitenketten von bestimmten apoptose-regulierenden Proteinen stark antiapoptotisch. Sie kann auch in den Zellkern translozieren und reguliert dort Transkriptionsfaktoren, die für die Zellproliferation wichtig sind und trägt somit zur proliferationsfördernden Wirkung des Wachstumsfaktors PDGF bei.

Phospholipase Cγ (PLCγ) Dieses Enzym wird ebenfalls am PDGF-Rezeptor durch Tyrosinphosphorylierung aktiviert (◨ Abb. 35.14C). PIP_2 ist sowohl Substrat der PI3K als auch der PLCγ. Nach Aktivierung am PDGF-Rezeptor bindet PLCγ mit ihrer PH-Domäne an das durch die PI3K-generierte PIP_3. Sie hydrolysiert PIP_2 zu Inositol-(1,4,5)-Trisphosphat (IP_3) und Diacylglycerin (DAG). Cytoplasmatisches IP_3 führt zur Freisetzung des *second messengers* Ca^{2+} aus dem endoplasmatischen Retikulum. Der zweite *second messenger* DAG aktiviert zusammen mit dem freigesetzten Ca^{2+} die Serin/Threonin-Proteinkinase C (PKC) (s. Übrigens, „Proteinkinase C"). Diese ist wiederum ein Regulator für Transkriptionsfaktoren und beeinflusst somit auch die Genexpression.

Auch STAT-Faktoren können durch Rezeptor-Tyrosinkinasen aktiviert werden (in ◨ Abb. 35.14 nicht dargestellt). Da dieser Signalweg jedoch bei der Signaltransduktion der meisten Interleukine und der Interferone eine deutlich zentralere Rolle spielt, wird er erst in ▶ Abschn. 35.5.1 und 35.5.2 genauer beschrieben.

Übrigens

Proteinkinase C. Die Proteinkinasen C (PKC) wurden ursprünglich als eine Familie von durch Calciumionen aktivierbaren Kinasen beschrieben (daher PKC). Heute versteht man darunter eine aus mindestens 12 Mitgliedern bestehende Familie von Proteinkinasen, die in konventionelle PKC (cPKC), neue PKC (nPKC) und atypische PKC (aPKC) unterteilt wird. Nur die cPKC zeigen die charakteristische Aktivierbarkeit durch Diacylglycerin (DAG) und Calciumionen. Die PKC spielen eine wichtige Rolle bei der Signaltransduktion, der Regulation von Wachstum und Differenzierung sowie der Krebsentstehung.

Die PKC-Proteine lassen sich in eine durch eine Art Scharnierregion verbundene N-terminale regulatorische und C-terminale katalytische Region unterteilen (■ Abb. 35.15). In der N-terminalen Region finden sich zwei Domänen, die die Regulierbarkeit des Enzyms durch **Diacylglycerin** bzw. **Calcium** vermitteln. Am weitesten N-terminal liegt eine Pseudosubstratregion (PSR), die für die Regulation des Enzyms von großer Bedeutung ist. Die katalytische Domäne enthält eine gut konservierte ATP-Bindungsregion und eine Substratbindungsstelle mit relativ breiter Substratspezifität. Die Aktivierung der verschiedenen PKC-Isoformen erfordert ein komplexes Zusammenspiel von Membranlipiden und Proteinkinasen. Pflanzliche **Phorbolester** können die aktivierende Rolle von DAG nachahmen. Da sie nur langsam abgebaut werden, können sie die PKC über längere Zeit aktivieren und wirken daher als **Tumorpromotoren**.

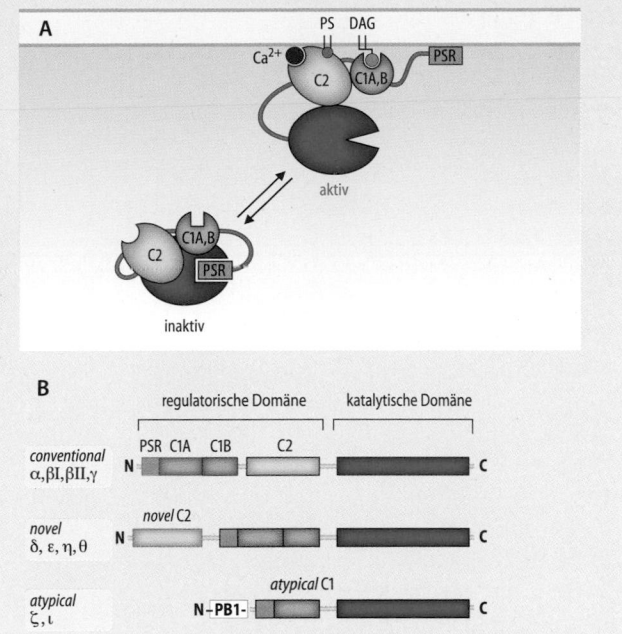

■ **Abb. 35.15   Schematische Darstellung des Aufbaus der Proteinkinase C. A** Aktivierung der Proteinkinase C durch Diacylglycerin (*DAG*), Phosphatidylserin (*PS*) und Calciumionen. *PSR*: Pseudosubstratregion. **B** Aufbau verschiedener Isoformen der Proteinkinase C. (Einzelheiten s. Übrigens „Proteinkinase C")

35.4.4 Rezeptor-Serin/Threoninkinasen

Im Unterschied zu Rezeptor-Tyrosinkinasen folgt nach Ligandenbindung an eine Rezeptor-Serin/Threoninkinase die Phosphorylierung von Serin- und Threoninseitenketten von Signalproteinen.

Alle Cytokine, die über Rezeptor-Serin/Threoninkinasen signalisieren, gehören zur **transforming growth factor β-Familie (TGF-β)**, die sich in drei Gruppen einteilen lässt:
- TGF-β-Isoformen TGF-β1 bis TGF-β3
- die Gruppe der *bone morphogenetic proteins* (BMP)
- Aktivine

❯ Die Moleküle der TGF-β-Familie spielen eine wichtige Rolle in der Regulation der Gewebehomöostase und bei der Entwicklung mehrzelliger Organismen.

Entsprechend ihrer Heterogenität vermitteln die Mitglieder der TGF-β-Familie vielfältige biologische Antworten: Die TGF-β-Isoformen kontrollieren die Proliferation epithelialer und mesenchymaler Zellen (wachstumsinhibierende Wirkung), stimulieren die Bildung der extrazellulären Matrix (profibrotische Wirkung) und können Immunantworten unterdrücken (antiinflammatorische Wirkung). Diese Eigenschaften

sind mithilfe von Knockout-Mäusen belegt worden, bei denen das Fehlen der jeweiligen TGF-β-Isoformen gravierende Fehlentwicklungen in verschiedenen Organen und Geweben zur Folge hat. Darüber hinaus weisen TGF-β1-Knockout-Mäuse multifokale Entzündungsherde auf und sterben infolge unkontrollierter Lymphocyteninfiltration. TGF-β1 spielt daher zusätzlich eine bedeutende Rolle in der Modulation von Immunantworten. Ihrem Namen entsprechend induzieren die BMP die Bildung von Knochen- und Knorpelgewebe. Aktivine beeinflussen dagegen die Erythropoese und die Neuralentwicklung im Stadium der Gastrulation.

❯ Signaltransduktion der Rezeptor-Serin/Threoninkinasen am Beispiel von TGF-β-Rezeptoren.

TGF-β-Moleküle binden als Dimere an ihre Rezeptoren (■ Abb. 35.16). Die Bindung des Ligandendimers an den dimeren **TGF-β-Typ-II-Rezeptor** ist Voraussetzung dafür, dass ein Dimer aus **TGF-β-Typ-I-Rezeptoren** rekrutiert wird. Bei beiden Rezeptortypen handelt es sich um Serin/Threoninkinasen. Der Typ-II-Rezeptor ist konstitutiv aktiv. Er phosphoryliert den dimeren Typ-I-Rezeptor nach der ligandenvermittelten Interaktion beider Rezeptordimere. Das Typ-I-Rezeptordimer leitet das Signal des Liganden an cytoplasmatische

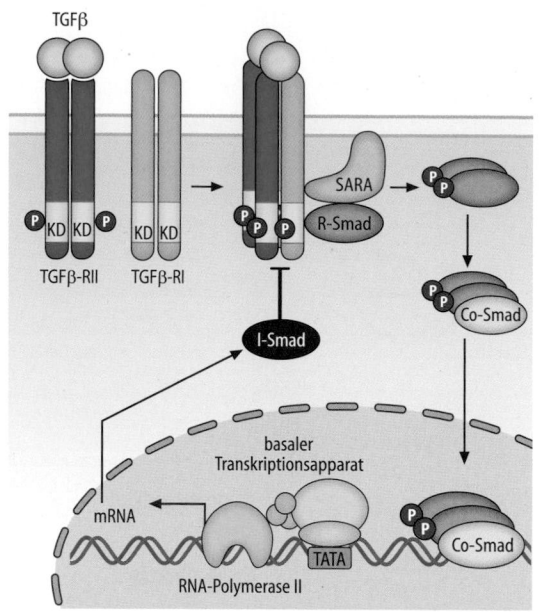

□ Abb. 35.16   TGF-β-Signaltransduktion. TGF-β-Isoformen binden als Dimere an TGF-β-Rezeptoren vom Typ II. Nachfolgend werden Typ-I-TGF-β-Rezeptoren rekrutiert, welche das Signal an R-Smad-Proteine weitergeben. Aktivierte R-Smad-Proteine müssen ein Co-Smad-Protein binden, um in den Zellkern zu gelangen. Die Aktivierung von R-Smads wird durch I-Smad-Proteine inhibiert. *SARA: Smad anchor for receptor activation; Smad:* Kunstwort aus Sma (ein Protein des Fadenwurms *Caenorhabditis elegans*) und dem verwandten Protein Mad (*mothers against decapentaplegic*) aus der Fruchtfliege *Drosophila melanogaster*

Effektorproteine/Transkriptionsfaktoren weiter, die als *Smad*-Proteine bezeichnet werden. Die *R-Smad-Proteine* (*receptor activated Smads*) Smad 2 und Smad 3 werden über das membranverankerte Adapterprotein *SARA* (*Smad anchor for receptor activation*) an den Typ-I-Rezeptor rekrutiert. Die Kinasedomäne des Typ-I-Rezeptors phosphoryliert das R-Smad-Protein an bestimmten Serinresten. Dies führt zur Dimerisierung und zur nachfolgenden Assoziation mit einem Co-Smad (*common partner Smad*), dem Smad 4. Die Anlagerung des Co-Smad-Proteins ist für die Translokation des ent-

stehenden Heterotrimers in den Zellkern notwendig. Dort assoziieren weitere Transkriptionsfaktoren oder Cofaktoren mit den Smad-Heterotrimeren und die Transkription von TGF-β-Zielgenen wird induziert.

Die Rekrutierung der Smad-Proteine erfolgt in Analogie zu den Proteinen, die mittels SH2- oder PTB-Domänen an aktivierte Rezeptor-Tyrosinkinasen binden, über **MH–Domänen** (*MAD homology domains*), die spezifisch mit Phosphoserinmotiven in der TGF-β-Rezeptorkette interagieren.

Eine Feedback-Inhibition der TGF-β-Signaltransduktion erfolgt u. a. über das TGF-β-induzierte **I-Smad-Protein** (*inhibitory Smad*) Smad 7, das die Phosphorylierung und Dimerisierung der R-Smad-Moleküle blockiert.

Zusammenfassung

Rezeptor-Tyrosinkinasen aktivieren nach ligandeninduzierter Phosphorylierung von Tyrosylresten eine Reihe von Signalproteinen. Zu diesen gehören die MAP-Kinasen, die Phospholipase Cγ und die PI3-Kinase. Rezeptor-Serin/Threoninkinasen signalisieren über den Smad-Signalweg.

35.5   Rezeptoren mit assoziierten Kinasen

Neben Rezeptor-Tyrosinkinasen und Rezeptor-Serin/Threoninkinasen existiert eine große Familie von Rezeptoren ohne intrinsische Kinasedomänen. Sie sind mit Kinasen assoziiert, die nicht-covalent entweder direkt oder über Adapterproteine an den Rezeptor binden. An diese Rezeptoren binden die meisten Interleukine, alle Interferone und weitere wichtige Cytokine wie Erythropoetin, Thrombopoetin oder das Wachstumshormon. Sie sind für die angeborene und erworbene Immunität, das heißt für das Gleichgewicht der Produktion und des Abbaus von Blutzellen von entscheidender Bedeutung.

Übrigens

Bindung von Cytokinen an Rezeptoren. Für eine Reihe von Cytokinen konnten die Bereiche, mit denen sie in Kontakt zu ihren Rezeptoren treten, definiert werden. Ebenso ließen sich die an der Bindung beteiligten Regionen auf den entsprechenden Rezeptoren identifizieren. Beispielhaft lässt sich diese Wechselwirkung am Komplex aus Wachstums-

hormon (*growth hormone*, GH, welches aufgrund struktureller Merkmale der Familie der helicalen Cytokine zugeordnet wird) und seinem Rezeptor in □ Abb. 35.17 veranschaulichen. Dargestellt ist ein Komplex aus zwei Untereinheiten des Wachstumshormonrezeptors (*rot* und *grün*) und dem gebundenen Wachstumshormon (*blau*). Von den beiden Rezeptoren sind nur die Extrazellulärdomänen gezeigt. Hierbei handelt es sich um zwei je etwa 100 Aminosäuren lange Fibronektin-Typ-III-Domänen. Jede Fibronektin-Typ-III-Domäne ist aus sieben β-Strängen aufgebaut. Die Interaktionsflächen zwischen Ligand und Rezeptoren bestehen aus einem hydrophoben Zentrum

(*gelb*), das von einem Rand aus polaren Aminosäuren umgeben ist. Die Spezifität der Wechselwirkung wird dabei durch die polaren Interaktionen vermittelt, während die van-der-Waals-Wechselwirkungen im Zentrum der Interaktionsflächen den entscheidenden Beitrag zur Bindungsenergie liefern.

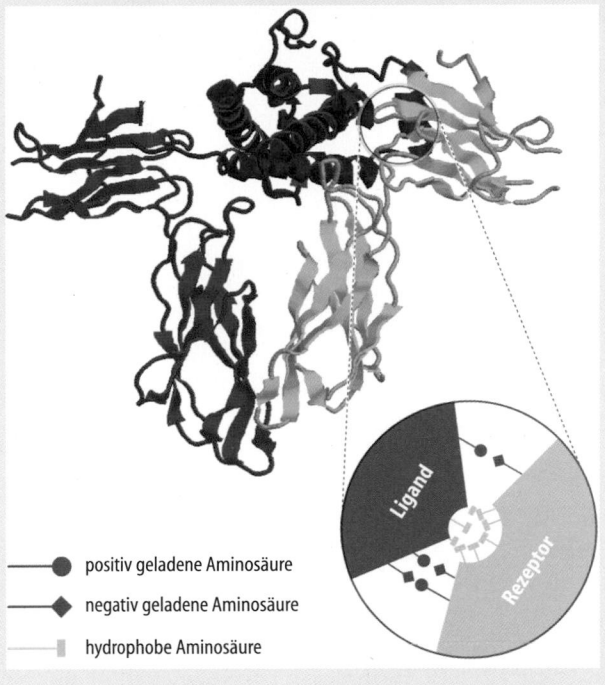

☐ **Abb. 35.17 Erkennung eines Liganden durch seinen Rezeptor.** Kristallstruktur des Komplexes aus Wachstumshormon (*blau*) und den extrazellulären Regionen zweier Wachstumshormonrezeptoren (*grün* und *rot*). Das Prinzip der Erkennung des Liganden durch den Rezeptor ist vergrößert dargestellt. (Einzelheiten s. „Übrigens: Bindung von Cytokinen an Rezeptoren"). (Adaptiert nach De Vos et al. 1992)

⬤ positiv geladene Aminosäure
◆ negativ geladene Aminosäure
▮ hydrophobe Aminosäure

35.5.1 Rezeptoren mit assoziierten Janus-Kinasen

❯ Die meisten Interleukine leiten ihre Signaltransduktion über die Aktivierung des JAK/STAT-Signalwegs ein.

Eine Besonderheit der Cytokinwirkung ist ihre **Redundanz**, d. h. verschiedene Cytokine können gleiche zelluläre Antworten hervorrufen. Dieses Phänomen beruht auf der Tatsache, dass verschiedene Cytokine über gemeinsame Rezeptoruntereinheiten signalisieren (☐ Abb. 35.18).

Die wichtigsten gemeinsam genutzten Rezeptoruntereinheiten sind
━ die *common* β(βc)-Kette für die Cytokine IL-3, IL-5 und den *granulocyte macrophage colony-stimulating factor* (GM-CSF),

━ die *common* γ(γc)-Kette für die Cytokine IL-2, IL-4, IL-7, IL-9, IL-15 und IL-21,
━ das Glycoprotein 130 (gp130) für die Mitglieder der Interleukin-6 Typ Cytokinfamilie (☐ Abb. 35.19A, ☐ Tab. 34.2).

Die Mechanismen der Signaltransduktion über gemeinsam genutzte Rezeptoruntereinheiten sind ähnlich und sollen hier am Beispiel der IL-6-Typ-Cytokine erläutert werden.

Die Mitglieder dieser Familie, der neben IL-6 auch IL-11, IL-27, *leukemia inhibitory factor* (LIF), *oncostatin M* (OSM), *ciliary neurotrophic factor* (CNTF), *cardiotrophin-1* (CT-1), *cardiotrophin-like cytokine* (CLC) und Neuropoetin (NP) angehören, weisen eine gemeinsame dreidimensionale Struktur auf: sie gehören zu den sog. langkettigen 4-α-Helix-Bündel-Cytokinen und üben vielfältige physiologische Funktionen aus. Die IL-6-Typ-Cytokine sind an der Akutphase-Reak-

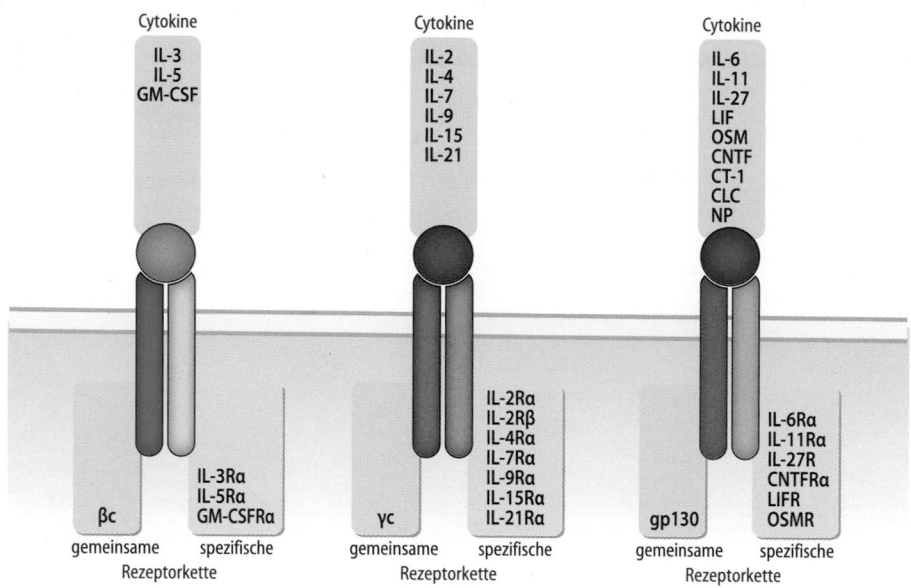

Abb. 35.18 Cytokinfamilien nutzen gemeinsame Rezeptorketten. Die Cytokinrezeptoren *common* β-Kette (βc), *common* γ-Kette (γc) und gp130 dienen unterschiedlichen Cytokinfamilien als gemeinsame signaltransduzierende Rezeptoruntereinheit. Die Cytokine können nur dann ihre Wirkung entfalten, wenn neben der gemeinsamen Rezeptorkette auch eine cytokinspezifische Rezeptorkette exprimiert wird. (Abkürzungen s. Text)

tion des Körpers, an der Hämatopoese, der Differenzierung und dem Wachstum von B- und T-Zellen und an der neuronalen Differenzierung beteiligt. Die Familie ist durch die Nutzung einer gemeinsamen Rezeptoruntereinheit, dem Glycoprotein 130 (gp130), charakterisiert (■ Abb. 35.18), weshalb neuerdings auch die den IL-12 Cytokinen zugehörigen Interleukine-35 und -39 hinzugerechnet werden (■ Abb. 35.18 nicht gezeigt). Als zweite signalweiterleitende Untereinheit kann je nach Cytokin ein LIF-Rezeptor, ein OSM-Rezeptor, ein IL-27-Rezeptor, einer der beiden IL-12-Rezeptoren, ein IL-23-Rezeptor oder ein zweites gp130 beteiligt sein.

Während die Mehrzahl dieser Cytokine direkt an die signaltransduzierenden Rezeptoruntereinheiten binden kann, benötigen IL-6, IL-11 und CNTF spezifische, nicht-signalisierende α-Rezeptoren. Die α-Rezeptoren für IL-6, IL-11 und CNTF kommen außer in membranständiger auch in löslicher Form vor. Im Gegensatz zu vielen anderen löslichen Rezeptoren, die eine antagonistische Wirkung zeigen, können die löslichen α-Rezeptoren für IL-6, IL-11 und CNTF nach Bindung ihrer Liganden die Dimerisierung der signaltransduzierenden Ketten induzieren und somit agonistisch wirken.

❯ Ligandenbindung führt zur Dimerisierung/Multimerisierung der Rezeptorketten und zur Aktivierung von konstitutiv Rezeptor-assoziierten Janus-Tyrosinkinasen.

Die Rezeptor-assoziierten Janus-Kinasen JAK1, JAK2 und Tyk2 sind zentrale Bestandteile der Signaltransduktion von IL-6-Typ-Cytokinen. Nach Ligandenbindung aktivieren sich die Janus-Kinasen durch Tyrosinphosphorylierung (■ Abb. 35.19B, Ziffer 1) und phospho-

rylieren anschließend Tyrosinreste im cytoplasmatischen Bereich der Cytokinrezeptoren (■ Abb. 35.19B, Ziffer 2). Diese Phosphotyrosinreste fungieren dann als Rekrutierungsstellen für Proteine mit SH2 (*src homology 2*)-Domänen wie STAT (*signal transducer and activator of transcription*) Transkriptionsfaktoren, die Tyrosinphosphatase SHP2, oder Feedback-Inhibitorproteine der **SOCS-Familie** (*suppressors of cytokine signaling*) (▶ Abschn. 35.7.2). Im Fall der IL-6-Signaltransduktion assoziieren STAT3 und STAT1 an Rezeptoruntereinheiten (■ Abb. 35.19B, Ziffer 3) und werden ihrerseits an Tyrosinresten phosphoryliert (Ziffer 4), verlassen den Rezeptorkomplex, homo- bzw. heterodimerisieren (Ziffer 5), werden an Serin phosphoryliert (Ziffer 6) und translozieren in den Zellkern. Hier binden die STAT-Dimere an *enhancer*-Elemente verschiedener Zielgene (Ziffer 7) und beeinflussen deren Transkription. Der aktivierte Signaltransduktor gp130 bindet außerdem die Tyrosinphosphatase SHP2 und aktiviert – ähnlich wie für PDGF (▶ Abschn. 35.4.3) beschrieben – die Ras/Raf/MAP-Kinasekaskade (■ Abb. 35.19C).

Pathobiochemie: Klinischer Einsatz von Janus-Kinase-Inhibitoren Myeloproliferative Erkrankungen sind durch die pathologische Vermehrung ausdifferenzierter Blutzellen charakterisiert. Molekulardiagnostisches Erkennungsmerkmal der drei wichtigsten Bcr-Abl-negativen myeloproliferativen Erkrankungen (Bcr-Abl, ▶ Abschn. 43.4 und 52.4) **Polycythaemia vera**, **Myelofibrose** und **Thrombozythämie** ist das Vorkommen von JAK2-aktivierenden Mutationen in der Kinase selbst (z. B. JAK2-V617F) oder in den Genen des Thrombopoetin-Rezeptors (*mpl*) oder von Calretikulin, die JAK2 indirekt

◻ **Abb. 35.19** (Video 35.9) **Interleu-kin-6-Signaltransduktion. A** Schematische Darstellung (*links*) und Kristallstruktur (*rechts*) des signalkompetenten IL-6-Rezeptorkomplexes bestehend aus zwei IL-6-Molekülen (*grün*), zwei IL-6Rα (*orange*) und zwei gp130 Signaltransduktoruntereinheiten (*blau*). Die extrazellulären Domänen D1, D2 und D3 von gp130 und IL-6Rα sind gekennzeichnet. **B** Ablauf der IL-6-induzierten JAK/STAT-Signaltransduktion (Einzelheiten s. Text). **C** Neben dem JAK/STAT-Weg kann ausgehend von aktiviertem gp130 auch die MAPK-Kaskade initiiert werden. Die Protein-Tyrosin-Phosphatase SHP2 fungiert hierbei als Adapterprotein. *APRE: acute phase responsive element*; *JAK: Janus-Kinase*; *STAT: signal transducer and activator of transcription* (▶ https://doi.org/10.1007/000-5jj)

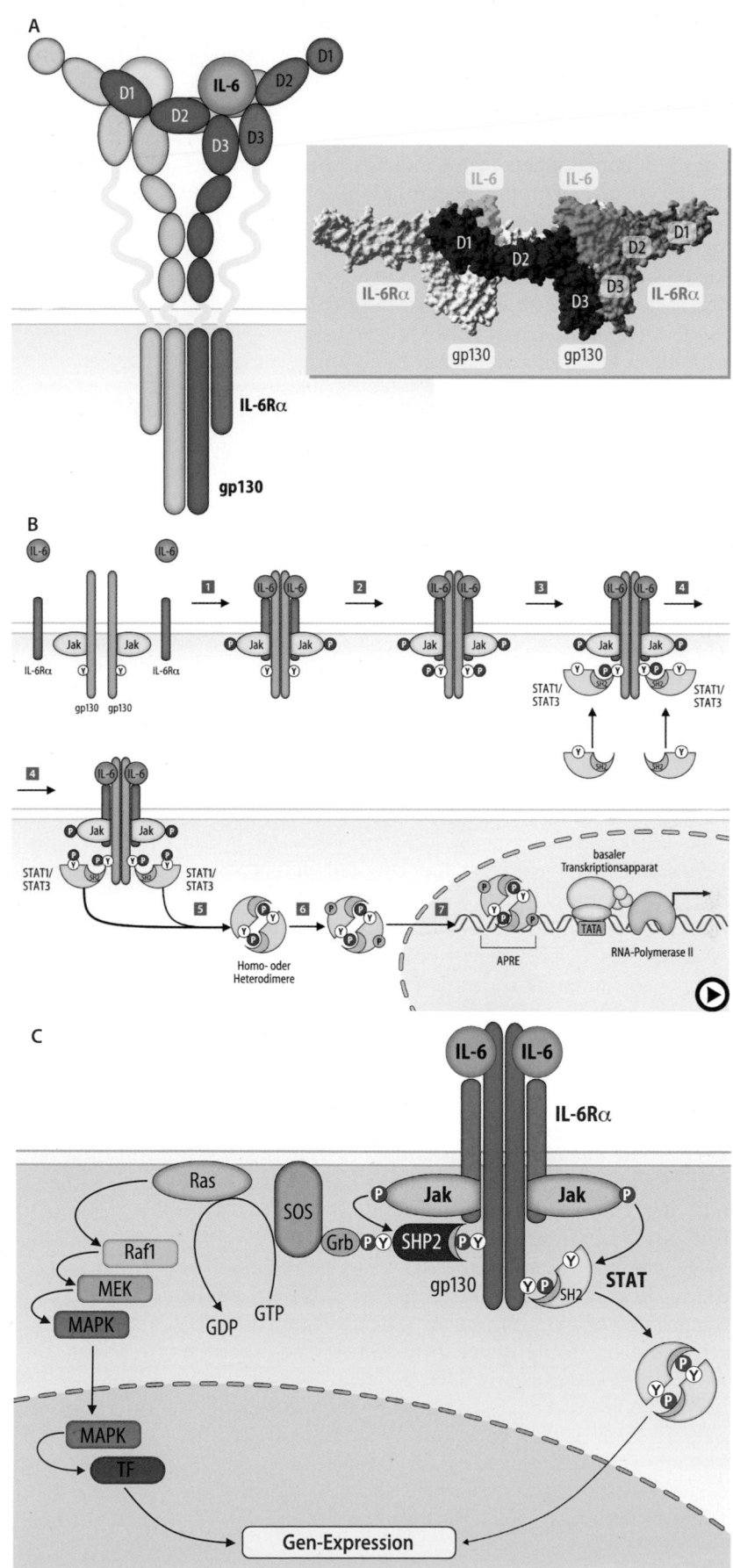

aktivieren. Dabei tritt die JAK2-V617F-Mutation in 60–70 % dieser Erkrankungen auf und ist bei **Polycythaemia-vera**-Patienten sogar mit einer Häufigkeit von 97 % nachzuweisen. Diese Mutationen führen im Wesentlichen zu einer konstanten Aktivierung der Signaltransduktionswege von hämatopoetischen Cytokinen wie Erythropoetin (EPO) oder Thrombopoetin (TPO), also des JAK/STAT-Signalweges sowie der PI3K/AKT- und MAPK-Signalkaskaden. Zurzeit sind die Januskinase-Inhibitoren Ruxolitinib und Fedratinib zur klinischen Anwendung durch die *Food and Drug Administration* (FDA) sowie die *European Medical Agency* (EMA) zugelassen. Um Nebenwirkungen zu verringern, wären Inhibitoren wünschenswert, die nur die mutierten JAK2-Proteine inhibieren, die wildtypischen JAK-Proteine aber unangetastet lassen.

Ein weiteres Einsatzgebiet von JAK-Inhibitoren besteht in der Behandlung von chronisch-entzündlichen Erkrankungen wie der rheumatoiden Arthritis oder anderen Autoimmunerkrankungen. In beiden Fällen zielt man vornehmlich auf eine Hemmung von JAK1 ab. Derzeit sind zwei Inhibitoren, Tofacitinib (FDA und EMA) und Baricitinib (EMA), zur klinischen Anwendung zugelassen. Es ist zu erwarten, dass sich die Anwendungsgebiete dieser Inhibitoren in naher Zukunft ausweiten werden, etwa zur Behandlung von Psoriasis und Morbus Crohn.

Mutationen, die STAT3 aktivieren oder inhibieren Der IL-6/gp130/JAK1/STAT3-Signalweg wurde mittels biochemischer und molekularbiologischer Methoden in den 1990er-Jahren aufgeklärt. In jüngerer Zeit wurden somatische Mutationen in den Genen, die beteiligte Signalkomponenten codieren, identifiziert und so die lineare Abhängigkeit der beteiligten Proteine eindrucksvoll bestätigt. So führen aktivierende Punktmutationen in den Genen für gp130, JAK1 oder STAT3, die in Hepatocyten auftreten können, zu einem einheitlichen Krankheitsbild, einem Leberzelladenom mit charakteristischen entzündlichen Infiltraten (*inflammatory hepatocellular adenoma*, IHCA). Entscheidend für die Symptomatik der Erkrankung ist die dauerhafte Aktivierung des Transkriptionsfaktors STAT3, die durch Mutation im STAT3-Gen selbst oder den Genen der vorgeschalteten Aktivatoren JAK1 bzw. gp130 hervorgerufen wird.

Bestimmte Mutationen im STAT3-Gen verursachen die autosomal-dominant vererbte Form des Hyper-IgE-Syndroms (AD-HIES), einem seltenen Immundefekt. Hier sind die Mutationen nicht aktivierend, sondern wirken dominant-negativ. Dies bedeutet, dass das mutierte STAT3-Allel auch die Funktion des wildtypischen STAT3-Allels negativ beeinflusst, wodurch sich der dominante Erbgang erklären lässt. Aus der Symptomatik des AD-HIES lassen sich eine Reihe von immunologischen Funktionen des Transkriptionsfaktors STAT3 herauslesen. Hierzu gehören die Differenzierung von Th17-Zellen, einer T-Helferzell-Subklasse zur Abwehr von Mikroorganismen, und die Reifung von Antikörperproduzierenden Plasma-B-Zellen.

> **Übrigens**
>
> **Janus-Kinasen.** Janus – ein römischer Gott mit einem Kopf und zwei Gesichtern. Janus-Tyrosinkinasen besitzen zwei Kinase-Domänen, von denen aber nur eine Tyrosinkinase-Aktivität besitzt.

❯ Interferone sind Cytokine, die die Virusvermehrung hemmen.

Die Biosynthese von Interferonen wird durch Viren, Bakterien, Antigene und Cytokine wie Interleukin-1, Interleukin-2 und Tumornekrosefaktor stimuliert. Zu den Typ-1-Interferonen werden die Interferon-α-Mitglieder (IFN-α), das *Interferon-β* (IFN-β), -ε (IFN-ε), -κ (IFN-κ) und *Interferon-ω* (IFN-ω) gezählt (◻ Tab. 34.2). IFN-α wird hauptsächlich von Lymphocyten, Monocyten und Makrophagen, IFN-β von nahezu allen differenzierten Zellen produziert. Das Typ-2-Interferon *Interferon-γ* (IFN-γ) wird von T-Zellen und natürlichen Killerzellen sezerniert. Typ-3-Interferone (IFN-λ1-λ4) wirken zusammen mit Typ1-Interferonen bei der Abwehr bakterieller und viraler Infektionen. Die Expression dieser Interferone wird durch die Aktivierung von *Pathogen-Associated Molecular Pattern* (PAMP)-Rezeptoren induziert.

Die antivirale Wirkung der Interferone greift auf allen Ebenen der Virusreplikation: Virusaufnahme, Transkription, Translation, Reifung und Freisetzung. Zellzykluskomponenten wie c-myc, Retinoblastomprotein (Rb), oder Cyclin D3 (▶ Kap. 43) sind Ziele der antiproliferativen und apoptotischen Wirkung der Interferone. Die immunoregulatorische Wirkung insbesondere von Interferon-γ auf das angeborene Immunsystem besteht in der Induktion der Expression von antigenpräsentierenden **MHC-Proteinen** der Klasse I und II und der Modulation der **Antigenprozessierung** durch das Proteasom (▶ Abschn. 70.5).

Typ-1-, Typ-2- und Typ-3-Interferone signalisieren über unterschiedliche Oberflächenrezeptoren. Der Rezeptor für Interferon-α/β besteht aus zwei Untereinheiten: Interferon-α/β-Rezeptor-1 (IFNAR1) und Interferon-α/β-Rezeptor-2 (IFNAR2) (◻ Abb. 35.20). IFNAR1 bindet die Janus-Kinase Tyk2, IFNAR2 die Janus-Kinase JAK1. Nach Ligandenbindung dimerisieren die Rezeptoren, die Janus-Kinasen werden durch Tyrosinphosphorylierung aktiviert und phos-

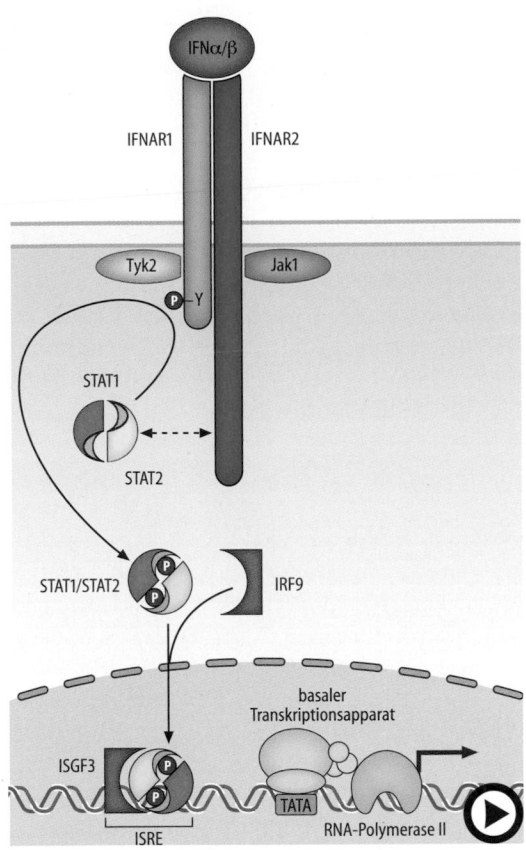

■ **Abb. 35.20** (Video 35.10) **Interferon-α/β-Signaltransduktion.** IFN-α/β bindet an einen Rezeptorkomplex aus IFNAR1 und IFNAR2. Nach Tyrosinphosphorylierung des IFNAR1 durch assoziierte Janus-Kinasen werden STAT1/STAT2-Dimere phosphoryliert. Diese induzieren nach Bindung eines weiteren Proteins (IRF9: *interferon regulatory factor* 9) die Transkription spezifischer Gene. Die STAT-Faktoren liegen wahrscheinlich in prä-assoziierter Form an den IFNAR2 gebunden vor (*gestrichelter Doppelpfeil*). *IFNAR*: Interferon-α/β- Rezeptor; *ISGF*: *interferon*-α-*stimulated gene factor; ISRE: interferon-stimulated response element* (▶ https://doi.org/10.1007/000-5jk)

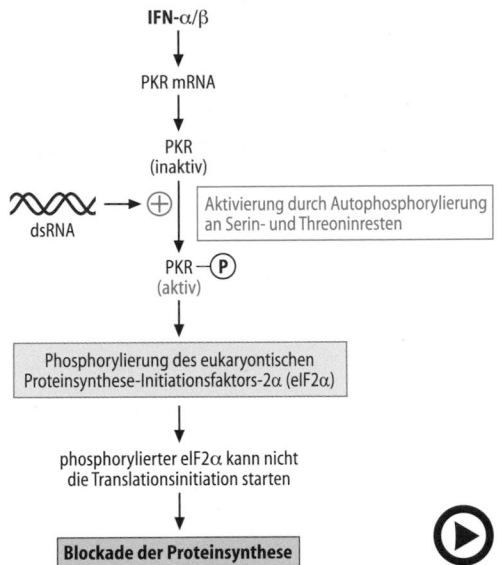

■ **Abb. 35.21** (Video 35.11) **Antivirale Wirkung von IFN-α/β durch Blockade der Proteinsynthese.** Die Signaltransduktion von IFN-α/β führt zur Expression von inaktiver Proteinkinase R (PKR). Nach Bindung doppelsträngiger RNA (dsRNA) während der Virusreplikation wird das Enzym aktiviert. Dies führt zur Hemmung der Initiation der Proteinsynthese (▶ https://doi.org/10.1007/000-5jm)

phorylieren Tyrosinreste im cytoplasmatischen Teil des IFNAR1. Die am IFNAR2 wahrscheinlich prä-assoziierten dimerisierten STAT-Faktoren STAT1 und STAT2 werden anschließend am IFNAR1 rekrutiert und an einem Tyrosinrest phosphoryliert. Die aktivierten STAT1/STAT2-Heterodimere binden nach Ablösung vom Rezeptor den Transkriptionsfaktor IRF9, der zur *interferon regulatory factor* (IRF)-Familie gehört. Der Komplex aus STAT1, STAT2 und IRF9 wird auch als *interferon-stimulated gene factor-3* (ISGF3) bezeichnet. Dieser Komplex transloziert in den Zellkern und bindet hier an *interferon-stimulated regulatory elements* (ISRE) von Interferon-α/β-Zielgenen.

Ein wichtiges Zielgen der IFN-α/β-Signaltransduktion ist die Proteinkinase R (PKR). Nach seiner verstärkten Biosynthese liegt dieses Enzym zunächst in inaktiver Form vor, wird aber durch Bindung an doppelsträngige RNA, die nach Virusreplikation gebildet wird, durch Au-

tophosphorylierung an Serin/Threonin-Resten aktiviert (■ Abb. 35.21). Die aktivierte PKR phosphoryliert den eukaryontischen Proteinsynthese-Initiationsfaktor 2α (eIF2α, ▶ Abschn. 48.2.1). Der modifizierte eIF2α kann nicht mehr die Proteinsynthese initiieren und hemmt somit auch die Bildung viraler Proteine.

Neben der Hemmung der Proteinbiosynthese induziert Interferon-α/β auch die Expression der 2′,5′-Oligo-A-Synthetase (2′,5′-OASE) (■ Abb. 35.22). Die 2′,5′-OASE wird über doppelsträngige RNA aktiviert. Die aktive 2′,5′-OASE homopolymerisiert ATP zu 2′,5′-Oligoadenylat. Im Unterschied zu den üblichen 3′,5′-Phosphodiesterbindungen handelt es sich hier um eine 2′,5′-Phosphodiesterbindung. 2′,5′-Oligo-A bindet inaktive RNase L und aktiviert dieses Enzym, welches virale mRNA zu Nucleotiden abbaut.

Eine ähnliche, wenn auch schwächere Signaltransduktion und die Expression eines ähnlichen Musters Interferon-stimulierter Proteine initiieren Typ-3-Interferone. Typ-3-Interferone aktivieren jedoch einen spezifischen Rezeptorkomplex, der aus dem IL-10Rβ und dem auf Epithelzellen der Schleimhäute exprimierten IFN-λR1 (IL-28R) besteht. Typ-3-Interferone sind daher Teil der ersten Barriere gegen das Eindringen von Viren und Bakterien über die Schleimhäute.

Im Unterschied zu Interferon-α/β wirkt **Interferon-γ** (IFN-γ) als Dimer (■ Abb. 35.23). Es bindet an einen Rezeptorkomplex, der aus zwei α- und zwei β-Ketten besteht. An die α-Ketten bindet konstitutiv die Janus-Kinase JAK1, an die β-Ketten die Janus-Kinase JAK2.

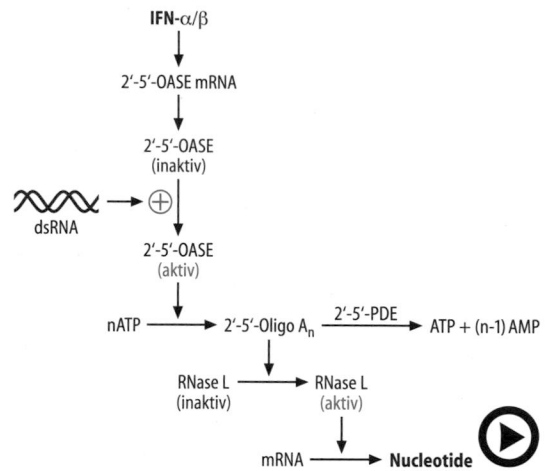

IFN-α/β

2′-5′-OASE mRNA

2′-5′-OASE
(inaktiv)

dsRNA → ⊕

2′-5′-OASE
(aktiv)

nATP → 2′-5′-Oligo A$_n$ —2′-5′-PDE→ ATP + (n-1) AMP

RNase L   RNase L
(inaktiv)   (aktiv)

mRNA → Nucleotide ▶

Abb. 35.22 (Video 35.12) **Antivirale Wirkung von IFN-α/β durch mRNA-Abbau nach Aktivierung von RNase L.** Die Signaltransduktion von IFN-α/β führt zur Expression inaktiver 2′,5′-Oligo-A-Synthetase (OASE). Nach Bindung doppelsträngiger RNA während der Virusreplikation wird das Enzym aktiviert. Es synthetisiert daraufhin 2′,5′-Oligo-A, welches nach Bindung die RNase L aktiviert. Diese hydrolysiert mRNA, weshalb keine Proteinsynthese in der Zelle mehr stattfinden kann. *PDE*: Phosphodiesterase (▶ https://doi.org/10.1007/000-5jn)

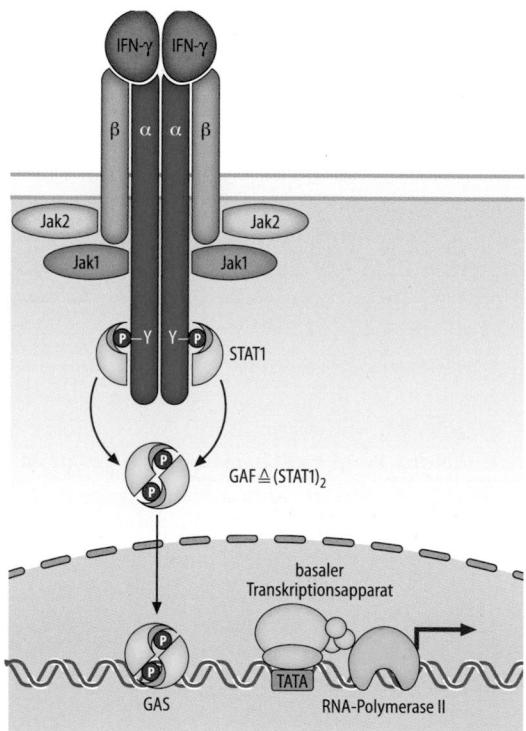

Abb. 35.23 **Interferon-γ-Signaltransduktion.** IFN-γ bindet als Dimer an einen Komplex aus zwei α- und zwei β-Rezeptorketten. Der aktivierte Rezeptor initiiert die JAK/STAT-Signaltransduktionskaskade, die u. a. in der Ausbildung von STAT1-Homodimeren endet (GAF: *γ-interferon activated factor*). STAT1-Homodimere translozieren in den Zellkern und binden dort an GAS-Elemente (*GAS:* γ-*interferon activated site*)

Nach Ligandenbindung und Rezeptoraktivierung werden die Janus-Kinasen durch Transphosphorylierung aktiviert und können Tyrosinreste im cytoplasmatischen Teil der α-Rezeptoruntereinheit phosphorylieren. Nach Rekrutierung von STAT1 an die Phosphotyrosinreste der α-Rezeptorketten und dessen folgender Tyrosinphosphorylierung löst sich der Transkriptionsfaktor vom Rezeptor, homodimerisiert und transloziert in den Zellkern. Das STAT1-Dimer bindet hier an sog. *interferon-γ-activated sequences* (GAS-Elemente) von IFN-γ-Zielgenen, wie die für die Antigenpräsentation wichtigen MHC-I- und MHC-II-Gene, deren Expression hierdurch stimuliert wird.

> **Übrigens**
>
> **Interferone.** Interferone sind die am längsten bekannten Cytokine. 1957 wurde von Alick Isaacs und Jean Lindenmann erstmalig eine Aktivität in Überständen von Influenza-infizierten Zellen beschrieben, die auf noch nicht infizierte Zellen schützend wirkt: *"...component within the supernatant of influenza-infected cells **interferes** with viral infection..."*. Heute werden Interferone nicht nur zur Behandlung von Viruserkrankungen (z. B. Hepatitis B und C), sondern auch zur Behandlung der Multiplen Sklerose und verschiedener Neoplasien eingesetzt. In diesen Fällen wird eher die antiproliferative und immunmodulatorische als die antivirale Aktivität der Interferone ausgenutzt.

35.5.2 Rezeptoren mit TIR-Domäne

Die proinflammatorischen Cytokine der Interleukin-1-Familie signalisieren über Rezeptoren, die den Toll-*like*-**Rezeptoren** sehr nah verwandt sind. Diese Rezeptorfamilie spielt eine wichtige Rolle für die angeborene Immunität, da sie pathogen-assoziierte molekulare Signaturen erkennen (*PAMP: pathogen-associated molecular pattern*). Die den beiden Rezeptorgruppen gemeinsame konservierte intrazelluläre Domäne wird daher TIR (Toll-*like*/Interleukin-1-Rezeptor)-Domäne genannt.

Interleukin-1 wird als 31-kDa-Präkursor ohne Signalpeptid synthetisiert und zunächst im Cytoplasma zurückgehalten. Erst durch Aktivierung der Cysteinprotease ICE (*interleukin-1-converting enzyme* = Caspase 1) entsteht durch limitierte Proteolyse das reife 17,5 kDa IL-1, welches über einen nicht-klassischen Sekretionsweg die Zelle verlässt. Der Mechanismus dieser Sekretion ist noch nicht im Detail geklärt.

Das proinflammatorische Cytokin Interleukin-1 kommt in zwei Isoformen (IL-1α und IL-1β) vor, die sich in ihren biologischen Wirkungen kaum unterscheiden. Sie signalisieren über einen Rezeptorkomplex, der aus zwei Polypeptidketten besteht: dem Interleukin-1-Rezeptor-I (IL-1RI) und dem Interleukin-1-*receptor accessory protein* (IL-1RAcP) (◘ Abb. 35.24).

Nach Ligandenbindung und Oligomerisierung des Rezeptors werden verschiedene Signalmoleküle rekrutiert. Zunächst bindet MyD88 (*myeloid differentiation*) über seine TIR-Domäne an die TIR-Domäne des IL-1-Rezeptors I. MyD88 verfügt neben seiner TIR-Domäne noch über eine *death domain* (DD), die der Rekrutierung der IL-1 Rezeptor-assoziierten Kinasen (IRAK) 1 und 4 dient. *Death domains* wurden ursprünglich im Rahmen apoptotischer Signalwege beschrieben (▶ Kap. 51), finden aber auch als Proteininteraktionsdomänen in anderen Signalwegen Verwendung. Nach Phosphorylierung von IRAK1 wird der *TNF-receptor associating factor* TRAF6 an den Rezeptorkomplex rekrutiert und aktiviert. Nach Ubiquitinierung dissoziiert TRAF6 vom Rezeptorkomplex und bindet an einen Komplex aus der Serin/Threonin-Kinase TAK1 (*TGF-β activated kinase*) und den TAB (*TAK-binding protein*)-Proteinen TAB1 und TAB2. In diesem Komplex wird TAK1 durch Phosphorylierung aktiviert. In der Folge wird der IκB (*inhibitor of NF-κB*)-Kinase (IKK)-Komplex, der aus den drei Untereinheiten IKKα, IKKβ und IKKγ aufgebaut ist, durch Phosphorylierung aktiviert. Der Kinasekomplex phosphoryliert IκB, welches in einem inaktiven cytoplasmatischen Komplex mit NF-κB vorliegt. IκB wird nachfolgend an Lysinresten ubiquitiniert und über das Proteasom abgebaut. Das freigesetzte NF-κB – meist bestehend aus den beiden Untereinheiten p50 und p65 – wird in den Zellkern transloziert und bindet hier an *enhancer*-Elemente von Zielgenen. Wichtige Zielgene, die in der proinflammatorischen Phase von Entzündungsreaktionen durch NF-κB induziert werden, sind die Chemokine CXCL8 und RANTES. Diese Cytokine wirken chemotaktisch auf Granulocyten. Monocyten/Makrophagen produzieren IL-6 als Antwort auf eine IL-1-Stimulation. Über die ebenfalls beobachtete Induktion der Phospholipase A_2 und der Cyclooxygenase 2 (COX2) werden andere Entzündungsmediatoren, wie die fieberauslösenden Prostaglandine und andere Eicosanoide generiert (▶ Abschn. 22.3.2). Auch die Gene von IL-1 und TNF werden durch NF-κB induziert, wodurch es in der frühen Phase der Entzündung zu einer Autoamplifikation kommt.

Neben dem Interleukin-1-Rezeptor-I (IL-1RI) existiert auch eine cytoplasmatisch verkürzte Form des Rezeptors, der IL-1RII. Dieser Rezeptor bindet die Liganden IL-1α/β, transduziert aber kein Signal und wirkt deshalb antagonistisch.

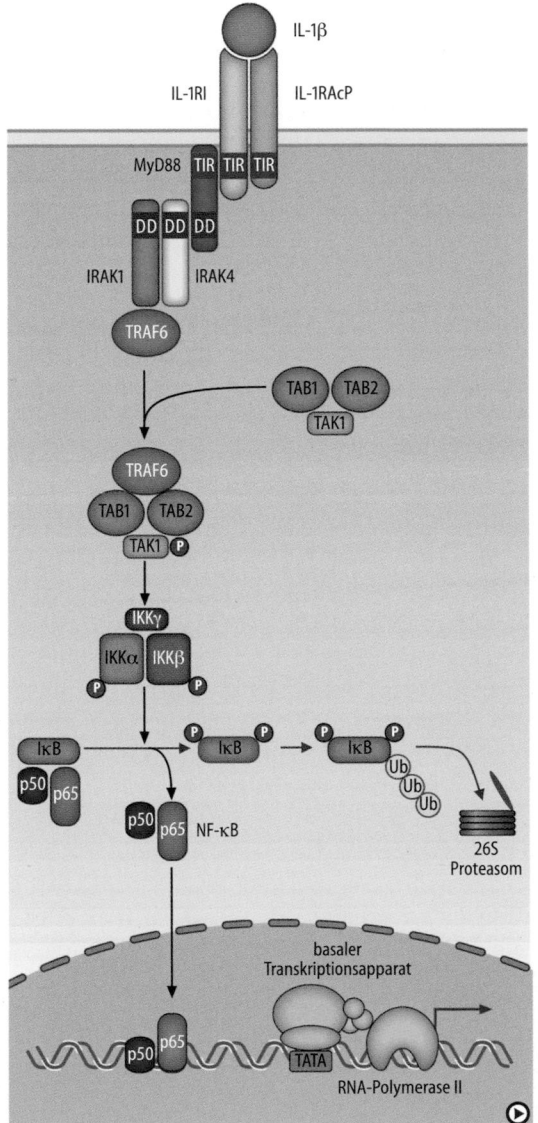

◘ **Abb. 35.24** (Video 35.13) **Interleukin-1-Signaltransduktion.** Nach Bindung des IL-1 an den IL-1-Rezeptorkomplex wird der NF-κB-Signaltransduktionsweg aktiviert. Dies resultiert in der Induktion proinflammatorischer Zielgene. (Abkürzungen s. Text) (▶ https://doi.org/10.1007/000-5jp)

35.5.3 Rezeptoren mit Todesdomäne

Viele Cytokine der TNF-Superfamilie signalisieren über Rezeptoren mit Todesdomänen (*death domains*, DD). Der Name Tumornekrosefaktor (TNF) geht auf Experimente zurück, in denen Tumore in Mäusen nach Behandlung mit TNF absterben. In der Tat kann über den TNF-Rezeptor eine Apoptose ausgelöst werden (▶ Abschn. 51.1). Eine Behandlung humaner Tumore mit TNF ist aber nicht möglich, da es starke Nebenwirkungen zeigt. TNF ist ein sehr wirksames proinflammatorisches Cytokin, welches wie Interleukin-1 und Interleukin-6 Fieber hervorruft (Pyrogene). Es wird nach Endotoxineinwirkung von Monocyten/Makrophagen in beträchtlichen Mengen freigesetzt und kann so zum septischen Schock führen. TNF ist darüber hinaus ein bedeutender Mediator chronisch entzündlicher Erkrankungen (▶ Abschn. 35.5.4).

Der Tumornekrosefaktor existiert in einer membrangebundenen und in einer löslichen Form (◼ Abb. 35.25A). Das Enzym *TNF-alpha converting enzyme* (*TACE*, auch bekannt als *a disintegrin and metalloproteinase 17*, ADAM17) überführt den membrangebundenen Tumornekrosefaktor in die lösliche Form. Beide liegen in oligomerisierter Form – bevorzugt als Trimere – vor. Es existieren zwei TNF-Rezeptoren, die ebenfalls als trimere Komplexe signalisieren: TNF-Rezeptor-1 und TNF-Rezeptor-2. Während löslicher TNF ausschließlich über den TNF-Rezeptor-1 wirkt, kann membrangebundener TNF über beide Rezeptorkomplexe signalisieren. Zu der Familie der Rezeptoren mit Todesdomäne gehört auch der Fas-Rezeptor (CD95), ein wichtiger Auslöser der Apoptose (▶ Abschn. 51.1).

❯ Eine Besonderheit des TNFR1 ist die *death domain* (DD) im intrazellulären Teil des Rezeptors.

Der TNFR1 ist in der Lage, sowohl NF-κB zu aktivieren (◼ Abb. 35.25B) – ähnlich der IL-1-Signaltransduktion – und damit proinflammatorische Prozesse zu induzieren als auch den programmierten Zelltod (Apoptose) hervorzurufen (▶ Abschn. 51.1).

Die Auslösung der Apoptose erfolgt nach Ligandenbindung und Aktivierung des TNFR1-Rezeptorkomplexes durch Rekrutierung verschiedener cytoplasmatischer Effektorproteine (TRADD, FADD, RIP) (◼ Abb. 35.25C). Diese Effektormoleküle enthalten ebenfalls *death domains*, die sie in die Lage versetzen, mit den Rezeptoren und untereinander zu interagieren. Der für die Apoptose wichtige Signaltransduktionsschritt ist die Rekrutierung der Procaspase 8, die am Anfang einer Caspasekaskade steht (*initiator caspase*). Für das Auslösen der Apoptose ist die Endocytose des TNFR1 essenziell. Es ist daher davon auzugehen, dass die Apoptose über signalisierende Endosomen vermittelt wird. *Caspasen* gehören zur Familie der Cysteinproteasen, die ihre Substrate C-terminal der Aminosäure Aspartat spalten. Die Procaspase 8 wird durch Abspaltung eines Propeptids autokatalytisch aktiviert und vermag ihrerseits verschiedene cytoplasmatisch lokalisierte Procaspasen (3, 6 und 7) durch limitierte Proteolyse zu aktivieren. Die aktivierten Caspasen (*effector or executioner caspases*) leiten den Zelltod auf verschiedenen Ebenen ein: Sie spalten wichtige Strukturproteine der Zelle wie z. B. Proteine der Kernmembran und das Actincytoskelett oder sie aktivieren eine DNase und lösen damit die Fragmentierung der nucleären DNA aus (◼ Tab. 51.1). Auch DNA-Reparatur und Zellzyklus werden außer Kraft gesetzt (▶ Abschn. 51.3).

Um eine permanente Interaktion von *death domain* enthaltenden Proteinen zu verhindern, werden sie durch die Bindung an *SODD* (*silencer of death domains*)-Proteine blockiert.

Bei Aktivierung des TNFR2-Rezeptorkomplexes wird keine Apoptose ausgelöst, sondern es werden im Gegenteil antiapoptotische Proteine induziert. In diesem Fall steht – wie bei Interleukin-1 – die proinflammatorische Signalkaskade über NF-κB im Vordergrund.

35.5.4 Pathobiochemie: Septischer Schock und multiples Organversagen

Für die Abwehr lokaler bakterieller Infekte ist die **unspezifische Immunantwort** von großer Bedeutung (▶ Abschn. 70.2). Ihre frühen Ereignisse sind die Freisetzung proinflammatorischer Cytokine (TNF-α, IL-1, IL-6, IL-12 und IL-18) und die Bildung von chemotaktischen Faktoren (Chemokine, Komplementfaktoren C3a, C5a), Prostaglandinen, Thromboxanen und Prostacyclinen, die auf die Gefäße im Sinne einer Vasodilatation und Permeabilitätszunahme wirken. Diese Vorgänge sind lokal und leiten die spezifische Immunantwort u. a. durch Bildung von IL-12 und IL-18 sowie IL-4 und IL-10 ein.

❯ Der Übertritt bakterieller Infektionen in die Zirkulation führt zu einer systemischen generalisierten Entzündungsreaktion.

Die Reaktionen der unspezifischen Immunantwort sind normalerweise streng lokalisiert und haben den Sinn, die bakterielle Infektion auf den Ort ihrer Entstehung zu beschränken und zu beenden (▶ Abschn. 70.2).

Kommt es jedoch zu einem Übertritt von Bakterien, z. B. gramnegativen Pathogenen und bakteriellen Endotoxinen, in die Blutbahn, entwickelt sich eine **Sepsis**. Diese verläuft mit einer Symptomatik, die auch nach schweren Traumen oder Verbrennungen vorkommt und als systemische Entzündungsreaktion oder **SIRS** (*systemic inflammatory response syndrome*) bezeichnet wird. Unter dem Begriff Sepsis versteht man heute ein durch bakterielle Infektion ausgelöstes SIRS. Es handelt sich hierbei um eine akut lebensbedrohliche Situation. Man schätzt, dass z. B. in den USA jährlich 300.000–500.000 Sepsisfälle vorkommen, wobei die Mortalität zwischen 20 und 40 % liegt. In den frühen Stadien der Sepsis ist ein nicht beherrschbares Absinken des Blutdrucks, ein septischer Schock, die häufigste Todesursache. In späteren Stadien der Sepsis kommt es zum Multiorganversagen oder **MOF** (*multi organ failure*). Dieser Zustand ist mit einer Mortalität von 60–70 % verknüpft.

Die bakteriellen Toxine haben eine direkte toxische Wirkung. Daneben ist die **generalisierte Aktivierung** von

Rezeptoren und ihre Signaltransduktion

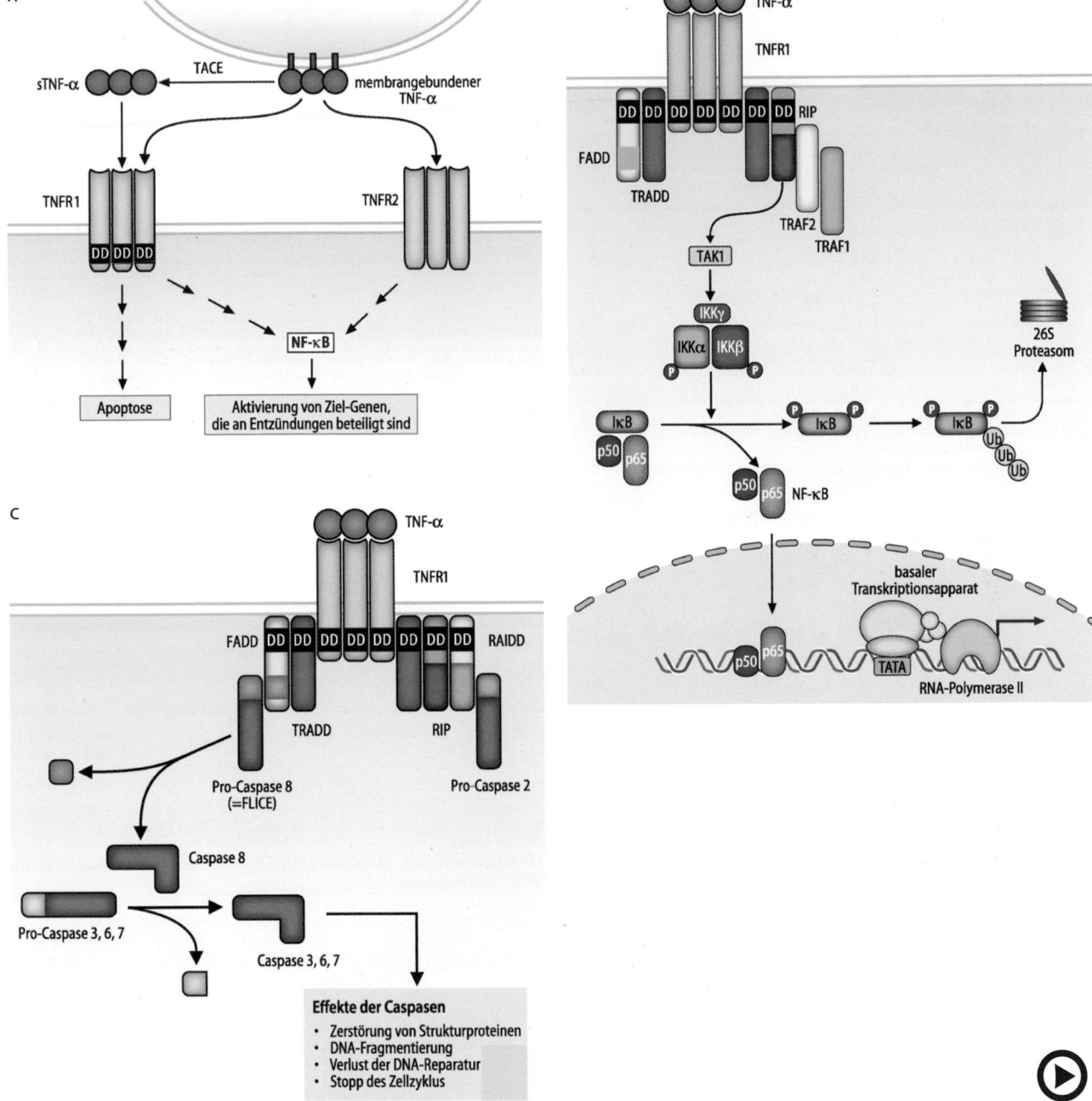

Abb. 35.25 (Video 35.14) **TNF-α-Signaltransduktion. A** Löslicher TNF (sTNFα) entsteht aus membrangebundenem TNF durch Einwirkung des Enzyms TACE (=ADAM17). Sowohl löslicher als auch membrangebundener TNF kann den TNFR1 aktivieren. Der TNFR2 kann nur durch membrangebundenen TNF aktiviert werden. **B** Die Aktivierung des NF-κB-Signaltransduktionsweges durch TNF erfolgt über ähnliche Mechanismen wie beim IL-1-Rezeptor.

C Der TNFR1 ist im Gegensatz zum TNFR2 in der Lage, Caspasen zu aktivieren. Diese leiten den programmierten Zelltod (Apoptose) ein. *FADD: Fas associated protein with a death domain; RIP: receptor interacting protein; TAK1: TGF-β activated kinase 1; TRADD: TNF-receptor associated protein with a death domain; Ub:* Ubiquitin (▶ https://doi.org/10.1007/000-5jq)

Mediatorzellen wie Makrophagen und Granulocyten durch die bakteriellen Toxine eine Hauptursache für den lebensbedrohlichen Verlauf des SIRS. Besonders gut ist dies für das sog. **Lipopolysaccharid (LPS) – auch Endotoxin** genannt – gezeigt, einem wichtigen Bestandteil der Zellwand gramnegativer Bakterien. In ◻ Abb. 35.26 sind wichtige Schritte beim Zustandekommen des SIRS zusammengestellt. Die einzelnen Stufen sind:

- Von gramnegativen Bakterien erzeugtes LPS wird im Blut gebunden an das **LPS-Bindeprotein** transpor-

35

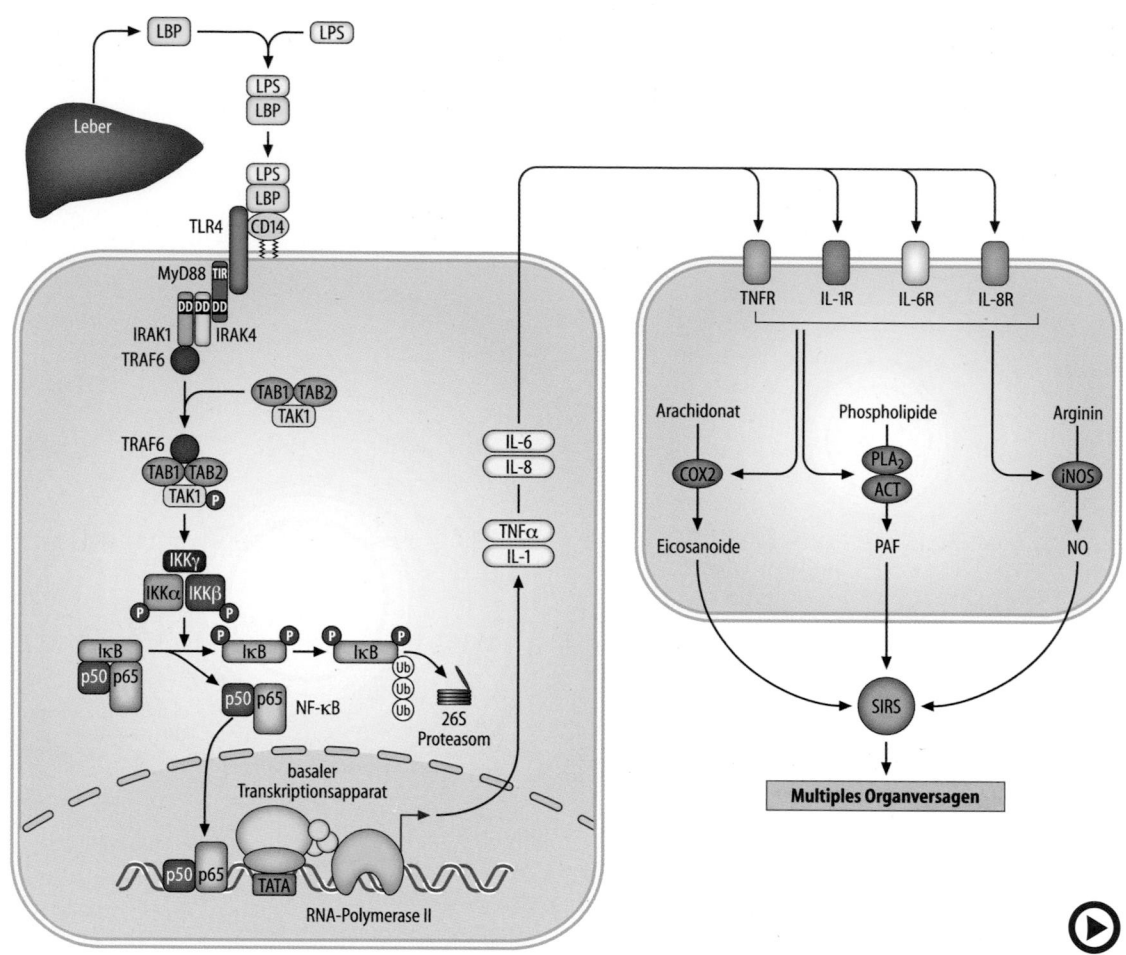

◻ **Abb. 35.26** (Video 35.15) **Aktivierung von Zellen durch das bakterielle Lipopolysaccharid.** *LPS*: bakterielles Lipopolysaccharid; *LBP*: LPS-Bindeprotein; *TLR-4*: Toll-*like*-Rezeptor 4; *IL*: Interleukin; *TRAF*: *TNF receptor-associated factor; MyD88: myeloid differentiation* (88 kDa), *IRAK*: *IL-1 receptor-associated kinase; TAK*:

TGF-β activated kinase; TAB: TAK binding protein; NF-κB: nuclear factor κB; IκB: inhibitor of NF-κB; IKK: IκB Kinase, *PLA₂*: Phospholipase A2, *ACT*: Acetyltransferase, *COX2*: Cyclooxygenase 2; *PAF: platelet activating factor; NO*: Stickstoffmonoxid; *iNOS*: induzierbare NO-Synthase (► https://doi.org/10.1007/000-5jr)

tiert. Dieser Komplex ist ein Ligand für einen als **CD14** bezeichneten Rezeptor auf Makrophagen/ Monocyten und neutrophilen Granulocyten. Darüber hinaus gibt es Anhaltspunkte dafür, dass LPS auch direkt Endothelzellen der Blutgefäße aktivieren kann. CD14 ist ein GPI-verankertes Protein (► Abschn. 49.3.5) ohne cytoplasmatische Domäne, kann also keine Signalweiterleitung ins Cytosol auslösen.

— Der LPS/CD14-Komplex bindet an den **TLR-4** (Toll-*like*-Rezeptor 4). Dieser gehört zu einer aus 10 Mitgliedern bestehenden Familie von Rezeptoren, die wegen ihrer Ähnlichkeit mit dem bei Drosophila vorkommenden Membranrezeptor Toll als Toll-*like* bezeichnet werden und für die Erkennung von bakteriellen Strukturen verantwortlich sind.

— Die durch LPS induzierte Aktivierung von TLR-4 führt über eine noch nicht ganz geklärte Signalkaskade zur Aktivierung von NF-κB und folgend zur

Freisetzung der proinflammatorischen Cytokine TNF-α, IL-1β, IL-6, CXCL8 und Interferon-γ.

— Diese lösen über verschiedene Mechanismen die massive und generalisierte Freisetzung von reaktiven Sauerstoffspezies (ROS, *reactive oxygen species*) aus, z. B. Superoxidanion (O_2^-), Stickstoffmonoxid (NO), und von Prostaglandinen, Hypochlorit und dem Plättchenaktivierungsfaktor (*platelet activating factor*, PAF).

❯ Die überschießende Produktion von proinflammatorischen Cytokinen und niedermolekularen Mediatoren löst Hypotension und multiples Organversagen aus.

Beim SIRS kommt es zu einer generalisierten Freisetzung von inflammatorischen Cytokinen (◻ Abb. 35.27) und der oben genannten Mediatoren, die in den verschiedensten Zellen cytokinvermittelt gebildet werden. Die

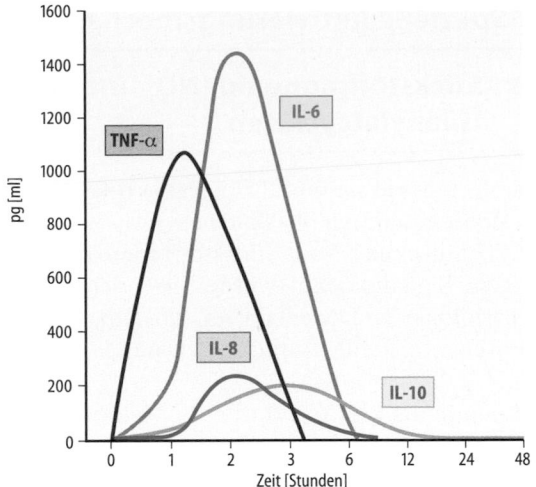

Abb. 35.27 Serumspiegel von TNF-α, IL-6, CXCL8 und IL-10 nach intravenöser Gabe von LPS-Endotoxin. Gesunde Versuchspersonen erhielten LPS-Endotoxin in einer Menge von 2 ng/kg Körpergewicht. Die Serumkonzentrationen der Cytokine wurden zu den angegebenen Zeitpunkten bestimmt. (Adaptiert nach Lin et al. 2000)

Tab. 35.5 Symptomatik der generalisierten Freisetzung proinflammatorischer Cytokine (die Angaben basieren auf Versuchen, bei denen Versuchspersonen die angegebenen Cytokine intravenös in relativ hohen Konzentrationen erhalten haben; vgl. auch **Abb. 35.27 Serumspiegel von TNF-α, IL-6, CXCL8 und IL-10 nach intravenöser Gabe von LPS-Endotoxin**). (Nach Slifka und Whitton 2000)

Symptome	Ausgelöst durch
Akute respiratorische Insuffizienz (respiratory distress syndrom)	TNF-α, IL-2, IL-12
Hypotension	TNF-α, IL-2, IL-12
Schädigung des Gastrointestinaltraktes (Nekrose, Durchfälle, Hämorrhagie)	TNF-α, IL-2, IL-12
Arrhythmie	TNF-α, IL-2, IL-12
Mikrothrombosen	TNF-α, IL-2, IL-12
Thrombocytopenie	TNF-α, IL-2, IL-12
Gesteigerte Kapillarpermeabilität	TNF-α, IL-2
Fieber	TNF-α, IL-1, IL-6, IL-12, IL-18, IFN-γ
Renale Tubulusnekrose	TNF-α
Veränderte Serum-Akutphase-Protein-Spiegel (z. B. Anstieg von CRP)	IL-6, IL-1

Tab. 35.5 zeigt eine Auswahl klinischer Symptome, die nach intravenöser Gabe hoher Konzentrationen proinflammatorischer Cytokine beobachtet wurden. Wird eine Freisetzung dieser Cytokine durch LPS ausgelöst, ergibt sich ein kompliziertes Netzwerk von Reaktionen,

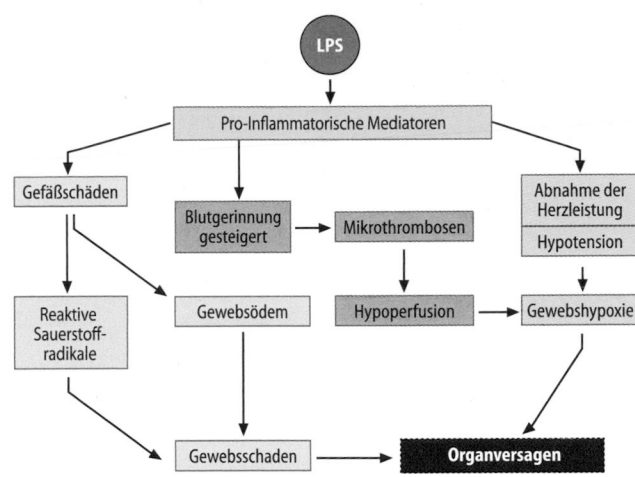

Abb. 35.28 Multiorganversagen als Folge einer bakteriell verursachten Sepsis. (Einzelheiten s. Text)

die für den Abfall des Blutdrucks, die Verminderung der Herzleistung, das Auftreten von Mikrothrombosen, die Hypoperfusion von Geweben, die Gewebszerstörung und schließlich das Multiorganversagen verantwortlich sind. Einen Überblick über die dabei auftretenden Zusammenhänge gibt **Abb. 35.28**.

Obwohl man also einigermaßen klare Vorstellungen über das Zustandekommen des SIRS hat, ist die Umsetzung dieser Erkenntnisse in therapeutische Maßnahmen bisher enttäuschend verlaufen. Antikörper gegen TNF-α, Gabe von IL-1-Rezeptorantagonisten und Hemmstoffe der Prostaglandin- oder NO-Biosynthese vermögen die Mortalitätsrate bestenfalls um 10 % zu verringern.

> Beim SIRS ist das Gleichgewicht zwischen proinflammatorischen und antiinflammatorischen Cytokinen gestört.

Bei der Immunantwort besteht in der Regel ein Gleichgewicht zwischen pro- und antiinflammatorischen Cytokinen. SIRS ist dadurch gekennzeichnet, dass dieses Gleichgewicht zugunsten der proinflammatorischen Cytokine gestört ist. Überwiegen dagegen die antiinflammatorischen Cytokine, kommt es zu einer Hemmung der Immunantwort. Nur wenn das Gleichgewicht erhalten bleibt, haben die Patienten eine einigermaßen gute Prognose.

Zusammenfassung

- Mitglieder der Familie der IL-6-Typ-Cytokine führen zur Aktivierung Rezeptor-assoziierter Janus-Tyrosinkinasen. Diese aktivieren Transkriptionsfaktoren der STAT-Familie und die MAP-Kinasen. Interleukin-6 spielt eine wichtige Rolle für die Akutphase-Reaktion in der Entzündungsantwort.

- Interferone hemmen die Virusvermehrung in nahezu allen Zellen. Über Änderung der Bildung von Zellzykluskomponenten, Induktion der Antigenpräsentation sowie durch Hemmung der Translation und Abbau der mRNA wird die Virusreplikation inhibiert. Interferone signalisieren über den JAK/STAT-Weg.
- Interleukin-1 bindet an Rezeptoren mit TIR-Domänen und führt über verschiedene, an den Rezeptor assoziierte Proteine zur Translokation von NF-κB in den Zellkern. Nach Bindung an die *enhancer*-Elemente verschiedener Zielgene wird u. a. die Expression von Chemokinen und IL-6 induziert.
- TNF führt sowohl zur NF-κB-Aktivierung als auch zur Apoptose. Hierfür sind Effektormoleküle mit sog. *death domains* verantwortlich. Die Apoptose wird durch Caspasen ausgelöst.
- Die dramatische Symptomatik der Sepsis – des septischen Schocks und des multiplen Organversagens – wird dadurch verursacht, dass die Vorgänge, die bei der lokalisierten, unspezifischen Immunantwort auftreten, durch den Übertritt von bakteriellen Pathogenen ins Blut in generalisierter Form ablaufen und dabei verschiedene Organsysteme und Gewebe schwer schädigen. Im Einzelnen beruht dies darauf, dass die Sepsis eine systemische Entzündungsreaktion oder SIRS (*systemic inflammatory response syndrome*) auslöst. Diese führt zunächst zu:
  - einer gesteigerten und generalisierten Freisetzung proinflammatorischer Cytokine durch Makrophagen/Monocyten und Granulocyten sowie Endothelzellen und
  - einer dadurch ausgelösten Freisetzung von Mediatoren wie reaktiven Sauerstoffspezies (ROS), NO, Prostaglandinen und dem Plättchenaktivierungsfaktor (PAF). Die gesteigerte NO-Bildung löst eine allgemeine Gefäßrelaxation mit Blutdruckabfall, am Myokard darüber hinaus eine Verminderung der Kontraktilität und der Herzleistung aus.
- Am Zustandekommen des sich anschließenden Organversagens sind außer den genannten Mediatoren u. a. eine Verminderung der Organperfusion und Mikrothromben verantwortlich, weil die Fibrinbildung gegenüber der Fibrinolyse überwiegt.

35.6 Spezielle Aktivierungsmechanismen

35.6.1 Stickstoffmonoxid (NO) und lösliche Guanylatcyclasen

Stickstoffmonoxid nimmt als Gas eine besondere Rolle als Auslöser einer Signalkaskade ein. Als Anerkennung für die Entdeckung von Stickstoffmonoxid (NO) als wichtigem Signalmolekül wurde 1988 der Nobelpreis für Physiologie und Medizin an die Amerikaner Robert Furchgott, Ferid Murad und Louis J. Ignarro verliehen.

NO kann als Gas frei durch die Zellmembran diffundieren und ist daher ein intra- und interzelluläres Signalmolekül. Aufgrund seiner extrem kurzen Halblebenszeit (2–30 s) kann es vom Ort seiner Synthese nur in die umliegenden Gewebe und Zellen einwandern. Zu seinen wichtigsten physiologischen Funktionen gehören die Relaxation der glatten Gefäßmuskulatur (☐ Abb. 35.29) und die Hemmung der Thrombocytenaggregation. Die **NO-Synthasen (NOS)** katalysieren die Bildung von NO aus Arginin (▶ Abschn. 27.2.2). Drei Isoformen dieser Enzyme sind gut charakterisiert: die endotheliale (eNOS), die neuronale (nNOS) und die induzierbare (iNOS) NO-Synthase. Die konstitutiv exprimierten eNOS und nNOS werden durch eine Erhöhung der Ca^{2+}/Calmodulin-Konzentration aktiviert. Im Gegensatz dazu wird die iNOS, die hauptsächlich in Makrophagen und anderen Zellen des Immunsystems vorkommt, nicht Ca^{2+}-abhängig reguliert, sondern durch eine Reihe von Cytokinen induziert.

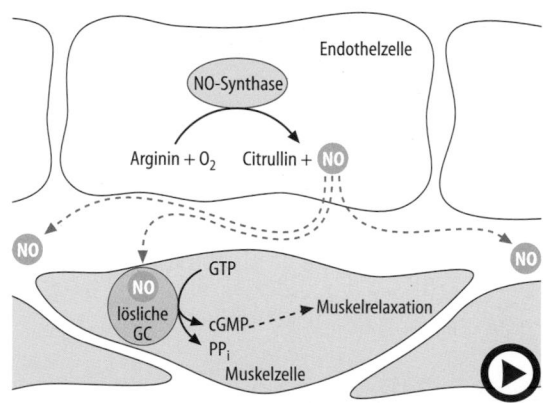

☐ **Abb. 35.29** (Video 35.16) **Wirkungsweise des Stickstoffmonoxids (NO).** Das in Endothelzellen aus Arginin unter Sauerstoffeinwirkung erzeugte Stickstoffmonoxid (NO-Synthasereaktion, ▶ Abschn. 27.2) diffundiert in die umliegenden glatten Muskelzellen. Dort aktiviert es die lösliche Guanylatcyclase (GC) und führt somit zur Vasodilatation (▶ https://doi.org/10.1007/000-5ja)

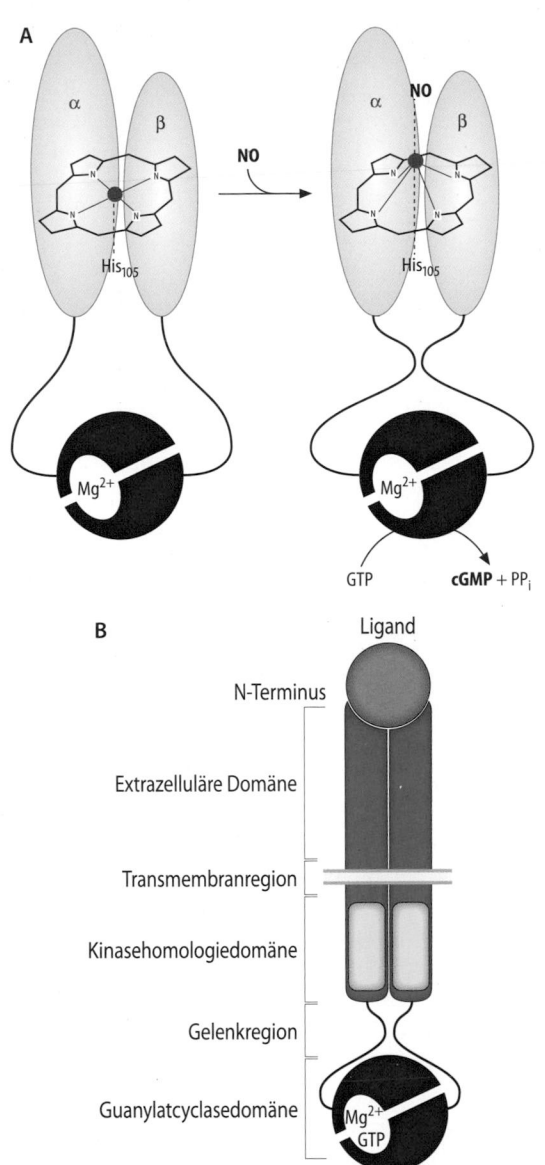

A

B

Ligand

N-Terminus

Extrazelluläre Domäne

Transmembranregion

Kinasehomologiedomäne

Gelenkregion

Guanylatcyclasedomäne

C-Terminus

◘ Abb. 35.30 Guanylatcyclasen. A Lösliche Guanylatcyclasen. Diese bestehen aus zwei verschiedenen Untereinheiten (α und β), die im N-terminalen Bereich ein als prosthetische Gruppe gebundenes Häm enthalten, welches die Bindung mit NO eingeht. Im C-terminalen Bereich befinden sich die Guanylatcyclasedomänen (*rot*). **B** Membrangebundene Guanylatcyclasen. Diese bilden Homodimere und binden über die extrazelluläre Region ihre Liganden. Intrazellulär findet sich die Kinasehomologiedomäne, die Gelenkregion und im C-Terminus die Guanylatcyclasedomäne

Seine physiologische Wirkung entfaltet NO hauptsächlich über die Aktivierung der NO-sensitiven, **löslichen Guanylatcyclasen (GC)** (◘ Abb. 35.30A). Diese werden in nahezu allen Säugetierzellen exprimiert und bestehen aus zwei verschiedenen Untereinheiten (α und β). Nur die gemeinsame Expression beider Untereinheiten führt zu einer katalytisch aktiven GC. In den

C-Termini beider Untereinheiten befinden sich die Cyclasehomologiedomänen, die die katalytische Aktivität besitzen und stark den entsprechenden Domänen der Adenylatcyclasen ähneln. Im N-terminalen Bereich ist an konservierte Histidinreste eine prosthetische Hämgruppe gebunden, die essenziell für die Bindung von NO an die GC ist.

Die Guanylatcyclase katalysiert die folgende Reaktion:

$$GTP \rightarrow 3',5' \, cGMP + Pyrophosphat$$

cGMP ist eine dem cAMP analoge Verbindung.

Außer seiner Funktion als Stimulator der löslichen Guanylatcyclase dient NO im Nervensystem als **Neurotransmitter** (nitrinerge Neurone) bzw. im Immunsystem als Bestandteil des Verteidigungssystems gegen Bakterien.

35.6.2 Membrangebundene Guanylatcyclasen

Membranständige Guanylatcyclasen unterscheiden sich von den Adenylatcyclasen dadurch, dass sie nur eine einzige Transmembrandomäne enthalten und direkt durch extrazelluläre Ligandenbindung aktiviert werden (◘ Abb. 35.30B). Im Gegensatz zu den heterodimer vorliegenden löslichen Guanylatcyclasen bilden die membrangebundenen Guanylatcyclasen Homodimere.

Im Menschen kommen fünf Isoformen der membranständigen Guanylatcyclasen vor: GC-A, GC-B, GC-C, GC-E und GC-F. Physiologische Peptidliganden sind bislang nur für GC-A, GC-B und GC-C bekannt:
- GC-A bindet das atriale natriuretische Peptid (ANP ▶ Abschn. 65.4) und das B-Typ natriuretische Peptid (BNP),
- GC-B bindet das C-Typ natriuretische Peptid,
- GC-C bindet Guanylin und Uroguanylin, die im Intestinaltrakt, den Nieren und im lymphatischen Gewebe gebildet werden.

Übrigens

Pathobiochemie: Reisediarrhö. Das hitzestabile Enterotoxin von Enterobakterien bindet ebenfalls an die membranständige GC-C-Isoform und kann diese aktivieren. Der Anstieg der intrazellulären cGMP-Spiegel führt in der Folge zu einer Verschiebung des Elektrolytgleichgewichts. Pathophysiologische Folge dieser Veränderung der Elektrolythomöostase ist die bekannte Durchfallerkrankung.

Die membranständige Guanylatcyclase besteht aus einer extrazellulären Ligandenbindungsregion, einer Transmembrandomäne und einer Intrazellulärregion. Der cytoplasmatische Bereich enthält eine Kinasehomologiedomäne, eine amphipathische Gelenkregion und die Cyclasehomologiedomäne (◘ Abb. 35.30B). Es wird angenommen, dass die Kinasehomologiedomäne ihre katalytische Aktivität verloren hat, da katalytisch wichtige Aminosäuren mutiert sind. Sie scheint jedoch einen negativ-regulatorischen Einfluss auf die Cyclaseaktivität zu haben. Die Gelenkregion vermittelt bei der Dimerisierung den Kontakt der beiden Untereinheiten.

Kristallographische Studien zeigen, dass die Liganden eine Veränderung der Konformation der Extrazellulärdomäne induzieren. Dadurch rotiert der intrazelluläre Bereich, die Cyclasedomänen eines Dimers bewegen sich aneinander heran und das Enzym wird aktiv.

cGMP-abbauende Phosphodiesterasen hydrolysieren cGMP zu GMP und sind in Säugergeweben weit verbreitet. Sowohl die Dauer als auch die Intensität eines cGMP-vermittelten Signals werden durch Phosphodiesterasen (PDE) reguliert. Bislang sind elf PDE-Familienmitglieder bekannt, wobei PDE5, PDE6 und PDE9 eine hohe Spezifität für cGMP aufweisen.

> **Übrigens**
>
> **Sildenafil (Viagra).** Sowohl die Dauer als auch das Ausmaß einer Erektion hängt vom Blutfluss in das *Corpus cavernosum penis* ab. Dieses ist ein arterieller Schwellkörper, der im nicht-erigierten Zustand aufgrund der angespannten ringförmigen Muskulatur in der Arterienwand blutleer gehalten wird. Im Verlauf der Erektion wird Stickstoffmonoxid (NO) produziert, welches in den betreffenden Muskelzellen die Bildung von cGMP induziert. Die Muskeln entspannen sich und arterielles Blut kann in den Schwellkörper fließen und damit die Erektion auslösen. Viagra wird zur Behandlung erektiler Dysfunktionen eingesetzt und stellt einen potenten selektiven Inhibitor der cGMP-spezifischen PDE5 dar, die das im *Corpus cavernosum* gebildete cGMP wieder zu GMP abbaut. Somit kommt es beim Einsatz von Viagra im Verlaufe einer normalen sexuellen Stimulation durch Verhinderung des Abbaus von cGMP zu einem erhöhten intrazellulären Spiegel und damit zu einer verstärkten Erektion. Ohne die sexuelle Erregung löst Viagra keine Erektion aus. Fatale Folgen können eintreten, wenn Viagra gleichzeitig mit nitrat-/nitrithaltigen Medikamenten oder NO-Donoren eingenommen wird. Zu diesen gehören auch die als Rauschmittel verwendeten und unter dem *slang*-Namen Poppers bekannten Drogen. Sie bestehen aus den leicht flüchtigen Substanzen Amylnitrit, Butylnitrit oder Isobutylnitrit und werden direkt aus Glasampullen inhaliert. Durch die kombinierte Wirkung von NO-Donoren und Viagra, welches die Wirkung von NO verlängert, droht ein akuter lebensbedrohlicher Blutdruckabfall.

35.6.3 cGMP-Effektormoleküle

❯ cGMP aktiviert cGMP-abhängige Kinasen und cGMP-regulierte Ionenkanäle.

Wie für cAMP sind eine Reihe von intrazellulären cGMP-bindenden Proteinen beschrieben worden (◘ Tab. 35.6).

cGMP-abhängige Proteinkinasen Diese zur Familie der Serin/Threonin-Kinasen gehörenden Enzyme finden sich in besonders hoher Konzentration in glatten Muskelzellen, Thrombocyten und im Kleinhirn. Die wichtigste Funktion der cGMP-abhängigen Proteinkinase der glatten Muskulatur beruht auf ihrer **relaxierenden Wirkung**. Dies ist übrigens auch das therapeutische Prinzip aller NO-freisetzenden Vasodilatatoren wie Nitroprussit oder dem zur Behandlung der akuten koronaren Herzkrankheit eingesetzten Nitroglycerin. Ähnlich der Proteinkinase C (◘ Abb. 35.15) enthält der N-terminale Bereich der cGMP-abhängigen Proteinkinasen eine autoinhibitorisch wirksame Pseudosubstrat-Region. Durch die Bindung von cGMP an die Kinase wird die negativ-regulatorische Wirkung der Pseudosubstratregion aufgehoben.

Substrate der cGMP-abhängigen Proteinkinasen sind z. B. Proteine, die an der Regulation der intrazellulären Calciumkonzentration beteiligt sind wie die IP_3-Rezeptoren (▶ Abschn. 35.3.3).

cGMP-abhängige Ionenkanäle Sie finden sich in den Photorezeptorzellen, einzelnen olfaktorischen sensorischen Neuronen und dem Epithel der renalen Sammelrohre (◘ Tab. 35.6). In den ersten beiden Systemen spielt der cGMP-abhängige Natriumkanal eine wichtige Rolle bei der Aufrechterhaltung des im unstimulierten Zustand niedrigen Membranpotenzials dieser Zelle. Erst durch Aktivierung einer cGMP-spezifischen Phosphodiesterase kommt es zur Hyperpolarisierung dieser Sinneszellen und damit zur Erregungsweiterleitung (▶ Abschn. 74.1.3). In den Sammelrohrepithelien ist der cGMP-abhängige Natriumkanal möglicherweise verantwortlich für die Stimulierung der Natriurese durch das atriale natriuretische Peptid (▶ Abschn. 65.4.3).

◘ Tab. 35.6 Intrazelluläre cGMP-Bindungsproteine

Bindungsprotein	Vorkommen	Effekt
cGMP-abhängige Proteinkinasen	Glatte Muskulatur Thrombocyten	Relaxation Hemmung der Aggregation
cGMP-abhängige Na$^+$-Kanäle	Retina (Zapfen und Stäbchen)	Photorezeption Aufrechterhaltung des Membranpotenzials
	Olfaktorisches Epithel	Olfaktorische Rezeption Aufrechterhaltung des Membranpotenzials
	Renales Sammelrohr	Natriurese
cGMP-abhängige Phosphodiesterasen	Viele Zellen	cGMP-Abbau

cGMP-abhängige Proteinkinasen und Ionenkanäle enthalten ein sog. cNMP (*cyclic nucleotide monophosphate*)-Motiv als cGMP-bindende Sequenz.

> **Zusammenfassung**
> Stickstoffmonoxid (NO) ist ein wichtiger intra- bzw. interzellulär wirkender Signalmetabolit. Es aktiviert lösliche Guanylatcyclasen. Das dabei entstehende cGMP wirkt relaxierend auf glatte Muskelzellen, ist ein Ligand für Ionenkanäle und aktiviert Phosphodiesterasen. Außer durch lösliche Guanylatcyclasen kann cGMP auch durch membrangebundene Guanylatcyclasen gebildet werden. Diese stellen Rezeptoren für die natriuretischen Peptide und Guanyline dar.

35.7 Regulation der Rezeptor-Inaktivierung

Die Termination einer Signalkaskade muss ebenso genau kontrolliert werden wie ihre Initiation. Rückkopplungsmechanismen sind daher von großer pathophysiologischer Bedeutung. Ein Ausfall dieser Mechanismen innerhalb einer Signaltransduktionskaskade führt zu ähnlichen Erscheinungen wie eine Hyperstimulation. So verursacht z. B. die Dysregulation der Signaltransduktion eines proinflammatorischen Cytokins den Übergang von akuter zu chronischer Entzündung, die im Falle der Leber zur Zirrhose führen und schließlich in der Manifestation eines hepatozellulären Karzinoms enden kann.

35.7.1 Rezeptorexpression

Die primäre Voraussetzung, damit eine Zelle auf Cytokine reagieren kann, ist das Vorhandensein spezifischer Rezeptoren auf der Zelloberfläche. Zusätzlich ist die Zugänglichkeit des Rezeptors für das Hormon von Bedeutung: Eine polarisierte Epithelzelle, die auf endokrine Botenstoffe reagieren soll, muss die notwendigen Rezeptoren auf ihrer basolateralen, dem Blut zugewandten Seite exprimieren. In den cytoplasmatischen Bereichen einer Reihe von Transmembranrezeptoren sind Signalsequenzen für die polare Expression identifiziert worden, die den Transport des Rezeptors an die basolaterale oder apikale Seite einer polaren Zelle vermitteln. Somit ist nicht nur die Anzahl der Rezeptoren, sondern auch ihre Lokalisation von zentraler Bedeutung für die Stimulierbarkeit einer Zelle.

> **Übrigens**
>
> **Methoden zur Bestimmung der Rezeptorexpression.** Die Anzahl der Cytokinrezeptoren auf Zelloberflächen ist im Unterschied zu nutritiven Rezeptoren (z. B. dem LDL-Rezeptor) sehr gering. Man findet zwischen 100 und 5000 Cytokinrezeptoren im Vergleich zu 500.000 LDL-Rezeptoren pro Zelle. Dennoch lassen sich diese relativ niedrigen Rezeptorzahlen mithilfe der sog. FACS-(*fluorescence-activated cell sorting*)-Analyse im Durchflusszytometer bestimmen. Die Rezeptoren werden auf der Zelloberfläche über die spezifische Bindung eines fluoreszenzmarkierten Antikörpers nachgewiesen. Diese Methode ermöglicht auch die Trennung lebender Zellen nach der Oberflächenexpression bestimmter Markerproteine. Alternativ lässt sich die Zahl der Oberflächenrezeptoren auch mithilfe von Bindungsstudien mit radioaktiv markierten Liganden ermitteln. Hierbei wird die spezifische radioaktive Bindung als Differenz der gesamten Bindung und der unspezifischen Bindung errechnet. Durch die Wahl geeigneter Auswertungsverfahren (*Scatchard plots*) kann die Anzahl der Bindungsstellen (Rezeptoren) und deren Bindungsaffinitäten zum Liganden (Cytokin) ermittelt werden.

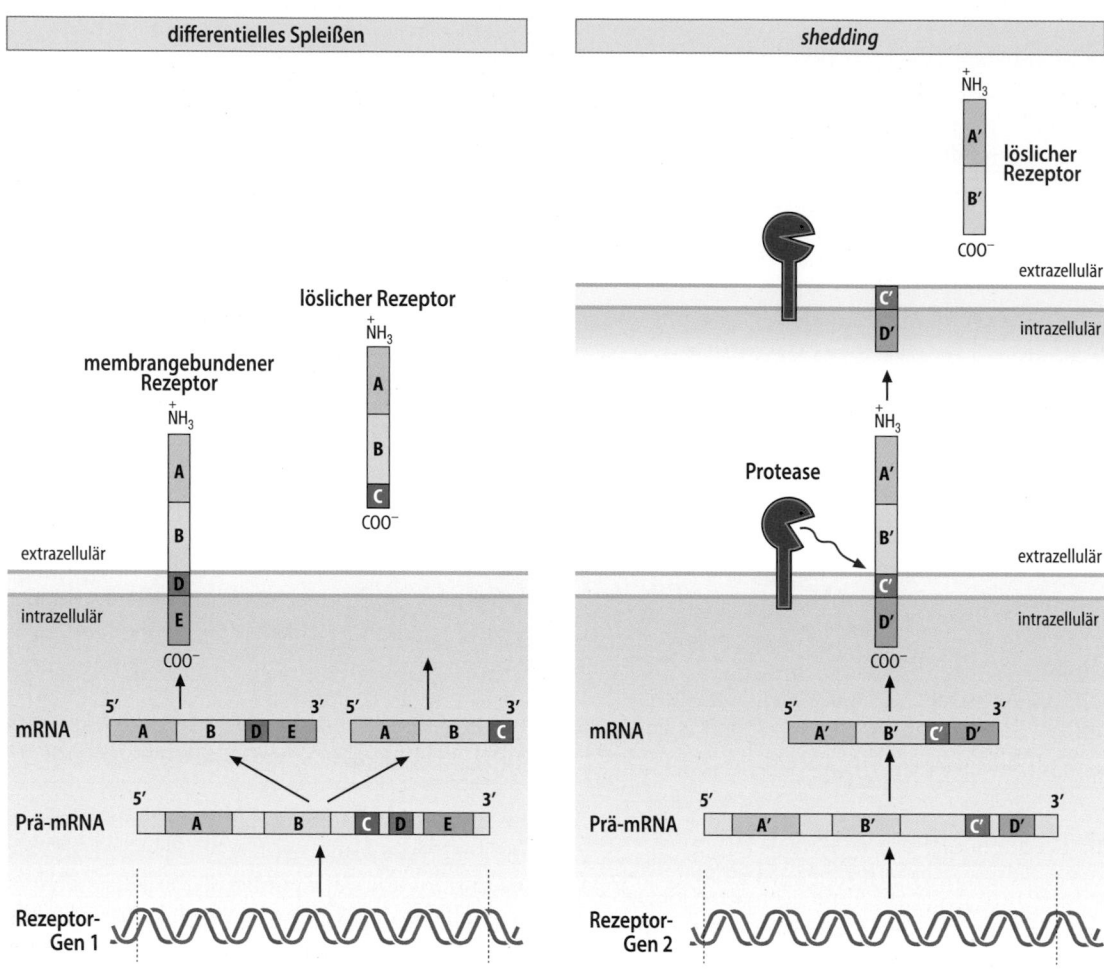

Abb. 35.31 Biosynthese löslicher Rezeptoren. Alternatives Spleißen (*links*) einer Rezeptor-Prä-mRNA resultiert in der Expression unterschiedlicher Proteine. Während der membrangebundene Rezeptor transmembranäre und cytoplasmatische Bereiche enthält (D, E), besteht der lösliche Rezeptor nur aus den extrazellulären Domänen und einem durch ein anderes Exon codierten alternativen Carboxyterminus (C). Bei der limitierten proteolytischen Spaltung (*rechts*) im Extrazellulärteil eines membranständigen Rezeptors durch eine spezifische Protease entsteht ein löslicher Rezeptor, der nur eine verkürzte Variante darstellt, jedoch keine alternativen Aminosäuren enthält (*shedding*)

Einige Cytokine signalisieren über Rezeptorkomplexe, in denen ligandenbindende Untereinheiten mit signaltransduzierenden Untereinheiten assoziiert sind. Häufig ist die Stimulierbarkeit einzelner Zellen über die Expression der ligandenbindenden Rezeptoruntereinheit reguliert. Das Fehlen dieser Untereinheit kann in einigen wenigen Fällen durch das Vorhandensein ihrer löslichen Form kompensiert werden. In diesen Fällen assoziieren Ligand und lösliche Rezeptoruntereinheit, binden an die signaltransduzierenden Rezeptorketten und lösen dort die Signalkaskade aus.

In der Regel hemmen aber lösliche Rezeptoren die Signaltransduktion, indem sie den Liganden binden und dadurch seine Assoziation mit membranständigen Rezeptoren verhindern (▶ Abschn. 34.2). Lösliche Rezeptoren entstehen entweder durch alternatives Spleißen der Prä-mRNA des Transmembranrezeptors oder werden durch eine proteasevermittelte Abspaltung des extrazellulären Teils des membranständigen Rezeptors (*receptor shedding*) generiert (▶ Abb. 35.31).

35.7.2 Rückkopplungsmechanismen

Zellen reagieren häufig nur transient auf eine Stimulation. Es existieren mehrere Rückkopplungsmechanismen, um die Signaltransduktion bei andauernder Hormonpräsenz zu dämpfen oder sogar ganz zu hemmen. Eine Überstimulation wird somit verhindert.

Rezeptoren können ligandenabhängig durch **Endocytose** internalisiert werden (▶ Abb. 35.32, Ziffer 1). Sie stehen dann für eine weitere Stimulation nicht mehr zur Verfügung. Die Zelle ist desensitisiert. Internalisierte Rezeptorkomplexe können nach Ablösung des Ligan-

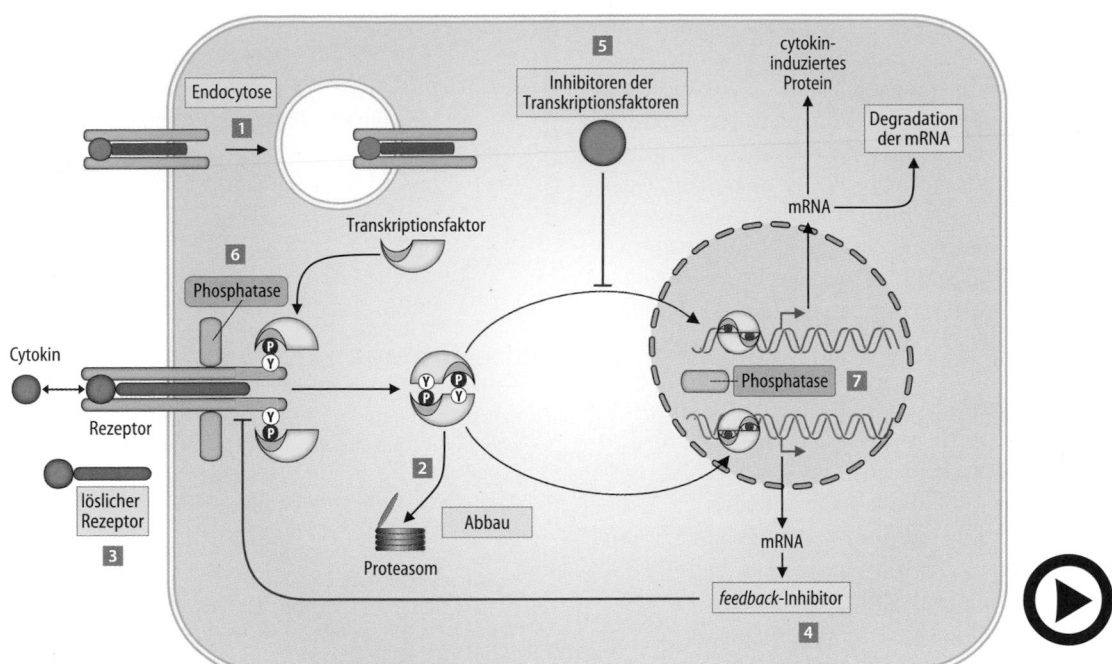

Abb. 35.32 (Video 35.17) **Negative Regulation der Signaltransduktion.** Die Modulation und Termination eines cytokininduzierten Signals kann auf verschiedenen Ebenen der Signaltransduktion erfolgen: neben der Verfügbarkeit von Rezeptorkomponenten entscheidet das Vorhandensein von cytoplasmatischen Inhibitoren über die Signalintensität. (Einzelheiten s. Text) (▶ https://doi.org/10.1007/000-5jt)

den zurück zur Zellmembran transportiert (*recycling*) oder abgebaut werden. Degradierte Rezeptoren werden durch Neusynthese ersetzt.

❯ Die Desensitisierung und Internalisierung von G-Protein-gekoppelten Rezeptoren wird über Phosphorylierungen eingeleitet.

Die Phosphorylierung der GPCR erfolgt an Serin- oder Threoninseitenketten und kann durch *second messenger*-aktivierte Kinasen (z. B. PKA oder PKC) oder über die sog. **G-Protein-gekoppelten Rezeptorkinasen (GRK)** erfolgen. Ein Beispiel hierfür ist die Kinase für den β-adrenergen Rezeptor (β-ARK bzw. GRK2). Die Phosphorylierung des Rezeptors erlaubt die Rekrutierung von Proteinen der Arrestinfamilie. Eine Funktion der Arrestine besteht in der Verhinderung der erneuten Bindung von trimeren G-Proteinen und führt somit zu einer Desensitisierung des Rezeptors. Sie bewirken zudem die Internalisierung des Rezeptors. Beide Mechanismen resultieren in einer länger anhaltenden Desensitisierung. Die Internalisierung der phosphorylierten Rezeptoren ist oft Voraussetzung für deren Dephosphorylierung und die erneute Präsentation an der Plasmamembran.

Sofern Rezeptoren nicht an die Plasmamembran zurück transportiert werden (*recycling*), kann nach ihrer Internalisierung ein weiterer Transport über Endosomen hin zu Lysosomen erfolgen, wo sie abgebaut werden. Ein weiteres Signal für den Abbau eines Rezeptors

kann dessen Ubiquitinierung sein (▶ Abschn. 33.4.1, ▶ 49.3.2, ▶ 50.2).

Prinzipiell können alle Signalmoleküle durch Abbau eliminiert werden: So werden nach Cytokinstimulation *Proteasen* sezerniert, die das stimulierende Cytokin abbauen. Im Zellinneren werden Transkriptionsfaktoren häufig durch das **Proteasom** abgebaut (■ Abb. 35.32, Ziffer 2). Es ist jedoch zu beachten, dass der Proteasom-vermittelte Abbau von Proteinen nicht immer der Signalabschaltung dient. Die Degradation von Inhibitoren kann auch essenziell für die Signalweiterleitung sein (IκB-Degradation ▶ Abschn. 35.5.2).

Die Bindung **inhibitorischer Proteine** an aktivierte Signalmoleküle ist auf allen Ebenen der Signaltransduktion zu finden: Liganden können durch lösliche Rezeptoren abgefangen (■ Abb. 35.32, Ziffer 3), Kinasen durch spezifische Inhibitoren gehemmt (Ziffer 4), Transkriptionsfaktoren durch Bindung an Inhibitorproteine an der Kerntranslokation und/oder der DNA-Bindung gehindert werden (Ziffer 5).

❯ Die reversible Phosphorylierung von Signalmolekülen ist bei der Modulation der Cytokinsignaltransduktionswege von zentraler Bedeutung.

Stimulation mit Wachstumsfaktoren, Interleukinen oder Interferonen löst Phosphorylierungskaskaden aus. Aktivierte Kinasen können durch Kinaseinhibitoren in ihrer enzymatischen Aktivität gehemmt und so an der Signalweiterleitung gehindert werden. Der Phosphorylierungsstatus der Signalmoleküle wird durch **Serin/Threonin-Kinasen** oder **Tyrosinkinasen** und deren Gegenspielern, den **Phosphatasen** bestimmt (◘ Abb. 35.32, Ziffer 6, 7). Für viele Wachstumsfaktor-, Interleukin- und Interferonrezeptoren ist bekannt, dass sich neben Kinasen auch Phosphatasen im aktivierten Rezeptorkomplex befinden. Andere Phosphatasen wirken im Zellkern. Für einige Cytokine ist beschrieben, dass die effiziente Aktivierung einer Signalkaskade zunächst die Inaktivierung basal aktiver Phosphatasen erfordert.

Die bei der Signaltransduktion über G-Protein-gekoppelte Rezeptoren aktivierten trimeren G-Proteine werden durch eine intrinsische GTPase-Aktivität nach Interaktion mit **GTPase-aktivierenden Proteinen (GAP)** inaktiviert. Die *second messenger* cAMP und cGMP werden durch Phosphodiesterasen hydrolysiert, IP_3 zu Inositol dephosphoryliert, DAG nach Phosphorylierung wieder zu Phospholipiden umgebaut oder die Ca^{2+}-Konzentration in der Zelle durch aktiven Export aus dem Cytosol reduziert.

> Die Expression von Feedback-Inhibitoren gehört zu den zentralen Mechanismen der Abschaltung einer cytokinvermittelten Signaltransduktion.

Zu den frühesten Zielgenen vieler Mitglieder der Interleukinfamilie gehören die Gene der so genannten *suppressors of cytokine signalling* (SOCS)-Proteine. Diese sehr früh nach Cytokinstimulation nachweisbaren Proteine binden und hemmen aktivierte Janus-Kinasen oder konkurrieren mit STAT-Faktoren um die Bindung am Rezeptor. Sie sind daher sehr effiziente Inhibitoren und verhindern eine lang andauernde Cytokinsignaltransduktion. Die Halblebenszeit der meisten SOCS-Proteine ist jedoch sehr gering, da sie schnell durch das Proteasom abgebaut werden. Sie greifen daher nur kurzfristig in die Signalweiterleitung ein und erlauben somit eine schnelle Anpassung der Signalstärke. Die im Verlauf der TGF-β-Signalkaskade induzierten Feedback-Inhibitoren Smad 6 und Smad 7 agieren in analoger Weise wie die SOCS-Proteine.

Zusammenfassung

Die Stärke und Dauer der Signaltransduktion wird reguliert durch:

- die Anzahl und Lokalisation von Rezeptoren auf der Plasmamembran
- lösliche Rezeptoren
- Endocytose von Rezeptoren
- proteolytischen Abbau von Cytokinen, Rezeptoren und Transkriptionsfaktoren
- Phosphorylierung/Dephosphorylierung von Signalmolekülen
- Bindung inhibitorischer Proteine an aktivierte Signalmoleküle
- Expression von Feedback-Inhibitoren

Weiterführende Literatur

Bochud PY, Calandra T (2003) Pathogenesis of sepsis: new concepts and implications for future treatment. Brit Med J 326:262–266

Gronemeyer H, Gustafsson JA, Laudet V (2004) Principles for modulation of the nuclear receptor superfamily. Nat Rev Drug Discov 3:950–964

Hancock JF, Parton RG (2005) Ras plasma membrane signalling platforms. Biochem J 389:1–11

Hanoune J, Pouille Y, Tzavara E, Shen T, Lipskaya L et al (1997) Adenylyl cyclases: structure, regulation and function in an enzyme superfamily. Mol Cell Endocrinol 128:179–194

Heinrich PC, Behrmann I, Haan S, Hermanns HM, Müller-Newen G, Schaper F (2003) Principles of interleukin (IL)-6-type cytokine signalling and its regulation. Biochem J 374:1–20

Hynes NE, Lane HA (2005) ERBB receptors and cancer: the complexity of targeted inhibitors. Nat Rev Cancer 5:341–354

Isaacs A, Lindenmann J (1957) Virus interference. I. The interferon. Proc R Soc Lond B Biol Sci 147:258–267

Isaacs A, Lindenmann J, Valentine RC (1957) Virus interference. II. Some properties of interferon. Proc R Soc Lond B Biol Sci 147:268–273

Karima R, Matsumoto S, Higashi H, Matsushima K (1999) The molecular pathogenesis of endotoxic shock and organ failure. Mol Med Today 5:123–132

Kershaw NJ, Murphy JM, Lucet IS, Nicola NA, Babon JJ (2013) Regulation of Janus kinases by SOCS proteins. Biochem Soc Trans 41:1042–1047

Kishimoto T (2010) IL-6: from its discovery to clinical applications. Int Immunol 5:347–352

Lawrence MC, Jivan A, Shao C, Duan L, Goad D, Zaganjor E, Osborne J, McGlynn K, Stippec S, Earnest S, Chen W, Cobb MH (2008) The roles of MAPKs in disease. Cell Res 18:436–442

Lemmon MA, Schlessinger J (2010) Cell Signaling by receptor tyrosine kinases. Cell 141:1117–1134

Lütticken C, Wegenka UM, Yuan J, Buschmann J, Schindler C, Ziemiecki A, Harpur AG, Wilks AF, Yasukawa K, Taga T, Kishimoto T, Barbieri G, Pellegrini S, Sendtner M, Heinrich PC, Horn F (1994) Association of transcription factor APRF and protein kinase Jak1 with the interleukin-6 signal transducer gp130. Science 263:89–92

Morris R, Kershaw NJ, Babon JJ (2018) The molecular details of cytokine signaling via the JAK/STAT pathway. Protein Science 27:1984–2009

O'Neill LA, Dinarello CA (2000) The IL-1 receptor/toll-like receptor superfamily: crucial receptors for inflammation and host defense. Immunol Today 21: 206–209

Radtke S, Wueller S, Yang XP, Lippok BE, Mütze B, Mais C, Schmitz-van-de-Leur H, Bode JG, Gaestel M, Heinrich PC, Behrmann I, Schaper F, Hermanns HM (2010) Cross-Regulation of Cytokine signalling: Pro-inflammatory cytokines restrict through receptor internalisation and degradation. J Cell Sci 123:947–959

35

Rajagopal S, Rajagopal K, Lefkowitz RJ (2010) Teaching old receptors new tricks: biasing seven-transmembrane receptors. Nat Rev Drug Discov 9:373–386

Smrcka AV (2008) G protein betagamma subunits: central mediators of G protein-coupled receptor signaling. Cell Mol Life Sci 65:2191–2214

ten Dijke P, Hill CS (2004) New insights into TGF-beta-Smad signalling. Trends Biochem Sci 5:265–273

Vanhaesebroeck B, Guillermet-Guibert J, Graupera M, Bilanges B (2010) The emerging mechanisms of isoform-specific PI3K signalling. Nat Rev Mol Cell Biol 11:329–341

Weber A, Wasiliew P, Kracht M (2010) Interleukin-1 (IL-1) pathway. Sci Signal 105

Insulin – das wichtigste anabole Hormon

Harald Staiger, Norbert Stefan, Monika Kellerer und Hans-Ulrich Häring

Während in den vorausgehenden ▶ Kap. 33, 34, und 35 die Prinzipien der hormonellen Signalübermittlung zusammenfassend und vergleichend dargestellt wurden, folgen nun die Besprechungen einzelner Hormone bzw. Hormonklassen. Bestimmte Hormone steuern die Anpassung von energieliefernden und energieverbrauchenden Stoffwechselprozessen an akute Änderungen des Aktivitäts- und Ernährungszustandes des Organismus. Dabei ist Insulin das wichtigste anabole Hormon. Es fördert die zelluläre Aufnahme von Energiesubstraten, wie Glucose und Aminosäuren, und das Anlegen von Energiespeichern, wie Glycogen, Triacylglycerinen und Proteinen. Zielgewebe des Insulins sind hauptsächlich Leber, Skelettmuskel und Fettgewebe. Ein Mangel an Insulin löst die Zuckerkrankheit Diabetes mellitus aus.

Schwerpunkte

36.1 Aufbau
- Struktur des menschlichen Insulins und tierischer Insuline
- Insulinoligomerisierung in den Insulinspeichergranula

36.2 Synthese in den β-Zellen des Pankreas
- Aufbau und Funktion des endokrinen Pankreas
- Proinsulinbildung und Insulinreifung in den pankreatischen β-Zellen
- Das Insulin-Gen und seine Transkription

36.3 Sekretionsmechanismus
- Der Glucosesensor der pankreatischen β-Zellen
- Mechanismus der glucosestimulierten Insulinsekretion
- Insulinotrope Hormone, Metaboliten und Pharmaka

36.4 Konzentration und Halbwertszeit im Serum
- Plasmakonzentration des Insulins
- Halbwertszeit und Abbau des Insulins

36.5 Wirkspektrum des Insulins
- Wirkung auf Glucoseaufnahme und -stoffwechsel
- Wirkung auf Lipogenese und Lipolyse
- Wirkung auf die Aminosäureaufnahme
- Wirkung auf die K^+-Aufnahme
- Zerebrale Wirkungen des Insulins

36.6 Signaltransduktion
- Aufbau und Funktion des Insulinrezeptors
- Signaltransduktionswege des Insulins

36.7 Pathobiochemie: Diabetes mellitus
- Ursachen und Folgen des Insulinmangels (Diabetes mellitus Typ 1)
- Ursachen und Folgen der Insulinresistenz (Diabetes mellitus Typ 2)
- Insulinpräparate und Insulinanaloga in der Diabetes-Therapie

36.1 Aufbau

 Insulin ist ein 5,8 kDa großes Protein aus zwei Peptidketten, der A-Kette (21 Aminosäuren) und der B-Kette (30 Aminosäuren)

Insulin wurde 1921 erstmalig von Frederick Banting und Charles Best aus Rinderpankreas isoliert. Seither steht es für die Therapie der Zuckerkrankheit zur Verfügung. Erst nach dem 2. Weltkrieg gelang Frederick Sanger die Strukturaufklärung des Insulins. A- und B-Kette sind über zwei **Disulfidbrücken** miteinander verknüpft, eine dritte Disulfidbrücke innerhalb der A-Kette trägt zur Stabilisierung der Raumstruktur des Insulins bei (◻ Abb. 36.1).

Tierische Insuline   Heute ist die Primärstruktur der Insuline von mehr als 80 Arten bekannt. Ihr Bauplan ist weitgehend identisch, wenn auch eine Reihe von Ami-

Ergänzende Information Die elektronische Version dieses Kapitels enthält Zusatzmaterial, auf das über folgenden Link zugegriffen werden kann https://doi.org/10.1007/978-3-662-60266-9_36. Die Videos lassen sich durch Anklicken des DOI Links in der Legende einer entsprechenden Abbildung abspielen, oder indem Sie diesen Link mit der SN More Media App scannen.

◘ Abb. 36.1 Primärstruktur des Humaninsulins

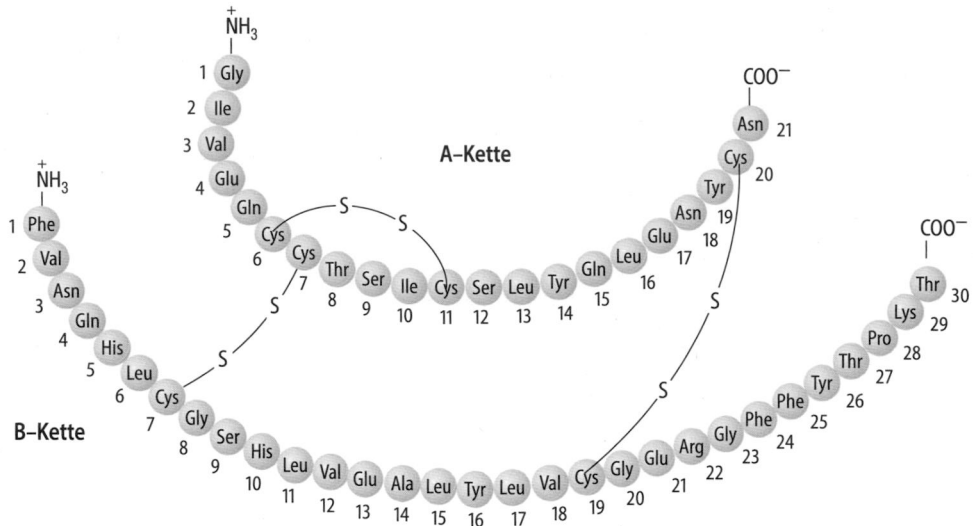

nosäuren variiert. Die größte Ähnlichkeit mit dem Humaninsulin hat das **Schweineinsulin**, bei dem nur das C-terminale Threonin der B-Kette gegen ein Alanin ausgetauscht ist. Die Insuline des Schafes, des Pferdes und des Rindes weisen im Vergleich zum Humaninsulin ebenfalls diesen Aminosäureaustausch und zusätzliche Veränderungen der drei Aminosäuren unter der Disulfidbrücke der A-Kette auf. Da sich die genannten tierischen Insuline kaum in ihrer biologischen Aktivität vom Humaninsulin unterscheiden, wurden Insuline von Schlachttieren bis in die 1980er-Jahre zur Therapie des Diabetes mellitus eingesetzt. Heute finden dagegen rekombinantes, d. h. von Bakterien synthetisiertes Insulin und Insulinanaloga (▶ Abschn. 36.7.4) Verwendung.

Oligomerisierung Während Insulin im Blut in monomerer Form zirkuliert, liegt es in den Insulinspeichergranula der β-Zellen der Langerhans-Inseln (▶ Abschn. 36.2) stark kondensiert in Form von **Zinkkomplexen** vor. Diese Komplexe können *in vitro* simuliert werden: Bei hoher Insulinkonzentration und in Anwesenheit von Zinkionen bilden sich **hexamere** Insuline, die leicht kristallisieren. Die Röntgenstrukturanalyse dieser Kristalle hat gezeigt, dass jeweils drei B-Ketten über ihre Histidinreste an der Position 10 ein Zinkion komplexieren. So kommen im Hexamer alle sechs B-Ketten gruppiert um zwei Zinkionen im Inneren zu liegen, während große Teile der A-Ketten nach außen exponiert sind.

Übrigens

Die bedeutendste Entdeckung im Rahmen der Erforschung der Zuckerkrankheit endete mit einem Eklat

1921 war es Dr. Frederick Banting (1891–1941) und dem Studenten Charles Best gelungen, im Labor von Professor John J. R. McLeod in Toronto das Hormon Insulin aus Pankreasextrakten von Versuchstieren zu gewinnen (Banting et al. 1922).

Damit stand das entscheidende Heilmittel zur Verfügung, die bislang unheilbare Krankheit Diabetes mellitus zu behandeln. Bereits zwei Jahre später, also 1923, erhielten Banting und McLeod, Letzterer war während der entscheidenden Experimente gar nicht im Labor, den Nobelpreis für Medizin. Charles Best aber wurde als zu jung befunden und ging leer aus – zu Unrecht.

Die Ausgezeichneten bewiesen jedoch Fairness. Banting teilte seine Preishälfte demonstrativ mit Best, McLeod die seine mit James B. Collip, der bei der erstmaligen Insulinreinigung aus Bauchspeicheldrüsen einen wichtigen Beitrag geleistet hatte.

Übrigens: Banting und Best verzichteten auf die Reichtümer, die sie mit der Insulinentdeckung hätten verdienen können. Für einen symbolischen Betrag von einem Dollar vergaben sie die Lizenz zur Insulinherstellung an alle Firmen, die sich der Einhaltung von Qualitätsstandards bei der Herstellung verpflichteten. Deshalb konnten sehr schnell nach der Entdeckung viele sonst dem Tod geweihte Zuckerkranke zu einem vertretbaren Preis behandelt werden.

36.2 Synthese in den β-Zellen des Pankreas

> Biosynthese und Sekretion des Insulins finden in den β-Zellen der Langerhans-Inseln des Pankreas statt

Für die Insulinbiosynthese, -speicherung und -sekretion ist der endokrine Teil des Pankreas verantwortlich. Er besteht aus den Langerhans-Inseln, kleinen homogen über das Pankreas verteilten und in das exokrine Drüsengewebe eingebetteten Zellaggregaten, in denen verschiedene Zelltypen nachzuweisen sind:

- Die **α-Zellen** (ca. 30 % der Inselzellen), die für die Glucagonbiosynthese (▶ Abschn. 37.1.2) verantwortlich sind,
- die insulinproduzierenden **β-Zellen** (ca. 65 % der Inselzellen),
- die **δ-Zellen** (ca. 5 % der Inselzellen), die Somatostatin produzieren,
- die **PP- oder γ-Zellen** (<2 % der Inselzellen), die das pankreatische Polypeptid, einen wichtigen Hemmstoff der pankreatischen Bicarbonat- und Enzymsekretion sowie des Gallenflusses, sezernieren, und
- die **ε-Zellen** (<1 % der Inselzellen), die Ghrelin produzieren, ein Peptidhormon, welches in der Langerhans-Insel die Somatostatinfreisetzung durch die δ-Zellen stimuliert.

Die Langerhans-Insel ist von mehreren Kapillaren durchzogen, was eine rasche Antwort der α- und β-Zellen auf Änderungen der Blutglucosekonzentration ermöglicht. Im elektronenmikroskopischen Bild lassen sich die Zellarten aufgrund ihrer unterschiedlichen **Sekretgranula** differenzieren.

> Insulin entsteht aus einer einkettigen Vorstufe (Proinsulin)

An einem menschlichen Inselzelltumor (Insulinom) konnte der Mechanismus der **Insulinbiosynthese** von Donald Steiner aufgeklärt werden. Er zeigte, dass die beiden Insulinketten Teile eines einkettigen Vorläufermoleküls sind. Inzwischen ist auch die Struktur des auf dem kurzen Arm von Chromosom 11 gelegenen Insulin-Gens bekannt, sodass der in ◘ Abb. 36.2 dargestellte Syntheseweg gesichert ist. Das Insulin-Gen enthält zwei Introns. Die nach Transkription und Spleißen entstehende mRNA kodiert für ein Protein, das vom N- zum C-Terminus aus einer Signalsequenz (24 Aminosäuren), der B-Kette, einem 33 Aminosäuren langen **C-Peptid** und der A-Kette besteht. Dieses 11,5 kDa große Translationsprodukt ist das **Prä-Proinsulin**. Wie andere Exportproteine wird auch Prä-Proinsulin an den Ribosomen des rauen endoplasmatischen Retikulums synthetisiert. Beim cotranslationalen

Transport in das endoplasmatische Retikulum erfolgt die Abtrennung des Signalpeptids, sodass das ca. 9 kDa große **Proinsulin** entsteht. Das einkettige Proinsulin gehört zu einer Familie von Proteinen mit ähnlicher Tertiärstruktur, welche auch die *insulin-like growth factors* und die Relaxine umfasst.

Reifung des Insulins   Insulin wird mithilfe von spezifischen Proteasen aus der Familie der **Proprotein-(bzw. Prohormon-)Convertasen** durch Entfernung des C-Peptids gebildet (◘ Abb. 36.2). Proproteinconvertasen spalten Prohormone typischerweise nach einem Paar basischer Aminosäuren. Diese werden anschließend durch **Carboxypeptidase E** entfernt (◘ Abb. 36.2). Diese Vorgänge beginnen im Golgi-Apparat und setzen sich in den β-Granula fort. Ein kleiner Teil des Proinsulins entgeht diesem Reifungsprozess und gelangt mit dem reifen Insulin in den Blutstrom. Plasmaproinsulin weist nur etwa 8 % der biologischen Aktivität des reifen Insulins auf. Das C-Peptid (3 kDa) wird zwar wie die B-Kette durch Carboxypeptidase E am C-Terminus um zwei basische Aminosäuren verkürzt (◘ Abb. 36.2), danach aber nicht weiter proteolytisch abgebaut, sodass in den Sekretgranula Insulin und C-Peptid in äquimolarem Verhältnis vorliegen. Bei der Insulinsekretion wird C-Peptid in gleichen Mengen freigesetzt. Diese Tatsache ist von klinischer Bedeutung, da bei insulinpflichtigen Diabetikern durch spezifische immunologische Bestimmung der **C-Peptid-Konzentration** im Serum ein Rückschluss auf die noch vorhandene körpereigene Restsekretion von Insulin möglich ist. Im Gegensatz zum Insulin hat das C-Peptid selbst keine blutzuckerregulierende Wirkung. Seine vornehmlich im Tiermodell beschriebenen renoprotektiven und hämodynamischen Effekte bedürfen noch der Bestätigung im Menschen.

> Das Insulin-Gen zählt zu den sehr schnell regulierten Genen, den sog. *immediate early genes*

Der wichtigste Stimulus für die Expression des Insulin-Gens ist **Glucose**. Jede Erhöhung der extrazellulären Glucosekonzentration löst eine Zunahme der Prä-Proinsulinsynthese aus. Die Transkription des Insulin-Gens wird rasch initiiert und erreicht ihr Maximum bereits 30 min nach dem Glucosereiz. Dies dient dem zügigen Wiederauffüllen der intrazellulären Insulinvorräte, die sich infolge der glucosestimulierten Insulinsekretion teilweise erschöpfen. Auch wenn die molekularen Signalwege noch unbekannt sind, konnten doch inzwischen mit Pdx-1, MafA und Beta2/NeuroD Transkriptionsfaktoren beschrieben werden, welche glucoseabhängig an den Promotor des Insulin-Gens binden und synergistisch die Transkription initiieren. Einen weiteren Mechanismus zur raschen Bildung

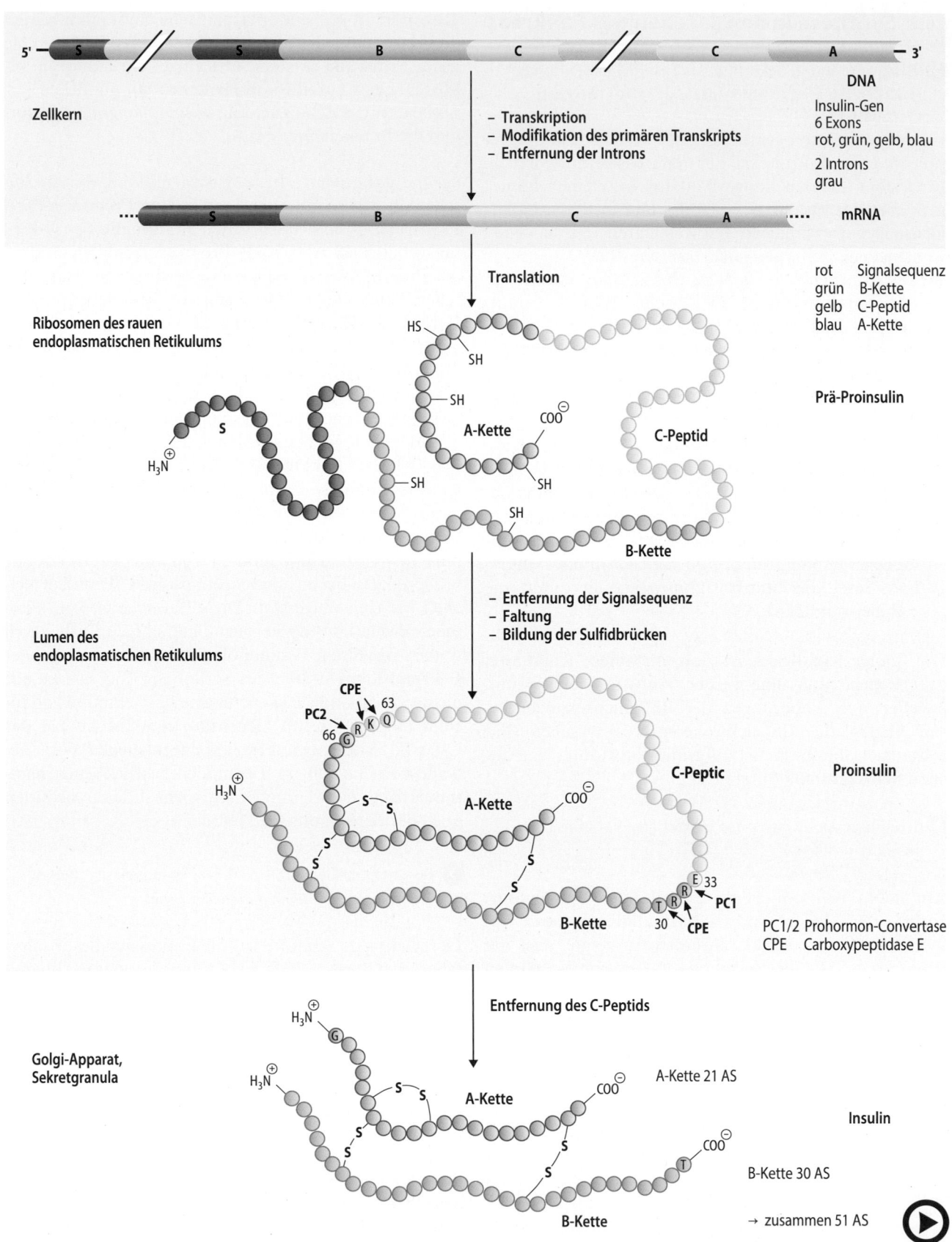

◘ Abb. 36.2 (Video 36.1) **Biosynthese des Insulins.** Das Insulin-Gen enthält zwei große Introns (*grau*, mit Aussparungen). Diese werden posttranskriptional entfernt. Nach Translation der dabei synthetisierten mRNA entsteht Prä-Proinsulin, welches posttranslational prozessiert werden muss, damit natives Insulin entsteht. *A:* A-Kette; *B:* B-Kette; *C:* C-Peptid; *S:* Signalsequenz; *PC1:* Proproteinconvertase 1; *PC2:* Proproteinconvertase 2; *CPE:* Carboxypeptidase E. (Einzelheiten s. Text) (► https://doi.org/10.1007/000-5jx)

neuer Prä-Proinsulinmoleküle stellt die Stabilisierung der Insulin-mRNA dar. Dies wird durch eine glucosestimulierte Bindung des Polypyrimidintrakt-Bindeproteins PTBP an pyrimidinreiche Sequenzen in der 3'-nicht-translatierten Region der Insulin-mRNA bewerkstelligt.

36.3 Sekretionsmechanismus

> Die Insulinsekretion hängt von der extrazellulären Glucosekonzentration ab

Der physiologische Reiz zur Auslösung der Insulinsekretion der β-Zelle besteht in einer Erhöhung der Glucosekonzentration in der extrazellulären Flüssigkeit, wie man sie nach einer Mahlzeit beobachten kann. Die Insulinsekretion beginnt bei einer Glucosekonzentration von 2–3 mmol/l und nimmt danach bis zu einer Glucosekonzentration von 15 mmol/l zu. Diese Tatsache gewährleistet, dass im gesunden Zustand jede Erhöhung der Blutglucosekonzentration dosisabhängig von einer Insulinfreisetzung und einem Anstieg der Insulinkonzentration im peripheren Blut begleitet wird (◘ Abb. 36.3). Die Blutglucosekonzentration fällt bei Gesunden normalerweise nicht unter 4 mmol/l, sodass immer eine basale Insulinsekretion vorhanden ist, welche für die grundlegende Glucoseversorgung der Gewebe unabdingbar ist.

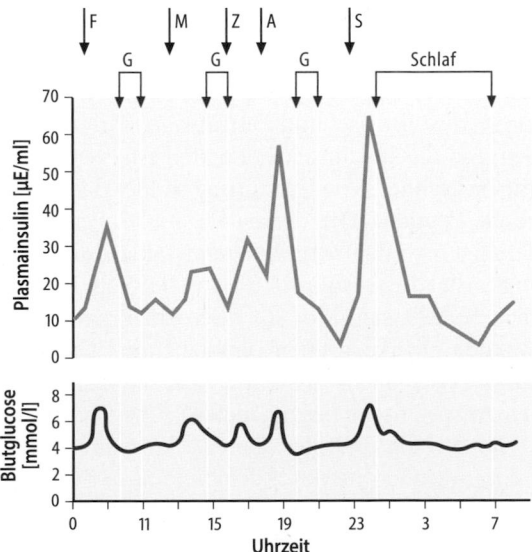

◘ **Abb. 36.3 Zusammenhang zwischen Blutglucose- und Plasmainsulinkonzentration.** 24-h-Profil einer normalgewichtigen Versuchsperson. *F*: Frühstück; *M*: Mittagessen; *Z*: Zwischenmahlzeit; *A*: Abendessen; *S*: Spätmahlzeit; *G*: 1 h gehen. (Adaptiert nach Molnar et al. 1972)

Molekulare Natur des Glucosesensors Die molekulare Ursache für die Abhängigkeit der Insulinsekretion der β-Zellen von der extrazellulären Glucosekonzentration und vom Glucoseumsatz beruht auf einem gewebstypischen Zusammenspiel von Glucoseaufnahme und Glucosephosphorylierung. In der Zellmembran humaner β-Zellen kommen die Glucosetransportproteine **GLUT1** und **GLUT2** vor und ermöglichen eine Glucoseaufnahme in diese Zellen proportional zur Blutglucosekonzentration. Ähnlich wie die Hepatocyten verfügen auch β-Zellen über eine hohe **Glucokinase-Aktivität**. Diese hat eine hohe K_M für Glucose (etwa 8 mmol/l), sodass die Glucosephosphorylierung und damit die Glycolyserate direkt von der intrazellulären Glucosekonzentration abhängen. Die Ausstattung der β-Zelle mit GLUT1, GLUT2 und der Glucokinase sorgt also dafür, dass die Glycolyserate und damit die Insulinfreisetzung direkt proportional zur Blutglucosekonzentration ist.

> ATP ist das intrazelluläre Signal für die Insulinsekretion der β-Zelle

Wie das Signal einer erhöhten extrazellulären Glucosekonzentration in die Exocytose der insulinenthaltenden β-Granula umgesetzt wird, ist in ◘ Abb. 36.4 dargestellt. Glucose wird von den β-Zellen in Abhängigkeit von ihrer Konzentration aufgenommen und über Glycolyse und oxidativen Abbau in den Mitochondrien verstoffwechselt. Jede Steigerung des Glucoseumsatzes in der β-Zelle resultiert in einem Anstieg des zellulären **ATP/ADP-Verhältnisses**. ATP bindet an den Sulfonylharnstoffrezeptor (SUR), welcher eine Untereinheit des in der Plasmamembran verankerten ATP-sensitiven K^+-**Kanals** darstellt (s. u.), bewirkt die Schließung des Kanals und löst damit eine **Depolarisierung** der β-Zelle aus. Infolgedessen öffnet sich ein spannungsregulierter Ca^{2+}-**Kanal**. Dies führt zu einem Anstieg der cytosolischen Calciumkonzentration, was der Auslöser für die gesteigerte Exocytose der β-Granula ist.

Degranulation der β-Zelle Nach seiner Biosynthese und Reifung wird Insulin zusammen mit dem C-Peptid in den vom Golgi-Komplex abgeschnürten Sekretgranula in konzentrierter Form gespeichert. Jeder zur Sekretion führende Reiz bewirkt eine Fusion der **β-Granula** mit der Plasmamembran mit Freisetzung des Granulainhaltes in den perikapillären Raum (klassischer Ablauf der regulierten Exocytose). Die Insulinsekretion erfolgt in zwei Phasen, einer ersten raschen und relativ kurzen Phase, in der etwa 1 % der Insulingranula der β-Zellen degranulieren, und einer zweiten bis zu einer Stunde dauernden Phase. Die erste Phase der Freisetzung umfasst die Plasmamem-

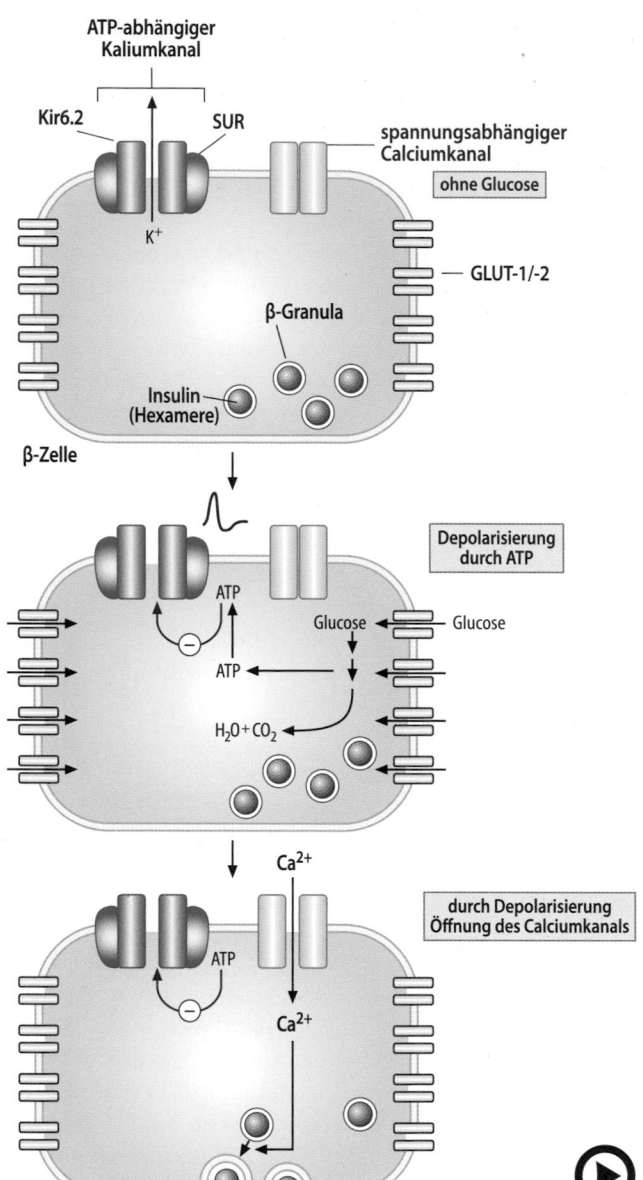

Abb. 36.4 (Video 36.2) **Mechanismus der glucosestimulierten Insulinsekretion.** Der Glucosestoffwechsel der β-Zellen der Langerhans-Inseln führt in Abhängigkeit von der extrazellulären Glucosekonzentration zu einer Steigerung des ATP/ADP-Quotienten, der das metabolische Signal für das Schließen eines ATP-sensitiven K^+-Kanals darstellt. Die sich dadurch ergebende Depolarisierung bewirkt die Öffnung eines spannungsabhängigen Ca^{2+}-Kanals und eine Zunahme der cytosolischen Calciumkonzentration. Dies ist letztlich der Auslöser für die gesteigerte Insulinsekretion durch Exocytose der β-Granula. Kir6.2 und SUR stellen Untereinheiten des ATP-sensitiven K^+-Kanals dar. (Einzelheiten s. Text) (▶ https://doi.org/10.1007/000-5jw)

branfusion eines kleinen Pools von Granula, der als **leicht freisetzbarer Pool** bezeichnet wird; diese Granula befinden sich bereits unter basalen Bedingungen an der Membran und fusionieren mit der Plasmamembran als Reaktion auf Nährstoff- und Nicht-Nährstoff-Sekretagoga. Im Gegensatz dazu wird die Sekretion in der zweiten

Phase ausschließlich durch Nährstoffe hervorgerufen und erfordert die **Mobilisierung intrazellulärer Granula** zu t-SNARE-Stellen (◻ Abb. 12.11) an der Plasmamembran, um die distalen Kopplungs- und Verschmelzungsschritte der Insulin-Exocytose zu ermöglichen. In der zweiten Phase werden in der Minute 5–40 Granula pro Zelle freigesetzt. **Colchicin** und **Vinca-Alkaloide** sind wirkungsvolle Hemmstoffe der Insulinsekretion, was eine Beteiligung des mikrotubulären Systems an der Insulinsekretion belegt.

❯ Hormone und Metaboliten üben eine regulierende Wirkung auf die Insulinfreisetzung aus

Verschiedene Verbindungen modulieren die Antwort der β-Zelle auf den Glucosereiz. Außer einigen Monosacchariden können Aminosäuren (v. a. Arginin), Fettsäuren und Ketonkörper die glucosestimulierte Insulinfreisetzung verstärken. Noradrenalin und besonders **Adrenalin** hemmen die Insulinsekretion. Dieser Effekt wird durch α_2-Antagonisten wieder aufgehoben, was darauf hinweist, dass die inhibitorische Wirkung der Katecholamine über α_2-adrenerge Rezeptoren vermittelt ist. **Somatostatin**, welches u. a. in den δ-Zellen der Langerhans-Inseln gebildet wird, unterdrückt ebenfalls die Insulinsekretion. Da es gleichzeitig auch die Glucagonsekretion hemmt, ist die physiologische Bedeutung dieses Befundes noch weitgehend unklar.

Inkretine   Seit langem ist bekannt, dass die gleiche Menge Glucose oral verabreicht zu höheren Plasmainsulinkonzentrationen führt als bei intravenöser Gabe. Dies ist die Folge einer durch bestimmte gastrointestinale Hormone (Enterohormone) gesteigerten Insulinsekretion. Enterohormone, die Glucose- und Fettsäure-abhängig sezerniert werden und die Insulinsekretion steigern, werden als Inkretine bezeichnet. Von Bedeutung ist hier das **gastroinhibitorische Peptid (GIP)**, dessen Plasmakonzentration besonders nach kohlenhydratreichen Mahlzeiten auf Werte ansteigt, die die Insulinsekretion deutlich stimulieren. Ähnlich verhält sich das aus dem Prä-Proglucagon der intestinalen Mukosazellen entstehende *Glucagon-like peptide-1* **(GLP-1)** (▶ Abschn. 37.1.2). Beide Inkretine binden an spezifische heptahelicale Transmembranrezeptoren der β-Zelle und stimulieren die Insulinfreisetzung über eine Aktivierung des Adenylatcyclase-Systems. Ihre Rezeptoren finden sich auch in spezifischen Kernen des Hypothalamus und vermitteln Sättigung.

Insulinsekretionsstimulierende Pharmaka   Die aufgrund ihrer Wirkung auch als **Insulinsekretagoga** bezeichneten Medikamente werden zur Therapie des Typ-2 Diabetes eingesetzt. Hierzu zählen die seit über 60 Jahren auf dem Markt befindlichen, von den Sulfonamiden abgeleiteten

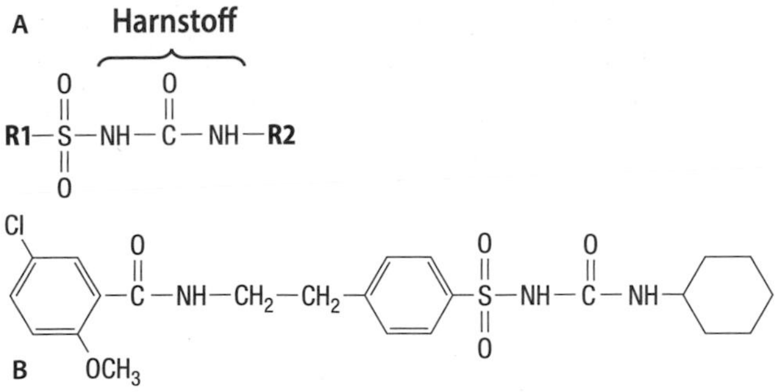

A **Harnstoff**

B

◘ **Abb. 36.5 Struktur der Sulfonylharnstoffe. A** Allgemeine Struktur. **B** Glibenclamid als Beispiel für einen häufig verwendeten Sulfonylharnstoff

Sulfonylharnstoffe (◘ Abb. 36.5). Die oral verabreichten Sulfonylharnstoffe führen direkt zur Depolarisierung der β-Zellmembran. Der **Sulfonylharnstoffrezeptor** SUR der β-Zelle ist identisch mit der ATP-bindenden Untereinheit des ATP-sensitiven **K⁺-Kanals**. Während die ATP-Bindungsstelle intrazellulär liegt, befindet sich die Bindungsstelle für Sulfonylharnstoffe auf der extrazellulären Seite. Sowohl ATP als auch Sulfonylharnstoffe können unabhängig voneinander binden, den K⁺-Kanal schließen und damit Zelldepolarisierung und Insulinsekretion auslösen. Sulfonylharnstoffe sind starke Insulinsekretagoga und ihre Einnahme geht mit einem erhöhten Hypoglykämierisiko einher. Deshalb haben in den letzten 10 Jahren in der Therapie des Typ-2 Diabetes sogenannte Inkretin-Achsen-Medikamente an Bedeutung gewonnen. **GLP-1-Rezeptoragonisten** wie Exenatid und Liraglutid stellen stabile Analoga des Inkretins GLP-1 dar und binden mit hoher Affinität an GLP-1-Rezeptoren. Da sie wie GLP-1 selbst Peptide sind und im Magen-Darm-Trakt proteolytisch abgebaut würden, müssen sie als Depot subcutan injiziert werden. **Dipeptidylpeptidase-4-(DPP-4-) Inhibitoren** (alias Gliptine) sind eine orale Alternative. Sie hemmen das ubiquitäre inkretininaktivierende Enzym DPP-4 und erhöhen so die endogenen GIP- und GLP1-Blutkonzentrationen. Beide Medikamentengruppen führen also auf verschiedenen Wegen zu einer verstärkten Inkretinrezeptoraktivierung und somit zu einer Steigerung der Insulinsekretion.

36.4 Konzentration und Halbwertszeit im Serum

Plasmakonzentration In der Zirkulation kommt Insulin als freies Monomer vor, ein Bindungsprotein ist nicht bekannt. Die Insulinkonzentration im Blut beträgt – in Abhängigkeit von der Glucosekonzentration – beim Stoffwechselgesunden 0,4–4 ng/ml (69–690 pmol/l). Therapeutisch applizierte Insulinmengen werden nach ihrer glucosesenkenden Wirkung in internationalen Ein-

heiten (IE) angegeben: Eine IE senkt den Blutzuckerspiegel um 40 mg/dl (2,2 mmol/l) und entspricht 41,67 µg hochreinem Humaninsulin.

❯ Die Halbwertszeit des Insulins im Serum beträgt nur etwa 7–15 min

Eine Reihe von sehr aktiven enzymatischen Systemen in Leber und Niere sorgen für den raschen Abbau von zirkulierendem Insulin, sodass dessen Halbwertszeit im Serum nur etwa 7–15 min beträgt. Eine spezifische **Glutathion-Insulin-Transhydrogenase** katalysiert die reduktive Spaltung der die A- und B-Kette verbindenden Disulfidbrücken. Die nun isolierten Ketten werden rasch proteolytisch abgebaut. In den Zellen insulinempfindlicher Gewebe (▶ Abschn. 36.5) wird der Insulin-Insulinrezeptor-Komplex (▶ Abschn. 36.6) internalisiert und Insulin durch lysosomale Enzyme abgebaut.

36.5 Wirkspektrum des Insulins

Insulin wirkt nicht auf alle Zellen und Gewebe des Organismus. So sind Nieren, intestinale Mukosa und Erythrocyten insulinunempfindlich. Zu den **insulinempfindlichen Geweben** zählen Skelett- und Herzmuskel, Leber, Fettgewebe, Gehirn, laktierende Brustdrüse, Samenblasen, Knorpel, Knochen, Haut und Leukocyten. Von diesen fallen aufgrund ihrer Masse und Stoffwechselbedeutung die **Muskulatur**, das **Fettgewebe** und die **Leber** besonders ins Gewicht. Deshalb werden an ihnen die biochemischen Funktionen des Insulins dargestellt (◘ Tab. 36.1). Die Wirkungen des Insulins auf das **Gehirn** beginnt man gerade erst zu verstehen. Arbeiten an Mäusen zeigten, dass Insulin in spezifischen Zentren des Hypothalamus Einfluss auf die Regulation der Nahrungsaufnahme und die hepatische Insulinsensitivität nimmt.

❯ Insulin stimuliert die Glucoseaufnahme in Muskel und Fettgewebe

Die wichtigste Wirkung des Insulins wurde in den 1940er-Jahren von Rachmiel Levine entdeckt. Er konnte zeigen, dass Insulin die Glucoseaufnahme der Skelettmuskulatur stimuliert. Später konnte eine gleichartige Insulinwirkung auch im Fettgewebe nachgewiesen werden. Die hierdurch gesteigerte Glucoseverwertung führt im Gesamtorganismus zu einem raschen **Blutglucoseabfall**. Für die Glucoseaufnahme sowohl der Muskel- als auch der Fettzelle ist der Glucosetransporter **GLUT4** verantwortlich, welcher die Glucoseaufnahme durch erleichterte Diffusion katalysiert. GLUT4-Transporter sind im basalen Zustand, bei niedriger Blutglucosekonzentration in erster Linie in intrazellulären Membranvesikeln lokali-

◻ **Tab. 36.1**   Übersicht über die Stoffwechselwirkungen von Insulin

Stoffwechselweg	Wirkungsort			Angriffspunkt
	Leber	**Muskel**	**Fettgewebe**	
Glucoseaufnahme		↑	↑	GLUT4-Translokation in die Plasmamembran
Glycogensynthese	↑	↑		Aktivierung der Glycogensynthase
Glycogenolyse	↓			Hemmung der Glycogenphosphorylase (cAMP ↓)
Glycolyse	↑		↑	Fructose-2,6-Bisphosphatbildung (cAMP ↓), transkriptionelle Induktion von Schlüsselenzymen der Glycolyse (▶ Abschn. 15.3.1)
Gluconeogenese	↓			Fructose-2,6-Bisphosphatbildung (cAMP ↓), transkriptionelle Repression von Schlüsselenzymen der Gluconeogenese (▶ Abschn. 15.3.1)
Lipogenese	↑		↑	Aktivierung der Pyruvatdehydrogenase, transkriptionelle Induktion von Acetyl-CoA-Carboxylase und Fettsäuresynthase sowie der Lipoproteinlipase des Fettgewebes
Lipolyse			↓	Hemmung der hormonsensitiven Lipase (cAMP ↓)
Aminosäureaufnahme		↑		transkriptionelle Induktion von Aminosäuretransportern
Proteinbiosynthese		↑		Phosphorylierung ribosomaler Proteine

siert, wo sie zur schnellen Mobilisierung bereitstehen. Insulin bewirkt eine **Translokation** dieser Vesikel in die Plasmamembran. Eine Erhöhung der GLUT4-Konzentration in der Plasmamembran erklärt auch die Ergebnisse kinetischer Untersuchungen, wonach Insulin die Maximalgeschwindigkeit v_{MAX}, nicht aber die K_M des Glucosetransportsystems verändert. Im Gegensatz zur Fett- und Muskelzelle verfügt die Leberzelle nicht über ein derartiges insulinabhängiges Glucosetransportsystem. Sie besitzt den Glucosetransporter **GLUT2**, welcher aufgrund seiner hohen K_M von etwa 40 mmol/l eine Glucoseaufnahme proportional zur extrazellulären Glucosekonzentration gewährleistet.

❯ Insulin stimuliert den Glucosestoffwechsel in Leber, Muskel und Fettgewebe

In Leber und Skelettmuskel bewirkt Insulin eine Zunahme der Glycogenbiosynthese. Dies beruht v. a. auf einer raschen Aktivierung der Glycogensynthase durch Dephosphorylierung (▶ Abschn. 15.2). In der Leber, nicht aber im Muskel, wird zudem die durch insulinantagonistische Hormone hervorgerufene intrazelluläre cAMP-Bildung durch Insulin blockiert (▶ Abschn. 36.6). Der hierdurch ausgelöste **Abfall der cAMP-Konzentration** inaktiviert die Glycogenphosphorylase und hemmt somit die Glycogenolyse. Eine niedrige cAMP-Konzentration verursacht außerdem eine Dephosphorylierung des Tandemenzyms PFK2/FBPase2 und somit eine gesteigerte

Bildung des allosterischen Regulators **Fructose-2,6-Bisphosphat** (▶ Abschn. 15.3.2). Fructose-2,6-Bisphosphat aktiviert die Phosphofructokinase 1 und steigert so die Glycolyserate, gleichzeitig hemmt es die Fructose-1,6-Bisphosphatase und damit die Gluconeogenese. Unterstützt wird diese rasche Regulation von Glycolyse und Gluconeogenese durch eine insulinabhängige transkriptionelle **Induktion der Glycolyseenzyme** Glucokinase, Phosphofructokinase 1 und Pyruvatkinase und eine **Repression der Gluconeogeneseenzyme** Pyruvatcarboxylase, PEP-Carboxykinase, Fructose-1,6-Bisphosphatase und Glucose-6-Phosphatase. Ein durch cAMP-Senkung verursachter Anstieg von Fructose-2,6-Bisphosphat, eine transkriptionelle Induktion der Enzyme Phosphofructokinase 1 und Pyruvatkinase und eine Steigerung der Glycolyserate sind auch im insulinstimulierten Fettgewebe zu beobachten. Dies hat v. a. Auswirkungen auf den Lipidstoffwechsel.

❯ Insulin fördert die Lipogenese in Fettgewebe und Leber

In Leber und Fettgewebe führt die durch Insulin gesteigerte Glycolyserate zur vermehrten Bildung von Dihydroxyacetonphosphat, welches mithilfe der Glycerin-3-Phosphatdehydrogenase in **Glycerin-3-Phosphat** umgewandelt wird und als solches ein wichtiges Substrat für die Triacylglycerinbiosynthese darstellt. Von besonderer Bedeutung für das Fettgewebe ist die durch Insulin ausgelöste Dephosphorylierung des in den Mitochondrien lokalisierten

Pyruvatdehydrogenase-Komplexes (▶ Abschn. 18.2). Das auf diese Weise aktivierte Enzym stellt aus Pyruvat **Acetyl-CoA** her, welches Ausgangspunkt für die Fettsäurebiosynthese ist. Außerdem wird in der Fettzelle ein beträchtlicher Teil der aufgenommenen Glucose im Pentosephosphatweg unter Bildung von **NADPH/H⁺** metabolisiert. NADPH/H⁺ ist für die Fettsäurebiosynthese unverzichtbar (▶ Abschn. 21.2.3). Neben diesen das Substratangebot beeinflussenden Effekten übt Insulin auch über transkriptionelle Regulation lipogene Wirkungen aus. So induziert Insulin im Fettgewebe die Expression der **Lipoproteinlipase**. Dieses für die Spaltung der Triacylglycerine der VLDL und Chylomikronen und damit für die zelluläre Fettsäureaufnahme notwendige Enzym fehlt bei Insulinmangel im Fettgewebe fast vollständig, seine Aktivität lässt sich jedoch durch Zugabe von Insulin normalisieren. Schließlich induziert Insulin sowohl im Fettgewebe als auch in der Leber die Expression der lipogenen Schlüsselenzyme Acetyl-CoA-Carboxylase und Fettsäuresynthase (▶ Abschn. 21.3.2). Über die genannten Mechanismen stimuliert Insulin die Fettsäure- und Triacylglycerinbiosynthese.

> ❯ Insulin hemmt die Fettgewebslipolyse

Eine der wichtigsten Lipasen des Fettgewebes ist die **hormonsensitive Lipase (HSL)**, welche durch cAMP-abhängige Phosphorylierung aktiviert wird. In der Fettzelle erzielt Insulin eine ähnliche inhibitorische Wirkung auf die cAMP-Bildung wie in der Leber. Der durch Insulin ausgelöste Abfall der cAMP-Spiegel begünstigt die Dephosphorylierung und Inaktivierung des Enzyms. Unterstützt wird dieser rasche antilipolytische Effekt des Insulins durch eine Insulin-abhängige Repression des Gens der **Adipocyten-Triglycerid-Lipase** (ATGL), des geschwindigkeitsbestimmenden Enzyms der Lipolyse.

> ❯ Insulin fördert die Aufnahme von Aminosäuren in die Gewebe und die Proteinbiosynthese

Besonders im Skelettmuskel stimuliert Insulin die Aufnahme von Aminosäuren. Dieser Insulineffekt lässt sich durch Hemmstoffe der Proteinbiosynthese blockieren und beruht möglicherweise auf einer insulinabhängigen Induktion der benötigten Transportsysteme. Aus Untersuchungen an isolierten Geweben und Zellen weiß man, dass Insulin auch die Proteinbiosynthese stimuliert. Diese Wirkung beruht dabei nicht nur auf einem gesteigerten Aminosäuretransport, sondern auch auf einer insulinabhängigen Aktivierung von Komponenten der Translationsmaschinerie.

> ❯ Weitere wichtige Insulinwirkungen

Stimulierung der K⁺-Aufnahme Besonders in Fettgewebe und Muskulatur, aber auch in anderen Geweben, kommt es nach Insulingabe sehr schnell zu einer Steigerung der K⁺-Aufnahme. Dieser Effekt kommt dadurch zustande, dass das Hormon – ähnlich wie bei der Steigerung der Glucoseaufnahme – eine schnelle Translokation von intrazellulär vesikulär gebundenen Na⁺/K⁺-ATPase-Molekülen in die Plasmamembran stimuliert. Um einer lebensbedrohlichen Hypokaliämie vorzubeugen, muss daher bei der Gabe hoher Insulindosen (besonders bei intravenöser Gabe zur raschen Behandlung schwerer Ketoacidosen) die Plasmakaliumkonzentration sorgfältig überwacht werden.

Insulinwirkung im Gehirn Ähnlich wie das aus dem Fettgewebe stammende Hormon Leptin (▶ Abschn. 38.2.2) inhibiert Insulin im hypothalamischen Appetit-Zentrum die Ausschüttung appetitstimulierender Neuropeptide. Gleichzeitig bewirkt Insulin aber auch die Freisetzung appetitzügelnder Neuropeptide. Während Leptin den längerfristigen Füllungszustand der Fettgewebsspeicher widerspiegelt, stellt Insulin ein rasch anflutendes postprandiales Sättigungssignal dar.

> ❯ Insulin ist das wichtigste anabole Hormon des Organismus

Fasst man die geschilderten Insulinwirkungen auf den Stoffwechsel von Leber, Muskulatur und Fettgewebe zusammen, stellt sich Insulin als ein anabol wirksames Hormon dar. Seine Sekretion wird durch ein erhöhtes Substratangebot im Blut, vornehmlich durch Glucose ausgelöst. Es sorgt durch seine Wirkung auf die Glucosetransportsysteme von Muskulatur und Fettzelle mit nachgeschalteten Effekten auf verschiedene Enzymsysteme für die effiziente Speicherung dieses Substratangebotes in Form von Glycogen und Triacylglycerinen. Unterstützt wird diese Insulinwirkung durch die gleichzeitig erfolgende Blockade der Stoffwechseleffekte kataboler Hormone (Glucagon, Katecholamine). Insulin fördert die Aufnahme von Aminosäuren in die Gewebe und die Proteinbiosynthese.

36.6 Signaltransduktion

Neben dem physiologischen Wirkungsspektrum sind auch die molekularen Wirkungsmechanismen des Insulins heute weitgehend geklärt. Die primäre Insulinwirkung auf molekularer Ebene beginnt mit der Bindung des Insulins an einen spezifischen Transmembranrezeptor, den **Insulinrezeptor**, gefolgt von nachgeschalteten Phosphorylierungsreaktionen, die zur Aktivierung oder Hemmung bestimmter Proteine führen.

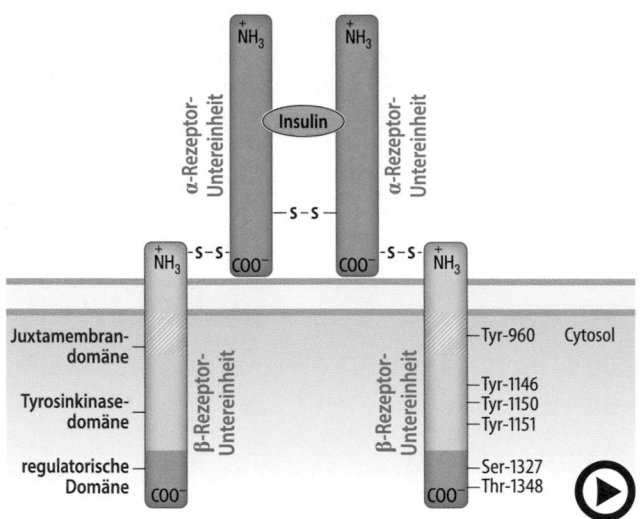

Abb. 36.6 (Video 36.3) **Struktur des Insulinrezeptors.** Die beiden etwa 135 kDa großen α-Untereinheiten des Insulinrezeptors bestehen aus je 731 Aminosäuren und sind über Disulfidbrücken miteinander verknüpft. Sie bilden die insulinbindende Domäne des Rezeptors. Die beiden 95 kDa großen β-Untereinheiten bestehen aus je 620 Aminosäuren mit einer extrazellulären, einer transmembranen und einer cytosolischen Domäne. Letztere enthält die Tyrosinkinase-Aktivität, die Bindungsstelle für IRS-Proteine (Juxtamembrandomäne) und eine C-terminale regulatorische Sequenz. Nur ein Teil der Phosphorylierungsstellen ist dargestellt (▶ https://doi.org/10.1007/000-5jv)

36

❯ Der Insulinrezeptor ist ein tetrameres integrales Membranprotein

In ◼ Abb. 36.6 sind der Aufbau und die Membranintegration des Insulinrezeptors dargestellt. Er ist ein tetrameres Membranprotein der Struktur $\alpha_2\beta_2$ und einer Molekülmasse von ca. 460 kDa. Die einzelnen Untereinheiten sind durch mehrere Disulfidbrücken miteinander verknüpft. Ein tetrameres Rezeptormolekül bindet jeweils ein Insulinmolekül. An der **Insulinbindung** sind sowohl Bereiche der nicht in die Plasmamembran integrierten α-Untereinheiten als auch extrazellulär gelegene Bereiche der die Plasmamembran durchspannenden β-Untereinheiten beteiligt. Jede β-Untereinheit stellt eine typische **Rezeptor-Tyrosinkinase** dar (▶ Abschn. 35.4.1).

Biosynthese des Insulinrezeptors Das **Insulinrezeptor-Gen** liegt auf Chromosom 19. Es umfasst 22 Exons; je 11 dieser Exons codieren für eine α- und eine β-Untereinheit. Das primäre Translationsprodukt des Insulinrezeptor-Gens ist zunächst ein einkettiger Prorezeptor. Die im endoplasmatischen Retikulum erfolgende Dimerisierung von zwei Prorezeptoren wird durch die Ausbildung von Disulfidbrücken stabilisiert. Begleitet wird dies von der N-Glycosylierung der Prorezeptoren. Auch eine O-Glycosylierung wurde nachgewiesen. Im Golgi-Apparat erfolgt dann die proteolytische Spaltung der dimerisierten

Prorezeptoren durch eine Proproteinconvertase an den α-Untereinheiten, sodass der fertige Rezeptor in die Plasmamembran eingebaut werden kann.

❯ Die Phosphorylierung definierter Tyrosinreste in der β-Untereinheit des Insulinrezeptors ist eine unabdingbare Voraussetzung für die Weiterleitung des Insulinsignals in die Zelle

Die Bindung des Insulinmoleküls an die extrazellulär gelegenen Bereiche des Insulinrezeptors löst eine Konformationsänderung im Rezeptormolekül aus, welche die intrazellulären Tyrosinkinasedomänen der beiden β-Untereinheiten in räumliche Nähe zueinander bringt. So kann die ATP-abhängige **Autophosphorylierung** der β-Untereinheiten an mehreren Tyrosinresten in Gang gesetzt werden. Die Autophosphorylierung läuft in *trans* ab, d. h. die Tyrosinkinase der einen β-Untereinheit phosphoryliert Tyrosinreste der anderen β-Untereinheit und umgekehrt. Durch Phosphorylierung des Tyrosins 960 nahe der Plasmamembran wird eine Bindungsstelle für Insulinrezeptorsubstrate (s. u.) geschaffen. Die zusätzliche Phosphorylierung dreier Tyrosinreste innerhalb der Tyrosinkinasedomäne bewirkt eine maximale Aktivierung der Tyrosinkinase.

Modulation der Rezeptor-Tyrosinkinase-Aktivität Der Insulinrezeptor kann neben der Phosphorylierung an Tyrosinresten auch an Serin- und Threoninresten phosphoryliert werden. Diese Phosphorylierungen erfolgen beispielsweise durch die diacylglycerinsensitiven Isoformen der **Proteinkinase C (PKC)** und die **Proteinkinase A (PKA)** und könnten erklären, warum einerseits hohe Fettsäurekonzentrationen (über eine vermehrte intrazelluläre Diacylglycerinbildung und Stimulation der PKC) und andererseits insulinantagonistische Hormone (über eine Aktivierung des cAMP-PKA-Weges) das Insulinsignal hemmen.

Weiterleitung des Insulinsignals Nach Aktivierung der Tyrosinkinase und Autophosphorylierung der β-Untereinheit kommt es zur Bindung sog. *docking*-Proteine an definierte Phosphotyrosine des Insulinrezeptors (s. o.). Die wichtigsten *docking*-Proteine sind die **Insulinrezeptorsubstrate (IRS)**. Von diesen sind inzwischen drei hoch homologe Formen (IRS1, 2 und 4) mit Molekülmassen von 130–190 kDa beim Menschen beschrieben worden (IRS3 kommt nur in Nager-Genomen vor). Zu den bevorzugten Substraten des Insulinrezeptors gehören IRS1 und IRS2. Sie werden von der Insulinrezeptor-Tyrosinkinase an zahlreichen Tyrosinresten phosphoryliert (**Transphosphorylierung**). Diese Phosphotyrosinreste bilden wiederum Bindungsstellen für weitere Proteine, v. a. die **Phosphatidylinositol-3-Kinase (PI3K)** und das Protein *GRB2*. Auch auf Ebene der IRS-Proteine kann das Insulinsignal abgeschaltet werden. Durch Phosphorylierung bestimmter Serin- und Threoninreste wird das IRS-Molekül in eine Konformation überführt, welche die Insulinrezeptor-Tyrosinkinase inhibiert. Derartige hemmende Phosphorylierungen können von einer Reihe von Kinasen, darunter IκB-Kinase (IKK), *cJun-N-terminal kinase* (JNK), bestimmte PKC-Isoformen, *mammalian target of rapamycin* (mTOR) und *ribosomal protein S6 kinase* (S6K) katalysiert werden, welche beispielsweise durch **Tumornekrosefaktor-α (TNF-α)** oder – im Sinne einer negativen Rückkoppelung – von Insulin selbst aktiviert werden.

> Für die Vermittlung der metabolischen Insulineffekte sind Phosphatidylinositol-3-Kinase und Proteinkinase B von zentraler Bedeutung

Die PI3K bindet mit ihrer regulatorischen Untereinheit p85 an IRS, wodurch die katalytische Untereinheit des Enzyms (p110) aktiviert wird (◘ Abb. 36.7). Hierdurch wird Phosphatidylinositol-4,5-Bisphosphat (PIP$_2$) zu Phosphatidylinositol-3,4,5-Trisphosphat (PIP$_3$) phos-

phoryliert. An das so modifizierte Membranphospholipid binden mittels sog. Pleckstrin-Homologie (PH)-Domänen zwei Enzyme: Die **Phosphoinositid-abhängige Kinase (PDK)**, welche die ebenfalls zur Plasmamembran translozierte und an PIP$_3$ gebundene **Proteinkinase B (PKB, auch Akt-Kinase genannt)** durch Phosphorylierung an Threonin 308 aktiviert. Für die vollständige Aktivierung der PKB ist zudem eine **mTOR-Komplex-2 (mTORC2)**-abhängige Phosphorylierung der PKB an Serin 473 notwendig.

In Muskel und Fettgewebe sind die PI3K-abhängige Aktivierung der PKB und die darauf folgende Aktivierung des Rab-GTPase-aktivierenden Proteins *AS160* (auch TBC1D4 genannt, welches für *TRE2-BUB2-CDC16-related 1 domain family member 4* steht) notwendige Voraussetzungen für die insulinstimulierte **Translokation von GLUT4** in die Plasmamembran. Außerdem ist für den Insulineffekt auf die GLUT4-Translokation eine PDK-abhängige Aktivierung der **PKC-Isoform λ (PKCλ)** essenziell. Neben der Rolle der PKB für die Aktivierung des Glucosetransportsystems wurde inzwischen auch gezeigt, dass PKB ein zentrales Signalelement für die insu-

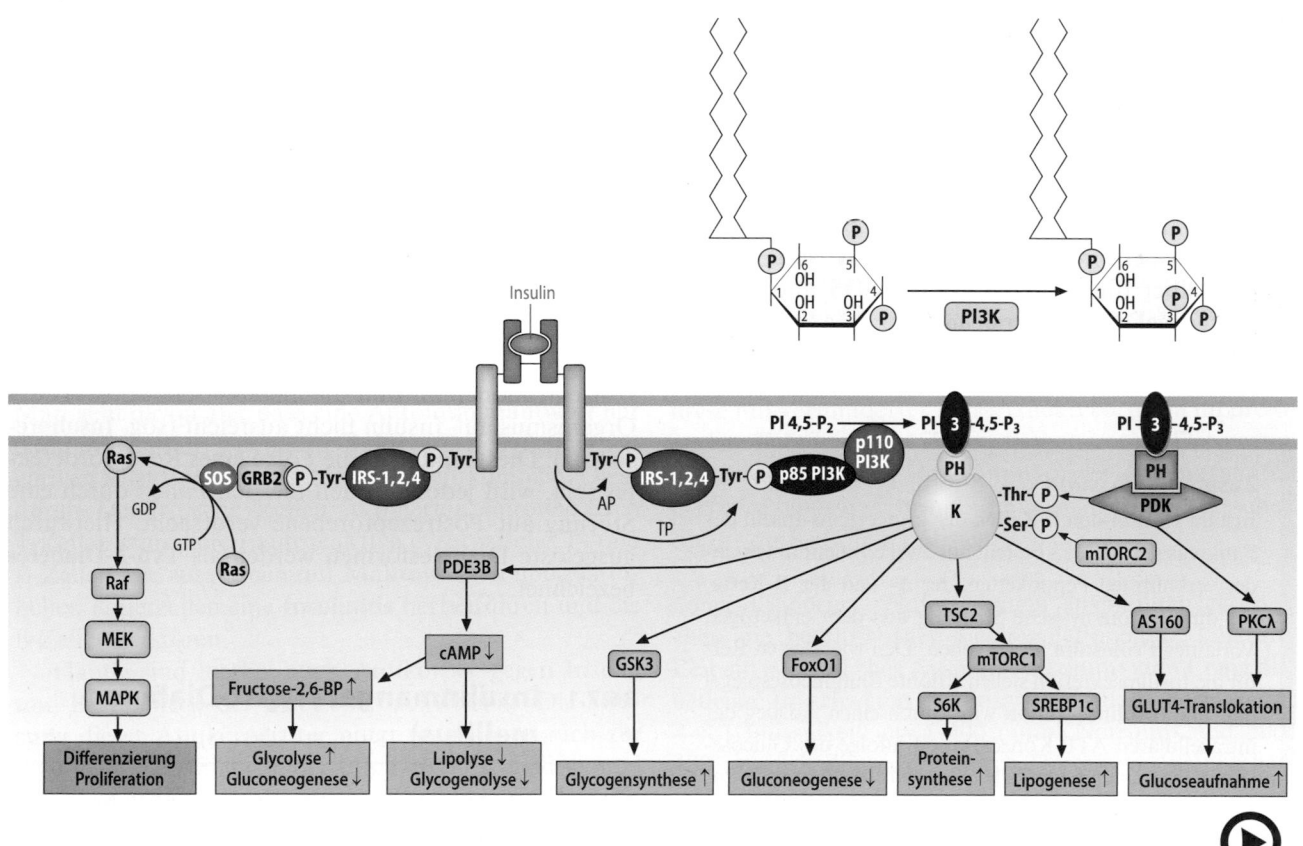

◘ **Abb. 36.7** (Video 36.4) **Intrazelluläre Signalübertragung des Insulins.** Nach Phosphorylierung von IRS-Proteinen durch den Insulinrezeptor bestehen zwei Möglichkeiten der Signalweiterleitung: Bindung und Aktivierung der PI3K führt zu den metabolischen Insulineffekten (*rechts*), Bindung von GRB2 und die anschließende Aktivierung der MAPK-Kaskade zu PI3K-unabhängigen nichtmetabolischen Zellantworten (*links*). Die vereinfacht dargestellten Molekülstrukturen oberhalb der PI3K repräsentieren die Phospholipide PIP2 und PIP3. *AP*: Autophosphorylierung; *TP*: Transphosphorylierung. (Einzelheiten s. Text) (► https://doi.org/10.1007/000-5jy)

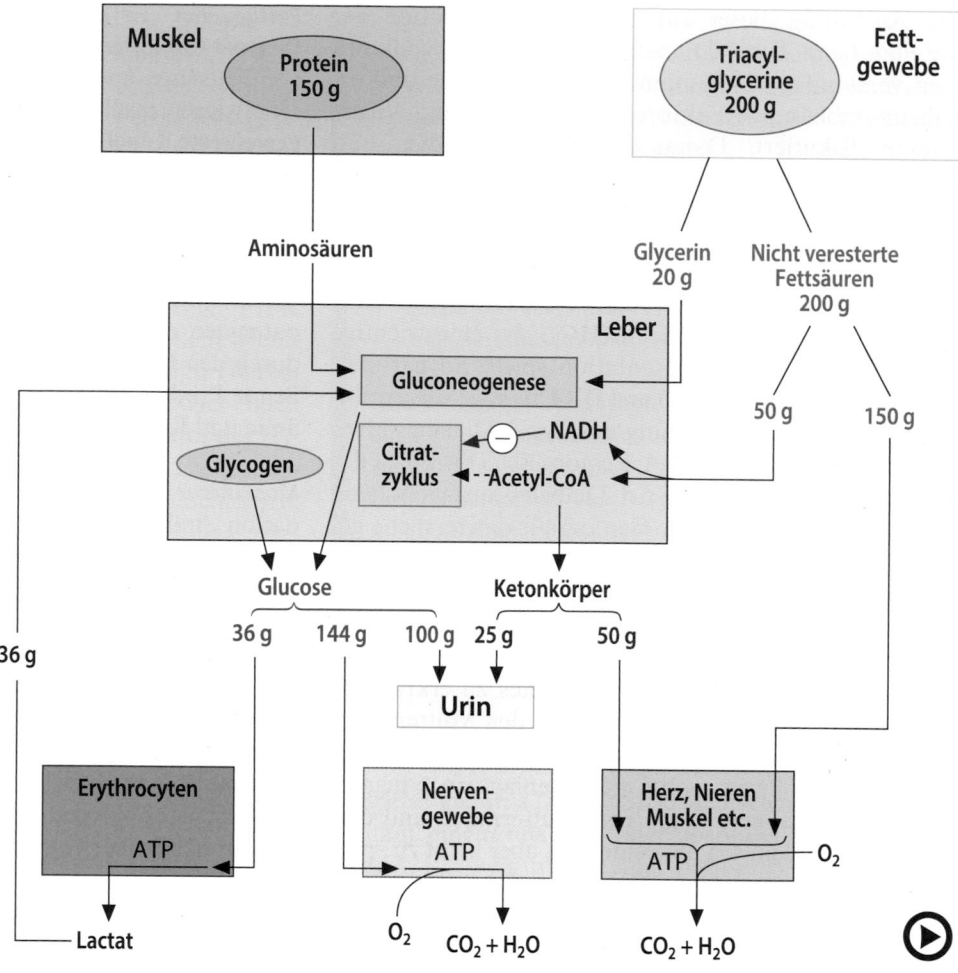

■ **Abb. 36.8** (Video 36.5) **Brennstoffmobilisierung und -verwertung beim schweren Diabetes mellitus.** Die angegebenen Mengen sind auf einen Energieumsatz von 10.080 kJ (2400 kcal) pro 24 h bezogen. (Adaptiert nach Cahill 1970). (Einzelheiten s. Text) (▶ https://doi.org/10.1007/000-5jz)

36

lität des Blutes weiter hinauf. Das zirkulierende Blutvolumen nimmt ab, es kommt zur Kollapsneigung mit cerebraler und renaler Minderdurchblutung und entsprechenden erheblichen Funktionsstörungen. Die Anhäufung von Ketonkörpern im Blut führt zur **Acidose (diabetische Ketoacidose).** Für die Hirnfunktionsstörungen im diabetischen Koma sind im Wesentlichen die Elektrolytverschiebungen, intrazelluläre Dehydratation und ein Sauerstoffmangel durch Minderdurchblutung verantwortlich zu machen. Für die Behandlung des Coma diabeticum ist neben der Insulinsubstitution v. a. eine ausreichende Flüssigkeitszufuhr und die Korrektur der Elektrolytstörungen erforderlich.

36.7.2 Insulinresistenz (Typ-2-Diabetes mellitus)

❯ Der Typ-2-Diabetes beruht auf einer Insulinresistenz verschiedener Gewebe und einer Verzögerung der Insulinsekretion der β-Zelle

Im Gegensatz zum Typ-1-Diabetes findet beim Typ-2-Diabetes kein durch eine Autoimmunreaktion beding-

ter Untergang von β-Zellen statt. Die Erstmanifestation der Krankheit trat in den vergangenen Jahrzehnten beim Typ-2-Diabetes typischerweise im höheren Lebensalter (über dem 40. Lebensjahr) auf. In neuerer Zeit erkranken allerdings auch zunehmend junge Menschen. Die Epidemie-artige Ausbreitung dieser Erkrankung weltweit stellt somit ein gesundheitspolitisches Problem ersten Ranges dar (weltweit 425 Millionen Diabetiker). Der klinische Verlauf ist nicht abrupt wie beim Typ-1-Diabetes sondern eher schleichend. Die Hyperglykämie kann anfangs nur milde ausgeprägt sein bei gleichzeitig erhöhten Insulinspiegeln. Ungeachtet der hohen Insulinspiegel kommt es zur Hyperglykämie, da eine **Insulinresistenz** in den Zielgeweben Skelettmuskel, Fettgewebe, Leber und auch Gehirn besteht, deren Ursachen noch nicht vollständig geklärt sind. Es hat sich jedoch gezeigt, dass in fast allen Fällen kein defektes Insulin- oder Insulinrezeptormolekül vorliegt und dass die Störung v. a. auf Postrezeptorebene liegt. Für die Entstehung der **gestörten Insulinsekretion** und der Insulinresistenz sind sowohl eine genetische Prädisposition als auch Umweltfaktoren wie Überernährung und Bewegungsmangel, die zu Übergewicht führen, verantwortlich. Ca. 70 % der Patienten mit

Typ-2-Diabetes sind zumindest in der Anfangsphase der Erkrankung übergewichtig. Daneben weist eine ebenso hohe Zahl auch eine Dyslipidämie und arterielle Hypertonie auf. Diese Kombination wird als **Metabolisches Syndrom** bezeichnet und bessert sich meist nach Gewichtsreduktion. Der **Adipositas** und der **abnormen Fettverteilung** kommt eine Schlüsselrolle bei der Entstehung der Insulinresistenz und des Typ-2-Diabetes zu.

❯ Erhöhte Plasmakonzentrationen nicht-veresterter Fettsäuren tragen zur Insulinresistenz bei

Vor allem die **Zunahme viszeraler Fettdepots** löst Insulinresistenz aus. Viszerale Adipocyten sind aufgrund ihres hohen Gehalts an β_2- und ihres niedrigen Gehalts an α_2-adrenergen Rezeptoren besonders empfindlich für die lipolytisch wirksamen Katecholamine (▶ Abschn. 37.2.4), weswegen bei viszeraler Adipositas die Plasmakonzentration nicht-veresterter Fettsäuren erhöht ist. Diese vermindern die Glucoseaufnahme in die Skelettmuskulatur, erhöhen die hepatische Glucosefreisetzung und führen daneben auch zu einer gestörten Insulinsekretion der β-Zelle (◻ Abb. 36.9).

❯ Adipokine spielen eine wichtige Rolle bei der Entstehung der Insulinresistenz

Seitdem die Rolle des Fettgewebes als endokrines Organ und die Produktion sog. Adipokine entdeckt wurde, hat man Proteine identifiziert, die sowohl Insulinresistenz (z. B. IL-6, TNF-α, Retinolbindeprotein 4) als auch Insulinempfindlichkeit (Adiponectin) vermitteln:

– **TNF-α.** Dieses Cytokin hemmt die Weiterleitung des Insulinsignals auf Ebene der IRS-Proteine (▶ Abschn. 36.6). Sein Hauptproduktionsort ist neben dem Fettgewebe auch das Immunsystem. Aktivierte Makrophagen, welche v. a. in das viszerale Fettgewebe einwandern, produzieren sogar den größten Anteil des im Gewebe und im Blut vorkommenden TNF-α. Obwohl bei zunehmender Fettgewebsmasse die zirkulierenden Spiegel von TNF-α im Blut nur wenig erhöht sind, findet man eine deutliche Erhöhung von TNF-α im Fettgewebe.

– **Adiponectin.** Einer der wichtigsten TNF-α-Antagonisten ist das Hormon Adiponectin. Es gehört zu den im menschlichen Blut höchst konzentrierten Hormonen und wird fast ausschließlich im Fettgewebe produziert. Es hat insulinsensitivierende Eigenschaften im Muskel und in der Leber (◻ Abb. 36.9A). Seine Wirkung beruht auf einer Aktivierung der AMP-aktivierten Proteinkinase (AMPK), die den oxidativen Abbau von Glucose und Fettsäuren stimuliert. Auf den ersten Blick scheint es paradox, dass die Adiponectinspiegel mit

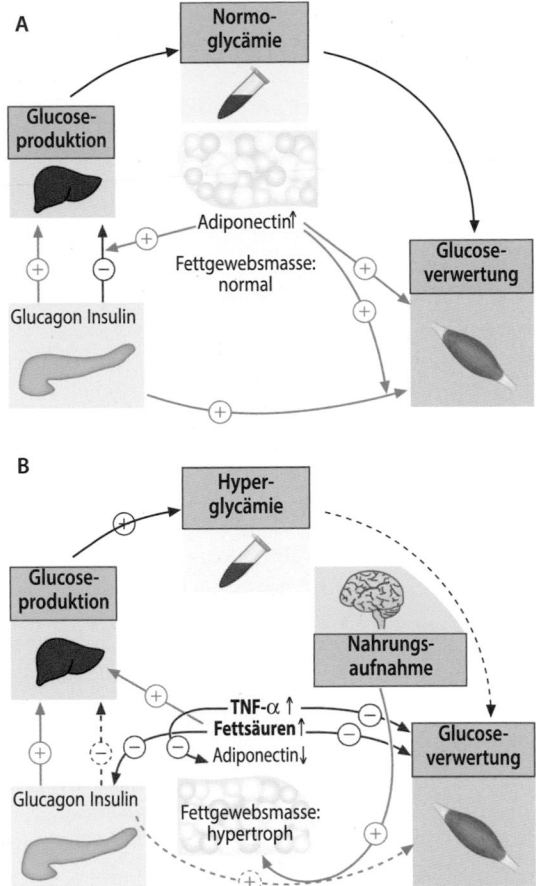

◻ **Abb. 36.9** **Rolle des Fettgewebes in der Pathogenese des Typ-2-Diabetes.** **A** Rolle des Fettgewebes bei der Glucosehomöostase des Normalgewichtigen. Adiponectin hat in Leber und Muskel insulinsensitivierende Eigenschaften. **B** Adipositas-induzierte Störungen der Glucosehomöostase. Die Produktion von Adiponectin ist vermindert und die von freien Fettsäuren erhöht. Diese vermindern die Insulinsekretion und die Glucoseverwertung im Muskel und erhöhen die Glucoseproduktion in der Leber

steigender Fettgewebsmasse im Blut abfallen. Es wird allerdings vermutet, dass seine direkten Antagonisten TNF-α und Interleukin-6 (IL-6), deren Produktion mit zunehmender Fettgewebsmasse ansteigt, hierfür verantwortlich sind (◻ Abb. 36.9B).

❯ Die Speicherung von Fett im Skelettmuskel und in der Leber induziert Insulinresistenz

Eine besondere Bedeutung für die Entstehung der Insulinresistenz hat die Speicherung von Fett außerhalb von Adipocyten (**ektope Fettspeicherung**) im Skelettmuskel und in der Leber. Vor allem die Fettmenge in der Leber hat dabei wahrscheinlich eine wichtige Bedeutung als die Gesamtkörper- und viszerale Fettmasse. Dabei geht die **nicht-alkoholische Fettlebererkrankung** (*non-alcoholic fatty liver disease*, **NAFLD**) sowohl mit einem erhöhten Risiko für Typ-2-Diabetes und Herz-Kreislauf-Erkrankungen als auch für fortgeschrittene Lebererkrankungen wie Leberzirrhose und Leberzellkarzinom einher. Die NAFLD verläuft in 2 Stadien; der einfachen Steatose (*non-alcoholic fatty liver*, NAFL) und der nicht-alkoholischen Fettleberhepatitis (*non-alcoholic steatohepatitis*, NASH). Insbesondere die NASH ist stark mit der Insulinresistenz assoziiert. Die durch ektopes Fett vermittelte Insulinresistenz ist nicht vollständig geklärt. Man geht davon aus, dass nichtveresterte gesättigte Fettsäuren, wie auch bakterielles Lipopolysaccharid (LPS), über die *Toll-like* Rezeptoren (TLR) 2 und 4 (☐ Abb. 36.10, Ziffer 1) den *nuclear factor-κB* (NF-κB)–*IκB kinase* (IKK)-Komplex aktivieren. Dies führt zu einer Aktivierung von NF-κB und *activator protein 1* (AP-1), was eine vermehrte Produktion von proinflammatorischen Cytokinen zur Folge hat (Ziffer 2). Über TLR-2/4 aktivieren nicht-veresterte gesättigte Fettsäuren aber auch die c-Jun-N-terminal kinase (JNK), welche die Insulinsignalweiterleitung über IRS1 und IRS2 hemmt (Ziffer 3). Nicht-veresterte gesättigte Fettsäuren werden aber auch in die Zelle aufgenommen, wo sie als Diacylglycerine oder Triacylglycerine abgelagert werden (Ziffer 4). Die Diacylglycerine führen über eine Aktivierung der Proteinkinase Cε ebenfalls zu einer Hemmung von IRS1/2, und somit der Insulinsignalweiterleitung. Proinflammatorische Cytokine können diese Insulinresistenz über eine direkte Aktierung von JNK noch verstärken (Ziffer 5). Glucose und Fructose induzieren die *de novo*-Lipogenese und führen ebenfalls zu einer Akkumulation von Diacylglycerinen und Triacylglcerinen (Ziffer 6). Weiterhin induzieren Glucose und Fructose Stress im

Endoplasmatischen Retikulum (ER) (Ziffer 7), was zu einer vermehrten Produktion von reaktiven Sauerstoffradikalen (*reactive oxygen species*, ROS) im Mitochondrium führt (Ziffer 8). Diese vermehrte ROS-Produktion, aber auch der ER-Stress selber, welche beide auch durch nichtveresterte gesättigte Fettsäuren und Cholesterin induziert werden können, aktivieren die IKK und somit die subklinische Inflammation (Ziffer 9).

Nach diesen neuesten Erkenntnissen hat sich folgende Hypothese für die **adipositasinduzierte Insulinresistenz und Insulinsekretionsstörung** entwickelt (☐ Abb. 36.9A und B): Mit der Zunahme der Fettgewebsmasse kommt es zu einem Anstieg der Freisetzung nicht-veresterter Fettsäuren und der Expression und Sekretion von Adipokinen wie TNF-α und IL-6. Gleichzeitig vermindert sich die Expression und Sekretion von Adiponectin. Dies hat zur Folge, dass die insulininduzierte Glucoseverwertung im Muskel und die insulininduzierte Hemmung der hepatischen Glucoseproduktion abnehmen (☐ Abb. 36.9B). Folglich kommt es zu einem Anstieg der Blutglucose. Die im Frühstadium der Insulinresistenz bestehende Hyperinsulinämie mit ihren anabolen Effekten und eine vermehrte Nahrungsaufnahme führen zunächst zu einer weiteren Zunahme des Fettgewebes, was diesen Prozess noch verstärkt. Im weiteren Verlauf kommt es durch glucoseinduzierten metabolischen Stress (sog. Glucotoxizität) und Lipotoxizität zu einem Abfall der Insulinsekretion. Durch diesen relativen Insulinmangel fällt der hemmende Effekt von Insulin auf die Glucoseproduktion der Leber weg und es tritt ein Ungleichgewicht zwischen Insulin-

☐ **Abb. 36.10 Signalwege bei der nicht-alkoholischen Fettlebererkrankung.** Beim Vorliegen einer nicht-alkoholischen Fettlebererkrankung führen ein Überangebot von nicht-veresterten gesättigten Fettsäuren, Glucose und Fructose zu einer subklinischen Inflammation und einer Insulinresistenz. *LPS:* bakterielles Lipopolysaccharid; *TLR-2/4: Toll-like* Rezeptoren 2 und 4; *ROS: reactive oxygen species; IKK: IκB kinase; NF-κB: nuclear factor κB; AP-1: activator protein 1; JNK: c-Jun-N-terminal kinase; IRS: insulin receptor substrate; DNL: de-novo lipogenesis; TAG: Triacylglycerine; DAG: Diacylglycerine.* (Adaptiert nach Stefan, Häring. 2011. The Metabolically Benign and Malignant Fatty Liver. Diabetes, Vol 60: August 2011)

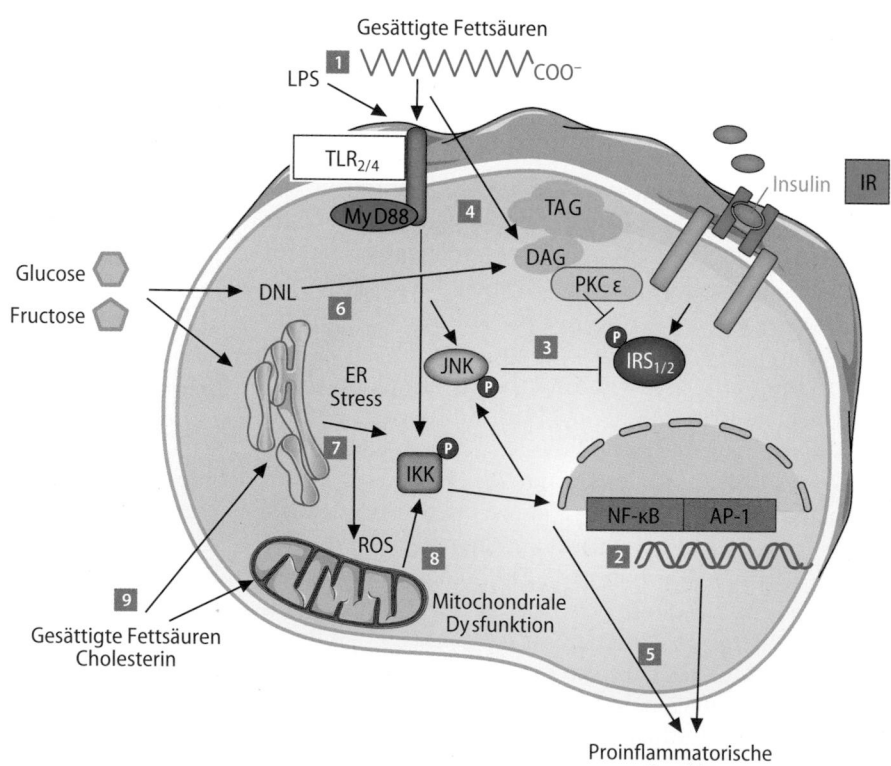

und Glucagonproduktion auf (■ Abb. 36.9B). Bestehen gleichzeitig endogene Defekte in der Insulinsignalkaskade im Muskel und/oder in der Leber, wird dieser Prozess weiter forciert.

> **Insulinsensitivierung in Prävention und Therapie des Diabetes mellitus Typ-2**

Eine Insulinresistenz liegt häufig schon vor dem Ausbruch der Erkrankung Typ-2 Diabetes vor. Sie lässt sich durch erhöhte körperliche Aktivität (Sport), Gewichtsabnahme, diätetische Interventionen, die auf eine Verminderung der Aufnahme gesättigter Fette abzielt, sowie pharmakologisch verbessern. Zu den Medikamenten, die bei Typ-2 Diabetespatienten eingesetzt werden und die Insulinsensitivität erhöhen (sog. *insulin sensitizer*), zählen Metformin und die Thiazolidindione. Das Biguanid **Metformin** hat sich in der Typ-2 Diabetestherapie aufgrund seiner Wirksamkeit, guten Verträglichkeit und niedrigen Kosten als *first-line drug* etabliert, d. h. es ist nach den aktuellen Behandlungsleitlinien das erste Medikament, welches verschrieben wird. Es setzt primär an der Leber an und verstärkt dort die hemmende Wirkung des Insulins auf die Glucoseneubildung. Die verminderte Bildung von Glucose aus dem Intermediärmetaboliten Lactat kann bei schwer Leber- und Nieren-insuffizienten Patienten zur Lactatazidose führen. Daher ist Metformin in diesen Fällen kontraindiziert. Die **Thiazolidindione** Rosiglitazon (in Deutschland nicht zugelassen) und Pioglitazon sind Liganden des Fettzell-spezifischen Transkriptionsfaktors *peroxisome proliferator-activated receptor* (PPAR) γ und greifen daher spezifisch am Fettgewebe an. Sie fördern die Neubildung kleiner, insulinsensitiver Adipocyten aus mesenchymalen Vorläuferzellen (Präadipocyten). Als häufige Nebenwirkung treten folglich eine Erhöhung der Fettgewebsmasse und des Körpergewichts auf.

> **Typ-2-Diabetes ist eine polygenetisch determinierte Krankheit**

Zwillingsstudien und Untersuchungen an Populationen mit besonders niedriger ethnischer Durchmischung haben deutliche Hinweise dafür erbracht, dass bei der Entstehung des Typ-2-Diabetes eine **genetische Komponente** eine große Rolle spielt. Da der Erbgang des Typ-2-Diabetes nicht streng den Mendel-Regeln folgt, wird Typ-2-Diabetes als eine **polygenetisch** determinierte Krankheit angesehen. Durch die Kombination großer Fall-Kontroll-Kohorten und neuer, hoch effizienter genetischer Methoden konnten in den letzten zwei Jahrzehnten mehr als 400 polymorphe Genvarianten in über 240 Genen identifiziert werden, die in ihrer Summe das Typ-2-Diabetesrisiko deutlich erhöhen. Es bleibt jedoch anzumerken, dass diese Genvarianten eine geringe Penetranz haben, d. h. dass die Anwesenheit solcher Genvarianten nicht zwangsläufig zu Typ-2-Diabetes führen muss. Nach der aktuellen Lehrmeinung erhöhen sie lediglich die **Suszeptibilität** für ungünstige Lebensstil- und Umwelteinflüsse, welche Überernährung und Bewegungsmangel zur Folge haben. Für die Entstehung von Typ-2-Diabetes sind also **Gen-Lebensstil- und Gen-Umwelt-Interaktionen** ausschlaggebend.

Übrigens

Typ-2-Diabetes (Fallvorstellung)

Am 04.06.2001

wurde ein Patient im Coma diabeticum mit einem Blutzucker von 1405 mg/dl (78,7 mmol/l) und einem HbA_{IC}-Wert von 17,1 % vom Notarzt in die Klinik gebracht. Es handelte sich um einen 68-jährigen ehemaligen Busfahrer, bei dem seit Jahrzehnten Übergewicht (110 kg bei einer Körpergröße von 176 cm) vorlag und der ansonsten bis dato weitgehend gesund war. Seine Mutter fiel im Alter von 70 Jahren ebenfalls ins Coma diabeticum und musste anschließend mit Insulin behandelt werden. Bei dem Patienten wurde ein Diabetes mellitus Typ-2 diagnostiziert. Unter Insulintherapie besserte sich der Allgemeinzustand des Patienten rasch wieder.

Am 15.06.2001

erhielt der Patient, der inzwischen erlernt hatte, sich selbst Insulin zu spritzen, eine Ernährungsberatung. In den folgenden 7 Wochen konnte er durch die Umsetzung der Ernährungsempfehlungen Gewicht abnehmen. Die Insulindosis konnte durch Verbesserung der Blutzuckerwerte schrittweise reduziert werden.

Am 06.08.2001

wurde eine Gewichtsabnahme von 7 kg (auf 103 kg) festgestellt. Der Patient hatte jetzt ohne exogenes Insulin bereits wieder normale Blutzuckerwerte.

Dieses Beispiel zeigt eindrücklich die starke Abhängigkeit des Glucosestoffwechsels vom Körpergewicht bei einem neu manifestierten Typ-2-Diabetiker. Bereits eine Abnahme von 7 kg hat hier wieder zu einer Stoffwechselnormalisierung geführt. Somit sind Gewichtsabnahme und vermehrte körperliche Bewegung ein primäres therapeutisches Ziel zur Verbesserung der Insulinsensitivität beim übergewichtigen Typ-2-Diabetiker.

36.7.3 Folgen chronischer Hyperglykämie

❯ Als Spätkomplikationen chronischer Hyperglykämie treten Retino-, Nephro- und Neuropathien auf

Obgleich die akute diabetische Stoffwechselentgleisung heute in der Regel gut zu beherrschen ist, hängt das Schicksal diabetischer Patienten zu einem beträchtlichen Ausmaß von Spätkomplikationen ab:

- Augen (Katarakt, Retinopathie)
- Nieren (Nephropathie)
- Nerven (Neuropathie)
- Gefäßsystem (Angiopathie) und
- Herzpumpfunktion.

Durch groß angelegte Studien konnte inzwischen belegt werden, dass eine normoglykämische Einstellung von Diabetikern und eine Korrektur der Hyperlipidämie und der arteriellen Hypertonie zu einer fast vollständigen Unterdrückung der diabetesspezifischen Folgeerkrankungen wie auch der kardiovaskulären Erkrankungen führt. Die meisten der diabetischen Spätkomplikationen sind auf Schäden im Bereich der kleinen Gefäße (Mikroangiopathie) zurückzuführen.

Retinopathie Bei schlechter diabetischer Stoffwechseleinstellung kann es zu einer diabetischen Retinopathie kommen. Die intrazelluläre Hyperglykämie führt zu einem gestörten Blutfluss in den Gefäßen und zu einer vermehrten vaskulären Permeabilität. Ursächlich dafür sind eine verminderte Aktivität von Vasodilatatoren (z. B. NO), eine vermehrte Aktivität von Vasokonstriktoren (z. B. Angiotensin II und Endothelin 1) und eine vermehrte Bildung von Faktoren, welche die Permeabilität erhöhen (z. B. *vascular endothelial growth factor*) (s. u.). Eine quantitative und qualitative Änderung der extrazellulären Matrix führt schließlich zu einer irreversiblen Veränderung der Gefäßpermeabilität. Zusammen mit einer durch die Hyperglykämie verursachten verminderten Produktion von trophischen Faktoren, welche für das Überleben von Endothel- und Nervenzellen bedeutsam sind, kommt es schließlich zu **Veränderungen der Netzhautgefäße** mit Neovaskularisation, Aneurysmabildung und Retinablutungen. Unbehandelt würde dies in vielen Fällen zur Erblindung führen.

Nephropathie Eine weitere häufig auftretende Komplikation stellt die diabetische Nephropathie dar. Sie ist ebenfalls mit einer Mikroangiopathie vergesellschaftet. Weiterhin ist sie durch Veränderungen der glomerulären Basalmembran mit ihrem speziellen Typ-IV-Kollagen gekennzeichnet. Basalmembranen von Diabetikern weisen einen höheren Gehalt an Hydroxylysin und an Hydroxylysin-gebundenen Disacchariden auf. Durch Verminderung der Heparansulfatproteoglycane im Bereich der Basalmembran des Glomerulus kommt es zu einer Reduktion der negativen Ladung, die wahrscheinlich zusammen mit Hyperfiltration, Kollagenveränderungen und anderen Faktoren zu einem veränderten Aufbau der Basalmembran und der glomerulären Porengröße führt. Weiterhin führt eine vermehrte Entzündungsreaktion zu einer **Glomerulosklerose**. Durch diese und tubuläre Veränderungen kommt es zu einem anfangs selektiv auf Albumin begrenzten Proteinverlust der Niere. Die **Albuminurie**, die im Bereich zwischen 30 und 300 mg/Tag als Mikroalbuminurie definiert wird, benützt man als frühen Marker der Nierenschädigung bei Diabetes mellitus. Dieses Stadium der diabetischen Nephropathie ist vielfach durch eine normoglykämische Einstellung und durch eine Blutdrucksenkung in den normotonen Bereich reversibel.

Neuropathie Die Mikroangiopathie spielt außer bei der Retinopathie und Nephropathie auch eine Rolle bei der diabetischen Neuropathie, deren Verteilungsmuster typischerweise distal symmetrisch ist.

❯ Chronische Hyperglykämie beeinflusst den Polyolstoffwechsel, führt zur Bildung von *advanced glycation end products* und aktiviert bestimmte PKC-Isoformen

Die derzeitige Auffassung von der Entstehung der Spätkomplikationen ist, dass neben einer genetischen Prädisposition die zeitweise **erhöhte Glucosekonzentration im Blut** die entscheidende Störgröße darstellt. Folgende vier Mechanismen spielen dabei eine Rolle:

Gesteigerter Polyolstoffwechsel Grundlage dieses Mechanismus ist die in manchen Geweben realisierte Möglichkeit, durch die **Aldosereduktase und Sorbitoldehydrogenase** aus Glucose Sorbitol und Fructose zu bilden (▶ Abschn. 14.1.1). Ein hohes Glucoseangebot induziert die Genexpression des Enzyms Aldosereduktase, welches eine hohe K_M für Glucose hat und geschwindigkeitsbestimmend für den Polyolstoffwechsel ist. Der Zuckeralkohol Sorbitol und das Monosaccharid Fructose werden nicht weiter verstoffwechselt und diffundieren zudem nicht in den Extrazellulärraum zurück. Eines der betroffenen Organe ist die **Augenlinse**, in deren Epithelzellen die Akkumulation der osmotisch aktiven Fructose- und Sorbitolmoleküle den Nachstrom von Wasser und damit eine Zellschwellung bewirkt. Mit dem Wasser dringt Natrium in die Epithelzelle, was von einem gleichzeitigen Efflux von Kalium zur Erhaltung der Elektroneutralität begleitet ist. Diese Elektrolytverschiebung stört die Membranfunktionen, sodass das Zellinnere an Aminosäuren und Proteinen, an Glutathion und ATP verarmt. Die Konsequenz dieser pathobiochemischen Veränderungen ist der Zusammenbruch der Osmoregulation der Zelle, der sich klinisch als Trübung und Quellung der Linsenfasern, also als **Katarakt**, äußert. Die Verteilung des Polyolstoffwechselwegs im Nervengewebe zeigt interessante Aspekte für die Entwicklung der diabetischen Neuropathie. Die Aldosereduktase ist vorwiegend in den Schwann-Zellen lokalisiert, in denen auch die ersten diabetischen Schäden auftreten. Auch an der Pathogenese der Angiopathie und Retinopathie soll eine Fehlregulation des Polyolstoffwechsels beteiligt sein.

2. Vermehrte Bildung von *advanced glycation end products* **(AGEs)** In den letzten Jahren sind viele Hinweise dafür gefunden worden, dass eine Reihe von Proteinen nichtenzymatisch glykiert wird (▶ Abschn. 17.1.2). Als Konsequenz ergeben sich sehr komplexe chemische Umlagerungsreaktionen der im Zug der Glykierung angehängten Gruppen, die den aus der Lebensmittelchemie bekannten Bräunungsreaktionen entsprechen. Die Produkte dieser Reaktionen, die sog. AGEs, rufen sowohl Struktur- als auch Funktionsänderungen in Proteinen hervor. Sie treten beim Diabetiker weitaus häufiger auf als beim Nichtdiabetiker, betreffen u. a. Endothelien und könnten so für das verfrühte Auftreten von Gefäßveränderungen bei Diabetes verantwortlich sein. Pathologische Mechanismen, welche durch Bildung von AGEs hervorgerufen werden, beinhalten u. a. eine vermehrte Permeabilität der Kapillarwand, Induktion von Entzündungsprozessen vermittelt durch Makrophagen und Mesangialzellen und die Expression von prokoagulatorischen und proinflammatorischen Molekülen durch die Endothelzellen. Große Studien an Patienten mit Typ-1-Diabetes haben gezeigt, dass der AGE-Inhibitor Aminoguanidin das Fortschreiten sowohl der Nephropathie als auch der Retinopathie verlangsamt. Als wichtiger Parameter zur Beurteilung der Stoffwechselqualität eines Diabetikers hat sich die Bestimmung der **Glycohämoglobine** (z. B. HbA$_{1C}$) (▶ Abschn. 17.1.2) erwiesen. Normalerweise machen diese nur bis zu 6 % des gesamten Erwachsenenhämoglobins aus. Dabei korreliert ihr Anteil nicht mit der aktuellen Blutglucosekonzentration, sondern – was entscheidend für die Frage ist, ob ein Diabetiker nicht nur zum Zeitpunkt der Untersuchung, sondern langfristig gut eingestellt ist – mit der über einen längeren Zeitraum erhöhten Blutglucosekonzentration.

3. PKC-Aktivierung Aktivierung der **PKCβ-Isoform** durch vermehrte glucoseinduzierte Diacylglycerinsynthese aus Fettsäuren führt zu einer Störung des Blutflusses in der Retina und in der Niere. Dies ist wahrscheinlich durch eine Hemmung der NO-Produktion und/oder eine Erhöhung der Aktivität der Endothelin-1-Aktivität vermittelt. Weiterhin hat man gefunden, dass die durch Glucose induzierte erhöhte Permeabilität der Endothelzellen durch

Aktivierung der **PKCα-Isoform** vermittelt wird. Außerdem führt PKC-Aktivierung über eine Induktion von TGF-β1 zu einer vermehrten Bildung von mikrovaskulären Matrixproteinen. Dieser Mechanismus wurde bislang v. a. hinsichtlich der Pathogenese der Nephropathie untersucht. Im Tierversuch hat man durch spezifische Hemmung der PKCβ-Isoform eine Normalisierung der durch den Diabetes induzierten erhöhten glomerulären Filtrationsrate und einen Rückgang der Urinalbuminausscheidung erreicht. Weiterhin wurde die glomeruläre mesangiale Proliferation verhindert.

4. Vermehrter Glucosedurchsatz durch den Hexosaminweg Ein vermehrter Durchsatz der Glucose durch diesen Stoffwechselweg führt zu einer vermehrten Bildung von UDP-N-Acetylglucosamin (UDP-GlcNAc). Dieses ist das obligatorische Substrat der O-GlcNAc-Transferase, welche eine reversible, **posttranslationale Proteinmodifikation** (Übertragung von O-GlcNAc auf spezifische Serin/Threoninreste) katalysiert. Über eine O-GlcNAc-Modifikation des Transkriptionsfaktors Sp1 erfolgt eine vermehrte Transkription von TGF-α, TGF-β1 und PAI-1. Das resultiert u. a. in einer Hemmung der endothelialen NO-Synthase und in einer Aktivierung verschiedener PKC-Isoformen.

36.7.4 Insulinpräparate und Insulinanaloga in der Therapie des Diabetes mellitus

Entwicklung kommerzieller Insuline In der Therapie des insulinpflichtigen Diabetes mellitus (Typ-1 und fortgeschrittener Typ-2) ist die subcutane Injektion von Insulin immer noch obligat. Lange Zeit wurden Insulinpräparationen aus Rinder- und Schweinepankreas eingesetzt, bis in den 1980er-Jahren moderne gentechnische Methoden es ermöglichten, hochreines **rekombinantes Humaninsulin** herzustellen, welches deutlich weniger immunogen und allergen war. Dennoch bilden etwa 40 % der Patienten nach Injektion Antikörper gegen rekombinantes Humaninsulin. Diese sind jedoch klinisch weitgehend bedeutungslos. Nur in sehr seltenen Fällen werden neutralisierende Antikörper gebildet, die eine Dosiserhöhung erforderlich machen. Gentechnische und chemische Methoden erlaubten es schließlich, Insulinmoleküle zu erzeugen, die sich in ihrer Primärstruktur geringfügig vom normalen Humaninsulin unterscheiden, aber verbesserte **pharmakokinetische Eigenschaften** aufweisen. Diese Insulinvarianten, die in jüngerer Zeit vermehrt zum klinischen Einsatz kommen, werden als **Insulinanaloga** (oder Analoginsuline) bezeichnet (◘ Abb. 36.11). Die Immunogenität der Insulinanaloga, gemessen an der Antikörperbildung, entspricht der des Humaninsulins, ist aber im Vergleich zu den tierischen Insulinen vernachlässigbar.

Glucagon und Katecholamine – Gegenspieler des Insulins

Harald Staiger, Norbert Stefan, Monika Kellerer und Hans-Ulrich Häring

Direkte Gegenspieler des Insulins sind Glucagon und die Katecholamine. Glucagon ist verantwortlich für die Anpassung des Stoffwechsels an fehlende Nahrungszufuhr und wirkt überwiegend auf die Leber, wo es die Bereitstellung von Glucose durch Glycogenabbau und Gluconeogenese stimuliert. Die Katecholamine sind die wichtigsten Hormone für die rasche Mobilisierung gespeicherter Energiesubstrate. Sie spielen eine wesentliche Rolle bei der Antwort des Organismus auf Stresssituationen und haben ein außerordentlich breites Wirkungsspektrum, das von der Regulation der Durchblutung verschiedener Gewebe bis zur Steuerung des Stoffwechsels reicht.

Schwerpunkte

37.1 Glucagon
— Struktur, Biosynthese und Sekretion
— Intra- und extrahepatische Wirkungen
— Weiterleitung des Glucagonsignals über G-Protein-gekoppelte heptahelicale Rezeptoren

37.2 Katecholamine
— Struktur, Biosynthese, Sekretion und Abbau
— Biologische Wirkungen
— Adrenerge Rezeptoren

37.1 Glucagon

37.1.1 Aufbau

Glucagon ist ein Peptidhormon aus 29 Aminosäuren mit einer Molekülmasse von 3,5 kDa. Es wird in den **α-Zellen** der Langerhans-Inseln des Pankreas, also in unmittelbarer Nachbarschaft zum Produktionsort des Insulins, gebildet.

37.1.2 Synthese in den α-Zellen des Pankreas und Auslösung der Sekretion

> Neben dem Glucagon enthält das Proglucagonmolekül die Aminosäuresequenz für zwei weitere, dem Glucagon homologe Peptide, *Glucagon-like peptide*-1 (GLP-1) und GLP-2.

Glucagon, dessen Gen auf dem humanen Chromosom 2 zu finden ist, wird wie viele Peptidhormone in Form eines wesentlich größeren Präkursormoleküls synthetisiert. Es handelt sich um das etwa 18 kDa große **Prä-Proglucagon**, welches außer in den α-Zellen der Langerhans-Inseln auch in der intestinalen Mukosa (Enteroglucagon) und im Zentralnervensystem gebildet wird. N-terminal trägt es eine Signalsequenz, die für die Einschleusung des entstehenden Peptids in das Lumen des endoplasmatischen Retikulums verantwortlich ist. Nach der Abtrennung der Signalsequenz liegt das etwa 12 kDa große **Proglucagon** (160 Aminosäuren) vor. ◨ Abb. 37.1 zeigt seinen Aufbau und seine weitere proteolytische Prozessierung.

Die jeweiligen Peptide sind durch Paare basischer Aminosäuren voneinander getrennt. Sie stellen Spaltstellen für **Proproteinconvertasen** dar. In den **α-Zellen** der Langerhans-Inseln entsteht durch Proproteinconvertase 2 zunächst ein N-terminales, als **Glicentin** bezeichnetes Protein und ein C-terminales Fragment, das *major*-Proglucagonfragment. Das Letztere wird jedoch in den α-Zellen vollständig abgebaut. Glicentin wird durch Proproteinconvertase 2 weiter proteolytisch gespalten, wobei je nach Spaltstelle das 9K-Glucagon oder das Oxyntomodulin als Zwischenprodukte entstehen, die jedoch rasch zu fertigem Glucagon prozessiert werden.

GLPs In der **intestinalen Mukosa** und im **Gehirn** wird Proglucagon durch ein Zusammenspiel der Proproteinconvertasen 1 und 2 prozessiert. Hier sind die wichtigsten aus

Ergänzende Information Die elektronische Version dieses Kapitels enthält Zusatzmaterial, auf das über folgenden Link zugegriffen werden kann https://doi.org/10.1007/978-3-662-60266-9_37. Die Videos lassen sich durch Anklicken des DOI Links in der Legende einer entsprechenden Abbildung abspielen, oder indem Sie diesen Link mit der SN More Media App scannen.

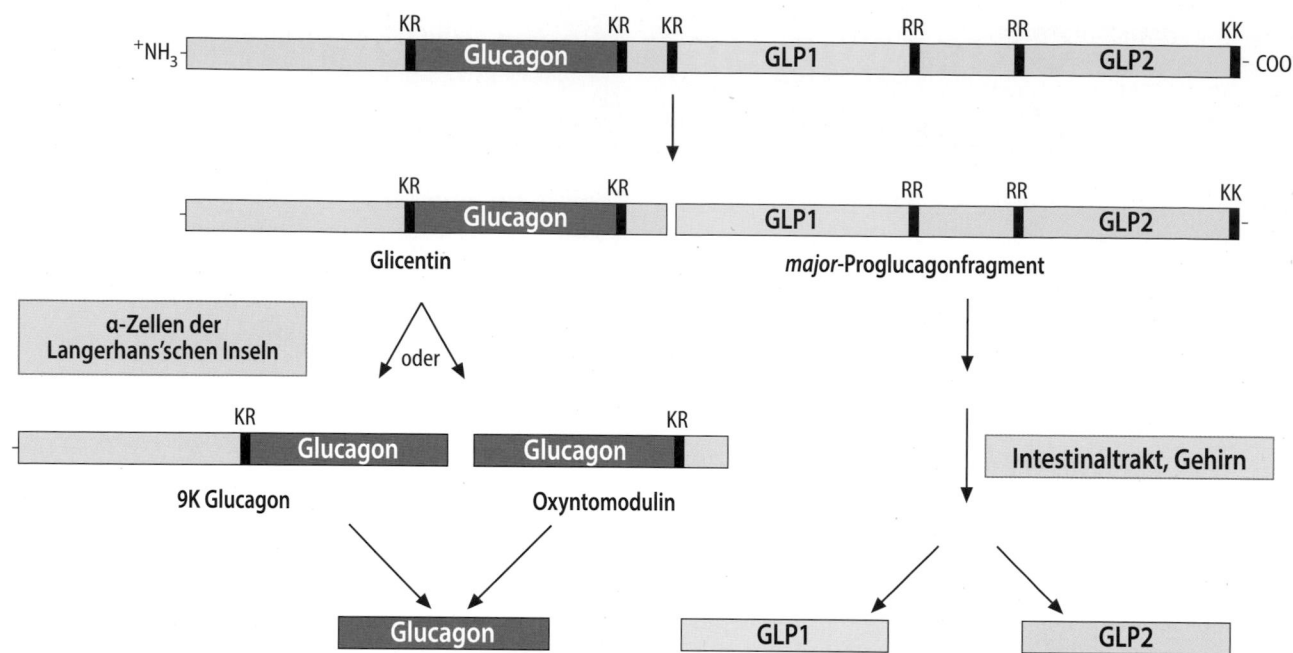

Abb. 37.1   Aufbau und proteolytische Prozessierung des Progluca-gons. Proglucagon enthält die Sequenzen von Glucagon, GLP-1 und GLP-2. In den α-Zellen der Langerhans-Inseln des Pankreas erfolgt eine schrittweise Spaltung dieses Präkursors an basischen Amino-säuren (K und R), sodass als wichtigstes Spaltprodukt Glucagon entsteht. Die verschiedenen Zwischenprodukte der Spaltungsreak-tion konnten ebenfalls in den α-Zellen nachgewiesen werden. Oxyn-tomodulin: ▶ Abschn. 38.3.2. (Einzelheiten s. Text)

der proteolytischen Spaltung hervorgehenden Produkte GLP-1 (37 Aminosäuren) und GLP-2 (33 Aminosäu-ren). Von beiden weiß man, dass sie nach Nahrungsauf-nahme von den L-Zellen des Intestinaltrakts freigesetzt werden. GLP-1 ist ein Inkretin und stimuliert als solches die Insulinsekretion der β-Zellen der Langerhans-Inseln (▶ Abschn. 36.3). Daneben deuten neuere Daten da-rauf hin, dass GLP-1 auch auf das hypothalamische Appetitzentrum Einfluss nehmen und als Sättigungsfak-tor wirken kann (▶ Abschn. 38.3.2). GLP-2 reguliert die Motilität und Nährstoffresorption des Dünndarms und das Wachstum der gastrointestinalen Epithelzellen. Die Rezeptoren für GLP-1 und GLP-2 sind eng mit dem Glu-cagonrezeptor (▶ Abschn. 37.1.4) verwandt.

❯ Die Glucagonsekretion wird durch einen Abfall der Blutglucosekonzentration ausgelöst.

Anders als beim Insulin ist ein **Abfall der Glucosekon-zentration** der auslösende Stimulus für die Glucagonab-gabe. So lässt sich nach mehrstündiger Nahrungskarenz ein Abfall der Insulin- und ein Anstieg der Glucagon-konzentration im Blut beobachten, der zeitlich genau dem Abfall der Blutglucosekonzentration entspricht (◘ Abb. 37.2). An isolierten Langerhans-Inseln führt jeder Anstieg der Glucosekonzentration im Medium zu einem Abfall der Glucagonsekretion. Außer durch Glu-cose kann die Glucagonsekretion auch durch die Nah-rungszusammensetzung beeinflusst werden. Während

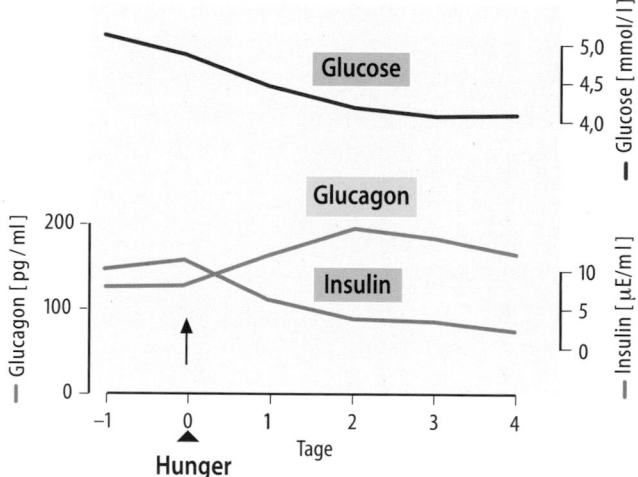

Abb. 37.2   Zusammenhang zwischen Blutglucose-, Plasmainsulin- und Plasmaglucagon-Konzentrationen. Mittlere Glucagon-, Insulin- und Glucosekonzentrationen vor und während 3 bis 4-tägigem tota-len Fasten. Die Bestimmungen wurden jeweils um 9 Uhr morgens durchgeführt

nach einer kohlenhydratreichen Mahlzeit die Insulin-konzentration im Blut ansteigt und diejenige des Gluca-gons abfällt, findet sich nach einer **proteinreichen Mahlzeit** ein Anstieg sowohl der Insulin- als auch der Glucagonkonzentration (◘ Abb. 37.3). Der biologische Sinn dieses Effektes liegt wohl darin, dass die nach einer proteinreichen Mahlzeit vermehrt resorbierten Amino-säuren die Insulinsekretion übermäßig stimulieren und

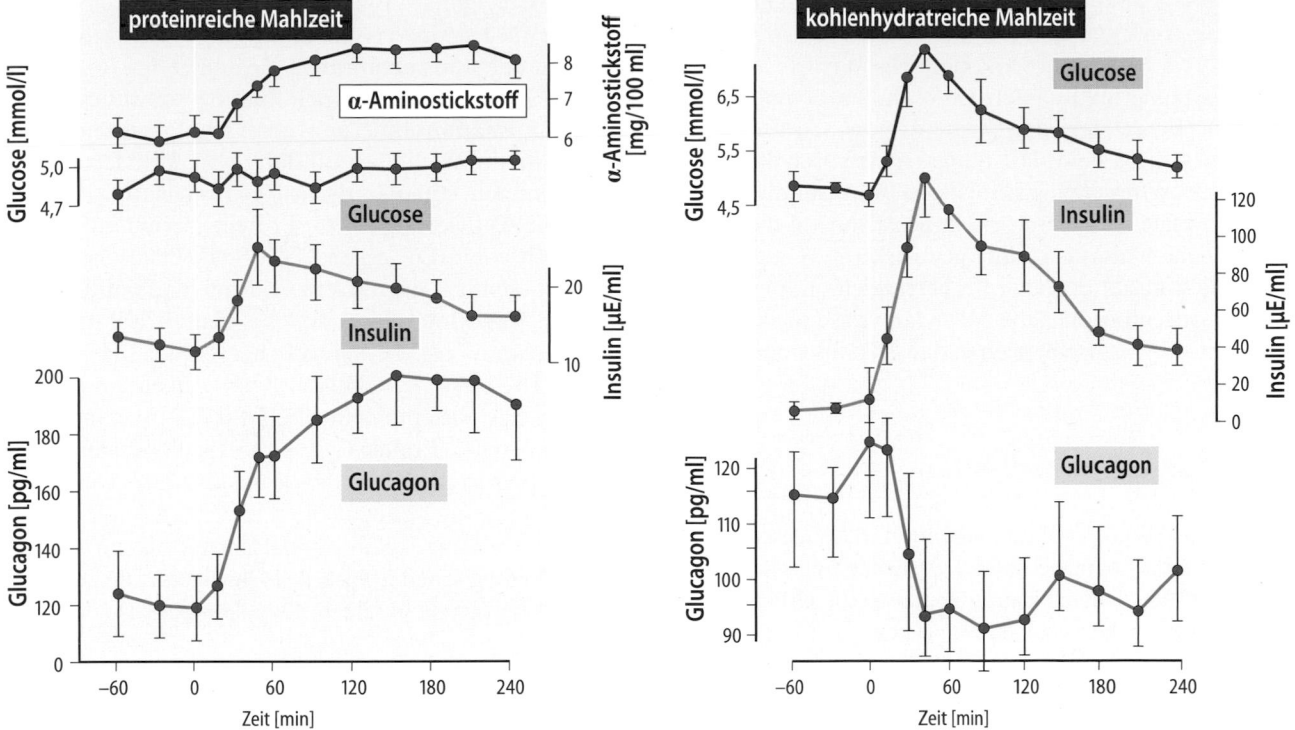

Abb. 37.3   Insulin- und Glucagonsekretion nach verschiedenen Mahlzeiten. *Links*: Nach einer proteinreichen Mahlzeit (Mittelwerte ±-Standardabweichung). *Rechts*: Nach einer kohlenhydratreichen Mahlzeit (Mittelwerte ±-Standardabweichung)

dadurch eine Hypoglykämie auslösen könnten. Diese wird durch die gesteigerte Glucagonsekretion verhindert. Verbindungen, die die vermehrte Glucagonsekretion auslösen, sind sowohl die resorbierten **Aminosäuren** selbst wie auch das bei proteinreichen Mahlzeiten gesteigert produzierte **Cholecystokinin-Pankreozymin**.

Modulation der Glucagonsekretion   β-adrenerge Stimulation führt zur Glucagonfreisetzung. Erhöhte Spiegel von Fettsäuren, Insulin, Somatostatin und des Inkretins GLP-1 hemmen die Glucagonfreisetzung.

Plasmakonzentration   Die Plasmakonzentration des Glucagons variiert nach 12- bis 16-stündigem Fasten individuell zwischen 25 und 150 pg/ml.

37.1.3   Wirkspektrum

> Glucagon ist wesentlich an der Aufrechterhaltung normaler Blutglucosespiegel und der Korrektur von Hypoglykämien beteiligt, wozu es auch therapeutisch eingesetzt wird.

Der Hauptwirkort des Glucagons ist die **Leber**, an die das Hormon nach seiner Sekretion zunächst in höchster Konzentration gelangt. In den Hepatocyten stimuliert

Glucagon die **Adenylatcyclase**, sodass sich seine raschen Effekte auf den Leberstoffwechsel auf die dadurch erhöhten cAMP-Konzentrationen zurückführen lassen. So kommt es zu gesteigerter Glycogenolyse durch Aktivierung der Glycogenphosphorylase bei gleichzeitig gehemmter Glycogenbiosynthese. Darüber hinaus führt cAMP zu einer Hemmung der hepatischen Glycolyse und Stimulierung der Gluconeogenese (▶ Abschn. 15.3). Damit ist Glucagon an der Leber ein **insulinantagonistisch** wirkendes Hormon, dessen Aktivität bei **kataboler Stoffwechsellage** notwendig ist. Es wird bei Substratmangel (Glucosemangel) freigesetzt und stimuliert die Mobilisierung von Glucosespeichern wie auch die Gluconeogenese. Unterstützt wird die rasche Glucagonwirkung durch eine langfristige cAMP-Wirkung auf die **Genexpression**. cAMP dient als Repressor von Schlüsselenzymen der Glycolyse und als Induktor von solchen der Gluconeogenese.

Extrahepatische Wirkungen   Inzwischen ist klar, dass Glucagonrezeptoren auf unterschiedlichen Zellarten vorkommen. So finden sich Glucagonrezeptoren im Bereich der **Nebennierenrinden-Zellen**. Beim Menschen ruft eine kurzzeitige intravenöse Glucagongabe eine deutliche **Zunahme der Blutcortisolspiegel** hervor, sodass man eine stimulatorische Wirkung von Glucagon auf die Glucocorticoidsynthese der Nebennierenrinde annehmen kann.

Die physiologische Bedeutung dieser nicht-klassischen Wirkung von Glucagon könnte in der Stressantwort bei Hypoglykämie liegen. So könnte die vermehrte Glucagonfreisetzung im Rahmen einer akuten Hypoglykämie auch die Freisetzung des Stresshormons Cortisol direkt beeinflussen. Da beide Hormone synergistisch die hepatische Glucosefreisetzung stimulieren, wäre auf diese Weise eine adäquate kompensatorische Reaktion auf die lebensbedrohliche Unterzuckerung gewährleistet. Glucagon ist schließlich imstande, auch im **Fettgewebe** in physiologischen Konzentrationen die Adenylatcyclase zu aktivieren. Dadurch wirkt es lipolytisch und insulinantagonistisch.

37.1.4 Signaltransduktion

❯ Der 55 kDa große Glucagonrezeptor ist ein klassischer Vertreter der heptahelicalen Transmembranrezeptoren und ist über heterotrimere stimulatorische G-Proteine an das Adenylatcyclase-System gekoppelt.

Dies macht verständlich, warum viele Glucagonwirkungen durch cAMP imitiert werden können. Außerdem geht die Rezeptoraktivierung mit einer Erhöhung der cytosolischen Ca^{2+}-Konzentration einher. Ob der Ca^{2+}-Anstieg für die metabolischen Effekte von Glucagon essenziell ist, bleibt allerdings noch zu zeigen (◻ Abb. 37.4).

Die extrazelluläre Bindungsstelle von Glucagon wird von der N-terminalen Domäne und extrazellulären Schleifen der transmembranen Regionen des Rezeptors gebildet. Infolge der Ligandenbindung kommt es zu einer Konformationsänderung im Rezeptorprotein, welche nun die intrazelluläre Bindung und Aktivierung des heterotrimeren **stimulatorischen G-Proteins (G_s)** verursacht. Die Aktivierung des G_s-Proteins beruht auf einem Austausch von GDP gegen GTP. Schließlich dissoziiert die α-Untereinheit des aktiven G_s-Proteins ab und stimuliert die **Adenylatcyclase**, welche eine Erhöhung der intrazellulären cAMP-Spiegel hervorruft. Hierdurch wird die PKA aktiviert (◻ Abb. 37.4). Außerdem initiiert der aktivierte Rezeptor einen GDP-GTP-Austausch im heterotrimeren **G-Protein G_q**, welches die **Phospolipase Cβ** aktiviert und so die IP_3-Kaskade auslöst. Dies wiederum löst die Erhöhung der cytosolischen Ca^{2+}-Konzentration aus. Weitere intrazelluläre Signalschritte bis zur Auslösung der biologischen Effekte des Glucagons folgen. Diese sind jedoch noch nicht alle im Detail aufgeklärt.

Zusammenfassung

Glucagon wird von den α-Zellen der Langerhans-Inseln des Pankreas gebildet und sezerniert. Es ist an der Leber ein bedeutender Insulinantagonist. Es wird beim Absinken der Blutglucosekonzentration, z. B. bei

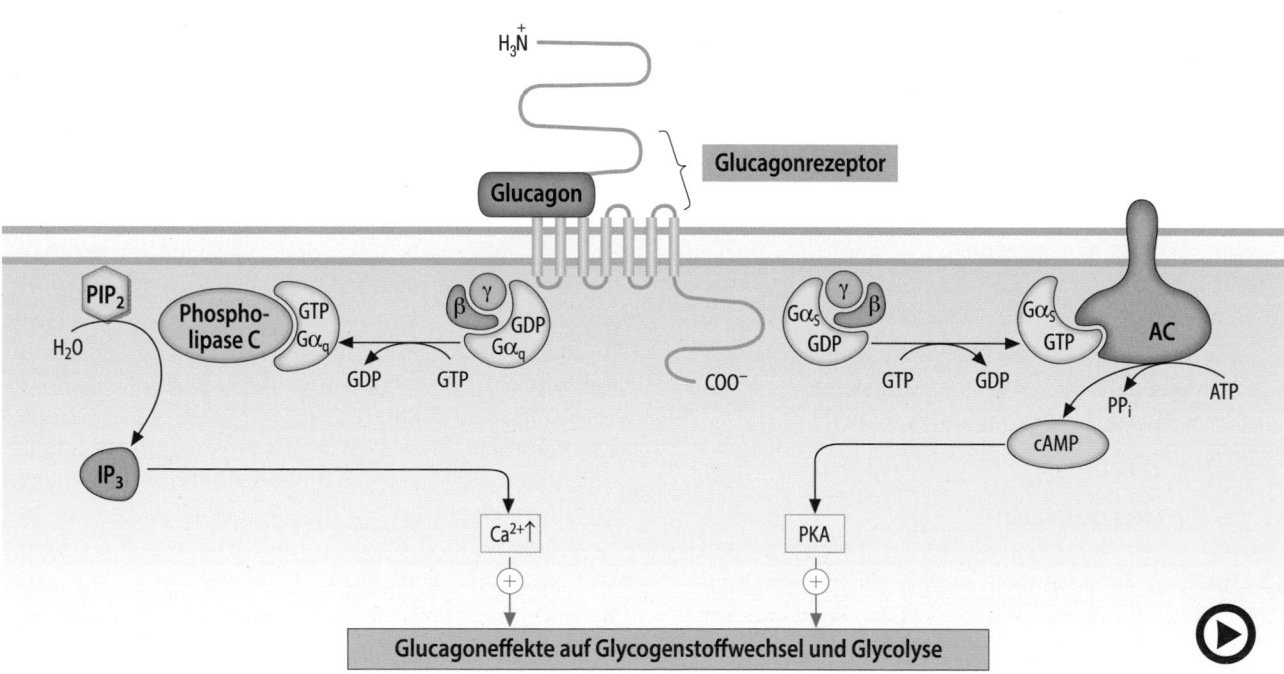

◻ **Abb. 37.4** (Video 37.1) **Signalweiterleitung über den Glucagonrezeptor.** Nach der Glucagonbindung an den Glucagonrezeptor sind zwei Signalwege für die metabolischen Wirkungen des Glucagons erforderlich: Zum einen löst die Aktivierung eines stimulatorischen G-Proteins (G_s) eine Erhöhung der intrazellulären cAMP-Spiegel aus (*rechts*), zum anderen bewirkt die Aktivierung des G-Proteins G_q eine Erhöhung der intrazellulären Calciumspiegel (*links*). *AC:* Adenylatcyclase; *IP_3:* Inositol-(1, 4, 5)-Trisphosphat; *PIP_2:* Phosphatidylinositol-4, 5-Bisphosphat. (Einzelheiten s. Text) (▶ https://doi.org/10.1007/000-5k1)

Nahrungskarenz, freigesetzt und dient der Bereitstellung des Brennstoffs Glucose für alle obligat auf Glucose angewiesenen Gewebe. Dies wird durch eine cAMP-vermittelte Stimulation der hepatischen Glycogenolyse und Gluconeogenese bewerkstelligt. Außer in den α-Zellen der Langerhans-Inseln wird der Glucagonpräkursor auch im Intestinaltrakt synthetisiert. Hier wird er jedoch proteolytisch im Wesentlichen zu GLP-1 und GLP-2 prozessiert. GLP-1 und GLP-2 werden bei Nahrungszufuhr freigesetzt. GLP-1 ist ein wichtiger Stimulator der Insulinsekretion.

37.2 Katecholamine

37.2.1 Aufbau

Das Nebennierenmark ist entwicklungsgeschichtlich ein Abkömmling eines sympathischen Ganglions, in welchem die postganglionären Zellen ihre Axone verloren haben und die von ihnen synthetisierten Transmitter als Hormone direkt in die Blutbahn abgeben. Dementsprechend ist auch bei einigen Species **Noradrenalin** (früher: Norepinephrin) das im Nebennierenmark synthetisierte Hormon. Bei anderen Arten, z. B. dem Menschen oder dem Hund, wird dagegen im Wesentlichen **Adrenalin** (früher: Epinephrin) synthetisiert, das durch Methylierung von Noradrenalin entsteht (Abb. 37.5). Adrenalin und Noradrenalin werden auch als **Katecholamine** bezeichnet, da sie chemisch gesehen Derivate des Katechols (1, 2-Dihydroxybenzol) sind. Noradrenalin wird auch in den synaptischen Endigungen der adrenergen Neurone gebildet und gespeichert. Es fungiert hier als Neurotransmitter.

37.2.2 Synthese in sympathischen Nervenendigungen und Nebennierenmark sowie Sekretionsmechanismus

> Ausgangspunkt für die Katecholamin-Biosynthese ist die Aminosäure Tyrosin, welche aus der Nahrung

stammt oder in der Leber aus Phenylalanin synthetisiert wird.

Die Enzyme der Katecholamin-Biosynthese finden sich sowohl in den adrenergen, postganglionären Nervenendigungen als auch in den Zellen des Nebennierenmarks. Die Biosyntheseschritte sind in Abb. 37.5 dargestellt. Bis zum Noradrenalin hin ist der Syntheseweg im Nebennierenmark und in postganglionären Nervenzellen identisch. Da sich die beteiligten Enzyme in verschiedenen Zellkompartimenten befinden, müssen die Biosynthesezwischenprodukte zusätzlich Transportschritte durchlaufen. Das erste und geschwindigkeitsbestimmende Enzym der Katecholamin-Biosynthese ist die **Tyrosinhydroxylase**, eine Monooxygenase, die das Coenzym 5, 6, 7, 8-Tetrahydrobiopterin, zweiwertiges Eisen und molekularen Sauerstoff benötigt. Das bei der Reaktion entstehende 4-α-Hydroxy-Tetrahydrobiopterin muss zuerst zu 6, 7-Dihydrobiopterin dehydratisiert und anschließend mit NADPH/H$^+$ oder NADH/H$^+$ wieder zu 5, 6, 7, 8-Tetrahydrobiopterin reduziert werden, um einem erneuten Reaktionszyklus zur Verfügung stehen zu können (▶ Abschn. 27.2.5). Das aus Tyrosin gebildete Dihydroxyphenylalanin (Dopa) wird im nächsten Schritt mit Pyridoxalphosphat zum biogenen Amin Dihydroxyphenylamin (Dopamin) decarboxyliert. Die **aromatische L-Aminosäuredecarboxylase** zeigt eine breite Spezifität für aromatische L-Aminosäuren und ist auch an der Bildung der biogenen Amine Tyramin, Serotonin und Histamin beteiligt. Diese ersten Reaktionsschritte laufen im Cytosol ab. Durch einen spezifischen Carrier wird Dopamin in die **chromaffinen Granula** des Nebennierenmarks bzw. der postganglionären Neurone aufgenommen. Hier erfolgt als weiterer Schritt die Bildung von Noradrenalin aus Dopamin. Das hierfür benötigte Enzym, die **Dopamin-β-Hydroxylase**, ist eine Monooxygenase, welche zweiwertiges Kupfer und Ascorbinsäure (Vitamin C) als Elektronendonor benötigt. Mithilfe der **Phenylethanolamin-N-Methyltransferase** erfolgt als letzte Reaktion die N-Methylierung von Noradrenalin zu Adrenalin. Die hierfür benötigte Methylgruppe stammt vom S-Adenosylmethionin. Da dieses Enzym im Cytosol vorliegt, wird hierzu Noradrenalin aus den Granula ins Cytosol transportiert und das Reaktionsprodukt Adrenalin wieder von den Granula aufgenommen.

Übrigens

Neurologische Nebenwirkungen der Antibiotika-Klasse der Sulfonamide beruhen möglicherweise auf einer Hemmung des ersten Schritts der Katecholamin-Biosynthese. Sulfonamide sind kompetitive Inhibitoren der bakteriellen Folsäurebiosynthese und damit des Bakterienwachstums

(▶ Abschn. 8.3). Neurologische Nebenwirkungen der Sulfonamide wie Übelkeit, Zittern, Anorexie und Psychosen sind seit längerem bekannt. Aber erst vor kurzem konnte ein Forscherteam aus Lausanne eine mögliche Erklärung dafür liefern: Sulfonamide wie Sulfasalazin, Sulfathiazol und Sulfamethoxazol binden an das katalytische Zentrum der Sepiapterin-Reduktase, des für die Dihydrobiopterin-Biosynthese verantwortlichen Enzyms, und blockieren die Substratbindung. Durch einen Sulfonamid-bedingten Abfall der Dihydrobiopterin- und in der Folge der Tetrahydrobiopterin-Konzentration (▶ Abschn. 27.2.5) in den Nervenzellen kommt die Bildung von Dopa (◧ Abb. 37.5) und seiner Folgeprodukte Dopamin und Noradrenalin, also die Bildung wichtiger Neurotransmitter zum Erliegen.

❯ Die Katecholamin-Biosynthese wird nerval und durch Glucocorticoide reguliert.

Angesichts der Bedeutung der Katecholamine für Stressreaktionen aller Art einschließlich körperlicher Aktivität, Kälteadaptation u. a. ist klar, dass die Katecholaminsynthese sehr genau reguliert sein muss. Dabei spielen sowohl nervale als auch hormonelle Faktoren eine wichtige Rolle (◧ Abb. 37.6).

Nervale, über nicotinische **Acetylcholin-Rezeptoren** vermittelte Impulse sind für die Aktivierung der Katecholamin-Biosynthese auf der Stufe der Tyrosinhydroxylase und der Dopamin-β-Hydroxylase verantwortlich, wobei der Effekt auf einer Induktion beider Enzyme beruht. **Glucocorticoide** sind schwache Induktoren der Tyrosinhydroxylase und starke der Phenylethanolamin-N-Methyltransferase. Da Katecholamine die CRH- (Corticoliberin, Corticotropin-*releasing*-Hormon) und ACTH-(Adreno-

37

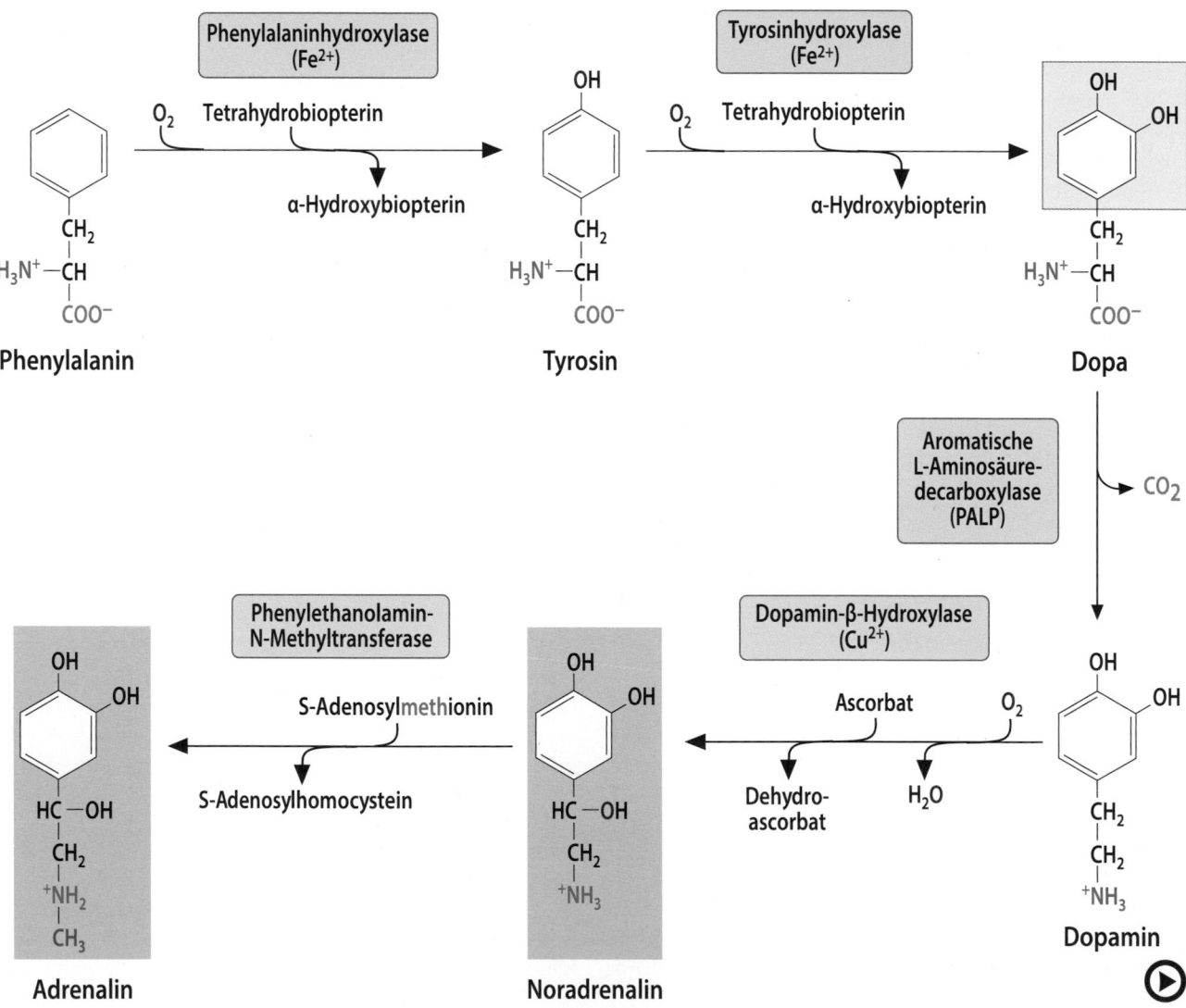

◧ **Abb. 37.5** (Video 37.2) **Biosynthese der Katecholamine.** Die namengebende Katecholstruktur ist *hellblau* unterlegt. *PALP*: Pyridoxalphosphat (▶ Abschn. 26.3). (Einzelheiten s. Text) (▶ https://doi.org/10.1007/000-5k0)

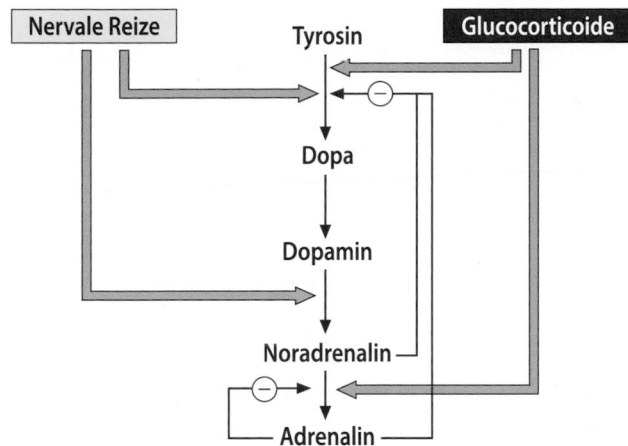

Abb. 37.6   Regulation der Katecholamin-Biosynthese. (Einzelheiten s. Text)

corticotropes Hormon, Corticotropin) Sekretion in Hypothalamus bzw. Hypophyse stimulieren, ergeben sich hiermit Verstärkersysteme, die die Produktion großer Mengen an Katecholaminen gewährleisten. Vermindert wird die Katecholamin-Biosynthese in Form einer negativen Rückkopplung durch **Adrenalin** und **Noradrenalin**, welche die Tyrosinhydroxylase allosterisch hemmen. Adrenalin inhibiert außerdem die Phenylethanolamin-N-Methyltransferase.

> Speicherung und Sekretion der Katecholamine.

Sowohl in den sympathischen Nervenendigungen als auch im Nebennierenmark werden Katecholamine in spezifischen, membranumhüllten (sog. chromaffinen) Granula gespeichert, wo sie einen **Komplex mit ATP** im Verhältnis von 4:1 bilden. Außer ATP und Katecholamine enthalten die Sekretgranula die Dopamin-β-Hydroxylase und verschiedene als **Chromogranine** bezeichnete Proteine. Die Katecholaminsekretion der sympathischen Nervenendigungen wird durch eine Erregung der präganglionären Neurone ausgelöst, die den Neurotransmitter **Acetylcholin** freisetzen. Aus entwicklungsgeschichtlichen Gründen bewirken ähnliche Mechanismen auch die Adrenalin- und Noradrenalinausschüttung aus dem Nebennierenmark. Auch hier wird Acetylcholin von den die sekretorischen Zellen innervierenden präganglionären Neuronen freigesetzt. Acetylcholin löst über eine Depolarisation der postsynaptischen Membran einen Ca^{2+}-**Einstrom** in die sekretorischen Zellen aus. Auf das Ca^{2+}-Signal hin wandern die Sekretgranula zur Zellmembran und fusionieren mit ihr. Durch diesen Exocytoseprozess treten alle löslichen Inhaltsstoffe der Sekretgranula (Katecholamine, ATP, Chromogranine) in die extrazelluläre Flüssigkeit aus.

37.2.3   Wirkspektrum

> Katecholamine gewährleisten mit einem Anstieg der Glucose- und Fettsäurekonzentrationen im Blut die Energieversorgung in Stresssituationen.

Katecholaminausschüttung führt zur raschen Mobilisierung zellulärer Energiespeicher. Dabei werden die Glycogenolyse und Lipolyse stimuliert, ein gleichzeitiges Wiederauffüllen der Energiespeicher wird zu einem beträchtlichen Anteil durch eine Hemmung der Insulinsekretion (▶ Abschn. 36.3) verhindert.

Katecholaminwirkung auf das Herz-Kreislauf-System   Das Nebennierenmark bildet zusammen mit den adrenergen Nervenendigungen das **adrenerge System**. Dieses wird bei körperlicher und psychischer Belastung aktiviert. Katecholamine erhöhen die Kontraktionskraft und Frequenz des Herzens und erweitern die koronaren Blutgefäße. Gleichzeitig verursachen Katecholamine in den peripheren Geweben außer der Skelettmuskulatur eine Vasokonstriktion, was einen **Blutdruckanstieg** zur Folge hat.

Pharmakologische Beeinflussung der Katecholaminwirkung   Als Beispiele für eine große Anzahl an Strukturanaloga der Katecholamine, die als Pharmaka in der Medizin breite Anwendung gefunden haben, sind **α-Methyldopa** und die **β-Blocker** zu nennen (s. Lehrbücher der Pharmakologie).

37.2.4   Signaltransduktion

Die pleiotropen Effekte der Katecholamine sind nur möglich, weil ihre Wirkungen über mehrere unterschiedliche Rezeptortypen vermittelt werden, deren Expression in verschiedenen Geweben variiert, sodass sich eine große Zahl unterschiedlicher Reaktionsmöglichkeiten auf den Katecholamin-Stimulus ergibt.

> Alle adrenergen Rezeptoren gehören zur Familie der G-Protein-gekoppelten heptahelicalen Transmembranrezeptoren.

Die Fortschritte der modernen Molekularbiologie haben die schon aufgrund pharmakologischer Untersuchungen postulierte Unterscheidung zwischen α- und β-adrenergen Rezeptoren dahingehend erweitert, dass heute zwei Typen von α-Rezeptoren, $α_1$- und $α_2$-**adrenerge Rezeptoren**, und drei Typen von β-Rezeptoren, $β_1$-, $β_2$- und $β_3$-**adrenerge Rezeptoren**, bekannt und charakterisiert sind (■ Tab. 37.1). Die $α_1$- und $α_2$-adrenergen Rezeptoren werden noch in jeweils drei Subtypen ($α_{1A}$-, -$_{1B}$, -$_{1D}$ und

◻ Tab. 37.1   Funktion und Mechanismus von Katecholaminrezeptoren

Rezeptor	Signaltransduktion	Intrazelluläre Signale	Effekte
α_1	$G_{q/11}$-Protein-vermittelte Aktivierung der Phospholipase Cβ	Inositoltrisphosphat; Diacylglycerin; Ca^{2+}-Freisetzung	Kontraktion glatter Muskulatur (Vasokonstriktion); Steigerung der hepatischen Glycogenolyse und Gluconeogenese
α_2	G_i-Protein-vermittelte Hemmung der Adenylatcyclase	Senkung des cAMP-Gehaltes	Hemmung der Lipolyse; Hemmung der Insulinsekretion
β_1	G_s-Protein-vermittelte Stimulierung der Adenylatcyclase	Steigerung des cAMP-Gehaltes	Steigerung der Kontraktionskraft des Herzens
β_2	G_s-Protein-vermittelte Stimulierung der Adenylatcyclase	Steigerung des cAMP-Gehaltes	Steigerung der Glycogenolyse in Leber und Muskel; Steigerung der hepatischen Gluconeogenese; Steigerung der Lipolyse; Relaxation glatter Muskulatur (Broncho-, Vasodilatation)
β_3	G_s-Protein-vermittelte Stimulierung der Adenylatcyclase	Steigerung des cAMP-Gehaltes	Steigerung von Lipolyse und Thermogenese im braunen Fettgewebe

α_{2A}, $_{2B}$, $_{2C}$) untergliedert, die sich jedoch nicht funktionell, sondern hauptsächlich in ihrer Gewebeverteilung unterscheiden. Alle neun bekannten adrenergen Rezeptoren werden durch eigene, auf verschiedene Chromosomen verteilte Gene codiert.

Signalweiterleitung über α-adrenerge Rezeptoren Entsprechend ihrem jeweiligen Wirkungsmechanismus erfolgt die G-Protein-Kopplung über unterschiedliche heterotrimere G-Proteine.

— **α_1-adrenerge Rezeptoren** aktivieren $G_{q/11}$-Proteine, die zu einer Stimulierung der Phospholipase Cβ und damit zu einer IP_3-vermittelten intrazellulären **Calciumfreisetzung** führen. Dieser Effekt spielt bei der katecholamininduzierten **Vasokonstriktion** eine besondere Rolle. Die Zunahme der hepatischen Glycogenolyse ist durch eine Calciumbindung an die Calmodulinuntereinheit der Phosphorylasekinase und die damit einhergehende PKA-unabhängige Aktivierung des Enzyms erklärbar. Wie jedoch der Calciumanstieg zur Steigerung der hepatischen Gluconeogenese beiträgt, ist im Detail noch nicht geklärt.

— **α_2-adrenerge Rezeptoren** sind an ein Adenylatcyclase-inhibierendes G-Protein (G_i) gekoppelt, sodass ihre Aktivierung durch Katecholamine zu einer Senkung des intrazellulären cAMP-Gehalts führt. Dies ist nicht nur für die β-Zellen der Langerhans-Inseln (▶ Abschn. 36.3), sondern auch für das Fettgewebe von Bedeutung. Adipocyten der typischen weiblichen Prädilektionsstellen (bevorzugte Stelle für das Auftreten einer Krankheit) für Fettansammlung, sog. **gynoide Adipocyten**, enthalten neben β_2- beson-

ders viele α_2-adrenerge Rezeptoren. Dies bedeutet, dass sie relativ unempfindlich gegenüber der lipolytischen Wirkung von Katecholaminen sind. In der Tat vermindert sich die Zahl der α_2-adrenergen Rezeptoren in diesem Gewebe nur während Schwangerschaft und Lactation. Dies deutet darauf hin, dass eine wesentliche Funktion des gynoiden Fettgewebes in der während der Lactationsphase erforderlichen Bereitstellung von Lipiden für die Synthese der Milchfette besteht.

Signalweiterleitung über β-adrenerge Rezeptoren Alle bekannten β-adrenergen Rezeptoren sind über stimulatorische G-Proteine (G_s) mit dem Adenylatcyclasesystem gekoppelt, steigern also den zellulären cAMP-Gehalt.

— **β_1-adrenerge Rezeptoren** finden sich v. a. im **Myokard**. Ihre Hauptfunktion beruht in einer Steigerung der Kontraktionskraft des Herzens. Sie stellen den molekularen Angriffspunkt für die puls- und blutdrucksenkenden β-Blocker dar.

— **β_2-adrenerge Rezeptoren** sind die wichtigsten Vermittler metabolischer Katecholaminwirkungen in Skelettmuskel, Leber und Fettgewebe. Außerdem führt ihre Aktivierung zu einer **Relaxation** der glatten Muskulatur der Bronchien und der Blutgefäße der Skelettmuskulatur (Vasodilatation). Die molekulare Basis dieses Effektes beruht zum einen auf cAMP-stimulierter Calciumaufnahme in die Speicher des endoplasmatischen Retikulums. Dies führt zu einem Absinken der cytoplasmatischen Calciumkonzentration in der glatten Muskelzelle und damit zu einer Verminderung der Aktivität der

37

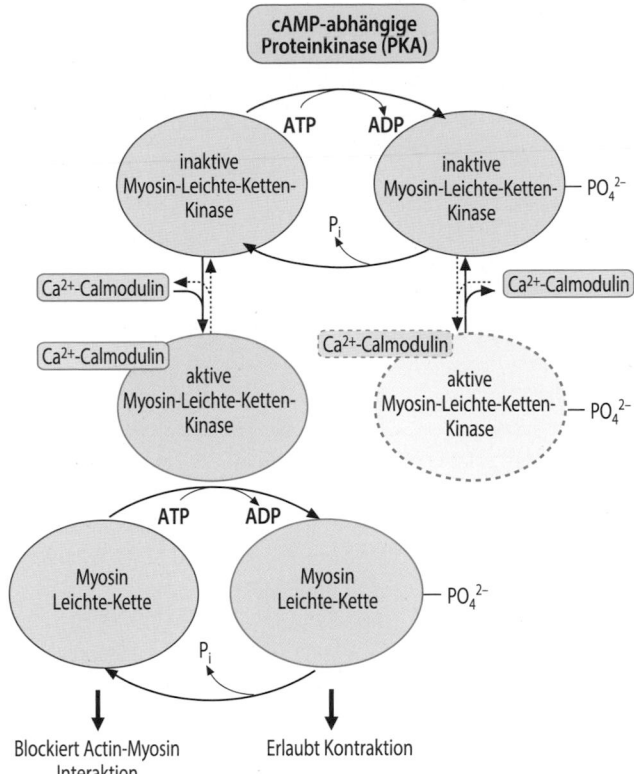

Abb. 37.7 Regulation der Kontraktion der glatten Muskulatur. Die für die Kontraktion notwendige Actin-Myosin-Interaktion wird durch die regulatorische leichte Myosinkette verhindert, solange diese nicht phosphoryliert vorliegt. Für die Phosphorylierung wird eine Myosin-Leichte-Ketten-Kinase benötigt, die durch den Ca^{2+}-Calmodulin-Komplex aktiviert wird. Katecholaminrezeptoren können in zweifacher Weise eingreifen: α_1-adrenerge Rezeptoren führen über IP_3-Bildung zu einer Erhöhung der zellulären Calciumkonzentration; über β_2-adrenerge Rezeptoren erhöhte cAMP-Konzentrationen fördern zum einen die Calciumsequestrierung im endoplasmatischen Retikulum, zum anderen aktivieren sie die PKA, welche die Myosin-Leichte-Ketten-Kinase phosphoryliert. Die phosphorylierte Myosin-Leichte-Ketten-Kinase benötigt höhere Ca^{2+}-Calmodulin-Konzentrationen, um aktiv zu sein (▶ Abschn. 64.3)

Myosin-Leichte-Ketten-Kinase (◘ Abb. 37.7). Über β_2-adrenerge Rezeptoren ändern Katecholamine den Kontraktionszustand der glatten Muskulatur noch über einen zweiten Mechanismus. Die PKA phosphoryliert die Myosin-Leichte-Ketten-Kinase, wodurch deren Affinität zum Calcium/Calmodulin-Komplex wesentlich verändert wird. Im Vergleich zum nicht-phosphorylierten Enzym werden wesentlich höhere Konzentrationen des Calcium/Calmodulin-Komplexes benötigt, um von der inaktiven in die aktive Form überzugehen. Unter β_2-adrenerger Stimulierung reicht die bei Erregung einer glatten Muskelzelle auftretende Konzentrationszunahme an freien Calciumionen nicht mehr zur Auslösung eines Kontraktionsvorgangs aus. Dieser Mechanismus liegt u. a. der therapeutischen Wirkung von β_2-Sympathikomimetika zugrunde, die in großem Um-

fang bei **Bronchialasthma** eingesetzt werden, welches durch eine gesteigerte Kontraktion der glatten Muskulatur des Bronchialtrakts gekennzeichnet ist.

- **β_3-adrenerge Rezeptoren** finden sich fast ausschließlich im braunen Fettgewebe, wo sie für eine Steigerung der Lipolyse sowie der **Thermogenese** verantwortlich sind.

37.2.5 Konzentration im Serum und Ausscheidung

Plasmaspiegel Die Plasmaspiegel der Katecholamine sind im stressfreien Ruhezustand mit etwa 1 nmol/l (0,2 ng/ml) für Noradrenalin und 0,2 nmol/l (0,05 ng/ml) für Adrenalin außerordentlich niedrig.

❯ Vanillinmandelsäure stellt das Hauptabbauprodukt der Katecholamine dar.

Adrenalin und Noradrenalin werden durch eine Kombination von Oxidation und Methylierung zu biologisch inaktiven Produkten abgebaut. Die am Abbau beteiligten Enzyme sind die **Monoaminoxidase (MAO)** und die **Catechol-O-Methyltransferase (COMT)** (◘ Abb. 37.8). Die MAO (▶ Abschn. 26.3.2) desaminiert mithilfe von H_2O und O_2 Amine, darunter auch Noradrenalin, Adrenalin und Dopamin, wonach die entstehenden Aldehyde überwiegend zur entsprechenden Säure oxidiert werden. Die MAO ist in den verschiedensten Geweben nachweisbar und findet sich in der äußeren Mitochondrienmembran. Die COMT ist zur O-Methylierung verschiedener biologisch aktiver Verbindungen wie Noradrenalin, Adrenalin, Dopamin, 3-Hydroxyestradiol, Ascorbat u. a. fähig. Als Methyldonor dient S-Adenosylmethionin. Der Abbau von zirkulierendem Noradrenalin und Adrenalin beginnt in der Leber mit der O-Methylierung zu den entsprechenden 3-Methoxyverbindungen **Normetanephrin** und **Metanephrin**. Durch MAO werden beide Verbindungen zum **3-Methoxy-4-Hydroxymandelsäurealdehyd** oxidativ desaminiert, wonach eine weitere Oxidation zur **3-Methoxy-4-Hydroxymandelsäure (Vanillinmandelsäure)** erfolgt. Diese wird im Harn ausgeschieden. In den adrenergen Nervenendigungen erfolgt der Umbau von Noradrenalin zur Vanillinmandelsäure ebenfalls mit MAO und COMT, allerdings in umgekehrter Reihenfolge.

Um Aufschluss über die Katecholaminsekretion zu erhalten, hat es sich bewährt, statt der sehr aufwändigen Bestimmung der Katecholamingehalte des Plasmas die Vanillinmandelsäure-Ausscheidung im Urin über 24 h zu messen, die außerdem Anhaltspunkte über den täglichen Umsatz gibt.

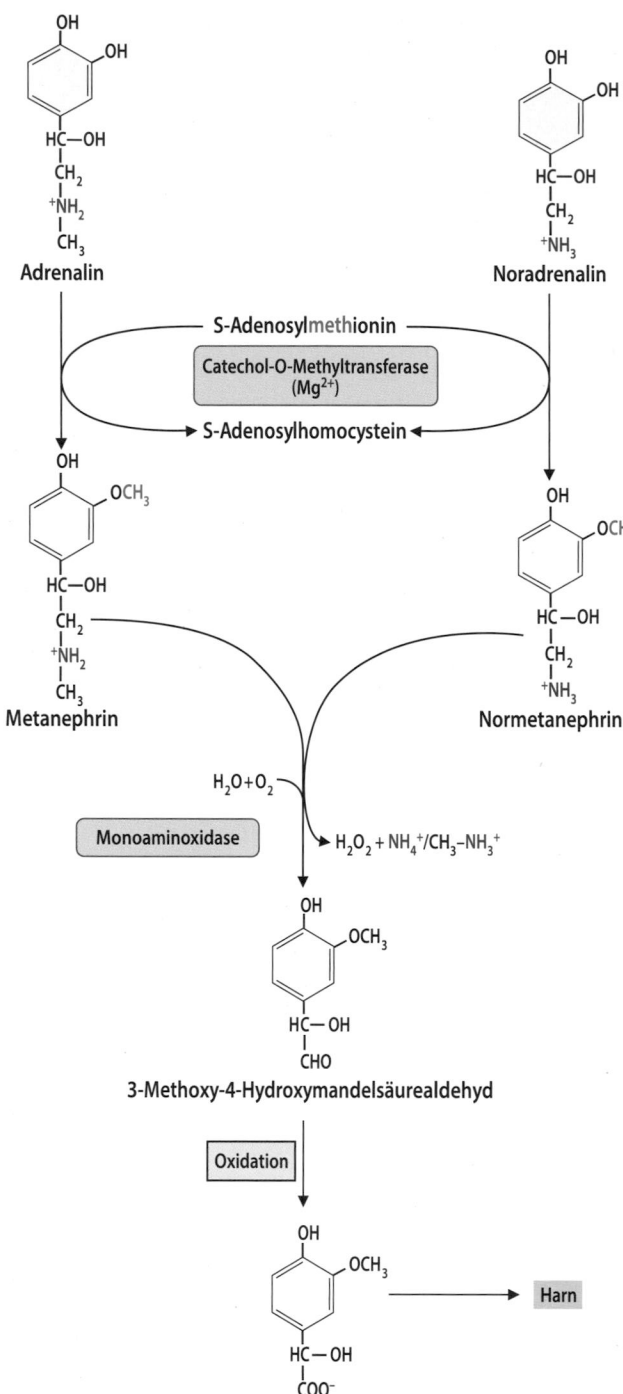

sonderer Bedeutung. Sie werden in adrenergen Nervenendigungen und im Nebennierenmark aus der Aminosäure Tyrosin synthetisiert. Sie verfügen über ein breites Wirkungsspektrum am Herz-Kreislauf-System und auf den Stoffwechsel, das im Wesentlichen die Mobilisierung gespeicherter Substrate zum Ziel hat. Diese Vielfalt von Effekten kommt dadurch zustande, dass der Organismus über fünf unterschiedliche Katecholamin-Rezeptortypen, die adrenergen Rezeptoren, verfügt. Sie gehören alle in die Familie der heptahelicalen Rezeptoren und benötigen für ihre Wirkung heterotrimere G-Proteine. α_1-adrenerge Rezeptoren sind an den IP_3-Weg gekoppelt, α_2-adrenerge Rezeptoren hemmen die Adenylatcyclaseaktivität, während alle drei β-adrenergen Rezeptorsubtypen die Adenylatcyclase stimulieren. Die Antwort einer Zelle auf einen Katecholamin-Stimulus hängt damit von ihrer Ausstattung mit den unterschiedlichen Rezeptoren ab. Die Katecholamine werden durch Monoaminoxidase (MAO) und Catechol-O-Methyltransferase (COMT) zu Vanillinmandelsäure abgebaut.

Weiterführende Literatur

Janah L, Kjeldsen S, Galsgaard KD (2019) Glucagon receptor signaling and glucagon resistance. Int J Mol Sci 20:3314

Jiang G, Zhang BB (2003) Glucagon and regulation of glucose metabolism. Am J Physiol Endocrinol Metab 284:E671–E678

Johnson M (1998a) The beta-adrenoceptor. Am J Respir Crit Care Med 158:S146–S153

Mayo KE, Miller LJ, Bataille D, Dalle S, Goke B, Thorens B, Drucker DJ (2003) International union of pharmacology. XXXV. The glucagon receptor family. Pharmacol Rev 55:167–194

Michelotti GA, Price DT, Schwinn DA (2000) Alpha 1-adrenergic receptor regulation: basic science and clinical implications. Pharmacol Ther 88:281–309

Nagatomo T, Ohnuki T, Ishiguro M, Ahmed M, Nakamura T (2001) Beta-adrenoceptors: three-dimensional structures and binding sites for ligands. Jpn J Pharmacol 87:7–13

Rothenberg ME, Eilertson CD, Klein K et al (1995) Processing of mouse proglucagon by recombinant prohormone convertase 1 and immunopurified prohormone convertase 2 in vitro. J Biol Chem 270:10136–10146

Biosynthese des Glucagons

Tucker JD, Dhanvantari S, Brubaker PL (1996) Proglucagon processing in islet and intestinal cell lines. Regul Pept 62:29–35

Glucagonsekretion

Gylfe E, Gilon P (2014) Glucose regulation of glucagon secretion. Diabetes Res Clin Pract 103:1–10

Glucagonwirkungen

Campbell JE, Drucker DJ (2015) Islet α cells and glucagon – critical regulators of energy homeostasis. Nat Rev Endocrinol 11:329–338

Abb. 37.8 (Video 37.3) **Abbau der Katecholamine.** (Einzelheiten s. Text) (▶ https://doi.org/10.1007/000-5k2)

Zusammenfassung

Für die Bewältigung von Stresssituationen sind die Katecholamine Adrenalin und Noradrenalin von ganz be-

Glucagon und Katecholamine – Gegenspieler des Insulins

Glucagonrezeptor und Signaltransduktion des Glucagons

Rodgers RL (2012) Glucagon and cyclic AMP: time to turn the page? Curr Diabetes Rev 8:362–381

Unson CG (2002) Molecular determinants of glucagon receptor signaling. Biopolymers 66:218–235

Biosynthese der Katecholamine

Flatmark T (2000) Catecholamine biosynthesis and physiological regulation in neuroendocrine cells. Acta Physiol Scand 168:1–17

Haruki H, Pedersen MG, Gorska KI, Pojer F, Johnsson K (2013) Tetrahydrobiopterin biosynthesis as an off-target of sulfa drugs. Science 340:987–991

Regulation der Katecholaminbiosynthese

Axelrod J (1972) Neural and hormonal control of catecholamine synthesis. Res Publ Assoc Res Nerv Ment Dis 50:229–240

Hodel A (2001) Effects of glucocorticoids on adrenal chromaffin cells. J Neuroendocrinol 13:216–220

Katecholaminwirkungen, adrenerge Rezeptoren und Signaltransduktion der Katecholamine

Civantos Calzada B, Aleixandre de Artiñano A (2001) Alpha-adrenoceptor subtypes. Pharmacol Res 44:195–208

Johnson M (1998b) The beta-adrenoceptor. Am J Respir Crit Care Med 158:S146–S153

Abbau der Katecholamine

Eisenhofer G, Kopin IJ, Goldstein DS (2004) Catecholamine metabolism: a contemporary view with implications for physiology and medicine. Pharmacol Rev 56:331–349

Integration und hormonelle Regulation des Energiestoffwechsels

Georg Löffler und Peter C. Heinrich

In jedem arbeitsteilig organisierten und deshalb mit Organen für unterschiedliche Funktionen ausgestatteten Organismus muss der Stoffwechsel so reguliert werden, dass jedes Organ möglichst unter allen denkbaren Gegebenheiten seinen Aufgaben nachkommen kann. Die jeweils spezifische Versorgung der einzelnen Gewebe und Organe mit endogenen Energiespeichern wird durch die gezielte Koordinierung des Stoffwechsels beim Hungern ermöglicht. Die Wiederauffüllung der Energiespeicher ist dagegen das Charakteristikum des Stoffwechsels bei Nahrungszufuhr.

38.1 Stoffwechsel während des Hungerns

Eine diskontinuierliche Nahrungsaufnahme ist ein Kennzeichen vieler niedriger und aller höheren tierischen Organismen. Meist werden dabei kurze Phasen der Nahrungszufuhr von teilweise langen Phasen der Nahrungskarenz abgelöst. Diese sind dadurch gekennzeichnet, dass für die Dauer des Nahrungsmangels nicht unbedingt erforderliche, aber energieverbrauchende Vorgänge abgeschaltet werden. Zu diesen gehört vor allem die Biosynthese von Energiespeichern.

Außerdem müssen endogene Substratspeicher mobilisiert werden, die für die Deckung des Energiebedarfs der einzelnen Zellen oder Organe benötigt werden. Die Mobilisierung der körpereigenen Speicher muss dabei sorgfältig koordiniert werden.

38.1.1 ATP-Mangel als allgemeines Hungersignal

❯ Das Fehlen von Nahrungsstoffen bewirkt allgemein eine Aktivierung der AMP-abhängigen Proteinkinase.

In Abwesenheit von oxidierbaren Nahrungsstoffen ergibt sich für alle Zellen das Problem, dass sie ihre biologischen Aktivitäten aufrechterhalten müssen, obwohl ihnen als oxidierbare Substrate nur die im Einzelfall geringen Mengen an Energiespeichern wie Glycogen oder Triacylglycerinen zur Verfügung stehen. Ein Mangel an Nahrungsstoffen wird deshalb eine Verlangsamung der ATP-Bereitstellung über die oxidative Phosphorylierung zur Folge haben.

Da die energieverbrauchenden Prozesse aber weiterlaufen, kommt es zu einer Erniedrigung der ATP- und Erhöhung der ADP-Konzentrationen. Durch die in al-

Ergänzende Information Die elektronische Version dieses Kapitels enthält Zusatzmaterial, auf das über folgenden Link zugegriffen werden kann https://doi.org/10.1007/978-3-662-60266-9_38. Die Videos lassen sich durch Anklicken des DOI Links in der Legende einer entsprechenden Abbildung abspielen, oder indem Sie diesen Link mit der SN More Media App scannen.

© Springer-Verlag GmbH Deutschland, ein Teil von Springer Nature 2022
P. C. Heinrich et al. (Hrsg.), *Löffler/Petrides Biochemie und Pathobiochemie*, https://doi.org/10.1007/978-3-662-60266-9_38

eine Rolle. Zusammen verfügt der menschliche Organismus damit über etwa 400–450 g Glycogen.

Triacylglycerine In geringen Mengen finden sich Triacylglycerine in nahezu allen Zellen. Für die Nahrungskarenz wichtig sind jedoch die Triacylglycerine des Fettgewebes. Beim Normalgewichtigen macht das Fettgewebe etwa 15 % des Körpergewichts aus, was einer Triacylglcerinmenge von etwa 12 kg entspricht. Diese könnte theoretisch den Energiebedarf des Organismus für mehr als 50 Tage decken.

Proteine Etwa 18 % des Körpergewichtes besteht aus Proteinen. Diese sind damit potenziell eine wichtige Energiequelle. Allerdings haben Proteine viele bedeutende und für das Leben unerlässliche Funktionen, sodass nur ein relativ kleiner Teil des Körperproteins zur Deckung des Energieverbrauchs während Hungerphasen zur Verfügung steht.

38.1.3 Integration des Stoffwechsels von Leber, Muskel und Fettgewebe bei Nahrungsentzug

Aufgrund der Verteilung der o. g. Substrate spielen folgende Organe eine besondere Rolle bei der Stoffwechselkoordinierung des Nahrungsentzugs:
- Fettgewebe: nahezu unbegrenzter Triacylglycerin-Gehalt,
- Leber: Glycogen,
- Muskulatur: Proteine.

Die zwischen ihnen bestehenden Substratflüsse sind in ◘ Abb. 38.3 dargestellt.

> Die Aktivierung des lipolytischen Systems löst im Fettgewebe die Abgabe von Fettsäuren aus, die wichtige Energielieferanten für viele Organe sind.

Für den Menschen stellt der Besitz eines stoffwechselaktiven Fettgewebes einen evolutionären Vorteil dar. Die Masse der in ihm gespeicherten Triacylglycerine lässt sich bei entsprechendem Überschuss an Nahrungsstoffen nahezu beliebig steigern, was das Überleben auch längerer Hungerperioden möglich macht.

Vor ihrer Freisetzung (**Lipolyse**) müssen die gespeicherten Triacylglycerine hydrolytisch zu Fettsäuren und Glycerin gespalten werden. Hierzu ist das **lipolytische System** notwendig, das aus wenigstens drei unterschiedlich aufgebauten und regulierten Lipasen besteht, die im Einzelnen in ▶ Abschn. 21.1.2 beschrieben sind. Die durch Lipolyse freigesetzten Fettsäuren werden in Bindung an Albumin im Blutplasma in die verschiedenen Gewebe transportiert, aufgenommen und durch β-Oxidation und anschließenden Abbau im Citratzyklus zur Deckung des Energiebedarfs verwertet. Auch das während der Lipolyse entstehende Glycerin wird von den Adipocyten abgegeben, der hierfür verantwortliche Transporter ist das Aquaporin 7. Das abgegebene Glycerin wird von der Leber für die Gluconeogenese verwendet (s. u.).

◘ Abb. 38.4 stellt die Grundzüge des Fettgewebsstoffwechsels bei Lipolyse dar. Für deren Regulation

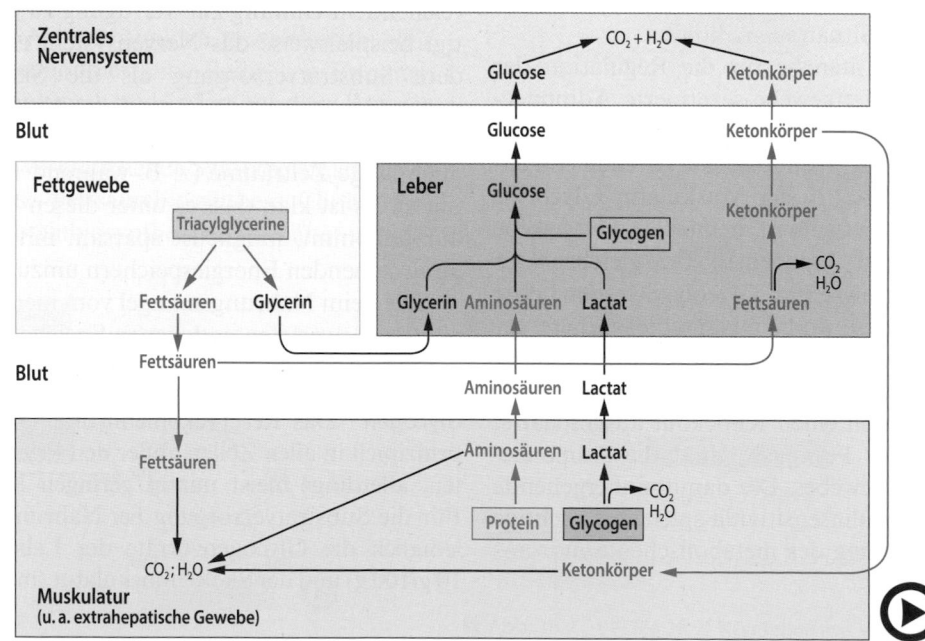

◘ **Abb. 38.3** (Video 38.3) **Beziehungen zwischen Leber, Muskulatur, Fettgewebe und ZNS während Nahrungskarenz.** Die Glucoseaufnahme von Muskulatur und Fettgewebe ist stark erniedrigt. (Weitere Einzelheiten s. Text) (▶ https://doi.org/10.1007/000-5k5)

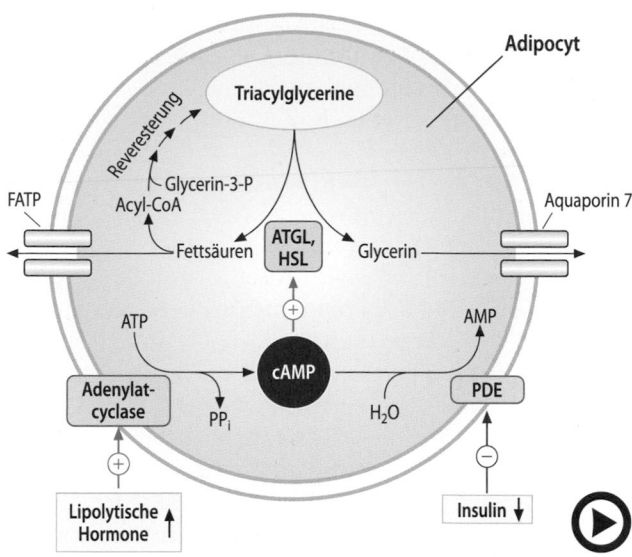

■ **Abb. 38.4** (Video 38.4) **Grundzüge des Fettgewebsstoffwechsels bei Lipolyse.** Durch Aktivierung der Adenylatcyclase entstehendes cAMP aktiviert die Lipolyse-Enzyme ATGL und HSL. Der größte Teil der dabei entstehenden Fettsäuren sowie das Glycerin werden abgegeben. Ein Teil der Fettsäuren unterliegt allerdings der Reveresterung. *ATGL:* Adipocyten-Triacylglycerinlipase; *FATP:* Fettsäuretransporter; *HSL:* hormonsensitive Lipase; *PDE:* Phosphodiesterase (▶ https://doi.org/10.1007/000-5k6)

sind die Spiegel lipolytisch wirkender Hormone als Aktivatoren sowie von Insulin als Inhibitor verantwortlich (▶ Abschn. 38.1.4). Ein kleiner Teil der durch Lipolyse freigesetzten Fettsäuren wird allerdings in Acyl-CoA umgewandelt und für die Triacylglycerinbiosynthese verwendet. Dieser Vorgang wird als Re-Veresterung bezeichnet. Aus dem Verhältnis der Geschwindigkeiten von Lipolyse, Re-Veresterung und Lipogenese ergibt sich die Konzentration nicht-veresterter Fettsäuern in der Fettzelle. Alle drei Vorgänge unterliegen Ernährungsgewohnheiten, der Nahrungszusammensetzung und werden v. a. durch Insulin und Katecholamine, aber darüber hinaus auch durch weitere Hormone, z. B. Steroidhormone reguliert. Hiervon hängt die Konzentration der Plasma-Fettsäuren ab, die fast ausschließlich aus dem Fettgewebe stammen.

Fettsäuren werden von vielen Organen, z. B. der Skelettmuskulatur, der Nierenrinde oder der Leber, bevorzugt oxidiert. Dies erklärt ihre sehr kurze Halbwertszeit im Blutplasma von lediglich 1–2 min. Nicht zur Fettsäureoxidation imstande sind allerdings das Nervensystem, die Erythrocyten sowie Teile des Nierenmarks. Diese Gewebe sind auf den Abbau der Glucose als einziger Energiequelle angewiesen. Während sehr langer Hungerphasen erwirbt das Nervensystem allerdings zusätzlich die Fähigkeit zur Oxidation von Ketonkörpern.

❯ Braunes Fettgewebe dient der Thermogenese.

Das in wesentlich geringerer Menge vorkommende **braune Fettgewebe** unterscheidet sich deutlich vom weißen. Seine bräunliche Farbe wird von seinem besonderen Mitochondrienreichtum und seiner guten Vaskularisierung verursacht. Die Funktion des braunen Fettgewebes ist nicht die Energiespeicherung, sondern die **Thermogenese**. Die durch Lipolyse freigesetzten Fettsäuren werden im braunen Fettgewebe selber oxidiert und die dabei freigesetzte Energie für die **Wärmeproduktion** (Thermogenese) verwendet. Mechanistisch liegt der Thermogenese die regulierbare Entkopplung der oxidativen Phosphorylierung durch ein als **Thermogenin** (Synonym: UCP 1, *uncoupling protein 1*) bezeichnetes Protein zugrunde. Wie in ▶ Abschn. 19.1.5 beschrieben, bildet Thermogenin einen Protonenkanal in der inneren Mitochondrienmembran. Die Lipolyse des braunen Fettgewebes wird durch Adrenalin bzw. Noradrenalin ausgelöst. Beide Hormone dienen auch als Induktoren für Thermogenin. Ihre Effekte werden über den adrenergen β3-Rezeptor, eine Isoform der β-Rezeptoren (▶ Abschn. 37.2.4), vermittelt.

Braunes Fettgewebe ist während der Neugeborenenperiode bei allen Säugern essenziell für die Aufrechterhaltung der Körpertemperatur. In dieser Lebensphase sind Wärmeisolierung durch subcutanes Fettgewebe und Muskelzittern noch nicht funktionsfähig, weswegen die Gefahr einer Unterkühlung besonders groß ist. Unter entsprechenden Bedingungen (z. B. Einwirkung von Katecholaminen) kommt es zur Umwandlung weißer in braune Fettzellen. Dieses, bei vielen kleinen Säugetieren (Ratten, Mäuse) zu beobachtende Phänomen, erklärt die Kälteresistenz dieser Tiere. Neuen Untersuchungen zufolge können auch erwachsene Menschen noch braunes Fettgewebe besitzen, das im Rahmen des Energiehaushaltes möglicherweise eine Rolle spielt.

Für **Winterschläfer**, z. B. Igel, ist das braune Fettgewebe von ganz besonderer Bedeutung. Da sie während des Winterschlafs in regelmäßigen Abständen unter Anhebung ihrer Körpertemperatur aufwachen müssen, werden erhebliche Anforderungen an ihre Thermogenese-Kapazität gestellt.

❯ Die Leber oxidiert im Hungerzustand mehr Fettsäuren als zur Deckung ihres Energiebedarfs nötig ist.

Im Hungerzustand sind die aus dem Fettgewebe stammenden Fettsäuren die wichtigste Energiequelle der Leber. Dank ihrer besonders guten Ausstattung zur β-Oxidation werden jedoch in der Leber mehr Fettsäuren oxidiert als zur Deckung des hepatischen Energiebedarfs benötigt. Das überschüssige Acetyl-CoA wird für die Synthese von Acetacetat und β-Hydroxybutyrat verwendet (▶ Abschn. 21.2.2). Beide Ketonkörper werden von der Leber an das Blut abgegeben und tragen zur

Erhöhung der Konzentration metabolisierbarer Substrate im Blut bei. Sie dienen v. a. der Muskulatur und dem Zentralnervensystem zur Deckung ihres Energiebedarfs (s. u.).

❯ Während des Hungerns sind Fettsäuren und Ketonkörper die wichtigsten Substrate zur Energieversorgung der Muskulatur.

Während Hungerphasen sind Fettsäuren ähnlich wie in der Leber auch für die Skelettmuskulatur die wichtigsten Substrate zur Deckung des Energiebedarfs. Außerdem ist die Muskulatur imstande, aus der Leber stammende Ketonkörper in großem Umfang zu oxidieren (◻ Abb. 38.3).

Ein wichtiges Element bei der Bewältigung von Hungerphasen ist der **Glucose-Fettsäure-Zyklus** (◻ Abb. 38.5). Die vermehrte Fettsäureoxidation im Muskel geht mit einem Anstieg der Konzentrationen von Acetyl-CoA und Citrat einher, die beide als allosterische Effektoren wirken. Das erstere hemmt die Pyruvatdehydrogenase, das zweite die Phosphofructokinase 1. Dies führt zu einer Erhöhung der Glucose-6-Phosphat-Konzentration und somit zu einer Hemmung der Hexokinase. Als Resultat

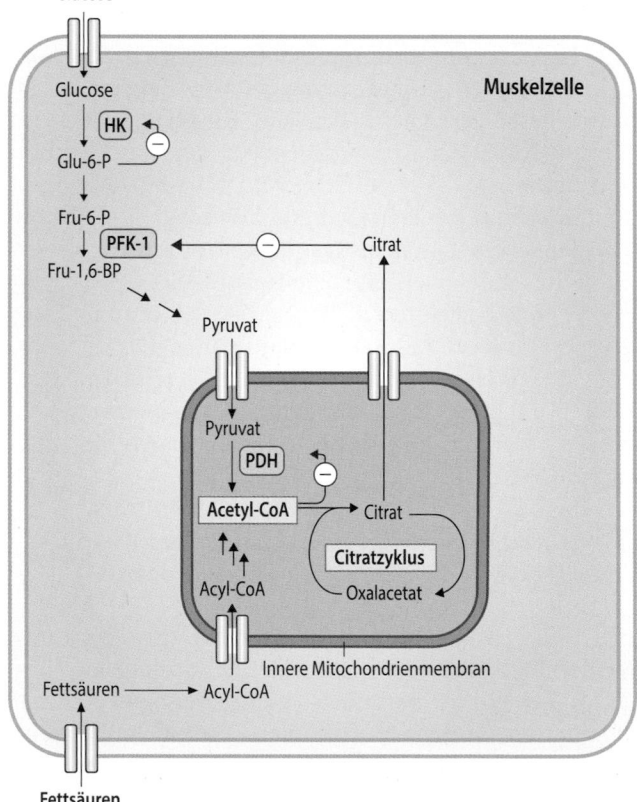

◻ **Abb. 38.5   Glucose-Fettsäure-Zyklus.** *HK*: Hexokinase; *PDH:* Pyruvatdehydrogenase; *PFK-1:* Phosphofructokinase 1 (Einzelheiten s. Text)

ergibt sich eine Hemmung der muskulären Glycolyse bei gesteigertem Fettsäureangebot. Die dadurch nicht vom Muskel dem Blut entnommene Glucose wird für die obligaten Glucoseverwerter (z. B. Zentralnervensystem, Nierenmark) verwendet (s. u.).

❯ Während des Hungerns kommt es zu einer Steigerung der Proteolyse.

Eine weitere Folge des Hungerns ist die Steigerung der Proteolyse in vielen Geweben, v. a. aber in der Skelettmuskulatur. Die dabei freiwerdenden Aminosäuren werden z. T. ebenfalls der energieliefernden Oxidation zugeführt, zum größeren Teil aber über den Blutweg zur Leber transportiert, wo sie in die Reaktionen der Gluconeogenese eingeschleust werden. Ebenfalls der Gluconeogenese dient das durch anaerobe Glycolyse von der Muskulatur freigesetzte Lactat (s. auch Cori-Zyklus, ▶ Abschn. 27.1.1). Hierdurch kommt es bei Nahrungskarenz zu einem Schwund des Proteinbestands des Organismus. Dieser stellt bei lange dauernden Hungerphasen eine große Gefahr dar, da dann wesentliche Strukturelemente des Organismus verloren gehen, was letztlich zum Tod durch Verhungern führt.

❯ Die Fähigkeit der Leber zur Glucoseproduktion ist ausschlaggebend für die Aufrechterhaltung der Blutzuckerkonzentration.

Während die meisten Organe und Gewebe ihren Energiebedarf ohne weiteres aus der Oxidation von Fettsäuren oder Aminosäuren decken können, trifft dies aufgrund ihrer enzymatischen Ausstattung nicht zu für:
- Erythrocyten,
- das Nierenmark und
- das Nervengewebe. Letzteres kann allerdings bei lange dauerndem Fasten bis zu einem gewissen Umfang auch Ketonkörper oxidieren (▶ Abschn. 74.4.1)

Von George Cahill und seinen Kollegen stammen Untersuchungen am fastenden Menschen, die überzeugend nachgewiesen haben, dass die Leber und nach längerem Fasten auch die Nieren und intestinale Mucosazellen für die Bereitstellung der für die o. g. Organe und Gewebe benötigten Glucose verantwortlich sind.

Die obligaten Glucoseverbraucher benötigen zu Beginn einer Fastenperiode zusammen etwa 200 g Glucose/24 h. Diese Menge wird zunächst durch den Abbau des Leberglycogens gedeckt. Da die Leber aber nur maximal 150 g Glycogen enthält, muss sehr bald die Gluconeogenese aktiviert werden. Ihre Substrate sind Lactat und glucogene Aminosäuren, vornehmlich aus der Muskulatur sowie aus der Lipolyse des Fettgewebes stammendes Glycerin.

38.1.4 Hormonelle Regulation des Stoffwechsels beim Hungern

> Die für Hungern typische Stoffwechselumstellung von Fettgewebe, Muskulatur und Leber wird durch Katecholamine, Glucagon und Cortisol ausgelöst.

Hormone als extrazelluläre Signalvermittler sind für die beim Fasten notwendigen Stoffwechsel-Umstellungen verantwortlich. Eine besondere Bedeutung kommt dabei den sog. insulinantagonistisch wirkenden Hormonen zu. Diese sind v. a. Glucagon, Adrenalin und Noradrenalin. Verschiedene Signalwege (▶ Abschn. 37.1 und 37.2) sorgen dafür, dass deren Sekretion stimuliert und gleichzeitig die Insulinsekretion vermindert wird. Insgesamt ergibt sich damit ein Überwiegen der Insulinantagonisten mit entsprechenden Stoffwechselveränderungen von Fettgewebe, Leber und Muskulatur (◘ Abb. 38.6 und ◘ Tab. 38.2). Entscheidend ist das jeweilige Verhältnis der Insulinantagonisten zu Insulin. Überwiegen die Insulinantagonisten, kommt es im Fettgewebe zur Lipolyse, weswegen die Konzentration der Plasmafettsäuren zunimmt. Dies löst in der Leber eine Steigerung der energieliefernden β-Oxidation und der Ketonkörperproduktion und -abgabe aus. Zusätzlich stimulieren die Insulinantagonisten Glycogenolyse und Gluconeogenese. In der Muskulatur werden Fettsäuren und Ketonkörper vermehrt oxidiert, während die Glycolyse gehemmt ist (◘ Abb. 38.5). Außerdem wird die Glucoseaufnahme durch die niedrigen Insulinspiegel reduziert. Das Zentralnervensystem oxidiert zur Energiegewinnung Glucose, nach länger dauernder Nahrungskarenz auch Ketonkörper.

Fettgewebe Die für den Hungerstoffwechsel typische Änderung des Fettgewebsstoffwechsels wird v. a. durch die Katecholamine Adrenalin und Noradrenalin ausgelöst. Sie aktivieren über β_2-Rezeptoren (▶ Abschn. 37.2.4) das Adenylatcyclase-System. Die dadurch erhöhten cAMP-Spiegel führen auf unterschiedlichen Wegen zu einer Aktivitätserhöhung der für die Lipolyse verantwortlichen Lipasen (▶ Abschn. 21.1.2). Die niedrigen Plasmainsulin-Spiegel lösen eine Hemmung der cAMP-spezifischen Phosphodiesterase aus, was zusätzlich zur Stimulierung der Adenylatcyclase und hohen cAMP-Spiegeln führt. Insgesamt wird damit die Aktivität **lipolytischer Prozesse** gesteigert.

Nervenendigungen des sympathischen Nervensystems sind mit jeder Fettzelle verbunden und setzen bei entsprechender Stimulation Noradrenalin frei. Dies führt zu einer Lipolyse, die nach Denervierung, Ganglienblockade oder pharmakologischer Entleerung der Noradrenalinspeicher verschwindet.

Die mit der Lipolyse einhergehende Fettsäurefreisetzung spielt bei der Entstehung des Coma diabeticum eine besondere Rolle (▶ Abschn. 36.7.1).

Leber In der Leber ist während des Hungerns v. a. das aus den α-Zellen des Pankreas freigesetzte Glucagon (▶ Abschn. 37.1.2) von Bedeutung. Über spezifische Rezeptoren aktiviert es die hepatische Adenylatcyclase. Erhöhte cAMP-Spiegel wirken als
- Stimulatoren der Glycogenolyse (▶ Abschn. 15.2) und Inhibitoren der Glycogensynthese
- Stimulatoren der Gluconeogenese (▶ Abschn. 15.3)

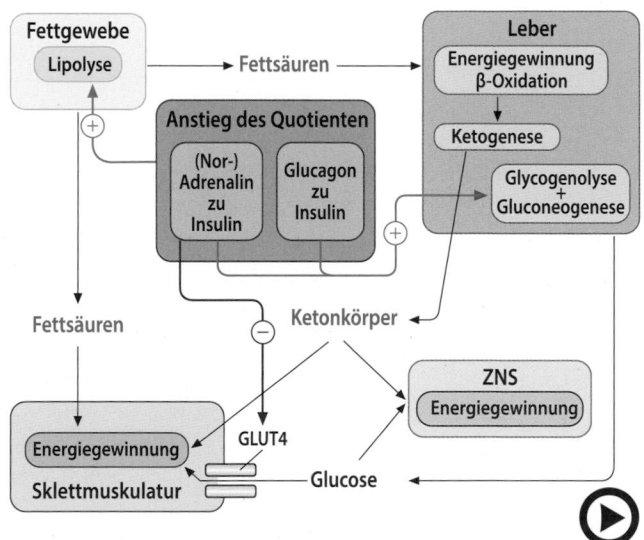

◘ **Abb. 38.6** (Video 38.5) **Wirkung insulinantagonistischer Hormone auf den Stoffwechsel von Fettgewebe, Leber und Muskulatur.** (Einzelheiten s. Text) (▶ https://doi.org/10.1007/000-5k3)

◘ **Tab. 38.2** Wirkung insulinantagonistischer Hormone (Katecholamine und Glucagon) auf Leber, Fettgewebe und Muskulatur

Vorgang	Leber	Fettgewebe	Muskulatur
Glycogenbiosynthese	–	Ø	–
Glycogenolyse	+	Ø	+
Glycolyse	–	Ø	+
Gluconeogenese	+	Ø	Ø
Triacylglycerinsynthese	–	–	Ø
Lipolyse	Ø	+	+
Proteinbiosynthese	Ø	Ø	–
Proteolyse	Ø	Ø	+

+ Stimulierung; – Hemmung; Ø kein direkter Effekt

Insgesamt wird so die Freisetzung von Glucose und Ketonkörpern durch die Leber gesteigert (s. auch ► Abschn. 15.2, 15.3, und 21.2.2).

Muskulatur Bei Nahrungskarenz oxidiert die Muskulatur bevorzugt Fettsäuren und Ketonkörper. Gleichzeitig wird die muskuläre Proteolyse gesteigert und Aminosäuren an das Blutplasma abgegeben. Sie werden für die hepatische Gluconeogenese verwendet.

Das Phänomen der gesteigerten Proteolyse in der Skelettmuskulatur tritt nicht nur bei Nahrungskarenz auf, sondern auch bei einer Reihe von pathologischen Zuständen wie Inaktivitätsatrophie, Kachexie (starker Gewichsverlust) oder Sepsis und führt zur Muskelatrophie. Über die zugrunde liegenden molekularen Mechanismen ist Folgendes bekannt:

- Eine Voraussetzung der gesteigerten Proteolyse ist die Ubiquitinierung (► Abschn. 49.3.2) der abzubauenden Proteine.
- Die Proteolyse erfolgt in den Proteasomen (► Abschn. 50.3).
- Bei Nahrungskarenz wird v. a. die Ubiquitinligase **Atrogin-1** induziert. Man nimmt an, dass dies ein entscheidender Faktor für die Proteolyse ist.

Die Regulation des Atrogin-1-Gens ist komplex und Teil eines regulatorischen Netzwerks, welches in der Skelettmuskulatur das Gleichgewicht zwischen Proteinbiosynthese und Proteolyse steuert. Überwiegt Ersteres, kommt es zur **Hypertrophie** der Muskulatur, überwiegt Letzteres zur **Atrophie**. Glucocorticoide einerseits und Wachstumsfaktoren, v. a. IGF-1 (*insulin-like growth factor*-1) und Insulin, andererseits spielen bei der Regulation eine wichtige Rolle als Antagonisten (◘ Abb. 38.7). Im Zentrum der Signalvermittlung steht die durch Insulin, IGF-1 und andere Wachstumsfaktoren stimulierte Proteinkinase B (PKB). Diese

- aktiviert über die weiter unten beschriebenen Wege (► Abschn. 38.2.1) die Proteinkinase **mTOR** und löst damit eine gesteigerte Proteinbiosynthese aus und
- phosphoryliert den im Cytosol lokalisierten Transkriptionsfaktor **FoxO** und verhindert damit dessen Translokation in den Zellkern. FoxO gelangt nur unphosphoryliert in den Zellkern, wo er als starker Aktivator der Transkription des Atrogin-1-Gens wirkt.

Bei Nahrungskarenz und anderen zur Atrophie führenden Zuständen sind die Spiegel an Insulin und IGF-1 deutlich erniedrigt. Wegen der dann fehlenden PKB wird mTOR inaktiviert und gleichzeitig FoxO nicht mehr phosphoryliert. Die Folgen sind eine Hemmung der Proteinbiosynthese und Aktivierung der Proteolyse. Die Expression des Atrogin-1-Gens wird außer durch FoxO durch Glucocorticoide stimuliert. Dieser Effekt ist allerdings indirekt. Über den Glucocorticoidrezeptor wird zunächst die Expression des Transkriptionsfaktors KLF15 (*krüppel-like factor* 15) stimuliert, der seinerseits Atrogin-1 induziert.

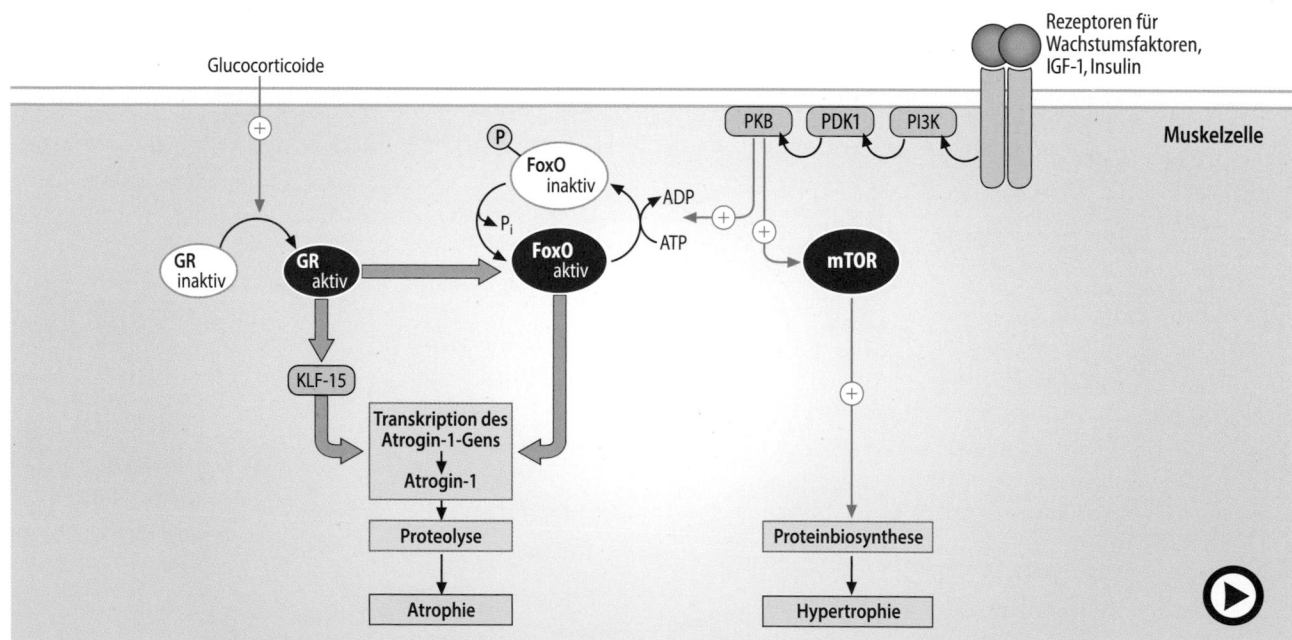

◘ **Abb. 38.7** (Video 38.6) **Regulation von Proteinbiosynthese und Proteolyse in der Muskulatur.** *GR*: Glucocorticoid-Rezeptor; *KLF-15*: *krüppel-like factor* 15; *PI3K*: Phosphatidylinositol-3-Kinase; *PDK1*: *phosphoinositide-dependent kinase-1*; *PKB*: Proteinkinase B. Zur Aktivierung von mTOR durch PKB ◘ Abb. 38.11. (Einzelheiten s. Text) (► https://doi.org/10.1007/000-5k8)

Zusammenfassung

Der Zustand des Hungerns zeichnet sich dadurch aus, dass

– der größte Teil der Energieversorgung des Organismus durch Fettsäuren und aus ihnen abgeleiteten Ketonkörpern bestritten wird und

– Erythrocyten, Zellen des Nierenmarks und Nervenzellen auch über längere Zeiträume mit der von ihnen benötigten Glucose versorgt werden.

Durch Lipolyse werden die vom Organismus benötigten Fettsäuren aus dem Fettgewebe mobilisiert und als Komplexe mit Albumin im Blutplasma zu den verschiedenen Geweben transportiert. Die Leber ist zusätzlich imstande, bei der β-Oxidation von Fettsäuren und beim Abbau ketogener Aminosäuren überschüssig produziertes Acetyl-CoA in Ketonkörper umzuwandeln, die an die Blutzirkulation abgegeben werden. Die Leber trägt die Hauptlast der Glucoseproduktion durch Glycogenolyse und Gluconeogenese. Substrate für den letzteren Vorgang sind Lactat und glucogene Aminosäuren, die beide hauptsächlich aus der Muskulatur stammen. Hinzu kommt Glycerin, das vom Fettgewebe zusammen mit Fettsäuren freigesetzt wird.

Für die Bereitstellung der für die Gluconeogenese und Ketonkörperproduktion benötigten Aminosäuren wird in der Muskulatur das Gleichgewicht von Proteinbiosynthese und Proteolyse zugunsten der Letzteren verschoben. Die zur Aminosäurefreisetzung führende Proteolyse erfolgt im Proteasom.

Diese Vorgänge stehen unter hormoneller Kontrolle, wobei v. a. der Abfall der Insulin- sowie der Anstieg der Glucagon- und Katecholamin-Konzentrationen im Vordergrund stehen. Folgen sind

– im Fettgewebe eine Steigerung der Lipolyse,

– in vielen Geweben eine gesteigerte Fettsäureoxidation,

– in der Leber eine Erhöhung der Ketonkörper-Biosynthese und -Abgabe,

– in der Leber vermehrte Glycogenolyse und Gluconeogenese.

Glucocorticoide und ein Abfall der Insulinkonzentration leiten in der Muskulatur die Proteolyse ein. Das vom Fettgewebe freigesetzte Adipokin Adiponectin stimuliert schließlich Signalwege, die zur Aktivierung der AMP-abhängigen Proteinkinase führen. Bei schwerem Energiemangel fällt in allen Zellen der ATP-Spiegel ab, während der AMP-Spiegel ansteigt. Dadurch wird die AMP-abhängige Proteinkinase aktiviert, die durch Phosphorylierung wichtige Enzyme der Substratspeicherung abschaltet. Außerdem aktiviert sie – ebenfalls durch Phosphorylierung – katabol wirkende Enzyme.

38.2 Stoffwechsel bei Nahrungszufuhr

Ähnlich wie der Nahrungsmangel erfordert auch die Bewältigung der Nahrungszufuhr während der Resorptionsphase erhebliche Umstellungen des Stoffwechsels. Deren Ziel ist es, die nach der Verdauung und Resorption von Nährstoffen gebildeten monomeren Grundbausteine so in den Stoffwechsel einzuschleusen, dass

– im Überschuss aufgenommene Nahrungsstoffe dazu verwendet werden, die endogenen Energiespeicher, v. a. Glycogen und Triacylglycerine aufzubauen und

– der Proteinbestand der verschiedenen Organe und Gewebe konstant bleibt oder möglichst zunimmt und so Wachstum ermöglicht

Als Speicherorgane sind für diese Vorgänge die Leber und das Fettgewebe von besonderer Bedeutung. Da Proteine in der Hungerphase eine wichtige Rolle als Lieferanten der für die Gluconeogenese benötigten Aminosäuren spielen, ist auch die Skelettmuskulatur ein wichtiger Energiespeicher.

Die bei Nahrungszufuhr auftretenden Wechselwirkungen zwischen Leber, Fettgewebe und ◘ Muskulatur nach einer gemischten Mahlzeit sind in ◘ Abb. 38.8 dargestellt.

38.2.1 Integration des Stoffwechsels von Leber, Muskel und Fettgewebe bei Nahrungszufuhr

Aufgrund ihrer anatomischen Lage wird die Leber als erstes mit den während der Resorptionsphase aufgenommenen Makro- und Mikronährstoffen konfrontiert. Lediglich die Nahrungslipide werden in der intestinalen Lymphe gesammelt und dann über den Ductus thoracicus in den Kreislauf abgegeben.

> Die intestinal resorbierten Aminosäuren werden in der Leber für die Protein- und Glycogenbiosynthese verwendet.

Nur etwa ein Viertel der aus der enteralen Resorption stammenden und mit der Pfortader zur Leber transportierten Aminosäuren gelangt nach Passage durch die Leber in den systemischen Kreislauf. Die von der Leber aufgenommenen Aminosäuren werden für folgende Vorgänge verwendet:

– **Biosynthese und gegebenenfalls Sekretion von Proteinen.** Hierfür werden ca. 20 % der aufgenommenen Aminosäuren verwendet.

– **Gluconeogenese aus den glucogenen Aminosäuren.** Ihre Aminogruppe wird in Form von Harnstoff aus-

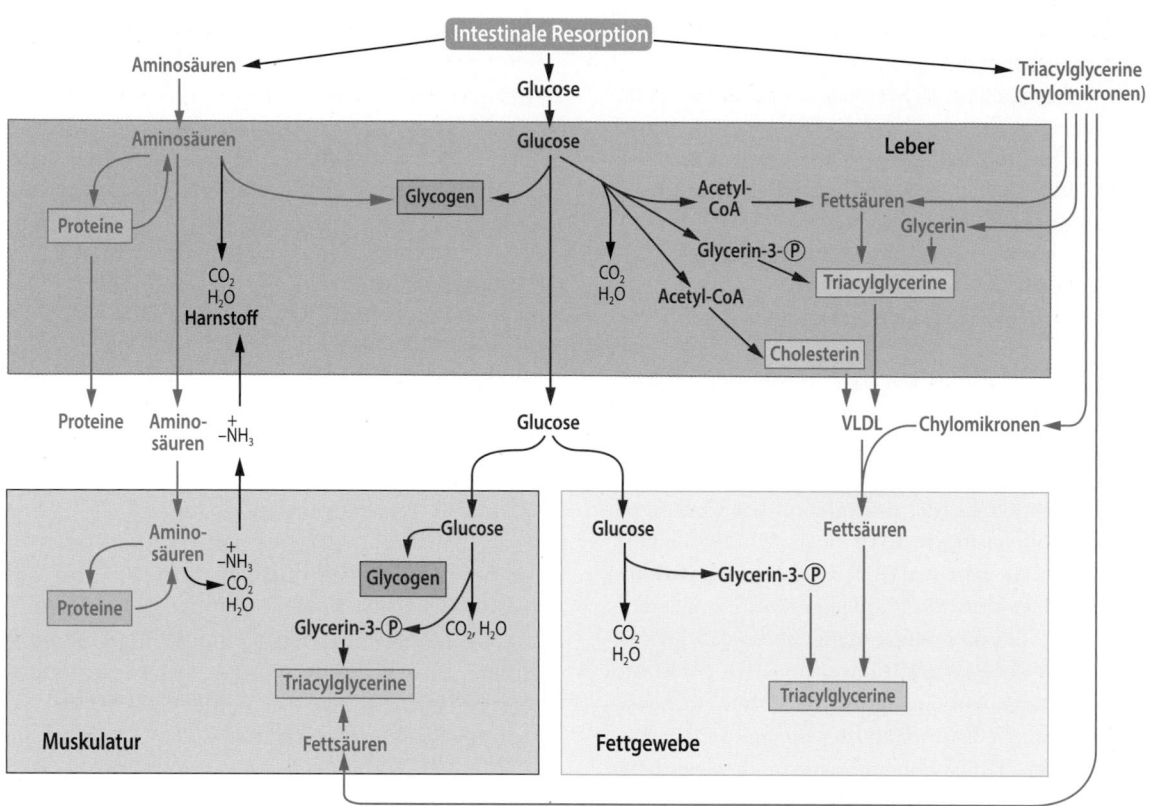

Abb. 38.8   Beziehungen zwischen Leber, Muskulatur und Fettgewebe während der Resorptionsphase. Zugrunde gelegt sind die Verhältnisse nach Zufuhr einer gemischten Mahlzeit. $-NH_3^+$: Aminogruppe. (Einzelheiten s. Text)

geschieden und ihr Kohlenstoffskelett für die Synthese von Glucose-6-Phosphat verwendet. Unter den Bedingungen der Nahrungszufuhr wird dieses überwiegend in Glycogen eingebaut (▶ Abschn. 14.2.1).

— **Synthese von Acetyl-CoA aus ketogenen Aminosäuren** (▶ Abschn. 26.4.2), deren Aminogruppe ebenfalls als Harnstoff ausgeschieden wird. Die verbleibenden Kohlenstoff-Skelette werden nach Umwandlung in Acetyl-CoA u. a. für die Biosynthese von Cholesterin, Fettsäuren und bei einem hohen Proteinanteil der Nahrung auch von Ketonkörpern verwendet.

— **Synthese von stickstoffhaltigen Verbindungen** wie Purin- und Pyrimidinbasen, Aminozucker sowie Asparagin aus den Aminosäuren Glutamin und Aspartat.

❯ Resorbierte Nahrungskohlenhydrate werden zum größten Teil in der Leber zur Glycogensynthese verwendet.

Der größte Teil der Nahrungskohlenhydrate besteht aus Stärke. Diese liefert bei der intestinalen Verdauung Glucose, die resorbiert und über die Pfortader in die Leber gebracht wird. In den Hepatocyten führt dies zu einer Steigerung der Glucoseaufnahme, die unter Vermittlung

des Glucose-Carriers GLUT2 abläuft. Die aufgenommene Glucose wird zu Glucose-6-Phosphat phosphoryliert und löst dann eine Steigerung

— der **Glycogensynthese** sowie
— der **Glycolyse** und ihres anschließenden oxidativen Abbaus aus (▶ Kap. 14 und 15).

Das Verhältnis von Glycogensynthese und Glycolyse variiert je nach der Stoffwechselsituation, wobei die Konzentrationen von Insulin bzw. Fettsäuren ebenso wie die körperliche Aktivität von großer Bedeutung sind (▶ Abschn. 36.5).

Die Glucosemenge, welche die Kapazität der Leber zur Glycogensynthese bzw. Glycolyse übersteigt, wird über die Lebervene an den Kreislauf abgegeben und von den extrahepatischen Geweben verwertet (▶ Abschn. 38.2.2).

❯ Eine *de novo*-Lipogenese aus Nahrungskohlenhydraten findet beim Menschen nur in geringem Umfang statt.

Die Leber und das Fettgewebe verfügen über die Möglichkeiten der Synthese sowohl des Glycerin- als auch des Fettsäureanteils der Triacylglycerine aus der aufgenommenen Glucose. Diese vollständige Biosynthese von Triacylglycerinen aus Nicht-Lipidvorstufen wie Glucose wird als *de novo*-Lipogenese bezeichnet. Aus vielen Erfahrungen an Tieren weiß man, dass dieser Stoffwechselweg tatsächlich in beträchtlichem Umfang beschritten werden kann (Straßburger Gänseleber!). Beim Menschen lässt sich allerdings unter physiologischen Bedingungen weder in der Leber noch im Fettgewebe eine nennenswerte *de novo*-Lipogenese nachweisen. Solange nämlich die Kohlenhydratzufuhr niedriger als der Gesamtenergieverbrauch ist, wird die resorbierte Glucose als Glycogen gespeichert oder oxidativ abgebaut. Die Triacylglycerine der Nahrung sind somit das Substrat für die Neusynthese von Lipiden (s. u.). Das Fehlen der *de novo*–Lipogenese beim Menschen ist eine Folge seiner fettreichen Ernährung. Mehrfach ungesättigte Fettsäuren lösen nämlich eine Repression wichtiger Lipogenesee-Enzyme aus, v. a. der Pyruvatdehydrogenase, Acetyl-CoA-Carboxylase und Fettsäuresynthase (▶ Abschn. 21.3.2).

Nur wenn eine extrem kohlenhydratreiche und fettarme Kost zugeführt wird, nimmt die *de novo*-Lipogenese aus Glucose zu. Bei einem Kohlenhydratanteil von 75 % werden etwa 20 % der aufgenommenen Glucose hierfür verwendet.

❯ Die in Chylomikronen enthaltenen Triacylglycerine werden nach Spaltung durch die hepatische Triacylglycerinlipase von der Leber aufgenommen.

Aufgrund ihres spezifischen Resorptionsmechanismus werden der Leber die Nahrungslipide in Form von **Chylomikronen** und **Chylomikronen-Remnants** (▶ Abschn. 24.2) angeboten. Die in diesen Lipoproteinen enthaltenen Triacylglycerine werden durch die **hepatische Triacylglycerinlipase** (hepatische Lipase) gespalten (◻ Abb. 38.9). Außerdem können Hepatocyten diese Lipoproteine mithilfe spezifischer Rezeptoren aufnehmen und dann weiter verwerten. Die durch die hepatische Triacylglycerinlipase freigesetzten Fcttsäuren werden mit Fettsäuretransportproteinen (FATP, ▶ Abschn. 21.1.3) aufgenommen und anschließend zum entsprechenden Acyl-CoA aktiviert. Das Schicksal der aufgenommenen Fettsäuren hängt von der jeweiligen Stoffwechsellage ab:

— Wenn sie zur Deckung des Energiebedarfs in die β-Oxidation eingeschleust werden sollen, müssen sie als Carnitinester durch die innere Mitochondrienmembran transportiert werden. Das geschwindigkeitsbestimmende Enzym hierfür ist die Carnitin-Palmitoyltransferase 1, die durch Malonyl-CoA gehemmt wird (▶ Abschn. 21.3.2). Niedrige Malonyl-CoA-Konzentrationen sind typisch für den Hungerzustand.

— In der Resorptionsphase ist allerdings die Konzentration von Malonyl-CoA eher hoch, weil die Acetyl-CoA-Carboxylase durch Insulin stimuliert wird (s. u. und ▶ Abschn. 21.3.2). Infolgedessen werden die aufgenommenen Fettsäuren bevorzugt in die

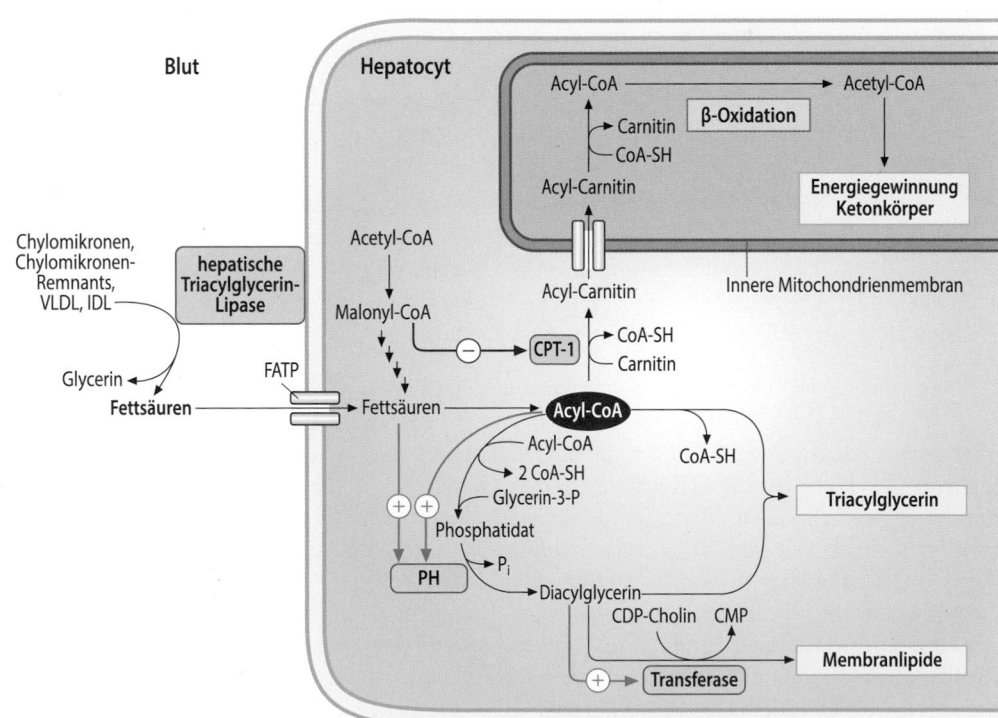

◻ **Abb. 38.9 Aufnahme von Triacylglycerin-reichen Lipoproteinen in die Leber.** Triacylglycerine verschiedener Lipoproteine werden durch die hepatische Triacylglycerinlipase in Fettsäuren und Glycerin gespalten. Neben dem Abbau der durch Hepatocyten aufgenommenen Fettsäuren kommt es auch zu deren Verwendung für die Biosynthese von Triacylglycerinen und Phospholipiden. Glycerin wird von den Hepatocyten aufgenommen und durch die Glycerinkinase zu Glycerin-3-P phosphoryliert (nicht dargestellt). *CPT-1:* Carnitin-Palmitoyltransferase 1; *PH:* Phosphatidatphosphohydrolase. (Einzelheiten s. Text)

Stoffwechselwege der Triacylglycerinsynthese eingeschleust. Die hierfür benötigte Phosphatidatphosphohydrolase wird zusätzlich durch hohe Konzentrationen an Acyl-CoA stimuliert (▶ Abschn. 21.3.1).

Neu synthetisierte Triacylglycerine werden in **VLDL-Lipoproteine** eingebaut und anschließend sezerniert.

❯ Neben Glycogen werden in der Skelettmuskulatur
auch Triacylglycerine gespeichert.

Anstiege der Blutglucosekonzentration sind eine Folge
kohlenhydratreicher Mahlzeiten. Über den Glucosetransporter GLUT4 wird unter diesen Umständen Glucose vermehrt von der Skelettmuskulatur aufgenommen
und für die Biosynthese von Glycogen verwendet.

Die maximal mögliche Glycogenkonzentration der
Muskulatur beträgt etwa 1–1,5 %. Bei diesem Wert beginnt die Rückkopplungshemmung der Glycogensynthase durch vorhandenes Glycogen. Unter diesen Umständen aufgenommene Glucose wird durch Glycolyse
abgebaut. Da das Kapillar-Endothel auch der Skelettmuskulatur über eine aktive Lipoproteinlipase verfügt,
werden die aus der Lipidverdauung und Resorption

stammenden Chylomikronen, aber auch andere triacylglycerinreiche Lipoproteine (VLDL) dort gespalten und
die freigesetzten Fettsäuren durch entsprechende Transporter (▶ Abschn. 21.1.3) aufgenommen. Im Ruhezustand dienen sie v. a. der Triacylglycerinsynthese, bei
muskulärer Aktivität der Deckung des Energiebedarfs.

❯ Aminosäuren stimulieren die Proteinbiosynthese der
Skelettmuskulatur.

Da ein Teil der über die Pfortader angelieferten Aminosäuren nicht von der Leber aufgenommen wird, steigt
die Aminosäurekonzentration im Plasma nach einer
gemischten Mahlzeit an. Diese Aminosäuren werden
von den Muskelzellen aufgenommen und für die Proteinbiosynthese oder zur Deckung des Energiebedarfs
abgebaut. Essenzielle Aminosäuren, besonders Leucin,
aktivieren die muskuläre Proteinbiosynthese. Eine besondere Rolle spielt hierbei die Proteinkinase mTOR
(◻ Abb. 38.11).

❯ Die Steigerung der Proteinbiosynthese als Antwort
auf den Proteingehalt der Nahrung wird durch die
Proteinkinase mTOR koordiniert.

Übrigens

Rapamycin. Auf der Suche nach neuen Antibiotika wurde
Anfang der 70er-Jahre des vergangenen Jahrhunderts in
einer von der Osterinsel stammenden Bodenprobe der
Bakterienstamm *Streptomyces hygroscopicus* isoliert. Dieser produzierte einen Metaboliten, der sich als sehr wir-
kungsvoll gegen Pilzinfektionen erwies. Die Osterinsel
heißt in der Eingeborenensprache Rapanui, der neue Metabolit, ein makrozyklisches Lacton (◻ Abb. 38.10),
wurde infolgedessen als Rapamycin bezeichnet. In den folgenden Jahren stellte sich heraus, dass Rapamycin ein potentes Immunsuppressivum ist und außerdem Wachstum
und Proliferation vieler Zellen hemmt. Es ist unter dem
Handelsnamen Sirolimus erhältlich. Der wachstumshem-

mende Effekt von Rapamycin wird auch in der Kardiolo-
gie ausgenutzt. Beschichtet man nämlich die zum Offenhalten verengter Koronargefäße verwendeten Stents
(kleine Gitterröhrchen) mit Rapamycin oder einem Rapa-
mycinderivat, so ist die Häufigkeit einer durch übersteiger-
tes Zellwachstum ausgelösten Restenosierung wesentlich
geringer.

Die biochemische Untersuchung der Rapamycin-
Wirkung hat zu der Entdeckung geführt, dass seine einzige
molekulare Wirkung die Bindung an eine Proteinkinase
ist, die dadurch inaktiviert wird. Dementsprechend wird
diese Proteinkinase auch als TOR (*target of rapamycin*) bezeichnet.

TOR ist eine Proteinkinase, die sich bei allen Eukaryonten von der Hefe bis zu den spezialisierten Zellen von
Säugetieren nachweisen lässt. Sie ist für die Koordinierung des Stoffwechsels bei Nahrungsangebot, besonders von Aminosäuren, verantwortlich. Bei einzelligen
Organismen löst TOR hauptsächlich eine Steigerung
der Proteinbiosynthese und daran anschließend der
Proliferation aus. Auch bei den Zellen höherer Organismen steht dieser Effekt der Proteinkinase TOR im Vordergrund, allerdings ist ihr Wirkungsspektrum ebenso

wie die Regulation ihrer Aktivität wesentlich komplexer
(◻ Abb. 38.11).

Bei Säugetieren ist die Proteinkinase **mTOR** (*mammalian* TOR, *mammalian target of rapamycin*) nur im
Komplex mit assoziierten Proteinen aktiv. Substrate
von mTOR sind Proteine, deren Phosphorylierung
eine Steigerung der zellulären **Translationsaktivität**
(▶ Abschn. 48.3.3), **Ribosomenbiogenese**, aber auch
der **Zelldifferenzierung** und ggf. der **Proliferation** auslöst. Diese Erkenntnisse beruhen überwiegend auf der

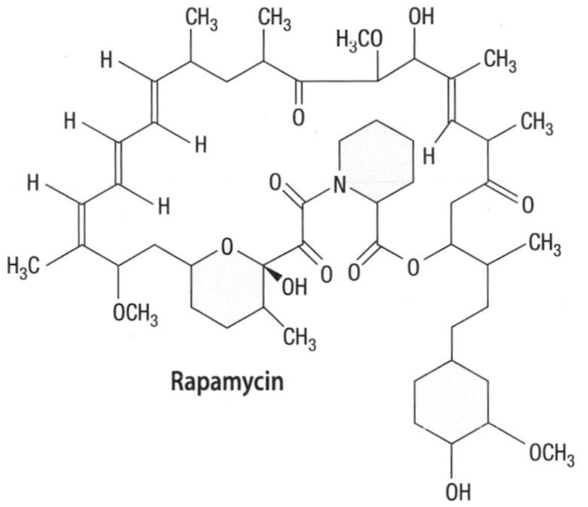

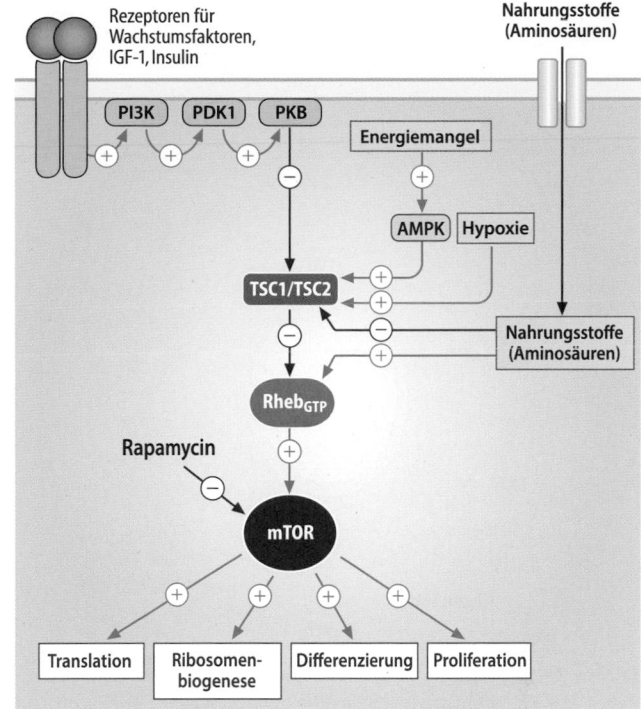

Abb. 38.10   Struktur von Rapamycin

Hemmwirkung von Rapamycin, da die entsprechenden molekularen Mechanismen nur im Einzelfall aufgeklärt sind.

Angesichts des vielfältigen Wirkungsspektrums von mTOR ist es nicht verwunderlich, dass die Aktivität dieser Proteinkinase genau reguliert wird (**⊙** Abb. 38.11). Für die mTOR-Aktivität ist das kleine G-Protein **Rheb** essenziell. Dieses unterliegt einer komplexen Regulation durch Aminosäuren, besonders essenziellen, auf der einen und Wachstumsfaktoren oder Insulin auf der anderen Seite. Im Zentrum dieser Regulation steht das heterodimere Tumorsuppressorprotein **TSC1/TSC2**:

- Besonders die aus den Nahrungsproteinen gewonnenen Aminosäuren führen zu einer Aktivierung der Proteinkinase mTOR. Dabei stehen zwei Effekte im Vordergrund, allerdings sind die molekularen Mechanismen noch nicht vollständig bekannt. Aminosäuren hemmen einerseits TSC1/TSC2, zusätzlich gibt es auch Hinweise dafür, dass sie das G-Protein Rheb direkt stimulieren.
- TSC1/TSC2 wirkt als **GTPase-aktivierendes** Protein auf Rheb/GTP und inaktiviert es damit.
- Phosphorylierung von TSC1/TSC2 durch die **Proteinkinase B** (PKB) führt zu dessen Inaktivierung.
- PKB wird über beschriebene Reaktionskaskaden (▶ Abschn. 36.6 und 35.4.3) unter Zwischenschaltung der Kinasen PI3-Kinase und PDK-1 durch Insulin, IGF-1 bzw. solche Wachstumsfaktoren aktiviert, die an Rezeptoren mit Tyrosin-Kinaseaktivität binden.

Energiemangel, der zu einer Aktivierung der AMP-abhängigen Proteinkinase (s. o.) führt, löst ebenso wie Hypoxie eine Aktivierung des TSC1/TSC2-Proteins und damit eine Hemmung von Rheb aus, die zur Inaktivierung von mTOR führt. Die TSC1/TSC2-Proteine haben damit eine wichtige Funktion bei der Regulation von mTOR. Die Phosphorylierung von TSC1/TSC2-Protei-

Abb. 38.11   Regulation und Wirkungsweise der Proteinkinase mTOR. *PI3K:* Phosphatidylinositol-3-Kinase; *PDK1: phosphoinoside-dependent kinase-1*; *PKB:* Proteinkinase B; *AMPK:* AMP-abhängige Proteinkinase; *Rheb:* kleines G-Protein; *TSC1/TSC2:* heterodimeres Tumorsuppressor-Protein (Einzelheiten s. Text)

nen durch die PKB führt zu ihrer Inaktivierung. Eine alternative Phosphorylierung an anderer Stelle durch AMPK führt zu ihrer Aktivierung.

Damit steht die Proteinkinase mTOR im Zentrum eines komplexen Regulationssystems, das in allen Zellen nachweisbar ist. Diese ist besonders in der Muskelzelle verantwortlich für die Steigerung von Translation und Zellwachstum sowie auch für die Zellproliferation bei Überschuss an Nahrungsstoffen und entsprechender Stimulation durch Wachstumsfaktoren und Insulin.

Das Ausmaß der durch Aminosäuren ausgelösten Proteinbiosynthese hängt darüber hinaus auch von der körperlichen Aktivität ab.

❯ Die für die Lipogenese des Fettgewebes benötigten Fettsäuren stammen aus Chylomikronen und VLDL.

Die Lipogenese, d. h. die Biosynthese von Triacylglycerinen ist die wichtigste Funktion des Fettgewebes bei einem Überschuss an Nahrungsstoffen (**⊙** Abb. 38.12). Das Ausgangsmaterial hierfür sind die **Chylomikronen** bzw. **VLDL** (▶ Abschn. 24.2). Die Triacylglycerine werden durch die **Lipoproteinlipase** zu Fettsäuren und Glycerin hydrolysiert. Die Lipoproteinlipase ist in besonders hoher

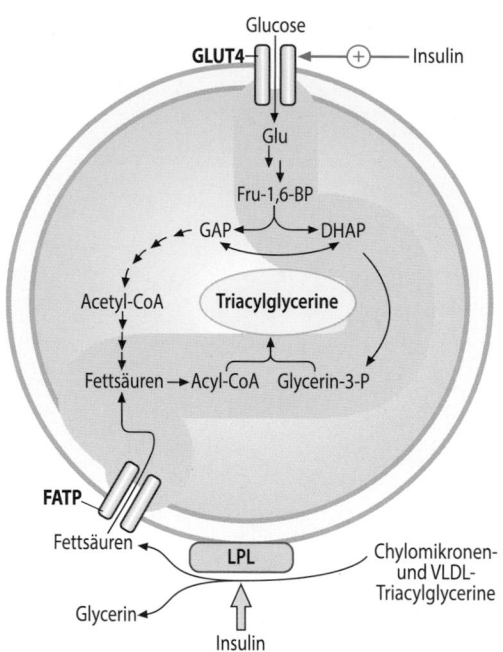

□ Abb. 38.12 Schematische Darstellung der Lipogenese im Fettgewebe. *DHAP:* Dihydroxyaceton-Phosphat; *FATP:* Fettsäuretransporter; *GLUT:* Glucosetransporter; *LPL:* Lipoproteinlipase. (Einzelheiten siehe Text)

Aktivität am Endothel der das Fettgewebe versorgenden Kapillaren sowie an der Außenseite der Plasmamembran der Adipocyten nachweisbar. Die dabei entstehenden Fettsäuren werden durch verschiedene Transportsysteme aufgenommen und zu Acyl-CoA aktiviert. Das hierfür verantwortliche Enzym ist die **Acyl-CoA-Synthetase**. Acyl-CoA ist das Substrat der Triacylglycerinsynthese. Das benötigte Glycerin-3-Phosphat stammt aus dem Glucoseabbau, da es durch Reduktion von **Dihydroxyacetonphosphat** bereitgestellt wird. Das bei der Hydrolyse der Triacylglycerine durch die Lipoproteinlipase entstehende Glycerin kann mangels einer aktiven Glycerinkinase vom Fettgewebe selbst nicht verwertet werden, sondern wird in der Leber metabolisiert.

Ähnlich wie in der Leber ist eine *de novo*-Lipogenese ausschließlich aus Glucose im Fettgewebe nur unter sehr speziellen Bedingungen möglich. Sie setzt den vollständigen Abbau von Glucose zu Pyruvat und dessen Umwandlung zu Acetyl-CoA voraus, das dann für die Fettsäurebiosynthese benutzt wird. Der **Pentosephosphatweg** (▶ Abschn. 14.1.2) bzw. das **Malatenzym** (▶ Abschn. 21.2.3) liefern das hierfür benötigte NADPH/H⁺.

Die Möglichkeit zur *de novo*-Lipogenese variiert von Spezies zu Spezies und ist v. a. vom Fettgehalt der Nahrung abhängig. Die Bedeutung der Kohlenhydratmast für den Fettansatz ist seit langer Zeit für viele Nutztiere bekannt, setzt aber eine relativ kohlenhydrat-

reiche Mast voraus. Im Gegensatz dazu zeigen bei dem für die menschliche Ernährung typischen Fettgehalt von ca. 40 % die für die Fettsäuresynthese aus Kohlenhydraten benötigten Enzyme Pyruvatdehydrogenase, ATP:Citratlyase, Acetyl-CoA-Carboxylase und Fettsäuresynthase nur sehr geringe Aktivitäten. **Die *de novo*-Biosynthese von Triacylglycerinen aus Glucose** ist demnach nur **von untergeordneter Bedeutung**. Der Fettsäurebedarf für die Lipogenese wird beim Menschen fast ausschließlich über die in der Nahrung enthaltenen Fettsäuren gedeckt.

38.2.2 Hormonelle Regulation des Stoffwechsels bei Nahrungszufuhr

Nach der enteralen Resorption der üblichen gemischten Mahlzeiten kommt es im Blutplasma zu
- einem Konzentrationsanstieg von **Glucose** und **Aminosäuren**,
- einer Zunahme des Gehalts an **Chylomikronen**,
- einem Anstieg des **Insulinspiegels**.

❯ Die Substratspeicherung in der Resorptionsphase hängt vom Überwiegen des Insulins über seine Antagonisten ab.

Die durch den Resorptionsvorgang ausgelöste Erhöhung der Blutglucosekonzentration führt zu einer deutlichen Stimulierung der Insulinsekretion mit einem Anstieg des Plasma-Insulinspiegels (□ Abb. 36.4). Dies ermöglicht eine koordinierte Substratspeicherung in den hierfür hauptsächlich verantwortlichen Geweben. Die spezifischen Effekte erhöhter Insulinspiegel auf den Stoffwechsel von Leber, Skelettmuskulatur und Fettgewebe sind in □ Tab. 38.3 zusammengestellt. Da sie nahezu alle Bereiche des Stoffwechsels betreffen, kann man gut verstehen, dass ein Mangel oder Fehlen von Insulin zu dem rasch lebensbedrohlichen Krankheitsbild des Typ-I-Diabetes mellitus (▶ Abschn. 36.7.1) führt.

❯ Mit Glucose-Toleranztests wird die Insulin-induzierte Glucoseverwertung bestimmt.

Die durch die enteralen Resorptionsvorgänge ausgelöste Erhöhung der Blutglucosekonzentration führt zu einem Anstieg der Insulinsekretion. Dadurch kommt es zu einer vermehrten Glucoseaufnahme in die Gewebe und damit zur Normalisierung des Blutzuckers. Die Intaktheit dieses Regelkreises wird durch den Glucosetoleranztest überprüft.

□ Abb. 38.13 zeigt den Verlauf eines **oralen Glucosetoleranztests** (OGTT). Der Proband nimmt 100 g Glucose als Trinklösung auf. Der Verlauf der Blutgluco-

◻ Tab. 38.3 Spezifische Effekte von Insulin auf den Stoffwechsel von Leber, Fettgewebe und Muskulatur

Vorgang	Leber	Fettgewebe	Muskulatur
Glucoseaufnahme	+ (indirekt)	+	+
Glycogenbiosynthese	+	Ø	+
Glycogenolyse	–	Ø	–
Glycolyse	+	+	+
Gluconeogenese	–	Ø	Ø
Aminosäureaufnahme	+	Ø	+
Proteinbiosynthese	(+)	Ø	+
Induktion der Lipoproteinlipase	Ø	+	+
Triacylglycerinsynthese	+	+	Ø
Lipolyse	Ø	–	Ø
VLDL-Synthese und Sekretion	+	Ø	Ø

+ Stimulierung; – Hemmung; Ø kein Effekt

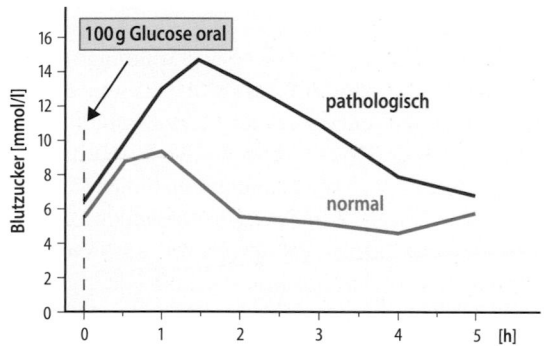

◻ Abb. 38.13   Oraler Glucosetoleranztest. *Grün*: normaler Glucosetoleranztest; *Rot*: Glucosetoleranztest bei Diabetes mellitus

sekonzentration wird anschließend während der nächsten Stunden ermittelt. Innerhalb der ersten 30 min steigt die Blutglucose zunächst steil an, danach setzt die insulininduzierte Gegenreaktion ein, sodass sich nach spätestens 2 h eine weitgehende Normalisierung des Blutzuckers einstellt. Liegt allerdings eine Insulinresistenz oder gar ein Diabetes mellitus vor (▶ Abschn. 36.7), findet sich neben einem etwas steileren Anstieg des Blutzuckers auf deutlich höhere Werte in der ersten Phase der Belastung vor allem eine Verzögerung des Blutzuckerabfalls. Diese sog. gestörte Glucosetoleranz ermöglicht allerdings nicht die Unterscheidung zwischen Insulinresistenz oder dem Mangel an Insulin.

> Das Fettgewebe produziert eine Reihe von Hormonen.

1994 wurde entdeckt, dass das Fettgewebe ein Hormon produziert und an das Blutplasma abgibt, welches für die Konstanz der Fettspeicher und damit im weitesten Sinn des Körpergewichts von entscheidender Bedeutung ist. Es handelt sich um ein Peptidhormon aus 146 Aminosäuren, das nach dem griechischen Wort für schlank (*leptos*) als **Leptin** bezeichnet wird. Seine Plasmakonzentrationen sind dabei in einem weiten Bereich proportional zur Fettmasse. Bei der Langzeitregulation der Energiehomöostase spielt Leptin eine entscheidende Rolle, da es im Hypothalamus die für die Appetitauslösung zuständigen Zentren hemmt und die Sättigungszentren aktiviert (▶ Abschn. 38.3.3). Leptin ist außerdem für die Entwicklung der Gonadenfunktion unerlässlich, reguliert die Knochenmasse und ist ein Modulator der Immunfunktion.

Die Funktionen des Fettgewebes sind nicht nur auf Triacylglycerin-Biosynthese bei Nahrungszufuhr und Lipolyse bei Nahrungskarenz beschränkt. Die Entdeckung des Hormons Leptin hat gezeigt, dass es durch die Produktion von Hormonen aktiv an der Regulation der Körper- und Fettmasse teilnimmt. Da auch weitere Hormone von den Zellen des **Fettgewebes** produziert werden, kann es als **eine Art endokrines Organ** aufgefasst werden. Vom Fettgewebe synthetisierte und sezernierte Faktoren werden als Adipokine bezeichnet (◻ Tab. 38.4).

Das vom Fettgewebe freigesetzte Peptidhormon **Adiponectin** wirkt wie Leptin systemisch. Es hemmt v. a. durch Repression der PEPCK die Gluconeogenese und damit die Glucosefreisetzung in der Leber und stimuliert die Oxidation von Fettsäuren in der Skelettmuskulatur. Auf diese Weise kann es die Folgen einer mit einem metabolischen Syndrom einhergehenden Insulinresistenz beheben (▶ Abschn. 36.7.2).

Das Peptidhormon **Resistin** wird bei Nagern von Adipocyten, beim Menschen von mit dem Fettgewebe assoziierten Makrophagen produziert. Es vermindert die Insulinempfindlichkeit vieler Gewebe.

Die Stromazellen des Fettgewebes sind beim Mann während des ganzen Lebens und bei der Frau nach der Menopause die einzige Produktionsstätte für **Östrogene**. Da Östrogenrezeptoren in den Fettzellen selbst nicht nachweisbar sind, muss man annehmen, dass das Fettgewebe zur Östrogenversorgung des Organismus beiträgt. Ob die Produktion und Sekretion von **Angiotensinogen** im Fettgewebe etwas mit der beim metabolischen Syndrom häufig anzutreffenden Hypertonie zu tun hat, ist noch unklar.

Das Fettgewebe produziert außerdem eine Reihe parakrin wirkender Faktoren. Zu diesen gehört der in-

⬛ Tab. 38.4   Vom Fettgewebe produzierte und sezernierte Adipokine (Auswahl)

Mediator/ Hormon	Wirkungsweise	Wichtigster biologischer Effekt	Produziert von
Leptin	Systemisch	Hemmung der Nahrungsaufnahme	Adipocyten
Adiponectin	Systemisch	Steigerung der Insulinempfindlichkeit (Aktivierung der AMP-abhängigen Kinase)	Adipocyten
Resistin	Systemisch	Auslösung von Insulinresistenz	Makrophagen des Fettgewebes[a]
Östrogene	Systemisch	Alle Östrogeneffekte, keine Wirkung am Fettgewebe	Stromazellen; wegen Aromatase-Aktivität Umwandlung von Androgenen in Östrogene
Angiotensinogen	Systemisch	Erhöhung des Blutdrucks	Adipocyten, Stromazellen
IGF-1	Parakrin	Differenzierung von Präadipocyten	Adipocyten
TNF-α	Parakrin	Hemmung der Differenzierung von Präadipocyten; Hemmung der Expression von Adiponectin	Makrophagen des Fettgewebes

[a]Nur beim Menschen, bei Nagern wird Resistin von Adipocyten produziert

sulinähnliche Wachstumsfaktor **IGF-1** (*insulin-like growth factor-1*), welcher bei der Bereitstellung neuer Fettzellen aus den entsprechenden Vorläuferzellen, den Präadipocyten, wirkt. Auch das von Makrophagen des Fettgewebes sezernierte **TNFα** (*tumor necrosis factor α*) wirkt primär lokal, allerdings als Antagonist zum IGF-1. Es führt zu einer Hemmung der Lipogenese und einer Steigerung der Lipolyse. Darüber hinaus hemmt es die Differenzierung von Präadipocyten und kann eine Apoptose bereits existierender Adipocyten auslösen.

Zusammenfassung

Über ihre Verwendung zur Deckung des Energiehaushaltes hinaus müssen die im Überschuss aufgenommenen Nahrungsstoffe so verarbeitet werden, dass die für die wichtigsten Speicherorgane typischen Energiespeicher aufgebaut werden.

Dabei verwendet die Leber

- Glucose zur Glycogenbiosynthese und unter entsprechenden Stoffwechselbedingungen zu einem gewissen Teil zum Abbau in der Glycolyse,
- Fettsäuren überwiegend zur Triacylglycerinbiosynthese und der Abgabe an die Zirkulation in Form von VLDL und
- Aminosäuren für die Proteinbiosynthese, wobei ein Teil der Proteine in die Zirkulation abgegeben wird. Glucogene Aminosäuren (▶ Abschn. 26.4.2) werden für die Biosynthese von Glycogen verwendet.

Im Skelettmuskel werden wie in der Leber Glucose zur Synthese von Glycogen und Lipide zur Triacylglycerin-Synthese benutzt.

Das quantitativ wichtigste Organ der Energiespeicherung ist das Fettgewebe. Nach Spaltung durch die Lipoproteinlipase nimmt es die Fettsäuren der Nahrungslipide auf und verwendet diese zur Triacylglycerin-Synthese. Wegen der außerordentlichen Fähigkeit des Fettgewebes zur Massenzunahme sind die Möglichkeiten zur Triacylglycerin-Speicherung sehr groß.

Als Koordinator der genannten Stoffwechselumstellungen wird das Hormon Insulin benötigt. In Leber und Muskulatur stimuliert es die Glucoseaufnahme und Glycogensynthese. Durch Stimulierung der Lipoproteinlipase ermöglicht Insulin die Bereitstellung von Fettsäuren aus Chylomikronen und deren Einbau in Triacylglycerine im Fettgewebe. Neben Aminosäuren sind Insulin und Wachstumsfaktoren mit ähnlichem Wirkungsspektrum für die Steigerung von Proteinbiosynthese und Zellwachstum verantwortlich. Diese aktivieren u. a. die Proteinkinase mTOR.

38.3 Steuerung der Nahrungsaufnahme über Appetit und Sättigungsgefühl

❯ Vielfältige neuronale und humorale Faktoren regulieren die Nahrungsaufnahme.

Die Regulation der Nahrungsaufnahme über Hunger- und Sättigungswahrnehmungen wird über eine Vielzahl von Faktoren gesteuert, die nicht nur den Energiestatus des Organismus abbilden, sondern ebenso seine Versorgung mit Kohlenhydraten, Fetten und Proteinen. Die Kalorienzufuhr durch die Nahrung wird dem Energieverbrauch angepasst und zum Erhalt der Energiehomöostase über mehrere sensorische Systeme erfasst und reguliert. Als zentrale Schaltstelle dient das Gehirn, in dem alle Informationen über den Ernährungszustand integriert werden und eine koordinierte Antwort auf die eingehenden Signale erfolgt. **Afferente Signale** können neuronaler oder humoraler Art sein, während **efferente Signale** des Gehirns zu einer motorischen Steigerung der Aktivität zur Nahrungsaufnahme führen.

Angesichts der Tatsache, dass die Nahrungsaufnahme diskontinuierlich erfolgt, Mahlzeitenfrequenz und Nahrungszusammensetzung eine große Variation zeigen und körperliche Aktivitäten enorm wechseln können, ist es erstaunlich, dass bei einem beträchtlichen Teil der erwachsenen Bevölkerung das Körpergewicht über Jahre und Jahrzehnte konstant bleibt. Aus dieser Tatsache kann geschlossen werden, dass es nicht nur kurzfristige Signale des Hungerns und der Sättigung gibt, sondern auch der Energiestatus des Körpers über lange Zeiträume gemessen und reguliert wird.

Im Jahr 1900 wurde unabhängig von Francois Babinsky und Alfred Fröhlich ein Krankheitsbild beschrieben, das mit Adipositas, hypogonadotropem Hypogonadismus (verminderte Gonadotropinausschüttung) und Kleinwuchs einhergeht und als *Dystrophia adiposogenitalis* bezeichnet wird. Ursache der sehr seltenen Erkrankung sind Tumore im Hypothalamusbereich, meist Kraniopharyngeome (benigne Hirntumore). Später konnte gezeigt werden, dass die sog. hypothalamische Fettsucht auch tierexperimentell durch Zerstörung bestimmter hypothalamischer Kernareale ausgelöst werden kann. Aus diesen Beobachtungen wurde geschlossen, dass im Hypothalamus eine Zentrale lokalisiert ist, welche die verschiedensten afferenten Signale aufnimmt und zur Erzeugung von Hunger bzw. Sättigung benutzt. Nervale und hormonelle Signale aus dem Intestinaltrakt vermitteln dabei die kurzfristige Regulation, während über den längerfristigen Energiehaushalt Signale aus dem Fettgewebe als dem wichtigsten Energiespeicher verwendet werden.

38.3.1 Hypothalamische Steuerung der Nahrungsaufnahme

◻ Abb. 38.14 stellt in schematischer Form die am Appetit- und Sättigungsverhalten beteiligten hypothalami-

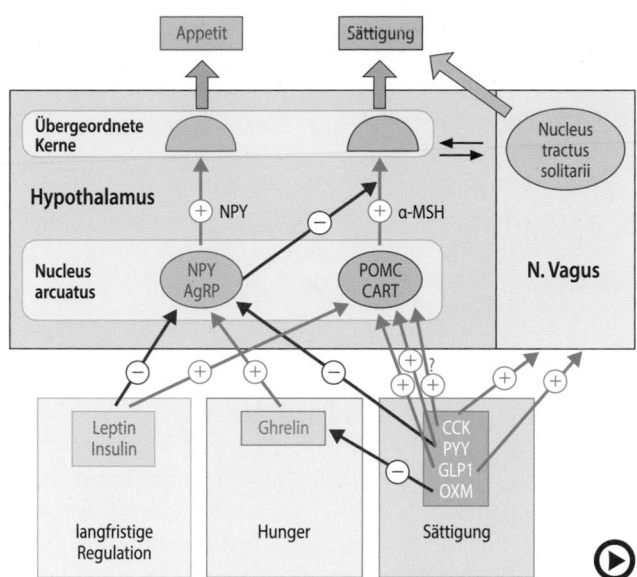

◻ **Abb. 38.14** (Video 38.7) **Die hypothalamische Regulation der Energiehomöostase und ihre Regulation durch intestinale Hormone und Adipokine.** *AgRP: agouti related peptide*; *CART: cocaine and amphetamine regulated transcript*; *CCK:* Cholecystokinin; *GLP1: glucagon-like peptide 1*; α-*MSH:* Melanocyten stimulierendes Hormon α; *NPY:* Neuropeptid Y; *OXM:* Oxyntomodulin; *POMC:* Proopiomelanocortin; *PYY:* Peptid YY. (Einzelheiten s. Text) (► https://doi.org/10.1007/000-5k9)

schen Kerne und ihre Verknüpfung mit peripheren Signalen dar:

- Der **Nucleus arcuatus** des Hypothalamus integriert die kurz- und langfristigen Signale aus den Energiespeichern und dem Intestinaltrakt. Wegen Besonderheiten der Blut-Hirn-Schranke in diesem Bereich ist der Übertritt von Peptiden aus der Blutzirkulation möglich. Er verfügt über Neurone, die Appetit bzw. Sättigung auslösen und als orexigene (griech. *orexis*: Verlangen, Appetit) bzw. anorexigene Neurone bezeichnet werden.
- Appetitverhalten stimulierende **orexigene Neurone** des Nucleus arcuatus exprimieren das **Neuropeptid Y (NPY)** und das sog. *agouti related peptide* (AgRP) und werden als NPY bzw. AgRP-Neurone bezeichnet.
- Sättigungsverhalten auslösende **anorexigene Neurone** des Nucleus arcuatus exprimieren **Proopiomelanocortin (POMC)** (► Abschn. 74.1.13, ► Abschn. 39.1.2, ◻ Abb. 74.17), den Präkursor von **α-Melanocyten-stimulierendem Hormon (α-MSH)** und das sog. *cocaine and amphetamine regulated transcript* (CART) und werden als POMC- bzw. CART-Neurone bezeichnet.
- Die Neurone des Nucleus arcuatus projizieren in übergeordnete hypothalamische Kernareale (Nucleus paraventricularis und das laterale hypothalamische Areal), wo sich entsprechende Rezeptoren, v. a.

für NPY, α-MSH und AgRP befinden. Dort werden weitere humorale und nervale Signale integriert und damit letztlich die vielfältigen Mechanismen ausgelöst, die zu Appetit- bzw. Sättigungsverhalten führen. Zu diesen gehören u. a. vagale Afferenzen (z. B. Magendehnung), zirkulierende Nährstoffe, wie z. B. Glucose (Hypoglykämien lösen Hunger aus!) oder sensorische Wahrnehmungen (wie Geruch, Geschmack und Aussehen der Speisen).

38.3.2 Orexigene und anorexigene Hormone des Intestinums

Im Intestinaltrakt werden verschiedene Peptidhormone als Antwort auf spezifische Nahrungsbestandteile oder den jeweiligen Funktionszustand gebildet und in die Blutzirkulation abgegeben (◘ Abb. 38.14). Orexigene Peptidhormone stimulieren die Nahrungsaufnahme, anorexigene lösen das Sättigungsgefühl aus. Peptide, die im Zusammenhang mit akuter Nahrungsaufnahme gebildet werden, dienen eher der kurzfristigen Regulation von Appetit und Sättigung. ◘ Tab. 38.5 gibt einen Überblick über die am besten charakterisierten intestinalen Hormone. Außer den genannten ist für eine große Zahl weiterer hier nicht besprochener intestinaler Peptide und Faktoren ein Zusammenhang mit der Regulation von Appetit und Sättigung wahrscheinlich.

Spezifische Rezeptoren für alle aufgeführten Peptide sind im Nucleus arcuatus nachgewiesen. Allerdings bedeutet dies nicht, dass ihre Effekte ausschließlich über

diesen Weg vermittelt werden. Häufig konnte gezeigt werden, dass ihre Wirkung auch über afferente Fasern des N. vagus zustande kommt, die im Nucleus tractus solitarii enden und von dort in die verschiedensten Hirnregionen weitergeleitet werden.

❯ Ghrelin ist das einzige orexigene, den Appetit stimulierende intestinale Hormon.

Ghrelin (▶ Abschn. 42.1.1 und 61.2) ist ein aus 28 Aminosäuren bestehendes Peptid, welches ursprünglich als Stimulator der Sekretion von Wachstumshormon identifiziert wurde. Es wird überwiegend in den sog. oxyntischen Zellen des Magens gebildet und an das Blut abgegeben. Im Nüchternzustand und besonders vor Mahlzeiten finden sich hohe Ghrelinkonzentrationen im Blutplasma, nach Mahlzeiten sinken diese rasch auf niedere Werte ab. Ghrelin stimuliert im Nucleus arcuatus die NPY- bzw. AgRP-Neurone. Dies führt zu einer Stimulierung des Appetits. Gleichzeitig hemmen v. a. die AgRP-Neurone die POMC-Neurone, was eine Unterdrückung der Sättigung auslöst.

❯ Cholecystokinin wirkt hauptsächlich durch Stimulierung von Vagusfasern anorexigen.

Cholecystokinin (**CCK**; ▶ Abschn. 61.2.1) wird in den I-Zellen von Duodenum und Ileum als Antwort auf die Anwesenheit von Fettsäuren, Aminosäuren und Peptiden im Duodenallumen gebildet. Von den verschiedenen durch posttranslationale Proteolyse entstehenden Formen ist die aus 33 Aminosäuren bestehende (CCK_{33}) am wirkungsvollsten. Cholecystokinin löst neben seinen pankreatischen Wirkungen eine über Stunden anhaltende Hemmung des Appetits aus. Beide Wirkungen werden über entsprechende CCK-Rezeptoren auf efferente Fasern des N. vagus weitergeleitet. Wie groß der Anteil der CCK-Rezeptoren im Nucleus arcuatus an der anorexigenen Wirkung des CCK ist, ist noch nicht klar.

❯ Die vom Glucagon abgeleiteten Peptide GLP1 und Oxyntomodulin sowie das Peptid YY und das pankreatische Polypeptid wirken anorexigen.

GLP1 und **Oxyntomodulin** (**OXM**) (▶ Abschn. 37.1.2, ◘ Abb. 37.1) sind im Intestinaltrakt gebildete Produkte der proteolytischen Prozessierung des Proglucagons. Sie werden wegen ihrer stimulierenden Wirkung auf die Insulinsekretion auch als **Inkretine** (▶ Abschn. 36.3) bezeichnet. Für beide Peptide, die als Antwort auf die Anwesenheit von Nahrungsstoffen im Dünndarm sezerniert werden, ist eine anorexigene Wirkung nachgewiesen. Über den genauen Mechanismus ihrer Wirkung besteht noch keine Klarheit. So hemmt GLP1 die Magen-

38

◘ **Tab. 38.5** Gastrointestinale Peptidhormone, die Appetit und Sättigung regulieren (Auswahl)

Bezeichnung	Ort der Sekretion	Effekt auf Appetit
Ghrelin	Oxyntische Zellen der Magenmucosa	↑
Cholecystokinin (CCK)	I-Zellen im Duodenum und Jejunum	↓
Glucagon-like peptide 1 (GLP1)	L-Zellen im Dünndarm	↓
Oxyntomodulin (OXM)	L-Zellen im Ileum und Colon	↓
Peptid YY (PYY)	L-Zellen im Dünndarm	↓
Pankreatisches Polypeptid (PP)	Exokriner Pankreas, Peripherie der Langerhans-Inseln	↓

motilität und stimuliert die Insulinsekretion, während Oxyntomodulin die Ghrelin produzierenden Zellen der Magenmucosa hemmt. Aufgrund des Vorkommens entsprechender Rezeptoren im Nucleus arcuatus nimmt man an, dass sie stimulierend auf die anorexigenen Neurone und hemmend auf die orexigenen wirken. Auch die in jüngster Zeit zur Behandlung des Typ-2-Diabetes eingesetzten Inkretinmimetika haben eine anorektische Wirkung.

Auch für das im Intestinaltrakt gebildete **Peptid YY (PYY)** und das **pankreatische Polypeptid (PP)** ist eine anorexigene Wirkung nachgewiesen (◘ Tab. 38.5) Die Sekretion beider Peptide wird durch Nahrungsstoffe im Dünndarm ausgelöst. PYY wirkt wahrscheinlich über eine Hemmung der orexigenen Neurone im Nucleus arcuatus durch Interaktion mit einem inhibitorischen Y_2-Rezeptor. Die molekulare Ursache der anorexigenen Wirkung des PP ist noch nicht bekannt.

38.3.3 Anpassung von Energiezufuhr und Energieverbrauch durch Adipokine

Neben der oben besprochenen kurzfristigen Regulation von Appetit und Sättigung ist auch eine längerfristige Anpassung der Energiezufuhr an den Energieverbrauch notwendig, damit sich der Organismus in einem stabilen Gleichgewichtszustand bezüglich seiner Energiereserven und seines Körpergewichts befindet. Die hierbei zum Tragen kommenden Mechanismen werden auch unter dem Begriff der **Energiehomöostase** zusammengefasst. Vom Fettgewebe als dem wichtigsten Energiespeicher des Organismus produzierte Adipokine spielen hierbei eine entscheidende Rolle. Von besonderer Bedeutung sind das **Leptin** und möglicherweise auch **Adiponectin**.

> Insulin und Adiponectin (◘ Abb. 38.14) tragen zur Energie-Homöostase bei.

Das Zentralnervensystem gehört nicht zu den Organen, deren Stoffwechsel durch Insulin reguliert wird (▶ Abschn. 36.5), allerdings kann Insulin die Blut-Hirn-Schranke passieren. Insulinrezeptoren kommen im Nucleus arcuatus vor, wo Insulin die gleichen Effekte auslöst wie Leptin (◘ Abb. 38.14). Allerdings hängt die Insulinsekretion nicht wie diejenige des Leptins von der Fettmasse ab, sondern spiegelt die metabolische Situation und die Versorgung mit Nahrungsstoffen wider.

Das Adipokin Adiponectin wird umgekehrt proportional zur Fettmasse von Adipocyten gebildet und sezerniert. Es erhöht die Insulinempfindlichkeit peripherer Organe über inzwischen charakterisierte Adiponectin-Rezeptoren. Diese sind interessanterweise auch im hypothalamischen Nucleus arcuatus nachgewiesen wor-

den. Da die intraventrikuläre Injektion von Adiponectin widersprüchliche Effekte auf die Nahrungsaufnahme zeigte, ist die Bedeutung von Adiponectin für die hypothalamische Regulation der Energiehomöostase noch unklar.

38.3.4 Leptin

> Leptin hemmt die orexigenen und stimuliert die anorexigenen Neurone des Nucleus arcuatus.

Bei normalgewichtigen Erwachsenen bleibt die Körpermasse über lange Zeiträume ungeachtet der häufig im Überfluss angebotenen Nahrung konstant. Hieran hat das von Fettzellen sezernierte Peptidhormon **Leptin** (▶ Abschn. 38.2.2) einen erheblichen Anteil. Leptin wurde durch die gelungene Identifikation des Gendefekts entdeckt, der bei genetisch fettsüchtigen (engl. *obese*) *ob/ob*-**Mäusen** (◘ Abb. 38.15) für die Fettsucht verantwortlich ist. Sein Gen-Produkt Leptin wird bei der *ob/ob*-Maus infolge einer zu einem Stopcodon führenden Mutation nicht mehr gebildet. Hauptursache für die Fettsucht der *ob/ob*-Mäuse ist eine Hyperphagie. Diese kann mit rekombinantem Leptin beseitigt werden, wodurch auch die Fettsucht verschwindet. Der Regelkreis der Gewichtsreduktion durch Leptin ist in ◘ Abb. 38.16 dargestellt:

- Aktive Lipogenese und Zunahme der Fettmasse (Ziffer 1) sind die Signale zur Sekretion von Leptin durch das Fettgewebe (Ziffer 2).

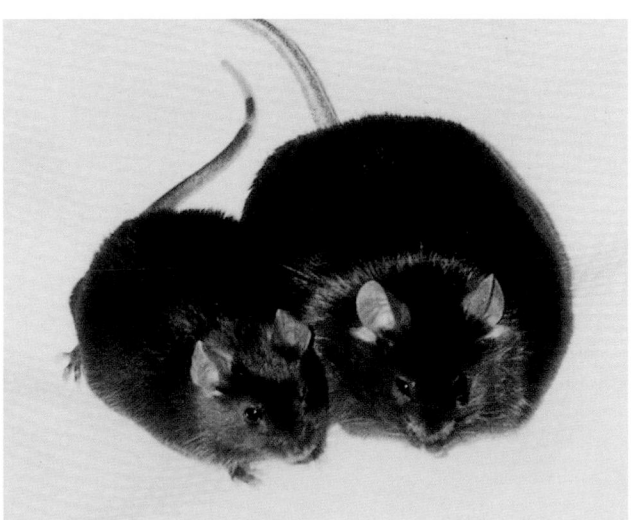

◘ **Abb. 38.15 Adipöse *ob/ob*-Maus.** Bei der rechts dargestellten adipösen *ob/ob*-Maus liegt eine Punktmutation im Leptin-Gen vor, weswegen kein Leptin mehr produziert und eine Hyperphagie ausgelöst wird. Die linke Maus ist ein normalgewichtiges Wurfgeschwister ohne den Defekt. (Mit freundlicher Genehmigung von Prof. Dr. L. Herberg, Düsseldorf)

- Mithilfe des löslichen Leptin-Rezeptors wird Leptin durch die Blut-Hirn-Schranke transportiert (Ziffer 3).
- Im Nucleus arcuatus des Hypothalamus bindet das Hormon an spezifische Rezeptoren, die zur Familie der Rezeptoren mit assoziierten Proteinkinasen (► Abschn. 35.5) gehören (Ziffer 4).
- Im orexigenen Anteil des Nucleus arcuatus werden v. a. die NPY-produzierenden Neurone und damit der Appetit gehemmt (Ziffer 5).
- Im anorexigenen Anteil des Nucleus arcuatus werden die POMC-Neurone aktiviert und somit die Sättigung stimuliert (◻ Abb. 38.14).
- Die verminderte Nahrungsaufnahme resultiert in einer beginnenden Lipolyse (Ziffer 6).
- Durch die Abnahme der Fettmasse wird im Fettgewebe weniger Leptin produziet und sezerniert (Ziffer 7).
- Die vorliegende geringe Konzentration an Leptin enthemmt die NPY Expression, d. h. die Synthese wird gesteigert (Ziffer 8).
- Schließlich steigert orexigenes NPY den Appetit und die Lipogenese (Ziffer 9).

Damit wird ein Regelkreis gebildet, der eine weitgehende Konstanz des Körpergewichts gewährleistet (◻ Abb. 38.16). Bei zunehmender Fettmasse wird Leptin vermehrt sezerniert, was eine Hemmung der Nahrungsaufnahme auslöst, die zu einer Normalisierung des Körpergewichts führt.

Die Aktivierung der in anderen Geweben, v. a. dem Fettgewebe, nachweisbaren Leptin-Rezeptoren führen zu einem gesteigerten Energieverbrauch. Die hierbei zugrundeliegenden Mechanismen sind noch nicht endgültig geklärt.

Bei der immer mehr zunehmenden Häufigkeit des Übergewichts und der Adipositas (in Industriegesellschaften zusammen bis zu 40 % der Erwachsenen) ergibt sich die Frage nach einer Beteiligung des Leptins am Zustandekommen dieses Krankheitsbildes. Bei menschlichen Fettsuchtformen scheint kein Defekt der Leptin-Genexpression vorzuliegen, da auch bei schwer Übergewichtigen die Plasma-Leptinspiegel mit der Körperfettmasse korrelieren. Möglicherweise spielt aber eine **Leptinresistenz** eine Rolle bei der Entstehung der Adipositas beim Menschen.

Leptin Leptin ist ein Hormon mit Cytokin-ähnlichen Eigenschaften, welches von weißen Adipocyten des Fettgewebes synthetisiert wird. Die Leptin-Spiegel im Blut sind direkt proportional zur Menge an Fettgewebe.

Das reife Leptin ist ein nicht-glycosyliertes 16 kDa Molekül bestehend aus 146 Aminosäuren. Zwei konservierte Cystein-Reste bilden eine Disulfidbrücke aus, die für die

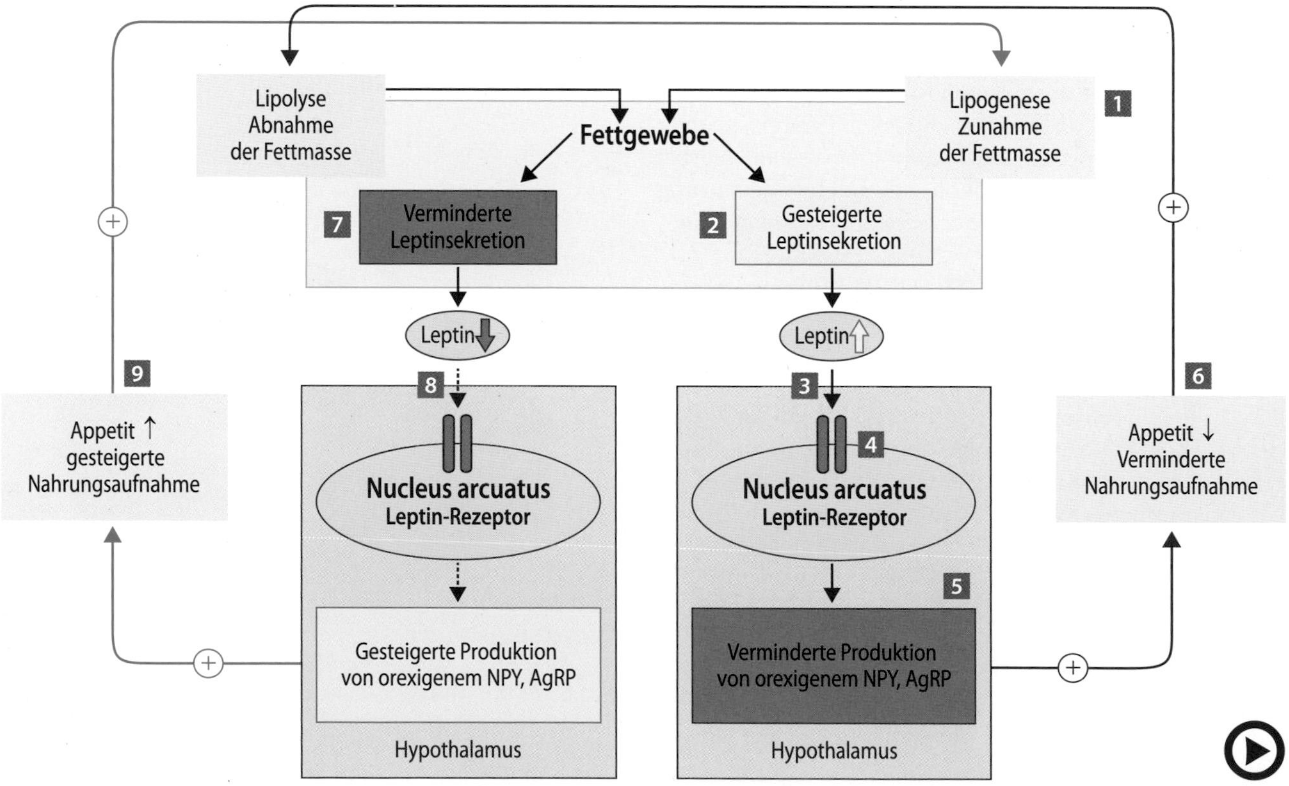

◻ **Abb. 38.16** (Video 38.8) **Einfluss von Leptin auf die Nahrungsaufnahme.** *NPY*: Neuropeptid Y. (Einzelheiten s. Text) (► https://doi.org/10.1007/000-5ka)

Integration und hormonelle Regulation des Energiestoffwechsels

strukturelle Stabilität, Sekretion und biologische Aktivität wichtig ist. Die 3D-Struktur entspricht denen von G-CSF und IL-6, das heißt vier antiparallel verlaufende Helixes bilden ein Bündel mit einer *up-up-down-down* Topologie.

Leptin-Rezeptor Der Leptin-Rezeptor (LR = ObR) gehört in die Glycoprotein 130 (gp130)-Familie der Cytokin-Rezeptoren (▶ Abschn. 35.5). Es existieren 6 Leptin-Rezeptor-Isoformen (ObRa-f), die durch alternatives Spleißen oder Abspaltung der extrazellulären Domäne (*ectodomain shedding*, ▢ Abb. 35.31) enstehen: Die extrazellulären Domänen aller 6 Isoformen sind identisch, während die intrazellulären Domänen unterschiedlich sind. Die ObR-Isoform ObRb hat eine intrazelluäre Domäne von 302 Aminosäuren. Während die kürzeren vier Isoformen nur zwischen 30-40 Aminosäuren aufweisen. Die Isoform ObRe ist löslich und hat keinen cytoplasmatischen Teil. Die intrazelluläre Domäne der ObRb-Isoform enthällt 3 hochkonservierte Tyrosin-Reste (Y985, Y1077, Y1138), die für eine effiziente Signaltransduktion von Leptin erforderlich sind.

❯ Haupt-Zielorgane von Leptin sind Hirnstamm und Hypothalamus.

Der ObRb ist besonders im Hypothalamus, einer Hirnregion, die für die Regulation des Körpergewichtes eine wichtige Rolle spielt, hoch exprimiert. Eine Kurzform des LR, ObRe, ist für den Transport des Hormons über die Blut-Hirn-Schranke von Bedeutung.

Leptin und sein Rezeptor gehören zu den wichtigsten identifizierten Faktoren, die das Körpergewicht über ausgeglichene Nahrungsaufnahme kontrollieren. Als *anti obesity*-Hormon reguliert Leptin Adipositas über negative Feedback-Hemmung. Nur ein kleiner Teil des LR (10–20 %) ist auf der Zelloberfläche exprimiert. Die Hauptmenge befindet sich intrazellulär im ER, Trans-Golgi und Endosomen. Diese subzelluläre LR-Verteilung ist das Ergebnis einer konstitutiven Liganden-unabhängigen Endocytose. Die Membran-ständigen LRs liegen als präformierte Dimere auf der Zelloberfläche vor, bevorzugt im hypothalamischen Nucleus arcuatus. Die präformierten Dimere konnten mithilfe der *fluorescence-resonance energy transfer* (FRET)-Technik nachgewiesen werden. Auch einige andere Cytokin-Rezeptoren, wie z. B. Erythropoetin-, Wachtsumhormon- und IL-6-Rezeptoren, liegen als präformierte Dimere vor.

Leptin unterdrückt die Aktivität der Neuropeptide NPY (Neuropeptid Y) und AgRP (*agouti-related peptide*) und der begleitenden Sekretion dieser orexigenen Neuropeptide.

ObR-Signaltransduktion Der Hauptsignaltransduktionsweg über den ObRb (▢ Abb. 38.17) ist der JAK/STAT-Weg (▶ Abschn. 35.5.1). Nach Leptin-Bindung an seinen Rezeptor (Ziffer 1) kommt es zunächst durch *Cross*-Phosphorylierung (Ziffer 2) zur Aktivierung der assoziierten Tyrosin-Proteinkinase JAK2 (Januskinase 2). Die aktivierte JAK2 phosphoryliert die drei Tyrosinreste Y985, Y1077 und Y1138 (Ziffer 3) in der cytoplasmatischen Domäne des Leptin-Rezeptors. Die drei verschiedenen Tyrosinreste rekrutieren, wie in der ▢ Abb. 38.17 gezeigt, die Tyrosinphosphatase SHP2 (Y985), die STAT (*signal transducer and activator of transcription*)-Faktoren 3 (Y1138) und 5 (Y1077, nicht gezeigt) sowie den Feedback-Inhibitor SOCS3 (Y985) (*supressor of cytokine signaling* 3). Die genannten Moleküle binden über ihre SH2-Domäne an die Phospho-Tyrosinreste des ObRb. Sie werden in der Folge ebenfalls Tyrosin-phosphoryliert (Ziffer 4). Das phosphorylierte STAT3 dimerisiert zum Homo-Dimer (Ziffer 5). Als Dimer transloziert STAT3 in den Zellkern (Ziffer 6) und moduliert die Expression von STAT3-responsiven Zielgenen, wie SOCS3 (Ziffer 7). Besonders interessant ist die negative Regulation der Expression der Neuropeptide NPY und AgRP (Ziffer 8).

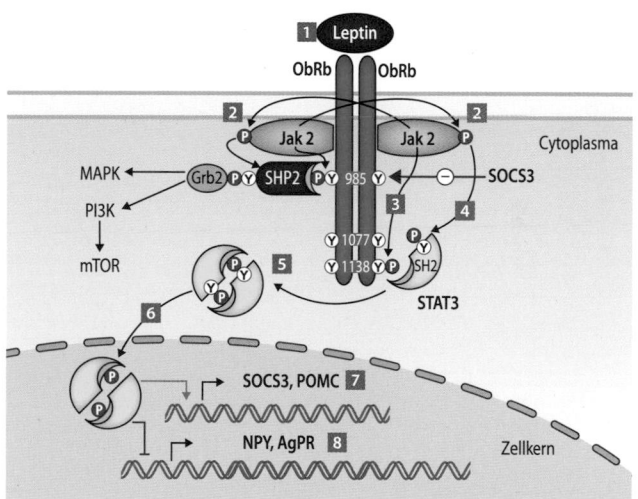

▢ **Abb. 38.17** **Leptin-Signaltransduktion über den JAK/STAT-Weg.** Der Leptin-Rezeptor (ObRb) liegt als präformiertes Dimer vor. Die Protein-Tyrosin-Phosphatase (SHP2) und der *feedback inhibitor* SOCS3 werden von Phosphoytrosin-985 gebunden. Die über den ObRb aktivierten MAPK-, PI3K-, mTOR- und AMPK-Signalkaskaden sind nur andeutungsweise abgebildet. *AgPR: Agouti-related peptide; Grb: growth factor receptor-bound protein; JAK: Janus Kinase; MAPK: mitogen-activated protein kinase; NPY: Neuropeptid Y; ObRb:* Leptin-Rezeptor; *POMC:* Proopiomelanocortin; *SH2: src-homology 2 domain; SHP2:* Protein-Tyrosin-Phosphatase; *SOCS: suppressor of cyokine signaling; STAT: signal transducer and activator of transcription*

Neben dem JAK/STAT-Signalweg stimuliert Leptin auch die Aktivierung der MAPK-, PI3K- und mTOR-Signalwege.

In Neuron-spezifischen STAT3 *knockout*-Mäusen konnte die anorektische Wirkung von Leptin nachgewiesen werden.

Zusammenfassung

Für die Regulation des Hunger- oder Sättigungsverhaltens sind hypothalamische Kerne verantwortlich:

Der Nucleus arcuatus enthält anorexigene Neurone, die **α-MSH** und **CART** exprimieren, außerdem orexigene Neurone, welche **NPY** und **AgRP** bilden.

Anorexigene und orexigene Neurone projizieren in paraventriculäre und laterale hypothalamische Areale. Von diesen gehen die zu Appetit- bzw. Sättigungsverhalten führenden efferenten Signale aus.

Vom Intestinaltrakt gehen hormonelle Signale aus, die für eine kurzfristige Regulation von Appetit bzw. Sättigung sorgen. **Ghrelin** hat dabei einen orexigenen Effekt. **CCK, GLP1, Oxyntomodulin** und das **pankreatische Polypeptid** wirken anorexigen.

Signale für die längerfristige Energiehomöostase sind das anorexigen wirkende **Leptin** aus dem Fettgewebe und **Insulin**.

Weiterführende Literatur

Original- und Übersichtsarbeiten

Czech MP, Tencerova M, Pedersen DJ, Aouadi M (2013) Insulin signaling mechanisms for triacylglycerol storage. Diabetologia 56:949–964

Kahn BB, Alquier T, Carling D, Hardie DG (2005) AMP-activated protein kinase: ancient energy gauge provides clues to modern understanding of metabolism. Cell Metab 1:15–25

O'Neill HM, Holloway GP, Steinberg GR (2013) AMPK regulation of fatty acid metabolism and mitochondrial biogenesis: implications for obesity. Mol Cell Endocrinol 366:135–151

Pan WW, Myers MG (2018) Leptin and the maintenance of elevated body weight. Nat Rev Neurosci 19:95–105

Shah OJ, Anthony JC, Kimball SR, Jefferson LS (2000) 4E-BP1 and S6K1, translational integration sites for nutritional and hormonal information in muscle. Am J Physiol Endocrinol Metab 279:E715–E729

Silva TE, Colombo G, Schiavon LL (2014) Adiponectin: a multitasking player in the field of liver diseases. Diabetes Metab. https://doi.org/10.1016/j.diabet.2013.11.004

Thoreen CC (2013) Many roads from mTOR to eIF4F. Biochem Soc Trans 41:913–916

Wauman J, Zabeau L, Tavernier J (2017) The leptin receptor complex: heavier than expected? Front Endocrinol 8:30

Wood SC, Seeley RJ, Cota D (2008) Regulation of food intake through hypothalamic signalling networks involving mTOR. Annu Rev Nutr 28:295–311

Wullschleger S, Loewith R, Hall MN (2006) TOR signaling in growth and metabolism. Cell 124:471–484

38

Hormone des Hypothalamus und der Hypophyse

Josef Köhrle, Lutz Schomburg und Ulrich Schweizer

Der Hypothalamus produziert und sezerniert Peptidhormone und von aromatischen Aminosäuren abgeleitete Hormone, welche entweder die Freisetzung von Hormonen des Hypophysenvorderlappens (Adenohypophyse) steuern oder im Fall der beiden Nonapeptide des Hypophysenhinterlappens (Neurohypophyse) die Funktion peripherer Organe direkt regulieren. *Releasing*- und *Release-Inhibiting*-Hormone werden pulsatil aus parvizellulären Neuronen der hypothalamischen Kerne in den Primärplexus der Eminentia mediana des Hypophysenstiels freigesetzt und erreichen über dieses Portalgefäßsystem die hormonproduzierenden Zellen der Adenohypophyse. Durch die glandotropen Hormone dieser übergeordneten Steuereinheit aus Hypothalamus und Hypophyse wird die Aktivität der Zielorgane (endokrine Drüsen, Leber, Niere, etc.) reguliert. Über eine Feedback-Regulation durch die peripher gebildeten Hormone und Stoffwechselmetabolite erfolgt die nötige Rückkopplung und Feineinstellung der Hormonachsen. Im Hypophysenhinterlappen dagegen enden die Axone von magnozellulären, miteinander vernetzten Neuronengruppen der hypothalamischen Kerngebiete N. paraventricularis und N. supraopticus. Hier werden die beiden zyklischen Nonapeptide Oxytocin und Arginin-Vasopressin sezerniert. Der Hypothalamus ist mit der Hypophyse über das Infundibulum verbunden. Diese anatomische und funktionale Einheit steuert als übergeordnetes Zentrum die hierarchisch organisierten Hormonachsen. Zusammengenommen ergibt sich ein fein aufeinander abgestimmtes System zur Sicherstellung der Funktionsfähigkeit der wichtigsten Körperfunktionen.

Schwerpunkte

39.1 Hypothalamus
- Hypothalamisch-hypophysäre Einheit
- Freisetzung und Modifikation hypothalamischer Hormone
- Hypothalamisch-hypophysäre Hormonachsen

39.2 Hypophyse
- Freisetzung und Regulation der sechs glandotropen Hormone der Adenohypophyse
- Hormone der Neurohypophyse

39.3 Pathobiochemie

39.1 Hypothalamus

39.1.1 Anatomische Besonderheiten der hypothalamisch-hypophysären Einheit

Zentral für das Verständnis der hypothalamisch-hypophysären Kommunikation wurde das von Ernst Scharrer (1905–1965) und Berta Scharrer (1906–1995) entwickelte Konzept der **neuroendokrinen Sekretion** (◘ Abb. 39.1). Dieses besagt, dass bestimmte hypothalamische Neurone, die mit allen neuronenspezifischen Eigenschaften ausgestattet sind, ihre peptidergen und aminergen Transmitter auch direkt über den interstitiellen Raum in das fenestrierte Kapillarsystem der **Eminentia mediana** oberhalb des Hypophysenstiels und damit in die Blutbahn sezernieren und nicht über einen postsynaptischen Spalt an nachgeschaltete Neurone weitergeben. Durch die Freisetzung ins Blut werden diese Neurotransmitter zu Hormonen.

Die Besonderheiten sind:
- neuroendokrine Sekretion ins Blut durch zentrale Neurone
- Hormonrezeption, -transport und -bildung durch verschiedene Zelltypen
- fenestrierte Kapillarstrukturen im Bereich des Hypothalamus (also keine vollständige Blut-Hirn-Schranke)

© Springer-Verlag GmbH Deutschland, ein Teil von Springer Nature 2022
P. C. Heinrich et al. (Hrsg.), *Löffler/Petrides Biochemie und Pathobiochemie*, https://doi.org/10.1007/978-3-662-60266-9_39

39.1.2 Biosynthese und Freisetzung der Neuropeptide des Hypothalamus

❯ Neuropeptide des Hypothalamus werden in spezialisierten Neuronen synthetisiert.

Im Hypothalamus gibt es eng vernetzte Strukturen aus Neuronen mit verwandten Eigenschaften, sog. Kerne, welche durch Produktion und Freisetzung spezifischer regulatorischer Peptide charakterisiert sind (◻ Abb. 39.1).

Die **magnozellulären Neurone** im **supraoptischen Nucleus** produzieren die zyklischen Nonapeptide Oxytocin und Arginin-Vasopressin (AVP), das auch Antidiuretisches Hormon (ADH) genannt wird. Diese beiden Peptidhormone werden über lange Axone bis in die Nervenendigungen der Neurohypophyse transportiert und dort freigesetzt.

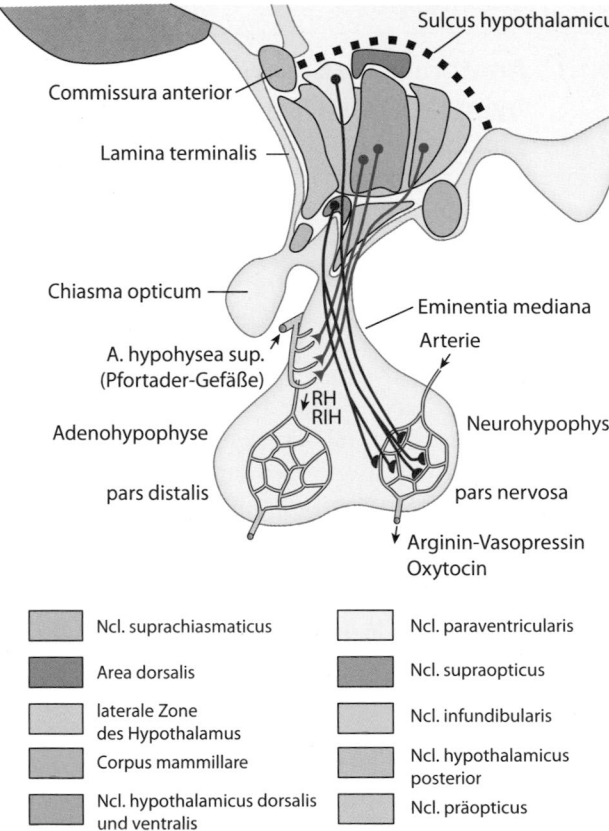

◻ Abb. 39.1   Beziehungen zwischen den hypothalamischen Kerngebieten und der Hypophyse. Regulatorische Polypeptide (Releasing-Hormone und Release-Inhibiting-Hormone) werden in parvizellulären Neuronen verschiedener hypothalamischer Kerngebiete gebildet und über die Eminentia mediana in die hypophysären Pfortadergefäße der Adenohypophyse abgegeben. Die magnozellulären Oxytocin- und Arginin-Vasopressin-produzierenden hypothalamischen Neurone im Nucleus paraventricularis und supraopticus sezernieren diese Neuropeptide direkt in den Gefäßplexus der Neurohypophyse. Parvizelluläre Neurone: *blau*; magnozelluläre Neurone: *rot*; *RH*: Releasing-Hormone; *RIH*: Release-Inhibiting-Hormone. (Einzelheiten s. Text)

Die **parvizellulären Neurone** in verschiedenen hypothalamischen Kerngebieten (z. B. Nucleus paraventricularis, Nucleus präopticus, anterior, ventromedialer und lateraler hypothalamischer Nucleus) synthetisieren die hypothalamischen Releasing-Hormone Corticotropin-Releasing-Hormon (CRH), Thyreotropin-Releasing-Hormon (TRH), Gonadotropin-Releasing-Hormon (GnRH), Growth Hormone (Somatotropin)-Releasing-Hormon (GHRH) bzw. die Release-Inhibiting-Hormone Somatostatin (SSt) und Dopamin (◻ Abb. 39.1, ◻ Tab. 39.1). An den Beispielen von CRH, TRH und Dopamin wird deutlich, dass die gleichen Botenstoffe als Neurotransmitter im synaptischen Spalt oder als Hormon über das Kapillarnetz der Eminentia mediana wirken können.

❯ Co- und posttranslationale Modifikationen von neuroendokrinen Peptiden sind funktionell wichtig.

Hypothalamische Hormone können folgende co- und posttranslationale Modifikationen erfahren:
- Prozessierung aus Prä-Proproteinen durch Signalpeptidase (SPase), Prohormonkonvertasen (PC) und Carboxypeptidasen (CP)
- Amidierung des Carboxyterminus durch eine Peptidylglycin-amidierende Monooxygenase (PAM)
- Zyklisierung eines Glutaminrestes des Aminoterminus durch die Glutaminylcyclase (GC)
- Zyklisierung durch Disulfidbrücken unter Beteiligung von Proteindisulfidisomerasen (PDI)

Ein Beispiel für den möglichen Umfang dieser posttranslationalen Modifikationen ist das im Hypothalamus, der Hypophyse und anderen Geweben synthetisierte **Proopiomelanocortin (POMC)** (◻ Abb. 39.2).

Die **limitierte Proteolyse** des Prä-Prohormons durch Signalpeptidase und Prohormonkonvertase dient der gezielten Freisetzung des Proteohormonmoleküls aus dem Vorläufer bzw. der Freisetzung mehrerer Hormone aus einem gemeinsamen Primärtranslationsprodukt (◻ Abb. 39.2). Die **Signalpeptidase** spaltet zunächst cotranslational das Signalpeptid beim Eintritt ins rauhe endoplasmatische Retikulum ab. Im Golgi-Apparat und den sekretorischen Vesikeln erfolgen dann weitere sequenzspezifische Spaltungen durch **Prohormonkonvertasen** aus der Familie der Serin-Endoproteasen. Diese katalysieren die Proteolyse an basischen Aminosäuren, vornehmlich an dibasischen Motiven (KR, RR, RXXR, RKKR etc.). Die Prohormonkonvertasen werden zelltypspezifisch exprimiert und reguliert. So kann z. B. aus dem Proopiomelanocortin (POMC) abhängig vom Expressionsprofil der Prohormonkonvertasen entweder ACTH in den corticotropen Zellen der Adenohypophyse oder α-und β-MSH in Zellen des Hypothalamus gene-

39

Labels in figure:
Sulcus hypothalamicus
Commissura anterior
Lamina terminalis
Chiasma opticum
A. hypohysea sup. (Pfortader-Gefäße)
Adenohypophyse
pars distalis
Eminentia mediana
Arterie
RH RIH
Neurohypophyse
pars nervosa
Arginin-Vasopressin Oxytocin

Ncl. suprachiasmaticus
Area dorsalis
laterale Zone des Hypothalamus
Corpus mammillare
Ncl. hypothalamicus dorsalis und ventralis
Ncl. paraventricularis
Ncl. supraopticus
Ncl. infundibularis
Ncl. hypothalamicus posterior
Ncl. präopticus

■ **Tab. 39.1** Hypothalamische Releasing-Hormone und Release-Inhibiting-Hormone, adenohypophysäre glandotrope Hormone (Tropine) und Hormone der Zielorgane

Hypothalamisches Releasing oder Release-Inhibiting-Hormon	Anzahl Aminosäuren	Hypothalamisches Kerngebiet	Abkürzung	Reguliertes hypophysäres Hormon ⊕ = Stimulierung ⊖ = Hemmung	Anzahl Aminosäuren	Abkürzung	Hormon des Zielorgans
Corticotropin-Releasing-Hormon (Corticoliberin)	41	N. paraventricularis	CRH	Adrenocorticotropes Hormon (Corticotropin) ⊕	39	ACTH	Cortisol; Nebennierenrinde
Thyreotropin-Releasing-Hormon (Thyreoliberin)	3	N. paraventricularis	TRH	Thyroidea-stimulierendes Hormon (Thyreotropin) ⊕	Dimer α (92) β (110)	TSH*	T4, T3; Schilddrüse
Gonadotropin-Releasing-Hormon (GnRH, Gonadoliberin) (auch als Luteotropin-Releasing-Hormon (LHRH) bekannt)	10	N. präopticus	GnRH	Luteinisierendes Hormon (Luteotropin) ⊕	Dimer α (92) β (118)	LH*	Testosteron; Hoden (Leydig-Zellen) Androstendion; Ovar (Theca-Zellen)
				Follikel-stimulierendes Hormon (Follitropin) ⊕	Dimer α (92) β (115)	FSH*	Hoden (Sertolizellen) Östradiol Ovar (Granulosazellen)
Growth Hormone (Somatotropin)-Releasing-Hormon (Somatoliberin)	44	N. arcuatus	GHRH	Growth Hormone, Somatotropin, Wachstumshormon ⊕	191	GH	IGF-1 der Leber und anderer Gewebe
Somatostatin (GH-Release-Inhibiting-Hormon)	14/28	N. paraventricularis, anteriorer hypothalamischer Nucleus	SSt	Growth Hormone, Somatotropin, Wachstumshormon ⊖	191	GH	IGF-1 der Leber und anderer Gewebe
Dopamin (PRL-Release-Inhibiting-Hormon)	(1)	N. arcuatus	DA	Prolactin ⊖	198	PRL	-
Gonadotropin-Release-Inhibiting-Hormon	12	Dorsomedialer Hypothalamus	GnIH	GnRH, LH/FSH-β			

*TSH, LH und FSH haben eine identische gemeinsame α-Unterheit aus 92 Aminosäuren, jedoch hormon- und rezeptorspezifische unterschiedliche β-Untereinheiten. N: *Nucleus*

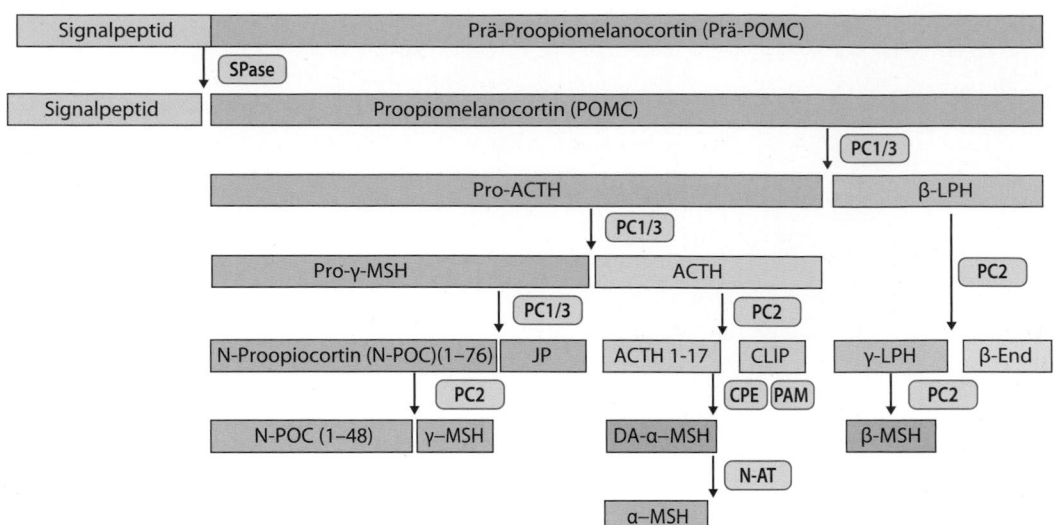

Abb. 39.2 Posttranslationale Prozessierung von Prä-Proopiomelanocortin (Prä-POMC) durch Prohormonkonvertasen, Carboxypeptidase E sowie N- und C-terminale Modifikation. Das POMC-Gen kodiert für einen 32 kDa großen Proteinvorläufer (Prä-POMC), der nach Abspaltung des Signalpeptids durch die Signalpeptidase (SPase) in den sekretorischen Syntheseweg eingeschleust wird. POMC enthält 6 Hormonsequenzen, die zellspezifisch durch limitierte Proteolyse freigesetzt werden: ACTH in den corticotropen Zellen der Adenohypophyse, drei Formen des Melanozyten-stimulierenden Hormons (MSH) in Hypothalamus, ZNS und Haut, zwei Lipotropinformen sowie β-Endorphin (Hypothalamus und Hypophyse). Die prozessierenden Endopeptidasen sind die Prohormonkonvertase (PC) 1/3 und 2, und die Exopeptidase Carboxypeptidase E (CPE). Die C-terminale Amidierung wird durch Peptidylglycin-amidierende Monooxygenase (PAM) katalysiert. Desacetyl-MSH (DA-MSH) wird durch N-Acetyltransferase (N-AT) zum aktiven α-MSH modifiziert. *ACTH*: Adrenocorticotropes Hormon; *β-End*: β-Endorphin; *CLIP*: *Corticotropin-like intermediate peptide*; *JP*: *Joining peptide*; *LPH*: Lipotropes Hormon; *MSH*: Melanocyten-stimulierendes Hormon; *N-POC*: N-terminales POMC Fragment; *PC*: Prohormonkonvertase

riert werden. Zellspezifisch exprimierte Carboxypeptidasen (Carboxypeptidase E, D und Z) spalten als Exopeptidasen die C-terminalen basischen Aminosäuren ab.

Die **C-terminale Amidierung** von Neuropeptiden und Hormonen wie CRH, TRH, GHRH und GnRH erfolgt enzymatisch durch eine **Peptidylglycin-amidierende Monooxygenase (PAM)**, ein Kupfer-abhängiges Enzym. In einem Zwei-Schritt-Prozess wird das C-terminale Glycin mittels Sauerstoff zu Kohlendioxid und Formaldehyd oxidiert. Das Stickstoffatom des Glycins verbleibt im Proteohormon und bildet nun den C-terminalen Amidstickstoff des amidierten Proteohormons.

Die Aminosäure Glutamin am N-Terminus eines Hormonvorläufers kann durch die **Glutaminylcyclase (GC)** in einer Kondensationsreaktion zyklisiert werden. Hierbei entsteht ein N-terminales Pyroglutamat, das dem Hormon eine höhere Stabilität verleiht, da es nicht durch unspezifische Aminopeptidasen abgebaut wird. Zusammen mit dem amidierten C-Terminus war diese Modifikation ein Grund dafür, dass TRH nach seiner biochemischen Reinigung lange nicht als Peptidhormon erkannt wurde.

Bei den neurohypophysären Hormonen Oxytocin und AVP (▶ Abschn. 39.2.4) bildet jeweils ein Cysteinrest den N-Terminus, der durch die Ausbildung einer intramolekularen Disulfidbrücke vor dem Abbau durch unspezifische Aminopeptidasen geschützt wird (▢ Abb. 39.8). Die Zyklisierung fixiert überdies die räumliche Struktur der kurzen Peptide und verbessert so die Rezeptorbindung, wie am Beispiel von Somatostatin deutlich wird, dessen synthetische Analoga auch eine solche Ringstruktur aufweisen.

❯ Releasing-Hormone aus dem Hypothalamus werden pulsatil und circadian freigesetzt.

Die Releasing-Hormone und die meisten der nachgeschalteten hypophysären Hypophysenhormone weisen eine ausgeprägte Tag-Nacht-Rhythmik ihres Sekretionsmusters auf. Viele Zellen besitzen eine eigene molekulare „innere Uhr", die einen etwa 24-stündigen Zyklus der Genaktivität reguliert. Diese molekularen Uhren werden durch den Tag-Nacht-Rhythmus der Umgebungshelligkeit stetig adjustiert. In der Retina des Auges gibt es eine Subgruppe von Ganglienzellen, die Melanopsin, ein Lichtrezeptorprotein der Opsinfamile, exprimieren. Dieses Pigment ist für blaues Licht der Wellenlänge 420 nm besonders sensitiv und aktiviert Neurone des suprachiasmatischen Nucleus (SCN) im ventralen Hypothalamus über den Sehnerv. Der SCN steuert lichtabhängig die Aktivität der anderen hypothalamischen Kerne. Auch das unter Lichteinfluss freigesetzte Hormon **Melatonin** der Epiphyse (Zirbeldrüse, Pincalorgan) (▶ Abschn. 74.1.10) beeinflusst die rhythmische Hormonsekretion. Unabhängig davon hat auch der Schlaf-Wach-Rhythmus starke Einflüsse auf die endokrinen Achsen, wie die Muster der CRH-ACTH-Cortisol-Sekretion zeigen, die nach dem morgendlichen Aufstehen ihre höchsten Aktivitäten aufweisen.

❯ Frequenz- und Amplitudenmodulation der Neuropeptidfreisetzung durch vernetzte und synchronisierte Neurone in hypothalamischen Kernen steuern die Hypophysenfunktion.

Ein Beispiel für die pulsatile Sekretion von Releasing-Hormonen ist das GnRH, welches in Abständen von 90–120 min mehrmals am Tag und mit höherer Frequenz in der Nacht bei beiden Geschlechtern freigesetzt wird. Im Menstruationszyklus der Frau steigt direkt vor dem Eisprung sowohl die Amplitude als auch die Frequenz der hypothalamischen GnRH-Pulse und damit der hypophysären Gonadotropinfreisetzung an. Diese Regulation erfolgt durch den hypothalamischen **GnRH-Pulsgenerator** (◻ Abb. 39.3), ein eng vernetzter Neuronenverbund im Nucleus präopticus. Von besonderer Bedeutung für ihn

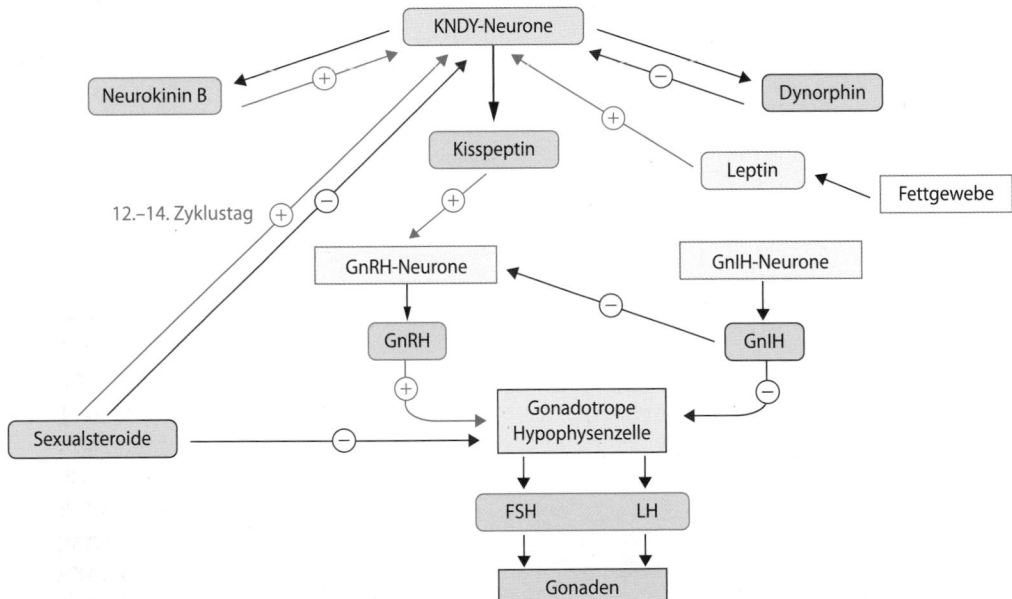

◻ **Abb. 39.3 Neuroendokrine Regulation der pulsatilen synchronisierten GnRH-Freisetzung im menschlichen Hypothalamus.** Hypothalamische KNDY-Neuronen, welche die Neuropeptide Kisspeptin, Neurokinin B und Dynorphin coexprimieren, sezernieren pulsatil Kisspeptin und aktivieren über G-Protein gekoppelte Kiss-Rezeptoren GnRH-Neurone. Von diesen freigesetztes GnRH stimuliert über den G-Protein gekoppelten Rezeptor für Gonadotropin-Releasing-Hormon (GnRH) in der Adenohypophyse die Synthese und Freisetzung der Gonadotropine LH und FSH. Neurokinin stimuliert und Dynorphin hemmt autokrin die Kisspeptin-Produktion, welche darüber hinaus durch Leptin aus dem Fettgewebe stimuliert wird. Eine andere hypothalamische Neuronenpopulation bildet Gonadotropin-Release-Inhibiting-Hormon (GnIH), das über einen G-Protein gekoppelten Rezeptor auf GnRH-Neuronen und gonadotropen Hypophysenzellen inhibitorische Effekte auf die Hypothalamus-Hypophysen-Gonaden(HPG)-Achse ausübt. Eine Endprodukthemmung durch Sexualsteroide erfolgt auf der Ebene der Kisspeptinsekretion. Lediglich in der unmittelbaren präovulatorischen Zyklusphase (12.–14. Tag) der Frau stimuliert Östradiol die Kisspeptinsekretion

sind die **KNDY-Neurone**, welche die Neuropeptide **Kisspeptin**, **Neurokinin B** und **Dynorphin** coexprimieren. Pulsatil freigesetztes Kisspeptin stimuliert die Synthese und Freisetzung von GnRH. In gonadotropen Hypophysenzellen löst dies die – ebenfalls pulsatile – Sekretion der beiden Gonadotropine FSH und LH aus.

> Der hypothalamische GnRH-Pulsgenator wird vorwiegend durch Sexualsteroide indirekt gesteuert, jedoch durch verschiedene hormonelle und neuronale Faktoren während der Pubertätsentwicklung und des Menstruationszyklus beeinflusst.

Die unter dem Einfluss dieser Hormone vermehrt gebildeten Sexualsteroide wirken inhibitorisch zurück auf KNDY-Neurone und gonadotrope Hypophysenzellen (zum stimulierenden Effekt von Östrogenen auf die GnRH-Sekretion bei der Ovulation ▸ Abschn. 40.5.1). Somit erfolgt die hormonelle Rückkopplung durch Sexualsteroide nicht direkt in den GnRH produzierenden Neuronen, die keinen Estradiolrezeptor exprimieren, sondern in den übergeordneten KNDY-Neuronen. Weitere inhibitorische Effekte auf die GnRH-Freisetzung kommen durch die hypothalamischen Gonadotropin-Release-Inhibiting-Hormon(GnIH)-Neurone zustande, deren Aktivität von Stress und Glucocorticoiden stimuliert und von Schilddrüsenhormonen gehemmt wird. Außerdem löst das ebenfalls aus den KNDY-Neuronen freigesetzte Dynorphin eine Hemmung der Kisspeptinfreisetzung aus, während Neurokinin B diese stimuliert, wodurch wahrscheinlich das pulsatile Sekretionsmuster zustande kommt (◻ Abb. 39.3).

Die Aktivierung des Neurokinin-B-Kisspeptin-GnRH-Systems ist auch essenziell für die Auslösung der Pubertät. Von besonderer Bedeutung hierbei ist das aus dem Fettgewebe stammende Hormon **Leptin** (▸ Abschn. 38.3.4). Seine Sekretion erfolgt proportional zur Fettmasse des Organismus. Die durch Leptin ausgelöste Stimulierung der Kisspeptinsekretion und damit der Pubertät erlaubt dem Organismus erst dann die Ausübung der Sexualfunktionen, wenn seine Energiespeicher ein entsprechendes Niveau erreicht haben. Der Hypothalamus des älteren Menschen zeigt einen markanten sexuellen Dimorphismus der KNDY-Neurone, die bei Frauen prominenter erscheinen, da mit der Menopause der Frau das negative Feedback durch Östradiol wegfällt.

Die sekretorische Aktivität der GnRH-Neurone wird auch durch Katecholamine, endogene Opioide, Neuropeptide und Hypophysenhormone reguliert. Dieses Beispiel illustriert deutlich die Funktion des Hypothalamus und seiner neuroendokrin aktiven Kernstrukturen als Integrator des endokrinen Systems, welches auf exogene und endogene Veränderungen adaptiv reagieren kann und auch neuronale, immunologische und nutritive Si-

gnale in die zentrale Steuerung des endokrinen Systems über die Hypothalamus-Hypophyse-Zielorgan-Achsen einbaut.

39.1.3 Hypothalamisch-hypophysäre Hormonachsen

Die **Releasing-Hormone** aus dem Hypothalamus stimulieren die Produktion und Sekretion der glandotropen Hormone der Adenohypophyse (◻ Abb. 39.4). Release-Inhibiting-Hormone wirken hingegen hemmend auf die adenohypophysäre Hormonsekretion. Beide werden in spezialisierten neuropeptidergen Neuronengruppen („Kernen") des Hypothalamus gebildet (◻ Abb. 39.1) und durch neuronale Stimulation stoßweise („pulsatil") in Abständen von 1–3 h freigesetzt. Die pulsatile Freisetzung wird durch enge homotypische Vernetzung dieser spezialisierten Neurone in den hypothalamischen Kernen ermöglicht, die durch Neurotransmitter übergeordneter ZNS-Strukturen stimuliert werden (s. u.).

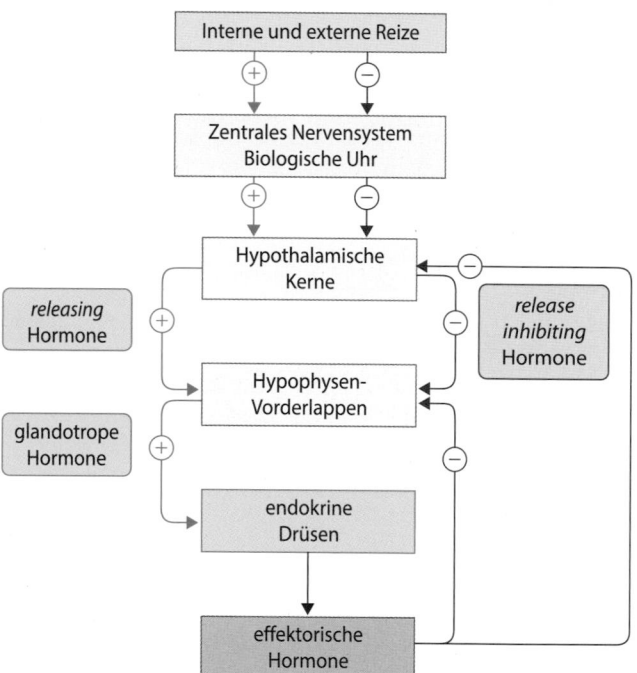

◻ **Abb. 39.4 Regulationsprinzip der Hypothalamus-Hypophysen-Zielorgan-Achsen.** Aus dem Hypothalamus stammende Releasing-Hormone stimulieren und Release-Inhibiting-Hormone hemmen Synthese und Freisetzung hypophysärer glandotroper Hormone. Die von den Zielgeweben freigesetzten effektorischen Hormone wirken im Sinne eines negativen Feedbacks auf Hypothalamus und Hypophyse. Releasing-Hormone: CRH, GnRH, TRH, GHRH; inhibitorische Hormone: Dopamin, Somatostatin, GnIH. Glandotrope (stimulierende) Hormone: ACTH, FSH/LH, TSH, GH, Prolactin (PRL). Hormone der klassischen endokrinen Drüsen und Zielorgane (z. B. Leber): Cortisol, Östradiol, Testosteron, Activine, Inhibine, T4, T3, Insulinähnlicher Wachstumsfaktor (IGF-1). Die Aktivität der hypothalamischen Kerne wird durch übergeordnete Zentren reguliert

Die hypothalamisch-hypophysäre Hormonproduktion steht dabei unter Rückkopplungskontrolle (**negatives Feedback**) von Effektormolekülen der peripheren Zielorgane. Zusätzlich steht der Hypothalamus auch unter einer neuronalen Kontrolle durch die Hirnrinde (Cortex), das limbische System (Hippocampus, Nucleus amygdalae, Septumregion), den Thalamus und die retikulären, aszendierenden Nervenfasern des Rückenmarks. Diese Gebiete verarbeiten exogene Reize und endogene Stimuli und übertragen diese Signale über neuronalen Informationsfluss an die hypothalamischen neuroendokrinen Kerngebiete (◘ Abb. 39.4).

Als **endokrine Achsen** bezeichnet man die hierarchisch organisierten Systeme aus Hypothalamus, Hypophyse und peripheren Zielorganen (◘ Abb. 39.5, ◘ Tab. 39.1). Sie integrieren und steuern elementare Lebensvorgänge wie Entwicklung, Differenzierung und Wachstum, Fortpflanzung einschließlich Geburt und Milchproduktion sowie verschiedene Aspekte des Stoffwechsels:

— Die **Hypothalamus-Hypophysen-Nebennieren-Achse** (HPA-Achse, *hypothalamus-pituitary-adrenal axis*: Hypophyse engl. *pituitary*) wirkt über die Cortisolfreisetzung der Nebennierenrinde auf viele v. a. kata-bole Stoffwechselprozesse und ist akut und chronisch zusammen mit der neuronal stimulierten Katecholaminfreisetzung aus dem Nebennierenmark an der Stressantwort beteiligt.

— Die **Hypothalamus-Hypophysen-Gonaden-Achse** (HPG-Achse, *hypothalamus-pituitary-gonad axis*) steuert die für die Gonadenfunktion während der Entwicklung sowie der Reproduktionsphase benötigte Freisetzung der männlichen und weiblichen Sexualsteroide.

— Die **Hypothalamus-Hypophysen-Schilddrüsen-Achse** (HPT-Achse, *hypophalamus-pituitary-thyroid axis*) kontrolliert über **permissive Schilddrüsenhormonwirkung** insbesondere die fetale und postnatale Entwicklung des zentralen Nervensystems sowie Wachstum, Zelldifferenzierung, Energie- und Strukturstoffwechsel der meisten Körperzellen und Gewebe. Permissiv bedeutet, dass erst ein ausgeglichener Schilddrüsenhormonspiegel die adäquate Wirkung anderer endokriner, neuronaler oder nutritiver Signale ermöglicht.

— Die **somatotrope Achse** ist für das Körperwachstum und den anabolen Stoffwechsel zuständig.

— Die **lactotrope Achse** ermöglicht die zeitgerechte Lactation. Sie ist für die Fortpflanzung aller Säuger unerlässlich.

Übrigens

Endokrinologie im 21. Jahrhundert: Vom Konzept der inneren Sekretion über klassische endokrine Drüsen zum Nachweis der Produktion hormonell aktiver Signalsubstanzen in fast allen Zellen. Claude Bernard (1813–1878) hat das Prinzip der inneren Sekretion als erster vorgeschlagen, bezog sich aber ursprünglich auf die hepatische Glucosefreisetzung. Arnold A. Berthold (1803–1861) gelang in Göttingen durch Entfernung und Retransplantation der Hoden bei Hähnen 1849 als Erstem der Nachweis, dass Organe Botenstoffe in die Blutbahn abgeben, welche in Zielgeweben biologische Wirkungen entfalten. Walter Cannon (1871–1945), ein amerikanischer Physiologe, hat den Begriff der Homöostase geprägt, und Ernest Starling hat 1905 zum ersten Mal den Begriff Hormon für chemische Botenstoffe in der Blutbahn verwendet. Die Homöostase in verschiedenen Situationen (z. B. Hunger, physische Arbeit, Stress versus Sattheit und Ruhe) aufrechtzuerhalten, erfordert ständige aktive Anpassungen des Stoffwechselgeschehens. Um die Aktivität aller Organe im Sinne der Homöostase zu koordinieren, produzieren viele Organe, die ursprünglich nicht als endokrine Drüsen aufgefasst wurden, Hormone und wirken damit ihrerseits auf Hypothalamus, Hypophyse und andere Organe. Einen Meilenstein für das Verständnis des Energiestoffwechsels stellt hierbei die Entdeckung des Hormons **Leptin** dar, das von weißen Adipocyten freigesetzt wird und den Energiestoffwechsel über Rezeptoren im Hypothalamus und in anderen Geweben steuert (▶ Abschn. 38.3). Das weiße Fettgewebe setzt nicht nur ein Hormon frei, inzwischen wurde den Fettzellhormonen und -cytokinen sogar ein eigener Sammelbegriff, **Adipokine**, gegeben. Die Entdeckung von **Hepcidin**, einem für die Eisenregulation wichtigen Botenstoff aus der Leber (Hepatokin), zwingt erneut dazu, über die Erweiterung des Hormonbegriffs nachzudenken: Hepcidin ist zwar ein im Blut zirkulierender Botenstoff und bindet an ein zelluläres Oberflächenprotein (Ferroportin); dieses kann aber nicht als signalübertragender Rezeptor im strengen Sinne aufgefasst werden (▶ Abschn. 60.2.1). Wir wissen heute, dass Hormonsekretion auch durch Zellen und Gewebe erfolgt, die nicht als klassische endokrine Drüsen organisiert sind, z. B. Fettgewebe, Knochen und Muskel. Dies erweitert das Konzept der hormonellen Regulation und Homöostase von Lebensvorgängen beträchtlich.

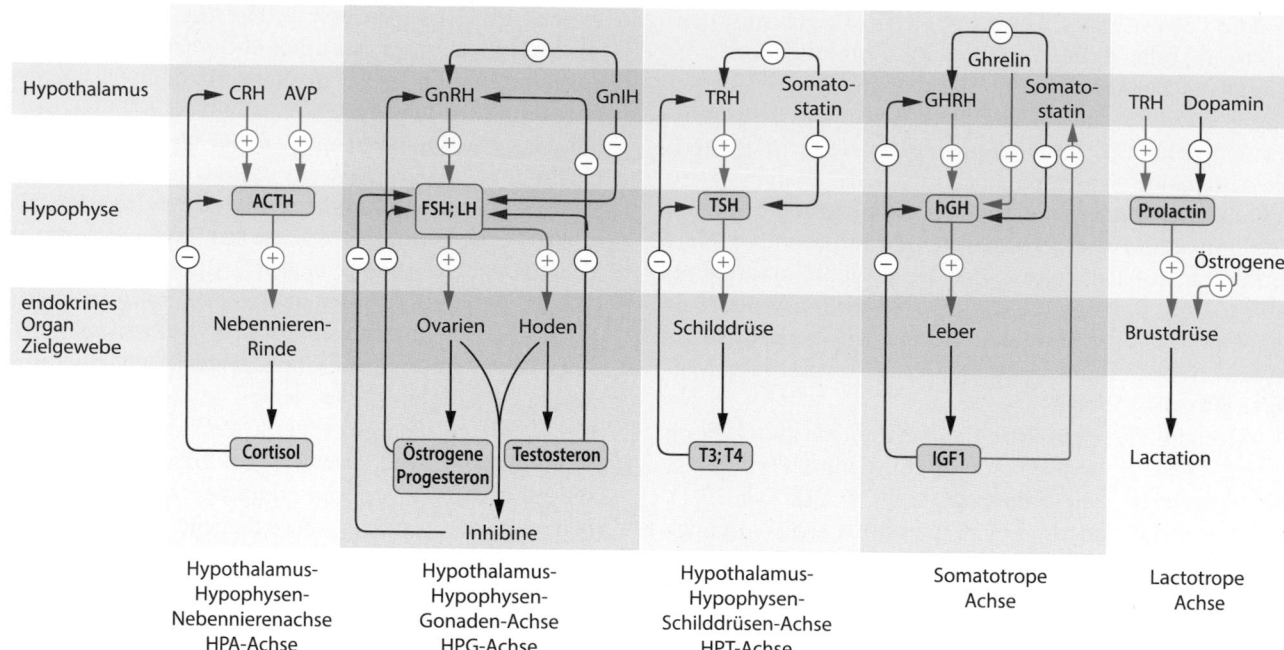

Hypothalamus	CRH AVP	GnRH ← GnIH	TRH Somato-statin	Ghrelin GHRH Somato-statin	TRH Dopamin

Abb. 39.5 Regulation des hypothalamisch-hypophysären Systems und der peripheren Zielgewebe der Adenohypophysenhormone. Dargestellt sind die fünf endokrinen Achsen, welche den Stoffwechsel, die Funktion der Gonaden sowie Wachstum und Differenzierung regulieren; *ACTH*: Adrenocorticotropes Hormon; *AVP*: Arginin-Vasopressin; *CRH*: Corticotropin-Releasing-Hormon; *FSH*: Follikel-stimulierendes Hormon; *GHRH*: Growth Hormo-ne-Releasing-Hormon; *GnIH*: Gonadotropin-Release-Inhibiting-Hormon; *GnRH*: Gonadotropin-Releasing-Hormon; *hGH*: humanes Growth Hormone (Wachstumshormon); *IGF1*: Insulin-like Growth Factor-1, *LH*: Luteinisierendes Hormon; *TRH*: Thyrotropin-Releasing-Hormon; *TSH*: Thyroidea-stimulierendes Hormon; T3: 3,3′,5-Triiodthyronin; T4: 3,3′,5,5′-Tetraiodthyronin (L-Thyroxin). (Einzelheiten s. Text)

> Im Hypothalamus werden auch Informationen zur Kontrolle des Stoffwechsels integriert.

Die Regulationssysteme der Glucose-, Fett-, Calcium- und Eisenhomöostase werden nicht direkt über die Hypothalamus-Hypophysen-Achse kontrolliert, haben jedoch spezifische Einflüsse auf die hypothalamisch-hypophysäre Hormonsekretion. Neuronale Signale, Cytokine und Wachstumsfaktoren sowie Stoffwechselprodukte des Struktur- und Intermediärstoffwechsels stehen ebenfalls in effektiver Rückkopplungskommunikation mit der hypothalamisch-hypophysären Steuerungsfunktion zentraler Stoffwechselvorgänge. Damit stellen hypothalamische Strukturen wie Nucleus arcuatus und paraventrikulärer Nucleus (◘ Abb. 39.1) die zentralen Steuerungsstrukturen des Energiestoffwechsels, der Nahrungsaufnahme, des Energieverbrauchs und des Körpergewichts dar (vgl. ▸ Abschn. 38.3).

Somit können die vier zentralen Informationsübertragungssysteme, neuronale, endokrine, immunologische und nutritive Kommunikationswege, nicht separat voneinander untersucht, sondern müssen insbesondere auf der Ebene der hypothalamischen Kerne und der hypophysären Hormonsekretion als gekoppelte Einheiten betrachtet werden. Diese Aspekte werden in den ▸ Abschn. 38.3, 40.2, 41.1, 42.1 und ▸ Kap. 56 behandelt.

Zusammenfassung

Die Koordinierung und Regulation der vielfältigen Aufgaben von Organen und Geweben ist für die Funktionsfähigkeit des Organismus von entscheidender Bedeutung. Für die Aufrechterhaltung der Homöostase bildet der Hypothalamus zusammen mit der Hypophyse die zentrale Steuereinheit.

In den Kernen des Hypothalamus werden die Releasing-Hormone sowie die Release-Inhibiting-Hormone synthetisiert und durch Neurosekretion freigesetzt, welche die Aktivität der glandotropen Hormone der Hypophyse steuern. Die hypothalamische Hormonfreisetzung wird durch vielfältige Signale reguliert. Von großer Bedeutung ist dabei das negative Feedback durch Effektormoleküle peripherer Zielorgane. Darüber hinaus beeinflussen vielfältige Signale aus dem Zentralnervensystem die hypothalamische Aktivität und gewährleisten damit die Einbeziehung exogener und endogener Reize. Von besonderer Bedeutung sind drei hypothalamisch-hypophysäre Hormonachsen:

39

- Hypothalamus-Hypophyse-Nebennieren-Achse für die Stressantwort
- Hypothalamus-Hypophyse-Gonaden-Achse für die Steuerung der Gonadenfunktion
- Hypothalamus-Hypophyse-Schilddrüsen-Achse für die Regulation von Wachstum, Differenzierung und Energiestoffwechsel

39.2 Hypophyse

39.2.1 Entwicklungsgeschichte von Adeno- und Neurohypophyse

❯ Die koordinierte Abfolge der Expression spezifischer Transkriptionsfaktoren steuert die Differenzierung der fünf endokrin aktiven Zelltypen in der Adenohypophyse.

Während der frühen Embryonalentwicklung entsteht die Anlage der **Adenohypophyse** als sich spezialisierender und wandernder Zellverband im nicht-neuronalen Ektoderm des Kopfes rostral an die vordere Neuralplatte anliegend. Spezifische Transkriptionsfaktoren (PITX1 und PITX2) charakterisieren diese Struktur, die sich als Epithel einstülpt und anschließend vom oralen Ektoderm als hohler epithelialer Vesikel ablöst (**Rathke-Tasche**). Das neuronale Ektoderm behält dagegen seine neuronale Verbindung im späteren Hypothalamus und die **Neurohypophyse** wird nur aus den Axonen und den sekretorischen Endigungen der magnozellulären neuroendokrinen Neurone aufgebaut, deren Zellkerne sich im Hypothalamus befinden.

Mit der Ausbildung der Rathke-Tasche differenzieren unter Kontrolle stimulatorischer und inhibitorischer Faktoren der Embryonalentwicklung (NOTCH, FGF10, etc.) und deren Rezeptoren sowie hypophysenspezifischer Transkriptionsfaktoren (z. B. LIM, PIT,

PROP, SF1) nacheinander die fünf endokrin aktiven Zelltypen (◾ Tab. 39.2) und bevölkern organisiert die spätere Adenohypophyse (◾ Abb. 39.6). Corticotrope Zellen entstehen als erste hormonpositive Population. Aus LIM3-positiven Progenitorzellen der Rathke-Tasche entwickeln sich dann gesteuert durch den Transkriptionsfaktor *steroidogenic factor 1* (SF1) die gonadotropen LH/FSH-exprimierenden Zellen. Eine weitere Differenzierung erfolgt zu PIT1-positiven Zellen, welche Vorläufer der thyreotropen Zellen sind und aus denen auch die somatolactotropen GH- bzw. prolactinpositiven Zellen hervorgehen. Für diese Differenzierung sind parakrine und autokrine Signale erforderlich. Viele Störungen der Entwicklung und der Funktion der Hypophyse sowie Ausfälle einzelner Hormonachsen können auf Mutationen in den entsprechenden Transkriptionsfaktoren der fünf endokrin aktiven Zelltypen zurückgeführt werden (◾ Abb. 39.5). Mausmodelle mit Mutationen dieser hypophysenrelevanten Transkriptionsfaktoren wie PIT1 zeigen entsprechende Ausfälle einzelner Hormonachsen mit Entwicklungs- und Funktionsstörungen und sind wichtige Modelle der Altersforschung (z. B. *little* Maus, Ames und *Snell dwarf*-Maus).

39.2.2 Glandotrope Hormone der Hypophyse

❯ Die Adenohypophyse produziert in fünf endokrin aktiven Zelltypen sechs glandotrope Hormone.

Die Adenohypophyse besteht aus den fünf endokrin aktiven parenchymal organisierten Zelltypen, parakrin aktiven **Follikulostellarzellen**, einem dichten verzweigten Kapillarsystem und Stromaanteilen (◾ Tab. 39.2). Über die Pfortadergefäße erreichen die hypothalamischen Release- (RH) und Release-Inhibiting-Hormone (RIH) das Kapillarnetz der Eminentia mediana im Hypophysenstiel (◾ Abb. 39.1). Von dort aus steuern sie endokrin

◾ **Tab. 39.2** Zellen und Hormone der Adenohypophyse

Zelltyp	Färbeeigenschaft	Anteil (%)	Produkt	Zielorgan
Corticotrop	Basophil	15–20	ACTH	Nebenniere
Thyreotrop	Basophil	3–5	TSH	Schilddrüse
Gonadotrop	Basophil	10–15	LH, FSH	Gonaden
Somatotrop	Acidophil	40–50	GH	alle Gewebe, Leber, Knochen
Lactotrop	Acidophil	10–15	PRL	Brustdrüse, Gonaden
Follikulostellarzellen	–	10–20	Cytokine, Wachstumsfaktoren	Hormonsezernierende Zellen der Adenohypophyse (parakrin)

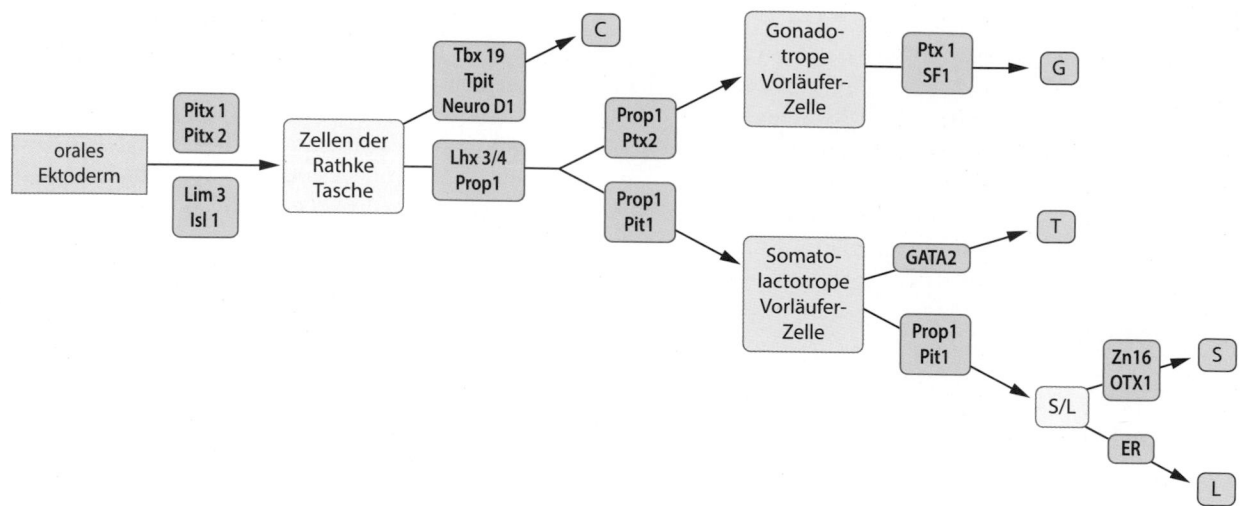

Abb. 39.6 Entwicklung der Adenohypophyse. Unter Kontrolle verschiedener hypophysenrelevanter Transkriptionsfaktoren (blaue Kästen) differenzieren die aus der Rathke-Tasche stammenden Progenitorzellen der Adenohypophyse sequenziell bis zur 12. Schwangerschaftswoche und bevölkern koordiniert die spätere Adenohypophyse. Für diese Migration sowie die anschließende Verbindung der beiden Hypophysenteile sind weitere Proteinfaktoren notwendig (nicht dargestellt). Zwischen Adeno- und Neurohypophyse liegt der Zwischenlappen, der beim Menschen nur wenig ausgeprägt ist, jedoch noch Stammzellen zur Regeneration der Zelltypen der Adenohypophyse enthält. *C*: corticotrope Zellen; *T*: thyreotrope Zellen; *S/L*: somatolactotrope Zellen; *S*: somatotrope Zellen; *L*: lactotrope Zellen; *G*: gonadotrope Zellen. (Adaptiert nach Pfäffle et al. 2006)

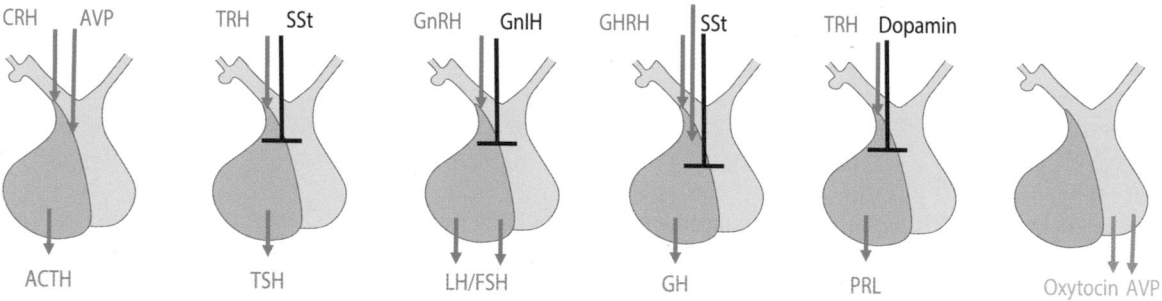

Abb. 39.7 Schematische Darstellung des hypothalamisch-hypophysären neuroendokrinen Netzwerks und der Regulation der Synthese und Freisetzung glandotroper Hormone der Adenohypophyse durch hypothalamische Releasing-Hormone (CRH, TRH, GnRH, GHRH; *grün*) bzw. Release-Inhibiting-Hormone (*GnIH*: Gonadotropin-Release-Inhibiting-Hormon, *SSt*: Somatostatin – und Dopamin; *rot*). Das Neuropeptid Arginin-Vasopressin (*AVP*) ist auch ein starker Stimulator der ACTH-Freisetzung. Ghrelin aus der Magenmukosa ist ein zweiter potenter Stimulator der GH-Freisetzung. Die neurohypophysären Hormone Oxytocin und AVP werden im Hypophysenhinterlappen in den sog. *Herring bodies* gespeichert und durch neuronale Stimuli direkt freigesetzt. (Abkürzungen s. Text)

die Synthese und Freisetzung der glandotropen Hypophysenhormone in das Kapillarsystem der Adenohypophyse und den peripheren Blutkreislauf (**Abb. 39.7**). Die Freisetzung der glandotropen Hormone Adrenocorticotropes Hormon (ACTH, Corticotropin), Wachstumshormon (GH, Somatotropin, Growth Hormone), Prolactin (PRL), Thyroidea-stimulierendes Hormon (TSH, Thyreotropin), luteinisierendes (LH, Luteotropin) und Follikel-stimulierendes Hormon (FSH, Follitropin) wird durch die RH und RIH reguliert und über parakrine Signale der hypophysären Follikulostellarzellen moduliert. Diese sind gliaähnliche, makrophagenartige Zellen, vergleichbar mit den Kupffer-Sternzellen der Leber. Sie bilden ein verzweigtes, kommunizierendes Netzwerk zwischen den verschiedenen hormonsezernierenden Adenohypophysenzellen und stimulieren z. B. bei Entzündung oder Sepsis die ACTH-Produktion, während sie gleichzeitig die HPG- und HPT-Achsen sowie GH- und PRL-Sekretion blockieren.

❯ Die glandotropen Hormone der Adenohypophyse lassen sich in zwei Gruppen einteilen: einkettige Proteohormone (ACTH, GH, PRL) und zweikettige Glycoproteohormone (TSH, LH, FSH).

Die fünf endokrin aktiven Zelltypen der Adenohypophyse produzieren, speichern und sezernieren sechs verschiedene Proteohormone (◘ Tab. 39.2):

- **ACTH** (Adrenocorticotropes Hormon) ist ein einkettiges Peptid aus 41 Aminosäuren mit einer Halbwertszeit von ca. 20 min im Blut. ACTH wird in corticotropen Zellen unter stimulatorischer Kontrolle durch CRH und AVP und negativer Rückkopplung durch Cortisol der Nebennierenrinde synthetisiert und pulsatil freigesetzt. ACTH wird aus dem 267 Aminosäuren enthaltenden Vorläuferprotein Proopiomelanocortin (POMC) durch limitierte Proteolyse mittels Prohormonkonvertase 1/3 (PC1) gebildet, die an der dibasischen Sequenz KR spaltet (◘ Abb. 39.2).

- **GH** (Growth Hormone, Wachstumshormon) ist ebenfalls ein einkettiges aus 191 Aminosäuren bestehendes Polypeptid, das durch zwei S-S-Brücken stabilisiert wird, aber sonst keine weiteren posttranslationalen Modifikationen aufweist. GHRH und Ghrelin stimulieren, Somatostatin blockiert die GH-Synthese und -Freisetzung aus den somatotropen Hypophysenzellen. IGF1 vermittelt die periphere negative Rückkopplung. GH aktiviert in seinen Zielzellen über den GH-Rezeptor die JAK-STAT-Signaltransduktion (▶ Abschn. 35.5.1, ◘ Abb. 42.1). Ghrelin stimuliert über einen eigenen GPCR, den GH-Sekretagogue-Rezeptor, und Somatostatin hemmt über einen GPCR die GH-Freisetzung.

- **PRL** (Prolactin) und *GH* sind eng verwandt und durch eine Genduplikation entstanden. PRL, 198 Aminosäuren lang und durch drei S-S-Brücken stabilisiert, bindet auch an einen Rezeptor, der den JAK/STAT-Weg aktiviert (▶ Abschn. 35.5). Die PRL-Bildung steht unter tonischer inhibitorischer Kontrolle durch hypothalamisches Dopamin und wird durch hohe TRH-Konzentrationen stimuliert. Eine Unterbrechung der hypothalamischen Verbindung steigert somit die PRL-Sekretion, während die Synthese aller anderen Hypophysenhormone dann sistiert.

- Die drei Glycoproteohormone **TSH** (Thyreoideastimulierendes Hormon), **LH** (Luteinisierendes Hormon) und **FSH** (Follikel-stimulierendes Hormon) sind gleich aufgebaut; sie bestehen aus einer identischen α-Untereinheit und je einer spezifischen β-Untereinheit. Die α- und β-Untereinheiten assoziieren während der Proteinbiosynthese und sind nicht-covalent miteinander verbunden. Beide Polypeptidketten sind aber posttranslational mehrfach N- und O-glycosyliert und dadurch weniger proteasesensitiv und langlebiger. Die α-β-heterodimeren Glycoproteohormone, jedoch nicht deren Monomere, binden und aktivieren zellspezifisch exprimierte eng verwandte GPCR. Auch das **Schwangerschaftshormon hCG** (humanes Choriongonadotropin) aus der Plazenta ist ein solches heterodimeres Glycoproteo-

hormon mit identischer α-Untereinheit und wirkt über den LH-GPCR (▶ Abschn. 40.3.2). Sowohl LH als auch FSH werden in gonadotropen Zellen gebildet, gespeichert und sezerniert, wobei die Synthese der spezifischen β-Untereinheiten unterschiedlich reguliert wird. So steht z. B. die Expression von β-FSH nicht aber von β-LH unter inhibitorischer Kontrolle durch gonadales Inhibin B, was eine unterschiedliche Synthese und Freisetzung der beiden Gonadotropine aus der gleichen Zelle ermöglicht.

- Intramolekulare Disulfidbrücken stabilisieren die Konformation der hypophysären glandotropen Hormone GH und Prolactin (PRL) sowie der α- und β-Untereinheiten der hypophysären Glycoproteohormone und des hCG.

Mit wenigen Ausnahmen (s. Menstruationszyklus, ▶ Abschn. 40.5.1, und PRL) werden die sechs Hormone der Adenohypophyse sehr effektiv durch Produkte ihrer Zielorgane über negatives Feedback kontrolliert und durch hypothalamische RH stimuliert (◘ Abb. 39.4, 39.5 und 39.7, ▶ Abschn. 39.2.3). Die Freisetzung erfolgt aus sekretorischen Vesikeln nach pulsatiler Stimulation durch RH, und die Halbwertszeiten sind etwas länger als die der hypothalamischen RH.

39.2.3 Regulation von Hypothalamus und Hypophyse durch die Zielgewebe

Sowohl der Hypothalamus als auch die Hypophyse stehen unter strenger, in der Regel negativer Rückkopplungskontrolle durch Effektoren, die in peripheren Zielorganen der glandotropen Hypophysenhormone gebildet werden. Diese Effektoren sind einerseits selbst wieder Hormone oder andererseits typische Metabolite des Funktions- oder Intermediärstoffwechsels dieser Organe (◘ Abb. 39.4). Die negative Rückkopplung erfolgt generell sowohl über rezeptorvermittelte Hemmung der Genexpression als auch verringerte Freisetzung der gespeicherten Proteohormone aus den sekretorischen Vesikeln der endokrin aktiven Zellen der Adenohypophyse.

Die CRH- und ACTH-Freisetzung wird effektiv durch Cortisol aus der Nebennierenrinde gehemmt und durch Stressfaktoren und proinflammatorische Konstellation stimuliert.

Die Freisetzung von GnRH und den Gonadotropinen LH und FSH wird durch Sexualsteroide (Östradiol bzw. Androgene sowie Progesteron) und Inhibine (im Fall des FSH) gehemmt. Allerdings gibt es hier während des weiblichen Menstruationszyklus auch eine kurze Phase vor dem Eisprung, wo hohe Östradiolkonzentrationen transient über ein positives Feedback die GnRH-Pulsfrequenz und die LH- und FSH-Freisetzung stimulieren. Sowohl negatives als auch positives Feedback durch Sexualsteroide bezieht weitere hypothalamische Kerngebiete ein, die den GnRH-Pulsgenerator beeinflussen. Die unterschiedliche Regulation der beiden von den gonadotropen Zellen der Adenohypophyse unter GnRH-Stimulation gebildeten und sezernierten Gonadotropine LH und FSH wird einerseits durch die Frequenz- und Amplitudenerhöhung der GnRH Freisetzung möglich, welche die Expression des GnRH-Rezeptors der gonadotropen Zellen steigert sowie andererseits durch Inhibin B aus den Granulosa- bzw. Sertoli-Zellen der Gonaden, das effektiv die FSH-Bildung in der Adenohypophyse hemmt. Es ist nicht vollständig geklärt, ob und welche Sexualsteroide sowohl die hypothalamische GnRH als auch die hypophysäre Gonadotropinsekretion regulieren.

Die Schilddrüsenhormone Thyroxin (T4) und Triiodthyronin (T3) sind potente Hemmer der TRH- und der TSH-Synthese und -Sekretion (◨ Abb. 41.3). T4 muss allerdings lokal durch das 5'-Deiodaseenzym 2 zum aktiven T3 umgewandelt werden, das über nucleäre TRβ2-Rezeptoren zur Hemmung der TRH- und TSH-Sekretion führt. Die TRH-Sekretion wird durch eine Vielzahl weiterer Faktoren beeinflusst, z. B. stimuliert Leptin parakrin über α-MSH die TRH-Freisetzung.

Die somatotrope GHRH-GH-Achse wird durch IGF1 sowohl auf der Ebene der somatotropen Zellen der Adenohypophyse als auch der hypothalamischen GHRH-Produktion gehemmt. Ergänzt wird diese Hemmung dadurch, dass IGF1 die Produktion von Somatostatin steigert. Dagegen ist das aus der Magenmucosa stammende Ghrelin ein potenter Stimulator der GH-Sekretion. Die PRL-Sekretion wird durch weibliche Sexualhormone stimuliert und durch hypothalamisches Dopamin gehemmt.

39.2.4 Hormone der Neurohypophyse

Aus der Neurohypophyse werden die zyklischen Nonapeptide **Oxytocin** und **Arginin-Vasopressin** (AVP) – auch als Vasopressin oder antidiuretisches Hormon (ADH) bezeichnet – freigesetzt, die sich nur in zwei Aminosäurepositionen (3 und 8) unterscheiden (◨ Abb. 39.8). Humanes Arginin-Vasopressin enthält in Position 8 ein Arginin (daher der Name), während sich bei anderen Spezies an dieser Position statt des Arginins ein Lysin findet.

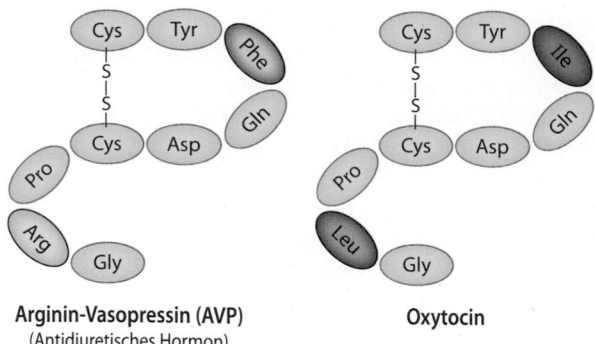

Arginin-Vasopressin (AVP)
(Antidiuretisches Hormon)

Oxytocin

◨ **Abb. 39.8   Struktur von Arginin-Vasopressin und Oxytocin.** Die Neurohypophysenhormone Arginin-Vasopressin (antidiuretisches Hormon) und Oxytocin unterscheiden sich in lediglich zwei Aminosäuren (farblich hervorgehoben). Arginin-Vasopressin steigert die renale Wasserrückresorption (antidiuretisches Hormon) und den Blutdruck, Oxytocin stimuliert die Wehentätigkeit und die Milchsekretion. Die intramolekulare Disulfidbrücke ist essenziell für die Struktur und biologische Wirkung

❯ Arginin-Vasopressin erhöht die Wasserpermeabilität im renalen Sammelrohr und steigert den Blutdruck.

Arginin-Vasopressin (AVP) wird als Prä-Pro-AVP (164 Aminosäuren) in den Perikarya magno- und parvozellulärer Neurone synthetisiert, aus dem durch Prohormonkonvertasen neben AVP **Neurophysin II** und C-terminal **Copeptin** prozessiert werden. Alle drei Substanzen werden daher äquimolar in neurosekretorischen Granula in den Axonen der magnozellulären Neurone über den Hypophysenstiel in die Neurohypophyse transportiert. Die Speicherung von AVP erfolgt in sekretorischen Vesikeln der Neurohypophyse nach Bindung an Neurophysin II, das als eine Art Chaperon (▶ Abschn. 49.1) für AVP dient. Eine leichte Zunahme der Osmolalität im Serum über 280 mOsmol/l hinaus, eine Hypernatriämie und die Abnahme der extrazellulären Flüssigkeit (Hypovolämie) werden im Organum vasculosum der anterioren Wand (Lamina terminalis) des dritten Ventrikels und im Subfornicalorgan über Osmorezeptoren registriert und bewirken so eine neuronale Stimulation der AVP-produzierenden magnozellulären Neurone. Trinken wird durch die Osmolalität reguliert, die im anterioren Hypothalamus registriert wird. Steigende Osmolalität stimuliert die AVP-Sekretion.

AVP reguliert die **Wasserhomöostase** durch Erhöhung der Wasserpermeabilität im Sammelrohr der Niere über den Einbau von vorgefertigten **Aquaporin-2**-Kanälen (▶ Abschn. 65.5.2) in die apikale Zellmembran. G-Protein-gekoppelte AVP-V2-Rezeptoren in der basolateralen Membran der Hauptzellen des Sammelrohrs der Niere erhöhen nach AVP-Bindung die intrazelluläre cAMP-Konzentration und bewirken dadurch einen verstärkten Einbau von Aquaporin 2 in die Plasmamembran durch Fusion von intrazellulären Aquaporin-2-haltigen Vesikeln. In der glatten Gefäßmuskulatur wirkt AVP endokrin auf G_q-gekoppelte AVP-V1-Rezeptoren, die über Phospholipase C, IP3 und Ca^{2+} Signalwege eine Gefäßkontraktion und damit Blutdruckerhöhung bewirken.

AVP ist aufgrund seiner Labilität im Plasma in der Praxis nur sehr schwer zu bestimmen. Im Gegensatz dazu ist Copeptin bei Raumtemperatur tagelang stabil. Die Messung von Copeptin ist daher viel einfacher und erlaubt Rückschlüsse auf die Produktion des äquimolar gebildeten AVP.

AVP, das auch in einer parvozellulären Neuronengruppe gebildet und neuroendokrin in die Eminentia mediana freigesetzt wird, stimuliert zusammen mit CRH die Freisetzung von ACTH in der Adenohypophyse. Mehr als die Hälfte dieser parvozellulären Neurone co-exprimieren AVP und CRH. Die beiden zyklischen Nonapeptide AVP und Oxytocin, die evolutionär sehr alte und hochkonservierte Orthologe in vielen Spezies bis zu Invertebraten haben, wirken im ZNS auch als klassische Neurotransmitter, wenn sie von bestimmten Neuronen in den synaptischen Spalt freigesetzt werden und postsynaptisch auf ihre entsprechenden Rezeptoren treffen.

Prä-Pro-Oxytocin wird in magnozellulären Neuronen des supraoptischen Nucleus gemeinsam mit **Neurophysin I** als Vorläufer analog zu AVP synthetisiert, transportiert und gespeichert. Druck- und berührungssensitive Rezeptoren in der Brustwarze, im Uterus und den Genitalien vermitteln über einen neuroendokrinen Reflex eine Stimulation der Freisetzung von Oxytocin (griech: schnelle Geburt). Es reguliert den Geburtsvorgang durch Kontraktion glatter Muskelzellen im Uterus. Die hiermit einhergehende Uterusdehnung stimuliert in einem positiven Feedback die Oxytocinfreisetzung. Der erfolgreiche Geburtsvorgang mit dem Wegfall der Uterusdehnung beendet diese positive Feedback-Schleife.

Ein weiterer wichtiger Oxytocineffekt ist die Stimulierung der Milchfreisetzung durch Kontraktion glatter Muskelfasern im Myoepithel der laktierenden Brustdrüse.

Oxytocin ist ein wichtiges Hormon für die Ausbildung der Mutter-Kind-Beziehung, der Paarbindung, des Sozial- und Sexualverhaltens („Kuschelhormon") und interpersonellen Vertrauens auch beim Menschen.

Mit ähnlichen Mechanismen wie Oxytocin beeinflussen Arginin-Vasopressin und sein Rezeptor (AVPR1A) die männliche Reproduktion und typisches männliches Sozialverhalten bei vielen Spezies einschließlich des Menschen. Mehrere dieser Effekte werden aber nicht durch die hormonelle Wirkung von Oxytocin und AVP sondern durch ihre Neurotransmitterfunktion im ZNS bewirkt.

Oxytocinrezeptoren sind G-Protein-gekoppelt und aktivieren die Phospholipase C. Die daraus resultierende Aktivierung der Proteinkinase C (▶ Abschn. 35.4.3) löst eine Reihe von Phosphorylierungskaskaden aus. Zu diesen gehören die zur Kontraktion der glatten Muskulatur führende Aktivierung der *myosin light chain kinase* (▶ Abschn. 64.3.3), eine Stimulierung der Prostaglandinsynthese sowie unter Einbeziehung des *Vascular Endothelial Growth Factor* (VEGF) Signalsystems auch angiogene Effekte.

Übrigens

Die Neurohypophyse wird von einem eigenen Gefäßsystem versorgt, das von dem der Adenohypophyse getrennt ist und durch angiogene Wirkung von Oxytocin während der Hypophysenentwicklung entsteht. Oxytocin ist für die Ausbildung des Kapillarnetzes der Neurohypophyse während der Entwicklung das entscheidende para-neuroendokrine Signal (◘ Abb. 39.9). Oxytocin-sezernierende Neurone des sich aus dem Neuroektoderm ausstülpenden Infundibulums stimulieren Endothelzellen der Carotis, die sich ausbildende Neurohypophyse zu vaskularisieren und ein eigenes Kapillarnetz aufzubauen, das später die sezernierten Nonapeptide des Hypophysenhinterlappens aufnimmt und in die Peripherie weiterleitet. Oxytocin hat auch in anderen Geweben angiogene Wirkungen

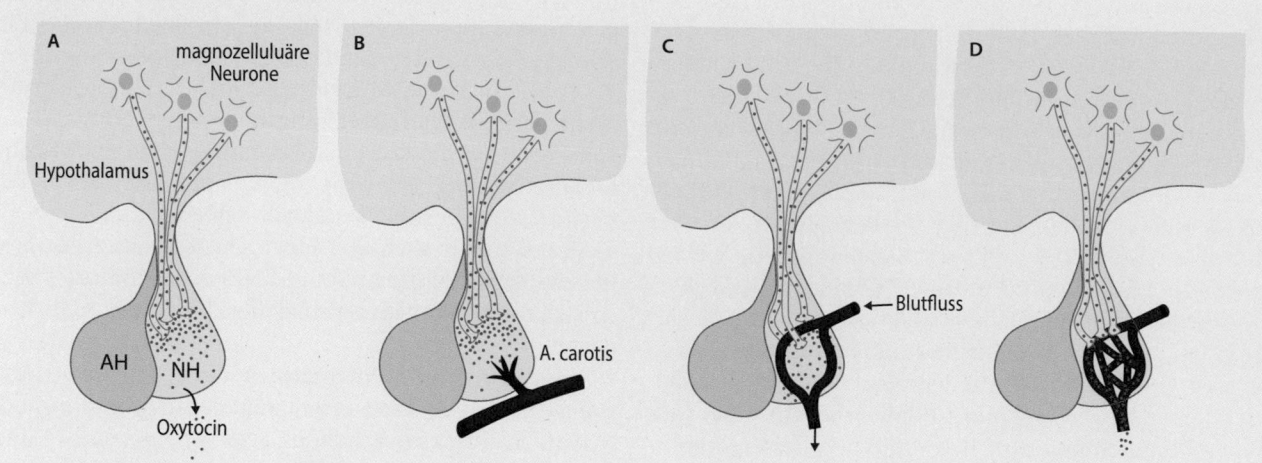

◻ Abb. 39.9 Oxytocin-stimulierte Entwicklung des neurovaskulären Systems in der Neurohypophyse. A Erste Axone hypothalamischer magnozellulärer Neurone (*grün*) erreichen den embryonalen Hypophysenhinterlappen vor dessen Vaskularisierung und setzen Oxytocin frei **B** Oxytocin stimuliert die Knospung von Kapillaren aus der Carotisarterie (*rot*) in die Neurohypophyse und **C** die Ausbildung des neurohypophysären Kapillarsystems **D** In der adulten Neurohypophyse wird Oxytocin pulsatil in die fenestrierten Kapillaren des Hypophysenhinterlappens sezerniert *AH:* Adenohyphophyse; *NH:* Neurohypophyse. (Adaptiert nach Cariboni und Ruhrberg 2011, mit freundlicher Genehmigung von Elsevier)

Melanocyten-stimulierendes Hormon (MSH, Melanocortin Rezeptor-stimulierendes Hormon, Melanocortin) wird beim Menschen im Hypophysenvorderlappen in corticotropen Zellen als β-MSH aus der Vorstufe β-Lipotropin, im Hypothalamus (α-MSH) und auch in Melanozyten der Haut produziert. Zell- und gewebespezifische Expression der Prohormonkonvertasen PC1/3 und PC2 steuern somit die Bildung von α- und β-MSH oder ACTH (◻ Abb. 39.2). MSH stimuliert die Melaninablagerungen in den Melanocyten über GPCR-gekoppelte Melanocortin (MC)-1-Rezeptoren und damit die Pigmentierung der Haut (▶ Abschn. 73.2). MSH wird beim Menschen in hypothalamischen Kernen (z. B. N. arcuatus, paraventriculärer Nucleus) als Neurotransmitter gebildet. MSH steuert effektiv zusammen mit Leptin, Neuropeptid Y (NPY), *Agouti-related peptide* (AgRP) und *Cocaine- and amphetamine-regulated transcript* (CART) die Nahrungsaufnahme und den Energieverbrauch durch Bindung und Aktivierung von GPCR-gekoppelten MC3- und MC4-Rezeptoren im Hypothalamus (▶ Abschn. 38.3.1). α- und β-MSH wirken wie Leptin und CART beim Menschen anorexigen (appetithemmend). AgRP ist ein effektiver MSH-Antagonist an Melanocortinrezeptoren. ACTH bindet im Nebennierenrencortex an den MC2-Rezeptor und aktiviert diesen zur Steigerung der Cortisolproduktion. MC5-Rezeptoren werden in Schweißdrüsen und anderen exokrinen Drüsen exprimiert und von α-MSH aktiviert. Inaktivierende Mutationen des Melanocortin-4 GPCR im Hypothalamus zählen zu den häufigsten monogenetischen Ursachen der Adipositas bei ca. 3–5 % der morbid adipösen Patienten.

> **Übrigens**
>
> **Viele Spezies, aber nicht der Mensch, haben einen Hypophysenzwischenlappen, in dem MSH gebildet wird.** In den meisten Spezies (außer bei Vögeln, Walen, Elefanten und höheren Primaten einschließlich des Menschen) gibt es einen sogenannten Hypophysenzwischenlappen (*intermediate lobe*). Diese Struktur entspricht im Prinzip dem Lumen der ehemaligen Rathke-Tasche, das bei vielen Spezies von POMC-positiven Zellen besiedelt wird, die MSH bilden. Beim Menschen ist diese Struktur wenig oder gar nicht ausgeprägt; dort wurden aber in geringer Zahl Stamm- oder Progenitorzellen der Adenohypophyse nachgewiesen.

Zusammenfassung

- Die Hypophyse teilt sich in die aus dem nicht-neuronalen Kopfektoderm gebildete Adenohypophyse (Hypophysenvorderlappen) sowie in die Neurohypophyse (Hypophysenhinterlappen), die aus Neuronen des Hypothalamus entsteht.
- Die fünf endokrin aktiven Parenchymzelltypen der Adenohyphyse synthetisieren und sezernieren folgende sechs Proteohormone:
    - ACTH steigert die Glucocorticoidbiosynthese der Nebennierenrinde. Die Sekretion wird durch hypothalamisches CRH und AVP stimuliert und durch Glucocorticoide inhibiert.

- GH stimuliert in erster Linie die hepatische IGF1-Sekretion. Die Sekretion wird durch hypothalamisches GHRH und gastrisches Ghrelin stimuliert sowie durch Somatostatin und IGF1 inhibiert.
- Prolactin stimuliert die Milchproduktion. Die Sekretion wird durch hypothalamisches Dopamin inhibiert.
- TSH steigert die Biosynthese und Sekretion von Schilddrüsenhormonen. Die Sekretion wird durch hypothalamisches TRH stimuliert und durch Schilddrüsenhormone inhibiert.
- FSH und LH sind für die normale Funktion der Gonaden unerlässlich. Die Sekretion wird durch GnRH stimuliert und durch Sexualsteroide, Inhibine und GnIH inhibiert.
- Aus der Neurohypophyse werden Arginin-Vasopressin und Oxytocin sezerniert:
  - Arginin-Vasopressin steigert die Reabsorption von Wasser in den Nieren, fördert die Kontraktion der glatten Gefäßmuskulatur und erhöht somit den Blutdruck.
  - Oxytocin intensiviert menschliche Bindungen und stimuliert die Kontraktion glatter Muskelzellen des Uterus und die Lactation.

39.3 Pathobiochemie

Die zentrale Form des **Diabetes insipidus** wird durch AVP-Mangel verursacht. Häufiges Trinken (Polydypsie), übermäßige Urinproduktion (Polyurie) und dadurch verursachte Salzverluste charakterisieren dieses relativ seltene Krankheitsbild. AVP-Mangel durch eine Störung der Funktion der Neurohypophyse führt zum unzureichenden Einbau von Aquaporin 2 in die apikale Membran des Sammelrohrs der Nieren, wodurch es zu verminderter Wasserrückresorption kommt. Langwirksame AVP-Analoga können diese Störung beheben. Noch seltener können inaktivierende Mutationen des AVP2-Rezeptors ebenfalls zum Diabetes insipidus führen; in diesem Fall handelt es sich um die nephrogene Form.

Das Gegenteil davon findet man beim Syndrom der **inappropriaten AVP/ADH-Sekretion** oder Wirkung (SIADH), also eine unzureichende Wasserausscheidung, einen hochkonzentrierten Urin mit einer Hyponatriämie (Verdünnungs-Natriämie). Hervorgerufen wird SIADH z. B. beim paraneoplastischen Syndrom, wenn Tumorzellen große Mengen AVP/ADH bilden und freisetzen, oder im Fall einer mutationsbedingten Überaktivität des AVP2-Rezeptors. Selektive Antagonisten des AVP2-Rezeptors können zur Behandlung dieser Störung eingesetzt werden.

Oxytocinmangel bei der Frau beeinträchtigt die Milchausschüttung mitunter sehr stark, wobei der Geburtsvorgang nicht betroffen ist. Beim Mann sind keine spezifischen Mangeleffekte beschrieben. Für beide Geschlechter gibt es aber Hinweise, dass soziales Verhalten und Stressbewältigung mit dem Oxytocin-Signalweg verbunden sind.

Überschuss oder Mangel von Releasing-Hormonen oder Störungen ihrer hypophysären Rezeptoren kommen sehr selten vor, zeigen aber spezifische Krankheitsbilder. Die behandlungsbedürftigen Folgen sind exzessive oder fehlende Freisetzung der glandotropen Hypophysenhormone. Hypophysenadenome können ebenfalls zur erhöhten oder gestörten Produktion der glandotropen Hormone führen. Am häufigsten sind hierbei Prolactinome, gefolgt von GH-sezernierenden Adenomen, seltener sind ACTH-produzierende Adenome (Cushing-Disease), und sehr selten sind Gonadotropin- oder TSH-produzierende Adenome. Hypophysenkarzinome sind äußerst selten.

Inaktivierende Mutationen der für die Hypophysenfunktion relevanten Transkriptionsfaktoren (◻ Abb. 39.6) können zum Ausfall einzelner oder mehrerer Hormonachsen führen. Bei rechtzeitiger Diagnose lässt sich dieses Krankheitsbild erfolgreich behandeln. Mutationen der Prohormonkonvertasen sowie der an der posttranslationalen Modifikation der Proteohormone beteiligten Enzyme sind ebenfalls beschrieben, aber sehr selten und betreffen auch die Hormonbiosynthese in anderen Organen, z. B. als monogenetische Ursache von Adipositas oder Infertilität.

Zusammenfassung

Mechanistisch wurden hier fast alle denkbaren Möglichkeiten der seltenen Störungen der Hypothalamus-Hypophysen-Achsen beim Menschen beschrieben:
- Beeinträchtigungen der hypothalamischen Releasing-Hormon-Bildung oder hypophysären Releasing-Hormon-Wirkung an Releasing-Hormon-Rezeptoren
- Störung der hypophysären Releasing-Hormon-Rezeptoren oder ihrer Signalübertragung, der hypophysären Bildung der glandotropen Hormone oder deren gestörte Wirkung an ihren peripheren Rezeptoren oder bei der Signalübertragung
- Störung der Feedback-Regulation durch veränderte Rezeptoren oder deren Wirkung.

Erfreulicherweise sind Über- oder Unterfunktionen der betroffenen Achsen bei rechtzeitiger Diagnose in der Regel gut therapierbar.

Weiterführende Literatur

Übersichten und Originalarbeiten

Allaerts W, Vankelecom H (2005) History and perspectives of pituitary folliculo-stellate cell research. Eur J Endocrinol 153(1):1–12

Andrews ZB, Liu ZW, Walllingford N, Erion DM, Borok E, Friedman JM, Tschöp MH, Shanabrough M, Cline G, Shulman GI, Coppola A, Gao XB, Horvath TL, Diano S (2008) UCP2 mediates ghrelin's action on NPY/AgRP neurons by lowering free radicals. Nature 454:846–851

Cariboni A, Ruhrberg C (2011) The hormone of love attracts a partner for life. Dev Cell. 18;21(4):602–4

Chappell PE (2005) Clocks and the black box: circadian influences on gonadotropin-releasing hormone secretion. J Neuroendocrinol 17(2):119–130

Dungan HM, Clifton DK, Steiner A (2006) Minireview: kisspeptin neurons as central processors in the regulation of gonadotropin-releasing hormone secretion. Endocrinol 147(3):1154–1158

Ebling FJ (2005) The neuroendocrine timing of puberty. Reproduction 129(6):675–683

Ganten D, Ruckpaul K, Köhrle J (Hrsg) (2006) Molekularmedizinische Grundlagen von para- und autokrinen Regulationsstörungen. Springer, Berlin

Guillemin R (2005) Hypothalamic hormones a.k.a. hypothalamic releasing factors. J Endocrinol 184(1):11–28

Ilahi S, Ilahi TB (2018) Anatomy, Adenohypophysis (Pars Anterior, Anterior Pituitary). StatPearls [Internet]. StatPearls Publishing, Treasure Island

Meschede D, Behre HM, Nieschlag E, Horst J (1994) Das Kallmann Syndrom. Seine Pathophysiologie und klinisches Bild. Dtsch Med Wochenschr 119(42):1436–1442

Mullis PE (2005) Genetic control of growth. Eur J Endocrinol 152(1):11–31

O'Rahilly S, Farooqi IS, Yeo GS, Challis BG (2003) Minireview: human obesity-lessons from monogenic disorders. Endocrinol 144(9):3757–3764

Pfäffle R, Weigel J, Böttner A (2006) Regulation der Entwicklung der Hypophyse. In: Molekularmedizinische Grundlagen von para- und autokrinen Regulationsstörungen. Hrsg.: Ganten D, Ruckpaul K, Köhrle J., Springer Verlag; pp. 81–108

Richter-Appelt H (2007) Intersexualität. Bundesgesundheitsblatt Gesundheitsforschung Gesundheitsschutz 50(1):52–61

Smith RG, Jiang H, Sun Y (2005) Developments in ghrelin biology and potential clinical relevance. Trends Endocrinol Metab 16(9):436–442

Zhang S, Cui Y, Ma X, Yong J, Yan L, Yang M, Ren J, Tang F, Wen L, Qiao L (2020) Single-cell transcriptomics identifies divergent developmental lineage trajectories during human pituitary development. Nat Commun 11: 5275

Zhu X, Lin CR, Prefontaine GG, Tollkuhn J, Rosenfeld MG (2005) Genetic control of pituitary development and hypopituitarism. Curr Opin Genet Dev 15(3):332–340

Klassische endokrine Publikationen

Aschheim S, Zondek B (1928) Schwangerschaftsdiagnostik aus Urin (durch Hormonmessung). Klin Wochenschr 7(1):8–9

Berthold AA (1849) Transplantation der Hoden. Arch Anat Physiol Wiss Med 16:42–46

Scharrer B, Scharrer E (1937) Über Drüsen-Nervenzellen und neurosekretorische Organe bei Wirbeltieren und Wirbellosen. Biol Rev 12:185–216

Starling EH (1905) On the chemical correlation of the functions of the body. Lancet 166:339–341

Tata JR (2005) One hundred years of hormones. EMBO Rep 6(6):490–496

Zondek B, Aschheim S (1928) Das Hormon des Hypophysenvorderlappens. Isolierung, chemische Eigenschaften, biologische Wirkungen. Klin Wochenschr 7(18):831–835

Endokrin relevante Weblinks

Alles über die Schilddrüsenhormonachse. https://www.thyroidmanager.org/. 5.1.2021

Endokrines Web-Textbuch, umfassend und laufend aktualisiert. https://www.endotext.org/. 5.1.2021

Laufend aktualisiertes Lehrbuch Endokrinologie. https://emedicine.medscape.com/endocrinology. 5.1.2021

39

Steroidhormone – Produkte von Nebennierenrinde und Keimdrüsen

Ulrich Schweizer, Lutz Schomburg und Josef Köhrle

Steroidhormone bilden eine umfangreiche Gruppe von Hormonen, die sich vom Cholesterin ableiten. Sie werden v. a. in der Nebennierenrinde, den Hoden sowie den Ovarien synthetisiert. Für alle Steroidhormone gibt es nucleäre Rezeptoren, die die Transkription von Genen regulieren. Ihr Wirkungsspektrum reicht von der Beeinflussung des Intermediär- und Knochenstoffwechsels bis zur Regulation der männlichen bzw. weiblichen Sexualentwicklung und -funktion.

Schwerpunkte

40.1 Gemeinsame Schritte bei der Biosynthese von Cortico- und Sexualsteroiden
- Prinzipien der Biosynthese von Steroidhormonen

40.2 Das Nebennierenrindenhormon Cortisol
- Das Glucocorticoid Cortisol: Biosynthese, Regulation, Wirkungsspektrum, Pathobiochemie

40.3 Die Gonadotropine
- Regulation durch das hypothalamisch-hypophysäre System

40.4 Männliche Sexualsteroide
- Männliche Sexualhormone: Biosynthese, Regulation, Wirkungsspektrum, Pathobiochemie

40.5 Weibliche Sexualsteroide
- Weibliche Sexualhormone: Menstruationszyklus, Biosynthese von Östrogenen und Progesteron, Regulation, Wirkungsspektrum, Pathobiochemie

40.1 Gemeinsame Schritte bei der Biosynthese von Cortico- und Sexualsteroiden

Die Aufklärung der chemischen Konstitution von **Steroidhormonen** (kurz Steroide) stellte einen Meilenstein der Biochemie dar, der mit der Verleihung des Nobelpreises für Chemie an Adolf Butenandt und Leopold Ružička im Jahre 1939 gewürdigt wurde. Durch ihre Lipidlöslichkeit und ihre chemische Komplexität unterschieden sich die Steroide grundlegend von den bis dahin chemisch aufgeklärten Hormonen und Neurotransmittern Acetylcholin und Adrenalin.

Steroide werden aus dem Membranlipid Cholesterin (▶ Abschn. 3.2.5) gebildet. Zellen in der Nebennierenrinde und den Gonaden, die aktiv Steroide synthetisieren, sind im Elektronenmikroskop an zahlreichen Lipidtröpfchen aus Cholesterinestern zu erkennen.

Die Steroidbiosynthese erfordert eine Reihe von Oxidations-, Lyase- und Reduktionsreaktionen, die durch Cytochrom-P_{450}-abhängige Membranproteine im glatten endoplasmatischen Retikulum und in Mitochondrien sowie durch cytosolische Dehydrogenasen katalysiert werden:
- Wird die Hormonproduktion durch extrazelluläre Signale, z. B. durch ACTH (▶ Abschn. 39.2.2) stimuliert, führt dies zur Aktivierung des Adenylatcyclasesystems mit einer Aktivierung der **Proteinkinase A.**
- Durch Proteinkinase-A-abhängige Phosphorylierung wird eine cytoplasmatische **Cholesterinesterhy-**

Ergänzende Information Die elektronische Version dieses Kapitels enthält Zusatzmaterial, auf das über folgenden Link zugegriffen werden kann https://doi.org/10.1007/978-3-662-60266-9_40. Die Videos lassen sich durch Anklicken des DOI Links in der Legende einer entsprechenden Abbildung abspielen, oder indem Sie diesen Link mit der SN More Media App scannen.

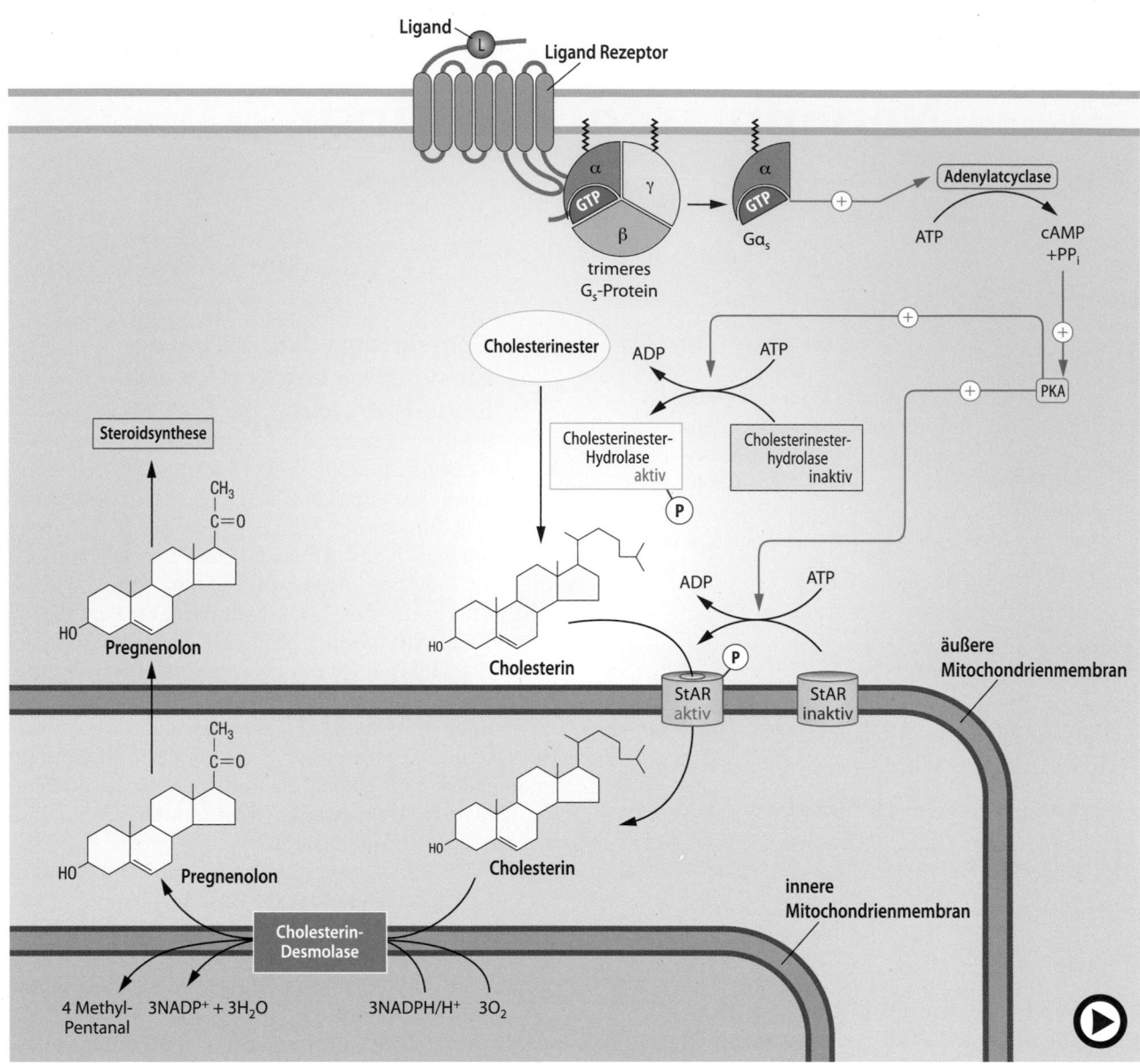

◘ Abb. 40.1 (Video 40.1) **Entstehung von Pregnenolon in steroidpro-
duzierenden Zellen.** Nach Rezeptorstimulation steigt die cAMP-
Konzentration an. Die Bindung von cAMP an die regulatorische Untereinheit der Proteinkinase A (PKA) befreit und aktiviert die
katalytische Untereinheit, welche die Cholesterinester-Hydrolase sowie das StAR-Protein phosphoryliert. StAR vermittelt den Transfer
von Cholesterin durch die äußere Mitochondrienmembran. So erhält
die in der inneren Mitochondrienmembran gelegene 20,22-Desmolase
(p450scc) Zugang zu ihrem Substrat und spaltet die aliphatische Kette
des Cholesterins ab. Es entsteht Pregnenolon, welches zur weiteren
Umsetzung zurück ins Cytoplasma transferiert wird. (Einzelheiten s.
Text und ▶ Abschn. 24.2) (▶ https://doi.org/10.1007/000-5kg)

40

drolase (◘ Abb. 40.1) aktiviert und so freies Cholesterin bereitgestellt.
- Der entscheidende Schritt der Steroidbiosynthese ist
der Import von Cholesterin in die Mitochondrien
durch das **StAR** (*steroidogenic acute regulatory*)**-Pro-
tein**, welches ebenfalls durch die Proteinkinase A aktiviert wird.
- Durch die in der inneren Mitochondrienmembran
lokalisierte **Desmolase** (p450scc – *side chain cleavage
enzyme*), erfolgt unter Spaltung der Seitenkette des

Cholesterins zwischen den C-Atomen 20 und 22 die
Bildung von **Pregnenolon**.
- Pregnenolon wird aus dem Mitochondrion expor-
tiert und steht dann für weitere Biosyntheseschritte
am glatten endoplasmatischen Retikulum und im
Cytosol zur Verfügung.

Die weiteren Reaktionen der Steroidbiosynthese
unterscheiden sich abhängig vom zu synthetisierenden Steroid (◘ Abb. 40.2 und 40.3). Zunächst

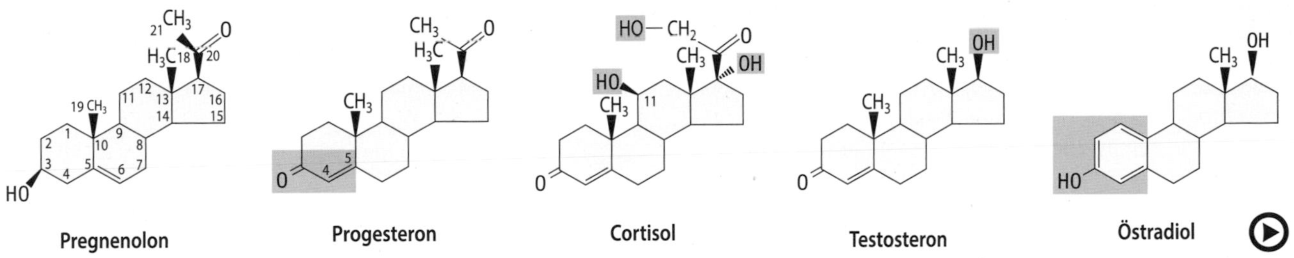

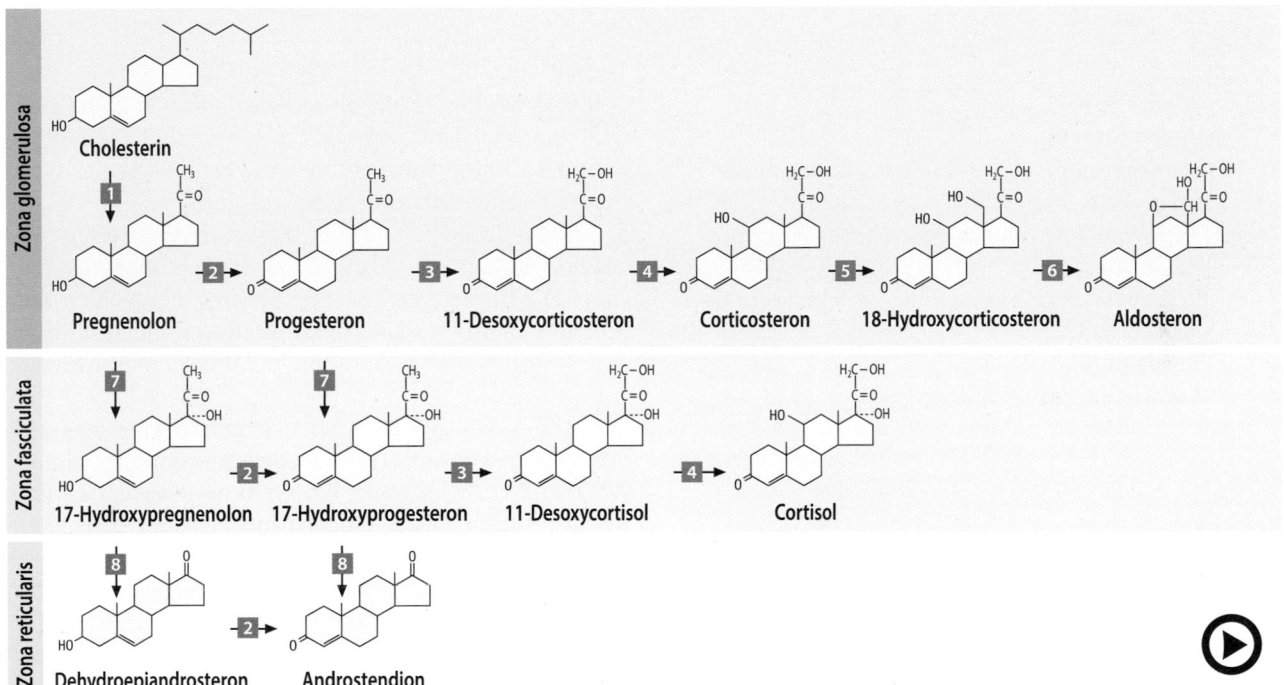

Pregnenolon   Progesteron   Cortisol   Testosteron   Östradiol

Abb. 40.2 (Video 40.2) **Steroidhormone unterscheiden sich durch die Anzahl der C-Atome.** (s. Übrigens: Malen nach Zahlen) (► https://doi.org/10.1007/000-5kc)

Abb. 40.3 (Video 40.3) **Die Biosynthese von unterschiedlichen Steroidhormonen ist spezifisch für einzelne Zonen der Nebennierenrinde.** Die Enzymausstattung der Zona glomerulosa erlaubt die Biosynthese von Mineralcorticoiden wie Aldosteron. Das Glucocorticoid Cortisol ist das Endprodukt der Zona fasciculata. Die Zona reticularis setzt vor allem Dehydroepiandrosteron und Androsteron frei. Sie produziert nur Spuren der Sexualsteroide Testosteron und Östradiol. Beteiligte Enzyme: (1): 20,22-Desmolase; (2): 3β-Hydroysteroiddehydrogenase/Δ4,5-Ketoisomerase; (3): 21-Hydroxylase; (4): 11β-Hydroxylase; (5): 18-Hydroxylase; (6): 18-Methyloxidase; (7): 17β-Hydroxylase; (8): 17,20-Lyase. (Aus Lang 2010) (► https://doi.org/10.1007/000-5kd)

folgt die Umwandlung von Pregnenolon in **Progesteron** durch 3β-Hydroxysteroiddehydrogenase und Δ4,5-Ketosteroidisomerase. Progesteron wirkt einerseits als weibliches Sexualhormon (als Gestagen) (► Abschn. 40.5), andererseits dient es auch als Zwischenstufe für die weitere Biosynthese von **Corticosteroiden** (Gluco- und Mineralcorticoide) und den eigentlichen **Sexualsteroiden** (Androgene und Östrogene). Während die natürlichen Gestagene und Corticosteroide über 21 Kohlenstoffatome verfügen, enthalten endogene Androgene 19 und Östrogene 18 Kohlenstoffatome. Welches Steroidhormon schließlich überwiegend gebildet wird, hängt von der spezifischen Expression der entsprechenden Biosyntheseenzyme in den Zellen ab. Im Unterschied zu Proteohormonen und Neurotransmittern werden Steroidhormone bei Bedarf produziert und freigesetzt. Sie werden nicht in sekretorischen Vesikeln gespeichert.

Malen nach Zahlen. Strukturformeln sind manchmal schwer zu erlernen, aber sie stellen unverzichtbare Werkzeuge für die Biochemie dar. Im Fall der Steroidhormone sind sie essenziell, denn sie verleihen allen endogenen Hormonen, Zwischenstufen ihres Metabolismus und steroidanalogen Pharmaka ein „Gesicht". Enzymnamen leiten sich schlicht von den Reaktionen ab, die sie katalysieren (z. B. 11β-Hydroxysteroiddehydrogenase), und erlauben so Rückschlüsse auf Substrat und Produkt der Reaktion. Wenn man die Grundstruktur der Steroide malen kann und sich die Bezeichnungen der einzelnen Kohlenstoffatome einprägt, kann man den Biosyntheseschritten der Steroide besser folgen. Dann wird auch offensichtlich, dass natürliche Gestagene, Gluco- und Mineralsteroide 21 Kohlenstoffatome enthalten (z. B. Cortisol), während männliche Sexualsteroide nur aus 19 (z. B. Testosteron) und weibliche sogar nur aus 18 Kohlenstoffen bestehen (z. B. Östradiol). Am Beispiel von Pregnenolon sind die Bezeichnungen der Kohlenstoffe und Ringe verdeutlicht (◘ Abb. 40.2).

Zusammenfassung
- Steroidhormone werden in der Nebennierenrinde und in den Keimdrüsen *de novo* gebildet.
- Die Biosynthese von Steroidhormonen erfolgt aus Cholesterin.
- Pregnenolon entsteht durch die Abspaltung der aliphatischen Seitenkette des Cholesterins in Mitochondrien.
- Pregnenolon und Progesteron sind wichtige Zwischenstufen, die genauso wie Cortisol 21 Kohlenstoffatome besitzen.
- Natürliche männliche Sexualsteroide haben 19 Kohlenstoffatome.
- Endogene weibliche Sexualsteroide besitzen aufgrund ihres aromatischen A-Rings nur 18 Kohlenstoffatome.

40.2 Das Nebennierenrindenhormon Cortisol

40.2.1 Regulation durch das hypothalamisch-hypophysäre System

> Rückkopplungsschleifen steuern die Hormonproduktion.

Die Cortisolfreisetzung aus der Nebennierenrinde steht unter der Kontrolle des Hypophysenhormons **ACTH** (Adrenocorticotropes Hormon, Corticotropin), welches seinerseits durch **CRH** (Corticoliberin, Corticotropin-Releasing-Hormon) reguliert wird (▶ Abschn. 39.2.2). Produktion sowie Freisetzung von CRH und ACTH stehen unter negativer Regulation durch Cortisol, um die homöostatische Einstellung der Cortisolspiegel zu gewährleisten (◘ Abb. 39.5).

CRH wird in 7–10 Pulsen innerhalb von 24 h freigesetzt, die vor allem während der Nacht und am Morgen auftreten. Diese transienten Spitzen des Plasma-CRH entstehen einerseits durch die pulsatile Freisetzung, andererseits durch die kurze Plasmahalbwertszeit von CRH. Die hypophysäre ACTH-Freisetzung folgt dem CRH-Rhythmus zeitversetzt, bewirkt aber einen steigenden Cortisolspiegel am Morgen und einen langsam darauf folgenden Abfall, da die Plasmahalbwertszeit von Cortisol mit >1 h deutlich länger ist als die der Peptidhormone (wenige Minuten). So entsteht aus diskreten Pulsen der Peptidhormone eine langsame circadiane Rhythmik des Cortisols. Übrigens ist dies der Grund, weshalb Plasmacortisolspiegel morgens vor dem Frühstück bestimmt werden – eine Cortisolbestimmung zu einer zufälligen Tageszeit ist angesichts der circadianen Schwankungen ohne diagnostischen Wert.

Die Bindung von ACTH an den G-Protein gekoppelten **Melanocortinrezeptor 2** (MC2R) auf Nebennierenrindenzellen stimuliert die cAMP-Synthese und damit die Proteinkinase A (PKA). PKA aktiviert durch Phosphorylierung die Cholesterinesterhydrolase, StAR und CREB (*cAMP responsive-element binding protein*). Dieser Transkriptionsfaktor aktiviert die Expression von StAR und weiterer steroidogener Enzyme.

40.2.2 Biosynthese von Steroiden in der Nebennierenrinde

> Die histologische und biochemische Zonierung der Nebennierenrinde.

Die Expression von steroidogenen Enzymen folgt der histologischen Zonierung der Nebennierenrinde. So entsteht das Mineralcorticoid Aldosteron in der Zona glomerulosa, Glucocorticoide wie Cortisol in der Zona fasciculata und Sexualsteroide in der Zona reticularis (◘ Abb. 40.3).

40

Das Mineralcorticoid Aldosteron unterscheidet sich vom Cortisol durch das Fehlen der 17-α-Hydroxygruppe und Bildung des Halbacetals zwischen der 11-Hydroxygruppe und dem Aldehyd an Position 18 (■ Abb. 40.5). Die Bildung von Aldosteron wird durch den Angiotensin-II-Rezeptor vermittelt. Auf die Funktion des Aldosterons wird im Zusammenhang mit der Regulation des Elektrolythaushalts durch die Niere eingegangen (▶ Abschn. 65.4.3).

❯ Cortisol entsteht aus Progesteron durch drei aufeinander folgende Hydroxylierungen.

In der Zona fasciculata katalysiert die am endoplasmatischen Retikulum lokalisierte 17α-Hydroxylase die Umwandlung von Progesteron zu **17α-Hydroxyprogesteron** (■ Abb. 40.3). Dieses wird dann durch die 21-Steroidhydroxylase in **11-Desoxycortisol** umgewandelt. 11-Desoxycortisol wird in die Mitochondrien transferiert, wo es durch die 11β-Steroidhydroxylase in das beim Menschen vorherrschende und biologisch aktive Glucocorticoid **Cortisol** umgewandelt wird. Pro Tag kann die Zona fasciculata beim Menschen 5–30 mg (14–84 µmol) Cortisol ohne vorherige Speicherung freisetzen – eine gewaltige Menge für ein Hormon (zum Vergleich: Die gleiche Anzahl Insulinmoleküle würde über ein Gramm wiegen. Tatsächlich setzt ein Mensch nur 1–2 mg Insulin pro Tag frei).

Da die Nebennierenrindenzellen nicht über die Kapazität verfügen, ausreichende Mengen an Cholesterin alleine aus Acetyl-CoA zu synthetisieren, nehmen sie Cholesterinester in Form von Lipoproteinen endocytotisch mittels des LDL-Rezeptors auf (▶ Abschn. 24.2). Entsprechend stimuliert ACTH die Expression des LDL-Rezeptors.

40.2.3 Transport und Stoffwechsel des Cortisols

Der normale Cortisolspiegel beträgt morgens und nüchtern 5–25 µg/dl (0,14–0,69 µmol/l). Aufgrund seiner Hydrophobizität liegt Cortisol aber nicht frei gelöst im Plasma vor, sondern zu über 90 % gebunden an **Transcortin** (*corticosteroid binding globulin*, CBG), ein von der Leber sezerniertes α-Globulin, welches als Transferprotein im Plasma ähnlich wie Transthyretin (TTR) und Thyroxin-bindendes Globulin (TBG) für Schilddrüsenhormone, Sexhormon-bindendes Globulin (SHBG) für Sexualsteroide und Vitamin-D-Bindungsprotein (DBP) für Calcitriol dient (▶ Abschn. 58.3).

❯ Cortisol kann reversibel in Cortison umgewandelt und damit inaktiviert werden.

Eine 11β-Hydroxysteroiddehydrogenase (11β-HSD-2) kann NAD⁺-abhängig Cortisol zum inaktiven **Cortison** oxidieren. Die umgekehrte Reaktion wird durch 11β-HSD-1 NADPH-abhängig katalysiert. Zellen, die 11β-HSD-1 exprimieren, können also unabhängig von der adrenalen Hormonfreisetzung ihre lokale Cortisolkonzentration erhöhen (■ Abb. 40.4).

Die Bedeutung der 11β-HSD-2 erklärt sich anschaulich aus ihrer Expression in Zellen, welche den Mineralocorticoidrezeptor (MR) exprimieren. Sowohl das Glucocorticoid Cortisol als auch das Mineralcorticoid Aldosteron binden an den Mineralocorticoidrezeptor, allerdings ist die zelluläre Konzentration von Cortisol ca. 100fach höher als die von Aldosteron. Die 11β-HSD-2 oxidiert und inaktiviert daher Cortisol, während der Sauerstoff am Kohlenstoff 11 im Aldosteron an der Bildung eines Halbacetals mit der Aldehydgruppe beteiligt und damit vor Oxidation geschützt ist (■ Abb. 40.5). Die Ex-

■ **Abb. 40.4 Cortisol und Cortison können durch Oxidation und Reduktion ineinander umgewandelt werden.** Die 11β-Hydroxysteroiddehydrogenase 2 (11β-HSD-2) katalysiert die Inaktivierung von Cortisol zu Cortison, die 11β-Hydroxysteroiddehydrogenase 1 (11β-HSD-1) ist für die Rückreaktion verantwortlich

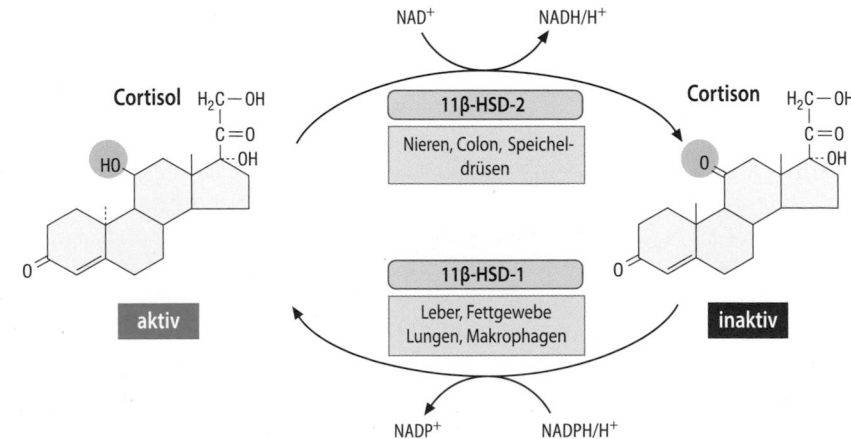

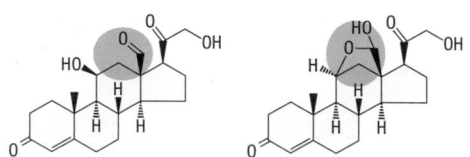

Abb. 40.5 **Strukturformeln von Aldosteron in Aldehyd- und Halb-acetalform.** Der Aldehyd an Position 18 bildet mit der Hydroxyl-gruppe an Position 11 ein zyklisches Halbacetal und schützt so die 11β-Hydroxylgruppe vor Oxidation durch 11β-HSD-2. Durch Expression von 11β-HSD-2 kann sich eine mineralcorticoidresponsive Zelle (z. B. im renalen Tubulusepithel) gegen cortisolabhängige Aktivierung des Mineralocorticoidrezeptors schützen

pression von 11β-HSD-2 wirkt also als „Filter" gegen Cortisol, da Cortison nicht an den Mineralcorticoidrezeptor bindet. Dieses Prinzip der intrazellulären Kontrolle der Konzentration von Liganden nucleärer Rezeptoren (Prä-Rezeptorkontrolle der Ligandenverfügbarkeit) findet sich in analoger Weise bei der Deiodierung von Schilddrüsenhormonen (▶ Abschn. 41.2.3) und der lokalen Synthese von Sexualsteroiden (▶ Abschn. 40.5.2).

❯ Irreversible Inaktivierung von Cortisol.

Cortisol kann auch durch hepatische Enzyme an der C4=C5-Doppelbindung hydriert und somit inaktiviert werden. Die oxidative Abspaltung der Seitenkette am C-Atom 17 und die weitere Konjugation mit Glucuronsäure oder Sulfat erhöhen die Wasserlöslichkeit und erleichtern so die renale Ausscheidung. Aufgrund der vielfältigen Abbaureaktionen von Cortisol in Leber und Darm, ist seine orale Verfügbarkeit relativ gering. Andererseits erlaubt dieser Umstand die gezielte topische Applikation in Form von cortisolhaltigen Salben oder Inhalationssprays, ohne bei richtiger Anwendung systemische Nebenwirkungen erwarten zu müssen.

40.2.4 Cortisolrezeptoren

Der Cortisolrezeptor oder **Glucocorticoidrezeptor (GR)** gehört zur Klasse 1 der nucleären Rezeptoren. GR enthalten eine Ligandenbindungsdomäne und eine DNA-bindende Domäne, die an sog. glucocorticoidresponsive Elemente (GRE) in Promotoren seiner Zielgene bindet (▶ Abschn. 35.1). Die Homologie von Mineralcorticoidrezeptor und Glucocorticoidrezeptor ist mit 97 % in der Ligandenbindungsdomäne sehr ausgeprägt; daher bindet der Mineralcorticoidrezeptor neben Aldosteron auch Cortisol mit vergleichbarer Affinität. Gerade in Neuronen, die keine 11β-HSD-2 exprimieren, werden daher Cortisolsignale auch durch den Mineralcorticoidrezeptor vermittelt.

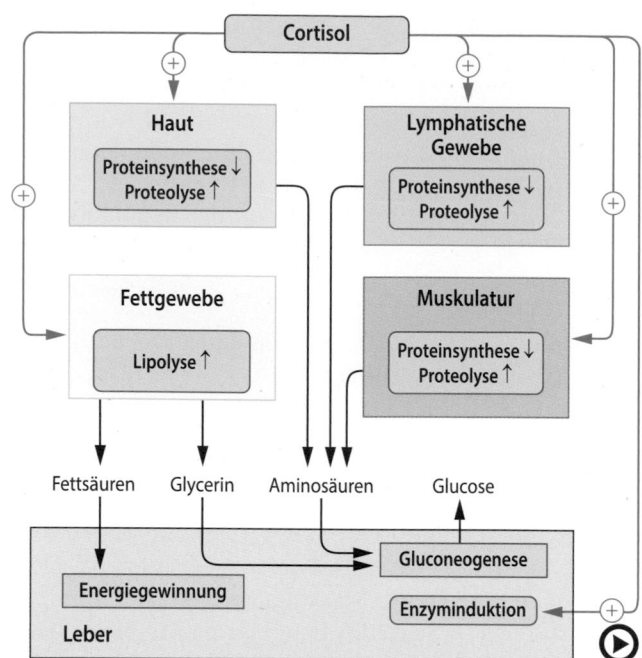

Abb. 40.6 (Video 40.4) **Wirkungen des Cortisols.** Metabolische Wirkungen: gesteigerte Lipolyse und Freisetzung von Fettsäuren im weißen Fettgewebe, gesteigerte Proteolyse und Freisetzung von Aminosäuren aus Skelettmuskel, Bindegewebe und Knochen sowie gesteigerte Gluconeogenese in der Leber. Gleichzeitig wird die Glucoseaufnahme in Muskel, Haut und Fett inhibiert. Wirkungen auf das Immunsystem: Neben Hemmung der Glucoseaufnahme auch Leukocytose, Eosinopenie, Repression von T-Zellaktivität und verminderte Cytokinproduktion (▶ https://doi.org/10.1007/000-5ke)

40.2.5 Stoffwechseleffekte des Cortisols

❯ Cortisol stimuliert die Gluconeogenese.

Als Glucocorticoid stimuliert Cortisol die **hepatische Gluconeogenese** und damit die Bereitstellung von Glucose in die Zirkulation (▢ Abb. 40.6). Somit ist Cortisol ebenso wie Glucagon und Adrenalin ein Antagonist des Insulins. Während Glucagon und Adrenalin eher die kurzfristige Bereitstellung von Glucose aus Glycogen vermitteln, gewährleistet Cortisol eine langsamere, aber nachhaltige Erhöhung des Blutzuckerspiegels. Die nächtliche Zunahme des Cortisolspiegels bis zum Frühstück dient zum Beispiel der Aufrechterhaltung des Blutzuckerspiegels über die relativ lange Nahrungskarenz zwischen Abendbrot und Frühstück. Somit erklärt sich die Nüchternblutabnahme morgens zur Einschätzung der Cortisolwirkung. Eine solche Messung ist aber nur sinnvoll, wenn die Patienten kooperieren und nicht auf dem Weg zur Arztpraxis noch schnell frühstücken!

Cortisol stimuliert die hepatische Gluconeogenese durch vermehrte Transkription von Genen wie denen von PEPCK und Glucose-6-Phosphatase. Die Erhöhung

40

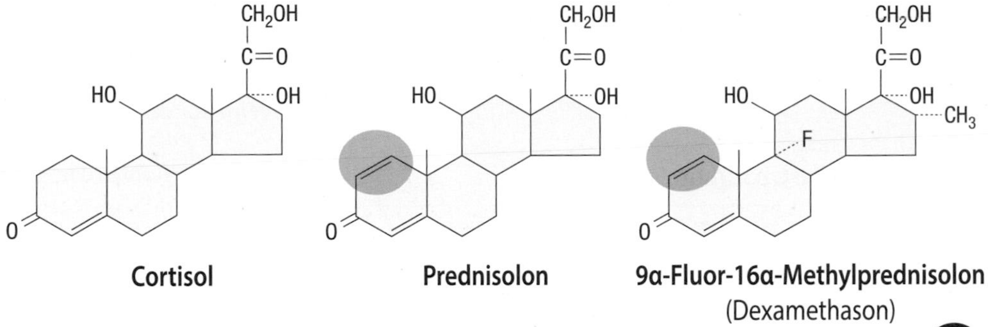

Abb. 40.7 (Video 40.5)
Strukturformeln von Cortisol und synthetischen Glucocorticoiden. (Einzelheiten s. Text)
(▶ https://doi.org/10.1007/000-5kf)

Cortisol   Prednisolon   9α-Fluor-16α-Methylprednisolon
                                                       (Dexamethason)

des Blutzuckerspiegels durch Glucocorticoide beruht weiterhin auf einer zusätzlichen Hemmung der Glucoseaufnahme über GLUT4 in peripheren Organen (Skelettmuskel, Bindegewebe) und Hemmung der Proteinbiosynthese. Im Muskel wird die Proteolyse zusätzlich erhöht und Aminosäuren werden in die Zirkulation abgegeben. Im weißen Fettgewebe wird die Lipolyse stimuliert und Glycerin und Fettsäuren werden freigesetzt. Aminosäuren und Glycerin dienen in der Leber zur Gluconeogenese, während andere Gewebe Aminosäuren und Fettsäuren direkt als Energiesubstrate nutzen. Glucocorticoide wirken also katabol auf Muskeln, Bindegewebe und Fettgewebe (■ Abb. 40.6). Die Mobilisierung von freien Fettsäuren aus den Triacylglycerinspeichern des weißen Fettgewebes verstärkt die Entstehung einer Insulinresistenz in Leber und Muskulatur, was besonders beim Hypercortisolismus von Bedeutung ist (▶ Abschn. 36.7.2).

Die Expression des Glucocorticoidrezeptors in praktisch allen Zelltypen legt nahe, dass die physiologische Funktion des Cortisols sich nicht in der Regulation des Blutglucosespiegels erschöpft.

❯ Cortisol wirkt antiinflammatorisch und immunsuppressiv.

Eine weitere klassische Wirkung des Cortisols betrifft die **Suppression des Immunsystems** und erklärt sich als negative Rückkopplungsschleife auf proinflammatorische Cytokine zur Eindämmung einer Immun- oder Entzündungsreaktion. Vermittelt wird diese u. a. durch Induktion des IκB und Repression von proinflammatorisch aktiven Cytokinen wie TNF-α und IL-1β (▶ Abschn. 35.5.4). Man kann bildlich behaupten, dass Cortisol quasi den **Wasserschaden** eindämmen soll, den die **Feuerwehr** (akute Stressantwort: Adrenalin etc.) verursacht hat. Daher werden synthetische Glucocorticoide wie Dexamethason oder Prednisolon zur Behandlung von Autoimmunerkrankungen, allergischen Reaktionen

(z. B. Asthma) und chronischen sowie akuten Entzündungen eingesetzt. (■ Abb. 40.7) Sie verdanken ihre höhere Wirksamkeit sowohl einer höheren Affinität zum Glucocorticoidrezeptor und schwächeren Bindung an Transcortin, als auch einem verzögerten Abbau, was mit einer längeren biologischen Halbwertszeit einher geht.

Die Wirkungen von Glucocorticoiden auf das Immunsystem betreffen auch die Migration von Immunzellen (▶ Abschn. 70.10.3), Expression der induzierbaren NO-Synthase (iNOS) (▶ Abschn. 35.6.1), sowie die verminderte Synthese von Prostaglandinen (▶ Abschn. 22.3.2) und Cytokinen (▶ Abschn. 34.2). Außerdem können Glucocorticoide Apoptose bei Immunzellen wie T-Lymphocyten und Neutrophilen induzieren (▶ Kap. 51).

❯ Chronisch erhöhtes Cortisol behindert die Wundheilung und fördert die Entstehung von Osteoporose.

In der Haut inhibiert Cortisol die Expression von Kollagenen (▶ Abschn. 71.1.2) und Glucosaminoglycanen (▶ Abschn. 71.1.5.) durch direkte Repression der Gene für Kollagene und Kollagen-Galactosyltransferase. Im Knochen wird die Expression von Osteoprotegerin in Osteoblasten supprimiert und die Aktivität von Makrophagen (den Vorläufern von Osteoklasten) erhöht (▶ Abschn. 72.3). Deshalb treten bei anhaltend hohen Glucocorticoidspiegeln (durch Stress oder durch antiinflammatorische Medikation) Störungen bei der Wundheilung, Pergamenthaut und Osteoporose auf.

❯ Cortisol wirkt auf viele Gebiete im Gehirn.

Der Cortisolspiegel ist bei Personen, die an Depressionen erkrankt sind, oftmals tonisch erhöht und lässt die circadiane bzw. pulsatile Rhythmik vermissen. Auch der negative **Feedback** scheint gestört zu sein. Iatrogen (durch Überdosierung) oder durch Cushing-Syndrom verursachter Cortisolüberschuss kann zu Depressionen und psychotischen Attacken führen, die sehr gut auf das Absenken der Cortisolspiegel ansprechen.

40.2.6 Pathobiochemie

❯ Mutation der 21-Hydroxylase führt zum Adrenogenitalen Syndrom.

Angeborene Störungen der Biosynthese von Steroidhormonen sind vergleichsweise häufig und liefern instruktive Beispiele für die biochemischen Zusammenhänge zwischen den Nebennierenrinden- und Sexualsteroiden. So erreicht die angeborene **21-Hydroxylasedefizienz** eine Inzidenz von bis zu 1:5000. Da die weitere Biosynthese zum Cortisol (über 11-Hydroxylase) blockiert ist, reichern sich bei diesen Patienten 17α-Hydroxyprogesteron (17-OHP), Progesteron und Pregnenolon an, die schließlich in die Androgenbiosynthese in der Zona reticularis münden (◘ Abb. 40.3). Gleichzeitig entfällt durch das Fehlen von Cortisol die negative Rückkopplung auf die Hypothalamus-Hypophysen-Nebennieren-Achse, sodass der ACTH-Spiegel ansteigt und eine Nebennierenrindenhyperplasie verursacht. Die daraus resultierende Überproduktion von **Androgenen** durch die Nebennierenrinde vor der Pubertät führt bei Jungen zu einer prämaturen Ausbildung von Körperbehaarung und resultiert unbehandelt durch das Schließen der Wachstumsfugen in einer geringeren Körpergröße. Bei Mädchen kommt eine weitere Komplikation hinzu, denn sie können durch die adrenalen Androgene (v. a. Androstendion) schon *in utero* und postnatal virilisiert werden – bis hin zur Entwicklung nicht eindeutiger Geschlechtsorgane. Während die meisten Patienten noch über eine variable Restaktivität der 21-Hydroxylase verfügen, leiden manche an einem vollständigen Aktivitätsverlust (Inzidenz 1:15.000). Diese Patienten sind in den ersten Wochen nach der Geburt in akuter Lebensgefahr, da ihnen auch Aldosteron fehlt, sodass es zu Salz- und Wasserverlustkrisen kommen kann. Deshalb wird weltweit in über 40 Ländern bereits im Rahmen von Perinatalscreenings auf schwere Stoffwechselerkrankungen der 17-OHP-Serumspiegel bestimmt. Durch Ersatz der Mineralcorticoid- und Glucocorticoidaktivitäten sowie pharmakologische Blockierung der Androgenwirkung können

die Patienten ein normales Leben führen. Ursache für die relativ häufigen Mutationen im Gen für die Steroid-21-Hydroxylase ist die Rekombination mit einem inaktiven Pseudogen auf demselben Chromosom.

❯ Die Zerstörung der Zona fasciculata führt zum Morbus Addison.

Die Zerstörung der Nebennierenrinde durch eine Autoimmunreaktion ist nicht selten (Prävalenz: ca. 1 auf 2500). Sie resultiert in einer Abnahme, schließlich im Fehlen der Corticosteroide und einem Syndrom, welches Schwächezustände mit Hypoglykämie, Fieber und Salzverlustkrisen umfasst. Durch die fehlende Rückkopplung kommt es zu einer überschießenden Produktion von Proopiomelanocortin (▶ Abschn. 39.1.2). Neben erhöhter ACTH-Freisetzung kommt es auch zu einer erhöhten hypophysären α-MSH-Bildung. Dessen Wirkung auf MC1-Rezeptoren der Haut vermittelt die charakteristischen bronzeartigen Verfärbungen der Haut, sowie die Pigmentierung der Handlinien und der Mundschleimhaut. Sowohl Gluco- als auch Mineralcorticoide müssen pharmakologisch substituiert werden.

❯ Das Cushing-Syndrom kann auf Tumore hinweisen.

Ein Hypercortisolismus entsteht, wenn die ACTH-Produktion nicht durch die negative Cortisolrückkopplung supprimiert werden kann, wie im Falle von Hypophysenadenomen (Morbus Cushing) oder Tumoren, die ektopisch ACTH produzieren (z. B. Bronchialkarzinome). Anzeichen des Cushing-Syndroms sind Glucoseintoleranz, Gewichtszunahme, charakteristische Veränderung der Körperform (Stammfettsucht, „Büffelnacken"), Hautveränderungen sowie Bluthochdruck. Problematisch gerade für junge Patienten kann die einsetzende Osteoporose sein. Ein Cushing-Syndrom wird mitunter auch iatrogen durch zu hohen und zu langen Glucocorticoideinsatz verursacht.

In diesem Zusammenhang ist auch das **Conn-Syndrom** von Interesse, es stellt einen primären Hyperaldosteronismus dar, der u. a. durch somatische Mutationen von Genen im Proteinkinase-A-Weg ausgelöst wird. Die unregulierte Überproduktion von Aldosteron führt zu Bluthochdruck, Hypokaliämie und Muskelkrämpfen (▶ Abschn. 65.4.3).

40

Vom Süßholzraspeln. Das Süßholz (*Glycyrrhiza glabra*) ist eine mediterrane Heilpflanze, aus deren Wurzeln hustenlösende Extrakte, Salmiakpastillen und Lakritze hergestellt werden. Diese Extrakte enthalten unter anderem die Verbindung Glycyrrhizin, ein Glycosid welches 50fach süßer schmeckt als Rohrzucker. Im Verdauungstrakt wird aus Glycyrrhizin das Aglycon Glycyrrhetinsäure freigesetzt, welches sehr potent die 11β-HSD-2 und damit die Inaktivierung von Cortisol hemmt. In der medizinischen Literatur wird immer wieder von hypertensiven Krisen, hypokaliämischen Lähmungen und Rhabdomyolyse als Folge von ungezügeltem Lakritzkonsum berichtet. Durch Hemmung der 11β-HSD-2 in der Niere kommt es zu einer exzessiven Stimulation des Mineralcorticoidrezeptors durch Cortisol und in der Folge zu den Symptomen eines Pseudo-Hyperaldosteronismus: Eine erhöhte Wasser- und Natriumretention führen zu einer Blutdruckerhöhung und die vermehrte Ausscheidung von Kalium über den Urin resultiert in Muskelkrämpfen. Das Süßholz-„Raspeln" beruht übrigens auf der Tatsache, dass im äußeren Teil der Wurzel die Glycyrrhizinkonzentration höher ist als im Inneren (◘ Abb. 40.8).

Glycyrrhiza glabra

Glycyrrhizin

Glycyrrhetinsäure

◘ Abb. 40.8 Süßholz. **a** Süßholzwurzel, **b** Süßholzstrauch, **c** Strukturformeln von Glycyrrhizin und seinem Aglycon Glycyrrhetinsäure. (Aus Schrott und Ammon 2012)

Zusammenfassung
- Die pulsatile Freisetzung des Corticotropin-Releasing-Hormon (CRH) und des glandotropen Hormons ACTH resultieren in einem circadianen Rhythmus der Cortisolspiegel im Plasma.
- Cortisol wird durch drei Hydroxylierungsreaktionen aus Progesteron in der Nebennierenrinde synthetisiert.
- Cortisol bindet intrazellulär an den nucleären Glucocorticoidrezeptor.
- Cortisol stimuliert die hepatische Gluconeogenese durch Induktion der benötigten Enzyme.
- In Muskeln und Bindegewebe hemmt Cortisol die Proteinbiosynthese, stimuliert die Proteolyse und steigert die Lipolyse im weißen Fettgewebe.
- Glucocorticoide wirken immunsuppressiv und inhibieren die Wundheilung.
- Angeborene Störungen der Biosynthese von Corticoiden können zum adrenogenitalen Syndrom führen.

40.3 Die Gonadotropine

40.3.1 Regulation durch das hypothalamisch-hypophysäre System

❯ Wenige GnRH Neurone im Hypothalamus bilden einen Pulsgenerator.

Das übergeordnete Zentrum der Hypothalamus-Hypophysen-Gonaden (HPG-)Achse wird durch eine kleine Zahl von Neuronen im mediobasalen Hypothalamus gebildet, die untereinander und mit verschiedenen anderen Gehirnregionen synaptisch verbunden sind. Sie sezernieren *GnRH (gonadotropin-releasing hormone)*, ein Decapeptidamid, in das portale Gefäßnetzwerk des Hypophysenstiels und regulieren so die Gonadotropinfreisetzung (LH, FSH) durch die Adenohypophyse (◻ Abb. 39.4). Diese Neurone besitzen eine intrinsische rhythmische Aktivität, die sie synchronisieren und so eine pulsatile Freisetzung von GnRH erzeugen können. Gleichzeitig unterliegen diese Neurone einer Vielzahl von regulatorischen Mechanismen, die Umwelteinflüsse, Stimmungen oder den metabolischen Zustand des Körpers berücksichtigen.

❯ Beginnende GnRH-Sekretion markiert die Pubertät.

Der stärkste regulatorische Einfluss auf die HPG-Achse ist ihre „Erweckung" zu Beginn der Pubertät. Man weiß heute, dass übergeordnete Neurone das Neuropeptid **Kisspeptin** abgeben, welches auf GnRH-Neurone an einen G-Protein-gekoppelten, GPR54 genannten Rezeptor bindet (◻ Abb. 39.3). Das Signal/Rezeptor-Paar Kisspeptin/GPR54 ist essenziell für die Aktivität und Stimulation der GnRH-Neurone.

Die Kisspeptin-Freisetzung wiederum wird überraschenderweise durch das Sättigungshormon **Leptin** stimuliert (◻ Abb. 39.3). Leptin wird entsprechend des Fettgehaltes aus dem weißen Fettgewebe freigesetzt und informiert so das Gehirn über den „Ladezustand" seines wertvollsten Energiespeichers (▶ Abschn. 38.3). So weiß man, dass stark übergewichtige Kinder früher, sehr untergewichtige später in die Pubertät eintreten. Kinder mit genetischer Leptindefizienz treten erst nach Leptinsubstitution in die Pubertät ein. Der Zusammenhang zwischen GnRH-Freisetzung und *body mass index* (BMI) ist nicht nur für die Pubertät, sondern auch für die Aufrechterhaltung eines normalen Menstruationszyklus bei Frauen relevant (s. u.). Auch die Tageszeit wird vom Pulsgenerator berücksichtigt, sodass die Frequenz der GnRH-Pulse bei Nacht höher ist als tagsüber. Die GnRH-Freisetzung unterliegt schließlich einer negativen Rückkopplung durch gonadale Sexualsteroide sowie einer Repression durch adrenale Glucocorticoide. Diese Rückkopplung wird überwiegend durch Steroidhormonrezeptoren in Kisspeptin-Neuronen vermittelt, die selbst durch Neurokinin B und dessen Rezeptor aktiviert werden. Mutationen in den Genen der Komponenten dieser Rückkopplungsachse können zu Störungen der Pubertätsentwicklung und des Menstruationszyklus führen. Aber auch tonische Erhöhung des Cortisolspiegels durch Stress beeinflusst die Pubertät sowie den Menstruationszyklus negativ.

40.3.2 Gonadotrope Hormone der Hypophyse

Die Gonadotropine **FSH** (Follitropin, Follikelstimulierendes Hormon) und **LH** (Luteotropin, Luteinisierendes Hormon) gehören zur gleichen Familie von heterodimeren Glycoproteohormonen wie TSH (▶ Abschn. 39.2.2). Obwohl ihre Namen nahelegen, dass sie hauptsächlich die Ovarienfunktion kontrollieren, sind sie auch für die Steuerung der Hoden verantwortlich (◻ Abb. 40.9). Zu Beginn der Pubertät werden Gonadotropine nur nachts pulsatil freigesetzt. Mit Festigung der Achse treten die Pulse auch tagsüber auf, allerdings flachen diese mit dem Alter wieder ab. Die Rezeptoren für LH, FSH und TSH sind ebenfalls sehr nahe miteinander verwandte heptahelicale GPCRs.

Bei der Frau wirkt FSH u. a. auf die Follikelrekrutierung und -reifung (◻ Abb. 40.9). Die Expression der **Aromatase** (▶ Abschn. 40.5.2) in Granulosazellen des Ovars wird durch FSH induziert, genauso wie die Expression des LH-Rezeptors. LH wirkt primär stimulierend auf die androgenproduzierenden Thecazellen des Ovars. Die Kontrolle der Steroidsynthese durch den LH-Rezeptor bleibt auch nach dem Eisprung im Gelbkörper erhalten. Ein einzelner hoher LH-Puls löst die Ovulation aus.

Beim Mann wirkt LH primär auf Leydig-Zellen und stimuliert die Testosteronsynthese. Testosteron und daraus hervorgegangenes Östradiol vermitteln die negative Rückkopplung auf Hypothalamus und Hypophyse. Die Spermienproduktion wird durch Sertoli-Zellen unterstützt, welche über FSH und Testosteron reguliert werden. In Abwesenheit eines funktionellen FSH oder FSH-Rezeptors entwickeln die sonst gesunden Männer eine Azoospermie (Fehlen von Spermien).

Durch anhaltende pharmakologische Rezeptorstimulation mittels GnRH-Analoga lassen sich die gonadotropen Hypophysenzellen desensitivieren, was als therapeutische Option klinisch bei hormonresponsiven Tumorerkrankungen (Prostatakarzinom oder Brustkrebs) genutzt wird.

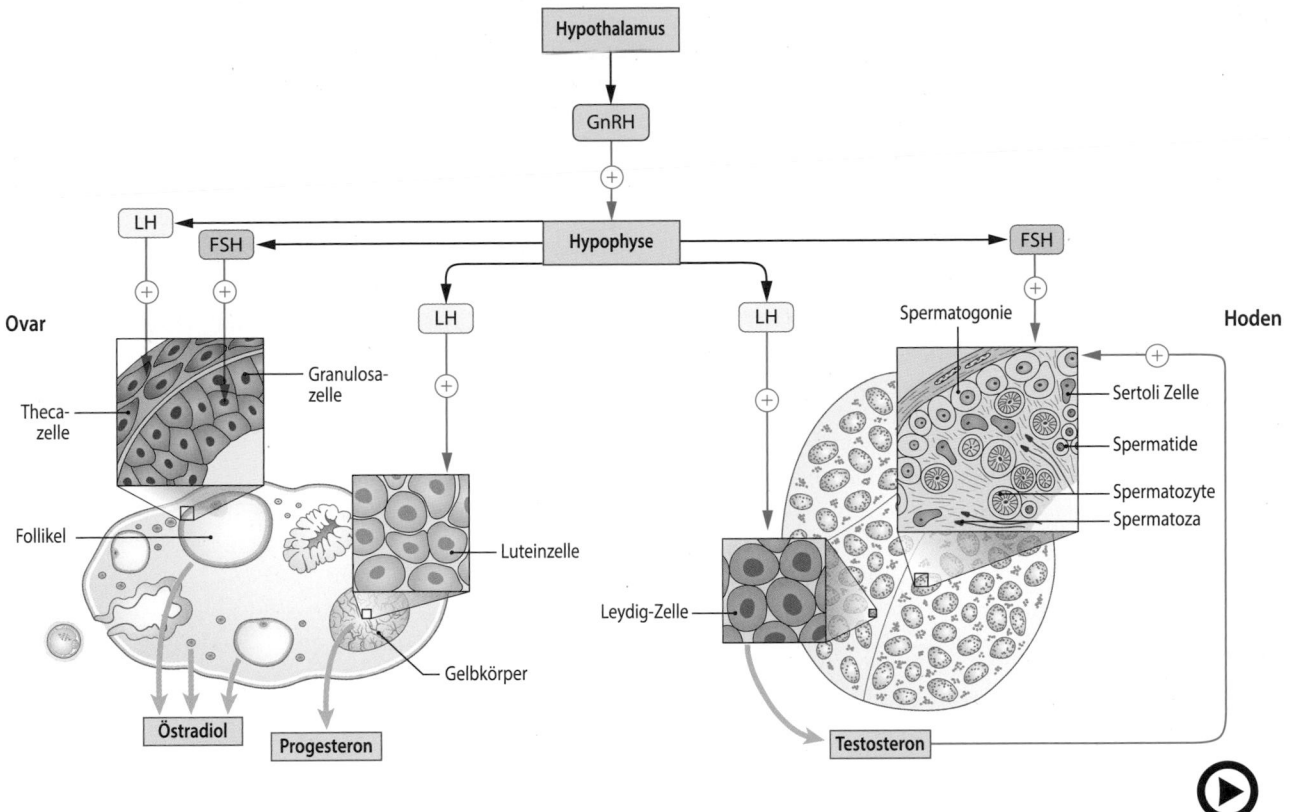

Abb. 40.9 (Video 40.6) **Hormonelle Steuerung der Gonaden durch das hypothalamisch-hypophysäre System.** (Einzelheiten s. Text). (Aus Schmidt et al. 2011) (▶ https://doi.org/10.1007/000-5kb)

Übrigens

Kallmann-Syndrom. Ein seltsames Syndrom hat überraschende Einblicke in die Entwicklung der etwa 2000 GnRH-produzierenden Neurone des mediobasalen Hypothalamus gewährt. Hypogonadaler Hypogonadismus ist ein Syndrom, bei dem die Pubertät nicht von alleine eintritt. Die Synthese von gonadalen Sexualsteroiden bleibt aus, weil die Hypophyse ihrerseits nicht mit der verstärkten Sekretion von Gonadotropinen beginnt. Beim Kallmann-Syndrom ist das Fehlen von messbarem GnRH mit einer Anosmie verbunden (hypogonadaler Hypogonadismus mit Anosmie). Die Patienten riechen also nichts. Das war der Schlüssel zu Aufklärung der genetischen Ursache. Man fand, dass Zellen, die am Riechen beteiligt sind, während der Embryonalentwicklung nicht korrekt wandern. So entdeckte man, dass auch GnRH-Neurone während dieser Zeit erst in den Hypothalamus einwandern. Beim Kallmann-Syndrom ist das Gen für ein Protein mutiert, welches für die Migration beider Zelltypen essenziell ist.

Zusammenfassung

– Der GnRH-Pulsgenerator liegt im Hypothalamus und wird mit der Pubertät aktiv.
– Die Gonadotropine LH und FSH sind Glycoproteohormone aus der Hypophyse und stimulieren die Sexualsteroidproduktion in Hoden und Ovarien.

– LH stimuliert die Sexualsteroidbiosynthese durch Leydig-Zellen beim Mann und durch Thecazellen bei der Frau.
– FSH wirkt keimzellenfördernd; beim Mann über die Sertoli-Zellen und bei der Frau über die Granulosazellen.

40.4   Männliche Sexualsteroide

40.4.1   Biosynthese männlicher Sexualsteroide

❯ Leydig-Zellen im Hoden produzieren Testosteron.

Die Biosynthese von männlichen Sexualsteroiden (Androgenen) findet in Leydig-Zellen des Hodens statt, die sich im Zwischenzellkompartiment zwischen den spermienproduzierenden Tubuli befinden. Die Steroidbiosynthese wird über den LH-Rezeptor durch cAMP-Erhöhung stimuliert und folgt dem bereits beschriebenen Weg (▶ Abschn. 40.1). 17α-Hydroxyprogesteron und 17α-Hydroxypregnenolon werden durch das Enzym C17-C20-Lyase in Androstendion bzw. Dehydroepiandrosteron (DHEA) umgewandelt. Reduktion an Position 17 und im Falle von Δ⁵-Androstendiol die Oxidation an Position 3 münden in die Bildung von **Testosteron** (◻ Abb. 40.10). Im menschlichen Hoden ist der Δ⁵-Weg bevorzugt.

❯ Auch DHEA aus der Nebenniere kann zu Testosteron umgewandelt werden.

In der Nebennierenrinde synthetisiertes **Dehydroepiandrosteron (DHEA,** ◻ Abb. 40.3) wird zu DHEA-S sulfatiert und in die Zirkulation abgegeben. DHEA-S kann von Leydig-Zellen wieder aufgenommen, desulfatiert und intrakrin zu Testosteron weiter reduziert werden. Ein erwachsener Mann produziert täglich 4–12 mg Testosteron, wozu die Nebennierenrinde allerdings nur etwa 0,2 mg beiträgt. DHEA-S ist mit einer Plasmakonzentration von 500–2500 ng/ml (1,3–6,8 μmol/l) das am höchsten konzentrierte Steroid und könnte einen „Prohormon-Puffer" darstellen, aus dem sich andere Gewebe bedienen.

40.4.2   Transport und Stoffwechsel

Androgene werden im Plasma zu 98 % von einem sowohl Testosteron als auch Östrogen bindenden Protein (*SHBG, sex hormone-binding globulin*) gebunden. Die normale Testosteronkonzentration im Plasma des Mannes beträgt 3–10 ng/ml (10–35 nmol/l).

Der Komplex aus SHBG und Testosteron kann endocytotisch von Megalin (LRP2) in Zellen aufgenommen werden. Genetische Defizienz von Megalin führt bei männlichen Mäusen zum Hodenhochstand, da die Ligamente, die die Hoden ursprünglich in der Bauchhöhle halten, Testosteron-abhängig absterben sollten. Bei weiblichen Megalin-defizienten Mäusen bleibt die Öffnung der Vagina aus, d.h., auch bei weiblichen Mäusen wird ein klassischer Östrogeneffekt durch endocytotische Aufnahme des SHBG/Östradiol-Komplexes in Zielzellen bewirkt. Darüber hinaus muss es weitere noch unbekannte Mechanismen der zellulären Steroidauf-

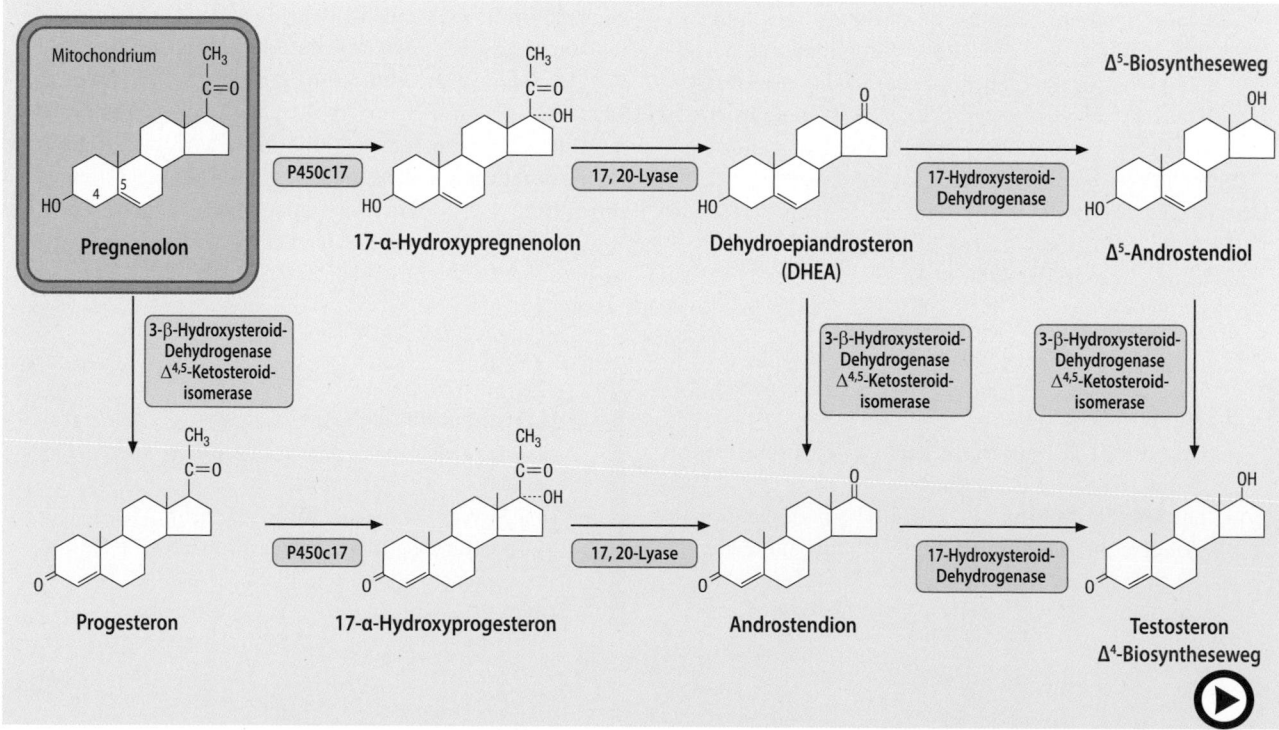

◻ **Abb. 40.10**   (Video 40.7) **Biosynthese des Testosterons aus Pregnenolon.** *P450c17:* 17α-Steroidhydroxylase. (Einzelheiten s. Text) (▶ https://doi.org/10.1007/000-5kh)

nahme geben, denn nicht alle Zielzellen von Testosteron und Östradiol exprimieren Megalin. In Fruchtfliegen wurde kürzlich ein Transmembrantransporter für deren einziges Steroidhormon, Ecdyson, identifiziert. Möglicherweise gibt es auch beim Menschen homologe Steroid-Transporter.

> ❯ Dihydrotestosteron entsteht aus Testosteron und ist ein potentes Androgen.

Testosteron wird in verschiedenen peripheren Zielgeweben (z. B. in der Prostata) durch das Enzym 5α-Reduktase irreversibel intrakrin in Dihydrotestosteron (DHT) umgewandelt. Seine Plasmakonzentration ist etwa 10-mal niedriger als die des Testosterons. DHT bindet an den Androgenrezeptor (AR) stärker als Testosteron und stellt somit ein noch potenteres Androgen dar (◻ Abb. 40.11). Bei angeborener Inaktivität der 5α-Reduktase wird der Androgenrezeptor in bestimmten Geweben zu schwach stimuliert und es kommt z. B. zu Hypospadie oder Intersexualität (partielle Androgeninsensitivität).

Es gibt zwei Isoenzyme der 5α-Reduktase. 5α-Reduktase Typ 1 ist in vielen Geweben bei Mann und Frau aktiv, während 5α-Reduktase Typ 2 vorwiegend in externen Genitalgeweben, Prostata und Haarfollikeln exprimiert wird.

> ❯ Manche Testosteroneffekte werden durch Östradiol vermittelt.

Testosteron kann durch das Enzym **Aromatase** in Östradiol umgewandelt werden (▶ Abschn. 40.5.2). Im Gegensatz dazu kann DHT nicht in Östrogene umgewandelt werden und stellt somit ein „eindeutiges" Androgen dar. Paradoxerweise werden manche Testosteroneffekte, wie z. B. die männliche Prägung des embryonalen Gehirns, durch Östradiol vermittelt. Östradiol kann im Gegensatz zu Testosteron zu diesem Zeitpunkt der Entwicklung nicht ins Gehirn aufgenommen werden. Die lokale Umwandlung im Gehirn von Testosteron in Öst-

Testosteron   Typ 1 und Typ 2 5α-Reduktase   NADPH/H⁺   NADP⁺   **5α-Dihydrotestosteron**

◻ **Abb. 40.11** (Video 40.8) **Periphere Umwandlung von Testosteron in 5α-Dihydrotestosteron** (▶ https://doi.org/10.1007/000-5kj)

radiol stellt somit Liganden für den Östradiolrezeptor zur Verfügung, der daraufhin die männliche Prägung des Gehirns vermittelt. Der zirkulierende Testosteronspiegel bei der Frau liegt unter 1 ng/ml.

Die Inaktivierung von Testosteron und DHT geschieht durch Reduktion mittels 3α-Hydroxysteroiddehydrogenase u. a. in der Leber. Nach Oxidation an Position 17 werden die freien oder sulfatierten bzw. glucuronidierten Androgenderivate über den Urin ausgeschieden.

40.4.3 Effekte der Androgene

> ❯ Testosteron steuert Körperbau und Sexualfunktion beim Mann.

Testosteron und DHT binden an den gleichen nucleären Rezeptor, den **Androgenrezeptor**. Während der männlichen Geschlechtsdifferenzierung kommt dem Testosteron eine wichtige Rolle bei der Bildung von Strukturen zu, die aus den **Wolff-Gängen** abgeleitet sind, wie z.B. Samenleiter, Nebenhoden und Samenbläschen. Die äußeren Genitalien weisen eine außerordentliche Entwicklungsplastizität auf, sodass selbst weibliche Genitalien bei Neugeborenen durch dauerhaft hohe Androgenspiegel virilisiert werden können (▶ Abschn. 40.2.6). Nach Eintritt in die Pubertät bewirkt Testosteron die Ausprägung der sekundären Geschlechtsmerkmale wie männlicher Körperbehaarung und vermehrtem typisch maskulinen Muskelaufbau. Für die Spermienbildung ist die Testosteronwirkung auf Sertoli-Zellen essenziell. Testosteron hat auch psychische Effekte und steigert die Libido und die Aggressivität.

> ❯ Androgene wirken anabol.

Wie inzwischen jeder Sportinteressierte weiß, wirken Androgene anabol, d. h. sie unterstützen den Aufbau von Muskelmasse. Neben der Bildung von Muskelfasern und der Stimulation der Proteinbiosynthese antagonisieren sie die katabole Wirkung von Glucocorticoiden nach Belastung und verkürzen damit die Regenerationszeit des Muskels. Weiterhin erhöhen sie die Bildungsrate von Erythrocyten. Wer anabole Steroide missbraucht, muss allerdings oft Nebenwirkungen in Kauf nehmen, die darauf beruhen, dass sich die anabolen nicht sauber von den virilisierenden Wirkungen der Substanzen trennen lassen. So kann es bei Männern zu einer übersteigerten Aggressivität und zur Hodenatrophie kommen (Testosteron reprimiert die Gonadotropinbildung in der Hypophyse), während zu den unerwünschten Wirkungen bei Frauen eine unangenehme Zunahme der Körperbehaarung, eine Absenkung der Stimmlage und sogar eine signifikante Klitorisvergrößerung zählen. Ein Steroidmissbrauch bei Heranwachsenden kann weiterhin zum vorzeitigen Schließen der Wachstumsfugen und damit zu geringerer Körpergröße führen, was in der Vergangenheit mitunter sogar ein angestrebtes Ziel bei Turnern und Turnerinnen gewesen sein mag!

40.4.4 Pathobiochemie

❯ Der nucleäre Androgenrezeptor vermittelt die Androgenwirkungen.

Das Gen für den Androgenrezeptor liegt auf dem X-Chromosom. Somit können für den Androgenrezeptor heterozygote symptomfreie Frauen funktionsbeeinträchtigte Androgenrezeptor-Allele an ihre Söhne vererben. Bei völliger Inaktivität ihres Androgenrezeptors entwickeln sich karyotypische 46, XY-Männer äußerlich zu Frauen und erfahren von ihrem genetischen Geschlecht erst, wenn sie aufgrund der Abwesenheit von Menstruationszyklen untersucht werden. Charakteristisch für die vollständige Androgeninsensitivität ist übrigens das Fehlen der Körperbehaarung. Bei diesen Patienten entsteht Östradiol durch Aromataseaktivität in peripheren Geweben aus Androgenen. Aufgrund der Androgenrezeptormutation bleibt eine Virilisierung aus und die Östrogene setzen sich phänotypisch durch, was in einem vollständig weiblichen Körperbild resultiert. Eine Polyglutaminexpansion im Androgenrezeptorgen löst beim Menschen ab einer bestimmten Länge eine zu Lähmungen und zum Tode führende neuromuskuläre Degenerationserkrankung (spinobulbäre Muskelatrophie) aus, die auch als Kennedy-Krankheit bezeichnet wird.

❯ Therapeutische Verwendung von Antiandrogenen.

Unerwünschte Androgenwirkungen können durch Antiandrogene (Androgenantagonisten am Androgenrezeptor) wie Cyprosteronacetat oder Flutamid vermindert werden. Sie kommen zur Anwendung bei Frauen mit exzessiver adrenaler Androgenproduktion, bei Kindern mit Adrenogenitalem Syndrom (um den Epiphysenschluss zu verzögern bzw. bei Mädchen eine Virilisierung zu verhindern) und bei Patienten mit androgenabhängigem Prostatakarzinom. Bei benigner Prostatahyperplasie, polyzystischem Ovarialsyndrom, bei exzessivem Haarwuchs und Haarausfall finden 5α-Reduktasehemmer wie Finasterid Verwendung. Bei Triebtätern kann der Sexualtrieb durch eine antiandrogene Medikation gedämpft werden.

Übrigens

BALCO und Doping im großen Stil. Die *Bay-Area Laboratory CO-operative* (BALCO) war nach außen eine Art Genossenschaft, bei der sich Sportler gemeinsam ein Speziallabor bei San Francisco teilten, das sportmedizinische Untersuchungen durchführen sollte. Allerdings lag die Spezialität des Labors weniger beim Lactattest, als bei der laborchemischen Überwachung von Dopingverfahren. Neben der Überwachung des Hämatokritwertes (der weltweit bei vielen Sportlern bekanntermaßen ganz zufällig dem persönlichen Wettkampfkalender folgt, dabei aber den sportrechtlichen Grenzwert nie überschreitet), half BALCO auch mit sehr speziellem Wissen. Chemiker hatten das neuartige anabole Steroid Tetrahydrogestrinon (THG) synthetisiert, aber vorerst weder publiziert noch offen vermarktet. Doping mit THG, welches den Athleten als *THE CLEAR* bekannt war, hatte den Vorteil, dass es dafür weder immunchemische noch massenspektrometrische Analysemethoden in Dopinglabors gab. Erst ein Insider-Tipp erlaubte es, THG zu identifizieren und im Folgenden bei vielen, mitunter prominenten Sportlern in vormals „sauber" getesteten Proben nachzuweisen. Gerichtsfest bewiesen ist die Anek-dote durch das umfassende Geständnis der Sprinterin Marion Jones, die im Jahr 2000 in Sydney drei olympische Goldmedaillen gewann (und wegen Dopings wieder verlor). Wissenschaftliche Publikationen zu THG finden sich erst seit 2004. THG bindet hochaktiv sowohl an den Androgenrezeptor als auch an den Progesteronrezeptor, jedoch nicht an den Östrogenrezeptor (◻ Abb. 40.12).

Tetrahydrogestrinon (THG)

◻ **Abb. 40.12 Tetrahydrogestrinon.** Bei Athleten als THE CLEAR bekannt, steigerte das synthetische anabole Steroid Tetrahydrogestrinon die Leistung, während es den Dopingfahndern schlicht unbekannt war

---

Zusammenfassung

- Leydig-Zellen im Hoden produzieren Testosteron.
- Testosteron wird durch 5α-Reduktase in das wirksamere Dihydrotestosteron überführt.
- Testosteron und Dihydrotestosteron binden an den gleichen Androgenrezeptor.
- Testosteron wirkt am Skelettmuskel anabol.
- Androgene vermitteln die männliche Geschlechtsdifferenzierung und Funktion.
- Antiandrogene blockieren den Androgenrezeptor oder hemmen die 5α-Reduktase.
- Durch Aromatase gebildete Östrogene wirken beim Mann auf die Gehirnentwicklung, Knochenwachstum und Spermienreifung.

40.5 Weibliche Sexualsteroide

40.5.1 Der Menstruationszyklus

❯ Den Zyklus kann man als Menstruations-, Ovarial- und Hormonzyklus auffassen.

Der weibliche Zyklus stellt ein klassisches Beispiel für die Funktionsfähigkeit, Vernetzung und Flexibilität des endokrinen Systems dar. Bei den meisten Frauen dauert ein Menstruationszyklus im Durchschnitt 28 Tage und ist nicht an eine bestimmte Jahreszeit oder Brutsaison gebunden. Der Menstruationszyklus, also die zyklische Änderung des Zustands der Uterusschleimhaut, wird von einem Ovarialzyklus begleitet, der mit dem Hormonzyklus in Wechselwirkung steht.

Der Menstruationszyklus beginnt nach Konvention am ersten Tag der **Menses** also mit der Abstoßung der Uterusschleimhaut und Monatsblutung (◧ Abb. 40.13). Es folgt eine **proliferative Phase** mit einem Neuaufbau des **Endometriums**, die mit dem Eisprung in die sogenannte **sekretorische Phase** mündet. Der Eisprung wird durch einen hohen LH- und FSH-Puls um den 14. Tag des Zyklus ausgelöst, der seinerseits am Ende einer Phase der höchsten GnRH-Pulsrate steht. Die dann beginnende **Lutealphase** wird vom Gelbkörper dominiert, der sich aus den **Theca-** und **Granulosazellen** des gesprungenen Follikels bildet. Die gelbe Farbe des **Corpus luteum** ergibt sich durch die massive Akkumulation von Cholesterinestern in den Zellen als Ausgangsmaterial für die Progesteronsynthese, die bis zu 40 mg Hormon täglich erreichen kann. Das freigesetzte Progesteron stimuliert die sekretorische Phase der Uterusschleimhaut, in der das Endometrium für die Einnistung eines Embryos bereit ist. Der Gelbkörper atrophiert um den vorletzten (26.) Zyklustag, sodass Progesteron und Östradiol bald unter einen kritischen Wert fallen. Da die sekretorische Uterusschleimhaut ohne Progesteron und Östradiol nicht weiter aufrechterhalten werden kann, bricht sie zusammen und wird abgestoßen. Gleichzeitig fehlt nun die negative Rückkopplung von Progesteron, Östradiol und Inhibin auf die Hypophyse, die ihrerseits wieder vermehrt FSH ausschüttet, welches für die Rekrutierung neuer Primärfollikel und Reifung eines dominanten Follikels wichtig ist. Ein dominantes Follikel setzt sich durch und wächst zu erheblicher Größe an (**Graaf'sches Follikel**), während die anderen rekrutierten Follikel atrophieren. Während dieser **Follikelphase** nimmt die Östradiolfreisetzung mit der Zellmasse des dominanten Follikels zu. Im Hypothalamus kommt es wenige Tage vor der Ovulation zu einer Veränderung: Die klassische negative Rückkopplung von Östradiol auf den GnRH-Pulsgenerator wird nach Erreichen einer kritischen Östradiolkonzentration für wenige Tage durch eine **positive Rückkopplung** abgelöst, die in der Erhöhung der GnRH-Pulsfrequenz und schließlich in den präovulatorischen LH- und FSH-Puls mündet.

Ein aktuelles Problem der neuroendokrinologischen Forschung stellt der Wechsel von der negativen zur positiven Rückkopplung durch Östradiol im Hypothalamus dar. So exprimieren die GnRH-Neurone selbst keine Östrogenrezeptoren (ER). Man nimmt an, dass die GnRH-Neurone unter Kontrolle einer anderen Neuronengruppe im Hypothalamus stehen. Wie bei den anderen endokrinen Achsen auch stellen die Aufklärung und das Verständnis der neuroendokrinen Kontrolle der HPG-Achse sowie ihrer Integration mit anderen Achsen eine formidable Aufgabe für die Zukunft dar.

❯ Ovariale Inhibine reprimieren FSH.

Inhibine sind verwandte Glycoproteohormone aus der *transforming growth factor β* (TGF-β) Familie. Granulosazellen des Follikels produzieren Inhibine, welche die FSH-Freisetzung der Hypophyse spezifisch hemmen. Hierdurch kann die unterschiedliche Kinetik der FSH- und LH-Konzentrationen erklärt werden. Ähnlich wie die hypophysären Glycoproteohormone LH, FSH und TSH werden Inhibine als Heterodimere aus einer inhibinspezifischen gemeinsamen α Untereinheit und einer spezifischen βA- oder βB-Untereinheit gebildet. Inhibinrezeptoren gehören zur Familie der Rezeptor-Serin/Threonin-Kinasen (▸ Abschn. 35.4.4).

❯ Die Menopause beginnt, wenn alle Follikel verbraucht sind.

Bei der Geburt verfügen Frauen über etwa 1–2 Millionen Eizellen. Bis zur Pubertät überleben nur noch etwa 300.000 Eizellen. Wie oben ausgeführt, beginnen mehrere Primärfollikel die Reifung, von denen sich pro Ovulation fast immer nur ein einziges, dominantes Follikel durch-

◨ Abb. 40.13 Überblick über den Menstruationszyklus. Der 1. Tag des 28 Tage dauernden Zyklus ist definiert durch das Einsetzen der Menses. Die Pulsfrequenz der hypothalamischen GnRH-Sekretion steigert sich während der Follikelphase bis zur Ovulation, die durch einen scharfen LH und FSH Puls ausgelöst wird. Unter dem Einfluss der Gonadotropine werden Follikel rekrutiert, wachsen und setzen steigende Mengen Östradiol frei. Nach der Ovulation wird der Follikel zum Gelbkörper umgebaut und produziert vorwiegend Progesteron (Lutealphase), welches seinerseits Hypophyse und Hypothalamus inhibiert und somit seine eigene Produktion schließlich erniedrigt. Die endometriale Schleimhaut kann nur unter hohen Progesteronkonzentrationen aufrechterhalten werden und bricht daher mit Abnahme des Progesteronspiegels zusammen, was schließlich zur Menses führt. Die hormonellen, ovariellen und endometrialen Phasen des Zyklus werden von einer Änderung der basalen Körpertemperatur begleitet

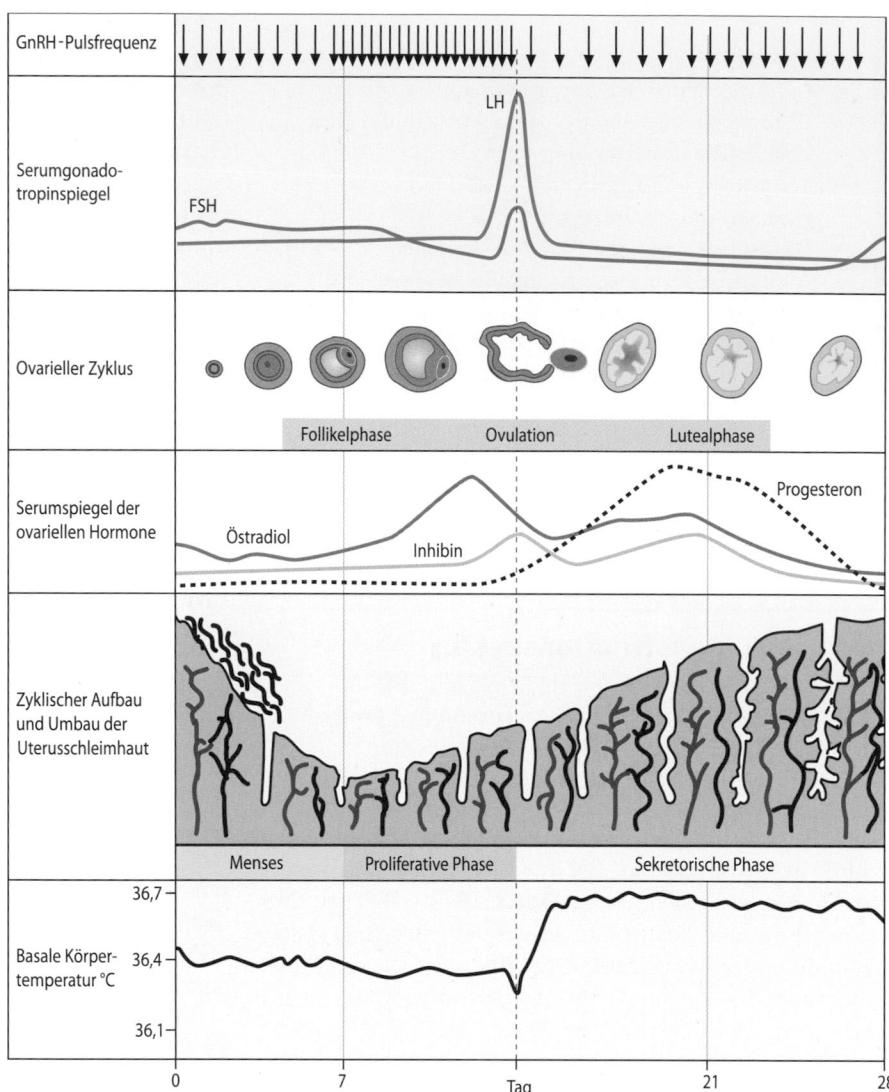

setzt. Pro Zyklus gehen also mehrere Eizellen unter. Nach 400–500 Ovulationen, irgendwann im 4. bis 5. Lebensjahrzehnt, sind die Primärfollikel einer Frau verbraucht. Die ovariale Produktion von Östradiol bricht daraufhin zusammen und die Frau tritt in die Menopause ein. Da jetzt die Rückkopplung durch Östradiol fehlt, sind postmenopausale Frauen durch hohe Gonadotropinspiegel charakterisiert. Außerdem fehlt auch ovariales Inhibin, sodass das FSH/LH-Verhältnis in der Menopause ansteigt.

40.5.2 Biosynthese, Transport und Stoffwechsel von weiblichen Sexualsteroiden

❯ Die Biosynthese von Östradiol in den Ovarien teilen sich zwei Zelltypen.

Ein Follikel besteht aus einer zentralen Eizelle, die von mehreren Schichten **Granulosazellen** umgeben wird. Diese werden ihrerseits von **Thecazellen** umgeben. **Theca-interna**-Zellen besitzen das Enzym 17,20-Lyase und sind somit in der Lage, die Umwandlung von Progesteron in Androstendion zu katalysieren. Dieses Androgen stellen sie *parakrin* den benachbarten Granulosazellen zur Verfügung. Dort wird Androstendion durch die Aromatase und 17β-Hydroxysteroiddehydrogenase in Östradiol überführt. Nach dem Eisprung, mit dem Übergang des Follikels in einen Gelbkörper, stellen die Zellen die Expression von Aromatase und 17,20-Lyase ein und der Gelbkörper setzt fortan vor allem Progesteron frei (◨ Abb. 40.14).

❯ Östradiol wird über Sexhormon-bindendes Globulin (SHBG) transportiert.

Östrogene werden im Plasma zu ca. 98 % vom SHBG (▸ Abschn. 40.4.2) gebunden. Die Östradiolkonzentration im Plasma der Frau schwankt zwischen 20–60 pg/ml (70–220 pmol/l) um die Menses bis auf über 200 pg/ml (>740 pmol/l) vor der Ovulation.

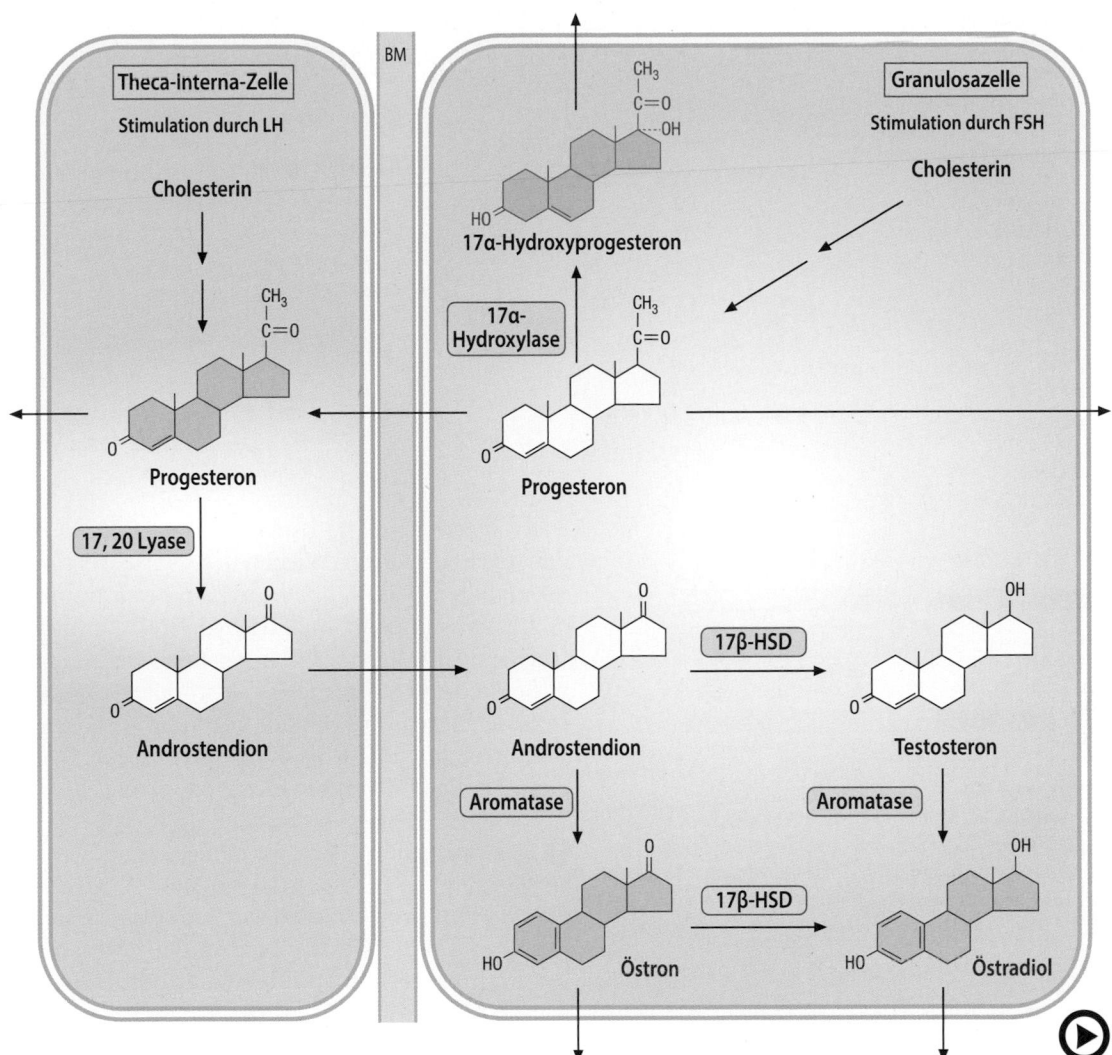

◘ Abb. 40.14 (Video 40.9) **Kooperation von Thecazellen und Granulosazellen bei der Biosynthese von Östradiol.** Thecazellen stellen unter LH-Stimulation das schwache Androgen Androstendion zur Verfügung, welches in Granulosazellen unter FSH-Stimulation durch 17-beta-Hydroxysteroiddehydrogenase und Aromatase in Östradiol umgewandelt wird. Eine gesteigerte Produktion von 17α-Hydroxyprogesteron findet sich vor allem beim adrenogenitalen Syndrom sowie beim Krankheitsbild der polycystischen Ovarien. *BM*: Basalmembran (► https://doi.org/10.1007/000-5kk)

Der Abbau von Östradiol wird durch hepatische Oxidation sowie Glucuronidierung oder Sulfatierung erreicht (► Abschn. 62.3.1). Darüber hinaus erfolgen auch Hydroxylierungen an den C-Atomen in Position 2, 4 und 16 des Östradiol sowie anschließende Methylierungen durch das Enyzm Katechol-O-Methyltransferase (COMT) zu Katecholöstrogenen.

❯ Aromatase wandelt Androgene in Östrogene um.

Aromatase ist ein Cytochrom-P_{450}-abhängiges Enzym und katalysiert irreversibel die oxidative Entfernung der angulären Methylgruppe an C-Atom 19 von Androgenen, wobei der A-Ring aromatisiert wird. Der Reaktionsmechanismus ist in ◘ Abb. 40.15 veranschaulicht. Aromatase wird nicht nur in den Granulosazellen des Ovars exprimiert. Periphere Gewebe wie z. B. weißes Fettgewebe verfügen ebenfalls über Aromataseaktivität und können so bei Frauen eine gewisse Östradiolsynthese aus adrenalen Androgenen wie z. B. DHEA(S) noch nach der Menopause aufrechterhalten. Hieraus erklärt sich die tendenziell stärkere Ausprägung von Symptomen der Menopause bei sehr schlanken Frauen.

40.5.3 Biologische Effekte

❯ Östradiol vermittelt den weiblichen Phänotyp.

Der Anstieg der Östradiolkonzentration während der Pubertät löst charakteristische Veränderungen des weiblichen Organismus aus. Es kommt zu der typisch

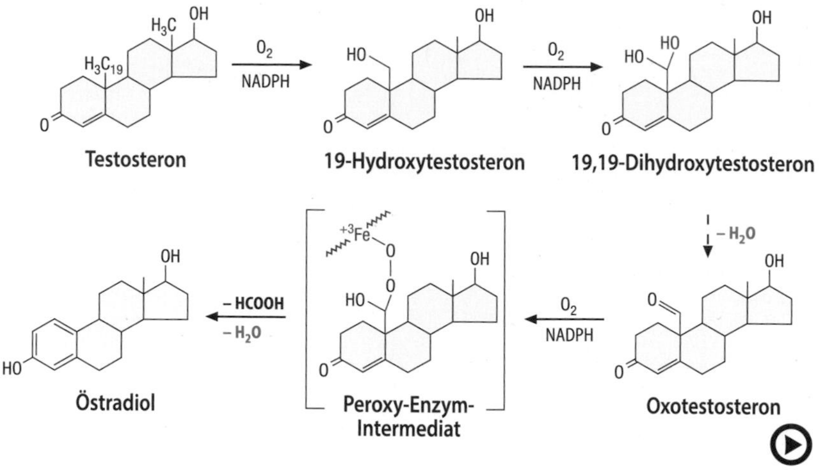

■ **Abb. 40.15** (Video 40.10)
Mechanismus der Aromatase. Die
Entfernung der angulären C19-Methyl-
gruppe durch die Aromatase überführt
Testosteron in Östradiol. Dargestellt ist
der komplexe Reaktionsmechanismus.
Die Abspaltung der Methylgruppe als
Ameisensäure ist irreversibel
(▶ https://doi.org/10.1007/000-5km)

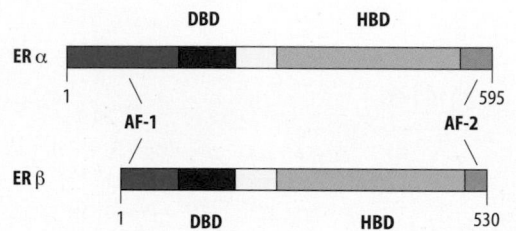

■ **Abb. 40.16 Aufbau der beiden nucleären Östradiolrezeptorpro-
teine.** Wie alle Steroidhormonrezeptoren enthalten die Östradiolre-
zeptoren eine DNA-Bindungsdomäne (DBD) sowie eine Hormon-
bindedomäne (HBD). Die Transaktivierungsdomänen am N- und
C-Terminus (AF-1 und AF-2) interagieren mit der Transkriptionsmaschinerie

weiblichen Verteilung des subcutanen Fettgewebes, dem
Wachstum der Brust, der Ausprägung des weiblichen
Behaarungstyps, weiblichen Gesichtszügen und der
Formung der weiblichen Silhouette. Auch bei Männern
befindet sich Aromatase im weißen Fettgewebe, weshalb
bei adipösen Männern mitunter ein Brustansatz beobachtet werden kann.

❯ Östradiol wirkt durch verschiedene Östrogenrezeptoren.

Mit Östrogenrezeptoren (ER) werden gemeinhin die
beiden nucleären Rezeptoren ERα und ERβ gemeint.
Für deren Transkripte existieren jeweils mehrere Spleißvarianten, die sich z. B. am N-Terminus in der Aktivie-
rungsdomäne unterscheiden (■ Abb. 40.16). Beide ER
wirken daher als ligandengesteuerte Transkriptionsfaktoren. Die meisten klassischen Wirkungen von Östrogenen werden über den ERα vermittelt. Der Aufbau
des Endometriums in der proliferativen Phase hängt
vom ERβ ab. Über ihn wirken auch „Phytoöstrogene"
(z. B. Genistein aus Soja, Tofu) und „Xenoöstrogene"
(z. B. Phthalsäureester als Plastikweichmacher). Im

Tierversuch wird die östrogene Wirkung eines Stoffes
daher schlicht durch Wiegen des Uterus bestimmt. Östradiol hemmt den Knochenabbau durch Induktion von
Wachstumshormon, 1,25-Dihydroxy-Vitamin D3 und
IGF-1. Deshalb steigt bei postmenopausalen Frauen
mit erniedrigtem Östradiolspiegel das Frakturrisiko an.
Inzwischen wurde auch ein G-Protein-gekoppelter Östradiolrezeptor (GPR30, GPER) entdeckt, der manche
der schnellen Östradiolwirkungen vermittelt.

❯ Antiöstrogene Wirkung von Progesteron.

Die Wirkung von Progesteron wird durch einen nucleären Rezeptor der Klasse 1 vermittelt (Progesteronrezeptor, PR). Progesteron entfaltet eine dreifache antiöstrogene Wirkung:
— PR reprimiert die Expression des ER,
— PR stimuliert die weitere Hydroxylierung und damit
   Inaktivierung von Östrogenen und
— PR stimuliert die Sulfatierung von Östradiol (E_2)
   und Östriol (E_3). So kann Progesteron während der
   Schwangerschaft nicht nur über direkte Rückkopplung, sondern auch indirekt weitere Ovulationen verhindern.

❯ Gestagene Wirkung des Progesterons.

Der Gelbkörper kann während der Lutealphase eine
Plasmakonzentration an Progesteron von 20 ng/ml aufrechterhalten, das ist bis zu 1000mal höher als die Spiegel der anderen Sexualsteroide. Progesteron aus dem
Gelbkörper ist in den ersten Wochen essenziell zur Aufrechterhaltung der Schwangerschaft, indem es das Endometrium auf die Einnistung des Embryos vorbereitet
und danach die **Blastozyste** und später den Embryo am
Leben hält. Später übernimmt die Plazenta die Progesteronproduktion mit Plasmaspiegeln bis 150 ng/ml zum
Zeitpunkt der Geburt.

40.5.4 Pathobiochemie

❯ Antiöstrogene werden zur Therapie von Brustkrebs eingesetzt.

Bei östrogenabhängigen Formen des Mammakarzinoms werden Antiöstrogene wie Tamoxifen verwendet, die den Östrogenrezeptor zwar binden, jedoch nicht aktivieren (◘ Abb. 40.17).

❯ Die Wirkungsweise der „Pille".

Die Einführung oraler Kontrazeptiva beruht einerseits auf der Analyse der Hormonwirkungen, die dem Menstruationszyklus und einer Schwangerschaft zugrunde liegen, andererseits auf den Fortschritten der Chemie, oral verfügbare und wirksame Hormonanaloga bereit zu stellen. Ein entscheidender Schritt war die Erkenntnis, dass die Einführung einer 17α-Ethinylgruppe ein synthetisches Sexualsteroid oral bioverfügbar macht. Ein weiterer wichtiger Schritt war die Synthese von 19-Norsteroiden, welche progestagene Wirkungen entfalten (◘ Abb. 40.17). Die „**Pincus-Pille**" (entstanden aus der Zusammenarbeit des Klinikers Gregory Pincus und des Chemikers Carl Djerassi, der sich selbst „die Mutter der Pille" nannte) enthält eine östrogene und eine gestagene Komponente, die zusammen den Menstruationszyklus aufrechterhalten, aber die Ovulation hemmen. Die „**Minipille**" enthält nur eine gestagene Komponente, die auf mehreren Ebenen wirkt: Der Uterusschleim wird verfestigt und damit der Zugang für Spermien in die Eileiter erschwert und die Ovulation wird unterdrückt. Die „**Pille danach**" ist ein hochdosiertes Gestagen (z. B. Levonorgestrel oder Ulipristalacetat), welches den Eisprung über die Lebensdauer der Spermien hinaus

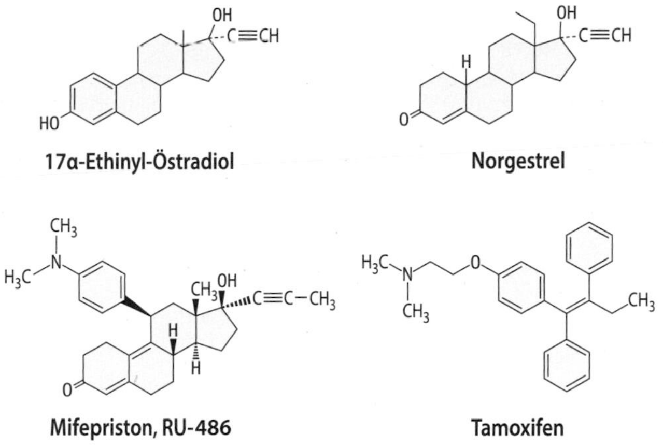

◘ **Abb. 40.17 Synthetische Sexualsteroide.** 17α-Ethinylöstradiol und Norgestrel sind klassische Bestandteile der „Pille". Die Rezeptorantagonisten Mifepriston und Tamoxifen blockieren die Funktionen des Progesteron- bzw. Östradiolrezeptors

um bis zu 5 Tage verzögern kann. Von den **Verhütungspillen** abzugrenzen ist die „**Abtreibungspille**", ein hochdosiertes Antiprogestin (z. B. RU-486 „Mifepriston"). Ein großer Substituent an C11 erlaubt die Bindung an den Progesteronrezeptor, aber nicht an den Östrogenrezeptor. Diese Substanz verhindert trotz Bindung an den Progesteronrezeptor dessen Aktivierung. Mifepriston antagonisiert also die Wirkung von Progesteron: die Blastozyste stirbt ab und die Uterusschleimhaut wird abgestoßen. Die Anwendung der „Pille danach" oder gar von Mifepriston ist allerdings von vielen höchst unangenehmen Nebenwirkungen begleitet, wie man sie von einem hochdosierten Eingriff ins endokrine System erwarten muss, und stellt daher keine praktische Alternative zur klassischen Kontrazeption dar.

Übrigens

hCG und Schwangerschaftstests. Der entscheidende Schritt zu Beginn der Schwangerschaft ist die Aufrechterhaltung des Gelbkörpers und seiner Progesteronproduktion. Dazu übernimmt der Embryo gleich mit der Implantation die Kontrolle über die mütterlichen Hormone: Er sezerniert dazu aus plazentaren Syncytiotrophoblasten das humane Choriongonadotropin (hCG). Dieses stellt ein Glycoproteohormon mit großer Ähnlichkeit zum LH dar. Das hCGβ-Gen ging aus einer primatenspezifischen Duplikation des LHβ-Gens hervor. hCG ist ein sehr potenter LH-Rezeptorligand mit hoher Plasmahalbwertszeit. Mit seiner Hilfe wird der Gelbkörper unabhängig vom mütterlichen LH und hypertrophiert. Damit einher geht die weitere Erhöhung des Progesteronspiegels bis ins letzte Trimester der Schwangerschaft. Die Berliner Endokrinologen Selmar Aschheim und Bernhard Zondek beschrieben in den 1920er-Jahren die Induktion von Gelbkörpern in präpubertären Mäusen nach Injektion von 0,5 ml Urin einer Schwangeren: Die Aschheim-Zondek-Reaktion. Darauf wurde der erste Schwangerschaftstest aufgebaut, der schon kurz nach der Implantation des Embryos positiv wird. Später wurde der Urin der Schwangeren in Apotheken den leichter zu haltenden afrikanischen Krallenfröschen (*Xenopus laevis*, „Apothekenfrosch") injiziert, bei denen hCG wie LH wirkt und das Laichen auslöst. Auch aktuell basieren Schwangerschaftstests auf dem Nachweis von hCG, heute verwendet man allerdings immunchemische Teststäbchen anstatt von Tierversuchen (◘ Abb. 40.18).

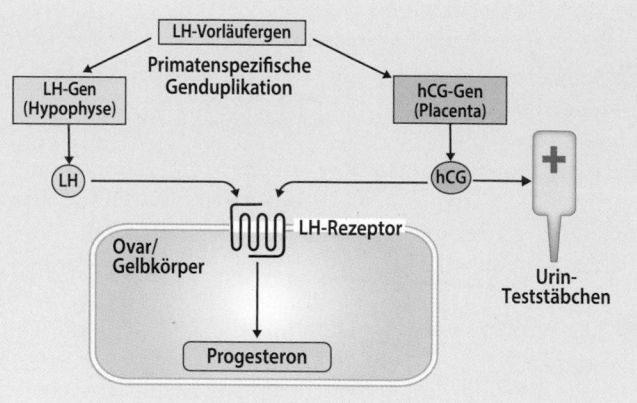

Abb. 40.18   Choriongonadotropin. Das humane Choriongonadotropin (hCGβ) geht aus einer Genduplikation des
LHβ-Gens hervor. Es wird zunächst im Embryo, dann in der
Plazenta gebildet und kann im Urin gemessen werden. Es dient
zur Aufrechterhaltung des Gelbkörpers, da hypophysäres LH
durch den hohen Progesteronspiegel supprimiert wird

Zusammenfassung

Der weibliche Zyklus läuft auf drei Ebenen ab: zyklische Veränderungen des Endometriums, der Ova-
rialaktivitäten und der Hormonkonzentrationen im
Plasma. Der Zyklus beginnt mit der Monatsblutung,
der Eisprung findet ca. am 14. Tag statt und ist durch
einen LH-Peak und einen Anstieg der Körpertemperatur charakterisiert. Granulosa- und Thecazellen kooperieren bei der durch Aromatase katalysierten Östradiolsynthese. Progesteron aus dem Gelbkörper ist
für die Aufrechterhaltung der Schwangerschaft essenziell. Die durch hCG stimulierte hohe Produktion von
Progesteron supprimiert effektiv die hypothalamische
GnRH- und hypophysäre Gonadotropinsekretion und
verhindert so eine weitere Empfängnis. Die Wirkung
von „Antibabypillen" basiert auf der Hemmung der
Ovulation, Nidation und/oder Mucusbeschaffenheit.

Weiterführende Literatur

Diederich S, Quinkler M, Hanke B, Bähr V, Oelkers W (1999) 11be-
ta-Hydroxysteroid Dehydrogenasen: Schlüsselenzyme für die
Wirkung von Mineralcorticoiden und Glucocortocoiden. Dtsch
Med Wochenschrift 124(3):51–55

Draper N, Stewart PM (2005) 11beta-hydroxysteroid dehydrogenase
and the pre-receptor regulation of corticosteroid hormone action. J Endocrinol 186(2):251–271

Dungan HM, Clifton DK, Steiner A (2006) Minireview: kisspeptin
neurons as central processors in the regulation of gonadotropin-
releasing hormone secretion. Endocrinology 147(3):1154–1158

Hammes A, Andreassen TK, Spoelgen R, Raila J, Hubner N, Schulz
H, Metzger J, Schweigert FJ, Luppa PB, Nykjaer A, Willnow TE
(2005) Role of endocytosis in cellular uptake of sex steroids. Cell
122(5):751–762

Labrie F, Luu-The V, Belanger A, Lin SX, Simard J, Pelletier G, Labrie C (2005) Is dehydroepiandrosterone a hormone? J Endocrinol 187(2):169–196

Lang F (2010) Hormone In: Schmidt et al (Hrsg) Physiologie des
Menschen, 31 Aufl. Springer Medizin Verlag, Heidelberg

Meschede D, Behre HM, Nieschlag E, Horst J (1994) Das Kallmann
Syndrom. Seine Pathophysiologie und klinisches Bild. Dtsch
Med Wochenschr 119(42):1436–1442

Miller WL (2007) StAR search – what we know about how the steroidogenic acute regulatory protein mediates mitochondrial cholesterol import. Mol Endocr 21:589–601

Park SY, Jameson JL (2005) Minireview: transcriptional regulation
of gonadal development and differentiation. Endocrinology
146(3):1035–1042

Payne AH, Hales DB (2004) Overview of steroidogenic enzymes in
the pathway from cholesterol to active steroid hormones. Endocr
Rev 25(6):947–970

Richter-Appelt H (2007) Intersexualität. Bundesgesundheitsblatt
Gesundheitsforschung Gesundheitsschutz 50(1):52–61

Schänzer W, Thevis M (2007) Doping im Sport. Med Klin (Munich)
102(8):631–646

Schrott E, Ammon HPT (2012) Heilpflanzen der ayurvedischen und
der westlichen Medizin, Springer Medizin, Springer-Verlag Heidelberg

Schweizer U, Braun D, Forrest D (2019) The ins and outs of steroid
hormone transport across the plasma membrane: insight from
an insect. Endocrinology 160:339–340

Klassische endokrine Publikationen

Aschheim S, Zondek B (1928) Schwangerschaftsdiagnostik aus Urin
(durch Hormonmessung). Klinische Wochenschrift 7(1):8–9

Berthold AA (1849) Transplantation der Hoden. Arch Anat Physiol
Wiss Med 16:42–46

Zondek B, Aschheim S (1928) Das Hormon des Hypophysenvorderlappens. Isolierung, chemische Eigenschaften, biologische Wirkungen. Klinische Wochenschrift 7(18):831–835

Endokrin relevante Weblinks

Endokrines Web-Textbuch, umfassend und laufend aktualisiert.
https://www.endotext.org/. 2.12.2020

Laufend aktualisiertes Lehrbuch Endokrinologie. https://emedicine.
medscape.com/endocrinology. 02.12.2020

40

Schilddrüsenhormone – Zentrale Regulatoren von Entwicklung, Wachstum, Grundumsatz, Stoffwechsel und Zelldifferenzierung

Josef Köhrle, Ulrich Schweizer und Lutz Schomburg

Die Schilddrüsenhormone Thyroxin (T4) und Triiodthyronin (T3) steuern Entwicklung, Wachstum, Zelldifferenzierung, die meisten anabolen und katabolen Stoffwechselwege sowie viele Reaktionen des Struktur- und Funktionsstoffwechsels. Das biologisch aktive Hormon der Schilddrüse ist das T3. Es entsteht aus dem als Prohormon dienenden T4 durch enzymatische Deiodierung. Seine Wirkungen werden überwiegend durch nucleäre T3-Rezeptoren (TRα, TRβ) vermittelt, die als ligandenmodulierte Transkriptionsfaktoren die Expression vieler Gene regulieren. Biosynthese und Sekretion der Schilddrüsenhormone werden durch das hypothalamisch-hypophysäre System reguliert. Von besonderer Bedeutung sind hierbei das hypothalamische Thyreotropin-Releasing Hormon (TRH) und das hypophysäre Thyroidea-stimulierende Hormon (TSH).

Schwerpunkte

41.1 Regulation der Hormonproduktion der Schilddrüse durch das hypothalamisch-hypophysäre System
- TRH und TSH als wichtigste hormonelle Regulatoren der Hypothalamus-Hypophysen-Schilddrüsen-Achse
- Regulation der Sekretion von TRH und TSH
- Wirkung von TSH auf den TSH-Rezeptor der Schilddrüse

41.2 Biosynthese der Schilddrüsenhormone
- Biosynthese von T4 und T3 und Iodstoffwechsel

- Transport im Blutplasma, zelluläre Aufnahme und Stoffwechsel

41.3 Zelluläre Effekte und Wirkungsmechanismen der Schilddrüsenhormone
- Effekte der Schilddrüsenhormone auf Stoffwechsel, Wachstum und Herz-Kreislauf-System
- T3-Rezeptoren TRα und TRβ

41.4 Pathobiochemie
- Iodidmangel, Hyper- und Hypothyreosen

41.1 Regulation der Hormonproduktion der Schilddrüse durch das hypothalamisch-hypophysäre System

Die Schilddrüse (lat. *thyreoidea*) ist die größte endokrine Drüse des Menschen. Das schmetterlingsförmige Organ besteht aus zwei durch einen Isthmus verbundenen Schilddrüsenlappen. Es hat bei der Frau ein Volumen von 15–20 ml und beim Mann von 18–25 ml, und kann durch Ultraschall gut vermessen werden. Die funktionelle Einheit der Schilddrüse ist der **Follikel**. Er wird aus einem einschichtigen, polarisierten Epithel endodermalen Ursprungs (Thyreocyten) mit stark ausgeprägten

Ergänzende Information Die elektronische Version dieses Kapitels enthält Zusatzmaterial, auf das über folgenden Link zugegriffen werden kann https://doi.org/10.1007/978-3-662-60266-9_41. Die Videos lassen sich durch Anklicken des DOI Links in der Legende einer entsprechenden Abbildung abspielen, oder indem Sie diesen Link mit der SN More Media App scannen.

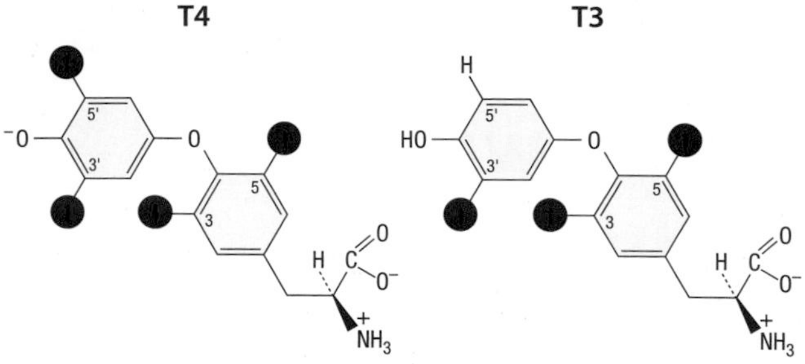

T4

T3

◻ Abb. 41.1 Struktur der beiden Schilddrüsenhormone Thyroxin (T4) und Triiodthyronin (T3). T3 ist die biologisch aktive Form der Schilddrüsenhormone. Im T3 ist das Iodatom in Position 5′ durch ein Wasserstoffatom ersetzt. Dadurch steigt der pK-Wert der OH-Gruppe auf 8.4 im Vergleich zu 6.8 im T4, das beim physiologischen pH als Phenolatanion vorliegt

tight junctions gebildet, welches kugelförmig das sog. **Kolloid** umschließt. Das Kolloid besteht hauptsächlich aus abgelagertem iodiertem und polymerisiertem **Thyreoglobulin (Tg)**.

Jeder Follikel ist von einem dichten Netz fenestrierter Kapillaren umgeben. Nur in dieser angiofollikulären Einheit aus Endothel- und Epithelzellen kann die Schilddrüsenhormonsynthese erfolgen.

Die Calcitonin produzierenden C-Zellen (▶ Abschn. 66.2) besiedeln während der Entwicklung die Schilddrüse und funktionieren in enger parakriner Interaktion mit den angiofollikulären Einheiten der Schilddrüse.

Die beiden in den Follikeln gebildeten Hormone sind das Thyroxin (T4) und das Triiodthyronin (T3) (◻ Abb. 41.1). Die Schilddrüsenhormon-Produktion wird durch das hypothalamisch-hypophysäre System reguliert, sodass man analog zu den Verhältnissen bei den Glucocorticoiden oder den Sexualsteroiden von einer Hypothalamus-Hypophysen-Schilddrüsen-Achse (HPT-Achse) spricht.

41.1.1 Das Thyreotropin-Releasing-Hormon

❯ Das Thyreotropin-Releasing-Hormon (TRH, Thyreoliberin) wird in spezifischen Neuronen des hypothalamischen paraventrikulären Nucleus als Prä-Pro-Hormon synthetisiert, posttranslational durch Prohormonkonvertasen aus seinem Vorläuferprotein freigesetzt und am N- und C-Terminus modifiziert.

Das Thyreotropin-Releasing-Hormon ist mit nur drei Aminosäuren das kleinste bekannte Peptidhormon. Das humane TRH-Gen kodiert allerdings für den Vorläufer Prä-Pro-TRH (Molekülmasse 26 kDa), der sechs Kopien des TRH-Vorläufers (Gln-His-Pro-Gly) enthält. Dieses Peptid wird jeweils nach dibasischen Aminosäuresequenzen (Lys-Lys, Lys-Arg oder Arg-Arg) durch die Prohormonkonvertasen PC1/3 und PC2 aus dem Vorläufer Prä-Pro-TRH herausgespalten (◻ Abb. 41.2). Die C-terminalen basischen Aminosäuren der Spaltprodukte werden durch Carboxypeptidase E (CPE, auch Carboxypeptidase H genannt) entfernt. Wie bei einigen anderen hypothalamischen endokrin aktiven Neuropeptiden erfolgt im Anschluss die Cyclisierung des N-Terminus durch die Glutaminylcyclase (GC) und die Amidierung des C-Terminus durch die **Peptidylglycin-amidierende Monooxygenase (PAM)** zum fertigen TRH (pyroGlu-His-Pro-Amid) (▶ Abschn. 39.1.2).

TRH wird in einer hypophysiotropen Neuronenpopulation des paraventrikulären Nucleus (PVN) produziert und in der Eminentia mediana, die außerhalb der Blut-Hirn-Schranke liegt, in den portalen Kapillarplexus des Hypophysenstiels sezerniert (◻ Abb. 39.1). Viele dieser hypophysiotropen TRH-Neurone zeigen auch eine Coexpression und Sekretion des anorexigenen Neuropeptids CART (*cocaine and amphetamine-regulated transcript*; ▶ Abschn. 38.3). Die TRH-Freisetzung zeigt ähnlich wie die TSH-Freisetzung (s. u.) ein ausgeprägtes circadianes Profil mit einem Maximum in den Abendstunden und zu Beginn der Nacht.

Die Schilddrüsenhormone T3 und T4 unterdrücken die TRH-Transkription durch negative Feedback-Regulation (◻ Abb. 41.3). Auch die Prozessierung von Pro-TRH wird durch T3 gehemmt, da die beiden Prohormonkonvertasen PC1/3 und PC2 reprimiert werden. Gentranskription und TRH-Bildung sind also erhöht, wenn niedrige Schilddrüsenhormonspiegel in den TRH-Neuronen registriert werden. Auch Nahrungsentzug hemmt die PC1/3- und PC2-Genexpression im paraventrikulären Nucleus (PVN), während Leptin diese stimuliert.

Durch die posttranslationalen Modifikationen ist TRH vor dem Abbau durch unspezifische Peptidasen geschützt; es hat dennoch nur eine Halbwertszeit von ca. 2 min. Die hochspezifische Metallopeptidase **TRH-Degrading Ectoenzyme (TRH-DE)**, auch Pyroglutamylpeptidase II (PPII) genannt, ist das einzige Enzym, welches TRH spalten kann, wobei TRH das einzige bekannte physiologische Substrat des TRH-DE ist. Das Ektoenzym wird auf lactotropen Zellen der Ade-

41

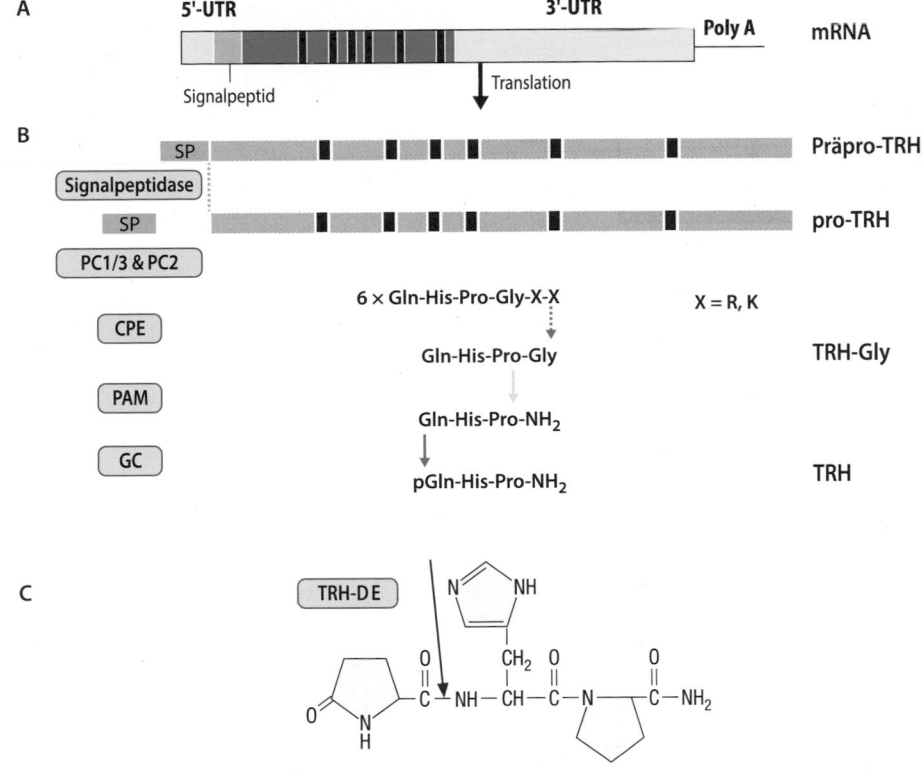

☐ **Abb. 41.2 Biosynthese und Abbau des hypothalamischen Thyreotropin-Releasing Hormon (TRH). A** Struktur der mRNA des Prä-Pro-TRH. Auf eine am 5′-Ende gelegene, nicht-translatierte Region (5′-UTR) folgen die Sequenzen für Signalpeptid (SP) und Pro-TRH. Dieses enthält insgesamt 6-mal die Codons für die TRH-Vorläuferpeptide (*rot*). Am 3′-Ende befindet sich eine lange nicht-translatierte Region sowie das Poly(A)-Ende. **B** Vom translatierten Prä-Pro-TRH wird das Signalpeptid abgespalten, und die an dibasischen Aminosäuresequenzen schneidenden Prohormonkonvertasen PC1/3 und PC2 setzen 6 Peptide der Sequenz Gln-His-Pro-Gly-X-X frei. X steht für die basischen Aminosäuren Arginin oder Lysin. Mit der Carboxypeptidase E (CPE) werden die basischen Reste entfernt, die Peptidamidase (PAM) spaltet das nun C-terminale Glycin unter Bildung des Prolylamids, und die Glutaminylcyclase (GC) bildet aus dem N-terminalen Glutaminrest durch Zyklisierung den Pyroglutamylrest des nun biologisch aktiven TRH. **C** Struktur des TRH. Die Spaltstelle der TRH inaktivierenden TRH-Degrading Ectoenzyme (THR-DE) ist angegeben. (Einzelheiten s. Text)

nohypopyse und Tanycyten[1] exprimiert und invers zum TRH-Rezeptor durch T3-abhängige Feedback-Regulation reguliert. Die Expression des TRH-Rezeptors wird durch T3 reprimiert, diejenige des TRH-DE stimuliert.

---

1 Tanycyten sind spezialisierte Gliazellen, die den dritten Ventrikel des Hypothalamus auskleiden und cytoplasmatische Fortsätze bis zur Eminentia mediana haben, mit denen sie eine Verbindung zu den Nervenendigungen der parvizellulären hypothalamischen Neurone herstellen. Auf diese Weise können sie die Verfügbarkeit von sezerniertem TRH für die thyreotropen und lactotropen Zellen der Adenohypohyse beeinflussen.

Weitere Faktoren, welche die TRH-Freisetzung stimulieren oder hemmen, sind in ☐ Abb. 41.3 dargestellt. Die TRH-positiven Neurone des PVN sind damit die zentralen Sensoren der HPT-Achse, welche über negatives Feedback und durch die Umgebungstemperatur, Nahrungsaufnahme, Energiestoffwechsel und Stresshormone effektiv gesteuert werden. Zusätzlich wird die Wirkung von freigesetztem TRH an den thyreotropen hypophysären Zielzellen durch Regulation von TRH-Rezeptor-Expression und -Abbau kontrolliert.

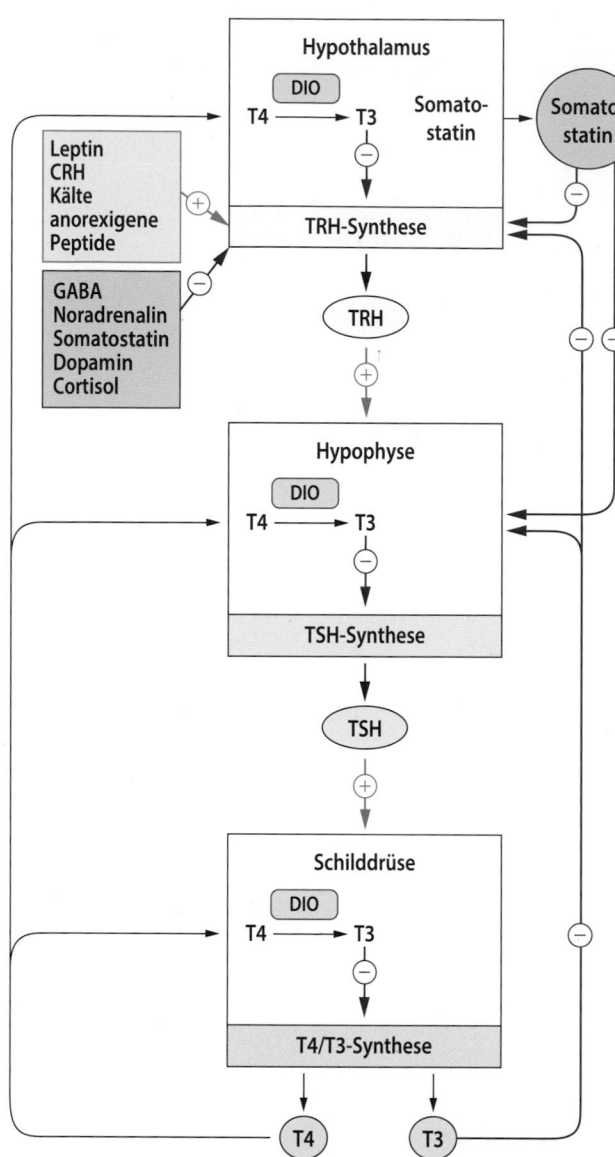

Abb. 41.3   Regulation der TRH- bzw. TSH-Sekretion. Das biologisch aktive T3 hemmt direkt die Biosynthese und Sekretion von Thyreotropin-Releasing Hormon (TRH) und Thyreotropin (TSH). T4 hat einen gleichartigen Effekt, muss dazu allerdings zuvor in T3 umgewandelt werden. Über diese Regulation hinaus beeinflussen eine Reihe weiterer Faktoren die Hypothalamus-Hypophysen-Schilddrüsenachse. (Einzelheiten s. Text). *CRH: Corticotropin-Releasing Hormon; DIO:* Deiodase; *GABA:* γ-Aminobutyrat

41

41.1.2 Thyreotropin, das Thyreoidea-stimulierende Hormon der Adenohypophyse

❯ TRH stimuliert in thyreotropen Zellen der Adenohypophyse die Biosynthese und Sekretion des heterodimeren Glycoproteohormons Thyreotropin (Thyroidea-stimulierendes Hormon, TSH).

TRH wird pulsatil in hohen Konzentrationen in den Kapillarplexus der Eminentia mediana freigesetzt und stimuliert den **TRH-Rezeptor-1** in thyreotropen Zellen der Adenohypophyse. Der G-Protein gekoppelte TRH-Rezeptor-1 aktiviert die Phospholipase C mit Bildung von Inositol-3-Phosphat als *second messenger*. Dies erhöht die cytosolische Calciumkonzentration und aktiviert die Proteinkinase C (▶ Abschn. 35.3.2.1), was zur Stimulierung der Synthese, Glycosylierung und Freisetzung des heterodimeren Glycoproteohormons **Thyreotropin** führt, das pulsatil und mit einem circadianen Rhythmus sezerniert wird.

In neuroendokrinen Gehirnregionen außerhalb des PVN, im autonomen Nervensystem und anderen Geweben wird der TRH-Rezeptor-2 exprimiert, wo von nicht-hypophysiotropen Neuronen sezerniertes TRH als Neuropeptid lokal wirkt.

Das Schilddrüsenhormon T3 ist der wichtigste inhibitorische Regulator der hypophysären TSH-Produktion und -Sekretion (❏ Abb. 41.3). Hypothyreote Stoffwechselbedingungen stimulieren die Expression des TRH-Rezeptor-1 in thyreotropen Zellen, während dessen Expression in der Hyperthyreose gehemmt wird.

TSH hat als Glycoproteohormon eine deutlich längere biologische Halbwertszeit von ca. 50–70 min als das Tripeptid TRH. Die posttranslationale N- und O-Glycosylierung und Sialylierung von TSH wird durch das TRH-Pulsmuster beeinflusst und verändert die biologische Aktivität von TSH. Schlafentzug, Hunger, chronischer Stress, Entzündungen und einige Erkrankungen stören das reguläre Pulsmuster von TRH und damit auch das von TSH, was zum Verlust des physiologischen nächtlichen TSH-Anstiegs führt. Proinflammatorische Cytokine hemmen bei Infektionen, Fieber und Entzündungen die TSH-Biosynthese parakrin über die Follikulostellarzellen der Adenohypophyse.

TRH steigert neben der Stimulation von TSH in thyreotropen Zellen auch die Biosynthese und die Sekretion von Prolactin in lactotropen Zellen der Adenohypophyse.

Übrigens

Wichtige Daten zur Funktion der Schilddrüse und ihrer Hormone

- Schilddrüsenhormone regulieren über direkte und permissive Mechanismen die Gehirnentwicklung (IQ), das Wachstum und das Körpergewicht, den (Energie-)Stoffwechsel und die Körpertemperatur.
- Thyroxin (T4) gehört zu den 5 weltweit am meisten verordneten Medikamenten.
- Die Autoimmunerkrankungen Morbus Basedow und Hashimoto Thyreoiditis betreffen 1–3 % der erwachsenen Frauen.
- Schilddrüsentumore sind die häufigsten Tumore endokriner Organe mit weltweit steigender Inzidenz (ca. 5 Neuerkrankungen pro 100.000 Personen pro Jahr).

- Die Prävalenz gutartiger oder maligner Schilddrüsenerkrankungen ist 2- bis 3fach höher bei Frauen als bei Männern.
- Zwei Drittel der Weltbevölkerung haben noch immer eine unzureichende Iodidversorgung.
- 1 von 3500 Neugeborenen wird ohne oder mit nichtfunktioneller Schilddrüse geboren: Eine kongenitale Hypothyreose führt unbehandelt zu einer schweren mentalen Retardierung, sog. Kretinismus. Ein neonatales TSH-Screening ist inzwischen in entwickelten Ländern flächendeckend eingerichtet und sichert durch sofortige T4-Substitution eine normale Entwicklung. Die T4-Gabe muss lebenslang erfolgen.

❯ TSH steuert Synthese, Speicherung und Freisetzung der Schilddrüsenhormone T4 und T3.

TSH erreicht über die Zirkulation die stark durchblutete Schilddrüse, bindet dort an die große extrazelluläre Ektodomäne des **TSH-Rezeptors (TSH-R)** und aktiviert so die Thyreocyten (◨ Abb. 41.4). Der TSH-R ist G-Protein gekoppelt und stimuliert über ein $G_{\alpha s}$-Protein den cAMP-PKA- und über ein G_q-Protein den Phospholipase-C-Signalweg (▶ Abschn. 35.3). Die Aktivierung des cAMP-Signalwegs steigert dabei in erster Linie die Schilddrüsenhormonfreisetzung und das Wachstum der Schilddrüse, während der Phosphoinositolweg die Hormonproduktion u. a. durch Induktion der Dualen Oxidase (DUOX) und Thyreoglobulinbiosynthese erhöht.

Im Gegensatz zu den meisten anderen G-Protein gekoppelten Rezeptoren hat der TSH-R bereits ohne Ligandenbindung eine basale Aktivität, welche eine konstante Schilddrüsenhormonproduktion gewährleistet, die durch TSH-Bindung deutlich verstärkt wird. Entsprechend bewirkt das Fehlen des TSH-R stärkere Störungen der HPT-Achse als das Fehlen von TSH.

Übrigens

Posttranslationale Modifikation durch Glycosylierung ist essentiell für die biologische Aktivität von Glycoproteohormonrezeptoren und ihren Liganden. Für die biologische Aktivität des TSH-R ist eine postranslationale Sulfatierung durch das Enzym Proteintyrosin-Sulfotransferase 2 wie bei den anderen Glycoproteohormonrezeptoren erforderlich. Eine Störung dieser Modifikation führt zum fehlenden Wachstum der vorhandenen Schilddrüse, zur Beeinträchtigung der Hormonsynthese und zum verzögerten Wachstum. Ebenso ist nicht glycosyliertes TSH als Ligand am TSH-R inaktiv.

Zusammenfassung

Im paraventrikulären Nucleus des Hypothalamus wird das Tripeptidamid TRH gebildet und sezerniert. Es stimuliert die TSH-Freisetzung in der Adenohypophyse. Die TRH-Neurone stehen im Zentrum vielfältiger Regelkreise, welche die Hemmung der TRH-Freisetzung

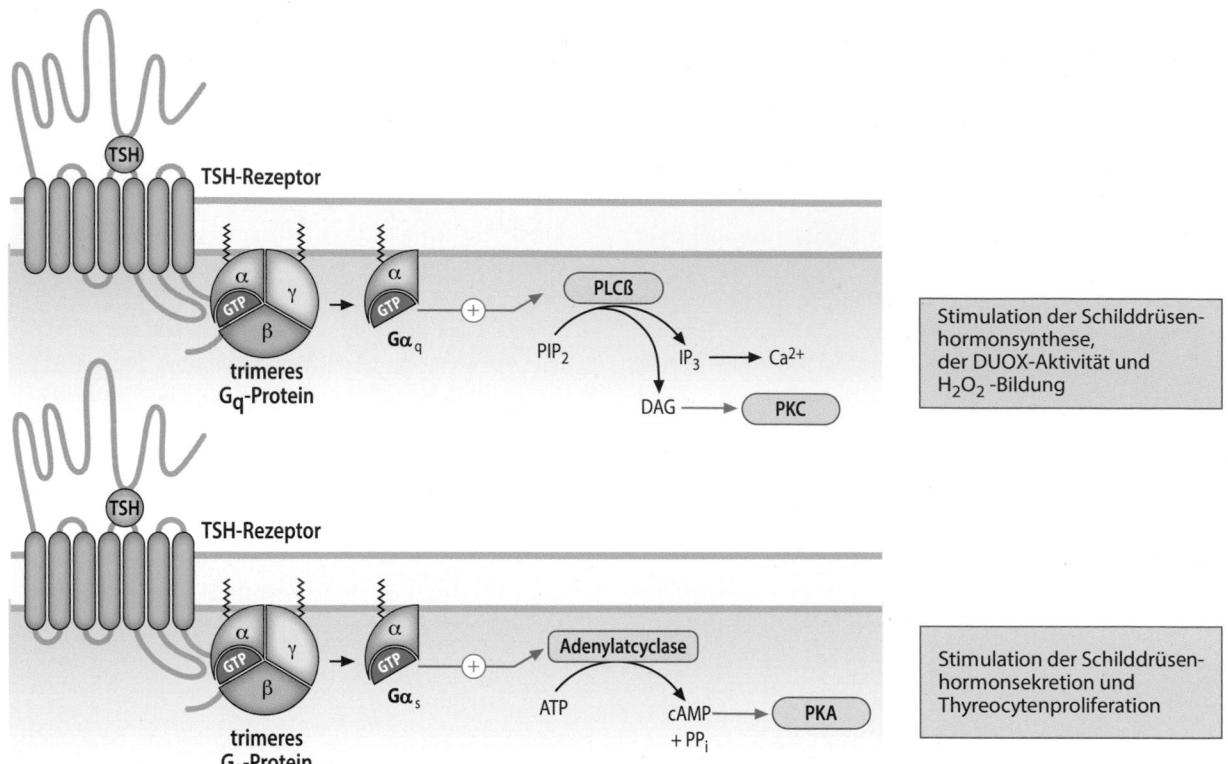

◘ Abb. 41.4   Die Signaltransduktion des TSH-Rezeptors. Der heptahelicale TSH-Rezeptor verfügt über eine große N-Terminale extrazelluläre Ligandenbindungsdomäne. Nach TSH-Bindung interagiert die C-terminale intrazelluläre Domäne mit heterotrimeren G-Proteinen. G_q aktiviert die Phospholipase Cβ und die Proteinkinase C, $Gα_s$ stimuliert die Adenylatcyclase und die Proteinkinase A. Beide Signaltransduktionswege haben jeweils unterschiedliche Auswirkungen auf die Aktivität der Thyreocyten. *PLCβ*: Phospholipase Cβ; *PKA*: Proteinkinase A; *PKC*: Proteinkinase C. (Weitere Einzelheiten s. Text)

durch die Schilddrüsenhormone ebenso wie viele stimulierende und inhibierende Signale aus dem Energiestoffwechsel, der Nahrungsaufnahme und dem Hormonstatus integrieren. TSH stimuliert über den TSH-Rezeptor der Thyrocyten wichtige Schritte der Schilddrüsenhormonproduktion, -speicherung und -freisetzung und ist damit der zentrale Regulator der Schilddrüsenhormonachse.

41.2   Biosynthese der Schilddrüsenhormone

Von den Thyreocyten der Schilddrüse werden die beiden Schilddrüsenhormone Thyroxin (T4, Tetraiodthyronin) sowie Triiodthyronin (T3) (◘ Abb. 41.1) gebildet und sezerniert. Beide strukturell sehr eng verwandte Hormone sind iodierte Derivate der Aminosäure Tyrosin. Aus diesem Grund ist der Stoffwechsel der Schilddrüsenhormone sehr eng mit dem des essenziellen Spurenelements Iod verknüpft (▶ Abschn. 60.2.8).

Calcitonin, das dritte in der Schilddrüse gebildete Hormon, das den Calciumeinbau in Knochen steigert, wird in C-Zellen gebildet (▶ Abschn. 66.2).

41.2.1   Synthese der Schilddrüsenhormone und Iodstoffwechsel

❯ Die Biosynthese von Schilddrüsenhormonen erfolgt am Thyreoglobulin, welches in das Kolloidlumen der Follikel sezerniert und dort gespeichert wird.

Thyreoglobulin ist als Dimer mit einer Molekülmasse von 2×330 kDa eines der größten menschlichen Proteine (◘ Abb. 41.5). Es stellt das zentrale Synthese-, Träger- und Speicherprotein der Schilddrüsenhormonbiosynthese dar. Thyreoglobulin ist phylogenetisch hoch konserviert, wird in Thyreocyten synthetisiert, posttranslational prozessiert, glycosyliert und durch die apikale Zellmembran in das Follikellumen sezerniert (◘ Abb. 41.5, Schritt 1). Dort stellt es den Hauptbestandteil des Kolloids dar und ermöglicht die träger-

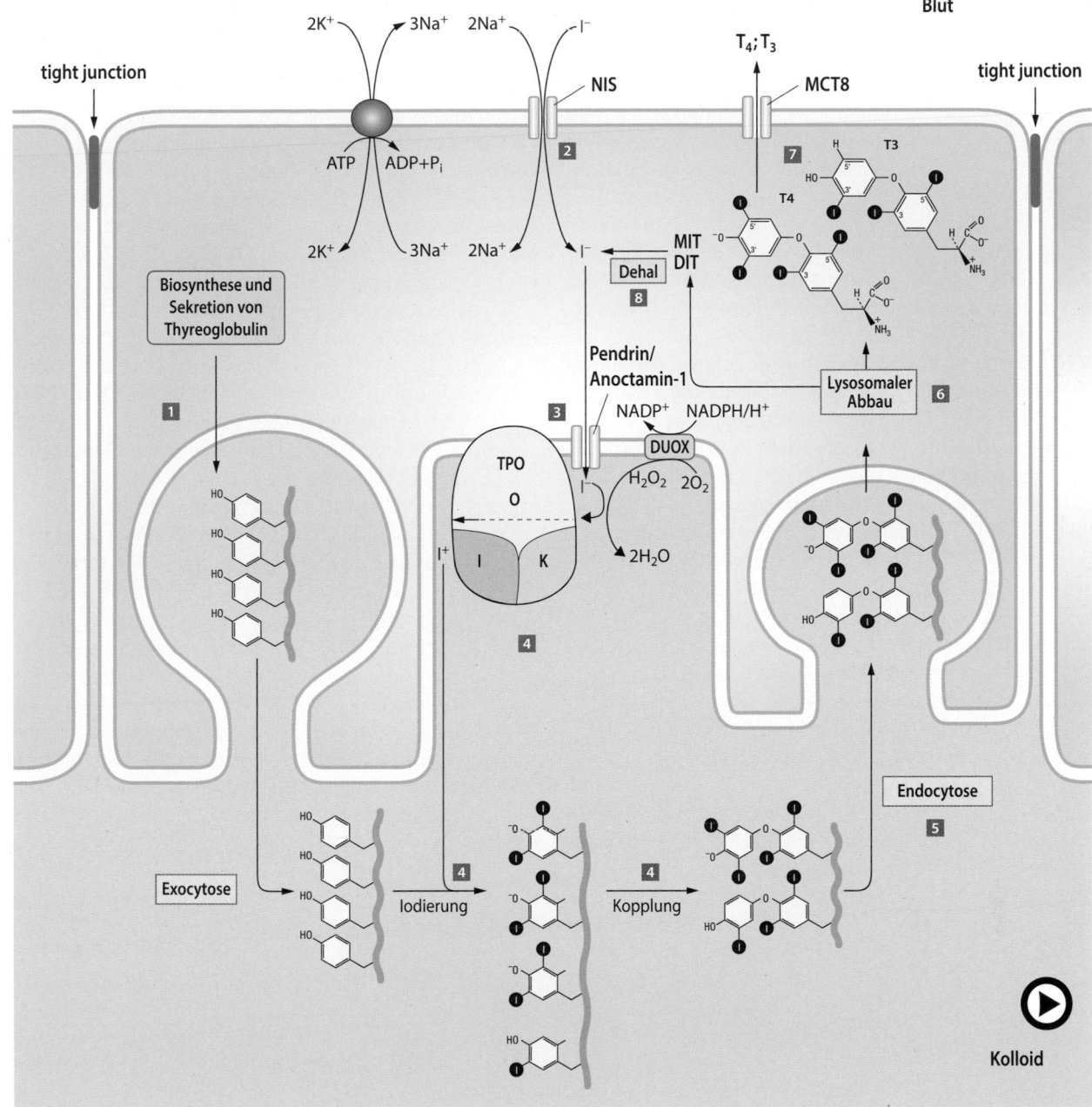

☐ **Abb. 41.5** (Video 41.1) **Biosynthese der Schilddrüsenhormone.** Spezifische Tyrosylreste des von den Thyreocyten synthetisierten und in das Kolloid sezernierten Proteins Thyreoglobulin werden iodiert. Hierfür ist der transzelluläre Transport von Iodid sowie dessen Oxidation notwendig. Durch die Kopplungsreaktion entstehen immer noch an Thyreoglobulin gebundene iodierte Thyronine. Für die Freisetzung der Schilddrüsenhormone wird dieses iodierte Thyreoglobulin durch Endocytose in die Thyreocyten aufgenommen und lysosomal abgebaut. Die dabei entstehenden Hormone werden dann über Membrantransporter in das Blutplasma abgegeben. Weitere Einzelheiten s. Text. *Dehal:* Dehalogenase; *DIT:* Diiodtyrosin; *DUOX:* Duale Oxidase; *NIS*: Natrium/Jodid-Symporter; *MCT8:* Monocarboxylattransporter 8; *MIT:* Monoiodtyrosin; *TPO:* Thyreoperoxidase (O= Iodid-oxidierende Aktivität; I= iodierende Aktivität; K= koppelnde Aktivität) (▶ https://doi.org/10.1007/000-5kp)

gebundene Schilddrüsenhormonbiosynthese. Thyreoglobulin wird intensiv N- und O-glycosyliert (10 % der Molekülmasse sind Kohlenhydratreste) und phosphoryliert, was die Schilddrüsenhormonbiosynthese effizienter macht. TSH stimuliert diese Glycosylierungen und die Phosphorylierung.

❯ Das Spurenelement Iodid wird in der Schilddrüse angereichert.

Der **Natrium/Iodid-Symporter (NIS)** in der basolateralen Thyreocytenmembran der Follikel ist das Schlüsselmolekül der Iodidaufnahme in Thyreocyten (▶ Abschn. 60.2.8). NIS akkumuliert Iodid sekundär aktiv gegen einen Konzentrationsgradienten und nutzt dabei den Cotransport von zwei Natriumkationen als treibende Kraft (▶ Abschn. 11.5; ◙ Abb. 41.5, Schritt 2). Nicht jede natürliche Iodverbindung kann für die Synthese der Schilddrüsenhormone verwendet werden, da der NIS spezifisch für Iodid ist.

NIS wird durch voluminöse Anionen wie Perchlorat (ClO_4^-), Cyanat, Thiocyanat oder Nitrat kompetitiv gehemmt. Diese im Tabakrauch und einigen nicht sachgerecht zubereiteten Nahrungsmitteln konzentrierten Anionen beeinträchtigen daher die Schilddrüsenfunktion und können strumigen (kropferzeugend) wirken. Pertechnat (TcO_4^-) wird dagegen von NIS transportiert, eignet sich aber nicht zur Synthese von Schilddrüsenhormonen. Ein Pertechnatisotop wird diagnostisch verwendet (▶ Abschn. 41.4.1). Perchlorat wird therapeutisch zur Hemmung der Iodidakkumulation eingesetzt.

❯ Iodid wird über den Ionenkanal Pendrin und den Calcium-aktivierten Anionenkanal Anoctamin-1/TMEM16A in den Kolloidraum abgegeben.

Durch NIS in Thyreocyten aufgenommenes Iodid wird nicht in der Zelle angereichert, sondern durch den in der apikalen Zellmembran lokalisierten Ionenkanal Pendrin (◙ Abb. 41.5, Schritt 3) und den Calcium-aktivierten Anionenkanal Anoctamin-1/TMEM16A in den kolloidalen Raum abgegeben. Neben Iodid kann Pendrin auch die Anionen Sulfat und Chlorid transportieren. Mutationen in NIS oder Pendrin können durch Beeinträchtigung des Iodidtransports zur Strumabildung führen.

❯ Die Iodierung von Tyrosylresten des Thyreoglobulins und die Bildung von Iodthyroninen werden durch die Thyreoperoxidase katalysiert.

Das in der apikalen Thyreocytenmembran integrierte Membranenzym **Duale Oxidase 2** (DUOX2) liefert extrazelluläres H_2O_2 für die oxidative Iodierung von Tyrosylresten im Thyreoglobulin. Das Enzym ist eine NADPH-Oxidase der NOX/DUOX Familie, die mithilfe von intrazellulärem NADPH/H$^+$ extrazelluläres H_2O_2 erzeugt. Es hat eine vergleichbare Struktur wie verwandte Enzyme in der Leukocytenmembran (▶ Abschn. 69.2.1) oder in der apikalen Membran von Epithelzellen. Um das endoplasmatische Retikulum zu verlassen benötigt DUOX2 die Interaktion mit *DUOX*

maturation factor 1 (DUOXA1) und/oder *DUOX maturation factor 2* (DUOXA2). Diese Proteine sind essenziell für die Translokation in die apikale Plasmamembran, wie man aufgrund von Patienten mit seltenen Mutationen in diesen Genen weiß.

Für die enzymatische Iodierung des im Kolloidraum gespeicherten Thyreoglobulins ist das membrangebundene Häm-Protein **Thyreoperoxidase (TPO)** notwendig. Dieses Enzym katalysiert als funktionelles Dimer drei unterschiedliche Reaktionen (◙ Abb. 41.5, Schritt 4):

– H_2O_2-abhängige **Oxidation von Iodid** auf die Stufe eines Iodonium-Kations (I$^+$) oder Iodradikals,
– **Iodierung** spezifischer Tyrosylreste des Thyreoglobulins in der 3- und 5-Position. Nur ausgewählte mono- und diiodierte Tyrosinreste (MIT und DIT) sind an der Bildung der Schilddrüsenhormone T4 und T3 beteiligt. Diese **hormonogenen Domänen** des Thyreoglobulin sind im N- und C-Terminus lokalisiert, wobei in drei dieser Domänen bevorzugt T4, in einer Domäne am drittletzten Aminosäurerest am C-Terminus des Thyreoglobulins besonders bei unzureichender Iodversorgung T3 gebildet wird. Von den ca. 70 Tyrosylresten der Thyreoglobulinkette werden beim Menschen nur 12 weitere in geringem Umfang iodiert, was vermutlich zur Iodspeicherung bei uns und anderen Landlebewesen beiträgt.
– Als dritte Reaktion katalysiert TPO auch die **Kopplung** von iodierten Tyrosylresten (◙ Abb. 41.6) der Thyreoglobulinkette zu **Iodthyroninen**. Der Reaktionsmechanismus benötigt H_2O_2 und läuft vermutlich über Ein-Elektronentransfer-Reaktionen ab, wobei über radikalische Zwischenstufen mono- oder di-iodierte Tyrosylreste entstehen. Die anschließende Kopf-Schwanz-Konjugation iodierter Tyrosylreste unter Ausbildung der Diphenyletherstruktur der Iodthyronine ist einzigartig in der Biochemie und lässt im Thyreoglobulin die Aminosäure Dehydroalanin zurück. Nach Bildung des Hormons innerhalb der Polypeptidkette bleibt das Thyreoglobulin im **Kolloid** abgelagert und wird teilweise über Lysylreste polymerisiert. Im Kolloid können so sehr hohe Proteinkonzentrationen von 700–1000 mg/ml vorliegen und die Schilddrüsenhormonversorgung bis zu drei Monate lang sicherstellen, ohne dass eine zusätzliche Iodidaufnahme erforderlich ist. Nur 1 % des gespeicherten Thyreoglobulins wird bei adäquater Iodversorgung pro Tag für die Hormonfreisetzung verwertet.

Ab der 12.–15. Schwangerschaftswoche produziert die Schilddrüse lebenslang das für die Schilddrüsenhormonbiosynthese essenzielle H_2O_2, das allerdings auch cytotoxisch ist. Überschüssiges H_2O_2 wird durch die **Glutathionperoxidase 3** (pGPx), die ebenfalls in das Kolloidlumen sezerniert wird, und die zellulären Enzyme der **Thioredoxinreduktase-Familie** abgebaut (▶ Abschn. 60.2.10). Diese beiden Enzymsysteme bilden zusammen ein antioxidatives Schutzsystem der Follikel gegen H_2O_2. Sie sind Selenoproteine, was den besonders hohen Selengehalt der Schilddrüse im Vergleich zu anderen Geweben erklärt. Schwerer Selenmangel ebenso wie unzureichende Iod- oder Eisenversorgung (notwendig für die TPO-Biosynthese) führen zu Funktionsstörungen der Schilddrüse (▶ Kap. 60).

Bei Schilddrüsenüberfunktion ist die Thyreoperoxidase bisher der einzige pharmakologisch genutzte Angriffspunkt zur Hemmung der Schilddrüsenhormonbiosynthese mit Thioharnstoffderivaten (◻ Abb. 41.7). Viele kropfbildende Substanzen (**Goitrogene**, von engl. *goiter* = Kropf) sind Hemmstoffe der TPO. Sie finden sich in relevanten Konzentrationen in Bestandteilen von Kreuzblütlern (z. B. Glucosinolate und Isoflavonoide in bestimmten Kohlarten wie Brokkoli) in der menschlichen Nahrung. Auch eine Reihe von sog. *endocrine disruptors* (natürliche oder synthetische endokrin aktive Substanzen der Nahrung, Industrie und Umwelt) sind potente Hemmstoffe der TPO, was sich besonders nachteilig bei gleichzeitig bestehendem Iodidmangel auf das Strumawachstum auswirkt.

> Das die Iodthyronine enthaltende Thyreoglobulin wird zur Freisetzung der Schilddrüsenhormone durch Endocytose aufgenommen und lysosomal vollständig abgebaut. Die dabei entstehenden Hormone werden über Membrantransporter exportiert.

Die Freisetzung der Schilddrüsenhormone kann nicht im Kolloidraum erfolgen. Das die Iodthyroninreste enthaltende Thyreoglobulin muss zunächst durch Endocytose in die Thyreocyten aufgenommen werden (◻ Abb. 41.5, Schritt 5). Dieser Vorgang wird durch TSH stimuliert.

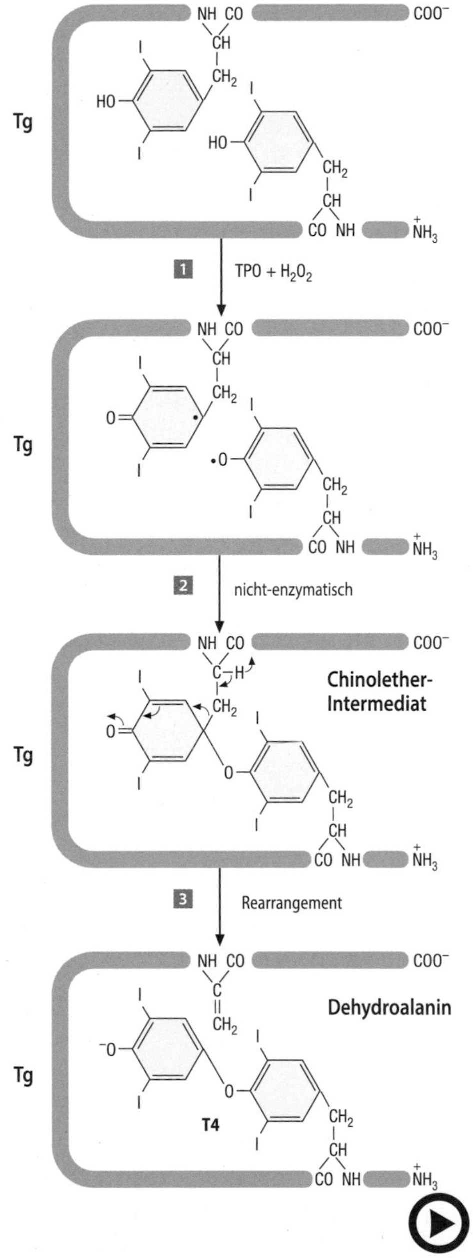

◻ **Abb. 41.6** (Video 41.2) **Mechanismus der durch die Thyreoperoxidase katalysierten Kopplung von iodierten Tyrosylresten im Thyreoglobulin.** Mithilfe von H_2O_2 katalysiert die Thyreoperoxidase die Abstraktion von Wasserstoff an zwei benachbarten Tyrosylresten. Diese reagieren unter Bildung eines Chinol-Ether-Zwischenproduktes, aus dem durch Rearrangement ein T4-Rest als modifizierte Aminosäure im Thyreoglobulin und ein Dehydroalaninrest entstehen. *Tg:* Thyreoglobulin; *TPO:* Thyreoperoxidase (▶ https://doi.org/10.1007/000-5kn)

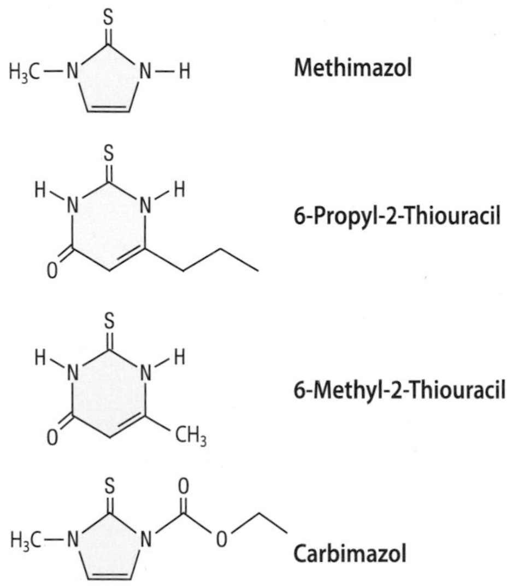

◻ **Abb. 41.7** **Antithyroidale Substanzen, welche als Inhibitoren der Thyreoperoxidase wirken.** Sowohl in der Natur als auch durch anthropogene Aktivitäten werden eine Reihe potenter Hemmstoffe der TPO generiert

Intrazellulär erfolgt dann der lysosomale Abbau von Thyreoglobulin. Dieser wird durch Cathepsine initiiert und durch Peptidasen vervollständigt. Dabei werden nicht nur die Schilddrüsenhormone T4 und T3, sondern auch die nicht zur Hormonsynthese verwendeten, aber iodierten Tyrosinreste freigesetzt (◘ Abb. 41.5, Schritt 6).

T4 und T3 werden durch spezifische in der basolateralen Plasmamembran lokalisierte Transporter (z. B. Monocarboxylat-Transporter 8, MCT8) in den interstitiellen Raum abgegeben und von dort in das Kapillarsystem der Follikel und damit in den Blutkreislauf sezerniert (◘ Abb. 41.5, Schritt 7).

Die bei der vollständigen Proteolyse des Thyreoglobulin freiwerdenden Mono- oder Diiodtyrosinreste werden zur Wiedergewinnung des Spurenelements Iod durch eine **Iodtyrosin-Dehalogenase** (Dehal) deiodiert (◘ Abb. 41.5, Schritt 8). Im Laufe der Evolution der Landlebewesen hat sich so ein aufwendiger, aber hocheffektiver Mechanismus zur Akkumulation und Wiederverwertung des essenziellen Spurenelements Iod entwickelt.

41.2.2 Bindungsproteine für die Verteilung der Schilddrüsenhormone an die Zielorgane

❯ Die hydrophoben Schilddrüsenhormone binden im Blut an drei von der Leber sezernierte Verteilungsproteine.

Die Schilddrüsenhormone zählen zu den hydrophoben Hormonen, obwohl sie als Tyrosinabkömmlinge wie Aminosäuren geladen sind. Wegen ihrer Hydrophobizität werden sie an drei Hormonverteilungsproteine des Blutes gebunden:

- **Thyroxinbindendes Globulin (TBG)** mit hoher Affinität und niedriger Bindekapazität (T4-Assoziationskonstante $K_A = 10^{10}\ M^{-1}$),
- **Transthyretin (TTR)** mit mittlerer Bindungsaffinität ($K_A = 7 \cdot 10^{7}\ M^{-1}$) und Kapazität,
- **Albumin** mit niedriger Affinität (K_A 10= ^{5} M^{-1}) und sehr hoher Bindungskapazität.

Wegen der starken Proteinbindung liegt die „freie" T4-Konzentration im Plasma bei 30 pmol/l und damit unter 0,1 % der Gesamt-T4-Konzentration.

Gemeinsam bewirken diese Serumproteine, dass die Hormone sich nicht unspezifisch in Lipidmembranen einlagern, sondern gerichtet an Zielzellen verteilt werden. Zudem verhindert die Protein-Hormon-Assoziation die glomeruläre Filtration, die zu einem unkontrollierten Verlust der Schilddrüsenhormone führen würde. Manche Zellen und die Nierentubuli haben zudem endocytotische Rezeptoren (z. B. Megalin, Cubilin), die mit den Hormonverteilungsproteinen gleichzeitig ihre gebundenen Liganden aus der interstitiellen Flüssigkeit bzw. dem Primärharn rückresorbieren können.

Übrigens

Eigenschaften wichtiger Bindungs- und Verteilungsproteine für hydrophobe Hormone im Blut. Verteilungsproteine für niedermolekulare hydrophobe Hormone regeln die freie Hormonkonzentration im Blut, den Stoffwechsel und die Ausscheidung sowie die zelluläre Verfügbarkeit (◘ Tab. 41.1). Hormonverteilungsproteine werden teilweise zusammen mit ihren Liganden von verschiedenen Zellen über Rezeptoren endocytotisch aufgenommen.

◘ Tab. 41.1 Hydrophobe kleine Hormone werden im Blut an Verteilungsproteine gebunden

Hormon	Verteilungsprotein	Affinität $(K_A \ M^{-1})$	Herkunft	Rezeptor
T4, T3	TBG[a], TTR, Albumin	$10^{10}, 10^{8}, 10^{5}$	Hepatocyten, (Choroidplexus: TTR)	Megalin
3-T1-Amin	Apolipoprotein B100	10^{10}	GI-Trakt	Apolipoproteinrezeptor
Calcitriol	Vitamin-D-Bindungsprotein (VDBP)	$4 \cdot 10^{9}$	Hepatocyten	Megalin, Cubilin
Estradiol, Testosteron	Sexhormonbindendes Globulin (SHBG)	$6 \cdot 10^{8}$ $3 \cdot 10^{8}$	Hepatocyten	Megalin
Cortisol	Corticosteroidbindendes Globulin[a] (CBG, Transcortin)	$3 \cdot 10^{7}$	Hepatocyten	Megalin
Retinoide	Retinoidbindende Proteine z. B. RBP	10^{6}	Hepatocyten und andere Zellen	Megalin (für RBP)

[a]Diese beiden hepatischen Globuline sind strukturverwandt und gehören zur Familie der hormonbindenden Serpine (Serinproteinase-Inhibitoren).

41.2.3 Aufnahme und Modifikation von Schilddrüsenhormonen in Zielzellen

❯ Spezifische Transportsysteme regulieren den Export der Schilddrüsenhormone aus den Thyreocyten und deren Import in die jeweiligen Zielzellen.

Schilddrüsenhormone gelangen über erleichterte Diffusion oder sekundär aktiven Transport durch Zellmembranen, wofür verschiedene Transportsysteme verantwortlich sind:

– Der **Monocarboxylat-Transporter 8 (MCT8)** transportiert bevorzugt T3 und mit geringerer Aktivität T4. Er ist auch am Export von T3 (und T4) aus der Schilddrüse beteiligt (◘ Abb. 41.5, Schritt 7). Mutationen des X-chromosomal lokalisierten Gens führen zu schwerer neuromuskulärer Retardierung und Beeinträchtigung (Allan-Herndon-Dudley-Syndrom).

– Der **Monocarboxylat-Transporter 10 (MCT10)** transportiert neben T3 auch aromatische Aminosäuren.

– Der **organische Anionentransporter (OATP1C1)** wird vor allem in Endothelzellen exprimiert und ist wichtig für den T4-Transport über die Blut-Hirn-Schranke.

– Auch **L-Typ-Aminosäuretransporter** (z. B. LAT 2), die T4, T3 und ihre Metabolite transportieren können, sind in verschiedenen Zellen am Schilddrüsenhormontransport über Zellmembranen beteiligt.

❯ T3 ist die biologisch aktive Form der Schilddrüsenhormone und wird überwiegend enzymatisch durch die 5′-Deiodasen aus T4 gebildet.

Das Hauptsekretionsprodukt der menschlichen Schilddrüse ist T4, welches selbst kaum biologische Aktivität zeigt und deswegen als Prohormon bezeichnet wird. Nur zu einem geringen Anteil von ca. 20 % wird das ak-

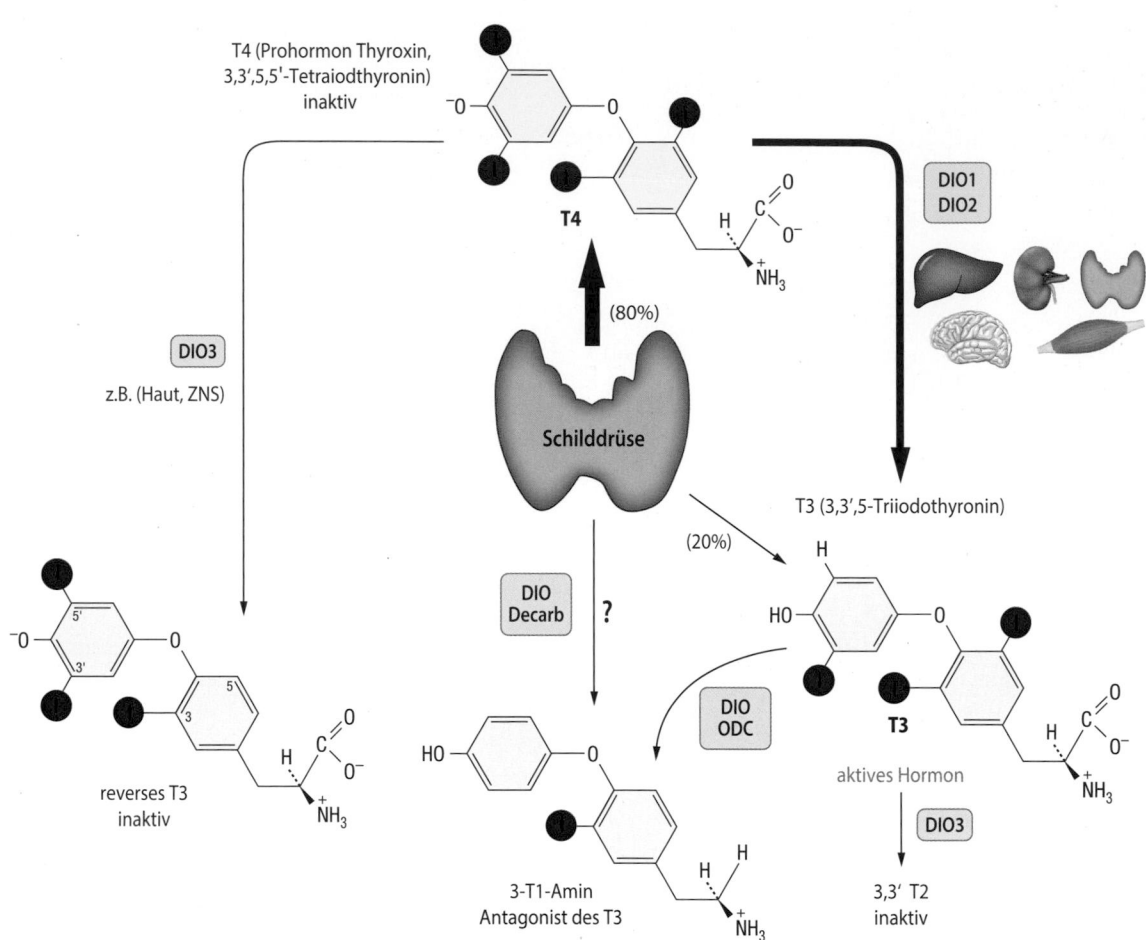

□ **Abb. 41.8   Schilddrüsenhormonaktivierung und -metabolisierung durch 5′-Deiodierung und Decarboxylierung.** In der Schilddrüse werden die Hormone T4 und T3 synthetisiert. Nach Sekretion ins Blut werden sie im Körper verteilt und in der Peripherie durch die intrazellulären 5′-Deiodasen DIO1 und DIO2 aktiviert. Diese entfernen das Iod in der Position 5′ des Prohormons Thyroxin und wandeln dieses in das biologisch aktive T3 um. Die intrazelluläre 5-Deiodase DIO3 entfernt das Iod in der Position 5 und bildet aus Thyroxin inaktives reverses T3 (rT3) bzw. inaktiviert T3 zu 3,3′-T2. Durch die Kombination von Deiodierung und Decarboxylierung kann der T3-antagonistische Metabolit 3-T1-Amin entstehen. *Decarb*: Decarboxylasen; *ODC*: Ornithindecarboxylase

tive T3 sezerniert. Der größte Teil der T3-Bildung im Körper erfolgt durch **enzymatische reduktive Monodeiodierung** von T4 in der 5′-Position des phenolischen Rings (□ Abb. 41.8). Diese Schlüsselreaktion der Schilddrüsenhormonaktivierung wird von zwei unterschiedlich regulierten Selenoproteinen, der **Typ-I-** und der **Typ-II-5′-Deiodase** (DIO1 und DIO2) katalysiert. Die gewebe- und entwicklungsspezifische Expression dieser beiden Selenoprotein-Gene ermöglicht die feinregulierte lokale T3-Bildung aus dem Prohormon T4 nach Bedarf in verschiedenen Zielzellen:

— **DIO1** wird vornehmlich in der Schilddrüse, aber auch in der Leber und den Nieren exprimiert. Sie trägt signifikant zur Produktion des im Serum zirkulierenden T3 bei und ist außerdem an der Rückgewinnung von Iodid aus den Schilddrüsenhormonen und ihren Metaboliten durch deren Deiodierung in der Leber beteiligt.

— **DIO2** bildet dagegen vorwiegend T3 aus T4 für autokrine und parakrine Wirkungen und wird von vielen Zellen exprimiert. Dies ist insbesondere für die adäquate Funktion der Hypothalamus-Hypophysen-Schilddrüsen-Achse wichtig, da sowohl T3 als auch das Prohormon T4 nach Deiodierung den negativen **Feedback** ausüben. Die Blut-Hirn-Schranke des Erwachsenen ist über dort exprimierte T4-Transporter gut für das endokrin verfügbare T4 durchlässig, nicht aber für T3 und die anderen Iodthyronine, sodass der lokalen parakrinen T3-Produktion durch DIO2 wichtige regulatorische Funktionen zukommen.

Für Gliazellen, Astrocyten und Tanycyten spielt dies eine besondere Rolle (□ Abb. 41.9):

— Im Kapillarblut ankommendes T4 wird zunächst durch den Transporter OATP1C1 in den Extrazellulärraum

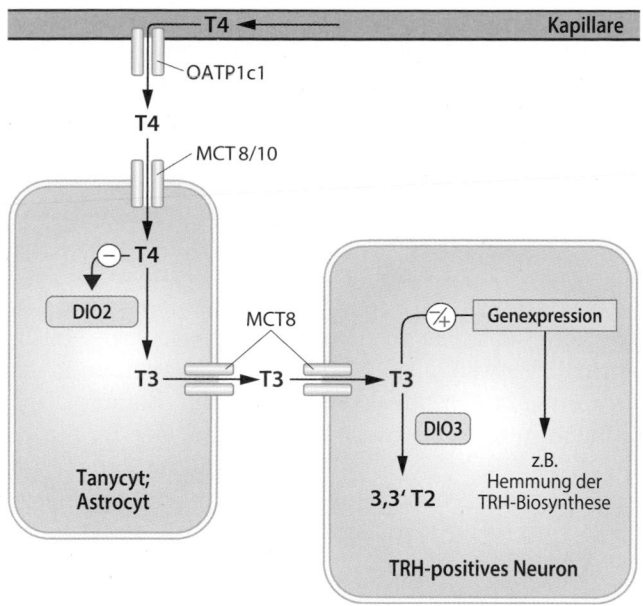

○ Abb. 41.9   Lokale parakrine T3-Bildung im Hypothalamus aus endokrin verfügbarem T4 durch DIO2 und zellspezifische Transporter. Drei Regulationsprinzipien greifen para-, auto- und endokrin in die lokale Schilddrüsenhormonversorgung ein: zellspezifischer und hormonselektiver Transport der endokrin sezernierten Schilddrüsenhormone, die streng kontrollierte enzymatische Deiodierung des Prohormons T4 zum aktiven T3 sowie der kontrollierte T4- und T3-Abbau durch die 5-Deiodase DIO3. Dargestellt ist die Hemmung der neuronalen Expression von TRH durch T3. *MCT:* Monocarboxylattransporter; *OATP1c1:* Organischer Anionentransporter 1c1 (Einzelheiten s. Text.)

gebracht und von dort mithilfe von MCT8 oder MCT10 von Tanycyten bzw. Astrocyten aufgenommen.
- Durch die DIO2 erfolgt dann die Deiodierung zu T3 in diesen beiden Zelltypen.
- T3 gelangt vor allem über MCT8 in benachbarte TRH-positive Neurone. Hier reguliert T3 die Expression spezifischer Proteine, z. B. hemmt es die TRH-Biosynthese (○ Abb. 41.9).

Dieser Regulation durch die lokale DIO2-Aktivität unterliegen neben den hypothalamischen TRH-produzierenden Neuronen auch die thyreotropen Zellen der Adenohypophyse. Hier reguliert DIO2 die lokale T3-Bildung aus dem verfügbaren T4 und damit die Expression von TRH-Rezeptor-1, TRH-DE und der TSH β-Untereinheit.

Ein weiteres Selenoenzym ist die **Deiodase Typ 3** oder DIO3. Sie dient vorwiegend der Inaktivierung von T4 bzw. T3 durch reduktive Deiodierung an der Position 5. Dabei entsteht aus T4 reverses T3 (3,3′,5′-Triiodthyronin, rT3). Dieses ist biologisch inaktiv, da es nicht an die nucleären T3-Rezeptoren bindet. T3 ist ebenfalls ein Substrat der DIO3, und wird zu 3,3′-T2 inaktiviert. Stammzellen und bestimmte Krebszellen können sich durch DIO3 Expression vor

der differenzierenden Wirkung des Schilddrüsenhormons T3 schützen.

Durch Kombination von Deiodierung und Decarboxylierung zum Beispiel durch Ornithindecarboxylase entstehen aus den verschiedenen Thyroninen die Thyronamine. Von diesen hat das 3T1-Amin hormonelle Wirkungen (▶ Abschn. 41.3.2)

> **Zusammenfassung**
> Der erste Schritt der Biosynthese von T4 und T3 ist die TPO-katalysierte Iodierung spezifischer Tyrosylreste des Thyreoglobulins, gefolgt von der Kopplung je zweier iodierter Tyrosylreste zu proteingebundenem T4 und T3. Durch lysosomale Proteolyse des Thyreoglobulins innerhalb der Thyreocyten werden T4 und T3 freigesetzt, ins Blut sezerniert und proteingebunden zu ihren Zielorganen transportiert. Zusätzlich wird T3 in Leber und Niere aus dem Prohormon T4 durch DIO1 gebildet und über den Blutkreislauf systemisch verteilt. In bestimmten Geweben (Gehirn, Knochen, Uterus) kann T3 lokal durch DIO2 gebildet werden, das parakrin über Transporter Zielzellen der T3-Wirkung erreicht. Manche Zellen können T4 und T3 durch DIO3 abbauen und sich so vor unerwünschter T3-Wirkung schützen.

41.3   Zelluläre Effekte und Wirkungsmechanismen der Schilddrüsenhormone

41.3.1   Wirkspektrum der Schilddrüsenhormone

T3 beeinflusst den Intermediärstoffwechsel in zweifacher Weise:
- Durch direkte Beeinflussung der Expression spezifischer Gene und eine Reihe sog. nicht genomischer Effekte sowie
- durch permissive Effekte. So steigt beispielsweise die Katecholaminempfindlichkeit vieler Zellen mit zunehmender T3-Konzentration.

Häufig wird vor allem der Substratflux (Durchsatz) durch die zentralen Stoffwechselwege erhöht, indem sowohl anabole als auch katabole Reaktionen stimuliert werden. Diese Effekte führen letztlich zu einem Hypermetabolismus, wobei bei Hyperthyreose katabole Reaktionen überwiegen. Darüber hinaus sind T3-Effekte auf translationale und posttranslationale Vorgänge bekannt, wie die Steigerung der ribosomalen Proteinsynthese (▶ Abschn. 48.3.3) oder des mitochondrialen Sauerstoffverbrauchs (▶ Abschn. 19.1.5).

Kohlenhydratstoffwechsel T3 aktiviert die **Gluconeogenese** und **Glycogenolyse** und verringert die Glucoseverwertung (▶ Abschn. 15.3). Außerdem stimuliert es z. B. die Expression der Glucosetransporter GLUT1 und GLUT4 (▶ Abschn. 15.1).

Lipidstoffwechsel T3 steigert den Lipidumsatz *(lipid turnover)*. Im weißen Fettgewebe werden sowohl **Liponeogenese** als auch **Lipolyse** stimuliert (▶ Kap. 21). Allerdings überwiegt, besonders bei höheren T3-Konzentrationen, der lipolytische Effekt. Konzentration und Umsatz der freien Fettsäuren sind bei Hyperthyreose erhöht, da T3 die Sensitivität der Adipocyten für die lipolytischen Hormone steigert und dadurch in der Leber die Oxidation von Fettsäuren zu CO_2 und Ketonkörpern stimuliert wird. In der Leber wird die Liponeogenese u. a. durch Induktion des Malatenzyms, der Glucose-6-Phosphatdehydrogenase und der Fettsäuresynthase vermittelt. T3 ist ein wichtiger Regulator des **Cholesterinstoffwechsels** durch Induktion der HMG-CoA-Reduktase und Erhöhung der hepatischen Cholesterinsynthese (▶ Kap. 23). T3 steigert außerdem den Abbau von LDL, die Cholesterinausscheidung in der Galle und hemmt den enterohepatischen Gallensäurenkreislauf (▶ Abschn. 61.1.4). Insgesamt erniedrigt T3 das Plasma-Cholesterin, weswegen neue T3-Analoga als rezeptorselektive Pharmaka für Dyslipidämien entwickelt werden. Ein erhöhter Cholesterinspiegel im Plasma ist dagegen ein häufiger Befund bei Hypothyreose.

Proteinstoffwechsel T3 beeinflusst den Proteinstoffwechsel auf unterschiedliche Weise. Während Schilddrüsenhormone für das Wachstum und die Proteinbiosynthese generell einen permissiven Faktor darstellen, überwiegt bei Hyperthyreose die katabole Wirkung. Bei T3-Mangel führt möglicherweise die verminderte Expression der Hyaluronidase zu einer typischen, als Myxödem bezeichneten Störung des Bindegewebsstoffwechsels.

T3 stimuliert die Expression der Na^+/K^+-ATPase. Hierdurch wird vermehrt ATP hydrolysiert, was wesentlich zur Thermogenese und zur Steigerung des Sauerstoffverbrauchs der Gewebe beiträgt. Von diesem Effekt sind Gehirn, Milz und Hoden ausgenommen. T3 erhöht auch die Bildung von Mitochondrien, steigert den Verbrauch von ATP und induziert z. B. die mitochondriale α-Glycerin-3-Phosphatdehydrogenase (◘ Abb. 19.9).

T3 induziert **β₃-Rezeptoren** und wirkt synergistisch zur Katecholamin-stimulierten Expression und Funktion des **mitochondrialen Entkopplungsproteins UCP1** (▶ Abschn. 19.1.5) im braunen Fettgewebe. T3 erhöht die Sensitivität des β-adrenergen Rezeptorsystems und wirkt an vielen Endpunkten synergistisch mit Katecholaminen, worauf die initiale symptomati-

sche Behandlung der Hyperthyreose mit Betablockern basiert.

Effekte auf Wachstum und Differenzierung T3 fördert das Wachstum über eine Stimulierung der Wachstumshormonbildung in der Hypophyse (▶ Abschn. 42.1.1) und über Effekte auf die Differenzierung von Chondrocyten im Knochen. Diese Effekte werden durch verschiedene Wachstumsfaktoren (wie z. B. IGF, EGF und FGF) vermittelt. T3 steuert *in utero* und postnatal räumlich koordinierte Differenzierungsvorgänge wie z. B. die normale Entwicklung und funktionelle Organisation der Gehirnstrukturen. Insbesondere werden Bildung, Verzweigung und synaptische Verknüpfung der Dendriten durch T3-abhängige Regulation der Bildung und Wirkung verschiedener neurotropher Faktoren gesteuert, ebenso wie die Neuronenmigration und Myelinisierung (▶ Abschn. 74.2.2).

Effekte auf das Herz-Kreislauf-System T3 löst eine Zunahme der β₁-Rezeptoren des Herzmuskels aus. Dadurch wird die Katecholaminwirkung am Herzen erhöht, was zu einer Erhöhung der Kontraktilität und des Auswurfvolumens sowie einem positiv-chronotropen Effekt führt. Im Herzmuskel wird durch T3 die Expression verschiedener Gene moduliert. T3 stimuliert die Genexpression der sarkoplasmatischen Ca^{2+}-ATPase, Na^+/K^+-ATPase sowie verschiedener Kaliumkanäle. Gehemmt wird die Expression von Phospholamban, Adenylatcyclasen V und VI, des T3-Rezeptor α und des Na^+/Ca^{2+}-Austauschers. Auch das Myosin-Gen MHCα wird durch T3 induziert, das MHCβ-Gen aber gehemmt. T3 steigert auch die Vergrößerung der Kardiomyocyten und die Angiogenese. T3-Veränderungen beeinflussen somit ähnlich wie körperliches Training reversibel die Struktur, die Mechanik, Reizleitung, Elektrophysiologie, Funktion und Anpassung des Herzens an physiologische und pathophysiologische Anforderungen.

Weitere Effekte Weitere T3-Wirkungen finden sich bei der Implantation der Blastozyste im Uterus, bei der Chondrocytendifferenzierung und beim Knochenwachstum, der Entwicklung des Innenohrs und der Retina ebenso wie bei der Kontrolle des Tumorwachstums, der Wundheilung oder der Remodellierung des Myokard nach Ischämie.

41.3.2 Molekulare Mechanismen der Wirkung der Schilddrüsenhormone

❯ Der klassische Weg der T3-Wirkung verläuft über nucleäre T3-Rezeptoren.

Das aktive Schilddrüsenhormon T3 wirkt vor allem auf Zielzellen, die heterodimere T3-Rezeptoren exprimieren. Abhängig von der Ligandenbindung verändern T3-Rezeptoren die Expression T3-regulierter Gene, wobei überwiegend eine Aktivierung der Transkription erfolgt.

Die T3-Rezeptoren (TR) gehören zur Klasse der nucleären Rezeptoren (▶ Abschn. 35.1). Sie werden beim Menschen von zwei Genen exprimiert, TRα und TRβ, von denen durch unterschiedlichen Transkriptionsstart und durch alternatives Spleißen der Transkripte mehrere Isoformen wie z. B. TRα1, TRβ1 und TRβ2 gebildet werden. Wie andere nucleäre Rezeptoren sind sie modular aufgebaut (◘ Abb. 35.1).

Einzelne Zellen und Gewebe weisen unterschiedliche Expressionsmuster der verschiedenen TR-Formen auf, die eine gewisse Spezifität für bestimmte T3-regulierte Gene zeigen. So ist in der Leber TRβ1 die dominante Rezeptorform, im Herzmuskel TRα1, in der Hypophyse und in Neuronen wird überwiegend TRβ2 exprimiert. TRβ2 ist essenziell für die negative Rückkopplung zur Steuerung der HPT-Achse im Hypothalamus und in den thyreotropen Zellen der Adenohypophyse (◘ Abb. 39.5). Diese Unterschiede in der Rezeptorverteilung ermöglichen prinzipiell den therapeutischen Einsatz von TR-Isoform-selektiven T3-Analoga, sodass z. B. positive Effekte auf den hepatischen Lipidstoffwechsel erzielt werden können, ohne dass unerwünschte Wirkungen am Herz oder im Gehirn auftreten.

❯ T3-Rezeptoren regulieren die Genexpression durch aktivierende oder repressive Mechanismen.

Anders als Glucocorticoidrezeptoren binden T3-Rezeptoren bereits in Abwesenheit von T3 an die entsprechenden DNA-Sequenzen T3-regulierter Gene (TRE; ◘ Abb. 35.1). Diese sind meist als konservierte sich wiederholende Basensequenz (AGGTCA) eng benachbart in der Promotor- und/oder *enhancer*-Struktur T3-responsiver Gene lokalisiert. Die entwicklungs- und gewebespezifisch exprimierten TRα1, TRβ1 und TRβ2 zeigen hierbei unterschiedliche Bindungspräferenzen an spezifisch angeordnete und orientierte TREs, was mit zur Vielfalt der Wirkungen von T3 beiträgt.

Der Mechanismus der Genaktivierung durch T3 ist in ◘ Abb. 41.10 dargestellt:

- Meist bilden T3-Rezeptoren Heterodimere mit dem Retinoat-Rezeptor RXR (▶ Abschn. 58.2.6).
- In Abwesenheit von T3 rekrutiert der TR-RXR-Komplex verschiedene Co-Repressorproteine, was meist zu einer Hemmung der Gentranskription führt.
- Bindung von T3 an den T3-Rezeptor löst durch Konformationsänderung die Abdissoziation der Co-Repressoren aus, wonach Co-Aktivatoren ange-

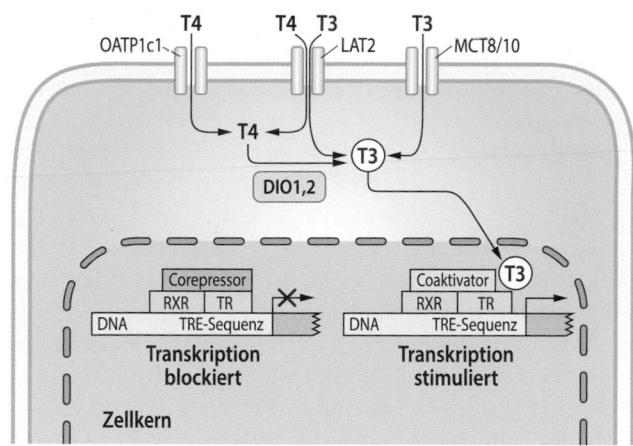

◘ **Abb. 41.10** **Regulation der Genexpression durch T3-Rezeptoren.** Die Schilddrüsenhormone T3 und T4 werden durch die Transporter MCT8 und MCT10 bzw. OATP1c1 oder LAT2 in die Zielzellen aufgenommen. T4 wird dort durch die 5′-Deiodasen in T3 umgewandelt und in den Zellkern transloziert. Im Gegensatz zu anderen nucleären Rezeptoren bindet der T3-Rezeptor bereits ohne Liganden an entsprechende TRE-Sequenzen der DNA. Dabei werden Heterodimere mit dem Retinoat-Rezeptor RXR gebildet. In dieser Form werden Co-Repressoren gebunden, welche die Aktivierung der Genexpression verhindern. Nach Bindung von T3 kommt es zum Austausch von Co-Repressoren gegen die Co-Aktivatoren und damit zur Aktivierung der Genexpression T3-responsiver Gene. *LAT2:* L-Typ Aminosäurentransporter 2; *MCT8/10:* Monocarboxylatransporter 8 bzw. 10; *OATP1c1:* Organischer Anionentransporter 1c1; *DIO:* Deiodase; *RXR:* Retinoat -X- Rezeptor; *TR:* T3-Rezeptor. (Weitere Einzelheiten s. Text)

lagert werden können und die Gentranskription ansteigt.

- In ähnlicher Weise werden auch reprimierende Wirkungen von T3 vermittelt. Hierbei wird nach Ligandenbindung die Transkription durch Bindung eines Co-Repressors blockiert.

Dieser duale Schaltermechanismus ist für reprimierende und stimulatorische T3-Wirkungen verantwortlich, wie sie beispielsweise bei der embryonalen und postnatalen Gehirnentwicklung nachgewiesen sind. Hierbei wird die Repression bestimmter T3-responsiver Gene zeitlich, örtlich und dosisabängig in Bezug auf die lokal wirksame T3-Konzentration koordiniert aufgehoben. Diese wird durch das Zusammenspiel der Transporter für Schilddrüsenhormone und der Aktivität der T3-bildenden bzw. Schilddrüsenhormon-abbauenden Deiodasen reguliert (▶ Abschn. 41.2.3). In verschiedenen Modellsystemen wurde gezeigt, dass die Transkription von etwa 5 % der zellulären Gene durch T3 und T3-Rezeptoren reguliert wird.

❯ Einige Effekte von Schilddrüsenhormonen sind unabhängig von den klassischen T3-Rezeptoren.

Nicht alle der beobachteten zellulären Effekte der Schilddrüsenhormone können auf Änderungen der Gentranskription durch Aktivierung der T3-Rezeptoren zurückgeführt werden. Dies hat zu der Erkenntnis geführt, dass es weitere Signaltransduktionsmechanismen für T3 oder T4 geben muss

T3 und die PI3-Kinase Wegen der Lokalisation der Proteinbiosynthese ist das Vorkommen von **cytosolischen T3-Rezeptoren** nicht überraschend. Diese können bereits im Cytosol T3 binden und assoziieren dann an die regulatorische Untereinheit der Phosphatidylinositid-3-Kinase (PI3K) (◘ Abb. 41.11). Dies löst eine Aktivierung der katalytischen Untereinheit aus, an die sich die diversen über die Proteinkinase B vermittelten Signaltransduktionswege anschließen (▸ Abschn. 35.4.3). Unter anderem werden der Transkriptionsfaktor HIF1α und die cytosolische Kinase mTOR aktiviert.

Membranrezeptoren und Schilddrüsenhormone Eine weitere Möglichkeit der Aktivierung der PI3K durch Schilddrüsenhormone erfordert einen membranständigen Rezeptor. Es handelt sich um das **Integrin αvβ3**, welches über zwei spezifische Bindungsstellen für Schilddrüsenhormone verfügt (◘ Abb. 41.11). Bindung von T3 führt über PI3K zu einer Aktivierung der Proteinkinase B, während T4 den Weg der mitogen-aktivierten Proteinkinase stimuliert (▸ Abschn. 35.4.2) und darüber vielfältige Effekte vermittelt.

❯ Über unterschiedliche Mechanismen wirken Schilddrüsenhormone in konzertierter Weise auf Stoffwechselvorgänge ein.

Schilddrüsenhormone haben ein außerordentlich breites Wirkungsspektrum und beeinflussen eine Vielzahl un-

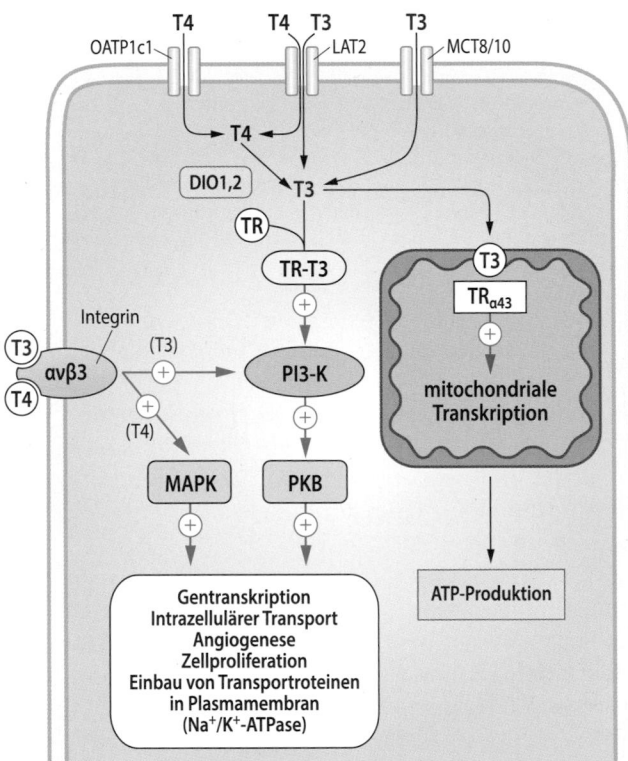

◘ **Abb. 41.11 Von nucleären T3-Rezeptoren unabhängige Effekte der Schilddrüsenhormone.** T3 bindet an cytosolische T3-Rezeptoren, was zu einer Aktivierung der cytoslischen PI3-Kinase und der Proteinkinase B führt. Außerdem binden die Schilddrüsenhormone T3 bzw. T4 an unterschiedliche Bindungsstellen des Integrin αvβ3. T3 kann so ebenfalls eine Aktivierung der PI3-Kinase auslösen, T4 aktiviert den MAP-Kinaseweg. PKB und MAPK führen zu einem vielfältigen Spektrum zellulärer Reaktionen. *DIO1,2:* Typ-1- und Typ-2-Deiodasen; *LAT2:* L-Typ Aminosäurentransporter 2; *MCT8/10:* Monocarboxylatransporter 8 oder 10; *OATP1c1:* Organischer Anionentransporter 1c1; *MAPK:* mitogen-aktivierte Proteinkinase; *PI3K:* Phosphoinositol-3-Kinase; *TR:* T3-Rezeptor; *TRα43:* mitochondrialer T-Rezeptor. (Einzelheiten s. Text)

Übrigens

Auch mitochondriale Gene werden durch T3 und T3-Rezeptoren reguliert. Schilddrüsenhormone, v. a. T3, haben eine Reihe definierter Effekte auf Mitochondrien. Diese werden durch T3-vermittelte Aktivierung eines als TRα₄₃ bezeichneten Rezeptors vermittelt, einer verkürzten Form des TRα, der mitochondrial lokalisiert ist und als Transkriptionsfaktor im mitochondrialen Genom wirkt. Über diesen Mechanismus löst T3 wahrscheinlich eine Zunahme der Mitochondrienbiogenese, der oxidativen Kapazität der Mitochondrien, der Aktivität der Adeninnucleotid-Translocase sowie der ATP-Produktion aus.

---

terschiedlicher biologischer Vorgänge. Es ist derzeit nur teilweise möglich, diese mit den bis heute aufgeklärten, molekularen Mechanismen zu erklären. Eine schon lange bekannte und auch klinisch bei der Hyperthyreose zu beobachtende Wirkung, ist die Steigerung des Sauerstoffverbrauchs und der Thermogenese durch T3. Beim Menschen wird die Thermogenese bis zu 45 % durch die Aktivität der Na^+/K^+-ATPase bestimmt. T3 beeinflusst dieses Enzym auf dreifache Weise:

- Über T3-Rezeptoren induziert T3 die Expression der Na^+/K^+-ATPase-Untereinheiten.
- Ähnlich wie der Glucosetransporter GLUT4 ist auch die Na^+/K^+-ATPase z. T. in intrazellulären Vesikeln gebunden, die unter dem Einfluss von T3 in die Plasmamembran verlagert werden. Dieser Effekt wird über die Stimulation des PI3-Kinase- und des MAP-Kinaseweges vermittelt.
- Der durch die gesteigerte Aktivität der Na^+/K^+-ATPase hervorgerufene ATP-Verbrauch hängt u. a. von den mitochondrialen Effekten von T3 ab.

Übrigens

Aus Schilddrüsenhormonen können biogene Amine wie z. B. 3-T1-Amin entstehen, die über G-Protein-gekoppelte Rezeptoren wirken. In den letzten Jahren haben **Thyronamine (TAM)** viel Aufmerksamkeit erfahren. Dies sind formal gesehen decarboxylierte Deiodierungsprodukte von T4 oder anderen Iodthyroninen (■ Abb. 41.8). Injektion von **3-T1AM** zeigte eine ganze Reihe pharmakologischer Effekte, die unterschiedlich zu T3-Wirkungen sind, u. a.

die Senkung der Körpertemperatur. Man nimmt an, dass TAM über GPCRs wie z. B. *trace amine associated receptors*, **TAARs**, wirken. Die Erforschung der Biosynthese, ihr Nachweis *in vivo*, Wirkungsmechanismen und physiologische Bedeutung der TAM versprechen neue Einsichten in einen bis vor kurzem als „abgeschlossen" gesehenen Bereich der Endokrinologie.

Zusammenfassung

Generell beeinflusst das aktive Schilddrüsenhormon T3 Zelldifferenzierung, Entwicklung, Wachstum und Struktur- sowie Energiestoffwechsel. Seine Effekte spielen sich vorwiegend auf der Ebene der Gentranskription ab und können sich von Organ zu Organ unterscheiden.

- Im Intermediärstoffwechsel werden je nach Organ und Schilddrüsenhormonstatus Glycogenolyse und Gluconeogenese sowie Lipogenese und Lipolyse stimuliert.
- T3 beeinflusst die Expression vieler Proteine. Ein besonders markantes Beispiel ist die Steigerung der Expression der Na^+/K^+-ATPase, die an der Erhöhung des Sauerstoffverbrauchs durch T3 beteiligt ist.
- Am Myokard löst T3 durch Steigerung der Expression unterschiedlicher Gene elektrochemische und mechanische Veränderungen aus, die denen nach körperlichem Training ähneln.
- T3 fördert Wachstum und Differenzierung vieler Gewebe und ist besonders für die regelrechte Entwicklung des Nervensystems wichtig.
- Die T3-Rezeptoren bilden Heterodimere mit Retinoatrezeptoren und wirken als ligandenmodulierte Transkriptionsfaktoren, die im Nucleus der Zielzellen lokalisiert sind.
- Neben der Beeinflussung der Gentranskription durch nucleäre T3-Rezeptoren können Schilddrüsenhormone Signalwege aktivieren, die zu einer Stimulierung der Proteinkinase B bzw. der MAP-Kinasen führen. Sie interagieren hierzu mit dem Integrin $\alpha\nu\beta3$ bzw. mit cytosolischen T3-Rezeptoren.

41.4 Pathobiochemie

41.4.1 Diagnostische Verfahren

> TSH-Konzentrationen im Serum sind ein integrativer Marker der Funktion der Schilddrüsenhormonachse.

Die diagnostische Interpretation der Homöostase oder einer gestörten Funktion der Schilddrüsenhormonachse anhand von Messungen der Konzentrationen der Schilddrüsenhormone T4 und T3 im Serum, Blut oder Körperflüssigkeiten wird dadurch erschwert, dass die lokalen Aktivitäten der DIO-Enzyme und der T3-Transporter (▶ Abschn. 41.2) in Zielzellen und Nicht-Zielzellen der diagnostischen Routinemessung bisher nicht zugänglich sind.

Wesentlich aussagekräftiger ist die Bestimmung der TSH-Konzentration im Serum. Sie ist ein Indikator der T3-Wirkung in der Hypophyse und hat deswegen eine hohe diagnostische Bedeutung für den Funktionszustand der Schilddrüse. Bei den verschiedenen Formen der Hypothyreose kann die TSH-Konzentration auf nahezu das 1000-fache der Norm ansteigen, während Hyperthyreosen durch deutlich erniedrigte Spiegel gekennzeichnet sind (■ Abb. 41.12). Ganz selten kommen TSH-produzierende Tumore vor, bei denen die negative Feedbackregulation nicht mehr funktioniert, was zu hohen Konzentrationen von TSH und Schilddrüsenhormonen im Blut führt. Inaktivierende Mutationen der T3-Rezeptoren können ebenfalls zu einer Störung der Feedbackregulation mit erhöhten TSH und Schilddrüsenhormonkonzentrationen im Blut führen, der sog. Schilddrüsenhormonresistenz.

In bestimmten Fällen wird die Schilddrüsendiagnostik durch Messung der Serumkonzentrationen des totalen oder freien T4 teils unter Einbeziehung der Konzen-

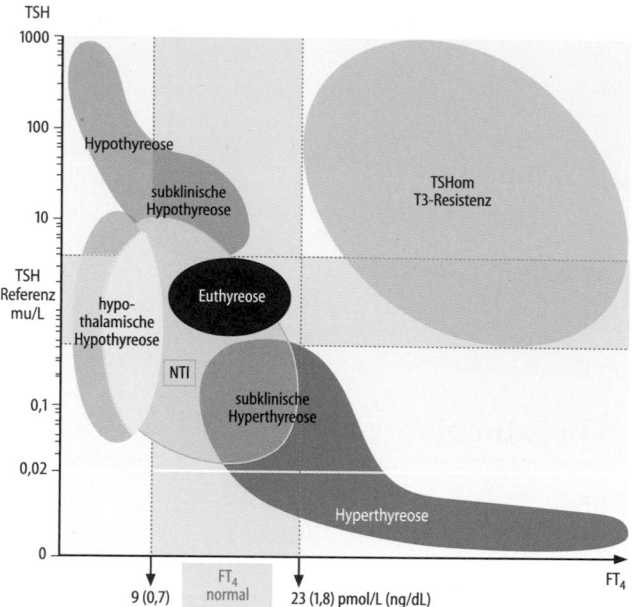

Abb. 41.12 Logarithmische Beziehung von TSH und freiem Thyroxin (FT4) bei verschiedenen Störungen der Schilddrüsenfunktion. Die Darstellung vergleicht die Serumkonzentration an freiem T4 mit der präziser messbaren TSH-Serumkonzentration. Die Referenzbereiche für TSH und freies T4 bei Gesunden (Euthyreose) sind gelb unterlegt. Die blau gefärbten Bereiche geben die diagnostisch ermittelten pathologischen Werte für TSH und FT4 bei unterschiedlichen Erkrankungen an: Klinisch manifeste (erhöhtes TSH und niedriges T4) und subklinische (erhöhtes TSH und normales T4) Hypothyreose; klinisch manifeste (erniedrigtes TSH und erhöhtes T4) und subklinische (erniedrigtes TSH und normales T4) Hyperthyreose; Hypothalamische Hypothyreose: fehlende TRH-Bildung (tertiäre Hypothyreose); *NTI:* schwere Allgemeinerkrankung; *TSHom:* TSH-sezernierender Hypophysentumor; *T3-Resistenz:* durch Mutation bedingte beeinträchtigte Wirkung des TRα oder TRβ Rezeptors. (Adaptiert nach Baloch et al. 2003. The publisher for this copyrighted material is Mary Ann Liebert, Inc. publishers)

trationsbestimmung des hepatisch sezernierten Bindungsproteins TBG vervollständigt.

❯ Für die Diagnostik und Therapie von Funktionsstörungen der Schilddrüse wird die TSH-Stimulation und Funktion des NIS ausgenutzt.

Rekombinant exprimiertes humanes TSH wird bei Patienten mit Schilddrüsenkarzinom zur Stimulation der Radioiodidaufnahme diagnostisch und therapeutisch eingesetzt. Zur therapeutischen Zerstörung des Restgewebes eines Schilddrüsentumors und seiner Metastasen kann die Aufnahme von Radioiodid durch NIS stimuliert werden.

Das kurzlebige metastabile 99-m-Pertechnat ($^{[99m]}TcO_4^-$) als Substrat des NIS ermöglicht nuclearmedizinische Funktionstests (Szintigramme) zur bildgebenden Diagnostik von Schilddrüsenfunktionsstörungen (z. B. zur Differenzierung sog. kalter, warmer und heißer Knoten). Der γ-Strahler $^{[99m]}TcO_4^-$ wird von NIS zwar in Thyreocyten aufgenommen, aber nicht wie Io-

did in Thyreoglobulin eingebaut und deshalb schnell wieder eliminiert. Auch zur Lokalisation NIS-positiver Metastasen von Schilddrüsentumoren, z. B. in Knochen oder Lunge, wird dieses Isotop diagnostisch eingesetzt, wobei wiederum die Anreicherung durch vorherige Behandlung mit rekombinantem TSH gesteigert wird.

41.4.2 Schilddrüsenfunktion bei Iodidmangel

❯ Ein Drittel der Menschheit leidet unter unzureichender Iodidversorgung, die vermeidbare Entwicklungs- und Stoffwechselstörungen bei Kindern und Erwachsenen auslöst.

Durch Iodidmangel ausgelöste Fehlfunktionen der Schilddrüse sind weltweit noch immer weit verbreitet. Sie äußern sich bei Kindern durch Entwicklungsstörungen und Beeinträchtigungen der Intelligenzentwicklung, bei Erwachsenen durch verschiedene Stoffwechselstörungen. Die durch den Iodidmangel verursachte Verminderung der Schilddrüsenhormonsynthese und -sekretion löst durch eine verringerte negative Rückkopplung eine Steigerung der hypothalamischen TRH- und der hypophysären TSH-Produktion aus. Durch hohe TSH-Spiegel kommt es zu einer kontinuierlichen Stimulation der iodidverarmten Schilddrüse, was einen Proliferationsreiz darstellt. Durch Iodidmangel vermehrt gebildetes IGF-1 und andere Wachstumsfaktoren steigern die Thyreocytenproliferation, Neubildung von Follikeln und die als **Iodmangelstruma** bezeichnete Vergrößerung der Schilddrüse (❍ Abb. 41.13). Hypertrophie und Hyperplasie der Thyreocyten können die Entwicklung von autonomen Bereichen der Schilddrüse (sog. „heiße Knoten") auslösen. Diese unterliegen nicht mehr der hypothalamisch-hypophysären Regulation. **Autonome Adenome** zeigen häufig somatische, konstitutiv aktivierende Mutationen des TSH-Rezeptors oder des nachgeschalteten G$_{αs}$-Proteins. Gelegentlich entwickeln sich bei endemischem Iodidmangel auch follikuläre Schilddrüsenkarzinome.

Unabhängig von der Iodidversorgung können genetische Fehlfunktionen aller bisher bekannten an der Schilddrüsenhormonsynthese beteiligten Proteine (vgl. ❍ Abb. 41.5) ebenfalls eine Struma verursachen.

Bei seltenen TSH-produzierenden Hypophysenadenomen kann es zur übermäßigen Produktion von TSH ohne negative Rückkopplung kommen. Ebenfalls selten sind konstitutiv aktivierende Mutationen des TRH-Rezeptors. Bei inaktivierenden Mutationen des TRH-Rezeptors funktioniert die TRH-Stimulation nicht, wodurch hypothyreote Stoffwechsellagen und eine gestörte Schilddrüsendifferenzierung bereits während der Entwicklung entstehen können.

41

41.4.3 Hyperthyreose, die Überfunktion der Schilddrüse

❯ Stimulierende Autoantikörper gegen den TSH-Rezeptor verursachen eine Hyperthyreose.

Hyperthyreosen beruhen auf einer Überproduktion von Schilddrüsenhormonen, die der Regulation durch das hypothalamisch-hypophysäre System weitgehend entzogen ist. Symptome sind:
- Nervosität
- Wärmeintoleranz
- vermehrte Schwitzneigung
- Gewichtsverlust
- Tachykardie
- vergrößerte Blutdruckamplitude
- vermehrtes Herzzeitvolumen

Verursacht werden Hyperthyreosen entweder durch stimulierende **TSH-Rezeptor-Autoantikörper** oder durch **Schilddrüsenautonomie**.

Morbus Basedow (engl. *Graves' disease*), entsteht durch stimulierende **TSH-Rezeptor-Autoantikörper (TRAK)**, die wie TSH wirken. TRAK-Stimulation des TSH-Rezeptors vermehrt die Produktion und Sekretion von Schilddrüsenhormonen. Eine durch TRAK stimulierte Schilddrüse entzieht sich der negativen Rückkopplungskontrolle der Hypothalamus-Hypophysen-Achse, da TRH und TSH durch die **Hyperthyreose** supprimiert sind, während die TRAK Produktion in B-Lymphocyten nicht durch T3 supprimiert wird. Diese schwerwiegende Erkrankung ist die häufigste Form der Schilddrüsenüberfunktion (jährliche Inzidenz 30 Fälle pro 100.000 Einwohner) und tritt bei Frauen 5-mal häufiger auf als bei Männern. Die kontinuierliche Stimulation des TSH-Rezeptors durch die Autoantikörper löst über den Phosphatidylinositol-Signalweg Wachstum und Proliferation der Thyreocyten aus und führt zur Strumabildung. Durch TRAK werden auch TSH-Rezeptoren stimuliert, die in bestimmten Hautarealen und im retroorbitalen Bindegewebe exprimiert sind. Deren Stimulation bewirkt eine veränderte Produktion von Glycosaminoglycanen und eine gesteigerte Proliferation der mesenchymalen Vorläuferzellen, Fibroblasten und Adipocyten, insbesondere im beengten Retroorbitalkompartiment, was letztlich zum Bild des **endokrinen Exophthalmus** führt. Die TRAK-Bestimmung im Serum ist entscheidend für die Diagnostik und Verlaufskontrolle dieser schwer behandelbaren Erkrankung. Die Therapie erfolgt entweder mit Substanzen, welche die Schilddrüsenhormonsynthese durch Blockade der Thyreoperoxidase hemmen (Thyreostatika) (◻ Abb. 41.7), chirurgische totale Thyroidektomie, radiochemische Zerstörung des Schilddrüsengewebes durch Behandlung mit Iodidisotopen (Radioiodtherapie), die sich in der Schilddrüse NIS-vermittelt anreichern oder adjuvant durch Supplementation mit Selenverbindungen.

Die zweithäufigste Form der Hyperthyreose ist die **Schilddrüsenautonomie**. Die Erkrankung tritt meist im höheren Lebensalter auf und betrifft Frauen 4-mal häufiger als Männer. Ursächlich sind häufig durch Iodidmangel entstandene autonome Adenome (s. o.).

41.4.4 Hypothyreose, die Unterfunktion der Schilddrüse

❯ Blockierende Autoantikörper als Zeichen der Zerstörung der Schilddrüse.

Eine weitere Autoimmunerkrankung der Schilddrüse ist die **Hashimoto Thyreoiditis**. Die Autoantikörper sind meist gegen die Thyreoperoxidase (TPO) oder gegen Thyreoglobulin (Tg) gerichtet und mit einer Entzündungsreaktion assoziiert. Diese führt durch die lymphocytäre Infiltration der Schilddrüse auch mit cytotoxischen Immunzellen zur nachhaltigen Zerstörung der Thyreocyten, deren Raum durch proliferierende Fibroblasten eingenommen wird (Fibrose). Langsam, aber kaum aufhaltbar werden die Thyreocyten, die angiofollikulären Strukturen und hormonbildenden Follikel des Organs zerstört. Mitunter kommt es zur Bildung sowohl von Antikörpern gegen TPO als auch von blockierenden Antikörpern gegen die TSH-Rezeptoren, wodurch die Schilddrüsenhormonproduktion weiter abnimmt. Die Folge ist eine durch synthetisches L-Thyroxin (T4) behandlungspflichtige **Hypothyreose**. Derartige Autoimmunerkrankungen der Schilddrüse können in allen Le-

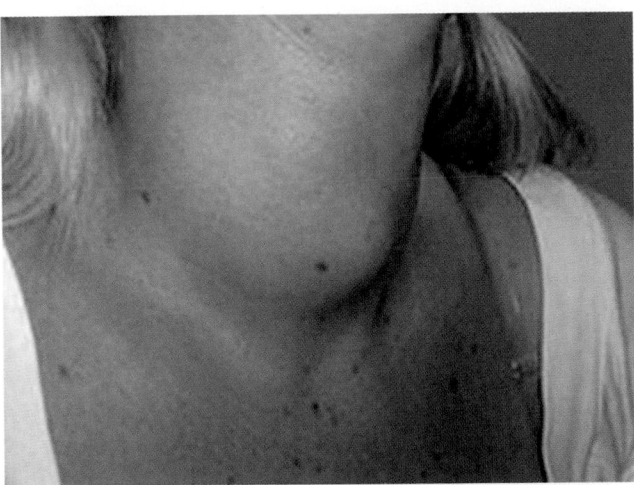

◻ **Abb. 41.13** Patientin mit vergrößerter Schilddrüse (Struma Grad II) sowie mit einem sicht- und tastbaren Knoten vor der Luftröhre. (© Drahreg01/cc-Licence 3.0 by-sa.)

bensphasen auftreten, sind jedoch am häufigsten bei Frauen im geschlechtsreifen Alter. Die Ursache dieser Schilddrüsenerkrankung ist nicht geklärt und die Bildung der TPO- und Tg-Autoantikörper scheint anders als im Fall der TRAK beim Morbus Basedow nicht Auslöser der Erkrankung, sondern Folge der langsamen Zerstörung der funktionellen Schilddrüsenfollikel zu sein. Die Schilddrüsenunterfunktion vom Typ Hashimoto Thyreoiditis ist eine der häufigsten endokrinen Erkrankungen. Die hierbei lebenslang erforderliche T4-Substitution ist die Ursache dafür, dass T4 weltweit zu den fünf am meisten verschriebenen Substanzen gehört.

> Angeborene Hypothyreosen treten weltweit bei ca. 1 von 3500 Neugeborenen auf und werden durch ein obligatorisches neonatales TSH-Screening aus einem Tropfen Fersenblut diagnostiziert.

Die menschliche Schilddrüse entwickelt sich unter der Kontrolle mehrerer Transkriptionsfaktoren (z. B. FOXE1, PAX8, NKX2.1) bereits im ersten Drittel der Schwangerschaft. Störungen der Expression oder Mutationen dieser Transkriptionsfaktoren, die in einer sequentiellen Abfolge und Kombination in der wandernden und sich differenzierenden Schilddrüsenanlage exprimiert werden, führen zu beeinträchtigter Organentwicklung oder zum kompletten Ausfall der Schilddrüsenentwicklung. Genetische Defekte der an der Hormonsynthese beteiligten Proteine sind eine weitere mögliche Ursache der angeborenen Hypothyreose. Weltweit weist eines von 3500 Neugeborenen eine klinisch relevante Beeinträchtigung oder den kompletten Ausfall der Anlage, Entwicklung oder Funktion der Schilddrüse auf. Durch obligatorisches vor 40 Jahren eingeführtes Neugeborenen-Screening aus einem Tropfen Fersenblut in der ersten Lebenswoche gelingt es, diejenigen Kinder zu identifizieren, die erhöhtes TSH im Blut haben, was auf eine gestörte HPT-Achse hinweist. Um die adäquate mentale und körperliche Entwicklung dieser betroffenen Säuglinge nach Wegfall der maternalen plazentaren Schilddrüsenhormonversorgung sicher zu stellen, müssen diese Neugeborenen innerhalb der ersten zwei Lebenswochen sofort eine T4-Substitutionstherapie erhalten, damit keine bleibenden Entwicklungsstörungen entstehen. Diese T4-Ersatztherapie muss nach Abklärung der Ursache der TSH-Erhöhung bei Bestätigung der Entwicklungs- oder Funktionsstörung der Schilddrüse lebenslang aufrechterhalten werden, womit bei adäquater und dauerhafter Dosierung des T4 ohne Nebenwirkungen eine normale Entwicklung des Kindes ohne Beeinträchtigung des IQ und der Lebensqualität gelingt.

Da T3 und T4 plazentagängig sind, gewährleistet das mütterliche Schilddrüsenhormon eine normale körperliche Entwicklung eines athyreoten Kindes bis zum Zeitpunkt der Entbindung.

41

Zusammenfassung

- Eine mangelhafte Iodidversorgung verursacht eine Strumaentwicklung und Hypothyreose trotz gesteigerter TSH-Bildung.
- TSH-Rezeptor stimulierende Autoantikörper (TRAK) lösen eine als Morbus Basedow bezeichnete Hyperthyreose aus.
- Autoantikörper gegen Thyreoperoxidase oder Thyreoglobulin werden bei einer chronisch entzündlichen Hypothyreose nachgewiesen, die als Hashimoto Thyreoiditis bezeichnet wird.
- M. Basedow und die Hashimoto Thyreoiditis sind die häufigsten Autoimmunerkrankungen der Schilddrüse.
- Fehlfunktionen der einzelnen Komponenten der Hypothalamus-Hypophysen-Schilddrüsen-Peripherie-Achse können zu kongenitalen oder somatischen hypo- oder hyperthyreoten Störungen führen, die obligat mit T4 bzw. Thyreostatika behandlungsbedürftig sind.

Weiterführende Literatur

Übersichten und Originalarbeiten

Baloch Z, Carayon P, Conte-Devolx B, Demers LM, Feldt-Rasmussen U, Henry JF, LiVosli VA, Niccoli-Sire P, John R, Ruf J, Smyth PP, Spencer CA, Stockigt JR, Guidelines Committee, National Academy of Clinical Biochemistry (2003) Laboratory medicine practice guidelines. Laboratory support for the diagnosis and monitoring of thyroid disease. Thyroid 13:3–126

Bassett JH, Harvey CB, Williams GR (2003) Mechanisms of thyroid hormone receptor-specific nuclear and extra nuclear actions. Mol Cell Endocrinol 213(1):1–11

Grüters A, Krude H, Biebermann H (2004) Molecular genetic defects in congenital hypothyroidism. Eur J Endocrinol 151(Suppl 3):U39–U44

Jansen J, Friesema EC, Milici C, Visser TJ (2005) Thyroid hormone transporters in health and disease. Thyroid 15(8):757–768

Köhrle J, Jakob F, Contempré B, Dumont JE (2005) Selenium, the thyroid, and the endocrine system. Endocr Rev 26(7):944–984

Muff R, Born W, Lutz TA, Fischer JA (2004) Biological importance of the peptides of the calcitonin family as revealed by disruption and transfer of corresponding genes. Peptides 25(11):2027–2038

Prevot V, Nogueiras R, Schwaninger M (2021) Tanycytes in the infundibular nucleus and median eminence and their role in the blood-brain barrier. Handb Clin Neurol. 180:253–273

Santisteban P, Bernal J (2005) Thyroid development and effect on the nervous system. Rev Endocr Metab Disord 6(3):217–228

Endokrin relevante Weblinks

Alles über die Schilddrüsenhormonachse: https://www.thyroidmanager.org/

Endokrines Web-Textbuch, umfassend und laufend aktualisiert: https://www.endotext.org/

Laufend aktualisiertes Lehrbuch Endokrinologie: https://emedicine.medscape.com/endocrinology

Wachstumshormon und Prolactin

Lutz Schomburg, Ulrich Schweizer und Josef Köhrle

In den vorangegangenen Kapiteln wurden die glandotropen Hypophysenhormone besprochen, nun wenden wir uns den Proteohormonen Wachstumshormon (GH, *growth hormone*) und Prolactin (PRL) zu. GH stimuliert das Körperwachstum, viele anabole und regenerative Vorgänge und den Energiestoffwechsel. Ein Teil der Effekte beruht darauf, dass GH v. a. in der Leber die Synthese und Sekretion insulinähnlicher Wachstumsfaktoren (IGF, *insulin-like growth factors*) erhöht. PRL hat große strukturelle Ähnlichkeit mit GH und wirkt auf das Brustdrüsenepithel, die Lactation, das Immunsystem sowie den Energie- und Mineralstoffwechsel.

Schwerpunkte

42.1 Wachstumshormon (GH)
— Funktionen und Regulation des Wachstumshormons
— Insulinähnliche Wachstumsfaktoren

42.2 Prolactin
— Regulation der Prolactinsekretion und Funktionen von Prolactin

42.3 Pathobiochemie
— Gigantismus und Akromegalie
— Minderwuchssyndrome
— Hyperprolactinämie

42.1 Wachstumshormon (GH)

Wachstumshormon (GH, *growth hormone*; STH, Somatotropin) ist ein 191 Aminosäuren langes Proteohormon aus dem Vorderlappen der Hypophyse (Adenohypophyse). Es ist neben dem strukturähnlichen **Prolactin** (PRL) das mengenmäßig häufigste Hypophysenhormon. GH, wie auch PRL, sind **monomere Hormone**, die durch intramolekulare Disulfidbrücken stabilisiert werden. Die GH-positiven Zellen der Adenohypophyse werden als **somatotrope Zellen** bezeichnet, die ebenfalls häufigen PRL-positiven als **lactotrophe Zellen**.

❯ GH ist ein anaboles Hormon.

Die Hauptfunktionen von GH liegen in der Unterstützung von Wachstum, Energiestoffwechsel und weiteren anabolen und regenerativen Prozessen:
— In der Leber bewirkt GH über die Aktivierung des GH-Rezeptors (GHR) eine erhöhte Glycogenolyse und Glucosefreisetzung. Zudem wird die hepatische Lipoproteinlipase (LPL) stimuliert, was mit vermehrter Lipolyse und erhöhtem Fettsäuremetabolismus einhergeht. Dieser Effekt wird durch das aus dem Fettgewebe stammende Hormon Adiponektin (▶ Abschn. 38.1) unterstützt.
— Auch im weißen Fettgewebe stimuliert GH direkt die Lipolyse und Fettsäurefreisetzung. Im braunen Fettgewebe wird zusätzlich das Entkopplungsprotein UCP-1 (▶ Abschn. 19.1.5) und damit die mitochondriale Aktivität induziert.
— In der Skelettmuskulatur werden die Aufnahme von Fettsäuren stimuliert und die Glucoseverwertung gehemmt. Somit wird eine Umstellung von Glucose- auf Fettoxidation eingeleitet.

Zusammengenommen dominieren die **anabolen Aspekte**, d. h. vermehrte Glycogenolyse in der Leber und Lipolyse in Fettzellen zusammen mit verstärkter Proteinbiosynthese, besonders in der Muskulatur. Diese direkten GH-Effekte führen zu einem verbesserten Verhältnis von Muskel- zu Fettmasse, erhöhen die körperliche Leistungsfähigkeit und unterstützen regenerative Prozesse.

Ergänzende Information Die elektronische Version dieses Kapitels enthält Zusatzmaterial, auf das über folgenden Link zugegriffen werden kann https://doi.org/10.1007/978-3-662-60266-9_42. Die Videos lassen sich durch Anklicken des DOI Links in der Legende einer entsprechenden Abbildung abspielen, oder indem Sie diesen Link mit der SN More Media App scannen.

Übrigens

Doping mittels GH. Die charakteristischen Körpermerkmale mancher Spitzensportler in den Disziplinen, in denen Muskulatur, Kraft und Größe einen Wettbewerbsvorteil darstellen, lassen auf eine ausgeprägte GH-Wirkung schließen. Inwieweit dies eine natürliche Veranlagung darstellt oder der missbräuchlichen Gabe von synthetischem GH geschuldet ist, kann häufig nur vermutet werden, da die Halbwertszeit von GH relativ kurz ist und ein Doping-Nachweis nur selten geführt wird. Allerdings ist es verdächtig, wenn ein ausgewachsener Sportler im fortgeschrittenen Alter plötzlich zur Korrektur der Zahnstellungen eine Klammer trägt. Ebenso können manche wundersamen körperlichen Veränderungen männlicher Hollywoodschauspieler, die im fortgeschrittenen Alter noch extrem muskelbetonte Rollen von Geheimagenten, Ringern oder Boxern übernehmen, nicht nur auf ein intensives Trainings- und ausgefeiltes Ernährungskonzept zurückgeführt werden.

❯ GH bindet im Plasma an lösliche Rezeptordomänen.

GH ist als Proteohormon wasserlöslich; dennoch liegt es im Blut überwiegend im Komplex mit einem **GH-bindenden Protein (GHBP)** vor. Die Komplexbildung dient dem GH-Transport, der Verlängerung der GH-Halbwertszeit und der Kontrolle der lokalen GH-Konzentration. Die extrazelluläre Domäne des GHR stellt ein hochaffines GHBP dar, welches beim Menschen durch posttranslationale proteolytische Spaltung (sog. *shedding*) des membranständigen GHR generiert wird. Verantwortlich sind Me-

talloproteasen der ADAM-Familie (ADAM, *A Disintegrin And Metalloproteinase*), die auf der Membranoberfläche schneiden, und Aspartylproteasen der γ-Sekretasefamilie, die den GHR in der Transmembrandomäne spalten. Bei manchen Nagern entstehen diese GHBP durch alternatives Splicing der Transkripte des GHR (▶ Abschn. 35.7.1 und ◻ Abb. 35.31), was deren physiologische Bedeutung unterstreicht.

❯ Der GH-Rezeptor ist mit dem JAK/STAT-Weg assoziiert.

Am GHR induziert die GH-Bindung die Aktivierung der **JAK/STAT-Signalkaskade** (▶ Abschn. 35.5.1). Der GHR ist 620 Aminosäuren lang, glycosyliert, hat eine einzelne Transmembrandomäne und ist intrazellulär über ein sog. Box1-Motiv mit der cytoplasmatischen Janus-Kinase 2 (JAK2) assoziiert (◻ Abb. 42.1). Die Bindung von GH an vorgebildete **GHR-Homodimere** induziert eine Konformationsänderung im GHR und aktiviert die Kinasedomänen von JAK2, welche die cytoplasmatischen Domänen der GHR phosphorylieren und aktivieren. Die Phosphotyrosinreste der GHR dienen dann als Andockstellen für die intrazelluläre Signalkaskade über STAT-Proteine (STAT, *signal transducer and activator of transcription*), die dort ebenfalls von JAK2 phosphoryliert und aktiviert werden, vor allem STAT-5. Die Phospho-STATs bilden dann Hetero- und Homodimere und translozieren in den Kern, wo sie als Transkriptionsfaktoren GH-Zielgene aktivieren. Überdies kann ein aktivierter GHR auch den PI3K- und über Ras den MAP-Kinase-Signalweg stimulieren (◻ Abb. 42.1), mit den entsprechenden Effekten auf Proliferation, Apoptosehemmung und Metabolismus (▶ Abschn. 35.4.2, und 35.4.3). Das GH-Signal wird intrazellulär durch Tyrosinphosphatasen (SHP) beendet, und durch GH-induzierte

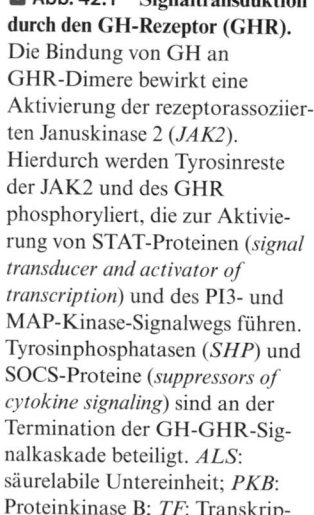

◻ **Abb. 42.1   Signaltransduktion durch den GH-Rezeptor (GHR).** Die Bindung von GH an GHR-Dimere bewirkt eine Aktivierung der rezeptorassoziierten Januskinase 2 (*JAK2*). Hierdurch werden Tyrosinreste der JAK2 und des GHR phosphoryliert, die zur Aktivierung von STAT-Proteinen (*signal transducer and activator of transcription*) und des PI3- und MAP-Kinase-Signalwegs führen. Tyrosinphosphatasen (*SHP*) und SOCS-Proteine (*suppressors of cytokine signaling*) sind an der Termination der GH-GHR-Signalkaskade beteiligt. *ALS*: säurelabile Untereinheit; *PKB*: Proteinkinase B; *TF*: Transkriptionsfaktoren

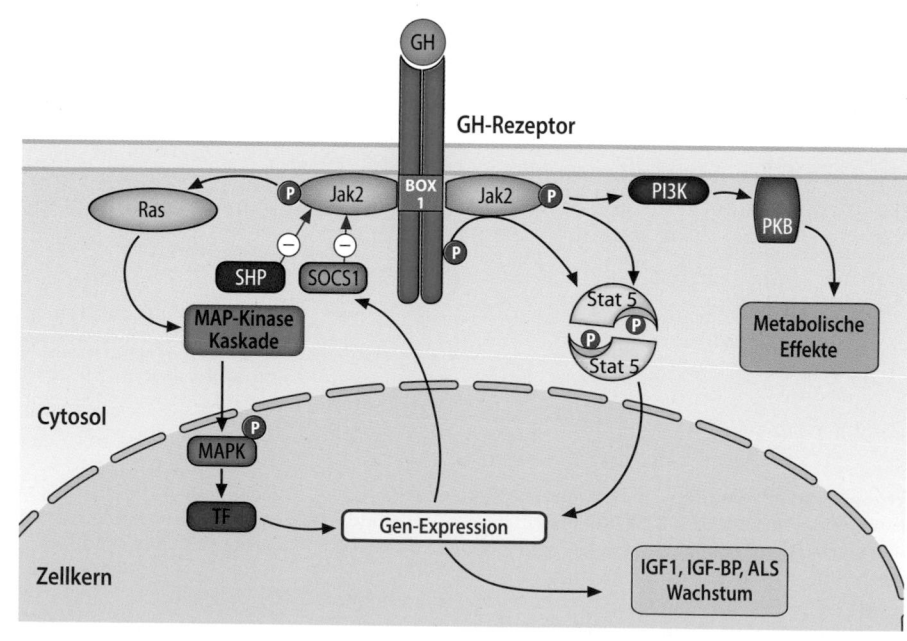

Proteine der SOCS-Familie (SOCS, *suppressors of cytokine signaling*) in einer lokalen Rückkopplungsschleife gehemmt. Besonders gut charakterisiert ist die durch den aktivierten GHR hervorgerufene Steigerung der Expression von insulinähnlichen Wachstumsfaktoren (*insulin-like growth factors*) und IGF-bindenden Proteinen (*IGF-BPs*), sowie der sog. säurelabilen Untereinheit des zirkulierenden IGF-Komplexes, bestehend aus IGF1 oder IGF2, ALS (*acid labile subunit*) und einem IGF-BP (◘ Abb. 42.1), und von SOCS (▸ Abschn. 42.1.2). IGF stellen wichtige lokale Regulatoren des Zellwachstums und insbesondere auch der Chondrocytendifferenzierung in den Wachstumszonen der Knochen dar.

42.1.1 Growth-Hormone-Releasing-Hormone, Somatostatin und Ghrelin als Regulatoren der GH-Sekretion

❯ Die pulsatile Freisetzung von GH wird zentralnervös gesteuert.

Die pulsatile Freisetzung des GH wird durch zwei antagonistisch wirkende und gegensätzlich regulierte hypothalamische Peptidhormone gesteuert, das **Growth-Hormone-Releasing-Hormon** (GH-RH, Somatoliberin) und das **Somatostatin** (SSt, Somatotropin-Release-Inhibiting-Hormon, SRIH). Die GH-RH-Freisetzung aus den neuroendokrinen Zellen im Nucleus arcuatus des Hypothalamus unterliegt einer zentralnervösen Kontrolle durch Serotonin, Dopamin und α- und β-adrenerge Signale (◘ Abb. 42.2). Tiefschlafphasen fördern die GH-RH Synthese und Freisetzung. Auch das Neuropeptid SSt erreicht als hypothalamisches Hormon über das Portalblutsystem die somatotropen Zellen, an denen es aber die GH- (und TSH-) Freisetzung inhibiert.

Typische circadiane Rhythmen mit hohen nächtlichen Freisetzungsraten bestimmen die zirkulierenden GH-Konzentrationen. Diese sind während des embryonalen Wachstums, nach der Geburt und nach Einsetzen der Pubertät besonders hoch, zeigen geschlechtsspezifische Unterschiede, verlieren mit dem Alter aber an Dynamik und Amplitude. Somit überlagern sich beim GH tageszeitliche Schwankungen mit geschlechts- und altersabhängigen Effekten. Aus diesen Gründen ist eine einzelne Bestimmung der GH-Konzentration im Blut zur Diagnostik von Störungen der GH-Achse ungeeignet. Eine basale Sekretion von Cortisol und Schilddrüsenhormonen ist für die GH-Synthese und Freisetzung erforderlich und für eine normale Entwicklung und das altersgerechte Wachstum unverzichtbar.

❯ Auch ein Hormon aus dem Magen reguliert die GH-Freisetzung.

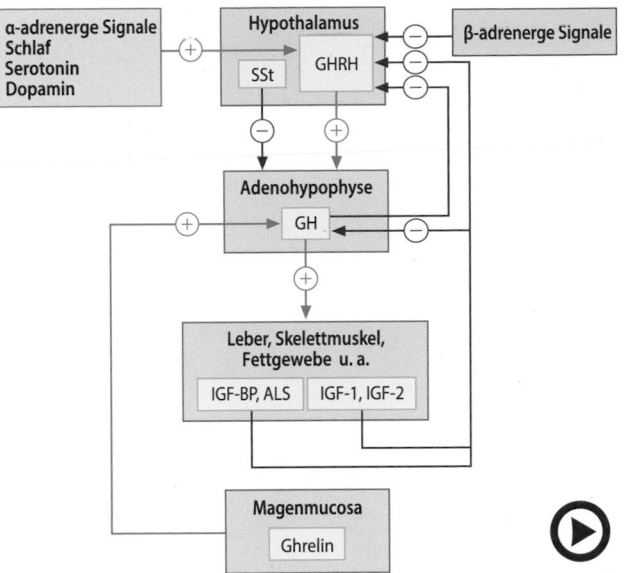

◘ **Abb. 42.2** (Video 42.1) **Regulation der Sekretion von Wachstumshormon (*GH*).** GH wird von somatotropen Zellen der Hypophyse synthetisiert und pulsatil sezerniert. Die wachstumsstimulierenden Effekte werden zum Großteil durch die Insulin-ähnlichen Wachstumsfaktoren IGF-1 und IGF-2 aus der Leber vermittelt. GH-Releasing Hormon (*GHRH*) aus dem Hypothalamus und Ghrelin aus der Magenmucosa stimulieren die GH-Synthese und -Freisetzung, während das hypothalamische Somatostatin (SSt) und die zirkulierenden Komplexe aus IGF mit IGF-Bindeproteinen (IGF-BP) und säurelabiler Untereinheit (ALS) die GH-Produktion hemmen (▸ https://doi.org/10.1007/000-5kr)

Seit längerer Zeit ist ein dritter Regulator der GH-Freisetzung bekannt, dessen Rezeptor auf somatotropen Zellen nicht von GH-RH aktiviert bzw. von SSt gehemmt wird. Dieser Rezeptor wurde deshalb als GH-Secretagogue-Receptor (GHSR) bezeichnet. Das zugehörige Hormon **Ghrelin** (indogermanisch: *ghre* wachsen/keimen) wurde aus dem Homogenat des Magens isoliert. Die Strukturaufklärung ergab ein Peptidhormon aus 28 Aminosäuren, bei dem die Hydroxylgruppe des Serin 3 mit Octanoat verestert ist. Diese posttranslationale Modifikation ist eine biochemische Besonderheit und kann reversibel über die Ghrelin-O-Acyl-Transferase (GOAT) und die Acyl-Protein-Thioesterase 1 (APT1)/Lysophospholipase 1 reguliert werden, wobei nur das acylierte Ghrelin als Agonist am GHSR wirkt (◘ Abb. 42.3). Ein zweites Peptid des Ghrelin-Prohormons, das sog. **Obestatin**, wurde zunächst als Antagonist der Ghrelinwirkung beschrieben, was sich in Folgestudien nicht bestätigen ließ. Interessanterweise wird Ghrelin bereits vor den Mahlzeiten freigesetzt (antizipatorisch). Es stimuliert neben der GH-Freisetzung auch die appetitregulierenden Neurotransmitter im Hypothalamus (NPY, Neuropeptid Y; AgRP, *Agouti-related peptide*) (▸ Abschn. 38.3.2).

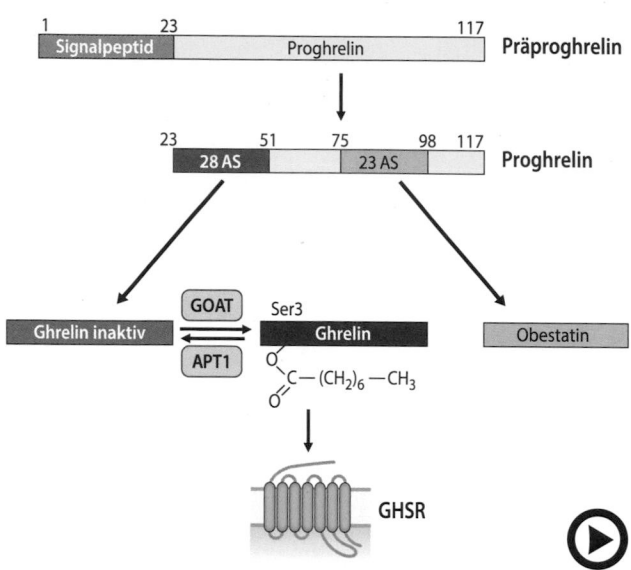

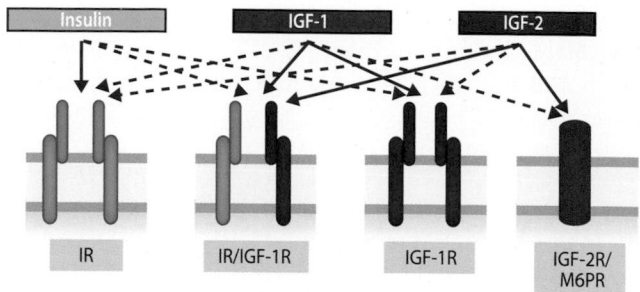

Abb. 42.4 **Insulin, Insulin-ähnliche Wachstumsfaktoren IGF-1 und IGF-2 und ihre zellulären Rezeptoren.** Insulin, IGF-1 und IGF-2 binden aufgrund ihrer Strukturähnlichkeit in spezifischem Ausmaß an Insulin-Rezeptor-Homodimere (IR), IR/IGF-1R Heterodimere und IGF-1R Homodimere. Der IGF-2R ist ein Monomer und auch als Mannose-6-Phosphat Rezeptor (M6PR) aktiv. M6PR bindet neben IGF-2 auch M6P-tragende Cytokine und Hormone. Gestrichelte Pfeile symbolisieren erniedrigte Affinitäten der Bindungspartner

Abb. 42.3 (Video 42.2) **Biosynthese, posttranslationale Modifikation und Rezeptorspezifität von Ghrelin.** Ghrelin wird von Zellen der Magenmucosa synthetisiert. Eine Acylierung an Serin 3 durch die Ghrelin-O-Acyltransferase (GOAT) überführt das 28 Aminosäuren lange Peptid in den Liganden des GH-Sekretagogue-Rezeptors GHSR. Obestatin ist ein zweites Produkt des Ghrelin-Prohormons mit unbekanntem Rezeptor und umstrittener Wirkung (▶ https://doi.org/10.1007/000-5kq)

42.1.2 IGF-1 als Mediator des GH

> Die meisten GH-Effekte werden durch IGF-1 vermittelt.

Die beiden Proteohormone IGF-1 und IGF-2 sind dem Insulin ähnlich; diese Verwandtschaft erstreckt sich von der Namensgebung über die Ähnlichkeiten der Rezeptoren bis zur Struktur der Hormone. Die Prohormone sind homolog, allerdings wird beim Insulin das C-Peptid posttranslational herausgeschnitten, während es bei IGF-1 und IGF-2 im reifen Hormon erhalten bleibt (▶ Abschn. 36.2). Sowohl der Insulinrezeptor (IR) als auch der IGF1-Rezeptor (IGF-1R) können Homodimere oder Heterodimere miteinander bilden; die jeweilige Affinität zu den namengebenden Hormonen ist höher als zu den strukturverwandten Hormonen (■ Abb. 42.4). Intrazellulär werden die gleichen Signalkaskaden aktiviert. IGF-1 hemmt durch negative Rückkopplung (negatives **Feedback**) die GH-Freisetzung aus der Hypophyse und die GH-RH Freisetzung aus dem Hypothalamus, während die hypothalamischen SSt-Neurone stimuliert werden. IGF-2 wird durch ein Gen codiert, welches dem *genomic imprinting* (▶ Abschn. 47.2.1) unterliegt. Es wird besonders in der frühen Entwicklung im Embryo und Fetus stark exprimiert. Der IGF-2R ist auch als Mannose-6-Phosphat-Rezeptor (M6PR) bekannt und

sowohl in der Plasmamembran als auch in intrazellulären Membranen lokalisiert. Intrazellulär bindet der IGF-2R/M6PR im trans-Golgi-Kompartiment Mannose-6-Phosphat-tragende Proteine zum Weitertransport in Endosomen und Lysosomen, wo der Komplex säureabhängig dissoziieren kann, um den Rezeptor zurückzuführen. Der auf der Plasmamembran lokalisierte IGF-2R/M6PR bindet IGF-2 mit höherer Affinität als IGF-1, nicht aber Insulin. Zusätzlich erkennt und bindet dieser Rezeptor eine Reihe Mannose-6-Phosphat-tragender Cytokine und Hormone, wie z. B. *transforming growth factor β* (TGFβ), *leukemia-inhibiting factor* (LIF) oder Proliferin, und beeinflusst so über Clathrin-vermittelte Endocytose deren Konzentration und physiologische Aktivität. Entsprechend wird eine wichtige Rolle des IGF-2R/M6PR im Rahmen von lysosomalen Speicherkrankheiten nebst Krebs- und neurodegenerativen Erkrankungen diskutiert. Beim gesunden Erwachsenen werden die anabolen GH-induzierten Effekte überwiegend von IGF-1 vermittelt.

> IGF-1 wird durch einen Proteinkomplex im Plasma stabilisiert.

Die hepatische IGF-1-Biosynthese stellt das am besten charakterisierte Ziel der GH-Wirkung dar. Im Blut bilden IGF-1 und IGF-2 Komplexe mit IGF-BPs und der säurelabilen Untereinheit ALS. Beim Erwachsenen dominieren dabei die ternären Komplexe aus IGF-1/IGF-BP3/ALS oder IGF-1/IGF-BP5/ALS. Auch diese Komplexbildung bewirkt eine Stabilisierung des Hormons, Verbesserung des Transports und genauere Regulation der lokalen IGF-1-Konzentrationen im Zielgewebe. Freies IGF-1 hat eine Halbwertszeit von ca. 12 min, während es im ternären Komplex über >12 h stabil ist. Alle Komponenten dieser Komplexe werden GH-abhängig synthetisiert und sind entsprechend bei GH-Mangel reduziert.

> **Zusammenfassung**
> - Die pulsatile Freisetzung von Wachstumshormon (GH) wird durch das neuroendokrine Peptid GH-Releasing-Hormon (GH-RH) aus Hypothalamus und Ghrelin aus der Magenmucosa stimuliert; Somatostatin (SSt) und insulinähnlicher Wachstumsfaktor 1 (IGF-1) hemmen die GH-Freisetzung.
> - Die Synthese und Freisetzung von IGF-1 und IGF-2 werden in der Leber und anderen Geweben durch GH stimuliert und vermitteln die wachstumsfördernde Wirkung.
> - Die IGF assoziieren mit IGF-bindenden Proteinen (IGF-BP) und der säurelabilen Untereinheit (ALS) zu ternären Komplexen, die im Blut zirkulieren. Hierdurch kann die Stabilität und lokale Konzentration der IGF kontrolliert werden.
> - GH und IGF wirken anabol und stimulieren den Glucose- und Fettstoffwechsel zugunsten erhöhter Proteinbiosynthese, besonders in der Muskulatur.
> - Störungen der Biosynthese oder Funktion von GH oder GHR bzw. IGF, IGF-BP oder ALS bewirken Metabolismus- und Wachstumsstörungen.

42.2 Prolactin

❯ Prolactin stimuliert das Brustdrüsenepithel.

Die Strukturen von **Prolactin** (PRL) und GH sind ähnlich, ebenso gehört der **Prolactin-Rezeptor** (PRLR) wie der GHR zur Klasse 1 der Cytokin-Rezeptor-Superfamilie (▶ Abschn. 35.5). PRL besteht aus 199 Aminosäuren und wird durch drei Disulfidbrücken stabilisiert. Es zirkuliert überwiegend ohne Bindungspartner im Blut und hat entsprechend nur eine Halbwertszeit von ca. 15 min. Der PRLR koppelt ebenso wie der GHR an die JAK2/STAT5- und MAPK-Signalwege.

Die Namensgebung unterstreicht die besondere Bedeutung von PRL während Schwangerschaft und Stillzeit. Hier hat PRL eine direkte Wirkung auf Wachstum und Ausbildung des Brustdrüsenepithels, es stimuliert die Milchproduktion und trägt zur Unterdrückung des Eisprungs während der Stillzeit bei. Anzahl und Größe lactotropher Zellen erhöhen sich während der Schwangerschaft, was zu vorübergehenden Einschränkungen der Sehfähigkeit führen kann, wenn die erhöhte Raumforderung der Hypophyse auf das optische Chiasma drückt. Allerdings sind auch beim Mann deutliche PRL-Konzen-

trationen im Blut nachweisbar und zahlreiche lactotrophe Zellen in der Hypophyse zu finden. Mausmodelle haben eine Vielzahl weiterer physiologischer Funktionen mit PRL in Verbindung gebracht, wie z. B. Immunantwort, Verhalten, Energie- oder Mineralstoffwechsel. Überdies wird PRL nicht nur in der Hypophyse exprimiert, sondern es wirkt auch als parakrines Hormon in einer Vielzahl weiterer Gewebe wie z. B. Prostata, Haut, Gehirn, Brustgewebe, Immunzellen und Adipocyten.

❯ Dopamin ist der wichtigste Inhibitor der PRL-Freisetzung.

In der Hypophyse werden Biosynthese und Sekretion von PRL hauptsächlich durch **Dopamin** gehemmt. PRL ist das einzige adenohypophysäre Hormon, welches überwiegend unter **tonischer Inhibition** steht, sodass die PRL-Freisetzung ansteigt, wenn die Verbindung des Hypothalamus zur Hypophyse unterbrochen ist. Neben dem Saugreiz beim Stillen wurden Östrogene, Thyrotropin-Releasing Hormone (TRH) und Oxytocin als positive Stimulatoren der PRL-Freisetzung beschrieben, dennoch überwiegt unter Normalbedingungen die Hemmung durch Dopamin.

> **Zusammenfassung**
> - Prolactin (PRL) ist neben GH das häufigste Hormon der Hypophyse; GH und PRL, wie auch der GH- und PRL-Rezeptor, sind strukturverwandt und wirken über ähnliche Signalkaskaden.
> - Die physiologische Bedeutung von PRL geht weit über Lactation und Fertilität hinaus und beinhaltet Aspekte des Verhaltens, Immunsystems und Vitamin- und Mineralstoffwechsels.

42.3 Pathobiochemie

Gigantismus und Akromegalie Wenn ein Hypophysentumor GH produziert und sich der Feedback-Regulation entzieht, kann sich ein charakteristisches Krankheitsbild mit erhöhter GH-Aktivität entwickeln:

Erfolgt die Erkrankung bereits in der Jugend, kommt es u. a. zu einem außergewöhnlichen Größenwachstum, dem **Gigantismus**. Dermaßen erkrankte Individuen dienten als Inspiration für entsprechende Berichte, Sagen und Märchen in der Weltliteratur, z. B. Goliath oder Samson im Alten Testament, Rübezahl im Riesengebirge, Fasolt und Fafner in Wagners Ring des Nibelungen oder die Titanen in der griechischen Mythologie. In der Vergangenheit sammelten sich unter den »Langen Kerls« des preußischen Paraderegiments von Friedrich-Wilhelm I sicher auch Männer mit GH-Hypersekretion, während sie heutzutage in bestimmten Sportarten (Basketball, Volleyball, Boxen) überrepräsentiert sein dürften.

Erfolgt die GH-Hypersekretion erst im Erwachsenenalter nach dem Schließen der Epiphysenfugen (Wachstumszonen) der langen Röhrenknochen, wird ein verstärktes Wachstum der Akren (äußere Enden der Extremitäten, besonders Finger und Füße, aber auch Augenwülste, Nase, Ohr, Kinn, etc.) ausgelöst, eine **Akromegalie**. Meist tritt auch ein Wachstum der inneren Organe auf, welches zur **Visceromegalie** führt. In ca. 90 % der Fälle liegt ein GH-sezernierendes Hypophysenadenom zugrunde. Die Erkrankung entwickelt sich zumeist langsam, entsprechend schleichend folgen die Symptome und schwierig ist die Diagnose. Vergröberte Gesichtszüge und vergrößerte Hände, Kiefer oder Füße können als Zufallsbefunde (der Ehering drückt, die Schuhe passen nicht mehr, Zahnzwischenräume entstehen) die korrekte Diagnose einleiten. Drückt der Hypophysentumor ins Gehirn und auf das optische Chiasma, können entsprechende Gesichtsfeldausfälle folgen. Die Raumforderung eines solchen Tumors kann zudem die Freisetzung der anderen hypophysären Hormone hemmen und allgemeine Symptome eines Hypopituitarismus (Hypophysenunterfunktion) hervorrufen (Hypogonadismus, Amenorrhoe, Infertilität). Eine Therapie kann dann über modifizierte Somatostatin-Analoga erfolgen, da diese die GH-Biosynthese und Freisetzung hemmen. Alternativ können GH-Rezeptor-Antagonisten die GH-Wirkung unterbinden. Häufig muss aber schließlich eine entsprechende Operation erfolgen, um den aktiven Tumor vollständig zu entfernen.

Minderwuchssyndrome Ein Mangel an GH-Wirkung kann zu ausgeprägten Wachstumsstörungen (Minder- bzw. Zwergwuchs) führen, wobei auch die Entwicklung der Muskulatur verzögert ist. Dieses Defizit äußert sich auch im verspäteten Erreichen von Meilensteinen der Kindesentwicklung (Krabbeln, Stehen, Gehen). Häufig liegt eine inaktivierende Mutation im Gen des hypophysär exprimierten GH-RH-Rezeptors zugrunde. Diese Konstellation kann heutzutage effektiv mit rekombinant erzeugtem GH therapiert werden. Ein erfolgreiches Beispiel dieser Intervention ist durch die Entwicklung des Weltfußballers Lionel Messi allgemein bekannt geworden.

Ebenso kann eine Mutation im GHR zu einem Wachstumsdefekt, dem sog. **Laron-Syndrom** führen. Hier ist rekombinantes GH nicht effektiv, hingegen ist die Therapie mit IGF-1 erfolgreich. Dieser Defekt ist aber auch von überraschenden positiven Nebenwirkungen begleitet (s. Übrigens: „Das Geheimnis gesunden Alterns"). Auch Störungen der zellulären GH-Signalübertragung und deren Regulation können zu Minderwuchs und Beeinträchtigung der anabolen GH-Wirkung bei Patienten führen (z. B. Mutationen in den Genen von STAT5b oder ALS).

Übrigens

Das Geheimnis gesunden Alterns. Schon lange sucht die Medizin nach Wegen, uns vor Zivilisationskrankheiten wie Diabetes mellitus oder Krebs zu schützen. Überraschende Hinweise lieferte eine Langzeitstudie (über 22 Jahre) von 99 Laron-Patienten in Ecuador, in denen aufgrund einer Mutation im GHR-Gen nur geringe IGF-1-Konzentrationen vorliegen. Diese kleinwüchsigen Mitmenschen entwickelten (fast) keinen Diabetes mellitus und keine Krebserkrankungen. Aus Studien mit Modellorganismen (Hefe, *C. elegans*, Maus) war schon länger bekannt, dass eine reduzierte Aktivität der GH-IGF-1-Achse lebensverlängernd wirkt. Die Lebenserwartung dieser ecuadorianischen Laron-Patienten war aus anderen Gründen nicht signifikant erhöht, doch ihr Krebs- und Diabetesrisiko war verschwindend gering.

Hyperprolactinämie und Galactorrhoe Hyperprolactinämie ist die einzige gut charakterisierte Erkrankung im PRL-System. Ursächlich sind hierbei meist Tumore der lactotrophen Zellen der Adenohypophyse. Die Therapie mit Dopamin-Agonisten ist häufig erfolgreich, um sowohl die Tumorgröße als auch die erhöhten PRL-Konzentrationen zu verringern. Bei Frauen bewirkt die Hyperprolactinämie eine gestörte Gonadotropin-Releasing-Hormon (GnRH)-Freisetzung durch Neurone des Hypothalamus, gestörte LH- und FSH-Freisetzungen und damit Störungen der Ovarialfunktion mit Anovulation, Zyklusstörungen und Galactorrhoe (krankhafter Brustmilchausfluss). Beim Mann können Prolactinome mit Einschränkung der Libido und Potenz durch sekundäre Hemmung der Gonadotropinsekretion sowie mit einer Gynäkomastie (Vergrößerung der Brustdrüsen) verbunden sein.

Zusammenfassung
Die GH-IGF-Wachstumsachse reguliert anabole Prozesse und den Energiestoffwechsel und beeinflusst somit das Diabetesrisiko und maligne Prozesse. Die physiologische Bedeutung von Prolactin ist noch unzureichend geklärt, könnte aber ähnlich bedeutsam und vielschichtig sein.

Weiterführende Literatur

Übersichten und Originalarbeiten

Chen DY, Stern SA, Garcia-Osta A, Saunier-Rebori B, Pollonini G, Bambah-Mukku D, Blitzer RD, Alberini CM (2011) A critical role for IGF-II in memory consolidation and enhancement. Nature 469:491–497

Guevara-Aguirre J et al (2011) Growth hormone receptor deficiency is associated with a major reduction in pro-aging signaling, cancer, and diabetes in humans. Sci Transl Med 3(70):70

Mullis PE (2005) Genetic control of growth. Eur J Endocrinol 152(1):11–31

Schänzer W, Thevis M (2007) Doping im Sport. Med Klin (Munich) Aug 15 102(8):631–646

Smith RG, Jiang H, Sun Y (2005) Developments in ghrelin biology and potential clinical relevance. Trends Endocrinol Metab 16(9):436–442

Endokrin relevante Weblinks

Alles über die Schilddrüsenhormonachse: https://www.thyroidmanager.org/

Endokrines Web-Textbuch, umfassend und laufend aktualisiert: https://www.endotext.org/

Laufend aktualisiertes Lehrbuch Endokrinologie: https://emedicine.medscape.com/endocrinology

Molekularbiologie

Inhaltsverzeichnis

Zellzyklus – Koordination der Zellteilung

Peter C. Heinrich, Hans-Georg Koch und Jan Brix

Der Zellzyklus beschreibt die Entstehung zweier Tochterzellen aus einer Ursprungszelle. Die dabei ablaufenden Vorgänge werden durch ein komplexes, molekulares Netzwerk reguliert. Nach einer entsprechenden Vergrößerung der Zellmasse muss sichergestellt werden, dass eine Zelle ihr komplettes Genom fehlerfrei dupliziert und während der Zellteilung zu gleichen Teilen an die Tochterzellen weitergibt.

Das Leben von Einzellern beginnt mit ihrer Entstehung durch Teilung ihrer Mutterzellen und ist dann durch eine Phase des Wachstums gekennzeichnet, die in etwa zur Verdopplung ihrer Zellmasse führt. Daran schließt sich die Bildung zweier Tochterzellen durch Zellteilung an. Der Zeitraum vom Entstehen einer Zelle während der Mitose bis zu ihrem Ende durch erneute Zellteilung wird als Zellzyklus bezeichnet und ist besonders gut an einzelligen Eukaryonten, z. B. Hefezellen, untersucht

worden. Bei ihnen führt das Durchlaufen des Zellzyklus zur exponentiellen Zunahme der Population.

Auch die Zellen höherer, vielzelliger Organismen durchlaufen den Zellzyklus. Allerdings ist bei ihnen im Gegensatz zu Einzellern ein dauerndes exponentielles Wachstum nicht erwünscht und auch gar nicht möglich. Für die Aufrechterhaltung der Zellmasse eines adulten, nicht mehr wachsenden Organismus muss es also Mechanismen geben, die eine weitere Zellvermehrung verhindern. Zu diesen Mechanismen gehören das Anhalten des Zellzyklus mit der Folge, dass weitere Zellteilungen verhindert und nicht mehr benötigte Zellen durch Apoptose (▶ Kap. 51) eliminiert werden.

Im erwachsenen Menschen finden sich neben Geweben mit hoher Zellteilungsrate auch solche, in denen Zellteilungen nie oder höchst selten stattfinden (◨ Abb. 43.1).

Menschliche Nerven- und Muskelzellen teilen sich nach Differenzierung nicht mehr, Leberzellen z. B. nur etwa einmal pro Jahr. Im Gegensatz dazu teilen sich andere Zellen, z. B. die Vorläufer der Blutzellen, etwa einmal pro Tag. Störungen im Zellzyklus bilden häufig die Grundlage für das Entstehen bösartiger Er-

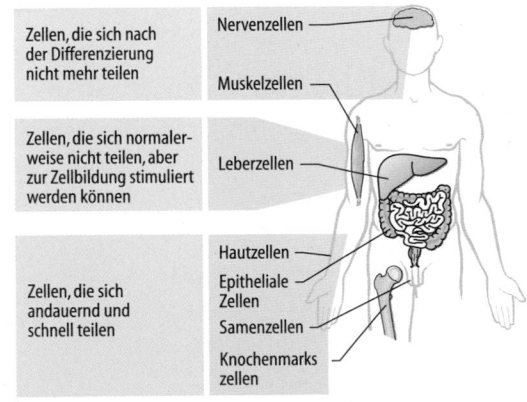

◨ **Abb. 43.1** Teilungsraten unterschiedlicher humaner Zelltypen

Ergänzende Information Die elektronische Version dieses Kapitels enthält Zusatzmaterial, auf das über folgenden Link zugegriffen werden kann https://doi.org/10.1007/978-3-662-60266-9_43. Die Videos lassen sich durch Anklicken des DOI Links in der Legende einer entsprechenden Abbildung abspielen, oder indem Sie diesen Link mit der SN More Media App scannen.

krankungen wie Krebs. Daher ist das Wissen um die molekularen Mechanismen der Zellzyklus-Regulation ein wichtiger Schlüssel zum Verständnis solcher Erkrankungen.

43.1 Chronologie des Zellzyklus

Bei der Erzeugung zweier identischer Tochterzellen muss die gesamte genetische Information sorgfältig repliziert und genau auf die Tochterzellen verteilt werden, sodass jede Zelle eine Kopie des gesamten Genoms erhält (▶ Kap. 44). Darüber hinaus muss die übrige Zellmasse verdoppelt werden, ansonsten würden aus jeder Zellteilungs-Runde kleinere Zellen resultieren. Bei Eukaryonten mit komplexem Zellaufbau aus verschiedenen Kompartimenten sind sämtliche Vorgänge zeitlich und räumlich miteinander koordiniert. Zudem müssen Zellen auf äußere Signale reagieren, die der einzelnen Zelle mitteilen, dass weitere Zellen gebraucht werden.

❯ Der Zellzyklus umfasst vier verschiedene Phasen.

Bei **kontinuierlicher Proliferation** treten Zellen nach der Zellteilung, der Mitose (M-Phase), in die Interphase ein, die aus der G_1-Phase (*gap*-1), der S-Phase (Synthese) und der G_2-Phase (*gap*-2) besteht (◻ Abb. 43.2):
- Die erste Phase der Interphase, die **G_1-Phase**, ist durch Zellwachstum und die Synthese von Proteinen und Nucleotiden charakterisiert, die für die DNA-Replikation benötigt werden.
- In der **S-Phase** wird die DNA der Zelle repliziert, RNA und Proteine werden synthetisiert.
- In der anschließenden **G_2-Phase** werden weiterhin RNA und Proteine synthetisiert, und die Zelle bereitet sich auf die Zellteilung vor.

◻ **Abb. 43.2** (Video 43.1) **Die einzelnen Phasen des Zellzyklus mit drei ausgewählten Kontrollpunkten.** Die Mitose kann in sechs verschiedene Phasen unterteilt werden; in der Abbildung sind Prometaphase und Metaphase sowie Telophase und Cytokinese zusammengefasst (Einzelheiten s. Text und Übrigens: „Die Mitose") (▶ https://doi.org/10.1007/000-5kw)

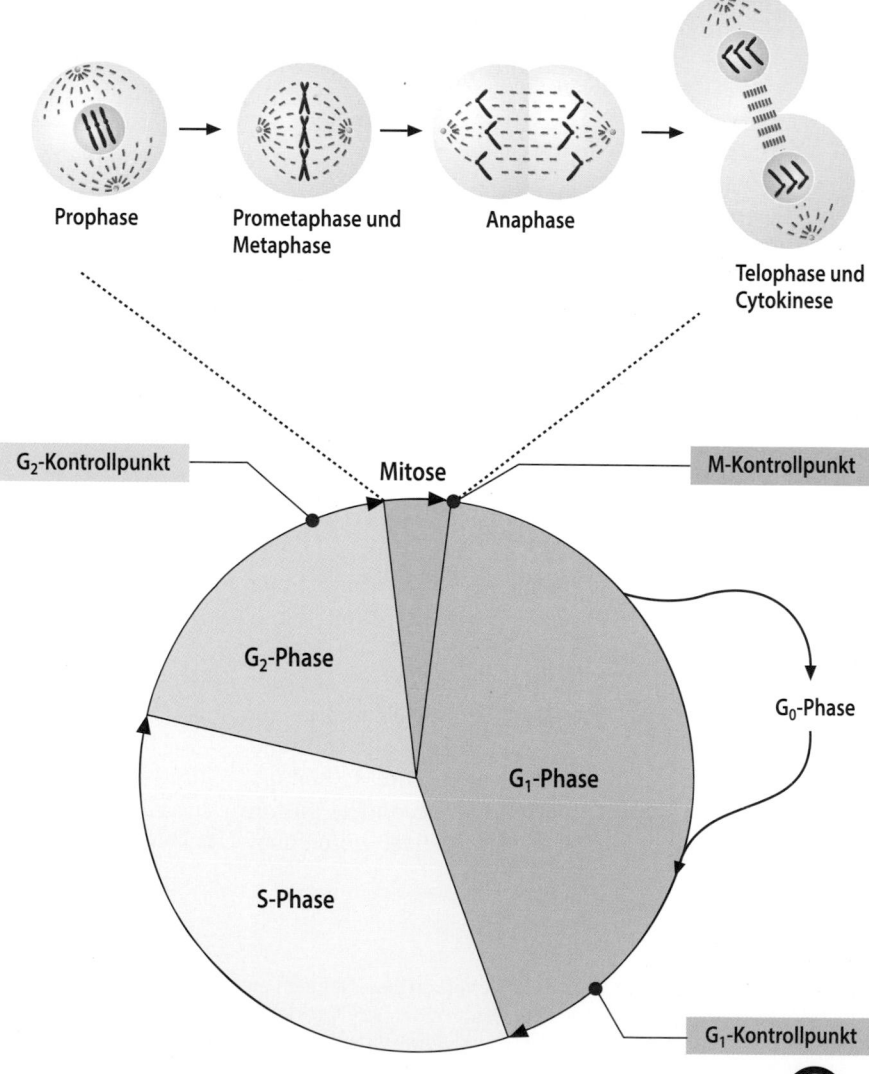

43

— Während der **Mitose** wird die DNA auf die mitotischen Spindeln und Tochterchromatiden aufgeteilt, das Cytoplasma teilt sich und es entstehen zwei gleiche Tochterzellen.

Bei einer schnell wachsenden Säugerzelle dauert ein Zellzyklus etwa 24 h, wobei auf die G_1-Phase etwa 6–12 h, die S-Phase etwa 6–8 h, die G_2-Phase etwa 3–4 h und auf die Mitose etwa 0,5–1 h entfallen.

Zellen haben die Möglichkeit, den Zellzyklus vorübergehend oder dauerhaft zu verlassen:

— Differenzierte Zellen verlassen den Zellzyklus und treten in die sog. **G_0-Phase** ein; dies gilt z. B. für sich nicht teilende Nerven- und Muskelzellen.

— Der Entzug von Wachstumsfaktoren und Nährstoffen führt ebenfalls dazu, dass Zellen in die G_0-Phase eintreten.

— Ruhende, nicht terminal differenzierte Zellen können durch Zugabe von Wachstumsfaktoren und Nährstoffen dazu veranlasst werden, die G_0-Phase zu verlassen und wieder in den Zellzyklus einzutreten.

43.2 Kontrolle des Zellzyklus

Durch die genaue Kontrolle des Zellzyklus wird verhindert, dass die nächste Zellzyklusphase begonnen wird, bevor die vorhergehende Phase beendet ist. Es wäre gefährlich, die DNA-Synthese einzuleiten, wenn nicht genügend Nucleotide und Enzyme für diesen Prozess vorhanden sind. Es hätte ebenfalls katastrophale Folgen für die Zelle, wenn die Mitose eingeleitet würde, obwohl die DNA-Synthese noch nicht vollständig abgeschlossen ist. Die Zelle verfügt daher über Kontrollpunkte (*checkpoints/ restriction points*), an denen sie den Fortschritt des Zellzyklus überprüft. Ein solcher Kontrollpunkt, der über den Eintritt in die S-Phase entscheidet, befindet sich in der späten G_1-Phase des Zellzyklus (◘ Abb. 43.2). Hier wird überprüft, ob eine ausreichende Zellgröße erreicht ist, ob keine DNA-Schäden vorliegen und ob ausreichend Substrate für die Nucleinsäuresynthese vorhanden sind. Ein weiterer Kontrollpunkt befindet sich am Ende der G_2-Phase. Dort überprüft die Zelle, ob die DNA erfolgreich repliziert wurde oder ob DNA-Schäden vorliegen. Bei Fehlermeldungen wird der Zellzyklus angehalten und die Zelle hat Zeit, den DNA-Schaden zu beheben (▶ Abschn. 45.2) oder den Zellzyklus abzubrechen und in die Apoptose (▶ Kap. 51) einzutreten. An einem dritten Kontrollpunkt am Ende der Metaphase der Mitose wird die korrekte Anheftung der Kinetochore an den mitotischen Spindelapparat überprüft. Das Kinetochor ist ein DNA-Protein-Komplex, der an den Centromeren (griech. „Mittelpunkt"; Kontaktstelle der beiden Tochterchromatiden) lokalisiert ist.

Die Entscheidung, einen Kontrollpunkt zu passieren, wird durch externe Faktoren wie Wachstumsfaktoren und von einem inneren Uhrwerk der Zelle bestimmt. Dieses Uhrwerk besteht aus Cyclinen und den sog. cyclinabhängigen Kinasen. Externe Signale wirken regulierend auf diese cyclinabhängigen Kinasen ein. Der Verlust der Abhängigkeit der Zellzyklusprogression durch externe Wachstumsfaktoren und der Verlust der Zellzykluskontrolle an den Kontrollpunkten ist ein Charakteristikum von Tumorzellen.

43.3 Kontrolle der cyclinabhängigen Kinasen

❯ Cycline sind die Aktivatoren cyclinabhängiger Kinasen.

Cycline sind eine Gruppe strukturell verwandter Proteine, deren Konzentrationen während der Phasen des Zellzyklus oszillieren (◘ Abb. 43.3). Ihre Konzentration während des Zellzyklus wird durch regulierten proteolytischen Abbau im Proteasom bestimmt.

Cycline sind die Aktivatoren der **cyclinabhängigen Kinasen** (*cyclin-dependent kinases*, **Cdks**) (◘ Tab. 43.1). Sobald sie an die Cdks binden, öffnet sich deren aktives Zentrum und die Cdk-Aktivität steigt an. Im Unterschied zu Cyclinen, deren Synthese und Abbau während des Zellzyklus oszilliert, sind die Cdks während des gesamten Zellzyklus vorhanden. Damit sind die Cycline die regulatorischen Komponenten eines Cyclin/Cdk-Komplexes. Ein Cyclinmolekül kann an unterschiedliche Cdks binden und dadurch deren Enzymaktivität steuern. Cyclin/ Cdk-Komplexe entfalten ihre Wirkung fast ausschließlich im Zellkern. Daher ist die kontrollierte Translokation von Cyclin/Cdk-Komplexen in den Zellkern eine wichtige Stufe für die Regulation des Zellzyklus. In der G_2-Phase und in der M-Phase des Zellzyklus sind nucleäre Lamine und Mikrotubuli-assoziierte Proteine wichtige Substrate für Cdks. Neben den kernlokalisierten Cdks findet man Cdks auch am Golgi-Apparat und an den Centrosomen. Die am Golgi-Apparat lokalisierten Cdks sind an der Auflösung der Golgi-Membranen während der Mitose beteiligt. Das Centrosom steuert die Organisation der Mikrotubuli während der Mitose und wird daher auch als *microtubule-organizing center* bezeichnet. Die Verdopplung der Centrosomen während der Mitose wird über Cdks gesteuert. Damit unterstützen die außerhalb des Zellkerns

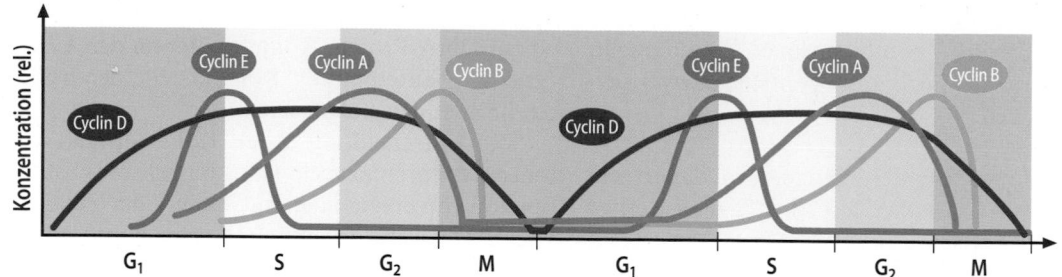

Abb. 43.3   Zeitlich regulierte Expression von Cyclinen während des Zellzyklus. Die Längen der einzelnen Phasen des Zellzyklus sind nicht maßstabsgerecht dargestellt

Tab. 43.1 Die wichtigsten Cycline und cyclinabhängigen Kinasen während des Zellzyklus in Säugetieren

Phase des Zellzyklus	Cycline	Cyclinabhängige Kinasen
G₁-Phase	Cyclin D	Cdk4, Cdk6
	Cyclin E	Cdk2
S-Phase	Cyclin D	Cdk4, Cdk6
	Cyclin E	Cdk2
	Cyclin A	Cdk2
G₂-Phase	Cyclin Bᵃ	Cdk1
	Cyclin A	Cdk1
M-Phase	Cyclin A	Cdk1
	Cyclin Bᵃ	Cdk1

ᵃauch Cyclin M genann

lokalisierten Cdks die im Zellkern den Zellzyklus regulierenden Cdks.

Für den geordneten Ablauf des Zellzyklus ist eine exakte Regulation der Cyclin/Cdk-Komplexe notwendig (◘ Abb. 43.4, 43.5 und 43.7). Sie erfolgt durch:

- reversible Phosphorylierung/Dephosphorylierung,
- Ubiquitinierung und anschließenden Abbau durch das Proteasom,
- spezifische Inhibitorproteine,
- Regulation der subzellulären Lokalisation,
- transkriptionelle Regulation.

> Die Aktivität der Cdks wird durch Phosphorylierung/Dephosphorylierung und Ubiquitinierung von Cyclinen mit anschließendem Abbau durch das Proteasom reguliert.

Cdks bilden eine Familie von Proteinen, die sich durch eine hohe Konservierung der Aminosäure-Sequenz in den funktionellen Domänen auszeichnet. Die durch die Interaktion mit Cyclinen entstehenden Cyclin/Cdk-Komplexe besitzen lediglich eine geringe Kinaseaktivität, die durch spezifische Inhibitorproteine (**Cdk-Inhibitoren, CKI**) oder durch Phosphorylierung inhibiert werden kann (◘ Abb. 43.4). Für die Aktivierung der Cyclin/Cdk-Komplexe muss das inhibitorische Phosphat abgespalten werden und gleichzeitig eine aktivierende Phosphorylierung an einem anderen Aminosäurerest erfolgen. Durch Ubiquitinierung und Proteolyse des Cyclins werden aktive Cyclin/Cdk-Komplexe inaktiviert. Diese Proteolyse der verschiedenen Cycline erklärt auch deren Oszillation während des Zellzyklus (◘ Abb. 43.3).

Am Beispiel der Cdk1 soll die Bedeutung der inhibitorischen und aktivierenden Phosphorylierungen der Cdks dargestellt werden (◘ Abb. 43.5):

Durch Bindung von Cyclin B kommt es zu einer schwachen Aktivierung von Cdk1 (Ziffer 1). Inaktivierende Kinasen wie Wee1 (*little-1*; schottisch: *wee* = klein), Myt1 (*myelin transcription factor 1*) oder Mik1 (*mitotic inhibitor kinase 1*) phosphorylieren Cdk1 an Threonin 14 und Tyrosin 15 (Ziffer 2). Die Phosphorylierung an beiden Aminosäuren führt zur Inaktivierung von Cdk1, da diese Aminosäuren im aktiven Zentrum liegen. Die weitere Phosphorylierung des Threoninrestes 160 von Cdk1 durch eine **Cdk-aktivierende Kinase** (Cak, ein Komplex aus Cyclin H, Cdk7 und Mat1) ist dagegen eine wesentliche Voraussetzung für die Aktivierung des Cyclin B/Cdk1-Komplexes (Ziffer 3). Wenn die Zelle zur Zellteilung bereit ist, wird Cdk1 an den beiden inhibitorischen Aminosäuren Thr 14 und Tyr 15 durch die Phosphatase Cdc25c (*cell division cycle protein 25c*) dephosphoryliert (Ziffer 4). Damit wird der Cyclin B/Cdk1-Komplex aktiviert und die Zelle zum Eintritt in die Mitosephase stimuliert (Ziffer 5), weshalb dieser Komplex auch als *mitosis-promoting factor* (MPF) bezeichnet wird (s. „Übrigens: Die Mitose" und ◘ Abb. 43.5). Da der aktive Cyclin B/Cdk1-Komplex wiederum die Phosphatase Cdc25c durch Phosphorylierung stimuliert, erfolgt so eine *feedforward*-Aktivierung (Ziffer 6). Der aktive CyclinB/Cdk1-Komplex ist dann ein wesentlicher Auslö-

43

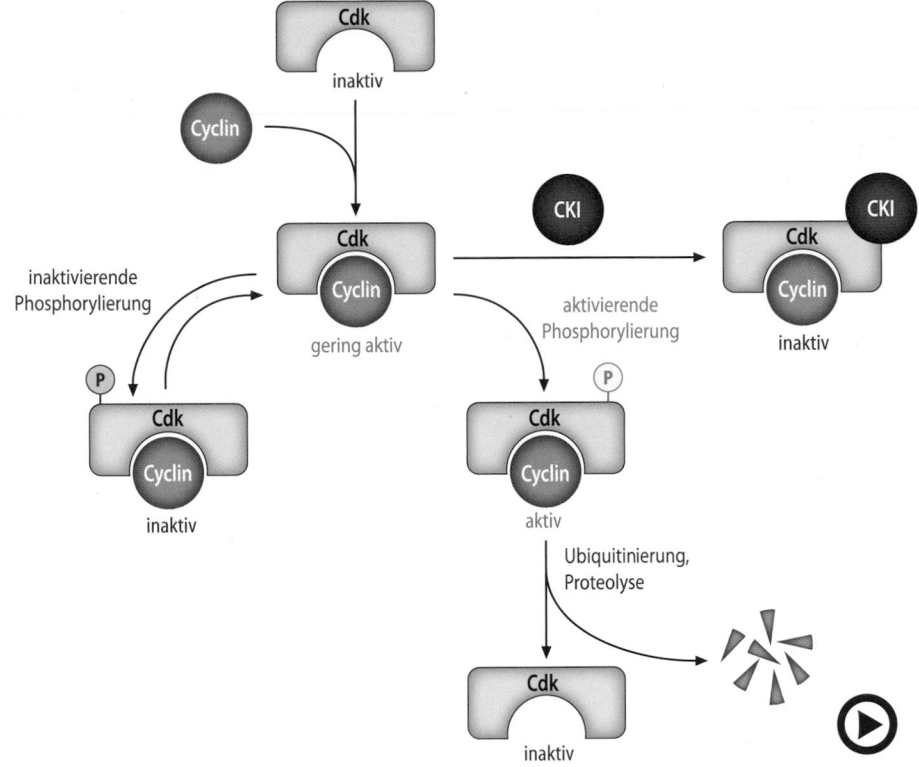

Abb. 43.4 (Video 43.2) **Prinzip der Regulation von cyclinabhängigen Kinasen (Cds) durch Phosphorylierung und Dephosphorylierung sowie durch spezifische Inhibitorproteine**. *CKI*: Cdk-Inhibitoren. (Einzelheiten s. Text) (► https://doi.org/10.1007/000-5kt)

ser der Mitose. Auch die Regulation anderer am Zellzyklus beteiligter Cyclin/Cdk-Komplexe erfolgt in ähnlicher Weise durch Phosphorylierung/Dephosphorylierung.

Um die Mitosephase zu verlassen, wird im aktiven Cyclin B/Cdk1-Komplex zunächst Threonin 160 von Cdk1 durch die Phosphatase **Kap** (*kinase associated phosphatase*) dephosphoryliert (Ziffer 7). Cyclin B wird durch die Ubiquitinligase SCF ubiquitiniert (Ziffer 8) und durch das Proteasom abgebaut (Ziffer 9), während inaktives Cdk1 erneut Cycline binden und damit aktiviert werden kann. Der aktive Cyclin B/Cdk1-Komplex stimuliert durch Phosphorylierung die Ubiquitinligase SCF und leitet damit die Proteolyse von Cyclin B ein.

❯ Cyclinabhängige Kinasen werden über Inhibitoren reguliert.

Eine zusätzliche Regulation der cyclinabhängigen Kinasen erfolgt durch die Interaktion mit Inhibitoren, die als Cdk-Inhibitoren (CKI) bezeichnet werden. In Metazoen (mehrzelligen Eukaryonten) sind zwei CKI-Familien bekannt, die sich hinsichtlich ihrer Struktur und Spezifität unterscheiden. Zur INK4 (*inhibitor of kinase 4*)-Familie gehören die Inhibitoren p16^{INK4A}, p15^{INK4B}, p18^{INK4C} und p19^{INK4D}. INK4-Inhibitoren verhindern durch Bindung an Cdk4 und Cdk6 deren Interaktion mit Cyclin D, wirken also spezifisch wäh-

rend der G$_1$-und S-Phase des Zellzyklus (◙ Abb. 43.6). Die Cip/Kip (*cyclin inhibitor protein/ kinase inhibitor protein*)-Familie umfasst die Proteine p21^{Cip1}, p27^{Kip1} und p57^{Kip2}. Im Unterschied zu INK4-Inhibitoren binden diese sowohl an Cycline (p21^{Cip1}) als auch an Cdks (p27^{Kip1} und p57^{Kip2}).

Die Konzentration und Aktivität der CKIs während des Zellzyklus wird ebenfalls durch Phosphorylierung und Proteolyse reguliert.

Zusätzlich erfolgt eine transkriptionelle Regulation der CKIs durch den Transkriptionsfaktor p53 (s. u.). Eine Inaktivierung der CKI-gesteuerten Zellzykluskontrolle findet man z. B. häufig in Tumorzellen.

❯ Die Aktivität der cyclinabhängigen Kinasen wird über ihre subzelluläre Lokalisation reguliert.

Da Cyclin/Cdk-Komplexe überwiegend im Zellkern aktiv sind, kommt ihrer Translokation vom Cytosol in den Zellkern eine besondere Bedeutung zu. Dies gilt auch für die Cdk1-aktivierende Phosphatase Cdc25c (◙ Abb. 43.7). Cyclin B trägt sowohl ein Kern-Lokalisierungs-Signal (NLS, *nuclear localization signal*) als auch ein Kern-Export-Signal (NES, *nuclear export signal*), d. h. es findet ein kontinuierliches *shuttling* des Cyclin B/Cdk1-Komplexes zwischen Cytosol und Zellkern statt. Dabei werden der Import in den Zellkern durch Importin β und der Export durch Crm-1, ein Importin-β-ähnliches Pro-

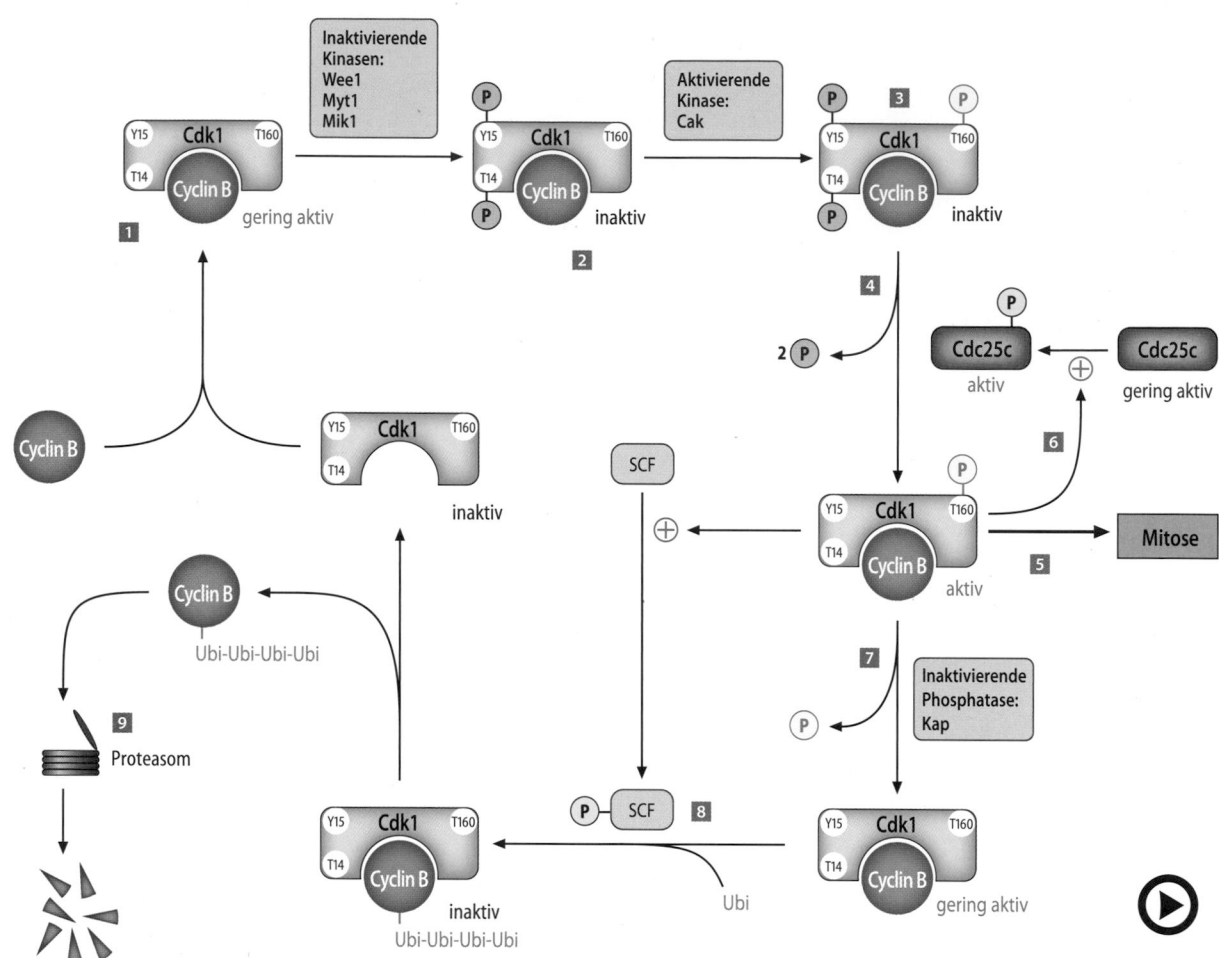

Abb. 43.5 (Video 43.3) **Regulation von Cdk1/Cyclin B durch Phosphorylierung, Dephosphorylierung und proteasomalen Abbau** (Einzelheiten s.Text). Der SCF-Ubiquitinligase-Komplex besteht aus den Untereinheiten *Skp1* (*S-phase kinase associated protein 1*), Cullin und **F**-Box-Protein (F-Box beschreibt ein Aminosäuremotiv, das an Protein-Protein-Interaktionen beteiligt ist). *Ubi:* Ubiquitin (▶ https://doi.org/10.1007/000-5kv)

tein, ermöglicht (▶ Abschn. 12.2 und 49.2). Allerdings findet man den Cyclin B/Cdk1-Komplex während der gesamten Interphase überwiegend im Cytosol vor und erst in der späten Prophase der Mitose im Zellkern. Dieser zellzyklusabhängigen Lokalisation liegt eine komplexe Regulation zugrunde (▶ Abb. 43.7):

— Die während der Interphase im Cytosol vorliegenden Cyclin B/Cdk1-Komplexe sind durch Phosphorylierung inaktiviert. Die Inaktivierung erfolgt durch die Kinase Myt1. Die während der Interphase geringe Menge an kernlokalisierten Cyclin B/Cdk1-Komplexen wird durch die Kinase Wee-1 inaktiviert (▶ Abb. 43.5).

— Am Anfang der Prophase der Mitose wird das Kernexportsignal von Cyclin B durch Phosphorylierung maskiert, sodass es zur Anreicherung von inaktiven Cyclin B/Cdk1-Komplexen im Zellkern kommt. An dieser Phosphorylierung ist vermutlich die zellkernlokalisierte Kinase Plk1 (*polo-like kinase 1*) beteiligt (Ziffer 1).

— Um den Cyclin B/Cdk1-Komplex im Kern zu aktivieren, erfolgt die Phosphorylierung durch die bereits in ▶ Abb. 43.5 erwähnte kernlokalisierte Kinase Cak (Ziffer 2).

— Eine volle Aktivierung wird allerdings erst nach Entfernung der Phosphatreste an den Positionen 14 und 15 erreicht. Diese Dephosphorylierung wird durch die bereits vorgestellte Phosphatase Cdc25c bewirkt (Ziffer 3).

— Die Dephosphorylierung von Cdk1 führt zu deren Aktivierung, sodass die Zelle in die Mitose eintreten kann (Ziffer 4).

— Cdc25c trägt wie Cyclin B sowohl ein Kern-Import-Signal als auch ein Kern-Export-Signal und ist ebenso wie Cyclin B während der Interphase überwiegend im Cytosol lokalisiert. Nach Phosphorylierung an Serin 216 durch die Kinase Chk1 (*checkpoint-homologue kinase 1*) (Ziffer 5), bindet Cdc25c an das Adapterprotein 14-3-3 (Ziffer 6). Diese Phosphorylierung kann durch die Proteinphosphatase PP2a (*protein phospha-*

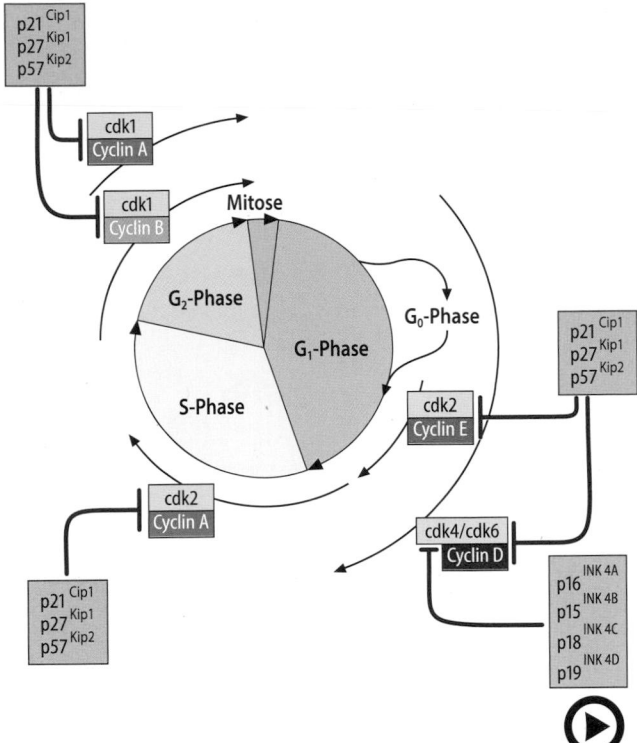

◻ Abb. 43.6 (Video 43.4) **Assoziation von Cyclin/Cdk-Komplexen während des Zellzyklus und deren Inhibitoren.** Einzelne Cycline können mit verschiedenen Cdks und einzelne Cdks mit verschiedenen Cyclinen interagieren. Inhibitoren können entweder nur Cdks (INK4-Inhibitorfamilie) oder sowohl Cycline als auch Cdks (Cip/Kip-Inhibitorfamilie) inhibieren. (Einzelheiten s. Text) (▶ https://doi.org/10.1007/000-5ks)

❯ Der Zellzyklus wird durch die Transkriptionsfaktoren p53 und E2F reguliert.

Neben der Regulation des Zellzyklus durch z. B. Phosphorylierung oder Proteolyse erfolgt eine Regulation auch auf der Transkriptionsebene. Einer der wichtigsten Transkriptionsfaktoren ist hier p53, ein Protein mit einer molekularen Masse von 53 kDa. Das Protein wird häufig auch als „**Wächter des Genoms**" bezeichnet, da es bei einer Schädigung der DNA den Zellzyklus arretieren kann und so DNA-Reparatursystemen (▶ Abschn. 45.2) die Gelegenheit gibt, diese Schäden zu beheben. Die Bedeutung dieser „Wächterfunktion" wird auch dadurch deutlich, dass bei etwa 50 % aller Tumorpatienten Mutationen im p53-Gen vorliegen. Keimbahnmutationen im p53-Gen führen zu dem sog. **Li-Fraumeni-Syndrom** (▶ Kap. 52). Diese Patienten zeigen ein stark erhöhtes Krebsrisiko und entwickeln häufig schon vor Eintritt in die Pubertät maligne Tumore, wie z. B. Brustkrebs, Leukämie und Hirntumore. In Tiermodellen, wie z. B. einer p53-*knock-out*-Maus treten innerhalb von 6 Monaten mit einer Wahrscheinlichkeit von fast 100 % Tumore auf. Umgekehrt wird die niedrige Tumorrate bei Elefanten, die ein ähnliches Alter wie der Mensch erreichen können, u. a. auf die Tatsache zurückgeführt, dass Elefanten 40 Kopien des p53-Gens tragen.

— Wie in ◻ Abb. 43.8 gezeigt, liegt p53 als Tetramer mit der Ubiquitinligase Mdm2 (*mouse double minute 2 protein*) assoziiert vor. Durch Ubiquitinierung (Ziffer 1) und proteasomalen Abbau (Ziffer 2) wird die zelluläre Konzentration von p53 unter physiologischen Bedingungen gering gehalten.

— Nach einer DNA-Schädigung, z. B. einem Doppelstrangbruch (Ziffer 3), wird dieser durch den Proteinkomplex MRN erkannt (Ziffer 4). MRN besteht aus der Exonuclease Mre11, der ATPase Rad50 und dem Gerüstprotein Nbs1.

— MRN aktiviert nachfolgend die Serin/Threoninkinasen ATM und ATR (Ziffer 5). Die Phosphorylierung von p53 durch ATM oder ATR (Ziffer 6) führt zur Dissoziation der Ubiquitinligase Mdm2. Dadurch unterbleibt die Proteolyse, und es kommt zu einer erhöhten p53 Konzentration in der Zelle. Gleichzeitig führt diese Phosphorylierung durch ATM oder ATR zu einer erhöhten Aktivität des Transkriptionsfaktors p53.

— Aktiviertes p53 stimuliert die Transkription des p21^{Cip}-Gens (◻ Abb. 43.6, Ziffer 7), sodass die Konzentration dieses Cyclininhibitors ansteigt und der Zellzyklus solange angehalten werden kann, bis die DNA-Schäden behoben sind (Ziffer 8).

— Bei irreparablen DNA-Schäden führt die dauerhafte Aktivierung von ATM und ATR zu extrem hohen p53-Konzentrationen, die die Apoptose auslösen (◻ Tab. 51.1).

tase 2a) (Ziffer 5) rückgängig gemacht werden. Durch die Bindung des 14-3-3 Proteins wird das Kern-Import-Signal maskiert und Cdc25c deshalb im Cytosol festgehalten. 14-3-3 Proteine gehören zu einer in allen Eukaryonten vorkommenden Familie von regulatorischen Proteinen, die insbesondere an phosphorylierte Proteine binden. Die ungewöhnliche Bezeichnung dieser Proteine leitet sich von dem ursprünglichen Aufreinigungsprotokoll ab: Die Proteine eluierten in der 14. Fraktion einer Säulenchromatographie und wurden in der anschließenden Elektrophorese an Position 3.3 gefunden.

— Nach Dephosphorylierung von Serin 216 dissoziiert das 14-3-3 Protein ab und Cdc25c kann in den Zellkern transportiert werden. Dort erfolgt die Aktivierung durch eine mehrfache Phosphorylierung durch Plk1 (Ziffer 7).

— Im Zellkern bindet das phosphorylierte Cdc25c dann an den Cyclin B/Cdk1-Komplex und aktiviert diesen durch Dephosphorylierung (Ziffer 3).

— Um den Übergang von der Mitosephase in die G$_1$-Phase zu ermöglichen, erfolgt der proteolytische Abbau von Cyclin B und Cdc25c nach Ubiquitinierung (Ziffer 8).

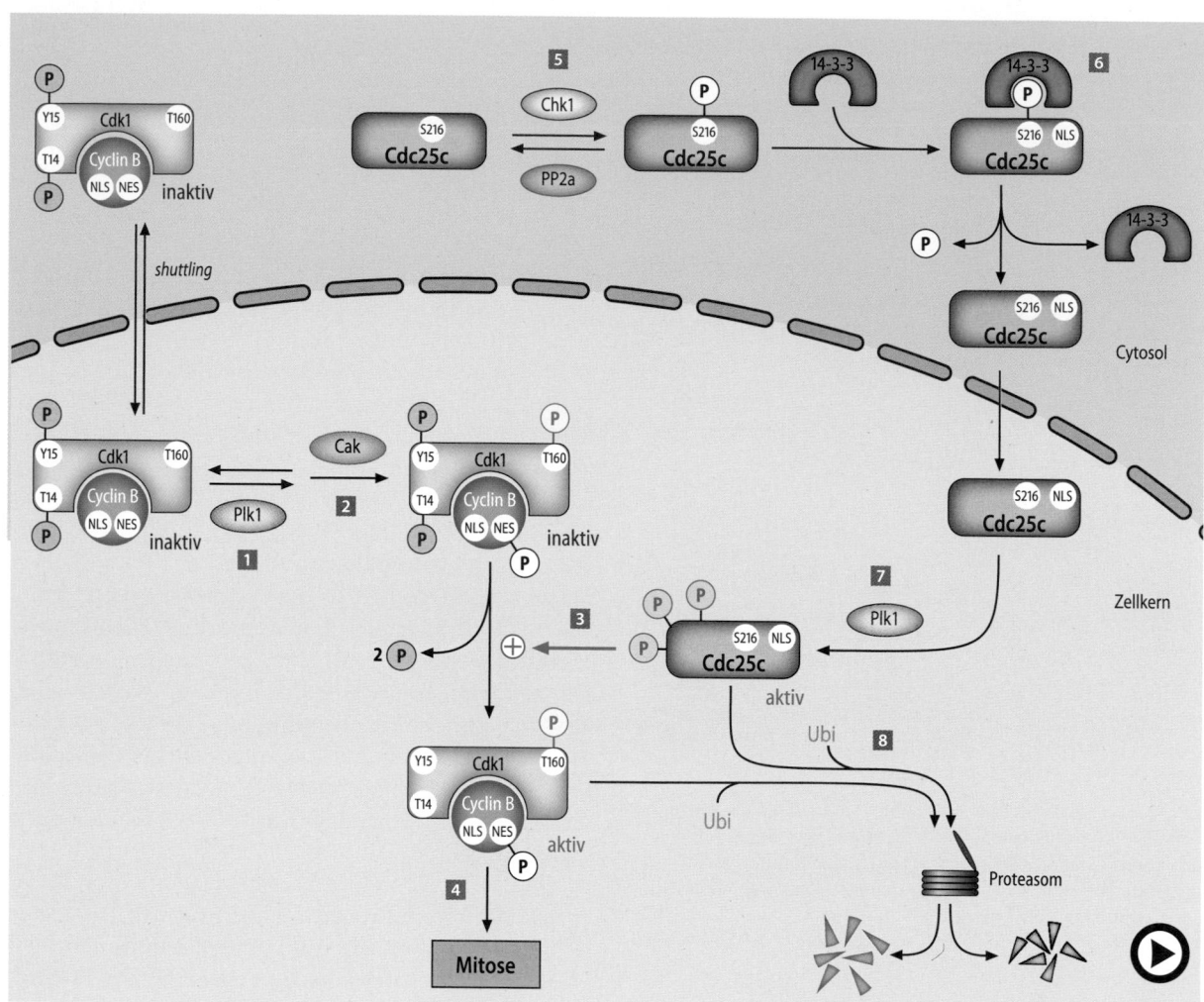

Abb. 43.7 (Video 43.5) **Regulation des Cyclin B/Cdk1-Komplexes und der Proteinphosphatase Cdc25c durch unterschiedliche subzelluläre Lokalisation.** Polo-ähnliche Kinasen (*polo-like kinases*) sind hochkonservierte Serin/Threoninkinasen, die C-terminal mehrere sog. Polo-Boxen besitzen. Diese aus etwa 70–80 Aminosäuren bestehenden konservierten Bereiche bestimmen die subzelluläre Lokalisation der Kinasen und üben eine autoinhibitorische Wirkung aus. NLS: *nuclear localization signal*; NES: *nuclear export signal* (Einzelheiten s. Text) (▶ https://doi.org/10.1007/000-5kx)

Ein weiteres wichtiges Regulatorprotein des Zellzyklus ist das **Tumorsuppressor-Protein pRB** (Retinoblastom-Protein). pRB ist ein Inhibitor des Transkriptionsfaktors E2F 1 (E2F 1 gehört zu einer Familie von eukaryontischen Transkriptionsfaktoren), der die Bildung von Proteinen steuert, die für den Übergang von der G_1-Phase in die S-Phase benötigt werden. Hierzu zählen z. B. die DNA-Polymerasen, die Dihydrofolatreduktase und Cyclin E. Mutationen im pRB-Gen führen zum **Retinoblastom**, einem Tumor der sich entwickelnden Retina, der bei Neugeborenen und Kleinkindern mit einer Häufigkeit von etwa 1:20.000 auftritt. Da pRB nicht nur in der Re-tina, sondern vermutlich in allen Zelltypen exprimiert wird, findet man Mutationen im pRB-Gen auch z. B. bei Bronchial- und Mammakarzinomen.

Der Mechanismus der E2F Inaktivierung ist in ☐ Abb. 43.8 (*rechts unten*) schematisch dargestellt:
- E2F 1 ist durch Bindung von pRB inaktiviert, sodass die Transkription der E2F 1-kontrollierten Gene unterbleibt (Ziffer 9).
- Durch Wachstumsfaktoren (s. u.) kommt es zu einem Anstieg der Cyclin-D-Konzentration (☐ Abb. 43.3) und zur Bildung der Cyclin D/Cdk4- bzw. Cyclin D/Cdk6-Komplexe.

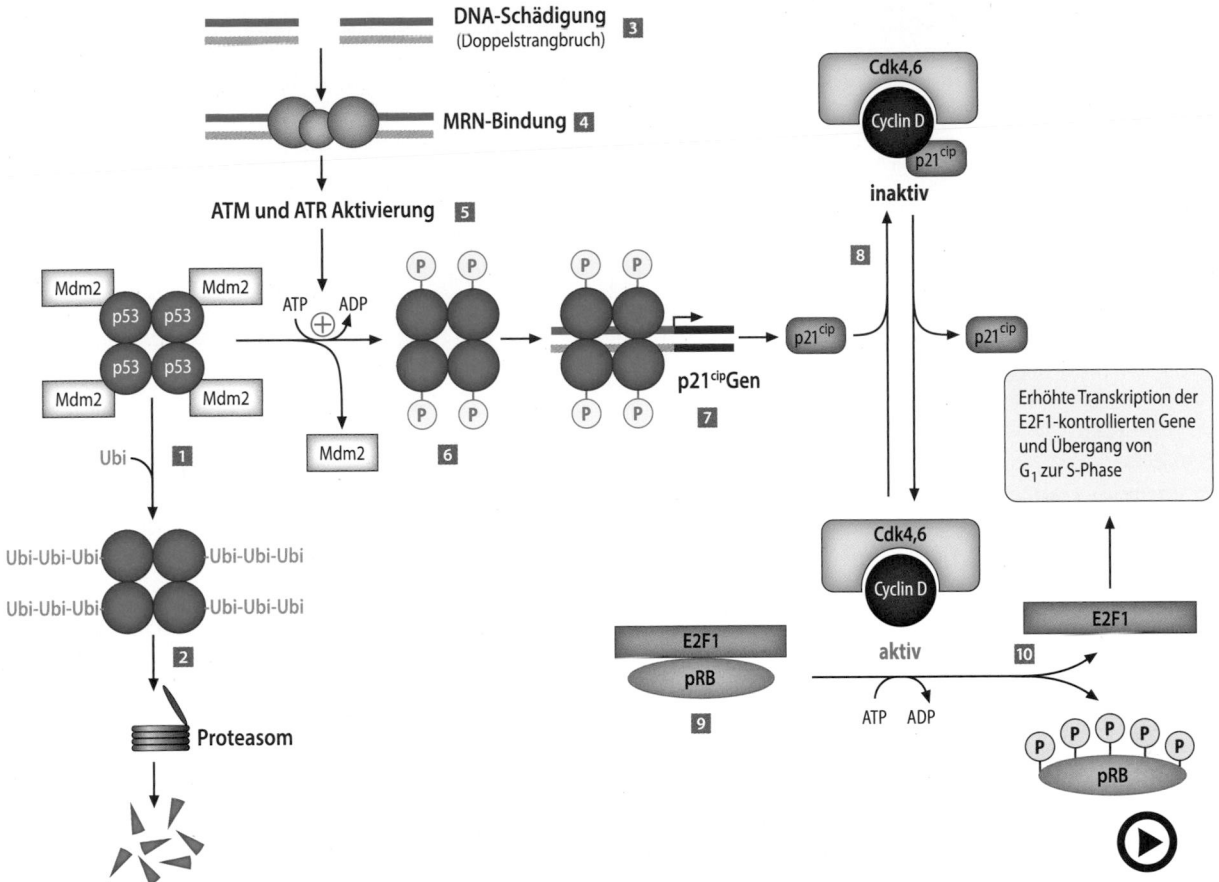

Abb. 43.8 (Video 43.6) **Wirkung der Tumorsuppressorproteine p53 und pRb.** p53 inhibiert Cyclin/Cdk-Komplexe durch verstärkte Expression des cyclinspezifischen Inhibitors p21^{Cip}. pRB wird durch Cyclin/Cdk-Komplexe phosphoryliert, wodurch der Transkriptionsfaktor E2F-1 freigesetzt wird. *ATM: ataxia teleangiectasia mutated*; und *ATR: ataxia teleangiectasia related*. Ataxia teleangiectasia ist eine seltene Erkrankung, die durch Wachstumsstörungen und erhöhtes Tumorrisiko charakterisiert ist (▶ Kap. 45, ▶ Tab. 45.3). (Einzelheiten s. Text) (▶ https://doi.org/10.1007/000-5ky)

- Die Kinaseaktivtät beider Komplexe führt zur Hyperphosphorylierung von pRB, das insgesamt 16 potentielle Serin-/Threoninphosphorylierungs-Stellen besitzt. Diese Phosphorylierung bewirkt die Freisetzung des Transkriptionsfaktors E2F 1 (Ziffer 10). Die Bezeichnung G1-Kontrollpunkt (▶ Abb. 43.2) beschreibt im Wesentlichen diese kontrollierte Freisetzung von E2F 1.
- Freigesetztes E2F 1 stimuliert dann die Transkription verschiedener Gene, wie z. B. die der DNA-Polymerasen und Cyclin E, und ermöglicht so den Übergang in die S-Phase. Die in der S-Phase gebildeten Cyclin E/Cdk2-Komplexe können pRB ebenfalls phosphorylieren, sodass es zu einem Verstärkungseffekt kommt.
- Ist einer der Inhibitoren der cyclinabhängigen Proteinkinasen wie p21^{Cip} aktiviert, z. B. nach DNA-Schädigung (s. o.), unterbleibt die Phosphorylierung von pRb und damit die Freisetzung von E2F 1. Durch die fehlende Transkriptionsstimulation kommt es zu einem Zellzyklusarrest.

Die Mitose. Der Begriff Mitose wurde von dem deutschen Anatom Walther Flemming (1843–1905) geprägt, der erstmals das Verhalten von Chromosomen während der Zellteilung beobachtete. Die gleichmäßige Verteilung der replizierten Chromosomen auf zwei Tochterzellen ist nur aufgrund tiefgreifender Veränderungen der Zellmorphologie möglich. So muss z. B. in Metazoen (mehrzellige Eukaryonten) die Kernmembran aufgelöst und am Ende der Mitose aus Kernmembranfragmenten und Membrananteilen des Endoplasmatischen Retikulums neu gebildet werden. Die Mitose wird in sechs Stadien eingeteilt (◻ Abb. 43.2, *oberer Teil*):

1. **Prophase**: Die replizierten Chromosomen, bestehend aus je zwei Tochterchromatiden, kondensieren und werden lichtmikroskopisch sichtbar. Der Spindelapparat bildet sich außerhalb des Zellkerns: Ausgehend von einem Proteinkomplex (dem Centrosom) entstehen fächerförmig Mikrotubuli. Mindestens fünf verschiedene Motorproteine sind an der Ausbildung des Spindelapparates beteiligt: Kinesin-4, Kinesin-5, Kinesin-10, Kinesin-14 und Dynein (▶ Kap. 13).

2. **Pro-Metaphase**: Nach der Translokation des Cyclin B1/Cdk1-Komplexes (*MPF: mitosis-promoting factor*) in den Zellkern (◻ Abb. 43.7) zerfällt die Kernmembran und die weiter kondensierten Chromosomen können über die Kinetochore an die Mikrotubuli binden. Entscheidend für den regulierten Zerfall der Kernmembran ist die Phosphorylierung der Kernlamina, einem dichten Flechtwerk aus Proteinuntereinheiten (Laminen), die der inneren Kernmembran aufliegt. Die durch den Cyclin B1/Cdk1-Komplex katalysierte Phosphorylierung führt zur Depolymerisierung der Lamine und zum Zerfall der Kernlamina. Der Cyclin B1/Cdk1-Komplex destabilisiert durch Phosphorylierung ebenfalls die Kernporenkomplexe und scheint auch die Kondensation der Chromosomen durch Phosphorylierung der SMC-(*structural maintenance of chromosome*) Proteine und des Histons H1 (▶ Abschn. 10.3) zu steuern. Das Protein Mad2 erkennt Kinetochore, die nicht an Mikrotubuli gebunden sind und verhindert in diesem Fall den Übergang in die Anaphase. Damit ist Mad2 ein wesentlicher Faktor des Mitosekontrollpunktes (◻ Abb. 43.2).

3. **Metaphase**: Die Metaphase ist die längste Phase (ca. 20 min) der Mitose. Die Centrosomen wandern zu den gegenüberliegenden Polen der Zelle und die Chromosomen orientieren sich zwischen den Centrosomen in der Äquatorialebene. Es kommt zu einer Phosphorylierung der Motorproteine und von MAPs (*microtubule-associated proteins*). Diese Cdk-abhängige Phosphorylierung führt zu einer erhöhten Mikrotubuli-Dynamik, d. h. einem verstärkten Auf- und Abbau. Die korrekte Trennung der beiden Tochterchromatiden setzt voraus, dass sie von gegenüberliegenden Mikrotubuli-Fasern gebunden werden. An der Kontrolle der korrekten Anheftung ist die Proteinkinase Aurora B beteiligt.

4. **Anaphase**: Die Anaphase setzt ein, wenn die Kohäsine, die die Tochterchromatiden zusammenhalten, proteolytisch gespalten werden. Die verantwortliche Protease wird als Separase bezeichnet und ist vor Beginn der Anaphase durch die regulatorische Untereinheit Securin inaktiviert. Während der Anaphase wird Securin durch die Ubiquitinligase APC/C (*anaphase promoting complex*) ubiquitiniert und durch das Proteasom abgebaut. APC/C ubiquitiniert ebenfalls den Cyclin B1/Cdk1-Komplex sowie B-Typ-Cycline und leitet damit deren Proteolyse ein. APC/C wird während der Interphase durch Cyclin/Cdk-Komplexe inaktiviert und durch die Cdc14-Phosphatase in der Anaphase aktiviert. Die Trennung der Tochterchromatide erfolgt sowohl durch die Verkürzung der Mikrotubuli als auch durch die Wanderung der Spindelpole; dabei trennen sich die Tochterchromatide mit einer Geschwindigkeit von etwa 1 µm/min.

5. **Telophase**: Nach der vollständigen Trennung der Tochterchromatide muss die Kernmembran wieder aufgebaut werden. Hierzu werden zunächst die durch Cyclin B1/Cdk1-Komplexe katalysierten Phosphorylierungen durch die Phosphatase Cdc14 rückgängig gemacht. Die Dephosphorylierung der Kondensine und des Histons H1 führt zu einer Dekondensation der Chromosomen. Die Dephosphorylierung der Motorproteine und MAPs (s. o.) führt zu einer Dissoziation der Mikrotubuli. Es wird vermutet, dass Fragmente der Kernmembran nach Dephosphorylierung mit den Chromosomen interagieren und durch Fusion miteinander eine neue Kernmembran bilden. Diese Fusion und die Assemblierung von Kernporenkomplexen werden durch Ran-GTP (▶ Abschn. 12.1.2) stimuliert.

6. **Cytokinese**: Während der Cytokinese wird das Cytoplasma durch einen kontraktilen Ring, bestehend aus Actin- und Myosinfilamenten, geteilt und es entstehen zwei Tochterzellen.

43

43.4 Wachstumsfaktoren und Zellzyklus

Im Zellzyklus spielen eine ganze Reihe von **Wachstumsfaktoren** eine wichtige Rolle. So können Säugetierzellen in Zellkultur nur dann proliferieren, wenn dem Kulturmedium Serum zugesetzt wird. Das Serum enthält Faktoren, die das Wachstum einer Zelle, eines Organs oder eines Organismus fördern (◘ Tab. 43.2 und 34.2). Wachstumsfaktoren können:

- mitogen, also mitosestimulierend,
- proapoptotisch, d. h. den programmierten Zelltod (▶ Kap. 51) stimulierend oder
- antiapoptotisch wirken.

Wachstumsfaktoren regen das Zellwachstum und die Zellteilung an, indem sie die Synthese von Proteinen und anderen Molekülen, z. B. Nucleotiden, in der Zelle fördern und das Durchlaufen des Zellzyklus stimulieren. Die Vielzahl dieser Faktoren reguliert nicht nur Zellwachstum, sondern auch Zellmigration, Differenzierung und Überleben von Zellen, d. h. sie wirken pleiotrop. In Abwesenheit dieser Faktoren treten Zellen in die G_0-Phase des Zellzyklus ein oder sterben durch Apoptose. Zellen in der G_0-Phase können durch Wachstumsfaktoren wieder zum Eintritt in die G_1-Phase stimuliert werden.

Man unterscheidet verschiedene Familien von Wachstumsfaktoren, die häufig an membranständige Rezeptor-Tyrosinkinasen binden, dadurch Signalkaskaden in Gang setzen und zur Aktivierung verschiedener Transkriptionsfaktoren führen (▶ Abschn. 35.4). Letztere regulieren die Expression von Cyclinen und Cyclin-Inhibitoren.

◘ **Tab. 43.2**   Wachstumsfaktoren im Serum (Auswahl)

Faktor	Bedeutung u. a.	Pathobiochemie	Verweis auf Kapitel
Plättchen (Thrombozyten)-Wachstumsfaktor (PDGF, *platelet-derived growth factor*)	Embryogenese, Entwicklung von Blutgefäßen (Angiogenese)	Wichtig bei Wundheilung	▶ 34, 35
Fibroblastenwachstumsfaktor (FGF, *fibroblast growth factor*)	Embryogenese, Entwicklung von Knorpelgewebe, Blutgefäßen	Wichtig bei Wundheilung In vielen Tumorzellen erhöht	▶ 34, 35
Epidermaler Wachstumsfaktor (EGF, *epidermal growth factor*)	Zellproliferation und -differenzierung	Zusammenhang mit Brustkrebs, Darmkrebs	▶ 34, 52, 53
Nervenwachstumsfaktor (NGF, *nerve growth factor*)	Differenzierung und Überleben von Neuronen	Wird bei Verletzungen des peripheren Nervengewebes freigesetzt	▶ 74
Insulinähnliche Wachstumsfaktoren (IGF-1 und IGF-2, *insulin-like growth factor*)	Stimulierung der Zellproliferation Hemmung der Apoptose		▶ 34, 38, 42

Übrigens

Neuartige Wirkstoffe in der Krebstherapie: Tyrosinkinase-Inhibitoren.

Gene, deren Produkte durch Mutation den Zellzyklus dauerhaft und damit unkontrolliert stimulieren können, werden als Onkogene bezeichnet. Im Gegensatz hierzu werden Gene, deren Produkte normalerweise die Zellteilung hemmen, diese Fähigkeit durch Mutation aber verloren haben, als Tumorsuppressorgene bezeichnet (▶ Kap. 52 und 53). Onkogene oder Tumorsuppressorgene codieren häufig für Tyrosinkinasen, die entscheidend an der Regulation und Kontrolle des Zellzyklus beteiligt sind. Viele unkontrolliert wachsende Tumorzellen tragen Mutationen in Tyrosinkinase-codierenden Genen. So findet man z. B. bei Mammakarzinomen häufig eine Mutation im EGF-Rezeptor (◘ Tab. 43.2), die zu einer EGF-unabhängigen, permanenten Aktivierung führt. In den vergangenen Jahren sind Medikamente entwickelt worden, die zu einer spezifischen Hemmung der Tyrosinkinasen führen und eine neue Generation von Wirkstoffen in der Tumorbehandlung repräsentieren:

- ATP-Analoga können Tyrosinkinasen hemmen; allerdings wirken sie relativ unspezifisch. Sie zeigen häufig starke Nebenwirkungen, da sie alle ATP-bindenden Proteine inhibieren können.
- Substanzen, die neben der ATP-Bindungsstelle auch Teile der Tyrosinkinasedomäne zur Bindung benötigen und deshalb spezifischer als ATP-Analoga wirken.
- Monoklonale Antikörper (▶ Kap. 70), die z. B. nach Bindung eine Dimerisierung und damit Aktivierung der Rezeptor-Tyrosinkinase verhindern (▶ Kap. 35 und 52).

Das prominenteste Beispiel für einen Inhibitor, der sowohl an die ATP-Bindestelle als auch an die Kinasedomäne bindet, ist Imatinib (Glivec), das seit 2001 erfolgreich in der Behandlung chronisch myeloischer Leukämie (CML) eingesetzt wird. Der synthetische, polyaromatische Wirkstoff Imatinib hemmt die durch Mutation permanent aktive Tyrosinkinase Bcr-Abl1 (*breakpoint cluster region-Abelson-murine leukemia homologue*). Ursache der permanenten Aktivierung ist eine Chromosomentranslokation, bei der es zum DNA-Austausch zwischen den Chromosomen 9 und 22 kommt. Am Beispiel des dadurch entstandenen sog. **Philadelphia-Chromosoms** konnte erstmalig der Zusammenhang zwischen Chromosomenmutationen und Tumorentstehung nachgewiesen werden. Wegen seiner geringen Nebenwirkungen wurde Imatinib nach seiner Einführung als Wunderwaffe gegen Krebs hochgelobt.

Trastuzumab (Herceptin), Cetuximab (Erbitux) und Bevacizumab (Avastin) sind monoklonale Antikörper, die gegen Tyrosinkinasen gerichtet sind und z. B. zur Behandlung von Mamma- und Bronchialkarzinomen eingesetzt werden (▶ Abschn. 54.5).

Zusammenfassung

Bei mehrzelligen Organismen wie dem Menschen finden während des ganzen Lebens Zellteilungen statt. Dabei verdoppelt die Zelle ihren Inhalt, bevor sie sich in zwei identische Tochterzellen teilt. Zellteilungen werden in den streng regulierten Phasen des Zellzyklus vorbereitet. Zur Regulation der einzelnen Phasen existiert ein endogenes Kontrollsystem. Diese „innere Uhr" wird durch cyclinabhängige Kinasen repräsentiert.

Cyclinabhängige Kinasen werden reguliert über:
- Synthese und Abbau von Cyclinen
- Aktivierung der katalytischen Cdk-Untereinheiten durch Anlagerung der Cycline
- Phosphorylierung und Dephosphorylierung
- Transkriptionsfaktoren (p53 und E2F)
- Inhibitormoleküle (CKIs)
- subzelluläre Lokalisation.

Substrate der cyclinabhängigen Kinasen sind Strukturproteine der Zelle, Proteine, die mit Transkriptionsfaktoren wechselwirken oder Transkriptionsfaktoren selbst. Zellproliferation wird exogen über Wachstumsfaktoren reguliert, die ihre Information über eine Signaltransduktionskaskade ins Zellinnere bis in den Zellkern weitergeben.

Weiterführende Literatur

Bublil EM, Yarden Y (2007) The EGF receptor family: spearheading a merger of signaling and therapeutics. Curr Opin Cell Biol 19:124–134

Clarke PR, Allan LA (2009) Cell-cycle control in the face of damage – a matter of life or death. Trends Cell Biol 19:89–98

Hutchins JRA, Clarke PR (2004) Many fingers on the mitotic trigger: post-translational regulation of the Cdc25C phosphatase. Cell-Cycle 3:41–45

Lim S, Kaldis P (2013) Cdks, cyclins and CKIs: roles beyond cell cycle regulation. Deelopment 140:518–528

Lukas J, Lukas C, Bartek J (2004) Mammalian cell cycle checkpoints: signalling pathways and their organization in space and time. DNA Repair 3:997–1007

Ma HT, Poon RY (2011) Synchronization of HeLa cells. Methods Mol Biol 761:151–161

Malumbres M (2011) Physiological relevance of cell cycle kinases. Physiol Rev 91:973–1007

Morgan DO (2007) The cell cylce: principles of control. New Science Press, London

Murray AW (2004) Recycling the cell cycle: cyclin revisited. Cell 116:221–234

Novak B, Kapuy O, Domingo-Sananes MR, Tyson JJ (2010) Regulated protein kinases and phosphatases in cell cycle decisions. Curr Opin Cell Biol 22:801–808

Roovers K, Assoian RK (2000) Integration the MAP kinase signal into the G1 phase cell cycle machinery. BioEssays 22:818–826

Stein GS, Pardee AB (2004) Cell cycle and growth control. Biomolecular regulation and cancer, 2. Aufl. Wiley, New York

Verschuren EW, Jones N, Evan GI (2004) The cell cycle and how it is steered by Kaposi's sarcoma-associated herpesvirus cyclin. J Gen Virol 85:1347–1361

Vidal A, Koff A (2000) Cell-cycle inhibitors: three families united by a common sense. Gene 247:1–15

Wilkinson MG, Millar JBA (2000) Control of the eukaryotic cell cycle by MAP kinase signaling pathways. FASEB J 14:2147–2157

43

Replikation – Die Verdopplung der DNA

Hans-Georg Koch, Jan Brix und Peter C. Heinrich

Die Informationen über den Aufbau eines Organismus, seiner Gewebe und Organe sind im Genom jeder Zelle niedergelegt und dienen der Aufrechterhaltung lebensnotwendiger Vorgänge. Damit diese Information an Tochterzellen weitergegeben werden kann, wird das gesamte Genom in einem als Replikation bezeichneten Prozess kopiert. Die Replikation des humanen Genoms beginnt an etwa 30.000–50.000 Stellen gleichzeitig und wird durch einen Multienzymkomplex, das Replisom, katalysiert. Entsprechende Kontrollmechanismen sorgen dafür, dass die Fehlerrate bei der DNA-Replikation niedrig gehalten wird.

Schwerpunkte

44.1 Die DNA-Replikation ist semikonservativ
– Die Mechanismen der semikonservativen Replikation in Pro- und Eukaryonten

44.2 Das Replikonmodell
– Die Bildung der Replikationsgabel und die bidirektionale Replikation

44.3 Initiation – Start der Replikation
– Der Aufbau von Replikationsstartpunkten
– Die Trennung des DNA-Doppelstranges durch Helicasen
– Die Regulation der Initiation in Eukaryonten

44.4 Elongation – Neusynthese der DNA
– Der Mechanismus der DNA-Polymerasen und ihre Korrekturaktivität
– Das Posaunenmodell der bidirektionalen DNA-Synthese
– Die Prozessierung der Okazaki-Fragmente

44.5 Termination – Beendigung der Replikation
– Die Rolle von Topoisomerasen und Telomerase bei der Replikation

44.6 Pathobiochemie
– Dyskeratosis congenita
– Hemmstoffe der Replikation

Der gesamte Bauplan eines Lebewesens ist in seiner DNA-Sequenz festgelegt und steht prinzipiell in jeder Körperzelle zur Verfügung. Die DNA-Sequenzen enthalten die Informationen für ihre eigene Synthese und für die Synthese aller RNAs und Proteine. Vor jeder Zellteilung muss die Zelle ihre DNA exakt replizieren und dann einen eigenen vollständigen DNA-Satz an ihre Tochterzellen weitergeben. Dieser Vorgang erfordert eine komplexe Maschinerie aus Nucleotiden, Enzymen, Regulator- und Helferproteinen, die unter Energieverbrauch die DNA-Stränge mit hoher Geschwindigkeit und Genauigkeit kopiert. Die korrekte Replikation der DNA ist das zentrale Ereignis im Zellzyklus (▶ Kap. 43). Die mit der DNA-Replikation verknüpften Vorgänge wurden ursprünglich in Bakterienzellen wie *E. coli* untersucht. Viele der dabei gewonnenen Erkenntnisse können auf eukaryontische Organismen und damit auf Säugetiere einschließlich des Menschen übertragen werden. Obwohl die Grundprinzipien der DNA-Replikation bei pro- und eukaryontischen Organismen identisch sind, unterliegt die Replikation bei Eukaryonten infolge der größeren Komplexität ihres Genoms einer komplizierteren Regulation.

Ergänzende Information Die elektronische Version dieses Kapitels enthält Zusatzmaterial, auf das über folgenden Link zugegriffen werden kann https://doi.org/10.1007/978-3-662-60266-9_44. Die Videos lassen sich durch Anklicken des DOI Links in der Legende einer entsprechenden Abbildung abspielen, oder indem Sie diesen Link mit der SN More Media App scannen.

© Springer-Verlag GmbH Deutschland, ein Teil von Springer Nature 2022
P. C. Heinrich et al. (Hrsg.), *Löffler/Petrides Biochemie und Pathobiochemie*, https://doi.org/10.1007/978-3-662-60266-9_44

44.1 Die DNA-Replikation ist semikonservativ

Die DNA liegt in allen Organismen in Form eines Doppelstrangs mit zwei antiparallel verlaufenden Einzelsträngen vor. In jedem der beiden Einzelstränge ist die gesamte genetische Information für einen Organismus enthalten.

Matthew Meselson und Franklin Stahl zeigten schon 1958 in einem originellen Experiment, dass die DNA-Replikation **semikonservativ** erfolgt (◘ Abb. 44.1). Sie verwendeten hierzu das Bakterium *E. coli*, das sie über viele Generationen in einem Medium gezüchtet hatten, welches das schwere Stickstoffisotop ^{15}N anstelle des normalen Isotops ^{14}N enthielt. Danach stellten sie das Medium auf das normale Isotop ^{14}N um. Die Ausgangs-DNA und die DNA der ersten und zweiten Generation wurden in einem Dichtegradienten zentrifugiert. Während sie zu Beginn des Experiments nur eine DNA-Bande mit der dem Stickstoffisotop ^{15}N entsprechenden Dichte nachweisen konnten, fand sich nach einer Generation in der isolierten DNA eine Dichte, die genau zwischen der ^{15}N- und ^{14}N-markierten DNA lag. Nach zwei Generationen wurden zwei DNA-Spezies nachgewiesen, von denen die eine die Dichte der normalen ^{14}N-markierten DNA aufwies, die zweite die intermediäre Dichte. Dieses Ergebnis konnte nur durch die Annahme erklärt werden, dass es bei der DNA-Replikation zu einer Aufspaltung der Doppelstränge kommt, von denen dann jeder als Matrize für die Synthese eines neuen

Strangs dient. Damit besteht jeder aus einer Replikation hervorgegangene DNA-Doppelstrang aus einem parentalen und einem neu synthetisierten Einzelstrang. Spätere Untersuchungen haben gezeigt, dass dieser Mechanismus der semikonservativen Replikation nicht auf Bakterienzellen beschränkt ist, sondern universell für alle Organismen gilt, deren Genom aus doppelsträngiger DNA besteht.

44.2 Das Replikonmodell

In Anbetracht der Komplexität der Chromatinstruktur (▶ Kap. 10) ist es einleuchtend, dass Zellen einen außerordentlich komplizierten Apparat zur Replikation ihrer DNA benötigen. Diesen Vorgang unterteilt man in drei Stadien:
1. Initiation
2. Elongation
3. Termination

Die gleiche Unterteilung wird auch für die Transkription und Translation (▶ Kap. 46 und 48) verwendet. In dem bereits 1963 aufgestellten **Replikonmodell** postulierten Francois Jacob, Sidney Brenner und Jacquis Cruzin, dass die Initiation der Replikation an definierten Stellen des DNA-Doppelstranges, den sog. *origins of replication* (*ori*; Replikationsursprünge) (◘ Abb. 44.2) beginnt. Durch die an dieser Stelle einsetzende Neusynthese der DNA bildet sich eine **Replikationsgabel**, die elektronenmikroskopisch sichtbar ist. Der ausgehend von einem *origin of replication* neu synthetisierte DNA-Abschnitt wird dabei als Replikon bezeichnet. Eine wichtige Frage für die DNA-Replikation war diejenige nach der Richtung, in der sich die am Replikationsursprung entstehende Replikationsgabel bewegt. Prinzipiell ist hier eine unidirektionale oder eine bidirektionale Replikation möglich, dementsprechend müssen jeweils eine bzw. zwei funktionelle Replikationsgabeln entstehen. Durch elektronenmikroskopische Aufnahmen von replizierender DNA ist diese Frage nicht zu entscheiden. Gibt man jedoch während der DNA-Replikation radioaktive Desoxyribonucleotide zu, werden die aktiven Replikationsgabeln markiert: Im Falle der unidirektionalen Replikation nur eine, bei bidirektionaler Replikation jedoch beide. Dabei hat sich gezeigt, dass pro- und eukaryontische Chromosomen durch **bidirektionale Replikation** verdoppelt werden (◘ Abb. 44.2).

❯ Die Replikation der eukaryontischen Chromosomen beginnt an mehreren Stellen gleichzeitig.

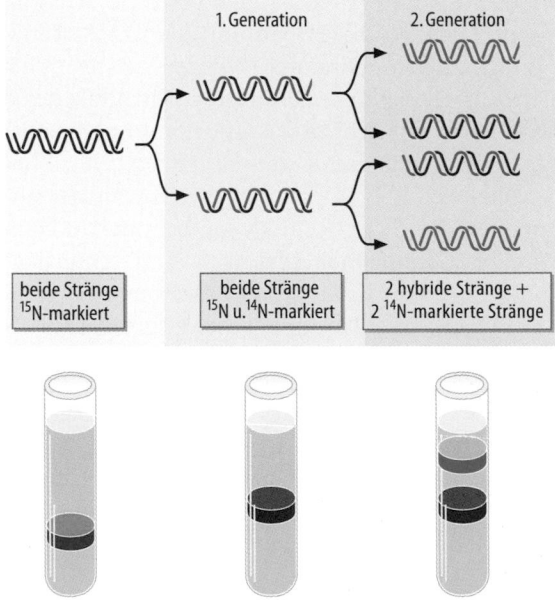

1. Generation   2. Generation

beide Stränge
^{15}N-markiert

beide Stränge
^{15}N u.^{14}N-markiert

2 hybride Stränge +
2 ^{14}N-markierte Stränge

◘ **Abb. 44.1 Nachweis des semikonservativen Mechanismus der DNA-Replikation.** (Einzelheiten s. Text)

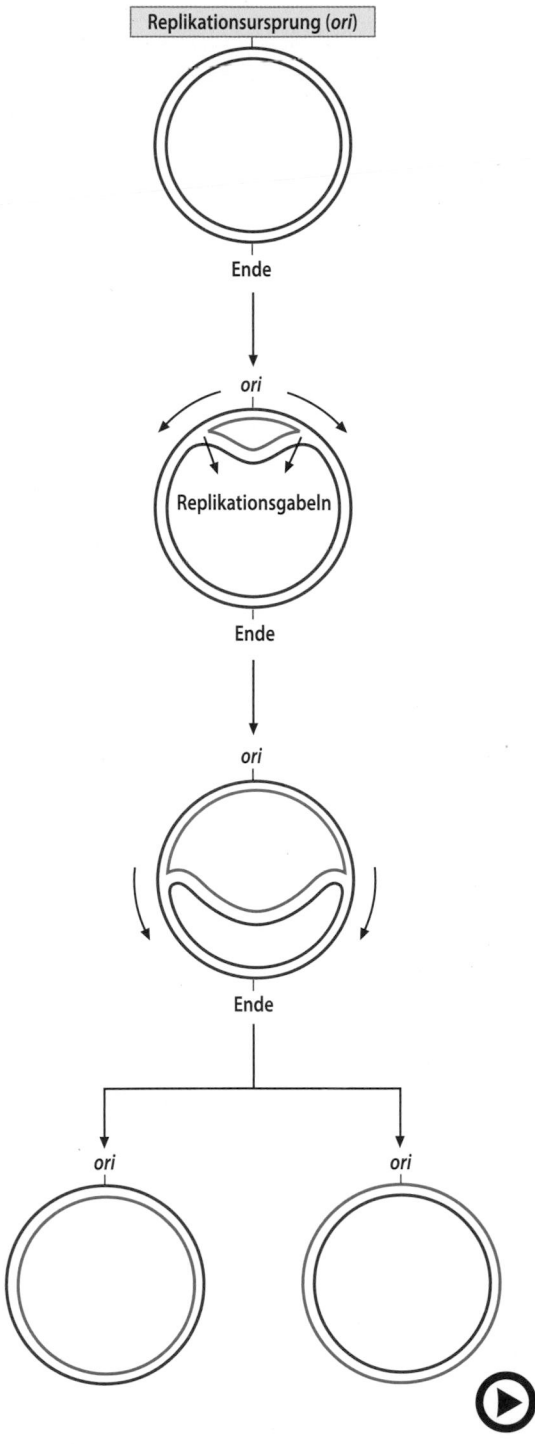

Replikationsursprung (ori)

Ende

ori

Replikationsgabeln

Ende

ori

Ende

ori

ori

☐ **Abb. 44.2** (Video 44.1) **Replikation des aus einem Replikon beste-henden, ringförmigen, bakteriellen Chromosoms.** (Einzelheiten s. Text) (▶ https://doi.org/10.1007/000-5m5)

Die ringförmigen Chromosomen der Bakterien besitzen nur einen Replikationsursprung. Das Chromosom von *E. coli* besteht aus etwa $4{,}6 \cdot 10^6$ Basenpaaren, deren vollständige bidirektionale Replikation etwa 50 min benötigt (bei einer Replikationsgeschwindigkeit von etwa $5 \cdot 10^4$ Basenpaaren/min). Allerdings kann es bei schnell wachsenden Zellen bereits vor Abschluss der Replikation und Zellteilung zu einer erneuten Re-Initiation der Replikation kommen, sodass in Bakterien eine kontinuierliche DNA-Replikation stattfinden kann. Dies ermöglicht schnell wachsenden *E. coli*-Zellen, sich etwa alle 30 min zu teilen.

Im Unterschied zu Bakterien ist die Replikation in Eukaryonten nicht kontinuierlich, sondern auf die etwa 6–12 h dauernde Synthesephase (S-Phase) des Zellzyklus (▶ Kap. 43) beschränkt. Darüber hinaus wird die Replikation in Eukaryonten während des gesamten Zellzyklus nur exakt einmal initiiert. Die menschliche DNA-Polymerase (Replikationsgeschwindigkeit etwa $3 \cdot 10^3$ Basenpaare/min) würde aber bei nur einem Replikationsursprung allein für das humane Chromosom 1 ($2{,}5 \cdot 10^8$ Basenpaare) etwa 29 Tage für dessen vollständige Replikation benötigen. Es ist daher von vornherein ausgeschlossen, dass jedes menschliche Chromosom nur ein Replikon darstellt; stattdessen beginnt die Replikation eukaryontischer Chromosomen an vielen Replikationsursprüngen gleichzeitig (☐ Tab. 44.1). Man schätzt, dass im menschlichen Genom etwa 30.000–50.000 Replikationsursprünge vorhanden sind, allerdings wird nur etwa 1/5 dieser Replikationsursprünge tatsächlich während eines Zellzyklus genutzt. Ob dies an einer ineffizienten Erkennung der menschlichen Replikationsursprünge liegt oder ob hier ein spezieller Regulationsmechanismus zugrunde liegt, ist unbekannt. Die hohe Zahl an Replikationsursprüngen könnte auch für eine schnelle Replikation in bestimmten Entwicklungsphasen notwendig sein. So dauert die S-Phase während der frühen Entwicklungsphase von Xenopus weniger als 15 min und es werden Replikationsursprünge alle etwa 10–15 kb erkannt. Der Ablauf der DNA-Replikation in Anwesenheit zweier Replikationsblasen ist schematisch in ☐ Abb. 44.3 dargestellt. Die Replikation erfolgt in den Replikationsblasen bidirektional und wird dadurch beendet, dass zwei aufeinander zulaufende Replikationsblasen miteinander verschmelzen und spezielle Terminationsproteine zur Ablösung der an der Replikation beteiligten Enzyme von der DNA führen. Die im Vergleich zu Bakterien deutlich geringere Replikationsgeschwindigkeit bei Eukaryonten hat ihre Ursache vermutlich in dem wesentlich kom-

◫ Tab. 44.1   Pro- und eukaryontische Replikons (*bp:* Basenpaare)

Organismus	Replikons	Durchschnittliche Länge (Mbp)	Replikationsgeschwindigkeit (bp/min)	Beispiel
Bakterium	1	4,6	50.000	*E. coli*
Hefe	500	25	3600	*S. cerevisiae*
Fruchtfliege	3500	50	2600	*D. melanogaster*
Säugetier	30.000-50.000	120	3000	*H. sapiens*
Pflanze	35.000	3400	Unbekannt	*F. assyriaca*

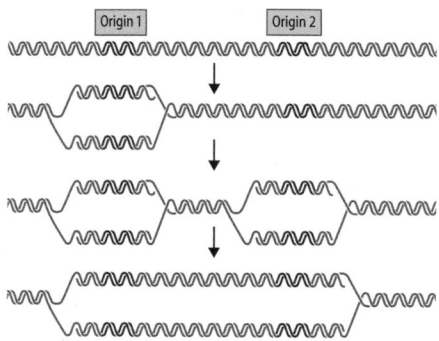

◫ Abb. 44.3   Replikation eukaryontischer DNA mithilfe multipler Replikationsblasen. (Einzelheiten s. Text)

plexeren Aufbau der Chromosomen. Experimente mit radioaktiv-markierten Histonen deuten darauf hin, dass die Nucleosomen (▶ Kap. 10) direkt vor der Replikationsgabel aufgelöst werden und die freigesetzten Histone unmittelbar an die neusynthetisierten DNA-Stränge binden. Dieses Histon-*remodeling* ist vermutlich für die geringere Replikationsgeschwindingkeit bei Eukaryonten verantwortlich.

44.3 Initiation – Start der Replikation

> Die Initiation der Replikation in Pro- und Eukaryonten folgt den gleichen Prinzipien.

Der Befund, dass die DNA-Replikation semikonservativ erfolgt, weist schon auf eine wesentliche Voraussetzung für den Replikationsvorgang hin: die DNA-Doppelstränge müssen zunächst an den Replikationsursprüngen in Einzelstränge getrennt werden, damit die Replikation beginnen kann. Da A–T-Basenpaare lediglich durch zwei Wasserstoffbrücken zusammengehalten werden und damit leichter voneinander zu trennen sind als G-C Basenpaare, findet man bei bakteriellen Replikationsursprüngen repetitive A–T-reiche Sequenzen. In Hefe werden sie auch als **ARS** (*autonomously replicating sequence*) bezeichnet und enthalten ebenfalls AT-reiche Sequenzen. Über die

Sequenzeigenschaften der Replikationsursprünge bei höheren Eukaryonten ist bislang nur wenig bekannt. Die bisherigen Daten deuten darauf hin, dass hier die Replikationsursprünge häufig innerhalb von **CpG Inseln** liegen, also Bereichen, die einen hohen Anteil der aufeinanderfolgenden Basen Cytosin und Guanin enthalten. Da Cytosin in diesen CpG Inseln häufig methyliert wird, erscheint eine Kontrolle der Replikationsinitiation durch Methylierung wahrscheinlich. Zusätzlich enthalten menschliche Replikationsursprünge sehr häufig ein Guanin-reiches Sequenzelement (*origin G-rich element*, **OGRE**), was zur Bildung von G-Quadruplex-Strukturen (▶ Kap. 10) führt, die ebenfalls die Strangtrennung erleichtern. Diese Daten deuten darauf hin, dass die Replikationsursprünge in Einzellern (pro- und eukaryontisch) und Mehrzellern sehr unterschiedlich aufgebaut sind. Trotz dieser offensichtlichen Unterschiede ist der Prozess der Initiation bei Ein- und Mehrzellern erstaunlich ähnlich.

In *E. coli* wird der Replikationsursprung zunächst durch das DNA-Doppelstrang-bindende Protein **DnaA** erkannt (◫ Abb. 44.4). DnaA gehört zur Familie der **AAA⁺-ATPasen** (*ATPases associated with various cellular activities*), einer sehr heterogenen Proteinfamilie, die als Oligomere an einer Vielzahl biologischer Prozesse beteiligt sind. DnaA enthält neben der AAA-ATPase-Domäne auch eine *Helix-turn-Helix*-Domäne (HTH), die die Interaktion mit der doppelsträngigen DNA ermöglicht. Die initiale Bindung von DnaA an den Replikationsursprung löst die Bildung von DnaA-Filamenten aus und bewirkt gleichzeitig eine ATP-abhängige Strangöffnung. Während die HTH-Domäne ausschließlich doppelsträngige DNA bindet, kann die AAA-Domäne auch mit einzelsträngiger DNA interagieren. Im nächsten Schritt bildet die **Helicase DnaB** mithilfe des **DnaC** Proteins einen hexameren Ring um jeden der beiden entstandenen Einzelstränge. Sowohl DnaB als auch DnaC enthalten eine AAA-ATPase Domäne und die Funktion von DnaC scheint primär darin zu bestehen, den hexameren DnaB Ring kurzfristig zu öffnen, um die DNA einfädeln zu können. DnaC wird daher auch als DnaB-Lader (*DnaB loader*) bezeichnet. Nachdem DnaC abdissoziiert, entspiralisiert DnaB die DNA in einem ATP-abhängigen Prozess weiter. Damit

44

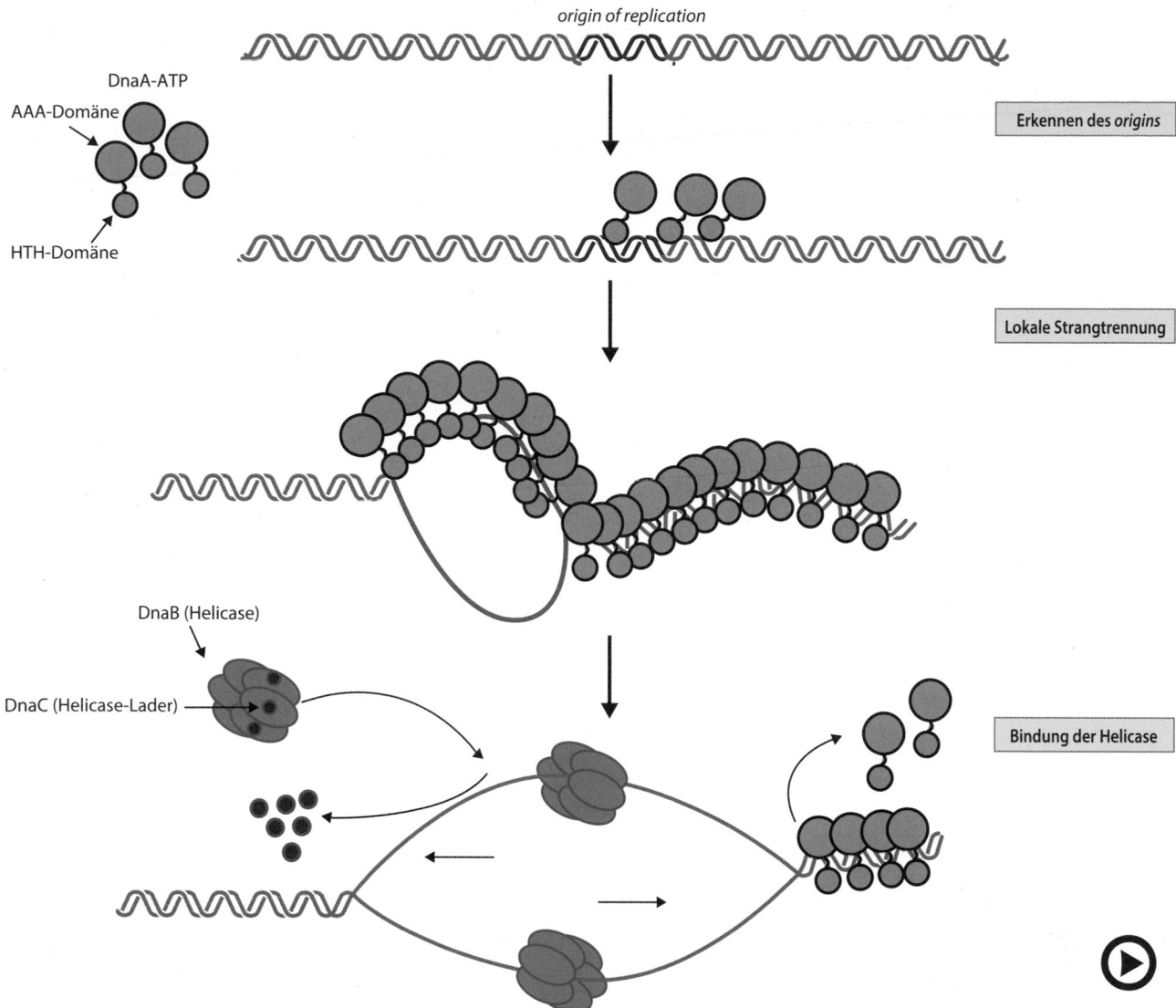

origin of replication

DnaA-ATP
AAA-Domäne
HTH-Domäne

Erkennen des *origins*

Lokale Strangtrennung

DnaB (Helicase)
DnaC (Helicase-Lader)

Bindung der Helicase

◼ **Abb. 44.4**   (Video 44.2) **Die Initiation der Replikation in Bakterien.** Der *origin of replication* (*ori*) ist im DNA-Doppelstrang rot markiert. Das *ori*-erkennende Initiatorprotein DnaA enthält eine *Helix-turn-Helix*-Domäne (HTH-Domäne) und eine ATP-bindende AAA-Domäne (AAA-Domäne). Die Einzelstrangbereiche werden zusätzlich über SSBs: *single-stranded binding proteins* (Einzelstrangbindungsprotein) stabilisiert, die hier nicht gezeigt sind. (Einzelheiten s. Text) (▶ https://doi.org/10.1007/000-5m0)

sich die getrennten DNA-Stränge hinter der vorrückenden Helicase nicht wieder zusammenlagern, stabilisiert das einzelstrangbindende Protein **SSB** (*single strand binding protein*) den DNA-Einzelstrang. SSBs bilden Tetramere, um die sich der DNA-Einzelstrang herumwindet. Elektronenmikroskopisch ähneln diese Strukturen den aus Histonen und Doppelstrang-DNA aufgebauten Nucleosomen (▶ Kap. 10).

Die lokale Entwindung des ringförmigen DNA-Doppelstranges durch die Helicase erhöht zwangsläufig die Torsionsspannung im verbleibenden Teil der Helix. Durch die Bildung sog. **Superhelices** kann dies zwar z. T. kompensiert werden, allerdings dürfen sich auch die Superhelices nicht unbegrenzt ausbilden, da ansons-

ten die Gefahr von Strangbrüchen besteht. Die Zelle muss daher über die Möglichkeit verfügen, die Superspiralisierungen aufzulösen. Die hierfür verantwortlichen Enzyme werden **Topoisomerasen** genannt, von denen es zwei unterschiedliche Formen gibt (◼ Abb. 44.5):

— **Topoisomerase I**: Diese Enzyme spalten einen DNA-Einzelstrang, indem die OH-Gruppe eines **Tyrosylrestes** des Enzyms die Phosphodiesterbindung nucleophil angreift und damit einen Einzelstrangbruch erzeugt. Die benachbarten Enden der Doppelhelix können sich nun bis zur Entspannung gegeneinander drehen, anschließend werden die Strangenden wieder miteinander verknüpft (◼ Abb. 44.5). Nach dieser Entspiralisierung kreuzen sich die beiden DNA-Strän-

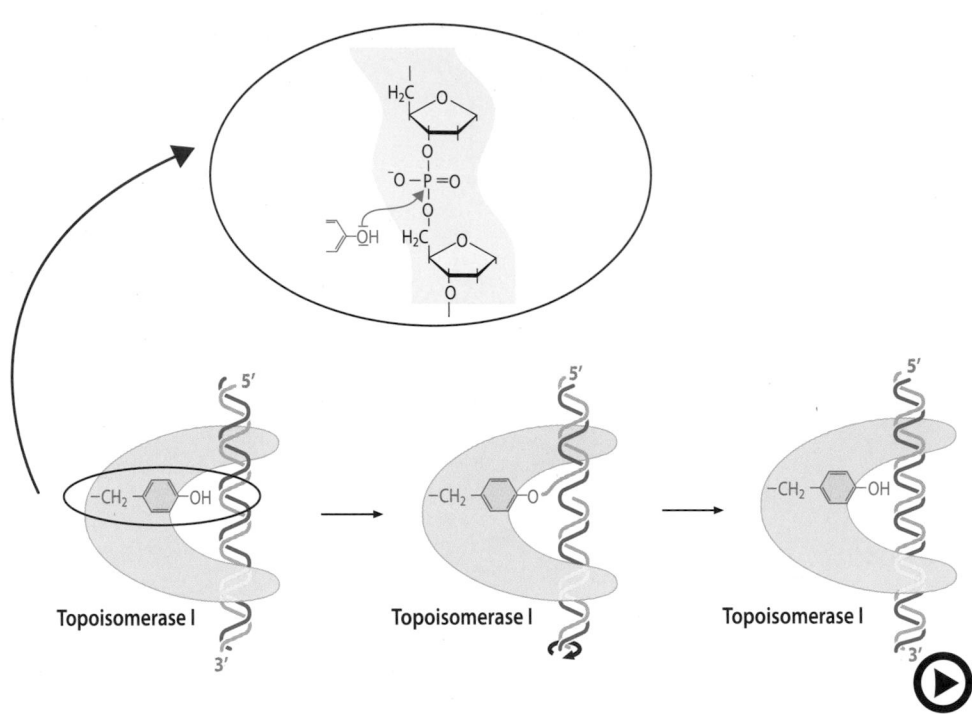

■ **Abb. 44.5**   (Video 44.3) **Reaktionsmechanismus der Topoisomerase I.** Zur Vereinfachung ist der DNA-Doppelstrang nicht in superspiralisierter Form dargestellt. (Einzelheiten s. Text) (▶ https://doi.org/10.1007/000-5m1)

ge weniger als zuvor. Die Reaktion der Topoisomerase I erfolgt ATP-unabhängig.

— **Topoisomerase II**: Topoisomerasen des Typs II können Superspiralisierungen dadurch beheben, dass sie in einer ATP-abhängigen Reaktion beide Stränge durchtrennen, die DNA entspannen und anschließend wieder miteinander verknüpfen. Ein Sonderfall sind die bakteriellen Topoisomerasen II, die auch als **Gyrasen** bezeichnet werden. Diese Klasse von Enzymen ist imstande, unter ATP-Verbrauch Superhelices in ringförmige DNA-Moleküle einzuführen. Ein gewisser Grad an Superspiralisierung ist bei Prokaryonten eine Voraussetzung dafür, dass Replikation und Transkription korrekt ablaufen können. Der Grund hierfür ist möglicherweise, dass die Superspiralisierung die notwendige Strangtrennung erleichtert. Hemmstoffe der Gyrase werden als Antibiotika verwendet (s. u.).

❯ Die Initiation der Replikation bei Eukaryonten wird durch cyclinabhängige Kinasen reguliert.

Die grundlegenden Mechanismen der Initiation der Replikation unterscheiden sich nicht bei Pro- und Eukaryonten (■ Tab. 44.2), allerdings muss in Eukaryonten sichergestellt werden, dass die Replikation erst während der S-Phase des Zellzyklus beginnt und die Initiation an jedem der etwa 30.000–50.000 Replikationsursprünge nur genau einmal erfolgt (■ Tab. 44.2). Dies wird dadurch er-

reicht, dass sich bereits während der G_1-Phase des Zellzyklus ein zunächst inaktiver Präinitiationskomplex bildet. Für die Bildung dieses Präinitiationskomplexes erkennt der ORC-Komplex (*origin recognition complex*) zunächst den Replikationsursprung. Der ORC-Komplex besteht aus sechs Proteinen, von denen fünf eine AAA-ATPase-Domäne besitzen. Im Unterschied zu der bakteriellen Initiation bewirkt die Bindung des ORC-Komplexes an die DNA noch keine Strangtrennung, diese wird erst durch Bindung der Helicase erreicht. Im nächsten Schritt werden die Proteine Cdc6 und Cdt1 rekrutiert (■ Abb. 44.6). Beide Proteine sind notwendig, um den Helicasekomplex Mcm auf der DNA zu verankern; sie inhibieren aber gleichzeitig die Helicaseaktivität von Mcm und verhindern so die Entspiralisierung der DNA während der G_1-Phase. Eine zusätzliche Hemmung wird durch Sumoylierung (▶ Kap. 49) von Mcm in der G_1-Phase erreicht. Nach Eintritt der Zelle in die S-Phase kommt es zur Aktivierung cyclinabhängiger Kinasen (Cdks, ▶ Kap. 43), die Cdc6 phosphorylieren und damit die Dissoziation von dem Mcm-Komplex bewirken. Der Mcm-Komplex beginnt dann die ATP-abhängige Entspiralisierung der DNA. Gleichzeitig verhindern die cyclinabhängigen Kinasen durch Phosphorylierung des ORC-Komplexes die Bildung neuer Initiationskomplexe während der S-Phase. Da die Bildung des Initiationskomplexes nur während der G_1-Phase, seine Aktivierung aber nur während der S-Phase erfolgen kann, wird sichergestellt, dass die Replikation erst während der S-Phase beginnt und die Initiation jedes

44

■ **Tab. 44.2** An der DNA-Replikation in Pro- und Eukaryonten beteiligte Proteine

Phase	Prokaryonten	Eukaryonten	Funktion
Initiation	DnaA	ORC *(origin recognition complex)*	Erkennen des Replikationsursprungs und ATP-abhängige lokale Entspiralisierung
	DnaB	Mcm-Komplex *(mini chromosome maintenance proteins)*	DNA-Helicase zur ATP-abhängigen Entspiralisierung der DNA
	DnaC	Cdc6 und Cdt1	Verankerung von DnaB bzw. Mcm-Komplex an der DNA
	Topoisomerasen I und II (Gyrasen)	Topoisomerasen I und II	Verhinderung von Strangbrüchen durch Auflösung von Superspiralisierung
	SSBs *(single strand binding proteins)*	RPA *(replication protein A)*	Einzelstrang-bindende Proteine zur Verhinderung der Reassoziation getrennter Doppelstränge
Elongation	Primase (DnaG)	Primase	Synthese der RNA-*primer*; in Eukaryonten Bestandteil der DNA-Polymerase α
		Polymerase α	Verlängert den RNA-*primer* um einige Desoxyribonucleotide, bevor die Polymerasen δ/ε die weitere Verlängerung übernehmen
	γ-Komplex	RFC *(replication factor C)*	*Clamp loader*; verantwortlich für die ATP-abhängige Verankerung der β- bzw. PCNA-Untereinheit der DNA-Polymerase
	β-Untereinheit	PCNA *(proliferating cell nuclear antigen)*	Ringförmige Untereinheit der DNA Polymerase, die das Enzym auf der DNA verankert; auch *sliding clamp* (Gleitring) genannt; entscheidend für die Prozessivität der DNA-Polymerasen
	Polymerase III		Synthese des Führungsstranges und des Verzögerungsstranges
		Polymerase δ	Synthese des Verzögerungsstranges zusammen mit Polymerase α
		Polymerase ε	Vermutlich Synthese des Führungsstrangs
	Polymerase I (Exonucleaseaktivität) RNase H	FEN-1 *(flap endonuclease 1)* RNase H	Entfernen der RNA-*primer*
	Polymerase I (Polymeraseaktivität)	Polymerase δ	Auffüllen der Lücke, die durch Entfernung der RNA-*primer* entstanden ist
	DNA-Ligase	DNA-Ligase	ATP- oder NAD⁺-abhängige Bildung der Phosphodiesterbindung
Termination	Tus *(terminator utiliziation substance)*	Rtf1 *(replication termination factor 1)*	Die Replikation stoppt beim Zusammentreffen zweier Replikationsgabeln; zusätzlich existieren spezielle Terminationssequenzen, die durch Terminationsproteine erkannt werden
	Topoisomerase II (Gyrase)		Trennung der beiden ringförmigen Tochterchromosomen
		Telomerase	Ermöglicht die vollständige Replikation von Chromosomenenden bei linearen Chromosomen

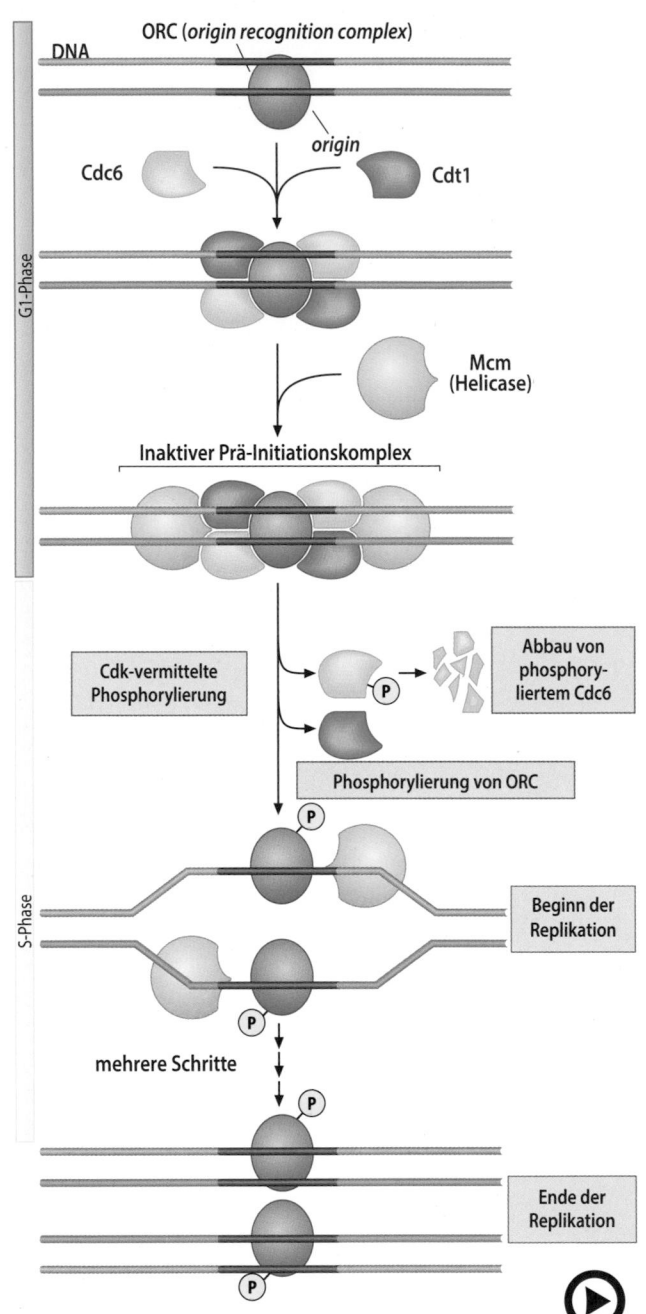

ORC (*origin recognition complex*)

DNA

Cdc6

origin

Cdt1

G1-Phase

Mcm
(Helicase)

Inaktiver Prä-Initiationskomplex

Cdk-vermittelte
Phosphorylierung

P

Abbau von
phosphory-
liertem Cdc6

Phosphorylierung von ORC

P

S-Phase

Beginn der
Replikation

P

mehrere Schritte

P

P

Ende der
Replikation

P

◘ Abb. 44.6 (Video 44.4) **Mechanismus der Initiation der DNA-Replikation bei Eukaryonten.** Der Replikationsursprung wird durch den ORC-Komplex (*origin recognition complex*) erkannt. Anschließend binden Cdc6 (*cell division cycle 6*), Cdt1 (*cdc10-dependent transcript 1*) und die Helicase Mcm (*mini chromosome maintenance protein*) und bilden einen inaktiven Präinitiationskomplex, der erst während der Synthesephase durch cyclinabhängige Kinasen (Cdks) durch Phosphorylierung aktiviert werden kann. (From Molecular Biology Of the cell, fifth edition by Bruce Alberts, et al. Copyright © 2008, 2002 by Bruce Alberts, Alexander Johnson, Julian Lewis, Martin Raff, Keith Roberts, and Peter Walter. Used by permission of W. W. Norton & Company, Inc.) (► https://doi.org/10.1007/000-5m2)

Replikationsursprungs nur genau einmal erfolgt. Es werden nicht alle Replikationsursprünge in Eukaryonten gleichzeitig erkannt, allerdings stellt deren große Zahl sicher, dass das gesamte Genom innerhalb der S-Phase repliziert werden kann.

44.4 Elongation – Neusynthese der DNA

❯ Für die Elongation während der Replikation sind DNA-Polymerasen verantwortlich.

Nach Trennung des DNA-Doppelstranges in die beiden Einzelstränge und deren Stabilisierung durch SSBs (*single strand binding proteins*) erfolgt die Neusynthese der DNA. Diese auch als **Elongation** bezeichnete Reaktion wird durch DNA-Polymerasen katalysiert. Sowohl Pro- als auch Eukaryonten enthalten mehrere DNA-Polymerasen (◘ Tab. 44.3). In *E. coli* sind fünf verschiedene Enzyme identifiziert worden, in Säugetieren existieren dagegen 14 verschiedene Polymerasen, von denen viele spezifisch an DNA-Reparaturmechanismen beteiligt sind (► Abschn. 45.2). Während der Replikation bilden die DNA-Polymerasen zusammen mit anderen Proteinen am Replikationsursprung einen Proteinkomplex, der auch als **Replisom** bezeichnet wird und der vermutlich an der DNA entlang wandert. Allerdings gibt es auch Hinweise darauf, dass die Replikation in Eu- und Prokaryonten an definierten Stellen innerhalb der Zelle bzw. des Nucleus stattfindet. Dies deutet darauf hin, dass möglicherweise nicht das Replisom wandert, sondern die DNA kontinuierlich durch ein stationäres Replisom gefädelt wird.

Das Replisom enthält in *E. coli* u. a. die Helicase DnaB, die Primase DnaG und die **DNA-Polymerase III** (◘ Tab. 44.2). Die Interaktionen der verschiedenen Proteine in dem Replisomkomplex sind entscheidend für die Geschwindigkeit der DNA-Neusynthese. Durch den Kontakt mit der DNA-Polymerase III wird die Geschwindigkeit der Helicase etwa 10-fach erhöht, d. h. falls der Kontakt mit der Polymerase verlorengeht, reduziert sich gleichzeitig die Geschwindigkeit der DNA-Entspiralisierung. Damit wird verhindert, dass die Helicase der DNA-Polymerase davonläuft. Der Kontakt zur Helicase stimuliert auch die Primase, eine spezialisierte **RNA-Polymerase**, die kurze RNA-Stücke (5–10 Nucleotide) als Startermoleküle (*primer*) synthetisiert. Diese *primer* sind notwendig, da die DNA-Polymerasen keine *de novo*-Synthese durchführen können, sondern lediglich ausgehend von einer freien 3′-OH-Gruppe eine DNA-Strangverlängerung katalysieren können (s. u.).

44

◘ **Tab. 44.3** **Die wichtigsten DNA-Polymerasen in menschlichen Zellen** (*human protein reference database*)

DNA-Polymerase	α	δ	ε	β	γ
Lokalisation	Zellkern	Zellkern	Zellkern	Zellkern	Mitochondrien
Funktion	Synthese des RNA-*primers* und dessen Verlängerung um etwa 50–100 Nucleotide	Synthese des Verzögerungsstrangs	Synthese des Führungsstrangs	Reparatur	Replikation der mitochondrialen DNA
Primaseaktivität	Ja	Nein	Nein	Nein	Nein
3′,5′-Exonuclease-(*proofreading*) Aktivität	Nein	Ja	Ja	Nein	Ja
Essenziell für die Replikation im Zellkern	Ja	Ja	Ja	Nein	Nein
Molekülmasse (Da)	165.870	123.642	364.860	38.180	139.570

❯ Die Hydrolyse von Pyrophosphat liefert die Energie für die DNA-Synthese.

Allen DNA-Polymerasen ist eine Reihe von Eigenschaften gemeinsam. DNA-Polymerasen benötigen einen als **Matrize** bezeichneten Einzelstrang, dessen Basensequenz die Reihenfolge der für die Neusynthese gewählten Desoxyribonucleosidtriphosphate bestimmt. Hierdurch wird gewährleistet, dass der neue DNA-Strang tatsächlich komplementär zum parentalen Strang ist.

DNA-Polymerasen katalysieren eine Polymerisationsreaktion nach folgendem Schema:

$$dNTP + (dNMP)_n \rightarrow (dNMP)_{n+1} + P \sim P \rightarrow$$
$$(dNMP)_{n+1} + 2P_i \qquad (44.1)$$

Dabei steht dNTP (desoxyNTP) für dATP, dGTP, dCTP oder dTTP und (dNMP)$_n$ für den zu verlängernden DNA-Strang aus n Nucleotiden. Da die freie Enthalpie der ersten Teilreaktion mit –3,5 kcal/mol relativ gering ist, muss die Anhydridbindung im Pyrophosphat ebenfalls gespalten werden. Durch die dann stark negative freie Enthalpie der Gesamtreaktion ($\Delta G = -7$ kcal/mol) ist die DNA-Polymerisation ein praktisch irreversibler Prozess. Die DNA-Polymerase katalysiert den nucleophilen Angriff der freien 3′-OH-Gruppe des zu verlängernden DNA-Strangs auf die Anhydridbindung zwischen dem α- und β-Phosphat des anzuknüpfenden Desoxyribonucleotids (◘ Abb. 44.7). Durch diesen Reaktionsmechanismus ist die Richtung der Kettenverlängerung festgelegt: Sie erfolgt immer vom 5′- zum 3′-Ende. Ähnlich wie bei ATPasen ist Magnesium (Mg^{2+}) ein unentbehrlicher Cofaktor für die DNA-Polymerasen. Der Reaktionsmechanismus der DNA-Polymerasen entspricht im Wesentlichen dem der RNA-Polymerasen (▶ Kap. 46). Allerdings ist die Konzentration der Ribonucleotide in vielen Zellen mehr als 1000-fach höher als die Konzentration der Desoxyribonucleotide und daher besteht die Gefahr eines Ribonucleotideinbaus in die DNA. Dies wird verhindert, da DNA-Polymerasen ein etwas kleineres aktives Zentrum als die RNA-Polymerasen besitzen und durch diese sterische Diskriminierung keine optimale Positionierung der Ribonucleotide möglich ist. Allerdings ist diese Diskrimierung nicht bei allen DNA-Polymerasen gleichermaßen ausgeprägt. Im Hefegenom findet sich ein sehr hoher Anteil an Ribonucleotiden, da einige der Hefe DNA-Polymerasen nur unzureichend zwischen dNTPs und NTPs unterscheiden. Dies trifft auch für die humane DNA-Polymerase γ zu, die für die mitochondriale DNA-Replikation verantwortlich ist und entsprechend enthält mitochondriale DNA einen höheren Anteil an Ribonucleotiden als das nucleäre Genom. Aber auch die für die Replikation der nucleären DNA verantwortlichen DNA-Polymerasen (DNA Polymerasen α, δ und ε) bauen mit einer bestimmten Häufigkeit Ribonucleotide ein und es gibt daher Reparatursysteme für deren Entfernung (▶ Kap. 45).

Um die Genauigkeit der DNA-Synthese sicherzustellen, überprüft die DNA-Polymerase die Fähigkeit eines neu hinzukommenden Nucleotids, entweder eine A:T- oder G:C-Basenpaarung auszubilden. Einige, aber nicht alle DNA-Polymerasen haben die Fähigkeit, ein eventuell falsch eingebautes Nucleotid wieder zu entfernen. Diese als Korrektur oder *proofreading* bezeichnete Aktivität beruht auf der **3′,5′-Exonucleaseaktivität** einiger DNA-Polymerasen (◘ Tab. 44.3); diese Enzyme

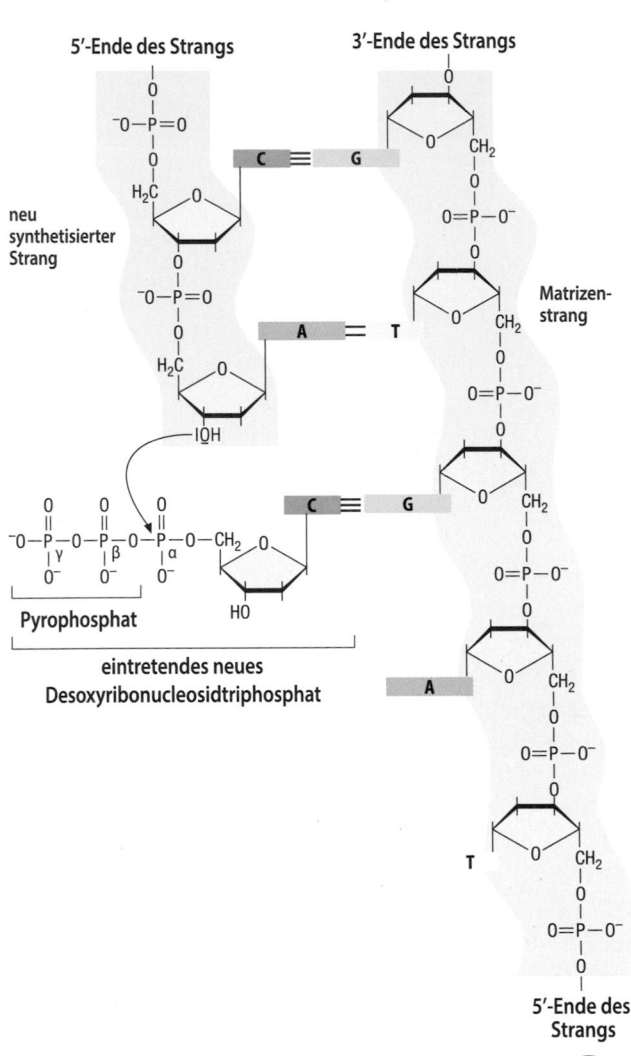

5′-Ende des Strangs

3′-Ende des Strangs

neu
synthetisierter
Strang

Matrizen-
strang

Pyrophosphat

eintretendes neues
Desoxyribonucleosidtriphosphat

5′-Ende des
Strangs

Abb. 44.7 (Video 44.5) **Reaktionsmechanismus der DNA-Polyme-rase.** (Einzelheiten s. Text). (From Molecular Biology Of the cell, Fifth edition by Bruce Alberts, et al. Copyright © 2008, 2002 by Bruce Alberts, Alexander Johnson, Julian Lewis, Martin Raff, Keith Roberts, and Peter Walter. Used by permission of W. W. Norton & Company, Inc.) (► https://doi.org/10.1007/000-5m3)

liche Eigenschaft wird als **Prozessivität** bezeichnet. Diese wird als die Zahl von Nucleotiden definiert, die im Durchschnitt von einem DNA-Polymerasemolekül an eine wachsende DNA-Kette angefügt wird, bevor das Enzym von seinem Substrat, der DNA-Kette, abdissozi-iert. Für die verschiedenen DNA-Polymerasen schwankt der Wert für die Prozessivität von weniger als 10 bis zu mehr als 1000 Nucleotide, d. h. einige DNA-Polymerasen heften lediglich 10 Nucleotide an die wachsende Kette, bevor sie wieder abdissoziieren. Die hohe Prozessivität einzelner DNA-Polymerasen hat ihre Ursache in einer besonderen Verankerung des Enzyms auf der DNA (■ Abb. 44.8). Eine spezielle Untereinheit der DNA-Polymerase, der sog. **Gleitring** oder auch *clamp* genannt (β-Untereinheit in Bakterien bzw. *PCNA, proliferating cell nuclear antigen,* in Eukaryonten, ■ Tab. 44.2) lagert sich klammerartig um den DNA-Doppelstrang und ver-ankert so die DNA-Polymerase auf der DNA. Für die Verankerung dieser Klammer sind spezielle ATPasen nötig, die auch als *clamp loader* bezeichnet werden (■ Tab. 44.2) und das ringförmige Gleitring-Dimer aus zwei β-Untereinheiten kurzfristig öffnen, um das Einfä-deln der DNA zu ermöglichen (s. ■ Abb. 44.8). Nach Ablösen des *clamp loaders* kann die DNA-Polymerase an die dimere β-Untereinheit binden und die DNA-Polymerisation beginnen. Prozessivität und Korrektur-aktivität stehen dabei im Zusammenhang: DNA-Poly-merasen mit Korrekturaktivität haben in der Regel eine hohe Prozessivität, während solche ohne Korrekturakti-vität nur über eine geringe Prozessivität verfügen. Dies ist eine wesentliche Ursache für die hohe Genauigkeit der Replikation. Inhibitoren des Gleitrings wie z. B. Gri-selimycin werden derzeit als neue Antibiotika zur Be-handlung der Tuberkulose getestet.

> Jede DNA-Replikation startet mit der Synthese eines RNA-*primers.*

DNA-Polymerasen können keine *de novo*-Synthese star-ten, sondern lediglich ausgehend von einem freien 3′-OH-Ende eine Strangverlängerung katalysieren. Dar-aus ergeben sich Probleme für die Replikation der DNA, die auf unterschiedliche Weise gelöst worden sind (■ Abb. 44.9).

- Bei Prokaryonten wird durch eine als **Primase** be-zeichnete RNA-Polymerase ein kurzes RNA-Stück synthetisiert, das komplementär zur Matrize ist. Die freie 3′-OH-Gruppe dieses *primers* nutzt die DNA-Polymerase für die Anheftung weiterer Nuc-leotide. RNA-Polymerasen können im Unterschied zu DNA-Polymerasen eine *de novo*-Synthese von Nucleinsäuren katalysieren.
- Bei Eukaryonten ist die Primase eine Teilaktivität der DNA-Polymerase α.

können also falsch eingebaute Nucleotide am 3′-Ende eines DNA-Moleküls unmittelbar nach ihrem Einbau wieder abspalten. Bei der DNA-Polymerase III aus *E. coli* erhöht die Exonucleaseaktivität die Genauigkeit der Replikation etwa um den Faktor 1000, was die bio-logische Bedeutung dieser Korrekturaktivität unter-streicht.

Die verschiedenen DNA-Polymerasen können zwi-schen 50 und etwa 1000 Nucleotide pro Sekunde an die wachsende DNA-Kette anfügen. Diese Angabe der **Ak-tivität** allein ist jedoch nicht ausreichend zur Charakte-risierung von DNA-Polymerasen. Eine weitere wesent-

A

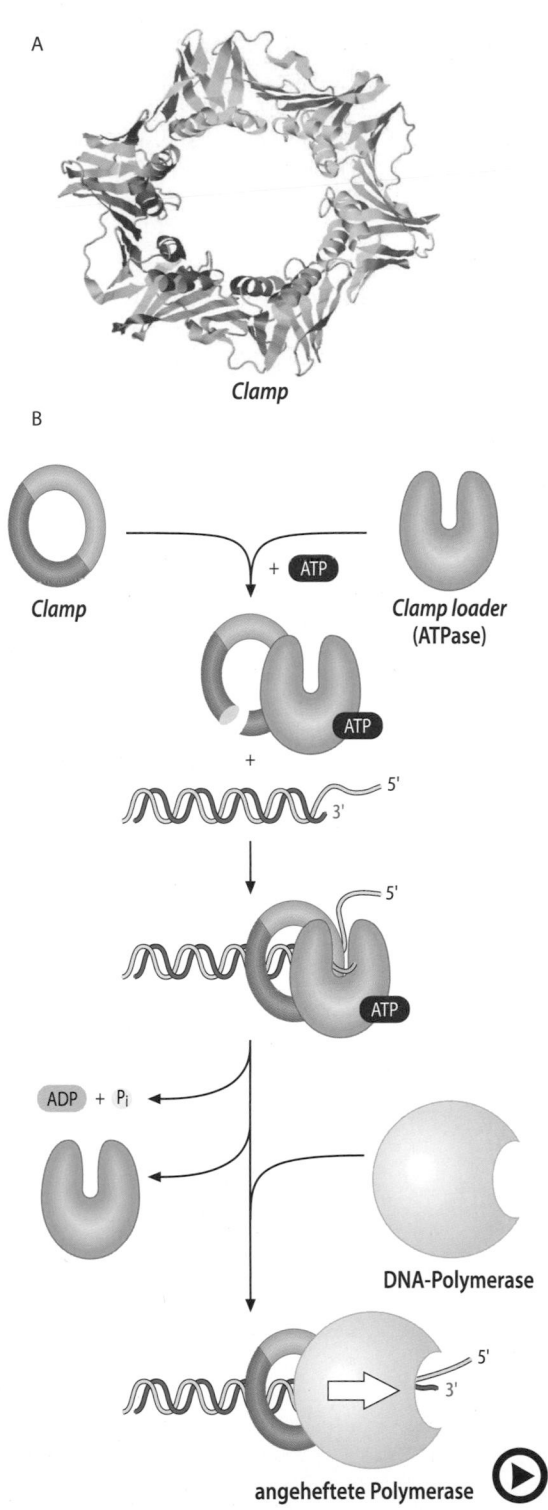

Clamp

B

Clamp

Clamp loader
(ATPase)

+ ATP

ATP

+

5'

3'

5'

ATP

ADP + P_i

DNA-Polymerase

5'

3'

angeheftete Polymerase ▶

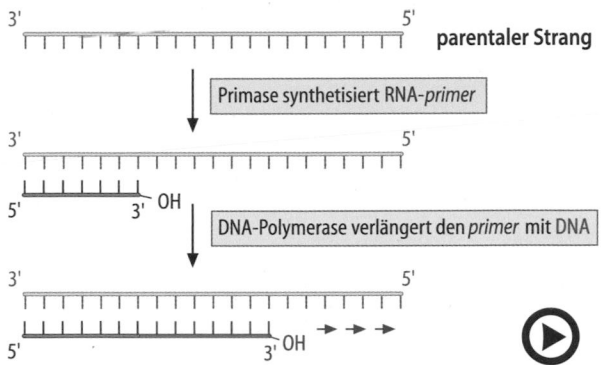

3'   5'   **parentaler Strang**

| Primase synthetisiert RNA-*primer* |

3'   5'

5'   3' OH

| DNA-Polymerase verlängert den *primer* mit DNA |

3'   5'

5'   3' OH   → → →   ▶

◻ **Abb. 44.9**   (Video 44.7) **Start der DNA-Replikation durch Synthese eines RNA-*primers*.** (Einzelheiten s. Text) (▶ https://doi.org/10.1007/000-5kz)

◻ **Abb. 44.8**   (Video 44.6) **Die DNA-Polymerase wird über einen Gleitring (*clamp*) stabil auf dem DNA-Doppelstrang verankert. A** Kristallstruktur eines Dimers der *E. coli* DNA-Polymerase β-Untereinheit (Abbildung erstellt mit Jmol nach RCSB *protein data bank*). **B** Modell zur Verankerung der β-Untereinheit und DNA-Polymerase auf dem Doppelstrang über den *clamp loader*. Die DNA-Polymerase beginnt die DNA-Neusynthese erst nach ihrer Anheftung. (Einzelheiten s. Text). (Adaptiert nach Bowman, O'Donnell, & Kuriyan 2004. Reprinted by permission from Springer Nature: Nature, Structural analysis of a eukaryotic sliding DNA clamp–clamp loader complex, Bowman GD, O'Donnell M, Kuriyan J, © 2004) (▶ https://doi.org/10.1007/000-5m4)

- Der RNA-*primer* muss nach erfolgter Verlängerung entfernt und die entstandenen Lücken aufgefüllt werden.
- Eine von manchen Viren benutzte Möglichkeit besteht darin, dass ein nucleotidbindendes Protein an den DNA-Einzelstrang bindet, sodass die DNA-Polymerasen an diesem Nucleotid angreifen und weitere Nucleotide anlagern können.

❯ Bei der DNA-Synthese wird der Verzögerungsstrang diskontinuierlich synthetisiert.

Ein besonderes Problem für die DNA-Replikation ergibt sich daraus, dass DNA-Polymerasen den neuen Strang nur in der 5',3'-Richtung synthetisieren können, die DNA-Doppelstränge aller bekannten Organismen jedoch antiparallel verlaufen. In ◻ Abb. 44.10A sind die Verhältnisse schematisch dargestellt. Die Richtung der DNA-Polymerisation durch die DNA-Polymerase entspricht nur an einem der beiden neu synthetisierten Stränge der Wanderungsrichtung der Replikationsgabel. Dieser Strang wird, nachdem einmal ein RNA-*primer*-Molekül synthetisiert wurde (◻ Abb. 44.10A), kontinuierlich in einem Stück synthetisiert und als sog. **Führungsstrang** (Leitstrang, *leading strand*, *blau*) bezeichnet. Beim anderen Strang verläuft die Polymerisationsrichtung dagegen von der Replikationsgabel weg. Der Japaner Reiji Okazaki fand heraus, dass die DNA-Synthese an diesem Strang diskontinuierlich in Stücken aus 1000–2000 Nucleotiden erfolgt, sog. **Okazaki-Fragmenten**. Für ihre Synthese wird jeweils an der Replikationsgabel ein neuer *primer* synthetisiert und durch die DNA-Polymerase solange verlängert, bis er an das vorher synthetisierte Fragment stößt. Der diskontinuierlich synthetisierte Strang wird auch als **Verzögerungsstrang** (Folgestrang, *lagging strand*, *grün*) bezeichnet. Die Synthese von Führungs- und Verzögerungsstrang erfolgt gleichzeitig, was den Vorteil hat, dass das genetische Material nur kurzzeitig in der deutlich empfindlicheren Einzelstrangform existiert.

Die simultane Synthese beider Stränge bedeutet aber auch, dass in dem Replisom mehr als eine DNA-Polymerase enthalten sein muss. In Bakterien werden sowohl der Führungs- als auch der Verzögerungsstrang durch DNA-

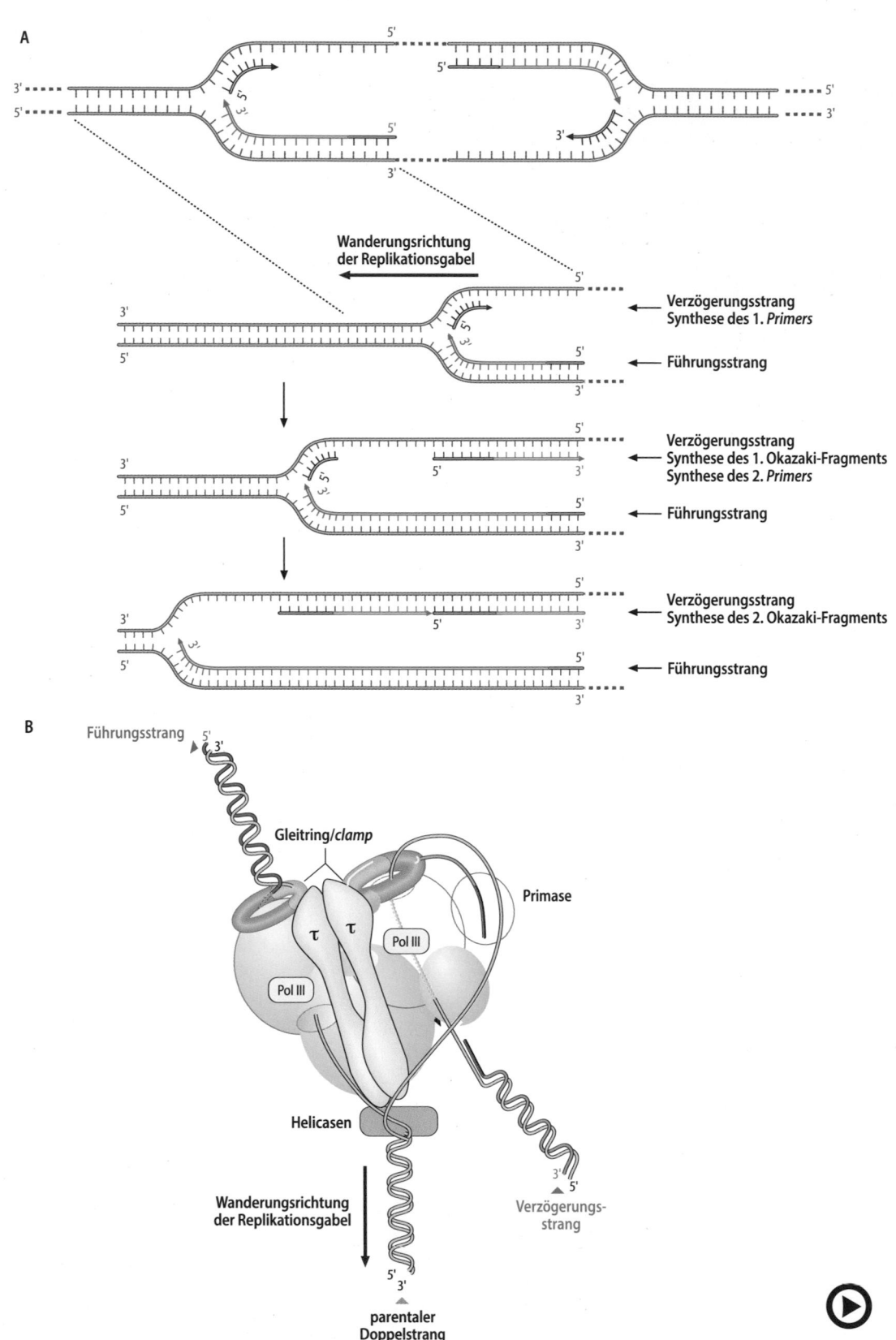

Abb. 44.10 (Video 44.8) **Die Replikation der DNA-Doppelhelix.** **A** Da die Strangverlängerung in 5′,3′-Richtung erfolgen muss, kann die Replikation nur von einem der beiden Einzelsträngen, dem sog. Führungsstrang (*blau*) kontinuierlich ablaufen. Im antiparallelen sog. Verzögerungsstrang (*grün*) erfolgt die Replikation wegen der Syntheserichtung der DNA-Polymerase diskontinuierlich; *rot = primer.* **B** Modell zur simultanen Synthese beider Stränge durch ein Replisom (Posaunen-/*trombone*-Modell) (► https://doi.org/10.1007/000-5m6)

Polymerase III synthetisiert, weshalb das bakterielle Replisom zwei Kopien dieser DNA-Polymerase enthält (■ Abb. 44.10B). Die Verbindung zwischen Führungsstrang- und Verzögerungsstrang-DNA-Polymerase und der Helicase wird durch das Tau (τ)-Protein gewährleistet. Da die DNA antiparallel ist, die beiden DNA-Polymerasen wegen ihrer stabilen Interaktion aber nur gemeinsam der DNA-Helicase folgen können, wurde vorgeschlagen, dass der Verzögerungsstrang eine Schleife bildet, sodass es zur gleichen Syntheserichtung beider Stränge kommt. Da diese Schleife während der Replikation periodisch größer und kleiner wird und somit an den Zug einer Posaune erinnert, wurde dieses Modell auch als **Posaunenmodell** (*trombone model*) bezeichnet.

> ❯ RNase H, 5′,3′-Exonuclease und DNA-Ligase werden für den Abschluss der DNA-Replikation benötigt.

Um bei der Replikation zwei funktionell äquivalente DNA-Doppelstränge zu erhalten, müssen sämtliche RNA-*primer* entfernt und die entstandenen Lücken durch DNA aufgefüllt und verbunden werden (■ Abb. 44.11). Für die Entfernung der RNA-*primer* verfügen Prokaryonten über zwei weitere Enzyme, die **Ribonuclease H (RNase H)** und die **DNA-Polymerase I**. RNase H verdaut spezifisch RNA in RNA-DNA-Hybridmolekülen und entfernt

den größten Teil des RNA-*primers*. RNase H kann allerdings nur Phosphodiesterbindungen zwischen Ribonucleotiden spalten und deshalb das letzte, unmittelbar an die DNA gebundene Ribonucleotid nicht entfernen. Hierfür wird die **5′,3′-Exonucleaseaktivität** der DNA-Polymerase I genutzt. Gleichzeitig fügt diese Polymerase, beginnend mit dem freien 3′-OH-Ende des vorangegangenen DNA-Stücks Nucleotide komplementär zur Basensequenz des Matrizenstrangs in die entstandene Lücke ein. Dadurch entstehen aneinander stoßende DNA-Fragmente im neu synthetisierten Strang, die mithilfe der **DNA-Ligase** miteinander verknüpft werden. ■ Abb. 44.12 stellt den allgemeinen Mechanismus der DNA-Ligasen dar. ATP (oder

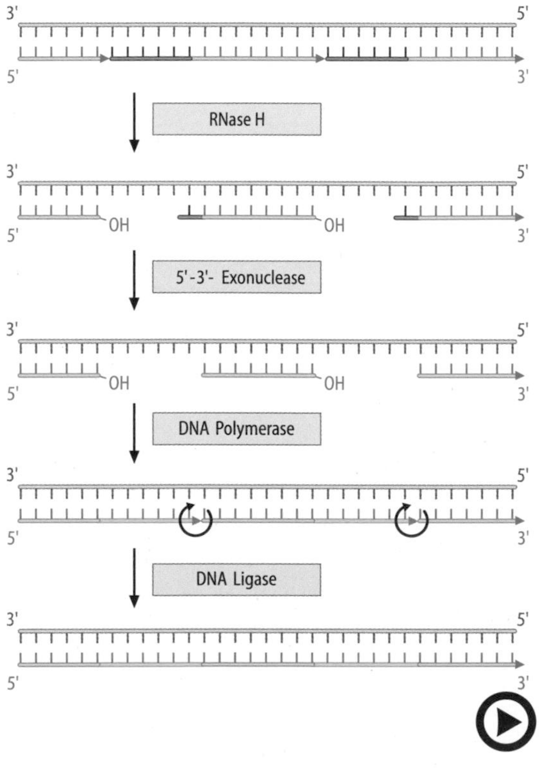

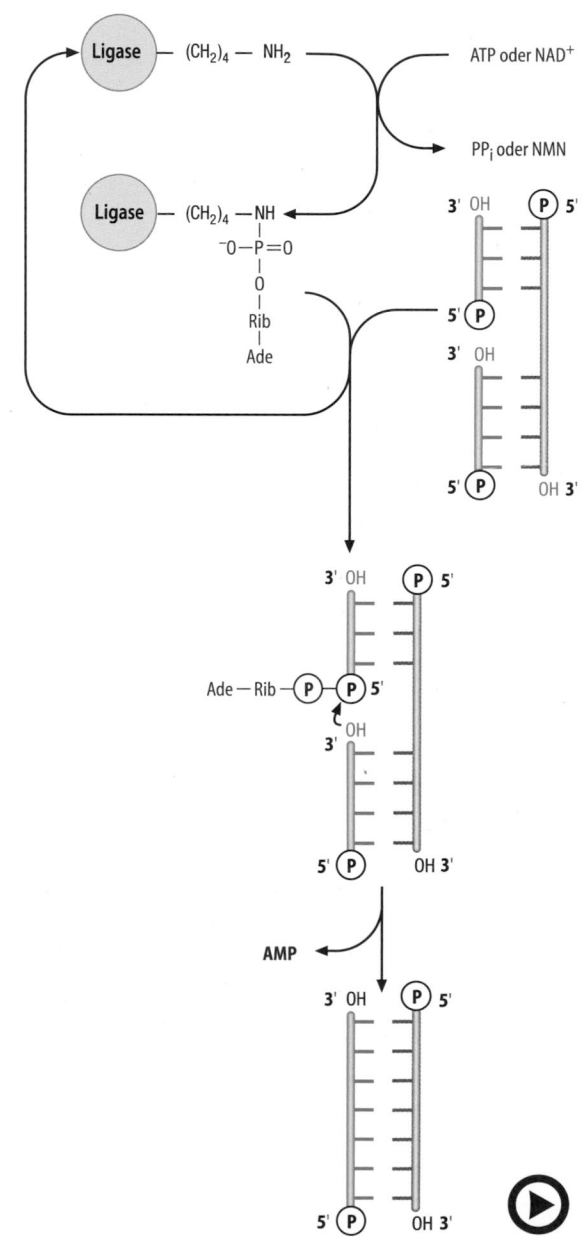

■ Abb. 44.11 (Video 44.9) **Prozessierung der neusynthetisierten DNA-Stränge in Prokaryonten.** (Einzelheiten s. Text) (► https://doi.org/10.1007/000-5m7)

■ Abb. 44.12 (Video 44.10) **Mechanismus der DNA-Ligasen.** (Einzelheiten s. Text) (► https://doi.org/10.1007/000-5m8)

NAD$^+$) dient dabei als Donor eines AMP-Restes, der covalent mit der ε-Aminogruppe eines Lysylrestes des Ligaseproteins verknüpft wird. Die Spaltung dieser energiereichen Bindung dient dazu, den AMP-Rest auf das 5′-Phosphat-Ende der einen DNA-Kette zu übertragen. Dabei entsteht eine Phosphorsäureanhydridbindung zwischen AMP und dem 5′-Phosphat-Ende der DNA. Unter Abspaltung von AMP kann nun die Verknüpfung zwischen dem 5′-Phosphat-Ende des einen DNA- mit dem 3′-OH-Ende des nächsten DNA-Fragments erfolgen, womit die Verknüpfung beendet ist.

> **Das eukaryontische Replisom enthält unterschiedliche DNA-Polymerasen.**

In *E. coli* synthetisiert die DNA-Polymerase III sowohl den Führungsstrang als auch den Verzögerungsstrang. Deshalb enthält das bakterielle Replisom zwei Kopien dieses Enzyms. In Eukaryonten findet man dagegen eine stärkere Spezialisierung der DNA-Polymerasen (◼ Tab. 44.2 und ◼ 44.3) und daher enthält das eukaryontische Replisom drei unterschiedliche Polymerasen. Der **DNA-Polymerase α/Primase-Komplex** besteht aus vier Untereinheiten und ist für die Synthese der RNA-*primer* verantwortlich. Die beiden Primaseuntereinheiten werden für die Herstellung der *primer* am Führungsstrang als auch am Verzögerungsstrang benötigt und synthetisieren einen RNA-*primer* von etwa 5–15 Nucleotiden. Dieser *primer* wird durch die beiden Polymeraseuntereinheiten mit Desoxyribonucleotiden auf 50–100 Nucleotide verlängert. Aufgrund seiner Primaseaktivität ist der DNA-Polymerase α/Primase-Komplex die einzige DNA-Polymerase, die eine DNA-Synthese *de novo* initiieren kann. Wegen seiner geringen Prozessivität (s. o.) wird der DNA-Polymerase α/Primase-Komplex allerdings schnell durch die hochprozessiven **DNA-Polymerasen δ und ε** ersetzt (*polymerase switching*). Der Führungsstrang wird vermutlich durch DNA-Polymerase ε kontinuierlich verlängert. Der Verzögerungsstrang wird diskontinuierlich durch die DNA-Polymerase δ synthetisiert, welche über den Gleitring PCNA stabil mit der DNA verbunden ist. Während diese Interaktion für die Prozessivität von Polymerase δ entscheidend ist, ist unklar, ob auch die Prozessivität von DNA-Polymerase ε durch die Interaktion mit PCNA gewährleistet wird. Die Entfernung der RNA-*primer* erfolgt ebenso wie bei Prokaryonten durch zwei Enzyme: zunächst wird durch RNase H der größte Teil des *primers* entfernt und das letzte Ribonucleotid dann durch das Enzym **FEN-1** (*flap endonuclease-1*) abgespalten. Die entstandenen Lücken werden durch die DNA-Polymerase δ aufgefüllt bevor die DNA-Ligase die Fragmente verbindet. FEN-1 übernimmt noch eine weitere Funktion bei der eukaryontischen Replikation: Da Polymerase α keine *proofreading* Aktivität besitzt, werden die ersten etwa 100 Nucleotide

mit einer erhöhten Fehlerrate eingebaut. Da bei der Synthese des Verzögerungsstrangs die DNA-Polymerase α mehrfach ansetzt und einen insgesamt größeren Anteil synthetisiert, ist die Fehlerrate im Verzögerungsstrang höher als im Führungsstrang. FEN-1 ist jedoch in der Lage, mögliche Fehlpaarungen (*mismatches*) zu erkennen und durch seine Endonucleaseaktivität herauszuschneiden. Diese Lücken werden dann wiederum von DNA-Polymerase δ geschlossen.

Ähnlich wie in Prokaryonten wird der Kontakt zwischen den DNA-Polymerasen und Helicasen bei Säugetieren durch einen Proteinkomplex stabilisiert, der als *fork protection complex* (**FPC**) bezeichnet wird. Dieser Komplex ist ebenfalls für die Stabilisierung und den Schutz der Replikationsgabel notwendig, wenn die DNA-Replikation vorübergehend stoppt, z. B. bei einem dNTP-Mangel. Ein dNTP-Mangel kann durch Chemotherapeutika wie Hydroxyharnstoff (▸ Kap. 31) ausgelöst werden, ist aber auch eine physiologische Reaktion des Menschen auf Virusinfektionen, da hier die Phosphohydrolase SAMHD1 (*SAM domain and HD domain-containing protein 1*; *SAM domain: sterile alpha motif*, ein Proteininteraktionsmodul; HD-domain: eine konservierte Proteindomäne mit konservierten Histidin- (H) und/oder Aspartat- (D) Resten). dNTPs hydrolysiert, die damit für die virale Reverse Transkriptase nicht zur Verfügung stehen.

44.5 Termination – Beendigung der Replikation

Für die ringförmigen Chromosomen der Prokaryonten und die linearen Chromosomen der Eukaryonten folgen Initiation und Elongation denselben Prinzipien. Allerdings werden für den Abschluss der Replikation bei ringförmigen und linearen Chromosomen unterschiedliche Mechanismen benötigt. Die Termination der Replikation in Prokaryonten erfolgt meist an definierten Stellen, sogenannten Terminationssequenzen, an die Terminationsproteine binden und so einen Stopp der Replikation auslösen können. In *E. coli* bindet das Protein Tus (*terminus utilization substance*) an Terminationssequenzen, die als Ter-Stellen bezeichnet werden und die sich gegenüber dem *ori* im ringförmigen Chromosom befinden. Tus blockiert die Helicase im Replisom und verhindert so die weitere Entwindung der DNA. In Eukaryonten erfolgt die Termination stochastisch (zufällig), wenn zwei von unterschiedlichen *oris* gestartete Replisome aufeinandertreffen. Die dann notwendige Dissoziierung des Replisoms wird durch die Poly-Ubiquitinierung des MCM-Komplexes (◼ Tab. 44.2) durch den SCF-Ubiquitinligase-Komplex (▸ Kap. 43, ◼ Abb. 43.5) initiiert, was als Signal für das ATP-abhängige Ablösen des MCM-Komplexes von der DNA durch die AAA-ATPase Cdc48 dient.

44

> Typ-II-Topoisomerasen werden für die Termination ringförmiger Chromosomen benötigt.

Nach der vollständigen Replikation ringförmiger Chromosomen, z. B. in Bakterien, sind die beiden Tochterdoppelstränge wie zwei Kettenglieder miteinander verknüpft und müssen für die Verteilung auf die Tochterzellen zunächst getrennt werden. Hierfür ist die Topoisomerase II (s. o.) verantwortlich, die einen der beiden DNA-Doppelstränge schneidet und den zweiten Doppelstrang durch die entstandene Lücke hindurchführt. Hemmstoffe der bakteriellen Typ-II-Topoisomerasen (Gyrasehemmer) inhibieren daher nicht nur die Initiation der Replikation, sondern auch die vollständige Verteilung der Tochterchromosomen.

> Die Replikation linearer Chromosomen führt zu einer Verkürzung.

Die beschriebenen Mechanismen der DNA-Replikation sind in perfekter Weise dazu geeignet, die zirkulären Genome vieler Viren und Bakterien zu replizieren. Ein zusätzliches Problem ergibt sich jedoch bei der Replikation linearer DNA-Doppelstränge. Wie aus ◼ Abb. 44.13 hervorgeht, kann der Führungsstrang ausgehend von einem internen RNA-*primer* kontinuierlich bis zum Ende des Elternstranges synthetisiert werden. Anders ist es aber beim Verzögerungsstrang, da wegen der diskontinuierlichen Synthese am Ende des Elternstranges ein

RNA-*primer* gebunden ist, der nach Abschluss der Replikation entfernt wird. Die dadurch entstandene Lücke kann aber durch die DNA-Polymerase nicht aufgefüllt werden, da ihr eine freie 3′-OH-Gruppe zur Anheftung fehlt. Dies führt dazu, dass die Chromosomen mit jeder Replikation um ein Stück kürzer werden, was letztendlich eine Instabilität der Chromosomen und damit eine verminderte Lebensfähigkeit der betreffenden Zelle auslöst. Um dies zu verhindern, findet man an den Enden der Chromosomen G-reiche repetitive Sequenzen, die als **Telomere** bezeichnet werden. Telomersequenzen codieren für keine Information, sondern dienen als Puffer, um einen Informationsverlust in Folge der Verkürzung der Chromosomen zu verhindern. Allerdings werden die Telomersequenzen transkribiert und die gebildete RNA (*telomeric repeat containing RNA*, **TERRA**) dient möglicherweise als Schutz für die Telomere. Interessanterweise stimuliert körperliche Aktivität die Transkription der Telomer-DNA, was möglicherweise zum gesundheitsfördernden Effekt von Sport beiträgt. Telomerische DNA besteht aus einigen 100 (einfache Eukaryonten wie Hefe) bis einigen 1000 (Vertebraten) Basenpaaren. Bei Säugern und damit auch beim Menschen lautet diese Sequenz $(5'-GGGTTA-3')_n$. Diese G-reiche Sequenz befindet sich am 3′-Ende jedes parentalen Einzelstrangs und ragt zwölf bis sechzehn Nucleotide über den komplementären C-reichen Strang hinaus (◼ Abb. 44.14). Da diese freien Enden allerdings mit den freien Enden anderer Chromosomen fusionieren könnten, sind die

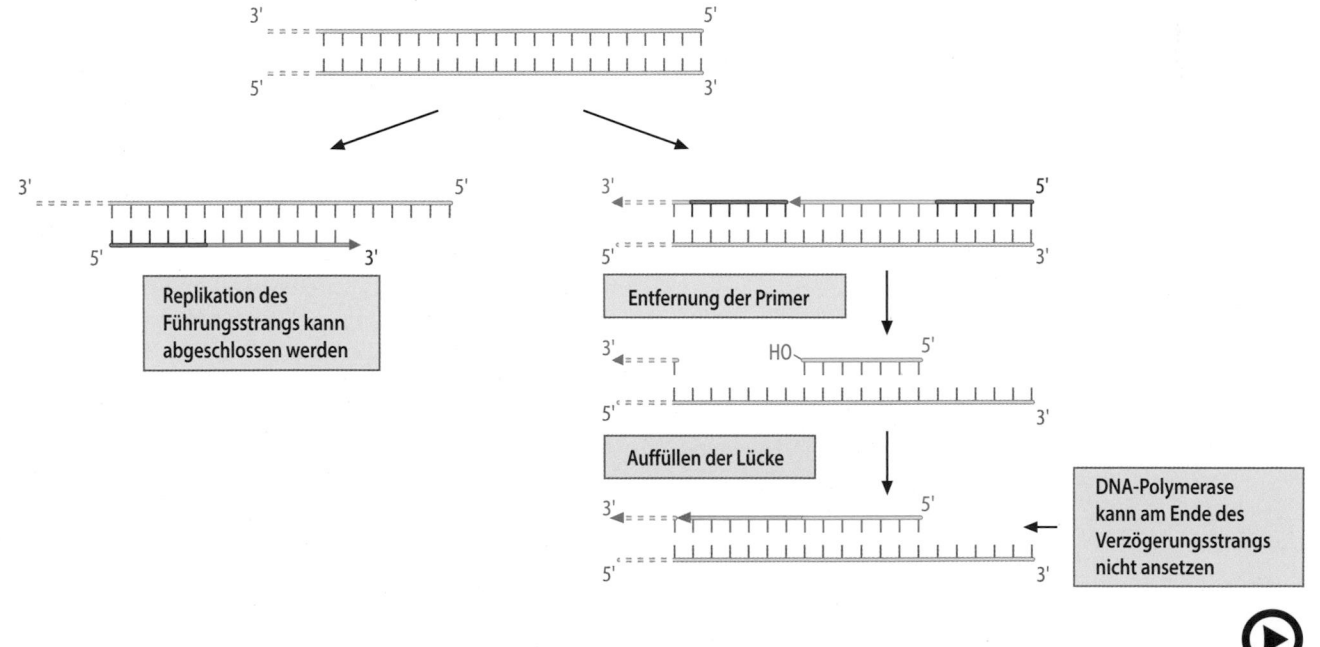

◼ **Abb. 44.13**   (Video 44.11) **Replikation an den Telomeren der Chromosomen.** (Einzelheiten s. Text) (▶ https://doi.org/10.1007/000-5m9)

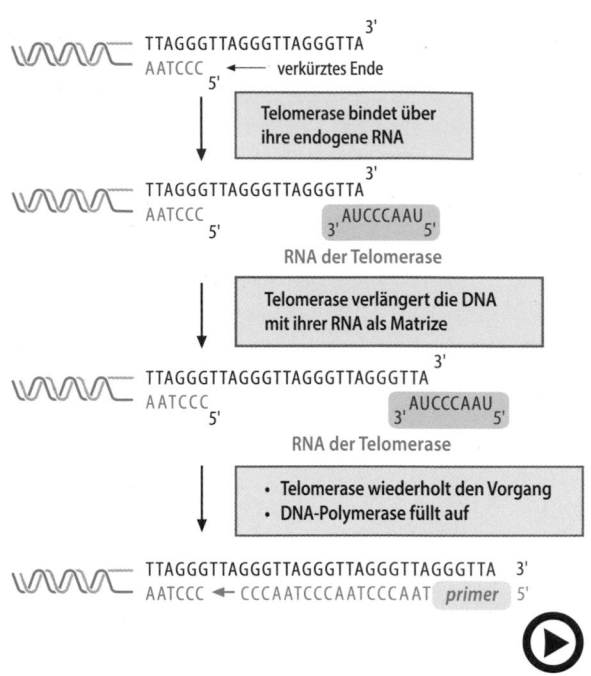

TTAGGGTTAGGGTTAGGGTTA 3'
AATCCC 5' ←— verkürztes Ende

Telomerase bindet über
ihre endogene RNA

TTAGGGTTAGGGTTAGGGTTA 3'
AATCCC 5'
                    3' AUCCCAAU 5'
RNA der Telomerase

Telomerase verlängert die DNA
mit ihrer RNA als Matrize

TTAGGGTTAGGGTTAGGGTTAGGGTA 3'
AATCCC 5'
                        3' AUCCCAAU 5'
RNA der Telomerase

• Telomerase wiederholt den Vorgang
• DNA-Polymerase füllt auf

TTAGGGTTAGGGTTAGGGTTAGGGTTAGGGTTA 3'
AATCCC ←— CCCAATCCCAATCCCAAT primer 5'

◻ Abb. 44.14 (Video 44.12) **Mechanismus der für die Replikation der Telomere verantwortlichen Telomerase.** (Einzelheiten s. Text) (► https://doi.org/10.1007/000-5ma)

Telomere durch telomerbindende Proteine maskiert, ein Prozess der auch als *telomer capping* bezeichnet wird. Auch der doppelsträngige Bereich der Telomere ist durch Proteinkomplexe stabilisiert, die als **Shelterine** bezeichnet werden. Bei jeder Replikation gehen 50–200 Nucleotide dieser telomerischen Sequenz verloren, sodass man Telomere auch als eine Art molekulare Uhr ansehen kann, mit deren Hilfe Zellen die Zahl ihrer Zellteilungen registrieren können. Auf jeden Fall bieten die Telomerverkürzungen eine Erklärung dafür, dass die Zahl der möglichen Teilungen somatischer Zellen höherer Eukaryonten wie auch des Menschen auf 30–50 beschränkt ist **(Hayflick-Limit)**.

❯ Telomere können durch die Telomerase verlängert werden.

Eukaryontische Zellen, die sich häufiger oder unbegrenzt teilen können (z. B. Stammzellen oder Tumorzellen), besitzen eine spezielle Polymerase, die **Telomerase**, die in der Lage ist, die Telomere nach Abschluss der Replikation wieder zu verlängern. Für die Entdeckung dieses Enzyms und die Aufklärung des Reaktionsmechanismus wurden **Eliszabeth Blackburn, Carol Greider** und **Jack Szostac** 2009 mit dem Nobelpreis für Medizin

ausgezeichnet. Ebenso wie die DNA-Polymerasen benötigt die Telomerase eine freie 3'-OH-Gruppe, um Desoxyribonucleotide anzufügen. Die Besonderheit der Telomerase ist jedoch, dass sie ein **Ribonucleoprotein** ist, d. h. sie enthält ein gebundenes RNA-Molekül (◻ Abb. 44.14). Die Sequenz dieses RNA-Moleküls ist komplementär zur telomeren Sequenz und essenziell für die Telomerenreplikation. Beim Menschen trägt die RNA die Sequenz 5'-UAACCCUA-3'. Über die terminalen beiden UA- Nucleotide bindet die Telomerase an das überhängende Ende (also die letzten beiden Nucleotide der Telomersequenz 5'-TA-3') und verlängert das 3'-Ende um die zur RNA-komplementäre Sequenz 5'-GGGTTA-3'. Dieser Vorgang wiederholt sich mehrmals, sodass eine repetitive G-reiche Sequenz entsteht. Die Telomerase ist damit eigentlich eine **Reverse Transkriptase**, deren RNA-Matrize ein intrinsischer Bestandteil des Enzyms ist. An die verlängerten Telomere bindet dann vermutlich die Primase und synthetisiert einen RNA-*primer*, der von der DNA-Polymerase verlängert wird und die so das ursprünglich verkürzte Ende wieder auffüllt.

Die durch die Telomerase verlängerten 3'-Enden werden bei der nächsten Replikation zwar verkürzt repliziert (◻ Abb. 44.13), jedoch kann dieser Defekt in der darauffolgenden Replikationsrunde durch Verlängerung mit der Telomerase wieder behoben werden. Bei niederen Eukaryonten führt ein Verlust der Telomerasefunktion in Folge von Mutationen zur allmählichen Verkürzung der Chromosomen und schließlich zum Zelltod.

44.6 Pathobiochemie

Die Länge der Telomere beeinflusst die Häufigkeit, mit der sich Zellen teilen können, und eine Verlängerung der Telomere wird als eine Möglichkeit diskutiert, die maximale Lebenserwartung des Menschen zu erhöhen. Allerdings zeigen Untersuchungen in Modellorganismen, dass eine Verlängerung der Telomere zwar mit einer reduzierten Gesamtsterblichkeit einhergeht, gleichzeitig aber auch mit einem erhöhten Risiko für bestimmte Tumore. Dies deckt sich auch mit Befunden beim Menschen, die längere Telomere mit einem erhöhten Risiko für Adenocarcinome assoziieren. Dies erklärt vermutlich, warum die Länge der Telomere reguliert ist, und zu lange Telomere gekürzt werden. Beim Menschen wird die Telomerlänge durch Komponenten des Shelterin-Komplexes (s. o., ► Abschn. 44.5) reguliert, die die Telomerase hemmen.

44

Allerdings gibt es ebenfalls eine Reihe von Erkrankungen, die auf einem Defekt der Telomerase beruhen. Eine Mutation im Telomerase-Gen findet man z. B. bei Patienten, die unter **Dyskeratosis congenita** leiden, einer seltenen Erkrankung, die insbesondere durch Haut- und Schleimhautdefekte und durch Knochenmarkstörungen ausgezeichnet ist. Darüber hinaus werden Telomer- bzw. Telomerasedefekte mit einer Vielzahl weiterer Erkrankungen in Verbindung gebracht, z. B. **AML** (Akute Myeloische Leukämie) und **CML** (Chronische Myeloische Leukämie). Verkürzte Telomere findet man auch bei Patienten, die unter **Progerie** leiden, einer Erkrankung die durch stark beschleunigte Alterung charakterisiert ist. Zwar scheint ursächlich eine Mutation im Lamin-A-Gen – ein Strukturprotein der Zellkernmembran – für die Erkrankung verantwortlich zu sein, die stark verkürzten Telomere erklären jedoch eindrücklich die Bedeutung der Telomere für die **replikative Zellalterung**. Humane somatische Zellen enthalten keine Telomerase, jedoch ist eine solche in den Keimbahnzellen der Testes und der Ovarien sowie in Stammzellen des Knochenmarks vorhanden. Darüber hinaus hat sich eine aktive Telomerase bei allen bisher untersuchten Tumoren nachweisen lassen. Offenbar ist dieses Enzym normalerweise reprimiert und wird erst bei der malignen Transformation aktiviert. Daher sind Inhibitoren der Telomerase attraktive Substanzen für die Behandlung von Tumorerkrankungen. Allerdings existiert ein alternativer Weg zur Telomerverlängerung (*alternative lengthening of telomers*, **ALT pathway**), der in etwa 10 % der Tumorzellen aktiv ist. Hier beruht die Telomerverlängerung auf homologer Rekombination, d. h. die Telomersequenz eines anderen Chromosoms dient als Matrize für die Telomerverlängerung durch Replikation. Da die Telomersequenzen in allen Chromosomen identisch sind, kann hierfür jedes Chromosom verwendet werden. Der genaue Mechanismus dieser Verlängerung ist unbekannt, allerdings scheinen sowohl TERRA (s. o.), die Proteinkinase ATR (*ataxia telangiectasia and Rad3-related protein*), die DNA-Reparatur-Mechanismen reguliert, und das Einzelstrangbindeprotein RPA (◻ Tab. 44.2) beteiligt zu sein.

Schließlich lässt sich bei Menschen mit traumatischen Erlebnissen eine Verkürzung der Telomere feststellen. Bei Erwachsenen, die in ihrer Kindheit ein einzelnes Trauma durchlebt haben, ist die Telomerlänge um etwa 5 % reduziert, bei mehreren traumatischen Erlebnissen bereits um mehr als 10 %. Ähnliche Effekte werden auch bei chronischen Stresssituationen beobachtet. Auch wenn die molekularen Mechanismen weitestgehend unklar sind, scheinen die Telomere nicht nur als Zellteilungssensor zu wirken, sondern auch als Sensor für Lebensqualität.

Übrigens

Hemmstoffe der DNA-Replikation werden in der Tumortherapie eingesetzt. Einige Antibiotika hemmen die DNA-Replikation bzw. die Transkription und haben sich deswegen als wertvolle Hilfsmittel bei der Aufklärung der molekularen Mechanismen der Replikation erwiesen und darüber hinaus teilweise Eingang in die Tumortherapie gefunden:

— **Mitomycin:** Mitomycin (◻ Abb. 44.15) verursacht die Bildung covalenter Quervernetzungen zwischen den zwei DNA-Strängen und verhindert dadurch die Trennung der Stränge, die für die DNA-Replikation notwendig ist. Da es sowohl bei Mikroorganismen als auch bei Eukaryonten als Mitosehemmstoff wirkt, hat es nur in der Tumortherapie Bedeutung. Ganz ähnlich wirkt Cisplatin, das ebenfalls die beiden DNA-Stränge covalent verbindet.

— **Actinomycin D:** In niedrigen Konzentrationen hemmt Actinomycin D (▶ Kap. 46) die Transkription, in höheren Konzentrationen auch die DNA-Replikation. Dabei kommt es zur Interkalation von Actinomycin D zwischen zwei benachbarten GC-Paaren der DNA. Dies führt dazu, dass die Stränge der DNA-Doppelhelix bei der Replikation bzw. Transkription nicht getrennt werden können. Actinomycin D findet Anwendung in der Tumortherapie und bei experimentellen Fragestellungen, bei denen geklärt werden soll, ob ein beobachteter Effekt auf die Neubildung von RNA zurückgeführt werden kann.

— **Topoisomerasehemmstoffe:** Eine Reihe einfacher Verbindungen sind wirksame Hemmstoffe der prokaryontischen DNA-Topoisomerase (Gyrase). Neben Cumarinderivaten (◻ Abb. 44.15), z. B. Coumermycin A1 oder Novobiocin, die die ATPase Untereinheit (GyrB) der Gyrase inhibieren, existieren auch Hemmstoffe, die die für den Doppelstrangbruch verantwortliche Untereinheit (GyrA) blockieren. Einer dieser Inhibitoren ist das Chinolonderivat Ciprofloxacin (◻ Abb. 44.15), eines der heutzutage effizientesten Antibiotika. Gyrase-Inhibitoren beeinträchtigen die bakterielle Replikation auf den Stufen der Initiation

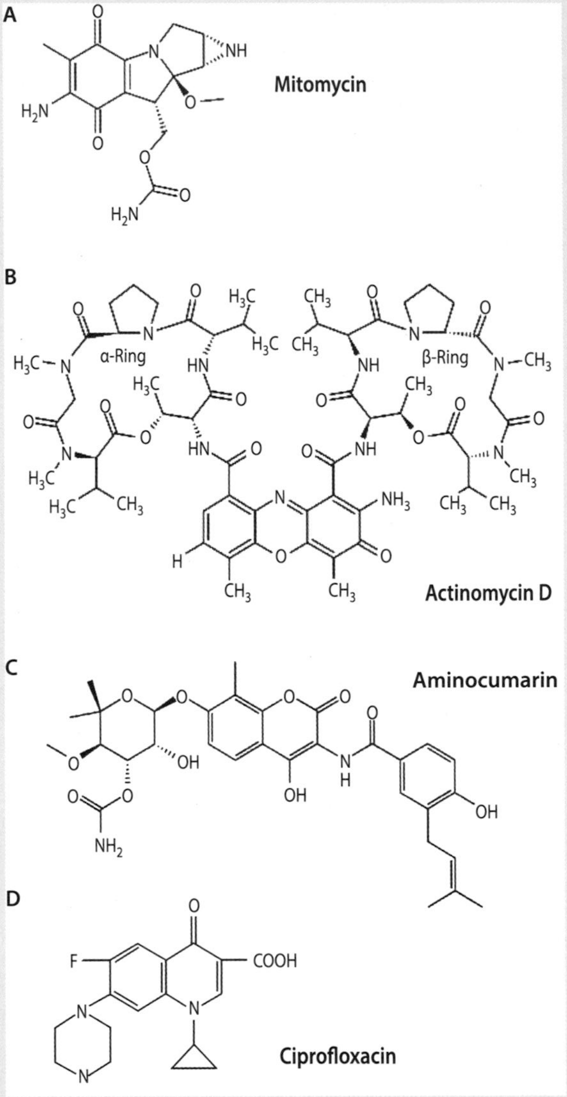

□ Abb. 44.15 Strukturen wichtiger Hemmstoffe der DNA-Replikation. (Einzelheiten s. Text)

und Termination, aber auch die Transkription und können deshalb zur Therapie eines breiten Spektrums bakterieller Infektionen eingesetzt werden. Humane Typ-I- und Typ-II-Topoisomerasen werden als Angriffspunkte (*targets*) in der Tumortherapie verwendet. Verbindungen wie z. B. Doxorubicin oder Elipticin stabilisieren den Kontakt zwischen DNA und Topoisomerase und führen zu vermehrten Strangbrüchen.

— **Basenanaloga:** Eine weitere Möglichkeit, die Replikation zu stoppen, ist die Verwendung von Basenanaloga, die zwar in den wachsenden DNA-Strang eingebaut werden können, an denen aber keine Verlängerung stattfinden kann. Beispiele sind Cytarabin, das anstelle der Ribose eine Arabinose trägt und das bei der Behandlung von Virusinfektionen, z. B. AIDS eingesetzte Azidothymidin (□ Abb. 31.1), das anstelle der OH-Gruppe am C-Atom 3′ der Ribose eine Azidgruppe (N_3) trägt.

44

Zusammenfassung

Die DNA-Replikation ist semikonservativ: Das doppelsträngige Tochter-DNA-Molekül besteht aus einem parentalen Strang und einem neu synthetisierten Strang. Die DNA-Replikation beginnt an einem (Prokaryonten) oder mehreren (Eukaryonten) Replikationsursprüngen.

Für die DNA-Replikation werden benötigt:
— partiell aufgewundene einzelsträngige DNA als Matrize
— Helicasen
— Topoisomerasen
— Einzelstrangbindeproteine
— Ribonucleosidtriphosphate für die Synthese des *primers*
— Desoxyribonucleosidtriphosphate
— DNA-Polymerasen und
— DNA-Ligasen.

Im wachsenden DNA-Molekül verknüpfen DNA-Polymerasen Desoxyribonucleotide über 5′,3′-Phosphodiesterbindungen. Sie benötigen zum Start der DNA-Synthese einen *primer*, ein kurzes RNA-Molekül, an das das erste Desoxyribonucleotid angeknüpft werden kann. Da die Synthese der DNA immer in 5′,3′-Richtung erfolgt, gibt es einen kontinuierlich synthetisierten Führungsstrang und einen diskontinuierlich synthetisierten Verzögerungsstrang, der aus sog. Okazaki-Fragmenten besteht. Nach Abbau der *primer* und Auffüllen der dadurch entstandenen Lücken werden die DNA-Fragmente durch eine DNA-Ligase miteinander verknüpft.

Fehler, die während der Replikation nicht korrigiert wurden oder die durch äußere Einflüsse entstanden sind, werden durch spezielle DNA-Reparatursysteme behoben, die in ▶ Abschn. 45.2 besprochen werden.

Telomerasen verlängern bei linearer DNA die Chromosomenenden, die Telomere. Sie verhindern damit die mit jeder Replikation einhergehende Verkürzung der Chromosomen. Eine hohe Aktivität der Telomerasen wird bei Tumoren gefunden.

Die als Hemmstoffe der DNA-Replikation eingesetzten Substanzen verhindern, z. B. die Entwindung oder die Neusynthese der DNA.

Weiterführende Literatur

Monographien

DePamphilis ML, Bell S, Mechali M (2012) DNA replication. Cold Spring Harbor Lab Press, Cold Spring Harbor

Übersichtsarbeiten

Allgemeine Übersichtsarbeiten

Griffith JD (2013) Many ways to loop DNA. J Biol Chem 288:29724–29735
Kaguni JM (2011) Replication initiation at the Escherichia coli chromosomal origin. Curr Opin Chem Biol 15:606–613
Masai H, Matsumoto S, You Z et al (2010) Eukaryotic chromosome DNA replication: where, when, and how? Annu Rev Biochem 79:89–130
McHenry CS (2011) DNA replicases from a bacterial perspective. Annu Rev Biochem 80:403–436

Spezielle Übersichtsarbeiten

Blackburn EH, Collins K (2011) Telomerase: an RNP enzyme synthesizes DNA. Cold Spring Harb Perspect Biol 3:a003558

Heller RC, Marians KJ (2006) Replisome assembly and the direct restart of stalled replication forks. Nat Rev Mol Cell Biol 7:932–943
Indiani C, O'Donnell M (2006) The replication clamp-loading machine at work in the three domains of life. Nat Rev Mol Cell Biol 7:751–761
Kunkel TA, Burgers PM (2008) Dividing the workload at a eukaryotic replication fork. Trends Cell Biol 18:521–527
Lovett ST (2007) Polymerase switching in DNA replication. Mol Cell 27:523–526
Mott ML, Berger JM (2007) DNA replication initiation: mechanisms and regulation in bacteria. Nat Rev Microbiol 5:343–354
O'Donnell M, Kuriyan J (2006) Clamp loaders and replication initiation. Curr Opin Struct Biol 16:35–41
Vos SM, Tretter EM, Schmidt BH, Berger JM (2011) All tangled up: how cells direct, manage and exploit topoisomerase function. Nat Rev Mol Cell Biol 12:827–841

Originalarbeiten

Greider CW, Blackburn EH (1985) Identification of a specific telomere terminal transferase activity in tetrahymena extracts. Cell 43:405–413
Kim NW, Piatyszek MA, Prowse KR, Harley CB, West MD, Ho PLC, Coviello GM, Wright WE, Weinrich SL, Shay JW (1994) Specific association of human telomerase activity with immortal cells and cancer. Science 266:2011–2015
Meselson M, Stahl FW (1958) The replication of DNA in Escherichia coli. Proc Natl Acad Sci 44:671–682
Stauffer ME, Chazin WJ (2004) Structural mechanisms of DNA replication, repair and recombination. J Biol Chem 279:30915–30918

Lehrbücher

Alberts B, Johnson A, Lewis J, Raff M, Roberts K, Walter P (2008) Molecular biology of the cell, 5. Aufl. Garland Science, New York
Alberts B, Bray D, Hopkin K, Johnson A, Lewis J, Raff M, Roberts K, Walter P (2013) Essential cell biology, 4. Aufl. Garland Science, New York
Berg JM, Tymoczko JL, Stryer L (2011) Biochemistry, 7. Aufl. Freemann, Gumbrills
Lewin B (2013) Genes XI. Jones & Bartlett, Sudbury
Lodish H, Berk A, Kaiser C, Krieger M, Scott M, Bretscher A, Ploegh H, Matsudaira P (2008) Molecular cell biology, 6. Aufl. Freemann, Gumbrills
Nelson DL, Cox MM (2013) Lehninger principles of biochemistry, 6. Aufl. Macmillan, London
Watson JD, Baker TA, Bell SP, Gann A, Levine M, Losick R (2011) Molekularbiologie, 6. Aufl. Pearson Studium, Hallbergmoos

DNA-Mutationen und ihre Reparatur

Hans-Georg Koch, Jan Brix und Peter C. Heinrich

Durch Replikationsfehler und spontane oder chemische und physikalische Noxen wird die DNA ständig verändert. Diese Veränderungen ermöglichen eine phänotypische Variation und sind somit die Grundlage der Evolution. Gleichzeitig ist für die Erhaltung der Funktion des genetischen Materials eine möglichst geringe Mutationsrate erforderlich. Die Balance zwischen Stabilität und Variabilität der DNA wird durch effiziente DNA-Reparatursysteme gewährleistet, die die meisten, aber nicht alle Mutationen korrigieren.

Schwerpunkte

45.1 Mutationen – Veränderungen der DNA
- Drei Klassen von Mutationen: Genom-, Chromosomen- und Genmutationen
- Auslöser von Mutationen

45.2 DNA-Reparatur
- Direkte Reparatur: Photolyase und DNA-Alkyltransferasen
- Reparatur durch Austausch: Basen-, Nucleotidexcisions- und *mismatch*-Reparatur
- Reparatur von DNA-Doppelstrangbrüchen
- Erkrankungen mit Defekten in DNA-Reparatursystemen

45.1 Mutationen – Veränderungen der DNA

Das Überleben eines Individuums hängt davon ab, ob seine DNA während der oft außerordentlich langen Lebenszeiten seiner Zellen stabil bleibt und bei der DNA-Replikation mit großer Genauigkeit verdoppelt wird. Dennoch kommt es in Folge von Replikationsfehlern und Umwelteinflüssen zu einer ständigen Veränderung des genetischen Materials. Die durchschnittliche spontane Mutationsrate beträgt sowohl bei Eukaryonten als auch bei Prokaryonten etwa $1 \cdot 10^{-9}$, d. h. während einer Generation wird durchschnittlich eins von 10^9 Nucleotiden verändert. Erfolgt diese Mutation in somatischen Zellen, ist sie auf das Individuum beschränkt, erfolgt sie in den Keimbahnzellen, wird sie stabil auf die Nachkommen weitergegeben. Für das menschliche Genom ist eine spontane Mutationsrate von etwa $1{,}2 \cdot 10^{-8}$ berechnet worden, sodass die Eltern etwa 60 Mutationen an ihre Nachkommen weitergeben. Dabei stammen allerdings nur etwa 15 Mutationen von der Mutter, während der Vater etwa 45 Mutationen weitergibt und diese Zahl mit zunehmendem Alter des Vaters weiter ansteigt. Dies liegt daran, dass männliche Keimzellen kontinuierlich produziert werden und entsprechend mehr Zellzyklen mit dem Risiko einer Mutation durchlaufen (*male mutation bias*), während sich weibliche Keimzellen im Laufe der Reproduktionsphase nicht mehr teilen. Wie in ▶ Kap. 48 ausführlich erörtert wird, haben derartige Mutationen in den für Aminosäuren/Proteine codierenden Bereichen wegen der Degeneration des genetischen Codes vielfach keinerlei Folgen für das betreffende Protein. Gelegentlich kommt es zum Austausch ähnlicher Aminosäuren, sodass funktionelle Konsequenzen nicht sichtbar sind. Nur in den relativ seltenen Fällen, in denen die Mutationen schwerwiegende strukturelle Änderungen des betroffenen Proteins auslösen, ergeben sich Defekte mit häufig tödlichen Konsequenzen für den betroffenen Organismus. Solche Mutationen in den Keimzellen können zwar vererbt werden, setzen sich aber meist innerhalb einer Art nicht durch, da das betroffene Individuum entweder nicht in das fortpflanzungsfähige Alter kommt oder in seiner Fortpflanzungsfähigkeit erheblich beeinträchtigt ist.

Ein Grund für die niedrige Mutationsrate ist, dass die Genauigkeit der DNA-Replikation durch die **Korrekturaktivität** (*proof-reading activity*) der DNA-Polymerasen gewährleistet wird (◘ Tab. 44.3). Darüber hinaus werden spontane Veränderungen der DNA und Veränderungen, die durch den Kontakt mit mutagenen Substanzen oder durch Strahlenexposition entstehen (induzierte Mutatio-

Ergänzende Information Die elektronische Version dieses Kapitels enthält Zusatzmaterial, auf das über folgenden Link zugegriffen werden kann https://doi.org/10.1007/978-3-662-60266-9_45. Die Videos lassen sich durch Anklicken des DOI Links in der Legende einer entsprechenden Abbildung abspielen, oder indem Sie diesen Link mit der SN More Media App scannen.

© Springer-Verlag GmbH Deutschland, ein Teil von Springer Nature 2022
P. C. Heinrich et al. (Hrsg.), *Löffler/Petrides Biochemie und Pathobiochemie*, https://doi.org/10.1007/978-3-662-60266-9_45

nen), mithilfe von **DNA-Reparatursystemen** beseitigt. Für diese DNA-Reparatur steht eine Reihe von Reparaturenzymen zur Verfügung. Die Bedeutung der DNA-Reparatur erkennt man auch daran, dass einige Krankheiten auf Mutationen in den DNA-Reparatursystemen zurückzuführen sind (◧ Tab. 45.3). Dem potenziell pathologischen Effekt von Mutationen steht ihre Bedeutung für die Evolution und die Variabilität von Organismen gegenüber. Die Entstehung der Arten einschließlich des Menschen wäre bei einer völlig statischen DNA unmöglich gewesen.

❯ Drei Klassen von Mutationen können unterschieden werden.

Genommutationen   Wegen Teilungsfehlern während der Mitose oder Meiose ändert sich die Gesamtzahl der Chromosomen (◧ Tab. 45.1). Bei **Aneuploidie** gewinnt oder verliert ein Organismus ein Chromosom, was bei diploiden Organismen zur Trisomie oder Monosomie führt. Sind alle Chromosomen nur einfach vorhanden, spricht man von **Euploidie**, während **Polyploidie** einen Zustand beschreibt, bei dem alle Chromosomen mehr als zweimal vorkommen. Man schätzt, dass beim Menschen etwa 10–20 % aller befruchteten Eizellen einen Fehler in der Chromosomenzahl besitzen und dies eine Ursache für Fehlgeburten ist. Eine physiologische Polyploidie kommt allerdings in einigen menschlichen Zelltypen vor, z. B. in Megakaryozyten (▶ Kap. 69).

Chromosomenmutationen   Hierdurch werden strukturelle Veränderungen einzelner Chromosomen beschrieben, die in den meisten Fällen auf eine oder mehrere Bruchstellen im Chromosom zurückgehen. Chromosomenfragmente können verlorengehen (Deletion), an falscher Stelle eingebaut (Insertion) oder in falscher Orientierung eingefügt werden (Inversion), auf andere Chromosomen übertragen (Translokation) oder verdoppelt werden (Duplikation). Häufig treten diese Chromosomenmutationen bei sog. akrozentrischen Chromosomen mit einem am Chromosomenende lokalisierten Centromer auf und werden dann als **Robertson-Translokation** bezeichnet. Beim Menschen sind die Chromosomen 13, 14, 15, 21, 22 und das Y-Chromosom akrozentrisch und eine Robertson-Translokation tritt besonders häufig zwischen Chromosom 13 und 14 auf.

Gen- und Punktmutationen   In Genmutationen sind die Veränderungen auf ein einzelnes Gen beschränkt und betreffen bei Punktmutationen nur ein einzelnes Nucleotid. Im Unterschied zu den mikroskopisch sichtbaren Genom- und Chromosomenmutationen sind diese Mutationen nur durch molekularbiologische Methoden zu identifizieren. Diese Punktmutationen treten allerdings nicht gleichmäßig verteilt im Genom auf, sondern es existieren Bereiche erhöhter Mutationsrate (*mutational hot spots*). So erhöht die epigenetische Methylierung von Cytosin das Risiko einer spontanen und nicht-reparablen Desaminierung (◧ Abb. 45.1), weshalb z. B. CpG-Inseln (▶ Kap. 44) eine

◧ **Tab. 45.1**   Beispiele von Mutationen beim Menschen

Name der Krankheit und Häufigkeit	Art der Mutation	Ursache	Phänotyp
Down-Syndrom (1:800)	Genom	Trisomie 21	Gestörte mentale Entwicklung, *Epikanthus medialis* (Mongolenfalte)
Edwards-Syndrom (1:10.000– 1:3000)	Genom	Trisomie 18	Herzfehler, Organfehlbildungen, Entwicklungsstörungen
Pätau-Syndrom (1:19.000)	Genom	Trisomie 13	Mentale Retardierung, Taubheit, Polydactylie
Familiäres Down-Syndrom (1:15.000)	Chromosom	Translokation von Chromosom 14 auf Chromosom 21 bei einem Elternteil	Gestörte mentale Entwicklung, *Epikanthus medialis*
Cri-du-Chat-Syndrom (Katzenschrei-Syndrom; 1:50.000)	Chromosom	Deletion an Chromosom 5 (Teil-Monosomie 5)	Anormale Glottis- und Kehlkopfentwicklung; mentale Retardierung
Chorea Huntington (1:50.000)	Gen	Für Glutaminsäure codierendes Triplett (CAG) ist bis zu 120-mal im Huntingtin-Gen wiederholt (Triplettexpansion)	Verstärkte Aggregation von Huntingtin, Hyperkinesien, Demenz
Sichelzellanämie (in Malariagebieten bis zu 1:250)	Gen	An Position 6 der β-Untereinheit von Hämoglobin Valin statt Glutamat	Aggregation von Hämoglobin; sichelartige Verformung der Erythrocyten

45

gesteigerte Mutationsrate aufweisen. Repetitive Sequenzen weisen ebenfalls eine erhöhte Mutationsrate auf, da die Replikationsgenauigkeit niedriger ist (s. u.).

> Replikationsfehler und die chemische Instabilität der DNA sind eine Ursache für Mutationen.

Die Replikation der DNA ist trotz der *proof-reading*-Aktivität der DNA-Polymerasen kein fehlerfreier Prozess. Verantwortlich hierfür ist besonders die **Keto-Enol-Tautomerie** der Basen (▶ Abschn. 3.4), bei der die Base mit einer Häufigkeit von etwa $1 \cdot 10^{-5}$ in der Enol- statt Ketoform vorliegt. Die DNA-Polymerase erlaubt dann eine Paarung der Enolform des Thymins mit Guanin statt Adenin, was zu einer Mutation im neu synthetisierten Strang führt. Repetitive Sequenzen erhöhen ebenfalls die Fehlerrate der DNA-Polymerase. Die Gene, die für das fragile X-Syndrom, die Myotone Dystrophie oder Chorea Huntington verantwortlich sind, enthalten eine Trinucleotidsequenz, die mehrfach wiederholt wird. An diesen repetitiven Sequenzen kann die DNA-Polymerase bei der Neusynthese ins »Stolpern« kommen (*polymerase slipping*) und den repetitiven Bereich mehrfach hintereinander ablesen, was zu einer massiven Verlängerung des repetitiven Bereichs führt (**Triplettexpansion**). Bei normalen Individuen ent-

hält das Gen für Huntingtin einen repetitiven Abschnitt aus etwa 10–35 CAG-Tripletts. Bei Patienten, die unter Chorea Huntington leiden, ist dieser Abschnitt auf etwa 120 Tripletts verlängert (▣ Tab. 45.1) und das gebildete Protein enthält statt 10–35 an dieser Stelle etwa 120 Glutaminreste, was sowohl die Aggregation des Proteins verstärkt, als auch die Interaktion mit Transkriptionsfaktoren wie TFIID (▶ Kap. 46 und 47) inhibiert, weshalb es zu einer reduzierten Transkription kommt. Da durch die Triplettexpansion die Gefahr neuerlicher Lesefehler erhöht wird, verstärken sich in der Regel mit jeder Generation die Krankheitssymptome (genetische Antizipation).

Der biologischen Stabilität der DNA steht keine gleichwertige chemische Stabilität gegenüber. Einige Bindungen in der DNA sind relativ instabil (▣ Abb. 45.1). Als Beispiele seien genannt:

— **Spontane Depurinierung.** Sie tritt bei normaler Körpertemperatur auf und führt zur thermischen Spaltung der N-glycosidischen Bindung zwischen Purinbasen und Desoxyribosen. Das Phosphodiestergerüst der DNA wird dabei nicht zerstört, es entstehen sog. *AP*-sites (apurinisch).

— **Spontane Desaminierung von Cytosin.** Es entsteht Uracil, das mutagen wirkt, da es sich anstatt mit Guanin mit Adenin paart.

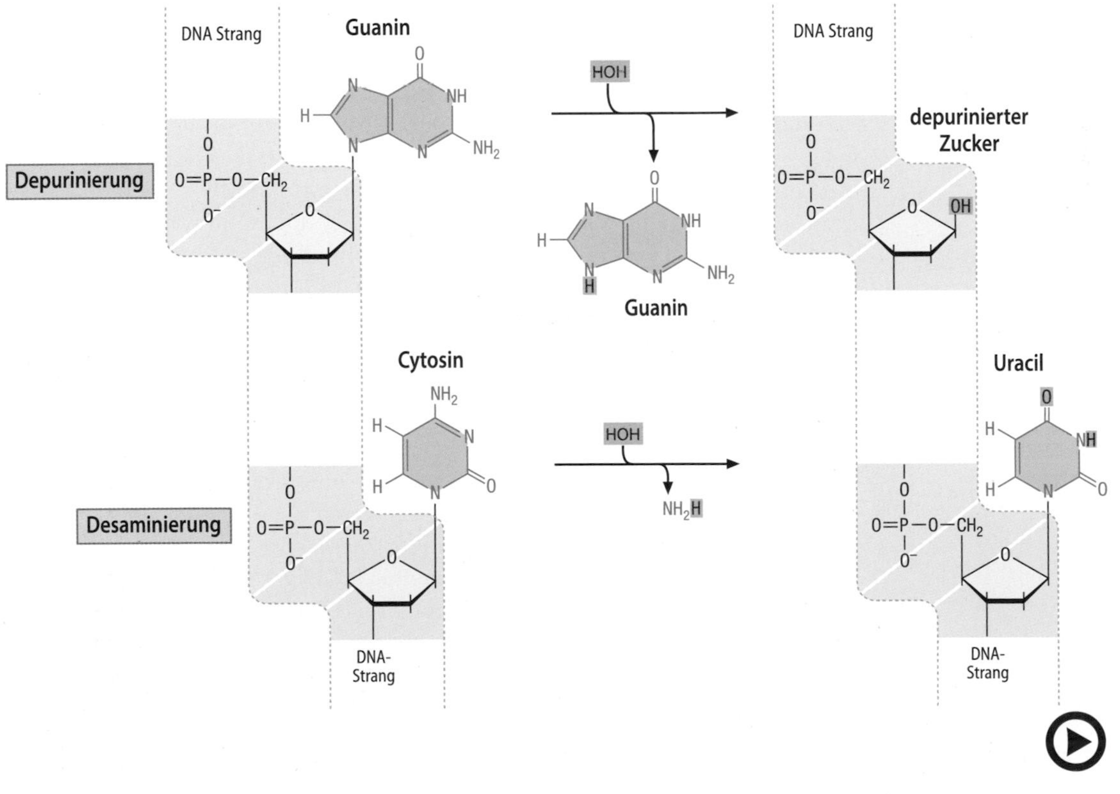

▣ **Abb. 45.1** (Video 45.1) **Instabilität der DNA durch Depurinierung und Desaminierung.** (Einzelheiten s. Text) (▶ https://doi.org/10.1007/000-5me)

Sauerstoffradikale. In allen aeroben Organismen entstehen Sauerstoffradikale und reaktive Sauerstoffspecies durch Reduktion von molekularem Sauerstoff (▶ Abschn. 20.2). Sie führen z. B. zur Hydroxylierung von Guanin zu 8-Hydroxyguanin und damit bei der Replikation zu einer Fehlpaarung mit Adenin statt Cytosin. Bis heute wurden ca. 100 unterschiedliche radikalische Schädigungen der DNA-Basen identifiziert.

- Man geht davon aus, dass es in jeder Zelle pro Tag zu etwa 12.000 Depurinierungen, 600 Depyrimidierungen, 200 Cytosin-Desaminierungen, 55.000 Einzelstrangbrüchen und 9 Doppelstrangbrüchen kommt.

❱ Die DNA kann durch exogene Noxen geschädigt werden.

Zusätzlich zu den spontanen Änderungen ist die DNA gegenüber einer großen Zahl weiterer Noxen anfällig, z. B. **ultravioletter Strahlung.** Sie führt zur Ausbildung von **Thymindimeren** (◻ Abb. 45.2), bei der die C-Atome 5 und 6 benachbarter Thymine einen **Cyclobutanring** ausbilden. Die fusionierten Basen können während der Replikation keine Basenpaarung mehr eingehen und lösen daher einen Replikationsstopp aus. Seltener treten auch Thymin-Cytosin Dimere auf, bei denen C-Atom 6 von Thymin eine Bindung mit C-Atom 4 von Cytosin eingeht. Es wurde kürzlich gezeigt, dass Stammzellen besonders vor UV-Strahlung geschützt werden, indem in ihrer unmittelbaren Umgebung pigmentierte Melanozyten ein UV-Schutzschild bilden. Wegen ihres hohen Energiegehalts sind auch radioaktive Strahlen und Röntgenstrahlung besonders schädlich für die DNA, da sie Einzel- und Doppelstrangbrüche auslösen und/oder zur verstärkten Bildung von Radikalen führen können. Das nach wie vor als chemischer Kampfstoff eingesetzte Senfgas ($Cl\text{-}CH_2\text{-}CH_2\text{-}S\text{-}CH_2\text{-}CH_2\text{-}Cl$) ist eine von vielen Verbindungen, die die DNA durch **Alkylierung** schädigen. Durch Anheftung einer Methyl- oder Ethylgruppe ändert sich die Basenpaarung: So paart O^6-Ethylguanin mit Thymin anstelle von Cytosin. Weitere alkylierende Verbindungen sind z. B. Ethylmethylsulfonat (EMS), das in der Molekularbiologie zur Auslösung zufälliger Mutationen verwendet wird. Formaldehyd und die bei der Erhitzung geräucherter Lebensmittel entstehenden Nitrosamine schädigen die DNA ebenfalls. Der Kontakt mit salpetriger Säure (HNO_2) führt zur Desaminierung der DNA, während Hydroxylamin eine Hydroxylierung bewirkt.

Interkalierende Substanzen, z. B. Ethidiumbromid (◻ Abb. 54.2C) oder Acridinorange, lagern sich zwischen zwei übereinanderliegende Basen im Inneren der DNA an und führen so zu einem erhöhten Risiko von Strangbrüchen. Gleichzeitig bewirken sie einen Replikationsstopp. Ethidiumbromid findet als Farbstoff zur Anfärbung von DNA und RNA in der Molekularbiologie breite Anwendung.

Eine besondere Gruppe mutagener Substanzen sind die sog. **indirekt wirkenden Mutagene.** Diese in der Regel großen, chemisch sehr stabilen und hydrophoben Verbindungen interagieren mit der DNA erst nach Aktivierung durch das körpereigene Biotransformationssystem (▶ Abschn. 62.3). Nach Aktivierung durch z. B. Hydroxylierung oder Oxygenierung binden diese Moleküle an die DNA und führen zu einer Verdrängung des parallelen Stranges. Beispiele sind polyzyklische Aromaten wie das im Zigarettenrauch vorkommende 3,4-Benzpyren oder das Schimmelgift Aflatoxin B_1.

Die Möglichkeit, DNA zu schädigen und damit Replikation und Zellteilung zu blockieren, wird therapeutisch bei der Behandlung von Tumorerkrankungen eingesetzt (▶ Abschn. 44.5).

Zusammenfassung

Das genetische Material eines Organismus ist dynamisch, d. h. es unterliegt einer permanenten Veränderung. Bei diesen als Mutationen bezeichneten Veränderungen können unterschieden werden:

- Genommutationen (Änderung der Gesamtzahl der Chromosomen eines Organismus),
- Chromosomenmutationen (Änderungen innerhalb eines Chromosoms),
- Genmutationen (Änderungen innerhalb eines Gens).

Ursachen für Mutationen sind exogene Noxen, wie z. B. UV-Strahlung, radioaktive Strahlung oder der

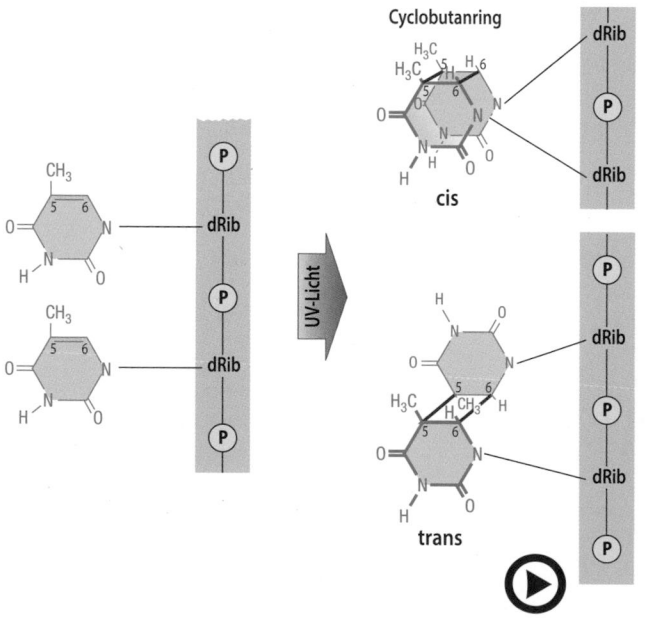

◻ **Abb. 45.2**   (Video 45.2) **Dimerisierung von benachbarten Thymin-resten durch UV-Licht.** (▶ https://doi.org/10.1007/000-5mc)

Kontakt mit DNA-interagierenden Chemikalien. Diese exogenen Noxen können punktuelle Veränderungen an der DNA auslösen, aber auch zu Strangbrüchen führen. Zusätzlich ist die chemische Instabilität der DNA Ursache für Mutationen, z. B. der spontane Verlust von Purinresten oder die spontane Desaminierung von Cytosin. In beiden Fällen kommt es zu Basenfehlpaarungen.

45.2 DNA-Reparatur

Die Anhäufung spontaner und induzierter Mutationen hätte katastrophale Folgen für einen Organismus, wenn nicht jede Zelle über hochaktive DNA-Reparatursysteme verfügen würde, die die auftretenden DNA-Schäden erkennen und reparieren können (■ Tab. 45.2). Diese Systeme zeigen eine ausgeprägte Redundanz, d. h. einzelne Mutationen können prinzipiell durch verschiedene Reparatursysteme beseitigt werden. Defekte in diesen Reparatursystemen sind mit schweren Erkrankungen assoziiert (s. ■ Tab. 45.3).

❯ DNA-Schäden können direkt repariert werden.

Direkte Reparatur Die meisten DNA-Reparatursysteme beheben den Fehler durch Austausch (s. u.), es existieren aber auch zwei DNA-Reparatursysteme, bei denen die veränderten Basen tatsächlich repariert und nicht ausgetauscht werden. Diese Reparatur wird als direkte Reparatur bezeichnet. Ein in vielen Organismen vorkommendes Enzym ist die **Photolyase**, die an Thymindimere bindet

und diese Licht- und FADH-abhängig spaltet. Die Lichtabhängigkeit der Reaktion ist durch einen Flavincofaktor bedingt, der ähnlich wie bei photosynthetischen Reaktionszentren, durch Elektronentransfer die Spaltung der Thymindimere ermöglicht. Obwohl die Photolyase in vielen Pro- und Eukaryonten nachgewiesen wurde, scheint das Enzym in humanen Zellen zu fehlen. Auch vielen Amphibien fehlt die Photolyase, was diese besonders empfindlich gegenüber der durch das Ozonloch verstärkten UV-Exposition macht.

Eine direkte Reparatur existiert auch für alkylierte DNA, besonders für O^6-Ethylguanin. Das Protein

■ **Tab. 45.2** Übersicht über DNA-Reparatursysteme

Reparatursystem	Beseitigte Schäden
Direkte Reparatur	Thymindimere Basenalkylierung
Basenexcisionsreparatur	Basendesaminierung Depurinierung
Nucleotidexcisionsreparatur	DNA-Schäden, die die Topologie der DNA verändern, z. B. Thymindimere, modifizierte Basen
Mismatch-Reparatur	Replikationsfehler, Basenfehlpaarung
Non-homologous end joining	DNA-Doppelstrangbrüche
Rekombinationsreparatur	DNA-Doppelstrangbrüche

■ **Tab. 45.3** Erbkrankheiten mit Defekten in der DNA-Reparatur

Name der Krankheit	Phänotyp	Defektes Enzym oder Prozess
Xeroderma pigmentosum (XP) (»Mondscheinkinder«)	Hautkrebs, zelluläre UV-Empfindlichkeit, neurologische Anormalitäten	Nucleotidexcisionsreparatur
Erblicher Dickdarmkrebs (hereditary nonpolyposis colorectal cancer, HNPCC)	100- bis 1000-mal erhöhte Mutationsrate, betrifft bevorzugt Darmepithel	MSH (humanes MutS-Homolog), MLH1 (humanes MutL-Homolog) Mismatch-Reparatur
Severe combined immune deficiency syndrome (SCID)	Immundefizienz	non-homologous end joining
Bloom-Syndrom (kongenitales teleangiektatisches Syndrom)	Genominstabilität durch verstärkten Schwesterchromatidenaustausch	BLM (Helicase); Rekombination und Rekombinationsreparatur
Erblicher Brustkrebs	Brust- und Eierstockkrebs	BRCA1 und BRCA2; Rekombinationsreparatur
Fanconi-Anämie	Angeborene Fehlbildungen, Leukämie, Genominstabilität	BRIP1 (Helicase); Rekombinationsreparatur
Ataxia teleangiectatica (AT)	Leukämie, Lymphome, zelluläre Empfindlichkeit gegenüber Röntgenstrahlung, Genominstabilität	ATM-Protein, eine Proteinkinase, die durch Doppelstrangbrüche aktiviert wird

O⁶-Alkylguanin-Alkyltransferase ist in der Lage, eine Alkylgruppe vom Guanin auf einen Cysteinrest im aktiven Zentrum des Proteins zu transferieren. Diese Alkylierung ist allerdings irreversibel, sodass die Reaktion von jedem Protein nur einmal katalysiert werden kann. Da das Protein nicht unverändert aus dieser Reaktion hervorgeht, sondern sozusagen „**Selbstmord**" begeht, ist es streng genommen kein Enzym.

❯ DNA-Schäden können durch Austausch repariert werden.

Reparatur durch Basenaustausch Die Behebung eines DNA-Schadens ist relativ unproblematisch, wenn er sich auf einen der beiden DNA-Stränge beschränkt. In den meisten Fällen, mit Ausnahme der o. g. direkten Reparatur, wird der Schaden behoben, indem das geschädigte Nucleotid oder die geschädigte Base zusammen mit benachbarten Nucleotiden herausgeschnitten wird. Die notwendigen Schritte (◘ Abb. 45.3) bestehen in:

– Erkennung des beschädigten Nucleotids oder der Base
– Excision des beschädigten Nucleotids oder der Base
– Schließen der Lücke durch DNA-Polymerase
– Ligation durch DNA-Ligase

Während für die Erkennung und Excision der beschädigten Region spezifische enzymatische Aktivitäten notwendig sind, werden für die sich anschließenden Schritte dieselben Enzyme benutzt, die auch für die Verknüpfung der Okazaki-Fragmente während der DNA-Replikation verwendet werden. Für das Auffüllen der Lücke wird eine DNA-Polymerase benötigt, für das Schließen der Lücke eine DNA-Ligase.

Basenexcisionsreparatur Einer der Reparaturmechanismen ist die universell konservierte **Basenexcisionsreparatur**, die in ◘ Abb. 45.4 dargestellt ist. Besonderes Merkmal dieses Reparatursystems ist, dass zunächst durch eine **DNA-Glycosylase** die N-glycosidische Bindung zwischen der defekten Base und der Desoxyribose gespalten wird. DNA-Glycosylasen bilden eine Familie von Enzymen unterschiedlicher Spezifität, die die einzelnen Typen geschädigter Basen, aber auch das durch Desaminierung von Cytosin entstehende Uracil erkennen und entfernen. Beim Menschen existieren mindestens acht verschiedene DNA-Glycosylasen unterschiedlicher Spezifität. Um die richtige Base einsetzen zu können, muss nun das Desoxyribosephosphat entfernt werden, zu dem die durch die DNA-Glycosylase herausgeschnittene Base gehört. Hierfür ist zunächst eine **AP-Endonuclease** notwendig (AP, *apurinic* bzw. *apyrimidinic*). Die Entfernung von Desoxyribose und Phosphat erfolgt dann durch eine **Phosphodiesterase**. Mithilfe von DNA-Polymerase I in *E.*

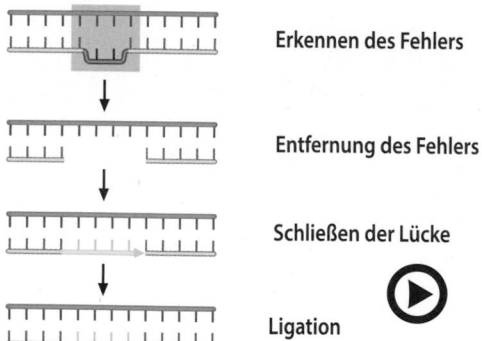

◘ **Abb. 45.3** (Video 45.3) **Allgemeine Strategie zur Behebung von DNA-Schäden.** (Einzelheiten s. Text) (▶ https://doi.org/10.1007/000-5md)

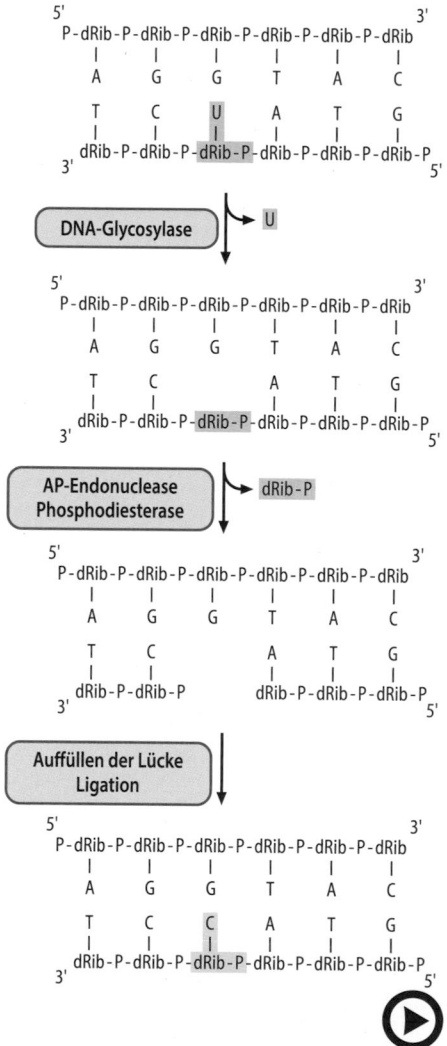

◘ **Abb. 45.4** (Video 45.4) **Mechanismus der *short patch*-Basenexcisionsreparatur.** Nach dem Lokalisieren der beschädigten Stelle (*rot*), erfolgt durch DNA-Glycosylasen die Excision der Base und anschließend die Entfernung des zugehörigen Desoxyribosephosphats durch AP-Endonucleasen. (Einzelheiten s. Text) (▶ https://doi.org/10.1007/000-5mb)

45

coli bzw. DNA-Polymerase β in Eukaryonten und DNA-Ligasen kann nun die Lücke aufgefüllt und geschlossen werden. Allerdings verfügt DNA-Polymerase β über keine *proof- reading*-Aktivität (s. ◘ Tab. 44.3), sodass während der Reparatur erneut ein falsches Nucleotid eingebaut werden kann. Neuere Daten deuten auf eine Korrekturaktivität der AP-Endonuclease hin, die falsch eingebaute Nucleotide wieder entfernen kann. Neben dieser sog. *short patch*-Basenexcisionsreparatur, bei der nur das defekte Nucleotid entfernt wird, existiert auch eine *long patch*-Basenexcisionsreparatur, bei der nicht nur das defekte Nucleotid entfernt wird, sondern über die 3′,5′-Exonucleaseaktivität der DNA-Polymerasen werden 4–6 Nucleotide zusätzlich herausgeschnitten. Da DNA-Polymerase β über keine Exonuclease (*proof-reading*)-Aktivität verfügt, werden für die *long patch*-Basenexcisionsreparatur beim Menschen die DNA-Polymerasen δ und ε benötigt.

Für die Behebung der durch spontane Depurinierung (s. o.) entstandenen DNA-Schädigungen werden im Prinzip dieselben Schritte benötigt, es fällt lediglich die durch die DNA-Glycosylase katalysierte Entfernung der beschädigten Basen weg. Dass Glycosylasen Uracil spezifisch in der DNA erkennen, erklärt vermutlich auch, warum Uracil natürlicherweise nur in der RNA, nicht aber in der DNA vorkommt. Würde Uracil natürlicherweise in der DNA vorkommen, hätte die Glycosylase keine Möglichkeit, das durch spontane Desaminierung von Cytosin entstandene Uracil zu erkennen. Während die spontane Desaminierung von Cytosin zu Uracil also repariert werden kann, entsteht bei der spontanen Desaminierung von 5′-Methyl-Cytosin die natürlicherweise in der DNA vorkommende Base Thymin, d. h. hier kann keine Reparatur erfolgen und es kommt zur Mutation. Dies erklärt die gehäufte Mutationsrate in CpG-Inseln, die verstärkt methyliert werden.

Nucleotidexcisionsreparatur Eine zweite DNA-Reparaturmöglichkeit ist die **Nucleotidexcisionsreparatur**. Im Unterschied zur Basenexcisionsreparatur erkennt dieses System nicht veränderte Nucleotide, sondern registriert Konformationsänderungen in dem DNA-Doppelstrang (◘ Abb. 45.5), z. B. durch Bildung von Thymindimeren. In *E. coli* wandert ein aus drei Proteinen (**UvrABC-Komplex**) bestehender Komplex an dem DNA-Doppelstrang entlang und „ertastet" geringe Abweichungen von der normalen Topologie. Der DNA-Doppelstrang wird zunächst im Bereich der Mutation durch UvrB in einer ATP-abhängigen Reaktion in die Einzelstränge getrennt und der veränderte Einzelstrang 8 Nucleotide oberhalb und 4–5 Nucleotide unterhalb der Mutation durch die Nuclease UvrC geschnitten. Das entstandene Fragment wird durch die Helicase UvrD aus dem DNA-Doppelstrang entfernt, bevor es durch Nucleasen (ExoVII, RecJ oder ExoI) abgebaut wird. Der verbliebene Einzelstrangbereich

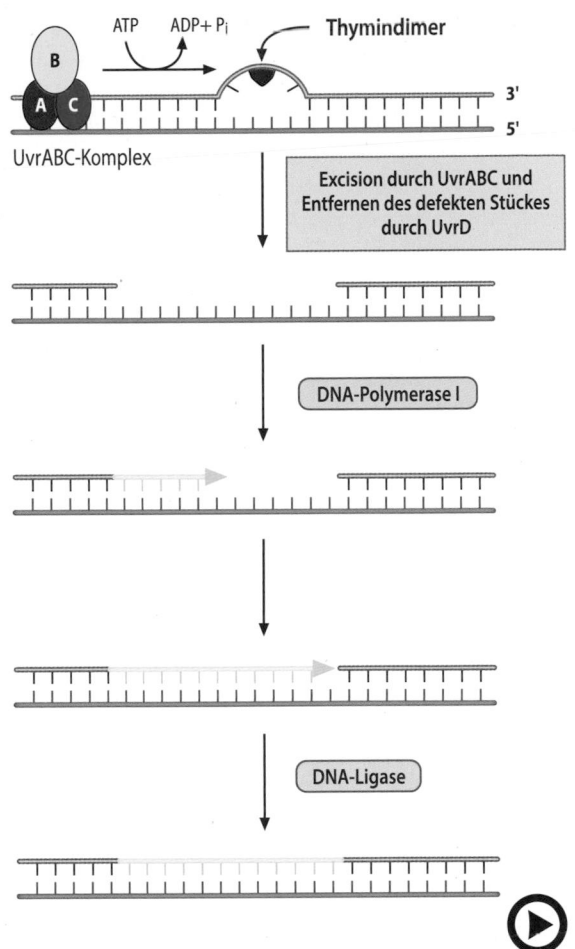

◘ **Abb. 45.5** (Video 45.5) **Mechanismus der Nucleotidexcisionsreparatur.** (Einzelheiten s. Text) (▶ https://doi.org/10.1007/000-5mf)

wird vorübergehend durch SSBs (◘ Tab. 44.2) geschützt, bevor die Lücke von etwa 12–13 Nucleotiden durch DNA-Polymerase I aufgefüllt und von DNA-Ligase geschlossen wird.

In Eukaryonten sind Untereinheiten von **TFIIH**, einem generellen Transkriptionsfaktor an der Nucleotidexcisionsreparatur beteiligt. Dies erklärt vermutlich, warum in Eukaryonten aktiv transkribierte Gene bevorzugt über diesen Mechanismus repariert werden (**transkriptionsgekoppelte Reparatur**). Da Konformationsänderungen innerhalb der DNA auch zu einem Stopp der RNA-Polymerase führen, scheint die RNA-Polymerase ebenfalls eine wichtige Rolle bei der Erkennung dieser Schäden zu spielen. Dies erkennt man u. a. daran, dass drei humane Proteine, XPB, XPC und XPE, eine UvrD-ähnliche Funktion übernehmen und die Ablösung der RNA-Polymerase von dem defekten DNA-Bereich bewirken. Mutationen in diesen Proteinen führen zu einer relativ seltenen, bereits 1874 beschriebenen hereditären Erkrankung, die als *Xeroderma pigmentosum* bezeichnet wird (◘ Tab. 45.3). Die von einer gestörten Nucleotidexcisionsreparatur betroffenen Patienten („**Mondscheinkinder**") sind sehr empfindlich gegenüber Sonnenbestrahlung, zeigen Störungen ihrer Hautpigmentierung und haben ein im Vergleich zu Gesunden etwa 2000-fach höheres Risiko zur Bildung von Hauttumoren. Mutationen in bisher sieben XP-Genen sind mit der Entstehung dieser Erkrankung assoziiert. Unbehandelt sterben viele der Betroffenen innerhalb der ersten 10 Lebensjahre. Eine spezielle Hautschutzsalbe, die in Liposomen verkapselte Photolyase (s. o.) aus Algen enthält, kann das Risiko von Hauttumoren senken.

Die Nucleotidexcisionsreparatur ist auch an der Beseitigung von kovalent verknüpften Nucleotiden beteiligt, die z. B. durch Mitomycin- oder Cisplatin-Behandlung entstehen (▶ Abschn. 44.5). Hier erfolgt die Korrektur sequenziell, um jeweils einen intakten Matrizenstrang für die Korrektur zur Verfügung zu haben.

Mismatch-Reparatursystem   Replikationsfehler, die nicht durch die 3′,5′-Exonucleaseaktivität der DNA-Polymerase beseitigt worden sind, können durch das ***mismatch*-Reparatursystem** repariert werden (◻ Abb. 45.6). Diese Replikationsfehler unterscheiden sich von den übrigen Mutationen, da hier keine defekte oder modifizierte Base vorliegt, sondern ein intaktes Nucleotid an der falschen Stelle eingebaut wurde. Das *mismatch*-Reparatursystem muss daher erkennen können, welche der beiden Basen die falsche Base ist. In Bakterien erfolgt die Erkennung über den unterschiedlichen Methylierungsgrad von

Elternstrang und neusynthetisiertem Strang. In *E. coli* wird DNA nach ihrer Synthese durch **Methyltransferasen** bevorzugt an Adeninresten in der Sequenz 5′-GTAC-3′ methyliert. Während einer kurzen Phase nach der Synthese liegt der DNA-Doppelstrang jedoch halb methyliert vor, d. h. der Elternstrang ist methyliert, der Tochterstrang aber noch nicht. In dieser Phase kann das *mismatch*-Reparatursystem die Unterscheidung zwischen Elternstrang mit korrekter Base und neusynthetisiertem Strang mit defekter Base durchführen. In *E. coli* erfolgt die Erkennung der Basenfehlpaarung durch den tetrameren **MutS2-MutL2-Komplex**. Anschließend wird die Endonuclease **MutH** rekrutiert, die den nicht-methylierten Strang schneidet. Das fehlerhafte Stück wird durch die Helicase UvrD (s. o.) aus dem Doppelstrang entfernt und durch Nucleasen abgebaut. Im Unterschied zur Nucleotidexcisionsreparatur wird die Lücke vermutlich durch DNA-Polymerase III aufgefüllt.

Die *mismatch*-Reparatur existiert ebenfalls in Eukaryonten und wird durch die **MSH-**(*MutS-homologues*) und **MLH–Proteine** (*MutL-homologues*) katalysiert. Eine spezifische Markierung des Elternstranges durch Methylierung erfolgt in Eukaryonten allerdings nicht und deshalb fehlt ihnen ein MutH-homologes Protein. Wie eukaryontische Zellen zwischen dem Elternstrang und dem neu synthetisierten Strang unterscheiden, ist derzeit unklar. Möglicherweise erfolgt die Strangunterscheidung über eingebaute Ribonucleotide. DNA-Polymerasen bauen mit einer bestimmten Häufigkeit Ribonucleotide statt Desoxyribonucleotide in die DNA ein (▶ Kap. 44), zusätzlich dienen Ribonucleotide als Primer für die DNA-Replikation und werden nicht immer vollständig während der Prozessierung der Okazaki-Fragmente entfernt (▶ Kap. 44). Diese Ribonucleotide werden über die **Ribonucleotid-Excisionsreparatur** entfernt, die der Prozessierung der Okazaki-Fragmente ähnelt. Dabei spaltet RNase H2 (▶ Kap. 44) den DNA-Strang am 5′-Ende des Ribonucleotids und eine Exonuclease entfernt den Ribonucleotid-haltigen DNA-Abschnitt, der dann über DNA-Polymerase ε oder δ aufgefüllt und durch DNA-Ligase verknüpft wird. Ähnlich wie die Methylierung des DNA-Stranges bei Bakterien, erfolgt diese Reparatur zeitverzögert mit der Replikation, sodass das Vorhandensein von Ribonucleotiden auf den neu-synthetisierten Strang hindeutet und somit der eukaryontischen *mismatch*-Reparatur eine Unterscheidung zwischen Elternstrang und neu synthetisiertem Strang ermöglicht.

Eine besondere Art von Darmkrebs, der erbliche nicht-polypöse colorektale Tumor (*hereditary nonpolyposis colorectal cancer*, HNPCC) lässt sich auf einen Defekt im *mismatch*-Reparatursystem zurückführen (◻ Tab. 45.3). Da sich das Darmepithel während der gesamten Lebenszeit des Menschen regeneriert, ist die Wahrscheinlichkeit einer somatischen Mutation durch

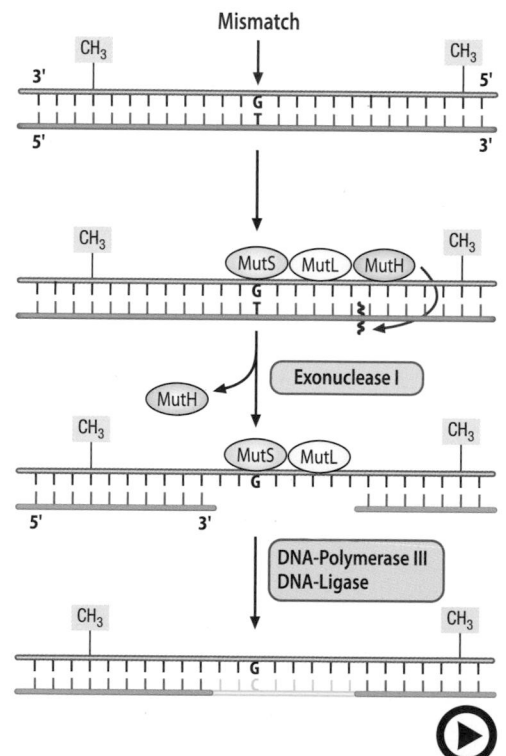

◻ **Abb. 45.6** (Video 45.6) **Mechanismus der *mismatch*-Reparatur.** (Einzelheiten s. Text) MutS und MutL liegen jeweils als Dimere vor. (▶ https://doi.org/10.1007/000-5mg)

einen Replikationsfehler sehr hoch und Reparatursysteme sind daher hier von besonderer Bedeutung.

> DNA-Doppelstrangbrüche können durch zwei Reparatursysteme repariert werden.

Bislang wurden DNA-Schäden besprochen, die nur auf einem der beiden Stränge des DNA-Doppelstranges auftreten. Dabei ist zumindest auf dem intakten DNA-Strang noch die gesamte genetische Information erhalten. Problematischer sind Schäden, bei denen beide Stränge der DNA-Doppelhelix brechen und kein intakter Strang als Matrize für die Reparatur vorhanden ist. Schäden dieser Art entstehen z. B. durch ionisierende Strahlung, Sauerstoffradikale oder nach Behandlung mit Topoisomerasehemmern (▶ Abschn. 44.6). Neuere Untersuchungen deuten ebenfalls darauf hin, dass Acetaldehyd, ein Produkt des Ethanolabbaus, Doppelstrangbrüche auslösen kann. Erstaunlicherweise findet man bei Mäusen eine Korrelation zwischen der Häufigkeit von Doppelstrangbrüchen und verstärkter neuronaler Aktivität, sodass zumindest transiente Doppelstrangbrüche möglicherweise an Lernprozessen und Gedächtnisbildung beteiligt sind. Natürlicherweise entstehen Doppelstrangbrüche auch während der meiotischen Rekombination sowie bei der somatischen Rekombination während der B-Zell-Reifung (V(D)J-Rekombination) (▶ Kap. 70). Bei der meiotischen Rekombination werden Doppelstrangbrüche durch das Protein Spo11 erzeugt, das Ähnlichkeit zu den Typ II Topoisomerasen (▶ Abschn. 44.3) besitzt und ATP-abhängig Strangbrüche erzeugen kann. Doppelstrangbrüche bei der somatischen Rekombination werden durch RAG1 und RAG2 (*recombination activating genes/proteins*) ausgelöst, die sich vermutlich aus Transposasen (▶ Kap. 10) entwickelt haben.

Trotz der physiologischen Bedeutung von Doppelstrangbrüchen, sind diese DNA-Schädigungen besonders gefährlich, da die freien Enden mit anderen DNA-Molekülen reagieren und so Chromosomenmutationen durch Translokation oder Deletion hervorrufen können. Bei fehlender Reparatur dieser Brüche würde bald eine Fragmentierung von Chromosomen entstehen. Letztlich wäre die betroffene Zelle nicht lebensfähig. Ein Doppelstrangbruch wird durch den Proteinkomplex MRN erkannt (Ziffer 1 in ◻ Abb. 45.7). Der trimere Proteinkomplex MRN besteht aus der Exonuclease MRE11, der ATPase Rad50, die zur Familie der SMC-Proteine zählt (▶ Abschn. 10.2) und dem Gerüstprotein Nbs1. Dieser Komplex aktiviert über die Proteinkinase ATM (*Ataxia teleangiectasia mutated*) den Transkriptionsfaktor p53 (Ziffer 2), sodass vermehrt Cyclininhibitoren gebildet werden und der Zellzyklus stoppt (Ziffer 3) (s. ◻ Abb. 43.8). Dies gibt der Zelle die Möglichkeit zur DNA-Reparatur. Zusätzlich muss ver-

hindert werden, dass die Telomerase (▶ Abschn. 44.5) an die durch den Doppelstrangbruch entstandenen freien DNA-Enden bindet und diese verlängert. In Hefe phosphoryliert ATM nicht nur p53, sondern auch den Telomeraseinhibitor Pif1 (*petite integration frequency 1*) (Ziffer 4). Phosphoryliertes Pif1 inhibiert die Telomerase und verhindert so, dass die Enden der Doppelstrangbrüche (Ziffer 5), durch Telomerase verlängert werden.

> Es existieren im Wesentlichen zwei Möglichkeiten zur Reparatur von Doppelstrangbrüchen.

Non-homologous end joining Der bevorzugte Mechanismus zur Reparatur eines Doppelstrangbruchs ist das *non-homologous end joining*. Dieser Prozess ist allerdings sehr fehlerbehaftet, da nur zwei DNA-Fragmente miteinander verknüpft werden und kein Kontrollmechanismus vorhanden ist, um zu überprüfen, ob die beiden DNA-Fragmente ursprünglich nebeneinander lokalisiert waren. Zusätzlich werden vor der Verknüpfung weitere Nucleotide durch die Exonuclease MRE11 entfernt. Obwohl dadurch zwangsläufig an der Bruchstelle eine Mutation auftritt, scheint dieser Mechanismus eine akzeptable Lösung zum Erhalt der Chromosomen darzustellen. Für die Verknüpfung bindet in Eukaryonten der heterodimere Komplex KU70/KU80 an die freien DNA-Enden (Ziffer 6) und rekrutiert die DNA-abhängige Proteinkinase DNA-PK (Ziffer 7). DNA-PK bildet einen Komplex mit der Nuclease Artemis, die sie durch Phosphorylierung aktiviert. Artemis prozessiert nun die Enden der DNA und ermöglicht so die nachfolgende Ligation durch einen Proteinkomplex, der aus den Proteinen DNA-Ligase 4, dem XRCC4-Protein (*X-ray repair complementing defective repair in Chinese hamster cells 4*) und dem Protein Cernunnos-XLF (nicht gezeigt) besteht (Ziffer 8). XRCC4 scheint für die korrekte Verankerung von DNA-Ligase 4 verantwortlich zu sein, während Cernunos-XLF den Kontakt mit dem KU70/80 Komplex gewährleistet. Artemis, KU70/KU80 und XRCC4 sind auch an der V(D)J-Rekombination beteiligt (▶ Kap. 70), weshalb Mutationen in diesen Proteinen zu dem *severe combined immune deficiency syndrom* (SCID, s. auch ▶ Abschn. 31.2), einer massiven Immundefizienz, führen (s. ◻ Tab. 45.3).

Rekombinationsreparatur Im Unterschied zum *non-homologous end joining*, kann bei der **Rekombinationsreparatur** ein DNA-Doppelstrangbruch fehlerfrei behoben werden. Dies ist möglich, da das Schwesterchromatid als Matrize für die Reparatur verwendet wird. Die Reparatur erfolgt während der S-Phase oder der G_2-Phase des Zellzyklus, wenn das Schwesterchromatid verfügbar ist.

Nach Erkennung des Doppelstrangbruchs durch den Proteinkomplex MRN, verdaut MRE11 mit Unterstützung der Endonuclease Ctip und BRCA1 (*breast cancer 1*)

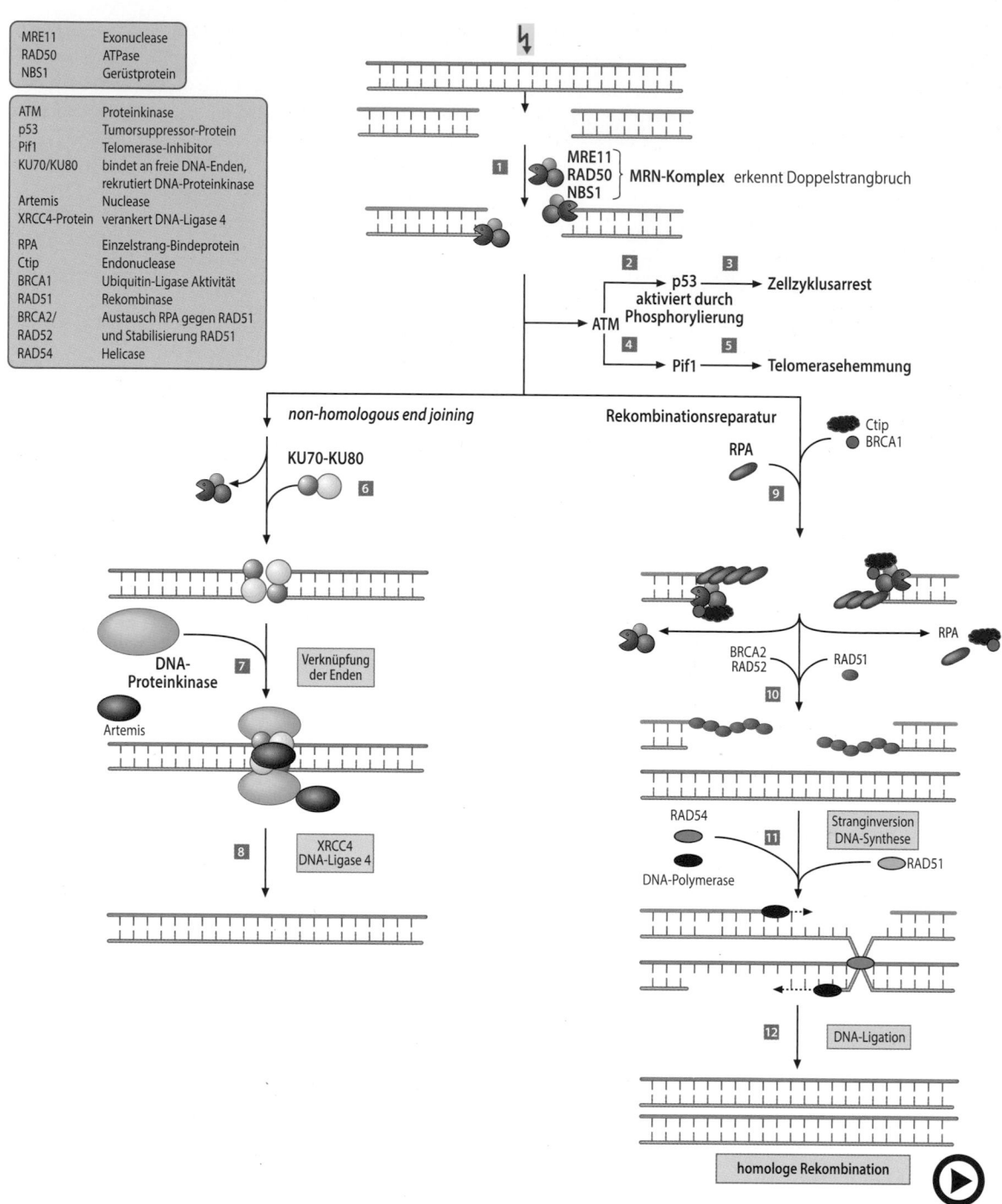

Abb. 45.7 (Video 45.7) **Schematische Darstellung der Vorgänge bei der Reparatur von Doppelstrangbrüchen.** Die Bindung des MRN-Komplexes an freie Chromosomenenden löst einen Zellzyklusarrest und eine Hemmung der Telomerase aus. Zur Reparatur des Doppelstrangbruchs existieren zwei Mechanismen. Die freien Enden können über *non-homologous end joining* miteinander verknüpft werden (*links*). Alternativ erfolgt die Reparatur durch Rekombination mit dem homologen Tochterchromatid und Neusynthese des fehlenden DNA-Stücks (*rechts*). (Einzelheiten s. Text) (▶ https://doi.org/10.1007/000-5mh)

45

jeweils einen der freien DNA-Doppelstränge und erzeugt so kurze Einzelstrangbereiche (Ziffer 9). Die exakte Funktion von BRCA1 in diesem Komplex ist unklar. BRCA1 interagiert sowohl mit DNA als auch mit vielen an der Reparatur beteiligten Proteinen. Da BRCA1 eine Ubiquitin-Ligase Aktivität besitzt (▶ Abschn. 49.3), koordiniert es möglicherweise den Reparaturvorgang.

Die gebildeten Einzelstrangbereiche werden durch das Einzelstrangbindeprotein RPA (Ziffer 9) stabilisiert (◨ Tab. 44.2). RPA wird dann im Einzelstrangbereich durch die **Rekombinase** RAD51 ersetzt (Ziffer 10). Rekombinasen sind Enzyme, die durch Spaltung und Neuverknüpfung von DNA-Abschnitten die genetische Rekombination katalysieren. Für den Austausch von RPA gegen RAD51 werden zusätzlich die Proteine BRCA2 und RAD52 benötigt, die die Interaktion von RAD51 mit DNA-Einzelstrangbereichen stabilisieren. Die DNA-Helicase RAD54 bewirkt dann die Ablösung von RAD51 und die Stranginversion (Ziffer 11), d. h. den Austausch von DNA-Einzelsträngen zwischen zwei homologen Chromosomen. Nach der Stranginversion wird der fehlende DNA-Abschnitt durch die DNA-Polymerase neu synthetisiert, die dabei das homologe Chromosom als Matrize nutzt (Ziffer 12) Die Bedeutung von BRCA1 und BRCA2 für die Reparatur von Doppelstrangbrüchen erklärt auch, warum Mutationen in den entsprechenden Genen zu einem deutlich erhöhten Risiko für Brust-, Ovarial-, oder Prostatatumore führen (▶ Kap. 52). Mutationen in zwei weiteren Proteinen sind für Defekte in der Rekombinationreparatur verantwortlich. Das **Bloom Syndrom** wird durch eine Mutation in der Helicase BLM ausgelöst, die ebenfalls an der Stranginversion beteiligt zu sein scheint. Eine Mutation in der Helicase BRIP1 (***BRCA1-interacting protein C-terminal helicase 1***) beeinträchtigt die Funktion von BRCA1 bei der Verankerung von RAD51 und ist mit der Fanconie-Anämie assoziiert. Dies unterstreicht die Wichtigkeit der Rekombinationsreparatur (s. ◨ Tab. 45.3).

Zusammenfassung

Die bei der DNA-Replikation auftretenden Fehler werden überwiegend mithilfe der 3′-5′-Exonucleaseaktivitäten der DNA-Polymerasen beseitigt. Darüber hinaus führen chemische oder physikalische Noxen zur Schädigung der DNA. Solche Schäden werden beseitigt durch:
- direkte Reparatur
- Basenexcisionsreparatur
- Nucleotidexcisionsreparatur oder
- mismatch-Reparatur

DNA-Doppelstrangbrüche können durch *non-homologous end joining* oder durch Rekombinationsreparatur beseitigt werden.

Weiterführende Literatur

Monographien

Friedberg EC, Elledge SJ, Lehmann AR, Lindahl T, Muzi-Falconi M (Hrsg) (2013) DNA repair, mutagenesis, and other responses to DNA damage: Cold Spring Harbor perspectives in biology. Cold Spring Harbor Laboratory Press, Cold Spring Harbor

Übersichtsarbeiten

Allgemeine Übersichtsarbeiten

Dutertre M, Lambert S, Carreira A, Amor-Guéret M, Vagner S (2014) DNA damage: RNA-binding proteins protect from near and far. Trends Biochem Sci 39:141–149
Schwartz M, Hakim O (2014) 3D view of chromosomes, DNA damage, and translocations. Curr Opin Genet Dev 25C:118–125

Spezielle Übersichtsarbeiten

Kunkel TA, Erie DA (2005) DNA mismatch repair. Annu Rev Biochem 74:681–710
Schlacher K, Goodman MF (2007) Lessons from 50 years of SOS DNA-damage-induced mutagenesis. Nat Rev Mol Cell Biol 8:587–594
Sekiguchi JM, Ferguson DO (2006) DNA double-strand break repair: a relentless hunt uncovers new prey. Cell 124:260–262
Wilson DM 3rd, Bohr VA (2007) The mechanics of base excision repair, and its relationship to aging and disease. DNA Repair 16:544–559

Originalarbeiten

Drapkin R, Reardon JT, Ansari A et al (1994) Dual role of TFIIH in DNA excision repair and in transcription by RNA polymerase II. Nature 368:769–772
Howard-Flanders P, Boyce RP (1966) DNA repair and genetic recombination: studies on mutants of Escherichia coli defective in these processes. Radiat Res 6:166–176
Webster MP, Jukes R, Zamfir VS, Kay CW, Bagneris C, Barrett T (2012) Crystal structure of the UvrB dimer: Insights into the nature and functioning of the UvrAB damage engagement and UvrB-DNA complexes. Nucleic Acids Res 40:8743–8758

Lehrbücher

Alberts B, Johnson A, Lewis J, Raff M, Roberts K, Walter P (2008) Molecular biology of the cell, 5. Aufl. Garland Science, New York
Alberts B, Bray D, Hopkin K, Johnson A, Lewis J, Raff M, Roberts K, Walter P (2013) Essential cell biology, 4. Aufl. Garland Science, New York
Berg JM, Tymoczko JL, Stryer L (2011) Biochemistry, 7. Aufl. Freemann, Gumbrills
Lewin B (2013) Genes XI. Jones & Bartlett, Sudbury
Lodish H, Berk A, Kaiser C, Krieger M, Scott M, Bretscher A, Ploegh H, Matsudaira P (2008) Molecular cell biology, 6. Aufl. Freemann, Gumbrills
Nelson DL, Cox MM (2013) Lehninger principles of biochemistry, 6. Aufl. Macmillan, London
Watson JD, Baker TA, Bell SP, Gann A, Levine M, Losick R (2011) Molekularbiologie, 6. Aufl. Pearson Studium, Hallbergmoos

Transkription und Prozessierung der RNA

Jan Brix, Hans-Georg Koch und Peter C. Heinrich

Für die Expression genetischer Information muss DNA in RNA transkribiert werden. Die verschiedenen Arten der synthetisierten RNA ermöglichen dann die Proteinbiosynthese. Neben der Aufgabe, die Information für die Aminosäuresequenz der zu synthetisierenden Proteine weiterzugeben, hat RNA auch katalytische und regulatorische Eigenschaften. Im Unterschied zu doppelsträngiger DNA ist RNA als Einzelstrang funktionell aktiv und kann durch Ausbildung lokaler Basenpaarungen vielseitigere Strukturen als DNA annehmen.

Während bei der Replikation ganze Chromosomen kopiert werden, beobachtet man bei der Transkription nur die Vervielfältigung bestimmter Chromosomenbereiche. Eine Zelle benötigt zu einem definierten Zeitpunkt in Abhängigkeit von ihrem Differenzierungszustand und ihrer biologischen Aktivität nur einen kleinen Teil der auf den Chromosomen liegenden Gene, die die Information für die Proteinbiosynthese enthalten (▶ Kap. 48). Die für die Transkription verantwortlichen RNA-Polymerasen benötigen im Unterschied zu den für die Replikation verantwortlichen DNA-Polymerasen keinen *primer*.

Bei Eukaryonten findet die Transkription im Zellkern statt. Hier müssen die Primärtranskripte noch prozessiert werden, damit die daraus entstehenden RNAs aus dem Zellkern durch die Kernporen ins Cytosol transportiert werden können und dort für die Proteinbiosynthese zur Verfügung stehen. Dieser gesamte Prozess ist sehr komplex und muss genau reguliert werden (▶ Kap. 47). Im Unterschied zur DNA ist RNA kurzlebiger und wird wieder abgebaut, sobald das von ihr codierte Translationsprodukt nicht mehr benötigt wird. Störungen dieser Vorgänge können zu schwerwiegenden Krankheitsbildern führen.

Schwerpunkte

46.1 Grundlegender Mechanismus der Transkription
- Mechanismus der Transkription mit Initiations-, Elongations- und Terminationsphase

46.2 Transkription bei Prokaryonten
- DNA-Vektoren als Genfähren in Bakterienzellen oder eukaryontischen Zellen

46.3 Transkription bei Eukaryonten
- Bedeutung der drei eukaryontischen RNA-Polymerasen für die Synthese von mRNA, rRNA und tRNA
- Co-transkriptionale Prozessierung der Prä-mRNA durch *Capping*, Spleißen und Polyadenylierung
- Hemmstoffe der Transkription, Export der prozessierten RNA aus dem Zellkern und RNA-Abbau

46.1 Grundlegender Mechanismus der Transkription

❯ Aus RNA-Transkripten werden cotranskriptional die verschiedenen RNA-Spezies gebildet.

Alle kernhaltigen Zellen des menschlichen Organismus tragen dieselbe genetische Information in ihrer DNA. Trotzdem unterscheidet sich eine Nervenzelle deutlich von einer Haut- oder einer Leberzelle. Die Ursache dafür liegt darin, dass nicht in jeder Zelle die gesamte genetische Information abgerufen wird. Je nach Zelltyp

Ergänzende Information Die elektronische Version dieses Kapitels enthält Zusatzmaterial, auf das über folgenden Link zugegriffen werden kann https://doi.org/10.1007/978-3-662-60266-9_46. Die Videos lassen sich durch Anklicken des DOI Links in der Legende einer entsprechenden Abbildung abspielen, oder indem Sie diesen Link mit der SN More Media App scannen.

oder Gewebe wird nur ein bestimmtes Repertoire an Genen exprimiert. Die Genexpression beinhaltet das Umschreiben von Teilen der genetischen Information in RNA. Dieses Umschreiben nennt man Transkription.

Die Transkription hat große Ähnlichkeit mit der DNA-Replikation (▶ Kap. 44). So sind die grundlegenden chemischen Mechanismen, die Polarität (Syntheserichtung) sowie die Verwendung einer Matrize gleich; ebenso findet man bei der Transkription die Phasen der Initiation, Elongation und Termination. Unterschiede zur Replikation bestehen darin, dass bei der Transkription kein *primer* benötigt und generell nur ein Teil der DNA und auch nur ein DNA-Strang transkribiert wird. Im Gegensatz zur DNA wird RNA ständig neu synthetisiert und nach Erledigung ihrer Aufgaben wieder abgebaut. DNA hingegen soll sich während der gesamten Lebenszeit des Menschen nicht verändern; aus diesem Grund gibt es effiziente Mechanismen zur Reparatur von DNA-Veränderungen (Mutationen) (▶ Abschn. 45.2).

RNA hat in der Zelle viele unterschiedliche Funktionen (s. auch ◘ Tab. 10.3):

— in Form der *messenger*-RNA (mRNA) dient sie als Bauplan für die Proteinbiosynthese,
— als *transfer*-RNA (tRNA) bildet sie den Adapter, der für die Übersetzung des Nucleinsäurecodes in die Aminosäuresequenz benötigt wird (Translation, s. ▶ Kap. 48),
— als ribosomale RNA (rRNA) ist sie struktureller Bestandteil der Ribosomen und dort katalytisch wichtig für die Knüpfung von Peptidbindungen,
— in Form der **Ribozyme** kann RNA als Katalysator dienen,
— eine große Zahl kleiner RNA-Moleküle hat darüber hinaus regulatorische Funktionen, so z. B. die extrachromosomale zirkuläre RNA (eccRNA, ▶ Abschn. 10.2.1), oder die miRNA (▶ Abschn. 47.2.5).

Bis auf die mRNA werden alle RNA-Formen auch als ncRNA (*non-coding* RNA) bezeichnet, da sie keine Information für die Aminosäureabfolge bei der Proteinbiosynthese (Translation) tragen, sondern in die Regulation von Transkription und Translation sowie in die Prozessierung der RNA-Transkripte eingreifen.

Im Rahmen des sog. *ENCODE (ENCyclopedia Of DNA Elements)* Transkriptom-Projekts, das alle RNA-Moleküle einer Zelle identifizieren und sequenzieren möchte, sind eine Vielzahl neuer RNA-Moleküle entdeckt worden, die insbesondere die Genexpression auf der Ebene der Transkription regulieren. Dabei hat sich gezeigt, dass ca. 80 % des menschlichen Genoms in RNA transkribiert wird – ein weit größerer Anteil als zuvor vermutet. Nur ca. 2 % sind dabei Proteincodierend (▶ Abschn. 10.3.3), während der größte Anteil an der Regulation der Genexpression beteiligt ist (▶ https://www.encodeproject.org).

> Die Transkription wird in drei Phasen eingeteilt: Initiation, Elongation und Termination.

Die gesamte RNA einer Zelle wird durch den Prozess der Transkription aus DNA hergestellt. Am Anfang wird ein kleiner Bereich der DNA-Doppelhelix geöffnet, sodass zwei DNA-Einzelstränge entstehen, die bei der Transkription unterschiedliche Funktionen übernehmen (◘ Abb. 46.1):

— Der Strang, der als Matrize für die RNA-Synthese dient, wird auch **Matrizenstrang** (Minusstrang oder *antisense strand*) genannt.
— Die Basensequenz des RNA-Transkripts entspricht der Basensequenz des zum Matrizenstrang komplementären DNA-Strangs. Dieser Strang wird als Nicht-Matrizenstrang oder **codierender Strang** (Plusstrang oder *sense strand*) bezeichnet.

Die für die Transkription verantwortlichen Enzyme sind die DNA-abhängigen RNA-Polymerasen, die analog zu den DNA-Polymerasen in der Lage sind, einen RNA-Strang durch Ribonucleosidtriphosphate in 5′,3′-Richtung zu verlängern (vgl. ▶ Kap. 44). Die Assoziation dieser RNA-Polymerasen mit der DNA und die für die Transkription notwendige Entspiralisierung des DNA-Doppelstrangs sind in ◘ Abb. 46.1 dargestellt. Damit die RNA-Polymerase das einzelsträngige Transkript herstellen kann, muss der DNA-Doppelstrang über ein kurzes Stück, die sog. Transkriptionsblase, durch Helicasen entwunden und dahinter wieder neu verdrillt werden. Auftretende *supercoils* vor und hinter der Transkriptionsblase werden durch Topoisomerasen beseitigt (▶ Kap. 44).

Initiation Zunächst muss die Startstelle für die Transkription gefunden werden, sodass nur der für die Funktion des betreffenden Gens benötigte DNA-Abschnitt transkribiert wird. Hierzu verfügen pro- und eukaryontische Gene über sog. **Promotoren**. Dies sind DNA-Strukturelemente vor der Startstelle der Transkription, die die Bindung der RNA-Polymerasen an den Transkriptionsstartpunkt ermöglichen und Informationen darüber enthalten, wann und mit welcher Effizienz ein Gen transkribiert wird. Derartige Strukturen der Promotor-Regionen werden auch als **cis-Elemente**, spezifisch an sie bindende Proteine als **trans-Elemente** bezeichnet.

Elongation In der Elongation verlängert die RNA-Polymerase die RNA-Kette mithilfe von Ribonucleosidtriphosphaten, die zum Matrizenstrang komplementär sind.

Termination Für die Termination sind spezifische Signale auf der DNA vorhanden, die verhindern, dass große nicht-codierende Bereiche *downstream* von den codierenden Bereichen transkribiert werden.

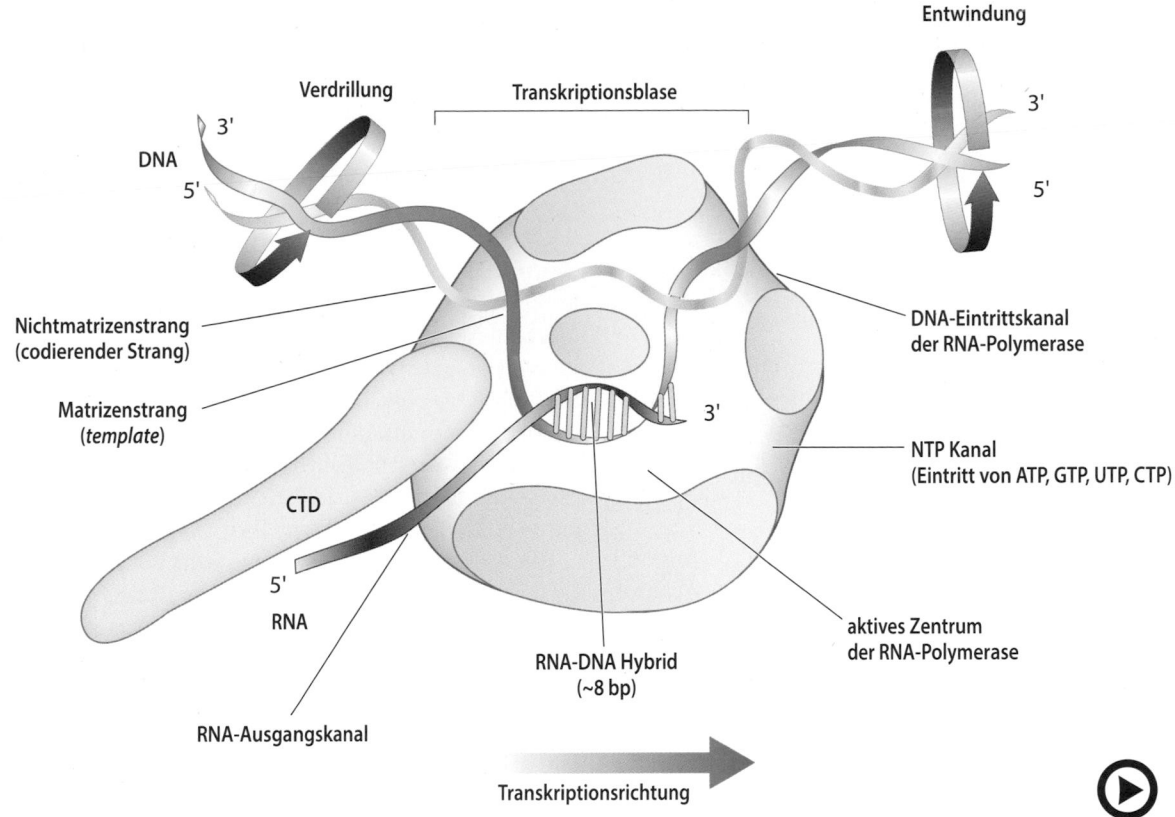

Entwindung

Verdrillung

Transkriptionsblase

DNA

Nichtmatrizenstrang
(codierender Strang)

Matrizenstrang
(*template*)

CTD

RNA

RNA-Ausgangskanal

DNA-Eintrittskanal
der RNA-Polymerase

NTP Kanal
(Eintritt von ATP, GTP, UTP, CTP)

aktives Zentrum
der RNA-Polymerase

RNA-DNA Hybrid
(~8 bp)

Transkriptionsrichtung

◪ **Abb. 46.1**   (Video 46.1) **Prinzip der Transkription durch RNA-Polymerasen.** (Einzelheiten s. Text) (▶ https://doi.org/10.1007/000-5mq)

Transkriptionsregulation   Die Regulation der Transkription ist von besonderer Bedeutung. Die zur Aufrechterhaltung der basalen Funktionen von Zellen benötigten Gene werden in der Regel ständig exprimiert. Man bezeichnet dies auch als **konstitutive Transkription,** die betreffenden Gene auch als *house keeping genes.* Die Transkriptionshäufigkeit der **regulierten Gene** kann im Vergleich zu den *house keeping genes* um Größenordnungen größer oder kleiner sein und wird durch eine Vielzahl intra- und extrazellulärer Faktoren beeinflusst (▶ Kap. 10).

❯ Die durch RNA-Polymerasen katalysierte chemische Reaktion ist bei pro- und eukaryontischen Organismen identisch.

Chemisch entspricht der Reaktionsmechanismus aller RNA-Polymerasen demjenigen der DNA-Polymerasen (◪ Abb. 46.2 und ◪ 44.7). Das 3′-OH-Ende eines Nucleotids greift nucleophil die Phosphorsäureanhydridbindung zwischen dem α- und β-Phosphat des eintretenden Ribonucleosidtriphosphats an, sodass dieses unter Pyrophosphatabspaltung in die wachsende RNA-Kette eingebaut wird. Die Sequenz der durch diese Verlängerung eingebauten Ribonucleotide ist komplementär zur Basensequenz des Matrizenstrangs (in ◪ Abb. 46.2 nicht dargestellt) und entspricht damit derjenigen des codierenden Strangs. Anstelle von Thymin enthält die RNA Uracil, das aber in gleicher Weise mit Adenin zwei Wasserstoffbrückenbindungen ausbildet. Die Größe von RNA-Molekülen variiert zwischen weniger als 100 Nucleotiden bei z. B. tRNAs und mehr als 100.000 Nucleotiden bei Prä-mRNAs großer Proteine. DNA-Polymerasen können in der Regel zwischen Desoxyribonucleotiden und Ribonucleotiden unterscheiden, da Ribonucleotide durch ihre zusätzliche 2′-OH Gruppe größer sind und nicht im aktiven Zentrum der DNA-Polymerase gebunden werden können (▶ Abschn. 44.4). Die meisten RNA-Polymerasen können ebenfalls über elektrostatische Interaktionen zwischen dem korrekten RNA-Substrat und dem kleineren falschen DNA-Substrat unterscheiden.

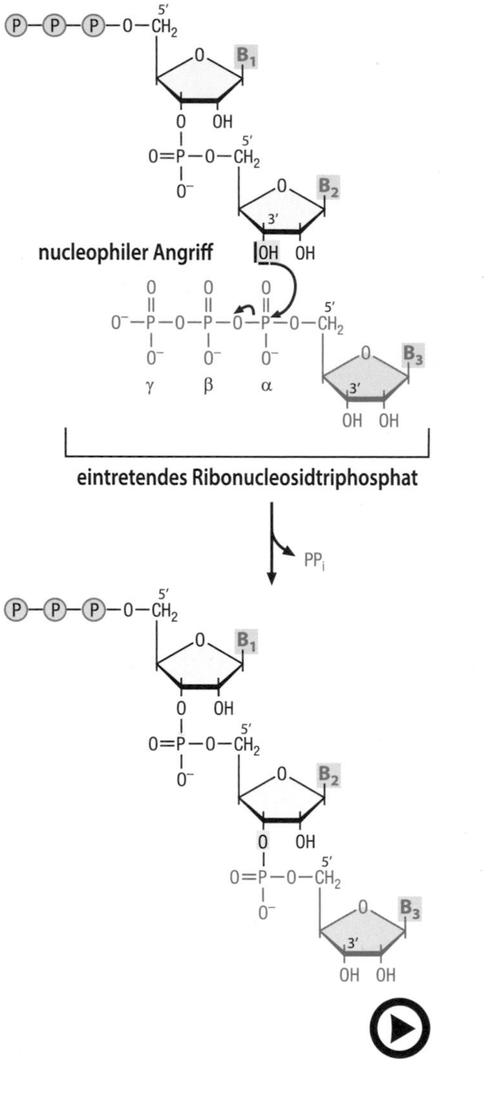

◻ Abb. 46.2 (Video 46.2) **Mechanismus der RNA-Biosynthese durch RNA-Polymerasen.** Analog zum Mechanismus der DNA-Polymerasen handelt es sich um den nucleophilen Angriff des 3′-OH-Endes eines Nucleotids auf die Phosphorsäureanhydridbindung zwischen dem α- und β-Phosphat des eintretenden Ribonucleosidtriphosphats. B, Nucleinsäure-Base (▶ https://doi.org/10.1007/000-5mk)

Zusammenfassung

Durch den Vorgang der Transkription wird die Kopie eines Gens in Form eines einzelsträngigen RNA-Moleküls erzeugt. Die verschiedenen Formen der RNA wie mRNA, tRNA und rRNA sind für die Proteinbiosynthese Grundvoraussetzung. Für die RNA-Synthese wird ein partiell einzelsträngiges DNA-Molekül als Matrize benötigt, außerdem RNA-Polymerasen und die Nucleosidtriphosphate ATP, GTP, UTP und CTP. Die Transkription wird in die Phasen Initiation, Elongation und Termination eingeteilt, die durch eine Vielzahl von Faktoren reguliert werden können.

46

46.2 Transkription bei Prokaryonten

> Prokaryonten besitzen eine aus fünf Untereinheiten zusammengesetzte RNA-Polymerase.

Die RNA-Polymerase von Prokaryonten ist ein großer Enzymkomplex. Das Holoenzym kann in das sog. *core*-Enzym (Molekülmasse 380 kDa) und den **Sigmafaktor** (σ-Faktor) getrennt werden. Die Molekülmassen der heute bekannten sieben verschiedenen σ-Faktoren liegen zwischen 18 und 70 kDa. So ist der Faktor σ^{70} für die Synthese der *house-keeping*-Gene bei *E. coli* verantwortlich. Das *core*-Enzym ist ein Pentamer und besteht aus den Untereinheiten α_2, β, β′, ω. Das *core*-Enzym allein kann zwar RNA in Anwesenheit einer DNA-Matrize synthetisieren, ist jedoch nicht imstande, die richtigen Startstellen für die Transkription zu finden. Hierfür ist die Assoziation mit dem Sigmafaktor notwendig, der für die Elongation und Termination der RNA-Synthese nach Beginn der RNA-Polymerisation abgespalten werden muss. Die RNA-Polymerase hat eine Fehlerrate von 10^4 bis 10^5. Sie ist damit 10^3-fach höher als die der DNA-Polymerase (▶ Kap. 44). Diese hohe Fehlerrate ist jedoch aufgrund der kurzen Halbwertszeit der RNA weniger folgenreich als der Einbau eines falschen Nucleotids in die DNA, wo Informationen dauerhaft gespeichert sind. Dennoch verfügt die RNA-Polymerase über eine intrinsische Exonucleaseaktivität, die ggf. ein falsch eingebautes Nucleotid wieder abspalten kann.

◻ Abb. 46.3 zeigt die bei der Transkription prokaryontischer Gene stattfindenden Vorgänge in schematischer Form. Sie beginnen mit der Bindung der RNA-Polymerase an die DNA. Für die **Initiation** ist das korrekte Auffinden des Transkriptionsstartpunktes notwendig. Dies wird durch **AT (Adenin-Thymin)-reiche Regionen** im Promotor aller prokaryontischen Gene ermöglicht, die sich in *E. coli* bei etwa **−10 bp** und **−35 bp** oberhalb (*upstream*) des Transkriptionsstartpunktes befinden und jeweils 6 bp lang sind (Ziffer 1). *upstream*-Bereiche werden durch negative Zahlen definiert, *downstream*-Bereiche durch positive.

Für die Anlagerung der RNA-Polymerase an die Promotorregion im Bereich −35 bis −70 (Ziffer 2) und die Initiation der Transkription an der korrekten Stelle sorgt der **Sigma-Faktor**, der eine hohe Affinität zu Sequenzelementen im Bereich −10 und im Bereich −35 hat. Zwei Domänen des Sigma-Faktors sind für die gleichzeitige Bindung an den Promotorbereich −10 und −35 verantwortlich. Die RNA-Polymerase selbst bindet mit ihrer C-terminalen Domäne (CTD) im Bereich −70. Ist diese **Initiationsstelle** aufgefunden, (Ziffer 3) lagert die RNA-Polymerase das erste Nucleosidtriphosphat an, und bildet auf diese Weise den **Initiationskomplex**, in dem der DNA-Doppelstrang aufgeschmolzen wird

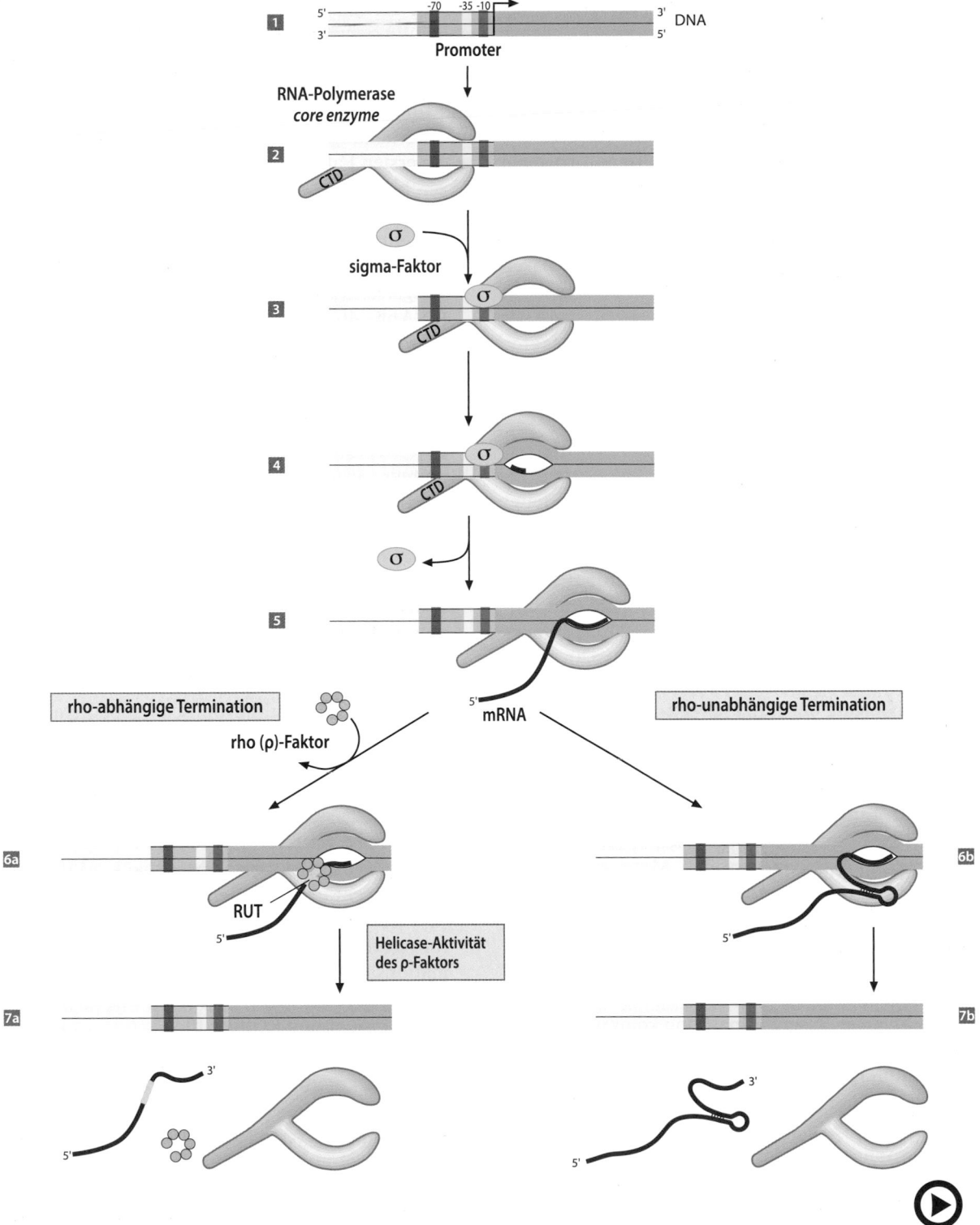

◻ **Abb. 46.3**   (Video 46.3) **Transkription prokaryontischer Gene.** (Einzelheiten s. Text) (▶ https://doi.org/10.1007/000-5mm)

(Ziffer 4). Die RNA-Polymerase ist in der Lage, zwei Einzelnucleotide so exakt zu positionieren, dass die Polymerisation starten kann. Dabei bindet die RNA-Polymerase bevorzugt Adenosintriphosphat als erstes Nucleotid, weshalb die meisten Transkripte mit einem Adeninnucleotid beginnen.

Am Anfang der Transkription bildet die RNA-Polymerase kurze RNA-Transkripte von weniger als 10

Da die drei verschiedenen RNA-Polymerasen eukaryontischer Zellen für die Transkription jeweils ganz unterschiedlicher Gruppen von Genen mit unterschiedlichen Promotoren verantwortlich sind, ist es nicht erstaunlich, dass sich die Bildung der **Initiationskomplexe** je nach RNA-Polymerase unterscheidet.

46.3.2 Der Initiationskomplex der RNA-Polymerase II

❯ Von der RNA-Polymerase II erkannte Promotoren besitzen hoch konservierte Sequenzmotive.

Die RNA-Polymerase II transkribiert alle für Proteine codierenden Gene und kann daher an zahlreiche verschiedene Promotoren binden, die bestimmte Konsensus-Sequenzen aufweisen. Die RNA-Polymerase II transkribiert daneben auch einige andere RNAs, z. B. die Pri-miRNAs (◘ Abb. 47.13). In ◘ Abb. 46.5 sind die typischen Strukturelemente von Promotoren proteincodierender Gene zusammengestellt:

- BRE (TFII**B** *recognition element*)
- TATA-Box (Sequenzmotiv TATAAA)
- Inr (**In**itiatorelement)
- MTE (*motif ten element*) und
- DPE (*downstream promoter element*)

Für seine optimale Funktionsfähigkeit muss ein Promotor mindestens zwei oder drei dieser fünf Elemente enthalten.

❯ Für die Bildung des eukaryotischen Initiationskomplexes sind allgemeine (basale) Transkriptionsfaktoren notwendig.

Im Gegensatz zu den prokaryontischen RNA-Polymerasen sind eukaryotische RNA-Polymerasen nicht imstande, alleine an DNA zu binden. Sie benötigen für die Bindung an die Promotoren allgemeine/basale Transkriptionsfaktoren, mit denen sie den Initiationskomplex bilden, der für die korrekte Bindung der RNA-Polymerase an der Startstelle der Transkription verantwortlich ist.

Darüber hinaus befinden sich proximal zum Transkriptionsstartpunkt weitere Sequenzelemente (in ◘ Abb. 46.5 nicht dargestellt), eine CAAT-Box und mehrere GC-Boxen, an die zusätzliche Transkriptionsfaktoren binden und die die Transkriptionsinitiation stimulieren können.

❯ Der Initiationskomplex wird aus zahlreichen Transkriptionsfaktoren schrittweise aufgebaut.

Die Bildung des Initiationskomplexes (◘ Abb. 46.6) beginnt mit der Bindung des TATA-Box-Bindeproteins (TBP) an die TATA-Box (mit der Konsensussequenz TATAAAA) (Ziffer 1). Das TBP ist eine Untereinheit des allgemeinen Transkriptionsfaktors TFIID und bindet über eine β-Faltblattstruktur in der kleinen Furche der DNA-Doppelhelix. Dies ist für Transkriptionsfaktoren untypisch – normalerweise binden diese mit einer α-Helix in der großen Furche der DNA-Doppelhelix.

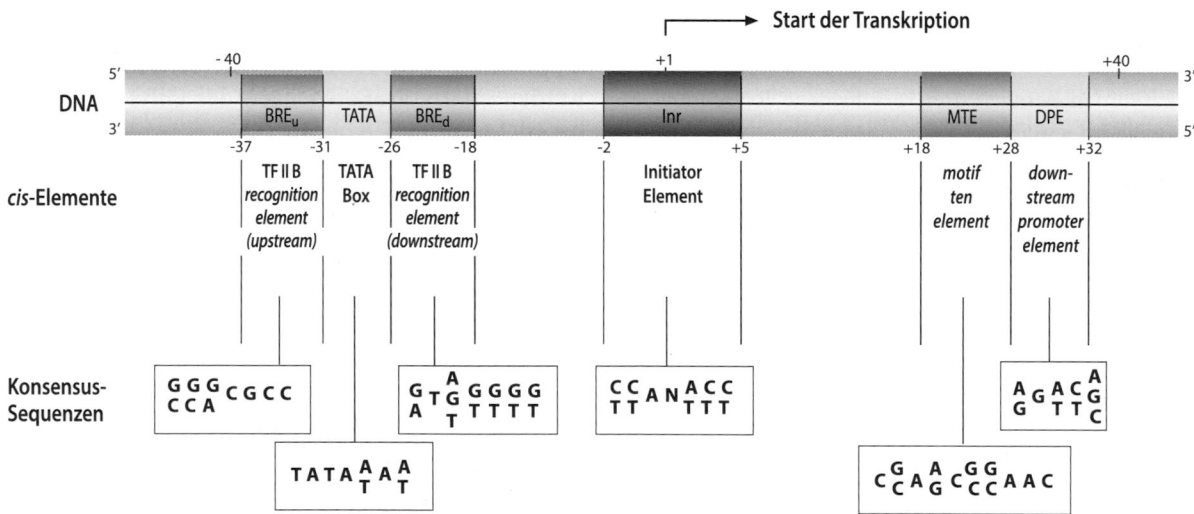

◘ **Abb. 46.5 Strukturmerkmale der Promotorregionen der von der RNA-Polymerase II transkribierten Gene.** Bei den von der RNA-Polymerase II transkribierten Genen liegen *upstream* oder *downstream* des Transkriptionsstartpunkts an den angegebenen Positionen die verschiedenen Konsensus-Sequenzelemente. (Einzelheiten s. Text)

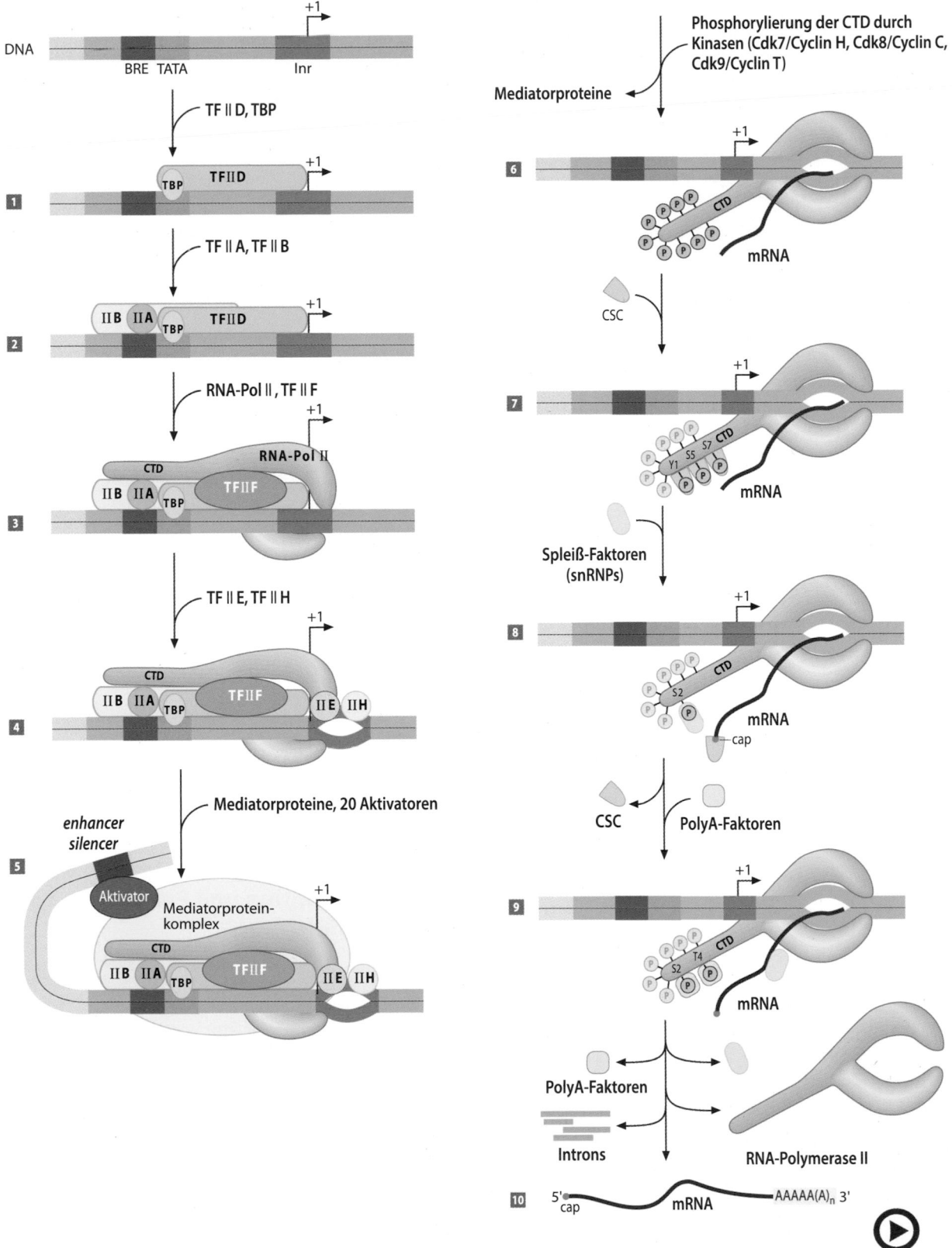

Abb. 46.6 (Video 46.4) **Aufbau des Initiationskomplexes der RNA-Polymerase II.** *BRE*, TF II B *recognition element*; *CSC, cap synthesizing complex*; *CTD*, C-terminale Domäne; *Inr*, Initiatorele-ment; in der Abbildung sind die DNA-Sequenzmotive MTE, DPE nicht und BRE vereinfacht dargestellt. (Einzelheiten s. Text) (▶ https://doi.org/10.1007/000-5mn)

Durch die Bindung von TBP wird die DNA mit einem Winkel von etwa 80° geknickt (in der Abbildung nicht zu sehen) und damit die Wechselwirkungen zwischen den AT-Paaren gelockert.

Im Anschluss an die Bindung von TFIID lagern sich die allgemeinen Transkriptionsfaktoren TFIIA und TFIIB an die BRE-Sequenz an und bilden gemeinsam den **DAB-Komplex** (TFII*D*/TFII*A*/TFII*B*)-Komplex (Ziffer 2). TFIIB bindet dabei neben dem TBP des TFIID auch DNA-Bereiche *upstream* vom BRE und *downstream* von der TATA-Box und stellt damit den Kontakt zur RNA-Polymerase II her, die sich im nächsten Schritt an den Promotorbereich anlagert (Ziffer 3). TFIIB sorgt durch eine asymmetrische Bindung an TBP für die Unidirektionalität der Transkription.

TFIIF bindet dann zusammen mit der RNA-Polymerase II an den Initiationskomplex und anschließend noch die Faktoren TFIIE und TFIIH (Ziffer 4). TFIIH besteht aus 10 Untereiheiten und hat eine große Molekülmasse, die in etwa der der RNA-Polymerase entspricht (in ◻ Abb. 46.6 nicht maßstabsgerecht dargestellt). Eine TFIIH-Untereinheit hat Helicaseaktivität (▶ Kap. 44) und trennt unter ATP-Verbrauch die Wasserstoffbrücken zwischen den DNA-Strängen in der Promotorregion.

Der so gebildete **Initiationskomplex** hat inklusive der RNA-Polymerase II (ca. 600 kDa) eine Molekülmasse von ca. 2200 kDa und kann *in vitro* gereinigte DNA transkribieren. Für die Transkription *in vivo* ist darüber hinaus noch eine große Zahl weiterer Proteine notwendig, die einen **Mediatorproteinkomplex** (Ziffer 5) bilden. Sie werden u. a. dafür benötigt, um die in Nucleosomen kondensierte DNA (◻ Abb. 10.8) für die Transkription zugänglich zu machen und ihre Interaktion mit oft weit entfernten aktivierenden oder hemmenden Transkriptionsfaktoren zu ermöglichen, die an *enhancer* oder *silencer*-Elemente gebunden sind.

Als *enhancer* bzw. *silencer* werden **distale Sequenzelemente** zwischen −1000 bis −3000 bp *upstream* vom Transskriptionsstart bezeichnet. Sie binden **induzierbare und/oder aktivierbare Transkriptionsfaktoren**, die meist in phosphorylierter Form verstärkend (*enhancer*) oder hemmend (*silencer*) auf die basale Transkriptionsinitiation wirken (◻ Abb. 46.6, Ziffer 5).

Aktivierte Transkriptionsfaktoren können ihre Wirkung auf zweierlei Arten entfalten:
- Sie binden über Mediatorproteine an den RNA-Polymerasekomplex und erhöhen dessen Bindungsaffinität zu dem aktivierten Promotor. Prominente Mediatorproteine, die auch als Coaktivatoren bezeichnet werden, sind die nahe verwandten Proteine CBP (**c**AMP *response element* **b**inding *protein*) und p300, deren molekulare Massen ca. 300 kDa betragen (◻ Abb. 47.4).

- Zusätzlich können einige Transkriptionsfaktoren, aber auch einige Mediatorproteine, aufgrund ihrer intrinsischen Histon-Acetyltransferase (HAT)-Funktion das Chromatin durch Acetylierung der Histone auflockern und damit den Zugang der RNA-Polymerase zur DNA erleichtern (◻ Abb. 47.4B).

❯ Die C-terminale Domäne der RNA-Polymerase II ist für die Bildung des Initiationskomplexes wichtig.

Bei der Assemblierung des Initiationskomplexes spielt die C-terminale Domäne (CTD) der größten Untereinheit der RNA-Polymerase II eine wichtige Rolle. Sie ist mit ca. 80 nm 7-mal länger als der Rest des Enzyms und damit in der Lage, diverse Faktoren der Elongations- und der Prozessierungmaschinerie für die RNA zu binden. Diese Faktoren sind an der CTD ideal positioniert, da sich die CTD in der Nähe des RNA-Polymerase-Ausgangskanals für RNA befindet (s. ◻ Abb. 46.1).

Die CTD besteht aus einer repetitiven Sequenz des Heptapeptids –Tyr–Ser–Pro–Thr–Ser–Pro–Ser–. Dieses Heptapeptid ist bei so unterschiedlichen Organismen wie der Hefe und dem Menschen in gleicher Weise vorhanden. Die humane RNA-Polymerase II enthält 52 (!) Kopien dieses Heptapeptids, niedere Eukaryonten verfügen über eine etwas geringere Anzahl. Seine Deletion ist letal.

Die CTD wird später beim Eintritt in die Elongationsphase durch cyclinabhängige Kinasen phosphoryliert (◻ Abb. 46.6, Ziffer 6), was der Rekrutierung von verschiedenen Proteinkomplexen für die Elongation der Transkription und der Modifikation von Prä-mRNA dient.

46.3.3 Elongation und Termination der Transkription und Prozessierung der Prä-mRNA

Für die Elongation der Transkription der für Proteine codierenden Gene sind viele Komponenten des Initiationskomplexes nicht mehr notwendig. Dafür muss die Polymerase jetzt mit Proteinen interagieren, die folgende Aufgaben haben:
- Stimulation des Elongationsvorgangs
- Anheftung der 5′-*cap*-Gruppe
- Rekrutierung der Komponenten des Spleißapparates (s. u.)
- Termination der Transkription und Anheftung der für mRNA typischen Poly(A)-Sequenz

Auch hier spielt die C-terminale Domäne (CTD) der RNA-Polymerase II eine entscheidende Rolle. In jedem der 52 Heptapeptide (Tyr–Ser–Pro–Thr–Ser–Pro–Ser) befinden sich drei Serinreste, von denen zwei (an den

Positionen 2 und 5) durch spezifische Proteinkinasen phosphoryliert bzw. durch entsprechende Phosphatasen dephosphoryliert werden können.

Eine Phosphorylierung der CTD an Ser 5 des Heptapeptids führt dazu, dass sich die Initiationsfaktoren und Mediatoren von der RNA-Polymerase II ablösen und Elongationsfaktoren aufgrund ihrer höheren Affinität für phosphorylierte Heptapeptidsequenzen anlagern können (◘ Abb. 46.6, Ziffer 6). Die für die Phosphorylierung der CTD verantwortlichen Proteinkinasen gehören in die Gruppe der cyclinabhängigen Proteinkinasen (Cdks, ► Kap. 43). Im Einzelnen handelt es sich um die Komplexe aus Cdk7/Cyclin H, Cdk8/Cyclin C und Cdk9/Cyclin T. Cdk7 ist dabei eine Untereinheit des Transkriptionsfaktors TFIIH. Im Gegensatz zu den in ► Kap. 43 besprochenen Cyclinen A, B, D und E machen die Cycline H, C und T keine Konzentrationsänderungen während des Zellzyklus durch. Für die Dephosphorylierung der CTD ist die Proteinphosphatase Fcp1 (TFIIF-assoziierte CTD-Phosphatase 1) erforderlich. Darüber hinaus existieren weitere Elongationsfaktoren.

Ein bestimmtes Phosphorylierungsmuster der CTD an Tyr 1, Ser 5 und Ser 7 ist auch das Signal zur Bindung von Komponenten des *cap-synthesizing complexes* (CSC, Ziffer 7).

Eine Phosphorylierung der CTD an Serinen des Heptapeptids in Position 2 führt im weiteren Verlauf zur Bindung von Faktoren, die eine Prozessierung der RNA ermöglichen (Spleißfaktoren, (Ziffer 8)). Beim Spleißen werden bestimmte nicht-codierende RNA-Bereiche (Introns) herausgeschnitten.

Schließlich wird die CTD an Thr 4 phosphoryliert – damit werden Faktoren rekrutiert die an der Polyadenylierung am 3′-Ende der mRNA beteiligt sind (Ziffer 9). Anschließend zerfällt der Komplex und die fertig prozessierte mRNA, die Spleißfaktoren und die Komponenten der Polyadenylierungsmaschinerie werden freigesetzt (Ziffer 10).

◘ Abb. 46.7 zeigt zusammenfassend die verschiedenen rekrutierten RNA-Prozessierungsfaktoren in Abhängigkeit vom Phosphorylierungszustand der CTD.

❯ Für die Elongation müssen die Histone von der DNA abgelöst werden.

Da DNA im Zellkern gebunden an Histone als Chromatin vorliegt, muss sie von den Histonen abgelöst werden, damit die Elongation der Transkription stattfinden kann. Für diese Ablösung der DNA sind verschiedene Mechanismen bekannt. Einer dieser Mechanismen ist in ◘ Abb. 46.8 gezeigt. Der Faktor FACT (*facilitates chromatin transcription*) ist ein Heterodimer und besteht aus Spt16 (*suppressor of Ty factors*) und SSRP1 (*structure specific recognition protein 1*). Chromosomale DNA enthält in ihren octameren Nucleosomenkernen H2A/H2B-Histon-Dimere und H3/H4-Histontetramere

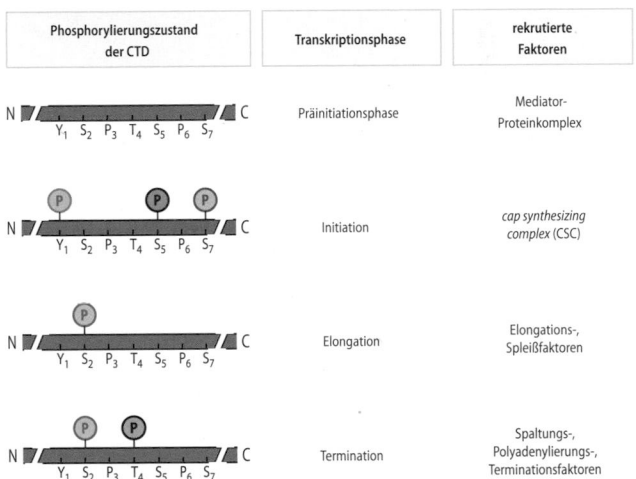

Phosphorylierungszustand der CTD	Transkriptionsphase	rekrutierte Faktoren
N [ ] C Y_1 S_2 P_3 T_4 S_5 P_6 S_7	Präinitiationsphase	Mediator-Proteinkomplex
N [P P P] C Y_1 S_2 P_3 T_4 S_5 P_6 S_7	Initiation	*cap synthesizing complex* (CSC)
N [P] C Y_1 S_2 P_3 T_4 S_5 P_6 S_7	Elongation	Elongations-, Spleißfaktoren
N [P P] C Y_1 S_2 P_3 T_4 S_5 P_6 S_7	Termination	Spaltungs-, Polyadenylierungs-, Terminationsfaktoren

◘ **Abb. 46.7** **Transkriptionsphasen und die verschiedenen rekrutierten RNA-Prozessierungsfaktoren der RNA-Polymerase II in Abhängigkeit des Phosphorylierungszustandes des Heptapeptids der CTD.** (Einzelheiten s. Text)

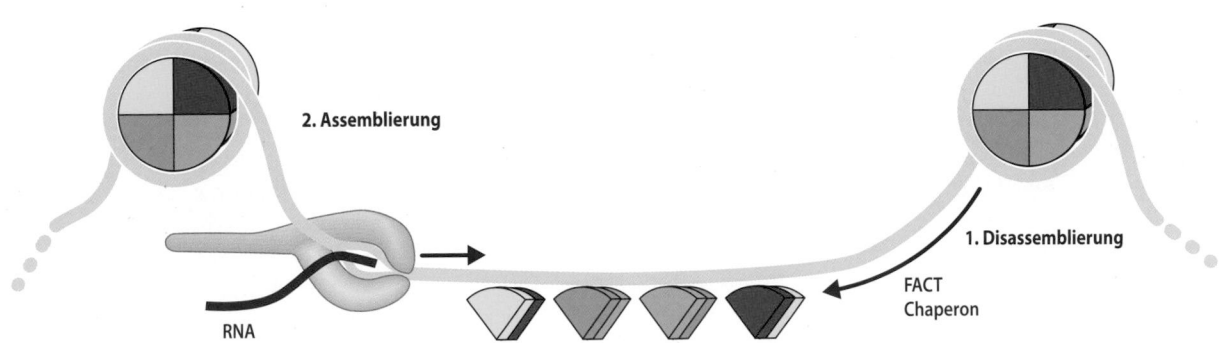

2. Assemblierung

RNA

1. Disassemblierung

FACT Chaperon

◘ **Abb. 46.8** **Elongation der RNA-Polymerase II vermittelten Transkription in Anwesenheit von Histonen.** Rolle des Elongationsfaktors FACT (SSRP1/Spt16) bei der Elongation der Transkription von Chromatin. (Einzelheiten s. Text)

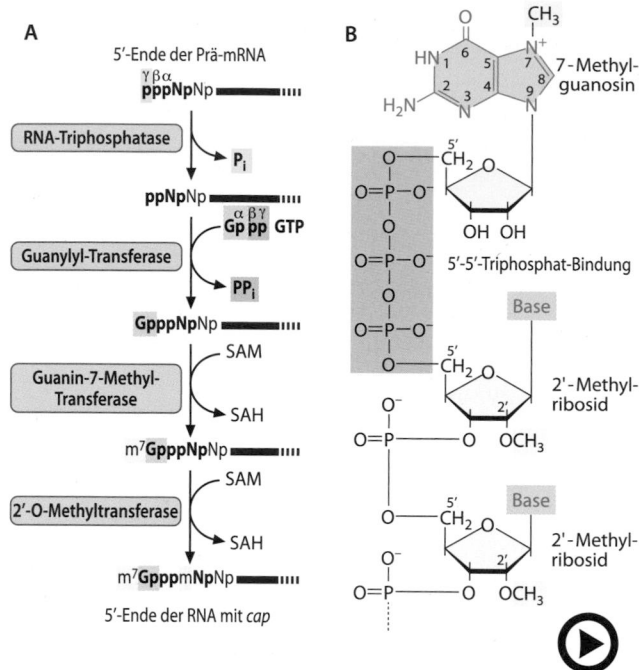

A

5′-Ende der Prä-mRNA
γ β α
pppNpNp ▬▬▬|||

RNA-Triphosphatase → P_i

ppNpNp ▬▬▬|||

Guanylyl-Transferase

α β γ
Gp pp GTP
→ PP_i

GpppNpNp ▬▬▬|||

Guanin-7-Methyl-Transferase

→ SAM
→ SAH

m⁷GpppNpNp ▬▬▬|||

→ SAM

2′-O-Methyltransferase

→ SAH

m⁷GpppmNpNp ▬▬▬|||

5′-Ende der RNA mit *cap*

B

7-Methyl-guanosin

5′-5′-Triphosphat-Bindung

2′-Methyl-ribosid

2′-Methyl-ribosid

Abb. 46.9 (Video 46.5) **Biosynthese (A) und Struktur (B) der 5′-*cap*-Gruppe der Prä-mRNA.** (Einzelheiten zur Biosynthese s. Text) (▶ https://doi.org/10.1007/000-5mp)

(▶ Abschn. 10.2). Spt16 bindet an H2A/H2B-Dimere und SSRP1 an H3/H4-Tetramere. FACT ist in der Lage, während der Elongationsphase das Histon-Octamer zu disassemblieren und nach erfolgtem Durchlauf der RNA-Polymerase II wieder zusammenzusetzen.

> 5′-*capping*, Spleißen und 3′-Polyadenylierung erfolgen co-transkriptional.

Anheftung der 5′-*cap*-Gruppe mRNA-Moleküle tragen ein methyliertes Guaninnucleotid am 5′-Ende, welches auch als 5′-*cap* (Kappe oder Kopfgruppe) bezeichnet wird (Abb. 46.9B). Die einzelnen Schritte, die zu dieser Modifikation führen, sind in Abb. 46.9A dargestellt:

- Durch eine **RNA-Triphosphatase** wird am 5′-Nucleosid-Triphosphat-Ende der Prä-mRNA der γ-Phosphatrest abgespalten, sodass ein Diphosphat-Ende entsteht.
- Eine **Guanylyltransferase** heftet ein GMP an, das aus einem GTP unter Pyrophosphatabspaltung entsteht. Es bildet sich eine ungewöhnliche 5′,5′-Triphosphatverknüpfung.
- **Methyltransferasen** methylieren schließlich mit S-Adenosylmethionin (SAM, ▶ Abschn. 27.2.4) das angeheftete Guaninnucleotid in Position 7 und gelegentlich auch Ribosereste am 2′-OH der beiden folgenden Nucleotide.

Diese drei beteiligten Enzyme bilden den *cap synthesizing complex* (CSC) und liegen assoziiert mit der phosphorylierten CTD der RNA-Polymerase II vor. Über einen weiteren Proteinkomplex, den *cap-binding complex* (CBC), bleibt das 5′-Ende der entstehenden Prä-mRNA in Kontakt mit der CTD der RNA-Polymerase II.

Das *capping* findet bereits kurz nach dem Beginn der Elongationsphase statt, also etwa nach Synthese der ersten 20 Nucleotide der Prä-mRNA. Danach fallen die für die Anheftung der *cap*-Gruppe benötigten Enzyme von der CTD ab, da sich das Phosphorylierungsmuster der CTD ändert (Abb. 46.6).

Die *cap*-Gruppe der mRNA hat eine Reihe wichtiger Funktionen:

- Sie schützt die entstehende mRNA vor dem Abbau durch Nucleasen.
- Sie ist ein Signal für den Transport der mRNA durch die Kernporen ins Cytosol.
- Sie wird von der kleinen ribosomalen 40S-Untereinheit gebunden und ist damit ein wesentliches Element bei der Initiation der Translation (▶ Kap. 48).

Die meisten Gene höherer Eukaryonten sind diskontinuierlich und müssen gespleißt werden 1977 wurde in den Laboratorien von Richard Roberts und Phil Sharp unabhängig voneinander entdeckt, dass Gene eukaryontischer Zellen diskontinuierlich auf der DNA angeordnet sind. Dies ergab sich aus elektronenmikroskopischen Untersuchungen von Hybriden zwischen der Ovalbumin-mRNA und dem Ovalbumin-Gen. Wie schematisch in Abb. 46.10A dargestellt, fanden sich nach Hybridisierung DNA-Schleifen (A–G), die nicht mit der mRNA in Wechselwirkung traten. Aus diesem Ergebnis musste geschlossen werden, dass das Gen für Hühnerovalbumin nicht-codierende „intervenierende" Sequenzen enthält. Diese nicht-codierenden Sequenzen werden als **Introns** (*hellblau* in Abb. 46.10A) bezeichnet, die in der mRNA erscheinenden und damit exprimierten Sequenzen als **Exons** (*rot* in Abb. 46.10B). Die RNA-Polymerase II kann nicht zwischen Exons und Introns unterscheiden. Deswegen müssen die Introns (*hellrot*) aus der mit einer 5′-*cap*-Gruppe (*grün*) versehenen Prä-mRNA entfernt werden. Dieser Vorgang wird auch als **Spleißen** der Prä-mRNA (*pre-mRNA splicing*) bezeichnet und beinhaltet die Entfernung der Introns und die basengenaue Verknüpfung der Exons (*rot*).

Häufig können Prä-mRNAs auf verschiedene Weise gespleißt werden, sodass unterschiedliche mRNAs entstehen, die wiederum in der Translation (▶ Kap. 48) mehrere alternative Genprodukte hervorbringen können. Diesen Vorgang nennt man alternatives Spleißen; er wird später noch genauer beschrieben (▶ Abschn. 47.2.3).

46

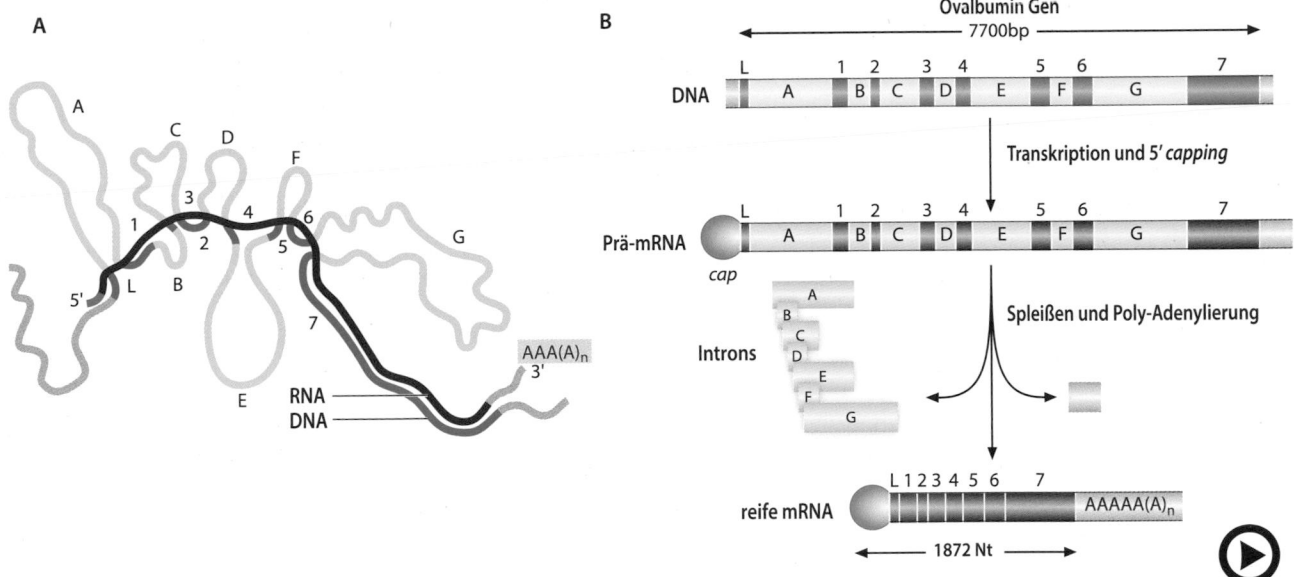

Abb. 46.10 (Video 46.6) **Hybridisierung der Ovalbumin-DNA mit seiner mRNA. A** Schematische Darstellung des DNA-mRNA-Hybrids; **B** Transkription des Ovalbumin-Gens und Spleißen der Prä-mRNA; *bp*, Basenpaare; *Nt*, Nucleotide. (Einzelheiten s. Text) (▶ https://doi.org/10.1007/000-5mj)

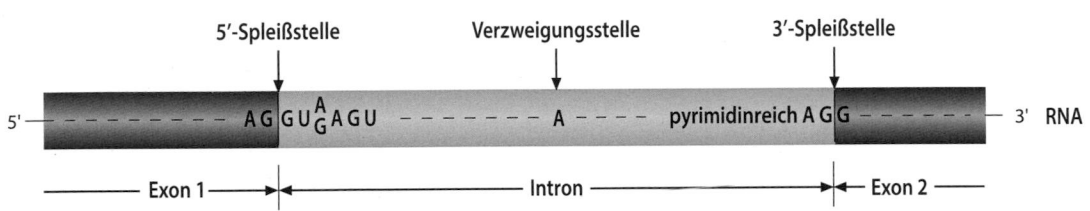

Abb. 46.11 Konservierte Sequenzen an den Exon/Intron-Übergängen und in den Introns. (Einzelheiten s. Text)

Mechanismus des Spleißens Das korrekte Entfernen der nicht-codierenden Sequenzen aus der Prä-mRNA und das Zusammenfügen der Exons zur funktionsfähigen mRNA ist ein komplizierter Prozess, der mit höchster Genauigkeit ablaufen muss. Auslöser für den Spleißprozess und die Rekrutierung der benötigten Spleißfaktoren (snRNPs) ist die Phosphorylierung der Ser-2-Reste in den Heptapeptidsequenzen der CTD der RNA-Polymerase II (■ Abb. 46.6, Ziffer 8).

Von großer Bedeutung für das Spleißen sind dabei die in ■ Abb. 46.11 dargestellten Sequenzen an den Exon/Intron-Übergängen sowie im Intron. Vom Intron aus gesehen unterscheidet man eine 5′- und eine 3′-Spleißstelle sowie eine spezifische Sequenz im Inneren des Introns, innerhalb derer ein Adenin (A)-Rest als spätere Verzweigungsstelle von großer Bedeutung ist. Die 5′-Spleißstelle ist durch die Basenfolge AGGU$^{A}/_{G}$AGU, die 3′-Spleißstelle durch eine pyrimidinreiche Sequenz, gefolgt von AGG, gekennzeichnet.

■ Abb. 46.12 stellt das bei allen Spleißvorgängen in menschlichen Zellen zugrunde liegende Prinzip dar. Dieses beruht auf **zwei Umesterungen**. Die freie **2′-OH-Gruppe** des innerhalb des Introns lokalisierten **Adeninnucleotids** greift die Phosphodiesterbindung am 5′-Exon-Intron-Übergang an. Dadurch kommt es an dieser Stelle zum Bruch des RNA-Strangs; im Intron bildet sich durch diesen Vorgang eine **Lasso-Struktur** (*lariat*), die durch eine 2′,5′-Phosphodiesterbindung charakterisiert ist. Das entstandene freie 3′-OH-Ende des ersten Exons greift nun in einer zweiten Umesterungsreaktion am 3′-Übergang zum Exon 2 an, wodurch das Intron entfernt wird und die beiden Exons verknüpft werden. Das Spleißen erfordert keine Zuführung von Energie, da die Freie Energie jeder gespaltenen Phosphodiesterbindung erhalten bleibt.

Aufbau des Spleißosoms Trotz eines einheitlichen Prinzips wird das Spleißen der Prä-mRNA in verschiedenen Organismen mechanistisch auf unterschiedliche Weise ge-

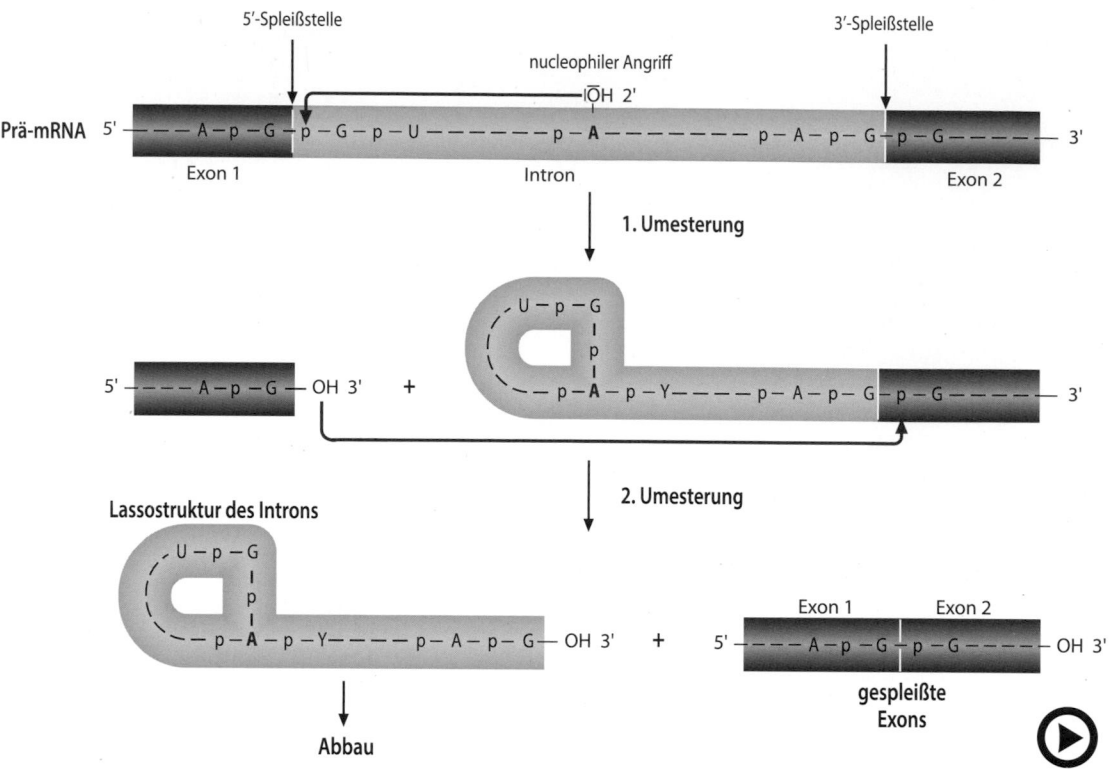

Abb. 46.12 (Video 46.7) **Mechanismus des Spleißens. Y, beliebige Pyrimidinbase.** (Einzelheiten s. Text) (▶ https://doi.org/10.1007/000-5mr)

löst. Im Prinzip ist für die Katalyse des Spleißvorgangs kein spezifisches Protein notwendig. Vielmehr hat die RNA selbst die nötige katalytische Aktivität. Die Raumstruktur der RNA, die durch die Basensequenz und durch die innerhalb eines Strangs vorkommenden Basenpaarungen definiert ist, bildet eine wesentliche Voraussetzung für das richtige Auffinden der Spleißstellen. Ein derartiges proteinfreies Spleißen von RNA-Molekülen ist allerdings bisher nur bei einfachen Eukaryonten nachgewiesen worden. Es hat sich damit gezeigt, dass auch RNA-Moleküle katalytische Eigenschaften besitzen, diese also nicht auf die Proteine beschränkt sind. In Analogie zu den als Proteine vorliegenden Enzymen nennt man katalytisch aktive RNA-Moleküle auch **Ribozyme** (▶ Abschn. 7.1).

Bei höheren Eukaryonten ist für das korrekte Spleißen der Prä-mRNA allerdings ein sehr komplexer Apparat notwendig, bei dem Ribonucleoproteine, d. h. Komplexe aus Proteinen und RNA, benötigt werden. Diese Komplexe lagern sich zu dem sog. Spleißosom zusammen. ◘ Abb. 46.13 zeigt schematisch die am **Spleißosom** stattfindenden Vorgänge. Für das Spleißen werden kleine RNA-Moleküle, die snRNAs (*small nuclear RNAs*), benötigt. Diese liegen im Komplex mit Proteinen vor und werden als *snRNPs* (*small nuclear ribonucleoproteins,* sprich „snörps") bezeichnet.

Die Entfernung eines Introns zwischen zwei Exons (Exon 1 und 2 in ◘ Abb. 46.13) erfolgt in folgenden Schritten:

– An das 5′-Ende des Introns lagert sich das U1-snRNP an (Ziffer 1). Die notwendige Genauigkeit dieser Anlagerung wird durch Basenwechselwirkungen zwischen der Konsensus-Sequenz auf der Prä-mRNA und dem RNA-Anteil von U1 gewährleistet. Die Bezeichnung U1-snRNP, U2-snRNP etc. leitet sich von dem hohen Uracil-Gehalt der entsprechenden snRNAs ab.

– Nachdem BBP (**b**ranch point **b**inding **p**rotein, kein snRNP) an die Verzweigungsstelle und das Protein U2AF (U2 *auxiliary factor*, kein snRNP) an das 3′-Ende des Introns gebunden haben, kann das U2-snRNP das BBP verdrängen und an der Verzweigungsstelle assemblieren. Sowohl BBP als auch U2AF sind als *non-snRNPs* RNA-frei (Ziffer 2). Auch bei U2 sind für das korrekte Auffinden der Verzweigungsstelle Basenpaarungen zwischen der Prä-mRNA und dem RNA-Anteil von U2 notwendig. Allerdings bleibt dabei das für die spätere Umesterung benötigte „A" (*rot*) ungepaart.

– Jetzt lagern sich die U4-, U5- und U6-snRNPs an den Komplex an (Ziffer 3). U4 und U6 werden dabei durch komplementäre Basenpaarung ihrer RNA-Komponenten zusammengehalten, U5 ist nur durch eine schwächere Protein-Protein-Wechselwirkung assoziiert.

– U1 wird abgespalten und an der 5′-Spleißstelle durch U6 ersetzt.

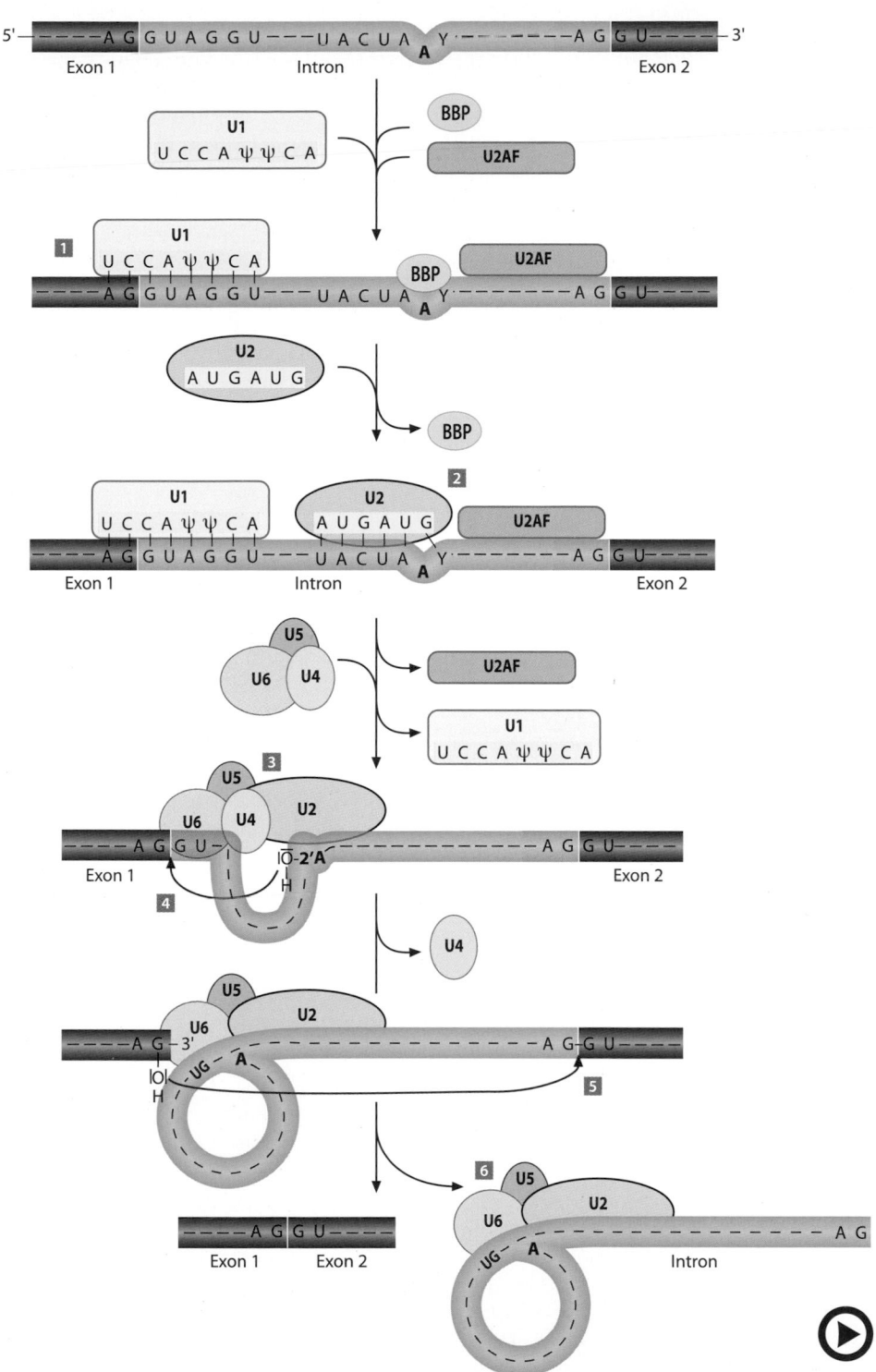

□ **Abb. 46.13** (Video 46.8) **Mechanismus des Spleißens in höheren Eukaryonten durch das Spleißosom.** BBP, *branch point binding protein*; U2AF, *U2-auxiliary factor;* Y, beliebige Pyrimidinbase; ψ, Pseudouridin. (Einzelheiten s. Text) (▶ https://doi.org/10.1007/000-5ms)

– U4 wird vom Komplex freigesetzt und eine Interaktion von U6 mit U2 durch RNA-RNA-Basenpaarung ermöglicht. Diese Konstellation ist notwendig, damit die beiden Spleißstellen, d. h. die 2′-OH-Gruppe des Adenin-Nucleotids an der Verzweigungsstelle und das 5′-Ende des Introns miteinander reagieren können (1. Umesterung, Ziffer 4).

– Die 2. Umesterung wird durch das U5-snRNP katalysiert, welches die beiden Exons in unmittelbare Nachbarschaft bringt. Dadurch wird der nucleophile Angriff der freien 3′-OH-Gruppe von Exon 1 auf die Phosphodiesterbindung am Übergang vom Intron zum Exon 2 ermöglicht (Ziffer 5).

– Der Spleißvorgang wird dadurch abgeschlossen, dass das zum Lasso verknüpfte Intron zusammen mit den Spleißfaktoren abdissoziiert (Ziffer 6). Die Intron-RNA wird abgebaut oder prozessiert, wobei die Spleißfaktoren freigesetzt und für den nächsten Spleißzyklus bereitgestellt werden. Bestimmte Intronbereiche können für snRNAs, miRNAs oder andere regulative RNAs codieren (▶ Abschn. 47.2.5).

– Der Spleißvorgang ist nur möglich durch den initialen nucleophilen Angriff einer **2′-OH-Gruppe** an das Phosphat der Phosphodiesterbindung der 5′-Intron-Spleißstelle – einer 2′-OH-Gruppe, die nur in RNA und nicht in DNA vorhanden ist. Dies ist einer der Gründe, warum sich in der Evolution sowohl Ribonucleotide also auch Desoxyribonucleotide als Bestandteile von Nucleinsäuren durchgesetzt haben.

Übrigens

RNAs können als Ribozyme enzymatische Eigenschaften aufweisen. 1982 entdeckten Thomas Cech und Mitarbeiter, dass bestimmte RNA-Moleküle in dem Protozoon Tetrahymena thermophila in der Lage sind, sich selbst zu spleißen, ohne Zuhilfenahme von Proteinen. Man spricht hier von autokatalytischem Spleißen oder *self-splicing*. Für diese Entdeckung wurde Thomas Cech gemeinsam mit Sidney Altman 1989 mit dem Nobelpreis für Chemie ausgezeichnet. Heute weiß man, dass jede Zelle zahlreiche katalytisch aktive RNA-Moleküle besitzt, die die unterschiedlichsten Reaktionen katalysieren können und allgemein als Ribozyme bezeichnet werden. So sind beispielsweise die 23S-rRNA der pro- und die 28S-rRNA der eukaryontischen Ribosomen in der Lage, im Rahmen der Proteinbiosynthese als Peptidyltransferase Peptidbindungen zu knüpfen (▶ Abschn. 48.1.4). Auch bei der Frage nach der Entstehung des Lebens liefern die katalytischen Eigenschaften der RNA einen wichtigen Beitrag: Man geht davon aus, dass erste Lebensformen einmal in einer RNA-Welt (▶ Abschn. 2.3) entstanden sein könnten, in der Ribozyme wichtige Reaktionen katalysiert haben (RNA-Welt-Hypothese). Erst im Laufe der Evolution wurden nach dieser Theorie die enzymatischen Aktivitäten von Proteinen übernommen.

Das Spleißen erfolgt co-transkriptional. Die Anheftung der für den Spleißvorgang benötigten snRNPs sowie einer großen Zahl weiterer Proteine (insgesamt etwa 150!) zum Spleißosom wird vom Phosphorylierungs-/Dephosphorylierungsmuster der C-terminalen Domäne (CTD) der RNA-Polymerase II gesteuert. Durch die erreichte räumliche Nähe von primär transkribierter RNA und den snRNPs wird eine schnelle Reaktion aller beteiligten Komponenten sichergestellt; abgespaltene snRNPs können dann leicht in den nächsten Spleißzyklus eintreten.

Zur spezifischen Erkennung von RNA besitzen viele RNA-bindende Proteine ein RRM (*RNA-recognition motif*), das aus 80–90 Aminosäuren besteht und ein viersträngiges antiparalleles Faltblatt ausbildet. Im Gegensatz zu DNA-bindenden Proteinen, die oft in der großen Furche der DNA-Doppelhelix binden, interagieren RNA-bindende Proteine mit flexiblerer einzelsträngiger RNA. Ein typisches Beispiel für ein derartiges Protein ist der U1-snRNP-Komplex.

An das 3′-Ende der Prä-mRNA wird eine Poly(A)-Sequenz angehängt Der letzte co-transkriptionale Vorgang führt zu einer Spaltung der synthetisierten Prä-mRNA an ihrem 3′-Ende, das anschließend einer weiteren Modifikation unterzogen wird (◘ Abb. 46.14, links). Diese besteht in der Anheftung von 50 bis mehr als 200 Adenylresten, dem sog. **Poly(A)-Ende** bzw. Poly(A)-Schwanz. Das Signal für die Polyadenylierung ist eine spezifische Sequenz in der naszierenden Prä-mRNA, die aus den sechs Basen AAUAAA besteht und als Polyadenylierungssequenz bezeichnet wird. Zu diesem Zeitpunkt hat sich das Phosphorylierungsmuster der C-terminalen Domäne der RNA-Polymerase II erneut geändert. Dies löst folgende Vorgänge aus:

– Spaltung der Prä-mRNA 10–30 Nucleotide *downstream* von der Polyadenylierungssequenz durch den Endonucleasekomplex aus CstF (*cleavage stimulation factor*) und CPSF (*cleavage and polyadenylation specificity factor*)

– Ablösung von CstF

– Bindung der Polyadenylatpolymerase (PAP) am 3′-Ende und Polyadenylierung

– Anlagerung des Poly(A)-Bindeproteins PABP II (*Poly(A) tail binding protein II*) und Freisetzung von PAP und CPSF

46

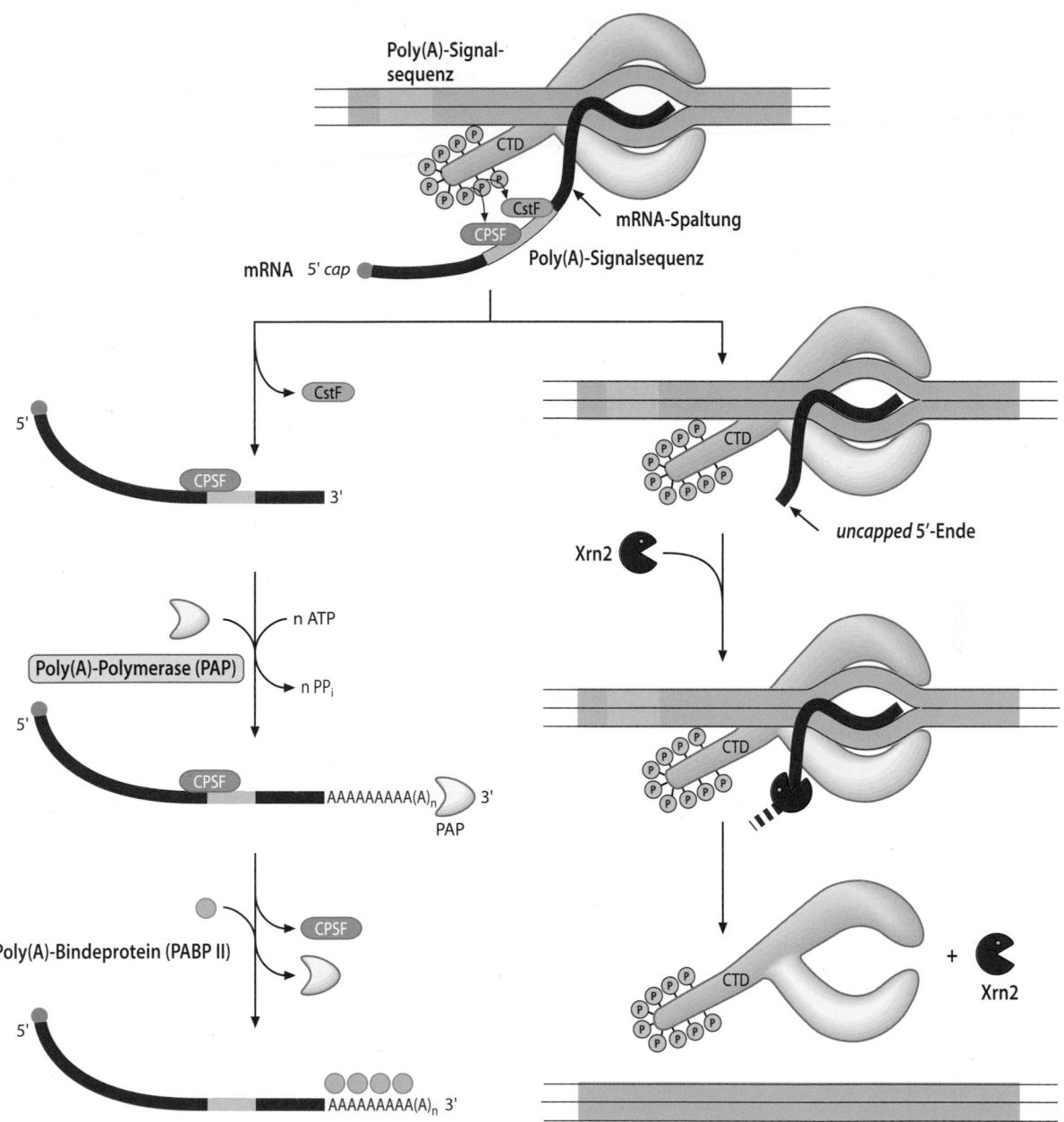

Abb. 46.14 Mechanismus der Polyadenylierung der mRNA und „Torpedomodell" der eukaryontischen Transkriptionstermination. (Einzelheiten s. Text)

Die **Poly(A)-Sequenz** der mRNA schützt die entstehende RNA vor dem Abbau durch Nucleasen. Sie wird während der Translation (▶ Kap. 48) vom 3′-Ende her sukzessive abgebaut und bestimmt somit durch ihre Länge die **Halbwertszeit der mRNA**.

Die Termination der Transkription in Eukaryonten ist erst ansatzweise aufgeklärt Im Unterschied zur Transkriptionstermination bei Prokaryonten sind die Vorgänge, die zur Termination der Transkription bei Eukaryonten führen, noch nicht vollständig verstanden. Nach dem sog. „Torpedomodell" wird trotz der Wirkung der Endonuclease CstF

und resultierender Abspaltung der mRNA (■ Abb. 46.14, links) die RNA-Transkription fortgesetzt.

Die Exonuclease Xrn2 (5′,3′-**Ex**o**ri**bo**n**uclease 2) sorgt dafür, dass die nach dem Polyadenylierungssignal abgeschnittene, aber weitertranskribierte RNA (■ Abb. 46.14, rechts) in 5′,3′-Richtung wieder abgebaut wird – und zwar schneller, als die RNA-Polymerase II auf der DNA entlangläuft. Dieser exonucleolytische Abbau ist möglich, da das 5′-Ende der RNA hier keine *cap*-Gruppe trägt. Die Transkription findet über die gesamte zu transkribierende Sequenz mit unterschiedlicher Geschwindigkeit statt; in den Terminationsregionen scheint sie sich zu verlangsamen und damit der Xrn2 die Gelegenheit zu geben, die RNA-Polymerase einzuholen. Erreicht die Exonuclease Xrn2 die Transkriptionsblase auf der DNA, kommt es zum Abbruch der Transkription und zum Zerfall des DNA-RNA-Polymerasekomplexes.

46.3.4 Transkription durch die RNA-Polymerasen I und III

Die RNA-Polymerase I transkribiert die Gene der ribosomalen RNA. Der zugehörige Promotor besteht aus zwei Teilen, einem sog. *core*-Promotor im Bereich der Startstelle der Transkription und einem Kontrollelement UCE (**upstream control element**), das 100–150 Basenpaare *upstream* der Startstelle gelegen ist (☐ Abb. 46.15). Beide Promotorregionen sind, anders als der Promotor der

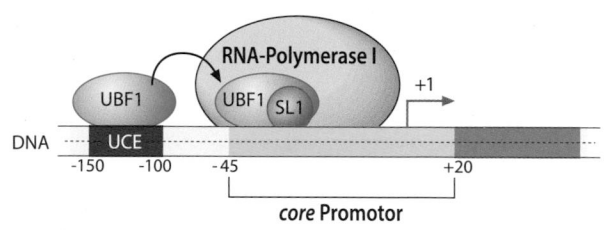

☐ **Abb. 46.15 Transkription durch die RNA-Polymerase I.** (Einzelheiten s. Text)

RNA-Polymerase II, reich an GC-Basenpaaren. Der Transkriptionsfaktor UBF1 (**upstream binding factor 1**) bindet zunächst an das UCE-Kontrollelement und wandert von dort zum *core*-Promotor. In der Folge werden der Transkriptionsfaktor SL1 und die RNA-Polymerase I rekrutiert; sie bilden gemeinsam den Initiationskomplex.

Die Prozessierung der Primärtranskripte ribosomaler RNA Die Bildung ribosomaler RNA-Moleküle bei Eukaryonten entspricht im Prinzip derjenigen bei Prokaryonten. Gene für rRNA finden sich in vielen hundert Kopien im Genom und sind in Form großer Vorläufermoleküle vorhanden.

E. coli besitzt drei verschiedene rRNAs: 5S-, 16S- und 23S-rRNA, die aus langen Vorläufermolekülen mithilfe von verschiedenen RNasen entstehen. Weitere Verkürzungen und Methylierungen erfolgen erst, wenn die rRNAs bereits mit ribosomalen Proteinen assembliert sind: Die 5S- und die 23S-rRNA bilden gemeinsam mit ca. 34 verschiedenen Proteinen die große 50S-Untereineit des prokaryontischen Ribosoms, die 16S-rRNA gemeinsam mit 21 verschiedenen Proteinen die kleine 30S-Untereinheit. Gemeinsam bilden kleine 30S- und große 50S-Untereinheit das prokaryontische 70S-Ribosom mit einer molekularen Masse von 2,5 MDa (☐ Abb. 46.16, *unten*).

Bei Eukaryonten findet man im Vergleich dazu in der großen ribosomalen Untereinheit 28S-, 5S-, 5,8S-rRNA, die zusammen mit 50 Proteinkomponenten die große

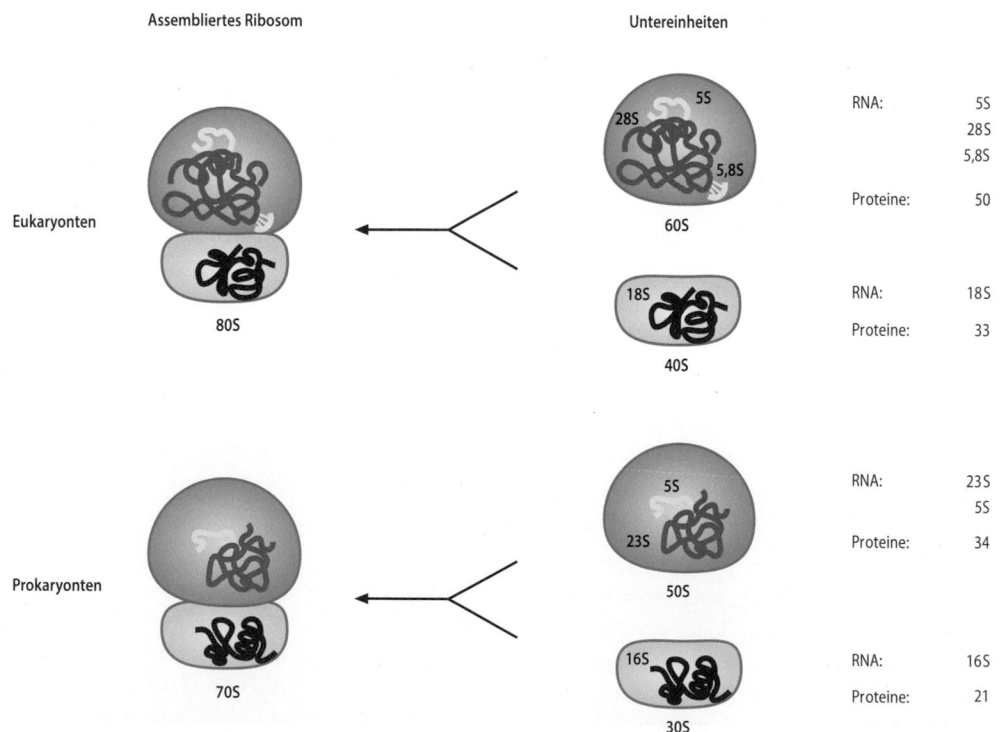

☐ **Abb. 46.16 Bausteine der pro- und eukaryontischen Ribosomen.** (Einzelheiten s. Text)

Untereinheit bilden. 18S-rRNA und ca. 33 Proteinkomponenten assemblieren zur kleinen Untereinheit. Beide Untereinheiten assoziieren im Laufe der Translation (▶ Kap. 48) zum eukaryontischen 80S-Ribosom mit einer molekularen Masse von 4,2 MDa (◻ Abb. 46.16, oben).

Die 28S-, 5,8S- und 18S-rRNA Bausteine der eukaryontischen Ribosomen werden aus einer 45S-Vorläufer rRNA prozessiert. Es finden in einer konzertierten Reaktion verschiedene Prozesse statt (◻ Abb. 46.17):

— die für die eukaryontische rRNA charakteristischen 18S-, 28S- und 5,8S-rRNA-Moleküle werden sequenziell zurechtgeschnitten (*rote Pfeile*),
— an den 2′-OH-Gruppen der Ribosereste finden umfangreiche Modifikationen wie Methylierungen, die in den späteren rRNA-Molekülen erhalten bleiben, sowie Umwandlungen von Uridinen zu Pseudouridinen statt.

Die beschriebenen Spalt- und Modifikationsprozesse der rRNA finden in sog. 90S Prä-Ribosomen statt. Diese bestehen aus ribosomalen Proteinen und snoRNAs (*small nucleolar* RNAs), die die Modifikationen und z. T. die Spaltprozesse katalysieren. Die Komplexe aus snoRNAs und diesen Proteinen nennt man snoRNPs (*small nucleolar ribonucleoproteins*, sprich „snorps"). Die snoRNAs enthalten 10–21 Nucleotide lange RNA-Sequenzen, die 100 % komplementär zu bestimmten Sequenzen der zu prozessierenden rRNA sind.

Die eukaryontische 5S-rRNA wird durch die RNA-Polymerase III synthetisiert und auf ähnliche Weise wie die tRNAs prozessiert (s. u.).

❯ Die RNA-Polymerase III ist hauptsächlich für die Transkription der tRNA zuständig.

Die RNA-Polymerase III ist neben der tRNA-Synthese auch für die Transkription der 5S-rRNA sowie der snRNAs und der snoRNAs zuständig. Sie ist deutlich einfacher reguliert als die RNA-Polymerase II. Einige der Promotoren für die tRNA- und 5S-rRNA-Gene liegen innerhalb der codierenden Sequenz *downstream* des Transkriptionsstartpunkts (◻ Abb. 46.18). Dagegen sind die Promotoren für die snRNA wie die Promotoren anderer Gene *upstream* des Startpunktes der Transkription lokalisiert.

Die Promotoren der RNA-Polymerase III, die die Transkription von tRNA regulieren, enthalten zwei *downstream* gelegene Regionen (BoxA und BoxB). Die für die 5S-rRNA codierenden Gene enthalten die BoxA und BoxC (in der Abbildung nicht gezeigt).

Wie die RNA-Polymerasen II und I benötigt auch die RNA-Polymerase III Transkriptionsfaktoren. So sind TFIIIB und TFIIIC am Initiationskomplex für die Transkription von tRNA-Genen beteiligt. TFIIIB ent-

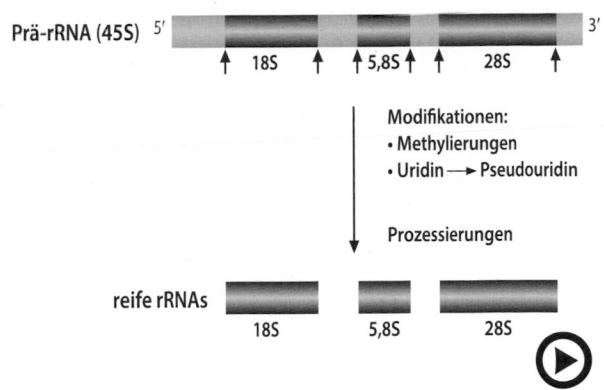

◻ **Abb. 46.17** (Video 46.9) **Entstehung von 18S-, 28S- und 5,8S-rRNA durch Prozessierung eukaryontischer nucleolärer 45S-Prä-rRNA.** Die *roten Pfeile* markieren die verschiedenen Spaltstellen im Verlauf der Prozessierung. Die 5S-rRNA wird von der RNA-Polymerase III synthetisiert und ist deshalb nicht abgebildet. (Einzelheiten s. Text) (▶ https://doi.org/10.1007/000-5mt)

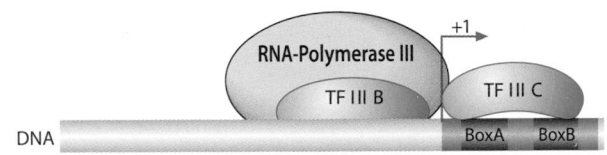

◻ **Abb. 46.18** **Transkription durch die RNA-Polymerase III.** Dargestellt ist die Situation bei der Transkription von tRNA. Nicht gezeigt ist TFIIIA, das an BoxA und BoxC bindet, und bei der Transkription von 5S-rRNA involviert ist (Einzelheiten s. Text)

hält ein TBP (TATA-Bindeprotein) als Untereinheit, bindet in der Nähe des Trankriptionsstartpunkts häufig an eine TATA-Box und rekrutiert die RNA-Polymerase III. TFIIIC hingegen bindet die *downstream* gelegenen BoxA und BoxB, der bei der Transkription von 5S-rRNA beteiligte TFIIIA an BoxA und die ebenfalls *downstream* gelegene BoxC.

Prozessierung der tRNA-PrimärTranskripte In den meisten Zellen finden sich 41 unterschiedliche tRNA-Moleküle, die in multiplen Kopien im Genom codiert sind. Die tRNAs entstehen aus längeren RNA-Transkripten, die von Nucleasen prozessiert werden müssen (◻ Abb. 46.19). Die Endonuclease **RNaseP** entfernt Polyribonucleotide am 5′-Ende der tRNA-Vorläufermoleküle und ist ein ubiquitär vorkommendes Enzym. Es benötigt zu seiner Funktion ein spezifisches RNA-Molekül, welches durch die Bindung an das RNA-Substrat und damit dessen korrekte Ausrichtung für die katalytische Aktivität essenziell ist und sogar in Abwesenheit des Proteinanteils wirkt. Damit gehört die RNase P zu den **Ribozymen**. Nach der Entfernung von zwei Nucleosidmonophosphaten am 3′-OH-Ende durch die **RNase D** erfolgt schließlich die Anheftung der für alle tRNA-Moleküle typischen CCA-Sequenz durch die **tRNA-Nucleotidyltransferase**. Dann erfolgen die für die tRNA spezifischen Methy-

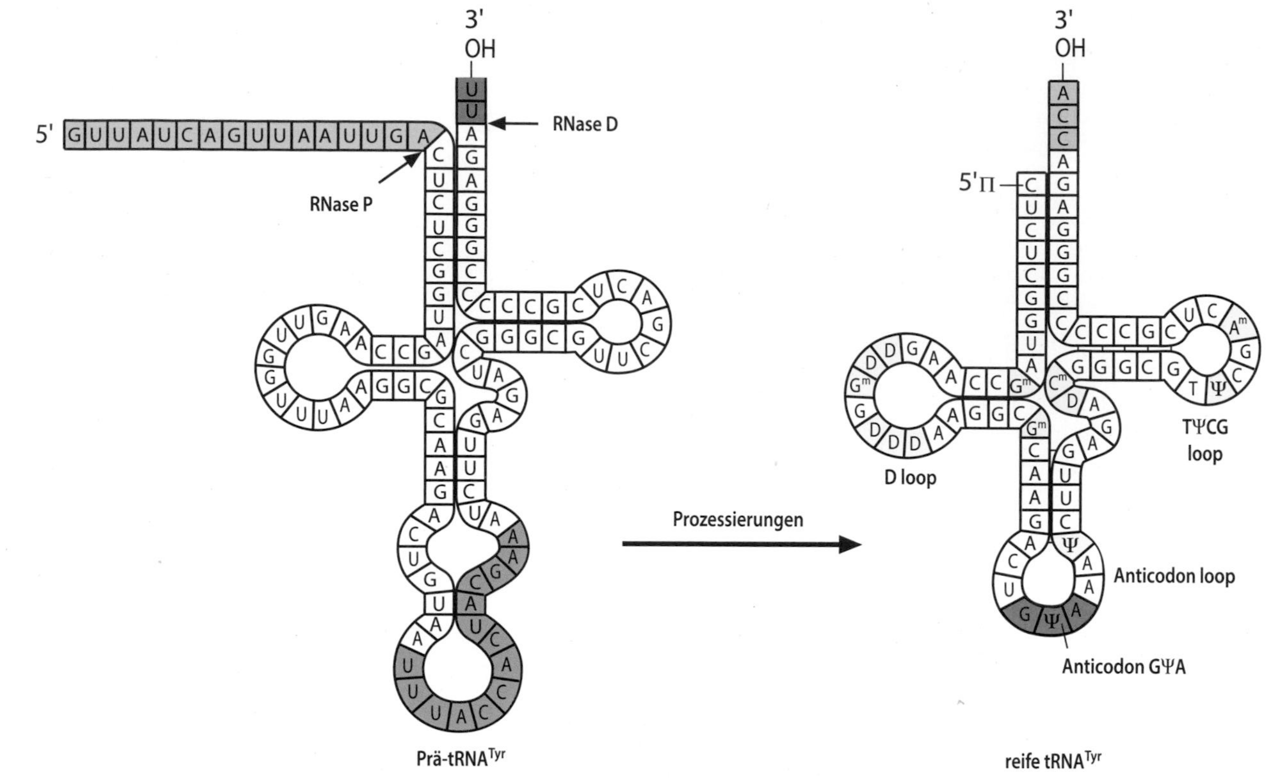

◨ Abb. 46.19 Prozessierung von eukaryontischer tRNA (Beispiel Tyrosin-tRNA). Durch Prozessierung der primären Transkripte von tRNA-Genen durch RNase P, RNase D, tRNA-Nucleotidyltransfe- rase und Spleißen entstehen die tRNAs. D: Dihydrouridin; Ψ: Pseu- douridin; mC, mG: methylierte Basen. (Einzelheiten s. Text). (Adap- tiert nach Nelson, Cox 2011)

lierungen und die **Modifikationen** von Uridinen zu Pseu- douridinen, schließlich werden Teile der tRNA in einem **Spleißprozess** herausgeschnitten.

Für die Termination der Transkription eukaryontischer Gene sind bei der RNA-Polymerase I und III im Unterschied zur RNA-Polymerase II ähnliche Signale verantwortlich wie bei prokaryontischen Genen.

❯ Weitere Arten von RNA haben spezielle Funktionen.

Die Anzahl neu entdeckter RNAs mit speziellen Funk- tionen nimmt ständig zu (▶ Abschn. 10.4). Die oben beschriebenen snRNAs (Spleißen von Prä-mRNA) und snoRNAs (rRNA-Prozessierung) (vgl. ◨ Tab. 46.1) müssen auch aus einem Vorläufermolekül prozessiert werden. SnoRNAs befinden sich oft in den Introns an- derer Gene und können nach deren Spleißen ihrerseits direkt in ihre funktionellen Teile gespalten werden. snRNA Moleküle werden als Prä-snRNAs durch die RNA-Polymerase III synthetisiert und anschließend prozessiert.

MicroRNAs (miRNAs) sind eine eigene Klasse von RNA-Molekülen, die in die Genregulation eingreifen können: Sie sind nicht-codierend, aber komplementär zu bestimmten mRNA-Regionen. Dadurch können sie deren Translation direkt oder durch Initiieren des Ab-

baus der mRNA mithilfe von Enzymkomplexen regulie- ren (▶ Abschn. 47.2.5). Bis zu 1 % des menschlichen Genoms codiert für miRNA. Es gibt Schätzungen, dass ca. 30 % der Gene beim Menschen durch miRNAs regu- liert werden können. miRNAs entstehen wie mRNAs, tRNAs und rRNAs ebenfalls aus Vorläufermolekülen.

Auch **eccRNAs** (*extrachromosomal circular* **RNAs**) werden gespleißt und bilden geschlossene und damit re- lativ langlebige ringförmige RNA-Moleküle. Sie können im Zusammenspiel mit miRNA in die Regulation der Transkription eingreifen.

Viele mRNAs enthalten regulatorische Elemente, die als *Riboswitches* („RNA-Schalter") bezeichnet wer- den und direkten Einfluss auf ihre zugehörige mRNA und deren Translation nehmen können. Die *Riboswitches* enthalten dabei regulatorische Elemente und können durch Bindung kleiner Liganden (z. B. Metabolite oder auch Thiaminpyrophosphat TPP) die Expression der mit dieser mRNA im Zusammenhang stehenden Gene be- einflussen. Alle bisher bekannten *Riboswitches* sind in Bakterien, *Archaea*, Pflanzen und Pilzen entdeckt wor- den.

Intrazelluläre Signalmoleküle wie die **Alar- mone** (z. B. Guanosin-Tetra- und -Pentaphosphate, ppGpp und pppGpp), die von Bakterien unter Stressbedingungen synthetisiert werden, können im Zusammenspiel mit *riboswitches* in die Genregulation eingreifen. So kann die Zelle z. B. Hungerstress dadurch begegnen, dass Alarmone spezifisch die Transkription der Gene induzieren, die diesen Mangel an Nährstoffen kompensieren können.

Da Alarmone bislang nur in Bakterien gefunden wurden (und in von Bakterien abgeleiteten Organellen, wie Chloroplasten), können Hemmstoffe der Alarmon-Synthetasen möglicherweise als neuartige Antibiotika zur Behandlung bakterieller Infektionen eingesetzt werden.

46.3.5 Inhibitoren der Transkription

Eine Reihe von Hemmstoffen der Transkription, darunter auch einige Antibiotika, haben sich als wertvolle Hilfsmittel bei der Aufklärung der molekularen Mechanismen dieses Vorgangs erwiesen. Darüber hinaus haben sie auch Eingang in die Therapie gefunden.

Actinomycin D Das Antibiotikum Actinomycin D (◘ Abb. 46.20) hemmt in niedrigen Konzentrationen die Transkription, in höheren auch die Replikation. Der planare Teil des Moleküls (*gelb*) schiebt sich zwischen GC-Paare doppelsträngiger DNA. Die sich dadurch ergebende Verformung der DNA führt zur Hemmung der Transkription. Aus dem Wirkungsmechanismus wird verständlich, dass Actinomycin D Replikation und Transkription sowohl bei Pro- als auch bei Eukaryonten hemmt.

Rifampicin Die prokaryontische RNA-Polymerase wird selektiv von Rifampicin gehemmt, da es an die katalytische β-Untereinheit dieses Enzyms bindet. Da das entsprechende Enzym der Eukaryonten unbeeinflusst bleibt, wird Rifampicin zur Therapie bakterieller Infektionen angewandt.

α-Amanitin α-Amanitin, ein zyklisches Octapeptid (◘ Abb. 46.21), ist ein spezifischer Inhibitor der eukaryontischen RNA-Polymerase II (in höheren Dosen auch der RNA-Polymerase III) (◘ Tab. 46.1). Es bindet im aktiven Zentrum der RNA-Polymerase II, blockiert den NTP-Eintrittskanal (◘ Abb. 46.1) und ist für die Giftwirkung des grünen Knollenblätterpilzes verantwortlich. Bei der Knollenblätterpilzvergiftung steht im Vordergrund, dass es zunächst in der Leber die Transkription hemmt. Es kommt aus diesem Grund zu einer akuten Zerstörung des Leberparenchyms. Auf die RNA-Polymerase I, bakterielle Polymerasen und natürlich auf die RNA-Polymerase des Knollenblätterpilzes hat α-Amanitin keine Wirkung.

Eine Reihe einfacher von 4-Oxochinolin-3-Carbonsäure abstammender Verbindungen sind wirk-

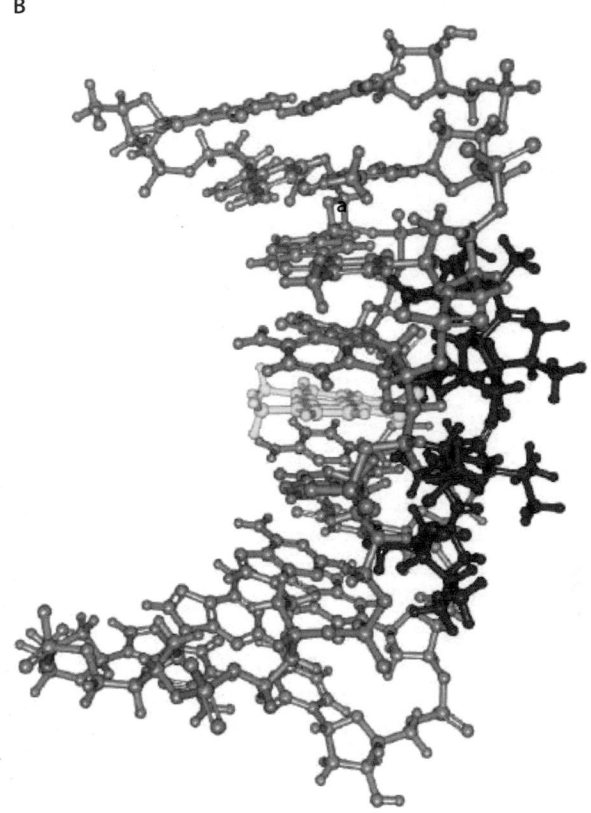

Actinomycin D

◘ **Abb. 46.20** **Actinomycin D interkaliert zwischen zwei benachbarten GC-Paaren. A** Strukturformel (*Sar:* Sarkosin [Methylglycin]; *L-Pro:* L-Prolin; *L-Thr:* L-Threonin; *D-Val:* D-Valin; *L-meVal:* methyliertes L-Valin). **B** Raumstruktur des Komplexes von Actinomycin D mit DNA. Der planare Teil (*gelb* unterlegt) interkaliert mit GC-Paaren doppelsträngiger DNA, die zyklischen Peptide sind *rot* dargestellt. PDB ID: 2D55

same Hemmstoffe der prokaryontischen DNA-Gyrase (▶ Kap. 10). Wegen der Wirkung derartiger **Gyrasehemmstoffe** auf die bakterielle Replikation und Transkription werden diese zur Therapie eines breiten Spektrums bakterieller Infekte (z. B. Tuberkulose, Meningokokkeninfektionen) eingesetzt.

faktoren bei der Translation (▸ Kap. 48) und dienen der cytoplasmatischen Lokalisation der mRNA oder führen sie dem Abbau zu.

46.3.7 Abbau von mRNA

❯ Die Genexpression eukaryontischer Zellen wird nicht nur von der Geschwindigkeit der RNA-Biosynthese, sondern auch von deren Abbau bestimmt.

Der Abbau der mRNA findet im Cytosol statt und wird durch eine Reihe unterschiedlicher Ribonucleasen (RNasen) katalysiert. Da viele Untersuchungen gezeigt haben, dass mRNA-Moleküle mit jeweils unterschiedlicher Geschwindigkeit abgebaut werden, muss man davon ausgehen, dass gewisse Strukturmerkmale für die Geschwindigkeit ihres Abbaus bestimmend sind. Man unterscheidet drei verschiedene mRNA-Abbauwege.

Deadenylierungs-abhängiger mRNA-Abbau Dieser häufigste mRNA-Abbauweg beginnt mit einer Deadenylierung, d. h. der schrittweisen Verkürzung der 3′-Poly(A)-Sequenz (◻ Abb. 46.23, links). Dieser Vorgang verläuft initial sehr langsam und nimmt mit steigender Verkürzung der Poly(A)-Sequenz an Geschwindigkeit zu. Das hierfür verantwortliche Enzym ist eine **Poly(A)-Ribonuclease (PARN)**. Eine Verkürzung der Poly(A)-Sequenz auf wenige Nucleotide liefert das Signal zur Ent-

fernung der 5′-*cap*, was anschließend den raschen mRNA-Abbau durch die **5′,3′-Exonuclease** Xrn1 (*exoribonuclease* 1) auslöst. Bei der Regulation des mRNA-Abbaus spielt auch das PABP (*PolyA binding protein*) eine wichtige Rolle (in der Abbildung nicht gezeigt).

Deadenylierungs-unabhängiger mRNA-Abbau/*decapping pathway* Dieser Abbauweg ist eine zweite Möglichkeit, die zum mRNA-Abbau führt. Hier sind offenbar bestimmte Sequenzen am 5′-Ende der mRNA für eine Abspaltung der *cap*-Gruppe durch ein *decapping*-Enzym verantwortlich (◻ Abb. 46.23, Mitte). Nach Abspaltung der *cap*-Gruppe erfolgt ein schneller Abbau durch die **5′,3′-Exonuclease**.

Endonucleolytischer mRNA-Abbau Ein dritter Abbauweg findet sich bei mRNAs, die ein durch Mutation entstandenes *nonsense*-Codon enthalten und damit zu einem vorzeitigen Abbruch der Translation (▸ Kap. 48) führen können, wenn eines der drei Stopp-Codons entstanden ist (*premature termination codons*, PTCs). Dieser Abbauweg wird auch *nonsense-mediated mRNA decay*, NMD-*pathway*, genannt: Nach einer endonucleolytischen Spaltung der fehlerhaften mRNA können die beiden mRNA-Fragmente durch Xrn1 bzw. das Exosom vom freien 5′- bzw. freien 3′-Ende her abgebaut werden.

Alle Nucleasen, die in den Prozess des mRNA-Abbaus eingreifen, sind in diskreten sog. cytosolischen P-*bodies* lokalisiert.

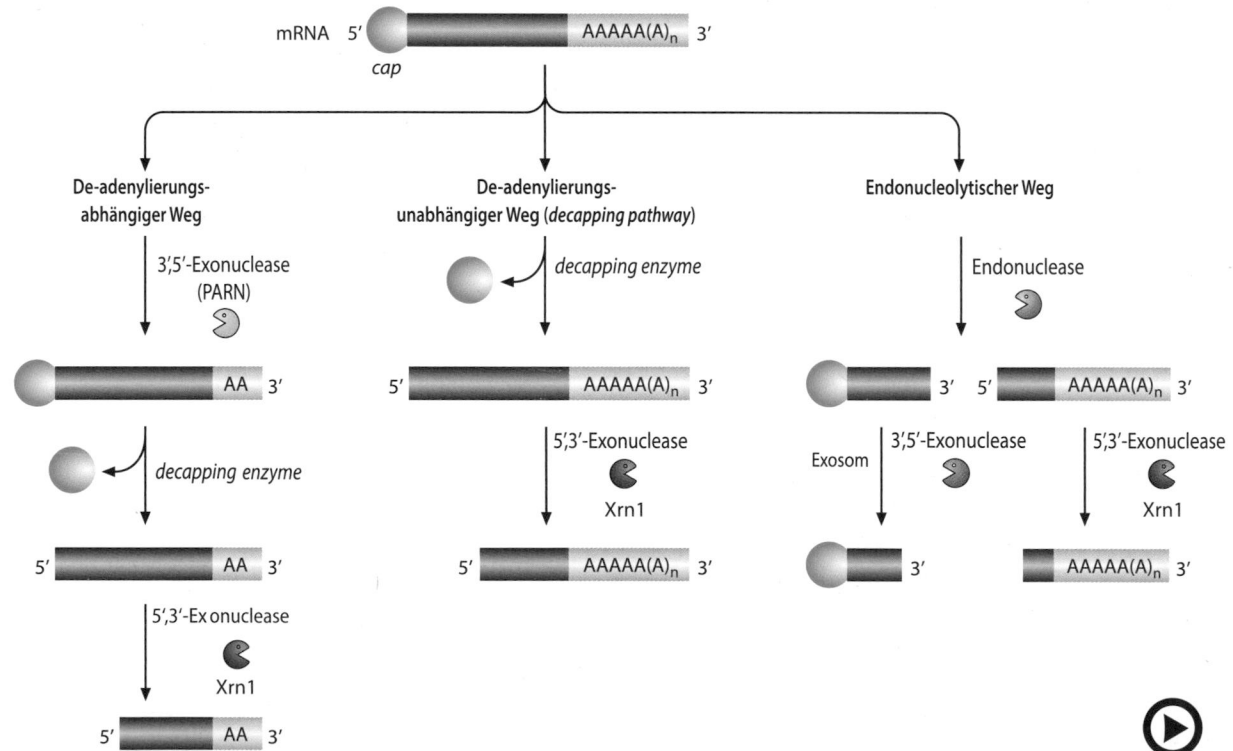

◻ **Abb. 46.23** (Video 46.10) **Abbauwege von mRNA.** (Einzelheiten s. Text) (▸ https://doi.org/10.1007/000-5mv)

Zusammenfassung

Eukaryonten verfügen über drei RNA-Polymerasen, die für die 5′,3′-Verknüpfung von Ribonucleotiden zu RNA-Polymeren verantwortlich sind

- die RNA-Polymerase I für die Synthese des Vorläufers von ribosomaler RNA,
- die RNA-Polymerase II hauptsächlich für die Synthese von Prä-*messenger*-RNA und
- die RNA-Polymerase III hauptsächlich für die Synthese von Vorläufern von Transfer-RNA.

Für die Bildung der Initiationskomplexe sind Promotoren verantwortlich. Sie stellen regulatorische DNA-Abschnitte dar, an die die RNA-Polymerasen zusammen mit Transkriptionsfaktoren binden. Damit wird der Startpunkt der Transkription festgelegt.

Der Initiationskomplex der RNA-Polymerase II besteht aus allgemeinen/basalen Transkriptionsfaktoren, Mediatorproteinen, Co-Aktivatoren, induzierbaren und/oder aktivierbaren Transkriptionsfaktoren. Die C-terminale Domäne (CTD) der RNA-Polymerase II spielt dabei eine bedeutende Rolle.

Durch die Änderung der Phosphorylierung der C-terminalen Domäne der RNA-Polymerase II wird die Elongation eingeleitet, die mit den meisten allgemeinen Transkriptionsfaktoren einhergeht. Co-transkriptional erfolgt dann die Anheftung der *cap*-Gruppe, das Entfernen von Introns durch Spleißen und die Synthese des Poly(A)-Schwanzes.

tRNA-Vorläufermoleküle werden mithilfe der RNaseP – einem Ribozym – am 5′ Ende verkürzt, am 3′-Ende mit der Sequenz-CCA versehen und methyliert.

rRNA-Vorläufermoleküle werden methyliert und mithilfe von Nucleasen in einem Präribosomkomplex zu den reifen rRNA-Molekülen prozessiert.

Prinzipiell liegen mit Ausnahme der tRNA alle RNA-Formen immer als RNA-Proteinkomplexe (Ribonucleoproteine, RNPs) vor.

Hemmstoffe der Transkription verhindern entweder die Entwindung der DNA (z. B. Gyrasehemmer) oder sie inaktivieren die RNA-Polymerasen (Rifampicin).

Für die Proteinbiosynthese werden die tRNAs, rRNAs und mRNAs mithilfe von Transportproteinen über die Kernporen ins Cytosol exportiert. Nach Abschluss der Proteinbiosynthese werden mRNAs im Cytosol durch spezielle RNA-Abbaumechanismen degradiert.

Weiterführende Literatur

Monographien

Chakalova L, Fraser P (2010) Organization of transcription. Cold Spring Harb Perspect Biol 2:a000729

Übersichtsarbeiten und Originalarbeiten

Anamika K, Gyenis A, Tora L (2013) How to stop: the mysterious links among RNA polymerase II occupancy 3′ of genes, mRNA 3′ processing and termination. Transcription 4:7–12

Berretta J, Morillon A (2010) Pervasive transcription constitutes a new level of eukaryotic genome regulation. EMBO Rep 10:973–982

Chen W, Moore MJ (2014) The spliceosome: disorder and dynamics defined. Curr Opin Struct Biol 24:141–149

Darnell JE (2013) Reflections on the history of pre-mRNA processing and highlights of current knowledge: a unified picture. RNA 19:443–460

Egloff S, Murphy S (2008) Cracking the RNA polymerase II CTD code. Trends Genet 24:280–288

Formosa T (2013) The role of FACT in making and breaking nucleosomes. Biochim Biophys Acta 1819:247–255

Ho L, Crabtree GR (2010) Chromatin remodelling during development. Nature 463:474–484

Hoskins AA, Moore MJ (2012) The spliceosome: a flexible, reversible macromolecular machine. Trends Biochem Sci 37:179–188

Kornblihtt AR, Schor IE, Alló M, Dujardin G, Petrillo E, Muñoz MJ (2013) Alternative splicing: a pivotal step between eukaryotic transcription and translation. Nat Rev Mol Cell Biol 14:153–165

Krishnamurthy S, Hampsey M (2009) Eukaryotic transcription initiation. Curr Biol 19:R153–R156

Kruger K, Grabowski PJ, Zaug AJ, Sands J, Gottschling DE, Cech TR (1982) Self-splicing RNA: autoexcision and autocyclization of the ribosomal RNA intervening sequence of tetrahymena. Cell 31:147–157

Matera AG, Wang Z (2014) A day in the life of the spliceosome. Nat Rev Mol Cell Biol 15:108–121

Meinhart A, Kamenski T, Hoeppner S, Baumli S, Cramer P (2005) A structural perspective of CTD function. Genes Dev 19:1401–1415

Padgett RA (2012) New connections between splicing and human disease. Trends Genet 28:147–154

Perales R, Bentley D (2009) „Cotranscriptionality": the transcription elongation complex as a nexus for nuclear transactions. Mol Cell 36:178–191

Sharp PA (2005) The discovery of split genes and RNA splicing. Trends Biochem Sci 30:279–281

Shim J, Karin M (2002) The control of mRNA stability in response to extracellular stimuli. Mol Cells 14:323–331

Vannini A, Cramer P (2012) Conservation between RNA polymerase I, II and III transcription initiation machineries. Mol Cell 45:439–446

Wahl MC, Will CL, Lührmann R (2009) The spliceosome: design principles of a dynamic RNP machine. Cell 136:701–718

Zhou Q, Li T, Price DH (2012) RNA polymerase II elongation control. Annu Rev Biochem 81:119–143

Lehrbücher

Alberts B, Johnson A, Lewis J, Raff M, Roberts K, Walter P (2008) Molecular biology of the cell, 5. Aufl. Garland Science, New York

Lodish H, Berk A, Kaiser C, Krieger M, Scott M, Bretscher A, Ploegh H, Matsudaira P (2008) Molecular cell biology, 7. Aufl. Freemann, Gumbrills

Nelson DL, Cox MM (2013) Lehninger principles of biochemistry, 6. Aufl. Macmillan, London

Watson JD, Baker TA, Bell SP, Gann A, Levine M, Losick R (2011) Molekularbiologie, 7. Aufl. Pearson Studium, Hallbergmoos

Regulation der Transkription – Aktivierung und Inaktivierung der Genexpression

Jan Brix, Hans-Georg Koch und Peter C. Heinrich

Obwohl fast alle Zellen des menschlichen Körpers die gleiche genetische Information enthalten, werden in verschiedenen Zelltypen wie z. B. Leber-, Muskel- oder Nervenzellen ganz unterschiedliche Proteine exprimiert. Bestimmte Gene werden nur während der Entwicklung des Organismus, andere wiederum nur auf geeigneten Hormon- oder Cytokinstimulus hin transkribiert. Daneben gibt es Gene, die ständig in nahezu allen Zelltypen aktiviert sind, sog. *house keeping*-Gene.

Die Regulation der Genexpression erfolgt in erster Linie auf Ebene der Initiation der Transkription. Die hierfür verantwortlichen Prozesse werden in diesem Kapitel beschrieben. Die grundlegenden Prinzipien der Genregulation werden eingangs anhand von Prokaryonten erklärt. In Eukaryonten ist die Genexpression durch zusätzliche Mechanismen wie z. B. alternatives Spleißen und RNA-Interferenz reguliert.

Da in Säugerzellen die Gene – mit Ausnahme der wenigen mitochondrialen Gene – auf der DNA im Zellkern lokalisiert sind, die Proteinbiosynthese aber im Cytoplasma abläuft, ergeben sich vielfältige Möglichkeiten der Genregulation

Schwerpunkte

47.1 Kontrolle der Transkription bei Prokaryonten
- Operon-Modell zur Regulation der Genexpression in Prokaryonten

47.2 Kontrolle der Transkription bei Eukaryonten
- Regulation der Genexpression in Eukaryonten: Transkriptionsfaktoren und das *enhanceosome*
- Epigenetische Histonmodifikationen und DNA-Methylierungen steuern die eukaryontische Genexpression
- Regulation der mRNA-Stabilität
- Alternatives Spleißen und mRNA-*editing*

47.1 Kontrolle der Transkription bei Prokaryonten

Bei Prokaryonten wird die Genexpression überwiegend über die Transkription reguliert. Das von Francois Jacob und Jaques Monod erstmalig formulierte **Operonmodell** beschreibt einen bis heute gültigen Mechanismus der Genregulation in Prokaryonten. Im Prinzip beruhen alle Varianten dieses Modells darauf, dass mehrere Gene unter der Kontrolle eines Promotors stehen. In unmittelbarer Nähe zu diesem Promotor befindet sich eine Operatorregion, an die Repressor- und Aktivatorproteine binden und die Transkriptionsrate beeinflussen können (◻ Abb. 47.1).

- In Anwesenheit eines Repressorproteins bindet dieses an den **Operator** und blockiert die Bindungsstelle der RNA-Polymerase. Es kann keine Transkription stattfinden.
- Nach Ablösung des Repressors findet in Abwesenheit eines Aktivatorproteins nur eine basale Transkription statt, da die Affinität der RNA-Polymerase an den Promotor nur schwach ist. Der **Repressor** kann z. B. durch Bindung eines **Induktors** inaktiviert werden und sich von der Operatorregion ablösen.
- Nach Bindung eines Aktivatorproteins besitzt die RNA-Polymerase maximale Affinität für den Promotor. In Abwesenheit des Repressors und Anwesenheit eines Aktivatorproteins rekrutiert der Aktivator die RNA-Polymerase, indem er gleichzeitig an die Aktivatorbindungsstelle auf der DNA und an die RNA-Polymerase bindet. Es findet eine maximale Transkription statt.

Ein bekanntes Beispiel ist das *lac*-Operon in *E. coli*. Dieses Operon kontrolliert die Transkription von drei für den Abbau von Lactose wichtigen Genen, der β-Galactosidase (*lacZ*), der Lactosepermease (*lacY*) und der Lactosetransacetylase (*lacA*). Als Repressor

Ergänzende Information Die elektronische Version dieses Kapitels enthält Zusatzmaterial, auf das über folgenden Link zugegriffen werden kann https://doi.org/10.1007/978-3-662-60266-9_47. Die Videos lassen sich durch Anklicken des DOI Links in der Legende einer entsprechenden Abbildung abspielen, oder indem Sie diesen Link mit der SN More Media App scannen.

P. C. Heinrich et al. (Hrsg.), *Löffler/Petrides Biochemie und Pathobiochemie*, https://doi.org/10.1007/978-3-662-60266-9_47

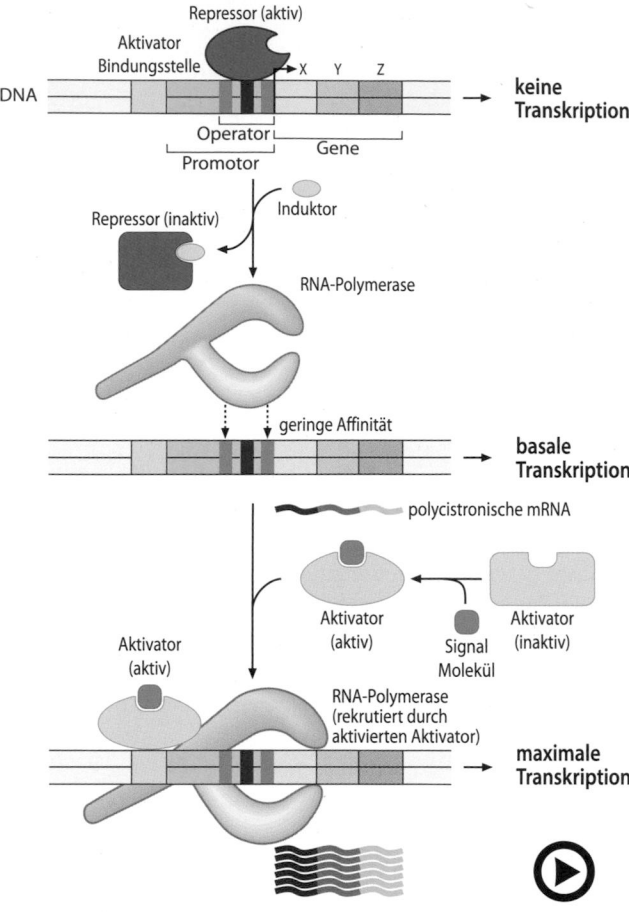

Abb. 47.1 (Video 47.1) **Operonmodell. Regulation der prokaryontischen Transkription.** (Einzelheiten s. Text) (▶ https://doi.org/10.1007/000-5mz)

dient der *lac*-Repressor, der in einer aktiven, d. h. DNA-bindenden Form und nach Bindung des Induktors Allolactose in einer strukturell veränderten inaktiven Form vorkommt.

Aktivator des *lac*-Operons ist das *catabolite activating protein* (*CAP*), das an die DNA bindet und die RNA-Polymerase rekrutiert. CAP wird erst in Abwesenheit von Glucose (Hungersignal) durch die Bindung des *second messengers* cAMP aktiviert und kann sich dann an die CAP-Aktivator-Bindungsstelle anlagern.

Da die gebildete mRNA des *lac*-Operons die Information für Synthese von drei verschiedenen Proteinen enthält, wird sie als **polycistronische mRNA** bezeichnet. Solche polycistronischen mRNAs findet man fast ausschließlich in Prokaryonten. In Eukaryonten sind sie

bislang in Mitochondrien und Chloroplasten sowie in Trypanosomen nachgewiesen worden.

47.2 Regulation der Transkription bei Eukaryonten

Der in ▶ Abschn. 47.1 geschilderte Mechanismus der prokaryontischen Regulation der Genexpression, d. h. die Regulation durch Bindung von Proteinen an spezifische DNA-Sequenzen, findet sich auch bei Eukaryonten. Wegen der Komplexität der DNA z. B. durch ihre Verpackung als Chromatin und wegen der Kompartimentierung der eukaryontischen Zellen sind hier allerdings zur Regulation der Genexpression zusätzliche Mechanismen erforderlich. Da Prokaryonten keinen Zellkern besitzen, können Transkription und Translation gleichzeitig ablaufen. Zudem liegt die Halbwertszeit der mRNA bei Prokaryonten im Bereich von Minuten, weswegen jede Regulation der Transkription unmittelbar die Biosynthese der entsprechenden Proteine, d. h. die Genexpression, beeinflusst.

Anders liegen die Verhältnisse bei Eukaryonten. Sie besitzen einen Zellkern, in dem mit Ausnahme der mitochondrialen DNA die gesamte DNA der Zelle kondensiert vorliegt. Hier erfolgen die Transkription und die Prozessierung der primären Transkripte. Die Translation der mRNA in ein Polypeptid (Proteinbiosynthese) findet im Cytosol statt, weswegen ein Export der mRNA durch die Kernporen notwendig ist.

Für die Expression eines zell- oder gewebespezifischen Phänotyps und für die Anpassung sämtlicher Leistungen von Zellen an geänderte Umweltbedingungen ist die Möglichkeit, die Expression spezifischer Gene entsprechend zu regulieren, eine entscheidende Voraussetzung. Änderungen der Genexpression spielen darüber hinaus bei der Reaktion von Zellen auf Stress, toxische Verbindungen, Infektionen oder bei der malignen Transformation in Tumorzellen eine entscheidende Rolle. Im Prinzip können Änderungen der Genexpression erfolgen (**Tab. 47.1**);
- durch Aktivierung/Inaktivierung von Genen
- durch Beeinflussung der Transkriptionsinitiation -elongation und -termination
- bei der Prozessierung der Prä-mRNA
- beim Transport der mRNA ins Cytoplasma
- durch Abbau der mRNA oder
- bei der Translation der mRNA

Alle genannten Vorgänge sind in unterschiedlichem Ausmaß an der Regulation der Genexpression beteiligt.

Von entscheidender Bedeutung für die Expression eines Gens sind auch Faktoren, die „zusätzlich" (von altgriechisch *epi*) zur DNA-Sequenz wirken, die sog. **epigenetischen Faktoren**. Diese sind nicht in der DNA-Sequenz codiert, können aber trotzdem vererbt werden. Typische Beispiele solcher epigenetischen Faktoren sind die **Methylierung der Base Cytosin** oder die **Acetylierung von Histonen** (▶ Kap. 10).

◻ **Tab. 47.1** Regulationsmechanismen der Transkription eukaryontischer Gene

Regulierter Schritt	Mechanismus	Vorkommen (Beispiele)
Aktivierung/ Inaktivierung von Genen	Inaktivierung durch Methylierung an CG-Inseln im Promotor, Histon-Modifikationen	*genomic imprinting* Viele differenzierungsabhängige Gene
Initiation der Transkription	Aktivierung des Transkriptionskomplexes durch ligandenaktivierte Transkriptionsfaktoren	Aktivierung der Transkription durch Steroidhormone/ Steroidhormonrezeptorkomplexe u. a. Chromatin-*remodeling* (Ablösung der Histone von der DNA durch Histonmodifikationen)
Hemmung der Transkription	Hemmung des Importes von Transkriptionsfaktoren in den Zellkern	Hemmung von NF-κB durch IκB
	Hemmung der Bindung von Transkriptionsfaktoren an DNA	Hemmung des Transkriptionsfaktors p53 durch Bindung des SV40 (*Simian Virus*)-T-Antigens
mRNA-*editing*	Posttranskriptionale Basenmodifikation in der mRNA	Erzeugung der Isoformen des Apolipoproteins B
Alternatives Spleißen	Verwendung alternativer Spleißstellen	Calcitonin/CGRP-Gen, Immunglobulin-Gene, *ras*-Gen
Transport und Lokalisierung der RNA	RNA-Bindungsproteine für den Transport spezifischer RNAs	*cap*-Bindungsprotein
Abbau der RNA	Verhinderung des endonucleolytischen Abbaus durch RNA-Bindungsproteine, m6A-Methylierung	Stabilität der mRNA des Transferrinrezeptors bzw. des Transkriptionsfaktors p53

Übrigens

Umwelteinflüsse können durch epigenetische Markierungen über mehrere Generationen nachgewiesen werden. Während des Zweiten Weltkrieges kam es im Winter 1944/1945 in Holland zu einer großen Hungersnot. Man fand nach dem Krieg heraus, dass Kinder und v. a. auch Enkelkinder von Müttern, die unter diesem Hunger gelitten hatten, deutlich häufiger an Diabetes, Fettleibigkeit oder Herzleiden erkrankten. Offenbar wurde das stressbedingte epigenetische Markierungsmuster der Mutter nicht nur an die Kinder, sondern auch an die Enkelkinder weitervererbt, was zu entsprechenden Stoffwechselstörungen führen konnte. Es scheint auch einen Zusammenhang zwischen der Abhängigkeit von Alkohol, Nikotin oder anderen Drogen wie Amphetaminen und den epigenetischen Markierungen an Histonen zu geben. Es entstehen hier zu Beginn der Sucht epigenetische Markierungen als „molekulare Narben" (*molecular scarfs*), von denen man annimmt, dass sie bei der Abhängigkeit von diesen Drogen eine Rolle spielen. Diese epigenetischen Markierungen scheinen wie ein molekulares Gedächtnis zu wirken und werden bei der Zellteilung auf die Tochterzellen übertragen. Allerdings ist weitestgehend unklar, wie die transgenerationelle Übertragung erfolgt und wie häufig epigenetische Markierungen in Keimzellen auftreten.

47.2.1 Epigenetische Aktivierung und Inaktivierung der Genexpression

Durch DNA-Methylierung kann die Transkription von Genen inhibiert werden.

Bei Prokaryonten und einzelligen Eukaryonten gleichen sich alle Nachkommen einer Zelle bezüglich Genexpression und Ausstattung mit Proteinen. Anders liegen dagegen die Verhältnisse bei höheren mehrzelligen Organismen. Diese entstammen alle einer befruchteten diploiden Eizelle. Durch Replikation wird jeweils das gesamte genetische Material auf alle Tochterzellen dieser Eizelle, d. h. auf jede Zelle des differenzierten mehrzelligen Organismus weitergegeben. Dass tatsächlich im Zellkern einer somatischen Zelle noch die gesamte Information für den jeweiligen Organismus enthalten ist, sieht man beispielsweise daran, dass es möglich ist, einer befruchteten Eizelle eines Frosches den Zellkern zu entnehmen und durch den Zellkern einer beliebigen somatischen Zelle zu ersetzen. Auch dann entsteht aus der befruchteten Eizelle ein lebensfähiger Frosch.

Ungeachtet dieser Tatsache ist klar, dass sich die Vielfalt der verschiedenen Zellen eines höheren Organismus nur dadurch erklären lässt, dass während des Differenzierungsvorgangs spezifische Gene an- und andere abgeschaltet werden. So findet sich z. B. Hämoglobin ausschließlich in den Erythrocyten und einigen ihrer Vorläuferzellen, nicht dagegen in den anderen Zellen des Organismus. Dies beruht nicht auf einem Verlust des Hämoglobin-Gens in den Nicht-Hämoglobin-produzierenden Zellen. Vielmehr werden in ihnen die für die Hämoglobinbiosynthese zuständigen Gene abgeschaltet. Offensichtlich entwickelt jede differenzierte Zelle ein spezifisches Muster von an- bzw. abgeschalteten Genen, das bei der Zellteilung unverändert an die Nachkommen weitergegeben wird.

Eine Möglichkeit für das An-bzw. Abschalten von Genen besteht in der Erzeugung spezifischer **Methylierungsmuster** im Genom von sich differenzierenden Zellen. Der hierbei zugrunde liegende Mechanismus ist in ◘ Abb. 47.2A schematisch dargestellt. Die Inaktivierung eines Gens beginnt danach mit der Methylierung am C-Atom 5 eines Cytosinrestes in einer CG-reichen palindromartigen, regulatorischen Sequenz (sogenannte **CpG-Inseln**) durch *de novo*-DNA-Methylasen wie Dnmt3, (1. Methylierung). Wesentlich dabei ist, dass auf den Cytosinrest immer ein Guanin folgt. Für die Weitergabe dieses Methylierungsmusters während der Replikation bedarf es weiterer spezifischer **Methyltransferasen** (sog. ***Maintanance*-Methylasen** wie Dnmt1, 2. Methylierung), die die palindromartige CG-Sequenz im komplementären Strang erkennt und den C-Rest v. a. dann methyliert, wenn der parentale Strang bereits eine entsprechende Methylgruppe trägt, der DNA-Doppelstrang also hemimethyliert vorliegt. Tatsächlich können Änderungen des Methylierungsmusters während Differenzierungsprozessen festgestellt werden. Es wurde nachgewiesen, dass sehr viele inaktive Gene stärker methyliert sind als aktive Gene.

Ein wichtiges Werkzeug zum Studium der CG-Methylierungsmuster der DNA ist die Base **5-Azacytosin** (◘ Abb. 47.2B). Wird sie anstelle des normalen Cytosins in DNA eingebaut, wird die Methylierung an dieser Stelle wegen des in Position 5 anstatt eines C-Atoms befindlichen N-Atoms verhindert. Nach Behandlung von embryonalen Zellen mit 5-Azacytosin kommt es in vielen Fällen zu einer verstärkten Genexpression. Dieser Befund bestätigt die Annahme, dass Gene überwiegend durch Methylierung abgeschaltet werden.

Unterschiede im Methylierungsmuster sind auch für das ***genomic imprinting*** verantwortlich. Man versteht hierunter das Phänomen, dass gleiche Allele paternaler und maternaler Gene unterschiedlich exprimiert werden. So wird beispielsweise nur das väterliche Allel für IGF-2 (**i***nsulin-like* **g***rowth* **f***actor 2*) transkribiert, nicht jedoch das der Mutter. In den Oocyten ist das IGF-2-Gen methyliert, nicht jedoch in den Spermatocyten. Da dieses Methylierungsmuster auf alle von der befruchteten Eizelle abstammenden Zellen weitergegeben wird, ist im ausdifferenzierten Organismus nur das paternale Allel für IGF-2 aktiv.

Die DNA-Methylierung ist allerdings nicht der einzige Mechanismus zur Ausprägung von Differenzierungsmustern. So ist z. B. das gesamte Genom der Fruchtfliege *Drosophila melanogaster* frei von Methylcytosin. Bei ihr müssen also gänzlich andere Differenzierungsmechanismen realisiert sein. *Drosophila* zeigt Mutationen einzelner Gene, die dazu führen, dass ein Teil (ein Segment) des Organismus in einen anderen umgewandelt wird. Bei der als *Antennapedia* bezeichneten Mutation bilden Zellen, die normalerweise für die Antennenbildung verantwortlich sind, ein zusätzliches Beinpaar aus. Derartige Mutationen werden auch als **homöotische Mutationen** (griech. *homeosis:* Wechsel, Umwandlung) bezeichnet. Sie betreffen Gene, die für regulatorische Proteine codieren, welche ihrerseits eine große Zahl nachgeordneter Gene steuern und auf diese Weise für die Ausbildung von Differenzierungsmustern verantwortlich sind. Alle homöotischen Proteine verfügen über eine meist im C-terminalen Bereich gelegene hoch konservierte Region, die auch als **Homöobox** be-

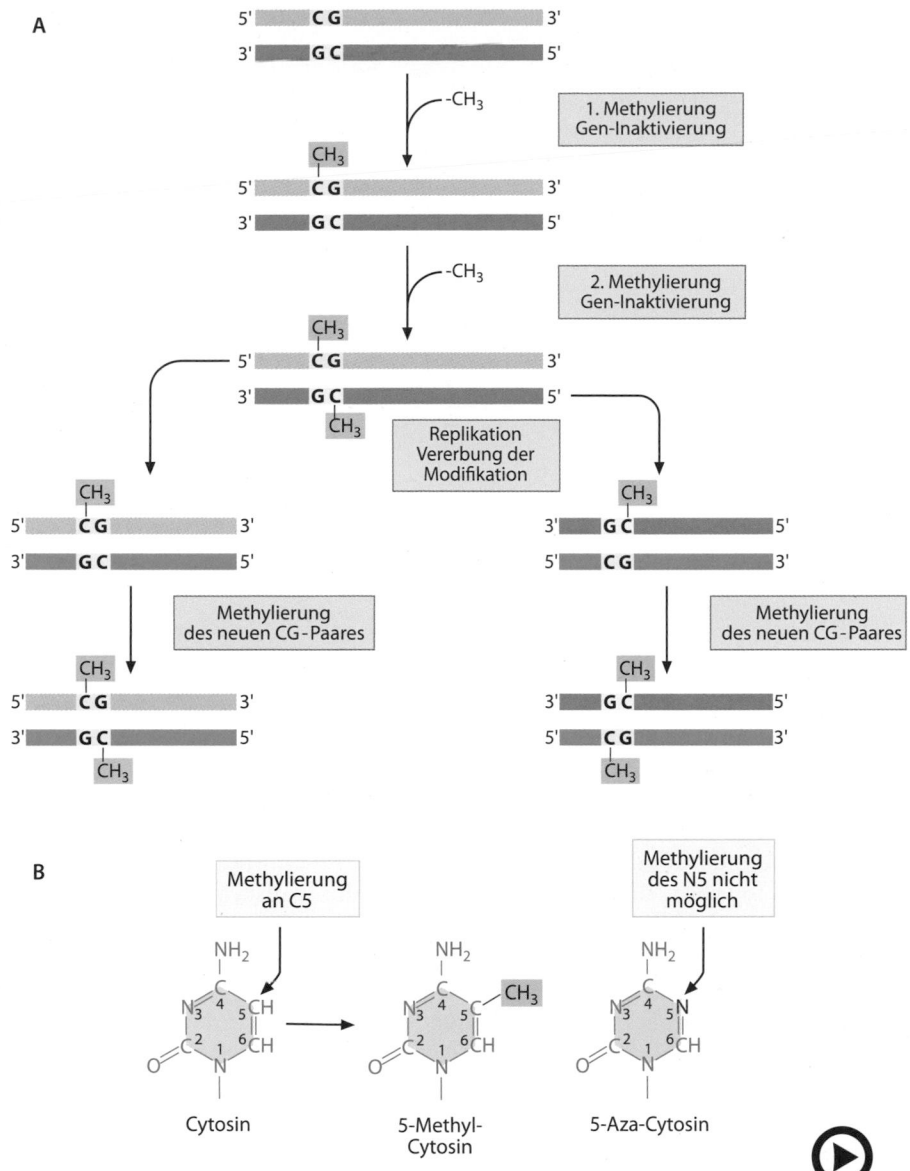

☐ **Abb. 47.2** (Video 47.2) **A Methylierung an CG-Paaren als Signal zur Inaktivierung von Genen, B Strukturen von Cytosin, 5-Methylcytosin und Azacytosin.** (Einzelheiten s. Text) (▶ https://doi.org/10.1007/000-5mx)

zeichnet wird und eine DNA-bindende Domäne darstellt. Die von homöotischen Genen gesteuerten Strukturgene sind für die bei *Drosophila* auftretenden Entwicklungsmuster verantwortlich. Interessanterweise sind homöotische Gene bei allen segmentierten eukaryontischen Mehrzellern vom Regenwurm bis zum Menschen nachgewiesen worden. Diese **Hox-Gene** haben aber nicht nur wichtige Funktionen bei der Embryogenese, wo sie die Aktivität funktionell zusammenhängender Gene steuern können, sondern auch bei der Kontrolle der Zellproliferation.

Die Expression von Hox-Genen ist in verschiedenen Tumoren stark verändert, sodass man annimmt, dass diese Gene an der Tumorentstehung und auch an der Tumorprogression beteiligt sind.

❯ Durch reversible Acetylierung von Histonen können Gene für die RNA-Polymerase II zugänglich gemacht werden.

Die Nucleosomenstruktur der eukaryontischen DNA, die in ▶ Kap. 10 ausführlich beschrieben ist, verhindert

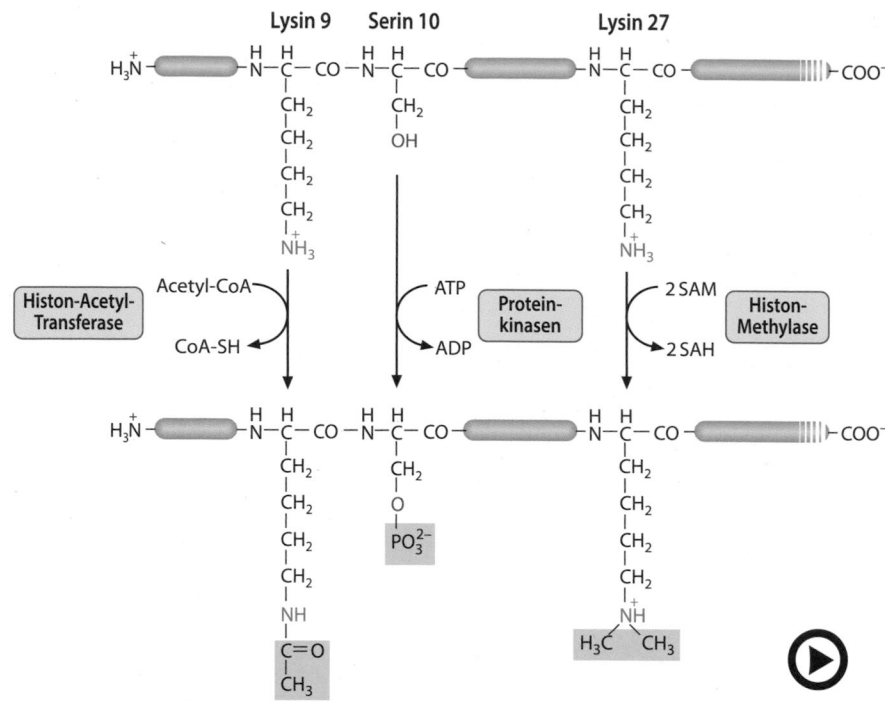

◘ Abb. 47.3 (Video 47.3) **Acetylierung, Phosphorylierung und Methylierung von Histonproteinen am Beispiel des Histons H3.** (Einzelheiten s. Text) (▶ https://doi.org/10.1007/000-5my)

die Initiation der Transkription durch die RNA-Polymerase II. Berücksichtigt man, dass das Chromatin *in vivo* noch stärker kondensiert ist, wird leicht vorstellbar, dass vor der Initiation der Transkription Umstrukturierungen im Chromatin vorkommen müssen.

Diese Umstrukturierungen (**Chromatin *remodeling***) betreffen vor allem reversible Modifikationen von Aminosäureresten der verschiedenen Histonproteine (◘ Abb. 47.3). Meist erfolgen diese in deren N-terminalen Schwanzregionen, da diese auch in Nucleosomen zugänglich sind (▶ Kap. 10). Als Modifikationen kommen u. a. vor:

— Acetylierung/Deacetylierung von Lysinresten
— Phosphorylierung/Dephosphorylierung von Serin-, Threonin- und seltener Tyrosinresten
— ein-, zwei-, oder dreifache Methylierung/Demethylierung von Lysin- oder Argininresten
— Ubiquitinierung an Lysinresten

Für die genannten Histonmodifikationen sind *writer*-**Enzyme** (z. B. Histon-Acetylasen) zuständig, als deren Gegenspieler wirken *eraser*-**Enzyme** (z. B. Histon-Deacetylasen). *Reader*-**Proteine** (z. B. Transkriptionsfaktoren mit Bromodomäne) (s. u.) können die Histon-Modifikationen „lesen" und damit Einfluss auf die Transkription nehmen.

In der Schwanzdomäne von Histon H3 z. B. bewirkt eine Phosphorylierung an Ser 10 oder eine Acetylierung an Lys 9 eine Aktivierung der Transkription, eine zwei-

oder dreifache Methylierung an Lys 27 dagegen eine Hemmung. Eine einfache Methylierung an Lys 27 scheint wiederum die Transkription zu aktivieren (◘ Abb. 47.3).

Die Gesamtheit der Histonmodifikationen nennt man auch **Histon-Code.** Zusammen mit dem DNA-Methylierungsmuster werden diese als **epigenetischer Code** bezeichnet. Während der genetische Code in jeder Zelle eines Menschen gleich ist, ist der epigenetische Code zell- und gewebespezifisch und kann die Transkription einzelner Gene oder ganzer Gruppen von Genen steuern.

Histonacetylierung/-deacetylierung Für die Initiation der Transkription ist die Acetylierung von Lysinresten der Schwanzregionen von Histonproteinen besonders wichtig. Durch die Acetylierungen werden die positiven Ladungen in den Histonproteinen maskiert, die für die Wechselwirkungen mit der DNA verantwortlich sind. Das Ergebnis ist eine weniger dichte Packung des Chromatins, die in einem bestimmten Genabschnitt zu einer besseren Zugänglichkeit der DNA für Komponenten der Transkriptionsmaschinerie wie RNA-Polymerasen und Transkriptionsfaktoren führt.

Eine äußerst wichtige Rolle bei dem Chromatin-*remodeling* eines bestimmten zu transkribierenden Genabschnitts spielen die **Histon-Acetyltransferasen (HATs).** Sie benutzen Acetyl-CoA als Substrat und sind meist sehr komplex aufgebaut. Besonders gut untersucht sind die Histon-Acetyltransferasen der **p300/CBP** (*cAMP-response element binding protein*)-**Familie**. ◘ Abb. 47.4A zeigt den schematischen Aufbau des multifunktionalen p300-Proteins. In seinem mittleren Teil befinden sich die katalytische **Acetyltransferasedomäne** und eine sog. **Bromodomäne** („Bromo" leitet sich ab vom Brahma-Gen aus *D. melanogaster*, in dem die codierende Sequenz für diese Domäne zum ersten Mal identifiziert wurde). Bromodomänen weisen eine hohe Affinität für acetylierte Histonschwanzdomänen auf und sind daher für deren Erkennung notwendig.

Durch die Aktivität von **Histondeacetylasen (HDACs)** werden die durch die Histonacetylierung verursachten Änderungen der Chromatinstruktur wieder rückgängig gemacht und das Chromatin damit in einen höher kondensierten inaktiven Zustand versetzt.

Histonphosphorylierung/-dephosphorylierung Die reversible Phosphorylierung von Histonen an Serin-, Threonin- und seltener Tyrosinresten hat unterschiedliche Konsequenzen je nachdem, ob sie während der Interphase oder während der Mitose erfolgt. Von besonderem Interesse für die Regulation der Transkription ist dabei das Histon H3. Die Phosphorylierung von Serin 10 führt zu einer verstärkten Acetylierbarkeit des Lysin 9 (◘ Abb. 47.3) und zu einer Umstrukturierung des Chromatins. Dies führt zu einer verstärkten Transkription der dort lokalisierten Gene. Eine Reihe von Proteinkinasen ist zur Phosphorylierung dieses Serinrests imstande, darunter die **Proteinkinase A** (▶ Kap. 35), die **Mitogenaktivierte Kinase 1** und die **IκB-Kinase**. Somit existiert über diesen Mechanismus eine Verbindung zwischen extrazellulären Signalmolekülen und der Phosphorylierung von Histonen. Für die Dephosphorylierung der Histonproteine ist die **Proteinphosphatase PP1** verantwortlich.

Histonmethylierung/-demethylierung Die Methylierung von Histonproteinen führt zur Anlagerung von Proteinen, welche die Chromatinkondensation und damit die Inaktivierung von Genen begünstigen. Diese Proteine verfügen hierzu über eine Bindungsdomäne für methylierte Histonproteine, die als **Chromodomäne** (*chromatin organizing domain*) bezeichnet wird. Die Methylierung erfolgt an Arginin- oder Lysinresten, bevorzugt an den Histonen H3 und H4. Die für die ein-, zwei- oder dreifache Methylierung verantwortlichen **Methyltransferasen** (HMT, *histone methyl transferase*) benutzen S-Adenosylmethionin (SAM) als Substrat. Lange Zeit dachte man, die Modifizierung von Histonen durch Methylgruppen und damit die Inaktivierung von Genen sei irreversibel. Erst in jüngerer Zeit sind **Demethylasen** entdeckt worden, die methylierte Histone demethylieren können, indem sie als Oxidasen oder als Hydroxylasen die Methylgruppen hydroxylieren und anschließend als Formaldehyd abspalten. Es hat sich z. B. gezeigt, dass die zuerst entdeckte Histon-Demethylase KDM1 (*Lysine Dependent Demethylase* 1) u. a. in der Embryogenese und der Zelldifferenzierung eine Rolle spielt. Weitere

KDMs sind auch mit der Tumorentstehung assoziiert und insofern auch klinisch von Interesse sind.

Histonubiquitinierung Die Ubiquitinierung an Lysin beeinflusst ebenfalls die Chromatinstruktur und nimmt damit Einfluss auf die Transkriptionsrate. In ▶ Kap. 50 wird beschrieben, dass mehrere angehängte Ubiquitinmoleküle ein Protein für einen Abbau durch das Proteasom markieren können. Eine einfache Ubiquitinierung eines Histons wirkt hier allerdings nicht als Signal für dessen Abbau, sondern vielmehr führt eine Ubiquitinierung von z. B. dem Histon H2A häufig zu einer Repression der Transkription, während die Ubiquitinierung von H2B häufig zu einer Aktivierung der Transkription führt (▶ Abschn. 10.2.3)

❯ Die Abschaltung eines Gens durch DNA-Methylierung und Histonmodifikationen gehen oft Hand in Hand.

Interessanterweise sind methylierte DNA-Bereiche oft Erkennungssequenzen für DNA-bindende Proteine wie

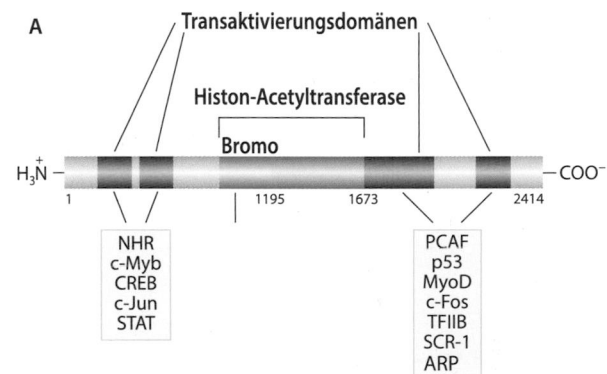

◘ **Abb. 47.4** **A** Domänenstruktur des p300/CBP-Proteins mit Bindungsstellen für ausgewählte Transkriptionsfaktoren mit regulatorischen Funktionen. *NHR: nuclear hormone receptor*; *c-Myb: myeloblastosis viral oncogene homolog*; *CREBP: cAMP response element binding protein*; *c-Jun: ju-nana* (japanisch für 17, wurde erstmalig in Hühner Sarcoma Virus 17 gefunden); *STAT: signal transducer and activator of transcription*; *PCAF*: *P300/CBP-associated factor*; *p53*: Tumor Suppressor p53; *MyoD: myogenic factor D*; *c-Fos: Finkel-Biskis-Jinkins murine osteogenic sarcoma virus*; *TFIIB*: Transkriptionsfaktor IIB; *SCR-1: steroid receptor coactivator*-1; *ARP: actin related protein*. (Einzelheiten s. Text) Beziehungen des p300-Proteins zum Initiationskomplex der RNA-Polymerase II. **B Funktion der HATs**: p300-HAT-Protein bindet mit seiner Transaktivierungsdomäne an DNA-gebundene Transkriptionsfaktoren/-aktivatoren und kann durch seine Acetyltransferaseaktivität Histon-H3-Schwanzregionen benachbarter Nucleosomen acetylieren. Das p300 wandert entlang der Nucleosomenkette weiter (in Abb. 47.4B nicht gezeigt) und bindet mit seiner Bromodomäne jeweils die acetylierten Schwanzregionen des Histons H3. Dadurch wird das Acetylierungsmuster in Transkriptionsrichtung schrittweise auf alle am Chromatin-*Remodeling* beteiligten Histone in den Nucleosomen übertragen. Es begleitet und ermöglicht damit den Transkriptionsprozess durch Auflockerung der Chromatinstruktur: Anfangs kann die RNA-Polymerase II mithilfe des basalen Transkriptionsapparats die Transkription initiieren, im weiteren Verlauf der Transkription ermöglicht die Auflockerung des Chromatins die Elongation (RNA-Polymerisation) sowie begleitende RNA-Modifikationsschritte wie das Spleißen

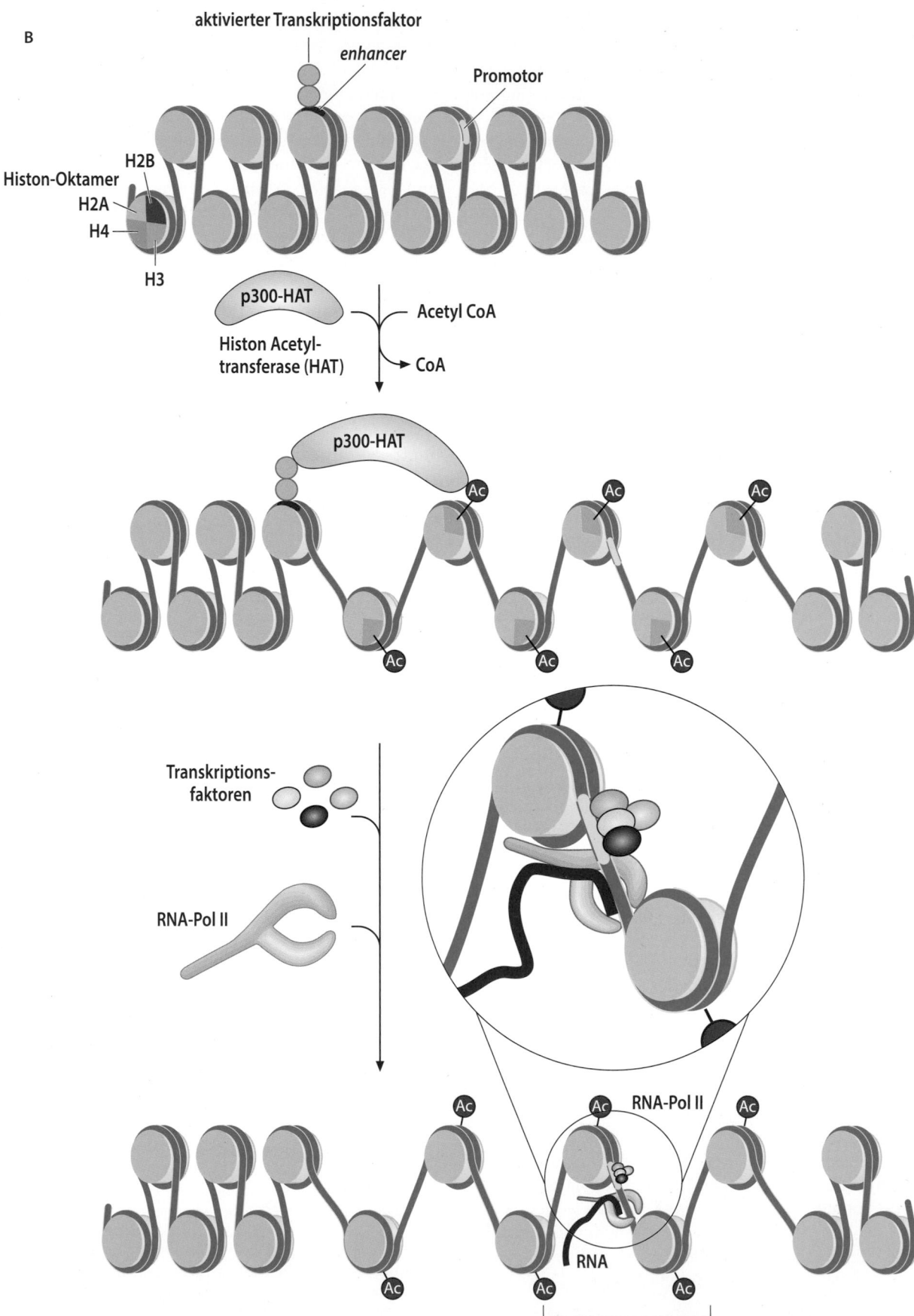

B

aktivierter Transkriptionsfaktor

enhancer

Promotor

Histon-Oktamer
H2B
H2A
H4
H3

p300-HAT

Histon Acetyl-
transferase (HAT)

Acetyl CoA

CoA

p300-HAT

Ac

Transkriptions-
faktoren

RNA-Pol II

RNA-Pol II

RNA

basaler Transkriptionsapparat

47

◻ **Abb. 47.4** (Fortsetzung)

MeCP2 (*methyl-CpG binding protein 2*), die Histon-Deacetylasen und -Demethylasen rekrutieren und gemeinsam mit weiteren Faktoren durch Chromatin *remodeling* zur Ausbildung von inaktivem Heterochromatin führen können. So können Gene z. B. vollständig über DNA-Methylierungen und Histon-Modifikationen abgeschaltet werden.

Im Unterschied zu der vergleichsweise einfachen Genregulation bei Prokaryonten, bei denen Genexpression überwiegend durch Aktivatoren und Repressoren reguliert wird (z. B. *lac*-Operon aus *E. coli*, ▶ Abschn. 47.1), kann bei der epigenetischen Genregulation der Eukaryonten das Aktivierungsmuster vererbt werden, sodass das Aktivierungssignal auch nach mehreren Generationen in den Tochterzellen weiter existiert. So wird beispielsweise der Methylierungszustand der DNA bei der Replikation vor einer mitotischen Zellteilung zuverlässig erhalten.

> **Übrigens**
>
> **Das Rett-Syndrom.** Eine Krankheit, die im Zusammenhang mit den oben beschriebenen Vorgängen steht, ist das vom österreichischen Kinderarzt Andreas Rett 1966 zum ersten Mal beschriebene Rett-Syndrom. Diese Krankheit äußert sich in einer ausgedehnten Enzephalopathie, die sich u.a. in Autismus-ähnlichen Symptomen oder motorischen Störungen äußern kann. 1999 wurde die krankheitsverursachende Mutation im MeCP2-Gen entdeckt, das auf dem X-Chromosom lokalisiert ist. Das Rett-Syndrom tritt fast ausschließlich in der weiblichen Bevölkerung auf; männliche Föten mit dieser Mutation sterben in aller Regel vor der Geburt.

47.2.2 Struktur und Wirkung von Transkriptionsaktivatoren

Bei Untersuchungen zum Transkriptionsmechanismus viraler Gene wurden erstmalig Kontrollelemente identifiziert, die zu einer vielfachen Steigerung der Transkriptionsrate dieser Gene führte. Schließlich ergaben weitere

Untersuchungen, dass in allen regulierbaren eukaryontischen Genen sog. *enhancer* (Verstärker)-Sequenzen vorkommen, die auch als **cis-aktivierende Elemente** bezeichnet werden. *Enhancer* liegen meist einige hundert bis tausend Basenpaare *upstream* der Promotorregion, können jedoch in Einzelfällen auch *downstream* oder innerhalb eines Gens, sowohl in Exons als auch in Introns, lokalisiert sein. Ihre Wirkung ist unabhängig von der Orientierung der *enhancer*-Sequenzen. *Enhancer* sind kurze DNA-Sequenzen von höchstens 20 bp, die häufig palindromische oder Tandemsequenzen aufweisen. Dies erklärt, dass Transkriptionsfaktoren als Homo- oder Heterodimere wirken (◘ Tab. 47.2).

Die Steigerung der Transkriptionsrate durch *enhancer* findet nur dann statt, wenn induzierbare oder regulierbare **Transkriptionsfaktoren** (sog. **trans-aktivierende Elemente**) an die *enhancer*-Sequenzen binden. All diesen Transkriptionsfaktoren ist gemeinsam, dass sie eine **DNA-Bindungsdomäne** und eine **Transaktivierungsdomäne** aufweisen. Viele Faktoren, die die Transkription aktivieren, enthalten darüber hinaus eine weitere Domäne zur Bindung eines niedermolekularen Liganden (**Ligandenbindungsdomäne**), der den Transkriptionsfaktor aktiviert. Hierzu gehören z. B. Steroidhormonrezeptoren (▶ Abschn. 35.1).

❯ Das *Enhanceosome* stellt den Gesamtkomplex in der Initiationsphase der Transkription dar.

Der Komplex aus *enhancer*-Elementen und daran bindenden Transkriptionsfaktoren stimuliert die Initiation der Transkription. Der Gesamtkomplex wird als *Enhanceosome* bezeichnet (◘ Abb. 47.5). ◘ Tab. 47.2 stellt einige wichtige *enhancer*-Elemente und die zugehörigen Transkriptionsfaktoren zusammen. Das *Enhanceosome* enthält nicht nur Transkriptionsstimulierende Elemente (*enhancer*), an die Transkriptionsaktivatoren binden, sondern auch Transkriptionshemmende Elemente (*silencer*), an die sich Repressorproteine anlagern.

◘ Abb. 47.5A zeigt ein Modell des *Enhanceosome* des Interferon-β-Gens. Mediatorproteine wie p300 bin-

◘ **Tab. 47.2** *Enhancer* und induzierbare/aktivierbare Transkriptionsfaktoren (Auswahl)

Auslöser	DNA-Bindungsprotein	*Enhancer*-Bezeichnung	Consensussequenz
Glucocorticoide	GR (Glucocorticoidrezeptor)	GRE	AGAACANNNTGTTCT
Cyclo-AMP (cAMP)	CREBP-1 (*cAMP response element-binding protein*)	CRE	TGACGTCA
Serum	SRF (*serum-response factor*)	SRE	GGTATATACC
Hitzeschock	HSF-1 (*heat shock transcription factor*)	HSRE	GAANNTTCNNGAA

GRE: *glucocorticoid responsive element*; CRE: *cAMP responsive element*; SRE: *serum response element*; HSRE: *heat shock responsive element*

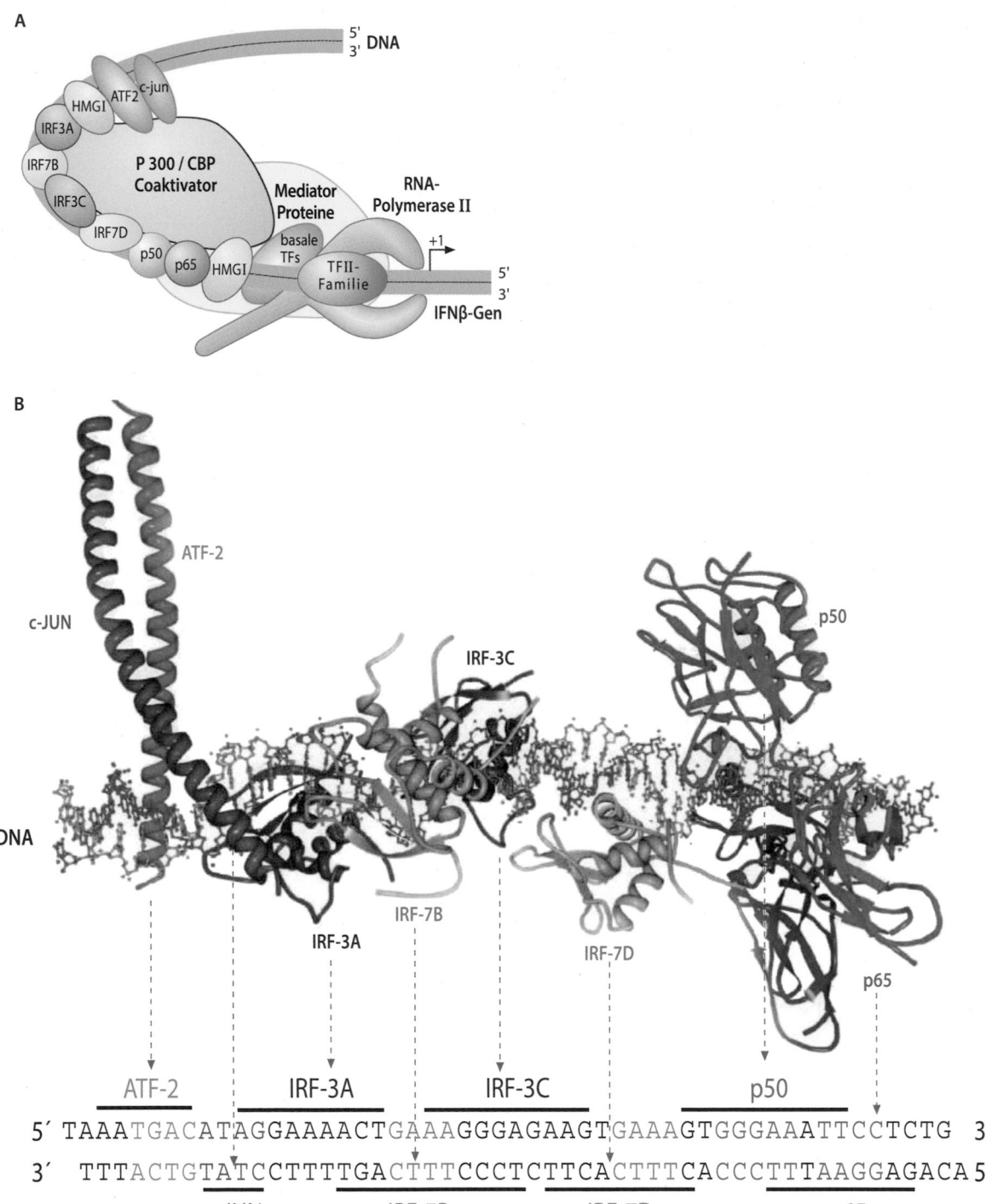

■ **Abb. 47.5** (Video 47.4) **Das *Enhanceosome* für Interferon-β.** **A** Modell des β-Interferon-*Enhanceosomes* und **B** Röntgenstruktur-analyse von Komponenten des β-Interferon-*Enhanceosomes*. Unter der Röntgenstruktur dargestellt sind die DNA-Sequenzen (*Enhancer*), die durch die jeweiligen Transkriptionsfaktoren/-aktivatoren erkannt werden. Transkriptionsfaktoren/-aktivatoren: *c-Jun*, japanisch für 17 (wurde erstmalig in Hühner Sarcoma Virus 17 gefun-den); *ATF-2, activating transcription factor* 2; *HMG1, high mobility group 1; IRF3A, IRF7B, IRF3C, IRF7D, interferon regulatory transcription factor 3A, 7B, 3C, 7D; NFκB (p50, p65), nuclear factor kappa-light-chain-enhancer of activated B cells; IFN-β,* Interferon-ß. Protein Data Bank (PDB)-Koordinaten 1T2K, 2O6I und 26OG; kombiniert dargestellt mit ProteinWorkshop 2.0 (► https://doi.org/10.1007/000-5mw)

den mit ihren Transaktivierungsdomänen an diverse *trans*-aktivierende Transkriptionsfaktoren wie c-jun und ATF-2, IRFs, p50 und p65, die ihrerseits an *cis*-aktivierende Elemente (*enhancer*) auf der DNA gebunden sind. p300 interagiert dann vermittelt über einen weiteren Mediatorproteinkomplex mit der C-terminalen Domäne (CTD) der RNA-Polymerase II. Weitere Bestandteile dieses *Enhanceosome* sind die in ◘ Abb. 47.5 vereinfacht und schematisch dargestellten basalen Transkriptionsfaktoren (vgl. ▶ Abb. 46.6). In diesem Zustand ist eine maximale Transkription des Interferon-β-Gens möglich.

In ◘ Abb. 47.5B ist die Röntgenstruktur des Interferon-β-*Enhanceosomes* dargestellt, die aus verschiedenen Einzelstrukturen zusammengesetzt wurde. Im unteren Teil sind die DNA-Sequenzen (*enhancer*) gezeigt, die von den jeweiligen Transkriptionsfaktoren/-aktivatoren erkannt werden.

DNA-bindende Proteine können verschiedene Domänenstrukturen aufweisen:
- Zinkfinger-Domänen
- Leucin-*zipper*-Domänen
- Helix-*turn*-Helix-Domänen

❯ In vielen regulatorischen DNA-Bindeproteinen kommen Zinkfinger-Domänen vor

Ein in zahlreichen DNA- (und RNA)-bindenden Proteinen anzutreffendes Motiv ist das sog. **Zinkfinger-Motiv**, dessen Struktur in ◘ Abb. 47.6 gezeigt ist und die einen Teil der Zinkfinger-Domäne darstellt. Die Fingerstruktur entsteht dadurch, dass Cysteinyl- oder Histidylreste in der Peptidkette so positioniert sind, dass sie durch ein Zink-Ion komplexiert werden können. Dabei entsteht eine schleifenförmige Struktur, der Zinkfinger. Diese Schleifen sind aus α-Helices und β-Faltblattstrukturen aufgebaut und in der Lage, in der großen Furche der DNA-Doppelhelix basenspezifische Kontakte auszubilden.

Man unterscheidet Cys_2/His_2- und Cys_2/Cys_2-Zinkfinger. Letztere kommen bevorzugt bei den **Steroidhormonrezeptoren** vor. Diese Transkriptionsfaktoren/-aktivatoren werden durch Liganden aktiviert und besitzen typischerweise zwei Zinkfinger des Typs Cys_2/Cys_2 (◘ Abb. 47.6).

❯ Der Leucin-*zipper* gewährleistet eine spezifische DNA-Bindung und Dimerisierung des Bindeproteins.

In vielen DNA-Bindeproteinen kommt als wichtiges Motiv der sog. **Leucin-*zipper*** (*zipper* = Reißverschluss) vor (◘ Abb. 47.7). Als Monomere enthalten Leucin-*zipper*-Proteine zwei Domänen. Die eine bildet eine besonders leucinreiche α-Helix, die andere eine Region aus

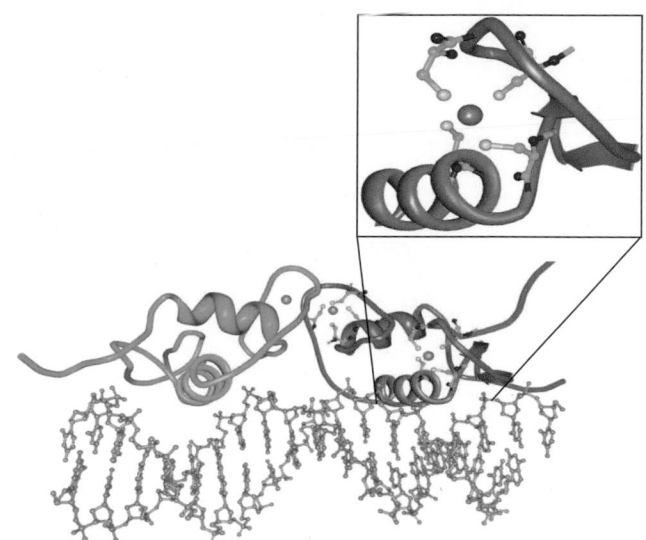

◘ **Abb. 47.6 Zinkfinger-Protein: DNA-Bindungsdomäne des Glucocorticoidrezeptors.** Wechselwirkung zwischen DNA und dem hormonaktivierten Rezeptordimer. Die DNA-Doppelhelix ist *blau* und *grau* dargestellt, das Rezeptordimer ist *grün* und *orange*. Oben rechts ist ein Zinkfinger-Motiv, bestehend aus einem durch vier Cysteinseitenketten komplexierten zentralen Zn^{2+}-Ion, dargestellt (PDB: 1R4O, erstellt mit ProteinWorkshop 2.0)

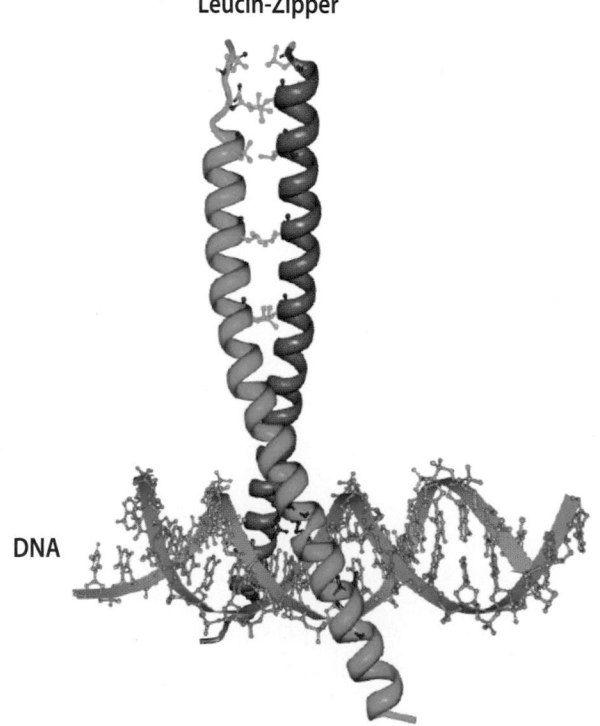

◘ **Abb. 47.7 Der Leucin-*zipper* als DNA-Bindeprotein.** Aufbau eines Leucin-*zipper*-Dimers am Beispiel des *CCAAT/enhancer-binding proteins alpha*. Hervorgehoben in *rot* sind die basischen Aminosäureseitenketten der DNA-Bindungssequenz, in *grün* die reißverschlussartig interagierenden Leucinseitenketten (PDB: 1NWQ, dargestellt mit ProteinWorkshop 2.0)

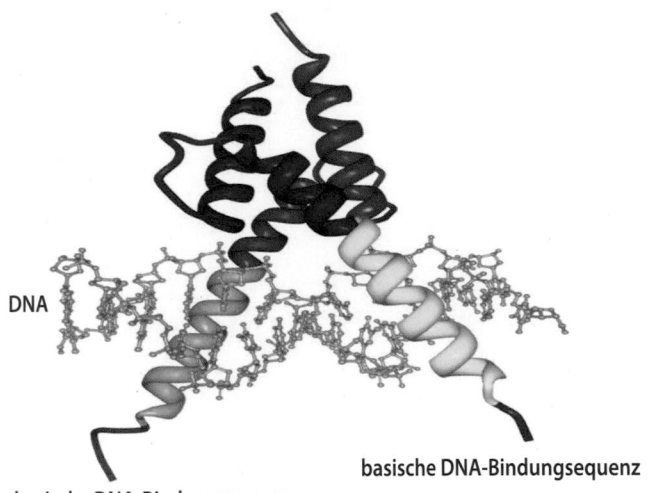

DNA

basische DNA-Bindungsequenz

basische DNA-Bindungsequenz

◻ **Abb. 47.8 Aufbau von DNA-Bindeproteinen mit Helix-*turn*-Helix-Motiven.** Dargestellt ist das an der Muskeldifferenzierung beteiligte MyoD-Dimer. Die DNA-bindenden basischen Regionen der beiden Monomere sind *gelb* bzw. *orange*, die Helix-*turn*-Helix-Regionen *rot* bzw. *braun* gezeigt. Die DNA-Doppelhelix ist *blau-grau* (PDB: 1MDY, erstellt mit ProteinWorkshop 2.0)

meist basischen Aminosäuren, die die sequenzspezifische Bindung an DNA ermöglicht. Das Besondere an Leucin-*zipper*-Proteinen ist ihre Fähigkeit zur Dimerisierung, welche durch die leucinreichen α-Helices aufgrund hydrophober Wechselwirkungen zwischen den Leucinresten ermöglicht wird. Leucin-*zipper*-Proteine können sowohl als Homo- wie auch als Heterodimere vorkommen, was eine große Zahl von Kombinationen erlaubt.

❯ In vielen DNA-Bindeproteinen finden sich Helix-*turn*-Helix-Motive.

Die monomere Struktur der DNA-Bindeproteine mit dem **Helix-*turn*-Helix-Motiv** ist in gewisser Weise mit dem Leucin-*zipper*-Motiv verwandt und besteht aus zwei α-Helices, die über eine flexible Schleife miteinander verbunden sind (◻ Abb. 47.8). Die DNA-Bindungsregion ist eine aus basischen Aminosäuren bestehende α-Helix. Die nicht an der DNA-Bindung beteiligte α-Helix ermöglicht eine Dimerisierung, ähnlich der leucinreichen Helix im Leucin-*zipper* (◻ Abb. 47.8). DNA-Bindeproteine mit Helix-*turn*-Helix-Motiven spielen u. a. bei der Muskeldifferenzierung eine bedeutende Rolle.

47.2.3 Alternatives Spleißen

❯ Durch alternatives Spleißen können aus einer Prä-mRNA verschiedene mRNAs gebildet werden, die für unterschiedliche Proteine codieren.

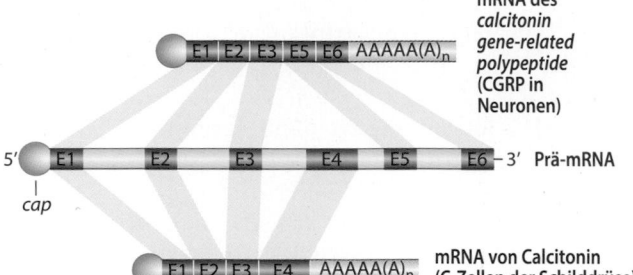

mRNA des *calcitonin gene-related polypeptide* (CGRP in Neuronen)

5′ | cap ... 3′ Prä-mRNA

mRNA von Calcitonin (C-Zellen der Schilddrüse)

◻ **Abb. 47.9 Alternatives Spleißen: Entstehung von Calcitonin und CGRP (*calcitonin gene-related peptide*)-mRNA.** *E*: Exon. (Einzelheiten s. Text)

Ein völlig anderer Mechanismus zur Regulation der Genexpression eukaryontischer Organismen wurde durch die Beobachtung entdeckt, dass das Spleißen der Primärtranskripte eukaryontischer Gene in sehr vielen Fällen zu unterschiedlichen mRNA-Spezies und damit auch unterschiedlichen Proteinen führt. Die Anwesenheit mehrerer Introns in der Prä-mRNA ermöglicht es, Exons verschiedener Gene nach dem Baukastenprinzip durch **alternatives Spleißen** in unterschiedlicher Weise zusammenzusetzen (*exon shuffling*). Dieser Vorgang beruht auf der Verwendung unterschiedlicher Spleißstellen. Untersuchungen mit *microarrays* (▶ Kap. 54) haben ergeben, dass ca. 75 % der menschlichen Gene alternativ gespleißt werden können.

Über die biologische Bedeutung der diskontinuierlichen Anordnung der Gene höherer Eukaryonten gibt es viele Spekulationen. Der allergrößte Teil der primären RNA-Transkripte wird durch Spleißen wieder entfernt, sodass nur ein kleiner Teil der transkribierten Prä-mRNA den Zellkern verlässt. Eine mögliche Erklärung ist, dass bei dieser Prä-mRNA-Prozessierung spezifische Signale entstehen, die den Transport der mRNA aus dem Zellkern in das Cytosol regulieren. Dies konnte gezeigt werden, da viele, allerdings nicht alle Gene zumindest ein Intron im Primärtranskript enthalten müssen, damit ihre mRNA aus dem Zellkern transportiert werden kann.

Ein Beispiel für das alternative Spleißen ist das **Calcitonin/CGRP (*calcitonin gene-related peptide*)-Gen**. Wie in ◻ Abb. 47.9 dargestellt, entsteht aus der in der Schilddrüse gebildeten Prä-mRNA durch Spleißen der Exons 1, 2, 3 und 4 die mRNA für Calcitonin. In den Neuronen des zentralen und peripheren Nervensystems entsteht dagegen aus der gleichen Prä-mRNA durch Spleißen der Exons 1, 2, 3, 5 und 6 das CGRP, das als Neurotransmitter dient.

Ein weiteres Beispiel für alternatives Spleißen – von besonderer Bedeutung für die Immunantwort – ist die Produktion von **Immunglobulinen**, die entweder membranverankert oder sezerniert vorliegen können. Sie ent-

47

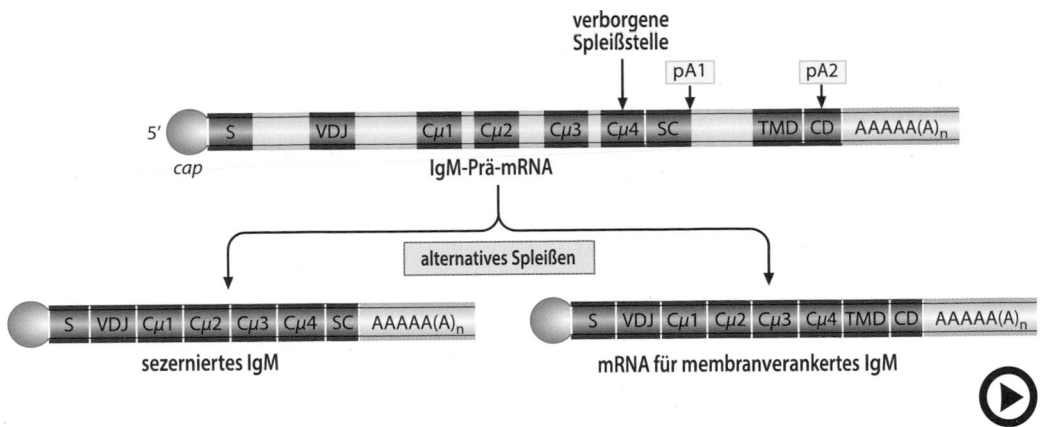

Abb. 47.10 (Video 47.5) **Alternatives Spleißen: Entstehung von membrangebundenen bzw. sezernierten IgM-Molekülen.** *S:* Signalsequenz; *VDJ:* VDJ-Gen für den variablen Teil des Immunglobulins; *Cµ1–Cµ4:* Exons der konstanten Kette; *SC:* Sequenz für die sekretorische Domäne; *TMD:* Sequenz der Transmembrandomäne; *pA1, pA2:* Polyadenylierungssignale; CD: cytoplasmatische Domäne. (Einzelheiten s. Text) (▶ https://doi.org/10.1007/000-5n0)

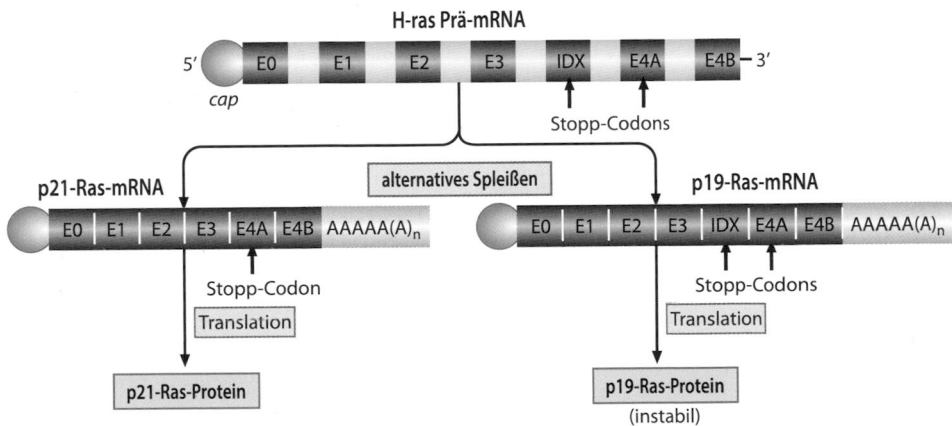

Abb. 47.11 **Alternatives Spleißen: Entstehung des p21-Ras-Proteins und des p19-Ras-Proteins durch Exon-*skipping*.** IDX: alternatives Exon. Das zweite Translations-Stopp-Signal des p19-Ras-Proteins in Exon E4A ist für die Proteinbiosynthese bedeutungslos. (Einzelheiten s. Text)

stehen aus einer Prä-mRNA durch die alternative Wahl von Spleißstellen (◘ Abb. 47.10). Das Gen für die schwere Kette des IgM (▶ Kap. 70.9) codiert für eine Signalsequenz (S) und enthält das Exon für die variable Region der schweren Kette (VDJ, *VDJ-segments*). Darauf folgen vier Exons für den konstanten Teil der schweren Kette (Cµ1 bis Cµ4). Cµ4 trägt am 3′-Ende eine sog. SC-Sequenz, die für das carboxyterminale Ende der sezernierten IgM-Form codiert. Zwei weitere 3′-gelegene Exons codieren für eine Transmembrandomäne (TMD) und eine cytoplasmatische Domäne (CD).

Die Prä-mRNA dieses Gens muss für die sezernierte Form des IgM so gespleißt werden, dass das Exon, das für die TMD codiert, entfernt wird. Eine alternative Möglichkeit ist die Verwendung einer **verborgenen Spleißstelle** im Cµ4-Exon, was unter Verlust der SC-Domäne zu einer mRNA führt, die an ihrem 3′-Ende für die Transmembrandomäne und die cytoplasmatische Domäne codiert. Damit entsteht ein Translationsprodukt, welches in der Plasmamembran verankert ist. Da zwei verschiedene mRNAs entstehen, müssen auch zwei Polyadenylierungssignale vorhanden sein (pA1, pA2).

Eine sehr eindrucksvolle Transkriptionsregulation findet sich bei der Prozessierung der Prä-mRNA für das **p21-Ras (*rat sarcoma*)-Proto-Onkogenprodukt** (◘ Abb. 47.11). Unter normalen Bedingungen wird nur ein kleiner Teil der primären Transkripte des Ras-Proto-Oncogens so gespleißt, dass eine mRNA für ein stabiles Ras-Protein entsteht. Der größte Teil der primären Transkripte wird hingegen derart gespleißt, dass sie ein Extra-Exon zwischen den Exons 3 und 4 erhalten. Dieses enthält ein weiteres Stopp-Codon für die Translation, was zu verkürzten und damit funktionell inaktiven Formen des Ras-Proteins (p19-Ras) führt. Man nimmt an, dass die Regulation des in diesem Fall vorliegenden Exon-*skipping* (Überspringen eines Exons) die Menge des aktiven p21-Ras-Proteins bestimmt.

> Um eine hohe Spezifität und eine Regulation der Spleißvorgänge zu gewährleisten, gibt es verschiedene Mechanismen.

Spleißfaktoren binden nach Erkennung der korrekten Sequenz bereits während der Prä-mRNA-Synthese zuerst an die 5′-Spleißstelle und dann an die 3′-Spleißstelle der Exons. Sie sind wie der CSC (*cap synthesizing complex*)-Komplex und Enzyme zur Polyadenylierung über die carboxyterminale Domäne der RNA-Polymerase II gebunden (▶ Abschn. 46.3).

Essenzielle Spleißfaktoren wie SR(*serine-arginine rich*)-Proteine binden an sog. *exonic splicing enhancer* (ESE)-Regionen in den Exons und sorgen auf diese Weise dafür, dass Komponenten des Spleißosoms rekrutiert werden können, beispielsweise das U2AF-Protein an die 3′-Spleißstelle und U1 an die 5′-Spleißstelle (▶ Abb. 46.13). Diese Spleißfaktoren werden nur in bestimmten Zelltypen exprimiert und sorgen damit für ein Zelltyp-spezifisches Spleißmuster.

Neben den erwähnten ESE-Regionen gibt es *exonic splicing silencer* (ESS)-Regionen, die die Bindung von Spleißosom-Komponenten hemmen. Weiterhin findet man auch entsprechende Regionen in den Introns: ISE (*intronic splicing enhancer*) und ISS (*intronic splicing silencer*).

Übrigens

β-Thalassämien. Eine Krankheit, die im Zusammenhang mit Spleißdefekten steht, ist die β-Thalassämie (Mittelmeeranämie). Betroffene Menschen haben ein abnormal vergrößertes Knochenmark, was sich u. a. in deformierten Gesichtsknochen zeigt. Bei einer besonders ausgeprägten Form der β-Thalassämie sind die Menschen von einer schweren Anämie betroffen, da auf beiden elterlichen Allelen kein funktionsfähiges β-Globin-Gen codiert ist: Durch ein fehlerhaftes Spleißen der Prä-mRNA wird z. B. Exon 2 übersprungen oder durch Aktivierung einer verborgenen Spleißstelle Exon 3 abnormal verlängert. Das nicht funktionale β-Globin führt im Körper der Betroffenen dazu, dass sich das Knochenmark in alle verfügbaren Räume ausdehnt, um diesen Defekt auszugleichen.

47.2.4 mRNA-*editing*

> mRNA-*editing* ermöglicht die Bildung unterschiedlicher Proteine aus einer mRNA.

Unter dem Begriff des **mRNA-*editing*** versteht man weitere Modifikationen der fertigen, d. h. gespleißten mRNA durch Vorgänge, die zu einer Veränderung der Basensequenz führen. So kommt es bei niederen Eukaryonten durch Einfügen von Basen nach der Transkription mitochondrialer Gene zu Rasterverschiebungen und damit zu einer Änderung der Basensequenz der mRNA im Vergleich zur genomischen Sequenz. Auch beim Menschen ist mRNA-*editing* nachgewiesen worden (◻ Abb. 47.12), man unterscheidet zwei Formen des mRNA-*editing*, das *C-to-U-editing* und das *A-to-I-editing*.

C-to-U-*editing* Das Apolipoprotein B (▶ Kap. 24) kommt in zwei Formen vor:
- dem in der Leber synthetisierten Apolipoprotein B100 mit einer Molekülmasse von 513 kDa und
- dem im Darm synthetisierten Apolipoprotein B48 mit einer Molekülmasse von 241 kDa

Beide Apolipoproteine werden durch dasselbe Gen codiert, dementsprechend ist auch die mRNA für beide Isoformen zunächst identisch. Durch eine nur in Enterocyten vorkommende spezifische Cytosin-Desaminase wird im Codon CAA in Position 6666 der Apolipoprotein-B-mRNA ein Cytosin zu einem Uracil desaminiert (*C-to-U-editing*). Hierdurch entsteht das Translations-Stopp-Codon UAA und damit im Darm eine entsprechend verkürzte Form B48 des Apolipoproteins B100 (◻ Abb. 47.12).

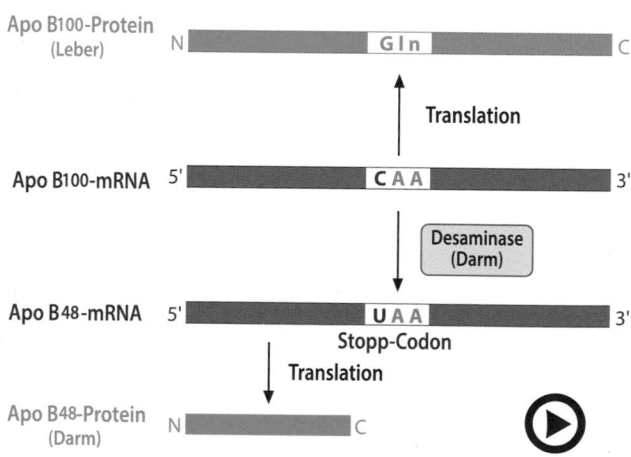

◻ **Abb. 47.12** (Video 47.6) **Entstehung von Apo B100 und Apo B48 durch mRNA-*editing*.** (Einzelheiten s. Text) (▶ https://doi.org/10.1007/000-5n1)

47

A-to-I-*editing* Beim Menschen sind drei Adenosin-Desaminasen bekannt (ADAR1, ADAR 2, ADAR 3, *adenosine desaminases acting on* RNA), die Adenosin zu Inosin desaminieren können. Damit ADARs Adenosin desaminieren können, müssen lokal Exon- und Intronsequenzen eine Basenpaarung eingehen; dieser Prozess findet daher co-transkriptional statt. Die Umwandlung von Adenosin in Inosin führt zu einer veränderten Aminosäuresequenz in der nachfolgenden Translation der mRNA, kann aber auch das Spleißen beeinflussen und somit neue Translationsprodukte erzeugen. Ein Beispiel für *A-to-I-editing* findet man in der GluR-B mRNA, die für eine Untereinheit des Glutamat-Rezeptors codiert. Hier bewirkt die Editierung eine verringerte Ca^{2+}-Permeabilität. Ein Vitamin-B_1-Mangel wird mit einer reduzierten ADAR-Aktivität und einer verstärkter Ca^{2+}-Permeabilität von GluR-B assoziiert.

RNA-*editing* wird nicht nur bei mRNAs beobachtet, sondern auch bei tRNAs, und miRNAs (▶ Abschn. 47.2.5).

47.2.5 Kontrolle der mRNA-Stabilität

Eine Regulation der Genexpression kann nicht nur über Genaktivierung/-inaktivierung, Regulation der Transkriptionsinitiation, alternatives Spleißen oder mRNA-*editing* erfolgen, sondern auch durch Veränderung der Stabilität der mRNA. Hier soll auf drei Mechanismen eingegangen werden, nämlich auf die Bedeutung **AU-reicher Elemente** (*adenine-uracil-rich elements*, **AREs**) für den Abbau kurzlebiger mRNAs, auf die **RNA-Interferenz (RNAi)** und auf die **Methylierung der Aminogruppe N6 von Adenosinnucleotiden** in der mRNA.

❯ ARE-Bindeproteine sind für die Stabilität kurzlebiger mRNA-Moleküle verantwortlich.

Die mRNAs für eine Reihe von Wachstumsfaktoren und Cytokinen zeichnen sich durch sehr kurze Halbwertszeiten aus. Als gemeinsames Merkmal zeigen sie an ihrem 3'-Ende AU-reiche Sequenzen (AUUUA). mRNAs, die über diese Elemente verfügen, werden außerordentlich rasch deadenyliert und durch eine 3',5'-Exonuclease abgebaut. Dieser Abbau erfolgt in einem großen, als Exosom bezeichneten hexameren Proteinkomplex (s. auch ▶ Abb. 46.23). Während die Hauptaufgabe cytosolischer **Exosomen** im mRNA-Abbau besteht, sind die im Zellkern vorkommenden Exosomen primär an der Reifung der rRNA und der Herstellung der snRNA beteiligt.

Für den Abbau von mRNAs mit AREs in cytosolischen Exosomen sind **ARE-Bindeproteine** verantwortlich. Diese ermöglichen die Wechselwirkung zwischen mRNA und den Proteinen des Exosoms. Man kennt bis heute wenigstens 12 ARE-Bindeproteine, die durch Interaktion mit den AREs die mRNA-Stabilität erhöhen oder erniedrigen können.

❯ Durch RNA-Interferenz können mRNA-Moleküle gezielt abgebaut werden.

Die Genexpression kann ausgeschaltet werden, wenn doppelsträngige RNA-Moleküle in Zellen eingebracht werden, von denen ein Strang komplementär zur codierenden Sequenz und damit zur mRNA des auszuschaltenden Gens ist. Dieses Verfahren wird in der Gentechnik zur experimentellen Inaktivierung von Genen benutzt (▶ Kap. 55). Tier- und Pflanzenzellen nutzen dieses Phänomen zur Regulation ihrer Genexpression. Die zugrunde liegenden Mechanismen beruhen auf der Existenz sog. **micro-RNAs (miRNAs)**, die an der Regulation der Genexpression beteiligt sind (◼ Abb. 47.13):

- Im Genom tierischer und pflanzlicher Zellen kommen Gene vor, die für die sog. **Pri-miRNA** (*primary*

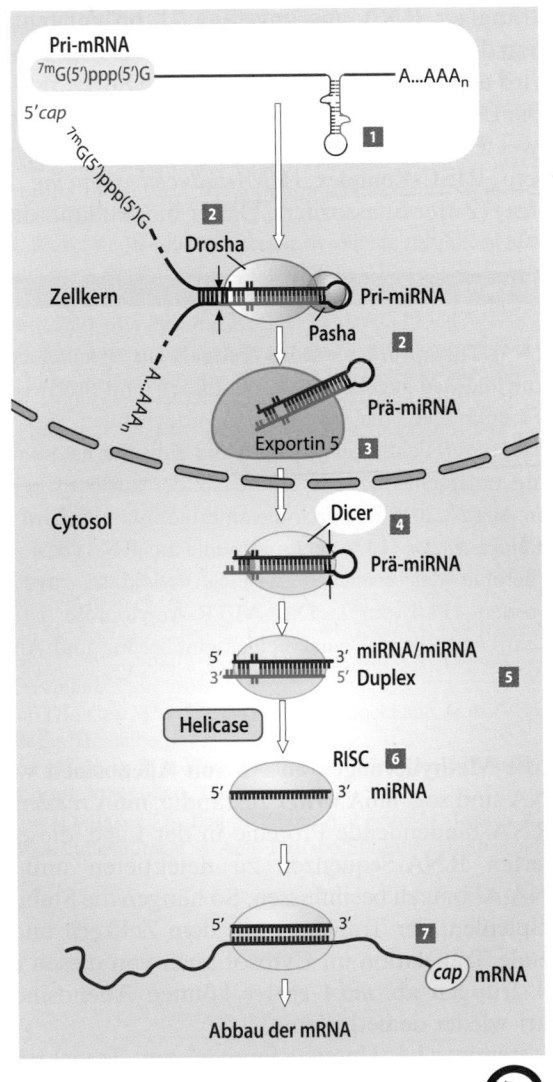

◼ **Abb. 47.13** (Video 47.7) **mRNA-Abbau durch RNA-Interferenz.** (Einzelheiten s. Text) (▶ https://doi.org/10.1007/000-5n2)

Translation – Synthese von Proteinen

Matthias Müller und Lutz Graeve

Die Information für die Identität eines Proteins, d. h. seine spezifische Aminoäuresequenz, ist in der Nucleotidsequenz der codierenden mRNA festgelegt. Bei der Biosynthese eines Proteins wird die Sprache der mRNA in die des Proteins übersetzt. Deswegen wird die Biosynthese von Proteinen als Translation bezeichnet. Da es sich bei Protein und Nucleinsäure um zwei chemisch nicht verwandte Polymere handelt, stellt die Umsetzung der Information einer mRNA in die Aminosäuresequenz eines Proteins molekular gesehen einen komplexen Vorgang dar. Die Translation verläuft deswegen grundlegend anders als die Transkription, bei der aufgrund gleichartiger Bausteine von DNA und RNA die Nucleotidsequenz der DNA 1:1 in die komplementäre RNA-Sequenz umgeschrieben werden kann (▶ Kap. 46). Durch mehrere Qualitätssicherungsmechanismen wird eine hohe Genauigkeit der Translation sichergestellt (durchschnittlich ein Fehler pro 5.000–50.000 eingebauter Aminosäuren).

Schwerpunkte

48.1 Der genetische Code und seine molekularen Übersetzer
- Der genetische Code
- Wobble-Phänomen bei tRNAs
- Funktionen von Aminoacyl-tRNA-Synthetasen
- Struktur und Funktion von Ribosomen

48.2 Translationsmechanismus
- Initiations-, Elongations- und Terminationsphase des Translationsvorgangs

48.3 Modifikation der Translationsaktivität
- Einbau von Selenocystein
- Translations-gerichtete Antibiotika
- Regulation der Translation

48.1 Der genetische Code und seine molekularen Übersetzer

48.1.1 Der genetische Code

❯ Der genetische Code ist das Wörterbuch für die Übersetzung der Nucleinsäure in die Proteinsprache.

Bei der Translation eines Proteins wird die codierende Information einer mRNA in Einheiten von jeweils drei aufeinander folgenden Nucleotiden, den **Tripletts** oder **Codons**, gelesen. Da RNA aus vier unterschiedlichen Nucleotiden („Buchstaben") aufgebaut ist, kann sie $4^3 = 64$ Codons („Worte") bilden. Das Wörterbuch, in dem die Zuordnung der 64 Codons zu den 20 klassischen proteinogenen Aminosäuren festgeschrieben ist, ist der **genetische Code**.

Der genetische Code wurde in den 60er-Jahren des letzten Jahrhunderts experimentell entschlüsselt und ist in ◘ Abb. 48.1 dargestellt. Die Kombination aller vier Basen in allen drei Positionen ergibt die insgesamt 64 möglichen Basentripletts.

❯ Start- und Stopp-Codons legen das Leseraster einer mRNA fest.

Die drei Codons UAA, UGA und UAG codieren nicht für Aminosäuren, sondern fungieren als Stoppsignale für die Translation (**Stopp-Codons** oder **Terminationscodons**). Die restlichen 61 Tripletts codieren für 20 Aminosäuren, die 21. proteinogene Aminosäure **Selenocystein** wird von dem Stopp-Codon UGA codiert, das in diesem speziellen Fall über einen ungewöhnlichen Mechanismus dechiffriert wird (▶ Abschn. 48.3.1). AUG spezifiziert die Aminosäure Methionin und fungiert gleichzeitig als

Ergänzende Information Die elektronische Version dieses Kapitels enthält Zusatzmaterial, auf das über folgenden Link zugegriffen werden kann https://doi.org/10.1007/978-3-662-60266-9_48. Die Videos lassen sich durch Anklicken des DOI Links in der Legende einer entsprechenden Abbildung abspielen, oder indem Sie diesen Link mit der SN More Media App scannen.

> Das Wobble-Phänomen erklärt, warum Organismen mit weniger als 61 Anticodons (= tRNAs) auskommen.

Die Redundanz des genetischen Codes bedeutet, dass mehrere Codons für ein und dieselbe Aminosäure codieren können. Umgekehrt bedeutet dies, dass dieselbe Aminosäure auf mehrere tRNAs mit unterschiedlichen Anticodons (**isoakzeptierende tRNAs**) geladen werden kann. Zellen besitzen allerdings weniger tRNAs als Codons vorhanden sind, Bakterien z. B. 31, der Mensch 48. Dies liegt daran, dass ein bestimmtes Anticodon mit mehreren Codons interagieren kann, weil zwischen Codon und Anticodon auch Basenpaarungen vorkommen, die von den standardgemäßen G-C- und A-U-Wechselwirkungen abweichen. Man spricht da-

von, dass in diesen Fällen der Standard „wackelt" (engl. *to wobble*).

Solche abweichenden Basenpaarungen kommen vor allem zwischen der 3. Position des Codons und der 1. Position des Anticodons (beide in 5′,3′-Richtung angegeben) vor, die deswegen auch als die **Wobble-Positionen** bezeichnet werden. ◻ Tab. 48.1 fasst die möglichen Basenpaarungen in den Wobble-Positionen von Codon und Anticodon zusammen. Es wird deutlich, wie wichtig in diesem Zusammenhang Inosin ist, das in der Wobble-Position des Anticodons mit C, U und A im Codon paaren kann. Wenn Uridin in der Wobble-Position des Anticodons vorkommt, ist es häufig chemisch modifiziert (s. „Übrigens: Taurin und die Leistungsfähigkeit von Mitochondrien").

Übrigens

Taurin und die Leistungsfähigkeit von Mitochondrien. Modifikationen von Uridin, wie sie an Position 1 des Anticodons von tRNAs häufig anzutreffen sind, können bei mitochondrialen tRNAs auch mit Taurin (▶ Abschn. 27.2.4) erfolgen (◻ Abb. 48.4). Bestimmte Mutationen mitochondrialer tRNAs sind beschrieben worden, die zu einer Beeinträchtigung dieser Taurinomethylierung und damit der mitochondrialen Translation führen. Aus der Tatsache, dass diese Mutationen zu mitochondrialer Dysfunktion mit neuromuskulärer Symptomatik (mitochondriale Enzephalomyopathien) führen, kann geschlossen werden, dass Taurin für die Aufrechterhaltung normaler mitochondrialer Funktionen benötigt wird. Dies könnte eine Erklärung für die leistungssteigernde Wirkung sein, die für Taurin

propagiert, bisher aber nicht eindeutig belegt werden konnte.

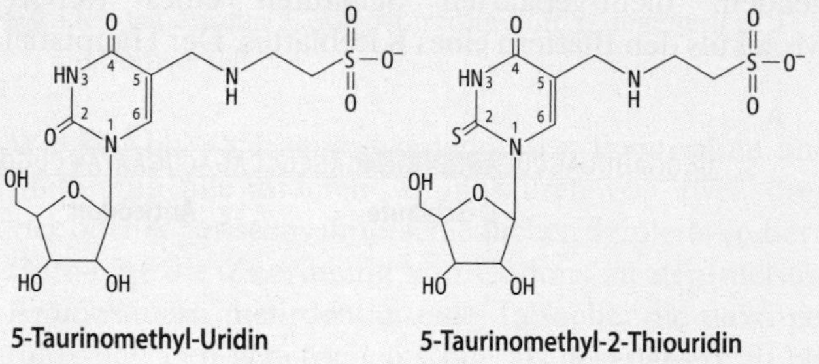

5-Taurinomethyl-Uridin   5-Taurinomethyl-2-Thiouridin

◻ **Abb. 48.4   Mit Taurin modifiziertes Uridin und Thiouridin**

◻ **Tab. 48.1**   Standardgemäße und davon abweichende Basenpaarungen in den Wobble-Positionen (Wobble-Hypothese)

Erste Base des Anticodons	Mögliche Basen in Position drei des Codons
A	U
C	G
U (modifiziert)	A oder G
G	C oder U
I (Inosin)	A, C oder U

48.1.3 Aminoacyl-tRNA-Synthetasen

> Aminoacyl-tRNA-Synthetasen aktivieren Aminosäuren für die Proteinsynthese durch covalente Kopplung an tRNAs.

Für jede der 20 proteinogenen Aminosäuren gibt es eine spezifische Aminoacyl-tRNA-Synthetase. Diese Enzyme koppeln tRNA und Aminosäure in einer zweistufigen Reaktion (◻ Abb. 48.5):

— Zunächst **aktivieren sie die Aminosäure**, indem sie deren Carboxylgruppe unter Hydrolyse von ATP an AMP koppeln. Das dabei entstehende Pyrophosphat wird hydrolysiert und verschiebt das Gleichgewicht der Re-

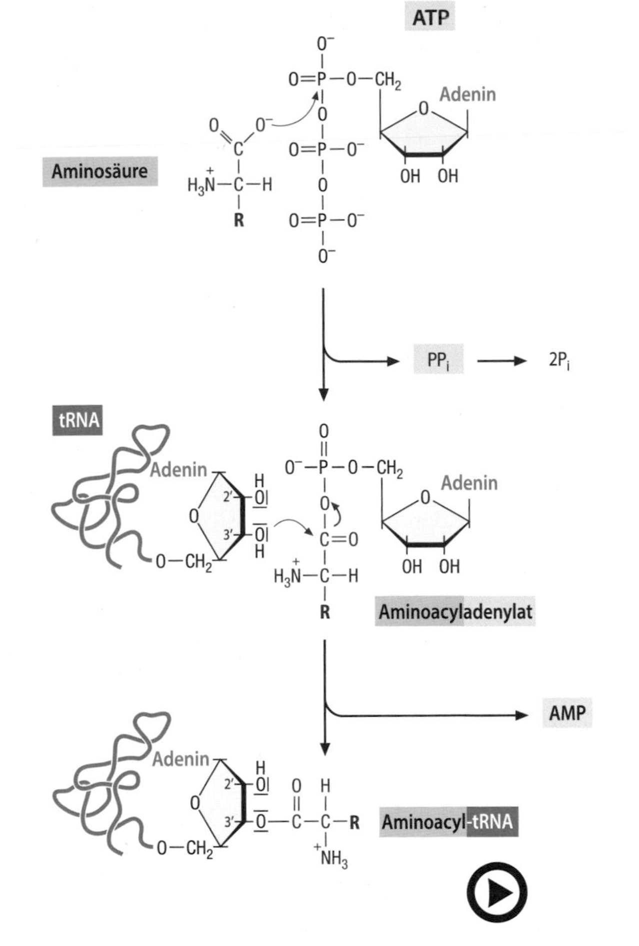

ATP

Aminosäure

PP$_i$ ⟶ 2P$_i$

tRNA

Adenin

Aminoacyladenylat

AMP

Adenin

Aminoacyl-tRNA

▶

□ Abb. 48.5 (Video 48.2) **Reaktionsmechanismus von Aminoacyl-tRNA-Synthetasen** (▶ https://doi.org/10.1007/000-5n4)

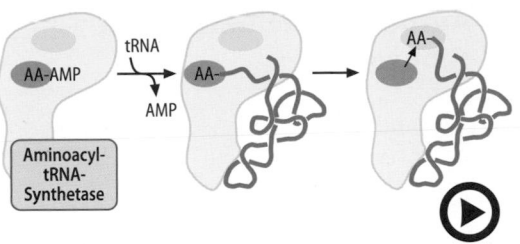

□ Abb. 48.6 (Video 48.3) **Reaktionsfolge und Qualitätskontrolle von Aminoacyl-tRNA-Synthetasen.** *Links:* Bindung einer Aminosäure (AA) in der Aminoacylierungsstelle (*rot*) und Bildung des Acyladenylats (AA-AMP); *Mitte:* Transfer der Aminosäure auf die gebundene tRNA (Aminoacylierung der tRNA); *rechts:* Translokation der gebundenen Aminosäure in die Korrekturstelle (*grün*) (▶ https://doi.org/10.1007/000-5n5)

aktion in Richtung Bildung des **Aminoacyladenylats**, welches als **Carbonsäure/Phosphorsäure-Anhydrid** zu den energiereichen Verbindungen gehört. Nach demselben Mechanismus werden Fettsäuren durch die Acyl-CoA-Synthetase aktiviert (▶ Abschn. 21.2.1).

— Anschließend binden die Enzyme die zugehörige tRNA und **verestern** deren endständiges **Adenosin** mit der **Carboxylgruppe** der aktivierten Aminosäure. Dabei gibt es zwei Klassen von Aminoacyl-tRNA-Synthetasen: Klasse I überträgt Aminosäuren auf die 3′-Hydroxylgruppe, Klasse II zuerst auf die 2′-Hydroxylgruppe und anschließend durch Transesterifizierung auf die 3′-Hydroxylgruppe.

❯ Den Aminoacyl-tRNA-Synthetasen obliegt die Auswahl der korrekten Paare von tRNA und Aminosäuren.

Neben der rein chemischen Acylierung von tRNAs haben Aminoacyl-tRNA-Synthetasen die wichtige

Funktion, die richtigen Paare von tRNAs und Aminosäuren auszuwählen. So gesehen sind sie neben den tRNAs die primären „Dolmetscher" bei der Übersetzung der Nucleinsäuresprache in die der Proteine. Die molekularen Details sind in □ Abb. 48.6 schematisch dargestellt.

— Aminoacyl-tRNA-Synthetasen haben für ihre zugehörigen (engl. *cognate*) Aminosäuren spezifische Bindungsstellen im aktiven Zentrum (Aminoacylierungsstelle). Strukturverwandte Aminosäuren können dort mit geringer Affinität ebenfalls gebunden werden. Tritt dies ein, werden sie durch Hydrolyse des entstandenen Acyladenylats vor Übertragung auf die tRNA wieder entfernt (**Prätransfer-Korrektur**, *pretransfer editing*).

— Zugehörige tRNAs werden von den Aminoacyl-tRNA-Synthetasen v. a. über ihr Anticodon und bestimmte Nucleotide im Akzeptorarm erkannt und gebunden.

— Auch nach Kopplung einer Aminosäure an die tRNA kann noch eine Korrektur erfolgen. Dazu schwenkt das flexible, weil nicht gepaarte, 3′-Ende des Akzeptorarms der tRNA die gebundene Aminosäure in eine zweite Bindestelle des aktiven Zentrums, die Korrekturstelle (*editing pocket*). Diese ist so ausgelegt, dass sie die korrekte Aminosäure nicht aufnehmen kann, während kleinere, strukturähnliche Aminosäuren gebunden und dann hydrolysiert werden (**Posttransfer-Korrektur**).

Diese Korrekturmechanismen tragen gemeinsam mit Kontrollmechanismen während der Elongation (▶ Abschn. 48.2.2) dazu bei, dass die Translation von Proteinen in der Zelle mit einer hohen Genauigkeit (durchschnittlich ein Fehler auf 5.000–50.000 eingebauter Aminosäuren) abläuft.

48.1.4 Aufbau und Funktion von Ribosomen

Ribosomen sind die enzymatische Maschinerie einer Zelle, an der Aminosäuren zu Polypeptiden (Proteinen) polymerisieren, mit anderen Worten Ribosomen sind die Orte der Translation. Ribosomen bestehen aus zwei **ribosomalen Untereinheiten**. In der kleinen Untereinheit erfolgt die Decodierung der mRNA durch die Aminoacyl-tRNAs, während in der großen die Peptidbindungen zwischen den Aminosäuren geknüpft werden. Proteine werden an den Ribosomen vom N- zum C-Terminus synthetisiert. Die Synthesegeschwindigkeit beträgt in eukaryontischen Zellen 3–5 Aminosäuren pro Sekunde, in Prokaryonten ca. 20.

> Ribosomen sind Ribonucleoproteinpartikel, die zu ca. 60 % ihrer Masse aus RNA bestehen.

Die **ribosomalen RNAs (rRNAs)** sind nicht nur quantitativ, sondern auch funktionell der wichtigere Teil der Ribosomen. Der Aufbau von Ribosomen geht aus ◻ Tab. 48.2 hervor. Eukaryontische Ribosomen sind aufgrund von mehr Proteinen und zusätzlichen rRNA-Segmenten größer (**80S-Ribosomen**) als die von Bakterien (**70S-Ribosomen**). Ihr ähnlicher struktureller Aufbau weist jedoch auf einen gemeinsamen evolutionären Ursprung hin.

Die Ribosomen einer eukaryontischen Zelle sind sowohl frei im Cytosol lokalisiert als auch am endoplasmatischen Retikulum gebunden. Die Synthese dieser Ribosomen erfolgt im Nucleolus. Mitochondrien hingegen synthetisieren einen eigenen Satz von Ribosomen (**Mitoribosomen**), die aufgrund der endosymbiontischen Entstehung von Mitochondrien von bakteriellen 70S-Ribosomen abstammen, im Lauf der Evolution aber erhebliche strukturelle Veränderungen erfahren haben.

Trotz unterschiedlicher Nucleotidsequenzen bilden die beiden großen **rRNAs** von Pro- und Eukaryonten ähnliche dreidimensionale Strukturen aus, die das Kerngerüst der beiden ribosomalen Untereinheiten ausmachen und im Wesentlichen deren globuläre Form bestimmen. Die Raumstruktur der rRNAs kommt wie bei den tRNAs v. a. durch zahlreiche Stiel-Schlaufen-Strukturen zustande, d. h. durch die Ausbildung von intramolekularen Doppelhelices zwischen komplementären Basenabschnitten eines rRNA-Stranges. In ◻ Abb. 48.7A–D sind diese doppelhelicalen Abschnitte durch die großen spiralförmig angeordneten Bänder wiedergegeben, in denen teilweise die verbrückten Basenpaare (als gerade Linien) zu sehen sind. Zusätzlich sind an der Ausbildung der Raumstruktur direkte RNA-RNA-Wechselwirkungen beteiligt. Die Bedeutendste ist das sog. *A-minor-motif*, bei dem nicht-gepaarte Adeninnucleotide H-Brücken mit der kleinen Furche (*minor groove*) von Basenpaaren benachbarter RNA-Doppelhelices ausbilden (◻ Abb. 48.7E).

Die **ribosomalen Proteine** sind größtenteils auf der Oberfläche der beiden Untereinheiten lokalisiert (◻ Abb. 48.7B, C). Einige besitzen lange Fortsätze aus basischen Aminosäuren, mit denen sie in die globuläre Struktur der ribosomalen RNAs vordringen. Die beiden Kontaktflächen der ribosomalen Untereinheiten sind jedoch weitgehend proteinfrei und bestehen im Wesentlichen aus der 16S-rRNA (18S-rRNA bei Eukaryonten) im Falle der kleinen, und aus der 23S (28S) r-RNA im Fall der großen Untereinheit.

> Die kleinen und großen Untereinheiten der Ribosomen bilden drei charakteristische Bindestellen für tRNAs aus.

Auch die drei Bindestellen der Ribosomen für tRNAs werden weitgehend von den rRNAs gebildet: die sog. **A-Stelle** bindet die neu eintretende **A**minoacyl-tRNA, die **P-Stelle** hält die mit der neu synthetisierten **P**eptidkette verknüpfte Peptidyl-tRNA und die **E-Stelle** ist der

◻ **Tab. 48.2** Zusammensetzung von Ribosomen

	70S[a]-Ribosomen (Prokaroynten)		80S-Ribosomen (Eukaryonten)	
Untereinheiten	Groß (50S) 1.600 kDa	Klein (30S) 900 kDa	Groß (60S) 2.800 kDa	Klein (40S) 1.400 kDa
rRNAs	23S 5S	16S	28S/5.8S[b] 5S	18S
Proteine[c]	34	21	50	33

[a]Svedberg Einheit; gibt das Sedimentationsverhalten in Abhängigkeit von Masse und Form an (▶ Abschn. 6.2)
[b]Nur bei Vertebraten
[c]Zahl schwankt geringfügig zwischen Species bzw. Organismen

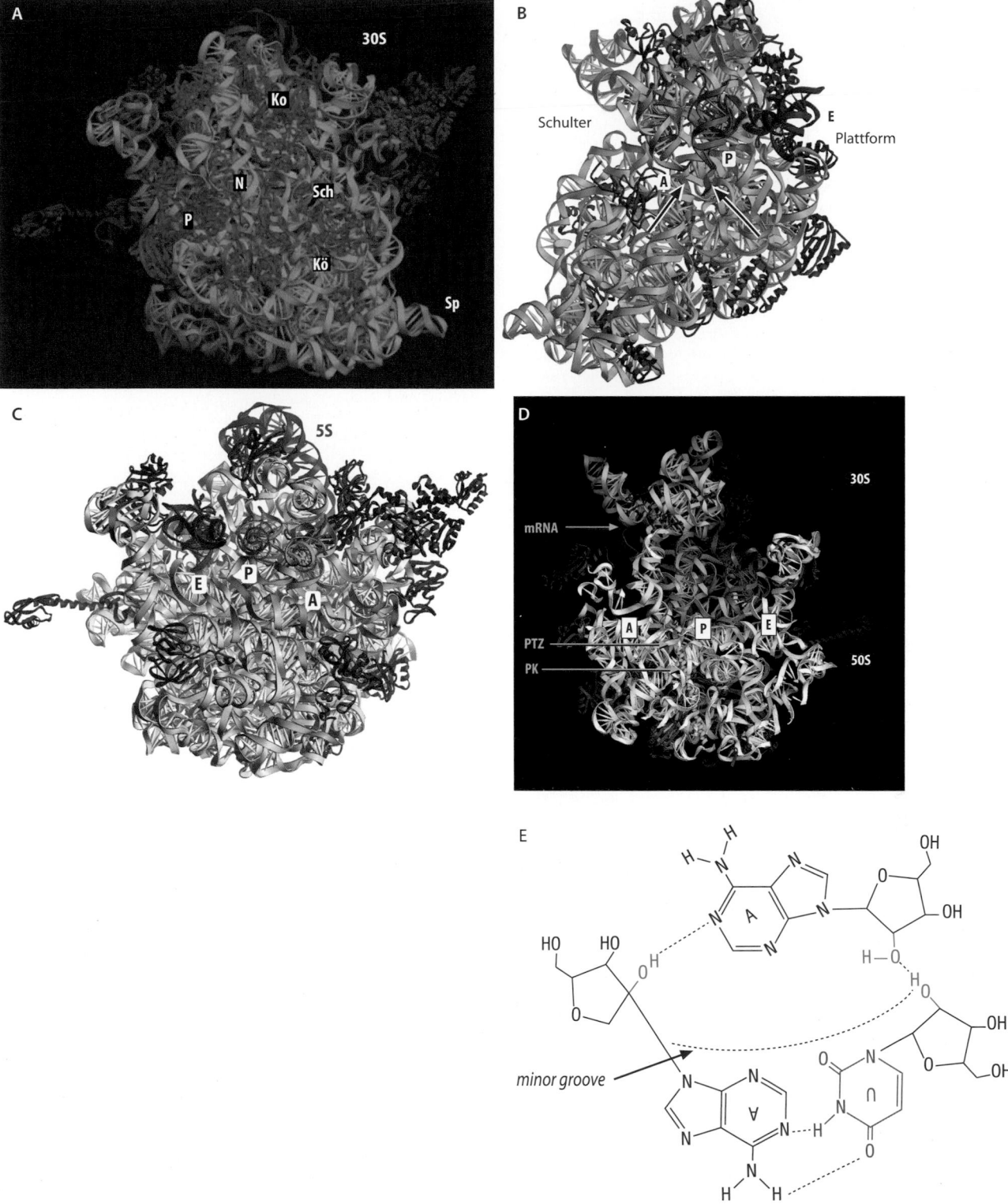

48

◨ **Abb. 48.7 Röntgenkristallstruktur von 70S-Ribosomen des thermophilen Bakteriums *Thermus thermophilus*.** In der kleinen riboso-
malen Untereinheit sind die 16S-rRNA *türkis* und die Proteine *dunkelblau*, in der großen Untereinheit die 23S-rRNA *grau* und die
Proteine *violett* wiedergegeben. **A** Blick auf den Rücken der kleinen
Untereinheit, mit der darunterliegenden großen Untereinheit. *Ko:*
Kopf; *N:* Nacken; *P:* Plattform; *Sch:* Schulter; *Kö:* Körper; *Sp:*
Sporn. **B** Die kleine Untereinheit wurde aus ihrer Position in **A** um
180° nach rechts aufgeklappt, sodass ihre Kontaktfläche zur großen
Untereinheit sichtbar wurde. Die drei tRNAs der A- (*gold*), P-
(*orange*) und E-Stellen (*rot*) blicken mit ihren Akzeptorarmen auf
den Betrachter. Die Akzeptorarme der tRNAs von A- und P-Stelle
sind an ihren unmittelbar nebeneinander liegenden 3′-CAA-Enden
zu erkennen (*Pfeile*). (Die *A-*, *P-* und *E-*Stellen werden weiter unten
im Text ausführlich besprochen.) **C** Untereinheiten-Kontaktfläche
der großen ribosomalen Untereinheit. Position wie in **A** nach Entfernung der kleinen Untereinheit. Die drei tRNAs sind hier mit ihren
Anticodonarmen auf den Betrachter gerichtet. Die meisten ribosomalen Proteine sind auf den Oberflächen und weniger auf den Kon-

taktflächen der beiden Untereinheiten lokalisiert. **D** Bei dieser Darstellung wurde die kleine Untereinheit aus der Position in **B** um ca.
60° kopfüber auf den Betrachter zugedreht. Teile beider Untereinheiten wurden entfernt, um den Blick ins Innere mit dem Peptidyltransferasezentrum (PTZ) und dem Proteinaustrittskanal (PK) frei
zu legen. Der Knick des Proteinkanals ist in dieser Projektion nicht
sichtbar. Der Verlauf der mRNA zwischen den beiden Untereinheiten ist angezeigt. **E** *A-minor-motif*, über das viele intramolekulare
Kontakte der großen rRNAs gebildet werden. H-Brücken bilden sich
zwischen einem Adeninnukleotid (*oben*) und einem A-U-Basenpaar
(*unten*) aus. Die gestrichelte Linie markiert die Flanke des A-U-Ba-
senpaares, die in der kleinen Furche (*minor groove*) einer Doppelhelix liegt (◨ Abb. 10.3) Typisch sind die Beteiligung von Ring-N-Ato-
men und der 2′-OH-Gruppe von Ribose (*grün*) an den H-Brücken
des *A-minor motifs*. Adenin, *rot*; Uracil, *blau*; Ribose, *schwarz*. Derartige Wechselwirkungen spielen auch bei der Erkennung eines korrekten Codon-Anticodon-Paares durch die 16S (18S)-rRNA eine
entscheidende Rolle. (A–C Adaptiert nach Yusupov et al. 2001; D
Adaptiert nach Noller et al. 2002)

Ort, an den die Exit-tRNA nach Entfernung der Aminosäuren gelangt. Alle drei tRNA-Bindestellen werden
auf Seiten der kleinen Untereinheit von der 16S (18S)-
rRNA und auf Seiten der großen Untereinheit von der
23S (28S)-rRNA gebildet, sodass man von den jeweiligen „Halbstellen" auf den beiden Untereinheiten
spricht. Die Halbstellen interagieren mit unterschiedlichen Teilen der tRNAs: die der kleinen Untereinheit
nehmen die Anticodonschlaufen der tRNAs auf und
vermitteln deren Interaktion mit der mRNA. Die Halbstellen der großen ribosomalen Untereinheit umschließen dagegen die Akzeptorarme der tRNAs. Sie sind
räumlich so angeordnet, dass die CCA-Enden der beiden tRNAs in den A- und P-Stellen unmittelbar nebeneinander zu liegen kommen (◨ Abb. 48.7B, D).

❯ Die große ribosomale Untereinheit besitzt das Peptidyltransferasezentrum und den Proteinaustrittskanal.

Der Bereich der 23S (28S)-rRNA um die A- und P-Stellen der großen Untereinheit wird als **Peptidyltransferasezentrum** bezeichnet, in dem die Peptidbindung zwischen zwei benachbarten Aminosäuren geknüpft wird
(◨ Abb. 48.7D). Wie bei einem typischen Enzym ermöglicht die sterische Anordnung der beiden tRNAs
von A- und P-Stelle im Peptidyltransferasezentrum eine
optimale Ausrichtung der miteinander reagierenden
Aminosäuren, sodass das Ribosom die Bildung der Peptidbindung ungefähr um den Fakor 10^5 beschleunigt.
Obgleich im Peptidyltransferasezentrum auch zwei ribosomale Proteine mit den tRNAs von A- und P-Stelle interagieren, ist es vor allem die 23S bzw. 28S-rRNA, die
für die Katalyse verantwortlich ist. Diese rRNAs werden deswegen als **Ribozyme** bezeichnet.

Am Peptidyltransferasezentrum der großen ribosomalen Untereinheit beginnt auch der etwa 10 nm lange
und 1 nm breite **Austrittskanal**, durch den die **naszierende** (neusynthetisierte) **Polypeptidkette** das Ribosom

verlässt (◨ Abb. 48.7D). Die Kanalwand wird überwiegend von rRNA, aber auch den Schlaufen von 4 ribosomalen Proteinen gebildet, die von der Ribosomen-
oberfläche nach innen vordringen und an einer Stelle
den Kanal abknicken lassen. Die Austrittstelle an der
großen ribosomalen Untereinheit wird von mehreren ribosomalen Proteinen flankiert.

❯ Die kleine ribosomale Untereineinheit beherbergt die
Bindestelle für die mRNA und das Decodierzentrum.

Die 16S (18S)-rRNA und die Proteine der kleinen ribo-
somalen Untereinheit bilden eine charakteristische
Raumstruktur, die in älteren elektronenmikroskopischen
Darstellungen an den Umriss eines Kükens erinnerte und
seit dieser Zeit mit Kopf, Nacken, Schulter, Plattform,
Körper und Sporn bezeichnet werden (◨ Abb. 48.7A,
B). Die Nackenstruktur besteht aus einer einzigen
RNA-Helix, um die Kopf und Körper gegeneinander
verdrehbar sind. Außerdem bindet die mRNA in einer
kanalförmigen Struktur um den Nacken. Die A-, P- und
E-Halbstellen der kleinen ribosomalen Untereinheit, in
denen die drei tRNAs mit der mRNA interagieren (das
sog. **Decodierzentrum** des Ribosoms), werden von
rRNA-Anteilen von Kopf und Körper oberhalb und
unterhalb des mRNA-Kanals gebildet.

Zusammenfassung

Bei der **Translation** wird die Basensequenz einer
mRNA in die Aminosäuresequenz eines Proteins übersetzt. Der **genetische Code** ordnet den 64 möglichen
Codons (Basentripletts) 20 proteinogene Aminosäuren
zu. Die **tRNAs** sind molekulare Adaptoren, die mit ihren spezifischen Anticodons an die Codons der mRNA
binden und gleichzeitig die zugehörige Aminosäure in
aktivierter Bindung tragen. In den **Wobble-Positionen**
von Codon und Anticodon kommen auch nicht-stan-

dardgemäße Basenpaarungen vor, an denen häufig Inosin oder modifizierten Basen der tRNAs beteiligt sind. Zusammen mit dem **Start-Codon** für Methionin legen drei **Stopp-Codons** den **Leseraster** (= **offenen Leserahmen**) einer mRNA fest. Überlappende Leseraster, die um ein bis zwei Basen versetzt sind, führen in der Regel zum vorzeitigen Auftreten eines Stopp-Codons. Die Translation läuft an **Ribosomen** ab. Ribosomen von Eukaryonten bestehen aus 40S- und 60S-Untereinheiten, die aus Proteinen und zum größeren Teil aus den **rRNAs** aufgebaut sind. Sie besitzen drei simultane Bindestellen für tRNAs (**A-, P-, E-Stelle**) und das **Peptidyltransferasezentrum**, wo rRNA-abhängig die Peptidbindungen zwischen benachbarten Aminosäuren ausgebildet werden. Zur **Qualitätskontrolle** der Translation tragen entscheidend die Aminoacyl-tRNA-Synthetasen bei, die die korrekten tRNA-Aminosäure Paare aussuchen.

48.2 Translationsmechanismus

❯ Bei der Translation, d. h. der Biosynthese eines Proteins am Ribosom, werden die drei Phasen Initiation, Elongation und Termination unterschieden.

Während der **Initiation** wird sichergestellt, dass die Proteinsynthese mit demjenigen AUG-Codon beginnt, das den Start eines Proteins markiert und damit das richtige Leseraster festlegt. Die **Elongation** ist die eigentliche Synthesephase, in der die Peptidbindung zwischen zwei benachbarten Aminosäuren geknüpft wird, wobei die naszierende Polypeptidkette immer C-terminal über eine tRNA am Ribosom gebunden bleibt. Ausgelöst durch ein Stopp-Codon wird in der Phase der **Termination** die Esterbindung zwischen Protein und tRNA hydrolytisch gespalten und damit das neu entstandene Protein vom Ribosom abgelöst.

48.2.1 Initiation

❯ Zu Beginn der Initiation bilden 40S-ribosomale Untereinheit, Methionyl-tRNA$_i^{Met}$ und Initiationsfaktoren einen 43S-Präinitiationskomplex.

Während der Initiationsphase interagieren Ribosom, mRNA und tRNA mit einer Reihe von Proteinen, die als **Initiationsfaktoren** (**eIFs** für eukaryontische Initiationsfaktoren) bezeichnet werden. Der Ablauf der Initiation in eukaryontischen Zellen ist in ◧ Abb. 48.8 schematisch dargestellt. Zur erfolgreichen Initiation der Translation muss das 80S-Ribosom in seine 40S- und 60S-Untereinheiten dissoziieren, ein Prozess, an

dem mehrere Initiationsfaktoren (wie eIF3, eIF6) und eine ATPase (Rli1/ABCE1; ▶ Abschn. 48.2.3) beteiligt sind. Die 40S-Untereinheit bindet dann **eIF1** in der Nähe der P-Stelle, **eIF1A,** der dabei wahrscheinlich die A-Stelle besetzt, **eIF3** und den sog. **ternären Komplex** (◧ Abb. 48.8A). Dieser besteht aus der mit Methionin beladenen spezifischen Initiator tRNA$_i^{Met}$, dem Initiationsfaktor eIF2 und dem an eIF2 gebundenen GTP (**Methionyl-tRNA$_i^{Met}$/eIF2/GTP**). Die Bindung von Methionyl-tRNA$_i^{Met}$ an die 40S-Untereinheit wird nur dann durch eIF2 vermittelt, wenn dieser GTP gebunden hat. 40S-Untereinheit, ternärer Komplex und die Initiationsfaktoren eIF1, eIF1A und eIF3 bilden den **43S-Präinitiationskomplex**.

❯ Mithilfe von eIF3 und dem eIF4-Komplex bindet der 43S-Präinitiationskomplex an die mRNA.

Der **Multienzymkomplex eIF4** bindet auf der Rückseite der 40S-Untereinheit an eIF3, an die 5′-*cap*-Struktur (▶ Abschn. 46.3.3) der mRNA und an das **PolyA-Bindeprotein I** (**PABP**), das mit dem 3′-PolyA-Ende der mRNA assoziiert und damit zusätzlich die Bindung der mRNA an die 40S-Untereinheit vermittelt (◧ Abb. 48.8B). Auf diese Weise kommt es zu einem Ringschluss der mRNA. Der so erweiterte Komplex wird als **48S-Präinitiationskomplex** bezeichnet.

❯ Der 48S-Präinitiationskomplex durchsucht die mRNA vom 5′-Ende her nach dem Start-AUG-Codon.

Viele mRNAs enthalten an ihrem 5′-Ende lange, nicht-translatierte Abschnitte (**5′-UTRs** = *untranslated regions*), die häufig helicale Sekundärstrukturen ausbilden. Diese werden während der Suche (*scanning*) nach dem Start-Codon durch eine ATP-abhängige **Helicase**-Aktivität des eIF4-Komplexes entwunden (◧ Abb. 48.8B). Die Durchforstung der mRNA Sequenz nach dem Start-Codon wird kooperativ von eIF1 und eIF1A unterstützt, die den mRNA-Kanal der 40S-Untereinheit bis zum Erscheinen des Start-Codons in der P-Halbstelle offenhalten und eine unerwünschte Basenpaarung der tRNA$_i^{Met}$ mit anderen Codons der mRNA verhindern. Das Start-Codon findet sich häufig im Sequenzkontext GCC(A/G)CCAUGG (**Kozak-Sequenz**). Sobald das Start-AUG-Codon in der P-Halbstelle eine perfekte Basenpaarung mit Methionyl-tRNA$_i^{Met}$ erlaubt, kommt es zur **GTP-Hydrolyse** im ternären Methionyl-tRNA$_i^{Met}$/eIF2/GTP-Komplex (◧ Abb. 48.8C). In seiner GDP-gebundenen Form verlässt eIF2 den Präinitiationskomplex und steht nach Austausch von GDP gegen GTP, den der Faktor **eIF2B** (GEF = *guanine nucleotide exchange factor* ▶ Abschn. 33.4.4) katalysiert, für die erneute Bildung eines ternären Komplexes zur Verfügung.

48

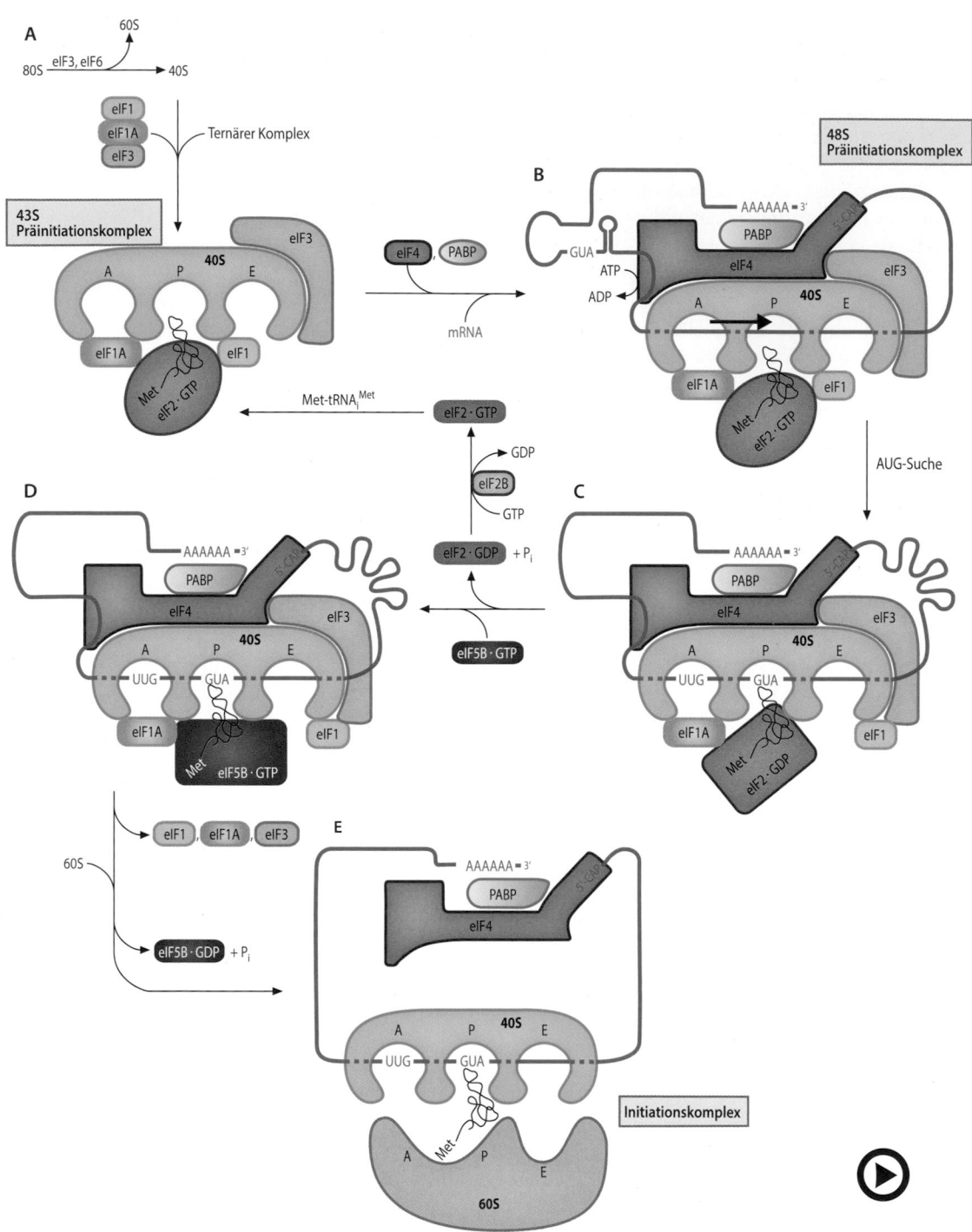

◘ **Abb. 48.8** (Video 48.4) **Initiationsphase der eukaryontischen Translation.** Die Initiation umfasst die Erkennung des Start-Codons auf der mRNA und den Zusammenbau eines Ribosoms mit der Start-Methionyl-tRNA in der P-Stelle (Einzelheiten s. Text). Die Projektion von kleiner und großer ribosomaler Untereinheit entspricht ungefähr der von ◘ Abb. 48.7D, sodass die Kontaktfläche der 40S-Untereinheit mit den A-, P- und E-Halbstellen nach unten und ihre Rückseite nach oben gerichtet sind. Der *schwarze Pfeil* in **B** gibt die Laufrichtung der mRNA an. Die Codons sind in 5′,3′-Richtung eingezeichnet, sind also von **rechts nach links** zu lesen. Ein weiterer, nicht dargestellter Initiationsfaktor (**eIF5**; ◘ Tab. 48.3) ist an der Bindung des ternären Komplexes aus Methionyl-tRNA$_i^{Met}$, eIF2 und GTP an die 40S-Untereinheit sowie an dessen Entfernung nach GTP-Hydrolyse beteiligt. Einzelheiten zu **A - E** s. Text. *PABP:* PolyA-Bindeprotein I (◘ Abb. 46.22). Weitere Details zu eIF4 s. ▶ Abschn. 48.3.3 (▶ https://doi.org/10.1007/000-5n6)

> Nach der festen Bindung der Methionyl-tRNA$_i^{Met}$ an das Start AUG-Codon wird die große 60S-Untereinheit angefügt.

Im nächsten Schritt assoziiert **eIF5B** ebenfalls in GTP-gebundener Form über Methionyl-tRNA$_i^{Met}$ und eIF1A mit der 40S-Untereinheit (◘ Abb. 48.8D). Durch eIF5B wird die Bindung der großen 60S-ribosomalen Untereinheit an den 48S-Komplex stimuliert, wobei eIF1 und eIF3 entfernt werden. Die Freigabe der A-Stelle durch Entfernung von eIF1A wird ebenfalls durch eIF5B vermittelt. Umgekehrt bewirkt die 60S-Untereinheit die **GTP-Hydrolyse** von eIF5B, was zur Dissoziation von eIF5B/GDP führt. Am Ende dieses vielstufigen Prozesses steht die Bildung des **Initiationskomplexes**, d. h. eines neu zusammengefügten 80S-Ribosoms mit dem Start-Codon der mRNA und der daran gebundenen Methionyl-tRNA$_i^{Met}$ in seiner P-Stelle (◘ Abb. 48.8E).

> Charakteristisch für die Initiation an prokaryontischen Ribosomen sind eine vereinfachte Erkennung des Start-Codons und die Verwendung von Formylmethionin als Startaminosäure.

Prokaryontische mRNAs besitzen eine Konsensussequenz im nicht-translatierten Bereich vor dem Start-Codon, die als **Shine-Dalgarno-Sequenz** bezeichnet wird. Diese bindet an einen komplementären Abschnitt der 16S-rRNA an der Plattform der 30S-Untereinheit (◘ Abb. 48.7B), sodass kein eIF4-Komplex, eIF3 oder PABP für die Bindung der mRNA benötigt werden. Außerdem bindet die prokaryontische Start-tRNA, die mit formyliertem Methionin (**Formylmethionyl-tRNA^{fMet}**) beladen wird, direkt und nicht in einem ternären Komplex mit einem Initiationsfaktor und GTP an die kleine ribosomale Untereinheit. Mit dem Fehlen eines eIF2-Homologen kann die prokaryontische Translation auch nicht über Phosphorylierung reguliert werden (▶ Abschn. 48.3.3). Dies ist auch nicht nötig, da durch die direkte Kopplung von Transkription und Translation in Prokaryonten (naszierende mRNAs werden sofort translatiert) eine Regulation über die Transkriptionshäufigkeit selbst erfolgt. Einen Vergleich der eu- und prokaryontischen Initiationsfaktoren gibt ◘ Tab. 48.3.

> Proteine werden häufig an Polysomen synthetisiert.

Werden Ribosomen intakter Zellen über Dichtegradienten-Zentrifugation (▶ Abschn. 6.1.1) isoliert, so hat ein Teil von ihnen eine wesentlich höhere Sedimentationskonstante als 70S oder 80S. Dabei handelt es sich um Verbände unterschiedlich vieler Ribosomen, die je-

◘ **Tab. 48.3** Strukturell bzw. funktionell homologe Translationsfaktoren von Pro- und Eukaryonten. (Nach Rodnina und Wintermeyer 2009)

	Eukaryonten	Prokaryonten
Initiation	eIF1A	IF1
	eIF1	IF3
	eIF2 (α,β.γ)	
	eIF2B (α,β,γ,δ,ε)$_2$	
	eIF3 (13 Untereinheiten)	
	eIF4 (A,B,E,G,H)	
	eIF5	
	eIF5B	IF2
	eIF6	
Elongation	eEF1A	EF-Tu
	eEF1B (2–3 Untereinheiten)	EF-Ts
	eEF2	EF-G
Termination	eRF1	RF1[a]
		RF2[a]
	eRF3	RF3

[a]RF1 erkennt UAA und UAG, RF2 UAA und UGA, während in Eukaryonten eRF1 mit allen drei Stopp-Codons interagiert. Prokaryonten besitzen außerdem einen *Ribosome Recycling Factor* (RRF), der gemeinsam mit EF-G die Dissoziation der Ribosomen in Untereinheiten vermittelt

weils auf einem mRNA-Strang sitzen und als Polyribosomen oder **Polysomen** bezeichnet werden. Polysomen entstehen, wenn Ribosomen nacheinander mit demselben mRNA-Molekül Initiationskomplexe bilden, bevor das erste Ribosom die Translation beendet hat. Die Ribosomen eines Polysoms tragen also unterschiedlich lange naszierende Ketten desselben Proteins. Durch die Fixierung der *cap*-Struktur einer mRNA in der Nähe ihres PolyA-Endes über den eIF4-Komplex und PABP (◘ Abb. 48.8E) können die bei der Termination getrennten ribosomalen Untereinheiten unmittelbar am Start-Codon einen neuen Initiationskomplex bilden.

48.2.2 Elongation

> Die Elongationsphase der Translation umfasst die Erkennung des A-Stellen-Codons durch die zugehörige Aminoacyl-tRNA, die Herstellung einer Peptidbindung und die Translokation der Peptidyl-tRNA von der A-Stelle in die P-Stelle des Ribosoms.

48

Die ersten und letzten Schritte der Elongation werden durch Enzyme beschleunigt, die als **Elongationsfaktoren (EFs)** bezeichnet werden (◘ Tab. 48.3). Anhand der gleichen Anzahl an Elongationsfaktoren in Pro- und Eukaryonten wird deutlich, dass sich, anders als bei der Initiation, die Elongationsschritte der Translation im Laufe der Evolution nicht wesentlich verändert haben.

❯ Elongationsfaktor eEF1A koppelt den Fortgang der Elongation an die korrekte Erkennung der mRNA-Codons.

Sobald sich ein Initiationskomplex neu gebildet hat, steht seine A-Stelle für die Bindung einer Aminoacyl-tRNA zur Verfügung (◘ Abb. 48.8E). Ähnlich wie bei der Initiation, bei der Methionyl-tRNA$_i^{Met}$ im Komplex mit eIF2 und GTP angeliefert wird, bilden für die Elongationsschritte alle Aminoacyl-tRNAs ternäre Komplexe mit dem Elongationsfaktor **eEF1A** und GTP. Die Bindung der ternären Komplexe an die Ribosomen erfolgt zum einen über die Aminoacyl-tRNA an die A-Stelle, zum andern über den Elongationsfaktor eEF1A (◘ Abb. 48.9A) an die kleine ribosomale Untereinheit (in der Nähe der Schulter; ◘ Abb. 48.7B).

Wenn die Interaktion einer Aminoacyl-tRNA mit der A-Stelle in der kleinen Untereinheit zu einer korrekten Basenpaarung zwischen mRNA und tRNA führt, kommt es im Sinne eines *induced fit* (▶ Abschn. 7.1) zu weiteren Wechselwirkungen zwischen der rRNA der kleinen ribosomalen Untereinheit und dem Codon-Anticodon-Paar (über *A-minor-motif*-Interaktionen, ◘ Abb. 48.7E). Daraus resultiert eine Konformationsänderung der ribosomalen Bindestelle für eEF1A, wodurch die GTP-Hydrolyse durch eEF1A ausgelöst wird. In der GDP-gebundenen Form verlässt der Elongationsfaktor dann das Ribosom, sodass jetzt der Akzeptorarm des Aminoacyl-tRNA-Moleküls mit der gebundenen Aminosäure in unmittelbare Nähe zum Start-Methionin im Peptidyltransferasezentrum der großen ribosomalen Untereinheit zu liegen kommt (◘ Abb. 48.9B). Über diese Kaskade von Vorgängen trägt der Elongationsfaktor eEF1A zur hohen Genauigkeit der Translation bei, indem er sicherstellt, dass Peptidbindungen nur dann geknüpft werden können, wenn die korrekte Aminosäure in der A-Stelle gebunden hat.

❯ Das aus rRNA aufgebaute Peptidyltransferasezentrum der großen ribosomalen Untereinheit katalysiert die Ausbildung der Peptidbindung.

Die A- und P-Stellen der 23S (28S)-rRNA der großen ribosomalen Untereinheit bilden das **Peptidyltransferasezentrum (PTZ)** (▶ Abschn. 48.1.4). Nach Einlagerung des Akzeptorarms der Aminoacyl-tRNA der A-Stelle in das PTZ kommt es dort zu einer Konformationsänderung. Diese bringt die beiden terminalen Adeninnucleotide von Aminoacyl- und Peptidyl-tRNA in die optimale Position, aus der heraus ein nucleophiler Angriff der α-Aminogruppe der Aminoacyl-tRNA auf das veresterte Carboxyl-C-Atom der Peptidyl-tRNA erfolgen kann (◘ Abb. 48.10). Das Ergebnis dieser Reaktion ist die Ausbildung einer neuen Peptidbindung, mit der beim ersten Elongationsschritt das Startmethionin und später dann das Peptid der Peptidyl-tRNA auf die Aminosäure der Aminoacyl-tRNA übertragen wird (◘ Abb. 48.9C). Die katalytische Wirkung des Ribosoms bei der Herstellung dieser Peptidbindung besteht im Wesentlichen in der exakten Positionierung der Reaktanten durch Wechselwirkungen mit der 23S (28S)-rRNA. Die 2′-OH-Gruppe der terminalen Ribose der Peptidyl-tRNA ist sehr wahrscheinlich am Protonentransfer zwischen der α-Aminogruppe und dem austretenden 3′-O-Atom beteiligt (◘ Abb. 48.10).

❯ Mithilfe von Elongationsfaktor eEF2 translozieren die mRNA-tRNA-Komplexe von den A- und P-Stellen in die P- und E-Stellen.

Bei der Peptidyltransferase-Reaktion wird das um eine Aminosäure verlängerte Peptid, oder allgemein die naszierende Polypeptidkette, auf die Aminoacyl-tRNA in der A-Stelle übertragen und in der P-Stelle bleibt eine deacylierte tRNA zurück (◘ Abb. 48.9C). In diesem Zustand ist die kleine Untereinheit gegenüber der großen geringfügig verdrehbar, sodass es zu einer Verlagerung der neuen Peptidyl-tRNA in die P-Halbstelle und der deacylierten tRNA in die E-Halbstelle der großen Untereinheit kommen kann, ohne dass dabei die beiden tRNAs die ursprünglichen Halbstellen in der kleinen Untereinheit verlassen (◘ Abb. 48.9D). Diese sog. **A/P- und P/E-Hybridzustände** werden aber nur stabilisiert, wenn der Elongationsfaktor **eEF2** im Komplex mit GTP an das Ribosom bindet. GTP-Hydrolyse durch eEF2 hat dann eine Konformationsänderung in der kleinen ribosomalen Untereinheit zur Folge, die mit der **Translokation** der mRNA und ihrer gebundenen tRNA Komplexe um ein Codon weiter einhergeht. Gleichzeitig wird die Verdrehung der beiden Untereinheiten gegeneinander zurückgestellt. Als Ergebnis befinden sich die Peptidyl-tRNA in der P/P-Stelle und die deacylierte tRNA in der E/E-Stelle (◘ Abb. 48.9E). Nach Verlassen von eEF2/GDP kann an die freie A-Stelle ein neuer ternärer Komplex aus der nächsten Aminoacyl-tRNA und eEF1A/GTP binden, wobei gleichzeitig die deacylierte tRNA die E-Stelle verlässt.

Eine Besonderheit von Elongationsfaktor eEF2 ist das Vorkommen eines modifizierten Histidinrests, dem sog. **Diphthamid**. Dieses kann durch das Toxin des

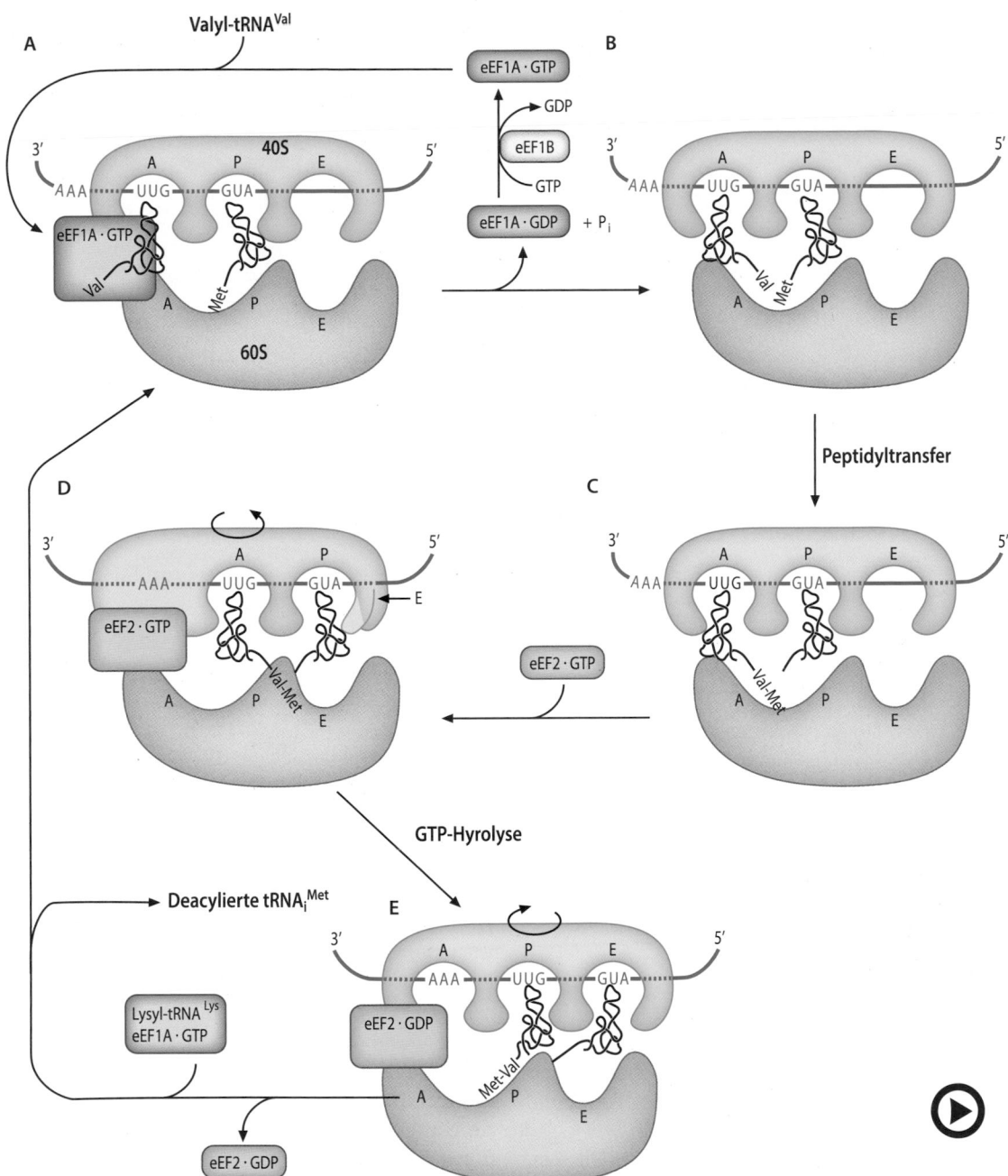

Abb. 48.9 (Video 48.5) **Elongationszyklus der Translation.** Die A-, P- und E-Stellen von kleiner (*oben*) und großer ribosomaler Untereinheit sind markiert. **A** Bindung von Valyl-tRNA^{Val} an die A-Stelle eines Initiationskomplexes mithilfe von eEF1A/GTP. **B** Verlagerung des Akzeptorarms der Valyl-tRNA^{Val} in das Peptidyltransferasezentrum, das von den A- und P-Stellen der großen ribosomalen Untereinheit gebildet wird. **C** Bildung eines Met-Val-Dipeptids an der A-Stellen-tRNA. **D** Drehung der kleinen gegenüber der großen ribosomalen Untereinheit in Pfeilrichtung mit Ausbildung von A/P- und P/E-Zwi-

schenpositionen nach Bindung von eEF2/GTP. **E** Nach GTP-Hydrolyse durch eEF2 erfolgt Rückstellung der kleinen ribosomalen Untereinheit mit Translokation von mRNA und den A- und P-Stellen-tRNAs um ein Codon weiter. Nach Bindung von Lysyl-tRNA^{Lys} beginnt der Elongationszyklus erneut wie in **A** gezeigt, allerdings jetzt mit dem AAA-Codon der mRNA in der A-Stelle. Die Codons sind in 5′,3′-Richtung eingezeichnet, sind also von **rechts nach links** zu lesen. (Einzelheiten s. Text) (► https://doi.org/10.1007/000-5n3)

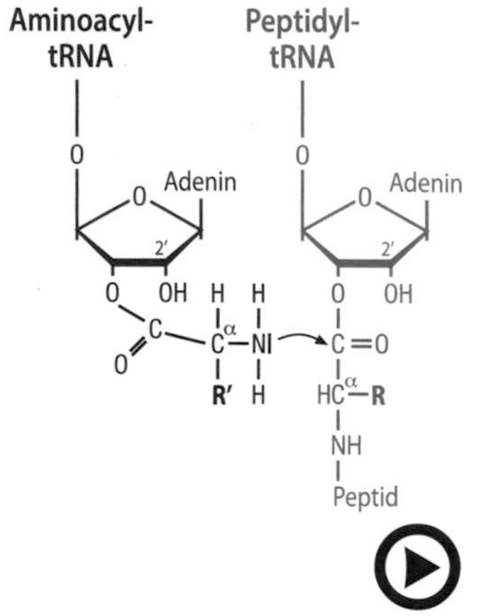

Aminoacyl-tRNA   **Peptidyl-tRNA**

○ **Abb. 48.10** (Video 48.6) **Ausbildung einer Peptidbindung im Peptidyltransferasezentrum.** Dargestellt sind die beiden terminalen Adeninnucleotide von Aminoacyl- und Peptidyl-tRNAs. Die terminale 2′-OH-Gruppe der Peptidyl-tRNA, die vermutlich am Katalysemechanismus beteiligt ist, ist farblich hervorgehoben (▶ https://doi.org/10.1007/000-5n8)

Diphtherie-Erregers, *Corynebacterium diphtheriae*, ADP-ribosyliert werden (▶ Abschn. 49.3.7), wodurch eEF2 inaktiviert und die Translation der befallenen Zellen blockiert wird.

48.2.3 Termination

❯ Stopp-Codons führen zur Bindung von Terminationsfaktoren, welche die fertige Polypeptidkette hydrolytisch vom Ribosom freisetzen.

Erscheint eines der drei Stopp-Codons (○ Abb. 48.1) in der A-Stelle der kleinen ribosomalen Untereinheit, bindet in eukaryontischen Zellen ein Komplex aus den **Terminationsfaktoren eRF1 (e**ukaryontischer *release factor* 1), **eRF3** und **GTP** (○ Abb. 48.11). Aufgrund seiner tRNA-ähnlichen Raumstruktur (sog. *molecular mimicry*) lagert sich eRF1 direkt in die A-Stelle ein. Dort interagiert eRF1 mit dem Peptidyltransferasezentrum der großen Untereinheit (über das spezifische Aminosäuremotiv Gly-Gly-Gln) und katalysiert die Hydrolyse der Peptidyl-tRNA. Ausgelöst wird dieser Prozess dadurch, dass eRF3 sein gebundenes GTP zu GDP und P_i spaltet. Danach dissoziiert eRF3/GDP vom Ribosom, während der zurückgebliebene eRF1 mit einer als Rli1 (Hefe) oder ABCE1 (Säugerzellen) bezeichneten ATPase interagiert, welche die Abtrennung der 60S-Untereinheit bewirkt und damit zur Freisetzung der naszierenden Polypeptidkette führt. Zurück bleibt die 40S-Untereinheit mit der mRNA und einer deacylierten tRNA in der P-Stelle, die durch die Vermittlung von Initiationsfaktoren (○ Abb. 48.8A)

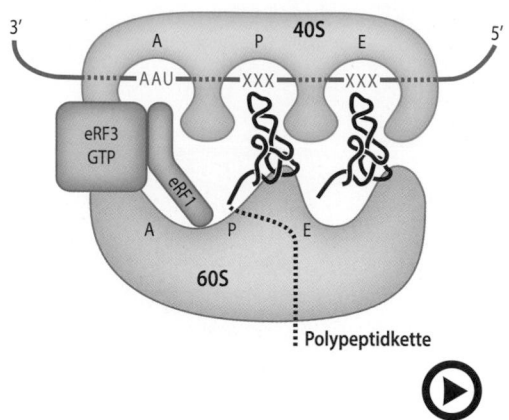

○ **Abb. 48.11** (Video 48.7) **Termination des Translationsvorganges in eukaryontischen Zellen** (Einzelheiten s. Text). Die naszierende Polypeptidkette verlässt das Ribosom durch eine Austrittsstelle an der Unterseite der großen ribosomalen Untereinheit (○ Abb. 48.7D) (▶ https://doi.org/10.1007/000-5n9)

entfernt werden. In prokaryontischen Zellen läuft der Terminationsvorgang nach einem teilweise anderen Mechanismus ab (○ Tab. 48.3).

❯ Vorzeitige Termination: Pausieren Ribosomen mit unfertigen Polypeptidketten auf der mRNA, werden sie durch das Ribosomale Qualitätskontrollsystem entfernt.

Nicht immer läuft die Elongation einer naszierenden Kette kontinuierlich ab. Auch ohne Erscheinen eines Stopp-Codons kann es zum Stillstand der Translation kommen, indem Ribosomen auf der mRNA pausieren (*ribosome stalling*). Ein vorübergehender, funktioneller Translationsarrest ist für die mRNA sekretorischer Proteine beschrieben worden (▶ Abschn. 49.2.1). Andere Ursachen für ein **Pausieren von Ribosomen** können z. B. ausgeprägte Sekundärstrukturen einer mRNA, ein Mangel an bestimmten Aminosäuren und tRNAs oder ein Kettenabbruch der mRNA sein. Für diese Fälle verfügen eukaryontische Zellen über ein **Ribosomales Qualitäts-Kontrollsystem (RQC,** *Ribosome-associated Quality Control*), das den Stau beseitigt und den Abbau der halbfertigen Polypeptidkette initiiert. Dafür bindet neben der A-Stelle ähnlich wie bei der Elongation (Aminoacyl-tRNA/eEF1A/GTP) und der Termination (eRF1/eRF3/GTP) ein ternärer Komplex aus Dom34/Hbs1/GTP. Hbs1 ist wie eEF1A und eRF3 eine GTPase und Dom34 ein Homologes von eRF1, das nach GTP-Hydrolyse durch Hbs1 in der leeren A-Stelle des pausierenden Ribosoms bindet. Dort bewirkt es wie bei dem Terminationsvorgang die Rekrutierung der ATPase Rli1/ABCE1 mit nachfolgender Abtrennung der 60S-Untereinheit, die im Unterschied zu den Terminationsvorgängen allerdings noch die naszierende Peptidkette trägt. Diese wird nach Polyubiquitinierung (▶ Abschn. 49.3.2) durch die E3-Ligase Listerin (Ltn1) im Proteasom (▶ Abschn. 50.3) abgebaut.

Zusammenfassung

Die **Initiationsphase** der Translation führt die zwei Untereinheiten eines Ribosoms mit einer mRNA zusammen und positioniert das Start-Codon mit der Start-Methionyl-tRNA in der P-Stelle. **Polysomen** entstehen durch multiple Initiationsvorgänge auf einem mRNA-Molekül. Bei der **Elongation** werden die von der mRNA codierten Aminoacyl-tRNAs ausgewählt, eine neue Peptidbindung geknüpft und das Ribosom um ein Codon auf der mRNA transloziert. Die GTP-abhängige Kontrolle von Codon-Anticodon-Paarungen am Ribosom durch bestimmte Initiations- und Elongationsfaktoren trägt zur hohen Genauigkeit der Translation bei. Bei der **Termination** erkennen Terminationsfaktoren die Stopp-Codons und bewirken die hydrolytische Freisetzung der neusynthetisierten Polypetidkette.

48.3 Modifikation der Translationsaktivität

48.3.1 Suppression von Stopp-Codons

❯ Suppressor-tRNAs bauen Aminosäuren an der Stelle eines Stopp-Codons in Proteine ein.

Treten Stopp-Codons als Resultat von Mutationen im Leseraster einer mRNA auf (*nonsense mutations*), führt dies zur vorzeitigen Termination (▶ Abschn. 48.1.1) und damit zur Bildung von nicht-funktionellen Proteinfragmenten. Von Bakterien ist bekannt, dass sie solche Mutationen supprimieren können, falls sie spezifische tRNAs erworben haben, deren Anticodon, wiederum durch Mutationen, komplementär zu dem entsprechenden Stopp-Codon geworden ist. Werden solche tRNAs trotz verändertem Anticodon mit Aminosäuren beladen, bezeichnet man sie als **Suppressor-tRNAs**. Erstaunlicherweise haben alle Zellen diesen Mechanismus etabliert, um die Aminosäure **Selenocystein** in bestimmte Proteine (▶ Abschn. 60.2.10) einzubauen.

Übrigens

Aus der Presse-Mitteilung der Königlich-Schwedischen Akademie der Wissenschaften vom 7. Oktober 2009: This year's Nobel Prize in Chemistry awards **Venkatraman Ramakrishnan,** MRC Laboratory of Molecular Biology, Cambridge, United Kingdom; **Thomas A. Steitz,** Yale University, New Haven, CT, USA; **Ada E. Yonath**, Weizmann Institute of Science, Rehovot, Israel … *for having shown what the ribosome looks like and how it functions at the atomic level. All three have used a method called X-ray crystallography to map the position for each and every one of the hundreds of thousands of atoms that make up the ribosome*

… An understanding of the ribosome's innermost workings is important for a scientific understanding of life. This knowledge can be put to a practical and immediate use; many of today's antibiotics cure various diseases by blocking the function of bacterial ribosomes. Without functional ribosomes, bacteria cannot survive. This is why ribosomes are such an important target for new antibiotics. This year's three Laureates have all generated 3D models that show how different antibiotics bind to the ribosome. These models are now used by scientists in order to develop new antibiotics, directly assisting the saving of lives and decreasing humanity's suffering.

❯ Selenocystein wird durch spezifische Suppression eines Stopp-Codons in Selenoproteine eingebaut.

Selenocystein (Sec) wird als die 21. proteinogene Aminosäure bezeichnet (▶ Kap. 3, ◻ Abb. 3.30). Sie wird aus Serinphosphat und Selenophosphat synthetisiert (▶ Abschn. 60.2.10), allerdings erst nachdem Serin mithilfe der Seryl-tRNA-Synthetase auf eine spezifische tRNA^{Sec} geladen wurde. Diese **tRNA^{Sec}** trägt das zum UGA-Stopp-Codon komplementäre Anticodon. Eine Suppression aller UGA-Stopp-Codons durch Einbau von Selenocystein findet deswegen nicht statt, weil die mRNAs von Selenoproteinen stromabwärts vom UGA-Codon einen charakteristischen Nucleotidbereich (**SE-** CIS = *selenocystein insertion sequence*) besitzen, der von spezifischen Bindeproteinen erkannt werden muss. Diese interagieren dann mit dem spezifischen Elongationsfaktor **eEFsec**, ohne den die Selenocysteinyl-tRNA^{Sec} nicht an das UGA-Codon in der A-Stelle des Ribosoms gelangen kann.

Die Bedeutung dieser Komponenten für die gezielte Umprogrammierung eines UGA-Stopp-Codons in den mRNAs von Selenoproteinen wird daran ersichtlich, dass Mutationen in einem SECIS-Bindeprotein zu einem Defekt der selenpflichtigen Thyroxindeiodasen (▶ Abschn. 60.2.10) und damit zu Störungen des Schilddrüsenhormon-Stoffwechsels führen.

48

48.3.2 Hemmung der Translation durch Antibiotika

❯ Viele Antibiotika hemmen relativ spezifisch die bakterielle Translation.

Pilze synthetisieren eine Reihe antibakterieller Substanzen, mithilfe derer sie sich der bakteriellen Konkurrenten um die gemeinsamen Nahrungsquellen erwehren. Einige dieser Verbindungen hemmen die Translation von Bakterien durch direkte Interaktion mit den Ribosomen. Da diese Interaktionen relativ spezifisch mit prokaryontischen Ribosomen erfolgen, werden synthetisch hergestellte Derivate dieser Pilzgifte in großem Umfang medizinisch als **Antibiotika** eingesetzt. Eine Zusammenstellung einiger Antibiotika gibt ◻ Tab. 48.4.

◻ **Tab. 48.4**   Auswahl klinisch einsetzbarer Antibiotika

Substanz	Wirkmechanismus
Aminoglycoside (Neomycin, Paromomycin, Kanamycin, Gentamycin, Streptomycin)	Durch Bindung an die 16S-rRNA lösen diese Substanzen auch bei inkorrekter Codon-Anticodon-Paarung das Signal für die GTP-Hydrolyse durch EF-Tu (◻ Tab. 48.3.) aus. Es resultieren Lesefehler (Mutationen)
Chloramphenicol	Hemmt die Peptidyltransferase
Fusidinsäure	Stabilisiert EF-G/GDP (◻ Tab. 48.3.) am Ribosom und blockiert damit den Translokationsschritt
Macrolide	Verstopfen das obere Ende des Proteinaustrittskanals in der großen Untereinheit
Oxazolidinone	Binden an die große Untereinheit und hemmen wahrscheinlich die Initiation (Mechanismus nicht vollständig geklärt)
Spectinomycin	Interferiert mit der von EF-G (◻ Tab. 48.3.) katalysierten Translokation
Tetracycline	Blockieren v. a. die Bindung der ternären Komplexe an die A-Stelle

Nicht als Antibiotika einsetzbare Hemmstoffe der eukaryontischen Translation sind **Cycloheximid** (inhibiert Translokation) und **Puromycin**, das von pro- und eukaryontischen PTZs als Aminoacyl-tRNA-Analoges gebunden wird und auf dessen freie Aminogruppe der tRNA-gebundene Peptidylrest übertragen und somit vorzeitig vom Ribosom abgelöst wird. Antibiotika, die nicht über eine Hemmung der Translation wirken, sind z. B. **Penicilline** (▶ Abschn. 16.2.4), **Gyrasehemmer** (▶ Abschn. 44.5) und **Sulfonamide** (▶ Abschn. 59.8.5)

Eukaryontische Zellen besitzen allerdings auch die **Mitoribosomen**, die evolutionsgeschichtlich aus prokaryontischen Ribosomen hervorgegangen sind. So sind Nebenwirkungen klinisch verwendeter Antibiotika, die sich auf eine Hemmung der mitochondrialen Proteinbiosynthese zurückführen lassen, für Substanzen wie Chloramphenicol, bestimmte Oxazolidinone und Aminoglycoside beschrieben worden.

48.3.3 Kontrolle der Translation in Eukaryonten

Über die Initiationsfaktoren eIF2 und Untereinheiten von eIF4, die in Prokaryonten nicht vorkommen (◻ Tab. 48.3), kann die eukaryontische Translation auf der Stufe der Initiation durch vielfältige Signale reguliert werden (◻ Abb. 48.12).

❯ Mangel an Aminosäuren und Häm sowie die Akkumulation falsch gefalteter Proteine und doppelsträngiger RNA hemmen über die Phosphorylierung von eIF2 die Translationsinitiation.

Vor der Bildung des ternären Komplexes mit Methionyl-tRNA$_i$^{Met} muss das am Initiationsfaktor eIF2 gebundene GDP durch GTP ausgetauscht werden (◻ Abb. 48.12A). Der hierfür verantwortliche Guaninnucleotid-Austauschfaktor **eIF2B** bindet dazu vorübergehend an eIF2. Initiationsfaktor eIF2 ist ein trimeres Protein (◻ Tab. 48.3), das an seiner α-Untereinheit durch eine der nachfolgenden Kinasen phosphoryliert werden kann. Wurde aber eIF2 phosphoryliert, bleibt der Guaninnucleotid-Austauschfaktor eIF2B gebunden, wodurch aktives eIF2/GTP nicht mehr gebildet und so die Translation blockiert wird.

— **HRI (Häm-regulierter Inhibitor)** ist eine in Vorläuferzellen von Erythrocyten exprimierte Kinase, die bei Häm-Mangel aktiviert wird und dann die Translation der Globin-mRNA inhibiert, bis wieder genügend Häm für die Biosynthese von Hämoglobin zur Verfügung steht.

— **GCN 2** (*general aminoacid control*) ist eine Kinase, welche die Hemmung der Proteinsynthese bei Aminosäuremangel vermittelt. Aktiviert wird GCN 2 durch Bindung freier tRNA, die sich bei Fehlen von Aminosäuren anhäuft.

— **PERK** (pankreatische Kinase des endoplasmatischen Retikulums) wird durch den sog. ER-Stress aktiviert (▶ Abschn. 49.2.1), bei dem ungefaltete Proteine im ER akkumulieren und über PERK eine Drosselung des Proteinnachschubs bewirken.

— **PKR** (**R**NA-abhängige **P**rotein**k**inase) wird durch doppelsträngige RNA aktiviert, wie sie durch bestimmte Viren in Zellen gelangen kann. Zum Schutz

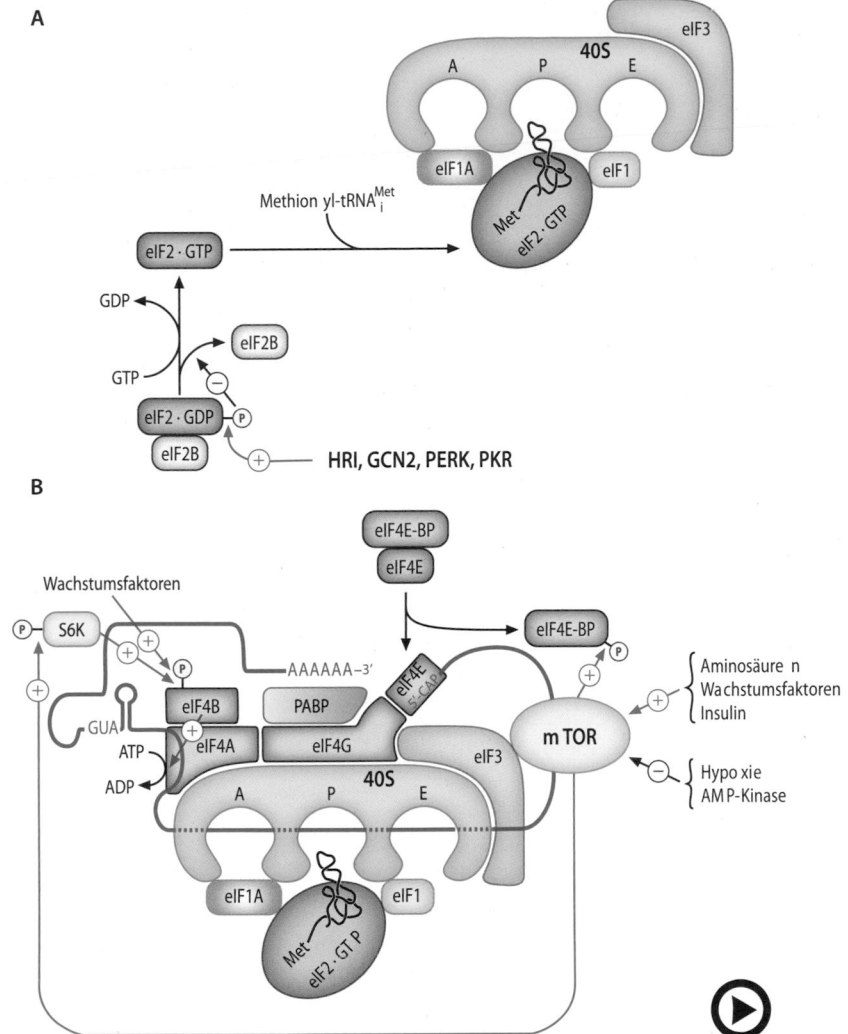

Abb. 48.12 (Video 48.8) **Regulation der eukaryontischen Transla-tionsinitiation. A** Bildung eines 43S-Präinitiationskomplexes. **B** Bildung eines 48S-Präinitiationskomplexes. *mTOR: mammalian target of* *rapamycin; AMP-Kinase*: AMP-aktivierte Proteinkinase. (Einzelheiten und Abkürzungen s. Text) (► https://doi.org/10.1007/000-5na)

vor der Vermehrung der Viren kann die Wirtszelle auf diese Weise die Proteinsynthese einstellen. Entsprechend wird die PKR durch Interferon stimuliert (⬛ Abb. 35.21).

Alle vier Kinasen werden durch zelluläre Stress-Situationen aktiviert, bei denen ein Anhalten der Synthese vieler zellulärer Proteine erwünscht ist. Dabei bleiben die Präinitiationskomplexe mit den mRNAs weitgehend erhalten und werden als mikroskopisch sichtbare Ribonucleoproteinpartikel, den sog. **Stress-Granula**, in der Zelle abgelagert. Dadurch kann die Translation schnell fortgesetzt werden, wenn nach Wegfall der Stressfaktoren die Menge an phosphoryliertem eIF2 wieder abnimmt.

⟩ Über die mTOR-Kinase stimulieren Wachstumsfaktoren, Insulin und intrazellulär akkumulierende Aminosäuren die Translationsinitiation, während Hypoxie und AMP hemmend wirken.

Wie ⬛ Abb. 48.12B verdeutlicht, besteht der Initiationsfaktor eIF4 in Wirklichkeit aus mehreren Untereinheiten, die bei der Bildung des 48S-Präinitiationskomplexes (► Abschn. 48.2.1) aneinander sowie an die mRNA und die 40S-Untereinheit binden. Die *cap*-bindende Untereinheit eIF4E wird durch das eIF4E-Bindeprotein (eIF4E-BP) so lange an der Assoziation mit der *cap*-Struktur der mRNA und mit eIF4G gehindert, bis eIF4E-BP durch Phosphorylierung seine Bindung mit eIF4E verliert. Die Phosphorylierung von eIF4E-BP

48

und damit die Ingangsetzung der Initiation erfolgt durch die regulatorische Schlüsselkinase **mTOR** (*mammalian target of rapamycin*) (▶ Abschn. 38.2.1).

Dieselbe Kinase mTOR aktiviert die Translation noch über einen zweiten Mechanismus. mTOR phosphoryliert S6K (*ribosomal protein S6 kinase*), die über Phosphorylierung von eIF4B die ATP-abhängige Helicaseaktivität von eIF4A stimuliert und somit den Initiationsprozess beschleunigt. Erleichtert wird die mTOR-abhängige Phosphorylierung von eIF4E-BP und eIF4B dadurch, dass mTOR über eine Bindung an eIF3 direkt mit dem Präinitiationskomplex assoziiert.

❯ Eine bevorzugte Translation viraler und bestimmter zellulärer mRNAs wird durch eine *cap*-unabhängige Initiation erreicht.

An manchen mRNAs kann die Translation nach einem vereinfachten Mechanismus starten, d. h. unabhängig von einer 5′-*cap*-Struktur und ohne, dass ihr 5′-nicht-translatierter Bereich (5′-UTR) von Initiationsfaktoren nach dem als Start-Codon fungierenden AUG-Triplett abgesucht werden muss. In diesen Fällen spricht man von einer internen Initiation. Den Sequenzabschnitt der mRNA, an dem dieser interne Start erfolgt, bezeichnet man als **IRES** (**Interne Ribosomen-Eintritts-Stelle**). IRES stellen keine einheitlichen RNA-Sequenzen dar. Viele bilden ausgedehnte und stabile Sekundärstrukturen aus. Ihr Vorteil besteht darin, dass sie keinen vollständigen Satz an eIF4-Untereinheiten benötigen, um den Translationsapparat zu rekrutieren.

Interne Ribosomen-Eintrittsstellen finden sich bei viralen mRNAs, die auf diese Weise gegenüber den wirtsständigen mRNAs bevorzugt translatiert werden. Unter bestimmten physiologischen und pathologischen Zuständen wie Stressbedingungen, Differenzierungsvorgängen oder Apoptose wird es erforderlich, dass einzelne zelluläre mRNAs vorrangig translatiert werden. **HIF1α** (*hypoxia-inducible factor*) ist ein Transkriptionsfaktor, der u. a. bei Sauerstoffmangel die Expression von Erythropoietin und angiogenen Wachstumsfaktoren stimuliert (▶ Abschn. 65.3). Wie in ◻ Abb. 48.12B dargestellt, übt Hypoxie einen negativen Einfluss auf mTOR aus und hemmt damit die Translationsinitiation vieler mRNAs. Da die mRNA von HIF aber eine IRES besitzt, wird deren Translation unabhängig von eIF4 initiiert und ist bei Hypoxie somit relativ verstärkt.

> **Zusammenfassung**
>
> Die 21. proteinogene Aminosäure **Selenocystein** wird durch eine spezifische Suppression eines Stopp-Codons eingebaut. Viele **Antibiotika** hemmen Einzelschritte der ribosomalen Translation von Prokaryonten. In Eukaryonten wird die Translation über die Aktivität von den zwei Initiationsfaktoren eIF2 und eIF4 **reguliert**. Ein wichtiger Aktivator der Translation ist dabei die **mTOR-Kinase**. Eine bevorzugte Translation findet an *messenger*-RNAs statt, die eine interne Ribosomen-Eintrittsstelle (**IRES**) besitzen.

Weiterführende Literatur

Chen JJ (2007) Regulation of protein synthesis by the heme-regulated eIF2α kinase: relevance to anemias. Blood 109:2693–2699

Filbin ME, Kieft JS (2009) Toward a structural understanding of IRES RNA function. Curr Opin Struct Biol 19:267–276

Francklyn CS (2008) DNA polymerases and aminoacyl-tRNA synthetases: shared mechanisms for ensuring the fidelity of gene expression. Biochemistry 47:11695–11703

Ma XM, Blenis J (2009) Molecular mechanisms of mTOR-mediated translational control. Nat Rev Mol Cell Biol 10:307–318

Nissen P, Ippolito JA, Ban N, Moore PB, Steitz TA (2001) RNA tertiary interactions in the large ribosomal subunit: the A-minor motif. PNAS 98:4899–4903

Noller HF, Yusupov MM, Yusupova GZ, Baucom A, Cate JH (2002) Translocation of tRNA during protein synthesis. FEBS Lett 514:11–16

Rodnina MV, Wintermeyer W (2009) Recent mechanistic insights into eukaryotic ribosomes. Curr Opin Cell Biol 21:435–443

Schmeing TM, Ramakrishnan V (2009) What recent ribosome structures have revealed about the mechanism of translation. Nature 461:1234–1242

Shao S, Hegde RS (2016) Target selection during protein quality control. Trends Biochem Sci 41:124–137

Sonenberg N, Hinnebusch AG (2009) Regulation of translation initiation in eukaryotes: mechanisms and biological targets. Cell 136:731–745

Wilson DN (2014) Ribosome-targeting antibiotics and mechanisms of bacterial resistance. Nat Rev Microbiol 12:35–48

Yusupov MM, Yusupova GZ, Baucom A, Lieberman K, Earnest TN, Cate JHD, Noller HF (2001) Crystal structure of the ribosome at 5.5 A Resolution. Science 292:883–896

Proteine – Transport, Modifikation und Faltung

Matthias Müller und Lutz Graeve

Nachdem im Rahmen des Translationsvorgangs (▶ Kap. 48) Proteine aus den einzelnen Aminosäuren aufgebaut wurden, falten sich die neu synthetisierten Polypeptidketten in die in ▶ Kap. 5 beschriebenen Raumstrukturen. Zur Unterstützung dieser Faltungsprozesse besitzen Zellen spezifische Proteine, sog. molekulare Faltungshelfer oder Chaperone. Chaperone unterstützen nicht nur Faltungsprozesse von Proteinen, sondern können auch deren Entfaltung und Rückfaltung katalysieren. Viele Proteine verbleiben nach ihrer Synthese nicht im Cytoplasma, sondern müssen einen von einer zellulären Membran umgebenen Wirkort erreichen. Dazu gehören die meisten sekretorischen Proteine und die Membranproteine des Endomembransystems, die cotranslational durch spezifische Rezeptoren erkannt und zunächst in das endoplasmatische Retikulum (ER) transportiert werden. Für mitochondriale und peroxisomale Proteine existieren individuelle, posttranslationale Erkennungs- und Transportmechanismen. Weiterhin erfahren viele neu synthetisierte Proteine unterschiedliche covalente Modifikationen ihres Polypeptidgerüsts. Diese Vorgänge werden auch unter den Begriffen Reifung oder Prozessierung zusammengefasst. Prominente Beispiele sind die Entfernung von Prä- und Prosequenzen und die Anheftung bestimmter Kohlenhydrat- und Lipidseitenketten.

Schwerpunkte

49.1 Proteinfaltung
- Molekulare Faltungshelfer von Proteinen (Chaperone, Hitzeschock-Proteine)

49.2 Transmembraner Proteintransport
- *Signal recognition particle* (SRP), SRP-Rezeptor und Sec-Translokon des endoplasmatischen Retikulums
- Membranintegration von Proteinen über Signalanker- und Stopptransfer-Sequenzen
- Faltungsprozesse im endoplasmatischen Retikulum

- *Unfolded protein response* (UPR)
- Proteinimport in Mitochondrien und Peroxisomen

49.3 Covalente Modifikation von Proteinen
- Limitierte Proteolyse, Quervernetzung, N- und O-Glycosylierung, GPI-Anker, Lysin-Acylierung, ADP-Ribosylierung, Methylierung, S-Nitrosylierung, Citrullinierung

49.1 Proteinfaltung

Der Translationsvorgang führt zur covalenten Verknüpfung aller Aminosäuren eines Proteins in der Reihenfolge, wie sie das codierende Gen festlegt, d. h. die Translation liefert die Primärstruktur eines Proteins (▶ Kap. 5). Die Ausbildung von Sekundärstrukturen und der nativen Protein-Raumstruktur (Tertiär-, bzw. Quartärstruktur) muss im Anschluss an die Translation erfolgen.

Wie in ▶ Abschn. 5.2 beschrieben, ist die Information zur Ausbildung einer funktionellen 3D-Struktur in der Aminosäuresequenz eines Proteins festgelegt, sodass dessen Faltung theoretisch spontan erfolgen kann. Unabhängig davon, dass in vielen Fällen die **Spontanfaltung** von Proteinen zu viel Zeit in Anspruch nehmen würde, bietet eine lebende Zelle mit ihrer extrem hohen Proteinkonzentration wenig Raum für einen ungestörten Faltungsprozess. Dieser wird maßgeblich durch die Sequestrierung hydrophober Seitenketten im Inneren eines sich faltenden Proteins (**hydrophober Kollaps**) getrieben. Wird dieser Prozess gestört, sodass hydrophobe Bereiche einer Polypeptidkette exponiert bleiben, führen entropische Effekte (▶ Abschn. 5.2.3 und 1.1) zur Zusammenlagerung mit anderen hydrophoben Oberflächen und damit zur **Aggregation** der Proteine. Besonders kritisch wäre dies für hydrophobe Sequenzen

Ergänzende Information Die elektronische Version dieses Kapitels enthält Zusatzmaterial, auf das über folgenden Link zugegriffen werden kann https://doi.org/10.1007/978-3-662-60266-9_49. Die Videos lassen sich durch Anklicken des DOI Links in der Legende einer entsprechenden Abbildung abspielen, oder indem Sie diesen Link mit der SN More Media App scannen.

© Springer-Verlag GmbH Deutschland, ein Teil von Springer Nature 2022
P. C. Heinrich et al. (Hrsg.), *Löffler/Petrides Biochemie und Pathobiochemie*, https://doi.org/10.1007/978-3-662-60266-9_49

naszierender Polypeptidketten, wenn diese vor der Fertigstellung einer Proteindomäne außerhalb des Ribosoms exponiert würden.

Sammeln sich fehlgefaltete Proteine intra- oder extrazellulär an, kann es zur Bildung unlöslicher Aggregate und Fibrillen kommen. Von besonderer klinischer Bedeutung sind die mit Proteinablagerungen in neuronalen Geweben einhergehenden **neurodegenerativen Erkrankungen**. Diese werden in ▶ Abschn. 74.5 ausführlich besprochen. ▶ Abschn. 5.4.2 informiert über die zugrunde liegenden Veränderungen der Proteinkonformation.

49.1.1 Molekulare Chaperone

❯ Molekulare Chaperone beeinflussen die Faltung von Proteinen, aber auch deren intrazelluläre Lokalisation und Abbau.

Zur Vermeidung von Fehlfaltungen bei Proteinen besitzen alle lebenden Zellen sog. **Faltungshelfer**. Charakteristisch für diese Proteine ist, dass sie vorübergehend an nicht-native Proteinstrukturen binden und exponierte hydrophobe Oberflächenbereiche damit abschirmen. Da sie wie Gouvernanten oder Anstandsdamen (franz. *chaperon*) auf das korrekte Erscheinungsbild ihrer zugehörigen Proteine achten, werden sie als **molekulare Chaperone** bezeichnet.

Ihre große Bedeutung für lebende Zellen lässt sich aus der Tatsache ableiten, dass sie in der Evolution hoch konserviert geblieben sind. In eukaryontischen Zellen besitzen neben dem Cytoplasma alle Organellen einen eigenen Satz an Chaperonen. Zelluläre Stressbedingungen, z. B. eine Erhöhung der Temperatur von 37 °C auf 42 °C, gehen mit der Gefahr der Proteindenaturierung einher. Da in dieser Situation viele Chaperone vermehrt gebildet werden, werden diese auch als **Hitzeschock-Proteine (Hsp)** bezeichnet und entsprechend ihrer ungefähren Molekülmasse in kDa benannt (Hsp70 etc.).

Chaperone sind nicht nur Faltungshelfer neusynthetisierter oder stressbedingt denaturierter Proteine, sondern sie assistieren auch bei der korrekten Ausbildung von Proteinkomplexen, bei intrazellulären Proteintransportvorgängen, aber auch beim Abbau von Proteinen. Man unterscheidet mehrere Chaperon-Familien, die untereinander nicht strukturverwandt sind.

Da Mutationen die Faltungsfähigkeit von Proteinen beeinflussen können, stellen die Chaperone als Faltungshelfer auch eine Art Puffersystem dar, mit dem potenziell schädliche Mutationen unterdrückt werden können. Generell sind also molekulare Chaperone für die Aufrechterhaltung der **Protein-Homöostase** (sog. **Proteostase**) verantwortlich.

49.1.2 Hsp60- und Hsp70-Chaperone und kleine Hitzeschock-Proteine

❯ Chaperone stabilisieren nicht-native Proteinstrukturen (*holdases*).

Klassische Vertreter dieser größten Familie von Chaperonen sind die **Hsp70**-Proteine (Hsc70 in Säugern, Ssa, Ssb etc. in Hefe, DnaK in *E. coli*). Diese **ATPasen** sind in der Regel aus einer Nucleotid (ATP)-Bindedomäne und einer Substrat-Bindedomäne aufgebaut (◻ Abb. 49.1). Hat Hsp70 ATP gebunden, liegt seine Substratbindedomäne in offener Konformation vor, in der sie exponierte hydrophobe Bereiche von ca. 7 Aminosäuren von Substratproteinen in einer Bindetasche binden kann. **Cochaperone** der **Hsp40**-Familie (DnaJ in *E. coli*, beim Menschen ca. 50 verschiedene Hsp40-Proteine) sind an der Erkennung und Bindung der Substratproteine beteiligt. Außerdem beschleunigen diese Cochaperone die ATP-Hydrolyse an der ATP-Bindedomäne von Hsp70, wonach ein molekularer Deckel die Substratbindetasche schließt. Austausch von ADP gegen ATP, der häufig durch ein weiteres Cochaperon (**NEF**, *nucleotide-exchange factor*) katalysiert wird (Bag in Säugern, GrpE in *E. coli*), führt zur Freisetzung des Substrates. Die wesentliche Aufgabe dieser Hsp70-Chaperone besteht also in der transienten Abschirmung hydrophober Aminosäureabschnitte.

Weitere Chaperone, die nicht-nativ gefaltete Proteine binden, sind die **kleinen Hitzeschock-Proteine (sHsp,**

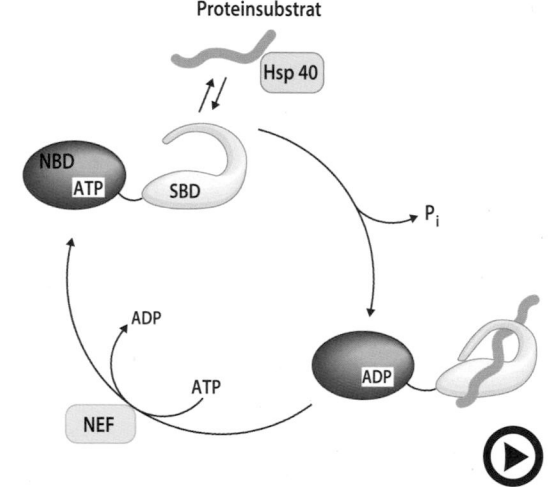

◻ **Abb. 49.1** (Video 49.1) **Wirkungsweise von Hsp70-Chaperonen.** Hsp70-Chaperone bestehen aus einer Nucleotid-Bindedomäne (NBD) und einer Substratbindedomäne (SBD). Im ATP-gebundenen Zustand ist die SBD offen und Substrat kann im Komplex mit Hsp40 binden. Bindung von Substrat und Hsp40 lösen die Hydrolyse von ATP aus, was zum Verschluss der SBD und damit zum Festhalten des Substrats führt. Austausch von ADP gegen ATP durch einen Nucleotid-Austauschfaktor (NEF) öffnet die SBD und ermöglicht die Freisetzung des Substrates (▶ https://doi.org/10.1007/000-5ne)

small Hsp). Sie sind zwischen 12 und 43 kDa groß und bilden oligomere Strukturen, in deren Innerem multiple Substratbindestellen liegen. Substrat-sHsp-Komplexe sind sehr stabil und benötigen ATP-abhängige Chaperone, wie Hsp70/Hsp40 oder Hsp100 für ihre Auflösung. Somit scheinen sHsp eine Art Warteschleife für nichtnative Proteine darzustellen, bevor diese rückgefaltet werden. Alle sHsp sind Homologe von **α-Crystallin**, einem Hauptprotein der Augenlinse. Dessen spezielle Chaperonfunktion besteht vermutlich in der Sequestrierung nicht-nativer Linsenproteine zur Vermeidung lichtstreuender Aggregatbildungen, da ein Knockout von α-Crystallin in Mäusen zur frühzeitigen Entwicklung eines grauen Stars (Linsentrübung) führt.

> Chaperone assistieren bei der Faltung von Proteinen (*foldases*).

Klassische Vertreter dieser Familie sind **Hsp60**-Proteine (TRiC in Eukaryonten; GroEL in Bakterien), die auch als **Chaperonine** bezeichnet werden. Auch Hsp60 hat **ATPase**-Aktivität. Zwei Ringe von 7–9 Untereinheiten von je 60 kDa lagern sich zu zylinderförmigen Komplexen zusammen (◘ Abb. 49.2). Jeder Ring bildet eine zentrale Zylinderkammer, die im ADP-gebundenen Zustand hydrophobe Oberflächen exponiert, mit denen nicht-nativ gefaltete Substrate interagieren können. Häufig werden Substrate von Hsp70 auf Hsp60 übergeben. Nach Bindung von ATP schließt die Zylinderkammer, was in Bakterien durch einen heptameren Ring eines Cochaperons (GroES; **Hsp10**) bewerkstelligt wird. Bindung von ATP und Hsp10 bewirken eine Konformationsänderung der Hsp60-Untereinheiten, infolge derer die hydrophoben Wechselwirkungen mit dem Substrat unterbrochen werden und so das Substrat in abgeschirmter Umgebung einen neuen Faltungsversuch unternehmen kann. ATP-Hydrolyse führt dann zur Dissoziation von Hsp10 und der Freigabe des Substrates, das bei nicht erfolgter Faltung erneut eingefangen werden kann. Wichtige Substratproteine des eukaryontischen Chaperonins TriC sind **Actin** und **Tubulin**. Die Zylinderkammern von TriC werden nicht von einem Cochaperon vollständig verschlossen, sodass auch größere Multidomänen-Proteine (▶ Abschn. 5.5) binden und sequenziell falten können.

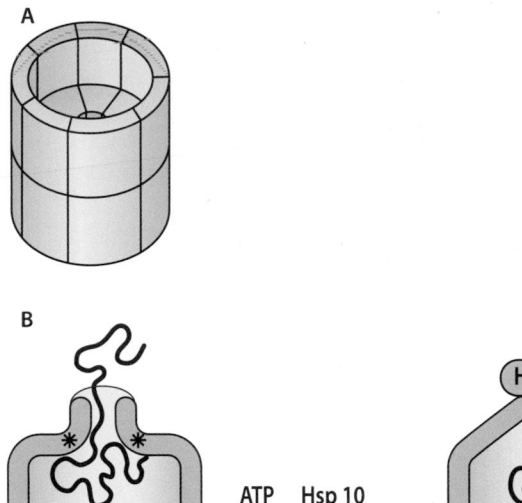
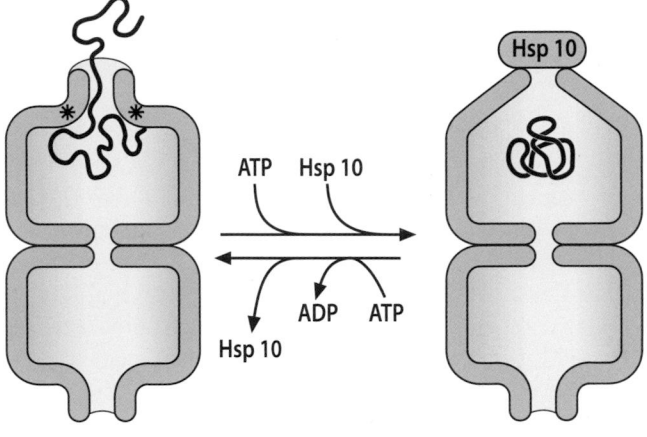

◘ **Abb. 49.2 Wirkunsweise von Hsp60-Chaperonen (Chaperoninen).** **A** Dargestellt ist der Doppelring von zwei mal sieben Untereinheiten Hsp60 mit Blick in die Kammer des oberen Rings. **B** Längsschnitt durch den Hsp60-Zylinder mit je zwei gegenüberliegenden Untereinheiten. Der *Stern* markiert die hydrophoben Oberflächen, die mit hydrophoben Bereichen nicht-nativ gefalteter Substratproteine interagieren. Die Kammern können bis zu 60 kDa große Proteine beherbergen

49.1.3 Ribosomenassoziierte Chaperone

> Chaperone schützen naszierende Proteine.

Wie oben erwähnt, wäre die ungeschützte Freisetzung der hydrophoben Sequenzabschnitte eines neusynthetisierten Proteins aus dem Ribosom in das proteinreiche Cytoplasma mit der Gefahr einer vorzeitigen Aggregation verknüpft. Deswegen werden naszierende Polypeptidketten unmittelbar nach dem Verlassen des Ribosoms von Chaperonen in Empfang genommen, deren Hauptaufgabe vermutlich darin besteht, hydrophobe Sequenzabschnitte zumindest solange abzuschirmen, bis eine vollständige Domäne (Faltungseinheit; ▶ Abschn. 5.2.3) des naszierenden Proteins in das Cytoplasma gelangt ist. Diese Chaperone binden direkt an die große ribosomale Untereinheit in unmittelbarer Nähe der Öffnung des Proteinaustrittskanals. Vertreter dieser Chaperonfamilie sind ein Trio von zwei Hsp70 und einem Hsp40-Protein (in Hefe Ssb, Ssz und Zuotin, wobei Ssz und Zuotin den ribosomenassoziierten Komplex RAC bilden), und der bakterienspezifische *trigger factor*.

Ähnlich ungeschützt sind Proteine, wenn sie beim Transport im entfalteten Zustand durch zelluläre Membranen auf der anderen Membranseite ankommen (▶ Abschn. 49.2). Im endoplasmatischen Retikulum sowie in der mitochondrialen Matrix werden neu importierte Proteine ebenfalls von Hsp70/Hsp40-Chaperonpaaren in Empfang genommen, wobei diese teilweise auch Motorfunktionen beim Import ausüben.

Neueste Untersuchungen haben ergeben, dass erste Faltungsvorgänge bereits im Proteinaustrittskanal der Ribosomen beginnen, wo sich z. B. die hydrophoben α-Helices von Membranproteinen ausbilden können.

49.1.4 Hsp90- und Hsp100-Chaperone

❯ Chaperone falten Proteine und Proteinaggregate auf (*unfoldases*).

Einzellige Organismen (Bakterien, Hefen) besitzen **Hsp100**-Chaperone, die zur Gruppe der **AAA+-ATPasen** (triple-A ATPasen; *ATPases associated with various cellular activities*) gehören. Sie bilden Ringe aus sechs identischen ATPase-Untereinheiten mit einem engen zentralen Kanal, in den Substratproteine ATP-abhängig hineingezogen und dabei gleichzeitig entfaltet werden. Hsp100-Chaperone können so Proteinaggregate auflösen und im Zusammenspiel mit Hsp70/Hsp40 eine Rückfaltung bewirken. In mehrzelligen Organismen wird die Auf- und Rückfaltung von Proteinaggregaten durch die Kooperation von Hsp70/Hsp40 mit dem speziellen Nucleotid-Austauschfaktor **Hsp110** bewerkstelligt.

❯ Chaperone aktivieren spezifische Substrate.

Hsp90-Chaperone sind ebenfalls **ATPasen**. Sie haben nicht die generelle Fähigkeit, fehlgefaltete Proteine in deren nativen Zustand rückzufalten, vielmehr assistieren sie spezifischen Substratproteinen bei deren Reifung und Aktivierung. Zu den Hsp90-Substraten gehören neben individuellen Enzymen, wie z. B. der Telomerase (▶ Abschn. 44.5) oder NO-Synthase (▶ Abschn. 27.2.2 und 35.6.1) v. a. bestimmte Steroidhormonrezeptoren (ligandenaktivierte Transkriptionsfaktoren) und Proteinkinasen (Proto-Oncogene, ▶ Abschn. 52.4). Mit seiner Funktion als konformationeller Regulator dieser Substrate nimmt Hsp90 maßgeblich Einfluss auf eine Vielzahl von Signalprozessen.

Die Bindung der Substrate an Hsp90-Dimere erfolgt in der Regel durch die Vermittlung von spezifischen **Cochaperonen** (wie Hop, Cdc37, p23 und einigen mehr). Steroidhormonrezeptoren müssen für die Bindung an Hsp90 erst mit Hsp70/Hsp40 assoziieren. Die Cochaperone fungieren nicht nur als Adaptoren zwischen Hsp90 und ihren Proteinsubstraten, sondern regulieren auch die ATPase-Aktivität von Hsp90.

Wie Hsp90-Chaperone ihre Substrate aktivieren, ist nicht in allen Einzelheiten geklärt; wahrscheinlich bewirken sie lokale Konformationsänderungen, die z. B. die Ligandenbindungsstellen von Steroidhormonrezeptoren öffnen oder eine Aktivierung von Proteinkinasen durch Phosphorylierung ermöglichen.

Hsp90-Chaperone spielen eine bedeutsame Rolle bei mehreren pathologischen Zuständen, insbesondere dem Tumorwachstum. Die maligne Transformation von Zellen ist häufig durch Mutationen der regulatorisch aktiven Hsp90-Substrate gekennzeichnet. Nach Mutation sind diese Rezeptoren und Kinasen zur Aufrechterhaltung ihrer Funktion in den Tumorzellen wahrscheinlich besonders stark auf die Anwesenheit von Hsp90 angewiesen. Die mögliche Blockade dieser Pufferkapazität von Hsp90 durch Inhibitoren seiner ATPase-Aktivität (Geldanamycin, Radicicol) ist die Grundlage für laufende Versuche einer neuartigen Krebstherapie.

49.1.5 Peptidyl-Prolyl-Isomerasen

❯ Chaperone mit Peptidyl-Prolyl-Isomerase (PPIase)-Aktivität.

Peptidbindungen zwischen einer Aminosäure X und Prolin kommen als *cis*- oder *trans*-Isomere vor (▶ Abschn. 5.2.1). Diese intrinsisch langsame Isomerisierung wird durch eine Reihe von PPIasen beschleunigt. Von diesen Enzymen kommen in allen Zellen drei Gruppen vor:
- **Cyclophiline**, so benannt weil einige Isoformen die immunsuppressive Substanz **Cyclosporin A** binden. Cyclosporin übt seine immunsuppressive Wirkung allerdings nicht über eine Hemmung der PPIase-Aktivität der Cyclophiline aus. Der immunsuppressive Effekt ist eher darauf zurückzuführen, dass diese Cyclophiline nach Bindung von Cyclosporin einen Komplex mit einer Phosphatase (Calcineurin) bilden. Calcineurin, das für die Aktivierung der Interleukin-Expression in T-Lymphocyten erforderlich ist, wird durch die Komplexbildung mit Cyclophilin A und Cyclosporin gehemmt.
- **FKBPs** (FK506-**Bindeproteine**), von denen bestimmte Isoformen die ebenfalls immunsuppressiven Pharmaka **FK506** und **Rapamycin** (◧ Abb. 38.10) binden und danach inaktivierende Komplexe mit Calcineurin bzw. mTOR (▶ Abschn. 38.2.1) eingehen.
- **Parvuline** (z. B. Pin1 beim Menschen) isomerisieren spezifische prolinhaltige Peptidbindungen, bei denen die dem Prolin vorausgehende Aminosäure ein phosphoryliertes Serin oder Threonin ist. Die nur nach Phosphorylierung stattfindende Isomerisierung und damit verbundene Konformationsänderung der Zielproteine wird als molekularer Schalter zur Regula-

tion einer Reihe von Wachstums- und Entwicklungsprozesse benutzt.

> ## Zusammenfassung
>
> Triebkraft für die Faltung eines Proteins ist der hydrophobe Kollaps, bei dem hydrophobe Sequenzbereiche im Innern seiner 3D-Struktur verborgen werden. Fehlgefaltete Proteine laufen Gefahr, Aggregate zu bilden. Zellen verfügen über zahlreiche Faltungshelfer, die molekularen Chaperone. Sie
> - stabilisieren Faltungsintermediate durch vorübergehende Bindung an hydrophobe Bereiche
> - assistieren bei Faltungsprozessen
> - helfen Proteinaggregate zu entfalten
> - aktivieren spezifische Substrate

49.2 Transmembraner Proteintransport

Zahlreiche Proteine verbleiben nicht am Ort ihrer Synthese, dem Cytoplasma, sondern werden bereits während ihrer Synthese am Ribosom (**cotranslational**) oder im Anschluss daran (**posttranslational**) durch zelluläre Membranen in die Organellen einer eukaryontischen Zelle transportiert. Dieser auch als **Proteinsortierung** (*protein sorting*) bezeichnete **Proteinverkehr** einer Zelle wird durch spezielle **Signalsequenzen** in den transportierten Proteinen gesteuert, die häufig beim Transport abgespalten werden (▶ Abschn. 12.3).

Der Proteintransport in das endoplasmatische Retikulum (s. u.) erfolgt überwiegend cotranslational. Proteine werden von dort vesikulär über den Golgi-Apparat in Lysosomen und sekretorische Vesikel transportiert (▶ Abschn. 12.2). Durch Exocytose gelangt ein Teil dieser Proteine in die Plasmamembran, andere werden sezerniert. Posttranslational erfolgt der Proteintransport in Mitochondrien und Peroxisomen (s. u.) sowie in den Zellkern (▶ Abschn. 12.1.2).

49.2.1 Endoplasmatisches Retikulum

❯ SRP und SRP-Rezeptor steuern Präproteine cotranslational zum Sec61-Proteinkanal des endoplasmatischen Retikulums

Sekretorische Proteine, z. B. viele Peptidhormone oder die Immunglobuline, werden als Vorläuferproteine (Präkursoren) mit einer N-terminalen **Signalsequenz (Präsequenz)** synthetisiert. Diese wird noch während der Translation von einem speziellen Ribonucleoproteinpartikel, dem **SRP** *(signal recognition particle)*, an der

großen ribosomalen Untereinheit erkannt und gebunden. Das SRP besteht bei höheren Eukaryonten aus:
- 6 Proteinen, die entsprechend ihrer Molekülmasse als SRP9, SRP14, SRP19, SRP54, SRP68 und SRP72 bezeichnet werden, und
- einer 7S-RNA.

Die Untereinheiten des SRP sind zu einem langgestreckten Molekül angeordnet, das an das Ribosom sowohl an der Öffnung des Austrittkanals als auch nahe der Andockstelle von Elongationsfaktor eEF2 (▶ Abschn. 48.2.2) binden kann (◧ Abb. 49.3A). Dadurch vermag das SRP neben der Erkennung der Signalsequenz einer naszierenden Polypeptidkette auch deren Elongation zu blockieren bzw. zu verlangsamen. Dieser sog. **Translationsarrest** wird erst nach Bindung von SRP an die ER-Membran aufgehoben, wodurch garantiert wird, dass der Fortgang der Translation eines sekretorischen Proteins mit seinem Transport in das ER gekoppelt (cotranslational) erfolgt. Da sekretorische Proteine für die Durchquerung der ER-Membran entfaltet sein müssen (s. u.), könnte eine ungebremste, nicht mit dem Transport in das ER synchronisierte Translation zur Exposition hydrophober Sequenzabschnitte und damit zur Aggregation der naszierenden Polypeptidkette im Cytosol führen (▶ Abschn. 49.1). Diese v. a. für die hydrophoben Membranproteine bestehende Gefahr wird somit durch den cotranslationalen Transportmodus vermieden.

SRP bindet nach Interaktion mit dem Komplex aus Ribosom und naszierender Polypetidkette (*ribosome nascent chain complex*, RNC) an die α-Untereinheit des **SRP-Rezeptors (SR)**, der mit seiner β-Untereinheit in der ER-Membran verankert ist (◧ Abb. 49.3A). Die α-Untereinheit des SRP-Rezeptors (SRα) besitzt GTPase-Aktivität, ebenso wie die SRP54-Untereinheit. Die GTPase-Domänenvon SRP und SRα bilden nach Beladung mit GTP einen dimeren Komplex. Dadurch werden Konformationsänderungen in SRP54 und SRα ausgelöst, die zur Übertragung des RNC auf den Sec61-Proteintransportkanal in der ER-Membran führen. Durch direkte molekulare Interaktion wird dieser in unmittelbarer Nähe des SRP-Rezeptors gehalten. Im Anschluss kommt es zu einer gegenseitigen Stimulierung der GTPase-Aktivitäten von SRP54 und SRα und damit in der Folge zur Dissoziation der GDP-gebundenen Formen von SRP54 und SRα.

❯ Der Proteintransportkanal in der ER-Membran wird von dem engporigen Sec61αβγ-Komplex gebildet.

Der auch als **Sec-Translokon** bezeichnete Proteintransportkanal des endoplasmatischen Retikulums wird von den drei Untereinheiten **Sec61α, β, γ** gebildet.

49

A

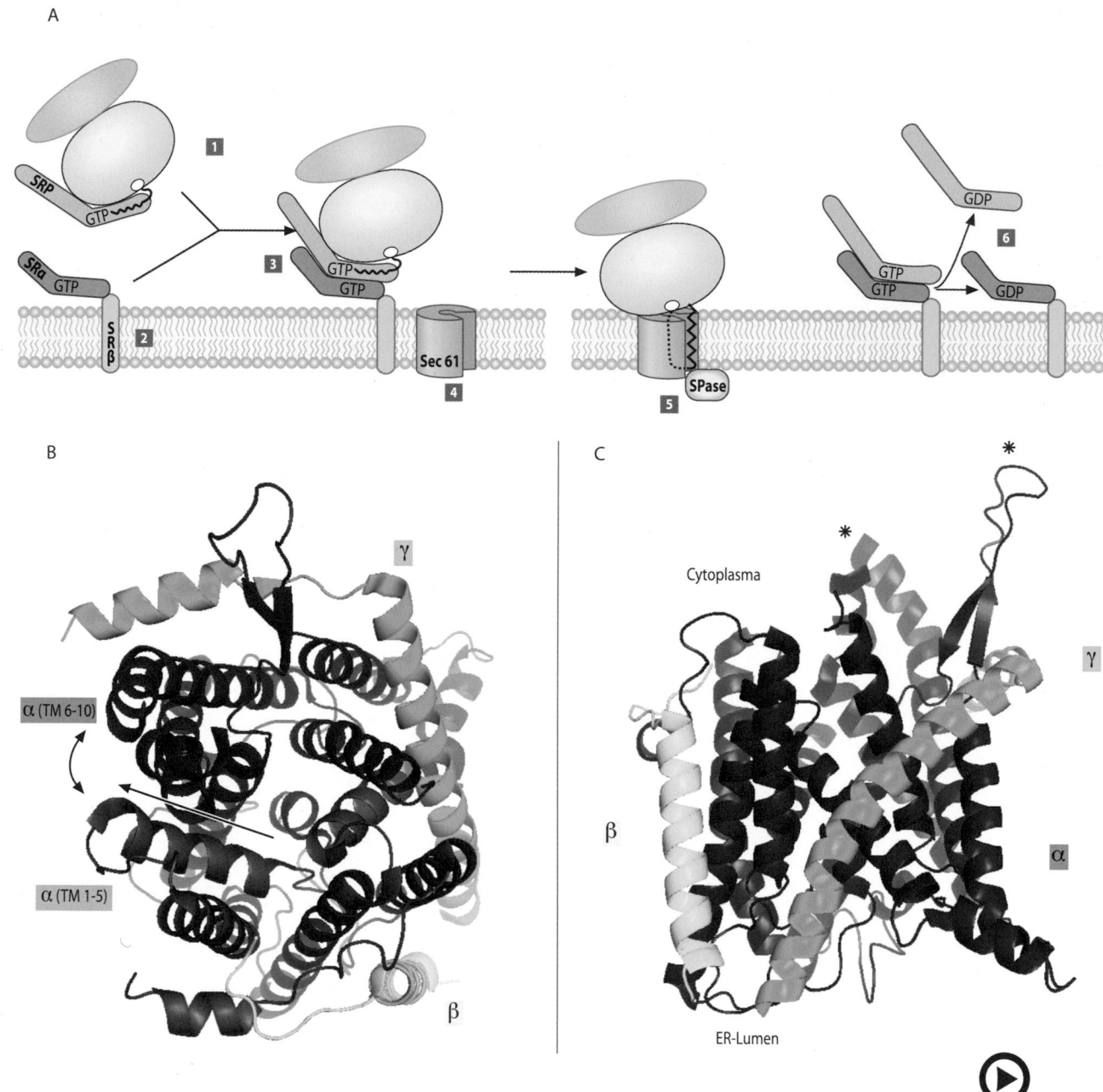

B

α (TM 6-10)

α (TM 1-5)

γ

β

C

Cytoplasma

γ

β

α

ER-Lumen

▶ **Abb. 49.3** (Video 49.2) **Cotranslationaler Proteintransport in das endoplasmatische Retikulum. A** SRP (*blau*) bindet an die Signalsequenz (*gezackte Linie*) eines naszierenden sekretorischen Proteins und arretiert die Translation (1). Der SRP-Rezeptor besteht aus einer α-Untereinheit (SRα, *rot*) und einer β-Untereinheit (SRβ, *gelb*) (2). Die Membranbindung von Ribosom und naszierender Kette erfolgt durch Komplexbildung zwischen den GTP-gebundenen Formen von SRP und SRα (3). In der Folge werden Ribosom und naszierende Kette auf den Sec61-Kanal (4) übertragen, die wachsende Polypeptidkette wird haarnadelförmig in den Sec61-Kanal eingefädelt, die Signalsequenz verlässt ihn seitwärts in die Lipiddoppelschicht (5) und SRP und SRα dissoziieren nach gegenseitig stimulier-

ter Hydrolyse des gebundenen GTP (6). *SPase:* Signalpeptidase. **B** Kristallstruktur des Sec61αβγ-Kanals aus *Methanococcus janaschii.* PDB-ID: 1RH5. Aufsicht vom Cytoplasma aus. Die zentrale Öffnung ist durch eine kurze Helix wie mit einem Stopfen verschlossen, der beim Transportvorgang durch seitliche Verlagerung den Kanal freigibt. Die zehn transmembranen Helices (TM) von Sec61α umgeben die zentrale Öffnung wie zwei Muschelschalen (*rot* und *violett*), die sich öffnen können (*gebogener Doppelpfeil*) und so den Austritt von Signalsequenzen, Signalanker-Sequenzen und Stopptransfer-Sequenzen in die Membranlipide ermöglichen (*gerader Pfeil*). **C** Seitliche Ansicht; die Bindungsstellen an das Ribosom sind markiert (*) (▶ https://doi.org/10.1007/000-5nc)

Sec61α besitzt 10 transmembrane Helices, die β- und γ-Untereinheiten jeweils nur eine. Die Kristallstruktur dieses Komplexes verdeutlicht, dass die 10 Membrandurchgänge von Sec61α so angeordnet sind, dass sie im Zentrum der Membran eine enge Pore bilden und einen lateralen Ausgang in die Membranlipide ermöglichen (◨ Abb. 49.3B). Über cytosolisch exponierte Schlaufen zwischen den Transmembrandomänen von Sec61α werden die translatierenden Ribosomen gebunden (◨ Abb. 49.3C). Die naszierende Polypeptidkette fädelt danach haarnadelförmig so in den Sec61-Kanal ein, dass der N-Terminus auf der cytosolischen Seite der ER-Membran verbleibt (◨ Abb. 49.3A) und die überwiegend hydrophobe Signalsequenz (◨ Tab. 12.1) den Kanal nach lateral in Richtung Membranlipide verlässt. Durch die Schubkraft der Peptidyltransferase im Ribosom (▶ Abschn. 48.2.2) wird die kontinuierlich wachsende Polypeptidkette **in ungefaltetem Zustand** durch den zentralen Sec61-Kanal in das ER-Lumen transportiert. Dabei kommt das C-terminale Ende der Signalsequenz auf die luminale Seite der ER-Membran zu liegen, wo sie von der **Signalpeptidase** abgetrennt wird (◨ Abb. 49.3A). Während der Transport in das ER weiterläuft, können weitere Modifikationen wie Disulfidbrückenbildung (s. u.) und N-Glycosylierung (▶ Abschn. 49.3.3) cotranslational erfolgen.

❯ Signalanker-Sequenzen und Stopptransfer-Sequenzen steuern die Integration vieler Proteine in die Membran des endoplasmatischen Retikulums.

Die meisten Membranproteine des Endomembransystems (▶ Abschn. 12.1) werden cotranslational über den Sec61-Kanal in die ER-Membran integriert. Die Verankerung erfolgt über hydrophobe, α-helicale Transmembrandomänen (▶ Abschn. 11.4), die wie die Signalsequenzen sekretorischer Proteine lateral aus dem Sec61-Kanal in die Lipiddoppelschicht inserieren (◨ Abb. 49.4B). Es gibt grundsätzlich zwei Sorten von Transmembrandomänen mit unterschiedlicher „topogener" Information:

- **Signalanker-Sequenzen** leiten wie die klassischen Signalsequenzen die Translokation nachfolgender Sequenzabschnitte in das ER-Lumen ein, werden aber von der Signalpeptidase nicht abgetrennt. Signalanker-Sequenzen können am Anfang (N-Terminus) oder im Innern eines Membranproteins lokalisiert sein (◨ Abb. 49.4B, C).
- **Stopptransfer-Sequenzen** hingegen führen zur Unterbrechung der Translokation einer Polypeptikette in das ER-Lumen, wobei die Translokation entweder durch eine abspaltbare Signalsequenz (◨ Abb.

49.4D) oder eine Signalanker-Sequenz (◨ Abb. 49.4E) initiiert worden sein kann.

Ob eine α-helicale Transmembrandomäne eines Membranproteins Signalanker- oder Stopptransfer-Funktion besitzt, hängt im Wesentlichen von der Lokalisation positiv geladener Aminosäuren in ihren flankierenden Sequenzabschnitten ab. Positiv geladene Aminosäuren finden sich typischerweise am Anfang (N-terminal) von Signalanker-Sequenzen und am Ende (C-terminal) von Stopptransfer-Sequenzen und sind somit immer überwiegend auf der cytoplasmatischen Seite von Membranproteinen lokalisiert (◨ Abb. 49.4). Dieses Phänomen ist als **Innen-Positiv-Regel** (*positive-inside-rule*) formuliert worden. Abfolgen von Signalanker- und Stopptransfer-Sequenzen (◨ Abb. 49.4E) führen zur Entstehung polytoper Membranproteine (▶ Abschn. 11.4), d. h. von Membranproteinen mit multiplen Membrandurchgängen.

❯ Membranproteine mit einer C-terminalen Transmembrandomäne werden SRP-unabhängig in die ER-Membran integriert.

Membranproteine, deren einzige Transmembranhelix so nahe am C-Terminus gelegen ist, dass sie erst nach Termination der Translation außerhalb des Ribosoms frei zugänglich wird, können nicht cotranslational über SRP und SRP-Rezeptor zum Sec61-Kanal gesteuert werden. Proteine mit einem derartigen **C-terminalen Anker** (*tail-anchored proteins*) werden von einem Komplex aus mehreren löslichen und membranständigen Untereinheiten (**GET-Komplex**, *guided entry of tail-anchored proteins*) erkannt und ATP-abhängig in der ER-Membran verankert. Typische Vertreter von Proteinen mit cytosolischen Domänen und C-terminalem Anker sind SNARE-Proteine wie z. B. das Synaptobrevin (VAMP; ▶ Abschn. 12.2 und 74.1.5).

❯ Im Lumen des endoplasmatischen Retikulums sind zahlreiche Chaperone direkt am Transport sowie an der Faltung, Modifikation und Qualitätskontrolle neu importierter Proteine beteiligt.

Hsp70/40 Das ER besitzt spezielle Isoformen von Hsp70-Chaperonen mit zugehörigen Hsp40-Cochaperonen und Nucleotid-Austauschfaktoren (▶ Abschn. 49.1.2), die durch ATP-getriebene Zyklen von Bindung und Freigabe einer translozierenden Polypeptidkette deren gerichteten Transport in das ER aktiv unterstützen können. Dieser Mechanismus liefert die Energie besonders für den Im-

49

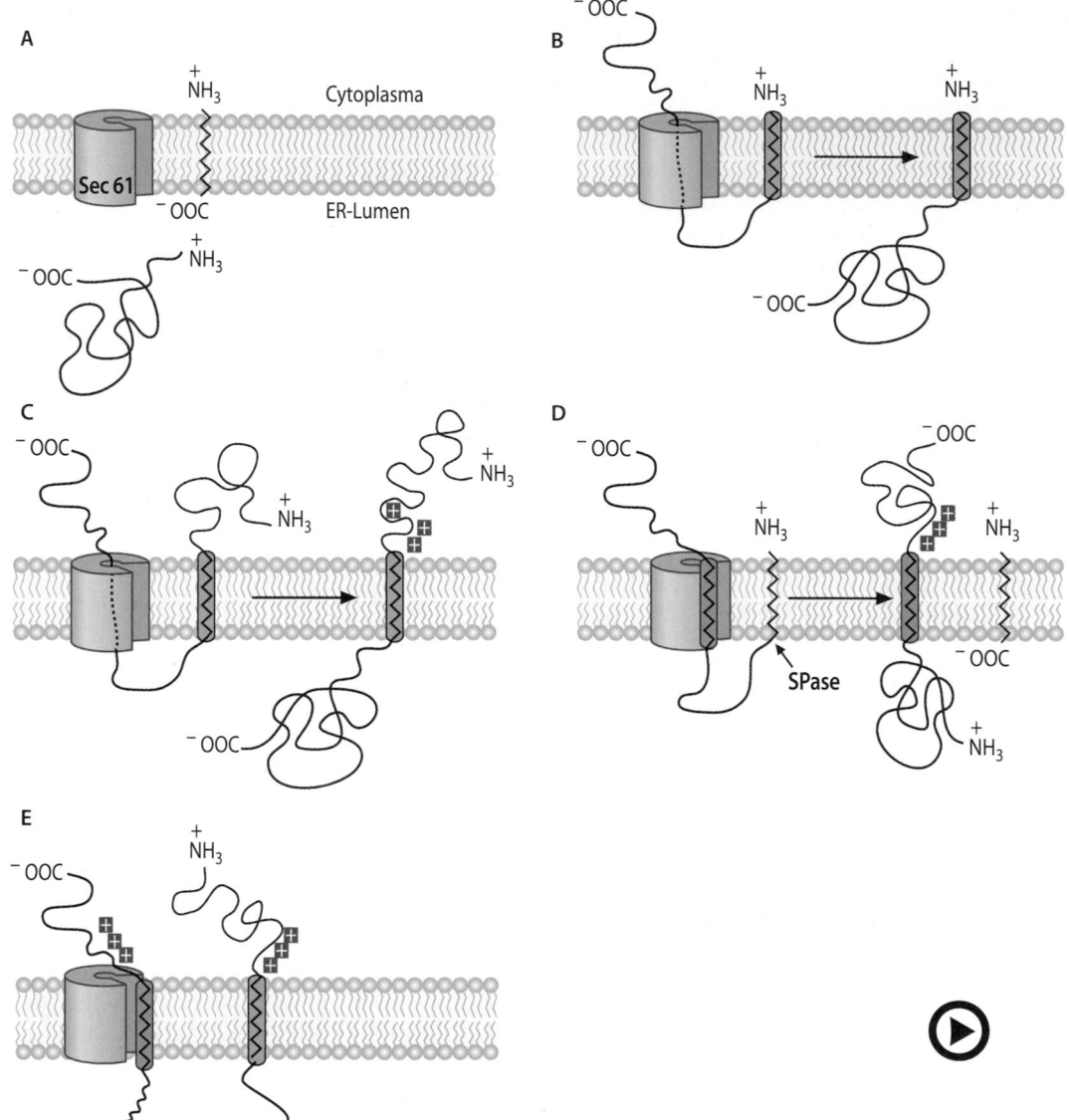

□ **Abb. 49.4** (Video 49.3) **Unterschiedliche Topologien von Membranproteinen nach Integration durch den Sec61-Kanal in die Membran des endoplasmatischen Retikulums. A** Translokation eines sekretorischen Proteins in das ER-Lumen mit Abspaltung der Signalsequenz. **B** Integration eines Membranproteins mit N-terminaler Signalanker-Sequenz (*grün*). **C** Integration eines Membranproteins mit zentraler Signalanker-Sequenz. **D** Verankerung eines Membranproteins durch eine Stopptransfer-Sequenz (*rot*) nach signalsequenzvermittel- ter Einleitung der Translokation; *SPase, Signalpeptidase*. **E** Integration von Membranproteinen durch eine Abfolge von Signalanker-Sequenz und Stopptransfer-Sequenz. Beachte die Anhäufung positiv geladener Aminosäuren auf der cytoplasmatischen Seite der ER-Membran. **Membranproteine** vom **Typ I** haben ihren N-Terminus auf der luminalen Seite der ER-Membran (**D**), **Typ-II-Membranproteine** dagegen auf der cytosolischen Seite (**B, C**) (▶ https://doi.org/10.1007/000-5nd)

port einiger Proteine, die nicht wie oben beschrieben co-translational, sondern posttranslational ohne die Schubkraft der Ribosomen in das ER transportiert werden. Durch die Verankerung der Hsp40-Isoformen in der ER-Membran werden Hsp70-Chaperone wie **BiP** (*binding protein*) in unmittelbare Nähe des Sec61-Translokons gebracht.

BiP ist möglicherweise auch an der luminalen Öffnung des Sec61-Kanals beteiligt. Wie die cytosolischen Hsp70-Isoformen (▶ Abschn. 49.1.2) beeinflusst es aber auch direkt die Faltung von Proteinen und den Zusammenbau von Proteinkomplexen im ER-Lumen. Weiterhin spielt BiP die Rolle des Sensors für den globalen Faltungszustand von ER-Proteinen im Rahmen des *Unfolded Protein Response* (s. u.).

Calnexin und Calreticulin   Diese – wie ihr Name verrät – Ca^{2+}-abhängigen Chaperone, gehören zu den Lectinen, also Proteinen, die an Kohlenhydratseitenketten von Glycoproteinen binden. Wenn Proteine bei ihrem cotranslationalen Eintritt in das ER N-glycosyliert werden, erhalten sie ein verzweigtes Oligosaccharid, von dem in der Folge drei terminale Glucosereste abgespalten werden (▶ Abschn. 49.3.3). Calnexin und Calreticulin binden spezifisch an Oligosaccharide, die noch einen Glucoserest tragen, und bieten dem naszierenden Glycoprotein eine Oberfläche für die Faltung seiner Poypeptidkette. Die Entfernung des dritten Glucoserestes führt zur Freigabe des Proteins von den Chaperonen, womit das Protein das ER verlassen kann. Proteine, die zu diesem Zeitpunkt aber noch nicht vollständig gefaltet sind, werden von einer Glucosyltransferase gebunden und monoglucosyliert, um so erneut an Calreticulin/Calnexin binden und einen weiteren Faltungsversuch unternehmen zu können.

Oxidoreduktasen Disulfidbrücken finden sich außer bei Proteinen des mitochondrialen Intermembranraums (▶ Abschn. 49.2.2) überwiegend nur in sekretorischen Proteinen und extracytoplasmatischen Domänen von Membranproteinen. Ausgebildet werden diese Disulfidbrücken durch Oxidoreduktasen im ER-Lumen. Hauptvertreter ist die **Protein-Disulfid-Isomerase (PDI)**. An ihren Substratproteinen katalysiert die PDI sowohl die

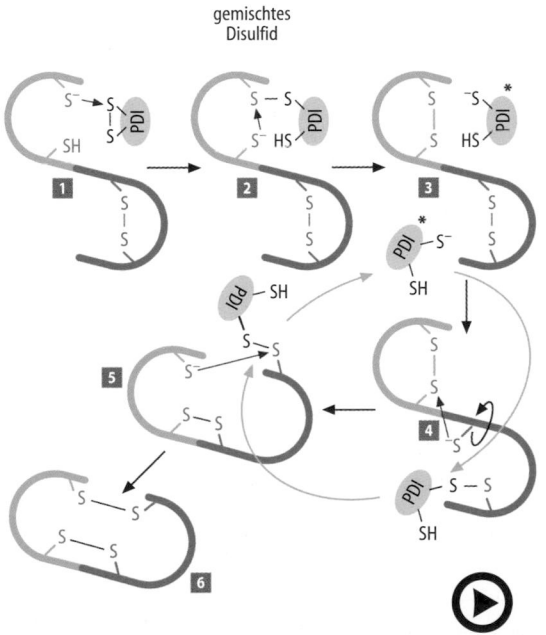

gemischtes
Disulfid

◻ **Abb. 49.5** (Video 49.4) **Oxidation von Cysteinseitenketten zu Disulfiden und Isomerisierung der Disulfidbrücken durch die ER-ständige Protein-Disulfid-Isomerase (PDI).** Deprotonierte SH-Gruppen (Thiolate) greifen andere Disulfidbrücken nucleophil an (1). Dadurch kommt es zur Ausbildung gemischter Disulfide zwischen Substratprotein und PDI (2). Nach Oxidation des Substratproteins (3) bleibt die PDI in reduzierter Form zurück (*roter Stern*) und kann durch die nicht dargestellte Oxidoreduktase Ero1 reoxidiert werden. In ihrer reduzierten Form katalysiert die PDI die Isomerisierung (Umbildung) von Disulfidbrücken (4)–(6) (▶ https://doi.org/10.1007/000-5nb)

Oxidation freier SH-Gruppen unter Ausbildung von Disulfidbrücken (◻ Abb. 49.5, Ziffern 1–3, grün) als auch die Isomerisierung existierender Disulfidbrücken (◻ Abb. 49.5, Ziffern 4–6). In dieser Funktion reduziert die PDI spontan entstandene, aber unerwünschte Disulfide zwischen zwei Cysteinresten (◻ Abb. 49.5, Ziffer 3, blau) und stellt anschließend die korrekten Disulfidbrücken mit anderen SH-Gruppen her (◻ Abb. 49.5, Ziffern 5, 6). Dazu bildet die PDI intermediär mit den Substratproteinen gemischte Disulfide (◻ Abb. 49.5, Ziffern 2, 4, 5). Reoxidiert wird die PDI durch Oxidoreduktasen wie **Ero1** (ER-Oxidoreductin-1), das Elektronen über den Cofaktor FAD auf molekularen O_2 überträgt.

❯ Die Akkumulation fehlgefalteter Proteine im ER (ER-Stress) löst den *Unfolded Protein Response* aus.

Neu in das ER translozierte oder integrierte Proteine können das ER nur nach korrekter Faltung verlassen. Die Anhäufung inkomplett oder falsch gefalteter Proteine im ER (sog. **ER-Stress**) löst ein koordiniertes Reparaturprogramm aus, das als *Unfolded Protein Response* (**UPR**) bezeichnet wird. Das UPR-Programm besteht in einer vermehrten Synthese von Proteinen, die für die Rückfaltung oder Eliminierung fehlgefalteter ER-Proteine benötigt werden, aber auch in einer verminderten Translationsleistung der Zelle, um die Substratbelastung für das ER zu reduzieren.

Die drei ER-Membranproteine IRE1α (*inositol-requiring enzyme* 1), PERK (*protein kinase RNA-like ER kinase*) und ATF6 (*activating transcription factor* 6) können das UPR-Programm auslösen. Vermutlich werden diese transmembranen Sensorproteine durch Assoziation ihrer luminalen Domänen mit BiP (s.o.) solange in einem inaktiven Zustand gehalten, bis BiP durch Bindung an fehlgefaltete Proteine abgezogen wird, oder aber die Sensorproteine sind selbst in der Lage, missgefaltete Proteine im ER zu binden. Im Fall von **IRE1α** bewirkt eine Aktivierung eine Dimerisierung mit anschließender Autophosphorylierung, die eine Endonucleaseaktivität in der cytosolischen Domäne von IRE1α aktiviert. Die Endonuclease entfernt im Cytoplasma ein Intron aus einer mRNA, die für den Transkriptionsfaktor XBP1 codiert. Erst nach diesem cytosolischen Splicevorgang kann die mRNA am Ribosom translatiert und damit der Transkriptionsfakor XBP1 synthetisiert werden. **PERK** ist eine Proteinkinase, die den Initiationsfaktor eIF2 phosphoryliert und inaktiviert (▶ Abschn. 48.3.3). **ATF6** ist ein membranverankerter Transkriptionsfaktor, der bei Anhäufung fehlgefalteter Proteine im ER zunächst in den Golgi-Apparat gelangt, dort durch limitierte Proteolyse seinen Membrananker verliert und daraufhin in den Zellkern translozieren kann.

49

49.2.2 Mitochondrien

❯ Die meisten mitochondrialen Proteine werden posttranslational über den TOM-Komplex in eines der vier mitochondrialen Kompartimente importiert.

Mitochondrien besitzen 1.000–1.500 verschiedene Proteine, von denen nur ca. 1 % von der mitochondrialen DNA codiert und an den mitochondrialen Ribosomen translatiert wird. Alle anderen Proteine werden an cytosolischen Ribosomen synthetisiert und posttranslational durch den **TOM**-Komplex (*translocase of the outer mitochondrial membrane*) in die Mitochondrien importiert (◻ Abb. 49.6). Der TOM-Komplex fungiert dabei als Rezeptor für unterschiedliche Signalsequenzen und als die eigentlich transmembrane Pore.

Je nach ihrem Standort in den Mitochondrien werden Proteine nach unterschiedlichen Mechanismen importiert:

— **Proteine der mitochondrialen Matrix oder Innenmembran** werden als Vorläuferproteine mit einer N-terminalen Präsequenz (einer positiv geladenen amphipathischen Helix) synthetisiert. Die Pore durch die innere Mitochondrienmembran wird von **TIM23** (*presequence translocase of the inner mitochondrial membrane*) gebildet. Neben dem elektrochemischen Potenzial ($\Delta\psi$) an der Innenmembran wird ATP für die Energetisierung des Transports benötigt. Für den ATP-getriebenen Import ist ein Zusammenspiel von mitochondrialem Hsp70 (**mtHsp70**) mit den Untereinheiten von **PAM** (*presequence translocase-associated motor*) erforderlich. Die Präsequenz dieser

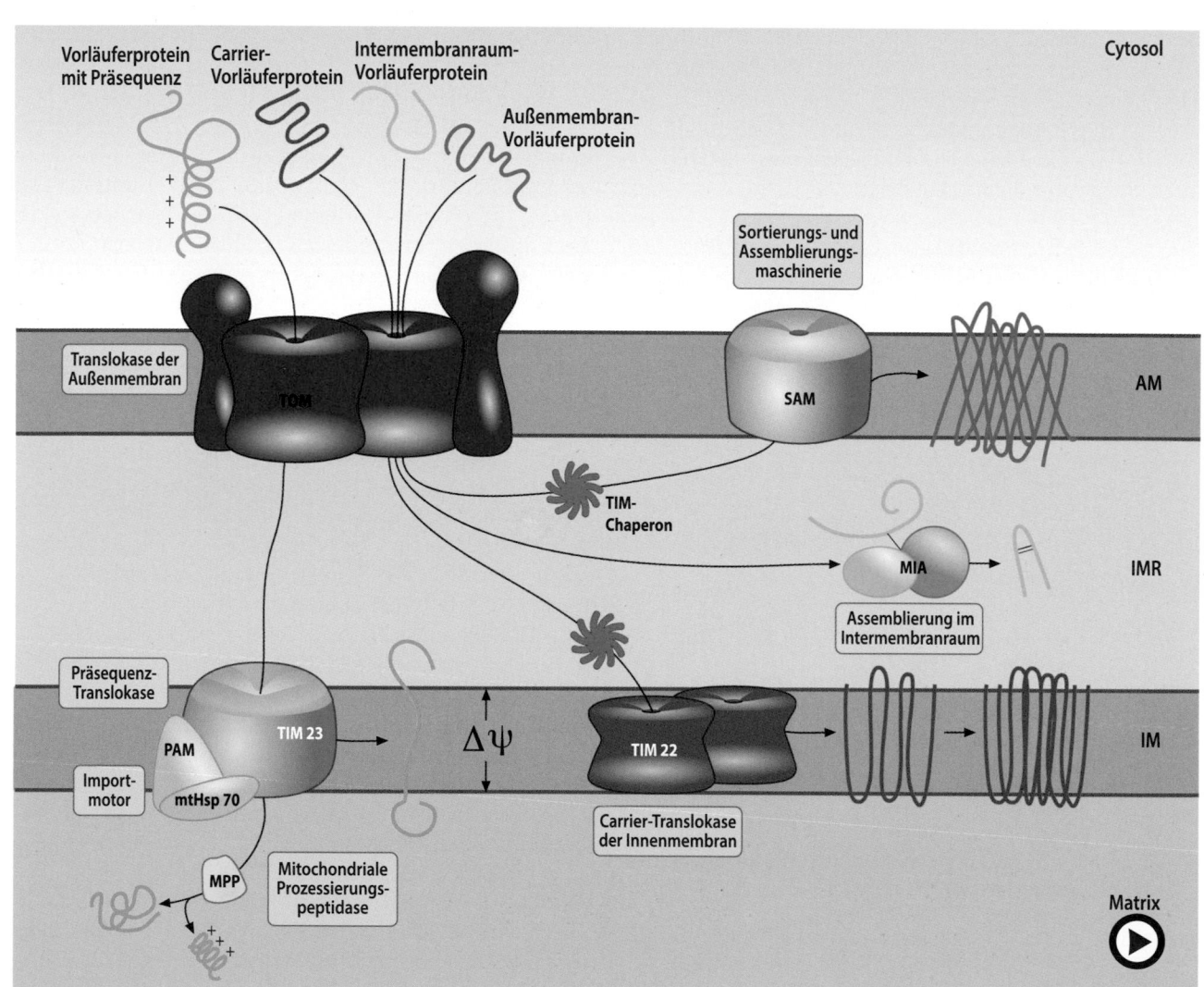

◻ **Abb. 49.6** (Video 49.5) **Proteinimport in Mitochondrien.** *AM, IM:* äußere und innere Membran; *IMR:* Intermembranraum (weitere Abkürzungen und Erklärungen s. Text). (Mit freundlicher Genehmigung von Lena-Sophie Wenz u. Nikolaus Pfanner) (▶ https://doi.org/10.1007/000-5nf)

Proteine wird beim Eintritt in die Matrix von **MPP** (*mitochondrial processing peptidase*) abgetrennt. Besitzen importierte Proteine im Anschluss an ihre Präsequenz noch eine hydrophobe Ankersequenz, werden sie von TIM23 aussortiert und nach lateral in die innere Membran integriert.

— **Carrier-Proteine der Innenmembran**, z. B. der ADP/ATP-Carrier (▶ Abschn. 19.1.1), besitzen interne Signalsequenzen. Nach ihrem Transport durch den TOM-Komplex der äußeren Membran werden sie von den **TIM-Chaperonen** durch den Intermembranraum zur Carrier-Translokase **TIM22** geleitet, über die sie $\Delta\psi$-abhängig in die Innenmembran integrieren und anschließend dimerisieren.

— **Proteine des Intermembranraumes**, z. B. die TIM-Chaperone, weisen typischerweise Disulfidbrücken auf, die erst nach ihrem Import über den TOM-Komplex gebildet werden. Ähnlich wie das ER verfügt der mitochondriale Intermembranraum über Oxidoreduktasen, deren zentraler Vertreter **Mia40** ist (*mitochondrial intermembrane space import and assembly*). Wie die ER-ständige PDI oxidiert Mia40 freie SH-Gruppen ihrer Substrate durch die vorübergehende Ausbildung von gemischten Disulfiden. Über eine weitere Oxidoreduktase (Erv1) und Cytochrom *c* werden die freiwerdenden Elektronen direkt in die Atmungskette eingeschleust.

— **Proteine der äußeren Mitochondrienmembran** können sowohl über α-helicale Transmembrandomänen als auch über β-Tonnen (▶ Abschn. 11.4) in der Lipidschicht verankert sein. Proteine, die **β-Tonnen** (*β-barrel proteins*) bilden, sind typischerweise Porenproteine wie Tom40, die zentrale Untereinheit des TOM-Komplexes, oder das allgemeine Porin der mitochondrialen Außenmembran, das auch als VDAC (*voltage-dependent anion channel*) bezeichnet wird. Diese Proteine werden erst über den TOM-Komplex in den Intermembranraum importiert und nach Interaktion mit TIM-Chaperonen in die äußere Membran inseriert. Der **SAM**-Komplex (*sorting and assembly machinery of the outer mitochondrial membrane*) vermittelt dabei sowohl die Membraninsertion als auch die Ausbildung der β-Tonnen-Strukturen.

49.2.3 Peroxisomen

❯ Für den posttranslationalen Import von gefalteten Proteinen in Peroxisomen gibt es keine präexistenten Porenstrukturen in der peroxisomalen Membran.

Viele Details zum Transport von Proteinen in Matrix und Membran von Peroxisomen sind noch unbekannt. Die Signalsequenzen peroxisomaler Proteine sind überwiegend C-terminal lokalisiert und werden dann als **PTS1** (*peroxi-somal targeting sequence*) bezeichnet (Ser-Lys-Leu u. a.; vgl. ▢ Tab. 12.1). In selteneren Fällen kommen auch mehr N-terminal lokalisierte Signalsequenzen mit einem anderen Sequenzmotiv vor (**PTS2**). Für den Transport sind eine Reihe löslicher und membranständiger Proteine erforderlich, die als **Peroxine** bezeichnet werden. Das Transportgeschehen lässt sich in vier Stadien unterteilen:

— Signalsequenzerkennung im Cytosol durch **lösliche Rezeptoren** (Pex5 für PTS1-Signalsequenzen).

— Bindung des Substrat-Rezeptor-Komplexes an einen *docking complex* in der Peroxisomen-Membran, der aus mindestens drei Peroxinen besteht (Pex13,14,17).

— Translokation möglicherweise durch eine temporäre Pex5-Pore, da Pex5 die Eigenschaft besitzt, Oligomere zu bilden und spontan in Lipidmembranen zu inserieren.

— Rückkehr des Rezeptors in das Cytoplasma nach Mono-Ubiquitinierung (▶ Abschn. 49.3.2) durch membranständige Peroxine und nachfolgender, ATP-abhängiger Extraktion aus der Peroxisomen-Membran durch Peroxine aus der Gruppe der AAA+-ATPasen (▶ Abschn. 49.1.4).

Membranproteine der Peroxisomen haben spezielle, interne Signalsequenzen und benutzen spezifische Peroxine für ihre Membranintegration. Viele peroxisomale Membranproteine werden zuerst in die ER-Membran integriert, was die Vorstellung stützt, dass das ER an der Entstehung von Peroxisomen beteiligt ist (▶ Abschn. 12.1.8).

Führen angeborene Defekte einzelner Peroxine zu einer gestörten Ausbildung von Peroxisomen, resultieren schwerste Krankheitsbilder wie das **Zellweger-Syndrom**, an denen die Patienten in der Regel in den ersten Lebensmonaten versterben.

Zusammenfassung

Viele Proteine werden **gezielt** an ihren Wirkort innerhalb der Zelle **transportiert**. **Sekretorische Proteine werden cotranslational** mithilfe von **SRP, SRP-Rezeptor** und dem **Sec61-Kanal** im entfalteten Zustand in das ER transportiert. **Membrangebundene Proteine** des Endomembransystems werden auf dieselbe Weise in der ER-Membran über **Transmembrandomänen** verankert. Chaperone des ER sorgen für die Faltung dieser Proteine und die Ausbildung von **Disulfidbrücken**. Die Akkumulation fehlgefalteter Proteine im ER löst den **ER-Stress** (*Unfolded Protein Response*) aus. 99 % aller **mitochondrialen Proteine** werden **posttranslational** im entfalteten Zustand importiert, wobei für Außen- und Innenmembran, Intermembranraum und Matrix unterschiedliche Transportsysteme existieren. **Peroxisomale Proteine** werden **posttranslational** in **gefaltetem** Zustand importiert.

49

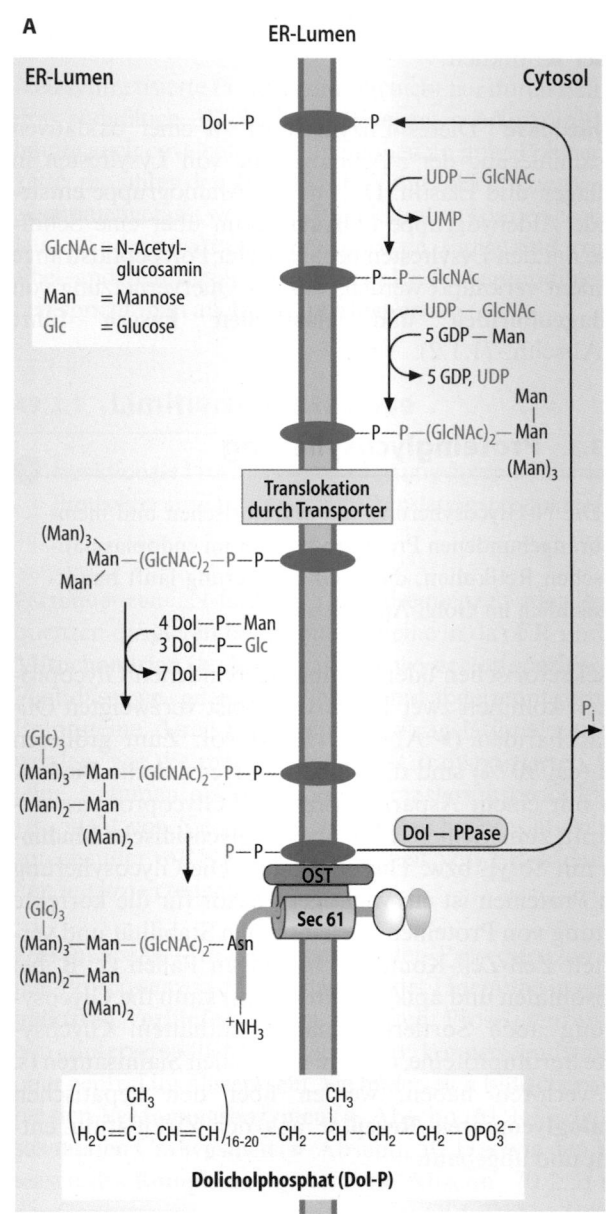

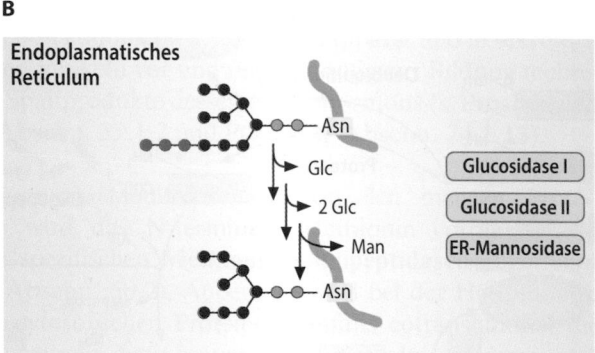

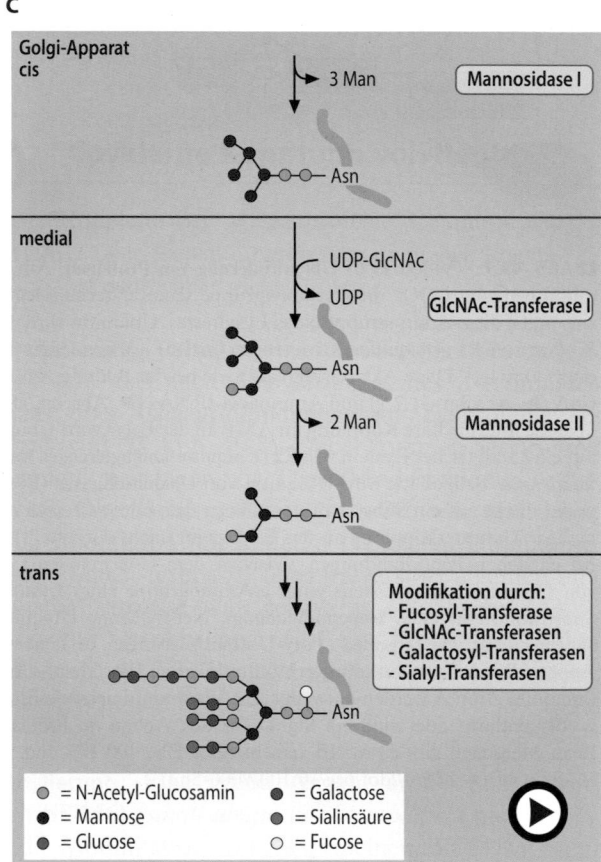

◼ **Abb. 49.8** (Video 49.7) **N-Glycosylierung von Proteinen. A** Synthese des Oligosaccharidvorläufermoleküls am Dicholanker in der ER-Membran und Übertragung durch die Oligosaccharyltransferase (OST) auf einen Asparaginylrest der naszierenden Polypeptidkette. **B** Zurechtschneiden (Trimmen) der Oligosaccharidseitenkette im ER. **C** Weitere Modifikationen im Golgi-Apparat. Das hier gezeigte Endprodukt der aufgelisteten Modifikationen ist eine von vielen möglichen Strukturen. (Einzelheiten s. Text) (▶ https://doi.org/10.1007/000-5nh)

ßend werden einzeln Nucleosiddiphosphat-aktivierte Zucker glycosidisch (▶ Abschn. 3.1.2) angeheftet. Dol-P ist dabei zunächst so in die ER-Membran integriert, dass sein Phosphatrest auf die cytosolische Seite ragt (◼ Abb. 49.8A). Nach Verknüpfung mit einem weiteren GlcNAc und **5 Mannoseresten** im Cytosol erfolgt mithilfe eines Transporters eine Translokation des Dol-PP-Oligosaccharids durch die Membran, wonach die

Zuckerkette in das ER-Lumen ragt. Hier erfolgt die Anheftung von weiteren **4 Mannose-** und **3 Glucoseresten**, bis ein Endprodukt aus 14 Zuckerbausteinen (Glc$_3$Man$_9$GlcNAc$_2$) entsteht (◼ Abb. 49.8A, B).

Nachdem das Oligosaccharid fertiggestellt ist, wird es als komplette Struktur von der **Oligosaccharyltransferase** (OST) auf einen spezifischen Asparaginylrest der noch mit Ribosom und Sec61-Kanal assoziierten Polypeptidkette übertragen. Dabei werden solche Asparaginylreste von der membrangebundenen Oligosaccharyltransferase erkannt, die in dem Sequenzmotiv **Asn-X-Ser/Thr** vorkommen. Von dem zurückbleibenden Dolicholpyrophosphat wird Phosphat abgespalten, der Dolicholphosphatrest wird zurück in das Cytosol transloziert und steht damit dem nächsten Zyklus zur Verfügung.

Nach Übertragung des Oligosaccharids auf das Protein werden die drei Glucosereste schrittweise durch **Glucosidasen** im ER wieder abgespalten (◻ Abb. 49.9B). Ohne Entfernung der Glucosereste werden neu synthetisierte Glycoproteine nicht zum Golgi-Apparat transportiert, sondern von den Chaperonen Calnexin und Calreticulin im ER zurückgehalten (▶ Abschn. 49.2.1). Auch einer der 9 Mannosylreste wird im ER wieder entfernt (◻ Abb. 49.8B). Im Golgi-Apparat werden fünf weitere Mannosereste entfernt sowie ein GlcNAc und eine Fucose hinzugefügt, bevor durch mehrere GlcNAc-, Galactosyl- und Sialyl-Transferasen eine große Anzahl komplexer N-Glycane von unterschiedlichen Kettenlängen und Verzweigungsgrad entstehen (◻ Abb. 49.8C zeigt eine von vielen möglichen Strukturen). Über die aktivierten Formen der individuellen Zucker, die von den jeweiligen Glycosyltransferasen übertragen werden, informiert ◻ Abb. 16.1. Das Resultat ist eine Vielzahl unterschiedlicher Strukturen, die nicht nur proteintypisch, sondern auch zellspezifisch sind.

O-Glycosylierung Bei der O-Glycosylierung von Proteinen werden Oligosaccharide an OH-Gruppen-haltige Aminosäuren einer Poylpeptidkette, meistens **Serin und Threonin**, seltener Tyrosin, Hydroxylysin oder Hydroxyprolin, angeheftet. Diese Modifikation findet im Unterschied zur N-Glycosylierung überwiegend **posttranslational** statt und erfolgt über eine **schrittweise** Anheftung einzelner Monosaccharide, die dazu in Form von Nucleosiddiphosphaten aktiviert sein müssen (◻ Abb. 16.1). In vielen Fällen beginnt die O-Glycosylierung von Proteinen im **Golgi-Apparat** mit der Übertragung von **N-Acetyl-Galactosamin** (GalNAc) durch eine große Familie von GalNAc-Transferasen. Die von der Magenschleimhaut produzierten **Mucine** weisen einen besonders hohen Grad dieser GalNAc-typischen O-Glycosylierung auf (▶ Abschn. 61.1.2), weswegen diese auch als Mucin-typische O-Glycosylierung bezeichnet wird. Daneben gibt es O-Glycosylierungen von Proteinen, die mit der Übertragung anderer Monosaccharide beginnen, und zwar teilweise bereits im ER. Die O-Glycosylierung der **Proteoglycane** beginnt mit Xylose (▶ Abschn. 16.2.2), allerdings ebenfalls im Golgi-Apparat. Alle diese O-Glycosylierungen sind typisch für **sekretorische und membrangebundene Proteine**.

Eine besondere Form der O-Glycosylierung ist die **O-GlcNAcylierung** (sprich: O-Gluknakylierung) von Pro-

teinen des **Cytosols**, des **Zellkerns** und der **Mitochondrien**. Diese besteht in der reversiblen Modifikation von Serin- oder Threonin-Resten mit einem Molekül **N-Acetylglucosamin** (GlcNAc) durch **O-GlcNAc Transferasen (OGT)** bzw. **O-GlcNAcasen (OGA;** N-Acetylglucosaminidase). Die O-GlcNAcylierung dient damit – ähnlich wie die Phosphorylierung – der Regulationskontrolle von Proteinen durch Interkonversion. O-GlcNAcylierung von Proteinen ist beschrieben worden für:

- **ER-Stress**, d. h. die Akkumulation fehlgefalteter Proteine im ER, löst über den *Unfolded Protein Response* und den Transkriptionsfaktor XBP1 (▶ Abschn. 49.2.1) eine vermehrte Expression des Enzyms GFAT (Glutamin-Fructose-6-Phosphat-Amidotransferase) aus. GFAT ist das Schrittmacherenzym des Hexosamin-Biosyntheseweges (HBP; ◻ Abb. 16.1) und kontrolliert damit die Produktion von GlcNAc. Zielproteine einer verstärkten O-GlcNAcylierung sind im Fall von ER-Stress wahrscheinlich Komponenten, die zum Abbau der fehlgefalteten ER-Proteine beitragen.

- Analog scheint eine vermehrte GlcNAc-Produktion über den HBP und damit eine vermehrte O-GlcNAcylierung von Proteinen für den Schutz von Kardiomyocyten in der **Reperfusionsphase** nach einem **Myokardinfarkt** (▶ Abschn. 15.2; „Übrigens: Myokardinfarkt") eine bedeutende Rolle zu spielen.

- **Nucleoporine** (▶ Abschn. 12.1.2) gehören zu den am stärksten O-GlcNAcylierten Proteinen, woraus zu schließen ist, dass durch O-Glycosylierung die Funktion der Nucleoporine beim Proteintransport durch die Kernporen beeinflusst wird.

- O-GlcNAcylierung fungiert auch als Nährstoffsensor, indem als Reaktion auf ein **hohes Glucose-Angebot** die Aktivität von Transkriptionsfaktoren oder Proteinkinasen durch O-GlcNAcylierung beeinflusst wird.

49.3.4 Lipidmodifikation von Proteinen

❯ Myristylierung, Prenylierung und Palmitylierung ermöglichen eine regulierte, posttranslationale Membranverankerung von Proteinen.

Die häufigsten covalenten **Lipidmodifikationen** von Proteinen sind in ◻ Abb. 49.9 zusammengefasst. Hierbei handelt es sich um Prozesse, die im Cytosol ablaufen. Bei der **Myristylierung** wird Myristinsäure (14 C-Atome; ◻ Tab. 3.8) mit einem N-terminalen Glycin verknüpft, das durch die Entfernung des Start-Methionins durch Methioninaminopeptidase (▶ Abschn. 49.3.1) endständig wurde. Beispiele von myristylierten Proteinen sind Src-Kinasen (▶ Abschn. 52.4.1) und die α-Untereinheiten

A S-Palmitylierung

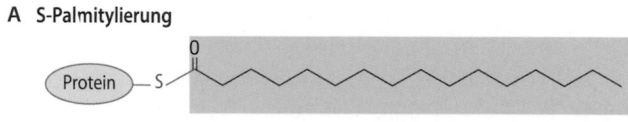

B N-Myristylierung

C Farnesylierung

D Geranylgeranylierung

◻ **Abb. 49.9 Typische cytosolische Lipidmodifikationen von Proteinen. A** Palmitinsäure ist in Thioesterbindung an ein Cystein gekoppelt. **B** Myristinsäure wird über eine Amidbindung an ein N-terminales Glycin gebunden. **C, D** Farnesyl- und Geranylgeranylreste sind mit C-terminalen Cysteinen über Thioetherbindungen verknüpft. Farnesylierung und Geranylgeranylierung werden gemeinsam als Prenylierung bezeichnet. (Einzelheiten s. Text)

von trimeren G-Proteinen. Unter **Prenylierung** versteht man die Anheftung eines Polyisoprenrestes an die SH-Gruppe des Cysteins einer C-terminalen Cys-A-A-X-Sequenz (A=aliphatische Aminosäure; A-A-X wird nach der Prenylierung abgespalten und das dann endständige Cys wird carboxymethyliert). Typische Polyisoprenanker sind Farnesyl- (15 C-Atome) und Geranylgeranylreste (20 C-Atome) (▶ Abschn. 23.2). Ras-Proteine erhalten typischerweise einen Farnesylanker, die γ-Untereinheiten trimerer G-Proteine eine Geranylgeranylkette.

Myristylierung und Prenylierung führen in der Regel zu keiner dauerhaften Membranverankerung. Treffen myristylierte (z. B. Src-Kinasen) oder prenylierte Proteine (z. B. Ras-Proteine) in ihren Zielmembranen jedoch auf spezifische Acyltransferasen, werden zusätzlich Palmitinsäurereste (◻ Tab. 3.8) an Cysteine dieser Proteine gekoppelt. Diese **Palmitylierungen** verstärken die Membranassoziation, können aber mithilfe von Acylthioesterasen auch wieder rückgängig gemacht werden. Auf diese Weise kann die Membranassoziation von Proteinen reguliert werden.

49.3.5 Sulfatierung und GPI-Anker

❯ Die Sulfatierung von Proteinen und die Anheftung eines GPI-Ankers sind posttranslationale Modifikationen von sekretorischen und membrangebundenen Proteinen.

Sulfatierung Eine Reihe von Proteinen, die Interaktionen mit anderen Proteinen eingehen, wird an Tyrosylresten sulfatiert. Hierzu gehören bestimmte Blutgerinnungsfaktoren, Zelloberflächenproteine wie die Selectinliganden, die erste Zell-Zell-Kontakte bei der Einwanderung von Leukocyten in entzündliche Gewebe herstellen (▶ Abschn. 69.2.2), oder auch Chemokinrezeptoren, die u. a. für die Aufnahme des HI-Virus in T-Zellen verantwortlich sind (◻ Abb. 12.13). Die Modifikation der Tyrosylreste erfolgt im Lumen des Golgi-Apparates durch Sulfotransferasen, die PAPS (Phosphoadenosin-5′-Phosphosulfat) (◻ Abb. 3.17) als Donor der Sulfatgruppe benutzen.

Glycosyl-Phosphatidyl-Inositol (GPI)-Anker Dieses zuckerhaltige Phospholipid (▶ Abschn. 3.2.3) verankert zahlreiche Proteine in der äußeren Schicht der Plasmamembran. Angefügt wird es im ER an Proteine, die zunächst über eine einzige C-terminale Stopptransfer-Sequenz (▶ Abschn. 49.2.1) in der ER-Membran verankert wurden. Eine Transpeptidase (Transamidase) trennt die luminale Domäne von der Transmembrandomäne ab und überträgt den neuen C-Terminus des Proteins auf die Aminogruppe des membranständigen GPI-Ankers (◻ Abb. 3.5). Über vesikulären Transport gelangt das GPI-verankerte Protein zur Plasmamembran.

GPI-verankerte Proteine finden sich häufig in *lipid rafts* (▶ Abschn. 11.3) und dem apikalen Membrananteil polarisierter Zellen; bekannte Vertreter dieser Proteinklasse sind die Acetylcholinesterase, das Prionprotein und Oberflächenantigene von Trypanosomen.

Trypanosoma brucei, der Erreger der afrikanischen Schlafkrankheit, einer Meningo-Encephalitis, entzieht sich der immunologischen Abwehr dadurch, dass er sein variables Oberflächenprotein vom GPI-Anker durch eine spezifische Phospholipase C (▶ Abschn. 22.1.2) abspalten kann.

49.3.6 Lysin-Acylierung

❯ Die Funktion der Histone wird durch reversible Acetylierung ihrer Lysylreste beeinflusst.

Die reversible **Acetylierung** von Lysylresten ist eine sehr häufige posttranslationale Modifikation, die ursprünglich an den **Histon**-Proteinen beobachtet wurde, wo sie eine Schlüsselrolle bei der Gen-Regulation spielt (▶ Abschn. 47.2.1). Weil der Acetylrest über eine Säureamid-Bindung mit der ε-Aminogruppe von Lysin verknüpft wird, geht deren positive Ladung verloren. Dadurch wird die enge Bindung der lysinreichen Histone an die DNA gelockert und die dichte Chromatinstruktur aufgebrochen wird (▶ Abschn. 47.2.1). Katalysiert wird die Acetylierung durch **Acetyltransferasen**, die

Acetyl-CoA als Substrat benutzen. **Deacetylasen** entfernen den Acetylrest, indem sie ihn auf **NAD⁺** unter Bildung von O-Acetyl-ADP-Ribose und Nicotinsäureamid übertragen. Eine wichtige Gruppe von Deacetylasen sind die NAD⁺-abhängigen **Sirtuine**, von denen Säugerorganismen sieben Isoformen exprimieren SIRT1-SIRT7 (▶ Abschn. 56.3.1 und 27.1.2).

❯ Mitochondriale Enzyme können durch spontan ablaufende Lysin-Acylierungen reguliert werden.

Neuere Proteom-Analysen haben ergeben, dass eine große Anzahl an Nicht-Histonproteinen an den ε-Aminogruppen ihrer Lysylreste nicht nur acetyliert, sondern mit verschiedenen anderen Acylresten (Propionly-, Succinyl-, Malonyl-, Glutaryl- u.a.) modifiziert werden. Besonders ausgeprägt findet sich die **Lysin-Acylierung** bei **mitochondrialen Proteinen**. In den Mitochondrien herrschen Bedingungen vor, bei denen diese Acylierungreaktionen auch **nicht-enzymatisch** ablaufen können. Aufgrund des relativ alkalischen pH-Wertes in der mitochondrialen Matrix deprotonieren die ε-Aminogruppen von Lysylresten (◨ Abb. 3.13), was dem N-Atom einen nucleophilen Angriff auf das Carbonyl-C-Atom von Acyl-CoA-Verbindungen ermöglicht. Acetyl-CoA oder Succinyl-CoA häufen sich stoffwechselbedingt in hohen Konzentrationen in den Mitochondrien an. Auch intramolekulare Säureanhydride, die spontan aus **Succinyl-CoA** u. a. aktivierten Dicarbonsäuren entstehen, können Lysylreste acylieren. Diese spezifischen mitochondrialen Gegebenheiten sprechen dafür, dass spontane Lysin-Acylierungen von mitochondrialen Proteinen eine Form von **Kohlenstoff-Stress (*carbon stress*)** darstellen, in der Weise, dass bei einem Überangebot von Acety-CoA u. a. Acyl-CoA-Verbindungen bestimmte Schlüsselenzyme (z. B. der β-Oxidation von Fettsäuren) durch Acylierung inaktiviert werden. Umgekehrt sind diese Enzyme durch die **Deacylase**-Aktivität von **Sirtuinen** reaktivierbar (einzelne SIRT-Isoformen besitzen weniger Deacetylase- als Deacylase-Aktivität). Die Aktivität der Sirtuine ist von der Anwesenheit von NAD⁺ abhängig und somit von einem Substrat, dessen Anstieg einen Energiemangel signalisiert.

49.3.7 Phosphorylierung, ADP-Ribosylierung, Methylierung, S-Nitrosylierung, Citrullinierung

❯ Proteinfunktionen werden über Modifikationen einzelner Aminosäuren gesteuert.

Phosphorylierung Proteine werden v. a. an den Hydroxylgruppen von Seryl-, Threonyl- und Tyrosyl-Resten ATP-abhängig durch Proteinkinasen phosphoryliert.

Auf diese Weise werden Enzymaktivitäten reguliert und Protein-Protein-Wechselwirkungen beeinflusst (▶ Abschn. 33.4.1). Durch Phosphatasen wird diese Modifikation wieder rückgängig gemacht (Interkonversion).

ADP-Ribosylierung Die Übertragung des ADP-Ribosylrestes von NAD⁺ (▶ Abschn. 59.4) ist eine andere Maßnahme, die Aktivität von Enzymen zu beeinflussen. Die Wirkung vieler Bakterientoxine beruht auf ihrer Eigenschaft, Proteine der befallenen Zellen durch ADP-Ribosylierung zu modifizieren. So inaktiviert **Diphtherietoxin** auf diesem Weg den Elongationsfaktor eEF2 (▶ Abschn. 48.2.2), **Choleratoxin** verhindert die GTP-Hydrolyse an den α-Untereinheiten eines stimulierenden G-Proteins (▶ Abschn. 35.3.2.1), wodurch das G-Protein permanent aktiv bleibt, und **Pertussistoxin** inaktiviert die α-Untereinheit eines inhibierenden G-Proteins (▶ Abschn. 35.3.2.1).

Methylierung Methyliert werden v. a. die ε-Aminogruppe von **Lysyl**resten (mit bis zu drei Methylgruppen) und die Gunanidinogruppe von **Arginyl**-Seitenketten (mit bis zu zwei Methylgruppen), obwohl auch andere Aminosäure-Seitenketten durch Methylierung modifiziert werden. Die Methylgruppen werden von SAM-abhängigen (◨ Tab. 27.5) **Methyltransferasen** angefügt. Entfernt werden sie als Formaldehyd durch **Demethylasen**, die entweder nach dem Reaktionsmechanismus von FAD-abhängigen Aminosäure-Oxidasen (▶ Abschn. 26.3.2) oder von α-Ketoglutarat-abhängigen Dioxygenasen (◨ Abb. 59.2) arbeiten. Die **Methylierung von Histonproteinen** führt in vielen Fällen zur Bindung von spezifischen Effektorproteinen, welche die Methylgruppen in ihrem Sequenzkontext erkennen, und in der Folge entweder direkt oder über die Rekrutierung anderer Proteine sowohl Chromatinstruktur als auch Transkriptionsaktivität beeinflussen (▶ Abschn. 47.2.1). Mit der Abhängigkeit der Methyltransferasen und Demethylasen von Intermediärprodukten des Stoffwechsels (SAM, FAD, α-Ketoglutarat) ist eine mögliche Schnittstelle zwischen **Stoffwechselaktivität** und Histonmethylierung gegeben (s. Epigenetik, ▶ Abschn. 47.2.1). Proteomanalysen haben ergeben, dass auch **Nicht-Histonproteine** methyliert werden. Hierzu gehören zahlreiche cytosolische und membranständige Proteine, die an der Signaltransduktion und vielen anderen zellulären Prozessen beteiligt sind.

S-Nitrosylierung Die für zahlreiche Proteine nachgewiesene S-Nitrosylierung besteht in der covalenten Kopplung von Stickstoffmonoxid (**NO**) an die SH-Gruppe von Cysteinylresten unter Bildung von **S-Nitrosothiol-Proteinen** (SNO-Proteinen). Produziert wird NO durch eine der drei Isoformen der **NO-Synthase** (eNOS, iNOS, nNOS; ▶ Abschn. 27.2.2). Bisher sind wenige S-Nitrosylasen identifiziert worden, die das NO von den NO-Synthasen spezifisch auf Zielproteine übertragen können. Hingegen sind mehrere Donor-Proteine bekannt, die nach S-Nitrosylierung ihre NO-Gruppe auf Akzeptor-Proteine übertragen (**Transnitrosylierung**). An der Entfernung der NO-Gruppe von S-nitrosylierten Cysteinyl-Resten (**Denitrosylierung**) sind Glutathion sowie Proteine wie Thioredoxin (▸ Abschn. 30.2) und Protein-Disulfid-Isomerase (PDI; ▸ Abschn. 49.2.1) beteiligt. Durch die S-Nitrosylierung werden Funktion und Aktivität von Proteinen beeinflusst. Ein Übermaß an S-Nitrosylierung führt zur Missfaltung von Proteinen (ER-Stress), mitochondrialer Dysfunktion, Autophagie und Apoptose und ist mit neurodegenerativen Erkrankungen wie Morbus Alzheimer und Morbus Parkinson vergesellschaftet. Chronisch entzündliche Prozesse – wie sie auch im Rahmen von Adipositas auftreten – führen über eine erhöhte Aktivität der induzierbaren NO-Synthase (iNOS) zu einer vermehrten Produktion von NO. Es konnte gezeigt werden, dass durch S-Nitrosylierung die Endonuclease-Aktivität von **IRE1α** und damit der *Unfolded Protein Response* (**UPR**; ▸ Abschn. 49.2.1) gehemmt wird, woraus ER-Stress resultiert. Das radikalische NO ist eine **reaktive Stickstoff-Spezies** (**RNS**, *reactive nitrogen species*) und seine dysregulierte Produktion wird als **nitrosativer Stress** bezeichnet.

Citrullinierung   Unter Citrullinierung von Proteinen versteht man die irreversible Umwandlung von Argininresten in Citrullin-Seitenketten durch **Protein-Arginin-Deiminasen** (**Peptidylarginin-Deiminasen**). Aktiviert werden diese Enzyme, von denen es beim Menschen fünf Isoformen gibt, durch Bindung von **Calciumionen**. Citrullinierung ist u. a. für Histone und Strukturproteine wie Vimentin und Keratin beschrieben worden und an Prozessen wie Apoptose, Genregulation und Immunabwehr beteiligt. Bei Patienten mit Rheumatoider Arthritis (▸ Abschn. 72.7.3) wurden Autoantikörper gegen citrullinierte Proteine gefunden.

Zusammenfassung

Multiple **Modifikationen von Proteinen** begleiten ihre Biogenese oder steuern ihre Funktion. Durch **limitierte Proteolyse** werden für den Proteintransport benötigte **Signal-(Prä)-Sequenzen** entfernt oder Hormone und Enzyme aus **Proformen** freigesetzt. Ein Beispiel für die covalente Vernetzung von zwei Proteinen ist die Ubiquitinierung. **Ubiquitin** ist ein kleines Protein, das durch Bindung an E1-Enzyme aktiviert, dann auf E2-Carrierproteine übertragen und schließlich mithilfe von E3-Protein-Ligasen in Isopeptibindung an Substratproteine gekoppelt wird. Oligosaccharide werden im ER (**N-Glycosylierung**) und Monosaccharide vorwiegend im Golgi-Apparat (**O-Glycosylierung**) auf Proteine übertragen. Im Cytosol und Zellkern werden Proteine über die reversible Modifikation mit N-Acetylglucosamin (**O-GlcNAcylierung**) reguliert. **Lipidmodifikationen** versehen Proteine mit Membrananker. Posttranslationale Modifikationen wie **Phosphorylierung**, **Sulfatierung**, **ADP-Ribosylierung**, **Acylierung**, **Methylierung**, **S-Nitrosylierung**, **Citrullinierung** beeinflussen häufig reversibel Aktivität und Funktion einer Vielzahl von Proteinen.

Weiterführende Literatur

Balchin D, Hayer-Hartl M, Hartl FU (2016) In vivo aspects of protein folding and quality control. Science 353:aac4354
Biggar KK, Wang Z, Li SSC (2017) SnapShot: lysine methylation beyond histones. Mol Cell 68:1016
Chio US, Choi H, Shan S (2017) Mechanisms of tail-anchored membrane protein targeting and integration. Annu Rev Cell Dev Biol 33:417–438
Chung CY, Majewska NI, Wang Q, Paul JT, Betenbaugh MJ (2017) SnapShot: N-glycosylation processing pathways across kingdoms. Cell 171:258
Cross BCS, Sinning I, Luirink J, High S (2009) Delivering proteins for export from the cytosol. Mol Cell Biol 10:255–264
Girzalsky W, Saffian D, Erdmann R (2010) Peroxisomal protein translocation. BBA Mol Cell Res 1803:724–731
Göthel SF, Marahie MA (1999) Peptidyl-prolyl cis-trans isomerases, a superfamily of ubiquitous folding catalysts. CMLS 55:423–436
Griffin M, Casadio R, Bergamini CM (2002) Transglutaminases: nature's biological glues. Biochem J 368:377–396
Joshi HJ, Narimatsu Y, Schjoldager KT, Tytgat HLP, Aebi M, Clausen H, Halim A (2018) SnapShot: O-glycosylation pathways across kingdoms. Cell 172:632
Kerscher O, Felberbaum R, Hochstrasser M (2006) Modification of proteins by ubiquitin-like proteins. Annu Rev Cell Dev Biol 22:159–180
Lamriben L, Graham JB, Adams BM, Hebert DN (2016) N-glycan based ER molecular chaperone and protein quality control system: the calnexin binding cycle. Traffic 17:308–326
Nakamura T, Tu S, Akhtar MW, Sunico CR, Okamoto SI, Lipton SA (2013) Aberrant protein S-nitrosylation in neurodegenerative diseases. Neuron 78:596–614
Pfanner N, Warscheid B, Wiedemann N (2019) Mitochondrial proteins: from biogenesis to functional networks. Nat Rev Mol Cell Biol 20:267–284
Rutkowski DT, Kaufman RJ (2004) A trip to the ER: coping with stress. Trends Cell Biol 14:20–28
Schopf FH, Biebl MM, Buchner J (2017) The HSP90 chaperone machinery. Nat Rev Mol Cell Biol 18:345–360
Tu BP, Weissman JS (2004) Oxidative protein folding in eukaryotes: mechanisms and consequences. J Cell Biol 164:341–346
Van den Berg B, Clemons WM Jr, Collinson I, Modis Y, Hartmann E, Harrison SC, Rapoport TA (2005) X-ray structure of a protein-conducting channel. Nature 427:36–44
Yang X, Qian K (2017) Protein O-GlcNAcylation: emerging mechanisms and functions. Nat Rev Mol Cell Biol 18:452–465

Proteine – Mechanismen ihres Abbaus

Matthias Müller und Lutz Graeve

Zelluläre Proteine unterliegen einem ständigen Umsatz (*turnover*), wobei Proteine mit kurzen Halbwertszeiten (wenige Minuten) von solchen mit langen (mehrere Wochen) unterschieden werden müssen. Für den Abbau von Proteinen steht den Zellen eine Vielzahl von Proteasen zur Verfügung. Der Abbau von Proteinen erfolgt im cytosolischen Proteasom nach Markierung mit Ubiquitin oder nach Aufnahme in die Lysosomen (Autophagocytose).

Schwerpunkte

50.1 Proteasen
- Katalysemechanismen von Proteasen

50.2 Markierung für den Abbau
- Proteolysesignale
- *N-end rule*

50.3 Abbau durch das Proteasom
- Aufbau und Funktion von Proteasomen
- ERAD (*ER-associated degradation*)

50.4 Lysosomale Proteolyse
- Makro- und Mikroautophagocytose
- Chaperonvermittelte Autophagocytose

50.5 Intramembrane Proteolyse
- Limitierte Proteolyse von Transmembranproteinen

50.1 Proteasen

Proteine werden von Proteasen (synonym: Peptidasen) entweder zu kurzen Peptiden und Aminosäuren abgebaut (▶ Abschn. 50.3 und 50.4) oder nur an ganz gezielten Peptidbindungen gespalten (**limitierte Proteolyse**; ▶ Abschn. 49.3.1). Proteasen erkennen ihre Substrate über die Aminosäuresequenz in unmittelbarer Umgebung der zu spaltenden Peptidbindung. Je nach Lokalisation dieser Peptidbindung spricht man von **Endopeptidasen** oder **Exopeptidasen**. Letztere können vom N-Terminus (**Aminopeptidasen**) oder vom C-Terminus (**Carboxypeptidasen**) her angreifen.

Nach Art des Katalysemechanismus, d. h. der funktionellen Gruppe ihres aktiven Zentrums, werden unterschieden:
- **Serinproteasen**: Trypsin, Chymotrypsin (▶ Abschn. 61.1.3); Elastase (▶ Abschn. 61.1.3 und 70.2.2); Thrombin, Plasmin (▶ Abschn. 69.1). Zum Katalysemechanismus s. ▶ Abschn. 7.4.
- **Aspartatproteasen**: Pepsin (▶ Abschn. 61.1.2) und Cathepsin D der Lysosomen (Abschn. 70.5.2), die ihr Aktivitätsoptimum bei niedrigen pH-Werten haben; Renin (▶ Abschn. 65.4.3); HIV-Protease, die das Gag-Polyprotein in die einzelnen Strukturproteine des humanen Immundefizienzvirus (▶ Abschn. 9.3) spaltet.
- **Cysteinproteasen**: viele Cathepsine der Lysosomen; **Caspasen** sind spezielle Cysteinproteasen, die C-terminal von **Asp**-Resten spalten (▶ Abschn. 51.2).
- **Metalloproteasen**: Matrix-Metalloproteinasen (MMPs, ▶ Abschn. 71.2); ACE (*angiotensin-converting enzyme*) (▶ Abschn. 65.4.3).
- **Threoninproteasen**: Proteolytische Untereinheiten des Proteasoms (▶ Abschn. 50.3), bei denen die α-Amino- und die Hydroxylgruppe des N-terminalen Threonins an der Katalyse beteiligt sind.

50.2 Markierung für den Abbau

❯ Proteolyse ist ein regulierter Prozess, der durch bestimmte Signale ausgelöst wird.

Der Auslöser von Proteolyse kann eine fehlerhafte Proteinkonformation sein. Ein gut untersuchtes Beispiel hierzu sind fehlgefaltete Proteine des endoplasmatischen Retikulums, die einen spezifischen Abbauweg

Ergänzende Information Die elektronische Version dieses Kapitels enthält Zusatzmaterial, auf das über folgenden Link zugegriffen werden kann https://doi.org/10.1007/978-3-662-60266-9_50. Die Videos lassen sich durch Anklicken des DOI Links in der Legende einer entsprechenden Abbildung abspielen, oder indem Sie diesen Link mit der SN More Media App scannen.

© Springer-Verlag GmbH Deutschland, ein Teil von Springer Nature 2022
P. C. Heinrich et al. (Hrsg.), *Löffler/Petrides Biochemie und Pathobiochemie*, https://doi.org/10.1007/978-3-662-60266-9_50

(ERAD, **ER**-*associated degradation;* s. u.) in Gang setzen. Instabile Proteine mit kurzer Halbwertszeit hingegen müssen andere Abbausignale besitzen, die man pauschal als **Degrons** bezeichnet hat. Erkannt werden in eukaryontischen Zellen fehlgefaltete Proteine und die Degrons letztlich von den zahlreichen **E3-Ubiquitinligasen** (◘ Abb. 49.7), die die Substratproteine durch Ubiquitinierung für den Abbau markieren.

❯ Die Halbwertszeit vieler Proteine wird von ihrer N-terminalen Aminosäure bestimmt (*N-end rule*).

Ein charakteristisches Degron bilden die **N-terminalen Aminosäuren** von Proteinen. Treten basische Aminosäuren (Arg, Lys, His) oder große, hydrophobe Aminosäuren (Phe, Tyr, Trp, Leu, Ile) am N-Terminus eines eukaryontischen Proteins auf, werden sie als **destabilisierende Aminosäuren** von spezifischen E3-Ubiquitinligasen (**N-Recogninen**) erkannt, die Proteine werden polyubiquitiniert und vom Proteasom abgebaut (*N-end rule*). Dies ist zunächst überraschend, weil alle Proteine ursprünglich mit einem N-terminalen Methionylrest synthetisiert werden (▸ Abschn. 48.2.1). Dieser wird zwar in vielen Fällen von Methioninaminopeptidasen cotranslational wieder abgespalten (▸ Abschn. 49.3.1), jedoch spaltet die Methioninaminopeptidase nur, wenn eine stabilisierende Aminosäure folgt. Destabilisierende N-Termini müssen demnach posttranslational hergestellt werden, und zwar entweder durch endoproteolytische Spaltung eines Proteins oder durch Modifikationen der primären N-terminalen Aminosäuren. So konnte gezeigt werden, dass stabilisierende Asn- und Gln-Reste durch Desamidierung in Asp und Glu überführt werden und diese durch eine **Arginyl-tRNA-Protein-Transferase** posttranslational mit Arg verlängert (konjugiert) werden. Bisherige Beispiele, bei denen solche Modifikationen nachgewiesen werden konnten, sprechen allerdings eher dafür, dass sie der Proteolyse sehr spezifischer Proteine dienen.

50.3 Abbau durch das Proteasom

❯ Der Ort, an dem die meisten zellulären Proteine abgebaut werden, ist das cytosolische Proteasom.

26S-Proteasom Das **26S-Proteasom** ist ein Multiproteinkomplex von ca. 2,5 MDa (Größenbereich eines Ribosoms). Es besteht aus einem 20S-Kernkomplex, der proteolytisch aktiven Komponente, und zwei 19S-regulatorischen Anteilen, die poly-ubiquitinierte Substrate erkennen, entfalten und an die zentrale Proteolyse-Einheit weiterreichen, wo sie vollständig in kurze Peptide zerlegt werden. 20S-Proteasomen können auch mit anderen Ak-

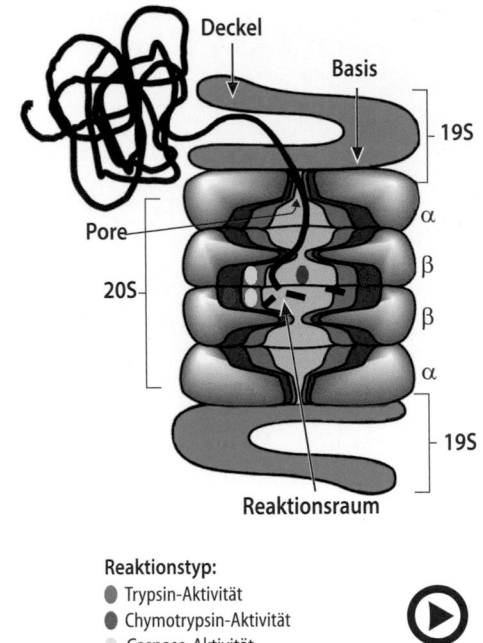

◘ **Abb. 50.1** (Video 50.1) **Modell eines Proteasoms.** Die beiden β-Ringe sind asymmetrisch aufeinandergesetzt, sodass die zweite chymotryptische Aktivität in diesem Querschnitt nicht sichtbar ist. (Mit freundlicher Genehmigung von Wolfgang Hilt und Dieter H. Wolf) (▸ https://doi.org/10.1007/000-5nk)

tivatoren assoziieren wie im Fall des **Immunproteasoms** (▸ Abschn. 70.5.1).

20S-Proteasom Es hat eine zylinderförmige Struktur und besteht aus vier heptameren (siebengliedrigen) Ringen (◘ Abb. 50.1). Drei der Untereinheiten der identischen inneren β-Ringe besitzen die proteolytischen Aktivitäten, und zwar eine tryptische, die nach basischen Aminosäuren spaltet, eine chymotryptische, die nach hydrophoben Aminosäuren spaltet, und eine Caspase-ähnliche, die nach sauren Aminosäuren spaltet. Bei allen handelt es sich um Threoninpeptidasen (▸ Abschn. 50.1), die so positioniert sind, dass sie die Substrate im Innenraum des Zylinders spalten. Auf beiden Seiten bildet je ein α-Ring eine enge Eingangspore zum Reaktionsraum des Proteasoms.

19S-Proteasom Es besteht aus mindesten 19 Untereinheiten, von denen neun eine Deckelstruktur und zehn die Basis bilden (◘ Abb. 50.1). Sechs der Basisuntereinheiten sind AAA+-ATPasen (▸ Abschn. 49.1.4), mit deren Hilfe die Pore des α-Rings geöffnet und Substratproteine für den Eintritt in den Reaktionsraum entfaltet werden. Andere Untereinheiten des 19S-Proteasoms sind direkt oder durch Assoziation mit anderen Proteinen an der Erkennung und Entfernung der Polyubiquitinkette der Proteasomensubstrate beteiligt.

Synthetische, peptidähnliche **Inhibitoren des Proteasoms** lösen in Leukämie- oder Lymphomzellen Apoptose aus und werden deswegen zur Therapie solcher malignen Erkrankungen eingesetzt.

> ERAD vermittelt die Retrotranslokation fehlgefalteter Proteine aus dem endoplasmatischen Retikulum in das Cytosol für den Abbau durch das Proteasom.

Das ER ist der Ort, an dem sich alle sekretorischen und die membrangebundenen Proteine des Endomembransystems in eine stabile Raumstruktur falten. Was geschieht mit Proteinen, die keinen stabilen Faltungszustand erreichen? Da das ER über keinen eigenen Proteolyse-Apparat verfügt, müssen fehlgefaltete Proteine zum Abbau durch das Proteasom zurück in das Cytosol gebracht werden (**Retrotranslokation**). Die gesamte molekulare Maschinerie, welche die Erkennung, Retrotranslokation, Ubiquitinierung und Zielsteuerung solcher Proteine zum Proteasom bewerkstelligt, wird als **ERAD** (**ER**-*associated degradation*) bezeichnet.

Die Markierung fehlgefalteter Proteine im ER für den Abbau durch ERAD beginnt mit der Entfernung einzelner Mannosereste von der N-glycosidisch gebundenen Oligosaccharidseitenkette (▶ Abschn. 49.3.3). Die Abtrennung erfolgt durch spezifische **Mannosidasen**, sobald ein neugebildetes Protein trotz wiederholter Interaktion mit Calreticulin bzw. Calnexin (▶ Abschn. 49.2.1) keinen stabilen Faltungszustand erlangen konnte. Die für die Retrotranslokation in das Cytosol notwendige Entfaltung wird von **Protein-Disulfid-Isomerasen** und dem Hsp70-Chaperon **BiP** bewerkstelligt (▶ Abschn. 49.2.1). Sowohl die gestutzten Mannose-Seitenketten als auch hydrophobe Bereiche der entfalteten Polypeptidkette werden anschließend von Komponenten eines **Retrotranslokationskomplexes** erkannt, der den Transport aus dem ER in das Cytosol vermittelt. Während des Transportes beginnt eine E3-Ubiquitinligase (◨ Abb. 49.7) des Retrotranslokationskomplexes mit der **Poly-Ubiquitinierung** des ERAD-Substrates auf der cytosolischen Seite der ER-Membran. Ein membranassoziierter **AAA+-ATPase-Komplex** (▶ Abschn. 49.1.4) zieht das Substrat aus der ER-Membran, welches mithilfe weiterer Chaperone und Enzyme deglycosyliert und auf das Proteasom übertragen wird.

Prinzipiell auf dieselbe Art werden Membranproteine, die wegen inkorrekter Faltung das ER nicht verlassen können, über ERAD entsorgt. Prominentes Beispiel ist **CFTR** (*cystic fibrosis transmembrane conductance regulator*), ein Chloridkanal (▶ Abschn. 61.3.4; ◨ Abb. 62.13), dessen Defekt das Krankheitsbild der **Mucoviscidose** (engl. *cystic fibrosis*) hervorruft. Dabei verhindert eine Deletion von Phe 508 die korrekte Faltung von CFTR, sodass das mutierte Protein über ERAD dem Abbau im Proteasom zugeführt wird.

50.4 Lysosomale Proteolyse

Lysosomen sind v. a. für den Abbau von Proteinaggregaten und ganzen Organellen zuständig. Darüber hinaus sind sie die Endstrecke für Proteinkomplexe, die über rezeptorvermittelte Endocytose oder Phagocytose in die Zelle aufgenommen wurden, wie z. B. Lipoproteinpartikel oder Antigenstrukturen (▶ Abschn. 12.1.5). Die lysosomale Verdauung von intrazellulären Komponenten wird als **Autophagocytose** (engl. *autophagy*) bezeichnet. Man unterscheidet **Makroautophagocytose**, **Mikroautophagocytose** und **chaperonvermittelte Autophagocytose**. Autophagocytose dient einerseits der kontinuierlichen Entfernung von defektem oder überflüssigem Zellmaterial, andererseits wird sie durch eine Reihe von Stressfaktoren hochreguliert. So kann z. B. bei Nahrungskarenz einem Aminosäuremangel durch autophagischen Abbau von zelleigenen Proteinen entgegengesteuert werden (▶ Abschn. 62.2.2). Reguliert wird die Autophagocytose v. a. über die Ubiquitinierung von Komponenten, die an den einzelnen Autophagocytose-Schritten beteiligt sind.

Über Makro- und Mikroautophagocytose werden unspezifisch größere Mengen von cytosolischem Material oder selektiv defekte Organellen bzw. Proteinaggregate zum Abbau in die Lysosomen transportiert. Einzelne Proteine werden über chaperonvermittelte Autophagocytose ins Lysosom aufgenommen und dort abgebaut.

Es gibt zunehmend experimentelle Hinweise, dass **neurodegenerative Erkrankungen**, die durch die Ablagerung unlöslicher Proteinaggregate charakterisiert sind, wie M. Alzheimer, M. Parkinson und M. Huntington, mit einem Defekt autophagischer Prozesse assoziiert sind. Ebenso ist eine beeinträchtigte zelluläre Proteolyse ein typisches Phänomen alternder Organismen.

> Durch Makroautophagocytose werden Bestandteile des Cytoplasmas vesikulär in Lysosomen transportiert.

Bei der Makroautophagocytose werden auszusondernde Zellbestandteile im Cytosol von Membranzisternen umgeben (◨ Abb. 50.2), die sehr wahrscheinlich vom ER bzw. dem Endomembran-System (▶ Abschn. 12.1) stammen. Diese Zisternen schließen sich mithilfe einer Vielzahl von **ATG-Proteinen** (*autophagy related*) um das für die Lysosomen bestimmte Material herum zu einem geschlossenen **Doppelmembranvesikel** (**Autophagosom**). Nach Fusion mit einem Lysosom werden die innere Membran und der Inhalt des Autophagosoms verdaut.

50

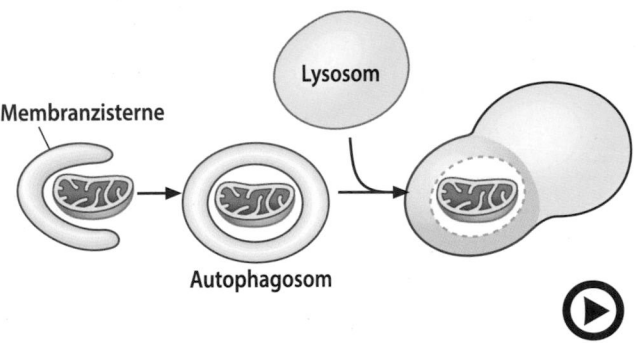

Membranzisterne

Lysosom

Autophagosom

Abb. 50.2   (Video 50.2) **Makroautophagocytose** (Einzelheiten s. Text) (▶ https://doi.org/10.1007/000-5nj)

> Mikroautophagocytose ist die Aufnahme cytosolischer Bestandteile durch Invagination der Membran von Lysosomen bzw. späten Endosomen.

Bei der Mikroautophagocytose werden cytosolische Proteine oder Organellen durch Membran-Einstülpungen von Lysosomen oder späten Endosomen sequestriert. Durch Abschnürung entstehen Vesikel, die mitsamt Inhalt und Membran verdaut werden. Auf diese Weise wird auch die durch Makroautophagocytose bedingte Ausdehnung der lysosomalen Membran kompensiert (**D** Abb. 50.2). Die Zahl der Peroxisomen wird durch Mikroautophagocytose reguliert.

> Einzelne Proteine werden über chaperonvermittelte Autophagocytose durch die lysosomale Membran geschleust.

Cytosolische Substratproteine dieser Art von Autophagocytose besitzen ein dem Pentapeptid KFERQ verwandtes Sequenzmotiv, das von dem **cytosolischen** Hsp70-Chaperon **Hsc70** erkannt wird. Der Komplex aus Substrat und Hsc70 wird dann an ein einspänniges, **L**ysosomen-**a**ssoziiertes **M**embran**p**rotein (**LAMP-2A**) gebunden. Dieses organisiert sich mit anderen Proteinen und mithilfe **lysosomaler Hsp70-** und **Hsp90-**Chaperone zu einem großen Translokationskomplex, der das entfaltete Substrat in die Lysosomen transportiert, wo es von den lysosomalen Proteasen zerlegt wird.

50.5   Intramembrane Proteolyse

Bei dieser Form der limitierten Proteolyse werden Peptidbindungen innerhalb einer Transmembranhelix von Membranproteinen gespalten. Drei Gruppen von **intramembran spaltenden Proteasen** (*I-CliPs; intramembrane cleaving proteases*) sind beschrieben worden:
- S2Ps (*site 2 proteases*) katalysieren einen zweiten Proteolyseschritt an Membranproteinen, durch

den Transkriptionsfaktordomänen für ihre Aktivität im Zellkern freigesetzt werden. Beispiele sind die Aktivierung von SREBPs (*sterol regulatory element binding proteins*) für die Stimulierung der Cholesterinsynthese (▶ Abschn. 23.3, **D** Abb. 23.9) oder von ATF 6 für den *unfolded protein reponse* (▶ Abschn. 49.2.1). S2Ps sind zinkhaltige Metalloproteasen.
- **Präsenilin** und **Signalpeptid-Peptidase**; Präsenilin ist die katalytische Untereinheit des γ-Sekretasekomplexes, der an der Bildung von β-Amyloid bei der Pathogenese des M. Alzheimer beteiligt ist (**D** Abb. 74.20). Signalpeptid-Peptidasen spalten die von der Signalpeptidase abgetrennten Signalpeptide sekretorischer Proteine in der ER-Membran (▶ Abschn. 49.2.1). Diese I-CliPs gehören zur Gruppe der Aspartatproteasen.
- **Rhomboid-Protease** setzt im Golgi-Apparat einen Liganden für den Rezeptor des epidermalen Wachstumsfaktors frei. Homologe dieser Serinprotease finden sich in allen Zellen.

Zusammenfassung

Proteine haben unterschiedliche **Halbwertszeiten**; ihr Abbau wird durch Proteasen katalysiert. Ausgelöst wird Proteolyse durch fehlerhafte Proteinkonformationen und durch destabilisierende Aminosäuren am N-Terminus eines Proteins (*N-end rule*). Intrazellulär abgebaut werden Proteine entweder durch einen cytosolischen Multienzymkomplex, dem **Proteasom** oder durch **Cathepsine** in den Lysosomen. Für die Proteolyse im Proteasom werden Proteine durch eine Poly-Ubiquitinkette markiert. Fehlgefaltete Proteine des ER werden für den Abbau im Proteasom durch einen komplexen molekularen Apparat (**ERAD**) ins Cytosol retrotransloziert. Über Autophagocytose gelangen Proteine in Lysosomen. Einzelne Proteine werden über **chaperonvermittelte Autophagocytose** aufgenommen, Proteinaggregate und ganze cytosolische Bereiche bis hin zu Organellen über **Mikro-** bzw. **Makroautophagocytose**. **Intramembrane Proteolyse** ist die limitierte Proteolyse spezifischer Membranproteine.

Weiterführende Literatur

Amm I, Sommer T, Wolf DH (2014) Protein quality control and elimination of protein waste: the role of the ubiquitin-proteasome system. BBA-Mol Cell Res 1843:182–196

Kon M, Cuervo AM (2010) Chaperone-mediated autophagy in health and disease. FEBS Lett 584:1399–1404

Martinez-Vincente M, Cuervo AM (2007) Autophagy and neurodegeneration: when the cleaning crew goes on strike. Lancet Neurol 6:352–361

Mogk A, Schmidt R, Bukau B (2007) The N-end rule pathway for regulated proteolysis: prokaryotic and eukaryotic strategies. Trends Cell Biol 17:165–172

Navon A, Clechanover A (2009) The 26S proteosome: from basic mechanisms to drug targeting. JBC 284:33713–33718

Stolz A, Wolf DH (2010) Endoplasmic reticulum associated protein degradation: a chaperone assisted journey to hell. BBA-Mol Cell Res 1803:694–705

Urban S (2009) Making the cut: central roles of intramembrane proteolysis in pathogenic microorganisms. Nat Rev Microbiol 7:411–423

Der programmierte Zelltod – Apoptose, Nekroptose, Ferroptose und Pyroptose

Peter C. Heinrich, Harald Wajant, Hans-Georg Koch und Jan Brix

Geschädigte, infizierte, transformierte oder auch nicht mehr benötigte Zellen müssen in multizellulären Organismen eliminiert werden, um die Funktionsfähigkeit und das Überleben des Gesamtorganismus sicherzustellen. Hierbei spielen wohl definierte und komplex regulierte biochemische Prozesse, die zum „programmierten" Tod von Einzelzellen führen, eine wichtige Rolle. Aufgrund morphologischer und molekularer Charakteristika können dabei verschiedene Formen des programmierten Zelltods unterschieden werden, u. a. Apoptose, Nekroptose, Ferroptose und Pyroptose. Die Apoptose beruht auf der proteolytischen Aktivierung spezifischer Proteasen, den Caspasen, die zum Abbau der Zelle und deren „entzündungsarmer" Phagocytose führen. Apoptose kann durch exogene und endogene Faktoren zelltyp- und kontextabhängig ausgelöst werden. Apoptose beobachtet man bei vielen neurodegenerativen Erkrankungen, während eine Hemmung der Apoptose mit Tumorerkrankungen assoziiert ist. Bei der Nekroptose führt die Stimulation spezieller Kinasen zur Aktivierung Membranporen-bildender Proteine, Zell-Lyse und der Freisetzung intrazellulärer Moleküle, von denen einige, die sogenannten DAMPs (*danger-associated molecular patterns*), entzündlich wirken. Nekroptose-assoziierte Gewebeschäden spielen insbesondere beim Herzinfarkt und Durchblutungsmangel eine wichtige Rolle. Die Ferroptose wird durch einen Mangel des Antioxidans Glutathion und die dadurch bedingte Eisen-abhängige Anhäufung von Lipidperoxiden ausgelöst. Der pyroptotische Zelltod wird typischerweise in Makrophagen beobachtet, die mit intrazellulären Bakterien infiziert sind. Die Pyroptose beruht auf der Aktivierung der Caspase-1, die Gasdermin D spaltet und dadurch wiederum ein Membranporen-bildendes Protein freisetzt. Es kommt zum Platzen der Zelle und zur Freisetzung von DAMPs sowie aktiven Interleukinen, die durch Caspase-1 generiert wurden.

Schwerpunkte

51.1 Die Apoptose
- Ziel der Apoptose ist das kontrollierte Absterben einer Zelle über intrazelluläre Proteolyse-Reaktionen
- Die Apoptose kann sowohl durch extrazelluläre (extrinsische) als auch intrazelluläre (intrinsische) Signale ausgelöst werden
- Initiator- und Effektorcaspasen steuern die Apoptose
- Zellzyklus-abhängige Kontrolle der Apoptose

51.2 Der extrinsische Apoptoseweg und die Nekroptose bilden ein funktionelles Netzwerk
- Über die Aktivierung von Todesrezeptoren löst der extrinsische Weg die Apoptose oder die Nekroptose aus
- Die Nekroptose ist im Unterschied zur Apoptose mit einer Entzündungsreaktion verbunden, die durch die Freisetzung intrazellulärer Moleküle ausgelöst wird

51.3 Pyroptose und Ferroptose
- Pyroptose und Ferroptose lösen ebenso wie Nekroptose eine Entzündungsreaktion aus

---

Bei vielzelligen Organismen unterliegt die Zellzahl in den einzelnen Organen einer genauen Regulation. Diese erfolgt nicht nur über eine Steuerung der Zellteilung, sondern auch über die Eliminierung nicht mehr benötigter oder überschüssiger Zellen. Diesem Vorgang liegt ein in jeder Zelle vorhandenes „Todesprogramm" zugrunde, einer Form des **programmierten Zelltods**, die als **Apoptose** (griech. „Laubfall") bezeichnet wird. Die Apoptose ist morphologisch dadurch charakterisiert, dass nur in-

Ergänzende Information Die elektronische Version dieses Kapitels enthält Zusatzmaterial, auf das über folgenden Link zugegriffen werden kann https://doi.org/10.1007/978-3-662-60266-9_51. Die Videos lassen sich durch Anklicken des DOI Links in der Legende einer entsprechenden Abbildung abspielen, oder indem Sie diesen Link mit der SN More Media App scannen.

dividuelle Zellen in einem sonst gesunden Organ zugrunde gehen. Sie tritt in sich entwickelnden, aber auch in differenzierten Geweben auf. So sterben viele Nervenzellen bereits kurz nach ihrer Entstehung wieder ab. Im wachsenden Nervensystem passt die Apoptose die Zahl der Nervenzellen an die Zahl der verschiedenen zu innervierenden Zielzellen an. Im gesunden Erwachsenen sterben ständig Zellen ab, z. B. in Geweben mit hohen Proliferationsraten wie Knochenmark oder Darmepithel. Damit wird die Zahl der Zellen innerhalb eines Organs konstant gehalten und erreicht, dass Gewebe nicht wachsen oder schrumpfen.

Im Unterschied zur Nekrose, dem Anschwellen und Platzen von Zellen aufgrund physikochemischer Stressoren, beginnt die Apoptose mit einer Kondensation des Chromatins, die zu einer Schrumpfung des Zellkerns führt (◘ Abb. 51.1). Es folgen die Abschnürung von Plasmamembran-Bläschen *(blebbing)*, die Fragmentierung des Zellkerns sowie der chromosomalen DNA und schließlich die Fragmentierung der gesamten Zelle in apoptotische Partikel, die *„eat me"*-Moleküle präsentieren. Diese werden von Makrophagen und Granulocyten erkannt, welche dann die apoptotischen Partikel durch Phagocytose (▶ Kap. 12) aufnehmen und abbauen. Deshalb kommt es zu keiner Entzündungsreaktion und keiner Aktivierung des Immunsystems. Alle diese Vorgänge machen die Apoptose klar unterscheidbar von der Nekrose und den anderen „lytischen" Formen des programmierten Zelltods, wie der Nekroptose, der Ferroptose und der Pyroptose, die alle mit einer Zellschwellung und einem Verlust der Membranintegrität, aber erst spät mit einem Abbau der DNA einhergehen. Insbesondere kommt es in diesen Fällen, anders als bei der Apoptose, zur Freisetzung von **DAMPs** *(danger-associated molecular patterns)* und daher zu entzündlichen und immunologischen Reaktionen (◘ Abb. 51.1).

51.1 Die Apoptose

❯ Apoptose wird durch intrazelluläre Proteolysereaktionen ausgelöst

Die durch apoptotische Auslöser induzierte intrazelluläre Signaltransduktion sowie die typischen apoptotischen zellulären Veränderungen werden durch eine Familie von Proteasen vermittelt, die als **Caspasen** bezeichnet werden. Inzwischen wurden beim Menschen mehr als 10 Mitglieder dieser Familie identifiziert. Es handelt sich um **C**ysteinyl/**Asp**artyl-Prote**asen**, die im aktiven Zentrum einen Cysteinylrest enthalten und ihre Proteinsubstrate hinter Aspartylresten (Asp-Xaa) spalten. Caspasen liegen intrazellulär als enzymatisch inaktive Procaspasen vor. Ihre Aktivierung erfolgt durch li-

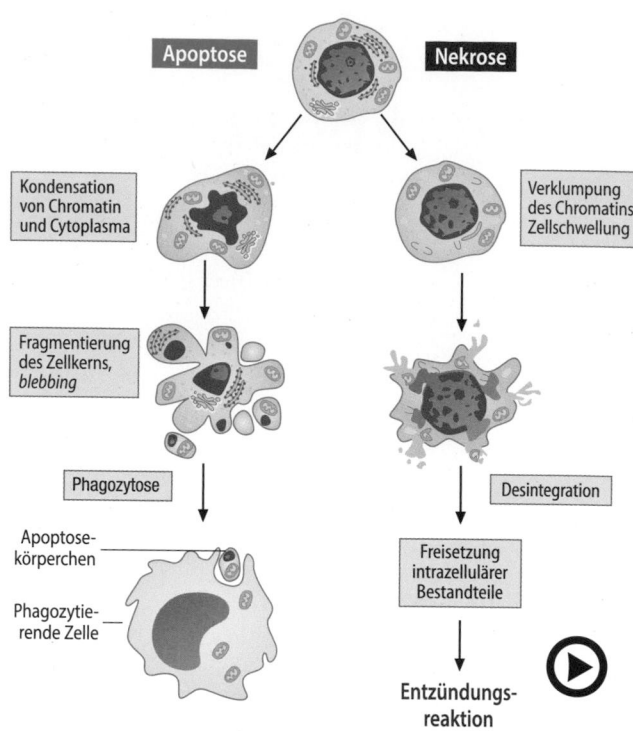

◘ **Abb. 51.1** (Video 51.1) **Zelluläre Vorgänge bei Apoptose und Nekrose.** (Einzelheiten s. Text) (▶ https://doi.org/10.1007/000-5np)

mitierte Proteolyse und in einigen Fällen zusätzlich auch durch Dimerisierung und Multimerisierung, die durch Bindung an Adapterproteine vermittelt wird.

Man unterscheidet zwei Gruppen von apoptotischen Caspasen:

- **Initiatorcaspasen** *(initiator caspases)* Hierzu zählen die Caspasen-2, -8, -9 und -10. Caspase-8 und Caspase-10 werden durch extrazelluläre Faktoren (**extrinsischer Weg**), z. B. dem Tumornekrosefaktor (TNF, s. ▶ Abschn. 35.5.3) oder dem Fas-Liganden (FasL, auch CD95L genannt) aktiviert (◘ Abb. 51.2; s. u.). Die Aktivierung der Initiatorcaspasen Caspase-2 und -9 erfolgt durch intrazelluläre Mechanismen unter Beteiligung der Mitochondrien (**intrinsischer Weg**). Die Aktivierung sowohl der extrinsischen als auch intrinsischen Initiator-Caspasen erfolgt über oligomere Proteinkomplexe, die die autokatalytische Proteolyse und damit Aktivierung der Caspasen ermöglichen.
- **Effektorcaspasen** *(executor caspases)* Zu den Effektorcaspasen gehören neben Caspase-3 auch Caspase-6 und -7. Sie werden von Initiatorcaspasen und einigen anderen zellulären Proteasen durch limitierte Proteolyse aktiviert. Die Effektorcaspasen spalten wiederum eine Vielzahl von Proteinen, was die Realisierung der typischen apoptotischen Merkmale bedingt, wie z. B. die Fragmentierung des Zellkerns oder der DNA.

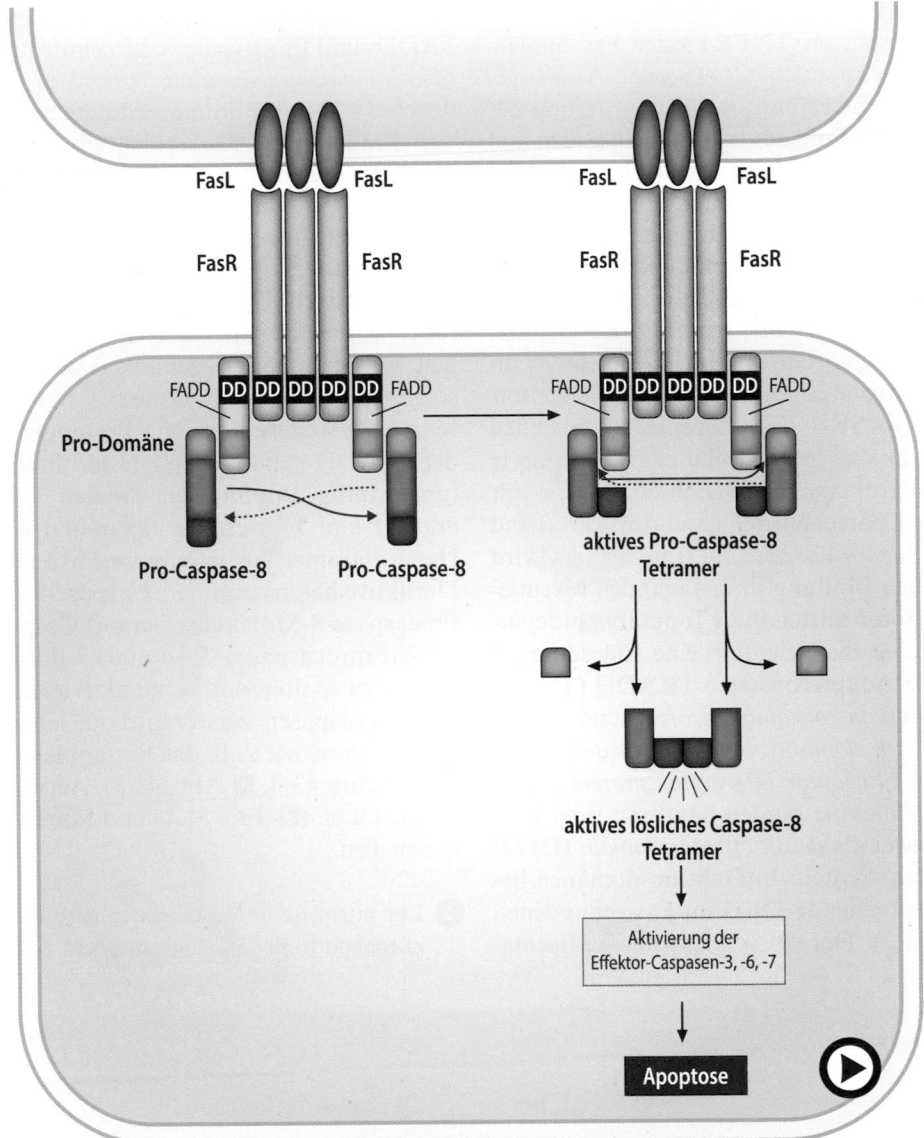

□ **Abb. 51.2** (Video 51.2) **Der rezeptorabhängige (extrinsische) Signalweg der Apoptose.** (Einzelheiten s. Text) (► https://doi.org/10.1007/000-5nn)

Neben den apoptotischen Initiator- und Effektorcaspasen gibt es noch proinflammatorische Caspasen (Caspase-1, -4, -5 und -11), die nicht an der Apoptose beteiligt sind. Sie sind u. a. für die Prozessierung der Cytokine IL-1β und IL-18 durch als **Inflammasomen** (s. u.) bezeichnete Proteinkomplexe verantwortlich. So wird Caspase-1 auch als ICE (*interleukin-1-converting enzyme*) bezeichnet. Obwohl nicht an der Apoptose beteiligt, spielen Caspase-1 und Inflammasomen bei der Pyroptose eine zentrale Rolle.

Die Apoptose kann durch zwei unterschiedliche Signalwege induziert werden:

— via extrinsischem (= Rezeptor-abhängigem) Signalweg oder

— via intrinsischem (= Mitochondrien-abhängigem) Signalweg.

In beiden Fällen kommt es zur Bildung supramolekularer Adaptorprotein-Komplexe, die die autoproteolytische Aktivierung der Initiator-Caspasen auslösen (□ Abb. 51.2).

❯ Der extrinsische Apoptosesignalweg wird durch extrazelluläre Mediatoren induziert

Bei der extrinsischen Apoptose wird der Zelltod durch extrazelluläre Signale, wie z. B. den Fas-Liganden (FasL) oder den Tumornekrosefaktor (TNF) induziert.

z. B. von Cytochrom *c* (Ziffer 3) und **Smac** (*second mitochondria-derived activator of caspases*) (Ziffer 9).

— Cytochrom *c*, welches normalerweise Elektronen in der Atmungskette überträgt, bindet im Cytoplasma an ein als Apaf-1 (*apoptotic protease activating factor-1*) bezeichnetes Protein (Ziffer 4).

— Diese Interaktion führt zur Hydrolyse von an Apaf-1 gebundenem desoxy-ATP, was eine Oligomerisierung von Cytochrom *c*/Apaf-1-Komplexen zu einem scheibenförmigen Heptamer, dem **Apoptosom** (Ziffer 5), auslöst.

— In der Folge rekrutieren die Apaf-1-Untereinheiten des Apoptosoms die Initiatorprocaspase-9 (Ziffer 6).

— Ähnlich dem oben beschriebenen Vorgang der DISC-assoziierten Aktivierung der Procaspase-8 durch *induced proximity*, kommt es im Apoptosom zur Ausbildung enzymatisch aktiver Procaspase-9-Dimeren, die autokatalytisch im Apoptosom zu Caspase-9-Heterotetrameren weiterreifen (Ziffer 7). Apoptosom-gebundene Procaspase-9 Dimere als auch Apoptosom-assoziierte prozessierte Caspase-9 Moleküle prozessieren und aktivieren dann wiederum die Effektorcaspasen-3, -6 und -7 wie im extrinsischen Apoptosesignalweg beschrieben. Für Cas9 ist das etwas komplizierter. Eigentlich ist das im Apoptosom gebundene Pro-Caspase-9 Dimer bereits ohne auto-proteolytische Prozessierung voll aktiv. Der erste Autoproteolyse-Schritt hat wohl sogar inhibitorische Wirkung, da er die Bindung von XIAP (*X-linked inhibitor of apoptosis protein*) verstärkt. Dieser Effekt wird dann erst durch die Freisetzung von Smac wieder aufgehoben. Die Autoproteolyse ist also wohl eher eine zusätzliche Kontroll-Ebene statt eine Aktivierung. Spätere Autoproteolyse-Schritte inaktivieren Cas9 dann endgültig, indem sie die Bindung zum Apoptosom beenden. Cas9 muss für Aktivität aber zwingend ans Apoptosom gebunden sein, da sie im Gegensatz zu Cas8 frei nicht aktiv ist.

— Ein weiteres wichtiges pro-apoptotisches Molekül, das aus Mitochondrien freigesetzt wird, ist Smac (Ziffer 9).

— Smac bindet und blockiert Proteine der IAP-(*inhibitor of* **ap***optosis*)-Familie (Ziffer 10), welche Caspase-9 und Caspase-3 inhibieren. Es potenziert somit die Caspase-aktivierende Wirkung von Cytochrom *c*.

Die Freisetzung von Cytochrom *c* und anderen pro-apoptotischen Molekülen aus den Mitochondrien als Folge einer zellulären Schädigung wird von zahlreichen Faktoren ausgelöst und unterliegt einer sehr genauen Regulation. In ihrem Zentrum steht eine Reihe von Proteinen aus der **Bcl-2** (*B-cell lymphoma-2*)-Familie, die sich in pro-apoptotische und anti-apoptotische Faktoren einteilen lassen: Pro-

apoptotische Bcl-2-Proteine sind **Bax** (*Bcl-2 associated X protein*) und **Bak** (*Bcl-2 homologous antagonist killer*). In aktiver Form bilden diese eine Pore in der äußeren Mitochondrienmembran, durch die pro-apoptotische Moleküle, wie Cytochrom *c* und Smac, das Mitochondrium verlassen können. Bcl-2 und andere anti-apoptotische Mitglieder der Bcl-2-Familie (z. B. Bcl-X$_L$, Mcl-1, Bfl-1) vermögen an Bax und Bak zu binden und hindern diese so an der Porenbildung in der äußeren Mitochondrienmembran. Eine weitere Gruppe pro-apoptotischer Mitglieder der Bcl-2-Familie kann, im Gegensatz zu Bax und Bak, selbst keine Poren in der äußeren Mitochondrienmembran bilden. Diese pro-apoptotischen Proteine „reagieren" auf verschiedenste Formen von Zellstress und wirken indirekt, indem sie die anti-apoptotischen Bcl-2-Proteine sequestrieren und so die Anzahl freier „apoptotisch"-aktiver Bax und Bak Moleküle erhöhen.

Die Regulation der Aktivität von Bax/Bak ist besonders für drei solcher pro-apoptotischen Faktoren, **Bid** (**B***H3* **i***nteracting* **d***omain death agonist*), **Bad** (*Bcl-2 antagonist of cell death*) und **Bim** (*BH3 interacting motif*) gut aufgeklärt:

— **Bim** ist mit dem Cytoskelett assoziiert und wird bei dessen Schädigung freigesetzt. Nun kann es mit Bcl-2 und Bcl-X$_L$ (in ◘ Abb. 51.2 nicht gezeigt) interagieren und so Bax und Bak von deren inhibitorischer Wirkung befreien. Weiterhin kann ER-Stress, der durch fehlgefaltete Proteine oder Chemotherapeutika induziert wird, die proapoptotisch wirksamen Konzentrationen an freiem Bim erhöhen. Das beruht zum einen darauf, dass die Proteinphosphatase-2A (PP-2A) aktiviert wird, welche Bim dephosphoryliert und so dessen proteasomale Degradation reduziert und zum anderen darauf, dass die Transkription des *Bim*-Gens erhöht wird.

— **Bad** wird durch die Proteinkinase B (PKB) phosphoryliert, anschließend von dem Adaptorprotein 14-3-3 gebunden und damit inaktiviert. Liegt Bad jedoch wegen fehlender PKB-Aktivität in dephosphorylierter Form vor, kann es zwar nicht mehr mit 14-3-3-Proteinen interagieren, ist jedoch in der Lage, mit Bcl-2 und Bcl-X$_L$ zu assoziieren und diese an der Inhibition von Bax und Bak zu hindern. Da PKB durch Wachstumsfaktoren aktiviert wird (► Kap. 35 und 36), erklärt dies die anti-apoptotische Wirkung von Wachstumsfaktoren.

— **Bid** ist von besonderer Bedeutung. Es wird durch die im extrinsischen Signalweg aktivierte Caspase-8 (◘ Abb. 51.2) proteolytisch gespalten. Das dabei entstehende Fragment tBid (*truncated bid*) neutralisiert die Wirkung von Bcl-2 und Bcl-X$_L$ und stimuliert somit die Bax/Bak-vermittelte Porenbildung und die Freisetzung von **Cytochrom c** und **Smac**. Dieser Mechanismus stellt eine Verbindung zwischen dem extrinsischen und dem intrinsischen Apoptoseweg dar.

Einige Mitglieder der Bcl-2-Familie wirken anti-apoptotisch. Zu ihnen gehört vor allem das Bcl-2 selbst und das verwandte Bcl-X_L. Sie hindern die proapoptotischen Proteine Bax und Bak daran, die äußere Mitochondrienmembran zu permeabilisieren, was die Freisetzung von Cytochrom *c* und Smac und somit die Aktivierung der Initiatorcaspase Caspase-9 zur Folge hätte. Weitere Mitglieder der Bcl-2 Familie nehmen Einfluss auf dieses Gleichgewicht. Die Balance zwischen pro- und anti-apoptotisch wirkenden Proteinen bestimmt letztlich das Schicksal einer Zelle.

51.2 Effektorcaspasen

> Effektorcaspasen bauen lebenswichtige zelluläre Proteine ab

Die Effektorcaspasen-3, -6, -7 spalten eine Vielzahl zellulärer Proteine und exekutieren so den apoptotischen Zelltod. ◾ Tab. 51.1 zeigt eine Auswahl wichtiger Proteinsubstrate der Effektorcaspasen. So steht z. B. die Spaltung der Strukturproteine β-Actin und Lamin im direkten Zusammenhang mit dem Abbau der Actinfilamente des Cytoskeletts und der Kernlamina. Die Prozessierung von Rock1 (*Rho-associated coiled-coil containing protein kinase 1*) führt zur Aktivierung dieser Kinase und dem für die Apoptose typischen *membrane-blebbing* (Blasenbildung der Membran, ◾ Abb. 51.1). Der proteolytische Abbau des **I**nhibitors der **C**aspase-**a**ktivierten **D**Nase (ICAD) durch die Effektorcaspasen resultiert in der Aktivierung der DNase und führt schließlich zwischen den Nucleosomen zur Spaltung chromosomaler DNA. Die entstandenen DNA-Fragmente (DNA-„Leiter") sind in einer Agarose-Gelelektrophorese sichtbar und typisch für apoptotische Zellen. Zusätzlich werden Proteine proteolytisch abgebaut, die für die DNA-Replikation, die Transkription und für wichtige Signaltransduktionskaskaden essenziell sind.

51.3 Kontrolle der Apoptose

Von besonderer Bedeutung ist schließlich die Verknüpfung der Apoptose mit dem Zellzyklus. Der **Tumorsuppressor p53** bewirkt nach DNA-Schädigung einen Arrest der Zellen in der G_1-Phase des Zellzyklus. Damit gewinnt die Zelle Zeit, den DNA-Schaden zu beheben. Ist die Zellschädigung zu umfangreich oder nicht reparabel, induziert p53 neben dem Cyclininhibitor p21

(▶ Abschn. 43.3, ◾ Abb. 43.6 und 43.8) auch die Expression verschiedener Proteine, welche die Aktivierung des intrinsischen und extrinsischen Signalwegs der Apoptose bewirken oder erleichtern z. B. die pro-apoptotischen Bcl-2-Familienproteine Bax und PUMA (*p53 upregulated modulator of apoptosis*) und die Todesrezeptoren Fas und TRAILR2 (*TNF-related apoptosis inducing ligand (TRAIL)-receptor-2*). Für den Gesamtorganismus ist es eher von Vorteil, eine Zelle mit DNA-Schäden durch programmierten Zelltod zu verlieren, als DNA-Schäden im Zuge der Zellteilung an Tochterzellen weiterzugeben.

Bei manchen neurodegenerativen Erkrankungen wie Morbus Alzheimer, Morbus Parkinson und der Huntington-Chorea wird eine verstärkte Apoptose beobachtet. Umgekehrt ist die Entstehung von Tumoren wie beim multiplen Myelom häufig die Folge einer gehemmten Apoptose. Eine gestörte Apoptose wird auch als Ursache für die Entstehung der Autoimmunerkrankung des SLE (systemischer *Lupus erythematodes*) diskutiert.

51.4 Der extrinsische Apoptoseweg und die Nekroptose bilden ein funktionelles Netzwerk

Die Nekroptose wird, wie die Apoptose, durch Todesrezeptoren der Tumornekrosefaktor-Rezeptor-Superfamilie (TNFRSF) sowie einigen TLRs (*Toll-like receptors*) induziert (◾ Abb. 51.4). Hierbei spielen die Kinase RIPK1, die auch an der Aktivierung der Caspase-8 beteiligt sein kann, und die verwandte Kinase RIPK3 eine zentrale Rolle. Aber auch das Adapterprotein FADD und Caspase-8 sowie Kinasen und De-Ubiquitinasen, die in der TNFR-1-Signaltransduktion wichtig sind, sind an der Regulation der Nekroptose beteiligt. Zentrales Element der Nekroptose ist die Rezeptor-induzierte Phosphorylierung der RIPK1, die ihrerseits RIPK3 aktiviert, welche dann durch Phosphorylierung der Pseudokinase MLKL (*mixed lineage kinase-like*), deren Oligomerisierung und Translokation, an die Plasmamembran auslöst. Dort wirkt die oligomerisierte MLKL als Kationenkanal und depolarisiert dadurch die Plasmamembran, was zum typischen Anschwellen nekroptotischer Zellen und zu deren Lyse führt. Es kommt somit beim nekroptotischen Zelltod zur Freisetzung von intrazellulären Molekülen. Einige dieser Moleküle, z. B. Harnsäure, ATP, DNA, aber auch Proteine wie HMGB-1 (*high mobility group protein B-1*), die als **DAMPs** (*danger-associated molecular patterns*) bezeichnet werden, binden an Oberflächenrezeptoren anderer Zellen, insbesondere von Makrophagen, und induzieren in diesen pro-inflammatorische Signalwege. Der nekroptotische Zelltod wirkt daher stark entzündlich.

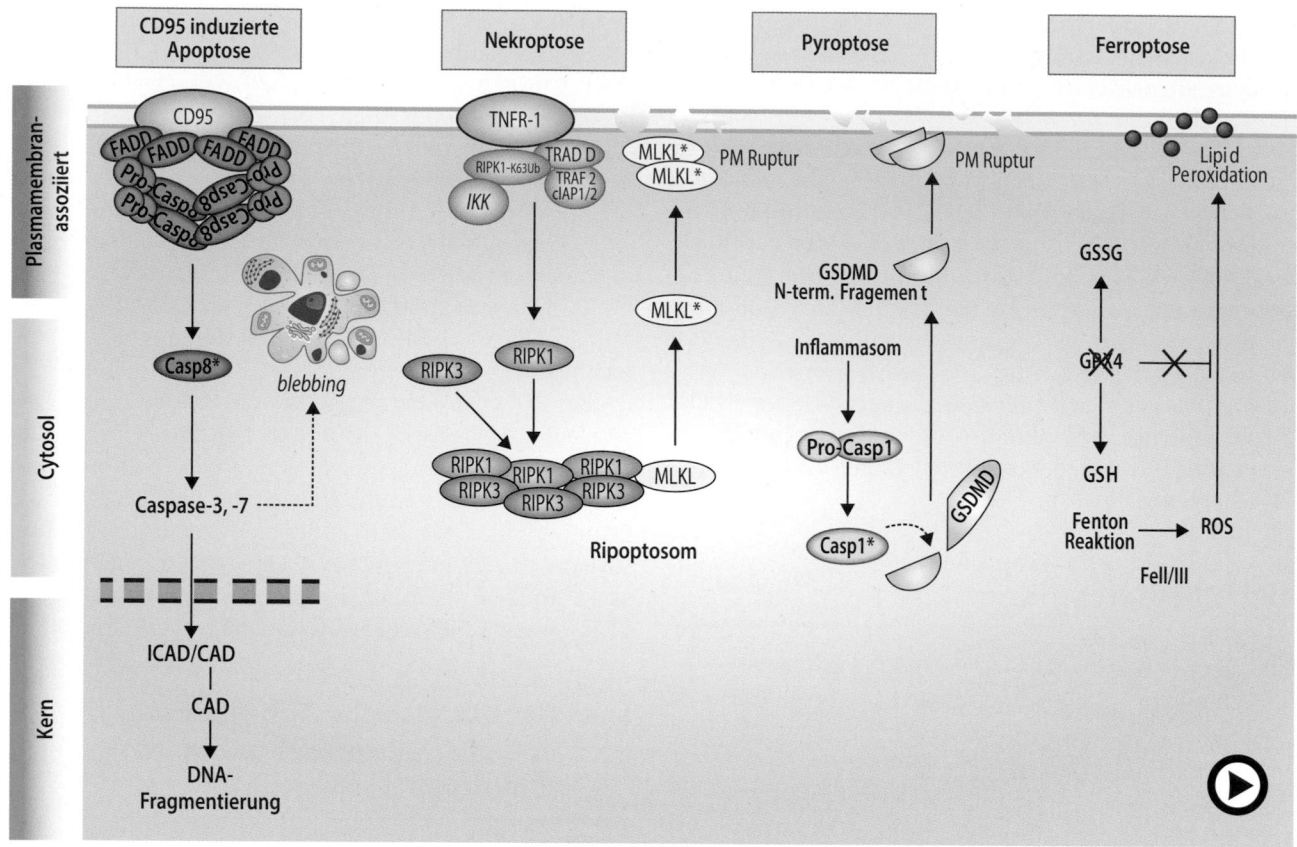

Allerdings bewirkt die Stimulation von Todesrezeptoren oder TLRs normalerweise nicht die Induktion von Nekroptose. Dies rührt zum einen daher, dass diese Rezeptoren auch verschiedene Kinasen (z. B. MK2, IKK2) und Ubiquitin-Ligasen (z. B. cIAP1 und cIAP2) aktivieren, die RIPK1 modifizieren und so deren nekroptotische Aktivität inhibieren. Zum anderen hemmt die Aktivierung von Caspase-8 die Nekroptose, da Capase-8 die Kinasen RIPK1 und RIPK3 proteolytisch spaltet. Entsprechend beobachtet man eine Nekroptose-Induktion vor allem in Zellen, in denen die Aktivität der genannten Schutzmechanismen pharmakologisch, genetisch oder durch Pathogene inhibiert wurde. So inhibieren z. B. die Cytomegalie-Virus Proteine UL36 (humanes CMV) und M36 (murines CMV) die Aktivierung von Caspase-8 und fördern die Nekroptose von infizierten Zellen. Für die anderen Nekroptose inhibierenden Faktoren wie z. B. MK2 auch MAPKAPK2 genannt, *MAP kinase-activated protein kinase* 2) und TAK1 (**TGF-β** *activated kinase*) wurden weiterhin bakterielle Inhibitoren (YopP und YopJ Proteine aus *Yersinia pestis*) beschrieben. Studien mit RIPK1-Inhibitoren

und genetisch modifizierten Mäusen haben gezeigt, dass Nekroptose wesentlich zu Sepsis- und Ischämie-assoziierten Gewebeschäden beiträgt. Wie jedoch hierbei die bereits beschriebenen Nekroptose-inhibierenden Mechanismen blockiert werden, ist noch wenig verstanden.

51.5 Pyroptose und Ferroptose

Pyroptose und Ferroptose sind weitere lytische Zelltodprogramme, die entzündlich wirken. Pyroptose ist vor allem für Makrophagen, aber auch für epitheliale Zellen wichtig. Diese Zellen exprimieren intrazelluläre Sensorproteine, die durch bakterielle Bestandteile, cytosolische Doppelstrang-DNA, aber auch Harnsäurekristalle oder Asbest aktiviert werden und dann Multiproteinkomplexe mit Procaspase-1 und Adapterproteinen bilden. Diese Multiproteinkomplexe werden als **Inflammasomen** bezeichnet. Ähnlich wie im DISC und dem Apoptosom, kommt es auch in den Inflammasomen zur autokatalytischen Reifung von Procaspase-Molekülen. Die aktive reife Caspase-1 spaltet insbesondere die Proformen der stark entzündlich wirkenden Cytokine IL-1β und IL-18 sowie das Protein Gasdermin D. Das N-terminale Gasdermin D-Fragment kann dann an die Plasmamembran binden und dort nach Oligomerisierung Poren bilden, sodass es zum Flüssigkeitseinstrom, Anschwellen und Platzen der Zelle kommt. Hierbei werden nicht nur prozessiertes und daher aktives IL-1ß/IL-18 freigesetzt, sondern auch DAMPs, sodass eine **starke lokale Entzündungsreaktion** ausgelöst wird, die Immunzellen, insbesondere Neutrophile, rekrutiert. Gehen gleichzeitig zahlreiche Zellen in die Pyroptose, so können für den Körper nicht mehr kontrollierbare große Mengen an DAMPs und Cytokinen austreten. Es kommt zu einem sog. **Cytokinsturm**, der tödlich enden kann. Dieser Cytokinsturm ist auch häufig für den schweren Verlauf von SARS-CoV-2 Infektionen verantwortlich.

Oxidativer Stress, wie er z. B. bei starker Stoffwechselaktivität in Krebszellen oder Neuronen auftritt, kann eisenabhängig zur Peroxidation von Membranlipiden führen. Diese werden normalerweise mithilfe des Glutathion-Systems durch Glutathion-Peroxidasen reduziert und so entgiftet (▶ Kap. 27). Kommt es zu einer Akkumulation von Lipidperoxiden, z. B. durch Glutathiondepletion oder Inhibition des Selenoproteins Glutathion-Peroxidase 4 (GPX4), führt dies zur **Ferroptose**. Wie jedoch Lipidperoxide auf molekularer Ebene zur Lyse der Zelle führen, ist bislang noch wenig verstanden. Die Ferroptose ist z. B. bei akutem Nierenversagen und bei neurodegenerativen Erkrankungen wichtig, kann aber möglicherweise auch tumortherapeutisch genutzt werden.

Übrigens

Entosis

Im Unterschied zu Formen des programmierten Zelltods gibt es auch Mechanismen bei denen eine Zell-in-Zell-Invasion zum Zelltod der inneren Zelle führt, die daher auch als „Verlierer-Zelle" bezeichnet wird. Dieser Prozess, der häufig bei Tumorzellen in malignen Exsudaten oder Suspensionen zu beobachten ist, wird Entosis genannt, abgeleitet von dem griechischen Wort *Entos* (innerhalb). Er beschreibt den nicht-apoptotischen Zelluntergang der invadierten Zelle durch Ausbildung einer sogenannten entotischen Vacuole unter Beteiligung von Komponenten des Autophagie-Signalweges und nachfolgendem lysosomalen Verdau. Bemerkenswert ist hierbei die aktive, Rho-abhängige Motilität (▶ Abschn. 13.1) der invadierenden Zelle, häufig unter Verwendung von speziellen Cytoskelett-Protrusionen, sogenannten nicht-apoptotischen Plasmamembranbläschen (*blebs*), welche mit einer hohen zellulären Kontraktilität einhergehen.

Zusammenfassung

Zelltod-Programme dienen der gezielten Eliminierung von Zellen in einem multizellulären Organismus. Das bekannteste Zelltod-Programm ist die Apoptose. Sie wird durch eine Familie von proteolytischen Enzymen, den Caspasen, ausgelöst. Die Aktivierung der Caspasen erfolgt entweder über einen extrinsischen Weg (vermittelt über Oberflächenrezeptoren) oder über einen intrinsischen Weg. Bei Letzterem spielen aus Mitochondrien freigesetzte proapoptotische Moleküle, insbesondere Cytochrom *c* und Smac, eine wichtige Rolle. Die Freisetzung dieser Moleküle wird durch Proteine der Bcl-2-Familie reguliert, von denen es pro- und anti-apoptotisch wirksame Mitglieder gibt. Der gemeinsame Endpunkt beider Wege ist die Aktivierung von Effektorcaspasen, die lebenswichtige Zielproteine proteolytisch zerstören und so zum Zelltod führen. Bei der Apoptose werden keine intrazellulären Moleküle freigesetzt, sodass es zu keiner Entzündung kommt. Bei der Nekroptose, Ferroptose und Pyroptose hingegen schwellen die Zellen an und lysieren. Es kommt zur Freisetzung von intrazellulären Molekülen, die entzündliche Prozesse stimulieren.

Weiterführende Literatur

Adams JM (2003) Ways of dying: multiple pathways to apoptosis. Genes Dev 17:2481–2495

Booth LA, Tavallai S, Hamed HA, Cruickshanks N, Dent P (2014) The role of cell signalling in the crosstalk between autophagy and apoptosis. Cell Signal 26:549–555

Czabotar PE (2014) Control of apoptosis by the BCL-2 protein family: implications for physiology and therapy. Nat Rev Mol Cell Biol 15:49–63

Dorstyn L, Akey CW, Kumar S (2018) New insights into apoptosome structure and function. Cell Death Differ 25(7):1194–1208

Fais S, Overholtzer M (2018) Cell-in-cell phenomena in cancer. Nat Rev Cancer 18(12):758–766

Frank D, Vince JE (2019) Pyroptosis versus necroptosis: similarities, differences, and crosstalk. Cell Death Differ 26(1):99–114

Green DR (2000) Apoptotic pathways: Paper wraps stone blunts scissors. Cell 102:1–4

Guicciardi ME, Gores GJ (2009) Life and death by death receptors. FASEB J 23:1625–1637

Igney FH, Krammer PH (2002) Death and anti-death: tumour resistance to apoptosis. Nat Rev Cancer 2:277–288

Newmeyer DD, Ferguson-Miller S (2003) Mitochondria: releasing power for life and unleashing the machineries of death. Cell 112:481–490

Overholtzer M, Mailleux AA, Mouneimne G, Normand G, Schnitt SJ, King RW, Cibas ES, Brugge JS (2007) A nonapoptotic cell death process, entosis, that occurs by cell-in-cellinvasion. Cell 131(5):966–979

Riedl SJ, Salvesen GS (2007) The apoptosome: signalling platform of cell death. Nat Rev Mol Cell Biol 8:405–413

Timmer JC, Salvesen GS (2007) Caspase substrates. Cell Death Differ 14(1):66–72

Tummers B, Green DR (2017) Caspase-8: regulating life and death. Immunol Rev 277(1):76–89

Vanden Berghe T, Linkermann A, Jouan-Lanhouet S, Walczak H, Vandenabeele P (2014) Regulated necrosis: the expanding network of non-apoptotic cell death pathways. Nat Rev Mol Cell Biol 15:135–147

51

Prinzipien der zellulären Tumorgenese und -progression

Katharina Gorges, Lutz Graeve und Petro E. Petrides

Der menschliche Organismus besteht aus etwa 10^{13} Zellen, die in Geweben und Organen jeweils Funktionseinheiten bilden. Tumore können prinzipiell aus jeder Zelle entstehen. Im gesunden Gewebe passen sich das Wachstum und die Funktion der Zellen den Bedürfnissen des Körpers an. Beschädigte oder erschöpfte Zellen sterben oder werden eliminiert. Sind diese Mechanismen außer Kraft gesetzt, entsteht ein Tumor. Einzelne Zellen können sich ungehindert vermehren und erwerben Eigenschaften, die sich grundlegend von denen gesunder Zellen unterscheiden. Die Grundlage hierfür sind genetische Veränderungen, die entweder vererbt (Keimbahnmutationen) oder im Verlauf des Lebens erworben (somatische Mutationen) werden.

Schwerpunkte

52.1 Charakteristika von Tumoren
- Die 10 Kennzeichen von Krebs

52.2 Tumorentstehung als Mehrstufenprozess
- Onkogene, Proto-Onkogene und Tumorsuppressorgene

52.3 Ursachen für die Entstehung von Krebs
- Mutationen, endogene Schäden, exogene Schäden und Viren

52.4 Entstehung von Onkogenen aus Proto-Onkogenen
- Mutationen, Amplifikationen, Translokationen
- Einfluss von Onkogenen auf zelluläres Wachstum

52.5 Tumorsuppressorgene
- Einteilung der Tumorsuppressorgene

52.6 Mehrstufige Krebsentstehung

52.7 Erworbene phänotypische Charakteristika von Tumorzellen
- Selbsttragendes Wachstum (Proliferation)
- Unempfänglichkeit gegenüber Wachstumsinhibition
- Umgehung des programmierten Zelltods (Apoptose)

- Unlimitiertes Wachstumspotenzial
- Gewebsinvasion und Metastasierung

52.8. Anwendung biochemischer Kenntnisse in der Krebsmedizin

52.1 Charakteristika von Tumoren

> Tumore stellen eine Gruppe von genetischen Erkrankungen dar, die in nahezu jedem Gewebe des Körpers durch unkontrollierte Gewebsneubildung (Neoplasie) entstehen können.

Gutartige (benigne) Tumore wachsen lokal und verdrängen lediglich das umliegende Gewebe. Maligne Tumore (Krebs) zeichnen sich durch die Fähigkeit zum **invasiven Wachstum** und der Ausbildung von **Tochtergeschwüren (Metastasen)** aus. Die meisten malignen Tumore entstehen aus Epithelzellen. Man bezeichnet diese als **Karzinome**. Weltweit sterben jährlich 8.8 Millionen Menschen an Krebs. In Deutschland erkranken jedes Jahr ca. 470.000 Menschen daran.

Genetische Veränderungen, welche die Entartung von gesunden Zellen und somit Krebs hervorrufen, können einerseits von den Eltern vererbt, aber auch im Laufe des Lebens erworben werden. Intensive Forschungsarbeiten in den letzten 100 Jahren haben gezeigt, dass die molekulare Dimension der zugrundeliegenden Faktoren extrem vielschichtig ist. Dies erklärt sich unter anderem dadurch, dass Tumore der einzelnen Gewebe sich – wie auch die normalen Gewebe – voneinander unterscheiden. Darüber hinaus ist das genetische Profil von Tumoren einzelner Patienten (bestimmt z. B. durch *next generation sequencing*, ▶ Abschn. 54.1.3) voneinander unterschiedlich und kann sich im Krankheitsverlauf durch die Entstehung von Tumorzellsubpopulationen (**Tumorheterogenität**) ständig wandeln.

Ergänzende Information Die elektronische Version dieses Kapitels enthält Zusatzmaterial, auf das über folgenden Link zugegriffen werden kann https://doi.org/10.1007/978-3-662-60266-9_52. Die Videos lassen sich durch Anklicken des DOI Links in der Legende einer entsprechenden Abbildung abspielen, oder indem Sie diesen Link mit der SN More Media App scannen.

Abb. 52.1   Die 10 Kennzeichen von Krebs

Die modernen Bestrebungen zielen darauf ab, gemeinsame Merkmale von Tumorzellen zu identifizieren, welche sich von denen gesunder Zellen unterscheiden und somit als Angriffspunkte für Krebstherapeutika dienen könnten. Zusammengefasst wurden diese Bemühungen 2011 von den Krebsforschern Douglas Hanahan und Robert A. Weinberg, die die weltweit anerkannten Kennzeichen (Hallmarks) von Krebs definierten (■ Abb. 52.1).

52.2   Tumorentstehung als Mehrstufenprozess

❯ Die Entwicklung von Krebs erfolgt in mehreren Schritten.

Jeder dieser Schritte stellt eine genetische Modifikation dar, welche nach und nach zur Umwandlung von gesunden zu hochgradig malignen Zellen führt. Der Prozess der Tumorentstehung erinnert an die Evolutionstheorie von Darwin, nach der eine Abfolge genetischer Veränderungen bei Spezies zu Wachstums- und Überlebensvorteilen führt. Mutationen, die Tumorzellen einen Wachstumsvorteil bieten, bezeichnet man auch als **Treiber-Mutationen** (*driver mutations*). Hochrechnungen auf Grundlage der pathologischen Untersuchung von unterschiedlich gesunden Organen zufolge müssen vier bis sieben transformierende Veränderungen in einer einzigen Ursprungszelle erfolgen, damit ein maligner Tumor entstehen kann. Über den stochastischen Charakter der Veränderungen lässt sich auch die erhöhte Inzidenz von Krebs mit steigendem Alter erklären.

Bisher identifizierte Krebsgene können in zwei Gruppen unterteilt werden (■ Tab. 52.1 und 52.2):

- **Onkogene** fördern das Zellwachstum und die Proliferation. Sie entstehen durch genetische Veränderungen aus normalen, für den Fortbestand einer Zelle notwendigen Genen (**Proto-Onkogene**). Diese Veränderungen führen in der Regel zu einer Funktionssteigerung des Proteins gegenüber der unmutierten Variante (*„gain-of-function"*).
- **Tumorsuppressorgene** hingegen unterdrücken Prozesse, welche die Tumorgenese fördern. Bei ihnen sind inaktivierende Mutationen zu beobachten, die zu einem Funktionsverlust des Proteins führen (*„loss-of-function"*).

Gene beider Gruppen sind im normalen, d. h. genetisch nicht veränderten Zustand häufig als Schlüsselgene für Signaltransduktionsvorgänge verantwortlich (▶ Kap. 35). Zwischen ihren Produkten, den Onkoproteinen und den Tumorsuppressorproteinen, besteht ein fein reguliertes Gleichgewicht: Störungen dieses Gleichgewichts durch **konstitutive Aktivierung von Onkogenen und/oder Inaktivierung von Tumorsuppressorgenen** begünstigen die Tumorentstehung.

52.3   Ursachen für die Entstehung von Krebs

Krebserkrankungen werden durch genetische Veränderungen hervorgerufen, jedoch ist das Verständnis der biologischen Vorgänge, die diese Veränderungen hervorrufen, immer noch unvollständig. Durch Analyse des Spektrums von Mutationen, wie z. B. im *p53*-Gen, können Arbeitshypothesen über die umweltinduzierten und körpereigenen molekularen Vorgänge aufgestellt werden, die zur Entwicklung der Krebserkrankung beitragen. Somatische Mutationen, welche im Krebsgenom gefunden werden, können die Folge einer zelleigenen Ungenauigkeit bei der DNA-Replikation (▶ Kap. 44) sein, die durch exogene oder endogene mutagene Faktoren oder durch Fehler bei der DNA-Reparatur hervorgerufen werden.

Endogene Schäden entstehen zum Großteil durch Replikationsschäden. Aber auch weitere endogene Faktoren können zur Entstehung von DNA-Schäden beitragen. Beispielsweise bilden Makrophagen und Neutrophile in entzündetem Kolongewebe (z. B. bei einer chronischen Kolitis) reaktive Sauerstoff-Spezies (ROS, ▶ Abschn. 20.2), welche zu DNA-Schäden und somit zur Karzinogenese führen können. Auch für erhöhte Mengen an Gallenflüssigkeit, wie sie bei übergewichtigen Menschen gefunden wird, wird ein solcher Zusammenhang vermutet. Den hydrophoben Gallensäuren Desoxycholsäure und Lithocholsäure scheint hierbei eine besonders schädigende Rolle zuzukommen. Nach *in vitro*-Experimenten führt die Exposition von Kolonepi-

◻ **Tab. 52.1** Wichtige Onkogene (Auswahl), die Funktion ihrer Genprodukte und Vorkommen in humanen Tumoren

Onkogen	Funktion des Proto-Onkoproteins	Relevant für folgende humane Tumore
sis	Wachstumsfaktor PDGF	Zahlreiche
erbB2	EGF-Rezeptor	Magen, Lunge, Brust
fms	M-CSF-Rezeptor	Akute myeloische Leukämie (AML)
abl	Intrazelluläre Tyrosinkinase	Chronische myelomonzytische Leukämie (CMML), akute lymphatische Leukämie (ALL)
src	Intrazelluläre Tyrosinkinase	Kolon
K-ras	Regulatorisches kleines G-Protein	> 50 % aller Tumore
raf	Intrazelluläre Serin/Threoninkinase	Blase
erbA	Schilddrüsenhormonrezeptor TRα	Leber, Niere, Hypophyse
myc	Transkriptionsfaktor	Zahlreiche
myb	Transkriptionsfaktor	Kolon, Leukämien

◻ **Tab. 52.2** Wichtige Tumorsuppressorgene (Auswahl), ihre Funktion und ihre Bedeutung für Tumorerkrankungen

Tumorsuppressorgen	Lokalisation	Proteinfunktion	Relevant für folgende Tumorerkrankungen
rb	13q14	Regulation von Transkriptionsfaktoren für die S-Phase	Retinoblastom, Osteosarkom
wt-1	11p13	Transkriptionsfaktor	Wilms-Tumor
apc	5q21	Bindung von ß-Catenin	Familiäre Polyposis
dcc	18q21	Adhäsionsprotein	Kolorektale Tumore
tp53	17p12–13	Transkriptionsfaktor	Zahlreiche, Li-Fraumeni-Syndrom
brca1/2	17q21/13q12	DNA-Reparatur	Brust- und Ovarialkarzinom
nf1	17q11.2	GTPase-aktivierendes Protein von Ras	Neurofibromatose
nf2	22q	Merlin, Hemmung von Protein-Ubiquitinligase	Hirn, Akustikusneurinom
tsc1/tsc2	9q34/16p13.3	Regulation von mTOR	Tuberöse Sklerose
tgfbr2	3p2.2	TGFß-Rezeptor	Darm, Magen, Pankreas
vhl	3p25–26	Ubiquitinylierung von HIF	Von Hippel-Lindau-Syndrom
p16^{INK4}	9p21	CDK-Inhibitor	Melanom
pten	10q23.3	PIP_3 Phosphatase	Glioblastom, Prostata, Brust, Schilddrüse

thelzellen mit hohen Konzentrationen von Gallensäuren zu DNA-Schäden, welche auf die Entstehung von ROS sowie der veränderten Expression von Genen, die an der der chromosomalen Instandhaltung beteiligt sind (u.a.: *NF-kB* ▶ Abschn. 35.5.3, *p53*), zurückzuführen sind.

Exogene Schäden können durch Exposition mit karzinogenen Komponenten wie Zigarettenrauch oder mutagenen Bestandteilen in der Nahrung entstehen: so sollen G > T-Mutationen in Codon 249 des *p53*-Gens bei Patienten mit Leberkrebs, die in Hochrisikoregionen in China leben, auf ein Aflatoxin in der Nahrung zurückzuführen sein. *In vitro*-Studien konnten zeigen, dass Aflatoxin B1 zwar zahlreiche Mutationen im Genom herbeiführen kann, jedoch eine hohe Präferenz für die dritte Position im Codon 249 von *p53* aufweist. Der genaue Mechanismus, der hierzu beiträgt, ist bislang unbekannt. Auch ultraviolettes Licht ist hoch mutagen, da es zumindest teilweise die charakteristischen Pyrimidin-Dimer-Schäden in der DNA hervorruft (▶ Abschn. 45.1). Die Pyrimidin-Dimer-spezifische Mutagenese durch UV-Strahlung führt zu einer charakteristischen UV-Signatur, welche sich zu 60 % durch Cytosin zu Thymin (C→T) Veränderungen auszeichnet. Nicht reparierte Cytosin-Dimere rufen in 5 % der UV-Licht induzierten Mutationen sogenannte Tandemmutationen hervor, bei denen zwei benachbarte Cytosinreste (Cytosin-Cytosin) durch zwei Thyminbasen (Thymin-Thymin) ersetzt werden. Diese Änderung tritt praktisch nur nach Exposition mit UV-Strahlung auf (▶ Abschn. 45.1). Ein Gewebe wie die Haut, das häufiger exogenen Karzinogenen ausgesetzt ist, weist eine höhere Mutationsrate auf als andere Gewebe, die hauptsächlich endogenen mutagenen Faktoren ausgesetzt sind (◻ Abb. 52.2).

Viren sind eine weitere Ursache genetischer Störungen und damit verantwortlich für etwa 10–15 % aller Krebserkrankungen beim Menschen. Als Beispiel sei das **Humane Papilloma-Virus** (HPV, Typ 16 und 18) zu nennen, welches 70 % aller zervikalen Krebsarten verursacht. Obwohl jede Virusart über einen eigenen Mechanismus die Karzinogenese beeinflusst, beruht diese in fast allen Fällen auf dem Vorhandensein von transformierenden Genen im viralen Genom. Einige Virusarten haben die Fähigkeit, genomische Abschnitte des Wirtes aufzunehmen. Zelluläre Proto-Onkogene können so in das virale Genom integriert und auf weitere Wirte übertragen werden.

DNA-Schäden werden üblicherweise durch effiziente DNA-Reparatursysteme korrigiert (▶ Abschn. 45.2). Welche Leistung durch DNA-reparierende Enzyme erbracht wird, kann man gut daran abschätzen, dass pro Tag durchschnittlich 60.000 DNA-Schäden in jeder menschlichen Zelle entstehen und wieder repariert werden. Individuen mit vererbten Schäden in den 34 bekannten DNA-Reparaturproteinen haben deshalb ein deutlich erhöhtes Risiko an Krebs zu erkranken.

52.4 Entstehung von Onkogenen aus Proto-Onkogenen

❯ Proto-Onkogene sind zelluläre Gene, welche normale Zellen transformieren können, wenn sie dauerhaft aktiviert werden.

Erste Erkenntnisse über Proto-Onkogene wurden durch die Untersuchung tumorinduzierender Viren gewonnen, die virale Onkogene tragen. Sequenzierungen ergaben, dass es sich dabei um Kopien zellulärer Gene handelt,

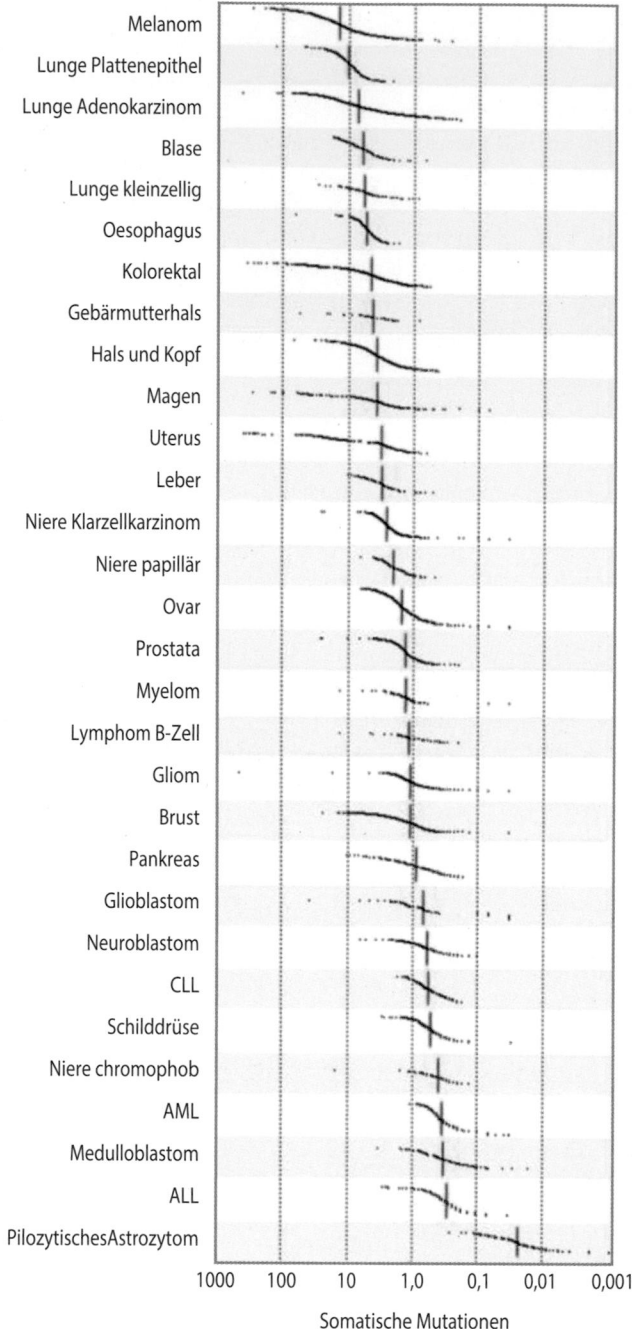

◻ **Abb. 52.2 Somatische Mutationsraten in Abhängigkeit vom Gewebstyp.** Je nach Exposition und Gewebstyp zeigen unterschiedliche Zellarten unterschiedliche Mutationsraten (Einzelheiten s. Text) *CLL*: chronisch-lymphatische Leukämie, *AML*: akute myeloische Leukämie, *ALL*: akute lymphatische Leukämie

bei denen aber durch Mutation oder Amplifikation negativ regulatorische Funktionen ausgefallen sind.

Neuere Analysen, welche das sequenzierte Genom unterschiedlicher Tumorentitäten mit dem von gesundem Gewebe durch *next generation sequencing* vergleichend untersuchen, konnten mehr als 200 unterschiedliche Proto-Onkogene identifizieren. Mutationen in einer Untergruppe von 14 Proto-Onkogenen (bsp. *ras*, *egfr*, *braf*) sind besonders häufig mit einer vermehrten Neigung zu Krebsentstehung assoziiert. Viele bekannte Proto-Onkogene spielen eine wichtige Rolle bei der Embryogenese, da sie an der Stimulierung des Zellwachstums während der Embryonalentwicklung des Organismus beteiligt sind. Häufig werden Proto-Onkogene abgeschaltet oder nur noch in sehr geringem Maß exprimiert, sobald der Entwicklungsprozess abgeschlossen ist.

Die Wirkung aktivierter Onkogene ist dominant, d. h. sie wird bereits manifest, auch wenn das zweite Allel noch nicht aktiviert ist. Durch die dauerhafte Aktivierung des Gens gerät das zelluläre Gleichgewicht aus den Fugen und das Zellwachstum außer Kontrolle. Eine kleine Änderung (**Punktmutation**) eines Proto-Onkogens kann bereits zu der Entstehung eines Onkogens führen. Prinzipiell gibt es drei Mechanismen, durch die Onkogene entstehen können (◘ Abb. 52.3):

— Keimbahn- oder somatische Mutationen innerhalb eines Proto-Onkogens oder dessen Promoter-Region können zu einer erhöhten Aktivität des Proteins (*gain-of-function*) oder zu einer Über-Expression des Proteins führen.

— Die Amplifikation des Genabschnitts, auf dem das Proto-Onkogen liegt, kann eine vermehrte Transkription der jeweiligen mRNA auslösen.

— Durch chromosomale Translokation kann der Promoter des Gens sich verändern und so zu einer verstärkten Expression führen. Alternativ kann es zur Entstehung von Fusionsgenen zwischen einem Proto-Onkogen und einem zweiten Gen kommen. Ein Beispiel hierfür ist das **Philadelphia-Chromosom,**

welches 1960 in Philadelphia entdeckt wurde. Es stellt eine Fusion von Teilen der beiden Chromosomen 9 und 22 dar: das verkürzte Ende von Chromosom 22 enthält das *bcr* („*breakpoint cluster region*")-Gen, welches mit einem Fragment von Chromosom 9 fusioniert. Dieses enthält das *abl1* Gen, das für eine Tyrosinkinase codiert. Das neu entstandene Fusionsgen *bcr-abl* codiert für eine dauerhaft aktivierte Tyrosinkinase und kann unter Mitwirkung weiterer Proteine zu unterschiedlichen Formen von Leukämie vor allem der chronischen myeloischen Leukämie führen.

52.4.1 Beeinflussung des zellulären Wachstums durch Onkogene

Viele Onkogene codieren für Membranrezeptoren, welche sich durch die Plasmamembran hindurch erstrecken und die Kommunikation des Extrazellulärraums mit dem Zellinneren ermöglichen.

Prominente Beispiele für Membranrezeptoren von Proto-Onkogenen sind der Rezeptor für den epidermalen Wachstumsfaktor EGF (EGF-R), welcher mitogene Signale an die Zelle weiterleitet, sowie der Rezeptor für den vaskulären endothelialen Wachstumsfaktor VEGF (VEGF-R2), der an der Angiogenese beteiligt ist (▶ Abschn. 35.4.1). In beiden Fällen handelt es sich um Rezeptor-Tyrosinkinasen.

Proto-Onkogene können auch für intrazelluläre Proteine codieren, welche normalerweise Membranrezeptoren nachgeschaltet sind, die mitogene Signale vermitteln. Bei der Familie der Rezeptoren mit Tyrosinkinaseaktivität kommt eine wichtige Funktion der Signaltransduktion dem G-Protein Ras zu (◘ Abb. 35.13). Ras bindet

◘ Abb. 52.3 (Video 52.1)
Mechanismen der Onkogen-Entstehung (Einzelheiten s. Text)
(▶ https://doi.org/10.1007/000-5nt)

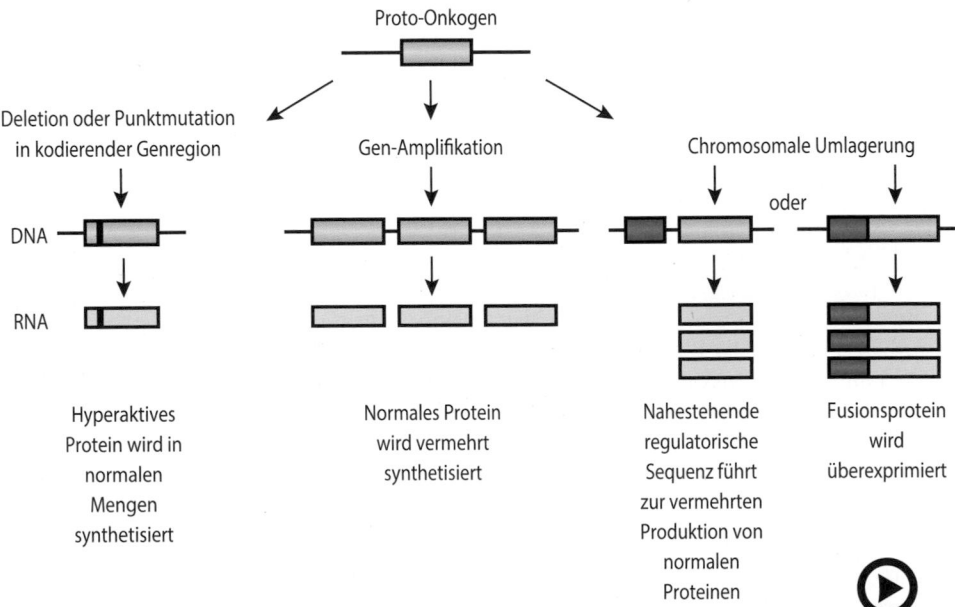

und Anpassungen an einen äußeren Selektionsdruck (z. B. Chemotherapeutika) schneller erfolgen können. Im Vergleich reagieren Tumore mit nicht mutierten *tp53*-Genen deutlich besser auf therapeutisch induzierte DNA-Schädigungen durch Cytostatika.

Weitere wichtige Beispiele für Tumorsuppressorgene sind die „Brustkrebsgene" *brca1* und *brca2* (*breast cancer 1 and 2*). Eine angeborene Mutation in einem der beiden Gene beeinträchtigt die DNA-Reparaturfähigkeit der Zelle (▶ Abschn. 45.2) und ist mit einem sehr stark erhöhten Risiko verbunden, an Brust- oder Eierstockkrebs zu erkranken.

DNA-Doppelstrangbrüche können durch zwei unterschiedliche Mechanismen repariert werden: *non-homologous end joining* (NHEJ) und homologe Rekombination (HR) (▶ Abschn. 45.2). Mutationen im *brca1*- und *brca2*-Gen bedingen eine verminderte Fähigkeit DNA-Doppelstrangbrüche durch HR zu reparieren. Die Zellen sind auf den schnelleren, jedoch fehleranfälligen NHEJ-Mechanismus angewiesen. Hierdurch kommt es im Laufe der Zeit zu einer genetischen Instabilität, welche schlussendlich in der Entstehung einer Krebszelle resultieren kann. Neuere Untersuchungen haben ergeben, dass auch Krebszellen auf intakte DNA-Reparaturmechanismen angewiesen sind, um ihre schnelle Zellteilung zu ermöglichen. In *brca1*- und *brca2*-mutierten Krebszellen ist der intakte Ablauf der HR-unabhängigen Reparaturmechanismen daher essenziell. Therapeutisch wird diese Erkenntnis durch pharmakologische Inhibitoren der Poly(ADP)Ribose-Polymerase 1 (PARP1) (▶ Abschn. 51.2; ▣ Tab. 51.1) genutzt. PARP1 ist ein wichtiger Bestandteil der NHEJ und HR. Bei einer Hemmung von PARP1 durch PARP-Inhibitoren können Einzelstrangbrüche nicht mehr repariert werden, so dass bei der nächsten Zellteilung Doppelstrangbrüche entstehen, die von Krebszellen mit *brca*-Mutationen nicht behoben werden können und zum Zelltod führen.

52.6 Mehrstufige Krebsentstehung – Kolorektale Tumore als Modell

Kolorektale Tumoren stellen ein ausgezeichnetes Modell für die molekulare Analyse des Mehrschrittprozesses der Tumorentstehung dar, da die meisten bösartigen Tumoren (Karzinome) aus gutartigen (Adenomen) entstehen. Durch die gute Zugänglichkeit des Darmepithels für Darmspiegelungen und -biopsien lassen sich die einzelnen Schritte der Tumorgenese, d. h. die Progression vom normalen Mukosa-Epithel über die Hyperplasie, die unterschiedlichen Adenomformen bis zum Karzinom (mit und ohne Metastasierung) auf molekularer Ebene verfolgen (▣ Abb. 52.6).

Im Gegensatz zum normalen Epithelwachstum besteht in der frühen kolorektalen Tumorgenese ein **hyperproliferativer** Regenerationszustand von Kolonepithelien. An diesem Zustand ist das Tumorsuppressorgen *mcc* (*mutated in colon carcinoma*) beteiligt. Das Auftreten des Adenomphänotyps wird von einer **Hypomethylierung** der DNA (▶ Abschn. 47.2.1) mit genomischer Instabilat begleitet. Im weiteren Verlauf der Tumorgenese treten *ras*-Mutationen auf (▶ Abschn. 52.4.1). Bis zu 10 % der Kolonadenome (Polypen) mit einer Größe von weniger als 1 cm, aber bereits etwa die Hälfte der Adenome mit einer Größe von mehr als 1 cm und die Hälfte aller Karzinome weisen derartige *ras*-Mutatio-

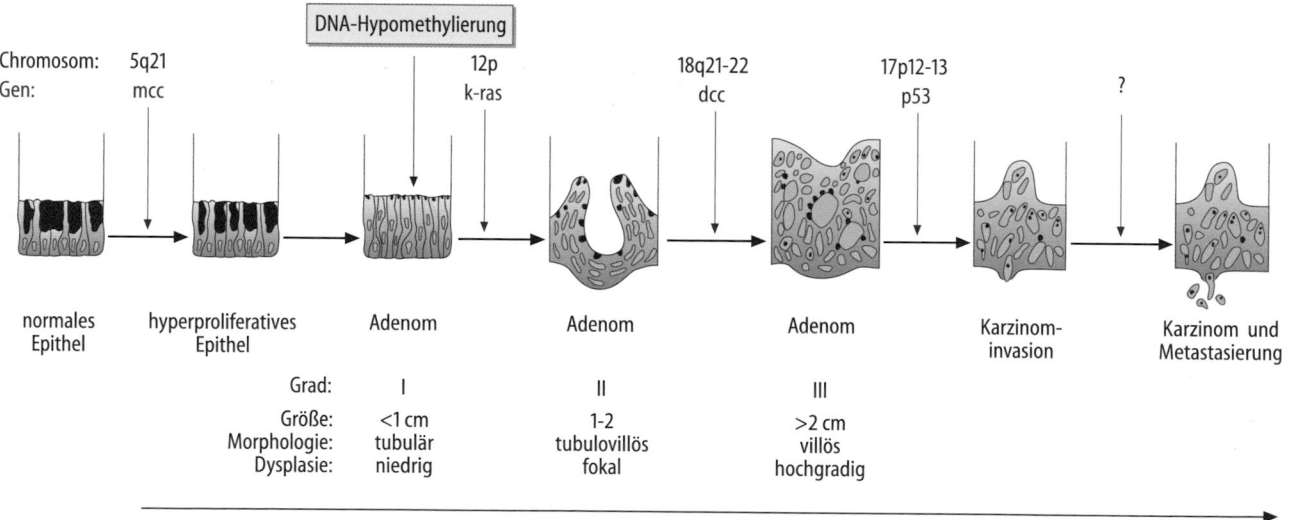

▣ **Abb. 52.6** (Video 52.4) **Die Adenom-Karzinom-Sequenz beim Kolonkarzinom** (Einzelheiten s. Text) (▶ https://doi.org/10.1007/000-5nv)

nen auf. Daneben können auch andere Onkogene wie z. B. *neu*, *c-myc* oder *c-myb* aktiviert sein. Im weiteren Verlauf kommt es zum Verlust verschiedener genomischer Regionen im Bereich des kurzen Arms von Chromosom 17. Diese sind zwar selten bei Patienten mit Adenomen, treten aber bei etwa 75 % aller Patienten mit Karzinomen auf. Allen Verlusten gemeinsam ist die Region p12–13, die das *p53*-Tumorsuppressorgen enthält.

Der zweite wichtige Allelverlust betrifft **Chromosom 18q21–22**, ein Genabschnitt, der bei etwa 70 % der Tumoren und etwa 50 % der späten Adenome verloren ist. Das dort gelegene *dcc*-Gen (*deleted in colorectal carcinomas*) codiert für ein Protein, das eine signifikante Homologie zur Familie der Zelladhäsionsproteine (▶ Abschn. 12.1.1) aufweist. Das *dcc*-Gen wird in der normale Kolonschleimhaut exprimiert, jedoch nicht oder nur in reduzierter Menge in der Mehrzahl (etwa 75 %) der kolorektalen Tumoren. Das Gen könnte durch Veränderungen von Zell/Zell- oder Zell/Matrix-Wechselwirkungen eine Rolle bei der Tumorgenese spielen. Im Gegensatz zu Allelverlusten auf Chromosom 17p bestehen 18q-Verluste bereits in etwa 15 % sog. Grad I–II-Adenome und nehmen mit weiterer Dysplasie (Grad III) auf 47 % zu. Bei diesen molekularen Veränderungen handelt es sich um häufige, in der Adenom-Karzinom-Sequenz anzutreffende Veränderungen, deren dargelegter Zeitablauf zwar bevorzugt so auftritt, aber nicht auftreten muss. So sind 17p-Allelverluste in frühen Adenomen selten und vergleichende Untersuchungen zwischen Adenomen und Karzinomen zeigen, dass der Unterschied nicht durch die Qualität der Veränderungen, sondern ihre Quantität bedingt ist.

Daraus kann man schließen, dass die Akkumulation genetischer Veränderungen und nicht ihr zeitlicher Ablauf für die Progression vom Adenom zum Karzinom verantwortlich ist. Mit Sicherheit sind noch Allelverluste in anderen chromosomalen Regionen (so z. B. auf 1q, 4p, 6p, 8p, 9q, 22q) für die kolorektale Tumorgenese von Bedeutung, sodass man davon ausgehen kann, dass mindestens 6 bis 10 genetische Veränderungen die kolorektale Tumorgenese bedingen.

52.7 Erworbene phänotypische Charakteristika von Tumorzellen

Es gibt mehr als 100 unterschiedliche Tumorarten und unterschiedliche Krebssubtypen können selbst im gleichen Gewebe gefunden werden. Trotz der offensichtlichen Komplexität stellt sich die Frage nach charakteristischen einheitlichen Phänotypen und Mechanismen. In der Tat können die durch eine Vielzahl an genetischen Modifikationen hervorgerufenen zellphysiologischen Prozesse in fünf Grundcharakteristika unterteilt werden:

1. selbsttragendes Wachstum (Proliferation),
2. Unempfänglichkeit gegenüber Wachstumsinhibition,
3. Umgehung des programmierten Zelltods (Apoptose),
4. unlimitiertes Wachstumspotenzial und
5. die Fähigkeit zur Gewebsinvasion und Metastasierung (◘ Abb. 52.1).

52.7.1 Phänotypische Prozesse

Alle bisher identifizierten gesunden Zellarten sind nicht in der Lage, sich ohne die Stimulation durch exogene Faktoren zu teilen. Die erworbene Fähigkeit von Krebszellen, nicht mehr auf exogene Faktoren angewiesen zu sein, wurde als erste der fünf Grundcharakteristika identifiziert. Grundlage der **autonomen Zellteilung** stellen die in den ▶ Abschn. 52.4 und 52.5 beschriebenen aktivierenden Mutationen in Onkogenen und inaktivierenden Mutationen in Tumorsuppressorgenen dar.

Zusätzlich ist ein Großteil der Krebszellen in der Lage, Wachstumsfaktoren selbst zu sezernieren und so ihr eigenes Wachstum anzuregen (**autokrine Stimulation**) (◘ Abb. 33.2). Wachstumsfaktoren sind Polypeptide, die u. a. den Übergang von Zellen aus der G_0- bzw. G_1-Phase in den Zellzyklus bewirken (▶ Abschn. 34.2.1). Dieser Übergang erfolgt in zwei Schritten: Zuerst muss die Zelle durch sog. Kompetenzfaktoren von der G_0- in die G_1-Phase überführt werden und anschließend unter dem Einfluss von Progressionsfaktoren mit der DNA-Synthese beginnen (▶ Abschn. 43.1; ◘ Abb. 43.2). Zur Gruppe der Kompetenzfaktoren zählen der epidermale Wachstumsfaktor (EGF), der transformierende Wachstumsfaktor-β (TGF-β), der Fibroblastenwachstumsfaktor (FGF) und der *Platelet-derived Growth Factor* (PDGF). Der insulinähnliche Wachstumsfaktor Faktor 1 (IGF-1) oder Insulin in hohen Konzentrationen sind wichtige Vertreter der Progressionsfaktoren. Eine Vielzahl von Krebszellen kann derartige Polypeptide selbst synthetisieren und damit ihr eigenes Wachstum anregen.

Neben cytostatischen und proliferativen Signalen ist die zelluläre Proliferation noch von weiteren Faktoren abhängig. Im Gewebe kann unkontrolliertes Wachstum dadurch beschränkt werden, dass Zellen zur Differenzierung angeregt werden. So besteht die Population der Epidermiszellen der Haut (Keratinozyten, ▶ Abschn. 73.2) zum einen aus Basalzellen, zum anderen aus Zellen verschiedener Keratinisierungsstadien. Die mitotische Aktivität ist auf die Basalzellen beschränkt, bei deren Teilung jeweils wieder eine Basalzelle und eine Zelle entstehen, die sich weiter differenziert, d. h. die Fähigkeit zur Teilung verliert, dafür aber die Fähigkeit gewinnt, Keratin zu produzieren. Während Zellen der Epidermis ständig abschilfern und durch neue ersetzt werden, bleiben andere Zellen, wie z. B. der Großteil der Nervenzellen als individuelle Einheit bis zum Tode des Menschen

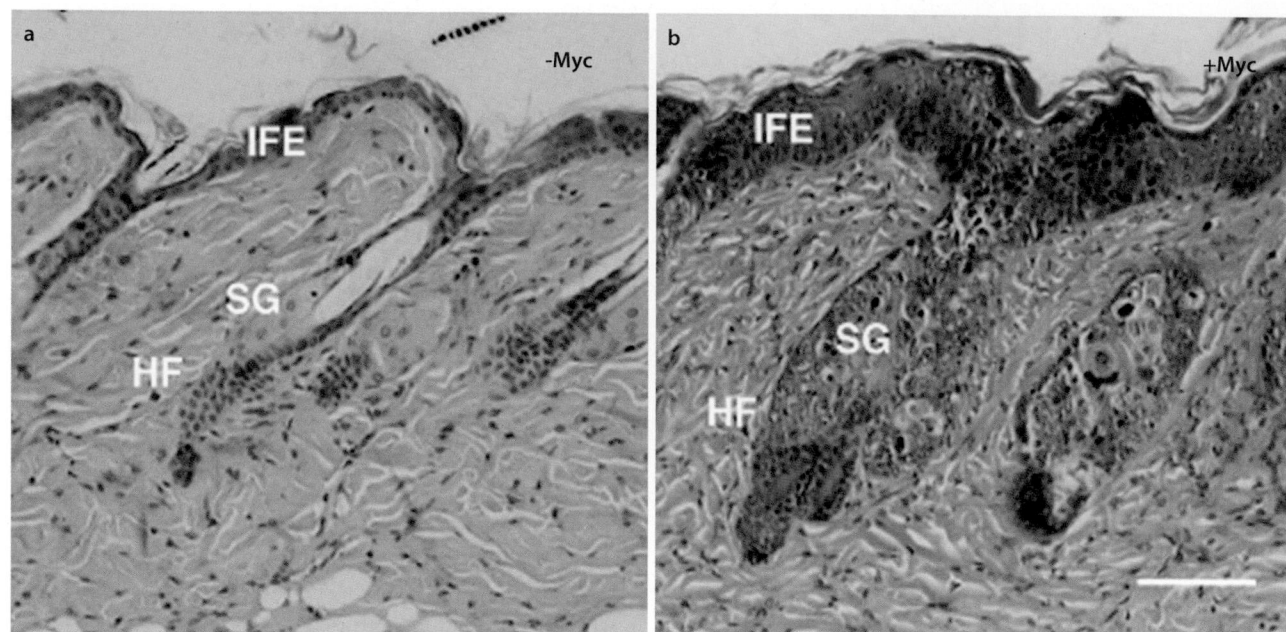

⬛ Abb. 52.7 **Überexpression von c-myc in der Haut von Mäusen führt zu Hyperproliferation des Epithels** (Einzelheiten s. Text). *IFE*: Interfollikuläre Epidermis; *SG*: Sebaceous gland (Talgdrüse), *HF*: Haarfollikel

bestehen. Die Mechanismen, die die unterschiedlichen Differenzierungsvorgänge beeinflussen, sind bislang nur unvollständig beschrieben und gewebsspezifisch. Krebszellen sind in der Lage, einen undifferenzierten Status zu erlangen und beizubehalten. Eine Strategie, um dies zu erreichen, ist die Expression des *c-myc*-Onkogens, das für einen Transkriptionsfaktor codiert, der konzentrationsabhängig agiert. Eine niedrige Expression von Myc vermittelt während der Entwicklung Differenzierungsprozesse. Überexpression von Myc führt dagegen zur Hemmung der Differenzierung. Anschaulich wird dieses Prinzip anhand von Tierversuchen, bei denen *myc* künstlich aktiviert wird und es im Anschluss zur Hyperproliferation des Epithels kommt (⬛ Abb. 52.7).

Tumorwachstum entsteht nicht ausschließlich durch eine erhöhte Zellteilung, sondern auch durch die Umgehung des **programmierten Zelltodes**. Eine große Anzahl an Mechanismen zur Umgehung apoptotischer Prozesse konnte in Krebszellen identifiziert werden. Sie helfen der Krebszelle zum Beispiel dabei, in schlecht versorgten hypoxischen Gewebsabschnitten, die durch das schnelle Wachstum des Tumors entstehen, zu überleben. Apoptotische Prozesse können grob in zwei Wege unterteilt werden. Der extrinsische Weg wird eingeleitet durch Ligandenbindung an einen **Todesrezeptor** (z. B. FasR oder TNF-R1), während der intrinsische Weg durch DNA-Schäden, oxidativen Stress und/oder Störungen der mitochondrialen Integrität aktiviert wird (▶ Abschn. 51.1). Resistenz gegenüber Apoptose kann durch eine Reihe von Mechanismen hervorgerufen werden. Die häufigste Ursache ist der Funktionsverlust von

p53 (▶ Abschn. 52.5). p53 induziert Apoptose unter anderem durch die Aktivierung der Expression der proapoptotischen Regulatoren Noxa und Bax als Teil des intrinsischen Apoptoseweges.

52.7.2 Krebszellstoffwechsel

❯ Die essenziellen Krebskennzeichen sind durch einen veränderten zellulären Stoffwechsel miteinander verknüpft.

Beispielhaft hat die dauerhafte Aktivierung von Signalkaskaden, welche das zelluläre Wachstum stimulieren, einen wesentlichen Einfluss auf den anabolen Metabolismus. Auch der veränderte Beitrag der Mitochondrien zum Krebszellstoffwechsel ist mit der erhöhten mitochondrialen Widerstandskraft gegenüber Apoptose-induzierter Permeabilisierung verknüpft. Die erste krebsspezifische Stoffwechseländerung wurde bereits in den 1920er-Jahren von Otto Warburg entdeckt.

Unter aeroben physiologischen Bedingungen verstoffwechseln normale Zellen Glucose über die Glycolyse zu Pyruvat und anschließend in den Mitochondrien nach Umwandlung in Acetyl-CoA über den Citratzyklus zu Kohlendioxid (▶ Kap. 14 und 18). Unter anaeroben Bedingungen (z. B. im Muskel oder in Erythrocyten) wird Pyruvat zu Lactat reduziert (Milchsäuregärung, ▶ Abschn. 14.1.1). Das „Warburg-Phänomen" zeichnet sich durch eine selbst bei hohem Sauerstoffpartialdruck dauerhaft angeregte Glycolyse (**aerobe Glycolyse**)

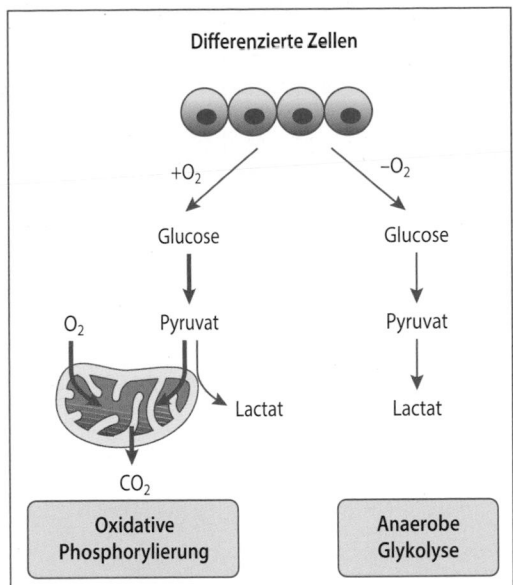

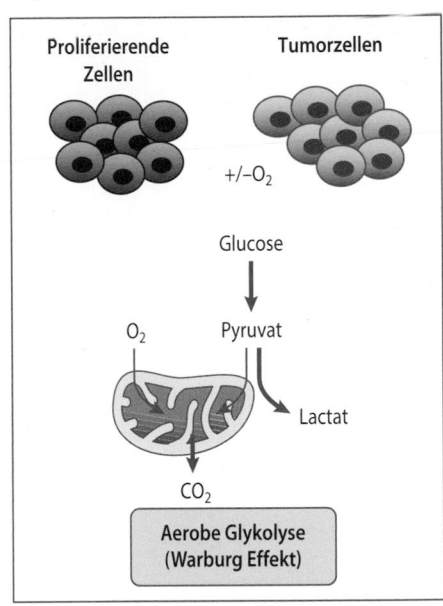

Abb. 52.8 Veränderter Stoffwechsel von Tumorzellen (Warburg-Effekt; Einzelheiten s. Text)

von Krebszellen aus, welche in eine erhöhten Lactat-Produktion mündet (◻ Abb. 52.8)

Obwohl das Warburg-Phänomen nicht bei allen Krebsarten nachgewiesen werden kann, ist die vermehrte Glucoseaufnahme durch Tumorzellen charakteristisch genug, dass man sie sich in der Tumordiagnostik zu Nutzen macht. In der klinischen Onkologie wird dem Patienten ein [18]Fluor-markiertes Glucose-Analogon (Deoxy-D-Glucose, FDG) appliziert, welches von Tumorzellen aufgenommen, aber nicht weiter verstoffwechselt werden kann. Dadurch können auch sehr kleine Tumorgewebe mithilfe der FDG-Positronen-Emissions-Tomographie (FDG-PET) nachgewiesen werden.

Die Umprogrammierung des Stoffwechsels von Krebszellen wirkt auf den ersten Eindruck unlogisch. Krebszellen müssen eine etwa 18-fach niedrigere Effizienz bei der ATP-Synthese durch die Glycolyse im Vergleich zur oxidativen Phosphorylierung ausgleichen. Es gibt jedoch mehrere Gründe dafür, dass der Warburg-Effekt und die erhöhte Glucoseaufnahme für Krebszellen vorteilhaft ist. Ein entscheidender Überlebensvorteil für die Krebszellen durch aerobe Glycolyse besteht darin, dass das schnelle Wachstum häufig am Anfang in nicht ausreichend vaskularisiertem und somit unzureichend oxygeniertem Gewebe stattfindet. Die durch Lactat bewirkte „saure" Umgebung führt außerdem zu einem immunsuppressiven Milieu. Interessanterweise können Krebszellen selbst in demselben Tumor in zwei Subtypen unterteilt werden. Eine Subpopulation besteht aus Glucose-abhängigen Zellen, die einen G-Protein-gekoppelten Lactat-Rezeptor (GRP81) besitzen, während die zweite Population bevorzugt das von der ersten Population gebildete Lactat als Hauptenergiequelle aufnimmt und so den pH-Wert der Umgebung reguliert. Hierzu nutzt sie Monocarboxylat-Transporter (MCT1/SLC16A1) und verstoffwechselt das aufgenommene Lactat im Anschluss über den Citratzyklus.

Ein weiterer für die Krebszellen positiver Effekt des Warburg-Phänomens lässt sich über die Verwertung von Zwischenprodukten der Glycolyse für anabole Prozesse erklären (z. B. Glucose-6-Phosphat für die Ribose-5-Phosphat-Synthese oder die Bildung von $NADPH+H^+$ für die Fettsäurebiosynthese; ◻ Abb. 14.7). Dies trifft auch auf das glycolytisch entstandene Pyruvat zu, welches nach Umwandlung in Acetyl-CoA und der Bildung von Citrat im Anschluss für die Synthese von Fettsäuren, Cholesterin und Isoprenoide verwendet werden kann (◻ Abb. 21.17). Der gesamte Metabolismus der Krebszellen wird reorganisiert, um anabole Prozesse, welche zu Zellwachstum und Proliferation führen, zu gewährleisten.

Die Ursachen des veränderten Stoffwechsels von Tumorzellen sind vielfältig, können jedoch auch durch Mutationen in Onko- und Tumorsuppressorgenen beeinflusst werden (◻ Tab. 52.3). Veränderungen in der Funktion von p53 durch Mutationen stellen das prominenteste Beispiel der Veränderung des Stoffwechsels durch Tumorsuppressorgene dar. Der mutationsbedingte Funktionsverlust von p53 in einer Zelle tritt bevorzugt unter hypoxischen Bedingungen auf. Dies entspricht dem Prinzip des Selektionsdrucks, da p53-Aktivierung durch Hypoxie den programmierten Zelltod einleiten kann. Im gesunden Zustand führt p53 zur Steigerung der Expression von SCO2, einem Protein, das für die Proteinkomplexbildung der mitochondrialen Cytochrom-c-Oxidase notwendig ist, und damit zu einer optimalen oxidativen Phosphorylierung führt. Zudem aktiviert p53 die Transkription von TIGAR (TP53-inducible glycolysis and apoptosis regulator), einem Inhibitor der Glycolyse und reduziert die Expres-

◻ Tab. 52.3   Effekt von Onko- und Tumorsuppressorproteinen auf katabole und anabole Prozesse

Onko- oder Tumorsuppressorproteine	Metabolische Auswirkung in Krebszellen	Häufigstes Vorkommen
Proteinkinase B/Akt-Kinase	Reguliert die Fettsäuresynthase und den die Proteinsynthese steuernden mTOR-Komplex 1 (◻ Abb. 38.7)	Brust-, Ovarial- und Gastrointestinale Karzinome
EGFR	Induziert durch Aktivierung der PI3K, Akt und mTOR die Glycolyse sowie die Lipidsynthese	Brustkrebs, Plattenepithelkarzinome
PTEN (*Phosphatase and tensin homologue*)	Führt zu einer vermehrten Aufnahme von Glucose in die Zelle und induziert die Lactatproduktion	Prostatakrebs
p53	Erhöht die Glycolyserate und reduziert die oxidative Phosphorylierung	50 % aller Tumore

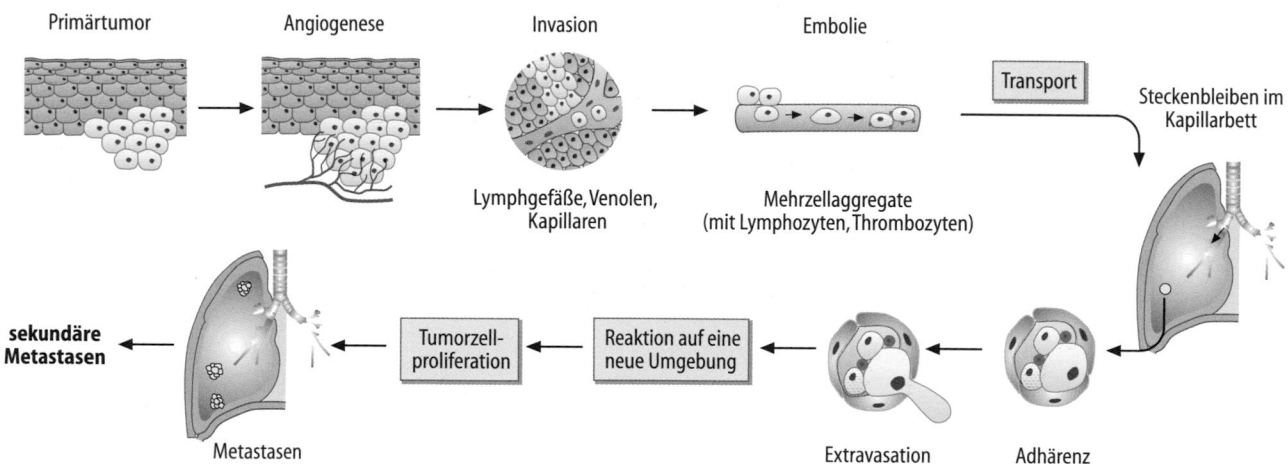

◻ Abb. 52.9   **Metastasierung von Tumorzellen** (Einzelheiten s. Text)

sion der Phosphoglyceratmutase (◻ Abb. 14.2). Es lässt sich leicht erklären, wie der Verlust von funktionsfähigem p53 zum Warburg-Phänomen beitragen kann.

52.7.3   Metastasierung

Bei der **Metastasierung** handelt es sich um einen mehrstufigen Prozess, welcher als Invasions-Metastasierungskaskade beschrieben ist. Nachdem Krebszellen durch Invasion die Basalmembran des Primärgewebes überwunden haben, kommt es zur anschließenden **Intravasation** in Blut- oder Lymphgefäße. Nach dem *Seed-and-Soil*-Modell von Paget entwickeln sich Krebszellen (*Seed*), welche über das Blut- oder Lymphsystem verteilt werden, nur in Geweben zu Metastasen, wo sie günstige Bedingungen (*Soil*) vorfinden. Besonders häufig sind Metastasen im Knochenmark, in der Lunge und in der Leber anzutreffen, wo sie ein gut ausgebildetes Blutgefäßsystem und somit eine gute Nährstoffversorgung vorfinden (◻ Abb. 52.9)

Von essenzieller Bedeutung für Invasion und Metastasierung ist die **Epithelial-Mesenchymale Transition (EMT)**, d. h. der Übergang von Epithelzellen in Zellen mit mesenchymalen Eigenschaften, wie sie üblicherweise während der Embryonalentwicklung vorkommt.

Die EMT stellt die Grundlage dafür dar, dass auch epitheliale Tumorzellen die Fähigkeit erwerben, zu migrieren, sich über das Gefäßsystem zu verbreiten und dabei Apoptose und **Anoikes** (eine Form der Apoptose, die durch Aufhebung der Matrixkontakte der Zelle ausgelöst wird) zu umgehen. EMT wird über EMT-aktivierende Transkriptionsfaktoren reguliert. Zu diesen gehören SNAIL, TWIST und Mitglieder der ZEB-Familie. Die anschließende EMT ist kein einheitlicher Prozess und kann bei verschiedenen Karzinomen unterschiedlich verlaufen. Der klassische EMT-Weg wurde erstmals in der Embryologie analysiert. Er beschreibt die Veränderung einer epithelialen zu einer mesenchymalen Zelle, welche durch prototypische Marker wie E-Cadherin dargestellt werden kann.

E-Cadherin ist ein calciumabhängiges transmembranäres Glycoprotein aus der Gruppe der Zelladhäsionsproteine (▶ Abschn. 12.1.1). Es ist am Aufbau von Zellädhäsionskontakten beteiligt und sorgt somit für die Anordnung von Epithelzellen in einschichtigen Lagen sowie dem Erhalt einer zellulären Ruhephase (**Kontaktinhibition**). Der Verlust von E-Cadherin im Verlauf der EMT trägt maßgeblich zu der Entstehung eines invasiven zellulären Phänotyps bei.

Bisher ging man davon aus, dass die molekularen Prozesse, welche die Zelle für die Metastasierung vorbereiten, bereits im Primärtumor abgeschlossen sein müssen, um das Überleben der Zellen zu gewährleisten. Aber auch normale epitheliale Zellen, welche im Mausmodell in den Blutstrom injiziert werden, können in ektopischen Geweben (z. B. Lunge) überleben, bis in einigen Zellen durch den Selektionsdruck Onkogene aktiviert werden, welche dann zur Proliferation und Bildung einer Zellkolonie führen. Metastasierung kann folglich auch bereits in sehr frühen Stadien der Tumorentstehung auftreten.

52.8 Anwendung biochemischer Kenntnisse in der Krebsmedizin

Das zunehmende Verständnis der molekularen Grundlagen der Onkologie (molekulare Onkologie) hat im letzten Jahrzehnt zu einer Revolution der Krebstherapie geführt. Während früher die Therapie durch die Anwendung von Cytostatica weitgehend ungerichtet war mit dem Ziel, Chromosomenbrüche in der Tumorzelle hervorzurufen und damit deren Zelltod zu verursachen, hat das stetig wachsende Wissen über den Tumorzellstoffwechsel zunächst die biochemischen Ziele definiert und dann die entsprechenden zielgerichteten Therapien ermöglicht.

Die Entwicklung nahm ihren Beginn mit der Entwicklung eines **monoklonalen Antikörpers**, des Trastuzumab, gegen den HER2/erb2-Rezeptor (◻ Tab. 52.1), der bei Mammakarzinomen überexprimiert sein kann. Durch die Bindung des industriell hergestellten Antikörpers wird die Wachstumsstimulation der Tumorzelle über den HER2-Weg blockiert. Diese intravenös zu verabreichende Therapie stellt einen Meilenstein in der Behandelbarkeit des Brustkrebses dar.

Da viele Wachstumsfaktor-Rezeptoren ihre intrinsischen Tyrosinkinasen zur intrazellulären Signaltransduktion verwenden, lag es nahe, oral verfügbare Inhibitoren gegen diese Enzyme, sog. **Tyrosinkinase-Inhibitoren, TKIs** zu entwickeln. Der erste, höchst wirksame Tyrosinkinase-Inhibitor war Imatinib, der die BCR-ABL-Kinase von Patienten mit chronisch-myeloischer Leukämie (CML) hemmte. Dadurch wurde eine früher tödlich verlaufende Leukämie heilbar. Einzelne Patienten entwickeln durch Punktmutationen im *BCR-ABL*-Gen eine Resistenz gegen Imatinib, die durch TKIs der zweiten Generation (wie z. B. Dasatinib) behandelt werden kann.

Zwischenzeitlich sind monoklonale Antikörper auch gegen den EGF-Rezeptor (z. B.Cetuximab), der z. B. zur Behandlung des Dickdarmkarzinoms eingesetzt wird, entwickelt worden. Interessanterweise spricht ein Teil der Patienten nicht auf die Antikörpertherapie an, was darauf zurückführen ist, dass diese Patienten Mutationen in *ras*-Onkogenen aufweisen. Diese sind an der Signalkaskade beteiligt, die die Information des EGF-Rezeptors in den Zellkern vermitteln (▶ Abschn. 52.4.1). Ist diese durch eine *ras*-Onkogen-Mutation dauerakiviert, so kann der monoklonale Antikörper diese Aktivierung nicht durchbrechen und bleibt deshalb unwirksam. Deshalb ist eine vorherige Untersuchung auf *ras*-Mutationen im Tumorgewebe heutzutage bei Patienten mit kolorektalen Karzinomen obligat.

Andere monoklonale Antikörper, die gegen Oberflächenantigene wie CD20 auf B-Lymphocyten (Rituximab) oder CD38 auf Plasmazellen (Daratumab) gerichtet sind, führen durch ihre Bindung zu einer Immunreaktion, die die Zielzellen (Lymphom- bzw. Plasmocytomzellen) abtötet.

Auch können Antikörper mit einem Cytostatikum covalent verbunden werden, wie Trastuzumab-Emtasine, sodass das Cytostatikum über den Antikörper – wie ein trojanisches Pferd – in die Zielzelle gelangen kann.

Mutationen im EGF-Rezeptorgen (Deletionen oder Punktmutationen) führen beim Bronchialkarzinom zu einer konstitutiven Aktivierung dieses Proteins. Diese Dauerstimulation kann durch TKIs wie Erlotinib gehemmt werden: Auch hier ist die Testung auf das Vorhandensein derartiger Mutationen die Voraussetzung für die Anwendbarkeit solcher Medikamente. Auch TKIs, die sich gegen den EGF-R richten, führen durch Mutationen in der Tyrosinkinase-Domäne zu Resistenzen, die die Entwicklung einer 2. Generation von Inhibitoren notwendig macht (◻ Abb. 52.10)

Im Prinzip können monoklonale Antikörper oder TKIs heute gegen alle neu identifizierten „*Targets*" hergestellt werden, die für das Überleben und die Ausbreitung von Tumorzellen von Bedeutung sind.

Aber auch andere für die Tumorzelle kritische Stoffwechselwege können immer besser durch Inhibitoren gehemmt werden: So z. B. töten Poly-(ADP-Ribose)Polymerase(PARP)-Inhibitoren Tumorzellen, bei denen Defekte der *brca1*- oder *brca2*-Gene vorliegen. Vermutlich verursachen diese Hemmstoffe einen Anstieg an DNA-Einzelstrangbrüchen, die während der Zellrepli-

52

Abb. 52.10 Resistenz gegen Tyrosinkinaseinhibitoren (TKI) durch Mutation des EGFR erfordert die Entwicklung einer 2. Generation von TKI (Einzelheiten s. Text) *EGF*: Epidermal growth factor, *EGFR*: EGF receptor, *KD*: Kinase-Domäne, *PI3K*: Phosphatidylinositol-3-Kinase

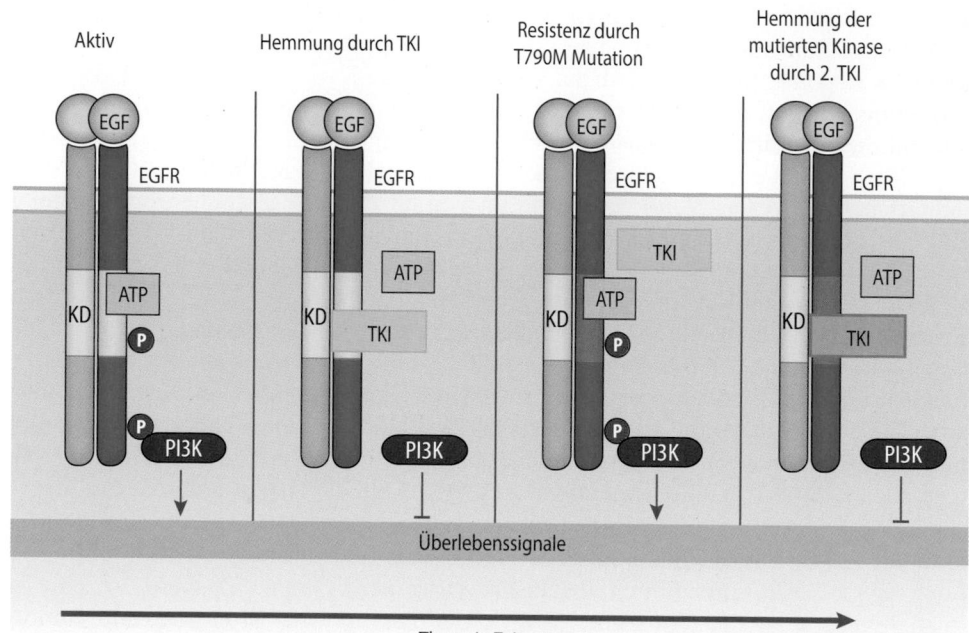

kation in irreparable toxische DNA-Doppelstrangbrüche überführt werden (▶ Abschn. 52.5).

Der Cyclin D/Cyclin abhängige Kinasen 4 und 6 (CDK4/6)-Retinoblastom-Stoffwechselweg (RB) spielt eine Schlüsselrolle bei der Proliferation normaler Brustepithel- und Mammakarzinomzellen (▶ Abschn. 52.5). Mit Inhibitoren wie Palbociclib kann dieser Weg in Tumorzellen gehemmt werden.

Die Serin/Threoninkinase mTOR ist an der Integration von Signalen für verschiedene Wachstumsfaktoren beteiligt und reguliert die Translation von Proteinen, die Proliferation, Stoffwechsel und Angiogenese vermitteln. Da die mTOR-Signalübertragung bei vielen Tumoren fehlreguliert ist, können mTOR-Inhibitoren wie Everolimus zur Therapie eingesetzt werden.

Abgesehen von diesen neuen zielgerichteten Therapien existieren bereits seit langem antihormonelle Strategien beim hormonabhängigen Prostata- und Mammakarzinom, mit denen z. B. die Produktion von Östrogenen durch Aromatase-Inhibitoren (Hemmung der Bildung aus Testosteron durch Letrozol), die Antagonisierung von Östradiol durch Tamoxifen oder die Herunterregulation des Östrogenrezeptors durch Fulvestrant erreicht werden (▶ Abschn. 40.4). Anti-Androgene wie Flutamid (Testosteron-Antagonist), Abirateron (hemmt CYP17A1 und damit Testosteronsynthese) oder LH-RH-Superagonisten finden bei der Behandlung des Prostatakarzinoms Einsatz (▶ Abschn. 40.3).

Nur in Ausnahmefällen bestimmt eine einzige genetische Veränderung wie bei der CML das Krankheitsbild; viel häufiger sind Hunderte verschiedener Mutationen, die sich von Tumor zu Tumor, von Patient zu Patient und

im Verlauf einer Erkrankung unterscheiden können. Entscheidend sind dabei die Treiber-Mutationen (▶ Abschn. 52.2), die die molekulare Entwicklung des Tumors bestimmen. Mutationen, die dem Tumor keine offensichtlichen Wachstums- oder Überlebensvorteile bieten, die aber natürlich bei der Tumorgenese ebenfalls entstehen, bezeichnet man als Passenger-Mutationen.

Durch die rasante Entwicklung der molekulargenetischen Techniken (Analyse des gesamten Exoms oder Genoms mit NGS, Analyse des Transkriptoms oder Proteoms; ▶ Kap. 54.) kann heute eine vollständige Molekulardiagnostik des Tumors (sog. „Tumorprofiling") insbesondere in Fällen, wenn Standardtherapien ausgeschöpft sind, durchgeführt werden. Damit wird die Auswahl einer Therapieform nicht allein durch den pathohistologischen Befund, sondern zunehmend durch das Ergebnis der molekulargenetischen Analyse bestimmt.

Über Möglichkeiten, das Tumorstroma therapeutisch zu beeinflussen (Angiogenesehemmung durch monoklonale Antikörper wie Bevacizumab (gegen vEGF) oder TKIs gegen den vEGF-Rezeptor bzw. sog Checkpoint-Inhibitoren wie PDL1-Antagonisten) unterrichtet ▶ Kap. 53.

Zusammenfassung

Die Entwicklung von Krebs ist ein mehrstufiger Prozess, der auf Modifikationen der DNA basiert. Hierbei spielen, neben epigenetischen und chromosomalen Veränderungen, vor allem die Entstehung von Mutationen in Onkogenen und Tumorsuppressorgenen eine entscheidende Rolle. In Abhängigkeit der Art der DNA-Veränderung erwerben Krebszellen phänotypische Charakteristika, welche ihnen Überlebensvorteile gegenüber gesunden Zellen ermöglichen. Für alle Krebszellen gleichartig ist die Fähigkeit von selbsttragendem Wachstum, die Umgehung des programmierten Zelltods, ein unlimitiertes Wachstumspotenzial und die Fähigkeit zur Gewebsinvasion und Metastasierung.

Weiterführende Literatur

Bashyam MD, Animireddy S, Bala P, Naz A, George SA (2019) The Yin and Yang of cancer genes. Gene 704:121–133

Chial H (2008) Tumor suppressor (TS) genes and the two-hit hypothesis. Nat Educ 1(1):177

Cruz E, Kayer V (2019) Monoclonal antibody therapy of solid tumors: clinical limitations and novel strategies to enhance treatment efficacy. Biologics 13:33–51

Hanahan D, Weinberg RA (2000) Hallmarks of cancer. Cell 100: 57–70

Hanahan D, Weinberg RA (2011) Hallmarks of cancer: the next generation. Cell 144:646–674

Jiang W, Ji M (2019) Receptor tyrosine kinases in PI3K signaling: the therapeutic targets in cancer. Semin Cancer Biol 18:S1044-579X(18)30117-2. https://doi.org/10.1016/j.semcancer.2019.03.006. [Epub ahead of print]

Kroemer G, Pouyssegur J (2008) Tumor cell metabolism: cancer's Achilles' heel. Cancer Cell 13:472–482

Lawrence MA, Stojanov P, Polak P et al (2013) Mutational heterogeneity in cancer and the search for new cancer-associated genes. Nature 499:214–218

Muller PAJ, Vousden KH (2014) Mutant p53 in cancer: new functions and therapeutic opportunities. Cancer Cell 25(3):304–317

Zehir A, Benayed R, Shah RH et al (2017) Mutational landscape of metastaic cancer revealed from prospective clinical sequencing of 10,000 patients. Nat Med 23:703–713

Das Tumorstroma

Katharina Gorges, Lutz Graeve und Petro E. Petrides

Auf die erfolgreiche Entstehung von Krebszellen reagiert der Organismus mit der Erschaffung eines neuartigen Gewebes, des Tumorstromas. Dabei führen komplexe Wechselwirkungen der Krebszellen mit gesunden Zellen im Rahmen der sog. desmoplastischen Reaktion zur Entstehung des Tumorstromas bzw. -mikromilieus. Bestandteile dieses Stromas sind Immunzellen, Kapillaren, extrazelluläre Matrix-Komponenten und aktivierte Fibroblasten. Die Komplexität des neu entstandenen Gewebes entspricht oder überschreitet die der meisten Organe. In ihrer Gesamtheit kann es nur verstanden werden, wenn die einzelnen Bestandteile des Mikromilieus im Gesamtzusammenhang des Tumorgewebes untersucht werden. Diese Erkenntnisse stehen im starken Widerspruch zu der ursprünglichen Annahme, dass die gesamte Tumorbiologie allein durch die Erforschung der Krebszellen verstanden werden kann.

Schwerpunkte

53.1 Die Entstehung des Tumorstromas
- Desmoplastische Reaktion, *Seed-and Soil*-Hypothese

53.1 Die metastatische Nische
- Tumor-assoziierte Fibroblasten
- Neo-Angiogenese
- Das Immunsystem
- Die extrazelluläre Matrix

53.3 Anwendung biochemischer Erkenntnisse in der Krebsmedizin
- Angiogenesehemmer, Immun-Checkpoint-Inhibitoren

53.1 Die Entstehung des Tumorstromas

❯ Das Stroma von gesunden Organen ist essenziell für die Erhaltung und Funktionalität des Gewebes.

Es besteht aus einer Vielzahl an Zellen, die gemeinschaftlich die physiologische Organhomöostase durch Zell-Zell-Wechselwirkungen oder über sezernierte Mo-

leküle aufrechterhalten. Kleine Änderungen in einem dieser Kompartimente können bereits große Veränderungen im Gesamtsystem hervorrufen. Dies ist besonders bei der Wundheilung zu beobachten, bei der sich das Stroma des Gewebes stark verändert. Während sich im Stroma des gesunden Gewebes eine sehr geringe Anzahl an proliferierenden Fibroblasten befindet, zeichnet sich das Stroma nach Gewebsschädigung durch eine aktive Angiogenese sowie hoch proliferative und sekretorische Fibroblasten aus. Bereits im Jahr 1986 beobachtete der Pathologe Harald F. Dvorak Ähnlichkeiten zwischen dem Stroma von Wunden und dem von Tumoren („Tumors = wounds that do not heal") Das Stroma von Tumoren wird daher auch als **aktiviertes** oder **reaktives Stroma** bezeichnet (◘ Abb. 53.1).

Die erfolgreiche Entwicklung eines Tumors ist abhängig von den genetischen Veränderungen der Tumorzellen (▶ Kap. 52), aber auch von der Anpassung der im umliegenden Gewebe vorhandenen Zellen, die eine wachstumsfördernde und durchlässige Gewebsgrundlage für den Tumor zu bilden beginnen.

Im Zuge der Entwicklung zu invasiven Tumoren missachten Tumorzellen die soziale Ordnung von Grenzen innerhalb von Geweben und dringen in fremde Organe ein. Ein Säugetierorgan ist durch die **extrazelluläre Matrix** (EZM), die aus der Basalmembran und dem darunter liegenden interstitiellen Stroma besteht, in eine Reihe von Gewebekompartimenten aufgeteilt (▶ Kap. 71). Die basale Epithelzellschicht liegt auf dieser Basalmembran auf, auf der anderen Seite befindet sich das interstitielle Stroma mit Zellen wie z. B. Fibroblasten. Normalerweise mischen sich die Zellpopulationen diesseits und jenseits der Basalmembran nicht. Die Kommunikation zwischen Krebs- und Gewebszellen und damit die Aktivierung des Stromas erfolgt vorerst durch die Sekretion von Schlüsselmolekülen für die Wundheilung (TGF-β, PDGF und FGF2) durch die Krebszellen.

Voraussetzung für eine Gewebsinvasion ist der Abbau der Basalmembran, wodurch das aktivierte Stroma in direkten Kontakt mit den Tumorzellen gerät. Die anschließende Ausdehnung des Tumorstromas durch Proliferation von Fibroblasten sowie durch Entstehung einer dichten EZM wird **desmoplastische Reaktion** genannt. Dieser

53

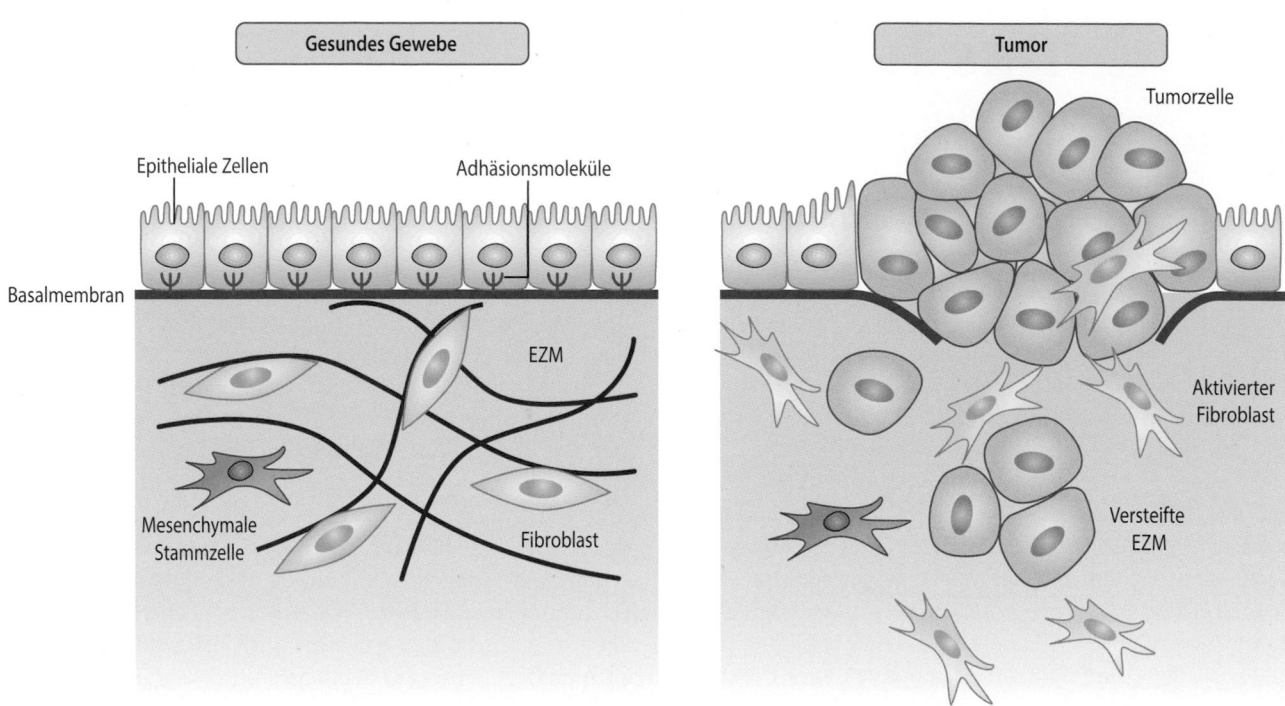

Abb. 53.1   Die Überwindung der Basalmembran durch Tumorzellen führt zur desmoplastischen Reaktion (Einzelheiten s. Text). *EZM*: Extrazelluläre Matrix

morphologisch gut charakterisierbare Prozess wurde ursprünglich als Schutzreaktion des Körpers gedeutet, um das weitere Tumorwachstum zu unterbinden. Das Gegenteil ist jedoch der Fall: Das Tumorstroma unterstützt viele Prozesse der Tumorprogression (wie beispielsweise die Migration und Invasion). Ausschlaggebend hierfür ist unter anderem, dass aktivierte Fibroblasten die hauptsächliche synthetische Quelle für den *Vascular Endothelial Growth Factor* (VEGF) sind. VEGF induziert die Neovaskularisation des neu entstehenden Gewebes und erhält die Durchlässigkeit der Kapillaren. Hierdurch können Plasmaproteine wie Fibrin in das Gewebe eindringen und ihrerseits zur Einwanderung von weiteren Fibroblasten, Immunzellen und mesenchymalen Stammzellen führen.

Verschiedene Tumorentitäten beeinflussen das Tumorstroma unterschiedlich und können so zur Ausbildung einer spezifischen Tumornische im Gewebe führen. Diese bereits Anfang des 19. Jahrhunderts entstandene Hypothese unterstützt auch die vom englischen Chirurgen Stephen Paget entwickelte „*Seed and Soil*"-Theorie, nach der Tumorzellen in Gewebe metastasieren (◘ Abb. 52.9), deren Stroma dem Ursprungsgewebe ähnlich ist. Die Expression bestimmter Gensignaturen (= Gene bzw. Gruppen von Genen, die in bestimmten Zellen ein charakteristisches Expressionsmuster zeigen, die mit einem spezifischen Phänotyp bzw. einer pathogenen Situation korrelieren) in den Tumorzellen bestimmt diese Organspezifität mit. Zusätzlich scheint der Primärtumor in der Lage zu sein,

über sezernierte Proteine wie Cytokine und Proteasen sowie **Exosomen** (► Kap. 12) das Zielgewebe auf die Metastasierung vorzubereiten. Vom Tumor abgegebene Exosomen werden über das Blut transportiert, in vorhergesehenen Organen (beispielsweise der Leber) zellspezifisch aufgenommen und könnten so an der Auswahl des metastatischen Gewebes beteiligt sein.

53.2   Die metastatische Nische

Das Tumorstroma lässt sich in zelluläre und nicht-zelluläre Bestandteile unterteilen. Zu den zellulären Bestandteilen zählen nicht-maligne Zellen wie Tumor-assoziierte Fibroblasten (TAF), Immunzellen des angeborenen und erworbenen Immunsystems und Gefäße, die sich aus Endothelzellen und Pericyten zusammensetzten. Zu den nicht-zellulären Bestandteilen des Tumorstromas gehört die EZM, die sich im Wesentlichen aus strukturellen Proteinen wie Kollagenen und Elastin, Hyaluronsäure und Proteoglycanen (► Kap. 71) zusammensetzt, sowie sezernierte Faktoren z. B. Cytokine und Chemokine (► Kap. 35).

53.2.1   Tumor-assoziierte Fibroblasten

Fibroblasten sind die bislang am intensivsten im Labor untersuchte Zellart, da sie sehr einfach zu isolieren ist, sich gut vermehren lässt und über eine ausgesprochene

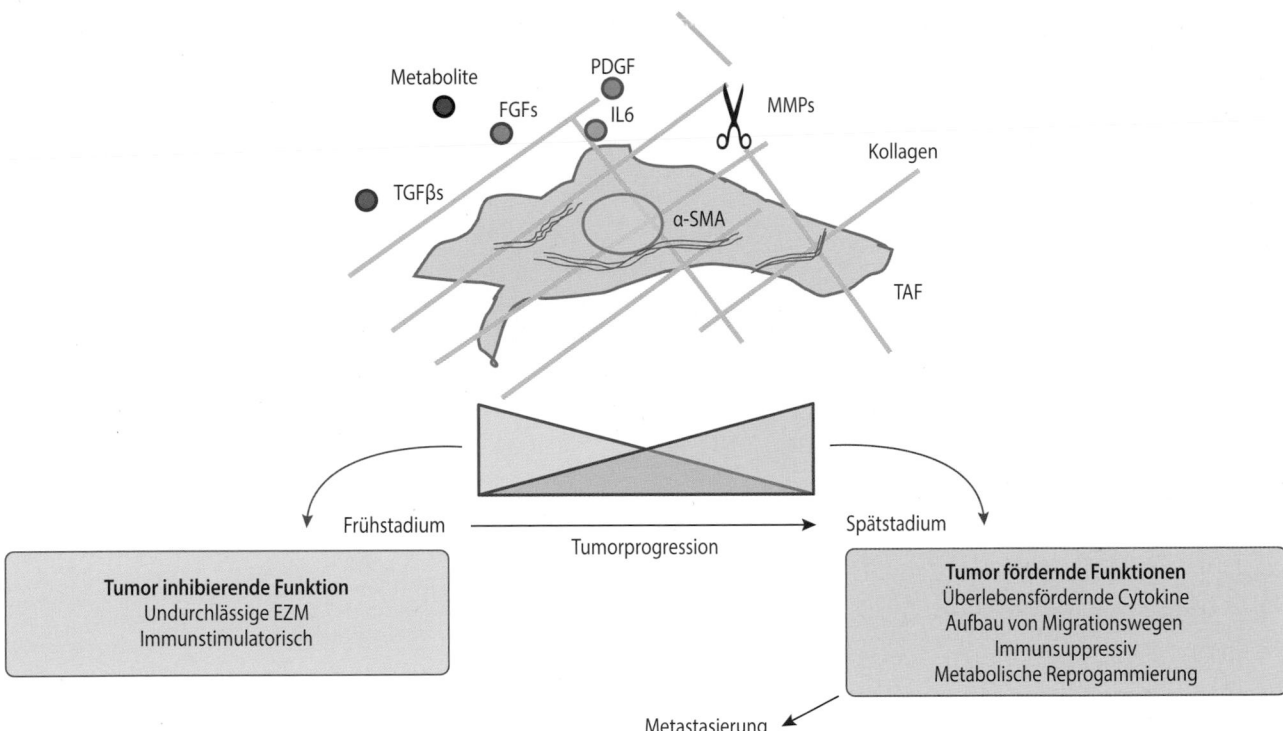

○ **Abb. 53.2 Eigenschaften und Funktionen von Tumor-assoziierten Fibroblasten (Einzelheiten s. Text).** *s-SMA*: a-*smooth muscle actin*; *FGF*: *Fibroblast growth factor*; *IL-6*: Interleukin-6; *MMP*: Matrix-Metalloproteinasen; *PDGF*: *Platelet-derived growth factor*; *TGFβ*: *Transforming growth factor β*; *TAF*: Tumor-assoziierte Fibroblasten

Stressresistenz verfügt. Noch 14 Tage nach dem Tod eines Menschen können lebensfähige Fibroblasten aus dem Gewebe isoliert und kultiviert werden. Fibroblasten sind mesenchymalen Ursprungs und befinden sich normalerweise als Einzelzellen im interstitiellen Raum, umgeben von EZM. Im gesunden Gewebe liegen Fibroblasten im ruhenden Zustand vor, können jedoch durch äußere Einwirkung (z. B. bei der Wundheilung) aktiviert werden. Aktivierte Fibroblasten zeichnen sich durch die Expression von ***α-smooth muscle actin*** (α-SMA), ein für Muskelzellen charakteristisches Protein, aus. α-SMA-positive Fibroblasten werden daher auch als Myofibroblasten bezeichnet. Diese haben im Vergleich zu ihren nicht-aktivierten Vorgängerzellen eine erhöhte Funktionalität: sie synthetisieren extrazelluläre Matrixbestandteile sowie Cyto- und Chemokine, rekrutieren Zellen des Immunsystems und modifizieren die Architektur des Gewebes (○ Abb. 53.2).

Tumorzellen werden vom umliegenden Gewebe wie eine chronische Verletzung behandelt und lösen somit auch die Entstehung von aktivierten Fibroblasten aus, die auch als Tumor-assoziierte Fibroblasten (TAF) bezeichnet werden. Obwohl die Rolle von Myofibroblasten bei der Wundheilung eindeutig belegt ist, ist die funktionelle Rolle von TAF bei der Pathogenese des Krebses noch nicht endgültig geklärt. Generell wird TAF eine unterstützende Rolle bei der Entstehung und Progres-

sion von Krebs zugeschrieben. Hinweise hierzu ergeben sich hauptsächlich durch Tierexperimente. Das Zufügen von Wunden in mit dem Rous-Sarcoma-Virus infizierten und somit besonders krebsanfälligen Hühnern führt zur Entstehung von Karzinomen im Wundbereich. Aber auch Gewebsfibrosen beim Menschen sind mit einem erhöhten Risiko der Krebsentstehung assoziiert (z. B. Leberfibrose).

TAF produzieren zahlreiche Faktoren, welche die Tumorprogression positiv beeinflussen (○ Tab. 53.1). Ein Beispiel sind Matrixmetalloproteinasen (MMPs, ▶ Abschn. 71.2), Enzyme, die die EZM abbauen, und dadurch die Mobilität und Invasion der Basalmembran von Tumorzellen regulieren. Als Beispiel sei MMP-3/Stromelysin-1 genannt, die konstitutiv von TAF produziert wird und unter anderem das Zelladhäsionsprotein **E-Cadherin** auf der Oberfläche der Tumorzellen spaltet. Dadurch wird der Zell-Zell-Kontakt zwischen den Tumorzellen gelöst, eine Voraussetzung für die Einleitung der Epithelial-Mesenchymalen Transition (EMT) (▶ Abschn. 52.7.3).

Prinzipiell werden TAF für die Entstehung eines **immunsuppressiven Mikromilieus** verantwortlich gemacht. Einschränkend muss jedoch festgehalten werden, dass das Wissen hierzu hauptsächlich von *in vitro* kultivierten und somit vermutlich in ihrer Funktion veränderten Fibroblasten stammt. Ein entscheidender von TAF sezer-

◻ Tab. 53.1 Faktoren, die von Tumor-assoziierten Fibroblasten sezerniert werden und das Tumorwachstum beeinflussen

Von TAFs sezernierte Krebszell-regulierende Faktoren (TAF-Sekretom)	Einfluss auf die Tumorentwicklung
Kollagen Typ-I und -II	EZM-Komponenten, Matrixumbau (▶ Kap. 71)
Tenascin C (TN-C)	EZM-Protein, verstärkt Metastasierung (◻ Tab. 71.2)
Periostin	EZM-Protein, fördert Zellmigration und Metastasierung
Lysyloxidase (LOL)	Quervernetzung von Kollagenfibrillen (▶ Kap. 71)
Matrix-Metalloproteinasen (MMPs)	EZM-Umbau (▶ Abschn. 71.2), fördert Zellmigration und Metastasierung
Tissue inhibitors of metalloproteinases (TIMPs)	EZM-Umbau (▶ Abschn. 71.2), hemmt Zellmigration und Metastasierung
Epidermal growth factor (EGF) *Platelet-derived growth factors* (PDGFs) *Fibroblast growth factors* (FGFs)	Wachstumsfaktoren, aktivieren Rezeptortyrosinkinasen und Zellzyklus
Vascular-endothelial growth factor (VEGF)	Fördert die Gefäßneubildung
Interleukin-6 (IL-6)	Proinflammatorisch, verminderte Differenzierung von dendritischen Zellen und somit verminderte T-Zell-Aktivierung
Interleukin-8 (CXCL8, früher IL-8)	Chemotaxis
Monocyte chemoattractant protein 1 (MCP-1/ CCL2)	Aktiviert Monocyten, fördert Chemotaxis
Transforming growth factor ßs (TGFßs)	Regulieren Matrixumbau, fördern Angiogenese, wirken immunsuppressiv, fördern EMT
Hepatocyte growth factor (HGF)/*Scatter factor*	Fördert Angiogenese, Tumorprogression, Resistenzentwicklung
CTGF (*Connective tissue growth factor*)/CXCL12	Fördert Fibrosierung
SDF-1 (*Stromal cell-derived factor*-1)	Chemokin, fördert Migration und Tumorprogression
WNT (*Wingless-related integration site*)	Aktiviert WNT-Signalweg, fördert Zellproliferation

nierter immunmodulierender Faktor ist Interleukin-6 (IL-6, ▶ Abschn. 34.2). Monocyten, die aus dem Blut in das Tumorgewebe einwandern, können dort in dendritische Zellen oder Makrophagen ausdifferenzieren. IL-6 führt zu einer verminderten Differenzierung zu dendritischen Zellen und somit zu einer verminderten T-Zell-Aktivierung. Andere bekannte Faktoren über die TAF das Immunsystem regulieren sind TGF-β, CCL2, IL-4, CXCL-8 (▶ Abschn. 34.2) sowie *programmed cell death ligand-1 und -2* (PD-L1, PD-L2 (▶ Abschn. 53.3.2) und Komponenten der extrazellulären Matrix.

Neben ihrer Funktion bei der Regulation des Immunsystems konnte für TGF-β, IL-6 und *Hepatocyte Growth Factor* (HGF) zusätzlich eine Rolle bei der Resistenzentwicklung gegenüber Chemotherapeutika gezeigt werden. TGF-β führt zu einer Aktivierung der EMT (▶ Abschn. 52.7) und hierdurch genau wie IL-6 zur Anregung von überlebensfördernden Signaltransduktionskaskaden. HGF kommt eine Schlüsselrolle bei der Resistenzentwicklung gegen Tyrosinkinase-Inhibitoren zu. In präklinischen Krebsmodellen konnte z. B. gezeigt

werden, dass HGF eine Resistenz gegenüber BRAF- und auch EGFR-Inhibitoren (▶ Abschn. 52.8) auslöst.

53.2.2 Neo-Angiogenese

Sauerstoff und Nährstoffe sind für das Überleben von Zellen unverzichtbar. Deshalb übernimmt im Organismus ein dicht gestricktes vaskuläres Netz die Versorgung der Zellen in den Geweben. Während der Organentwicklung wird die Versorgung durch ein simultan koordiniertes Wachstum von Blutgefäßen (**Angiogenese**) und Parenchym gewährleistet. Im ausgewachsenen Organismus ist die Bildung neuer Blutgefäße (**Neo-Angiogenese**) jedoch streng reguliert. Tumoren könnten demnach ohne Gefäße nicht über eine bestimmte Größe hinauswachsen oder in andere Organe metastasieren. Dass Tumoren in der Lage sind, die negative Regulation der Angiogenese außer Kraft setzen, wurde bereits vor 100 Jahren erkannt. 1971 wurde von Judah Folkman erstmalig vorgeschlagen, das Tumorwachstum durch

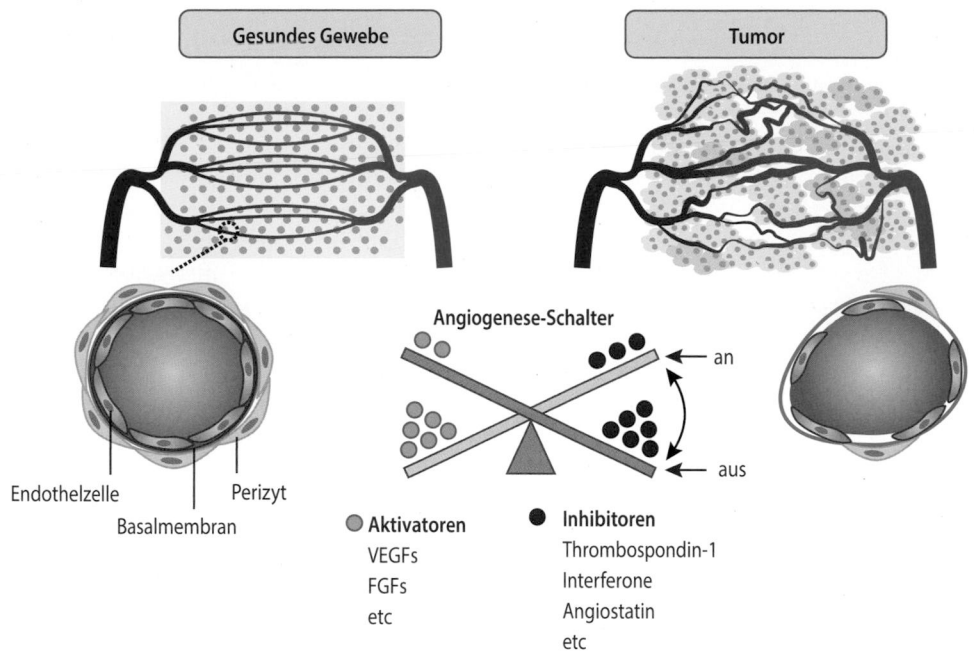

Gesundes Gewebe

Tumor

Endothelzelle   Perizyt

Basalmembran

Angiogenese-Schalter

→ an

→ aus

● **Aktivatoren**
VEGFs
FGFs
etc

● **Inhibitoren**
Thrombospondin-1
Interferone
Angiostatin
etc

◨ **Abb. 53.3   Regulation der Neo-Angiogenese im Tumorgewebe** (Einzelheiten s. Text), *PDGF: Platelet-derived growth factor*; *VEGF: Vascular endothelial growth factor*

Angiogenese-Inhibitoren zu blockieren. Diese Hypothese führte zu intensiven Forschungsarbeiten, um die negativen und positiven Regulatoren der Tumor-Angiogenese zu identifizieren (◨ Abb. 53.3).

Positive und negative Signale regen die Angiogenese an oder blockieren sie. Um weiteres Wachstum zu ermöglichen, muss das Tumorgewebe die Fähigkeit erwerben, die Angiogenese „anzuschalten", was zum Ausaussprießen bereits bestehender Kapillaren führt. Zwei wichtige Mediatoren für das An- und Ausschalten der Angiogenese sind **VEGF** und **Thrombospondin-1**. Die Synthese beider Moleküle kann durch Hypoxie (über HIF-1; ▶ Abschn. 65.3; ◨ Abb. 65.3) und Oncogene reguliert werden. VEGF bindet an drei verwandte Rezeptoren mit Tyrosinkinaseaktivität (VEGFR1–3) und vermittelt so überlebensfördernde, proliferative und pro-migratorische Signale an Endothelzellen. Adhäsionsmoleküle werden induziert und stimulieren den einschichtigen Endothelaufbau der Gefäßwand. Auf der anderen Seite hemmt Thrombospondin-1 die Angiogenese nach Bindung an den Transmembran-Rezeptor CD36 durch konsekutive Aktivierung von Src-ähnlichen Tyrosinkinasen. Das Oncoprotein *p53* ist in Tumorzellen maßgeblich an der Transkription von Thrombospondin-1 beteiligt. Ein Funktionsverlust von *p53*, wie er bei vielen Tumoren beobachtet wird, kann zu einem Abfall der Thrombospondin-1-Konzentration im Gewebe führen und damit das Gleichgewicht in Richtung Angiogenese verschieben.

Die zeitliche und räumliche Koordination der komplexen Neo-Angiogenese ist im Tumorgewebe gestört.

Tumorgefäße sind deshalb hochgradig unorganisiert, dilatiert, haben unterschiedliche Durchmesser und sind übermäßig verzweigt. Als Folge ist der Blutfluss teilweise gestört und führt so zu einem hypoxischen und sauren Gewebsmilieu. Die im physiologischen Zustand das Gefäß umgebende, homogene Schicht von Endothelzellen ist bei Tumoren häufig durch ein Mosaik von Tumor- und Endothelzellen ersetzt und wird dadurch durchlässig. Zusätzlich fehlen Pericyten vollständig oder sind nur in verringerter Menge vorhanden. Pericyten sind Zellen, die das Gefäß umlagern, gegen Veränderungen im Sauerstoffhaushalt oder dem Hormonhaushalt schützen und ihm die nötige vasoaktive Kontrolle verleihen, um sich an Stoffwechsel-Bedürfnisse anzupassen.

53.2.3   Das Immunsystem

Der Einfluss des Immunsystems auf die Tumorentstehung und -progression ist enorm facettenreich. Im gesunden Organismus sorgt das Immunsystem durch beständige Kontrolle dafür, dass exogene Pathogene und veränderte Körperzellen, die den Körper schädigen, inaktiviert werden. Krebs ist eine genetische Erkrankung und führt durch die Entstehung von Mutationen zu einer Anreicherung veränderter Proteine. Diese sind für Immunzellen als **Neo-Epitope** erkennbar. Über die gesamte Lebenszeit werden zahlreiche Tumoren vom Immunsystem beseitigt. Welche entscheidende Rolle das Immunsystem bei der Unterdrückung von Tumoren und Metastasen hat, lässt sich am Beispiel des **Glioblas-**

toma multiforme erklären. Patienten, welche unter diesem Tumor erkranken, erleiden nur in seltenen Fällen Knochenmarksmetastasen. Grund hierfür ist, dass das Immunsystem ins Knochenmark eingewanderte Krebszellen schnell eliminiert. Dies gilt nicht für Patienten, die gleichzeitig eine immunsuppressive Therapie erhalten, infolge derer das Immunsystem seine Aufgabe nicht mehr wahrnehmen kann und Metastasen entstehen.

Tierexperimente, bei denen einzelne Immunzell-Subpopulationen deaktiviert wurden, haben einen großen Beitrag zum Verständnis der Rolle des Immunsystems für die Tumorentstehung geleistet. Der Verlust von CD8$^+$ cytotoxischen T-Zellen (CTLs), CD4$^+$ T$_H$1 Helferzellen und natürlicher Killerzellen (▶ Abschn. 70.6) besitzt demnach den größten Einfluss auf die Krebsentstehung. Transplantationsexperimente, in denen ein Krebsgeschwür auf ein anderes Tier übertragen wird, zeigen zudem, dass sich Tumoren, die in Tieren mit intaktem Immunsystem entstehen, von denen unterscheiden, die sich in einem Tier mit defizientem Immunsystem entwickeln. Ein Tumor, der in einem immunkompetenten Tier entstanden ist, kann nach erfolgter Transplantation auch in einem immunkompetenten Tier weiterwachsen. Ein Tumor, der in einem immundefizienten Tier entstanden ist, wächst dagegen nicht weiter, wenn er in ein immunkompetentes Tier übertragen wird. Diese Beobachtung führte zu der heute anerkannten Theorie des *Immune Editing*. Immunogene („sichtbare") Krebszellen werden hierbei durch das Immunsystem eliminiert. Zurück bleiben „unsichtbare" Krebszellen, die dem Immunsystem entgehen können und somit sowohl in immundefizienten als auch in immunkompetenten Tieren wachsen.

Die konkrete Rolle von inflammatorischen Zellen (▶ Abschn. 70.2.1) bei der Tumorgenese wird kontrovers diskutiert, da sowohl tumorfördernde als auch -hemmende Immunzellpopulationen identifiziert werden konnten. Inflammatorische Zellen wie Makrophagen und neutrophile Granulocyten sowie proinflammatorische Cytokine (▶ Abschn. 35.5.) sind hauptsächlich krebsfördernd. Eine hohe Zahl an T$_H$1, T$_H$17 und T-Effektorzellen (▶ Abschn. 70.6) im Tumorgewebe hemmen das Tumorwachstum. Eine detaillierte Übersicht über die Hauptwirkung der unterschiedlichen Immunzellpopulationen auf das Tumorwachstum gibt ◘ Abb. 53.4.

Zusätzlich zu den direkten Effekten des Immunsystems können Tumorzellen Immunzellen, welche eigentlich für ihre Elimination zuständig sind, zu ihrem eigenen Vorteil nutzen. Unter dem Einfluss der Tumorzellen können Immunzellen zum Beispiel die Angiogenese fördern (▶ Abschn. 53.2.2). Neoplastische Zellen sind jedoch nicht nur in der Lage, tumorhemmende Immunzellen in ihre Dienste zu stellen, sondern rekrutieren auch aktiv immunsuppressive Zellen, wie **myeloische Suppressor-Zellen** (*myeloid-derived suppressor cells* = MDSC). MDSC stellen eine stark heterogene Gruppe unreifer myeloischer Zellen dar, die sich voneinander unterscheiden, je nachdem in welcher Tumorentität sie sich befinden. Gemeinsam ist all diesen in unterschiedlichen Aktivierungs- und Differenzierungsstufen befindlichen Zellen ihre namensgebende Eigenschaft: Sie können die Aktivität von cytotoxischen T-Lymphocyten (CTLs) hemmen, indem sie unter anderem die Konzentration bestimmter Aminosäuren (z. B. Arginin und Tryptophan) im Mikromilieu senken. Die Reduktion

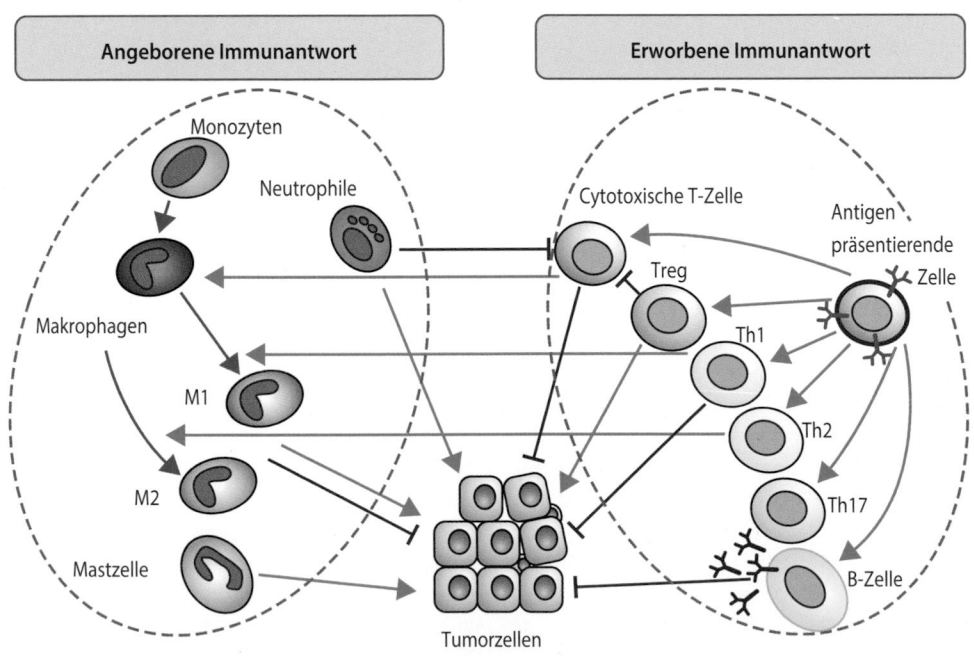

◘ **Abb. 53.4 Übersicht der pro- und anti-tumorigenen Wirkung einzelner Immunzellpopulationen** (Einzelheiten s. Text)

von Arginin wird durch eine hohe Expression von Arginase-1 (▶ Abschn. 27.1.2) in MDSC vermittelt. Die Reduktion von Tryptophan, welches für die T-Zell-Proliferation wichtig ist, wird von der transmembranären Indolamin-2,3-Dioxygenase (IDO) (▶ Abschn. 27.2.5) übernommen. Die IDO-Expression wird von unterschiedlichen proinflammatorischen Mediatoren angeregt und übt eine entscheidende Rolle dabei aus, Tumorzellen für das Immunsystem „unsichtbar" zu machen.

Tumoren können auch über negative regulatorische Signalwege (sog. *immune checkpoints*) die Immunantwort drosseln. Zwei dieser Immun-Checkpoints, CTLA4 (*cytotoxic T lymphocyte antigen-4,* ▶ Abschn. 70.7.2) und PD-1 (*programmed cell death protein-1*), haben bisher die meiste klinische Aufmerksamkeit erlangt (▶ Abschn. 53.3).

53.2.4 Die extrazelluläre Matrix

Das metastatische Verhalten der Tumorzelle ist durch ihre Tendenz gekennzeichnet, Gewebekompartimentgrenzen zu überwinden und sich mit anderen Zelltypen zu mischen. Dazu muss sie die Basalmembran überwinden. Die Basalmembran ist eine Matrix aus Kollagen, Glycoproteinen und Proteoglycanen, die normalerweise keine zum passiven Zelltransport ausreichend großen Poren enthält (▶ Kap. 71). Aus diesem Grunde muss die Invasion der Basalmembran durch Tumorzellen ein **aktiver** Vorgang sein. Sobald die Tumorzellen das Stroma erreichen, können sie Anschluss an Lymph- und Blutgefäße zur weiteren Disseminierung gewinnen. Die Wechselwirkungen der Tumorzelle mit der Basalmembran können in mehrere Schritte unterteilt werden:

- die Auflösung von Zell-Zell-Kontakten zwischen den einzelnen Tumorzellen,
- ihr Kontakt mit der Basalmembran,
- die Auflösung der Matrix der Basalmembran und
- die Wanderung (Motilität).

Die Bindung der Tumorzelle an die Basalmembran wird durch Oberflächenrezeptoren der Integrin- und Nicht-Integrin-Familien vermittelt (▶ Abschn. 71.1.6). Diese Rezeptoren erkennen Typ-IV-Kollagen sowie Glycoproteine wie Laminin in der Basalmembran. Nach dem Kontakt der Tumorzelle mit der Basalmembran findet sich an dieser Stelle eine umschriebene lokalisierte Zone der Auflösung, die dadurch zustande kommt, dass die Tumorzellen Proteinasen freisetzen, die die Matrix und die zellulären Adhäsionsmoleküle abbauen. Die Auflösung der Matrix findet in der Nähe der Tumorzelloberfläche statt, in der die Mengen aktiven Enzyms die natürlich vorkommenden Proteinase-Inhibitoren im Interstitium und in der Matrix, die von normalen Zellen in der Nachbarschaft sezerniert werden, überschreitet.

Die Motilität ist ein weiterer wichtiger Schritt der Invasion, der dazu führt, dass die Tumorzelle gerichtet die Basalmembran überwindet und sich nach regionaler Proteolyse der Matrix durch das Stroma bewegt. Die Bewegung beginnt mit der Ausstreckung von Pseudopodien an der Front der wandernden Zelle. Die Tumorzellmotilität wird durch Cytokine oder Chemokine (autokrine Motilitatsfaktoren) reguliert. Die ebenfalls erhöhte ungerichtete Motilität von Tumorzellen führt zu einer Ausbreitung im Bereich des Primärtumors. Zusätzlich können Ort und Richtung der Tumorzellbewegung durch von anderen Zellen gebildete Cytokine mit chemotaktischer Wirkung beeinflusst werden.

❯ Matrix-Metalloproteinasen besitzen eine Schlüsselfunktion beim Abbau der extrazellularen Matrix.

Verschiedene Familien proteolytischer Enzyme (Metallo-, Cystein- und Serinproteinasen) sind am Abbau der Basalmembran bzw. der extrazellulären Matrix beteiligt (▶ Abschn. 71.2). Serinproteinasen wie t-Plasminogenaktivator aktivieren das Proenzym Plasminogen zu Plasmin, welches Matrixkomponenten abbaut. Cysteinproteinasen wie Kathepsin B können bei transformierten Zellen in aktivierter Form mit der Plasmamembran assoziiert sein, von wo aus sie bei Kontakt mit einer Basalmembran darin enthaltenes Laminin degradieren.

Die wichtigste Gruppe Matrix-abbauender Enzyme stellen die **Matrix-Metalloproteinasen** (MMPs, ▶ Abschn. 71.2) dar. Die Aktivität dieser Enzyme wird nach ihrer Sekretion in den Extrazellulärraum auf verschiedenen Ebenen reguliert, entweder durch Aktivierung mittels limitierter Proteolyse, durch Bindung an Zellmembranen, durch Substratbindung und durch Wechselwirkungen mit von Wirt- und/ oder auch Tumorzellen gebildeten Metalloproteinase-Inhibitoren (*tissue inhibitors of metalloproteinases,* **TIMPs**) (◻ Tab. 53.1). TIMP1, ein Glycoprotein mit einem Molekulargewicht von 28,5 kDa, wird von vielen vom Mesoderm abstammenden Zellen und von Fibroblasten produziert. Es hemmt interstitielle und Typ-IV-Kollagenase und damit auch die Invasion von Tumorzellen durch Amnionmembranen (ein experimentelles System zum Studium der Invasion und Metastasierung), ohne dass dadurch die Wachstumstendenz oder Adhäsion der Zellen beeinflusst wird. TIMP2 besitzt ein Molekulargewicht von 21 kD und ist nicht glycosyliert. Es wird ebenfalls von mesodermalen Zellen produziert und bildet wie TIMP1 inaktivierende Komplexe mit aktiven MMPs und ihren Proenzymen. Bei der Invasion muss das fein austarierte Gleichgewicht zwischen Proteinasen und ihren Inhibitoren als Voraussetzung für eine erhöhte Enzymaktivität gestört sein. Dies kann durch vermehrte

Expression der Proteinase (z. B. unter dem Einfluss proinflammatorischer Cytokine), vermehrte Aktivierung des Proenzyms bzw. verringerte Expression oder enzymatische Inaktivierung des Proteinase-Inhibitors hervorgerufen werden.

Der Befund, dass synthetische MMP-Inhibitoren das invasive Potenzial von Tumoren im Mausmodell unterdrücken können, führte zu mehreren klinischen Studien, die jedoch aufgrund gravierender Nebenwirkungen erfolglos blieben. Diese Ergebnisse führten zu der Einsicht, dass die Funktion der MMPs weitaus komplexer sein muss als ursprünglich angenommen. 23 MMPs konnten mittlerweile beim Menschen identifiziert werden, die ihre Wirkung gewebespezifisch ausüben.

Ein Signaltransduktionsweg, der die Gewebshomöostase entscheidend beeinflusst, ist der TGF-β/Smad-Signalweg (▶ Abschn. 35.4.4). TGF-β wirkt im Regelfall tumorsuppressiv, indem es das Zellwachstum hemmt und die Differenzierung anregt. Im Verlauf der malignen Transformation von Tumorzellen treten jedoch häufig TGF-β-Rezeptor-Mutationen auf, die zu einem verminderten Ansprechen der Tumorzellen auf TGF-β führen. Zudem hat TGF-β eine Vielzahl an Effekten auf nicht-maligne Zellen, wie die Hemmung der Immunüberwachung. Dieses Wechselspiel kann insgesamt zu einem tumorfördernden Effekt führen. Aktives TGF-β wird durch proteolytische Umwandlung aus einer inaktiven Pro-Form durch Furin und andere Proteasen, wie MMP-2,-9 und -14, welche im Normalfall durch Immunzellen sezerniert werden, gespalten. Zusätzlich können MMP-2,-9 und -14 die TGF-β-Aktivität auch indirekt regulieren, indem sie das latente TGF-β Bindeprotein 1 (LTBP-1) spalten, wodurch in der EZM gebundenes TGF-β in den extrazellulären Raum entlassen und dort aktiv werden kann. Unter Berücksichtigung des verminderten Ansprechens von Tumorzellen auf TGF-β im Verlauf der Tumorprogression hat die proteolytische Aktivierung von TGF-β durch MMPs vermutlich einen tumorfördernden Effekt.

53.3 Anwendung biochemischer Kenntnisse in der Krebsmedizin

53.3.1 Hemmung der Neo-Angiogenese

Tumore sind bei ihrer Expansion auf eine stetige Versorgung mit Sauerstoff und Nährstoffen angewiesen. Diese wird durch eine ständige Neubildung von Gefäßen gewährleistet und ist ab einer Tumorgröße von 1–2 mm unabdingbar. Für die Neo-Angiogenese sind spezifische Wachstumsfaktoren notwendig, die durch den Tumor selbst oder das Tumorstroma synthetisiert werden (▶ Abschn. 53.2). Unter dem Begriff **Angiogenese-Hemmer** werden unterschiedliche Arzneistoffe zusammengefasst, die seit 2004 die Krebstherapie bereichern. Etwa 60 % aller Krebsgewebe weisen eine erhöhte Sekretion von VEGF auf und die Hemmung des VEGF-Signaltransduktionsweges (▶ Abschn. 53.2) ist die Basis der meisten pharmakologischen Interventionsstrategien. Bei den Angiogenese-Hemmern unterscheidet man zwischen VEGF-Inhibitoren und Inhibitoren des VEGF-Rezeptors (VEGFR) (◨ Abb. 53.5A). Der am häufigsten verwendeten Wirkstoff ist der blockierende Antikörper **Bevacizumab**; er bindet und neutralisiert im Interstitium zirkulierendes freies VEGF. Dies führt zu einer Rückbildung neu entstandener und noch nicht reifer Blutefäße, normalisiert die Durchlässigkeit der Blutgefäße im Tumor (somit können Tumorzellen schwerer ins Blutsystem gelangen und metastasieren) und unterbindet die Neo-Angiogenese.

VEGFR-Inhibitoren haben den gleichen Wirkansatz wie VEGF-Inhibitoren. Bei der Familie der

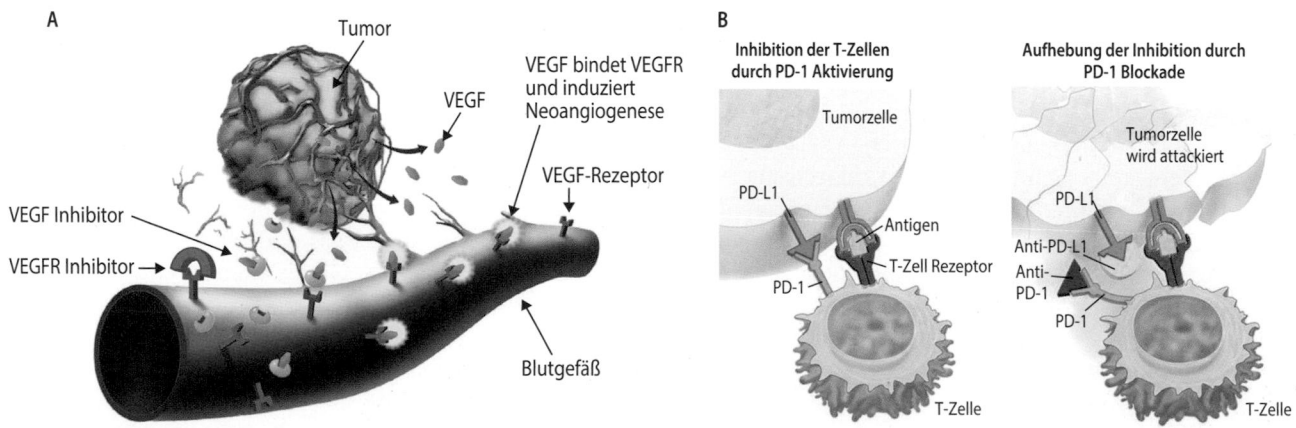

◨ **Abb. 53.5   Neue Strategien der Tumortherapie. A.** Pharmakologische Interventionsstrategien zur Angiogenesehemmung. **B.** PD-1/PDL-1 Inhibition reaktiviert die Immunantwort (Einzelheiten s. Text). *PD-1: programmed cell death protein-1*; *VEGF: Vascular endothelial growth factor*

VEGFR handelt es sich um Rezeptortyrosinkinasen, die unterschiedliche Signaltransduktionswege (u. a. MAP-Kinase und PI-3-Kinase; ▶ Abschn. 35.4) aktivieren und zur Proliferation und Migration von Endothelzellen führen. Zu den VEGFR-Inhibitoren zählen **Axitinib** aber auch Multikinase-Inhibitoren wie **Sorafenib**, die neben VEGFR auch andere Tyrosinkinasen hemmen.

53.3.2 Hemmung des Tumorwachstums durch Immuncheckpoint-Inhibitoren

Die Entwicklung von Molekülen, die immuntherapeutisch genutzt werden, führte im letzten Jahrzehnt zu einer Revolution der Krebstherapie. Bei den bisher zugelassenen Therapien handelt es sich ausschließlich um monoklonale Antikörper, die zur pharmakologischen Gruppe der **Immun-Checkpoint-Inhibitoren** zählen. Immun-Checkpoints sind Schlüsselregulatoren des Immunsystems, welche seine Antwort aktivieren oder bei Bedarf drosseln. Dies dient im gesunden Zustand zur Vermeidung von Autoimmunreaktionen oder zur Reduktion der Immunreaktion nach erfolgter Wundheilung. Tumorzellen können sich diese co-inhibitorischen Immun-Checkpoints zunutze machen, um für das Immunsystem unsichtbar zu werden.

Zu den pharmakologisch genutzten Immun-Checkpoints gehören **PD-1** (*Programmed cell death protein* 1/CD 279) und PD-L1. PD-1-Rezeptoren kommen hauptsächlich auf der Oberfläche aktivierter T-Zellen vor. Ihr Ligand PD-L1 wird auf der Oberfläche von Zellen des hämatopoetischen Systems, Endothelzellen und auch Tumorzellen exprimiert. Bindet PD-L1 an PD-1, kommt es zu einer Reduktion der Immunzellaktivität. Auf zellulärer Ebene führt die PD-1-Aktivierung zu einer Dephosphorylierung der PI3K und im Anschluss zu einer Inhibition von Proteinkinase B/AKT (◻ Abb. 38.7). Schlussendlich bedingt dies eine verminderten Produktion von proinflammatorischen Cytokinen und überlebensfördernden antiapoptotischen Proteinen wie Bcl-xL (▶ Abschn. 51.1). Der hierdurch induzierte immunsuppressive Effekt basiert auf zwei Hauptmechanismen. T-Zellen, welche cytotoxisch wirken, werden gehemmt (ausgebremst) und regulatorische T-Zellen zur Zellteilung angeregt.

❯ Tumorzellen können dieses System zur Tarnung nutzen, indem sie PD-L1 stark überexprimieren.

Therapeutische Antikörper gegen PD-1 oder PD-L1 unterbrechen diesen Mechanismus und lösen die „Immun-Bremse" (◻ Abb. 53.5B). Gegen PD-1 richten sich beispielsweise der humane IgG4-Antikörper **Nivolumab** sowie **Pembrolizumab**, ein humanisierter IgG4-Antikörper. **Atezolizumab** richtet sich gegen PD-L1 und ist ein voll humanisierter IgG1-Antikörper. Das Ansprechen von Tumoren auf die Behandlung mit Checkpoint-Inhibitoren ist interindividuell sehr unterschiedlich. Obwohl nur bei 25–40 % aller behandelten Patienten ein Effekt beobachtet werden kann und mit teils starken Nebenwirkungen (z. B. Autoimmunerkrankungen) gerechnet werden muss, bedeuten Checkpoint-Inhibitoren für die Krebstherapie eine herausragende Bereicherung.

Übrigens

Car-T-Zellen. Seit einigen Jahren verschiebt sich der wissenschaftliche Fokus in der Tumorforschung von pharmakologischen Therapien hin zu zellulären Therapien. Ein Beispiel hierfür ist die Entwicklung von chimären Antigenrezeptor (CAR)-T-Zellen. CARs sind Rezeptorproteine, die dafür entwickelt wurden, dass sie Antigene binden können und zusätzlich eine T-Zell-aktivierende Funktion ausüben. Bei der CAR-T-Zell-Therapie werden zuerst funktionsfähige T-Zellen aus dem Blut von Patienten gewonnen. Diese werden anschließend genetisch verändert, sodass sie für den jeweiligen Tumor spezifische CARs exprimieren. Die T-Zellen werden also künstlich dazu gebracht, den Tumor zu erkennen. Aus Sicherheitsgründen werden nur Antigene verwendet, die ausschließlich auf Tumorzellen und nicht auf gesunden Zellen exprimiert werden. Nach der erfolgreichen genetischen Veränderung werden CAR-T-Zellen *in vitro* expandiert und in großen Mengen zurück in den Patienten infundiert. Nach der Re-Implantation verhalten sich CAR-T-Zellen wie lebende Chemotherapeutika. Sobald sie über CARs an Tumorzellen binden, führen die CARs gleichzeitig zur T-Zell Aktivierung (chimär). Aktivierte CAR-T-Zellen zeigen eine stark erhöhte Proliferationsrate, werden cytotoxisch und sezernieren immunmodulatorische Cytokine und Wachstumsfaktoren. All diese Mechanismen führen letztendlich zum Absterben des Tumors.

Die ersten beiden 2017 von der FDA (*U.S. Food and Drug Administration*) zugelassenen klinischen Studien richteten sich gegen CD19, welches häufig auf der Oberfläche von B-Zell-Tumorzellen zu finden ist. Beide Therapien erhielten eine Zulassung (Kymriah gegen akute lymphoblastische Leukämie und Yescarta gegen das dif-

53

fuse großzellige B-Zell-Lymphom). Im März 2019 gab es 364 laufende klinische Studien mit CAR-T-Zellen. Obwohl die anfängliche Ansprechrate auf CAR-T-Zell-Therapien bei etwa 90 % liegt, ist die Gesamtüberlebensrate deutlich niedriger. Der Grund hierfür ist in der Entstehung von Resistenzen zu sehen. Durch den CAR-T-Zell-induzierten Selektionsdruck vermehren sich hauptsächlich Tumorzellen, die CD19 negativ sind. Obwohl die Entwicklung von CAR-T-Zellen einen Quantensprung in der Tumortherapie darstellt, gibt es auch einige unerwünschte Wirkungen. Hierzu gehören vor allem neurotoxische Effekte sowie das **Cytokin-Freisetzungssyndrom.**

Durch eine überschießende Immunreaktion kommt es zur erheblichen Freisetzung von Cytokinen („Cytokin-Sturm") der zu lebensbedrohlichen körperlichen Reaktionen führen kann (z. B. Fieber, Dyspnoe, Tachykardie). Um pharmakologisch einschreiten zu können, wird in CAR-T-Zellen eine weitere genetische Modifikation eingebracht. Herpes-Simplex-Virus-Thymidine-Kinase (HSV-TK) und induzierbare Caspase-9 (iCasp9) sind Suizidmoleküle, die zum sofortigen Absterben der CAR-T-Zellen führen, wenn diese mit dem Wirkstoff Rimiducid in Kontakt kommen. Durch diese Maßnahme konnte das Sicherheitsprofil von CAR-T-Zellen deutlich verbessert werden.

Zusammenfassung

Das Tumorstroma besteht aus einer Vielzahl vor zellulären und nicht-zellulären Bestandteilen, die gemeinschaftlich einen entscheidenden Einfluss auf die Tumorentstehung und -progression haben. Hauptzellarten des Tumorstromas sind Fibroblasten, Endothelzellen sowie Perizyten und Immunzellen. Die Effektivität heutiger Tumortherapien konnte durch Einbeziehung stromaler Zellen deutlich verbessert werden. Prominentes Beispiel hierfür ist die Inhibition von PD-1 auf Immunzellen. Hierdurch wird das Immunsystem reaktiviert und tötet als Folge den Tumor ab.

Weiterführende Literatur

Carmeliet P, Rakesh KJ (2000) Angiogenesis in cancer and other diseases. Nature 407:249–257
Cook KM, Figg WD (2011) Angiogenesis inhibitors – current strategies and future prospects. CA Cancer J Clin 60(4):222–243
Dvorak HF (1986) Tumors: wounds that do not heal. Similarities between tumor stroma generation and wound healing. N Engl J Med 315:1650–1659
Eble JA, Niland S (2019) The extracellular matrix in tumor progression and metastasis. Clin Exp Metastasis 36(3):171–198
Gialeli C, Theocharis AD, Karamanos NK (2011) Roles of matrix metalloproteinases in cancer progression and their pharmacological targeting. FEBS J 278(1):16–27
Koury J, Lucero M, Cato C (2018) Immunotherapies: exploiting the immune system for cancer treatment. J Immunol Res 2018:9585614
LeBleu VS, Kalluri R (2018) A peek into cancer-associated fibroblasts: origins, functions and translational impact. Dis Model Mech 1(4):dmm029447
Miliotou AN, Papadopoulou LC (2018) CAR T-cell therapy: a new era in cancer immunotherapy. Curr Pharm Biotechnol 19(1):5–18
Thorsson V, Gibbs DL, Brown S et al (2018) The immune landscape of cancer. Immunity 48(4):812–883
Valkenburg KC, de Groot AE, Pienta KJ (2018) Targeting the tumour stroma to improve cancer therapy. Nat Rev Clin Oncol 15(6):366–381
Werb Z, Lu P (2015) The role of stroma in tumor development. Cancer J 21(4):250–253

Gentechnik

Jan Brix, Peter C. Heinrich und Hans-Georg Koch

Seit den 1960er-Jahren haben die Erkenntnisse über den Aufbau und die Expression von Genen rapide zugenommen. Dazu beigetragen haben immer ausgefeiltere Methoden, um DNA, RNA und Proteine hinsichtlich ihrer Eigenschaften und ihrer gegenseitigen Interaktion zu untersuchen. Das breite Arsenal von molekularbiologischen Verfahren erlaubt u. a. gezielte Eingriffe in das Genom von Lebewesen und wird zusammenfassend als **Gentechnik** bezeichnet. Gentechnische Methoden ermöglichen darüber hinaus die Herstellung von Nucleinsäuren oder Proteinen. Dazu wird neu zusammengesetzte, „rekombinante" DNA in Zellen übertragen. Als Produkte entstehen *genetically modified organisms* (GMOs). Molekularbiologische Verfahren sind für die Gendiagnostik, also der Diagnose genetisch bedingter Krankheiten, wertvolle Werkzeuge. Außerdem wird heute eine Vielzahl innovativer Medikamente auf gentechnischem Wege in Zellkulturen hergestellt (*biologicals*). Das **Humane Genomprojekt** hatte sich als weltweite Kooperation zum Ziel gesetzt, alle etwa $3 \cdot 10^9$ Basenpaare des menschlichen Genoms zu sequenzieren. Es wurde im Jahre 2003 schneller als erwartet erfolgreich beendet. Heute lassen sich in einem Bruchteil der Zeit und zu einem Bruchteil der Kosten Genome individueller Zellen sequenzieren. Die enorme Datenfülle ist von Wissenschaftlern nur durch leistungsstarke Computerprogramme zu analysieren und hat neue Forschungsgebiete, wie z. B. die **Bioinformatik** und die **Proteomik**, hervorgebracht, die sich mit dem komplexen Zusammenspiel von Genen und Proteinen in verschiedenen Zellen unter verschiedenen Bedingungen beschäftigen (▶ Abschn. 6.5).

Schwerpunkte

54.1 Grundlagen der Gentechnik
- Isolierung und Manipulation von Nucleinsäuren
- Genetischer Fingerabdruck in der Kriminalistik
- DNA-Chiptechnik zum Vergleich von mRNA-Expressionsprofilen
- Polymerasekettenreaktion (PCR)
- DNA-Sequenzierung

54.2 Vektoren zum Einschleusen fremder DNA in Wirtszellen
- DNA-Vektoren als Genfähren in Bakterienzellen oder eukaryontischen Zellen

54.3 DNA-Bibliotheken (DNA-Banken)

54.4 Gentechnik in den Grundlagenwissenschaften
- Quantifizierung von Promotoraktivität
- Visualisierung von Transportprozessen durch Reportergene

54.5 Gentechnisch produzierte Medikamente (Biologicals)
- Herstellung schwer zugänglicher therapeutischer Proteine
- Monoklonale Antikörper eröffnen neue Behandlungsmethoden von Krebserkrankungen

54.1 Grundlagen der Gentechnik

Die zunehmenden Kenntnisse über DNA-Replikation, Transkription und Translation haben Möglichkeiten zur praktischen Anwendung in den verschiedensten Bereichen erbracht. Diese Techniken werden zusammenfassend als **Gentechnik** bezeichnet. Sie haben zum Ziel, Zellen oder Organismen dazu zu bringen, fremde DNA mit spezifischen Eigenschaften aufzunehmen, in ihr Genom zu integrieren, zu replizieren und ggf. die in der fremden DNA enthaltene Information zu exprimieren. Die hierzu notwendigen Schritte sind in ◘ Abb. 54.1 dargestellt:
- Isolierung und Charakterisierung der gewünschten Nucleinsäure. In aller Regel handelt es sich um DNA, die dann als **Fremd-DNA** bezeichnet wird.
- Verknüpfung der Fremd-DNA mit einer **Träger-DNA**, die eine Aufnahme in die Empfängerzelle ermöglicht. Derartige Träger-DNA-Moleküle werden als **Vektoren (Genfähren)** bezeichnet.
- Den Einbau von Fremd-DNA in einen Vektor nennt man Klonierung und die so entstandene DNA **rekombinante DNA**.

Ergänzende Information Die elektronische Version dieses Kapitels enthält Zusatzmaterial, auf das über folgenden Link zugegriffen werden kann https://doi.org/10.1007/978-3-662-60266-9_54. Die Videos lassen sich durch Anklicken des DOI Links in der Legende einer entsprechenden Abbildung abspielen, oder indem Sie diesen Link mit der SN More Media App scannen.

P. C. Heinrich et al. (Hrsg.), *Löffler/Petrides Biochemie und Pathobiochemie*, https://doi.org/10.1007/978-3-662-60266-9_54

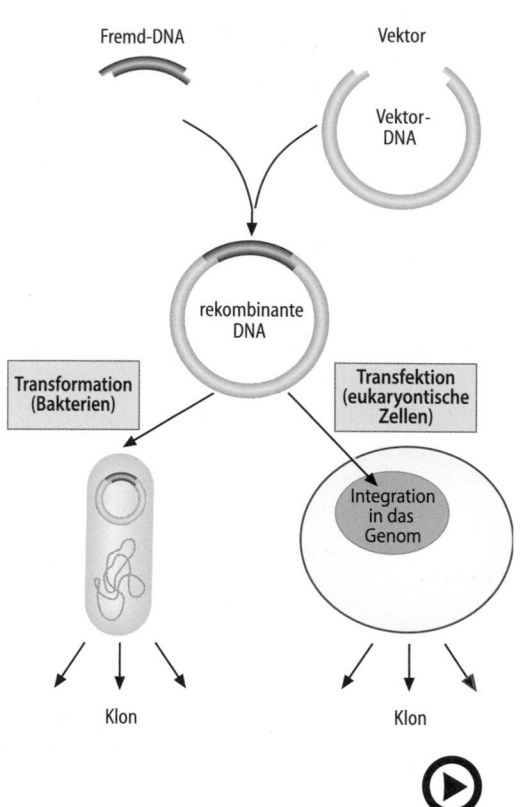

□ Abb. 54.1 (Video 54.1) **Grundprinzip gentechnischer Verfahren.** (Einzelheiten s. Text) (▶ https://doi.org/10.1007/000-5p9)

— Bringt man eine Bakterienzelle dazu, eine gereinigte rekombinante DNA aufzunehmen, spricht man von **Transformation**. Bakterienzellen können eine rekombinierte DNA auch über direkten Kontakt mit einer anderen Bakterienzelle aufnehmen; man spricht dann von **Konjugation**.

— Durch die Einschleusung der rekombinanten DNA in eine Empfängerzelle wird deren Genom verändert. Man spricht von einer **gentechnisch veränderten Zelle**.

— Bringt man eine eukaryontische Zelle dazu, rekombinante DNA aufzunehmen, nennt man das **Transfektion**.

— Die Zellkolonie, die den Vektor mit der Fremd-DNA enthält und repliziert oder exprimiert, wird als **Klon** bezeichnet.

54.1.1 Isolierung und Charakterisierung der für die Gentechnik benötigten Nucleinsäuren

❯ Nucleinsäuren müssen in reiner Form aus Zellen isoliert werden.

Nucleinsäuren, v. a. DNA, die für gentechnische Zwecke, z. B. als Fremd-DNA in Klonierungen verwendet werden sollen, müssen in reiner Form dargestellt werden. In Zellen liegen Nucleinsäuren immer als Komplexe mit Proteinen vor. Die Nucleinsäuren werden von Proteinen mithilfe von z. B. Guanidinium-Hydrochlorid in hohen Konzentrationen abgetrennt und über Ionenaustauscher gereinigt. Anschließend können die Nucleinsäuren durch Ausfällen mit Ethanol isoliert werden. Diese Schritte werden heute in der Regel mit kommerziell erhältlichen Reinigungsmaterialien durchgeführt, die auch eine Automatisierung erlauben.

❯ Für ihre Charakterisierung werden Nucleinsäuren nach ihrer Größe aufgetrennt.

Die Auftrennung von Nucleinsäuren entsprechend ihrer Größe erfolgt durch Elektrophorese in Agarose-Gelen. Hierbei ist die elektrophoretische Mobilität umgekehrt proportional zur molekularen Masse der Nucleinsäuren. Das Prinzip des Verfahrens ist in □ Abb. 54.2 dargestellt.

Die einzelnen DNA-Banden können im Gel, z. B. durch aromatische Kationen wie **Ethidiumbromid** □ Abb. 54.2 angefärbt werden.

❯ Nucleinsäuren können denaturiert und renaturiert werden.

Für ihre Rolle bei der Speicherung der genetischen Information muss die DNA eine hohe Stabilität aufweisen, die u. a. durch die Basenpaarungen in der Doppelhelix zustande kommt. Auch bei der RNA-Struktur spielen Basenpaarungen eine wichtige Rolle. Andererseits sind strukturelle Veränderungen der DNA und RNA dringend erforderlich, um die genetische Information zu erhalten und weiterzugeben. Hierzu zählt die Trennung der DNA-Doppelstränge in Einzelstränge.

Während *in vivo* diese Auftrennung durch spezifische Proteine vermittelt wird (▶ Abschn. 44.3 und 46.1), ist dies bei gereinigten Nucleinsäuren durch physikalische Maßnahmen möglich. So können die Wasserstoffbrückenbindungen zwischen den DNA-Einzelsträngen durch Erhitzen der DNA zum „**Schmelzen**" gebracht werden. Dieser Vorgang der Auftrennung in DNA-Einzelstränge wird auch als **Denaturierung** bezeichnet □ Abb. 54.3). Auch in stark alkalischer Lösung kommt es zur DNA-Denaturierung.

Die Schmelztemperatur der DNA hängt vom G/C-Gehalt ab, da G/C-Paare drei, A/T-Paare aber nur zwei Wasserstoffbrückenbindungen ausbilden können. Die Schmelztemperatur ist darüber hinaus von der Art des Lösungsmittels, der Ionenkonzentration und vom pH-Wert der Lösung abhängig.

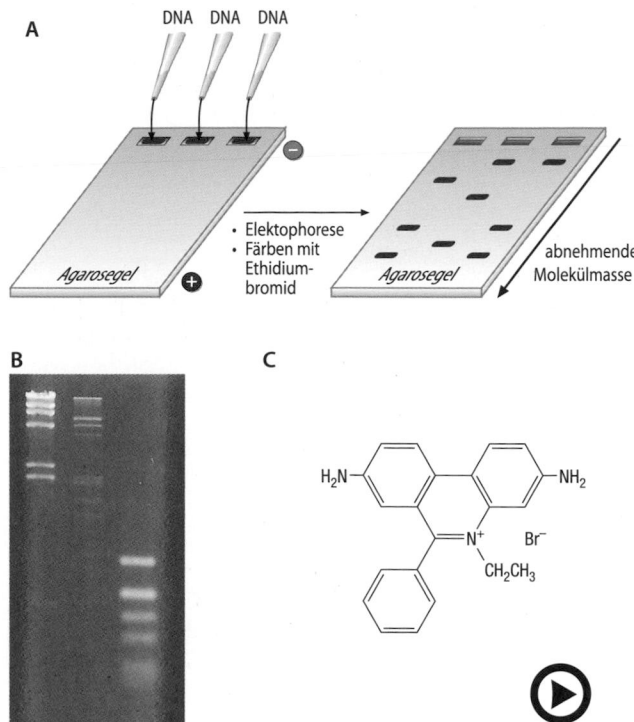

A

DNA DNA DNA

- Elektophorese
- Färben mit Ethidiumbromid

Agarosegel

abnehmende Molekülmasse

B

C

H_2N — — NH_2

N^+ Br^-
CH_2CH_3

Abb. 54.2 (Video 54.2) **Experimentelles Vorgehen bei der Agarose-Gelelektrophorese. A** Plattenförmige Agarose-Gele dienen als Träger für die elektrophoretische Auftrennung von DNA-Fragmenten entsprechend ihrer Größe. Nach Beendigung der Elektrophorese wird das Gel in eine Lösung mit Ethidiumbromid getaucht, anschließend werden im UV-Licht die DNA-Banden sichtbar gemacht. **B** Mit Ethidiumbromid angefärbte DNA-Fragmente, die durch Behandlung der DNA des λ-Phagen mit den Restriktionsendonucleasen HindIII (*linke Spur*), StaVIII (*mittlere Spur*) und AluI (*rechte Spur*) entstehen. **C** Struktur von Ethidiumbromid (► https://doi.org/10.1007/000-5nx)

Beim raschen Abkühlen einer denaturierten DNA bleibt diese denaturiert. Nur über allenfalls kurze Strecken können sich korrekte komplementäre Bereiche ausbilden und werden durch die rasche Temperaturabsenkung quasi eingefroren. Hält man jedoch die Temperatur der DNA-Lösung etwa 20–25 °C unter der „Schmelztemperatur", können sich fehlerhaft gebildete Komplementärbereiche wieder trennen und erneut nach Partnern für die Basenpaarung suchen. Steht genügend Zeit für diesen Prozess zur Verfügung, kommt es zur Ausbildung immer längerer komplementärer Bereiche und schließlich zur vollständigen korrekten Reassoziation zum DNA-Doppelstrang. Dieser Vorgang wird als **DNA-Renaturierung** bezeichnet.

Wasserstoffbrückenbindungen können nicht nur intermolekular zwischen zwei DNA-Einzelsträngen, sondern auch intramolekular zwischen komplementären RNA-Bereichen oder zwischen DNA und RNA ausgebildet werden. Grundsätzlich gelten die Regeln

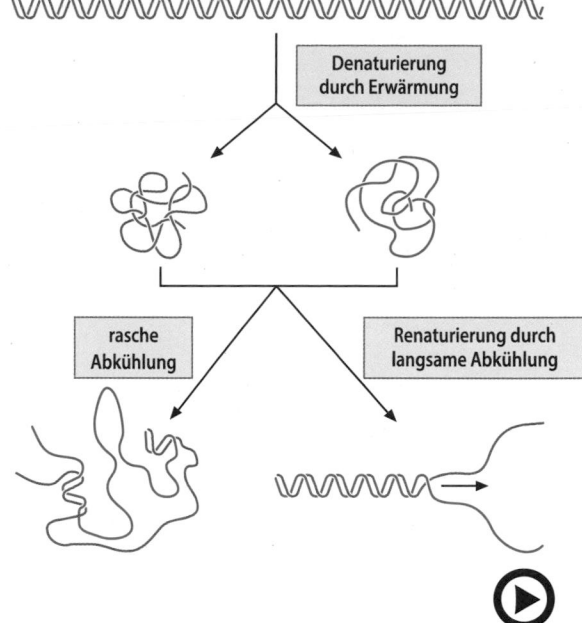

Denaturierung durch Erwärmung

rasche Abkühlung

Renaturierung durch langsame Abkühlung

Abb. 54.3 (Video 54.3) **Denaturierung (Schmelzen) und Renaturierung von DNA** (► https://doi.org/10.1007/000-5ny)

über das Schmelzen und Renaturieren der DNA auch für diese Wasserstoffbrückenbindungen.

❯ Durch Transfer und Hybridisieren können Nucleinsäuresequenzen identifiziert werden.

Die Ausbildung von Wasserstoffbrücken zwischen zwei komplementären DNA-Strängen, zwischen einem DNA-Einzelstrang und einem komplementären RNA-Strang oder zwischen zwei komplementären RNA-Strängen kann dazu benutzt werden, um komplementäre Bereiche oder ähnliche Sequenzen in zwei unterschiedlichen Spezies oder in Geweben der gleichen Spezies aufzuspüren. Die reversible Ausbildung von Wasserstoffbrücken zwischen komplementären DNA- oder RNA-Abschnitten, die **Hybridisierung**, spielt in der modernen Molekularbiologie und damit in der Diagnostik von Erkrankungen, aber auch in der Gerichtsmedizin **(Forensik)** eine ganz wichtige Rolle.

Die Identifizierung einer bestimmten DNA-Sequenz oder eines bestimmten Gens unter vielen anderen Sequenzen ist dann möglich, wenn man über eine komplementäre DNA-Sequenz verfügt, die für diese Zwecke speziell markiert wurde. Diese Sequenz kann im Labor synthetisch hergestellt werden. Die Identifizierung einer DNA mit einer DNA-Sonde wird nach Edwin Southern auch als **Southern-Blot** bezeichnet. Das Verfahren ist schematisch in ■ Abb. 54.4 dargestellt und umfasst folgende Schritte:

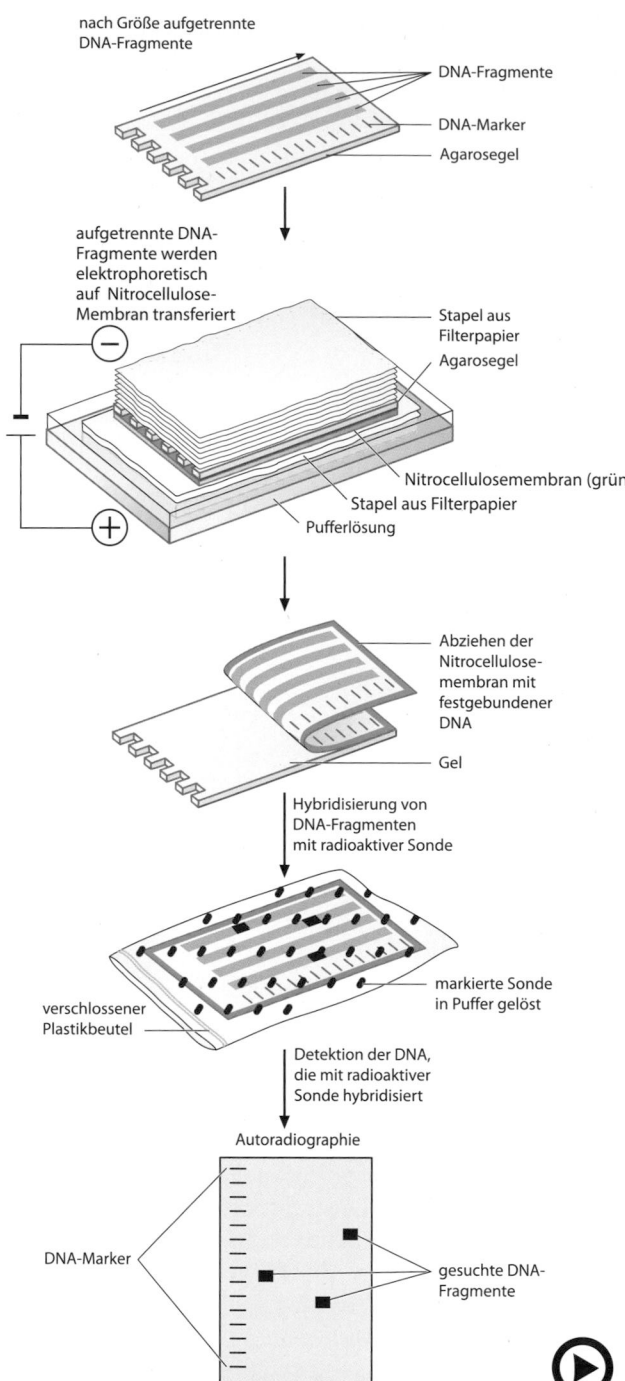

■ Abb. 54.4 (Video 54.4) **Experimentelles Vorgehen bei der Herstellung und Entwicklung eines Southern-Blot.** (Einzelheiten s. Text). (From Molecular Biology of the Cell, FIFTH EDITION by Bruce Alberts, et al. Copyright © 2008, 2002 by Bruce Alberts, Alexander Johnson, Julian Lewis, Martin Raff, Keith Roberts, and Peter Walter. Used by permission of W. W. Norton & Company, Inc.) (► https://doi.org/10.1007/000-5nz)

- Die nach erfolgter Elektrophorese im Agarose-Gel befindliche DNA wird mit Natronlauge denaturiert.
- Anschließend wird das Gel mit einer Nitrozellulosemembran bedeckt. Darüber werden mehrere mit Puf-

ferlösung angefeuchtete Filterpapiere geschichtet. Durch Anlegen einer Spannung werden die negativ geladenen DNA-Moleküle auf die Nitrozellulosemembran übertragen und fest gebunden. Auf diese Weise entsteht ein exakter Abklatsch (***blot***) des Agarose-Gels auf der Nitrozellulose. Die einzelsträngige DNA ist auf der Nitrozellulose fest fixiert und lässt sich auch durch Waschen mit verschiedenen Puffern nicht mehr ablösen.

- Zum Auffinden einer spezifischen Sequenz der zu untersuchenden DNA wird die Nitrozellulose in einer Lösung inkubiert, die als **Sonde** eine markierte einzelsträngige DNA (oder RNA) mit der komplementären Sequenz zur gesuchten DNA enthält. Wenn die für die Hybridisierung notwendige Renaturierungstemperatur mehrere Stunden eingehalten wird, kann die markierte Sonde an die gesuchten Sequenzen auf der Nitrozellulose binden und lässt sich dann anhand ihrer spezifischen Markierung leicht nachweisen. Sehr häufig verwendet man als Sonde DNA-Moleküle, in die das **radioaktive Isotop** ^{32}**P** eingebaut ist. Bei nicht-radioaktiven Methoden werden Markierungen mit verschiedenen **Chromophoren** (Farbstoffen) durchgeführt.

Ein sehr erfolgreiches Verfahren zur Herstellung spezifischer Sonden ist schließlich die Vervielfältigung der gewünschten DNA-Abschnitte aus biologischem Material durch die **Polymerase-Kettenreaktion (*Polymerase Chain Reaction*, PCR,** s. u.). Als spezifische Sonden können auch chemisch synthetisierte Oligonucleotide eingesetzt werden. Darüber hinaus kann die Hybridisierungstechnik auch dazu benutzt werden, um RNA-Moleküle zu identifizieren. Eine solche Variante wird als **Northern-Blot** bezeichnet.

❯ Nucleasen sind nucleinsäureabbauende Enzyme.

Enzyme, die Nucleinsäuren abbauen, sind **Phosphodiesterasen**, da sie die Phosphodiesterbindungen zwischen zwei Nucleotiden spalten. Man bezeichnet diese Enzyme auch als **Nucleasen** oder, wenn sie für DNA spezifisch sind, als **DNasen**, bzw. wenn sie für RNA spezifisch sind, als **RNasen**.

Nucleasen werden in Endonucleasen und Exonucleasen eingeteilt:

- **Endonucleasen** können die Nucleinsäure an jeder beliebigen Stelle in kleinere Bruchstücke spalten.
- **Exonucleasen** bauen die Nucleinsäure von einem Ende des Moleküls her ab. Sie unterscheiden sich in ihrer Spezifität, indem sie die Nucleotide entweder in 5′,3′- oder in 3′,5′-Richtung abspalten.

Nucleasen werden bei der Verdauung von Nucleinsäuren, die mit der Nahrung aufgenommen werden, im Intestinaltrakt benötigt, aber auch für den Abbau intrazellulärer Nucleinsäuren. Sie spielen ferner eine wichtige Rolle bei der Apoptose, dem programmierten Zelltod, bei dem DNA abgebaut wird (▶ Kap. 51).

Der Verdau von DNA mit Endonucleasen kann für die Isolierung und Identifizierung von DNA-Sequenzen verwendet werden, an die spezifische DNA-bindende Proteine, z. B. Transkriptionsfaktoren, binden. Das hierbei verwendete Verfahren wird als **DNase protection assay** bezeichnet (**DNase footprinting**, ◘ Abb. 54.5). Zu diesem Zweck wird das in Frage kommende DNA-Stück an einem Ende mit dem radioaktiven Isotop ^{32}P markiert und anschließend eine Hälfte der Probe mit dem Transkriptionsfaktor inkubiert. Anschließend werden beide Hälften der Probe für eine begrenzte Zeit mit DNase I behandelt. Da diese Endonuclease DNA statistisch spaltet, ergibt sich ein Gemisch aus verschieden langen Bruchstücken. Diese können mithilfe der Agarose-Gelelektrophorese aufgetrennt und anhand der radioaktiven Markierung durch Autoradiographie nachgewiesen werden. In dem nicht vorbehandelten Ansatz findet sich deshalb das Bild einer „Leiter". In dem mit dem DNA-bindenden Protein vorbehandelten Ansatz zeigt sich in der „Leiter" eine Lücke, da das Bindeprotein die DNA vor dem Abbau durch die DNase geschützt hat.

Möchte man die proteinbindenden DNA-Sequenzen innerhalb des Chromatins *in vivo* und nicht wie beim *DNase footprinting in vitro* bestimmen, bietet sich die

ChIP-Technik (*chromatin immune precipitation*) an. Hier werden zu einem bestimmten Zeitpunkt in lebenden Zellen DNA-bindende Proteine mit ihrem gebundenen DNA-Abschnitt kovalent verbunden. Dieses *crosslinking* wird entweder durch Behandlung mit Formaldehyd erreicht oder durch spezielle, durch UV-Licht aktivierbare Moleküle, die mit der DNA und dem DNA-bindenden Protein kovalente Bindungen eingehen und sie somit miteinander verbinden. Anschließend werden die Zellen aufgeschlossen und das Chromatin durch Ultraschall in kleine Stücke von ca. 500 bp fragmentiert. Durch selektive Immunpräzipitation mit an kleine Polymerkügelchen (*beads*) gebundene Antikörper können die DNA-bindenden Proteine abgetrennt werden. Durch Sequenzierung dieses DNA-Fragments lässt sich der gesuchte DNA-bindende Bereich z. B. eines Transkriptionsfaktors exakt bestimmen.

❯ Restriktionsendonucleasen schneiden die DNA an definierten Positionen.

Eine besondere Bedeutung als Werkzeuge im Rahmen der Gentechnologie haben **Restriktionsendonucleasen (Restriktionsenzyme)** erlangt, die nur bei Bakterien vorkommen. Bakterien schützen sich mithilfe dieser Enzyme vor dem Eindringen fremder DNA. Ihre eigene DNA wird mithilfe einer Reihe **spezifischer Methylasen** durch Anheftung von Methylgruppen modifiziert.

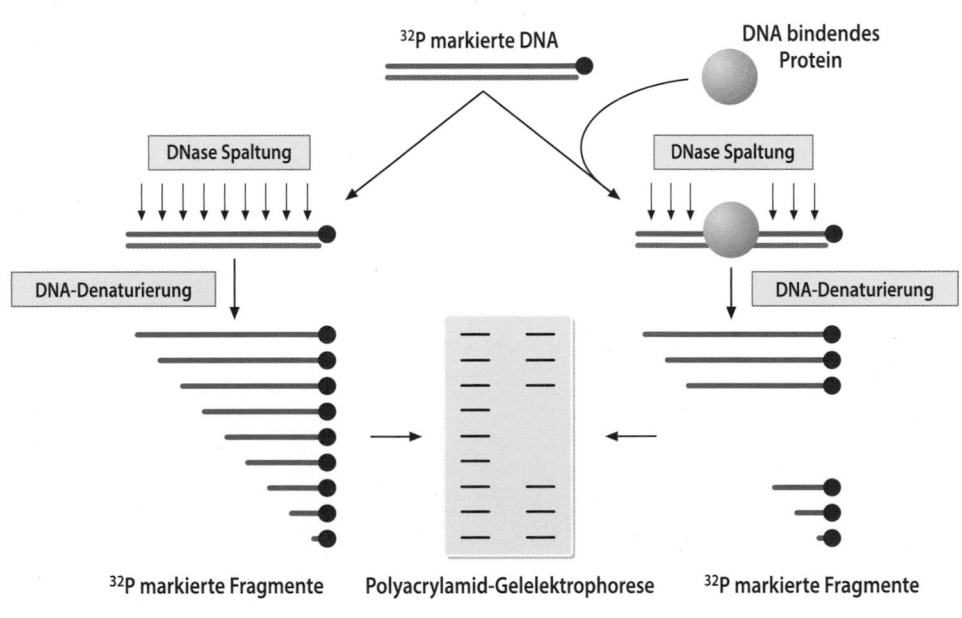

◘ **Abb. 54.5** (Video 54.5) **Vorgehen beim DNase protection assay.** Bei diesem auch als *DNase footprinting* bezeichneten Verfahren wird die zu untersuchende DNA zunächst radioaktiv markiert und danach in An- bzw. Abwesenheit eines DNA-bindenden Proteins mit DNase I verdaut. Da die Bindung von Protein die DNA vor dem Verdau schützt, ergibt sich im anschließenden Trenngel eine Lücke. (Einzelheiten s. Text) (▶ https://doi.org/10.1007/000-5p0)

Fremde, in die Bakterienzellen eingedrungene DNA, z. B. durch **Bakteriophagen** (bakterienspezifische Viren), unterliegt dieser Modifikation nicht und wird infolgedessen durch die von bakteriellen Zellen gebildeten Restriktionsendonucleasen abgebaut und damit entfernt.

Restriktionsenzyme sind heute unverzichtbare Werkzeuge der Gentechnik, da sie große DNA-Stücke, z. B. ganze Chromosomen oder auch ganze Genome, in kleine, handhabbare DNA-Fragmente spalten können. Sie schneiden DNA an genau definierten, in der Regel palindromischen Erkennungssequenzen (▶ Abschn. 10.2.2), die meistens zwischen 4 und 8 bp lang sind. Ein prominentes Beispiel für ein Restriktionsenzym ist EcoRI, das aus dem Bakterium *Escherichia coli* erstmals isoliert wurde (◻ Abb. 54.6). Die Erkennungssequenzen verschiedener Restriktionsenzyme sind in ◻ Tab. 54.1 dargestellt. Bei der Spaltung

von DNA mit EcoRI innerhalb der hexameren Erkennungssequenz 5′-GAATTC-3′ entstehen Fragmente mit 5′-überhängenden, sog. klebrigen Enden (*sticky ends*). Bei anderen Restriktionsenzymen wie z. B. Sau3A führt die Spaltung einer tetrameren Erkennungssequenz 5′-GATC-3′ zu glatten/stumpfen Enden (*blunt ends*).

Durch den Einsatz von verschiedenen Restriktionsenzymen ist man in der Lage, eine genau definierte Sequenz aus einem DNA-Strang herauszuschneiden. Heute sind mehr als 300 Restriktionsenzyme mit unterschiedlichen Erkennungssequenzen kommerziell erhältlich. Die entstehenden DNA-Fragmente können dann z. B. in zirkuläre Plasmidvektoren zur Genexpression in *E. coli* eingesetzt, „rekombiniert" werden (▶ Abschn. 54.2.1).

❯ Die Bestimmung von Restriktionsfragmentlängen dient der Analyse verschiedener Allele für ein bestimmtes Gen in der Population.

Die Untersuchung des **Restriktionsfragmentlängen-Polymorphismus** (RFLP) erlaubt eine genauere Analyse von (menschlichen) Genomen mit der Aufdeckung von individuellen Unterschieden. Diese beruhen auf dem Vorkommen verschiedener Allele für ein bestimmtes Gen in der Population. Durch die homologe Rekombination von Chromosomen während der Meiose werden die Allele unterschiedlich auf die Nachkommen eines Elternpaares verteilt. Eine weitere Ursache für interindividuelle Unterschiede können Punktmutationen sein, die ggf. auch Krankheiten auslösen.

Ein ursprüngliches Verfahren zur Untersuchung des RFLP (◻ Abb. 54.7) ist eine Kombination von DNA-Fragmentierung mit Restriktionsendonucleasen und Southern-Blotting. Man geht dabei so vor, dass ein mit einer Sonde identifizierbarer DNA-Abschnitt mit

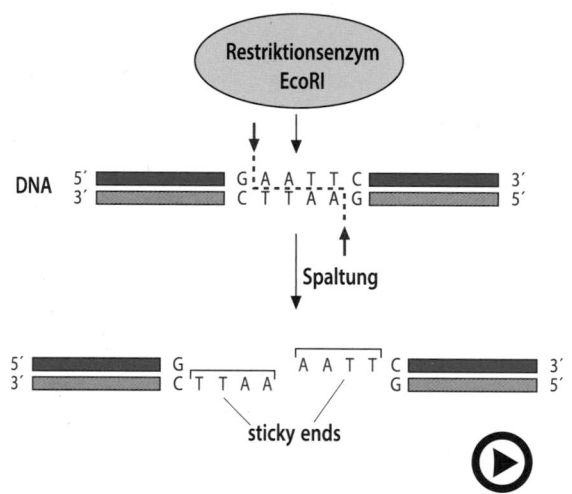

◻ **Abb. 54.6** (Video 54.6) **Restriktionsenzyme.** Spaltstelle des Restriktionsenzyms EcoRI (▶ https://doi.org/10.1007/000-5p1)

◻ **Tab. 54.1**   Restriktionsendonucleasen

Enzym	Mikroorganismus	Erkennungssequenz	Spaltprodukt	Anmerkungen
EcoRI	*Escherichia coli*	5′-GAATTC-3′ 3′-CTTAAG-5′	5′-G AATTC-3′ 3′-CTTAA G-5′	*sticky ends*
BamHI	*Bacillus amyloliquefaciens*	5′-GGATCC-3′ 3′-CCTAGG-5′	5′-G GATCC-3′ 3′-CCTAG G-5′	*sticky ends*
NotI	*Nocardia otitidis-cavarium*	5′-GCGGCCGC-3′ 3′-CGCCGGCG-5′	5′-GC GGCCGC-3′ 3′-CGCCGG CG-5′	*sticky ends*
Sau3A I	*Staphylococcus aureus*	5′-GATC-3′ 3′-CTAG-5′	5′-GA TC-3′ 3′-CT AG-5′	*blunt ends*
SmaI	*Serratia marcescens*	5′-CCCGGG-3′ 3′-GGGCCC-5′	5′-CCC GGG-3′ 3′-GGG CCC-5′	*blunt ends*

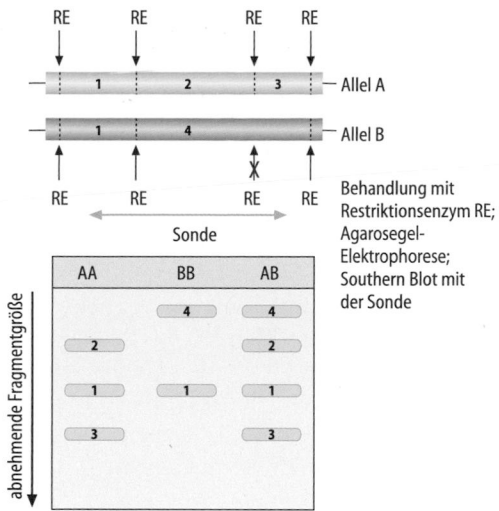

Abb. 54.7 Schematische Darstellung der Allel-Analyse eines codierenden Genabschnitts durch Bestimmung der Restriktionsfragmentlängen. (Einzelheiten s. Text)

Restriktionsendonucleasen in definierte Bruchstücke gespalten wird, die mit der Agarose-Gelelektrophorese separiert und danach mithilfe der Sonde nachgewiesen werden können. Unterschiede dieses Abschnitts innerhalb zweier Individuen, die sich auf verschiedene Allele oder eine Punktmutation innerhalb eines Gens zurückführen lassen, erzeugen ggf. zusätzliche Schnittstellen oder führen zum Verlust einer Schnittstelle. RFLPs wurden früher zur Suche nach Genmutationen verwendet.

❯ Der genetische Fingerabdruck analysiert Sequenzbereiche der DNA, die für ein bestimmtes Individuum charakteristisch sind.

Das Verfahren des **genetischen Fingerabdrucks** analysiert keine für Proteine codierenden Genabschnitte, sondern kleine, sich wiederholende Abschnitte auf der DNA, sog. repetitive Sequenzen, die als **VNTRs (*variable number tandem repeats*)** oder **STRs (*short tandem repeats*)** bezeichnet werden (▶ Abschn. 10.3.3). VNTRs und STRs unterscheiden sich in der Länge der Wiederholungssequenzen. Für beide gilt jedoch, dass die Anzahl der Wiederholungen für ein Individuum spezifisch ist. Das beim genetischen Fingerabdruck heute verwendete Verfahren ist in ▶ Abb. 54.8 dargestellt. Es setzt voraus, dass die eine Wiederholungssequenz flankierenden DNA-Abschnitte soweit bekannt sind, dass an sie *primer* zur Amplifizierung mithilfe der Polymerasekettenreaktion (PCR, ▶ Abschn. 54.1.2) gebunden werden können. Das auf diese Weise hergestellte PCR-Produkt wird mithilfe der Agarose-Gelelektrophorese untersucht. Aus der Länge des DNA-Fragmentes lässt sich auf die Anzahl der Wiederholungssequenzen schließen. Die Wahrscheinlichkeit, dass zwei Individuen eine unterschiedliche Anzahl

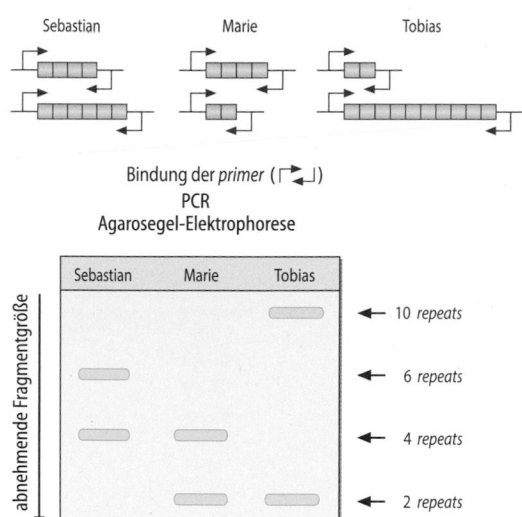

Abb. 54.8 Schematische Darstellung des Vorgehens bei der Erstellung eines genetischen Fingerabdrucks. Bei Sebastian und Marie sowie ihrem gemeinsamen Kind Tobias wird eine STR (*single tandem repeat*)-Sequenz untersucht, die in verschiedenen Kopienzahlen in der Population vorkommt. Die zu untersuchende DNA der drei Personen wird mithilfe entsprechender *primer* mit der Polymerasekettenreaktion amplifiziert und die dabei entstandenen Bruchstücke anschließend mithilfe einer Gelelektrophorese ihrer Größe nach separiert. Sebastian ist heterozygot für zwei Allele mit vier bzw. sechs *repeats*, Marie für zwei Allele mit zwei und vier *repeats*. Bei ihrem Kind finden sich zwei Allele mit zwei bzw. zehn *repeats*. Diese Konstellation erweckt den Verdacht, dass Sebastian nicht der Vater von Tobias ist. Allerdings muss dies noch durch Einbeziehung weiterer Wiederholungssequenzen verifiziert werden

an Wiederholungssequenzen aufweisen, ist sehr hoch. Dehnt man die Untersuchung auf 8–15 unterschiedliche *tandem repeats* aus, so liegt die Häufigkeit der zufälligen Übereinstimmung von zwei Individuen bei mehr als $1:10^{10}$. Die Wahrscheinlichkeit, innerhalb der Weltbevölkerung (ca. 7,9 Milliarden Menschen, Stand September 2021) zweimal das gleiche Muster zu finden, ist daher verschwindend gering. Nur bei eineiigen Zwillingen ist der genetische Fingerabdruck identisch. Der genetische Fingerabdruck wird sowohl zum **Vaterschaftsnachweis** als auch zum **Täternachweis in der Forensik** benutzt.

Das Verfahren hat gegenüber der Bestimmung des Restriktionsfragmentlängen-Polymorphismus (▶ Abb. 54.7) den Vorteil, mit geringsten Mengen DNA (theoretisch ein Molekül) auszukommen, da durch die Polymerasekettenreaktion eine Amplifizierung des DNA-Stücks erfolgt.

❯ DNA-Chips erlauben die Analyse der Expression von Tausenden von Genen in einem einzigen Experiment.

DNA-*chips*, auch als **DNA-*microarrays*** bezeichnet (▶ Abb. 54.9) sind Objektträger, auf die auf sehr engem Raum bis zu ca. 10.000 einzelsträngige DNA-Son-

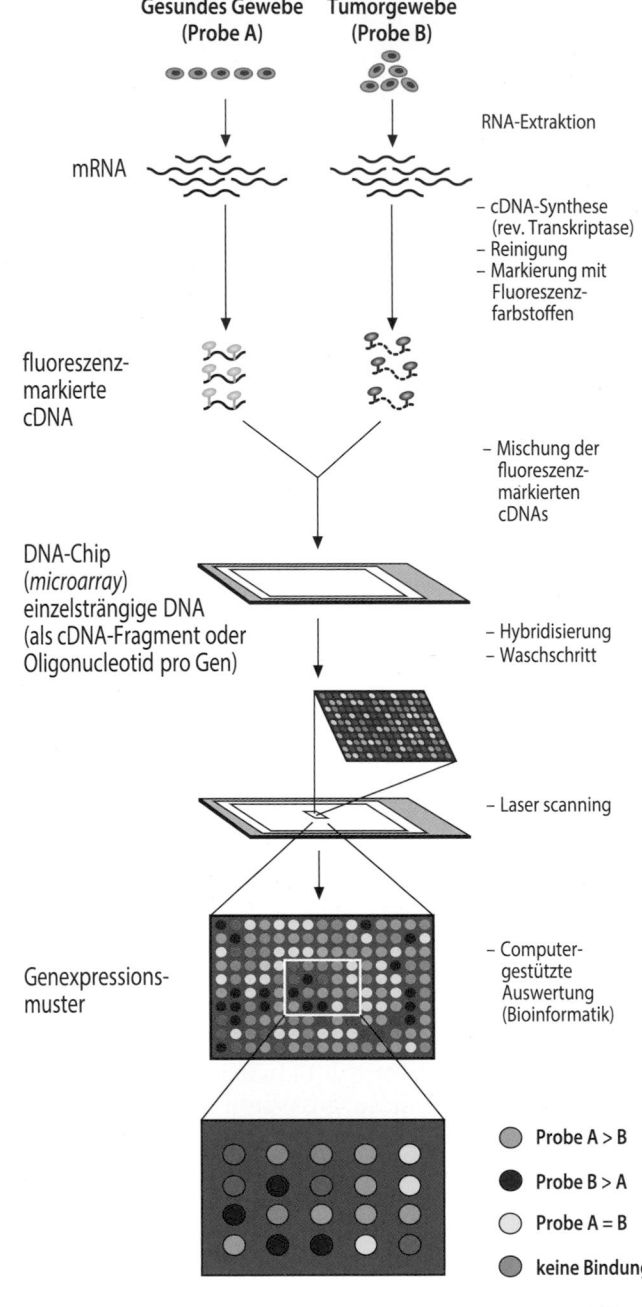

Gesundes Gewebe (Probe A)

Tumorgewebe (Probe B)

RNA-Extraktion

mRNA

– cDNA-Synthese
  (rev. Transkriptase)
– Reinigung
– Markierung mit
  Fluoreszenz-
  farbstoffen

fluoreszenz-
markierte
cDNA

– Mischung der
  fluoreszenz-
  markierten
  cDNAs

DNA-Chip
(*microarray*)
einzelsträngige DNA
(als cDNA-Fragment oder
Oligonucleotid pro Gen)

– Hybridisierung
– Waschschritt

– Laser scanning

Genexpressions-
muster

– Computer-
  gestützte
  Auswertung
  (Bioinformatik)

◯ Probe A > B
● Probe B > A
◯ Probe A = B
◯ keine Bindung

Abb. 54.9 (Video 54.7) **DNA-Chip/*Microarray*-Analyse.** (Einzelheiten s. Text). (Adaptiert nach Staal et al. 2003, mit freundlicher Genehmigung von Macmillan Publishers, Ltd) (► https://doi.org/10.1007/000-5p2)

zere synthetische Oligonucleotide dienen. Die Positionen aller DNA-Sequenzen auf dem Objektträger sind genau abgespeichert.

Da die jeweilige DNA-Sequenz und die Position der Sonden bekannt sind, kann jedes unbekannte DNA-Fragment, welches nach Hybridisierung an eine DNA-Sonde auf dem Chip bindet, zugeordnet und identifiziert werden.

So wird die DNA-Chiptechnik auch zur Analyse der Genexpression in Tumorgewebe im Vergleich zu gesundem Gewebe eingesetzt (◻ Abb. 54.9). Dazu wird die gesamte exprimierte mRNA aus beiden Geweben isoliert und anschließend mit der reversen Transkriptase in doppelsträngige cDNA umgeschrieben. Die zu vergleichenden cDNAs werden mit einem grünen Fluoreszenzfarbstoff (gesundes Gewebe) bzw. einem roten Fluoreszenzfarbstoff (Tumorgewebe) markiert, gemischt und mit den einzelsträngigen bekannten DNAs auf dem DNA-Chip hybridisiert. Bei der lasergestützten Auswertung leuchtet ein *spot* grün, wenn das Gen vorwiegend in gesundem Gewebe, und rot, wenn es überwiegend in Tumorgewebe exprimiert wird. Ist das Gen in beiden Geweben vergleichbar aktiv, erscheint der *spot* gelb. Die grüne/rote Fluoreszenzintensität ist dabei proportional zur Menge an spezifischer cDNA und damit auch zur spezifischen mRNA.

Durch einen Vergleich der **Genexpressionsmuster von Tumorzellen** mit dem von gesunden Zellen erhält man Informationen über Fehlsteuerungen in Krebszellen, die der Entwicklung neuer Therapiestrategien dienen können.

54.1.2 PCR – Die Polymerasekettenreaktion

❯ Spezifische DNA-Sequenzen können mithilfe der Polymerasekettenreaktion amplifiziert werden

1984 veröffentlichte Kary Mullis eine Methode zur Amplifizierung von Nucleinsäurefragmenten *in vitro*, die zu einer der am häufigsten benutzten Standardmethoden der Molekularbiologie geworden ist. Sie kommt ohne die Verwendung von Zellen aus. Das Prinzip dieser auch als **Polymerasekettenreaktion** (*PCR, polymerase chain reaction*) bezeichneten Methode ist in ◻ Abb. 54.10 dargestellt. Zunächst wird durch Erhöhung der Temperatur auf etwa 90 °C die DNA, die die gewünschte zu amplifizierende DNA-Sequenz enthält, in Einzelstränge aufgeschmolzen. Danach wird der Ansatz auf etwa 50–60 °C abgekühlt und zwei aus etwa 15–25 Basen bestehende einzelsträngige **Oligonucleotid-*primer*** zugesetzt, die zur Sequenz an den 3′-Enden der beiden DNA-Einzelstränge

den mithilfe eines computergesteuerten Roboters aufgebracht wurden. Als derartige Sonden können DNA-Fragmente aus cDNA-Bibliotheken (► Abschn. 54.3), einer Polymerasekettenreaktion oder auch kür-

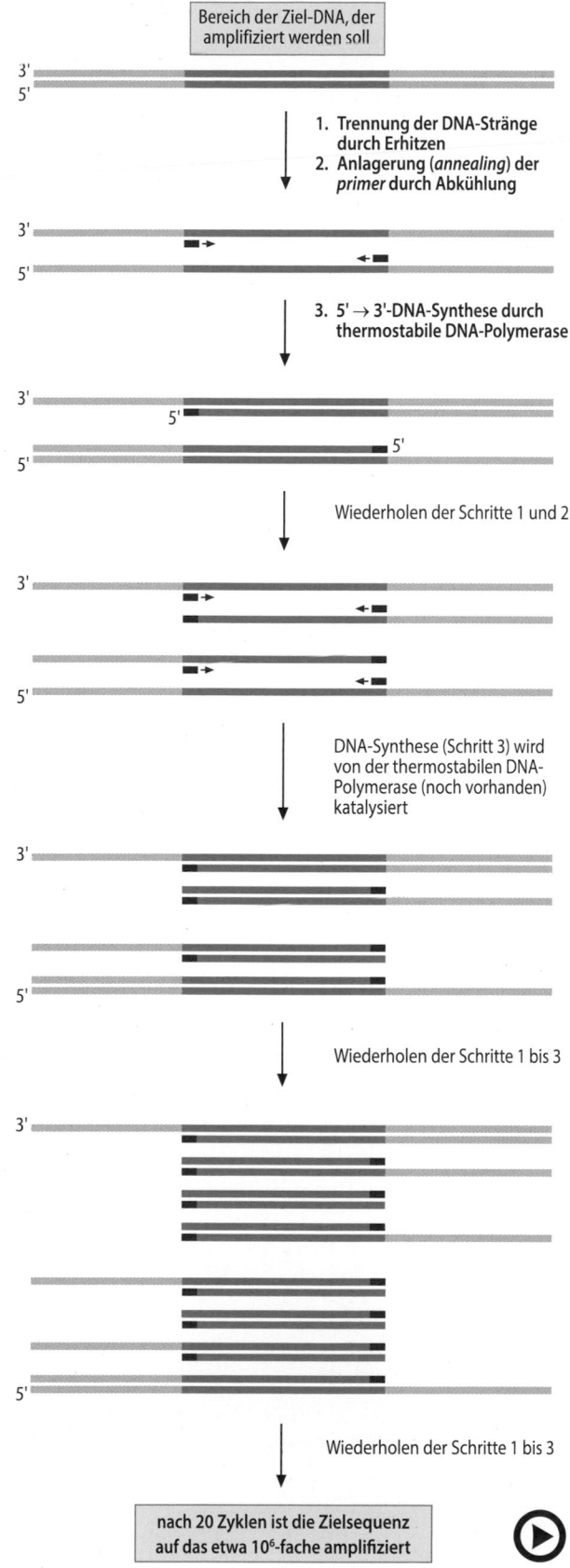

Bereich der Ziel-DNA, der
amplifiziert werden soll

3'
5'

1. Trennung der DNA-Stränge
   durch Erhitzen
2. Anlagerung (*annealing*) der
   primer durch Abkühlung

3'

5'

3. 5' → 3'-DNA-Synthese durch
   thermostabile DNA-Polymerase

3'
5'

5'
5'

Wiederholen der Schritte 1 und 2

3'

5'

DNA-Synthese (Schritt 3) wird
von der thermostabilen DNA-
Polymerase (noch vorhanden)
katalysiert

3'

5'

Wiederholen der Schritte 1 bis 3

3'

5'

Wiederholen der Schritte 1 bis 3

nach 20 Zyklen ist die Zielsequenz
auf das etwa 10⁶-fache amplifiziert

◘ Abb. 54.10 (Video 54.8) **Amplifizierung einer spezifischen DNA-Sequenz mithilfe der Polymerasekettenreaktion.** (► https://doi.org/10.1007/000-5p3)

komplementär sind. Durch Zusatz einer thermostabilen DNA-Polymerase und den vier Desoxyribonucleosidtriphosphaten dATP, dTTP, dCTP, dGTP werden die beiden Einzelstränge zu den jeweiligen Doppelsträngen komplementiert. Anschließend wird dieser Reaktionszyklus mit den folgenden Schritten wiederholt:

- Denaturierung
- Bindung der Oligonucleotid-*primer* (**annealing**)
- Polymerasereaktion

Bei mehrfacher Wiederholung dieses Zyklus ergibt sich eine exponentielle Zunahme der DNA-Moleküle. Die Amplifizierung mit der PCR-Methode ist außerordentlich effektiv. Mit nur 20 Reaktionszyklen ergibt sich eine 2^{20} (10^6)-fache Amplifizierung eines Moleküls doppelsträngiger DNA. Ein einzelner Zyklus dauert etwa 5 min, sodass eine ausreichende DNA-Vermehrung in 1,5 bis 2 h erzielt werden kann. Da in jedem Zyklus zur Trennung der DNA-Doppelstränge eine kurze Hitzebehandlung notwendig ist, benötigt man für die PCR eine **thermostabile DNA-Polymerase**, die z. B. aus thermophilen Bakterien stammt. Diese Bakterien leben in heißen Quellen und produzieren Enzyme, die auch bei Temperaturen von 90–95 °C stabil sind. Die für die PCR häufig verwendete **Taq-Polymerase** stammt aus dem Organismus *Thermus aquaticus*. Die einzelnen Reaktionszyklen der PCR werden in **automatisierten Thermostaten (Thermocyclern)** durchgeführt.

Das PCR-Verfahren wurde ursprünglich für die Amplifizierung von DNA-Fragmenten beschrieben und eignet sich für DNA-Stücke von einigen 100 bis mehreren 1000 Basenpaaren Länge. Inzwischen sind eine Reihe von Varianten der PCR beschrieben worden. So ist es beispielsweise mithilfe der **RT-PCR** (Reverse Transkription-PCR) möglich, auch RNA als Ausgangsmaterial zu verwenden. Isolierte mRNA wird zunächst mit der reversen Transkriptase in doppelsträngige cDNA umgeschrieben, die dann als Ausgangsmatrize zur PCR-Amplifikation dient.

Die PCR-Methodik bietet viele Anwendungsmöglichkeiten. Mit ihrer Hilfe können nicht nur DNA-Fragmente amplifiziert, sondern auch neue Gene identifiziert und verändert, Krankheitserreger bestimmt oder auch Untersuchungen über die Evolution der Arten durchgeführt werden. Eine mit der besonders hohen Amplifikationsfähigkeit der PCR-Methode zusammenhängende Fehlerquelle besteht in der **Kontamination** durch Fremd-DNA. Diese kann z. B. aus Hautschuppen oder im Speichel enthaltenen Zellen des Experimentators stammen, am häufigsten aber aus vorangegangenen PCR-Ansätzen. Aus diesem Grund sind für alle PCR-Experimente Negativkontrollen sehr wichtig.

Die Methode der PCR wurde vielfach weiterentwickelt. So können bei der *real-time* **quantitative PCR** bestimmte DNA-Sequenzabschnitte nachgewiesen und durch Gegenwart eines mit einem Fluorophor markierten Oligonucleotid-*primers* durch Messung des Fluoreszenz-Signals gleichzeitig auch quantifiziert werden. So lassen sich beispielsweise Therapie-Erfolge bei bakteriellen Infektionen messen, indem man die Konzentration der Bakterien im Blut verfolgt, die sich aus der Menge und damit der Intensität des Fluoreszenzsignals ableiten lässt.

Bei der **Single Cell-PCR** lassen sich z. B. in einzelnen Tumorzellen die Mutationsraten in einem sich entwickelnden Tumor untersuchen und mit gesunden Zellen vergleichen.

54.1.3 Sequenzierung von DNA

❯ Basensequenzen der DNA können mithilfe der Kettenabbruchmethode bestimmt werden.

Für die Sequenzaufklärung auch großer DNA-Fragmente wurde von Alan Maxam und Walter Gilbert 1975 ein chemisches und von Frederick Sanger und Charles A. Coulson ein enzymatisches Verfahren entwickelt. Das enzymatische Verfahren nach Sanger hat sich in den Folgejahren durchgesetzt und wurde automatisiert. Daher konnten sehr große Genome wie das menschliche in überschaubarer Zeit sequenziert werden.

Die DNA-Sequenzierung nach der von Sanger und Coulson entwickelten enzymatischen Kettenabbruchmethode umfasst folgende Schritte (◻ Abb. 54.11):

— Das zu sequenzierende DNA-Fragment wird an seinem 3′-Ende mit einer komplementären einzelsträngigen DNA, einem sog. *primer*, hybridisiert. Dieser sollte eine Länge von 15–20 Basen haben.

— Mithilfe der **DNA-Polymerase I** (▸ Kap. 44) wird an den *primer* ein DNA-Strang synthetisiert, der zu dem zu sequenzierenden DNA-Abschnitt komplementär ist. Hierzu werden die vier benötigten Basen als Desoxyribonucleosidtriphosphate (dATP, dTTP, dCTP, dGTP) zugesetzt. Ein **sequenzspezifischer Kettenabbruch** wird dadurch erzwungen, dass der Sequenzierungsansatz in vier gleiche Teile aufgeteilt und in jeden Ansatz eine geringe Menge eines der vier **2′,3′-Didesoxyribonucleosidtriphosphate** (ddATP, ddTTP, ddCTP, ddGTP) gegeben wird (◻ Abb. 54.12). Wird dieses Didesoxynucleotid anstelle des normalen Desoxynucleotids in die wachsende Polynucleotidkette eingebaut, so wird das Kettenwachstum beendet, da keine freie 3′-OH-

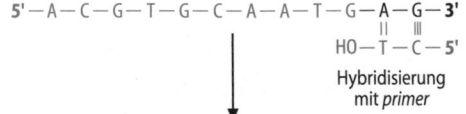

vom Trenngel abgelesene Sequenz:

5′ — C — A — T — T — G — C — A — C — G — T — 3′

daraus folgt komplementäre Sequenz = Zielsequenz

5′ — A — C — G — T — G — C — A — A — T — G — 3′

◻ **Abb. 54.11** (Video 54.9) **Prinzip der DNA-Sequenzierungstechnik nach Sanger und Coulson.** (Einzelheiten s. Text) (▸ https://doi.org/10.1007/000-5p4)

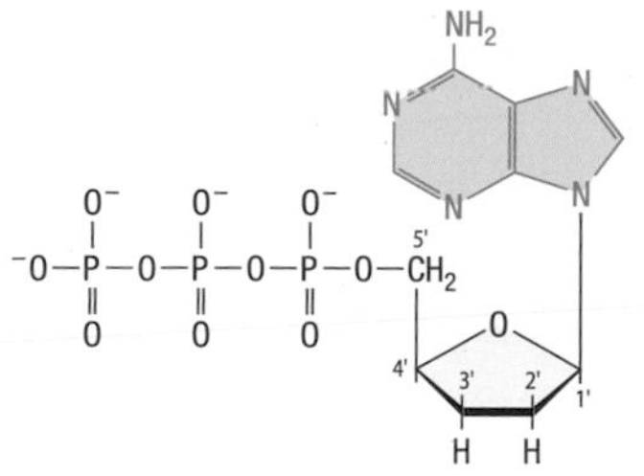

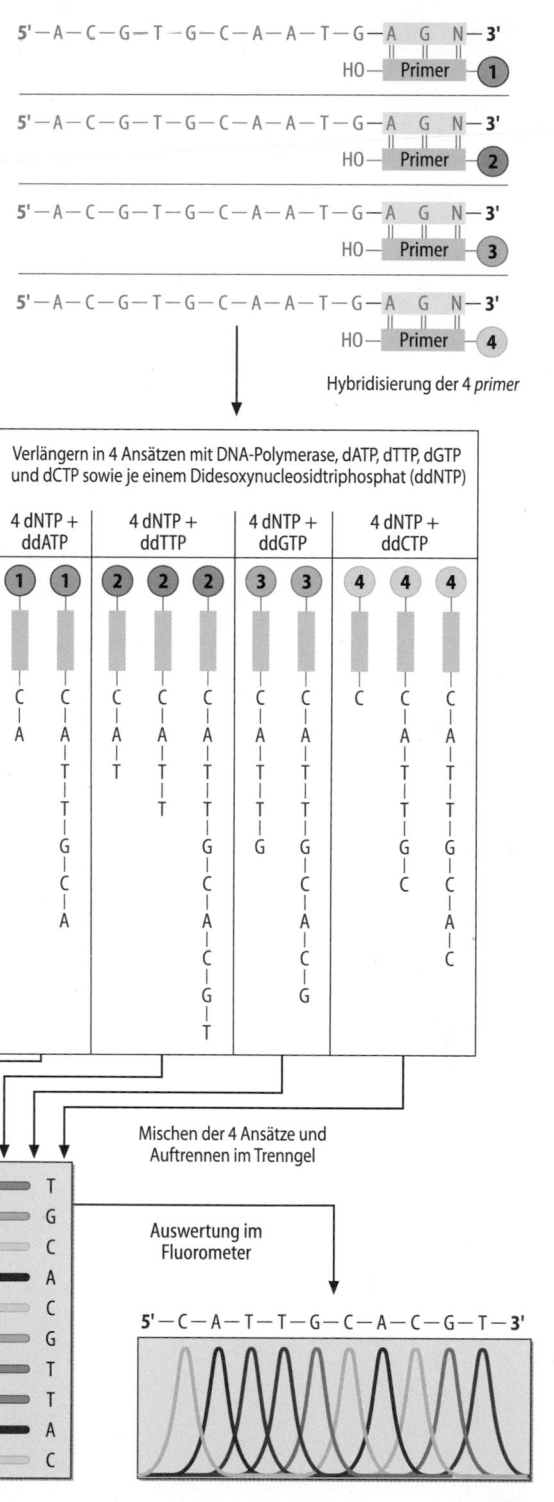

■ **Abb. 54.12** Didesoxy-ATP als Beispiel für ein Didesoxynucleosidtriphosphat

Gruppe für die Polymerisierung mehr vorhanden ist.

- Ist die Menge an Didesoxyribonucleosidtriphosphaten gering, wird es nicht an jeder möglichen Stelle innerhalb der Sequenz sondern statistisch eingebaut und es entsteht ein Gemisch unterschiedlich langer Ketten, welche auf einem **Polyacrylamidgel** elektrophoretisch ihrer Länge nach aufgetrennt werden.

- Zur Detektion kann z. B. eines der Desoxyribonucleosidtriphosphate (α^{32}P-dATP) radioaktiv markiert werden. Durch Autoradiographie werden alle Ketten sichtbar gemacht und die Nucleotidsequenz des komplementären DNA-Strangs kann abgelesen werden wie in ■ Abb. 54.11 demonstriert.

Für die **automatisierte DNA-Sequenzierung** ist eine spezielle Variante der Kettenabbruchmethode entwickelt worden (■ Abb. 54.13). Sie beruht auf der Verwendung von *primern*, die mit Fluoreszenzfarbstoffen markiert sind. Benutzt man für jedes der vier Nucleotide einen *primer* mit jeweils einem anderen **Fluoreszenzfarbstoff**, können die vier Ansätze in einer einzigen Spur des Sequenzier-Gels aufgetrennt werden. Mit einem spezifischen Laserfluoreszenzphotometer, welches zwischen den vier Fluoreszenzfarbstoffen unterscheiden kann, lässt sich dann die Sequenz automatisiert ablesen. Für die Sequenzierung ganzer Genome, z. B. im Rahmen des Humanen-Genom-Projekts, war die Verwendung derartiger Techniken eine wichtige Voraussetzung.

■ **Abb. 54.13** (Video 54.10) **Automatisierte DNA-Sequenzierung** (► https://doi.org/10.1007/000-5p5)

Übrigens

— **Sequenzierung der nächsten Generation** (*Next genera-tion sequencing,* auch *Second generation sequencing*). Die Techniken der DNA-Sequenzierung sind in den letzten Jahren ständig weiter entwickelt worden, mit dem Ziel, immer größere DNA-Sequenzmengen in immer kürzerer Zeit und mit geringeren Kosten zu erhalten. So ist es inzwischen möglich, mittels dieser Sequenzierungsmethoden der nächsten Generation (*Next generation sequencing*) ganze Genome in we-nigen Tagen für weniger als 1000 € zu sequenzieren. Einige dieser Methoden sind eine Weiterentwicklung der enzymatischen Sanger-Methode, d. h. auch bei ih-nen wird ausgehend von einem Primer mit der DNA-Polymerase ein zweiter komplementärer Strang syn-thetisiert. Allerdings wird die Verlängerung des neuen Stranges direkt verfolgt. Bei dem sog. *Pyrosequencing* wird in rascher Folge jeweils nur eines der vier Nucleosidtriphosphate angeboten. Wird es eingebaut, so kommt es zur Freisetzung eines Pyrophosphatrestes. Durch eine nachgeschaltete enzymatische Reaktion wird das Pyrophosphat mittels der ATP-Sulfurylase mit Adenosyl-5′-phosphosulfat zu ATP umgesetzt (Abb. 3.17). Das gebildete ATP wird dann über die Luciferinreaktion (◘ Abb. 54.21) in einen Lichtblitz (daher der Name *Pyrosequencing*) umgewandelt, der über einen Lichtleiter und angeschlossenen Detektor quantitativ erfasst wird. Die Stärke des Lichtsignals ist dabei direkt proportional der Zahl der einge-bauten Nucleotide. Durch eine Anordnung, bei der Hunderte von Sequenzreaktionen in miniaturisierten Reaktionsgefäßen parallel ablaufen, können in wenigen Stunden zahlreiche DNA-Sequenzen automatisiert er-fasst werden. Noch eleganter ist die *Sequencing by syn-thesis*-Methode. Hierbei werden verschiedene DNA-Stränge über Adaptoren an einer Chip-Oberfläche fixiert und amplifiziert. Nach Aufschmelzen der Doppelstränge werden Sequenzier-*Primer* zugege-ben sowie alle vier Nucleosidtriphosphate gekoppelt jeweils an einen von vier unterschiedlich farbigen Fluorophoren. Zusätzlich sind die Nucleotide an der 3′-OH-Gruppe reversibel blockiert, sodass jeweils immer nur ein Nucleotid eingebaut werden kann. Durch einen kurzen Laserblitz wird das eingebaute Fluorophor über eine hochempfindliche Farbkamera detektiert. Nachdem die Blockierung der 3′-OH-Gruppe und das Fluorophor chemisch abgelöst wur-den, kann das nächste Nucleotid eingebaut werden. Auch hier laufen parallel auf einem wenige Zentimeter großen Chip in kurzer Zeit Hunderte von parallelen Sequenzierungen ab.

Mit beiden Methoden können in kurzer Zeit und preiswert zahlreiche DNA-Sequenzen von 300–400 bp Länge genau bestimmt werden. Aus diesen dann mithilfe spezieller Computerprogramme ganze Genome zusammenzusetzen ist Aufgabe der Bioinformatik. Nicht die Beschaffung von Sequenzdaten ist im Moment der limitierende Faktor in der Genomforschung, sondern die Speicherung der enor-men Datenfülle und ihre Auswertung.

— *Third generation sequencing.* Seit 2012 sind weitere, noch schnellere DNA-Sequenzierungsverfahren der sog. dritten Generation entwickelt worden, bei denen Einzelmolekülexperimente direkt gemessen werden, eine fehleranfällige DNA-Polymerasereaktion ent-fällt. Somit ist es möglich geworden, mit vertretba-rem Aufwand und hoher Präzision die DNA einzelner Zellen schnell zu sequenzieren. Eine *Third generation sequencing*-Methode ist die **Nanoporen-sequenzierung**: Hier wird ein einzelsträngiger DNA- oder RNA-Strang elektrophoretisch durch eine sehr feine Nanopore (Durchmesser 1 nm – daher der Name der Methode) gezogen und durch Messung des Stromes durch die Pore auf die Nucleotidsequenz zurückgeschlossen. Jede durch die Pore gleitende Nucleotidbase resultiert in einer charakteristischen Änderung des Stroms. Ein Problem ist die Stabilität und die Reproduzierbarkeit des Porendurchmessers. Erfolge werden dabei mit Nanotubes erreicht, die auf Kohlenstoff basieren. Auch andere Polymere wie Proteine können durch die Nanoporen-Sequenzierung sequenziert werden. Mit einem so schnel-len Sequenzierungsverfahren können beispielsweise eine Tumorzelle mit einer gesunden Zelle hinsichtlich ihres Genoms und ihres mRNA-Expressionsprofils verglichen werden, was wertvolle Einblicke in die Mechanismen der Tumorentstehung ermöglicht. Die Methoden müs-sen allerdings im Hinblick auf ihre vergleichsweise hohe Fehlerrate weiter optimiert werden. Möchte man *SNPs* (*Single nucleotide polymorphisms*, Einzelnucleotid-Mutationen) nachweisen, kommt es bei den 3,2 Mrd. bp des menschlichen Genoms auf eine geringe Fehlerrate der Sequenzierungsmethode an. Deswegen wird beim *Deep sequencing* bzw. *Ultra deep sequencing* $100 - 10^8$-fach wiederholt sequenziert (*coverage* $100 - 10^8$-fach). Auch RNA kann auf diese Weise sequenziert werden. Bei der als RNASeq bezeichneten Methode wird die gesamte zu sequenzierende RNA einer Zelle erst in eine cDNA umgeschrieben (▶ Abschn. 54.3), bevor diese dann durch *Third generation sequencing* sequenziert werden kann. Die Gesamtheit aller RNA-Moleküle einer Zelle zu einem bestimmten Zeitpunkt wird als **Transkriptom** bezeichnet.

Zusammenfassung

Für die Molekularbiologie und Gentechnik stellt die Entwicklung geeigneter Methoden zur Isolierung und Charaktersierung von DNA- und RNA-Molekülen eine ganz wesentliche Voraussetzung dar. Nucleinsäuremoleküle können durch entsprechende Nucleasen in Bruchstücke fragmentiert werden, wobei für die DNA besonders die Spaltung mit Restriktionsendonucleasen von großer Bedeutung ist, da hierbei Enden mit definierter Basensequenz entstehen.

DNA kann mithilfe der Polymerasekettenreaktion vervielfältigt werden. Durch mehrere Reaktionszyklen stellt eine thermostabile DNA-Polymerase zahlreiche Kopien von einer DNA-Matrize her.

Fragmente von Nucleinsäuren können elektrophoretisch mithilfe der Agarose-Gelelektrophorese entsprechend ihrer Größe aufgetrennt und mithilfe geeigneter Farbstoffe sichtbar gemacht werden. Mithilfe von markierten Sonden gelingt durch Hybridisierung die Lokalisation spezifischer Basensequenzen in diesen Fragmenten. Hierfür gängige Verfahren sind Southern- und Northern-Blotting.

Von besonderer Bedeutung sind Verfahren zur DNA-Sequenzierung. Bei der Kettenabbruchmethode wird mithilfe der DNA-Polymerase eine Replikation des zu sequenzierenden DNA-Stückes durchgeführt, wobei durch Zugabe von Didesoxynucleosidtriphosphaten sequenzspezifische Bruchstücke erzeugt werden. Moderne Verfahren der DNA Sequenzierung („*Next generation sequencing*" und „*Third generation sequencing*") erlauben kostengünstige und schnelle DNA-Sequenzierungen einzelner Zellen und das Erstellen von mRNA-Expressionsprofilen und ganzen Transkriptomen.

54.2 Vektoren zum Einschleusen fremder DNA in Wirtszellen

54.2.1 Bakterielle Vektoren

❯ Bakterielle Vektoren leiten sich von natürlichen Plasmiden oder Bakteriophagen ab.

Für alle gentechnischen Verfahren ist die Vermehrung isolierter, spezifischer DNA-Sequenzen in beliebigen Mengen eine wichtige Voraussetzung. Bakterien sind ideale Werkzeuge für diesen Zweck, da sie eine hohe Vermehrungsrate zeigen; außerdem verfügen sie häufig über **Plasmide**, die sich als Vektoren (Genfähren) für den DNA-Transfer eignen.

Plasmide sind ringförmige DNAs, die eine Startstelle für die DNA-Polymerase besitzen (*ori = origin*

of replication; ▶ Kap. 44) und sich deswegen unabhängig vom bakteriellen Chromosom replizieren. In Bakterien können natürlich vorkommende Plasmide die Gene für einen Transfer zwischen Bakterienzellen (Konjugation) oder auch für Antibiotikaresistenzen tragen. Nach Lyse der Bakterien können Plasmide durch Fällung mit Salzlösung und Zentrifugation von bakteriellen Chromosomen abgetrennt und in hoher Reinheit isoliert werden. Um für die Gentechnik brauchbar zu sein, müssen die „natürlichen Plasmide" modifiziert werden.

❯ Vektoren benötigen eine Polyklonierungsstelle.

Um das Einfügen der fremden DNA zu erleichtern, verfügen die für gentechnische Zwecke verwendeten Plasmide über eine sog. **Polyklonierungsstelle** (*multiple cloning site*, MCS, ◘ Abb. 54.14A). Sie besteht aus einer Basensequenz, in der hintereinander die Schnittstellen häufig verwendeter Restriktionsendonucleasen eingefügt sind.

Wählt man eine Restriktionsendonuclease aus, die die Fremd-DNA an beiden Seiten des zu klonierenden Gens spaltet und damit auch das Plasmid schneidet, können sich Fremd-DNA und Plasmid-DNA über ihre *sticky ends* miteinander verbinden (◘ Abb. 54.14B). Mithilfe von **DNA-Ligase** (▶ Kap. 44) werden zwischen Fremd-DNA und Plasmid-DNA die nötigen Phosphodiesterbindungen geknüpft. Allerdings werden heute zunehmend Klonierungsverfahren verwendet, die ohne den Einsatz von Restriktionsendonucleasen auskommen.

❯ Resistenzgene erlauben die Kontrolle der Transformation.

Vektoren müssen zunächst über einen Marker verfügen, der den Nachweis zulässt, dass das Plasmid auch tatsächlich von den Bakterienzellen aufgenommen wurde. Meist geschieht dies durch Einführung eines Resistenzgens. So enthält der in ◘ Abb. 54.14A dargestellte, sehr häufig verwendete Vektor pUC18 hierfür das **Ampicillinresistenzgen *amp*^R**, das für die Synthese der β-Lactamase codiert, die den β-Lactamring, z. B. von dem Antibiotikum Ampicillin spaltet. Bakterien, die mit diesem Plasmid erfolgreich transformiert wurden, können auf ampicillinhaltigen Nährböden wachsen (◘ Abb. 54.14B).

Da die Ausbeute bei der Herstellung eines rekombinanten Plasmids sehr niedrig ist, weil auch „leere" Plasmide ligiert werden können, ergibt sich das Problem, diejenigen Bakterien, die ein Plasmid mit eingebauter Fremd-DNA tragen, von denjenigen zu unterscheiden, die ein Plasmid ohne fremde DNA enthalten. Bei dem Plasmid pUC18 ist die Polyklonierungsstelle in das ***lacZ'*-Gen** von *E. coli* so eingefügt, dass die Expression

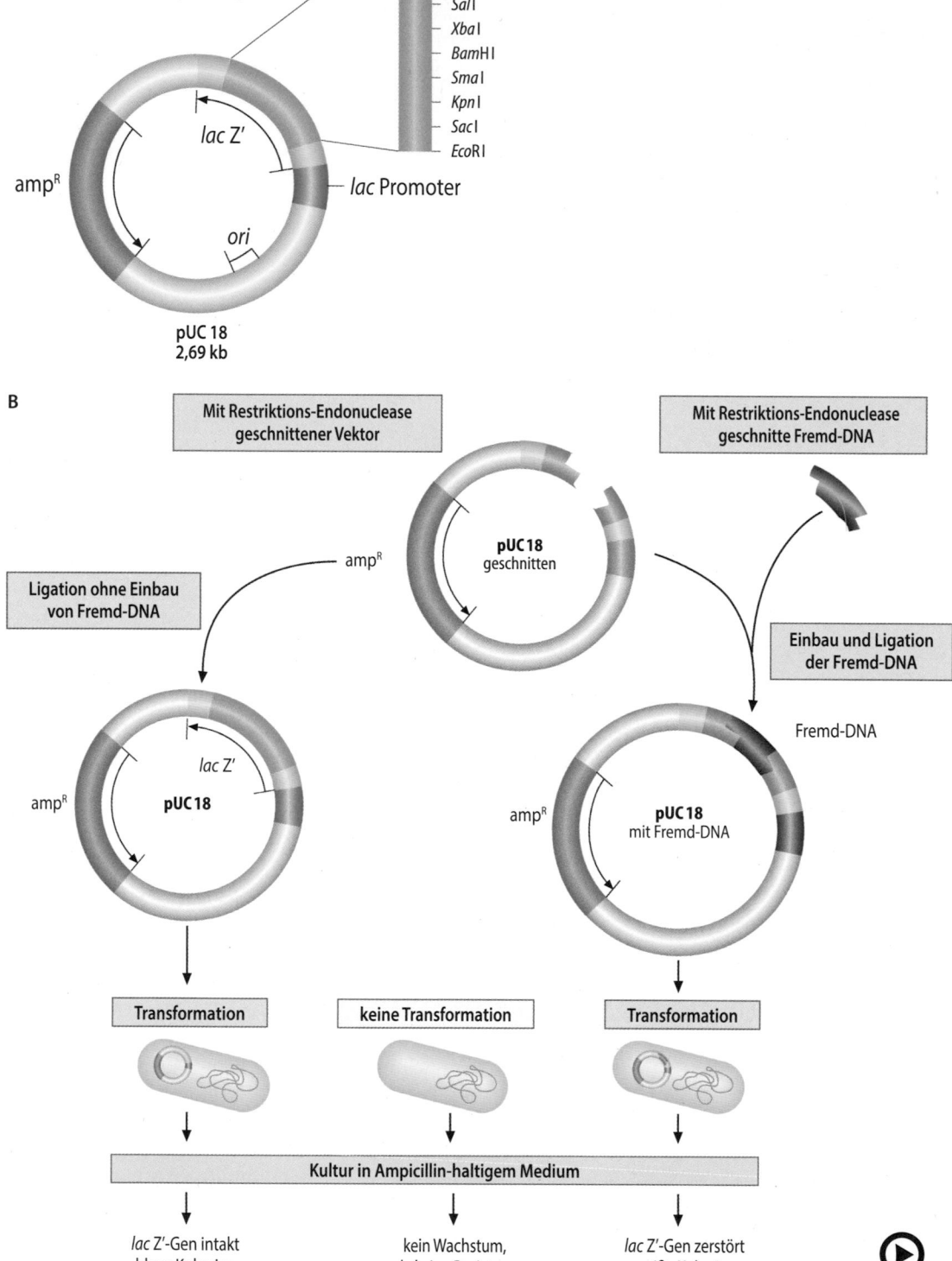

A Polyklonierungsstelle
(multiple cloning site, MCS)

Hind III
Sph I
Pst I
Sal I
Xba I
*Bam*H I
Sma I
Kpn I
Sac I
*Eco*R I

lac Z'

lac Promoter

amp^R

ori

pUC 18
2,69 kb

B

Mit Restriktions-Endonuclease
geschnittener Vektor

Mit Restriktions-Endonuclease
geschnitte Fremd-DNA

amp^R

pUC 18
geschnitten

Ligation ohne Einbau
von Fremd-DNA

Einbau und Ligation
der Fremd-DNA

Fremd-DNA

lac Z'

amp^R   pUC 18

amp^R   pUC 18
mit Fremd-DNA

Transformation

keine Transformation

Transformation

Kultur in Ampicillin-haltigem Medium

lac Z'-Gen intakt
blaue Kolonien

kein Wachstum,
da keine Resistenz

lac Z'-Gen zerstört
weiße Kolonien

◘ **Abb. 54.14** (Video 54.11) **Transformation von Bakterien mit Plasmiden. A** Aufbau des häufig verwendeten Plasmids pUC18 als Beispiel für einen typischen Plasmidvektor. **B** Klonierung von Fremd-DNA in ein Plasmid und Transformation sowie Selektion von Bakterienzellen. *ori:* Replikationsursprung in Bakterien; *amp^R:* Gen für Ampicillinresistenz als Selektionsmarker; *Polyklonierungsstelle:* Sequenz mit den Schnittstellen für die angegebenen Restriktionsendonucleasen. Derartige Polyklonierungsstellen bieten entsprechende Möglichkeiten bei der Wahl der verwendeten Restriktionsendonucleasen; *lacZ':* Fragment des lacZ'-Gens aus *E. coli*, welches für β-Galactosidase codiert; *lac-Promotor:* Promotor für das lacZ'-Gen. (Einzelheiten s. Text) (▶ https://doi.org/10.1007/000-5p6)

der β-Galactosidase vom *lacZ'*-Gen nicht gestört ist. Bakterien, die mit dem ursprünglichen pUC18 transformiert wurden, können mithilfe der β-Galactosidase ein Substrat mit einer glycosidischen Bindung (**X-Gal**) unter Bildung eines Farbstoffs spalten, sodass sich ihre Kolonien blau anfärben. Wird in die Polyklonierungsstelle eine fremde DNA eingeschleust, wird das *lacZ'*-Gen zerstört und die Bakterien sind nicht mehr imstande, β-Galactosidase zu produzieren. Sie bilden deshalb ungefärbte Kolonien (◘ Abb. 54.14B).

> Vektoren, die sich für die Expression von Proteinen eignen, enthalten Kontrollsequenzen für Transkription und Translation

Bis etwa 1980 konnten zelleigene Proteine nur sehr aufwändig aus Zellen gereinigt werden. Dabei bewegte sich die Ausbeute an reinem Protein bei einer Ausgangsmenge von mehreren 100 g Zellmaterial oft im Milligramm- oder Mikrogrammbereich. Mithilfe der Gentechnik und geeigneten **Expressionsplasmiden** lassen sich große Mengen eines Proteins entweder in Bakterien, Hefen oder auch tierischen und menschlichen Zellkulturen herstellen:

- ◘ Abb. 54.15 zeigt das für diese Zwecke häufig verwendete und zur **Genexpression in Bakterien** geeignete **Plasmid pET**. Als Selektionsmarker enthält es ein **Ampicillinresistenzgen (*amp*^{R})**. Vor der Polyklonierungsstelle (**MCS, *multiple cloning site***) liegt der **Lactoseoperator**, gefolgt vom **Promotor für die virale RNA-Polymerase T7**. Außerdem enthält das Plasmid das ***lacI*-Gen**, das für den **lac-Repressor** codiert. Der lac-Repressor bindet an den lac-Operator im Plasmid und verhindert die Transkription der T7-Polymerase (▶ Abschn. 47.1).

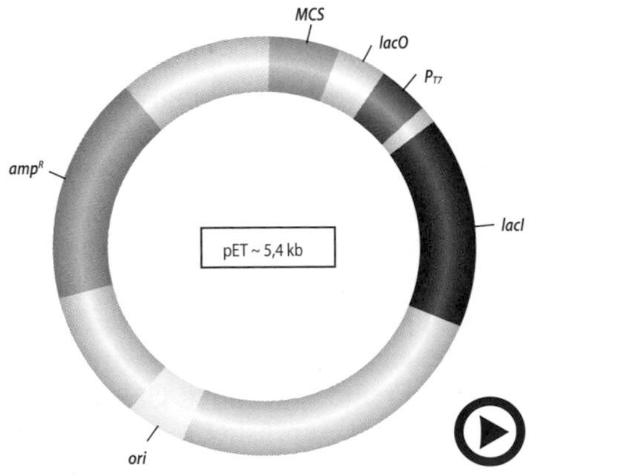
MCS
lacO
P_{T7}
amp^R
lacI
pET ~ 5,4 kb
ori

◘ **Abb. 54.15** (Video 54.12) **Das bakterielle Expressionsplasmid pET.** *ori:* Replikationsursprung in Bakterien; *amp*^{R} *:* Gen für Ampicillinresistenz als Selektionsmarker; *MCS: multiple cloning site*; *lacO:* Lactoseoperator; *lacI:* Lactose-Repressorgen; P_{T7}: Promotor für die virale RNA-Polymerase T_7 (▶ https://doi.org/10.1007/000-5p7)

- Nach Vermehrung der Plasmide in den transformierten Bakterienzellen, die die virale RNA-Polymerase T7 unter der Kontrolle des lac-Promotors exprimieren, setzt man den Induktor **Isopropylthiogalactosid (IPTG)** zu. Dieses Homologe der Lactose bindet an den lac-Repressor, der dann den Operator frei gibt (▶ Abschn. 47.1). Damit sind in der Zelle große Mengen der T7-RNA-Polymerase vorhanden und die Transkription der zu exprimierenden DNA kann beginnen. Es werden große Mengen mRNA synthetisiert, die rasch vom bakteriellen Proteinbiosyntheseapparat in Proteine translatiert werden.

Häufig produzieren Bakterien auf diese Weise Fremdproteine in so großen Mengen, dass diese in unlöslicher, denaturierter Form in sog. *inclusion bodies* in den Zellen abgelagert werden. Hier müssen dann aufwändige Aufschluss-, Renaturierungs- und Reinigungsverfahren bis zur Gewinnung eines aktiven Proteins angewandt werden.

Um die anschließende Abtrennung des gewünschten Proteins von den Proteinen der Wirtszelle zu ermöglichen, werden oft Expressionsvektoren verwendet, die dem zu exprimierenden Protein eine zusätzliche Polypeptidsequenz anhängen, welche die Reinigung des Proteins erleichtert. Eine solche Sequenz ist z. B. ein *cluster* aus 10 Histidinresten, der eine Reinigung über eine Affinitätschromatographie an einer mit Nickelionen (Ni^{2+}) beladenen Matrix (**IMAC, *immobilized metal affinity chromatography***) ermöglicht (▶ Kap. 6).

Oft verwendet man auch Expressionsvektoren, die dem Zielprotein N-terminal eine Signalsequenz anhängen, sodass dieses in das Periplasma zwischen Cytoplasmamembran und äußerer Membran gramnegativer Bakterien exportiert wird. Eine Signalpeptidase spaltet die Signalsequenz ab. Anschließend kann man das Protein relativ leicht durch einen hypotonen Schock aus dem Periplasma freisetzen und weiter aufreinigen.

54.2.2 Vektoren für eukaryontische Zellen

Viele kovalente Modifikationen eukaryontischer Proteine (▶ Abschn. 49.3) können von Bakterien nicht durchgeführt werden. Möchte man solche modifizierten Proteine exprimieren, greift man auf Vektoren zurück, die sich für eine Expression in eukaryontischen Zellen eignen (◘ Abb. 54.16). Diese Expressionsplasmide enthalten starke Promotoren, die hohe Expressionsraten gewährleisten. Oftmals stammen solche Promotoren aus Viren. Darüber hinaus enthalten die eukaryontischen Expressionsplasmide **Spleißsignale**, was den Transport des primären Transkripts aus dem Zellkern einer eukaryontischen Zelle in das Cytosol zur Translation erleichtert. **Polyadenylierungssignale** (▶ Abschn. 46.3.3) tragen zur korrekten Prozessierung der mRNA bei. Das

Hierbei handelt es sich um Viren, die Bakterien befallen und sich in diesen vermehren. Eine Alternative ist die Verwendung von künstlichen Hefechromosomen (YACs) oder bakteriellen Chromosomen (BACs).

> cDNA-Bibliotheken enthalten DNA-Sequenzen, die komplementär zu ihren mRNAs sind.

Für DNA-Bibliotheken, die ausschließlich protein-codierende Sequenzen enthalten sollen, erzeugt man DNA-Kopien von mRNA-Molekülen (◘ Abb. 54.19). Hierzu werden zunächst die in einer Zellpopulation vorhandenen mRNA-Moleküle isoliert. Da diese in Eukaryonten alle über eine längere Poly(A)-Sequenz am 3′-Ende verfügen (▶ Abschn. 46.3.3), gelingt dies mithilfe einer Affinitätschromatographie an Oligo-dT-Cellulose. Oligo-dT-Cellulose hybridisiert an die Poly(A)-Sequenz der mRNAs und erlaubt damit deren Reinigung.

Anschließend werden die mRNA-Moleküle in doppelsträngige sog. **cDNA** (*complementary DNA*) umgeschrieben. Hierfür wird ein in Retroviren vorkommendes Enzym verwendet, die **reverse Transkriptase**. Sie ist eine RNA-abhängige DNA-Polymerase und kann als Matrize sowohl RNA- als auch DNA-Einzelstränge verwenden.

Die **reverse Transkription** wird dadurch gestartet, dass an das Poly(A)-Ende der mRNA-Moleküle Thymin-Oligonucleotide hybridisiert werden, welche als *primer* für die Polymeraseaktivität der reversen Transkriptase dienen.

Als Teilaktivität enthält die reverse Transkriptase neben der **RNA-abhängigen DNA-Polymeraseaktivität** auch eine **Ribonuclease-H-Aktivität**, welche nun den RNA-Teil des entstehenden RNA-DNA-Hybridstrangs hydrolysiert. Anschließend kann die reverse Transkriptase in einem zweiten Durchgang als **DNA-abhängige DNA-Polymerase** wirken und den komplementären DNA-Einzelstrang synthetisieren, sodass eine doppelsträngige cDNA entsteht. Als *primer* dient dabei eine Haarnadelschleife (*hairpin loop*) am 3′-Ende der einzelsträngigen cDNA-Matrize (◘ Abb. 54.19). Abschließend müssen die Haarnadelschleifen durch eine **S1-Nuclease** geschnitten werden, um eine Klonierung in Plasmid-DNA zu ermöglichen.

Die auf diese Weise entstandenen doppelsträngigen cDNA-Moleküle lassen sich durch eine DNA-Ligase *blunt end* klonieren (▶ Abschn. 54.1). Alternativ können durch eine PCR Restriktionsschnittstellen eingefügt werden, die eine *sticky end*-Klonierung in Plasmide und andere Vektoren erlauben.

Nach Transformation von Bakterien mit diesen Plasmiden entsteht auf diese Weise eine **cDNA-Bibliothek**. Jeder dieser cDNA-Klone enthält die für die Synthese eines Proteins notwendige DNA-Sequenz auf dem Plasmid. Der Vorteil gegenüber einer genomischen DNA-Bibliothek besteht darin, dass keine Introns (▶ Kap. 46) mehr entfernt werden müssen. Anderseits gehen im

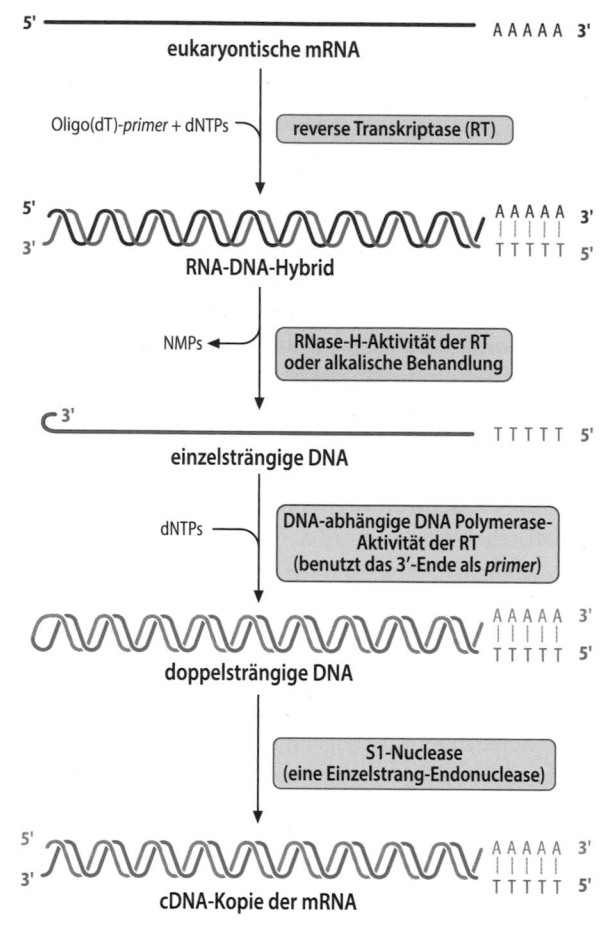

◘ **Abb. 54.19** (Video 54.14) **Herstellung von cDNA aus mRNA mithilfe der reversen Transkriptase (RT).** *dNTPs:* Desoxynucleosidtriphosphate; *NMPs:* Nucleosidmonophosphate. (Einzelheiten s. Text) (▶ https://doi.org/10.1007/000-5nw)

Vergleich zu genomischen DNA-Bibliotheken regulatorische und nicht-codierende Sequenzen verloren.

Wenn nicht nur die Amplifizierung einer bestimmten DNA-Sequenz gewünscht ist, sondern auch die Herstellung des gewünschten Genprodukts in Form eines Proteins, so bietet sich als Möglichkeit die Herstellung einer **Expressions-cDNA-Bibliothek** an. Hierzu müssen die verwendeten Plasmide oder andere Vektoren so gewählt werden, dass sie starke Promotoren (▶ Kap. 46) und Ribosomenbindungsstellen enthalten (s. auch ▶ Kap. 48).

> Aus DNA-Bibliotheken können spezifische DNA-Sequenzen isoliert werden.

Die oben geschilderten Verfahren zur Herstellung von DNA-Bibliotheken liefern ein Gemisch von Fragmenten genomischer DNA oder revers-transkribierter mRNA. Das Problem, aus diesem Gemisch jeweils eine

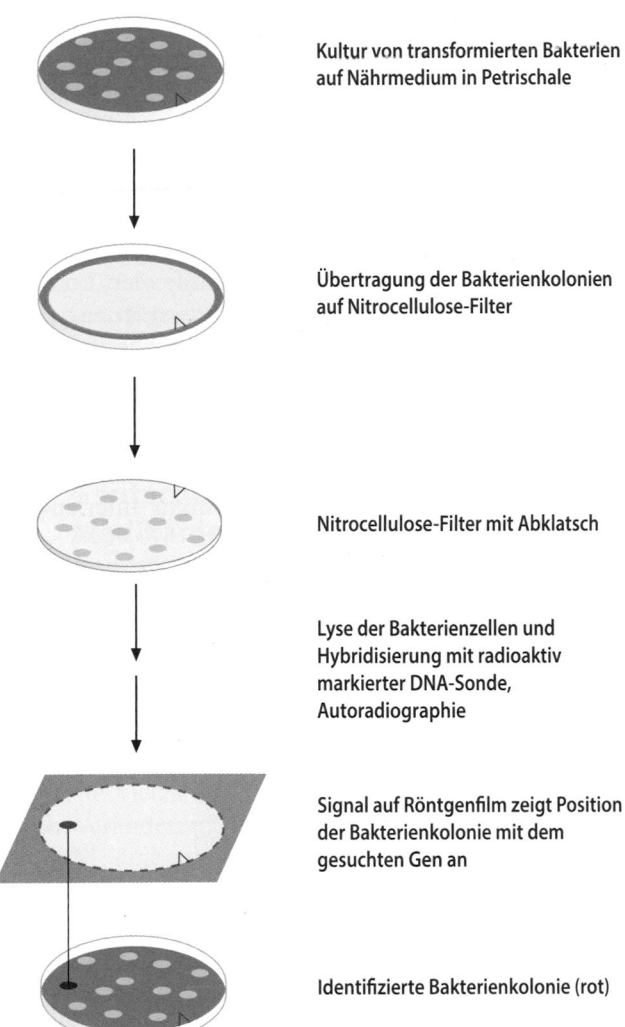

Kultur von transformierten Bakterien auf Nährmedium in Petrischale

Übertragung der Bakterienkolonien auf Nitrocellulose-Filter

Nitrocellulose-Filter mit Abklatsch

Lyse der Bakterienzellen und Hybridisierung mit radioaktiv markierter DNA-Sonde, Autoradiographie

Signal auf Röntgenfilm zeigt Position der Bakterienkolonie mit dem gesuchten Gen an

Identifizierte Bakterienkolonie (rot)

◻ **Abb. 54.20   Verfahren zum Screenen (Durchmustern) von DNA-Bibliotheken.** (Adaptiert nach Watson 1992, © Pearson Studium)

spezifische DNA-Sequenz zu isolieren, wird durch das **Durchmustern (*screening*) von DNA-Bibliotheken** gelöst. Eine hierfür verwendete Methode ist in ◻ Abb. 54.20 dargestellt. Zunächst ist es notwendig, die Bakterienpopulation in Petrischalen zu vereinzeln. Von der Petrischale wird ein „Abklatsch" auf einen Nitrocellulosefilter gemacht. Die auf dem „Abklatsch" befindlichen Bakterien werden lysiert und mit einer DNA-Sonde hybridisiert. Als Sonden werden Oligonucleotide von mindestens 20 Nucleotiden Länge verwendet, die identisch oder homolog zu einem Teil der gesuchten DNA-Sequenz sind. Nach Identifizierung der positiven Klone auf dem Nitrocellulosefilter werden die entsprechenden Bakterienkolonien auf der Petrischale identifiziert und anschließend kultiviert.

Bibliotheken der RNA. Heute werden RNA-Expressionsprofile mithilfe von **RNA-Sequenzierung (RNA-Seq)** (▶ Abschn. 54.1) deutlich schneller und kostengünstiger generiert. In Datenbanken wie dem *The Cancer Genome Atlas* (TCGA) wurden Tausende Tumor-Proben hinsichtlich ihres RNA-Expressionsprofils untersucht und gespeichert. RNA-Seq erlaubt es, eine Art Schnappschuss des Transkriptoms einer krankhaft veränderten Zelle zu erstellen und nach RNA-Molekülen zu suchen, die in diesen Zellen auffällig verändert sind.

Zusammenfassung

DNA-Bibliotheken sind Sammlungen zellulärer DNA-Fragmente in Vektoren. Man unterscheidet genomische DNA-Bibliotheken und cDNA-Bibliotheken. Die Isolierung spezifischer DNA-Sequenzen erfolgt durch Screening der DNA-Bibliothek mit geeigneten Sonden, z. B. synthetischen Oligonucleotiden, und anschließender Kultivierung der Bakterien, die die gesuchte Sequenz enthalten. Moderne Verfahren wie das RNA-Seq erlauben das schnelle Screening von mRNA-Expressionsprofilen aus Tumorproben und ihren Vergleich mit gesunden Zellen.

54.4 Gentechnik in den Grundlagenwissenschaften

Gentechnische Verfahren sind durch ihre Fülle von Anwendungsmöglichkeiten für die heutigen Biowissenschaften von ganz besonderer Bedeutung. Im Folgenden sollen einige gentechnische Verfahren exemplarisch geschildert werden.

❯ Durch gentechnische Verfahren können Proteine gezielt verändert werden.

Die Möglichkeiten zur Untersuchung von Struktur-Funktions-Beziehungen von Proteinen sind durch gentechnische Verfahren ganz wesentlich erweitert worden. So gelingt es beispielsweise relativ leicht, in die cDNA, die für ein Protein codiert, gezielte Mutationen einzuführen. Im einfachsten Fall geschieht dies durch Be-

vieren sind, aber korrekt modifizierte und damit aktive menschliche Proteine synthetisieren können.

> Monoklonale Antikörper eröffnen neue Behandlungsmethoden von Krebserkrankungen, indem sie an Schlüsselproteine der Tumorgenese binden.

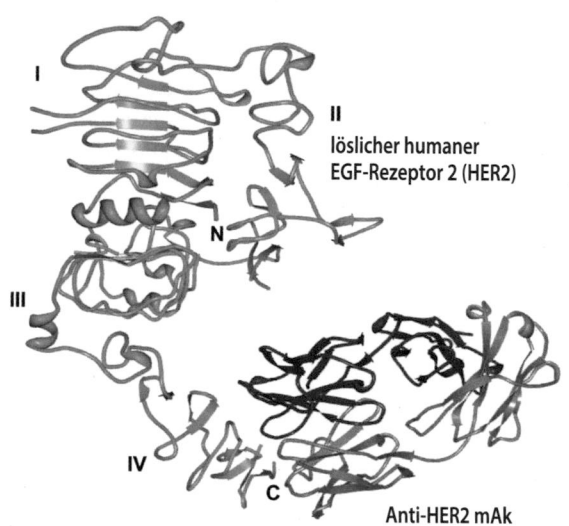

löslicher humaner EGF-Rezeptor 2 (HER2)

Anti-HER2 mAk

Abb. 54.23 **Interaktion des löslichen humanen EGF-Rezeptors HER2 (*human epidermal growth factor receptor* 2) mit dem monoklonalen Antikörper Trastuzumab (Herceptin).** Die Kristallstruktur zeigt die extrazellulären Domänen I bis IV von HER2 im Komplex mit Trastuzumab; die Antikörperbindungsstelle ist die Domäne IV. Die Domäne II ist die Dimerisierungsdomäne. *mAK:* monoklonaler Antikörper; *HER2: human epidermal growth factor receptor 2;* PDB: 1N8Z, die Struktur wurde erstellt mit ProteinWorkshop 2.0. (Einzelheiten s. Text)

Ein relativ neuer Ansatz ist die Behandlung verschiedener Tumoren/Krebserkrankungen mit monoklonalen Antikörpern gegen Schlüsselproteine der Tumorgenese. Die Namen aller dieser **therapeutisch eingesetzten Antikörper** enden auf –mab (*monoclonal antibody*). So ist **Trastuzumab®** z. B. in der Lage, die membranständige EGF-Rezeptor-Tyrosinkinase HER2 (*human epidermal growth factor receptor* 2) zu hemmen und damit die durch HER2 ausgelöste Signaltransduktionskaskade, die Zellwachstum und -differenzierung stimuliert. Bei **Brustkrebs** beobachtet man bei ca. 20 % aller Patientinnen eine Überexpression von HER2. In diesen Fällen kann eine Behandlung mit dem HER2-hemmenden Trastuzumab erfolgversprechend sein.

Normalerweise wird HER2 durch EGF aktiviert, indem dieser in HER2 strukturelle Umlagerungen der Domänen I und III induziert. Dies führt dazu, dass die Domäne II freigelegt wird und damit eine Rezeptordimerisierung und Initiierung der Signaltransduktion erfolgen kann. Durch Bindung von Trastuzumab an die Domäne IV der HER2-Rezeptorkinase (Abb. 54.23) wird die Interaktion der Domänen I und III, die Dimerisierung von zwei Domänen II und damit die Aktivierung der EGF-Signalkaskade inhibiert, sodass es zu einem Zellzyklusarrest in der G_1-Phase kommt.

Bis heute sind 317 gentechnisch hergestellte Arzneimittel mit 275 Wirkstoffen in Deutschland zugelassen (Stand September 2021, Quelle: ▶ www.vfa.de/gentech). Tab. 54.2 zeigt einige wichtige Beispiele (s. auch ▶ Abschn. 70.9).

Tab. 54.2   Beispiele gentechnisch produzierter Arzneimittel

Wirkstoff	Markenname® (Freiname)	Wirtsorganismus	Therapeutische Anwendung Wirkung
Insulin	Humulin, Insuman	*E. coli*	Diabetes Typ I und II
Faktor VIII	Advate Kogenate	CHO	Haemophilie A
Somatotropin (Wachstumshormon)	Protropin	*E. coli*	Hypophysärer Kleinwuchs
tPA	Actilyse	CHO	Akuter Herzinfarkt, akuter ischämischer Hirninfarkt, akute Lungenembolie, als Serinprotease aktiviert tPA die Fibrinolyse
Erythropoetin	Epoetin	CHO	Anämie bewirkt, dass aus Knochenmarkstammzellen Erythrocyten entstehen
G-CSF Lenograstim (einfach glycosyliert)	Granocyte	CHO	nach Chemotherapie steigert die Granulocytenzahl

◘ **Tab. 54.2**   (Fortsetzung)

Wirkstoff	Markenname® (Freiname)	Wirtsorganismus	Therapeutische Anwendung Wirkung
Interferon-α2a	Roferon A	*E. coli*	B-Zell-Non-Hodgkin-Lymphom, Kaposi-Sarkom, Nierenzellkarzinom, malignes Melanom
Interferon-β1b	Betaferon	*E. coli*	Multiple Sklerose
Interferon-γ	Polyferon	*E. coli*	Rheumatoide Arthritis
Humane DNase I	Pulmozyme	CHO	Cystische Fibrose, inhalativ verabreicht spaltet DNA im Lungensekret und macht es dünnflüssiger
Thrombocytenwachstumsfaktor PDGF-BB	Regranex	*S. cerevisiae*	Wundheilung durch Förderung der Granulation, Kontraindikation bei malignen Erkrankungen
Humane Papillomavirenvakzine	Cervarix	Insektenzellen	Prävention gegen humanpathogene Papillomaviren HPV (Gebärmutterhalskrebs)
Hepatitis A und B Vakzine	Twinrix	*S. cerevisiae*	Hepatitis A und B
TNF Hemmstoff	Enbrel Etanercept	CHO	Rheumatoide Arthritis, Psoriasis Chimäres Protein aus der extrazellulären Ligandenbindungsdomäne des TNF-Rezeptors 2 und der Fc-Untereinheit des IgG1-Antikörpers; kann das proinflammatorische Cytokin TNF binden
Monoklonale Antikörper			
Anti-TNF-Antikörper	Remicade (Infliximab)	CHO	Morbus Crohn wirkt als TNF-Blocker
	Humira (Adalimumab)	CHO	Rheumathoide Arthritis bindet an und neutralisiert damit den TNF
Anti-Interleukin-4-Rezeptor-Antikörper	Dupixent (Dupilomab)	CHO	Atopische Dermatitis durch Hemmung des IL-4-Rezeptors wird der IL-4- und der IL13-*Pathway* moduliert und der Krankheitsverlauf positiv beeinflusst
Anti-Interleukin-5-Rezeptor-Antikörper	Fasenra (Benralizumab)	CHO	Asthma, eosinophiles bindet den Interleukin-5-Rezeptor von eosinophilen und basophilen Granulocyten und leitet deren Apoptose ein
Anti-Interleukin-6-Rezeptor-Antikörper	RoActemra (Tocilizumab)	CHO	Rheumatoide Arthritis Signaltransduktion des inflammatorischen Cytokins Interleukin-6 wird durch den IL6-Rezeptor-α-Antikörper blockiert
Anti-VEGF-Antikörper	Avastin (Bevacizumab)	CHO	Kolonkarzinom wirkt als Angiogenese-Hemmstoff durch Bindung an VEGF
Anti-HER2-Antikörper	Herceptin (Trastuzumab)	CHO	Mamma- und Uteruskarzinom hemmt HER2-Rezeptor-Tyrosinkinase und Zellzyklusarrest in der G_1-Phase
Anti-RANKL-Antikörper	Prolia (Denosumab)	CHO	Osteoporose imitiert Effekte von Osteoprotegerin (OPG), das die Osteoklastenfunktion steuert
Anti-CD20-Antikörper	Zevalin (Ibritumomab-Tiuxetan)	CHO	Non-Hodgkin-Lymphom bindet das B-Zellantigen CD20 und kann als Konjugat mit dem Chelatbildner Tiuxetan radioaktives Yttrium-90 sehr nahe und spezifisch an die B-Zellen heranführen und diese zerstören, B-Vorläuferzellen werden dabei verschont

(Fortsetzung)

◻ **Tab. 54.2** (Fortsetzung)

Wirkstoff	Markenname® (Freiname)	Wirtsorganismus	Therapeutische Anwendung Wirkung
Anti-CD22-Antikörper	Besponsa (Inotuzumab-Ozogamicin)	Mauszellen	Akute lymphoblastische Leukämie (ALL) Konjugat aus CD22-bindendem Antikörper und cytotoxischem Ozogamicin tötet maligne Vorläufer B-Zellen
Anti-CD38-Antikörper	Darzalex (Daratumumab)	CHO	Multiples Myelom bindet an überexprimiertes CD38 auf der Oberfläche von Multiplem Myelom Zellen und löst Apoptose aus
Anti-CD52-Antikörper	Lemtrada (Alemtuzumab)	CHO	Multiple Sklerose bindet und zerstört durch Bindung an das CD52-Glycoprotein maligne und gesunde B- und T-Lymphocyten
Anti-Faktor IXa und X	Hemlibra (Emicizumab)	CHO	Hämophilie A bindet an Gerinnungsfaktor IXa und X und vermittelt deren Aktivierung
Anti-Interleukin 17A	Taltz (Ixekizumab)	CHO	Psoriasis hemmt durch Bindung die Wirkung des proinflammatorischen Cytokins IL17A, sodass die hyperaktiven Keratinozyten gehemmt werden
Anti-PD1 (*Programmed Cell Death Protein 1*)-Antikörper	Opdivo (Nivolumab)	CHO	u. a. malignes Melanom inhibiert durch Bindung an PD1 einen *Checkpoint* Inhibitor, der normalerweise verhindert, dass T-Zellen entartete Zellen angreifen
Anti-PDGF alpha (*platelet derived growth factor alpha*)-Antikörper	Lartruvo (Olaratumab)	Mauszellen	inhibiert durch Bindung an eine Untereinheit des PDGF-α-Faktors (Tyrosinkinase, s. auch Abschn. 43.4) das Tumorwachstum

[a]*CHO*: *Chinese hamster ovary cells*, Zelllinie aus Ovarien des chinesischen Hamsters; *tPA*: *Tissue plasminogen activator*, Gewebeplasminogenaktivator; *G-CSF*: *Granulocyte-colony stimulating factor*; *TNF*: Tumornekrosefaktor; *VEGF*: *Vascular endothelial growth factor*; *RANKL*: *Receptor Activator of NF-KappaB Ligand*

Zusammenfassung

Durch die Gentechnologie wurde es möglich, Proteine, die früher nur in geringsten Mengen oder gar nicht zur Verfügung standen, in Zellkulturen in beliebigen Mengen herzustellen. Häufig werden dafür Bakterien, Hefen oder Säugetierzellen verwendet. Monoklonale Antikörper eröffnen neue Behandlungsmethoden von Krebserkrankungen, indem sie an Schlüsselproteine der Tumorgenese binden.

Weiterführende Literatur

Übersichtsarbeiten und Originalarbeiten

Arnheim N, Erlich H (1992) Polymerase chain reaction strategy. Annu Rev Biochem 61:131–156

Capecchi MR (1989) Altering the genome by homologous recombination. Science 244:1288–1292

Cho H-S, Mason K, Ramyaz KX, Stanley AM, Gabelli SB, Denney DW Jr, Leahy DJ (2003) Structure of the extracellular region of HER2 alone and in complex with the Herceptin Fab. Nature 421:756–760

Collins FS, Green ED, Guttmacher AE, Guyer MS (2003) A vision for the future of genomics research. Nature 422:835–847

Davis LG, Kuehl WM, Battey JF (1994) In vitro amplification of DNA using the polymerase chain reaction (PCR). Basic methods in Molecular Biology, 2. Aufl. Appleton and Lange, Norwalk, S 111

Dijk v et al (2018) The third revolution in sequencing technology. Trends Gen 34:666–681

Giepmans BN, Adams SR, Ellisman MH, Tsien RY (2006) The fluorescent toolbox for assessing protein location and function. Science 312:217–224

Jackson DA, Symons RH, Berg P (1972) Biochemical method for inserting new genetic information into DNA of Simian Virus 40: circular SV40 DNA molecules containing lambda phage genes and the galactose operon of Escherichia coli. Proc Natl Acad Sci U S A 69:2904–2909

Kerr LD (1995) Electrophoretic mobility shift assay. Methods Enzymol 254:619

Lee A et al (2018) Recent progress in therapeutic antibodies for cancer immunotherapy. Curr Opin Chem Biol 44:56–66

Metzker ML (2010) Sequencing technologies – the next generation. Nat Rev Genet 11:31–46

Mullis KB, Faloona FA (1987) Specific synthesis of DNA in vitro via a polymerase-catalyzed chain reaction. Meth Enzymol 155:335–350

Panneels V, Sinning I (2010) Membrane protein expression in the eyes of transgenic flies. Methods Mol Biol 601:135–147

Sanger F (1981) Determination of nucleotide sequences in DNA. Science 214:1205–1210

Sanger F, Nicklen S, Coulson AR (1977) DNA sequencing with chain-terminating inhibitors. Proc Natl Acad Sci USA 74:5463

Simon R, Mirlacher M, Sauter G (2004) Tissue microarrays. Bio Techniques 36:98

Staal FJ et al (2003) DNA microarrays for comparison of gene expression profiles between diagnosis and relapse in precursor-B acute lymphoblastic leukemia: choice of technique and purification influence the identification of Potenzial diagnostic markers. Leukemia 17:1324–1332

Stoughton RB (2005) Applications of DNA microarrays in biology. Annu Rev Biochem 74:53–82

Wahl GM, Meinkoth JL, Kimmel AR (1987) Northern and Southern blots. Methods Enzymol 152:572–581

Humanes Genom Projekt

International Human Genome Sequencing Consortium (2004) Finishing the euchromatic sequence of the human genome. Nature 431:931–945

Venter JC et al (2001) The sequence of the human genome. Science 291:1304

Proteom-Analysen

Yates JR 3rd, Gilchrist A et al (2005) Proteomics of organelles and large cellular structures. Nat Rev Mol Cell Biol 6:702–714

Lehrbücher

allgemein

Alberts B, Johnson A, Lewis J, Raff M, Roberts K, Walter P (2008) Molecular biology of the cell, 5. Aufl. Garland Science, New York

Lodish H, Berk A, Kaiser C, Krieger M, Scott M, Bretscher A, Ploegh H, Matsudaira P (2008) Molecular cell biology, 7. Aufl. Freemann, Gumbrills

Nelson DL, Cox MM (2011) Lehninger Biochemie, 4. Aufl. Springer Verlag, Berlin/Heidelberg

Nelson DL, Cox MM (2013) Lehninger Principles of Biochemistry, 6. Aufl. Macmillan, London

Watson JD, Baker TA, Bell SP, Gann A, Levine M, Losick R (2011) Molekularbiologie, 7. Aufl. Pearson Studium, Hallbergmoos

methodisch orientiert

Jansohn M, Rothhämel S (2012) Gentechnische Methoden, 5. Aufl. Spektrum, Heidelberg

Pingoud A, Urbanke C (1997) Arbeitsmethoden der Biochemie. deGruyter, Berlin/New York

Sambrook J, Russel DW (2001) Molecular cloning, a laboratory manual, 3. Aufl. Cold Spring Harbour Laboratory press, Cold Spring Harbour, New York

Gentechnik in höheren Organismen – Transgene Tiere und Gentherapie

Jan Brix, Peter C. Heinrich und Hans-Georg Koch

Genetisch veränderte Tiere sind ideale Modelle bei der Ursachenforschung von Krankheiten. Hierfür werden meistens Mäuse verwendet. Man unterscheidet dabei grundsätzlich zwei Forschungsstrategien. Bei Untersuchungen mit transgenen Mäusen wird ein zusätzliches, funktionelles Gen in das Wirtstier eingeschleust und nach einer Funktion dieses Gens gesucht. Durch geeignete Promotoren kann man erreichen, dass es nur in ganz bestimmten Geweben/Organen oder unter definierten physiologischen Bedingungen aktiviert wird. Die zweite Strategie zielt auf das genaue Gegenteil: In *knockout*-Mäusen werden gezielt die Gene ausgeschaltet, deren Funktion man untersuchen möchte. Soll die Expression eines Gens hingegen nur stark reduziert werden, bietet sich die im Vergleich zur *knockout*-Strategie deutlich weniger aufwändige RNA-Interferenz-Technik an, bei der die Genexpression durch den Einsatz von zur Zielsequenz komplementärer RNA gehemmt wird. Fehlerhafte oder fehlende Gene im menschlichen Genom können schwerwiegende Krankheiten zur Folge haben. Bei der Gentherapie am Menschen wird versucht, durch Einfügen intakter Gene mittels geeigneter Gen-Fähren solche genetischen Defekte zu korrigieren.

Schwerpunkte

55.1 Transgene Tiere als Modellorganismen
55.2 *knockout*-Mäuse
- Funktionsaufklärung menschlicher Gene im Tiermodell

55.3 Genregulation durch RNA-Interferenz: *knockdown*
- *Knockdown* als Alternative zum *knockout*

55.4 CRISPR/Cas: *Genome Editing* durch basengenaues Schneiden von DNA
- Gene lassen sich zielgerichtet und zügig entfernen oder austauschen

55.5 Gentherapie am Menschen
- Somatische Gentherapie
- Therapeutisches Klonen mithilfe embryonaler oder pluripotenter Stammzellen

55.1 Transgene Tiere als Modellorganismen

Die Verwendung von Säugetierzellkulturen für Studien zur Regulation der eukaryontischen Genexpression hat zur Aufklärung wichtiger molekularer Mechanismen geführt. Es ist allerdings auch klar geworden, dass die Funktion von Genen auch im intakten Organismus untersucht werden muss. Dies hat zur Entwicklung von Techniken geführt, welche die Herstellung sog. transgener Tiere, meist Mäusen, erlaubt.

Transgene Tiere werden u. a. eingesetzt, um die Aktivität von Transkriptionsfaktoren, die gewebespezifische Expression von Proteinen während der Differenzierung und die Induktion der Tumorgenese zu studieren. Diese Technik wird auch angewandt, um defekte Gene im sich entwickelnden Embryo zu ersetzen.

Das Vorgehen zur Herstellung einer transgenen Maus ist in ◘ Abb. 55.1 schematisch dargestellt: Nach einer natürlichen Verpaarung werden Eizellen isoliert, bei denen es noch nicht zu einer Verschmelzung von Ei- und Samenzelle gekommen ist. Die zur Eizellgewinnung benötigten weiblichen Mäuse werden vor der Verpaarung superovuliert (durch Behandlung mit Follikelstimulierendem Hormon, FSH), um die Zahl der Eizellen deutlich zu steigern. Die gereinigte und aufbereitete Gensequenz, das **Transgen**, wird dann mithilfe einer feinen Injektionsnadel in den väterlichen oder mütterli-

Ergänzende Information Die elektronische Version dieses Kapitels enthält Zusatzmaterial, auf das über folgenden Link zugegriffen werden kann https://doi.org/10.1007/978-3-662-60266-9_55. Die Videos lassen sich durch Anklicken des DOI Links in der Legende einer entsprechenden Abbildung abspielen, oder indem Sie diesen Link mit der SN More Media App scannen.

55

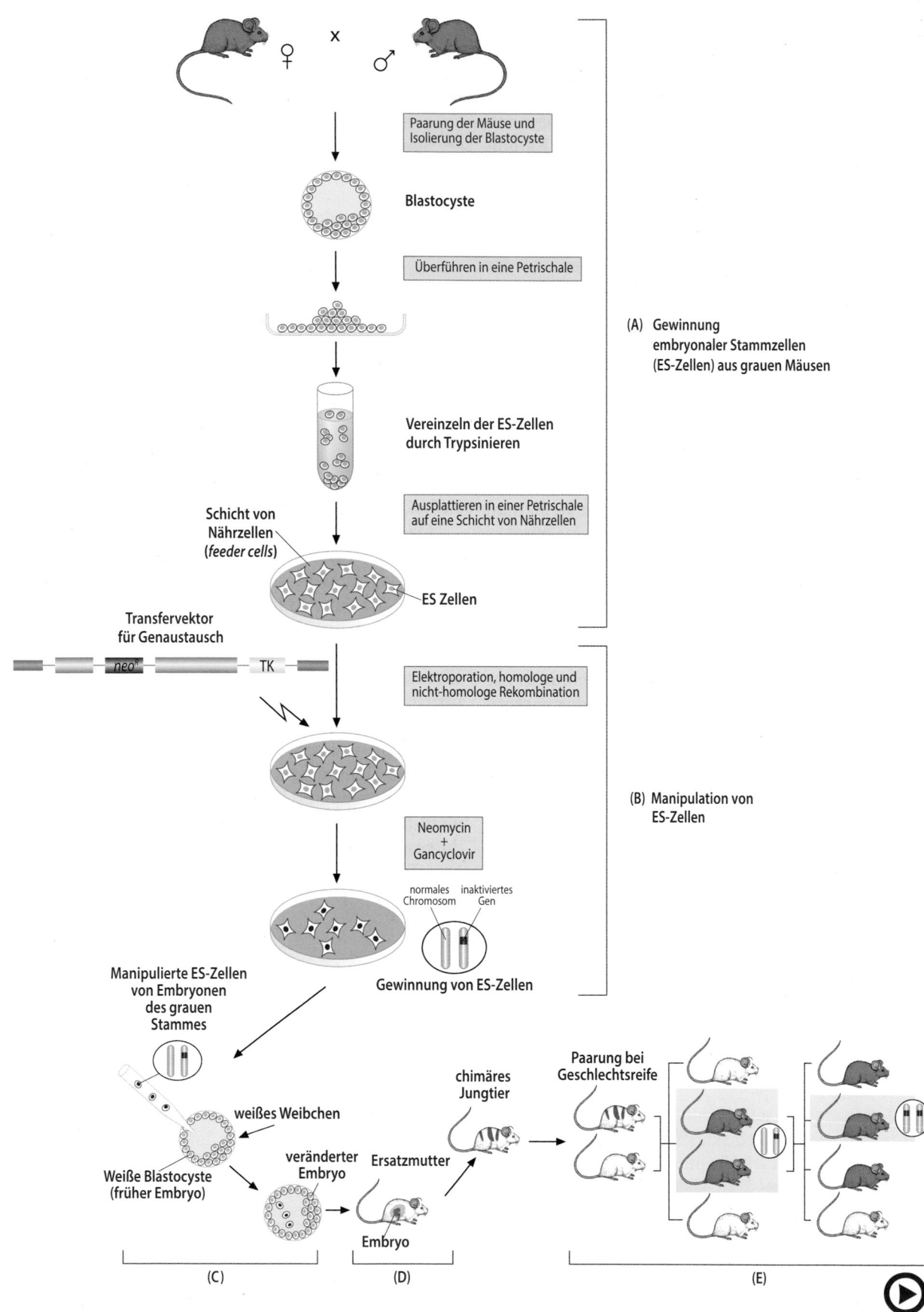

Abb. 55.3 (Video 55.3) **Strategie zur Herstellung von** *knockout*-**Mäusen.** (Einzelheiten s. Text) (▶ https://doi.org/10.1007/000-5pd)

Gen, ein Thymidinkinase (TK)-Gen unter der Kontrolle eines starken Promotors einkloniert ist. Bei korrekter homologer Rekombination werden die Thymidinkinase-Sequenzen vom zu rekombinierenden Gen getrennt und nicht übertragen. Bei nicht-homologer Rekombination an beliebiger Stelle im Genom (◻ Abb. 55.2, *links unten*) werden die Sequenzen mit übertragen und exprimieren das Gen für Thymidinkinase. Aktive Thymidinkinase metabolisiert das Nucleotidanalogon Gancyclovir zu einem toxischen Metaboliten, der die TK-exprimierenden Zellen abtötet (**negative Selektion**). Durch die gleichzeitige Positiv-Negativ-Selektion wird die Zahl der zu analysierenden Zellklone drastisch reduziert.

❯ Embryonale Stammzellen (ES-Zellen).

Für das Gelingen des Gen-*knockouts* in einem gesamten Organismus, wie z. B. einer Maus, müssen die gentechnisch veränderten Zellen zu einer Regeneration des gesamten Tieres fähig sein. Diese Eigenschaft besitzen embryonale Stammzellen, die im gezeigten Beispiel (◻ Abb. 55.3 A, B) aus grauen Mäusen gewonnen wurden (A). Nach homologer Rekombination in ES-Zellen und über die oben erwähnte positive (Neomycin) und negative (Gancyclovir) Selektion gewinnt man ES-Zellen, die den gewünschten gezielten Genaustausch in ihrem Genom aufweisen (B). Diese werden *in vitro* in eine Empfängerblastozyste aus einer weißen Maus (ca. 64-Zellstadium, Tag 3,5 der Entwicklung) injiziert (C) und anschließend in eine scheinschwangere weiße Leihmutter eingepflanzt (D). Die Nachkommen sind Chimäre (Mischwesen, weiß mit grauen Flecken) aus zwei verschiedenen Zellpopulationen, den Zellen des Empfängerembryos und den differenzierten *knockout*-ES-Zellen (E). Wenn die ES-Zellen in der Keimbahn weitervererbt werden, können in der F1-Generation heterozygot mutierte Mäuse und nach den Mendelschen Regeln in der F2-Generation homozygot mutierte Mäuse (*knockout*-Mäuse) entstehen. Die homozygot mutierten Mäuse können an ihrer einheitlich grauen Fellfarbe erkannt werden.

Die homozygoten *knockout*-Mäuse können nun auf spezifische Funktionen und auf die Folgen des Ausfalls des Genproduktes *in vivo* untersucht werden. Häufig führen Gendeletionen auch zur Embryoletalität. In diesen Fällen müssen Tiere mit konditionalem *knockout* generiert werden, bei denen erst externe Signale die Ausschaltung des Gens bewirken.

55.3 Genregulation durch RNA-Interferenz: *knockdown*

Durch **RNA-Interferenz (RNAi)** können die Expression spezifischer Gene reduziert und wichtige Erkenntnisse über die Funktion dieser Gene gewonnen werden. Sie beruht auf physiologischen Regulationsmechanismen bei der Transkription eukaryotischer Gene (▶ Kap. 46). Die einzelnen Schritte der RNA-Interferenz wurden am Beispiel der natürlichen **miRNA** (*micro* RNA) in ◻ Abb. 47.13 dargestellt. Hier soll die künstliche RNA-Interferenz durch **siRNA** (*short interfering* oder *silencing* RNA) nur kurz beschrieben werden.

In die Zielzellen muss ein **doppelsträngiges RNA-Molekül (dsRNA)** eingeführt werden, welches komplementär zur Sequenz der mRNA des auszuschaltenden Gens ist (Ziel-mRNA). Die dsRNA ist Substrat einer als **DICER** bezeichneten Ribonuclease, die doppelsträngige RNA in Bruchstücke von etwa 20 Nucleotiden spaltet. Diese werden *silencing RNA* (**siRNA**) genannt. Die siRNA-Moleküle reagieren anschließend mit einem Multienzymkomplex, der als *RNA-induced silencing complex* (**RISC**) bezeichnet wird. In einer ATP-abhängigen Reaktion entsteht zunächst aus der doppelsträngigen siRNA einzelsträngige siRNA. Diese reagiert mit den komplementären Sequenzen auf der Ziel-mRNA. Dies löst die Aktivierung einer als **Argonaute** bezeichneten RNAse aus, welche die Ziel-mRNA abbaut.

Die benötigte doppelsträngige RNA wird häufig durch Mikroinjektion in die Zellen eingebracht. Da sie allerdings relativ rasch abgebaut wird, ist ihr Effekt nur von kurzer Dauer. Wünscht man stabile *knockdowns*, so werden die Zellen üblicherweise mit einem Plasmid transfiziert, das eine zur benötigten doppelsträngigen RNA komplementäre DNA-Sequenz hinter einem starken Promotor enthält.

55.4 CRISPR/Cas: *Genome Editing* durch basengenaues Schneiden von DNA

Im Jahre 2012 ist von Emmanuelle Charpentier, Jennifer Doudna und parallel von Virginijus Siksyms in verschiedenen Bakterien und Archaea ein Abwehrsystem gegenüber Fremd-DNA entdeckt worden, das als CRISPR/Cas-System bezeichnet worden ist. Dieses System wirkt wie ein Immunsystem und schützt Bakterien vor eindringenden Bakteriophagen (Bakterien-Viren). Es besteht aus der Nuclease **Cas9** (*CRISPR Associated Protein 9*) und einem **CRISPR**(*Clustered Regularly Interspaced Short Palindromic Repeats*)-Komplex, der es den Bakterien erlaubt, Phagen-DNA und andere Fremd-DNA präzise aus dem eigenen Genom zu entfernen.

Dabei erzeugt die Nuclease Cas9 im Komplex mit einer **tracrRNA** (*trans-acting* CRISPR-RNA) und einer crRNA (CRISPR-RNA), die komplementär zu einem Abschnitt der Fremd-DNA ist und während vorangegangener Infektionen im Bakterien-Genom „gespeichert" wurde, einen exakten Doppelstrangbruch in der Fremd-

Erste erfolgreiche Gentherapie am Menschen. Ein bekannter Fall einer geglückten somatischen Gentherapie ist der von Ashanti Da Silva, die an dem seltenen, vererbten schweren kombinierten Immundefekt (SCID) litt. SCID ist ein Krankheitsbild, das durch ganz verschiedene genetische Defekte ausgelöst werden kann.

Die Krankheitssymptome bei Da Silva wurden durch einen Mangel an Adenosindesaminase (ADA) verursacht, der je nach Mutation zu einer gestörten zellulären und/oder humoralen Immunabwehr führen kann. Die betroffenen ADA-SCID Patienten leiden schon im frühen Kindesalter an schweren Infektionen durch für Gesunde harmlose Erreger. Ursache hierfür ist, dass es durch fehlende ADA-Aktivität, die eine Schlüsselrolle im Abbau von Adeninnucleotiden hat, zu einer Anreicherung von dATP (Desoxy-ATP) kommt (▶ Abschn. 29.4). Dies hemmt u. a. die Ribonucleotidreduktase-Aktivität und damit die DNA-Synthese.

Unbehandelt verläuft SCID in den meisten Fällen tödlich. Kurativ kann den Patienten mit einer Knochenmarkstransplantation geholfen werden, im Falle der 4-jährigen Ashanti Da Silva 1990 erstmalig mit einer somatischen Gentherapie. Mithilfe eines retroviralen Vektors wurden bei ihr erfolgreich *ex vivo* T-Zellen mit dem ADA-Gen transfiziert, selektioniert und *in vitro* expandiert. Danach wurde der T-Zellklon mit dem „gesunden" im Wirtsgenom integrierten ADA-Gen der Patientin reinfundiert. Die Behandlung wurde über einen Zeitraum von zwei Jahren durchgeführt. Ashanti Da Silva führt heute ein weitgehend normales Leben, bekommt aber ergänzend das Enzym ADA in einer pegylierten, stabilisierten und damit länger wirksamen Form verabreicht.

Nach anfänglich beeindruckenden Erfolgen stellten sich bei anderen gentherapeutisch behandelten SCID-Patienten mit einer bestimmten Variante der Krankheit schwere Nebenwirkungen ein: Die Insertion des Transgens hatte bei diesen Patienten offenbar die Aktivierung eines Oncogens bewirkt und zu Leukämien geführt. Aus diesem Grund wird heute v. a. bei Patienten ohne HLA(*human leukocyte antigen*)-kompatiblen Knochenmarkspendern eine Gentherapie in Erwägung gezogen.

Es ist zu erwarten, dass durch die CRISPR/Cas-Methode (▶ Abschn. 55.4) ein spezifischer Einbau in das menschliche Genom möglich ist und die Gefahr von Nebenwirkungen sinken wird. Seit 1989 sind über 2900 klinische Gentherapieversuche dokumentiert (Stand März 2019). In Deutschland wurden im September 2002 alle klinischen Studien mit Genvektoren wegen der aufgetretenen Nebenwirkungen zeitweilig ausgesetzt, um sie hinsichtlich ihrer Sicherheit neu zu bewerten, aber 2003 wiederaufgenommen. Gegenwärtig sind verschiedene sog. Advanced Therapy Medicinal Products (ATMP) zugelassen, zu denen Gentherapeutika (gegenwärtig 11 zugelassen), somatische Zelltherapeutika (1 zugelassen) und biotechnologisch bearbeitete Gewebeprodukte (2 zugelassen, alle Stand Juli 2021) gehören. So lassen sich mithilfe der ATMP neben der oben beschriebenen ADA-SCID u. a. auch das B-Zell-Lymphom, die Akute Lymphatische Leukämie (ALL) die Beta-Thalassämie oder das maligne Melanom gentherapeutisch behandeln (Quelle: ▶ www.vfa.de/atmp). Kontrovers diskutiert werden die teilweise extrem hohen Therapiekosten von mehreren 100 000 EUR pro Patient und Jahr. Das therapeutische Klonen mithilfe embryonaler oder pluripotenter Stammzellen könnte künftig körpereigenes Ersatzgewebe verfügbar machen, um z. B. unheilbare Krankheiten wie Parkinson oder Diabetes zu behandeln.

◻ Abb. 55.5 SCID-Patient („bubble baby"): strikte Isolation von der Außenwelt durch ein dichtes Zelt. (© picture-alliance/dpa)

❯ Embryonale oder pluripotente Stammzellen können zu Ersatzgewebe ausdifferenzieren.

In Zukunft ist es denkbar, dass aus embryonalen Stammzellen oder auch adulten Stammzellen durch Zugabe bestimmter Wachstums- und Differenzierungsfaktoren **Ersatzgewebe** hergestellt werden kann (z. B. Haut-, Nerven-, Muskelgewebe). Man spricht dann von **therapeutischem Klonen**.

Da die Gewinnung von embryonalen Stammzellen ethisch nicht unumstritten ist, weil man einen Embryo zerstören muss, versucht man auf pluripotente Stammzellen auszuweichen, die nicht mehr in der Lage sind, zu einem kompletten Organismus auszudifferenzieren, aber den Vorteil bieten, leichter zugänglich zu sein. Sie werden z. B. aus Knochenmarkzellen oder Nabelschnurblut gewonnen. Es gibt auch Forschungsgruppen, die darauf hinarbeiten, somatische Zellen z. B. mittels Transfektion mit einem geeigneten Vektor in einen Zustand der Pluripotenz zu versetzen. Man spricht dann von induzierten pluripotenten Stammzellen. Auch aus diesen könnte man prinzipiell Ersatzgewebe herstellen. Es besteht die Hoffnung, bislang unheilbare Krankheiten wie Parkinson oder Diabetes mithilfe körpereigener gesunder Ersatzzellen zu behandeln.

Erste Erfolge gelangen dabei u. a. Hitoshi Niwa: So fand seine Arbeitsgruppe heraus, dass der Transkriptionsfaktor (▶ Abschn. 46.3) Oct4 eine Schlüsselrolle bei der Herstellung pluripotenter Stammzellen spielen könnte: Normalerweise nur in embryonalen Stammzellen sowie Ei- und Samenzellen aktiv, kann er nach Aktivierung offenbar aus ausgereiften Zellen prinzipiell pluripotente Zellen machen.

Zusammenfassung

Die somatische Gentherapie versucht, durch Genmutationen verursachte Krankheiten mit direkten Eingriffen in das Erbgut zu heilen. Dazu wird eine korrekte Kopie des betroffenen DNA-Abschnitts meist über virale Vektoren in die Zielzellen eingeschleust. Limitiert ist das Verfahren dadurch, dass die Vektoren Zielzellen effektiv erreichen müssen. Deswegen kommen nicht alle Zellen für eine Gentherapie in Frage. Künftig ist zu erwarten, dass das CRISPR/Cas-Verfahren die somatische Gentherapie sicherer macht, da die DNA durch dieses Verfahren mit hoher Präzision in das Genom eingebaut werden kann. Gegenwärtig ist eine Reihe von gentechnischen Verfahren in der EU klinisch zugelassen. Sie werden unter dem Begriff *Advanced Therapy Medicinal Products* (ATMP) zusammengefasst.

Weiterführende Literatur

Übersichtsarbeiten und Originalarbeiten

Capecchi MR (1989) Altering the genome by homologous recombination. Science 244:1288–1292

Collins FS, Green ED, Guttmacher AE, Guyer MS (2003) A vision for the future of genomics research. Nature 422:835–847

Deng Y, Wang CC, Choy KW, Du Q, Chen J, Wang Q, Li L, Chung TK, Tang T (2014) Therapeutic potentials of gene silencing by RNA interference: principles, challenges, and new strategies. Gene 538:217–227

Fellmann C, Lowe SW (2014) Stable RNA interference rules for silencing. Nat Cell Biol 16:10–18

Lea RA, Niakan KK (2019) Human germline genome editing. Nat Cell Biol 21:1479–1489

Palmiter RD et al (1982) Dramatic growth of mice that develop from eggs microinjected with metallothionein-growth hormone fusion genes. Nature 300:611

Panneels V, Sinning I (2010) Membrane protein expression in the eyes of transgenic flies. Methods Mol Biol 601:135–147

Lehrbücher

allgemein

Alberts B et al (2012) Molecular biology of the cell, 5. Aufl. Garland Science, New York

Lodish H et al (2012) Molecular cell biology, 7. Aufl. Macmillan, London

Nelson DL, Cox MM (2013) Lehninger: principles of biochemistry, 6. Aufl. Macmillan, London

Watson JD et al (2013) Molecular biology of the gene, 7. Aufl. Pearson, Hallbergmoos

methodisch orientiert

Jansohn M, Rothhämel S (2012) Gentechnische Methoden, 5. Aufl. Spektrum, Heidelberg

Lottspeich F et al (2012) Bioanalytik, 3. Aufl. Springer Spektrum Verlag, Heidelberg/Berlin

Pingoud A, Urbanke C (1997) Arbeitsmethoden der Biochemie. deGruyter, Berlin/New York

Sambrook J, Russel DW (2001) Molecular cloning, a laboratory manual, 3. Aufl. Cold Spring Harbour Laboratory Press, Cold Spring Harbour/New York

Westermeier R (1990) Elektrophorese-Praktikum. VCH, Weinheim

Funktionelle Biochemie der Organe

Inhaltsverzeichnis

Energiebilanz und Ernährungszustand

Uwe Wenzel und Hannelore Daniel

Ein durchschnittlicher Erwachsener konsumiert, überwiegend durch die Zufuhr von Kohlenhydraten und Fetten, am Tag 2500 kcal und dementsprechend pro Jahr fast 1 Millionen kcal. Diese Energie wird für obligatorische und regulatorische metabolische Prozesse verwendet, die es schließlich ermöglichen physische Aktivität zu erbringen. Um die Energiebilanz ausgeglichen zu gestalten, bedeutet dies, dass die aufgenommenen 1 Millionen kcal wieder verausgabt werden müssen. Störungen des Gleichgewichts sind zwangsläufig mit der Zunahme oder Abnahme der Körperenergiespeicher, insbesondere der Körperfettmasse, verbunden. Die Beobachtung, dass viele Individuen das Körpergewicht über Jahre relativ konstant halten können, zeigt wie effizient das System funktioniert. Andererseits bedingt ein Fehler von nur 1 % eine Änderung von 1 kg des Körpergewichts pro Jahr. Das weitverbreitete Vorkommen von Übergewicht und Adipositas, insbesondere in industrialisierten Nationen, spricht für einen großen Einfluss von Umweltfaktoren, wie der Verfügbarkeit von Nahrung oder geringer physischer Aktivität, auf die Regulation der Energiebilanz. Eine längerfristig negative Energiebilanz führt zu Untergewicht, das meist einhergeht mit einer Unterversorgung an essenziellen Nährstoffen und/oder Spurenelementen. Dies wiederum ist assoziiert mit Beeinträchtigungen der Muskelfunktion, erhöhter Infektanfälligkeit, schlechter Wundheilung, verlangsamter Genesung nach akuten Erkrankungen, erhöhtem Risiko für Komplikationen im Krankheitsverlauf und in Konsequenz einer verminderten Lebenserwartung. Im Hinblick auf eine hohe Lebenserwartung ist eine durch kalorisch restriktive Ernährung erzielte ausgeglichene Energiebilanz zielführend.

Schwerpunkte

56.1 Die Energiebilanz
- Energiebilanz als Summe von Energieverbrauch und Energiebedarf
- Essenzielle, obligatorische und regulatorische Wärmeproduktion
- Physikalischer und physiologischer Brennwert
- Grundumsatz, Erhaltungsbedarf und Leistungsbedarf
- Thermogenese
- Experimentelle Ermittlung des Energieumsatzes durch indirekte Kalorimetrie

56.2 Der Ernährungsstatus
- Body-Mass-Index
- Kalorienrestriktion

56.3 Positive und negative Energiebilanz und ihre Konsequenzen

56.1 Energiebilanz

56.1.1 Grundlagen der Energiebilanz des Körpers

❯ Der erste Hauptsatz der Thermodynamik.

Der erste Hauptsatz der Thermodynamik beschreibt, dass Energie in unterschiedliche Formen umwandelbar ist, aber nicht generiert oder zerstört werden kann. Die folgende Gleichung fasst dieses Konzept auf den menschlichen Organismus angewendet zusammen:

$$\text{Energieaufnahme} = \text{Energieverbrauch} + \text{Änderung in den Körperenergiespeichern}$$

$$(56.1)$$

Die Energiebilanz ist ausgeglichen, wenn sich die Energieaufnahme und der Energieverbrauch über den Beobachtungszeitraum nicht unterscheiden. Die Energieaufnahme beschreibt die in Form von Kohlenhydraten, Fetten, Proteinen und Alkohol konsumierte Energie, die nicht über Fäzes und Urin verloren geht. Der Energieverbrauch wird hauptsächlich repräsentiert durch die Wärme, die im Rahmen des Grundumsatzes, von physischer Aktivität und durch die nach Nahrungsaufnahme ausgelöste Thermogenese produziert wird

© Springer-Verlag GmbH Deutschland, ein Teil von Springer Nature 2022
P. C. Heinrich et al. (Hrsg.), *Löffler/Petrides Biochemie und Pathobiochemie*, https://doi.org/10.1007/978-3-662-60266-9_56

(► Abschn. 56.1.3). Das Ausmaß der Veränderung der Körperenergiespeicher, die in Abhängigkeit von Imbalances zwischen Energieaufnahme und Energieverbrauch entstehen, hängt demnach von dem Ausmaß der täglichen Imbalances und der Dauer ihres Bestehens ab. Zu berücksichtigen ist außerdem, dass durch die Steigerung oder Senkung der Energiereserven weitere Komponenten verändert werden, die auf oben beschriebene Gleichung Einfluss nehmen. So wird durch die Veränderung des Körpergewichts auch die metabolisch aktive Gewebsmasse verändert, die wiederum Einfluss auf den Energieverbrauch besitzt. Daraus folgt, dass im Rahmen einer längerfristigen Imbalance zwischen Energieaufnahme und -verbrauch die resultierende Veränderung der Körperenergiespeicher bzw. des Körpergewichts keine lineare Funktion der Imbalance ist, sondern auch maßgeblich von der Zusammensetzung der gewonnenen oder verlorenen Körpermasse abhängt.

❯ Biochemische Prozesse der Wärmeproduktion.

Im Rahmen des Katabolismus von Kohlenhydraten, Fetten und eingeschränkt auch von Proteinen wird ein Teil der in den Makronährstoffen enthaltenen chemischen Energie in eine andere Form chemischer Energie, nämlich Adenosin-5′-Triphosphat (ATP) umgewandelt. Besonders im Muskel stellt Kreatinphosphat, das durch die Kreatinkinase aus ATP und Kreatin gebildet wird, eine Speicherform von ATP dar. Insgesamt werden ca. 40 % der aufgenommenen Energie in energiereiche Phosphate umgewandelt. Ein Teil der aus der Substratoxidation hervorgegangenen Energie wird nicht in die Synthese von ATP eingeleitet, sondern unmittelbar in Form von Wärme abgegeben. Dieser Prozess dient vornehmlich der Aufrechterhaltung der Körpertemperatur. Die Umwandlung der in den Makronährstoffen der Nahrung enthaltenen chemischen Energie in ATP und Wärme wird als Energieumsatz bezeichnet.

Die Wärmeproduktion im Zellstoffwechsel hat eine essenzielle, eine obligatorische und eine regulatorische Komponente (◘ Abb. 56.1). Die **essenzielle Wärmeproduktion** ist eine Konsequenz des Verbrauchs und der Resynthese von ATP und erfolgt damit innerhalb anaboler und kataboler Zyklen, die u. a. für die Erneuerung von Geweben notwendig sind. Die **obligatorische Wärmeproduktion** resultiert vor allem aus energieverbrauchenden molekularen Transportprozessen. Einen großen Beitrag zur obligatorischen Wärmeproduktion liefert die in allen Zellen des Säugers vorkommende Na$^+$/K$^+$-ATPase. Deren Transportaktivität hält den von extrazellulär nach intrazellulär gerichteten Na$^+$-Gradienten aufrecht und liefert damit die Voraussetzung für die Erregbarkeit von Nervenzellen oder die Resorption von Nährstoffen wie Aminosäuren oder Glucose in Darm- und Nierenepithelzellen (► Abschn. 61.3). Die Aktivität der Na$^+$/K$^+$-ATPase ist nach Schätzungen für 20–40 % des Ruheenergieumsatzes verantwortlich, d. h. für den Energieverbrauch, der zur Aufrechterhaltung der Vitalfunktionen wie Körpertemperatur, Kreislauf, Atmung und Ausscheidung benötigt wird. In homöothermen Organismen, wie dem Menschen, stellt die **regulatorische Wärmeproduktion** eine dritte Komponente dar, die der Aufrechterhaltung der Körpertemperatur bei variierenden Umgebungstemperaturen dient. Zittern als Antwort gegenüber einer Kälteexposition bedeutet eine

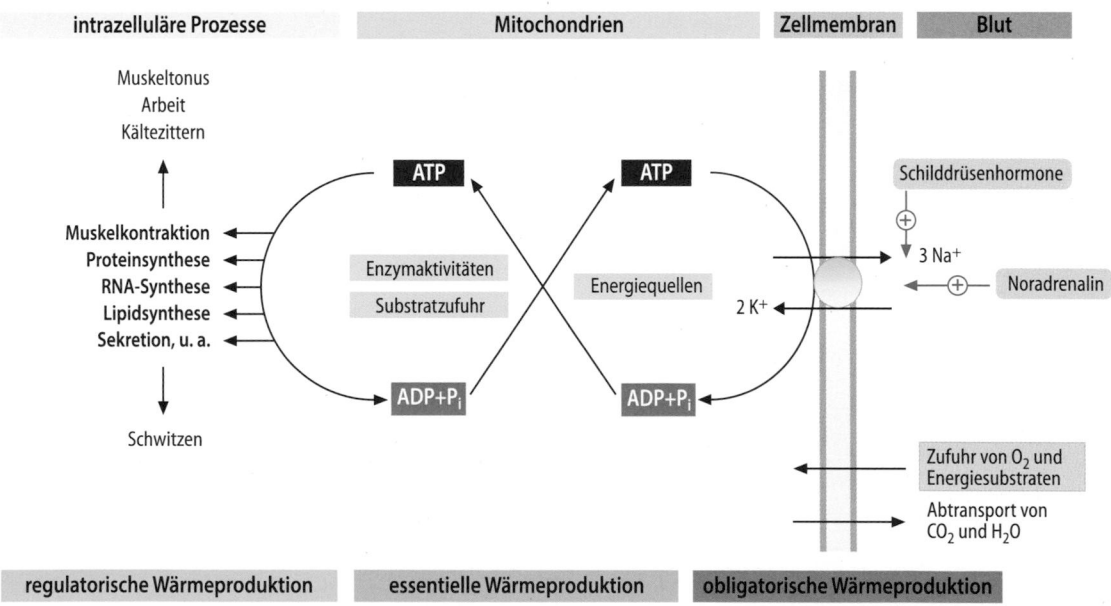

◘ **Abb. 56.1 Biochemische Prozesse der Wärmeproduktion** (Einzelheiten s. Text)

erhebliche Zunahme der Kontraktion der Skelettmuskulatur, die mit einem stark gestiegenen ATP-Umsatz und damit der Wärmeproduktion einhergeht. Höhere Umgebungstemperaturen führen zur Schweißbildung mit der Folge einer Wärmeabgabe durch erhöhte Evaporation. Die durch Entkopplung der Atmungskette generierte Wärme kann ebenfalls signifikant zur regulatorischen Wärmeproduktion beitragen (▶ Abschn. 56.1.2).

Die Wärmeproduktion innerhalb von Zellen wird schließlich durch zahlreiche neurale und endokrine Faktoren beeinflusst. So stimulieren z. B. die Schilddrüsenhormone die Na^+/K^+-ATPase und zahlreiche Komponenten der mitochondrialen Elektronentransportkette. Sie fördern neben dem Fett-, Kohlenhydrat- und Proteinmetabolismus auch den O_2-Verbrauch und erhöhen damit die Wärmeproduktion (◘ Abb. 56.1). Aber auch Insulin, Glucagon, Katecholamine und Wachstumshormon haben Einfluss auf die Wärmeproduktion. Der hormonelle Einfluss auf die metabolische Rate zeigt sich auch bei Fieber: Eine Steigerung der Körpertemperatur um 1 °C führt zu einer Zunahme der metabolischen Rate um etwa 13 %. Bei Infektionen ist insbesondere eine erhöhte zelluläre Aufnahme von Triiodthyronin festzustellen, das im Gegensatz zu den Katecholaminen eine längerfristige Erhöhung der metabolischen Rate bewirken kann. Die meisten Erkrankungen sind mit einem erhöhten Energieverbrauch und somit auch mit einem erhöhten Energiebedarf verbunden. Dies beruht vor allem auch auf der vermehrten Bildung von Cytokinen und deren Wirkungen auf das Immunsystem und den Intermediärstoffwechsel (▶ Abschn. 70.2.2).

❯ Nach Einführung der SI-Einheiten ist die Maßeinheit für die Energie das Kilojoule (kJ).

Die SI-Einheit der Energie ist das **Joule** (J). Die Angabe des Energiegehalts von Nahrungsmitteln erfolgt zwar auch in **Kilojoule** (kJ), üblicherweise verwendet wird aber nach wie vor der Energiegehalt in **Kilokalorien** (kcal). Folgende Beziehung besteht zwischen kJ und kcal:

$$1\,kJ = 0,239\,kcal \text{ oder } 1\,kcal = 4,184\,kJ \qquad (56.2)$$

Die umgangssprachlich verwendete Bezeichnung „Kalorien" für den Energiegehalt von Nahrungsmitteln meint tatsächlich kcal.

56.1.2 Physiologische Verbrennung der Makronährstoffe

❯ Die Makronährstoffe haben unterschiedliche physiologische Brennwerte.

Der Netto-ATP-Gewinn bei der Oxidation von Makronährstoffen hängt einerseits davon ab, wie viel Energie der Organismus aufwenden muss, um die Energieträger zu metabolisieren, andererseits davon, wie viel Energie in der Substratkettenphosphorylierung und oxidativen Phosphorylierung (▶ Abschn. 19.1) des jeweiligen Nährstoffs gewonnen wird.

Im Vergleich zum **physikalischen Brennwert** der Nahrung, der sich bei vollständiger Verbrennung im Kalorimeter als Wärmefreisetzung bestimmen lässt, ist der **physiologische Brennwert**, also die dem Organismus tatsächlich zur Verfügung stehende Energie, niedriger. So gehen etwa 5–10 % des physikalischen Brennwerts durch unvollständige Verdauung und/oder unvollständige Resorption der Makronährstoffe aus der Nahrung im Magen-Darm-Trakt verloren. Entsprechend bezeichnet man die in den Körper gelangende Energiemenge als „**resorbierte Energie**" (◘ Abb. 56.2). Weitere 5–10 % der aufgenommenen Energie werden für den Transport, die Speicherung und die biochemischen Umwandlungsprozesse der verschiedenen Nährstoffe benötigt. Ein nicht unerheblicher Teil der intrazellulär verfügbaren physikalischen Energie geht letztlich als Wärme bei der Nährstoffoxidation und dem Umsatz von ATP verloren, während der Rest in energiereichen Phosphaten konserviert wird (◘ Abb. 56.2). Berücksichtigt man alle Energieverluste, ergeben sich mittlere physiologische Brennwerte von 4 kcal/g für Kohlenhydrate als auch Proteine und 9 kcal/g für Fette. Der physiologische Brennwert von Alkohol beträgt etwa 7 kcal/g. Da die Zusammensetzung der Nahrung, ihre Verdaulichkeit und der Metabolismus stark variabel sind, weichen die realen physiologischen Brennwerte zum Teil beträchtlich von den genannten Mittelwerten ab.

❯ Die Effizienz der Energieausbeute bei der Nährstoffoxidation ist beeinflussbar

Die Energieausbeute bei der Nährstoffoxidation, d. h. die Effizienz, mit welcher der mitochondriale Elektronentransport an die ATP-Synthese gekoppelt wird, kann durch pharmakologische Wirkstoffe wie Dinitrophenol, Coffein, Nicotin und Amphetamine reduziert werden. Ihre Nebenwirkungen verbieten allerdings die Anwendung pharmakologischer Dosen zur Gewichtsreduktion beim Menschen. Mechanistisch reduzieren sie den transmembranären Protonengradienten der inneren mitochondrialen Membran und damit die treibende Kraft für die ATP-Synthese (s. ▶ Abschn. 19.1.5). Die damit einhergehende Verminderung des ATP/ADP-Quotienten führt kompensatorisch zu erhöhtem O_2-Verbrauch bei gleichzeitig gesteigerter Oxidation von $NADH/H^+$ und $FADH_2$. Diese Entkopplung der oxidativen Phos-

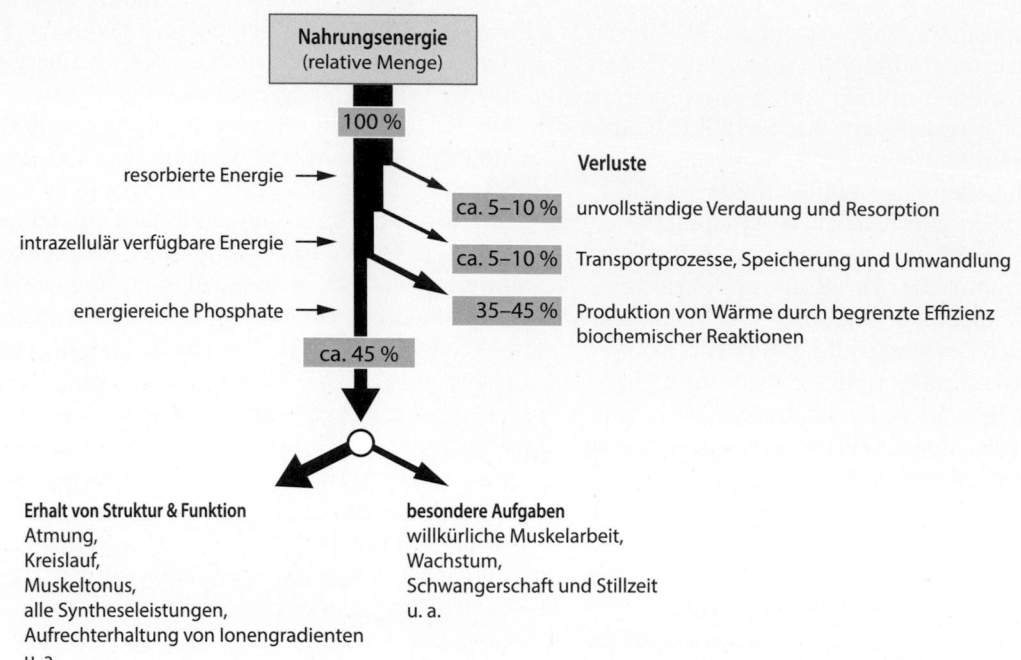

Abb. 56.2 Die Umwandlung absorbierter Nahrungsenergie in Wärme und Arbeit. Ein Teil der mit der Nahrung aufgenommenen Energie wird für Digestionsprozesse verbraucht. Der Rest der Energie wird für die Aufrechterhaltung metabolischer Prozesse verwendet. Wie bei allen Formen der Energieumsetzung geht ein Teil der Energie als Wärme verloren

phorylierung bedeutet, dass ein größerer Teil der bei der Oxidation freiwerdenden Energie nicht als chemische Energie in Form von ATP konserviert, sondern in Wärme umgewandelt wird. In gleicher Weise dient die physiologische Entkopplung bei Säugetieren in kalten Klimaregionen und beim Neugeborenen zur Aufrechterhaltung der Körpertemperatur. Die innere Mitochondrienmembran des **braunen Fettgewebes** enthält dafür größere Mengen an *Uncoupling protein 1* (UCP1), auch als **Thermogenin** bezeichnet. UCP-1 bewirkt als Protonophor den Rückfluss von Protonen in den mitochondrialen Matrixraum und schließt das normalerweise durch die Elektronentransportkette generierte elektrochemische Potenzial kurz. Dies verhindert die Bildung von ATP und generiert Wärme. Erwachsene besitzen wenig, aber dennoch metabolisch aktives braunes Fettgewebe in spezifischen Regionen. Frauen haben größere Mengen an braunem Fettgewebe als Männer. Weiterhin ist der Anteil an braunem Fettgewebe höher in Individuen mit niedrigerem BMI und in Personen mit extensiver Kälteexposition. Insgesamt scheint die Bedeutung des braunen Fettgewebes beim Menschen für den Energieverbrauch und die Thermogenese wesentlich bedeutsamer als lange Zeit angenommen. Darüber hinaus kommen die Varianten UCP2 – UCP5 in vielen Geweben des Menschen vor, und zwar mit unterschiedlicher Fähigkeit, die Thermogenese zu beeinflussen.

56.1.3 Energieverbrauch und Energiebedarf

Die Komponenten des Gesamtenergieverbrauchs sind der Grundumsatz bzw. der Ruheenergieumsatz, der Erhaltungsbedarf inklusive der durch Aufnahme von Nahrung induzierten Thermogenese sowie der Leistungsbedarf. Der größte Teil des täglichen Energieverbrauchs entsteht durch den Grundumsatz, der dazu dient, metabolische Funktionen aufrecht zu erhalten. Zur Abschätzung des Grundumsatzes kann folgende Näherung dienen:

$$\text{Grundumsatz} = 4,2\,\text{kJ}\,(1\,\text{kcal})\,\text{pro kg}$$
$$\text{Körpergewicht und Stunde} \tag{56.3}$$

Er beschreibt die verausgabte Energie eines Individuums in ruhender Rückenlage nüchtern am Morgen. In der Praxis ist es schwierig, den Grundumsatz exakt zu bestimmen. Deshalb wird in der Regel der sog. **Ruheenergieumsatz** bestimmt, der ca. 5–15 % über dem Grundumsatz liegt und bei einer sitzenden Person etwa 60–75 % des täglichen Gesamtenergieumsatzes ausmacht. Die beim Ruheenergieumsatz im Vergleich zum **Grundumsatz** zusätzlich verbrauchte Energie ist u. a. durch den wacheren Zustand und die veränderte Körperhaltung begründet. Metabolisch besonders aktive Organe wie Gehirn, Leber, Niere und Herz, die

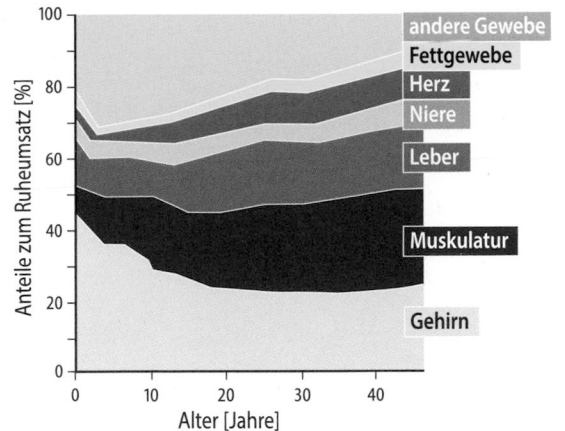

◘ Abb. 56.3 Der Anteil verschiedener Organe am Ruheenergieumsatz in Abhängigkeit vom Alter

nur 5–6 % des Körpergewichts ausmachen, sind für mehr als 50 % des Ruheenergieumsatzes verantwortlich (◘ Abb. 56.3). Die spezifische metabolische Rate (kcal/g Organmasse) dieser Organe ist 15 bis 40-mal höher als die des ruhenden Muskels und 50 bis 100-mal höher als die des Fettgewebes. Die Skelettmuskulatur trägt aufgrund ihrer vergleichsweise hohen Masse ebenfalls signifikant zum Ruheenergieumsatz bei. ◘ Abb. 56.3 dokumentiert die unterschiedlichen Anteile einzelner Organe am Ruheenergieumsatz in Abhängigkeit vom Lebensalter.

Der **Erhaltungsbedarf** definiert sich als die zusätzliche Energiemenge, die für Nahrungsaufnahme, Verdauung, Resorption und Ausscheidung und die beständige Regeneration von Geweben benötigt wird. Er ist auch von der Umgebungstemperatur abhängig. Im Erhaltungsbedarf ist auch die nach Nahrungsaufnahme ausgelöste **Thermogenese** enthalten. Sie entspricht bei Proteinen etwa 18–24 %, bei Kohlenhydraten etwa 4–7 % und bei Fett etwas 2–4 % der aufgenommenen Energiemenge. So sind unter üblichen Ernährungsbedingungen ca. 5–15 % des täglichen Energieumsatzes der postprandialen Thermogenese zuzuschreiben.

Den **Leistungsbedarf** definieren körperliche Aktivität sowie besondere physiologische Leistungen im Wachstum, der Schwangerschaft oder Stillzeit. Je nach Intensität und Dauer kann der Leistungsbedarf für 15–50 % des Gesamtenergieumsatzes verantwortlich sein. Spontane motorische Aktivitäten (*non-exercise activity thermogenesis*) tragen mit großer individueller Variabilität auch zum Energieverbrauch bei. Experimentell lässt sich zeigen, dass Individuen täglich zwischen 200 kcal und 900 kcal nur aufgrund spontaner motorischer Aktivität (Bewegung von Händen, Füßen, Minenspiel) verbrauchen. Diese Unterschiede sind langfristig betrachtet bedeutend für die zum Teil beträchtlich unter-schiedliche Körpergewichtsentwicklung von Individuen mit annähernd gleicher Konstitution bei gleicher Energieaufnahme.

56.1.4 Experimentelle Ermittlung des Energieumsatzes

> Der Energieverbrauch wird vorwiegend durch direkte und indirekte Kalorimetrie bestimmt.

Bei der **direkten Kalorimetrie** wird die Wärmeabgabe von Zellen, Geweben oder Gesamtkörpern in geschlossenen Kammern (Kalorimetern) gemessen. Die **indirekte Kalorimetrie** nimmt dagegen den O_2-Verbrauch als Maß der Wärmeproduktion, da dieser in aerob lebenden Organismen nahezu vollständig die Oxidation der Nährstoffe unter O_2-Verbrauch widerspiegelt (◘ Abb. 56.4). Für die vollständige Oxidation von Glucose lässt sich folgende Beziehung ableiten:

$$C_6H_{12}O_6 + 6O_2 \rightarrow 6CO_2 + 6H_2O$$
$$-\Delta G^{0'} = -2898\,kJ\,(690\,kcal)/mol$$
$$(\text{siehe auch Abschn. 4.1}) \tag{56.4}$$

Bei der Oxidation von 1 Mol Glucose werden 6 Mol O_2, d. h., 6 × 22,4 l Sauerstoff verbraucht. Bei einem Molekulargewicht der Glucose von 180 g/l entspricht dies 0,75 l Sauerstoff pro g Glucose. Mit dem Verbrauch von 1 l Sauerstoff wird eine Wärmemenge von = 21,6 kJ (5,1 kcal) entsprechend der Oxidationsgleichung für Glucose freigesetzt und diese Energiemenge wird als **energetisches Äquivalent** von Sauerstoff bezeichnet. Entsprechende Gleichungen bestehen auch für die Oxidation von Fettsäuren oder Aminosäuren (◘ Tab. 56.1), die sich aber im Hinblick auf das energetische Äquivalent nicht wesentlich von dem der Kohlenhydrate unterscheiden. Daher wird für die Berechnung des Energieumsatzes aus dem Sauerstoffverbrauch ein Durchschnittswert von 20 kJ (4,8 kcal)/l O_2 angesetzt. Bei einem Sauerstoffverbrauch im Ruhezustand von ca. 0,25 l/min ergibt sich der Grundumsatz pro 24 Stunden wie folgt:

$$0,25 \times 60 \times 24 \times 20 = 7200\,kJ\,(1721\,kcal) \tag{56.5}$$

Wegen des unterschiedlichen Gehalts an Kohlenstoff, Wasserstoff und Sauerstoff in den einzelnen Nährstoffen, ergeben sich im Verhältnis von gebildeten Mol CO_2 pro Mol an verbrauchtem O_2 bei der Verbrennung unterschiedliche **respiratorische Quotienten** (V_{CO_2}/V_{O_2}). Diese betragen 1,00 für Kohlenhydrate, 0,83 für Proteine

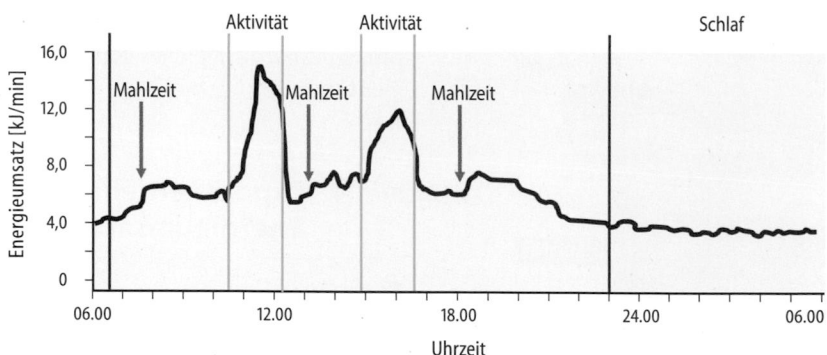

■ **Abb. 56.4   24-h-Registrierung des Energieverbrauchs** bei einem Probanden, der sich in einem indirekten Kalorimeter oder in einer Respirationskammer aufhält. Der Energieverbrauch beträgt 4,2 kJ (1 kcal/min) während des Schlafens und ist während körperlicher Aktivität und nach Mahlzeiten erhöht

■ **Tab. 56.1**   Respiratorischer Quotient und energetisches Äquivalent für Sauerstoff für die einzelnen Nährstoffe. *RQ* respiratorischer Quotient

Nährstoff	Beispiel	Gleichung	RQ	Freigesetzte Wärme (kJ/g bzw. kcal/g)		Energetisches Äquivalent (kJ bzw. kcal/l O$_2$)	
Kohlenhydrat	Glucose	$C_6H_{12}O_6 + 6\,O_2 \rightarrow$ $6\,CO_2 + 6\,H_2O$	6/6 = 1,00	16,8	4,0	21,0	5,0
Fett	Triolein	$C_{57}H_{104}O_6 + 80\,O_2 \rightarrow$ $57\,CO_2 + 52\,H_2O$	57/80 = 0,71	39,7	9,46	19,7	4,7
Protein	Alanin	$2\,C_3H_7O_2N + 6\,O_2 \rightarrow$ $(NH_2)_2CO + 5\,CO_2 +$ $5\,H_2O$	5/6 = 0,83	18,1	4,32	19,3	4,6

und 0,71 für Fette (■ Tab. 56.1). Für Alkohol beträgt der respiratorische Quotient 0,67. Anhand des experimentell ermittelten respiratorischen Quotienten lässt sich somit auch auf den primär oxidierten Nährstoff schließen. Für eine Mischkost beträgt der respiratorische Quotient etwa 0,85.

Eine andere indirekte Methode zur Bestimmung des Energieverbrauchs ist die **Isotopenverdünnungsmethode.** Diese bedient sich der Isotope ^2H und ^{18}O in doppelt markiertem Wasser. Der Vorteil dieser Technik besteht darin, dass sie bei normal lebenden Menschen den Energieverbrauch über 10–14 Tage erfassen kann. Während das Isotop ^2H den Organismus als Wasser verlässt, verteilt sich ^{18}O auf Wasser und CO_2. Die Bildung von CO_2 und damit der Einbau von ^{18}O in CO_2 werden dabei durch die Carboanhydrasereaktion katalysiert. Durch Bestimmung der Isotopverteilung im Wasseranteil der Körperflüssigkeiten kann der Energieverbrauch anhand der Differenzen in den Verlustraten ermittelt werden. Unter Annahme eines mittleren respiratorischen Quotienten von 0,85 kann aus der ermittelten CO_2-Abgabe der Sauerstoffverbrauch und daraus der Gesamtenergieumsatz berechnet werden.

Zusammenfassung

Von der mit der Nahrung zugeführten Energie werden etwa 40 % in chemische Energie in Form von ATP umgewandelt, der Rest dient der Wärmeproduktion oder Thermogenese. Die Thermogenese besitzt eine essenzielle, eine regulatorische und eine obligatorische Komponente. Thermogenine (UCP-Proteine) können die Anteile der ATP-Produktion und Wärmeproduktion beeinflussen. Der hohe physiologische Brennwert der Fette prädestiniert sie als Energiespeicher. Während für die unmittelbare Energiegewinnung in erster Linie Glucose dient, werden Aminosäuren aus den Nahrungsproteinen nur begrenzt oxidiert. Der Energieumsatz des Menschen ergibt sich aus dem Grundumsatz, d. h., den im Ruhezustand für alle lebensnotwendigen Abläufe notwendigen Energieanteil – oder näherungsweise dem Ruheenergieumsatz, der einfacher zu bestimmen ist –, dem Erhaltungsbedarf, d. h. dem Energieverbrauch für Nahrungsaufnahme, Organregeneration und alltägliche Bewegungsabläufe sowie dem Leistungsbedarf für körperliche Arbeit oder spezifischer Syntheseleistungen (Wachstum, Schwangerschaft, Stillen) – inklusive spontaner motorischer Aktivitäten.

56.2 Ernährungsstatus

❯ Der Ernährungsstatus eines Individuums kann anhand des Körpergewichtes und der Mengenverteilung von Körperfett und Muskelmasse beschrieben werden.

Der einfachste Parameter zur Erfassung des Ernährungszustands ist das **Körpergewicht**. Da die Körperlänge aber auch das Körpergewicht mitbestimmt, verwendet man den **Body-Mass-Index** (BMI), der dem Quotienten aus Körpergewicht und der Körpergröße zum Quadrat entspricht (kg/m^2). Der Normbereich liegt für Männer und Frauen zwischen 18,5 und 24,9 kg/m^2. **Übergewicht** besteht bei BMI-Werten von 25,0–29,9 kg/m^2 **Adipositas (Fettsucht)** bei Werten größer als 30 kg/m^2. Bei **Adipositas** unterscheidet man anhand der BMI-Werte außerdem drei Grade:
- Grad I: 30–34,9 kg/m^2
- Grad II: 35–39,9 kg/m^2
- Grad III: über 40 kg/m^2

Basierend auf dieser Klassifizierung lässt sich in Deutschland bei Erwachsenen ein Übergewicht bei etwa 40–50 % und Adipositas bei etwa 16–20 % der Population diagnostizieren. BMI unter 18,5 wird als **Untergewicht** klassifiziert und findet sich bei ca. 2,5 % der deutschen Bevölkerung. Moderate tägliche Schwankungen in Körpergewicht und dementsprechend im BMI sind normal. Meist sind Änderungen des Körpergewichts von mehr als 500 g pro Tag durch Alterationen des Wasserbestandes des Organismus bedingt.

Für die Differenzierung von Adipositas, aber auch für die Beurteilung von Trainingseffekten im Leistungssport ist es notwendig, die Körperkompartimente **Fett** und **fettfreie Masse** (Magermasse) zu betrachten. Das Körperfett kann nochmals in Depotfett und Strukturfett unterteilt werden. Das **Strukturfett** mit einer mittleren Masse von ca. 5 kg dient z. B. der Auskleidung der Augenhöhlen oder des Nierenlagers. Da es damit unmittelbare anatomische Funktionen erfüllt, ist seine Masse relativ unabhängig vom Ernährungszustand. Das Unterhautfettgewebe und Fettgewebe im Bauchraum bilden das **Depotfett**. Seine Masse beträgt beim Mann >15 kg und bei der Frau >20 kg.

Rund 70 % des Körperfetts finden sich subcutan. Das subcutane Fett erlaubt, basierend auf empirisch ermittelten Faktoren, die Bestimmung des Körperfettanteils anhand der Hautfaltendicke an charakteristischen Messpunkten (Biceps, Triceps, subscapular, suprailiacal, am Abdomen, am Oberschenkel). Ausgehend vom Körpergewicht kann nun die fettfreie Körpermasse berechnet werden. Da sie den größten Energieumsatz hat und damit den Energiebedarf des Menschen maßgeblich bestimmt, ist sie eine wichtige Größe.

Die fettfreie Körpermasse kann nochmals in **Zellmasse** und **Extrazellulärmasse** unterteilt werden. Die **Bioelektrische Impedanzanalyse** (BIA) dient als nicht-invasive Methode der Quantifizierung von Gesamtkörperfett, fettfreier Körpermasse und Gesamtkörpermasse. Sie nutzt die unterschiedliche elektrische Leitfähigkeit der Gewebe bei einer angelegten Spannung. In fettfreiem Gewebe ist die Leitfähigkeit durch den hohen Wasser- und Elektrolytanteil am höchsten. Fettgewebe hat eine geringe Leitfähigkeit, da es wenig Wasser aufweist und Zellmembranen sich wie elektrische Kondensatoren verhalten. Die Leitfähigkeit verhält sich umgekehrt proportional zum elektrischen Widerstand (Impedanz), der nach Anlegen von zwei Elektroden an Hand- und Fußgelenk gemessen wird und aus dem mittels empirisch ermittelter Gleichungen die Fettmasse, die fettfreie Masse und das Gesamtwasser berechnet werden können.

Zusammenfassung
Der „Body-Mass-Index" (BMI) ermöglicht eine erste Beurteilung des Ernährungszustands. In ihn fließt das Körpergewicht in Bezug zur Körperlänge ein. Eine weitere Differenzierung kann nach fettfreier Masse und Körperfett vorgenommen werden, wobei die fettfreie Masse nochmals in Zellmasse und extrazelluläre Masse unterteilt wird.

56.3 Positive und negative Energiebilanz

56.3.1 Kalorienrestriktion – Ausgeglichene Energiebilanz auf niedrigem Niveau

❯ Eine kalorisch restriktive Ernährung bei sonst ausreichender Zufuhr aller essenziellen Nährstoffe verlängert die Lebensspanne nahezu aller Spezies.

Eine Reduktion der unter *ad libitum* Fütterung zugeführten Energiemenge um 30 % zeigt in einer Reihe von Tiermodellen ausgeprägte Effekte auf die Verlangsamung von Alterungsprozessen. Dies trifft auf Invertebraten, aber auch Nager und selbst Primaten zu. Insbesondere Versuche an Nagern weisen Besserungen der altersbedingten Fehlregulation des Blutglucosespiegels und positive Wirkungen auf Aktivitäten antioxidativer Enzymsysteme, Reparaturmechanismen der DNA, Immunfunktionen, Lernfähigkeit sowie Proteinsynthese und Erhalt der Muskelmasse aufgrund der Kalorienrestriktion aus. Daraus resultieren ein deutlich verzögertes Auftreten typischer Krankheiten reiferen Alters wie Autoimmunerkrankungen, Krebs, grauer Star, Diabetes, Hypertonie oder Nierenversagen. Seit 1989 laufende Versuche an Rhesusaffen zeigen, dass unter kalorischrestriktiver Ernährung bei gleichzeitig ausreichender Versorgung mit Mikronährstoffen viele der beschriebenen altersverzögernden Effekte auch bei Primaten festzustellen sind.

❯ Sirtuine als Mediatoren der durch Kalorienrestriktion erzielten Veränderungen.

Als zentrale Mediatoren der durch Kalorienrestriktion vermittelten Hemmung von Alterungsprozessen wurden in Organismen wie *S. cerevisiae* und *D. melanogaster* die Sirtuine (*silent information regulators*) identifiziert. Ihren Namen bekamen sie aufgrund der durch sie bewirkten verminderten Transcription selektiver Gene. Hier sei stellvertretend das Gen *p53* genannt, das wesentliche Funktionen im Rahmen des programmierten Zelltodes, der Apoptose, besitzt. Damit übernimmt *p53* zwar eine zentrale Aufgabe in der Auslösung des Zelltodes in transformierten Zellen (siehe ▶ Kap. 52), allerdings ist die Lebensfähigkeit eines Organismus letztlich von der ausreichenden funktionellen Zellmasse abhängig, sodass *p53* auch die Seneszenz beschleunigen kann. Mithin scheint die Kalorienrestriktion die Inzidenz von Tumorerkrankungen durch Steigerung *p53*-unabhängiger Mechanismen, wie einer verbesserten DNA-Reparatur, zu senken. Mechanistisch wirken Sirtuine als NAD^+-abhängige Histondeacetylasen, die dementsprechend dann aktiviert werden, wenn die Substratoxidation niedrig und damit der $NAD^+/NADH/H^+$-Quotient hoch ist. Die Deacetylierung der Histone bewirkt, dass deren positiv geladene Lysyl-Seitengruppen effizient mit dem Phosphatrückgrad der DNA interagieren und so die für Transcription notwendige Entpackung verhindern (▶ Abschn. 47.2). Die Entdeckung von Sirtuin-Aktivatoren, hier sind insbesondere die Polyphenole aus pflanzlicher Nahrung zu nennen, ließ vermuten, dass man die positiven Effekte einer Kalorienrestriktion auch ohne Verzicht auf Nahrung erreichen könnte. Zwar reprimiert das Säugetier-Ortholog SIRT1 im Fettgewebe die durch PPAR-γ-vermittelte Transaktivierung von Genen, deren Produkte beispielsweise an der Fettsäurebiosynthese beteiligt sind (▶ Abschn. 57.1.3), allerdings ist nicht zu erwarten, dass allein durch Sirtuin-Aktivatoren eine deutliche Gewichtsreduktion erzielt werden kann.

Deshalb ist auch nicht zu erwarten, dass durch Zufuhr an Polyphenolen, beispielsweise über Supplemente, die gleichen Effekte zu erzielen sind, wie durch die Gewichtsreduktion im Rahmen der Kalorienrestriktion. Die Adipokine des Fettgewebes spielen hierzu eine zu bedeutende die Alterungsprozesse beschleunigende Rolle. Studien an Mäusen, deren Insulinrezeptor selektiv im Fettgewebe durch *knock-out* entfernt wurde, zeigen, dass die dadurch reduzierte Fettgewebsmasse bei nicht verminderter Kalorienzufuhr eine signifikante Verlängerung der Lebensspanne bewirkt.

56.3.2 Positive Energiebilanz

❯ Übergewicht und Adipositas sind die Folgen einer langfristig positiven Energiebilanz.

Übersteigt die Energiezufuhr mit der Nahrung den Energieverbrauch des Körpers über längere Zeit um nur 1–2 %, führt dies zu einer nennenswerten Gewichtszunahme. Die Oxidation von Kohlenhydraten, Proteinen und Alkohol kann gut an ihre jeweiligen Aufnahmen angepasst werden, die Oxidation von Fetten hingegen nur begrenzt, sodass diese unter einer positiven Energiebilanz gespeichert werden. Insofern ist für die Entstehung von Übergewicht und Adipositas insbesondere die für westliche Industrienationen typische fettreiche Nahrungszufuhr verbunden mit einem hohen Grad physischer Inaktivität problematisch. Während proteinreiche Diäten eine geringe Insulinfreisetzung bewirken und außerdem zum Energieverbrauch durch verstärkte Gluconeogenese beitragen, korrelieren kohlenhydratreiche Ernährungsformen, insbesondere solche mit hohem Gehalt an Saccharose oder Fructose, mit dem Risiko der Adipositasentstehung. Während man im Falle der Saccharose hierbei die erhöhte Insulinsekretion verantwortlich machen kann, scheint im Falle der Fructose die starke Aktivierung des **Carbohydrate-Response-Elements** in Genen, die für Proteine der Lipogenese und Gluconeogenese codieren, verantwortlich zu sein.

Neben der Ernährung gibt es eine ganze Reihe weiterer Umweltfaktoren, die im Zusammenhang mit der Inzidenz von Übergewicht und Adipositas diskutiert werden. Hierzu zählen die Veränderung des intestinalen Mikrobioms in Abhängigkeit von der Ernährung als auch die Unterbrechung endokriner Regelkreise durch Umweltkontaminanten, wie dem in Plastik enthaltenen Bisphenol A.

Dass auch genetische Faktoren die Regulation des Körpergewichts mitbestimmen, ist seit frühen Studien an Familien, Zwillingen oder Adoptierten bekannt. So zeigen eineiige Zwillinge selbst unter unterschiedlichen Umweltbedingungen starke Übereinstimmungen hinsichtlich Körpergewicht und -zusammensetzung. Man schätzt den genetischen Einfluss hinsichtlich der interindividuellen Variation der Empfänglichkeit für Adipositas auf 40–70 %. Der genetische Einfluss wird zunächst durch monogene Beispiele der Adipositas belegt. Die meisten dieser seltenen Fälle betreffen Mutationen im Melanocortin-4-Rezeptor (MC-4-R). Unter den noch selteneren monogenen Adipositasformen findet man beispielsweise Mutationen im Leptin, Leptin-Rezeptor, Proopiomelanocortin, oder Corticotropin-Releasing-Hormon-Rezeptor. Die übliche Form der Adipositas scheint jedoch multigen beeinflusst zu sein. Im Rahmen genomweiter Assoziationsstudien wurden hunderte von Kandidatengenen identifiziert. Zwei davon, der MC-4-R und das *Fat Mass and Obesity*-assoziierte Protein (FTO), scheinen besonders im Rahmen der multigenen Adipositas bedeutsam zu sein. Der MC-4-R ist zwar auch, wie oben beschrieben, für die meisten Fälle monogener Adipositas verantwortlich, wird jedoch in bis zu 6 % der multigenen Adipositasformen in einer Variante vorgefunden. FTO scheint sogar bei bis zu 22 % der multigenen Adipositas einen wesentlichen Beitrag zu leisten. Varianten in diesem Gen zeigen außerdem eine starke Assoziation mit Diabetes mellitus Typ II und dem polycystischen Ovarialsyndrom, die beide durch eine Insulinresistenz gekennzeichnet sind.

Am Ende wirken Umwelt und genetische Einflüsse hinsichtlich der Entstehung der Adipositas zusammen, wie am Beispiel der Pima-Indianer ersichtlich wird. Die in Arizona lebenden Pima-Indianer zeigen eine extrem hohe Adipositasprävalenz, während dies bei den in Mexiko lebenden nicht der Fall ist. Trotzdem ist der BMI der in Mexiko lebenden Pima-Indianer auch höher, als es der Erwartung für eine physisch aktive Population mit niedrigem Fettverzehr entsprechen würde. Auch bei den Pima-Indianern taucht wiederum eine Variante des *fto*-Gens auf.

❯ Adipositas und Metabolisches Syndrom.

Das **Metabolische Syndrom** ist als eine durch Adipositas verursachte heterogene Erkrankung zu verstehen. Insbesondere die zentrale Adipositas mit erhöhter visceraler Fettgewebsmasse ist mit Insulinresistenz – mit oder ohne Glucoseintoleranz –, atherogener Dyslipidämie sowie einem erhöhten prothrombotischen und proinflammatorischen Status assoziiert. Mit der Expansion der visceralen Fettgewebemasse nimmt offensichtlich auch die Abgabe einer Vielzahl von Adipokinen und Entzündungsmediatoren wie IL-6, IL-10, ACE (*angiotensinconverting enzyme*), TGF-β1, TNF-α, IL-1β, PAI-1 (*plasminogen activator inhibitor* 1) und CXCL-8 aus dem Gewebe zu (▶ Abschn. 34.2). Deren Quelle scheint jedoch weniger die Fettzelle selbst zu sein, als vielmehr

in das Gewebe eingewanderte Makrophagen. Hier lässt sich häufig eine Korrelation zwischen der Größe der Adipocyten und der Zahl der im Gewebe vorzufindenden Makrophagen zeigen. Die Vernetzung der Adipositas mit Entzündungsprozessen wird auch dadurch belegt, dass ein Verlust der Funktion von Rezeptoren für die Erkennung bakterieller Strukturen, wie beispielsweise des *Toll-like*-Rezeptor 4 (TLR-4; ▶ Abschn. 35.5.4), im Tier eine Diät-induzierte Adipositas und Insulinresistenz verhindern kann. Für die durch Adipokine verursachte Insulinresistenz scheinen insbesondere **Resistin** und auch TNF-α verantwortlich zu sein.

In Folge von Übergewicht und vor allem von Adipositas treten gehäuft eine Reihe weiterer Erkrankungen auf. Dazu zählen neben Diabetes mellitus Typ II, Hypertonie und atherosklerotischen Herz-Kreislauf-Erkrankungen, auch das polycystische Ovarialsyndrom, die Entstehung einer nicht-alkoholisch bedingten Fettleber, Gallensteinbildung, Asthma, Schlafstörungen und bestimmte Krebsarten. Mit zunehmendem Alter sinken jedoch die Gesundheitsrisiken, die mit einem hohen BMI verbunden sind, und wenden sich in das Gegenteil. So ist die restliche Lebenserwartung im Alter (>70 Jahre) bei einem um 10 % erhöhten BMI größer als bei normalem oder gar um 10 % vermindertem BMI. Ausreichende Energie- bzw. Nährstoffreserven sind somit im Alter offenbar von Überlebensvorteil.

56.3.3 Negative Energiebilanz

❯ Hunger und Fasten bewirken Änderungen im Interorganstoffwechsel und den Metabolitflüssen.

Der Substratumsatz eines gesunden Menschen schwankt über den Tag in Abhängigkeit von der Nahrungsaufnahme und insbesondere dem Aktivitätsstatus (◻ Abb. 56.4). Für obligat glucoseverbrauchende Zellen und Gewebe müssen in jeder Phase, also auch zwischen den Mahlzeiten, ausreichende Glucosemengen bereitgestellt werden, so für das **Nervensystem**, das in 24 Stunden etwa 150 g Glucose oxidiert und für die Erythrocyten. Dies erfolgt durch die Leber, die pro Tag etwa 180 g Glucose zur Verfügung stellt. Abhängig vom Glycogenbestand wird im Fastenzustand und dem zeitlichen Zurückliegen der letzten Nahrungsaufnahme Glucose zunächst durch Glycogenolyse und danach durch **Gluconeogenese** freigesetzt (▶ Abschn. 14.3). Die Gluconeogenese wird aus dem Abbau von Muskelproteinen und dem folgenden Abbau der Kohlenstoffskelette der **glucogenen Aminosäuren** sowie dem bei der Lipolyse im Fettgewebe entstehenden Glycerin betrieben. Weitere wesentliche Quelle für Substrate der Gluconeogenese ist **Lactat** aus dem Erythrocytenstoffwechsel, das nach Reoxidation zu Pyruvat in der Leber ebenfalls der Gluconeo-

Makronährstoffe und ihre Bedeutung

Uwe Wenzel und Hannelore Daniel

Ernährung beschreibt die für das Körperwachstum, die Reproduktion sowie die Aufrechterhaltung aller Körperfunktionen und der Gesundheit notwendige Aufnahme und Verwertung von Nahrung durch den Organismus. Um dies zu gewährleisten, müssen Wasser, Kohlenhydrate, Proteine oder Aminosäuren, Lipide, Vitamine und Mineralstoffe mit Lebensmitteln und Getränken zugeführt werden. Aufgrund der im Vergleich zu Vitaminen und Mineralstoffen erforderlichen hohen Zufuhr an Kohlenhydraten, Proteinen und Fetten, werden diese als Makro- oder Hauptnährstoffe bezeichnet. Während bei den Kohlenhydraten und Fetten ihre Bedeutung als Energielieferanten für den menschlichen Organismus im Vordergrund steht, können Proteine bzw. Aminosäuren zwar auch energetisch verwertet werden, besitzen jedoch größere Bedeutung als strukturelle und funktionelle Komponenten des menschlichen Körpers. Unter dem Begriff Mikronährstoffe werden die organischen Vitamine und anorganischen Mineralstoffe zusammengefasst. Die Unterteilung der für den Menschen essenziellen Mineralstoffe erfolgt aufgrund ihres Vorkommens im menschlichen Organismus in Mengen- (>50 mg/kg Köpertrockengewicht) und Spurenelemente (<50 mg/kg Körpertrockengewicht). Eine Ausnahme bildet das Eisen, das mit einem Vorkommen von knapp über 50 mg/kg Körpertrockengewicht trotzdem den Spurenelementen zugerechnet wird. Das Stoffwechselgeschehen ist Ausdruck einer beständigen Anpassung an variable Ernährungsbedingungen und beinhaltet alle Prinzipien der biologischen Regulation. Nicht nur die Aufnahme von Nahrung als solche sowie Menge und Verhältnis der energieliefernden Makronährstoffe, sondern auch diverse Vitamine und Mineralstoffe beeinflussen die Genexpression und folglich die Menge und Wirkung spezifischer Proteine. Ernährung umfasst somit die Bedeutung der Nährstoffe als Energieträger (vornehmlich Kohlenhydrate und Fette), als strukturelle und funktionelle Komponenten (hauptsächlich Proteine), als Elektrolyte und in der Mineralisation des Skeletts (Mengenelemente) sowie als Bestandteil von Enzymen oder anderen Proteinen, in denen sie strukturelle, katalytische oder bindende Funktionen einnehmen (Vitamine und Spurenelemente).

57.1 Die Stoffwechselbedeutung von Proteinen, Kohlenhydraten und Lipiden

57.1.1 Proteine und Aminosäuren

> Die Aminosäuren der Nahrungsproteine dienen primär der Biosynthese von Körperproteinen.

Primär dienen die Aminosäuren der Nahrungsproteine als Bauelemente für die Biosynthese der Körperproteine, bei einer deutlich über dem Bedarf liegenden Zufuhr (▶ Abschn. 56.3.2) und insbesondere im Hungerstoffwechsel (▶ Abschn. 56.3.3) werden Aminosäuren jedoch auch verstärkt oxidiert. Im Hungerstoffwechsel tragen glucogene Aminosäuren besonders bei kurzfristiger Nahrungskarenz (▶ Abschn. 56.3.3) auch zur Aufrechterhaltung des Glucosespiegels bei. Proteine sind als Strukturproteine am Aufbau von Zellen oder extrazellulären Strukturen beteiligt, andere fungieren als Transporter, Kanäle, Rezeptoren, Enzyme, Hormone oder Vehikel für wasserunlösliche Stoffe wie Eisen oder Sauerstoff. Die enorme strukturelle und funktionelle Vielfalt der Proteine wird durch unterschiedliche Kombinationen der 20 proteinogenen Aminosäuren erreicht. Eine Reihe co- und posttranslationaler Proteinmodifikationen hängen von einer optimalen Nährstoffzufuhr ab. Demzufolge führt eine suboptimale Ernährung zur Beeinflussung von Proteinstrukturen und damit auch der Assemblierung von Proteinen. Insbesondere benötigen zahlreiche Enzyme, die an den Proteinmodifikationen beteiligt sind, Vitamine oder Mineralstoffe für ihre Funktion. Beispiele hierfür sind Prolyl- und Lysyl-Hydroxylasen, die Hydroxylgruppen in die Seitenketten von Lysin- und Prolinresten des Kollagens einführen und

Ergänzende Information Die elektronische Version dieses Kapitels enthält Zusatzmaterial, auf das über folgenden Link zugegriffen werden kann https://doi.org/10.1007/978-3-662-60266-9_57. Die Videos lassen sich durch Anklicken des DOI Links in der Legende einer entsprechenden Abbildung abspielen, oder indem Sie diesen Link mit der SN More Media App scannen.

P. C. Heinrich et al. (Hrsg.), *Löffler/Petrides Biochemie und Pathobiochemie*, https://doi.org/10.1007/978-3-662-60266-9_57

So wie eine langfristig erhöhte Fettzufuhr zu Adipositas und damit verbunden der Beschleunigung von Alterungsprozessen führen kann (▶ Abschn. 56.2 und 56.3), tritt eine schnellere Alterung offenbar auch durch langfristig erhöhte Proteinzufuhr auf. Hierbei spielt die Aktivierung von mTOR eine wichtige Rolle, da durch mTOR der Ernährungsstatus mit dem reproduktiven Status und der somatischen Erhaltung verknüpft wird. Umgekehrt scheint die Hemmung von mTOR durch ATXN2L (*ataxin-2-like protein*) wesentliche Bedeutung für die durch Kalorienrestriktion erzielbare Verzögerung von Alterungsprozessen zu besitzen (▶ Abschn. 56.3.1),

Die Proteinabbauprozesse werden am stärksten durch die Kombination der Stresshormone Glucagon, Adrenalin und Glucocorticoide bei gleichzeitig abfallendem Insulinspiegel gefördert, wobei deutliche synergistische Wirkungen der katabolen Hormone auftreten. Sowohl im Falle einer sistierenden Hypo- wie auch einer Hyperthyreose wird eine negative Proteinbilanz beobachtet (▶ Abschn. 41.4).

57.1.2 Kohlenhydrate

❯ Kohlenhydrate sind die primären Energiesubstrate.

Kohlenhydrate sind die primären Energiesubstrate, die mit über 50 % der täglichen Substratoxidation in die Energiebilanz eingehen. Im Gegensatz zu Lipid- und Proteinspeichern sind die Speicher der Kohlenhydrate in Form von Glycogen in Leber und Muskel sehr begrenzt. So stehen die Glycogenspeicher der Leber nur zur Überbrückung kurzer Zeiten der Nahrungskarenz für die Aufrechterhaltung des Glucosespiegels des Bluts zur Verfügung. Danach erfolgt die Bereitstellung der Glucose durch Förderung der Gluconeogenese aus den glucogenen Aminosäuren bzw. Lactat sowie dem Glycerin aus dem Triacylglycerinabbau (▶ Abschn. 14.3 und 56.3.3).

Die Zufuhr der Kohlenhydrate über die Nahrung erfolgt in erster Linie als Stärke pflanzlicher Lebensmittel und in geringerem Umfang als Stärke tierischer Lebensmittel, dem Glycogen des Muskelfleisches. Die Aufnahme von Disacchariden (Saccharose, Maltose) und Monosacchariden (Glucose, Fructose) ist vor allem durch die breite Verwendung gesüßter Getränke deutlich gestiegen. Als einzige verfügbare Kohlenhydratquelle der Milch besitzt die Lactose in der Säuglingsernährung naturgegeben eine besondere Bedeutung. Die in der Humanmilch auch enthaltenen hochmolekularen Oligosaccharide, deren Gehalt bis zu 8 g/Liter betragen kann, gelten als unverdaulich und dienen vor allem als Substrate für die Fermentation durch Bakterien insbesondere der Bifidobakterien im Dickdarm des Säuglings. In diesem Sinne können sie als lösliche Ballaststoffe (▶ Abschn. 57.1.5) der Muttermilch und als bifidogener Faktor angesehen werden.

Ein expliziter Bedarf an Kohlenhydraten kann nicht definiert werden. Eine mittlere Zufuhr von ca. 120 g pro Tag wird als ausreichend erachtet, um einer ketoacidotischen Stoffwechsellage vorzubeugen (▶ Abschn. 36.7). Um die Fettzufuhr zu reduzieren, empfehlen Fachgesellschaften eine Kohlenhydratzufuhr, die etwa 50 % der Nahrungsenergie liefert. Diese sollte in Form komplexer Kohlenhydrate aus Vollkornprodukten, Kartoffeln, Gemüse und Obst erfolgen, sodass gleichzeitig eine erhöhte Zufuhr an Ballaststoffen, Vitaminen und Spurenelementen erreicht werden kann.

❯ Die Blutzuckerwirksamkeit der Nahrungskohlenhydrate ist unterschiedlich.

Die Blutzuckerwirksamkeit der Nahrungskohlenhydrate, d. h. die Dynamik der Anflutung von Glucose ins Blut als Folge der intestinalen Resorption der Kohlenhydrate und folglich auch die Kinetik der Insulinfreisetzung sind von verschiedenen Faktoren abhängig. Hierzu zählen die Komplexität der Kohlenhydrate und damit die Notwendigkeit einer intestinalen enzymatischen Spaltung, die Matrix, d. h. der physikalische Zustand beispielsweise der Stärke (roh, gekocht) sowie das Vorhandensein anderer Begleitstoffe wie z. B. Fett. Insgesamt bestimmen diese Faktoren den **glykämischen Index**, der die AUC (*area under the curve*) des Blutglucoseverlaufs als Funktion der Zeit bei Gabe gleicher Mengen an Glucose aus verschiedenen Nahrungsquellen beschreibt. So führt die gleiche Menge an Glucose als Monosaccharid verbreicht, zu einem schnelleren Anstieg des Blutzuckers als es im Falle der Applikation in Form der Stärke der Fall ist. Auch die beiden Komponenten der Stärke, Amylose und Amylopectin, beeinflussen den glykämischen Index. Obwohl das Amylopectin im Gegensatz zu den auch in der Amylose vorkommenden α-1,4-glycosidischen Verknüpfungen zusätzlich α-1,6-glycosidische Bindungen aufweist, besitzt das Amylopectin einen höheren glykämischen Index. Dies ist vermutlich auf die höhere Quellfähigkeit und die damit einhergehende bessere Verfügbarkeit für die pankreatische α-Amylase zurückzuführen. Auch der Fettgehalt der Nahrung bewirkt über die Verzögerung der Magenentleerung eine zwangsläufig retardierte Resorption der Kohlenhydrate. Schließlich dürfte die Wirkung der Kohlenhydrate auf die Freisetzung von GIP (*glucose-dependent insulinotropic polypeptide*) und GLP-1 (*glucagon-like peptide*) aus enteroendokrinen K- bzw. L-Zellen maßgeblich die Insulinantwort des Pankreas mitbestimmen (▶ Abschn. 36.3). Angesichts der zahlreichen Faktoren mit Einfluss auf den glykämischen Index ist es nicht verwunderlich, dass nur für wenige definierte Lebensmittel verlässliche Werte über diesen vorliegen.

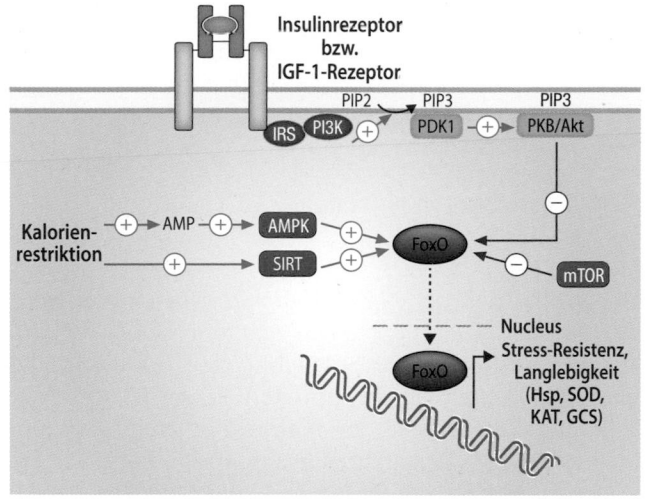

◘ Abb. 57.2   FoxO integriert Signale der Energieversorgung hinsichtlich der Modulation von Stress-Resistenz und Alterung. Während die Kohlenhydratzufuhr durch Veranlassung der Insulinsekretion den Insulinsignalweg aktiviert, fördert insbesondere die Proteinzufuhr die Aktivierung von mTOR. Kalorienrestriktion wirkt über die AMPK und Sirtuine aktivierend auf FoxO (Einzelheiten siehe Text). *Hsp*: Hitzeschock-Proteine; *SOD*: Superoxiddismutase; *KAT*: Katalase; *GCS*: γ-Glutamyl-Cystein-Synthetase

Wegen der Bedeutung der Kohlenhydratformen für die Insulinsekretion ist die Aufnahme von Kohlenhydraten in komplexer Form anzustreben. Dies auch deshalb, da niedrige Insulinspiegel und die damit verbundene reduzierte Aktivität des Insulin-Signalweges, mit einer Aktivierung des Transkriptionsfaktors FoxO (*forkhead box O transcription factor*) einhergehen (◘ Abb. 57.2; ► Abschn. 38.1.4). FoxO aktiviert eine Reihe von Genen, die mit erhöhter Stress-Resistenz in Verbindung gebracht werden und ist assoziiert mit Tumorsuppression, verbesserter DNA-Reparatur, Reduktion diabetischer Komplikationen, erhöhtem Immunstatus und schließlich mit Langlebigkeit. Allerdings scheinen die Effekte auf die Langlebigkeit stark von der Population und von epistatischen Effekten abhängig zu sein, was wiederum aufzeigt, dass FoxO beim Menschen die Langlebigkeit nicht monogen beeinflussen kann. Die Bedeutung von FoxO für Stress-Resistenz und Langlebigkeit wird jedenfalls dadurch verstärkt, dass es auch ursächlich gemacht werden konnte für die potentielle Unsterblichkeit des Süßwasserpolypen Hydra. Schließlich könnte FoxO das Bindeglied zu die Alterung verzögernden Sirtuinen (► Abschn. 56.3.1) und der AMPK (► Abschn. 57.1.1) darstellen (◘ Abb. 57.2).

❯ Nahrungsfett hemmt die Fettsäuresynthese aus Kohlenhydraten.

In der Resorptionsphase wird die Glucose unter der Wirkung von Insulin durch vermehrte Insertion des Glucosetransporters GLUT4 in die Plasmamembranen der Muskel- und Fettgewebszellen schnell aus dem Blut extrahiert (► Abschn. 15.1.1). In der Leber dient die Glucose nach ihrer Aufnahme mittels GLUT-2 der Auffüllung der Glycogenspeicher und, wie in anderen Körperzellen auch, als primäres Substrat der Oxidation. Die **Lipacidogenese**, d. h. die durch Insulin verursachte *de novo*-Biosynthese von Fettsäuren aus dem Acetyl-CoA des Glucoseabbaus, scheint beim Menschen in Leber und Fettgewebe nur in sehr begrenztem Umfang stattzufinden. Selbst bei Kohlenhydratzufuhrraten von 500 g/ Tag über längere Zeiträume beträgt die Neubildung von Fett unter 10 g/Tag. Bereits eine Fettzufuhr von nur 4 % der Nahrungsenergie bewirkt eine Hemmung der *de novo*-Fettsäurebildung durch die Produkthemmung der Acetyl-CoA-Carboxylase, des Schlüsselenzyms der Fettsäurebiosynthese (► Abschn. 21.2.3). Die endogene Fettsäuresyntheserate liegt daher bei einer normalen Kost mit Fettzufuhren von ca. 100 g pro Tag bei weniger als 1–2 g/Tag. Bei einer den Gesamtenergiebedarf übersteigenden Zufuhr an Energie (► Abschn. 56.3.2) werden entsprechend die Fettsäuren bevorzugt in die körpereigenen Depots des Fettgewebes eingelagert und die Kohlenhydrate oxidiert.

❯ Der Glucoseumsatz unterliegt einer komplexen hormonellen und neuronalen Kontrolle.

Der gesamte Kohlenhydratstoffwechsel, vor allem aber der Glucoseumsatz, unterliegt einer komplexen Kontrolle. Dies betrifft gleichermaßen die schnellen Stoffwechselantworten infolge veränderter Insulin-, Glucagon- und Katecholaminspiegel als auch die langsameren Effekte durch Wirkungen der Steroide und Schilddrüsenhormone. Viele der zellulären Antworten auf die den Kohlenhydratstoffwechsel beeinflussenden Hormone werden durch die Veränderung der Aktivität der AMP-aktivierten Proteinkinase (AMPK) vermittelt. Sie kann den zellulären Energiestatus anhand des AMP/ ATP-Quotienten direkt in veränderte Aktivitätszustände von Schlüsselenzymen des Kohlenhydrat- und Fettstoffwechsels übersetzen (► Abschn. 38.1).

Studien lassen vermuten, dass neben Proteinen der Insulin-Signalkaskade auch Metabolite des Glucosestoffwechsels (vor allem Glucose-6-Phosphat), aber auch des Fructosestoffwechsels, direkt die Transkription einiger der für Schlüsselenzyme des Kohlenhydratstoffwechsels codierenden Gene beeinflussen. So lässt sich die Induktion der L-Pyruvatkinase (L-PK) der Leber auch in Abwesenheit von Insulin zeigen, wenn Glucose-6-Phosphat vermehrt durch die Glucokinase bereitgestellt wird. Die Induktion der Glucokinase unterliegt ihrerseits jedoch der Regulation des durch Insulin aktivierten Transkriptionsfaktors SREBP-1c (*sterol-regulatory element binding protein; isoform 1c*) (► Abschn. 15.3.1). Promotorstudien haben in den Genen der L-PK ein *carbohydrate response element* (ChRE) nachgewiesen, das reziprok durch Glucose und cAMP reguliert wird. Die Aktivierung des ChRE geschieht durch das *carbohydrate response element binding protein* (ChREBP). ChREBP wird bei niedrigem zellulärem Glucosespiegel durch die AMPK bzw. durch die cAMP-abhängige Proteinkinase A phosphoryliert, was seine Translokation in den Zellkern blockiert. Wenn der zelluläre Spiegel an Glucose steigt, aktiviert ein Glucosemetabolit die Proteinphosphatase 2A, was eine Dephosphorylierung und Aktivierung von ChREBP auslöst. Auch Xylulose-5-Phosphat aus dem Pentosephosphatweg scheint über diesen Mechanismus an der Transkriptionskontrolle von Genen der Glycolyse zu partizipieren (▶ Abschn. 14.1.2). Noch effizienter scheint die Aktivierung des ChRE durch einen bislang nicht identifizierten Metaboliten des Fructoseabbaus zu geschehen (▶ Abschn. 14.1.1), was zumindest in der Leber doch für eine gesteigerte Lipacidogenese sorgen könnte, da ein ChRE auch in den für die Acetyl-CoA-Carboxylase und Fettsäuresynthase codierenden Genen vorkommt. Letzterer Sachverhalt wird in dem Zusammenhang der Fructose-induzierten nicht-alkoholischen Fettleber NAFLD (*non-alcoholic fatty liver disease*) diskutiert.

Da Zinkfingerproteine für ihre Konformation und Wirksamkeit als Transkriptionsfaktoren Zink benötigen, wirkt auch der zelluläre Zinkstatus auf die Expression der Gene von Glycolyse und Gluconeogenese. ◘ Abb. 57.3 zeigt vereinfacht die Bedeutung von Insulin und Metaboliten des Glucoseabbaus auf die Genexpressionskontrolle.

57.1.3 Lipide

> Die Fettfraktion der Nahrung ist komplex zusammengesetzt.

Der größte Teil der Nahrungslipide wird dem Körper in Form von Triacylglycerinen zugeführt. Darüber hinaus sind Phospholipide, Sphingolipide, Cholesterin, die pflanzlichen Sterole, Carotinoide und die fettlöslichen Vitamine Bestandteile der Fettfraktion der Nahrung. Mit 38 kJ/g (9 kcal/g) stellen die Triacylglycerine die wichtigste Energiereserve des menschlichen Organismus dar. Darüber hinaus erfüllen Lipide wichtige Funktionen als Bestandteile der Zellmembran (▶ Kap. 11), sowie als Ausgangssubstanzen für die Biosynthese von Eicosanoiden (▶ Abschn. 22.3.2) und anderen biologisch wirksamen Substanzen. Die durchschnittliche tägliche Fettaufnahme beträgt heute etwa 100–130 g. Hiermit werden etwa 40–45 g gesättigte, 30–40 g einfach ungesättigte und 20–25 g mehrfach ungesättigte Fettsäuren aufgenommen. Auf Befunden epidemiologischer Studien basierend sind die Empfehlungen von Fachgesellschaften zur Fettaufnahme abgeleitet, insbesondere hinsichtlich der Senkung des kardiovaskulären Erkrankungsrisikos. Danach sollte Fett nicht wesentlich mehr als 30 % der täglichen Energieaufnahme liefern. Die tatsächliche Fettzufuhr liegt bei Männern mit etwa 36 Energieprozent etwas höher als bei den Frauen, die rund 34 % der Energie über Fett zuführen. Dabei sollte die Zufuhr ungesättigter Fettsäuren bei etwa 20 Energieprozent, die der gesättigten Fettsäuren bei etwa 10 Energieprozent liegen. Von den mehrfach ungesättigten Fettsäuren zeichnen sich die ω-3-Fettsäuren durch eine besondere gefäßprotektive Wirkung aus. Daher ist ein Verhältnis der mehrfach ungesättigten ω-6- zu ω-3-Fettsäuren von 5:1 anzustreben. Dieses beträgt heute in der durchschnittlichen Bevölkerung ca. 15:1. Jugendliche unter 25 Jahre verzeichnen im Durchschnitt sogar einen Wert von 25:1.

Nach der intestinalen Resorption werden die Lipidkomponenten vor allem über die Chylomikronen in Lymphe und Blut verteilt und den Zellen zugeführt (▶ Abschn. 24.2). Die endotheliale Lipoproteinlipase hydrolysiert die Triacylglycerine in freie Fettsäuren und Glycerol. In den Adipocyten können die Bestandteile nach Reveresterung als Triacylglycerine gespeichert werden. Ein Kilogramm Fettgewebe hält eine Energiereserve von etwa 29.000 kJ (7000 kcal) vor und kann bei Nahrungskarenz und einem mittleren täglichen Energieumsatz von 2500 kcal den Energiebedarf dementspre-

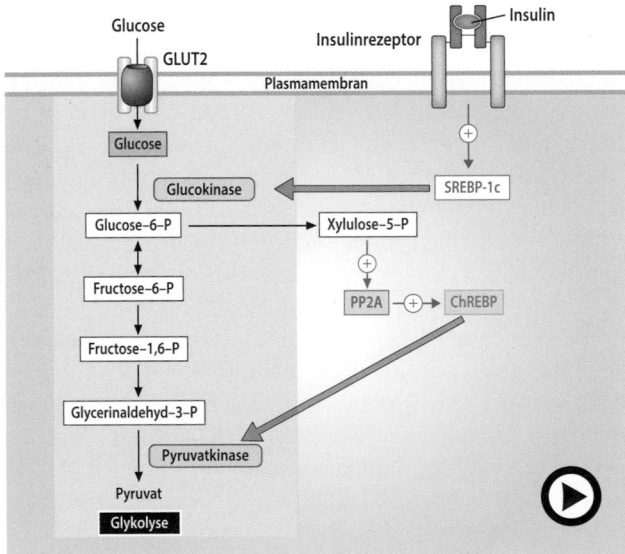

◘ **Abb. 57.3** (Video 57.2) **Regulation von Enzymen der Glycolyse durch regulierte Transkriptionsfaktoren.** Dargestellt ist die Regulation der Transkriptionsfaktoren ChREBP (*carbohydrate responsive element binding*) und SREBP-1c (*sterol regulatory element binding protein-1c*) durch Insulin und Glycolysezwischenprodukte (Einzelheiten s. Text) (▶ https://doi.org/10.1007/000-5pf)

chend etwa 3 Tage lang decken. Die Mobilisierung des Depotfetts unterliegt vielfältiger hormoneller und neuronaler Kontrolle. Die daraus freigesetzten Fettsäuren können als Energiesubstrate im katabolen Stoffwechsel von den meisten Geweben utilisiert werden, wobei die Versorgung durch die limitierte Löslichkeit der freien Fettsäuren im Plasma begrenzt ist. In der Leber dient das aus der β-Oxidation der Fettsäuren hervorgegangene Acetyl-CoA bei ausgelasteter Oxidationsrate der Bildung der Ketonkörper (▶ Abschn. 21.2.2) und damit der indirekten Energieversorgung peripherer Gewebe aus den Fettsäuren (▶ Abschn. 56.3.3).

❯ Die unterschiedlichen Fettsäureklassen besitzen unterschiedliche nutritive Bedeutung.

Die unterschiedlichen über die Nahrung zugeführten Fettsäuren nehmen im Stoffwechsel verschiedene Funktionen wahr:
- **Langkettige gesättigte Fettsäuren** sind vor allem Energieträger als Substrate der β-Oxidation (▶ Abschn. 21.2.1).
- **Ungesättigte Fettsäuren** besitzen als Bestandteile der Phospholipide der Plasma- und Organellmembranen strukturgebende Bedeutung und beeinflussen deren Fluidität und Funktionalität (▶ Abschn. 11.2).

Die **essenziellen Fettsäuren**, die ω-6-Fettsäure Linolsäure (C18:2) und die ω-3-Fettsäure α-Linolensäure (C18:3), dienen nach zweifacher Desaturierung und Elongation zu Eicosatetraensäure (Arachidonsäure; ω-6) bzw. Eicosapentaensäure (ω-3) vor allem als Substrate für die Synthese der unterschiedlichen Eicosanoidklassen und beeinflussen damit viele biologische Prozesse darunter auch Entzündungsvorgänge und die Blutrheologie (▶ Abschn. 22.3.2).

Bei den sog. *trans*-Fettsäuren stehen die Wasserstoffatome von Doppelbindungen nicht wie bei natürlichen Fettsäuren in *cis*-, sondern in *trans*-Position. Sie entstehen in größerem Umfang bei der Raffination von Speisefetten, was die gewünschte erhöhte Rigidität des Moleküls zur Folge hat. Aufgrund epidemiologischer Studien und anhand ihrer Wirkungen auf den Anstieg des Plasma-LDL-Cholesterins bzw. Abfall des HDL-Cholesterins werden *trans*-Fettsäuren als kardiovaskuläre Risikofaktoren eingestuft. Fachgesellschaften empfehlen daher, dass die Nahrung nicht mehr als 1 % *trans*-Fettsäuren enthalten sollte. Eine Besonderheit bildet die *cis*-9, *trans*-11-konjugierte Linolsäure, die in erster Linie von der Pansenflora synthetisiert wird und sich daher überwiegend in Milch- und Körperfett von Wiederkäuern findet. Den höchsten Gehalt weist Schafsmilch auf. In Wiederkäuerprodukten macht sie mehr als 80 % der Isomere der konjugierten Linolsäure aus. Auch wenn ihr eine Reihe gesundheits-

fördernder Eigenschaften zugesprochen werden, scheint eine abschließende Beurteilung ihrer Bedeutung für den Menschen derzeit nicht möglich. Meta-Analysen zeigen sogar einen Anstieg von Entzündungsparametern wie CRP als Folge eines erhöhten Konsums an *cis*-9,*trans*-11-konjugierter Linolsäure.

Triacylglycerine mit mittelkettigen Fettsäuren (Kettenlängen von 8 bis 12 C-Atomen) werden im Darm weitgehend unabhängig von der Anwesenheit von Gallensäuren und der Pankreaslipase schnell und überwiegend ohne Hydrolyse resorbiert und gelangen vorwiegend direkt über die Portalvene zur Leber. Hier werden sie durch Lipasen gespalten und die freigesetzten Fettsäuren unter Umgehung des Carnitin-Acyl-Carrier-Systems der mitochondrialen β-Oxidation zugeführt (▶ Abschn. 21.2.1). Aufgrund ihrer Unabhängigkeit von pankreatischer Lipaseaktivität und Gallensäuren für ihre Resorption finden sie im Rahmen der klinischen Ernährung in parenteralen Lösungen und oral bei Fettresorptionsstörungen, z. B. bei Pankreatitis oder dem nicht-kompensierten Gallensäureverlust-Syndrom als effiziente Energiequellen Einsatz.

❯ Fettsäuren aktivieren Transkriptionsfaktoren.

In Abhängigkeit von der Nahrungszusammensetzung und den dadurch beeinflussten Hormonspiegeln werden Fettsäuren im Interorganstoffwechsel zwischen Fettgewebe, Leber und peripheren Geweben der Speicherung oder der Oxidation zugeführt. Fettsäuren selbst regulieren aber ebenfalls den Stoffwechsel, indem sie die Genexpression von Funktionsproteinen des Lipid- und Energiestoffwechsels beeinflussen. Dabei stehen die verschiedenen Isoformen des Peroxisomen-Proliferator-aktivierten Rezeptors (PPAR), Transkriptionsfaktoren aus der Familie der nucleären Rezeptoren (▶ Abschn. 35.1) im Mittelpunkt. PPARs finden sich in heterodimeren Komplexen mit den **Retinsäure-Rezeptoren** der RXR-Klasse und beeinflussen vor allem die Genexpression von Proteinen für die zelluläre Fettsäureaufnahme, die mitochondriale und peroxisomale Fettsäureoxidation und die *de novo*-Fettsäuresynthese (Lipacidogenese) (◨ Abb. 57.4). In der Leber führt die Aktivierung des dort vorkommenden PPARα durch mehrfach ungesättigte Fettsäuren, mit Ausnahme von Linolsäure, zur vermehrten Bildung von Enzymen für die Aufnahme und Verwertung der Fettsäuren und für die Ketonkörperbildung. Gleichzeitig kommt es zu einer verminderten Synthese der Proteine für die Lipacidogenese und zur Hemmung der VLDL-Produktion und -Sekretion (◨ Abb. 57.5). Neben mehrfach ungesättigten Fettsäuren wirken auch die daraus gebildeten Prostaglandine (u. a. PGE2) sowie ganz spezifische Phospholipide als aktivierende Liganden von PPARα. Im Fettgewebe findet sich vor allem PPARγ, der nach Aktivierung eine erhöhte Insulinwirksamkeit

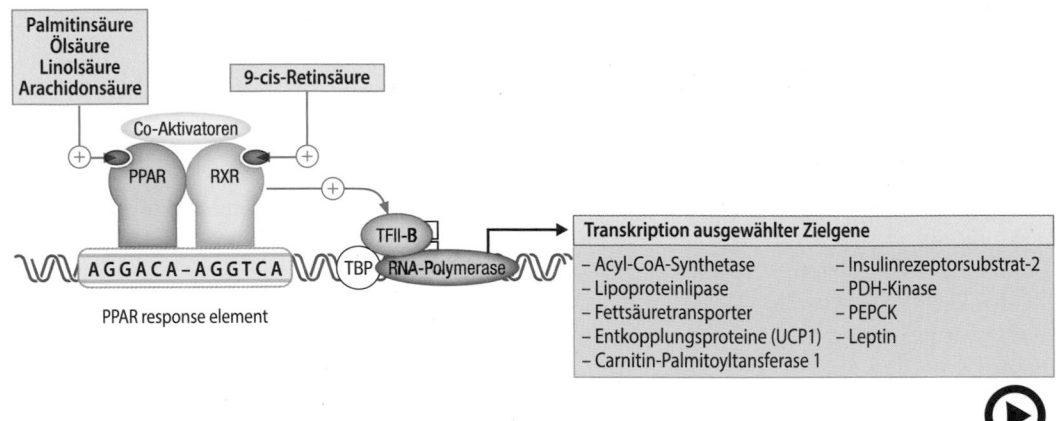

Abb. 57.4 (Video 57.3) **Transkriptionelle Regulation von ausge-wählten Zielgenen durch PPARs im Zusammenspiel mit RXR.** Verschiedene Fettsäuren binden an Transkriptionsfaktoren der PPAR-Familie und aktivieren diese. PPAR bilden Heterodimere mit Rezeptoren für 9-*cis*-Retinsäure und binden an entsprechende *response elements* im Promotorbereich von Ziel-Genen und stimulieren deren Transkription. *PPAR*: Peroxisomen-Proliferation-aktivierte Rezeptoren; *RXR*: Retinoid-X-Rezeptor; *TBP*: TATA-Box Binding Protein; *TFII-B*: Transkriptionsfaktor IIB; *PDH-Kinase*: Pyruvatde-hydrogenasekinase; *PEPCK*: Phosphoenolpyruvatcarboxykinase (Einzelheiten s. Text) (▶ https://doi.org/10.1007/000-5pe)

herbeiführt, welche die Fettsäureaufnahme und die Reveresterung begünstigt und damit dem Fettabbau entgegenwirkt (◘ Abb. 57.5). PPARγ ist darüber hinaus ein zentraler Transkriptionsfaktor in der Adipocyten-differenzierung. In Fett- und Muskelgewebe findet sich schließlich PPARδ, der nach Ligandenbindung die Fett-säureoxidation als auch die Reveresterung von Fettsäu-ren bewirkt (◘ Abb. 57.5). Die steigernde Wirkung der PPARs auf die Oxidation von Fettsäuren als auch die Re-veresterung hat sie früher zu pharmakologischen Zielpro-teinen in der Therapie des Typ-2-Diabetes mellitus und der Arteriosklerose für Fibrate (PPARα-Agonisten) und **Thiazolidindione** (PPARγ-Agonisten) gemacht. Zwar wird durch diese Pharmaka der Umsatz des Fettgewebes und damit die Lipotoxizität an der β-Zelle des Pankreas reduziert, allerdings können aufgrund der Steigerung der Reveresterung keine gravierenden Effekte auf das Körper-gewicht erzielt werden, sodass die negativen Auswirkun-gen der Adipokine Bestand hatten (▶ Abschn. 56.3.2). Moderne Therapien des Typ-2-Diabetes zielen auf eine Reduktion der intestinalen Glucoseaufnahme und oxi-dativen Glucoseverstoffwechselung durch Metformin, eine erhöhte renale Glucoseausscheidung durch SGLT-2 Hemmer (▶ Abschn. 65.7), oder die Verbesserung der In-sulinsensitivität durch **Inkretine**, **Inkretinmimetika** oder **Dipeptidyl-Peptidase-IV-Inhibitoren** ab (▶ Abschn. 36.3).

57.1.4 Alkohol

❯ Der physiologische Brennwert von Alkohol wird überschätzt.

Ethanol (Ethylalkohol) wird vorwiegend über Genuss-mittel zugeführt und ist deshalb im klassischen Sinne kein Nährstoff. Bei männlichen Erwachsenen tragen alkoholische Getränke dennoch theoretisch im Durch-schnitt mit rund 5 % zum täglichen Energiebedarf bei. Der Alkoholgehalt wird in Volumenprozent angegeben. Die Alkoholmenge in g/100 ml zu berechnen, bedarf deshalb der Multiplikation der angegebenen Volumen-prozent (ml/100 ml) mit der Dichte des Alkohols von 0,79 g/ml. Der Energiegehalt von 1 g Alkohol beträgt 30 kJ (7,1 kcal) (▶ Abschn. 56.1.2) In Getränken wie Likören, Wein, Bier und Szene-Getränken muss insbe-sondere auch der Kohlenhydratgehalt berücksichtigt werden. Interessanterweise ist aber der chronische Kon-sum von Alkohol nicht mit dem zu erwartenden Anstieg des Körpergewichts assoziiert. Die isokalorische Substi-tution von Kohlenhydraten durch Alkohol ist mit einem Gewichtsverlust verbunden und der zusätzliche Konsum von Alkohol ist bei einer sonst normalen Nahrungszu-fuhr nicht mit der aufgrund des physikalischen Brenn-wertes zu erwartenden Gewichtszunahme verbunden. Ursächlich für diese Beobachtungen scheint die Ver-stoffwechselung des Ethanols über einen zweiten von der Alkoholdehydrogenase (s. u.) unabhängigen Weg, näm-lich durch das mikrosomale Ethanol-oxidierende Sys-tem (MEOS) in der Leber, zu sein. Hierdurch wird Etha-nol ohne unmittelbare Generierung chemischer Energie oxidiert, in Verbindung mit einem gesteigerten sympa-thischen Tonus und erhöhter Thermogenese. Schließlich könnte auch die toxische Wirkung des Ethanols auf die Mitochondrien und eine damit verknüpfte Entkopplung der oxidativen Phosphorylierung (▶ Abschn. 56.1.2) für die unerwartet niedrige Energieeffizienz ursächlich sein.

Die Resorption von Alkohol beginnt bereits im Mund, erfolgt aber überwiegend im oberen Magen-Darm-Trakt. Es sind erhebliche interindividuelle Schwankungen hinsichtlich der Resorptionsraten zu beobachten. Eine vorherige Nahrungsaufnahme kann die Alkoholresorption verlangsamen, während Alkohol aus warmen Getränken (Glühwein, Punsch, Grog) und insbesondere in Kombination mit Kohlensäure (Sekt) als auch im Nüchternzustand schneller resorbiert wird. Die Abbaurate eines gesunden Erwachsenen beträgt für Alkohol etwa 15 g pro Stunde. Dies entspricht der in ca. 400 ml Bier oder etwas mehr als 100 ml Wein enthaltenen Alkoholmenge. Da Ethanol beständig auch von einigen Bakterienspezies, z. B. auch von heterofermentativen Lactobacillen, der Darmflora produziert wird, findet sich in der Portalvene stets eine geringe Menge Alkohol.

> Isoformen und *Single Nucleotide*-Polymorphismen der Alkoholdehydrogenase als endogene Größe mit Einfluss auf die Geschwindigkeit des Ethanolabbaus.

Das Vorkommen der unterschiedlichen Isoformen der Alkoholdehydrogenase und deren genetische Heterogenität in verschiedenen ethnischen Gruppen und Individuen bedingt eine recht variable Geschwindigkeit der Elimination des Ethanols und seiner Überführung in Acetaldehyd. *Single Nucleotide*-Polymorphismen, die zu einem Aminosäureaustausch und einer damit verbundenen inaktiven Form des Enzyms führen, finden sich besonders häufig bei Personen asiatischer Herkunft,

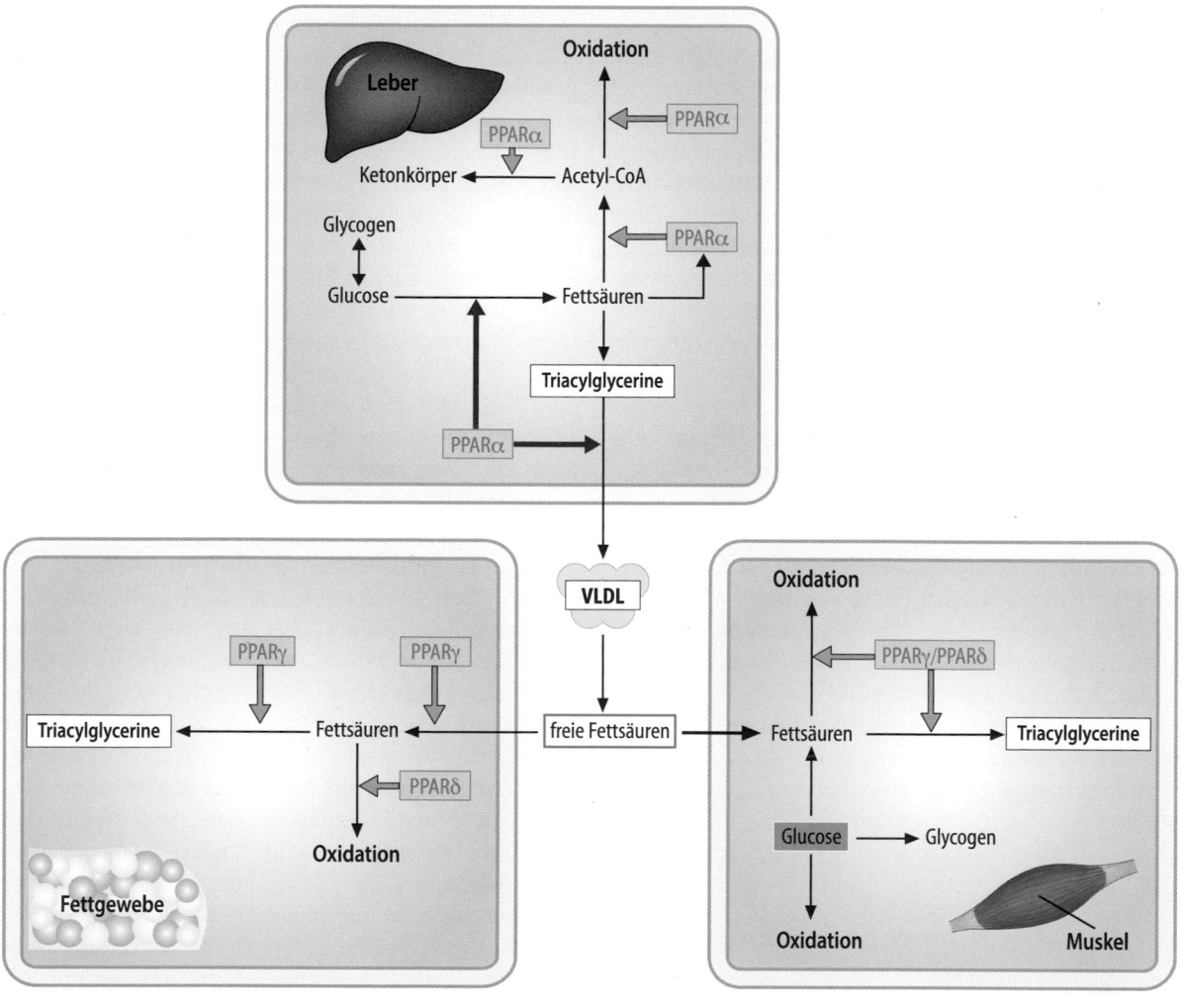

◻ **Abb. 57.5** (Video 57.4) **Gewebespezifische Wirkungen der verschiedenen PPAR-Isoformen auf den Fettstoffwechsel.** In der Leber führt die Aktivierung von PPARα zu einer gesteigerten Fettsäureoxidation und Ketogenese, während die Fettsäuresynthese aus Glucose und die Bildung triglyceridreicher Lipoproteine gehemmt werden. Die Aktivierung von PPARγ im Fettgewebe erhöht die

Aufnahme von Fettsäuren aus den Lipoproteinen des Plasmas und die zelluläre Speicherung in den Triglyceriden. Die PPARδ-Aktivierung in Muskel und Fettgewebe steigert vor allem die Oxidation von Fettsäuren und ihre Reveresterung (Einzelheiten s. Text) (► https://doi.org/10.1007/000-5ph)

inklusive der Eskimos und der von den Ureinwohnern Amerikas abstammenden Gruppen. Personen mit inaktiver Alkoholdehydrogenase sind damit prädestiniert als Folge eines Alkoholkonsums Intoxikationen zu entwickeln.

Das mikrosomale Ethanol-oxidierende System (MEOS) ist ein weiteres wesentliches und von der Alkoholdehydrogenase zu unterscheidendes des Ethanolstoffwechsels in den Leberzellen (▶ Abschn. 62.6.1). Eine Aktivierung des MEOS ist mit einer Induktion von Cytochrom-P450, insbesondere von CYP2E1, verbunden. Dies führt bei chronischem Alkoholkonsum einerseits zu einer Wirkungsminderung von Pharmaka, die durch CYP-abhängige Enzyme des Phase-I-Fremdstoffwechsels entgiftet werden, andererseits aber auch zu erhöhter Bildung toxischer Fremdstoffmetabolite (▶ Abschn. 62.3).

Nach Oxidation des Acetaldehyds zu Acetat kann dieses in Acetyl-CoA überführt und in den Stoffwechsel eingeschleust werden. In der Leber entstehen damit große Mengen an NADH+H$^+$, welche die Isocitratdehydrogenase und die α-Ketoglutaratdehydrogenase hemmen und damit die Verstoffwechselung von Acetyl-CoA im Citratzyklus unterbinden. Das akkumulierende Acetyl-CoA resultiert in einer gesteigerten hepatischen Ketogenese, was insbesondere bei azidotischer Stoffwechsellage berücksichtigt werden muss. Letztere wird außerdem durch die Verstoffwechselung des Ethanols selbst begünstigt, da bei Hemmung des Citratzyklus die Lactatbildung in der Leber zwangsläufig ansteigt. Die Verschiebung des NAD$^+$/NADH+H$^+$-Quotienten zugunsten von NADH+H$^+$ bedingt schließlich das Erliegen der Gluconeogenese, da der für die Umwandlung von Lactat in Pyruvat notwendige Cofaktor NAD$^+$ nicht mehr ausreichend zur Verfügung steht.

Für das Entstehen der bei chronischem Alkoholabusus häufig beobachteten Fettleber scheint jedoch nicht die Aktivität der Alkoholdehydrogenase, sondern wiederum die Induktion der MEOS eine entscheidende Rolle zu spielen, indem sie u. a. mit einer erhöhten Lipidakkumulation in Hepatocyten assoziiert ist (▶ Abschn. 62.6.1).

57.1.5 Unverdauliche Polysaccharide (Ballaststoffe)

> ❯ Ballaststoffe können als Quellstoffe oder als Substrate des intestinalen bakteriellen Metabolismus dienen.

Als Ballaststoffe (häufig auch als Nahrungsfasern bezeichnet) werden die in den Lebensmitteln pflanzlicher Herkunft enthaltenen Gerüst- und Speichersubstanzen bezeichnet, die von den Enzymen des Magen-Darm-Trakts des Menschen nicht gespalten werden können. Es handelt sich um Polysaccharide (Cellulose, Hemicellulose, Lignin und Pectin), um Nicht-Stärkepolysaccharide (Inulin, Methylcellulose) und resistente Stärke (Stärke in kristalliner Struktur). Man unterscheidet **wasserlösliche** (Inulin, Pectine und andere Quellstoffe und lösliche Hemicellulosen) und **wasserunlösliche Ballaststoffe** (Cellulose, unlösliche Hemicellulose, Lignin).

Manche Ballaststoffe quellen im Darm auf und beeinflussen somit die Viskosität des Chymus und der Fäzes und regen darüber die Darmmotilität an. Außerdem besitzen einige Ballaststoffe die Eigenschaften von Ionenaustauschern und binden Gallensäuren. Insbesondere über Bindung der karzinogenen Gallensäure 7-Desoxycholsäure könnten sie daher das Karzinomrisiko des Dickdarms senken.

Lösliche Ballaststoffe sind wichtige Energiesubstrate für den mikrobiellen Stoffwechsel im Dickdarm. Inulin (β 2-1 Fructosepolymer) bewirkt gar einen selektiven Wachstumsvorteil für bifidogene Bakterien und gilt daher als **Präbiotikum**. Insgesamt produziert das **Mikrobiom** aus den löslichen Ballaststoffen kurzkettige Fettsäuren (Acetat, Propionat, Butyrat) und Lactat, die ihrerseits als Energiesubstrate im menschlichen Stoffwechsel genutzt werden (▶ Abschn. 61.5.2). Nach ihrer Resorption werden Propionat und Acetat ins Pfortaderblut abgegeben, während Butyrat als Substrat bevorzugt dem Stoffwechsel der Dickdarmmukosa dient. Die Beobachtung, dass Butyrat selektiv die Proliferation nicht-transformierter Kolonozyten fördert, aber die Apoptose in transformierten Kolonepithelzellen induziert, hat zum Begriff des **Butyratparadoxon** geführt. Die kurzkettigen Fettsäuren senken den pH-Wert des Darminhalts ab und verbessern dadurch u. a. die Verfügbarkeit von Calcium und anderen Elektrolyten sowie von Spurenelementen. Die Reduktion des luminalen pH-Wertes schafft außerdem ungünstige Voraussetzungen für die bakterielle 7α-Dehydroxylase, die aus Cholsäure die karzinogene sekundäre Gallensäure Desoxycholsäure bildet. Die energetische Verwertung der von der Flora gebildeten kurzkettigen Fettsäuren bedingt beim Menschen einen physiologischen Brennwert der löslichen und fermentierbaren Ballaststoffe von etwa 1,5-2 kcal/g. Der Energiegehalt (bzw. die Energiedichte) ballaststoffreicher Lebensmittel ist aber generell geringer als der von ballaststoffarmen Lebensmitteln. Dagegen ist der Sättigungseffekt ballaststoffreicher Lebensmittel meist höher. Aufgrund ihrer gesundheitsfördernden Wirkungen auf Darmfunktionen und der geringeren Energiedichte ballaststoffreicher Lebensmittel wird von Fachgesellschaften eine hohe alimentäre Ballaststoffzufuhr empfohlen.

Zusammenfassung

Proteine liefern Aminosäuren für die körpereigene Proteinbiosynthese und stellen Stickstoff und Schwefel für andere Synthesen bereit. Energetisch werden sie nur begrenzt genutzt. Der Proteinumsatz des Organismus wird durch Hormone in vielfältiger Weise reguliert. Als zellulärer Sensor des Aminosäurestatus dient die Proteinkinase mTOR, die regulatorisch mit den durch den Insulin/IGF-1-Rezeptor und der AMP-aktivierten Proteinkinase (AMPK) regulierten Signalkaskaden verknüpft ist. Über Interaktionen der durch die drei Signalgeber mTOR, Insulin/IGF-1-Rezeptor und AMPK gesteuerten Signalkaskaden werden schließlich auch die Effekte der Zufuhr an Makronährstoffen und damit Energie auf Alterungsprozesse integriert.

Kohlenhydrate sind in verdaulicher Form in erster Linie Energielieferanten und dienen in Form von Glycogen in Leber und Muskel begrenzt als Energiespeicher. Der Kohlenhydratstoffwechsel wird vor allem durch Insulin und Glucagon reguliert. Viele der zellulären Antworten auf die den Kohlenhydratstoffwechsel beeinflussenden Hormone werden durch die Veränderung der Aktivität der AMPK vermittelt. Die koordinierte Stoffwechselantwort auf Ebene der Transkription von Schlüsselenzymen des Glucosestoffwechsels erfolgt schließlich unter Wirkung der Transkriptionsfaktoren SREBP-1c und ChREBP. Der Forkhead Transkriptionsfaktor FoxO integriert Signale des Kohlenhydratstoffwechsels (über die Insulin/IGF-1-Signalkaskade und die AMPK), der Proteinversorgung (über mTOR) und des Energiestatus (über Sirtuine) mit der Stress-Resistenz und Alterungsprozessen von Organismen.

Lipide sind als Triacylglycerine die Hauptspeicherform an Energie des Organismus. In Form der Phospholipide besitzen sie wichtige Funktionen als Bestandteile der Zellmembran. Die essenziellen Fettsäuren sind Ausgangssubstrate für die Synthese der Eicosanoide. Fettsäuren – vor allem mehrfach ungesättigte – beeinflussen durch Aktivierung von PPARs (Peroxisomen-Proliferator-aktivierter Rezeptor) in Leber, Muskel und Fettgewebe die Genexpression von Proteinen für die zelluläre Fettsäureaufnahme, die mitochondriale und peroxisomale Fettsäureoxidation und die Reveresterung der Fettsäuren zu Triacylglycerinen.

Alkohol führt insbesondere durch die Aktivierung des mikrosomalen Ethanol-oxidierenden Systems (MEOS) zu toxischen Effekten in der Leber. Die unter Oxidation von Ethanol entstehenden großen Mengen an NADH/H$^+$ hemmen den Citratzyklus und die Gluconeogenese. Das gebildete Acetyl-CoA wird damit bevorzugt der mitochondrialen Ketogenese zugeführt.

Ballaststoffe sind als unverdauliche Polysaccharide pflanzlicher Kost Einflussfaktoren der Motilität des Darms. Als Substrate für das Mikrobiom können sie selektiv das Wachstum bifidogener Bakterien begünstigen und nach bakterieller Metabolisierung zu kurzkettigen Fettsäuren teilweise energetisch genutzt werden. Butyrat dient dabei insbesondere dem Kolonepithel als Energiesubstrat und besitzt darüber hinaus für den Dickdarm präventive Bedeutung hinsichtlich der Entstehung des Dickdarmkarzinoms.

57.2 Besondere Ernährungserfordernisse

57.2.1 Ernährung in speziellen Lebenssituationen

> Schwangerschaft, Stillen, Wachstum, Alter und akute Erkrankungen stellen besondere Ansprüche an die Nährstoffzufuhr.

Schwangerschaft und Stillzeit bedingen erhöhte Syntheseleistungen und Veränderungen im Stoffwechselgeschehen. Die Zufuhr essenzieller Nährstoffe sollte entsprechend in diesen Lebensabschnitten höher sein. Der Mehrbedarf an Energie liegt in der zweiten Schwangerschaftshälfte bei etwa 1300 kJ (300 kcal) pro Tag. Für die Stillzeit gilt als Orientierungsgröße eine zusätzlich notwendige Aufnahme von etwa 420 kJ (100 kcal) pro 100 ml sezernierter Muttermilch. Die Muttermilchmenge liegt im Durchschnitt bei 750 ml pro Tag, was einem Mehrbedarf von 3150 kJ (750 kcal) entspricht.

In der **Wachstumsphase** von Säuglingen und Kindern ist eine ausreichende Versorgung mit essenziellen Nährstoffen wichtig. Als Richtwerte des Energieaufwands für das Wachstum nennt die WHO 21 kJ (5 kcal) pro g Gewebezuwachs. Je nach Freizeitbeschäftigung und Belastung sowie Nahrungspräferenzen nehmen Kinder und Jugendliche von Tag zu Tag unterschiedliche Mengen an Nahrung und damit Energie auf. Da sich diese Unterschiede jedoch über längere Zeiträume ausgleichen, kann auch in diesem Alter das Körpergewicht zur Kontrolle des Ernährungsstatus dienen.

Im höheren **Alter** sind quantitative und qualitative Veränderungen des Stoffwechsels und der Organfunktionen zu beobachten. Die Ernährungsempfehlungen für Senioren basieren auf Mäßigkeit, Regelmäßigkeit und Vielseitigkeit. Darüber hinaus sollten angemessene körperliche und geistige Betätigung sowie hinreichende soziale Kontakte den Alltag bestimmen. Zwar kann die intestinale Resorption einzelner Nährstoffe vermindert sein, doch ist der Bedarf an Nährstoffen in aller Regel nicht erhöht. Da jedoch der Energiebedarf im Alter sinkt, sollte die Nährstoffdichte der verzehrten Lebensmittel höher und sie sollten leicht verdaulich, besonders appetitanregend und mild gewürzt sein. Kritisch bei alten Menschen ist besonders die Wasseraufnahme. Da das Empfinden für Durst im Alter abnimmt, kann eine Exsikkose (Austrocknung) mit Verwirrungszuständen häufiger beobachtet werden. Epidemiologische Studien zeigen, dass ein moderates Übergewicht von etwa 10 % über dem Sollwert bei alten Menschen eine größere Lebenserwartung bedingt und sich daher die positiven Effekte einer kalorienreduzierten Kost (▶ Abschn. 56.3.1) in dieser Lebensphase umkehren könnten.

Akute Erkrankungen verursachen in der Regel einen erhöhten Bedarf an Energie und essenziellen Nährstof-fen, so auch an Vitaminen. Der mit Fieber verbundene Verlust von Wasser und Mineralstoffen muss ebenfalls zeitnah ersetzt werden. Bei diversen Krankheiten ergeben sich Nährstoff- und Wasserverluste durch Störungen der intestinalen Resorption, durch Diarrhö oder über Wundsekrete und Drainagen, die entsprechend eine Substitution notwendig machen. Eine kalorisch wie an essenziellen Nährstoffen unzureichende Ernährung führt auch zu Funktionseinbußen des humoralen und zellulären Immunsystems, was den weiteren Krankheitsverlauf bzw. die Prognose negativ beeinträchtigen kann.

Übrigens

Was ist gesunde Ernährung? Die Frage nach der „gesunden Ernährung" kann nur mit großer Unsicherheit beantwortet werden. Mit einer Kost geprägt durch Vielfalt, mit größerem Anteil pflanzlicher Lebensmittel und moderatem Konsum von tierischen Produkten werden die primären Ziele einer auch kalorisch adäquaten Ernährung leicht erreicht. Evolutionär ist es wohl der enormen Plastizität unseres Stoffwechselgeschehens zu verdanken, dass auch die Hominiden ihr Überleben in ganz unterschiedlichen geographischen Regionen mit extrem variablem Nahrungsangebot über die Zeiten sichern konnten. Man bedenke beispielsweise die Kostformen von Eskimos oder Massai fast ohne Zufuhr pflanzlicher Lebensmittel oder von Volksstämmen in ariden Regionen der Welt mit gerin-gem Anteil tierischer Nahrungsquellen. Heute wird „gesunde Ernährung" jedoch auch unter dem Gesichtspunkt eines langen und funktionserhaltenden Lebens bewertet. Dies war in der Entwicklungsgeschichte unserer Spezies bisher kein Selektionskriterium und entsprechend liefert uns weder die Anthropologie noch die moderne Forschung für entsprechende Empfehlungen belastbare Daten aus langfristig angelegten Studien. Es kann aber kein Zweifel daran bestehen, dass unsere Selektion in Umwelten, in denen häufiger der Nahrungsenergiemangel als der -überfluss den Alltag bestimmte, die genetische Grundlage für unser Adipositasproblem gelegt hat, durch ursprünglich Selektionsvorteile liefernde Varianten der sog. *thrifty genes*.

57.2.2 Klinische Ernährung

❯ Bei bestimmten Krankheitsbildern muss die orale Nahrungsaufnahme umgangen werden.

Jegliche Form von Nahrungszufuhr auf nicht-physiologischem Weg wird als **künstliche Ernährung** bezeichnet. Patienten, die nicht normal essen können, dürfen oder wollen, werden dazu enteral oder parenteral mit Nährstoff- oder chemisch definierten Gemischen ernährt.

Bei der **enteralen Ernährung** erfolgt der Zugang über eine Sonde in Magen oder Dünndarm. Die enterale Ernährung ist bei gegebener Indikation im Vergleich zur intravenösen Ernährung die preisgünstigere und risikoärmere Alternative, um dem Patienten hinreichende Mengen einer definierten Flüssignahrung zuzuführen. Die Ernährungssonden werden z. B. entweder durch die Nase über die Speiseröhre bis zum Magen (nasogastrale Sonden) oder Jejunum (nasojejunale Sonden) verlegt oder percutan (percutane endoskopische Gastrostomie, PEG) in den Magen oder das Duodenum gebracht. Die PEG-Sonden haben gegenüber den nasoenteralen Sonden die Vorteile des Fehlens von Irritationen des Nasen-Rachen-Raums, von Dislokationen sowie von kosmetischen Beeinträchtigungen. Appliziert werden über die Sonden hinsichtlich des Gehalts an Kohlenhydraten, Fetten und Proteinen nährstoffdefinierte Kostformen bzw. entsprechende chemisch definierte Diäten auf der Grundlage von Proteinhydrolysaten, Oligosacchariden (Maltodextrinen) und meist mittelkettigen Triacylglycerinen. Bei beiden Formen der enteralen Ernährung sind entsprechende Hygieneanforderungen zwangsläufig. Die Osmolarität von Sondennahrungen sollte den physiologischen Wert von etwa 300 mosmol/l nicht wesentlich überschreiten, um einer osmotischen Diarrhö vorzubeugen. Die Vorteile der enteralen Ernährung gegenüber einer parenteralen Form bestehen darin, dass die digestive und resorptive Funktion des Magen-Darm-Trakts ebenso wie seine Barrierefunktion aufrechterhalten werden können, was wiederum das Risiko hinsichtlich einer Translokation von Mikroorganismen aus dem Darm ins Blut und einer damit verbundenen Sepsis reduziert.

Die **parenterale Ernährung** mit **intravenöser Nährstoffzufuhr** ist teurer, anspruchsvoller und risikoreicher als die enterale Ernährung. So können hypertone Infusionslösungen an peripheren Venen zu Entzündungen führen oder bei einem zentralen Venenkatheter eine Kathetersepsis auslösen. Die Hypertonizität ist zumeist durch den Gehalt der Infusionslösungen an Glucose begründet. Isotone Glucoselösungen weisen einen relativ niedrigen Kaloriengehalt auf (z. B. 5 % = 170 kcal/l), weshalb für die vollständig parenterale Ernährung Glucoselösungen in konzentrierter und damit hypertoner Form verabreicht werden. Eine zu rasche parenterale Zufuhr solcher Lösungen kann zu unerwünschten Hyperglykämien führen.

Der **intravenösen Proteinversorgung** dienen definierte Aminosäurengemische. Diese unterscheiden sich in ihrer Zusammensetzung von denen der Nahrungsproteine bei oraler Ernährung, da die parenteral zugeführten Aminosäuren nur partiell die Leber passieren. Bei schweren Funktionsstörungen von Leber und Nieren werden auch speziell adaptierte Aminosäurenlösungen mit einem erhöhten Gehalt an verzweigtkettigen Aminosäuren eingesetzt, da diese bevorzugt in peripheren Geweben metabolisiert werden. Glutamin ist ein bevorzugtes Energiesubstrat der Zellen des Immunsystems und der Epithelzellen des Dünndarms. Im Postaggressionsstoffwechsel nach schweren Operationen, Traumata oder Schock kommt es zu einer Depletion des Glutaminpools in der Muskulatur, sodass insbesondere unter solchen Situationen eine hinreichende intravenöse Glutaminzufuhr notwendig wird. Dazu können auch glutaminhaltige Dipeptide (z. B. Alanyl-Glutamin) in Infusionslösungen eingesetzt werden. Sie bieten den Vorteil höherer Stabilität, da Glutamin als Monomer in Ammoniak und Pyroglutamat zerfällt und in wässriger Lösung schlecht löslich ist.

Fettemulsionen haben den Vorteil, dass in einem relativ kleinen Volumen einer isotonischen Lösung große Energiemengen angeboten werden können. Die modernen Fettemulsionen bestehen je zur Hälfte aus lang- und mittelkettigen Fettsäuren und enthalten meist etwa 20 % Eilecithin als Emulgator. Mittelkettige Fettsäuren haben den Vorteil, dass sie im Vergleich zu den langkettigen Fettsäuren bevorzugt und schnell oxidiert werden (▶ Abschn. 57.1.3). Heute werden Fettemulsionen auch mit langkettigen ω3-Fettsäuren angereichert, um diese als Vorstufen für die Synthese von Eicosanoiden mit antiinflammatorischer Potenz den Patienten zuzuführen und durch die Immunmodulation günstige Therapieef-

fekte zu erzielen (▶ Abschn. 22.3.2). Selbstverständlich muss eine parenterale Ernährung auch eine ausreichende Versorgung mit allen Vitaminen, Elektrolyten und Spurenelementen gewährleisten.

57.2.3 Alternative Ernährungsformen

> Alternative Ernährungsformen sind meist ganzheitlich und durch eine besondere Lebensweise geprägt.

Eine alternative Ernährungsform stellt z. B. der **Vegetarismus** dar. Vegetarier verzichten aufgrund ethischer, ökologischer oder gesundheitlicher Aspekte bewusst auf Fleisch und Fisch, häufig auch auf Genussmittel und bewegen sich meist auch intensiver. Eine streng **vegane Ernährung** verzichtet neben Fleisch und Fisch auch auf Milch, Milchprodukte und Eier. Diese Ernährungsweise kann – abhängig von der Dauer und wenn sie nicht durch Supplemente ergänzt wird – zu Mangelzuständen bei Vitamin B_{12}, Vitamin D, Calcium, Eisen und Zink, bei Kleinkindern aufgrund eines Energiemangels auch zu Wachstumsverzögerung führen. Eine **ovolactovegetabile Kost**, bei der nur auf Fleisch und Fisch verzichtet wird, ist dagegen bei sorgfältiger Auswahl der Lebensmittel vollwertig zu gestalten. Epidemiologische Studien belegen, dass Menschen, die diese Ernährungsweise pflegen, meist einen guten Gesundheitszustand aufweisen. Extreme Außenseiterdiäten (z. B. Makrobiotik) haben oft eine starke weltanschauliche oder metaphysische Komponente. Die jeweiligen Kostformen entsprechen häufig nicht den gesicherten Erkenntnissen der Wissenschaft.

Auch **intermittierendes Fasten** soll entsprechend neuerer Studien den Gesundheitszustand verbessern können. Das Prinzip ist auch als **16/8-Intervallfasten** beschrieben, beruhend darauf, dass sich die Nahrungsaufnahme täglich auf 8 Stunden beschränkt, während über 16 Stunden täglich keine Nahrungsaufnahme erfolgt, mit Ausnahme von Wasser und ungesüßten Tees oder Kaffee. Nach kurzer Zeit scheint sich eine Adaptation derart zu gestalten, dass in der Fastenperiode kein gesteigertes Hungergefühl auftritt, sodass insgesamt weniger Kalorien pro Tag verzehrt werden. Dies trägt unweigerlich zu einer verringerten Körperfettmasse und der Minderung der mit erhöhter Körperfettmasse einhergehenden Folgeerkrankungen bei (▶ Abschn. 56.3.2). In Nagern führt eine solche Ernährungsform zu deutlich reduziertem Auftreten klassischer altersabhängiger Erkrankungen, wie Typ-2-Diabetes, kardiovaskulärer Erkrankungen, Krebs und neurologischer Erkrankungen, wie Alzheimer, Parkinson und Schlaganfällen. Im Menschen konnte durch die Intervention eine gesteigerte

Insulinsensitivität und das Absinken kardiovaskulärer Risikofaktoren nachgewiesen werden. Neben metabolischen Effekten des intermittierenden Fastens scheinen Stressantwort-Signalwege in der Fastenperiode aktiviert zu werden (▶ Abschn. 56.3.1 und 57.1.2; ◘ Abb. 57.2), die schließlich mitochondriale Funktionen, die DNA-Reparatur und die Autophagie verbessern.

Zusammenfassung

Ein erhöhter Nährstoffbedarf besteht:

- während der Schwangerschaft und Stillzeit,
- im Wachstumsalter,
- im Alter,
- bei akuten Erkrankungen und schweren Verletzungen.

Im Rahmen der klinischen Ernährung erfolgt die Zufuhr an Energie und Nährstoffen enteral über nasogastrale Sonden oder percutane endoskopische Gastrostomie mit partiell hydrolysierten Nährstoffgemischen, parenteral (intravenös) mit chemisch definierten Nährstofflösungen.

Intermittierendes Fasten kann durch die Aktivierung von Signalwegen der Stressantwort und durch die Reduktion der Körperfettmasse das Auftreten typischer altersabhängiger Erkrankungen verzögern.

Weiterführende Literatur

Bücher

Biesalski HK (2010) Ernährungsmedizin: Nach dem Curriculum Ernährungsmedizin der Bundesärztekammer und der DGE, 4. vollst. Überarb. und erw. Aufl. Thieme, Stuttgart

Biesalski HK, Grimm P (2011) Taschenatlas der Ernährung, 5. überarb. und erw. Aufl. Thieme, Stuttgart

Müller MJ, Boeing H, Bosy-Westphal A, Löser C, Przyrembel H, Selberg O, Weinmann A, Westenhöfer J (2007) Ernährungsmedizinische Praxis: Methoden – Prävention – Behandlung, 2. vollst. neu bearb. Aufl. Springer, Heidelberg

Rehner G, Daniel H (2010) Biochemie der Ernährung, 3. Aufl. Spektrum Akademischer Verlag, Heidelberg

Review-Artikel

Filhoulaud G, Guilmeau S, Dentin R, Girard J, Postic C (2013) Novel insights into ChREBP regulation and function. Trends Endocrinol Metab 24(5):257–268

Jewell JL, Guan KL (2013) Nutrient signaling to mTOR and cell growth. Trends Biochem Sci 38(5):233–242

Kim SG, Buel GR, Blenis J (2013) Nutrient regulation of the mTOR complex 1 signaling pathway. Mol Cells 35(6):463–473

Lizuka K (2013) Recent progress on the role of ChREBP in glucose and lipid metabolism. Endocr J 60(5):543–555

Poncet N, Taylor PM (2013) The role of amino acid transporters in nutrition. Curr Opin Clin Nutr Metab Care 16(1):57–65

Taylor PM (2014) Role of amino acid transporters in amino acid sensing. Am J Clin Nutr 99(1):223S–230S

Links im Netz

www.lehrbuch-medizin.de/biochemie

Fettlösliche Vitamine

Regina Brigelius-Flohé und Anna Patricia Kipp

Bei den großen Seefahrten zu Beginn der Neuzeit wurde beobachtet, dass Menschen unter lang dauernder, einseitiger Ernährung spezifische Krankheitsbilder entwickeln. Aber erst Ende des 19. Jahrhunderts wurde die Entstehung dieser Krankheiten tierexperimentell durch das Verfüttern sogenannter Mangeldiäten untersucht, was letztendlich zur Disziplin der modernen Ernährungswissenschaft führte. Versuchstiere starben trotz ausreichender Energiezufuhr, wenn sie mit einer nur aus hoch gereinigten Kohlenhydraten, Fetten, Proteinen und Elektrolyten bestehenden Diät ernährt wurden. Die Erkenntnis, dass das Fehlen einer bestimmten Komponente in der Nahrung krank machen kann, war insofern eine Revolution, als man hierfür bis zu diesem Zeitpunkt nur giftige oder verdorbene Nahrungsbestandteile verantwortlich machte. Die für das Überleben fehlenden Bestandteile wurden Vitamine (*vital amines*) genannt, weil man annahm, dass es sich ausschließlich um stickstoffhaltige Verbindungen handle. Später zeigte sich allerdings, dass viele Vitamine keinen Stickstoff enthalten, dass Vitamine untereinander keinerlei chemische Verwandtschaft aufweisen und ihr Wirkungsspektrum alle Aspekte der Biochemie höherer Zellen umfasst.

Schwerpunkte

- Wichtige Informationen zu Vitaminen im Allgemeinen
- Beschreibung der fettlöslichen Vitamine A, D, E und K
- Aufnahme, Metabolismus und Transport im Organismus
- Biologische Funktionen mit zugrunde liegenden Mechanismen, Entstehung eines Mangels und Mangelerscheinungen

---

58.1 Allgemeine Grundlagen

58.1.1 Definition, Einteilung und Bedarf

❯ Vitamine sind organische, in Mikromengen benötigte essenzielle Nahrungsbestandteile.

Vitamine sind Verbindungen, die in geringen Konzentrationen für die Aufrechterhaltung fast aller physiologischen Funktionen benötigt werden. Pflanzen und Mikroorganismen können diese Verbindungen selbst produzieren, höher organisierte Lebensformen haben im Zuge der Evolution diese Fähigkeit eingebüßt, sodass für sie Vitamine zu **essenziellen Nahrungsbestandteilen** geworden sind (vgl. essenzielle Aminosäuren ▶ Abschn. 26.2.2, essenzielle Fettsäuren ▶ Abschn. 21.2.4).

Dem mengenmäßig geringen täglichen Bedarf an Vitaminen entspricht ihre **katalytische** bzw. **regulatorische** Funktion.

- **Vitamine** wirken als **Coenzyme** oder Hormone,
- sind Wasserstoffdonoren bzw. -akzeptoren,
- sind an Redoxprozessen beteiligt,
- sind an der Modifizierung und damit der Regulation der Aktivität von Proteinen und Genen beteiligt,
- sind Liganden für **Transkriptionsfaktoren.**

Nach ihren chemischen Eigenschaften werden die Vitamine in wasser- bzw. fettlösliche Vitamine eingeteilt. Diese Einteilung hat aber keinerlei Bezug zur biochemischen Funktion. Kommen Vitamine in verschiedenen Formen vor, spricht man von Vitameren.

❯ Der tatsächliche Vitaminbedarf hängt von individuellen Gegebenheiten ab.

Ergänzende Information Die elektronische Version dieses Kapitels enthält Zusatzmaterial, auf das über folgenden Link zugegriffen werden kann https://doi.org/10.1007/978-3-662-60266-9_58. Die Videos lassen sich durch Anklicken des DOI Links in der Legende einer entsprechenden Abbildung abspielen, oder indem Sie diesen Link mit der SN More Media App scannen.

◘ Tab. 58.1   Einteilung, Zufuhrempfehlung und Funktion von fettlöslichen Vitaminen

Buchstabe	Name	Biologisch aktive Form	Tägliche Zufuhrempfehlung (mg)[a] (*upper limit*)	Biochemische Funktion
A	Retinol	Retinal, Retinsäure	0,8–1,0 (3)	Photorezeption, Regulation von Genexpression, Kontrolle von Wachstum und Differenzierung
D	Cholecalciferol	1,25-Dihydroxycholecalciferol	0,02[b] (0,1)	Regulation der Calciumhomöostase, Genexpression, Kontrolle von Wachstum und Differenzierung
E	Tocopherol, Tocotrienol	α-Tocopherol	12–15 (1000)[c]	Schutz von Membranlipiden vor Oxidation, Rolle in der Reproduktion und bei der neuromuskulären Signalübertragung
K	Phyllochinon, K1 Menachinon, K2	Menahydrochinon	0,06–0,08	Carboxylierung von Glutamylresten in Proteinen (Coenzym), Blutgerinnung, Knochenaufbau

[a]Quelle: DACH, Referenzwerte für die Nährstoffzufuhr (Deutsche Gesellschaft für Ernährung 2015). Angaben für Erwachsene (Frauen – Männer)
[b]Schätzwerte bei fehlender endogener Synthese
[c]Von der europäischen Kommission (Scientific Committee on Food) wurde hier ein Wert von 300 eingesetzt

Exakte Zahlen für den täglichen Minimalbedarf und die optimale Versorgung sind in den meisten Fällen nicht genau bekannt. Man begnügt sich daher mit Empfehlungen für die wünschenswerte Höhe der Zufuhr, bei denen
- die individuellen Schwankungen,
- der veränderte Bedarf bei erhöhtem/erniedrigtem Kalorienverbrauch,
- Wachstum,
- Schwangerschaft und Stillzeit und
- ein angemessener Sicherheitszuschlag berücksichtigt sind (◘ Tab. 58.1 und s. ◘ Tab. 59.1 für die wasserlöslichen Vitamine).

Wegen der üblich gewordenen Einnahme großer Mengen an Vitaminen mit Nahrungsergänzungsmitteln, wurden im Jahr 2000 vom „Food and Nutrition Board" der USA für einige Vitamine eine obere tolerierbare Zufuhr (*tolerable upper intake level*, UL) eingeführt, welche die Menge eines Vitamins angibt, die dauerhaft täglich aufgenommen werden kann, ohne dass es zu unerwünschten Nebenwirkungen kommt (◘ Tab. 58.1).

58.1.2   Resorption und Transport

Die Resorption fettlöslicher Vitamine erfolgt mit der Lipidresorption. Lipide und lipidlösliche Substanzen werden in der intestinalen Mukosazelle (Enterocyt) in Chylomikronen verpackt (► Kap. 24). Chylomikronen werden in die Lymphe abgegeben und erreichen über den Ductus thoracicus die Zirkulation. Aus dem Abbau der Chylomikronen durch die endothelzellständige Lipoproteinlipase entstehen die Chylomikronen-*remnants*, die vom LDL-Rezeptor in die Leber aufgenommen werden (► Abschn. 24.2). Auch das LDL-*receptor related protein* (LRP) und der *scavenger receptor B type* I (SR-BI) sind an der Aufnahme beteiligt. Proteoglycane, Apolipoprotein E und die Lipoproteinlipase (LPL) erleichtern die Aufnahme von *remnants*. In der Leber nehmen Vitamin A, D, E und K individuelle Wege.

Die Resorption wasserlöslicher Vitamine in die Enterocyten erfolgt über spezifische transportervermittelte Prozesse (◘ Tab. 59.2). Viele der Transporter gehören zur Familie der *solute carrier* (SLC). SLCs bestehen aus einer immer noch steigenden Anzahl von Familien (bisher mehr als 40) mit über 300 Mitgliedern (► Abschn. 11.5). Dazu gehören Glucose-, Aminosäure-, Gallensäure- und Metallionentransporter. Der Transport im Blut erfolgt über Transportproteine, die nicht für alle Vitamine identifiziert sind. Die Transportproteine dienen auch zur Vermeidung von Vitaminverlusten durch Filtration in der Niere. Im proximalen Tubulus befindet sich der Cubilin-Megalin-Rezeptor-Komplex aus der Familie der Lipoproteinrezeptoren (► Abschn. 65.7), der eventuell filtrierte Transportproteine erkennt und diese zusammen mit den gebundenen Vitaminen über Endocytose rückresorbiert. Dieser Mechanismus trifft für das retinolbindende Protein (RBP), das Vitamin-D-bindende Protein (DBP) und Vitamin B_{12}-transportierendes Transcobalamin II zu.

58.1.3 Pathobiochemie

> Hypo- und Hypervitaminosen führen zu unterschiedlichen Krankheitsbildern.

Die mangelhafte Versorgung mit einem Vitamin führt in der leichten Form zur **Hypovitaminose**, in der schweren, voll ausgebildeten zur **Avitaminose**. Ein Vitaminmangel kann bedingt sein durch:
- eine unzureichende Zufuhr (einseitige Ernährung, Abmagerungskuren),
- gestörte intestinale Resorption oder
- genetische Defekte.

Viele Vitamine, besonders diejenigen aus der Gruppe der wasserlöslichen, sind Coenzyme von Enzymen der Hauptstoffwechselwege. Die Symptomatik von Hypovitaminosen ist deshalb häufig unspezifisch, da meist der gesamte Intermediärstoffwechsel gestört ist. Betroffen sind vor allem Gewebe mit hoher Stoffwechselleistung (z. B. Myokard, Gastrointestinaltrakt) oder hoher Zellteilungsrate (z. B. blutbildende Gewebe des Knochenmarks, epitheliale Gewebe). Ein Vitaminmangel kann – insbesondere im präklinischen Stadium – durch die Bestimmung einer vitaminabhängigen biochemischen Funktion erfasst werden, z. B. die Ausscheidung eines Metaboliten im Urin, wenn das Vitamin für dessen enzymatische Umsetzung fehlt. Durch orale Gabe der umzusetzenden Substanz in **Belastungstests** kann die Ausscheidung des Metaboliten noch provoziert werden. Weiterhin ist die Aktivitätsminderung bestimmter Enzyme in Erythrocyten nachweisbar, wenn die aus Vitaminen gebildeten Coenzyme nicht in ausreichender Konzentration vorliegen (◻ Tab. 59.5). Mit fortschreitender Dauer des Mangels treten morphologische Veränderungen an den verschiedensten Organen auf. Sobald die Speicher aufgebraucht sind, kommt es zu Störungen des Zellstoffwechsels, die graduell abgestuft sein können. Zuletzt folgen klinische Symptome und anatomische Veränderungen.

Die Erkennung und Behandlung eines Vitaminmangels ist von außerordentlicher praktischer Bedeutung. Zurzeit sind zwar die Bewohner der sog. westlichen Länder durch ein ausreichendes und vielseitiges Nahrungsangebot und durch Vitaminpräparate vor Hypovitaminosen weitgehend geschützt, aber wegen ihrer oft einseitigen Ernährung können z. B. ältere Menschen in eine Vitaminmangelsituation geraten. Auch während der Gravidität und Stillperiode kann es zu Vitaminmangel kommen. Infolge der weltweit zunehmenden Nahrungsmittelknappheit ist anzunehmen, dass in nicht allzu ferner Zukunft die Hypovitaminosen zunehmen werden.

Während überschüssige Mengen wasserlöslicher Vitamine über die Nieren eliminiert werden, trifft dies nicht für alle fettlöslichen Vitamine zu. So können Hypervitaminosen nach hoher Gabe von Vitamin-A- oder -D-Supplementen auftreten. Abgesehen von der Beobachtung, dass der Genuss größerer Mengen Eisbärenleber (bei Eskimos) zu einer Vitamin-A-Hypervitaminose führen kann, sind Hypervitaminosen durch einseitige Ernährungsformen nicht bekannt geworden.

58.2 Vitamin A – Retinol und seine Derivate

> Retinal ist für den Sehvorgang und Retinsäure für die Regulation von Zellwachstum und -differenzierung wichtig.

58.2.1 Chemische Struktur

Die Bezeichnung Vitamin A umfasst alle Verbindungen, die qualitativ die gleiche biologische Aktivität wie Retinol besitzen. Die Bezeichnung **Retinoide** schließt alle natürlichen Formen von Vitamin A und zusätzlich synthetische Analoga ein. Vitamin A besteht aus **4 Isopreneinheiten** (20 C Atomen), von denen die Atome 1–6 zu einem Iononring geschlossen sind. Es hat 5 Doppelbindungen und eine polare Gruppe am azyklischen Ende, die ein Alkohol (Retinol), ein Aldehyd (Retinal) oder eine Säure (Retinsäure) sein kann (◻ Abb. 58.1). Außerdem gibt es von β-Carotin abgeleitete Vitamin-A-Derivate. β-Carotin wird durch die 15,15'-Dioxygenase zu all-*trans*-Retinal gespalten, welches zu 11-*cis*-Retinal isomerisieren kann. Durch Oxidation der Aldehydgruppe entsteht aus all-*trans*-Retinal in einer nicht-reversiblen Reaktion das all-*trans*-Retinoat, das zu 9-*cis*-Retinoat isomerisiert werden kann. Durch Reduktion der Aldehydgruppe des all-*trans*-Retinals kommt man zum all-*trans*-Retinol, die Reduktionsäquivalente werden vom NADPH/H$^+$ geliefert. Als **Provitamin A** werden **Carotinoide** bezeichnet, die 8 Isopreneinheiten aufweisen und von denen β-Carotin die ergiebigste Vitamin-A-Vorstufe ist.

58.2.2 Vorkommen

Tierische Quellen – wie Leber, Milch, Eier oder Fisch – enthalten Retinoide, die als langkettige Fettsäureester von Retinol, bevorzugt als Retinylpalmitat, vorliegen. Pflanzliche Quellen, die Carotinoide – also Provitamin A – enthalten, sind vor allem gelbe Gemüse und Früchte (z. B. Karotten und gelbe Pfirsiche) und die Blätter der grünen Gemüse (z. B. Spinat, Fenchel, Grünkohl).

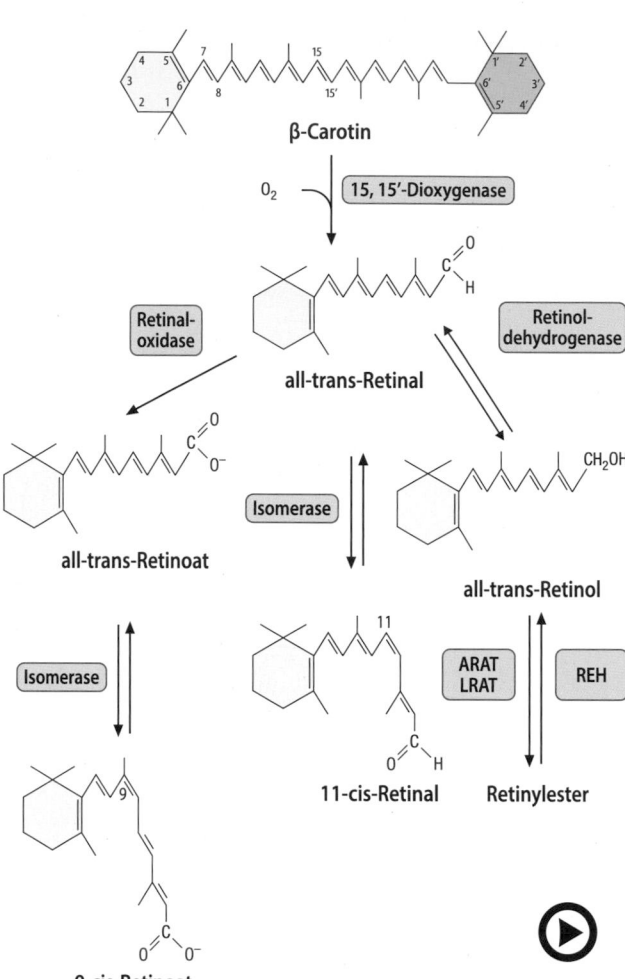

■ Abb. 58.1 (Video 58.1) **Vom β-Carotin abgeleitete Vitamin-A-Derivate.**
REH: Retinylesterase; *ARAT:* Acyl-CoA-Retinol-Acyltransferase; *LRAT:*
Lecithin-Retinol-Acyltransferase (▶ https://doi.org/10.1007/000-5pn)

58.2.3 Resorption und Verteilung

Retinylester werden im Darmlumen durch Pankreaslipa-
sen oder Esterasen, an der Mukosamembran durch eine
Retinylesterase (REH) gespalten. Für die intestinale Resorption ist die Micellenbildung nötig, für die Gallensäuren einen unerlässlichen Cofaktor darstellen. Die Resorption erfolgt analog der Fettresorption (▶ Abschn. 61.3.3).
Für den Transport innerhalb der Zelle wird Vitamin A an
Bindeproteine gebunden, die in ■ Tab. 58.2 zusammengefasst sind. Retinol- und Retinoatbindeproteine gehören
zu einer Gruppe von Lipidtransportproteinen, die als **Li-
pocaline** bezeichnet werden.

In den Enterocyten wird Retinol wieder verestert.
Die beteiligten Enzyme sind die Lecithin-Retinol-
Acyltransferase (LRAT) oder die Acyl-CoA-Retinol-
Acyltransferase (ARAT). Die LRAT (■ Abb. 58.1) ver-

estert an CRBP-I und -II (■ Tab. 58.2) gebundenes
Retinol, während die ARAT vor allem freies Retinol
akzeptiert. Dies stellt sicher, dass auch bei hohen Konzentrationen, wenn die zellulären Bindeproteine gesättigt sind, kein freies Retinol vorliegt.

β-Carotin wird von der 15,15'-Dioxygenase in zwei
Moleküle Retinal gespalten, wobei die tatsächliche Um-
wandlungsrate darunter liegt (■ Abb. 58.1). Das entstehende **Retinal** wird zu Retinol reduziert und verestert.
Retinylester werden in Chylomikronen eingebaut und in
die Lymphe sezerniert. Daneben besteht die Möglichkeit des Transports von freiem Retinol über die **V. portae**
zur Leber.

An der Plasmamembran der Leber werden Retinylester wieder gespalten und freigesetztes Retinol an
CRBP-I (■ Tab. 58.2) gebunden. In dieser Form wird
Retinol zu den metabolisierenden Enzymen transportiert (■ Tab. 58.1) oder zur Speicherung mit Palmitat
verestert. Die Speicherung in der Leber erfolgt in den
sog. **Stern-** oder **Ito-Zellen** (▶ Abschn. 62.5). Die in
diesen Zellen gespeicherte Vitamin-A-Menge ist beträchtlich und sichert den Bedarf für mehrere Monate.
Zur Verteilung in periphere Zellen wird Retinol an das
retinolbindende Protein (RBP) gebunden und ins Blut
abgegeben. Da RBP nur 21,2 kDa groß ist und deshalb
über die Niere ausgeschieden würde, wird der RBP/
Retinol-Komplex im Blut an Transthyretin assoziiert.
Leber- und periphere Zielzellen haben einen Rezeptor
(STRA6), der RBP erkennt und Retinol aufnimmt und
intrazellulär an CRBP-I übergibt. Allerdings scheint
dies nur im Auge eine quantitative Bedeutung zu haben.

58.2.4 Metabolismus

In den Zellen wird Retinol in die benötigte funktionelle
Form umgewandelt, wobei die Oxidation von Retinal zu
Retinsäure irreversibel ist (■ Abb. 58.1). Retinaldehyd
und Retinsäure werden isomerisiert, Retinol und Retinsäure hydroxyliert oder zum Zweck der Ausscheidung
glucuronidiert.

58.2.5 Funktion

Die verschiedenen Formen von Vitamin A haben spezifische biologische Funktionen:
- verestertes Retinol ist die Transportform im Plasma
  und die Speicherform in Geweben,
- Retinal ist für den Sehvorgang essenziell,
- Retinsäure steuert über die Regulation von Genaktivitäten Wachstum und Entwicklung von Zellen.

◘ Tab. 58.2 Extra- und intrazelluläre Retinolbindeproteine

Name	Natürlicher Ligand	Wirkort	Funktion
Retinolbindeprotein RBP	all-*trans*-Retinol	Blut	Extrazellulärer Transport von Retinol
Zelluläres Retinolbindeprotein, Typ 1 CRBP-I	all-*trans*-Retinol all-*trans*-Retinal	In Vitamin-A-metabolisierenden Geweben	Intrazellulärer Transport von Retinol zu den veresternden Enzymen (LRAT)
Zelluläres Retinolbindeprotein, Typ II CRBP-II	all-*trans*-Retinol all-*trans*-Retinal	Intestinale Mukosazellen	Intrazellulärer Transport von Retinol. Schutz vor Oxidation des Retinols. Schutz der Zelle vor freiem Retinol, das die Membranstruktur stören kann
Zelluläres Retinalbindeprotein, CRALBP	11-*cis*-Retinol, 11-*cis*-Retinal	Retina, Gehirn	Transport im Isomerisierungsschritt des Sehvorgangs
Zelluläres Retinsäurebindeprotein, Typ I CRABP-I	all-*trans*-Retinoat	In Vitamin-A-metabolisierenden Geweben	Intrazellulärer Transport von Retinsäure in den Zellkern
Zelluläres Retinsäurebindeprotein, Typ II CRABP-II	all-*trans*-Retinoat	Hautzellen	Intrazellulärer Transport von Retinsäure in den Zellkern
Interstitielles Retinoidbindeprotein (IRBP)	11-*cis*-Retinal all-*trans*-Retinol	Interphotorezeptormatrix	Extrazellulärer Transport von Retinoiden während des Sehvorgangs

58.2.6 Molekulare Vorgänge bei der Photorezeption

Stäbchen und Zapfen sind die Photorezeptoren in der Retina. Vitamin A ist in Form des *11*-cis- *bzw. all*-trans-**Retinals** Bestandteil des Sehpigments **Rhodopsin** in den Stäbchen. Rhodopsin (Molekulargewicht ca. 27 kDa) besteht aus dem Transmembranprotein Opsin und Retinal, das covalent an die ε-Aminogruppe eines Lysylrests des Opsins gebunden ist. Opsin gehört zu den heptahelicalen G-Protein-gekoppelten Rezeptoren für chemische Signalstoffe (▶ Abschn. 33.3.3). Der Einbau des Pigments Retinal wandelt also einen Rezeptor für chemische Signalstoffe in einen für Lichtquanten um.

Rhodopsin liegt in den dicht gepackten Membranscheibchen im Außensegment der Stäbchen (◘ Abb. 58.2). Hier befinden sich auch eine große Anzahl von Na^+/Ca^{2+}-Kanälen, die von cGMP offen gehalten werden. Im Dunkeln sind die Kanäle geöffnet, was eine **Depolarisierung** dieser Zellen und einen Calciumeinstrom bewirkt. Es kommt zur Freisetzung des Transmitters **Glutamat** an der Synapse zwischen der Photorezeptorzelle und den afferenten Neuronen, den Bipolarzellen der Retina. Diese verfügen über unterschiedliche Glutamatrezeptoren, die das „Dunkelsignal" weitergeben.

Die Sehpigmente in Zapfen sind grundsätzlich gleichartig aufgebaut, sie enthalten aber statt Opsin farbempfindliche Photopigmente mit Absorptionsmaxima bei 420, 530 und 560 nm.

Bei Belichtung der Photorezeptormembran kommt es zu einer **photoinduzierten Stereoisomerisierung** der 11-*cis*- zur all-*trans*-Form des Retinals. Durch die dadurch bedingte Konformationsänderung des Opsins wird Retinal vom Opsin abgespalten (◘ Abb. 58.2). Eine der Zwischenverbindungen wird als Metarhodopsin II (**aktives Rhodopsin**, R*) bezeichnet und ist für die in ◘ Abb. 58.3 dargestellte Signalübermittlung verantwortlich. Metarhodopsin II bindet an **Transducin**, ein oligomeres Membranprotein, das zur Gruppe der heterotrimeren G-Proteine gehört (▶ Abschn. 33.3.3). Dadurch wird der Austausch des an die α-Untereinheit von Transducin gebundenen GDP durch GTP ausgelöst. Die GTP-beladene α-Untereinheit wird freigesetzt und übernimmt beide inhibitorischen γ-Untereinheiten einer **cGMP-spaltenden Phosphodiesterase** (PDE). Diese wird dadurch aktiviert, was zu einem außerordentlich raschen Abfall des cGMP-Spiegels führt. Die Ionenkanäle schließen sich und es kommt zu einer mit einem Abfall der intrazellulären Calciumkonzentration einhergehenden Hyperpolarisierung der Sehzelle. Die Glutamatfreisetzung an der Synapse wird beendet, was als „Lichtsignal" dient.

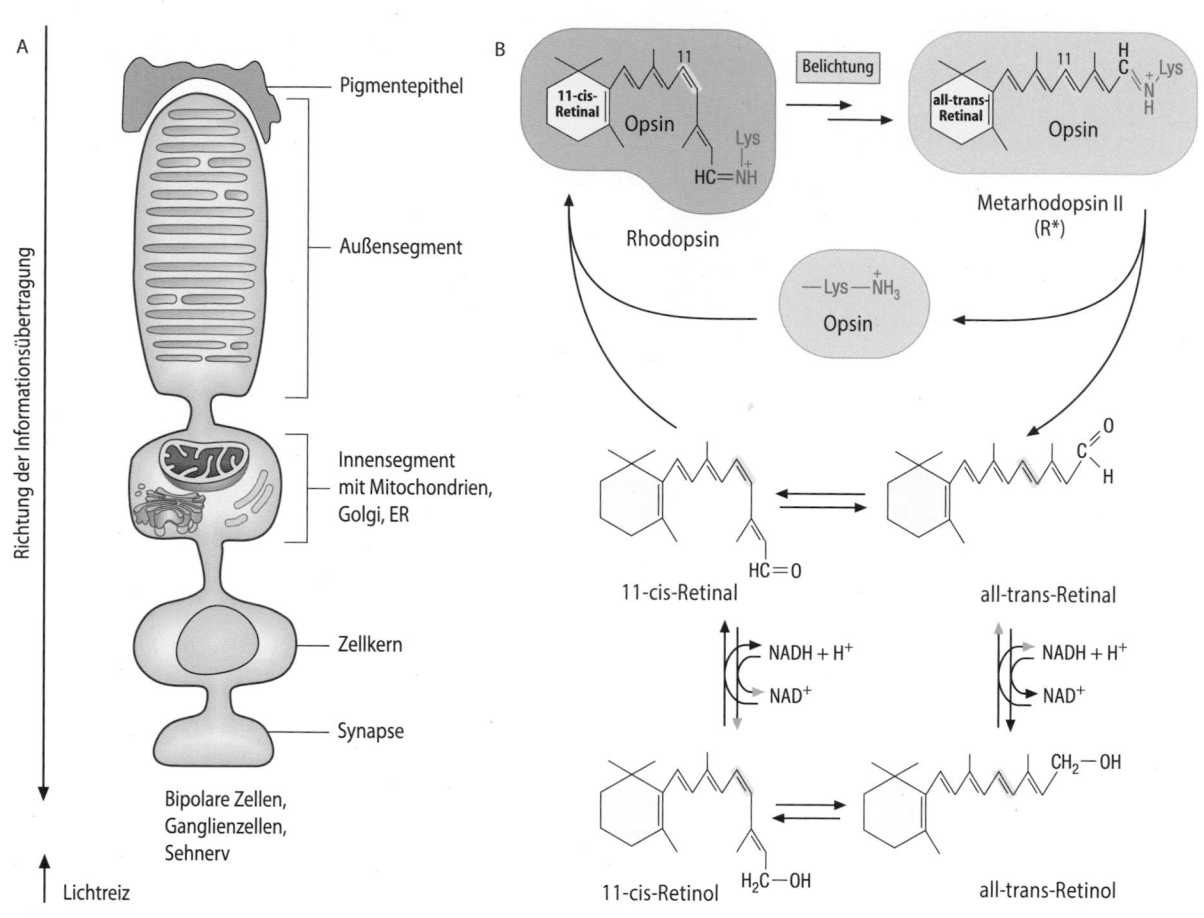

◘ Abb. 58.2 (Video 58.2) **Retinal beim Sehvorgang. A** Schematischer Aufbau eines Stäbchens. **B** Rhodopsinspaltung und Zyklus des Retinals bei der Belichtung der Photorezeptormembran. Die 11-*cis*- bzw. *trans*-Doppelbindungen sind *gelb* unterlegt. (Einzelheiten s. Text) (► https://doi.org/10.1007/000-5pk)

Für die erforderliche schnelle Löschung des Lichtsignals sind v. a. zwei Vorgänge verantwortlich (◘ Abb. 58.3):

— GTP wird an der α-Untereinheit des Transducins durch dessen intrinsische GTPase-Aktivität hydrolysiert. Die α-Untereinheit erlangt so eine Konformation, in der sie die Transducin-β/γ-Untereinheiten erneut binden kann. Die inhibitorischen γ-Untereinheiten der PDE assoziieren wieder mit dem Enzym und inaktivieren es. Die Guanylatcyclase wird aktiviert, die cGMP-Spiegel steigen an, die Ionenkanäle werden geöffnet, die intrazelluläre Calciumkonzentration steigt an und das „Dunkelsignal" ist wieder aktiv.

— Abschaltreaktionen finden ebenfalls am Opsin statt. Während der Lichtreaktion kommt es mit der Abnahme der Ca^{2+}-Konzentration zur Aktivierung einer Rhodopsinkinase und damit zur Phosphorylierung des Metarhodopsins II, die mit Dauer und Stärke des Lichtreizes zunimmt. Das phosphorylierte Metarhodopsin II bindet **Arrestin**, wodurch eine erneute Aktivierung von Transducin verhindert wird. Die anschlie-

ßende Dephosphorylierung führt zur Dissoziation von Arrestin (Dunkeladaptation) und zur Spaltung von Metarhodopsin II in Opsin und all-*trans*-Retinal. Anschließend wird Rhodopsin regeneriert. Dieser Vorgang beinhaltet eine enzymatische Isomerisierung des all-*trans*- zum 11-*cis*-Retinal mit anschließender Assoziation an das Opsin. Bei sehr starker Belichtung kommt es zusätzlich zur Reduktion von Retinal zu Retinol, das wieder oxidiert werden muss (◘ Abb. 58.2). Unter normalen Umständen sind in der Retina die Geschwindigkeiten der Rhodopsinspaltung und -regeneration gleich groß. Bei Retinolmangel ist jedoch die Regeneration des Rhodopsins verlangsamt, was mit **Nachtblindheit** assoziiert ist.

58.2.7   Regulation der Genexpression

Eine Vielzahl essenzieller biologischer Vorgänge ist Vitamin-A-abhängig. Hier sind vor allem zu nennen:

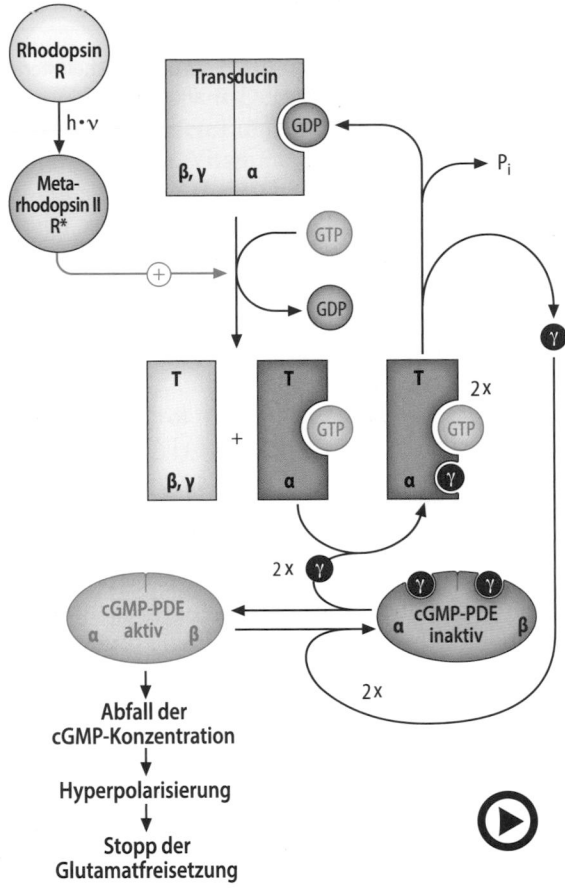

Abb. 58.3 (Video 58.3) **Reaktionskaskaden bei der Reizübertragung in photosensiblen Zellen.** (Einzelheiten s. Text) (▶ https://doi.org/10.1007/000-5pm)

— Reproduktion
— Embryogenese
— Morphogenese
— Wachstum und Differenzierung von Zellen.

Vitamin A reguliert die Differenzierung von Zellen, was insbesondere bei der Immunabwehr und der Aufrechterhaltung der Integrität epithelialer Barrieren im Gastrointestinaltrakt, in der Lunge und im Genitaltrakt notwendig ist. Eine besondere Rolle spielt Vitamin A in der **Reproduktion**. Retinsäure, in geringem Maß auch Retinol, ist unerlässlich für eine ungestörte Implantation des Embryos bis zur Geburt lebensfähiger Nachkommen. Insbesondere die Entwicklung von Herz, Lunge, Skelett, Gefäß- und Nervensystem ist retinsäureabhängig. Die Ausbildung von Extremitäten und die Polarisierung der Körperachse werden durch Konzentrationsgradienten von Retinsäure und/oder seiner metabolisierenden Enzyme reguliert. Retinsäure sorgt auch für eine ungestörte Spermatogenese, was die Essentialität von Vitamin A für die Reproduktion generell deutlich macht.

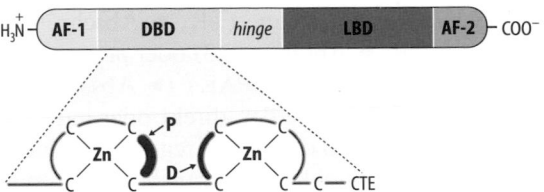

Abb. 58.4 Domänenaufbau von nucleären Rezeptoren. *AF1:* Ligandenunabhängige Transaktivierungsdomäne; *DBD:* DNA-Bindedomäne mit 2 Zinkfingern; *hinge:* Scharnierdomäne; *LBD:* Ligandenbindedomäne; *AF-2:* ligandenabhängige Transaktivierungsdomäne; *P (proximal):* für die Erkennung des responsiven Elements nötige P-Box; *D (distal):* für die Dimerisierung benötigte D-Box; *CTE:* für die Erkennung der DNA Bindestelle benötigte C-terminale Extension. Die Zinkatome in den Zinkfingern der DBD sind an je 4 Cysteinen koordiniert

Retinsäure übt ihre genregulatorischen Funktionen über ligandenaktivierte nucleäre Rezeptoren aus. Nucleäre Rezeptoren, zu denen auch die Steroidhormonrezeptoren (▶ Abschn. 33.3.1) gehören, besitzen charakteristische Domänen: eine variable N-terminale Region, eine konservierte DNA-bindende Domäne (DBD) mit zwei **Zinkfingern** und eine Ligandenbindedomäne (LBD) (▶ Abb. 58.4). An beiden Enden befinden sich Regionen, die für die Transkriptionsaktivierung erforderlich sind, AF-1 am N-Terminus und AF-2 am C-Terminus. Während sich AF-1 in einer hypervariablen Region befindet und unabhängig von einer Ligandenbindung agieren kann, ist AF-2 am C-Terminus konserviert und ligandenabhängig (▶ Abb. 58.4). Der Ligand stabilisiert eine Konformation des Rezeptors, die in der Lage ist, mit Coaktivatoren zu interagieren. Dies geschieht über ein Leu-X-X-Leu-Leu-Motiv in der Sequenz von AF-2. In dieser aktiven Konformation wird die Bindung eines Corepressors verhindert. Der ligandenbeladene nucleäre Rezeptor bildet Dimere und bindet an seine responsiven Elemente in den Promotoren der regulierten Gene (▶ Abschn. 35.1).

Die Retinsäurerezeptoren lassen sich in zwei Gruppen mit jeweils verschiedenen Isoformen einteilen:
— Der natürliche Ligand für die klassischen Retinsäurerezeptoren RAR (*retinoic acid receptor*) mit den Isoformen α, β und γ ist die all-*trans*-Retinsäure.
— Der Retinsäure-X-Rezeptor (RXR), welcher ebenfalls in drei Isoformen α, β und γ vorkommt, wird durch 9-*cis*-Retinsäure aktiviert.

Während Steroidhormonrezeptoren als Homodimere an die DNA binden, binden nicht-steroidale Rezeptoren als **Homo- oder Heterodimere** an ihre Erkennungssequenz. Der häufigste Partner für nucleäre Rezeptoren ist RXR. Insofern kann RXR selbst als mit 9-*cis*-Retinsäure beladenes Homodimer die Transkription aktivieren oder als Heterodimerisierungspartner für RAR, für Rezepto-

- vermehrte intestinale Calciumresorption,
- gesteigerte renale Calciumreabsorption und
- gesteigerte Calciummobilisation aus den Knochen.

Hauptzielorgane von Vitamin D sind Darm, Niere und Knochen (◻ Abb. 66.8).

Wirkung von Calciferolen auf die intestinale Calciumresorption   Calcium wird im Duodenum und Ileum von der luminalen auf die basolaterale Seite transportiert. Dieser Transport geschieht transzellulär und benötigt folgende Komponenten:

- einen **elektrogenen Calciumkanal** auf der luminalen Seite der Enterocyten, TRPV6 (*transient receptor potential V6*), der für die Calciumaufnahme verantwortlich ist.
- **Calbindin-D$_{9K}$**, ein 9 kDa großes calciumbindendes Protein, das Calcium von der luminalen auf die basolaterale Seite transportiert, und
- eine auf der basolateralen Seite lokalisierte **Calcium-ATPase** (PMCA1b, *plasma membrane* Ca^{2+}-ATPase).

1,25-Dihydroxycholecalciferol induziert alle drei Komponenten über seinen nucleären Rezeptor VDR. Allerdings hat der *knockout* (▶ Abschn. 55.2) von TRPV6 und Calbindin D9k keinen Einfluss auf die Vitamin-D-vermittelte Calciumaufnahme im Darm, sodass weitere Mechanismen beteiligt sein müssen.

Wirkung von Calciferolen auf die Nieren   Wichtigster Effekt von 1,25-Dihydroxycholecalciferol in den Nieren ist die Steigerung der Calciumrückresorption. Außerdem wird auch die Phosphatrückresorption stimuliert, ein Effekt, der sich allerdings nur dann nachweisen lässt, wenn Parathormon vorhanden ist.

Wirkung von Calciferolen auf den Knochenstoffwechsel   1,25-Dihydroxycholecalciferol führt zu einer gesteigerten Differenzierung von **Osteoklasten** aus hämatopoetischen Vorläuferzellen und regt die **Osteoblasten** zur Ausschüttung eines Resorptionsfaktors an, der die Osteoklastenaktivität fördert. Dadurch wird die **Knochenresorption** erhöht. In Osteoblasten induziert 1,25-Dihydroxycholecalciferol eine Reihe von weiteren Proteinen, die am Aufbau der Knochenmatrix und der Calcifizierung beteiligt sind (◻ Tab. 58.3).

Weitere Wirkungen von Calciferolen   Vitamin D reguliert weiterhin die Expression von Proteinen, die beteiligt sind an der:

- Stimulierung der Differenzierung von Zellen des hämatopoetischen Systems
- Stimulierung der Differenzierung epidermaler Zellen
- Modulation der Aktivität des Immunsystems

◻ **Tab. 58.3**   Proteine, deren Expression durch 1,25-Dihydroxycholecalciferol reguliert wird (Auswahl)

Expression induziert	Expression reprimiert
25-Hydroxyvitamin-D$_3$-24-Hydroxylase	25-Hydroxyvitamin-D$_3$-1α-Hydroxylase
Calbindin	Parathormon (PTH)
Osteocalcin	PTH-related polypeptide (PTH-RP)
Osteopontin	Kollagen I
p21/ Cdkn1a	c-myc
β$_3$-Integrin	Interleukin-2
Vitamin-D-Rezeptor	Calcitonin

Damit hat Vitamin D neben seiner calciummobilisierenden Wirkung auch antikanzerogene und immunmodulierende Wirkungen. Deren Ausnutzung wird allerdings durch die immer auftretenden hypercalcämischen Effekte bei Vitamin-D-Gabe begrenzt.

Wirkungsmechanismus von Calciferolen   Die meisten Effekte von Vitamin D werden durch Aktivierung der **Transkription** spezifischer Gene bewirkt. **1,25-Dihydroxycholecalciferol** bindet an den Vitamin-D-Rezeptor (VDR), der wie der Rezeptor von Vitamin A zu den nucleären Rezeptoren gehört und als Heterodimer mit RXR an die entsprechenden responsiven Elemente in der DNA bindet (▶ Abschn. 35.1). Zudem kann der VDR die Genexpression über epigenetische Mechanismen wie Histonmodifikationen (▶ Abschn. 47.2.1) verändern.

58.3.5 Pathobiochemie

Hypovitaminose   Die bekannteste Hypovitaminose des Vitamin D ist die **Rachitis**. Es handelt sich um ein im Wachstumsalter auftretendes Krankheitsbild, das durch eine schwere Mineralisierungsstörung des Skelettsystems gekennzeichnet ist.

Entscheidend ist der Calciummangel, der durch Fehlen der intestinalen Calciumresorption infolge des Calciferolmangels hervorgerufen wird. Diese Krankheit trat erstmals nach Industrialisierung in England auf und wurde deshalb auch „Englische Krankheit" genannt. Gründe für die Krankheit waren neben unzureichender Zufuhr auch die unzureichende Sonneneinstrahlung durch das Arbeiten in geschlossenen Räumen oder unter Tage.

Vitamin-D-Mangel beim Erwachsenen wird als **Osteomalazie** bezeichnet. Sie tritt als Folge von Störungen der Vitamin-D-Resorption (z. B. bei chronischem Gallengangverschluss) auf. Bei chronischen Leber- und Nierenerkrankungen kommt es sehr häufig zum Calciumschwund des Skelettsystems, der wahrscheinlich durch eine verminderte Umwandlung von Calciferol in 1,25-Dihydroxycholecalciferol ausgelöst wird und einen sekundären Hyperparathyreoidismus (▶ Abschn. 66.3.2) bewirkt.

Hypervitaminose Eine Hypervitaminose des Vitamin D durch Fehlernährung ist unbekannt, kann aber bei Überdosierung von Vitamin-D-Präparaten vorkommen. Nettoeffekt ist eine Mobilisierung von Calcium. Dies führt zu Hypercalcämie im Plasma und zu einer Osteoporose. Das freigesetzte Calcium muss über die Nieren ausgeschieden werden. In Extremfällen erreicht es im Nierentubulus eine so hohe Konzentration, dass es zur Ausfällung von Calciumphosphat und damit zur Nephrocalcinose kommt.

58.4 Vitamin E – Tocopherole und Tocotrienole

 Vitamin E ist mehr als ein Antioxidans.

58.4.1 Chemische Struktur

Vitamin E ist ein Sammelbegriff für 4 Tocopherole (α, β, γ und δ) und 4 Tocotrienole (α, β, γ und δ). Sie gehören zu den Prenyllipiden. Alle bestehen aus einem in 6-Stellung hydroxylierten Chromanring, der in Position 2 mit einer aliphatischen Seitenkette (C13 + 3 Methylverzweigungen) verknüpft ist, die in Tocopherolen gesättigt ist und in Tocotrienolen 3 Doppelbindungen aufweist (◘ Abb. 58.7A). Die Anzahl und Stellung der Methylgruppen am Chromanring bestimmen die Zugehörigkeit zu den α-, β-, γ-, δ-Formen. Tocopherole haben drei Chiralitätszentren, die natürlicherweise in der *RRR*-Konfiguration vorliegen. Tocotrienole haben ein chirales Zentrum in der R-Konfiguration. Synthetische Tocopherole sind Racemate aus den acht möglichen Kombinationen von R- und S-Konfiguration.

58.4.2 Vorkommen

Vitamin E wird nur von Pflanzen und einigen Cyanobakterien synthetisiert. Oliven, Weizenkeime, Sonnenblumenkerne und Kerne der Färberdistel sind reich an α-Tocopherol, Mais und Sojapflanzen enthalten γ-Tocopherol. Tocotrienole findet man in Samen der Ölpalme, in Reis, Weizen, Gerste und Hafer.

58.4.3 Resorption und Verteilung

Alle Formen von Vitamin E werden wie Fette absorbiert. Im Duodenum werden mithilfe von Gallensäuren Micellen gebildet, über die Fette und Vitamin E in die Enterocyten des Dünndarms gelangen. Dies geschieht über eine passive Diffusion oder einen Rezeptorvermittelten Transport, wofür der *scavenger*-Rezeptor B1 (SR-B1), CD36 (*cluster of differentiation* 36) und das Niemann-Pick C1-*like* Protein-1 (NPC1L1) zur Verfügung stehen (◘ Abb. 58.8). In den Enterocyten wird Vitamin E in Chylomikronen verpackt, an der basolateralen Seite in die Lymphe sezerniert und gelangt über Chylomikronen-*remnants* (CR) in die Leber. Alternativ kann α-Tocopherol auch von HDL, das vom ABCA1, einem Transporter der ABC (*ATP-binding cassette*)-Familie gebildet wird (▶ Abschn. 11.5), direkt in die Portalvene exportiert werden. *Remnant*-gebundenes Vitamin E wird über den LDL-Rezeptor (LDL-R) oder das *LDL-R-related protein* (LRP), HDL-gebundenes Vitamin E über den SR-B1 in die Leber aufgenommen.

In der Leber wird bevorzugt α-Tocopherol mithilfe des α-Tocopheroltransferproteins (α-TTP) an VLDL gebunden und wieder ins Plasma sezerniert. Alternativ ist auch der Export von α-Tocopherol über den ABCA1 Transporter möglich. Die Affinität von α-TTP zu nicht-α-Tocopherolen und zu Tocotrienolen ist vergleichsweise niedrig, was für die Präferenz des menschlichen und tierischen Organismus für α-Tocopherol verantwortlich gemacht wurde. Es mehren sich jedoch die Hinweise, dass ein bevorzugter Abbau von nicht- α-Tocopherol Vitameren eine wesentlichere Rolle spielt (▶ Abschn. 58.4.4).

Die Aufnahme von α-Tocopherol in periphere Zellen erfolgt je nach Zelltyp und transportierendem Lipoprotein über den LDL-Rezeptor oder SR-B1. Die Lipoproteinlipase (LPL) setzt Vitamin E frei und unterstützt daher sowohl seine Aufnahme über den LDL-R, als auch die direkte Aufnahme eines Teils des CR-gebundenen Vitamin E in periphere Zellen (▶ Abschn. 21.1.3 und 24.2). Die Abgabe erfolgt über Transporter der ABC-Familie.

Der α-Tocopherol-Plasmaspiegel ist abhängig vom Lipidgehalt des Plasmas. Als Normalwerte für Erwachsene gelten 12–46 µmol/l bzw. 4–7 µmol/mmol Cholesterin oder 0,8 mg/g Gesamtlipid. Die Plasmakonzentration von γ-Tocopherol ist etwa ein Zehntel der Konzentration von α-Tocopherol. α-Tocopherol-Plasmaspiegel sind sättigbar, sodass unabhängig von der Dauer oder Höhe einer Supplementation der α-Tocopherol-Plasmaspiegel nur auf etwa 60–80 µmol/l erhöht werden kann.

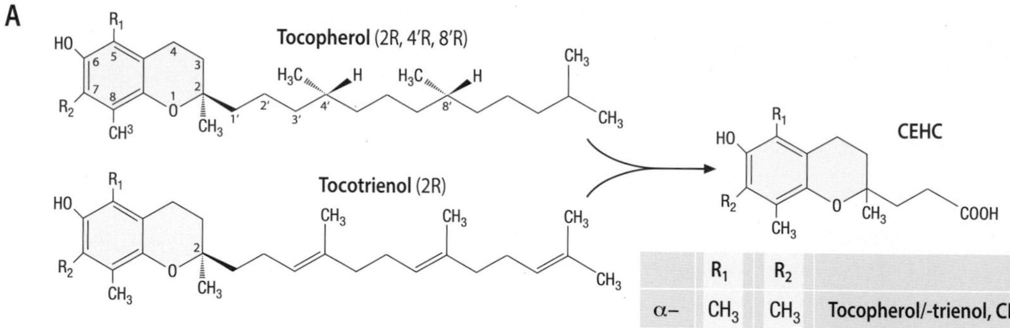

A

Tocopherol (2R, 4'R, 8'R)

Tocotrienol (2R)

CEHC

	R₁	R₂	
α–	CH₃	CH₃	Tocopherol/-trienol, CEHC
β–	CH₃	H	Tocopherol/-trienol, CEHC
γ–	H	CH₃	Tocopherol/-trienol, CEHC
δ–	H	H	Tocopherol/-trienol, CEHC

B

α-Tocopherol

ω-Hydroxylierung

α-13'-Hydroxy-tocopherol

ω-Oxidation

α-13'-Carboxy-tocopherol

β-Oxidation - 1. Zyklus

α-11'-CDMDHC

β-Oxidation - 2. Zyklus

α-9'-CDMOHC

β-Oxidation - 3. Zyklus

α-7'-CMHHC

β-Oxidation - 4. Zyklus

α-5'-CMBHC

β-Oxidation - 5. Zyklus

α-CEHC

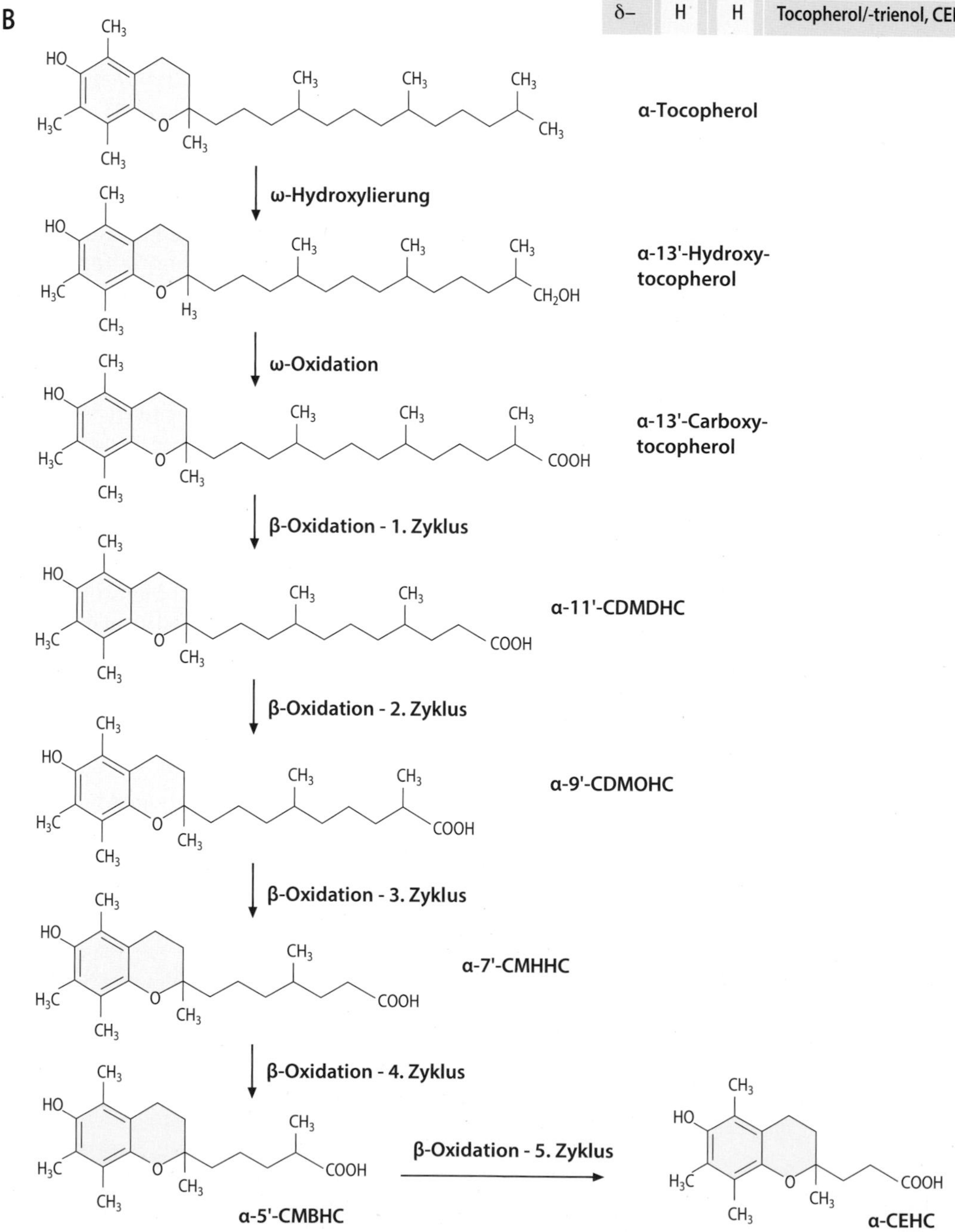

◻ **Fig. 58.7** (Fortsetzung)

Fettlösliche Vitamine

□ **Abb. 58.7   Struktur und Metabolismus von Vitamin E.**
A Struktur der 8 verschiedenen Vitamere. **B** Metabolismus von Tocopherolen. *11'-CDMDHC*: 11'-Carboxydimethyldecylhydroxychroman; *9'-CDMOHC*: 9'-Carboxydimethyloctylhydroxychroman; *7'-CMHHC*: 7'-Carboxymethylhexylhydroxychroman; *5'-CMBCH*: 5'-Carboxymethylbutylhydroxychroman; *CEHC*: 3'-Carboxyethylhydroxychroman.
C Metabolismus von Tocotrienolen. *11'-CDMD(en)₂HC*: 11'-Carboxydimethyldecadienylhydroxychroman; *9'-CDMO(en)₂HC*: 9'-Carboxydimethyloctadienylhydroxychroman; *9'-CDMOenHC*: 9'-Carboxydimethyloctenylhydroxychroman; *7'-CMHenHC*: 7'-Carboxymethylhexenylhydroxychroman; *5'-CMBenHC*: 5'- Carboxymethylbutenylhydroxychroman. *CEHC* und *CMBHC* wie bei Tocopherol. Die Nummerierung (') bezieht sich auf die Länge (Anzahl der C-Atome) der Seitenkette. Metabolite mit 13, 11 und 9 C-Atomen in der Seitenkette werden als *long-chain metabolites*, (LCM); mit 7 und 5 C-Atomen als *intermediate-chain metabolites* (ICM); und die CEHC Endprodukte als *short-chain metabolites* (SCM) bezeichnet

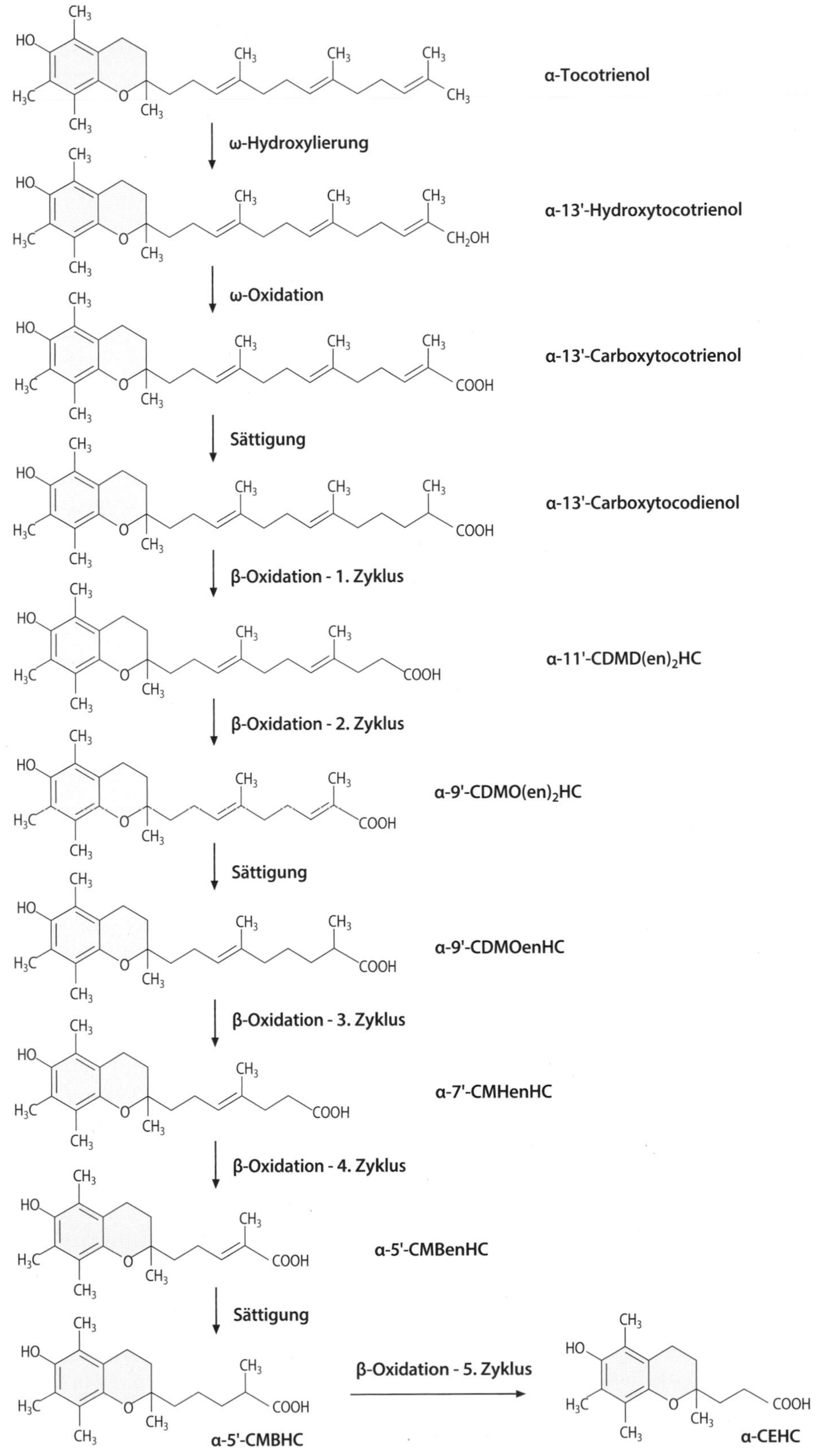

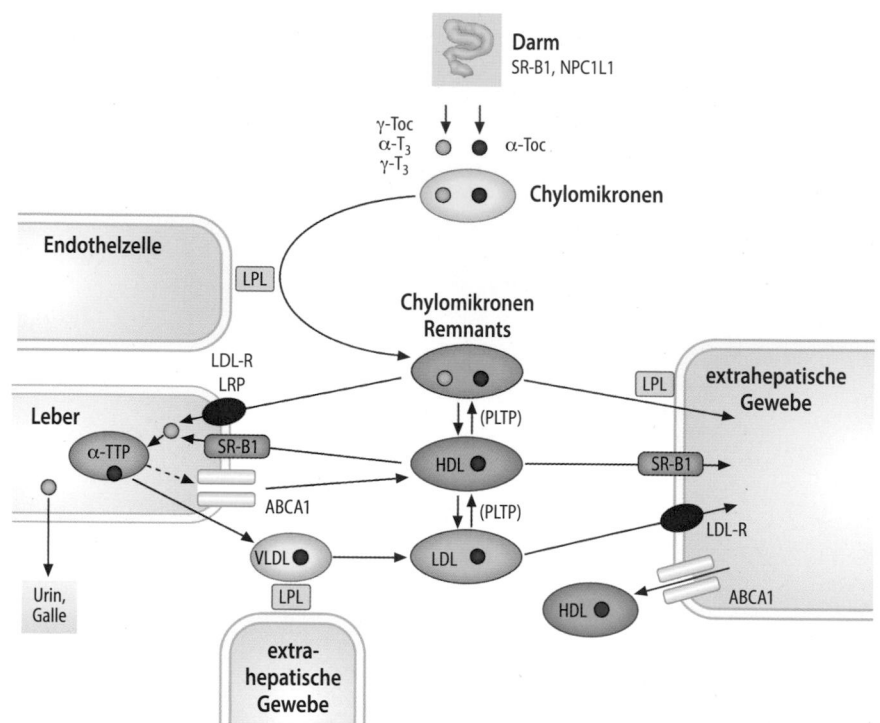

Abb. 58.8 Resorption, Transport und Verteilung von Vitamin E. *ABCA1:* ABC-Transporter A1; *Toc:* Tocopherol; *T3:* Tocotrienol; *PLTP:* Phospholipidtransferprotein, ermöglicht einen direkten Austausch von Vitamin E zwischen den Lipoproteinen; *SR-B1: scavenger-* Rezeptor B1; *NPC1L1:* Niemann-Pick C1-like Protein-1; *LDL: low density lipoprotein; LDL-R:* LDL-Rezeptor; *LRP:* LDL-R-*related protein; LPL:* Lipoproteinlipase; *VLDL: very low density lipoprotein; HDL: high density lipoprotein.* (Einzelheiten s. Text)

Die höchsten Vitamin-E-Gewebskonzentrationen findet man in der Leber, im Fettgewebe und in der Nebenniere. Typische Speicher, wie z. B. für Vitamin A, existieren für Tocopherole aber nicht. Nicht aufgenommenes Tocopherol und nicht konjugierte langkettige Metabolite werden über die Faeces, nicht in peripheres Gewebe eingebaute Tocopherole und Tocotrienole über die Galle eliminiert. Kurzkettige Metabolite wie CEHCs und CMBHCs (s. ▶ 58.4.4) werden glucuronidiert oder sulfatiert und im Urin ausgeschieden.

58.4.4 Metabolismus

Die ersten Tocopherolmetabolite wurden in den 1950er-Jahren beschrieben. Hierbei handelt es sich um Tocopheronsäure und Tocopheronolacton, die durch einen geöffneten Chromanring und eine verkürzte Seitenkette gekennzeichnet sind. Der geöffnete Chromanring wurde als Hinweis dafür genommen, dass Tocopherol als Antioxidans gewirkt haben musste, und als Beweis für die antioxidative Funktion von Vitamin E *in vivo* gewertet. Erst ca. 40 Jahre später wurde beobachtet, dass es sich bei den vermeintlichen Metaboliten um Aufarbeitungsartefakte handeln kann und die tatsächlichen Metabolite wurden gefunden. Diese sind solche mit verkürzter

Seitenkette aber intaktem Chromanring, können also nicht aus oxidativ zerstörtem Tocopherol entstanden sein. Der initiale Schritt der Seitenkettenverkürzung ist eine ω-Hydroxylierung, die von einem Cytochrom-P_{450}-Enzym (CYP) (s. ▶ 20.1.2) katalysiert wird. Die Hydroxylierung von α-Tocopherol wird offenbar vom Typ CYP3A4, die der anderen Formen vom Typ CYP4F2 katalysiert. Danach folgt die Oxidation der Hydroxylgruppe zur Carboxylgruppe und eine β-Oxidation, wie sie für Fettsäuren mit Methylverzweigungen oder Doppelbindungen üblich ist (▶ Abschn. 21.2). Die Endprodukte sind die entsprechend methylierten Carboxyethylhydroxychromane (CEHC). Alle Zwischenstufen sind identifiziert (□ Abb. 58.7B und C). Im Prinzip ist der Abbauweg für alle Formen von Vitamin E gleich. Allerdings geht aus den gefundenen Zwischenstufen hervor, dass die Doppelbindungen in den Seitenketten von Abbauprodukten der Tocotrienole vor den einzelnen Verkürzungschritten reduziert werden. Der Anteil, der verstoffwechselt wird, ist für die einzelnen Vitamere deutlich verschieden. Während α-Tocopherol nur zu einem geringen Teil abgebaut wird, wird von den anderen Formen ein Anteil von bis zu 50 % beschrieben. Der geringe Abbau von α-Tocopherol wird neben seiner bisher vermuteten Selektion durch α-TTP inzwischen als wahrscheinlichere

Erklärung für die bevorzugte Nutzung von α-Tocopherol herangezogen. Die Funktion von α-TTP dürfte eher eine Verhinderung des Abbaus des gebundenen Vitamin E sein. Dieses ist meist α-Tocopherol.

58.4.5 Biochemische Funktionen

Antioxidative Funktion Alle Formen von Vitamin E haben antioxidative Eigenschaften, was im strengen Sinn als die Fähigkeit, mit einem Radikal zu reagieren, definiert wird. Die hierfür nötige Gruppe im Molekül ist die OH-Gruppe an Position 6 des Chromanrings. Somit fungieren alle Formen von Vitamin E als Antioxidantien, jedoch mit unterschiedlicher Reaktivität und Spezifität. Als lipophiles Molekül wird Vitamin E in Membranen oder Lipoproteine eingebaut und kann mit Lipidradikalen $LO\bullet$ reagieren. Es wird daher als wichtigstes lipophiles Antioxidans bezeichnet, das Membranen vor oxidativer Zerstörung schützen soll. Tocopherol (TOH) reagiert mit Lipidoxy/Alkoxy $LO\bullet$ ($RO\bullet$)- und Peroxylradikalen $LOO\bullet$ ($ROO\bullet$) sowie mit dem OH-Radikal ($\bullet$OH) aus der Fenton-Reaktion von Fe^{2+} mit Hydroperoxiden oder H_2O_2 zum Tocopheroxyl-Radikal (TO$\bullet$).

Die antioxidativen Eigenschaften nehmen in der Reihenfolge α>β = γ>δ ab. Eine Regeneration von Tocopherol ist über das Ascorbat/Ascorbyl-Radikalsystem möglich, das ein negativeres Redoxpotenzial (280–320 mV) als das Tocopheroxylradikal/Tocopherol-System (480–500 mV) hat (▶ Abschn. 59.1). Während die Radikalreaktionen von Tocopherolen *in vitro* bis ins Detail untersucht und beschrieben sind, gibt es für solche Reaktionen *in vivo* nur wenig überzeugende Beweise. Das Tocopheroxylradikal kann auch als Radikal weiterreagieren und wirkt so prooxidativ, in physiologischen Konzentrationen allerdings mit geringer Effizienz.

Die Reaktivität von γ-Tocopherol gegenüber Stickstoffradikalen ist weitaus höher als die von α-Tocopherol, da die freie Position 5 im Chromanring eine Nitrierung des Rings erlaubt. Die Bildung von 5-Nitro-γ-Tocopherol (γ-NO_2-TOH) ist sowohl durch die Reaktion mit Peroxynitrit ($ONOO^-$) als auch mit $\bullet NO_2$, das aus Peroxynitrit entsteht, möglich.

Nicht-antioxidative Funktionen Vitamin E wurde als Faktor entdeckt, der in der Lage war, in Ratten die Resorption von Feten zu verhindern. Diese Eigenschaft wird zur Bestimmung der biologischen Effizienz herangezogen. Im sog. Resorption-Gestations-Test ergab sich eine abgestufte Wirksamkeit von α-Tocopherol (100 %) > β-Tocopherol (57 %) > γ-Tocopherol (37 %) > α-Tocotrienol (30 %) > β-Tocotrienol (5 %) > δ-Tocopherol (1,4 %). Die antioxidative Wirkung individueller Tocopherole und Tocotrienole

in vitro korreliert also nicht mit ihrer biologischen Aktivität. Deshalb wird seit einigen Jahren verstärkt nach Funktionen von Vitamin E gesucht, die seine Essentialität besser erklären können.

α-Tocopherol hemmt z. B. die:
— Blutgerinnung und die Plättchenaggregation
— Expression zellulärer Adhäsionsmoleküle
— Freisetzung von Interleukin-1 aus stimulierten Makrophagen
— Proliferation von glatten Muskelzellen

Auf Enzymebene hemmt α-Tocopherol die Aktivität von:
— NADPH-Oxidasen (NOX)
— Phospholipase A_2 (PLA_2)
— Proteinkinase C (PKC)
— Lipoxygenasen (LOX)
— Cyclooxygenasen (COX)

Die genregulatorische Aktivität von α-Tocopherol betrifft z. B.:
— die Scavenger-Rezeptoren CD36 und SR-A
— synaptische Proteine im Gehirn
— Proteine des vesikulären Transports
— α-TTP
— CYP3A-Enzyme über die Aktivierung des Pregnan-X-Rezeptors (PXR; ▶ Abschn. 62.3.1)

Allerdings sind die meisten Untersuchungen in kultivierten Zellen oder Tiermodellen gemacht worden und die Effekte können deshalb oft auch mit anderen Vitamin-E-Formen beobachtet werden. So konnten γ-Tocopherol, δ-Tocopherol und Tocotrienole die COX-2- und 5-LOX-vermittelte Bildung von inflammatorischen Eicosanoiden hemmen, nicht aber die Aktivität dieser Enzyme. *Long chain metabolites* (LCMs) dieser Vitamere haben einen größeren Effekt als die nichtmetabolisierten Formen und hemmen COX-1 und -2 direkt. Die meisten Untersuchungen geben Hinweise auf eine Rolle von Vitamin E im Entzündungsgeschehen. Da chronische Entzündungen auch zur Entwicklung von Krebs oder kardiovaskulären Erkrankungen beitragen, wird diesen Eigenschaften große Aufmerksamkeit geschenkt.

Viele dieser nicht-antioxidativen Funktionen können die viel diskutierten, aber gerade in letzter Zeit eher skeptisch gesehenen antiatherosklerotischen und antikanzerogenen Funktionen von Vitamin E stützen, erklären aber nicht seine essenzielle Bedeutung. Ein gemeinsamer regulatorischer Mechanismus, der alle genannten Effekte auf pathologische Prozesse und die Genexpression erklären könnte, ist bisher nicht beschrieben worden. Insbesondere wurde noch kein spezifischer Vitamin-E-Rezeptor gefunden, der wie im Falle von Vitamin D oder A ein Transkriptionsfaktor wäre.

Vielversprechende Erkenntnisse wurden in den letzten Jahren erzielt. Vitamin E hemmt eine neue, nicht-apoptotische Art des regulierten Zelltods, die Ferroptose (▶ Abschn. 51.5). Diese ist charakterisiert durch eine Eisen-abhängige Bildung von Lipid-Hydroperoxiden von mehrfach ungesättigten Fettsäuren (PUFAs) in membranständigen Phospholipiden, vornehmlich von Arachidonsäure und Docosatetraensäure (auch Adrensäure genannt) in Phosphatidylethanolamin. Die Oxidation kann von durch Eisen gebildeten Radikalen verursacht oder enzymatisch von der 15-Lipoxygenase katalysiert werden. Die entstehenden Hydroperoxide werden vom Selenenzym Glutathionperoxidase-4 (GPx4) reduziert, wodurch die Ferroptose verhindert wird. Umgekehrt initiiert eine Deletion der GPx4 die Ferroptose. Das Fehlen der GPx4 kann durch α-Tocopherol und auch durch α-Tocotrienol kompensiert werden. Damit wäre eine spezifische physiologische Funktion von Vitamin E in Membranen gefunden. Als mögliche Mechanismen werden eine Verdrängung der PUFAs von ihrer Bindestelle in der 15-LOX und damit die Hemmung der Aktivität der 15-LOX oder das Ab-

---

Übrigens

Zu viel Vitamin E, eliminiert wie ein Fremdstoff? Die beobachtete Induktion von CYP3A4 durch α-Tocopherol hat verschiedene Fragen aufgeworfen. CYP3A4 ist eines der wichtigsten fremdstoffmetabolisierenden Enzyme überhaupt. Es gehört zu den Phase-I-Enzymen, die Fremdstoffe aktivieren/deaktivieren können und sie für ihre Eliminierung vorbereiten (▶ Abschn. 62.3). Neben CYP3A4 induziert α-Tocopherol auch sog. *multidrug resistance*-Proteine, die nicht nur Metabolite von Fremdstoffen, zu denen auch Arzneimittel gehören, eliminieren, sondern auch Tocopherole und wahrscheinlich ihre Metabolite. Damit wird nicht nur der initiale Schritt des Vitamin-E-Abbaus, die ω-Hydroxylierung, und der zweite Schritt, die Ausscheidung mit dem Urin nach Sulfatierung oder Glucuronidierung von CEHC, sondern auch die Ausscheidung über epitheliale Transporter über den Weg des Fremdstoffmetabolismus katalysiert. Dies kann bedeuten, dass hohe Konzentrationen von Vitamin E als fremd betrachtet und eliminiert werden und dass Vitamin E seine eigene Akkumulation verhindert und dafür sorgt, dass die Konzentrationen nicht zu hoch werden. Sollte Vitamin E den Metabolismus von Fremdstoffen und so deren Entgiftung fördern, aber auch den Arzneimittelabbau stimulieren, könnte dies zu einer Interferenz mit Therapien führen.

---

fangen der Eisen-vermittelten Bildung von Radikalen diskutiert.

58.4.6 Pathobiochemie

Hypovitaminosen Einen nahrungsbedingten isolierten Vitamin-E-Mangel gibt es beim Menschen praktisch nicht. Eine ausreichende Vitamin-E-Zufuhr ist offenbar ohne Supplemente möglich. Vitamin E muss aber zusammen mit Fetten aufgenommen werden. Bei gestörter Fettresorption, wie sie z. B. bei Sprue, zystischer Fibrose, chronischer Pankreatitis oder Cholestase auftritt, kommt es häufig zu Vitamin-E-Mangel. Schwerer Vitamin-E-Mangel tritt bei genetisch bedingten Erkrankungen auf. Ein Defekt im Gen für das α-Tocopheroltransferprotein führt zu extrem niedrigen Vitamin-E-Spiegeln im Plasma und zur Entwicklung schwerer neurologischer Störungen, die denen der Friedreich-Ataxie ähneln. Symptome sind progressive periphere Neuropathien, die in den typischen Ataxien resultieren. Die Krankheit wird deshalb auch als *Ataxia with Vitamin E Deficieny* (AVED) oder *Familial Isolated Vitamin E Deficieny* (FIVE) bezeichnet. Weitere Folgen sind Tremor, Muskelschwäche und geistige Retardierung, manchmal auch Retinitis pigmentosa. α-TTP wurde zuerst in der Leber entdeckt. Es wird aber auch im Gehirn exprimiert, insbesondere in Bergmann-Glia-Zellen, die die Purkinje-Zellen des cerebellären Cortex umgeben und diese mit Nährstoffen versorgen. Die Lokalisation von α-TTP im Gehirn und die Symptome bei seinem Fehlen deuten auf eine Rolle von Vitamin E bei der neuromuskulären Signalübertragung hin, die aber keinesfalls verstanden ist. Durch sehr hohe Dosen von α-Tocopherol (bis 2 g pro Tag) können die Plasma-α-Tocopherolspiegel der AVED-Patienten auf ein normales Maß gebracht werden und die Progredienz der pathologischen Symptome weitgehend beherrscht werden. Kürzlich wurde α-TTP auch in menschlichen Plazenten gefunden. Ein Zusammenhang mit der essenziellen Rolle von Vitamin E im Fertilitätsgeschehen konnte bisher aber noch nicht nachgewiesen werden.

Hypervitaminosen Vitamin-E-Hypervitaminosen gibt es praktisch nicht. Nur bei Supplementierung mit sehr hohen Dosen kann es zu Blutungsneigungen kommen, vor allem bei Patienten, die wegen vorausgegangenen kardiovaskulären Störungen unter Antikoagulationstherapie stehen.

58.5 Vitamin K

> Vitamin K ist Coenzym für die Carboxylierung von Glutamylresten in Proteinen.

58.5.1 Chemische Struktur

Vitamin K ist der Überbegriff für **2-Methyl-1,4-Naphthochinon** (Menadion)-Derivate mit antihämorrhagischer Aktivität. Die einzelnen Vitamin-K-Vitamere sind Seitenkettenhomologe (◻ Abb. 58.9):
- Vitamin K_1 (Phyllochinon) trägt eine Phytylseitenkette.
- Vitamin K_2 (Menachinon, MK) besitzt eine Seitenkette mit 4–13 Isopreneinheiten (MK4–13). MK4 und MK7 weisen die höchste biologische Aktivität auf.
- Vitamin K_3 (Menadion) hat keine Seitenkette.

> Für die biologische Wirkung sind die Methylgruppe in Position 2 und die beiden OH-Gruppen in der Hydrochinonform essenziell.

58.5.2 Vorkommen

Phyllochinone kommen in allen grünen Pflanzen (daher der Name) und vielen Ölen in größeren Mengen vor. Menachinone werden u. a. von Mikroorganismen des menschlichen Darms synthetisiert. MK4 kann von Mensch und Tieren selbst synthetisiert werden. Hierzu wird die Seitenkette von Phyllochinon in Enterozyten

abgespalten. Dies geschieht analog dem Seitenkettenabbau von Vitamin E (▶ Abschn. 58.4.4). Die initiale ω-Hydroxylierung wird von Enzymen des Typs CYP4F katalysiert. Das Endprodukt, Menadion, wird über die Blutbahn zu den Zielorganen transportiert, wo es mithilfe von Geranyl-Geranyl-Pyrophosphat zum MK4 prenyliert wird. Das hierzu benötigte Enzym UBIAD1 (*UbiA prenyltransferase-domain containing protein 1*) ist ein für die Embryogenese in Mäusen essenzielles Enzym.

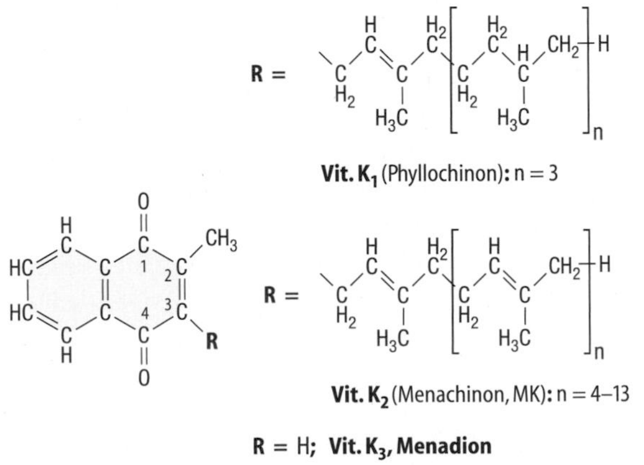

58.5.3 Biochemische Funktion

Die einzige bekannte Funktion für Vitamin K bei höheren Organismen ist bisher die eines Cofaktors für die γ-Carboxyglutamyl-Carboxylase (GGCX), die die Carboxylierung von Glutamylresten in Proteinen katalysiert. γ-**Carboxyglutamylreste** enthaltende Proteine werden als **Vitamin-K-abhängige Proteine** bzw. VKD-Proteine (VKD, *Vitamin K-dependent*) oder als Gla-Proteine (*Gla:* Carboxyglutamatdomäne) bezeichnet.

Die wichtigsten VKD-Proteine sind in ◻ Tab. 58.4 zusammengefasst. Von besonderer Bedeutung sind die für die **Blutgerinnung** notwendigen γ-carboxylierten

◻ **Tab. 58.4** Vitamin-K-abhängige Proteine (Auswahl)

Protein	Funktion
Prothrombin	Blutgerinnung
Faktor VII	Blutgerinnung
Faktor IX	Blutgerinnung
Faktor X	Blutgerinnung
Protein C	Antikoagulation, inaktiviert Faktor Va und VIIIa, stimuliert Fibrinolyse durch Hemmung von PAI-1
Protein S	Antikoagulation, unterstützt Protein C
Protein Z	Koagulationshemmer
Matrix Gla Protein (MGP)	Hemmt die Calcifizierung von Nicht-Knochengewebe
Osteocalcin	Knochenmorphogenese
Gas 6	Ligand für Rezeptor-Tyrosinkinasen, reguliert Zellwachstum
Renales Gla Protein (RGP), Nephrocalcin	Hemmt die Kristallisation von Oxalacetat
Plaque Gla Protein (PGP), Atherocalcin	In atherosklerotischen Plaques der Arterien
Dentin Gla Protein (DGP)	Protein im Zahnschmelz

◻ **Abb. 58.9** Strukturen von Vitamin K

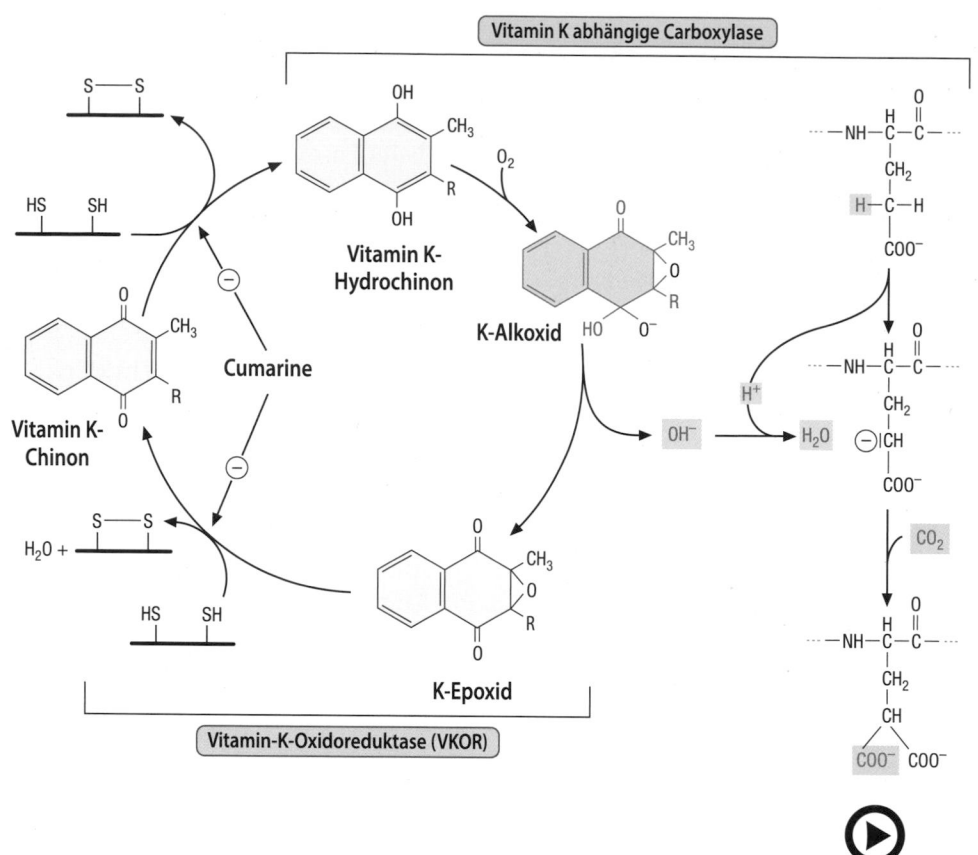

◘ Abb. 58.10   (Video 58.6) **Reaktionsmechanismus der Vitamin-K-abhängigen Carboxylierung von γ-Glutamylresten.** *VKOR:* Vitamin-K-Oxidoreduktase. (Einzelheiten s. Text) (▶ https://doi.org/10.1007/000-5pq)

Faktoren. Durch die γ-Carboxylierung erhalten die Proteine eine größere Anzahl negativer Ladungen, die die Wechselwirkungen der Blutgerinnungsproteine mit den für die Aktivierung notwendigen Phospholipiden und Calcium ermöglichen (▶ Abschn. 69.1.3 und 69.1.4). Gla-Proteine, die nicht zur Blutgerinnung gehören, befinden sich in calcifizierten Matrices, deshalb nimmt man an, dass sie – möglicherweise hemmend – in den Calcifizierungsprozess eingeschaltet sind.

Die γ-Glutamylcarboxylierung findet in Membranen des rauen endoplasmatischen Retikulums statt. Der Mechanismus ist in ◘ Abb. 58.10 zusammengefasst:

— Die Carboxylase ist eine starke Base und deprotoniert Vitamin K, das hierzu in der Hydrochinonform vorliegen muss.

— Das Vitamin-K-Anion reagiert mit Sauerstoff, sodass als noch stärkere Base das **Vitamin-K-Alkoxid** entsteht.

— Das **Vitamin-K-Alkoxid** zieht ein Proton von dem zu modifizierenden Glutamylrest eines VKD-Proteins ab, es entsteht ein Carbanion, an das unter Bildung

eines γ-Carboxyglutamylrests CO_2 angelagert werden kann.

— Die oxidierten Formen von Vitamin K werden von der Vitamin-K-Oxidoreduktase (VKOR) wieder zum Hydrochinon reduziert.

Die VKOR enthält vicinale SH-Gruppen, die die Reduktionsäquivalente für die Reduktion der oxidierten Formen von Vitamin K liefern und dabei zu intramolekularen Disulfiden oxidiert werden. Die Disulfide werden Thioredoxin-abhängig reduziert und so VKOR reaktiviert. Vitamin-K-Antagonisten, wie z. B. Cumarine (z. B. Warfarin), blockieren die SH-Gruppen in VKOR und verhindern so die Regeneration von Vitamin-K-Hydrochinon. Alternativ kann sowohl das Epoxid als auch das Chinon von entsprechenden NADPH-abhängigen Dehydrogenasen, z. B. NQO1 (*NADPH quinone oxidoreductase*-1) oder VKORL1 (*vitamin K epoxide reductase-like 1*) reduziert werden. Diese Enzyme haben aber einen wesentlich höheren K_m-Wert und sind deshalb erst bei hohen Konzentrationen von Epoxid bzw. Chinon aktiv.

58.5.4 Pathobiochemie

Hypovitaminose Ein nahrungsbedingter Vitamin-K-Mangel kommt beim Erwachsenen praktisch nicht vor, da das Vitamin in ausreichender Konzentration in Nahrungsmitteln vorhanden ist und außerdem intestinale Mikroorganismen Menachinone synthetisieren. Bei Vernichtung der gastrointestinalen Mikroorganismen durch lang andauernde orale Therapie mit Antibiotika und gleichzeitiger nutritiver Unterversorgung kann es zu Vitamin-K-Mangel kommen. Wie bei anderen fettlöslichen Vitaminen führt eine Störung der intestinalen Fettresorption zur verminderten Resorption von Vitamin K.

Ein funktioneller Vitamin-K-Mangel kann durch Dauertherapie mit Antikoagulantien, z. B. Cumarinderivaten (▶ Abschn. 69.1.4) ausgelöst werden (Thrombose- und Infarktprophylaxe). Eine Überdosierung mit Vitamin-K-Antagonisten kann durch große Mengen an Vitamin K behoben werden. Eine oft übersehene Folge eines Vitamin-K-Mangels ist die verminderte Bildung von Osteocalcin. Der dadurch gestörte Calciumstoffwechsel im Knochen führt zu Osteoporose und vermehrten Knochenbrüchen.

Zusammenfassung

Vitamine sind essenzielle Nahrungsbestandteile, die dem Organismus täglich in Mikromengen zugeführt werden müssen und ohne die der normale Ablauf der Stoffwechselprozesse nicht möglich ist. Ihrer chemischen Natur nach kann man sie in fett- bzw. wasserlösliche Vitamine einteilen. Die intestinale Absorption fettlöslicher Vitamine erfolgt über Chylomikronen. Vitaminmangelzustände (Hypovitaminosen bzw. Avitaminosen) führen zu oft schweren Krankheitsbildern mit meist unspezifischer Symptomatik. Hypervitaminosen sind lediglich für die fettlöslichen Vitamine A und D sowie für Vitamin B_6 beschrieben worden und werden in aller Regel nicht durch Fehlernährung, sondern durch zu hohe Supplementierung ausgelöst. Wir kennen vier fettlösliche Vitamine:

- Vitamin A ist als Retinal in den Sehvorgang und als Retinsäure in die Regulation der für Wachstum und Differenzierung wichtigen Genexpression eingeschaltet.
- Vitamin D steuert die Calciumhomöostase über seine Zielorgane Darm, Niere und Knochen, sowie Wachstum und Differenzierung von Zellen überwiegend durch Regulation der hierfür benötigten Gene.
- Vitamin E hat unabhängig von seiner Antioxidansaktivität essenzielle Funktionen bei der Reproduktion, in der Regulation von neuromuskulären Signalübertragungen und in der Regulation des Zelltods. Zugrundeliegende Mechanismen bleiben aber noch zu identifizieren. Die Präferenz des Organismus für α-Tocopherol beruht auf seiner geringen Abbaurate und der Spezifität des α-Tocopheroltransferproteins.
- Vitamin K ist das Coenzym für die γ-Carboxylierung von Glutamylresten in spezifischen Proteinen, v. a. in solchen, die für die Blutgerinnung notwendig sind, und in Osteocalcin.

Weiterführende Literatur

Aranda A, Pascual A (2001) Nuclear hormone receptors and gene expression. Physiol Rev 81:1269–1304

Berkner KL (2008) Vitamin K-dependent carboxylation. Vitam Horm 78:131–156

Birringer M, Lorkowski S (2019) Vitamin E: Regulatory role of metabolites. IUBMB Life 71:479–486

Brigelius-Flohe R (2009) Vitamin E: the shrew waiting to be tamed. Free Radic Biol Med 46:543–554

Combs GF Jr (2012) The vitamins. Fundamental aspects in nutrition and health, 4. Aufl. Acad. Press, San Diego/New York

DeLuca HF (2008) Evolution of our understanding of vitamin D. Nutr Rev 66:S73–S87

Deutsche Gesellschaft für Ernährung, Österreichische Gesellschaft für Ernährung, Schweizerische Gesellschaft für Ernährungsforschung, Schweizerische Vereinigung für Ernährung (Hrsg) (2015) Referenzwerte für die Nährstoffzufuhr, 2. Aufl., 1. Ausgabe. Bonn

Dixon SJ, Stockwell BR (2014) The role of iron and reactive oxygen species in cell death. Nat Chem Biol 10:9–17

Kawaguchi R, Yu J, Honda J, Hu J, Whitelegge J, Ping P, Wiita P, Bok D, Sun H (2007) A membrane receptor for retinol binding protein mediates cellular uptake of vitamin A. Science 315:820–825

Mustacich DJ, Vo AT, Elias VD, Payne K, Sullivan L, Leonard SW, Traber MG (2007) Regulatory mechanisms to control tissue alpha-tocopherol. Free Radic Biol Med 43:610–618

Reboul E, Borel P (2011) Proteins involved in uptake, intracellular transport and basolateral secretion of fat-soluble vitamins and carotenoids by mammalian enterocytes. Prog Lipid Res 50:388–402

Schmölz M, Birringer M, Lorkowski S, Wallert M (2016) Complexity of vitamin E metabolism. World J Biol Chem 7:14–43

Wasserlösliche Vitamine

Regina Brigelius-Flohé und Anna Patricia Kipp

Eine merkwürdige Krankheit ging lange Zeit unter Seefahrern um, wann immer sie auszogen, die Welt zu entdecken. 1588 brach die spanische Armada auf, England zu erobern. Im Gegensatz zur von Francis Drake angeführten englischen Navy wussten die Spanier nicht, dass ein Cocktail aus Zuckerrohrschnaps, Limonen und Minze die heute als Skorbut bekannte, durch Vitamin-C-Mangel verursachte Krankheit verhindern konnte. So wurden die Spanier krank und England war gerettet. Ohne dieses Wissen hätte die Geschichte vielleicht einen anderen Verlauf genommen. Dieses Beispiel macht deutlich, wie wichtig es ist, Inhaltsstoffe von Nahrungsmitteln und deren Funktion zu kennen. Das folgende Kapitel soll helfen, Notwendigkeit und Wirkung der wasserlöslichen Vitamine zu verstehen.

Schwerpunkte

- Beschreibung der 9 wasserlöslichen Vitamine C, B_1, B_2, Niacin, B_6, Pantothensäure, Biotin, Folsäure und B_{12}
- Aufnahme, Transport und Metabolismus im Organismus
- Klassische und neuere biologische Funktionen und zugrundeliegende Mechanismen
- Mangelerscheinungen und Gründe für einen Mangel

59.1 Vitamin C – Ascorbinsäure

❯ Vitamin C wirkt als redoxaktiver Cofaktor von Hydroxylasen und reduziert enzymgebundenes Fe^{3+} zu Fe^{2+}.

59.1.1 Chemische Struktur

Vitamin C oder L-Ascorbinsäure (◻ Tab. 59.1) wird chemisch als 2,3-Endiol-L-Gulonsäure-γ-Lacton (2,3-Didehydro-L-Threohexano-1,4-Lacton) bezeich-net. Die oxidierte Form ist Dehydroascorbinsäure (DHA) (◻ Abb. 59.1).

59.1.2 Vorkommen

Ascorbinsäure kommt in erheblichen Mengen in grünen und roten Paprikaschoten, Petersilie, dem Saft von Tomaten, Zitronen, Apfelsinen und Grapefruit sowie in Spinat, Kartoffeln, Zwiebeln und Rosenkohl vor.

Alle Tierspezies mit Ausnahme von Primaten (incl. Mensch) und Meerschweinchen können L-Ascorbinsäure aus Glucose synthetisieren (▶ Abschn. 16.1.2). Letzteren fehlt das Enzym **L-Gulonolactonoxidase**, das L-Gulonolacton zu 2-Ketogulonolacton oxidiert, aus dem spontan, d. h. nichtenzymatisch, L-Ascorbinsäure entsteht.

59.1.3 Stoffwechsel

Nach der intestinalen Resorption über den natriumabhängigen Vitamin- C-Transporter 1 (SVTC1) (◻ Tab. 59.2) wird Vitamin C über das Blut zu Geweben transportiert, die es hauptsächlich über SVCT2 aufnehmen. Alternativ gelangt Vitamin C als Dehydroascorbinsäure über Glucosetransporter wie GLUT1 in die Zellen, wo es wieder zu Ascorbinsäure reduziert wird (s. u.). Den höchsten Ascorbinsäuregehalt weist die Nebennierenrinde auf. Das Vitamin wird entweder als solches, als Diketogulonsäure oder als Oxalat über die Nieren ausgeschieden.

59.1.4 Biochemische Funktion

Ascorbinsäure wird in zwei Ein-Elektronenschritten zu Dehydroascorbinsäure oxidiert, als Zwischenstufe entsteht das relativ stabile Ascorbylradikal (◻ Abb. 59.1). Das Redoxpotenzial von ($Asc^{•-}/AscH^{-}$) beträgt +280 mV, was Ascorbat zu einem effizienten Elektronendonor in vielen biologischen Prozessen macht, die auch das Abfangen freier Radikale einschließen:

Ergänzende Information Die elektronische Version dieses Kapitels enthält Zusatzmaterial, auf das über folgenden Link zugegriffen werden kann https://doi.org/10.1007/978-3-662-60266-9_59. Die Videos lassen sich durch Anklicken des DOI Links in der Legende einer entsprechenden Abbildung abspielen, oder indem Sie diesen Link mit der SN More Media App scannen.

□ Tab. 59.1 Einteilung, Zufuhrempfehlung und Funktion von wasserlöslichen Vitaminen

Buchstabe	Name	Biologisch aktive Form	Tägliche Zufuhrempfehlung (mg)[a] (*upper limit*)	Biochemische Funktion
C	Ascorbinsäure	Ascorbat	95–110[b] (2000)	Redoxsystem, Hydroxylierungen
B$_1$	Thiamin	Thiaminpyrophosphat	1,0–1,2	Oxidative Decarboxylierungen, Transketolasereaktion, Verzweigtkettenabbau (Coenzym)
B$_2$	Riboflavin	FMN, FAD	1,1–1,4	Wasserstoffübertragungen (Coenzym)
	Niacin	NAD$^+$, NADP$^+$	12–15 (35)[c]	Wasserstoffübertragungen (Coenzym), ADP-Ribosylierungen
B$_6$	Pyridoxin	Pyridoxalphosphat	1,2–1,5 (100)[d]	Transaminierungen, Decarboxylierungen
	Pantothensäure	CoA-SH, Phosphopantethein	6	Acylübertragungen (Coenzym)
	Biotin	Biotin an Carboxylasen gebunden	0,03–0,06	Carboxylierungen (Coenzym)
	Folsäure	Tetrahydrofolsäure	0,3[e] (1,0)	Übertragung von C1-Gruppen (Coenzym)
B$_{12}$	Cobalamin	5′-Desoxyadenosylcobalamin, Methylcobalamin	0,003	C-C-Umlagerungen, Methylgruppenübertragungen (Coenzym)

[a]Quelle: DACH, Referenzwerte für die Nährstoffzufuhr (Deutsche Gesellschaft für Ernährung 2017). Angaben für Erwachsene zwischen 25 und 51 Jahren (Frauen – Männer).
[b]Raucher: 135–155 mg.
[c]Von der EFSA wird ein Wert von 10 mg für Nicotinsäure und ein Wert von 900 mg für Nicotinsäureamid festgelegt.
[d]Von der europäischen Kommission (Scientific Committee on Food) wurde hier ein Wert von 25 festgelegt.
[e]Frauen mit Kinderwunsch mindesten 0,7 mg.

$$AscH^- + X^\cdot \rightarrow Asc^{\cdot-} + XH \qquad (59.1)$$

Das Ascorbylradikal wird von einer NADPH-abhängigen Reduktase zu Ascorbinsäure reduziert oder durch Reaktion zweier Ascorbylradikalmoleküle zu Ascorbinsäure und Dehydroascorbinsäure dismutiert. Dehydroascorbinsäure wird über eine GSH-abhängige DHA-Reduktase, Glutaredoxin oder die NADPH-abhängige Thioredoxinreduktase zu Ascorbinsäure reduziert.

Für die Essentialität von Vitamin C sind aber nicht diese unspezifischen antioxidativen Effekte, sondern spezifische Funktionen entscheidend. Ascorbinsäure ist Cofaktor für eine Reihe von Enzymen, die Übergangsmetallionen benötigen. Die Rolle von Vitamin C ist dabei die Aufrechterhaltung des für die Aktivität benötigten reduzierten Zustandes der Metallionen. Wichtige Vitamin-C-abhängigen Reaktionen und beteiligte Enzyme sind in □ Tab. 59.3 aufgeführt.

Bei den ersten drei in der Tabelle aufgeführten Vorgängen sorgt Vitamin C für die Aufrechterhaltung des zweiwertigen Eisens im aktiven Zentrum der beteiligten Enzyme, während es bei den letzten drei Enzymen als Elektronendonor fungiert.

Die Prolyl-4-Hydroxylase hydroxyliert cotranslational Prolinreste in Kollagenmolekülen (□ Abb. 59.2; ▶ Abschn. 71.1.2). In seiner aktiven Form enthält das Enzym Fe^{2+}. Für die Reaktion werden O$_2$ und α-Ketoglutarat benötigt. Während der Reaktion wird α-Ketoglutarat decarboxyliert und ein Atom des Sauerstoffmoleküls in Prolin eingebaut. Das andere wird zur Oxidation der Carbonylgruppe des nach Decarboxylierung von α-Ketoglutarat entstehenden Succinatsemialdehyds verwendet. Die Prolylhydroxylase ist somit eine Dioxygenase. Als Endprodukte entstehen Succinat und hydroxylierte Prolinreste im Kollagen. In Abwesenheit von Kollagen wird nur α-Ketoglutarat decarboxyliert und zum Succinat oxidiert, das zweite Atom des Sauerstoffmoleküls verbleibt als reaktiver Eisen/Oxo-Komplex im Enzym. Eisen wird zu Fe^{3+} oxidiert und das Enzym so inaktiviert. Ascorbinsäure reduziert Fe^{3+} zu Fe^{2+} und reaktiviert das Enzym.

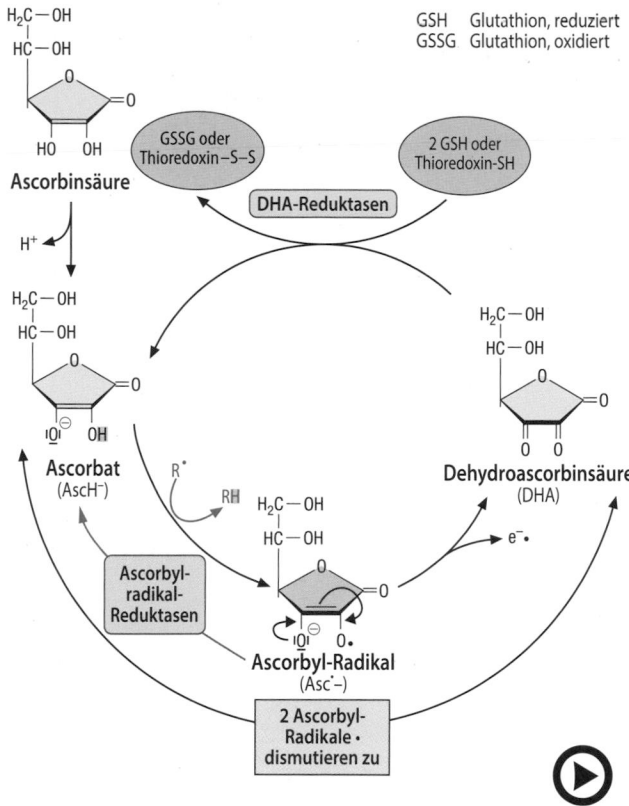

□ Abb. 59.1 (Video 59.1) **Ascorbinsäure als Redoxsystem** (▶ https://doi.org/10.1007/000-5px)

Die Hydroxylierung der α-Untereinheit des **Transkriptionsfaktors HIF** (*hypoxia inducible factor*) verläuft entsprechend (▶ Abschn. 65.3, □ Abb. 65.3). Vitamin C ist über die Demethylierung von Cytosinresten außerdem entscheidend an der epigenetischen Regulation beteiligt.

59.1.5 Pathobiochemie

Hypovitaminose Die klassische Vitamin-C-Mangelkrankheit ist **Skorbut**. Sie ist vor allem von Seefahrern bekannt, die zu Beginn der Neuzeit ohne ausreichende Versorgung mit Vitamin-C-haltigen Lebensmitteln auf lange Seereisen gingen. Die Krankheit beginnt nach einer Latenzzeit von wenigen Monaten mit schweren Störungen des Bindegewebsstoffwechsels (mangelnde Bildung von Kollagen in Knochen, Gelenken und Blutgefäßen) (▶ Abschn. 71.1.2). Es kommt zu Zahnfleischbluten, Zahnausfall, gestörter Wundheilung, Knochen- und Gelenkveränderungen. Ein Mangel vieler Vitamine kann über die Bestimmung biochemischer Parameter im Plasma bestimmt werden (□ Tab. 59.4). Bei Verdacht auf Vitamin-C-Mangel wird p-Hydroxyphenylpyruvat im Urin nach Belastung mit Tyrosin gemessen.

59.2 Vitamin B$_1$ – Thiamin

❯ Vitamin B$_1$ (Thiamin) ist Coenzym der α-Ketosäuredecarboxylasen und der Transketolase.

59.2.1 Chemische Struktur

Thiamin (□ Abb. 59.3) besteht aus einem mit einer CH$_3$- und NH$_2$-Gruppe substituierten **Pyrimidinring**, der über eine CH$_2$-Gruppe mit einem 4-Methyl-5-Hydroxyethylthiazol verbunden ist. Die CH-Gruppe zwischen dem N- und S-Atom im Thiazolring ist wesentlich saurer als die meisten anderen CH-Gruppen. Durch Dissoziation entsteht ein Carbanion, das leicht an Aldehyde und Ketone addiert, was die biologische Aktivität von Thiamin bestimmt.

59.2.2 Vorkommen

Thiamin kommt praktisch in allen pflanzlichen und tierischen Nahrungsmitteln vor. Die höchsten Konzentrationen finden sich in ungemahlenen Getreidesorten, in Leber, Herz, Nieren, Gehirn und magerem Schweinefleisch. Durch langes Kochen wird das Vitamin zerstört.

59.2.3 Stoffwechsel

In den meisten Nahrungsmitteln liegt Vitamin B$_1$ als biologisch aktives **Thiaminpyrophosphat** vor. Da in dieser Form eine Resorption nicht möglich ist, wird der Pyrophosphatrest im Darm durch Pyrophosphatasen abgespalten. Die Resorption im Darm erfolgt über Thiamintransporter (□ Tab. 59.2). Intrazellulär erfolgt die Phosphorylierung zum Thiaminpyrophosphat unter Bildung von AMP durch die mitochondriale Thiaminkinase. Im Blut nachweisbares Thiamin befindet sich zum größten Teil in den Blutzellen.

59.2.4 Biochemische Funktion

Thiaminpyrophosphat ist Coenzym der **oxidativen Decarboxylierung** von α-Ketosäuren (Pyruvat, α-Ketoglutarat, α-Ketoisovalerianat, α-Ketoisocapronat und α-Keto-β-Methylvalerianat), an der außerdem Liponamid, Coenzym A, FAD und NAD$^+$ beteiligt sind (▶ Abschn. 18.2).

Thiaminpyrophosphat ist auch Coenzym der **Transketolase**, eines Enzyms des Glucoseabbaus über den He-

◘ **Tab. 59.2**   An der intestinalen Absorption wasserlöslicher Vitamine beteiligte Transporter

Vitamin	Transporter	Mechanismus	Bemerkungen
C	SVCT1 (*sodium-dependent vitamin C transporter*, SLC23A1)	Na^+-abhängig	Aufnahme als Ascorbat. Flavonoide (Quercetin) hemmen den Transport über das SVCT1-System
B_1	Apical: THTR2 (SLC19A3) Basolateral: THTR1 (SLC19A2)	pH-abhängig Na^+-unabhängig	Regulation über intrazelluläre Ca^{2+}/Calmodulin-vermittelte Prozesse (Proteinphosphorylierung)
B_2	Apical: RFVT3 (SLC52A3) Basolateral: RFVT1 (SLC52A1)	Na^+-unabhängig	Aufnahme als Riboflavin sowohl im Dünndarm als auch im Kolon
B_6	Carrier-vermittelt	pH-abhängig	PKA-reguliert?
B_{12}	Cubilin/Amnionless	Aufnahme über Erkennung des Intrinsic Faktor (IF)-B_{12}-Komplexes	In der Mukosazelle wird IF abgespalten, Bindung an Transcobalamin II (TcII), basolateraler Transport über den TcII-Rezeptor
Niacin	SMCT (Na^+-*coupled monocarboxylate transporter*; SLC5A8)	Na^+-gekoppelt	Transport als Nicotinat Das System transportiert auch kurzkettige Fettsäuren und Lactat
Biotin	SMVT (*sodium-dependent multivitamin transporter*, SLC19A3)	Na^+-gekoppelt	Regulation über PKC und Ca^{2+}/CaM-vermittelte Prozesse, wobei PKC inhibiert und CaMK aktiviert
Pantothensäure	Wie Biotin		
Folsäure	RFC (reduced folate carrier, SLC19A1)	Aufnahme bei neutralem pH	Apikal im Darm, in anderen Organen auch basolateral
	PCFT (*proton-coupled folate transporter*, SLC46A1)	Co-Transport mit H^+	Apikal, hauptsächlicher Transporter im oberen Dünndarm

59

◘ **Tab. 59.3**   Enzymatische Reaktionen, die durch Ascorbinsäure beeinflusst werden

Vorgang	Reaktion	Name des Enzyms	Beteiligtes Metallion	Cosubstrate
Kollagenbiosynthese	Prolinhydroxylierung Prolinhydroxylierung Lysinhydroxylierung	Prolyl-4-Hydroxylase Prolyl-3-Hydroxylase Lysylhydroxylase	Fe^{2+} Fe^{2+} Fe^{2+}	α-Ketoglutarat, O_2 α-Ketoglutarat, O_2 α-Ketoglutarat, O_2
Carnitinbiosynthese	Hydroxylierung von Trimethylysin Hydroxylierung von γ-Butyrobetain	Trimethyllysinhydroxylase Butyrobetainhydroxylase	Fe^{2+}	α-Ketoglutarat, O_2
Abbau von HIF über das Proteasom bei Normoxie	Prolinhydroxylierung	*hypoxia-inducible factor* (HIF) Prolylhydroxylase	Fe^{2+}	α-Ketoglutarat, O_2
Demethylierung von Cytosinen	Hydroxylierung von 5-Methylcytosin	*ten-eleven translocases* (TETs)	Fe^{2+}	α-Ketoglutarat, O_2
Noradrenalinbiosynthese	β-Hydroxylierung von Dopamin	Dopamin-β-Hydroxylase	Cu^{2+}	O_2
Tyrosinabbau	Bildung von Homogentisat aus 4-Hydroxyphenylpyruvat	4-Hydroxyphenylpyruvat-Oxygenase	Fe^{2+}	O_2
Bildung von Peptidhormonen aus Prohormonen	Amidierung eines Peptids mit C-terminalem Glycin	Peptidylglycinamidierende Monooxygenase	Fe^{2+}	O_2

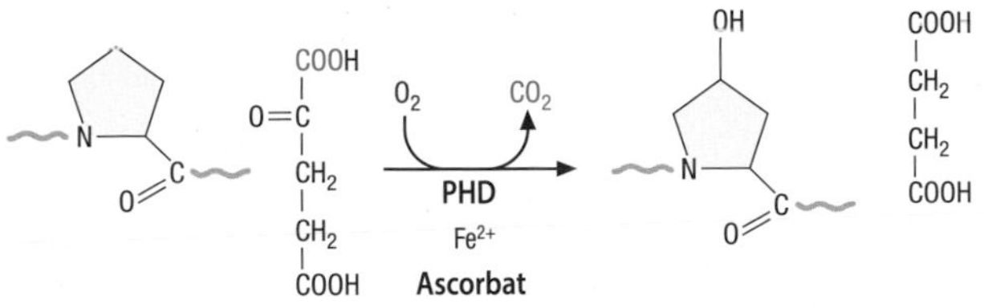

Abb. 59.2 Schema des Mechanismus der Prolylhydroxylierung durch die Prolyl-4-Hydroxylase. Aus proteingebundenem Prolin entsteht ein Hydroxyprolin unter Decarboxylierung und Oxidation von α-Ketoglutarat zu Succinat. Ein Sauerstoffatom wird in Succinat, das zweite in Hydroxyprolin eingebaut. Damit ist die Prolylhydroxylase (PHD) eine Dioxygenase mit zwei verschiedenen Substraten. (Einzelheiten s. Text)

xosemonophosphatweg (▶ Abschn. 14.1.2). Bei Thiaminmangel ist als erstes die Transketolase betroffen. Dies macht sich in einem Anstieg von Pentosephosphaten bemerkbar, der, wie die Transketolasereaktion selbst, leicht in Erythrocyten gemessen werden kann (▶ Tab. 59.4). Erst danach treten schwerere Symptome auf.

59.2.5 Pathobiochemie

Hypovitaminosen Das klassische Vitamin-B1-Mangelsyndrom ist die **Beriberi**-Krankheit, die auch heute noch endemisch dort vorkommt, wo polierter Reis das Hauptnahrungsmittel ist (durch Polieren geht die Vitamin-B$_1$-enthaltende Keimanlage verloren). Besonders betroffen sind die Gewebe mit hohem Glucoseumsatz (Nervensystem, Gastrointestinaltrakt und kardiovaskuläres System). Die Symptome sind Appetitmangel, Übelkeit, Erbrechen, Müdigkeit, periphere Nervenstörungen, geistige Störungen, Muskelatrophie und gelegentlich eine Enzephalopathie. Ein der Beriberi sehr ähnliches Krankheitsbild findet sich häufig bei chronischem Alkoholismus (**Wernicke-Korsakoff-Syndrom**). Der Vitaminmangel ist dabei auf unzureichende Nahrungszufuhr und die Hemmung des apikalen Thiamintransporters in den Enterocyten zurückzuführen. Auch in der Schwangerschaft kommt es gelegentlich zu Thiaminmangel.

Tab. 59.4 Biochemische Tests zur Erfassung von Vitaminmangelzuständen

Vitamin	Symptome bei Mangelzuständen
L-Ascorbinsäure	Ausscheidung von p-Hydroxyphenylpyruvat im Urin nach Belastung mit Tyrosin
Thiamin	Verminderte Aktivität der Transketolase in Erythrocyten
Riboflavin	Verminderte Aktivität der Glutathionreduktase in Erythrocyten
Pyridoxin	Verminderte Aktivität von Transaminasen in Erythrocyten; vermehrte Ausscheidung von Xanthurensäure, 3-Hydroxykynurenin und Kynurensäure im Urin nach Belastung mit Tryptophan
Folsäure	Vermehrte Ausscheidung von N-Formiminoglutamat im Urin nach Belastung mit Histidin
Cobalamin	Ausscheidung von Methylmalonsäure im Urin

Übrigens

Die Entdeckung von Vitamin B1, Zufall oder ein gutes Gespür? 1886 machte sich Christian Eijkman von Holland nach Indonesien auf, um der Ursache der Beriberi-Krankheit auf den Grund zu gehen. Als Schüler von Robert Koch versuchte er mithilfe einer bakteriellen Infektion die Krankheit bei Labortieren zu induzieren, ohne Erfolg. Stattdessen beobachtete er plötzlich auftretende merkwürdige Anzeichen einer Krankheit bei den Hühnern in seinem Tierstall. Die Tiere waren schwach, ataktisch und starben. Die Symptome erinnerten ihn an die Symptome seiner Patienten. Die Krankheit verschwand nach 5 Monaten ebenso plötzlich, wie sie aufgetreten war. Was war geschehen? Seine Nachforschungen ergaben, dass kurz vor Auftreten der Krankheit eine Lieferung von braunem, d. h. unpoliertem und damit billigem Reis für die Hühner ausgeblieben war und sie deshalb mit weißem, d. h. poliertem und damit teurem Reis aus der Krankenhausküche gefüttert wurden. Diese Verschwendung wurde von einem neuen Verwalter bemerkt und sofort unterbunden. Die Hühner erholten sich umgehend. Dies war die Grundlage für die Entdeckung von Vitamin B$_1$ in der Schale von unpoliertem Reis.

59.3 Vitamin B$_2$ – Riboflavin

❯ Vitamin B$_2$ (Riboflavin) ist als Bestandteil von Flavinnucleotiden am Wasserstoff- und Elektronentransport beteiligt.

59.3.1 Chemische Struktur

Riboflavin ist ein substituierter Isoalloxazinring, der mit einem Ribitol verbunden ist (7,8-Dimethyl-10-Ribitylisoalloxazin) (▶ Abb. 59.4). Phosphorylierung führt

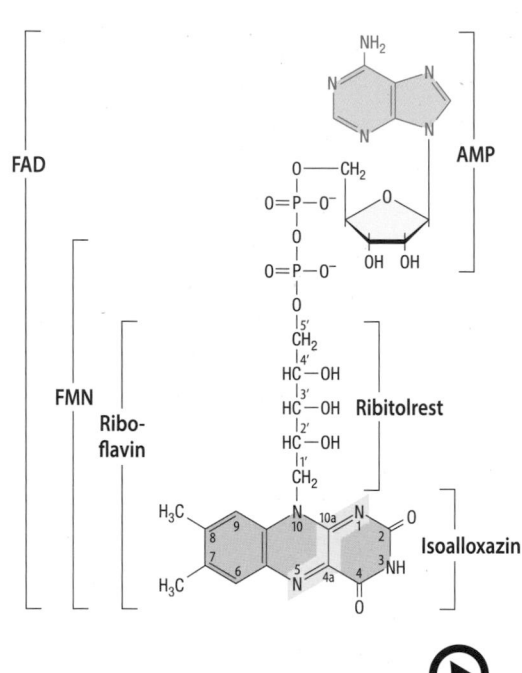

◘ Abb. 59.3 Thiamin. Der für die Wirkung verantwortliche Teil des Moleküls ist *rot* hervorgehoben

zum **Riboflavin-5′-Phosphat** oder **Flavinmononucleotid** (FMN), Verknüpfung von FMN mit AMP (aus ATP) zum **Flavin-Adenin-Dinucleotid** (FAD). Die Bezeichnung Flavinmononucleotid ist nicht ganz korrekt, da es sich nicht um ein Nucleotid, d. h. ein N-Glycosid des Ribosephosphats, sondern um ein Derivat des Zuckeralkohols Ribitol handelt.

59.3.2 Vorkommen

Riboflavin ist im Pflanzen- und Tierreich weit verbreitet. Milch, Leber, Nieren, Herzmuskel und Gemüse sind gute Quellen. Getreideprodukte haben einen niedrigen Riboflavingehalt. Bei der Keimung steigt die Riboflavinkonzentration in Weizen, Gerste und Mais an.

59.3.3 Stoffwechsel

Riboflavin befindet sich als solches oder als proteingebundenes FMN oder FAD in der Nahrung. Im Dünndarm wird Riboflavin freigesetzt, in die Mucosazelle aufgenommen und dort wieder phosphoryliert. Der Transport im Plasma erfolgt als Riboflavin oder FMN über riboflavinspezifische Plasmaproteine. Die intrazelluläre Umwandlung in FMN wird von der Flavokinase katalysiert, die von FMN in FAD von der FAD-Synthetase.

59.3.4 Biochemische Funktion

Riboflavin ist Baustein der beiden Coenzyme von **wasserstoffübertragenden Flavoproteine** (◘ Abb. 59.4):
— Flavinmononucleotid (FMN) ist u. a. Bestandteil des Komplexes I der Atmungskette (▶ Abschn. 19.1.2) und der L-Aminosäureoxidase (▶ Abschn. 26.3.2).
— Flavin-Adenin-Dinucleotid (FAD) ist die prosthetische Gruppe bzw. covalent gebundener Bestandteil einer Reihe von Flavoproteinen, u. a. der Succinatdehydrogenase im Komplex II der Atmungskette (▶ Abschn. 19.1.2).

◘ Abb. 59.4 (Video 59.2) **Riboflavin und die von ihm abgeleiteten Coenzyme FMN und FAD** (▶ https://doi.org/10.1007/000-5ps)

Flavoproteine katalysieren:
— oxidative Desaminierungen (z. B. Aminosäureoxidasen, ▶ Abschn. 26.3.2),
— Dehydrierungen von CH_2-CH_2-Gruppen zu $CH=CH$-Gruppen (z. B. Acyl-CoA-Dehydrogenase, ▶ Abschn. 21.2.1)
— Oxidationen von Aldehyden zu Säuren (z. B. Xanthinoxidase, ▶ Abschn. 29.4, Aldehydoxidase) und
— Transhydrogenierungen (Dihydrolipoatdehydrogenase, ▶ Abschn. 18.2, Glutathionreduktase, ▶ Abschn. 30.2, Thioredoxinreduktase, ▶ Abschn. 41.2.1).

Dabei übernimmt eines der in ◘ Abb. 59.4 hervorgehobenen Stickstoffatome ein Hydridanion, das andere ein Proton. Es können aber auch radikalische Zwischenstufen durchlaufen werden.

59.3.5 Pathobiochemie

Hypovitaminose Der selten isoliert auftretende Riboflavinmangel ist durch charakteristische Schäden der Lippen, Mundwinkelfissuren (Cheilosis), lokalisierte seborrhoische Dermatitis des Gesichts, eine besondere Form der Glossitis (Landkartenzunge) und verschiedene funktionelle und organische Störungen des Auges gekennzeichnet. Zum Nachweis eines Mangels s. ◘ Tab. 59.4.

59.4 Niacin

❯ NAD^+ und $NADP^+$ enthalten Niacin als den für ihre Funktion essenziellen Bestandteil.

59.4.1 Chemische Struktur

Niacin ist die Bezeichnung für Pyridin-3-Carboxylsäure und Derivate. Die gängigsten Vertreter sind Nicotinsäure und Nicotin(säure)amid. Für die biologische Wirkung ist die Carboxyl- bzw. Säureamidgruppe notwendig; Substitutionen führen zu wirkungslosen Verbindungen bzw. zu Antivitaminen (3-Acetylpyridin, Isonicotinsäurehydrazid).

59.4.2 Vorkommen

Das Vitamin kommt bei Tieren vorwiegend als Nicotinamid, in Pflanzen als Nicotinsäure vor. Besonders reiche Quellen sind Hefe, mageres Fleisch, Leber und Geflügel. Beim Rösten von Kaffee wird aus Trigonellin (1-Methylnicotinsäure) Nicotinsäure freigesetzt. In Mais liegt Niacin als Niacytin, d. h. an kleine Peptide, Polysaccharide oder Proteoglycane gebunden, vor und muss durch alkalische Hydrolyse freigesetzt werden (traditionelles Einweichen von Mais in Kalkwasser in der zentralamerikanischen Küche).

59.4.3 Stoffwechsel

Niacin wird nach seiner Resorption von allen Geweben des Organismus aufgenommen und zur NAD^+- bzw. $NADP^+$-Biosynthese (◻ Abb. 59.5) verwendet. Hierbei kondensiert Nicotinsäure zunächst mit 5-Phosphoribosylpyrophosphat, wobei Nicotinsäuremononucleotid entsteht. Dieses reagiert unter Pyrophosphatabspaltung mit ATP. Die Nicotinatgruppe des dabei entstandenen Desamido-NAD^+ wird mit Glutamin unter Verbrauch von ATP zur Nicotinamidgruppe aminiert und das so gebildete NAD^+ ggf. mit ATP zu $NADP^+$ umgesetzt.

Die N-glycosidische Bindung ist eine energiereiche Bindung, die eine Übertragung der ADP-Ribose ermöglicht (s. u.).

Im $NADP^+$ trägt der Adenosinteil in 2′-Stellung einen dritten Phosphatrest (◻ Abb. 59.5).

Das bei der Synthese von NAD^+ als Zwischenprodukt auftretende Nicotinsäuremononucleotid kann auch endogen aus **Tryptophan** (▶ Abschn. 27.2.5) gebildet werden. Das Ausmaß der Nutzung von Trypto-

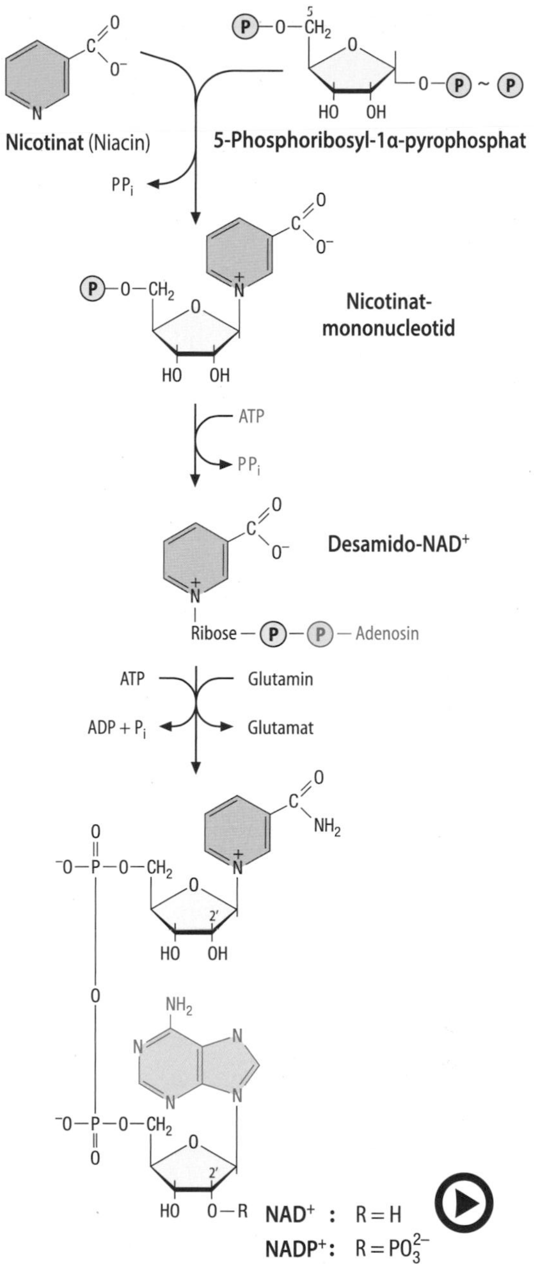

◻ **Abb. 59.5** (Video 59.3) **Biosynthese von NAD^+ und $NADP^+$ aus Niacin** (▶ https://doi.org/10.1007/000-5pt)

phan für die Niacinbildung ist abhängig von der Tryptophanzufuhr, von hormonellen und wahrscheinlich von genetischen Faktoren. Außerdem sind zur Niacinsynthese auch Vitamin B_6, B_2 und Eisen nötig, sodass bei genereller Mangelernährung schwer abzuschätzen ist, inwieweit Tryptophan zur Niacinversorgung beiträgt. Als Faustregel gilt, dass aus 60 mg Tryptophan 1 mg Niacin gebildet werden kann. Die Ausscheidung von Niacin über den Urin erfolgt nach Methylierung zum 1-Methylnicotinsäureamid in der Leber.

59.4.4 Biochemische Funktion

Als Bestandteil von zwei Wasserstoff übertragenden Coenzymen,
- dem Nicotinamid-Adenin-Dinucleotid (NAD$^+$) und
- dem Nicotinamid-Adenin-Dinucleotidphosphat (NADP$^+$)

ist Niacin an einer Vielzahl von Redoxreaktionen und Wasserstoffübertragungen des Intermediärstoffwechsels beteiligt.

Dies macht die Essentialität von Niacin für den Menschen verständlich. Zur Funktion von NAD$^+$ bzw. NADP$^+$ bei Redoxreaktionen s. ▶ Abschn. 7.1.

Außer als wasserstoffübertragendes (hydridakzeptierendes) Coenzym wird NAD$^+$ für eine Reihe von Proteinmodifikationen sowie bei der Signaltransduktion benötigt. Es ist Substrat für:
- ADP-Ribosylierungen (▶ Abschn. 49.3.7) und
- für die Bildung von cyclo-ADP-Ribose.

Weiterhin ist es Coenzym für Histondeacetylasen (z. B. Sirtuine) (▶ Abschn. 47.2.1 und 56.3.1).

ADP-Ribosylierung Bei der ADP-Ribosylierung handelt es sich um eine reversible, posttranslationale Modifizierung, die durch **ADP-Ribosyltransferasen** katalysiert wird. Bei der **Mono-ADP-Ribosylierung** (MARylation) wird ein aus dem NAD$^+$ stammender ADP-Riboserest, bei der **Poly(ADP)-Ribosylierung** (PARylation) werden Ketten aus bis zu 30 ADP-Riboseresten auf entsprechende Akzeptoraminosäuren wie Arginin, Lysin, Glutamat und Aspartat spezifischer Proteine übertragen. Niacin wird hierbei freigesetzt (◘ Abb. 59.6). Die Funktion einer **ADP-Ribosyltransferase** wurde zuerst als Reaktion auf bakterielle Toxine wie das **Choleratoxin** (▶ Abschn. 35.3.2.1) entdeckt. Genotoxischer Stress führt vor allem zur Aktivierung der Poly(ADP-Ribose)Polymerase 1 (PARP1). Als Folge werden ADP-Riboreste an PARP1 selbst, aber auch an Histone, Topoisomerasen, DNA-Polymerasen und viele weitere Proteine geknüpft. Diese Reste können linear oder verzweigt sein. Die dadurch negativ geladenen Proteine verlieren z. B. ihre Affinität zur DNA und dissoziieren ab, was die DNA zugänglicher macht. PARP1 ist an Reparaturmechanismen geschädigter Basen in der DNA, insbesondere in nicht-transkribierten Bereichen, beteiligt. Hierdurch kommt der ADP-Ribosylierung und damit auch dem Niacin eine wichtige Funktion bei der Erhaltung der genomischen Integrität zu (▶ Abschn. 52.5). Außerdem können PARylierte Proteine als Bindungsplattform für andere Proteine fungieren, was in vielen Signalwegen eine Rolle spielt. ADP-Ribosepolymere werden von der Poly(ADP)-Ribose-Glycohydro-

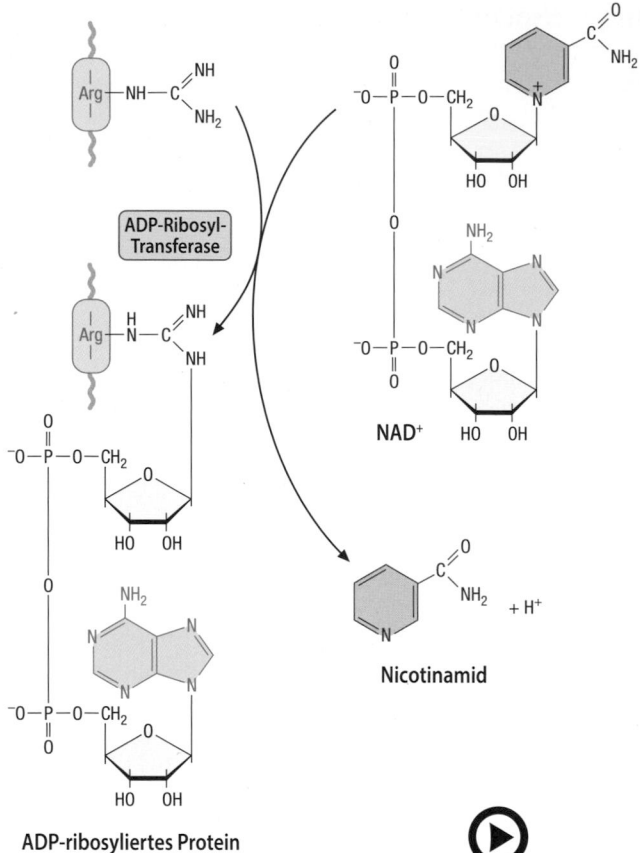

◘ **Abb. 59.6** (Video 59.4) **Mechanismus der (Poly)ADP-Ribosylierung.** (Einzelheiten s. Text) (▶ https://doi.org/10.1007/000-5pv)

lase wieder abgespalten. Die Spaltung von PARP durch Caspase 3 ist ein Zwischenschritt des programmierten Zelltods (Apoptose) (▶ Abschn. 51.1).

cyclo-ADP-Ribose Cyclo-ADP-Ribose entsteht durch die Aktivität von NAD$^+$-Glycohydrolasen/ADP-Ribosylcyclasen aus NAD$^+$ unter Abspaltung von Nicotinsäureamid (◘ Abb. 59.7). Cyclo-ADP-Ribose ist ein aktivierender Ligand des **Ryanodinrezeptors** (▶ Abschn. 35.3.3) und führt zu einer Erhöhung der cytosolischen Calciumkonzentration.

Nicotinsäure-Adenin-Dinucleotid-Phosphat (NAADP$^+$) NAADP$^+$ (*nicotinic acid adenine dinucleotide phosphate*) entsteht durch Austausch von Nicotinamid gegen Nicotinsäure in NADP$^+$. Seine Bildung wird z. B. von Glucose stimuliert. NAADP$^+$ ist der potenteste Mediator einer intrazellulären Erhöhung des Ca^{2+}-Spiegels. Die Ca^{2+}-Quellen sind hierbei saure Vesikel (z. B. Endolysosomen) und nicht wie bei cyclo-ADP-Ribose das ER.

59.4.5 Pathobiochemie

Hypovitaminose Klassisches Symptom eines Niacin-mangels ist die **Pellagra** (*Pelle agra*, schwarze oder raue Haut). Niacinmangel trat in Europa erstmals nach der Einführung von Mais aus Süd- und Mittelamerika in Spanien auf. Mais enthält Niacin in Form von Niacytin und ist zudem tryptophanarm (s. ▶ Abschn. 59.4.2). Wie bei Vitaminmangelzuständen, die durch eine allge-meine Fehlernährung gekennzeichnet sind, ist auch Nia-cinmangel mit dem anderer Vitamine (Thiamin, Ribo-flavin und Pyridoxin) vergesellschaftet. Eine gestörte Poly(ADP)-Ribosylierung und damit eine Störung der DNA-Reparatur kann die Ursache für Pellagra sein. Da die Symptome der Pellagra Dermatitis, Diarrhö, De-menz und Tod (*death*) sind, nannte man Niacinmangel auch die Krankheit der 4 Ds.

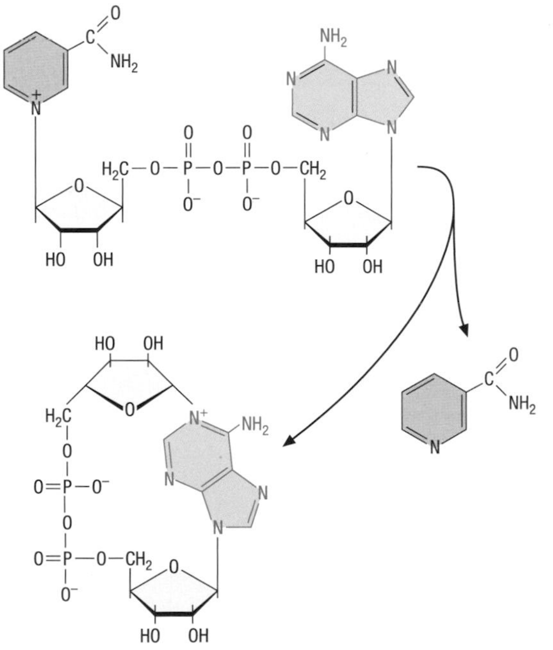

◻ **Abb. 59.7 Bildung von cyclo-ADP-Ribose aus NAD⁺.** (Einzelhei-ten s. Text)

59.5 Vitamin B₆–Pyridoxin

❯ Das vom Pyridoxin abgeleitete Pyridoxalphosphat ist das zentrale Coenzym des Aminosäurestoffwechsels.

59.5.1 Chemische Struktur

Vitamin B₆ beschreibt 3-Hydroxy-2-Methylpyridinderi-vate mit der biologischen Aktivität von Pyridoxin. Zur Vitamin-B₆-Gruppe gehören Pyridoxol (Pyridoxin), Py-ridoxamin und Pyridoxal (◻ Abb. 59.8) und ihre phos-phorylierten Formen.

59.5.2 Vorkommen

In hoher Konzentration ist Vitamin B₆ in Hefe, Weizen, Mais, Fisch, Leber und in etwas geringerer in Milch, Eiern und grünen Gemüsen enthalten.

59.5.3 Stoffwechsel

Alle Vitamin-B₆-Formen können ineinander umgewan-delt und von der Pyridoxalkinase phosphoryliert werden. Die Ausscheidung mit dem Urin erfolgt nach Oxidation von Pyridoxal zur biologisch inaktiven Pyridoxinsäure durch die Aldehydoxidase in der Leber.

59.5.4 Biochemische Funktion

Pyridoxalphosphat ist **das** Coenzym des **Aminosäurestoff-wechsels** (▶ Abschn. 26.3.1). In Vitamin-B₆-abhängigen Enzymen ist Pyridoxalphosphat als Schiff'sche Base an ein Lysin des Enzyms gebunden. Für die zu katalysierende Reaktion wird das Lysin durch die Aminosäure verdrängt. Durch die Elektronen anziehende Wirkung des Pyridin-stickstoffs kommt es zu Elektronenverschiebungen inner-halb des Coenzym/Substrat-Komplexes, die die Schwä-chung einzelner Bindungen am α-C-Atom der Aminosäure

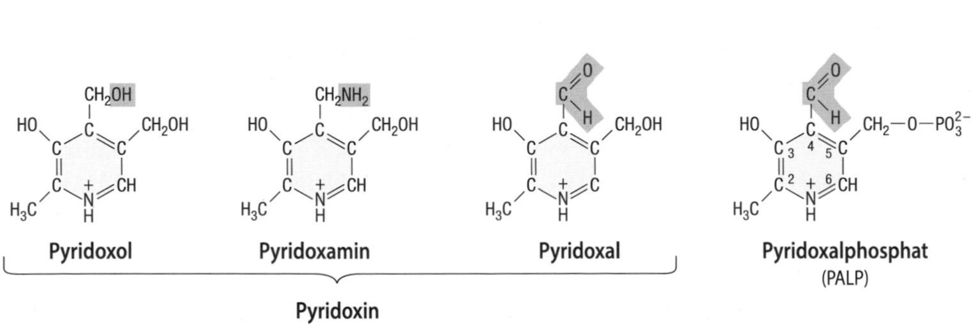

◻ **Abb. 59.8** Pyridoxol, Pyridoxamin und Pyridoxal und das Coenzym Pyridoxalphosphat

□ Tab. 59.5 Pyridoxalphosphatabhängige Enzyme

Enzym	Reaktion
Aminotransferasen	Austausch einer Aminogruppe gegen eine Ketogruppe in Aminosäuren (▶ Abschn. 26.3.1)
Aminosäure-Decarboxylasen	Synthese biogener Amine (Histamin, Tyramin, Tryptamin) und von Neurotransmittern (Dopamin, Serotonin, γ-Aminobuttersäure) (▶ Abschn. 26.3.3)
Serin-Hydroxy-methyltransferase	Spaltung von Serin zu Glycin unter Bildung einer Hydroxymethylgruppe, die auf Tetrahydrofolsäure übertragen wird (▶ Abschn. 27.2.6)
Kynureninase	Bildung von 3-Hydroxyanthranilsäure aus 3-Hydroxykynurenin im Tryptophanabbau (▶ Abschn. 27.2.5)
Cystathionin-β-Synthase	Bildung von Cystathionin aus Homocystein und Serin bei der Cysteinsynthese im Transsulfurierungsweg (□ Abb. 27.13)
δ-Aminolävulin-säuresynthase	Bildung von δ-Aminolävulinsäure aus Succinyl-CoA und Glycin (Häm-Biosynthese) (▶ Abschn. 32.1.3)
Lysyloxidase	Quervernetzung von Kollagenfibrillen (▶ Abschn. 71.1.2)
Serin-Palmityl-transferase / 3-Keto-Sphinganinsynthase	Bildung von 3-Ketosphinganin in der Biosynthese von Ceramid (□ Abb. 22.8)
Glycogen-phosphorylase	Phosphorolytische Spaltung von Glycogen, Bildung von Glucose-1-Phosphat (▶ Abschn. 14.2.2)

bewirken. Je nachdem, welche Bindung – in Abhängigkeit vom Enzymprotein – labilisiert wird, werden
- Transaminierungen (▶ Abschn. 26.3.1),
- Decarboxylierungen (▶ Abschn. 26.3.3) und
- Eliminierende Reaktionen (▶ Abschn. 26.3.2) unterschieden.

Eine Auswahl pyridoxalphosphatabhängiger Reaktionen ist in □ Tab. 59.5 zusammengefasst.

59.5.5   Pathobiochemie

Hypovitaminose Die Symptome des tierexperimentellen Pyridoxinmangels sind uncharakteristisch und unterscheiden sich von Spezies zu Spezies (Dermatitis, Wachstumsstörungen, Anämien). Beim Menschen kann es zu zentralnervösen Funktionsstörungen (Ataxien, Paresen), die vermutlich mit Störungen des Glutamatstoffwechsels zusammenhängen, kommen (pyridoxalphosphatabhängige Decarboxylierung von Glutamat zum Neurotransmitter γ-Aminobutyrat, ▶ Abschn. 26.3.3).

Da einige enzymatische Schritte im Tryptophanabbau pyridoxinabhängig sind, können verschiedene Zwischen- und Nebenprodukte des Tryptophanabbaus beim Pyridoxinmangel vermehrt im Urin nachgewiesen werden (□ Tab. 59.4). Bei Behandlung der Tuberkulose mit Isonicotinsäurehydrazid (INH) muss gleichzeitig Pyridoxin verabreicht werden, da INH als Pyridoxinantagonist wirkt.

Hypervitaminose Eine Hypervitaminose, die sich in peripheren Neuropathien äußerte, war bisher nur bei Kraftsportlern, die Megadosen von Vitamin B_6 einnahmen, zu beobachten.

59.6   Pantothensäure

❯ Coenzym A und Fettsäuresynthase enthalten Pantothensäure.

59.6.1   Chemische Struktur

Pantothensäure (□ Abb. 59.9) entsteht durch Kondensation von β-Alanin mit 2,4-Dihydroxy-3,3-Dimethylbutyrat (Pantoinsäure). Säuger können Pantoinsäure und β-Alanin nicht miteinander verknüpfen.

59.6.2   Vorkommen

Pantothensäure ist fast in allen (griech.: *pantos* überall her) pflanzlichen und tierischen Nahrungsmitteln enthalten. Besonders hoch ist die Konzentration in Eigelb, Nieren, Leber und Hefe sowie in Milchprodukten, Hülsenfrüchten und Avocados. Außerdem wird Pantothensäure von Darmbakterien gebildet.

59.6.3   Biochemische Funktion

Die biologisch aktive Form der Pantothensäure ist **Coenzym A**. Für dessen Bildung wird im Cytosol Pantothensäure über die Pantothenatkinase an der OH-Gruppe des Butyratrestes phosphoryliert. Es folgt die Bindung von Cystein an den Alaninrest über die Phosphopantothenylcystein-Synthetase. Beide Reaktionen sind ATP-abhängig. Durch Abspalten der COOH-Gruppe des 4-Phosphopantothenylcysteins durch die entsprechende Decarboxylase entsteht 4-Phosphopantethein, das in die Mitochondrien transportiert wird. Dort katalysiert die Phosphopantethein-Adenyltransferase die ATP-abhängige Adenylierung von Phosphopantethein. Es entsteht Dephospho-Coenzym A, das im letzten Schritt durch die Dephospho-CoA-Kinase phosphoryliert wird und so Coenzym A bildet (◻ Abb. 59.9).

CoA-Verbindungen sind zentrale Metabolite im Intermediärstoffwechsel:

- Acetyl-CoA, ist der Drehpunkt des Intermediärstoffwechsels. Es ist ein Endprodukt des Kohlenhydrat-, Fett- und Aminosäurestoffwechsels.
- Acetyl-CoA ist Ausgangspunkt für die Bildung von Ketonkörpern (▶ Abschn. 21.2.2) und Fettsäuren (▶ Abschn. 21.2.3) sowie von Cholesterin und anderen Isoprenlipiden (▶ Abschn. 23.2).
- Durch Addition von Acetyl-CoA an Oxalacetat werden Kohlenhydrat-, Fett- und Aminosäurekohlenstoffatome in den **Citratzyklus** (▶ Abschn. 18.2) eingeschleust.
- Acetyl-CoA reagiert mit Cholin unter Bildung von Acetylcholin (▶ Abschn. 74.1.8) oder mit Arzneimitteln, die zu ihrer Ausscheidung acetyliert werden müssen (▶ Abschn. 62.3.1).
- Succinyl-CoA, eine wichtige Zwischenstufe im Citratzyklus, reagiert mit Glycin zum δ-Aminolävulinat, dem ersten Zwischenprodukt der Häm-Biosynthese (▶ Abschn. 32.1.3).
- Im **Lipidstoffwechsel** (▶ Abschn. 21.2.1) ist CoA unabdinglich für die Aktivierung der Fettsäuren durch Bildung des entsprechenden Acyl-CoA-Derivats, dem ersten Schritt in der Fettsäureoxidation.
- In der β-Oxidation wird die Abtrennung von Acetylresten durch thiolytische Spaltung mithilfe von Coenzym A bewirkt (▶ Abschn. 21.2.1).
- Im Fettsäuresynthase-Komplex ist Pantothensäure in proteingebundener Form Bestandteil des Acyl-Carrier-Proteins (▶ Abschn. 21.2.3).

Weitere Funktionen von CoA-Verbindungen sind die posttranslationale Modifizierung von Proteinen:

- Acetylierung von Histonen bei der Regulation von Genaktivitäten (▶ Abschn. 47.2.1).
- Acylierung von Proteinen, z. B. mit Palmitinsäure, über die Signalproteine an der Zellmembran verankert werden, Membranrezeptoren reguliert werden oder eine Neuordnung des Cytoskeletts nach Stimulierung bewerkstelligt wird (▶ Abschn. 49.3.4).

Somit übernimmt Pantothensäure nicht nur Funktionen im Metabolismus von Zellen, sondern auch in der Regulation von Wachstum und Differenzierung. Als Natriumsalz wird Pantothensäure Salben zur Wundheilung zugesetzt.

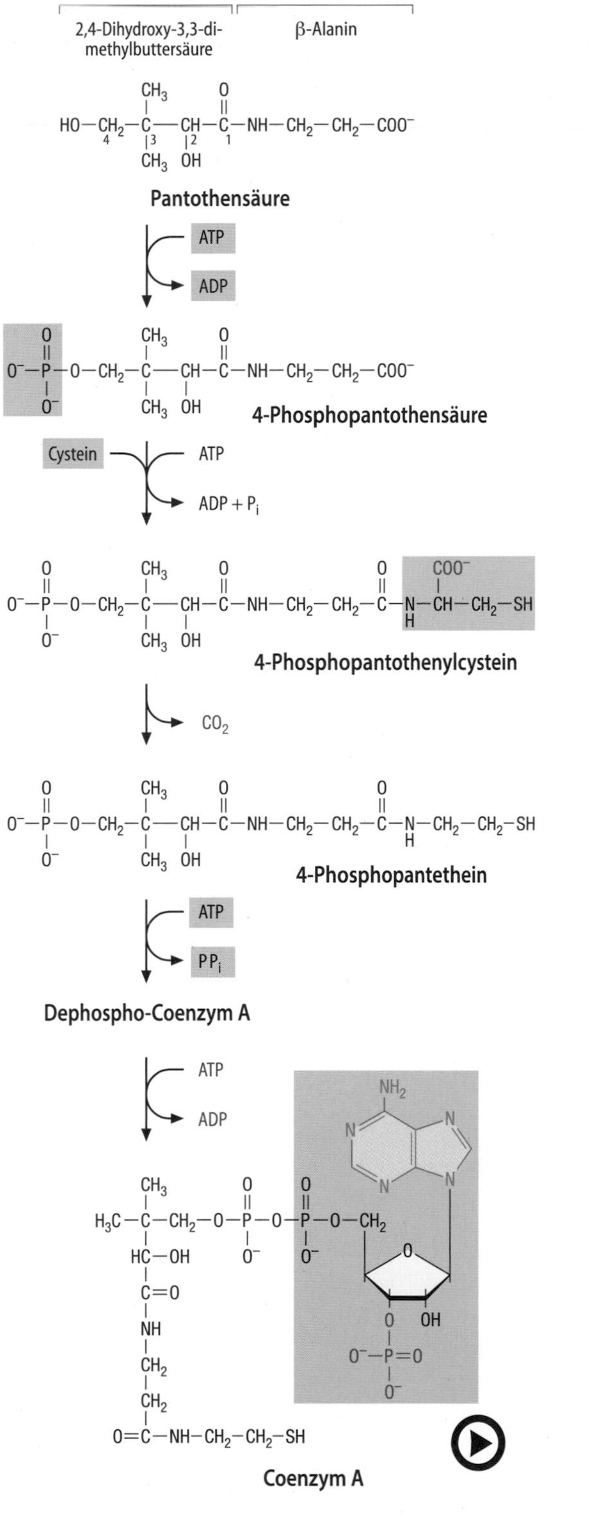

◻ **Abb. 59.9** (Video 59.5) **Biosynthese von Coenzym A aus Pantothensäure** (▶ https://doi.org/10.1007/000-5pw)

59.6.4 **Pathobiochemie**

Hypovitaminose Durch das weit verbreitete Vorkommen von Pantothensäure in Lebensmitteln ist ein isolierter Pantothensäuremangel so gut wie ausgeschlossen.

Lediglich das bei mangelernährten Kriegssoldaten beobachtete *burning feet*-Syndrom, das durch Missempfindungen und Schmerzen im Bereich der Fußsohlen und Zehen charakterisiert ist, wird einer unzureichenden Pantothensäurezufuhr zugeschrieben. Im Tierversuch findet man bei Pantothensäuremangel wegen der gestörten δ-Aminolävulinsäurebildung häufig eine Anämie.

59.7 Biotin

> Biotin wird ATP-abhängig carboxyliert und dient als Überträger von Carboxylgruppen durch Carboxylasen.

59.7.1 Chemische Struktur

Biotin ist formal eine Verbindung aus Harnstoff und einem mit Valeriansäure substituierten Thiophanring (◘ Abb. 59.10).

59.7.2 Vorkommen

Besonders biotinreich sind Leber, Niere, Eigelb und Hefe.

59.7.3 Stoffwechsel

Biotin wird über die Nahrung entweder in freier Form oder als Biotinenzym aufgenommen, wo es covalent in einer Säureamidbindung an die ε-Aminogruppe eines spezifischen Lysylrests gebunden ist. Die Enzymproteine werden bis auf das Lysin proteolytisch abgebaut und gelangen als **Biocytin** (ε-N-Biotinyllysin) in den Gastrointestinaltrakt. Dort wird Biotin über die vom Pankreas sezernierte **Biotinidase** freigesetzt und über den natriumabhängigen Multivitamintransporter SMVT von den Enterocyten des Dünndarms (◘ Tab. 59.2) resorbiert. Intrazellulär wird Biotin mithilfe der Holocarboxylasesynthetase an die entsprechenden biotinabhängigen Carboxylasen (Apocarboxylasen) gebunden. Es entstehen die katalytisch aktiven Holocarboxylasen. Durch proteolytischen Abbau derselben entsteht wieder Biocytin, von dem wieder Biotin von der intrazellulären Biotinidase abgespalten wird (◘ Abb. 59.11).

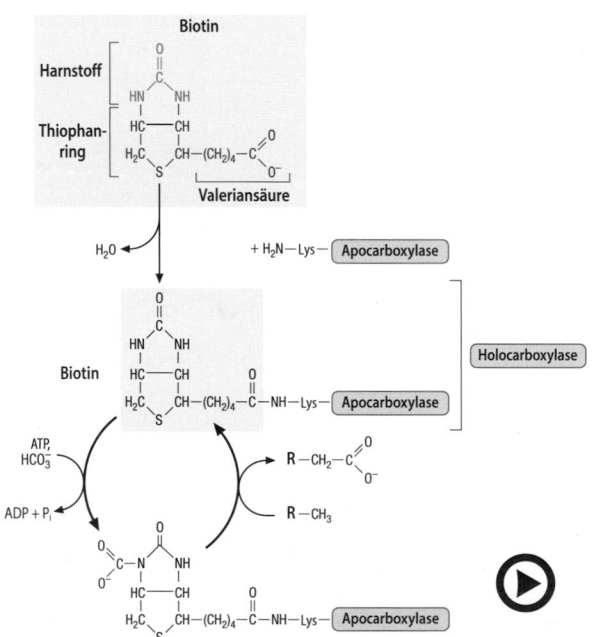

◘ **Abb. 59.10** (Video 59.6) **Biotin und seine Funktion als Coenzym bei Carboxylierungen** (▶ https://doi.org/10.1007/000-5pr)

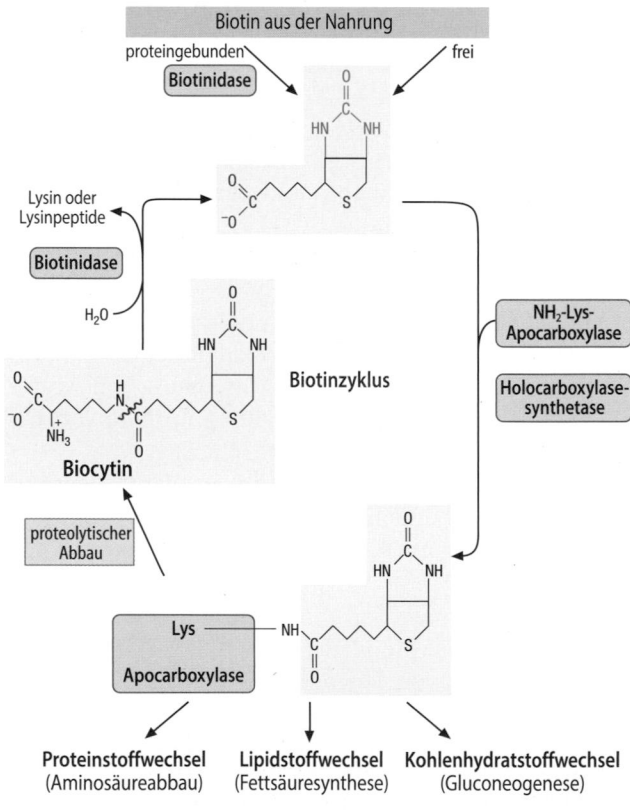

◘ **Abb. 59.11** (Video 59.7) **Der Biotinzyklus.** (Einzelheiten s. Text) (▶ https://doi.org/10.1007/000-5py)

59.7.4 Biochemische Funktion

Biotin ist das Coenzym für vier **Carboxylasen** des Menschen. Es bindet ATP-abhängig eine Carboxylgruppe in Form von HCO_3^- und überträgt diese auf die zu carboxylierenden Substrate (□ Abb. 59.10).

Die vier Carboxylasen sind:
- Acetyl-CoA-Carboxylase (▶ Abschn. 21.2.3),
- Pyruvatcarboxylase (▶ Abschn. 14.3),
- Propionyl-CoA-Carboxylase   (▶ Abschn. 21.2.1) und
- Methylcrotonyl-CoA-Carboxylase (□ Abb. 27.12).

Die Acetyl-CoA-Carboxylase katalysiert die Startreaktion zur Fettsäurebiosynthese (▶ Abschn. 21.2.3), die Pyruvatcarboxylase katalysiert die Bildung von Oxalacetat aus Pyruvat, eine sog. **anaplerotische Reaktion** des Citratzyklus (▶ Abschn. 18.4). Oxalacetat kann dann als Kondensationspartner von Acetyl-CoA zur Citratbildung dienen oder über die PEPCK in die Gluconeogenese einfließen (▶ Abschn. 14.3). Die Propionyl-CoA-Carboxylase wird beim Abbau ungeradzahliger Fettsäuren und verzweigtkettiger Aminosäuren benötigt, die Methylcrotonyl-CoA-Carboxylase beim Leucinabbau.

59.7.5 Pathobiochemie

Hypovitaminose Ein ernährungsbedingter Biotinmangel beim Menschen ist selten, da die Darmbakterien substantielle Mengen Biotin synthetisieren, die aber nicht bedarfsdeckend sind. Nur bei biotinarmer Ernährung mit medikamentöser Stilllegung der Darmflora, z. B. mit Antibiotika, kommt es zu einem Biotinmangel, dessen Symptome Dermatitiden, Haarausfall, nervöse Störungen und EKG-Veränderungen sind. Ein ähnliches Krankheitsbild kann durch Aufnahme größerer Mengen von rohem Hühnereiweiß erzeugt werden. Dieses enthält das Glycoprotein **Avidin**, das Biotin mit hoher Affinität bindet und biotinkatalysierte Reaktionen hemmt.

Genetische Defekte der Holocarboxylasesynthetase oder der Biotinidase führen zu schwerem Biotinmangel (multipler juveniler Carboxylasemangel), der sich in Methylcrotonylglycinurie, Hautausschlägen, Haarausfall, Muskelschwäche, Entwicklungsrückstand, progressiven neurologischen Symptomen, schweren Acidosen und Krämpfen äußert und der ohne lebenslange Supplementierung mit sehr hohen Dosen Biotin zum Tod führt.

59.8 Folsäure

❯ Folsäure ist das Coenzym für C1-Übertragungen.

59.8.1 Chemische Struktur

Folsäure (Pteroylpolyglutamat) ist aus einem Pteridinkern, **p-Aminobenzoesäure** und L-Glutamat aufgebaut (□ Abb. 59.12). Folsäureformen in der Nahrung unterscheiden sich in der Anzahl der Glutamylreste, die an den Pteridin/p-Aminobenzoesäure- Komplex gebunden sind. Mikroorganismen bilden Pteroylmonoglutamat.

59.8.2 Vorkommen

Besonders reich an Folsäure sind dunkelgrünes Blattgemüse (lat.: *folium* das Blatt), Avocados, Bohnen, Spargel, Weizenkeimöl, Leber, Nieren und Hefe.

59.8.3 Stoffwechsel

Mit der Nahrung aufgenommene Folsäure wird als Monoglutamat über den protonengekoppelten Folattransporter (PCFT/SLC46A1) (□ Tab. 59.2) in den Enterocyten resorbiert. Für die Abspaltung der Glutamatreste ist die im Bürstensaum lokalisierte γ-Glutamylcarboxypeptidase

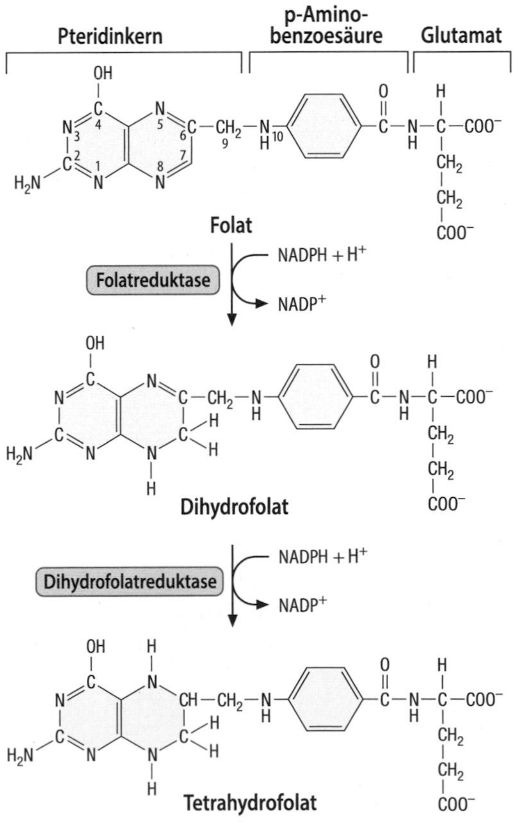

□ **Abb. 59.12** Die Bildung von Tetrahydrofolat aus Folat

verantwortlich. In der Nahrung vorhandenes Folsäuremonoglutamat, wie es z. B. in Leber oder Folsäuresupplementen vorkommt, ist daher besser resorbierbar. Im Plasma wird Folsäure durch Bindung an folsäurebindende Proteine transportiert. Die Aufnahme in periphere Zellen kann über den *reduced folate carrier* (RFC/SLC19A1) (◘ Tab. 59.2) erfolgen, der von einem Folatrezeptor, welcher mithilfe eines Glycosylphosphatidylinositol (GPI)-Ankers in die Plasmamembran integriert ist, unterstützt wird.

59.8.4 Biochemische Funktion

Die biologisch aktive Form der Folsäure ist die **Tetrahydrofolsäure (THF)**, die durch Reduktion der Folsäure zu Dihydrofolsäure und anschließend zu Tetrahydrofolsäure mithilfe der NADPH-abhängigen Folatreduktase bzw. Dihydrofolatreduktase entsteht (◘ Abb. 59.12). THF ist Coenzym für Übertragungen von **C1-Gruppen** (Methyl-, Hydroxymethyl-, Formyl-, Formiatreste). Träger der C1-Gruppen sind die **N-Atome** in Position 5 bzw. 10 des Pteroylrests (◘ Abb. 59.13). Durch Dehydrogenase- bzw. Isomerasereaktionen können die 1-Kohlenstoffreste ineinander überführt werden. ◘ Abb. 59.13 gibt gleichzeitig darüber Aufschluss, aus welchen Quellen die C1-Reste stammen und welche weiteren Reaktionsmöglichkeiten ihnen im Intermediärstoffwechsel zur Verfügung stehen.

Herkunft der C1-Gruppen   Folsäure übernimmt und überträgt C1-Gruppen unterschiedlicher Oxidationsstufen. Die höchste Oxidationsstufe hat Formiat, das als N^5-Formyl-, N^{10}-Formyl-, N^5-Formimino- oder N^5,N^{10}-Methenylrest an die Tetrahydrofolsäure gebunden ist. Die nächst niedrigere Oxidationsstufe ist die des Formaldehyds in N^5,N^{10}-Methylen-THF, die niedrigste ist die Stufe des Methanols in N^5-Methyl-THF. Formiat, falls vorhanden, kann ATP-abhängig über die Formyl-THF-Synthetase direkt an Tetrahydrofolsäure angelagert werden. N^5,N^{10}-Methylen-THF entsteht durch Übertragung des β-Kohlenstoffs des Serins als Hydroxymethylgruppe (▶ Abschn. 27.2.6). Sehr wahrscheinlich erfolgt zunächst eine Anlagerung der Hydroxymethylgruppe an N^5, gefolgt von einer intramolekularen Wasserabspaltung, sodass die reaktionsfreudige N^5,N^{10}-Methylenkonfiguration entsteht. In ähnlicher Weise werden die Methylgruppen von Methionin, Cholin und Thymin nach Oxidation zur Hydroxymethylgruppe in THF eingebaut. Die beim Histidinabbau entstehende Formiminogruppe von Formiminoglutamat wird als N^5-Formimino-THF eingebaut, zu N^5-Formyl-THF desaminiert und danach in N^5,N^{10}-Methylen-THF umgewandelt.

Schicksal der 1-Kohlenstoffreste N^{10}-Formyl-THF ist Kohlenstofflieferant für die C-Atome 2 und 8 des Purinkerns

(▶ Abschn. 29.1). N^5,N^{10}-Methylen-THF liefert den Kohlenstoff für die Methylgruppen von Thymin und Hydroxymethylcytosin sowie den β-Kohlenstoff des Serins bei der Umwandlung von Glycin in Serin (▶ Abschn. 27.2.6). In einer NADPH-abhängigen Reaktion wird N^5,N^{10}-Methylen-THF irreversibel durch die N^5,N^{10}-Methylen-THF-Reduktase (**MTHFR**) zu N^5-Methyl-THF reduziert. Die Methylgruppe von N^5-Methyl-THF wird für die Cholinbiosynthese benötigt und bei der Methioninbiosynthese auf Homocystein übertragen (▶ Abschn. 27.2.4). Letztere Reaktion ist Vitamin-B_{12}-abhängig. Methionin wird in S-Adenosylmethionin (SAM) eingebaut, als welches es wie THF als Methylgruppendonor fungiert. SAM hemmt die N^5,N^{10}-Methylen-THF-Reduktase. Bei Vitamin-B_{12}-Mangel kann N^5-Methyl-THF nicht zu THF demethyliert werden. Gleichzeitig wird wenig SAM gebildet, sodass eine Hemmung der N^5,N^{10}-Methylen-THF-Reduktase unterbleibt. Es kommt zu ungehinderter Synthese von N^5-Methyl-THF, das nicht weiter verstoffwechselt werden kann. So kann es trotz Folsäurezufuhr bei Vitamin-B_{12}-Mangel zu einem funktionellen Folsäuremangel kommen. Das Phänomen der Anhäufung von N^5-Methyl-THF nennt man auch »Methylfalle«.

59.8.5 Pathobiochemie

Hypovitaminose   Dass Folsäure essenziell für die Biosynthese von Purinen und Pyrimidinen ist, wird besonders beim **Wachstum** und bei der **Zellteilung** deutlich. Da die blutbildenden Zellen des Knochenmarks eine besonders hohe Teilungsrate haben, sind Störungen des Blutbilds ein frühes Zeichen des Folsäuremangels. Bei länger dauerndem Mangel kommt es zu einer generellen Störung des Zellstoffwechsels. Es ist nicht nur die Nucleinsäuresynthese, sondern auch der Phospholipidstoffwechsel (Cholinbiosynthese) und der Aminosäurestoffwechsel beeinträchtigt. Beim Menschen tritt ein im Blutbild nachweisbarer Folsäuremangel (megaloblastäre Anämie) dann auf, wenn über 6 Monate weniger als 5 µg Folsäure/Tag zugeführt werden. Eine gleichartige Symptomatik zeigt sich auch beim Cobalamin-(Vitamin B_{12})-Mangel (▶ Abschn. 59.9), die jedoch nur durch Gaben von Cobalamin und nicht durch Folsäure behoben werden kann. Deswegen sollte bei megaloblastären Anämien grundsätzlich der Folsäure- und der Cobalaminspiegel des Serums gemessen werden. Eine Behandlung dieser Anämien nur durch Folsäure würde die durch gleichzeitigen B_{12}-Mangel verursachten neurologischen Schäden irreversibel machen (▶ Abschn. 59.9). Im **Histidinbelastungstest** wird eine gesteigerte Ausscheidung von Formiminoglutaminsäure im Urin als Folge eines Folsäuremangels nachgewiesen (◘ Tab. 59.4).

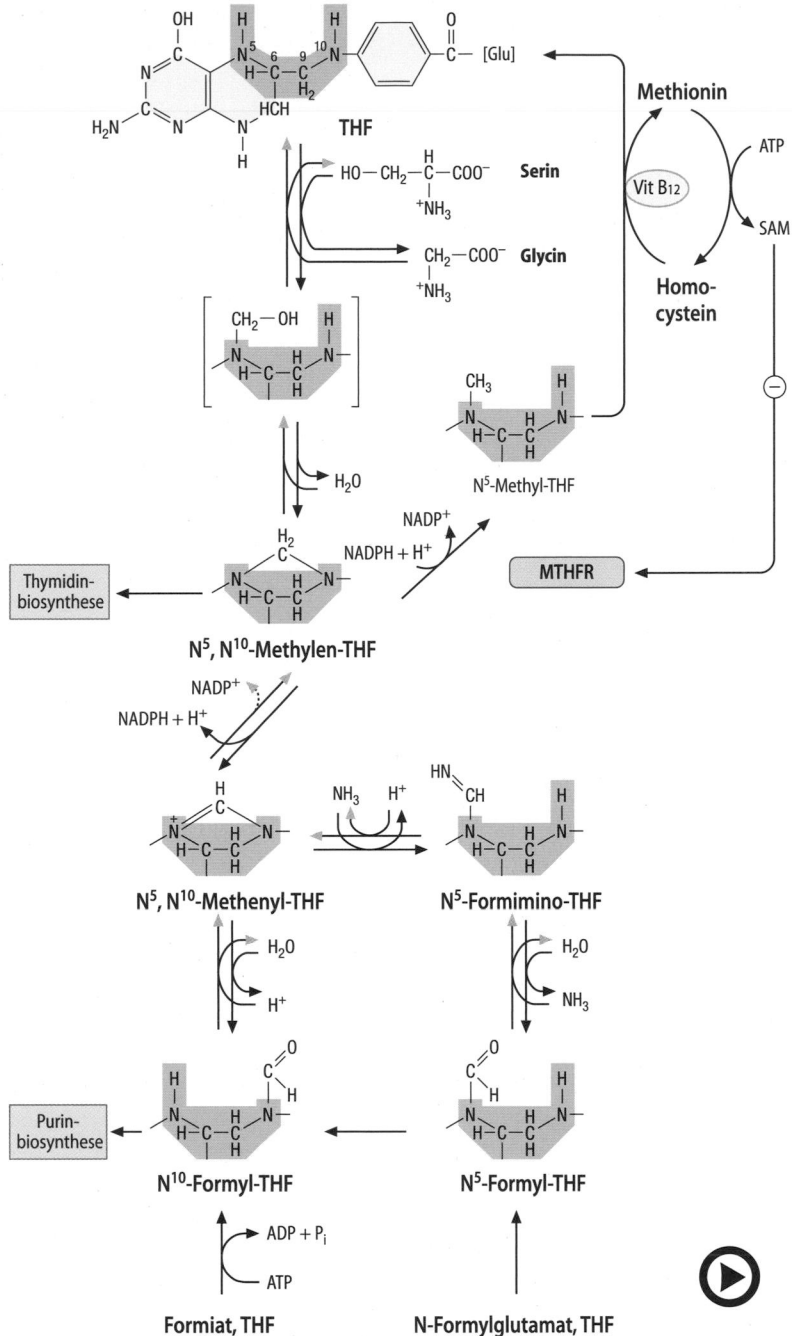

⬛ **Abb. 59.13** (Video 59.8) **Funktion der Tetrahydrofolsäure als Coenzym bei Übertragungen von C1-Resten.** (Einzelheiten s. Text). *THF*: Tetrahydrofolsäure; *MTHFR*: N^5, N^{10}-Methylen-THF-Reduktase (▶ https://doi.org/10.1007/000-5pz)

Medikamentös kann Folsäuremangel durch **Folsäureantagonisten** hervorgerufen werden. Durch Substitution der Hydroxylgruppe an Position 4 des Pteridinkerns der Folsäure durch eine Aminogruppe entsteht die 4-Aminofolsäure, das **Aminopterin**. Wird gleichzeitig an Stellung 10 methyliert, kommt man zum **Amethopterin/Methotrexat** (⬛ Abb. 31.1). Beide Verbindungen hemmen die **Dihydrofolatreduktase** und somit die Bildung von Tetrahydrofolat aus Folsäure. Deshalb werden

sie als Cytostatica bei diversen Karzinomen und Sarkomen verwendet (▶ Abschn. 31.1.2).

Die antibakterielle Wirkung von Sulfonamiden beruht auf der kompetitiven Hemmung des Einbaus von p-Aminobenzoesäure. Damit kommt die Folsäurebiosynthese pathogener Mikroorganismen zum Erliegen.

Folsäuremangel ist der am weitesten verbreitete Vitaminmangel in der westlichen Welt und hat in der Schwangerschaft Neuralrohrdefekte bei Neugeborenen zur Folge. Häufig kann der Bedarf der Schwangeren (■ Tab. 59.1) nicht durch die Nahrung gedeckt werden.

59.9 Vitamin B₁₂ – Cobalamin

> Vitamin B₁₂ (Cobalamin) wird für die intramolekulare Umlagerung von Alkylresten und die Methylierung von Homocystein benötigt.

59.9.1 Chemische Struktur

Der innere Teil des Cobalamin-(Vitamin B₁₂)-Moleküls (■ Abb. 59.14) besteht aus vier reduzierten und voll substituierten Pyrrolringen, die um ein zentrales Cobaltion gelagert sind, das koordinativ an die Stickstoffatome der Pyrrolringe gebunden ist (Corrin-Ringsystem). Cobalamin ist der einzige Naturstoff, in dem Cobalt (Name!) bisher nachgewiesen wurde. Im Gegensatz zu den ähnlich aufgebauten Porphyrinen (▶ Abschn. 32.1) sind zwei der Pyrrolringe (I und IV) direkt und nicht durch eine Methinbrücke verbunden.

Cobalamin enthält weiterhin ein 5,6-Dimethylbenzimidazolribonucleotid, das über Aminoisopropanol an eine Seitenkette des Rings IV gebunden ist. Von dort bildet es eine Brücke zur 5. Koordinationsstelle des Cobaltions. Die 6. Koordinationsstelle kann mit verschiedenen Liganden substituiert sein (■ Abb. 59.14). Im 5′-Desoxyadenosylcobalamin ist der 5′-Desoxyadenosylrest (Ado) covalent über das C5-Atom der Desoxyribose an das Cobalt gebunden. Auch die Bindung im Methylcobalamin ist covalent. Diese Co-C-Bindungen sind die einzigen bekannten Kohlenstoffmetallbindungen in der Biologie.

59.9.2 Vorkommen

Die besten Quellen für die Versorgung des Menschen mit Cobalamin sind tierische Lebensmittel. Nur Mikroorganismen, auch die Bakterien der Darmflora, können dieses Vitamin synthetisieren.

59.9.3 Stoffwechsel

In der Nahrung liegt Cobalamin in proteingebundener Form vor. Durch proteolytische Prozesse im Speichel, im Magen und vor allem im Duodenum wird es freigesetzt. Freies Cobalamin bindet schon im Speichel zum Schutz vor der Magensäure an Haptocorrin. Im Magen wird es an den von den Belegzellen der Magenschleimhaut gebildeten *intrinsic factor* (IF) gebunden. Der IF

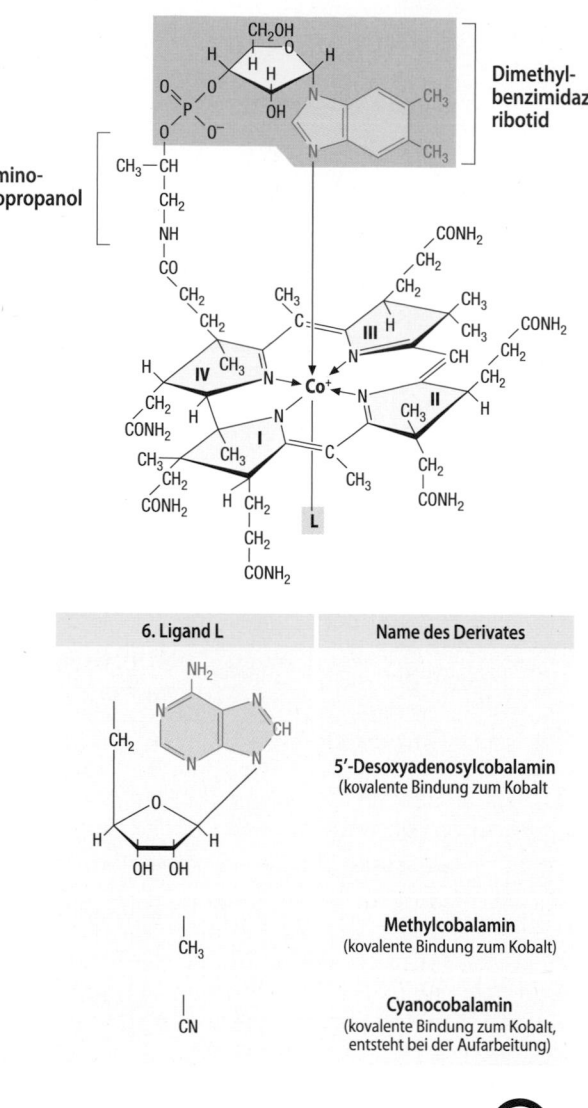

■ Abb. 59.14 (Video 59.9) Struktur von Cobalamin (Vitamin B₁₂) (▶ https://doi.org/10.1007/000-5q0)

weist einen hohen Neuraminsäuregehalt auf, der es vor dem Abbau durch Pankreasenzyme schützt. Haptocorrin wird im oberen Dünndarm abgebaut und B₁₂ an IF übergeben. Die Resorption des Cobalamins erfolgt erst im unteren Ileum über den Megalin-Cubilin/Amnionless-Rezeptorkomplex. Dieser endocytiert den Cobalamin/IF-Komplex. In Lysosomen erfolgt der proteolytische Abbau des IF. Freies Cobalamin wird in der Hydroxyform an **Transcobalamin II** gebunden, das Cobalamin im Blut transportiert. Periphere Zellen erkennen Transcobalamin II und endocytieren dieses zusammen mit Cobalamin über einen spezifischen Rezeptor, der in der Niere und wahrscheinlich auch in anderen Organen der Megalinrezeptor ist. Transcobalamin II wird lysosomal abgebaut. Das freigesetzte Cobalamin wird im Cytosol in Methylcobalamin oder in den Mitochondrien in 5′-Desoxyadenosylcobalamin umgewandelt.

59.9.4 Biochemische Funktion

In Abhängigkeit von der Natur des 6. Liganden (◘ Abb. 59.14) unterscheidet man zwei Coenzymformen des Cobalamins:

- 5′-Desoxyadenosylcobalamin (Adenosylcobalamin) und
- Methylcobalamin.

Die Biosynthese des 5′-Desoxyadenosylcobalamins erfolgt in einer zweistufigen Reaktion: Zuerst wird Cobalt durch ein NADPH-abhängiges Flavoenzym in die Oxidationsstufe I reduziert. Danach wird die aus ATP stammende 5′-Desoxyadenosylgruppe gebunden. Die drei Phosphatgruppen des ATP werden in Form von anorganischem Trimetaphosphat freigesetzt und Co wieder in die Oxidationsstufe III versetzt.

Bei Säugern sind nur zwei Vitamin-B_{12}-abhängige Reaktionen bekannt:

Die Methylmalonyl-CoA-Mutase enthält 5′-Desoxyadenosylcobalamin und isomerisiert beim Abbau ungeradzahliger Fettsäuren und einiger Aminosäuren Methylmalonyl-CoA zu Succinyl-CoA (► Abschn. 21.2, ◘ Abb. 21.9 und 27.21). Diese Reaktion erfolgt über einen Mechanismus, der die Bildung freier Radikale einschließt (◘ Abb. 59.15). Die Reaktion beginnt mit einer homolytischen Spaltung des 5′-Desoxyadenosylrests vom Cobalt mit der Oxidationsstufe 3$^+$ (Reaktion, Ziffer 1). Es entsteht Co^{2+} und ein 5′-Desoxyadenosylradikal (Ado•). Dieses abstrahiert ein H-Atom von der Methylgruppe des Methylmalonyl-CoA (Reaktion, Ziffer 2). Das entstehende Radikal greift das C-Atom der Thioestergruppe an, es entsteht ein intermediäres Radikal am Sauerstoff der Thioestergruppe (Reaktion, Ziffer 3). Die Bindung zwischen dem α- und β-C-Atom des Malonylteils löst sich, es entsteht das Succinylgerüst in radikalischer Form (Reaktion, Ziffer 4). Danach reagiert Adenosin mit dem Succinylradikal, wird selbst wieder zum Radikal und Succinyl-CoA wird freigesetzt (Reaktion, Ziffer 5). Das Ado-Radikal reagiert mit dem Co^{2+}, das Co^{3+}-Ado ist regeneriert und kann in einen neuen Zyklus eintreten. Die Rolle des 5′-Deoxyadenosylrests ist somit die eines Radikalgenerators in der Mutasereaktion. Bei Cobalaminmangel wird Methylmalonyl-CoA zu Methylmalonsäure hydrolysiert und über die Nieren ausgeschieden. Die erhöhte Ausscheidung dieser Säure ist deshalb ein empfindlicher Indikator eines Cobalaminmangels (◘ Tab. 59.4).

Methylcobalamin ist an der folatabhängigen **Remethylierung** von Homocystein zu Methionin (Verknüpfung

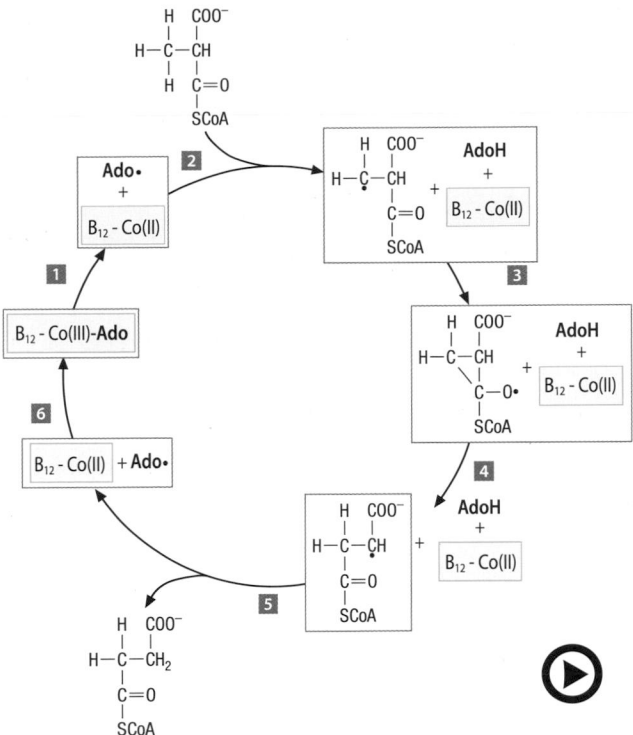

◘ **Abb. 59.15** (Video 59.10) **Postulierter radikalischer Mechanismus der Vitamin-B_{12}-katalysierten Methylmalonyl-CoA-Isomerisierung in der Methylmalonyl-CoA-Mutasereaktion.** Co^{3+}-Ado: 5′-Desoxyadenosylcobalamin; Ado: 5′-Desoxyadenosylrest. (Einzelheiten s. Text) (► https://doi.org/10.1007/000-5q1)

von Folat- und Cobalaminstoffwechsel! ► Abschn. 59.8 Folsäure), beteiligt.

59.9.5 Pathobiochemie

Länger dauernder Cobalaminmangel führt zu **perniziöser** oder **megaloblastärer Anämie**. Der Mangelzustand wird dabei seltener durch einseitige Ernährung (wobei Veganer eher betroffen sind als Vegetarier) ausgelöst. Seine häufigsten Ursachen sind eine verminderte Resorption bei Erkrankungen der Dünndarmmucosa (z. B. Sprue) oder eine fehlende oder mangelhafte Sekretion des für die Resorption unerlässlichen *intrinsic factor*. Diese kommt bei Erkrankungen der Magenschleimhaut, nach Gastrektomie und in Folge spezifischer Autoimmunerkrankungen vor.

Auch hereditäre Störungen des Cobalamintransports und seines intrazellulären Stoffwechsels führen zur Symptomatik der perniziösen Anämie. Die Störungen können alle Stufen des Cobalaminstoffwechsels betreffen.

Eine weitere Ursache eines B_{12}-Mangels kann eine länger andauernde Einnahme von Hemmern von Protonenpumpen sein. Diese blockieren die Belegzellen im Magen, die nicht nur die Magensäure produzieren, sondern auch den *intrinsic factor*. Somit kann B_{12} nicht mehr effizient aufgenommen werden.

Da die Leber beträchtliche Mengen an Cobalamin speichern kann, vergehen meist Jahre bis zur Manifestation des Krankheitsbildes. Hauptsymptome sind Störungen der Erythropoiese und eine Leuko- und Thrombocytopenie. In vielen Fällen treten **neurologische** Störungen des peripheren und zentralen Nervensystems vor den hämatologischen Veränderungen auf. Es kommt zu funikulärer Myelose, einer herdförmigen Entmarkung der Hinterstrang- und Pyramidenbahnen mit ataktisch spastischen Störungen und zu ähnlichen Polyneuropathien an peripheren Nerven. Diese Symptome sind durch die Störung im Folsäuremetabolismus, die eine Verminderung der Cholin- und damit Phospholipidsynthese sowie eine Verminderung der Nucleinsäurebiosynthese zur Folge hat, zu erklären. Zum Nachweis eines Vitamin-B_{12}-Mangels s. ◘ Tab. 59.4.

59.10 Biochemischer Nachweis von Mangelzuständen wasserlöslicher Vitamine

Wie in den vorausgegangenen Kapiteln beschrieben, kann der Status mancher wasserlöslicher Vitamine (◘ Tab. 59.4) über ihre Funktion als Cofaktor bei von ihnen abhängigen Enzymen bestimmt werden. Hierzu dienen Belastungstests, bei denen Intermediate akkumulieren. Bei Vitamin-C-Mangel akkumuliert 1-Hydroxyphenylpyruvat wegen der verminderten Aktivität der entsprechenden Dehydrogenase, bei Pyridoxinmangel u. a. 3-Hydroxykynurenin wegen der verminderten Aktivität der Kynureninase, bei Folsäuremangel Formiminoglutamat wegen der verminderten Aktivität der Glutamat-Formiminotransferase. Eine Aktivierung von in Erythrocyten lokalisierten Enzymen nach Zusatz des entsprechenden Coenzyms kann auf einen Mangel hindeuten. Eine Steigerung der erythrocytären Transketolaseaktivität (ETKA) um mehr als 15 % nach Thiaminzusatz kann auf Thiaminmangel hindeuten. Die Steigerung der erythrocytären Glutathionreduktaseaktivität (EGRA) nach Zusatz von Riboflavin sollte weniger als 20 % sein. Bei Cobalaminmangel kann die Isomerisierung der Methylmalonsäure nicht stattfinden, deshalb wird sie vermehrt ausgeschieden.

Zusammenfassung
Die neun wasserlöslichen Vitamine sind wie die vier fettlöslichen essenzielle Nahrungsbestandteile. Die intestinale Absorption der wasserlöslichen Vitamine erfolgt über spezifische Transporter. Hypovitaminosen bzw. Avitaminosen führen zu oft schweren Krankheitsbildern mit meist unspezifischer Symptomatik. Hypervitaminosen sind bei den wasserlöslichen Vitaminen lediglich für Vitamin B_6 beschrieben worden und werden meist durch zu hohe Supplementierung ausgelöst. Mit Ausnahme von Ascorbinsäure und Thiamin werden alle wasserlöslichen Vitamine nach Überführung in die jeweils biologisch aktive Form als direkt oder indirekt gruppenübertragende Coenzyme verwendet. Übertragene Gruppen sind:
- Wasserstoff (Niacin und Riboflavin),
- CO_2 (Biotin),
- Acylreste (Pantothensäure)
- C1-Gruppen (Folsäure, Vitamin B_{12}),
- Aminogruppen (Pyridoxal).

Die übertragenen Gruppen modifizieren direkt oder indirekt Proteine oder DNA, was einen erheblichen Beitrag zur Regulation zellulärer Prozesse liefert:
- Folsäure: DNA-Methylierung (Genaktivität),
- Niacin: ADP-Ribosylierung (DNA-Reparatur),
- Pantothensäure: Histonacetylierung (Genaktivität).

Thiamin ist als Coenzym an der oxidativen Decarboxylierung von α-Ketosäuren beteiligt. Ascorbinsäure ist ein effizientes Reduktionsmittel und hält Eisen- bzw. Kupferionen in Enzymen in der für die Katalyse notwendigen reduzierten Form.

Durch die Coenzymfunktion vieler Vitamine verlieren die betroffenen Enzyme bei Mangel des entsprechenden Vitamins an Aktivität. Deshalb kann bei Verdacht auf einen bestimmten Vitamin-Mangel die Enzymaktivität selbst oder die Ausscheidung nicht umgesetzter Substrate im Urin Aufschluss geben.

Weiterführende Literatur

Eliot AC, Kirsch JF (2004) Pyridoxal phosphate enzymes: mechanistic, structural, and evolutionary considerations. Annu Rev Biochem 73:383–415

Hausinger RP (2004) FeII/alpha-ketoglutarate-dependent hydroxylases and related enzymes. Crit Rev Biochem Mol Biol 39:21–68

Kirkland JB (2009) Niacin status impacts chromatin structure. J Nutr 139:2397–2401

Lonsdale D (2006) A review of the biochemistry, metabolism and clinical benefits of thiamin(e) and its derivatives. Evid Based Complement Alternat Med 3:49–59

Moestrup SK (2006) New insights into carrier binding and epithelial uptake of the erythropoietic nutrients cobalamin and folate. Curr Opin Hematol 13:119–123

Surjana D, Halliday GM, Damian DL (2010) Role of nicotinamide in DNA damage, mutagenesis, and DNA repair. J Nucleic Acids:13. https://doi.org/10.4061/2010/157591

Warren MJ, Raux E, Schubert HL, Escalante-Semerena JC (2002) The biosynthesis of adenosylcobalamin (vitamin B12). Nat Prod Rep 19:390–412

Spurenelemente

Martina U. Muckenthaler und Petro E. Petrides

Viele Elemente kommen in Geweben in so geringen Konzentrationen vor (1×10^{-6} bis 10^{-12} g/g Feuchtgewicht des Organs), dass es mit den früher verfügbaren analytischen Methoden unmöglich war, ihre Konzentration zu bestimmen. Man sagte deshalb, dass sie in Spuren vorkommen und bezeichnete sie demzufolge als Spurenelemente. Die systematische Einteilung der Spurenelemente ist mit erheblichen Schwierigkeiten verbunden, da ihre einzige Gemeinsamkeit darin besteht, dass sie in Zellen von Mikroorganismen, Pflanzen und Tieren in geringen Konzentrationen vorkommen. Die Höhe der Konzentration unterscheidet sich ganz erheblich von Element zu Element, von Spezies zu Spezies und von Organ zu Organ. So benötigen Säugetiere beispielsweise sehr viel mehr Zink und Kupfer als Iod und Selen, und in tierischen Zellen sind die Konzentrationen von Zink und Eisen sehr viel höher als die von Mangan und Cobalt. Einige offenbar nicht lebensnotwendige Spurenelemente kommen in Blut und Geweben des Organismus in Konzentrationen vor, die höher sind als die der essenziellen Spurenelemente.

Schwerpunkte

60.1 Allgemeine Grundlagen
- Essenzielle, möglicherweise essenzielle und nicht-essenzielle Spurenelemente
- Wirkungsweise und klinische Bedeutung von Spurenelementen

60.2 Die einzelnen Spurenelemente
- Eisen
- Kupfer
- Molybdän
- Cobalt
- Zink
- Mangan
- Fluorid
- Iod
- Chrom
- Selen

60.1 Allgemeine Grundlagen

60.1.1 Einteilung der Spurenelemente

> Spurenelemente werden nach ihrer Lebensnotwendigkeit eingeteilt.

Die Spurenelemente können nach ihrer Lebensnotwendigkeit in drei Gruppen eingeteilt werden (◻ Tab. 60.1):
- Die essenziellen,
- die möglicherweise essenziellen und
- die nichtessenziellen Spurenelemente.

10 Spurenelemente werden als lebensnotwendig bezeichnet (◻ Tab. 2.1, ◻ Tab. 60.1). Interessanterweise gehören sie mit wenigen Ausnahmen zu den Metallen, was für Überlegungen zu ihrer Funktion von Bedeutung ist (▶ Abschn. 60.1.2).

Es ist häufig schwierig, experimentell festzustellen, ob ein Spurenelement essenziell ist oder nicht. Oft reichen schon die geringsten Mengen des jeweiligen Elements aus, um Mangelerscheinungen des Organismus zu verhindern. Versuchstiere werden zu diesem Zweck in einer Umgebung gehalten, die eine Kontamination mit Spurenelementen verhindert. Man verwendet dazu Isolatoren mit Acrylkäfigen, da Plastikmaterial die in ihm enthaltenen Spurenelemente viel schlechter abgibt als z. B. Gummi, Glas oder Metalle. Die im Luftstaub enthaltenen Spurenelemente werden durch starke Luftfilter entfernt. Die Tiere erhalten eine Nahrung, die aus chemisch reinen Aminosäuren (statt Proteinen, die oft Spurenelemente in fester Bindung enthalten) und anderen Stoffen besteht und der ein bestimmtes Spurenelement fehlt. Ist dieses Element lebensnotwendig, so treten **Wachstums- und andere Störungen** auf, die sich durch eine normale Nahrung wieder beheben lassen.

◻ Abb. 60.1 (*unterer Teil*) zeigt eine Ratte, die 20 Tage in einem Isolator eine fluor-, zinn- und vanadiumfreie Nahrung erhielt. Die Ratte im oberen Teil der Abbildung erhielt zwar dieselbe Nahrung, wurde jedoch in

© Springer-Verlag GmbH Deutschland, ein Teil von Springer Nature 2022
P. C. Heinrich et al. (Hrsg.), *Löffler/Petrides Biochemie und Pathobiochemie*, https://doi.org/10.1007/978-3-662-60266-9_60

⬛ Tab. 60.1 Die Spurenelemente (in Klammern die Atomgewichte zur Umrechnung in molare Einheiten)		
	Gesamtbestand des 70 kg schweren Erwachsenen (g)	**Plasmaspiegel (mmol/l)**
Essenziell		
Eisen (56)	4–5	13–22
Kupfer (64)	0,04–0,08	13–23
Zink (65)	2–4	15–20
Molybdän (96)	–	0,16
Cobalt (59)	0,0011	–
Iod (127)	0,01–0,02	0,006–0,047
Chrom (52)	-	–
Mangan (55)	0,012–0,020	0,27
Fluor (19)	-	-
Selen (79)	0,030	-
Möglicherweise essenziell		**Nichtessenziell**
Zinn (119)		Antimon (122)
Vanadium (51)		Blei (207)
Nickel (59)		Quecksilber (201)
Brom (80)		
Arsen (75)		
Cadmium (112)		
Barium (137)		
Strontium (88)		
Silicium (28)		
Aluminium (27)		

60

⬛ **Abb. 60.1 Spurenelementmangel.** Die Ratte im unteren Teil wurde 20 Tage in einem Spurenelementisolator gehalten, das gesunde Tier im oberen Teil erhielt dieselbe Nahrung, wurde jedoch unter normalen Bedingungen gehalten. (Aufnahme von K. Schwarz, Long Beach)

einem normalen Käfig gehalten. Offensichtlich genügen die in Staub und anderen Verunreinigungen enthaltenen Mengen dieser Spurenelemente, um einen Mangelzustand völlig zu verhindern. Welche biochemischen Veränderungen bei einem Spurenelementmangel zu den Wachstumsstörungen führen, ist nur unzureichend bekannt. Ein Teil der nichtessenziellen Spurenelemente wirkt schon in relativ niedrigen Konzentrationen toxisch (Blei und Quecksilber). Für die anderen Spurenelemente gilt, was **Theophrastus Paracelsus** vor 500 Jahren formulierte:

„Was ist das nit gifft ist? Alle ding sind gifft/und nichts ohn gifft/allein die dosis macht das ein ding kein gifft ist", d. h. alle essenziellen Spurenelemente können **toxisch** sein, wenn sie über einen bestimmten Zeitraum in hohen Konzentrationen verabreicht werden. Während einige Spurenelemente für alle Lebewesen essenziell sind (wie z. B. Eisen), sind andere nur für bestimmte

Gruppen von Lebewesen lebensnotwendig. So wird von den meisten Pflanzen kein Iod benötigt, Tiere hingegen benötigen kein Bor.

60.1.2 Wirkungsweise der Spurenelemente

❯ Spurenelemente sind an katalytischen Vorgängen beteiligt.

Die geringe Konzentration der Spurenelemente in der Zelle deutet darauf hin, dass sie an katalytischen Vorgängen beteiligt sind. So wirken die meisten Spurenelemente – die bis auf Iod und Bor Metalle sind – vorwiegend bei der Enzymkatalyse. Nahezu 30 % aller Enzyme

und alle Ribozyme (RNA-Enzyme ▶ Abschn. 46.1), können in zwei Gruppen eingeteilt werden:
– die **Metallenzyme** und
– die **metallaktivierten Enzyme** (▶ Abschn. 7.4)

Metallenzyme Bei den Metallenzymen sind die Metallionen fest an bestimmte Stellen des Enzymproteins gebunden, sodass jedes Enzymmolekül eine bestimmte Anzahl von Metallionen besitzt. Diese können nur unter Verlust der katalytischen Aktivität des Enzyms entfernt werden. Unter günstigen Umständen kann die Aktivität des metallfreien Proteins (Apoenzyms) durch Zufügung des ursprünglichen Metallions wiederhergestellt werden. Von einigen seltenen Ausnahmen abgesehen, führt die Hinzufügung eines anderen Metalls nicht zur Wiederherstellung der enzymatischen Aktivität. Die Wechselwirkung zwischen dem jeweiligen Metall und dem Apoenzym muss demzufolge hochspezifisch sein. Metallenzyme enthalten häufig Übergangsmetalle wie Fe^{3+}, Fe^{2+}, Cu^{2+}, Zn^{2+} oder Mn^{2+}. Für bestimmte Reaktionstypen werden häufig spezifische Metallionen benutzt, so
– Cu^{2+} bei Oxidasen,
– Zn^{2+} bei mehreren Dehydrogenasen und Hydrolasen,
– Fe^{3+}/Fe^{2+} bei einer Reihe Elektronen-übertragender Enzyme und Oxygenasen.

Metallaktivierte Enzyme Die zweite Enzymgruppe, die Metallionen benötigt, wird von den metallaktivierten Enzymen gebildet. Bei ihnen ist das Metall nur locker an das Protein gebunden, auch hier ist es jedoch wichtig für die volle enzymatische Aktivität. Bei dieser Enzymgruppe kann das Metall bei der chemischen Reindarstellung vom Protein abgetrennt werden, ohne dass das metallfreie Protein seine Aktivität vollständig verliert. Diese weniger enge Bindung lässt vermuten, dass die Beteiligung des Metallions für die Aktivität des Enzymproteins von geringerer Bedeutung ist. Trotzdem weisen auch Enzymproteine dieses Typs eine hohe Spezifität für das betreffende Metallion auf. Zu den Metallen, die Enzyme aktivieren, gehören die Spurenelemente Eisen, Kupfer, Zink, Mangan, Molybdän und Cobalt sowie die Erdalkalimetalle Magnesium und Calcium und die Alkalimetalle Natrium und Kalium.

❯ Metalle können in Proteinen strukturgebende Funktionen ausüben.

Außer ihrer katalytischen Funktion sind Metalle für eine Reihe von Proteinen zur Ausbildung der korrekten dreidimensionalen Struktur notwendig. Bekannte Beispiele sind die als Transkriptionsfaktoren wirkenden Zinkfingerproteine (▶ Abschn. 47.2.2, ◘ Abb. 47.6), oder das Calmodulin, welches nach Bindung von Calcium als Untereinheit der Phosphorylasekinase (▶ Abschn. 35.3.3) wirkt.

❯ Metalloproteine dienen dem Transport oder der Speicherung von Metallen

Spurenelemente können ihre Funktionen nur in Form der entsprechenden Ionen wahrnehmen. In freier Form sind diese jedoch häufig toxisch, da sie z. B. als Eisen- oder Kupferionen die Bildung reaktiver Sauerstoffspezies (▶ Abschn. 20.2) fördern. Es gibt infolgedessen eine große Zahl von Proteinen, deren Funktion der Transport oder die Speicherung von Metallionen ist. Beispiele sind für den Eisenstoffwechsel das Transferrin für den extrazellulären Transport oder das Ferritin für die intrazelluläre Speicherung (▶ Abschn. 60.2.1). Für den intrazellulären Transport zwischen einzelnen Kompartimenten dienen die sog. Metallochaperone, zu denen die verschiedenen Kupferchaperone, aber auch das für den mitochondrialen Eisentransport benötigte Frataxin gehören.

❯ Transportproteine regulieren die Verteilung von Spurenelementen im Organismus.

In den letzten Jahren sind zunehmend Familien membranärer Transportproteine (SLC = *solute carrier*-Transporter, ▶ Abschn. 11.5) identifiziert worden, die die Verteilung von Spurenelementen im Intra- und Extrazellulärraum bestimmen: Sie vermitteln zwischen einzelnen Kompartimenten der Zelle und kommen häufig in Isoformen vor, die unter der Kontrolle verschiedener Regulatoren stehen. Mutationen in den verantwortlichen Genen führen zu **Transportopathien**, die häufig mit Akkumulation und konsekutiver Zellschädigung durch das betroffene Spurenelement verbunden sind.

60.1.3 Klinische Bedeutung der Spurenelemente

❯ Der Mangel an Spurenelementen schädigt den Organismus.

Unzureichende Zufuhr von Spurenelementen verursacht Mangelzustände, so z. B. die Iodmangelstruma (Kropf in Iodmangelgebieten; ▶ Abschn. 41.4.2) oder die Eisenmangelanämie. Fluor beispielsweise wird therapeutisch zur Bekämpfung der Karies eingesetzt. Insbesondere in Gebieten, in denen Menschen an Protein- und Energiemangelernährung leiden, treten fast immer auch Spurenelementmangelzustände auf. Auch bei der Ernährung des kranken Menschen, z. B. auf parenteralem Weg oder mit speziellen Diäten bei genetischen Stoffwechseldefekten, muss die ausreichende Versorgung mit Spurenelementen gesichert sein. Außerdem reduziert nach einer Reihe **epi-**

demiologischer Studien der Zusatz von Spurenelementen wie Selen zur Nahrung oder im Trinkwasser die Häufigkeit verschiedener Krankheiten (z. B. Krebserkrankungen und kardiovaskuläre Schäden).

> Spurenelemente schädigen bei Kumulation den Organismus.

Auf der anderen Seite wirken einige Spurenelemente bereits in geringen Mengen toxisch. Werden Eisen bzw. Kupfer aufgrund **angeborener genetischer Veränderungen** vermehrt aufgenommen bzw. nicht ausreichend ausgeschieden, kommt es zur Ablagerung dieser Spurenelemente mit konsekutiver Schädigung der Zelle.

Da Spurenelemente als Abfall industrieller Produktionsprozesse auftreten, besteht bei unzureichenden Vorsichtsmaßnahmen die Gefahr einer Umweltbelastung. So starben Hunderte von Japanern an der Itai-Itai-Krankheit, einer Vergiftung durch Cadmium, welches in den Abwässern einer Zinkraffinerie enthalten war, die zur Bewässerung von Reisfeldern verwendet wurden.

Zusammenfassung

- Obwohl Spurenelemente nur in extrem geringen Mengen im Organismus (etwa 0,015 % des Gesamtkörpergewichtes) vorkommen, sind sie für die Aufrechterhaltung der Gesundheit von enormer Bedeutung.
- Diese geringen Mengen – von einigen Gramm bis zu weniger als 100 mg – deuten darauf hin, dass die Elemente an Katalysen von Protein- und RNA-Enzymen beteiligt sind.
- 10 Spurenelemente sind essenziell, bei weiteren 10 ist dies noch nicht endgültig gesichert.
- Erworbene Mangelzustände von Spurenelementen (Eisen, Iod) – bedingt durch unzureichende Nahrungszufuhr, reduzierte Bioverfügbarkeit oder vermehrten Verlust – verursachen Krankheiten (Anämie, Struma).
- Die genetisch bedingte gesteigerte intestinale Resorption (Eisen) oder mangelnde Ausscheidung (Kupfer) führt zur Akkumulation und damit zu schweren Zellschäden (Transportopathien).

60.2 Die einzelnen Spurenelemente

60.2.1 Eisen

> Eisen ist an Redoxreaktionen beteiligt.

Eisen ist das vierthäufigste aller Elemente und das häufigste Übergangsmetall auf der Erdoberfläche und in lebenden Organismen. Es nimmt an Redoxreaktionen durch Elektronenübergänge zwischen seiner oxidierten Fe^{3+} und reduzierten Fe^{2+}-Form teil. In der Natur tritt es vorzugsweise als Fe^{3+} auf, welches allerdings bei neutralem pH-Wert in Wasser praktisch nicht löslich ist. Für Aufnahme und Stoffwechsel des Eisens haben sich deshalb in allen Organismen komplexe Redox- und Transportsysteme entwickelt, durch die Eisen immer in gebundener Form vorliegt. Bei einem Eisenüberschuss entstehendes **freies Eisen** ist durch seine Neigung zu Redoxreaktionen toxisch: Fe^{2+} reagiert in der sog. Fenton-Reaktion mit H_2O_2 unter Bildung von Fe^{3+} und hochreaktiven **Hydroxylradikalen** (▶ Abschn. 20.2). Diese können Membranlipide, Proteine oder Nucleinsäuren schädigen und so eine neu entdeckte Form des Zelltodes auslösen, die **Ferroptose** (▶ Abschn. 51.1).

Seit Beginn dieses Jahrtausends sind eine Reihe von neuen Genen und die dazugehörigen Proteine identifiziert worden, die den Zugang zum Verständnis der molekularen Grundlagen des Eisenstoffwechsels erlauben. Da die Funktion einzelner Proteine und vor allem auch die Wechselwirkungen zwischen ihnen noch nicht vollständig bekannt sind, sind die Vorstellungen von den molekularen Vorgängen des Eisenstoffwechsels noch stetigen Änderungen unterworfen.

> In Proteinen wirkt Eisen als Sauerstoff- oder Elektronentransporteur.

Eisen kann entweder über ein Porphyringerüst (Häm[o]-Proteine) oder als Nicht-Häm-Eisen, meist in Form von Eisen-Schwefelzentren (◉ Abb. 19.8) an das Protein gebunden werden.

Während Metallionen normalerweise mit Anionen reagieren können, weist Eisen wie auch Kupfer die Besonderheit auf, dass es auch mit neutralen Molekülen wie Sauerstoff reagiert. Eisen ist deshalb Bestandteil des Hämoglobins, des für den Sauerstofftransport im Blut verantwortlichen Proteins (▶ Abschn. 68.2.3).

- In den **Häm-Proteinen** wird die Funktion des Häm-Gerüsts durch die Struktur des Proteins determiniert, in das es eingebaut ist: im **Hämoglobin** ist das Eisenporphyrin auf einer Seite des Gerüsts an Histidin gebunden, auf der anderen Seite bindet es molekularen Sauerstoff (◉ Abb. 68.4). Im **Cytochrom c** bindet es an Cystein und Methionin (▶ Abschn. 19.1.2) und wirkt als Elektronentransporteur. Im **Cytochrom P450** bindet es zum einen Cystein, zum anderen Sauerstoff, der zur Hydroxylierung der jeweiligen Substrate verwendet wird (▶ Abschn. 62.3)
- Bei den **Nicht-Häm-Eisen-Proteinen** werden z. B. mehrere über Sulfidbrücken zusammengehaltene Eisenatome mit Cysteinresten des Proteins verbunden (z. B. Eisen-Schwefelzentren der Atmungskette (◉ Abb. 19.8). Einen Sonderfall stellt das **eisenregu-**

latorische Protein (IRP1)** dar. Bei zellulärem Eisenmangel ist es ein mRNA-bindendes Protein, das die **Translation einer Reihe eisenabhängiger Proteine** beeinflusst. Ist die Zelle dagegen ausreichend mit Eisen versorgt, so nimmt das eisenregulatorische Protein ein Eisen-Schwefelzentrum auf. Dies geht mit dem Verlust seiner Fähigkeit einher, spezifische mRNA-Sequenzen zu binden. Stattdessen gewinnt das Protein Aconitase-Aktivität (▶ Abschn. 18.2).

❯ Hämoglobin enthält fast zwei Drittel des Körpereisenbestandes.

Das Gesamtkörpereisen beträgt beim gesunden Menschen etwa 3000–5000 mg (54–90 mmol) bzw. 45 bis 60 mg (0,81–1,08 mmol)/kg Körpergewicht und ist – wie ◻ Tab. 60.2 zeigt – auf verschiedene Fraktionen (Funktions-, Transport- und Depoteisen) verteilt. Etwa 65 % sind im **Hämoglobin** gebunden, 4,5 % im Myoglobin und 2 % in Enzymen, die mit molekularem Sauerstoff (Cytochrom a/a$_3$, Dioxygenasen, Hydroxylasen, NO-Synthase) oder H_2O_2 (Peroxidasen, Katalasen) arbeiten und in allen Geweben vorkommen. Rund 10 % des Eisens liegen in einer Form vor, bei der das Eisen nicht in einem Porphyringerüst, sondern direkt an die Peptidkette gebunden ist. Dies ist z. B. in dem Enzym **Ribonucleotid-Reduktase** (das Ribonucleotide in Desoxyribonucleotide umwandelt, ▶ Abschn. 30.2) der Fall, was die Bedeutung von Eisen für die **Zellproliferation** erklärt.

◻ **Tab. 60.2** Absolute und relative Konzentrationen der Häm-Eisen- und der Nicht-Häm-Eisen enthaltenden Eisenverbindungen bei Männern und Frauen mit optimalem Gesamtkörper-Eisenpool

Männer (70 kg)		Fe-haltige Fraktion	Frauen vor der Menopause (60 kg)	
mg	% des Pools		mg	% des Pools
2800	66,1	Hämoglobin-Fe	2180	62,3
200	4,7	Myoglobin-Fe	150	4,2
10	0,2	Cytochrome, Katalasen, Peroxidasen	5	0,2
420	10	Nicht-Häm-Eisen	360	10,3
10	0,2	Transport-Fe (Transferrin)	5	0,2
800	18,8	Depot-Fe (Ferritin, Hämosiderin)	800	22,8
4240	100	Gesamtkörper-Fe-Pool	3500	100

Im Blutplasma erfolgt der Eisentransport in – nicht reaktiver – Bindung an das Protein **Transferrin**, in Geweben wird Eisen im Speicherprotein **Ferritin** und im **Hämosiderin** gebunden.

❯ Die molekularen Grundlagen der Eisenresorption im Dünndarm werden zunehmend besser bekannt.

Die Eisenresorption stellt einen komplexen Mehrschrittprozess dar, an dem verschiedene Proteine beteiligt sind. Vom Darmlumen muss Eisen die apikalen und basolateralen Membranen der **Dünndarm-Mucosazellen** passieren, um in das Blut zu gelangen. Dabei ist die Aufnahme im Duodenum am stärksten und nimmt Richtung Ileum kontinuierlich ab. Von dem mit der Nahrung zugeführten Eisen werden etwa 10 % resorbiert, der Prozentsatz steigt mit der Höhe des Eisenbedarfs des Organismus bis auf 40 % an. Der Großteil des Eisens in der Nahrung liegt als **dreiwertiges anorganisches Eisenion** (z. B. in Gemüse oder Getreide) oder als dreiwertige organische Eisenverbindung (Häm-Eisen, z. B. in rotem Fleisch) vor. Im sauren Milieu des Magens werden diese Verbindungen in freie Eisenionen und locker gebundenes organisches Eisen gespalten. Für die Aufspaltung sind sowohl die Magensalzsäure als auch organische Säuren (in Nahrungsmitteln und Verdauungssäften) von Bedeutung. Reduzierende Substanzen in Nahrungsmitteln, wie Sulfhydrylgruppen-enthaltende Aminosäuren (Cystein in Proteinen) oder vor allem Ascorbinsäure (z. B. in Fruchtsäften) sowie eine mit der Mucosaoberfläche assoziierte **Ferrireduktase** (auch als Dcytb für duodenales Cytochrom b bezeichnet) wandeln dreiwertiges Eisen in die **zweiwertige Form** um, in der es besser löslich und damit besser resorbierbar ist. Die Resorption des mit der Nahrung angebotenen anorganischen Eisens läuft in **drei Phasen** ab:
- **Import** aus dem Darmlumen in die Mucosazelle (luminaler Transfer),
- proteinvermittelter **transzellulärer Transport** und
- **Export** an das Eisentransportsystem im Blutplasma (basolateraler Transfer).

Da einmal in den Körper aufgenommenes Eisen nicht mehr kontrolliert ausgeschieden werden kann, muss die Eisenaufnahme in die Mucosazelle streng kontrolliert werden. An der apikalen Membran wird Eisen über den Transmembrantransporter für zweiwertige Metalle **DMT1** (Divalenter Metall-Transporter 1, auch als NRAMP-2 oder *natural resistance associated macrophage protein*-2 bzw. SLC11A2 bezeichnet) aufgenommen. Dieser transportiert neben Eisen auch andere **zweiwertige** Metalle wie Mangan, Cobalt, Kupfer, Cadmium und Blei (◻ Abb. 60.2). Die Bedeutung von DMT1 wird u. a. durch seltene, im Menschen vorkommende Mutationen belegt, die zu einer Eisenmangelanämie führen.

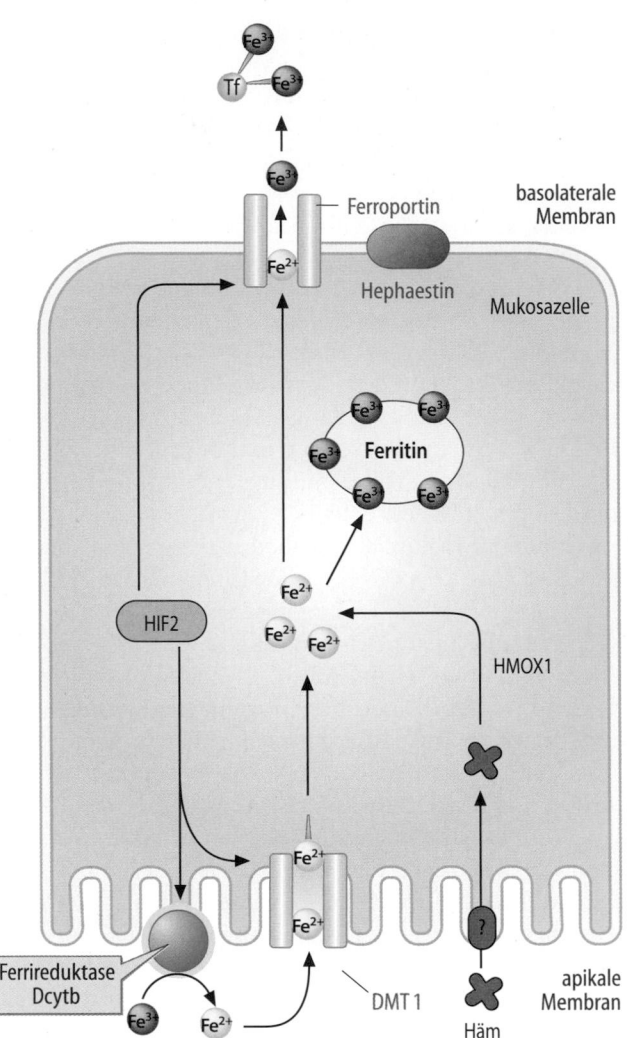

Fe^{3+} oxidiert. Fe^{3+} wird dann auf das Eisentransport-protein des Plasmas, **Transferrin**, übertragen und mit diesem über die Pfortader in die Leber transportiert. Die Menge des in der Membran der Mucosazelle vorhandenen Ferroportins bestimmt das Schicksal des Eisens: bei hohem Gehalt an Ferroportin wird Eisen in das Pfortaderblut abgegeben, bei niedrigem Ferroportingehalt verbleibt es in der Mucosazelle und geht mit ihr im Stuhl verloren.

Ferroportin ist der einzige Eisentransporter, der für den zellulären **Eisenexport** verwendet wird. Er wird daher außer in den Zellen der intestinalen Mucosa v. a. in eisenspeichernden Zellen exprimiert, z. B. in Makrophagen oder Hepatocyten. Während die intestinale Eisenresorption von Nicht-Häm-gebundenem Eisen recht gut verstanden ist, konnte der Resorptionsmechanismus für Häm-gebundenes Eisen bisher nicht identifiziert werden. In die Zelle aufgenommenes **Häm-Eisen** wird jedoch durch die Häm-Oxygenase (▶ Abschn. 32.2) aus dem Porphyringerüst freigesetzt, um dann ähnlich wie das Nicht-Häm-gebundene Eisen dem Körper zur Verfügung gestellt zu werden.

❯ Die Eisenresorption wird durch die veränderte Expression von Proteinen der Dünndarmmucosa reguliert.

Bei einem nahrungsbedingten Eisenmangel kommt es zu einer Stimulation der Expression der Gene für DMT1, Dcytb (jeweils auf das etwa 10-fache) und Ferroportin (auf das 2–3-fache). Auf der anderen Seite bewirken hohe orale Eisendosen die verminderte Expression der apikalen Ferrireduktase Dcytb und des DMT1, sodass die Mucosazellen gegenüber zusätzlichem Eisen resistent werden (sog. Mucosablock). Die Regulation erfolgt maßgeblich über drei Mechanismen:
1. Auf Transkriptionsebene über den Transkriptionsfaktor Hypoxie-induzierbarer Faktor (HIF) 2 alpha (▶ Abschn. 65.3).
2. Auf posttranskriptionaler Ebene über eisenempfindliche Elemente, die in den mRNAs von DMT1 und Ferroportin enthalten sind (s.u.).
3. Und auf posttranslationaler Ebene durch das eisenregulierte Hormon **Hepcidin**.

❯ Eisen wird im Blutplasma an Transferrin gebunden.

Aus der Mucosazelle freigesetztes Eisen wird im Blutplasma an Transferrin, das für den Eisentransport verantwortliche Protein, gebunden. Die Proteinbindung ist deshalb notwendig, weil das dreiwertige Eisen im wässrigen Medium nur eine sehr begrenzte Löslichkeit besitzt und bei physiologischem pH-Wert zur Polymerisation neigt.

◻ Abb. 60.2   Intestinale Eisenresorption. Fe(III) wird mithilfe der Ferrireduktase (Dcytb) in Fe(II) reduziert und über den Divalenten Metall-Transporter 1 (DMT1) über die apikale Membran der duodenalen Enterocyte in die Zelle aufgenommen. Dort wird es entweder im Ferritin gespeichert oder über das Exportprotein Ferroportin über die basolaterale Membran an das Blut abgegeben. Mithilfe der Ferrooxidase Hephaestin wird Fe(II) in Fe(III) oxidiert und an das Transportprotein Transferrin (Tf) gebunden. Die Resorption von Häm ist bisher nur unvollständig verstanden. Die Häm-Oxygenase 1 (HMOX1) setzt das Eisen aus dem resorbiertem Häm Molekül frei. (Mit freundlicher Genehmigung von Elsevier) (Einzelheiten Text)

Wichtig für den Eisentransfer durch die Mucosazelle ist das Eisenspeicherprotein Ferritin. Eine im Tiermodell fehlende Expression des Ferritins in der Mucosazelle verursacht eine erhöhte Eisenresorption und Eisenüberladung. Bleibt das Eisen gebunden an Ferritin, wird es durch das alternde Darmepithel nach 48 Stunden abgeschilfert. Bei erhöhtem Eisenbedarf im Körper wird Eisen über das basolaterale Eisenexportprotein **Ferroportin** in das Blut transportiert.

Dieser Schritt benötigt **Hephaestin**, ein Caeruloplasmin-ähnliches Protein, das Fe^{2+} wieder zu

Transferrin ist ein Glycoprotein mit einer Molekülmasse von 79,5 kDa, das elektrophoretisch mit dem β_1-Globulin wandert und von dem bisher über 20 genetische Varianten bekannt sind. Außerdem kann es unterschiedlich glycosyliert sein; da Alkoholabusus zu einer Hemmung der Glycosylierung führt, kann die Bestimmung des sog. **CD**(*Carbohydrate Deficient*)**-Transferrins** zu seiner Diagnose herangezogen werden.

Jedes Transferrinmolekül bindet – unter der gleichzeitigen Aufnahme eines Hydrogencarbonat-Anions – **zwei Atome dreiwertigen Eisens**. Wahrscheinlich ist mit der Eisenbindung eine Konformationsänderung des Proteins verbunden, die dazu führt, dass eisenbeladenes Transferrin leichter an die Membran der Zelle, an die Eisen abgegeben werden soll, gebunden werden kann. Für die Membranbindung ist offenbar auch der Kohlenhydratanteil des Moleküls von Bedeutung.

Die Transferrinkonzentration im Plasma beträgt 220–370 mg/100 ml (26–42 µmol/l). Die Gesamtmenge von 7 bis 15 g Transferrin ist beim erwachsenen Menschen etwa zu gleichen Teilen auf Plasma und Interstitialraum verteilt.

Durch die starke Bindung des Eisens an Transferrin ($K_d > 10^{-19}$) dient es auch als Puffer **zum Schutz der Gewebe** vor der toxischen (d. h. oxidierenden) Wirkung freier Eisenionen und verhindert außerdem den Verlust von Eisen in den Urin.

❯ Aus Eisen- und Transferrinkonzentration errechnet sich die Eisen-Transferrin-Sättigung.

Wie der überwiegende Teil der Plasmaproteine wird Transferrin in der Leber gebildet und zirkuliert im Blut mit einer Halbwertszeit von 8 bis 10 Tagen. Der normale Gehalt des proteingebundenen Eisens im Plasma liegt

− bei Männern zwischen 60 und 160 µg/dl (10–29 µmol/l) und
− bei Frauen zwischen 40 und 150 µg/dl (7–27 µmol/l).

Damit beträgt die Gesamteisenmenge im Blutplasma etwa 3–4 mg (54–72 µmol).

Da die Plasmaeisenkonzentration tageszeitlichen Schwankungen unterworfen ist (morgens sind die Werte am höchsten, abends am niedrigsten), sollte die Blutabnahme zur Eisenbestimmung immer morgens und nüchtern erfolgen.

Die Transferrinkonzentration wird mit immunchemischen Methoden bestimmt. Da ein Molekül Transferrin zwei Fe^{3+}-Ionen bindet, errechnet sich bei einem Molekulargewicht von etwa 79,5 kDa eine Bindungsfähigkeit von etwa 1,41 mg Eisen/mg Transferrin. Hieraus

folgt für die Errechnung der **prozentualen Eisen-Transferrin-Sättigung**.

$$Fe - Transferrin - S\ddot{a}ttigung\,(\%)$$
$$= Plasmaeisen\left(\frac{\mu g}{dl}\right) \cdot 100 \Big/ Transferrin\left(\frac{mg}{dl}\right) \cdot 1,41$$

$$(60.1)$$

Bei einem Normalbereich des Transferrins von 220 bis 370 mg/100 ml beträgt die normale Eisen-Transferrin-Sättigung des Erwachsenen etwa 20–40 %. Ab einer Transferrinsättigung von 60 % reichert sich Nicht-Transferrin-gebundenes Eisen im Plasma und in Parenchymzellen (z. B. der Leber) an. Eine Erhöhung der Eisen-Transferrin-Sättigung bei Nüchtern-Blutabnahme zeigt deshalb eine Überladung des Organismus mit Eisen, eine Erniedrigung einen Mangel an (s. u.).

❯ Nach Aufnahme in die Zelle rezykliert der Transferrinrezeptor in die Plasmamembran.

Der größte Teil (70–90 %) des an Eisen gebundenen Transferrins wird durch die Erythrocytenvorstufen im Knochenmark für die **Hämoglobinbiosynthese** verbraucht. Jeden Tag werden 200 Milliarden rote Blutzellen produziert, die jede Sekunde mehr als 2×10^{15} Eisenatome benötigen. Ist dieser Bedarf gestillt, wird Transferrin-gebundenes Eisen auch in Leberzellen und Makrophagen (auch Kupffer-Zellen der Leber), Syncytiotrophoblasten der Plazenta während der Schwangerschaft (s. u.) sowie proliferierende Zellen verschiedener Gewebe (wie z. B. den Tubuli seminiferi des Hodens) aufgenommen. Dort wird es zum Beispiel für die Biosynthese von Enzymen und Coenzymen verwendet. Eisen-gebundenes Transferrin bindet an einen spezifischen Membranrezeptor, den **Transferrin-Rezeptor 1 (TfR1)** (◘ Abb. 60.3)

TfR1 besteht aus zwei identischen Untereinheiten. Bindet Eisen-beladenes Transferrin an den Transferrinrezeptor, wird der Komplex von der Zelle durch Endocytose aufgenommen. Durch Ansäuerung des Endosomeninhalts löst sich die Bindung des Eisens an den Transferrin/TfR-1-Komplex, das Eisen wird zu Fe(II) reduziert und durch DMT1 ins Cytosol transportiert. Der Transferrin/TfR-1-Komplex wird nicht lysosomal abgebaut, sondern durch Exocytose wieder in die Plasmamembran verlagert, wo eine Freisetzung von Transferrin erfolgt.

Die wichtige Rolle des Transferrins für die Eisenversorgung der roten Blutzellen wird deutlich durch die ausgeprägte Anämie in Patienten mit einer **Atransferrinämie.** Unabhängig von seiner essenziellen Funktion bei der Eisenaufnahme spielt der TfR1 weitere Rollen bei der

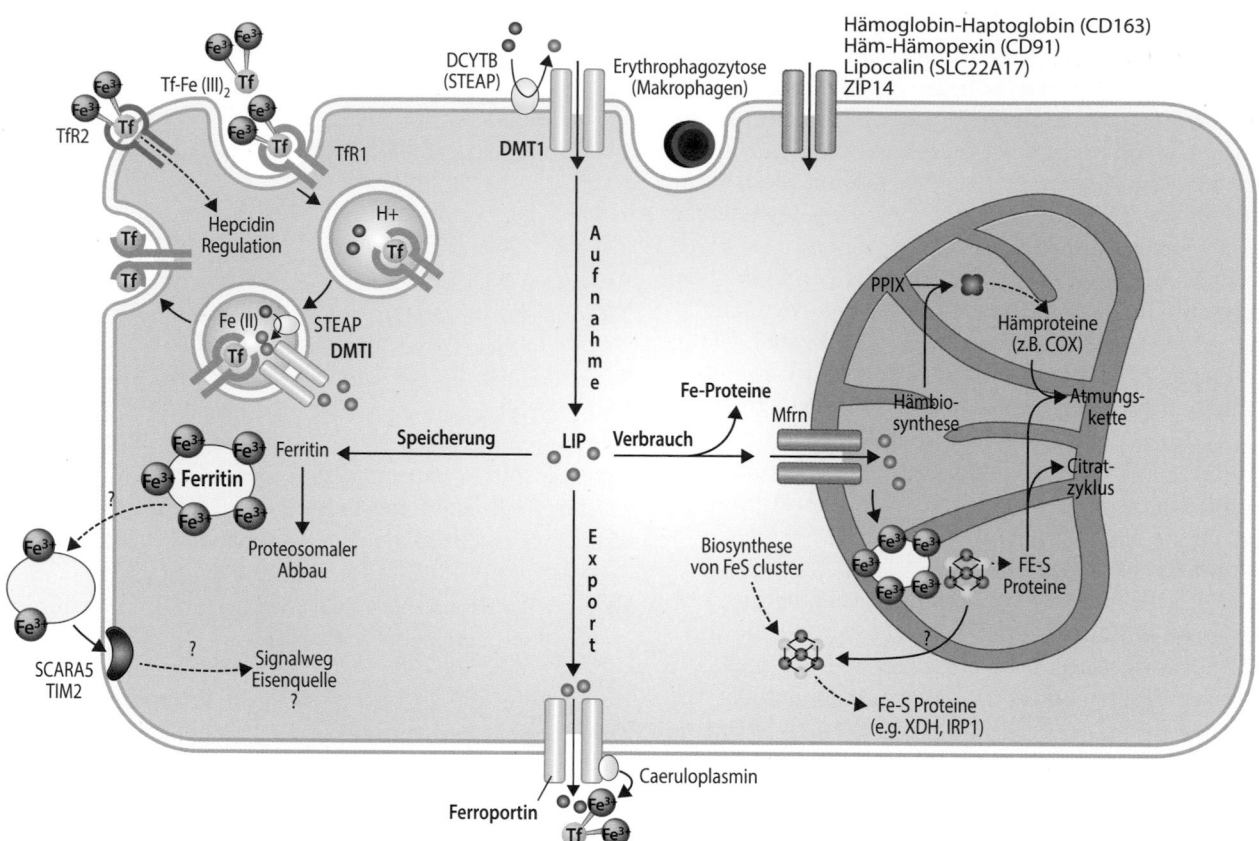

60

■ **Abb. 60.3 Zellbiologie des Eisenstoffwechsels.** Die meisten Zellen binden Transferrin-gebundenes Eisen (Tf-Fe(III)$_2$) über den Transferrinrezeptor 1 (TfR1), was zur Aufnahme des Komplexes in Endosomen führt (links oben). Eine Ansäuerung der Endosomen setzt das Eisen frei, welches dann durch die Metalloreduktase STEAP3 (*six transmembrane epithelial antigen of the prostate 3*) reduziert wird. Fe(II) wird über den Divalenten Metall-Transporter 1 (DMT1) an die Zelle abgegeben; TfR-1 kehrt wieder zur Zellmembran zurück. DMT1 und DCYTB spielen weiterhin eine Rolle bei der duodenalen Eisenresorption. Weitere Wege Eisen aufzunehmen sind symbolisch gezeigt. Häm-Eisen wird mittels Phagocytose von roten Blutzellen in Makrophagen aufgenommen, oder kann gebunden an Hemopexin oder Haptoglobin als Folge einer Hämolyse durch entsprechende Rezeptoren in Zellen gelangen (oben rechts). Nicht-Transferrin-gebundenes Eisen wird über den Transporter ZIP14 in Zellen aufgenommen. Die zelluläre Eisenaufnahme füllt den labilen Eisenpool (labile iron pool; LIP). Von dort kann das Eisen entweder direkt in Eisen-haltige Proteine eingebaut oder über Mitoferrin (Mfrn) in Mitochondrien transportiert werden, wo das Metall zur Synthese von Häm oder von Fe/S clusters gebraucht wird (rechts). Häm- oder FeS cluster enthaltende Proteine sind wichtige Bestandteile der Atmungskette oder des Citratzyklus. Der nicht verbrauchte Teil des LIPs kann über Ferroportin exportiert werden (unten). Ferroxidasen (Caeruloplasmin) sind zuständig für die Oxidation des Eisens für die Bindung an Transferrin. Alternativ kann Eisen in Ferritin gespeichert werden, welches von der Zelle abgegeben und über Rezeptoren wieder aufgenommen werden kann (unten links). Die Menge des verfügbaren Eisens wird bestimmt durch die Rate der Eisenaufnahme, des Verbrauchs, der Speicherung und des Exports. Diese Prozesse müssen streng kontrolliert werden, um sowohl Eisenmangel als auch Eisenüberladung zu verhindern. *PPIX*: protoporphyrin IX

Signalübertragung in B- und T-Immunzellen. Nach neuesten Erkenntnissen vermittelt er durch seine Bindung an Stearinsäure auch zwischen mitochondrialer Funktion und dem Nährstoffgehalt. Die Bindung der Stearinsäure an TfR1 beeinflusst dabei u. a. die Fusion der Mitochondrien *in vitro* und *in vivo* (▶ Abschn. 12.1.7).

Die Rolle des TfR1 bei der Signaltransduktion ähnelt derjenigen seines Homologs TfR2. TfR2 bindet an das Transferrin mit geringerer Affinität (1/25) und scheint nicht wesentlich zur Eisenaufnahme beizutragen. Stattdessen ist es ein Sensor der Transferrinsättigung in Hepatocyten. Mutationen des TfR2s verursachen einen Subtyp der Hämochromatose, der sich durch eine verminderte Expression des Hepcidins auszeichnet (s. u.).

TfR2 wird auch in den frühen Entwicklungsstadien der roten Blutzellen exprimiert. Dort beeinflusst er die Signalübermittlung durch den Erythropoetin-Rezeptor und vermittelt so zwischen der Synthese roter Blutzellen und Eisenaufnahme.

Eisen kann auf weiteren Wegen in Zellen aufgenommen werden: so bindet zum Beispiel L-Ferritin (FTL) den Rezeptor Scara5 (*Scavenger receptor class A member 5*). Nierenzellen dagegen nehmen Catechol-Fe(III)-Komplexe auf, vermittelt durch Lipocalin 2 (auch bekannt als NGAL oder Siderocalin) und die Rezeptoren SLC22A17 und Megalin (auch als Low-Density Lipoprotein Receptor-Related Protein 2) (■ Abb. 60.3).

Freies Häm und Hämoglobin werden als Folge hämolytischer Erkrankungen (wie z. B. der Sichelzellerkrankung, einer Sepsis oder einer Malariainfektion) aus Erythrocyten freigesetzt und dann an die Akutphase-Proteine Hemopexin und Haptoglobin gebunden (▶ Abschn. 62.2.3). Diese Komplexe werden durch ihre Bindung an spezifische Rezeptoren in Makrophagen und Leberzellen aufgenommen und somit aus dem Blutkreislauf entfernt. Diese Aufnahmesysteme dienen dazu freies Hämoglobin und Häm zu entgiften.

Das in die Zellen aufgenommene Eisen wandert in den „labilen Eisenpool" und wird von dort verteilt für die Eisenspeicherung im Ferritin, den Eisenexport und den zellulären metabolischen Bedarf (s. u.). Im Cytoplasma kann Eisen in verschiedene Fe(II)-abhängige Proteine eingebaut werden, wie Prolyl- und Asparginylhydroxylasen, die die Aktivität des Transkriptionsfaktors Hypoxie-induzierbarer Faktor (HIF) regulieren. (▶ Abb. 59.2). Der größte Teil des labilen Eisenpools wird jedoch in den Mitochondrien für die Herstellung von Häm sowie Eisen-Schwefel-Clustern verbraucht (◼ Abb. 60.3). Es ist ein nur unvollständig verstandener Aspekt der Zellbiologie des Eisenstoffwechsels, was genau der „labile Eisenpool" ist und wie dieses Eisen in Mitochondrien transportiert wird. Die mitochondriale Eisenaufnahme in erythroiden Vorläuferzellen erfolgt über Mitoferrin 1 (MFRN1 oder SLC25A37) und in anderen Körperzellen über Mitoferrin 2. Mutationen in MFRN1 verursachen schwere Anämie-Formen.

❯ Der Eisenstoffwechsel steht unter der hormonellen Regulation durch Hepcidin.

Häufige Erkrankungen, die mit systemischen Eisenmangel oder Eisenüberladung einhergehen, werden durch eine Fehlregulation des Hepcidin/Ferroportin-Regulationssystems verursacht. Hepcidin ist ein kleines, nur 25 Aminosäuren großes Peptidhormon, das in der Leber („Hep") gebildet wird, im Plasma zirkuliert und in den Urin ausgeschieden wird. Unter *in vitro*-Bedingungen wirkt es auch antimikrobiell („cidin"). Das Hormon reguliert die intestinale Eisenresorption, das Eisenrecycling durch Makrophagen und die Eisenfreisetzung aus der Leber. Diese Wirkung wird über eine Hemmung des **Ferroportin**-vermittelten Eisenexports erzielt (◼ Abb. 60.4). Dabei bindet Hepcidin an das Eisenexportprotein Ferroportin, fördert dadurch dessen Internalisierung und Abbau und vermindert dadurch den Eisenexport. Zusätzlich zu den duodenalen Enterocyten und Makrophagen wird Ferroportin auch in den Syncytiotrophoblasten der Plazenta exprimiert und kontrolliert so den Eisenfluss von der Plazenta zum fötalen Blutkreislauf.

Da häufige Eisenstoffwechsel-Erkrankungen dadurch verursacht werden, dass entweder zu viel oder zu wenig Hepcidin hergestellt wird, ist es wichtig, die Regulation der Hepcidinsynthese zu verstehen.

Hereditäre Hämochromatose (HH)   Die Regulation der Hepcidinexpression findet in der Leber statt und muss abgeglichen werden mit der Menge an Eisen, die bereits im Blutkreislauf (z. B. Transferrinsättigung) sowie in den Eisenspeichern der Leber oder Milz vorhanden ist. Bei ausreichendem Eisengehalt findet eine Hepcidinsynthese statt und verhindert so eine weitere Eisenaufnahme aus der Nahrung. Bei leeren Eisenspeichern ist die Hepcidinproduktion in der Leber gehemmt, sodass der Ferroportin-vermittelte Eisenexport verstärkt ist und Eisen auf Transferrin übertragen wird. Analysen der molekularen Ursachen der hereditären Hämochromatose haben wesentlich dazu beigetragen, die Hepcidinregulation zu verstehen. Die häufigste Form der HH wird verursacht durch Mutationen im HFE-Gen. HFE (*High Fe*) ist ein MHC-I-ähnliches Molekül, welches an ß$_2$-Mikroglobulin bindet und einen Komplex mit dem Transferrinrezeptor eingeht. Selteneren Formen der HH liegen Mutationen in den Genen für TfR2, Hämojuvelin (HJV) oder Hepcidin zugrunde. All diese Subtypen der Erkrankung haben die verminderte Expression von Hepcidin gemeinsam. Dies weist darauf hin, dass HFE, TFR2, und HJV Aktivatoren der Hepcidinexpression sind (◼ Abb. 60.4). Die genauen Mechanismen, wie diese Proteine den Eisenspiegel messen und Hepcidin regulieren, sind allerdings bisher nicht verstanden. Eine weitere wichtige Komponente im Verständnis der Hepcidinregulation sind die *bone morphogenetic proteins* (BMP) 2 und 6 (▶ Abschn. 35.4.4), die abhängig vom Eisenspiegel synthetisiert werden, und zwar in den sinusoidalen Endothelzellen der Leber. Dies bedeutet, dass eine Kommunikation zwischen den einzelnen Zelltypen der Leber für die Hepcidinsynthese von Bedeutung ist. BMPs aktivieren den Smad-Signalweg (▶ Abschn. 35.4.4) in den Hepatocyten, dem Hauptregulator der Hepcidinexpression.

Entzündungsanämie   Die Synthese von Hepcidin steht auch unter dem Einfluss von Interleukin 6 (IL-6), welches zu einem Hepcidinanstieg im Plasma führt (◼ Abb. 60.4). Die Bindung des IL-6 an den entsprechenden Rezeptor aktiviert den JAK/STAT Signalweg (▶ Abschn. 35.5.1). Die dadurch herbeigeführte Blockierung der Eisenfreisetzung aus Speichern erklärt den häufig bei Entzündungen beobachteten Abfall der Serumeisenkonzentration und Transferrinsättigung. Dieser Mechanismus liegt der sehr häufigen Entzündungsanämie zugrunde, die als Folge von chronischen Entzündungen und Krebs auftritt und nur schwer durch Eisen behandelt werden kann. Die durch Interleukin-6 regulierte Hepcidinexpression ist Teil der angeborenen Immunantwort, die verhindern soll, dass Eisen für das bakterielle Wachstum im Blutkreislauf zur Verfügung steht.

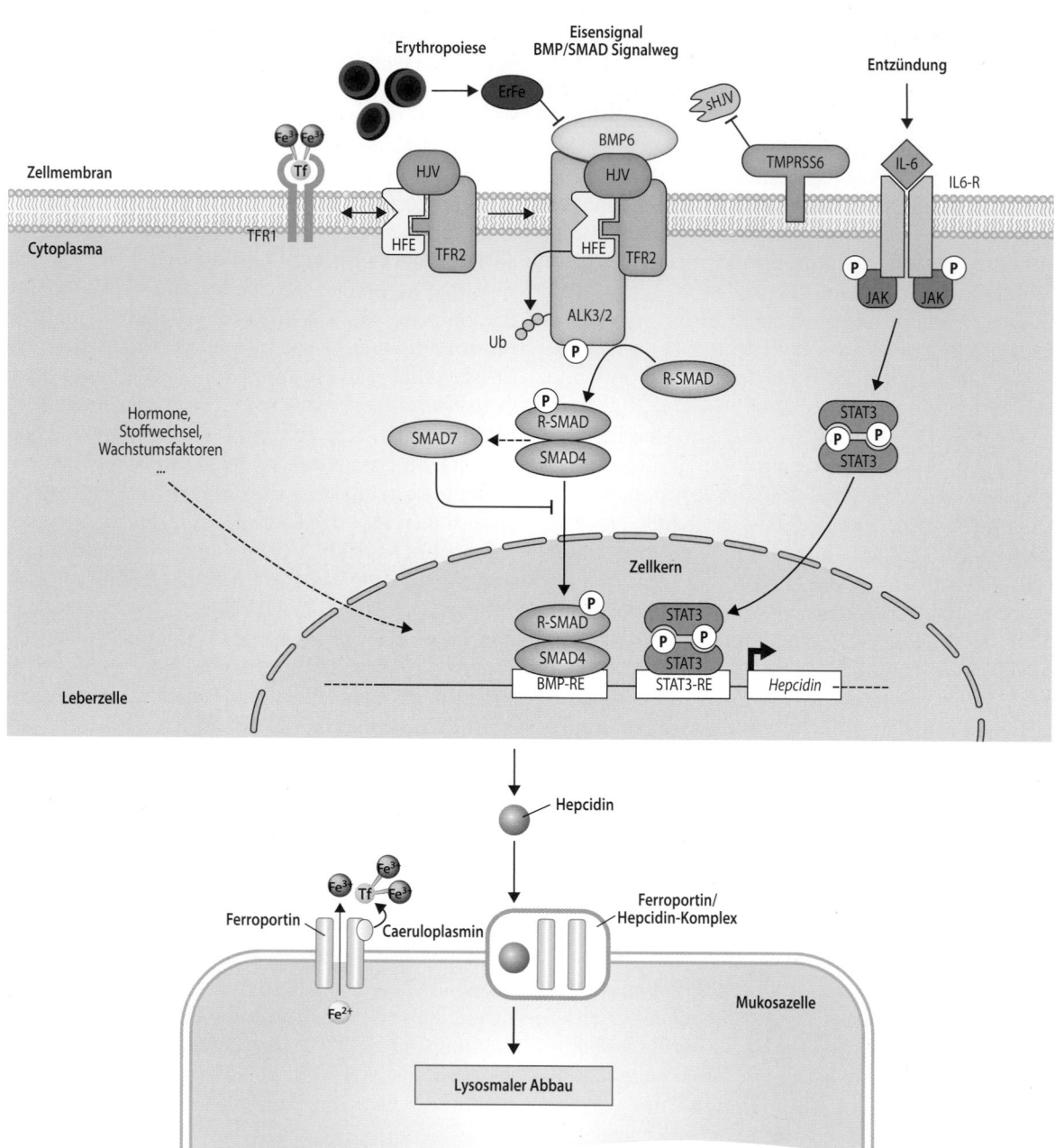

□ Abb. 60.4   Regulation des systemischen Eisenstoffwechsels Die Hepcidin-Expression wird reguliert durch die Menge des verfügbaren Eisens (Mitte), Entzündungsfaktoren (rechts), den Eisenbedarf für die Erythropoese (links) sowie durch Hormone und Wachstumsfaktoren. Gefüllte Eisenspeicher erhöhen die Menge des Cytokins BMP6 (*bone morphogenetic protein 6*), welches zusammen mit dem Corezeptor Hemojuvelin (HJV) den BMP-SMAD-Signalweg aktiviert. Wichtige Bestandteile dieses Signalwegs sind die Typ1-BMP-Rezeptoren Alk2/3 sowie die Typ2-Rezeptoren BMPR2 und ACVR2A. Diese Serin/Threoninkinase-Rezeptoren phosphorylieren die Rezeptor-aktivierten SMAD (R-SMAD) Proteine, die mit SMAD4 aktive Transkriptionskomplexe ausbilden. Eine erhöhte Konzentration von Transferrin-gebundenem Eisen Tf-Fe(III)$_2$ hemmt die Bindung von HFE an Transferrinrezeptor (TFR)1, welches daraufhin an TFR2 und HJV bindet und damit die Aktivität des BMP-SMAD-Signalwegs verstärkt. HFE bindet auch an ALK3 und verhindert dessen Ubiquitinierung und Abbau. Die Hepci-

din-Expression wird gehemmt durch die Aktivität der Matriptase 2 (TMPRSS6), eine Serinprotease welche HJV schneidet und eine lösliche Form des HJV (sHJV) generiert. Eine regulatorische Rückkopplung erfolgt durch SMAD7. Bei einer Entzündung bindet Interleukin 6 (IL-6) an seinen Rezeptor (IL-6R) und aktiviert JAK- Tyrosinkinasen, welche dann STAT3 (*signal transducer and transcription activator 3*) phosphorylieren. Dieses bindet dann an den Hepcidin-Promotor im Zellkern. Ein hoher Eisenbedarf für die Erythropoese erhöht den Plasmaspiegel des Erythroferrons (ERFE), eines Repressors der Hepcidin-Synthese. Die Elemente im Hepcidin-Promotor, die die BMP und STAT3 Antwort vermitteln sind markiert. Hepcidin wird aus der Leberzelle abgegeben und bindet an den Eisenexporter Ferroportin, was zu dessen Ubiquitinylierung und Abbau in den Lysosomen führt. Eine erhöhte Hepcidinmenge als Folge eines Eisenüberschusses oder einer Entzündung vermindert so den Eisenexport aus Makrophagen, duodenalen Enterocyten sowie Leberzellen.   RE: *response element*

Eisen-ladende Anämien (z. B. Thalasssämie) Die ß-Thalassämie ist eine Hämoglobinopathie, die sich durch Mutationen im ß-Globingen auszeichnet und zu einer unzureichenden Synthese normaler roter Blutzellen führt. Die dabei entstehende Hypoxie führt zur Steigerung der Erythropoetin (EPO)-Produktion und Proliferation der Vorläuferstadien der roten Blutzellen, in einem unzulänglichen Versuch die Hypoxie/Anämie zu kompensieren (◨ Abb. 60.5). Diesen Zustand nennt man **ineffektive**

Erythropoese, die sich durch eine vergrößerte Milz (ausgelöst durch eine Stress-Erythropoese) und eine Eisenanreicherung in der Leber auszeichnet. Bei dieser Erkrankung ist die Hepcidinexpression vermindert, was wiederum die erhöhte Eisenaufnahme erklärt. Die Hemmung der Hepcidinsynthese erfolgt über das **Erythroferron (ERFE)**, welches induziert durch Erythropoetin in Erythroblasten hergestellt wird; dabei ist eine Signaltransduktion über den JAK2/STAT5-Signalweg (▶ Abschn. 35.5.1) von Bedeutung. ERFE wird in den Blutkreislauf abgegeben und hemmt dann die Hepcidinsynthese in der Leber. So wird auf systemischer Ebene der gesteigerte Eisenbedarf für die Herstellung der roten Blutzellen an eine erhöhte Eisenbereitstellung angepasst. Dieser Mechanismus ist auch dann aktiv, wenn es bei Bewohnern sehr hoher Gebirgsregionen (zum Beispiel in den Anden oder in Tibet) zu einer Anpassung an die Hypoxie (ausgelöst durch den verminderten Sauerstoffpartialdruck) durch die Herstellung erhöhter Zahlen an roten Blutzellen kommt (Erythrocytose).

Weitere Mechanismen können den Eisenbedarf dem Ausmaß der Erythropoese anpassen. So werden z. B. Proteine, die bei der Hepcidinregulation in der Leber eine Rolle spielen (TfR2 und HFE) auch in den erythroiden Vorläuferzellen exprimiert. Dabei reguliert TFR2 die Produktion der roten Blutzellen durch eine direkte Wechselwirkung mit dem EPO-Rezeptor, und modifiziert so die EPO-Sensitivität in einer Eisenabhängigen Art und Weise.

Weiterhin wird die Transkription der Gene *Dcytb*, *Dmt1* und Ferroportin, welche die Eisenaufnahme aus der Nahrung regulieren, durch den bei einer Hypoxie aktivierten Transkriptionsfaktor HIF2a angeschaltet. HIF2a erhöht dann die Eisenaufnahme direkt in den duodenalen Enterozyten, wenn zu wenig Sauerstoff durch rote Blutzellen transportiert wird (◨ Abb. 60.2).

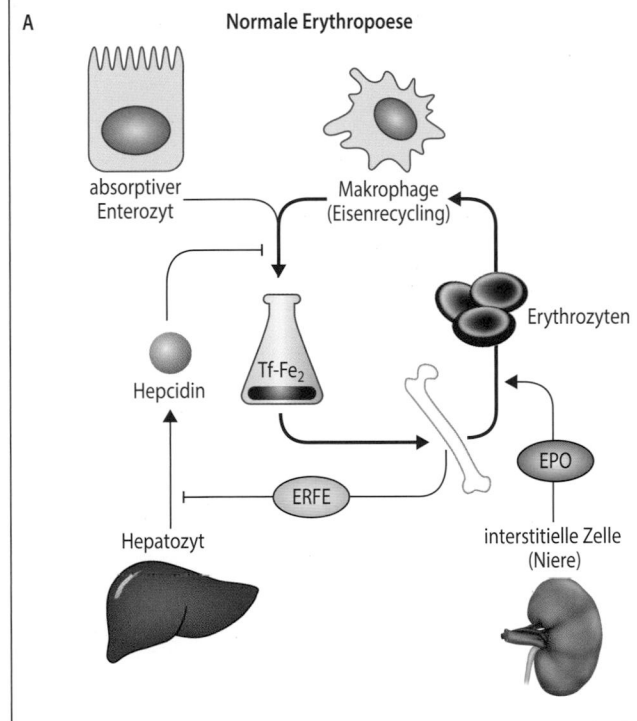

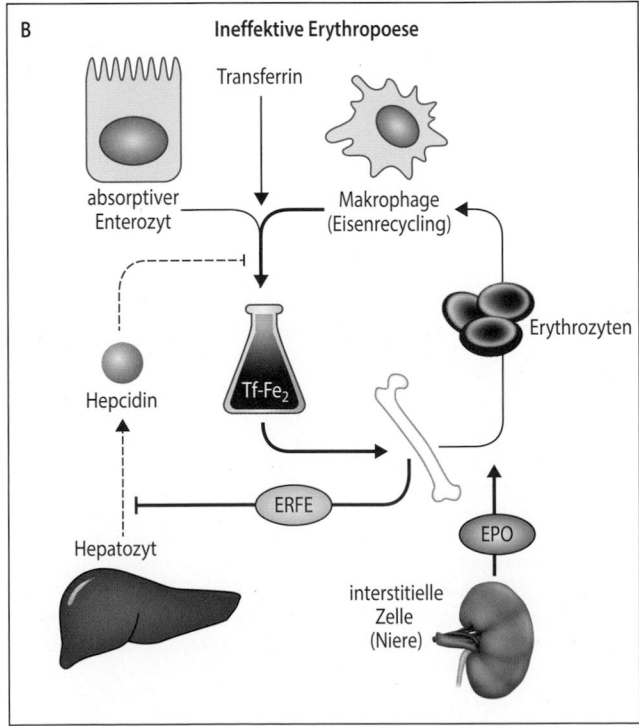

◨ **Abb. 60.5 Ineffektive Erythropoese. A** Unter Basalbedingungen wird der größte Anteil des Eisens im Knochenmark für die Herstellung roter Blutzellen verbraucht. Das Eisen der alternden roten Blutzellen wird in den Makrophagen rezykliert und für einen neuen Zyklus der Erythropoese zur Verfügung gestellt. Erythropoetin (EPO) kontrolliert das Ausmaß der Erythropoese, welche durch die Herstellung des Bluthormons Erythroferron (ERFE) die Hepcidinsynthese kontrolliert, um den Eisenexport aus Makrophagen und Enterocyten zu modulieren. **B** Eine ineffektive Erythropoese kann durch in ihrer Funktion eingeschränkte rote Blutzellen ausgelöst werden, wie dies beispielsweise bei einer Thalassämie der Fall ist. Als Folge entsteht eine Hypoxie. Diese wird durch die interstitiellen Zellen der Niere wahrgenommen und führt zur Stimulierung der EPO-Produktion. EPO wiederum fördert die Herstellung neuer roter Blutzellen, um den verminderten Sauerstofftransport zu kompensieren. Da rote Blutzellen nur dann hergestellt werden können, wenn ausreichend Eisen zur Verfügung steht erhöht EPO gleichzeitig die Herstellung von ERFE, welches die Hepcidinsynthese reprimiert. Die darauffolgende erhöhte Eisenaufnahme aus der Nahrung führt bei Patienten mit Thalassämie zu einer Eisenüberladung, welche therapeutisch verhindert werden muss

Eisenrefraktäre Eisenmangelanämie Zusätzlich zu der sehr häufigen Mangelernährung kann einem Eisenmangel in seltenen Fällen auch eine genetische Ursache zugrunde liegen. Diese kann sich durch eine erhöhte Hepcidinexpression auszeichnen. So verursachen Mutationen in der Serinprotease TMPRSS6 (*transmembrane proteinase serine 6* oder Matriptase-2) erhöhte Hepcidinspiegel (◧ Abb. 60.6). TMPRSS6 ist ein Protein, welches normalerweise in der Leber die Hepcidinsynthese reduziert. Diese Protease verdaut Hämojuvelin (einen Verstärker der Hepcidinsynthese) und verringert so die Aktivität des BMP/Smad-Signalwegs. Ist TMPRSS6 mutiert, kommt es zur Steigerung der Signalaktivität und damit zu erhöhten Hepcidinspiegeln. Diese verursachen, dass Patienten gegenüber einer oralen wie auch intravenösen Eisensubstitution refraktär werden. Häufige Varianten im *TMPRSS6*-Gen treten auch in der Normalbevölkerung auf und führen zu einer natürlichen Varianz des Serumeisenspiegels und veränderten Blutwerten, wie den Hämoglobingehalt (Anämie) oder der Größe der Erythrocyten.

Zusammenfassend lässt sich sagen, dass auf Ebene der Hepcidintranskription zahlreiche (patho)physiologische Signale, wie der Eisenbedarf für die Erythropoese, Informationen über den Inhalt der Eisenspeicher oder Entzündungssignale integriert werden müssen, um den Eisenbedarf abzudecken, ohne Schaden durch eine Eisenanreicherung zu verursachen.

> Ferritin ist der Eisenspeicher im Organismus.

Das nicht für die Biosynthese von Hämoglobin und anderen wichtigen Proteinen verwendete Eisen wird erst als Fe^{3+} im **Ferritin** (25 Gewichtsprozent Fe) und – wenn der Ferritinspeicher gefüllt ist – als **Hämosiderin** (35 Gewichtsprozent Fe) abgelagert. Diese Speicherproteine finden sich v. a.

- in den Zellen des Leberparenchyms und
- in den retikulo-endothelialen Zellen von Knochenmark, Milz und Leber und
- in der Dünndarmmucosa.

Benötigt der Organismus vermehrt Eisen, so kann das Metall aus dem mucosalen Ferritinspeicher mobilisiert werden. Ist der Eisenbedarf des Organismus gedeckt, so geht das mucosale Ferritin nach zwei bis drei Tagen mit der **physiologischen Desquamation** der Darmepithelien verloren. Das Ausmaß der Eisenresorption steigt mit fallendem Gesamtkörpereisenbestand, der indirekt durch die Konzentration des auch im Plasma nachweisbaren Ferritins bestimmt werden kann. Mit zunehmender Verringerung des Plasmaferritinspiegels wird ein höherer Prozentsatz einer konstanten Menge oral zugeführten Eisens resorbiert (◧ Abb. 60.5).

Apoferritin ist ein Protein mit einem Molekülmasse von 440 kDa, das aus 24 Untereinheiten besteht, die

60

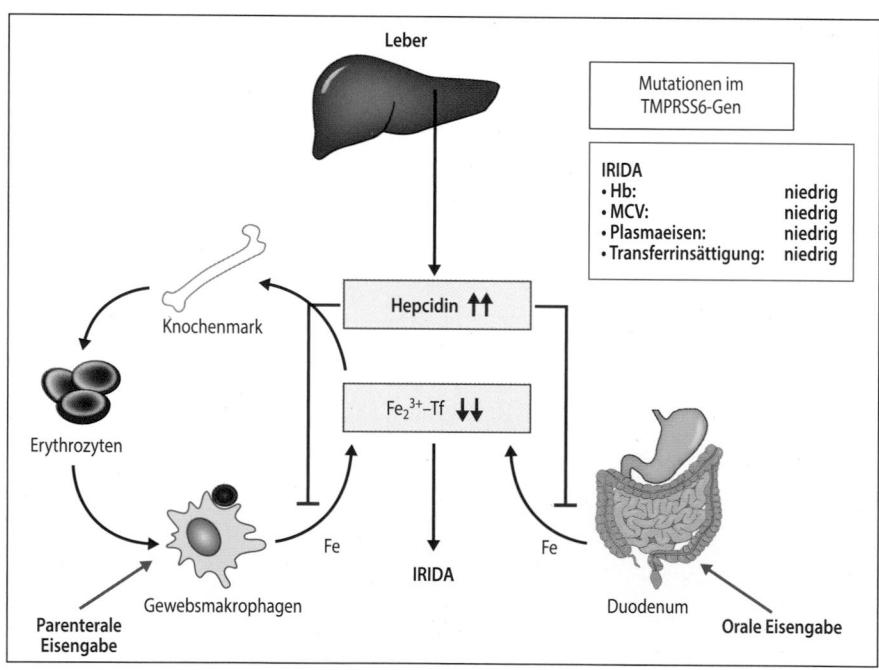

◧ **Abb. 60.6** **Die eisenrefraktäre Eisenmangelanämie zeichnet sich aus durch einen erniedrigten Hb Wert, verkleinerte rote Blutzellen (MCV) und erniedrigtem Plasmaeisengehalt und Transferrinsättigung.** Im Gegensatz zur ernährungsbedingten Eisenmangelanämie beobachten wir erhöhte Hepcidinspiegel. Diese werden verursacht durch Mutationen in einem Repressor der Hepcidinsynthese, der Matriptase-2 (TMPRSS6). Hohe Hepcidinspiegel verhindern die Eisenaufnahme aus der Nahrung sowie den Eisenexport aus Makrophagen, was die Eisenmangelanämie verursacht. Gleichzeitig erklären erhöhte Hepcidinspiegel warum diese Form der Anämie weder durch orale, noch durch intravenös zugeführte Eisenpräparate behandelt werden kann

insgesamt bis zu 4500 Eisenatome aufnehmen können. Das Protein besteht aus zwei verschiedenen Untereinheiten, den sauren leichten **L-Ketten** und den basischen schweren **H-Ketten**. Die in verschiedenen Geweben synthetisierten Ferritine weisen eine **Mikroheterogenität** auf, d. h. es existieren Isoferritine mit verschiedenen antigenen Eigenschaften und isoelektrischen Punkten (▶ Abschn. 6.1.2). Dieser Mikroheterogenität liegt eine unterschiedliche Zusammensetzung aus L- und H-Ketten zugrunde. Leber- und Milzferritin haben ihren isoelektrischen Punkt im Basischen (höherer Anteil an H-Ketten), während Ferritine aus Herz, Nieren, Plazenta und Tumoren einen sauren isoelektrischen Punkt aufweisen (höherer Anteil an L-Ketten). Ferritin wird in Abhängigkeit des zellulären Eisengehalts vor allem aus Hepatocyten und Makrophagen in das Blut freigesetzt. Beim gesunden Erwachsenen beträgt die Gesamt-Ferritinkonzentration im Serum (entsteht nach der Blutabnahme aus Plasma) zwischen 50 und 100 ng/ml (Frau) bzw. 100 und 200 ng/ml (Mann). Ein auf unter 30 ng/ml reduzierter Ferritinwert zeigt zuverlässig eine Erschöpfung der Gesamtkörpereisenreserven an. Auf der anderen Seite ist das Ferritin bei **Eisenüberladung** (Hämochromatose, s.o.) auf Werte von über 300 ng/ml erhöht. Die Ferritinbestimmung ist ein besserer **Indikator für den Gesamt-Körpereisenbestand** als die Bestimmung der Serum-Eisen-Konzentration (die nur Information über den Eisengehalt des Blutes gibt).

Bei Eisenmangel bzw. -überladung korrelieren die Plasmaferritinspiegel mit den jeweils bestehenden Gesamtkörpereisenreserven. Bei einzelnen Konstellationen wie Lebererkrankungen, akuten Entzündungen, Tumoren und genetischen Erkrankungen ist diese Korrelation jedoch aufgehoben, da Ferritin

- bei **Leberzellschädigung** vermehrt aus den Hepatocyten freigesetzt wird,
- als **Akutphase-Protein** (▶ Abschn. 62.2.3) bei Entzündungen und Infekten vermehrt synthetisiert wird,
- von **Tumorzellen** vermehrt gebildet werden kann,
- beim sog. **Hyperferritin-Katarakt-Syndrom** durch eine genetisch bedingte Überproduktion von Ferritin L-Ketten vermehrt synthetisiert wird und in der Linse abgelagert wird

Als Substrat für die Eisenspeicherung im Ferritin dient Fe^{2+}. Dieses wird durch eine Ferro-Oxidaseaktivität der Ferritin H-Kette zu Fe^{3+} oxidiert:

$$2Fe^{2+} + O_2 + 4H_2O \rightarrow$$
$$2FeO(OH) + H_2O_2 + 4H^+ \tag{60.2}$$

Die Menge des auf diese Weise im Ferritin als Fe^{3+} gespeicherten Eisens beträgt bei gesunden Erwachsenen etwa 1500 mg (27 mmol). Es kann durch den Abbau des Ferritins in Lysosomen freigesetzt werden. In Zellen mit

Eisenmangel interagiert NCOA4 (*Nuclear Receptor Coactivator 4*) mit der H-Kette von Ferritin und dirigiert den Ferritinkomplex zu den abbauenden Autolysosomen (▶ Abschn.12.1.6), in einem Prozess, den man **Ferritinophagie** nennt. In mit Eisen beladenen Zellen findet dieser Prozess nicht statt, da NCOA4 selbst verstärkt abgebaut wird. Zukünftige Studien müssen zeigen, ob hereditäre Formen einer Anämie durch Mutationen in NCOA4 verursacht werden.

Da das freigesetzte Fe^{3+} praktisch unlöslich ist, muss es durch Ferrireduktasen reduziert werden und steht erst dann dem Eisenstoffwechsel zur Verfügung. Für den Eisenexport mithilfe von Ferroportin ist allerdings eine erneute Oxidation mithilfe von Ferro-Oxidasen wie Hephaestin oder Caeruloplasmin notwendig.

Bei der als **Caeruloplasmin** bezeichneten Ferro-Oxidase auch: **Ferro-Oxidase** I handelt es sich um ein heterogenes, d. h. in genetischen Varianten existierendes Glycoprotein, das aus 8 Untereinheiten besteht. Es wird in der Leber synthetisiert und ans Plasma abgegeben. Da die Ferro-Oxidase I ein Kupferenzym ist, stellt sie die molekulare Verbindung von Eisen- und Kupferstoffwechsel dar. Etwa 80 % des Plasmakupfers finden sich im Caeruloplasmin. Sein *knockout* führt allerdings bei Mäusen nicht zu Störungen des Kupferstoffwechsels. Die Aceruloplasminämie beim Menschen zeichnet sich durch eine Anämie aus, sowie Eisenanreicherungen im Gehirn und viszeralen Organen, was zu neurologischen Symptomen und metabolischen Erkrankungen führt Caeruloplasmin oxidiert auch aromatische Diamine wie Adrenalin, Noradrenalin, Serotonin und Melatonin. Es soll deshalb an der Regulation des Plasmaspiegels dieser Amine beteiligt sein. Ein weiteres Enzym, die **Ferro-Oxidase II**, oxidiert ebenfalls Eisen, aber nicht Diamine.

Hämosiderin ist wahrscheinlich ein Kondensationsprodukt von Apoferritin und Zellbestandteilen wie Nucleotiden oder Lipiden. Aus beiden Depots wird Eisen bei Blutverlusten und erhöhter Erythrocytenneubildung abgegeben. Während das Metall aus Ferritin rasch mobilisiert werden kann, ist Eisen aus dem Hämosiderin wesentlich schwerer mobilisierbar.

❯ Die Regulation des zellulären Eisenstoffwechsels erfolgt über eisenregulatorische Proteine.

Die Aufnahme, Speicherung und intrazelluläre Verwertung von Eisen, z. B. in den Hämoglobin produzierenden Erythroblasten des Knochenmarks wird durch die konzertierte Biosynthese von Transferrinrezeptoren (TfR1), der L- und H-Ketten des Ferritins, des Ferroportins und der δ-ALA-Synthase-2 (▶ Abschn. 32.1.3) bestimmt. Verantwortlich hierfür sind **eisenregulatorische Proteine** (*iron regulatory proteins*, IRP-1 und IRP-2), welche die mRNA-Stabilität bzw. die Translation der mRNAs für die genannten Proteine modulieren (◻ Abb. 60.7). Bei einer niedrigen intrazellulären Eisenkonzentration

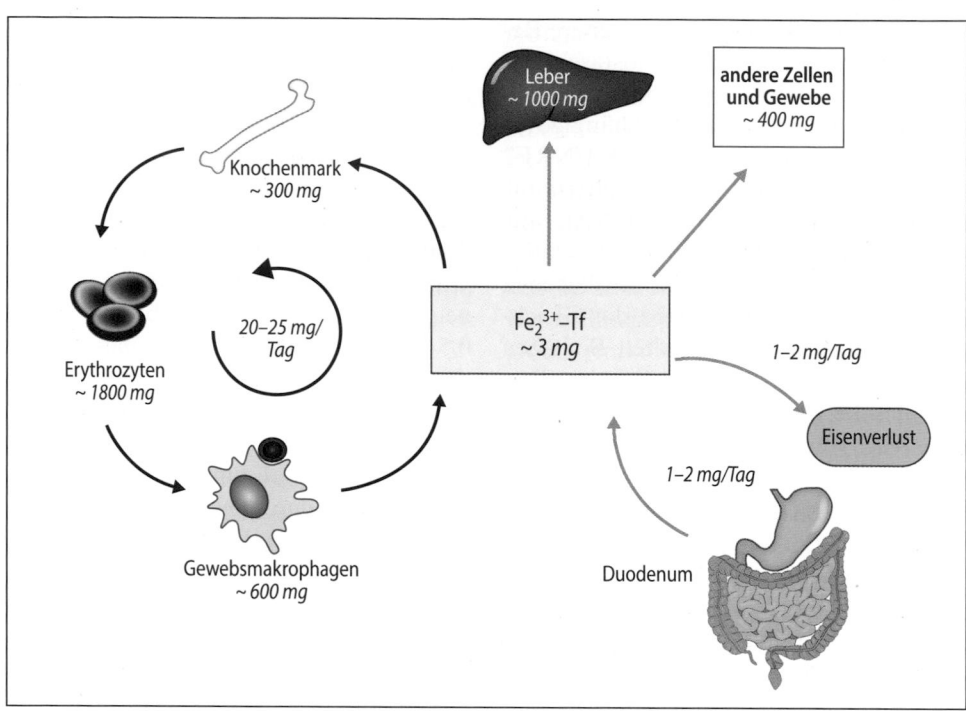

■ **Abb. 60.8 Übersicht über den täglichen Eisenumsatz im mensch-lichen Organismus.** Gezeigt ist der Austausch des Eisens zwischen Zellen und Geweben sowie die Normalwerte für den Eisengehalt der verschiedenen Organe und Gewebe und für die täglichen Eisenflüsse. Hierbei handelt es sich um Annäherungen und es ist zu beachten,

dass es erhebliche Unterschiede zwischen Individuen gibt. Eisenver-luste entstehen durch das Abschilfern von Haut- und Mucosazellen und durch Blutverluste. Es gibt keinen regulierten Weg der Eisenaus-scheidung. (Einzelheiten Text)

60

■ **Tab. 60.3** Täglicher Eisenbedarf und notwendige tägliche Eisenzufuhr für verschiedene Altersgruppen (1 mg Ei-sen = 18 μmol Eisen)

	Täglicher Eisenbedarf [mg]	Notwendige tägliche Eisenzufuhr bei einer Resorption von 10 % [mg]
Männer	0,5–1,0	5–10
Menstruierende Frauen	1,0–2,0	10–20
Schwangere Frauen	2,0–4,0	20–40
Jugendliche	1,5–3,0	15–30
Kinder	0,5–1,5	5–15
Kleinkinder	9–27	90–270

mit einer Inzidenz von 1:225 auch die häufigste gene-tische Erkrankung in Nordeuropa dar. Laborchemisch ist sie an einer erhöhten Eisen-Transferrin-Sättigung erkennbar, die eine kontinuierliche Vergrößerung des Plasma-Eisen-Pools anzeigt. Ursache sind Mutationen im *HFE*-Gen (hauptsächlich Homozygotie für C282Y), die zu einer Steigerung der intestinalen Eisenresorption

führen. Mutationen im HFE-Gen vermindern die Her-stellung des Hepcidins. Als Folge wird zuviel Eisen aus der Nahrung aufgenommen und in fast allen Organen, insbesondere aber in Hepatocyten, endokrinem Pank-reas, Myokard, Hypophyse, Gelenken und Hoden ab-gelagert. In der Leber bewirkt die toxische Wirkung des Eisens (Fenton-Reaktion!) eine Zellschädigung, die in eine Fibrose übergehen kann. Aus dieser können sich eine Zirrhose und ein Karzinom entwickeln. Eisenabla-gerungen können die Entwicklung eines Diabetes melli-tus, einer Herzmuskelschwäche (Kardiomyopathie) und einer Arthropathie begünstigen. Da ein Teil der Schä-den reversibel ist, sollte bei Diabetikern eine Hämochro-matose als mögliche Ursache ausgeschlossen werden.

Die vermehrte Eisenablagerung in der Leber kann

— invasiv durch **Leberbiopsie** (mit anschließender quantitativer Eisenmessung in der veraschten Probe) oder

— nicht-invasiv mit der **Kernspintomographie** (MRT mit der sog. T2*-Gewichtung) bestimmt werden.

Da sich die Folgen der genetischen Konstellation über viele Jahrzehnte entwickeln, muss die tägliche Eisenre-sorption von normalerweise 1–2 mg (18–36 μmol) auf das Doppelte erhöht sein, um die bei Hämochromato-se-Patienten im Alter von 50 Jahren gefundenen Eisen-ablagerungen zu erklären. Wichtig ist die frühzeitige

Diagnose, um die Entwicklung einer Leberzirrhose zu verhindern. Nach Diagnosestellung werden die Patienten durch zunächst wöchentliche **Aderlässe** behandelt, wobei dem Organismus mit jeweils 500 ml Blut 250 mg (4,5 mmol) Eisen entzogen werden.

Weitere, sog. Nicht-HFE-Hämochromatoseformen werden durch Mutationen in den Genen für **Hämojuvelin** (Typ IIA) und **Hepcidin** (Typ IIB), **TfR2** (Typ III) und **Ferroportin** (Typ IV) verursacht. Die Typ-II-Hämochromatosen werden als juvenile Formen bezeichnet, da sie bereits im 2. bis 3. Lebensjahrzehnt zu Krankheitssymptomen führen. Mit Ausnahme der Ferroportin-Hämochromatose (dominant) werden alle übrigen Formen rezessiv vererbt.

> Ein Eisenmangel ist an einem erniedrigten Ferritinspiegel erkennbar.

Der Eisenmangel bzw. die dadurch verursachte Anämie ist der auf der Erde am meisten verbreitete Mangelzustand, da er nicht nur in unterentwickelten Ländern, sondern auch in Industriestaaten vorkommt. Einem Eisenmangel kann

- eine **unzureichende Eisenaufnahme** infolge mangelnder Zufuhr (z. B. bei Vegetariern und Veganern) oder durch Hemmung der Resorption bei Entzündungen oder Infekten (z. B. mit *Helicobacter pylori*)
- ein **erhöhter Eisenverlust** (durch Darmblutungen bei Krebs oder Ulcera oder verstärkte Monatsblutung bei Frauen) oder
- ein **erhöhter Eisenbedarf** in der Schwangerschaft und während des Wachstums zugrunde liegen.

Störungen der duodenalen Eisenresorption können mit einem **oralen Eisenbelastungstest** nachgewiesen werden, mit dem der Serumeisenspiegel vor und drei Stunden nach der Eiseneinnahme gemessen wird. Ein inadäquater Anstieg veranlasst zu einer Magen-Dünndarm-Spiegelung.

Ein gastrointestinaler blutungsbedingter Eisenverlust (okkultes Blut) kann entweder durch die Anwendung des **Hämoccult-Tests** erkannt werden, bei dem im Stuhl aus Erythrocyten freigesetztes Hämoglobin über seine **Pseudoperoxidase-Aktivität** (Blaufärbung von Guaiac nach Zugabe von H_2O_2) oder durch einen **immunologischen Hämoglobin-Test** nachgewiesen wird. Ein positiver Test veranlasst zu einer Dickdarmspiegelung und ggf. auch einer Magen-Dünndarm-Spiegelung.

Ein Eisenmangelzustand entwickelt sich über mehrere Phasen: Ein leichter oder latenter ist nur an einem erniedrigten Ferritinspiegel erkennbar, da das Blutbild aufgrund der Priorität, die das Knochenmark gegenüber anderen Geweben bei der Eisenvergabe genießt, noch normal bleibt. Erst im fortgeschrittenen Stadium ist

die Erythropoese beeinträchtigt, was an einem Hämoglobinabfall und einer Verringerung des Volumens der Erythrocyten erkennbar ist (hypochrome Anämie). Der latente Eisenmangel kann von Symptomen wie Konzentrationsschwäche oder Müdigkeit begleitet sein, da wichtige Gehirnfunktionen eisenabhängig sind. Eisenmangelzustände können durch perorale oder auch intravenöse Gaben zweiwertiger Eisenpräparate behandelt werden.

Zusammenfassung

- Eisen ist das quantitativ bedeutendste Spurenelement im Organismus. Es ist als Redoxsystem oder Sauerstofftransporteur tätig. In Proteinen ist es über das Häm-Gerüst oder direkt an den Proteinanteil gebunden.
- Eisen ist in wässrigen Lösungen schlecht löslich und findet sich in Organismen deshalb immer in gebundener Form. Eisenüberschuss führt über die Fenton-Reaktion zur Bildung von zellschädigenden Radikalen.
- Die Eisenresorption im Dünndarm erfolgt über das koordinierte Zusammenspiel verschiedener Mucosaproteine wie DMT1, Dcytb, Ferritin und Ferroportin. Hepcidin ist ein wichtiger hormoneller Regulator des Eisenstoffwechsels.
- In Zellen mit einem hohen Eisenumsatz wie den Erythroblasten des Knochenmarks wird die Biosynthese der Proteine, die an Eisenaufnahme (Transferrinrezeptor 1), -speicherung (Ferritin) und -verwertung (δ-ALA-Synthase-2) beteiligt sind, über eisenregulatorische Proteine koordiniert. Diese Proteine binden an die mRNAs der genannten Proteine und modulieren dadurch ihre Translation.
- Trotz der extrem geringen Eisenausscheidung sind Eisenmangelzustände häufig. Sie sind Folge von unzureichender Zufuhr, Resorptionsstörungen oder chronischer Blutungen der verschiedensten Ursachen.
- Bei der Hämochromatose wird Eisen vermehrt resorbiert. Nach Jahrzehnten tritt eine Eisenüberladung in verschiedenen Organen auf, die Diabetes mellitus, Arthritis oder Kardiomyopathie verursachen kann. Mutationen in mindestens fünf verschiedenen Genen (HFE, Hämojuvelin, Hepcidin, TfR2, Ferroportin) können eine Hämochromatose verursachen. Entscheidend ist die frühe Erkennung der Erkrankung, da durch eine konsequente Aderlass-Therapie Eisen dem Organismus wieder entzogen werden kann und die potenziellen Folgen der Eisenüberladung damit vermieden werden können.

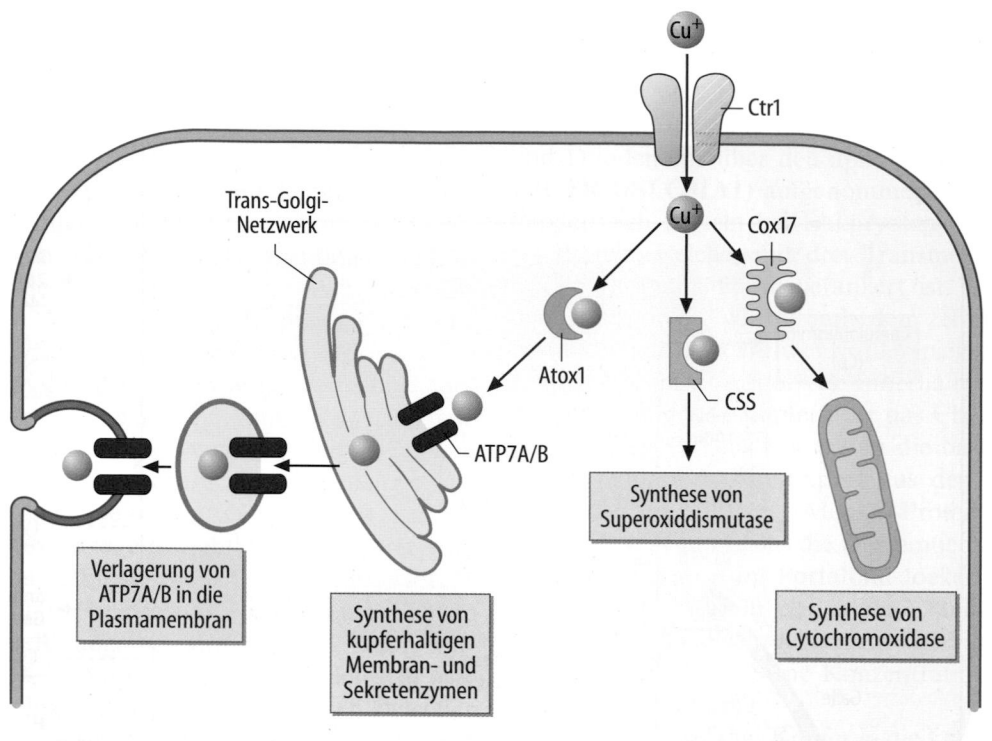

◘ **Abb. 60.10** **Kupferaufnahme und Kupferstoffwechsel in Hepatocyten und anderen Zellen.** Nach Aufnahme durch den Transporter Ctr1 wird Kupfer von verschiedenen Metallchaperonen gebunden. Diese transportieren Kupfer an die Orte der Biosynthese kupferhaltiger Proteine oder zur Ausscheidung. *Atox1*: Chaperon für den Transport in das *trans*-Golgi-Netzwerk; *Cox17*: Chaperon für den Transport in die Mitochondrien; *CCS*: Chaperon für Superoxid-Dismutase. (Weitere Einzelheiten Text)

tin) über CTR1 in die Zelle und werden wie Kupfer durch ATP7A und 7B wieder aus der Zelle transportiert.

❯ Cu-ATPasen werden für den Transport von Kupfer in das *trans*-Golgi-Netzwerk oder zum Kupferexport aus Zellen benötigt.

Bei Säugetieren und damit auch beim Menschen sind zwei Cu-ATPasen für den ATP-abhängigen Transport von Kupfer durch Membranen verantwortlich: **ATP7A** (Menkes-Protein) und **ATP7B** (Wilson-Protein), die in die Familie der P-ATPasen gehören (▶ Abschn. 11.5). ◘ Abb. 60.11 zeigt den aus der Aminosäuresequenz abgeleiteten Aufbau des Transporters ATP7B. Das Protein ist mit insgesamt acht Transmembrandomänen in die Membran integriert. N-terminal finden sich sechs für die Kupferbindung verantwortliche Sequenzmotive, im C-Terminus sind die ATPase-Aktivität und die Translokationsaktivität lokalisiert. ATP7A zeigt eine große Homologie zu ATP7B. Die wichtigen Unterschiede zwischen den beiden Cu-ATPasen sind funktioneller Natur

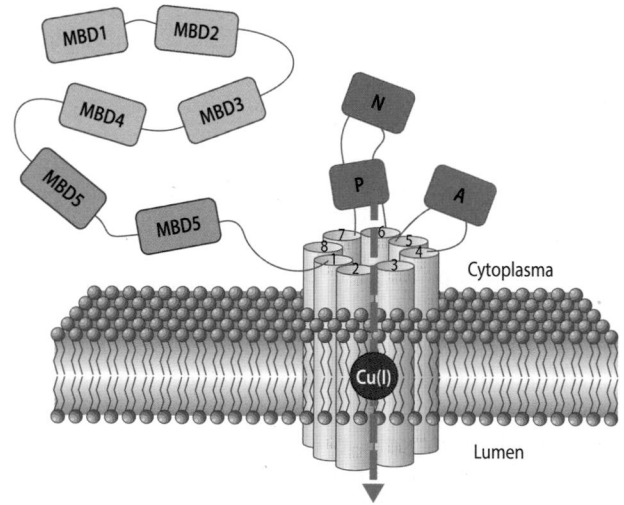

◘ **Abb. 60.11** **Membranintegration des bei der Wilson Erkrankung defekten Kupfer-Transportproteins ATP7B.** Anordnung der Domänen: Auf der cytoplasmatischen Seite befinden sich die Aktuator (A = regulatorisches Element)-, die Phosphorylierungs (P)- und ATP-bindenden (N) Domänen sowie sechs metallbindende Domänen (MBD1-6). Acht transmembranäre Domänen bilden einen Kanal für den Kupfertransport (nach Shanmugavel et al, 2019)

und ergeben sich aus ihrer unterschiedlichen Gewebs- und Organverteilung (Abb. 60.9):

- ATP7A wird in vielen extrahepatischen Geweben exprimiert. In den Mucosazellen ist es für den Kupferexport auf die basolaterale Seite und damit für die Kupferaufnahme verantwortlich, In den meisten anderen Zellen reagiert ATP7A mit ATOX1, transportiert Kupfer ins Lumen des *trans*-Golgi-Netzwerks, wo es für die Synthese kupferhaltiger Proteine verwendet wird. Bei hohem Kupferangebot verlagert sich ATP7B in die Plasmamembran und exportiert Kupfer in den Extrazellulärraum. Besonders wichtig ist dies in den Epithelien der Blut-Hirn-Schranke für den Kupfertransport ins Nervensystem, in der Plazenta für die Kupferversorgung des Föten und in den Zellen der laktierenden Brustdrüse für die Kupferversorgung des Säuglings.
- ATP7B wird hauptsächlich in den Hepatocyten exprimiert. Seine intrazelluläre Funktion entspricht derjenigen des ATP7A. Bei hohem Kupferangebot wird der Transporter in die kanalikuläre Membran der Hepatocyten verlagert, was zu einer Kupferausscheidung in die Galle führt.

❯ Genetische Defekte der Kupferpumpen ATP7B bzw. ATP7A verursachen Verteilungsstörungen von Kupfer im Gewebe.

Hepatolenticuläre Degeneration (Morbus Wilson) Die häufigste Störung des Kupferstoffwechsels ist eine autosomal-rezessiv vererbte Erkrankung, die erstmalig 1912 von dem Londoner Neurologen Kinnier Wilson beschrieben wurde.

Die Pathogenese beruht auf zwei Störungen des Kupferstoffwechsels:
- einer Abnahme der biliären Kupferausscheidung,
- einer Abnahme des Einbaus von Kupfer in Caeruloplasmin.

Diese führen zu einer Akkumulation dieses Metalls in der Leber mit zunehmender Leberfunktionsstörung (mitochondriale Dysfunktion, Zellschädigung und Fibrose) und der konsekutiven Ablagerung von Kupfer im Gehirn mit Koordinationsstörungen (Nucleus lenticularis der Basalganglien) und Verhaltensveränderungen. Die Krankheit wird deshalb auch als hepatolenticuläre Degeneration bezeichnet. Die Kupferablagerung in der **Descemet-Membran** des Auges kann eine goldbraune, gelbe oder grüne Umrandung der Cornea (Kayser-Fleischer-Ring, Abb. 60.12) verursachen.

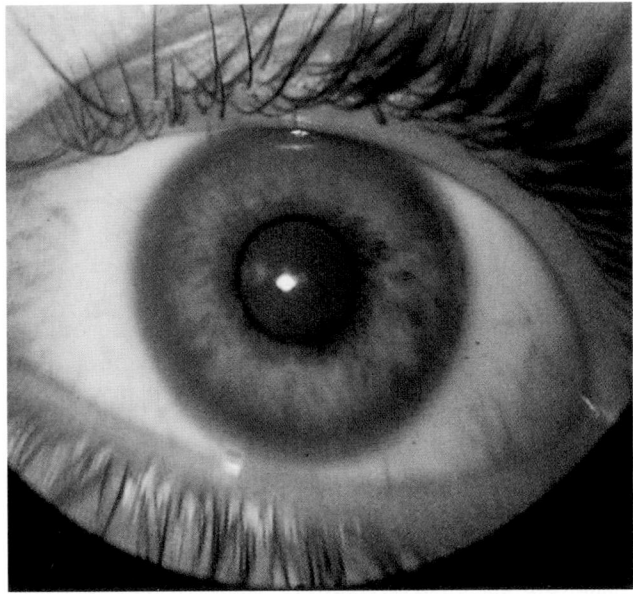

 Abb. 60.12 Kayser-Fleischer-Ring beim Morbus Wilson. (Aus Kritzinger und Wright 1985)

Bei Morbus Wilson ist das Gesamtkupfer des Serums erniedrigt, da der Caeruloplasminspiegel reduziert ist. Das an Albumin locker gebundene Kupfer („freies Kupfer") ist dagegen erhöht. Durch eine Beeinträchtigung der Nierenfunktion ist außerdem die Ausscheidung von Kupfer (über 100 µg im 24 Std.- Urin) und daneben auch die von Aminosäuren und Harnsäure mit dem Urin erhöht.

Ursache der Erkrankung ist eine Mutation im Gen für die ATPase7B (Chromosom 13q14.3). Über 350 verschiedene Mutationen können die Erkrankung hervorrufen. Die häufigste in Europa ist die H1069Q-Mutation in Exon 14 und in Asien die R778L-Mutation. Die meisten Patienten sind gemischt-heterozygot (Häufigkeit 1:30.000, Heterozygote 1:90!). Durch die Mutation wird der Import von Kupfer ins *trans*-Golgi-Netzwerk und v. a. der Export von überschüssigem Kupfer in die Galle beeinträchtigt. Dies führt zu einer chronischen Lebererkrankung, die in ein akutes Leberversagen münden kann. Die Therapie hat das Ziel, die Kupferzufuhr zu reduzieren, die vorhandenen Kupferablagerungen durch Steigerung der Kupferausscheidung zu mobilisieren und dann eine erneute Überladung zu vermeiden. Das wird durch eine **kupferarme Kost**, durch medikamentösen Kupferentzug mit Chelatbildnern wie dem Cysteinderivat **D-Penicillamin** und als Erhaltungstherapie durch die Gabe von Zink (das die Kupferaufnahme kompetitiv hemmt) erreicht. D-Penicillamin ist ein Cystein, das in β-Stellung zwei Methylgruppen enthält (β,β-Dimethylcystein, Abb. 60.13), wodurch seine Lipid-

mangels jedoch nicht ausreichend, da dieser auch bei akuten Entzündungen (als Teil der Akutphaseantwort) und als Antwort auf Stresssituationen auftreten kann. Leichter ist die Diagnose bei chronischen Zuständen wie langzeitiger parenteraler Ernährung (unzureichende Zufuhr), Malabsorptionssyndromen (unzureichende Resorption) oder Leberzirrhose (persistierende Funktionsstörung). Erworbener Zinkmangel kann sich ebenfalls an Haut und Schleimhäuten manifestieren und mit Störungen der humoralen und zellulären Immunantwort (regulatorische T-Lymphocyten, ▸ Abschn. 70.6) verbunden sein.

60.2.6 Mangan

❯ Mangan spielt eine wichtige Rolle im Stoffwechsel.

Mangan ist von Bedeutung für verschiedene Stoffwechselfunktionen des Menschen: so ist es z. B. an der Gluconeogenese (Pyruvatcarboxylase und die PEP-Carboxykinase) und am Harnstoffzyklus (Arginase) sowie an antioxidativen Prozessen (Mn-Superoxiddismutase) beteiligt.

Eine weitere Funktion besitzt Mangan bei der Biosynthese von Mucopolysaccharid-Protein-Komplexen (Proteoglycanen, ▸ Abschn. 71.1.5) des Knorpels.

❯ Mitochondrien enthalten viel Mangan.

Mangan wird im Gastrointestinaltrakt über den DMT1-Transporter (▸ Abschn. 60.2.1) resorbiert. Nach Bindung an ein β_1-**Globulin, Albumin** oder **Transferrin** im Blut wird es schnell von den Geweben und dort v. a. von den **Mitochondrien** aufgenommen. Mitochondrienreiche Gewebe weisen deshalb meist eine höhere Mangankonzentration auf. Für die Aufnahme in die Zellen, die Verteilung im Intrazellulärraum und den Export aus der Zelle sind verschiedene Transportsysteme (so z. B. SLC30A10, SLC39A14 oder SLC39A8) verantwortlich. Der Gesamtmanganbestand des Organismus beträgt 10–20 mg (180–360 mmol) und damit $^1/_5$ des Kupfer- und $^1/_{100}$ des Zinkbestands. Die Manganausscheidung erfolgt fast vollständig in den Darm, v. a. über die Galle, aber auch über den Pankreassaft.

❯ Mutationen in Transportergenen führen zum Manganismus.

Mutationen in Transportergenen wie z. B. SCL30A10 verursachen eine Erhöhung des Manganspiegels im Blut, welches im Gehirn (Basalganglien) abgelagert wird und zu neurologischen Folgeschäden führt.

60.2.7 Fluorid

Fluor ist ein Halogen, das aufgrund seiner Reaktivität in der Natur fast ausschließlich als Fluorid vorkommt. Ob Fluorid als für den Menschen lebensnotwendiges Spurenelement angesehen wird, hängt von den angewendeten Kriterien zur Beantwortung dieser Frage ab. Fluorid ist zwar nicht zum Überleben notwendig, optimale Fluoridgaben reduzieren aber das Ausmaß der Karies, d. h. der Zersetzung der Zähne. Fluorid besitzt eine ausgesprochene Affinität zum **Knochen- und Zahnhartgewebe.** Dort wird es als schwer löslicher **Fluorhydroxylapatit** gebunden, der durch Austausch von Fluoridionen gegen Hydroxylionen im Apatitkristallgitter entsteht (▸ Abschn. 72.1).

Fluor findet in der sog. Positronen-Emissions-Tomographie (PET) in der nuclearmedizinischen Diagnostik Anwendung: Dazu wird in ein Desoxy-Glucosemolekül ein radioaktives Fluor-18-Isotop eingebaut (FDG). Dieses – in der Natur nicht vorhandene – Isotop ist ein Positronen-Emitter mit einer kurzen Halbwertszeit von 110 min. Glucose-verbrauchende Zellen wie die von Tumoren nehmen FDG auf, können es aber in der Glycolyse nicht weiter verstoffwechseln, sodass die Zellen dadurch nachgewiesen werden können (▸ Abschn. 52.7.2).

60.2.8 Iod

❯ 75 % des Gesamtkörperiods finden sich in der Schilddrüse.

Die einzig bekannte Funktion von Iod ist die eines essenziellen Bestandteils der Schilddrüsenhormone **Tri- und Tetraiodthyronin** (Thyroxin, ▸ Abschn. 41.2).

In der Nahrung liegt Iod vorwiegend als anorganisches Iodid vor und wird in dieser Form fast vollständig im Magen-Darm-Trakt resorbiert. Die meisten Nahrungsmittel mit Ausnahme von **Meerfisch** enthalten wenig Iod. Im Blut ist die Konzentration des **anorganischen** Iodids sehr niedrig: 0,08–0,60 µg/100 ml (6–47 nmol/l), der Hauptteil ist **organisches** Iod in Form der Schilddrüsenhormone, von denen nur etwa 1‰ nicht an Trägerproteine des Plasmas gebunden sind. Etwa 75 % des gesamten Körperiods(10–20 mg/79–158 µmol) finden sich in der Schilddrüse. Damit ist eine einzigartige Anreicherung eines Spurenelements in einem Organ gegeben, da die Schilddrüse nur etwa 0,05 % des Körpergewichts ausmacht. Diese Anreicherung wird durch die Gegenwart von Iodidtransportern wie dem **Natrium/Iodid-Symporter** (NIS) oder **Pendrin** ermöglicht (▸ Kap. 41). NIS gehört zur Familie der

SLC5A-Transporter (SLC5A5) und stellt ein Protein mit 13 Transmembransegmenten dar. Der Iodidtransport in die Schilddrüse ist elektrogen und benutzt dazu den Natriumgradienten, der durch eine Na$^+$/K$^+$-ATPase erzeugt wird.

Interessanterweise wird NIS auch in der laktierenden Mamma (Iodidausscheidung in die Milch) und beim Mammakarzinom stark exprimiert; daneben auch in Tränen- und Speicheldrüsen, Plexus chorioideus, Cytotrophoblast und Gastrointestinaltrakt, die dadurch Iodid akkumulieren können. In diesen Geweben besitzt Iodid möglicherweise eine antimikrobielle Funktion. Die Regulation des NIS erfolgt organspezifisch (durch TSH in der Schilddrüse, durch Östrogene, Prolactin und Oxytocin in der Mamma).

Beim Abbau der Schilddrüsenhormone freigesetztes Iodid kann für die Biosynthese dieser Hormone reutilisiert werden.

Die Iodidausscheidung erfolgt hauptsächlich mit dem **Urin**, daneben auch mit dem Schweiß und den Faeces. Bei ausreichender Iodzufuhr (100–200 μg bzw. 0,79– 1,58 μmol/Tag) mit der Nahrung soll die Iodidausscheidung im Urin zwischen 75 und 150 μg (0,59 und 1,18 μmol)/Tag liegen.

❯ Der Iodmangel war weit verbreitet.

Iodmangel, der in Deutschland wegen des niedrigen Iodidgehalts der Böden und damit auch der Agrarprodukte sowie in küstenfernen Regionen häufig auftrat, führte in der Vergangenheit zu einer als **endemische Struma** bezeichneten Störung der Schilddrüsenfunktion (▶ Abschn. 41.4), da der Schilddrüse nicht genügend Bausteine angeboten werden. Daher wurde zur Strumaprophylaxe iodiertes Kochsalz eingeführt, über welches Iod auch in Wurstwaren, Fertiggerichte und verarbeitete Nahrungsmittel gelangt.

Eine besondere Bedeutung besitzt die ausreichende Iodversorgung während der Schwangerschaft und der Stillzeit, da eine Steigerung des mütterlichen Grundumsatzes auftritt und die fetale Schilddrüse etwa ab der 12. Schwangerschaftswoche mit der eigenen Hormonsynthese beginnt.

❯ NIS-Mutationen können zum kongenitalen Iodidmangel führen.

Eine Reihe unterschiedlicher Mutationen im NIS/ SLC5A5-Gen kann zu mangelnder Iodidaufnahme in die Schilddrüse führen.

60.2.9 Chrom

❯ Chrom verbessert die Glucosetoleranz.

Über die biochemische Funktion von Chrom ist bisher nur wenig bekannt. Bei Ratten, die chromarm ernährt werden, tritt eine Beeinträchtigung der Glucosetoleranz (▶ Kap. 36) auf, die sich durch Chromgaben wieder beheben lässt. Es wurde spekuliert, dass ein chromhaltiger Glucosetoleranzfaktor existiert; dieser konnte aber bisher nicht isoliert werden. Tierexperimenteller Chrommangel führt zu Wachstumsstörungen und Beeinträchtigungen des Glucose-, Fett- und Proteinstoffwechsels.

❯ Chrom kann zur Markierung von Erythrocyten verwendet werden.

Chrom wird nur in geringem Ausmaß resorbiert, wobei die Resorption von sechswertigem Chrom besser als die von dreiwertigem ist.
- Das resorbierte sechswertige Chromanion tritt durch die Erythrocytenmembran und bindet an den Globinteil des **Hämoglobins**.
- Dagegen kann das dreiwertige Chromkation nicht die Erythrocytenmembran durchdringen und bindet an β-Globulin und Transferrin.

Diese Beobachtungen führten zur Entwicklung von Methoden, mit denen durch **Chrommarkierung** die Lebensdauer von Erythrocyten und Plasmaproteinen bestimmt werden kann. Die Chromausscheidung erfolgt vorwiegend mit dem Urin, in kleinen Mengen auch mit der Galle, durch den Darm und die Haut. Über die Chromverteilung in Geweben ist nur wenig bekannt. Interessanterweise nimmt der Chromgehalt des Organismus (normal etwa 6 mg/115 μmol) – im Gegensatz zu den meisten anderen Spurenelementen – mit zunehmendem Alter ab.

60.2.10 Selen

❯ Selen ist als Selenocystein Bestandteil von Proteinen.

Beim Menschen sind 25 Selenoproteine (Selenoproteom) bekannt (s. u.). In diesen kommt Selen als **Selenocystein (auch als 21. Aminosäure bezeichnet)** vor, das bei physiologischem pH-Wert vollständig ionisiert ist und damit als sehr effektiver **Redox-Katalysator** wirkt.

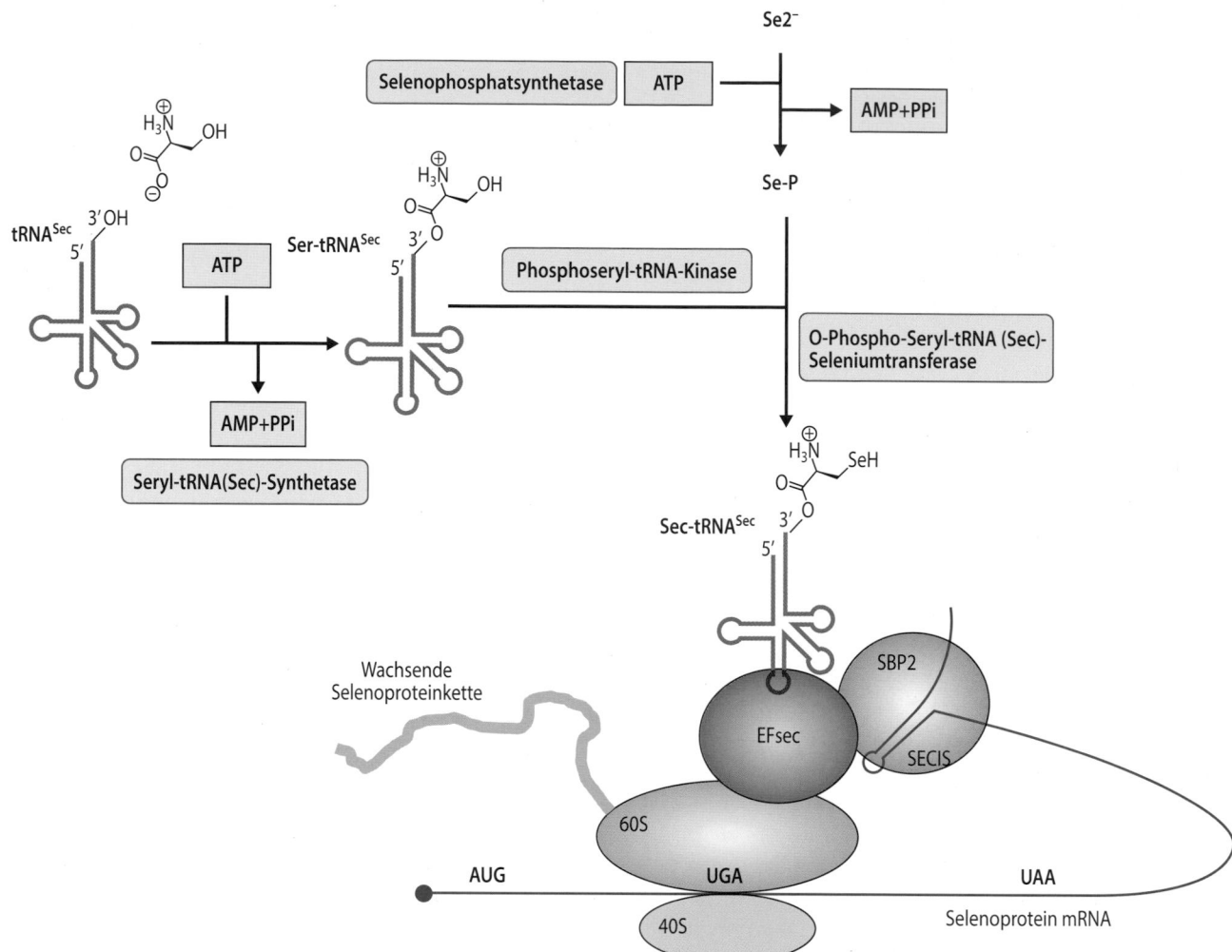

◼ Abb. 60.14 **Einbau von Selenocystein in ein theoretisches Seleno-Protein (A) unter Vermittlung von 6 Translationsfaktoren.** *EFsec*: Sec-spezifischer Elongationsfaktor; *SECIS*: Selenocystein-Insertions-Sequenz; SBP2: SECIS-Bindungsprotein 2. (Nach Localzo 2014)

Der Einbau von Selenocystein in Selenoproteine unterscheidet sich von dem aller anderen Aminosäuren. Zunächst wird die für den Einbau von Selenocystein in Proteine benötigte tRNA^sec mit der Aminosäure Serin beladen, sodass Ser-tRNA^sec entsteht (◼ Abb. 60.14). Der Serylrest wird phosphoryliert und Ser-tRNA^sec in einer weiteren, komplexen Reaktion unter Verwendung von Selenophosphat in **Sec-tRNA^sec** umgewandelt. Bei der Biosynthese der Selenoproteine verwendet Sec-tRNA^sec das Codon UGA, welches normalerweise als Stopp-Codon dient. Ursache für das „Überlesen" dieses Stopp-Codons ist eine im 3'-untranslatierten Bereich aller Selenoprotein-mRNAs lokalisierte SECIS (*selenocysteine inserting sequence*)-Sequenz, die einige spezifische Translationsfaktoren rekrutiert, die die Sec-tRNA^sec dem UGA-Codon zuordnen. Die Proteinbiosynthese läuft dann nach Einbau des Selenocysteins in die wachsende Peptidkette bis zum nächsten Stopp-Codon weiter.

Beispiele für Selenoenzyme:
- **Glutathionperoxidasen** sind wichtige Bestandteile des antioxidativen Schutzsystems aller Zellen, kommen aber auch im Extrazellulärraum vor (GPX 3). Ihre besondere Bedeutung liegt in der Eliminierung von Lipidperoxiden, die durch Protonierung von organischen Dioxyl-Radikalen entstehen (▶ Abschn. 20.2, ◼ Abb. 20.3). Das Enzym kommt in verschiedenen Isoformen (GPX 1–6) vor, von denen einige mit durch Peroxidation geschädigten Membranphospholipiden, andere dagegen mit oxidierten Lipiden in Lipoproteinen reagieren.
- **Thioredoxin-Reduktasen** sind Proteine, die Thiol-Disulfid-Austauschreaktionen katalysieren. Sie spielen z. B. für die Ribonucleotidreduktase (▶ Abschn. 30.2), aber auch für die Ausbildung von Disulfidbrücken bei der Proteinfaltung eine wichtige Rolle.

- **Thyroxin-Deiodasen** katalysieren die Entfernung von Iod aus der 5- bzw. 5'-Position von Thyroxin und spielen somit eine wichtige Rolle bei Biosynthese und Abbau der Schilddrüsenhormone in verschiedenen Geweben (▶ Kap. 41).

❯ Selen besitzt eine relativ geringe therapeutische Breite.

Die Resorption von Selen wird durch die Wertigkeit und Verbindung, in der es vorliegt (gute bei Natrium-Selenit, schlechter bei Selenocystein und Selenmethionin), sowie der Menge des zugeführten Elements bestimmt. Im Blut erfolgt der Transport durch die Bindung an Plasmaproteine (Selenoprotein P), wonach Selen in alle Gewebe einschließlich Knochen, Haare, Erythrocyten und Leukocyten gelangt. Am höchsten sind die Selenkonzentrationen in der Schilddrüse, darauf folgen Nierenrinde, Pankreas, Hypophyse und Leber. Ausgeschieden wird Selen mit den Faeces, dem Urin und mit der Ausatmungsluft. Die Deutsche Gesellschaft für Ernährung empfiehlt eine tägliche Selenzufuhr von 50–75 µg, die jedoch mit den mit der Nahrung aufgenommenen Mengen nicht gedeckt wird. Nahrungsmittel mit hohem Selengehalt sind Eigelb, Fisch und Fleisch. Selen besitzt im Vergleich zu anderen Spurenelementen eine relativ **geringe therapeutische Breite**, da bereits ab der zehnfach empfohlenen Tagesdosis toxische Wirkungen auftreten.

❯ Selenmangel beeinträchtigt die Schilddrüsenfunktion.

Da Selen essenzieller Bestandteil eines wichtigen Enzyms des Schilddrüsenhormonstoffwechsels ist, führt ein Selenmangel zur Beeinträchtigung der Bildung von Triiodthyronin. Auf der anderen Seite hemmt die orale Verabreichung von Selen die Produktion von Autoantikörpern gegen die Thyreoperoxidase (▶ Kap. 41). Wie die Schädigung der Herz- und Skelettmuskulatur zustande kommt, die bei den in China in Gebieten mit selenarmen Böden endemischen Selenmangelerkrankungen (Keshan-Krankheit) beobachtet wird, ist noch unklar (Reduktion der Glutathionperoxidase mit konsekutivem oxidativen Stress?). Selenmangel wird auch als Folge lang andauernder parenteraler Ernährung und bei Malabsorptionen beobachtet.

Da Selen immunmodulierende Wirkungen aufweist, wird die Gabe von Selen zur Krebsprophylaxe und Unterstützung von Tumortherapien propagiert.

Zusammenfassung

- Molybdän nimmt an Elektronentransferprozessen teil.
- Cobalt ist integraler Bestandteil von Vitamin B_{12}, in höheren Konzentrationen aber toxisch.
- Zink ist Cofaktor von mehr als 300 Enzymen. Dazu gehören Metalloproteinasen, die Komponenten der extrazellulären Matrix abbauen, und zahlreiche Transkriptionsfaktoren. Ein Zinkmangel, der z. B. bei parenteraler Ernährung oder Resorptionsstörungen auftritt, kann die Immunantwort beeinträchtigen.
- Mangan nimmt an verschiedenen Stoffwechselprozessen teil, ein genetisch bedingter Anstieg des Manganspiegel verursacht neurologische Schäden.
- Fluorid wirkt durch Einbau in die anorganische Substanz des Zahns bzw. Knochens der Karies bzw. Osteoporose entgegen.
- Iodid ist obligater Bestandteil der Schilddrüsenhormone.
- Chrom soll die Glucosetoleranz verbessern.
- Selen ist als Bestandteil von Selenocystein in 25 Selenoproteinen zu finden, die v. a. für die antioxidative Abwehr und den Iod-Stoffwechsel (Thyroxin-Deiodasen) wichtig sind. Der Einbau in Selenoproteine erfolgt über einen speziellen Syntheseweg.

Weiterführende Literatur

Anagianni S, Tuschl K (2019) Genetic disorders of manganese metabolism. Curr Neurol Neurosci Rep 19:33
Atwal PS, Scaglia F (2016) Molybdenum cofactor deficiency. Mol Genet Metab 117:1–4
Camaschella C (2019) Iron deficiency. Blood 133:30–39
Cheung AC et al (2016) Systemic cobalt toxicity from total hip arthroplasties. Bone Joint J 98:6–13
Colas C, Man-Un Ung P, Schlessinger A et al (2016) SLC-transporters: structure, function and drug discovery. Medchemcomm 7:1069–1081
Crielaard BJ, Lammers T, Rivella S (2017) Targeting iron metabolism in drug discovery and delivery. Nat Rev Drug Discov 16:400–423
Doguer C, Ha JH, Collins JF (2018) Intersection of iron and copper metabolism in the mammalian intestine and liver. Compr Physiol 8:1433–1461
Erikson KM, Aschner M (2019) Manganese: its role in disease and health. Met Ions Life Sci 19:253–266
Ferreira CR, Gahl WA (2017) Disorders of metal metabolism. Transl Sci Rare Dis 2:101–139

Kambe T et al (2015) The physiological, biological and molecular roles of zinc transport in zinc homeostasis and metabolism. Physiol Rev 95:749–784

Kritzinger EE, Wright BE (1985) Auge und Allgemeinkrankheiten, 1. Aufl. Springer, Berlin/Heidelberg/New York

Livingstone C (2015) Zinc: physiology, deficiency and parenteral nutrition. Nutr Clin Pract 30:371–382

Localzo J (2014) Keshan disease, selenium deficiency and the selenoproteome. N Engl J Med 370:18–22

Muckenthaler MU, Rivella S, Hentze MW, Galy B (2017) A red carpet for iron metabolism. Cell 168:344–361

Nishito Y, Kambe T (2018) Absorption mechanisms of iron, copper and zinc. An overview. J Nutr Sci Vitaminol 64:1–7

Ravera S, Reyna-Neyra A, Ferradino G, Amzel LM, Nacy Carrasco N (2017) The sodium/iodide symporter (NIS): molecular physiology and preclinical and clinical applications. Annu Rev Physiol 10:261–289

Santos LR, Neves C, Melo M, Soares P (2018) Selenium and selenoproteins in immune mediated thyroid disorders. Diagnostics 8:70

Shanmugavel KP, Kumar R, Yaozong L, Wittung-Stafshede (2019) Wilson disease missense mutations in ATP7b affect metal-binding domain structural dynamics. Biometals 32:875-885

Ten Cate JM, Buzalat MAR (2019) Fluoride mode of action: was an observant dentist. J Dent Res 98:725–730

Vincent JB, Lukaski HC (2018) Chromium. Adv Nutr 9:505–506

Wang CY, Babitt JL (2019) Liver iron sensing and body iron homeostasis. Blood 133:18–29

Weiss G, Ganz T, Goodnough LT (2019) Anemia of inflammation. Blood 133:40–50

60

Gastrointestinaltrakt

Peter C. Heinrich, Raika M. Sieger und Georg Löffler

Der Gastrointestinaltrakt ist für die Nahrungsaufnahme und damit für die Energieversorgung des Organismus von entscheidender Bedeutung. Die Nahrungsaufnahme wird in die beiden Phasen Verdauung und Resorption eingeteilt. Die Verdauung beruht auf der durch Verdauungsenzyme katalysierten hydrolytischen Spaltung hochmolekularer Nahrungsstoffe in ihre monomeren Bausteine. Diese werden dann durch den Vorgang der Resorption in die Blutbahn bzw. in das Lymphsystem aufgenommen.

Schwerpunkte

61.1 Verdauungssekrete
- Sekrete der Speicheldrüsen, der Magenschleimhaut, des Pankreas und des Duodenums
- Gallenflüssigkeit

61.2 Regulation gastrointestinaler Sekretion und Pathobiochemie
- Das endokrine System des Intestinaltrakts

61.3 Verdauung und Resorption
- Kohlenhydrate, Proteine und Lipide
- Resorption und Sekretion von Wasser und Elektrolyten
- Störungen der Verdauung und Resorption von Nahrungsstoffen

61.4 Intestinales Immunsystem
- Transcytose von IgA

61.5 Mikrobiom des Darms
- Einfluss auf Stoffwechsel und Verdauung
- Mikrobiom und Immunsystem

61.1 Verdauungssekrete

61.1.1 Speichel

In den Parotiden (Ohrspeicheldrüsen) und den submaxillaren und sublingualen Speicheldrüsen werden je nach Menge und Art der aufgenommenen Nahrung pro Tag etwa 1000–1500 ml Speichel produziert. Die Speichelflüssigkeit besteht zu 99,5 % aus Wasser und hat einen pH-Wert von etwa 7. Sie enthält mehrere unterschiedliche Mucine, die die Nahrung gleitfähig machen. Verschiedene körperfremde Substanzen wie Alkohol oder Morphin, außerdem anorganische Ionen wie Kalium, Calcium, Hydrogencarbonat und Iodid werden teilweise in die Speichelflüssigkeit sezerniert.

Die Speichelflüssigkeit enthält eine Reihe von Proteinen:
- Als antimikrobiell wirkende Komponenten wurden Lysozym, Immunglobulin A, eine Gruppe histidinreicher Proteine, die Histatine und die als Proteinase-Inhibitoren wirkenden Cystatine identifiziert.
- Von Bedeutung für die Zahnmineralisierung sind die sog. prolinreichen Proteine (PRPs) und die Statherine.
- Mucine machen die Nahrungsbissen gleitfähig und üben eine cytoprotektive Wirkung aus.
- Im Speichel kommt schließlich ein die Stärke verdauendes Enzym, das **Ptyalin**, vor. Es handelt sich um eine **α-Amylase**, die Stärke bis zur Maltose hydrolysiert. Infolge ihrer geringen Aktivität und der kurzen Verweildauer der Speise in der Mundhöhle, spielt sie allerdings nur eine geringe Rolle bei der Verdauung. Das pH-Optimum des Ptyalins liegt bei 6,7, bei pH-Werten unter 4 wird das Enzym rasch inaktiviert, sodass es im sauren Milieu des Magens nicht mehr wirksam ist.

61.1.2 Magensaft

Die in der Magenschleimhaut gelegenen Magendrüsen produzieren täglich etwa 3000 ml Magensaft, dessen Bestandteile von den verschiedenen sekretorischen Zellen der Magenschleimhaut gebildet werden. Für die Produktion der einzelnen Bestandteile des Magensaftes sind jeweils unterschiedliche Epithelzellen verantwortlich:
- Die Nebenzellen des Antrums produzieren im Wesentlichen das für den Schutz der Magenschleimhaut vor Selbstverdauung notwendige **Mucin**.

Ergänzende Information Die elektronische Version dieses Kapitels enthält Zusatzmaterial, auf das über folgenden Link zugegriffen werden kann https://doi.org/10.1007/978-3-662-60266-9_61. Die Videos lassen sich durch Anklicken des DOI Links in der Legende einer entsprechenden Abbildung abspielen, oder indem Sie diesen Link mit der SN More Media App scannen.

- Die Parietalzellen (Belegzellen) des Magenfundus und Corpus sezernieren die für den Magensaft charakteristische **Salzsäure**.
- Die Protease **Pepsin** wird in den Hauptzellen der Magenschleimhaut gebildet.

❯ Die Parietalzellen produzieren HCl und den *intrinsic factor*.

◧ Abb. 61.1 zeigt die Vorgänge bei der Salzsäuresekretion durch die Parietalzellen. Morphologisch zeichnen sich diese durch ein **spezifisches vesikuläres System** aus, dessen Membranen nach Stimulierung der Belegzellen mit den Membranen eines intrazellulären Kanalsystems fusionieren. Dieses stellt die Verbindung mit der luminalen Seite der Belegzellen her. In die Vesikelmembranen ist eine **Protonenpumpe** integriert, welche unter ATP-Verbrauch Protonen im Austausch mit Kaliumionen gegen einen erheblichen Konzentrationsgradienten ins Lumen transportiert. Die Protonenkonzentration im Magensaft kann bis etwa 0,1 mol/l entsprechend einem pH-Wert von 1 betragen. Da die Protonenkonzentration intrazellulär bei etwa 10^{-7} mol/l (pH 7,0) liegt, entspricht dies einem Konzentrationsgradienten von etwa 10^6. Die für den Austausch benötigte Energie entstammt der Hydrolyse von ATP mit einer Stöchiometrie von je 2 H^+ bzw. K^+ pro ATP.

Die für die Salzsäureproduktion benötigten Protonen werden mithilfe der **Carboanhydrase** aus CO_2 und H_2O gebildet. Das dabei entstehende Hydrogencarbonat wird durch einen auf der basolateralen Seite der Belegzellen lokalisierten Antiporter gegen Chloridionen aus-

getauscht, die über einen speziellen **Chloridkanal** in das Lumen abgegeben werden. Auch die für das Funktionieren der Protonenpumpe notwendigen K^+-Ionen gelangen durch einen entsprechenden Kanal auf die luminale Seite der Belegzellen.

Salzsäure spielt eine wichtige Rolle in der Pathogenese von Magen- und Zwölffingerdarm-Geschwüren und der Refluxösophagitis. Daher war die Aufklärung der Struktur der Protonenpumpe des Magens sowie der Regulation ihrer Expression von großer Bedeutung. ◧ Abb. 61.2A zeigt die aus der Aminosäuresequenz abgeleitete Membrantopologie der Protonenpumpe. Es handelt sich um ein dimeres Protein aus je einer α- und β-Untereinheit. Die α-Untereinheit ist für die ATP-Bindung, die ATPase und die H^+/K^+-Austauschaktivität verantwortlich. Die stark glycosylierte β-Untereinheit ist für die intrazelluläre Lokalisation und die Aktivität der Pumpe notwendig. Strukturell zeigt die H^+/K^+-ATPase große Ähnlichkeit mit anderen ATPasen des P-Typs wie der Na^+/K^+-ATPase der Plasmamembran oder der Ca^{2+}-ATPase des endoplasmatischen Retikulums (▶ Abschn. 11.5). Dieser strukturellen Ähnlichkeit entspricht auch eine Ähnlichkeit im Transportmechanismus (◧ Abb. 61.2B). Nach der Bindung von H^+ auf der cytosolischen Seite erfolgt der Transfer des γ-Phosphats des ATP auf einen Aspartylrest der ATPase, sodass ein energiereiches gemischtes Säureanhydrid (Acylphosphat-Bindung) entsteht (Ziffer 1). Dies löst den Transport von H^+ auf die luminale Seite aus (Ziffer 2). Die Bindung von K^+ verursacht die Hydrolyse der Acylphosphat-Bindung und dann den Transport von K^+ (Ziffer 3) auf die cytosolische Seite (Ziffer 4).

Die Entwicklung von spezifischen Hemmstoffen der Protonenpumpe der Belegzelle war ein wichtiger Fortschritt in der Therapie aller Erkrankungen, bei denen die Magensäure eine pathogenetische Rolle spielt. Diese H^+/K^+-ATPase-Inhibitoren, die sog. Protonenpumpen-Blocker, hemmen die Säuresekretion wesentlich effektiver als Antagonisten der Histamin-2-Rezeptoren (H_2-Blocker) oder der Muskarinrezeptoren, Subtyp 3 (Acetylcholin-Rezeptor-Antagonisten wie Pirenzepin). **Omeprazol** war der erste Vertreter dieser Substanzklasse, der therapeutisch zum Einsatz kam. Protonenpumpen-Blocker werden als ungeladene Moleküle von den Belegzellen des Magens aufgenommen und erfahren im sauren Milieu der Vesikel der Belegzellen eine Umlagerung zu einem reaktiven **Sulfenamid** (◧ Abb. 61.3). Dieses reagiert mit Cysteinylresten der H^+/K^+-ATPase und inaktiviert auf diese Weise das Enzym in der Regel irreversibel. Eine erneute HCl-Produktion ist erst nach der Synthese neuer Protonenpumpen möglich. Reversible Protonenpumpen-Blocker waren in Erprobung. Diese sind aber bislang aufgrund von Nebenwirkungen, z. B. Hepatotoxizität, nicht zur Zulassung gekommen. Diese Substanzen konkurrieren kompetitiv mit Kalium

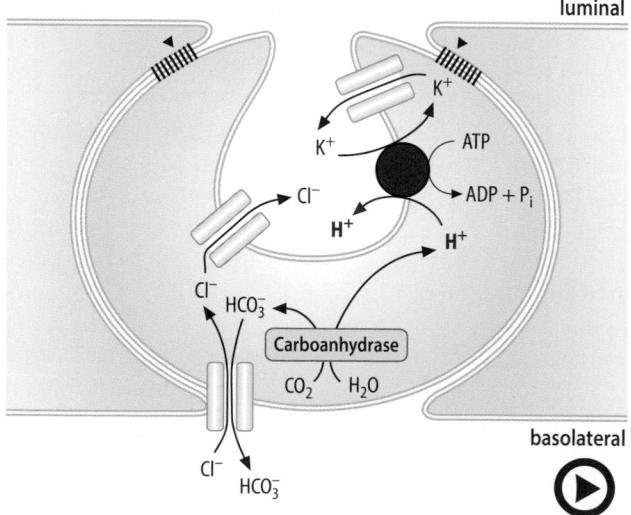

◧ **Abb. 61.1** (Video 61.1) **Mechanismus der Salzsäurebildung in den Belegzellen der Magenschleimhaut.** Die *rot* dargestellte H^+/K^+-ATPase ist imstande, die luminale H^+-Konzentration auf etwa 0.1 mol/l (pH 1) zu erhöhen; *schwarze Pfeilspitze: tight junction* (▶ https://doi.org/10.1007/000-5qj)

A

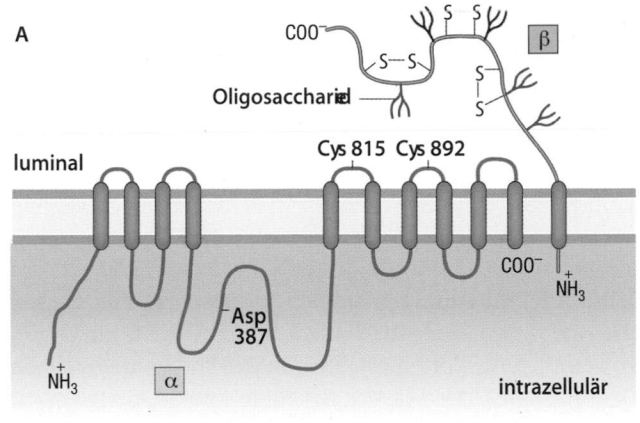

B

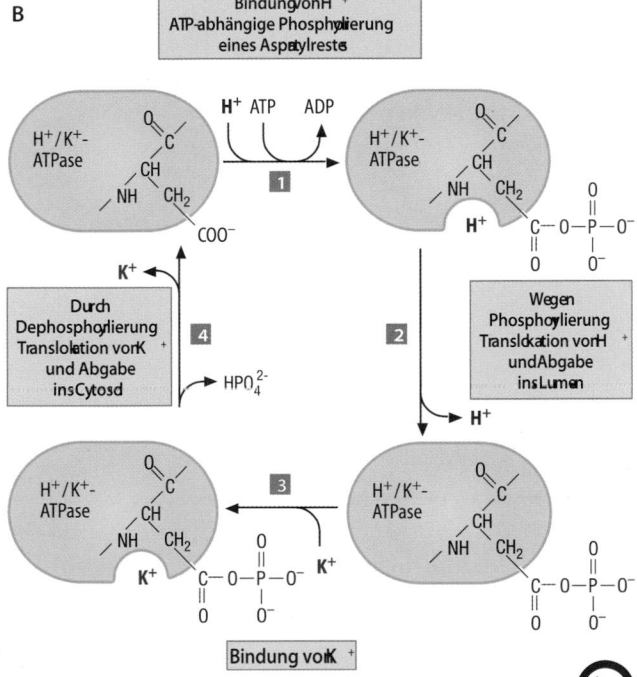

□ **Abb. 61.2** (Video 61.2) **Lokalisation und Mechanismus der H+/K+-ATPase der Belegzellen der Magenschleimhaut. A** Membrantopologie der humanen H+/K+-ATPase. Die α-Untereinheit besitzt 10 Transmembrandomänen. Die ATP-Bindungsstelle sowie das für den Katalysezyklus wichtige Aspartat 387 befinden sich auf der cytosolischen, die K+-Bindungsstelle sowie die für die Hemmung durch Omeprazol oder andere Protonenpumpen-Blocker wie Esomeprazol (S-Isomer des Omeprazol), Lansoprazol, Rabeprazol und Pantoprazol verantwortlichen Cysteinylreste Cys 815 und Cys 892 auf der luminalen Seite. Pantoprazol bindet noch an weitere Cysteinylreste, sodass die Bindung möglicherweise stabiler ist. Die β-Untereinheit ist für die zelluläre Lokalisation und die Aktivität der Pumpe verantwortlich. **B** Katalysezyklus der H+/K+-ATPase. Dargestellt ist die für den H+/K+-Antiport verantwortliche Phosphorylierung und Dephosphorylierung des Asp387. (Einzelheiten s. Text) (▸ https://doi.org/10.1007/000-5q3)

um die Aufnahme in die Parietalzellen (PCABs: *potassium competitive acid inhibiting blockers*). Der Vorteil

□ **Abb. 61.3** (Video 61.3) **Struktur und Wirkungsweise von Omeprazol.** Nach Umlagerung zum Sulfenamid reagiert das *rot* hervorgehobene Schwefelatom mit SH-Gruppen der H+/K+-ATPase. (Einzelheiten s. Text) (▸ https://doi.org/10.1007/000-5q4)

dieser Substanzgruppe könnte ein schnellerer Wirkungseintritt der Säurehemmung sein.

Die HCl-Produktion ist nicht die einzige Funktion der Parietalzellen. Sie sind für die Biosynthese und Sekretion des *intrinsic factors* verantwortlich, der bei der Resorption von Cobalamin (Vitamin B$_{12}$) im terminalen Ileum eine entscheidende Rolle spielt (▸ Abschn. 59.9).

❯ Die Hauptzellen synthetisieren Pepsinogen und einige andere Hydrolasen.

Das wichtigste im Magensaft enthaltene Verdauungsenzym ist das **Pepsin**. Diese Protease wird in Form des inaktiven Proenzyms, des Pepsinogens, von den Hauptzellen der Magenmucosa synthetisiert und intrazellulär in **Zymogengranula** gespeichert. Die Molekülmasse des Pepsinogens beträgt 42,6 kDa. Im sauren Milieu des Mageninhalts und unter Katalyse von bereits vorhandenem Pepsin werden in Form verschiedener Peptide insgesamt

44 Aminosäuren des Pepsinogens abgespalten, wobei das aktive Enzym Pepsin mit einer Molekülmasse von 34,5 kDa entsteht. Eines der abgespaltenen Peptide wirkt bei neutralem pH als Pepsininhibitor, wird aber bei der sauren Reaktion des Magensaftes rasch vom Pepsin verdaut. Das pH-Optimum des aktiven Pepsins liegt bei 1,8. Das Enzym spaltet als Endopeptidase Peptidbindungen im Inneren von Peptidketten, besonders leicht diejenigen, an denen aromatische Aminosäuren (Phenylalanin, Tyrosin) beteiligt sind. Bei der Pepsinverdauung entstehen Polypeptide mit molekularen Massen zwischen 600 und 3000 Da, die früher als **Peptone** bezeichnet wurden.

Pepsinogen kommt in einer seiner Sekretionsrate entsprechenden Konzentration im Serum vor und wird auch im Urin ausgeschieden (Uropepsinogen).

Neben Pepsin findet sich als weiteres proteolytisches Enzym im menschlichen Magensaft das **Gastricin**. Es unterscheidet sich von Pepsin durch sein weniger saures pH-Optimum von 3,0. Seine Funktion dürfte dem im Magen von jungen Wiederkäuern vorkommenden **Rennin** (Labferment, Chymosin) entsprechen. Das wichtigste Substrat dieser Protease ist das lösliche Casein (Caseinogen) der Milch, das durch leichte Proteolyse in das unlösliche Casein (Paracasein) umgewandelt wird.

Außer diesen Proteasen produzieren die Hauptzellen noch die **Magenlipase**. Das pH-Optimum dieses Enzyms liegt bei 4–7. Es ist relativ säurestabil, da auch bei einem pH von 2 noch kein Aktivitätsverlust eintritt. Für die Fettverdauung beim Erwachsenen spielt es wahrscheinlich keine sehr große Rolle. Man nimmt dagegen an, dass die Magenlipase bei Säuglingen zur Hydrolyse der Milchlipide herangezogen wird, da dieses Enzym eine besondere Affinität zu Triacylglycerinen mit kurzkettigen Fettsäuren (Kettenlänge 4–8 C-Atome) hat, wie sie in der Milch vorkommen.

❯ Die Produktion von Mucinen ist eine Funktion der Nebenzellen.

Seitdem Ferchault de Reaumur im 18. Jahrhundert zeigte, dass Magensaft Fleisch verdauen kann, hat es Physiologen und Kliniker beschäftigt, warum der Magen sich nicht selbst verdaut. Eine Erklärung für dieses Phänomen liefert die Tatsache, dass viele Epithelien von Säugern eine etwa 200–500 μm dicke **Schleimschicht** synthetisieren können, die zwischen dem Epithel und der Umgebung lokalisiert ist. Den wichtigsten Bestandteil dieser Schleimschicht bilden die sog. **Mucine**. Mucine sind Glycoproteine mit Molekülmassen von vielen hunderttausend, die sich durch einen besonders hohen Gehalt an O-glycosidisch verknüpften Saccharidseitenketten auszeichnen (mehr als 50 % der Masse). Bis heute sind die Gene von 12 unterschiedlichen Mucinproteinen kloniert und analysiert worden. ◻ Abb. 61.4 stellt die Domänenstruktur des von den Nebenzellen produzierten Mucin 1 dar, welches durch eine Transmembranhelix in der Membran verankert ist. Auffallend an dem Mucinmolekül sind repetitive Aminosäuresequenzen, in denen Seryl- und Threonylreste etwa 25–30 % der Aminosäuren ausmachen und als Träger von Kohlenhydratseitenketten dienen.

Im Magen kommen darüber hinaus weitere Mucine vor, die nicht Membran-verankert sind, sondern sezerniert werden. Ein Beispiel hierfür ist das Mucin 6 (◻ Abb. 61.5). Es zeigt in der glycosylierten Domäne repetitive Aminosäuresequenzen, die 30 % Threonin und 18 % Serin enthalten. Diese sind in O-glycosidischer Bindung mit Kohlenhydratketten von durchschnittlich 12 Zuckerresten Länge verknüpft, was einem sehr hohen Glycosylierungsgrad entspricht. Über die Cysteinylreste kommen Quervernetzungen zwischen Mucinmonomeren zustande, die ein Grund für die besonders hohe Viskosität der Mucinschicht sind.

Eine Reihe von Untersuchungen hat gezeigt, dass die Mucinschicht des Magens tatsächlich dafür verantwortlich ist, dass ein pH-Gradient mit einem pH-Wert von 1–2 im Magenlumen und bis zu 6–7 an der Zelloberfläche aufrechterhalten werden kann. Man nimmt an,

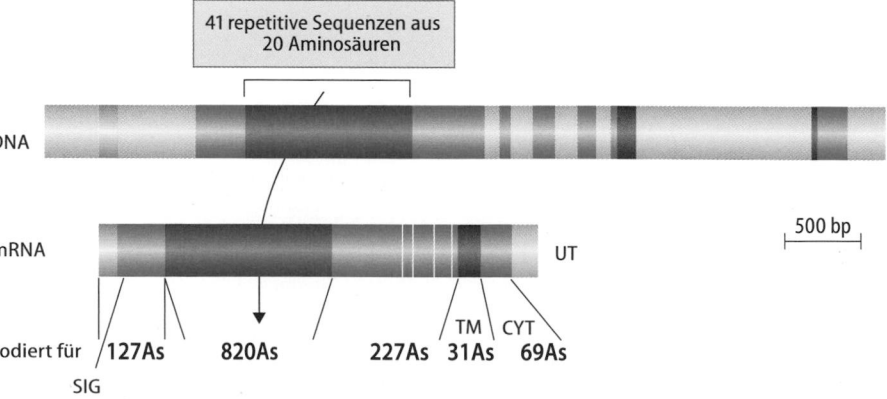

◻ **Abb. 61.4   Domänenstruktur des Mucins 1.** Das MUC1-Gen besteht aus 7 Exons und hat eine Größe von ungefähr 6 kb. Die zugehörige mRNA codiert für eine Signalsequenz (SIG) und eine für den Einbau in die Plasmamembran notwendige Transmembrandomäne (TM). Die für die extrazelluläre Region codierende Domäne enthält eine *core region* aus 41 repetitiven Sequenzen (*dunkelblau*) aus je 60 Basenpaaren. Sie ist besonders reich an Codons für die Aminosäuren Threonin und Serin, die nach der Translation zum großen Teil glycosyliert werden. An die cytosolische Domäne (CYT) schließt sich eine nicht translatierte Sequenz UT an. *As*: Aminosäure; *CYT*: cytosolische Domäne; *SIG*: Signalsequenz; *TM*: Transmembrandomäne (Adaptiert nach Patton et al. 1995)

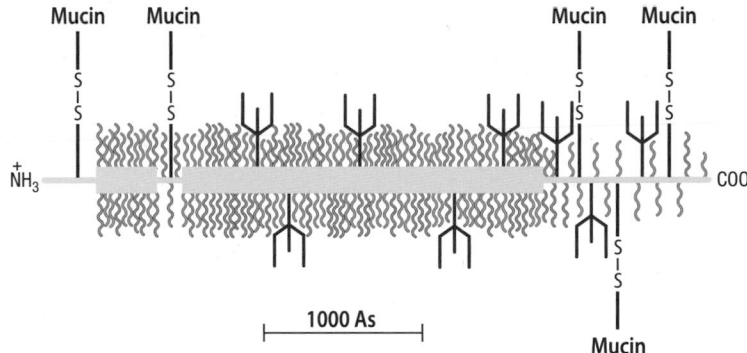

Abb. 61.5   Schematischer Aufbau des gastrischen Mucins 6. Der glycosylierte Anteil ist hervorgehoben und besteht überwiegend aus O-glycosidisch verknüpften Oligosacchariden (*wellenförmige Linien*) sowie aus wenigen N-glycosidisch verknüpften Oligosacchariden (*verzweigte Strukturen*). Die dargestellten Disulfidbrücken werden inter- und intramolekular ausgebildet. (Adaptiert nach Bansil et al. 1995)

dass die von den Belegzellen synthetisierte Salzsäure als wässrige Lösung durch kanalähnliche Strukturen der Mucinschicht an die luminale Oberfläche des Magens gelangt und sich dort ausbreitet. Eine Diffusion von Salzsäure erfolgt dann nicht oder nur sehr langsam.

61.1.3   Pankreas-Sekrete

Feste Nahrungsbestandteile werden durch die Motilität des Magenantrums („Antrummühle") auf eine Partikelgröße kleiner als 2 mm zermahlen und dann über den Pylorus in das Duodenum abgegeben. So wird der Mageninhalt oder **Chymus**, der von cremiger Konsistenz ist, schubweise in das Duodenum befördert und mischt sich dort mit dem duodenalen Verdauungssaft, einer Mischung aus den Sekreten der Mucosa und der Brunner-Drüsen des Duodenums, der Gallenflüssigkeit und des Pankreas-Sekrets.

> Alle wichtigen Verdauungsenzyme werden im Pankreas gebildet.

Beim Menschen werden in Abhängigkeit von der Nahrungszufuhr pro Tag etwa 3000 ml Pankreas-Saft sezerniert, dessen Enzymgehalt in ◻ Tab. 61.1 dargestellt ist. Von seinen anorganischen Bestandteilen ist der hohe Hydrogencarbonat-Gehalt hervorzuheben, der dem Pankreas-Saft sein typisches alkalisches Milieu von etwa pH 8,0 verleiht und zur Neutralisierung des sauren Mageninhalts beiträgt.

> Die Proteasen des Pankreas werden als inaktive Proenzyme sezerniert.

Von besonderer Bedeutung für die Verdauung sind die im Pankreas-Saft reichlich vorhandenen proteolytischen Enzyme. Es handelt sich um die:
- Endopeptidasen **Trypsin** und **Chymotrypsin**
- Exopeptidasen **Carboxypeptidase A** und **B** sowie
- **Elastase**

Diese werden in den exokrinen Zellen (Acinuszellen) des Pankreas in Form inaktiver Proenzyme synthetisiert und intrazellulär in den Zymogengranula gespeichert.

Ähnlich wie Pepsinogen zeichnen sich die inaktiven Vorstufen Trypsinogen, Chymotrypsinogen und die Procarboxypeptidasen gegenüber den aktiven Enzymproteinen dadurch aus, dass sie aus einer längeren Peptidkette bestehen und durch Abspaltung von Teilsequenzen aktiviert werden (▶ Abschn. 8.5). Normalerweise findet dieser Vorgang erst im Duodenum statt. Die in der intestinalen Mucosa produzierte **Enteropeptidase** (früher Enterokinase), ein Glycoprotein mit einem Kohlenhydratanteil von 45 %, aktiviert Trypsinogen zu **Trypsin**. Die Umwandlung von Chymotrypsinogen zu **Chymotrypsin** und der Procarboxypeptidasen zu **Carboxypeptidasen** erfolgt unter Katalyse von Trypsin.

Wie Pepsin sind Trypsin und Chymotrypsin Endopeptidasen, allerdings mit einem pH-Optimum zwischen 7,5 und 8,5. Denaturierte Proteine werden besonders leicht gespalten. Unter der Einwirkung von Trypsin und Chymotrypsin werden die durch die peptische Aktivität des Magensaftes entstandenen Proteinbruchstücke in kleinere Polypeptide zerlegt. Über die Substratspezifität von Trypsin und Chymotrypsin ▶ Abschn. 8.5.

Die Exopeptidase **Carboxypeptidase** ist ein Zinkprotein mit einer Molekülmasse von 34 kDa, das vom Pankreas ebenfalls als inaktive Vorstufe (Procarboxypeptidase, Molekülmasse 90 kDa) sezerniert und erst durch die Einwirkung von Trypsin aktiviert wird. Das Enzym spaltet die am Carboxylende stehenden Aminosäuren von Polypeptiden ab. Man unterscheidet zwei pankreatische Carboxypeptidasen:
- die Carboxypeptidase A hat eine besondere Affinität zu aromatischen Endgruppen (Phenylalanin, Tyrosin, Tryptophan),
- die Carboxypeptidase B zu basischen Endgruppen (Lysin, Arginin, Histidin).

> Andere hydrolytische Enzyme des Pankreas-Sekrets spalten Stärke, Lipide oder Nucleinsäuren.

◘ Tab. 61.1 Wichtige gastrointestinale Verdauungsenzyme

Bildungsort	Enzym	Inaktive Vorstufe	Cofaktoren	pH-Optimum	Substrat	Reaktionsprodukt
Speicheldrüsen	Ptyalin	–	–	6,7	Stärke	Maltose
Magenschleimhaut	Pepsin	Pepsinogen	Cl⁻	1–2	Proteine	Peptide
	Rennin	–	Ca²⁺	3–4	Lösliches Casein	Unlösliches Casein
Pankreas, exokrin	Trypsin	Trypsinogen	–	7–8	Proteine, Polypeptide	Oligopeptide
	Chymotrypsin	Chymotrypsinogen	–	7–8	Proteine, Polypeptide	Oligopeptide
	Carboxypeptidasen A und B	Procarboxypeptidasen A und B	–	7–8	C-terminale Aminosäuren von Proteinen	Aminosäuren, Peptide
	Elastase	Proelastase	–	8,5	Elastin	
	Lipase	–	Gallensäuren, Colipase	8	Triacylglycerine	Fettsäuren, α- und β-Monoacylglycerine
	Cholesterinesterase	–	Gallensäuren	8	Cholesterinester	Cholesterin, Fettsäuren
	α-Amylase	–	–	8	Stärke	Maltose
	Ribonuclease	–	–	7–8	Ribonucleinsäuren	Ribonucleotide
	Desoxyribonuclease	–	–	7–8	Desoxyribonucleinsäuren	Desoxyribonucleotide
Intestinale Mucosa	Aminopeptidase	–	–	8	N-terminale Aminosäuren von Proteinen	Aminosäuren, Peptide
	Dipeptidasen	–	–	8	Dipeptide	Aminosäuren
	Enteropeptidase	–	–	8	Trypsinogen	Trypsin
	Saccharase	–	–	5–7	Saccharose	Fructose, Glucose
	Maltase	–	–	5–7	Maltose	Glucose
	Lactase	–	–	5–7	Lactose	Galactose, Glucose
	Isomaltase	–	–	5–7	Isomaltose	Glucose
	Polynucleotidase	–	–	8–9	Nucleinsäuren	Nucleotide
	Nucleosidasen	–	–	6–7	Nucleoside	Purin- bzw. Pyrimidinbase, Pentose
	Phosphatase	–	–	8	Organische Phosphorsäureester	Phosphat

61

Außer den proteolytischen Enzymen enthält das Pankreas-Sekret Hydrolasen zur Aufspaltung von Kohlenhydraten, Lipiden und Nucleinsäuren. Die **Pankreasamylase** oder **α-Amylase** ist wie das Ptyalin eine Endoamylase, die 1,4-α-glycosidische Bindungen in Polysacchariden wie Stärke oder Glycogen aufspaltet. Da das Enzym die 1,6-glycosidischen Bindungen nicht zu spalten vermag und seine Affinität zum Substrat mit

Abnahme der Kettenlänge des Polysaccharidmoleküls geringer wird, sind ihre Reaktionsprodukte unterschiedlich große Bruchstücke der Polysaccharidmoleküle.

Die α-Amylase wird in geringen Mengen an das Blut abgegeben und wegen ihrer niedrigen molekularen Masse mit dem Urin ausgeschieden.

Die **Pankreaslipase** ist zur Hydrolyse von Triacylglycerinen imstande, wobei als Reaktionsprodukte v. a. Monoacylglycerine, daneben Fettsäuren, Glycerin und in geringem Umfang Diacylglycerine entstehen. Ihre Anwesenheit ist zur Fettverdauung unbedingt erforderlich. Das Enzym katalysiert bevorzugt die hydrolytische Abspaltung der in den Positionen 1 bzw. 3 (α bzw. α'-Position) stehenden Fettsäuren aus den Triacylglycerinen, die dabei entstehenden β-Monoacylglycerine spielen bei der Fettverdauung als Emulgatoren eine wichtige Rolle. Weitere an der Lipidverdauung beteiligte Pankreasenzyme sind die **Carboxylesterase**, die u. a. die Hydrolyse der Cholesterinester katalysiert, und die Phospholipasen.

Der Nachweis der Lipaseaktivität im Serum hat sich als wertvolles diagnostisches Hilfsmittel bei entzündlichen Pankreas-Erkrankungen bewährt.

Für die Verdauung von Nucleinsäuren sind schließlich im Pankreas-Saft **Ribonuclease** und **Desoxyribonuclease** enthalten, deren Spezifität und Wirkungsweise in ▶ Abschn. 54.1.1 besprochen wurde.

61.1.4 Galle

> Galle ist für Verdauung und Resorption unerlässlich.

Für die im Darmlumen ablaufenden Verdauungsprozesse spielt auch die Leber eine wichtige Rolle, da sie die Bildungsstätte der Galle ist. Beim Menschen und vielen anderen Warmblütern wird die von der Leber sezernierte Galle (Lebergalle) in der Gallenblase gespeichert und konzentriert. ◘ Tab. 61.2 zeigt die Zusammensetzung menschlicher Leber- und Blasengalle.
Die Bedeutung der Gallenflüssigkeit bei den Verdauungsvorgängen lässt sich v. a. auf ihren hohen Gehalt an Gallensäuren zurückführen, deren Anwesenheit im Duodenalsaft eine Voraussetzung der für die Lipidresorption notwendigen Micellenbildung (▶ Abschn. 3.2.6) ist. Die wichtigsten Gallensäuren der menschlichen Galle sind:
- Cholsäure und
- Chenodesoxycholsäure, deren Strukturen in ◘ Abb. 61.6 dargestellt sind.

◘ **Tab. 61.2** Zusammensetzung menschlicher Leber- und Blasengalle (% des Gesamtgewichts)

	Lebergalle	**Blasengalle**
Wasser	96,64	86,7
Gallensäuren	1,9	9,1
Mucin und Gallenfarbstoffe	0,5	3,0
Cholesterin	0,06	0,3
Fettsäuren	0,1	0,3
Anorganische Salze	0,8	0,6
pH	7,1	6,9–7,7

Ausgangspunkt für ihre Biosynthese ist Cholesterin. In einem ersten – geschwindigkeitsbestimmenden – Schritt erfolgt die Hydroxylierung an Postion 7. Das hierfür verantwortliche Enzym, die Cholesterin-7α-Hydroxylase ist Cytochrom P_{450}-abhängig und gehört in die Gruppe der Monooxygenasen. Weitere Hydroxylierungen, Epimerisierungen an Position 3β, Sättigung der Doppelbindung und Verkürzung sowie Oxidation der Seitenkette zu einer Carboxylgruppe führen zu Cholsäure bzw. Chenodesoxycholsäure, den **primären Gallensäuren**.

Nach Aktivierung der Carboxylgruppe mit CoA-SH (in ◘ Abb. 61.6 nicht dargestellt) erfolgt die Konjugation mit Glycin bzw. Taurin. Die Gallensäuren bzw. deren Konjugate werden in die Gallenflüssigkeit sezerniert. Unter der Einwirkung enterobakterieller Enzyme entstehen die sog. **sekundären Gallensäuren** Desoxycholsäure bzw. Lithocholsäure.

> Gallensäuren durchlaufen einen enterohepatischen Kreislauf.

Unter der Annahme einer täglichen Gallensekretion der menschlichen Leber von etwa 500 ml lässt sich anhand der in ◘ Tab. 61.2 angegebenen Daten errechnen, dass der tägliche Umsatz an Gallensäuren 10 g beträgt. Wie experimentell mithilfe von radioaktiv markierten Vorstufen von Gallensäuren gemessen werden konnte, synthetisiert die Leber jedoch täglich nur 200–500 mg Gallensäuren. Dieser Wert entspricht genau der täglichen Ausscheidung mit den Faeces. Offensichtlich ersetzt also die Leber nur den täglichen Verlust von Gallensäuren im Stuhl, während eine weitaus größere Menge von Gallen-

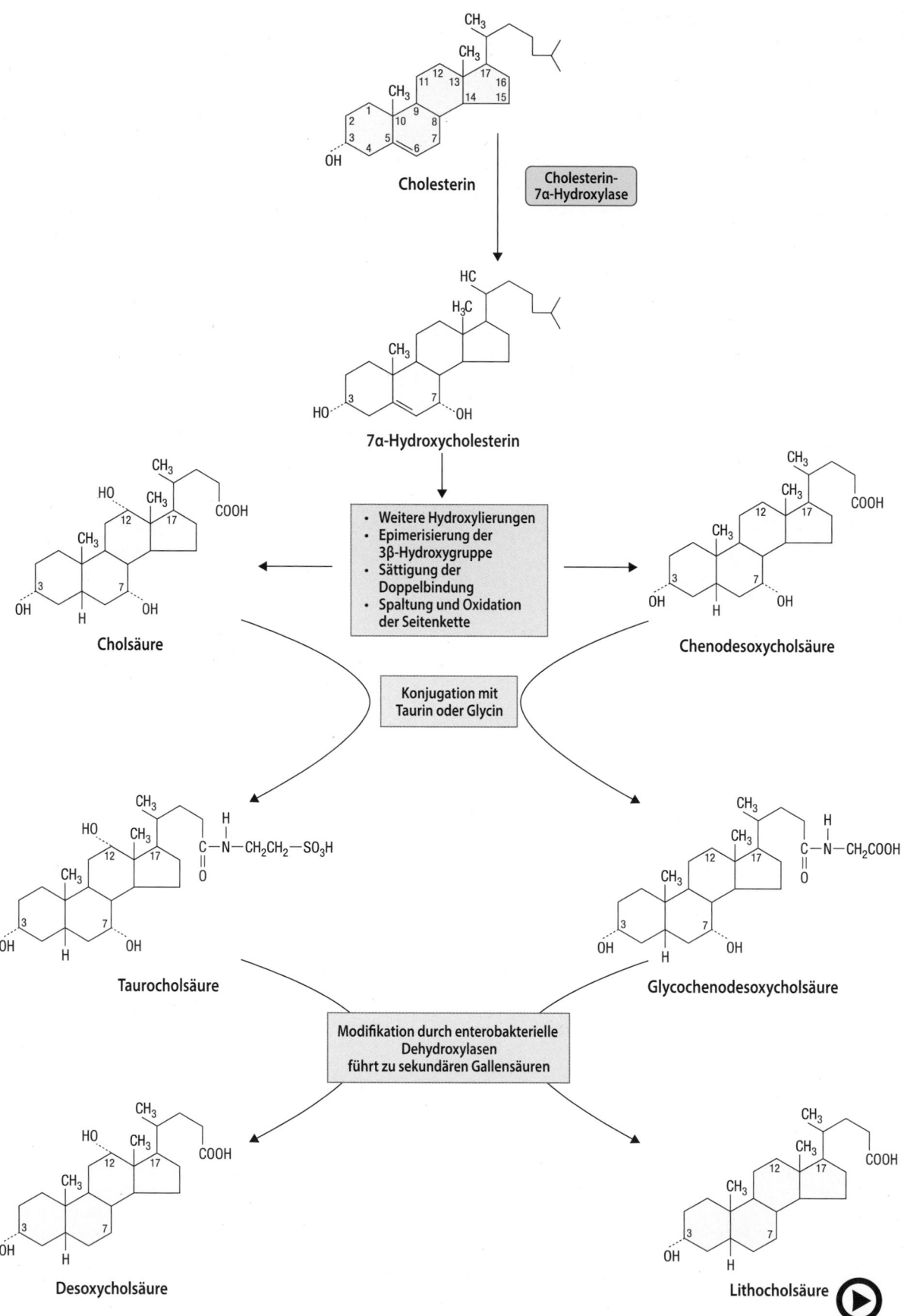

■ **Abb. 61.6**   (Video 61.4) **Biosynthese von primären und sekundären Gallensäuren.** (Einzelheiten s. Text) (▶ https://doi.org/10.1007/000-5q5)

säuren sich in der Gallenflüssigkeit bzw. dem Duodenalinhalt befindet. Tatsächlich konnte gezeigt werden, dass die mit der Galle in das Duodenum eingebrachten Gallensäuren zu über 90 % im Ileum mithilfe eines aktiven Transportsystems resorbiert und über das Pfortadersystem zur Leber zurückgebracht werden, wo sie für die erneute Sekretion in die Gallenflüssigkeit zur Verfügung stehen. Dieser **enterohepatische Kreislauf** der Gallensäuren erfolgt mit beträchtlicher Geschwindigkeit, sodass die relativ geringe Gesamtmenge an Gallensäuren des menschlichen Organismus (3–5 g) etwa 6- bis 10-mal pro Tag den Kreislauf durchläuft.

Die Ausscheidung von Gallensäuren mit den Faeces ist für den Organismus die einzige Möglichkeit zur Eliminierung von Cholesterin und seinen Derivaten, da Säugetiere nicht über die zur Aufspaltung des Ringsystems im Cholesterin notwendigen Enzyme verfügen. Die Bestimmung der täglichen Ausscheidung von Gallensäuren ist infolgedessen ein gutes Maß zur Bestimmung der Cholesterinausscheidung.

❯ Gallensäuren sind für die Lipidresorption unerlässlich und beeinflussen die Cholesterinbiosynthese.

Die Gallensäuren besitzen eine Reihe wichtiger Stoffwechselfunktionen. Für die **Fettverdauung** stellen sie eine unerlässliche Komponente dar, da sie im Duodenum mit den unter der Einwirkung der Pankreaslipase entstehenden Fettsäuren und Monoacylglycerinen Micellen bilden. Die Lipase selbst wird durch Gallensäuren gehemmt. In micellärer Form ist die Resorption lipophiler Substanzen beträchtlich erleichtert. Erst die durch Trypsin aktivierte Colipase bringt zusammen mit Gallensäuren die Lipase in die richtige sterische Anordnung, welche für eine optimale Triacylglycerin-Spaltung erforderlich ist (▶ Abschn. 61.3.3).

Gallensäuren sind nicht nur die Ausscheidungsform des Sterangerüstes, sondern regulieren auch die **Cholesterinbiosynthese**. Diese wird primär durch die Cholesterinzufuhr mit der Nahrung gesteuert. An Versuchstieren mit Gallengangsfisteln konnte jedoch gezeigt werden, dass bei Ableitung der Gallenflüssigkeit nach außen die Geschwindigkeit der Cholesterinbiosynthese in der Leber und im Darm deutlich zunimmt. Bei Verfütterung eines nicht-resorbierbaren Ionenaustauscherharzes mit hoher Affinität zu Gallensäuren (Colestyramin) werden die Gallensäuren gebunden und ihre Rückresorption verhindert. Die Cholesterinbiosynthese der Leber nimmt entsprechend zu. Trotzdem sinkt der Cholesterinspiegel im Blut ab, da durch die Verhinderung der Gallensäuren-Rückresorption und die Verminderung der Gallensäurekonzentration in der Leber die Umwandlung von Cholesterin in Gallensäuren stark beschleunigt wird. Der gegenteilige Effekt, nämlich eine Hemmung der Cholesterinbiosynthese, wird durch orale

Zufuhr von freien und konjugierten Gallensäuren in hohen Konzentrationen erreicht.

Diese Wechselbeziehungen zwischen Cholesterinbiosynthese und Gallensäurenresorption werden auch klinisch ausgenutzt. So können Hypercholesterinämien durch Colestyramin oder drastischer durch Entfernung des Ileums als Ort der Gallensäuren-Rückresorption behandelt werden. Die Gallensäuren-Rückresorption kann auch direkt pharmakologisch gehemmt werden.

In der Gallenflüssigkeit selbst wirken Gallensäuren als Lösungsvermittler für das dort, wenn auch nur in geringen Mengen (0,26 % der Gesamtgalle), vorkommende Cholesterin. In dieser Konzentration ist es praktisch unlöslich in wässrigen Medien. Ein Ausfallen kann nur dadurch verhindert werden, dass mit Gallensäuren und dem ebenfalls in der Galle vorkommenden Phosphatidylcholin micelläre Cholesterinlösungen gebildet werden. Das in ◻ Abb. 61.7 dargestellte Diagramm ermöglicht die Bestimmung der maximalen Löslichkeit von Cholesterin in menschlicher Blasengalle. Es wurde aus Untersuchungen des Verhaltens von Mischungen aus Gallensäuren, Phosphatidylcholin und Cholesterin in Wasser erstellt. Bei allen Zusammensetzungen der Gallenflüssigkeit, die außerhalb des Bereiches micellärer Lösungen liegen, kommt es zur Bildung von Cholesterinkristallen, die die Keime von Cholesterinsteinen sein können.

Da 80 % der Gallensteine cholesterinreich und 50 % reine Cholesterinsteine sind, nimmt man an, dass Änderungen des Mischungsverhältnisses der drei genann-

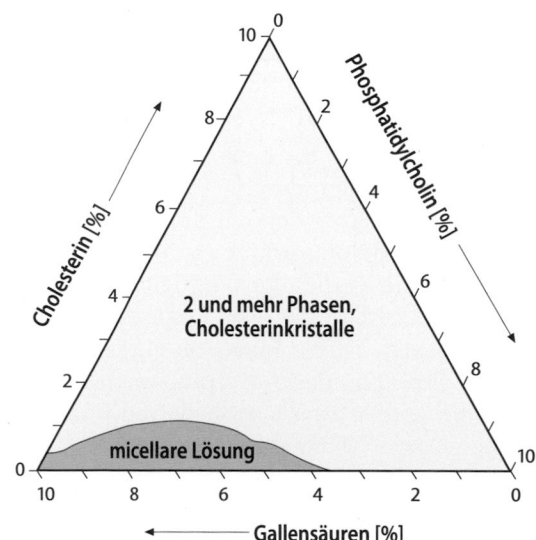

◻ **Abb. 61.7 Löslichkeit von Cholesterin in Lipid-Wasser-Mischungen.** Löst man Cholesterin, Phosphatidylcholin und Gallensäuren in einer Gesamtkonzentration von 10 % in Wasser, so bestimmt das Verhältnis von Phosphatidylcholin, Gallensäuren und Cholesterin die Löslichkeit des Letzteren. Bei Mischungsverhältnissen innerhalb des *orange* markierten Bereiches liegt Cholesterin in micellärer Lösung vor, bei allen anderen Verhältnissen befindet es sich in übersättigter Lösung und fällt aus

ten Verbindungen für das Entstehen von Gallensteinen verantwortlich sind. Bei der sog. lithogenen Galle findet sich dementsprechend auch häufig eine Abnahme des Phosphatidylcholin-Gehaltes. Diese Beobachtungen waren der Anlass dafür, Gallensteinleiden mit Gallensäuren zu behandeln. Diese greifen nicht nur ändernd in das Verhältnis von Cholesterin, Phosphoglyceriden und Gallensalzen ein, sondern hemmen in der Leber die Cholesterinbiosynthese und damit die Cholesterinausscheidung. In einigen Fällen konnte das Weiterwachsen von Cholesterin-(Gallen-)Steinen nicht nur verhindert, sondern sogar eine Auflösung bereits vorhandener Steine erreicht werden.

Die Gallenflüssigkeit ist ein wichtiges Vehikel für eine Vielzahl körpereigener und körperfremder Substanzen. So werden z. B.
- die Gallenfarbstoffe Biliverdin und Bilirubin als Glucuronide und
- von den Hormonen v. a. die Steroide der Nebennierenrinde und der Gonaden mit der Gallenflüssigkeit ausgeschieden.

Mit der Galle werden auch viele Medikamente aus dem Organismus entfernt. Störungen des Gallenflusses behindern deswegen häufig die Eliminierung von Arzneimitteln.

61.1.5 Duodenalsekret

Die Dünndarmschleimhaut bildet täglich 1000–2000 ml eines eigenen Verdauungssekrets. Ein wesentlicher Bestandteil dieses Darmsaftes sind **Mucine**, welche die Schleimhaut vor der Einwirkung der Magensäure oder anderer schädigender Nahrungsbestandteile schützen. Daneben kommt **Albumin** vor, das im Darm durch Proteolyse abgebaut wird. Etwa ein Fünftel des gesamten Albuminabbaus erfolgt durch Abgabe an das Duodenum. Die bei der Albuminhydrolyse entstehenden Aminosäuren werden resorbiert und der Leber für eine erneute Proteinbiosynthese zur Verfügung gestellt (enterohepatischer Kreislauf von Aminosäuren).

Noch ungeklärt ist die Frage, ob auch Verdauungsenzyme aus der Dünndarm-Mucosa sezerniert werden. Im Darmsaft wurden zwar eine Reihe von Enzymen wie Aminopeptidasen, Dipeptidasen, Saccharase, Maltase, Isomaltase, alkalische Phosphatase, Polynucleotidase und Phospholipase nachgewiesen, es ist jedoch noch nicht sicher, ob es sich hierbei um tatsächliche Sekretionsprodukte handelt oder ob die betreffenden Enzyme aus abgeschilferten und zugrunde gegangenen Zellen stammen.

Gesichert ist lediglich, dass durch die duodenale Mucosa die für die Trypsinogenaktivierung notwendige **Enteropeptidase** abgegeben wird.

61.2 Regulation gastrointestinaler Sekretion und Pathobiochemie

61.2.1 Das endokrine System des Intestinaltrakts

Im Intestinaltrakt erfolgt die Aufarbeitung und Resorption eines ständig wechselnden Angebots an Nahrungsmitteln. Es ist daher verständlich, dass die funktionellen Zustände einzelner Darmabschnitte und der anderen an der Verdauung beteiligten Organe sehr genau aufeinander abgestimmt werden müssen, damit eine optimale Verdauung und Resorption der Nahrungsstoffe gewährleistet ist. Im Intestinaltrakt werden darüber hinaus große Mengen an Flüssigkeit umgesetzt, außerdem muss der größte Teil der mit den Verdauungssäften in den Intestinaltrakt gelangenden Elektrolyte hier wieder rückresorbiert werden. Die koordinierte Regulation dieser Prozesse erfolgt durch eine große Zahl **gastrointestinaler Hormone** und **parakrin** wirksamer hormonartiger Faktoren. Diese werden nicht von einzelnen endokrinen Drüsen sezerniert, sondern von endokrinen Zellen, die über den Intestinaltrakt verstreut sind. Die Bedeutung dieses endokrinen Systems wird allein aus der Tatsache verständlich, dass die Gesamtmasse der hormonell aktiven Zellen im Intestinaltrakt größer ist als die Masse aller anderen endokrinen Drüsen des Organismus. ◘ Tab. 61.3 stellt eine Auswahl gastrointestinaler Peptidhormone und Neurotransmitter zusammen. Es handelt sich ausschließlich um Peptide mit Molekülmassen unter 10 kDa. Interessanterweise kommt ein beträchtlicher Teil von ihnen auch im Zentralnervensystem vor und wirkt dort als Neurotransmitter.

Über die physiologische Bedeutung der Enterohormone **Gastrin**, **Sekretin**, **Cholecystokinin** und **gastroinhibitorisches Peptid** liegen gesicherte Erkenntnisse vor (s. u.). Die Effekte der anderen in der ◘ Tab. 61.3 genannten Peptide sind jedoch häufig nur anhand experimenteller Modellsysteme nachzuweisen. Es ist offenbar so, dass die einzelnen funktionellen Zustände des Gastrointestinaltrakts jeweils durch eine Vielzahl von Regulationsfaktoren stabilisiert werden, deren Zusammenspiel die geordnete Funktion des Intestinaltrakts garantiert. Wie kompliziert die Verhältnisse sind, geht aus der Tatsache hervor, dass allein für die Regulation der HCl-Produktion im Magenfundus und -corpus 16 hemmende bzw. aktivierende Faktoren beschrieben worden sind.

> Die Magensaftsekretion wird hormonell und nerval reguliert.

Tab. 61.3   Gastrointestinale Peptidhormone und Neurotransmitter (Auswahl)

Bezeichnung	Aminosäurereste	Vorkommen	Wichtigste Funktion
Hormone			
Gastrin	17 bzw. 34	Antrum des Magens Oberes Duodenum	Stimulierung der HCl-Sekretion
Ghrelin	28	Parietalzellen des Magens	Auslösung des Hungergefühls
Sekretin	27	Duodenum Jejunum	Stimulierung der pankreatischen HCO_3^--Sekretion
Cholecystokinin/Pankreozymin	33	Duodenum Jejunum	Stimulierung der pankreatischen Enzymsekretion, Kontraktion der Gallenblase
Gastroinhibitorisches Peptid (GIP)	42	Duodenum, oberes Jejunum	Stimulierung der Insulinsekretion
Motilin	22	Duodenum, oberes Jejunum	Stimulierung der Motilität von Magen und Dünndarm
Neurotensin	13	Ileum und Kolon	Hemmung der Säuresekretion, Stimulierung der Glucagonsekretion
Peptid YY	36	Ileum und Kolon	Hemmung der Magenmotilität und der Pankreas-Sekretion, Sättigungsfaktor
GLP-1 (*glucagon-like peptide-1*) GLP-2 (*glucagon-like peptide-2*)	37 33	Ileum und Kolon Ileum und Kolon	Stimulierung der Insulinsekretion, Sättigungsfaktor Trophischer Faktor für Epithelzellen des Intestinaltraktes
Somatostatin	14	Gesamter Intestinaltrakt Pankreas	Hemmung sekretorischer Vorgänge
Neurotransmitter			
Vasoaktives intestinales Peptid (VIP)	28	Neurone und Nervenfasern des Intestinaltrakts	Vasodilatation, Relaxation der glatten Muskulatur, Wassersekretion
GRP (*gastrin releasing peptide*)	27	Neuroendokrine Zellen von Magen und Duodenum	Stimulierung der Gastrin- und Pankreas-Sekretion
Enkephalin	5	Gesamter Intestinaltrakt	Hemmung der intestinalen Sekretion

Salzsäuresekretion   Die Salzsäureproduktion der Parietalzellen hängt von der gleichzeitigen Erhöhung der intrazellulären Calcium- und cAMP-Konzentration ab. Die Wirkung beider intrazellulärer Botenstoffe beruht auf einer Verlagerung der für die Salzsäuresekretion verantwortlichen H^+/K^+-ATPase aus intrazellulären Vesikeln in die apikale Plasmamembran. Die Einzelheiten der dabei ablaufenden Vorgänge sind nicht genau bekannt. Folgende extrazelluläre Signale sind für Stimulierung bzw. Hemmung der Salzsäuresekretion verantwortlich (**Abb. 61.8**):

- Der wichtigste, die Salzsäuresekretion stimulierende Faktor ist **Histamin**, das biogene Amin der Aminosäure Histidin. Es wird in den Enterochromaffin-ähnlichen Zellen (*enterochromaffin-like cells*, ECL-Zellen) der Magenmucosa produziert. Diese Zellen befinden sich in enger Nachbarschaft zu den Belegzellen (Parietalzellen), das von ihnen abgegebene Histamin wirkt als parakriner Faktor. Es reagiert mit H_2-**Histaminrezeptoren** der Parietalzellen. Diese stimulieren die **Adenylatcyclase**, was über erhöhte intrazelluläre cAMP-Konzentrationen zu einer Aktivierung der Proteinkinase A führt.

- Enteroendokrine Zellen im Antrum des Magens, sog. Gastrinzellen (G-Zellen), setzen als Antwort auf Dehnungsreize, Anstieg des pH-Wertes, Alkohol, Coffein und vor allen Dingen auf bei der Proteinverdauung entstehende Peptide das Peptidhormon **Gastrin** frei. Von diesem kommen durch Proteolyse entstehende Formen mit 34, 17 oder 13 Aminosäuren vor. Für die biologische Aktivität sind vor allem die vier C-terminalen Aminosäuren der Gastrine verantwortlich. Über den Blutweg gelangen sie zu den Parietalzellen des Magenfundus und reagieren dort mit

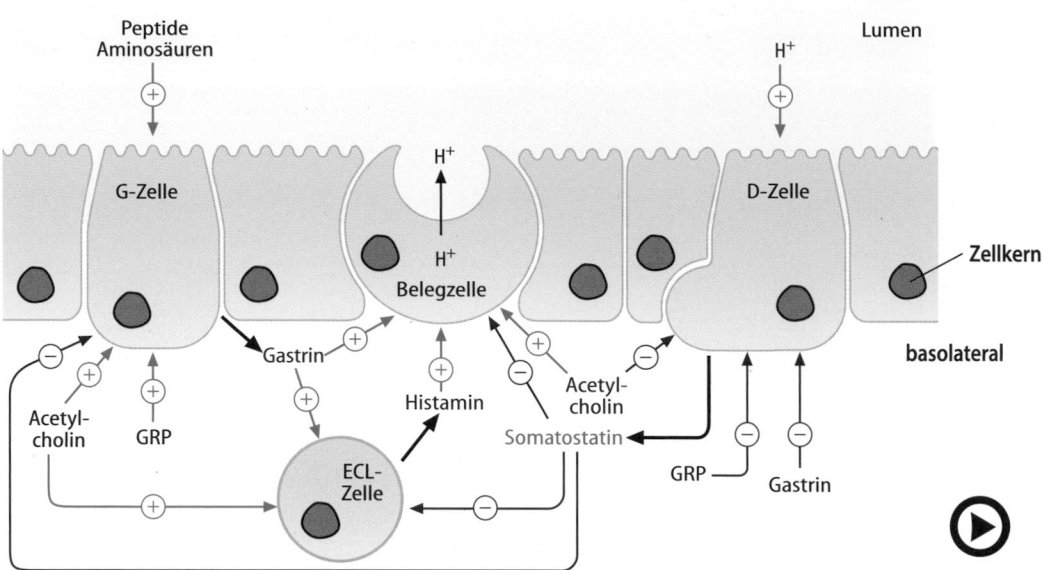

☐ **Abb. 61.8** (Video 61.5) **Regulation der Salzsäureproduktion durch die Belegzellen.** Für die Regulation der Salzsäureproduktion ist das Zusammenspiel des aus ECL-Zellen stammenden Histamins mit dem aus den Gastrinzellen (G-Zellen) stammenden Gastrin, zentralnervö- sen cholinergen (Acetylcholin) Impulsen (*N. vagus*) und dem durch die D-Zellen gebildeten Somatostatin notwendig. *ECL: enterochromaffin-like cells*; *GRP: gastrin releasing peptide.* (Einzelheiten s. Text) (▶ https://doi.org/10.1007/000-5q6)

Gastrinrezeptoren. Diese gehören zur Familie der Cholecystokinin (CCK)-Gastrinrezeptoren und sind heptahelicale Membranproteine. G-Protein-vermittelt führen sie zur Aktivierung der **Phospholipase Cβ** und damit zu einer Erhöhung der Calcium- und Diacylglycerinkonzentration (▶ Abschn. 35.3.3).

- Vom Zentralnervensystem über den N. vagus ausgehende Impulse stimulieren über **muscarinische Acetylcholin-Rezeptoren** der Klasse 3 die Salzsäureproduktion der Parietalzellen. Auch diese Rezeptoren lösen eine Aktivierung der **Phospholipase Cβ** und damit eine Erhöhung der intrazellulären Calciumkonzentration aus.
- Diese Regelkreise können weiter moduliert werden: Über muscarinische Acetylcholin-Rezeptoren stimuliert der N. vagus sowohl die Histaminproduktion der ECL-Zellen als auch die Gastrinsekretion der G-Zellen.
- Von peptidergen postganglionären parasympathischen Nervenfasern und Neuronen des enteralen Nervensystems wird ein Peptid aus 27 Aminosäuren freigesetzt, das Strukturhomologie zu einem Peptid in der Froschhaut, dem Bombesin, zeigt und als *gastrin releasing peptide* (GRP) bezeichnet wird. GRP stimuliert die Gastrinsekretion von Gastrinzellen.

Somatostatin ist ein sehr wirkungsvoller Hemmstoff der Salzsäureproduktion. Es wird in enteroendokrinen Zellen des Intestinaltrakts, den sog. D-Zellen, gebil- det. In der Magenschleimhaut wird die Somatostatin-Freisetzung dieser Zellen auf der basolateralen Seite durch cholinerge Neurone, Gastrin und GRP gehemmt und von der luminalen Seite durch hohe Protonenkonzentrationen stimuliert. Somatostatin hemmt die Histamin-Freisetzung der ECL-Zellen und direkt die Salzsäureproduktion der Parietalzellen. Der Somatostatinrezeptor gehört zu der Gruppe der inhibitorischen Rezeptoren des Adenylatcyclase-Systems, d. h. seine Stimulierung führt zu einer Senkung des cAMP-Spiegels der betroffenen Zellen (▶ Abschn. 35.3).

Mucinsekretion Von großer Bedeutung für den Schutz des Magenepithels vor Selbstverdauung ist die **Mucinsekretion** durch die Mucinzellen der Magenmucosa (☐ Abb. 61.9). Auch sie wird durch eine hohe Protonenkonzentration in der Magenflüssigkeit stimuliert, steht daneben aber ebenfalls unter neurokriner, endokriner und parakriner Kontrolle:

- **Acetylcholin** und **Sekretin** stimulieren die Mucinsekretion. Der Sekretinrezeptor gehört zu den stimulierenden Rezeptoren des Adenylatcyclase-Systems.
- **Prostaglandine des E-Typs** sind wichtige Stimulatoren der Mucinsekretion. Diese fördern außerdem die Zellregeneration und die Durchblutung. Sie wirken damit cytoprotektiv gegen Schädigungen z. B. durch die Salzsäure. Prostaglandin E hemmt ferner über den Rezeptorsubtyp EP3 die Adenylatcyclase der Parietalzellen und damit die HCl-Sekretion.

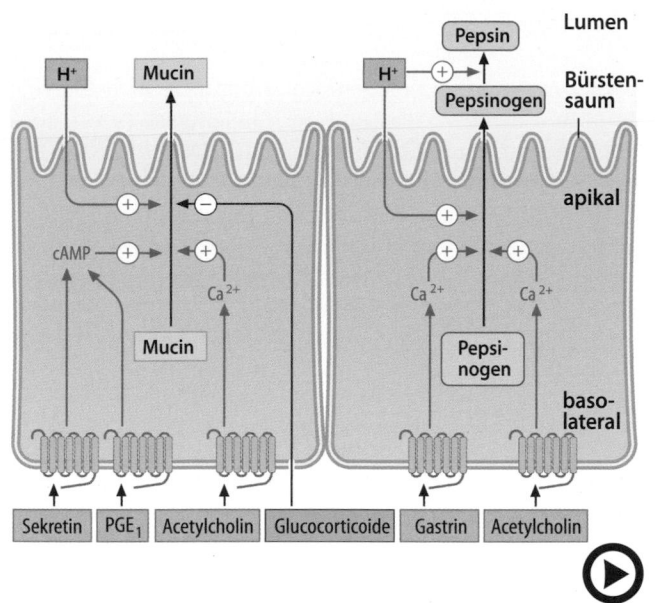

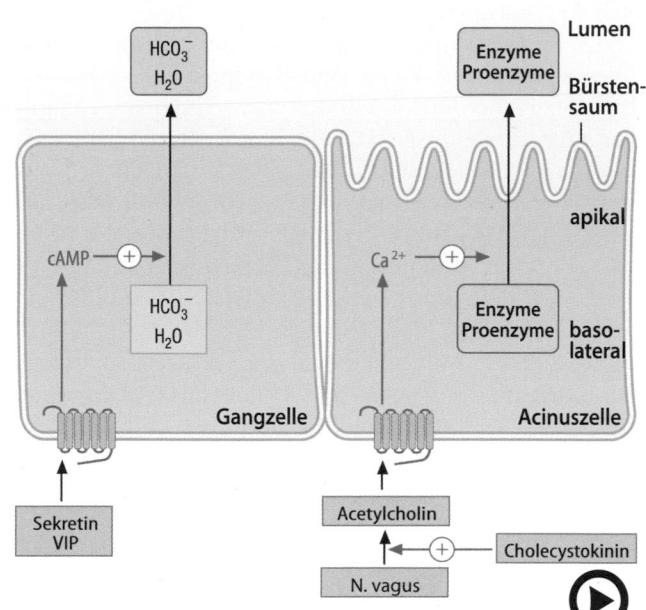

☐ **Abb. 61.9** (Video 61.6) **Regulation der Mucin- und Pepsinogense-kretion der Magenmucosa.** Die Rezeptoren sind ockerfarbig dar-gestellt. *PGE1:* Prostaglandin E1 (Einzelheiten s. Text) (▸ https://doi.org/10.1007/000-5q7)

☐ **Abb. 61.10** (Video 61.7) **Enzym-, Wasser- und Hydrogencarbonat-Sekretion in Acinus- bzw. Gangzellen des Pankreas.** *VIP:* vasoaktives intestinales Peptid. Die Rezeptoren sind ockerfarbig dargestellt. (Einzelheiten s. Text) (▸ https://doi.org/10.1007/000-5q8)

– **Glucocorticoide** sind sehr wirksame Hemmstoffe der Mucinsekretion über die pathobiochemische Bedeutung der genannten Faktoren bei der Ent-stehung des Magen- und Duodenalgeschwürs (▸ Abschn. 61.2).

Pepsinogensekretion Die Sekretion von Pepsinogen durch die Hauptzellen des Magenfundus wird durch cho-linerge nervale Reize und durch Gastrin stimuliert. Ein wesentlicher weiterer Reiz für die Pepsinogensekretion ist eine hohe Protonenkonzentration des Magensaftes (☐ Abb. 61.9).

❯ Sekretin und Cholecystokinin/Pankreozymin regulie-ren die Pankreas-Sekretion

Die Bildung des Pankreas-Sekrets wird durch eine Reihe neurokriner und endokriner Faktoren gesteuert (☐ Abb. 61.10). Sie wird im Wesentlichen von zwei Zell-typen getragen:
– den für die Sekretion der Verdauungsenzyme verant-wortlichen Acinuszellen und
– den Pankreasgangzellen, die Wasser und Hydrogen-carbonat sezernieren.

Pankreatische Enzymsekretion Der wichtigste physiolo-gische Stimulus für die pankreatische Enzymsekretion ist die durch das **parasympathische Nervensystem** hervorge-

rufene Freisetzung von Acetylcholin, das über **muscarini-sche Acetylcholin-Rezeptoren** des Typs M1 auf den Aci-nuszellen zu einer Aktivierung der Phospholipase Cβ führt (☐ Abb. 61.10). Dies löst eine Erhöhung der intra-zellulären Calciumkonzentration und damit einherge-hend eine Stimulierung der Enzymsekretion aus.

Ein weiterer wichtiger Mechanismus zur Stimu-lierung der pankreatischen Enzymsekretion beruht auf dem durch die im Duodenum und Jejunum loka-lisierten I-Zellen produzierten Peptid **Cholecystokinin.** Dieses ist mit dem 1943 entdeckten Pankreozymin identisch, weswegen das Hormon gelegentlich auch als Cholecystokinin-Pankreozymin (CCK-PZ) bezeichnet wird. Ähnlich wie beim Gastrin kommen auch beim Cholecystokinin Peptide unterschiedlicher Größe vor, die posttranslational durch Proteolyse entstehen. Die vorherrschende Form ist das CCK 33. Die biologisch aktive Region des CCK ist in den C-terminalen sieben Aminosäuren lokalisiert. Die fünf C-terminalen Ami-nosäuren des CCK entsprechen denen des Gastrins, was bei der Bestimmung der biologisch aktiven Formen bei-der Hormone Schwierigkeiten verursachen kann.

Für die Freisetzung von CCK verantwortliche Stimuli sind Fettsäuren, Aminosäuren und Peptide im duodenalen Lumen. Wahrscheinlich existieren auch CCK-Freisetzungspeptide aus dem Pankreas-Sekret (*monitor peptide*) selbst und aus der Duodenalmucosa. Außer einer gesteigerten pankreatischen Enzymsekre-tion löst CCK eine Kontraktion der Gallenblase mit

Entleerung der Gallenflüssigkeit in das Duodenum und eine Aktivierung des Sättigungsgefühls aus (s. u.).

CCK-Rezeptoren gehören zur Familie der heptahelicalen Rezeptoren, die die Phospholipase Cβ stimulieren und so zu einer Erhöhung der intrazellulären Calciumkonzentration führen. Der CCK-Rezeptor A ist spezifisch für CCK, der CCK-Rezeptor B ist identisch mit dem Gastrinrezeptor und wird sowohl durch CCK als auch durch Gastrin aktiviert. Bei Nagern wie der Ratte und der Maus finden sich CCK-Rezeptoren des Typs A direkt auf den Acinuszellen, weswegen CCK einen direkten stimulierenden Einfluss auf die Enzymsekretion hat. Beim Menschen sind die Verhältnisse anders. Hier stimuliert CCK hauptsächlich intrapankreatisch die Acetylcholinsekretion. Es sind aber kürzlich auch CCK-Rezeptoren auf menschlichen Acinuszellen beschrieben worden.

Pankreatische Wasser- und Hydrogencarbonat-Sekretion   Für die ebenfalls im Pankreas erfolgende Sekretion von Wasser und dem für die Neutralisation der Salzsäure notwendigen Hydrogencarbonat sind die Pankreasgangzellen verantwortlich. Ausgelöst wird die Wasser- und Hydrogencarbonat-Sekretion dabei durch **Sekretin**, ein Peptid aus 27 Aminosäuren (◘ Abb. 61.10). Es wird im Duodenum und Jejunum gebildet und zeigt enge Verwandtschaft mit dem vasoaktiven intestinalen Peptid (◘ Tab. 61.3). Der Sekretinrezeptor gehört zur Familie der Glucagonrezeptoren, die Bindung seines Liganden löst eine Aktivierung des Adenylatcyclase-Systems aus.

❯ Gallensäuren stimulieren die Gallenbildung.

Substanzen, die die Gallensekretion durch Hepatocyten stimulieren, werden als **Choleretica** bezeichnet. Unter physiologischen Bedingungen sind die wichtigsten Choleretica die Gallensäuren. Damit hängt die Gallensekretion sehr eng mit dem enterohepatischen Kreislauf der Gallensäuren zusammen. Eine leicht choleretische Wirkung hat auch Sekretin. Es führt ähnlich wie am Pankreas zu einer Wasser- und Hydrogencarbonat-Sekretion in die Gallenflüssigkeit.

Ein ganz anderes Wirkungsspektrum für die Gallenbildung hat CCK. Es löst eine Kontraktion der Gallenblase mit Entleerung von Gallenflüssigkeit in das Duodenum aus.

❯ Im Intestinaltrakt werden Signale erzeugt, die Nahrungsaufnahme und Nahrungsverwertung regulieren.

Die Regulation der Nahrungsaufnahme durch Hunger- bzw. Sättigungsgefühl erfolgt in den hypothalamischen Kerngebieten und hängt von einer großen Zahl verschiedener endokrin und parakrin wirkender Faktoren ab (▶ Abschn. 38.3). Auch die im Folgenden aufgeführten,

im Intestinaltrakt gebildeten Faktoren spielen dabei eine große Rolle.

Cholecystokinin   Cholecystokinin reguliert nicht nur die Funktion des Pankreas und der Gallenblase (s. o.), sondern hemmt auch das Hungergefühl. Über CCK-A-Rezeptoren im Intestinaltrakt bewirkt Cholecystokinin eine Unterdrückung der Nahrungsaufnahme, was wahrscheinlich durch den N. vagus und die hypothalamischen Zentren des Hunger- bzw. Sättigungsgefühls weitergeleitet wird. Auch andere intestinale Peptide wie Enterostatin oder *glucagon-like peptide* (GLP)-1 (▶ Abschn. 38.3.2) vermindern das Hungergefühl.

Ghrelin   Ghrelin ist ein aus 28 Aminosäuren bestehendes Peptid, das von Epithelzellen der Magenschleimhaut gebildet wird. Für seine Wirkung ist die Acylierung des Serins 3 mit Octanoat erforderlich. Ghrelin wird bei Nahrungskarenz verstärkt sezerniert. Spezifische Ghrelin-Rezeptoren finden sich in der Hypophyse und im Hypothalamus. In der Hypophyse stimuliert Ghrelin die Sekretion von Wachstumshormon, im Hypothalamus steigert es das Hungergefühl und wirkt als Antagonist des Leptins (▶ Abschn. 38.3.4).

Gastroinhibitorisches Peptid (GIP)   Durch Glucose, aber auch durch Aminosäuren und Fettsäuren, wird die Sekretion des gastroinhibitorischen Peptids im Duodenum und oberen Jejunum ausgelöst. Die durch GIP bewirkte Hemmung der Magenmotorik tritt allerdings nur in unphysiologisch hohen Konzentrationen auf. Sein physiologischer Effekt ist eine durch Erhöhung der cAMP-Konzentration hervorgerufene Stimulierung der **Insulinsekretion** durch die β-Zellen der Langerhans-Inseln des Pankreas. Es ist damit dafür verantwortlich, dass resorbierte Nahrungsstoffe auch rasch verwertet werden können (▶ Abschn. 36.3).

61.2.2   Pathobiochemie

Magen- und Duodenal-Ulcus   Bei Störungen des Gleichgewichts zwischen Salzsäure- bzw. Pepsinsekretion und Produktion der für das Epithel des oberen Intestinaltrakts essenziellen Schutzschicht aus Mucinen entstehen Geschwüre, die unbehandelt zu schweren Blutungen und im Extremfall zu Perforationen führen können. Auslöser hierfür sind i. Allg. zwei unterschiedliche Pathomechanismen:

— eine verminderte Produktion oder Funktion der Mucine oder
— eine gesteigerte Produktion von Salzsäure.

Hemmung der Mucinproduktion   Eine Hemmung der Mucinproduktion kann u. a. verursacht werden durch:

- **Glucocorticoide.** Diese können endogen durch die Nebennierenrinde produziert werden (z. B. bei Stress) oder als Medikamente zugeführt werden.
- **Hemmung der Synthese von Prostaglandin E.** Diese wird häufig durch Aspirin (▶ Abschn. 25.2.2) oder **nichtsteroidale Antirheumatika (NSAR)** ausgelöst.
- **verschiedenste Noxen** (Hitze, Kälte, Röntgenbestrahlung, Kochsalz, Nitrate usw.) können zu einer Verminderung der Bindungsstellen für Mucine an den Mucosazellen und damit zu einer Störung der Mucosabarriere kommen.

Steigerung der Salzsäuresekretion   Eine Überproduktion von Salzsäure ist die Folge einer gesteigerten Stimulierung der Belegzellen durch **Vagusreize, Histamin** oder **Gastrin.** Das Ausmaß der hierdurch ausgelösten Hypersekretion hängt allerdings von der angeborenen Parietalzellmasse ab. Gastrinbildende Tumoren (z. B. Zollinger-Ellison-Syndrom) führen allein durch die von ihnen ausgelöste exzessive Säurestimulation zu schweren Geschwüren.

In der Regel führt eine nur leicht erhöhte oder mäßige Säureproduktion alleine nicht zu einem Ulcus. Eine wesentliche Voraussetzung ist die Besiedlung der Magenschleimhaut mit dem Bakterium *Helicobacter pylori.* Dieser an das saure Milieu der Magenschleimhaut angepasste Erreger löst eine – häufig asymptomatisch verlaufende – **Gastritis** aus. Diese ist offenbar an der Ulcus-Entstehung beteiligt, sodass der Leitsatz gilt „ohne Säure kein Ulcus, ohne *Helicobacter pylori* kein Ulcus". Man weiß noch nicht genau, wie die bakteriell ausgelöste Gastritis zur Entstehung von Ulcera führt. Eine Erklärung wäre, dass Helicobacter große Mengen an Ammoniumionen produziert, möglicherweise um dem stark sauren Magenmilieu zu entgehen. Dies führt jedoch zu einer gesteigerten Gastrinsekretion mit reaktiver Steigerung der Salzsäureproduktion.

Bei rezidivierendem Ulcusleiden führt meist eine erfolgreiche Therapie der Infektion mit *Helicobacter pylori* bereits zu einer Heilung. Zusätzlich ist eine Hemmung der Salzsäuresekretion durch Protonenpumpen-Blocker wie Omeprazol (▶ Abschn. 61.1.2) notwendig.

Übrigens

Nobelpreis für Medizin 2005 an Robin Warren und Barry Marshall. Anfang der 80er-Jahre entdeckte der australische Pathologe Robin Warren in der Magenschleimhaut von Patienten mit Magen- oder Duodenalgeschwüren spiralförmige Bakterien. Dieser Befund wurde zunächst von der Fachwelt angezweifelt, da die gängige Lehrmeinung besagte, dass der Mageninhalt wegen des stark sauren Milieus steril sei. Erst recht stieß seine Vermutung auf Unglauben, dass die Entstehung von Magengeschwüren etwas mit diesen Bakterien zu tun haben sollte. Robin Warren ließ jedoch nicht locker. Zusammen mit dem Internisten Barry Marshall gelang es, diese Bakterien zu kultivieren. Sie wurden der Ordnung Campylobacteriales zugeordnet und als *Helicobacter pylori* be-

zeichnet. In der Vorstellung, dass diese Bakterien etwas mit Gastritis und Magengeschwüren zu tun haben müssten, wurden Warren und Marshall u. a. durch einen durchaus schmerzhaften Selbstversuch bekräftigt. Marshall trank den Inhalt einer größeren Kulturflasche mit Helicobacter und erkrankte prompt an einer schweren Gastritis, die mit Antibiotika geheilt werden konnte. Heute weiß man, dass etwa die Hälfte der Weltbevölkerung mit Helicobacter infiziert ist und dass etwa 10 % der Infizierten im Laufe ihres Lebens ein Magen- oder Zwölffingerdarm-Geschwür entwickeln. Zur Standardtherapie der Erkrankung gehört eine Behandlung mit Protonenpumpen-Inhibitoren und Antibiotika. Weitere Informationen: ▶ http://nobelprize.org

---

Pankreasinsuffizienz   Die wichtigsten Störungen der exokrinen Pankreasfunktion sind:

Akute Pankreatitis   Die häufigsten Ursachen der akuten Pankreatitis sind **Erkrankungen der Gallenwege** und **Alkoholabusus** (je 40 % der Fälle). Die Pathogenese der Erkrankung ist noch nicht vollständig geklärt. Auslösende Faktoren sind u. a. Steine im Pankreasgangsystem mit dadurch ausgelöster Druckerhöhung, die zu einer veränderten Permeabilität der Acinuszellen führt. Chronischer Alkoholabusus führt zu Stoffwechselstörungen der Acinuszellen. Der akuten Pankreatitis liegt immer

eine vorzeitige Aktivierung der als Zymogene vorliegenden Proteasen, insbesondere des Trypsinogens, zugrunde. Dabei spielt eine Störung des Transportes der Zymogengranula in den Acinuszellen eine wichtige Rolle. Dies löst eine Fusionierung der Zymogengranula mit Lysosomen, eine sog. **Crinophagie**, aus. Durch die in den Lysosomen vorhandene Protease Cathepsin B wird Trypsinogen zu Trypsin aktiviert, was zur Selbstverdauung des Pankreas (Pankreasnekrose) führt. Diese geht mit einem schweren Krankheitsverlauf einher, wobei besonders die Infektion der Pankreasnekrosen durch Dickdarmbakterien von Bedeutung ist.

Chronische Pankreatitis Die chronische Pankreatitis ist in 60–80 % der Fälle die Folge eines chronischen **Alkoholabusus**. Sie entwickelt sich wahrscheinlich aus der Folge mehrerer Schübe einer akuten Pankreatitis und führt zur chronischen Pankreasinsuffizienz. In den letzten Jahren wurden zahlreiche genetische Veränderungen entdeckt, die das Risiko eine Pankreatitis zu bekommen erhöhen: z. B. Mutationen des kationischen Trypsinogens bei der autosomal dominanten hereditären Pankreatitis (*gain of function*-Mutation) oder Mutationen der Trypsininhibitoren wie z. B. SPINK (Serinproteaseninhibitor vom Typ Kasal). Auch Funktionseinschränkungen des CFTR (*cystic fibrosis transmembrane conductance regulator*) erhöhen das Risiko, eine chronische Pankreatitis zu bekommen (*loss of function*-Mutationen). Schwere Mutationen dieses CFTR, eines Chloridtransporters, führen zum Krankheitsbild der Mukoviszidose. Andere Ursachen der chronischen Pankreasinsuffizienz können eine verminderte Sekretion von Sekretin bzw. CCK sein. Durch die nicht ausreichende Freisetzung dieser Hormone, z. B. nach Magenresektionen, kommt es zur sog. **pankreaticocibalen Dyssynchronie**. Weitere Ursachen der chronischen Pankreasinsuffizienz können Pankreaskarzinome oder Abfluss-Störungen des Pankreas-Sekrets sein.

Zusammenfassung

Im Intestinaltrakt finden zwei unterschiedliche Vorgänge statt:

- der als Verdauung bezeichnete Abbau von Nahrungsstoffen zu monomeren Bausteinen und
- die Resorption dieser Bausteine und damit ihre Aufnahme in den Organismus.

Die Verdauung der Nahrungsstoffe beginnt bereits in der Mundhöhle, wird im Magen fortgesetzt und im Dünndarm abgeschlossen. Sie wird katalysiert durch die Aktivität der von den verschiedenen Verdauungsdrüsen freigesetzten Hydrolasen. Diese spalten Polysaccharide zu Oligo- und Monosacchariden, Proteine zu Oligopeptiden und Aminosäuren, Lipide zu Monoacylglycerinen und Fettsäuren sowie Nucleinsäuren zu Nucleosiden.

Die zeitgerechte Freisetzung der Verdauungsenzyme muss sehr genau reguliert werden, damit in der zur Verfügung stehenden Passagezeit durch das Duodenum und Jejunum auch ein vollständiger Abbau als Voraussetzung für die Resorption erzielt werden kann. Diese Regulation erfolgt über eine große Zahl von Hormonen und Transmittern, die durch zentralnervöse Reize, durch parakrine Signale und durch nervale Impulse freigesetzt werden. Für die Sekretion des Magensaftes ist das wichtigste Hormon das Gastrin. Die Pankreas-Sekretion wird durch Sekretin und Cholecystokinin reguliert. Letzteres sorgt darüber hinaus durch die Entleerung der Gallenblase für die Bereitstellung der für die Lipidresorption benötigten Gallensäuren.

61.3 Verdauung und Resorption

Durch die enzymatischen Aktivitäten und die Oberflächeneigenschaften der verschiedenen Verdauungssäfte werden die Nahrungsbestandteile so aufbereitet, dass sie im Dünndarm resorbiert werden können. Für diesen Vorgang steht prinzipiell die gesamte Dünndarmlänge zur Verfügung, jedoch wird der größte Teil der Nahrungsstoffe im **Duodenum** und **Jejunum** resorbiert (◻ Abb. 61.11). Durch Dünndarmzotten und Mikrovilli der Mucosazellen wird die Resorptionsfläche auf etwa 200 m² vergrößert.

Für die Aufnahme von Substanzen aus dem Dünndarmlumen in die Mucosazellen bestehen verschiedene Möglichkeiten. Bei der einfachen **passiven Diffusion** erfolgt die Aufnahme entlang eines Konzentrationsgefälles. Sie kann also nur dann erfolgen, wenn die Konzentration der betreffenden Substanz im Dünndarmlumen höher als in der Mucosazelle ist und außerdem die Möglichkeit einer unbehinderten Passage durch die luminale Membran der Mucosazelle besteht. Die wichtigste, durch passive Diffusion transportierte Substanz ist das Wasser. Wegen ihrer guten Membrangängigkeit können lipophile Substanzen wie Fettsäuren, Glyceride, fettlösliche Vitamine, aber auch lipophile Arzneimittel

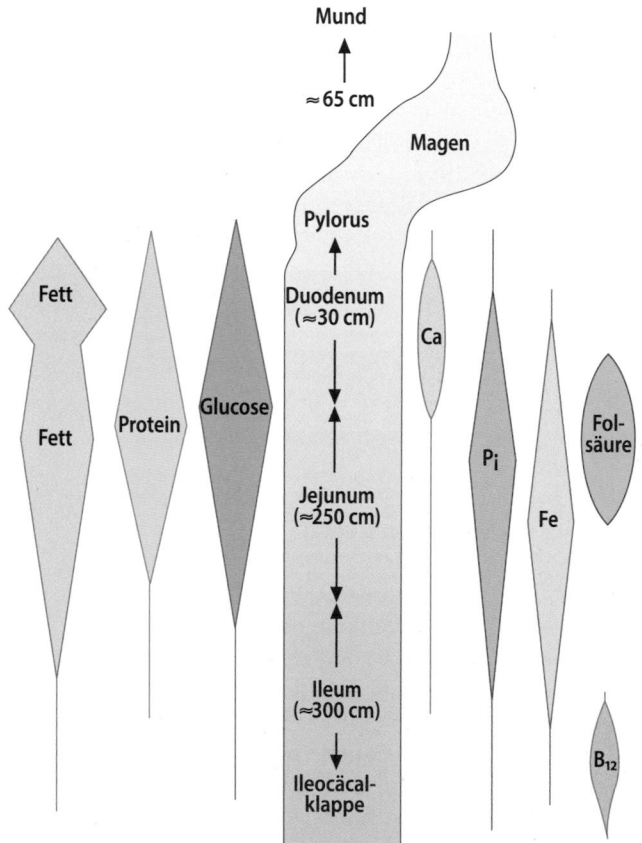

◻ **Abb. 61.11** Schematische Darstellung der Resorptionsorte der wichtigsten Nahrungsstoffe im Dünndarm: Duodenum, Jejunum und Ileum. (Einzelheiten s. Text)

ebenfalls durch passive Diffusion aufgenommen werden. Die Aufnahmegeschwindigkeit ist von der Molekülgröße abhängig. Substanzen mit einer molekularen Masse über 400 Da werden im Allgemeinen nicht mehr mit messbarer Geschwindigkeit passiv aufgenommen.

Häufiger als durch passive Diffusion erfolgt die Resorption gegen ein Konzentrationsgefälle als **aktiver Transport**. Gelegentlich muss nicht nur ein chemischer Gradient, sondern auch eine Ladungsdifferenz zwischen innen und außen (elektrochemischer Gradient) überwunden werden. Die für den aktiven Transport benötigte Energie wird aus der Spaltung von ATP bezogen.

61.3.1 Kohlenhydrate

❯ Nahrungskohlenhydrate werden durch α-Amylase und verschiedene Disaccharidasen gespalten.

Vor ihrer Resorption müssen Kohlenhydrate in die zugrundeliegenden Monosaccharid-Einheiten zerlegt werden. Der Abbau der mengenmäßig bedeutsamsten Polysaccharide **Glycogen** und v. a. **Stärke** beginnt durch die Einwirkung der in der Speichel- und Pankreasflüssigkeit enthaltenen **α-Amylase**. Dabei entsteht ein Gemisch aus Dextrinen (Oligosaccharide aus 4–10 Glucosylresten), Maltotriose und Maltose. Neben diesen Bruchstücken müssen außerdem noch die in manchen Nahrungsmitteln enthaltenen Disaccharide Saccharose und Lactose gespalten werden. Die hierfür verantwortlichen Enzyme **Amylo-1,6-α-Glucosidase**, **Isomaltase, verschiedene Maltasen, Lactase** und **Saccharase** sind im Bürstensaum der Mucosazellen lokalisiert, hier findet wahrscheinlich auch die Spaltung statt. Man nimmt an, dass die Disaccharidasen der Mucosazellen in enger Nachbarschaft zu den für die Monosaccharidresorption (s. u.) benötigten Transportsystemen angeordnet sind.

❯ Für die Resorption von Monosacchariden werden spezifische Transportsysteme benötigt.

In unmittelbarer Nachbarschaft zum Ort der Disaccharidspaltung im Bürstensaum der Mucosazellen befinden sich die für die Monosaccharidresorption zuständigen Transportsysteme. Sie zeigen folgende Eigenschaften:

- Verschiedene Hexosen wie Glucose oder Fructose werden mit unterschiedlichen Geschwindigkeiten resorbiert.
- Der Transportvorgang erfolgt stereospezifisch. So wird beispielsweise die natürlich vorkommende D-Glucose, nicht aber die L-Glucose resorbiert.
- Die Konzentration resorbierter Monosaccharide, insbesondere die von Glucose, ist in der Mucosazelle wesentlich größer als im intestinalen Lumen.

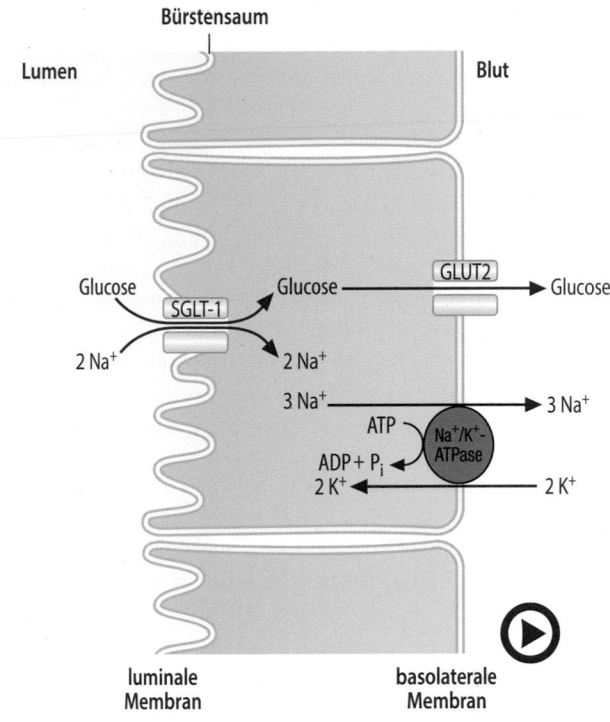

Abb. 61.12 (Video 61.8) **Natrium-abhängiger Transportmechanismus für Glucose.** (Einzelheiten s. Text) (▶ https://doi.org/10.1007/000-5q9)

- Der Monosaccharidtransport in die Mucosazelle erfolgt nur in Anwesenheit von Natriumionen.

Diese Beobachtungen haben zur Entdeckung des in ▢ Abb. 61.12 dargestellten **Natrium-abhängigen Glucosetransporters SGLT** (*sodium dependent glucose transporter* ▶ Abschn. 11.5 und 65.7) geführt. An der luminalen Seite der Mucosazelle binden Glucose und Natriumionen an den SGLT. Da infolge der Aktivität der an der basolateralen Seite gelegenen Na^+/K^+-ATPase die Natriumkonzentration in der Mucosazelle niedrig ist und zusätzlich ein negatives Potenzial von etwa –40 mV gegenüber dem intestinalen Lumen besteht, kann Na^+ entlang eines elektrischen Gradienten durch die Membran des Bürstensaums in die Mucosazelle gelangen und nimmt dabei das am gleichen Carrier angelagerte Monosaccharid mit, auch wenn damit ein Transport gegen einen Konzentrationsgradienten verbunden ist.

Von den bis heute beschriebenen Isoformen des SGLT kommt im Intestinaltrakt nur SGLT-1 vor. In den Epithelien der renalen Tubulussysteme finden sich außer dem SGLT-1 noch die Isoformen 2 und 3 (▶ Abschn. 65.7).

Der SGLT-1 arbeitet, solange die intrazelluläre Natriumkonzentration durch die ATP-abhängige Natrium-Kalium-Pumpe niedrig bleibt. Er kommt infolgedessen zum Erliegen, wenn deren Aktivität abnimmt, sei es durch Hemmstoffe wie Ouabain oder durch Störungen des Energiestoffwechsels. Auf der basalen Seite der Enterocyten befindet sich ein weiteres Transportsystem für Glucose, das die erleichterte Diffusion intrazellulärer Glucose in die extrazelluläre Flüssigkeit und damit in das Blut ermöglicht. Es handelt sich um einen Glucosetransporter aus der GLUT-Familie, nämlich den GLUT2 (▶ Abschn. 15.1.1).

SGLT-1 zeigt eine besonders hohe Affinität für Hexosen, die am C-Atom 2 die D-Konfiguration haben und dementsprechend an dieser Stelle nicht substituiert sein dürfen. Hierzu passt, dass SGLT-1 **Galactose** mit etwa der gleichen Geschwindigkeit wie Glucose transportiert.

Für die Resorption von **Fructose** wird dagegen das zur Familie der GLUT-Transporter gehörige GLUT5-Transportsystem benötigt.

61.3.2 Proteine, Peptide und Aminosäuren

Beim Erwachsenen werden Proteine und Peptide der Nahrung nicht als intakte Moleküle resorbiert und in das Blut abgegeben, sondern durch die proteolytischen Enzyme der gastrointestinalen Säfte und der Mucosazellen zerlegt. Dementsprechend kommt es nach einer proteinreichen Mahlzeit im Pfortaderblut zu einer der Proteinzusammensetzung entsprechenden Zunahme der Konzentrationen einzelner Aminosäuren; Di-, Tri- oder gar Oligopeptide sind dagegen nicht vermehrt nachweisbar. Da besonders nach proteinreichen Mahlzeiten die Verweildauer im Duodenum zu kurz für eine vollständige Aufspaltung von Protein in Aminosäuren ist, ist schon vor Jahren die Resorption kleinerer Peptide als wesentlicher Mechanismus der Proteinresorption postuliert worden (s. u.).

Im Gegensatz zum Erwachsenen findet beim Neugeborenen eine – wenn auch nur geringe – Aufnahme von intakten Proteinen durch die Mucosazellen statt, wahrscheinlich durch Pinocytose. Auf diese Weise können besonders in der Muttermilch enthaltene Immunglobuline von der Mutter auf den Säugling übertragen werden. Nach neueren Untersuchungen spielt dieser Vorgang jedoch im Vergleich zum plazentaren Übertritt von mütterlichen Immunglobulinen beim Menschen eine geringe Rolle.

❯ Oligopeptide werden mit einem H⁺-abhängigen Transportsystem resorbiert.

Aus Beobachtungen, dass die Verweildauer im Duodenum für eine vollständige Proteolyse zu Aminosäuren zu kurz, die Konzentrationen von Di- und Tripeptiden im Duodenal-Lumen 5- bis 10-mal größer als die Konzentration von freien Aminosäuren und die Resorptionsgeschwindigkeiten von Di- und Tripeptiden größer als diejenige freier Aminosäuren sind, muss geschlossen werden, dass ein er-

heblicher Teil der Nahrungsproteine nicht in Form freier Aminosäuren, sondern als Di- und Tripeptide von den Mucosazellen aufgenommen wird. Diese enthalten außerordentlich aktive cytoplasmatische Peptidasen, sodass man davon ausgehen kann, dass die aufgenommenen Peptide intrazellulär auf die Stufe freier Aminosäuren gespalten und von dort in das Pfortaderblut abgegeben werden.

Die Aufnahme von Peptiden in die Mucosazelle erfolgt nach dem Prinzip des sekundär aktiven Transportes. Im Gegensatz zu der Aufnahme von Aminosäuren oder Glucose ist sie allerdings nicht Na⁺- sondern H⁺-abhängig (◘ Abb. 61.13). Der in den intestinalen Mucosazellen nachgewiesene **Peptidtransporter PepT1** (*grün*) gehört in eine größere Familie von Peptidtransportern, die u. a. auch in den Bürstensaum-Epithelien der renalen Tubuli nachgewiesen wurden. PepT1 zeigt eine außerordentlich breite Substratspezifität und transportiert außer Di- und Tripeptiden auch eine Reihe von Arzneimitteln, z. B. β-Lactamantibiotika wie Penicillin. Der für den Transport notwendige Protonengradient wird durch einen Natrium-Protonen-Austauscher aufrechterhalten, der an die basolateral gelegene Na⁺/K⁺-ATPase (*rot*) gekoppelt ist.

❯ Aminosäuren werden durch spezifische Transportproteine aufgenommen.

Für die Aufnahme von Aminosäuren in die Mucosazellen des Intestinaltrakts stehen, wie aufgrund der unterschiedlichen Struktur und Ladung der Aminosäureseitenketten nicht anders zu erwarten, unterschiedliche Transportsysteme zur Verfügung. So sind apikal lokalisierte Transportsysteme für saure, neutrale und basische

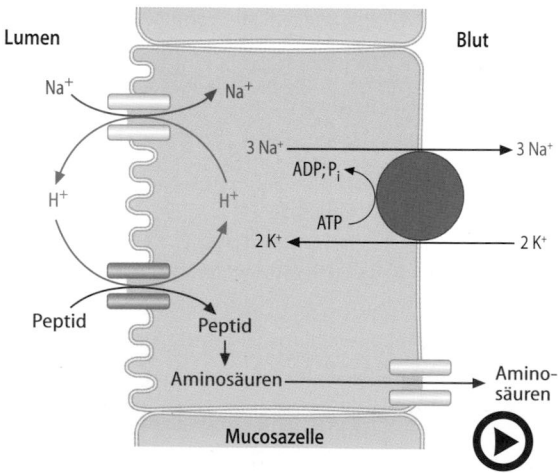

◘ **Abb. 61.13** (Video 61.9) **Mechanismus der Aufnahme von Peptiden oder Peptidantibiotika durch den Peptidtransporter PepT1.** Der Transport durch den Peptidtransporter PepT1 (*grün*) in die Mucosazellen erfolgt gegen ein Konzentrationsgefälle in Form eines Protonencotransports. *Rot:* Na⁺/K⁺-ATPase. (Einzelheiten s. Text) (▶ https://doi.org/10.1007/000-5qa)

Aminosäuren beschrieben worden, wobei die Letzteren neben basischen Aminosäuren auch Cystin transportieren. Vom Transportmechanismus her unterscheidet man:

- **Na⁺-abhängige Transportsysteme.** Diese gleichen in ihrer Transportkinetik den Na⁺-abhängigen Zuckertransportsystemen wie dem SGLT1 (▶ Abschn. 11.5).
- **Na⁺-unabhängige Transportsysteme:** Hier handelt es sich um eine Reihe heterodimerer Transportproteine, die speziell für die Aufnahme basischer Aminosäuren und des Cystins verantwortlich sind.

Auf der basolateralen Seite erfolgt die Aminosäureabgabe aus den Mucosazellen in das Blut durch entsprechende Uniporter. Es besteht grundsätzlich eine große Ähnlichkeit der Aminosäure-Aufnahmesysteme der intestinalen Mucosazellen mit entsprechenden Transportern in den renalen Tubulusepithelien.

61.3.3 Lipide

Infolge ihrer geringen Wasserlöslichkeit müssen Nahrungslipide (Triacylglycerine, Cholesterin und die fettlöslichen Vitamine A, D, E und K) im intestinalen Lumen in eine resorptionsfähige Form überführt werden. Dies geschieht durch teilweisen Abbau sowie feinste Emulgierung. Nach Aufnahme in die Mucosazellen erfolgt ein Umbau der aufgenommenen Lipide in eine für den Transport im Serum geeignete Form.

> Triacylglycerine der Nahrung werden durch die Pankreaslipase abgebaut.

Abbau und feine Dispersion der Triacylglycerine im intestinalen Lumen werden durch deren partielle Spaltung durch **Lipasen** katalysiert. Etwa 15 % der Esterbindungen in Triacylglycerinen werden bereits durch die **Magenlipase** gespalten, der Hauptteil jedoch im Duodenum durch die **Pankreaslipase**.

Wegen der Bedeutung der Nahrungslipide für die Aufrechterhaltung der Versorgung mit Energie, essenziellen Fettsäuren und fettlöslichen Vitaminen ist dieses Enzym von besonderem Interesse. Seine aus einer Röntgenstrukturanalyse gewonnene Raumstruktur ist in ◘ Abb. 61.14 dargestellt. Das Enzym besteht aus zwei Domänen, wobei die N-terminale Domäne das aktive Zentrum enthält, welches das für die Esterspaltung essenzielle **Serin** trägt. Durch eine Art Deckel ist das aktive Zentrum verschlossen. Die C-terminale Domäne enthält die Bindungsstelle für ein Hilfsprotein. Ohne dieses kann die Lipase nicht in die aktive Form überführt werden. Dieses Hilfsprotein wird als **Colipase** bezeichnet und vermittelt die Assoziation der Lipase an Lipidgrenzflächen mit Phospholipiden und Gallensäu-

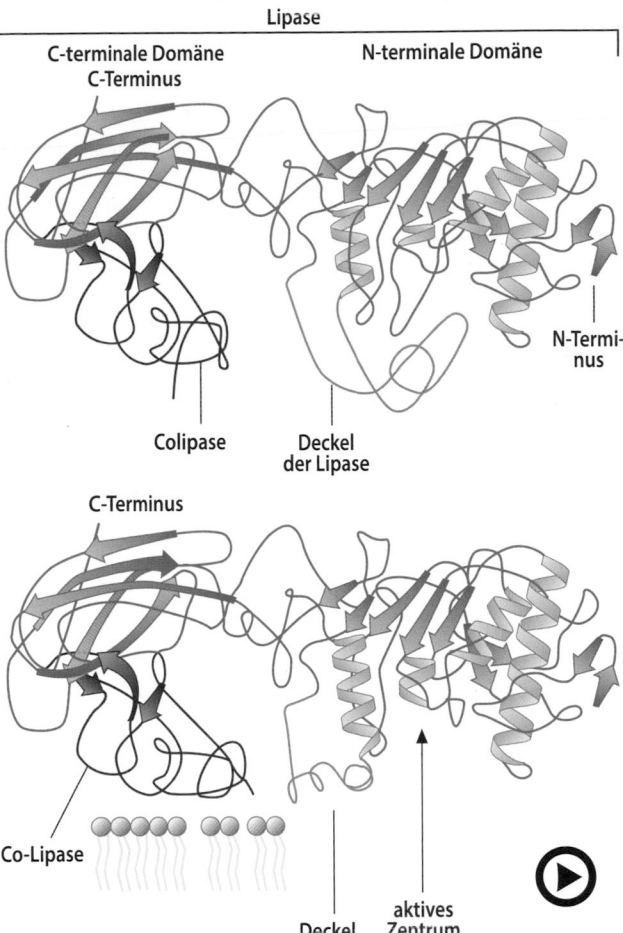

◘ **Abb. 61.14** (Video 61.10) **Schematische Darstellung der Raumstruktur des Lipase/Colipase-Komplexes und Aktivierung der Lipase durch Kontakt mit Grenzflächen.** In Abwesenheit von Grenzflächen ist der Deckel über dem aktiven Zentrum der Lipase geschlossen. Der durch die Colipase vermittelte Kontakt mit Grenzflächen aus Phospholipiden oder Gallensäuren führt zu einer Konformationsänderung, die den Deckel vom aktiven Zentrum abzieht. (Adaptiert nach Lowe 1997) (▶ https://doi.org/10.1007/000-5qb)

ren. Diese Assoziation führt dazu, dass sich der Deckel über dem aktiven Zentrum öffnet und damit die Lipase katalytisch aktiv werden kann.

Neben der Triacylglycerin-spezifischen Pankreaslipase kommt im intestinalen Lumen eine weitere Lipase vor, die im Gegensatz zur Pankreaslipase auch β-Monoacylglycerine zu spalten imstande ist. Dieses Enzym wird durch Gallensäuren aktiviert und zeigt eine sehr weite Substratspezifität. Außer Acylglycerinen werden von dieser **Carboxylesterase** auch Cholesterinester und Phospholipide gespalten. Interessanterweise ist in der Muttermilch eine hohe Aktivität dieser Carboxylesterase nachweisbar. Muttermilch liefert also nicht nur die für den Säugling notwendigen Triacylglycerine, sondern auch das für deren Spaltung notwendige Enzym, das im Intestinaltrakt des Säuglings durch die dort vorhandenen Gallensäuren aktiviert wird.

Vervollständigt wird das Repertoire an lipidspaltenden Enzyme des Pankreas-Sekretes durch eine Phospholipase A.

Die durch die Pankreaslipase katalysierte Triacylglycerin-Verdauung führt im Wesentlichen zu **β-Monoacylglycerin** und **Fettsäuren**. Die vollständige Aufspaltung in Glycerin und Fettsäuren findet nur in geringem Umfang statt, ebenso treten nur kleine Mengen von Diacylglycerinen als Reaktionsprodukte auf.

> Die Bildung von Micellen ist eine Voraussetzung für die Lipidaufnahme in die Mucosazellen.

Durch die Aktion der verschiedenen lipidspaltenden Enzyme im intestinalen Lumen entsteht ein Gemisch aus Fettsäuren, Monoacylglycerinen und Cholesterin. Unter der Einwirkung der aus der Gallenflüssigkeit stammenden Gallensäuren lagern sich diese Verbindungen zu **Micellen** zusammen, die auch weitere Lipide, vor allem die fettlöslichen Vitamine (► Abschn. 58.1), einschließen. Die Bildung dieser Micellen ist eine Voraussetzung für die **Lipidresorption**. Bei allen Störungen des Gallenflusses wird also die Lipidaufnahme in den Organismus blockiert sein und es zu sog. **Fettstühlen** kommen. Eine Ausnahme von dieser Regel machen Triacylglycerine, die – wenn auch mit deutlich verringerter Geschwindigkeit – in Abwesenheit von Gallensäuren resorbiert werden, wenn sie nur in Monoacylglycerine und Fettsäuren aufgespalten und anschließend möglichst fein verteilt werden.

> Bei Kontakt mit dem Bürstensaum der Mucosa zerfallen die Micellen, ihre verschiedenen Bestandteile werden einzeln resorbiert.

Resorption von Acylglycerinen und Fettsäuren Es sind zwar unterschiedliche Fettsäure-Transportproteine, vor allem das CD 36 und FATP-Proteine (► Abschn. 21.1.3) in der Mucosazelle beschrieben worden, allerdings verläuft die Resorption von Acylglycerinen und Fettsäuren auch bei solchen Versuchstieren mit normaler Geschwindigkeit, bei denen diese Proteine gentechnisch ausgeschaltet wurden. Fettsäuren und Monoacylglycerine scheinen daher überwiegend passiv durch die Lipidphase der apikalen Plasmamembran der Mucosazellen zu diffundieren.

Resorption von Sterolen Wesentlich komplexer sind dagegen die Verhältnisse beim **Cholesterin** und verwandten Verbindungen. Bei ausgewogener Diät werden pro Tag etwa 250–500 mg Cholesterin, aber auch 200–400 mg andere Sterole aufgenommen. Diese sind wie das **Sitosterol** (► Abschn. 3.2.5; ◘ Abb. 3.29) überwiegend pflanzlicher Herkunft. ◘ Abb. 61.15 zeigt die Grundzüge der

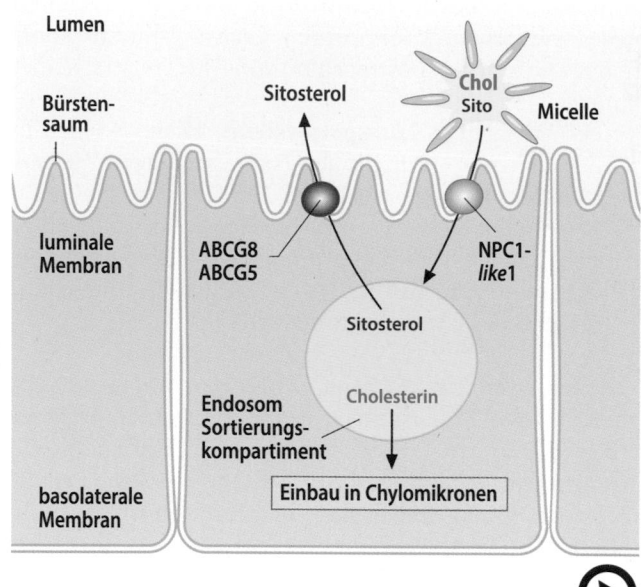

◘ **Abb. 61.15** (Video 61.11) **Resorption von Sterolen.** *NPC1–like1:* Niemann-Pick *like*1-Steroltransporter; *ABCG5* und *ABCG8:* ABC-Transporter, die den Export von Sitosterol und ähnlichen Verbindungen übernehmen; *Chol:* Cholesterin; *Sito:* Sitosterol. (Einzelheiten s. Text) (► https://doi.org/10.1007/000-5qc)

Resorption dieser Verbindungen. Für die Aufnahme der aus den zerfallenden Micellen freigesetzten Sterole in die Mucosazelle ist ein spezifisches Transportprotein verantwortlich, das als *Niemann-Pick-C1-like1* (*NPC1-like1*) bezeichnet wird. Das Protein gehört in die Familie der Niemann-Pick-C1-Proteine, die am intrazellulären Cholesterintransport beteiligt sind und deren Mutationen den Typ C der Niemann-Pick-Lipidspeicherkrankheit auslösen. *NPC1-like1* ist ein integrales Membranprotein der luminalen Plasmamembran der intestinalen Mucosazellen, das dort mit 13 Transmembrandomänen verankert ist. Es ist für die Cholesterinaufnahme in die Mucosazellen verantwortlich, kann aber nicht zwischen Cholesterin und den anderen meist pflanzlichen Sterolen unterscheiden. Erst ein in dem vesikulären Kompartiment der Mucosazellen lokalisierter Sortiervorgang trennt Cholesterin und die anderen Sterole. Diese werden mithilfe der ABC-Transporter ABCG5 und ABCG8 wieder in das duodenale Lumen zurücktransportiert. Hemmstoffe des *NPC1-like1*-Transporters werden auch zur Behandlung der Hypercholesterinämie (► Abschn. 25.4.2) eingesetzt.

> In der Mucosazelle erfolgt die Resynthese von Triacylglycerinen und die Assemblierung von Chylomikronen.

Resynthese von Triacylglycerinen Nach der Aufnahme der durch die intestinale Lipidverdauung entstandenen Fettsäuren und β-Monoacylglycerine finden die in ◻ Abb. 61.16 dargestellten Reaktionen am endoplasmatischen Retikulum der Mucosazelle statt. Ihr Zweck ist die Umwandlung der aus dem Darm aufgenommenen Lipide in eine in Lymphe und Blut transportable Form. Dabei kommt es zunächst durch Reveresterung von Fettsäuren zur **Triacylglycerinbildung**. Der Mucosazelle stehen hierfür verschiedene Möglichkeiten zur Verfügung. Einmal können die aus dem intestinalen Lumen aufgenommenen β-Monoacylglycerine direkt mit aktivierten Fettsäuren, also mit Acyl-CoA, verestert werden. Acyl-CoA entsteht unter Einwirkung der in der intestinalen Mucosa in hoher Aktivität vorkommenden Acyl-CoA-Synthetase (▶ Abschn. 21.2.1). Neben diesem für die Mucosazelle typischen Reveresterungsmechanismus kommt als weitere Möglichkeit die Triacylglycerinbiosynthese aus Glycerin-3-Phosphat und Acyl-CoA infrage,

wie sie in vielen Zellen des Organismus abläuft. Das für diesen Vorgang notwendige Acyl-CoA entsteht aus resorbierten Fettsäuren oder durch hydrolytische Abspaltung aus den aufgenommenen Monoacylglycerinen mithilfe einer in der Mucosazelle vorkommenden **Monoacylglycerin-Lipase**. Das Glycerin-3-Phosphat entstammt im Wesentlichen der Glycolyse, kann aber auch durch direkte Phosphorylierung von Glycerin mithilfe einer ATP-abhängigen Glycerinkinase entstehen. Diese verschiedenen Wege zur Triacylglycerinbildung bieten für die Mucosazelle Vorteile. Unter normalen Bedingungen werden aufgenommene Monoacylglycerine direkt zu Triacylglycerinen acyliert. Bei einem Überschuss von nicht veresterten Fettsäuren kann zusätzlich die Möglichkeit der Triacylglycerinbiosynthese aus Glycerin-3-Phosphat und Fettsäuren in Anspruch genommen werden. Durch die Mucosa-spezifische Monoacylglycerin-Lipase kann schließlich ein Monoacylglycerin-Überschuss abgebaut und die dabei entstehenden Fettsäuren der Triacyl-

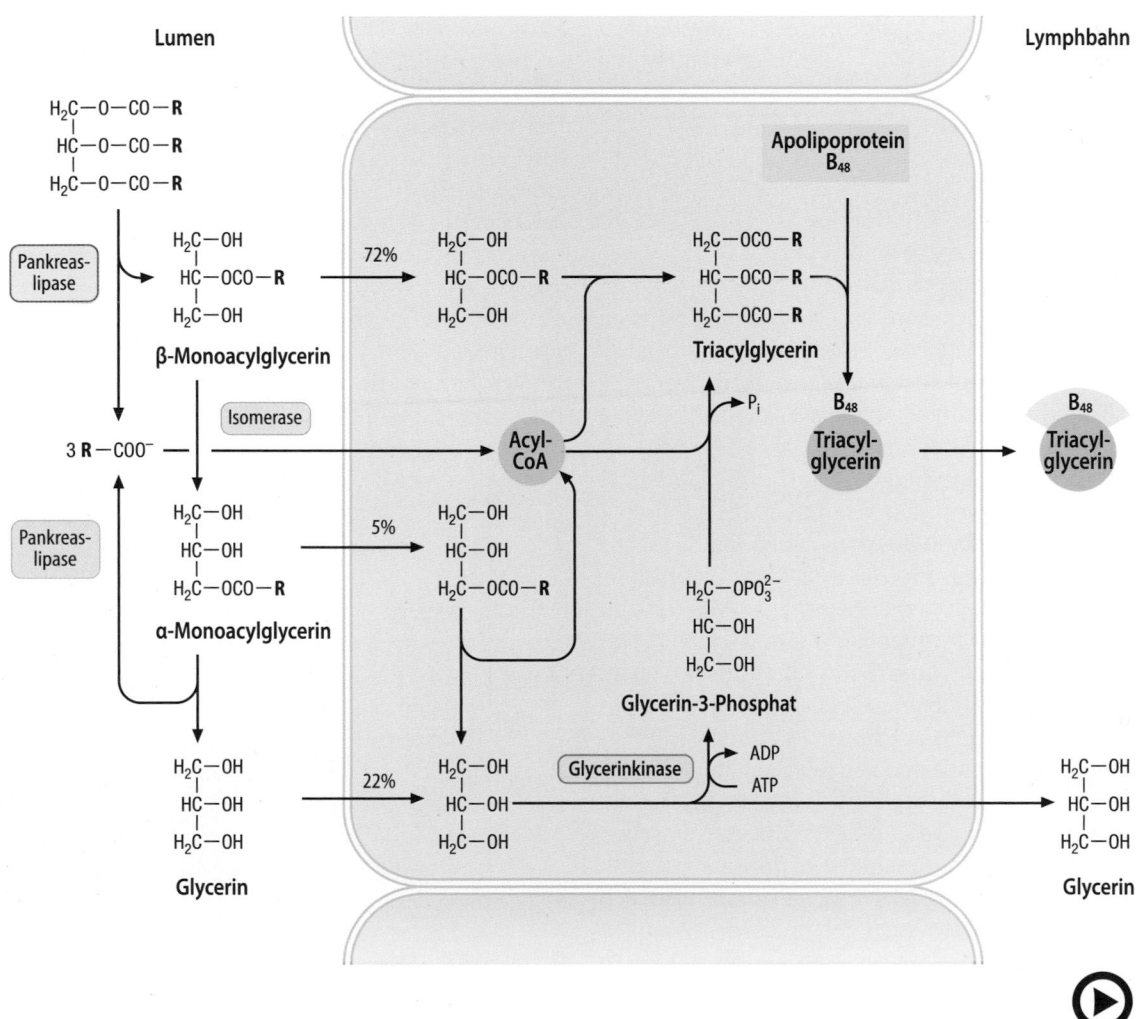

◻ **Abb. 61.16** (Video 61.12) **Intestinale Spaltung und Resynthese von Triacylglycerinen.** *R:* Acylrest. (Einzelheiten s. Text) (▶ https://doi.org/10.1007/000-5qd)

glycerinbiosynthese zugeführt werden. Außer der Triacylglycerinbildung erfolgt in der Mucosazelle auch die Veresterung von **Cholesterin**, das nur in freier Form resorbiert werden kann.

Assemblierung von Chylomikronen   Im Anschluss an die Biosynthese von Triacylglycerinen und Cholesterinestern erfolgt ihre Assoziation an das Apolipoprotein B$_{48}$, wobei Chylomikronen entstehen (▶ Abschn. 24.2). Hierzu müssen die im glatten endoplasmatischen Retikulum synthetisierten Triacylglycerine, Cholesterinester und Phospholipide durch das **Triglycerid-Transfer-Protein** zum Golgi-Apparat transportiert werden.

Das Triglycerid-Transfer-Protein ist ein heterodimeres Protein, dessen eine Untereinheit aus der Proteindisulfidisomerase (▶ Abschn. 49.2.1) besteht und die andere wesentlich größere Untereinheit in relativ hoher Konzentration im Intestinaltrakt und in der Leber vorkommt. Dies sind die beiden einzigen Organe, die zur Biosynthese von Apolipoprotein-B-haltigen Lipoproteinen imstande sind. Im Golgi-Apparat erfolgt dann die Assemblierung der Triacylglycerine, Cholesterinester und Phospholipide mit dem Apolipoprotein B$_{48}$ zu **Chylomikronen**. Diese werden durch Exocytose von den Enterocyten freigesetzt (▶ Abschn. 24.2).

61.3.4 Resorption von Wasser und Elektrolyten

Mit dem Übergang der Meeresbewohner zum Leben auf dem Land ergab sich die Notwendigkeit, spezielle Mechanismen zur möglichst effektiven Konservierung von Wasser und Elektrolyten zu entwickeln. Neben den Nieren und den Schweißdrüsen fällt dabei dem Magen-Darm-Trakt eine Hauptaufgabe zu. Hierfür sind v. a. zwei Gründe verantwortlich. Einmal ist der Magen-Darm-Trakt unter physiologischen Bedingungen die einzige Aufnahmestelle für Wasser und Elektrolyte. Beim Menschen müssen täglich etwa 2–3 l Wasser und 300 mmol (ca. 7 g) Natrium und 100 mmol (ca. 4 g) Kalium, die mit dem Harn und Schweiß verloren gehen, ersetzt werden. Zum anderen müssen im Magen-Darm-Trakt erhebliche Mengen der Plasma-isotonen Flüssigkeit resorbiert werden, die aus den Sekreten der Verdauungsdrüsen und der Leber stammt. Wie oben diskutiert, beträgt die Gesamtmenge dieser Sekrete beim Menschen pro Tag etwa 6–9 l. Da sie eine dem Plasma entsprechende Elektrolytzusammensetzung haben, müssen also nicht nur Wasser, sondern auch entsprechende Mengen an Elektrolyten resorbiert werden, um schwere, mit dem Leben nicht zu vereinbarende Elektrolytverluste zu vermeiden.

Im Gegensatz zu Aminosäuren, Zuckern oder Elektrolyten ist die Resorption von Wasser ein passiver Vorgang und erfolgt entlang eines osmotischen Gradienten. Da die Elektrolyte Natrium, Chlorid und Hydrogencarbonat den überwiegenden Teil der osmotisch aktiven Substanzen im Bereich des Magen-Darm-Traktes ausmachen, sind die Vorgänge der Wasserresorption untrennbar mit denjenigen des Elektrolyttransports verbunden und werden deshalb im Folgenden auch zusammen behandelt.

❯ Wasser- oder NaCl-Sekretion in Magen und Duodenum macht den Speisebrei isoton.

Im Magen und Duodenum findet keine Wasserresorption statt. Im Gegenteil, es kommt hier bei Vorliegen eines hypertonen Speisebreis zur **Wassersekretion** in Magen- und Darmlumen bis ein annähernd Plasmaisotoner Wert erreicht wird. Werden dagegen hypotone Lösungen (Wassertrinken) zugeführt, so wird Natriumchlorid bis zur Isotonie in das duodenale Lumen sezerniert.

❯ Im Jejunum (Dünndarm) erfolgt der größte Teil der Wasser-Rückresorption.

Der wichtigste Ort der gastrointestinalen Wasser-Rückresorption ist das Jejunum. Ist der Darminhalt an dieser Stelle noch hypoton, verlässt Wasser infolge der osmotischen Druckdifferenz zwischen Plasma und Lumen den Darm. Unter normalen Bedingungen ist jedoch die Speiseflüssigkeit im Bereich des Jejunums eine isotone Lösung, die sich in etwa in ionischem Gleichgewicht mit dem Plasma befindet. Unter diesen Bedingungen können nur geringe Mengen von Na$^+$, Cl$^-$ oder Wasser resorbiert werden (◻ Abb. 61.17). Der Resorp-

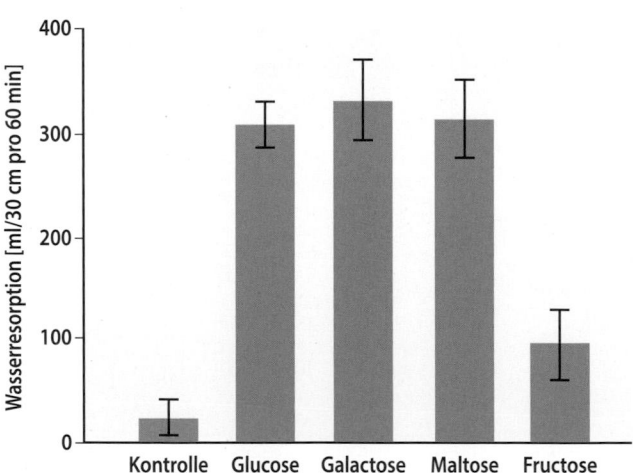

◻ **Abb. 61.17   Abhängigkeit der Wasserresorption vom Hexosetransport.** 30 cm normalen menschlichen Jejunums wurden mit einer Geschwindigkeit von 20 ml/min mit den angegebenen Lösungen perfundiert und die Wasserresorption gemessen. Die Perfusionslösungen enthielten in isotonischer Kochsalzlösung (0,9 %) jeweils 2,5 % der angegebenen Zucker

tionsvorgang kommt jedoch sofort in Gang, wenn zusätzlich Zucker oder Aminosäuren im Darmlumen vorhanden sind. Eine Erklärung findet dieses Phänomen darin, dass die **treibende Kraft** für den passiv erfolgenden Wassertransport der **aktive Natriumtransport** aus dem Darmlumen in das Plasma ist, der wiederum in diesem Teil des Magen-Darm-Trakts mit dem Transport von Monosacchariden bzw. Aminosäuren gekoppelt ist. Die im Jejunum vorliegenden Verhältnisse werden in schematischer Form in ◌ Abb. 61.18 dargestellt. **Natriumionen** werden mit **Monosacchariden** oder **Aminosäuren** aus dem intestinalen Lumen in die Mucosazelle transportiert. Durch die vor allen Dingen an der basolateralen Seite der Mucosazellmembran gelegene Energie-abhängige Natriumpumpe wird der Natriumgehalt der Mucosazelle niedrig gehalten, im Interzellulärspalt jedoch ein osmotischer Gradient aufgebaut, sodass passiv Wasser aus dem Lumen in den Interzellulärspalt nachfließt. Ein Wasserausgleich in Richtung des intestinalen Lumens ist unmöglich, da der Interzellulärspalt der luminalen Seite durch die *tight junctions* (Zonula occludens) verschlossen ist.

Eine weitere wichtige Rolle bei der Wasserresorption spielt das **Hydrogencarbonat**. Infolge seiner hohen Konzentrationen in der Gallenflüssigkeit sowie im Pankreas-Sekret gelangen relativ große Mengen des Anions in das Jejunum, aus dem sie rasch resorbiert werden. An die Hydrogencarbonat-Resorption ist der Transport von Natrium und Wasser geknüpft. Ein gleichartiger Vorgang findet in den proximalen Tubulusepithelien der Niere statt.

❯ Ileum und Kolon enthalten spezifische Transportsysteme für die Wasser- und Elektrolytresorption.

Im Gegensatz zum Jejunum erfolgen im Ileum (letzter Abschnitt des Dünndarms) und Kolon die Resorption von Natrium und Wasser unabhängig von der Anwesenheit von Monosacchariden, Aminosäuren oder Hydrogencarbonat-Ionen. Prinzipiell können zwei unterschiedliche Transportmechanismen unterschieden werden.

– **Die elektroneutrale NaCl-Resorption.** Für diesen Vorgang, der in ◌ Abb. 61.19, *oberer Teil*, schematisch dargestellt ist, werden ein Na^+/H^+- und ein Cl^-/HCO_3^--Austauscher benötigt. Für die Regenerierung der im Austausch gegen NaCl aufgenommenen Protonen und des Hydrogencarbonats sind zwei Carboanhydrasen erforderlich, von denen eine im Bürstensaum, die andere in der Mucosazelle lokalisiert ist. Auf der basolateralen Seite findet der Na^+- (und Cl^-) Export durch die Na^+/K^+-ATPase oder entsprechende Kanäle statt.

– **Elektrogene Na^+-Aufnahme durch den epithelialen Natriumkanal** (*epithelial Na^+ channel*, ENaC). Dieser in vielen epithelialen Geweben vorkommende regulierbare Natriumkanal ist für die luminale Na^+-Aufnahme verantwortlich (◌ Abb. 61.19, *unterer Teil*). Sie wird durch eine entsprechende Cl^--Aufnahme komplettiert. Diese kann über Chloridkanäle oder durch parazellulären Transport erfolgen. Auf der basolateralen Seite findet der Na^+- (und Cl^--)Export durch die Na^+/K^+-ATPase oder entsprechende Kanäle statt.

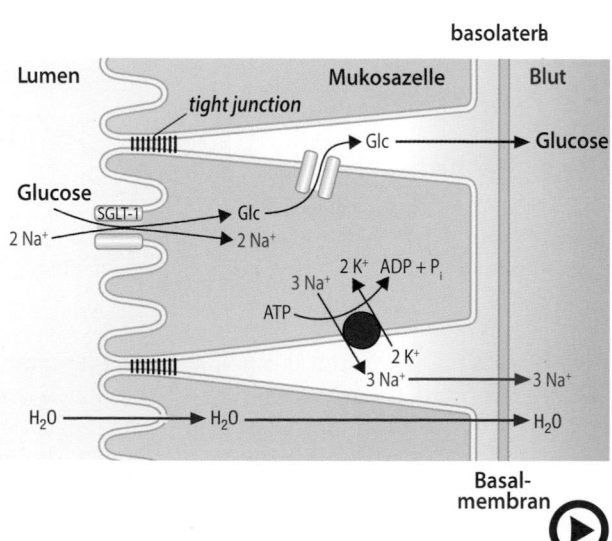

◌ **Abb. 61.18** (Video 61.13) **Kopplung von Na^+- und Wassertransport im Jejunum.** *Rot:* aktiver Transport von Na^+-Ionen (Na^+/K^+-ATPase). (Einzelheiten s. Text) (▶ https://doi.org/10.1007/000-5qe)

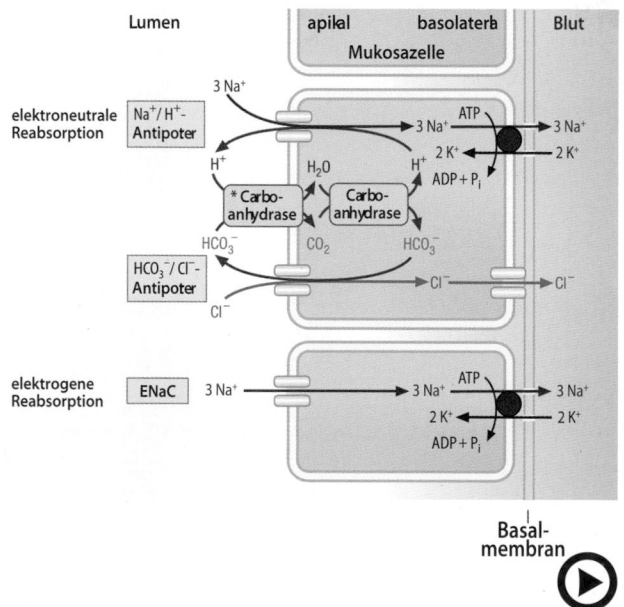

◌ **Abb. 61.19** (Video 61.14) **Elektroneutrale und elektrogene Reabsorption von Na^+ und Cl^- im Ileum und Kolon.** (Einzelheiten s. Text) (▶ https://doi.org/10.1007/000-5qf)

Von entscheidender Bedeutung für die Rückresorption von Wasser ist, dass durch die genannten Natrium-Rückresorptionsvorgänge ein osmotischer Gradient aufgebaut wird, der für den Wassertransport aus dem luminalen in den basolateralen Raum verantwortlich ist. Es ist noch nicht geklärt, inwieweit Aquaporine an ihm beteiligt sind.

❯ Aldosteron und Angiotensin regulieren Natrium- und Wasser-Rückresorption.

Die in den unteren Abschnitten des Dünndarms und im Dickdarm vorhandenen Natrium- und damit auch Wasser-konservierenden Enzymsysteme gehören zu den für Landlebewesen essenziellen Schutzmechanismen. Sie verhindern mit den Ausscheidungsvorgängen einhergehende Verluste von Wasser und Natrium, die mit der Nahrungs- und Flüssigkeitsaufnahme alleine nicht zu kompensieren wären. Funktionell gleichartige Systeme kommen in den Nieren und den Schweißdrüsen vor, wo sie ebenfalls Wasser- und Elektrolytverluste zu verhindern haben.

Es ist deshalb sinnvoll, dass auch im Magen-Darm-Trakt die Mineralocorticoid-Hormone im Sinne einer Natriumkonservierung wirken. Dies trifft v. a. für das **Aldosteron** (▶ Abschn. 65.4.3) zu, das neben seiner renalen Wirkung auch an Ileum und Kolon die Rückresorption von Natrium stimuliert. So steigt beim normalen Menschen 24 h nach Aldosterongabe die Geschwindigkeit der Natriumresorption im Kolon um etwa das 3-fache an. Der Wirkungsmechanismus des Aldosterons beruht auf der vermehrten Induktion der an der Na^+-Rückresorption beteiligten Kanäle und Transporter, v. a. des ENaC und der Na^+/K^+-ATPase.

Eine weitere wichtige Rolle bei der Natrium- und Wasserkonservierung im Magen-Darm-Trakt spielt das **Angiotensin II** (▶ Abschn. 65.4.3). Ähnlich wie in den Nieren stimuliert es auch im Ileum und Kolon die Natrium-Rückresorption und begünstigt so die Wasseraufnahme durch den Darm.

❯ Im Intestinaltrakt können Wasser und Elektrolyte sezerniert werden.

Neben der Aufnahme von Wasser und Elektrolyten durch die Darmwand finden ständig Flüssigkeits- und Elektrolytbewegungen in der umgekehrten Richtung, d. h. in Richtung auf das Darmlumen, statt. Die absolute, als **Absorptionsrate** bezeichnete Größe des Stofftransports durch die Darmwand ergibt sich aus der Geschwindigkeitsdifferenz des Transports vom Lumen durch die basolaterale Membran und damit ins Blut (**Insorption**) und der als **Exsorption** bezeichneten Bewegung von Wasser bzw. Elektrolyten durch die luminale Membran in das Darmlumen hinein.

Dass die Exsorption nicht ausschließlich durch passive Rückdiffusion hervorgerufen wird, geht aus der Beobachtung hervor, dass bei der **Cholera** eine massiv gesteigerte Flüssigkeits- und Elektrolytsekretion durch das Jejunum in das Lumen erfolgt, obwohl die Mucosa histologisch normal ist und die insorptiven Vorgänge wie aktiver Transport von Monosacchariden und Aminosäuren sowie Natriumtransport ungestört ablaufen.

Eine entscheidende Rolle bei der intestinalen Sekretion von Elektrolyten und Wasser spielt der Chloridtransport durch das schon oben als **CFTR** (*cystic fibrosis transmembrane conductance regulator*) bezeichnete Protein. CFTR, dessen Mutationen die Mukoviszidose (im angloamerikanischen Sprachraum **cystische Fibrose**) auslösen, ist ein in vielen Epithelzellen in der apikalen Membran lokalisierter Chloridkanal. Zusammen mit entsprechenden Transportsystemen für Na^+ und K^+-Ionen ist er für die Sekretion von NaCl in das intestinale Lumen verantwortlich, dem ein entsprechender Wassertransport folgt.

Das CFTR-Protein unterliegt einer sehr fein gesteuerten hormonellen Regulation. Es kann durch eine Reihe von Proteinkinasen (Proteinkinase A, cGMP-abhängige Proteinkinase, Proteinkinase C, CaM-Kinase) phosphoryliert werden, was jeweils zu einer Aktivierung der Chloridsekretion und damit auch des Wassertransports führt.

❯ Resorption anderer Nahrungsbestandteile.

Für eine Reihe wichtiger Nahrungsbestandteile wie Vitamine, Calcium, Magnesium, Phosphat und Eisen bestehen spezielle Resorptionsmechanismen, die bei der Besprechung des Stoffwechsels der einzelnen Substanzen abgehandelt werden.

61.3.5 Pathobiochemie

❯ Störungen der Kohlenhydratverdauung und Resorption beruhen auf Defekten von Enzymen oder Transportern.

Eine Reihe von Störungen der Kohlenhydratverdauung und -resorption sind auf verminderte Aktivitäten bzw. vollständigen Mangel an Disaccharidasen zurückzuführen. Können Nahrungsdisaccharide nicht verdaut und damit auch nicht resorbiert werden, gelangen sie in tiefere Darmabschnitte. Dort lösen sie eine osmotische Diarrhö und wegen der Fermentierung durch Darmbakterien **Meteorismus** (Blähungen) aus. Man unterscheidet im Einzelnen zwischen primärem, sekundärem und relativem Disaccharidase-Mangel.

Primärer Disaccharidase-Mangel Die häufigste Form des primären Disaccharidase-Mangels ist der **primäre Lactase-Mangel**, der auch als **Lactoseintoleranz** bezeichnet wird. Bei diesem Leiden kommt es zu einer genetisch fixierten Abnahme der zum Zeitpunkt der Geburt noch normalen Lactaseaktivität mit zunehmendem Lebensalter. Das Leiden, das gelegentlich familiär gehäuft vorkommt, tritt bei Afrikanern, Bewohnern des Vorderen Orients und der australischen Urbevölkerung wesentlich häufiger auf als bei Europäern. Das Krankheitsbild ist abzugrenzen von dem sehr seltenen kongenitalen Fehlen der enteralen Lactase des Säuglings. Die Behandlung des primären Lactase-Mangels besteht in der Vermeidung von Milch und Milchprodukten. Neben dem primären Lactase-Mangel kommt, wenn auch wesentlich seltener, ein primärer Saccharase-Isomaltase-Mangel vor.

Sekundärer Disaccharidase-Mangel Auch beim sekundären Disaccharidase-Mangel überwiegt der Lactase-Mangel. Der **sekundäre Lactase-Mangel** ist eine Begleiterscheinung bei vielen gastrointestinalen Erkrankungen, beispielsweise bei der Gluten-sensitiven Enteropathie (s. u.), dem Kwashiorkor (▶ Abschn. 57.1.1) und dem M. Crohn (eine chronisch entzündliche Darmerkrankung) bei Dünndarmbefall. Er kann auch durch chemische Substanzen wie Colchicin und Neomycin, Chemotherapie bei malignen Erkrankungen oder durch Röntgenbestrahlung hervorgerufen werden.

Relativer Disaccharidase-Mangel Der relative Disaccharidase-Mangel ist durch ein Missverhältnis der in der Mucosa vorhandenen Disaccharidasen zu den mit der Nahrung zugeführten Disacchariden gekennzeichnet. Funktionell kann der relative Disaccharidase-Mangel nach Magenresektion entstehen, wenn es zu einer zu raschen Entleerung des Chymus aus dem Restmagen kommt. Außerdem kann jede besonders Disaccharid-reiche Diät einen relativen Disaccharidase-Mangel erzeugen.

Grundsätzlich kommt es beim Erwachsenen mit der normalerweise auftretenden Verminderung der Zufuhr milchhaltiger Nahrungsmittel zu einem relativen Disaccharidase-Mangel. Dieser ist im Allgemeinen reversibel, da die Disaccharidasen der Dünndarm-Mucosa durch Zufuhr ihres Substrats induziert werden.

Glucose-Galactose-Malabsorption Die Glucose-Galactose-Malabsorption ist eine sehr seltene Erbkrankheit, die auf einem Defekt des luminalen **Glucosetransporters SGLT-1** beruht. Die Patienten können deswegen weder Glucose noch Galactose resorbieren. Da diese Zucker in die tieferen Darmabschnitte gelangen, lösen sie dort osmotische Diarrhöen aus und werden bakteriell abgebaut. Für die betroffenen Kinder ist dies eine lebensge-

fährliche Erkrankung, die lediglich dadurch behandelt werden kann, dass ihre Diät frei von Saccharose, Lactose, Glucose oder Galactose gehalten wird. Im Allgemeinen wird Fructose als Kohlenhydrat verwendet, da diese über den GLUT5-Transporter resorbiert wird.

❯ Mangel an Gallensäuren geht mit Störungen der Fettresorption einher.

Eine Reihe von Pathomechanismen führen zu Störungen der Fettresorption, die sich i. Allg. am Auftreten von **Fettstühlen** (Steatorrhoe) erkennen lassen und deswegen besonders bedeutsam sind, weil sie mit Resorptionsstörungen essenzieller lipophiler Verbindungen wie fettlöslicher Vitamine und essenzieller Fettsäuren einhergehen.

Häufig werden Fettresorptionsstörungen durch eine verminderte intestinale Gallensäurekonzentration ausgelöst, die durch Verlegung der ableitenden Gallenwege oder durch eine hepatische Störung der Gallensäuresynthese verursacht werden kann. Viel seltenere Ursachen sind Lipase- bzw. Colipasemangel bei Pankreasinsuffizienz oder als hereditäre Erkrankung. Ein durch massive Lipideinlagerungen in den Mucosazellen gekennzeichnetes Krankheitsbild findet sich schließlich bei der sehr seltenen **hereditären A-β-Lipoproteinämie** ▶ Abschn. 25.4.1. Die betroffenen Patienten zeichnen sich dadurch aus, dass in ihrem Plasma keinerlei Lipoproteine mit Apolipoproteinen des Typs B nachweisbar sind. Eine genauere Untersuchung hat ergeben, dass sie zwar durchaus imstande sind, das Apolipoprotein B_{100} bzw. B_{48} zu synthetisieren, jedoch keinerlei **Triacylglycerin-Transfer-Proteine** besitzen, da diese durch Mutationen ausgeschaltet sind. Triacylglycerin-Transfer-Proteine werden für die Verpackung von Triacylglycerinen in Chylomikronenvesikel benötigt. Dieser Befund weist auf die enorme Bedeutung des Lipidtransfers zwischen Membranen für die Biosynthese von Lipoproteinen hin.

❯ Die Sitosterolämie zeigt die Symptomatik einer familiären Hypercholesterinämie.

Wie in ▶ Abschnitt. 61.3.3, ◘ Abb. 61.15 beschrieben, erfolgt die Aufnahme von Sterolen durch das *NPC1-like1*-Transportprotein, das allerdings nicht zwischen Cholesterin und pflanzlichen Sterolen unterscheiden kann. Unter normalen Umständen werden diese im vesikulären Kompartiment der Mucosazellen sortiert und durch die Lipidtransporter ABCG5 und ABCG8 wieder in das intestinale Lumen exportiert. Defekte dieser beiden Lipidtransporter lösen das Krankheitsbild der **Sitosterolämie** aus. Bei den Patienten findet man eine erhöhte Konzentration von pflanzlichen Sterolen in den Mucosazellen und im Blut. Die Betroffenen zeigen Xanthome (◘ Abb. 25.5) und leiden unter verfrühter schwerer Arteriosklerose mit häufiger koronarer Herzerkrankung.

❯ Defekte von Proteinverdauung und Resorption haben verschiedenste Ursachen.

Die häufigsten Defekte der Proteinverdauung und Resorption finden sich bei der exkretorischen Pankreasinsuffizienz, bei einer Atrophie bzw. Funktionseinschränkung der Dünndarmzotten (Sprue) und auch nach Dünndarmresektion. Nicht verdaute bzw. resorbierte Proteine gelangen dann in tiefere Darmabschnitte, wo sie bakteriell abgebaut werden, was häufig zur Bildung toxischer Produkte führt (▶ Abschn. 61.5.2).

Seltenere Erkrankungen sind hereditäre Defekte proteolytischer Enzyme, z. B. des Trypsinogens oder der Enteropeptidase.

Gendefekte von Aminosäure-Transportsystemen sind
- die Hartnup-Krankheit, die durch eine Aufnahmestörung neutraler Aminosäuren verursacht wird,
- die Cystinurie,
- die Methioninmalabsorption und
- die Prolinmalabsorption.

Die Bedeutung der Peptidspaltung innerhalb der Mucosazellen für Verdauung und Resorption lässt sich gut am Beispiel der **Gluten-sensitiven Enteropathie** zeigen. Die Gluten-sensitive Enteropathie, die früher im Erwachsenenalter als Sprue bezeichnet wurde, nennt man auch Zöliakie (unter dem Begriff Sprue werden eine Reihe von Durchfallerkrankungen unterschiedlicher Genese zusammengefasst). Bei diesem Krankheitsbild findet sich eine allgemeine Störung der Verdauung und Resorption von Nahrungsstoffen infolge einer weitgehenden Atrophie der Dünndarmzotten mit entsprechenden Veränderungen des Dünndarmepithels.

Die Zöliakie ist eine Autoimmunerkrankung mit genetischen, immunologischen und Umweltkomponenten. **Gliadine** sind Peptide aus 6 bis 7 Aminosäuren, die bei der Verdauung des Weizenproteins Gluten entstehen. Besonders nach Desamidierung von Glutaminresten durch eine enterale Transglutaminase 2 lösen Gliadine bei den Betroffenen eine komplexe zur oben beschriebenen Symptomatik führende Reaktion aus. Es ist bis jetzt noch nicht sicher bekannt, ob die Gliadine selbst auf das Dünndarmepithel toxisch wirken, oder ob es sich um eine Autoimmunreaktion aufgrund einer Kreuzreaktivität handelt. Gliadine werden auch in die Blutbahn aufgenommen und führen dort zur Bildung spezifischer Antikörper gegen die Gewebstransglutaminase, die sich bei allen Patienten mit Sprue nachweisen lassen und die ihrerseits für die Schädigung des Dünndarmepithels verantwortlich sein könnten. Deren Nachweis hat eine sehr hohe Sensitivität und Spezifität zur Diagnosestellung einer Sprue. Die Erkrankung ist assoziiert mit Genen, die für die MHC-Antigene DQ2 und DQ8 codieren.

❯ Man unterscheidet osmotische und sekretorische Diarrhöen.

Weltweit sterben jährlich an akuten Diarrhöen mehrere Millionen Patienten, vor allem Kinder. Die meisten Fälle ereignen sich in Entwicklungsländern mit schlechten hygienischen Verhältnissen und einer unzureichenden ärztlichen Versorgung. Aber auch in industrialisierten Ländern mit entsprechender Infrastruktur sind akute oder chronische Durchfälle keinesfalls eine Seltenheit.

Für die große Gruppe der akuten Durchfallerkrankungen ist folgende Einteilung üblich:
- osmotische Durchfälle und
- sekretorische Durchfälle

Osmotische Durchfälle Zu osmotischen Durchfällen kommt es immer dann, wenn nicht oder nur schlecht resorbierbare niedermolekulare wasserlösliche Verbindungen in die tieferen Darmabschnitte gelangen. Sie lösen dort aufgrund ihrer hohen osmotisch wirksamen Konzentration einen Transport von Wasser in das intestinale Lumen aus, dem Na^+ und Cl^--Ionen nachfolgen.

Eine Ursache für osmotische Durchfälle kann der Verzehr nicht oder schlecht resorbierbarer Zucker sein. Beispiel hierfür ist die Verwendung von Sorbitol oder Xylitol als Nahrungszusätze. Eine weitere Ursache osmotischer Durchfälle sind die oben geschilderten Defekte der enzymatischen Systeme, die für die Aufspaltung von Disacchariden oder die Resorption von Monosacchariden verantwortlich sind.

Sekretorische Durchfälle Sekretorische Durchfälle werden durch eine gesteigerte Sekretion von Na^+ und Cl^--Ionen in das intestinale Lumen ausgelöst, denen passiv Wasser nachfolgt. Besonders gut untersucht ist dabei die durch den Choleraerreger *Vibrio cholerae* ausgelöste Diarrhö. Dieser produziert ein **Enterotoxin**, welches aus einer dimeren A-Untereinheit und fünf identischen B-Untereinheiten besteht (▶ Abschn. 35.3.2.1). Die B-Untereinheiten sind für die Bindung des Choleratoxins an das **Gangliosid GM 1** verantwortlich, das einen wesentlichen Bestandteil der intestinalen Bürstensaummembranen darstellt. Anschließend kann die A-Untereinheit aufgenommen werden, die nun die ADP-Ribosylierung (▶ Abschn. 49.3.6) des stimulierenden G-Proteins (G_s) der Adenylatcyclase auslöst. Hierdurch wird dieses konstitutiv aktiv und führt zu einer Dauerstimulierung der Adenylatcyclase. In den Mucosazellen des Intestinaltrakts löst dies über die Proteinkinase A eine Aktivierung des **CFTR-Chloridkanals** aus. Die Folge ist eine gesteigerte Sekretion von Chlorid und ihm folgend von Natriumionen und Wasser.

Dieses pathogenetische Prinzip findet sich nicht nur beim Choleratoxin, sondern auch bei den Toxinen einer Reihe anderer Mikroorganismen sowie im Rahmen der IgE-vermittelten mucosalen Immunantwort (s. u.). Außerdem kommt es bei einem sehr seltenen endokrinen Tumor, dem Werner-Morrison-Syndrom vor. Dieser zeichnet sich durch eine vermehrte Sekretion von VIP (vasoaktives intestinales Peptid) aus.

Zusammenfassung

Für die Resorption von Monosacchariden, Aminosäuren und Oligopeptiden stehen spezifische Transportmoleküle zur Verfügung, die den Na$^+$- bzw. H$^+$-abhängigen, sekundär aktiven Transport in die Mucosazelle ermöglichen. Auf der basolateralen Seite der Mucosazellen erfolgt anschließend die Abgabe der aufgenommenen Verbindungen in die extrazelluläre Flüssigkeit durch erleichterte Diffusion, ebenfalls mithilfe spezifischer Transportproteine. Acylglycerine werden durch Diffusion in die Mucosazellen aufgenommen, Sterole durch den *Niemann-Pick-C1-like1*-Transporter. Intrazellulär erfolgt eine Resynthese zu Triacylglycerinen und Cholesterinestern und dann die Verpackung mit dem Apolipoprotein B$_{48}$ zu Chylomikronen. Anschließend werden diese von den Mucosazellen sezerniert und gelangen über die Lymphbahnen in den Blutkreislauf.

Der Intestinaltrakt ist Ort großer Flüssigkeits- und Ionenbewegungen. Diese setzen sich aus Wasser und Elektrolyten der Nahrung und den meist Plasma-isotonen Sekreten der einzelnen Abschnitte des Intestinaltraktes zusammen und machen pro 24 h etwa 8 l Flüssigkeit aus. Sowohl das Wasser als auch die Elektrolyte müssen im Intestinaltrakt zum größten Teil wieder reabsorbiert werden, um gravierende Flüssigkeits- und Elektrolytverluste zu verhindern.

Durchfallerkrankungen sind häufig und nehmen oft, besonders bei Kindern, einen schweren Verlauf. Man unterscheidet:

— osmotische Durchfälle, denen häufig Störungen der Verdauung oder Resorption von Nahrungsstoffen zugrunde liegen.
— sekretorische Durchfälle, die durch bakterielle Infekte oder chronisch entzündliche Darmerkrankungen ausgelöst werden.

61.4 Intestinales Immunsystem

Schon vor vielen Jahren ist das Konzept entwickelt worden, dass eine besonders wichtige Barriere gegen das Eindringen von Bakterien, Viren, Toxinen oder anderen Fremdstoffen im Intestinaltrakt lokalisiert sein muss. Diese wird durch das **intestinale Immunsystem** repräsentiert.

> IgA- bzw. IgE-vermittelte Immunantworten haben eine besondere Bedeutung für das intestinale Immunsystem.

Die IgA-vermittelte intestinale Immunantwort **Immunglobuline des Typs A** (IgA, ▶ Abschn. 70.9.3) sind ein besonders wichtiger Bestandteil des intestinalen Immunsystems (◘ Abb. 61.20). Aktivierte B-Lymphocyten des Intestinaltrakts sammeln sich nach Differenzierung zu IgA-produzierenden Plasmazellen in der Lamina propria des Darms. Die von ihnen gebildeten IgA-Antikörper diffundieren durch die Basalmembran und assoziieren mit einem auf der basolateralen Seite der Epithelzellen gelegenen **Polyimmunglobulin-Rezeptor** (PIGR) (Ziffer 1). Dies löst die Internalisierung des Polyimmunglobulin-Rezeptor-IgA-Komplexes aus (Ziffer 2), der dann in einem Transportvesikel an die luminale Oberfläche der Epithelzelle befördert wird (Ziffer 3). Während dieser Transcytose wird der Immunglobulinrezeptor enzymatisch gespalten. Sein extrazellulärer Anteil (rote Kugeln) bleibt jedoch mit dem IgA-Dimer verknüpft (Ziffer 4). Man nimmt an, dass diese sog. **sekretorische Komponente** (Ziffer 5) das IgA-Molekül im Intestinaltrakt vor proteolytischer Spaltung schützt.

IgA-Antikörper binden die unterschiedlichsten Antigene im Intestinaltrakt. Sie verhindern damit:
— die Aufnahme bakterieller Toxine,
— die Aufnahme von Viren und
— die Anheftung von Bakterien an Zelloberflächen, die für die Infektiosität gerade intestinaler Bakterien von großer Bedeutung ist.

IgE-vermittelte intestinale Immunantwort Ein wichtiger Mechanismus des intestinalen Immunabwehrsystems beruht auf **Immunglobulin E** (IgE)-vermittelten Reaktionen. Hier spielen **Mastzellen**, die unterhalb der Epithelschicht lokalisiert sind, eine entscheidende Rolle (◘ Abb. 61.21). Durch die Freisetzung einer großen Zahl von Mediatoren nach der Bindung entsprechender Antigene lösen sie eine heftige Entzündungsreaktion aus, deren Ziel die Eliminierung und ggf. Ausschwemmung des Antigens aus dem Intestinaltrakt ist. Ganz besonders effektiv ist die IgE-vermittelte mucosale Immunantwort bei der Bekämpfung von Parasiten.

Die von den aktivierten Mastzellen freigesetzten Mediatorstoffe sind im Wesentlichen:
— **Prostaglandine,**
— **Leukotriene** und
— biogene Amine wie **Serotonin** und **Histamin**.

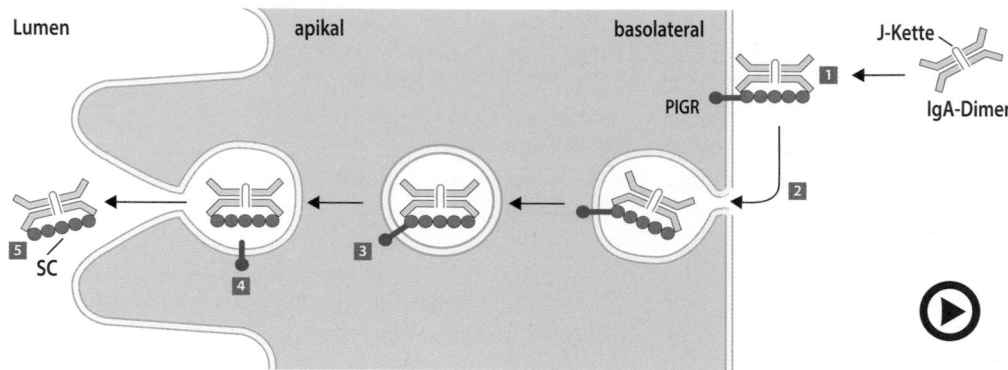

◘ **Abb. 61.20**   (Video 61.15) **Mechanismus der Transcytose von IgA durch intestinale Mucosazellen.** *IgA:* Immunglobulin A; *PIGR:* Poly-IgG-Rezeptor; *SC:* sekretorische Komponente. (Einzelheiten s. Text) (► https://doi.org/10.1007/000-5qg)

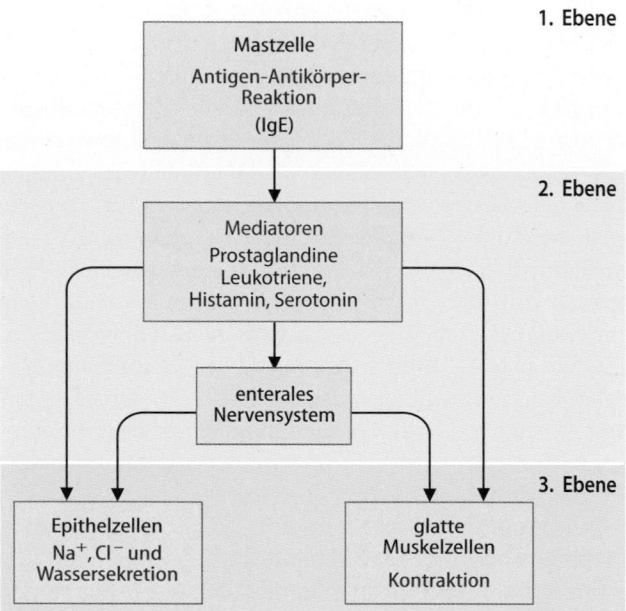

◘ **Abb. 61.21**   **Mechanismus der IgE-vermittelten Immunantwort im Intestinaltrakt.** (Einzelheiten s. Text)

An den Epithelzellen des Intestinaltrakts lösen diese Verbindungen eine Cl⁻-, Na⁺- und Wassersekretion aus. Gleichzeitig führen sie zur Kontraktion der glatten Muskulatur, was Durchfall oder Erbrechen und damit die Eliminierung des infektiösen Agens auslöst. Wie bei anderen IgE-vermittelten Immunreaktionen besteht auch bei der IgE-vermittelten mucosalen Immunantwort die Gefahr allergischer Reaktionen. Diese äußert sich z. B. in der bekannten Symptomatik der Nahrungsmittelallergien.

Ein Sonderfall der Nahrungsmittelallergien ist die **Gliadin-induzierte Enteropathie**, die auf einer T-Zell-vermittelten Überempfindlichkeitsreaktion vom verzögerten Typ beruht (► Abschn. 70.13.2). Zum intestinalen Immunsystem gehört auch das zelluläre Immunsystem, d. h. die intraepithelialen T-Lymphocyten, die Darm-spezifisch sind (*homing*) und natürlich die

T-Zell-vermittelte Immunität in den Lymphfollikeln der Darmwand.

61.5 Mikrobiom des Darms

61.5.1 Definition des Mikrobioms

Die Entdeckung des Penicillins 1928 durch den schottischen Bakteriologen und Nobelpreisträger Alexander Fleming (► Abschn. 16.2.4, Übrigens „Penicillin") stellte einen Meilenstein im Kampf gegen bakterielle Infektionen dar. Doch in den letzten Jahren wird das Bild durch Antibiotika-Resistenzen und multiresistente Keime getrübt.

Der Mensch hat sich in vielerlei Hinsicht an ein Zusammenleben mit den Bakterien gewöhnt, z. B. durch ein ausgeklügeltes Immunsystem. Der gesunde Körper profitiert sogar von manchen Bakterien und anderen Mikroorganismen, sodass es seit Beginn der Evolution zu einer Symbiose von Mensch und Mikroorganismen kam. Eine Konsequenz der gemeinsamen Evolution von Bakterien und eukaryontischen Zellen sind auch die Mitochondrien (Endosymbionten-Theorie, ► Abschn. 12.1, ◘ Abb. 2.7).

In Analogie zum Genom wurde der Begriff „**Mikrobiom**" eingeführt, der alle Mikroorganismen in und auf dem Körper des Menschen einschließt, darunter Symbionten, aber auch **fakultative** oder **obligate Pathogene**. Als fakultativ pathogen bezeichnet man Mikroorganismen, die unter bestimmten Bedingungen, wie einer Immunschwäche oder einem Standortwechsel im Wirt, Krankheiten verursachen, sonst aber zur Normalflora gehören. Eine typische Infektion durch Standortwechsel sind Harnwegsinfekte mit *Escherichia coli (E. coli)*. Neben Symbionten und Pathogenen bezeichnet man Mikroorganismen mit überwiegend neutralem Effekt als **Kommensale** (lat. *commensalis* „Tischgenosse"). Ihre Stoffwechselprodukte haben weder einen relevanten

Nutzen noch einen schädigenden Einfluss auf den Wirt. Allerdings entziehen sie potenziell pathogenen Keimen Platz und Nahrungsangebot (**Kolonisierungsresistenz,** z. B. im Gastrointestinaltrakt) und sind aus diesem Grund indirekt nützlich für den Organismus.

Eine Schädigung des körpereigenen Mikrobioms erleichtert pathogenen Keimen, eine Infektion hervorzurufen. Manche Bakterien wie *E. coli* produzieren die toxischen Bacteriocine und hindern so pathogene Stämme wie entero-hämorrhagische *E. coli* (EHEC) am Wachstum. Abweichungen der Zusammensetzung oder Funktion des physiologischen Mikrobioms bezeichnet man als **Dysbiose.**

Allergien und andere „Zivilisationskrankheiten" wie Diabetes, Asthma, chronisch entzündliche Darmerkrankungen (CED), entzündlich-rheumatische Krankheitsbilder (Spondyloarthritis, reaktive Arthritiden, rheumatoide Arthritis), diverse Autoimmunerkrankungen (z. B. Psoriasis, Multiple Sklerose, Guillain-Barré Syndrom u. a.) und Adipositas sind z. T. auf ein entgleistes Mikrobiom zurückzuführen. Bei den CED ist die Zusammensetzung des Mikrobioms gegenüber Gesunden verändert und die Diversität reduziert. Solche Veränderungen des Mikrobioms werden als **Signaturen** bezeichnet.

Der Begriff Mikrobiom wird häufig synonym zu „**Mikrobiota**" verwendet, welcher ebenfalls die vollständige Gemeinschaft der Mikroorganismen bezeichnet. Zu ihnen gehören Bakterien, Viren und Bakteriophagen, Archaea (▶ Abschn. 2.3, ◻ Abb. 2.7) sowie Pilze und andere eukaryontische Mikroben (z. B. Protisten, Helmithen, Nematoden).

In diesem Zusammenhang kann der Mensch als Super-Organismus oder **Holobiont** bezeichnet werden, der nicht nur aus verschieden differenzierten Zellen besteht, sondern auch mit einer unglaublichen Anzahl von Mikroorganismen zusammenlebt. Die Gesamtheit der Mikroorganismen wird von einigen Autoren als weiteres Organ betrachtet. Sie besiedeln unter anderem die Haut, den Urogenital- und Gastrointestinaltrakt und profitieren dort von den stabilen Umweltbedingungen des Körpers wie Temperatur und Nahrungsbereitstellung.

Die Mikroorganismen des Gastrointestinaltrakts übertreffen die menschlichen Körperzellen zahlenmäßig um das Zehnfache und deren Genome codieren über hundertfach mehr Gene. Über 1000 verschiedene Bakterien-Spezies, darunter hauptsächlich Anaerobier, wurden zunächst auf Basis von 16S-rRNA-Gen-Sequenzierungen und in den letzten Jahren durch aufwendige Sequenzierungsmethoden (Übrigens ▶ Abschn. 54.1.3, Sequenzierung der nächsten Generation [*next generation sequencing*]) identifiziert. Funktionelle Untersuchungen werden häufig an Antibiotika-behandelten oder keimfrei aufgezogenen (gnotobiotischen) Mäusen durchgeführt. Die Forschung fokussiert sich derzeit auf die Bakterien.

Hauptvertreter der Bakterien des Darm-Mikrobioms gehören zu den Gram-(+) Stämmen *Firmicutes* und *Actinobacterien* oder den Gram-(-) *Bacteroidetes*, und *Proteobacterien*, wobei die *Firmicutes* und *Bacteroidetes* überwiegen. Je nachdem, ob Bakterien der Gattungen *Bacteroidetes, Prevotella* oder *Ruminococcus* in der Mehrzahl sind, wird zwischen sogenannten **Enterotypen** unterschieden.

Die Zusammensetzung des Mikrobioms unterscheidet sich von Mensch zu Mensch und bildet so eine Art **mikrobiellen Fingerabdruck.** Einige wenige Bakterienarten, die bei allen Menschen vorhanden sind, bilden das *core*-**Mikrobiom.** Das Spektrum der Mikroorganismen wird nicht direkt vererbt, jedoch ähnelt das Mikrobiom der Kinder dem der Eltern und anderer Familienmitglieder mehr als dem fremder Personen. Kinder haben in den ersten Stunden ihres Lebens während der Vaginalgeburt und beim Trinken der Muttermilch den ersten intensiven Kontakt zum Mikrobiom der Mutter. Obwohl man früher davon ausgegangen ist, dass die Kinder steril zur Welt kommen, wird inzwischen ein Kontakt zum urogenitalen Mikrobiom im Uterus diskutiert und eine Besiedelung mit *Proteobacterien* beschrieben. Die Neugeborenen beginnen daraufhin mit der Entwicklung ihrer eigenen Flora, welche zunächst der vaginalen Mikrobiom-Zusammensetzung der Mutter ähnelt. Typische Vertreter des Säugling-Mikrobioms sind *Lactobacillen* und *Prevotellen*, während bei einem Kaiserschnitt Haut-Besiedler wie *Staphylococcen, Corynebacterien* und *Propionibacterien* dominieren. Da ein Kaiserschnitt nicht immer verhindert werden kann, wird dem Baby in manchen Kliniken der Kontakt zu Mikroorganismen-haltigen Sekreten der Mutter unmittelbar nach der Geburt durch Übertragung einer Probe in Mund und Nase ermöglicht. Bis zum 3. Lebensjahr haben Kinder durch Kontakt mit der Umwelt, vor allem auch über die Nahrung, ein Mikrobiom aufgebaut, das vergleichbar mit dem eines Erwachsenen ist. Die Zahl aerober Bakterien nimmt zugunsten der Anaerobier ab. Im Laufe des Lebens verändert sich das Mikrobiom durch viele äußere Einflüsse, wie Ernährung oder Einnahme von Medikamenten und durch den Alterungsprozess.

61.5.2 Mikrobiom, Stoffwechsel und Verdauung

Der größte Teil des Mikrobioms besiedelt die mit circa $300\,m^2$ beachtlich große Oberfläche des Gastrointestinaltrakts. Im Magen ist die Zahl der Bakterien – nicht zuletzt wegen des sauren pH-Wertes (▶ Abschn. 61.1.2) – eher gering. Im proximalen Dünndarm bewirkt die hohe Darmmotilität eine Reduktion der zunehmenden Bakterien-Dichte. An der Ileocäcalklappe, dem Übergang von Dünndarm zu Dickdarm, steigt die Zahl der Bakterien schließlich schlagartig an. In der Trockenmasse des Stuhls nehmen Mikroorganismen circa die Hälfte des Gewichts ein.

Übrigens

Zusammensetzung des Stuhls. Der Stuhl besteht zu einem großen Teil aus Wasser, außerdem Bakterien, nicht-resorbierten Nahrungsbestandteilen, abgeschilferten Zellen und Mineralien. Stercobilin, das bakterielle Stoffwechselprodukt des Bilirubins (▶ Abschn. 32.2.4), verleiht den Faeces seine typische Farbe. Die Abbauprodukte des Tryptophans (▶ Abschn. 61.3.5) und einige Schwefelverbindungen sind verantwortlich für den unangenehmen Geruch.

Die menschliche Darmflora ist ein wichtiger Mitspieler im Stoffwechsel. Ihre Funktion ist sehr vielseitig und unterstreicht die physiologische Bedeutung des Mikrobioms für einen gesunden Körper.

Zum Beispiel reduzieren Bakterien freies Cholesterin zu Koprosterin (▶ Abschn. 23.1.2), welches mit dem Stuhl ausgeschieden wird. Des Weiteren modifizieren Bakterien die bei der Fettverdauung beteiligten primären Gallensalze Glyco- und Taurocholsäure mithilfe von enterobakteriellen Dehydroxylasen zu den sekundären Gallensalzen Desoxy- und Lithocholsäure (▶ Abschn. 61.1.4), die über den enterohepatischen Kreislauf wiederverwertet werden. Auch Dekonjugations-Reaktionen im Dickdarm werden von bakteriellen Hydrolasen katalysiert. Bakterielle Enzyme können zusammen mit den Enzymen der Leber 30 verschiedene Gallensalze synthetisieren. Über den nucleären Farnesoid-X-Rezeptor (FXR) oder durch Bindung an den G-Protein-gekoppelten Rezeptor TGR5 steuern Gallensalze zelluläre Prozesse (◘ Abb. 62.13A,C ◘ Abb. 61.22). Die Gallensalze wirken im Dünndarm außerdem als Detergenzien antimikrobiell auf bakterielle Zellmembranen.

Duodenum, Jejunum und in geringerem Umfang Ileum sind die Hauptorte der resorptiven Vorgänge. Hat der Speisebrei diese Darmabschnitte passiert, hört die Resorption mit Ausnahme der Wasser- und Elektrolytaufnahme auf. Die im Darminhalt noch vorhandenen Reste der Nahrungsstoffe, welche der Resorption im Dünndarm entgangen sind, werden durch die im Kolon vorkommenden Bakterien verstoffwechselt. Besonders wichtig ist die Beteiligung der Bakterien beim Abbau unverdaulicher Ballaststoffe, wie z. B. Cellulose, Hemicellulose (z. B. Xylan, Mannan), resistente Stärke (▶ Übrigens) oder Inulin (▶ Abschn. 57.1.5).

Übrigens

Resistente Stärke (RS). Stärke (◘ Abb. 3.4) ist ein aus Amylose (α-[1→4-glycosidische Bindungen) und Amylopectin (α-[1→4]-glycosidische Bindung mit α-[1→6]-Verzweigungen) aufgebautes komplexes Kohlenhydrat, das durch α-Amylase zu Glucose, Maltose und Isomaltose verdaut wird. Resistente Stärke ist chemisch genauso aufgebaut, kann aber im Dünndarm nicht hydrolysiert werden. Vier Klassen der resistenten Stärke werden unterschieden: RS1 ist für die Verdauungsenzyme unzugänglich, weil sie durch die pflanzliche Zellwand intakter Zellen geschützt vorliegt. RS2 ist aufgrund ihrer kompakten, granulären Struktur vor der Hydrolyse geschützt. RS3 formt ebenfalls eine kompakte Kristallstruktur durch einen Zyklus aus Erhitzen und Abkühlen. RS4 ist eine chemisch modifizierte Stärke mit Quervernetzungen, Ester oder Ether-Gruppen.

Proteine und Aminosäuren aus der Nahrung oder endogenen Proteinen aus der Darmschleimhaut unterliegen im Dickdarm einem bakteriell induzierten Gärungsstoffwechsel. Dabei produzieren die Bakterien Aminosäuren, Aminosäurederivate wie Phenole und Indole, Fettsäuren, Ethanol, Ammoniak, Wasserstoff, Kohlendioxid und Hydrogensulfid (◘ Abb. 61.22). Viele Aminosäuren werden durch die intestinale Bakterienflora zu Aminen decarboxyliert (◘ Tab. 26.3). Auf diese Weise entsteht

- aus Lysin Cadaverin,
- aus Arginin Agmatin,
- aus Tyrosin Tyramin,
- aus Ornithin Putrescin und
- aus Histidin Histamin.

Tryptophan wird in einer mehrstufigen Reaktion durch die Darmbakterien in Indol und Scatol (Methylindol) umgewandelt.

Diese mehr oder weniger toxischen Abbauprodukte werden z. T. resorbiert und gelangen über die Pfortader zur Leber, wo sie durch Kopplung an Sulfat oder Glucuronat für die Nieren ausscheidungsfähig gemacht werden. Die aus Indol durch Kopplung an Schwefelsäure entstehende Indoxylschwefelsäure wird auch als Indican bezeichnet und kann relativ leicht in Serum bzw. Urin

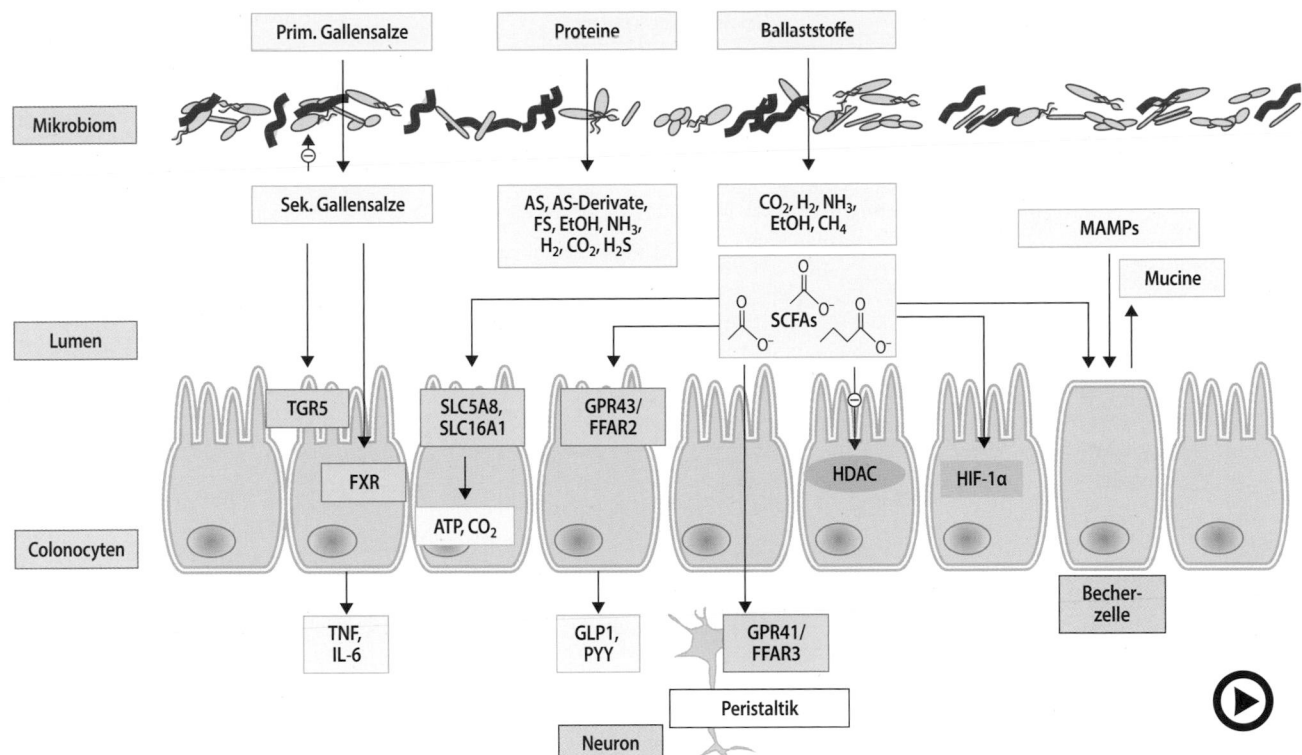

Abb. 61.22 (Video 61.16) **Der Darm als Interaktionsmedium zwischen mikrobiellen Faktoren oder Metaboliten und den Mucosazellen.** (Einzelheiten s. Text) *AS:* Aminosäure; *ATP:* Adenosintriphosphat; *EtOH:* Ethanol; *FFAR: free fatty acid receptor;* *FS:* Fettsäuren; *FXR:* Farnesoid-X-Rezeptor; *GLP: glucagon-like peptide; GPR:* G-Protein-gekoppelter Rezeptor; *HDAC:* Histon-Deacetylase; *HIF:* Hypoxie-induzierbarer Faktor; *IL-6:* Interleukin-6; *MAMPs: microbe-associated molecular patterns; Prim.:* primär; *PYY:* Peptid YY; *SCFA: short chain fatty acid; Sek.:* sekundär; *SLC:* Na⁺-gekoppelter Monocarboxylat-Transporter; *TGR5:* G-Protein-gekoppelter Rezeptor 5; *TNF:* Tumornekrosefaktor (▶ https://doi.org/10.1007/000-5qh)

nachgewiesen werden, da sie zu Indigo oxidiert werden kann.

Als Nebenprodukte des bakteriellen Stoffwechsels entstehen einige **Gase,** darunter Wasserstoff. Bei unverhältnismäßiger Produktion, z. B. durch Nahrungsmittel-Unverträglichkeiten entsteht Flatulenz (= Blähungen). Ein großer Anteil des Wasserstoffs wird für die bakterielle Reduktion von Sulfat zu Hydrogensulfid, die Produktion von Methan oder Acetat verwendet. Bei den letzten beiden Reaktionen kann das ebenfalls anfallende Kohlendioxid erneut durch Bakterien fixiert werden.

▶ Synthese von kurzkettigen Fettsäuren.

Als Endprodukte der bakteriellen Fermentation der Kohlenhydrate/Ballaststoffe entstehen die resorbierbaren, kurzkettigen Fettsäuren (*short chain fatty acids/*SCFAs) Acetat (C2), Propionat (C3) und Butyrat (C4), sowie auch CO_2, Wasserstoff, Ammoniak, Alkohol und Methan (◘ Abb. 61.22 und 61.23). Bakteriell codierte Glycosidasen (z. B. Exocellulase, Endoglucanase, Inulinase), Kohlenhydrat-Esterasen und Polysaccharid-Lyasen (▶ Abschn. 7.2.) zerlegen die Kohlenhydrate zunächst in Hexosen, Pentosen und Desoxy-Monosac-

charide (Fucose und Rhamnose, ◘ Abb. 61.23) (Ziffer 1). Die Monosaccharide werden über Phosphoenolpyruvat zu Pyruvat abgebaut (Ziffer 2). Pyruvat wird über Acetyl-CoA direkt oder über den **Wood-Ljungdhal-Weg** zu Acetat umgesetzt (Ziffer 3). Teile des Wood-Ljungdhal-Wegs entsprechen den Reaktionen des Tetrahydrofolsäure-Stoffwechsels eukaryontischer Zellen (▶ Abschn. 59.8, ◘ Abb. 59.13).

Propionat kann über den **Acrylat-** (Ziffer 4), **Succinat-** (Ziffer 5) oder **Propanediol-Weg** (Ziffer 6) generiert werden. Einige Schritte des Succinat-Wegs ähneln dem Abbau ungeradzahliger Fettsäuren (▶ Abschn. 21.2.1, ◘ Abb. 21.9).

Butyrat entsteht wiederum über mehrere Schritte aus Acetyl-CoA (Ziffer 7).

Nicht alle SCFAs werden von allen Bakterien produziert. *Firmicutes* synthetisieren hauptsächlich Butyrat, *Bacteroidetes* hingegen Propionat. Manche Bakterien verarbeiten Zwischenprodukte anderer Vertreter (*primary degraders*) des Mikrobioms wie Fumarat, Succinat und Lactat weiter (*cross-feeding*).

Acetat, Propionat und Butyrat nehmen eine zentrale Stellung im Stoffwechsel und bei der Modulation des Immunsystems ein (▶ Abschn. 61.5.3). Die

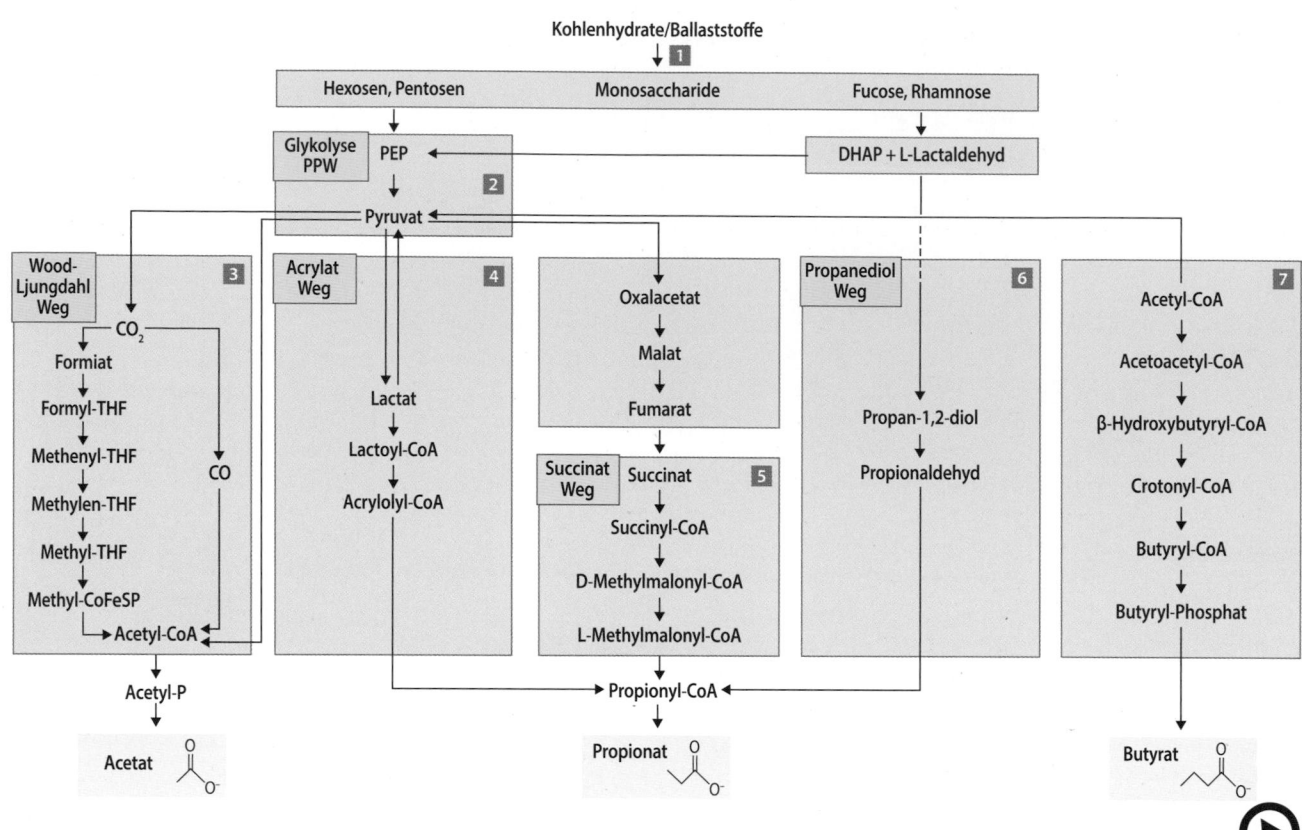

◻ Abb. 61.23 (Video 61.17) **Biosynthese-Wege der drei wichtigsten kurzkettigen Fettsäuren Acetat, Propionat und Butyrat.** (Einzelheiten s. Text) *CoA:* Coenzym A; *CoFeSP:* Corrinoid-Eisen-Schwefel-Protein; *DHAP:* Dihydroxyacetonphosphat; *PEP:* Phosphoenolpyruvat; *PPW:* Pentosephosphatweg; *THF:* Tetrahydrofolat (► https://doi.org/10.1007/000-5q2)

SCFAs erreichen luminale Konzentrationen von 50–100 mM im Kolon. Butyrat dient den Epithelzellen des Darms als Energiequelle und ist als Energielieferant für die Resorptionsleistung des Kolons mit verantwortlich. Acetat und Propionat werden teilweise in peripheren Geweben, Propionat z. B. hauptsächlich in der Leber, verstoffwechselt. Zu den Transportern, die SCFAs in die Zelle transportieren können, gehören der Na$^+$-gekoppelte Monocarboxylat-Transporter SLC5A8 (► Kap. 29), ◻ Abb. 29.9) und der H$^+$-gekoppelte niedrig-affine Monocarboxylat-Transporter SLC16A1 (◻ Abb. 61.22).

Auch Substrate wie Aminosäuren und Peptide können teilweise zu Propionat und Butyrat abgebaut werden. Die verzweigtkettigen Aminosäuren Valin, Leucin und Isoleucin werden zu verzweigtkettigen Fettsäuren Isobutyrat, 2-Methylbutyrat und Isovalerat metabolisiert.

> Funktion der SCFAs als Signalmoleküle.

SCFAs können als Signalmoleküle an G-Protein-gekoppelte Rezeptoren (GPCRs, ► Abschn. 33.3.3 und 35.3.1) binden. Die beteiligten GPCRs werden auch *free fatty acid receptors* (FFARs) genannt (◻ Abb. 61.22). Zu ihnen zählen GPR43 (FFAR2) und GPR41 (FFAR3). Über GPR43 und das assoziierte inhibitorische G-Protein Gα$_i$ wird unter anderem die Ausschüttung der anorexigenen (Appetit-hemmenden) Darm-Peptidhormone *glucagon-like peptide* (GLP1) und Peptid YY (PYY, ◻ Tab. 38.5) gehemmt. Acetat kann die Blut-Hirn-Schranke überwinden und im Hypothalamus Appetit-reduzierend wirken. Obwohl Kalorienaufnahme, Bewegung und Grundumsatz im Wesentlichen das Körpergewicht bestimmen, scheint auch das Mikrobiom – ähnlich einer genetischen Prädisposition – das Körpergewicht zu beeinflussen. Die Zusammensetzung des Mikrobioms ist bei Übergewichtigen jedenfalls häufig verändert. In mehreren Studien wurde gezeigt, dass die Transplantation des Mikrobioms von fettleibigen Mäusen oder Patienten in keimfrei aufgezogene Mäuse zu einer Zunahme des Körpergewichts führte.

GPR41 findet sich auch auf Neuronen des enterischen Nervensystems und anderen peripheren Neuronen. Die Bindung von Butyrat fördert die Darmperistaltik (◻ Abb. 61.22). Die Darm-Motilität ist aus diesem Grund bei keimfrei aufgezogenen Mäusen ver-

61

mindert. Eine verminderte Peristaltik begünstigt wiederum eine mikrobielle Entgleisung, z. B. durch eine erleichterte Adhäsion pathogener Organismen. Im Gegensatz zu Butyrat senkt Propionat die Darmperistaltik, steigert aber die sekretorische Aktivität der Darmzellen.

SCFAs regulieren neben dem Stoffwechsel auch die Barrierefunktion des Epithels und erhalten die schützende Mucin-Schicht. Butyrat kann Histon-Deacetylasen (HDACs) inhibieren und beeinflusst so die Genexpression der Zelle, darunter die Expression antimikrobieller Peptide. Durch den Verbrauch von O_2 beim Abbau der SCFAs wird die Hydroxylierung und nachfolgende Ubiquitinierung des Transkriptionsfaktors Hypoxie-induzierbarer Faktor (HIF) gehemmt und HIF so stabilisiert (◪ Abb. 61.22). HIF fördert die Produktion antimikrobieller Peptide und die Integrität der *tight junctions*. Die Mucin-Sekretion (◪ Abb. 61.9) aus Becherzellen kann durch bakterielle Antigene wie LPS und Peptidoglykan angeregt werden. Auch Butyrat stimuliert die Becherzellen (◪ Abb. 61.22). Der Mucus dient als Barriere und Adhäsionspunkt. Die Mucine können zu SCFAs verstoffwechselt werden. In der inneren Mucus-Schicht reichern sich antimikrobielle Peptide wie z. B. das gegen Gram-(+)Bakterien gerichtete Reg-IIIγ und das Immunoglobulin A (IgA) an. Bei keimfreien Mäusen ist die Mucus-Schicht in ihrer Dicke stark reduziert.

❯ Darmbakterien synthetisieren Vitamine.

Einige Bakterien im Dickdarm sind in der Lage, Vitamin K zu synthetisieren. Da Vitamin K zum größten Teil bereits im Dünndarm resorbiert wird, ist diese Vitamin-K-Quelle für den Menschen marginal. Jedoch nehmen als **Koprophagen** bezeichnete Tiere über den Verzehr von Kot Vitamine und nicht resorbierte Nährstoffe auf.

Auch wasserlösliche Vitamine, wie Thiamin, Riboflavin, Niacin, Panthothensäure, Pyridoxin, Folsäure, Biotin und Cobalamin können von Bakterien synthetisiert werden. Sie werden teilweise über Carrier, wie den Na^+-abhängigen Multivitamin-Transporter (SMVT), *reduced folate carrier* (RFC) (◪ Tab. 59.2) oder den *multidrug resistance transporter* (MDR)-3 im Kolon resorbiert.

61.5.3 Mikrobiom und Immunsystem

Obwohl die Details der Interaktion zwischen Mikrobiom und Immunsystem noch nicht verstanden sind, geht man von einem intensiven Wechselspiel aus. Das Mikrobiom ist an der Ausbildung und Reifung des Immunsystems beteiligt. Gleichzeitig wird die Zusammensetzung des Mikrobioms vom Immunsystem über die

Sekretion von IgA (◪ Abb. 61.20), anti-mikrobiellen Peptiden und mithilfe von T_{reg}-Zellen mitbestimmt.

Studien, die mit keimfreien Mäusen durchgeführt wurden, lieferten Hinweise, wie das Mikrobiom das Immunsystem beeinflusst. Diese Tiere verfügen über ein schwächer ausgeprägtes lymphatisches Gewebe bezüglich seiner Größe, sowie Zahl und Diversität der Immunzellen, von dem besonders das Darm-assoziierte lymphatische Gewebe (GALT, *gut associated lymphatic tissue*), bestehend aus Peyer'schen Plaques im Ileum und isolierten Lymphfollikeln, betroffen ist. Für die Reifung des GALT ist die Anwesenheit des Mikrobioms unerlässlich. Intestinale Epithelzellen erkennen **MAMPs** (*microbe-associated molecular patterns*), darunter z. B. Lipopolysaccharid-Strukturen (Gram-[-]-Bakterien) oder Peptidoglycane, über *pattern recognition receptors* (**PRRs**) wie Toll-*like*-Rezeptoren (TLR, ▶ Abschn. 35.5.4), C-Typ-Lectin-Rezeptoren (CLRs) bzw. *NOD* (*nucleotide-binding oligomerization domain*)-*like*-Rezeptoren (NLRs). Dies vermittelt die Ausreifung der Lymphfollikel und rekrutiert IgA-produzierende B-Zellen.

Die Erkennung bakterieller Strukturen und Metabolite durch PRRs führt zur Sekretion von Mucinen, antimikrobiellen Peptiden, Chemokinen und Cytokinen. Dabei spielt die Lokalisation der Rezeptoren auf den polaren Epithelzellen (apikal oder basolateral) eine Rolle. MAMPs von Kommensalen werden vornehmlich apikal gebunden, während eine Aktivierung der basolateralen Rezeptoren auf einen Durchbruch der Epithelbarriere durch Pathogene schließen lässt.

❯ Rolle des Mikrobioms bei der Entwicklung der T-Zellen.

In gnotobiotischen (keimfrei) oder auch in Antibiotika-behandelten Mäusen ist die Zahl der T_{reg}-Zellen und T_H17-Zellen deutlich reduziert. Die für die Abwehr von extrazellulären Bakterien und die Vermittlung von Entzündungsprozessen wichtigen T_H17-Helferzellen produzieren die namensgebenden proinflammatorischen Cytokine IL-17A, IL-17F und IL-22. Die Reifung der T_H17-Zellen wird durch Bakterien des Mikrobioms gefördert. Dendritische Zellen der Lamina propria erkennen bakterielle ATP-Spiegel über purinerge Rezeptoren (P2X, P2Y, ◪ Abb. 74.11) und fördern die Differenzierung zu T_H17-Zellen über IL-6 und TGF-β (◪ Abb. 61.24, ◪ Abb. 70.8). Die Stimulation durch dendritische Zellen erfolgt auch nach bakteriell getriggerter Produktion von intestinalem Serum-Amyloid A (SAA), das von Colonocyten produziert wird und auch ein Akutphase-Protein der Leber ist.
T-Zellen mit immunsuppressiver Wirkung werden als T_{reg}-Zellen bezeichnet. Interessanterweise hat der Körper

Weiterführende Literatur

Original- und Übersichtsarbeiten

Bansil R, Stanley E, LaMont JT (1995) Mucin biophysics. Annu Rev Physiol 57:635–657

Bray GA (2000) Afferent signals regulating food intake. Proc Nutr Soc 59:373–384

Brockman HL (2000) Kinetic behavior of the pancreatic lipase-colipase-lipd system. Biochimie 82:987–995

Castro GA, Arntzen CJ (1993) Immunophysiology of the gut: a research frontier for integrative studies of the common mucosal immune system. Am J Physiol 265:G599–G610

Corfield AP, Myerscough N, Longman R, Sylvester P, Arul S, Pignatelli M (2000) Mucins and mucosal protection in the gastrointestinal tract: new prospects for mucins in the pathology of gastrointestinal disease. Gut 47:589–594

Davis HR Jr, Zhu LJ, Hoos LM, Tetzloff G, Maguire M, Liu J, Yao X, Iyer SPN, Lam MH, Lund EG, Detmers PA, Graziano MP, Altmann SW (2004) Niemann-pick C1 like 1 (NPC1L1): is the intestinal phytosterol and cholesterol transporter and a key modulator of whole-body cholesterol homeostasis. J Biol Chem 279:33586–33592

Fagarasan S, Honjo T (2004) Regulation of IgA synthesis at mucosal surfaces. Curr Opin Immunol. 16:277–283

Gribble FM (2012) The gut endocrine system as a coordinator of postprandial nutrient homeostasis. Proc Nutr Soc 71:456–462

Hui DY, Howles PN (2002) Carboxyl ester lipase: structure-function relationship and physiological role in lipoprotein metabolism and atherosclerosis. J Lipid Res 43:2017–2030

Hussain MM, Shi J, Dreizen P (2003) Microsomal triglyceride transfer protein and its role in apoB-lipoprotein assembly. J Lipid Res 44:22–32

Johansson ME, Sjövall H, Hansson GC (2013) The gastrointestinal mucus system in health and disease. Nat Rev Gastroenterol Hepatol 10:352–361

Kunzelmann K, Mall M (2002) Electrolyte transport in the mammalian colon: mechanisms and implications for disease. Physiol Rev 82:245–289

Mark E. Lowe, Molecular Mechanisms of Rat and Human Pancreatic Triglyceride Lipases, The Journal of Nutrition, Volume 127, Issue 4, April 1997, Pages 549–557

Mayo KE, Miller LJ, Bataille D, Dalle S, Göke B, Thorens B, Drucker DJ (2003) International union of pharmacology, XXXV. The glucagon receptor family. Pharmacol Rev 55:167–194

Niv Y, Boltin D (2012) Secreted and membrane bound mucins and idiopathic peptic ulcer disease. Digestion 86:258–263

Patton S, Gendler SJ, Spicer AP (1995) The epithelial mucin, MUC1: of milk, mammary gland and other tissues. Biochim Biophys Acta 1241:407–423

Rehfeld JF (1998) The new biology of gastrointestinal hormones. Physiol Rev 78:1087–1108

Sachs G, Shin JM (1995) The Pharmacology of the gastric acid pump: the H+,K+-ATPase. Annu Rev Pharmacol 35:277–305

Schmitz G, Langmann T, Heimerl S (2001) Role of ABCG1 and other ABCG family members in lipid metabolism. J Lipid Res 42:1513–1520

Shirazi T, Longman RJ, Corfield AP, Probert CSJ (2000) Mucins and inflammatory bowel disease. Postgrad Med J 76:473–478

Tso P, Nauli A, Lo CM (2004) Enterocyte fatty acid uptake and intestinal fatty acid-binding protein. Biochem Soc Transact 32:75–78

Ueno H, Yamaguchi H, Kangawa K, Nakazato M (2005) Ghrelin: a gastric peptide that regulates food intake and energy homeostasis. Regul Pept 126:11–19

Wong WM, Poulsom R, Wright NA (1999) Trefoil peptides. Gut 44:890–895

Wright EM (1998) Genetic disorders of membrane transport. I. Glucose galactose malabsorption. Am J Physiol 275(Gastrointest Liver Physiol 38):G879–G882

Yao X, Forte JG (2003) Cell biology of acid secretion by the parietal cell. Annu Rev Physiol 65:103–131

Mikrobiom

Corrêa-Oliveira R, Fachi JL, Vieira A, Sato FT, Vinolo MA (2016) Regulation of immune cell function by short-chain fatty acids. Clin Transl Immunology. 5(4):e73

Koh A, De Vadder F, Kovatcheva-Datchary P, Bäckhed F (2016) From dietary fber to host physiology: short-chain fatty acids as key bacterial metabolites. Cell 165:1332–1345

61

Leber – Zentrales Stoffwechselorgan

Dieter Häussinger und Georg Löffler

Die Leber ist eines der größten Organe des Organismus. Etwa 70 % ihrer Zellmasse bestehen aus Parenchymzellen, den verbleibenden Anteil bilden Gallengangepithelien, Zellen des reticuloendothelialen Systems (Kupffer-Zellen), Sternzellen und Endothelzellen. Die Leber sorgt für die Glucosehomöostase im Organismus, indem sie glucosepflichtige Organe bei Nahrungskarenz mit Glucose versorgt, die sie durch Abbau ihrer Glycogenspeicher bzw. über Gluconeogenese gewinnt. Ebenfalls im Hungerzustand synthetisiert die Leber Ketonkörper, die periphere Organe zur Energiegewinnung verwenden. Die Harnstoffsynthese der Leber dient nicht nur der Fixierung neurotoxischer Ammoniumionen in einer ausscheidungsfähigen Form, sondern auch der Aufrechterhaltung der Säure-Basen-Homöostase im Organismus. Die Leber produziert VLDL, mit denen sie die von ihr synthetisierten Triacylglycerine und Cholesterin den extrahepatischen Geweben zur Verfügung stellt. Spezifische Funktionen der Leber sind Vitaminspeicherung, die Oxidation von Ethanol, die Gallebildung, die Synthese von Plasmaproteinen und die Metabolisierung von lipophilen Endo- und Xenobiotica zu ausscheidungsfähigen Substanzen. Die Kapazität der Leber zur Erfüllung ihrer vielfältigen Funktionen im Stoffwechsel ist außerordentlich groß, sodass erst ein Zustand, in dem mehr als 80 % der Parenchymzellen zerstört sind, mit dem Leben nicht mehr vereinbar ist. Da die Leber über eine besondere Regenerationsfähigkeit verfügt, können akute und chronische Schädigungen von ihr relativ gut bewältigt werden.

Schwerpunkte

61.1 Der Aufbau der Leber
- Leberzelltypen, allgemeine Funktionen der Leber, funktioneller Aufbau des Leberacinus

62.2 Stoffwechselleistungen der Hepatocyten
- Stoffwechselcharakteristika während der Resorptions- und Postresorptionsphase, Zonierung des Glutaminstoffwechsels, autophagische Proteolyse, Synthese von Plasmaproteinen

62.3 Biotransformation – Metabolisierung von Endo- und Xenobiotica
- Phase 1, 2, 3 der Biotransformation, Giftungsreaktionen

62.4 Gallesekretion
- Produktion und Export von Galleflüssigkeit

62.5 Charakteristika von Sinusendothelien, Kupffer- und Sternzellen
62.6 Pathobiochemie
- Ethanolstoffwechsel, Lebernoxen, Virushepatitis, Cholestase, Cholelithiasis

62.1 Der Aufbau der Leber

62.1.1 Hepatocyten und andere Zellen der Leber

Nur etwa 60–70 % der Zellmasse der Leber bestehen aus den eigentlichen Leberparenchymzellen oder **Hepatocyten** (◘ Abb. 62.1). Eine weitere Gruppe epithelialer Zellen sind die als **Cholangiocyten** bezeichneten Zellen der Gallengangepithelien. Ferner enthält die Leber eine Reihe nicht-epithelialer Zelltypen, die sowohl anatomisch als auch funktionell in enger Beziehung zu den Parenchymzellen stehen:
- **Sinusoidale Endothelzellen.** Sie bilden ein gefenstertes Endothel, wobei der Durchmesser der Fenster durch endogene oder exogene Substanzen beeinflusst werden kann.
- **Kupffer-Zellen.** Diese sind sessile Lebermakrophagen und gehören zum reticuloendothelialen System.
- **Sternzellen** (Synonyme: Fettspeicherzellen, Ito-Zellen). Sie finden sich im Dissé-Raum und sind ähnlich wie Pericyten um das Endothel der Sinusoide gewickelt. Nach neueren Befunden haben Sternzellen Stammzelleigenschaften.

Ergänzende Information Die elektronische Version dieses Kapitels enthält Zusatzmaterial, auf das über folgenden Link zugegriffen werden kann https://doi.org/10.1007/978-3-662-60266-9_62. Die Videos lassen sich durch Anklicken des DOI Links in der Legende einer entsprechenden Abbildung abspielen, oder indem Sie diesen Link mit der SN More Media App scannen.

62.2 Stoffwechselleistungen der Hepatocyten

62.2.1 Glucose- und Lipidstoffwechsel

> Die Leber ist das zentrale Organ der Glucosehomöostase des Organismus.

Resorptionsphase Das Pfortaderblut enthält in Abhängigkeit von der Nahrungszusammensetzung erhebliche Mengen an Glucose, aber auch Fructose und Galactose. Ein großer Teil dieser Monosaccharide wird in Form von **Glycogen** (▶ Abschn. 14.2.1) gespeichert.

Postresorptions-/Hungerphase Die Leber ist für die Aufrechterhaltung der Blutglucosekonzentration verantwortlich:

- Durch **Glycogenolyse** wird Glycogen mobilisiert und wegen der für die Leber typischen hohen Glucose-6-Phosphatase-Aktivität (▶ Abschn. 14.3) zu Glucose abgebaut, die in die Lebervene abgegeben wird.
- Der Energiebedarf der obligaten Glucoseverwerter (zentrales Nervensystem, Nierenmark und Erythrocyten) kann bei länger dauerndem **Hunger** nicht mehr durch die in der Leber gespeicherten Glycogenvorräte gedeckt werden. Unter diesen Bedingungen wird die **Gluconeogenese** aus Nicht-Kohlenhydraten aktiviert, auf welche die Leber dank ihrer enzymatischen Ausstattung besonders spezialisiert ist. So müssen nach 24-stündigem Hunger etwa 180 g Glucose/Tag, nach mehrwöchigem Hungern immerhin noch 60–90 g Glucose/Tag synthetisiert werden. Substrate für die Gluconeogenese, deren Reaktionssequenz in ▶ Abschn. 14.3 geschildert ist, sind:
  - **glucogene Aminosäuren**, freigesetzt durch Proteolyse in den extrahepatischen Geweben (▶ Abschn. 26.4.2),
  - **Glycerin**, freigesetzt durch Lipolyse im Fettgewebe (▶ Abschn. 21.1.2 und 38.1.3) und
  - **Lactat**, entstanden durch Glycolyse (▶ Abschn. 14.1.1 und 38.1.3).

Jede länger dauernde Hungerphase geht mit einer spezifischen Änderung der enzymatischen Ausstattung der Leberparenchymzellen einher. Die für die Glycolyse benötigten Enzymaktivitäten werden reprimiert und diejenigen der Gluconeogenese und des Aminosäurestoffwechsels induziert. Für diese Umstellung sind neben den **Katecholaminen** v.a. die **Glucocorticoide**, beim Menschen also hauptsächlich das Cortisol, verantwortlich (▶ Abschn. 40.2.5). Gluconeogenese findet außer in der Leber auch in den Nieren und der intestinalen Mucosa (▶ Abschn. 14.3) statt, allerdings in deutlich geringerem Umfang.

> Die Leber ist das wichtigste Organ für den Ab-, Um- und Aufbau der verschiedensten Lipide.

Resorptionsphase Die wichtigste Funktion der Leber im Lipidstoffwechsel ist die Biosynthese

- von **Triacylglycerinen, Phosphoglyceriden** und **Sphingolipiden** aus den aufgenommenen Kohlenhydraten und Lipiden (▶ Abschn. 21.1.4, 22.1 und 22.2.1).
- von **VLDL-Lipoproteinen** (▶ Abschn. 24.2),
- eines großen Teils des vom Organismus benötigten **Cholesterins** (▶ Abschn. 23.2), allerdings in Abhängigkeit vom Nahrungsangebot an Cholesterin.

Postresorptions-/Hungerphase Die Leber deckt ihren Energiebedarf nahezu vollständig durch die **Fettsäureoxidation**. Da in diesem Zustand das Fettsäureangebot den Verbrauch übertrifft, werden die überschüssigen Fettsäuren in **Acetacetat** und **β-Hydroxybutyrat**, die sog. Ketonkörper, umgewandelt (▶ Abschn. 21.2.2). Sie werden von der Leber nicht verwertet, sondern vollständig zur Deckung des Substratbedarfs extrahepatischer Gewebe abgegeben.

62.2.2 Protein- und Aminosäurestoffwechsel

> Die Leber nimmt Aminosäuren sowohl in der Resorptions- als auch in der Hungerphase auf.

Resorptionsphase In der Resorptionsphase werden der Leber über die Pfortader Aminosäuren in Abhängigkeit vom Proteingehalt der Nahrung angeboten und durch ein breites Spektrum an Transportern aufgenommen. Sie dienen v. a. als Substrate der Proteinbiosynthese.

Postresorptions-/Hungerphase Die postresorptive Phase und v. a. die **Hungerphase** ist durch eine gesteigerte Proteolyse in extrahepatischen Geweben gekennzeichnet. Zusätzlich geben diese große Mengen an Glutamin ab, das durch ATP-abhängige Fixierung von NH_4^+ mittels der Glutaminsynthetase entstanden ist. Periportale Hepatocyten nehmen die vermehrt freigesetzten Aminosäuren auf. Nach Transaminierung wird der Kohlenstoffanteil der **ketogenen Aminosäuren** zur Ketonkörperbildung verwendet und in extrahepatischen Geweben in den Energiestoffwechsel eingeschleust, derjenige der **glucogenen Aminosäuren** jedoch für die in dieser Situation notwendige Gluconeogenese verwendet. Dabei freiwerdende Aminogruppen werden ebenso wie der durch die verschiedenen Stoffwechselprozesse entstehende Ammoniak (▶ Abschn. 27.1.2) durch Umwandlung in Harnstoff entgiftet und danach über die Nieren ausgeschieden

62

(■ Abb. 62.2). Das aufgenommene Glutamin wird durch die hepatische Glutaminase zu Glutamat und NH_4^+ gespalten. Da die Glutaminase durch NH_4^+ aktiviert wird und dieses gleichzeitig ihr Reaktionsprodukt ist, wirkt die Glutaminase als NH_4^+-Verstärker in den Mitochondrien, d. h. am Ort der Carbamylphosphatsynthese.

❯ Die Aktivität des Harnstoffzyklus beeinflusst den Säure-Basen-Haushalt.

Der ausschließlich in den Leberparenchymzellen lokalisierte Harnstoffzyklus dient nicht nur der Eliminierung von Ammoniak, sondern fixiert auch HCO_3^-. Damit spielt er eine wichtige Rolle für den Säure-Basen-Haushalt. Dass die Leber durch Regulation der Geschwindigkeit der Harnstoffbiosynthese in diesen eingreifen kann, geht aus der Beobachtung hervor, dass die Harnstoffbildung immer dann reduziert wird, wenn der pH und/oder die HCO_3^--Konzentration im extrazellulären Raum abfallen. Das dabei nicht mit NH_4^+ fixierte Hydrogencarbonat dient dazu, die bestehende Acidose zu korrigieren.

Jede Reduktion der Geschwindigkeit der Harnstoffbiosynthese relativ zur Geschwindigkeit des Proteinabbaus führt zu einem Anstieg der Ammoniakkonzentration. In einer ATP-abhängigen Reaktion kann Ammoniak als **Glutamin** fixiert werden (■ Abb. 62.2). Die hierfür notwendige **hepatische Glutaminsynthetase**

ist ausschließlich in einer kleinen perivenösen Zellpopulation des Leberacinus lokalisiert, die kaum mehr als zwei Zelllagen dick ist und als „*scavenger*-Zellen" bezeichnet werden (■ Abb. 62.3). Durch die Zonierung des Glutaminstoffwechsels wird erreicht, dass nur die Ammoniakmenge als Glutamin fixiert wird, die nicht in den weiter oberhalb gelegenen Teilen des Leberacinus durch Harnstoffbiosynthese gebunden worden ist.

❯ Für die Leber spielt die autophagische Proteolyse eine besondere Rolle.

Neben dem Proteinabbau im Proteasom spielt die **autophagische Proteolyse** (lysosomale Autophagocytose) (▶ Abschn. 50.4) in der Leber eine besondere Rolle, da durch diese ein vollständiger Proteinabbau bis auf die Stufe von Aminosäuren gewährleistet ist. Ihre Regulation ist komplex und hängt u. a. vom **Hydratationszustand**, d. h. dem Wassergehalt der Leberzelle, ab. Dieser ist eine dynamische Größe, die von der Aktivität von Metabolit- und Ionentransportsystemen in der Plasmamembran mit entsprechendem Auf- oder Abbau osmotisch wirksamer Gradienten abhängt. Zur Zunahme der Leberzellhydratation kommt es z. B. durch die kumulative Aufnahme von Aminosäuren mittels sekundär aktiver, Na^+-abhängiger Transportsysteme. Diese Transporter bauen osmotisch wirksame Gradienten auf, denen Wasser passiv unter Beteiligung von Wasserkanä-

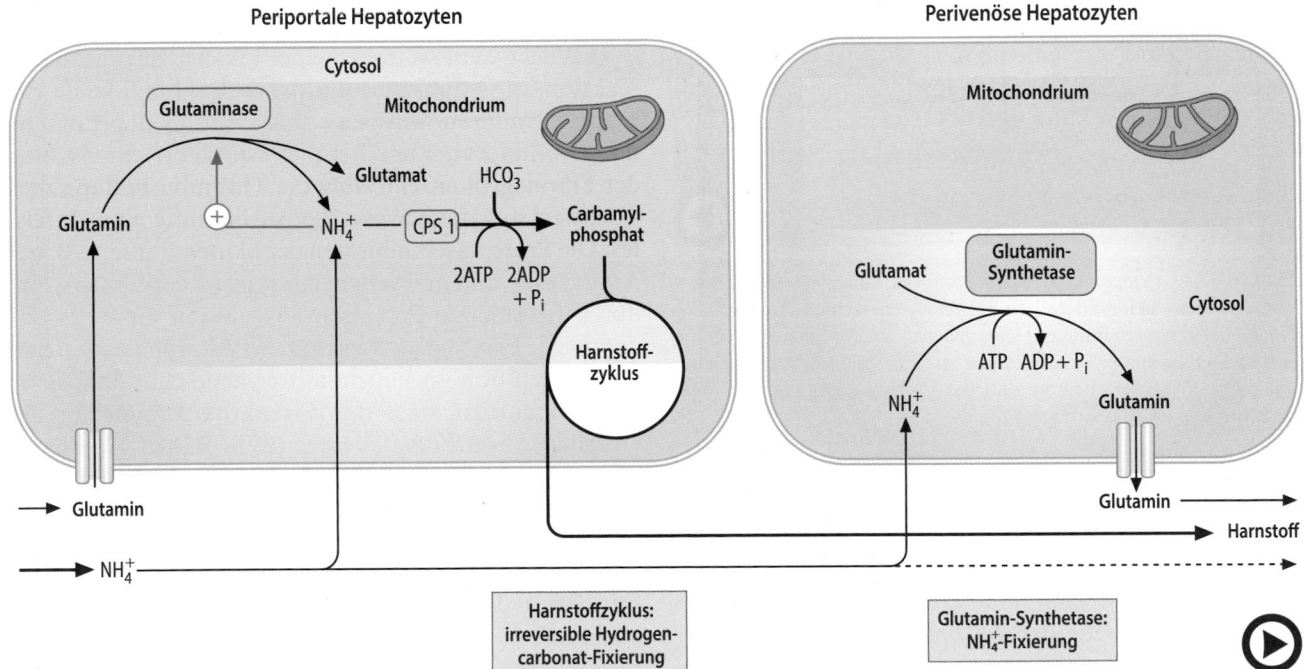

■ **Abb. 62.2** (Video 62.2) **Hepatische Glutaminsynthetase und Ammoniakeliminierung.** Periportale Hepatocyten nehmen NH_4^+ und Glutamin auf. Durch die mitochondrial gelegene Glutaminase wird Glutamin zu Glutamat und NH_4^+ gespalten. NH_4^+ aktiviert die Glutaminase und ist Substrat des Harnstoffzyklus. Perivenöse Hepatocyten nehmen überschüssige NH_4^+-Ionen auf und fixieren diese mithilfe der Glutaminsynthetase. *CPS1:* Carbamylphosphat-Synthetase 1. (Einzelheiten s. Text) (▶ https://doi.org/10.1007/000-5qn)

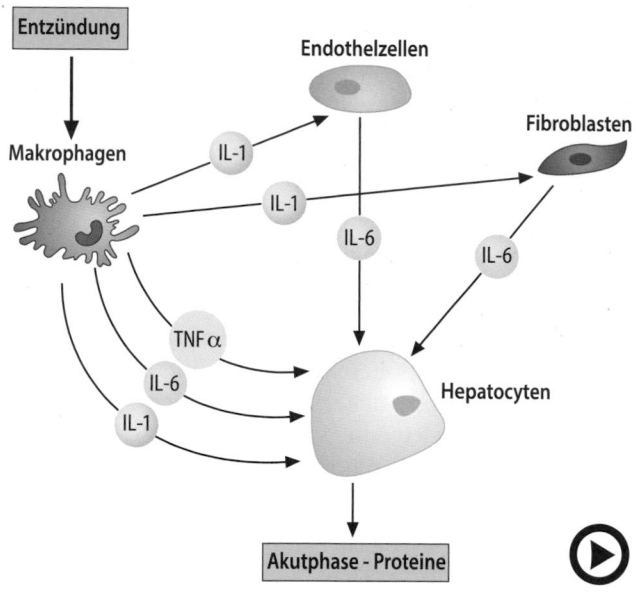

Abb. 62.5 (Video 62.4) **Regulation von Synthese und Sekretion von Akutphase-Proteinen.** Im Rahmen der Entzündungsreaktion werden Makrophagen aktiviert und produzieren die proinflammatorischen Cytokine IL-1, IL-6 und TNF-α. Diese lösen in der Leber die Synthese von Akutphase-Proteinen aus. (Einzelheiten s. Text) (▶ https://doi.org/10.1007/000-5qq)

Zusammenfassung

Die metabolischen Aktivitäten der Leber sind überwiegend in den Hepatocyten lokalisiert:

— **Kohlenhydratstoffwechsel.** Die Leber ist das wichtigste Glycogenspeicherorgan des Organismus. Da sie darüber hinaus über die Fähigkeit zur Gluconeogenese verfügt, spielt sie eine zentrale Rolle im Rahmen der Glucosehomöostase.
— **Lipidstoffwechsel.** Die Leber synthetisiert aus Lipiden und Kohlenhydraten triacylglycerinreiche Lipoproteine, die VLDL. Diese werden von ihr sezerniert und in den extrahepatischen Geweben metabolisiert. In der postresorptiven und ganz besonders der Hungerphase nimmt die Leber aus dem Blut große Mengen an Fettsäuren auf, die jedoch nur z. T. zur Deckung des Energiebedarfs herangezogen werden, z. T. dagegen in Acetacetat und β-Hydroxybutyrat umgewandelt und wieder von der Leber abgegeben werden.
— **Proteinbiosynthese und Aminosäurestoffwechsel.** Viele Plasmaproteine werden in der Leber synthetisiert und von ihr sezerniert. Für die Eliminierung von Ammoniak und Aminogruppen spielt die Leber infolge ihrer Fähigkeit zur Harnstoff- und Glutaminbiosynthese eine besondere Rolle.
— **Vitamine und Spurenelemente.** Die Leber dient als Speicherorgan für diese essenziellen Mikronährstoffe.

62.3   Biotransformation – Metabolisierung von Endo- und Xenobiotica

> Die Biotransformation dient der Ausscheidung lipophiler Verbindungen.

Die Funktion der sog. **Biotransformation** besteht darin, apolare, lipophile und damit nicht oder nur außerordentlich langsam ausscheidungsfähige Verbindungen in **polare, wasserlösliche Substanzen** umzuwandeln, die dann leicht über den Harn oder die Gallenflüssigkeit ausgeschieden werden können. Derartige Verbindungen können körpereigene, endogen entstandene Stoffe, sog. **Endobiotica** (z. B. schlecht wasserlösliche Steroidhormone, Bilirubin) sein oder auch körperfremde Substanzen, die sog. **Xenobiotica** (z. B. Pharmaka, Konservierungsmittel, Umweltgifte). Biotransformationsreaktionen finden in beschränktem Umfang in nahezu allen Geweben statt. Die Leber ist jedoch wegen ihrer Masse (ca. 1,5 kg beim Menschen) und ihrer besonders reichen Ausstattung mit den Enzymen der Biotransformationsreaktionen das wichtigste Organ für diese Funktion. Der größte Teil der für die Biotransformation benötigten Enzymaktivitäten ist im **glatten endoplasmatischen Retikulum** lokalisiert.

62.3.1   Modifikation, Konjugation und Export von Endo- und Xenobiotica

Üblicherweise wird die Biotransformation in drei Phasen eingeteilt (Abb. 62.6):
— **Phase 1.** Modifikation der infrage kommenden Verbindungen durch oxidative, seltener durch reduktive Reaktionen, sodass **reaktive Gruppen** entstehen.
— **Phase 2.** Bildung von **Konjugaten** durch Reaktion dieser reaktiven Gruppen mit polaren oder stark geladenen Verbindungen, sodass die dabei entstehenden gut wasserlöslichen Produkte über die Galle oder die Nieren ausgeschieden werden können.
— **Phase 3.** Transport der auszuscheidenden Verbindungen über die Plasmamembran der Hepatocyten durch spezielle Transportproteine.

> In der Phase 1 der Biotransformation erfolgen oxidative bzw. reduktive Umwandlungen.

Den größten Beitrag zur Phase 1 der Biotransformation leisten Enzyme aus der Familie der **Monooxygenasen**, die molekularen Sauerstoff und NADPH als Cosubstrate benutzen. Die Aktivierung des Sauerstoffs erfolgt durch Anlagerung an das Cytochrom P_{450}. Ein Sauerstoffatom wird dabei in das Substratmolekül eingebaut,

62

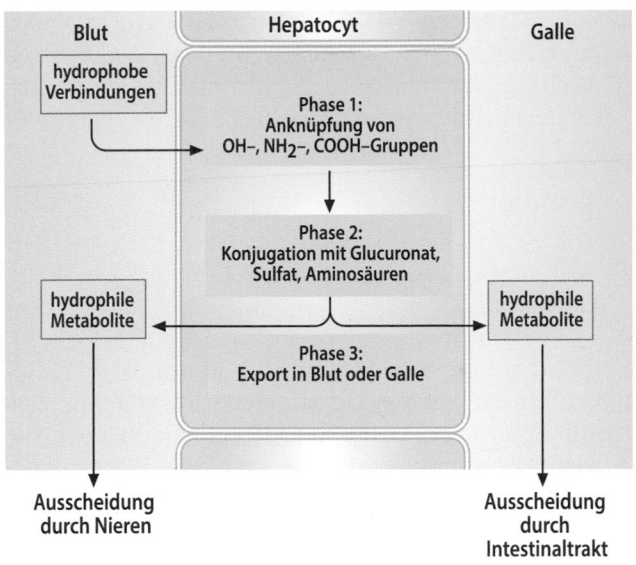

Abb. 62.6 (Video 62.5) **Mehrstufige Metabolisierung hydrophober Verbindungen in der Leber.** (Einzelheiten s. Text) (▶ https://doi.org/10.1007/000-5qr)

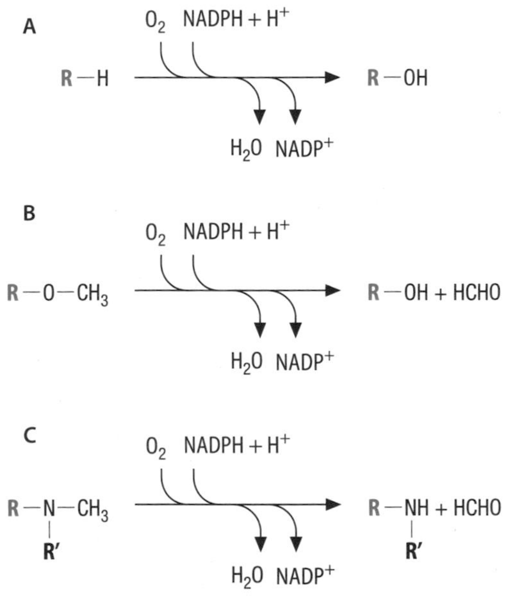

gruppe der Gallensäuren dar (▶ Abschn. 61.1.4). Seltener sind reduktive Modifikationen wie z. B. die Umwandlung einer NO_2-Gruppe in eine NH_2-Gruppe. Unspezifische Hydrolasen spalten Ester- bzw. Säureamidbindungen und setzen die entsprechenden Alkohole, Amino- und Carbonsäuren frei.

Durch die geschilderten chemischen Modifikationen der betreffenden Verbindungen werden also reaktive Gruppen wie OH-, NH_2-, SH- bzw. COOH-Gruppen gebildet.

> Die Produkte der Phase 1 der Biotransformation werden in Phase 2 mit polaren Substanzen konjugiert.

Die Phase 2 der Biotransformation wird auch als **Konjugationsphase** bezeichnet. In ihr werden die in der Phase 1 der Biotransformation entstandenen Verbindungen über ihre reaktiven Gruppen an polare Substanzen gekoppelt, sodass ausreichend hydrophile Verbindungen entstehen (◻ Abb. 62.8):

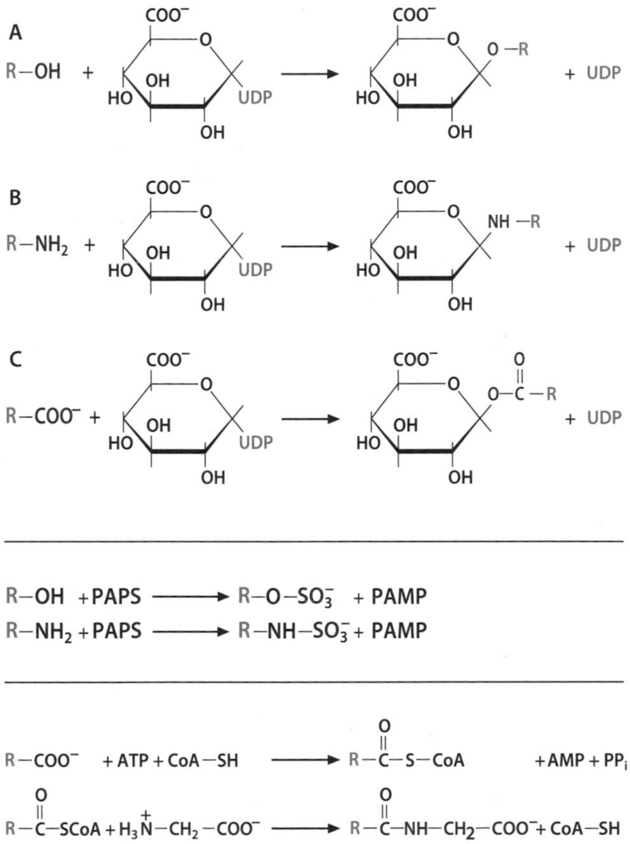

Abb. 62.7   Reaktionen, die durch Cytochrom-P_{450}-Monooxygenasen katalysiert werden. A Hydroxylierung, **B** O-Dealkylierung, **C** N-Dealkylierung hydrophober Verbindungen

das andere zu Wasser reduziert (▶ Abschn. 20.1.2). Auf diese Weise wird **hydroxyliert** oder O- bzw. **N-dealkyliert** (◻ Abb. 62.7). Weitere wichtige oxidative Reaktionen der Phase 1 stellen die **oxidative Desaminierung** unter Bildung einer Ketogruppe und Freisetzung von Ammoniak sowie die **oxidative Abspaltung** der Seitenkette des Cholesterins unter Bildung der Carboxyl-

Abb. 62.8   Die wichtigsten Konjugationsreaktionen. A Glucuronidierung von Hydroxylgruppen, primären Aminen und Carboxylgruppen. **B** Sulfatierung von Hydroxylgruppen oder primären Aminen mit PAPS (3′-Phosphoadenosin-5′-Phosphosulfat). *PAMP:* **P**hospho**a**denosin**m**ono**p**hosphat. **C** Kopplung von Carboxylgruppen an Aminosäuren (Glycin). Für die Knüpfung der Amidbindung muss die Carboxylgruppe ATP-abhängig in den CoA-Thioester umgewandelt werden

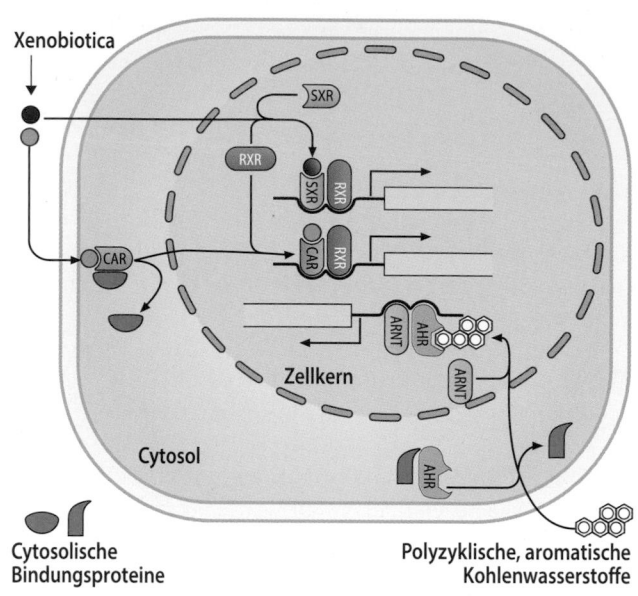

Abb. 62.9 (Video 62.6) **Induktion der Metabolisierungsenzyme durch Xenobiotica.** Hydrophobe Xenobiotica oder andere Aktivatoren binden entweder direkt im Zellkern an den SXR oder im Cytosol an den CAR, der anschließend mithilfe von weiteren Proteinfaktoren in den Zellkern verlagert wird. Dort erfolgen in beiden Fällen die Heterodimerisierung mit RXR und die Transkriptionsaktivierung. Für polyzyklische Kohlenwasserstoffe wird der Transkriptionsfaktor AHR verwendet, der allerdings mit ARNT heterodimerisieren muss. *SXR*: Steroid-Xenobiotica-Rezeptor; *CAR*: konstitutiver Androstanrezeptor; *RXR*: Retinoat-X-Rezeptor; *AHR*: Aryl-Hydrocarbon-Rezeptor; *ARNT*: AHR *nuclear translocator* (► https://doi.org/10.1007/000-5qm)

— Durch Kopplung mit Glucuronsäure entstehen die **Glucuronide** (► Abschn. 16.1.2). Die Konjugation mit UDP-Glucuronat kann dabei mit OH-Gruppen, primären und sekundären Aminen und mit Carboxylgruppen erfolgen. Ein wichtiges Beispiel für diesen Reaktionstyp ist die Glucuronidierung von Bilirubin zu **Bilirubin-Diglucuronid** (► Abschn. 32.2.2).
— **Sulfatiert** werden i. Allg. OH-Gruppen und Aminogruppen. Substrat hierfür ist das aktivierte Sulfat oder 3′-Phosphoadenosin-5′-Phosphosulfat (PAPS, ● Abb. 3.17). Progesteron wird beispielsweise meist erst nach Sulfatierung ausgeschieden.
— Neben der Sulfatierung kommt auch die **Acetylierung** mit Acetyl-CoA vor. Eine weitere Möglichkeit ist die Kopplung von Carboxylgruppen an die Aminosäuren **Glycin, Taurin** bzw. **Glutamin** (► Abschn. 28.4), wobei eine Säureamidgruppierung entsteht. Die die Kopplung eingehende Carboxylgruppe muss dafür allerdings zunächst in das entsprechende Coenzym-A-Derivat umgewandelt werden. Beispiele hierfür sind die verschiedenen Derivate von Gallensäuren (► Abschn. 61.1.4).
— Weitere Konjugationsreaktionen sind Methylierung, Deacetylierung und Ausbildung von Thioethern, wobei

meist **Glutathion-S-Derivate** entstehen. Letztere werden mithilfe von Glutathion-S-Transferasen aus Glutathion (GSH) und verschiedenen lipophilen Verbindungen, darunter auch Arzneimitteln, gebildet:

$$RX + GSH \rightarrow RSG + HX \ (Abb. 62.10) \qquad (62.1)$$

❯ Viele Verbindungen induzieren das Biotransformationssystem.

Verbindungen, die im Biotransformationssystem modifiziert werden, können die einzelnen Enzymaktivitäten der Phasen 1 und 2 induzieren (● Abb. 62.9), denn Endobiotica und v. a. Xenobiotica sind Liganden einer Familie von Transkriptionsfaktoren, die strukturell große Ähnlichkeit mit den Steroidhormonrezeptoren haben:
— Der **konstitutive Androstanrezeptor (CAR)** sowie der **Steroid-** und **Xenobioticarezeptor (SXR**; auch als **PXR**, *pregnane-X receptor* bezeichnet) können unterschiedliche Xenobiotica binden und wirken dann als ligandenaktivierte Transkriptionsfaktoren der entsprechenden Gene, v. a. der Cytochrom-P_{450}-Monooxygenasen. Eine Voraussetzung für ihre Wirksamkeit ist allerdings die Heterodimerisierung mit dem **Retinoat-X-Rezeptor (RXR)**.

Für die karzinogene Wirkung von polyzyklischen, aromatischen Kohlenwasserstoffen wie dem Benzo[a]pyren, das u. a. beim Zigarettenrauchen entsteht, ist der **Arylhydrocarbonrezeptor (AHR)** verantwortlich. AHR ist ebenfalls ein ligandenaktivierter Transkriptionsfaktor von Cytochrom-P_{450}-Monooxygenasen, welche z. B. Benzo[a]pyren in ein elektrophiles Diolepoxid umwandeln, das zur Basenmodifikation an der DNA führt. Auch AHR ist nur als Heterodimer aktiv, allerdings benötigt er den Transkriptionsfaktor **ARNT** (AHR *nuclear translocator*), der auch für den Hypoxie-induzierbaren Faktor (HIF) (► Abschn. 65.3) eine wichtige Rolle spielt.

Wenn mehrere Arzneimittel gleichzeitig gegeben werden, können diese um die Enzyme des Biotransformationssystems konkurrieren. Da unter diesen Umständen die Metabolisierung verlangsamt wird, zeigen sich ggf. Überdosierungen. Bei **Neugeborenen** sind die betreffenden Enzymaktivitäten i. Allg. außerordentlich niedrig. Dies betrifft v. a. die Konjugationsreaktionen und hier die Glucuronattransferasen. So beruht der gelegentlich zu beobachtende **Ikterus neonatorum** auf einer noch ungenügenden Glucuronidierung von Bilirubin (► Abschn. 32.2.2).

❯ Die Produkte der Phase 2 der Biotransformation werden durch die Reaktionen der Phase 3 aus den Hepatocyten exportiert.

62

Der Export der durch die Phase 2 der Biotransformationsreaktion gebildeten Verbindungen erfolgt i. Allg. in die Gallenflüssigkeit. Die dabei ablaufenden Reaktionen sind in ▶ Abschn. 62.4.1 geschildert.

62.3.2 Giftungsreaktion

> Durch metabolische Aktivierung können toxische Produkte entstehen (sog. „Giftung").

Gelegentlich entstehen erst durch die Biotransformationsreaktionen Verbindungen mit biologischer Wirkung. Dies ist häufig bei Arzneimitteln erwünscht, häufiger entstehen aber **toxische** oder sogar **karzinogene Verbindungen**. Im Folgenden werden zwei Beispiele für die metabolische Umwandlung von Arzneimitteln zu toxischen Verbindungen dargestellt.

Das häufig eingenommene, bisher nicht verschreibungspflichtige **Paracetamol** ist ein Acetanilid, das als mildes Analgetikum wirkt. Der größte Teil dieser Verbindung wird nach Glucuronidierung bzw. Sulfatierung wasserlöslich und damit ausscheidungsfähig. Ein Teil des Paracetamols wird jedoch oxidiert, sodass das in ◘ Abb. 62.10 dargestellte Zwischenprodukt (N-Acetyl-p-Benzochinonimin) entsteht. Dieses wird als Glutathion-S-Konjugat ausgeschieden. Wenn jedoch die für diese Reaktion benötigten Glutathionmengen aufgebraucht sind, reagiert das Produkt mit Hepatocytenproteinen. Diese werden damit inaktiviert, sodass bei Überdosierung von Paracetamol (bereits ab 6–10 g, bei einer üblichen Einzeldosierung von 0,5–1 g!) eine lebensbedrohliche **Lebernekrose** entstehen kann.

Häufig werden im Verlauf von Biotransformationsreaktionen Arzneimittel acetyliert. Bei Menschen können als genetische Varianten ein langsamer und ein schneller Acetylierungstyp unterschieden werden. Schnelle Acetylierer zeigen häufig gegenüber langsamen Acetylierern unterschiedliche Metabolisierungsmuster. Bei einer Reihe von Arzneimitteln hat dies wesentliche Konsequenzen. So beginnt der normale Abbau des Antiarrhythmikums **Procainamid** (◘ Abb. 62.11) mit einer N-Acetylierung, wobei das entstehende Produkt die gleichen pharmakologischen Wirkungen wie die Ausgangsverbindung zeigt. Bei Personen des langsamen Acetylierungstyps findet dagegen bevorzugt eine N-Hydroxylierung statt. N-Hydroxyprocainamid bildet jedoch eine Reihe weiterer reaktionsfähiger Zwischenpro-

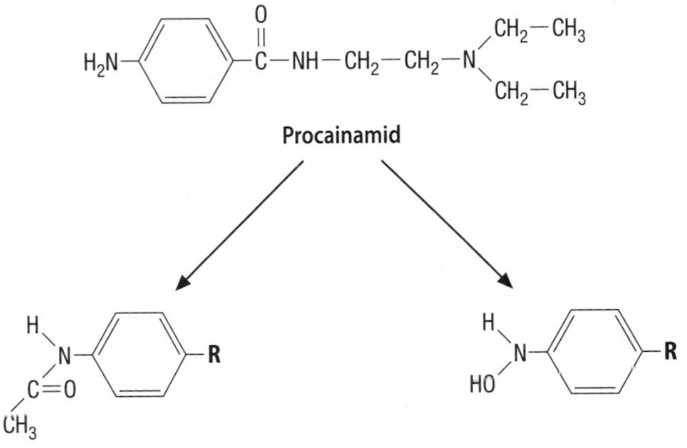

◘ **Abb. 62.11 Metabolisierungsprodukte von Procainamid.** (Einzelheiten s. Text)

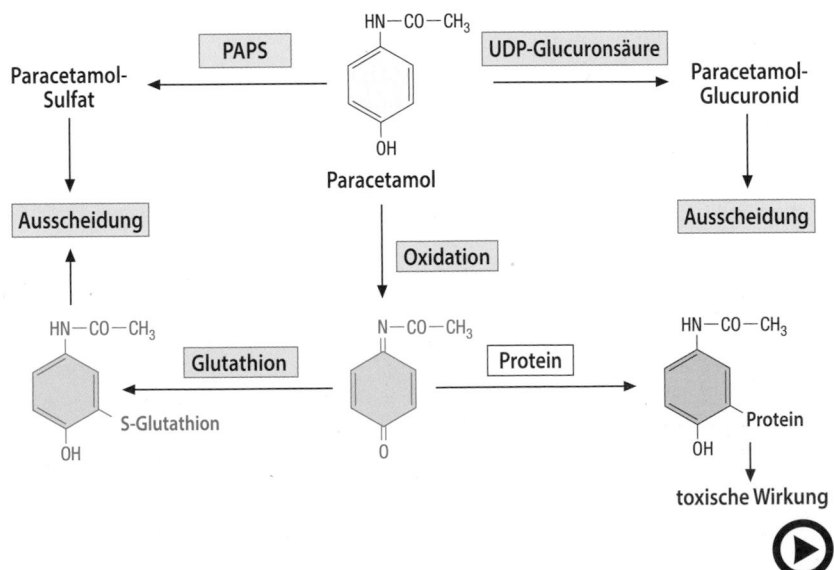

◘ **Abb. 62.10** (Video 62.7) **Der Paracetamolstoffwechsel.** Der zu toxischen Nebenprodukten führende Abbauweg des Paracetamols ist *rot* hervorgehoben. (Einzelheiten s. Text) (▶ https://doi.org/10.1007/000-5qt)

dukte, die mit zellulären Makromolekülen, z. B. mit Nucleinsäuren, covalente Verbindungen eingehen können. Diese wirken offensichtlich als Antigene. Jedenfalls erkranken Personen vom langsamen Acetylierungstyp nach Behandlung mit Procainamid in statistisch signifikant höherem Maß an systemischem **Lupus erythematodes**, einem mit Autoantikörpern gegen DNA einhergehenden Krankheitsbild.

Tierexperimentell gewonnene Erkenntnisse zur Umwandlung von Arzneimitteln in toxische Verbindungen durch die Reaktionen der Biotransformation sind kaum auf den Menschen übertragbar, da große Speziesunterschiede im Metabolisierungsmuster bestehen. Darüber hinaus kann sich die Metabolisierung bei wiederholter Applikation des gleichen Wirkstoffes ändern, da weitere biotransformierende Enzyme innerhalb derselben Spezies induziert werden und dadurch andere Metabolite entstehen. Zusätzlich sind zahlreiche genetisch determinierte Polymorphismen der Enzyme bekannt, die Arzneimittel metabolisieren. Dies begründet individuelle Unterschiede hinsichtlich Arzneimittelverträglichkeit und -wirksamkeit und bildet die Grundlage für das Forschungsgebiet der **Pharmakogenetik**. Es ist wahrscheinlich, dass Polymorphismen in fremdstoffabbauenden Enzymen an der genetischen Veranlagung zur Tumorentstehung beteiligt sind.

Zusammenfassung

– Die Leber ist das Hauptorgan für das in drei Phasen ablaufende Biotransformationssystem:
  – In Phase 1 werden hydrophobe Endo- bzw. Xenobiotica meistens hydroxyliert, alternativ oxidativ oder seltener reduktiv modifiziert.
  – In Phase 2 unterliegen die durch die Reaktionen der Phase 1 entstandenen funktionellen Gruppen der Kopplung an hydrophile Verbindungen, häufig Glucuronat.
  – In Phase 3 werden die so entstandenen Verbindungen durch spezifische Transportsysteme in die Galle oder die Blutbahn exportiert.
– Gelegentlich entstehen durch die Reaktionen des Biotransformationssystems biologisch aktive Verbindungen, eine Tatsache, die für den Stoffwechsel von Arzneimitteln oder Xenobiotica von Bedeutung ist.

62.4 Gallesekretion

Die Funktion der Leber als Ausscheidungsorgan beruht auf ihrer Fähigkeit zur **Gallebildung**. Diese erfolgt durch gerichtete Sekretion gallenpflichtiger Substanzen in die Gallencanaliculi, welche von benachbarten Hepatocyten gebildet werden und durch *tight junctions* abgedichtet sind. Die Gallencanaliculi vereinigen sich zu immer größeren Gallengängen bis schließlich die Galle über den Ductus choledochus in den Darm abfließt. Während der Gallenwegspassage wird die Zusammensetzung der von den Hepatocyten gebildeten Primär- oder Lebergalle durch Gallengangsepithelzellen (Cholangiocyten) weiter modifiziert.

Beim Menschen werden täglich 600–700 ml Galle in den Darm sezerniert, deren Hauptbestandteile Gallensäuren, Phospholipide und Cholesterin sind. Daneben enthält die Galle Proteine, Elektrolyte und Konjugate von Xenobiotica und von endogen gebildeten Abfallstoffen (z. B. Bilirubinglucuronide). Die mit der Galle in den Darm ausgeschiedenen und für Verdauung und Resorption von Lipiden wichtigen Gallensäuren werden im terminalen Ileum größtteils rückresorbiert und gelangen über das Pfortaderblut wieder zur Leber, um erneut in die Galle ausgeschieden zu werden (sog. enterohepatischer Kreislauf, ▶ Abschn. 61.1.4).

62.4.1 Galleproduktion durch Leberparenchymzellen

❯ Die Gallebildung beruht auf einem osmotischen, transzellulären Transportprozess.

Gallebildung Der Hepatocyt ist eine polarisierte epitheliale Zelle, bei der die basolaterale (sinusoidale, der Blutseite zugewandte) Zellmembran von der apikalen (kanalikulären) Membran, die den Gallecanaliculus begrenzt, zu unterscheiden ist (◨ Abb. 62.1). Beide Membranabschnitte sind an der Gallebildung beteiligt, indem Fremdstoffe, aber auch endogene Metabolite, über die sinusoidale Membran des Hepatocyten aufgenommen und nach Modifikation im Zellinneren (z. B. durch Konjugationsreaktionen) über die kanalikuläre Membran ausgeschieden werden. Auf diese Weise entsteht ein transzellulärer, vom Sinusoidallumen in den Gallecanaliculus gerichteter Transport (◨ Abb. 62.12).

Da viele der beteiligten Carrier einen primär oder sekundär aktiven Transport katalysieren, kommt es zu einer Substratkonzentrierung im Gallecanaliculus mit Aufbau eines osmotisch wirksamen Gradienten. Dieser ist für das passive Nachströmen von Wasser und Elektrolyten aus dem Parazellulärraum verantwortlich.

Gallensäuren haben einen großen Anteil an diesem Substratgradienten, weswegen man auch von einer **gallensäureabhängigen Gallesekretion** spricht. Diese macht 30–60 % der basalen Sekretion aus, kann aber bei Nahrungsresorption aufgrund des damit verbundenen enterohepatischen Kreislaufs von Gallensäuren erheblich zunehmen.

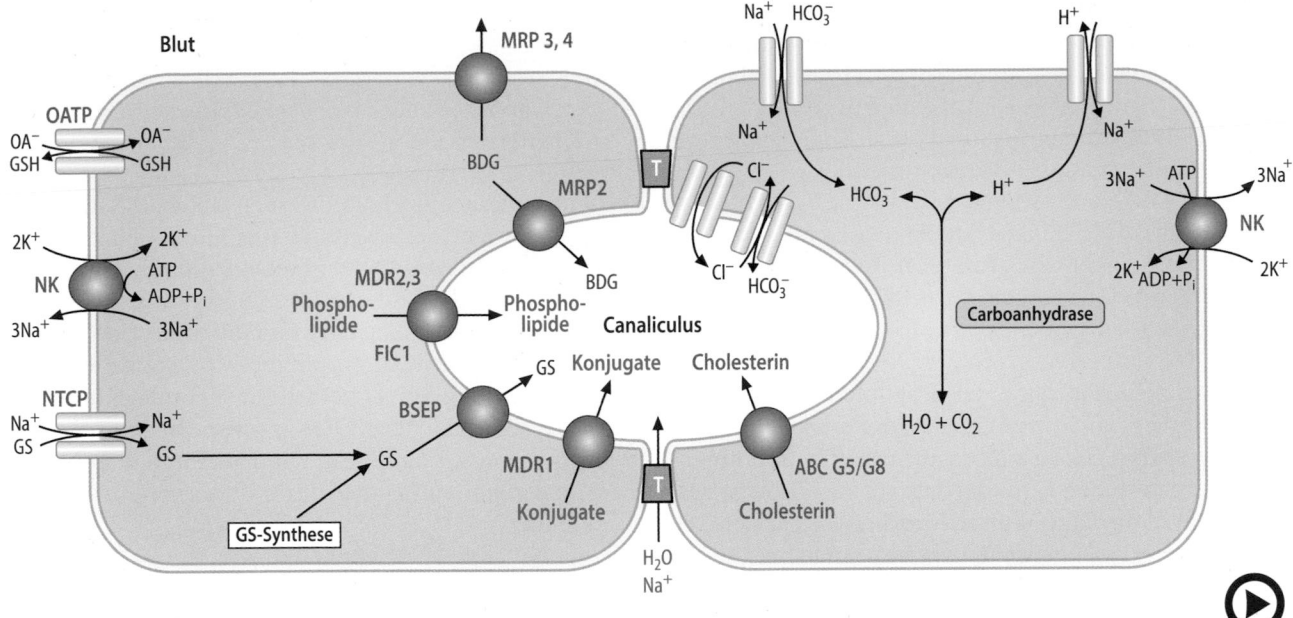

Abb. 62.12 (Video 62.8) **An der Gallebildung beteiligte hepatozelluläre Transportsysteme.** Die Abbildung stellt zwei Hepatocyten und den von ihnen gebildeten Gallecanaliculus dar. *ABC G5/G8:* Cholesterintransporter; *BDG:* Bilirubindiglucuronid; *BSEP:* Gallensäuretransporter; *FIC1: familiar intrahepatic cholestasis* (Aminophospholipidtransporter); *GS:* Gallensäuren und -konjugate; *GSH:* Glutathion; *MDR: multidrug resistance transporter; MRP: multidrug resistance related protein; NK:* Na$^+$/K$^+$-ATPase; *NTCP:* Na$^+$-abhängiger Gallensäure-Cotransporter; *OA:* organische Anionen; *OATP:* Transporter für organische Anionen; *T: tight junctions*; rot gefüllte Symbole geben ATP-abhängige Transportsysteme wieder. (Einzelheiten s. Text) (▶ https://doi.org/10.1007/000-5qv)

Die **gallensäureunabhängige Gallesekretion** wird anteilig durch den Transport von Glucuronsäure- und Glutathionkonjugaten und durch eine sekundär aktive Sekretion von HCO$_3^-$ angetrieben, das durch die Carboanhydrase gebildet wird. Ladungs- und Ionenausgleich besorgen in der sinusoidalen Membran gelegene Na$^+$/H$^+$-Antiporter und Na$^+$/HCO$_3^-$-Symporter und die Na$^+$/K$^+$-ATPase.

Transportsysteme der Sinusoidalmembran Folgende Transportsysteme der sinusoidalen Membran (■ Abb. 62.12) sind von besonderer Bedeutung bei der Gallebildung:

— **Na$^+$/K$^+$-ATPase**, die durch Ausbildung eines elektrochemischen Na$^+$-Gradienten die Triebkraft für Na$^+$-gekoppelten, sekundär aktiven Transport darstellt.
— **NTCP**, ein Na$^+$-abhängiges Gallensalztransportsystem (*Na$^+$/taurocholate cotransporting polypeptide*), welches vorwiegend die Aufnahme von rückresorbierten Gallensäuren in die Leberzelle vermittelt.
— Transporter der **OATP**-Familie, die Na$^+$-unabhängig die Aufnahme von organischen Anionen (z. B. Bilirubin, Digitalis, unkonjugierte Gallensäuren), z. T. im Gegentausch mit Glutathion (GSH) vermitteln.
— Transport-ATPasen der *multidrug resistance-related* Proteinfamilie (**MRP3** und **4**), welche konjugierte Gallensäuren und Bilirubin, aber auch Glutathionkonjugate aus der Leberzelle in das Blut transportie-

ren können. Normalerweise ist die Expression dieser Transporter gering; sie werden aber bei Cholestase vermehrt exprimiert und verhindern auf diese Weise eine Überladung der Leberzelle mit gallenpflichtigen Substanzen und führen zu dem hierfür charakteristischen Anstieg des direkten Bilirubins (▶ Abschn. 32.2.3).

Transportsysteme der kanalikulären Membran Die Ausscheidung gallepflichtiger Substanzen über die kanalikuläre Membran erfolgt vorwiegend durch ATP-abhängige Transportsysteme, vor allem:

— **BSEP** (*bile salt export protein*) für die Ausscheidung von Gallensäuren.
— **MRP 2** (*multidrug resistance-related protein 2*), welches unterschiedliche organische Anionen wie Glucuronsäurekonjugate (z. B. Bilirubinglucuronide) oder Glutathionkonjugate transportiert.
— **MDR-Transporter** (*multidrug resistance transporter*), von denen MDR1 an der Ausscheidung von organischen Kationen und Xenobiotica beteiligt ist, während das humane MDR3 Phospholipide transportiert.
— **FIC 1** (*familiar intrahepatic cholestasis*) für den Transport von Aminophospholipiden.
— **ABCG5/G8**, ein Heterodimer aus zwei Halbtransportern, welches den Cholesterintransport in die Galle ermöglicht.

Außer den genannten Transport-ATPasen finden sich in der kanalikulären Membran noch Transportsysteme für Pyrimidine, Purine und Aminosäuren. HCO_3^-/Cl^-- und SO_4^{2-}/OH^--Antiporter sind für die Aufrechterhaltung einer hohen Hydrogencarbonat- und Sulfatkonzentration der Gallenflüssigkeit verantwortlich.

❯ Die Aktivität der für die Gallebildung verantwortlichen Transportsysteme wird langfristig durch Änderung ihrer Genexpression, kurzfristig durch reversiblen Einbau in die kanalikuläre Membran reguliert.

Die funktionelle Aktivität der genannten Transportsysteme unterliegt nicht nur einer Langzeitregulation auf Genexpressionsebene, sondern auch einer Kurzzeitregulation durch raschen Ein- und Ausbau von Transportermolekülen in die kanalikuläre Membran. Es besteht ein dynamisches Gleichgewicht zwischen aktuell in die kanalikuläre Membran eingebauten Transportern und solchen, die intrazellulär in subkanalikulären Vesikeln gespeichert sind. Letztere können bei Bedarf rasch zur kanalikulären Membran rekrutiert werden, sodass innerhalb von Minuten eine Steigerung der Exkretionskapazität möglich wird. Die choleretische Wirkung der therapeutisch eingesetzten **Ursodesoxycholsäure** (ursprünglich aus Bärengalle isoliert) beruht u. a. auf einer Stimulation des Einbaus von intrazellulär gelagertem MRP2 und BSEP in die kanalikuläre Membran.

❯ Über spezifische Gallensäurerezeptoren wird die Expression und Aktivität von Schrittmacherenzymen der Gallensäuresynthese und von Transportproteinen der Gallebildung reguliert.

Farnesoid-X-Rezeptor   Der **Farnesoid-X-Rezeptor (FXR)**, ein ligandenaktivierter Transkriptionsfaktor aus der Familie der nukleären Rezeptoren (▶ Abschn. 33.3.1), ist ein besonders wichtiger Regulator der Genexpression vieler an Bildung und Transport von Gallensäuren beteiligter Proteine (◑ Abb. 62.13A). FXR ist im Zellkern von Hepatocyten lokalisiert und wird durch Bindung von Gallensäuren aktiviert. Dies hat zur Folge:

- dass die Expression von kanalikulären Transportern wie **BSEP** und **MRP2** gesteigert wird,
- dass ein als **SHP** (*small heterodimer partner*) bezeichnetes Protein vermehrt gebildet wird.

Das SHP-Protein gehört zur Familie der nukleären Transkriptionsfaktoren, allerdings fehlt ihm die DNA-Bindedomäne. Es bildet Heterodimere mit einer Reihe von Transkriptionsfaktoren, wodurch deren Aktivität blockiert wird. Dies führt u. a. zu einer Verminderung der Expression:

- des für die zelluläre Gallensäureaufnahme benötigten NTCP-Transporters und
- des Schrittmacherenzyms der Gallensäuresynthese, der Cholesterin-7α-Hydroxylase (Cyp7A1; ◑ Abb. 62.13B).

Als Folge dieser Regulation werden weniger Gallensäuren aufgenommen bzw. synthetisiert und gleichzeitig der Export von Gallensäuren in die Gallenflüssigkeit stimuliert.

Dadurch wird nicht nur die Gallesekretion an die Gallensäurekonzentration angepasst, sondern auch eine Überladung der Leberzelle mit Gallensäuren bei Cholestase vermieden. Dies ist von Bedeutung, da hohe Konzentrationen von Gallensäuren die Leberzelle schädigen und zum Zelltod durch Apoptose führen können.

TGR5-Rezeptor   Der **TGR5-Rezeptor** ist u.a. in der Plasmamembran von Cholangiocyten lokalisiert, während TGR5 in Leberparenchymzellen nicht exprimiert wird. Er gehört in die Familie der G-Protein-gekoppelten Rezeptoren. Bindung von Gallensäuren an TGR5 führt zu einer Aktivierung der Adenylatcyclase (◑ Abb. 62.13C). Die dadurch gesteigerten zellulären cAMP-Spiegel aktivieren die Proteinkinase A, die den Chloridkanal **CFTR** (*cystic fibrosis transmembrane conductance regulator*) phosphoryliert und aktiviert. Das vermehrt exportierte Chlorid wird durch das Anionenantiportsystem SLC26A6 (*solute carrier family 26, member 6*) im Austausch gegen HCO_3^- wieder in die Cholangiocyten aufgenommen. Insgesamt ergibt sich dadurch eine Steigerung der HCO_3^--Sekretion in die Gallenflüssigkeit.

62.4.2 Gallenmodifikation durch Gallengangsepithelien

Gallengangsepithelzellen (Cholangiocyten) können die Zusammensetzung der Galleflüssigkeit modifizieren. Unter dem Einfluss von **Sekretin** kommt es rezeptorvermittelt zur Erhöhung der intrazellulären cAMP-Konzentration mit nachfolgend gesteigerter Wasser- und HCO_3^--Sekretion. Die Sekretion von Hydrogencarbonat wird auch durch Gallensäuren selbst stimuliert, da diese nach Bindung an den membranständigen Gallensäurerezeptor TGR5 die cAMP-Bildung stimulieren (◑ Abb. 62.13). Außerdem sind Cholangiocyten imstande, mithilfe Na^+-abhängiger Transportsysteme Glucose, aber auch Gallensäuren rückzuresorbieren. Letzteres tritt insbesondere bei Abflussbehinderungen der Gallenwege auf (obstruktive Cholestase).

62

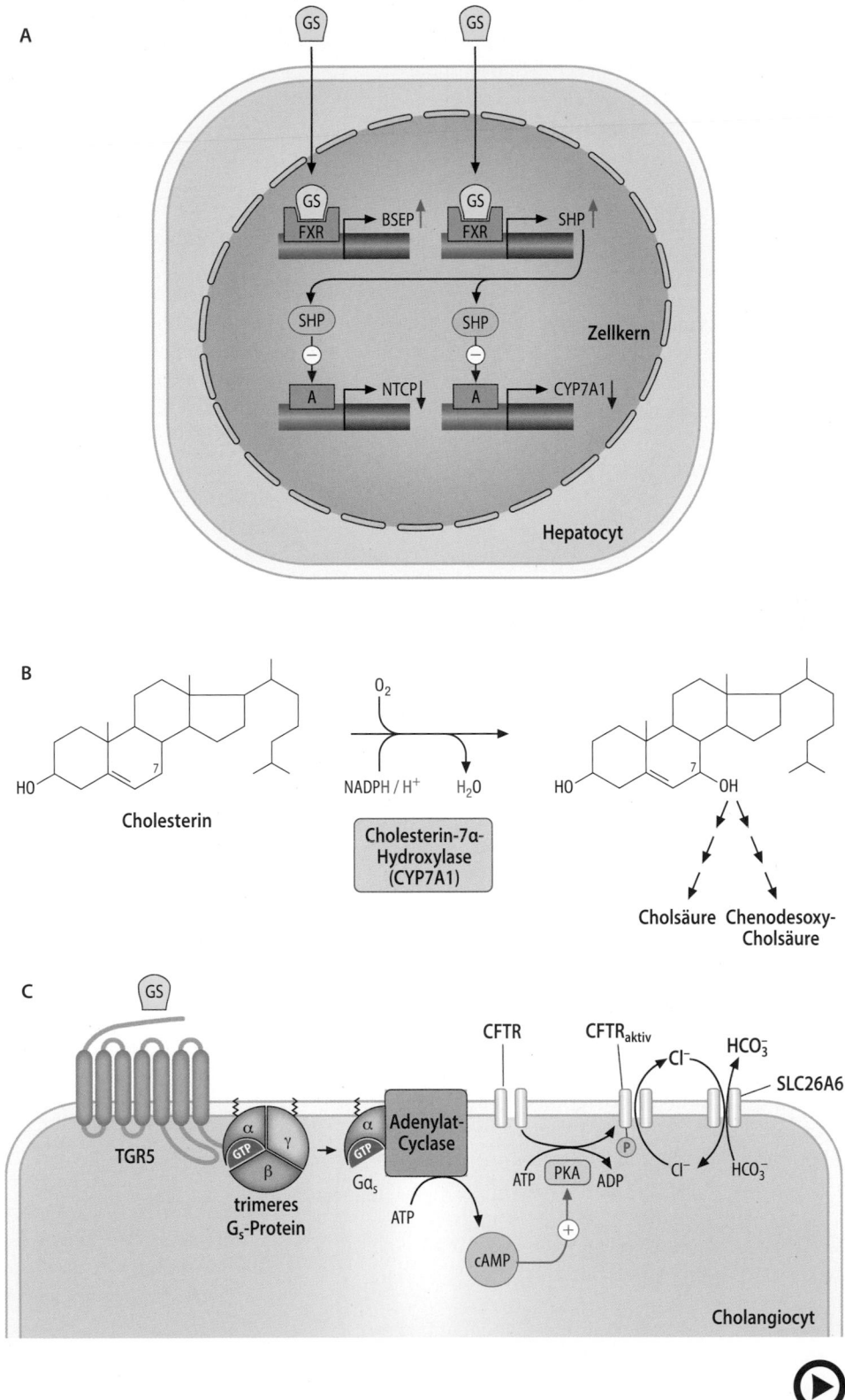

◘ Abb. 62.13 (Video 62.9) **Funktionen von Gallensäurerezeptoren in Hepatocyten und Cholangiocyten. A** Gallensäuren binden in Hepatocyten an den nucleären Rezeptor FXR (Farnesoid-X-Rezeptor). Dies löst eine gesteigerte Expression von kanalikulären Transportern wie z. B. BSEP und des Proteins SHP aus. Letzteres hemmt die Expression zellulärer Aufnahmesysteme für Gallensäuren (z. B. NTCP) und des Schrittmacherenzyms der Gallensäuresynthese, der Cholesterin-7α-Hydroxylase (Cyp7A1); *A:* Aktivator der Transkription. **B** Reaktion der Cholesterin-7α-Hydroxylase. **C** Bindung von Gallensäuren an den G-Protein-gekoppelten Rezeptor TGR5 von Cholangiocyten führt zur Stimulierung der Adenylatcyclase und damit zur Aktivierung der Proteinkinase A durch cAMP. Die Phosphorylierung des CFTR-Transporters löst dessen Aktivierung aus. Nach außen transportiertes Chlorid wird durch den Antiporter SLC26A6 im Austausch gegen HCO_3^- wieder aufgenommen, sodass im Endeffekt eine gesteigerte Sekretion von HCO_3^- resultiert. (Einzelheiten s. Text) (▶ https://doi.org/10.1007/000-5qw)

Zusammenfassung

Die sekretorische Funktion der Leber beruht auf ihrer Fähigkeit zur Bildung und Ausscheidung von Galle. Diese enthält als Hauptbestandteile:

- Gallensäuren
- Phospholipide
- Cholesterin
- Konjugate
- anorganische Salze.

Die Gallebildung beruht mechanistisch auf der Kooperation einer Reihe von z. T. ATP-abhängigen Transportern, die sowohl in der basolateralen als auch der kanalikulären Membran der Hepatocyten lokalisiert sind. In den Cholangiocyten erfolgt außerdem die Sekretion von Hydrogencarbonat und Wasser in die Gallenflüssigkeit.

62.5 Charakteristika von Sinusendothelien, Kupffer- und Sternzellen

❯ Die hepatischen Endothelzellen sind für die Eliminierung von Makromolekülen aus dem Blut verantwortlich.

Die Aufnahme und Eliminierung von Makromolekülen aus dem Blut sind eine der Hauptfunktionen der hepatischen Sinusendothelzellen. Sie verfügen, jedenfalls im Vergleich zu den anderen zellulären Elementen der Leber, über die beste Ausstattung mit Rezeptoren für:

- Asialoglycoproteine (▶ Abschn. 49.3.3)
- Fc-Teile von Immunglobulinen (▶ Abschn. 70.9.1)
- Apolipoproteine (▶ Abschn. 24.1)

Sie können auch in beträchtlichem Umfang **Kollagen** und **Proteoglycane** durch Endocytose aufnehmen und so zum Abbau von Bindegewebskomponenten beitragen. Sinusendothelzellen besitzen Fenestrationen (Siebplatten) über welche der Sinusoidalraum mit dem Dissé-Raum in Verbindung steht (◘ Abb. 62.1).

❯ Kupffer-Zellen werden für Phagocytose und Abwehr benötigt.

Die **Kupffer-Zellen** leiten sich von den Knochenmarksstammzellen ab und gehören in die Reihe der mononucleären Phagocyten. Sie sind zur **Phagocytose** von Viren, Bakterien, Zelltrümmern, Immunkomplexen und Endotoxinen imstande. Gleichzeitig mit diesem Prozess kommt es zu einer gesteigerten H_2O_2-Produktion, zur Prostaglandinsynthese und zur Sekretion von Kollagenase. Diese für die Abtötung fremder Zellen benötigten Mechanismen dienen auch der Eliminierung von Tu-

morzellen. Daneben geben Kupffer-Zellen bei Endotoxinkontakt Cytokine wie **TNF-α** und **Interleukin-6** ab. Letzteres bewirkt an der Leberparenchymzelle eine Akutphase-Antwort. Kupffer-Zellen sind aber auch an der Beendigung von Immunantworten beteiligt, indem sie die Apoptose von Lymphocyten einleiten.

❯ Sternzellen können extrazelluläre Matrix produzieren und haben Stammzellcharakteristika.

Lebersternzellen (Synonyme: Ito-Zellen, perisinusoidale Zellen, Lipidspeicherzellen) können sich in „ruhendem" und „aktiviertem" Zustand befinden. Im Ruhezustand speichern sie **Vitamin A** (Retinol und Retinolester) und exprimieren eine Vielzahl von stammzelltypischen Proteinen. Neuere Untersuchungen zeigen, dass ruhende Sternzellen als mesenchymale Stammzellen der Leber anzusehen sind und nicht nur zu Myofibroblasten, sondern auch zu Hepatocyten und Cholangiocyten differenzieren können. Ferner sind sie, ebenso wie Sinusendothelzellen, wichtige Produzenten von Hepatocytenwachstumsfaktor. Sie spielen daher bei der Leberregeneration eine große Rolle. Lebersternzellen sind im Disse´schen Raum lokalisiert, der die Funktion einer Stammzellnische hat.

Ruhende Lebersternzellen können bei Leberschädigung unter dem Einfluss von Cytokinen (**TGF-β, TNF-α** und **PDGF**) aktiviert werden und sich in myofibroblastenähnliche Zellen umwandeln, welche für die glatte Muskulatur charakteristisches **α-Actin** exprimieren. Durch ihre Befähigung, **extrazelluläre Matrix** (Kollagen I, III, IV und VI, Proteoglycane) zu bilden, spielen sie eine herausragende Rolle bei der Entstehung von Leberfibrose und -zirrhose (▶ Abschn. 62.6.1).

Zusammenfassung

Die Nicht-Parenchymzellen der Leber sind für jeweils spezifische Funktionen zuständig:

- die hepatischen Endothelzellen für die Aufnahme von Makromolekülen, z. B. Glycoproteinen, Immunkomplexen oder Lipoproteinen,
- die Kupffer-Zellen für Phagocytose und Abwehr,
- die Sternzellen speichern Retinol, produzieren nach Aktivierung extrazelluläre Matrix und sind vermutlich als Stammzellen an der Leberregeneration beteiligt.

62.6 Pathobiochemie

62.6.1 Lebernoxen

Aufgrund ihrer besonderen anatomischen Positionierung und ihrer vielfältigen Funktionen kann die Leber

von einer großen Zahl unterschiedlichster Noxen getroffen werden. Sind diese schwerwiegend, kommt es zum mehr oder weniger umfänglichen Leberzelluntergang. Sobald der ursächliche Schaden beendet wird, ist die Leber wegen ihrer besonderen Fähigkeit zur Regeneration häufig zur Wundheilungsantwort und Ausheilung des Schadens imstande. Bleibt dieser allerdings bestehen, führt der kontinuierliche Leberzelluntergang zu Bindegewebsablagerungen, die sich zunächst ohne (Leberfibrose), später aber mit Störung der Leberarchitektur und Regeneratknotenbildung (Leberzirrhose) manifestieren. Dann kommt es zu Funktionseinschränkungen der Leber und zu Störungen der Leberhämodynamik, die auch auf die Funktion anderer Organe zurückwirken können. Im Folgenden werden drei pathobiochemisch wichtige Störungen angesprochen:
- akute Leberschädigung
- chronische Leberschädigung
- Cholestase

❯ Viele Gifte und Infektionen lösen einen akuten Leberzelluntergang aus.

Auslösende Ursache einer **akuten Leberschädigung** können Vergiftungen (z. B. mit Tetrachlorkohlenstoff, Knollenblätterpilzgift u. a.), akute, schwer verlaufende Infektionen, Medikamente (z. B. Paracetamol) und Durchblutungsstörungen (z. B. Lebervenenverschluss) sein. Zugrunde liegt dann häufig eine schwere Beeinträchtigung des Energiestoffwechsels mit Aktivierung von Lysosomen, Schädigung des Cytoskeletts und der Zellmembranen. Dabei kommt es zum Austritt zellulärer Bestandteile in das Blut. Die Messung **hepatozellulärer Enzymaktivitäten** im Serum (z. B. die Alanin-Aminotransferase und/oder die Aspartat-Aminotransferase) dient neben der Bestimmung der Biosyntheseleistung spezifischer Proteine (z. B. Gerinnungsfaktoren) als Maß für die Schwere der Leberschädigung. Wegen der kurzen Halbwertszeit von Blutgerinnungsfaktoren sind plasmatische Gerinnungstests (z. B. die Prothrombinzeit nach Quick oder Faktor-V-Bestimmung) besonders gut geeignet, um Schwere und Dynamik der Leberschädigung zu erfassen. Während starke Gifteinwirkung den nekrotischen Zelltod auslöst, führen weniger starke Schädigungen zum **apoptotischen Zelluntergang**. Die Übergänge zwischen Apoptose (▶ Kap. 51) und Nekrose sind dabei fließend. Eine immunologisch vermittelte Apoptose tritt häufig auch im Rahmen einer **Virushepatitis** auf, insbesondere bei Infektionen mit dem **Hepatitis-B-** und **C-Virus**. Die Infektion mit diesen Viren löst eine akute Hepatitis aus, deren Schwere von leichtem Krankheitsgefühl bis hin zum akuten Leberversagen reichen kann. Letzteres ist definiert als neu auf-

getretene Leberschädigung, die so schwer ist, dass gleichzeitig die Hirnfunktion durch eine hepatische Enzephalopathie beeinträchtigt ist. Besteht die Hepatitis-B- oder C-Infektion länger als 6 Monate, ist aus der akuten eine chronische Hepatitis geworden. Die bei akuter Virushepatitis häufig anzutreffende Gelbsucht (Ikterus) (▶ Abschn. 32.3.2) beruht auf einer cytokinvermittelten Repression von MRP2, der kanalikulären Exportpumpe für konjugiertes Bilirubin (◻ Abb. 62.12).

Auch Alkohol, toxische Konzentrationen von Gallensäuren und manche Medikamente können zur Apoptose von Leberzellen über eine teilweise ligandenunabhängige Aktivierung von Todesrezeptoren (z. B. Fas/CD95) führen. Die Prognose der akuten Leberschädigung hängt von der zugrunde liegenden Noxe ab; bisweilen ist die Schädigung so stark, dass eine rasche Lebertransplantation erforderlich ist.

❯ Alkoholgenuss ist eine häufige Ursache der chronischen Leberschädigung.

Akuter übermäßiger Alkoholkonsum Die Leber ist der Hauptort des Alkoholabbaus, der hauptsächlich über die **Alkoholdehydrogenase** (ADH) erfolgt (◻ Abb. 62.14). Das dabei anfallende NADH und Acetyl-CoA führt zur Hemmung der Gluconeogenese und der Fettsäureoxidation sowie zu einer Steigerung der Ketonkörper-, Glycerin-3-Phosphat- und Fettsäuresynthese. Daraus synthetisierte Triacylglycerine akkumulieren intrazellulär, da ihre Ausschleusung aus der Leberzelle u. a. durch eine acetaldehydbedingte Beeinträchtigung mikrotubulärer Transportvorgänge (▶ Abschn. 13.3) gestört ist. Auch die autophagische Proteolyse wird durch Alkohol gehemmt (Hydratationszunahme der Leberzelle!) mit der Folge einer intrazellulären Proteinakkumulation. Die so entstehende Fettleber ist durch Fett- und Proteinanhäufung und Lebervergrößerung (Hepatomegalie) charakterisiert. Weitere Folgen der akuten Alkoholintoxikation sind Neigung zu Hypoglykämie, Lactat- und Ketoacidose (Neigung zu Gichtanfällen!) und Interferenzen mit dem Arzneimittelabbau. Diese akuten alkoholbedingten Stoffwechselveränderungen sind bei Alkoholkarenz in der Regel reversibel.

Chronischer Alkoholkonsum Chronische Zufuhr von Alkohol kann zu dauerhaften Leberschäden bis hin zur Leberzirrhose führen. Folgende Mechanismen sind daran beteiligt (◻ Abb. 62.14):
- Durch chronische Alkoholzufuhr kommt es zur Induktion der im endoplasmatischen Retikulum lokalisierten **Cytochrom-P_{450}-abhängigen Monooxygenase CYP 2E1**. Dieses Enzym hat ein breites Substratspektrum für die Metabolisierung von Endo- bzw. Xenobiotica, katalysiert aber auch die Ethanoloxidation zu Acetaldehyd. Aus diesem

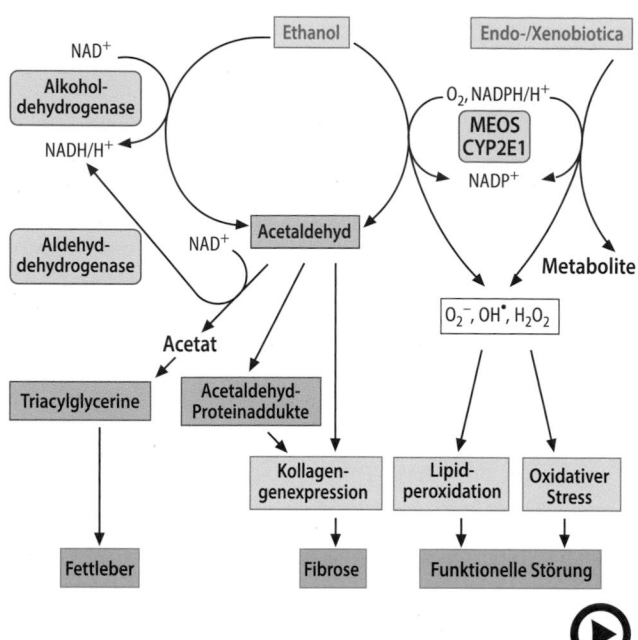

◻ Abb. 62.14 (Video 62.10) **Der Stoffwechsel des Ethanols in der Leber.** Für die erste Oxidation zu Acetaldehyd stehen zwei Enzyme zur Verfügung. Die cytosolische Alkoholdehydrogenase, die den Hauptanteil der Ethanoloxidation katalysiert, liefert NADH. Das im endoplasmatischen Retikulum lokalisierte mikrosomale ethanoloxidierende System (MEOS) beruht auf der Aktivität einer Cytochrom-P_{450}-abhängigen Monooxygenase, die durch Ethanol induziert wird. In Nebenreaktionen dieses Enzyms entstehen reaktive Sauerstoffspezies, die für viele Folgeschäden des chronischen Alkoholabusus verantwortlich sind. Das Reaktionsprodukt Acetaldehyd bildet Proteinaddukte und löst Immunreaktionen und eine Fibrosierung aus. Durch die mitochondriale Aldehyddehydrogenase wird Acetaldehyd in Acetat umgewandelt. *MEOS:* mikrosomales ethanoloxidierendes System. (Einzelheiten s. Text) (▶ https://doi.org/10.1007/000-5qx)

Grund wird es auch als **mikrosomales ethanoloxidierendes System** (MEOS, *microsomal ethanol oxidizing system*) bezeichnet.

- Die Induktion von MEOS führt zu einer Zunahme dieses normalerweise nur in geringem Umfang beschrittenen Wegs des Alkoholabbaus, allerdings unter Verbrauch von Sauerstoff und Reduktionsäquivalenten ohne ATP-Gewinnung. Dies ist u. a. für hypoxische Leberzellschäden im perivenösen Bereich des Leberacinus verantwortlich.
- Die gesteigerte Metabolisierung von Ethanol, aber auch der anderen Substrate von CYP 2E1, begünstigt die Bildung von Sauerstoffradikalen (**oxidativer Stress**). Dies führt zu Membranschäden durch Lipidperoxidation und begünstigt die Apoptose von Leberzellen.
- Der Alkoholabbau über ADH wie auch über MEOS führt zur Bildung von **Acetaldehyd**. Dieses wird zum größten Teil über die mitochondriale Aldehyddehydrogenase zu Acetat abgebaut. Acetaldehyd kann durch Proteinadduktbildung neue antigene Determi-

nanten schaffen und so Immunreaktionen in Gang setzen, insbesondere aber Kupffer-Zellen zur Bildung von Cytokinen wie PDGF, TNF-α und TGF-β veranlassen.
- Diese Cytokine führen zur Aktivierung ruhender Sternzellen, deren Proliferation und Umwandlung in **myofibroblastenartige Zellen**. Diese transformierten Sternzellen sind kontraktil, synthetisieren große Mengen extrazellulärer Matrix und fördern so die Fibrosierung. Dies führt zur Erhöhung des sinusoidalen **Durchströmungswiderstands**.
- Aktivierte Sternzellen produzieren ihrerseits weitere Signalstoffe wie z. B. PDGF, welches autokrin proliferationssteigernd wirkt und so zur Propagierung der **Fibrosierung** führt.
- Im Rahmen all dieser Prozesse kommt es zum progredienten **Leberzelluntergang**, aber auch zum Einsetzen von **Regenerationsvorgängen**. Diese werden aber durch die Fibrosierung der Leber behindert: es kommt zum Umbau der Läppchenarchitektur mit Regeneratknotenbildung und gestörter Leberdurchblutung. Dieser Zustand wird als **Leberzirrhose** bezeichnet.
- Es sind eine Reihe von Genpolymorphismen für oxidative und antioxidative Enzymsysteme (z. B. manganabhängige Superoxiddismutase, Cytochrom-P_{450}-Subspezies) sowie Promotoren in Cytokin-Genen (z. B. TNF-α, Interleukin-10) bekannt, welche die Empfindlichkeit der Leber für alkoholische Schäden beeinflussen. Dies erklärt, weshalb viele, jedoch keineswegs alle Alkoholiker einen schweren Leberschaden entwickeln.

Auch andere Formen der chronischen Leberzellschädigung (z. B. chronische Virushepatitis, nicht-alkoholische Steatohepatitis, Eisenspeicherkrankheit) können durch Auslösung dieser Reaktionsmuster zur Leberzirrhose führen. Die klinische Symptomatik ist geprägt durch:
- den Leberfunktionsverlust (z. B. Blutgerinnungsstörungen, verminderte Albuminsynthese),
- die Störung der Leberdurchblutung (portale Hypertension, Ösophagusvarizen und andere Umgehungskreisläufe, Aszites, Milzvergrößerung) und
- die Rückwirkung auf die Funktion anderer Organe (z. B. Gehirn: hepatische Enzephalopathie durch unzureichende Ammoniakentgiftung der erkrankten Leber).

❯ Als Folge einer chronischen Virushepatitis kann ein Leberzellkarzinom entstehen.

Chronische Virushepatitis Während Infektionen mit dem Hepatitis-A-Virus üblicherweise unter Hinterlassung einer lebenslangen Immunität ausheilen, gehen Akutinfektionen mit dem Hepatitis-B-Virus (HBV) oder dem Hepatitis-C-Virus (HCV) nicht selten in eine chronische, d. h. länger als 6 Monate dauernde Hepatitis über. Besteht eine chronische Hepatitis B oder C über viele Jahre kann sie zur Leberfibrose und später zur Leberzirrhose führen, bei der dann ein jährliches Risiko von 3–5 % besteht, ein Leberzellkarzinom zu entwickeln. Das Hepatitis-B-Virus ist ein DNA-Virus, welches selbst nicht cytopathogen ist, sondern erst durch Auslösung einer zellulären Immunantwort zum Untergang der virusinfizierten Leberzelle führt. Ist die gegen HBV gerichtete T-Zellantwort schwach, kommt es durch unzureichende Unterdrückung der Virusreplikation zu einer chronischen, mehr oder weniger frustranen Entzündungsreaktion in der Leber. Da bei Neugeborenen das Immunsystem noch unreif ist, führt die HBV-Infektion des Neugeborenen durch die Mutter im Rahmen des Geburtsvorgangs fast immer zur Induktion einer spezifischen T-Zelltoleranz und damit zur chronischen Hepatitis B. Während die Chronifizierungsrate bei HBV-Infektion nur etwa 5 % beträgt, wird die Infektion mit dem Hepatitis-C-Virus (HCV) in mehr als der Hälfte aller Fälle chronisch. Dies liegt einmal an der Mutationsfreudigkeit des RNA-Virus (sog. Quasispeziesbildung), durch welche sich das Virus immer wieder dem Immunsystem entzieht. Zusätzlich finden sich vielfältige Mechanismen, mit denen einzelne Virusproteine mit der hepatozellulären Signaltransduktion und Proteinen der angeborenen und adaptiven Immunabwehr interferieren. Beispielsweise führt das HCV-Kern-(*core*)-Protein zur Induktion des *suppressor of cytokine signaling-3* (SOCS-3)

Übrigens

Hepatische Enzephalopathie bei Leberzirrhose. *„I'm a great eater of beef, but believe it does harm to my wit"* sagt Sir Andrew Aguecheek in Shakespeares „Was ihr wollt". Aguecheek, der sehr dem Alkohol zusprach und daher wahrscheinlich an Leberzirrhose litt, beschreibt hier die Auslösung einer Enzephalopathie-Episode durch Fleischgenuss. Die hepatische Enzephalopathie ist eine in der Regel weitgehend reversible Hirnfunktionsstörung mit motorischen und kognitiven Störungen bis hin zum Koma, die u. a. durch Hyperammoniämie ausgelöst wird. Fleischgenuss führt zu einer vermehrten Produktion von Ammoniak, welcher normalerweise von der Leber wirksam und rasch entgiftet wird. Bei Leberzirrhose dagegen gelangt Ammoniak wegen der metabolischen Leberinsuffizienz und aufgrund von Umgehungskreisläufen vermehrt zum Gehirn und entfaltet dort seine toxische Wirkung. Dabei kommt es im Rahmen der cerebralen Ammoniakentgiftung durch Glutaminsynthese zur leichten Astrocytenschwellung und zu oxidativ-/nitrosativem Stress (☐ Abb. 62.15) mit oxidativer Modifikation von Nucleinsäuren und Proteinen. Man nimmt an, dass die damit verbundene Störung der synaptischen Plastizität oszillierende Netzwerke im Gehirn beeinträchtigt und so zu Symptomen führt (▶ Abschn. 28.1).

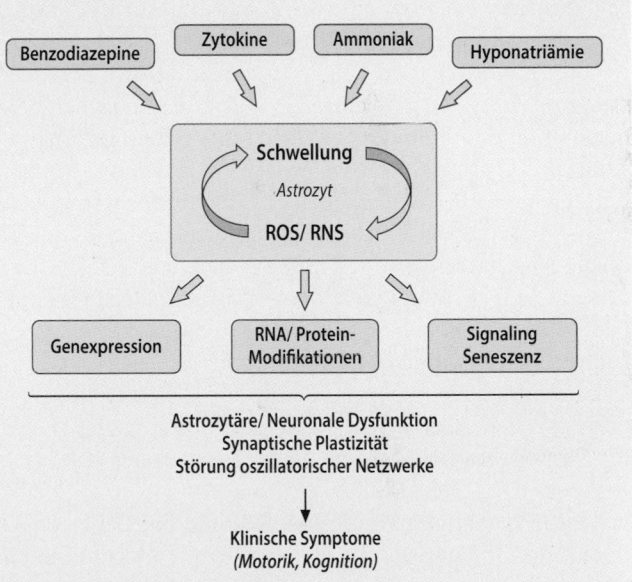

☐ **Abb. 62.15 Pathogenese der hepatischen Enzephalopathie.** Ammoniak, inflammatorische Cytokine, Hyponatriämie und manche Sedativa induzieren als gemeinsame Endstrecke ein geringgradiges Gliaödem und oxidativ/nitrosativen Stress, welcher zu Protein- und RNA-Modifikationen, Astrocytenseneszenz und Änderungen der Signaltransduktion und Genexpression führt. Die Folge ist eine astrocytäre/neuronale Dysfunktion mit Beeinträchtigung der synaptischen Plastizität und Störung oszillatorischer Netzwerke im Gehirn, die letztendlich die klinische Symptomatik bedingt. (Modifiziert nach Häussinger und Schliess Gut 2008)

---

und damit zur Beeinträchtigung der antiviralen Interferon-α Wirkung.

❯ Cholestase ist Folge einer Störung hepatobiliärer Transportsysteme oder eines gestörten Galleabflusses.

Cholestase Störungen der Gallebildung können auf mechanischer Verlegung abführender Gallenwege (z. B. Tumoren, Gallensteine) beruhen („obstruktive Cholestase"), aber auch primär auf hepatozellulärer Ebene durch Störungen der hepatobiliären Sekretion („hepatozelluläre Cholestase") zustande kommen. Letztere tritt meist auch sekundär bei obstruktiver Cholestase hinzu. Ursache des hepatozellulären Sekretionsdefekts sind Infektionen, Toxine, aber auch angeborene Defekte der hepatobiliären Transportsysteme. So führen **TNF-α** und andere inflammatorisch wirkende Cytokine zu verminderter Expression von NTCP, MRP2 und BSEP (◘ Abb. 62.12) und damit zur gestörten Ausscheidung von Gallensäuren und organischen Anionen. Diese reichern sich im Blut an und führen zu Juckreiz (Gallensäuren) und Gelbsucht (Ikterus durch unzureichende Bilirubinausscheidung). Auch medikamentös und hormonell bedingte Cholestasen beruhen auf einer verminderten Expression solcher Transportsysteme. Im Falle der intrahepatischen Schwangerschaftscholestase lässt sich bei der Hälfte der Patientinnen eine Mutation im MDR3-Gen nachweisen. Demgegenüber führen schwere Defekte im MDR3-Gen zur familiären progressiven intrahepatischen Cholestase Typ 3 (PFIC 3), welche ebenso wie PFIC Typ 1 (Defekt des *FIC-1*-Gens), PFIC Typ 2 (Defekt des *BSEP*-Gens), PFIC Typ 4 (Defekt des *tight junctions proteins*-2; TJP2) und PFIC Typ 5 (Defekt des nucleären Gallensalzrezeptors FXR) oft bereits im Kindesalter eine Lebertransplantation erfordern. Andere Mutationen von BSEP und FIC 1 können klinisch unter dem Bild der benignen rekurrenten intrahepatischen Cholestase (BRIC) in Erscheinung treten. Unterschiedliche Mutationen in ein und demselben Transporter haben offensichtlich unterschiedliche funktionelle Auswirkungen und können daher zu klinisch unterschiedlichen Krankheitsbildern führen. Dem Ikterus beim **Dubin-Johnson-Syndrom** liegen ein isolierter genetischer Defekt von MRP2 und damit eine Bilirubinausscheidungsstörung zugrunde, während die Sekretion von Gallensäuren über BSEP nicht beeinträchtigt ist. Über die Pathogenese der verschiedenen Formen des Ikterus s. ▶ Abschn. 32.3.2.

Alle Formen der Cholestase können die Leber schädigen, da Gallensäuren in der Leberzelle akkumulieren und so Apoptose auslösen.

62.6.2 Cholelithiasis

Eine der häufigsten Erkrankungen in Westeuropa ist das **Gallensteinleiden**. Allein in Deutschland wird die Zahl der Steinträger auf über 5 Mio. geschätzt, wobei Frauen mehr als doppelt so häufig betroffen sind wie Männer. 75–80 % aller Gallensteine bleiben symptomlos und werden zufällig entdeckt. Der Rest kann durch Verschluss von Gallenwegen zu Koliken, Ikterus, Gallenwegsentzündungen und Leberzellschäden führen.

Gallensteine enthalten in wechselndem Verhältnis als wichtigste Bestandteile **Cholesterin**, **Gallenfarbstoffe** und **Calciumsalze**. Je nachdem, welche dieser Verbindungen überwiegend vorkommt, spricht man von Cholesterin- bzw. Pigmentsteinen:

- **Cholesterinsteine** machen etwa 90 % aller Gallensteine aus und haben einen Choleteringehalt von etwa 70 %. Sie entstehen durch Auskristallisation von Cholesterin in der Gallenblase und sind Folge einer übermäßigen Cholesterinausscheidung oder einer Störung des Verhältnisses von Cholesterin und seinen Lösungsvermittlern, den Gallensäuren und Phospholipiden. Solche Missverhältnisse an sezernierten Gallensäuren, Phospholipiden und Cholesterin können erworben (z. B. bei intestinalen Gallensäureverlustsyndromen oder verminderter Synthese bei Leberzirrhose), aber auch genetisch bedingt sein. So wurden sog. Lith-Gene identifiziert, deren Polymorphismen die Cholesterinsteinbildung begünstigen. Zu ihnen zählen BSEP, MDR3 und der Cholesterintransporter ABCG5/G8.
- **Pigmentsteine** bestehen überwiegend aus den Calciumsalzen des Bilirubins sowie Calciumphosphat und -carbonat. Zu ihrer Entstehung tragen eine gesteigerte Ausscheidung von nicht an Glucuronsäure konjugiertem Bilirubin bei, wie sie bei hämolytischen Krankheitsbildern (Sichelzellanämie, Thalassämie, fetale Erythroblastose, ▶ Abschn. 68.3) oder Defekten der Glucuronidierung der Leber auftreten. Ein wichtiger Auslöser der Pigmentsteinbildung ist darüber hinaus die Dekonjugierung von Bilirubinglucuronid in der Gallenblase. Sie tritt bei bakterieller Besiedelung der Gallenwege, besonders mit *E. coli* auf. Diese setzen große Mengen der β-Glucuronidase frei und sind so für die gesteigerte Dekonjugierung und die dramatische Verschlechterung der Löslichkeit von Gallenfarbstoffen verantwortlich.

Zusammenfassung

Die Leber kann von einer großen Zahl unterschiedlichster Noxen getroffen werden. Diese können zum mehr oder weniger umfänglichen Leberzelluntergang mit nachfolgender Wundheilungsantwort und Regeneration führen. Man unterscheidet akute Leberschädigungen, z. B. durch Gifte, Endotoxine oder schwere Infekte, chronische Leberschädigungen, die neben der Schädigung der Hepatocyten einen v. a. durch die aktivierten Sternzellen ausgelösten fibrotischen Umbau der Leber mit der Entwicklung einer Leberzirrhose nach sich ziehen, und Schädigungen durch Cholestase, die durch Verlegung der abführenden Gallenwege oder durch Störungen der Gallebildung in den Hepatocyten einhergehen. Sehr häufig sind Konkremente in den ableitenden Gallenwegen. Nach ihrer Zusammensetzung unterscheidet man zwischen Cholesterin- und Pigmentsteinen.

Weiterführende Literatur

Monographien und Lehrbücher

Arias IM, Boyer JL, Chisari FV, Fausto N, Schachter D, Shafritz DA (Hrsg) (2001) The liver: biology and pathobiology, 4. Aufl. Raven Press, New York

Gerok W, Blum H (Hrsg) (1995) Hepatologie, 2. Aufl. Elsevier, Amsterdam

Gressner AM (1995) In: Greiling H, Gressner AM (Hrsg) Lehrbuch der klinischen Chemie und Pathobiochemie. Stuttgart, Schattauer

Original- und Übersichtsarbeiten

Bode BP (2001) Recent molecular advances in mammalian glutamine transport. J Nutr 131:2475S–2485S

Brosnan JT (2000) Glutamate, at the interface between amino acid and carbohydrate metabolism. J Nutr 130(4S Suppl):988S–990S

Dahl S, Schliess F, Reissmann R, Görg B, Weiergräber O, Kocalkova M, Dombrowski F, Häussinger D (2003) Involvement of integrins in osmosensing and signaling toward autophagic proteolysis in rat liver. J Biol Chem 278:27088–27095

Denison MS, Nagy SR (2003) Activation of the aryl hydrocarbon receptor by structurally diverse exogenous and endogenous chemicals. Annu Rev Pharmacol Toxicol 43:309–334

Friedman SL (2000) Molecular regulation of hepatic fibrosis, an integrated cellular response to tissue injury. J Biol Chem 275: 2247 2250

Handschin C, Meyer UA (2005) Regulatory network of lipid-sensing nuclear receptors: roles for CAR, PXR, LXR, and FXR. Arch Biochem Biophys 433(2):387–396

Hankinson O (2005) Role of coactivators in transcriptional activation by the aryl hydrocarbon receptor. Arch Biochem Biophys 433(2):379–386

Häussinger D, Graf D, Weiergraber OH (2001) Glutamine and cell signaling in liver. J Nutr 131(9 Suppl):2509S–2514S

Häussinger D, Kubitz R, Reinehr R, Bode JG, Schliess F (2004) Molecular aspects of medicine: from experimental to clinical hepatology. Mol Asp Med 25:221–360

Häussinger D, Schliess F (2008) Pathogenetic mechanisms of hepatic encephalopathy Gut 57: 1156–1165

Hautekeete ML, Geerts A (1997) The hepatic stellate (Ito) cell: its role in human liver disease. Virchows Arch 430:195–207

Jungermann K, Kietzmann T (1996) Zonation of parenchymal and nonparenchymal metabolism in liver. Annu Rev Nutr 16:179–203

Kadowaki M, Kanazawa T (2003) Amino acids as regulators of proteolysis. J Nutr 133:2052S–2056S

König J, Nies AT, Cui Y, Leier I, Keppler D (1999) Conjugate export pumps of the multidrug resistance protein (MRP) family: localization, substrate specificity, and MRP2-mediated drug resistance. Biochim Biophys Acta 1461:377–394

Kullak-Ublick GA (1999) Regulation of organic anion and drug transporters of the sinusoidal membrane. J Hepatol 31:563–573

Lang F et al (1997) The functional significance of cell volume. Physiol Rev 78:247–306

McCarver MG, Hines RN (2002) The ontogeny of human drug-metabolizing enzymes: phase II conjugation enzymes and regulatory mechanisms. J Pharmacol Exp Ther 300:361–366

Olaso E, Friedman L (1998) Molecular regulation of hepatic fibrogenesis. J Hepatol 29:836–847

Quergestreifte Muskulatur

Dieter O. Fürst und Rolf Schröder

Die quergestreifte Muskulatur beinhaltet die Skelett- und Herzmuskulatur. Der Skelettmuskulatur kommt primär eine übergeordnete Bedeutung bei allen lokomotorischen Leistungen des Menschen zu; die geordnete Kontraktion der Herzmuskulatur gewährleistet die Pumpfunktion des Herzens und somit die Regulation des Blutkreislaufs. Der menschliche Körper besitzt mehr als 600 verschiedene Muskeln, die in ihrer Gesamtheit etwa ein Drittel der Körpermasse ausmachen. Über die motorischen Aspekte hinaus kommt der Skelettmuskulatur eine wichtige Bedeutung bei der Wärmeregulation und Elektrolythomöostase und bei zentralen Stoffwechselprozessen zu. Die Kenntnis der Anatomie, Funktion und biochemischer Charakteristika der quergestreiften Muskulatur ist essenziell für das Verständnis der großen und für die ärztliche Praxis relevanten Gruppe angeborener und erworbener Erkrankungen der Herz- und Skelettmuskulatur.

Schwerpunkte

63.1 Funktioneller Aufbau der Skelettmuskulatur
- Motorische Einheit
- Typen von Muskelfasern

63.2 Molekularer Aufbau und Funktion der Skelettmuskulatur
- Struktur des kontraktilen Apparats der Skelettmuskulatur
- Mechanismus des Kontraktionsvorgangs

63.3 Stoffwechsel der Muskulatur
- Energiesubstrate, Rephosphorylierung von ADP
- Proliferation von Muskelgewebe

63.4 Besonderheiten der Herzmuskulatur
- Schrittmacherzellen, Einfluss des vegetativen Nervensystems

63.5 Pathobiochemie angeborener und erworbener Muskelerkrankungen
- Primäre und sekundäre Myopathien

63.1 Funktioneller Aufbau der Skelettmuskulatur

Die quergestreifte Skelettmuskulatur ist morphologisch durch Bündel parallel angeordneter Muskelfasern (Muskelfaszikel) gekennzeichnet, die den Muskelbauch ausmachen, und die an ihren proximalen und distalen Enden in myotendinöse Übergangszonen übergehen. Letztere gehen dann in Sehnen über, die den Muskel am Knochensystem verankern (◻ Abb. 63.1).

Die Muskelfasern in einem Faszikel sind von perimysialen Bindegewebsstrukturen umhüllt; einzelne Muskelfasern werden von endomysialen Bindegewebsscheiden (einer Form von extrazellulärer Matrix) umgeben. Normale Skelettmuskelfasern sind ein **Syncytium** mit bis zu mehreren 100 Zellkernen, weisen eine Länge zwischen mehreren Millimetern bis zu mehreren Zentimetern auf und sind im Erwachsenenalter zwischen 40 und 80 μm dick. Das bei lichtmikroskopischer Betrachtung sichtbare, typische Querstreifungsmuster ist durch den hochregelmäßigen Aufbau des kontraktilen Apparates bedingt (s. Lehrbücher der Anatomie und Physiologie).

Der Ablauf einer willkürlichen Muskelkontraktion läuft über folgende Stationen:
- Aktivierung von Neuronen im prämotorischen und motorischen Cortex,
- Generierung von Aktionspotenzialen in den zentralen (ersten) Motorneuronen,
- Umschaltung auf die peripheren (zweiten, α-)Motorneurone im Hirnstamm oder im Rückenmark,
- Signalübertragung auf der Ebene der neuromuskulären Endplatten,
- Depolarisation der Muskelzellmembran (Sarkolemm) mit konsekutiver Calciumfreisetzung aus dem sarkoplasmatischen Retikulum,
- Verkürzung der Myofibrillen, die letztlich den Bewegungseffekt erzeugt.

Motorische Ausfälle können durch Schädigungen in jedem der sechs genannten funktionellen Kompartimente hervorgerufen werden.

Mehrere Muskelfasern werden von den terminalen Axonen eines einzelnen Motorneurons innerviert und

P. C. Heinrich et al. (Hrsg.), *Löffler/Petrides Biochemie und Pathobiochemie*, https://doi.org/10.1007/978-3-662-60266-9_63

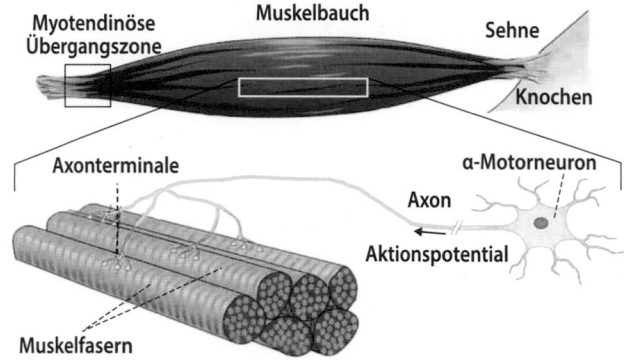

Abb. 63.1 Funktioneller Aufbau des Skelettmuskels: Bündel von Muskelfasern sind über myotendinöse Übergangszonen und Sehnen an Knochen verankert. Mehrere Muskelfasern werden von einzelnen Motorneuronen innerviert (= motorische Einheit)

aktiviert; als **motorische Einheit** werden hierbei alle von einem Motorneuron innervierten Muskelfasern, wie auch das Motorneuron selbst definiert (s. auch Lehrbücher der Anatomie). Die Größe der motorischen Einheit hat einen wesentlichen Einfluss auf die Kraftabstufung: kleine motorische Einheiten mit maximal mehreren hundert Muskelfasern ermöglichen feine Kraftabstufungen bei gleichzeitig geringerer Maximalkraft (z. B. kleine Handmuskeln), während große motorische Einheiten mit mehreren tausend Muskelfasern zwar höhere Kräfte ermöglichen, die aber nur grob abgestuft werden können (z. B. große Beinmuskeln). Abhängig von ihrer spezifischen Enzymausstattung lassen sich die Muskelfasern hauptsächlich in Typ I (langsam, oxidativ), Typ IIA (schnell, oxidativ, glycolytisch) und Typ-IIB-Fasern (schnell, glycolytisch) einteilen. Diese Differenzierung reflektiert die Spezialisierung in ausdauernde Fasern mit Haltefunktion (Typ I) und schnelle Fasern (Typ II) mit Bewegungsfunktion (zur unterschiedlichen Enzymausstattung siehe ▶ Abschn. 63.3.1).

Zusammenfassung

Die willkürliche Motorik ist an die funktionelle Integrität des zentralen und peripheren Nervensystems, der neuromuskulären Endplatten sowie der Skelettmuskelfasern selbst gekoppelt. Als motorische Einheit sind alle von einem Motorneuron innervierten Muskelfasern wie auch das Motorneuron selbst definiert. Die innerhalb eines Faszikels liegenden Muskelfasern sind von endo- und perimysialem Bindegewebe umgeben; ein ganzer Faszikel wird von Perimysium eingescheidet. Skelettmuskelfasern sind ein Syncytium mit multiplen Zellkernen. Die Muskelfasern selber werden hinsichtlich ihrer spezifischen Enzymausstattung in Typ-I-Fasern (langsam, oxidativ), Typ-IIA-Fasern (schnell, oxidativ, glycolytisch) und Typ-IIB-Fasern (schnell, glycolytisch) eingeteilt.

63.2 Molekularer Aufbau und Funktion der Skelettmuskulatur

Für das Verständnis der Funktionsweise der normalen und pathologisch veränderten Skelettmuskulatur ist die Kenntnis der folgenden Strukturelemente essenziell (◻ Abb. 63.2):
- das Sarkolemm mit der assoziierten extrazellulären Matrix,
- die auf die Erregungsausbreitung spezialisierten Membransysteme (neuromuskuläre Endplatte, T-Tubuli, sarkoplasmatisches Retikulum),
- der kontraktile Apparat mit seinen parallel angeordneten Myofibrillen,
- das für die Verankerung des myofibrillären Apparats zuständige Cytoskelett,
- das Sarkoplasma (Cytoplasma der Muskelzellen),
- die für die Energieversorgung notwendigen Mitochondrien und
- die Zellkerne der Muskelfasern.

63.2.1 Sarkolemm und extrazelluläre Matrix

Die einzelnen Muskelfasern sind an ihrer Oberfläche durch das **Sarkolemm** begrenzt. Es entspricht der Plasmamembran anderer Zellen, stellt also eine Lipiddoppelschicht mit eingelagerten Proteinkomplexen dar, wodurch strukturelle und funktionelle Kontaktstellen zwischen dem **Sarkoplasma** und der extrazellulären Umgebung hergestellt werden. Dem Sarkolemm kommen drei Hauptfunktionen zu:
- Die **mechanische Verbindung** von Cytoskelettstrukturen innerhalb der Muskelfaser mit der extrazellulären Matrix (◻ Abb. 63.2A). Diese Funktion ist von besonderer Bedeutung, da sie es erst ermöglicht, die Verkürzung der Myofibrillen in den Kontraktionsvorgang des Muskels zu übersetzen. Entscheidend hierfür ist der **Dystrophin/Dystroglycan-Komplex** und der **Integrin-Komplex**. Beide stellen die Verbindung zwischen dem Cytoskelett und der extrazellulären Matrix dar (▶ Abschn. 63.2.5).
- Der **aktive und passive Transport** von Ionen und Metaboliten. Für die De- und Repolarisation der Muskelzellen ist ein komplexes System von sarkolemmalen Ionentransportproteinen notwendig (◻ Abb. 63.3B). Eine besondere Rolle spielen dabei Einstülpungen des Sarkolemms, die als das T-tubuläre System bezeichnet werden (▶ Abschn. 63.2.2, ◻ Abb. 63.2C). Außerdem verfügt das Sarkolemm über verschiedenste Transporter, die u. a. für die Aufnahme von Metaboliten (z. B. Glucose, Fettsäuren, Aminosäuren) benötigt werden.
- **Transduktion** der verschiedensten extrazellulären Signale mittels geeigneter Rezeptoren (z. B. Insu-

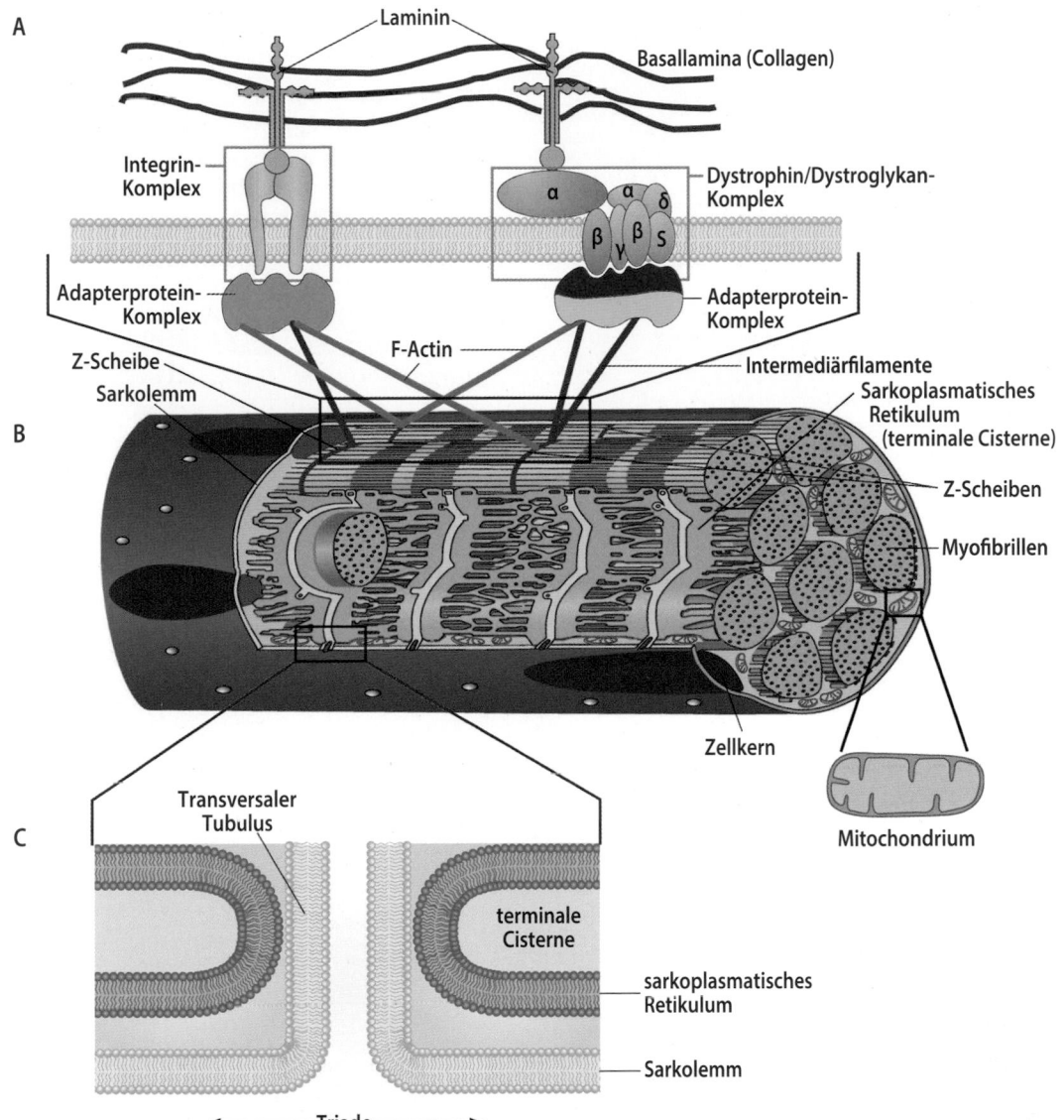

A

Laminin

Basallamina (Collagen)

Integrin-
Komplex

Dystrophin/Dystroglykan-
Komplex

Adapterprotein-
Komplex

Adapterprotein-
Komplex

Z-Scheibe
Sarkolemm

F-Actin

Intermediärfilamente

Sarkoplasmatisches
Retikulum
(terminale Cisterne)

B

Z-Scheiben

Myofibrillen

Zellkern

Mitochondrium

C

Transversaler
Tubulus

terminale
Cisterne

sarkoplasmatisches
Retikulum

Sarkolemm

Triade

◘ **Abb. 63.2   Schematische Darstellung der wichtigsten Funktions-einheiten der Skelettmuskelzelle.** In der Mitte der Abbildung **B** ist eine Muskelzelle dargestellt, deren Hauptbestandteil die Myofibrillen sind. Die Ausschnittsvergrößerung in **A** zeigt eine Darstellung des Sarkolemms. Mit der extrazellulären Matrix verbundene Integrin- bzw. Dystrophin/Dystroglycan-Komplexe (α-, β-Dystroglycane (*orange*); α-, β-, γ-, δ-Sarkoglycane (*blau*); *S*: Sarkospan; Dystrophin (*violett*)), sind über unterschiedliche Adapterprotein-Komplexe mit F-Actin und Intermediärfilamenten verknüpft. Diese sind ihrerseits mit der Peripherie der Z-Scheiben der Myofibrillen verbunden. Die Ausschnittsvergrößerung in **C** zeigt eine vergrößerte Darstellung einer Triade. Diese besteht aus einer als transversaler Tubulus (T-Tubulus) bezeichneten Einstülpung des Sarkolemms, das dadurch in engem Kontakt mit dem sarkoplasmatischen Retikulum steht. Außerdem ist ein vergrößerter Querschnitt durch ein Mitochondrium gezeigt

lin, Adrenalin, Noradrenalin, Wachstumshormon u. v. a.). Auf diese Weise wird die Anpassung der Muskulatur an die unterschiedlichen funktionellen Erfordernisse ermöglicht. Von besonderer Bedeutung hierfür sind Caveolae (▶ Abschn. 11.3), 50 bis 100 nm große Membranmikrodomänen in Form von Einsackungen, in denen zahlreiche Rezeptoren (z. B. Insulin-Rezeptor) angereichert sind. Den Caveolae wird ferner eine bedeutende Funktion bei Reparaturvorgängen der Membran zugesprochen.

63.2.2   Neuromuskuläre Endplatte, T-Tubuli und sarkoplasmatisches Retikulum

Synchronisierte Muskelkontraktionen mehrerer motorischer Einheiten erfolgen über die Aktionspotenziale der zugehörigen zweiten Motorneurone. Im Bereich der neuromuskulären Endplatte (einer spezialisierten synaptischen Struktur zwischen einer Axonterminale eines Motoneurons und dem darunter liegenden postsynaptischen, stark gefalteten Sarkolemmabschnitt) erfolgt hierbei eine Umwandlung des elektrischen Impulses in

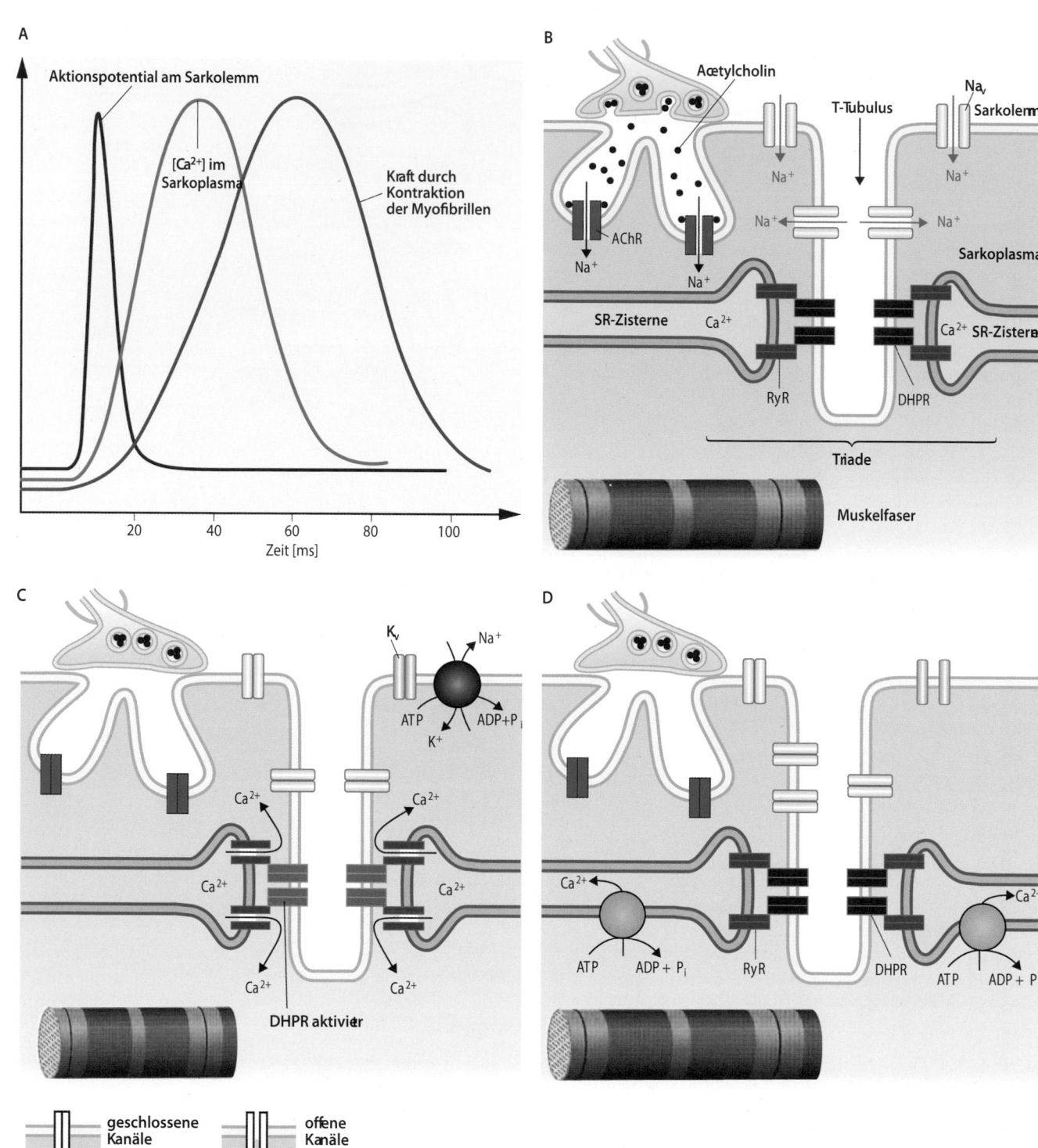

A Aktionspotential am Sarkolemm

[Ca²⁺] im Sarkoplasma

Kraft durch Kontraktion der Myofibrillen

Zeit [ms]

B Acetylcholin

Na_v Sarkolemm

T-Tubulus

Na⁺

Na⁺

Na⁺

Na⁺

AChR

Na⁺

Na⁺

Sarkoplasma

SR-Zisterne

Ca²⁺

Ca²⁺ SR-Zisterne

RyR   DHPR

Triade

Muskelfaser

C K_v   Na⁺

ATP   ADP+P_i

K⁺

Ca²⁺   Ca²⁺

Ca²⁺

Ca²⁺

Ca²⁺   Ca²⁺

DHPR aktiviert

D Ca²⁺

ATP   ADP + P_i

RyR   DHPR   Ca²⁺

ATP   ADP + P_i

geschlossene Kanäle   offene Kanäle

◻ **Abb. 63.3 Zusammenhang zwischen Erregung durch Membrandepolarisation, Erregungsausbreitung und Kontraktion. A** Die präsynaptische Ausschüttung von Acetylcholin, die Depolarisation des Sarkolemms als Folge eines Aktionspotenzials, die transiente Erhöhung der Konzentration an Calciumionen im Sarkoplasma und die Generierung von Kraft durch die Kontraktion der Myofibrillen sind konsekutiv ablaufende Vorgänge. **B** Durch Öffnung von ligandengesteuerten Natriumkanälen (Acetylcholin-Rezeptoren) sowie konsekutiv spannungsgesteuerten Natriumkanälen (Na_v) kommt es zur Depolarisation der Muskelzelle; **C** Die Aktivierung des Dihydropy-

ridinrezeptors (DHPR) und des Ryanodinrezeptors (RyR) führt zum Ausstrom von Ca²⁺ aus den Zisternen des sarkoplasmatischen Retikulums ins Sarkoplasma und damit zur Kontraktion der Myofibrillen, während gleichzeitig die Membran durch spannungsabhängige Kaliumkanäle und die Na⁺/K⁺-ATPase repolarisiert wird; **D** Ca²⁺ wird wieder ins sarkoplasmatische Retikulum zurückgepumpt, die Myofibrillen relaxieren. *AChR*: Acetylcholin-Rezeptor; *DHPR*: Dihydropyridinrezeptor; *RyR*: Ryanodinrezeptor; *SR*: sarkoplasmatisches Retikulum. Weitere Einzelheiten s. Text

ein chemisches Signal (■ Abb. 63.3B). Dies führt an den Nervenendigungen zur Freisetzung von **Acetylcholin (ACh)** aus präsynaptischen Vesikeln in den synaptischen Spalt. Die Bindung des Acetylcholins an die **Acetylcholin-Rezeptoren (AChR)** induziert initial an der postsynaptischen Membran und konsekutiv am gesamten Sarkolemm die Öffnung von spannungsabhängigen Natriumkanälen, die eine kurzzeitige **Depolarisation** der Membran bewirken. Um eine möglichst schnelle Erregungsausbreitung innerhalb der gesamten Muskelfaser zu gewährleisten, weist das Sarkolemm eine raffinierte Spezialisierung in Form des T-tubulären Systems auf: Die T-Tubuli sind schlauchförmige Membraneinstülpungen, die sich tief ins Innere der Muskelfaser erstrecken (■ Abb. 63.2B, C). Im Bereich der sog. **Triaden** stehen die T-Tubuli mit meist zwei terminalen Zisternen des **sarkoplasmatischen Retikulums (SR)**, die die Myofibrillen umhüllen, in engem, synapsenartigem Kontakt. Diese Anordnung gewährleistet die synchrone Übertragung der Depolarisation des Sarkolemms auf das gesamte SR. Im nächsten Schritt aktiviert die Depolarisation des Sarkolemms den **Dihydropyridinrezeptor (DHPR)**, was in einer Konformationsänderung und damit Öffnung des Ryanodinrezeptors (RyR) in der Membran des SR resultiert (■ Abb. 63.3B). Konsekutiv wird die Calciumpermeabilität primär des RyR gesteigert, wodurch innerhalb von Millisekunden Calciumionen aus dem SR in das Sarkoplasma ausströmen (■ Abb. 63.3A). Diese Erhöhung der Konzentration an freien Calciumionen im Sarkoplasma bewirkt dann eine Verkürzung der Myofibrillen, die den eigentlichen Bewegungseffekt der Muskulatur ausmacht (s. u.). Im Myocard dient der Dihydropyridinrezeptor dagegen als Calciumkanal (▶ Abschn. 63.4).

Parallel zu der ablaufenden Muskelkontraktion erfolgt eine Repolarisation des Sarkolemms vorwiegend durch die verzögerte Öffnung spannungsabhängiger Kaliumkanäle, sowie die Aktivierung der Na$^+$/K$^+$-ATPase, um das Sarkolemm für eine erneute Kontraktion erregbar zu machen (■ Abb. 63.3C). Unmittelbar danach wird der Großteil der Calciumionen durch die Calciumpumpe SERCA in das sarkoplasmatische Retikulum bzw. über einen im Sarkolemm lokalisierten Natrium-Calcium-Austauscher in den Extrazellularraum gepumpt. Die beschriebenen Vorgänge sind der erste Teil der sog. **elektromechanischen Kopplung**, also der zeitlichen Überführung von primär elektrochemischen Ionenverschiebungen in die Biomechanik der Myofibrillenkontraktion.

63.2.3 Kontraktiler Apparat

Die **Myofibrillen** (■ Abb. 63.2B) machen etwa 80 % der Gesamtmasse einer Muskelfaser aus. Ihre regelmäßige Anordnung und Substruktur bedingen die namen-

gebende Querstreifung bei lichtmikroskopischer Betrachtung von Skelettmuskelgewebe (■ Abb. 63.4). Im Polarisationsmikroskop wechseln sich die proteinreichen **A-Banden** (anisotrop, doppelbrechend) mit den weniger proteinreichen **I-Banden** (isotrop, nichtdoppelbrechend) ab. Im Zentrum der I-Bande liegt eine schmale, stark lichtbrechende Struktur, die **Z-Scheibe**. Als **Sarkomer**, das als kleinste kontraktile Einheit der Myofibrillen fungiert, ist der I- und A-Bandenbereich zwischen zwei benachbarten Z-Scheiben definiert. In relaxierten Myofibrillen beträgt die Sarkomerlänge circa 2,5 μm. Die elektronenmikroskopische Untersuchung von Muskelgewebe hat wesentlich zur weiteren Feinkartierung der Struktur und zur Funktionsaufklärung beigetragen (▶ Abschn. 63.2.4). Im Mittelteil der A-Bande lässt sich ein weiterer dichter Bereich, die sog. **M-Bande**, identifizieren. Ausgehend von den Z-Scheiben sind auf Actin basierende dünne Filamente von jeweils 1 μm Länge identifizierbar; der Bereich der A-Bande ist hingegen durch 1,5 μm lange, auf Myosin basierende dicke Filamente gekennzeichnet. Die feste Verankerung der dünnen Filamente erfolgt in der Z-Scheibe, die der dicken Filamente in der M-Bande. Die einzige Verbindung zwischen diesen unabhängigen Filamentsystemen wird durch das Riesenprotein Titin gewährleistet, das als Einzelmolekül die Distanz von der Z-Scheibe bis zur M-Bande überbrückt (■ Abb. 63.4C).

❯ Wichtigster Bestandteil der dicken Filamente ist das Protein Myosin.

Die Entstehung der dicken Filamente ist ein klassisches Beispiel für die physiologische Ausbildung einer hochgeordneten makromolekularen Proteinstruktur. Eine streng definierte Anzahl von Myosin-Molekülkomplexen (294 an der Zahl) baut jeweils ein zylinderförmiges **dickes Filament** mit einer festgelegten Länge von 1,5 μm auf. Elektronenmikroskopische Analysen der Filamente zeigen an der Oberfläche des Zylinders in regelmäßigen Abständen radial nach außen weisende Köpfchen, die dicke und dünne Filamente beim Kontraktionsvorgang als Querbrücken verbinden (■ Abb. 63.4C).

Für das Grundverständnis der Bildung und der Funktion der dicken Filamente ist die Kenntnis des genauen Aufbaus der Myosinmoleküle erforderlich. Jedes der 294 Myosinmoleküle ist unter nativen Bedingungen ein Proteinkomplex mit einer Masse von ca. 520 kDa, der wiederum jeweils aus den folgenden 6 Untereinheiten besteht (■ Abb. 63.5):

— zwei schwere Ketten (*myosin heavy chain*),
— zwei „essenzielle" leichte Ketten (*essential light chains*),
— zwei „regulatorische" leichte Ketten (*regulatory light chains*).

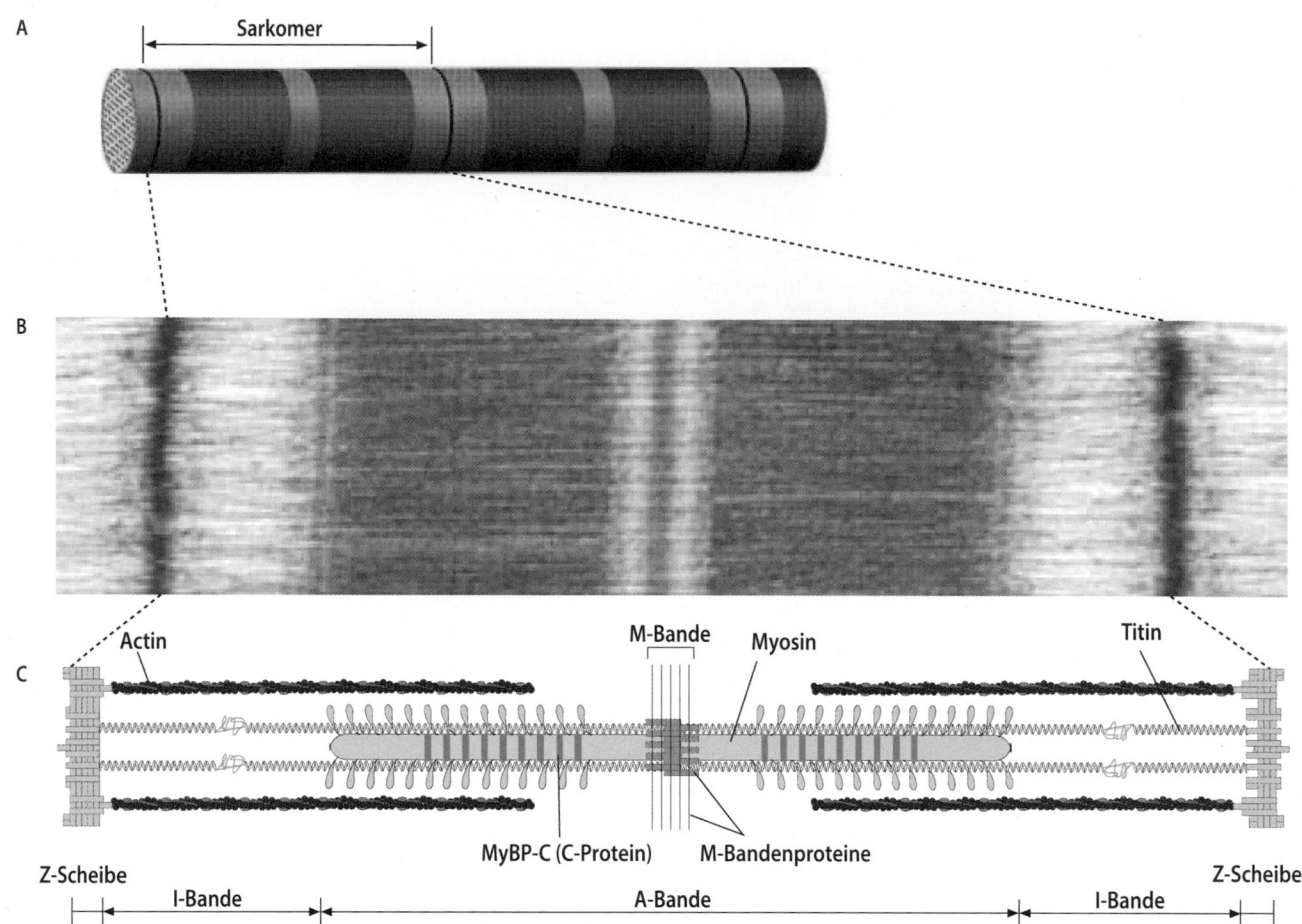

A Sarkomer

B

C Actin   M-Bande   Myosin   Titin

MyBP-C (C-Protein)   M-Bandenproteine

Z-Scheibe   Z-Scheibe

I-Bande   A-Bande   I-Bande

⬛ **Abb. 63.4   Feinbau des kontraktilen Apparats. A** Myofibrillen sind aus aneinandergereihten Sarkomeren aufgebaut (elektronenmikroskopische Aufnahme in **B**). **C** Schematische Darstellung der Filamentsysteme und der verbindenden Strukturen, die das Sarkomer aufbauen: die Actin enthaltenden dünnen Myofilamente zweier benachbarter Sarkomere werden in den Z-Scheiben miteinander verbunden, während die Myosin enthaltenden dicken Myofilamente im Bereich der M-Bande zu hexagonalen Anordnungen organisiert werden. Nur das Riesenprotein Titin, die Hauptkomponente des sarkomeren Cytoskeletts, verbindet beide Filamentsysteme

63

Zwei schwere Ketten mit einer Masse von je 220 kDa besitzen carboxyterminal eine ca. 155 nm lange Stabdomäne und aminoterminal eine etwa 20 nm große Kopfdomäne. Die beiden Stabdomänen bilden gemeinsam eine typische α-helicale *coiled-coil*-Struktur aus, die durch Abfolgen von 7 Aminosäuren (*heptad-repeat*) gekennzeichnet ist, in denen jeweils die erste und vierte Position von hydrophoben Resten besetzt sind, die im Dimer eine starke hydrophobe Wechselwirkung eingehen. Die Selbstassoziation der Stabdomänen der Myosinmoleküle ist die molekulare Grundlage für die strukturelle und funktionelle Ausbildung der dicken Filamente (⬛ Abb. 63.5).

Im Gegensatz zu der primär strukturellen Funktion der Stabdomäne gewährleisten die Kopfdomänen über ihre enzymatische Aktivität die Hydrolyse von ATP (ATPase). Hierdurch erfolgt eine Konformationsänderung des Köpfchens, welche letztendlich die molekulare Grundlage der Muskelmechanik (*sliding filament theory*) darstellt (⬛ Abb. 63.7). Jede schwere Myosinkette ist im Bereich des Köpfchens mit jeweils einer essenziellen und einer regulatorischen leichten Kette assoziiert, welche einerseits die Struktur der Kopfdomäne stabilisieren und andererseits die ATPase-Rate und damit die Geschwindigkeit der Konformationsänderung der Kopfdomänen beeinflussen.

Biochemisch lässt sich eine Vielzahl von **Isoformen** der aus 6 Proteinuntereinheiten zusammengesetzten Myosinmoleküle identifizieren, die sich hinsichtlich ihrer ATPase-Aktivität (z. B. Geschwindigkeit des ATP-Umsatzes bei definierten pH-Werten) und ihrer Verkürzungsgeschwindigkeit deutlich unterscheiden. Diese Unterschiede ermöglichen eine physiologische Spezialisierung von Muskelfasern hinsichtlich schnellerer bzw. langsamerer Kontraktionsgeschwindigkeiten und unterschiedlicher Haltekräfte. Die spezifischen Unterschiede der ATPase-Aktivität erlauben ferner eine histologische Unterteilung in langsame (Typ I) und schnelle (Typ II) Muskelfasern; dieser Unterscheidung der Fasertypen

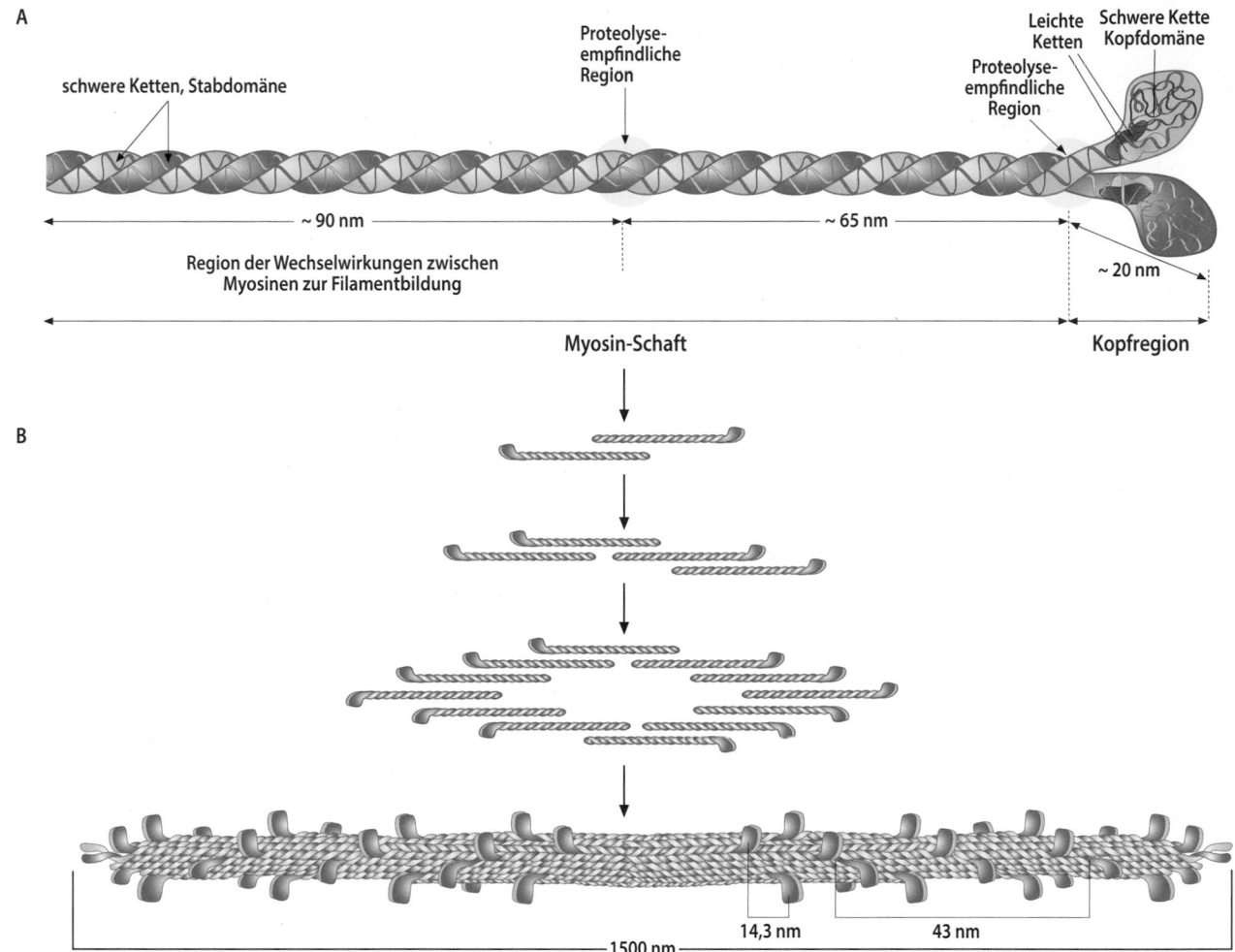

A schwere Ketten, Stabdomäne

Proteolyse-
empfindliche
Region

Leichte Ketten — Schwere Kette Kopfdomäne

Proteolyse-
empfindliche
Region

~ 90 nm

~ 65 nm

Region der Wechselwirkungen zwischen
Myosinen zur Filamentbildung

~ 20 nm

Myosin-Schaft

Kopfregion

B

14,3 nm   43 nm

1500 nm

❏ Abb. 63.5 Molekularer Aufbau des Myosinmoleküls und der dicken Myofilamente. A Aufbau des Myosinhexamers aus 2 schweren (grün) und 2 Paaren von leichten Ketten (gelb und rot). **B** Assozia-tion der Myosinmoleküle zu dicken Myofilamenten. Auffällig ist die regelmäßige Abfolge der Kopfdomänen, die die Querbrücken zu den dünnen Myofilamenten bilden

kommt eine wesentliche Rolle in der histopathologischen Analyse krankhaft veränderter Skelettmuskulatur zu (z. B. Störungen der normalen Schachbrettmuster-artigen-Verteilung von Typ-I- und Typ-II-Fasern im Rahmen axonaler Nervenschädigungen als Ausdruck einer beginnenden Re-Innervation). Die bedarfsadaptierte Zusammenstellung unterschiedlicher Myosinisoformen in einzelnen Muskelfasern geht auf multiple Kombinationsmöglichkeiten genetisch festgelegter Varianten der schweren und leichten Ketten zurück. Im Verlauf der Individualentwicklung werden konsekutiv embryonale, fetale und neonatale Isoformen der schweren Myosinketten exprimiert. Nach der Geburt erfolgt eine weitergehende Spezialisierung durch die Expression verschiedener Isoformen der schweren Myosinketten, die auf die Funktionsweise einzelner Muskelfasern abgestimmt ist. Insgesamt existieren im menschlichen Genom mindestens 13 Gene, die für schwere Myosinketten codieren. Die exakte quantitative Verteilung der Varianten der leichten und schweren Myosinketten unterliegt dem regulatorischen Einfluss von Cytokinen (z. B. Myostatin) und Hormonen (z. B. anabole Steroide, Schilddrüsenhormone).

❯ Das Protein Actin ist der wichtigste Bestandteil der dünnen Filamente.

Die Hauptkomponente der dünnen Filamente ist das Protein **Actin**. Actin kommt als das monomere, **globuläre G-Actin** (42 kDa Molekülmasse) und das polymere, **fadenförmige F-Actin** vor (▶ Abschn. 13.2). In der quergestreiften Skelettmuskulatur bilden etwa 360 G-Actin-Moleküle die 1 μm langen dünnen Filamente. Der strukturelle Aufbau des F-Actins ergibt sich aus der Assoziation zweier Stränge (Protofilamente) in einer schraubig gewundenen Geometrie (siehe ❏ Abb. 63.6).

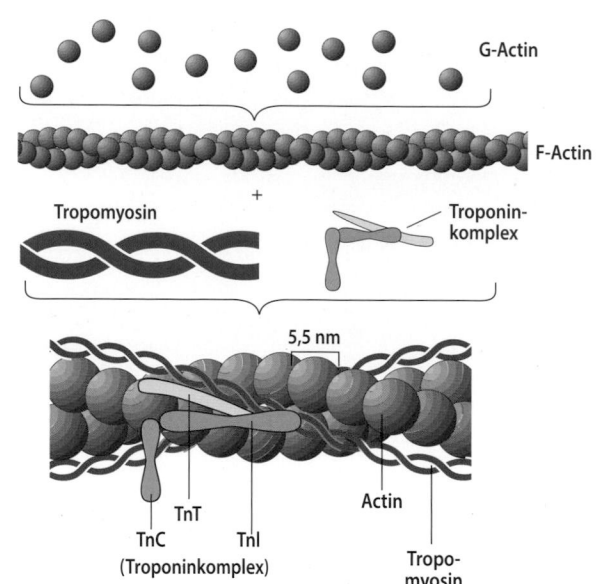

◼ Abb. 63.6   Molekularer Aufbau der dünnen Myofilamente aus Actin, Tropomyosin und dem Troponinkomplex. Der Troponinkomplex besteht aus dem tropomyosinbindenden Troponin T (*TnT*), der Ca^{2+}-regulierten Komponente Troponin C (*TnC*) und der inhibitorischen Untereinheit Troponin I (*TnI*)

Die Funktion und Regulation der dünnen, aus F-Actin bestehenden Myofilamente beruht auf der Assoziation mit **Tropomyosin** und dem **Troponinkomplex**. Letzterer besteht aus dem tropomyosinbindenden Troponin T, der Ca^{2+}-regulierten Komponente Troponin C und der inhibitorischen Untereinheit Troponin I. Die ca. 40 nm langen, starren Tropomyosinmoleküle, von denen jedes aus zwei Polypeptidketten aufgebaut ist, lagern sich in den Rinnen zwischen den beiden Actinprotofilamenten an und blockieren im Ruhezustand die Bindung der Myosinköpfchen an das Actin. Stöchiometrisch zeigt sich die folgende Zusammensetzung: ein Troponinkomplex sitzt jeweils auf einem Tropomyosindimer, das sich über sieben Actinmoleküle erstreckt (◼ Abb. 63.6).

In Analogie zu den zahlreichen Myosinisoformen finden sich auch für Tropomyosin und die Troponinuntereinheiten mehrere unterschiedliche Gene, die für spezialisierte Isoformen codieren. Mutationen in den Genen der Komponenten der dünnen sowie der dicken Filamente sind die Ursache für verschiedene seltene Myopathien und Kardiomyopathien.

63.2.4   Molekularer Mechanismus der Muskelkontraktion und -relaxation

Muskelkontraktion und -relaxation beruhen auf der geordneten Wechselwirkung zwischen dünnen und dicken Filamenten. Bei der Kontraktion kommt es zu einer Ver-

kürzung des Sarkomers, während es sich bei der Relaxation verlängert. Die Längen der dicken und dünnen Filamente bleiben bei diesem Vorgang konstant; die Verkürzung des Sarkomers entsteht hier lediglich durch eine verstärkte Überlappung (ein Aneinander-entlang-Gleiten) beider Myofilamentsysteme. Diese Zusammenhänge wurden durch licht- und elektronenmikroskopische Arbeiten in den Labors von A.F. Huxley und H.E. Huxley gezeigt und führten zur Formulierung der Gleitfilamenttheorie der Muskelkontraktion (*sliding filament theory*). Im Rahmen der Verkürzung eines Sarkomers (Kontraktion) bewegen sich gleichsam die Köpfchen der Myosinmoleküle der dicken Filamente entlang der Längsachse der dünnen Filamente auf die angrenzenden Z-Scheiben zu (◼ Abb. 63.7A).

Im Rahmen der elektromechanischen Kopplung (▶ Abschn. 63.2.2, ◼ Abb. 63.3) führt die Erhöhung der Konzentration freier Calciumionen (von 10^{-8} auf 10^{-5} mol/l) im Sarkoplasma zur Sarkomerverkürzung (Muskelkontraktion). Hierbei wird zunächst eine Konformationsänderung des Tropomyosin-Troponin-Komplexes initiiert. Troponin C fungiert hierbei als Ligand und Sensor für die Calciumkonzentration und macht bei Calciumbindung eine Konformationsänderung durch, die sich konsekutiv auf die Troponine I und T fortsetzt. Dies bewirkt in einem weiteren Schritt die Freigabe der im Ruhezustand durch das Tropomyosin blockierten Myosinbindungsstelle des Actins (◼ Abb. 63.7B).

Die eigentliche Verkürzung bzw. Relaxation der Sarkomere beruht auf dem Myosinquerbrückenzyklus, der der beschriebenen Freigabe der Myosinbindungsstellen an den dünnen Filamenten folgt. Dieser beschreibt eine ATP-abhängige zyklische Änderung der räumlichen Beziehung der Köpfchen der Myosinmoleküle zu den dünnen Filamenten. Die für diesen Vorgang notwendige Energie wird aus der in den Myosinköpfen stattfindenden Hydrolyse von ATP (Myosin-ATPase-Aktivität) gewonnen. Für diese Funktion des Myosinköpfchens sind die ATP-Bindungsstelle und die Actinbindungsstelle von zentraler Bedeutung. Der Querbrückenzyklus beinhaltet den folgenden molekularen Reaktionsablauf (◼ Abb. 63.7C):

— Bei niedrigen Konzentrationen von ATP (z. B. nach starker körperlicher Belastung) bildet sich eine starke Interaktion zwischen den Myosinköpfen und den dünnen Actinfilamenten aus, die als Rigor Komplex bezeichnet wird (Ziffer 1).

— Die ATP-Bindung an das enzymatisch aktive Köpfchen des Myosins resultiert in einer Erniedrigung der Bindungsaffinität und Loslassen des Myosins vom Actinfilament (Ziffer 2).

— Die Dissoziation des Myosins führt zur Hydrolyse des gebundenen ATP zu ADP und einem anorganischen Phosphatrest (P_i) (Ziffer 3).

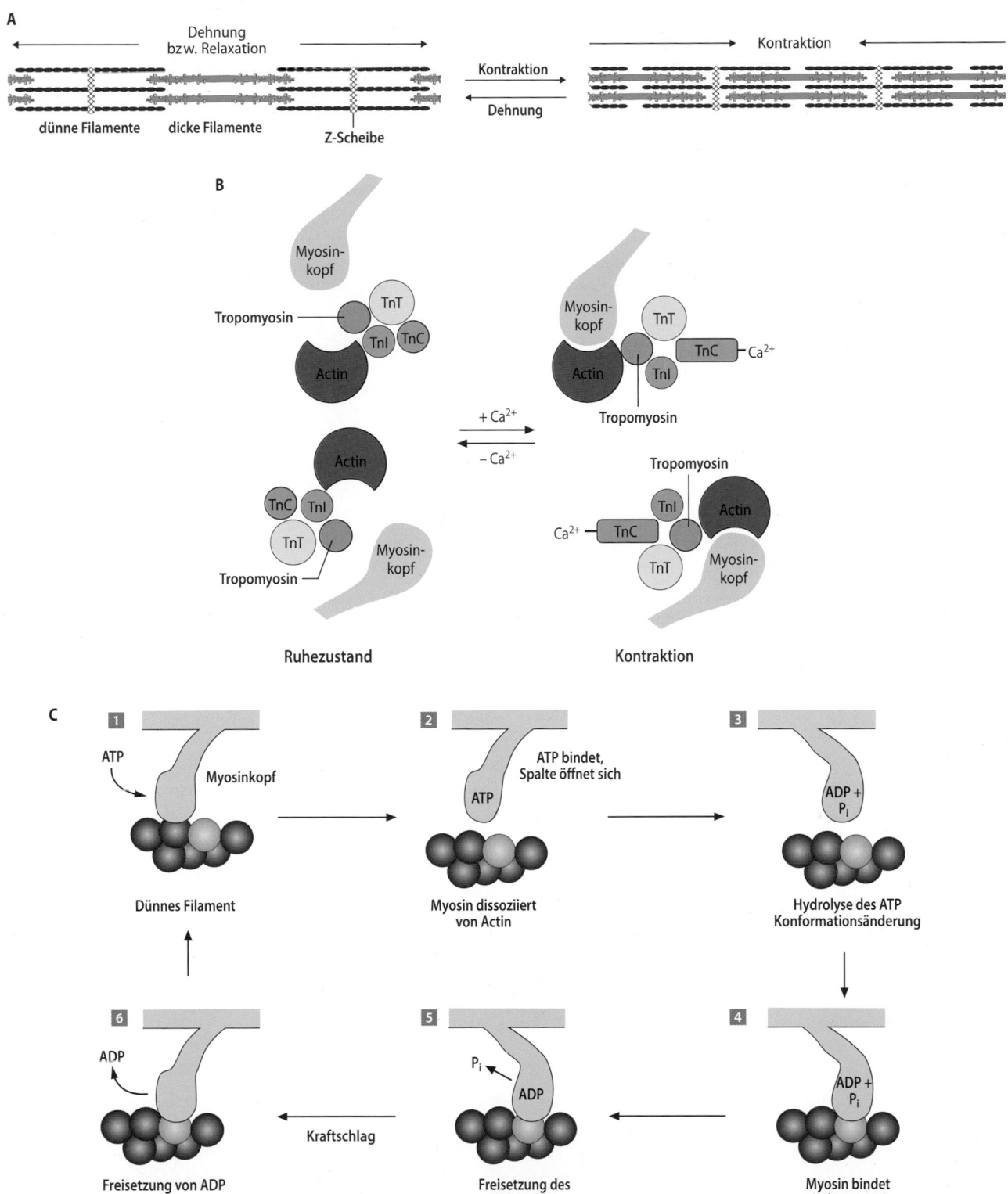

■ **Abb. 63.7   Molekulares Modell der Kraftentwicklung im Muskel. A**
Schematische Darstellung der Sarkomerverkürzung durch das Aneinander-entlang-Gleiten der dünnen und dicken Myofilamente. **B** Sterische Anordnung von Actin, Tropomyosin, Troponin C, I und T und
des Myosinkopfes bei Kontraktion und Relaxation. In Abwesenheit
von Calcium verdeckt Tropomyosin die Myosinbindungsstelle am Actinmolekül. Anlagerung von Calcium an eine spezifische Bindungsregion des Troponin C führt über Konformationsänderungen des Trop-
onin-Komplexes zur Freigabe der Myosinbindungsstelle. Durch Abfall
des Calciumspiegels wird der ursprüngliche Zustand wiederhergestellt.
C Konformationelle Änderungen im Myosinkopf bei Kontraktion
und Relaxation. Der Myosinkopf verfügt über eine Bindungsstelle für
ATP (aktives Zentrum der Myosin-ATPase) und eine für Actin. Der
Arbeitstakt, in dem die Arbeit am Actinfilament erfolgt, wird durch
die Geschwindigkeit des ATP-Umsatzes, insbesondere der Öffnung
der ATP-Bindungsstelle (aktives Zentrum des Enzyms) nach Freisetzung der Produkte der ATP-Hydrolyse, determiniert. (Einzelheiten s.
Text). (Adaptiert nach Rayment und Holden 1994)

- In dieser Konstellation bindet das Myosinköpfchen nach einer Konformationsänderung wieder schwach an Actin (Ziffer 4).
- Die eigentliche Bewegung des Myosinkopfes um ca. 5 nm und der damit verbundene Übergang in den kraftproduzierenden Zustand erfolgt mit der Freisetzung des Phosphatrestes. Die Dissoziation von P_i erhöht gleichzeitig die Affinität von Myosin für Actin, sodass die Bewegung des Myosinkopfes auf das Actinfilament übertragen wird und somit zu dem Bewegungseffekt führt. In diesem Prozess wirkt die Halsregion des Myosinkopfes wie ein Hebelarm (Ziffern 5 und 6).
- Zum Abschluss des Bewegungsvorganges wird ADP freigesetzt, und das Myosinköpfchen assoziiert wieder fest mit Actin (Ziffer 6). Ein neuer Kontraktionszyklus wird über die erneute Bindung von ATP initiiert.

Eine Muskelkontraktion bedingt die konsekutive Abfolge einer großen Anzahl von Querbrückenzyklen. Alle dicken Filamente sind mit annähernd 600 Myosinköpfchen ausgestattet; jedes einzelne dieser Myosinköpfchen kann bis zu 5 Querbrückenzyklen pro Sekunde durchlaufen.

Der klinische Befund der Totenstarre der Muskulatur (*Rigor mortis*) erklärt sich aus der hohen Bindungsaffinität der Myosinköpfe zu Actin bei gleichzeitig fehlendem ATP.

63.2.5 Cytoskelett

Um eine optimale und synchrone Kontraktion aller Myofibrillen innerhalb einer Muskelfaser zu gewährleisten, sind deren parallele Ausrichtung und mechanische Kopplung notwendig. Dies wird durch das Cytoskelett der Muskelzellen gewährleistet, das sich in sarkomerische und extrasarkomerische Strukturkomponenten unterteilen lässt.

Das **sarkomerische Cytoskelett** (◘ Abb. 63.4C) hat die Hauptaufgabe, die dünnen wie auch die dicken Filamente, die jeweils als getrennte funktionelle Einheiten vorliegen, miteinander zu verbinden. So werden die dicken Myofilamente im Bereich der **M-Bande** durch verschiedene Strukturproteine (z. B. Myomesin, M-Protein, MuRF) wie in einem Kristall in einem hexagonalen Packungsmuster organisiert (in elektronenmikroskopischen Bildern sichtbar). Die dünnen Myofilamente zweier benachbarter Sarkomere hingegen werden im Bereich der **Z-Scheibe** durch verschiedene Verankerungsproteine (z. B. α-Actinin, capZ, ZASP, Filamin) miteinander verbunden und polar ausgerichtet. Hierbei ist immer das sog. schnell wachsende Ende der Actinfila-

mente (*barbed end*) (► Abschn. 13.2) in der Z-Scheibe verankert, und das langsam wachsende Ende (*pointed end*) reicht in die A-Bande hinein und überlappt hier mit den dicken Myofilamenten (◘ Abb. 63.4). Für die Funktionalität des Sarkomers bei Kontraktion und Relaxation kommt dem Titinmolekül, das mit einer Masse von etwa 3 Millionen Dalton das größte bisher bekannte menschliche Protein darstellt, eine zentrale Bedeutung zu. **Titin** stellt die einzige permanente strukturelle Verbindung zwischen den dicken und dünnen Myofilamenten her. Hierbei ist Titin mit seinem aminoterminalen Ende in der Z-Scheibe verankert, wohingegen das carboxyterminale Ende in der M-Bande gebunden ist. An beiden Stellen findet eine komplexe Interaktion zwischen Titin und den verschiedenen Proteinen der Z-Scheibe und der M-Bande statt. Entlang der Myosinfilamente (also in der A-Bande) werden Titinmoleküle durch das MyBP-C (*myosin-binding protein C*) verankert (◘ Abb. 63.4C). Ein einzelnes Titinmolekül besitzt daher eine Länge von mehr als 1 μm, wobei der in der I-Bande gelegene Teil des Proteins elastische Eigenschaften aufweist und sich während der Sarkomerkontraktion verkürzt und bei der Relaxation entsprechend verlängert.

Das **extrasarkomerische Cytoskelett** hat eine essenzielle Aufgabe in der Verankerung des myofibrillären Apparates innerhalb der Muskelfasern. Benachbarte Z-Scheiben der Myofibrillen werden untereinander durch Desmin- und Plectin-enthaltende **Intermediärfilamente** verbunden. Von den Z-Scheiben gehen außerdem Bündel von Actinfilamenten und Intermediärfilamenten, v. a. Desmin, zu subsarkolemmal gelegenen Adapterproteinkomplexen (◘ Abb. 63.2). Diese assoziieren mit Integrin- bzw. Dystrophin/Dystroglycan-Komplexen im Sarkolemm. Da diese mit Bestandteilen der extrazellulären Matrix verknüpft sind, ergibt sich so eine feste Verbindung zwischen den Myofibrillen und der extrazellulären Matrix. Diese ist dafür verantwortlich, dass die Verkürzung der Sarkomere in eine Kontraktion des Muskels übertragen werden kann. Das Desmin-Plectin-Intermediärfilament-System positioniert die Mitochondrien in direkter räumlicher Nähe der Myofibrillen und des Sarkolemms.

> **Zusammenfassung**
>
> Für die Erregungsausbreitung innerhalb der Muskelfaser sind spezialisierte Membransysteme, wie die neuromuskuläre Endplatte, T-Tubuli sowie das sarkoplasmatische Retikulum verantwortlich. In den Triaden stehen die T-Tubuli des Sarkolemms in engem Kontakt zu den Zisternen des sarkoplasmatischen Retikulums. Die Depolarisation des Sarkolemms führt zur Aktivie-

63

rung des Dihydropyridinrezeptors der T-Tubuli und konsekutiv des Ryanodinrezeptors im sarkoplasmatischen Retikulum, wodurch Calciumionen aus dem sarkoplasmatischen Retikulum in das Sarkoplasma ausströmen. Diese Vorgänge sind der erste Teil der elektromechanischen Kopplung.

Myofibrillen machen etwa 80 % der Gesamtmasse der Muskelfaser aus. Die kleinste funktionelle Einheit der Myofibrille ist das Sarkomer mit einer durchschnittlichen Länge von 2,5 μm, das lichtmikroskopisch durch die A- und I-Banden zwischen benachbarten Z-Scheiben definiert ist. Die dicken, 1,5 μm langen Myosinfilamente machen den Hauptanteil der A-Bande aus und sind in der M-Bande verankert. Myosinmoleküle bestehen aus einer für die Filamentbildung essenziellen Stabdomäne und zwei Kopfdomänen, die ATPase-Aktivität besitzen. Die dünnen, 1 μm langen Actinfilamente sind in der Z-Scheibe verankert. Sie repräsentieren den wesentlichen Anteil der I-Bande. Die kettenförmige Aneinanderlagerung von Actinmolekülen ist die Basis der dünnen Filamente, deren Funktion und Regulation auf dem Tropomyosin und dem Troponinkomplex beruht.

Muskelkontraktion und -relaxation beruhen auf der geordneten Wechselwirkung zwischen dünnen und dicken Filamenten. Die durch die ATP-Spaltung und Actinbindung ausgelöste zyklische Konformationsänderung des Myosinkopfes (Querbrückenzyklus) ist dabei die molekulare Grundlage der Muskelmechanik. Während der Verkürzung eines Sarkomers (Kontraktion) bewegen sich die Köpfchen der Myosinmoleküle der dicken Filamente entlang der Längsachse der dünnen Filamente auf die angrenzenden Z-Scheiben zu (*sliding filament theory*). Die durch die elektromechanische Kopplung ausgelöste Erhöhung der Calciumkonzentration führt initial zu einer Konformationsänderung des Tropomyosin-Troponin-Komplexes und damit zur Freigabe der Myosinbindungsstelle des Actins. Der Querbrückenzyklus beschreibt die zyklische Änderung der räumlichen Beziehung der Köpfchen der Myosinmoleküle zu den dünnen Filamenten, wobei die notwendige Energie aus der in den Myosinköpfen stattfindenden Hydrolyse von ATP (Myosin-ATPase-Aktivität) gewonnen wird.

Das **Cytoskelett** der Skelettmuskelzelle wird in sarkomerische und extrasarkomerische Komponenten unterteilt. Das sarkomerische Cytoskelett (mit seiner Hauptkomponente Titin) verbindet die separaten Struktureinheiten der dünnen und dicken Filamente. Das extrasarkomerische Cytoskelett verankert die Myofibrillen innerhalb der Muskelfasern und ist an der Positionierung der Mitochondrien beteiligt.

63.3 Stoffwechsel der Muskulatur

63.3.1 Stoffwechselleistungen in Cytosol und Mitochondrien

Das Cytosol der Muskelzelle wird als **Sarkoplasma** bezeichnet. Es ist, zusammen mit den darin eingebetteten Mitochondrien, das wesentliche Kompartiment für zahlreiche Stoffwechselwege. Ganz wesentlich für die Funktion der quergesteiften Muskulatur ist die Bereitstellung ausreichender Mengen des Energieträgers ATP, der die unmittelbare Energiequelle für die Myofibrillenkontraktion darstellt. Darüber hinaus wird etwa ein Drittel des zur Verfügung stehenden ATPs für die im Sarkolemm und im sarkoplasmatischen Retikulum lokalisierten Ionenpumpen benötigt. Schließlich besteht ein höherer ATP-Bedarf als in anderen Zellen durch den gezielten *turnover* und die Qualitätskontrolle der Proteine durch das Ubiquitin-Proteasom-System. Der Grund hierfür ist, dass durch die mechanische Beanspruchung einerseits und durch im Zusammenhang mit dem intensiven Stoffwechsel freigesetzte reaktive Sauerstoffspezies andererseits besonders viele Muskelproteine geschädigt werden und in der Folge durch neu synthetisierte Proteine ersetzt werden müssen. Die muskuläre ATP-Erzeugung findet im Sarkoplasma und den Mitochondrien statt. Sie hängt sehr stark vom jeweiligen Funktionszustand der Muskulatur ab. Ein besonderes Problem entsteht hierbei beim Übergang vom Ruhezustand zur Arbeit. Während die Muskelkontraktionen unmittelbar mit dem Eintreffen des nervalen Reizes einsetzen, benötigt die intrazelluläre und erst recht extrazelluläre Bereitstellung von Energiesubstraten eine gewisse Zeit. Prinzipiell stehen drei unterschiedliche Möglichkeiten der Energieerzeugung zur Verfügung, die auch zeitlich gestaffelt eingesetzt werden:

1. Erzeugung von ATP durch Übertragung eines energiereichen Phosphats des Phosphokreatins,
2. Erzeugung von ATP durch anaerobe Glycolyse,
3. Erzeugung von ATP durch aerobe Oxidation von Glucose, Fettsäuren und in geringem Umfang Aminosäuren.

❯ Die Muskelzelle verfügt über die Möglichkeit der direkten Rephosphorylierung von ADP.

Phosphokreatin Zur schnellen Überbrückung der Energieversorgung steht der Muskelzelle neben dem intrazellulären ATP eine weitere energiereiche Verbindung, das **Phosphokreatin**, zur Verfügung. Phosphokreatin ist für den Energiestoffwechsel der Muskelzelle unerlässlich, da es ein energiereiches Phosphat für die Rephosphorylierung von ADP bereitstellt (◼ Abb. 63.8).

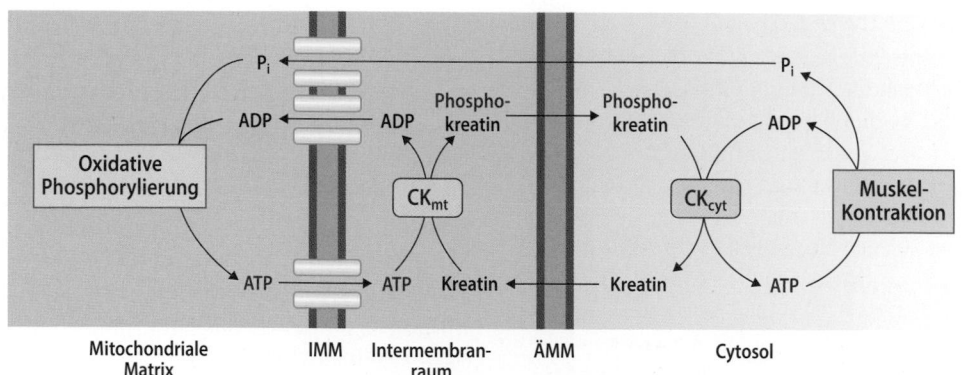

◻ Abb. 63.8   Regeneration von ATP durch die Kreatinkinasereaktion. CK_{cyt}: cytosolische Kreatinkinase; CK_{mt}: mitochondriale Kreatinkinase; IMM: innere Mitochondrienmembran; $ÄMM$: äußere Mitochondrienmembran. (Weitere Einzelheiten siehe Text)

— Immer dann, wenn durch Muskelarbeit die ATP-Konzentration absinkt, wird mithilfe der cytosolischen Kreatinkinase ADP unter Verbrauch von Phosphokreatin zu ATP phosphoryliert. Von besonderer Bedeutung ist diese Möglichkeit der ATP-Gewinnung während der ersten 10 bis 20 s nach Beginn der Muskelkontraktionen, da die anderen energieliefernden Prozesse erst nach dieser Zeit adäquate Mengen von ATP liefern können.

— Bei hohen ATP-Spiegeln wird Kreatin unter Katalyse von mitochondrialer Kreatinkinase unter ATP-Verbrauch zu Phosphokreatin phosphoryliert.

— Die Phosphokreatinkonzentration des ruhenden Skelettmuskels liegt um ein Mehrfaches über derjenigen des ATP.

Bei dem im Cytosol der arbeitenden Muskelzelle herrschenden leicht sauren pH liegt das Reaktionsgleichgewicht der cytosolischen **Kreatinkinasereaktion** ganz auf der Seite der ATP-Bildung. Dies ermöglicht die Aufrechterhaltung des ATP-Spiegels über einen großen Belastungsbereich. In der Erholungsphase erfolgt eine rasche Rephosphorylierung des Kreatins zu Phosphokreatin (◻ Abb. 63.8 und 63.9).

Die Biosynthese von Phosphokreatin ist in ◻ Abb. 63.9 dargestellt und verläuft in folgenden Schritten:

— Die Aminosäure **Arginin** überträgt ihre Guanidinogruppe auf Glycin, sodass **Guanidinoacetat** und Ornithin entstehen.

— Guanidinoacetat wird mithilfe von **S-Adenosylmethionin** (▶ Abschn. 27.2.4) N-methyliert, wobei **Kreatin** entsteht.

— Kreatin kann in einer reversiblen Reaktion mit ATP zu Phosphokreatin phosphoryliert werden. Die covalente Bindung der Phosphatgruppe an die benachbarte Guanidinogruppe ist eine energiereiche Bindung, deren Hydrolyseenergie höher ist als die von ATP (◻ Tab. 4.2). Hieran beteiligte Enzyme sind die oben genannten Kreatinkinasen.

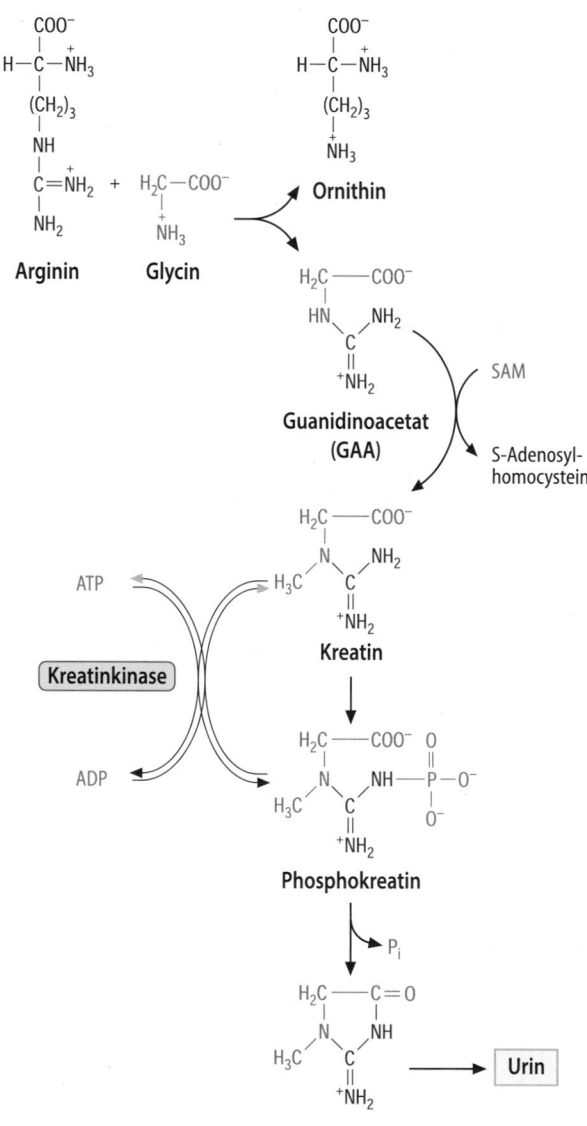

◻ Abb. 63.9   Stoffwechsel des Kreatins. Die Kreatinbiosynthese benötigt Glycin, die Guanidinogruppe von Arginin und die Methylgruppe von Methionin. Der Abbau von Phosphokreatin erfolgt durch Umwandlung in Kreatinin mit anschließender renaler Ausscheidung. *SAM*: S-Adenosylmethionin

– Kreatin wird als **Kreatinin** über die Nieren ausgeschieden. Der hierfür notwendige Ringschluss
(Abb. 63.9) erfolgt unter Abspaltung von anorganischem Phosphat aus Phosphokreatin. Da die
Geschwindigkeit der Kreatininbildung nur von der
Muskelmasse abhängt, sind – bei normaler Muskelfunktion – Erhöhungen des Kreatininspiegels im
Blutplasma Ausdruck von **Nierenfunktionsstörun-
gen**.

Der Bestimmung der Aktivität der Gesamtkreatiki-
nase (*creatine kinase*, CK) kommt eine besondere Bedeutung bei der Diagnose des Herzinfarkts wie auch der
verschiedenen erworbenen und genetisch bedingten Ske-
lettmuskelerkrankungen zu. Da eine Erhöhung der Ge-
samt-CK-Aktivität mit beiden Erkrankungsgruppen
vereinbar ist, ist für die Differenzierung einer primär
kardialen Erkrankung gegenüber verschiedenen Skelett-
muskelerkrankungen die Bestimmung gewebsspezifi-
scher Isoformen der CK wichtig (▶ Abschn. 9.2). Eine
Erhöhung der herzspezifischen Isoform (CK-MB) über
6 % der Gesamt-CK spricht für eine primär kardiale
Ursache des Aktivitätsanstiegs.

Adenylatkinase Eine weitere Möglichkeit zur schnellen ATP-Erzeugung ist die **Adenylatkinasereaktion**
(Abb. 63.10). Sie nutzt das im Rahmen von ATP-verbrauchenden Prozessen gebildete ADP direkt als eine
Energiequelle für die Bildung von ATP. Das Enzym Adenylatkinase (auch „Myokinase" genannt) katalysiert dabei die folgende Reaktion:

$$2\,ADP \rightleftarrows ATP + AMP \qquad (63.1)$$

❯ Die primären Substrate des Energiestoffwechsels der
Muskelzelle sind Glucose und Fettsäuren.

Im Ruhezustand sind, bei nüchternen Probanden, Plasmafettsäuren die wichtigste Energiequelle zur Erzeugung des benötigten ATP. Dies ändert sich sehr rasch
nach Beginn einer Arbeitsbelastung (Abb. 63.10).
Nach 10–20 s sind die Vorräte an Phosphokreatin aufgebraucht und ATP muss über Neusynthese hergestellt
werden. Grundsätzlich kann dies durch anaerobe Glycolyse (2 mol ATP pro mol Glucose) oder durch mitochondriale oxidative Phosphorylierung (> 30 mol ATP
pro mol Glucose) geschehen (Tab. 14.1 und 14.2).
Welche Prozesse in verschiedenen Muskeln präferiert
werden, hängt von der jeweiligen Ausstattung der prä-
dominierenden Muskelfasertypen mit ihren unterschiedlichen Myosin-Isoformen und ihren individuellen,
darauf abgestimmten Stoffwechselprofilen ab. In der
menschlichen Skelettmuskulatur werden hauptsächlich
drei Fasertypen unterschieden:

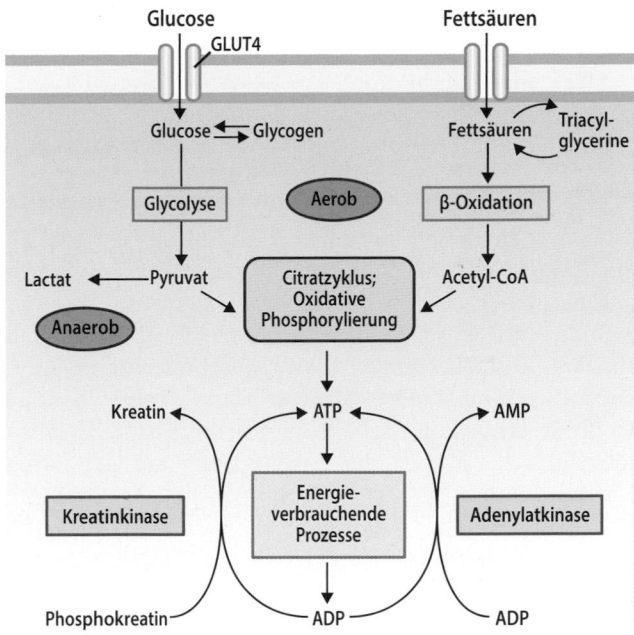

 **Abb. 63.10 Übersicht über den Energiestoffwechsel der Skelett-
muskelzelle.** Die Hauptenergielieferanten Glucose und Fettsäuren
werden über das Sarkolemm aufgenommen und entweder in die internen Speicherstoffe Glycogen bzw. Triacylglycerine umgewandelt
oder direkt in der Glycolyse bzw. der oxidativen Phosphorylierung
zur Generierung von ATP eingesetzt. Für Glucose steht dabei entweder die anaerobe oder die aerobe Glycolyse zur Verfügung. Zur
Regeneration des hauptsächlich bei der Muskelkontraktion entstehenden ADP zu ATP verfügt die Muskelzelle über die Kreatinkinasereaktion und die Adenylatkinasereaktion. (Weitere Einzelheiten s.
Text)

– **Typ-I-Fasern** kontrahieren langsam und sind auf
Halteaufgaben spezialisiert. Sie verbrauchen vergleichsweise wenig ATP, da sie Myosin-Isoformen
mit niedriger ATPase-Aktivität aufweisen. Diese
Fasern gewinnen ihr ATP hauptsächlich über oxidative Phosphorylierung in Mitochondrien. Bedingt
durch ihren hohen Gehalt an Mitochondrien und
Myoglobin, einem Protein, das mit Hämoglobin verwandt ist und das der Sauerstoffaufnahme in Muskelzellen dient, erscheinen diese Fasern rot.
– **Typ-IIA-Fasern** kontrahieren schnell und sind auf
Bewegungsaufgaben spezialisiert. Sie besitzen Myosin-Isoformen mit mittlerer bis hoher ATPase-
Aktivität und verbrauchen daher deutlich mehr ATP
pro Zeiteinheit als die Typ-I-Fasern. Zur ATP-
Gewinnung greifen diese Fasern sowohl auf die oxi-
dative Phosphorylierung als auch auf die anaerobe
Glycolyse zurück. Auch diese Fasern zeigen eine röt-
liche Farbe, wenngleich ihr Gehalt an Myoglobin und
Mitochondrien niedriger ist als bei Typ-I-Fasern.
– **Typ-IIB-Fasern** sind die am schnellsten kontrahie-
renden Fasern, die nur bei schnellen und kraftvollen
Bewegungen zum Einsatz kommen. Die in ihnen ex-

primierten Myosin-Isoformen besitzen die höchste ATPase-Aktivität und sind vollständig auf die ATP-Gewinnung durch die anaerobe Glycolyse spezialisiert. Diese Fasern sind durch ihren niedrigen Gehalt an Myoglobin und Mitochondrien weiß.

Da bei der Generierung von ATP über die anaerobe Glycolyse Protonen entstehen, kommt es relativ schnell zur Acidose, die mit Schmerzen und einem Ermüdungsgefühl einhergeht. Während der ersten ein bis zwei Stunden körperlicher Belastung spielen als Substrate für den energieliefernden Stoffwechsel muskuläres Glycogen und muskuläre Triacylglycerine eine wichtige Rolle. Je länger die Arbeitsphase jedoch anhält, umso mehr müssen wegen der Erschöpfung der zellulären Speicher Substrate aus dem Blutplasma zur Deckung des Energiebedarfs herangezogen werden. Wichtig ist hier neben Plasmafettsäuren v. a. die Blutglucose, die durch den sarkolemmalen Glucosetransporter GLUT4 (▶ Abschn. 15.1.1) aufgenommen wird. Dieser wird nicht nur durch Insulin, sondern auch durch Muskelkontraktionen aus intrazellulären Vesikeln in die Plasmamembran verlagert. Dabei spielt die Regulation durch die AMP-abhängig Proteinkinase (AMPK) eine bedeutende Rolle (▶ Abschn. 38.1.1). Bei sehr hoher Glucoseaufnahme in den Muskel dient das Glycogen der Leber zur Aufrechterhaltung der Blutglucosekonzentration. Ist auch dieses aufgebraucht, entstehen Hypoglycämien, die auch als „Hungerast" bezeichnet werden und besonders bei Rennradfahrern gefürchtet sind. Um diesen Zustand zu vermeiden, müssen Kohlenhydrate über die Nahrung aufgenommen werden.

Bei maximaler Muskelarbeit reicht die Sauerstoffkapazität nicht mehr für eine vollständige Oxidation der Glucose aus. In diesem Fall wird die Glucose zusätzlich anaerob durch Glycolyse zu Lactat abgebaut, welches von den Muskelzellen abgegeben und über den Blutweg zur Leber transportiert wird. Dort erfolgt die Resynthese zu Glucose („Gluconeogenese"), welche wiederum zurück zu den Muskelzellen gelangt und dort wie bereits geschildert zur ATP-Synthese genutzt wird. Durch diese Prozesse kann sich ein Kreislauf des Glucosekohlenstoffs zwischen Muskulatur und Leber einstellen, der nach seinem Entdecker Carl Cori als **Cori-Zyklus** bezeichnet wird (▶ Abschn. 27.1.1 und 67.2).

Jede Muskelzelle enthält mehrere Hundert bis Tausend Mitochondrien, wobei die Mitochondriendichte je nach Muskelfasertyp deutlich unterschiedlich ist. Entsprechend ihrer metabolischen Spezialisierung enthalten die Typ-I-Fasern deutlich mehr Mitochondrien als die Typ-IIA-Fasern und diese wiederum wesentlich mehr als die Typ-IIB-Fasern. Ihre Hauptaufgabe ist die ATP-Erzeugung durch oxidative Phosphorylierung. Im Rahmen von Muskeltraining kann die Mitochondrienzahl deutlich erhöht werden, was zu einer Steigerung der oxidativen Kapazität führt. In trainierten Muskeln hat dies zur Folge, dass die gespeicherten Triacylglycerine effizienter zur Energiegewinnung eingesetzt werden können.

63.3.2 Der Zellkern reguliert Wachstum und Aufbau der Muskelzelle

Die quergestreifte Skelettmuskelzelle ist ein Syncytium mit multiplen Muskelfaserkernen, die sich im adulten Muskel subsarkolemmal über die gesamte Länge der Muskelfaser verteilen (◘ Abb. 63.2). Diese Anordnung von Kernen in verschiedenen myonucleären Domänen (einzelne Muskelfaserkerne in definierten Längsabschnitten der Faser) trägt den spezifischen Struktur- und Stoffwechselanforderungen in den jeweiligen Arealen Rechnung. Zum Beispiel finden sich im Bereich der neuromuskulären Endplatten und der myotendinösen Übergangszonen spezialisierte Muskelfaserkerne, die ein an die Entstehung und Aufrechterhaltung dieser Strukturen angepasstes Expressionsmuster aufweisen.

Die Zellkerne lassen sich grob in die Kernhülle und die Kernmatrix einteilen. Die Kernhülle besteht aus einer äußeren und inneren Kernmembran, in die Kernporen eingebettet sind. Mit der inneren Kernmembran ist ein Gerüst von Intermediärfilamenten der **Lamin**familie, die Kernlamina, assoziiert, das wiederum das genetische Material (Chromatin bzw. Chromosomen) verankert. Die Kenntnis dieser Strukturen ist für das Grundverständnis zahlreicher mit Lamin A/C-assoziierten Muskel- wie auch Multisystemerkrankungen (z. B. Progerie, vorzeitiges Altern) notwendig.

Die Zellkerne steuern, mit Ausnahme der vom mitochondrialen Genom kodierten Proteine, die Expression aller muskulären Proteine. Physiologische (körperliche Belastung, Schwerkraft, Hormone wie Insulin) und unphysiologische Stimuli (z. B. exogene anabole Steroide) beeinflussen über wachstumsfördernde und -hemmende Signalwege direkt die Proteinsyntheserate und entscheiden damit, ob es zu einer vermehrten Bildung von Myofibrillen oder zu deren vermehrtem Abbau kommt. Somit entscheidet bereits das jeweilige Belastungsprofil der Muskulatur (Wechsel zwischen Aktivität und Inaktivität) darüber, ob Muskelmasse auf- oder abgebaut werden soll. Ebenso bewirkt das Doping mit anabolen Substanzen eine Hypertrophie der Muskelfasern. Hingegen resultiert körperliche Inaktivität in einem vermehrten Abbau der Myofibrillen und einer Atrophie der

Muskelfasern. Diese „Inaktivitätsatrophie“, die primär die Typ-II-Fasern (▶ Abschn. 63.1) betrifft, lässt sich bereits nach wenigen Tagen von Bettlägrigkeit histopathologisch nachweisen. Diese Besonderheiten der humanen Skelettmuskulatur sind auch ein limitierender Faktor der bemannten Raumfahrt. Trotz intensiven körperlichen Trainings entwickeln Astronauten in der Schwerelosigkeit aufgrund des Fehlens eines adäquaten mechanischen Stimulus eine ausgeprägte Schwäche und Atrophie der Muskulatur, die nach Rückkehr zur Erde bis zum Verlust der Gehfähigkeit führen kann. Dies illustriert eindrucksvoll, welchen unmittelbaren Einfluss komplexe mechanosensitive Signalwege auf die Struktur und den Funktionszustand der normalen Muskulatur ausüben.

Zusätzlich zu biomechanischen Einflüssen unterliegt der Auf- bzw. Abbau der Myofibrillen der Steuerung durch Cytokine und Hormone. Wesentliche Vertreter sind die Cytokinrezeptoren der IL-6-Familie, der Insulinrezeptor sowie weitere Rezeptor-Tyrosinkinasen, die über Wachstumsfaktoren adressiert werden. Die Bindung eines spezifischen Liganden an einen der genannten Rezeptoren im Sarkolemm bewirkt über nachgeschaltete Signalwege eine Aktivierung sarkoplasmatischer Transkriptionsfaktoren der NF-AT-Familie, die nach Phosphorylierung in den Kern translozieren und dort die Transkription ihrer Zielgene induzieren. Klassische Signalwege, die den Muskelaufbau stimulieren, aktivieren hierbei die Transkriptionsfaktoren GATA-2 und MEF-2, während FOXO-1 über die Expression von Atrogin-1 und MuRF-1 die Muskelatrophie steuert (▶ Abschn. 38.1.4).

Zusammenfassung

Für die Funktion der quergesteiften Muskulatur ist die Bereitstellung ausreichender Mengen des Energieträgers ATP als Energiequelle für die Myofibrillenkontraktion und die Ionenpumpen essenziell. Nach Beginn der Muskelarbeit wird initial ADP über Phosphokreatin bzw. mithilfe der Adenylatkinase (Myokinase) rephosphoryliert. Danach erfolgt die Resynthese von ATP primär durch anaerobe Glycolyse und mitochondriale oxidative Phosphorylierung. Die Ausstattung der Muskelfasern mit unterschiedlichen Myosin-Isoformen und metabolischen Enzymen bedingt eine Präferenz für spezifische Stoffwechselprofile. Die langsamen Typ-I-Fasern verbrauchen weniger ATP und generieren dieses vorwiegend durch oxidative Phosphorylierung in Mitochondrien. Die schnellen Typ-IIA-Fasern verwenden sowohl oxidative Phosphorylierung als auch anaerobe Glycolyse zur ATP-Gewinnung. Die am schnellsten kontrahierenden Typ-IIB-Fasern sind fast vollständig auf eine ATP-Gewinnung durch anaerobe Glycolyse angewiesen. Die wichtigsten Energielieferanten sind Glucose und Fettsäuren.

63.4 Besonderheiten der Herzmuskulatur

Die quergestreifte Skelett- und Herzmuskulatur unterscheiden sich in einigen wichtigen Aspekten. Im Gegensatz zu den Skelettmuskelzellen sind die Herzmuskelzellen **ein- oder zweikernig** und fusionieren nicht zu mehrkernigen Synzytien. Herzmuskelzellen sind hierdurch deutlich kürzer und dünner. Die einzelnen Kardiomyocyten sind über **Glanzstreifen** (*Disci intercalares, Area composita*) miteinander mechanisch verbunden, und über *gap junctions* elektrisch gekoppelt (siehe auch ▶ Abschn. 12.1.1). Durch diese Anordnung bilden die Herzmuskelzellen ein **funktionelles Syncytium** aus (◘ Abb. 63.11).

Eine Subpopulation von Herzmuskelzellen am Sinusknoten des rechten Vorhofs und im Bereich des Atrioventrikularknotens hat die Fähigkeit, sich rhythmisch selbst zu erregen. Diese spezialisierten Herzmuskelzellen, auch **Schrittmacherzellen** genannt, bewirken primär die Herzkontraktion. Das Herz kontrahiert nach dem Alles-oder-Nichts-Gesetz. Eine geordnete Weiterleitung der primär im Sinusknoten generierten Erregung des Herzens erfolgt hierbei über spezialisierte Muskelzellen des Reizleitungssystems und breitet sich so über das ganze Herz aus.

Die Herzfrequenz und die Herzleistung werden zusätzlich über das vegetative Nervensystem beeinflusst. Eine Stimulation über sympathische Nervenfasern (Noradrenalin) führt hierbei zu einer Steigerung der Herzfrequenz, während eine parasympathische Stimulation (Acetylcholin) die Herzfrequenz vermindert (positive/negative Chronotropie). Über diese Frequenzregulation hinaus wird die Kraftentfaltung des Herzens zusätzlich auf der Ebene der Kardiomyocyten durch Katecholamine direkt beeinflusst. Diese binden an die in das Sarkolemm eingelagerten β-adrenergen Rezeptoren, was über stimulierende G-Proteine zu einer Aktivierung der Adenylatcyclase und damit zu gesteigerter cAMP-Bildung führt. Dies wiederum aktiviert die Proteinkinase A (PKA), die mehrere Proteine phosphoryliert und damit zu dem positiv inotropen Effekt der Katecholamine führt (◘ Abb. 63.12A):

- Eine Steigerung und Beschleunigung des Calciumeinstroms wird hierbei durch die Phosphorylierung

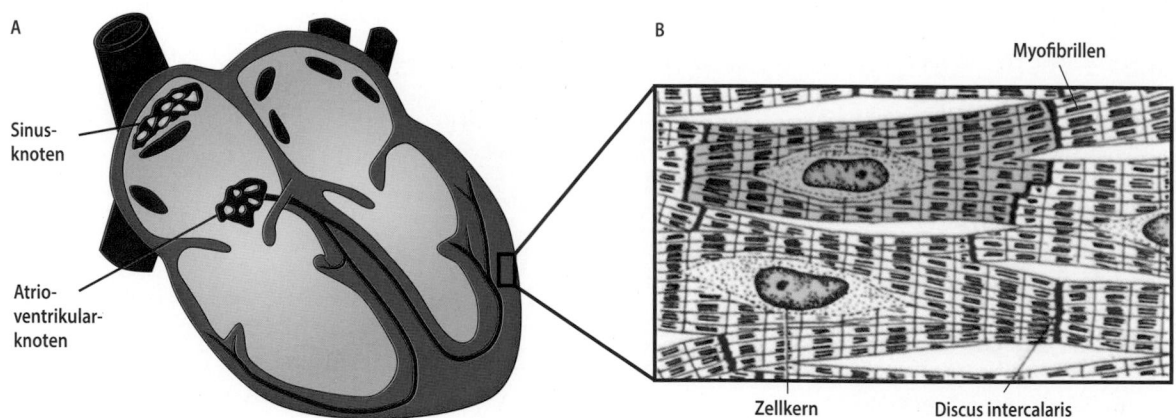

Abb. 63.11 Aufbau des Herzens und morphologische Besonderheiten der Kardiomyocyten. A Schnitt durch das vierkammrige Herz. **B** Schematische Darstellung eines Längsschnittes von Kardiomyocyten. Zur Verdeutlichung ist ein einzelner Kardiomyocyt farblich hervorgehoben. (Aus Zilles und Tillmann 2010)

des spannungsabhängigen **Calciumkanals** (DHPR) bewirkt.

- Die Phosphorylierung des auf den dicken Myofilamenten der Myofibrillen gebundenen **Myosinbindungsproteins C** führt direkt zu einer erhöhten Kraftentwicklung.
- In den dünnen Myofilamenten wird **Troponin I** phosphoryliert, wodurch die Calciumabhängigkeit der Kontraktion herabgesetzt und die Relaxation beschleunigt wird.
- Auf der Ebene des sarkoplasmatischen Retikulums wird die Aktivität der Ca^{2+}-ATPase erhöht, weil sie durch das phosphorylierte **Phospholamban** weniger stark gehemmt wird. Dies führt zu einer verstärkten Aufnahme des Calciums in das SR, wodurch sich die Relaxationszeit verkürzt.

Für die Kontraktion der Kardiomyocyten sind die Oszillationen der Konzentration an freiem Ca^{2+} im Sarkoplasma von entscheidender Bedeutung. In Analogie zum Skelettmuskel wird der Großteil des für die Aktivierung der Kontraktion benötigten Calciums aus dem SR freigesetzt, wo es primär an das Protein Calsequestrin gebunden ist. Eine Besonderheit des Herzmuskels ist jedoch, dass für die Kontraktion zunächst Calcium aus dem Extrazellularraum einfließt, welches den Calciumkanal des SR (RyR) aktiviert. Umgekehrt wird die Calciumkonzentration bei der Relaxation hauptsächlich durch die in der Membran des SR lokalisierte Calcium-ATPase und über den im Sarkolemm befindlichen Na^+/Ca^{2+}-Antiporter herabgesetzt (**Abb. 63.12B**).

Für die Repolarisation der sarkolemmalen Membran wird die Na^+/K^+-ATPase benötigt. Diese Ionenpumpe ist pharmakologisch durch Herzglycoside hemmbar, die therapeutisch zur Verstärkung der Herzleistung eingesetzt werden. Herzglycoside (▶ Abschn. 3.1.2) bewirken indirekt eine Erhöhung der sarkoplasmatischen Calciumkonzentration, indem zunächst die Na^+-Konzentration erhöht und in der Folge die Aktivität des Na^+/Ca^{2+}-Antiporters im Sarkolemm verringert wird.

Eine weitere strukturelle Besonderheit der Herzmuskulatur ist ihre im Vergleich zu Skelettmuskelzellen hohe Anzahl an Mitochondrien, die perlschnurartig zwischen den Myofibrillen angeordnet sind. Das Herz ist durch einen fast vollständig aeroben Stoffwechsel gekennzeichnet, und greift auf Fettsäuren, Ketonkörper, Lactat und Glucose als Energiequellen zurück. Im Gegensatz zur Skelettmuskulatur findet sich in der Herzmuskulatur fast kein Glycogen.

Zusammenfassung

Herzmuskelzellen sind ein- oder zweikernig und über Glanzstreifen und *gap junctions* miteinander verbunden und bilden so ein funktionelles Syncytium. Das Herz kontrahiert nach dem Alles-oder-Nichts-Gesetz. Schrittmacherzellen sind spezialisierte Herzmuskelzellen, die primär die Herzfrequenz steuern. Zusätzlich wird die Herzleistung über das vegetative Nervensystem beeinflusst: Noradrenalin (sympathisches Nervensystem) steigert die Herzfrequenz, Acetylcholin (parasympathisches Nervensystem) reduziert die Herzfrequenz. Die Kraftentfaltung kann durch die Gabe von Katecholaminen erhöht werden. Für die Kontraktion der Herzmuskulatur ist ein Einstrom von Calciumionen aus dem Extrazellularraum erforderlich. Der Stoffwechsel der Herzmuskelzellen ist fast vollständig aerob.

63

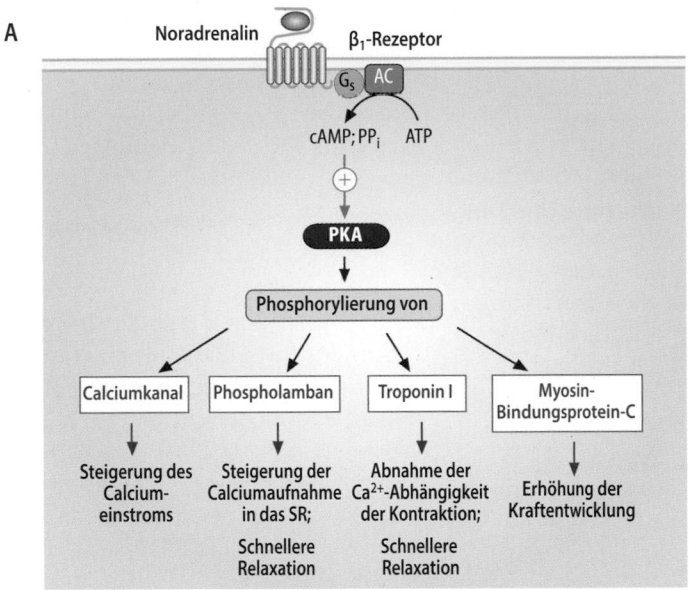

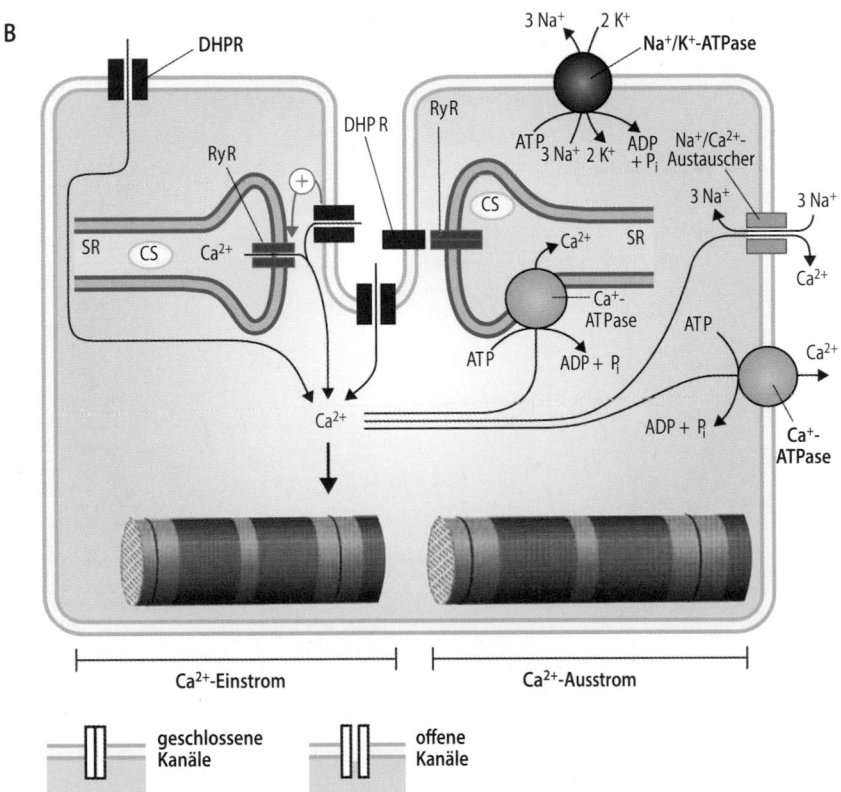

□ **Abb. 63.12 Regulation der cytosolischen Calciumkonzentration im Myokard. A** Effekte von β₁-Agonisten (Noradrenalin) auf die elektromechanische Kopplung im Myokard. **B** Mechanismen des Calciumeinstroms in das Cytosol (*links*) und des Calciumausstroms aus dem Cytosol (*rechts*). *AC*: Adenylatcyclase; *CS*: Calsequestrin;

DHPR: Dihydropyridinrezeptor (spannungsabhängiger Calciumkanal); *G$_s$*: stimulierendes G-Protein; *PKA*: Proteinkinase A; *RyR*: Ryanodinrezeptor; *SR*: sarkoplasmatisches Retikulum. (Einzelheiten s. Text)

63.5 Pathobiochemie angeborener und erworbener Muskelerkrankungen

Muskelerkrankungen im engeren Sinn werden generell als **Myopathien** bezeichnet. Dieser Begriff umfasst alle Erkrankungen, bei denen die Muskelfaser direkt betroffen ist. Im Einzelnen unterscheidet man:

— **primäre Myopathien**, die auch als angeborene Muskelerkrankungen bezeichnet werden und die durch genetische Defekte verursacht werden,

— **sekundäre Myopathien**, die auch als erworbene Muskelkrankheiten bezeichnet werden.

Das klinische Leitsymptom von Muskelerkrankungen ist die Muskelschwäche, die sich primär in distalen oder proximalen Muskelgruppen manifestiert. Zentrale Bausteine für die korrekte Diagnosestellung sind eine sorgfältige Anamneseerhebung (Beginn, welche Muskelgruppen sind betroffen, Familien- und Medikamentenanamnese), der klinische Untersuchungsbefund, die Bestimmung von Kreatinkinase (CK), Schilddrüsen- und Entzündungsparametern, eine elektromyographische Untersuchung von mindestens zwei klinisch betroffenen Muskeln, eine diagnostische Muskelbiopsie sowie ggf. eine genetische Diagnostik. Im Folgenden sind einzelne Muskelerkrankungen als Fallbeispiele oder Muskelbiopsiebefund aufgeführt.

63.5.1 Primäre Myopathien

> Die Muskeldystrophie Duchenne ist die häufigste primäre Myopathie des Menschen.

Die klassische Krankheitsentität mit einer primären Pathologie des Sarkolemms und der assoziierten extrazellulären Matrix ist die X-chromosomal vererbte

Muskeldystrophie Duchenne, die häufigste (1:5.000) genetisch bedingte Muskelerkrankung des Menschen (◻ Abb. 63.13). Sie wird durch Mutationen des Dystrophin-Gens verursacht und führt wahrscheinlich zu einer Destabilisierung des subsarkolemmalen Cytoskeletts und konsekutiv zu einer erhöhten biomechanischen Vulnerabilität der quergestreiften Muskelzellen.

Fallbeispiel 1

Anamnese   Ein 9-jähriger Junge zeigt eine seit dem 6. Lebensjahr fortschreitende proximale Muskelschwäche, die mittlerweile zu einer deutlichen Beeinträchtigung der Gehfähigkeit geführt hat.

Familienanamnese   Der 15-jährige Bruder leidet an einer ähnlichen Symptomatik, die bereits zu einem vollständigen Verlust der Gehfähigkeit geführt hat.

Neurostatus   Proximale Muskelschwäche, Ausfall des Patellarsehnenreflexes, Pseudohypertrophie der Waden, watschelndes Gangbild.

Labor   CK-Wert 5.730 U/l (Norm: <190 U/l) als Hinweis auf eine massive Schädigung von quergestreifter Muskulatur.

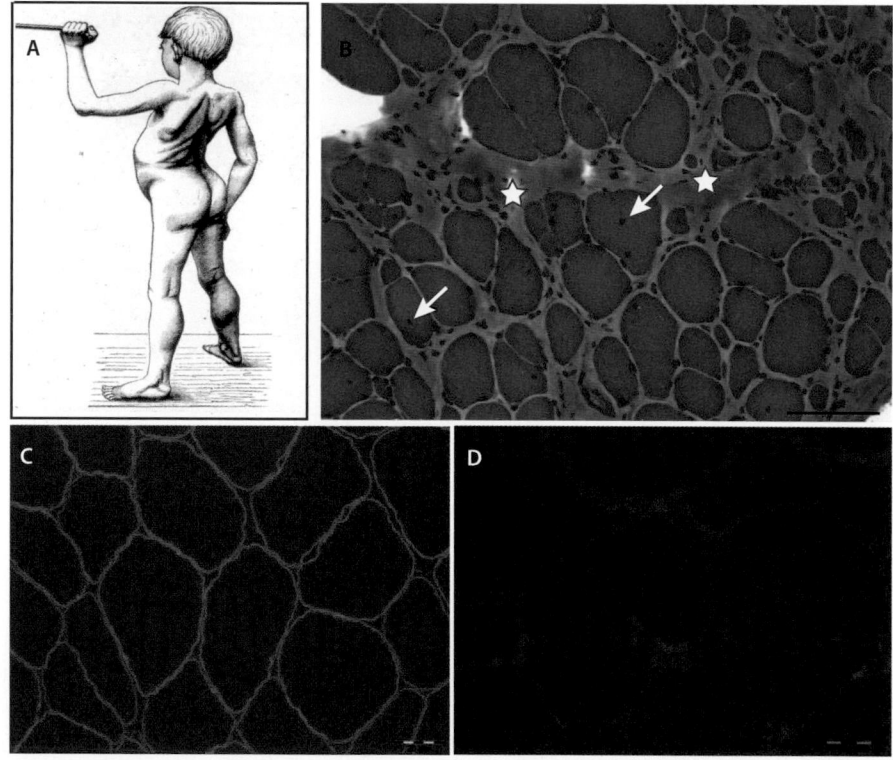

◻ **Abb. 63.13   Muskeldystrophie Typ Duchenne. A** Zeichnung eines betroffenen Jungen durch den Erstbeschreiber der Erkrankung Guillaume B.A. Duchenne de Boulogne. **B** Hämatoxilin-Eosin-gefärbter Schnitt einer Muskelbiopsie eines betroffenen Jungen mit ausgeprägten muskeldystrophischen Veränderungen: Vermehrung von Bindegewebsstrukturen (Sterne), Abrundung und pathologische Kaliber- variationen der Muskelfasern, Vermehrung zentralständiger Muskelfaserkerne (Pfeile). **C** Reguläre sarkolemmale Dystrophin-Immunfluoreszenzmarkierung in normalem Muskelgewebe. **D** Vollständiges Fehlen der sarkolemmalen Dystrophin-Immunfluoreszenzmarkierung bei Muskeldystrophie Typ Duchenne

Muskelbiopsie Nachweis ausgedehnter muskeldystrophischer Veränderungen. Fehlen der Dystrophin-Immunreaktion im Patientenmuskel (◘ Abb. 63.13).

Genetische Analyse Nachweis einer Deletion im X-chromosomalen Dystrophin-Gen.

Weitere kongenitale und klinisch häufig sehr schwer verlaufende Muskeldystrophien beruhen auf Mutationen in den Genen für die Untereinheiten des Dystrophin-Dystroglycan-Komplexes oder für die Komponenten der extrazellulären Matrix. Mutationen in Genen, die für schwere Myosinketten codieren, sind die Grundlage für verschiedene Kardiomyopathien. Mutationen des Titin-Gens, wie auch der Gene verschiedener Z-Bandenproteine, führen zu seltenen, erblich bedingten Muskeldystrophien. Dem MyBP-C-Gen kommt eine wichtige Rolle bei der Entstehung hypertropher Kardiomyopathien zu. Mutationen in den Genen von myofibrillären Strukturproteinen (z. B. Myosin, Actin, Titin, Tropomyosin, Troponin, Myosinbindungsprotein C) und andererseits von Cytoskelettproteinen (z. B. Desmin, Plectin, Filamin) führen zu einem breiten Spektrum progressiver Erkrankungen der Skelett- und Herzmuskulatur. ◘ Abb. 63.14C und D illustrieren das lichtmikroskopische und ultrastrukturelle Bild einer Desmin-Myopathie. Charakteristisch bei diesem Krankheitsbild ist eine partielle Zerstörung des extrasarkomerischen Cytoskeletts, die durch die Expression von mutiertem Desmin hervorgerufen wird, sowie eine Akkumulation von Desmin und zahlreichen anderen Proteinen (**Protein-Aggregationsmyopathie**) innerhalb des Sarkoplasmas der Muskelzellen.

❯ Mutationen des Ryanodinrezeptors führen zur malignen Hyperthermie.

Die **maligne Hyperthermie wird durch Mutationen** im für den Ryanodinrezeptor-codierenden Gen verursacht und ist eine lebensbedrohliche Narkosekomplikation. Bei entsprechender genetischer Disposition wird die maligne Hyperthermie durch die Gabe von fluorierten Inhalationsnarkotika (z. B. Enfluran) oder depolarisierende Muskelrelaxantien (Succinylcholin) ausgelöst. Hierbei kommt es zu einer massiven Freisetzung von Calcium aus dem sarkoplasmatischen Retikulum, was zu einer überschießenden Erregung und Kontraktion der Muskulatur und als Nebeneffekt zu einem lebensgefährlichen Anstieg der Körpertemperatur führt. Neben isolierten Formen der malignen Hyperthermie kommt diese auch im Rahmen seltener kongenitaler Myopathien wie der *Central Core*-Myopathie (◘ Abb. 63.14A) vor.

❯ Metabolische Myopathien beruhen auf Störungen cytoplasmatischer oder mitochondrialer Vorgänge

Glycogenspeicherkrankheiten Als klassische Vertreter der Gruppe von Erkrankungen, die ihren Ausgangspunkt im Sarkoplasma der Muskelzellen haben, sind die autosomal rezessiv vererbten **Glycogenspeichermyopathien** zu nennen (z. B. Morbus Pompe, α(1,4)-Glucosidasedefizienz). Diese Erkrankungen äußern sich klinisch häufig durch Muskelschwäche, Belastungsintoleranz und Muskelschmerzen. Morphologisch zeigt sich eine pathologische Speicherung von Glycogen im Sarkoplasma, die sich durch eine Färbung mit dem Periodsäure-Schiff-Reagens (PAS) nachweisen lässt (◘ Abb. 63.14B). Für den Morbus Pompe besteht seit einigen Jahren die Möglichkeit einer Enzymersatztherapie, bei der die α(1,4)-Glucosidase systemisch appliziert wird. Durch die Kopplung des Enzyms an einen Mannose-Rest gelangt das Enzym über die Muskelmembran in die Lysosomen der Muskelzellen.

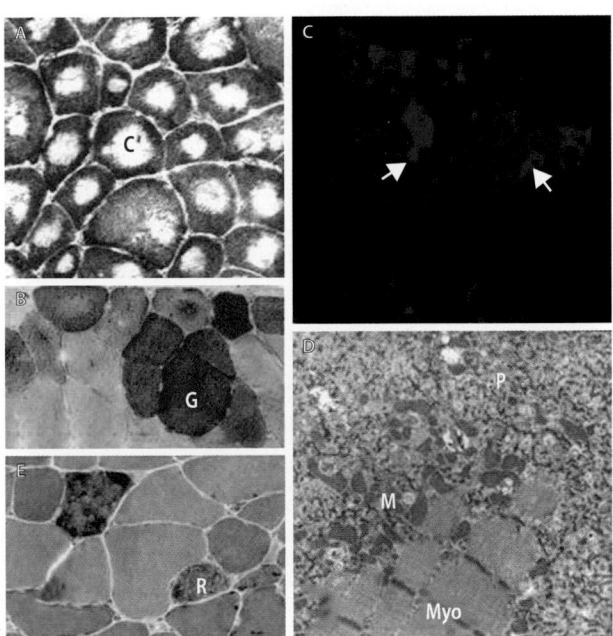

◘ **Abb. 63.14 Histologische Befunde bei primären Myopathien. A** NADH-Tetrazolium gefärbter Schnitt einer Muskelbiopsie von einem Patienten mit einer *Central Core*-Myopathie. Als *central cores* (C) werden die zentralen ungefärbten Areale der Muskelfasern bezeichnet. **B** Vermehrte Glycogeneinlagerung (G) in einer PAS-gefärbten Muskelprobe von einem Patienten mit Morbus Pompe. **C** Vermehrte subsarkolemmale und sarkoplasmatische Desmin-Immunfluoreszenzmarkierung (Pfeile) in einer Muskelbiopsie von einem Patienten mit einer Desmin-Myopathie. **D** Elektronenmikroskopische Darstellung pathologischer Proteinaggregate (P), Myofibrillen (Myo) und Mitochondrien (M) bei einer Desmin-Myopathie. **E** *Ragged red*-Fasern (R) als typische histopathologische Veränderungen einer Mitochondriopathie

Mitochondriopathien Hierbei handelt es sich um Erkrankungen, bei denen die energieliefernden mitochondrialen Vorgänge (v. a. Substratoxidation, Atmungskette) betroffen sind (▶ Abschn. 19.2). Häufig werden sie durch Mutationen im mitochondrialen Genom verursacht. Mitochondriopathien manifestieren sich neben der quergestreiften Muskulatur vornehmlich in Geweben, die durch einen hohen ATP-Verbrauch gekennzeichnet sind (z. B. Auge, Gehirn). Als Fallbeispiel mit multisystemischem Charakter wird im Folgenden eine Patientin mit einem **MELAS-Syndrom** (*mitochondrial encephalopathy with lactate-acidosis and stroke-like episodes*) vorgestellt.

Fallbeispiel 2

Anamnese 43-jährige Patientin mit akut aufgetretener, nach 7 h voll regredienter sensomotorischer Halbseitensymptomatik rechts.

Familienanamnese Mutter Diabetes mellitus, rezidivierende Schlaganfälle, verstorben mit 46 Jahren.

Neurologischer Status Bei Aufnahme gemischte Aphasie, zentrale Facialisparese rechts, sensomotorisches Hemisyndrom rechts.

Labor CK-Wert 270 U/l (Norm: <170 U/l), erhöhte Lactatwerte im Serum und im Liquor als Hinweis auf eine mitochondriale Funktionsstörung, leicht erhöhtes HbA1c mit 6,8 % (Norm: <6; somit Hinweis auf Glucose-Stoffwechselstörung).

Muskelbiopsie In der Gömöri-Trichrom-Färbung Nachweis multipler „*ragged red*-Fasern" („zerrissen und rot") als klassische myopathologische Veränderung bei Mitochondriopathien (◧ Abb. 63.14E).

Genetische Analyse Nachweis einer A3424G-Mutation in der mitochondrialen DNA (im MTTL1 Gen, das für eine Leucyl-tRNA kodiert).

63.5.2 Erworbene Myopathien

Neben der großen Gruppe der erblich bedingten Myopathien und Kardiomyopathien gibt es zahlreiche erworbene Muskelerkrankungen auf der Grundlage immunologischer oder entzündlicher Prozesse, hormoneller Störungen wie auch toxischer Genese. Als charakteristische Leitsymptome bei diesen Erkrankungen sind – analog zu den genetisch bedingten Erkrankungen – die Muskelschwäche und die Erhöhung der Kreatinkinase-Aktivität im Serum (als Ausdruck der Zerstörung betroffener Muskelfasern) zu nennen.

Die Bildung von Autoantikörpern gegen den Acetylcholin-Rezeptor führt zum Krankheitsbild der **Myasthenia gravis**. Infolge der dadurch bedingten Störung der Signaltransduktion an der motorischen Endplatte kommt es zu rezidivierenden Lähmungen. Bei der einfachen Form der Myasthenia gravis betreffen diese v. a. die Augenmuskulatur, schwerere Verläufe betreffen die übrige Muskulatur, wobei Lähmungen der Atemmuskulatur lebensbedrohlich werden. Die klinische Symptomatik dieser autoimmun bedingten Erkrankung ist im folgenden Fallbeispiel umrissen.

Fallbeispiel 3

Anamnese 49-jährige Patientin mit in den Abendstunden auftretenden Doppelbildern und beidseitiger Ptosis (herabhängende Augenlider).

Familienanamnese Unauffällig.

Neurologischer Status Morgens – regelrecht, abends – Ptosis beidseits, nebeneinander stehende Doppelbilder beim Blick nach rechts und links.

Labor Nachweis von Autoantikörpern gegen Acetylcholin-Rezeptoren.

Computertomogramm des Thorax Nachweis eines Thymoms.

Therapie Erhöhung der Acetylcholin-Konzentration an der Endplatte durch Hemmstoffe der Acetylcholinesterase sowie Thymektomie

Toxische (iatrogene) Myopathien werden u. a. durch die Medikation mit Statinen/Fibraten (Cholesterinsenker) und Corticosteroiden (Immunsuppression) ausgelöst. Erstere können im Extremfall zur gefürchteten, als **Rhabdomyolyse** bezeichneten Auflösung der quergestreiften Muskulatur führen. Schließlich sind noch die endokrinen Myopathien (z. B. Schilddrüsenunterfunktion) wie auch die entzündlichen Muskelerkrankungen (Dermatomyositis, Polymyositis) hervorzuheben.

Zusammenfassung

Erkrankungen der Skelettmuskulatur werden als Myopathien bezeichnet. Alle Myopathien gehen mit Muskelschwäche bis hin zu Muskellähmungen einher. Nach ihrem Auslöser kann zwischen
- primären, d. h. angeborenen Myopathien und
- sekundären, d. h. erworbenen Myopathien unterschieden werden.

63

Bei den genetisch bedingten primären Myopathien kommt es, je nach Krankheitsbild, zu mutationsbedingten Funktionseinschränkungen der Komponenten des kontraktilen Apparats, des Sarkolemms, der extrazellulären Matrix oder verschiedener Stoffwechselprozesse. Es handelt sich um schwere, bisher meist unheilbare Erkrankungen.

Die Ursachen sekundärer Myopathien sind außerordentlich vielfältig. Sie reichen von Autoimmunvorgängen wie bei der Myasthenia gravis bis zu endokrinologischen und toxischen Mechanismen.

Weiterführende Literatur

Bücher und Monographien

Engel A, Franzini-Armstrong C (Hrsg) (1994) Myology (2 Bände), 2. Aufl. McGraw-Hill, New York

Kreis T, Vale R (Hrsg) (1999) Guidebook to cytoskeletal and motor proteins. Oxford University Press, Oxford

Pette D, Fürst DO (Hrsg) (1999) The third filament system. Springer, Berlin/Heidelberg/New York

Zilles K, Tillmann BN (Hrsg.) (2010) Anatomie. Springer, Berlin/Heidelberg/New York

Zöllner N (1991) Innere Medizin. Springer, Berlin/Heidelberg/New York

Original- und Übersichtsarbeiten

Berchtold MW, Brinkmeier H, Müntener M (2000) Calcium ion in skeletal muscle: its crucial role for muscle function, plasticity, and disease. Physiol Rev 80:1215–1265

Bers DM (2000) Calcium fluxes involved in control of cardiac myocyte contraction. Circ Res 87:275–281

Bloom W, Fawcett DW (1994) Textbook of histology. Saunders, Philadelphia

Campbell KP (1995) Three muscular dystrophies: loss of cytoskeleton – extracellular matrix linkage. Cell 80:675–679

Crabtree GR (2001) Calcium, calcineurin, and the control of transcription. J Biol Chem 276:2313–2316

Glass DJ (2005) Skeletal muscle hypertrophy and atrophy signaling pathways. Int J Biochem Cell Biol 37:1974–1984

Holmes KC, Geeves MA (2000) The structural basis of muscle contraction. Philos Trans R Soc Lond B 355:419–431

Huxley HE (1969) The mechanism of muscular contraction. Science 164:1356–1366

Mackrill JJ (1999) Protein-protein interactions in intracellular Ca^{2+}-release channel function. Biochem J 337:345–361

Meissner G (1994) Ryanodine receptor/Ca^{2+} release channels and their regulation by endogenous effectors. Annu Rev Physiol 56:485–508

Pette D, Staron RS (1997) Mammalian skeletal muscle fiber type transitions. Int Rev Cytol 170:143–223

Ptacek LJ et al (1993) Genetics and physiology of the myotonic muscle disorders. N Engl J Med 328:482–489

Rayment I, Holden HM (1994) The three-dimensional structure of a molecular motor. TIBS 19:129–134

Schiaffino S, Serrano A (2002) Calcineurin signaling and neural control of skeletal muscle fiber type and size. Trends Pharmacol Sci 23:569–575

Steinberg SF (1999) The molecular basis for distinct β-adrenergic receptor subtype actions in cardiomyocytes. Circ Res 85:1101–1111

Towbin JA (1998) The role of cytoskeletal proteins in cardiomyopathies. Curr Opin Cell Biol 10:131–139

Winegrad S (1999) Cardiac myosin binding protein C. Circ Res 84:1117–1126

Die glatte Muskulatur

Gabriele Pfitzer

Die glatte Muskulatur ist mit Ausnahme des Herzens Bestandteil der Wände der inneren Hohlorgane und der Blutgefäße. Sie ist beteiligt an der Einstellung des Blutdrucks. Sie beeinflusst den Atemwegswiderstand und ist von vitaler Bedeutung für die Funktion des Gastrointestinal- und Urogenitaltrakts. Obwohl die Hauptkomponenten des kontraktilen Apparats der glatten Muskulatur Ähnlichkeiten mit denen der im vorangegangenen Kapitel beschriebenen Skelettmuskulatur haben, ergeben sich im Einzelnen wichtige Unterschiede, welche die Erfüllung der vielfältigen Aufgaben der glatten Muskulatur möglich machen.

Schwerpunkte

64.1 Aufgaben der glatten Muskulatur und funktionelle Einteilungsprinzipien

64.2 Struktur der glatten Muskulatur und Proteine des kontraktilen Apparats
- Organisation der Myofilamente in Minisarkomeren

64.3 Molekulare Grundlagen der Kontraktion
- Mechanische Besonderheiten
- Aktivierung des Querbrückenzyklus durch Phosphorylierung des Myosins

64.4 Regulation der Kontraktion
- Elektro- und pharmakomechanische Kopplung

64.5 Relaxation der glatten Muskulatur
- Die Rolle der zyklischen Nucleotide cAMP und cGMP

64.6 Plastizität der glatten Muskulatur

64.7 Die glatte Muskulatur ist an vielen Erkrankungen der inneren Organe beteiligt

64.1 Aufgaben der glatten Muskulatur und funktionelle Einteilungsprinzipien

Die glatte Muskulatur ist ein wichtiges Stellglied für die Regulation des Blutdrucks. Ihr Tonus bestimmt die Weite der Blutgefäße, wodurch die Durchblutung der einzelnen Organe an den jeweiligen metabolischen Bedarf angepasst wird. Sie beeinflusst den Strömungswiderstand der Atemwege und treibt in peristaltischen Wellen den Speisebrei durch den Gastrointestinaltrakt und den Harn durch die Ureteren. Sie bildet funktionelle Sphinkteren, die sich an kritischen Stellen des Gastrointestinal- und Urogenitaltraktes befinden und den gerichteten Transport und die Kontinenz gewährleisten. Die glatte Muskulatur spielt bei der Funktion reproduktiver Organe eine wichtige Rolle. Besondere Eigenschaften der glatten Muskulatur erlauben es, dass der Inhalt der Gallenblase, des Magens, der Harnblase oder des Rektums ohne nennenswerten Druckanstieg gespeichert wird, und dass diese Speicher durch die synchrone Kontraktion der glatten Muskelzellen in den Wänden der jeweiligen Organe entleert werden. Fehlfunktionen der glatten Muskulatur spielen bei vielen Erkrankungen der inneren Organe eine zentrale Rolle und können lebensbedrohlich sein.

Diese Beispiele zeigen, dass an die glatte Muskulatur ganz unterschiedliche Anforderungen gestellt werden, an die sie wegen einer hohen funktionellen Heterogenität bestens adaptiert ist. Diese Heterogenität spiegelt sich in verschiedenen Klassifikationen wider:

- **Tonisch versus phasisch kontrahierende glatte Muskeln**: Diese Klassifikation beruht auf dem Kontraktionstyp. Im Gastrointestinaltrakt sind beide Kontraktionstypen verwirklicht: Die phasisch rhythmische Aktivität ist die Grundlage der Peristaltik, während die tonisch kontrahierenden Sphinkteren wie Ventile für den gerichteten Transport des Speisebreis von oral nach aboral verantwortlich sind. Tonisch kontrahierende glatte Muskeln findet man vor allem auch in den Wänden vieler Blutgefäße und des Bronchialbaums. Viele glatte Muskeln gehören aber eher einem Mischtyp an, d. h. nach einem initialen phasischen Kraftanstieg kontrahieren sie auf einem niedrigeren Kraftniveau über längere Zeit tonisch.
- *Single unit* versus *multi unit*-**Typ**: Diese Klassifikation orientiert sich am Grad der elektrischen Kopplung der glatten Muskelzellen, was eng mit der Art der Steuerung der Kontraktilität korreliert. Beim *single unit*-Typ sind mehrere glatte Muskelzellen mittels *gap junctions* (▶ Abschn. 12.1.1) elektrisch zu einem funktionellen Synzytium verbunden. Dieser Typ zeigt myogene Spontanaktivität (▶ Abschn. 64.4.2).

Vegetative Nervenfasern modulieren diese myogene Aktivität. Als Beispiel eines funktionellen Synzytiums sei die Darmmuskulatur genannt, bei der sich Aktionspotenziale, die in einer Zelle generiert werden, über *gap junctions* sehr rasch in benachbarte glatte Muskelzellen ausbreiten, sodass es zu einer nahezu synchronen Kontraktion eines Darmsegmentes kommt. Beim *multi unit*-Typ (z. B. die Iris- und Ziliarmuskeln des Auges) kontrahieren die glatten Muskelzellen unabhängig voneinander und sind kaum spontan aktiv. Die Steuerung des Spannungszustandes des *multi unit*-Typs erfolgt primär neuronal über die Transmitter des vegetativen Nervensystems.

- **Kontraktiler versus synthetisch-proliferativer Phänotyp**: Diese Klassifikation orientiert sich am Expressionsgrad der kontraktilen Proteine sowie der Syntheseleistung und Proliferationsrate der glatten Muskelzellen. Der kontraktile Phänotyp ist charakteristisch für die adulte, reife glatte Muskulatur, während der synthetisch-proliferative Phänotyp vor allem in der Embryonalperiode vorkommt. Der kontraktile Phänotyp zeichnet sich durch eine hohe Expression der kontraktilen Proteine aus, während die Syntheseleistung und Proliferationsrate niedrig sind. Umgekehrt ist die Expression der kontraktilen Proteine und damit die Kontraktilität in der embryonalen glatten Muskulatur niedrig, während Syntheseleistung und Proliferationsrate sehr hoch sind. Synthetisiert werden u. a. die Komponenten der Extrazellulärmatrix wie Kollagen und Elastin aber auch Integrine und Cadherine. Die adulten, differenzierten glatten Muskelzellen sind jedoch äußerst plastisch und können ihren Phänotyp in Richtung dedifferenzierter glatter Muskelzellen, d. h. zum synthetisch-proliferativen Phänotyp hin, ändern. Insbesondere unter pathologischen Bedingungen wie etwa beim Bluthochdruck, in arteriosklerotischen Plaques und beim Asthma bronchiale tritt dieser unreife Phänotyp wieder auf.

Bei aller Diversität gibt es jedoch Grundprinzipien des Aufbaus, der chemomechanischen Energietransformation und der Regulation des Spannungszustandes, die im Folgenden dargestellt werden. Für die jeweiligen organspezifischen Eigenschaften wird auf die entsprechenden Darstellungen der Organfunktionen (s. Lehrbücher der Physiologie) verwiesen.

Zusammenfassung
Die glatte Muskulatur ist von vitaler Bedeutung für die Funktion des Kreislaufsystems, des Gastrointestinal- und Urogenitaltraktes und der Lunge. Funktionell weist sie eine hohe Heterogenität auf. Sie wird zum einen in die spontan aktiven phasisch-rhythmisch und die tonisch kontrahierenden glatten Muskeln eingeteilt und zum anderen in den *single unit*-Typ, der spontan aktiv ist, und den *multi unit*-Typ, der über Neurotransmitter und Hormone reguliert wird. Glatte Muskelzellen sind nicht terminal differenziert und können vom kontraktilen zum synthetisch-proliferativen Phänotyp wechseln.

64.2 Struktur der glatten Muskulatur und Proteine des kontraktilen Apparats

64.2.1 Ultrastruktur der differenzierten glatten Muskelzellen

Differenzierte glatte Muskelzellen haben einen zentralen Kern und sind im relaxierten Zustand dünn und spindelförmig. Der Name „glatt" rührt daher, dass im Lichtmikroskop keine Querstreifung sichtbar ist. Dies liegt daran, dass die elektronenmikroskopisch erkennbaren Filamente weit weniger regelmäßig angeordnet sind als in der quergestreiften Muskulatur. Man kann drei Filamenttypen unterscheiden: Actinfilamente, Myosinfilamente und die Intermediärfilamente.

Die zahlreichen **dünnen Actinfilamente** verlaufen diagonal in Längsrichtung der glatten Muskelzellen (◻ Abb. 64.1A). Sie sind im Zellinneren und an der Plasmamembran an elektronendichten Strukturen verankert, den „dichten Körperchen" (*dense bodies*) bzw. „dichten Bändern" (*dense bands*). Diese enthalten das Z-Scheibenprotein α-Actinin und entsprechen den Z-Scheiben der quergestreiften Muskulatur. Zwischen den Actinfilamenten befinden sich die **dicken Myosinfilamente**, deren Zahl viel geringer ist als die der Actinfilamente (1 Myosinfilament pro 15 Actinfilamente). Funktionell entspricht diese Anordnung einem Sarkomer, man spricht in der glatten Muskulatur folgerichtig von sog. **Minisarkomeren** (◻ Abb. 64.1C). Die *dense bands* sind für die mechanische Ankopplung des kontraktilen Apparats an die Zellmembran und an die extrazelluläre Matrix sowie für die mechanische Kopplung der glatten Muskelzellen untereinander von Bedeutung. Die **intermediären Filamente** enthalten die Proteine Desmin und Vimentin, die zu den Cytoskelett-Proteinen gerechnet werden. Sie vernetzen die *dense bodies* und *dense bands* miteinander (◻ Abb. 64.1A).

64.2.2 Proteine des kontraktilen Apparats der glatten Muskulatur

❯ Die dünnen Filamente bestehen aus Actin und mit Actin-assoziierten Proteinen.

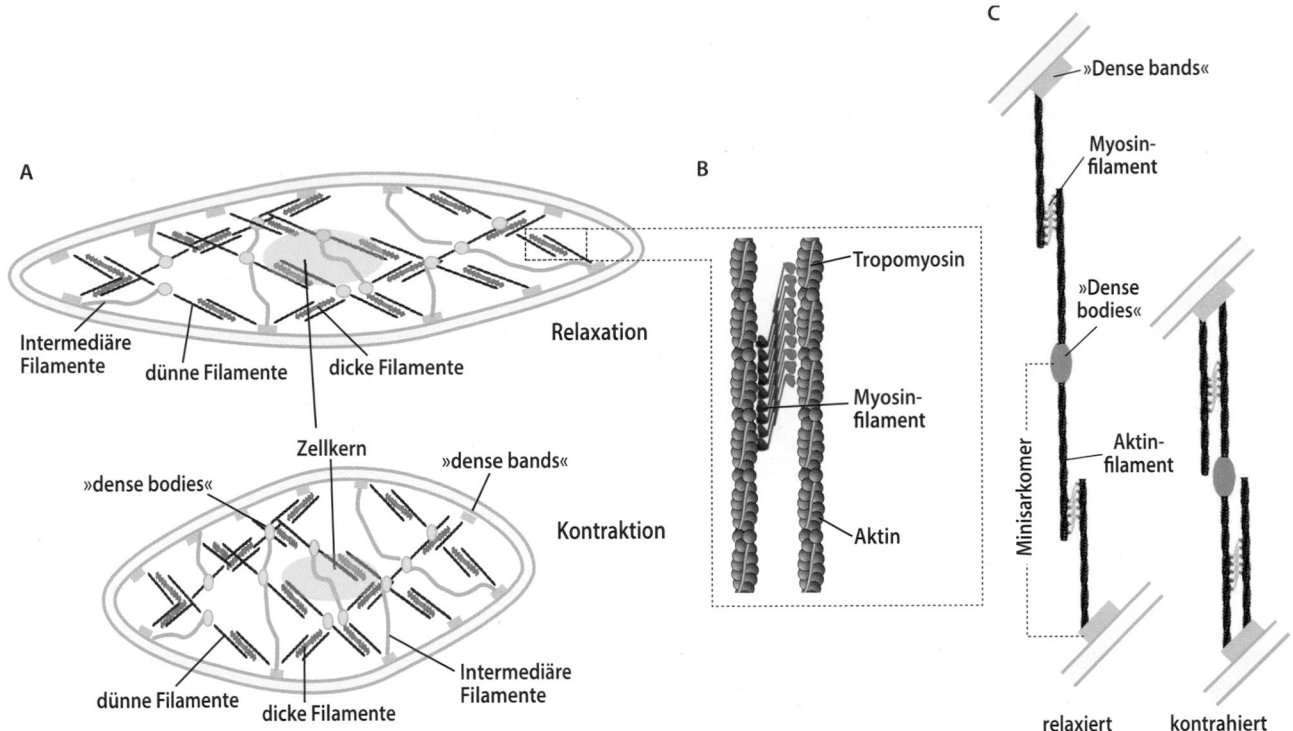

■ **Abb. 64.1   Schematische Darstellung der Anordnung der Interme-diär- und Myofilamente der glatten Muskulatur. A**: Spindelförmige glatte Muskelzellen sind von Actin-, Myosin- und intermediären Fila-menten durchzogen. Die Actinfilamente heften im Sarkoplasma an die *dense bodies* an, die funktionell den Z-Scheiben der quergestreiften Muskulatur entsprechen (man spricht von Minisarkomeren). Die An-heftung an das Sarkolemm erfolgt an den *dense bands. Dense bodies* und *dense bands* sind außerdem Ansatzpunkte von Intermediärfilamen-ten. **B**: Zwischen den Actinfilamenten befinden sich die seitenpolaren Myosinfilamente, aus denen die Myosinköpfe antiparallel herausragen. **C**: Verkürzung der Minisarkomere bei der Kontraktion. Durch die sei-tenpolare Anordnung der Myosinköpfe können die Actinfilamente bei-derseits der Myosinfilamente in entgegengesetzte Richtung an diesen vorbei und über sie hinausgleiten. (Adaptiert nach Rüegg 1986)

Actin (MW ~42 kDa) ist ein globuläres Protein, das unter physiologischen Salzkonzentrationen spontan zu Filamenten aggregiert (▶ Abschn. 13.2 und 63.2.3). In Längsrichtung der Actinfilamente sind **Tropomyosin** (■ Abb. 64.1B) und **Caldesmon**, beides fadenförmige Moleküle, sowie **Calponin** gebunden. Ein wesentlicher Unterschied zur quergestreiften Muskulatur besteht darin, dass der Troponinkomplex fehlt. Die Rolle des Ca^{2+}-Sensors übernimmt das ubiquitär vorkommende, cytoplasmatische Protein **Calmodulin**. Calmodulin ist ein hoch konserviertes, hantelförmiges Molekül mit zwei globulären Enden, die je zwei Ca^{2+}-Ionen mit hoher Af-finität binden können (▶ Abschn. 35.3.3). Caldesmon und Calponin greifen möglicherweise modulierend in die Regulation der Kontraktion ein.

> In den Myosinfilamenten der glatten Muskulatur sind die Myosinköpfe seitenpolar angeordnet.

Das **Myosin** (MW ~500 kDa) der glatten Muskulatur gehört wie die Myosine der quergestreiften Muskulatur zum Typ II der Myosin-Superfamilie. Wie alle Mitglie-der dieses Typs besteht es aus sechs Untereinheiten: den beiden schweren Ketten (*myosin heavy chain*, MHC) und pro MHC jeweils einer essenziellen leichten Kette (*essen-tial myosin light chain*, EMLC) und einer regulatorischen leichten Kette (*regulatory myosin light chain*, RMLC), die phosphoryliert werden kann (▶ Abschn. 64.3.3). Die Struktur des Myosinmoleküls ist vergleichbar der Struktur der Myosine der quergestreiften Muskulatur. Wie in dieser befinden sich die Bindestellen für Actin und ATP im distalen Teil der N-terminalen globulären Kopfdomäne der MHC, auch Motordomäne genannt (▶ Abschn. 63.2.4). Im proximalen Teil der Kopf-domäne, dem sogenannten Hebelarm, sind die beiden leichten Ketten durch hydrophobe Wechselwirkungen angelagert. Die Kontraktion kommt wie in der quer-gestreiften Muskulatur dadurch zustande, dass die Motordomäne unter Hydrolyse von ATP stereospezi-fisch Querverbindungen mit Actin im sog. Querbrü-ckenzyklus eingeht (▶ Abschn. 63.2.4). Ein wichtiger Unterschied besteht jedoch darin, dass in der glatten

Muskulatur die Phosphorylierung der RMLC Voraussetzung für die Aktivierung des Querbrückenzykluses ist (▶ Abschn. 64.3.3).

Ein weiterer wichtiger Unterschied besteht auch in der Struktur der Myosinfilamente. Zwar entstehen diese wie in der quergestreiften Muskulatur dadurch, dass sich Hunderte von Myosinmolekülen im Bereich ihrer C-terminalen stabförmigen Schwanzregion unter physiologische Bedingungen aneinander anlagern. Es entstehen jedoch nicht wie in der quergestreiften Muskulatur bipolare Filamente, aus denen an beiden Enden die Myosinköpfe in quasi helicaler Orientierung herausragen (▶ Abschn. 63.2.3, ◻ Abb. 63.5), sondern bandförmige seitenpolare Filamente. Diese entstehen dadurch, dass sich unter physiologischen Bedingungen antiparallel orientierte Myosindimere aneinander anlagern und die Myosinköpfe zu beiden Seiten (seitenpolar) aus den Bändern herausragen. Sie haben auf der Vorder- bzw. Rückseite entgegengesetzte, d. h. antiparallele Orientierung (◻ Abb. 64.1B). Warum die Filamentbildung so unterschiedlich ist, ist nicht genau bekannt. Die fundamental andere Struktur der Myosinfilamente der glatten Muskulatur hat wichtige funktionelle Konsequenzen wie in ▶ Abschn. 64.3.1 erläutert wird.

> **Zusammenfassung**
>
> Der glatten Muskulatur fehlt die Querstreifung. Die dünnen Actinfilamente verlaufen diagonal durch die glatten Muskelzellen und sind an „*dense bodies*" in der Zelle und an „*dense bands*" an der Zellmembran verankert. Zwischen den Actinfilamenten liegen die dicken Myosinfilamente. Man spricht von Minisarkomeren. Die *dense bodies* sind durch die Intermediärfilamente des Cytoskeletts miteinander vernetzt. Die dünnen Filamente besitzen keinen Troponinkomplex. Der Ca^{2+}-Sensor der glatten Muskulatur ist Calmodulin.

64.3   Molekulare Grundlagen der Kontraktion

64.3.1   Mechanische Besonderheiten der glatten Muskulatur

Die glatte Muskulatur kann im Vergleich zur quergestreiften Muskulatur erheblich stärker passiv gedehnt werden, bevor sie ihre Fähigkeit zur aktiven Kontraktion einbüßt. Umgekehrt kann sie sich auch sehr viel stärker als die quergestreifte Muskulatur aktiv

verkürzen (◻ Abb. 64.1C). Dies ist besonders wichtig in viszeralen Organen mit Speicherfunktion, wie etwa der Harnblase und dem Magen, die bei zunehmender Füllung sehr stark gedehnt werden, sich aber bei der aktiven Entleerung erheblich verkürzen müssen. Verantwortlich hierfür sind die größere Länge der Filamente und die Struktur der Minisarkomere. Wegen der seitenpolar orientierten Myosinmoleküle können die Actinfilamente über einen großen Bereich in entgegengesetzter Richtung beidseits entlang der Myosinfilamente gleiten, ohne dass sie auf entgegengesetzt orientierte Myosinmoleküle treffen (◻ Abb. 64.1C), wie dies in der quergestreiften Muskulatur bei kurzen Sarkomerlängen (<2,0 μm) der Fall ist (◻ Abb. 63.4). Zudem bleibt anders als in der quergestreiften Muskulatur die Überlappung der dicken und dünnen Filamente bei großen Vordehnungen noch erhalten. Obwohl das Verhältnis von Myosin- zu Actinfilamenten in der glatten Muskulatur geringer ist als in der quergestreiften, kann sie auf den Querschnitt bezogen gleich große oder sogar noch größere Kräfte entwickeln. Ein Grund dafür liegt wieder in der seitenpolaren Anordnung der Myosinköpfe und der insgesamt größeren Filamentlänge, da dadurch mehr Myosinköpfe, d. h. molekulare Kraftgeneratoren parallel aktiv sein können.

64.3.2   Querbrückenzyklus der glatten Muskulatur

Die Kontraktion der glatten Muskulatur beruht genau wie die des Skelettmuskels auf dem sog. **Gleitfilamentmechanismus** (▶ Abschn. 63.2.4). Hierbei gleiten die Actin- und Myosinfilamente sowohl bei passiver Dehnung als auch bei aktiver Kontraktion aneinander vorbei, ohne dass die einzelnen Filamente ihre Länge verändern. Bei aktiver Kontraktion verkürzen sich die Minisarkomere angetrieben durch den **Querbrückenzyklus**. Dieser läuft ähnlich wie in der quergestreiften Muskulatur ab (▶ Abschn. 63.2.4), jedoch etwa 100- bis 1000-mal langsamer. Dies liegt vermutlich an der viel höheren **ADP-Affinität** des glattmuskulären Myosins. Dadurch dissoziiert ADP viel langsamer am Ende des Kraftschlags ab (vgl. Querbrückenschema Skelettmuskel in ◻ Abb. 63.7C, Schritt 6), d. h. die Querbrücken verweilen länger im kraftgenerierenden Schritt. Dies hat wichtige funktionelle Konsequenzen:

- die **Verkürzungsgeschwindigkeit** der glatten Muskulatur ist sehr viel langsamer als die der quergestreiften Muskulatur,
- die **Halteökonomie** ist dagegen sehr hoch.

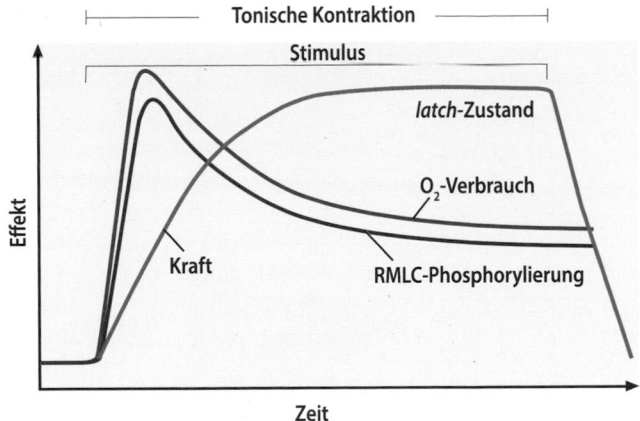

○ **Abb. 64.2 Zeitliche Beziehung zwischen Kraft, Phosphorylierung der regulatorischen leichten Ketten (RMLC) und dem Sauerstoffverbrauch in einem tonisch kontrahierenden glatten Muskel am Beispiel eines Blutgefäßes.** Die Aktivierung mit einem kontrahierenden Stimulus, z. B. durch Noradrenalin, führt zu einem raschen Anstieg der RMLC-Phosphorylierung, der zeitlich dem Kraftanstieg vorauseilt. Während der tonischen Phase sinkt die RMLC-Phosphorylierung auf niedrigere Werte ab. Parallel dazu nimmt auch der Sauerstoffverbrauch als Ausdruck des erniedrigten ATP Verbrauchs ab, d. h. die Kraft wird sehr ökonomisch aufrechterhalten. Dieser Zustand, der auch *latch* genannt wird, wird wahrscheinlich durch sehr langsam ablaufende Querbrückenzyklen aufrechterhalten (○ Abb. 64.3).

Da der ATP-Umsatz sehr viel niedriger ist als in der Skelettmuskulatur, ist auch der Sauerstoffverbrauch geringer. Dieser sinkt während lang anhaltender tonischer Kontraktionen im Vergleich zum Kraftanstieg sogar ab, d. h. die glatte Muskulatur kann ihren Energieumsatz während tonischer Kontraktionen drosseln (○ Abb. 64.2) und geht in einen besonders ökonomischen Zustand über, den man **latch-Zustand** (*latch* = Riegel, verriegeln) nennt (▶ Abschn. 64.3.3). Da auch die lastfreie Verkürzungsgeschwindigkeit sinkt, die ein Maß für die Querbrückenzyklusfrequenz ist, nimmt man an, dass im *latch*-Zustand die Querbrücken sehr langsam oder sogar gar nicht mehr zyklieren und so länger im kraftgenerierenden Schritt verweilen (○ Abb. 64.3). Entsprechend sinken der ATP-Umsatz und auch der Sauerstoffverbrauch.

64.3.3 Aktivierung des Querbrückenzyklus durch Ca²⁺-abhängige Phosphorylierung des Myosins

Voraussetzung für die Aktivierung des Querbrückenzyklus ist die **Phosphorylierung der regulatorischen leichten Ketten des Myosins** (RMLC) an einem Serinrest (Ser 19) kurz Myosinphosphorylierung genannt (○ Abb. 64.3). Myosin ist also ein Mechano-Enzym, das chemisch gespeicherte Energie in mechanische Arbeit und Wärme umwandelt und dessen Aktivität durch Phosphorylie-

rung reguliert wird (▶ Abschn. 8.5). Je höher der Phosphorylierungsgrad der glatten Muskulatur ist, desto mehr Myosine sind „angeschaltet", desto höher ist die Kontraktionsstärke. Im dephosphorylierten Zustand ist Myosin inaktiv, da einer der beiden Köpfe des Myosins statt an Actin an den zweiten Myosinkopf bindet, und zwar so, dass dieser nicht mehr in der Lage ist, eine kraftgenerierende Wechselwirkung mit Actin einzugehen. Die Phosphorylierung der RMLC bewirkt eine Konformationsänderung des Myosins, sodass die Myosinköpfe im Querbrückenzyklus mit Actin interagieren können. Das Myosin der glatten Muskulatur muss also für die Kontraktionsauslösung aktiviert werden.

Während lang andauernder tonischer Kontraktionen, d. h. im *latch*-Zustand nimmt der Grad der Myosinphosphorylierung wie oben beschrieben in der Regel etwas ab, obwohl die Kraft weiter aufrechterhalten wird (○ Abb. 64.2). Eine Erklärung hierfür ist, dass dephosphorylierte Myosinquerbrücken im Vergleich zu phosphorylierten länger im kraftgenerierenden Schritt an Actin gebunden bleiben, da sie eine höhere ADP-Affinität als phosphorylierte Querbrücken haben. Sie tragen daher länger zur aktiven Kraft bei (○ Abb. 64.3). Dies könnte die hohe Halteökonomie während tonischer Kontraktionen, d. h. den *latch*-Zustand, erklären.

❯ Die Myosinphosphorylierung erfolgt durch eine Ca²⁺-aktivierte Proteinkinase, die Myosin-leichte-Ketten-Kinase.

Der Grad der Myosinphosphorylierung wird durch zwei gegenläufige Enzyme eingestellt (○ Abb. 64.3):
- durch die Ca²⁺-Calmodulin aktivierte **Myosin-leichte-Ketten-Kinase** (MLCK) und
- die **Myosin-leichte-Ketten-Phosphatase** (MLCP).

Die **MLCK** ist ein langgestrecktes Protein mit N-terminalen Actin- und C-terminalen Myosinbindungsstellen, die die MLCK mit dem kontraktilen Apparat verankern. C-terminal von dem katalytischen Zentrum mit den Bindungsstellen für die beiden Substrate ATP und RMLC befindet sich eine autoinhibitorische Domäne, die eine hohe Sequenzhomologie zu der RMLC hat (Pseudosubstrat). Diese Domäne schirmt bei niedrigen Ca²⁺-Konzentrationen ($<10^{-7}$ mol/l) das katalytische Zentrum ab, sodass es nicht an die RMLC binden und diese phosphorylieren kann. Steigt die Ca²⁺-Konzentration im Cytoplasma auf über 10^{-7} mol/l an, binden Ca²⁺-Ionen an Calmodulin, wodurch sich die Konformation des Calmodulins ändert. Der **(Ca²⁺)₄-Calmodulin-Komplex** bindet an die autoinhibitorische Domäne der MLCK, die sich dadurch vom katalytischen Zentrum entfernt. Der (Ca²⁺)₄-Calmodulin-MLCK-Holoenzymkomplex kann nun sein Substrat, die regula-

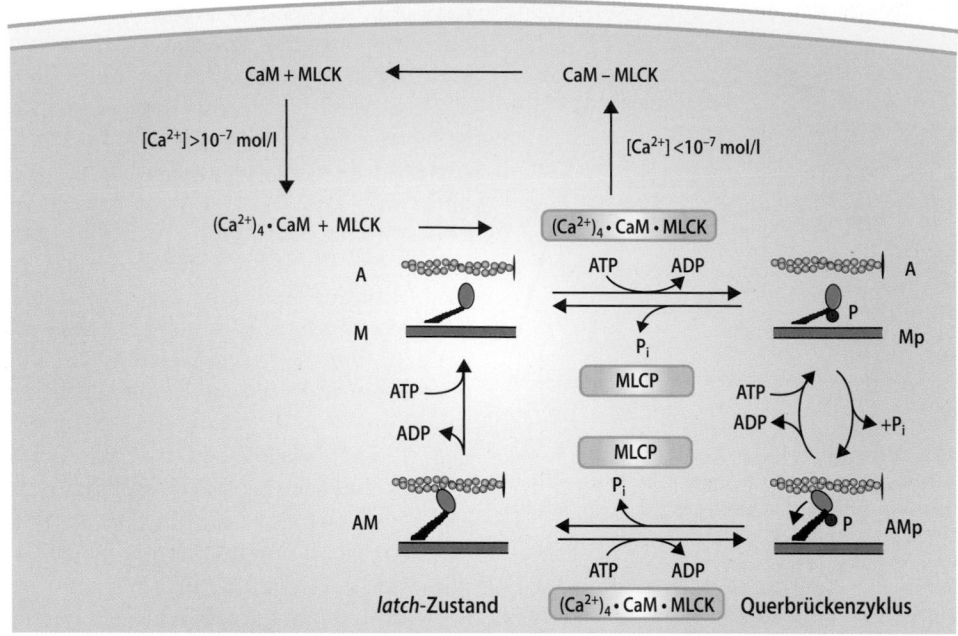

Abb. 64.3 Phosphorylierung und Dephosphorylierung der regulatorischen leichten Ketten des Myosins und der Querbrückenzyklus. Wenn die cytosolische Ca^{2+}-Konzentration auf $>10^{-7}$ mol/l ansteigt, bildet sich der $(Ca^{2+})_4$-Calmodulin (CaM)-Komplex, der die Myosinleichte-Ketten-Kinase (MLCK) aktiviert. Der aktive MLCK-Holoenzymkomplex überträgt die γ-Phosphatgruppe von ATP (P, roter Punkt) auf Serin 19 der regulatorischen leichten Ketten des Myosins (RMLC). *A*: Actinfilamente, *M* und *M_p*: Myosinquerbrücken, deren RMLC dephosphoryliert, bzw. phosphoryliert sind. M_p können im Querbrückenzyklus unter Spaltung von ATP kraftgenerierende Verbindungen mit Actin (AM_p) eingehen, wobei der Querbrückenzyklus in mehreren sequenziellen Schritten wie in der Ske-

lettmuskulatur abläuft. *AM*: angeheftete Querbrücken, die durch Dephosphorylierung von an Actin angehefteten Querbrücken entstehen. Die gebogenen Pfeile symbolisieren den Querbrückenzyklus. Zur Kraft tragen sowohl AM_p als auch AM bei. AM-Querbrücken (sog. *latch*-Brücken) dissoziieren viel langsamer als AM_p-Querbrücken vom Actin, da ihre ADP-Affinität höher ist, sodass die Halteökonomie im *latch*-Zustand sehr hoch ist. Sinkt die Ca^{2+}-Konzentration auf Werte $<10^{-7}$ mol/l ab, dann dissoziiert der MLCK-Holoenzymkomplex, die Myosinphosphatase (MLCP) dephosphoryliert die RMLC, neue kraftgenerierende Querbrücken können nicht mehr gebildet werden, die glatte Muskulatur relaxiert.

torischen leichten Ketten des Myosins (RMLC), binden und diese phosphorylieren. Unter Spaltung von ATP kann dann der Querbrückenzyklus ablaufen.

> Die Dephosphorylierung des Myosins erfolgt durch eine Myosin-Leichte-Ketten-Phosphatase (MLCP).

Sinkt die Ca^{2+}-Konzentration unter Werte $<10^{-7}$ mol/l, dann dissoziiert der Ca^{2+}-Calmodulin-MLCK-Komplex. Dies genügt jedoch nicht für die Auslösung der Relaxation! Der Querbrückenzyklus läuft nämlich noch so lange weiter ab, wie die Myosinquerbrücken phosphoryliert sind. Erst wenn diese durch die MLCP dephosphoryliert werden, kommt es zur Relaxation. Die **MLCP** ist eine Typ-1-Phosphoprotein-Phosphatase. Wie alle Phosphatasen dieses Typs (Abb. 15.9) besteht sie aus einer kata-

lytischen (PP1-C) und einer regulatorischen Untereinheit, MYPT1 (*myosin phosphatase targeting subunit 1*) genannt. Letztere bindet die katalytische Untereinheit an ihr Zielprotein Myosin und ist für die Substratspezifität verantwortlich.

Die MLCP ist konstitutiv aktiv, sodass Myosin nur dann phosphoryliert wird, wenn die MLCK aktiver als die MLCP ist. Dies bedeutet, dass im aktivierten glatten Muskel die Phosphorylierungs- und Dephosphorylierungsreaktionen kontinuierlich ablaufen. In der glatten Muskulatur muss ATP also nicht nur für die mechanische Arbeit zur Verfügung gestellt werden, sondern auch für den Aktivierungsmechanismus. Einmal phosphorylierte Querbrücken können jedoch mehrmals den Querbrückenzyklus durchlaufen, bevor sie dephosphoryliert werden. Sie müssen rephosphoryliert werden, um wieder an Actin binden zu können.

Skinned fibers **als Modellsystem.** Der Nachweis, dass die Phosphorylierung der RMLC notwendig und ausreichend für die Auslösung der Kontraktion ist, wurde in sog. chemisch „gehäuteten" glatten Muskelfasern (*skinned fibers*) erbracht. In diesen Präparaten wird die Zellmembran durch Herauslösen der Phospholipide mithilfe von Detergentien entfernt. Da die kontraktilen und cytoskeletalen Filamente intakt bleiben, kann in einem Myographen die Kontraktion aufgezeichnet werden. Die Präparate befinden sich in einer pH-gepufferten Nährlösung, die MgATP und EGTA enthält. EGTA bildet mit Ca^{2+} einen festen Chelatkomplex, sodass die Nährlösung Ca^{2+}-frei ist, die Präparate sind relaxiert. Gibt man nun eine konstitutiv aktive MLCK in die Nährlösung, die frei zu den Minisarkomeren diffundieren kann, da die Membranbarriere durch das Detergens entfernt wurde, dann kommt es zur Phosphorylierung der RMLC und zur Kraftentwicklung ganz ohne einen Anstieg der Ca^{2+}-Konzentration. Die konstitutiv aktive MLCK erhält man dadurch, dass durch limitierte Proteolyse die autoinhibitorische Domäne abgespalten wird, d. h. sie muss nicht durch den $(Ca^{2+})_4$-Cal-

modulin-Komplex aktiviert werden. Im Gegensatz zum Myosin des glatten Muskels, das wie beschrieben für die Kontraktionsauslösung durch Phosphorylierung der RMLC aktiviert werden muss, muss in der Skelettmuskulatur Myosin für die Kontraktionsauslösung nicht aktiviert werden, da es permanent aktiv ist. Bei niedrigen Ca^{2+}-Konzentrationen hemmt der Troponinkomplex, der in der quergestreiften Muskulatur die Ca^{2+}-Regulation vermittelt, zusammen mit Tropomyosin den Querbrückenzyklus, sodass die Skelettmuskeln trotz aktiven Myosins relaxiert bleiben. Fällt die Hemmung weg, indem man in „*skinned fibers*" der Skelettmuskulatur chemisch den Troponinkomplex extrahiert, dann kontrahieren die *skinned fibers* selbst in Abwesenheit von Ca^{2+}. Nach Rekonstitution mit dem Troponinkomplex erschlaffen sie wieder. Die rekonstituierten Fasern kontrahieren, wenn in der Nährlösung die Ca^{2+}-Konzentration auf Werte über 10^{-7} mol/l erhöht wird und Ca^{2+} in Folge an den Troponin-Komplex bindet, wodurch die Hemmwirkung des Troponinkomplexes aufgehoben wird (▶ Abschn. 63.2.4).

64.3.4 Ca^{2+}-unabhängige Modulation der Myosinphosphorylierung

Sowohl die MLCK als auch die MLCP sind das Ziel von intrazellulären Signalkaskaden, an deren Ende Proteinkinasen stehen, die die Aktivität dieser beiden Enzyme durch Phosphorylierung modulieren. Die Modulation der Aktivitäten dieser Enzyme hat zur Folge, dass die Beziehung zwischen Kraft und cytosolischer Ca^{2+}-Konzentration variabel ist.

Die **MLCK** kann an mehreren Serinresten durch die **cAMP-aktivierte Proteinkinase A (PKA)** und **CaM-Kinase II** phosphoryliert werden, wodurch die Affinität der MLCK für den $(Ca^{2+})_4$-Calmodulin-Komplex abnimmt. Die phosphorylierte MLCK ist also bei einer gegebenen Ca^{2+}-Konzentration weniger aktiv als die dephosphorylierte. Funktionell führt dies zu einer Kraftminderung bei konstanter Ca^{2+}-Konzentration, d.h. ohne Erniedrigung der cytoplasmatischen Ca^{2+}-Konzentration. Man spricht von **Ca^{2+}-Desensitivierung**. Es ist nicht abschließend geklärt, ob die *in vitro* beobachtete PKA-abhängige Phosphorylierung der MLCK unter physiologischen Bedingungen relevant ist. Die Phos-

phorylierung der MLCK durch die CaM-Kinase II, die ebenfalls ein Ca^{2+}-Calmodulin reguliertes Enzym ist, könnte einen Feedback-Mechanismus darstellen, der eine überschießende Aktivierung der MLCK durch Ca^{2+} verhindert.

Funktionell von größerer Bedeutung ist die **Aktivitätsminderung** bzw. **-steigerung** der **MLCP** (◨ Abb. 64.4). Die **Aktivitätsminderung** erfolgt im Wesentlichen über zwei Mechanismen:

- Phosphorylierung der regulatorischen Untereinheit MYPT1 an zwei Threoninresten durch die **Rho-Kinase (ROK, ▶ Abschn. 64.4.4)**. Die Phosphorylierung von MYPT1 führt u. a. zur Dissoziation der regulatorischen von der katalytischen Untereinheit und in Folge zur Aktivitätsminderung der MLCP (▶ Abschn. 15.2).
- Phosphorylierung des Inhibitors der MLCP **CPI-17** (*C-kinase activated PP-1 inhibitor*). CPI-17 ist ein Peptid, das vor allem in der tonischen glatten Muskulatur exprimiert wird. Es hemmt die MLCP insbesondere dann, wenn es durch die Proteinkinase C oder die Rho-Kinase phosphoryliert wurde. Phosphoryliertes CPI-17 bindet mit hoher Affinität an die

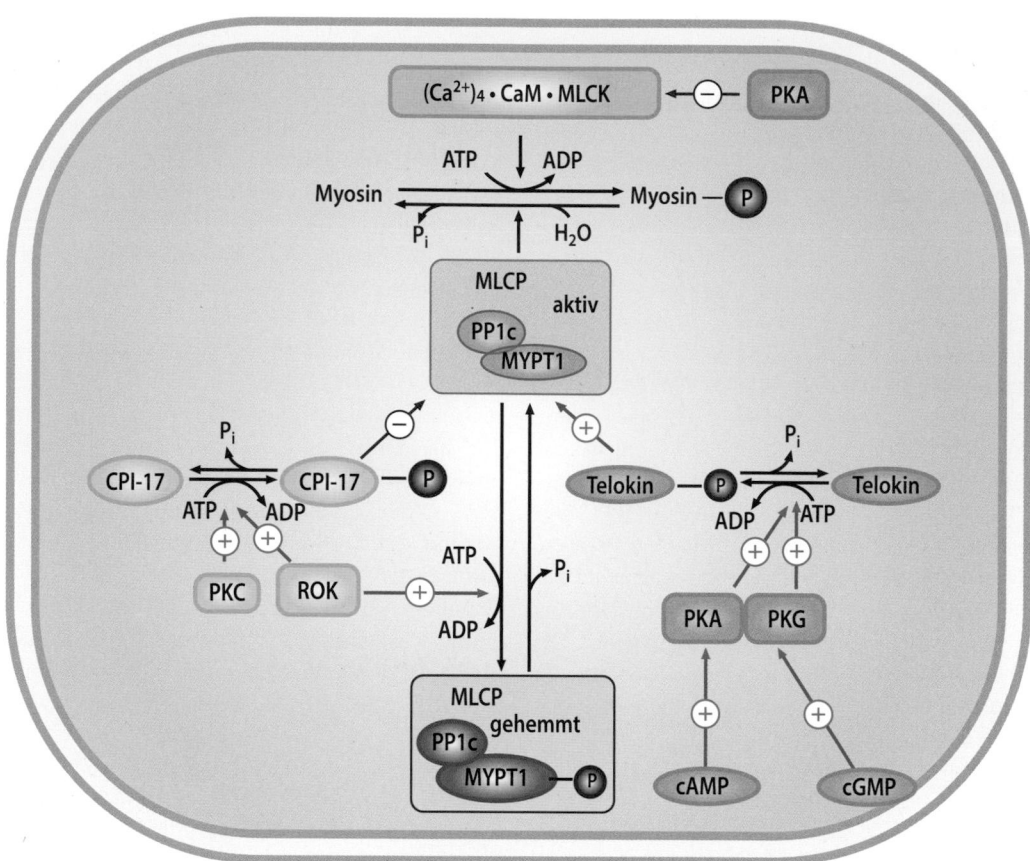

◘ Abb. 64.4 Modulation der Myosinphosphatase-Aktivität durch Proteinkinasen. Die Myosinphosphatase (MLCP) besteht aus der katalytischen (PP1c) und einer regulatorischen Untereinheit (MYPT1) und ist konstitutiv aktiv. Die MLCP kann gehemmt werden durch Phosphorylierung der MYPT1 durch die Rho-Kinase und durch das Inhibitorprotein CPI-17, dessen Wirkung durch Phosphorylierung durch die PKC und Rho-Kinase (ROK) verstärkt wird. Die Aktivitätsabnahme der MLCP hat zur Folge, dass sich das Gleichgewicht zwischen MLCK und MLCP zugunsten der MLCK verschiebt und die Myosinphosphorylierung und damit die Kraft bei konstanter cytoplasmatischer Ca^{2+}-Konzentration steigt. Die cAMP-PKA bzw. cGMP-PKG Signalkaskaden führen zur Aktivitätssteigerung der MLCP u. a. durch Phosphorylierung von Telokin und durch Dephosphorylierung von MYPT1 durch noch nicht charakterisierte Phosphatasen. Die Aktivitätszunahme der MLCP hat zur Folge, dass bei konstanter cytoplasmatischer Ca^{2+}-Konzentration die Myosinphosphorylierung und damit die Kraft sinkt

MLCP und wirkt wie ein Pseudosubstrat. Dadurch hemmt es die Dephosphorylierung der RMLC durch die MLCP.

Eine **Aktivitätssteigerung der MLCP** erfolgt

- unter dem Einfluss der cAMP- bzw. cGMP-abhängigen Proteinkinase (PKA und PKG) durch Dephosphorylierung der Threoninreste von MYPT1, d. h. durch Disinhibition der MLCP (▶ Abschn. 64.5.2);
- in **phasischen** glatten Muskeln zusätzlich durch das Protein **Telokin,** das vorwiegend in viszeralen phasischen glatten Muskeln exprimiert wird. Telokin führt zu einer Aktivitätszunahme der MLCP insbesondere nach Phosphorylierung durch die PKA bzw. PKG.

Die Aktivitätsminderung der MLCP führt dazu, dass bei einer konstanten cytoplasmatischen Ca^{2+}-Konzentration, d. h. konstanter Aktivierung der MLCK, die leichten Ketten des Myosins vermehrt phosphoryliert werden und die Kraft zunimmt; man spricht von **Ca^{2+}-Sensitivierung** (◘ Abb. 64.6, links unten). Umgekehrt kommt es bei einer Aktivitätssteigerung der MLCP zu einer **Ca^{2+}-Desensitivierung** (◘ Abb. 64.6, rechts unten). Die Aktivierung der MLCP hat also dieselbe Wirkung auf die Kraft-Calcium-Beziehung wie die Hemmung der MLCK (s. o.). Diese Prozesse spielen bei der hormonellen Regulation des Tonus der glatten Muskulatur durch Neurotransmitter und Hormone eine wichtige Rolle (▶ Abschn. 64.4.4 und 64.5.2).

Zusammenfassung

Grundlage der Kontraktion ist der Gleitfilamentmechanismus, der durch den Querbrückenzyklus angetrieben wird. Dieser erfolgt im Vergleich zur quergestreiften Muskulatur 100- bis 1000-mal langsamer.

Dadurch kontrahiert die glatte Muskulatur außerordentlich ökonomisch, allerdings ist die Verkürzungsgeschwindigkeit niedrig. Die glatte Muskulatur ist damit bestens adaptiert für unermüdliche Haltefunktionen. Sie kann sich über einen weit größeren Längenbereich aktiv verkürzen und auch passiv sehr viel stärker gedehnt werden, ohne ihre aktive Kontraktionsfähigkeit einzubüßen. Diese Besonderheiten haben ihre Ursache in den enzymkinetischen Eigenschaften des Myosins und der seitenpolaren Struktur der Myosinfilamente.

Das Myosin unterscheidet sich von dem der quergestreiften Muskulatur darin, dass es aktiviert werden muss. Dies geschieht durch die Phosphorylierung der regulatorischen leichten Ketten des Myosins (RMLC). Auch im glatten Muskel wird die Kontraktion durch den Anstieg der cytoplasmatischen Ca^{2+}-Konzentration angestoßen. Ca^{2+} bindet an Calmodulin, der Ca^{2+}-Calmodulin-Komplex aktiviert die Myosinleichte-Ketten-Kinase (*myosin light chain kinase*, MLCK), die wiederum die RMLC phosphoryliert. Die Phosphorylierungsreaktion wird beendet, wenn die cytosolische Ca^{2+}-Konzentration unter 10^{-7} mol/l abfällt. Der Querbrückenzyklus wird beendet, wenn die RMLC durch eine Myosin-leichte-Ketten-Phosphatase (MLCP) dephosphoryliert wird. Dies leitet die Relaxation ein. Die Aktivitäten der MLCK und MLCP können durch Proteinkinasen Ca^{2+}-unabhängig reguliert werden.

64.4 Regulation der Kontraktion

Die Aktivierung der glatten Muskulatur kann **elektrisch** durch Depolarisation der Zellmembran wie auch durch Aktionspotenziale (elektromechanische Kopplung, ▶ Abschn. 64.4.2), sowie **chemisch** durch eine Vielzahl extrazellulärer Botenstoffe (pharmakomechanische Kopplung, (▶ Abschn. 64.4.3 und 64.4.4)) und **mechanisch** durch Dehnung erfolgen. Wie eingangs geschildert, ist der Kontraktionsmodus – phasisch/rhythmisch oder eher tonisch – an die organspezifischen Funktionen angepasst. Daher ist es auch nicht verwunderlich, dass die Regulationsmechanismen komplexer sind als in der quergestreiften Muskulatur. Die an die jeweilige Organfunktion angepasste Tonusregulation wird durch ein organspezifisches Expressionsmuster der daran beteiligten Ionenkanäle, Signalmoleküle und Proteine des kontraktilen Apparats erreicht. Darüber hinaus ist die glatte Muskulatur selten völlig relaxiert oder maximal aktiviert. Kontraktile und relaxierende Mechanismen stehen in einem dynamischen Gleichgewicht, das sich je nach Situation eher in Richtung Kontraktion oder in Richtung Rela-

xation verschiebt. Manche Hormone können sowohl eine Kontraktion als auch eine Relaxation auslösen. Dies hängt davon ab, welcher Rezeptor und welche nachgeschalteten intrazellulären Signalkaskaden von dem Hormon aktiviert werden. So wirkt beispielsweise in Blutgefäßen Noradrenalin über den α_1-adrenergen Rezeptor kontrahierend und über den β_2-adrenergen Rezeptor relaxierend. Im Folgenden werden zunächst die Mechanismen beschrieben, die für die Kontraktion und daran anschließend jene, die für die Relaxation (▶ Abschn. 64.5) verantwortlich sind.

64.4.1 Regulation der cytosolischen Ca^{2+}-Konzentration

Grundsätzlich wird die Höhe der cytosolischen freien Ca^{2+}-Konzentration durch das Verhältnis des Ca^{2+}-Einstroms zum Ca^{2+}-Ausstrom bestimmt. Diese Fluxe befinden sich in einem dynamischen Gleichgewicht. Überwiegt der Einstrom, dann steigt die cytosolische Ca^{2+}-Konzentration an, die glatte Muskulatur kontrahiert, überwiegt der Ausstrom, dann sinkt die cytosolische Ca^{2+}-Konzentration, die glatte Muskulatur relaxiert (◘ Abb. 64.5).

Am Ca^{2+}-Einstrom in das Cytoplasma sind folgende Mechanismen beteiligt:
- spannungsgesteuerte Ca^{2+}-Kanäle (*voltage operated calcium channels*, VOCs),
- rezeptorgesteuerte Ca^{2+}-Kanäle (*receptor operated calcium channels*, ROCs),
- mechanosensitive Kationenkanäle (nicht dargestellt in ◘ Abb. 64.5),
- Ca^{2+}-Kanäle des sarkoplasmatischen Retikulums (SR).

Da die freie extrazelluläre Ca^{2+}-Konzentration etwa bei 1,5 mmol/l, die cytoplasmatische Ca^{2+}-Konzentration des relaxierten glatten Muskels etwa bei 0,1 µmol/l und das Ruhemembranpotenzial bei etwa −40 bis −70 mV liegen, besteht ein sehr großer elektrochemischer Gradient für Ca^{2+}. Dies gewährleistet einen raschen Ca^{2+}-Einstrom, sobald die Ca^{2+}-Kanäle „offen" sind. Da das sarkoplasmatische Retikulum im Vergleich zur Skelettmuskulatur gering ausgeprägt ist, ist die glatte Muskulatur essenziell auf den Ca^{2+}-Einstrom aus dem Extrazellularraum angewiesen.

64.4.2 Elektromechanische Kopplung: Einstrom von Ca^{2+} durch spannungsgesteuerte Ca^{2+}-Kanäle

Eine lang **anhaltende Depolarisation** der Plasmamembran von **tonisch** kontrahierender glatter Mus-

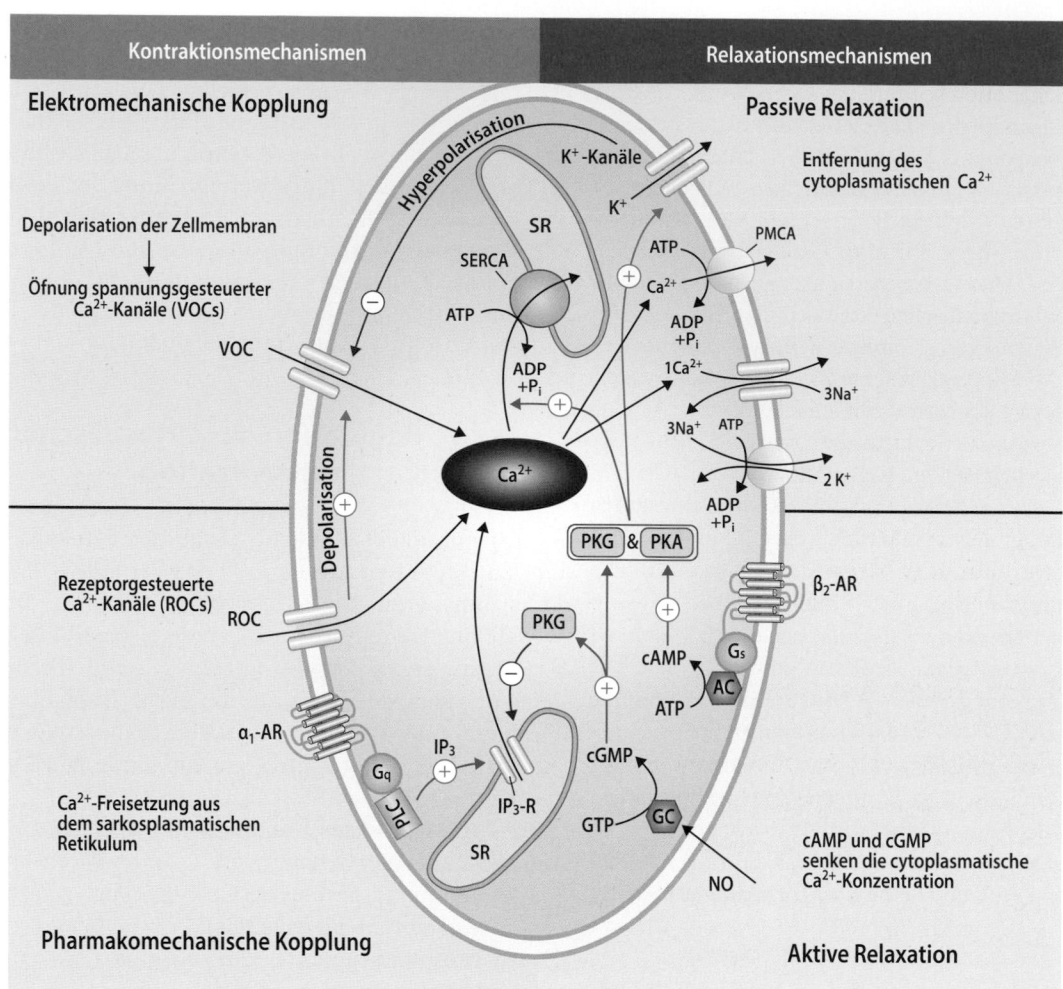

Abb. 64.5 Ca²⁺-**Fluxe bei der Erregungs-Kontraktions Kopplung und der Relaxation.** *Elektromechanische-Kopplung:* Aktionspotenziale oder auch eine langdauernde Depolarisation der Zellmembran öffnen spannungsgesteuerte Ca²⁺-Kanäle (*voltage operated Ca²⁺-channels*, VOC). Die Lage des Membranpotenzials wird durch K⁺-Kanäle beeinflusst: Verschluss dieser Kanäle führt zur Depolarisation (nicht eingezeichnet), Öffnen dieser Kanäle zur Hyperpolarisation und zum Verschluss der VOC. *Pharmakomechanische Kopplung:* Öffnung von rezeptorgesteuerten Ca²⁺-Kanälen (*receptor operated Ca²⁺-channels*, ROC) und Ca²⁺-Freisetzung aus dem sarkoplasmatischen Retikulum (SR) über die G_q gekoppelte Rezeptoren (z. B. der α₁-adrenerge Rezeptor) und die Aktivierung der Phospholipase C (PLC)-IP₃-Kaskade. Der Kationeneinstrom kann zur Depolarisation der Zellmembran führen und so sekundär zum Öffnen von VOCs. *Passive Relaxation:* Nach Beendigung der Stimulation überwiegen die Transportwege, die Ca²⁺ aus dem Cytoplasma ent-

fernen: die Ca²⁺-ATPasen des sarkoplasmatischen Retikulums (*sarcoplasmic/endoplasmic reticulum ATPase*, SERCA) und der Plasmamembran (PMCA, *plasma membrane Ca-ATPase*) sowie des 3Na⁺/1Ca²⁺-Austauschers. *Aktive Relaxation:* Antagonisierung kontraktiler Stimuli durch die Aktivierung von G_s-gekoppelte Rezeptoren (z. B. des β₂-adrenergen Rezeptors) und der Adenylatzyklase (AC) führt zur Bildung von cAMP, das die Proteinkinase A (PKA) aktiviert. Die Freisetzung von Stickstoffmonoxid (NO) aus Endothelzellen und nicht-adrenergen, nicht-cholinergen Neuronen des vegetativen Nervensystems führt zur Aktivierung der cytosolischen Guanylatzyklase (GC), zum Anstieg von cGMP und der Aktivierung der Proteinkinase G (PKG). PKA und PKG senken die cytosolische Ca²⁺-Konzentration u. a. durch gesteigerte Aufnahme in das sarkoplasmatische Retikulum, Aktivierung von K⁺-Kanälen gefolgt von der Hyperpolarisation der Zellmembran und der Hemmung der IP₃-Rezeptoren

kulatur führt zur Öffnung von spannungsgesteuerten Ca²⁺-Kanälen (**VOCs**), deren wichtigster Vertreter der L-Typ Ca²⁺-Kanal ist (auch DHP-Rezeptor genannt), der durch die therapeutisch wichtigen sog. Ca²⁺-Kanalblocker vom Dihydropyridintyp blockiert werden kann (◘ Abb. 64.5). Im Gegensatz zur phasisch/rhythmisch aktiven glatten Muskulatur werden durch die Depola-

risation in der Regel keine Aktionspotenziale ausgelöst. Die Kontraktionsstärke hängt vom Ausmaß der Depolarisation ab.

In der spontan aktiven, **phasisch** kontrahierenden glatten Muskulatur entstehen dagegen **Aktionspotenziale** (sog. *spikes*). Diese werden durch den Ca²⁺-Einstrom getragen, da die glatte Muskulatur kaum spannungsge-

64

steuerte Na$^+$-Kanäle hat. Der zugrunde liegende Mechanismus wurde vor allem im Magen-Darm-Trakt sehr gut untersucht. Hier kommt es zu spontanen Oszillationen (*slow waves* genannt) des Membranpotenzials der Schrittmacherzellen (Cajal-Zellen). In den **Schrittmacherzellen** lösen *slow waves* jedoch keine Aktionspotenziale aus. Sie werden vielmehr elektrotonisch über die *gap junctions* in die glatten Muskelzellen weitergeleitet, wo dann Aktionspotenziale entstehen, vorausgesetzt das Schrittmacherpotenzial erreicht die Schwelle für die Öffnung der L-Typ Ca^{2+}-Kanäle. Einzelne Aktionspotenziale lösen Einzelzuckungen aus, die mit steigender Aktionspotenzialfrequenz verschmelzen – es kommt zum Tetanus, in der glatten Muskulatur Spasmus genannt. Die Frequenz der Aktionspotenziale wird durch die Neurotransmitter des vegetativen Nervensystems beeinflusst (**Frequenzmodulation**). Einzelheiten finden sich in den Lehrbüchern der Physiologie.

64.4.3 Pharmakomechanische Kopplung: Einstrom von Ca^{2+} durch rezeptorgesteuerte Ca^{2+}-Kanäle und Freisetzung aus dem SR

In manchen Blutgefäßen lösen kontraktile Neurotransmitter und Hormone wie Noradrenalin, Acetylcholin, Serotonin eine Kontraktion ohne merkliche Depolarisation aus, wofür ursprünglich der Begriff **pharmakomechanischen Kopplung** geprägt wurde. Diese Agonisten können prinzipiell über zwei Mechanismen die cytoplasmatische Ca^{2+}-Konzentration erhöhen. Erstens durch Öffnung von rezeptorgesteuerten Ca^{2+}-Kanälen (**ROCs**) beispielsweise aus der TRP-Kanalfamilie (TRP = *transient receptor potential*), die außer für Ca^{2+} auch für Na$^+$ und K$^+$ permeabel sind (◧ Abb. 64.5). Wenn ausgehend von dem Ruhemembranpotenzial der Kationeneinstrom überwiegt, kann es auch zur Depolarisation der Zellmembran und nachfolgend zur Öffnung von VOCs kommen. Zweitens wird durch Bindung dieser Agonisten an ihre jeweiligen G$_q$-Protein gekoppelten Rezeptoren mit nachfolgender Aktivierung der **Phospholipase-C-IP$_3$-Kaskade** Ca^{2+} aus intrazellulären Speichern freigesetzt (◧ Abb. 64.5, ▶ Abschn. 35.3.3). Beispiele für G$_q$-gekoppelte Rezeptoren sind der α_1-adrenerge Rezeptor, der durch Noradrenalin aktiviert wird, und die muskarinergen M$_1$ und M$_3$ Rezeptoren, die durch Acetylcholin aktiviert werden. Da die Ca^{2+}-Speicherkapazität allerdings gering ist, reicht die Menge an freigesetztem Ca^{2+} nur für den initialen Kraftanstieg aus. Für die Aufrechterhaltung tonischer Dauerkontraktio-

nen ist der Ca^{2+}-Einstrom aus dem Extrazellularraum zwingend erforderlich.

64.4.4 Ca^{2+}-Sensitivierung durch die pharmakomechanische Kopplung

Durch die pharmakomechanische Kopplung wird meist weit weniger Ca^{2+} in das Cytoplasma freigesetzt als durch die elektromechanische Kopplung. Trotzdem sind die rezeptorvermittelten Kontraktionen gleich stark oder sogar noch stärker. Der Grund liegt in der Aktivierung von Signalkaskaden, die zur Aktivitätsminderung der MLCP, d. h. zur Ca^{2+}-Sensitivierung führen (▶ Abschn. 64.3.4); die Kraft-Calcium-Kurve ist nach links zu niedrigeren Ca^{2+}-Konzentration verschoben (◧ Abb. 64.6). Wie aus der Linksverschiebung der Kraft-Calcium-Kurve ersichtlich ist, können kontraktile Agonisten bereits bei einem minimalen Anstieg der cytoplasmatischen Ca^{2+}-Konzentration eine Kontraktion auslösen. Dieser geringe Ca^{2+}-Anstieg hätte dagegen bei einer reinen Membrandepolarisation noch keine Kontraktion ausgelöst. Die Ca^{2+}-Sensitivierung erfolgt im Wesentlichen über zwei unterschiedliche Signalwege (◧ Abb. 64.6):

— Aktivierung der **Proteinkinase C (PKC)**. Die Spaltung von PIP$_2$ durch die G$_q$-aktivierte PLC setzt neben IP$_3$ auch Diacylglycerin (DAG) frei. DAG aktiviert zusammen mit Ca^{2+} die PKC mit nachfolgender Phosphorylierung des endogenen peptidischen MLCP-Inhibitors **CPI-17** (▶ Abschn. 64.3.4).

— Aktivierung der **Rho-Kinase (ROK)**. Hormone wie beispielsweise Angiotensin II, Thromboxan und Endothelin-1, aber auch die klassischen Neurotransmitter Noradrenalin und Acetylcholin aktivieren durch Bindung an ihre jeweiligen Rezeptoren mit nachfolgender Aktivierung des G$_{12/13}$-Proteins Guaninnucleotid-Austauschfaktoren (GEFs) für die monomere GTPase RhoA. Die GEFs überführen inaktives GDP-gebundenes RhoA in aktives GTP-gebundenes RhoA, das vom Cytosol zur Zellmembran transloziert und dort die Rho-Kinase (ROK) aktiviert. ROK kann außerdem unabhängig von RhoA durch Arachidonsäure und einige ihrer Metabolite aktiviert werden. ROK führt dann zur Aktivitätsminderung der MLCP über die in ▶ Abschn. 64.3.4 genannten Mechanismen.

Der relative Beitrag der beiden Signalkaskaden zur Ca^{2+}-Sensitivierung ist in den glatten Muskeln der verschiedenen Organe und Blutgefäße unterschiedlich groß.

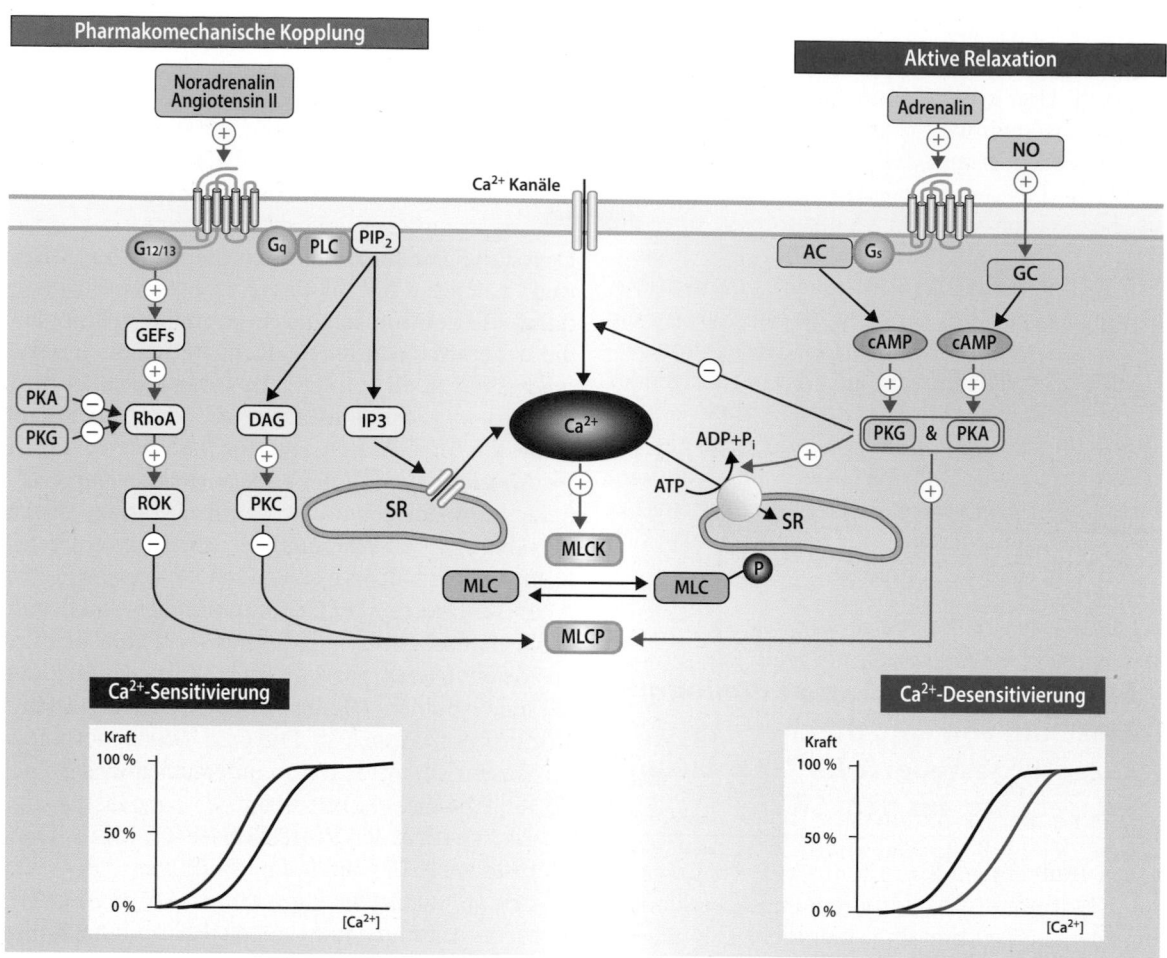

Abb. 64.6 Pharmakomechanische Kopplung und aktive Relaxation. Viele kontraktile Agonisten (z. B. Noradrenalin, Angiotensin II) erhöhen die intrazelluläre Ca^{2+}-Konzentration (s. a. ■ Abb. 64.5) und steigern die Ca^{2+}-Sensitivität durch Aktivierung der Rho-Kinase (ROK) und der Proteinkinase C (PKC) und nachfolgender Hemmung der MLCP (s. a. ■ Abb. 64.4); die Kraft-Calcium-Kurve (*linker* Einschub) ist nach links zu niedrigeren Ca^{2+}-Konzentrationen (*rote* Kurve) verschoben, man spricht von Ca^{2+}-Sensitivierung; diese wirkt synergistisch zum Ca^{2+}-Anstieg, sodass die Kontraktionskraft viel stärker ist als dies bei einem ausschließlichen Anstieg der cytoplasmatischen Ca^{2+}-Konzentration der Fall wäre. Relaxierende Agonisten (z. B. Adrenalin) und NO erhöhen die intrazelluläre Konzentra-

tion von cAMP bzw. cGMP. Sie senken die intrazelluläre Ca^{2+}-Konzentration über die in ■ Abb. 64.5 gezeigten Mechanismen und erniedrigen die Ca^{2+}-Sensitivität durch Aktivitätssteigerung der MLCP, man spricht von Ca^{2+}-Desensitivierung. Durch die Ca^{2+}-Desensitivierung kann die glatte Muskulatur auch ohne Abnahme der cytosolischen Ca^{2+}-Konzentration erschlaffen (*rechter* Einschub, *blaue* Kurve). *GEFs*: Guaninnucleotid-Austauschfaktoren; *DAG*: Diacylglycerin; *PIP$_2$*: Phosphatidylinositol-4,5-bisphosphat; *IP$_3$*: Inositoltrisphosphat; *AC*: Adenylatcyclase, *GC*: Guanylatcyclase; Die dargestellten Signalwege erfolgen häufig über Zwischenschritte, die der Übersichtlichkeit halber nicht dargestellt sind

Zusammenfassung

Die glatte Muskulatur kann elektrisch durch langdauernde Membrandepolarisation und Aktionspotenziale (sog. *spikes*), chemisch durch Neurotransmitter, zirkulierende und lokal gebildete Hormone sowie mechanisch durch Dehnung aktiviert werden. **Elektromechanische Kopplung**: In spontan aktiven, phasischen glatten Muskeln werden durch oszillatorische Schrittmacherprozesse Aktionspotenziale (sog. *spikes*) ausgelöst, die durch den Ca^{2+}-Einstrom durch spannungsgesteuerte Ca^{2+}-Kanäle (VOCs) getragen sind. Die

spikes lösen Einzelzuckungen aus, die sich mit steigender *spike*-Frequenz zu tetanischen Kontraktionen überlagern können. VOCs können in tonisch aktiven Muskeln auch durch langanhaltende Membrandepolarisationen geöffnet werden. **Pharmakomechanische Kopplung**: Hormone und Neurotransmitter öffnen rezeptorgesteuerte Ca^{2+}-Kanäle (ROCs). Die Aktivierung von metabotropen Rezeptoren setzt über die Phospholipase C-IP$_3$-Kaskade Ca^{2+} aus intrazellulären Speichern frei, wodurch eine Kontraktion auch ohne Membrandepolarisation ausgelöst werden kann. Die

Ca^{2+}-Freisetzung aus den Speichern reicht aber nicht aus, um tonische Kontraktionen aufrechtzuerhalten. Es muss zusätzlich Ca^{2+} aus dem Extrazellulärraum einströmen. Häufig ist der Ca^{2+}-Anstieg im Cytoplasma bei der hormonellen Aktivierung geringer als bei der elektromechanisch ausgelösten Kontraktion. Trotzdem ist die Kontraktion gleich stark oder stärker. Dies liegt daran, dass Hormone in der Regel zusätzlich die Ca^{2+}-Sensitivität steigern, indem sie über PKC und die RhoA-Rho-Kinase-Kaskade die MLCP hemmen.

64.5 Relaxation der glatten Muskulatur

64.5.1 Passive Relaxation durch Beendigung der Stimulation

Die Beendigung der Stimulation, d. h. die Repolarisation der Zellmembran wie auch die Dissoziation kontraktiler Agonisten von ihren Rezeptoren führt zu einer Abnahme des Ca^{2+}-Einstroms über VOCs und ROCs. Nun überwiegen die Transportprozesse, die Ca^{2+} aus dem Cytosol entfernen, und zwar (◘ Abb. 64.5):

— die ATP-getriebenen Pumpen der Plasmamembran (PMCA) und des sarkoplasmatischen Retikulums (SERCA, *sarcoplasmic/endoplasmic reticulum Ca^{2+}-ATPase*),
— der 3Na$^+$/1Ca^{2+}-Austauscher in der Plasmamembran, der sekundär aktiv 1 Ca^{2+}-Ion im Austausch für 3 Na$^+$-Ionen aus der Zelle entfernt. Er ist an die 3Na$^+$/2K$^+$-ATPase gekoppelt.

Der relative Beitrag der einzelnen Transportmechanismen ist unterschiedlich in den verschiedenen glatten Muskeln. In jedem Fall sinkt die cytoplasmatische Ca^{2+}-Konzentration, die MLCK wird inaktiviert und Myosin wird durch die MLCP dephosphoryliert. Der Querbrückenzyklus kann nicht mehr ablaufen. Es kommt zur Relaxation.

64.5.2 Aktive Relaxation durch Hormone und Neurotransmitter

Eine Relaxation muss nicht notwendigerweise durch die Beendigung des kontraktilen Stimulus ausgelöst werden. Sie kann auch aktiv durch Hormone oder Neurotransmitter erfolgen, die in den glatten Muskelzellen Signalkaskaden aktivieren, die zum Anstieg der **cAMP**- bzw. **cGMP**-Konzentration führen. Diese Signalwege hemmen sowohl elektromechanisch als auch pharmakomechanisch ausgelöste Kontraktionen (◘ Abb. 64.6).

Die Bildung von cAMP aus ATP wird durch die Adenylatzyklase katalysiert, die durch das G$_s$-Protein aktiviert wird (► Abschn. 35.3.1). Guanylatzyklasen katalysieren die Bildung von cGMP aus GTP. Einer ihrer wichtigsten Aktivatoren ist Stickstoffmonoxid (NO) (► Abschn. 27.2.2 und 35.6.1). Die Effekte von cAMP und cGMP werden in der Regel durch die cAMP- bzw. cGMP-aktivierte Proteinkinase (PKA bzw. PKG) vermittelt, die zum Teil überlappende Substratspezifitäten haben. Die Relaxation der glatten Muskulatur durch cAMP und cGMP wird durch verschiedene Wege erreicht, die alle letztlich durch Abnahme der cytosolischen Ca^{2+}- Konzentration (◘ Abb. 64.5) und/oder durch die Ca^{2+}-Desensitivierung (◘ Abb. 64.6) zur Dephosphorylierung der RMLC führen:

— an der **Abnahme der cytosolischen Ca^{2+}-Konzentration** sind verschiedene Prozesse beteiligt, die in den verschiedenen glatten Muskel unterschiedlich ausgeprägt sind. Sie beruht u. a. auf der Aktivierung von K$^+$-Kanälen der Plasmamembran, was zu einer Hyperpolarisation der Plasmamembran führt und damit zum Verschluss von spannungsabhängigen Ca^{2+}-Kanälen, d. h. der Ca^{2+}-Einstrom und damit die cytoplasmatische Ca^{2+}-Konzentration nehmen ab. Weiter kommt es unter der Einwirkung von PKA und PKG zu einer gesteigerten Aufnahme von Ca^{2+} in das sarkoplasmatische Retikulum sowie im Falle der PKG zur Hemmung der IP$_3$ induzierten Ca^{2+}-Freisetzung aus dem sarkoplasmatischen Retikulum (◘ Abb. 64.5).
— die **Abnahme der Ca^{2+}-Sensitivität** ist im Wesentlichen dadurch bedingt, dass cGMP und cAMP die Aktivierung der inhibitorischen RhoA-ROK-Signalkaskade hemmen (◘ Abb. 64.4). Da jetzt ROK inaktiv ist, wird MYPT1 dephosphoryliert und somit die Hemmung der MLCP aufgehoben (= Disinhibition). Wie in ► Abschn. 64.3.4 erläutert, kann die MLCP auch durch das Protein Telokin aktiviert werden.

Die beiden Mechanismen (Ca^{2+}-Senkung und Ca^{2+}-Desensitivierung) können synergistisch wirken oder aber jeder für sich allein eine Relaxation auslösen. Die Beendigung dieser relaxierenden Signale erfolgt, wenn cAMP bzw. cGMP durch verschiedene Phosphodiesterasen (PDE) zu AMP bzw. GMP hydrolysiert werden.

Zusammenfassung

Die glatte Muskulatur relaxiert passiv, wenn die Stimulation beendet ist. Ca^{2+} wird durch die Ca^{2+}-ATPase des sarkoplasmatischen Retikulums und der Plasmamembran aktiv sowie in einem sekundär-aktiven

Transport über den $3Na^+/1Ca^{2+}$-Austauscher aus dem Cytoplasma entfernt. Alternativ kommt es zur sog. aktiven Relaxation, wenn im Cytosol cAMP oder cGMP ansteigt und die Proteinkinasen A bzw. G aktiviert werden. Die zyklischen Nucleotide hemmen über verschiedene Mechanismen den Ca^{2+}-Einstrom in das Cytoplasma und fördern die Wiederaufnahme in das sarkoplasmatische Retikulum. Außerdem senken sie die Ca^{2+}-Sensitivität, indem sie die MLCP enthemmen. Phosphodiesterasen beenden die relaxierende Wirkung der zyklischen Nucleotide.

64.6   Plastizität der glatten Muskulatur

Die glatte Muskulatur ist im Gegensatz zu der quergestreiften Muskulatur nicht terminal differenziert. Sie ist vielmehr äußerst plastisch und kann ihren Phänotyp auch im adulten Organismus bei bestimmten Erkrankungen vom kontraktilen zum synthetisch-proliferativen Phänotyp hin ändern (▶ Abschn. 64.1). Reife glatte Muskelzellen zeichnen sich durch die Expression eines für den kontraktilen Phänotyp charakteristischen Transkriptoms aus, zu dem die glattmuskulären Isoformen der schweren Ketten des Myosins (MHC), des Actins (α-Actin), des Caldesmons (h-Caldesmon) sowie Calponin gehören (sogenannte Markerproteine). Dieses Transkriptom wird ergänzt durch die organspezifische Expression von Ionenkanälen, Rezeptoren, Signalmolekülen etc., angepasst an die jeweiligen funktionellen Besonderheiten. Die Expression der kontraktilen Markerproteine wird im synthetischen Phänotyp herunter reguliert oder sogar ganz abgeschaltet.

Noch sind bei weitem nicht alle Regulationsmechanismen für diese Differenzierungs-/Dedifferenzierungsvorgänge bekannt. Wichtig scheint der Transkriptionsfaktor SRF (*serum response factor*) zusammen mit seinem Coaktivator Myokardin zu sein. Während SRF ubiquitär exprimiert wird, wird Myokardin nur in der glatten Muskulatur und im Herzen exprimiert. Ein Ca^{2+}-Einstrom über VOCs und die Aktivierung der RhoA/ROK Signalkaskade translozieren SRF vom Cytoplasma in den Zellkern, wo er zusammen mit Myokardin an sog. CArG-Elemente (($CC(A/T\text{-}rich)_6GG$) Sequenzmotiv) in der Promotor-*enhancer*-Region der Gene für die Markerproteine des kontraktilen Phänotyps bindet. Interessanterweise regulieren also Ca^{2+} und die Rho/ROK Signalkaskade nicht nur die Kontraktion sondern auch die Expression der für die Kontraktion relevanten Proteine. An der Regulation der Proliferation scheint dagegen der Transkriptionsfaktor CREB (▶ Abschn. 35.3.2.1) beteiligt zu sein. Weiter spielen

vermutlich auch epigenetische Faktoren wie beispielsweise die Deacetylierung von Histonen durch Histondeacetylasen (▶ Abschn. 49.3.6) beim Abschalten der Gene (*silencing*) für kontraktile Markerproteine im synthetischen Phänotyp eine Rolle.

64.7   Die glatte Muskulatur ist an vielen Erkrankungen der inneren Organe beteiligt

Erkrankungen des Kreislaufsystems, der Lunge, des Urogenital- und Gastrointestinaltraktes gehen oft mit Funktionsstörungen der glatten Muskulatur einher, die häufig für die Symptomatik eine entscheidende Rolle spielen, obwohl sie nicht ursächlich an der Krankheitsentstehung beteiligt sind. Meist ist die Kontraktilität gesteigert, in manchen Fällen kommt es auch zu einer Hypokontraktilität. Im ersten Fall findet man häufig ein Überwiegen des RhoA-ROK-Weges relativ zum NO-cGMP-Weg. Bei der Hypokontraktilität ist dagegen der NO-Weg überaktiv. Neben den reinen Funktionsstörungen kommt es häufig auch zum Phänotypwechsel in Richtung des synthetisch-proliferativen Phänotyps. Im Folgenden werden beispielhaft einige Erkrankungen genannt.

64.7.1   Kreislaufsystem

Eine lokale, dauerhafte Erweiterungen der Aortenwand nennt man **Aortenaneurysma**, dessen Ruptur häufig lethal ist. Bei einem Teil der Patienten wurden Mutationen in Genen gefunden, die für Actin, MHC oder MLCK codieren. Da entsprechende transgene Mausmodelle ebenfalls Aortenaneurysmen aufweisen, geht man davon aus, dass diese Mutationen kausal sind und durch Tonusminderung der Gefäßwand zu den Erweiterungen führen.

Bei der **arteriellen Hypertonie** besteht häufig eine endotheliale Dysfunktion mit einer reduzierten Verfügbarkeit von NO sowie eine erhöhte Aktivierung der ROK in den glatten Muskelzellen. Beides trägt zu einer gesteigerten Kontraktilität der glatten Muskulatur bei. Zur Blutdrucksenkung werden Medikamente eingesetzt, die in die Erregungs-Kontraktions-Kopplung eingreifen, nämlich

- Ca^{2+}-Kanalblocker,
- ACE-Inhibitoren, die die Bildung von Angiotensin II aus Angiotensin I hemmen,
- Blocker des Angiotensin-II-Rezeptors (sog. AT_1-Blocker).
- Der ROK-Inhibitor Fasudil wird derzeit in Japan zur Behandlung von zerebralen Gefäßspasmen nach Schlaganfall eingesetzt

Andere medikamentöse Therapien setzen an den Mechanismen der aktiven Relaxation an:

— Nitrate werden im **Angina-pectoris**-Anfall gegeben. Sie setzen NO frei und aktivieren die Guanylatzyklase.
— Aktivatoren des G_s-gekoppelten Prostacyclinrezeptors führen zum Anstieg von intrazellulärem cAMP.
— Inhibitoren der Phosphodiesterase 5 (z. B. Sildenafil [Viagra]), die zum Anstieg von cGMP führen, werden bei der **pulmonalen Hypertonie** und der **erektilen Dysfunktion** eingesetzt.

Bei diesen Erkrankungen liegt aber nicht nur eine Hyperkontraktilität der glatten Muskulatur vor. Es kommt vielmehr zu einem mehr oder weniger ausgeprägten Umbau der Gefäßwände, die alle Zellen der Gefäßwand, d. h. auch die Endothelzellen betrifft. Dieses **vaskuläre Remodeling** wird als die pathogenetisch entscheidende Determinante angesehen. Im Zuge dieses Remodelings kommt es zur Hypertrophie der glatten Muskelzellen sowie zu deren Umwandlung in den synthetisch-proliferativen Phänotyp. Die Sekretion von autokrin und parakrin wirkenden inflammatorischen Cytokinen hält diesen Prozess aufrecht.

Beim septischen Schock (▶ Abschn. 35.5.4) ist die überschießende NO-Produktion für die massive Vasodilatation und den Blutdruckabfall mit verantwortlich.

64.7.2 Motilitätsstörungen des Gastrointestinaltraktes

Das **kongenitale Megakolon** (Morbus Hirschsprung) ist eine neuromuskuläre Erkrankung (Häufigkeit 1:5.000) der glatten Muskulatur und die häufigste angeborene Motilitätsstörung des gastrointestinalen Trakts. Sie ist durch das Fehlen der Ganglienzellen des Plexus myentericus und des Plexus submucosus in einem variabel großen Segment des Rektums und Sigmoids gekennzeichnet. Bei den erkrankten Neugeborenen kommt es in dem betroffenen Segment zu einem Verlust der Peristaltik. Der Muskeltonus ist massiv erhöht, da vermutlich die Ca^{2+}-unabhängigen Kontraktionsmechanismen überproportional aktiv sind. Ohne entsprechende operative Therapie führt die Erkrankung zum Tode.

Die **diabetische Gastroparese** ist eine erworbene Motilitätsstörung des Magens, die auf dem Boden eines lange bestehenden Diabetes mellitus entsteht und zu einer verzögerten Entleerung des Magens führt. Ursächlich ist ein selektiver Untergang von NO-freisetzenden Ganglien des Plexus myentericus.

Dem sehr häufig vorkommenden **Colon irritabile** oder **Reizdarmsyndrom** liegt möglicherweise eine Fehl-

funktion der Schrittmacherzellen des Darmes zugrunde. Die Darmmotilität kann auch als Folge von **entzündlichen Erkrankungen** des Darmes abgeschwächt sein. Dies liegt unter anderem an einer verringerten Erregbarkeit, da der L-Typ Ca^{2+}-Kanal weniger aktiv, dafür aber der K_{ATP}-Kanal aktiver ist, sowie an einer Ca^{2+}-Desensitivierung, da die Expression des MLCP Inhibitors CPI-17 (▶ Abschn. 64.3.4) reduziert ist.

64.7.3 Lunge

Beim **Asthma bronchiale** besteht unter anderem eine gesteigerte Reagibilität der glatten Muskulatur des Bronchialtraktes, an der Entzündungsmediatoren und in der glatten Muskelzelle wahrscheinlich eine gesteigerte Aktivität der RhoA-ROK-Signalkaskade beteiligt sind. Im akuten Asthmaanfall lässt man den Patienten u. a. Medikamente inhalieren, die β_2-adrenerge Rezeptoren und die cAMP-Signalkaskade aktivieren. Inhibitoren der Phosphodiesterase 4, die zum Anstieg von cAMP führen, wie z. B. das Therapeutikum Roflimulast, werden zur Behandlung schwerer chronisch obstruktiver pulmonaler Erkrankungen (COPD) und chronischer Bronchitis eingesetzt.

Zusammenfassung

Bei vielen Erkrankungen der inneren Organe ist die glatte Muskulatur beteiligt oder mit betroffen. Häufig ist die Kontraktilität pathologisch gesteigert, manchmal ist sie auch erniedrigt. Steigerungen der Kontraktilität bestehen beim arteriellen und pulmonalen Hochdruck, bei spastischen Kontraktionen der Koronar- und Hirngefäße, beim Asthma bronchiale, bei verminderter NO-Freisetzung aus Neuronen der vegetativen Ganglien als Folge einer diabetischen Neuropathie, welche zu Motilitätsstörungen des Gastrointestinaltrakts und zur erektilen Dysfunktion führen kann. Fehlfunktionen der Schrittmacherzellen liegen wahrscheinlich dem Reizdarmsyndrom zugrunde. Eine Hypokontraktilität ist für den Blutdruckabfall bei der Sepsis verantwortlich. Allen Funktionsstörungen liegen pathologisch veränderte Regulationen der Signalmoleküle, die letztlich die Aktivität des kontraktilen Apparats steuern, zugrunde. Häufig besteht eine Dysbalance zwischen dem relaxierenden NO-cGMP- und dem kontrahierenden RhoA-ROK-Signalweg. Bei manchen erblichen Formen des Aortenaneurysmas wurden Mutationen in Proteinen des kontraktilen Apparats gefunden. Neben den Störungen der Kontraktilität kommt es bei bestimmten Erkrankungen zu einem Phänotypwechsel vom kontraktilen zum synthetischen Phänotyp, der sich durch eine hohe Proliferations- und Migrationsrate auszeichnet, und der neben den Proteinen der extrazellulären Matrix auch Cytokine, Chemokine und Adhäsionsmoleküle synthetisiert, die den Umbauprozess aufrechterhalten.

Weiterführende Literatur

Berridge MJ (2008) Smooth muscle cell calcium activation mechanisms. J Physiol 586:5047–5061

Brozovich FV, Nicholson CJ, Degen CV, Gao YZ, Aggarwal M, Morgan KG (2016) Mechanisms of vascular smooth muscle contraction and the basis for pharmacologic treatment of smooth muscle disorders. Pharmacol Rev 68:476–532

Cremo CR, Hartshorne DJ (2008) Smooth-muscle myosin II. In: Coluccio LM (Hrsg) Myosins, a superfamily of molecular motors. Springer, Dordrecht

Eto M, Kitazawa T (2017) Diversity and plasticity in signaling pathways that regulate smooth muscle responsiveness: paradigms and paradoxes for the myosin phosphatase, the master regulator of smooth muscle contraction. J Smooth Muscle Res 53:1–19

Gomez D, Swiatlowska P, Owens GK (2015) Epigenetic control of smooth muscle cell identity and lineage memory. Arterioscler Thromb Vasc Biol 35:2508–2516

Hai C-M, Murphy RA (1989) Ca2+, crossbridge phosphorylation, and contraction. Annu Rev Physiol 51:285–298

Hofmann F, Feil R, Kleppisch T, Schlossmann J (2006) Function of cGMP-dependent protein kinases as revealed by gene deletion. Physiol Rev 86:1–23

Murthy KS (2006) Signaling for contraction and relaxation in smooth muscle of the gut. Annu Rev Physiol 68:345–374

Puetz S, Lubomirov LT, Pfitzer G (2009) Regulation of smooth muscle contraction by small GTPases. Physiology (Bethesda) 24:342–356

Rüegg JC (1986) Calcium in muscle activation. A comparative approach. Zoophysiology Vol 19. Springer, Berlin, Heidelberg, New York, London, Paris, Tokyo

Somlyo AP, Somlyo AV (2003) Ca^{2+} sensitivity of smooth muscle and nonmuscle myosin II: modulated by G proteins, kinases, and myosin phosphatase. Physiol Rev 83:1325–1358

Niere – Ausscheidung von Wasser und Elektrolyten

Armin Kurtz

Die Nieren scheiden wasserlösliche Stoffwechselendprodukte und Fremdstoffe (Pharmaka) sowie anorganische Stoffe aus. Weitere Aufgaben sind Aufrechterhaltung einer konstanten Zusammensetzung und Regulation von Volumen und Osmolarität der Körperflüssigkeiten. Dies wird durch spezifische Rückresorption oder Ausscheidung von Ionen und Wasser erreicht. Des Weiteren sind die Nieren für die Erhaltung des Säure-Basen-Gleichgewichts wichtig, da sie überschüssige Säuren und Basen ausscheiden. Darüber hinaus sind sie an der Blutdruckkontrolle, der Erythropoese und der Regulation des extrazellulären Calciumspiegels beteiligt und sind neben der Leber Hauptorgan für die Gluconeogenese. Die Funktion der Nieren steht in engem Zusammenhang mit den Regelsystemen, die für den Wasser- und Elektrolythaushalt verantwortlich sind. Für die Regulation des Wasserhaushalts und des Natrium- und Kaliumstoffwechsels durch die Nieren sind die Hormone Vasopressin, Aldosteron und das atriale natriuretische Peptid von besonderer Bedeutung. Ihre Funktion besteht darin, Natrium- und Kaliumverluste gering zu halten und eine ausgeglichene Wasserbilanz zu erreichen.

Schwerpunkte

65.1 Funktionen und Aufbau der Nieren
- Funktioneller Aufbau des Nephrons aus Glomerulus, Tubulussegmenten und Sammelrohr

65.2 Energiestoffwechsel der Niere
- Renaler Energiebedarf, Sauerstoffverbrauch und Substrate der renalen Energiegewinnung

65.3 Endokrine Aktivitäten der Niere
- Produktion von 1,25-Dihydroxycholecalciferol und Erythropoietin durch die Nieren

65.4 Natriumhaushalt und renale Natriumreabsorption
- Renale Natriumreabsorption und das Renin/Angiotensin-System
- Bedeutung von Mineralocorticoiden und dem atrialen natriuretischen Peptid ANP

65.5 Wasserhaushalt und renale Wasserreabsorption
- Wasserausscheidung und antidiuretisches Hormon

65.6 Kaliumhaushalt und renale Kaliumausscheidung
- Determinanten der Plasmakalium-Konzentration

65.7 Renale Reabsporption von Monosacchariden, Peptiden und Aminosäuren

65.8 Harnpflichtige Substanzen

65.9 Pathobiochemie des Wasser- und Elektrolythaushalts

65.1 Funktionen und Aufbau der Nieren

65.1.1 Funktionen der Nieren

Die Nieren haben eine Reihe von Funktionen, die für den Organismus von besonderer Bedeutung sind. Sie sind:

- verantwortlich für die ausgeglichene Bilanz von Na^+- und K^+-Ionen,
- verantwortlich für eine ausgeglichene Wasserbilanz,
- Ausscheidungsorgane für Calcium, Phosphat und Sulfat,
- Regulatoren des Säure-Basen-Haushalts,
- Hauptorgan für die Ausscheidung wasserlöslicher Fremdstoffe und Stoffwechselendprodukte,
- Produzenten des Hormons Erythropoietin und an der Regulation der Angiotensinbiosynthese beteiligt,
- verantwortlich für die Produktion des für den Calciumstoffwechsel notwendigen 1,25-Dihydroxycholecalciferol aus 25-Hydroxycholecalciferol,
- nach der Leber das wichtigste Organ der Gluconeogenese.

P. C. Heinrich et al. (Hrsg.), *Löffler/Petrides Biochemie und Pathobiochemie*, https://doi.org/10.1007/978-3-662-60266-9_65

65.1.2 Aufbau des Nephrons

❯ Jede Niere enthält 1–1,5 Millionen Nephrone.

Die kleinste morphologisch und funktionell zusammengehörige Grundeinheit der Nieren ist das in ◘ Abb. 65.1 schematisch dargestellte **Nephron**. Jede Niere enthält etwa 1–1,5 Millionen Nephrone, die jeweils in folgende Abschnitte unterteilt werden können:

- Glomerulus mit Bowman-Kapsel, an welchem das Tubulussystem beginnt
- proximaler Tubulus
- Henle-Schleife
- Macula densa
- distaler Tubulus
- Verbindungstubulus
- corticales und medulläres Sammelrohr

❯ Der Extrazellulärraum der Niere ist kompartimentiert.

Das Harnkanalsystem durchzieht zweimal die Nierenrinde und zweimal das Nierenmark (◘ Abb. 65.1) und wechselt dabei jeweils die Umgebungsbedingungen im Extrazellulärraum: Zwischen Rinde und Mark bestehen wesentliche Unterschiede in den O_2-Partialdrucken (◘ Abb. 65.2). Wegen der relativ geringen Durchblutung des Nierenmarks nimmt die O_2-Versorgung von der Nierenrinde bis zur Papille hin ab. Dementsprechend findet man die höchsten mittleren O_2-Drucke in der Rinde (ca. 80 mmHg), die dann zur Papillenspitze bis auf 10 mmHg abfallen.

Zwischen Rinde und Mark bestehen auch wesentliche Unterschiede in der Osmolarität des Interstitiums, welche in der Rinde 290 mosmol/l beträgt und bis zur Papillenspitze auf 1300 mosmol/l ansteigt (◘ Abb. 65.2). Die Erhöhung der Osmolarität beruht je zur Hälfte auf einem Anstieg der interstitiellen Konzentrationen von NaCl und Harnstoff. Dieser Osmolaritätsgradient ist für die Wasserresorption in der Niere

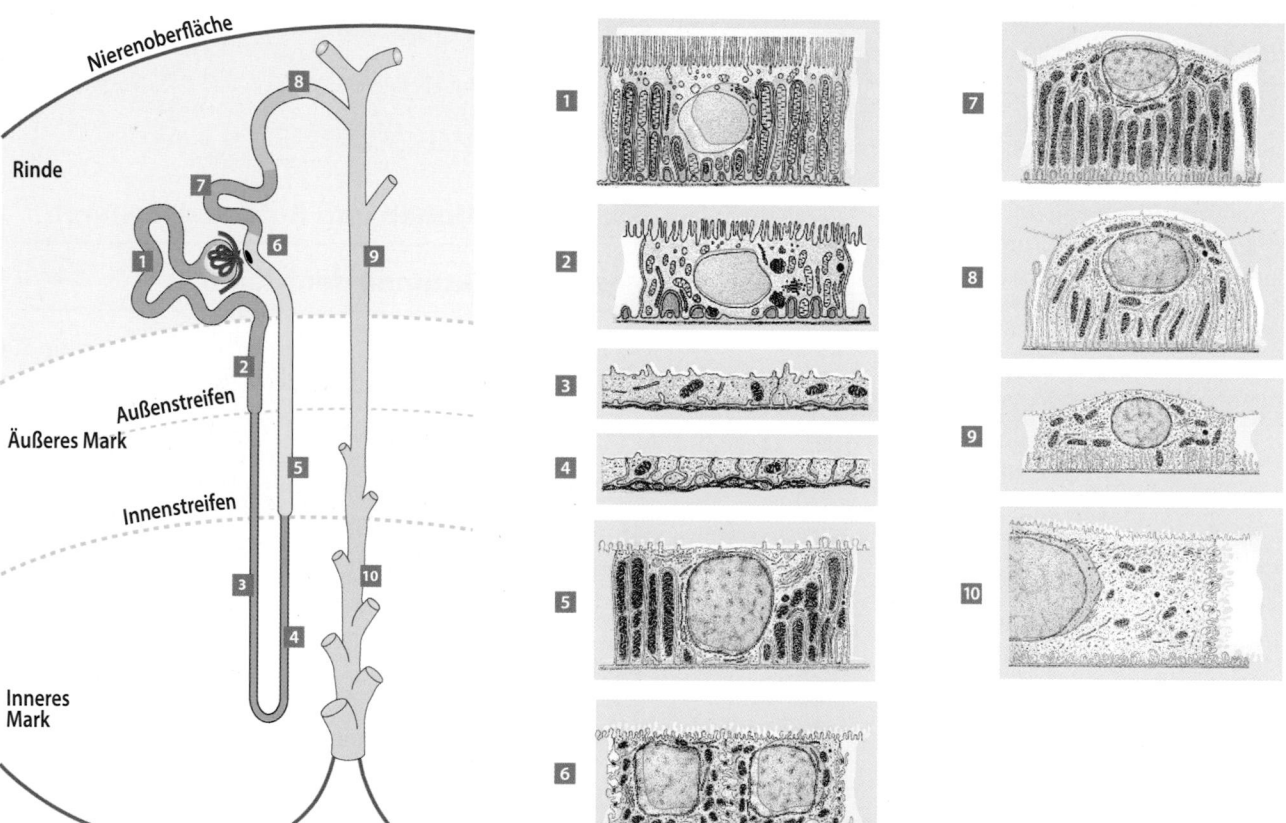

◘ **Abb. 65.1 Anordnung der Nephronsegmente und des Sammelrohrsystems in den verschiedenen Nierenzonen.** Rechts dargestellt sind die charakteristischen Ultrastrukturen der jeweiligen Tubulusabschnitte, insbesondere die Ausbildung des Bürstensaums zur Oberflächenvergrößerung und die Größe und Dichte von Mitochondrien als Ausdruck aerober Energiegewinnung. Luminale (apikale) Membranen sind oben, basolaterale Membranen jeweils unten. (1) proximaler Tubulus, gewundener Teil, ausgehend von Glomerulus und Bowman-Kapsel; (2) proximaler Tubulus, gerader Teil; (3) dünne absteigende Henle-Schleife; (4) dünne aufsteigende Henle-Schleife; (5) dicke aufsteigende Henle-Schleife; (6) Macula densa; (7) distaler Tubulus, gewundener Teil; (8) Verbindungstubulus; (9) cortikales Sammelrohr (Hauptzelle); (10) innermedulläres Sammelrohr (Hauptzelle). (Adaptiert nach Kaissling u. Kriz aus Seldin und Giebisch 2000)

essenziell (zu seiner Entstehung s. Lehrbücher der Physiologie).

65.1.3 Funktionen des Nephrons

❯ In den Glomeruli werden wasserlösliche Plasmabestandteile nach ihrer Größe und Ladung als Primärharn abfiltriert.

Aufbau und Funktion eines Glomerulus Die Glomeruli in jeder Nierenrinde verbinden das Blutgefäß- mit dem Harnkanalsystem. Sie haben einen Durchmesser von 150–300 μm und bestehen aus ca. 30 miteinander verbundenen Kapillarschlingen, die sich aus einer afferenten Arteriole aufteilen. Ein Glomerulus enthält 3 Zelltypen (s. Lehrbücher der Anatomie und Physiologie):
- **gefensterte Endothelzellen**, welche die Kapillarschlingen innen auskleiden,
- **Podocyten**, welche mit langen fußförmigen Fortsätzen außen auf den Kapillarschlingen aufsitzen und
- **Mesangiumzellen** im Inneren des Glomerulus, welche der mechanischen Halterung und Stützung der Kapillarschlingen dienen. Im Rahmen immunologischer Abwehrprozesse können die Mesangiumzel-

len stimuliert werden, worauf sie über Expression von MHC-II-Komplexen (▶ Abschn. 70.4.2) zur Antigenpräsentation fähig werden und große Mengen an Cytokinen (z. B. IL-1β, TNF-α) bilden. Diese Vorgänge spielen eine Rolle bei intraglomerulären Entzündungsvorgängen (z. B. Glomerulonephritis).

Die Funktion der Glomeruli ist die Herstellung eines weitgehend protein- und lipidfreien Filtrates aus dem die glomerulären Kapillarschlingen durchströmenden Blut. Dabei erfolgt eine Filtration nach Molekülgröße und -ladung.

Filtration nach Molekülgröße Durch einen dreilagigen Filter, der aus dem fenestrierten Endothel im Kapillarinneren, der Basalmembran an der Außenseite der Kapillaren und der Schlitzmembran zwischen den Fußfortsätzen der Podocyten besteht, wird in den Glomeruli aus dem Blutplasma der Primärharn abgefiltert und über die als Trichter wirkende Bowman-Kapsel dem Harnkanalsystem zugeleitet. Die Poren der Endothelzellen (Durchmesser 50–100 nm) verhindern den Durchtritt von Blutzellen. Die dreischichtige 300 nm dicke Basalmembran enthält Laminin, Fibronektin und Kollagen-Typ-IV und stellt einen mechanischen Filter für Stoffe dar, deren relative Molekülmasse größer als 400 kDa ist. Die Fortsätze der Podocyten stehen mit verbreiterten Füßchen direkt auf der Basalmembran und lassen zwischen sich membranverbundene Schlitze frei, welche *in vivo* schmaler als 5 nm sind. Der effektive Porenradius des Glomerulusfilters beträgt etwa 1,5 4,5 nm. Damit können Moleküle mit einer Masse bis zu 5 kDa ungehindert filtriert werden (◙ Tab. 65.1). Darunter fallen Stoffwechselendprodukte wie Harnstoff, Kreatinin, Harnsäure etc., aber auch für den Körper wertvolle Substanzen wie Wasser, Monosaccharide, Aminosäuren, Peptide, Elektrolyte etc.

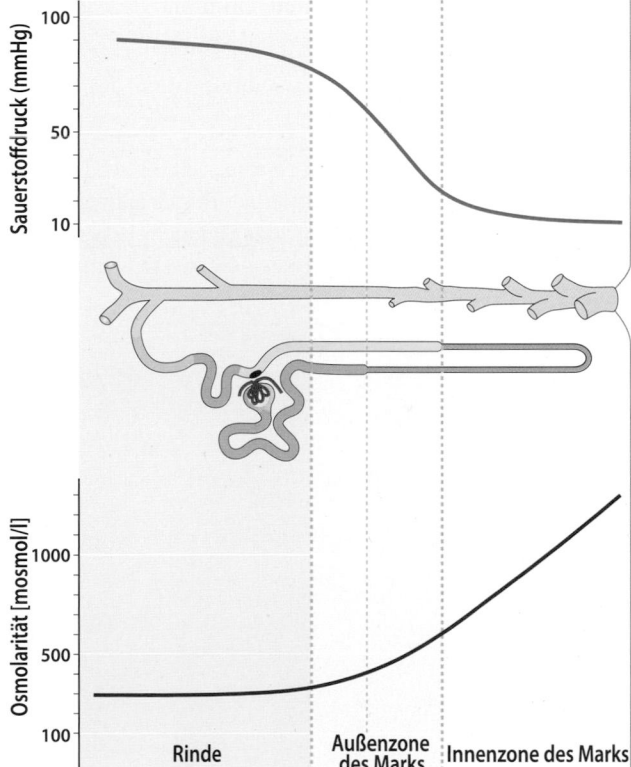

◙ **Abb. 65.2** Profil des Sauerstoffdrucks (*oben*) und der Osmolarität (*unten*) im Interstitium der verschiedenen Nierenzonen

◙ **Tab. 65.1** Glomeruläre Filtrierbarkeit biologischer Moleküle

Molekül	Molekülmasse (Da)	Glomeruläre Filtrierbarkeit (%)
Wasser	18	100
Harnstoff	60	100
Glucose	180	100
Insulin	5.500	99
Myoglobin	16.000	75
Hämoglobin	64.458	3
Albumin	66.248	1

Filtration nach Ladung Die Schlitzmembranen zwischen den Fußfortsätzen der Podocyten sind von einer dicken negativ geladenen neuraminsäurereichen Glycocalix (Hauptprotein Podocalixin, Molekülmasse 144 kDa) überzogen, welche die Moleküldurchlässigkeit durch die Filtrationsschlitze noch zusätzlich hinsichtlich der Ladung der Stoffe beeinflusst. Damit spielt für die Filtrierbarkeit neben der mechanischen Einschränkung durch die Molekülgröße auch die Nettoladung der Moleküle eine wichtige Rolle. Moleküle mit negativer Ladung treten schwerer als solche mit positiver Ladung in die Schlitze zwischen den negativ geladenen Podocytenfortsätzen ein. Das ist funktionell besonders bedeutsam für die Proteinfiltration, da die Plasmaeiweißmoleküle in der Regel eine negative Überschussladung tragen, was neben ihrer Größe die Filtrierbarkeit zusätzlich reduziert.

❯ Das tubuläre Kanalsystem der Nephrone ist für die Rückresorption der für den Organismus wichtigen Verbindungen verantwortlich.

Aufgrund der Druckdifferenz zwischen dem Kapillarinneren und der Bowman-Kapsel werden ca. 20 % des durchfließenden Plasmavolumens als wässriger, zellfreier und eiweißarmer Primärharn abfiltriert. In beiden Nieren eines Erwachsenen werden zusammen pro Minute im Normalfall ca. 125 ml Plasma-Ultrafiltrat als **Primärharn** erzeugt. Dieser Wert wird als **glomeruläre Filtrationsrate** (GFR) bezeichnet.

Der Primärharn enthält nicht nur ausscheidungspflichtige Verbindungen, sondern auch für den Körper noch sehr wertvolle Moleküle, auf die er unter keinen Umständen verzichten kann. Hierzu gehören Monosaccharide, Aminosäuren, Oligopeptide, Salze und natürlich auch Wasser. Das an den Glomerulus angeschlossene Kanalsystem hat die Aufgabe, die wertvollen Stoffe der Rückresorption zuzuführen und die möglichst effiziente Eliminierung giftiger Stoffwechselendprodukte zu gewährleisten.

❯ Die verschiedenen Funktionen der Niere sind jeweils verschiedenen Tubulussegmenten zugeordnet.

Die verschiedenen Tubulusabschnitte haben jeweils spezifische Funktionen zu erfüllen. Entsprechend werden die dafür notwendigen Funktionsproteine auch streng lokal exprimiert. Das gilt nicht nur für die zelltypspezifische Expression als solche, sondern auch für die subzelluläre Lokalisation der Funktionsproteine. Deren selektiver Einbau entweder in die luminale oder basolaterale Zellmembran bestimmt das Funktionsverhalten der verschiedenen Tubuluszellen. So finden sich in den verschiedenen Tubuluszellen beispielsweise unterschiedliche luminale Transportsysteme für die tubuläre Natriumresorption, während alle Tubuluszellen in der basolateralen Membran die Na^+/K^+-ATPase enthalten, mit welcher sie aus der Tubulusflüssigkeit eintretendes Natrium wieder in die Blutbahn zurückpumpen.

Wegen der Größe der glomerulären Filtrationsrate erbringen die Nieren eine gewaltige Leistung bei der notwendigen Reabsorption von Metaboliten, Elektrolyten und Wasser. Hieran sind die verschiedenen Abschnitte des Nephrons in unterschiedlichem Ausmaß beteiligt (◼ Tab. 65.2). Die Reabsorption von Wasser und Natriumionen macht mengenmäßig den größten Anteil aus.

Zusammenfassung

An den Glomeruli entspringt ein speziell aufgebautes Tubulussystem, das den filtrierten Primärharn zum Endharn aufbereitet und über das Sammelrohrsystem dem Nierenbecken zuleitet. In den Glomeruli wird der

65

◼ **Tab. 65.2** Reabsorptionsleistung der verschiedenen Abschnitte des Nephrons

	Gesamt (mol/24 h)	Reabsorbiert in			
		Proximalem Tubulus (%)	Henle-Schleife		Distalem Tubulus und Sammelrohr (%)
			Dünner Teil (%)	Dicker, aufsteigender Ast (%)	
Na^+	23	65	–	25	9
K^+	0,7	80	–	10	–
Ca^{2+}	0,2	65	–	25	9
Mg^{2+}	0,1	15	–	70	10
Cl^-	19	65	–	25	10
HCO_3^-	4,3	80	–	10	10
H_2O	10^4	65	18	–	17

Primärharn als Ultrafiltrat des Blutplasmas gewonnen. Die Filtrationsrate des Primärharns hängt vom effektiven Filtrationsdruck und der filtrierenden Kapillaroberfläche ab. Die Zusammensetzung des Primärharns wird von der Filtereigenschaft des Glomerulus nach Molekülradius und Molekülladung bestimmt. Im proximalen Tubulus werden über 60 % des filtrierten Wassers, Kochsalzes und Kaliums resorbiert. Die Henle-Schleife und der distale Tubulus resorbieren aktiv über 30 % des filtrierten NaCl sowie Ammoniumionen, Calcium, Magnesium und Wasser. Im konvergierenden Sammelrohrsystem wird die Endzusammensetzung des Harns festgelegt. Stoffwechselendprodukte werden über glomeruläre Filtration oder durch Sekretion im proximalen Tubulus in den Harn ausgeschieden.

65.2 Energiestoffwechsel in der Niere

> Die Natriumresorption determiniert wesentlich den Energieverbrauch der Niere.

Die Segmente des proximalen Tubulus, der dicken aufsteigenden Henle-Schleife und des Konvoluts des distalen Tubulus besitzen eine hohe Dichte an Mitochondrien, welche palisadenartig an der basalen Zellmembran angeordnet sind (◘ Abb. 65.1). Dieser Mitochondrienreichtum ist ein Hinweis auf den hohen Bedarf an oxidativ erzeugter Energie in Form von ATP. 80 % des Energieumsatzes wird zum Betrieb der Na^+/K^+-ATPase verwendet, welche in der basolateren Membran sitzt und den für den Natriumtransport wichtigen transzellulären Natriumgradienten erzeugt und aufrechterhält (▶ Abschn. 65.4.2). Entsprechend korreliert der Energieverbrauch der Niere mit der tubulären Na^+-Resorption, da alle luminalen Na^+-Aufnahmesysteme von diesem Gradienten abhängig sind. Weil die tubuläre Na^+-Resorption von der filtrierten Na^+-Menge abhängt, wird der Energieverbrauch der Niere von der **glomerulären Filtrationsrate** (GFR) bestimmt.

> Die Sauerstoffversorgung der Niere ist inhomogen.

Die Niere erzeugt ATP hauptsächlich durch oxidative Phosphorylierung. Bei normaler GFR liegt der O_2-Verbrauch bei $0,06 \ ml \cdot min^{-1} \cdot g^{-1}$. Da die Durchblutung mit $4 \ ml \cdot min^{-1} \cdot g^{-1}$ recht hoch ist, braucht die Niere damit nur ca. 7 % ($0,015 \ ml \ O_2/ml$ Blut) des antransportierten Sauerstoffs zu extrahieren, wodurch der Sauerstoffdruck im Nierenvenenblut mit etwa 60 mmHg noch sehr hoch bleibt. Eine derartige Luxusdurchblutung mit hoher Sauerstoffversorgung gilt allerdings nur für die Nierenrinde. Im schlecht durchbluteten inneren Nierenmark sinken dagegen die O_2-Drucke venös bis auf 10 mmHg ab. Entsprechend ist der spezifische O_2-Verbrauch in der Papille ($0,004 \ ml \cdot min^{-1} \cdot g^{-1}$) um den Faktor 20 niedriger als in der Rinde ($0,09 \ ml \cdot min^{-1} \cdot g^{-1}$). Die Energieerzeugung in der Papille erfolgt damit wesentlich auf anaerobem Wege.

> Fettsäuren und Ketonkörper sind die Hauptsubstrate für die renale Energiegewinnung.

Die quantitativ bedeutsamsten Substrate für die oxidative Phosphorylierung in der Niere sind **Acetacetat**, **β-Hydroxybutyrat** und **Fettsäuren**. Glucose spielt im proximalen Tubulus der normalen Niere als Energieträger eine nachgeordnete Rolle. Erst in den nachgeschalteten Tubulusabschnitten wird vermehrt Glucose verstoffwechselt, was daran deutlich wird, dass die Aktivität der Glycolyse zum distalen Nephron hin zunimmt.

Der proximale Tubulus ist hingegen zur **Gluconeogenese** fähig. Hierfür nutzt er v. a. die Aminosäure **Glutamin**, aus welcher durch Glutaminase und Glutamatdehydrogenase zweimal NH_4^+ abgespalten wird und α-Ketoglutarat entsteht (▶ Kap. 27), das als Ausgangssubstrat für die Gluconeogenese dient.

Zusammenfassung
Die tubuläre Natriumresorption bestimmt hauptsächlich den Energieverbrauch der Niere. Die Energiegewinnung erfolgt in der Rinde primär aerob, im Mark zunehmend auch anaerob, weil die Sauerstoffversorgung des Nierenmarks wesentlich schlechter als die der Rinde ist. Der proximale Tubulus hat die Fähigkeit zur Gluconeogenese, nutzt selbst aber keine Glucose, sondern Fettsäuren zur oxidativen Energiegewinnung.

65.3 Endokrine Aktivitäten der Niere

1,25-Dihydroxycholecalciferol Die Bildung von aktivem Vitamin D_3 ist ein mehrstufiger Prozess, der im proximalen Tubulus der Niere seinen Abschluss findet. Durch das Enzym 1α-Hydroxylase entsteht dort aus 25-Hydroxycholecalciferol das 1,25-Dihydroxycholecalciferol als die biologisch aktive Wirkform von Vitamin D3 (▶ Abschn. 58.3.3).

Erythropoietin Das Cytokin Erythropoietin (EPO) ist der zentrale hormonelle Regulator der Erythropoese. Im Rahmen der Erythropoese wirkt es als Mitogen, als Differenzierungsfaktor und als Überlebensfaktor für erythroid determinierte Vorläuferzellen im Knochenmark (▶ Abschn. 68.1.1). Daneben mehren sich die Befunde, dass EPO zusätzlich in ischämischen Geweben (Gehirn, Herz) protektiv wirkt.

EPO ist ein Glycoprotein mit einer Molekülmasse von 30 kDa, wovon 16 kDa auf den Proteinanteil und 14 kDa auf den Kohlenhydratanteil entfallen. Der Kohlenhydratanteil (v. a. die terminalen Sialinsäuren) wird für die Interaktion von EPO mit seinem zur Familie der Cytokinrezeptoren zählenden Rezeptor auf der Zelloberfläche der erythroiden Zielzellen nicht benötigt. Er ist aber für die biologische Halbwertszeit und damit für die Verfügbarkeit von EPO sehr wichtig. EPO wird in Niere, Leber und Gehirn gebildet. Während es vom Feten hauptsächlich noch in der Leber produziert wird, bilden ab dem Kindesalter die Nieren ca. 90 % des gesamten EPO im Körper. In der Niere wird EPO von speziellen Fibroblasten zwischen den proximalen Tubuli in der Nierenrinde gebildet.

Für die EPO-Bildung ist der O_2-Gehalt des Blutes entscheidend. Eine verminderte O_2-Zufuhr zur Nierenrinde stimuliert die EPO-Bildung, eine erhöhte O_2-Zufuhr unterdrückt sie. Entsprechend führen **arterielle Hypoxie** und **Anämie** abhängig von ihrem Schweregrad zu Steigerungen der EPO-Produktion und EPO-Plasmaspiegeln, wobei bis zu 10.000fache Erhöhungen gegenüber dem Normwert gemessen werden können. Ein O_2-Überangebot an die Niere, z. B. bei Polyzythämie, führt zu einer Hemmung der EPO-Produktion. Die EPO-Bildung in den peritubulären Fibroblasten wird direkt vom **Gewebesauerstoffdruck** reguliert, welcher vom Verhältnis des O_2-Antransportes zum O_2-Verbrauch bestimmt wird.

Die EPO-Bildung ist die Folge einer verstärkten Transkription des EPO-Gens. Diese wird durch den Transkriptionsfaktor **HIF** (*hypoxia-inducible factor*) ausgelöst, der als Heterodimer aus einer α- und einer β-Untereinheit besteht (◘ Abb. 65.3). In Vertebraten assoziiert die β-Untereinheit (HIF-1β, identisch mit ARNT ► Abschn. 62.3.1) mit zwei homologen α-Untereinheiten (HIF-1α und HIF-2α), von denen HIF-1α an der Regulation zahlreicher Gene (► Abschn. 15.3.1), HIF-2α speziell an dem von EPO beteiligt ist. Die α- und β-Untereinheiten werden ständig mit konstanter Rate synthetisiert, die Stabilität der HIF-α-Proteine ist jedoch abhängig vom O_2-Druck. Bei höheren O_2-Drucken werden HIF-1α und HIF-2α durch eine O_2-abhängige Prolylhydroxylase hydroxyliert (► Abschn. 59.1.4). Dies führt zur Bindung eines weiteren Proteins (VHL), das einen E3-Ubiquitinligase-Komplex (► Abschn. 49.3.2) rekrutiert und über die Ubiquitinierung von HIF-1α bzw. HIF-2α deren Abbau im Proteasom (► Kap. 50) bewirkt. Mit verminderter

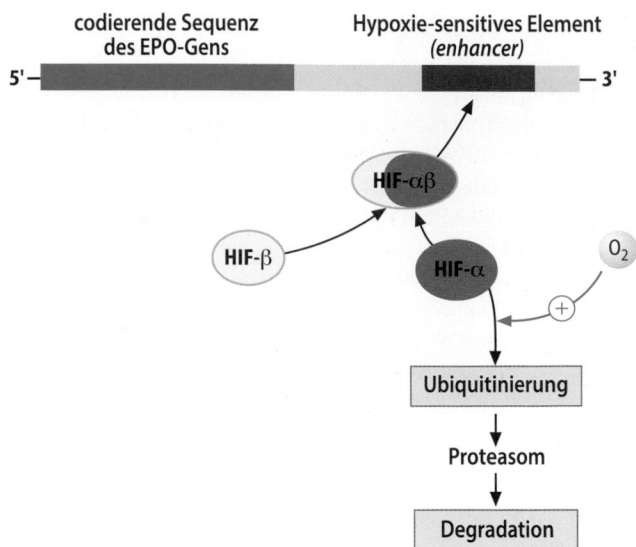

◘ **Abb. 65.3 Transkriptionsregulation des Erythropoietin-Gens durch den Hypoxie-induzierbaren Faktor (HIF).** (Einzelheiten s. Text)

Verfügbarkeit von O_2 (sinkender pO_2) nimmt daher die Ubiquitinierung der HIF-α–Untereinheiten ab; sie werden weniger rasch abgebaut. Dadurch steigt die HIF-α-Konzentration in den Zellen, es wird mehr aktiver HIF-Komplex gebildet. HIF-1β/HIF-2α bindet dann an ein *enhancer*-Element in der nichtcodierenden 3'-Region des EPO-Gens und steigert so dessen Transkriptionsrate (◘ Abb. 65.3).

Zusätzlich zu dieser Kontrolle des Spiegels von HIF-α-Untereinheiten hemmt eine O_2-abhängige Asparaginhydroxylierung auch noch deren Transaktivierungspotenzial. Dieser Mechanismus der O_2-abhängigen Modulierung von HIF ist in vielen Körperzellen zu finden und dient den Zellen zum Schutz vor Sauerstoffmangelzuständen.

Bei degenerativen Nierenerkrankungen ist die Regulation der EPO-Bildung deutlich gestört. Augenfällig wird dieser Defekt bei Betrachtung der Beziehung zwischen der Hämoglobinkonzentration und der Plasma-EPO-Konzentration, für die beim Nierengesunden eine charakteristische inverse Beziehung besteht (◘ Abb. 65.4). Demgegenüber können die Nieren chronisch Nierenkranker bei Anämie nicht vermehrt EPO bilden, weshalb eine kompensatorische Stimulation der Erythopoese ausbleibt. In der Folge bildet sich eine immer ausgeprägtere Anämie aus, welche charakteristisch für chronische Nierenerkrankungen ist und als **renale Anämie** bezeichnet wird. Menschliches EPO wird mittlerweile gentechnisch hergestellt und steht so zur effektiven Therapie der renalen Anämie zur Verfügung.

Doping mit Erythropoietin. Da der durch die Erythrocyten vermittelte Sauerstofftransport im Blut leistungslimitierend v. a. für Ausdauersportarten wirkt, versuchen Sportler über eine Erhöhung ihrer Erythrocytenzahl ihre Leistungsfähigkeit zu erhöhen. Eine Erhöhung der Hämoglobinkonzentration um 0,3 g/100 ml führt zu einer Steigerung der Ausdauerleistungsfähigkeit um etwa 1 %, was im Spitzensport entscheidend sein kann. Eine traditionelle, legale Methode ist dabei das Höhentraining. Wegen des verminderten Sauerstoffdruckes in der Höhe führt es zu einer verstärkten Bildung des körpereigenen EPOs, wodurch dann die Erythropoese angeregt wird. Das Ausmaß der Erythropoesesteigerung durch Höhentraining ist aller-

dings begrenzt. Wesentlich stärkere Anstiege der Erythrocytenzahl ohne Höhenaufenthalt lassen sich mit der Verabreichung von gentechnisch hergestelltem EPO erzielen. Dieser Einsatz birgt allerdings gesundheitliche Risiken, weil sich durch den Anstieg der Erythrocytenzahl die Blutviskosität erhöht. Dadurch erhöht sich aber die Gefahr der Thrombenbildung, außerdem ist eine verstärkte Herzarbeit erforderlich, um das Blut (v. a. bei körperlicher Belastung) durch das Kreislaufsystem zu treiben. Diese Komplikationen führen nicht selten zum plötzlichen Herztod. Die Leistungssteigerung durch EPO-Gabe ist bei Sportlern daher nicht erlaubt und unterliegt dem Doping-Verbot. Siehe auch ▶ Abschn. 68.2.2.

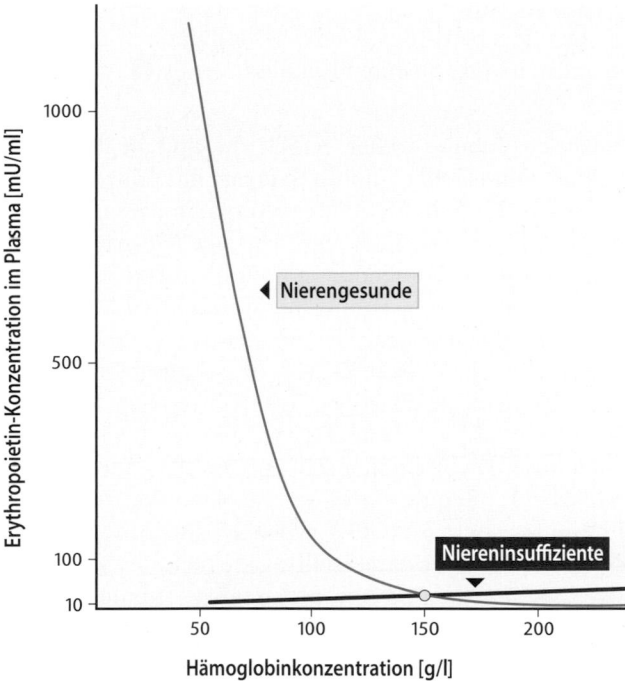

□ Abb. 65.4 **Abhängigkeit der Plasmakonzentration des Erythropoietins von der Hämoglobinkonzentration des Blutes bei Nierengesunden und Patienten mit chronischer Niereninsuffizienz.** Der gelbe Punkt gibt den Normalwert wieder

Zusammenfassung

Die Niere ist ein endokrines Organ. Durch die Bildung von aktivem Vitamin D_3 tragen die Nieren wesentlich zur Regulation des Calciumhaushaltes bei. Mit der Bildung von Erythropoietin steuert die Niere essenziell die Neubildungsrate von Erythrocyten.

65.4 Natriumhaushalt und renale Natriumreabsorption

65.4.1 Natriumbilanz

❯ Über 90 % des Körpernatriums befinden sich in freier oder gebundener Form im Extrazellulärraum.

Der Gesamtnatriumbestand des Menschen liegt bei 55–60 mmol/kg Körpergewicht (entspricht 1,2–1,4 g Natrium/kg), welches sich zu 95 % auf den Extrazellulär- und zu 5 % auf den Intrazellulärraum verteilt. Davon befinden sich 30–40 % des Natriums in gebundener Form im Knochen, weshalb nur 60–70 % des Körpernatriums in kurzer Zeit austauschbar sind (□ Tab. 65.3).

Die obligaten täglichen Natriumverluste betragen bei normaler Schweißproduktion weniger als 3 g NaCl pro Tag. Normalerweise führt man mit der Nahrung täglich 5–20 g NaCl (ca. 85–340 mmol) zu. Diese Menge liegt damit über dem täglichen Bedarf. Dabei enthalten die täglich zugeführten Nahrungsmittel selbst selten mehr als 200 mmol Na^+, der Rest wird in Form von Tafelsalz (Kochen und Würzen) aufgenommen.

Die Ausscheidung erfolgt im Wesentlichen über den Urin und unterliegt einem circadianen Rhythmus.

Eine geringe Menge von 0,3 g (5 mmol/24 h) wird auch über den Stuhl ausgeschieden. Das mit den Verdauungssäften in den Darm sezernierte Natrium wird normalerweise reabsorbiert, womit dem Organismus auf diese Weise kein Natrium verloren geht. Störungen der Reabsorption (Durchfälle) können dagegen zu Natriumverlusten führen.

Über die Haut geht bei starkem Schwitzen Natrium verloren (20–80 mmol/l Schweißflüssigkeit).

◻ Tab. 65.3 Daten zum Natriumstoffwechsel		
Verteilung von Natrium im Organismus	**mmol/kg Körpergewicht**	**Prozentualer Anteil an der Gesamtmenge**
Plasma	6,5	11,2
Interstitielle Flüssigkeit, Lymphe	16,8	29,0
Sehnen und Knorpel	6,8	11,7
Transzelluläre Flüssigkeit	1,5	2,6
Knochen (gesamte Menge)	25,0	43,1
Knochen (austauschbare Menge)	8,0	13,8
Gesamtmenge — im Extrazellulärraum (austauschbar)	39,6	68,3
im Extrazellulärraum (gesamt)	56,6	97,6
im Intrazellulärraum	1,4	2,4
im Organismus	58,0	100,0

Natriumkonzentration des Blutplasmas: 140 mmol/l
Normalbereich: 135–145 mmol/l
Tägliche Ausscheidung mit dem Urin: 100–150 mmol
Tägliche Zufuhr mit der Nahrung: 70–350 mmol

❯ Eine Erhöhung der Natriumausscheidung erfordert oft auch eine Erhöhung der Wasserausscheidung.

Die natriumkonservierenden Mechanismen sind wie bei allen terrestrischen Lebewesen sehr effektiv, sodass es unter physiologischen Bedingungen und bei normaler Kost nicht zu einem signifikanten Natriummangel kommen kann. Da die durchschnittliche Natriumzufuhr deutlich über dem obligaten Natriumverlust liegt (s. o.), ist die Konstanz des auch das Extrazellulärvolumen bestimmenden Natriumbestands des Organismus an die fortlaufende renale Elimination von überschüssigem Kochsalz gebunden. Dabei ist zu bedenken, dass wegen der Harnstoffausscheidung bei maximaler Konzentration des Endharns (1200 mosmol/l) die Konzentration von NaCl im Endharn höchstens 200 mmol/l (entspricht 400 mosmol/l) betragen kann. Entsprechend können höhere NaCl-Mengen nur über ein erhöhtes Urinvolumen ausgeschieden werden, was natürlich auch eine erhöhte Trinkmenge an freiem Wasser erfordert.

65.4.2 Renale Reabsorption von Natrium

❯ Über 99 % des filtrierten Natriums werden im Tubulussystem reabsorbiert.

Das glomerulär filtrierte Na^+ (23 mol/Tag) wird zu etwa 65 % im proximalen Tubulus, zu 25 % im dicken Teil der Henle-Schleife, zu 7 % im distalen Tubulus und zu 3 % im Verbindungstubulus/Sammelrohr rückresorbiert (◻ Abb. 65.5). Im Normalfall werden weniger als 1 % des filtrierten Natriums mit dem Urin ausgeschieden.

Allgemeine Triebkraft für die Na^+-Resorption ist das zelleinwärts gerichtete Konzentrationsgefälle für Natrium zwischen der Tubulusflüssigkeit und der Tubuluszelle. Dieses Konzentrationsgefälle wird durch die Aktivität der Na^+/K^+-ATPase (▶ Abschn. 11.5) erzeugt, welche in der basolateralen Membran der Tubuluszellen lokalisiert ist.

Der Mechanismus der Na^+-Aufnahme in die Tubuluszellen hängt von deren Lokalisation ab (◻ Abb. 65.5).

Proximaler Tubulus Hier erfolgt die apikale Na^+-Aufnahme hauptsächlich durch **Symport** mit Glucose, Aminosäuren (◻ Abb. 65.5) oder Säureanionen (s. u.) oder durch **Antiport** mit Protonen. Der **Na^+/H^+-Austauscher** befördert pro eintretendem Na^+-Ion ein Proton aus der Tubuluszelle in die Tubulusflüssigkeit. Der Mechanismus der Regenerierung der für den Na^+-Transport benötigten Protonen ist in ◻ Abb. 65.6 dargestellt und entspricht einem gleichartigen Transportsystem im Ileum (▶ Abschn. 61.3.4). Der Export des durch die Carboanhydrase II gebildeten HCO_3^- erfolgt durch einen Na^+/HCO_3^--Symporter in der basolateralen Membran. Er transportiert 3 HCO_3^- pro Na^+ (Stöchiometrien in ◻ Abb. 65.6 nicht dargestellt). Eine nicht-selektive passive Na^+-Resorption im proximalen Tubulus erfolgt zusätzlich durch den starken parazellulären Wasserfluss (*solvent drag*, s. u.). Die Na^+-Resorption im proximalen Tubulus wird durch Angiotensin II stimuliert (▶ Abschn. 65.4.3).

Dünner aufsteigender Teil der Henle-Schleife Hier wird Natrium passiv reabsorbiert. Diese Tubuluszellen besitzen eine hohe Chloridpermeabilität wegen zahlreicher **Chloridkanäle** (ClC-Ka, *chloride channel-kidney a*) in der luminalen und basolateralen Membran. Da die Interzellularkontakte (Claudine) in diesem Tubulusabschnitt für Kationen permeabel sind, diffundiert aufgrund eines starken Konzentrationsgradienten zwischen der aufkonzentrierten Tubulusflüssigkeit und dem Interstitium NaCl passiv aus der Tubulusflüssigkeit in das Interstitium.

◘ Abb. 65.5   Die Mechanismen der Natriumresorption in den verschiedenen Tubulusabschnitten. *Rote Kreise*: Na^+/K^+-ATPase. *AS*: Aminosäuren. (Einzelheiten s. Text)

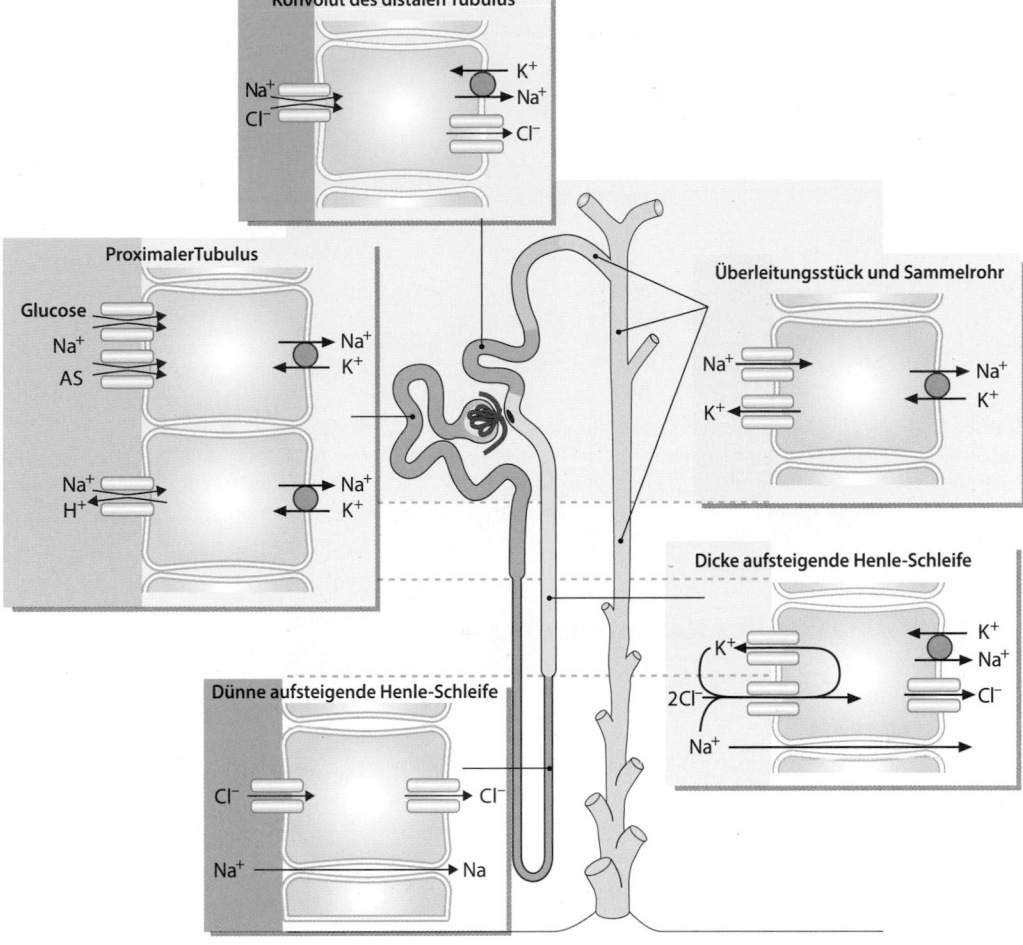

Dicker aufsteigender Teil der Henle-Schleife Na^+ wird hier über einen **Na^+/K^+-2Cl^--Symport** (NKCC-2) in der luminalen Membran resorbiert. Über zahlreiche **Kaliumkanäle** in der luminalen Membran diffundieren die über den Cotransport in die Zelle eintretenden K^+-Ionen zum größten Teil in die Tubulusflüssigkeit zurück und stehen somit wieder für den Cotransport zur Verfügung. Die Cl^--Ionen verlassen mittels Diffusion die Zelle über spezifische Chloridkanäle (ClC-Kb, *chloride channel-kidney b*) und zu einem geringeren Teil über einen KCl-Symport an der basolateralen Seite. Dabei entsteht bei diesem Transport eine negative Überschussladung im Interstitium. Diese Potenzialdifferenz treibt Kationen (Na^+, Mg^{2+}, Ca^{2+}, NH_4^+) parazellulär in das Interstitium.

Konvolut des distalen Tubulus   Natrium wird über einen luminalen **NaCl-Symport** reabsorbiert, wobei auch hier das Konzentrationsgefälle für Natrium zwischen der Tubulusflüssigkeit und der Tubuluszelle die Triebkraft für den Cotransport liefert. Na^+ wird basolateral hinausgepumpt und Chlorid verlässt die Zelle über einen KCl-Symport. Das hierfür benötigte K^+ rezirkuliert über die Aktivität der Na^+/K^+-ATPase.

Überleitungsstück und Sammelrohr   Die Na^+-Reabsorption erfolgt über spezifische **Na^+-Kanäle (ENaC)** in der apikalen Membran der Hauptzellen, während K^+ im Gegenzug durch apikale **K^+-Kanäle** aus der Hauptzelle in die Tubulusflüssigkeit diffundiert. Da basolateral über die Na^+/K^+-ATPase Na^+ aus der Zelle und K^+ in die Zelle gepumpt werden, findet in den Hauptzellen somit netto eine Natriumresorption und eine Kaliumsekretion statt. Die Zahl und Aktivität der Na^+-Kanäle und der Na^+/K^+-ATPase in den Hauptzellen wird durch das Nebennierenrindenhormon **Aldosteron** gesteigert (◘ Abb. 65.10).

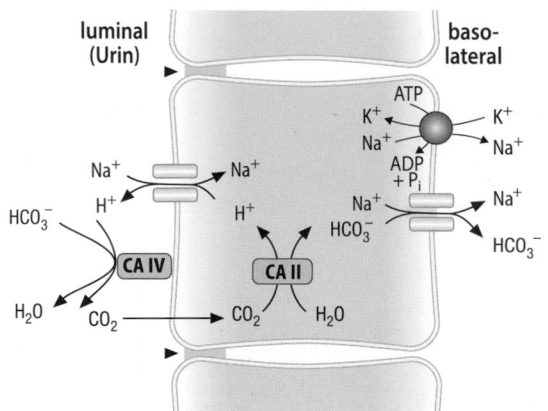

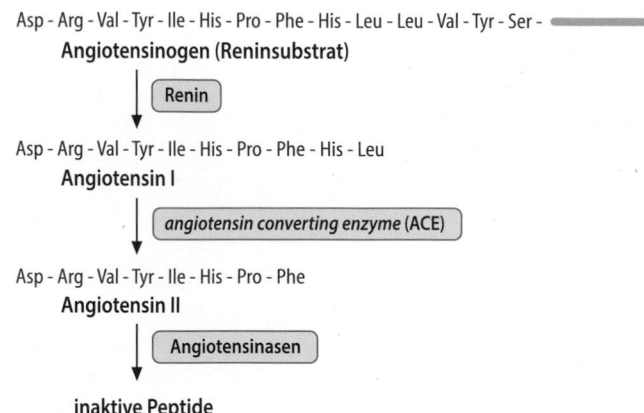

☐ **Abb. 65.6 Regenerierung von Protonen für den Na⁺/H⁺-Austausch im proximalen Tubulus bei gleichzeitiger Hydrogencarbonat-Resorption.** *CA II:* Carboanhydrase II, im Cytosol lokalisiert; *CA IV:* Carboanhydrase IV, mit einem GPI-Anker in der Membran des Bürstensaums verankert; ▸ *tight juction*

☐ **Abb. 65.7 Biosynthese und Abbau von Angiotensin II.** Die Umwandlung von Angiotensin I in Angiotensin II erfolgt v. a. an den Gefäßendothelien durch das *angiotensin converting enzyme* (*ACE*)

65.4.3 Regulation des Natriumhaushalts

Die Regulation der Natriumkonzentration des Intrazellulärraums erfolgt über die **Na⁺/K⁺-ATPase** (▸ Abschn. 11.5), die des Extrazellulärraums hauptsächlich über das **Renin-Angiotensin-Aldosteron-System** und das **atriale natriuretische Peptid.**

❯ Das Renin-Angiotensin-Aldosteron-System (RAAS) sorgt für eine Zunahme des Natriumbestands.

Renin   **Renin** ist eine Aspartatprotease mit einer Molekülmasse von ca. 40 kDa. Es wird als enzymatisch inaktive Vorstufe (Prorenin) von den Epitheloidzellen des juxtaglomerulären Apparats synthetisiert und darin in Speichergranula verpackt. In diesen Vesikeln wird es durch Proteolyse zu Renin aktiviert, welches durch regulierte Exocytose aus den Zellen ausgeschleust wird.

Angiotensinogen   Das einzige Substrat der Protease Renin ist das Glycoprotein **Angiotensinogen** (Molekülmasse ca. 60 kDa), das hauptsächlich in der Leber, daneben aber auch vom Fettgewebe gebildet wird. Renin spaltet im Plasma vom Angiotensinogenmolekül ein N-terminales Decapeptid ab, das **Angiotensin I**, welches durch das *angiotensin-I-converting-enzyme* (**ACE**) um zwei Aminosäuren zum Octapeptid **Angiotensin II** verkürzt wird (☐ Abb. 65.7). Wegen ihrer hohen Aktivität an *converting enzyme* spielen die Lunge und die Niere eine besonders wichtige Rolle.

Das menschliche ACE ist über eine C-terminale, hydrophobe, α-helicale Region in der Plasmamembran vieler Zellen, vor allen Dingen von Endothelzellen und glatten Muskelzellen, verankert. In geringer Aktivität lässt sich ACE auch im Plasma nachweisen. Es wird von einem Gen codiert, welches aus der Duplikation eines Vorläufergens entstanden sein muss, da es zwei alternative Promotoren enthält:

- Die unter Benutzung des 5′-gelegenen Promotors abgelesene mRNA codiert für das **somatische ACE**, welches zwei funktionelle Domänen mit je einem aktiven Zentrum enthält. Die Aminosäuresequenz am aktiven Zentrum entspricht derjenigen einer Zinkprotease.
- Außer diesem somatischen ACE gibt es noch ein **Keimzell-ACE**, welches in reifen Spermatiden exprimiert wird, und für die männliche Fertilität wichtig ist. Es entsteht dadurch, dass der zweite Promotor des ACE-Gens benutzt wird und führt zu einer ACE-Form, die nur über ein aktives Zentrum verfügt.

Zusätzlich zu diesem klassischen ACE ist mittlerweile eine zweite Form eines *angiotensin converting enzyme* (**ACE-2**) bekannt, welches Angiotensin I und II um jeweils eine Aminosäure verkürzt und so Ang1–9 bzw. Ang1–7 erzeugt. Die biologische Bedeutung von ACE-2 liegt darin, dass es zum einen das biologisch aktive Angiotensin II abbaut und dabei zum anderen mit Ang1–7 einen neuen biologischen Effektor erzeugt, welcher gegensätzliche Wirkungen zum AngII entfaltet.

Angiotensin   Das aus Angiotensinogen gebildete Peptid **Angiotensin II** ist das eigentliche Hormon des Renin/Angiotensin-Systems. Seine biologischen Wirkungen sind:

65

- zentrale Auslösung von **Durstgefühl** und **Salzappetit**, was die Salz- und Wasserzufuhr in den Körper erhöht (▶ Abschn. 65.5.3),
- Steigerung der **Freisetzung von antidiuretischem Hormon (ADH)** aus dem Hypophysenhinterlappen, welches die Wasserreabsorption in den Sammelrohren der Niere erhöht (▶ Abschn. 65.5.3),
- Direkte Steigerung der **Natriumreabsorption** am proximalen Tubulus,
- Stimulation der Bildung des Mineralocorticoidhormons **Aldosteron** in der Zona glomerulosa der Nebennierenrinde,
- Erhöhung des arteriellen Blutdrucks durch Vasokonstriktion.

> An der Signaltransduktion von Angiotensin II sind AT1- und AT2-Rezeptoren beteiligt.

Alle genannten Angiotensin-II-Wirkungen werden über Angiotensin-II-AT1-Membranrezeptoren vermittelt. Sie gehören zur Familie der G-Protein-gekoppelten Rezeptoren (▶ Abschn. 35.3). Ihre Effekte beruhen auf einer Aktivierung der Phosphatidylinositolkaskade und damit auf einer Erhöhung der intrazellulären Calciumkonzentration und Stimulation der Proteinkinase C (▶ Abschn. 35.3.3) AT1-Rezeptoren können außerdem die Adenylatcylase sowie bestimmte K^+-Kanäle hemmen und damit Zellen depolarisieren. In zahlreichen (v. a. fetalen) Geweben finden sich als weitere Isoform der Angiotensinrezeptoren die AT2-Rezeptoren. AT1- und AT2-Rezeptoren sind in der Aminosäuresequenz zu 34 % identisch. Die physiologische Bedeutung des AT2-Rezeptors ist noch nicht eindeutig geklärt. Beim Erwachsenen wird der AT2-Rezeptor im Areal von Hautverletzungen besonders stark exprimiert. Man nimmt daher an, dass er eine Rolle bei der Wundheilung spielt. Beobachtungen an AT2-*knockout*-Mäusen sprechen weiterhin dafür, dass AT2-Rezeptor-vermittelte Wirkungen die über AT1-Rezeptoren vermittelte Blutdruckerhöhung abschwächen.

> Die Aktivität des Renin/Angiotensin-Systems (RAS) wird durch Rückkopplung reguliert.

Die wesentliche physiologische Funktion des Renin/Angiotensin-Systems besteht in der Erhöhung oder Normalisierung eines erniedrigten Extrazellulärvolumens oder Blutdrucks. Dabei kommt dem Renin eine Schlüsselfunktion zu:
- Seine Freisetzung wird durch einen Blutdruckabfall in den afferenten Arteriolen der Niere und durch eine Reduktion des Extrazellulärvolumens, z. B. bei Natriummangel, stimuliert. Ein expandiertes Extra-

zellulärvolumen bei Salzüberschuss bewirkt eine Hemmung der Reninfreisetzung und damit eine Hemmung der AngII-Bildung (◻ Abb. 65.8A).
- Weiterhin stimulieren Adrenalin und Noradrenalin (β1-Rezeptoren) und Dopamin (D1-Rezeptoren) die Reninfreisetzung über die Aktivierung des cAMP-Signalwegs (◻ Abb. 65.8B). Entsprechend führt auch eine Aktivitätssteigerung der **sympathischen Nierennervenfasern** zu einer Stimulation der Reninsekretion, was erklärt, warum Stress-Situationen mit einer verstärkten Reninsekretion einhergehen.
- Die blutdruck- und volumensteigernde Wirkung des RAS wird dadurch begrenzt, dass ein erhöhter Blut-

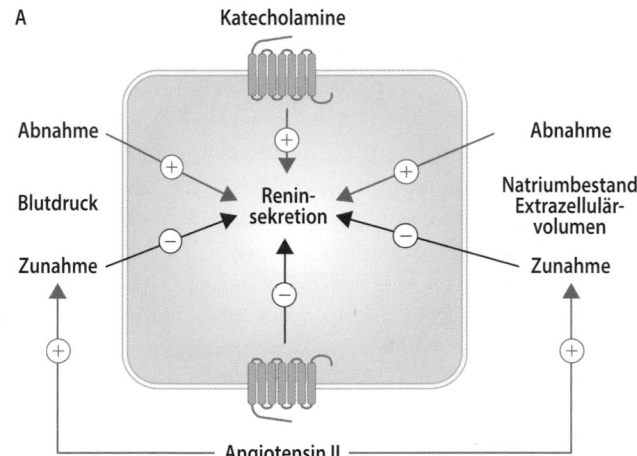

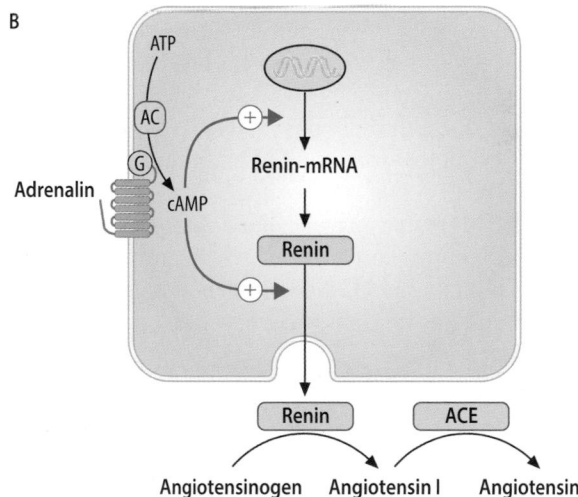

◻ **Abb. 65.8 Regulation von Reninsynthese und Reninsekretion in renalen juxtaglomerulären Epitheloidzellen. A** Regulation der Reninsekretion. **B** Regulation der Renin-Genexpression und Reninsekretion durch Adrenalin (über Adrenorezeptoren) und Angiotensin II (über AngII-AT1-Rezeptoren). Aktivierung der Adenylatcyclase (*AC*) und der damit verbundene Anstieg von cAMP stimuliert die Renin-Gentranskription und die Reninsekretion

druck bzw. Salzüberschuss die Reninfreisetzung wieder hemmt (◻ Abb. 65.8A).
— Intrazellulär wird die Renin-Genexpression durch cAMP-stimuliert (◻ Abb. 65.8B).

❯ Angiotensin stimuliert die Bildung des Mineralocorticoidhormons Aldosteron.

Folgende Faktoren sind für die Regulation der Aldosteronbiosynthese und Sekretion von besonderer Bedeutung:
— **Angiotensin II** stimuliert über AT1-Rezeptoren (intrazellulärer Calciumanstieg) die Aldosteronbiosynthese und -sekretion. ACTH (▶ Abschn. 39.1.3) hat dagegen eine geringere Bedeutung.
— Jeder Anstieg der **Plasmakalium-Konzentration** (Membrandepolarisation mit nachfolgendem intrazellulärem Calciumanstieg) stellt einen starken direkten Reiz für die Aldosteronsynthese dar (s. u.).
— Zu einem Sistieren der Aldosteronbildung und Sekretion kommt es dagegen, wenn die Natriumretention durch die Nieren bzw. die Kaliumausscheidung ansteigt und sich das extrazelluläre Volumen bei gleichzeitigem Kaliumverlust erhöht.

❯ Die Mineralocorticoide Corticosteron und Aldosteron werden aus Cholesterin synthetisiert.

Die Mineralocorticoide **11-Desoxycorticosteron** und **Aldosteron** werden aus Cholesterin synthetisiert (◻ Abb. 65.9). Durch Oxidation am C-Atom 3 und Isomerisierung der Doppelbindung zwischen C5 und C6 entsteht Progesteron. Durch Hydroxylierung in den Positionen 21β, 18β und 11β wird daraus 18-Hydroxycorticosteron. Das beim Menschen wichtigste Mineralocorticoid, das **Aldosteron**, wird aus 18-Hydroxycorticosteron durch Oxidation der Hydroxylgruppe am C-Atom 18 gebildet. Die dabei entstehende Aldehydgruppe, welche dem Aldosteron seinen Namen gibt, kommt der Hydroxylgruppe am C-Atom 11 so nahe, dass sich eine **Halbacetalform** des Aldosterons ausbilden kann, in der es in wässriger Lösung bevorzugt (s. u.) vorliegen dürfte.

❯ Mineralocorticoide fördern die Natriumretention in der Niere.

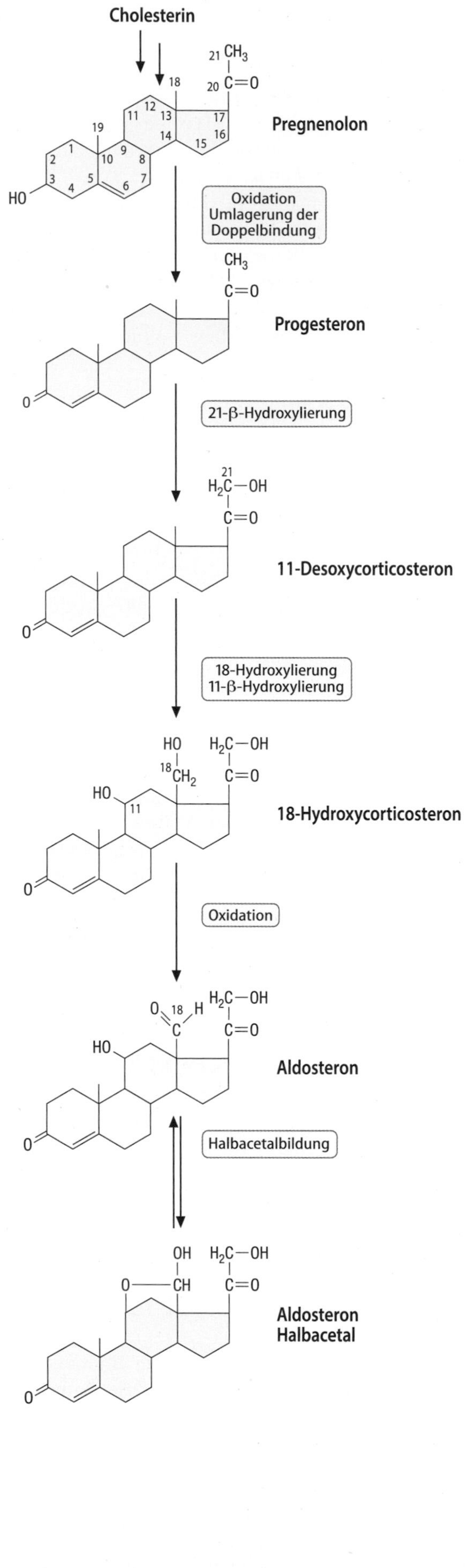

Mit Ausnahme der Androgene steigern alle Corticosteroidhormone, besonders jedoch die Mineralocorticoide, die **Rückresorption** von Natriumionen in den Verbindungstubuli und Sammelrohren der Niere. Parallel zur gesteigerten Natriumretention kommt es zu einer gesteigerten Ausscheidung von Kalium-, Wasserstoff- und Ammoniumionen, was zu einer Abnahme der Kaliumkonzentration im Serum führt. Auch in den Schweißdrüsen, den Speicheldrüsen und im Intestinaltrakt wird die Ausscheidung von Natriumionen verlangsamt.

In ihrer Wirksamkeit auf den Mineralstoffwechsel unterscheiden sich die einzelnen Steroidhormone der Nebennierenrinde beträchtlich voneinander. Aldosteron ist 1000-mal wirksamer als Cortisol und ungefähr 35-mal effektiver als 11-Desoxycorticosteron.

> Aldosteron wirkt über einen Rezeptor aus der Superfamilie der Steroidhormonrezeptoren.

Wie andere Steroidhormone wird auch Aldosteron in die Zelle aufgenommen und bindet an einen **cytosolischen Mineralocorticoidrezeptor**, der zur Superfamilie der Steroidhormonrezeptoren gehört (▶ Abschn. 35.1). An diesen Rezeptor können prinzipiell auch Cortison (◻ Abb. 40.4) und Corticosteron (◻ Abb. 40.3) binden, welche im Plasma in 100- bis 1.000fach höherer Konzentration als Aldosteron vorkommen. Die Zielgewebe von Aldosteron bilden daher das Enzym 11β-Hydroxysteroid-Dehydrogenase 2, welches 11β-Hydroxyglucocorticoide (Cortisol, Corticosteron) inaktiviert, womit sie für Aldosteron selektiv werden (◻ Abb. 40.4). Aldosteron selbst kann in der Halbacetalform von der 11β-Hydroxysteroid-Dehydrogenase 2 nicht angegriffen werden (◻ Abb. 40.5).

Eine besonders hohe Konzentration von **Aldosteronrezeptoren** findet sich in den corticalen Abschnitten der **Sammelrohre der Niere**, darüber hinaus im **Kolon** und den **Schweißdrüsen**, was auf diese Organe als besondere Zielgewebe für die Mineralocorticoidwirkung hinweist.

Wie aus der ◻ Abb. 65.10 hervorgeht, gelangt der Mineralocorticoidrezeptorkomplex nach entsprechender Aktivierung (▶ Abschn. 35.1) in den Zellkern und beeinflusst dort die Expression spezifischer Gene. Das führt in natriumreabsorbierenden Zellen zur vermehrten Expression
- eines in der apikalen Zellmembran gelegenen **Natriumkanals (ENaC)**,
- der basolateral gelegenen **Na⁺/K⁺-ATPase** und
- einer Reihe von Enzymen des Citratzyklus, welche wahrscheinlich einen gesteigerten Substratdurchsatz und damit eine vermehrte Bereitstellung des von der **Na⁺/K⁺-ATPase** benötigten ATP ermöglichen.

◻ **Abb. 65.9 Biosynthese der Mineralocorticoide 11-Desoxycorticosteron und Aldosteron.** Für die Biosynthese des Aldosterons ist eine Hydroxylierung an den Positionen 21, 18 und 11 des Progesterons notwendig. Vgl. hierzu die Hydroxylierung bei der Biosynthese des Cortisols (▶ Abschn. 40.2.2)

Zusätzlich erhöht Aldosteron über die Aktivierung der SGK-1 (Serum- und Glucocorticoid-stimulierte Kinase) die Verweildauer des ENaC in der Plasmamembran der Hauptzellen der Sammelrohre.

Spironolactone Sie sind eine Gruppe von aldosteronanalogen Verbindungen, die über einen C-17-Lactonring verfügen (◻ Abb. 65.11). Sie wirken als **Mineralocorticoidantagonisten** und werden als solche auch bei der Behandlung des primären Hyperaldosteronismus eingesetzt. Ihr Wirkungsmechanismus beruht darauf, dass sie Aldosteron kompetitiv vom cytoplasmatischen Rezeptor verdrängen. Der dabei gebildete Rezeptor-Antagonist-Komplex kann aber nicht die zum Übertritt in den Kern notwendige Konformationsänderung (Aktivierung) durchmachen, weswegen die Änderung der Genexpression unterbleibt.

> Das atriale natriuretische Peptid senkt den Natriumbestand des Körpers.

Die Funktion von Mineralocorticoiden und ADH (s. ▶ Abschn. 65.5.3) besteht in der Natrium- und Wasserretention. Ein antagonistisches, natriuretisch wirkendes Hormon ist das v. a. im rechten Vorhof des Herzens synthetisierte, gespeicherte und sezernierte **atriale natriuretische Peptid** (ANP).

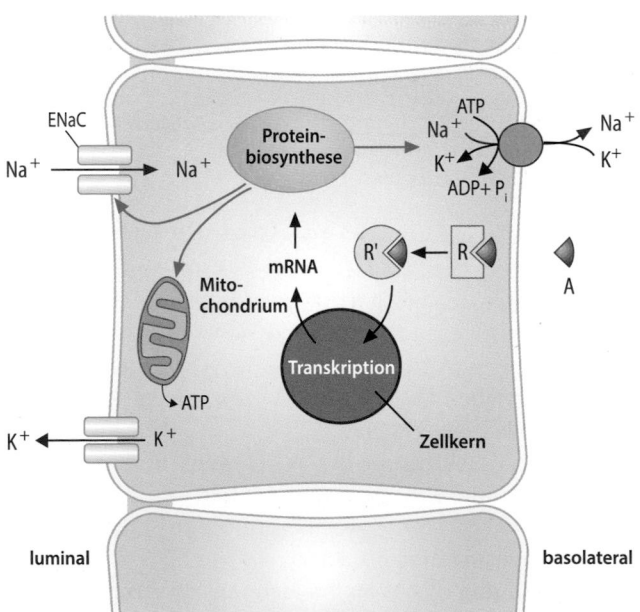

◻ **Abb. 65.10 Molekularer Mechanismus der Aldosteronwirkung auf die Tubulusepithelien des Überleitungsstückes und des Sammelrohres.** Aldosteron (*A*) bindet an ein Rezeptorprotein (*R*), das nach Konformationsänderung im Zellkern die Transkription spezifischer Gene induziert. Es kommt damit zur gesteigerten Biosynthese eines Natriumkanals, der Na⁺/K⁺-ATPase und verschiedener mitochondrialer Enzyme. (Einzelheiten s. Text)

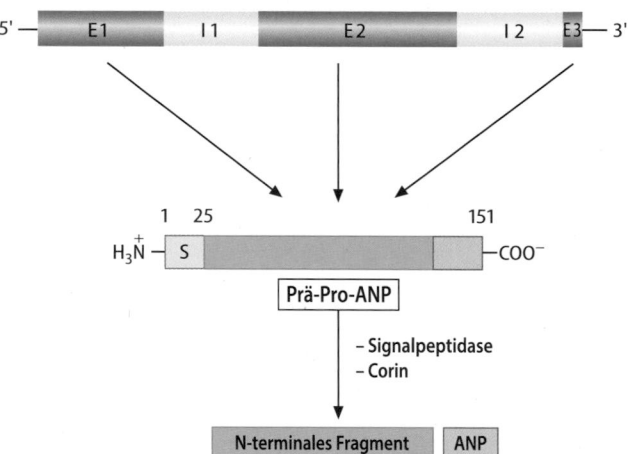

☐ Abb. 65.11 Struktur des Aldosteronantagonisten Spironolacton. Man beachte die Lactonstruktur am Ring D

☐ Abb. 65.12 Biosynthese des atrialen natriuretischen Peptids (ANP). Das zugehörige Gen besteht aus drei Exons und zwei Introns. Die Exons codieren für ein Prä-Pro-ANP aus 151 Aminosäuren. Dieser Präkursor trägt C-terminal das aus 28 Aminosäureresten bestehende ANP. *S*, Signalpeptid

❯ ANP wird in den Herzvorhöfen als Prohormon gebildet.

Das atriale natriuretische Peptid (ANP) wird in myoendokrinen Zellen des Herzmuskels synthetisiert und in Sekretvesikeln gespeichert. Myoendokrine Zellen befinden sich vorwiegend im rechten Vorhof, daneben aber auch im linken Vorhof und nur ganz vereinzelt im Herzkammergewebe. ☐ Abb. 65.12 gibt einen Überblick über die ANP-Biosynthese:

— Nach Transkription des ANP-Gens und posttranskriptionaler Prozessierung entsteht aus ihm die Prä-Pro-ANP-mRNA, welche für ein Protein mit 151 Aminosäuren codiert.
— Abtrennung des N-terminalen, aus 25 Aminosäuren bestehenden Signalpeptids führt zum Pro-ANP mit 126 Aminosäuren, welches in Vesikel gepackt wird.
— Vom Carboxyterminus des Pro-ANP wird **ANP** als ein 28 Aminosäuren umfassendes Peptid abgespalten. Hierfür ist die membrangebundene Serinprotease **Corin** verantwortlich.

Da die Primärstruktur von ANP für die bislang untersuchten Säuger praktisch identisch ist, ist das ANP-System in der Evolution **hoch konserviert**. In wesentlich geringerem Ausmaß als im Herzen wird Pro-ANP auch noch in anderen Organen wie Gehirn, Nebenniere und Niere gefunden. In der Niere wird in den Sammelrohrzellen spezifisch ein 32 Aminosäuren umfassendes Peptid vom Carboxyterminus des Pro-ANP abgespalten, das als **Urodilatin** bezeichnet wird. ANP und Urodilatin zeigen dieselben biologischen Wirkungen (s. u.), haben aber eine unterschiedliche biologische Stabilität. So erscheint Urodilatin wesentlich resistenter als ANP gegenüber einer proteolytischen Degradation durch die **neutrale Endopeptidase** (s. u.) zu sein, die gerade in der Niere in hoher Aktivität vorkommt.

Der auslösende Reiz für die ANP-Sekretion ist ein Anstieg des **Vorhofdrucks**, der zu einer Wanddehnung und damit **Dehnung der Myocyten** führt. Über einen calciumabhängigen Prozess führt eine solche Dehnung dann zur Sekretion von ANP. Der Anstieg des Vorhofdrucks kann durch eine Expansion des Extrazellulärvolumens (Plasmavolumen), z. B. durch vermehrte Kochsalzzufuhr, aber auch durch Hormone wie ADH, Katecholamine oder Angiotensin II, ausgelöst werden.

❯ ANP relaxiert Blutgefäße und fördert die renale Natrium- und Wasserausscheidung.

ANP hat wie alle natriuretischen Peptide folgende Wirkungen:

— Eine **Relaxation** der glatten Muskulatur der Arteriolen. Dies senkt den arteriellen Gefäßwiderstand und wirkt damit blutdrucksenkend.
— Der vasodilatierende Effekt ist auch an den renalen präglomerulären Blutgefäßen sehr ausgeprägt. Dadurch erhöht sich die **glomeruläre Filtrationsrate**, was die renale Wasser- und Salzausscheidung erhöhen kann.
— Über Rezeptoren im Tubulussystem der Niere vermindert ANP direkt die Natrium- und Wasserresorption.
— ANP hemmt die Aldosteronfreisetzung sowohl durch einen direkten Effekt auf die Nebennierenrinde als auch indirekt durch Hemmung der Reninfreisetzung.

In der Tat scheint diese Wechselwirkung mit dem Renin-Angiotensin-Aldosteron-System sehr wichtig zu sein, da man eine deutliche natriuretische Wirkung von ANP nur bei einem stimulierten Renin-Angiotensin-Aldosteron-System beobachten kann. Möglicherweise ist Urodilatin für die renalen Wirkungen wesentlich bedeutsamer als ANP selbst.

Rezeptoren für natriuretische Peptide sind in einer Reihe von Geweben wie z. B. den Nierenglomeruli, Sammelrohrzellen und den medullären und papillären Vasa recta der Nieren gefunden worden, daneben aber auch im Zentralnervensystem, der Nebennierenrinde sowie Gefäßmuskel- und Endothelzellen.

Die Wirkung von ANP und Urodilatin wird über den sog. A-Rezeptor vermittelt. Dieser gehört zu den **membrangebundene Guanylatcylasen** (▶ Abschn. 35.6.2), deren Aktivierung zu erhöhten cGMP-Konzentrationen in den Zielgeweben führt (◨ Abb. 65.13). Ein ebenfalls nachgewiesener C-Rezeptor vermittelt keine derzeit bekannte Signalwirkung. Man nimmt an, dass es sich dabei um einen sog. *clearance-receptor* handelt, der die natriuretischen Peptide bei hohen Konzentrationen abfischt und einer endosomalen Degradation zuführt. Dieser Mechanismus trägt so zur Elimination der natriuretischen Peptide bei, die hauptsächlich aber durch proteolytischen Abbau durch eine Metalloprotease, die **neutrale Endopeptidase (NEP)**, in Lunge, Leber und Niere erfolgt. Eine neue Strategie bei der Behandlung von Kreislauferkrankungen (v. a. Bluthochdruck) beruht auf der pharmakologischen Hemmung dieser Endopeptidase, wodurch die Konzentration der zirkulierenden vasodilatierenden natriuretischen Peptide erhöht werden kann.

Zusammenfassung

Der Natriumbestand des Körpers wird v. a. über die Kontrolle des Extrazellulärvolumens reguliert. Eine Abnahme des Volumens aktiviert über arterielle Pressorezeptoren den Sympathikus, was in der Niere direkt die Na⁺-Reabsorption fördert und über eine Stimulation der Reninsekretion das Renin-Angiotensin-Aldosteron-System aktiviert. Die durch Angiotensin II induzierte Bildung von Aldosteron fördert die renale Natriumresorption im Sammelrohr, begleitet von einer ADH-bedingten Wasserretention. Ein Anstieg des Natriumbestands des Körpers und damit verbunden eine Vergrößerung des Extrazellulärvolumens hemmt die Reninsekretion und damit die Angiotensin-II-Bildung, Aldosteronproduktion und ADH-Sekretion. Ein Anstieg des Drucks im Niederdrucksystem aktiviert in den Herzvorhöfen die Freisetzung von ANP, welches die Ausscheidung von Natrium und Wasser in der Niere stimuliert.

65.5 Wasserhaushalt und renale Wasserreabsorption

65.5.1 Wasserbilanz

❯ Das Körperwasser verteilt sich auf verschiedene Kompartimente.

Da das Fettgewebe im Vergleich zu anderen Körpergeweben einen deutlich geringeren Wassergehalt besitzt, sollte das Körperwasser eigentlich auf die **fettfreie Körpermasse** (*lean body mass*) bezogen werden. Bei einer großen Zahl von Säugetieren einschließlich des Menschen beträgt der Wasseranteil der fettfreien Körpermasse konstant 72–74 % (◨ Abb. 65.14). Da das Körperwasser mit der Isotopendilutionsmethode gut bestimmt werden kann, lässt sich diese Beziehung zur Berechnung des Körperfettgehalts verwenden:

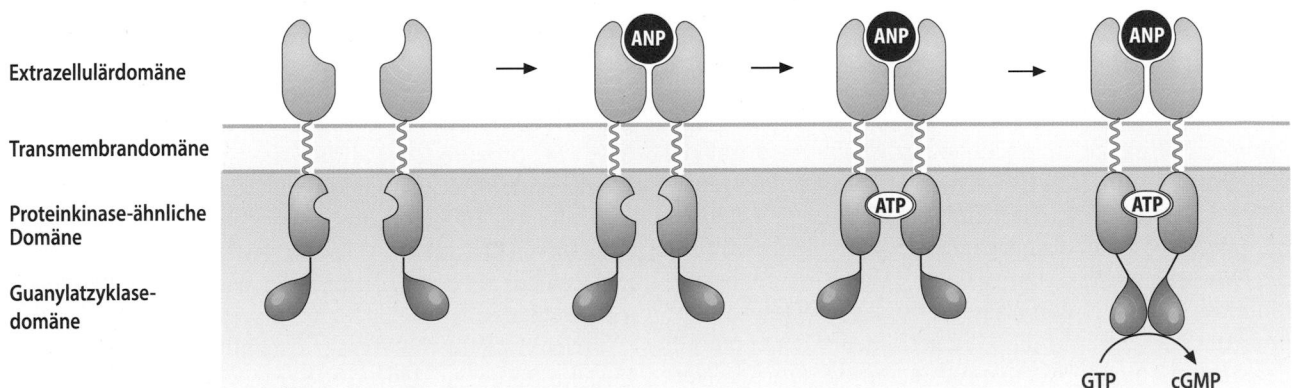

| Extrazellulärdomäne |
| Transmembrandomäne |
| Proteinkinase-ähnliche Domäne |
| Guanylatzyklase-domäne |

GTP → cGMP

◨ **Abb. 65.13 Aktivierung des A-Typ-Rezeptors für natriuretische Peptide durch ANP.** Der Rezeptor besteht aus einer Extrazellulär- und Transmembrandomäne, einer intrazellulären kinaseähnlichen und einer intrazellulären Guanylatcyclase-Domäne. Bindung von ANP an die Extrazellulärdomäne führt zur Homodimerisierung des Rezeptors, wodurch ATP an die kinaseähnlichen Domänen bindet. Dies führt dann zur Aktivierung einer Guanylatcyclaseaktivität

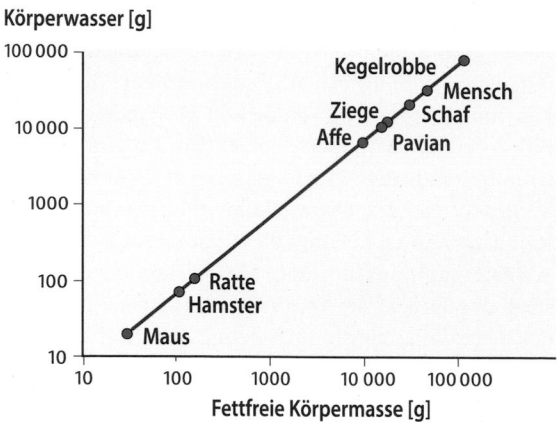

◘ Abb. 65.14 Beziehung zwischen Körperwasser und fettfreier Körpermasse bei verschiedenen Säugern. (Daten nach Wang et al. 1999)

Körperfett   = Gesamtmasse – fettfreie Masse

            = Gesamtmasse – (Körperwasser/0,73)

Bezieht man den Wassergehalt auf die Gesamtmasse, so ist dieser im Wesentlichen vom Körperfett abhängig, das je nach Geschlecht und Lebensalter schwankt. Bei Säuglingen macht das Körperwasser noch etwa 75 % der Körpermasse aus, beim erwachsenen Mann etwa 60 %, und bei der erwachsenen Frau etwa 50 % (wegen eines höheren Fettgewebsanteils).

Innerhalb des Körpers lassen sich 2 Wasserräume unterscheiden, nämlich der größere **Intrazellulärraum** (60–65 % des Körperwassers) und der kleinere **Extrazellulärraum** (35–40 % des Körperwassers). Der Extrazellulärraum lässt sich weiter unterteilen in den **interstitiellen Raum** (75 % des Extrazellulärvolumens), das **Blutplasma** (25 % des Extrazellulärvolumens) und die **transzelluläre Flüssigkeit** (z. B. Liquor cerebrospinalis etc.), die aber beim Erwachsenen nur etwa 1 Liter ausmacht.

❯ Die Wasserzufuhr dient der Kompensation obligater und nicht-obligater Wasserverluste.

Der Mensch kann wochenlang auf die Zufuhr von Nahrungsstoffen verzichten, jedoch nur wenige Tage auf die von Wasser und Elektrolyten. Die Wasserbilanz eines 70 kg schweren Erwachsenen ist in ◘ Tab. 65.4 zusammengestellt. Damit sie ausgeglichen ist, muss die Zufuhr die Wasserverluste kompensieren. Dabei ist zu beachten, dass fast 40 % der Wasserverluste als Wasserdampf über die Lungen und die Haut erfolgen. Hierdurch gehen etwa 25 % der Wärmeproduktion des Körpers verloren. Dieser obligate Wasserverlust spielt eine Rolle bei der Regulation der Körperwärme und nimmt auch bei hochgradigen Flüssigkeitsverlusten nur wenig ab.

◘ Tab. 65.4 Durchschnittliche tägliche Zufuhr und Verlust von Wasser beim Erwachsenen

Wasserzufuhr	ml	Wasserverlust	ml
Trinken (Wasser und Getränke)	**1.200** (500–1.600)	Urin	**1.400** (600–1.600)
Wasser der Nahrungsstoffe (Gehalt: 60–97 % Wasser)	**900** (800–1.000)	Lungen und Haut (Perspiration)	**900** (850–1.200)
Oxidationswasser	**300** (200–400)	Faeces	**100** (50–200)
Insgesamt	**2.400** (1.500–3.000)		**2.400** (1.500–3.000)

Im Organismus entsteht Wasser bei der mitochondrialen Oxidation der Nahrungsstoffe (Biooxidation). Die Oxidation von 100 g Fett liefert 107 ml, die von 100 g Kohlenhydraten 55 ml und die von 100 g Protein 41 ml Wasser. Die vom Menschen täglich gebildete Menge **Oxidationswasser** beträgt etwa 300 ml. Der darüber hinausgehende Teil der Wasserbilanz muss durch Getränke und den Wassergehalt der Nahrungsmittel ausgeglichen werden.

In die Bilanz gehen die 5–10 l Verdauungssekrete, die in den Magen-Darm-Trakt abgegeben werden, nicht mit ein, da sie schließlich wieder reabsorbiert werden. Sie sind aber beim Erbrechen oder bei Durchfällen von Bedeutung.

65.5.2 Wasserausscheidung in den Nieren

❯ In den Nieren wird glomerulär filtriertes Wasser zu 99 % reabsorbiert.

Das glomerulär filtrierte Wasser (180 l/Tag) wird zu etwa 65 % im proximalen Tubulus, zu 25 % in der dünnen Henle-Schleife und im Konvolut des distalen Tubulus und zu 10 % im Verbindungstubulus/Sammelrohr rückresorbiert (◘ Abb. 65.15). Im Normalfall wird daher nur weniger als 1 % des filtrierten Wassers mit dem Urin ausgeschieden.

Triebkraft für die Wasserresorption sind osmotische Druckdifferenzen. Durch die transzelluläre Resorption von Natrium und anderen osmotisch wirksamen Molekülen (z. B. Monosaccharide, s. u.) im proximalen Tubulus sinkt die Osmolarität der Tubulusflüssigkeit

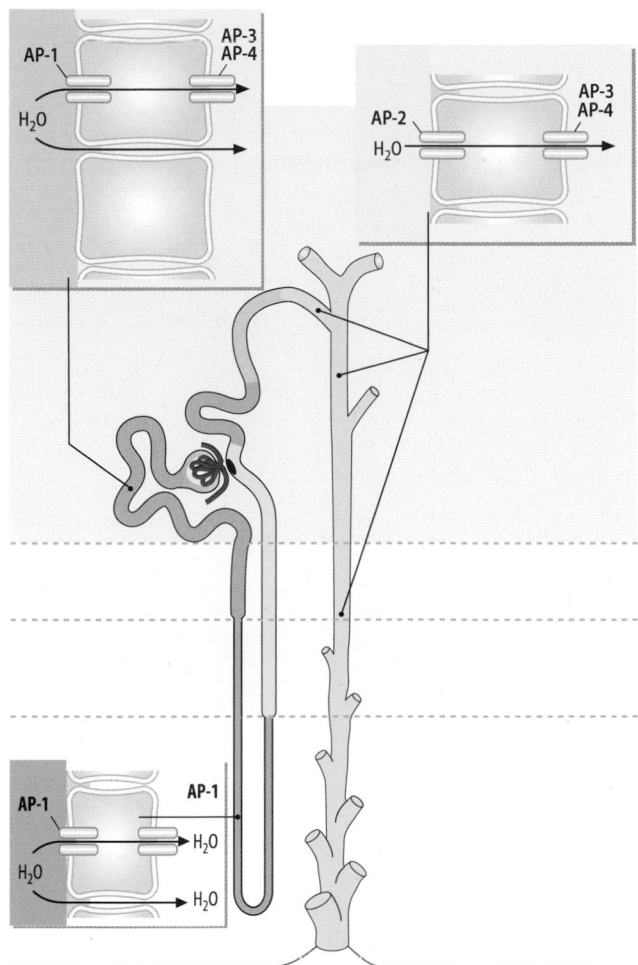

□ **Abb. 65.15 Die Mechanismen der Wasserresorption in den verschiedenen Tubulusabschnitten.** *AP:* Aquaporin. (Einzelheiten s. Text)

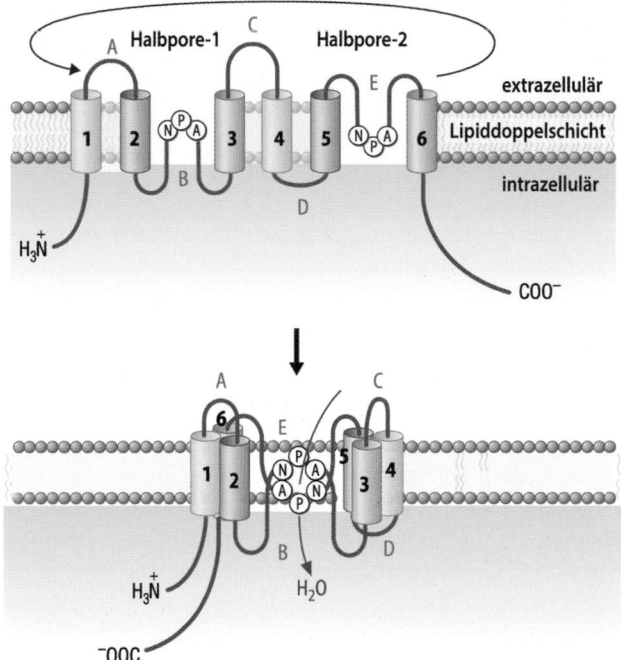

□ **Abb. 65.16 Modellvorstellung zur Struktur eines Aquaporins (AP-1).** Die Aquaporin-Monomere bestehen aus 6 Transmembrandomänen (1–6). Die mit B und E gekennzeichneten Verbindungsschleifen zwischen den Domänen 2 und 3 sowie 5 und 6 tauchen teilweise in die Lipiddoppelschicht ein und bilden darin jeweils eine halbe Pore. Sie enthalten jeweils das konservierte Motiv Asparagin – Prolin – Alanin (*NPA*). Durch Zusammenlagerung der beiden Halbporen entsteht dann ein Wasserkanal aus hydrophilen Aminosäuren. In der Membran liegen die Aquaporine als Tetramere vor (□ Abb. 1.9). (Adaptiert nach Arge et al. aus Seldin und Giebisch 2000)

gegenüber dem Niereninterstitium ab. Zum Osmolaritätsausgleich strömt nun Wasser aus dem Tubuluslumen in das Interstitium. Dies geschieht zum einen transzellulär durch spezifische Wasserkanäle (**Aquaporin 1,** □ Abb. 65.16, ▶ Abschn. 1.2) in der Membran der proximalen Tubuluszellen und zum anderen parazellulär durch die Interzellularverbindungen zwischen den Zellen. Bei diesem starken parazellulären Wasserfluss werden auch gleichzeitig Ionen (z. B. Na^+, K^+, Ca^{2+}, Mg^{2+} und Cl^-) entsprechend ihrer Konzentration mitgerissen (*solvent drag*) und so resorbiert. Als Ergebnis dieser Prozesse ist die Harnflüssigkeit am Ende des proximalen Tubulus plasmaisoton.

Da das Interstitium des Nierenmarks und der Papille durch die Akkumulation von NaCl und Harnstoff hyperton gegenüber dem Plasma ist (□ Abb. 65.2), wird im Bereich der dort lokalisierten dünnen Henle-Schleife Wasser aus der Tubulusflüssigkeit entzogen, wodurch der Harn konzentriert wird. Das Tubulusepithel des dünnen Teils der Henle-Schleife enthält ebenfalls **Aqua-**

porin 1, und ist daher gut wasserdurchlässig. Das Ausmaß der Harnkonzentrierung hängt von der Länge der Schleife ab.

Die dicke aufsteigende Henle-Schleife ist wasserimpermeabel, resorbiert aber Elektrolyte über den NKCC-2. Dadurch wird die Tubulusflüssigkeit hypoton (100 mosmol/l). Das Epithel des anschließenden Konvoluts des distalen Tubulus in der Nierenrinde ist wiederum gut wasserdurchlässig, sodass hier zum Osmolaritätsausgleich Wasser aus dem distalen Tubulus in das Interstitium strömt und so resorbiert wird.

Die Einstellung der endgültigen Urinosmolarität erfolgt über die Hauptzellen des Verbindungstubulus und des Sammelrohrs. Die Sammelrohre tauchen auf ihrem Wege von der Rinde (in den Markstrahlen) an die Papillenspitze in Regionen zunehmender Osmolarität ein (□ Abb. 65.2). Da der aus dem distalen Tubulus in das Sammelrohrsystem geleitete Harn plasmaisoton ist, entsteht mit zunehmender Passage durch das Sammelrohrsystem ein immer größerer osmotischer Gradient zwischen dem Niereninterstitium und der Tubulusflüssigkeit und damit ein zunehmender

Sog auf das Wasser im Tubuluslumen. Die Interzellularkontakte im Sammelrohr sind wasserimpermeabel. Deshalb kann das Wasser nur transzellulär durch die Zellen aus dem Tubulus in das Interstitium diffundieren. In der luminalen Membran der Hauptzellen findet man Aquaporin 2, in der basolateralen Membran die Aquaporine 3 und 4 (◘ Abb. 65.15). Die Anzahl der luminalen Aquaporin-2-Kanäle limitiert die transzelluläre Wasserdiffusion.

65.5.3 Regulation des Wasserhaushalts

❯ Die Regulation des Wasserhaushalts erfolgt hauptsächlich durch Osmoregulation.

Der Wasserhaushalt des Körpers wird über die Osmolarität der Extrazellularflüssigkeit geregelt, die normalerweise bei ca. 290–295 mosmol/l liegt und deren Konstanz vom Körper angestrebt wird. Entscheidend für die **effektive Osmolarität** im Extrazellulärraum sind vorwiegend **Natriumionen**, welche in einer Konzentration von 140 mmol/l vorliegen, zusammen mit **Chlorid- und Hydrogencarbonat-Ionen**. Die Osmolarität im Intrazellulärraum entspricht der des Extrazellulärraums. Im Intrazellulärraum sind die Träger der effektiven Osmolarität im Wesentlichen **Kaliumionen** und die **organischen Phosphate** bzw. die **Proteine**.

Die Osmolarität wird ständig durch die **Osmorezeptoren** des **Hypothalamus** kontrolliert, die Änderungen der Osmolarität des Extrazellulärraums mit hoher Sensitivität erfassen.

Diese regeln die Wasseraufnahme und -ausscheidung derart, dass die Osmolarität im Extrazellulärraum konstant bleibt, sodass sich im Normalfall Wasseraufnahme und -ausscheidung die Waage halten.

❯ Das antidiuretische Hormon (ADH) oder Vasopressin ist das zentrale Hormon in der Regulation des Wasserhaushalts.

Als blutdrucksteigerndes, antidiuretisches Peptid wird das aus 9 Aminosäuren bestehende **antidiuretische Hormon, ADH** (Synonym: **Vasopressin** oder Pitressin) in den neurosekretorischen Neuronen der paraventrikulären Kerne des Hypothalamus gebildet. (◘ Abb. 65.17). ADH kontrolliert mit seiner Aktivität ca. 10 % der glomerulär filtrierten Wassermenge. Bei maximaler ADH-Sekretion kann das Urinvolumen auf etwa 0,7 l pro Tag reduziert werden (maximale Antidiurese), während bei starker ADH-Suppression das Urinvolumen auf 20 l pro Tag ansteigen kann (maximale Diurese). Ein sehr ähnliches, ebenfalls im Hypo-

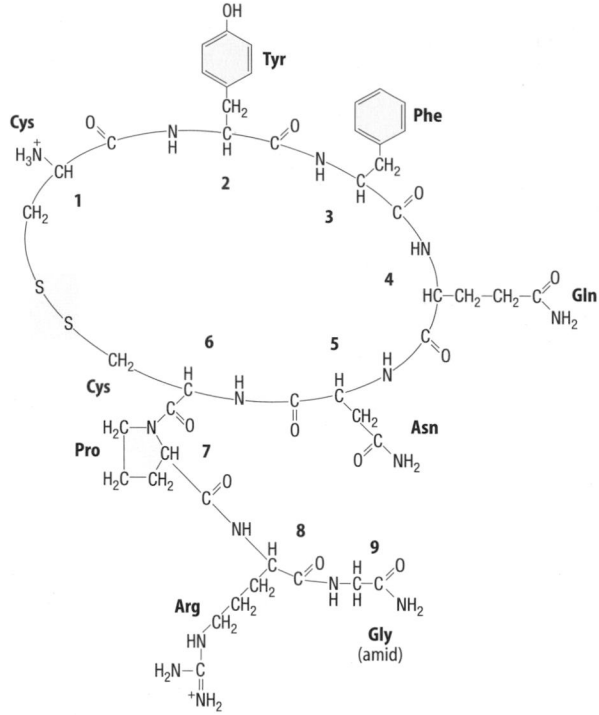

◘ **Abb. 65.17 Chemische Struktur des Nonapeptids Vasopressin.** Die Cysteinreste in Position 1 und 6 sind durch eine Disulfidbrücke verknüpft, sodass eine zyklische Struktur entsteht. Im Oxytocin sind Phenylalanin durch Isoleucin und Arginin durch Leucin ersetzt

physenhinterlappen vorkommendes Peptidhormon ist das **Oxytocin**. Es unterscheidet sich vom ADH lediglich in 2 Aminosäuren. Das Phenylalanin des ADH ist im Oxytocin durch Isoleucin ersetzt, das Arginin durch Leucin. Oxytocin ist die wichtigste zur **Uteruskontraktion** führende Substanz und wird infolgedessen in der Geburtshilfe zur Stimulierung der Wehentätigkeit verwendet. Außerdem führt es zu einer Kontraktion der glatten Muskulatur der Brustdrüse, wodurch es zur Milchexkretion kommt.

❯ ADH (Vasopressin) wird als Prohormon im Hypothalamus gebildet.

Das Vasopressin-Gen (◘ Abb. 65.18) ist ein Polyprotein-Gen, welches aus 3 Exons und 2 Introns besteht. Die nach Transkription und Entfernung der Introns entstehende mRNA codiert für Prä-Provasopressin. Die Bildung von Vasopressin (ADH) ist in ◘ Abb. 65.18 dargestellt. Die im Rahmen der Synthese von Vasopressin (bzw. Oxytocin) entstehenden Neurophysine dienen als Trägerproteine für Vasopressin bzw. Oxytocin während ihres Transports vom Ort der Biosynthese entlang entsprechender Axone in den Hypophysenhinterlappen, dem Ort ihrer Sekretion. Über die Funktion des C-terminalen Glycoproteins ist nichts bekannt.

Niere – Ausscheidung von Wasser und Elektrolyten

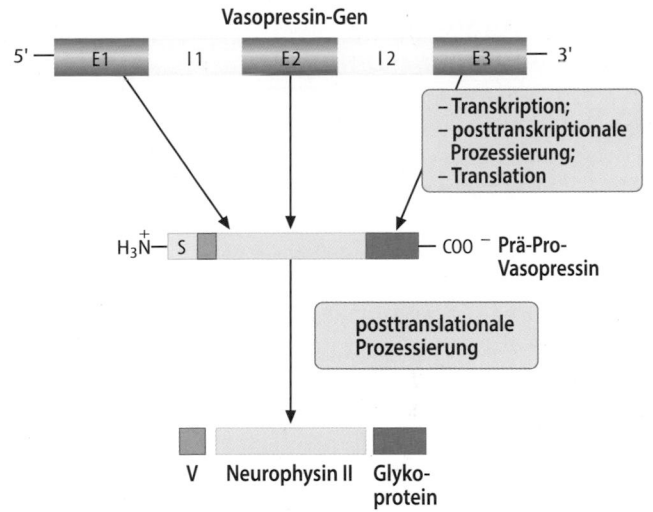

Vasopressin-Gen

Abb. 65.18 Genstruktur und Biosynthese von Vasopressin. Das Vasopressin-Gen enthält 2 Introns (I_1 und I_2) und 3 Exons (E_1–E_3). Nach Transkription und posttranskriptionaler Prozessierung codiert die mRNA für das Prä-Provasopressin, das co- und posttranslational durch Entfernung der Signalsequenz und Spaltung zu Vasopressin, Neurophysin II und einem C-terminal gelegenen Glycoprotein prozessiert wird. Vasopressin (*V*) ist ein Nonapeptid (*rot*). Das Oxytocin-Gen ist sehr ähnlich aufgebaut und codiert für ein über weite Bereiche homologes Prä-Prooxytocin. Aus ihm entstehen **Oxytocin** und **Neurophysin I**. Eine zum Glycoprotein des Vasopressinpräkursors analoge Verbindung kommt beim Oxytocin nicht vor

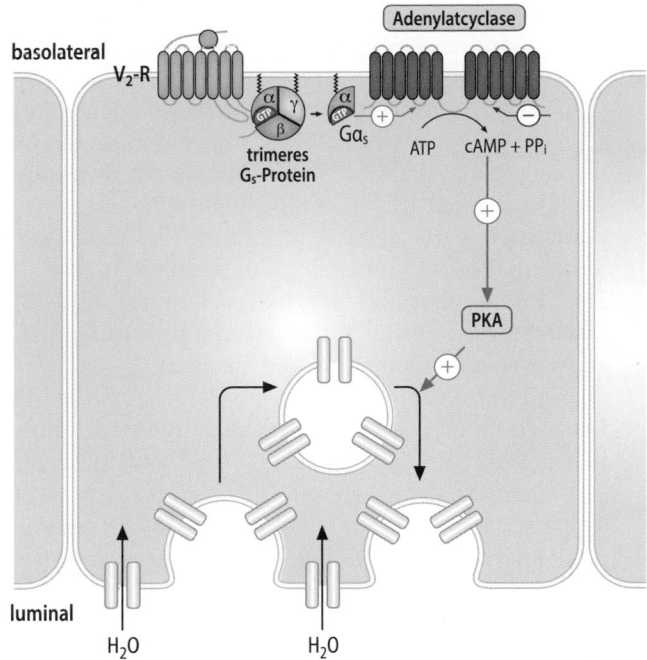

Abb. 65.19 Wirkungsmechanismus von Vasopressin (V) an den Sammelrohrepithelien der Nieren. Über V_2-Rezeptoren (V_2-R) kommt es zu einem Anstieg der zellulären cAMP-Konzentration. Diese löst über unbekannte Mechanismen eine Translokation von Wasserkanälen aus intrazellulären Vesikeln in die Plasmamembran aus. *PKA:* Proteinkinase A

> ADH (Vasopressin) wirkt vasokonstriktorisch über V_1-Rezeptoren und fördert die renale Wasserrückresorption über V_2-Rezeptoren.

Gefäßwirkungen ADH (Vasopressin) löst über V_1-Rezeptoren eine Kontraktion der glatten Muskelzellen der Blutgefäße aus. Das bewirkt einen **Blutdruckanstieg** durch die Erhöhung des Kreislaufwiderstands. Die **V_1-Rezeptoren** gehören zur Familie der G-Protein-gekoppelten Rezeptoren und aktivieren die Phosphatidylinositolkaskade, führen also zu einer Erhöhung der cytosolischen Calciumkonzentration.

Renale Wirkungen Über **V_2-Rezeptoren** wirkt ADH (Vasopressin) durch eine Stimulierung der **Wasserrückresorption** im Sammelrohrsystem der Niere antidiuretisch.

Der biochemische Mechanismus der ADH (Vasopressin)-Wirkung beruht auf einer Steigerung des Einbaus von Aquaporinkanälen in die luminale Membran der Hauptzellen des Sammelrohrs (Abb. 65.19). Dabei erhöht es in der luminalen Membran der Sammelrohrepithelien die Zahl der **Aquaporin 2-Moleküle**, indem es eine Translokation von präformierten aber funktionslosen Wasserkanälen, die sich in intrazellulären Vesikeln befinden, in die luminale Plasmamembran induziert. Diese Wirkung wird durch den **V_2-Rezeptor**

vermittelt. Ähnlich wie der V_1-Rezeptor gehört er zu den G-Protein-gekoppelten Rezeptoren. Im Gegensatz zu diesem ist er jedoch an die Adenylatcyclase gekoppelt. Dieser Vorgang hat Ähnlichkeit mit der Insulin-induzierten Translokation des GLUT4-Transporters (Abschn. 15.1.1).

Da die Halbwertszeit des zirkulierenden ADH als Peptidhormon ca. 5 min beträgt, wirken sich Änderungen der ADH-Freisetzung schnell auf die ADH-Konzentration im Plasma aus. So kann der Organismus sehr rasch auf Änderungen des Wasserbestands bzw. der Osmolarität reagieren und verhindern, dass es zu unerwünschten Volumenänderungen des Intrazellulärraums kommt.

> Die ADH-Freisetzung wird durch eine Erhöhung der Plasmaosmolarität, eine Verringerung des Extrazellulärvolumens und durch Hormone stimuliert.

Die Freisetzung von ADH aus dem Hypophysenhinterlappen wird durch osmotische und nichtosmotische Signale gesteuert:

– Die Plasmaosmolarität ist für die ADH-Sekretion von besonderer Wichtigkeit. Die Schwelle für die ADH-Freisetzung liegt bei ca. 275–280 mosmol/l, weshalb auch bereits im Normalzustand (290–

295 mosmol/l) ADH sezerniert wird. Ein Anstieg der Osmolarität um nur 1 % führt bereits zu einer messbaren Zunahme der ADH-Sekretion. Der osmotische Druck wird kontinuierlich in verschiedenen Bereichen des **Hypothalamus** durch **spezifische Osmorezeptoren** erfasst, deren Signale auf die ADH produzierenden Zellen des **N. supraopticus** und **N. paraventricularis** weitergegeben werden. Auch diese selbst sind an der Osmorezeption beteiligt.

- Der Füllungszustand des Extrazellulärraums bzw. der Blutdruck beeinflusst die ADH-Freisetzung über Barosensoren. Dadurch kann unabhängig von der Osmolarität eine Steigerung der ADH-Produktion bei signifikantem Volumenmangel und/oder Blutdruckabfall ausgelöst werden. Eine Überfüllung des Extrazellulärraums bzw. ein Blutdruckanstieg wirkt sich dagegen dämpfend auf die ADH-Freisetzung aus. Hierfür genügen bereits Wasserdefizite oder Wasserzufuhr von 0,3–0,5 l.
- Angiotensin II aktiviert die ADH-Sekretion durch einen direkten Effekt auf die Zellen des N. supraopticus und N. paraventricularis.
- Am Hypophysenhinterlappen stimulieren Acetylcholin, Nicotin und Morphin die ADH-Freisetzung, Adrenalin und Ethanol sind dagegen Hemmstoffe.

> Das Durstgefühl wird von Osmorezeptoren vermittelt.

Auch das **Durstgefühl** wird wesentlich über hypothalamische Osmorezeptoren ausgelöst, die jedoch nicht genau lokalisiert sind. Angiotensin II wirkt ebenfalls fördernd auf die Entwicklung des Durstgefühls. Die Schwelle für die Auslösung des Durstgefühls liegt nur 5–10 mosmol über der für die ADH-Freisetzung (275–280 mosmol/l). Dadurch wird vermieden, dass es zu einer Erhöhung des osmotischen Drucks über den physiologischen Bereich (290–295 mosmol/l) kommt.

65

Zusammenfassung

Der Wasseranteil des Körpers sinkt mit zunehmendem Lebensalter und ist bei Männern höher als bei Frauen. Die Wasserräume des Körpers gliedern sich in den größeren Intrazellulärraum und den kleineren Extrazellulärraum, welcher auch das Plasmavolumen umfasst. Der Wasserhaushalt des Körpers wird v. a. durch ADH reguliert, welches die orale Wasseraufnahme (über das Durstgefühl) und die renale Wasserausscheidung aufeinander abgleicht. Die Sekretion von ADH wird wesentlich von der Osmolarität und dem Volumen des Extrazellulärraums bestimmt.

65.6 Kaliumhaushalt und renale Kaliumausscheidung

> Das Körperkalium befindet sich zu 98 % im Intrazellulärraum.

Kalium ist in mehrfacher Hinsicht ein biochemischphysiologisch sehr bedeutsames Ion. Es bestimmt wesentlich das Membranpotenzial und damit das elektrische Verhalten von Zellen. Neben der Aktivierung einzelner Enzyme (z. B. bestimmte GTPasen) ist Kalium wichtig für die Regulation des Zellvolumens wie auch für die zelluläre pH-Regulation.

Den obligaten Kaliumverlusten in Höhe von 25 mmol/24 h steht eine durchschnittliche Nahrungszufuhr von 50–150 mmol/24 h gegenüber. Dieser nahrungsbedingte Kaliumüberschuss wird hauptsächlich über die Nieren ausgeschieden, deren Kaliumausscheidung sich problemlos auf 500 mmol/24 h steigern lässt. Etwa 10 % der täglichen Kaliumausscheidung erfolgt im Intestinaltrakt.

Die Gesamtkaliummenge des Körpers liegt bei 40–50 mmol/kg Körpergewicht (d. h. 3,5 mol bei einer Person mit 70 kg), wovon sich 98 % im Intrazellulärraum befinden. Die intrazelluläre Kaliumkonzentration liegt bei durchschnittlich 140 mmol/l. Die Kaliumkonzentration des Blutplasmas beträgt demgegenüber im Mittel nur 4 mmol/l (Normbereich 3,5–5,5 mmol/l), sodass der Gesamtbestand an extrazellulärem Kalium nur 60–80 mmol beträgt (◘ Tab. 65.5).

> Enterale Kaliumaufnahme, Verschiebungen von Kalium zwischen dem Intra- und Extrazellulärraum und die renale Kaliumausscheidung sind die wesentlichen Determinanten der Plasmakalium-Konzentration.

Kaliumaufnahme Das Membranpotenzial der meisten Körperzellen hängt wesentlich vom elektrochemischen Gleichgewichtspotenzial (Nernst-Potenzial) für Kalium und damit vom Verhältnis der intra- und extrazellulären Kaliumkonzentrationen ab (s. Lehrbücher der Physiologie). Wegen der stark unterschiedlichen Konzentrationen von Kalium im Intrazellulärraum (ca. 140 mmol/l) und Extrazellulärraum (ca. 4 mmol/l) können bereits quantitativ geringe Relativverschiebungen von Kaliumionen zwischen den beiden Kompartimenten das Verhältnis der Konzentrationen und damit das Membranpotenzial stark beeinflussen. Besonders empfindlich auf solche Veränderungen reagieren dabei elektrisch erregbare Gewebe wie Nerven- oder Muskelzellen. Am Herzmuskel resultieren daraus Störungen der Erregungsbildung und -fortleitung, die lebensbedrohlich (**Kardioplegie!**)

◻ Tab. 65.5   Daten zum Kaliumstoffwechsel

Verteilung des Kaliums im Organismus		mmol/kg Körpergewicht	Prozentualer Anteil an der Gesamtmenge
Plasma		0,2	0,4
Interstitielle Flüssigkeit, Lymphe		0,5	1,0
Sehnen und Knorpel		0,2	0,4
Knochen (gesamte Menge)		4,1	7,6
Transzelluläre Flüssigkeit		0,5	1,0
Gesamtmenge	im Extrazellulärraum	5,5	10,4
	im Intrazellulärraum	48,3	89,6
	im Organismus	58,0	100,0

Kaliumkonzentration des Blutplasmas: 4,0 mmol/l
Normalbereich: 3,5–5,5 mmol/l
Tägliche Ausscheidung mit dem Urin: 60–80 mmol
Tägliche Zufuhr mit der Nahrung: 50–150 mmol

sein können. Entsprechend müssen die intrazellulären und extrazellulären Kaliumkonzentrationen sehr genau reguliert werden.

Nach der Resorption wird mit der Nahrung in das Blutplasma aufgenommenes Kalium zum größten Teil in den Intrazellulärraum überführt, wobei das während der Nahrungsaufnahme aus der Bauchspeicheldrüse freigesetzte **Insulin** eine wichtige Rolle spielt (▶ Abschn. 36.5). Es stimuliert die Na^+/K^+-ATPase-Aktivität in Leber und Muskel, die dadurch zusätzlich Kalium aufnehmen. Der im Extrazellulärraum verbleibende Rest des Nahrungskaliums wird unmittelbar über die Nieren ausgeschieden. So wird eine Überflutung des Extrazellulärraums mit Kalium und damit eine Hyperkaliämie und in der Folge eine Depolarisation von Zellmembranen vermieden.

Wenn die Insulinwirkung abklingt, verlässt das Kalium langsam die Zellen und wird über die Nieren ausgeschieden. Angesichts dieser Wirkung von Insulin wird die Hyperkaliämie bei entgleistem Diabetes-Typ-1 verständlich (▶ Abschn. 36.7.1).

Renale Kaliumausscheidung   Die renale Kaliumausscheidung wird durch folgende Faktoren reguliert:

— **Aldosteron** reguliert die renale Kaliumausscheidung indirekt, da es über die Steigerung der Natriumreabsorption die Kaliumausscheidung erhöht. Erhöhte Plasmakonzentrationen von Kalium stimulieren dabei die Sekretion von Aldosteron aus der Nebennierenrinde (◻ Abb. 65.20). Die aldosterongesteuerte Kaliumausscheidung in den Verbindungstubuli und Sammelrohren der Niere kann in einem weiten Bereich unterschiedlichen enteralen Kaliumaufnahmen angepasst werden, ohne dass es zu pathologi-

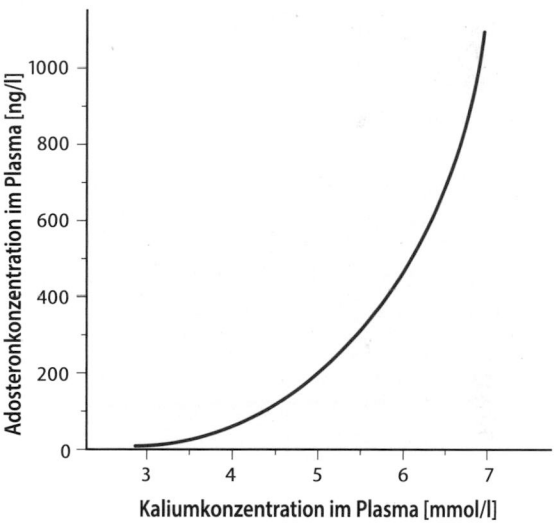

◻ Abb. 65.20   Abhängigkeit der Aldosteronkonzentration im Plasma von der Plasma-Kaliumkonzentration. (Adaptiert nach Guyton 1986)

schen Änderungen der Plasmakaliumkonzentration kommt, weil sich die renale Kaliumausscheidung bis auf 500 mmol/Tag steigern lässt (vgl. eine mittlere tägliche Aufnahme von 65 mmol). Bei erhöhter Kaliumzufuhr steigt unter der Wirkung von Aldosteron die Na^+/K^+-ATPase-Aktivität und die Kaliumsekretionsrate in den Sammelrohren.

— Da die Aktivität der Kaliumkanäle im Sammelrohr auch durch einen Anstieg der intrazellulären Protonenkonzentration gehemmt wird, führt eine **Alkalose** zu verstärkten Kaliumverlusten und eine **Acidose** zu einer Verminderung der Kaliumsekretion und damit zur Kaliumretention.

- Der Harnfluss im Sammelrohr beeinflusst ebenfalls die Kaliumausscheidung. Je höher der Harnfluss, umso mehr Kalium kann ausgeschieden werden. Bei niedrigen Harnflussraten akkumuliert Kalium in der Tubulusflüssigkeit, wodurch der Ausstrom aus den Sammelrohrzellen gebremst wird.

Zusammenfassung

Kalium ist mengenmäßig das Haupt-Ion des Intrazellulärraums. Da das Membranpotenzial der meisten Körperzellen vom Verhältnis der intra- und extrazellulären Kaliumkonzentration abhängt, ist es lebenswichtig, dass die extrazelluläre Konzentration von Kalium in engen Grenzen relativ niedrig gehalten wird. Insulin stimuliert die Aufnahme von Kalium in die Zellen und senkt dadurch akut die Kaliumkonzentration im Extrazellulärraum. Der Mensch nimmt mit der Nahrung mehr Kalium auf als er obligat abgibt. Entsprechend wird Kalium über die Nieren reguliert ausgeschieden. Ein wichtiger Regulator dabei ist das Nebennierenrindenhormon Aldosteron, dessen Produktion mit zunehmender Plasma-Kaliumkonzentration ansteigt und das die Kaliumausscheidung in der Niere stimuliert.

65.7 Renale Reabsorption von Monosacchariden, Peptiden und Aminosäuren

> Filtrierte Monosaccharide werden in der Regel im proximalen Tubulus vollständig reabsorbiert.

Die für die Reabsorption von Monosacchariden benötigten renalen Transportsysteme sind in der luminalen und basolateralen Membran lokalisiert. **Glucose** wird aus dem Primärharn über luminale Na^+-gekoppelte Cotransporter **SGLT1** und **SGLT2** (*sodium dependent glucose transporter*) in die proximale Tubuluszelle transportiert (◻ Abb. 11.9). SGLT1 und SGLT2 unterscheiden sich nicht nur in ihrer Struktur, sondern auch hinsichtlich ihrer Lokalisation, ihrer Transportaffinität und Transportkapazität. Im Anfangsbereich des proximalen Tubulus dominiert dabei der **SGLT2,** der ein Glucosemolekül zusammen mit einem Na^+-Ion transportiert. Mit diesem Transportsystem, welches eine hohe Kapazität aufweist, kann mit vergleichsweise niedrigem Energieaufwand ($1\ Na^+$) bereits der Großteil der Glucose resorbiert werden. Da die Glucosekonzentration in der Tubulusflüssigkeit durch die Resorption immer weiter absinkt, müssen die Cotransporttriebkräfte stärker werden, um Glucose weiter zu resorbieren. Dies wird durch den **SGLT1** bewerkstelligt, der ein Glucosemolekül zusammen mit zwei Na^+-Ionen transportiert. Dieses Monosaccharidtransportsystem hat zwar eine hohe Affinität für Glucose, allerdings ist wegen seiner geringeren Menge seine Transportkapazität niedriger. SGLT1, der auch die Glucoseresorption im Darm vermittelt, wird v. a. im Endabschnitt des proximalen Tubulus exprimiert und sorgt dafür, dass im Normalfall die gesamte filtrierte Glucose aus dem Primärharn rückresorbiert wird. Die luminal aufgenommene Glucose verlässt die proximale Tubuluszelle basolateral wieder mittels des spezifischen (natriumunabhängigen) Uniporters GLUT2 (▶ Abschn. 15.1.1).

Die tubuläre Resorption von Galactose erfolgt ebenfalls über den SGLT1. Fructose hingegen wird luminal über einen Na^+-unabhängigen Uniporter (GLUT5) in die proximale Tubuluszelle transportiert.

> Filtrierte Proteine, Peptide und Aminosäuren werden fast vollständig resorbiert.

Trotz der weitgehenden Impermeabilität des glomerulären Filters (◻ Tab. 65.1) gelangen täglich einige Gramm Albumin und eine Reihe anderer Proteine in das Primärfiltrat. Albumin wird, wie auch andere Proteine, mittels des **Megalinrezeptors** (▶ Abschn. 58.3.3) über clathrinabhängige Endocytose in die proximale Tubuluszelle aufgenommen und darin lysosomal abgebaut.

Größere Peptide werden über **Endocytose** (Pinocytose) in die proximale Tubuluszelle aufgenommen und lysosomal abgebaut. Oligopeptide werden durch **Peptidasen** des Bürstensaums in Bruchstücke zerlegt und dabei entstehende Di- und Tri-Peptide über einen **protonengekoppelten Transport** direkt in die proximale Tubuluszelle aufgenommen.

Freie Aminosäuren, welche entweder durch glomeruläre Filtration oder durch luminalen Proteinabbau in den proximalen Tubulus gelangen, werden dort vollständig reabsorbiert. Anionische (Glutamat, Aspartat) und neutrale Aminosäuren (Alanin, Glycin etc.) werden durch verschiedene luminale **natriumgekoppelte Cotransportsysteme** aufgenommen, kationische Aminosäuren (Arginin, Glutamin, Lysin, Ornithin) und Cystin werden über natriumunabhängige Transportsysteme resorbiert.

Durch diese sehr effektiven Rückresorptionsmechanismen wird die Proteinurie im Endurin unter 30 mg pro Tag gehalten.

Zusammenfassung

Im Primärharn enthaltene Monosaccharide werden im proximalen Tubulus über spezifische Transportsysteme vollständig reabsorbiert. Ebenso werden Aminosäu-

▪ **Tab. 65.6** Die Mechanismen der Eliminierung der im Stoffwechsel entstehenden toxischen Substanzen

Verbindung	Entstehung	Mechanismus der Ausscheidung	Ausscheidung/24 h (mmol)
Ammoniak	Aminosäurestoffwechsel	Tubuläre Desaminierung von Glutamin, Ausscheidung als Ammoniumionen	20–50
Harnstoff	Harnstoffzyklus	Glomeruläre Filtration, aber auch tubuläre Reabsorption	300–600
Harnsäure	Purinabbau	Glomeruläre Filtration, tubuläre Sekretion aber auch Reabsorption	2–12
Oxalat	Abbau von Glycin	Glomeruläre Filtration, tubuläre Sekretion aber auch Reabsorption	0,11–0,61
Kreatinin	aus Kreatin	Glomeruläre Filtration	8–17

ren, Peptide und Proteine abhängig von ihrer Größe entweder über spezifische Transportsysteme oder über rezeptorvermittelte Endocytose im proximalen Tubulus fast vollständig resorbiert.

65.8 Harnpflichtige Substanzen

Die Eliminierung der im Stoffwechsel entstehenden (toxischen) Endprodukte ist eine wichtige Funktion der Niere. Die dabei beteiligten Mechanismen sind in ▪ Tab. 65.6 zusammengestellt.

65.9 Pathobiochemie des Wasser- und Elektrolythaushalts

65.9.1 Wasserhaushalt

Abweichungen des Wassergehalts vom Normalwert bezeichnet man als **Dehydratation** bzw. **Hyperhydratation**. Dabei ist zu unterscheiden, ob es sich um isotone Veränderungen (Osmolarität bleibt normal) oder um hypo- bzw. hypertone Abweichungen handelt. Da hauptsächlich die Natriumkonzentration die Osmolarität des Extrazellulärraums bestimmt, definiert sie auch die Zuordnung der De- bzw. Hyperhydratation. Isotone Veränderungen des Wassergehalts treten in der Regel sekundär zur Veränderung des Natriumhaushalts auf. Nicht-isotone Veränderungen gehen bei Wasserverlust (ohne Natriumverlust) in der Regel mit einer Hypertonizität (Hypernatriämie, $Na^+ > 150$ mmol/l), bei Überwässerung (ohne zusätzliche Natriumzufuhr) mit einer Hypotonizität (Hyponatriämie, $Na^+ < 135$ mmol/l) einher.

Dehydration bei Hypernatriämie (Hypertone Dehydratation) Sie entsteht durch den Verlust hypotoner Körperflüssigkeiten bei gleichzeitig unzureichender Wasserzufuhr.

Beispiele hierfür sind:
- starkes Schwitzen (Schweiß ist hypoton!),
- Wasserverlust über die Atemwege bei anhaltender Hyperventilation (z. B. bei Höhenaufenthalt),
- anhaltender Durchfall bzw. Erbrechen,
- anhaltende Produktion eines hypotonen Harns (z. B. bei Diabetes insipidus, Verabreichung von Diuretika etc.).

Wegen der generell hohen Membranpermeabilität für Wasser vermindert sich bei einer solchen hypertonen Dehydratation nicht nur der Extrazellulärraum, sondern auch entsprechend der Intrazellulärraum, d. h. die Körperzellen schrumpfen. Besonders empfindlich auf Volumenänderungen reagieren dabei Neurone, weshalb im klinischen Beschwerdebild Störungen des Zentralnervensystems im Vordergrund stehen. Rasche Dehydratation kann so zu Bewusstseinstrübung bis hin zu Koma und Tod führen.

Wenn sich die hypertone Dehydratation langsam entwickelt, können Hirnzellen durch zusätzliche Bildung von Osmolyten (z. B. Inositol) ihre intrazelluläre Osmolarität erhöhen und so ihr Volumen weitgehend konstant halten.

Wassermangel und der damit assoziierte Anstieg der Plasmaosmolarität führen normalerweise zu einer maximalen ADH-Freisetzung und in Folge zur maximalen **Antidiurese** sowie parallel dazu zu einer **Aktivierung** des **Durstgefühls**. Durch die Kombination renaler Wasserretention und oraler Wasseraufnahme können Flüssigkeitsdefizite und die damit verbundene Erhöhung der Osmolarität in kurzer Zeit ausgeglichen werden.

Beim **Diabetes insipidus centralis** kann die Neurohypophyse kein ADH mehr sezernieren (z. B. Tumoren, genetische Veränderungen des Vasopressin-Genes oder idiopathisch). Als Folge des fehlenden ADH-Effekts auf die Wasserreabsorption in der Niere werden große Volumina hypotonen Harns ausgeschieden, wobei im Extremfall Werte bis zu 40 l/Tag beobachtet wurden. Die Behandlung der Erkrankung erfolgt durch ADH(Vasopressin)-Substitution.

Der ADH-resistente **Diabetes insipidus renalis** ist eine seltene, meist X-chromosomal vererbte Krankheit. Bei ihr liegt der Defekt in den Tubulusepithelien, die entweder keinen intakten Vasopressinrezeptor besitzen oder Mutationen in den Aquaporinen tragen, wodurch die Sammelrohre selbst bei sehr hohen ADH-Konzentrationen die Wasserresorption nicht steigern können.

Hyperhydratation bei Hyponatriämie   Sie entwickelt sich bei übermäßiger Zufuhr von hypotonen Flüssigkeiten (z. B. Wasser, Infusionen), wenn gleichzeitig die renale Wasserausscheidung vermindert ist. Durch den Abfall des osmotischen Drucks im Extrazellulärraum schwellen die Zellen an, was bei raschen Änderungen ein lebensgefährliches Hirnödem hervorrufen kann.

Eine gravierende Einschränkung der renalen Wasserausscheidung beobachtet man bei einer allgemeinen Einschränkung der exkretorischen Nierenfunktion (Niereninsuffizienz) oder bei pathologisch gesteigerter ADH-Sekretion.

Ein mit **gesteigerter ADH-Sekretion** einhergehendes Krankheitsbild (SIADH: *syndrome of **i**nappropriate **a**ntidiuretic **h**ormone secretion*) findet sich relativ häufig. Es kommt besonders bei kleinzelligen Bronchialkarzinomen, aber auch bei anderen Karzinomen vor (Pankreas-, Duodenal-, Blasenkarzinom, Lymphosarkom, Morbus Hodgkin) und wird durch eine ektopische Vasopressinsekretion der genannten Tumoren verursacht. Darüber hinaus kann das Krankheitsbild auch als Folge einer Reihe zentralnervöser Erkrankungen auftreten. Bei den Patienten findet sich eine Unfähigkeit, einen hypotonen Urin auszuscheiden. Dies führt zur Flüssigkeitsretention und infolge der dadurch ausgelösten Verdünnung zur Hyponatriämie. Betroffene weisen eine ausgeprägte Natriurese auf, die nicht durch Natriuminfusionen, sondern nur durch Verringerung der Flüssigkeitszufuhr reduziert werden kann.

65.9.2   Natriumhaushalt

> Ein Natriumüberschuss entsteht durch eine autonome Sekretion von Aldosteron oder als Folge von Ödemen.

Primärer Hyperaldosteronismus (Conn-Syndrom)   Er wird durch **Adenome** oder **Karzinome** der die Mineralocorticoide produzierenden Zellen der Nebennierenrinde verursacht. Das Krankheitsbild ist durch die Wirkung pathologisch erhöhter, autonom sezernierter Mineralocorticoide, meist **Aldosteron**, geprägt. Typischerweise findet sich bei den betroffenen Patienten eine erhöhte Natriumretention bei gesteigerter Kaliumausscheidung. Der letztere Effekt des Aldosterons bewirkt eine **Hypokaliämie** mit Folgeerscheinungen wie Müdigkeit, Muskelschwäche u. a. Die gesteigerte Natriumretention führt zu einer gleichzeitigen **Wasserretention** und damit zur Ausbildung von **Ödemen**, häufig mit **Hypertonie**.

Sekundärer Hyperaldosteronimus   Dieser tritt oft bei generalisierten Ödemen auf. Grundlagen für deren Entstehung können sein:
- eine eingeschränkte renale Ausscheidung von **Natrium** wie z. B. bei terminalem Nierenversagen,
- eine Erhöhung des **kapillären hydrostatischen Drucks** wie z. B. bei Herzinsuffizienz, Flüssigkeitsübertritt ins Interstitium und damit einer Reduktion des Plasmavolumens,
- eine Abnahme des **kapillären kolloidosmotischen Drucks** durch Proteinverlust (nephrotisches Syndrom) oder eingeschränkte Neubildung von Albumin (Hungerzustände, Leberzirrhose). Bei der Leberzirrhose löst die Erhöhung des Portalvenendrucks zusätzlich die Bildung von lokalen Ödemen im Bauchraum (Aszites) aus.

Die mit den generalisierten Ödemen einhergehende Hypovolämie löst entsprechende gegenregulatorische Maßnahmen zur Wiederherstellung des Volumens aus und führt zur Aktivierung des Renin-Angiotensin-Aldosteron-Systems. Durch die verstärkte Bildung von Angiotensin II und nachfolgend stimulierte Aldosteronbildung entwickelt sich daraus ein **sekundärer Hyperaldosteronimus**.

Reninhypersekretion   Eine unregulierte Mehrsekretion von Renin und damit einhergehende Aktivierung des Renin/Angiotensin-Systems kann ebenfalls zu einer Erhöhung des Natriumbestands führen. Eine klassische Situation hierfür stellt die einseitige Nierenarterienstenose dar. Die dabei herabgesetzte renale Durchblutung löst in der befallenen Niere eine massiv gesteigerte Reninproduktion und -freisetzung aus, die zu einer Steigerung der Angiotensin-II-Konzentration im Blut und aufgrund der vasopressorischen Wirkung dieses Hormons zur massiven Hypertonie führt. Ein v. a. nächtlich auftretender Abfall der Nierenperfusion bei Herzinsuffizienz löst ebenfalls eine Steigerung der Reninfreisetzung und Aktivierung des Renin/Angiotensin-Systems aus. Dies führt bei den Pati-

65

enten in der Folge zu einer Salz- und Wasserretention, welche die eingeschränkte Pumpfunktion des Herzens noch weiter verschlechtert. Bei Patienten mit essenzieller Hypertonie (ca. 95 % aller Hypertonieformen!) sind zwar erhöhte Reninkonzentrationen im Plasma eher selten, trotzdem führt eine Behandlung mit ACE-Hemmstoffen meist zu einer sehr deutlichen Absenkung des Blutdrucks, woraus man auf die Existenz lokaler Renin/Angiotensin-Systeme (z. B. in der Gefäßwand, Herzmuskel etc.) schließt.

> Natriumüberschuss und Ödeme können mit Hemmstoffen des Renin-Angiotensin-Aldosteron-Systems beseitigt werden.

Klinisch machen sich Ödeme bemerkbar, wenn ca. 3–4 l Flüssigkeit in das Interstitium eingelagert wurden. Das erfordert eine zusätzliche Retention von 0,5 mol NaCl (ca. 30 g) oder mehr, was ein Anzeichen für eine unangemessen hohe Aktivierung des Renin-Angiotensin-Aldosteron-Systems ist. Deshalb werden bei erhaltener Nierenfunktion Ödeme häufig mit Diuretika oder Antagonisten des Renin-Angiotensin-Aldosteron-Systems behandelt. Seine Hemmung gelingt mittlerweile therapeutisch sehr gut mit spezifischen Blockern der AngII-AT1-Rezeptoren oder durch Hemmer des *angiotensin-I-converting-enzyme*, welche die Bildung des biologisch aktiven Angiotensin II verhindern.

> Durch Salzverlust kann rasch ein Natriumdefizit entstehen.

Natriummangelzustände führen aus osmotischen Gründen zu einer Verringerung des Extrazellulärraums und damit auch des Plasmavolumens. Entsprechend ist die Füllung des Kreislaufsystems vermindert und es kann sich ein **hypovolämischer Schock** entwickeln. Ursachen dafür können sein:

– Verluste aus dem Magen-Darm-Trakt durch Erbrechen oder Durchfall (Darminfektionen wie z. B. Cholera).
– Starke Schweißproduktion: Bei einer Schweißproduktion von >3 l/Tag muss zusätzlich Natrium angeboten werden, da die in der Nahrung enthaltene Menge an Kochsalz (ca. 10 g/Tag) den Verlust nicht mehr kompensiert.
– Hypoaldosteronismus: Eine verminderte Bildung und Freisetzung von Mineralocorticoiden, speziell von Aldosteron, ist ein relativ seltenes Krankheitsbild. Es entwickelt sich im Verlauf einer allgemeinen **Nebenniereninsuffizienz** (Morbus Addison) und gelegentlich beim **adrenogenitalen Syndrom** (▶ Abschn. 40.2.6). Als Folge derartiger Krank-

heitsbilder bildet sich ein Salzverlustsyndrom mit Hyponatriämie und Hyperkaliämie.
– Unkontrollierter Einsatz von harnfördernden Mitteln.

65.9.3 Kaliumhaushalt

Da Kalium ganz vorwiegend intrazellulär lokalisiert ist, lassen Bestimmungen der Plasmakaliumkonzentration keine verlässlichen Abschätzungen des **Gesamtkörperkaliums** zu. Indirekten Aufschluss hierüber gibt die Messung von Kalium im Erythrocyten. Störungen des Kaliumhaushalts beruhen meist auf Störungen der renalen Kaliumausscheidung.

Hyperkaliämie Hyperkaliämien, die durch einen Anstieg der Plasmakaliumkonzentration über 5,5 mmol/l gekennzeichnet sind, sind meist ein Zeichen einer unzureichenden Nierenfunktion (Niereninsuffizienz). Weiterhin kann auch eine ungenügende Produktion von Aldosteron (Hypoaldosteronismus), eine vermehrte Freisetzung aus dem Gewebe bei Verletzungen oder Hämolyse zu einer Hyperkaliämie führen. Auch ausgeprägte Acidosen gehen mit einer Hyperkaliämie einher (◙ Abb. 65.21).

Eine Hyperkaliämie macht sich zuerst im EKG durch eine Veränderung des Kammerkomplexes („hohe T-Welle") bemerkbar; am Herzen treten Arrhythmien, bis hin zum Herzstillstand auf. Bei bedrohlicher Hyperkaliämie kann durch die gleichzeitige Verabreichung von Insulin und Glucose Kalium aus dem Extrazellulärraum in den Intrazellulärraum verschoben werden. Mit der oralen Gabe von Ionenaustauscherharzen kann die intestinale Resorption von Kalium gehemmt werden.

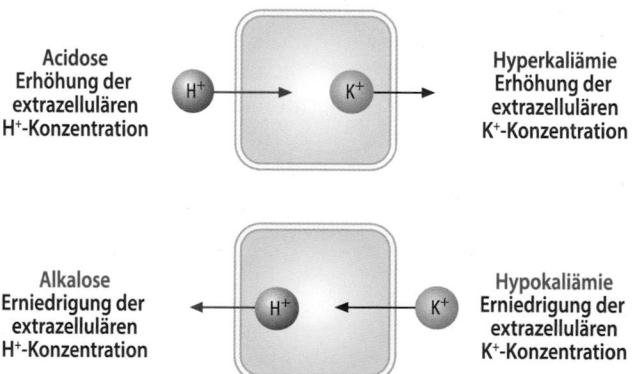

◙ **Abb. 65.21** Verschiebung von Kaliumionen zwischen Intra- und Extrazellulärraum bei Änderungen der Protonenkonzentration des Extrazellulärraums

Kaliummangel und Hypokaliämie Bei kaliumarmer Ernährung kann die tägliche renale Kaliumausscheidung bis auf ca. 8–10 mmol/Tag herabgesetzt werden. Voraussetzungen für die Entwicklung eines Kaliummangels sind daher in der Regel neben einer reduzierten Zufuhr auch starke Verluste über die Niere oder den Magen-Darm-Trakt (Diarrhö). Im Plasma liegt eine Hypokaliämie bei einem Kaliumwert <3,5 mmol/l vor. Massive Essstörungen, z. B. bei Anorexia nervosa, aber auch Fehlernährung bei Alkoholismus, können die Kaliumzufuhr wesentlich vermindern. Ursachen für eine verstärkte renale Ausscheidung sind Hyperaldosteronismus oder massive Salzverluste durch Diuretika bzw. durch kongenitale genetische Kaliumverlustsyndrome, wie das Bartter-Syndrom oder das Liddle-Syndrom. Chronischer Kaliummangel führt zu degenerativen Veränderungen im Myokard und am Skelettmuskel, die funktionelle Störungen wie Muskelschwäche und Paralyse zur Folge haben. Bei Hypokaliämie zeigen sich im EKG charakteristische Veränderungen, so z. B. ein Abflachen der T-Welle und Auftauchen der sog. U-Welle.

65.9.4 Niereninsuffizienz

> Bei Niereninsuffizienz steht eine verminderte Ausscheidungsfunktion im Vordergrund.

Bei einer akuten oder chronischen Einschränkung der renalen Ausscheidungsfunktion kommt es zunächst zu einem Anstieg der harnpflichtigen Stoffe ohne generelle Vergiftungserscheinungen und nachfolgend zur vollen Ausbildung des klinischen Bildes, zur **Urämie**.

Neben der Erhöhung der harnpflichtigen Substanzen sind in der Regel gestörte Regulationen des Wasser- (Wasserretention, Anstieg der Plasmaosmolarität durch Harnstoff), Elektrolyt- (ungenügende Kaliumausscheidung) und des Säure-Basen-Haushalts (verminderte Protonenausscheidung) zu beobachten. Diese Veränderungen und **Urämietoxine** wie bestimmte Guanidine, Phenole und Amine induzieren massive Störungen des Zellmetabolismus wie beispielsweise eine Blockade der oxidativen Phosphorylierung in den Mitochondrien.

Die Behandlung der chronischen Niereninsuffizienz besteht in der Entfernung der Urämietoxine und harnpflichtigen Stoffe sowie der Korrektur der Elektrolytentgleisungen durch Dialyseverfahren wie **Hämo-** oder **Peritonealdialyse**. Durch die Entwicklung immer spezifischerer und nebenwirkungsärmerer Immunsuppresiva ist die Nierentransplantation zu der Therapieform der Niereninsuffizienz geworden, die am meisten Erfolg verspricht.

Zusammenfassung

Übermäßige **Wasserverluste** bzw. Zufuhr hypotoner Flüssigkeiten können zu Dehydratation bzw. Hyperhydratation führen. Bei isotonen Veränderungen des Wasserbestands verändert sich auch parallel der Natriumbestand des Körpers. Entsprechend ist die Regulation des Wasserhaushalts eng mit der Regulation des Natriumhaushalts verflochten.

Primär (Nebennierenrindenadenome) oder sekundär (über Renin) induzierte Aldosteronhypersekretion führen zur **Natriumretention** und damit sekundär zu Ödemen und Bluthochdruck. Die gesteigerte Aldosteronwirkung bewirkt auch **Kaliumverluste** (Hypokaliämie). Störungen des Kaliumhaushalts gehen häufig mit Beeinträchtigungen des Säure-Basen-Haushalts einher, Hypokaliämie mit Alkalose und Hyperkaliämie mit Acidose.

Eine **unzureichende Ausscheidungsfunktion** der Niere führt zur Akkumulation toxischer Stoffwechselendprodukte im Körper. Bei anhaltender Funktionsstörung müssen diese Toxine über eine „Nierenersatztherapie" (Dialyse) aus dem Blut entfernt werden.

Weiterführende Literatur

Alpern RJ, Caplan MJ, Moe OW (Hrsg) (2013) The kidney, physiology and pathophysiology, 5. Aufl. Elsevier, Amsterdam

Guyton AC (1986) Textbook of medical physiology, 7. Aufl. Saunders

Hediger MA (2004) The ABCs of solute carriers: physiological, pathological and theurapeutic implications of human membrane transport proteins. Pflügers Arch 447(5):465

Ishibashi K, Kuwahara M, Sasaki S (2000) Molecular biology of aquaporins. Rev Physiol Biochem Pharmacol 141:1–32

Kuro-o M (2010) Klotho. Pflugers Arch 459(2):333–343

Kurtz A (2011) Renin release: sites, mechanisms, and control. Annu Rev Physiol 73:377–399

Saito Y, Kishimoto I, Nakao K (2011) Roles of guanylyl cyclase – a signaling in the cardiovascular system. Can J Physiol Pharmacol 89:551–556

Sato Y, Yanagita M (2013) Renal anemia: from incurable to curable. Am J Physiol Renal Physiol 305:F1239–F1248

Seldin DW, Giebisch G (eds) (2000) The kidney, physiology and pathophysiology, 3rd edn, Raven press

Wang Z, Deurenberg P, Pietrobelli A, Baumgartner RN, Heymsfield SB (1999) Hydration of fat-free body mass: review and critique of a classic body-composition constant. Am J Clin Nutr 69:833-841

65

Der Säure-Basen- und Mineralhaushalt

Armin Kurtz

Als Stoffwechselendprodukte entstehen CO_2 sowie Schwefelsäure, Phosphorsäure und organische Säuren mit ihren Säureprotonen. Da die Konstanz der intra- bzw. extrazellulären Protonenkonzentration für die Aufrechterhaltung der vitalen Funktionen aller Organe des Organismus von ausschlaggebender Bedeutung ist, muss diese durch Pufferungssysteme und regulierte Ausscheidung von Protonen und Säuren gewährleistet werden. Für die Ausscheidung des im Stoffwechsel anfallenden CO_2 sind die Lungen verantwortlich, während die Ausscheidung von Protonen und organischen Säuren über die Nieren erfolgt. Bei diesen Vorgängen spielen die verschiedenen intra- und extrazellulären Puffersysteme eine besondere Rolle. Im Intrazellulärraum sind dies Proteinat- und Phosphatpuffer, im Extrazellulärraum v. a. das Kohlendioxid/Hydrogencarbonat-Puffersystem. Für die Regulation der Protonenkonzentration und des Säure-Basen-Haushalts sind hauptsächlich die Lungen, die Nieren und die Leber verantwortlich. Für den Mineralstoffwechsel spielen Calcium und Phosphat eine besondere Rolle. Beide sind Bestandteile des Knochens und sind darüber hinaus an einer Vielzahl zellulärer Prozesse beteiligt. Die Regulation ihrer intra- bzw. extrazellulären Konzentrationen sowie ihrer Ausscheidung durch die Nieren unterliegt einer komplexen hormonellen Regulation.

Schwerpunkte

66.1 Der Säure-Basen-Haushalt
- Produktion flüchtiger und nichtflüchtiger Säuren im Stoffwechsel
- Puffersysteme des Intra- bzw. Extrazellulärraums
- Regulation der extrazellulären Protonenkonzentration durch die Lungen
- Bedeutung von Nieren und Leber für den Säure-Basen-Haushalt

66.2 Calcium- und Phosphathaushalt
- Funktionen und Ausscheidung von Calcium und Phosphat

- Regulation des Calcium- und Phosphatstoffwechsels durch Parathormon, Thyreocalcitonin und 1,25-Dihydroxycholecalciferol

66.3 Pathobiochemie des Säure-Basen- und Mineralhaushalts
- Acidosen und Alkalosen
- Hypo- und Hypercalciämien

66.1 Der Säure-Basen-Haushalt

Änderungen der Protonenkonzentration beeinflussen die katalytische Aktivität von Enzymen oder die Funktion von Ionenkanälen. Damit die zahlreichen, zeitlich und räumlich nebeneinander ablaufenden enzymatischen Reaktionen und Reaktionsketten in der Zelle koordiniert funktionieren können, muss demzufolge die Protonenkonzentration intra- und extrazellulär durch **Puffersysteme** in engen Grenzen konstant gehalten werden.

66.1.1 Produktion von Säuren durch den Stoffwechsel

Als Endprodukte des Stoffwechsels entstehen **CO_2** und je nach Nahrungszusammensetzung 50–100 mmol Säuren wie **Schwefelsäure**, **Phosphorsäure** und **organische Säuren** mit ihren **Säureprotonen**. Während CO_2 in der Lunge abgeatmet wird, müssen Protonen und nichtflüchtige Säuren über die Nieren ausgeschieden werden (🔲 Abb. 66.1).

> Täglich werden bei körperlicher Tätigkeit etwa 24 mol (1,1 kg) Kohlendioxid über die Lungen abgeatmet.

Kohlendioxid wird bei vielen katabolen Reaktionen durch dehydrierende oder nicht-dehydrierende Decarboxylierung freigesetzt. Ein geringer Teil des freien Kohlendioxids kann in Carboxylierungsreaktionen wieder fixiert werden, der überwiegende Teil – etwa 24.000 mmol

P. C. Heinrich et al. (Hrsg.), *Löffler/Petrides Biochemie und Pathobiochemie*, https://doi.org/10.1007/978-3-662-60266-9_66

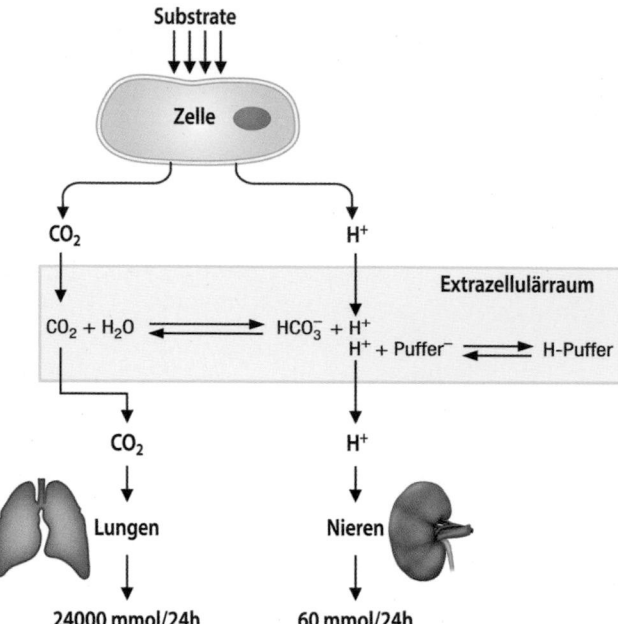

Abb. 66.1   Grundzüge des Säure-Basen-Haushalts. Im Stoffwechsel entstehen Kohlendioxid und Protonen, die getrennt eliminiert werden, über das Kohlendioxid-Hydrogencarbonat-Puffersystem aber miteinander in Kontakt stehen. Neben HCO_3^- gibt es noch weitere Pufferanionen (*Puffer⁻*)

pro Tag beim gesunden Erwachsenen mit normaler körperlicher Aktivität – wird durch die Carboanhydrase in Hydrogencarbonat und Protonen umgewandelt:

$$CO_2 + H_2O \rightleftarrows HCO_3^- + H^+ \qquad (66.1)$$

Hydrogencarbonat wird im Blutplasma zu den Lungen transportiert, die bei der Bildung von Hydrogencarbonat-Ionen entstehenden Protonen werden vorwiegend durch Hämoglobinmoleküle abgepuffert. Im Bereich der Lungen werden die Protonen wieder freigesetzt und für die Carboanhydrase-Rückreaktion verwendet. Das dabei entstehende CO_2 wird abgeatmet.

❯ Der Abbau von Aminosäuren liefert einen Überschuss nichtflüchtiger Säuren.

Der Aminosäureabbau trägt wesentlich zur Produktion nicht-flüchtiger Säuren bei:
— Beim Abbau der schwefelhaltigen Aminosäuren Cystein und Methionin entsteht als Endprodukt Schwefelsäure.
— Die sauren Ketonkörper Acetacetat und β-Hydroxybutyrat entstehen beim Abbau ketogener Aminosäuren (❯ Abschn. 26.4 und 21.2.2).

Insgesamt resultiert aus dem Proteinabbau ein Überschuss an **nicht-flüchtigen Säuren**, was auch als sog. Säureüberschuss der Nahrungsproteine bezeichnet wird. Die normale Mischkost aus säure- und basenüberschüs-

sigen Nahrungsstoffen liefert täglich etwa 60 mmol Protonen (Bereich 20–120 mmol).

❯ Das Phosphat der Nahrung ist ebenfalls eine Protonenquelle.

Die übrigen mit der Nahrung zugeführten Protonen stammen im Wesentlichen aus dem Nahrungsphosphat; anorganisches Phosphat, das z. B. in einem sauren Fruchtsaft überwiegend als Dihydrogenphosphat vorliegt, geht im alkalischen Milieu des Darmes in Hydrogenphosphat unter Freisetzung von Protonen über.

66.1.2   Protonengleichgewicht zwischen Intra- und Extrazellulärraum

Die Protonenkonzentration in Blut und extra- bzw. intrazellulären Flüssigkeiten wird wie üblich als **pH-Wert** angegeben:
— Im Blut und damit auch im **Extrazellulärraum** liegt der pH im Mittel bei 7,4 (40 nmol H^+/l) mit einem physiologischen Schwankungsbereich von pH 7,36–7,44.
— Der **intrazelluläre pH-Wert** liegt mit pH 7,0–7,2 in der Regel etwas unter dem extrazellulären.

In allen Zellen existieren Transportmechanismen für den H^+-Export bzw. Basenimport.

Im Stoffwechsel anfallende Säuren/Basen können die Zellmembran auf verschiedenen Wegen permeieren (❏ Abb. 66.2):

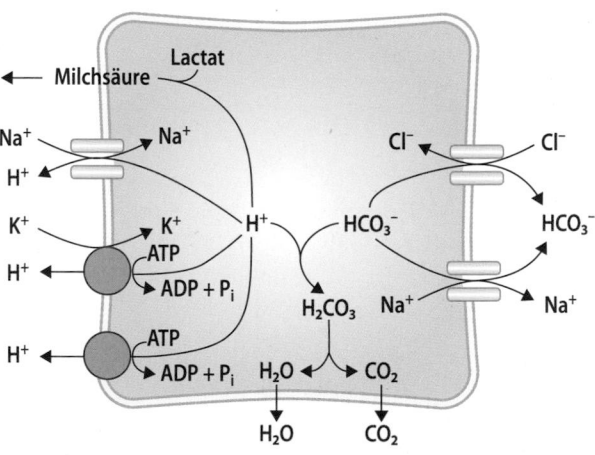

Abb. 66.2   Hauptmechanismen der zellulären Protonen- und Hydrogencarbonat-Extrusion. Der Export von Protonen kann im Symport mit Anionen (z. B. Lactat), durch elektroneutral arbeitende Antiporter (im Austausch mit K^+ oder Na^+) oder elektrogen durch eine zu den V-ATPasen gehörende H^+-ATPase erfolgen. In neutraler Form können Protonen als Kohlendioxid eliminiert werden. Die Hydrogencarbonatabgabe erfolgt hauptsächlich im Antiport mit Chlorid oder im Symport mit Natrium bzw. in neutraler Form als Kohlendioxid

66

- durch Diffusion der ungeladenen Form schwacher Säuren und Basen wie z. B. NH_3, CO_2 oder Milchsäure,
- über den Na^+/H^+-Antiport; hier wird der passive Na^+-Einstrom zum Export von H^+ genutzt; es ist ein ubiquitäres System, das in allen Zellen vorliegt und bei intrazellulärer Acidose aktiviert wird,
- über H^+/K^+-ATPasen,
- über eine zu den V-ATPasen gehörende Protonen-ATPase,
- über die in vielen Zellen vorkommenden Cl^-/HCO_3^--Antiporter bzw. Na^+/HCO_3^--Cotransportsysteme, die in Abhängigkeit von den aktuellen elektrochemischen Gradienten eine Nettoverschiebung von Base (HCO_3^-) zwischen Extra- und Intrazellulärraum erlauben.

66.1.3 Puffersysteme des Intra- und Extrazellulärraums

Während für die **Pufferung im Intrazellulärraum** Phosphat- und Proteinatpuffer (s. u.) entscheidend sind, wird der pH-Wert des Extrazellulärraums durch verschiedene andere Puffersysteme eingestellt.

❯ Das Kohlendioxid/Hydrogencarbonat-System und Proteine sind die wichtigsten extrazellulären Puffer.

Kohlendioxid/Hydrogencarbonat-Puffersystem Von den Puffern des Extrazellulärraums – zusammenfassend häufig auch als Pufferbasen bezeichnet – liefert das Kohlendioxid-Hydrogencarbonat-System, das vorwiegend im Blutplasma lokalisiert ist, etwa die Hälfte der Pufferkapazität. Es ist als sog. offenes Puffersystem von ganz besonderer physiologischer Bedeutung.

$$H^+ + HCO_3^- \rightleftharpoons CO_2 + H_2O \qquad (66.2)$$

Mit den im Plasma nachgewiesenen Konzentrationen der Komponenten CO_2 und HCO_3^- ergibt sich mit der **Henderson-Hasselbalch-Gleichung** (▶ Abschn. 1.5) bei einem pK_s' von 6,1

$$pH = 6{,}1 + \log\left[HCO_3^-\right]/\left[CO_2\right],\ pH = 7{,}4 \qquad (66.3)$$

Nicht-Hydrogencarbonat-Puffer Hierunter fallen die **Aminosäureseitenketten** der Proteine (Proteinatpuffer). Proteine sind Ampholyte und können im physiologischen pH-Bereich Protonen vor allem an die Imidazolgruppen des Histidins assoziieren. Unter diesen Puffersystemen, deren Anteil an der Gesamtkonzentration 50 %, an der Gesamtpufferkapazität (s. u.) jedoch nur 25 % beträgt, nimmt das **Hämoglobin** aufgrund seiner hohen Konzentration (160 g/l Blut) und des hohen Gehalts an Imidazolgruppen (mehr als 50 mmol/l Blut), die vorrangige Stel-

lung ein. Da der pK-Wert des desoxygenierten Hämoglobins mit 8,25 höher als der des oxygenierten Hämoglobins (6,95) liegt, ist Desoxyhämoglobin die schwächere Säure und damit der bessere Puffer.

Die isoelektrischen Punkte der **Plasmaproteine** liegen ebenfalls im sauren Bereich (4,9–6,4). Sie sind daher bei pH 7,4 Anionen, deren Pufferkapazität (▶ Abschn. 1.5) etwa 5 mmol H^+ pro l Plasma beträgt.

Ein weiterer relevanter Nicht-Hydrogencarbonatpuffer ist das **Dihydrogen/Hydrogenphosphat-System** ($H_2PO_4^- \rightarrow H^+ + HPO_4^{2-}$). Für seine Pufferkapazität wirkt sich besonders günstig aus, dass der pK_s-Wert (6,88) fast mit dem Zell-pH von ca. 7,0 übereinstimmt. Wegen seiner geringen Plasmakonzentration (1 mmol/l) ist es allerdings nur mit 1 % an der extrazellulären Gesamtpufferkapazität beteiligt. In der Zelle findet sich Phosphat in wechselnd hohen Konzentrationen (100–150 mmol/l), wobei es allerdings überwiegend an Makromoleküle gebunden ist.

Dem **Ammoniak/Ammonium-System** kommt aufgrund seiner sehr geringen Konzentration (40 μmol/l) und des ungünstigen pK_s-Wertes (9,40) keine Bedeutung bei der Pufferung im Extrazellulärraum zu.

66.1.4 Bedeutung der Lungen bei der Regulation der Protonenkonzentration

Obwohl die Puffersysteme des Organismus die täglich gebildeten fixen Säuren leicht abpuffern können, wäre ein Überleben ohne Ausscheidung der Protonen und damit Regeneration der Puffer nicht möglich. Die beiden wesentlichen Regulationsvorgänge werden durch die **Lungen** und die **Nieren** vermittelt (◻ Abb. 66.1).

❯ Die Lungen sind an der Regulation über das Hydrogencarbonat-Puffersystem beteiligt.

Durch die Atmung wird direkt nur das CO_2/HCO_3^--System betroffen. Da jedoch in einer Lösung mit mehreren Puffersystemen ein Gleichgewicht zwischen den einzelnen Puffern besteht, sind indirekt auch die anderen Puffer beeinflusst.

Die Konzentration von Kohlendioxid im Extrazellulärraum (einschließlich Blutplasma) wird wesentlich vom alveolären Gasaustausch bestimmt und ist damit vom Partialdruck des Kohlendioxids in den Lungenalveolen (normal 40 mmHg) abhängig:

$$[CO_2] = s \cdot pCO_2\ (s = \text{molarer Löslichkeitskoeffizient})$$

Der alveoläre pCO_2 ist dem Verhältnis aus CO_2-Produktion des Körpers und alveolärer Ventilation proportional (s. Lehrbücher der Physiologie).

Entsprechend führt eine **erhöhte Ventilation** bei gleichbleibender CO_2-Produktion (Hyperventilation) zu einer Abnahme des CO_2-Partialdrucks in den Alveolen, einer Abnahme der CO_2-Konzentration im Plasma, zur Nachbildung von CO_2 aus H_2CO_3 nach dem Massenwirkungsgesetz und dadurch zur Abnahme der Protonenkonzentration (Zunahme des pH-Wertes, Alkalose) (■ Abb. 66.3). Obwohl diese Reaktion eine **schnelle Änderung** der Protonenkonzentration hervorrufen kann, dient sie jedoch nicht als primärer Mechanismus zur Ausscheidung von Protonen, da bei diesem Vorgang die gleiche Menge Hydrogencarbonat verbraucht wird. Ein Teil der Protonen wird von Nicht-Hydrogencarbonat-Puffern (insbesondere dem Hämoglobin) nachgeliefert. Weil dadurch der Anteil des dissoziierten Hämoglobins (Hb^-) als Pufferbase zunimmt, ändert sich trotz des Abfalls der Hydrogencarbonat-Konzentration die Gesamtpufferanionen-Konzentration nicht.

Auf der anderen Seite führt eine **herabgesetzte Atmung** (Hypoventilation) zu einer Erhöhung des CO_2-Partialdrucks in den Alveolen, zu einer Zunahme der CO_2-Konzentration im Plasma, zur vermehrten Kohlensäureproduktion und dadurch zur Zunahme der Protonenkonzentration (Abnahme des pH-Wertes, Aci-

dose) (■ Abb. 66.3). Diese Reaktionen, durch die der CO_2-Partialdruck im Plasma auf das 1,5- bis 2fache (von 40 auf 60–80 mmHg) angehoben werden kann, führen zu einer Erhöhung der Hydrogencarbonat-Konzentration. Da ein Teil der gebildeten Protonen durch Nicht-Hydrogencarbonat-Pufferanionen aufgenommen wird, ändert sich wegen des damit verbundenen Abfalls der Nicht-Hydrogencarbonat-Pufferanionen die Gesamtpufferbasen-Konzentration trotz des Hydrogencarbonat-Anstiegs nicht.

66.1.5 Bedeutung der Nieren und der Leber für den Säure-Basen-Haushalt

❯ Organische Basen und Säuren können im proximalen Tubulus resorbiert wie auch sezerniert werden.

Organische Kationen Für die Ausscheidung zahlreicher kationischer Medikamente, die wegen ihres hydrophoben Charakters häufig an Plasmaproteine gebunden sind und deshalb glomerulär nicht filtriert werden können, stellt die tubuläre Sekretion den Haupteliminationsmechanismus dar. Ebenso werden endogen gebildete Kationen, z. B. Cholin oder biogene Amine, im proximalen Tubulus in der Regel sezerniert. Dazu werden die organischen Kationen mittels des **polyspezifischen Uniporters OCT2** (*organic cation transporter*) basolateral in die Zelle aufgenommen und luminal über einen polyspezifischen Kationen/Protonen-Antiporter abgegeben.

Säureanionen **Anorganische** (z. B. Phosphat etc.) aber auch kleine **organische** (z. B. Acetat etc.) **Anionen** werden normalerweise mittels Na^+-gekoppelten Cotransportsystemen (Na^+/Mono(Di)carboxylat-Cotransporter, Na^+/Phosphat-Cotransporter etc.) vom proximalen Tubulus aus dem Primärharn resorbiert.

Zahlreiche größere Anionen, so auch bestimmte Medikamente, werden über den proximalen Tubulus in den Harn sezerniert. In diesem Fall werden die Anionen basolateral mittels des polyspezifischen **Anionenaustauscher OAT1** (*organic anion transporter*) in den proximalen Tubulus hineintransportiert und luminal über einen anderen Anionentransporter ausgeschleust.

Spezifität der Transportsysteme Die Transportsysteme, über welche in den Nierentubuli organische Basen bzw. Säuren sezerniert werden, sind **polyspezifisch**, d. h. sie akzeptieren Substanzen unterschiedlicher Struktur als Substrate und unterscheiden nicht zwischen körpereigenen Substanzen oder Fremdstoffen. Da alle Transportsysteme ein begrenztes Transportmaximum haben, kann durch Fremdstoffe wie z. B. Medikamente die Sekretion von körpereigenen Abfallstoffen vermindert werden, was

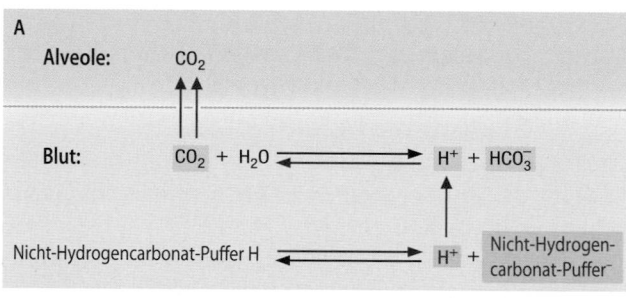

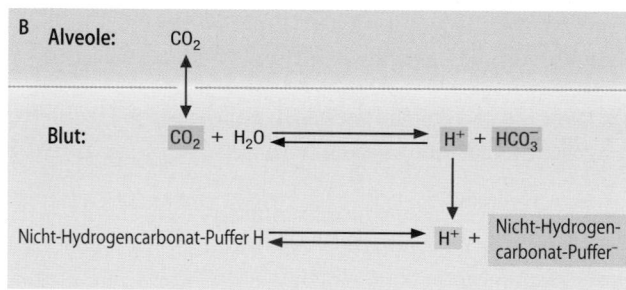

■ **Abb. 66.3   Hyper- und Hypoventilation.** **A** Die vermehrte Abatmung von CO_2 bei Hyperventilation führt zur Abnahme des CO_2-Partialdrucks, der Hydrogencarbonat- und der Protonenkonzentration. Durch die Nicht-Hydrogencarbonatpuffer werden Protonen nachgeliefert und gleichzeitig Nicht-Hydrogencarbonat-Pufferanionen gebildet, die den Verlust des Pufferanions Hydrogencarbonat ausgleichen. Die Gesamtkonzentration der Pufferanionen bleibt deshalb unverändert. **B** Die verringerte Abatmung von CO_2 bei Hypoventilation führt zum Anstieg des CO_2-Partialdrucks, der Protonen- und Hydrogencarbonatkonzentration. Durch die Nicht-Hydrogencarbonatpuffer werden Protonen aufgenommen und gleichzeitig Nicht-Hydrogencarbonat-Pufferanionen verbraucht, wodurch trotz der Erhöhung der Hydrogencarbonatkonzentration die Gesamtkonzentration der Pufferanionen konstant bleibt. Die Größen, deren Konzentration abfällt, sind mit einem *blauen* Raster, diejenigen, deren Konzentration ansteigt, mit einem *roten* Raster hinterlegt

zur Akkumulation dieser Stoffe im Körper führen und entsprechende Krankheitserscheinungen auslösen kann.

Eine besondere Rolle spielen diese Zusammenhänge bei der Entstehung und der Therapie der Gicht (▶ Abschn. 31.2; ◻ Abb. 29.9).

❯ Protonensekretion und Hydrogencarbonat-Resorption sind miteinander gekoppelt und erfolgen im proximalen Tubulus und im Sammelrohr.

Im Stoffwechsel des Menschen entstehen täglich je nach Nahrungszusammensetzung 50–100 mmol nicht-flüchtige Säuren, deren Protonen über die Niere ausgeschieden werden müssen. Dafür stehen drei Mechanismen zur Verfügung:

— **Na⁺/H⁺-Austausch im proximalen Tubulus.** Bei der Sekretion der Protonen in den Urin wird in der proximalen Tubuluszelle CO_2, das entweder aus dem Stoffwechsel der Zelle selbst stammt bzw. aus der Tubulusflüssigkeit oder dem Blut entnommen wird, unter Katalyse des Enzyms Carboanhydrase II in Hydrogencarbonat und Protonen umgewandelt. Während Letztere im Austausch gegen Natrium in

die Tubulusflüssigkeit diffundieren, tritt Hydrogencarbonat im Cotransport mit Natrium (Stöchiometrie 3:1) in den Extrazellulärraum (◻ Abb. 65.6). Die intrazelluläre Kohlensäureproduktion ist dabei direkt abhängig vom pCO_2. Je höher der pCO_2 in der Zelle, umso mehr Protonen werden sezerniert und Hydrogencarbonat-Ionen reabsorbiert. Sinkt der pCO_2, dann sinken ebenfalls die Protonenausscheidung und die Hydrogencarbonat-Resorption.

— **Protonen- und Hydrogencarbonat-Sekretion im Sammelrohr.** In den Urin werden Protonen von Schaltzellen des Typs A im Sammelrohr sezerniert (**H⁺-ATPasen**) und führen Hydrogencarbonat dem Extrazellulärraum zu (◻ Abb. 66.4A). Schaltzellen des Typs B sezernieren Hydrogencarbonat in den Urin und führen Protonen dem Extrazellulärraum zu (◻ Abb. 66.4B). Zugrunde liegt wiederum eine intrazelluläre Bildung von Hydrogencarbonat und Protonen. Das Verhältnis von Typ-A- zu Typ-B-Schaltzellen ist dabei variabel, da sie ineinander übergehen können. Je höher längerfristig die Protonenkonzentration im Blut ist, umso höher ist die Zahl der Protonen sezernierenden Typ-A-Zellen und umgekehrt.

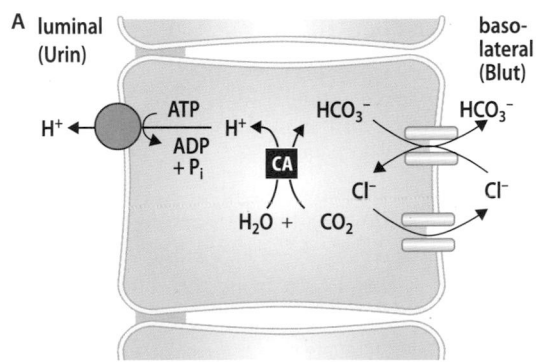
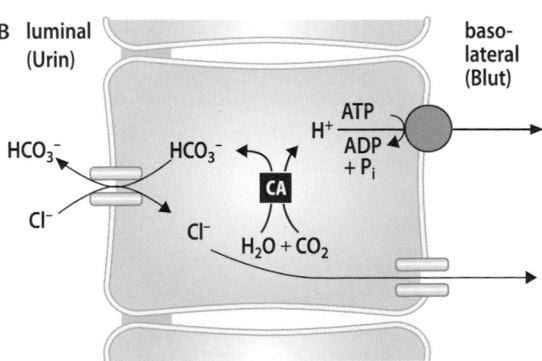
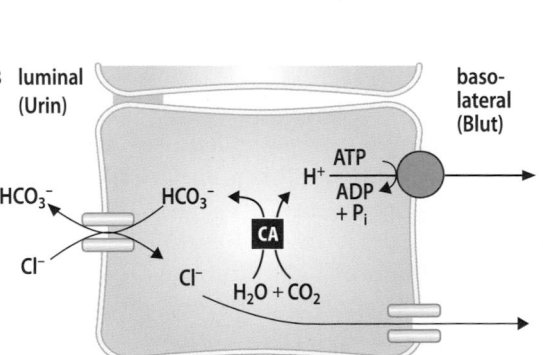
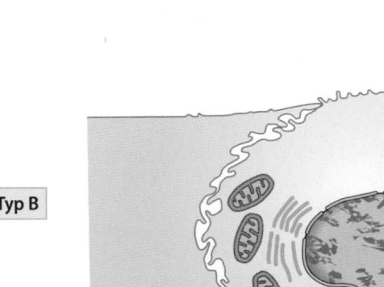

◻ **Abb. 66.4 Schaltzellen Typ A und B. A** Protonen-sezernierende/Hydrogencarbonat-reabsorbierende Schaltzelle Typ A. **B** Hydrogencarbonat-sezernierende/Protonen-reabsorbierende Schaltzelle Typ B. *Links*: Funktionsschema. *Rechts*: Ultrastruktur. Die Mitochondrien befinden sich jeweils am Ort des höchsten ATP-Verbrauchs durch die Protonenpumpe. *CA*: Carboanhydrase; *BM*: Basalmembran. (Adaptiert nach Kaissling und Kriz aus Seldin und Giebisch 2000)

Desaminierung von Glutamin im proximalen Tubulus. Glutamin wird u. a. in den perivenösen Zellen der Leber unter ATP-Verbrauch durch die Glutaminsynthetase aus Glutamat und NH_4^+ synthetisiert (▶ Abschn. 27.1.2). Glutamin wird von der Leber in die Zirkulation abgegeben, wo es mit 600–800 μmol/l die weitaus höchste Plasmakonzentration aller Aminosäuren erreicht. Es wird glomerulär filtriert und im proximalen Tubulus mit anderen Aminosäuren resorbiert. Zusammen mit der zusätzlichen Resorption aus dem Kapillarblut steht dem proximalen Tubulus damit Glutamin in beträchtlichem Umfang zur Desaminierung zu Glutamat zur Verfügung (◘ Abb. 66.5). Das entstehende NH_4^+ enthält damit ein Proton, welches dem Stoffwechsel entnommen wurde. Durch eine weitere Desaminierung von Glutamat zu α-Ketoglutarat entsteht dann ein weiteres NH_4^+. Die Bereitstellung von Glutamin seitens der Leber und die Desaminierung von Glutamin in der Niere sind pH-abhängig: Beide Prozesse werden bei einem Anstieg der Protonenkonzentration aktiviert und bei einem Abfall entsprechend blockiert. Bei schwerer Acidose kann die Niere pro Tag 300–400 mmol NH_4^+ produzieren; allerdings benötigt sie für die erforderliche Anpassung mehrere Tage. NH_4^+-Ionen werden von der dicken aufsteigenden Henle-Schleife auch anstelle von K^+ mit dem $Na^+/K^+/2Cl^-$-Cotransporter resorbiert und im Nierenmark akkumuliert, von wo sie direkt in das Sammelrohr diffundieren und so zum Teil zumindest den Weg durch die Rinde abkürzen.

> Die Ausscheidung von Protonen über den Urin erfolgt nur zu einem geringen Teil in freier Form.

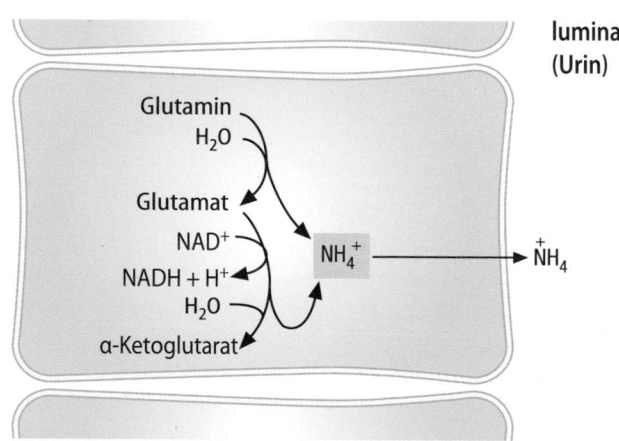

◘ **Abb. 66.5 Verknüpfung von Glutaminabbau und Protonenausscheidung in der Niere.** (Einzelheiten s. Text)

Die Nieren des Menschen können täglich bis zu 1.000 mmol Protonen ausscheiden (bzw. 300–400 mmol einsparen). Die Nierentubuli sind imstande, die Protonenkonzentration im Urin bis auf das 1.000fache zu erhöhen, von 40 nmol/l (der Konzentration im Blut und Glomerulusfiltrat) auf 40.000 nmol/l (der Konzentration im Urin bei einem pH von 4,4). Bei einer Tagesproduktion von 1.5 l Urin können damit maximal 60 μmol H^+ ausgeschieden werden. In Wirklichkeit fallen aber durchschnittlich 60 mmol H^+ täglich an. Um diese in freier Form auszuscheiden, müsste ein Urin mit einem pH-Wert von 1,4 gebildet werden. Tatsächlich wird aber ein Urin-pH-Wert von 4,5 (Regelbereich 4,5–8,2) nicht unterschritten, weil die Protonenpumpen im Sammelrohr nur maximal gegen eine H^+-Konzentration von 30 mmol/l (pH 4.5) arbeiten können. Folglich können die anfallenden Protonen nur zum geringen Teil in freier Form, sondern hauptsächlich nur in gebundener (gepufferter) Form im Endharn ausgeschieden werden. Bei einem durchschnittlichen Urin-pH von 5,5 werden etwa nur 5 μmol H^+ pro Tag in freier Form ausgeschieden. Dass die täglich produzierte Menge Protonen dennoch ausgeschieden werden kann, ist auf die Anwesenheit von **Puffern im Urin** zurückzuführen, die die sezernierten Protonen wegfangen und damit die weitere Protonensekretion in Gang halten.

Dihydrogenphosphat/Hydrogenphosphat-System Dieses Puffersystem weist im Glomerulusfiltrat eine annähernd gleiche Konzentration wie im Plasma auf (1 mmol/l) und liegt beim pH-Wert des Glomerulusfiltrats (7,40) als Hydrogen- und als Dihydrogenphosphat im Verhältnis 4:1 vor. Aufgrund der günstigen Lage seines pK_s'-Wertes mit 6,8 (pH = pK_s' ± 1 bei nicht-flüchtigen Puffersystemen!) eignet es sich vorzüglich zur Urinpufferung. Erst bei einem pH-Wert von 4,5 ist nahezu das gesamte Hydrogenphosphat durch Aufnahme von Protonen nach der Gleichung

$$HPO_4^{2-} + H^+ \rightleftharpoons H_2PO_4^- \qquad (66.4)$$

in Dihydrogenphosphat umgewandelt. Auf diese Weise werden bis zu 50 % der Protonen im Urin von diesem Puffersystem aufgenommen.

Durch Titration des Urins mit Base (NaOH 0,1 mol/l) in vitro wird die Pufferung der Protonen durch HPO_4^{2-} rückgängig gemacht und damit die abgepufferten Protonen quantitativ erfasst. Dieser als **titrierbare Acidität** des Urins bezeichnete Anteil beträgt beim Gesunden zwischen 10 und 40 mmol/24 h.

Ammonium/Ammoniak-System Eine weitere Möglichkeit zur Protonenausscheidung ergibt sich aus der Bildung von Ammoniak durch die Tubuluszellen. Wesentlicher Ammoniakdonor ist die Aminosäure Glutamin, die in verschiedenen Geweben (Muskulatur, Gehirn, Leber) aus Glutamat und freiem Ammoniak gebildet wird, in den Extrazellulärraum übertritt und von den Tubuluszellen aus dem Kapillarblut entnommen wird. Der in den Zellen des proximalen Tubulus durch enzymatische Hydrolyse aus Glutamin freigesetzte Ammoniak bindet intrazellulär bereits ein Proton, diffundiert damit hauptsächlich bereits als Ammoniumion in das Lumen (◘ Abb. 66.5) und spielt daher als Protonenakzeptor im Urin nach der Gleichung

$$NH_3 + H^+ \rightleftharpoons NH_4^+ \qquad (66.5)$$

nur eine untergeordnete Rolle.

Die NH_4^+-Ausscheidung beträgt beim Gesunden etwa 30–50 mmol/24 h. Während das Phosphatpuffersystem auf eine Säurebelastung sofort anspricht, steigt die Ammoniumausscheidung erst innerhalb mehrerer Tage allmählich an. Sie kann dafür jedoch erheblich stärker gesteigert werden als die titrierbare Acidität und Werte bis zu 500 mmol/24 h erreichen. Ammoniak eignet sich besonders als (intrazellulärer) Protonenakzeptor, da es als Endmetabolit beim Abbau stickstoffhaltiger Verbindungen in nahezu unbegrenzter Menge zur Verfügung steht. Es wird zwar in Aminierungsreaktionen (Glutamatdehydrogenase- und Glutaminsynthetasereaktion) teilweise wieder fixiert (wie Kohlendioxid in Carboxylierungsreaktionen), in der tierischen Zelle gibt es jedoch keine Nettofixierung dieser Endprodukte. Bei Säurebelastungen – z. B. bei länger dauerndem Hunger, der mit einer Ketoacidose einhergeht – wird deshalb mehr Stickstoff in Form von Ammoniumionen als in Form von Harnstoff ausgeschieden.

Der **pK$_s$-Wert** des Ammonium/Ammoniak-Puffersystems liegt mit 9,40 deutlich über dem pH-Wert der Tubulusflüssigkeit, weshalb das sezernierte NH_4^+ nicht mehr in Ammoniak und Protonen dissoziiert (in wässriger Lösung bei pH 7,40 ist das Verhältnis von Ammoniumionen [NH_4^+] zu Ammoniakgas [NH_3] 100:1).

> Die Leber nimmt über die Harnstoffsynthese an der Regulation des Protonenhaushalts teil.

Auch die Leber ist an der Regulation des Säure-Basen-Haushalts beteiligt. Bei der Oxidation des Nahrungsproteins entstehen über die CO_2-Produktion Hydrogencarbonat-Ionen, die nicht mit dem Urin ausgeschieden werden, sondern stattdessen in die Harnstoffbiosynthese eingehen: Aus jeweils 1 mol HCO_3^- und 2 mol NH_4^+ entsteht 1 mol Harnstoff, d. h. die Elimination von Hydrogencarbonat- und Ammoniumion sind miteinander gekoppelt (▶ Abschn. 62.2.2). Muss Hydrogencarbonat eingespart werden, wird dadurch auch weniger Ammoniak fixiert, sodass die NH_4^+-Ausscheidung auf alternative Stoffwechselwege verlagert werden muss.

Bei einem Anstieg der Protonenkonzentration (Acidose) steht weniger HCO_3^- für die Harnstoffsynthese zur Verfügung. Als Folge steigt der Glutaminspiegel im Blut an und die Niere nimmt vermehrt Glutamin auf. Die Ammoniumionen werden dann in den Urin durch renale Freisetzung aus Glutamin ausgeschieden. Umgekehrt fließt bei einem Abfall der Protonenkonzentration vermehrt Hydrogencarbonat in den Harnstoffzyklus; das erforderliche NH_4^+ wird durch die vermehrte intrahepatische Hydrolyse (periportale Zellen) von Glutamin (Glutaminasereaktion) bereitgestellt, das in diesem Fall von der Leber aufgenommen wird (◘ Abb. 66.6).

Zusammenfassung

Im Stoffwechsel entstehen als Endprodukte Kohlendioxid (Kohlensäure), Protonen und v. a. beim Abbau von Aminosäuren nichtflüchtige Säuren. Die gebildeten HCO_3^--Ionen und Protonen werden über verschiedene Transporter in den Extrazellulärraum sezerniert. HCO_3^--Ionen werden dann in großen Mengen als CO_2 über die Lungen abgeatmet. Die anfallenden Protonen müssen vor der Ausscheidung gepuffert werden. Proteine und Phosphat sind die wichtigsten intrazellulären Puffer, das Kohlendioxid-Hydrogencarbonat-System und Proteine (Hämoglobin) die wichtigsten extrazellulären Puffer. Über die Abgabe von CO_2 sind die Lungen an der Regulation des Kohlendioxid-Hydrogencarbonat-Puffersystems beteiligt. Über die Sekretion von organischen Säuren und Basen, von HCO_3^-, Protonen und Ammoniumionen beeinflusst die Niere maßgeblich den Säure-Basen-Haushalt. Dies gilt auch für die Leber, die HCO_3^- und Ammoniumionen in Form von Harnstoff für die Ausscheidung fixiert.

66.2 Calcium- und Phosphathaushalt

66.2.1 Stoffwechsel des Calciums

> Calcium ist an vielen zellulären Vorgängen beteiligt.

Knochenmineralisierung Gemeinsam mit anorganischem Phosphat (s. u.) bildet Calcium in Form einer dem Hydroxylapatit ähnlichen Struktur den anorganischen Anteil des Knochens und des prinzipiell gleich aufgebauten Dentins und Schmelzes der Zähne. Neben der mechanischen Funktion, die der Knochen als Stützgewebe erfüllt, dient das Knochengewebe auch als Speicherorgan für Calciumionen, aus dem es bei Calciummangel mobilisiert werden kann. Etwa 1 % des Calciumpools der Knochen ist zu diesem Zweck verfügbar.

Blutgerinnung Als freies Ion ist Calcium durch Bildung von Komplexen mit Phospholipiden und Gerin-

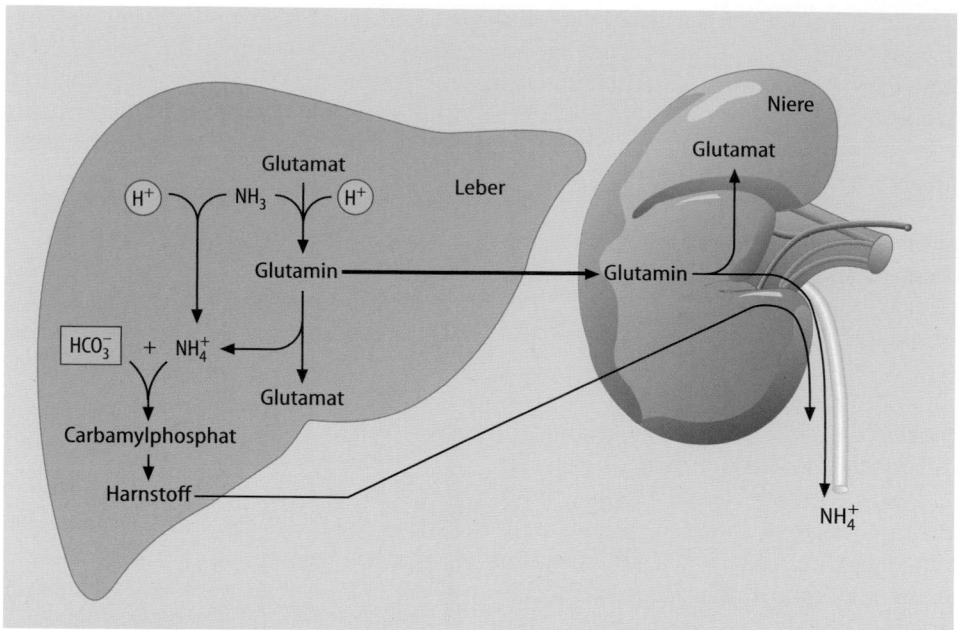

◘ Abb. 66.6   Wechselwirkung zwischen Leber und Niere bei der Säure-Basen-Ausscheidung. Die Leber fixiert Protonen und Ammoniak direkt bei der Harnstoffsynthese aber auch bei der Bildung von Glutamin aus Glutamat. Glutamin wird sowohl in der Leber als auch der Niere durch Glutaminasen wieder desaminiert. In der Niere werden die Ammoniumionen mit dem Urin ausgeschieden, in der Leber werden sie wiederum zur Harnstoffsynthese verwendet. Da die Harnstoffsynthese Hydrogencarbonat benötigt, werden mit der Protonenausscheidung in Form von Harnstoff auch Pufferbasen verbraucht. Bei einer Säurebelastung des Körpers (Acidose) wird die Glutaminase in der Leber gehemmt und in der Niere stimuliert. Somit werden Protonen und Ammoniak direkt in der Niere ausgeschieden, es wird weniger Harnstoff gebildet, wodurch Pufferbasen gespart werden. Bei einem Basenüberschuss (Alkalose) wird hingegen die Leberglutaminase stimuliert und diejenige der Nieren gehemmt. Dadurch werden Protonen und Ammoniak in der Niere vermindert ausgeschieden. Entsprechend wird mehr Harnstoff gebildet, was mit einem vermehrten Verbrauch und gesteigerter Ausscheidung von Pufferbasen einhergeht

nungsfaktoren (Bindung an γ-Carboxyglutamylgruppen (▶ Abschn. 58.5) an der Aktivierung des intrinsischen und extrinsischen Systems der Blutgerinnung beteiligt (▶ Abschn. 69.1.3).

Stabilisierung des Membranpotenzials   Die extrazelluläre Calciumkonzentration beeinflusst die neuromuskuläre Erregbarkeit dahingehend, dass kleinere Membranpotenzialänderungen nicht zur Auslösung eines Aktionspotenzials führen. Sinkt die Calciumkonzentration nur wenig unter den Normwert, stellt sich eine neuromuskuläre Übererregbarkeit bis zu tetanischen Krämpfen ein.

Zellaktivierung   Als Zellaktivierung bezeichnet man die Anregung einer Zelle zur Ausübung ihrer spezifischen Funktionen, z. B. Muskelkontraktion, Nervenleitung, Sekretion, Ionentransport, Stoffwechselfunktionen etc. Bei vielen dieser Prozesse besitzt Calcium eine Signalfunktion, da es als *second messenger* bei der Signaltransduktion durch extrazelluläre Signalmoleküle wirkt (▶ Abschn. 35.3.3). Dabei steigt die cytosolische Calciumkonzentration um den Faktor 10–100 an. Hierfür stehen prinzipiell zwei Möglichkeiten zur Verfügung:

━ **Einstrom** von Calcium aus dem Extrazellulärraum oder
━ **Mobilisierung** intrazellulärer Calciumspeicher

Die Calciumkonzentration im Cytosol der meisten Säugetierzellen beträgt im Ruhezustand weniger als 0,1 μmol/l. Da die extrazelluläre Konzentration an freien Calciumionen bei etwa 1,7 mmol liegt, besteht damit an der Plasmamembran ein etwa 10.000facher zelleinwärts gerichteter Calciumgradient. Der gesamte Calciumgehalt der Zelle und der Pool des austauschbaren Calciums sind hingegen viel höher als es die cytosolische Calciumkonzentration vermuten lässt. Läge z. B. das gesamte zelluläre Calcium in Form freier Ionen gleichmäßig in der Zelle verteilt vor, würde die intrazelluläre Calciumkonzentration etwa 2–10 mmol/l betragen und würde damit sogar über der Konzentration im Extrazellulärraum liegen. Da durch die zahlreichen phosphatübertragenden Prozesse ständig freies anorganisches Phosphat im Cytosol der Zelle entsteht, würde sich das freie Calcium – wenn es in so hohen Konzentrationen vorläge – mit dem Phosphat zu einem unlöslichen Komplex verbinden, wie es im Knochen zu beobachten ist. Tatsächlich liegen über

66

90 % des Zellcalciums nicht als freie Calciumionen vor, sondern in Form eines leicht löslichen Calciumphosphatkomplexes in den Mitochondrien oder an Proteine gebunden im endoplasmatischen Retikulum.

❯ 99 % des Körpercalciums befinden sich im Knochen.

Calciumbedarf Der tägliche Bedarf an Calcium liegt bei 20 mmol (0,8 g) beim **Erwachsenen**, bei 37,5 mmol (1,5 g) in der Schwangerschaft und Lactation, bei 25 mmol (1,0 g) für Kinder und bei 30 mmol (1,2 g) in der **Adoleszenz**.

Intestinale Resorption Duodenum und **Ileum** sind quantitativ die wesentlichen Resorptionsorte für Calcium, wobei Vitamin D ein entscheidender Regulator ist (▶ Abschn. 58.3.4).

Von der täglich zugeführten Menge werden 25–40 % resorbiert. Je niedriger die Calciumzufuhr ist, desto höher ist die prozentuale Resorption und umgekehrt. Das Ausmaß der Calciumresorption fällt mit zunehmendem Alter ab. Die intestinale Calciumresorption kann durch in der Nahrung enthaltene Verbindungen, wie Phytinsäure (z. B. im Hafer) und Oxalsäure (z. B. im Spinat), die schwer lösliche Calciumkomplexe bilden, beeinflusst werden.

Verteilung des Calciums im Organismus Der menschliche Organismus enthält 400 mmol Calcium/kg Körpergewicht (ca. 28.000 mmol beim Erwachsenen mit 70 kg). Im Knochen, der einem ständigen Auf- und Abbau unterliegt, befinden sich 99 % des Körpercalciums. Der Rest des Körpercalciums ist auf den Extra- und Intrazellulärraum verteilt.

Calcium im Blut Wegen einer sehr aktiven Ca-ATPase in ihrer Zellmembran enthalten Erythrocyten sehr wenig Calcium. Der überwiegende Teil des Blutcalciums befindet sich in drei Fraktionen des Plasmas:

- **Freie Calciumionen**. Da es durch die Kapillarmembran in den interstitiellen Raum übertreten kann, wird es auch als diffusibles Calcium bezeichnet.
- **Proteingebundenes Calcium**. Es kann die Kapillarmembran nicht passieren (nicht-diffusibles Calcium). Neben Albumin spielt auch Fetuin, ein spezielles, Calcium-bindendes Protein, eine große Rolle.
- **Komplexiertes Calcium**. Es macht nur eine kleine Menge aus, die wahrscheinlich als Citrat- und Phosphatkomplex vorliegt, und die in dieser Form in den interstitiellen Raum übertreten kann.

◻ Abb. 66.7 zeigt das Verhältnis der einzelnen Fraktionen, die miteinander im Gleichgewicht stehen. Die Calciumkonzentration liegt normalerweise zwischen 2,2 und 2,6 mmol/l (8,8–10,4 mg/100 ml). Obwohl sich mit

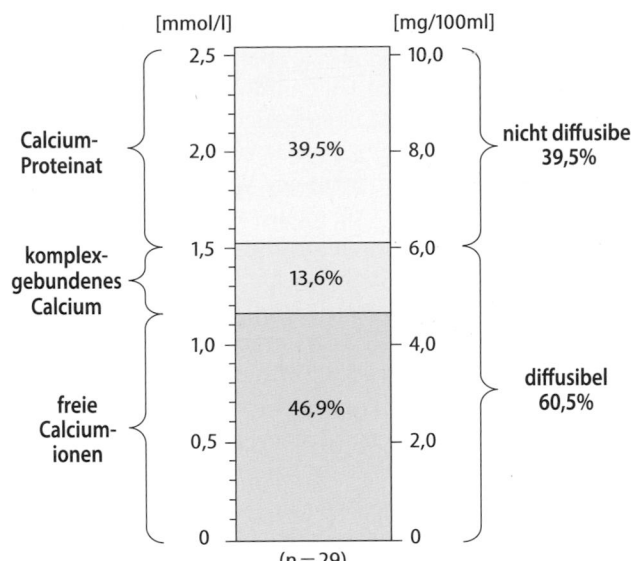

◻ **Abb. 66.7 Die einzelnen Fraktionen des Blutplasma-Calciums.** Dargestellt sind die Mittelwerte von 29 Normalpersonen. (Adaptiert nach Moore EW 1970. Republished with permission of the American Society for Clinical Investigation, from Ionized calcium in normal serum, ultrafiltrates, and whole blood determined by ion-exchange electrodes, Moore EW, J Clin Invest 49(2):318 334, © 1970; permission conveyed through Copyright Clearance Center, Inc.)

weniger als 1 % des Gesamtbestands nur ein sehr geringer Teil des Körpercalciums im Blutplasma befindet, und obwohl die tägliche Aufnahme und Ausscheidung in Stuhl und Urin wie auch die Ablagerungen im Knochen großen Schwankungen unterliegen, wird die Plasmakonzentration von Calcium bemerkenswert konstant gehalten.

Der freie (ionisierte) Anteil des Plasmacalciums ist der biochemisch entscheidende. Die Nebenschilddrüsen reagieren durch Sekretion von Parathormon auf Änderungen des ionisierten Calciums (Regulation der extrazellulären Calciumkonzentration, (▶ Abschn. 66.2.3).

Die Bindung des Calciumions an die Carboxylat- und Phosphatgruppen der Plasmaproteine ist pH-abhängig (Dissoziation dieser Gruppen):

- Eine Erhöhung der Protonenkonzentration des Bluts (Acidose) führt zu geringerer Dissoziation dieser schwach sauren Gruppen, sodass weniger Calcium gebunden werden kann.
- Eine Verringerung der Protonenkonzentration (Alkalose) bedingt eine vermehrte Bindung von Calcium an Plasmaproteine.

Auch Änderungen der Proteinkonzentration des Bluts gehen mit einer entsprechenden Änderung der Konzentration an freien Calciumionen einher.

Die Calciumkonzentration in der interstitiellen Flüssigkeit beträgt etwa 1,75 mmol/l (7 mg/100 ml), im Liquor cerebrospinalis zwischen 1,12 und 1,24 mmol/l (4,5–6 mg/100 ml). Diese Werte entsprechen ungefähr der Konzentration an freien Calciumionen, da das an Plasmaproteine gebundene Calcium nicht frei diffusibel ist.

Ausscheidung Calcium wird im Wesentlichen über die Nieren ausgeschieden. Das nicht-proteingebundene Calcium (60 %) wird glomerulär filtriert. Etwa 90 % der glomerulär filtrierten Ca^{2+}-Menge wird im proximalen Tubulus und der dicken aufsteigenden Henle-Schleife vorwiegend parazellulär und ohne Regulation resorbiert. Die Regulation der Calciumausscheidung erfolgt im distalen Tubulus (Pars convoluta) durch Parathormon (▶ Abschn. 66.2.3) und 1,25-Dihydroxycholecalciferol (▶ Abschn. 58.3.4), welche dort die Calciumreabsorption stimulieren und so die renale Calciumausscheidung vermindern. Im Normalfall werden nur etwa 1 % der filtrierten Ca^{2+}-Menge ausgeschieden, was bei normaler Ernährung einer täglichen renalen Ausscheidung von 3,75–11,25 mmol (150–450 mg) entspricht. Die maximale Ausscheidung liegt bei nur 25 mmol (1 g) pro 24 h. Bei höheren Konzentrationen im Urin fällt Calcium zusammen mit anderen Stoffen in Form von **Nierensteinen** aus, da Calcium und Phosphat sich im Urin in einer übersättigten Lösung befinden. Über den Darm werden etwa 3,75–11,25 mmol (150–450 mg) ausgeschieden. Außerdem verliert der Organismus Calcium mit dem Schweiß (Konzentration 0,3–15 mmol/l), mit dem plazentaren Kreislauf und der Milch (Lactation).

66.2.2   Stoffwechsel des Phosphats

❯ Phosphor ist im Organismus als anorganisches oder organisches Phosphat vorhanden.

Zusammen mit Calcium ist **Phosphat** der Hauptbestandteil des anorganischen Anteils des Knochengewebes (Knochenmineral). Zusätzlich ist es in Form **organischer Phosphatverbindungen** (Nucleinsäuren, Phosphoproteine, Phospholipide, Zuckerphosphate sowie Adenosintriphosphat und Kreatinphosphat) praktisch in jeder Zelle des Organismus zu finden. In der Zelle entsteht bei Reaktionen mit Adenylattransfer (z. B. Aktivierung von Fett- und Aminosäuren und Biosynthese von Carbamylphosphat) und bei der Bildung von cAMP **Pyrophosphat**, das durch Pyrophosphatasen zu Orthophosphat hydrolysiert wird.

❯ Phosphat- und Calciumstoffwechsel sind eng verbunden.

Phosphatbedarf Der tägliche Phosphatbedarf beträgt 10–15 mmol (0,9–1,5 g). Milchprodukte, Getreide und Fleisch sind die besten Quellen.

Intestinale Resorption Phosphat wird im Jejunum wie im proximalen Tubulus der Niere im Cotransport mit 2 Na^+ durch die luminale Membran resorbiert. Das Cotransportsystem wird durch 1,25-$(OH)_2$-Cholecalciferol stimuliert. Durchschnittlich werden 70 % der zugeführten Menge resorbiert; der Prozentsatz steigt mit abnehmendem Phosphatangebot an. Da Phosphat mit Aluminium eine unlösliche – nicht-resorbierbare – Verbindung eingeht, kann die Phosphatresorption therapeutisch durch Aluminiumhydroxidgel gehemmt werden.

Organische Phosphatverbindungen werden durch Phosphatasen im Darm hydrolysiert. Die Resorption erfolgt ausschließlich als anorganisches Phosphat. Phytinsäure (der Hexaphosphatester des Inositols), die reichlich in Getreidekörnern vorkommt, ist eine schlechte Phosphatquelle, da im menschlichen Verdauungstrakt keine Phytathydrolase nachgewiesen werden kann.

Verteilung im Organismus Etwa 85 % des Phosphatbestands des Organismus befinden sich in Knochen und in den Zähnen. Die übrigen 15 % verteilen sich auf die Muskelzellen (6 %) und die übrigen Zellen (9 %).

Phosphat im Blut Die Phosphatkonzentration im Plasma liegt beim Erwachsenen zwischen 1 und 2 mmol/l. Sie nimmt im Gegensatz zur Calciumkonzentration im Plasma, die in engen und während des gesamten Lebens gleichen Grenzen gehalten wird, mit dem Alter ab. Von den 1–2 mmol/l Plasmaphosphat sind etwa 10 % nicht an Proteine gebunden. Zusätzlich zum anorganischen Phosphat finden sich im Plasma noch organische Phosphatverbindungen (Phosphatester und lipidgebundenes Phosphat). Phosphat wirkt im Blutplasma (und Urin) als Puffer (▶ Abschn. 66.1.3 und 66.1.5), wobei seine Pufferkapazität allerdings nur 1 % der Gesamtpufferkapazität des Bluts beträgt. Bei einem pH-Wert des Blutplasmas von 7,4 liegen 80 % des anorganischen Phosphats als HPO_4^{2-} und 20 % als $H_2PO_4^-$ vor.

Die Plasmaphosphatkonzentration ist die Resultante aus der mit der Nahrung zugeführten Menge, der Resorption im Darm, dem Einbau und der Freisetzung von Phosphat aus dem anorganischen Anteil des Knochengewebes, Verschiebung zwischen Extra- und Intrazellulärraum sowie der Ausscheidung durch die Nieren. Die Konzentration von anorganischem Phosphat im Plasma und parallel dazu im Urin unterliegt einem ausgeprägten – durch Parathormon nicht beeinflussbaren – Tag-Nacht-Rhythmus und ist am Vormittag am niedrigsten und am Abend am höchsten.

Ausscheidung Die Ausscheidung von Phosphat erfolgt hauptsächlich über die Nieren, daneben auch über Schweiß und Stuhl. Da die Phosphatausscheidung in den

66

Urin ebenso wie die Plasmakonzentration einem ausgeprägten Tag-Nacht-Rhythmus unterliegt, muss ihre quantitative Erfassung über den 24-h-Urin erfolgen.

Anorganisches Phosphat wird glomerulär filtriert und ausschließlich im proximalen Tubulus zu 85–90 % wieder reabsorbiert. Von den miteinander im chemischen Gleichgewicht stehenden Phosphaten der Tubulusflüssigkeit

$$HPO_4^- + H^+ \rightleftharpoons HPO_4^{2-} \rightleftharpoons PO_4^{3-} \tag{66.6}$$

wird HPO_4^{2-} im Cotransport mit Na^+ über **spezifische Transporter (NaPi)** in der luminalen Membran in die Zelle geleitet. Basolateral wird Phosphat über einen Uniporter wieder ausgeschleust.

Die renale Phosphatausscheidung wird durch Parathormon, Calcitonin, Calciumzufuhr, Östrogene, Thyroxin und eine Acidose erhöht, durch Wachstumshormon, Insulin und Cortisol erniedrigt (s. u.).

Die Regulation der renalen Phosphatausscheidung ist nicht nur für den Phosphatbestand des Körpers von Bedeutung, sondern hat auch direkte Auswirkung auf die Protonenausscheidung im Urin. Da HPO_4^{2-} ein sehr effektiver **Protonenpuffer** im physiologischen pH-Bereich des Harns ist (s. o.), werden bei verminderter Phosphatresorption wesentlich mehr Protonen (bis zu 30 mmol pro Tag) ausgeschieden.

66.2.3 Hormonelle Regulation des Calcium- und Phosphatstoffwechsels

❯ Die Plasmacalcium-Konzentration wird durch das Zusammenspiel von Parathormon, Thyreocalcitonin und 1,25-Dihydroxycholecalciferol in engen Grenzen konstant gehalten.

Die Konzentration des freien (ionisierten) Calciums in der extrazellulären Flüssigkeit wird durch das Zusammenspiel von **Parathormon (PTH)**, **Thyreocalcitonin (CT)** und **1,25-Dihydroxycholecalciferol** ($1,25\text{-}(OH)_2\text{-}D_3$) als biologisch aktive Form der D-Vitamine (▶ Abschn. 58.3.3) erstaunlich konstant gehalten.

◘ Abb. 66.8 gibt eine Zusammenfassung der Wechselbeziehungen der drei Hormone. Ein Absinken der Plasmacalciumkonzentration führt zu einer **Sekretion von PTH** durch die Nebenschilddrüsen. Dessen Effekt auf den Calciumstoffwechsel von Knochen und Nieren sowie die Biosynthese des D-Hormons bewirken eine rasche Normalisierung des Plasmacalciums. Steigt dieses über einen Sollwert an, kommt es durch eine gesteigerte **Thyreocalcitoninfreisetzung** zu einer Hemmung der Knochenresorption und damit zum Absinken des Plasmacalciums. Der wichtigste Faktor für die enterale Calciumresorption ist das **1,25-Dihydroxycholecalciferol** ($1,25\text{-}(OH)_2\text{-}D_3$).

❯ Parathormon entsteht durch limitierte Proteolyse eines Präkursors in den Nebenschilddrüsen.

Struktur des Parathormons Parathormon (PTH) wird von den Nebenschilddrüsen sezerniert. Es sind meist vier etwa linsengroße abgegrenzte Organe, die hinter den 4 Polen der Schilddrüse liegen. PTH ist ein Polypeptid aus 84 Aminosäuren. Die PTH verschiedener Spezies unterscheiden sich nur geringfügig. Untersuchungen mit synthetischen Teilsequenzen zeigten, dass für die biologischen Effekte des Hormons nur die ersten 27 N-terminalen Aminosäuren notwendig sind.

Biosynthese und Sekretion des Parathormons Wie bei vielen anderen Polypeptidhormonen erfolgt auch die Biosynthese des PTH als größeres Vorläufermolekül.

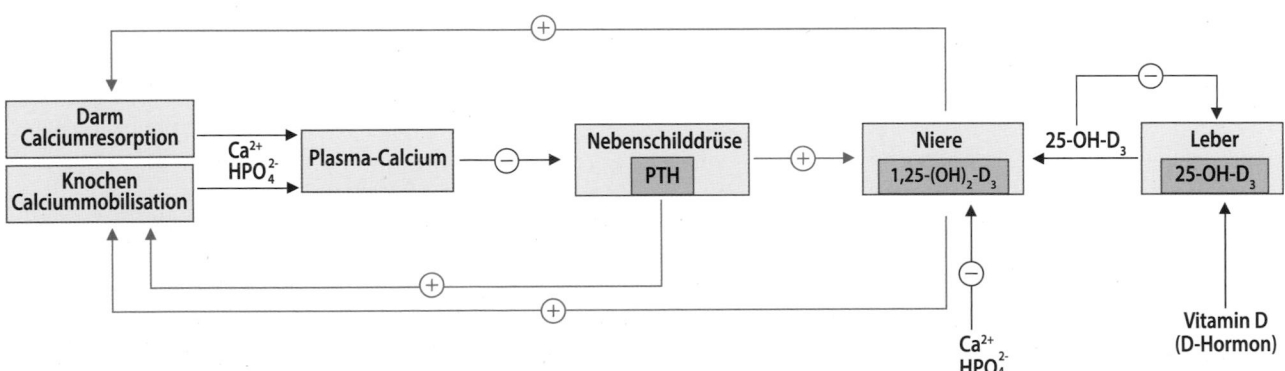

◘ **Abb. 66.8 Regulation der extrazellulären Calciumkonzentration durch Parathormon (PTH) und 1,25-Dihydroxycholecalciferol ($1,25\text{-}(OH)_2\text{-}D_3$).** Ein Abfall des Plasmacalciums stimuliert die Freisetzung von Parathormon aus den Nebenschilddrüsen, das die Biosynthese von $1,25\text{-}(OH)_2\text{-}D_3$ in den Nieren beschleunigt. Parathormon und $1,25\text{-}(OH)_2\text{-}D_3$ fördern gemeinsam die Freisetzung von Calcium aus dem Skelettsystem. Außerdem fördert $1,25\text{-}(OH)_2\text{-}D_3$ die intestinale Calciumresorption. Diese beiden Wirkungen führen dazu, dass der Plasmacalciumspiegel wieder den Normalwert erreicht. Das bei der Calciummobilisierung gleichzeitig aus dem Knochen freigesetzte oder im Darm resorbierte Phosphat hemmt direkt die Biosynthese von $1,25\text{-}(OH)_2\text{-}D_3$ nach Art eines negativen Rückkoppelungsprozesses

■ Abb. 66.9 zeigt den Aufbau des auf dem kurzen Arm von Chromosom 11 gelegenen **Prä-Pro-PTH-Gens**. Es codiert die aus 115 Aminosäuren bestehende Sequenz des Prä-Pro-PTH. Cotranslational wird im rauen endoplasmatischen Retikulum die aminoterminale Signalsequenz abgespalten, welche aus 25 Aminosäuren besteht, sodass als Zwischenprodukt das Pro-PTH entsteht (über die Funktion der Signalsequenz ▶ Abschn. 49.2.1). Im Golgi-Komplex erfolgt unter Bildung des reifen PTH die proteolytische Abspaltung eines N-terminalen Hexapeptids aus meist basischen Aminosäuren.

❯ Die PTH-Sekretion wird durch die extrazelluläre Calciumkonzentration reguliert; PTH wird proteolytisch abgebaut.

Regulation der PTH-Sekretion   Da die Zellen der Nebenschilddrüsen nur relativ wenig Sekretgranula enthalten, kann man annehmen, dass PTH entsprechend dem Bedarf synthetisiert und sezerniert wird. Die Sekretion von PTH unterliegt hauptsächlich einer Regulation durch die Plasmakonzentration an ionisiertem Calcium. Ein Abfall der Calciumkonzentration bewirkt eine gesteigerte PTH-Sekretion (■ Abb. 66.10), während bei erhöhter Plasmacalcium-Konzentration die PTH-Sekretion zum Erliegen kommt. Calcium bindet an ein membranständi-ges **Calciumrezeptor-Protein**, welches zur Familie der G-Protein-gekoppelten Rezeptoren mit 7 Transmembrandomänen zählt. Ein Anstieg der extrazellulären Calciumkonzentration im physiologischen Bereich führt zur Rezeptoraktivierung und damit zur intrazellulären Calciummobilisierung über den Inositolphosphatweg. Die nachfolgenden Signalwege, die dann die PTH-Sekretion hemmen, sind noch nicht ausreichend geklärt.

Stoffwechsel des PTH   Sowohl innerhalb der Epithelkörperchen selbst als auch in der Leber und möglicherweise in den Nieren erfolgt ein proteolytischer Abbau des PTH.

❯ PTH erhöht die Plasmacalcium-Konzentration durch seine Wirkung an Knochen, Nieren und Dünndarm.

Nach Zufuhr von PTH finden sich im Plasma ein Anstieg des Calciums und ein Abfall der Konzentration des anorganischen Phosphats. Diese Effekte lassen sich auf die PTH-Wirkung an den Knochen, den Nieren und der Darmschleimhaut zurückführen:
– Am **Knochen** löst PTH durch die Aktivierung von Osteoklasten eine Freisetzung von Calcium aus. Auch die organische Knochenmatrix wird durch PTH beeinflusst, da es unter seinem Einfluss zu einer Auflösung von Kollagen und

■ **Abb. 66.9   Das Prä-Pro-PTH-Gen und die Prozessierung seines Transkriptions- und Translationsproduktes.** (Einzelheiten s. Text)

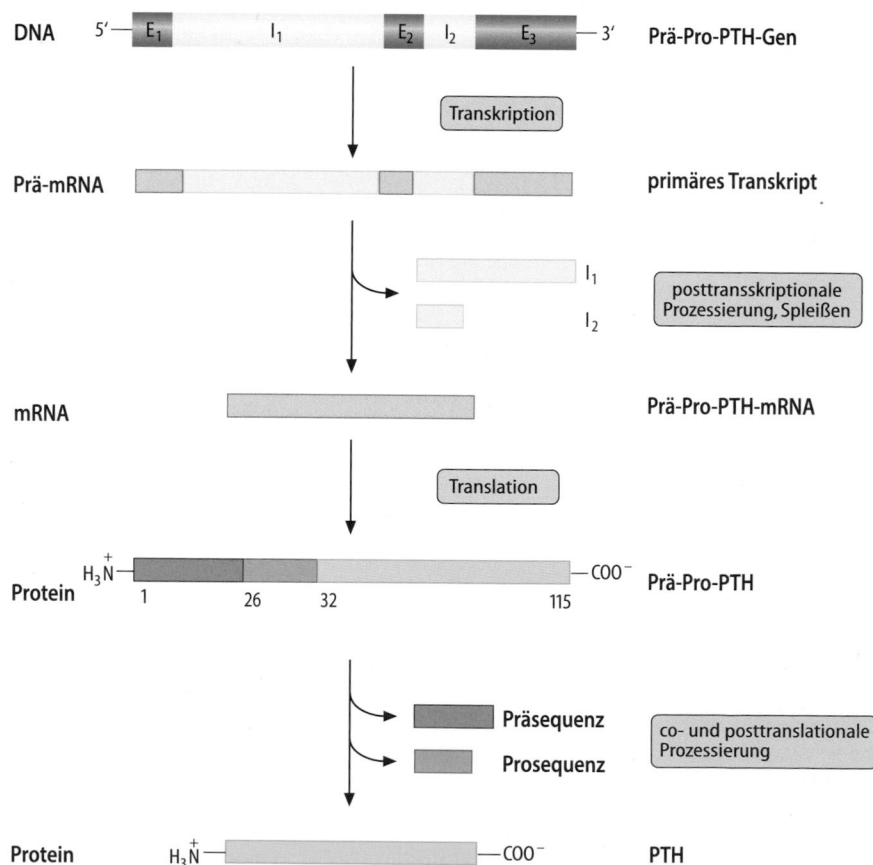

66

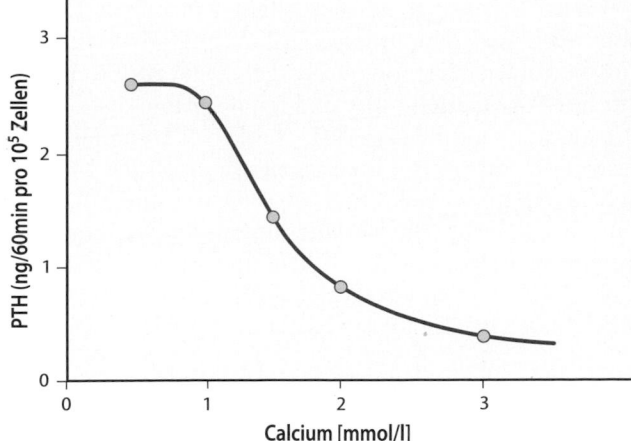

◘ Abb. 66.10 Calciumkonzentration und PTH-Freisetzung in Epithelkörperchen. Isolierte Zellen aus Epithelkörperchen wurden mit Calcium in den jeweils angegebenen Konzentrationen inkubiert und danach die PTH-Abgabe in das Medium gemessen

Knochengrundsubstanz kommt. Diese Wirkung beruht auf der Aktivierung von Kollagenasen und von lysosomalen Hydrolasen in den Osteoklasten. Als Folge wird vermehrt **Hydroxyprolin** aus dem Knochen freigesetzt. Die erhöhte Ausscheidung dieser Verbindung im Urin kann daher als diagnostischer Parameter für eine erhöhte PTH-Aktivität verwendet werden.

— Die Regulation der **renalen Calciumausscheidung** erfolgt im distalen Tubulus (Pars convoluta) durch PTH und 1,25-$(OH)_2$-Cholecalciferol, welche dort die Calciumrückresorption stimulieren. Die Regulation der **renalen Phosphatausscheidung** erfolgt im proximalen Tubulus, wo Phosphat über einen Natriumcotransport (NaP_i) resorbiert wird. NaP_i wird in seiner Aktivität und auch in der Zahl der Transportmoleküle durch Parathormon und Calcitonin gehemmt. Entsprechend führen PTH und Calcitonin zu einer verstärkten Phosphatausscheidung im Urin (Phosphaturie). Bis zu 20 % des filtrierten Phosphates können so ausgeschieden werden, was zu einem Abfall der Phosphatkonzentration im Plasma führt. Da die Konzentrationen von freiem Calcium und freiem Phosphat zusammen mit ihrem Produkt Calciumphosphat im reversiblen chemischen Gleichgewicht stehen, führt ein Abfall der Phosphatkonzentration gleichzeitig zu einem Anstieg der Calciumkonzentration.

— Ein weiterer sehr wichtiger renaler Effekt des PTH besteht darin, dass es die **Hydroxylierung** von in der Leber gebildetem 25-Hydroxycholecalciferol zum biologisch aktiven 1,25-Dihydroxycholecalciferol stimuliert. Es führt zu einer gesteigerten Expression der für die 1,25-$(OH)_2$-Cholecalciferol-Bildung notwendigen **1α-Hydroxylase** (▶ Abschn. 58.3.3). Damit schafft es die Voraussetzung zur Steigerung der intes-

tinalen Calciumresorption bei erniedrigten Serumcalcium-Konzentrationen.

— An der Dünndarmmucosa stimuliert PTH die Resorption von Calcium und Magnesium. Dieser Effekt ist jedoch im Vergleich zu den anderen Wirkungen des Hormons nur von geringer Bedeutung.

❯ Der Parathormonrezeptor ist über G-Proteine mit der Adenylatcyclase gekoppelt.

Parathormon wirkt auf seine Zielzellen über einen **heptahelicalen Rezeptor**, welcher an heterotrimere, große G-Proteine gekoppelt ist und die **Adenylatcyclase** stimuliert. Der PTH-Rezeptor reagiert auch mit dem PTH-related-Protein (PTHrP) (s. u.).

Rezeptoren für PTH bzw. PTHrP sind in einer Vielzahl weiterer Gewebe nachgewiesen worden. Da man von diesen Geweben meist nicht annehmen kann, dass sie eine besondere Bedeutung für die Regulation des Calcium- und Phosphatstoffwechsels haben, muss man vermuten, dass PTH und/oder das PTHrP (s. u.) noch unbekannte weitere Funktionen haben.

❯ Parathormon-related-Protein hat ähnliche Wirkungen wie PTH.

Es ist seit langem bekannt, dass bei verschiedenen **malignen Tumorerkrankungen** eine **Hypercalciämie** auftreten kann, welche auf die Bildung eines **PTH-related-Proteins** (PTHrP) zurückzuführen ist. PTHrP ist ein aus 139 Aminosäuren bestehendes Protein. Die ersten 13 Aminosäuren sind identisch mit dem biologisch aktiven aminoterminalen Ende von PTH, was die dem PTH ähnliche biologische Wirkung erklärt. PTHrP wird auch in einer Reihe nicht maligne transformierter Gewebe des Menschen exprimiert, wie z. B. **Epidermis, Plazenta, laktierende Mamma, Nebenschilddrüsen, Gehirn, Magen und Leber.** PTHrP ist auch in der fetalen Nebenschilddrüse nachweisbar. Offensichtlich ist es wichtig für die Calciumhomöostase des Feten und für die Bereitstellung von Calcium für das fetale Knochenwachstum. PTHrP steuert die fetale Knochenentwicklung. Es wirkt relaxierend auf die Uterusmuskulatur, woraus geschlossen wurde, dass es für die Anpassung des Uterus an das fetale Wachstum und die Ruhigstellung des Uterus während der Schwangerschaft wichtig ist. Besonders auffallend ist, dass sehr hohe Konzentrationen von PTHrP in der Muttermilch nachweisbar sind. Geringere Mengen sind in der mütterlichen Zirkulation nachweisbar und möglicherweise die Ursache der Calciummobilisierung aus dem mütterlichen Skelett. Die Ausschaltung des PTHrP-Gens durch Knockout (▶ Abschn. 55.2) ist bei der Maus letal.

PTHrP wirkt über den PTH-Rezeptor. Allerdings konnte gezeigt werden, dass PTHrP nicht nur sezerniert

wird, sondern auch reversibel in den Zellkern transloziert werden kann. Seine dortige Funktion ist unklar.

❯ Thyreocalcitonin wird in der Schilddrüse gebildet.

Das in den C-Zellen der Schilddrüse gebildete, calcium-
senkende **(Thyreo)calcitonin** ist als spezifischer Gegenspieler des PTH besonders für die Feinregulation des
Calciumspiegels im Blut verantwortlich.

Thyreocalcitonin ist ein Peptid aus 32 Aminosäuren,
welches N-terminal eine Disulfidbrücke aufweist und
dessen C-terminales Ende ein Glycinamid ist.

❯ Die Sekretion von Thyreocalcitonin wird durch Calcium stimuliert.

Thyreocalcitonin entsteht bei der Ratte durch
proteolytische Prozessierung eines aus 136 Aminosäureresten bestehenden Präkursors (◨ Abb. 66.11). Die Thy-
reocalcitoninsequenz ist von basischen Aminosäureresten
flankiert, die die Signale für die proteolytische Abtrennung
des Thyreocalcitonins und für die Amidierung des C-terminalen Glycins liefern. Ein über große Bereiche homologes Peptid, das *calcitonin gene related product* (CGRP)
entsteht durch alternatives Spleißen desselben Gens, wird
aber bevorzugt in Neuronen des zentralen und peripheren
Nervensystems exprimiert. Es wirkt gefäßerweiternd und
ist ein Chemokin für eosinophile Granulocyten.

Jede Erhöhung des Spiegels an freien Calciumionen
im Plasma führt zu einer Thyreocalcitoninabgabe aus
der Schilddrüse. Ähnlich wirken die gastrointestinalen
Hormone Gastrin oder Pankreozymin.

❯ Thyreocalcitonin senkt die Calciumkonzentration im
Blut durch Wirkung auf Knochen, Darm und Niere.

Am Knochengewebe wirkt Thyreocalcitonin als direkter Antagonist des PTH, d. h. es hemmt die Calciumfreisetzung. Dabei wirkt sich der Hormoneffekt über
eine Hemmung der Osteoklastentätigkeit und über die
Stimulierung von Knochenanbauprozessen aus. Thyreocalcitonin senkt den Spiegel des ionisierten Calciums im
Plasma in weniger als 30 min, wirkt also rascher als PTH

(60 min). Allerdings ist sein Effekt von kurzer Dauer,
was auch aus den unterschiedlichen Halbwertszeiten
für die beiden Hormone hervorgeht. Die Halbwertszeiten des Thyreocalcitonins sind mit 4–12 min etwa 2- bis
3-mal kürzer als die des PTH. Neben der Hemmung der
Osteolyse verringert Thyreocalcitonin auch die Magen-
saft- und Pankreassekretion sowie die intestinale Motilität. Das bewirkt eine Verlangsamung der Verdauungsvorgänge und damit der Calciumresorption, wodurch
einer vorübergehenden Hypercalciämie entgegengewirkt
wird. In den Nieren fördert es die Calciumausscheidung.

❯ Thyreocalcitoninrezeptoren sind über G-Proteine mit
der Adenylatcyclase oder der Phospholipase C verbunden.

Thyreocalcitoninrezeptoren kommen in 2 Subtypen
vor und sind Mitglieder der Familie von G-Protein-
gekoppelten Rezeptoren. Der Rezeptor ist je nach Subtyp über G-Proteine an das Adenylatcyclasesystem bzw.
die Phospholipase Cβ gekoppelt. Dementsprechend
führt die Behandlung von Osteoklasten, aber auch anderer Zellen mit Thyreocalcitonin zur Erhöhung der
cAMP- und Calciumkonzentrationen. ◨ Abb. 66.12
zeigt eine schematische Übersicht der molekularen Wirkung von Thyreocalcitonin an Osteoklasten.

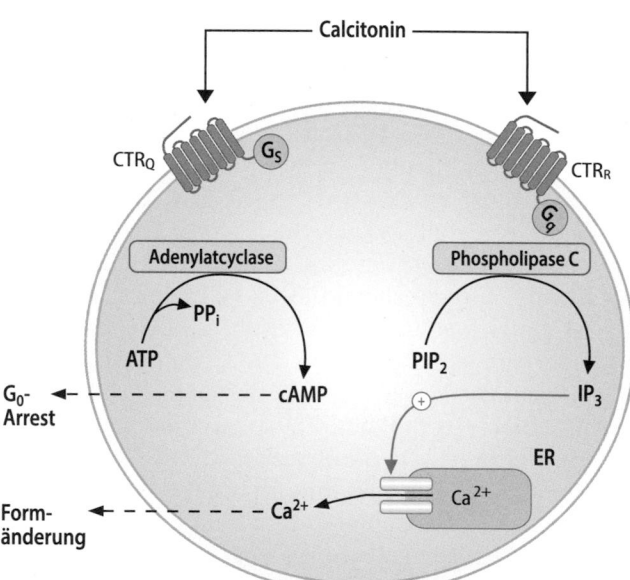

◨ **Abb. 66.12 Signaltransduktion des Thyreocalcitonin an Osteoklasten.** Die beiden Rezeptorsubtypen sind über entsprechende G-
Proteine an die Adenylatcyclase bzw. die Phospholipase C gekoppelt.
Man nimmt an, dass die Erhöhung der cAMP-Konzentration und
der zellulären Calciumkonzentration zum Arrest von Osteoklasten
in der G_0-Phase des Zellzyklus und zu der für ihre Inaktivität typischen Formänderung führt. *CTR:* Calcitoninrezeptor; G_s: Adenylat-
cyclase-stimulierendes G-Protein; *Gq:* Phospholipase-Cβ-stimulie-
rendes G-Protein; IP_3: Inositoltrisphosphat; *ER:* endoplasmatisches
Retikulum

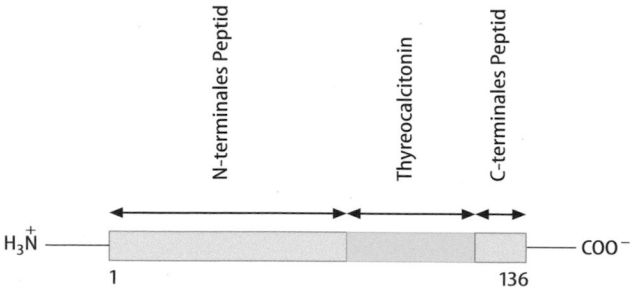

◨ **Abb. 66.11   Aufbau des Thyreocalcitonin-Präkursors der Ratte**

❯ 1,25-Dihydroxycholecalciferol reguliert die intestinale Calciumresorption.

Eine Schlüsselstellung bei der intestinalen Calciumresorption nimmt das hierfür unerlässliche **1,25-Dihydroxycholecalciferol** ein (▶ Abschn. 58.3.4). Damit leisten die Nieren einen wichtigen Beitrag bei der Regulation der Calciumresorption und des Calciumbestands des Organismus. Da die renale Biosyntheserate von 1,25-Dihydroxycholecalciferol durch den Calciumspiegel reguliert wird, erhalten die Mucosazellen über diesen Metaboliten die Information über die Höhe des Plasmacalciumspiegels, die die Grundlage zur Förderung oder Hemmung der intestinalen Resorption bildet.

❯ Die Phosphatkonzentration im Plasma wird über verschiedene Hormonsysteme reguliert.

Eine **Erhöhung der Plasmaphosphat-Konzentration** kommt durch folgende Mechanismen zustande:

– **Wachstumshormon** fördert die Phosphatrückresorption durch die Nieren und führt so zu einer höheren Plasmaphosphat-Konzentration v. a. in der Wachstumsphase
– 1,25-Dihydroxycholecalciferol, Parathormon, Thyroxin, aber auch eine Acidose fördern den Knochenabbau und damit die Freisetzung von Phosphat und Calcium in den Extrazellulärraum.

Zu einer **Erniedrigung der Plasmaphosphat-Konzentration** kommt es durch:

– Parathormon, das eine Hemmung der Phosphatrückresorption im proximalen Tubulus auslöst.
– Thyreocalcitonin, das die Plasmaphosphatkonzentration über eine Hemmung der Osteolyse senkt.
– Insulin und Glucose, die zu einer vermehrten Aufnahme von Phosphat in den Intrazellulärraum führen und so einen Abfall der Plasmaphosphat-Konzentration bewirken.

Übrigens

Klotho. Die distalen (konvoluten) Tubuli der Niere exprimieren selektiv das *Klotho*-Gen, dessen Genprodukt essenziell in den Calciumhaushalt des Körpers eingreift. Die der griechischen Mythologie entlehnte Namensgebung (die Zeustochter *Klotho* spinnt den Lebensfaden) für das Gen geht zurück auf die initiale Beobachtung in der Maus, dass die Funktionalität des Gens auffällig mit Langlebigkeit assoziiert ist. Das *Klotho*-Gen kodiert für ein einspänniges Transmembranprotein, welches als Corezeptor für den Fibroblastenwachstumsfaktor 23 (FGF23) fungiert. Da FGF23 neben der renalen Bildung von $1,25-(OH)_2-D_3$ die renale Phosphatresorption hemmt, trägt das *Klotho*-Genprodukt entscheidend zur renalen Phosphatresorption bei. Auch beim Menschen sind mittlerweile Polymorphismen im *Klotho*-Gen bekannt, die mit Osteoporose, Schlaganfall, Koronarkalzifizierungen und verminderter Lebenserwartung assoziiert sind.

Zusammenfassung

Calcium- und Phosphatstoffwechsel sind nicht nur mit dem Stoffwechsel des Skelettsystems eng verknüpft, sondern auch mit der Aufrechterhaltung nahezu aller zellulären Funktionen. Die Regulation der extrazellulären Calciumkonzentration erfolgt durch die Hormone Parathormon (PTH), 1,25-Dihydroxycholecalciferol und Thyreocalcitonin. Zielgewebe dieser Hormone sind die Zellen der Darmmucosa, der Nierentubuli und der Knochen. Das in den Nebenschilddrüsen gebildete Parathormon ist der wichtigste Regulator des Calciumspiegels im Extrazellulärraum. Jeder Abfall der Konzentration des ionisierten Calciums führt über einen spezifischen Calciumrezeptor in der Membran der Nebenschilddrüsenzellen zu einer erhöhten PTH-Sekretion. PTH erhöht die intestinale und renale Resorption von Calcium und verringert die tubuläre Reabsorption von Phosphat. 1,25-Dihydroxycholecalciferol, die aktive Form des Vitamin D_3, wird in Abhängigkeit von PTH in den Nieren aus 25-Hydroxycholecalciferol gebildet.

Es fördert die Calciumresorption im Intestinaltrakt und erleichtert die Wirkung von Parathormon am Knochen.

Das in den parafolliculären Zellen der Schilddrüse produzierte Thyreocalcitonin senkt die extrazelluläre Konzentration an freiem Calcium.

66.3 Pathobiochemie des Säure-Basen- und Mineralhaushalts

66.3.1 Säure-Basen-Haushalt

❯ Acidosen und Alkalosen sind die Normwertabweichungen des Säure-Basen-Gleichgewichts.

Definitionen von Störungen Betrachtungen des Säure-Basen-Haushaltes beziehen sich hauptsächlich auf Abläufe im Extrazellulärraum. Eine Abweichung des pH-Wertes des Extrazellulärraums in den sauren Bereich (ab pH 7,37) wird als **Acidose** (Acidämie), in den alkalischen (ab pH 7,44) als **Alkalose** oder Alkaliämie bezeich-

◘ Tab. 66.1 Blutparameter bei Störungen des Säure-Basen-Haushalts

Störung	pH	pCO₂ (mmHg)	Basenüberschuss (mmol/l)
Normalwert	7,36–7,44	36–44	±2
Respiratorische Acidose	<<7,36	>44	±2
Nach Kompensation	≤7,36	>44	>2
Respiratorische Alkalose	>>7,44	<36	±2
Nach Kompensation	≥7,44	<36	<2
Metabolische Acidose	<<7,36	36–44	<2
Nach Kompensation	≤7,36	<36	<2
Metabolische Alkalose	>>7,44	36–44	>2
Nach Kompensation	≥7,44	>44	>2

schuss ist bei einer Acidose erniedrigt und bei einer Alkalose erhöht. Auffällige Abweichungen des pCO_2 vom Normalwert zeigen hier bereits respiratorische Kompensationen an.

Typische Konstellationen von kennzeichnenden Blutparametern für die verschiedenen Störungen des Säure-Basen-Haushalts sind in ◘ Tab. 66.1 dargestellt.

66.3.2 Phosphat- und Calciumhaushalt

❯ Eine Hypophosphatämie beeinträchtigt den ATP-Haushalt.

Gründe für eine **Hypophosphatämie** sind:
- Phosphatverluste infolge Funktionsstörungen im Nierentubulus, denen entweder ein genetischer Defekt oder eine erworbene Schädigung zugrunde liegen, oder
- eine Verteilungsstörung, wenn z. B. bei parenteraler Ernährung eine gesteigerte Aufnahme von Phosphat in den Muskel und ins Fettgewebe erfolgt.

Hypophosphatämien führen u. a. zum ATP- und 2,3-Bisphosphoglyceratmangel. Ersterer löst u. a. eine allgemeine Muskelschwäche und Myokardinsuffizienz aus, Letzterer führt zu einer Verschlechterung der Sauerstoffversorgung der peripheren Gewebe (▶ Abschn. 68.2.3).

❯ Eine Hypercalciämie ist meist osteolytisch bedingt und beeinträchtigt die Funktion zahlreicher Organsysteme.

Ursachen der Hypercalciämie   Verursacht werden Hypercalciämien durch eine gesteigerte Freisetzung von Calcium aus den Knochen oder eine vermehrte Resorption im Darm. Während ein Mangel an Thyreocalcitonin beim Menschen noch nicht als Ursache für eine Hypercalciämie nachgewiesen werden konnte, können Erhöhungen der Plasmacalciumkonzentration durch eine vermehrte Resorption bei der Überdosierung von Vitamin-D-Präparaten auftreten. Am häufigsten sind osteolytische Syndrome (Hyperparathyreoidismus, s. u.), wobei gilt, dass bei der Zerstörung von 1 g Knochen etwa 2,5 mmol (100 mg) Calcium freigesetzt werden.

Erhöhungen des Calciumspiegels im Blut über die obere Normgrenze (etwa 2,6 mmol/l) führen zu Funktionsstörungen verschiedener Organe. Hauptsächlich betroffen sind die Nieren, der Gastrointestinaltrakt und das Herz (EKG-Veränderungen).

Primärer und sekundärer Hyperparathyreoidismus   Die klassische Form für die osteolytischen Syndrome ist der **primäre Hyperparathyreoidismus**, bei dem durch Tumoren der Nebenschilddrüsen oder auch durch eine ektopische Hormonproduktion anderer Tumoren unabhängig vom Bedarf Parathormon sezerniert wird, das dann eine gesteigerte Osteolyse in Gang setzt. Dies führt zu einer massiven Knochenentkalkung mit Knochenverbiegungen, cystischen Entkalkungsherden und schließlich Spontanfrakturen. Neben den erhöhten Calciumkonzentrationen sind erniedrigte Phosphatkonzentrationen im Serum typisch für den primären Hyperparathyreoidismus.

Vom primären ist der **sekundäre Hyperparathyreoidismus** abzugrenzen, bei dem eine reaktive Überfunktion der Epithelkörperchen vorliegt. Sie wird durch Hypocalciämie aufgrund der verschiedensten Erkrankungen wie Störungen der intestinalen Calciumresorption, Vitamin-D-Mangel, Nierenerkrankungen usw. ausgelöst. Typisch für dieses Krankheitsbild sind erniedrigte bis normale Serumcalciumspiegel bei erhöhten PTH-Konzentrationen.

Tumorhypercalciämie   Auch Tumoren, bei denen Tochtergeschwülste im Skelettsystem auftreten (z. B. bei Mamma- und Prostatakarzinom), können mit sog. malignen Hypercalciämien einhergehen. An der Entstehung von Tumorhypercalciämien sind von den Tumorzellen gebildete Hormone oder Cytokine (wie TNF-α oder PTH-related-Protein) beteiligt, welche die Osteoklasten stimulieren.

❯ Eine Hypocalciämie kann verschiedene Ursachen haben; sie erhöht akut die neuromuskuläre Erregbarkeit und führt chronisch zu Entwicklungsstörungen.

66

Ursachen der Hypocalciämie Erniedrigungen der Plasmacalciumkonzentration treten bei intestinalen Resorptionsstörungen, Unterfunktion der Nebenschilddrüsen (Hypoparathyreoidismus, (s. u.), gesteigertem Calciumbedarf in der Schwangerschaft und gelegentlich bei Thyreocalcitonin-Überproduktion auf. Ein akuter Abfall der freien Calciumkonzentration kann durch eine Hyperventilation bewirkt werden, da die dadurch verursachte Alkalose die Bindung von Calcium an die Plasmaproteine erhöht. Der Abfall des freien Calciums führt zu Muskelkrämpfen (Tetanie) (▶ Abschn. 66.2.1), die sich vor allem in der Perioralmuskulatur und der Fingermuskulatur bemerkbar machen.

Hypoparathyreoidismus Die häufigste Ursache für eine Unterfunktion der Nebenschilddrüsen, einen Hypoparathyreoidismus, ist die unbeabsichtigte Entfernung der Nebenschilddrüsen bei Operationen an der Schilddrüse. In seltenen Fällen kann auch eine Autoimmunerkrankung zu einer Unterfunktion der Parathyreoidea führen.

Die Hauptsymptome sind **Muskelschwäche**, erhöhte **muskuläre Erregbarkeit** und **Tetanie**. Hypoparathyreoidismus im frühen Kindesalter führt zu einem Wachstumsstillstand, einer defekten Zahnentwicklung und einer geistigen Retardierung.

Das Serumcalcium ist erniedrigt, der Serumphosphatspiegel erhöht. Im Urin wird wenig bis kein Calcium ausgeschieden und auch die Phosphatausscheidung ist niedrig, ohne dass eine Nierenerkrankung vorliegt. Die Serumspiegel an Magnesium und Hydroxyprolin sind ebenfalls erniedrigt. Die PTH-Spiegel, die normalerweise schon sehr niedrig sind, sind weiter abgesenkt und liegen unterhalb der Nachweisgrenze.

Zur Behandlung des Hypoparathyreoidismus werden Calcium, PTH und besonders Vitamin D oder verwandte Verbindungen angewendet. Die Wirkung des Vitamin D beruht insbesondere auf einer Steigerung der Resorption von Calcium im Dünndarm und auf einer Stimulierung der Phosphatausscheidung durch die Nieren, der Calciumspiegel im Blut wird deshalb angehoben. Beim sog. **Pseudohypoparathyreoidismus** liegt kein Hormonmangel vor, sondern die Nierentubuli sprechen wegen Rezeptordefekten nicht adäquat auf PTH an, weshalb die renale Ausscheidung von Calcium erhöht und von Phosphat vermindert ist.

Überproduktion von Thyreocalcitonin Eine Überproduktion von Thyreocalcitonin findet man bei **Schilddrü-** senkarzinomen, die von den C-Zellen der Schilddrüse ausgehen. Trotz der teilweise erheblichen Thyreocalcitoninsekretion derartiger Tumoren kommt es nur bei einer Minderzahl der betroffenen Patienten zu einer Hypocalciämie. Der meist normale Calciumspiegel im Blut wird offensichtlich durch eine effektive Gegenregulation durch PTH aufrechterhalten. Auch bei **kleinzelligen Bronchialkarzinomen** und bei **Pankreaskarzinomen** kommt es häufig zu einer ektopischen Thyreocalcitoninproduktion.

> **Zusammenfassung**
>
> **Störungen des Säure-Basen-Haushalts** werden als Acidosen oder Alkalosen bezeichnet und können primär respiratorisch oder metabolisch bedingt sein. Respiratorische Störungen resultieren aus einer Veränderung der CO_2-Abatmung, nicht-respiratorische (metabolische) Störungen meist aus Säureüberproduktion oder -verlusten. Respiratorische und metabolische Störungen des Blut-pH-Wertes können sich wechselseitig kompensieren. Der Säure-Basen-Status kann durch Bestimmung der arteriellen Werte für pH, pCO_2 und den Basenüberschuss beurteilt werden. **Störungen des Calciumhaushaltes** treten bei verstärktem Abbau von Knochenmasse, unzureichender intestinaler Resorption und Veränderungen der Phosphatkonzentration im Blut auf.

Weiterführende Literatur

Alexander RT, Dimke H, Cordat E (2013) Proximal tubular NHEs: sodium, protons and calcium? Am J Physiol Ren Physiol 305:F229–F236

Anderson PH, Turner AG, Morris HA (2012) Vitamin D actions to regulate calcium and skeletal homeostasis. Clin Biochem 45:880–886

Biber J, Hernando N, Forster I (2013) Phosphate transporters and their function. Annu Rev Physiol 75:535–550

Brown D, Wagner CA (2012) Molecular mechanisms of acid-base sensing by the kidney. J Am Soc Nephrol 23:774–780

Felsenfeld A, Rodriguez M, Levine B (2013) New insights in regulation of calcium homeostasis. Curr Opin Nephrol Hypertens 22:371–376

Kuro-o M (2013) Klotho, phosphate and FGF-23 in ageing and disturbed mineral metabolism. Nat Rev Nephrol 9:650–660

Seldin DW, Giebisch G (eds) (2000) The kidney, physiology and pathophysiology, 3rd edn, Raven press

Tyler Miller R (2013) Control of renal calcium, phosphate, electrolyte, and water excretion by the calcium-sensing receptor. Best Pract Res Clin Endocrinol Metab 27:345–358

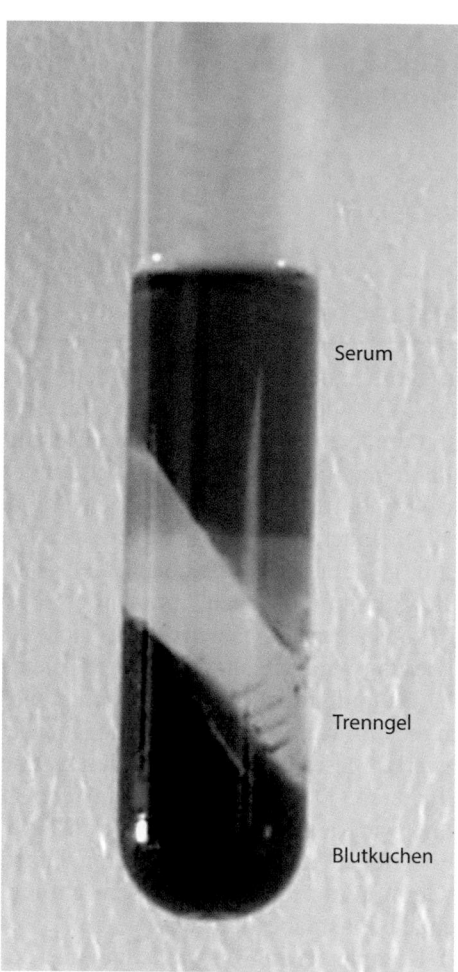

Serum

Trenngel

Blutkuchen

�***Abb. 67.1 Serum nach Zentrifugation.*** Für Laboranalysen werden zur Serumgewinnung häufig Blutabnahmeröhrchen mit einem Trenngel verwendet. Dieses inerte Acrylgel am Boden des Röhrchens schiebt sich während der Zentrifugation zwischen die Zellen (Blutkuchen) und das Serum, da seine physikalische Dichte zwischen beiden Fraktionen liegt. Damit entsteht eine Diffusionsbarriere, die eine Kontamination des Serums mit Zellbestandteilen verhindert. (Einzelheiten s. Text)

(**Thrombocyten**) mit ihrer wichtigen Funktion in der Blutstillung und die weißen Blutzellen (**Leukocyten**), die für die Immunabwehr verantwortlich sind. Die Leukocyten lassen sich in unterschiedliche Populationen einteilen, die als **Granulocyten**, **Monocyten** und **Lymphocyten** bezeichnet werden.

Das Blutplasma ist eine proteinreiche Flüssigkeit, in der neben den **Plasmaproteinen** eine Vielzahl weiterer Substanzen gelöst ist. Hierzu gehören **Elektrolyte** (Salze), **Nährstoffe**, **Metabolite** und **Botenstoffe**. Aufgrund der gelösten Stoffe ist das Blutplasma mit 1,03 kg/l etwas dichter als Wasser. Durch das Wechselspiel verschiedener Organe wie Leber, Niere und Lunge wird die Zusammensetzung des Plasmas in definierten Grenzen konstant gehalten (**Homöostase**). Umgekehrt führen

Organerkrankungen zu charakteristischen Veränderungen der Konzentrationen von Plasmabestandteilen. Die Bestimmung diagnostisch relevanter Komponenten des Plasmas durch den Laboratoriumsmediziner gehört daher zur klinischen Routine.

67.2 Elektrolyte und niedermolekulare Bestandteile des Blutplasmas

❯ Die im Blut gelösten Salze werden als Elektrolyte bezeichnet.

Die Bezeichnung **Elektrolyte** rührt daher, dass in Wasser gelöste Salze in Form geladener Teilchen (Ionen) vorliegen und damit der Lösung eine elektrische Leitfähigkeit verleihen. Natriumkationen (135–145 mmol/l) und Chloridanionen (100–110 mmol/l) sind die Hauptbestandteile der Elektrolyte des Blutplasmas. Die übrigen Ionen folgen mit deutlich niedrigeren Konzentrationen. Als Kationen sind Kalium, Calcium und Magnesium zu nennen, als Anionen Hydrogencarbonat, Phosphat und Sulfat. Gemeinsam mit physikalisch gelöstem Kohlendioxid und der Kohlensäure (H_2CO_3) trägt das Hydrogencarbonat-Anion (HCO_3^-, häufig auch als Bicarbonat bezeichnet) maßgeblich zur Pufferung der H^+-Ionen bei. Durch dieses offene Puffersystem wird der **pH-Wert** des Blutes bei 7,4 konstant gehalten, entsprechend einer H^+-Ionenkonzentration von 40 nmol/l. Die Konzentrationen der bisher genannten Anionen reichen allerdings nicht aus, um die positive Ladung der Kationen auszugleichen. Weitere negative Ladungsäquivalente werden von den organischen Säuren des Blutes (z. B. Lactat, das Anion der Milchsäure) und von der negativen Nettoladung der Plasmaproteine bereitgestellt. In ihrer Gesamtheit bestimmen Elektrolyte und niedermolekulare Substanzen den **osmotischen Druck** (▶ Abschn. 1.2) des Blutes. Lösungen, die denselben osmotischen Druck wie Blut aufweisen, werden als **isoton** bezeichnet.

❯ Das Blutplasma versorgt die Gewebe mit Nährstoffen und entsorgt Metabolite.

Im Plasma ist eine Reihe von Nährstoffen gelöst, die den energieverbrauchenden Geweben und Organen zur Verfügung stehen. Von besonderer Bedeutung ist die im Blut gelöste Glucose (Blutzucker). Die Glucosekonzentration des Blutes wird durch das Wechselspiel der Hormone Insulin und Glucagon auf ca. 5 mmol/l eingestellt (90 mg/100 ml). Größere Abweichungen von diesem Wert nach unten oder nach oben werden als **Hypo-**

glykämie bzw. **Hyperglykämie** bezeichnet. Letzteres ist der diagnostische Parameter, der den **Diabetes mellitus** (▶ Abschn. 36.7) kennzeichnet. Häufig wird der Blutzucker aus Vollblut bestimmt. Erfolgt die Blutzuckerbestimmung nicht sofort nach der Blutentnahme, wird Glucose zum Teil von den Erythrocyten verbraucht. Dadurch wird der Wert verfälscht. Um dies zu verhindern, wird dem Blut Natriumfluorid als Glycolysehemmstoff zugesetzt. Fluoridionen hemmen das Enzym Enolase und verhindern so die Umwandlung von 2-Phosphoglycerat zu Phosphoenolpyruvat (▶ Abschn. 14.1.1).

Neben Glucose werden im Blutplasma nichtveresterte Fettsäuren, die auch als **freie Fettsäuren** bezeichnet werden, als Energieträger transportiert. Die Fettsäuren werden durch Lipolyse aus dem Fettgewebe freigesetzt. Da langkettige Fettsäuren schlecht wasserlöslich sind, bedarf es eines Lösungsvermittlers. Diese Aufgabe wird von dem Plasmaprotein **Albumin** übernommen. **Triacylglycerine** sind deutlich hydrophober als freie Fettsäuren. Daher gestaltet sich der Transport aufwändiger und findet in Form der **Lipoproteine** statt, die in ▶ Kap. 24 ausführlich besprochen werden. Cholesterin wird ebenfalls mithilfe der Lipoproteine transportiert. Der größte Anteil des **Cholesterins** in den Lipoproteinen ist mit einer Fettsäure verestert, liegt also als **Cholesterinester** vor.

Man kann alle proteinogenen **Aminosäuren** im Blut nachweisen. Besonders hoch sind die Konzentrationen an Alanin und Glutamin, die als Transportmoleküle für Aminostickstoff im Blut dienen (▶ Abschn. 27.1.1).

Metabolite sind Zwischen- oder Endprodukte, die bei Stoffwechselvorgängen anfallen. Bei der anaeroben Glycolyse entsteht **Lactat** (Milchsäure). Seine Konzentration im Blutplasma beträgt normalerweise 1 mmol/l (9 mg/dl). Bei starker muskulärer Beanspruchung und begrenztem Sauerstoffangebot kann der Wert um ein Mehrfaches ansteigen (bis 5 mmol/l). Der Anstieg der Milchsäurekonzentration im Blut führt zu einem Abfall des pH-Werts (Lact[at]acidose).

Die Bestimmung der Lactatkonzentration im Vollblut oder Plasma ist für die Leistungsdiagnostik von Bedeutung. Dabei wird eine kleine Blutprobe während des Trainings aus dem Ohrläppchen entnommen. Ein plötzlicher Anstieg der Lactatkonzentration bei körperlicher Anstrengung zeigt an, dass von aeroben auf anaeroben Stoffwechsel umgeschaltet wird. Unter anaeroben Stoffwechselbedingungen kann die Leistung aber nur für kurze Zeit erbracht werden. Trainingsziel im Ausdauersport ist daher, diese »anaerobe Schwelle« zu höherer Leistung zu verschieben. In der Erholungsphase kann die Leber Lactat zur Gluconeogenese heranziehen (**Cori-Zyklus**, ▶ Abschn. 63.3.1). Weitere Metabolite mit diagnostischer Bedeutung sind **Harnstoff** (Amino-

säureabbau, ▶ Abschn. 27.1.2), **Harnsäure** (Abbau der Purinbasen, ▶ Abschn. 29.4) und **Bilirubin** (Hämabbau, ▶ Abschn. 32.2).

67.3 Plasmaproteine

Mit einer Konzentration von 70 g Plasmaprotein/l stellt das Blutplasma eine hochkonzentrierte Proteinlösung dar. Bei einem Plasmavolumen von 3 l (Blutvolumen abzüglich Hämatokrit) ergibt dies bei einem Erwachsenen eine Gesamtmenge von über 200 g Plasmaprotein. Die Anzahl der funktionell gut charakterisierten Komponenten beträgt etwa 100 Proteine (◻ Tab. 67.1 zeigt eine Auswahl). Mithilfe der Plasma-Proteomanalyse wurden allerdings weit über 1000 verschiedene Proteine identifiziert, die größtenteils in nur sehr geringen Konzentrationen vorliegen.

Mit der **Serumelektrophorese** steht ein einfaches Trennverfahren zur Verfügung, welches die Serumproteine (entsprechen weitgehend den Plasmaproteinen, aber ohne Fibrinogen) in eine überschaubare Zahl von Fraktionen auftrennt. Dazu wird eine Serumprobe auf eine Celluloseacetatmembran oder ein Agarose-Gel aufgetragen und Gleichspannung angelegt. Die Proteine wandern nun gemäß ihrer Ladung und Größe. Da die Elektrophorese bei einem leicht basischen pH-Wert durchgeführt wird, sind die meisten Proteine negativ geladen und bewegen sich Richtung Anode. Nach Abschluss der Elektrophorese werden die Proteine angefärbt (◻ Abb. 67.2A).

Das **Elektropherogramm** zeigt ein charakteristisches Muster, welches durch fünf Banden geprägt ist (◻ Abb. 67.2A). Die Bande, die am weitesten vom Startpunkt (Kathode) entfernt liegt, ist zugleich die intensivste. Sie besteht hauptsächlich aus einem Protein, dem **Albumin**. In der Tat ist Albumin mit einer Konzentration von über 45 g/l die Hauptkomponente der Plasmaproteine. Albumin findet man nicht nur im Blutplasma, sondern in geringer Konzentration auch in der extravasalen Flüssigkeit.

Die vier übrigen Banden stellen komplexe Mischungen der übrigen Plasmaproteine dar. Sie werden als α_1-, α_2-, β-, γ-Globuline bezeichnet. In der Fraktion der γ-Globuline befinden sich hauptsächlich **Immunglobuline** (Antikörper), die übrigen Fraktionen sind heterogen zusammengesetzt. Durch Messung der Intensität der Banden (**Densitometrie**) lässt sich eine Serumelektrophorese quantitativ auswerten. Bei einem gesunden Menschen machen die α_1-, α_2-, β- und γ-Globuline 4, 8, 12 bzw. 16 % der Plasmaproteine aus (gerundete Werte).

In der Laboratoriumsmedizin ist die klassische Serumelektrophorese weitgehend durch die **Kapillarzonenelektrophorese** ersetzt worden. Bei dieser Methode

◘ **Tab. 67.1** Plasmaproteine (Auswahl)

Name	Molmasse (kDa)	Mittlere Konzentration (g/l)	Funktion
Transthyretin (= Präalbumin)	55	0,3	Bindet Thyroxin (T4) und Triiodthyronin (T3)
Albumin	65	45	Bindet freie Fettsäuren, Bilirubin und andere hydrophobe Substanzen sowie 2-wertige Ionen; kolloidosmotischer Druck
α_1-Globuline		1,4–3,5	
α1-Antichymotrypsin	55–66	0,4	Inhibiert chymotrypsinähnliche Proteasen
α1-Antitrypsin	52	3,0	Inhibiert trypsinähnliche Proteasen
Thyroxin-bindendes Globulin	54	0,02	Bindet Thyroxin (T4) und Triiodthyronin (T3)
Transcortin	52	0,04	Bindet Cortisol, Corticosteron und Progesteron
α_2-Globuline		3,5–7,0	
Haptoglobin	100	1,0	Bindet aus Erythrocyten freigesetztes Hämoglobin
α2-Makroglobulin	720	2,5	Bindet Proteasen und Zinkionen
β-Globuline (β_1 und β_2)		7,0–14,0	
Transferrin (β_1)	80	3,0	Transportiert Eisenionen
C-reaktives Protein (β_2)	125	<0,01	Fördert Phagocytose und Komplementaktivierung
Fibrinogen (β_2)	340	3,0	Blutgerinnung (Vorstufe von Fibrin)
γ-Globuline		8,4–14	
IgG	160	12	Antikörper gegen körperfremde Antigene (meist bakterielle oder virale Proteine)
IgA	160	2,4	
IgM	900	1,2	
IgD	184	0,004	
IgE	190	0,0003	

werden die Proteine innerhalb einer feinen Glaskapillare ebenfalls aufgrund unterschiedlicher Ladung und Größe aufgetrennt. Die Proteine werden über die Absorption von UV-Licht mit empfindlichen Detektoren nachgewiesen. Die Elektropherogramme sind denen der klassischen Serumelektrophorese sehr ähnlich. Allerdings führt die höhere Trennschärfe der Kapillarzonenelektrophorese dazu, dass die β-Globuline als zwei *Peaks* erscheinen, die als β_1 und β_2 bezeichnet werden (◘ Abb. 67.2B).

Die hier beschriebene Auftrennung der Serumproteine in wenige Proteinfraktionen ist für die meisten klinischen Fragestellungen ausreichend. Abweichungen von dem Standardmuster (**Dysproteinämie**) geben wertvolle diagnostische Hinweise. Als Beispiel ist ein Elektropherogramm der Serumproteine bei Vorliegen einer monoklonalen **Gammopathie** gezeigt (◘ Abb. 67.2B). Der scharfe Peak in der γ-Globulinfraktion be-

ruht auf Überproduktion eines Antikörpers. Häufige Ursache ist die maligne Entartung eines antikörperproduzierenden Plasma-B-Zellklons (z. B. bei einem **Multiplen Myelom**).

Die überwiegende Zahl der Plasmaproteine einschließlich des Albumins stammt aus der **Leber**. Eine Ausnahme sind die Immunglobuline, die als Proteine der humoralen Immunantwort von **Plasmazellen**, der letzten Differenzierungsstufe der B-Lymphocyten, synthetisiert werden (▶ Abschn. 70.8). Da die Plasmaproteine über den sekretorischen Biosyntheseweg in das Plasma geschleust werden, sind sie meist glycosyliert, stellen also **Glycoproteine** dar (▶ Abschn. 12.2 und 49.3.3). Auch hier gibt es eine wichtige Ausnahme: Albumin ist nicht glycosyliert.

Eine funktionelle Einteilung der Plasmaproteine spiegelt die eingangs erwähnten Funktionen des Blutes wider. So kann man zwischen Transportproteinen, Pro-

67

A Serumelektrophorese

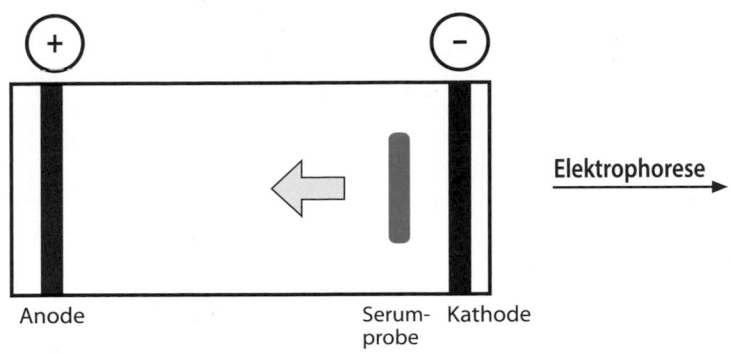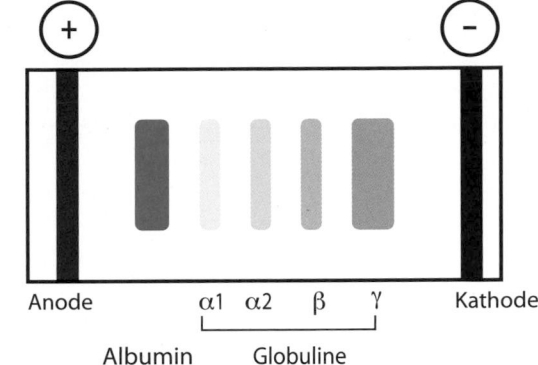

B Kapillarzonenelektrophorese (KZE)

normal

Gesamtprotein 62 g/l		
Fraktion	%	Norm Bereich (%)
Albumin	64	55,8 – 66.1
Alpha-1 Globuline	4,2	2,9 – 4,9
Alpha-2 Globuline	7,4	7,1 – 11,8
Beta-Globuline	11,1	8,0 – 13,0
Gamma	14,7	11,1 – 18,8

monoklonale Gammopathie

Gesamtprotein 108 g/l		
Fraktion	%	Norm Bereich (%)
Albumin	38,8	55,8 – 66.1
Alpha-1 Globuline	2,7	2,9 – 4,9
Alpha-2 Globuline	5,2	7,1 – 11,8
Beta-Globuline	5,8	8,0 – 13,0
Gamma	47,5	11,1 – 18,8

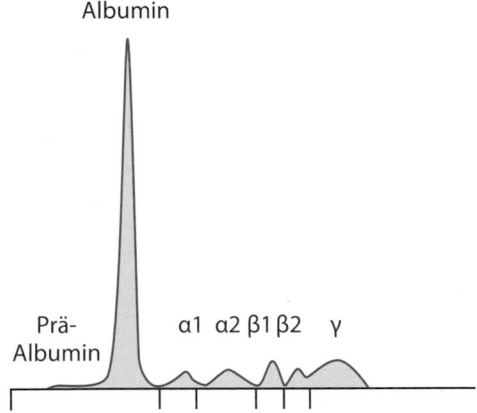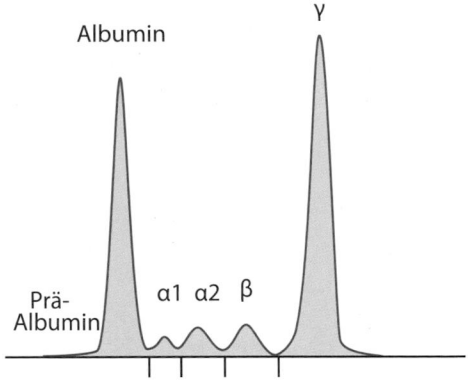

◼ **Abb. 67.2   Analyse von Serumproteinen mittels Elektrophorese. A** Schematische Darstellung einer Serumelektrophorese auf einer Celluloseacetatmembran. **B** Kapillarzonenelektrophorese: Elektropherogramm von normalem Serum (*links*). Elektropherogramm bei einer monoklonalen Gammopathie (*rechts*). Die Gesamtkonzentration der Serumproteine und der Anteil der γ-Globulinfraktion sind stark erhöht. Charakteristisch ist der schmalbasige, hochaufstrebende Peak, der auf den monoklonalen Ursprung des überproduzierten Antikörpers hindeutet. Der typische Verlauf wird auch als M-Gradient bezeichnet (*M:* Myelom). (Die Elektropherogramme wurden von Prof. Dr. Petro Petrides zur Verfügung gestellt)

teinen der Immunabwehr und der Blutgerinnung bzw. Fibrinolyse unterscheiden. In ihrer Gesamtheit tragen die Plasmaproteine über den **kolloidosmotischen Druck** zur Aufrechterhaltung eines konstanten Blutvolumens bei.

❯ Transportproteine vermitteln den Transport hydrophober Verbindungen.

Insbesondere schlecht wasserlösliche Blutbestandteile bedürfen der Lösungsvermittlung durch Proteine. Der

Transport von Triacylglycerinen und Cholesterin wird durch die komplex aufgebauten Lipoproteine gewährleistet (▶ Kap. 24). Die cholesterinreichen Lipoproteine LDL und HDL findet man bei der Serumelektrophorese in der β- bzw. α_1-Fraktion. Daher rühren die veralteten Bezeichnungen β-Lipoprotein und α_1-Lipoprotein. Das triacylglycerinreiche VLDL wird auch als Prä-β-Lipoprotein bezeichnet.

Fettsäuren werden nach Bindung an Albumin transportiert. Die Struktur von Albumin mit gebundenen Fettsäuren wurde durch Röntgenstrukturanalyse aufgeklärt (◨ Abb. 67.3). Albumin bindet auch andere z. T. hydrophobe Substanzen wie Bilirubin, Gallensäuren, Vitamine, bestimmte Pharmaka sowie Magnesium- und Calciumionen.

Albumin ist jedoch noch in einem anderen Zusammenhang von Bedeutung. Die Plasmaproteine des Blutes erzeugen den **kolloidosmotischen Druck** (KOD, onkotischer Druck), der neben dem hydrostatischen Druck den Wasseraustausch zwischen Blutplasma und Interstitium bestimmt (s. Lehrbücher der Physiologie). Ist die Albuminsynthese z. B. durch Schädigung der Leber vermindert, so führt dies zu Wassereinlagerung in den Geweben (**interstitielles Ödem**). Neben Lebererkrankungen können auch Nierenschäden und entzündliche Erkrankungen zur Verringerung der Albuminkonzentration führen.

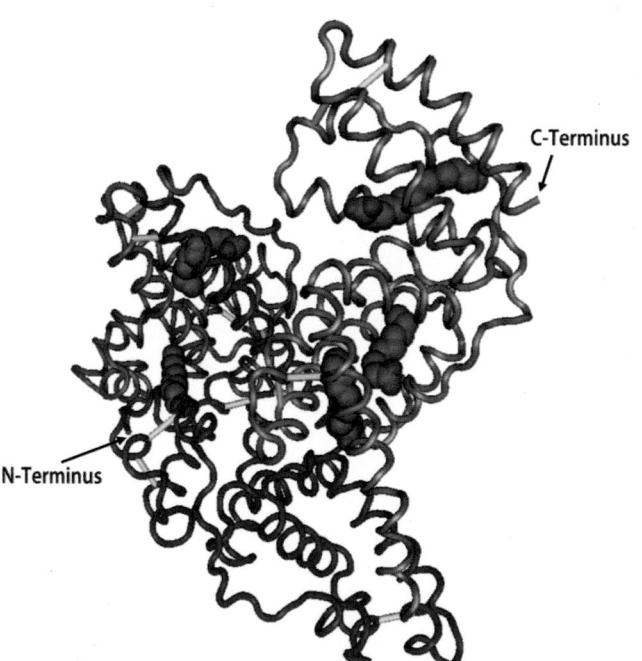

◨ **Abb. 67.3 Mit Fettsäuren beladenes Albumin.** Das Albumin des Menschen besteht aus 585 Aminosäuren, die drei α-helicale Domänen mit ähnlicher Struktur ausbilden (dargestellt in *braun, blau* und *magenta*). Die Struktur ist durch 17 Disulfidbrücken stabilisiert (*gelb*). Die fünf Bindestellen für Fettsäuren sind in der Abbildung mit Myristinsäure (C_{14}) (*grau*: Kohlenstoffatome, *rot*: Sauerstoffatome) belegt. (Protein Data Bank, PDB: 1BJ5)

Eine Reihe weiterer Plasmaproteine ist auf den Transport bestimmter Moleküle oder Ionen spezialisiert (◨ Tab. 67.1). Schilddrüsenhormone werden durch zwei Proteine transportiert, das **Thyroxin-bindende Globulin** und **Transthyretin**. Letzteres ist auch als **Präalbumin** bekannt, da es in der Serumelektrophorese noch vor der Albuminfraktion erscheint. Ein weiteres hormonbindendes Plasmaprotein ist das **Transcortin** zum Transport von Glucocorticoiden und Progesteron. **Transcobalamin** ist auf den Transport von Vitamin B_{12} (Cobalamin) spezialisiert. Eisen wird als Fe^{3+} im Komplex mit **Transferrin** transportiert. Das so gebundene Eisen wird je nach Bedarf von den Zellen über den Transferrinrezeptor aufgenommen. **Haptoglobin** bindet das beim Zerfall von Erythrocyten (**Hämolyse**) freiwerdende Hämoglobin, um es dem Abbau durch das reticuloendotheliale System zuzuführen. Hämolysen führen daher zur vorübergehenden Senkung des Haptoglobinspiegels.

❯ Proteine der Immunabwehr und Gerinnungsfaktoren.

Die prominentesten Vertreter der immunologisch wirksamen Plasmaproteine sind die **Immunglobuline** (Antikörper, γ-Globuline), die den humoralen Zweig der adaptiven Immunantwort bilden (▶ Abschn. 70.9). Von den fünf Immunglobulinklassen sind IgG, IgA und IgM in größeren Mengen im Plasma vertreten. Die Konzentration von IgE ist deutlich niedriger. Allerdings weisen Allergiker häufig erhöhte IgE-Spiegel auf (◨ Tab. 67.1).

Das **Komplementsystem** (▶ Abschn. 70.2.3) besteht aus über 20 verschiedenen Proteinen. Die Komplementproteine werden ähnlich wie die Gerinnungsfaktoren durch limitierte Proteolyse aktiviert. Die aktivierten Komplementproteine tragen neben den Immunglobulinen zur Kenntlichmachung von Keimen und Fremdkörpern (**Opsonisierung**) bei. Zudem wirken sie **cytotoxisch** und **proinflammatorisch**.

Ebenso wie die Bestandteile des Komplementsystems zirkulieren die **Gerinnungsfaktoren** (▶ Abschn. 69.1.3) im Plasma. **Fibrinogen** weist mit 3 g/l die höchste Konzentration auf. Zur Untersuchung von Gerinnungsstörungen werden die Gerinnungsfaktoren im Plasma bestimmt.

❯ Akutphase-Proteine werden bei Entzündungen verstärkt exprimiert.

Die Leber sorgt für weitgehend konstante Konzentrationen an Plasmaproteinen. Unter besonderen Umständen wird die Produktion jedoch an die Bedürfnisse des Organismus angepasst. Gut untersucht ist die **Akutphase-Reaktion** als systemische Antwort des Organismus auf eine Entzündung infolge von Gewebeschädigungen oder Infektionen. Während dieses Vorgangs werden von

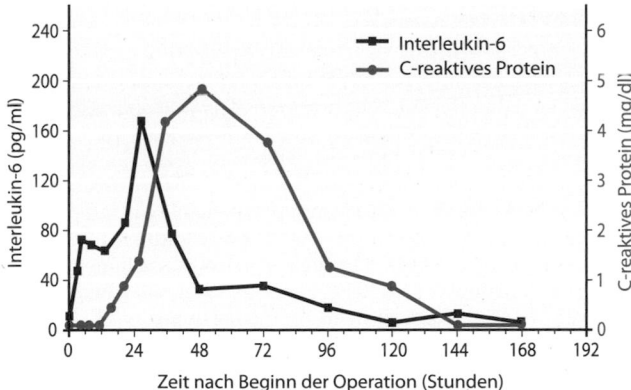

◙ Abb. 67.4 Typischer postoperativer Verlauf der Serumkonzentrationen von Interleukin-6 und C-reaktivem Protein. Blutproben wurden vor Beginn der Operation (Entfernung der Gallenblase) und zu verschiedenen Zeitpunkten nach Beginn der Operation entnommen. Die Interleukin-6- Konzentration steigt schon während der Operation an und erreicht ihr Maximum nach 24 h. C-reaktives Protein wird durch Interleukin-6 induziert, daher folgt der Konzentrationsanstieg verzögert. Hier ist das Maximum nach 48 h erreicht. (Adaptiert nach Nishimoto et al. 1989, mit freundlicher Genehmigung von Elsevier)

Makrophagen und anderen Entzündungszellen **Cytokine** freigesetzt (▶ Abschn. 34.2). Insbesondere **Interleukin-6** (IL-6) und **Interleukin-1** (IL-1) bewirken in den Hepatocyten die vermehrte Produktion und Sekretion der **Akutphase-Proteine.** Hierzu gehören unter anderem C-reaktives Protein, α_1-Antitrypsin, Fibrinogen, Haptoglobin und das Komplementprotein C3.

Klinisch bedeutsam ist der schnelle Anstieg der Konzentration des **C-reaktiven Proteins (CRP)** während der Akutphase-Reaktion (◙ Abb. 67.4). Die CRP-Konzentration beim Gesunden liegt zwischen 0 und 0,5 mg/100 ml. Bei Infektionen oder Entzündungen steigt sie auf 10 bis 20 mg/100 ml an, höhere Konzentrationen werden als drohende Sepsis interpretiert. Die Bestimmung der CRP-Konzentration gehört zu den Routineuntersuchungen der Labormedizin, um eine Entzündung zu diagnostizieren. C-reaktives Protein erhielt seinen Namen aufgrund der Bindung an das C-Polysaccharid der Zellwand von *Streptococcus pneumoniae*. Die Akutphase-Proteine unterstützen den Organismus bei der Bekämpfung von Infektionen und der Begrenzung der Entzündungsreaktion.

67.4 Pathobiochemie

❯ α_1-Antitrypsinmangel kann zu einem Lungenemphysem führen.

Proteaseinhibitoren begrenzen die Aktivitäten von Proteasen, die bei Gewebeumbau oder bei entzündlichen Prozessen gebildet werden. α_1-Antitrypsin: ist ein Glycoprotein aus 394 Aminosäuren, das aufgrund von Sequenz- und Strukturhomologien zur *SERPIN*-Familie gehört (SERPIN = **Ser**inp**roteasein**hibitor). Als Akutphase-Protein wird α_1-Antitrypsin während einer Entzündung von der Leber vermehrt synthetisiert und in das Blut sezerniert. Im Gewebe übernimmt α_1-Antitrypsin eine wichtige Schutzfunktion, da es die von neutrophilen Granulocyten ausgeschüttete Elastase hemmt. Daneben ist α_1-Antitrypsin auch wirksam gegenüber anderen Proteasen der neutrophilen Granulocyten wie Cathepsin G und Proteinase 3. Diese Proteasen sind für die Immunabwehr gegen eingedrungene Krankheitserreger von Bedeutung, greifen aber auch die extrazelluläre Matrix an.

Mit einer Prävalenz von 1:2000 ist der α_1-Antitrypsinmangel eine der häufigsten Erbkrankheiten bei Menschen europäischer Abstammung. Als Folge der erniedrigten oder gänzlich fehlenden α_1-Antitrypsinaktivität wird die Neutrophilen-Elastase nicht ausreichend gehemmt. Dies führt zu einer Gewebeschädigung, die sich in der Lunge als Emphysem oder COPD (*chronic obstructive pulmonary disease*) manifestiert. Das Fortschreiten dieser Lungenerkrankung lässt sich durch Gabe von gentechnisch hergestelltem oder aus Spenderplasma gewonnenem α_1-Antitrypsin verzögern.

Herkömmlicherweise werden die häufigsten α_1-Antitrypsinformen aufgrund ihrer elektrophoretischen Mobilität unterschieden (*F: fast, M: medium, S: slow, Z: very slow*). Das M-Allel entspricht dem normalen Protein. Bei dem Z-Allel handelt es sich um die häufigste Mutation bei Nordeuropäern. Hier führt ein Aminosäureaustausch (Glu342Lys) zu einer Konformationsänderung, die eine Aggregation des Proteins in den Hepatocyten bewirkt. Die Aggregate häufen sich in Granula an und schädigen den Hepatocyten. Bei dieser und anderen Mutationen, die die Proteinstabilität beeinflussen, bildet sich neben der Lungenerkrankung eine Leberzirrhose oder als deren Folge ein Leberzellkarzinom aus. Auch wenn die Differenzialdiagnose heutzutage mittels Gendiagnostik erfolgt, wurden die oben genannten Bezeichnungen der Allele beibehalten und durch weitere Allele ergänzt. Bei bestimmten Allelkombinationen, wie z. B. M0, ist das Risiko einer Lebererkrankung nicht erhöht. Bei gleichem Genotyp kann die klinische Manifestation der Erkrankung sehr stark variieren. Dies kann auf äußere Einflüsse (z. B. Rauchen), aber auch auf andere genetische Faktoren zurückzuführen sein. Daher handelt es sich beim α_1-Antitrypsinmangel um eine komplexe genetische Erkrankung.

Zusammenfassung

Blut besteht aus Blutzellen und Blutplasma. Die Blutzellen lassen sich in Erythrocyten, Thrombocyten und Leukocyten einteilen. Die Erythrocyten stellen mit 99 % den weitaus größten Anteil der Blutzellen. Im Blutplasma sind Elektrolyte, Metabolite, Nährstoffe, Botenstoffe und Plasmaproteine gelöst. Natrium- und Chloridionen stellen den Hauptanteil der Elektrolyte. Der Kohlensäure/Hydrogencarbonat-Puffer ist das wichtigste Puffersystem des Blutes und sorgt für einen weitgehend konstanten pH-Wert von 7,4. Die Konzentration der Plasmaproteine beträgt 70 g/l. Die meisten Plasmaproteine stammen aus der Leber. Albumin stellt mit 60 % den Großteil der Plasmaproteine, gefolgt von der Fraktion der γ-Globuline (Antikörper). Antikörper werden von Plasma-B-Zellen sezerniert. Weitere wichtige Gruppen von Plasmaproteinen sind die Komplementfaktoren, die Gerinnungsfaktoren und die Vielzahl verschiedener Transportproteine sowie die Akutphase-Proteine, die während einer Entzündung vermehrt produziert werden.

Weiterführende Literatur

Curry S, Mandelkow H, Brick P, Franks N (1998) Crystal structure of human serum albumin complexed with fatty acid reveals an asymmetric distribution of binding sites. Nat Struct Biol 5:827–835

Kragh-Hansen U (1981) Molecular aspects of ligand binding to serum albumin. Pharmacol Rev 33:17–53

Lehmann R, Voelter W, Liebich HM (1997) Capillary electrophoresis in clinical chemistry. J Chromatogr B Biomed Sci Appl 697:3–35

Nishimoto N, Yoshizaki K, Tagoh H, Monden M, Kishimoto S, Hirano T, Kishimoto T (1989) Elevation of serum interleukin 6 prior to acute phase proteins on the inflammation by surgical operation. Clin Immunol Immunopathol 50:399–401

Silverman EK, Sandhaus RA (2009) Clinical practice. Alpha1-antitrypsin deficiency. N Engl J Med 360:2749–2757

Wood AM, Stockley RA (2007) Alpha one antitrypsin deficiency: from gene to treatment. Respiration 74:481–492

Blut – Hämatopoese und Erythrocyten

Gerhard Müller-Newen und Petro E. Petrides

Im vorangegangenen Kapitel wurde die Zusammensetzung des Blutplasmas erläutert. Hier werden nun die zellulären Elemente des Blutes behandelt. Die Bildung der Blutzellen wird als Hämatopoese bezeichnet. Dabei gehen Erythrocyten, Thrombocyten und Leukocyten in einem mehrstufigen Differenzierungsprozess aus pluripotenten hämatopoetischen Stammzellen hervor.

Erythrocyten machen den weitaus größten Teil der Blutzellen aus. Sie besitzen große Mengen an Hämoglobin, das für den Transport von Sauerstoff und Kohlendioxid verantwortlich ist. Zudem sind die Blutgruppenantigene auf den Erythrocytenmembranen lokalisiert.

Schwerpunkte

68.1 Hämatopoese
- Hämatopoetische Stammzellen und die Regulation der Hämatopoese durch koloniestimulierende Faktoren (CSF)
- Verwendung von G-CSF bei der Stammzelltransplantation und der Therapie von Neutropenien

68.2 Erythrocyten
- Eigenschaften, Funktionen, Stoffwechsel und Differenzierung von Erythrocyten
- Hämoglobin und seine Funktion beim Transport von Sauerstoff und Kohlendioxid
- Erythrocytenantigene und Blutgruppen

68.3 Pathobiochemie
- Hämoglobinopathien

68.1 Hämatopoese

68.1.1 Differenzierung hämatopoetischer Stammzellen

❯ Die Neubildung der Blutzellen geht von hämatopoetischen Stammzellen aus.

Die Blutzellen machen beinahe die Hälfte des Blutvolumens aus und müssen ständig erneuert werden. Sie werden in **Erythrocyten**, **Thrombocyten** und **Leukocyten** eingeteilt. Erythrocyten und Thrombocyten besitzen keinen Zellkern, sind daher nicht teilungsfähig und nur begrenzt stoffwechselaktiv. Aus diesem Grund sind sie im strengen Sinne keine vollwertigen Zellen und werden daher auch als **korpuskuläre Bestandteile** des Blutes bezeichnet. In diesem Kapitel wird der Einfachheit halber der Begriff Zellen auch für die korpuskulären Bestandteile verwendet.

Hinter dem Sammelbegriff Leukocyten verbirgt sich eine Reihe verschiedener Zelltypen, die unterschiedliche Aufgaben im Immunsystem übernehmen. Man unterscheidet **Monocyten**, basophile, eosinophile und neutrophile **Granulocyten** sowie die **B-** und **T-Lymphocyten**.

Die Lebensspanne von Blutzellen reicht von wenigen Tagen (neutrophile Granulocyten), über mehrere Monate (Erythrocyten) bis hin zu Jahren (immunologische Gedächtniszellen). Um die Anzahl der Blutzellen konstant zu halten, müssen daher ständig neue Zellen gebildet werden. Dieser Vorgang wird als **Hämatopoese** (Blutbildung) bezeichnet. Zwischen der 6. und 22. Schwangerschaftswoche findet die Hämatopoese hauptsächlich in der Leber statt, später auch in der Milz. Schon vor

Ergänzende Information Die elektronische Version dieses Kapitels enthält Zusatzmaterial, auf das über folgenden Link zugegriffen werden kann https://doi.org/10.1007/978-3-662-60266-9_68. Die Videos lassen sich durch Anklicken des DOI Links in der Legende einer entsprechenden Abbildung abspielen, oder indem Sie diesen Link mit der SN More Media App scannen.

© Springer-Verlag GmbH Deutschland, ein Teil von Springer Nature 2022
P. C. Heinrich et al. (Hrsg.), *Löffler/Petrides Biochemie und Pathobiochemie*, https://doi.org/10.1007/978-3-662-60266-9_68

der Geburt ist das Knochenmark das wichtigste blutbildende Organ. Bei Kindern und Erwachsenen ist das Knochenmark der alleinige Ort der Hämatopoese.

Alle Blutzellen stammen von pluripotenten **hämatopoetischen Stammzellen** des Knochenmarks ab. Nur wenige dieser Zellen sind im peripheren Blut zu finden. **Pluripotent** bedeutet, dass aus einer Stammzelle verschiedene Zelltypen hervorgehen können. Stammzellen sind teilungsfähig und können sich dabei selbst erneuern oder weiter differenzierte Nachkommen hervorbringen. Ein Merkmal der hämatopoetischen Stammzelle ist die Expression des Proteins **CD34** auf der Zelloberfläche. Sie werden daher auch als CD34-positive Stammzellen bezeichnet. CD34 ist ein Typ-I-Transmembranglycoprotein, welches an das Zelladhäsionsmolekül P-Selectin binden kann.

❯ Cytokine steuern die Hämatopoese.

Die Entwicklung der reifen Blutzelle aus der hämatopoetischen Stammzelle erfolgt über mehrere Differenzierungs- und Proliferationsschritte, die durch **Cytokine** reguliert werden. Dabei entstehen determinierte Vorläuferzellen, die hinsichtlich ihrer weiteren Differenzierung festgelegt sind (*committed*). Viele der Differenzierungsfaktoren wurden in vitro in sog. Weich-Agar-Kulturen identifiziert. Proliferierende Zellpopulationen werden

dort koloniebildende Einheiten (*colony-forming units, CFU*) genannt. Cytokine, die die Ausbildung bestimmter CFU stimulieren, bezeichnet man demnach als koloniestimulierende Faktoren (*colony-stimulating factors, CSF*).

Viele hämatopoetische Cytokine werden im Knochenmark gebildet und wirken somit parakrin. Weitere Bildungsorte sind die Nieren (Erythropoetin), die Leber (Thrombopoetin) oder Immunzellen (G-CSF; *granulocyte colony-stimulating factor*). Neben den hämatopoetischen Cytokinen ist auch die Umgebung im Knochenmark (**Knochenmarksstroma**) für die Differenzierung der Blutzellen von Bedeutung. So können die Zellen über Integrinrezeptoren mit der extrazellulären Matrix oder anderen Zellen in Kontakt treten und auch auf diese Weise Differenzierungssignale empfangen (sog. **Stammzellnische**).

Eine frühe Entscheidung ist die Differenzierung zur **lymphatischen** oder zur **myeloischen Stammzelle**. Aus Ersterer entstehen die B- und T-Lymphocyten, aus Letzterer die übrigen Blutzellen (◻ Abb. 68.1).

Die myeloischen Stammzellen werden auch als CMP (*common myeloid progenitor*) bezeichnet. Unter dem Regiment der hämatopoetischen Cytokine erfolgt hieraus die Differenzierung zu Vorläufern der Erythrocyten (*CFU-E: CFU-erythroid*) und Thrombocyten (CFU-MK, *MK: megakaryocyte*). Wichtige Differenzie-

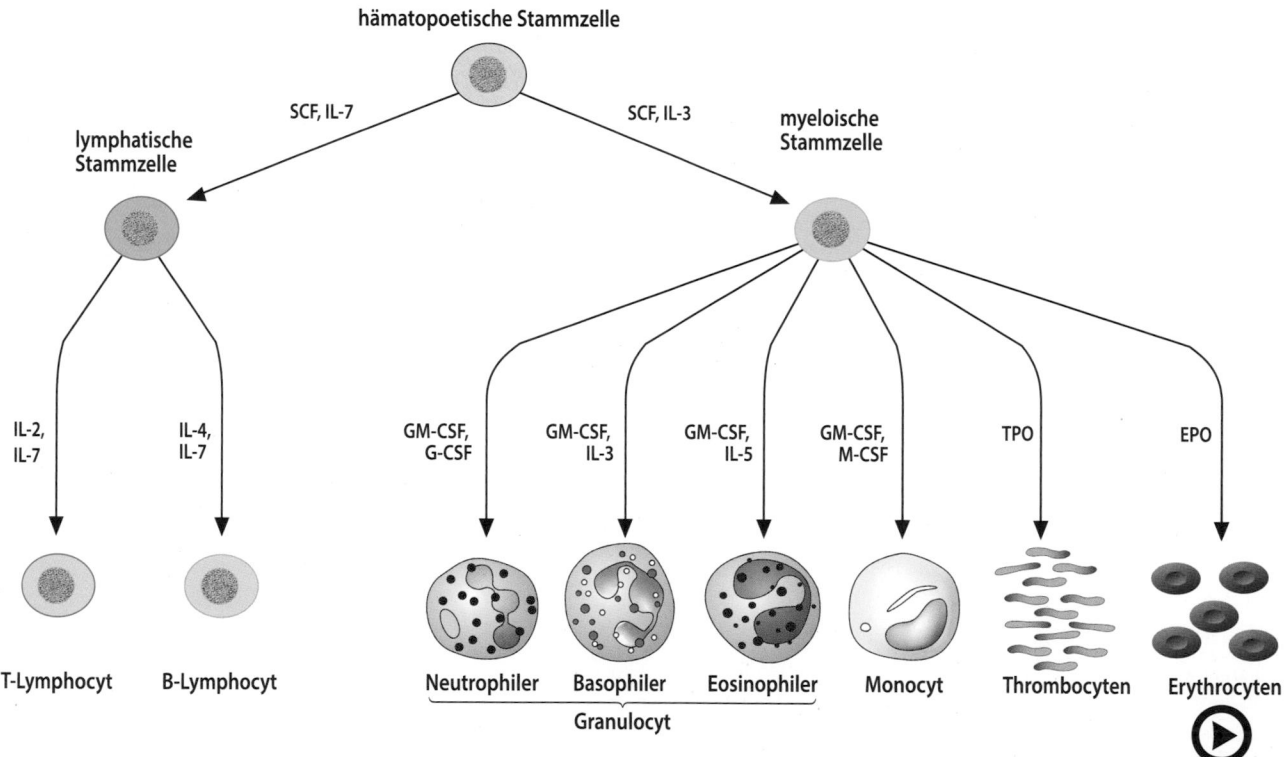

◻ **Abb. 68.1** (Video 68.1) **Differenzierung der Blutzellen unter dem Einfluss hämatopoetischer Cytokine.** *EPO:* Erythropoetin; *IL:* Interleukin; *G-CSF: granulocyte colony-stimulating factor; GM-CSF: gra-* *nulocyte macrophage colony-stimulating factor; M-CSF: macrophage colony-stimulating factor; SCF: stem cell factor; TPO:* Thrombopoetin (▶ https://doi.org/10.1007/000-5r0)

68

rungsfaktoren sind **Erythropoetin (EPO)** bzw. **Thrombopoetin (TPO)**.

Die Reifung der Granulocyten und Monocyten erfolgt über die Zwischenstufe der *CFU-GM* (CFU-*granulocyte, monocyte*). Das Cytokin *granulocyte colony-stimulating factor* (*G-CSF*) ist entscheidend für die Differenzierung zu neutrophilen Granulocyten, welche die überwiegende Mehrzahl der Granulocyten stellen. Die hämatopoetischen Cytokine sind Glycoproteine. Zur therapeutischen Nutzung werden sie gentechnisch hergestellt. Die **rekombinanten Cytokine** Erythropoetin und G-CSF werden häufig in der Tumortherapie zur Behandlung von Anämie bzw. Neutropenie eingesetzt (allerdings: Zweidrittel des EPO-Umsatzes werden mit dem Einsatz beim Doping erzielt).

68.1.2 Pathobiochemie

❯ G-CSF wird bei der Stammzelltransplantation zur Mobilisierung hämatopoetischer Stammzellen eingesetzt.

Bei bestimmten Krebserkrankungen, insbesondere bei Leukämien, kann eine **hämatopoetische Stammzelltransplantation** die Heilungschancen erheblich verbessern. Dabei werden hämatopoetische Stammzellen (HSZ) von einem Spender auf einen Empfänger übertragen. Spender und Empfänger können identische (**autologe Transplantation**) oder verschiedene Personen (**allogene Transplantation**) sein. Im Fall einer allogenen Transplantation muss sichergestellt sein, dass Spender und Empfänger hinsichtlich ihrer MHC-Oberflächenantigene (▶ Abschn. 70.4.2) kompatibel sind. Ist dies nicht der Fall, so richtet sich das aus den Spenderzellen rekonstituierte Immunsystem gegen den Empfängerorganismus (*graft versus host disease*). Vor der Transplantation wird das Knochenmark des Empfängers durch Bestrahlung oder Chemotherapie zerstört (**myeloablative Therapie**). Das Knochenmark wird nach intravenöser Gabe der HSZ des Spenders wiederhergestellt.

Die ursprüngliche Indikation zum Einsatz von gentechnisch hergestelltem **G-CSF** ist eine **Neutropenie** (Verminderung der Zahl der neutrophilen Granulocyten), wie sie insbesondere nach Chemotherapie auftritt. G-CSF stimuliert die **Granulopoese**, d. h. die Neubildung von Granulocyten. Dabei wurde festgestellt, dass G-CSF als „Nebenwirkung" die CD34-positiven HSZ des Knochenmarks dazu anregt, in das Blut überzutreten. Dieser Effekt wird heute genutzt, um HSZ für die Stammzelltransplantation zu gewinnen. Der Spender wird eine Woche mit G-CSF behandelt. Anschließend werden die HSZ aus dem Blut mithilfe der **Apherese** (Zellseparation) gewonnen. Mithilfe eines Antikörpers,

der gegen CD34 gerichtet ist, können die HSZ angereichert werden. Diese Vorgehensweise ist für den Spender wenig belastend und auch für den Empfänger von Vorteil, da wegen des hohen Anteils an HSZ in der Zellpräparation das Knochenmark schneller regeneriert.

> **Zusammenfassung**
> Alle Blutzellen werden ausgehend von CD34-positiven hämatopoetischen Stammzellen im Knochenmark gebildet. Die Proliferations- und Differenzierungsvorgänge werden maßgeblich von hämatopoetischen Cytokinen gesteuert, aber auch das Knochenmarksstroma sendet Differenzierungssignale.
> Die Cytokine EPO und G-CSF werden gentechnisch hergestellt und dienen der Behandlung von Anämien bzw. Neutropenien. Die Eigenschaft von G-CSF, CD34-positive Stammzellen zu mobilisieren, wird für die hämatopoetische Stammzelltransplantation genutzt.

68.2 Erythrocyten

68.2.1 Eigenschaften und Funktion

Die Erythrocyten stellen den weitaus größten Anteil der Blutzellen. In einem Mikroliter Blut befinden sich ca. 5 Millionen Erythrocyten. Bei 5 l Blutvolumen ergibt dies eine Gesamtzahl von $25 \cdot 10^{12}$ (25 Billionen) Erythrocyten. Ihre Hauptaufgabe ist der Sauerstofftransport von der Lunge zu den verschiedenen Geweben. Um diese Aufgabe zu erfüllen, enthalten Erythrocyten große Mengen an **Hämoglobin**, welches Sauerstoff reversibel bindet, aber auch am Kohlendioxidtransport beteiligt ist.

Ein Erythrocyt hat die Form einer bikonkaven Scheibe mit einem Durchmesser von 7,5 μm. Im Vergleich zur Kugelform ist hier das Verhältnis von Oberfläche zu Volumen deutlich größer, wodurch der Gasaustausch erleichtert und eine erhöhte Verformbarkeit gegeben ist. Zudem ist die Erythrocytenmembran äußerst flexibel, sodass auch Kapillaren passiert werden können, deren Durchmesser geringer ist als der Durchmesser der Erythrocyten. Diese besonderen Eigenschaften des Erythrocyten sind auf die strukturellen Eigenarten von Cytoskelett und Plasmamembran zurückzuführen.

❯ Die Erythrocytenmembran ist eng mit dem Cytoskelett verbunden.

Da Erythrocyten leicht zu gewinnen sind und die Plasmamembran das einzige Membrankompartiment des Erythrocyten darstellt, ist die Erythrocytenmembran die am besten untersuchte Plasmamembran. Für die Verbindung zwischen Erythrocytenmembran und dem membrannahen Cytoskelett sind zwei integrale Membranproteine von Bedeutung. Das Membranprotein **Bande-3-Protein** ist ein wichtiger Verknüpfungspunkt zwischen Cytoskelett und Membran. Der Name ist auf die Identifizierung des Proteins als kräftige Bande bei der SDS-Polyacrylamid-Gelelektrophorese zurückzuführen (▶ Abschn. 6.1.2). Das Bande-3-Protein ist zugleich ein Anionenantiporter, der Hydrogencarbonat- gegen Chloridionen austauscht (Hamburger-Shift, s. Lehrbücher der Physiologie).

Glycophorin, das häufigste Transmembranprotein des Erythrocyten, ist ein Knotenpunkt für die Verbindung zwischen Erythrocytenmembran und Cytoskelett. Der Name des Proteins weist auf die starke Glycosylierung der extrazellulären Domäne hin. Die negativ geladenen Sialinsäuren an den Enden der Zuckerketten des Glycophorins tragen neben anderen Glycoproteinen und den Glycolipiden zur negativen Ladung der Erythrocytenoberfläche bei, die unspezifische Wechselwirkungen mit Endothelzellen und anderen Blutzellen verhindert. Glycophorin besitzt eine Transmembrandomäne und einen cytoplasmatischen Teil, der reich an den sauren Aminosäuren Aspartat und Glutamat ist. Glycophorin ist auch die Eintrittspforte für den Malariaerreger *Plasmodium falciparum*. Daher können Variationen im Glycophorin Genlocus eine Malaria-Resistenz bewirken.

Das membrannahe Cytoskelett des Erythrocyten ist ein filamentöses Netzwerk, dessen Fäden aus Multimeren des Strukturproteins **Spectrin** bestehen (▣ Abb. 68.2). Spectrin ist ein Heterodimer aus langgestreckten α- und β-Untereinheiten, die einander lose umwinden. Je zwei Heterodimere assoziieren über ihre Kopfenden und bilden ein tetrameres Filament, das etwa 200 nm überbrückt. Diese Interaktion ist von vergleichsweise geringer Affinität, wodurch eine Um-

strukturierung des Netzwerks bei mechanischer Beanspruchung möglich ist (Verformbarkeit). Nun fehlen noch die Adapterproteine, welche das Spectrinnetzwerk mit den oben genannten Membranproteinen verknüpfen: **Ankyrin** verbindet das Spectrinnetzwerk mit dem Bande-3-Protein. Das **Bande-4.1-Protein** stellt gemeinsam mit **Actin** die Verknüpfung mit Glycophorin her. Da die Glycophorin-Verankerungspunkte mit mehreren Spectrinfilamenten interagieren können, ist die Ausbildung eines ausgedehnten Spectrinnetzwerkes möglich (▣ Abb. 68.2).

Pathobiochemie Mutationen in den Genen für Spectrin, Ankyrin oder Bande-3-Protein können zur **hereditären Sphärocytose** führen, der häufigsten erblichen hämolytischen Anämie in Europa. Die Erythrocyten verlieren ihre typische Gestalt und nehmen unter normoxischen Bedingungen Kugelform an (Sphärocyten). Die so veränderten Erythrocyten sind wenig verformbar und werden in der Milz rasch abgebaut.

68.2.2 Erythropoese

❯ Erythropoetin ist der zentrale Mediator der Erythropoese.

Als Vermittler des Sauerstofftransports sind die Erythrocyten ständig reaktiven Sauerstoffmolekülen (O_2) und aggressiven Sauerstoffradikalen ausgesetzt. Auch wenn die Erythrocyten mithilfe des Erhaltungsstoffwechsels Schäden reparieren können (▶ Abschn. 20.2), durchleben sie einen Alterungsprozess, der sich u. a. in einer Verringerung der Flexibilität der Membran äußert. Gealterte Erythrocyten werden nach einer mittleren Lebensdauer von 120 Tagen von phagocytierenden Zellen in Milz, Leber und Knochenmark abgebaut.

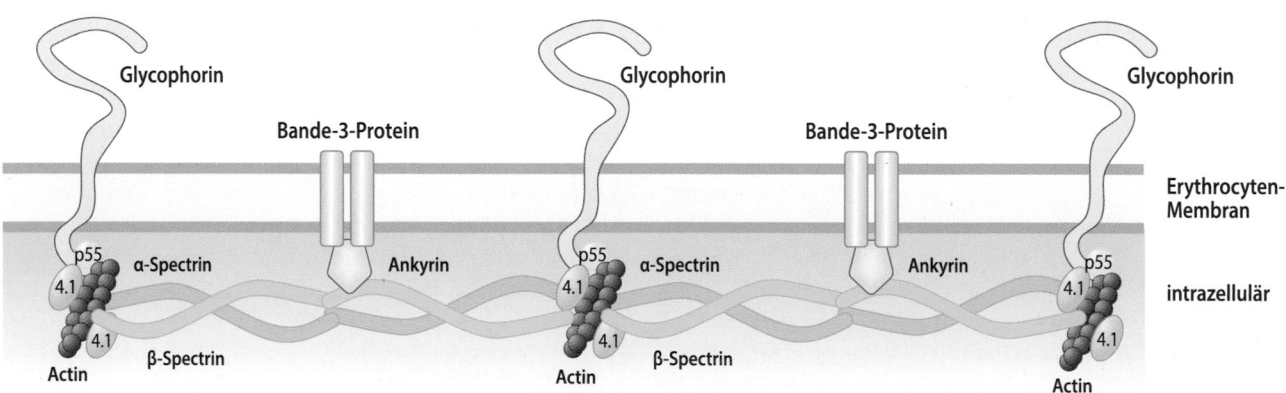

▣ **Abb. 68.2   Verankerung des membrannahen Cytoskeletts der Erythrocyten mit der Plasmamembran.** Die integralen Membranproteine Bande-3-Protein und Glycophorin sind über Adapterproteine (Ankyrin, Bande-4.1-Protein, p55 und Actin) mit den Spectrinfilamenten verbunden

Aus der mittleren Lebenszeit des Erythrocyten und der Gesamtzahl an Erythrocyten lässt sich leicht errechnen, dass pro Tag (24 h) $2,1 \cdot 10^{11}$ Erythrocyten neu gebildet werden müssen. Dies entspricht 2,4 Millionen Erythrocyten pro Sekunde. Diese erstaunliche Leistung erbringt das blutbildende System in einem Prozess, der als **Erythropoese** bezeichnet wird. Zwischen der myeloischen Stammzelle und dem kernlosen **Reticulocyten**, der als letzte Vorstufe des Erythrocyten das Knochenmark verlässt, können mehrere Differenzierungsstadien unterschieden werden, z. B. Proerythroblasten, Erythroblasten und Normoblasten. Während des Übergangs vom Normoblasten zum Reticulocyten wird der Zellkern ausgestoßen.

Dieser kontinuierlich ablaufende Proliferations- und Differenzierungsprozess benötigt nur wenige Tage und geht mit der Biosynthese des Hämoglobins einher. Reticulocyten besitzen zwar keinen Zellkern mehr, haben aber neben anderen Organellen noch Ribosomen und betreiben Proteinbiosynthese. Diese Strukturen sind anfärbbar und erscheinen netzartig (lat. *reticulum*: Netz).

Lysate von Reticulocyten werden von Molekularbiologen zur in vitro-Synthese von Proteinen verwendet. Die Reticulocyten, die etwa 1 % der Erythrocytenpopulation des Blutes ausmachen, verlieren innerhalb von zwei Tagen ihre restlichen Organellen und werden zu reifen Erythrocyten. Bei einer gesteigerten Erythropoese, z. B. nach Blutverlusten oder Gabe von Erythropoetin, steigt die Zahl der Reticulocyten im Blut deutlich an.

Die Erythropoese wird hauptsächlich durch das Cytokin **Erythropoetin** (EPO) stimuliert. Erythropoetin aktiviert den Jak/STAT-Signalweg (▶ Abschn. 35.5.1), der in der gesamten Hämatopoese eine zentrale Stellung einnimmt. Erythropoetin stammt hauptsächlich aus peritubulären Fibroblasten der Niere. Wie die Synthese des Erythropoetins in Abhängigkeit vom Sauerstoffpartialdruck reguliert wird, ist an anderer Stelle ausführlich beschrieben (▶ Abschn. 65.3). Dabei spielt der Transkriptionsfaktor *HIF* (*hypoxia-inducible factor*) eine wichtige Rolle. HIF wird bei abnehmender Sauerstoffkonzentration stabilisiert und induziert die Expression des Erythropoetin-Gens.

Übrigens

EPO-Doping und Nachweis. Erythropoetin (EPO) ist ein Glycoprotein aus 165 Aminosäuren. Der Kohlenhydratanteil beträgt 40 %. 1987 wurde das erste rekombinante humane EPO (rhuEPO, rekombinantes humanes Erythropoetin) auf dem europäischen Markt eingeführt. Es wird vorwiegend zur Behandlung einer Anämie infolge einer Niereninsuffizienz eingesetzt (renale Anämie). Da EPO die Bildung von Erythrocyten stimuliert und somit die Sauerstoffkapazität des Blutes erhöht, ist rhuEPO ein attraktives Doping-Mittel zur Steigerung der aeroben Leistungsfähigkeit bei Ausdauersportlern. Bereits 1990 wurde rhuEPO vom Internationalen Olympischen Komitee (IOC) auf die „Liste der verbotenen Substanzen" gesetzt. Bis zur Entwicklung einer Methode zum eindeutigen Nachweis von rhuEPO vergingen allerdings 10 Jahre. Gentechnisch hergestelltes rhuEPO hat dieselbe Primärstruktur wie körpereigenes EPO. Es wird in sog. CHO-Zellen produziert, einer Zelllinie, die sich von den Ovarien einer Hamsterart ableitet (*Chinese Hamster Ovary*). CHO-Zellen und humane Zellen unterscheiden sich in der Ausstattung mit Glycosyltransferasen, die die Kohlenhydratseitenketten von Glycoproteinen aufbauen. Daher haben in CHO-Zellen produzierte Glycoproteine einen geringeren Anteil an Sialinsäure (syn. N-Acetylneuraminsäure, NANA). Da Sialinsäure bei physiologischem pH-Wert negativ geladen ist, unterscheiden sich rhuEPO und körpereigenes EPO in ihren isoelektrischen Punkten. Dies macht man sich beim Nachweis des EPO-Dopings zunutze. Hierzu wird eine Urinprobe zunächst durch Ultrafiltration (Filtration durch kleinste Poren, Proteine werden zurückgehalten) konzentriert. Es folgt die Auftrennung der Proteine nach ihrem isoelektrischen Punkt durch isoelektrische Fokussierung (IEF) (▶ Abschn. 6.1.2). Zuletzt werden die EPO-Proteine mithilfe von spezifischen Antikörpern im Western-Blot detektiert (▶ Abschn. 6.3). Die Bandenmuster von rhuEPO und körpereigenem EPO unterscheiden sich eindeutig.

68.2.3 Hämoglobin

Hämoglobin, ein tetrameres Protein mit einer Molmasse von 64 kDa, ist das Hauptprotein der Erythrocyten. Hämoglobin
- transportiert Sauerstoff,
- trägt zum Transport von Kohlendioxid bei und
- leistet einen Beitrag zur Pufferung des Blutes.

❯ Die Sauerstoffkapazität des Blutes hängt von der Hämoglobinkonzentration ab.

Die physikalisch gelöste Menge an Sauerstoff im Blutplasma (3 ml O_2/l) reicht bei weitem nicht aus, um den Sauerstoffbedarf der Gewebe zu decken. Die lebenswichtige Funktion des Hämoglobins besteht darin, die Sauerstoffkapazität des Blutes zu steigern. Aufgrund der hohen Hämoglobinkonzentration innerhalb der Erythrocyten (über 300 g/l!) ist die Sauerstoffkapazität des Vollblutes mit etwa 200 ml O$_2$/l um das 70fache gegenüber dem Plasma erhöht. Dabei wird die Affinität des Hämoglobins zu Sauerstoff den Bedürfnissen der umgebenden Gewebe angepasst.

Im Plasma ist Hämoglobin nur nach Zerfall von Erythrocyten (**Hämolyse**) in nennenswerten Mengen anzutreffen. Mit dem **Hb-Wert** wird die Hämoglobinmenge als Konzentration im Vollblut angegeben. Sie ist mit einem mittleren Wert von 15,5 g/100 ml beim Mann höher als bei der Frau (14,0 g/100 ml). Bei einem Blutvolumen von 5 l und einem Hb-Wert von 15 g/100 ml beträgt die Gesamtmenge an Hämoglobin 750 g! Pathologische Zustände, bei denen die Zahl der Erythrocyten und/oder der Hb-Wert absinken, werden als **Anämien** bezeichnet.

> Die Kooperativität der Sauerstoffbindung ist Voraussetzung für den effektiven Sauerstofftransport.

Hämoglobin gehört nicht zuletzt aufgrund seiner Verfügbarkeit zu den am besten untersuchten Proteinen. Der Zusammenhang zwischen der Struktur des Proteins und seiner Fähigkeit, Sauerstoff reversibel zu binden, wurde bereits im Kapitel „Proteine" (▶ Abschn. 5.3) ausführlich diskutiert. Das Hämoglobin des Erwachsenen ist überwiegend ein Tetramer (64 kDa) aus zwei α- und zwei β-Untereinheiten (je 16 kDa), was durch die einfache Formel α$_2$β$_2$ ausgedrückt wird (◻ Abb. 68.3).

Jede Untereinheit besteht aus einem Proteinanteil, der als **α-Globin** bzw. **β-Globin** bezeichnet wird, und **Häm** als prosthetischer Gruppe. Häm wiederum ist aus einem planaren Porphyrinringsystem (**Protoporphyrin IX**, ▶ Abschn. 32.1) und einem zentralen, zweifach positiv geladenen Eisenion (**Fe^{2+}**) zusammengesetzt.

Fe^{2+} besitzt sechs Valenzen, die koordinative Bindungen eingehen können. Vier Valenzen sind durch die Stickstoffatome des Protoporphyrin IX abgedeckt, eine weitere Valenz bindet das sogenannte **proximale Histidin** der Globinkette. Die verbliebene Valenz steht für die reversible Bindung von Sauerstoff (O$_2$) zur Verfügung (◻ Abb. 68.4). Die Sauerstoffanlagerung wird als **Oxygenierung** bezeichnet. Der umgekehrte Vorgang, die Sauerstoffabgabe von oxygeniertem Hämoglobin (**Desoxygenierung**) ist von gleichrangiger Bedeutung, da der an Hämoglobin gebundene Sauerstoff den stoffwechselaktiven Geweben zur Verfügung stehen soll.

Um einen effektiven Sauerstofftransport von den Lungen zu den sauerstoffverbrauchenden Geweben zu gewährleisten, ist die **Kooperativität** der Sauerstoffbindung an die vier Globinuntereinheiten von zentraler Bedeutung. Diese Kooperativität äußert sich in dem **sigmoidalen** (S-förmigen) **Verlauf** der Sauerstoffsättigungskurve des Hämoglobins (◻ Abb. 68.5). Auf molekularer Ebene bedeutet dies, dass die Bindung von Sauerstoff an eine der Untereinheiten die Sauerstoffaffinität der übrigen Untereinheiten erhöht. Umgekehrt gibt ein partiell desoxygeniertes Hämoglobin den Sauerstoff leichter ab, als ein vollständig oxygeniertes Hämoglobin. Dieses zunächst paradox erscheinende Bindungsverhalten führt bei einem arteriellen Sauerstoffpartialdruck von 130 mbar (97,7 mmHg, 13 kPa) zu einer nahezu vollständigen Beladung des Hämoglobins. Je nach Sauerstoffpartialdruck in den Kapillaren

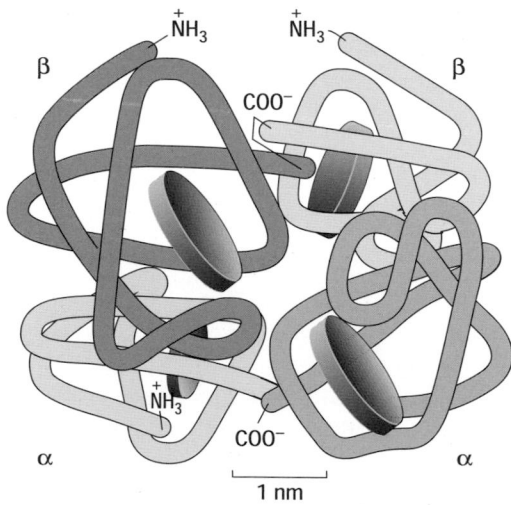

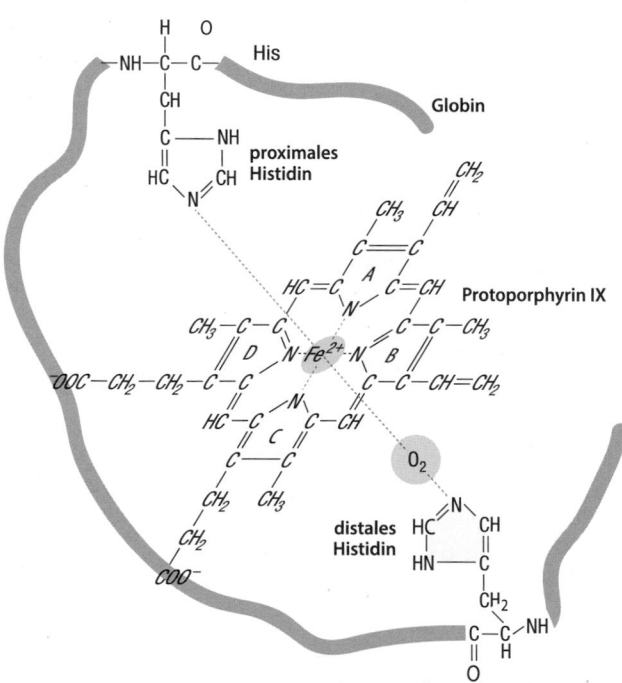

◻ **Abb. 68.3 Quartärstruktur des Hämoglobins.** Dargestellt sind die α- und β-Globinketten sowie die Häm-Gruppen als *rote* Scheiben

◻ **Abb. 68.4 Häm im oxygenierten Hämoglobin.** Die Globinkette ist als *hellbraunes* Band angedeutet. (Einzelheiten s. Text)

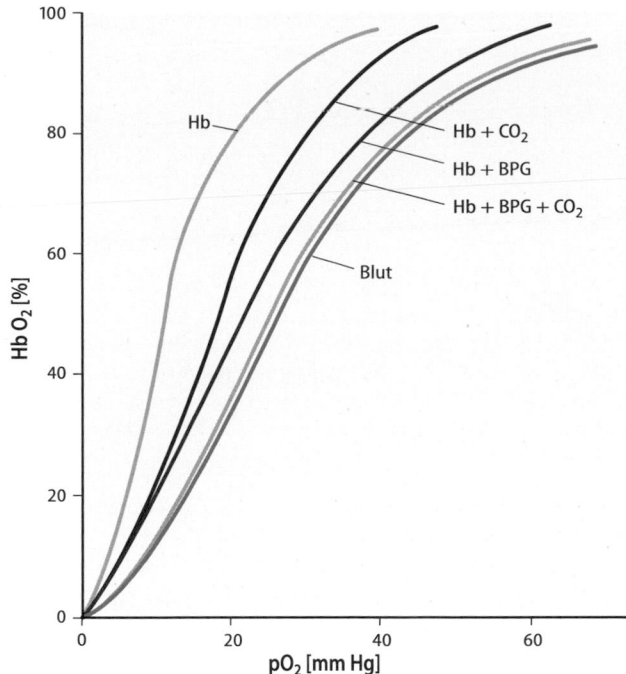

◘ Abb. 68.5 O$_2$-Bindungskurven. Gezeigt ist die prozentuale Sauerstoffsättigung von Hämoglobin (Hb), Hb in Gegenwart von 40 mmHg CO$_2$ (Hb+CO$_2$), Hb in Gegenwart von 2,3-Bisphosphoglycerat (Hb+BPG), Hb in Gegenwart von BPG und CO$_2$ (Hb+BPG+CO$_2$) sowie von Vollblut bei 40 mm Hg CO$_2$ (Blut) in Abhängigkeit vom Sauerstoffpartialdruck (1 mmHg = 133,3 Pa)

gibt das Hämoglobin 25 bis 50 % seiner Sauerstofffracht an die verbrauchenden Gewebe ab.

Die molekularen Mechanismen der kooperativen Sauerstoffbindung des Hämoglobins sind gut verstanden. Voraussetzung für Kooperativität ist, dass die Sauerstoffbindung an eine Untereinheit den übrigen Untereinheiten „mitgeteilt" wird. Bei der modellhaften Beschreibung der kooperativen Sauerstoffbindung sind zwei unterscheidbare Konformationen des Hämoglobin-Tetramers von Bedeutung: der **T-Zustand** (T = *tense*, gespannt) des desoxygenierten und der **R-Zustand** (R = *relaxed*, entspannt) des oxygenierten Hämoglobin-Tetramers (▸ Abschn. 5.3). Der T-Zustand wird durch eine Reihe von Salzbrücken stabilisiert und weist eine geringere Sauerstoffaffinität (= erleichterte Sauerstoffabgabe) als der R-Zustand auf.

❯ Allosterische Effektoren erleichtern die Sauerstoffabgabe.

Die Sauerstoffaffinität von reinem Hämoglobin in wässriger Lösung ist zu hoch, um eine ausreichende Abgabe von Sauerstoff in den Kapillaren zu gewährleisten. Die Sauerstoffaffinität des Blutes ist jedoch deutlich geringer als die von reinem Hämoglobin und damit den Erfordernissen angepasst. Der Grund hierfür ist die hohe **2,3-Bisphosphoglyceratkonzentration** (4–5 mmol/l) in

den Erythrocyten. 2,3-Bisphosphoglycerat wirkt als **allosterischer Effektor** und bewirkt eine **Rechtsverschiebung** der Sauerstoffbindungskurve des Hämoglobins (◘ Abb. 68.5).

Auch hier ist der molekulare Wirkmechanismus gut verstanden. 2,3-Bisphosphoglycerat besitzt zwei Phosphatgruppen und eine Carboxylatgruppe und weist somit maximal fünf negative Ladungen auf (◘ Abb. 68.7). Mit diesen negativen Ladungen fügt sich 2,3-Bisphosphoglycerat in eine Umgebung von positiv geladenen Aminosäuren der β-Untereinheiten im zentralen wassergefüllten Kanal (▸ Abschn. 5.3) des Hämoglobin-Tetramers ein. Diese Bindungsstelle ist allerdings nur im T-Zustand des desoxygenierten Hämoglobins zugänglich. Durch die Bindung von 2,3-Bisphosphoglycerat an desoxygeniertes Hämoglobin wird der T-Zustand stabilisiert und der Übergang in den R-Zustand erschwert. Da der T-Zustand eine niedrigere Sauerstoffaffinität aufweist als der R-Zustand, ist nun die Sauerstoffabgabe bei niedrigen Sauerstoffpartialdrucken im Gewebe erleichtert. Aufgrund des flachen Verlaufs der Sauerstoffbindungskurve bei hohen Partialdrucken ist die Sauerstoffbeladung des Hämoglobins in der Lunge durch die Bindung von 2,3-Bisphosphoglycerat kaum beeinträchtigt. Über die Konzentration des 2,3-Bisphosphoglycerats im Erythrocyten kann die Sauerstoffaffinität den Erfordernissen angepasst werden. So erhöht sich die 2,3-Bisphosphoglyceratkonzentration bei Aufenthalt im Hochgebirge (Höhenanpassung), Anämien oder anderen hypoxischen Zuständen, sodass an Hämoglobin gebundener Sauerstoff bereitwilliger an das Gewebe abgegeben wird.

Nicht nur durch die Bindung von 2,3-Bisphosphoglycerat, sondern auch durch die H$^+$-Ionenkonzentration wird die Sauerstoffaffinität des Hämoglobins in physiologisch sinnvoller Weise moduliert. In Geweben, die oxidativen Stoffwechsel betreiben, fällt Kohlendioxid an. Da im Blut gelöstes Kohlendioxid durch die Wirkung der **Carboanhydrase** in den Erythrocyten sofort in Hydrogencarbonat und H$^+$-Ionen überführt wird, sinkt der pH-Wert. Auch das bei anaerober Glycolyse anfallende **Lactat** kann gemeinsam mit einem H$^+$-Ion an das Blut abgegeben werden und den pH-Wert senken. Somit ist der lokale pH-Wert ein Indikator für den Sauerstoffbedarf im Gewebe.

In der Tat „spürt" das Hämoglobin-Tetramer die umgebende H$^+$-Ionenkonzentration und kann bei niedrigem pH-Wert den Sauerstoff leichter abgeben. Die Rechtsverschiebung der Sauerstoffbindungskurve des Hämoglobins bei erniedrigtem pH-Wert wird als **Bohr-Effekt** bezeichnet. Der dem Bohr-Effekt zugrunde liegende molekulare Mechanismus ähnelt in gewisser Weise der Wirkung von 2,3-Bisphosphoglycerat: entscheidend ist die Stabilisierung des T-Zustands von desoxygeniertem Hämoglobin. Bei erhöhter H$^+$-Ionenkonzentration werden Histidinseitenketten der β-Untereinheiten des Hämoglobin-Tetramers protoniert. Die nun geladenen Imidazolringe der Histidinseitenketten tragen zu den Salzbrücken bei, die den T-Zustand des desoxygenierten Hämoglobins festigen. Da sich die molekularen Angriffspunkte von 2,3-Bisphosphoglycerat und H⁺-Ionen unterscheiden, ist die Wirkung dieser allosterischen Effektoren additiv (Abb. 68.5).

Neben Sauerstoff können weitere Gase an das Fe^{2+} des Häms binden. **Kohlenmonoxid** (CO) entsteht bei unvollständiger Verbrennung organischer Verbindungen (z. B. in Autoabgasen oder Zigarettenrauch), aber auch bei einer enzymatischen Reaktion, dem Abbau des Häms durch die Hämoxygenase (▶ Abschn. 32.2.1). Obwohl der Globinanteil des Hämoglobins die Bindung von Kohlenmonoxid an Häm sterisch hindert, ist die Affinität von CO zu Hämoglobin etwa 300fach höher als die von Sauerstoff (Abb. 68.6). Kohlenmonoxid blockiert daher bereits in niedrigen Konzentrationen die Sauerstoffbindestellen des Hämoglobins. Zudem führt die CO-Bindung an eine oder mehrere der Untereinheiten des Hämoglobins zu einer erschwerten Sauerstoffabgabe der übrigen Untereinheiten (Linksverschiebung der O_2-Bindungskurve). Eine akute Kohlenmonoxidvergiftung wird durch Beatmung mit reinem Sauerstoff behandelt. Dies führt zu einer Erhöhung des Sauerstoffpartialdrucks und damit zur beschleunigten Umwandlung von kohlenmonoxidbeladenem Hämoglobin (HbCO) zu sauerstoffbeladenem Hämoglobin (HbO_2).

❯ Durch seine Pufferfunktion unterstützt Hämoglobin den Kohlendioxidtransport.

Das Kohlendioxid/Hydrogencarbonat-Puffersystem macht den Großteil der Pufferkapazität des Blutes aus (▶ Abschn. 66.1.3). Ihm liegen folgende Gleichgewichte zugrunde:

$$CO_2 + H_2O \rightleftharpoons H_2CO_3 \qquad (68.1)$$

$$H_2CO_3 \rightleftharpoons H^+ + HCO_3^- \qquad (68.2)$$

Die Lage des Gleichgewichts ist pH-abhängig, die Einstellung des Gleichgewichts wird durch die **Carboanhydrase** der Erythrocyten beschleunigt. Dieses Enzym katalysiert folgende Reaktion:

$$CO_2 + H_2O \rightleftharpoons H^+ + HCO_3^- \qquad (68.3)$$

Hämoglobin ist ein histidinreiches Protein. α-Globin und β-Globin enthalten 10 bzw. 9 Histidine. Somit besitzt ein Hämoglobin-Tetramer 38 Histidinreste. Die Imidazolseitenkette des Histidins hat einen pK_s-Wert von 6 und trägt daher bei physiologischen pH-Werten zur Pufferung bei. Aufgrund der großen Hämoglobinmenge im Blut ist der Beitrag zur Pufferung beträcht-

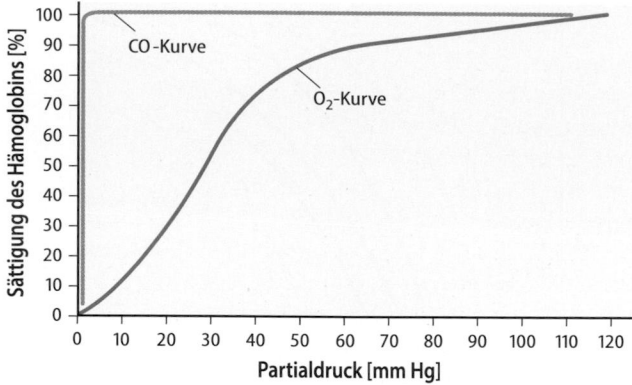

⬛ Abb. 68.6 Vergleich der Bindung von Kohlenmonoxid und Sauerstoff an Hämoglobin. Gezeigt ist die prozentuale Sättigung von Hämoglobin mit Kohlenmonoxid (CO-Kurve) oder Sauerstoff (O_2-Kurve) in Abhängigkeit vom Kohlenmonoxid- bzw. Sauerstoffpartialdruck (1 mmHg = 133,3 Pa)

lich: Etwa ein Viertel der Pufferkapazität des Blutes lässt sich auf Hämoglobin zurückführen. Durch das Abfangen der Protonen werden die Gleichgewichte (1) bis (3) nach rechts verschoben. Damit erhöht Hämoglobin indirekt die Löslichkeit von Kohlendioxid im Blut.

Hämoglobin trägt aber auch in direkter Weise zum Kohlendioxidtransport bei. Kohlendioxid bindet reversibel an die freien Aminogruppen der Globinketten unter Ausbildung eines **Carbamats**:

$$R-NH_2 + CO_2 \rightleftharpoons R-NHCOO^- + H^+ \qquad (68.4)$$

Auf diese Weise werden ca. 5 % des Kohlendioxids im Blut transportiert. Die bei der Carbamatbildung freiwerdenden Protonen tragen wiederum zum Bohr-Effekt bei. Außerdem stabilisieren die zusätzlichen Ladungen die T-Form des Hämoglobins. Somit ist die Sauerstoffabgabe dort erleichtert, wo viel Kohlendioxid anfällt. In der Lunge kehren sich die Prozesse um. Abgabe von Kohlendioxid führt über die Gleichgewichte (Gl. 68.1) bis (Gl. 68.3) zur Erhöhung des pH-Werts und über Gleichgewicht (Gl. 68.4) zur Verringerung des Anteils an Carbaminohämoglobin. Beide Effekte summieren sich und führen zu einer erhöhten Sauerstoffaffinität des Hämoglobins (Haldane-Effekt, s. Lehrbücher der Physiologie).

❯ Verschiedene Hämoglobinisoformen unterscheiden sich durch ihre Globinketten.

Durch Genduplikationen sind verschiedene Globin-Gene entstanden, die im Verlauf der Ontogenese differenziell exprimiert werden. Die Genprodukte werden mit griechischen Buchstaben als **α-, β-, γ-, δ-, ε- und ζ (= zeta)-Globin** bezeichnet. Die α- und ζ-Globin-Gene bilden einen Gen-Cluster (**α-Cluster**) am Ende des kurzen Arms von Chromosom 16 (16p 13.3), die übrigen

Globin-Gene bilden den **β-Cluster** auf dem kurzen Arm von Chromosom 11 (11p 15.5). Das Hämoglobin des erwachsenen Menschen (**HbA**, A = *adult*, erwachsen) besteht zu 96 % aus **HbA$_0$**, einem Tetramer aus zwei α- und zwei β-Globinketten (α$_2$β$_2$). α-Globin besteht aus 141 Aminosäuren, β-Globin aus 146 Aminosäuren. Die zweite Isoform des Hämoglobins des Erwachsenen wird als **HbA$_2$** bezeichnet. Dort sind beide β-Globinketten durch **δ-Globin** ersetzt. β- und δ-Globin sind sich ähnlicher als die übrigen Globine. Sie haben die gleiche Anzahl an Aminosäuren und die Aminosäuresequenzen unterscheiden sich nur an 10 Positionen.

Die β-Kette des HbA$_0$ kann sich in einer nicht-enzymatischen Reaktion covalent mit Hexosen verbinden. Im Unterschied zur enzymatischen Glycosylierung wird dieser Vorgang **Glykierung** genannt. Glykiertes Hämoglobin, bezeichnet als **HbA$_1$**, macht normalerweise weniger als 6 % des Hämoglobins aus. Je nach Art der Glykierung werden Unterfraktionen von HbA$_1$ unterschieden. Die größte Fraktion stellt das **HbA$_{1c}$** dar. Hier erfolgte die Glykierung mit Glucose am N-terminalen Valinrest des β-Globins unter Ausbildung einer Schiff-Base und nachfolgender Amadori-Umlagerung

(◘ Abb. 17.1 und 71.5). Der Grad der Glykierung ist u. a. von der Blutzuckerkonzentration abhängig und gibt retrospektiv Auskunft über Ausmaß und Dauer der Hyperglykämie bei Diabetes mellitus über einen Zeitraum von 120 Tagen. Daher ist die Bestimmung von glykiertem Hämoglobin eine wichtige Hilfe bei der Einstellung des Blutzuckerspiegels von Diabetikern.

Während der Embryonalentwicklung werden andere Hämoglobin-Isoformen gebildet. In der Embryonalzeit werden v. a. die α-, ε- und ζ-Globine exprimiert (◘ Abb. 68.7). Daraus formen sich die embryonalen Hämoglobine Gower 1 (ζ$_2$ε$_2$), Gower 2 (α$_2$ε$_2$) und Portland (ζ$_2$γ$_2$). Die ε- und ζ-Globine werden nach und nach durch γ-Globin ersetzt, sodass ab dem 3. Schwangerschaftsmonat v. a. das α$_2$γ$_2$-Tetramer vorliegt, welches auch als fetales Hämoglobin bezeichnet wird (**HbF**). HbF weist im Vergleich zu HbA eine erhöhte Sauerstoffaffinität auf, da es 2,3-Bisphosphoglycerat schlechter bindet. So wird der Transfer des Sauerstoffs vom mütterlichen Hämoglobin auf das fetale Hämoglobin erleichtert. Das Neugeborene besitzt neben HbF bereits über 20 % HbA. Im 2. Lebensjahr wird der Hämoglobinstatus des Erwachsenen erreicht.

Übrigens

Die Farben des Blutes. Die rote Farbe des Blutes wird durch die Lichtabsorption des Häms im Hämoglobin hervorgerufen. Der Porphyrinring (griech. *porphyra*: Purpur) des Häms weist ein ausgedehntes System konjugierter Doppelbindungen auf. Solche delokalisierten π-Elektronensysteme (π = pi (griech.)) absorbieren Licht im sichtbaren Wellenlängenbereich und sprechen empfindlich auf die Änderung der chemischen Umgebung an. Der Oxygenierungsgrad des Hämoglobins beeinflusst daher den Farbton des Blutes. Oxygeniertes, arterielles Blut zeigt eine hellrote Färbung, desoxygeniertes, venöses Blut erscheint dunkelrot gefärbt. Die bläuliche Verfärbung von Haut und Schleimhäuten, die mit der Abnahme der Sauerstoffsättigung des Blutes einhergeht, wird als Zyanose bezeichnet. Sie wird sichtbar, wenn die Konzentration an desoxygeniertem Hämoglobin in den Gefäßen nahe der Hautoberfläche 50 g/l übersteigt. Dass rotes Blut blau erscheint, ist auf die optischen Eigenschaften von Haut und Gewebe zurückzuführen. Verschiedene Zustände des Hämoglobins können anhand von Absorptionsspektren eindeutig unterschieden werden. Alle Hämoglobinspektren werden von einer starken Lichtabsorption im Bereich von 400–430 nm dominiert (Soret-Bande). Daneben zeigt oxygeniertes Hämoglobin zwei Absorptionsbanden bei 576 und 540 nm. Desoxygeniertes Hämoglobin weist in diesem Bereich nur eine Absorptionsbande bei 555 nm auf. Das Absorptionsspektrum ähnelt dem des kohlenmonoxidbeladenen Hämoglobins (HbCO). Methämoglobin absorbiert Licht bei 500 und 626 nm und besitzt eine röt-

lich-braune Farbe. Patienten mit einer Methämoglobinämie erscheinen zyanotisch. Die Pulsoxymetrie ermöglicht eine nichtinvasive Messung der arteriellen O$_2$-Sättigung beruhend auf den unterschiedlichen Spektrallinien von oxygenierten und nichtoxygeniertem Hämoglobin, gleichzeitig wird die Pulsfrequenz gemessen („Pulsoxymetrie").

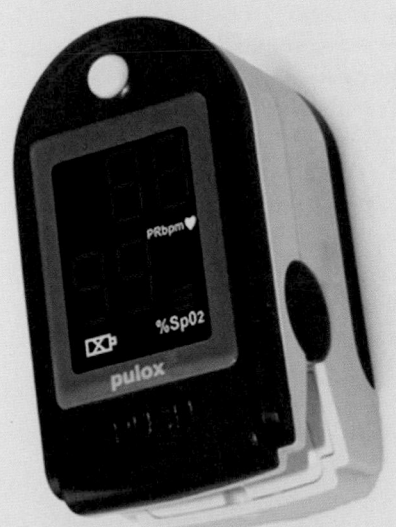

Modell eines Pulsoxymeters

Oben wird die Pulsfrequenz (*pulse rate, beats per minute*, PRbpm), unten die Sauerstoffsättigung (%SpO$_2$) dargestellt. Abbildung wurde von der Firma Pulox zur Verfügung gestellt.

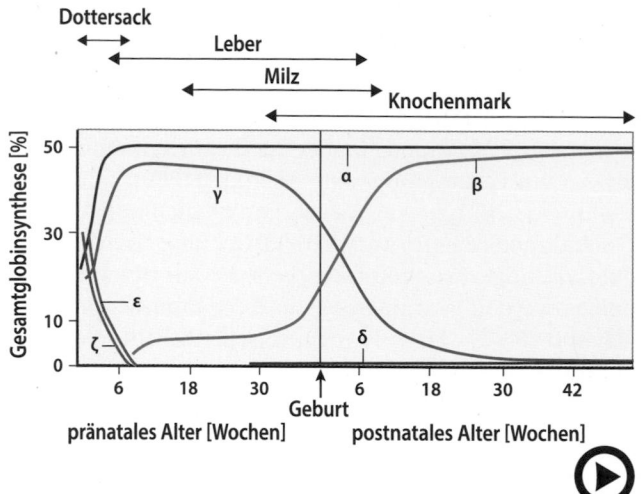

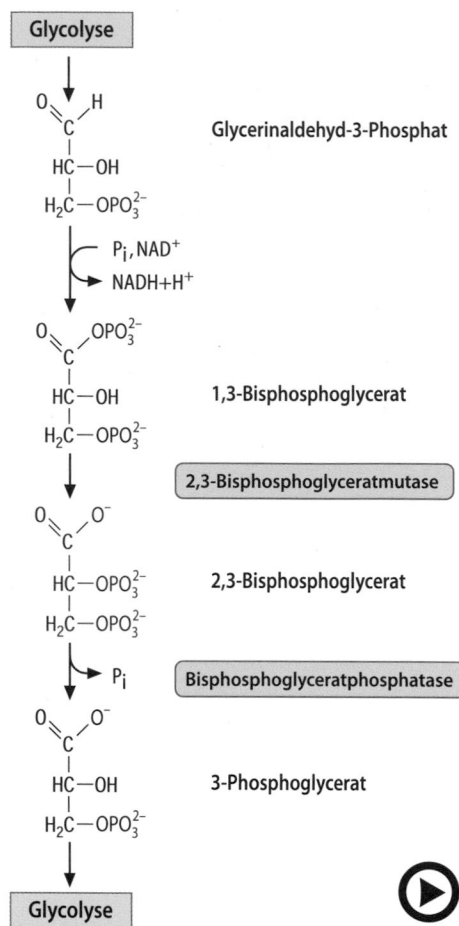

Abb. 68.7 (Video 68.2) **Prä- und postnatale Hämoglobinbiosynthese.** In der frühen Embryonalentwicklung wird α-Globin gemeinsam mit ε- und ζ-Globinen exprimiert, sodass sich die embryonalen Hämoglobine bilden. Es folgt die Bildung von fetalem Hämoglobin durch vermehrte Expression von γ-Globin (HbF=α2γ2). Zu diesem Zeitpunkt werden auch schon geringe Mengen der β-Kette exprimiert, sodass sich das Hämoglobin des Erwachsenen (HbA=α2β2) nachweisen lässt. Nach der Geburt wird HbF nahezu vollständig durch die HbA-Formen ersetzt (▶ https://doi.org/10.1007/000-5qz)

68.2.4 Stoffwechsel der Erythrocyten

❯ Erythrocyten gewinnen ATP ausschließlich über den Glucoseabbau.

Erythrocyten besitzen keine Organellen oder intrazellulären Membransysteme. Daher sind ihre Stoffwechselmöglichkeiten sehr eingeschränkt. Dennoch verfügen die Erythrocyten über einen eigenen Stoffwechsel, der darauf ausgerichtet ist, die Funktionsfähigkeit des Hämoglobins und der zellulären Strukturen aufrechtzuerhalten. Der Erythrocytenstoffwechsel wird daher auch als **Erhaltungsstoffwechsel** bezeichnet. Als Energielieferant wird ausschließlich Glucose verwendet, da der Abbau von Fettsäuren und Acetyl-CoA an Mitochondrien gebunden ist. Zur ATP-Gewinnung wird die Glucose mittels anaerober Glycolyse zu Pyruvat oder Lactat abgebaut.

Eine Besonderheit des Erythrocytenstoffwechsels ist die Generierung von 2,3-Bisphosphoglycerat, einem wichtigen allosterischen Effektor des Hämoglobins. Dieses wird aus 1,3-Bisphosphoglycerat, einem Intermediat der Glycolyse, synthetisiert (■ Abb. 68.8). Das Enzym **2,3-Bisphosphoglyceratmutase** transferiert die Phosphatgruppe aus der energiereichen Säureanhydridbindung am C-Atom 1 des 1,3-Bisphosphoglycerats auf die Hydroxylgruppe am C-Atom 2 unter Ausbil-

Abb. 68.8 (Video 68.3) **Bildung und Abbau von 2,3-Bisphosphoglycerat im Erythrocyten** (▶ https://doi.org/10.1007/000-5qy)

dung einer energiearmen Phosphorsäureesterbindung. Daher liegt das Gleichgewicht der Reaktion deutlich auf der Seite des 2,3-Bisphosphoglycerats. Das Reaktionsprodukt kann wieder in die Glycolyse eingeschleust werden. Hierzu spaltet das Enzym **Bisphosphoglyceratphosphatase** den Phosphatrest am C-Atom 2 hydrolytisch ab. Es entsteht das Glycolyse-Intermediat 3-Phosphoglycerat. Verläuft die Glycolyse über den „Umweg" der Generierung von 2,3-Bisphosphoglycerat, so wird kein ATP gewonnen, da die energiereiche Säureanhydridbindung des 1,3-Bisphosphoglycerats nicht zum Transfer von Phosphat auf ADP genutzt wird. Der Großteil der Glucose wird im Erythrocyten allerdings über die „klassische" anaerobe Glycolyse abgebaut unter Gewinnung von 2 ATP pro Glucosemolekül. Das ATP dient v. a. dem Transport von Ionen über die Erythrocytenmembran durch die **Na⁺/K⁺-ATPase** und einer **Calcium-ATPase**. Dadurch werden niedrige Natrium- und Calciumkonzentrationen sowie eine hohe Kaliumkonzentration im Erythrocyten aufrechterhalten.

68

> Erythrocyten enthalten Enzymsysteme zur Reparatur oxidativer Schäden.

Erythrocyten sind ständig reaktiven Sauerstoffmolekülen und Sauerstoffradikalen ausgesetzt. Daher dienen weitere energieverbrauchende Prozesse dem Schutz vor bzw. der Reparatur von oxidativen Schädigungen. Zu diesem Zweck muss der Erythrocyt eine hohe Konzentration (2,5 mmol/l) an reduziertem **Glutathion** aufrechterhalten. Glutathion ist ein Tripeptid aus den Aminosäuren Glutamat, Cystein und Glycin, dessen Biosynthese ATP verbraucht. Die Amidbindung zwischen Glutamat und Cystein erfolgt über die γ-Carboxylgruppe des Glutamats (▶ Abschn. 27.2.4). In reduzierter Form verfügt Glutathion über die Thiolgruppe (-SH) des Cysteins und wird daher auch als **GSH** abgekürzt. GSH reduziert z. B. Wasserstoffperoxid (H_2O_2) oder Disulfidbrücken in oxidierten Proteinen und wird dabei zu einem disulfidverbrückten Glutathiondimer (*GSSG*) oxidiert (◻ Abb. 68.9). Mithilfe des Enzyms **Glutathionreduktase** wird GSH aus GSSG regeneriert. Hierzu werden Reduktionsäquivalente in Form von NADPH benötigt. NADPH wird in den Erythrocyten durch die **Glucose-6-Phosphatdehydrogenase** erzeugt, einem Enzym des Pentosephosphatwegs (▶ Abschn. 14.1.2). In den Erythrocyten werden etwa 10 % der Glucose über den Pentosephosphatweg umgesetzt.

GSH schützt vor Oxidation, indem es nichtenzymatisch mit Sauerstoffradikalen reagiert. Eine ähnliche Funktion üben weitere **Antioxidantien** wie Vitamin C (Ascorbinsäure) und Vitamin E (Tocopherol) aus. Auch die Reduktion von Disulfidbrücken in oxidierten Proteinen durch GSH erfolgt nicht-enzymatisch. Bei der enzymatischen Entgiftung von Peroxiden dient Glutathion als Coenzym. Die **Glutathionperoxidase** reduziert Wasserstoffperoxid oder organische Peroxide zu Wasser bzw. dem entsprechenden Alkohol (◻ Abb. 20.3). Dabei wird GSH zu GSSG oxidiert (▶ Abschn. 20.2).

Hämoglobin kann nur Sauerstoff transportieren, solange die zentralen Eisenatome der Hämgruppen in der zweiwertigen Form (Fe^{2+}) vorliegen. Fe^{2+}-Ionen werden in wässriger Lösung durch Sauerstoff schnell zu Fe^{3+} oxidiert. Eine wichtige Funktion des Globins ist, das Fe^{2+} des Häms vor Oxidation zu Fe^{3+} zu schützen. Dies gelingt aber nur unvollständig, sodass ständig ein gewisser Anteil des Fe^{2+} zu Fe^{3+} oxidiert wird:

$$Hb\left(Fe^{2+}\right)+O_2 \rightarrow Hb\left(Fe^{3+}\right)+O_2^{\cdot -} \tag{68.5}$$

Neben **Methämoglobin** entsteht dabei das hochreaktive **Superoxidanion**. Das Superoxidanion ist ein Radikal. Es wird durch eine Disproportionierung, die durch das Enzym **Superoxiddismutase** katalysiert wird, in Wasserstoffperoxid und Sauerstoff umgewandelt:

$$O_2^{\cdot -}+ O_2^{\cdot -}+ 2H^+ \rightleftharpoons H_2O_2 + O_2 \tag{68.6}$$

Wasserstoffperoxid wird durch die **Katalase** zu Wasser und Sauerstoff entgiftet.

Durch die Umwandlung in Methämoglobin ist das Hämoglobin aber nicht unwiederbringlich verloren, sondern wird durch das NADH-abhängige Enzym **Methämoglobinreduktase** regeneriert:

$$2Hb(Fe^{3+}) + NADH \rightleftharpoons 2Hb(Fe^{2+}) + NAD+ H^+ \tag{68.7}$$

Das NADH für diese Reaktion stammt aus dem glycolytischen Abbau von Glucose zu Pyruvat. Wird das Pyruvat nicht zu Lactat umgewandelt, liefert die Glycolyse eines Glucosemoleküls zwei Moleküle NADH.

Durch die spontane Oxidation von Hämoglobin zu Methämoglobin und die enzymatische Reduktion durch die Methämoglobinreduktase entsteht ein Fließgleichgewicht, in dem etwa 1 % des Hämoglobins des Erythrocyten als Methämoglobin vorliegt. Ein Mangel an Methämoglobinreduktase ist die Ursache der **familiären Methämoglobinämie**. Aber auch Vergiftungen mit Oxidationsmitteln können zu einer vermehrten Bildung von Methämoglobin führen (**toxische Methämoglobinämie**).

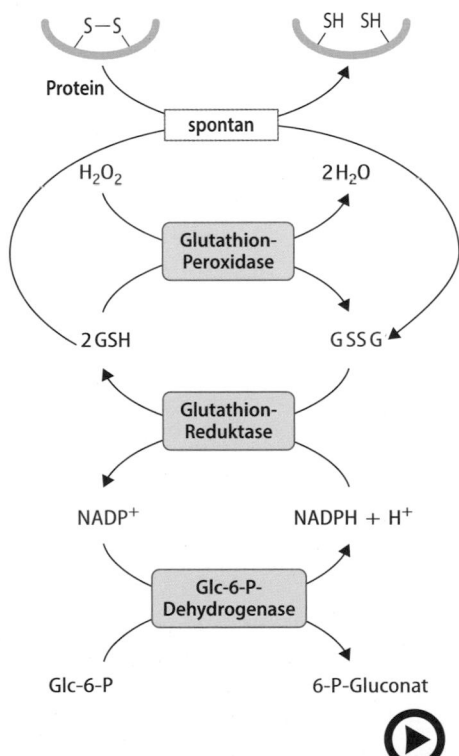

◻ **Abb. 68.9** (Video 68.4) **Funktion und Regenerierung von reduziertem Glutathion (GSH).** GSH reduziert spontan (nicht-enzymatisch) Disulfidbrücken in Proteinen und wird dabei zu GSSG oxidiert. GSSG entsteht auch bei der Eliminierung von H_2O_2 durch die Glutathionperoxidase. Die Glutathionreduktase regeneriert GSH unter Verbrauch von NADPH/H$^+$ (▶ https://doi.org/10.1007/000-5r1)

68.2.5 Erythrocytenantigene und Blutgruppen

Die verschiedenen **Blutgruppen** werden über **Antigene** auf der Oberfläche der Erythrocyten definiert. Auslöser der Komplikationen bei Bluttransfusionen nicht kompatibler Blutgruppen sind allerdings **Antikörper**, die gegen diese Antigene gerichtet sind. Sie können zur Verklumpung (**Agglutination**) oder Auflösung (**Hämolyse**) von Erythrocyten führen. Abhängig vom Antigen werden weit über 20 verschiedene **Blutgruppensysteme** unterschieden. Das **AB0-System** und das **Rhesus-System** sind klinisch besonders relevant, da die entsprechenden Antigen-Antikörper-Reaktionen bei Inkompatibilität sehr heftig ausfallen und lebensbedrohlich sein können.

❯ Die Antigene des AB0-Systems sind Kohlenhydratstrukturen.

Das AB0-System ist nach den **Antigenen A** und **B** benannt. Dabei handelt es sich um **Kohlenhydratstrukturen** auf Glycosphingolipiden oder Glycoproteinen in der Erythrocytenmembran, die aber auch in den Membranen anderer Zellen vorkommen. Es werden die **Blutgruppen A, B, AB** und **0** (= „Null"; im englischen Buchstabe „O") unterschieden, je nachdem ob Antigen A, Antigen B, beide Antigene oder keines der Antigene vorhanden ist.

Da es sich bei den AB0-Antigenen um Zuckerstrukturen handelt, sind sie nicht direkt genetisch codiert, wie dies bei Proteinantigenen der Fall ist, sondern indirekt über die Enzyme, die diese Strukturen ausbilden. Die Enzyme sind membranständige **Glycosyltransferasen** im Golgi-Apparat, die durch die Allele A, B oder 0 determiniert sind. Das Allel A codiert für eine **α-(1,3)-N-Acetyl-Galactosaminyltransferase**, die auch als **Glycosyltransferase A** (GTA) bezeichnet wird. Dieses Enzym überträgt N-Acetyl-Galactosamin (GalNAc) auf eine Zuckerstruktur, die aus N-Acetylglucosamin (GlcNAc), Galactose und Fucose besteht (◻ Abb. 68.10). Diese Struktur wird auch als **Antigen H** bezeichnet, aus dem nach der genannten enzymatischen Reaktion das **Antigen A** hervorgeht.

Das Allel B codiert für eine **α-(1,3)-Galactosyltransferase** (Glycosyltransferase B, GTB), die Galactose anstelle von N-Acetyl-Galactosamin auf das Antigen H überträgt, wodurch das **Antigen B** entsteht. Interessanterweise unterscheiden sich die beiden Glycosyltransferasen nur in 4 von 354 Aminosäuren. Das Allel 0 ist aus einer Mutation hervorgegangen, die zu einer Leserasterverschiebung (▶ Abschn. 48.1) führt. Dadurch fehlt dem Protein die enzymatische Aktivität (◻ Abb. 68.11). Das Antigen H wird also nicht weiter modifiziert und bleibt unverändert bestehen. Daher wird das Allel 0 mitunter als Allel H bezeichnet. Da das

Antigen H einen Bestandteil aller Strukturen des AB0-Systems darstellt, ist es immunologisch nicht relevant.

Aus der beschriebenen Entstehung der AB0-Antigene wird sogleich das Vererbungsmuster ersichtlich. Weist der Genotyp die Allelkombination 0/0 auf, fehlt die enzymatische Aktivität zur Modifizierung des Antigens H, es wird also kein immunologisch relevantes Antigen ausgebildet (Blutgruppe 0). Die Allelkombinationen A/A und A/0 führen zur Expression der α-(1,3)-N-Acetyl-Galactosaminyltransferase und damit zur Ausbildung des Antigens A (Blutgruppe A). Entsprechend führen die Allelkombinationen B/B und B/0 zur Blutgruppe B. Gegenüber dem Allel 0 sind die **Allele A und B dominant**. Bei der Allelkombination A/B werden beide Enzyme exprimiert, sodass beide Zuckerstrukturen auf der Oberfläche der Erythrocyten zu finden sind (Blutgruppe AB). Man spricht hier von **codominanter** Vererbung.

Aufgrund der Mechanismen, die der immunologischen Toleranz zugrunde liegen (▶ Abschn. 70.3.3), werden normalerweise keine Antikörper gegen körpereigene Antigene erzeugt. Daher besitzen Träger der Blutgruppe AB weder Antikörper gegen Antigen A noch gegen Antigen B. Träger der Blutgruppe 0 besitzen dagegen Antikörper gegen die in diesem Fall körperfremden Antigene A und B. Entsprechend weisen die Träger der Blutgruppe A Antikörper gegen das Antigen B auf und umgekehrt Träger der Blutgruppe B Antikörper gegen das Antigen A (◻ Tab. 68.1).

Die Antikörper werden ab dem 1. Lebensjahr gebildet, ohne dass ein Kontakt mit dem blutgruppenfremden Antigen erforderlich ist. Doch wie erfolgte die „Immunisierung", die zur Ausbildung der Antikörper gegen Antigen A bzw. Antigen B führt? Man nimmt an, dass entsprechende Zuckerstrukturen auf der Oberfläche von Darmbakterien, die den A- und B-Antigenstrukturen gleichen, die entsprechende Immunantwort hervorrufen. Bei Trägern der entsprechenden Blutgruppenantigene wird diese Immunantwort unterdrückt, da sie sich in diesen Fällen auch gegen körpereigene Antigene richtet.

Die Antikörper gegen die AB0-Blutgruppen-Antigene sind vom **Isotyp IgM**. IgM ist ein Pentamer, das 10 Antigenbindestellen aufweist (▶ Abschn. 70.9.1). Werden nicht-kompatible Blutgruppen während einer Bluttransfusion vermischt, so binden die polyvalenten IgM-Antikörper an die Blutgruppenantigene der Erythrocyten, was zu deren **Agglutination** führt. Daher werden die IgM-Antikörper auch als **Agglutinine** bezeichnet. Da IgM-Antikörper auch das **Komplementsystem** aktivieren, folgt auf die Agglutination eine **Hämolyse**. IgM-Antikörper sind nicht plazentagängig. Daher ist eine AB0-Blutgruppeninkompatibilität zwischen Mutter und Kind während der Schwangerschaft normalerweise unproblematisch.

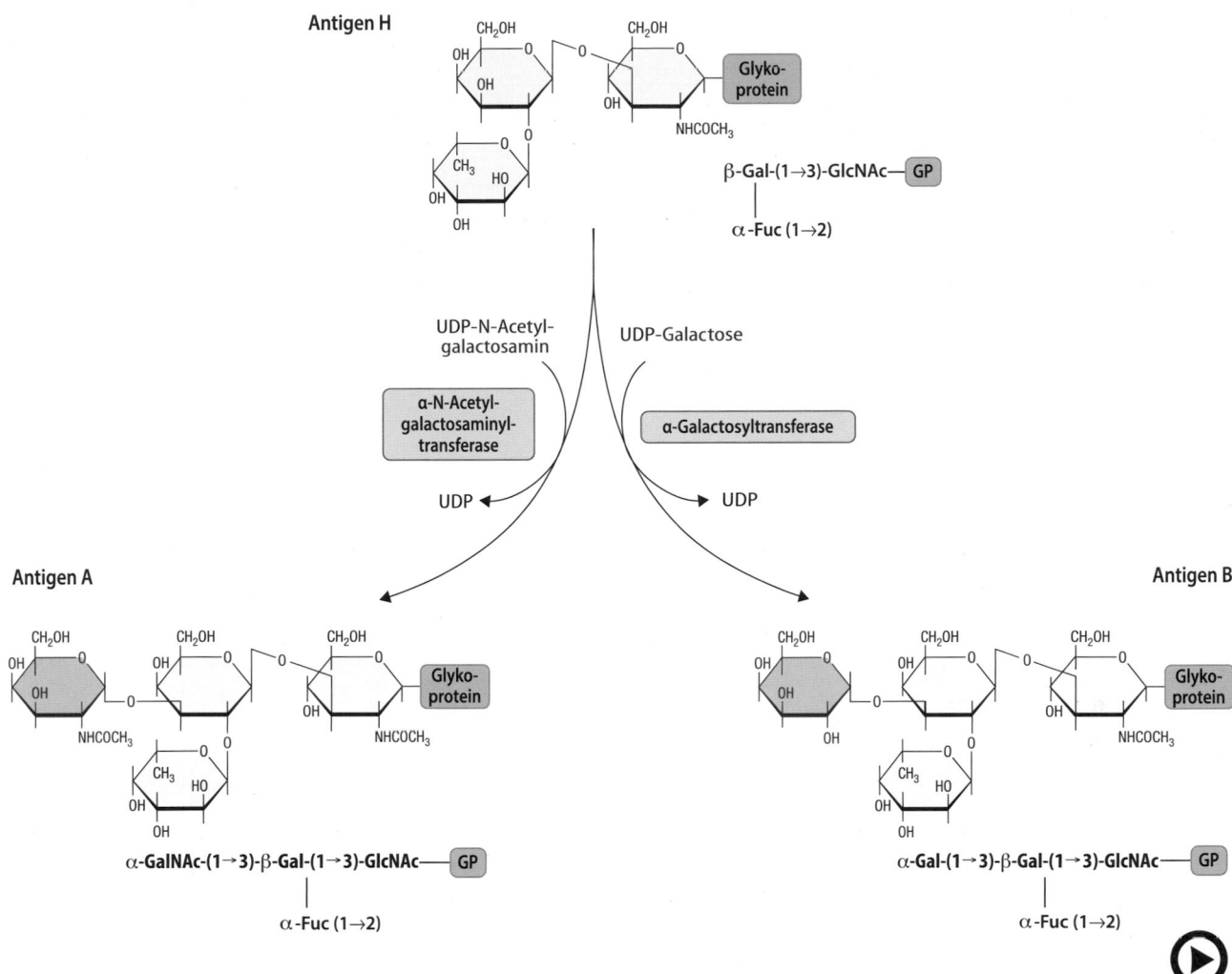

■ **Abb. 68.10** (Video 68.5) **Biosynthese von Antigen A und Antigen B ausgehend von Antigen H.** *Gal:* D-Galactose; *GlcNAc:* N-Acetyl-D-Glucosamin; *GalNAc:* N-Acetyl-D-Galactosamin; *Fuc:* L-Fucose; *GP:* Glycoprotein (▶ https://doi.org/10.1007/000-5r2)

❯ Der Rhesus-Faktor D ist das bedeutendste Antigen des Rhesussystems.

Die **Antigene** des Rhesus-Systems werden als **Rhesus-Faktoren** bezeichnet. Im Unterschied zu den Antigenen des AB0-Systems sind die Rhesus-Faktoren **Proteine**. Ein weiterer Unterschied besteht darin, dass Antikörper erst nach Kontakt mit einem Rhesus-Antigen gebildet werden. Die wichtigsten Antigene des Rhesus-Systems werden mit D, C, c, E und e bezeichnet, die nur durch zwei Gene codiert werden: **D** und **CcEe**. Beide Gene liegen benachbart auf Chromosom 1 und sind aus einer Genduplikation hervorgegangen. Das **D-Gen** codiert für ein unglycosyliertes, integrales Membranprotein des Erythrocyten, das aus 417 Aminosäuren besteht und 12 Transmembrandomänen aufweist. Das **CcEe-Gen** codiert für ein Protein, das in seiner Aminosäuresequenz zu über 90 % mit dem RhD-Protein identisch und daher ähnlich aufgebaut ist. Der CcEe-Genlocus ist sehr polymorph, sodass in der Be-

völkerung verschiedene Allele des RhCcEe-Proteins exprimiert werden, die sich aber nur in wenigen Aminosäuren unterscheiden. Daneben wurden verkürzte Formen des RhCcEe-Proteins beschrieben, die auf alternatives Spleißen der mRNA zurückzuführen sind (■ Abb. 68.12).

Wegen seiner hohen Antigenität ist das **Rhesus-D-Antigen** von besonderer klinischer Bedeutung. Blut, dessen Erythrocyten das RhD-Protein auf der Oberfläche tragen, wird als **Rhesus-positiv** bezeichnet. Fehlt das Antigen aufgrund der Deletion beider Allele des D-Gens, so ist das Blut **Rhesus-negativ**. Das Merkmal wird **dominant-rezessiv** vererbt, d. h. ist ein D-Allel vorhanden, so ist der Träger Rhesus-positiv. 85 % der Mitteleuropäer sind Rhesus-positiv.

Antikörper gegen das Rhesus-D-Antigen entstehen erst, wenn ein Rhesus-negativer Träger mit Rhesus-positiven Erythrocyten in Kontakt kommt (**Sensibilisierung**). Die Antikörper sind vom **IgG-Isotyp** und somit plazentagängig. Dies hat Konsequenzen bei der **Schwan-**

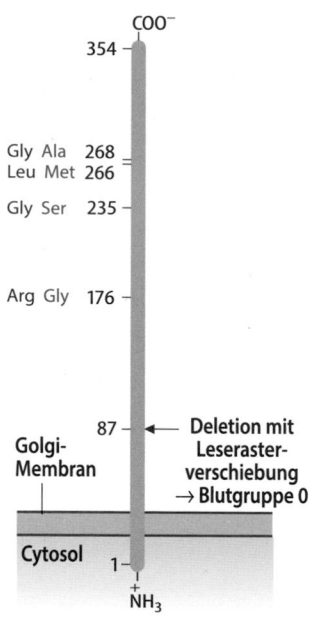

Tab. 68.1 Das AB0-System

Blutgruppe	Genotyp	Antigene auf Erythrocyten	Antikörper im Serum
A (40 %)	AA oder 0A	A	Anti-B
B (16 %)	BB oder 0B	B	Anti-A
AB (4 %)	AB	A und B	–
0 (40 %)	00	H[a]	Anti-A und Anti-B

[a]Klinisch nicht relevant

Abb. 68.11 Schematische Darstellung der membranverankerten Glycosyltransferasen A (GTA; *rot*) und B (GTB; *blau*). Die beiden Glycosyltransferasen unterscheiden sich nur in vier Aminosäuren an den Positionen 176, 235, 266 und 268. Die Aminosäuren an den Positionen 266 und 268 determinieren die Substratspezifität. Das Allel 0 ist durch eine Deletion im Codon für die Aminosäure 87 gekennzeichnet, die zu einer Leserasterverschiebung führt. Es entsteht ein verkürztes Protein ohne enzymatische Aktivität

gerschaft einer Rhesus-negativen Mutter mit einem Rhesus-positiven Kind. Während des Geburtsvorgangs können Rhesus-positive Erythrocyten des Kindes in den mütterlichen Kreislauf gelangen und dort die Antikörperproduktion gegen das D-Antigen anregen. Die so sensibilisierte Mutter kann bei einer zweiten Schwangerschaft massiv D-Antikörper produzieren, die in den Kreislauf des Feten gelangen und dort zur Zerstörung der Erythrocyten führen. Dies kann zur Schädigung des Neugeborenen oder im Extremfall zum intrauterinen Tod führen (**fetale Erythroblastose, Morbus haemolyticus neonatorum**).

Übrigens

Haben Rhesus-Faktoren eine physiologische Funktion? Das AB0-Blutgruppensystem geht auf Karl Landsteiner (1868–1943) zurück. Er wurde für diese Entdeckung 1930 mit dem Medizin-Nobelpreis ausgezeichnet. 1940 beschrieb Landsteiner gemeinsam mit Alexander S. Wiener, dass durch die Immunisierung von Kaninchen mit dem Blut von Rhesus-Affen sog. Agglutinine (Antikörper) erzeugt wurden, die mit 85 % der untersuchten menschlichen Erythrocytenproben reagierten. In Unkenntnis der molekularen Natur des Antigens wurde die auf den Erythrocyten erkannte Struktur als Rhesus-Faktor bezeichnet. Die DNA-Sequenzen, die für Rhesus-Faktoren codieren, wurden Anfang der 1990er-Jahre aufgeklärt. Daraus konnten die Primärstrukturen der Rhesus-Proteine abgeleitet und eine Sekundärstruktur, insbesondere die Lage der Transmembranhelices, vorhergesagt werden (**Abb. 68.12**). Heute weiß man, dass die RhD- und RhCcEe-Proteine gemeinsam mit dem *Rhesus-associated glycoprotein* (RhAG) ein oligomeres Protein in der Erythrocytenmembran ausbilden. Fehlt das RhD-Protein, wird die Position von dem homologen RhCcEe-Protein eingenommen. Daneben wurden mit RhBG und RhCG weitere homologe Proteine entdeckt, die auf nicht-erythroiden Zellen, insbesondere in der Niere, exprimiert werden. Trotz dieser Fortschritte blieb die physiologische Funktion dieser Proteine rätselhaft. 1997 wurde erkannt, dass Rhesus-Proteine Homologien zu Ammoniumionen-Transportern der Hefe aufweisen. Seitdem konnten verschiedene Arbeitsgruppen nachweisen, dass Rhesus-Proteine den Transport von Ammoniumionen (NH_4^+) über die Zellmembran ermöglichen. Diese Erkenntnis war unerwartet, da man bis dahin davon ausgegangen war, dass der Membrantransport von reduziertem Stickstoff in Form des ungeladenen Ammoniaks (NH_3) spontan erfolgt.

68

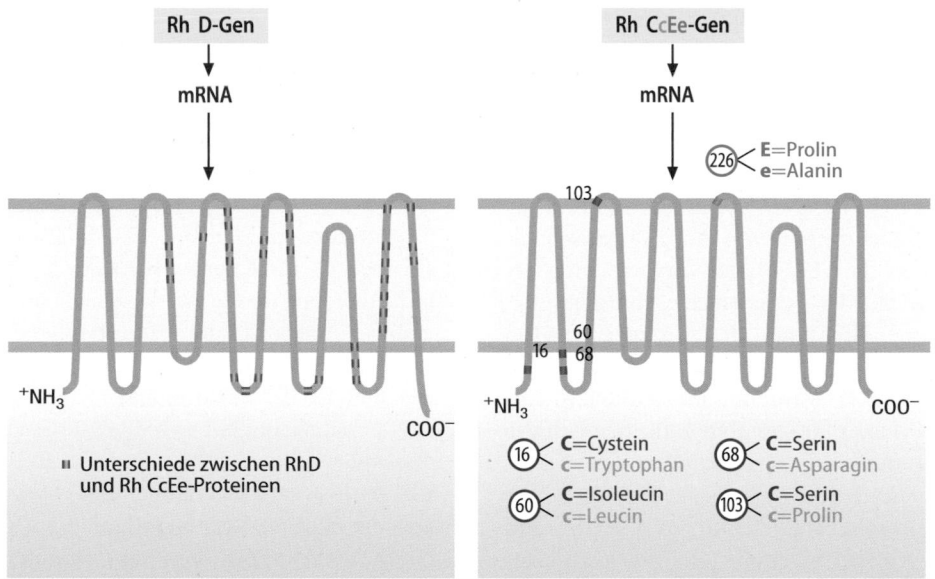

Abb. 68.12 Die RhD- und RhCcEe-Proteine des Rhesus-Systems. Im RhD-Protein sind die Aminosäurepositionen hervorgehoben, die von der Sequenz des homologen RhCcEe-Proteins abweichen. Im RhCcEe-Protein sind die Aminosäuresubstitutionen gezeigt, in denen sich C- von c- bzw. E- von e-Antigenen unterscheiden

68.3 Pathobiochemie

> Mutationen in den Globin-Genen führen zu Hämoglobinopathien.

Hämoglobinopathien Sie zählen zu den weltweit häufigsten Erbkrankheiten, verursacht durch Mutationen in den Globin-Genen, von denen mittlerweile über 1.000 auf molekularer Ebene charakterisiert sind. Man unterscheidet Mutationen, die zu einer verminderten Expression einer der Globinketten führen (**Thalassämien**) von solchen, die einen Aminosäureaustausch in einem der Globine zur Folge haben (**anomale Hämoglobine**). Heterozygote Merkmalsträger sind oft beschwerdefrei oder zeigen vergleichsweise milde klinische Symptome. Die Schwere der Erkrankung von Homozygoten hängt von der Natur der Mutation ab. Am bedeutsamsten hinsichtlich Häufigkeit und klinischer Symptomatik sind die **β-Thalassämien**, bei denen die Expression des β-Globins gestört ist, sowie eine Punktmutation des β-Globin-Gens, die zur **Sichelzellanämie** führt.

Thalassämie Die Bezeichnung Thalassämie beruht auf dem gehäuften Auftreten der Erkrankung in den Mittelmeerländern (griech. *thalassa*: Meer). Der Verlauf einer **β-Thalassämie** hängt von der Restexpression des β-Globingens ab. Der vollständige Verlust der Expression des β-Globingens bei homozygoten Merkmalsträgern führt zur schwersten Form der Erkrankung, die als **β-Thalassaemia major** bezeichnet wird. Aufgrund des Fehlens von β-Globin kann Hämoglobin A_0 ($\alpha_2\beta_2$), die Hauptkomponente des Hämoglobins des Erwachsenen, nicht mehr gebildet werden. Dies kann zu einem gewissen Grade durch die Bildung von γ-Globin unter Ausbildung von fetalem Hämoglobin (HbF, $\alpha_2\gamma_2$) kompensiert werden. Auch HbA_2 ($\alpha_2\delta_2$) ist kompensatorisch erhöht. Die Lebensdauer der Erythrocyten ist drastisch verkürzt und das Gesamthämoglobin stark erniedrigt, was sich in einer schweren, chronischen Anämie äußert. Unbehandelt führt die Erkrankung im Kindesalter zum Tod. Die Patienten sind dauerhaft auf Bluttransfusionen angewiesen. Weniger häufig sind **α-Thalassämien**, bei denen die Expression des α-Globins gestört ist. Das vollständige Fehlen des α-Globins kann nicht kompensiert werden und führt zum Tod *in utero*. Bei verminderter Expression des α-Globins bilden die überschüssigen β-Ketten ein homotetrameres Hämoglobin aus vier β-Globinuntereinheiten (HbH). HbH ist instabil und denaturiert in den Erythrocyten, wodurch deren Lebensdauer verkürzt ist.

Sichelzellanämie Die Sichelzellanämie gehört zu den ersten Erkrankungen, deren Ursache auf molekularer Ebene aufgeklärt wurde. Ein einzelner Basenaustauch im β-Globin-Gen (GAG → GTG) führt zu einem Austausch der hydrophilen Aminosäure Glutamat an Position 6 des β-Globins zum hydrophoben Valin. Die Vererbung der Erkrankung erfolgt autosomal-rezessiv. Bei homozygoten Merkmalsträgern wird anstelle des HbA_0 ($\alpha_2\beta_2$) eine Hämoglobinvariante mit der veränderten β-Kette (β^S) gebildet, die als **HbS** ($\alpha_2\beta^S_2$) bezeichnet wird. Im desoxygenierten Zustand ordnet sich HbS zu fibrillenartigen Polymeren an. Die Polymerisierung wird durch hydrophobe Wechselwirkungen über die apolare Seitenkette des Valins an Position 6 des β-Globins ausgelöst. In Gegenwart des polymerisierten HbS verlieren die Erythrocyten ihre mechanische Flexibilität und nehmen eine charakteristische sichelähnliche Form an (**Sichelzellen**). Die so veränderten Erythrocyten können den Verschluss kleinster Gefäße verursachen. Dies führt zu einer Minderdurchblutung des Gewebes (Ischämie) gefolgt von einer Organschädigung. Zudem werden die veränderten Erythrocyten beschleunigt abgebaut mit der Folge einer chronischen hämolytischen Anämie. Da nur desoxygeniertes HbS Fibrillen ausbildet, treten hämolytische Krisen verstärkt bei Sauerstoffmangel z. B. während eines Höhenaufenthalts oder bei körperlicher Anstrengung auf. Ähnlich wie bei den β-Thalassämien wird zur partiellen Kompensation des anomalen Hämoglobins vermehrt HbF gebildet. Heterozygote Träger sind weitgehend symptomfrei und haben zudem eine erhöhte Überlebenschance nach einer Infektion mit dem Malaria-Erreger *Plasmodium falciparum*. Dies erklärt die weite Verbreitung des mutierten Allels in den Regionen Afrikas, in denen die Malaria endemisch auftritt. Dort können bis zu 40% der Bevölkerung Merkmalsträger sein.

> Enzymdefekte im Glucoseabbau schaden den Erythrocyten.

Glucose-6-Phosphatdehydrogenase-Mangel Der Glucose-6-Phosphatdehydrogenase-Mangel ist der am weitesten verbreitete Enzymdefekt beim Menschen, schätzungsweise sind weltweit über 100 Mio. Menschen betroffen. Durch den Enzymmangel ist der **Pentosephosphatweg** beeinträchtigt. Besonders empfindlich reagieren Erythrocyten, da sie das im Pentosephosphatweg gebildete **NADPH** zur Reparatur oxidativer Schäden benötigen. Die häufigste klinische Manifestation ist die **hämolytische Anämie**, die aber in der Regel eines exogenen Auslösers bedarf.

Das Gen der Glucose-6-Phosphatdehydrogenase ist auf dem X-Chromosom lokalisiert, sodass v. a. Männer von einem Mangel betroffen sind. Heterozygoten Frauen bietet die Mutation, ähnlich wie die Sichelzellmutation, einen relativen Schutz vor Malaria, was die Verbreitung der Mutation in Afrika, Asien und einigen Mittelmeerländern erklärt. Die Ausprägung der hämolytischen Krisen hängt von der Art der Mutation der Glucose-6-Phosphatdehydrogenase ab. Die Hämolyse kann durch Gabe von Medikamenten wie dem Malariamittel Primaquin oder bestimmten Sulfonamidantibiotika ausgelöst werden, sodass es wichtig ist, dass die Träger der Mutation von diesen Risiken wissen. Auch die in der Ackerbohne (Fava-Bohne, *Vicia faba*) enthaltenen Glucoside **Vicin** bzw. **Convicin** können eine Hämolyse auslösen. Daher wird die Erkrankung auch als **Favismus** bezeichnet.

Zusammenfassung

Die zentrale Aufgabe der Erythrocyten ist der Sauerstofftransport. In den Erythrocyten liegt das sauerstoffbindende Protein Hämoglobin in hoher Konzentration vor. Hämoglobin leistet auch einen wesentlichen Beitrag zur Pufferung des pH-Werts des Blutes. Die Sauerstoffbindungskurve des Hämoglobins zeigt einen sigmoiden Verlauf, der auf die Kooperativität der Sauerstoffbindung an die vier Untereinheiten des Hämoglobins zurückzuführen ist. Die Sauerstoffaffinität wird allosterisch durch 2,3-Bisphosphoglycerat, H^+-Ionen und Kohlendioxid moduliert, sodass die Sauerstoffaufnahme in der Lunge und die Sauerstoffabgabe in den Geweben erleichtert sind. Die Erythrocyten gewinnen Energie alleine durch den glycolytischen Abbau von Glucose. Reduktionsäquivalente in Form von $NADPH/H^+$ werden durch den Pentosephosphatweg bereitgestellt und für die Reparatur oxidativer Schäden eingesetzt. Für die Transfusionsmedizin sind die Blutgruppenantigene auf der Oberfläche der Erythrocyten von zentraler Bedeutung. Man unterscheidet das AB0-System, welches auf Kohlenhydratstrukturen beruht, vom Rhesus-System, welches auf Membranproteinen basiert. Hämoglobinopathien resultieren aus Mutationen in den Globin-Genen, die häufig mit einer Anämie einhergehen.

Weiterführende Literatur

Hämatopoese

Ceredig R, Rolink AG, Brown G (2009) Models of haematopoiesis: seeing the wood for the trees. Nat Rev Immunol 9:293–300

Hamilton JA (2008) Colony-stimulating factors in inflammation and autoimmunity. Nat Rev Immunol 8:533–544

Hubel K, Engert A (2003) Clinical applications of granulocyte colony-stimulating factor: an update and summary. Ann Hematol 82:207–213

Kaushansky K (2008) Historical review: megakaryopoiesis and thrombopoiesis. Blood 111:981–986

Kuter DJ (2007) New thrombopoietic growth factors. Blood 109:4607–4616

Lotem J, Sachs L (2002) Cytokine control of developmental programs in normal hematopoiesis and leukemia. Oncogene 21:3284–3294

Metcalf D (2008) Hematopoietic cytokines. Blood 111:485–491

Robb L (2007) Cytokine receptors and hematopoietic differentiation. Oncogene 26:6715–6723

Erythrocyten

Antonini E, Brunori M (1970) Hemoglobin. Annu Rev Biochem 39:977–1042

Avent ND, Reid ME (2000) The Rh blood group system: a review. Blood 95:375–387

Beutler E (1994) G6PD deficiency. Blood 84:3613–3636

Bignone PA, Baines AJ (2003) Spectrin alpha II and beta II isoforms interact with high affinity at the tetramerization site. Biochem J 374:613–624

Bird GW (1972) The haemoglobinopathies. Br Med J 1:363–368

Burton NM, Anstee DJ (2008) Structure, function and significance of Rh proteins in red cells. Curr Opin Hematol 15:625–630

Cappellini MD, Fiorelli G (2008) Glucose-6-phosphate dehydrogenase deficiency. Lancet 371:64–74

Figl M, Pelinka LE (2004) Karl Landsteiner, the discoverer of blood groups. Resuscitation 63:251–254

Frenette PS, Atweh GF (2007) Sickle cell disease: old discoveries, new concepts, and future promise. J Clin Invest 117:850–858

Heitman J, Agre P (2000) A new face of the Rhesus antigen. Nat Genet 26:258–259

Iolascon A, Miraglia del Giudice E, Perrotta S, Alloisio N, Morle L, Delaunay J (1998) Hereditary spherocytosis: from clinical to molecular defects. Haematologica 83:240–257

Karlsson S, Nienhuis AW (1985) Developmental regulation of human globin genes. Annu Rev Biochem 54:1071–1108

Kienle A, Lilge L, Vitkin IA, Patterson MS, Wilson BC, Hibst R, Steiner R (1996) Why do veins appear blue? A new look at an old question. Applied Optics 35:1151–1160

Landsteiner K, Wiener AS (1941) Studies on an Agglutinogen (Rh) in human blood reacting with anti-rhesus sera and with human isoantibodies. J Exp Med 74:309–320

Lasne F, de Ceaurriz J (2000) Recombinant erythropoietin in urine. Nature 405:635

Martin L, Khalil H (1990) How much reduced hemoglobin is necessary to generate central cyanosis? Chest 97:182–185

Patenaude SI, Seto NO, Borisova SN, Szpacenko A, Marcus SL, Palcic MM, Evans SV (2002) The structural basis for specificity in human ABO (H) blood group biosynthesis. Nat Struct Biol 9:685–690

Percy MJ, Lappin TR (2008) Recessive congenital methaemoglobinaemia: cytochrome b(5) reductase deficiency. Br J Haematol 141:298–308

Planelles G (2007) Ammonium homeostasis and human Rhesus glycoproteins. Nephron Physiol 105:p11–p17

Rahbar S (2005) The discovery of glycated hemoglobin: a major event in the study of nonenzymatic chemistry in biological systems. Ann N Y Acad Sci 1043:9–19

Rund D, Rachmilewitz E (2005) Beta-thalassemia. N Engl J Med 353:1135–1146

Weatherall DJ (2004) Thalassaemia: the long road from bedside to genome. Nat Rev Genet 5:625–631

van Wijk R, van Solinge WW (2005) The energy-less red blood cell is lost: erythrocyte enzyme abnormalities of glycolysis. Blood 106:4034–4042

Williams TN, Mwangi TW, Wambua S, Alexander ND, Kortok M, Snow RW, Marsh K (2005) Sickle cell trait and the risk of Plasmodium falciparum malaria and other childhood diseases. J Infect Dis 192:178–186

Yamamoto F, Clausen H, White T, Marken J, Hakomori S (1990) Molecular genetic basis of the histo-blood group ABO system. Nature 345:229–233

Zanella A, Bianchi P, Fermo E (2007) Pyruvate kinase deficiency. Haematologica 92:721–723

Blut – Thrombocyten und Leukocyten

Gerhard Müller-Newen und Petro E. Petrides

Das Gefäßsystem leitet das Blut durch den gesamten Organismus. Mechanismen zur Abdichtung von Blutgefäßen im Fall von äußeren oder inneren Verletzungen sind überlebenswichtig. Thrombocyten kontrollieren das Endothel der Blutgefäße und setzen im Schadensfall Mechanismen in Gang, durch die mit Unterstützung der Gerinnungsfaktoren eine Blutung gestoppt wird. In der Blutgerinnungskaskade ist die Protease Thrombin von zentraler Bedeutung, die zum einen die Gerinnungskaskade durch positive Rückkopplung verstärkt und zum anderen Fibrinogen in Fibrin umwandelt, welches ein Netzwerk als vorläufigen Wundverschluss ausbildet. Die Protease Plasmin baut im Zusammenspiel mit regenerativen Wundheilungsprozessen das Fibrinnetzwerk wieder ab. Die Balance von Blutgerinnung und Fibrinolyse ist von zentraler klinischer Bedeutung, da Störungen zu Thrombosen bzw. Blutungen führen können. Leukocyten sind Blutzellen mit spezifischen Aufgaben in der Immunabwehr. Zu ihnen gehören die Lymphocyten, Monocyten und Granulocyten. Lymphocyten werden in B- und T-Lymphocyten untergliedert und dem adaptiven Immunsystem zugeordnet. Monocyten differenzieren im Zielgewebe zu Makrophagen oder dendritischen Zellen. Als Zellen des angeborenen Immunsystems setzen Granulocyten und Makrophagen Phagocytose und reaktive Sauerstoffspezies zur Infektabwehr ein. Makrophagen und dendritische Zellen sind zudem antigenpräsentierende Zellen und stellen damit zelluläre Bindeglieder zwischen angeborener und adaptiver Immunität dar.

Schwerpunkte

69.1 Thrombozyten – Blutgerinnung und Fibrinolyse
- Zelluläre Hämostase mit Thrombocytenadhäsion und -aggregation
- Plasmatische Hämostase durch Aktivierung von Gerinnungsfaktoren
- Lokalisierte und generalisierte Antikoagulation und Fibrinolyse

69.2 Leukocyten
- Bedeutung von Granulocyten und Monocyten/Makrophagen bei der Infektabwehr
- Wanderung der Leukocyten durch das Endothel – Diapedese

69.1 Thrombocyten – Blutgerinnung und Fibrinolyse

Das strömende Organ Blut ist auf ein intaktes Gefäßsystem angewiesen. Die Blutgefäße können durch äußere Verletzungen Schaden nehmen. Größere Blutverluste führen zu einem **hämorrhagischen Schock**. Bei **inneren Blutungen** tritt Blut aus den Gefäßen in das Gewebe über. Je nach Gewebe können auch kleinere Blutungen lebensbedrohlich sein (z. B. Blutungen im Gehirn). Die komplexen biochemischen und physiologischen Vorgänge, die zur Stillung einer Blutung führen, werden als **Hämostase** bezeichnet.

Die meisten Bestandteile des Hämostasesystems sind im Blut selbst vorhanden. Hierzu gehören als zelluläre Bestandteile die **Thrombocyten** (Blutplättchen) sowie bestimmte Plasmaproteine, die als **Gerinnungsfaktoren** bezeichnet werden. Die Hämostase kann man unterteilen in den initialen Vorgang der **primären Hämostase**, in dem die Thrombocyten den Schaden erkennen und „provisorisch" abdichten (zelluläre Blutstillung), und die darauf folgende **sekundäre Hämostase**, bei der die Gerinnungsfaktoren durch die **Thrombin-katalysierte** Umwandlung von **Fibrinogen** zu **Fibrin** für einen stabilen Verschluss sorgen (plasmatische Gerinnung).

Während der darauf folgenden **Wundheilung** wird der Fibrinpfropf (**Thrombus**) durch die Protease **Plasmin** wieder abgebaut (**Fibrinolyse**). Diese Vorgänge

Ergänzende Information Die elektronische Version dieses Kapitels enthält Zusatzmaterial, auf das über folgenden Link zugegriffen werden kann https://doi.org/10.1007/978-3-662-60266-9_69. Die Videos lassen sich durch Anklicken des DOI Links in der Legende einer entsprechenden Abbildung abspielen, oder indem Sie diesen Link mit der SN More Media App scannen.

müssen fein aufeinander abgestimmt sein. Eine über-schießende Thrombenbildung (**Thrombophilie**) kann zum Verschluss von Blutgefäßen führen (**Thrombose oder Embolie**), die eine der häufigsten Todesursachen in Form von Herzinfarkt, Gehirninfarkt (Schlaganfall) oder Lungenembolie darstellt. Umgekehrt führt eine beeinträchtigte Hämostase zu Blutungen (z. B. Bluter-krankheit, **Hämophilie**).

69.1.1 Differenzierung, Eigenschaften und Stoffwechsel der Thrombocyten

Thrombocyten sind hochspezialisierte Blutbestandteile, die die Integrität der Blutgefäße überwachen, bei Schä-digungen für eine erste Abdichtung des „Lecks" sorgen und die Reparatur einleiten. Diese Vorgänge sind mit einer Aktivierung der Thrombocyten verbunden. Ähn-lich den Erythrocyten werden Thrombocyten nicht als vollwertige Zellen angesehen, da sie keinen Zellkern be-sitzen. Obwohl sie mit einem Durchmesser von 1–4 µm bei einer Dicke von 0,5–1 µm noch kleiner sind als Er-ythrocyten, verfügen sie doch über Mitochondrien und Sekretgranula.

> Thrombocyten entstehen durch Abschnürungen aus Megakaryocyten.

Der Normalbereich für die Thrombocytenzahl im Blut ist 150.000–350.000/µl. Bei einem Blutvolumen von 5 l ergibt dies eine Gesamtzahl von 0,75–1,75 Billionen Thrombocyten. Damit ist die Gesamtzahl der Throm-bocyten um den Faktor 14–33 geringer als die Zahl der Erythrocyten. Da die Thrombocyten aber nur eine Lebensdauer von 5–11 Tagen besitzen, ist die erforder-liche Neuproduktion mit etwa 10^{11} pro Tag in derselben Größenordnung wie die der Erythrocyten. Diese an sich schon erstaunliche Produktionsleistung kann bei Be-darf um das 20fache ansteigen.

Die Reifung der Thrombocyten wird als **Thrombo-poese** bezeichnet und erfolgt wie bei allen Blutzellen im Knochenmark. Der wichtigste Mediator ist neben Interleukin-3 das **Thrombopoetin**, welches dem Ery-thropoetin strukturell sehr ähnlich ist. Thrombopo-etin wird hauptsächlich in der **Leber** produziert. Der Thrombopoetinrezeptor wird auch als c-MPL bezeich-net, da er das zelluläre Gegenstück eines Oncogens des MPL (*murine myeloproliferative leukemia*)-Virus ist. Die Signaltransduktion erfolgt über den Jak/STAT-Weg (▶ Abschn. 35.5.1).

Während einer Entzündung induziert Interleukin-6 eine erhöhte Thrombopoetinproduktion mit nachfol-gend erhöhter Thrombocytenzahl (**Thrombocytose**). Um-gekehrt führt eine Synthesestörung der Leber (z. B. als

Folge einer Zirrhose) zu einer verringerten Produktion an Thrombopoetin und damit zu einer verminderten Throm-bocytenzahl (**Thrombocytopenie**). Aufgrund der Ähn-lichkeiten der Thrombopoese und Erythropoese (beide führen zu kernlosen Blutzellen) und der evolutionären Verwandtschaft der Hauptmediatoren ist es nicht ver-wunderlich, dass die Differenzierung von Thrombocyten und Erythrocyten, ausgehend von der multipotenten my-eloischen Vorläuferzelle (*CFU-GEMM, colony-forming unit-granulocyte, erythrocyte, monocyte/macrophage, me-gakaryocyte*), über einen gemeinsamen Vorläufer (*MEP, megakaryocyte/erythroid progenitor*) führt. Die Throm-bopoese verläuft ausgehend vom MEP über *BFU-MK* (*burst-forming unit megakaryocyte*), Megakaryoblasten und endet schließlich beim **Megakaryocyten** (Knochen-marksriesenzelle) als letzter kernhaltiger Zelle. Die Diffe-renzierung bis zum Megakaryocyten wird als **Megakaryo-poese** bezeichnet.

Megakaryocyten sind **polyploid** und können die 8- bis 64-fache Menge an chromosomaler DNA enthal-ten. Die Polyploidie ist Resultat aufeinander folgender **Endomitosen**, bei der das genetische Material dupliziert wird, ohne dass sich Zellkern oder Zellen teilen. Die Be-zeichnung Megakaryocyt ist morphologisch begründet, da die Polyploidie zu einem deutlich vergrößerten, un-regelmäßig stukturierten Zellkern führt. Funktionell er-möglicht die Polyploidie eine vermehrte Transcription von Genen, da diese nun in vielfacher Kopie vorliegen, wodurch die Proteinproduktion für die nachfolgende Generierung der Thrombocyten erhöht werden kann. Die Megakaryocyten bilden schließlich Ausläufer, aus denen durch Abschnürungen die Thrombocyten hervor-gehen, die ins Blut übertreten. So entstehen aus einem Megakaryocyt 1000–3000 Thrombocyten.

Ähnlich wie die Erythrocyten besitzen die Throm-bocyten ein membrannahes Cytoskelett, welches die Form der nicht-aktivierten Thrombocyten im Blutstrom aufrechterhält. Es besteht aus zirkulären Mikrotubuli und kurzen Actinfilamenten, die über actinbindende Proteine wie Filamin mit Membranrezeptoren aus der Familie der Integrine verknüpft sind. Aktivierung der Integrine durch extrazelluläre Liganden während der **Thrombocytenaktivierung** führen zur Umorganisation des Cytoskeletts.

Die Oberfläche des Thrombocyten wird durch das sog. **offene kanalikuläre System** (*OCS, open canalicular system*) vergrößert, wodurch der Stoffaustausch über die Membran erleichtert wird. Morphologisch auffallend sind die zahlreichen **Granula**, die Mediatoren enthalten, die während der Thrombocytenaktivierung sezerniert werden. Thrombocyten verfügen über Glycogenvorräte, die die Glycolyse speisen. Da die Thrombocyten **Mito-chondrien** besitzen, kann das dabei entstehende Pyruvat nach Umwandlung zu Acetyl-CoA über den Citratzy-

69

klus vollständig oxidiert und die Atmungskette zur Erzeugung von ATP genutzt werden. Ausgehend von stabilen RNA-Molekülen, die den Thrombocyten bei ihrer Entstehung mitgegeben werden, können sie in geringem Umfang Proteinbiosynthese betreiben.

69.1.2 Thrombocytenadhäsion und -aggregation

> In der primären (zellulären) Hämostase folgt auf die Adhäsion die Aggregation der Thrombocyten

Als kleinste zelluläre Bestandteile bewegen sich Thrombocyten endothelnah am Außenrand des Blutstroms (**hydrodynamische Margination**). Ein intaktes Endothel schüttet Substanzen wie **Prostacyclin** (PGI$_2$) und **Stickstoffmonoxid** (NO) aus, welche Adhäsion und Aggregation von Thrombocyten unterdrücken. Als Folge von Endothelschädigungen kommt es zur Exposition **subendothelialer Strukturen**. Hierzu gehören v. a. Proteine der extrazellulären Matrix wie **Kollagen**, **Fibronektin** und **Laminin** (▶ Abschn. 71.1). Thrombocyten erkennen Endothelschäden, indem sie über Integrinrezeptoren an die freigelegten subendothelialen Strukturen binden.

Um eine genügend feste Anbindung der Thrombocyten an die subendotheliale Extrazellulärmatrix zu gewährleisten, die auch unter den Strömungsbedingungen des Blutes Bestand hat, ist der **von-Willebrand-Faktor** (vWF) notwendig, der vor allem in Regionen wichtig ist, in denen hohe Scherkräfte wirken (arterielle Strombahn). Der vWF wird überwiegend von Endothelzellen gebildet und in das Subendothelium sezerniert. Er ist aber auch im Plasma nachweisbar und gehört somit zu den wenigen Plasmaproteinen, die nicht von Hepatocyten gebildet werden. vWF ist mit dem Gerinnungsfaktor VIII assoziiert.

vWF ist ein großes multimeres Protein aus 50–100 identischen Untereinheiten. Jede Untereinheit besitzt neben den Bindungsstellen zur extrazellulären Matrix auch eine Bindungsstelle für das Glycoprotein (GP) **GPIb/IX** auf der Oberfläche von Thrombocyten, das auch als **vWF-Rezeptor** bezeichnet wird (◨ Abb. 69.1). Diese Bindestelle wird aber erst nach Bindung des vWF an die durch Gewebeverletzung freigelegte extrazelluläre Matrix, insbesondere Kollagen, zugänglich. Daneben wird durch das Integrin **GPIa/IIa** ein direkter Kontakt der Thrombocytenoberfläche mit dem freigelegten Kollagen hergestellt. Durch diese und andere Interaktionen wird die beschädigte Stelle mit Thrombocyten bedeckt (**Thrombocytenadhäsion**). Gleichzeitig erfolgt die **Thrombocytenaktivierung**.

Aktivierte Thrombocyten verformen sich, ändern die Lipidzusammensetzung ihrer Membran und schütten in den Granula gespeicherte Substanzen aus, die für alle nachfolgenden Prozesse wie Thrombocytenaggregation, Blutgerinnung und Wundheilung von Bedeutung sind. **Serotonin** und das aus Arachidonsäure synthetisierte Prostaglandin **Thromboxan A2** wirken auf die glatte Gefäßmuskulatur und führen zur Vasokonstriktion, wodurch der Blutfluss vermindert und die nachfolgenden Prozesse erleichtert werden. Diese Botenstoffe verstärken gemeinsam mit freigesetztem **ADP (Adenosindiphosphat)** und **plättchenaktivierendem Faktor (PAF)** die Aktivierung weiterer Thrombocyten.

PAF ist ein Phosphoglycerid ähnlich dem Phosphatidylcholin. Allerdings ist die OH-Gruppe an C2 des Glycerins mit einem Acetylrest anstatt einer Fettsäure verestert und die Alkylgruppe an C1 des Glycerins über eine Etherbindung verknüpft (◨ Abb. 69.2, ▶ Abschn. 22.1.1). Anhand der Freisetzung von Serotonin aus Thrombocyten wurde nachgewiesen, dass PAF schon in äußerst geringer Konzentration (10^{-11} mol/l) wirksam ist. Adhäsiv wirksame Proteine wie **Fibronektin**, **vWF** und **Fibrinogen**, die ebenfalls von aktivierten Thrombocyten freigesetzt werden, verstärken die Thrombocytenadhäsion und sind wichtige Faktoren für die nachfolgende Thrombocytenaggregation.

Nach der Adhäsion von Thrombocyten an die geschädigte Stelle des Blutgefäßes erfolgt die Ausbildung eines Pfropfes („Plättchenthrombus"). Hierzu müssen die Thrombocyten untereinander in Wechselwirkung treten. Auch dabei spielen Integrinrezeptoren auf der Thrombocytenoberfläche eine wichtige Rolle. Nach Aktivierung der Thrombocyten ist das Integrin $\alpha_{IIb}\beta_3$ (auch als **GPIIb/IIIa** bezeichnet, ◨ Abb. 69.1) infolge einer Konformationsänderung in der Lage, sowohl **Fibrinogen** als auch **vWF** zu binden. Da die genannten multimeren Proteine mehrere Bindestellen für GPIIb/IIIa besitzen, führen diese Wechselwirkungen zu einer **Aggregation** der Thrombocyten. Die hier dargestellten Vorgänge werden als **primäre** oder **zelluläre Hämostase** bezeichnet und führen bei kleineren Verletzungen innerhalb von 1–3 min zur Stillung der Blutung (◨ Abb. 69.3).

69.1.3 Blutgerinnung

> Die sekundäre (plasmatische) Hämostase beruht auf der kaskadenartigen Aktivierung von Gerinnungsfaktoren.

Die Thrombocytenaggregation wird durch nichtcovalente Wechselwirkungen aufrechterhalten. Für einen dauerhaften Wundverschluss mit nachfolgender Wundheilung sind stabilere Verbindungen notwendig. Dies wird durch den Vorgang der **sekundären** oder **plasmatischen Hämostase**, der eigentlichen **Blutgerinnung**, erreicht, die zu einem stabilen Netzwerk aus covalent verknüpftem **Fibrin** führt. Von zentraler Bedeutung sind die **Gerinnungs-**

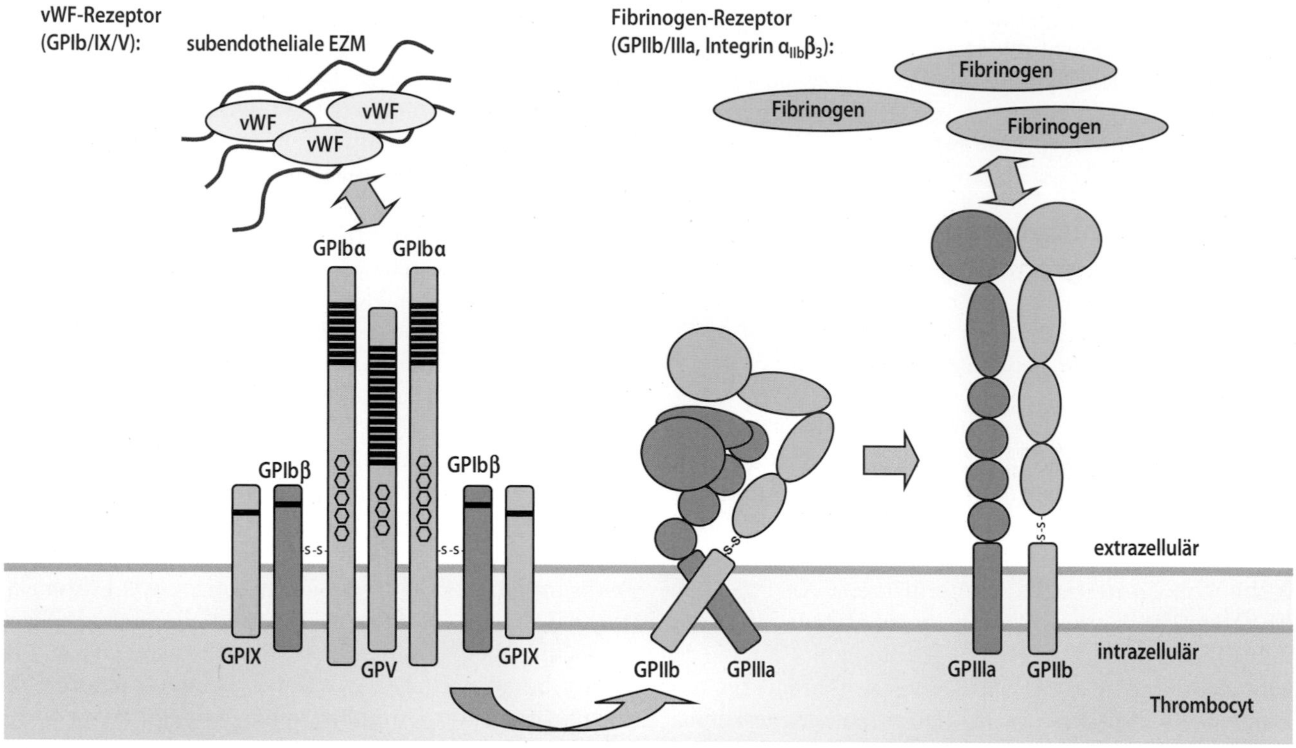

vWF-Rezeptor
(GPIb/IX/V):   subendotheliale EZM

Fibrinogen-Rezeptor
(GPIIb/IIIa, Integrin $\alpha_{IIb}\beta_3$):

■ Abb. 69.1 (Video 69.1) **Das Zusammenspiel von vWF-Rezeptor und Fibrinogenrezeptor auf der Thrombocytenoberfläche bei Adhäsion und Aggregation der Thrombocyten.** Infolge eines Endothelschadens bindet vWF an die subendotheliale Extrazellulärmatrix (EZM). In der gebundenen Form wird vWF von dem vWF-Rezeptor (auch bekannt als GPIb/IX/V) erkannt und die Thrombocyten adhärieren an die schadhafte Stelle. Über nur unvollständig verstandene Signalwege (intrazellulärer Pfeil) führt die Bindung des vWF an den vWF-Rezeptor zu einer Konformationsänderung des Fibrinogenrezeptors (auch bekannt als GPIIb/IIIa), der zur Familie der Integrine gehört (Integrin αIIbβ3). Wie alle Integrine ist der Fibrinogenrezeptor modular aus verschiedenen Domänen aufgebaut (Kreise und Ovale). Der nun aufgeklappte Fibrinogenrezeptor bindet an multivalentes Fibrinogen und trägt somit zur Aggregation der Thrombocyten bei (siehe auch ■ Abb. 69.3). Die Querstreifen in den Untereinheiten des vWF-Rezeptors kennzeichnen Leucin-reiche repeats, die Sechsecke stark glycosylierte Bereiche (► https://doi.org/10.1007/000-5r7)

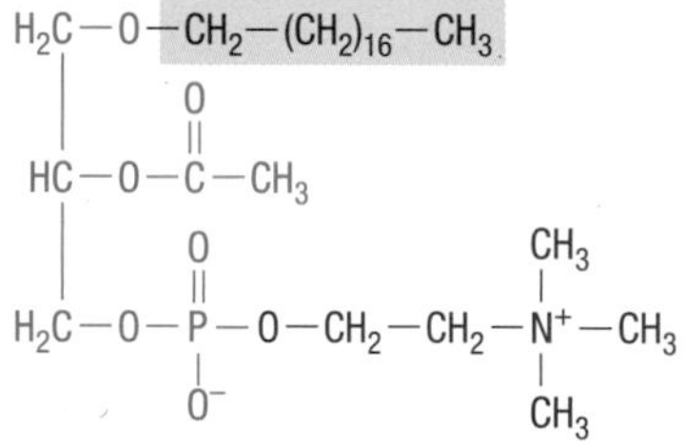

■ Abb. 69.2 Struktur des plättchenaktivierenden Faktors (PAF). Die Länge der Alkylkette (*grün* hinterlegt) kann variieren. Hier ist 1-Octadecyl-2-Acetylphosphatidylcholin dargestellt

faktoren, die nach der Reihenfolge ihrer Entdeckung mit den römischen Ziffern I–XIII benannt sind. Daneben gibt es aber auch alternative Bezeichnungen (■ Tab. 69.1). Wenn man davon absieht, dass die für die Gerinnung notwendigen **Calciumionen** (Ca^{2+}) mitunter als Faktor IV bezeichnet werden, sind alle Gerinnungsfaktoren Proteine.

Die Gerinnungsfaktoren liegen zunächst in inaktiver Form vor und werden in einer Kaskade proteolytischer Reaktionen aktiviert (■ Abb. 69.4). Dabei handelt es sich immer um eine **limitierte Proteolyse**, was bedeutet, dass eine oder wenige Peptidbindungen eines Gerinnungsfaktors in hochspezifischer Weise durch einen meist anderen aktivierten Gerinnungsfaktor gespalten werden. Aufgrund der proteolytischen Spaltung ist die Aktivierung irreversibel. Die aktivierte Form eines Gerinnungsfaktors wird durch ein „a" gekennzeichnet. Da die Aktivierung von Gerinnungsfaktoren auf limitierter Proteolyse beruht, verwundert es nicht, dass sechs der Gerinnungsfaktoren (II, VII, IX, X, XI, XII) Proteasen sind (■ Tab. 69.1). Die inaktiven Vorstufen werden wie bei den Verdauungsenzymen als **Zymogene** bezeichnet. Die Gerinnungsfaktoren werden in der Leber produziert.

Bei den Proteasen der Blutgerinnung handelt es sich um **Serinproteasen** (► Abschn. 7.5), die nach dem Serin-

69

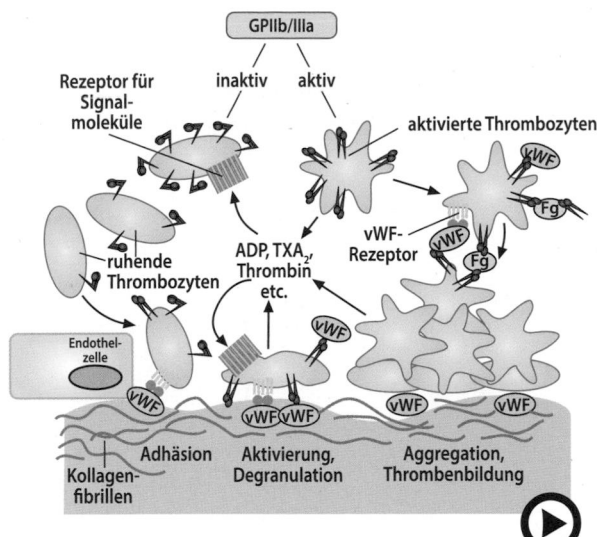

□ **Abb. 69.3** (Video 69.2) **Adhäsion, Aktivierung und Aggregation der Thrombocyten.** Die Adhäsion ruhender Thrombocyten wird durch die Bindung an den vWF initiiert. Dies löst eine Konformationsänderung des Integrins GPIIb/IIIa aus, wodurch dieses sowohl Fibrinogen als auch vWF binden kann. Gleichzeitig kommt es zur Aktivierung und Formänderung der Thrombocyten, die Signalmoleküle wie ADP, Thromboxan A2 oder Serotonin ausschütten, die über heptahelicale Rezeptoren die Thrombocytenaktivierung verstärken und die Thrombocytenaggregation auslösen. *Fg*: Fibrinogen; *TXA₂*: Thromboxan A₂; *vWF*: von Willebrand Faktor. Einzelheiten s. Text (▶ https://doi.org/10.1007/000-5r4)

rest als Teil der katalytischen Triade aus Serin, Histidin und Aspartat im aktiven Zentrum benannt sind. Drei weitere Gerinnungsfaktoren (Faktor III, V und VIII) kann man als Hilfsfaktoren bezeichnen, die die Gerinnungskaskade steuern und unterstützen. Die Kaskade endet mit der Umwandlung von **Prothrombin** zu **Thrombin**. Thrombin, eine Protease, die dem Trypsin ähnlich ist, spaltet schließlich das Plasmaprotein **Fibrinogen** zu **Fibrin**, welches sich zu einem Netzwerk zusammenfügt. Thrombin nimmt aber noch weitere wichtige Funktionen wahr. Es sorgt durch die proteolytische Aktivierung übergeordneter Gerinnungsfaktoren für eine positive Verstärkung der Kaskade und unterstützt die Aktivierung der Thrombocyten.

Ähnlich wie bei der Thrombocytenaggregation und -adhäsion ist es essenziell, dass die Blutgerinnung nur nach einer Gefäßverletzung erfolgt und auf den Ort der Läsion beschränkt ist. Hierzu tragen subendotheliale Zellen, das die Läsion begrenzende intakte Endothel und die im Plättchenthrombus aktivierten Thrombocyten bei. Eine besondere Bedeutung haben negativ geladene Membranlipide wie **Phosphatidylserin** und **Phosphatidylinositol**, die bei der Aktivierung der Thrombocyten vom inneren Blatt auf das äußere Blatt der Membran wechseln. Diese negativ geladenen Lipide bilden eine Art zweidimensionale, auf der Thrombocytenoberfläche lokalisierte Plattform, von der die meisten Gerinnungsprozesse ausgehen.

□ **Tab. 69.1** Gerinnungsfaktoren

Faktor	Bezeichnung	Gla-Domäne	Halbwertszeit im Blutplasma	Funktion
I	Fibrinogen	–	ca. 5 Tage	Polymerisation
II	Prothrombin	+	2–3 Tage	Protease
III	Gewebefaktor (*tissue factor*, TF), Thromboplastin	–		Membranständiger Hilfsfaktor
IV	Calciumionen (Ca²⁺)			
V	Proaccelerin	–	ca. 1 Tag	Hilfsfaktor
VII	Proconvertin	+	5 h	Protease
VIII	Antihämophiler Faktor A	–	15 h	Hilfsfaktor
IX	Antihämophiler Faktor B, Christmas-Faktor	+	20 h	Protease
X	Stuart-Prower-Faktor	+	2 Tage	Protease
XI	Plasma Thromboplastin Antecedent (PTA)	–	2 Tage	Protease
XII	Hageman-Faktor	–	2 Tage	Protease
XIII	Fibrin-stabilisierender Faktor (FSF)	–	ca. 5 Tage	Transglutaminase

Die Existenz eines „Faktor VI" konnte nicht bestätigt werden; Gla-Domäne: Vitamin K-abhängige Carboxylierungsdomäne

Blutgerinnungskaskade

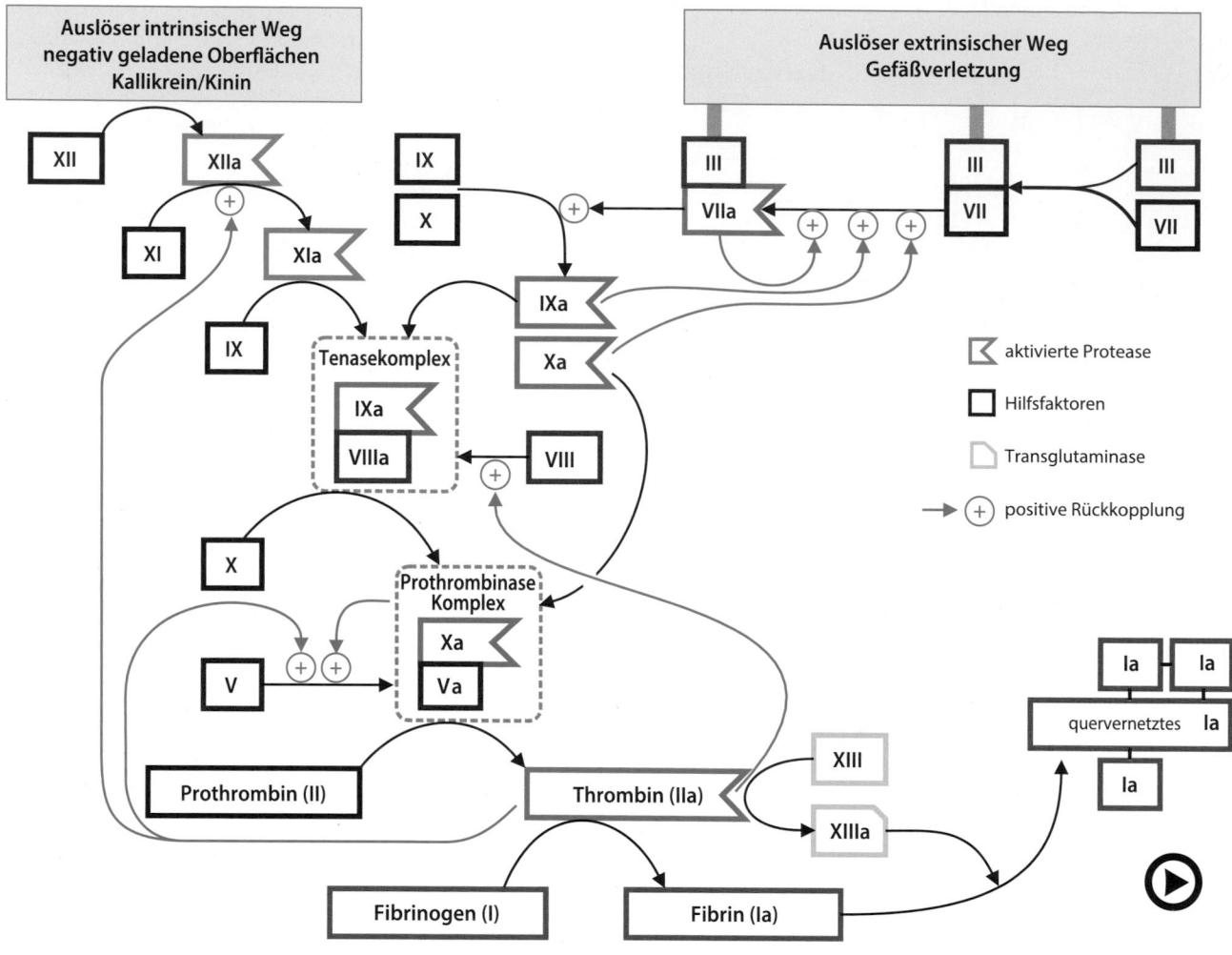

◘ **Abb. 69.4**   (Video 69.3) **Schematische Darstellung der Blutgerinnungskaskade.** *Grüne Pfeile* kennzeichnen positive Rückkopplungsmechanismen. (Einzelheiten s. Text) (▶ https://doi.org/10.1007/000-5r5)

❯ Die Initiation der Blutgerinnung erfolgt durch Bindung von Faktor VII an Thromboplastin.

Für den lokalisierten Start der Gerinnungskaskade sorgt der **Faktor III**, der auch als **Gewebefaktor** (engl. *tissue factor, TF*) oder **Thromboplastin** bezeichnet wird. Er stellt in mehrfacher Hinsicht eine Ausnahme unter den Gerinnungsfaktoren dar. Faktor III ist kein Plasmaprotein, sondern ein Membranprotein, welches auf der Oberfläche subendothelialer Zellen (u. a. glatte Muskelzellen und Fibroblasten) und auf aktivierten Thrombocyten exprimiert wird. Auf Endothelzellen, die die intakten Gefäße auskleiden, findet man diesen Faktor nicht. Zudem benötigt Faktor III keine proteolytische Aktivierung. Strukturell kann Faktor III den Cytokinrezeptoren zugeordnet werden, obwohl er kein Cytokin bindet. Seine Aufgabe als Initiator der Blutgerinnungskaskade nimmt Faktor III erst wahr, wenn er mit Blutplasma in Kontakt tritt, was aufgrund seines Expressionsmusters

nur nach Gefäßverletzung möglich ist. Dann bindet der Rezeptor seinen Liganden, den plasmatischen Gerinnungsfaktor VII.

Der an **Thromboplastin** gebundene **Faktor VIIa** ist der Ausgangspunkt der Gerinnungskaskade am geschädigten Endothel (◘ Abb. 69.4). Der Mechanismus der initialen proteolytischen Aktivierung von Faktor VII zu Faktor VIIa ist noch nicht vollständig aufgeklärt. Der Komplex aus Faktor III und Faktor VIIa aktiviert die **Faktoren IX** und **X**. Alle drei genannten Proteasen können nun auch den bisher inaktiven Faktor VII aktivieren. Dieses positive Feedback führt zu einer gewaltigen Verstärkung der Initiation der Blutgerinnung. Wir treffen also bei der Initiation der Gerinnungskaskade auf zwei typische Charakteristika, die auch bei den nachfolgenden Reaktionen zu finden sind: Verstärkung durch positives Feedback und Lokalisation der Reaktion an Zelloberflächen, um ein Ausbreiten der Blutgerinnung über die Läsion hinaus zu vermeiden. Gleichzeitig zielt Fak-

69

tor Xa schon auf die Endstrecke der Kaskade, da diese Protease **Prothrombin** (Faktor II) zu **Thrombin** umwandelt (Faktor IIa). Allerdings benötigt Faktor Xa hierzu den Hilfsfaktor Va, den er aus Faktor V selbst generieren kann. Auch Thrombin spaltet Faktor V zu Faktor Va.

> ❯ Calciumionen sind notwendig für die Interaktion von Gerinnungsfaktoren mit der Thrombocytenoberfläche.

Der Start der Gerinnungskaskade ist durch das membranständige Thromboplastin an die Oberfläche subendothelialer Zellen gebunden. Die nachfolgenden Reaktionen finden v. a. an den Oberflächen der aktivierten Thrombocyten statt, die reich an negativ geladenen Phospholipiden sind. Durch positiv geladene **Calciumionen (Ca^{2+})** wird eine Verbindung zwischen der Membranoberfläche und den Gerinnungsfaktoren II, VII, IX und X hergestellt. Eine besondere posttranslationale Modifikation sorgt dafür, dass diese Gerinnungsfaktoren mit Calciumionen wechselwirken können. Zu diesem Zweck werden glutamatreiche Sequenzen dieser Proteine in der Leber modifiziert. In einer Vitamin-K-abhängigen Reaktion erfolgt die Carboxylierung der Glutamatseitenketten am γ-Kohlenstoffatom (C4) (◻ Abb. 58.10). Der so entstandene **γ-Carboxyglutamatrest** wird mit **Gla** abgekürzt, ein derart modifizierter Proteinbereich wird daher als **Gla-Domäne** bezeichnet.

Ca^{2+} kann sechs koordinative Bindungen eingehen. Die beiden Carboxylgruppen eines Gla-Restes bedienen zwei Koordinationsstellen. 10–12 Gla-Reste innerhalb einer Gla-Domäne komplexieren so eine Reihe von Calciumionen. Dabei bleiben Koordinationsstellen frei, die von den negativ geladenen Phospholipiden der aktivierten Thrombocyten gebunden werden. Auf diese Weise werden Gerinnungsfaktoren, die Gla-Domänen enthalten, calciumabhängig an die Oberfläche aktivierter Thrombocyten rekrutiert.

Derivate des Pflanzeninhaltsstoffs Cumarin wirken als **Vitamin-K-Antagonisten** (◻ Abb. 69.5). Sie inhibieren die beiden Enzyme Chinon- und Epoxid-Reduktase, die zur Reduktion von Vitamin K während der γ-Carboxylierung benötigt werden (▶ Abschn. 58.5.2). Dadurch kommt die posttransla-tionale γ-Carboxylierung der Gerinnungsfaktoren mit Gla-Domänen zum Erliegen. Vitamin-K-Antagonisten auf Cumarinbasis können oral verabreicht werden und sind daher zur Dauertherapie in der Thrombose- und Infarktprophylaxe gut geeignet. Allerdings tritt bei der Einleitung einer Cumarintherapie die Wirkung erst nach 2–3 Tagen ein, da zunächst noch die intakten Gerinnungsfaktoren im Blut zirkulieren. Eine Überdosierung kann zu einer erhöhten Blutungsneigung führen. In diesem Fall kann durch eine hochdosierte Gabe von Vitamin K$_1$ gegengesteuert werden. Vor einem operativen Eingriff müssen Vitamin-K-Antagonisten abgesetzt und vorübergehend durch Heparine (▶ Abschn. 69.1.4) ersetzt werden (sog. *bridging*).

> ❯ Zwei Komplexe auf der Membran aktivierter Thrombocyten sorgen für Verstärkung und lokalisierte Ausbreitung der Gerinnungskaskade

Die in der thromboplastinabhängigen Initialreaktion lokal erzeugten Faktoren IXa und Xa verlassen zum Teil den Ort ihrer Entstehung. Da beide Faktoren über Gla-Domänen verfügen, können sie calciumabhängig Komplexe auf der Oberfläche der aktivierten Thrombocyten bilden. **Faktor IXa** ist Teil eines Komplexes, der zusätzlich Faktor X aktiviert. Da dabei Faktor X (X = X) proteolytisch gespalten wird, bezeichnet man diesen Komplex auch als **Tenase-** oder **Xase-Komplex.** Für die Entstehung dieses Komplexes ist der **Faktor VIII** von zentraler Bedeutung. Als Hilfsfaktor sorgt er dafür, dass Faktor IXa und Faktor X zusammenfinden. Faktor VIIIa entsteht aus Faktor VIII nach Spaltung durch bereits aktiviertes Thrombin. Dabei wird Faktor VIIIa aus seiner Bindung mit vWF freigesetzt. Nach vollständiger Aktivierung durch Faktor VIIIa erzeugt der Tenasekomplex sehr effizient größere Mengen des **Faktors Xa.**

Die beiden Proteinfragmente, die nach proteolytischer Spaltung des Faktors X entstehen, werden durch eine Disulfidbrücke zusammengehalten. Der Faktor Xa besteht also aus zwei Teilen. Ein Teil enthält die Gla-Domäne und sorgt so für die Membranbindung, der andere Teil besitzt die nun aktive katalytische Proteasedomäne. In dieser Form ist **Faktor Xa** Teil des **Prothrombinasekomplexes** (◻ Abb. 69.4). Auch hier ist ein

◻ **Abb. 69.5** **Strukturen von Vitamin K, Cumarin und einem Cumarinderivat.** Phenprocoumon wird unter dem Handelsnamen Marcumar als Blutgerinnungshemmer eingesetzt

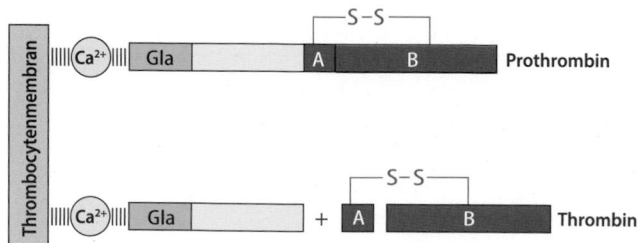

◼ Abb. 69.6 Faktor Xa spaltet Prothrombin zu Thrombin. Prothrombin (579 Aminosäuren) ist über seine Gla-Domäne und Calciumionen mit der Membran aktivierter Thrombocyten assoziiert. Nach zweifacher Spaltung durch den Faktor Xa wird aktives Thrombin freigesetzt. Es besteht aus einer A-Kette (36 Aminosäuren) und einer B-Kette (259 Aminosäuren), die über eine Disulfidbrücke miteinander verbunden sind

Hilfsfaktor notwendig, der den Faktor Xa mit seinem Substrat, dem Prothrombin, zusammenbringt: **Faktor V**, der aber der vorherigen Aktivierung zu **Faktor Va** bedarf. Diese erfolgt sowohl durch den Faktor Xa selbst als auch durch das im Prothrombinasekomplex erzeugte Thrombin.

Mit dem Prothrombinasekomplex aus Faktor Xa, Faktor Va und dem Substrat Prothrombin ist nun das Ende der thromboplastininduzierten Gerinnungskaskade erreicht. Inaktives **Prothrombin (Faktor II)** wird durch proteolytische Spaltung von zwei Peptidbindungen zu aktivem **Thrombin (Faktor IIa)** umgewandelt (◼ Abb. 69.6). Prothrombin ist über seine Gla-Domäne und die Einbindung in den Tenasekomplex noch membrangebunden. Das Spaltprodukt Thrombin bindet nicht mehr an die negativ geladenen Membranphospholipide der aktivierten Thrombocyten. Freigesetztes Thrombin beginnt nun mit der Umwandlung von Fibrinogen zu Fibrin, hat darüber hinaus aber noch viele weitere Substrate. So trägt Thrombin, zum Beispiel durch Spaltung von **proteaseaktivierten Rezeptoren (PAR)** (▶ Abschn. 33.3.3), zur weiteren Aktivierung der Thrombocyten bei.

Da die beschriebene Reaktionsfolge eines Gewebefaktors bedarf (membranständiges Thromboplastin), der in dieser Form nicht im Blut vorkommt, wird sie auch als **extrinsischer Weg** bezeichnet.

Als neue Wirkstoffe zur Behandlung thromboembolischer Erkrankungen stehen die sog. Xabane zur Verfügung. Ihr Wirkungsmechanismus beruht auf einer direkten Hemmung des Faktors Xa. Ihr Vorteil ist, dass ihre Anwendung einen wesentlich geringeren Überwachungsaufwand im Vergleich zu den Cumarinen erfordert.

❯ Thrombin ist ein zentraler Verstärker der Gerinnungskaskade

Es ist lange bekannt, dass zellfreies Blutplasma nach Kontakt mit negativ geladenen Oberflächen wie Glas oder dem Tonmineral Kaolin gerinnt. Da diese Gerinnung unabhängig von Zellen oder Gewebe ablaufen kann und im Reagenzglas allein von den Gerinnungsfaktoren des Blutes abhängt, wird die dazugehörige Kaskade auch als **intrinsischer Weg** bezeichnet. Heute weiß man, dass von aktivierten Thrombocyten ausgeschüttete, **negativ geladene Polyphosphate** das physiologische Substrat zur Auslösung des intrinsischen Wegs sind. Durch Kontakt mit negativen Ladungen wird **Faktor XII (Hageman-Faktor)** aktiviert, der Faktor XI in XIa umwandelt (◼ Abb. 69.4). Hierbei unterstützt Faktor XII seine eigene Aktivierung, indem er inaktives Prokallikrein in aktives Kallikrein umwandelt, welches Faktor XII zu Faktor XIIa spaltet. Zudem setzt Kallikrein aus **H-Kininogen** das proinflammatorische Kinin **Bradykinin** frei, wodurch eine Verbindung zwischen Gerinnung und Entzündungsvorgängen hergestellt wird. Angeborene Defekte in den Genen für Prokallikrein oder Faktor XII haben keine Blutungsneigung zur Folge. Trotzdem ist der intrinsische Weg von besonderer klinischer Bedeutung, da er zu Thrombenbildung ohne die Freilegung subendothelialer Strukturen führen kann. Auslöser kann eine unspezifische Thrombocytenaggregation bei verlangsamtem Blutfluss oder der Kontakt von Blut mit Implantaten (z. B. künstliche Herzklappen) oder Dialysemembranen sein.

Teile des intrinsischen Wegs stellen eine weitere wichtige positive Rückkopplungsachse dar, die durch **Thrombin** aktiviert wird (◼ Abb. 69.4). Wie bereits beschrieben, verstärkt Thrombin durch die Aktivierung der Hilfsfaktoren V und VIII den extrinsischen Weg zur Bildung des Prothrombinasekomplexes. Durch die Spaltung des **Faktors XI** zu **XIa** sorgt Thrombin zudem für eine wirksame Amplifikation über den intrinsischen Weg. Durch Bindung von Substrat und Protease an **GPIbα**, welches schon als Bestandteil des vWF-Rezeptors auf der Thrombocytenoberfläche beschrieben wurde, läuft diese Reaktion bevorzugt im Plättchenthrombus ab. Der so generierte **Faktor XIa** spaltet **Faktor IX** zu IXa und befüttert somit den **Tenasekomplex.**

❯ Durch thrombinkatalysierte Abspaltung der Fibrinopeptide wird Fibrinogen zu Fibrin umgewandelt

Die eigentliche **Blutgerinnung** oder **Koagulation** erfolgt durch die Umwandlung des löslichen Plasmaproteins **Fibrinogen (Faktor I)** zu einem unlöslichen **Fibrinnetzwerk.** Fibrinogen ist ein langgestrecktes, hexameres Protein aus jeweils zwei α-, β- und γ-Untereinheiten. In der Quartärstruktur des Proteins sind jeweils eine α-, β- und γ-Untereinheit parallel angeordnet und über

69

Disulfidbrücken miteinander verknüpft. Zwei solcher αβγ-Trimere verbinden sich über ihre N-terminalen Regionen „Kopf an Kopf". Auch diese Verbindung wird durch Disulfidbrücken stabilisiert. Das resultierende 340 kDa $(αβγ)_2$-Hexamer ist ein langgestrecktes Protein (Abb. 69.7). Die C-terminalen Enden und die Kontaktstelle der beiden Trimere bilden globuläre Domänen aus, die als D- bzw. E-Domänen bezeichnet werden.

Das durch die Blutgerinnungskaskade erzeugte proteolytisch aktive **Thrombin** (Faktor IIa) spaltet von den N-Termini sowohl der α- als auch der β-Untereinheiten jeweils kurze Peptide ab, die als **Fibrinopeptide A** (16 Aminosäuren) bzw. **B** (14 Aminosäuren) bezeichnet werden und wandelt dadurch Fibrinogen zu **Fibrin** (**Faktor Ia**) um. Durch die Abspaltung der Fibrinopeptide werden in der E-Domäne hydrophobe Bereiche freigelegt, die mit den D-Domänen interagieren. Da die E-Domäne über vier Bindestellen und die zwei D-Domänen über je zwei Bindestellen verfügen, können sich ausgedehnte dreidimensionale Netzwerke ausbilden (Abb. 69.7).

Da zwischen den D- und E-Domänen nur nichtcovalente Bindungen bestehen, ist das Fibringefüge noch relativ instabil. Nun tritt der letzte Gerinnungsfaktor auf den Plan. **Faktor XIII** wird durch Thrombin in Faktor XIIIa überführt. Dabei agiert polymerisiertes Fibrin als eine Art Cofaktor, der Protease und Substrat zusammenbringt. Der auf diese Weise erzeugte **Faktor XIIIa** ist das einzige Enzym der Gerinnungskaskade, das keine Protease ist, sondern eine **Transglutaminase** (▸ Abschn. 49.3.2 und 73.2). Faktor XIIIa knüpft in einer **Transamidierungsreaktion** unter Freisetzung von Ammoniak **Isopeptidbindungen** zwischen den Seitenketten von Lysin und Glutamin benachbarter Fibrinmoleküle (Abb. 69.8).

Die Gerinnungskaskade endet also mit der Ausbildung eines stabilen Thrombus aus covalent verknüpftem Fibrin und aggregierten Thrombocyten, in den häufig auch Erythrocyten (roter Thrombus) und Leukocyten eingeschlossen sind. Damit ist die sekundäre Hämostase abgeschlossen und nachfolgende Wundheilungsprozesse werden eingeleitet.

69.1.4 Antikoagulation

> Antikoagulantien verhindern eine unkontrollierte Ausbreitung der Gerinnung.

Zwei wichtige Mechanismen sind dafür verantwortlich, dass die Gerinnungskaskade am Ort der Gewebeverletzung lokalisiert ist:
- Die Initiation der Gerinnungskaskade geht vom **Faktor VIIa/Thromboplastin-Komplex** auf der Oberfläche subendothelialer Zellen aus, die nur nach Gefäßläsionen exponiert sind.
- Die kaskadeverstärkenden **Tenase-** und **Prothrombinasekomplexe** sind an die Oberfläche aktivierter Thrombocyten im Plättchenthrombus gebunden.

Andererseits ist das aktive **Thrombin** nicht mehr oberflächengebunden, sodass die Gefahr besteht, dass Thrombin seine Aktivität über den Ort der Endothelverletzung hinaus ausbreitet. Dabei kann es:
- als **Regulatorprotease** über die beschriebenen positiven Rückkopplungsmechanismen Gerinnungskaskaden auslösen bzw. verstärken,
- als **Effektorprotease** durch die Spaltung von Fibrinogen zu Fibrin Blutgerinnsel erzeugen.

Um eine unkontrollierte Ausbreitung der Gerinnungskaskade zu verhindern, greifen verschiedene Mechanismen ineinander (**Antikoagulation**). Dabei kann man zwischen lokalisierten und generalisierten Mechanismen unterscheiden.

■ Lokalisierter Mechanismus
Bei einem wichtigen lokalisierten Mechanismus ist wiederum die Protease Thrombin involviert, die nun in einer Art negativer Rückkopplung der weiteren Umwandlung von Prothrombin zu Thrombin entgegenwirkt. Endothelzellen, die intaktes Endothel auskleiden und somit eine

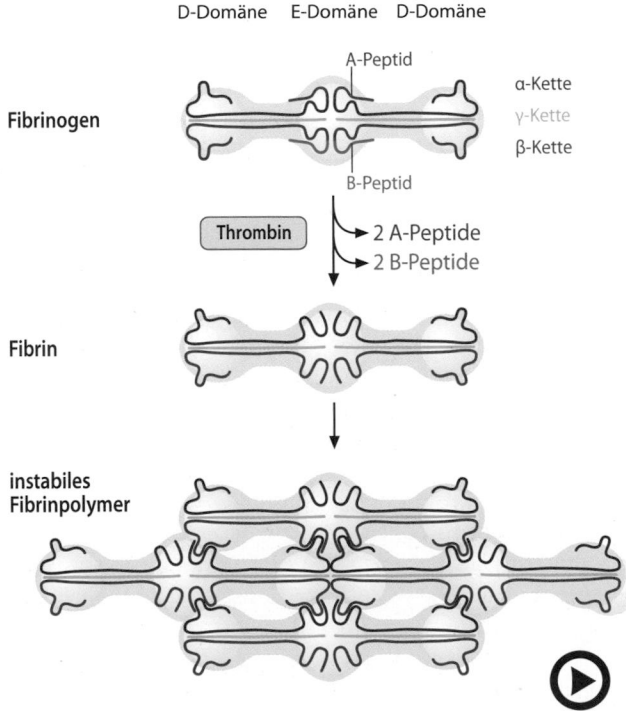

D-Domäne   E-Domäne   D-Domäne

A-Peptid

α-Kette
γ-Kette
β-Kette

Fibrinogen

B-Peptid

Thrombin → 2 A-Peptide
          → 2 B-Peptide

Fibrin

instabiles Fibrinpolymer

 Abb. 69.7 (Video 69.4) **Umwandlung von Fibrinogen zu Fibrin.** (Einzelheiten s. Text) (▸ https://doi.org/10.1007/000-5r6)

◼ Abb. 69.8 (Video 69.5) **Knüpfung einer covalenten Bindung zwischen Lysyl- und Glutaminylresten verschiedener Fibrinmoleküle durch den als Transglutaminase wirkenden Faktor XIIIa** (▶ https://doi.org/10.1007/000-5r3)

Begrenzung der Gefäßläsion markieren, exprimieren einen Thrombinrezeptor, der als **Thrombomodulin** bezeichnet wird. Bindet Thrombin an Thrombomodulin, ändert es seine Substratspezifität und verliert dadurch seine gerinnungsfördernden Eigenschaften. Der **Thrombin/Thrombomodulin-Komplex** ist nun in der Lage, das Plasmaprotein **Protein C** durch proteolytische Spaltung zu aktivieren. Aktiviertes Protein C (**APC**) ist eine Protease, die durch die Bindung an **Protein S**, einem weiteren Plasmaprotein, stark an Aktivität gewinnt. Der APC/Protein S-Komplex spaltet die Hilfsfaktoren **VIIIa** und **Va** und inaktiviert somit sowohl den Tenase- als auch den Prothrombinasekomplex. Sowohl APC als auch Protein S verfügen über eine Gla-Domäne, sodass sie zur Ausübung ihrer Wirkung mit der Oberfläche aktivierter Thrombocyten in Wechselwirkung treten können. Dieser negative Rückkopplungsmechanismus wirkt damit auch am Ort des Geschehens und markiert somit den Übergang von Blutgerinnung zu Fibrinolyse und Wundheilung.

■ **Generalisierter Mechanismus**

Ein wichtiger generalisierter Mechanismus der Antikoagulation beruht auf dem Proteaseinhibitor Antithrombin III (ATIII), ebenfalls ein Plasmaprotein. Nach Aktivierung durch die Cofaktoren **Heparin** oder **Heparansulfatproteoglycan** bindet und inhibiert ATIII mit großer Effizienz **Thrombin** und die thrombingenerierende Protease **Faktor Xa**, aber auch die Faktoren IXa, XIa und XIIa. Die **Heparansulfatproteoglycane** bilden eine heterogene Gruppe von komplex aufgebauten Proteoglycanen (▶ Abschn. 3.1.4 und 16.2.2). Sie zeichnen sich dadurch aus, dass die für Proteoglycane typischen langkettigen Zuckerstrukturen aus repetitiven Einheiten der Disaccharide D-Glucosamin/Glucuronsäure oder D-Glucosamin/Iduronsäure bestehen, die zudem sulfatiert sind. Heparansulfatproteoglycane werden auf der Oberfläche einer Vielzahl von Zellen, darunter auch Endothelzellen, exprimiert und sind Bestandteile der extrazellulären Matrix und von Basalmembranen. **Heparin** ist ein sulfatiertes Glycosaminoglycan aus 15–100 Monosaccharideinheiten, dessen Struktur dem Kohlenhydratanteil der Heparansulfatproteoglycane ähnelt. Heparin wird v. a. von Mastzellen gebildet, aber auch

in der Leber. Für die ATIII-Aktivierung durch Heparansulfatproteoglycane oder Heparin ist eine **Pentasaccharidsequenz** (◼ Abb. 69.9A) von Bedeutung, die hoch affin an ATIII bindet.

ATIII gehört zur Klasse der **SERPINE** (Serin**pr**otease**in**hibitoren), einer großen Familie von Inhibitoren mit einer Molmasse von 40–60 kDa. SERPINE inhibieren Proteasen unter Ausbildung eines stabilen 1:1-Komplexes. Zunächst spaltet die zu inhibierende Serinprotease eine Peptidbindung im *reactive center loop* (RCL) des SERPINs. Dabei geht das Kohlenstoffatom der gespaltenen Peptidbindung eine covalente Bindung mit dem Serinrest im aktiven Zentrum der Protease unter Ausbildung eines Acylesters ein. Gleichzeitig bewirkt die Spaltung des SERPINs eine dramatische Konformationsänderung, die sich über das covalent verknüpfte Serin auf die Protease überträgt. Dadurch wird das aktive Zentrum der Protease in der Weise verändert, dass das Acylintermediat nicht mehr abreagieren kann. Das SERPIN bleibt covalent mit der Protease verknüpft, die Protease ist nun irreversibel inaktiviert (*suicide-substrate* Mechanismus) (◼ Abb. 69.9B).

Die Bindung von ATIII an die Pentasaccharidsequenz führt zu einer Konformationsänderung des ATIII, sodass der zuvor verborgene *reactive center loop* (RCL) exponiert und für die zu inhibierenden Proteasen Thrombin und Faktor Xa zugänglich wird. Thrombin bindet mit niedriger Affinität ebenfalls an Heparansulfatproteoglycane bzw. Heparin. Durch die gleichzeitige Bindung an dieselbe Kohlenhydratkette gelangen Inhibitor und Protease in räumliche Nähe. Thrombin findet nun seinen Inhibitor ATIII durch eindimensionale Diffusion entlang der Zuckerkette (◼ Abb. 69.9B). Beide Effekte zusammengenommen führen dazu, dass Heparansulfatproteoglycane bzw. Heparin die Komplexierung von Thrombin und ATIII um den Faktor 3000 beschleunigen. Die Konformationsänderung nach covalenter Bindung von Thrombin an ATIII führt dazu, dass der Thrombin/ATIII-Komplex die Kohlenhydratstruktur verlässt.

Heparansulfatproteoglycane scheinen das physiologische Gerüst für die Thrombin/ATIII-Interaktion zu sein. Klinisch werden **Heparinpräparate** eingesetzt, um

ATIII zu aktivieren und somit eine Thrombenbildung zu unterdrücken. Die Halbwertszeit des Heparins liegt im Bereich mehrerer Stunden und hängt von Kettenlänge, Dosierung und der Applikation ab, die immer parenteral erfolgt. Der Wirkmechanismus ist von der Kettenlänge abhängig. Man unterscheidet niedermolekulare Heparine (NMH, Kettenlänge 5–17), die v. a. Faktor Xa blockieren, von unfraktionierten Heparinen (UFH, Kettenlänge>18), die neben Faktor Xa auch Thrombin inhibieren. Diese natürlichen Heparine werden aus tierischem Gewebe (u. a. Schweinedarmmukosa) gewonnen. Daneben stehen synthetisch hergestellte Pentasaccharide zur Verfügung, die ebenfalls v. a. gegen Faktor Xa gerichtet sind. Im Gegensatz zum verzögerten Wirkungseintritt der Vitamin-K-Antagonisten tritt die gerinnungshemmende Wirkung von Heparinpräparaten sofort ein.

Eine neue Gruppe von Antikoagulantien sind die direkten Faktor-X-Antagonisten (**Xabene**), die oral eingenommen werden und zunehmend in Konkurrenz zu den Cumarinen treten.

69.1.5 Fibrinolyse

❯ Plasmin spaltet Fibrinnetzwerke.

Ein Fibrinnetzwerk ist nicht auf Dauerhaftigkeit angelegt, sondern dient als Wundverschluss, der während der Wundheilungsprozesse abgebaut wird. Beim Abbau des Fibrins (**Fibrinolyse**) spielt die Serinprotease **Plasmin** eine ähnlich zentrale Rolle wie Thrombin bei dessen Generierung. Dabei ist die Plasminwirkung nicht alleine auf die Fibrinolyse beschränkt, sondern greift auch in Wundheilungsprozesse ein. Eine weitere Parallele zu Thrombin ist, dass auch Plasmin zunächst in

einer inaktiven Vorstufe, dem Plasmaprotein **Plasminogen** vorliegt, welches durch limitierte Proteolyse zu Plasmin umgewandelt wird. Proteasen, die Plasminogen zu Plasmin spalten, werden als **Plasminogenaktivatoren** bezeichnet. Man unterscheidet zwei Plasminogenaktivatoren:

‒ Der **Gewebeplasminogenaktivator** (*tPA* = engl. *tissue plasminogen activator*) wird von Endothelzellen sezerniert und ist v. a. für die intravasale Fibrinolyse zuständig. Da bereits das Proenzym über eine geringe enzymatische Aktivität verfügt, kann es auf

A ATIII aktivierendes Pentasaccharid

B

◻ **Abb. 69.9** (Video 69.6) **Aktivierung von ATIII durch Heparin und Heparansulfate. A** Dargestellt ist eine Pentasaccharidsequenz, die isoliert oder als Bestandteil von Heparin bzw. Heparansulfaten Antithrombin III (ATIII) aktiviert. Essenzielle Sulfatierungsstellen sind *rot* hervorgehoben. ATIII, welches durch ein isoliertes Pentasaccharid aktiviert ist, kann Faktor Xa inhibieren, ist aber nur wenig aktiv gegenüber Thrombin. *R:* Acetyl oder SO$_3^-$; *R':* H oder SO$_3^-$. (Adaptiert nach Kuberan et al. 2003, mit freundlicher Genehmigung von Macmillan Publishers Ltd). **B** Mechanismus der Inaktivierung von Thrombin durch ATIII. ATIII bindet spezifisch an Heparansulfat bzw. Heparin, welches eine Pentasaccharidsequenz (*rot umrandete Sechsecke*) wie in **A** dargestellt enthält. Dies führt zu Exposition des *reactive center loops* (RCL). Thrombin bindet ebenfalls an die Zuckerkette, interagiert mit ATIII und spaltet eine Peptidbindung im RCL unter Ausbildung eines Acylintermediats. Dies führt zur Konformationsänderung mit irreversibler Hemmung des Thrombins und Ablösung des ATIII/Thrombin-Komplexes. Dieser Mechanismus der Thrombininaktivierung greift nur, wenn die Heparansulfat- bzw. Heparinkette aus mindestens 18 Gliedern besteht (► https://doi.org/10.1007/000-5r8)

der Fibrinoberfläche Plasminogen in Plasmin umwandeln. Plasmin wiederum spaltet das Proenzym in die katalytisch aktivere Form, sodass über diese positive Rückkopplung der Vorgang der Fibrinolyse deutlich beschleunigt wird. Eine delokalisierte Wirkung von tPA wird durch den tPA-Inhibitor **Plasminogenaktivatorinhibitor 1 (PAI-1)** verhindert. tPA wird auch gentechnisch hergestellt und zur akuten Therapie von Gefäßverschlüssen eingesetzt.

— Die **Urokinase** (*uPA* = engl. *urokinase-type plasminogen activator*) agiert v. a. im extravasalen Raum und ist für Gewebeumbauprozesse von Bedeutung, die während der Wundheilung, aber auch bei der Tumormetastasierung wichtig sind. Die Urokinase ist erst nach der Bindung an den **uPA-Rezeptor**, einem GPI-verankerten Membranprotein, vollständig aktiv, sodass sich deren Wirkung lokalisiert entfaltet. Im Blut zirkuliert eine **Pro-Urokinase**, die durch Faktor XIIa, Thrombin und Plasmin aktiviert werden kann. Auch Urokinase, die aus Urin gewonnen werden kann, wird zur Thrombolysetherapie eingesetzt.

Streptokinase, ein aus Streptokokken gewonnenes Protein, bindet Plasminogen. Der Komplex aus Streptokinase und Plasminogen ist in der Lage, weiteres Plasminogen zu Plasmin zu spalten. Auf diese Weise wirkt Streptokinase indirekt als Plasminogenaktivator. Beim therapeutischen Einsatz von Streptokinase muss beachtet werden, dass es als körperfremdes Protein antigene Eigenschaften besitzt und die Bildung von Antikörpern hervorruft. Auch eine überstandene Streptokokkeninfektion kann zur Bildung von Antikörpern gegen Streptokinase führen.

Neben Fibrin hat Plasmin viele weitere Substrate. Durch Spaltung von Fibrinogen und aktivierten Gerinnungsfaktoren wirkt Plasmin der Neubildung von Fibrin entgegen. Plasmin übernimmt wichtige Aufgaben in der Wundheilung, indem es Proteasen aktiviert, die für den Umbau der extrazellulären Matrix zuständig sind. Auch die Plasminaktivität wird vielfältig reguliert. Ein direkter Plasmininhibitor ist das zu den SERPINEN gehörige Plasmaprotein **α2-Antiplasmin**.

69.1.6 Pathobiochemie

❯ Mutationen im Faktor-VIII-Gen verursachen Hämophilie A.

Beim gesunden Menschen befinden sich das Gerinnungssystem und das entgegengesetzt wirkende Fibrinolysesystem in einem Gleichgewicht, welches auf einem Netzwerk von aktivierenden und inhibierenden Faktoren beruht. Eine Störung dieser Balance kann eine Blutungsneigung (**Hämophilie**) oder eine Thromboseneigung (**Thrombophilie**) zur Folge haben.

Die bekanntesten hereditären Hämophilien werden durch Mutationen im **Faktor VIII (Hämophilie A)** oder **Faktor IX (Hämophilie B)** hervorgerufen und auch als „Bluterkrankheit" bezeichnet. Beide Gene sind auf dem X-Chromosom lokalisiert, sodass sich die Erkrankungen nur bei Männern klinisch manifestiert. Frauen können ein defektes Gen weitervererben, erkranken selber aber nur sehr selten, da auf dem zweiten X-Chromosom die intakte Kopie des Gens vorliegt. Heterozygote Frauen sind also asymptomatische Überträger der Erkrankung.

Beim männlichen Geschlecht beträgt die Häufigkeit der **Hämophilie A** 1:10.000. Die Schwere des Krankheitsverlaufs hängt von der Art der Mutation und damit von der Restaktivität des Faktors VIII ab. Ist die Restaktivität kleiner als 1 % der normalen Aktivität, so spricht man von schwerer Hämophilie. Milde Formen (5–10 % Restaktivität) können oft unauffällig verlaufen, aber zu bedrohlichen Blutungen bei chirurgischen Eingriffen führen. Besonders problematisch sind innere Blutungen, von denen häufig die großen Gelenke betroffen sind und deren Funktionsverlust nach sich ziehen können (**Hämarthros**). Entgegen landläufiger Meinung werden Blutungen nach kleineren Verletzungen trotz Faktor-VIII-Defizienz rasch gestillt, da die primäre Hämostase (Thrombocytenaggregation) nicht gestört ist. Die **Hämophilie B** zeigt eine ähnliche Symptomatik wie die Hämophilie A, ist aber deutlich seltener (1:60.000).

Hämophilie-A- und Hämophilie-B-Patienten können durch Gabe von Faktor-VIII- bzw. Faktor-IX-Präparaten erfolgreich behandelt werden. Die Gerinnungsfaktoren werden entweder als Konzentrate aus dem Plasma gesunder Spender gewonnen oder gentechnisch hergestellt. Bei einem Teil der Patienten bilden sich mit der Zeit Antikörper gegen die verabreichten Gerinnungsfaktoren aus, wodurch diese unwirksam werden. Diese Komplikation wird als **Hemmkörperhämophilie** bezeichnet.

❯ Funktionsverlust des von-Willebrand-Faktors (vWF) beeinträchtigt die zelluläre Hämostase.

Der **vWF** wurde bereits als wichtiges Protein für die Initiation der primären Hämostase vorgestellt (▶ Abschn. 69.1.2). Darüber hinaus bindet vWF den Faktor VIII und verlängert dadurch dessen Plasmahalblebenszeit. Daher verwundert es nicht, dass bei Mutationen, die zu Veränderungen des vWF führen (**Willebrand-Jürgens-Syndrom**), sowohl die primäre als auch die sekundäre Hämostase betroffen sein können. Das Willebrand-Jürgens-Syndrom ist mit einer Prävalenz von 1 % die häufigste erbliche Erkrankung mit erhöhter Blutungsneigung. Bei den milden Formen ist die Aktivität des vWF nur wenig erniedrigt und die klinischen Symptome sind vergleichsweise schwach ausgeprägt (z. B. stärkere Monatsblutung), sodass die Erkrankung häufig unerkannt bleibt. Die seltenen schweren Formen mit vollständigem Verlust des vWF führen zu einer verlängerten Blutungszeit aufgrund beeinträchtigter primärer Hämostase. Gleichzeitig treten Symptome einer Hämophilie A auf, da der Faktor VIII deutlich erniedrigt ist.

❯ Eine Mutation im Gen des Gerinnungsfaktors V verursacht eine Thrombophilie.

Die häufigste erbliche Form einer Thrombophilie ist die **APC-Resistenz**, die durch eine Faktor-V-Genmutation hervorgerufen wird. Bei der als **Faktor-V-Leiden** bezeichneten Mutation (benannt nach dem Ort der Entdeckung, der niederländischen Stadt Leiden) wird die Aminosäure Arginin an Position 506 des Proteins gegen Glutamin ausgetauscht. Dies führt nun aber nicht zu einem Funktionsverlust wie bei den zuvor beschriebenen Hämophilien, sondern zu einer Stabilisierung des aktivierten Gerinnungsfaktors. Der aktivierte Faktor-Va-Leiden kann nicht mehr durch die aktivierte Protease APC gespalten werden, da durch die Mutation die Spaltstelle verändert ist. Das Gleichgewicht zwischen Fibrinolyse und Gerinnung ist nun Richtung Gerinnung verschoben, was sich in einer allgemeinen Thromboseneigung äußert. Auch heterozygote Träger des mutierten Allels haben ein erhöhtes Thromboserisiko.

Gerinnungsstörungen müssen nicht immer erblich bedingt sein. Die **Verbrauchskoagulopathie** (Synonym: **disseminierte intravasale Gerinnung, DIC**) ist die Folge einer Grunderkrankung wie z. B. einer Sepsis. Sie ist zunächst durch eine vermehrte Bildung von Fibrinthromben mit anschließender reaktiver Fibrinolyse gekennzeichnet. Dadurch werden Gerinnungsfaktoren und Thrombocyten verbraucht, was zu einer erhöhten Blutungsneigung führt. Die Verbrauchskoagulopathie kann zu einem lebensbedrohlichen Organversagen durch Thrombosierung der Mikrozirkulation und massiven Blutungen führen.

Zusammenfassung
Thrombocyten sorgen für die Instandhaltung der Blutgefäße. Kleinere Verletzungen werden durch Adhäsion, Aktivierung und Aggregation der Thrombocyten abgedichtet. Bei der plasmatischen Gerinnung werden Gerinnungsfaktoren in einer Kaskade proteolytischer Reaktionen am Ort der Gefäßläsion aktiviert. Die Umwandlung von Fibrinogen zu Fibrin durch die Protease Thrombin mit anschließender covalenter Stabili-

sierung des Fibrinnetzwerks durch eine Transglutaminase sorgt für einen stabilen Wundverschluss in Form eines Thrombus. Die Verabreichung von Vitamin-K-Antagonisten oder Heparin kann der Gefahr der spontanen Thrombenbildung mit Gefäßverschluss entgegenwirken. Die Protease Plasmin löst Fibringerinnsel durch proteolytische Spaltung des Fibrins auf. Die Umwandlung von Plasminogen zu Plasmin erfolgt durch Plasminogenaktivatoren, die auch klinisch eingesetzt werden, um Fibringerinnsel, die ein Blutgefäß verschließen, aufzulösen. Störungen in den Mechanismen der zellulären Hämostase, plasmatischen Gerinnung und Fibrinolyse können eine Blutungsneigung (Hämophilie) oder spontane Thrombenbildung (Thrombophilie) nach sich ziehen. Hämophilie A und Hämophilie B werden durch Mutationen in den Genen für die Gerinnungsfaktoren VIII bzw. IX ausgelöst. Mutationen im von-Willebrand-Faktor-Gen beeinträchtigen die zelluläre Hämostase.

69.2 Leukocyten

69.2.1 Eigenschaften der Leukocyten

❯ Leukocyten sind Zellen der Immunabwehr.

Unter dem Begriff **Leukocyten** (weiße Blutzellen) werden **Granulocyten**, **Monocyten** und **Lymphocyten** zusammengefasst. Sie sind wichtige Effektorzellen des Immunsystems (▶ Kap. 70). Genau genommen nutzen die Leukocyten das Blut nur als Transportmedium, ihre eigentlichen Funktionen üben sie im extravasalen Raum aus. Dort agieren sie bei der Abwehr körperfremder Organismen und der Eliminierung von körperfremdem Material. Aber auch körpereigene Produkte wie abgestorbene Zellen oder gealterte Biomoleküle werden von Leukocyten entsorgt.

Das Blut eines gesunden Erwachsenen enthält 5000–10.000 Leukocyten/μl. Hämatopoetische Cytokine stimulieren die Neubildung von Leukocyten im Knochenmark (▶ Abschn. 68.1.1). Eine verminderte oder erhöhte Leukocytenzahl wird als **Leukocytopenie** bzw. **Leukocytose** bezeichnet. Stark erniedrigte Leukocytenzahlen führen zu einer erhöhten Infektanfälligkeit. Die bei Entzündungsreaktionen verbrauchten Leukocyten werden durch eine erhöhte Produktion überkompensiert. Daher sind Entzündungen häufig von einer Leukocytose begleitet.

❯ Granulocyten bilden die erste Linie der zellulären Infektabwehr.

Die Bezeichnung **Granulocyten** weist schon darauf hin, dass diese Zellen reich an Granula sind. Aufgrund der unterschiedlichen Anfärbbarkeit der Granula mit verschiedenen organischen Farbstoffen werden sie in **neutrophile, eosinophile** und **basophile** Granulocyten unterteilt.

Die **neutrophilen Granulocyten** stellen mit 50–65 % den Hauptanteil der Leukocyten des Blutes. Die Bildung der neutrophilen Granulocyten im Knochenmark wird maßgeblich durch *G-CSF* (*granulocyte colony-stimulating factor*) stimuliert. Neutrophile Granulocyten zirkulieren für 6–12 h im Blut und haben auch im Gewebe nur eine Lebensdauer von wenigen Tagen. Ihr Durchmesser beträgt 12–15 μm. Reife neutrophile Granulocyten fallen im histologischen Bild durch einen segmentierten Zellkern auf. Die Hauptaufgabe der neutrophilen Granulocyten besteht in der Aufnahme (**Phagocytose**) und dem Abtöten von bakteriellen Krankheitserregern.

Um eingedrungene Keime zu erkennen, exprimieren neutrophile Granulocyten Toll-*like*-Rezeptoren (TLR ▶ Abschn. 35.5.2 und 35.5.4), die konservierte Strukturen von pathogenen Keimen spezifisch binden (*pathogen-associated molecular patterns, PAMPs*). Durch Bindung von Antikörpern (*IgG*) oder Komplementprotein **C3b** kenntlich gemachte Keime oder Partikel (Opsonisierung) werden ebenfalls erkannt, da neutrophile Granulocyten **Fcγ-Rezeptoren** und **Komplementrezeptoren** exprimieren.

Die **Granula** enthalten u. a.:
- **Proteasen** (Cathepsin G, Elastase, Gelatinase)
- andere **hydrolytische Enzyme** (Lysozym, saure Phosphatase, Sialidase, Heparanase)
- **Myeloperoxidase** (s. u.) und
- **antimikrobielle Peptide** (Defensine),

die bei der Bekämpfung von Krankheitserregern zum Einsatz kommen.

Nach dem Abtöten phagocytierter Keime sterben auch die Granulocyten. **Eiter** besteht zu einem Großteil aus abgestorbenen neutrophilen Granulocyten.

Die Bezeichnung **eosinophiler Granulocyt** rührt von der Anfärbbarkeit der Granula mit dem Farbstoff Eosin her. Die Differenzierung der eosinophilen Granulocyten im Knochenmark wird durch die Cytokine **Interleukin-3** (IL-3) und **Interleukin-5** (IL-5) stimuliert. Auch diese Zellen verlassen die Blutbahn nach einigen Stunden und werden zu gewebeständigen Zellen. Sie besiedeln v. a. die Haut und die Schleimhäute der Atemwege und des Gastrointestinaltrakts. Ihre Aufgabe besteht in der Abwehr von Parasiten, die nicht phagocytierbar sind. Zu diesem Zweck exprimieren eosinophile Granulocyten Fcε-Rezeptoren, die Immunglobuline der Klasse E (IgE) binden. Bindung von IgE führt zur Freisetzung der Inhaltsstoffe der Granula, die der Be-

kämpfung der Parasiten dienen. Neben Proteasen und Lipasen sind die basischen Proteine *major basic protein (MBP)* und *eosinophil cationic protein (ECP)* zu nennen, die beide cytotoxisch wirken. Bei allergischen Reaktionen führt die durch IgE ausgelöste Degranulation zur Gewebeschädigung. Auf diese Weise tragen die eosinophilen Granulocyten zur Lungenschädigung bei **Asthma bronchiale** bei. Die Bestimmung des ECP im Serum kann als Indikator für die Aktivität eosinophiler Granulocyten bei allergischen und entzündlichen Erkrankungen dienen.

Die **basophilen Granulocyten** bilden mit weniger als 1 % den kleinsten Anteil der Leukocyten (ca. 100 Zellen/μl). Ihre Aufgaben in der Immunabwehr sind nicht genau bekannt. Auch basophile Granulocyten exprimieren Fcε-Rezeptoren. Dies spricht für eine Funktion dieser Zellen in der Abwehr von Parasiten. Nach Aktivierung der Fcε-Rezeptoren durch polyvalentes IgE werden aus den Granula v. a. Histamin und Heparin freigesetzt. In dieser Hinsicht ähneln die basophilen Granulocyten den **Mastzellen**. Im Gegensatz zu Mastzellen findet man basophile Granulocyten nur selten in normalen Geweben. Sie reichern sich allerdings bei entzündlichen und allergischen Reaktionen im Gewebe an. Dort produzieren sie im Unterschied zu Mastzellen Interleukin-4 (IL-4) und unterstützen somit die humorale Immunantwort (▶ Abschn. 70.9).

> Monocyten differenzieren im Gewebe zu Makrophagen oder Dendritischen Zellen.

Die **Monocyten** sind mit einem Durchmesser von 12–20 μm die größten Leukocyten des Blutes. Sie tragen zu 2–6 % der Leukocytenpopulation bei. *Macrophage colony-stimulating factor* (*M-CSF*) stimuliert die Differenzierung der Monocyten im Knochenmark. Die Monocyten können als ein systemisches Reservoir von Vorläuferzellen angesehen werden, die im Gewebe zu **Makrophagen** oder bestimmten Subpopulationen von **Dendritischen Zellen** differenzieren. Beide Zelltypen sind **phagocytierende** und **antigenpräsentierende** Zellen.

Nach den Granulocyten stellen die **Makrophagen** die zweite zelluläre Verteidigungslinie dar. Im Unterschied zu den neutrophilen Granulocyten sterben die Makrophagen nach Phagocytose von Keimen nicht ab, sondern präsentieren prozessierte Peptidfragmente über *MHCII* (*major histocompatibility complex II*) den T-Lymphocyten. Auf diese Weise wird eine Verbindung zwischen dem angeborenen und dem adaptiven Immunsystem hergestellt (▶ Abschn. 70.4.2 und 70.11). Zudem fördern Makrophagen über die Ausschüttung von proinflammatorischen Cytokinen wie
- Tumornekrosefaktor α (TNFα)
- Interleukin-1 (IL-1)
- Interleukin-6 (IL-6)

69

maßgeblich die lokalen und systemischen Entzündungsreaktionen.

Die systemischen Folgen sind:

— Auslösung von Fieber
— Stimulation der Neubildung von Leukocyten im Knochenmark
— Induktion von Akutphase-Proteinen in der Leber

Durch Expression antiinflammatorischer Cytokine wie

— Interleukin-10 (IL-10)
— *transforming growth factor*-β (TGF-β)

tragen Makrophagen zur Eindämmung und zum Abklingen einer Entzündungsreaktion bei.

Kommt es bei einer Infektion zum Übertritt der Erreger in die Blutbahn (**Sepsis**), können die systemischen Entzündungsreaktionen in einen lebensbedrohlichen **septischen Schock** münden, der von starkem Blutdruckabfall und multiplem Organversagen begleitet ist (*systemic inflammatory response syndrome, SIRS*) (▶ Abschn. 35.5.4).

Zur Erkennung von Keimen, abgestorbenen Zellen oder Partikeln, die phagocytiert werden sollen, exprimieren Makrophagen neben Toll-*like*-Rezeptoren, Fcγ-Rezeptoren und Komplementrezeptoren, sog. *scavenger*-**Rezeptoren** (engl. *scavenger*, Straßenkehrer). Bestimmte *scavenger*-Rezeptoren (CD36, SRAI/II) binden und sorgen für die Endocytose gealterter Lipoproteinpartikel (oxidiertes LDL). Makrophagen, die übermäßig viele LDL-Partikel aufgenommen haben, verändern sich zu sog. **Schaumzellen**, die in den Gefäßwänden entzündliche Prozesse einleiten, die schließlich zur **Atherosklerose** führen.

Das molekulare Arsenal der Makrophagen zum Abtöten aufgenommener Keime ähnelt dem der neutrophilen Granulocyten, ist aber nicht identisch. So unterscheidet man z. B. zwischen der neutrophilen Elastase (MMP-9) und der Makrophagen Elastase (MMP-12). Sie gehören beide zur Familie der **Matrixmetalloproteasen** (MMP) und werden von unterschiedlichen Genen codiert.

❯ Zur Bekämpfung von Keimen werden reaktive Sauerstoffspezies (ROS) erzeugt.

Die rezeptorvermittelte Aufnahme von Keimen oder größeren Partikeln (>1 μm) wird als **Phagocytose** bezeichnet. Dabei bildet sich ein membranumhülltes, flüssigkeitsgefülltes Organell, das **Phagosom**. In phagocytierenden Immunzellen wie neutrophilen Granulocyten oder Makrophagen fusionieren die Phagosomen mit Granula und Lysosomen, die dabei ihre Hydrolasen und weitere antimikrobielle Substanzen in das Lumen

der Phagosomen ausschütten. Protonenpumpen in der Phagosomenmembran senken den pH-Wert im Lumen, sodass die Hydrolasen bei ihrem pH-Optimum wirken können.

Die phagocytierenden Immunzellen verfügen über einen weiteren Mechanismus, um aufgenommene Keime abzutöten, den sog. *oxidative burst* (Synonym: *respiratory burst*). Bei diesem Vorgang werden in großen Mengen **reaktive Sauerstoffspezies** (*reactive oxygen species, ROS*) erzeugt. Die **NADPH-Oxidase** ist das Schlüsselenzym, welches molekularen Sauerstoff unter NADPH-Verbrauch zum **Superoxidanion** reduziert:

$$NADPH + H^+ + 2O_2 \rightarrow NADP^+ + 2H^+ + 2O_2^- \quad (69.1)$$

Das Superoxidanion ist ein **Radikal**, da es ein ungepaartes Elektron enthält, und somit äußerst reaktiv.

Die **NADPH-Oxidase** ist ein komplexes Enzymsystem bestehend aus:

— den membranständigen Untereinheiten **p91**^{phox} und **p22**^{phox}
— den cytoplasmatischen Untereinheiten **p67**^{phox}, **p47**^{phox} und **p40**^{phox}
— einem assoziierten kleinen G-Protein, **rac2**

p91^{phox} (phox = **ph**agocyte **ox**idase) ist die essenzielle katalytische Untereinheit der NADPH-Oxidase. Sie enthält die zum Elektronentransport notwendigen Bestandteile, nämlich ein **Flavin-Adenin-Dinucleotid** und zwei **Häm-Komponenten**. Die zweite membranständige Komponente p22^{phox} assoziiert mit p91^{phox} unter Ausbildung eines heterodimeren Proteins, welches auch als **Cytochrom** b_{558} bezeichnet wird. Die cytoplasmatische Domäne von p22^{phox} stellt die Verbindung zu den cytoplasmatischen Untereinheiten her, die für die signalabhängige Assemblierung des funktionsfähigen Holoenzyms notwendig sind. NADPH wird auf der cytoplasmatischen Seite verbraucht, Superoxidanionen werden auf der extrazellulären, bzw. auf der dem Lumen des Phagosoms zugewandten Seite der Membran erzeugt (◻ Abb. 69.10).

Das Superoxidanion kann in weitere ROS überführt werden. Die **Superoxiddismutase** katalysiert die Disproportionierung zu **Wasserstoffperoxid** und Sauerstoff:

$$O_2^- + O_2^- + 2H^+ \leftrightarrow H_2O_2 + O_2 \quad (69.2)$$

Wasserstoffperoxid kann mit Superoxidanionen unter Bildung hochreaktiver **Hydroxylradikale** reagieren:

$$H_2O_2 + O_2^- \leftrightarrow OH^{\cdot} + OH^- + O_2 \quad (69.3)$$

Die **Myeloperoxidase**, ein weiteres Häm-Protein und charakteristisches Enzym der neutrophilen Granulocyten, erzeugt schließlich im Lumen des Phagosoms aus Wasserstoffperoxid **Hypochloritionen**:

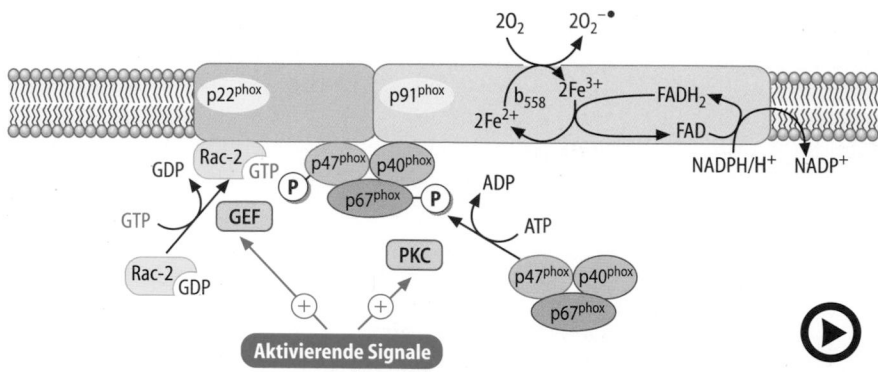

Abb. 69.10 (Video 69.7) **Aufbau und Aktivierung der NADPH-Oxidase.** In ruhenden Zellen liegt der p67phox/p47phox/p40phox-Komplex cytosolisch vor. Nach Aktivierung des Phagocyten erfolgt die Phosphorylierung der cytoplasmatischen Untereinheiten p67phox und p47phox mit nachfolgender Bindung des p67phox/ p47phox/p40phox-Komplexes an die membranständigen p91phox- und p22phox-Untereinheiten. Die Phosphorylierung wird hauptsächlich durch die Proteinkinase C (PKC) katalysiert. Rekrutierung von GTP-beladenem rac2 an die Membran vervollständigt die Aktivierung der NADPH-Oxidase (▶ https://doi.org/10.1007/000-5r9)

$$H_2O_2 + Cl^- \leftrightarrow OCl^- + H_2O \qquad (69.4)$$

Die so erzeugten ROS sind mikrobizid und tragen wesentlich zum Abtöten von Keimen bei. Überschüssiges Wasserstoffperoxid, welches die Membran des Phagosoms passieren kann, wird durch die **Katalase** in Wasser und Sauerstoff umgewandelt und so unschädlich gemacht.

▶ B- und T-Lymphocyten sind Zellen des adaptiven Immunsystems.

Im Stammbaum der Hämatopoese (▶ Abschn. 68.1.1) spaltet sich die Linie der **lymphatischen Stammzelle**, aus der die **Lymphocyten** hervorgehen, schon früh von der **myeloischen Stammzelle** ab, aus der die übrigen Blutzellen gebildet werden. Zunächst entsteht eine lymphocytäre Vorläuferzelle, die im Knochenmark zum B-Lymphocyten reift oder über den Blutweg in den Thymus gelangt und dort zum T-Lymphocyten ausdifferenziert. Knochenmark und Thymus werden auch als **primäre lymphatische Organe** bezeichnet.

Reife T-Lymphocyten und B-Lymphocyten sind auf die Erkennung potenzieller Fremdantigene ausgerichtet. Weitere Differenzierungsprozesse finden in den **sekundären lymphatischen Organen** (Lymphknoten, Milz) nach Kontakt mit einem Antigen statt (▶ Abschn. 70.3). Auch **natürliche Killerzellen** gehen aus der lymphatischen Stammzelle hervor. Sie werden allerdings eher dem angeborenen Immunsystem zugerechnet. Eine ihrer Aufgaben ist die Abtötung von Zellen, die kein MHC I auf der Oberfläche exprimieren und somit potenziell fremd oder virusinfiziert sind.

Die Lymphocyten im Blut sind kleiner als die zuvor beschriebenen Granulocyten. Neben einem relativ großen und runden Zellkern ist oft nur ein dünner Saum an Cytoplasma zu erkennen. Lymphocyten können sich aber nach Antigenkontakt funktionell und morphologisch dramatisch verändern. So geht aus dem B-Lymphocyten die antikörperproduzierende **Plasmazelle** hervor, die durch ein ausgedehntes rauhes endoplasmatisches Retikulum gekennzeichnet ist, an dem die Proteinbiosynthese der zu sezernierenden Antikörper abläuft. Die Lymphocyten machen 25–33 % der Leukocyten des Blutes aus. Man nimmt an, dass im Blut nur 1 % der gesamten Lymphocyten zirkuliert. Die weitaus größere Zahl befindet sich im extravasalen Raum und insbesondere in den lymphatischen Organen. B- und T-**Gedächtniszellen** sind die langlebigsten Leukocyten mit einer Lebensdauer von mehreren Jahren.

69.2.2 Diapedese

Das Gefäßendothel stellt die natürliche Barriere zwischen den im Blut zirkulierenden Leukocyten und dem extravasalen Gewebe dar. Auch die Plasmaproteine können das Endothel nicht ohne weiteres passieren, da die Zell-Zell-Kontakte durch *tight junctions* und *adherens junctions* (▶ Abschn. 12.1.1) abgedichtet sind. Ruhendes Endothel tritt nicht in Kontakt mit Leukocyten. Die Situation ändert sich schlagartig, sobald Krankheitserreger in das Gewebe eingedrungen sind. Im Rahmen der Entzündungsreaktion ausgeschüttete Mediatoren erhöhen die Durchlässigkeit (**Permeabilität**) des Endothels und bewirken, dass bestimmte Populationen der Leukocyten das Endothel passieren können. In der frühen Entzündungsphase sind dies v. a. neutrophile Granulocyten, später folgen Monocyten und Lymphocyten.

Der Durchtritt von Leukocyten durch die Endothelzellschicht und die darunter liegende Basalmembran wird als **Diapedese** bezeichnet (▶ Abb. 69.11). Der komplexe Vorgang kann in mehrere Schritte unterteilt werden:

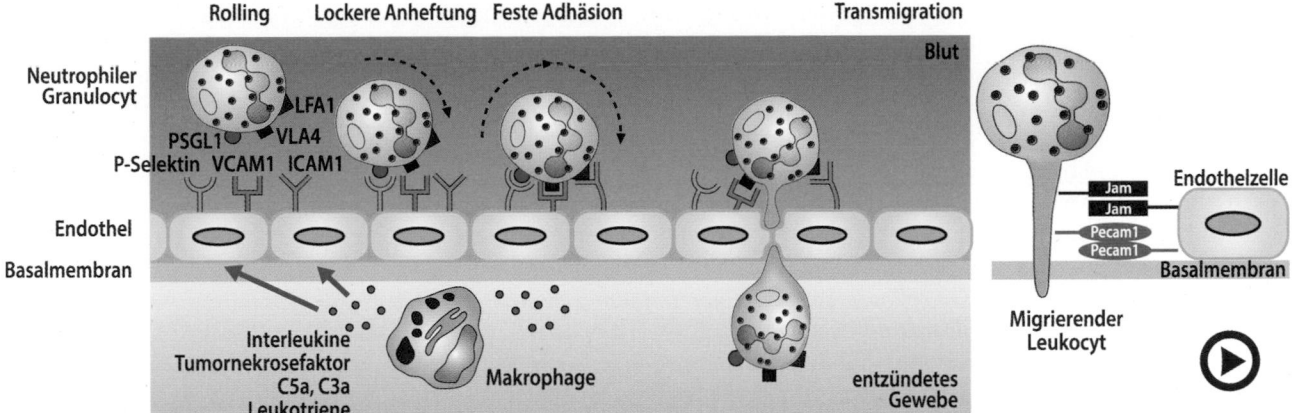

◘ Abb. 69.11 (Video 69.8) **Die einzelnen Phasen der Diapedese von neutrophilen Granulocyten.** Einige wichtige Interaktionen von Membranproteinen sind dargestellt. Einzelheiten s. Text. *ICAM1: intercellular adhesion molecule 1; JAM: junctional adhesion molecules;* *LFA1: lymphocyte function-associated antigen 1; PECAM1: platelet/ endothelial cell adhesion molecule 1; PSGL1: P-selectin glycoprotein ligand 1; VCAM1: vascular cell adhesion molecule 1; VLA4: very late antigen 4* (► https://doi.org/10.1007/000-5ra)

— eine erste Kontaktaufnahme, bei der sich Leukocyten an das Endothel anheften (*tethering*) und dann an ihm entlangrollen (*rolling*)
— Aktivierung der Leukocyten gefolgt von einer stabileren Verbindung mit den Endothelzellen (*activation* und *arrest*)
— Durchtritt der Leukocyten durch die Endothelzellschicht (Transmigration)

❯ Selectine auf der Oberfläche von Endothelzellen sorgen für das Anheften und Rollen der Leukocyten.

Eine erste Reaktion der Endothelzellen auf einen Entzündungsreiz erfolgt innerhalb weniger Minuten und kommt ohne die Neusynthese von Proteinen aus. Sie wird durch die Bindung von Entzündungsmediatoren an G-Protein-gekoppelte Rezeptoren (GPCR) ausgelöst. Die nachfolgende G-Protein-vermittelte Aktivierung der β-Isoform der Phospholipase C (PLCβ) führt durch Spaltung des Membranlipids Phosphatidylinositol-4,5-Bisphosphat (PIP$_2$) zur Generierung von Inositol-1,4,5-Trisphosphat (IP$_3$) und somit zur Erhöhung der cytoplasmatischen Konzentration an Calciumionen (Ca^{2+}) (► Abschn. 35.3.2.1). Die erhöhte Ca^{2+}-Konzentration bewirkt eine Kontraktion der Actinfilamente, die mit den *tight junctions* und *adherens junctions* verknüpft sind. Dadurch entstehen Lücken zwischen den Endothelzellen, sodass nun Plasma in das Gewebe eindringen kann. Dies führt zur **Schwellung** der entzündeten Stelle. Die mit dem Plasma eingeschwemmten Plasmaproteine bilden eine Matrix für weitere Entzündungsvorgänge.
Endothelzellen besitzen sekretorische Granula, die als **Weibel-Palade-Körperchen** bezeichnet werden. Die erhöhte Ca^{2+}-Konzentration bewirkt nun auch die Mobilisierung der Granula durch Exocytose. Dies führt zur

Freisetzung des **Chemokins** Interleukin-8 (neuere Bezeichnung: **CXCL8**) und zur Exposition von **P-Selectin** auf der blutzugewandten, luminalen Oberfläche der Endothelzellen.
Selectine gehören zu den Zelladhäsionsmolekülen. Man unterscheidet:
— **E-Selectin** (E = Endothel)
— **L-Selectin** (L = Leukocyten)
— **P-Selectin** (P = engl. *platelet*, Blutplättchen)

Die Selectine sind alle ähnlich aufgebaut: sie bestehen aus einem extrazellulären Teil, einer einzelnen Transmembrandomäne und einem kurzen cytoplasmatischen Teil. Von besonderer Bedeutung ist die N-terminale **lectinähnliche Domäne**. Sie bindet spezifisch an Kohlenhydratstrukturen von Glycoproteinen, die Sialinsäuren enthalten.
Die initiale Bindung von Leukocyten an das aktivierte Endothel wird v. a. durch endotheliales **P-Selectin** vermittelt, welches auch auf aktivierten Thrombocyten exprimiert wird (◘ Abb. 69.11). Später erscheint auch **E-Selectin** auf der Endotheloberfläche. Der Bindungspartner auf der Oberfläche der Leukocyten ist ein Glycoprotein namens *P-selectin glycoprotein ligand 1* (**PSGL1**). Um als P-Selectinligand zu dienen, ist neben der Ausstattung der Kohlenhydratkette mit Sialinsäure (Sialylierung) und Fucose (Fucosylierung) eine ungewöhnliche weitere posttranslationale Modifikation notwendig: bestimmte N-terminale Tyrosinreste des PSGL1 müssen sulfatiert sein. Neben PSGL1 gibt es weitere Zelloberflächenproteine wie **CD24** und **CD44**, die an P-Selectin binden (nicht in ◘ Abb. 69.11 dargestellt).

❯ Chemokinrezeptoren und Integrine vermitteln die Aktivierung der Leukocyten.

Das Anheften und Rollen der Leukocyten wird v. a. durch Selectine vermittelt (**Selectinphase**). Darauf folgt die Aktivierung der Leukocyten mit der Konsequenz der integrinvermittelten festeren Anbindung an das Endothel (**Integrinphase**). Diese Reaktionen werden v. a. durch proinflammatorische Cytokine wie Tumornekrosefaktor (**TNF-α**) und Interleukin-1 (**IL-1**) ausgelöst, welche das Endothel zur Synthese von weiteren Zelladhäsionsmolekülen wie *intercellular adhesion molecule 1* (*ICAM1*) und *vascular cell adhesion molecule 1* (*VCAM1*) sowie von **Chemokinen** anregen. Die Diffusion der löslichen Chemokine wird durch Bindung an **Heparansulfatproteoglycane** auf der luminalen Seite der Endothelzellen verhindert.

Die so immobilisierten Chemokine binden an **Chemokinrezeptoren** auf der Oberfläche der Leukocyten, welche zur Familie der G-Protein-gekoppelten Rezeptoren gehören. Die aktivierten Chemokinrezeptoren leiten das Signal über eine Erhöhung der Konzentration an Calciumionen rasch weiter an die cytoplasmatischen Domänen von **Integrinen** wie *lymphocyte function-associated antigen 1* (**LFA1**) und *very late antigen 4* (**VLA4**) (◘ Abb. 69.11). Daraufhin erfolgt eine Konformationsänderung der extrazellulären Domänen der Integrine (*inside-out signalling*). Durch diesen Vorgang erhöht sich sofort die Affinität der Integrine der Leukocyten zu den Zelladhäsionsmolekülen des Endothels und bewirkt den **Arrest** (feste Adhäsion) der Leukocyten auf der Oberfläche des Endothels. Umgekehrt führt die Bindung der Zelladhäsionsmoleküle an die aktivierten Integrine zu einem Signal in den Leukocyten (*outside-in signalling*), welches zu deren **Aktivierung** beiträgt. **Integrine** sind also vielseitige Rezeptoren, deren Affinität zum Liganden modulierbar ist und die Informationen über die Plasmamembran in beide Richtungen weitergeben können.

❯ Leukocyten passieren die Endothelzellschicht und die Basalmembran.

Die Passage der aktivierten Leukocyten durch die Endothelzellschicht (**Diapedese**) dauert nur wenige Minuten. Sie wird durch eine Vielzahl von Zelladhäsionsmolekülen vermittelt, deren Signale an das Cytoskelett der Zellen weitergegeben werden. Neben den bereits beschriebenen Membranproteinen sind hier die *junctional adhesion molecules* (**JAM-A**, **-B** und **-C**) und das *platelet/endothelial cell adhesion molecule 1* (**PECAM1**) von besonderer Bedeutung, die homophile oder heterophile Interaktionen mit Integrinen eingehen (◘ Abb. 69.11). Daraus resultiert eine gerichtete Bewegung des Leukocyten zwischen benachbarten Endothelzellen (**parazellulär**) oder sogar durch eine Endothelzelle hindurch (**transzellulär**).

Die das Endothel umgebende **Basalmembran** und eine im Vergleich zum Endothel löchrige Schicht von **Pericyten** sind die letzten Hürden für den Durchtritt der Leukocyten in das Gewebe. Leukocyten exprimieren **Integrine**, welche **Laminine** und **Kollagen IV**, die Hauptkomponenten der Basalmembran, erkennen. Neuere Untersuchungen deuten darauf hin, dass die Basalmembranen Bereiche von geringer Proteindichte aufweisen, die gleichzeitig an Pericyten verarmt sind. Dort erfolgt der erleichterte Durchtritt der Leukocyten unter proteolytischem Umbau der Basalmembran durch Proteasen wie z. B. die **Elastase** der neutrophilen Granulocyten. Verschiedene **Chemokine** weisen den Leukocyten den Weg zum Einsatzort im Gewebe.

69.2.3 Pathobiochemie

❯ Mutationen in den Genen der NADPH-Oxidase schwächen die Abwehr gegenüber Bakterien.

Die **chronische** oder **septische Granulomatose** macht deutlich, wie wichtig der *oxidative burst* für eine wirksame Abwehr von Krankheitserregern ist. Diese seltene Erbkrankheit wird durch Mutationen in Genen für die Untereinheiten der NADPH-Oxidase verursacht. Es sind über 400 verschiedene Mutationen beschrieben, von denen die Mehrzahl im gp91^{phox}-Gen auftritt, welches auf dem X-Chromosom lokalisiert ist. Die übrigen Mutationen treten in den gp22^{phox}-, gp47^{phox}- oder gp67^{phox}-Genen auf, deren Vererbung autosomal-rezessiv verläuft. Die Mutationen führen meist zu einem Verlust der Expression der betroffenen Untereinheit, was mit einem vollständigen Funktionsverlust der NADPH-Oxidase einhergeht. Betroffene Phagocyten wie z. B. neutrophile Granulocyten sind zwar noch in der Lage, Krankheitserreger durch Phagocytose aufzunehmen, können diese aber nicht mehr abtöten. Die Erkrankung führt zu chronisch-rezidivierenden bakteriellen Infektionen, die schlecht auf Antibiotika ansprechen, da die Erreger in den Zellen geschützt sind.

> **Zusammenfassung**
>
> Die Population der Leukocyten besteht aus Monocyten, neutrophilen, eosinophilen und basophilen Granulocyten sowie B- und T- Lymphocyten. Leukocyten sind Zellen des Immunsystems mit Aufgaben in der Bekämpfung von Krankheitserregern, aber auch der Entsorgung abgestorbener körpereigener Zellen oder gealterter Biomoleküle. Die NADPH-Oxidase der phagocytierenden Leukocyten erzeugt unter Sauerstoff- und NADPH-Verbrauch große Mengen des Su-

69

peroxidanions $O_2^{-\cdot}$. Dieses Radikal kann enzymatisch und nicht-enzymatisch in andere reaktive Sauerstoffspezies überführt werden. Die reaktiven Sauerstoffspezies wirken als Mikrobizide. Entzündungsmediatoren im entzündeten Gewebe bewirken eine erhöhte Permeabilität des Gefäßendothels für Blutplasma und Leukocyten. Der Durchtritt von Leukocyten durch das Endothel (Diapedese) ist ein koordinierter, komplexer Vorgang, der durch die regulierte Abfolge der Expression von Zelladhäsionsmolekülen, Chemokinen und Chemokinrezeptoren gesteuert wird.

Weiterführende Literatur

Thrombocyten – Blutgerinnung und Fibrinolyse

Coller BS, Shattil SJ (2008) The GPIIb/IIIa (integrin alphaIIbbeta3) odyssey: a technology-driven saga of a receptor with twists, turns, and even a bend. Blood 112:3011–3025

Dementiev A, Petitou M, Herbert JM, Gettins PG (2004) The ternary complex of antithrombin-anhydrothrombin-heparin reveals the basis of inhibitor specificity. Nat Struct Mol Biol 11: 863–867

Gailani D, Broze GJ Jr (1991) Factor XI activation in a revised model of blood coagulation. Science 253:909–912

Gettins PG, Olson ST (2009) Exosite determinants of serpin specificity. J Biol Chem 284:20441–20445

Hanahan DJ (1986) Platelet activating factor: a biologically active phosphoglyceride. Annu Rev Biochem 55:483–509

Herr AB, Farndale RW (2009) Structural insights into the interactions between platelet receptors and fibrillar collagen. J Biol Chem 284:19781–19785

Jackson SP (2007) The growing complexity of platelet aggregation. Blood 109:5087–5095

Kuberan B, Lech MZ, Beeler DL, Wu ZL, Rosenberg RD (2003) Enzymatic synthesis of antithrombin III-binding heparan sulfate pentasaccharide. Nat Biotechnol 21:1343–1346

Lane DA, Philippou H, Huntington JA (2005) Directing thrombin. Blood 106:2605–2612

Li W, Johnson DJ, Esmon CT, Huntington JA (2004) Structure of the antithrombin-thrombin-heparin ternary complex reveals the antithrombotic mechanism of heparin. Nat Struct Mol Biol 11:857–862

Mosesson MW (2005) Fibrinogen and fibrin structure and functions. J Thromb Haemost 3:1894–1904

Mosnier LO, Zlokovic BV, Griffin JH (2007) The cytoprotective protein C pathway. Blood 109:3161–3172

Pober JS, Sessa WC (2007a) Evolving functions of endothelial cells in inflammation. Nat Rev Immunol 7:803–815

Ruggeri ZM, Mendolicchio GL (2007) Adhesion mechanisms in platelet function. Circ Res 100:1673–1685

Shattil SJ, Newman PJ (2004) Integrins: dynamic scaffolds for adhesion and signaling in platelets. Blood 104:1606–1615

Spiel AO, Gilbert JC, Jilma B (2008) von Willebrand factor in cardiovascular disease: focus on acute coronary syndromes. Circulation 117:1449–1459

Leukocyten

Auffray C, Sieweke MH, Geissmann F (2009) Blood monocytes: development, heterogeneity, and relationship with dendritic cells. Annu Rev Immunol 27:669–692

Bazzoni G, Dejana E (2004) Endothelial cell-to-cell junctions: molecular organization and role in vascular homeostasis. Physiol Rev 84:869–901

Borregaard N, Sorensen OE, Theilgaard-Monch K (2007) Neutrophil granules: a library of innate immunity proteins. Trends Immunol 28:340–345

Collot-Teixeira S, Martin J, McDermott-Roe C, Poston R, McGregor JL (2007) CD36 and macrophages in atherosclerosis. Cardiovasc Res 75:468–477

DeCoursey TE (2004) During the respiratory burst, do phagocytes need proton channels or potassium channels, or both? Sci STKE 2004:pe21

Hampton MB, Kettle AJ, Winterbourn CC (1998) Inside the neutrophil phagosome: oxidants, myeloperoxidase, and bacterial killing. Blood 92:3007–3017

He JQ, Wiesmann C, van Lookeren Campagne M (2008) A role of macrophage complement receptor CRIg in immune clearance and inflammation. Mol Immunol 45:4041–4047

Heyworth PG, Cross AR, Curnutte JT (2003) Chronic granulomatous disease. Curr Opin Immunol 15:578–584

Jackson SP, Calkin AC (2007) The clot thickens – oxidized lipids and thrombosis. Nat Med 13:1015–1016

Jutras I, Desjardins M (2005) Phagocytosis: at the crossroads of innate and adaptive immunity. Annu Rev Cell Dev Biol 21: 511–527

Kansas GS (1996) Selectins and their ligands: current concepts and controversies. Blood 88:3259–3287

Karasuyama H, Mukai K, Tsujimura Y, Obata K (2009) Newly discovered roles for basophils: a neglected minority gains new respect. Nat Rev Immunol 9:9–13

Klebanoff SJ (2005) Myeloperoxidase: friend and foe. J Leukoc Biol 77:598–625

Ley K, Laudanna C, Cybulsky MI, Nourshargh S (2007) Getting to the site of inflammation: the leukocyte adhesion cascade updated. Nat Rev Immunol 7:678–689

Min B (2008) Basophils: what they ‚can do‘ versus what they ‚actually do‘. Nat Immunol 9:1333–1339

Mosser DM, Edwards JP (2008) Exploring the full spectrum of macrophage activation. Nat Rev Immunol 8:958–969

Muller WA (2003) Leukocyte-endothelial-cell interactions in leukocyte transmigration and the inflammatory response. Trends Immunol 24:327–334

Parker LC, Whyte MK, Dower SK, Sabroe I (2005) The expression and roles of Toll-like receptors in the biology of the human neutrophil. J Leukoc Biol 77:886–892

Patel KD, Cuvelier SL, Wiehler S (2002) Selectins: critical mediators of leukocyte recruitment. Semin Immunol 14:73–81

Peiser L, Mukhopadhyay S, Gordon S (2002) Scavenger receptors in innate immunity. Curr Opin Immunol 14:123–128

Petri B, Bixel MG (2006) Molecular events during leukocyte diapedesis. Febs J 273:4399–4407

Pober JS, Sessa WC. (2007b) Evolving functions of endothelial cells in inflammation. Nat Rev Immunol 7: 803–815

Quinn MT, Gauss KA (2004) Structure and regulation of the neutrophil respiratory burst oxidase: comparison with nonphagocyte oxidases. J Leukoc Biol 76:760–781

Rittirsch D, Flierl MA, Ward PA (2008) Harmful molecular mechanisms in sepsis. Nat Rev Immunol 8:776–787

Silverstein RL, Febbraio M (2009) CD36, a scavenger receptor involved in immunity, metabolism, angiogenesis, and behavior. Sci Signal 2:re3

Stuart LM, Ezekowitz RA (2008) Phagocytosis and comparative innate immunity: learning on the fly. Nat Rev Immunol 8:131–141

Tapper H (1996) The secretion of preformed granules by macrophages and neutrophils. J Leukoc Biol 59:613–622

Tussiwand R, Bosco N, Ceredig R, Rolink AG (2009) Tolerance checkpoints in Bcell development: Johnny B good. Eur J Immunol 39:2317–2324

Venge P, Bystrom J, Carlson M, Hakansson L, Karawacjzyk M, Peterson C, Seveus L, Trulson A (1999) Eosinophil cationic protein (ECP): molecular and biological properties and the use of ECP as a marker of eosinophil activation in disease. Clin Exp Allergy 29:1172–1186

Wang S, Voisin MB, Larbi KY, Dangerfield J, Scheiermann C, Tran M, Maxwell PH, Sorokin L, Nourshargh S (2006) Venular basement membranes contain specific matrix protein low expression regions that act as exit points for emigrating neutrophils. J Exp Med 203:1519–1532

Weber C, Zernecke A, Libby P (2008) The multifaceted contributions of leukocyte subsets to atherosclerosis: lessons from mouse models. Nat Rev Immunol 8:802–815

Woodfin A, Voisin MB, Nourshargh S (2007) PECAM-1: a multifunctional molecule in inflammation and vascular biology. Arterioscler Thromb Vasc Biol 27:2514–2523

69

Immunologie

Siegfried Ansorge und Michael Täger

Ziel dieses Kapitels ist es, die Bedeutung des Immunsystems und seiner biochemisch kontrollierten Prozesse für die Medizin zu vermitteln. Das gilt sowohl für die Schutzfunktion des Immunsystems im Rahmen der Abwehr von Fremderregern als auch für den Bruch der immunologischen Toleranz. Letzteres bezeichnet die nahezu allen chronischen Erkrankungen zugrunde liegenden Entgleisungen der Immunantwort durch den partiellen Verlust der Fähigkeit zur Unterscheidung zwischen „Selbst" und „Nicht-Selbst". Es ist wichtig zu verstehen, dass das Immunsystem nicht nur ein extrem gut funktionierendes Sicherheitssystem repräsentiert, sondern selbst auch die Ursache vieler Erkrankungen sein kann, und dass eine Überfunktion des Immunsystems in der Medizin vielleicht häufiger anzutreffen ist als ein Immunmangel. Zum Verständnis dieser Vorgänge gehören die Kenntnis der wichtigsten zellulären und stofflichen Instrumente und ihrer molekularen Wirkungsmechanismen. Ein besonderes Ziel ist es, die Dimension der Leistung des Immunsystems zur Erhaltung der Integrität des Organismus zu verstehen. Schwerpunkte werden auf die biochemischen Mechanismen der Antigenerkennung sowie die molekulargenetischen Grundlagen der Immunantwort gelegt, die das System in die Lage versetzen, gegenüber einer fast unbegrenzten Zahl möglicher Antigene zu unterscheiden. Die hier genutzten biochemischen Vorgänge sind einzigartig und in keinem anderen Organsystem zu finden.

Schwerpunkte

70.1 Rolle des Immunsystems
- Entzündung – Inflammation

70.2 Unspezifische, angeborene Immunantwort
- Zelluläre und humorale Faktoren
- Komplement

70.3 Das spezifische, adaptive Immunsystem
- Immunologische Toleranz

70.4 Instrumente und Mechanismen der Antigenerkennung
- MHC-/HLA-System

70.5 Prozessierung und Präsentation von Protein-Antigenen
- Immunproteasom und endogene Antigene
- Endocytose von exogenen Antigenen

70.6 Zellen der spezifischen Immunantwort
- CD-Nomenklatur
- T-Lymphocyten-Populationen

70.7 Mechanismen der T-Zell-Aktivierung
- T-Zell-Rezeptor und Signaltransduktion
- Superantigene
- Cytotoxische T-Zellen

70.8 B-Lymphocyten
- B-Zell-Rezeptor
- B-Zell-T-Zell-interaktion
- Plasmazellen

70.9 Antikörper
- Struktur
- IgG, IgA, IgM, IgE, IgD
- Antikörper in der Medizin
- Monoklonale Antikörper

70.10 Zirkulation von Lymphocyten
- Diapedese

70.11 Interaktionen der unspezifischen, angeborenen und spezifischen adaptiven Immunantwort
- Chemotaxis

70.12 Immunabwehr von Mikroorganismen
- Bakterien und Viren

70.13 Pathobiochemie
- Allergien
- Autoimmunerkrankungen
- Transplantatabstoßung

Ergänzende Information Die elektronische Version dieses Kapitels enthält Zusatzmaterial, auf das über folgenden Link zugegriffen werden kann https://doi.org/10.1007/978-3-662-60266-9_70. Die Videos lassen sich durch Anklicken des DOI Links in der Legende einer entsprechenden Abbildung abspielen, oder indem Sie diesen Link mit der SN More Media App scannen.

© Springer-Verlag GmbH Deutschland, ein Teil von Springer Nature 2022
P. C. Heinrich et al. (Hrsg.), *Löffler/Petrides Biochemie und Pathobiochemie*, https://doi.org/10.1007/978-3-662-60266-9_70

70.1 Rolle des Immunsystems

> Das Immunsystem – ein fast perfektes System der Überwachung und Abwehr.

Grundlage aller Lebensvorgänge eines Organismus ist die permanente Kontrolle und Erhaltung seiner Integrität. Das betrifft insbesondere die Wahrnehmung von physikalischen oder chemischen Schädigungen von Organen und Geweben, den Befall mit pathogenen Parasiten, Bakterien, Pilzen und Viren sowie das Auftreten von mutierten Genprodukten im Rahmen einer Neoplasie.

Diese Kontrolle erfolgt über ein vielschichtiges System von über die Blut- und Lymphbahnen bewegten Zellen des Immunsystems (Lymphocyten, Makrophagen u. a.) und eine große Zahl humoraler, z. B. im Blut, Lymphe und Liquor vorkommender, löslicher Faktoren (u. a. Cytokine, Hormone, Immunglobuline). Das Immunsystem ist über den gesamten Organismus verteilt. Eine zentrale Rolle spielen die primären lymphatischen Organe Thymusdrüse und Knochenmark sowie die sekundären lymphatischen Organe Lymphknoten, Schleimhäute, Milz und Tonsillen. Die wichtigsten an einer Immunantwort beteiligten Zellen sind: antigenpräsentierende Zellen (Makrophagen und dendritische Zellen), Thymus-geprägte T-Lymphocyten (T-Zellen) und Knochenmark-geprägte B-Lymphocyten (B-Zellen). Letztere differenzieren zu antikörperproduzierenden Plasmazellen. Die zelluläre Kommunikation erfolgt sowohl direkt über Zell-Zell-Kontakte als auch über Cytokine. Alle Zellen des Immunsystems können über das Blut- und Lymphgefäßsystem den Ort einer lokalen Entzündung oder Verletzung erreichen. Diese gezielten Wanderungen von Zellen werden über gefäßaktive Eicosanoide (Prostaglandine und Prostacycline), Adhäsionsmoleküle, Komplementfaktoren und Chemokine reguliert.

Alle Bereiche der Antwort des Immunsystems auf Fremdstoffe oder zelluläre Veränderungen (**Immunantwort**) sowie die Reaktion von Produkten dieser Immunantwort (sensibilisierte Zellen oder Antikörper) mit fremden Strukturen oder Zellen (**Immunreaktion**) sind biochemische Vorgänge. Das Immunsystem nutzt zwei unterschiedliche funktionelle Systeme, die miteinander eng vernetzt sind und jeweils sowohl aktivierende als auch supprimierende Mechanismen beinhalten (◧ Abb. 70.1):

- ein **angeborenes, unspezifisch wirkendes** Arsenal an Zellen und Molekülen, das die erste, frühe Phase der Abwehr von Krankheitserregern bestimmt (**primäre Immunantwort**) und

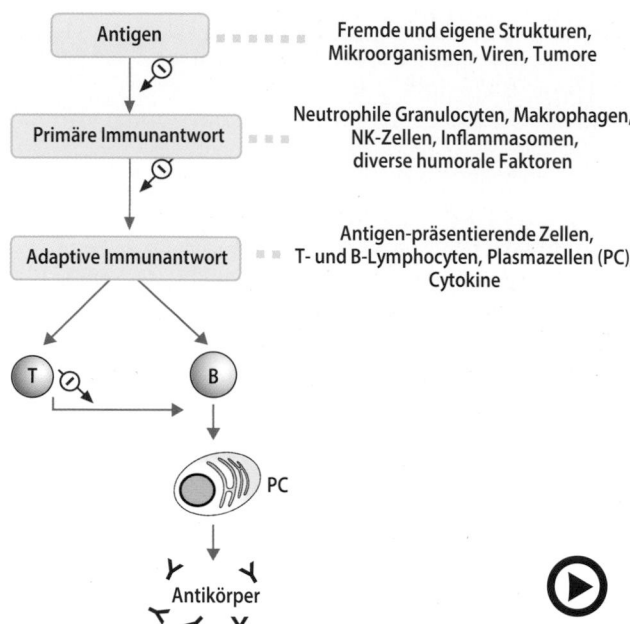

◧ **Abb. 70.1** (Video 70.1) **Ebenen der Immunantwort.** Für jede Ebene gibt es aktivierende (→) und supprimierende (⊖) Mechanismen. *T:* T-Lymphocyten, *B:* B-Lymphocyten; *PC:* Plasmazellen. (Einzelheiten s. Text) (▶ https://doi.org/10.1007/000-5rw)

- ein selektiv wirkendes System, das die ***antigenspezifische*** (**erworbene bzw. adaptive**) Immunantwort steuert und einige Tage verzögert nach Infektion zur Wirkung gelangt. Diese im Laufe des Lebens erworbene Fähigkeit vermag gegen jedwede fremdartige Substanz eine spezifische Immunantwort aufzubauen und toleriert im Idealfall dabei aber jede körpereigene Struktur.

Die Fähigkeit zwischen „Selbst" und „Nicht-Selbst" hochspezifisch zu unterscheiden, liegt in der genomischen Organisation von T- und B-Lymphocyten begründet. Für jede denkbare Struktur entwickelt der Organismus beim Aufbau der antigenspezifischen, adaptiven Immunantwort mindestens einen spezifischen Lymphocyten-Klon sowie einen Antikörper.

An jeder Immunantwort auf ein fremdes Antigen sind immunaktivierende, aber auch immunsupprimierende Vorgänge, die über spezielle Zellen und Faktoren gesteuert sind, beteiligt. Im gesunden Organismus sind diese Prozesse aufeinander abgestimmt und ausbalanciert. Störungen dieser Balance führen zu pathogenen Zuständen, wie einer überschießenden Immunantwort bei Autoimmunerkrankungen (z. B. Multiple Sklerose) und Allergien (z. B. Asthma bronchiale) oder einer Unterfunktion wie bei AIDS, aber auch z. T. bei Tumorerkrankungen.

70

Entzündung – Inflammation. Viele Funktionen des Immunsystems spiegeln die Vorgänge der Entzündung wider. Entzündungen können ausgelöst werden durch

- physikalische Einflüsse wie ultraviolette oder ionisierende Strahlung, Hitze oder Kälte,
- mechanische Einflüsse wie Schnitt- und Schürfverletzungen,
- Chemikalien und
- Infektionen mit Viren, Bakterien und Parasiten.

Das makroskopische Erscheinungsbild aller Entzündungen ist schon vor 2000 Jahren sehr treffend durch Celsus beschrieben worden. Dazu gehören die Rötung, die Schwellung, die Temperaturerhöhung und der Schmerz (*ruber et tumor cum calore et dolore*). 200 Jahre später ist durch den Mediziner Galen ein fünftes Charakteristikum hinzugefügt worden, der Funktionsverlust des betroffenen Gewebes (*functio laesa*). In der modernen Medizin wird der Begriff Entzündung sehr weit gefasst und spielt streng genommen bei allen krankhaften Veränderungen eine zentrale Rolle. Bei allen Entzündungen ist zunächst die unspezifische, angeborene Immunantwort

mit all ihren Zellen und Faktoren beteiligt. Sie bewirken auch die Veränderungen in der Mikrozirkulation, die Schwellung und Temperaturerhöhung. Später wird die spezifische Immunantwort mit T- und B-Zellen sowie Antikörpern integriert, wobei natürlicherweise jede Entzündung ihr spezifisches zelluläres und molekulares Muster aufweist. Oft sind es die immunologischen Abwehrvorgänge selbst, die zur eigentlichen Schädigung und Zerstörung der Zellen und Organe führen. Hervorzuhebende entzündliche Erkrankungen sind

- Autoimmunerkrankungen wie die Arteriosklerose, Multiple Sklerose, Schuppenflechte und Rheuma,
- Allergien wie Asthma bronchiale und Heuschnupfen,
- Transplantatabstoßungsreaktionen,
- Alzheimer-Erkrankung,
- Morbus Parkinson und
- Diabetes mellitus.

Die Erkenntnis der letzten Jahre, dass vielen Tumorerkrankungen chronisch-entzündliche Prozesse an den betroffenen Organen vorausgehen, unterstreicht die Bedeutung der Entzündungen in der Medizin.

70.2 Unspezifische, angeborene Immunantwort

Die unspezifische Immunantwort, die unmittelbar oder wenige Stunden nach Schädigung oder Fremdkontakt erfolgt, bezeichnet man als angeborene oder natürliche Immunantwort (◘ Abb. 70.2). Zu ihr gehören physikalische Barrieren, wie das Epithel der Haut und Schleimhaut, Fettsubstanzen, Schleim und Zilien sowie unterschiedliche Zellen und Faktoren, deren Wirkung und Konzentration aktivierungsabhängig erhöht oder erniedrigt werden. Diese Vorgänge sind unspezifisch und haben nichts mit der spezifischen Diskriminierung des Immunsystems zwischen „Selbst" und „Fremd" zu tun. Die wesentlichen Charakteristika der angeborenen Immunantwort sind die schnelle Erkennung einer Schädigung oder eines Fremdkontaktes, die Versorgung des Ortes des Geschehens mit Zellen der primären, unspezifischen Immunantwort und die Vorbereitung einer spezifischen Immunantwort.

70.2.1 Zelluläre Komponenten der angeborenen Immunantwort

Zu den zellulären Komponenten der unspezifischen Immunantwort zählen Epithelzellen, Monocyten, Makrophagen, dendritische Zellen, neutrophile Granulocyten und NK-Zellen sowie andere in (◘ Tab. 70.1) aufgeführte Zellen mit selektiver Wirkung. Sie können auch an der Überleitung der unspezifischen in die spezifische oder adaptive Immunantwort direkt oder indirekt beteiligt sein.

Eine besondere Organisationsform der angeborenen Immunantwort ist der intrazellulär in myeloischen Zellen (Monocyten, Makrophagen, Granulocyten) vorkommende Multiproteinkomplex mit der Bezeichnung **Inflammasom**. Nach Aktivierung dieses Komplexes kommt es zur Bindung und Aktivierung der Proteinase Caspase-1, welche die proinflammatorischen Cytokine IL-1ß und IL-18 aus ihren jeweiligen Vorstufen freisetzt und damit zur INF-γ Sekretion sowie NK-Zell-Aktivierung führt.

Bisher sind 4 verschiedene Formen des Inflammasoms bekannt, die sich durch unterschiedliche Zusammensetzungen der Multiproteinkomplexe unterscheiden. Sie reagieren spezifisch auf endogene oder externe Signale, wie virale DNA, Bakterien, Liposomen, kristallisiertes Cholesterin, Harnsäure oder Asbest-Strukturen. Entsprechend kommt es zu mikrobiellen Inflammationen oder Gicht bzw. Asbestose.

Erste Hinweise auf Zellen in der immunologischen Abwehr. Der russische Zoologe Elie Metschnikoff hat dazu schon 1883 einen berühmt gewordenen experimentellen Beleg erbracht. Er applizierte Seesternlarven einen Rosendorn unter die Haut und fand am nächsten Tag um diesen Dorn herum eine starke Ansammlung von Makrophagen. Damit konnte erstmalig gezeigt werden, dass neben löslichen Molekülen, also humoralen Faktoren, auch Zellen eine wichtige Rolle bei der Abwehr spielen.

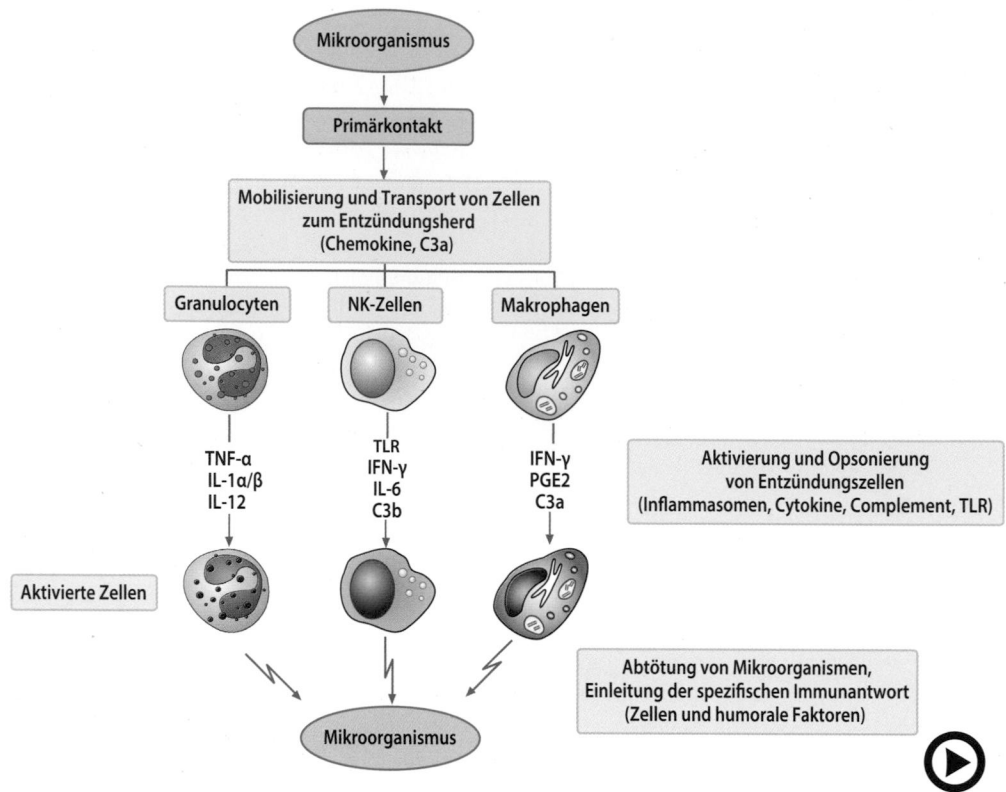

◘ Abb. 70.2 (Video 70.2) **Synopsis der primären, unspezifischen Immunantwort auf Mikroorganismen.** *C3a/b:* Komplementfaktor C3a/b; *IFN-γ:* Interferon-γ; *IL:* Interleukin; *NK-Zellen:* Natürli-che Killerzellen; *PGE2:* Prostaglandin E2; *TLR:* Toll-*like* Rezeptoren; *TNF-α:* Tumornekrosefaktor-α. (Einzelheiten s. Text) (► https://doi.org/10.1007/000-5rc)

◘ Tab. 70.1 Zellen der unspezifischen Immunantwort und ihre Lokalisation

Zellen	Lokalisation
Epithelzellen	Haut, Schleimhaut, Gefäße
Monocyten	Blut, Gewebe
Makrophagen	Gewebe
Neutrophile Granulocyten	Blut, Gewebe
Natürliche Killerzellen (NK)	Blut, Lymphknoten, Milz, Peritoneum
Dendritische Zellen (DC)	Blut, Lymphknoten, Milz
Langerhans-Zellen	Haut
Mastzellen	Haut, Schleimhaut, Lymphknoten, Milz
Mikroglia	CNS
Basophile Granulocyten	Blut, Gewebe, Haut
Eosinophile Granulocyten	Blut, Gewebe, Bronchialschleimhaut

70.2.2 Humorale Faktoren

Neben den Zellen gibt es eine wachsende Zahl löslicher Faktoren wie Cytokine, Chemokine und Hormone (► Kap. 34), die direkt oder regulierend in die primäre Immunantwort eingreifen (◘ Tab. 70.2). Früh wirksame Faktoren sind das in Sekreten vorkommende Lysozym, Komplementfaktoren sowie die Cytokine, z. B. Tumornekrosefaktor-α (TNF-α), bzw. Interleukine (IL): IL-1α/β, IL-6, IL-12, IL-18 und Chemokine, die die Heranführung von Immunzellen an den Ort der Entzündung fördern. **IL-6** z. B. aus Makrophagen induziert in den Hepatocyten der Leber die Freisetzung von **C-reaktivem Protein** (CRP), einem Akutphase-Protein, das heute in der Diagnostik von Entzündungen einen festen Platz hat. CRP wurde ursprünglich als ein Protein identifiziert, welches mit dem C-Polysaccharid aus der Zellwand von Pneumokokken reagiert. CRP bindet an Phosphatidylcholinreste auf Bakterienoberflächen. Es ermöglicht dabei als Opsonin die für die Bakterienabwehr wichtige Komplementaktivierung über die Bindung an den Komplementfaktor C1q. Opsonine werden Stoffe genannt, die die Aufnahme und Verdauung von Mikroorganismen durch Makrophagen erleichtern.

70

◘ Tab. 70.2 Humorale Faktoren der angeborenen Immunantwort

Faktoren	Beispiele
Proinflammatorische Cytokine	IL-1α/ß, TNF-α, IL-6, IL-12, IL-18, IFN-γ
Chemokine	CXCL8 (IL-8), SDF-1 (CXCL12)
Akutphase-Proteine	CRP, Alpha-1-Antitrypsin, Serum Amyloid A
Toll-*like*-Rezeptoren	TLR2, TLR 4
Eicosanoide	Prostaglandine, Prostacycline, Leukotriene
Defensine	hBD1, hBD2
Sauerstoffspezies	H_2O_2, Hypochloritanionen, Superoxidanionen
Stickstoffmonoxid	NO
Komplementfaktoren	C3a, C3b
Proteasen	Granulocytenelastase, Proteinase 3
Inflammasomen	IL-1α/ß
Myeloperoxidase	MPO

hBD1/2: *human-beta-defensin*-1/2; SDF-1: *stromal-derived-factor*-1

Proinflammatorische Cytokine wie IL-6, TNF-α und IL-1 (▶ Abschn. 34.2) haben neben ihrer aktivierenden Wirkung auf Immunzellen und Endothelzellen auch eine pyrogene, d. h. fieberinduzierende Wirkung im Hypothalamus. Zu den Instrumenten der frühen Abwehr aus Makrophagen und Granulocyten gegen Viren, Bakterien und Parasiten zählen Toll-*like* Rezeptoren, Stickstoffmonoxid (NO), reaktive Sauerstoffmetabolite sowie proteolytische Enzyme (z. B. Caspasen, Proteinase 3, Granulocyten-Elastase, Cathepsine). Die Phagocytose von Mikroorganismen wird von Mannose- und *scavenger*-Rezeptoren unterstützt, während die Freisetzung von proinflammatorischen Cytokinen hauptsächlich auf der Aktivierung von **Inflammasomen** und **Toll-*like*-Rezeptoren** (TLR, benannt nach dem Drosophila-Protein Toll) beruht. Beim Menschen kennt man 10 verschiedene TLRs, die unterschiedliche Mikroorganismenstrukturen erkennen. Dazu gehören Lipopolysaccharid von Gram-negativen oder Lipoteichonsäure von Gram-positiven Bakterien, bakterielles Flagellin, nicht-methylierte CpG-Motive bakterieller DNA oder virale doppelsträngige RNA. Darüber hinaus vermitteln TLR die Signaltransduktion in die Zelle. Lipopolysaccharid (LPS oder Endotoxin) wird von dem Ober-

flächenmolekül CD14 gebunden (▶ Abschn. 35.5.4), das zusammen mit TLR-4 ein Signal zur Produktion proinflammatorischer Cytokine und reaktiver Sauerstoffmetabolite vermittelt. Ein limitierender Schritt der Abwehr ist die schnelle Heranführung von Zellen der unspezifischen Immunantwort an den Ort der Entzündung. Dies erfolgt unter der Mithilfe von **Chemokinen** (▶ Abschn. 34.2.4) und den unter dem Begriff **Eicosanoide** (▶ Abschn. 22.3.2) zusammengefassten Prostaglandinen, Prostacyclinen, Leukotrienen und Thromboxanen (z. B. PGE2 und PGH2, PGI2). Darüber hinaus sind die **Komplementfaktoren** C3a, C3b und C5a beteiligt, die neben der Förderung der Entzündung eine **Opsonierung** (bessere Verdaubarkeit), d. h. eine Markierung der Mikroorganismen für phagocytierende Zellen ermöglichen. Für unterschiedliche Zellen sind teilweise verschiedene Faktoren verantwortlich, was seine Erklärung in der selektiven Ausstattung der Zellen mit entsprechenden Rezeptoren für diese Faktoren hat. An der Frühphase der Immunantwort gegen Viren sind besonders natürliche Killerzellen (NK-Zellen, *natural killer cells*) beteiligt. NK-Zellen sind größere Granula-enthaltende Lymphocyten, die sich von T- oder B-Lymphocyten unterscheiden. Sie werden durch Interferone, IL-1, IL-12 und IL-18 aktiviert und sind an der Zerstörung von virusinfizierten Zellen oder Tumorzellen beteiligt. **Defensine** sind kationische Peptide (29–35 Aminosäuren) Lysosomen-ähnlicher Granula von Makrophagen, Granulocyten und Epithelzellen der Darmschleimhaut mit direkter mikrobizider Wirkung. Von den mehr als 20 verschiedenen Defensinen spielen einige eine wichtige Rolle in der Kontrolle und Abwehr von Darmbakterien in der Darmschleimhaut.

70.2.3 Das Komplementsystem

Das Komplementsystem besteht aus mehr als 25 verschiedenen Proteinen, die frei im Blut zirkulieren oder teilweise als Membranstrukturen auf Zellen lokalisiert sind. Ein Teil dieser Proteine sind Serinproteasen. Das Komplementsystem dient vor allem der Abwehr von Mikroorganismen. Es besitzt für sich nicht die Fähigkeit der spezifischen Abwehr und wird von daher der unspezifischen, angeborenen Immunantwort zugerechnet.

Unter Einbeziehung von spezifischen Antikörpern wird es allerdings zu einem Instrument der spezifischen, adaptiven Immunantwort und ordnet sich damit zwischen den beiden Ebenen der Immunantwort ein.

Das Komplementsystem kann auf drei Wegen aktiviert werden (◘ Abb. 70.3). Der limitierende Schritt ist immer die Umwandlung von C3 in C3b und C3a, die sog. C3-Konvertierung.

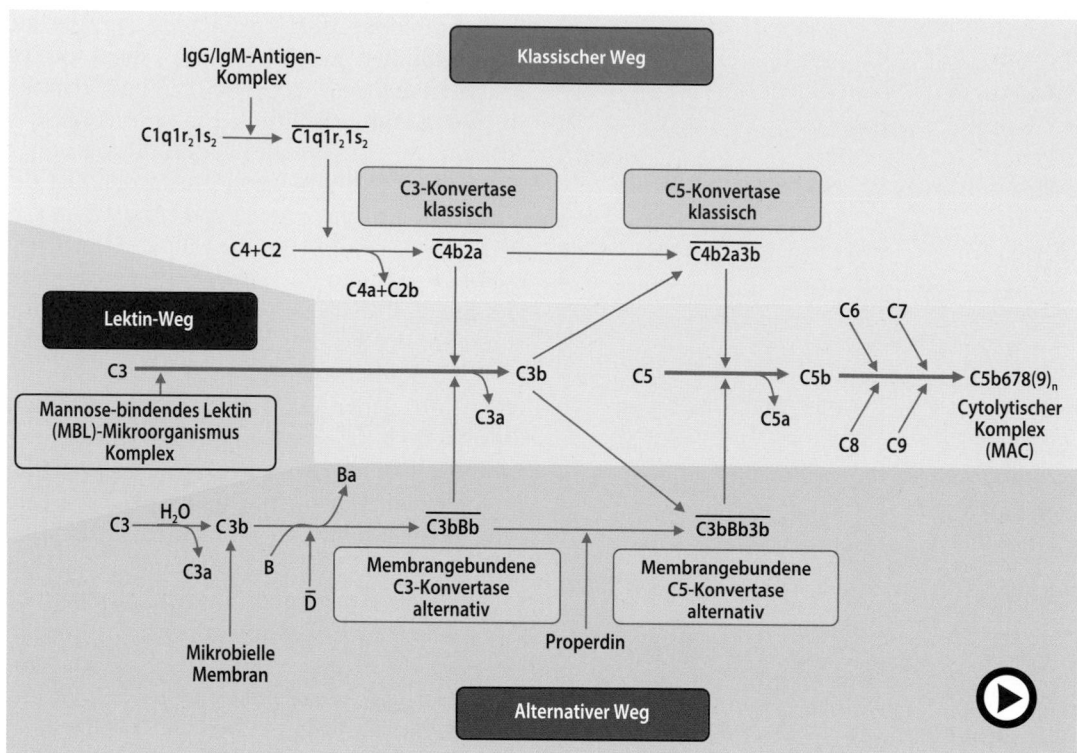

Abb. 70.3 (Video 70.3) **Wege und Mechanismen der Aktivierung des Komplementsystems.** (Einzelheiten s. Text) (▶ https://doi.org/10.1007/000-5rd)

Bei der **klassischen Komplementaktivierung** leiten spezifische Antikörper, die an die Oberfläche von Mikroorganismen gebunden sind, durch Aktivierung von C1 die Bildung der C3-Konvertase ein.

Beim **Lektinweg** bindet ein mannosebindendes Protein des Blutes an terminale Mannosereste von Glykoproteinen an der Oberfläche von Bakterien und übernimmt die C3-Konvertasefunktion.

Bei der **alternativen Komplementaktivierung** wird dieser Vorgang spontan durch Mikroorganismen ausgelöst und durch Bindung von C3b an deren Oberfläche weitergeführt.

C3b initiiert alle weiteren Schritte der Komplementaktivierung, die final in der Bildung eines Multiproteinkomplexes (cytolytischer Komplex), der eine Porenbildung in der Membran der Mikroorganismen ermöglicht, mündet.

Die Bildung des cytolytischen Komplexes ($C5b678[9]_n$), auch als **MAC** (*membrane attack complex*) bezeichnet, auf der Oberfläche führt zur Abtötung von Mikroorganismen und allogenen Zellen (genetisch differenten Zellen einer Spezies).

 Wichtigste Funktionen des Komplementsystems:

— Markierung (Opsonierung) von Mikroorganismen zur Aufnahme und Abtötung in phagocytierenden Zellen (C3b).

— Aktivierung und Beeinflussung der Leucotaxis (zielgerichtete Bewegung) von Leukocyten (C5a, Ba).
— Aktivierung von Mastzellen und Granulocyten zur Freisetzung von Mediatoren, die auf die Blutgefäße wirken (Anaphylatoxine, C3a, C4a, C5a).
— Mitwirkung bei der Entsorgung von Antigen-Antikörper-Immunkomplexen.

Klassische Komplementaktivierung (**Abb. 70.3 oben**)
Spezifische Antikörper gegen Mikroorganismen (IgG, IgM) binden an deren Oberfläche und werden über den Fc-Teil für die Wechselwirkung mit C1-Komponenten (ein Molekül C1q, zwei Moleküle C1r und C1s) zugänglich. Für die weitere Komplementaktivierung sind 2 Moleküle IgG oder 1 Molekül IgM notwendig; IgA-, IgE- oder IgD-Antikörper bewirken keine Aktivierung (▶ Abschn. 70.9.3). C1q besteht aus drei Polypeptidketten, die über die Bindung an ein IgM-Molekül bzw. zwei oder mehr IgG-Moleküle so verändert werden, dass C1r aktiviert und autoproteolytisch in die aktivierte Serinprotease C1r umgewandelt wird (proteolytisch aktive Faktoren werden durch einen horizontalen Balken markiert, **Abb. 70.3**). Durch sie wird die Serinprotease C1s im C1-Komplex aktiviert.

Die **aktive C1s-Serinprotease** katalysiert die Spaltung des Plasmaproteins C4 in C4a und C4b sowie von C2 in C2a und C2b, nach Bindung von C2 an das, an die

Bakterienmembran fixierte, C4b. Der gebildete Komplex aus C4b und C2a ist ebenfalls eine Protease und wird als **C3-Konvertase** bezeichnet. Sie katalysiert die Schlüsselreaktion der Komplementaktivierung, die Konversion von C3 in C3a, das eine lokale **Entzündungsreaktion** auslöst, und C3b, das an die Bakterienoberfläche bindet. C3b aber auch C4b werden kovalent über Thioesterbindungen an die Oberflächenproteine der Mikroorganismen fixiert, was die Komplementreaktionen lokal eingrenzt.

C3b kann in großer Menge an Bakterien binden und wird in dieser Form über den **C3b-Rezeptor** (CR1, CD35) von phagocytierenden Zellen wie Granulocyten, Makrophagen, B-Zellen, aber auch T-Zellen erkannt. Damit wird die Aufnahme so markierter Mikroorganismen und deren Verdauung (Opsonierung) durch Phagocyten erleichtert.

Nach Anlagerung eines C3b-Moleküls an den C4b2a-Komplex (C3-Konvertase) entsteht der C4b2a3b-Komplex, der als **C5-Konvertase** die Umwandlung von C5 in C5a und C5b katalysiert. Damit wird die Voraussetzung für die Ausbildung des cytolytischen Komplexes MAC geschaffen. Das durch die C5-Konvertase gebildete C5b wird konsekutiv mit C6, C7 und C8 sowie mehreren (bis zu 18) C9-Molekülen in einen MAC (*membrane attack complex*) ($C5b678[9]_n$) umgewandelt. Er ermöglicht durch die Wechselwirkung des hydrophoben Teils von C9 mit der Zellmembran die Bildung einer Pore, durch die Ionen und Wasser in die Zelle eindringen und eine Zerstörung des Bakteriums bewirkt wird.

Lektinabhängige Komplementaktivierung (◼ Abb. 70.3 *Mitte*) Mikroorganismen können in Abwesenheit von Antikörpern auch über das mannosebindende Lektin (MBL) eine Komplementaktivierung auslösen. MBL ähnelt in seiner Struktur C1 und bewirkt, zusammen mit der MBL-assoziierten Serinprotease (MASP-2) eine C4/C2-Aktivierung und über die C3-Konvertase die Bildung der C5-Konvertase (in ◼ Abb. 70.3 nicht dargestellt).

Alternative Komplementaktivierung (◼ Abb. 70.3 unten) Die alternative Komplementaktivierung ist, im Gegensatz zur klassischen Komplementaktivierung, nicht antigenspezifisch. Sie kann auf der Oberfläche von fremden Mikroorganismen, nicht aber autogenen Zellen oder in Lösung durch spontan oder über den klassischen Weg gebildetes C3b ausgelöst werden. Bei der **alternativen** Komplementaktivierung wird der Faktor B durch C3b an die Oberfläche des Bakteriums gebunden. Der Faktor B entspricht strukturell C2. Nach Bindung an C3b wird Faktor B durch die Plasmaprotease Faktor D in Bb und Ba überführt. Dabei entsteht der Komplex C3bBb, der der C3-Konvertase des klassischen Wegs entspricht. Durch weitere Anlagerung von C3b entsteht, wie beim

klassischen Weg, die alternative C5-Konvertase, die durch **Properdin**, ein 220 kDa Protein, stabilisiert wird. Die weiteren Reaktionen entsprechen denen der terminalen Schritte der klassischen Komplementaktivierung. Interessanterweise sind nicht nur Antikörper die Auslöser der klassischen Komplementaktivierung. Auch andere Strukturen wie denaturierte DNA, Heparin, bakterielle Endotoxine und Harnsäurekristalle sind dazu in der Lage. Vielleicht erklärt letzteres die Entzündung und Schmerzinduktion bei Gicht, die durch vermehrte Harnsäureablagerung charakterisiert ist.

> **Übrigens**
>
> **Der Cobra-Giftfaktor C3 ähnelt C3b.** Eine der alternativen Komplementaktivierung ähnliche Wirkung kann mit dem Gift der Cobraschlange erreicht werden. Der Cobra-Giftfaktor C3 ähnelt C3b und induziert *in vitro* im Plasma eine starke Komplementaktivierung. Wie später beschrieben wird, ist die endogene Komplementaktivierung unter der Kontrolle von speziellen Plasmaproteinen, die aber keine Wirkung auf den Cobra-Giftfaktor haben.

Komplementrezeptoren An der Oberfläche verschiedener Immunzellpopulationen (Monocyten, Makrophagen, B-Lymphocyten, polymorphkernige Granulocyten), aber auch auf Erythrocyten werden Komplementrezeptoren exprimiert. Die Komplementrezeptoren CR1 (CD35) und CR3 (CD11b/CD18) sind insbesondere für die Initiierung der Phagocytose von Bakterien bedeutend. Der Komplementrezeptor CR2 (CD21) ist hauptsächlich auf B-Lymphocyten lokalisiert. Als Bestandteil des B-Zell-Rezeptor-Komplexes ist er in die B-Zell-Aktivierung durch Antigene eingebunden (▶ Abschn. 70.8.2). Er fungiert darüber hinaus als Rezeptormolekül für das Epstein-Barr-Virus. Lösliche Antigen-Antikörper-Komplexe werden durch Komplementrezeptoren auf Erythrocyten aus dem Blutkreislauf eliminiert. Diverse lösliche Antigene bilden Antigen-Antikörper-Immunkomplexe, durch die Komplement direkt aktiviert werden kann. Nach Assoziation von aktivierten C3b- und C4b-Molekülen an diese Immunkomplexe erfolgt über CR1 die Bindung an die Erythrocytenoberfläche. Über den Blutkreislauf gelangen diese in Leber und Milz, wo die Immunkomplexe durch Makrophagen von der Oberfläche eliminiert werden. Werden Immunkomplexe hier nicht vollständig entfernt, kann durch Anlagerung an kapilläre Basalmembranen z. B. im Nieren-Glomerulum eine Funktionsbeeinträchtigung der Nieren (Immunkomplex-Glomerulonephritis) resultieren.

Die Komplementfragmente C3a, C4a und C5a verursachen durch Kontraktionen der glatten Muskulatur sowie Erhöhung der Gefäßpermeabilität eine lokale inflammatorische Reaktion. C5a lockt polymorphkernige Granulocyten und Monocyten chemotaktisch an Gefäßwände. Dies ist die Voraussetzung für die Migration in das Entzündungsgebiet. C3a, C4a und C5a wirken darüber hinaus als Auslöser einer anaphylaktischen Reaktion (Anaphylatoxine).

Regulation der Komplementaktivierung Säugerzellen exprimieren auch Proteine, die die Komplementaktivierung kontrollieren. Der C1-Inhibitor stoppt die Komplementaktivierung auf einer frühen Stufe der C1-Aktivierung, indem er C1r/C1s selektiv bindet und somit die weitere Aktivierung der Komplementkaskade hemmt. Sein Fehlen bewirkt eine Erkrankung, die als **hereditäres angioneurotisches Ödem** bezeichnet wird. **CD59**, ein Membranprotein, unterbindet die Bildung von MAC (*membrane attack complex*) durch Hemmung der Bindung von C9 an den C5b678-Komplex. Das Fehlen von CD59 führt zur **paroxysmalen (anfallsartigen) nächtlichen Hämoglobinurie**, einer Komplement-mediierten Lyse von Erythrocyten.

Zusammenfassung

Die natürliche, angeborene Immunantwort ist nicht substanzspezifisch.

Die wichtigsten Zellen der natürlichen Immunantwort sind neutrophile Granulocyten, Makrophagen und NK-Zellen. Die daran beteiligten Faktoren sind u. a.
- Inflammasomen,
- Toll-*like* Rezeptoren,
- proinflammatorische Cytokine wie IL-1, IL-6, TNF-α, IL-12 und IL-18,
- Chemokine wie CXCL8 (IL-8) und
- Eicosanoide wie Prostaglandine, Prostacycline, Thromboxane und Leukotriene.

Direkt in die Abwehr eingebundene Faktoren der angeborenen Immunität sind:
- Sauerstoffmetabolite, z. B. Wasserstoffsuperoxid,
- Akutphase-Proteine, z. B. CRP,
- Komplementfaktoren,
- Myeloperoxidase,
- Defensine,
- proteolytische Enzyme wie Granulocytenelastase und
- toxische Granulabestandteile.

Komplementsystem
- Das Komplementsystem umfasst Plasmaproteine, die mittels einer proteolytischen Kaskade in spezielle Komponenten umgewandelt werden. Diese sind an der Opsonierung von Mikroorganismen, osmotischen Lyse von Zellen, Chemokinese von Phagocyten und als Anaphylatoxine an der Freiset-

zung von Mediatoren aus Mastzellen und Granulocyten beteiligt.
- Komplement kann durch den klassischen Weg über Antikörper (IgG, IgM), den alternativen Weg (Bakterien-gebundenes C3b), oder den Lektinweg aktiviert werden.
- Wichtige Reaktionen sind die proteolytische Umwandlung von C3 in C3a und C3b sowie C5 in C5a und C5b und die Bildung des cytolytischen Komplexes MAC.
- C3a, C4a und C5a wirken als Anaphylatoxine, C5a wirkt darüber hinaus aktivierend und chemotaktisch auf neutrophile Granulocyten; C3b und C5b sind Opsonine.
- Die Zell-Lyse erfolgt durch den Poren-bildenden cytolytischen Komplex, MAC, C5b678(9)$_n$.
- Die Komplementrezeptoren CR1 (CD35) und CR3 (CD11b/CD18) koppeln C3b an Phagocyten.
- Überschießende Komplementaktivierungen werden durch Antagonisten wie den C1-Inhibitor kontrolliert.

70.3 Das spezifische, adaptive Immunsystem

70.3.1 Was erkennt das Immunsystem?

Die vom Immunsystem spezifisch erkannten körpereigenen und fremden Stoffe werden **Antigene** genannt. Dies können lösliche aber auch auf Zellen und Mikroorganismen vorkommende Strukturen sein. Die stärksten Antigene sind Proteine. Niedermolekulare Stoffe wie Medikamente (z. B. Penicillin), Ionen (z. B. Zn^{2+}) oder Haushaltschemikalien können für sich nicht als Antigene wirken. Sie erhalten erst nach Bindung an ein körpereigenes Protein eine Antigenfunktion und werden **Haptene** genannt. Eine Immunantwort richtet sich gegen spezielle Bereiche eines Proteins, die **Determinanten** oder **Epitope** genannt werden. Man unterscheidet Sequenz- und Konformationsdeterminanten. T-Lymphocyten erkennen Antigene bzw. Antigendeterminanten nur im Kontext mit Zelloberflächenstrukturen, B-Lymphocyten und Antikörper erkennen Antigene direkt ohne zelluläre Hilfe.

70.3.2 Schritte der spezifischen Immunantwort

Die spezifische, erworbene Immunantwort baut auf der angeborenen Immunantwort auf und erfolgt in mehreren Schritten.

70

Nach der Erkennung des Antigens durch spezifische T- und B-Lymphocyten, schließen sich folgende Vorgänge an:

- Aktivierung dieser Lymphocyten (Bildung von Effektorzellen),
- Eliminierung der Antigene,
- Bildung von *memory*-(Gedächtnis-)Zellen und
- Terminierung der Immunantwort.

Die Kapazität der spezifischen Immunantwort, zwischen differenten Antigenen zu unterscheiden, wird für T-Zellen auf 10^{15} und für B-Zellen auf 10^{11} unterschiedliche Antigene geschätzt. Diese fast unbegrenzte Fähigkeit zur Erkennung und Unterscheidung von unterschiedlichen Strukturen ist in der genomischen Organisation der Immunzellen begründet. Spezielle Genumlagerungen (*gene rearrangements*) und im Fall der Antikörper auch somatische Mutationen sind die zugrunde liegenden Mechanismen (▶ Abschn. 70.9.4). Eine weitere Besonderheit der spezifischen Immunantwort ist neben der **Spezifität** die Fähigkeit zur **Unterscheidung zwischen körpereigen** („Selbst") **und körperfremd** („Nicht-Selbst"). Diese Fähigkeiten werden während der Entwicklung im Kindesalter in den ersten Auseinandersetzungen mit den unterschiedlichen Antigenen erworben und als **immunologisches Gedächtnis gespeichert**, um bei späteren Kontakten mit den gleichen Antigenen, z. B. eines Erregers, noch effizienter zu reagieren.

70.3.3   Immunologische Toleranz

Voraussetzung für die Unterscheidung zwischen „Selbst" und „Nicht-Selbst" ist eine fehlende Immunantwort, eine **Immuntoleranz** gegenüber körpereigenen Substanzen. Sie wird während der Entwicklung postpartal erworben. Ein Verlust dieser Toleranz ist die Grundlage der sog. **Autoimmunerkrankungen** (▶ Abschn. 70.13.3) wie Schuppenflechte, rheumatoide Arthritis oder Schilddrüsenerkrankungen. Die Fähigkeit zur Differenzierung zwischen körpereigenen und fremden Strukturen ist im MHC (*major histocompatibility complex*)- bzw. HLA (Humanes Leukocytenantigen)-System und dessen Expression auf antigenpräsentierenden Zellen begründet. T-Zellen erfahren ihre Prägung während der Passage durch die Thymusdrüse. Auch die Eigenschaft der Unterscheidung zwischen „Selbst" und „Nicht-Selbst" wird in der Thymusdrüse „erlernt". Diese dort erworbene Eigenschaft wird als **zentrale Toleranz** bezeichnet. Neben der HLA-vermittelten (zentralen) Toleranz spielen regulatorische T-Zellen (früher Suppressorzellen genannt) als Instrumente der Toleranz eine wichtige Rolle. Diese Form der Toleranz wird als **periphere Toleranz**

bezeichnet. Bei vielen immunologisch bedingten, chronischen Erkrankungen wie Autoimmunerkrankungen und Allergien ist diese Form der Toleranz gestört oder verloren gegangen.

Zusammenfassung

Strukturen, die Lymphocyten spezifisch zu aktivieren vermögen, werden Antigene genannt:

- Nur Vollantigene oder Immunogene können allein eine Immunantwort auslösen. Haptene benötigen zusätzliche Protein-Carrier, welche mit T-Helferzellen interagieren.
- Epitope oder antigene Determinanten bezeichnen molekulare Regionen der Antigene, an denen die spezifische Wechselwirkung mit Antikörpern, T- und B-Zell-Rezeptoren stattfindet.
- Voraussetzung für die Unterscheidung zwischen „Selbst" und „Nicht-Selbst", d. h. zwischen körpereigenen und körperfremden Strukturen ist eine fehlende Immunantwort, somit die **Toleranz des Immunsystems** in Bezug auf körpereigene Strukturen. Sie wird nach der Geburt erworben und impliziert, dass körpereigene Lymphocyten durch eigene Strukturen nicht aktiviert werden.

70.4   Instrumente und Mechanismen der Antigenerkennung

70.4.1   Antigenerkennung durch B- und T-Lymphocyten

Antikörper und B-Lymphocyten erkennen Antigene in ihrer ursprünglichen, nativen Form direkt über spezifische Rezeptoren auf ihren Oberflächen. Im Gegensatz dazu sind T-Zellen nicht in der Lage, die komplexe, native Struktur eines Proteins zu identifizieren. Für die Erkennung von Antigenen durch T-Zellen bedarf es immer einer proteolytischen Prozessierung des Proteins zu Oligopeptiden. Diese werden dem antigenspezifischen T-Zell-Rezeptor auf membrangebundenen MHC/HLA-Molekülen an der Oberfläche von **antigenpräsentierenden Zellen** (APC) dargeboten. Zu den antigenpräsentierenden Zellen gehören dendritische Zellen, B-Lymphocyten und Makrophagen. Die Behandlung intrazellulär lokalisierter Antigene, wie auch solche von Tumoren, Viren und sich intrazellulär vermehrenden Bakterien (Listerien), unterscheidet sich von der extrazellulärer Antigene, erfolgt aber auch über eine Prozessierung und eine Präsentation durch das MHC-System der betroffenen Zellen.

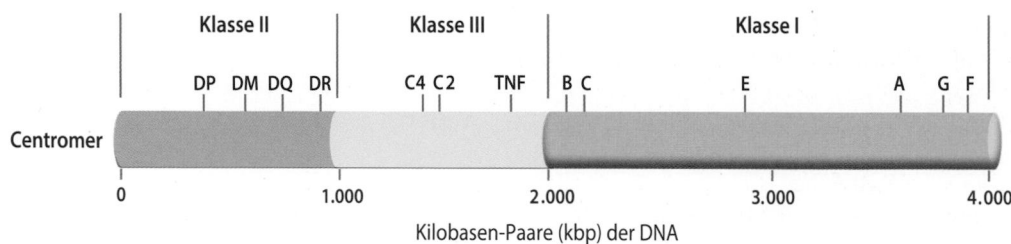

◻ **Abb. 70.4** **Organisation des HLA-Systems auf Chromosom 6.** (Einzelheiten s. Text)

70.4.2 Das MHC-/HLA-System als Instrument der Antigenpräsentation

MHC-Präsentation Der **Haupthistokompatibilitätskomplex** (MHC, *major histocompatibility complex*) ist eine Gruppe verbundener Gene, die für Proteine codieren, welche eine selektive Erkennung von Antigenen ermöglichen (◻ Abb. 70.4). Der Begriff MHC wird speziesunabhängig genutzt. Die MHC-Systeme der unterschiedlichen Species haben gesonderte Namen. Das MHC-System des Menschen wurde erstmals auf Leukocyten charakterisiert und als Humanes Leukocyten-Antigen-System (HLA) definiert. Das MHC-System der Maus wird z. B. als H-2 (*histocompatibility-2*), das des Schweines als SLA (*swine leukocyte antigen*) bezeichnet. Leukocyten exprimieren MHC-Proteine besonders stark. MHC-Strukturen übernehmen die nach Prozessierung von Antigenen im Zellinneren entstehenden Peptide und präsentieren diese in nicht-kovalent gebundener Form den T-Lymphocyten. T-Lymphocyten sind nur auf diesem Wege in der Lage, Antigenepitope zu erkennen. Dabei können von einem Proteinantigen unterschiedliche Epitope präsentiert werden, was die Entstehung von unterschiedlichen Lymphocytenklonen nach Immunisierung mit einem Protein erklärt.

Nicht-MHC-Präsentation Im Unterschied zur klassischen Antigenerkennung von Eiweißen oder Peptiden über MHC-/HLA-Strukturen erfolgt die Präsentation von Kohlenhydrat- und Lipidantigenen nicht über MHC-Moleküle. Bei der Blutgruppenerkennung AB0 erfolgt die Antigenpräsentation über das dem MHC-I-ähnliche Membranmolekül CD1.

70.4.3 Genomische Organisation des HLA-Systems

❯ Peptidrezeptoren des HLA-Komplexes umfassen zwei Klassen.

Die Gene des HLA-Komplexes Das HLA-System als für den Menschen spezifisches MHC-System repräsen-

tiert einen polymorphen Genkomplex, eine Vielzahl von Genen, die bei Einzelindividuen unterschiedlich exprimiert werden. Dieser codiert für Membranproteine, die die Grundlage der Unterscheidung von „Selbst" und „Fremd" durch T-Lymphocyten bilden. Entsprechend der MHC-Klassifikation gibt es auch beim HLA-System zwei HLA-Klassen, **HLA-I** und **HLA-II**. Die polymorphen Gene beider HLA-Klassen liegen, zusammen mit den Genen für die Komplementfaktoren C2 und C4 sowie TNF-α (HLA-III), auf dem kurzen Arm von Chromosom 6 (◻ Abb. 70.4). Das Gen des **β2-Mikroglobulins**, das immer im HLA-I-Komplex exprimiert wird, liegt auf Chromosom 15.

Es gibt 3 Hauptgene der Klasse I, die als HLA-B, HLA-C und HLA-A bezeichnet werden. Für die Klasse-II-Moleküle gibt es 6 Paare von unterschiedlichen α- und β-Ketten-Genen (1-mal HLA-DP, 1-mal HLA-DM, 2-mal HLA-DQ und 2-mal HLA-DR). Jeder HLA-Locus codiert eine unterschiedliche Anzahl an Allelen. Für HLA-A wurden beispielsweise mehr als 50 Allele und für HLA-B mehr als 75 Allele identifiziert.

Insgesamt sind unter Berücksichtigung des mütterlichen und väterlichen Chromosoms bei einem Menschen 6 HLA-Klasse-I-Allele (2 HLA-A, 2 HLA-B, 2 HLA-C,) und 12 HLA-Klasse-II-Allele (2 HLA-DP, 2 HLA-DM, 4 HLA-DQ, 4 HLA-DR) exprimiert. Mit Ausnahme von HLA-DRα und HLA-DPα sind die Gene polymorph. In den verschiedenen ethnischen Gruppen oder Rassen ist die Zahl der differenten HLA-Allele unterschiedlich. Die Wahrscheinlichkeit einer völligen Identität der Allele von 2 Personen ist, außer bei eineiigen Zwillingen, extrem gering. Hierdurch erklären sich die Probleme der Auffindung passender Spender bzw. Empfänger bei Zell- und Organtransplantationen.

Zelluläre MHC-Expression MHC-I-Moleküle werden auf allen kernhaltigen Zellen exprimiert, d. h. humane Erythrocyten, die keinen Zellkern besitzen, exprimieren auch keine MHC-Komplexe. Tumorzellen können diese Expression verringern und sich auch auf diesem Weg der Immunantwort entziehen. MHC-II-Moleküle kommen vor allem auf Immunzellen wie aktivierten T-Lymphocyten sowie insbesondere auf antigenpräsentierenden Zellen, den Makrophagen, B-Lymphocyten und dendritischen Zellen vor. Die Expression kann auf diesen Zellen nach Aktivierung stark erhöht werden.

MHC-I und MHC-II unterscheiden sich in ihrer Proteinstruktur (◨ Abb. 70.5). MHC-I-Moleküle sind Heterodimere, bestehend aus einer α-Kette (44 kDa) und einem monomorphen β2-Mikroglobulin (12 kDa). MHC-II-Moleküle sind ebenfalls Heterodimere, bestehend aus einer α-Kette (34 kDa) und einer β-Kette (29 kDa). Beide MHC-Strukturen weisen jeweils am N-Terminus Bindungsstellen auf, an denen lineare Antigenpeptide dem antigenspezifischen T-Zell-Rezeptor präsentiert werden (◨ Abb. 70.5). Das Antigen wird vom T-Zell-Rezeptor immer im Kontext mit der autogenen MHC-Struktur erkannt. Dies ist die Grundlage der Fähigkeit zur Unterscheidung von „Selbst" und „Nicht-Selbst".

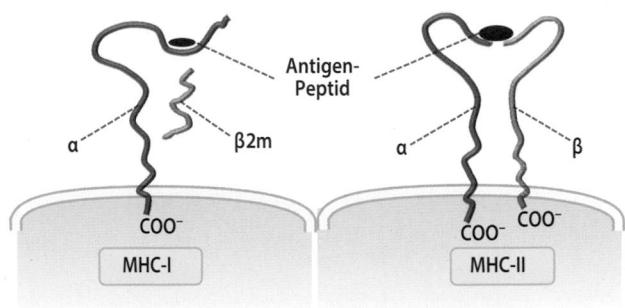

◨ **Abb. 70.5 MHC-I- und MHC-II-Expression.** β2m: β2-Mikroglobulin. (Einzelheiten s. Text)

Zusammenfassung

Das MHC- bzw. beim Menschen HLA-System repräsentiert einen polymorphen Genkomplex auf Chromosom 6, welcher für Membranproteine codiert, die die Antigenerkennung von T-Zellen ermöglichen. Das HLA-System umfasst 2 Hauptklassen:

- **Der HLA-Klasse-I-Komplex** wird aus den Hauptgenen HLA-B, HLA-C und HLA-A gebildet. Ein heterozygotes Individuum besitzt davon jeweils 6 Allele. HLA-Klasse-I wird gemeinsam mit β2-Mikroglobulin in der Plasmamembran aller kernhaltigen Zellen exprimiert.
- **Der HLA-Klasse-II-Komplex** wird aus den Hauptgenen HLA-DP, HLA-DM, HLA-DQ und HLA-DR gebildet. Ein heterozygotes Individuum besitzt jeweils 12 Allele. HLA-Klasse-II kommt hauptsächlich auf antigenpräsentierenden Zellen wie dendritischen Zellen, Makrophagen und B-Zellen sowie auf aktivierten T-Zellen vor. HLA-Klasse-II-Gene codieren jeweils für eine α- und eine β-Kette.

70.5 Prozessierung und Präsentation von Protein-Antigenen

Die Assoziation von Antigenpeptiden mit MHC-I- oder MHC-II-Molekülen erfolgt nach proteolytischer Antigenprozessierung und hängt von der zellulären Lokalisation des Antigens ab.

70.5.1 Prozessierung und Präsentation frei im Cytosol vorkommender Proteinantigene

Die in antigenpräsentierenden Zellen **intrazellulär** synthetisierten, autogenen oder viralen Proteine, Tumorantigene sowie Antigene von sich intrazellulär vermehrenden Bakterien werden im Cytosol durch **Immunproteasomen** in Oligopeptide gespalten. Der Transport dieser Fragmente in das ER, die Bindung an MHC-I und die weitere Beförderung zur Plasmamembran wird durch **TAP1/TAP2** unter Mithilfe von Tapasin, Calreticulin, Erp57 und Calnexin erleichtert (◨ Abb. 70.6A). **TAP** (*transporter associated with antigen processing*)**-Transporter** sind in der ER-Membran lokalisiert und besitzen eine hydrophobe, in das ER-Lumen ragende Transmembrandomäne sowie einen hydrophilen, ins Cytosol reichenden ATP-bindenden Teil. TAP1 ist über einen Tapasin-/Calreticulin-Komplex an das MHC-Molekül gebunden (in ◨ Abb. 70.6 nicht dargestellt). Diese Wechselwirkung wird nach der Bindung von MHC-I an ein **Antigenpeptid**, das eine **Kettenlänge von 9 bis 11 Aminosäuren** aufweist, wieder aufgehoben. Der MHC-I-Peptidkomplex wird anschließend vesikulär an die Plasmamembran transportiert. MHC-Klasse-I-Moleküle werden von jeder Zelle exprimiert, auch von den autogenen, körpereigenen Zellen. Sie sind mit Oligopeptiden aus eigenen Proteinen beladen und ermöglichen dadurch die Differenzierung zwischen „Selbst" und „Nicht-Selbst". Viren benutzen nach Infektion die gleiche Maschinerie der Proteinbiosynthese und der Antigenpräsentation. Sie können auf diese Weise durch Abgleich mit „Selbst" als fremd erkannt werden. Ähnliches gilt für Tumorantigene. **Antigen-MHC-I-Komplexe werden von CD8-T-Zellen** (▶ Abschn. 70.6.2) **erkannt**. Dabei kommt es zu einer direkten Wechselwirkung von MHC-I und CD8-T-Lymphocyten.

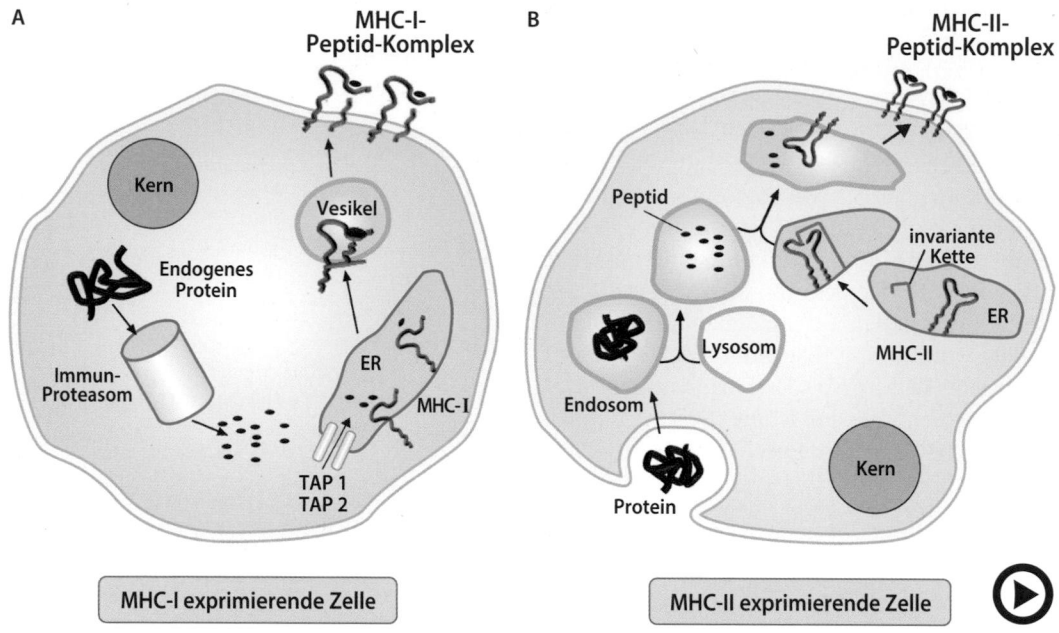

A MHC-I-Peptid-Komplex

Kern

Vesikel

Endogenes Protein

Immun-Proteasom

ER

MHC-I

TAP 1
TAP 2

MHC-I exprimierende Zelle

B MHC-II-Peptid-Komplex

Peptid

invariante Kette

ER

Lysosom

MHC-II

Endosom

Kern

Protein

MHC-II exprimierende Zelle

Abb. 70.6 (Video 70.4) **Prozessierung und Präsentation von Protein-Antigenen.** (Einzelheiten s. Text) (▶ https://doi.org/10.1007/000-5re)

70.5.2 Prozessierung und Präsentation extrazellulärer Protein-Antigene

Extrazellulär auftretende Antigene wie Bakterien- oder Allergie-auslösende Antigene (Allergene) werden von **antigenpräsentierenden Zellen** (z. B. dendritische Zellen, Makrophagen) durch Endocytose aufgenommen. Nach Fusion der Endosomen mit Lysosomen spalten Cathepsine (Cathepsin B, D, L) die Proteinantigene in Peptide (☐ Abb. 70.6B). Die aus dem endoplasmatischen Retikulum stammenden MHC-II-Strukturen sind durch trimer auftretende *invariante Ketten (L$_i$)* abgeschirmt. Durch eine proteolytische Umwandlung dieser invarianten Ketten zu **CLIP** (*class II-associated invariant chain peptide*) unter Beteiligung von Cathepsinen, lysosomalen Cysteinproteinasen, wird ein Austausch von CLIP gegen Antigenpeptide mit einer Kettenlänge von **10 bis 30 Aminosäuren** möglich. Die entstandenen MHC-II-Peptidkomplexe werden schließlich an die Zelloberfläche transportiert. Genprodukte des HLA-DM wirken dabei als Helferstrukturen mit. **Antigen-MHC-II-Komplexe werden von CD4-T-Zellen erkannt**. Dabei kommt es zu einer direkten Wechselwirkung von MHC-II und CD4-T-Lymphocyten.

> **Zusammenfassung**
> B-Lymphocyten und Antikörper erkennen Antigene in ihrer ursprünglichen, nativen Form direkt. Im Gegen-

satz dazu sind T-Zellen nicht in der Lage, die komplexe, native Struktur eines Proteins zu identifizieren. Für die Erkennung von Antigenen durch T-Zellen bedarf es immer einer proteolytischen Prozessierung des Proteins zu Oligopeptiden. Diese werden dem T-Zell-Rezeptor (▶ Abschn. 70.7.1) auf membrangebundenen MHC/HLA-Molekülen an der Oberfläche von **antigenpräsentierenden Zellen (APC)** dargeboten.

  MHC-Klasse I
- bindet im ER solche Peptide, die aus intrazellulär gebildeten Proteinen (körpereigene Proteine, Virus-, Tumor-Proteine) stammen und durch proteasomale Hydrolyse generiert worden sind.
- MHC-I präsentiert Antigenpeptide (9–11 Aminosäuren), die von T-Zell-Rezeptoren auf CD8-T-Zellen (cytotoxische T-Zellen, CD8) erkannt werden.

MHC-Klasse II wird in endolysosomalen Organellen mit solchen Oligopeptiden beladen, die von extrazellulär auftretenden Proteinen stammen und nach Endocytose durch Proteolyse mit Hilfe von Cathepsinen gebildet worden sind.
- HLA-DM-Genprodukte helfen beim Austausch der invarianten Kette gegen Peptide.
- MHC-II präsentiert Antigenpeptide (10–30 Aminosäuren), die von T-Zell-Rezeptoren auf CD4-T-Zellen (Helfer-T-Zellen, CD4) erkannt werden.

HLA/MHC, Toleranz, Transplantation. Die immunologische Beherrschung der Transplantation ist seit Langem eine medizinische Herausforderung. Ihre praktische Bedeutung wurde in der Vergangenheit besonders deutlich durch die dramatischen Probleme und Misserfolge bei Haut-Transplantationen nach Verletzungen und Verbrennungen. Bemühungen zum Verständnis der Abstoßungen von Transplantaten wurden seit den vierziger Jahren des vorigen Jahrhunderts intensiv verfolgt. Meilensteine sind die Entdeckung der erworbenen Toleranz, für die der brasilianische, in England tätige Biologe Sir Peter Brian **Medawar** und der australische Mediziner Frank Mcfarlane **Burnet** 1960 gemeinsam den Nobelpreis für Physiologie oder Medizin erhielten. Später konnte, insbesondere durch den venezolanischen, in den USA lebenden Mediziner Baruj **Benaceraff**, den französischen Mediziner Jean **Dausset** und den amerikanischen Biologen George Davis **Snell**, die Natur der Schlüsselmoleküle des MHC/HLA-Systems aufgeklärt werden. Dabei kam ihnen entgegen, dass auf Leukocyten die gleichen Moleküle vorkommen wie auf anderen Zellen und damit Kompatibilitätsuntersuchungen zur Verträglichkeit von Zellen und Geweben mit Blutzellen unterschiedlicher Individuen möglich sind. Heute steht dafür der Begriff HLA-Typisierung. Für die Entdeckung der determinierenden MHC/HLA-Strukturen auf der Oberfläche von Zellen, die die Immunreaktion regulieren, erhielten die drei erwähnten Wissenschaftler 1980 den Nobelpreis für Physiologie oder Medizin.

70.6 Zellen der spezifischen Immunantwort

Die Zellen des Immunsystems werden heute vorzugsweise durch zellmembranständige Proteine charakterisiert, die als CD-Antigene bezeichnet werden.

70.6.1 CD-Nomenklatur

Zellen des Immunsystems exprimieren auf ihren Plasmamembranen unterschiedliche phenotypische Protein-Marker, die in der modernen Cytologie zu deren Charakterisierung genutzt werden. Diese Proteine werden durch spezifische Antikörper identifiziert und von einem internationalen Standardisierungskomitee mit einer CD (*cluster of differentiation*)-Nummer versehen. Zurzeit sind etwa 370 CD-Antigene bekannt, die jeweils durch monoklonale Antikörper (► Abschn. 70.9.5) mit sehr ähnlicher Spezifität charakterisiert wurden.

Zur Identifizierung benutzt man z. B. Fluorophor-markierte Antikörper und die Verfahren der Fluoreszenzmikroskopie und Durchflusscytometrie. Einige CD-Antigene der wichtigsten Immunzellen sind in ▢ Tab. 70.3 zusammengestellt. CD-Antigene erlauben es nicht nur zwischen verschiedenen Phänotypen von Zellen, sondern auch zwischen deren Differenzierungs- und Aktivierungszuständen zu unterscheiden. CD-Antigene spielen eine besondere Rolle bei der zellulären Immundiagnostik (AIDS) sowie der Differentialdiagnose von Leukämien und Lymphomen, den Neoplasien des Immunsystems.

▢ **Tab. 70.3** Wichtige CD-Antigene von Leukocyten

CD-Antigen	Zelltyp
CD3	T-Lymphocyt
CD4	T-Helferzelle (T_H)
CD4/CD25 (hochexprimierend)	Regulatorische T-Zelle (T_{reg})
CD8	Cytotoxische T-Zelle (T_c)
CD19, CD20	B-Lymphocyt
CD56	NK-Zelle
CD14	Monocyt
CD15	Granulocyt
CD34	Hämatopoetische Stammzelle

70.6.2 Antigenerkennung durch Lymphocyten

T- und B-Lymphocyten exprimieren auf ihren Oberflächen Rezeptoren, die Antigene spezifisch erkennen.

MHC-Restriktion der Antigenerkennung von T-Zellen

Die wichtigsten Lymphocytenpopulationen mit der Fähigkeit der spezifischen Erkennung von Antigenen sind die **T- und B-Lymphocyten auch als T- und B-Zellen** bezeichnet. Beide Arten von Lymphocyten exprimieren auf ihren Zelloberflächen Rezeptoren, die hoch-spezifisch Antigene oder Teilstrukturen der Antigene erkennen können: B-Lymphocyten erkennen Antigene in der nativen Form durch den **B-Zell-Rezeptor-Komplex** (BCR, ▶ Abschn. 70.8.2), in den ein membrangebundenes Immunglobulin integriert ist. Im Gegensatz dazu können T-Lymphocyten freie, native Antigene nicht erkennen. Über den **T-Zell-Rezeptor-Komplex** (TCR, ▶ Abschn. 70.7.1) erkennen sie nur Peptidfragmente (prozessierte Protein-Antigene), die auf MHC-Molekülen antigenpräsentierender Zellen exprimiert werden sowie fremde MHC-Moleküle auf körperfremden Zellen. Antigene werden danach nur von solchen T- und B-Zellen erkannt, die einen für dieses Antigen spezifischen T-Zell-Rezeptor (TCR) oder B-Zell-Rezeptor (BCR) exprimieren (in ◻ Abb. 70.7 mit *R6* bezeichnet). Daraus folgt, dass die biologische Hauptfunktion des MHC-Systems in der Einschränkung (Restriktion) der Erkennung von Antigenen durch T-Lymphocyten und damit der Unterscheidung von körpereigen und körperfremd durch das Immunsystem liegt. Funktionell werden T-Zellen in Helfer-T-Zellen (T$_H$) und cytotoxische T-Zellen (T$_C$) unterteilt (▶ Abschn. 70.6.1). Sie nutzen unterschiedliche MHC/HLA-Klassen-Moleküle. Helfer-T-Zellen benötigen für die Antigenerkennung Moleküle der MHC-Klasse-II, cytotoxische T-Zellen Moleküle der MHC-Klasse-I.

Eine besondere Rolle spielen MHC/HLA-Moleküle bei Abstoßungsreaktionen nach Transplantation (◻ Abb. 70.7, ▶ Abschn. 70.13.4). Hier werden fremde MHC-Moleküle des Transplantatspenders durch Immunzellen des Empfängers direkt ohne Prozessierung der MHC-Moleküle als nicht körpereigen erkannt. Alternativ erfolgt die Erkennung indirekt nach Antigenspaltung und Präsentation der daraus resultierenden Antigenpeptide durch Empfänger-MHC-Moleküle. Im Falle von Spendern/Empfängern genetisch differenter Individuen einer Spezies (Mensch zu Mensch) spricht man von einer allogenen Situation bzw. einer immunologischen **Allo-Erkennung** und **Allo-Reaktivität**. Bei Individuen unterschiedlicher Spezies (Mensch-Schwein) bezeichnet man das Spender/Empfänger-Verhältnis als xenogen.

Nach Identifikation eines Antigens durch T-Zellen oder B-Zellen werden unterschiedliche Signalkaskaden ausgelöst, die mit einer Aktivierung der Zellen, einer verstärkten DNA-Synthese und einer klonalen Zellvermehrung der Lymphocyten verbunden sind (◻ Abb. 70.7). Für die Proliferation selbst sind spezielle Cytokine (▶ Abschn. 34.2) notwendig, für Lymphocyten u. a. das Cytokin Interleukin-2 (IL-2). Insgesamt wird damit ein expandierender antigenspezifischer Lymphocyten-Klon generiert, der die Voraussetzung dafür ist, dass eine ausreichend starke Immunantwort erzielt werden kann.

Parallel dazu entstehen antigenspezifische **Gedächtnis**-Lymphocyten, die bei nachfolgenden Antigen-Kontakten schneller und wirkungsvoller zu reagieren vermögen. Diese Vorgänge werden als **Primär**- und **Sekundär**-Immunantwort bezeichnet. Dies bedeutet, dass für jedes Antigen, das dem Immunsystem je begegnet ist, ein Klon von *memory*-Zellen des B- und T-Lymphocytentyps existiert, der sehr effizient auf einen Zweitkontakt mit einem gegebenen Antigen klonal reagieren kann.

❯ T-Lymphocyten nehmen bei der Immunantwort eine zentrale Rolle ein. Sie wirken als T-Helferzellen, cytotoxische T-Zellen oder regulatorische T-Zellen.

Die Thymusdrüse als prägendes Organ für T-Lymphocyten

Thymusfunktion Die wichtigsten Schritte in der Prägung von T-Lymphocyten während der Passage durch die Thymusdrüse sind die **Positiv- und Negativselektion**. Lymphocyten, die aus dem Knochenmark in die Thymusdrüse einwandern, exprimieren weder für T-Lymphocyten spezifische Antigene (wie CD3) noch antigenspezifische Rezeptoren (TCR). Nach Expression solcher Strukturen erfahren die T-Lymphocyten in der cortikalen Zone des Thymus eine **Positivselektion**. Dabei werden T-Lymphocyten ausgewählt, die über ihre T-Zell-Rezeptoren (TCR) solche MHC-Moleküle zu binden vermögen, die körpereigen („Selbst") sind. T-Zellen, die dazu nicht befähigt sind, werden durch Apoptose (▶ Kap. 51) eliminiert.

Die **Negativselektion** in der Medulla der Thymusdrüse betrifft T-Zellen, die **mit hoher Affinität** körpereigene Peptidstrukturen (Autoantigene) auf MHC-Molekülen der Stromazellen der Thymusdrüse (Epithelzellen,

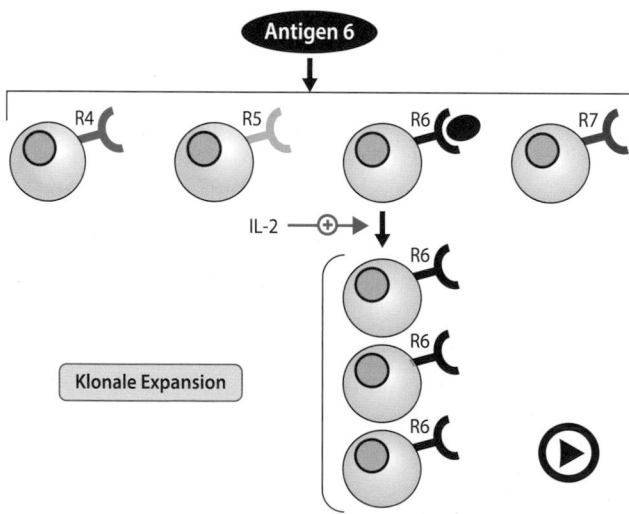

◻ **Abb. 70.7** (Video 70.5) **Klonale Proliferation von Lymphocyten.** (Einzelheiten s. Text) (▶ https://doi.org/10.1007/000-5rf)

70

Makrophagen, dendritische Zellen) erfassen. Diese nicht-toleranten T-Zellen werden ebenfalls durch Apoptose beseitigt. Insgesamt werden mehr als 95 % der Thymocyten bei diesen Prozessen eliminiert.

> Mit der Positiv-Negativ-Selektion ist sichergestellt, dass T-Lymphocyten nach Verlassen der Thymusdrüse befähigt sind, die für die Antigenpräsentation wichtigen eigenen MHC-Strukturen zu erkennen, gleichzeitig aber auch ausgeschlossen, dass eine T-Zell-vermittelte Immunantwort gegen körpereigene (autogene) Strukturen erfolgt.

Man bezeichnet die so erzielte **immunologische Toleranz als zentrale Toleranz der T-Zellen.**

Die Mehrzahl der die Thymusdrüse verlassenden T-Zellen, sind TCR-α/β tragende CD4- oder CD8-positive Zellen, die über den Blut- oder Lymphweg in sekundäre lymphatische Organe wie Lymphknoten, Milz und Schleimhaut emigrieren. Daneben entstehen CD4- und CD8-negative T-Zellen, die anstelle von α/β-Ketten γ- und δ-Ketten exprimieren. Diese, etwa 5–10 % der T-Zellen repräsentierende Zellen werden als γ/δ-T-Lymphocyten bezeichnet. Neben der spezifischen Erkennung von Antigenen sind γ/δ-T-Zellen auch befähigt, als antigenpräsentierende Zellen zu wirken. Über die Liganden dieser T-Zellen weiß man bisher noch wenig. γ/δ-T-Zellen haben eine besondere Funktion in epidermalen Bereichen der Schleimhaut und Haut.

CD4-T-Lymphocyten werden in T-Helferzellen (T_H) und regulatorische T-Zellen (T_{reg}) unterteilt. CD8-T-Zellen sind durch ihre cytotoxischen Wirkungen charakterisiert und werden als cytotoxische T-Zellen (T_C) bezeichnet.

Populationen der T-Zellen

Helfer-T-Zellen und regulatorische T-Zellen CD4-positive T-Lymphocyten können zu Helfer-T-Effektorzellen (T_H) und regulatorischen T-Lymphocyten (T_{reg}) differenzieren. Diese Populationen unterscheiden sich durch ihre Rolle in der Immunantwort und ihre Fähigkeit, unterschiedliche Cytokine zu produzieren.

Naive CD4-T-Lymphocyten produzieren nach Kontakt mit den für sie spezifischen Antigenen IL-2, das eine Vermehrung von Lymphocyten bewirkt. In unterschiedlichen Cytokinmilieus entstehen aus der naiven Vorläuferzelle unterschiedliche T-Helferzell-Populationen (Effektorzellen), die wiederum unterschiedliche Cytokine produzieren und für spezielle Bereiche der Immunantwort verantwortlich sind. Für die wichtigsten T-Helferzell-Populationen ist dies in ◼ Abb. 70.8 exemplarisch dargestellt.

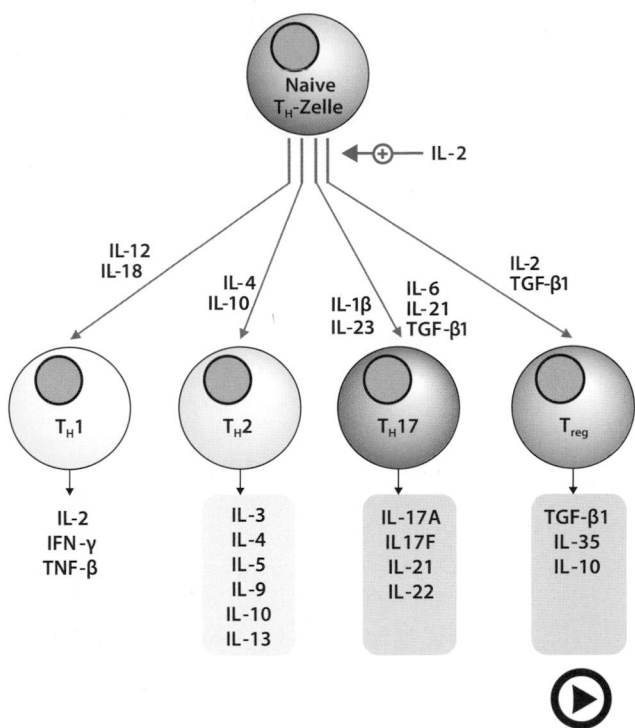

◼ **Abb. 70.8** (Video 70.6) **Subpopulationen der T-Helferzelle.** (Einzelheiten s. Text) (▶ https://doi.org/10.1007/000-5rg)

T_H**1-Zellen** sind T-Lymphocyten, die besonders IL-2, Interferon-γ (IFN-γ) und Tumornekrosefaktor-β (Lymphotoxin, TNF-β) produzieren. T_H**2-Zellen** sind charakterisiert durch ihre Fähigkeit IL-3, IL-4, IL-5, IL-9, IL-10 und IL-13 zu bilden. In jüngster Zeit wurden weitere Populationen identifiziert. Zu ihnen gehören die T_H**17-Zellen** mit der Fähigkeit der Produktion der inflammatorischen Cytokine Interleukin-17 (IL-17A, IL-17F), IL-21, IL-22 und die sog. **regulatorischen T-Zellen** (T_{reg}) mit immunsuppressiver Wirkung. Die bekannteste Form dieser T_{reg}-Zellen exprimiert CD4, CD25 und den auch für andere T_{reg}-Zellen charakteristischen Transkriptionsfaktor **FoxP3** (*forkhead box P3*). Man unterscheidet natürliche T_{reg}-Zellen (◼ Abb. 70.8), die aus naiven T_H-Zellen in Gegenwart von TGF-β1 und IL-2 entstehen und induzierbare T_{reg}-Zellen. Letztere entstehen aus peripheren, reifen T_H-Zellen ebenfalls in Gegenwart von TGF-β. Natürliche und induzierbare T_{reg}-Zellen wirken über direkten Zellkontakt und sind zur Synthese der immunsuppressiven Cytokine *transforming growth factor-β1* (TGF-β1), IL-35 und IL-10 befähigt. Daneben ist eine weitere Population regulatorischer T-Zellen beschrieben worden, TR1-Zellen, die kein FoxP3 oder CD25 exprimieren und durch eine starke IL-10-Produktion ausgezeichnet sind.

Regulatorische T-Zellen verhindern auch Überreaktionen nach Bienenstichen. Regulatorische T-Zellen vom Typ TR1 spielen u. a. eine besondere Rolle bei der mit der Jahreszeit schwankenden Toleranz von Imkern gegenüber Bienengift. Bei häufig erfolgenden Bienenstichen im Sommer sind die Zahl und Aktivität der TR1-Zellen bei Imkern höher und Schwellungen nach Stichen geringer als in der Zeit der ersten Bienenstiche im Frühjahr nach der Winterpause. Dieses Phänomen belegt eine direkte Abhängigkeit der Funktion der TR1-Zellen von der Präsenz des Bienengift-Allergens im Organismus. Möglicherweise spielen sie auch bei anderen Allergien eine zentrale Rolle.

Die Bildung von T_H1-Lymphocyten aus naiven T-Zellen wird besonders durch IL-12 und IL-18 (aus Makrophagen) induziert; die von T_H2-Zellen dagegen durch IL-4 und IL-10 (◘ Abb. 70.8). Das von T_H1-Zellen produzierte IFN-γ hemmt die Differenzierung zu T_H2. Durch das von T_H2-Zellen produzierte IL-4 wird die Differenzierung zu T_H1 gehemmt. Ähnliche T_H1- bzw. T_H2-Cytokinmuster wurden auch an CD8-Zellen beobachtet. Die Differenzierung naiver T-Zellen zu T_H17-Zellen erfolgt unter Mitwirkung von IL-6, IL-21 bzw. IL-23, TGF-β1 und IL-1ß, die zu T_{reg}-Zellen unter Mitwirkung von IL-2 und TGF-β1.

T_H1-Lymphocyten und die von diesen Zellen produzierten Cytokine sind besonders für eine zelluläre Immunantwort verantwortlich, T_H2-Zellen mehr für eine antikörperabhängige, besonders IgE-vermittelte, allergische Immunantwort. Bei der Lepra bewirken die beiden Helferzelltypen unterschiedliche Formen dieser Erkrankung. Der Verlauf der tuberkulösen Form der Lepra ist vorwiegend durch T_H1-Zellen, der der lepromatösen Form vor allem durch T_H2-Zellen bestimmt. T_H17-Zellen sind wichtig für die Abwehr extrazellulärer Bakterien. Sie spielen auch bei Autoimmunerkrankungen eine zentrale Rolle.

Zusammenfassung
Die wichtigsten Zellen der spezifischen Immunantwort sind T-(CD3) und B-Lymphocyten (CD19). Sie werden, wie andere Zellen, durch spezielle Oberflächenantigene charakterisiert, die über die CD (*cluster of differentiation*)-Nomenklatur definiert sind. T-Zellen spielen bei der adaptiven Immunantwort die entscheidende Rolle.
- T-Zellen identifizieren Antigene nur in Kombination mit MHC-Molekülen; CD4-Zellen über MHC-II-Strukturen, CD8-Zellen über MHC-I-Strukturen.

- Reife T-Zellen entstehen in der Thymusdrüse nach positiver und negativer Selektion. Dabei wird die Fähigkeit erworben, zwischen körpereigenen und körperfremden Strukturen über das MHC-System zu unterscheiden (zentrale Toleranz).

Die wichtigsten, die Thymusdrüse verlassenden T-Zell-Populationen sind:
- CD4-T-Lymphocyten mit α/β-T-Zell-Rezeptoren (T-Helferzellen, T_H),
- CD8-T-Lymphocyten mit α/β-T-Zell-Rezeptoren (cytotoxische T-Zellen, T_C),
- CD4/CD8-negative T-Lymphocyten mit γ/δ-T-Zell-Rezeptoren.

CD4-T-Lymphocyten können während der Immunantwort in Gegenwart unterschiedlicher Cytokine zu funktionell verschiedenen T-Zell-Populationen differenzieren. Die Hauptpopulationen sind T_H1-, T_H2-, T_H17-Lymphocyten und T_{reg}-Lymphocyten, die unterschiedliche Cytokine produzieren. T_H1-Zellen bilden sich in Gegenwart von IL-12 sowie IL-18 und produzieren vor allem IL-2, IFN-γ sowie TNF-β. T_H2-Lymphocyten entstehen in Gegenwart von IL-4 sowie IL-10 und produzieren die Cytokine IL-3, IL-4, IL-5, IL-9, IL-10 sowie IL-13, die an der humoralen und allergischen Immunantwort mitwirken.

T_H17-Zellen synthetisieren die inflammatorischen Cytokine IL-17A, IL-17F, IL-21 und IL-22.

Natürliche regulatorische T-Zellen (T_{reg}-Zellen, Suppressorzellen) entstehen aus CD4-Vorläuferzellen in Gegenwart von IL-2 und TGF-β1, haben eine immunsupprimierende Wirkung und bilden die immunsuppressiven Cytokine TGF-β1, IL-10 und IL-35.

70.7 Mechanismen der T-Zell-Aktivierung

70.7.1 Molekulare Grundlagen der Antigenerkennung durch T-Zellen

❯ Der antigenspezifische T-Zell-Rezeptor (TCR) ist strukturell und funktionell mit dem CD3-Komplex verbunden.

T-Zell-Antigen-Rezeptor-Komplex
Die MHC-assoziierten Antigenpeptide werden vom T-Lymphocyten über den T-Zell-Rezeptor-Komplex selektiv identifiziert. Die Kontaktstelle von MHC und dem TCR wird als **supramolekularer Aktivierungskomplex (SMAC)** oder auch **immunologische Synapse** bezeichnet.

Der T-Zell-Rezeptor ist ein in der Plasmamembran lokalisiertes α/β-Heterodimer, dessen Ketten über eine Disulfidbrücke verbunden sind. Zum TCR-Komplex gehören darüber hinaus unterschiedliche signaltransduzierende Proteine, die zusammengenommen als CD3-Komplex bezeichnet werden (■ Abb. 70.9). Für die Signalweiterleitung nach Antigenbindung sind die Heterodimeren εγ und δε sowie das ζζ-Homodimer verantwortlich. Diese Strukturen weisen in ihren cytoplasmatischen Teilen ITAMs (*immunoreceptor tyrosine-based activation motif*)-Peptidsequenzen auf.

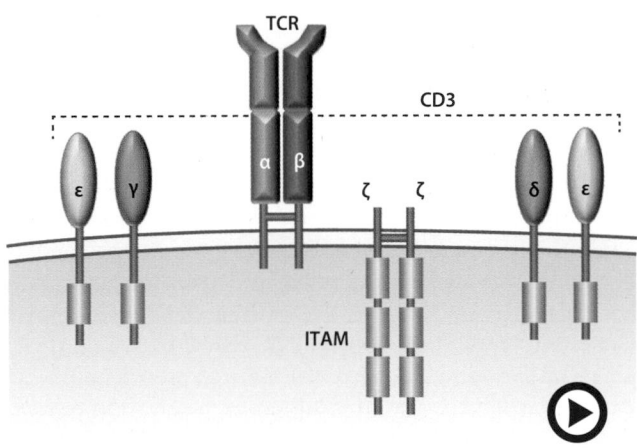

■ **Abb. 70.9** (Video 70.7) **Der α/β-T-Zell-Rezeptor (TCR).** (Einzelheiten s. Text) (▶ https://doi.org/10.1007/000-5rh)

Umlagerungen der Gene des TCR

90–95 % der T-Lymphocyten tragen einen aus einer α- und einer β-Kette zusammengesetzten TCR. Etwa 5–10 % der T-Zellen exprimieren eine γ- und eine δ-Kette. Beide TCR-Arten werden durch eine Folge von somatischen Genrekombinationen, Transkription, Spleißen und Translation gebildet. Diese Prozesse ähneln denen der Synthese von Immunglobulin-Genen (▶ Abschn. 70.9.4). Sie liefern eine Erklärung für die fast unbegrenzte Zahl möglicher antigenspezifischer T-Zell-Rezeptoren, die für α/β-T-Zell-Rezeptoren auf etwa 10^{15} geschätzt wird. Innerhalb der Keimbahn-DNA des Menschen gibt es eine unterschiedliche Anzahl von konstanten (C), variablen (V), verbindenden (J) und diversifizierenden (D) Genabschnitten, die nach Antigenkontakt von der T-Zelle gezielt zusammengeführt werden (*rearragement*, ■ Abb. 70.10). Im Falle der β-Kette werden diskontinuierliche Gensegmente der V-, D-, J- und C-Regionen umgelagert. Bei der α-Kette fehlen die D-Regionen. Die hochpolymorphe variable, aminoterminale Domäne (VDJ oder VJ) charakterisiert die Antigenspezifität. Sie ist im Protein in der N-terminalen Position lokalisiert. Die C-Domäne ist monomorph. Der α/β-TCR oder γ/δ-TCR assoziiert in der Plasmamembran mit den Komponenten des CD3-Komplexes zu einer signaltransduzierenden Einheit, die als TCR-CD3-Komplex bezeichnet wird.

Im Falle der α-Kette rekombiniert im ersten Schritt eines der etwa 70 Exons der die variable Region (V) co-

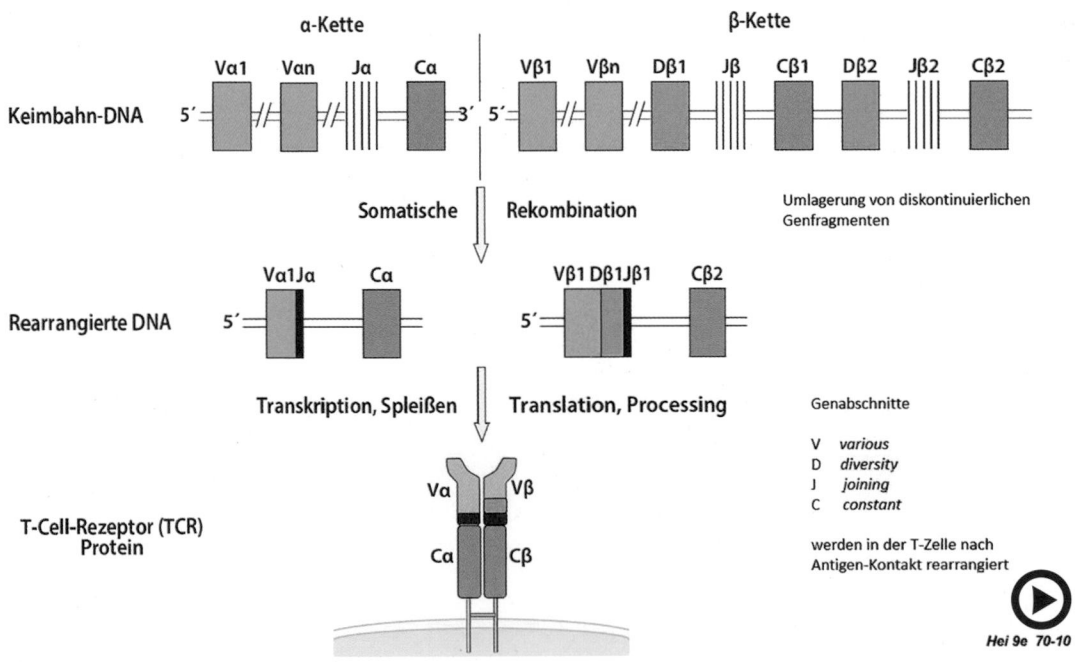

■ **Abb. 70.10** (Video 70.8) *Rearrangement* des humanen α/β-T-Zell-Rezeptors. (Einzelheiten s. Text) (▶ https://doi.org/10.1007/000-5rj)

dierenden Gensequenz mit einem der Exons der 61 J (*joining*)-Regionen. Hierdurch entsteht dann ein funktionelles Exon der Vα-Kette. Im Falle der β-Kette rekombiniert eines der 52 Exons der variablen Region mit einem der zwei D (*diversity*)-Regionen und einem der 13 J-Regionen zu einem funktionellen Vβ-Exon. Die Transkription der V-Exons und das Spleißen zu den jeweiligen C (*constant*)-Regionen führt zu einer mRNA, die in die entsprechenden α und β-Ketten des TCR translatiert wird. Die D-Sequenz vor jeder V-Region ist in ◘ Abb. 70.10 nicht berücksichtigt. Sie wird posttranslational entfernt. Die α- und β-Kette assoziieren unmittelbar nach der Translation zum Heterodimer des TCR. Eine somatische Hypermutation wie bei den Immunglobulinen (▶ Abschn. 70.9.4) findet bei den TCR-Genen nicht statt.

70.7.2 T-Zell-Aktivierung

❯ Die Aktivierung von T-Zellen wird durch Zellstrukturen und Cytokine reguliert.

Teilschritte der T-Lymphocyten-Aktivierung

Das Start-Signal der T-Zell-Aktivierung Die Aktivierung von T-Zellen erfolgt über mehrere Stufen, unabhängig davon, ob das Antigen über MHC-II von antigenpräsentierenden Zellen (APC) oder über MHC-I von Zielzellen

(Tumor-, virusinfizierte Zellen) präsentiert wird. Im Falle der primären Aktivierung von T-Lymphocyten, z. B. in der paracorticalen Zone des Lymphknotens, erfolgt im ersten Schritt eine antigenunspezifische Interaktion zwischen T-Lymphocyten und APC über sog. Adhäsionsmoleküle (in ◘ Abb. 70.11 nicht gezeigt). **Adhäsionsmoleküle** wie LFA-3 (*lymphocyte function-associated antigen*), ICAM-1 und -2 (*intracellular adhesion molecule*) und Integrine wie LFA-1, werden z. B. auf **professionellen APC** wie Makrophagen und dendritischen Zellen exprimiert. Sie interagieren mit entsprechenden Liganden auf der Oberfläche von T-Zellen, wie LFA-1, ICAM- 3 und CD2. Dadurch werden die Ausgangsbedingungen für die spezifische Aggregation von T-Zell-Rezeptoren (TCR) und MHC-Molekülen, die mit Peptidantigen beladen sind, geschaffen und eine Stabilisierung der Wechselwirkung der Zellen erreicht. Essenziell für die Aktivierung sind darüber hinaus die Interaktionen von CD4 bzw. CD8 auf T-Lymphocyten mit MHC-II-Molekülen auf APC bzw. MHC-I-Molekülen auf endogene Peptide exprimierenden Zellen wie auch Tumorzellen und virusinfizierten Zellen. Die Regulation der T-Zell-Aktivierung ist exemplarisch für CD4 T-Helferzellen in ◘ Abb. 70.11 dargestellt.

CD4 ist ein aus einer Kette bestehendes Membranprotein mit 4 immunglobulinähnlichen Domänen. **CD8** besteht aus einer α- und einer β-Kette, die durch eine S-S-Brücke verbunden sind (nicht gezeigt). Beide,

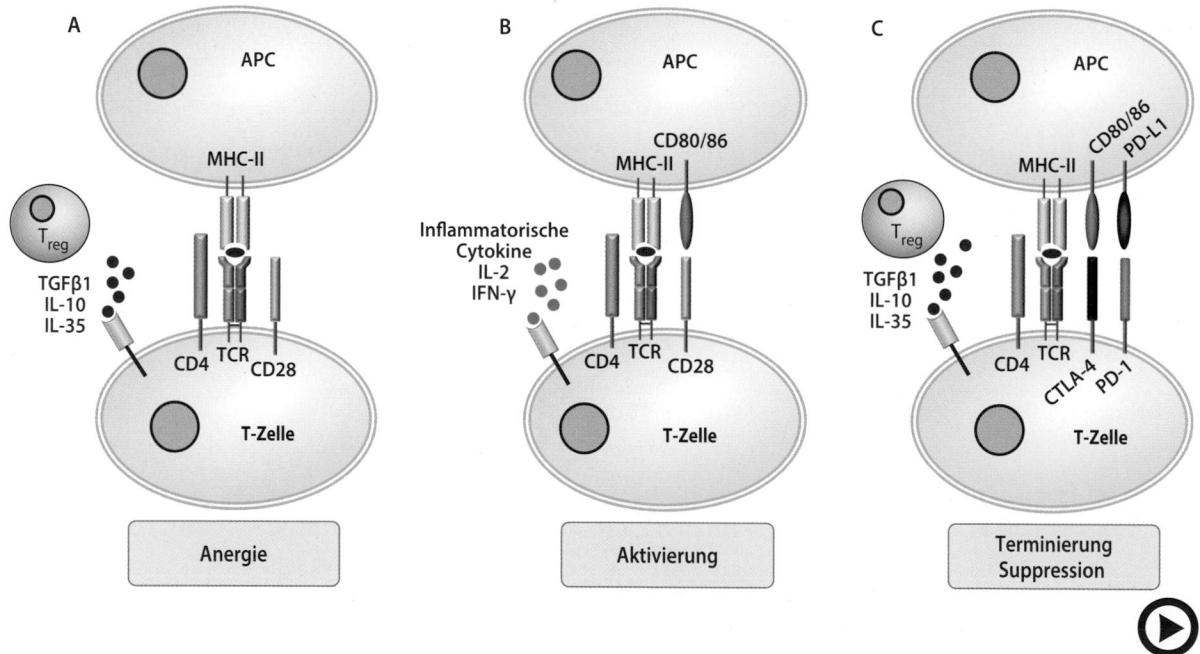

◘ **Abb. 70.11** (Video 70.9) **Die Regulation der T$_H$-Zell-Aktivierung.** CTLA-4: cytotoxic T-lymphocyte antigen; PD-1: programmed death protein-1 (Einzelheiten s. Text) (▶ https://doi.org/10.1007/000-5rk)

CD4 und CD8, sind in der Lage, mit ihren cytoplasmatischen Domänen die Tyrosinkinase **Lck** (▪ Abb. 70.12 nur für CD4 gezeigt) zu binden. Dieses Phosphat-übertragende Enzym spielt eine Schlüsselrolle bei der Signaltransduktion im Prozess der T-Zell-Aktivierung.

Mit den molekularen Wechselwirkungen zwischen Adhäsionsmolekülen, MHC, Antigenpeptid, TCR und CD4 oder CD8 ist das **1. Signal** für die antigenspezifische Aktivierung von T-Lymphocyten geschaffen. Ohne weitere molekulare Wechselwirkungen verbleibt die T-Zelle allerdings im Zustand der **Anergie** (▪ Abb. 70.11A). Dieser Status wird als **periphere Immuntoleranz** bezeichnet und ist neben der **zentralen**

Immuntoleranz wesentlich mit dafür verantwortlich, gesundes Gewebe vor einer Zerstörung durch Immunzellen zu bewahren. T_{reg}-Zellen und immunsuppressive Cytokine haben hierbei eine besondere Schutzfunktion.

Weitere Signale der T-Lymphocyten-Aktivierung Das co-stimulatorische, 2. Signal erfolgt über **CD80 (B7.1)** oder **CD86 (B7.2)**, Glykoproteine der Ig-Superfamilie, die auf APC exprimiert werden und mit konstitutiv auf T-Zellen exprimiertem **CD28** interagieren. Ein weiteres Aktivierungssignal wird durch die Wechselwirkung von ICOS (*inducible costimulator*) auf T-Zellen und B7RP-1 (ICOS-Ligand, ICOSL) auf antigenpräsentierenden Zel-

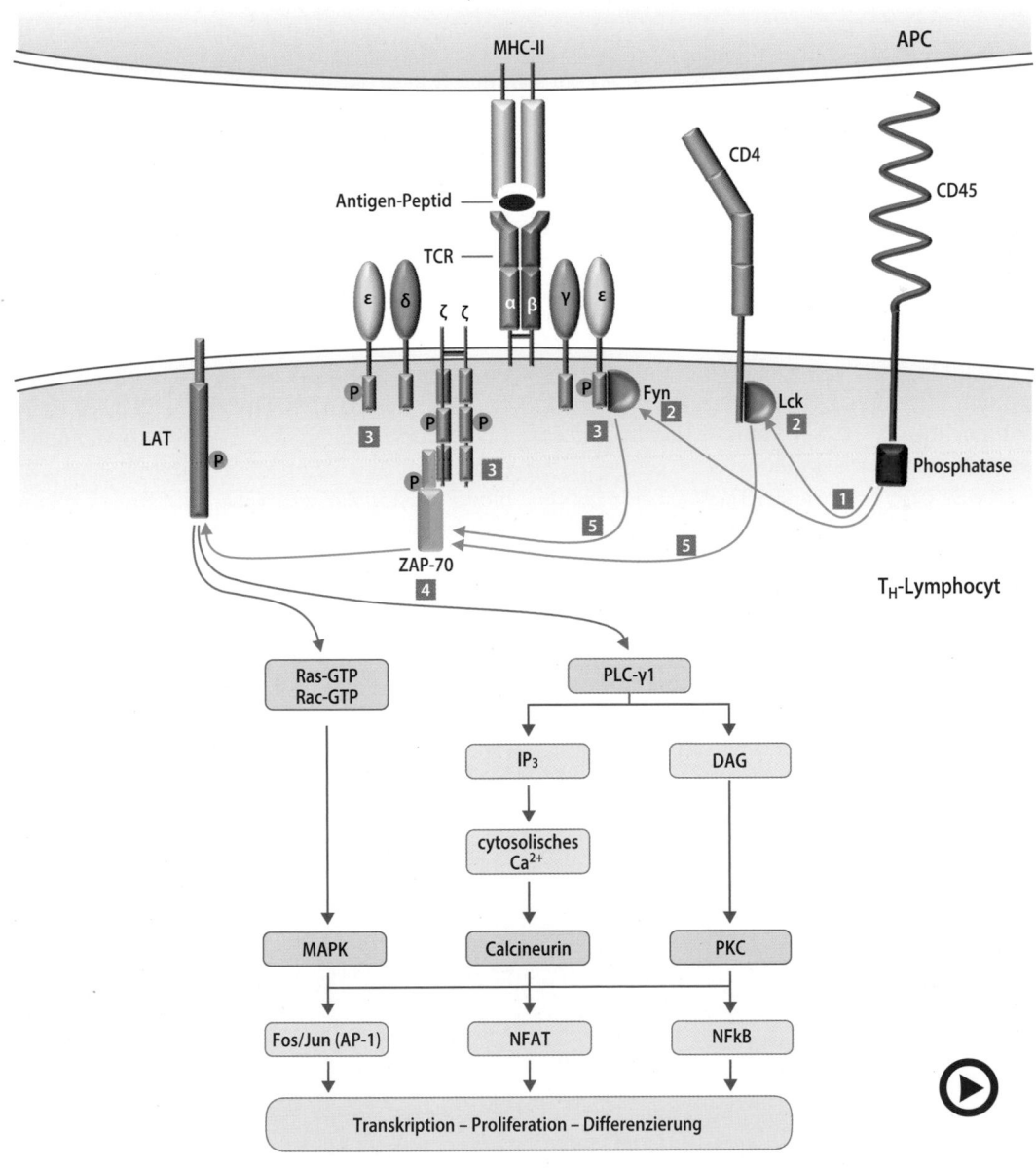

▪ **Abb. 70.12** (Video 70.10) **Signaltransduktion nach T_H-Zell-Aktivierung.** (Einzelheiten s. Text) (▶ https://doi.org/10.1007/000-5rm)

len (APC) bereitgestellt (in ■ Abb. 70.11 nicht dargestellt).

Durch diese co-stimulatorischen Signale erreichen
die T-Lymphocyten die G$_1$-Phase des Zellzyklus. Die
Wechselwirkung inflammatorischer Cytokine wie IL-2
mit spezifischen Cytokinrezeptoren auf den T-Zellen
führt zur Überwindung des Restriktionspunktes G$_1$/S
des Zellzyklus (■ Abb. 43.2). Aktivierte T-Lymphocyten produzieren sowohl verstärkt IL-2 als auch dessen
Rezeptoren, womit das 3. Signal für die klonale Proliferation eingeleitet wird (■ Abb. 70.11B).

❯ Die Wechselwirkung von CTLA-4 (*cytotoxic T lymphocyte antigen*) mit CD80/86 sowie PD-1 mit PD-L1
führt zur Terminierung der T-Zell-Aktivierung und
somit zur Suppression der Immunantwort.

Terminierung der T-Lymphocytenaktivierung Im Verlauf
des Prozesses der Aktivierung von T-Zellen wird auf diesen ein weiteres Oberflächenprotein, CTLA-4, exprimiert.
CTLA-4 (CD152) ähnelt strukturell CD28, weist allerdings eine wesentlich höhere Bindungsstärke zu CD80/86
auf. Im Gegensatz zu CD28 bewirkt die Wechselwirkung
von CTLA-4 mit CD80/86 eine Hemmung der Aktivierung von T-Zellen. Anstelle inflammatorischer Cytokine
werden immunsuppressive Cytokine und deren Rezeptoren gebildet und die Immunantwort unterdrückt
(■ Abb. 70.11C). Die Rolle von CTLA-4 im Rahmen der
Terminierung der T-Lymphocytenaktivierung wird auch
dadurch deutlich, dass CTLA-4-Gen-Knockout-Mäuse
eine Hyperproliferation der Lymphocyten zeigen.

Neben CTLA-4 bewirken weitere Proteine eine Hemmung der T-Zell-Aktivierung. Eines der bedeutendsten
dabei ist **PD-1 (*programmed death protein*-1, CD279)**
und die Interaktion mit dem Liganden PD-L1 (CD274)
auf u. a. antigenpräsentierenden Zellen und Tumorzellen.

Beide Proteine dienen als Zielstrukturen für eine
therapeutische Strategie, die als Checkpoint-Blockade
bezeichnet wird. Dabei werden therapeutische Antikörper (▶ Abschn. 70.9.5) gegen CTLA-4 (Ipilimumab)
oder PD-1 (Pembrolizumab, Nivolumab) genutzt, um
die natürliche Bremse der T-Zellaktivierung zu lösen
und somit eine Autoimmunreaktion zu initiieren, die
sich auch gegen maligne Tumore richtet. Insbesondere
bei der Behandlung des malignen Melanoms, Nichtkleinzelligen Lungenkarzinomen sowie Nierenzellkar-
zinomen wurden hierdurch signifikante Therapiefort-
schritte erreicht.

Für ihre bahnbrechenden Arbeiten und die Entdeckung der inhibitorischen Moleküle wurden der Amerikaner James P. Allison (CTLA-4) und der Japaner Ta-
suko Honjo (PD-1) im Jahr 2018 mit dem Nobelpreis
für Medizin oder Physiologie geehrt.

Signaltransduktion in T-Lymphocyten

**Molekulare Prozesse der Signaltransduktion in T-Lymphocy-
ten** Die ersten Schritte der Aktivierung von T-Lymphocyten (■ Abb. 70.12) nach Antigenerkennung sind charakterisiert durch eine Wechselwirkung unterschiedlicher
Strukturen des TCR-CD3-Komplexes, CD4 (oder CD8)
sowie MHC-Komplexen. Zunächst modulieren CD45
(Ziffer 1), ein Membranprotein mit einer cytoplasmatischen Tyrosinphosphatase-Domäne und csk (C-terminale
src-Kinase, in ■ Abb. 70.12 nicht dargestellt) die Phosphorylierung und Aktivierung der Tyrosinkinasen Lck
und Fyn (Ziffer 2). Lck ist an der cytoplasmatischen
Domäne von CD4 oder CD8 angelagert, Fyn am cytoplasmatischen Teil des CD3-Komplexes (■ Abb. 70.9).
Durch die Dephosphorylierung werden beide Kinasen
aktiviert und katalysieren in der Folge eine Phosphorylierung der cytoplasmatischen Domänen von CD3ε und
CD3ζ (Ziffer 3) (in der Abbildung nicht durch Pfeile
dargestellt). Die so phosphorylierten Strukturen sind
Bindungsmotive für ZAP-70 (ζ-*assoziiertes Protein* 70)
(Ziffer 4). Derartige Tyrosin-phosphorylierte Proteinsequenzen werden als **ITAMs** (*immunoreceptor tyrosine-based activation motif*) bezeichnet. ZAP-70 wird schließlich
durch die Kinasen Fyn und Lck phosphoryliert und damit aktiviert (Ziffer 5).

Die Aktivierung von ZAP-70 ist die Initialreaktion
für den Ras/MAPK-Weg und die PLCγ1/Inositoltris-
phosphat (IP$_3$) Kaskade:

Der Ras/MAPK/Fos/Jun (AP1)-Weg wird durch
Phosphorylierung von Adapterproteinen wie LAT
(**l**inker for **a**ctivation of **T**-cells) eingeleitet, die an Ras
einen Austausch von GDP durch GTP bewirken. Da-
durch kommt es über MAP-Kinasen (*mitogen activated
protein kinases*) zu einer Aktivierung von Fos und Jun,
die als Heterodimer den Transkriptionsfaktor AP-*1
(activator protein-1)* bilden. Darüber hinaus wird die
Aktivierung der **Phospholipase-Cγ 1** (PLC-γ1) initiiert,
die Phosphatidylinositolbisphosphat (PIP$_2$) in Inositoltrisphosphat (IP$_3$) und Diacylglycerol (DAG) spaltet
(▶ Abschn. 35.3.4; ■ Abb. 35.8).

— IP$_3$ bewirkt eine Ca^{2+}-Freisetzung aus dem endoplasmatischen Retikulum. In der Folge wird die Proteinphosphatase Calcineurin aktiviert, die die Dephosphorylierung von NFAT-1 (*nuclear factor of activated
T cells*) katalysiert und dessen Translokation in den
Zellkern bewirkt.

— **Diacylglycerol** wirkt als Aktivator der Proteinkinase C, welche eine Schlüsselfunktion bei der Aktivierung des Transkriptionsfaktors NFκB spielt.

Die drei aktivierten Transkriptionsfaktoren AP-1,
NFAT und NFκB sind für die Synthese von Cytokinen
und/oder die Aktivierung von Effektorzellen (CD8-Zel-
len) bedeutsam. IL-2 als T-Zell-Wachstumsfaktor spielt

hier eine besondere Rolle. Allerdings ist für die Produktion von IL-2 die Co-Stimulation über CD28 essenziell. Therapeutisch genutzte Hemmstoffe der Immunantwort wie Tacrolimus (FK506) oder Cyclosporin A wirken durch Hemmung von Calcineurin und supprimieren die IL-2-Bildung.

> **Übrigens**
>
> **Auch Cholesterin kann die TCR-Aktivierung regulieren.** Neuere Arbeiten postulieren ein Allosterie-Modell der T-Zellaktivierung, das die Komplexität der ablaufenden biochemischen Vorgänge weiter betont und dem Symmetriemodell nach Monod, Wyman und Changeux (▶ Abschn. 8.4) folgt. Grundlage ist die Annahme einer Konformationsänderung des TCR bei Aktivierung. In der ruhenden Konformation ist der TCR nicht phosporyliert und somit inaktiv. Durch Peptid-MHC-Bindung wird die aktive Konformation stabilisiert und die Signalkaskade ausgelöst. Diese beiden Konformationen erlauben eine allosterische Regulation des TCR. Dabei wird davon ausgegangen, dass Cholesterin in ruhenden T-Zellen am TCR bindet und somit eine spontane Aktivierung verhindert.

Superantigene

> Superantigene bewirken eine pathologische, polyklonale Aktivierung des Immunsystems.

Superantigene sind vor allem bakterielle und retrovirale Stoffe, die in ihrer unveränderten Form ohne proteolytische Spaltung direkt an wenig variable Bereiche der TCR β-Kette und des MHC-II-Komplexes antigenpräsentierender Zellen, abseits der üblichen Antigenbindungsstelle, binden (◻ Abb. 70.13). Sie aktivieren naive, aber auch *memory*-T-Lymphocyten.

Die häufigsten Superantigene stammen aus Staphylokokken und Streptokokken, deren Toxine das toxische Schock-Syndrom z. B. bei Gebrauch infizierter Tampons oder Lebensmittelvergiftungen verursachen können. Die polyklonale Aktivierung des Immunsystems durch Superantigene kann eine extrem erhöhte Cytokinproduktion auslösen, die Ursache der Schockzustände bei Superantigen-Infektionen ist. Im Unterschied zur normalen Antwort des Immunsystems auf Erreger, bei der 0,01–0,0001 % der T-Zellen aktiviert werden, sind es bei Superantigen-Infektionen 5–30 %.

Chimäre Antigenrezeptoren (CAR)

CAR sind gentechnologisch hergestellte Fusionsproteine, die gleichzeitig aktivierende und co-stimulatorische Signale induzieren.

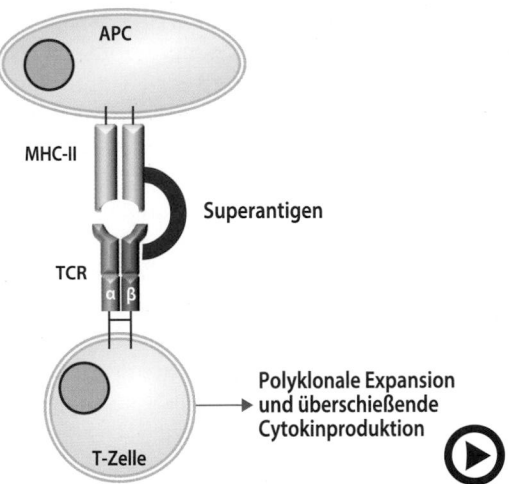

◻ **Abb. 70.13** (Video 70.11) **Superantigen-Bindung. (Einzelheiten s. Text)** (▶ https://doi.org/10.1007/000-5rn)

Chimäre Antigenrezeptoren werden mittels retro- oder lentiviraler Vektoren in T-Zellen eingebracht. Die so entstandenen **CAR-T-Zellen** exprimieren einen Rezeptor, der im einfachsten Fall aus einem extrazellulären Antikörper zur Antigenerkennung besteht, welcher über eine Transmembrandomäne mit einem intrazellulären Signaltransduktionskomplex, meist einer CD3ζ-Kette, verbunden ist. CAR-T-Zellen können dadurch im Gegensatz zu normalen T-Zellen MHC-unabhängig aktiviert werden. Das Prinzip wird therapeutisch bereits zur Behandlung von B-Zell-Neoplasien eingesetzt. Aktuelle Entwicklungen zielen darauf ab, auch andere maligne Erkrankungen, insbesondere solide Tumore, mit dieser erfolgreichen Strategie zu behandeln.

70.7.3 Cytotoxische T-Zellen in der adaptiven Immunantwort

> Cytotoxische T-Lymphocyten eliminieren Zellen mit extrazellulären, aber auch intrazellulären Fremdstrukturen wie Tumor-, Virus- oder Bakterienantigenen.

Cytotoxische T-Zellen CD8-positive T-Lymphocyten wirken in der adaptiven Immunantwort vorwiegend als cytotoxische Immunzellen (T_C-Zellen, *cytotoxic T cells*). Im Vergleich dazu sind CD4-positive T_H-Zellen (T-Helfer-Zellen, ▶ Abschn. 70.6.2) in ihrer Hauptfunktion Helferzellen und Produzenten von Cytokinen. Eine ähnliche Wirkung wie T_C-Zellen haben natürliche Killer-Zellen (NK-Zellen) als zelluläre Bestandteile der angeborenen Immunantwort.

Der wichtigste Mechanismus der cytotoxischen Wirkung ist die antigenspezifische Cytolyse von Zielzellen durch T$_C$- oder NK-Zellen über die **Apoptose** (▶ Kap. 51). Dabei kann es nach Kontakt der cytotoxischen Zelle mit der Zielzelle zu einer durch Perforin vermittelten endocytotischen Aufnahme eines Komplexes aus Perforin, Granzym und Granulysin der cytotoxischen Granula kommen. Das porenbildende Perforin erlaubt den Austritt von Granzymen aus den Endosomen der cytotoxischen Zellen und vermittelt über die Aktivierung der Caspasen die Apoptose. Granulysin ist ein saponinähnliches Polypeptid (9 kDa, Vorläufer 15 kDa) mit direkter antimikrobieller Aktivität. Dieses kann an Lipidbestandteile der Bakterienmembranen binden und die Glucosylceramidase sowie die Sphingomyelinase aktivieren. Dabei wird proapoptotisch wirkendes Ceramid gebildet.

Die Induktion der Apoptose kann auch durch die nicht-konstitutive Expression des *Fas-Rezeptors (CD95, Apo-1)* auf aktivierten Zellen des Organismus und dessen Wechselwirkung mit dem **Fas-Liganden (CD95L)** bewirkt werden (▶ Abschn. 51.1).

Der Apoptoserezeptor Fas (CD95, Apo-1) ist ein 45-kDa-Protein. Es wird konstitutiv auf Immunzellen und Zellen unterschiedlicher Gewebe exprimiert. Unter Bedingungen einer Entzündung kann die CD95-Expression induziert oder verstärkt werden. Der Fas-Ligand (Fas-L, CD95L) ist ein 40-kDa-Membranprotein der TNF-α-Familie. CD95L wird auf aktivierten T-Zellen exprimiert. Fas und Fas-L spielen eine bedeutende Rolle bei der Homöostase des Immunsystems. Bei pathogenetischen Mechanismen organspezifischer Autoimmunerkrankungen wie Diabetes mellitus Typ I oder Multipler Sklerose, aber auch bei anderen entzündlichen Erkrankungen spielt die nicht-konstitutive Expression von Fas auf Zellen der betroffenen Organe eine wichtige Rolle.

T$_C$-Zellen können neben ihrem cytolytischen Effekt auf Virus-, Tumor- oder Autoantigen- bzw. Fasexprimierende Zellen auch an der selektiven **Bakterien-Abwehr** beteiligt sein. Bakterien werden dabei entweder indirekt durch IFNγ-induzierte intrazelluläre Abwehrmechanismen (z. B. NO) unter Erhaltung der Zellstruktur eliminiert, alternativ durch Perforin-mediierte Cytolyse unter Mitwirkung von antimikrobiell wirkendem **Granulysin** (▶ Abschn. 70.12).

Intrazellulär auftretende Bakterien können aber auch durch Cytolyse freigesetzt und anschließend durch aktivierte Makrophagen endocytiert und abgetötet werden.

Antikörperabhängige zelluläre Cytotoxizität (ADCC, *antibody dependent cellular cytotoxicity*)   Antikörper können den spezifischen TCR bei speziellen Cytolysemechanismen ersetzen. Über Rezeptoren für den Fc-Teil von Immunglobulinen (▶ Abschn. 70.8) werden Antikörper an T- oder B-Zellen und Makrophagen fixiert. Diese mit Antikörpern beladenen Immunzellen lösen an Zielzellen, die Antigene exprimieren, welche von den gebundenen Antikörpern erkannt werden, ein cytolytisches Signal aus. Dieser Vorgang wird als antikörperabhängige zelluläre Cytotoxizität (ADCC) bezeichnet und repräsentiert ein Bindeglied zwischen der unspezifischen und spezifischen Immunantwort.

Zusammenfassung

Charakteristika des **T-Zell-Antigen-Rezeptor-Komplexes** (TCR) sind:

- Der TCR besteht aus einem Zellmembran-ständigen α/β-Ketten-Heterodimer (95 %) oder einem γ/δ-Ketten-Heterodimer (5 %), das Antigene selektiv identifiziert.
- Der TCR ist strukturell und funktionell eng mit dem CD3-Komplex assoziiert, der aus α/β-, εγ- und ε/δ- Heterodimeren sowie einem ζ/ζ-Homodimer zusammengesetzt ist. Die wesentliche Funktion des CD3-Komplexes nach Antigenkontakt ist die Signalweiterleitung in die Zelle.
- Die Ausprägung der antigenspezifischen α- und β-Ketten des TCR erfolgt durch Umlagerungen (Gen *rearrangement*) von Genregionen des TCR (V, D, J, C), Spleißen und Translation.

Die antigenspezifische Stimulierung von T-Zellen führt zur **klonalen Proliferation**. Wichtige Teilschritte sind die:

- Interaktion zwischen antigenpräsentierenden Zellen und T-Lymphocyten, vermittelt durch Adhäsionsmoleküle, CD4 und MHC-II bzw. CD8 und MHC-I,
- spezifische Interaktion von MHC-I- oder MHC-II-gebundenen Antigenpeptiden mit dem jeweiligen spezifischen TCR,
- Interaktion von CD28 auf T-Lymphocyten und CD80/86 auf APC,
- Überwindung des Restriktionspunktes G$_I$/S sowie Einleitung der DNA-Synthese und klonalen Proliferation von T-Zellen mithilfe von Cytokinen, z. B. IL-2.

Die **Signaltransduktion in T-Lymphocyten** erfolgt über den membranständigen TCR-CD3-Komplex. Wichtige Schritte sind

- die Dephosphorylierung der Tyrosinkinasen Lck und Fyn durch die Tyrosinphosphatase CD45,
- Phosphorylierung von cytoplasmatischen Teilen der CD3-Ketten (γ, δ, ε), Generierung von ITAMs und Rekrutierung von ZAP-70,
- Phosphorylierung und Aktivierung von ZAP-70 durch die Kinasen Fyn und Lck,
- Aktivierung der Ras/MAPK/Fos/Jun-Signalkaskade,

70

- Aktivierung der Phospholipase-C-γ1, Bildung von Inositoltrisphosphat und Diacylglycerol,
- Ca^{2+}-Mobilisierung durch Inositoltrisphosphat,
- Aktivierung von PKC durch DAG,
- Aktivierung der Transkriptionsfaktoren AP-1, NFAT, NFκB,
- Synthese von Cytokinen (IL-2) und Cytokinrezeptoren.

Die Signalkaskaden werden durch die Wechselwirkung von CD80/86 mit CTLA-4, PD-1 mit PD-L1 sowie die Wirkung von T_{reg}-Zellen und immunsuppressiven Cytokinen, wie TGF-β1 abgeschaltet.

Superantigene sind mikrobielle oder endogene Substanzen, die ohne proteolytische Prozessierung direkt mit Bereichen der β-Kette des TCR und HLA-II-Komplexen interagieren und zur starken T-Zell-Vermehrung und überschießenden Cytokinproduktion, verbunden mit toxischen Schockzuständen, führen. **Chimäre Antigenrezeptoren** sind therapeutisch genutzte artifizielle Fusionsproteine, welche gleichzeitig aktivierende und co-stimulatorische Signale induzieren. CAR-T-Zellen können dadurch MHC-unabhängig aktiviert werden. **Cytotoxische T-Lymphocyten (TC)** greifen Zellen mit extrazellulär und intrazellulär exprimierten Fremdstrukturen an. T_C-Zellen wirken über

- eine antigenabhängige, selektive Zellzerstörung z. B. virusinfizierter Zellen.
- eine antigenspezifische Lyse von bakterienhaltigen Makrophagen.
- eine direkte oder indirekte Abtötung von intrazellulären Bakterien und Viren.

Die **Apoptose** ist der wichtigste Mechanismus der Cytolyse. Die Apoptose wird induziert durch:

- Granula-Inhaltsstoffe von T-Zellen z. B. Granzymen, Perforin und Granulysin oder durch Fas (CD95)-/Fas-Ligand (CD95L)-Wechselwirkung.
- Die **Vernichtung der Mikroorganismen** erfolgt mithilfe von Stickstoffmonoxid (NO),
- Granulysin sowie
- cytolytischer Freisetzung der Mikroorganismen aus infizierten Zellen und anschließender Phagocytose durch aktivierte Makrophagen.

Die **antikörperabhängige zelluläre Cytotoxizität** (ADCC, *antibody dependent cellular cytotoxicity*) ist unabhängig vom TCR und nutzt zur spezifischen Antigenerkennung Antikörper, die über ihren Fc-Teil an spezielle Rezeptoren der Zelle gebunden sind. Die Cytolysemechanismen sind die gleichen wie oben beschrieben.

70.8 B-Lymphocyten

B-Lymphocyten stammen von pluripotenten hämatopoetischen Zellen im Knochenmark ab (*bone marrow dependend lymphocytes*). Die ursprüngliche Namensgebung geht auf die Bursa fabricii bei Vögeln als Bildungs- und Reifungsort zurück.

> B-Lymphocyten (auch als B-Zellen bezeichnet) können nach Aktivierung zu Plasmazellen differenzieren und stellen als solche die alleinigen Produzenten von Antikörpern (Immunglobulinen) dar.

Der Anteil von B-Lymphocyten an den Gesamtlymphocyten im peripheren Blut des Menschen nimmt mit dem Alter ab. Bei Säuglingen und Kleinkindern findet man 22–29 %, beim Erwachsenen stellen die B-Zellen nur noch einen Anteil von 11–16 % der Lymphocyten dar.

70.8.1 Entwicklung von B-Lymphocyten

Die Reifung und Differenzierung von Stammzellen zu B-Lymphocyten im Knochenmark ist in der Frühphase abhängig von Signalen der Stromazellen, die über verschiedene Adhäsionsmoleküle einen direkten Kontakt zu den B-Zellen herstellen und Cytokine (wie z. B. *stem cell factor* (SCF) und IL-7) für diese bereitstellen.

Die Entwicklung verläuft über **Pro-B-Zellen** (Progenitor-B-Lymphocyten), die neben den typischen Stammzellantigenen CD34 und CD117 bereits das nur für **B-Zellen charakteristische CD19-Molekül** auf der Zelloberfläche exprimieren. Bei Übergang in das **Prä-B-Zell-Stadium** beginnt mit dem erstmaligen Auftreten von cytoplasmatischen μ-Ketten (schwere Ketten des IgM-Immunglobulins) die Immunglobulinsynthese. **Naive B-Zellen** (oder *virgin B cells*, da sie noch keinen Antigenkontakt hatten) schließlich sind durch die Expression des **gesamten IgM-Moleküls** auf der Oberfläche gekennzeichnet. Der weitere Reifungsprozess ist streng antigenabhängig. Binden die IgM-Moleküle körpereigene Antigene, werden diese autoreaktiven B-Zellen durch Apoptose eliminiert. Man spricht hier von einer **zentralen B-Zell-Toleranz**. Die B-Zellen, die diese erste Selektion überlebt haben, wandern aus dem Knochenmark in die sekundären lymphatischen Organe, wo eine weitere, nun **T-Zell-abhängige Selektion** stattfindet (**periphere B-Zell-Toleranz**). Positiv selektionierte B-Zellen wandern in die Lymphfollikel. In diesem Stadium exprimieren die nun reifen B-Lymphocyten neben dem IgM-Molekül auch das IgD-Immunglobulin an ihrer Oberfläche. In der Folge patrouillieren sie als zirkulierende follikuläre B-Zellen zwischen Knochenmark und sekundären lymphatischen Organen. Findet ein Antigenkontakt statt, differenzieren die B-Zellen zu **IgM-produzierenden Plasmazellen**. Die Affinität (Bindungsstärke) dieser Antikörper ist noch relativ gering. Zur Affinitätssteigerung trägt die **Keimzentrumsreaktion** bei, in deren Folge die B-Zellen befähigt werden, auch andere Immunglobulin-Klassen zu bilden (**Immunglobulin-*switch***).

Für die verschiedenen Reifungsstadien sind die unterschiedlichen Stadien der Genrekombinationen (*rearrangements*) und der Immunoglobulin-Genexpression charakteristisch (▶ Abschn. 70.9.4).

Im Prozess der Reifung werden **stadienabhängig** B-Zell-charakteristische **CD-Oberflächenstrukturen** exprimiert. **CD19** ist als frühestes Molekül bereits ab der Pro-B-Zelle nachweisbar. Es folgt im späten Prä-B-Stadium **CD20**. Das Auftreten von **CD21** und **CD23** charakterisiert dann die reife, ausdifferenzierte B-Zelle. Der Nachweis der reifungsabhängigen CD-Strukturen hat eine wichtige differentialdiagnostische Bedeutung bei Leukämien und Lymphomen.

Am Ende der aktivierungsabhängigen Reifung der B-Lymphocyten steht die im Knochenmark oder im Mucosa-assoziierten lymphatischen Gewebe **ausdifferenzierte Plasmazelle**, welche jeweils **einen Antikörper-Isotyp** (z. B. IgG1) für **ein definiertes Antigen** produziert.

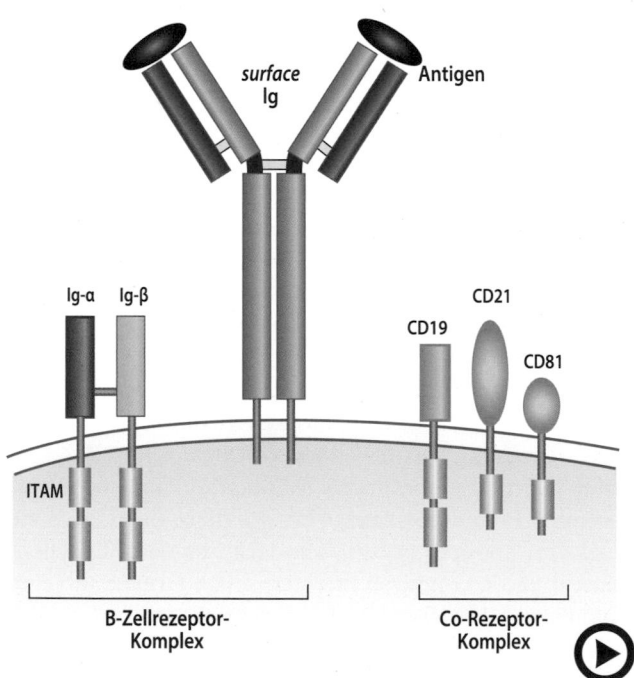

○ **Abb. 70.14** (Video 70.12) **B-Zell-Rezeptorkomplex (BCR).** (Einzelheiten s. Text) (▶ https://doi.org/10.1007/000-5rp)

70.8.2 Aktivierung von B-Lymphocyten

Der B-Zell-Rezeptor

Der initiale Anstoß zur **Aktivierung** von B-Lymphocyten erfolgt durch die **Kopplung eines nativen Antigens** am **B-Zell-Rezeptor** (BCR) (○ Abb. 70.14). Dieser besteht aus einem antigenbindenden Immunglobulinmolekül, welches über einen Membran-Anker auf der Oberfläche fixiert ist und zwei signaltransduzierenden heterodimeren Transmembranproteinen, den Immunglobulinketten **Ig-α (CD79a) und Ig-β (CD79b)**.

Dieser Multiproteinkomplex weist den signaltransduzierenden Komponenten des TCR-CD3-Komplexes vergleichbare Funktionen auf. Darüber hinaus vermittelt er die rezeptorgebundene Endocytose der Antigene mit nachfolgender Prozessierung und Präsentation der Antigenpeptide über MHC-II.

Ig-α und Ig-β besitzen im Bereich ihrer cytoplasmatischen Domänen ITAM (*immunoreceptor tyrosine-based activation motifs*)-Sequenzmotive, an die nach Phosphorylierung die Tyrosinkinase Syk binden kann. Die **Modulation der Signalübertragung** am BCR wird durch einen Komplex von Corezeptoren (**CD19, CD21, CD81**) gesteuert (○ Abb. 70.14).

Das am BCR gebundene **Antigen** wird **internalisiert, proteolytisch gespalten** und in Form eines **Peptidfragmentes** über **MHC-II-Moleküle** auf der B-Zell-Oberfläche einer T-Helferzelle (meist T_H2-Zellen) mit identischer Antigenspezifität **präsentiert** (○ Abb. 70.15A). Nur wenn diese Bedingungen erfüllt sind, kommt es zu einer starken Proliferation (Vermehrung, klonale Expansion) der B-Zelle und nachfolgend zur Differenzierung in antikörperproduzierende Plasmazellen. Diese Peptidantigene werden auch **T-Zell-abhängige Antigene** genannt und sind charakteristisch für die **T-Zell-abhängige B-Zell-Aktivierung**, die die überwiegende Aktivierungsart darstellt.

Kohlenhydratantigene wie z. B. bakterielle Polysaccharide sind in der Lage, aufgrund wiederkehrender Kohlenhydratsequenzen eine **Quervernetzung der BCR** vorzunehmen, die dann **ohne Mitwirkung von T-Zellen** zu einer Aktivierung von B-Zellen führt. Dieser Prozess wird als **T-Zell-unabhängige Aktivierung** bezeichnet. Die so aktivierten B-Zellen differenzieren zu Plasmazellen und bilden jedoch hier nur IgM-Antikörper mit geringer Affinität, d. h. sie sind nicht zu einer Affinitätsreifung oder zum Immunglobulinklassenwechsel (Isotyp-*switch*) befähigt.

Möglicher Paradigmenwechsel zur Funktion des B-Zell-Rezeptors. Die klassische Lehrmeinung der primären Kreuzvernetzung und Assemblierung von mehreren BCR durch ein Antigen als Voraussetzung für den Start der Aktivierungskaskade, die gleichfalls für die T-Zell-abhängige Aktivierung angenommen wurde, ist durch neuere Ergebnisse in Frage gestellt. Mit Methoden der synthetischen Biologie wurde zumindest für den Maus-BCR gezeigt, dass die-

ser in Ruhe in Form von Oligomeren vorliegt, bei denen die für die Signalweiterleitung wichtigen Sequenzen verdeckt sind. Bindet ein Antigen am BCR, zerfallen die Oligomere und die transduzierenden Elemente können aktiv werden. Diese Betrachtungsweise stellt also genau das Gegenteil der klassischen Auffassung dar. Es wird spannend sein, die weiteren Arbeiten auf diesem Gebiet zu verfolgen.

B-Zell-T-Zell-Interaktion

Co-stimulatorische Signale Für eine vollständige Aktivierung benötigt die B-Zelle, ebenso wie die T-Zelle, **zwei Signale**. Das erste Signal wird durch die **Bindung des TCR am MHC-II-Komplex** der B-Zelle ausgelöst (◘ Abb. 70.15A). Das zweite, co-stimulatorische Signal macht erst den Weg für die Aktivierung frei. Es wird durch die **Induktion der Expression von CD80/86** auf der B-Zelle, die von CD28 auf der T-Zelle gebunden werden, eingeleitet (◘ Abb. 70.15B). Diese Bindung führt zur **Induktion des CD40-Liganden** (CD40L, CD154) auf der

T-Helfer-Zelle und damit zu dem eigentlichen, zweiten co-stimulatorischen Signal. CD40 gehört zur **TNF-Rezeptor-Familie** und wird von B-Zellen und anderen Zellen (dendritische Zellen, Epithelzellen, hämatopoetischen Stammzellen) konstitutiv exprimiert. Der T-Zell-seitige Ligand **CD40L** gehört zur TNF-Familie und wird nur nach Aktivierung der T-Zelle von dieser exprimiert. Das bedeutet, dass nur **aktivierte T-Helferzellen** B-Zellen ein „Überlebenssignal" geben können.

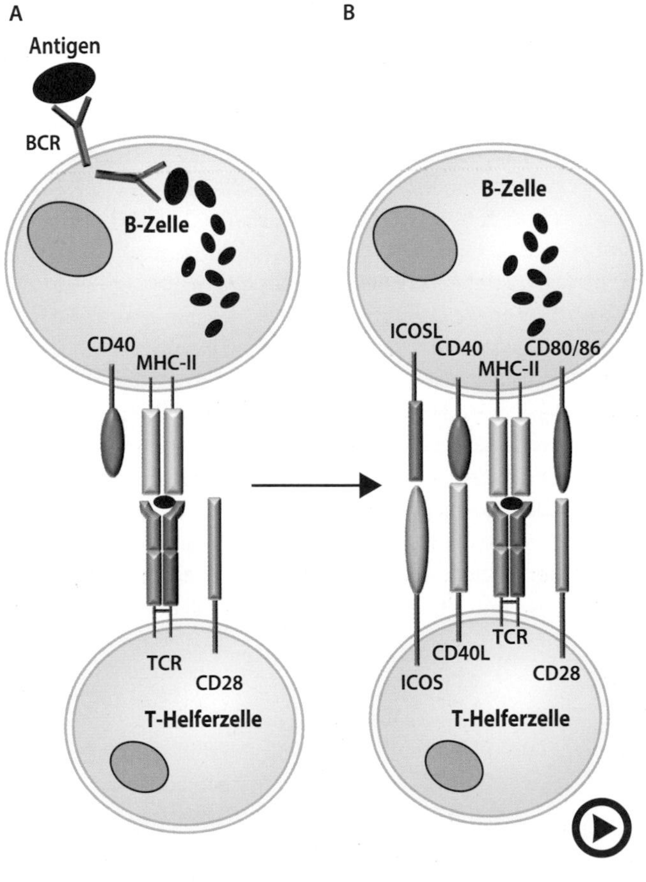

Die **Ligation von CD40 durch CD40L** lässt ruhende B-Lymphocyten in den **Zellzyklus** eintreten. Der Start der Proliferation, der Immunglobulin-Klassen-Wechsel und die Plasmazelldifferenzierung wird durch **Cytokine der T-Helfer-Zellen** wie IL-4, IL-5, IL-6, IL-10 und IL-13 vermittelt. Nur auf aktivierten T-Zellen wird ein weiterer Corezeptor ICOS (*inducible costimulator*) exprimiert. Er interagiert mit seinem Liganden ICOSL (auch B7RP-1, B7h) auf B-Lymphocyten, dendritischen Zellen, Makrophagen und Endothelzellen (◘ Abb. 70.15B). Die Bindung von **ICOS und ICOSL** veranlasst die T-Zelle zur Synthese von IL-4 und IL-13. Diese Cytokine wiederum lenken in den B-Zellen den Ig-Klassenwechsel in Richtung IgE und induzieren so eine vermehrte IgE-Bildung durch die nachfolgend entstehenden Plasmazellen. Dies ist für allergische Reaktionen vom Typ I, wie Asthma bronchiale und Heuschnupfen, von zentraler Bedeutung. IL-4 fördert die Bildung von IgG1 und IgE, IL-5 die von IgA, IFN-γ die von IgG2 und IgG3 und TGF-β die von IgG2b und IgA.

Die Signaltransduktion Nach Bindung des Antigens an den BCR wird eine **intrazelluläre Signalkaskade** ausgelöst, die der in **T-Zellen** sehr ähnlich ist (▶ Abschn. 70.7.2). Zuerst erfolgt die Aktivierung der Tyrosinkinasen Fyn, Blk und Lyn durch Dephosphorylierung mithilfe der **membranständigen Phosphatase CD45**. Nach Aktivierung phosphorylieren diese die cytoplasmatischen Domänen des Igα/Igβ-Komplexes des BCR. An die nun phosphorylierten Peptidsequenzen der Igα/Igβ-Ketten (ITAMs) kann die Tyrosinkinase Syk binden und die Ras/MAPK/Fos/Jun-Kaskade aktivieren. Dieser Signalweg steht unter der **Kontrolle** eines membranständigen

◘ **Abb. 70.15** (Video 70.13) **Ablauf der B-Zell-Aktivierung.** (Einzelheiten s. Text) (▶ https://doi.org/10.1007/000-5rq)

Corezeptorkomplexes aus **CD19**, dem Komplementrezeptor **CR2 (CD21)** und **TAPA-1** (*target of antiproliferative antibody-1*, CD81).

70.8.3 Differenzierung von B-Zellen zu Plasmazellen oder Gedächtniszellen

Die zahlenmäßig größte Anhäufung von B-Zellen findet man in den lymphatischen Organen wie Lymphknoten oder submucosalem lymphatischen Gewebe (primäre Follikel). Hier sowie in der Peripherie findet **die initiale Antigenerkennung** statt. In der T-Zell-reichen Zone des Lymphknotens (Paracortex) erfolgt die Aktivierung der B-Lymphocyten. Die aktivierten B-Zellen wandern anschließend in einen benachbarten Follikel, wo sie stark proliferieren. Diese Proliferation hat den Charakter einer **klonalen Expansion**, bei der durch wiederholte Teilungen aus einer B-Zelle sehr schnell eine Vielzahl identischer Tochterzellen (Klone) entsteht. Als histomorphologisches Korrelat werden dabei sog. **Keimzentren** sichtbar, in denen sich die aktivierten B-Zellen als **Centroblasten** im sekundären Follikel sammeln.

Im Laufe dieser Teilungen erfolgen Genmutationen der variablen Ig-Ketten. Im Resultat entstehen Nachkommen, die durch eine unterschiedliche Affinität gegenüber dem Antigen gekennzeichnet sind und als **Centrocyten** bezeichnet werden. Das Überleben dieser Centrocyten hängt davon ab, ob ihre Immunglobulinrezeptoren ein Antigen binden. Findet keine Antigenbindung statt, werden sie durch Apoptose eliminiert. Vermittelt wird dieser Selektionsprozess der **Affinitätsreifung** von Centrocyten durch **follikuläre dendritische Zellen (FDC)**. FDC exprimieren Komplement- und Fc-Rezeptoren auf ihrer Oberfläche, welche Antigen-Antikörper- bzw. Antigen-Komplement-Komplexe binden können. An diesen Strukturen findet die Affinitätsreifung der B-Lymphocyten statt. FDC sind somit keine klassischen antigenpräsentierenden Zellen.

Die Bindungsstärke (Affinität) der Ig-Rezeptoren auf den Centrocyten an die Immunkomplexe der FDC korreliert mit der Induktion des *bcl-2*-Gens und dessen anti-apoptotischer Produkte, die ein Überleben der Zelle ermöglichen. Durch diesen Prozess der Affinitätsreifung wird gewährleistet, dass nur B-Zellen mit **hochaffinen Immunglobulinrezeptoren** gegen ein Antigen selektioniert werden.

Terminal differenzieren die Centrocyten entweder zu **Plasmazellen** oder zu **B-Gedächtniszellen.** Die Plasmazellen verlassen das Keimzentrum und wandern ins Knochenmark und in das Mukosa-assoziierte lymphatische Gewebe (hauptsächlich in Schleimhautepithelien des Darms).

B-Gedächtniszellen finden sich in der follikulären Mantelzone und in der Peripherie. Sie zeichnen sich durch eine besonders niedrige Aktivierungsschwelle aus und können bei wiederholtem Antigenkontakt sehr schnell mit der Antikörperproduktion beginnen.

Zusammenfassung

Entwicklung von B-Lymphocyten

- B-Zellen durchlaufen während ihrer Reifung im Knochenmark unterschiedliche Stadien, wobei Selektionsprozesse die Auswanderung autoreaktiver B-Zellen verhindern.
- Die Reifungsstadien sind durch Umlagerungen der Immunglobulin-Gene gekennzeichnet.
- Reife B-Zellen exprimieren den B-Zell-Rezeptor (BCR, membrangebundene Immunglobuline), CD19, CD20, CD21 und CD23.
- Jede einzelne reife B-Zelle ist spezifisch für nur ein Antigen (eine Zelle – ein Antigen).

Aktivierung von B-Lymphocyten

- Die B-Zell-Aktivierung setzt die Bindung eines Antigens am BCR voraus.
- Der BCR-Antigenkomplex wird endocytotisch internalisiert, das Antigen proteolytisch gespalten und als Peptidstruktur über MHC-II-Moleküle an der B-Zell-Oberfläche einer T-Helferzelle präsentiert.
- Co-stimulatorische Signale sind notwendig für eine vollständige Aktivierung der B-Zelle. Sie bestehen aus der Bindung von CD80/86 (B-Zelle) und CD28 (T-Zelle), nachfolgend zwischen CD40 (B-Zelle) und CD40L (T-Zelle) sowie zwischen ICOSL (B-Zelle) und ICOS (T-Zelle).
- Der Start der Proliferation, der Immunglobulin-Klassen-*switch* und die Differenzierung zu Plasmazellen wird durch Cytokine der T-Helfer-Zellen, wie IL-4, IL-5, IL-6, IL-10 und IL-13 vermittelt.
- Die Signaltransduktion ist unter Beteiligung von CD45, den Tyrosinkinasen Blk, Fyn, Lyn, Syk und der Phosphorylierung von ITAMs mit nachfolgender Aktivierung der Kaskaden Ras/MAPK/Fos/Jun- und PLCγ ähnlich der in T-Zellen.

Differenzierung von B-Lymphocyten

- Aktivierte B-Zellen bilden in sekundären lymphatischen Organen Keimzentren aus.
- Follikuläre dendritische Zellen vermitteln hier den Selektionsprozess der Affinitätsreifung.
- Terminal differenzieren aktivierte B-Zellen zu antikörperproduzierenden Plasmazellen oder B-Gedächtniszellen.

70.9 Antikörper

70.9.1 Struktur und Vorkommen von Antikörpern

Antikörper (auch als Immunglobuline, Ig bezeichnet) kommen sowohl über einen **Membran-Anker fixiert auf reifen B-Zellen als auch frei (ohne Membran-Anker) im Blut und in Gewebsflüssigkeiten** vor. Erstere repräsentieren den B-Zell-Rezeptor (BCR), Letztere die sezernierten Produkte von Plasmazellen, wobei diese Antikörper die identische Spezifität des BCR der B-Zelle haben, aus der die Plasmazelle hervorgegangen ist. Plasmazellen sind hochaktive Bioreaktoren: Eine Plasmazelle produziert ca. 2000 Antikörpermoleküle pro Sekunde.

Die Antikörper des Menschen werden in **5 verschiedene Klassen (Isotypen)** unterteilt. Man unterscheidet **IgG, IgA, IgM, IgD und IgE**. In der Serumelektrophorese findet man die Immunglobuline in der Gamma-Globulinfraktion.

Die Grundstruktur eines Antikörpermoleküls ist immer gleich. Sie besteht aus jeweils **zwei identischen schweren Ketten** (*heavy chains*, H-Ketten, 50kDa) und **zwei identischen leichten Ketten** (*light chains*, L-Ketten, 25kDa), die über Disulfidbrücken kovalent verbunden sind und ein ypsilonförmiges, achsensymmetrisches Heterotetramer bilden (◘ Abb. 70.16).

Prototypisch für Antikörpermoleküle ist das Immunglobulin G. Es besteht aus zwei Teilen, die die beiden unterschiedlichen Funktionsbereiche von Antikörpern ausbilden. Man unterscheidet einen *Fc-Teil* (*fragment crystallizable*, heute auch: *fragment constant*) der für die **Effektorfunktionen** (z. B. Opsonierung, Plazentapassage, ◘ Tab. 70.4) verantwortlich ist und zwei **Fab-Fragmente** (*fragment antigen binding*), die hochspezifisch „ihr" **Antigen erkennen und binden**. Die Unterscheidung beider Fragmente erfolgte aufgrund der Produkte, die mittels proteolytischer Spaltung durch z. B. Papain erhalten werden. Namensgebend für die leichten und schweren Ketten sind deren unterschiedliche Molekularmassen nach Reduktion der Disulfidbrücken.

Das **Fc-Fragment** determiniert die Immunglobulinklasse (Isotyp) sowie die funktionellen Eigenschaften des Antikörpers bei der Aktivierung von Effektormechanismen. Es ist ein Glykoprotein, bei dem isotypabhängig mindestens jeweils zwei verzweigte Ketten aus etwa neun Hexoseresten (*Sechsecke* in ◘ Abb. 70.16) ausgeprägt sind. Mit Ausnahme des IgG, welches nur eine N-gebundene Kohlenhydratkette an der schweren Kette trägt, weisen alle anderen Isotypen mindestens fünf, über alle konstanten Domänen verteilte, Kohlenhydratketten auf.

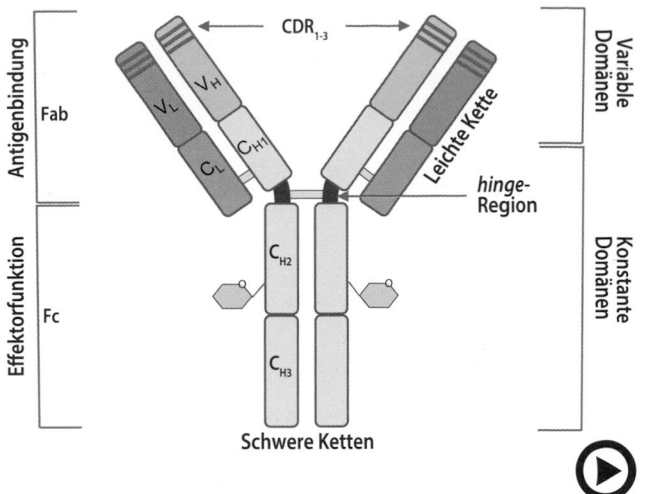

◘ **Abb. 70.16** (Video 70.14) **Struktur eines Antikörpers der IgG-Klasse.** (Einzelheiten s. Text) (▶ https://doi.org/10.1007/000-5rr)

Die schweren und leichten Ketten der Immunglobuline bestehen aus verschiedenen **Domänen**, die sich unabhängig voneinander falten (Ig-Domänen). Globuläre Domänen dieser Art sind charakteristisch für eine Anzahl weiterer Immunmoleküle, der sog. **Immunglobulin-Superfamilie**, zu der u. a. der T-Zell-Rezeptor, MHC-I und MHC-II, CD4, CD8 und CD19 gehören.

Die Ig-Domänen ordnen sich in zwei Ebenen **antiparalleler Faltblattstrukturen** an, die durch eine **intrapeptidische Disulfidbrücke** verbunden sind und einen hydrophoben Kern abschirmen. Jede Domäne hat eine molekulare Masse von ca. 12,5 kDa.

Die **L-Ketten** sind aus je einer **variablen (V_L)** und einer **konstanten (C_L) Domäne** zusammengesetzt. Die variable Domäne V_L wird aus 110 der insgesamt 211–221 Aminosäuren gebildet. Die H-Ketten bestehen aus einer **variablen (V_H)** und **drei, bei IgM vier, konstanten Domänen (C_{H1}, C_{H2}, C_{H3}, C_{H4})**. Der variable Anteil macht hier 110 von 440 Aminosäuren aus.

Die Domänen stellen Homologieregionen dar, wobei die konstanten Regionen der leichten (C_L) und schweren Ketten (C_{H1}) einander und untereinander homolog sind.

Antikörper sind keinesfalls starre Gebilde, sondern außerordentlich **flexibel**. Fab-Fragmente und Fc-Teil sind über eine sog. *hinge*-Region (Gelenkregion, Scharnierregion) zwischen der ersten und zweiten konstanten Domäne der H-Kette miteinander verbunden. Hinzu kommen weitere Übergangsregionen (*switch*-Regionen) zwischen den übrigen Domänen, sodass das Gesamtmolekül diverse räumliche Konfigurationen annehmen und damit funktionelle Effekte, wie die Kreuzvernetzung von Antigen und Rezeptoren, optimal realisieren kann.

Funktionell bestimmen die variablen Regionen die Antigenbindung und Spezifität, während die konstanten

◻ Tab. 70.4   Eigenschaften der Immunglobuline des Menschen

	IgG	IgA	IgM	IgE	IgD
Struktur	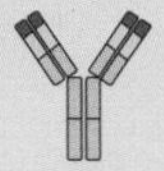	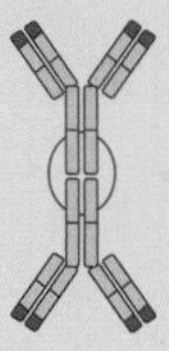	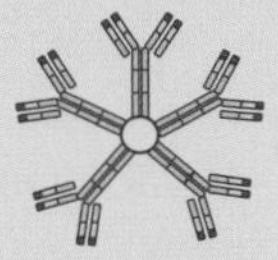	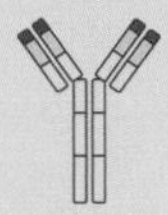	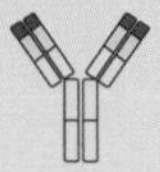
Schwere Ketten	γ	α	μ	ε	δ
Anzahl C_H Domänen in der monomeren schweren Kette	3	3	4	4	3
hinge-Region	+	+			+
Molekularmasse (kDa)	150	160	970	190	184
Serumgehalt (g/l)	8–18	0,9–4,5	0,6–2,8	0,0001–0,0014	0,003–0,4
Halbwertszeit (d)	21	6	10	3	2
Neutralisierung (Toxine, Erreger u. a.)	++	++	+		
Komplementaktivierung	++		+++		
Opsonierung	++++	+	+++		
Fc-Rezeptor-Bindung	+	+		+	
Mastzellen-Bindung				+++	
Plazentatransport	+++				
Transepithelialer Transport		+++			

Domänen die weiteren Effektorfunktionen des Antikörpers vermitteln.

Antikörper und Antigen müssen an den Bindungsstellen **komplementär** zueinander sein. Die Bindung selbst erfolgt über nicht-kovalente Wechselwirkungen (Wasserstoffbrückenbindungen, hydrophobe Wechselwirkungen) an speziellen Bereichen der variablen Domänen der leichten und schweren Ketten (V_H, V_L). Diese werden als **hypervariable Regionen** oder *complementary determining regions* (CDR) bezeichnet, da hier die Unterschiede in den Aminosäuresequenzen zwischen den Antikörpern besonders stark ausgeprägt sind. Maßgeblich sind dabei jeweils nur 6–8 Aminosäuren im Umfeld der Positionen 30, 50 und 93 der L-Ketten sowie 32, 55 und 98 der H-Ketten. Diese drei CDR-Regionen (**CDR₁-, CDR₂- und CDR₃-Region**) der leichten und schweren Kette werden während der Faltung des Immunglobulins in enger räumlicher Nähe an die Oberfläche des Moleküls gebracht und bilden hier die **Antigenbindungsstelle** in Form einer Vertiefung aus.

70.9.2   Antikörperfunktionen

Folgende Grundfunktionen können Antikörpern hauptsächlich zugeordnet werden, wobei die verschiedenen Immunglobulin-Klassen unterschiedliche Funktionen ausüben:

Immunkomplexbildung Die Anzahl der Antigenbindungsstellen pro Antikörper, also die mögliche Antigenbindungskapazität, wird als **Valenz** bezeichnet. Ein IgG-Antikörper ist somit **bivalent**, da er über zwei Bindungsstellen verfügt. Diese Eigenschaft ermöglicht es Antikörpern, größere Komplexe aus mehreren gebundenen Antigenen, die wiederum über Antikörperbrücken an weitere Antigene gebunden sind, zu erzeugen. Diese Aggregate, auch als Präzipitate oder, bei Beteiligung von Zellen, als Agglutinate bezeichnet, werden von Granulocyten und Makrophagen z. B. deutlich besser phagocytiert.

70

Neutralisierung Antikörper (IgG, IgA) binden Toxine oder Krankheitserreger und verhindern dadurch deren Eintritt in Gewebe und Zellen.

Opsonierung Antikörper (IgG, IgM) markieren die Oberfläche eines Erregers durch Bindung über den Fab-Teil und ermöglichen Phagocyten über deren Fc-Rezeptor und/oder Komplementrezeptoren den direkten Kontakt. Die Phagocytose wird dadurch erheblich beschleunigt.

Komplementvermittelte Cytotoxizität Der Antikörper (IgM, IgG) bindet an Oberflächenantigene von Zellen. In Folge der Antigenbindung setzt eine Konformationsänderung im Antikörpermolekül ein, die dazu führt, dass zwei benachbarte Antikörper an den C_{H2}-Domänen die Bindungsstelle für den Komplementfaktor C1q präsentieren und somit die Komplementkaskade aktiviert wird.

Antikörperabhängige zelluläre Cytotoxizität (*antibody dependent cellular cytotoxicity*, ADCC) Der Antikörper (IgG) bindet an Oberflächenantigene der Zielzelle. Über den freien Fc-Teil binden Fcγ-Rezeptor (CD16)-tragende NK-Zellen. Nach Kreuzvernetzung der Rezeptoren werden cytotoxische Mediatoren (Perforin, Granzyme) ausgeschüttet und das cytolytische Programm zur Zerstörung der Antikörper-markierten Zielzellen aktiviert.

Mastzellsensibilisierung Antikörper (nur IgE) binden an Fc-Rezeptoren auf Mastzellen ohne (!) vorherige Antigenbindung. Die Mastzelle reagiert auf diese Bindung noch nicht mit einer Aktivierung. Erst nachdem das Antigen eine Kreuzvernetzung zwischen mindestens zwei rezeptorgebundenen IgE-Molekülen ausgelöst hat, wird die Mastzelle aktiviert und degranuliert.

70.9.3 Immunglobulinklassen

Antikörper werden in strukturell und **funktionell unterschiedliche Klassen** (Isotypen, Ig-Klassen) unterteilt. Beim Menschen findet man **zwei Arten von leichten Ketten** (κ-Ketten und λ-Ketten) sowie **fünf verschiedene Formen der schweren Ketten** (γ, α, μ, ε, δ-Ketten). Die konstanten Domänen der schweren Ketten definieren die Immunglobulinklasse, also IgG, IgA, IgM, IgE und IgD, die im Falle des IgG und IgA jeweils weitere **Subklassen** bilden (IgG1, IgG2, IgG3 und IgG4 bzw. IgA1 und IgA2). Einige Eigenschaften sowie der schematische Aufbau der Immunglobuline sind in ◘ Tab. 70.4 zusammengefasst.

Immunglobulin G (IgG) IgG repräsentiert mit einer Serumkonzentration von bis zu 18 g/l, entsprechend ca. 80 % mengenmäßig den größten, sowie mit einer Halbwertszeit von drei Wochen gleichzeitig den stabilsten Anteil der Immunglobuline im Blut. Der Gehalt in der Extrazellulärflüssigkeit ist in etwa analog. Die Hauptfunktion des IgG liegt in der **Neutralisierung** von Toxinen und Mikroorganismen, indem es die Bindung an die zellulären Zielstrukturen durch „Wegfangen" verhindert. IgG ist als einzige Immunglobulinklasse in der Lage, die **Plazenta** zu passieren und vom mütterlichen in den kindlichen Kreislauf überzugehen. Man findet beim Neugeborenen im Vergleich zum Erwachsenen nur unwesentlich geringere Serumkonzentrationen (bis zu 16 g/l), die als **Leihimmunität** das noch unterentwickelte, untrainierte Immunsystem des Kindes in den ersten Lebenswochen ersetzen. IgG kommt in vier **Subklassen, IgG1–IgG4**, vor. Die Subklassen werden durch die γ-Ketten ($γ_1$-$γ_4$) definiert und unterscheiden sich in der *hinge*-Region. Mengenmäßig überwiegt IgG1 (65 %) vor IgG_2 (23 %), IgG_3 (8 %) und IgG_4 (4 %). Die Effektorfunktionen werden über **Fcγ-Rezeptoren** vermittelt, wobei unterschiedliche Phagocyten und Killerzellen verschiedene Fc-Rezeptoren exprimieren. Der Fcγ-Rezeptor-I **(FcγRI, CD64)** hat die höchste Affinität und bindet IgG1 oder IgG3 an Monocyten. **FcγRII (CD32)** weist eine mittlere Affinität auf und wird von Phagocyten, B-Zellen und Thrombocyten exprimiert. Der niedrigaffine **FcγRIII (CD16)** ist auf Monocyten, Makrophagen, NK-Zellen und neutrophilen Granulocyten (hier über einen GPI-Anker in der Membran fixiert) zu finden. IgG1 und IgG3 binden deutlich stärker an Fcγ-Rezeptoren als IgG2 und IgG4.

Immunglobulin A (IgA) IgA ist mit einer Serumkonzentration von bis zu 4 g/l nur die zweithäufigste Immunglobulinklasse im Blut. Allerdings ist es mengenmäßig das am stärksten produzierte Immunglobulin und die einzige Ig-Klasse, die auf den Grenzflächen des Organismus, den Schleimhautoberflächen des Verdauungs-, Atem- und Genitaltraktes, im Speichel, Tränenflüssigkeit, Galle, Schweiß und in der Muttermilch vorkommt. Es sind zwei Subklassen, IgA1 und IgA2 bekannt, die sich in den Disulfidbrücken der *hinge*-Region unterscheiden. IgA kommt in drei Formen vor. Im Blut liegen die meisten IgA-Moleküle (85 %) als Monomere vor, der übrige Anteil ist ein über eine J-Kette (*joining*) verbundenes IgA-Dimer. Nicht im Blut, sondern auf den oben beschriebenen Schleimhäuten und Körperflüssigkeiten findet man das sekretorische IgA (sIgA) als die quantitativ häufigste IgA-Form. Sekretorische IgA-Moleküle liegen als Dimere mit einer zusätzlichen sekretorischen Komponente vor. Diese sekretorische Komponente ist Teil des Poly-Ig-Rezeptors, eines Membranrezeptors auf Schleimhautepithelzellen, der auf der extraluminalen Seite exprimiert wird und IgA bindet. Der Komplex aus IgA-Dimer und Poly-Ig-Rezeptor wird internalisiert, der extrazelluläre Teil des Rezeptors abgespalten und mit dem IgA-Dimer luminal freigesetzt. Durch diesen rezeptorvermittelten

Transcytoseprozess (► Abschn. 61.4, ◻ Abb. 61.20) gelangt sIgA auf alle Schleimhäute, wo es vermischt mit Mucin die vorderste Immunbarriere durch Neutralisation von Mikroorganismen darstellt (► Abschn. 70.12).

Cave nomenclatura: sIgA (sekretorisches IgA) hat keinerlei Beziehung zu sIgM (*surface* IgM). Ersteres bezeichnet die lösliche Form des IgA auf Schleimhäuten, Letzteres die membrangebundene Form des IgM auf B-Zellen!

Immunglobulin M (IgM)   IgM-Moleküle treten im Blut als **Pentamere** mit einer molekularen Masse von ca. 970 kDa auf. IgM weist in der schweren Kette **4 konstante Domänen** und keine *hinge*-Region auf. Die ein Pentamer bildenden Monomere werden wie beim IgA durch ein *joining*-Protein (J-Kette) verbunden. IgM wird als Teil des B-Zell-Rezeptor-Komplexes auf allen B-Zellen exprimiert (sIgM, *surface* IgM), die noch keinen Antigenkontakt hatten und wird nach Kontakt und Aktivierung als *erste* **Immunglobulinklasse** gebildet und sezerniert. Lösliches IgM agglutiniert sehr stark und bindet bevorzugt polymere Antigene, also solche, die eine Vielzahl gleichartiger Epitope aufweisen wie z. B. Polysaccharide. IgM ist das effektivste Immunglobulin im Rahmen der Aktivierung des Komplementsystems (► Abschn. 70.2.3)

Immunglobulin E (IgE)   Dieses Immunglobulin verfügt ebenfalls in der schweren Kette über 4 konstante Domänen und hat keine *hinge*-Region. Es kommt nur in sehr geringen Mengen frei im Blut vor. Der überwiegende Anteil wird durch hochaffine IgE-Rezeptoren auf Mastzellen und aktivierten eosinophilen Granulocyten über den Fc-Teil gebunden. IgE verleiht damit der Mastzelle eine Antigenspezifität. Es spielt eine zentrale Rolle bei der Abwehr von **Parasiten**, insbesondere Würmern. Pathophysiologisch ist IgE verantwortlich für die allergische Reaktion vom Soforttyp (Typ-I-Allergie) wie Asthma bronchiale und Pollinosen (► Abschn. 70.13.2). Nach Bindung der Antigene an mastzellgebundene IgE-Moleküle degranulieren die Mastzellen und setzen vasoaktive Substanzen, hauptsächlich Leukotriene und Prostaglandine, frei. Eine starke Mastzelldegranulierung kann einen anaphylaktischen Schock auslösen.

Immunglobulin D (IgD)   IgD ist gemeinsam mit IgM das häufigste membranständige Immunglobulin auf B-Zellen. Im Serum kommt es nur in sehr geringen Konzentrationen vor. Über seine Funktion ist bislang wenig bekannt. Neuere Arbeiten vermuten eine Funktion bei der Erkennung und Beseitigung von bakteriellen Erregern in den Atemwegen und im Rahmen der Aktivierung basophiler Granulocyten.

70.9.4   Entstehung der Antikörper-Vielfalt

Antikörper sind neben den T-Zellen die wichtigsten Waffen des adaptiven Immunsystems. Lange Zeit war man davon ausgegangen, dass der Antigenkontakt Voraussetzung für die Spezifität des Antikörpers ist – praktisch der Antikörper am Antigen formiert wird. Dass dem nicht so ist, postulierte als erster Frank Macfarlane Burnet 1955. Er stellte die Theorie der **klonalen Selektion** auf. Diese besagt, dass die Diversität des Immunsystems bereits **vor** jedem Antigenkontakt ausgeprägt ist. Das Antigen selektioniert danach aus einer gewaltigen Menge B-Zellen diejenigen mit der passenden Spezifität der Antikörper. Das setzt voraus, so die allgemeine Schätzung, dass das Immunsystem des Menschen ohne vorherige Kenntnis der Antigenstruktur etwa 10^{11} verschiedene Antikörperspezifitäten generieren muss.

Der Prozess, der diese einzigartige Leistung realisiert, besteht aus zwei nacheinander ablaufenden Ereignissen, der **somatischen Rekombination** (*rearrangement*) während der B-Zell-Reifung im Knochenmark und der **somatischen Hypermutation** der Gene nach Antigenkontakt. Das Prinzip der somatischen Rekombination wurde bereits bei der Generation der unterschiedlichen T-Zell-Rezeptoren beschrieben (► Abschn. 70.7.1; ◻ Abb. 70.10). Während des *rearrangements* werden die verschiedenen Immunglobulinklassen durch **Genumlagerungen** ausgebildet; die Hypermutation moduliert durch Punktmutationen die hypervariablen Regionen (CDR) der H- und L-Ketten im Rahmen der **Keimzentrumsreaktion**.

Somatische Rekombination   Das *rearrangement* der Gene für die schweren und leichten Ig-Ketten erfolgt in unterschiedlichen Chromosomen. Die H-Ketten werden im Chromosom 14, die Lambda-Leichtketten im Chromosom 22 und die Kappa-Leichtketten im Chromosom 2 rearrangiert. Die Genloci codieren dabei nicht für die fertigen Immunglobulin-Ketten sondern für einzelne Baugruppen, die nach dem **Zufallsprinzip** miteinander verknüpft und dazwischenliegende Abschnitte durch spezielle Enzyme (u. a. RAG1, RAG2, *recombination activating gene*) herausgeschnitten werden. Die Vielzahl der möglichen Kombinationen der einzelnen Baugruppen (Gensegmente) begründet die hohe Diversität. **Man unterscheidet für die Codierung der H-Ketten V (*variable*)-, D (*diversity*)-, J (*joining*)- und C (*constant*)-Gensegmente. Leichte Ketten werden nur von V-, J- und C-Segmenten codiert.**

***Rearrangement* der H-Ketten** (◻ Abb. 70.17) In der Keimbahnkonfiguration (also der ererbten Zusammensetzung) des Menschen codieren ca. 50 V-Gensegmente

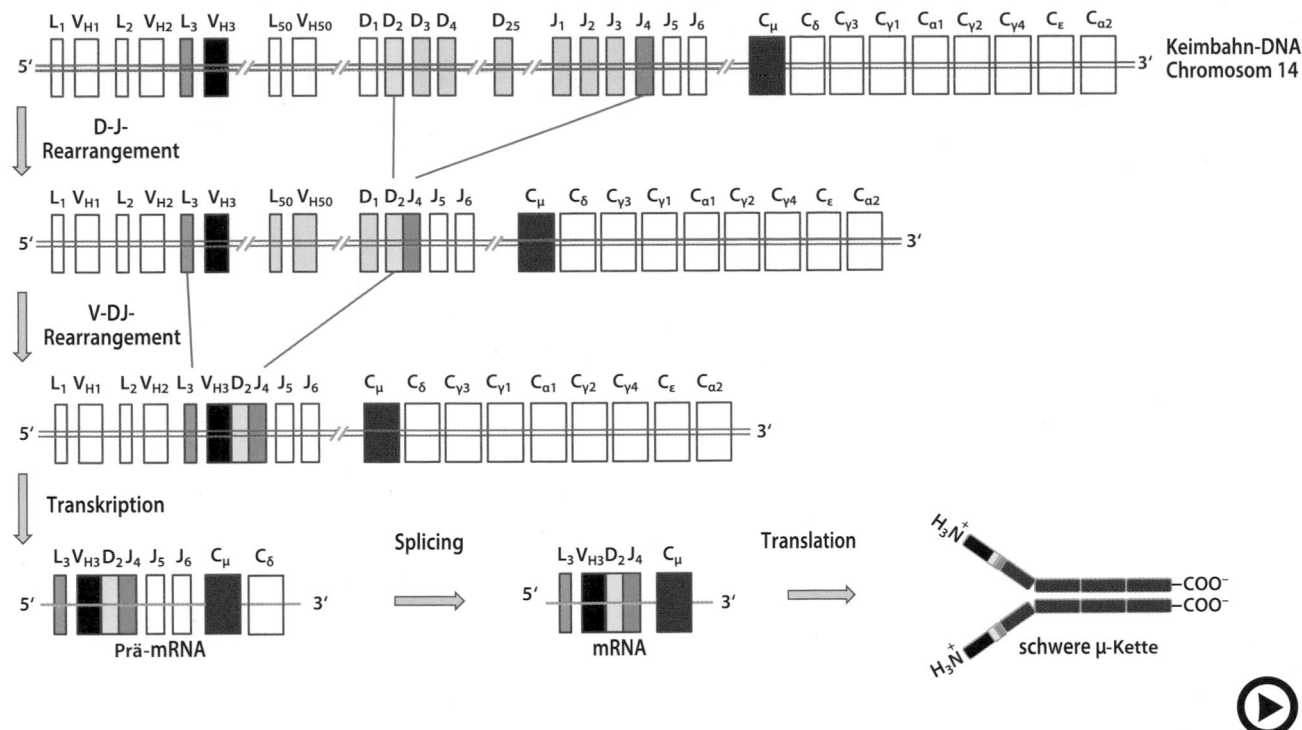

Abb. 70.17 (Video 70.15) *Rearrangement* **der schweren Ketten der Immunglobuline.** Im abgebildeten Beispiel werden zuerst das D$_2$ (*gelb*) und J$_4$ Gen (*grün*) durch Deletion des dazwischenliegenden Abschnittes (*grau*) verknüpft (D-J-*rearrangement*). Es folgt die Umlagerung des V$_{H3}$ Gens (*dunkelblau*) mit vorgelagerter (*leader*) L-Se-

quenz (*hellblau*) an das D$_2$J$_4$-Konjugat (V-DJ-*rearrangement*). Hiervon wird ein primäres Transkript VDJ-Cμ-Cδ und nachfolgend die finale B-Zell-mRNA synthetisiert. Nach Translation und Abspaltung der L-Sequenz entsteht die μ-Kette eines IgM-Moleküls. (Einzelheiten s. Text) (▶ https://doi.org/10.1007/000-5rs)

für die Aminosäuren 1 bis 95, ca. 25 D-Segmente für die Aminosäuren 96 bis 101, 6 J-Gene für die Aminosäuren 102 bis 110 sowie 9 C-Gensegmente. Die Gensequenzen für die konstanten Abschnitte der acht verschiedenen Typen der schweren Ketten (μ, δ, die beiden Kopien von α − α$_1$ und α$_2$ für IgA$_1$ und IgA$_2$ – sowie γ$_1$–γ$_4$ für IgG$_1$–IgG$_4$) befinden sich in einem zusammenhängenden Bereich von etwa 100.000 Basenpaaren. Jedem V-Gen ist eine **L-Sequenz** (*leader*) vorangestellt. In dieser sind Informationen für hydrophobe Aminosäuren enthalten, die für ein Signalpeptid codieren, das während der späteren Proteinketten-Biosynthese abgespalten wird. Der Prozess startet mit dem ***D-J-rearrangement***. Dabei wird durch Deletion der dazwischenliegenden DNA ein beliebiges D-Gen mit einem beliebigen J-Gen verknüpft. In der weiteren Reifung wird nun ein V-Gen mit der L-Sequenz neben das DJ-Segment umgelagert (***V-D-J-Rearrangement***). Dieses wird in eine **VDJ-Cμ Prä-mRNA** transkribiert und nach Spleißen zur VDJ-Cμ-mRNA in das **VDJ-Cμ-Precursorprotein** translatiert. Nach Abspaltung der L-Sequenz entsteht eine fertige schwere μ-Kette. Zur Bildung der γ-, ε- oder α-Ketten wird die V-D-J-Sequenz jeweils in die Nähe des Gens für die betreffende Kette verlagert. Die dazwischenliegenden DNA-Regionen werden wiederum deletiert. **Ig μ- und δ-Ketten werden generell gemeinsam exprimiert**. Um sicherzustellen, dass entweder eine μ- oder δ-Kette hergestellt wird, bricht im Falle

der μ-Kette die Transkription nach Erreichen des 3′-Endes des μ-Gens ab. Bei der Umschreibung der δ-Kette wird ein vorläufiges μ- und δ-Ketten-Transkript gebildet, aus dem das μ-Segment durch **Spleißen** entfernt wird. Hierdurch wird das V-D-J-Segment unmittelbar mit dem δ-Segment verbunden.

Rearrangement **der leichten Ketten** Die Gene für die κ-Leichtketten befinden sich auf Chromosom 2, die der λ-Ketten auf Chromosom 22 (Abb. 70.18). Die Codierung einer Leichtkette erfordert eine Rekombination, bei der sich eine der ca. **40 (κ-Kette) bzw. 50 (λ-Kette) V-Gensegmente,** die die Information für die Aminosäuren 1–95 enthalten, mit einer der **fünf aktiven J-Segmente** für die Aminosäuren 96–108, verbindet. Den V-Segmenten sind wiederum **L-Sequenzen** vorgeschaltet. Beim *rearrangement* der Leichtketten wird ein V-Gen neben ein J-Gen transponiert und diese **VJ-Sequenz** dann gemeinsam mit der Sequenz des einen konstanten Leichtkettenteils der κ-Kette oder einer der 5 aktiven C-Sequenzen der λ-Kette in eine Prä-mRNA umgeschrieben. Nach Spleißen, Translation und Abspaltung der L-Sequenz liegt die jeweilige Leichtkette vor.

Immunglobulin-Klassen-*switch* Aktivierte B-Zellen produzieren zuerst immer IgM-Immunglobuline. Im Laufe der weiteren Reifung werden die rearrangierten VDJ-Se-

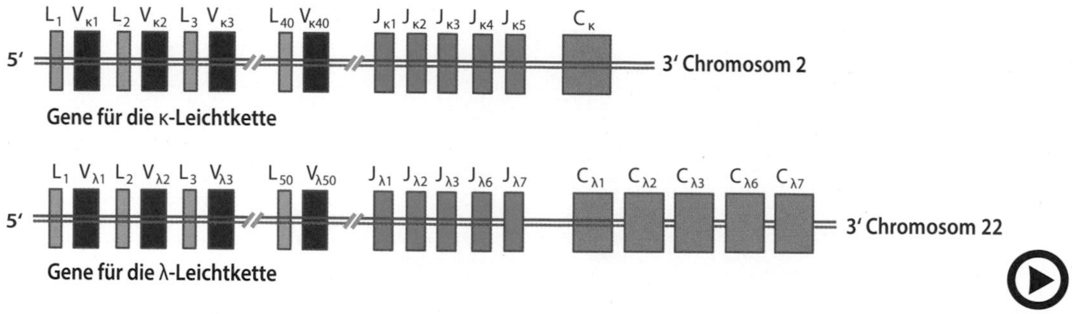

Abb. 70.18 (Video 70.16) **Organisation der Gene für die κ- und λ-Leichtketten der Immunglobuline.** Die Gene der κ-Leichtkette sind auf Chromosom 2 lokalisiert, die der λ-Leichtkette auf Chromo- som 22. Die λ-Leichtketten-Gene $J_{\lambda 4-5}$ und $C_{\lambda 4-5}$ sind inaktiv. (Einzelheiten s. Text) (► https://doi.org/10.1007/000-5rt)

quenzen in der Nachbarschaft von anderen C-Genen (γ_{1-4}, α_{1-2} und ε_{1-2}) angeordnet. Jedem C-Segment ist eine *switch*-Sequenz (S-Sequenz) vorgelagert. Diese rekombiniert entsprechend des Homologiegrades mit anderen S-Sequenzen, wobei die zwischen der VDJ-Sequenz und dem neuen C-Gensegment liegende Cμ-Sequenz deletiert wird. S-Sequenzen steuern so den Umlagerungsprozess.

Determinierung des Membran-Ankers Immunglobuline kommen sowohl membranständig als B-Zell-Rezeptoren auf der Zelloberfläche als auch von Plasmazellen sezerniert vor. Beide Formen unterscheiden sich ausschließlich durch den Membran-Anker, dessen Vorhandensein auf Transkriptionsebene determiniert wird. Dies geschieht durch die Nutzung unterschiedlicher Stopp-Codons am 3′-Ende des C-Gensegments. Das membranständige Immunoglobulin wird unter Nutzung eines weiter entfernt gelegenen Stopp-Codons umgeschrieben, wobei eine längere mRNA entsteht, die für ein hydrophobes Membranprotein codiert. Lösliche Immunglobuline entstehen, wenn ein dem C-Gensegment näher liegendes Stopp-Codon genutzt wird (► Abschn. 47.2.3).

70.9.5 Antikörper in der Medizin

❯ Antikörper stellen nicht nur überaus wichtige Waffen des Immunsystems dar, sondern sind heute gleichzeitig als hochspezifische Werkzeuge in Forschung, Diagnostik und Therapie nicht mehr wegzudenken.

Polyklonale Antikörper Die Aktivierung einer B-Zelle durch ein Antigen führt zu deren **klonaler Expansion**, wobei **eine** B-Zelle für **ein** Antigen spezifisch ist und **einen spezifischen B-Zell-Klon** durch wiederholte Teilung erzeugt. In der Regel sind Antigene komplexer Natur (z. B. Mikroorganismen oder Proteine) und besitzen somit eine Vielzahl unterschiedlicher Epitope. Es werden also gegen **jede Fremdstruktur mehrere verschiedene Antikörper** von verschiedenen B-Zell-Klonen gebildet

und als **polyklonales Antikörpergemisch** im Serum („**Antiserum**") verfügbar.

Man nutzt die relativ einfache Art der Gewinnung spezifischer Antiseren durch **Immunisierung** von Tieren (Pferd, Esel, Kaninchen, Huhn, Ziege, Ratte) hauptsächlich für **Forschungszwecke** und in der **Diagnostik**. Limitiert wird die Verwendung tierischer polyklonaler Antikörper durch die zwingend resultierenden Unterschiede der verschiedenen Chargen, die man bei der Immunisierung verschiedener Tiere hat, sowie durch die mengenmäßige Begrenzung einzelner Chargen. Die **therapeutische Anwendung** tierischer Antiseren beim Menschen ist nur sehr eingeschränkt möglich, da sie als Fremdproteine hervorragende Antigene darstellen und sehr schnell durch Anti-Antikörper neutralisiert werden können. Zudem haben in die Blutbahn gebrachte tierische Eiweiße ein hohes Allergiepotenzial, das häufig allergische Reaktionen bis hin zum anaphylaktischen Schock mit sich bringt. Daher verwendet man heute tierische Antiseren nur noch in Ausnahmefällen sowie möglichst kurzzeitig bzw. einmalig. Beispiele sind die **Neutralisation von Schlangen- und Insektengiften**, das **Botulinus-Antitoxin** vom Pferd sowie die Verwendung von **Thymoglobulin** (polyklonale Antikörper aus Kaninchen gegen humane Thymocyten) in der Transplantationsmedizin. **Hochdosierte Immunglobulingaben** erfolgen auch bei verschiedenen Autoimmunerkrankungen, z. B. idiopathisch thrombocytopenischer Purpura (Immunthrombocytopenie) und Multipler Sklerose. Aufgereinigte **humane Antiseren** haben dagegen einen hohen therapeutischen Wert im Rahmen der **Substitutionstherapie** von angeborenen und erworbenen Immundefekten, die mit einem Antikörpermangel einhergehen sowie als Postexpositionsprophylaxe bei Hepatitis B und Tollwutinfektionen nicht oder nicht vollständig geimpfter Patienten. Hierzu wird das Serum möglichst vieler Spender zusammengefasst (gepoolt) um eine möglichst breite Antikörpervielfalt zu gewährleisten und nach aufwendigen Reinigungs- und Kontrollschritten (*Cave*: Virusinfektionen mit HIV, Hepatitis B) intravenös verabreicht.

Neuerdings werden Antigene nicht nur exogen zugeführt sondern können durch biotechnologische Methoden mittels viraler Vektoren oder direkt über die Verabreichung von mRNA im Organismus selbst exprimiert werden. Diese Technologien wurden insbesondere im Rahmen der COVID-19 Pandemie klinisch relevant.

Monoklonale Antikörper Die naturbedingten Nachteile polyklonaler Antikörper, begrenzte Verfügbarkeit und Chargendifferenz, wurden durch ein Verfahren beseitigt, das George Köhler und Cesar Milstein 1975 publizierten und wofür sie 1984 einen Nobelpreis bekamen: die Herstellung monoklonaler Antikörper. Diese Technologie revolutionierte vielfältigste Forschungs-, Diagnose- und Therapiebereiche, da es hierdurch möglich wurde, Antikörper mit eindeutig definierter Spezifität in praktisch unbegrenzter Menge und konstanter Qualität herzustellen.

Das Grundprinzip des Verfahrens ist ebenso einfach wie genial (◘ Abb. 70.19): Eine Maus wird mit dem gewünschten Antigen (dieses kann, muss aber nicht aufgereinigt sein, es eignen sich auch ganze Zellen, z. B. aus Tumoren) und einem Adjuvans zur Verstärkung der Immunantwort **immunisiert**. Über regelmäßige Blutentnahmen wird kontrolliert, ob und wann die Maus **spezifische Antikörper** im Serum aufweist. Ist dies der Fall, wird die Milz entnommen. Die B-Zellen aus der Milz werden nun mit **Myelomzellen** chemisch in Gegenwart von Polyethylenglycol (PEG) oder durch Elektrofusion fusioniert. Ziel ist es, die Eigenschaft der Antikörperproduktion der B-Zelle mit der Eigenschaft der Unsterblichkeit der Myelom(Tumor)-Zelle zu vereinen. Hierzu müssen sämtliche, bei der Fusion entstandenen B-Zell-B-Zell-Paare und Myelom-Myelom-Paare entfernt werden, damit ausschließlich die **Hybridome** (B-Zelle-Myelom-Zelle) übrig bleiben. Dies geschieht durch eine sog. **HAT-Selektion.** HAT steht für **H**ypoxanthin, **A**minopterin und **T**hymidin als Bestandteile eines speziellen Selektionsmediums. Die Myelomzelllinie ist durch einen Enzymdefekt der **H**ypoxanthin-**G**uanin-**P**hospho**r**ibosyl**t**ransferase (HGPRT) charakterisiert (► Abschn. 29.2). **HGPRT** ermöglicht eine alternative DNA-Synthese über Hypoxanthin, wenn die *de novo*-Purinsynthese durch Aminopterin blockiert ist. Dadurch können in HAT-Medium nur HGPRT-positive Zellen überleben. In der Konsequenz sterben die HGPRT-negativen Myelomzellen und Myelom-Myelom-Fusionsprodukte ab. Es überleben die B-Zellen und die Hybridome, die durch die Fusion mit B-Zellen HGPRT-positiv sind. B-Zellen haben in der Zellkultur jedoch nur eine geringe Lebenszeit und sterben nach wenigen Tagen ab. Übrig bleiben somit nur die Hybridome, die nun durch mehrfache Verdünnung (*limiting*

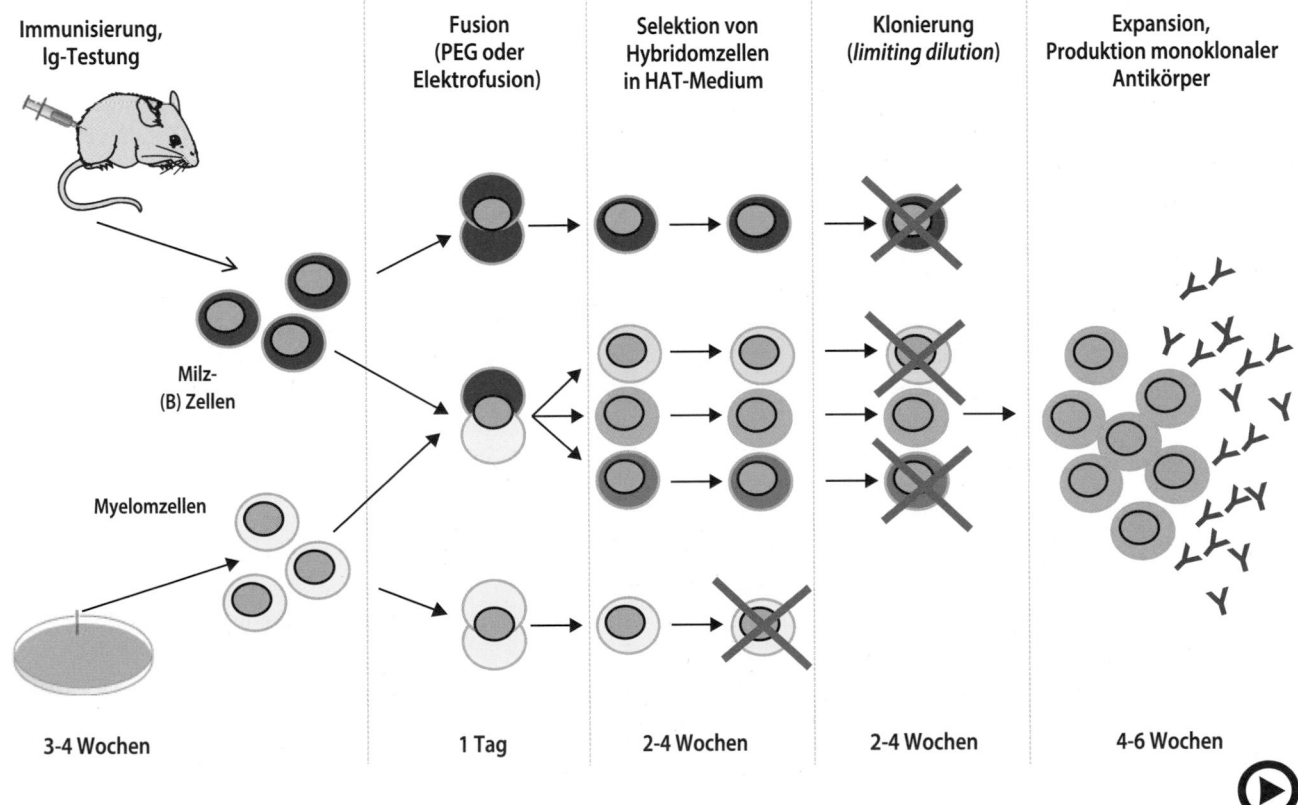

◘ **Abb. 70.19** (Video 70.17) **Gewinnung monoklonaler Antikörper mittels Hybridomtechnik.** *PEG:* Polyethylenglycol; *HAT:* Hypoxanthin, Aminopterin, Thymidin. (Einzelheiten s. Text) (► https://doi.org/10.1007/000-5rv)

dilution) in Mikrotiterplatten so vereinzelt werden, dass am Ende jeweils nur eine einzelne Zelle als Ursprung für den jeweiligen Klon vorliegt. Der Klon expandiert und die Antikörper im Überstand werden hinsichtlich ihrer Spezifität getestet. Der oder die gewünschten Klone (es entstehen pro Antigen verschiedene spezifische monoklonale Antikörper) stehen nun zur weiteren Verwendung in der zellkulturtechnischen **Massenproduktion** in Bioreaktoren zur Verfügung und werden parallel im Tiefkühllager (idealerweise der Gasphase über flüssigem Stickstoff) bei **unter -140 °C konserviert.**

Monoklonale Antikörper finden breiteste Anwendung in der Forschung und Labordiagnostik sowie bei der *in vivo*-Diagnostik und der Therapie von Patienten. Es gelangen fast ausschließlich **IgG-Antikörper** zur Anwendung.

Antikörper können mit Fluorochromen, Enzymen, radioaktiven Isotopen oder Partikeln (Gold, Eisen) **markiert** und somit mittels verschiedenster Methoden qualitativ und quantitativ detektiert werden. Häufige *ex situ*-Anwendungen beziehen sich auf die:

- Quantifizierung von Antigenen in Gemischen (ELISA (*enzyme-linked immuno-sorbent assay*), RIA (*radioimmuno assay*), Elispot (*enzyme-linked immunospot technique*)
- Identifizierung von Antigenen in Geweben (Immunhistochemie), auf Zellen (Durchflusscytometrie) und nach elektrophoretischer Auftrennung (Western-Blot)
- Isolierung und Sortierung von Zellen (FACS, *fluorescence activated cell sorting*; MACS, *magnetic cell sorting*)
- Anreicherung von Antigenen (Immunpräzipitation) oder Zellen (*panning*)
- Aufreinigung von Antigenen (Affinitätschromatographie)

Seit der erstmaligen therapeutischen Anwendung von Muromonab (anti-CD3, Orthoclone OKT3™) zur Verhinderung der Transplantatabstoßung 1986 wurden umfangreiche Entwicklungsarbeiten mit dem Ziel durchgeführt, Mausantikörper zu „humanisieren" und so das Speziesproblem der Fremdeiweißerkennung und Neutralisation durch **HAMAs** (*human anti-mouse antibodies*) zu lösen und gleichzeitig eine Verbesserung der Effektor-Funktionen sowie der Halbwertzeit zu erreichen.

In Deutschland sind bislang über **100 monoklonale Antikörper** für die therapeutische Anwendung am Menschen zugelassen. Die Hauptindikationsgebiete umfassen die Onkologie, Immunologie und die akute Transplantat-Abstoßungsreaktion. Daneben erfolgt der Einsatz bei diversen anderen Indikationen. Die jeweils aktuelle Liste kann unter der Webseite des Paul-Ehrlich-Institutes eingesehen werden (▶ https://www.pei.de/DE/arzneimittel/

immunglobuline-monoklonale-antikoerper/monoklonale-antikoerper/monoklonale-antikoerper-node.html).

Die gentechnologischen Veränderungen am humanisierten Antikörpermolekül haben in der **Nomenklatur** (Endung auf –mab für **m**onoclonal **a**nti**b**ody) der heute verwendeten Therapeutika Niederschlag gefunden. Der erste Ansatz wurde über den Austausch des Fc-Fragments des Mausantikörpers gegen entsprechende humane IgG-Sequenzen realisiert. Die Fab-Fragmente blieben murin. Man bezeichnet sie als **chimäre Antikörper** und erkennt sie an der Endung –**ximab** im Freinamen. Die nächste Antikörper-Klasse weist nur noch die Antigenbindungsstellen, weitestgehend nur die CDR-Bereiche (▶ Abschn. 70.9.1; ◘ Abb. 70.16) der hypervariablen Region der H- und L-Kette der Maus auf, welche gentechnisch in ein humanes IgG integriert werden. Diese Konstrukte werden **humanisierte Antikörper** genannt und tragen die Endung -**zumab**.

Vollhumane, **rekombinante Antikörper** ohne jeglichen murinen Anteil werden durch gentechnologische Verfahren hergestellt und entstammen nicht mehr der Hybridomtechnik nach Köhler und Milstein. Diese Antikörper werden unter Nutzung umfangreicher Genbanken und Phagen-Display-Technologien in Säugerzellen (CHO) sowie in transgenen Tieren (▶ Abschn. 55.1) hergestellt. Man erkennt sie an der Freinamenendung -**umab**.

Zusammenfassung

Antikörper

- Antikörper oder Immunglobuline kommen membrangebunden auf reifen B-Zellen als Teil des BCR sowie gelöst im Blut als Produkt der Plasmazellen vor.
- Die Grundstruktur bilden zwei schwere (H-) und zwei leichte (L-)Ketten (κ, λ), die die Form eines Y haben und durch Disulfidbrücken verbunden sind. Man unterscheidet zwei N-terminale Fab-Fragmente über die die Antigenbindung an hypervariable Regionen (CDR$_{1-3}$) erfolgt und ein C-terminales Fc-Fragment, welches die unterschiedlichen Effektorfunktionen des Antikörpers vermittelt.
- Es existieren fünf Immunglobulinklassen bzw. Isotypen, teils mit Subgruppen (IgM, IgD, IgG1-4, IgA1-2, IgE), die durch die jeweiligen schweren Ketten definiert werden. Das IgM-Molekül ist ein Pentamer; IgA kann als Monomer, Dimer und sekretorisches sIgA auftreten.
- Die Immunglobulinklassen haben unterschiedliche Funktionen. IgM wird als erstes Ig gebildet. IgM und IgG aktivieren das Komplementsystem. sIgA (sekretorisches IgA) realisiert die Schleimhautimmunität, IgG die Leihimmunität. IgE wirkt bei der Parasitenabwehr und ist bei Allergien vom Typ I essenziell.

Entstehung der Antikörpervielfalt

- Die Variabilität der Antikörper und des B-Zell-Rezeptors entsteht durch zufällige somatische Rekombination (*rearrangement*) vor Antigenkontakt sowie somatische Hypermutation nach Antigenkontakt.
- H-Ketten entstehen aus den auf Chromosom 14 rearrangierten Genabschnitten V, D, J und C.
- L-Ketten entstehen aus den auf Chromosom 22 (λ-Kette) und Chromosom 2 (κ-Kette) rearrangierten Genabschnitten V, J und C.
- Das H-Ketten-*rearrangement* erfolgt durch die Verknüpfung von DJ- und VDJ- bzw. VDJC-Gensegmenten der H-Kette wobei die jeweils dazwischenliegenden Genabschnitte herausgeschnitten werden.
- Das *rearrangement* von L-Ketten wird durch die Verknüpfung von VJ- bzw. VJC-Gensegmenten realisiert.
- Der Isotypwechsel (*class switch*) wird durch *switch*-Sequenzen, die jedem C-Segment vorgelagert sind, reguliert.
- Die somatische Hypermutation erfolgt nach Antigenkontakt.

Antikörper in der Medizin

- Antikörper haben eine zentrale Bedeutung als hochspezifische Werkzeuge in der Forschung, Diagnostik und Therapie.
- Bei jeder B-Zell-Aktivierung *in vivo* werden mehrere verschiedene Antikörper von verschiedenen B-Zell-Klonen gebildet und als polyklonales Antikörpergemisch im Serum („Antiserum") verfügbar.
- Polyklonale Antikörper werden therapeutisch zur Neutralisation von Toxinen, zur Substitution von Ig-Mangelzuständen und bei bestimmten Autoimmunerkrankungen genutzt.
- Monoklonale Antikörper werden mittels Hybridomtechnologie oder neuerdings mithilfe der Phagendisplay-Technologie hergestellt. Sie sind spezifisch für ein Epitop eines bestimmten Antigens.
- Therapeutische Verwendung finden monoklonale Antikörper hauptsächlich im Bereich der Onkologie, chronisch-entzündlicher Erkrankungen und Transplantatabstoßungsreaktion.

70.10 Zirkulation von Lymphocyten

70.10.1 Lymphocyten im Blut

Etwa 1–2 % aller Lymphocyten des Menschen zirkulieren als überwiegend nicht-aktivierte, naive T- und B-Lymphocyten im peripheren Blut. T-Lymphocyten stellen beim Erwachsenen einen relativen Anteil von etwa 73 % (CD4-Zellen: 42 %) und B-Lymphocyten etwa 13 % der Blutlymphocyten dar. Die übrigen 14 % sind natürliche Killerzellen (NK, CD16, CD56), die weder T-Zell- noch B-Zell-Rezeptoren aufweisen. Eine Subpopulation der T-Zellen (weniger als 1 %) exprimiert einen α/β-TCR und Marker der NK-Zellen. Diese Zellen werden natürliche Killer-T-Zellen (NKT) genannt und erkennen Glykolipide sowie andere Nicht-Peptid-Antigene. IFN-α/β, TNF-α, IL-1, IL-12 und IL-18 aktivieren NK-T Zellen, die ihrerseits IFN-γ und IL-4 bilden.

Der Anteil regulatorischer T-Zellen (T_{reg}, Suppressorzellen) liegt unter 5 % der Gesamt-T-Zellen. Neugeborene und Kinder haben einen um etwa 10 % geringeren T-Lymphocytenanteil im Blut; der B-Zell-Anteil ist höher.

70.10.2 Rezirkulation

Die an der Immunantwort beteiligten Zellen sind in unterschiedlicher Dichte über den gesamten Körper verteilt. Voraussetzung für eine effektive Immunüberwachung und Immunantwort ist die koordinierte Bewegung von Immunzellen über das Blutgefäß- und Lymphsystem.

Die adaptive Immunantwort gegen Mikroorganismen erfolgt überwiegend in den sekundären lymphatischen Organen, wie Lymphknoten, Milz, dem Mukosa- und Bronchus-assoziierten Immunsystem sowie der Haut aber auch im Knochenmark. Diese lymphatischen Gewebe sind so organisiert, dass eine optimale Wechselwirkung von Antigenen und Immunzellen ermöglicht wird. Dabei wandern noch nicht-aktivierte, antigenspezifische Lymphocyten (naive Lymphocyten) in Bereiche, in denen das Antigen konzentriert ist. Dies gilt sowohl für T-Lymphocyten als auch für B-Lymphocyten, die über postkapilläre Venolen mit hohem Endothel (HEV, *high endothelial venule*) z. B. in die Lymphknoten, Peyersche Platten oder Tonsillen gelangen. In den sekundären lymphatischen Organen erfolgen die spezifische Aktivierung, die klonale Expansion und die Ausbildung spezifischer Effektor- und Gedächtniszellen. Diese wandern an den Ort der Infektion oder rezirkulieren zwischen Blut- sowie Lymphgefäßen und den lymphatischen Organen. Die Zirkulation ist besonders relevant für T-Zellen. B-Lymphocyten müssen nicht in einem solchen Umfang rezirkulieren, da die nach B-Zell-Aktivierung und Ausdifferenzierung zu Plasmazellen sezernierten Immunglobuline als Effektormoleküle über den Blutweg an den Infektionsherd gelangen.

70.10.3 Transendothelialer Transport

Chemokinese Am Ort der Entzündung ausgeschüttete und am hohen Endothel konzentrierte **Chemokine, Chemokinrezeptoren sowie das Anaphylatoxin C3a** steuern die gerichtete Wanderung von Immunzellen.

In die Entzündungsbereiche und die sekundären lymphatischen Organe gelangen Lymphocyten mithilfe von Zelladhäsionsmolekülen, sog. *homing*-Rezeptoren. Diese interagieren mit Adhäsionsmolekülen auf dem aktivierten Endothel am Entzündungsherd sowie auf dem hohen Endothel der postkapillaren Venolen, z. B. im Lymphknoten. **Wichtige Adhäsionsmoleküle sind die Selektine** und **Integrine** sowie deren **Liganden.** Beide Gruppen sind Transmembranproteine vom Typ der Glykoproteine. Selektine treten als Monomere, Integrine als Heterodimere auf. Die leichte Kette der Integrine besitzt ein RGD-bindendes Motiv zur Bindung von z. B. Fibronektin (▶ Abschn. 71.1.6).

Naive T-Zellen exprimieren **L-Selektine,** aktivierte T-Zellen **E-** und **P-Selektinliganden** sowie die **Integrine** LFA-1 und VLA-4.

Endothelzellen sind ihrerseits nach Aktivierung durch IL-1, TNF-α sowie über TLR in der Lage, für naive T-Zellen L-Selektinliganden und für aktivierte T-Zellen E- oder P-Selektine bzw. die **Integrinliganden** ICAM-1 oder VCAM-1 zu exprimieren.

Der erste Schritt der Leukocytenadhäsion im Verlauf der T-Zell-Wanderung erfolgt durch Bindung von L-Selektin an Kohlenhydrat-Resten von Selektin-Liganden (Addressine) am Endothel. Der zweite Schritt, die **Diapedese** (▶ Abschn. 69.2.2), d. h. der Transport der Leukocyten durch das Endothel, wird durch Integrine vermittelt, die mit ICAM-1 oder VCAM-1 des Endothels interagieren.

Antikörper gegen Integrine werden heute zur Therapie chronisch-entzündlicher Erkrankungen genutzt (▶ Abschn. 70.9.5).

> **Zusammenfassung**
>
> Die Lymphocyten des peripheren Bluts sind überwiegend naive, nicht aktivierte Zellen und repräsentieren nur 1–2 % des gesamten Lymphocyten-*pools*. T-Lymphocyten machen etwa 75 % aller Lymphocyten des Blutes aus.
>
> Die adaptive Immunantwort erfolgt überwiegend in sekundären lymphatischen Geweben und für B-Zellen auch im Knochenmark.
>
> Naive T-Lymphocyten unterliegen im Sinne einer Überwachung einer kontinuierlichen Zirkulation. Bei B-Lymphocyten übernehmen diese Funktion die Antikörper.
>
> In sekundäre lymphatische Gewebe wie Lymphknoten gelangen T- und B-Lymphocyten über postkapilläre Venolen mit hohem Endothel (HEV) unter Mithilfe von Chemokinen und spezifischen Adhäsionsmolekülen auf Lymphocyten und Endothelzellen, sog. *homing*-Rezeptoren. Die wichtigsten Adhäsionsmoleküle sind Selektine und Integrine sowie ihre Rezeptoren.

70.11 Interaktionen der unspezifischen, angeborenen und spezifischen, adaptiven Immunantwort

Proinflammation Die Interaktion zwischen angeborener und adaptiver Immunantwort wird durch humorale Faktoren (Komplementsystem, Cytokine, Chemokine, Akutphase-Proteine, Eicosanoide und Glucocorticoide) realisiert (◻ Abb. 70.20). In unmittelbarer Folge auf den initialen Kontakt von Zellen des unspezifischen Immunsystems, insbesondere von Makrophagen, dendritischen Zellen und neutrophilen Granulocyten, mit dem Antigen werden proinflammatorische Cytokine wie TNF-α, IL-1, IL-6, IL-12 und IL-18 sowie Chemokine, wie CXCL8 (IL-8) und Eicosanoide freigesetzt. An der Freisetzung von proinflammatorischen Cytokinen sind Toll-*like*-Rezeptoren und ihre Liganden beteiligt (▶ Abschn. 35.5.2). Zum Beispiel werden bei der Abwehr von Viren früh, innerhalb von 48 h TNF-α, IL-12 sowie IFN-α und IFN-β sezerniert. In der Folge werden NK-Zellen aktiviert. Weitere, für die Basisabwehr wesentliche Zellen sind neben Makrophagen und Granulocyten die dendritischen Zellen sowie NK-Zellen und NK-T-Zellen.

Leukocytenrekrutierung/Chemotaxis Etwa 50 derzeit bekannte Chemokine (▶ Abschn. 34.2.4) wirken chemotaktisch auf Leukocyten. Dabei benutzen die unterschiedlichen Chemokine z. T. verschiedene Rezeptoren, die sämtlich durch eine heptahelicale Struktur charakterisiert sind (▶ Abschn. 35.3.3). Gemeinsam mit Adhäsionsmolekülen und **Eicosanoiden** (▶ Abschn. 22.3.2) steuern die Chemokine die Rekrutierung von aktivierten Leukocyten an den Ort der Entzündung. Eicosanoide werden aus Membranlipiden gebildet. Sie unterstützen die Chemokinese indem sie vasodilatorisch bzw. -konstriktorisch sowie die Gefäßpermeabilität steigernd wirken und Makrophagen sowie Granulocyten aktivieren. Arachidonsäure (ω-6-Fettsäure, proinflammatorisch) oder Eicosapentaensäure (ω-3-Fettsäure, antiinflammatorisch) werden unter Beteiligung der Phospholipase A2 freigesetzt. Die Umwandlung in die entsprechenden Leukotriene, Thromboxane bzw. Prostaglandine erfolgt über die Cyclooxygenase bzw. die Lipoxygenase (▶ Abschn. 22.3.2). Proinflammatorisch wirken Leukotrien B4 aus Granulocyten und Prostaglandin E2 sowie Thromboxan A2 aus Makrophagen. Antiinflammatorische Wirkung entfaltet u. a. das aus Eicosapentaensäure entstehende Leukotrien B5.

Die gezielte Rekrutierung der Leukocyten am Ort der Entzündung initiiert eine Verstärkung der unspezifischen Immunantwort und leitet parallel die spezifische Immunantwort z. B. über IL-12 und IL-18 sowie die weiteren in ◻ Abb. 70.20 aufgeführten Cytokine ein. IL-6 reguliert die Immunantwort auch systemisch,

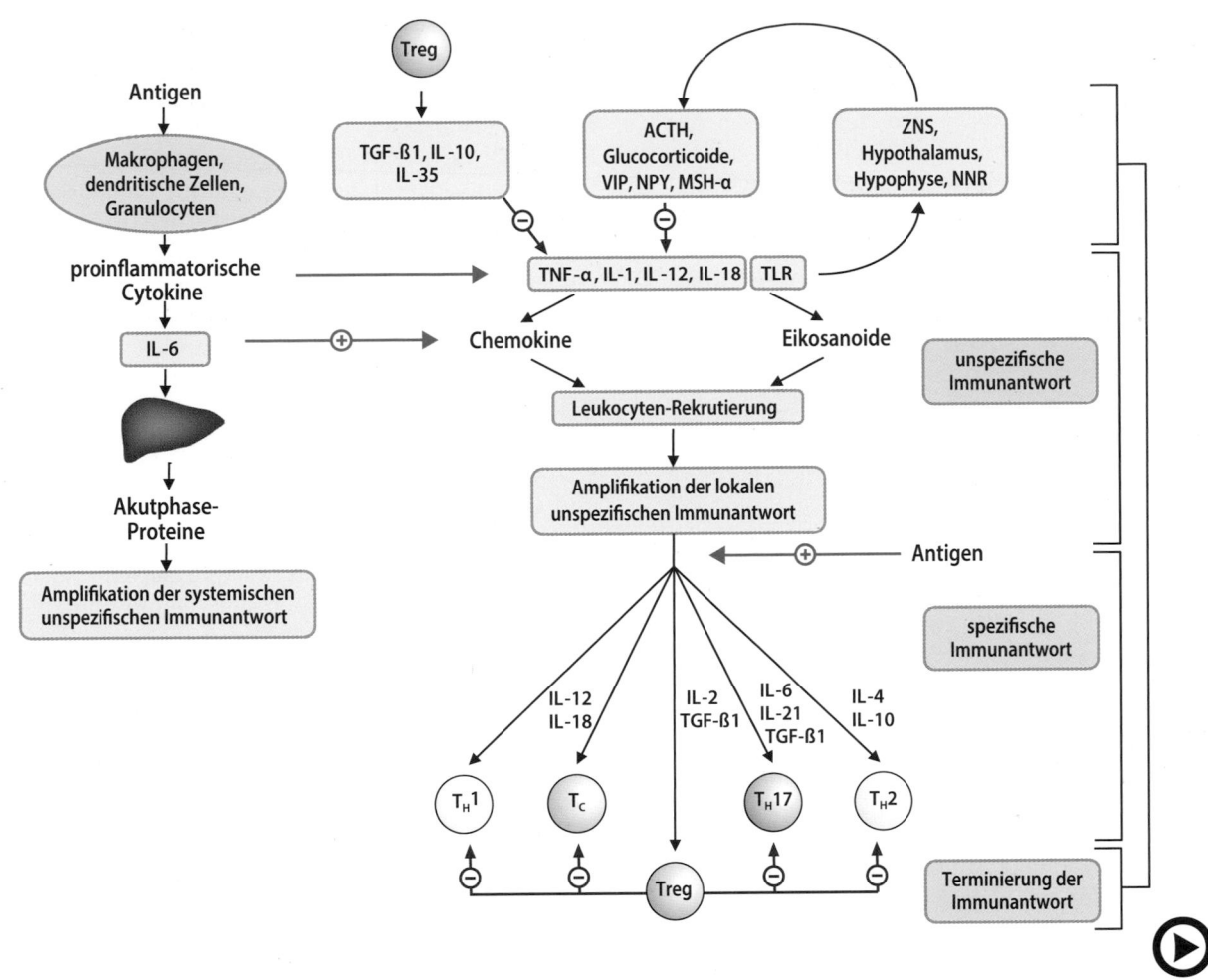

Abb. 70.20 (Video 70.18) **Wechselwirkung zwischen spezifischer und unspezifischer Immunantwort.** Nicht dargestellt ist die Rolle von B-Lymphocyten und Immunglobulinen. (Einzelheiten s. Text) (▶ https://doi.org/10.1007/000-5rb)

indem es an den spezifischen IL-6 Rezeptor u. a. in der Leber bindet und die Freisetzung von Akutphase-Proteinen, wie C-reaktives Protein (CRP), Fibrinogen oder Haptoglobin bewirkt.

Terminierung der Entzündung Immunsuppressive Mechanismen terminieren die Entzündung. Dabei spielen **regulatorische T-Zellen** (T$_{reg}$, Suppressorzellen), die über direkten Zellkontakt oder über die immunsuppressiv agierenden Cytokine TGF-β1, IL-35 und IL-10 wirken, eine wichtige Rolle. Bei der T-Zelle terminiert CTLA-4 (*cytotoxic T-lymphocyte antigen*) auf direktem Wege den Aktivierungsprozess (▶ Abschn. 70.7.2). Darüber hinaus spielen ACTH und Glucocorticoide aus der Nebennierenrinde (▶ Abschn. 40.2) sowie andere Peptidhormone (■ Abb. 70.20, *oben*) eine wichtige Rolle. Glucocorticoide werden über die hypothalamisch/hypophysär-adrenale Achse (HAA) reguliert und haben unterschiedliche Angriffspunkte in der Immunantwort. Zum Beispiel hemmen sie die IL-2- und Cyclooxygenase-2-Genexpression.

Auch die Organverteilung von Leukocyten (wie die auffallenden Tag-Nacht-Schwankungen der Blutleukocyten) wird beeinflusst. Im Blut bewirken am Tage hohe Glucocorticoidspiegel eine Verringerung der Lymphocyten- und eine Erhöhung der Granulocytenanteile. Weitere immunsuppressive endokrine Faktoren sind das aus dem Proopiomelanocortin gebildete MSH-α, das Neuropeptid Y (NPY) und das *vasoactive intestinal peptide* (VIP). Diese Beispiele dokumentieren die enge Wechselwirkung zwischen immunologischen und neuronalen Prozessen.

Zusammenfassung

Interaktionen der unspezifischen, angeborenen (▶ Abschn. 70.2) und spezifischen, adaptiven (▶ Abschn. 70.3) Immunantwort:
- Die Wechselwirkung zwischen früher unspezifischer und verzögerter adaptiver Immunantwort wird durch humorale, von Makrophagen, dendriti-

- schen Zellen, Granulocyten, NK- und NKT-Zellen gebildete Faktoren vermittelt.
- Wesentliche Faktoren sind Toll-*like*-Rezeptoren und proinflammatorische Cytokine wie IL-1, IL-6, IL-12 und IL-18, TNF-α, Interferone sowie Chemokine und Eicosanoide.
- Chemokine und Eicosanoide bewirken chemotaktisch die Ansammlung von Leukocyten am Ort der Entzündung.
- Terminiert werden die spezifische und unspezifische Immunantwort über Oberflächenstrukturen von Zellen (CTLA-4), regulatorische T-Zellen (T$_{reg}$) und immunsuppressive Cytokine (IL-10, IL-35, TGF-β1). Darüber hinaus wirken ACTH, Glucocorticoide sowie andere neuroendokrine Faktoren (MSH-α, NPY, VIP) immunsuppressiv.

70.12 Immunabwehr von Mikroorganismen

70.12.1 Elimination von Bakterien

Unabhängig vom Erreger benutzt die antimikrobielle Abwehr immer sowohl Mechanismen der angeborenen wie erworbenen Immunantwort (◐ Tab. 70.5). Prinzipiell unterscheiden sich die immunologischen Abwehrmechanismen gegen Erreger, die sich extrazellulär vermehren (z. B. Bakterien) von denen, die sich intrazellulär vermehren (z. B. Viren und bestimmte Bakterien).

❯ Extrazelluläre Bakterien werden durch komplementabhängige Lyse und Abtötung nach Aufnahme in die Zelle eliminiert.

◐ **Tab. 70.5** Zellen und Faktoren der antimikrobiellen Immunabwehr

Mikroorganismus	Immunantwort bzw. Immunreaktion	
	Unspezifisch	Spezifisch
Bakterien, extrazellulär	Komplement Neutrophile Granulocyten Makrophagen	Antikörper
Bakterien, intrazellulär	NK-Zellen (IFN-γ) Makrophagen	T$_H$1-und T$_H$17-Zellen Makrophagen Cytotoxische T-Zellen
Viren	Interferone NK-Zellen	Cytotoxische T-Zellen (IFN-γ) Antikörper

Die unspezifische Abwehr extrazellulärer Bakterien Häufige Vertreter der sich extrazellulär vermehrenden, eiterbildenden (pyogenen) Erreger sind Staphylokokken und Streptokokken sowie Gram-negative Kokken und coliforme Stäbchen (*E. coli*). Charakteristisch ist die Bildung von Endotoxinen (Lipopolysaccharid) bzw. Exotoxinen (z. B. Choleratoxin). Die extrazellulären Keime werden unspezifisch durch alternative Komplementaktivierung, verbunden mit C3b-Opsonierung und Cytolyse, nach **Phagocytose** der Keime durch neutrophile Granulocyten oder Makrophagen intrazellulär abgetötet.

Neutrophile Granulocyten können Bakterien nach Bindung über unterschiedliche Membranrezeptoren (z. B. den Mannoserezeptor, die LPS-Rezeptor-Komponente CD14, Komplementrezeptoren CR1 und CR3 sowie spezielle Toll-*like*-Rezeptoren) phagocytieren. Das Phagosom fusioniert mit granulären lysosomalen Strukturen zum **Phagolysosom**, worin die Zerstörung der Bakterien erfolgt. Dabei werden u. a. Cathepsin G, Elastase, Lysozym, Myeloperoxidase, Proteinase 3 und Defensine als **Effektormoleküle** der primären, **azurophilen Granula** neutrophiler Granulocyten wirksam. Man unterscheidet diese von **sekundären Granula**, die z. B. Kollagenasen enthalten. Gleichzeitig mit der Phagocytose wird die Bildung cytotoxischer reaktiver Sauerstoffmetabolite durch *respiratory burst* sowie die Generierung von toxischem Stickstoffmonoxid (NO) induziert.

Makrophagen binden extrazelluläre Erreger über Toll-*like*-Rezeptoren, den Mannoserezeptor oder die Komplementrezeptoren CR3 (CD11b/CD18) und CR4 (CD11c/CD18). Wie bei den Granulocyten werden in Folge der Endocytose reaktive Sauerstoffspezies und NO gebildet. Darüber hinaus produzieren aktivierte Makrophagen proinflammatorische Cytokine (IL-1, IL-6, TNF-α), wodurch weitere Makrophagen und andere Zellen aktiviert werden.

Spezifische Abwehr extrazellulärer Bakterien Die wichtigsten Instrumente der Abwehr extrazellulärer Bakterien sind spezifische Immunglobuline. IgG-Moleküle wirken als Opsonine indem sie die Aufnahme von Bakterien durch phagocytierende Zellen erleichtern. IgG und IgM spielen darüber hinaus eine Rolle im Rahmen der Komplementaktivierung und Neutralisierung von Bakterientoxinen. Extrazelluläre Bakterien, insbesondere Staphylokokken- und Streptokokken, können bei massiver Infektion als Superantigene agieren und ein toxisches Schocksyndrom verursachen (▶ Abschn. 70.7.2).

❯ NK-Zellen und cytotoxische T-Zellen (T$_C$-Zellen) sind für die Immunabwehr gegen intrazelluläre Bakterien wichtig.

70

Intrazelluläre Bakterien werden als **fakultativ** bezeichnet, wenn sie in infizierten Makrophagen auftreten. Als **obligat** werden interazelluläre Bakterien bezeichnet, wenn sie die Wirtszelle zur Vermehrung nutzen. Salmonellen, Mykobakterien und Listerien werden der ersten Gruppe zugeordnet. Obligat intrazellulär auftretende Erreger sind Chlamydien und Rickettsien, welche zusätzlich zu Makrophagen auch Epithel- und Endothelzellen infizieren. Charakteristisch für beide Gruppen ist eine fehlende oder nur sehr gering ausgeprägte Toxizität für die Wirtszelle. Durch intrazelluläre Erreger verursachte Erkrankungen zeigen meist einen chronischen Verlauf, bei dem die Keime über längere Zeiträume symptomlos persistieren können.

Unspezifische Abwehr intrazellulärer Bakterien   Im Gegensatz zur Eliminierung extrazellulärer Erreger sind Antikörper hier nicht von entscheidender Bedeutung. Vielmehr produzieren aktivierte NK-Zellen IFN-γ, welches wiederum Makrophagen aktiviert, die dann die Keime abtöten.

Antigenspezifische Abwehrmechanismen   Sie folgen den Vorgängen der unspezifischen Immunantwort. Eine zentrale Rolle spielen T-Zellen, speziell T_H1-Zellen, welche IFN-γ bilden und dadurch wiederum Makrophagen aktivieren (cytotoxisches NO, Sauerstoffmetabolite). Parallel werden cytotoxische T-Zellen mobilisiert. Diese bewirken über NO-Induktion und Granulysin bzw. auch durch Freisetzung der Erreger aus den Zellen indirekt deren spezifische Abtötung. Bei ungenügender Eliminierung der Bakterien kommt es durch die dauerhafte Präsenz des Antigens zu einer permanenten T-Zell- und Makrophagenaktivierung. Hierbei können sich **Granulome** bilden. Granulome sind Zellansammlungen aus bakterienhaltigen Makrophagen, Riesenzellen (fusionierte Makrophagen), Epitheloidzellen (differenzierte Monocyten) und Lymphocyten. Durch die Granulombildung wird die Ausbreitung der Bakterien eingegrenzt; dies jedoch auf Kosten einer Gewebeschädigung. Typische granulomatöse Reaktionen findet man in der Lunge bei chronisch verlaufender Tuberkulose.

70.12.2 Virusabwehr

❯ NK-Zellen, T_C-Zellen und Interferone sind die wichtigsten Instrumente der Immunabwehr gegen Viren.

Viren vermehren sich ausschließlich intrazellulär. Regelmäßig erfolgen Virusinfektionen über die Schleimhäute oder den Blutweg, wobei körpereigene zelluläre Oberflächenmoleküle als Rezeptoren dienen. Beispielsweise nutzen Epstein-Barr-Viren den Komplementrezeptor 2 (CD21), HI-Viren die CD4- und CD8-Moleküle sowie bspw. die Chemokinrezeptoren CCR5 und CXCR4 als Corezeptoren (▶ Abschn. 12.4).

Unspezifische Immunantwort   Initial wird von den infizierten Zellen (meist Epithelzellen) virostatisch wirkendes *Interferon-α (IFN-α)* und *Interferon-β (IFN-β)* gebildet. Hierdurch wird für einen Zeitraum von ca. 48 h die virale Replikation und Ausbreitung eingeschränkt. Durch die Interferone wird die Expression von HLA-Molekülen verstärkt und im Zusammenspiel mit IL-12 aus Makrophagen eine *Aktivierung von NK-Zellen* induziert. Infizierte Zellen werden von NK-Zellen durch einen bislang noch nicht vollständig aufgeklärten, MHC-I-expressionsabhängigen Mechanismus erkannt und anschließend zerstört. Parallel wird vermehrt IFN-γ gebildet und so die Virusvermehrung weiter eingeschränkt. NK-Zellen entfalten etwa 72 h *post infectionem* ihr Wirkungsmaximum.

Virusspezifische Immunantwort   Sie findet im Lymphknoten statt. Infizierte Zellen (z. B. dendritische Zellen) oder Viruspartikel kommen in den drainierenden Lymphknoten (d. h. den ersten Lymphknoten, die nach Infektion befallen werden) mit spezifischen T- und B-Zellen in Kontakt. Daraufhin expandieren die Lymphocyten klonal. Makroskopisch wird dies durch eine Vergrößerung des Lymphknotens deutlich. Zwischen Tag 7 und 9 *post infectionem* wandern spezifische Effektor-T_C-Zellen in das Gewebe aus. Virusspezifisches IgM, gefolgt von IgG und IgA wird zeitgleich dazu durch Plasmazellen produziert und sezerniert. Somit sind **cytotoxische CD8-positive T_C-Zellen, IFN-γ** (aus cytotoxischen T- oder T_H-Zellen) und **spezifische Antikörper** die wichtigsten spezifischen Effektoren der Virusabwehr. Diese Instrumente eliminieren die Viren innerhalb der folgenden 72 h, also um den 10. bis 12. Tag nach Infektion. Einen signifikanten primären Schutz vor einer Re-Infektion realisieren spezifische Antikörper gemeinsam mit spezifischen T_H-Zellen und cytotoxischen T-Zellen.

Zusammenfassung

Mikroorganismen werden generell unter Nutzung angeborener und adaptiver Abwehrmechanismen eliminiert:

— Extrazelluläre Bakterien werden nach Phagocytose durch Makrophagen und Granulocyten oder durch komplementabhängige Lyse sowie Opsonierung abgetötet. Als Effektormoleküle wirken Cathepsin G, Elastase, Lysozym, Myeloperoxidase, Proteinase 3, Kollagenasen, Defensine, reaktive Sauerstoffspezies sowie NO.

— Die spezifische Abwehr extrazellulärer Bakterien erfolgt mittels Immunglobulinen, besonders IgG und IgM sowie IgA.

- Intrazelluläre Bakterien werden entweder unspezifisch durch IFN-γ aus NK-Zellen oder spezifisch über T_H1-Zellen nach Aktivierung von Makrophagen (IFN-γ) bzw. durch cytotoxische T-Zellen (toxische Granulysine) abgetötet.
- Ungenügende Elimination intrazellulärer Bakterien resultiert in Granulomen (Zellaggregaten aus Bakterien enthaltenden Epitheloidzellen, Makrophagen, fusionierten Makrophagen und Lymphocyten).

- Die Virusvermehrung ist obligat intrazellulär. Die initiale unspezifische Virusabwehr wird durch IFN-α, IFN-β und aktivierte NK-Zellen ausgelöst.
- Die spezifische Virusabwehr wird im Lymphknoten durch spezifische Effektoren (cytotoxische T-Zellen (CD8), IFN-γ (T-Zellen) und spezifische Antikörper (IgM, IgG, IgA)) vermittelt.

Übrigens

Immunisierung, Vaccination, Variolation. Die Fähigkeit des menschlichen Organismus, auf fremde Stoffe mit einer Immunantwort zu reagieren, ist seit mehr als 500 Jahren bekannt. Berühmt geworden sind die Versuche von Edward Jenner 1798 zur Vaccination, d. h. die Übertragung von Kuhpocken (*vacca*, Kuh) auf Gesunde, oder die Inokulation von Pockenvirus-infizierten Pusteln (Variolation) durch Mary Wortley Montague im Jahr 1721 (*Variola*, Pocken) zum Schutz vor Pockenerkrankungen. 1885 hat Louis Pasteur aktive Immunisierungen gegen Tollwut sowie den tierischen Milzbrand vorgenommen. Diese Versuche bauten offenbar auf den bis in das 15. Jahrhundert zurückreichende Erfahrungen in China auf, bei denen getrockneter Pockenschorf geschnupft wurde, um dieser Erkrankung vorzubeugen. Praktisch sind dies die ersten experimentellen Versuche am Menschen, die ohne Kenntnis des Immunsystems gezielt unternommen wurden, um eine Immunantwort zu induzieren und ein selektives Gedächtnis gegen Krankheitserreger aufzubauen. Diese Art der aktiven Immunisierung ist in der präventiven Medizin heute fest etabliert, insbesondere als Schutzimpfung gegen verschiedene Erkrankungen im Kindesalter.

Bei neueren Formen der aktiven Immunisierung werden die Antigene nicht mehr *ex vivo* generiert und danach appliziert, sondern *in vivo* im Impfling selbst generiert. Zu diesen Formen gehören die Vector-Impfstoffe, bei denen harmlose Viren (bspw. Adenoviren) als Shuttle genutzt werden, um die genetische Information für die Expression des gewünschten Antigens in den Organismus zu schleusen, der daraufhin das Antigen bildet und so dem Immunsystem präsentiert. Ein ähnliches Prinzip wird von mRNA-Impfstoffen genutzt. Hierbei wird die für das Zielantigen codierende mRNA, zur Erleichterung der Aufnahme im Zytosol in Liposomen oder Lipid-Nanopartikel verpackt, appliziert. Beide Verfahren sind besonders in epidemischen Lagen auf Grund der Schnelligkeit der Herstellungsprozesse von herausragender Bedeutung, wie es sich im Zuge der COVID-19 Pandemie eindrucksvoll gezeigt hat.

Im Gegensatz zur aktiven Immunisierung, bei der die Immunantwort des Körpers selbst ausgenutzt wird, benutzt man bei der passiven Immunisierung ein bereits entwickeltes Immunprodukt und appliziert dieses zur Behandlung einer bereits ausgeprägten Erkrankung. Das können z. B. Antiseren oder Antikörper sein, die spezifisch gegen Toxine oder andere Antigene von Mikroorganismen oder Viren gerichtet sind. Die ersten passiven Immunisierungen hat Emil von Behring 1890 zur Behandlung von Tetanus und Diphtherie vorgenommen. Er erhielt dafür 1901 den ersten Nobelpreis für Physiologie oder Medizin.

70.13 Pathobiochemie

70.13.1 Immundefekte

Der Begriff Immundefekt beschreibt unterschiedliche angeborene oder erworbene Erkrankungen, deren Gemeinsamkeit eine erhöhte Infektanfälligkeit ist. Defekte der humoralen Immunität (also ein Antikörpermangel) sind typischerweise mit rezidivierenden **pyogenen** (eitererzeugenden) Infektionen assoziiert, während Defekte der zellvermittelten Immunität vor allem durch Virus- oder Pilzinfektionen charakterisiert sind. Häufig liegen kombinierte Immundefekte vor, die durch opportunistische Infektionen auffallen. Darunter versteht man Infekte durch Erreger, die ein funktionell intaktes Immunsystem normalerweise eliminieren kann. Typische Erkrankungsbilder sind Pilzinfektionen durch *Candida albicans* oder parasitäre Pneumonien verursacht durch *Pneumocystis carinii*.

Primäre Immundefekte sind generell genetisch bedingt und verhältnismäßig selten. Symptomatisch werden sie in der Regel mit dem Abklingen der mütterlichen Leihimmunität wenige Monate nach der Geburt. Durch die fortschreitenden molekulardiagnostischen Techniken werden mehr und mehr Immundefekte charakterisiert. Heute sind über 30 bekannt. Der **selektive IgA-Mangel** ist mit einer Inzidenz von 1:300 bis 1:800 der häufigste primäre Immundefekt. Charakteristisch sind das Fehlen

70

von IgA oder stark verringerte IgA-Spiegel (<0,3 g/l, vgl. ◘ Tab. 70.4) im Blut. Klinisch fallen gehäufte Erkrankungen des Respirationstrakts auf, wobei allerdings etwa 50 % der erkrankten Kinder symptomlos bleiben können. Die **Bruton-Agammaglobulinämie** ist durch einen kompletten Antikörpermangel bei normaler T-Zell-Funktion gekennzeichnet. Ursächlich für diesen familiären, X-chromosomal gekoppelten Antikörpermangel ist eine Mutation auf dem Chromosom Xq 21.3-q 22, die zu einem Defekt der Tyrosinkinase Blk führt. Dadurch können Vorläufer-B-Zellen während der B-Zell-Reifung nicht zu Prä-B-Zellen differenzieren, wodurch der Anteil reifer B-Zellen stark vermindert wird bzw. diese komplett fehlen. Klinisch sind vital bedrohende, rezidivierende respiratorische Infekte und septische Zustände auffallend, die eine lebenslange Substitution mit intravenös applizierten Immunglobulinen aus Spenderblut notwendig machen (▶ Abschn. 70.9.5). Weitere therapeutische Optionen bei anderen genetisch bedingten Immundefekten sind Knochenmarktransplantationen (Stammzelltransplantationen) oder Gentherapien. **Sekundäre Immundefekte** sind deutlich häufiger. Ursächlich können immunsuppressive oder cytostatische Therapien, Infektionserkrankungen oder metabolische bzw. ernährungsbedingte Umstände sein. Die durch HI-Viren ausgelöste AIDS(*acquired immunodeficiency syndrome*)-Erkrankung ist ein typisches Beispiel für einen sekundären Immundefekt.

70.13.2 Allergien

Allergien entstehen durch eine überschießende Reaktion des Immunsystems auf definierte exogene Antigene, sog. Allergene. Die Allergie geht als immunologische Überempfindlichkeitsreaktion generell mit Entzündungsprozessen und Organfehlfunktionen einher. Die Klassifikation der Allergien erfolgt nach **Gell und Coombs** in 4 Gruppen, die sich an den grundlegenden Pathomechanismen orientieren (◘ Tab. 70.6). Die unterschiedlichen Formen der Allergien sind nur zum Teil antigen- bzw. allergenabhängig. Primär resultieren sie aus verschiedenen Formen der Immunantwort und unterschiedlichen Effektormechanismen.

Allergie vom Typ I Die Inzidenz dieser häufigsten Allergieform (derzeit leiden mehr als 20 % der Menschen in industrialisierten Ländern darunter) ist ansteigend. Typische klinische Ausprägungen sind z. B. Asthma bronchiale, Pollinosen (Heuschnupfen), Hausstauballergie, Bienenstichallergie und bestimmte Formen der Nahrungsmittelallergie. Pathophysiologisch ist die Bildung von Allergen-spezifischem IgE bedeutsam. Nach Bindung des IgE an IgE-Fc-Rezeptoren auf Mastzellen und der Allergen-IgE-Wechselwirkung degranulieren die Mastzellen. Die folgende Freisetzung vaso- und histoaktiver Mediatoren (Histamin, Plättchen aktivierender Faktor (PAF), *slow reacting substance*-A (SRS-A) und Kallikrein) resultiert klinisch in Spasmen des Bronchialsystems und des Darmes, Blutdruckabfall, Ödemen und Hypersekretion- bzw. Sekretionsstörungen bis hin zu einer anaphylaktischen Schocksymptomatik. Immunpathogenetisch ausschlaggebend ist die durch antigenpräsentierende Zellen vermittelte Aktivierung von T_H2-Zellen (◘ Abb. 70.21). Diese resultiert in einer gesteigerten Synthese der für diese T-Zellen charakteristischen Cytokine IL-4, IL-5, IL-9 und IL-13, die den Ig-Klassenwechsel (Klassen-*switch*) in Richtung zu IgE- bzw. IgG1-exprimierenden B-Zellen und produzierenden Plasmazellen lenken. IL-4 und IL-9 sind an der Regulation der allergenspezifischen IgE-Bildung und damit der Degranulierung der Mastzellen beteiligt, die die akute Form der allergischen Reaktion vom Typ I wesentlich bestimmt. Eosinophile Granulocyten werden durch Chemokine wie Eotaxin (CCL-11), IL-5 und IL-3 aktiviert und chemotaktisch an den Ort der Entzündung geführt. Damit einher geht eine gesteigerte IL-4-Synthese, die diesen Circulus der allergenspezifischen IgE-Bildung

◘ **Tab. 70.6** Einteilung allergischer Reaktionen nach Gell und Coombs

Allergie	Immunprodukt(e)	Effektormechanismen	Erkrankung (Beispiel)
Typ I	IgE, T_H2-Zelle	Mastzelldegranulation Eosinophilendegranulation	Asthma bronchiale Heuschnupfen (z. B. durch Pollen oder Hausstaubmilben)
Typ II	IgG	Antikörperabhängige Cytolyse (Komplement, ADCC, antibody dependent cellular cytotoxicity)	Arzneimittelallergie
Typ III	IgG	Antikörper-Antigen-Komplex-abhängige Phagocytose und Cytolyse, Komplementaktivierung	Serumkrankheit
Typ IV	T_H1-Zelle, cytotoxische T-Zelle	T_H1-abhängige Makrophagen-Aktivierung, T_C-abhängige Cytolyse	Kontaktdermatitis

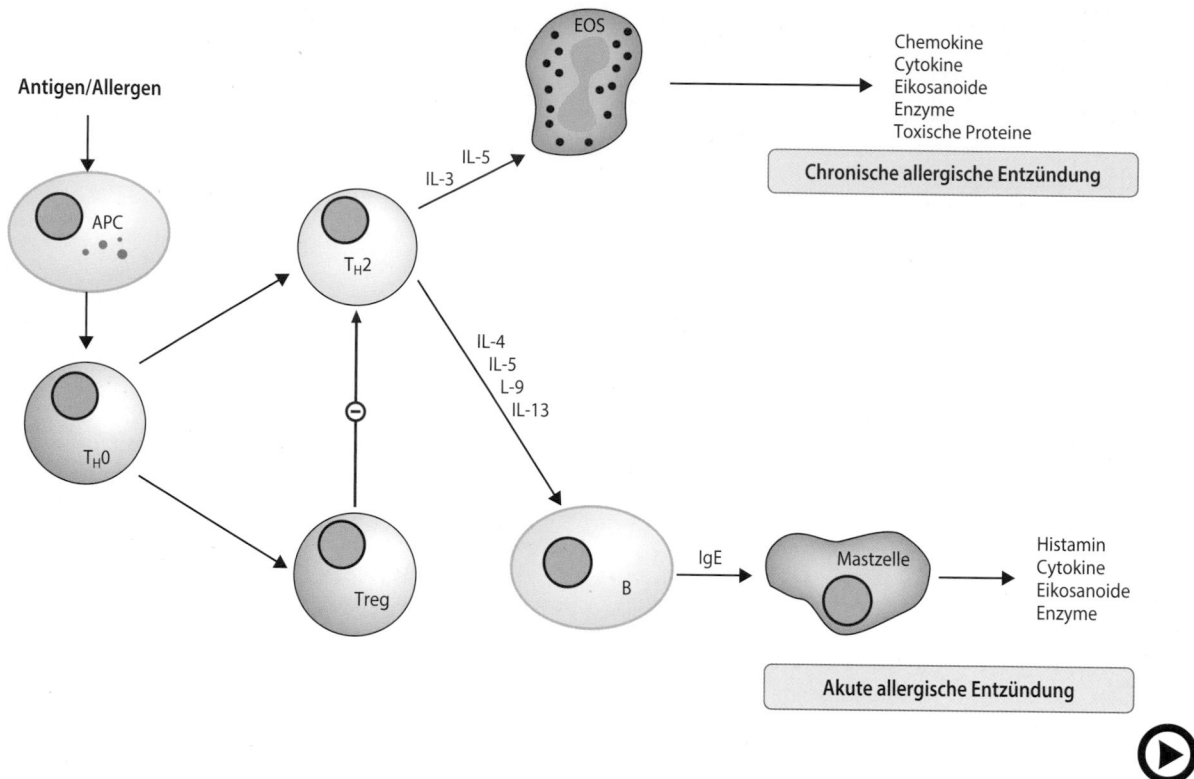

■ **Abb. 70.21**   (Video 70.19) **Pathogenetische Mechanismen der akuten und chronischen allergischen Entzündung.** *APC:* Antigen-präsentie-rende Zelle; *EOS:* eosinophiler Granulocyt. (Einzelheiten s. Text) (▶ https://doi.org/10.1007/000-5rx)

weiter fördert. IL-13 wirkt im Respirationstrakt reakti-vitätssteigernd. Die Mastzellentwicklung wird durch IL-3 aus T_H2-Zellen kontrolliert. Eosinophile Granulocyten produzieren zusätzlich zu abbauenden Enzymen (Protea-sen, Lysophospholipasen, Peroxidasen), Eicosanoiden, Chemokinen und Cytokinen auch toxische Granulapro-teine, z. B. MBP (*major basic protein*).

Bei der Allergie vom Typ I unterscheidet man dem-nach eine schnelle, **frühe allergische Reaktion**, die durch eine Degranulation von Mastzellen bestimmt ist, und eine **verzögerte allergische Reaktion**, welche durch Che-mokine, Eicosanoide und eosinophile Granulocyten cha-rakterisiert wird. Die verzögerte Reaktion zeigt einen weniger dramatischen klinischen Verlauf, stellt aber den für die Chronifizierung der Entzündung (z. B. bei Asthma bronchiale) wesentlichen pathogenetischen Prozess dar.

Allergie vom Typ II   Arzneimittel, z. B. Methyldopa oder Penicillin, können als Haptene (▶ Abschn. 70.3.1) an Thrombocyten, Granulocyten oder Erythrocyten binden. Spezifische IgG-Antikörper gegen diese Haptene lösen eine komplementabhängige Lyse oder ADCC (*antibody depen-dent cellular cytotoxicity*) an den jeweiligen Zellen aus (▶ Abschn. 70.7.3). Die Symptome der Typ-II-Allergie sind Thrombocytopenie, Granulocytopenie oder Anämie.

Allergie vom Typ III   Diese ist ebenfalls immunglobulin-abhängig. Fc-Rezeptor-tragende Makrophagen bzw. Monocyten sowie das Komplementsystem im Blut werden von Allergen-Antikörper-Komplexen am Aller-gen-Eintrittsort oder systemisch aktiviert. Bei Aufnahme eines Allergens, z. B. eines Fremdproteins aus tierischen Immunglobulinprodukten oder Taubenkot, treten dann febrile Erkrankungen sowie Entzündungen der Ge-lenke, Gefäße oder der Nieren auf (Serumkrankheit, Taubenzüchterlunge).

Allergie vom Typ IV   Die Allergie vom Typ IV ist zellver-mittelt und unterscheidet sich daher von den übrigen For-men. Hauptsächlich durch T_H1-Zellen und die Cytokine IFN-γ, TNF-α sowie Lymphotoxin (TNF-β) wird eine Entzündungsreaktion am Eintrittsort des Allergens in die Haut oder in die Schleimhaut ausgelöst. Cytotoxische T-Zellen und cytokinaktivierte Makrophagen bewirken darüber hinaus eine Gewebezerstörung. Die Allergie vom Typ IV tritt als verzögerte Reaktion nach 24–72 h auf und entspricht damit der Tuberkulinreaktion. Klinisch wird sie durch erythematöse Hautveränderungen charakteri-siert. Praktisch relevante Beispiele sind Kontaktdermatiti-den nach Kontakt mit Nickel, Zink oder Haushaltschemi-kalien und Kosmetika.

70.13.3 Autoimmunkrankheiten

Autoimmunität ist eine natürliche Eigenschaft des Immunsystems und stellt für sich keinen pathologischen Zustand dar. Man findet regelmäßig im gesunden Organismus autoreaktive, also gegen körpereigene Strukturen gerichtete spezifische B- und T-Zellen sowie Antikörper. Hier verhindern jedoch die Schutzmechanismen der peripheren Toleranz, also z. B. T_{reg}-Zellen oder das Fehlen co-stimulatorischer Signale, eine autoimmun-bedingte Destruktion der Zellen und Gewebe. Erst der **Bruch der peripheren und/oder zentralen Toleranz** (▶ Abschn. 70.3.3) löst eine Autoimmunerkrankung aus. Man definiert Autoimmunkrankheiten als nicht-infektiöse, chronische Entzündungen, die sowohl zu einer organbezogenen Zerstörung, wie bei Multipler Sklerose oder insulinabhängigem Diabetes mellitus, als auch zu systemischen Entzündungsreaktionen, wie perniciöser Anämie, Vaskulitiden oder Rheumatoider Arthritis führen. Labordiagnostisch sind vermehrt auftretende Autoantikörper hinweisend. Die Inzidenz dieser bei Frauen häufiger als bei Männern auftretenden Erkrankungen liegt bei etwa 3–4 %. Auffallend sind spezielle HLA-Assoziationen. Im Falle des insulinabhängigen Diabetes mellitus haben Träger der HLA-Allele DR3 und DR4 z. B. ein etwa 3-fach höheres Erkrankungsrisiko während sich das Risiko bei HLA-DR2-Trägern verringert. Es ist also offenbar so, dass differente HLA-Genprodukte eine unterschiedliche Befähigung zur Präsentation von Autoantigenen auf T-Zellen haben.

Autoimmunerkrankungen weisen eine sehr heterogene Immunpathologie auf. Man unterscheidet primär antikörpervermittelte, T-Zell-vermittelte und immunkomplexvermittelte Autoimmunkrankheiten. Die dominierenden Helfer-T-Zellen sind die T_H1- und T_H17-Zellen. Zu den häufigsten Autoimmunerkrankungen zählen die Schilddrüsenerkrankungen. Bei der **Basedow-Erkrankung** (*graves disease*, ▶ Abschn. 41.4.2) werden T_H1-vermittelt Autoantikörper gegen den TSH (Thyreocyten-stimulierendes Hormon)-Rezeptor auf Thyreocyten gebildet. Die bei den verschiedenen Krankheitsformen relevanten Autoantikörper können einerseits agonistisch zum TSH auf den TSH-Rezeptor agieren (Thyreocyten-stimulierendes Ig, TSI), andererseits antagonistisch wirken (TSH-Rezeptor-blockierendes Ig, TBI) oder auch nur die Thyreocytenproliferation aktivieren (TGI, *thyreoidea growth-stimulating immunoglobulin*). Dementsprechend treten die Schilddrüsenhormone T3/T4 vermehrt, verringert oder unverändert auf. Hieraus ergeben sich zwangsläufig differente Anforderungen an das therapeutische Herangehen. Die **Hashimoto-Thyreoiditis** ist eine, mit einer Schilddrüsenunterfunktion einhergehende, autoimmune Schilddrüsenerkrankung. Immunpathogenetisch sind hier antigenspezifische T_H1-Zellen von zentraler Bedeutung.

Diese induzieren durch IFN-γ und IL-2 eine Aktivierung von cytotoxischen T-Zellen. Eine Zerstörung der Thyreocyten ist die Folge, wobei teilweise auch Fas-FasL-Interaktionen zum Tragen kommen (▶ Abschn. 51.1). Zur Differentialdiagnostik von Schilddrüsenerkrankungen werden, wie bei anderen Autoimmunerkrankungen, pathogenetisch irrelevante, zufällig entstehende Autoantikörper genutzt, die gegen freigesetzte zelluläre Autoantigene gebildet wurden (apathogene Autoantikörper).

70.13.4 Transplantat-Abstoßungen

Allogene Transplantation Die Möglichkeit des Ersetzens von Zellen und Organen hat viele therapeutische Grenzen relativiert und ist in den vergangenen 50 Jahren zu einem medizinischen Standardverfahren entwickelt worden. Cornea, Haut und Niere sowie hämatopoetische CD34-positive Stammzellen aus dem Knochenmark oder Blut sind die häufigsten transplantierten Organe bzw. Zellen. Unterschiedliche Individuen einer Spezies mit unterschiedlichem Erbgut werden als **allogen** bezeichnet. Somit stellt eine Transplantation von Zellen eines Individuums auf einen genetisch verschiedenen Empfänger eine **allogene Transplantation** dar. Da Fremdgewebe übertragen wird, resultiert bei dem Empfänger zwangsläufig eine Immunantwort. Im Falle eines Mitführens von Spender-Immunzellen im Transplantat kann auch eine **Spender-gegen-Empfänger-Reaktion** (*Graft-versus-Host, GvH*) auftreten. Die Zielstrukturen der Immunantwort sind immer die HLA-Moleküle der fremden, allogenen Zellen, die dabei cytolytisch zerstört werden. Bei der **Alloreaktivität** werden hauptsächlich nicht-prozessierte HLA-Strukturen von antigenpräsentierenden Zellen (APC) des Spenders erkannt. Dendritische Zellen stellen dabei bedeutende Zielzellen, insbesondere bei Nierentransplantationen, dar. Prozessierte HLA-Peptide des Spenders werden nur in limitiertem Maß auf APC des Empfängers erkannt. Der Anteil der an der Alloreaktivität beteiligten T-Zellen kann 2 % der gesamten T-Zell-Population umfassen. Immunpathologisch bei Transplantatabstoßungen wesentlich beteiligte humorale Faktoren sind Antikörper und proinflammatorische Cytokine. Zellulär sind cytotoxische CD8-T-Zellen, z. T. cytotoxische CD4-T-Zellen und IFN-γ-aktivierte Makrophagen maßgeblich. Durch den Einsatz HLA-kompatibler Transplantate wird das Risiko einer **Transplantatabstoßung** reduziert. Von besonderer Bedeutung ist dabei die Kompatibilität der HLA-Klasse-II-Strukturen. Daher wird in Vorbereitung einer allogenen Transplantation eine **Histokompatibilitätstestung** unter Erfassung und Vergleich der wichtigsten HLA-Allele von Spender und Empfänger mit dem Ziel einer größtmöglichen Übereinstimmung durchgeführt. Weiterhin wird die prophylaktische Therapie mit **Immunsuppressiva** genutzt, um eine Transplantatabstoßung zu verhindern. Immunsuppressiv wirkende Medikamente, die hierbei zum Einsatz kommen, sind vor allem Glucocorticoide, Cyclosporin A, FK506 (Takrolimus), Rapamycin (Sirolimus), Azathioprin und Mykophenolat. Man unterscheidet hyperakute, akute und chronische Abstoßungsreaktionen. Die hyperakute **Transplantatabstoßung** erfolgt bei Vorhandensein von Antikörpern gegen das Transplantat innerhalb weniger Stunden bis Tage nach der Transplantation. Die akute Abstoßungsreaktion wird durch T_c-Zellen vermittelt und droht in einem Zeitraum von 72 h bis zu 6 Monaten nach Transplantation. Therapeutisch interveniert man immunsuppressiv mit hochpotenten Glucocorticoiden sowie Anti-T-Zell-Antikörpern. Die chronische Abstoßungsreaktion beschreibt eine Rejektion nach dieser Zeit bzw. das Auftreten eines Funktionsverlustes des Transplantates.

Zusammenfassung

Erkrankungen des Immunsystems sind u. a.:

- **Immundefekte.** Man unterscheidet primäre und sekundäre Immundefekte. Primäre Immundefekte sind genetisch bedingt, sehr selten und werden bereits wenige Monate nach der Geburt symptomatisch. Primäre Immundefekte treten häufig als Kombinationsformen von T- und B-Zell-Defekten auf. Sekundäre Immundefekte werden durch virale und andere Infekte (AIDS), Immunsuppressiva oder Cytostatika, Mangelernährung sowie Stoffwechselerkrankungen verursacht.

- **Allergien.** Die Einteilung erfolgt nach Gell und Coombs in 4 Hauptgruppen. Die Allergie vom Typ I ist die häufigste Form (z. B. Asthma bronchiale, Pollinosen). Immunpathogenetisch maßgeblich ist die durch T_H2-Cytokine (IL-4, IL-5, IL-10, IL-9, IL-13) induzierte vermehrte Bildung von allergenspezifischem IgE, die Aktivierung eosinophiler Granulozyten sowie die Degranulierung von Mastzellen nach IgE-Bindung an den Fcε-Rezeptor und Allergen-IgE-Wechselwirkung. Die Allergie vom Typ IV wird durch T_H1-Zellen vermittelt, wobei T_H1-Cytokine Makrophagen aktivieren und diese eine Gewebeschädigung auslösen.

- **Autoimmunkrankheiten.** Autoimmunität ist eine natürliche Eigenschaft des Immunsystems. Autoimmunerkrankungen entstehen erst durch Bruch der zentralen und/oder peripheren Toleranz. Autoimmunkrankheiten sind HLA-assoziiert und verursachen systemische inflammatorische Erkrankungen (Rheumatoide Arthritis) oder eine lokale Organzerstörung (Multiple Sklerose). Autoantikörper, Immunkomplexe oder T-Zellen (T_H1 und T_H17) sind primär pathogenetisch relevant.

70

- **Transplantatabstoßungen.** Abstoßungsreaktionen sind Resultate allogener Immunreaktionen. Die Alloreaktivität basiert hauptsächlich auf einer direkten Erkennung nicht-prozessierter HLA-Strukturen auf APC des Spenders. In limitiertem Umfang werden auch prozessierte HLA-Strukturen des Spenders auf Empfänger-APC erkannt. Cytotoxische T-Zellen und Makrophagen agieren als Effektorzellen. Akute Abstoßungskrisen werden prophylaktisch oder therapeutisch mit Immunsuppressiva behandelt.

Weiterführende Literatur

Übersichtsarbeiten

Berzins SP, Smyth MJ, Baxter AG (2011) Presumed guilty: natural killer T cell defects and human disease. Nat Rev Immunol 11:131–142

Campbell DJ, Koch MA (2011) Phenotypical and functional specialization of FOXP3+ regulatory T cells. Nat Rev Immunol 11:119–130

Kamada N, Seo SU, Chen GY, Nunez G (2013) Role of gut microbiota in immunity and inflammatory disease. Nat Rev Immunol 13:321–335

Karan D (2018) Inflammasomes: emerging central players in cancer immunology and immunotherapy. Front Immunol 20:3028

Latz E, Xiao TS, Stutz A (2013) Activation and regulation of the inflammasomes. Nat Rev Immunol 13:397–411

Li Z, Chen L, Rubinstein MP (2013) Cancer immunotherapy: are we there yet? Exp Hematol Oncol 10:33

Mantovani A, Cassatella MA, Costantini C, Jaillon S (2011) Neutrophils in the activation and regulation of innate and adaptive immunity. Nat Rev Immunol 11:519–531

Mills HG (2011) TLR-dependent T cell activation in autoimmunity. Nat Rev Immunol 11:807–822

Neefjes J, Jongsma MLM, Paul P, Bakke O (2011) Towards a systemic understanding of MHC class I and MHC class II antigen presentation. Nat Rev Immunol 11:823–836

Saijo K, Glass CK (2011) Microglial cell origin and phenotypes in health and disease. Nat Rev Immunol 25:775–787

Schamel WW et al (2017) The allostery modell of TCR regulation. J Immunol 198:47–52

Scott AM, Wolchok JD, Old LJ (2012) Antibody therapy of cancer. Nat Rev Cancer 22:278–287

Shaw AC, Goldstein DR, Montgomery RR (2013) Age-dependent dysregulation of innate immunity. Nat Rev Immunol 13:875–887

Sun JC, Lanier LL (2011) NK cell development, homeostasis and function: parallels with CD8+ T cells. Nat Rev Immunol 11:645–657

Xu J et al (2018) Current status and future prospects of the strategy of combining CAR-T with PD-1 blockade for antitumor therapy. Mol Med Rep 17:2083–2088

Yang J, Reth M (2015) Receptor dissociation and B-cell activation. In: Kurosaki T, Wienands J (Hrsg) B cell receptor signaling. Current topics in microbiology and immunology, Bd 393. Springer, Cham

Zou W, Restifo NP (2010) TH17 cells in tumour immunity and immunotherapy. Nat Rev Immunol 10:249–256

Extrazelluläre Matrix – Struktur und Funktion

Rupert Hallmann, Peter Bruckner, Rainer Deutzmann und Lydia Sorokin

Schon ab dem vierzelligen Entwicklungsstadium besitzen alle multizellulären Organismen eine extrazelluläre Matrix (EZM), eine außerhalb der Zellen angesiedelte und organisierte Proteinstruktur, die an der Homöodynamik aller biologischen Vorgänge beteiligt ist. Zum Beispiel ermöglicht die EZM auf makroskopischer Ebene eine stabile Form der Organe oder einen funktionellen Bewegungsapparat. Entwicklungsbiologisch kontrolliert sie Gewebsfunktionen auf allen Ebenen und/oder entscheidet über Vitalität oder programmierten Zelltod. Diese Wirkungen erzielt die EZM über rezeptorvermittelte Zell-Matrix-Wechselwirkungen im Zusammenspiel mit anderen, löslichen Signalmolekülen. Diese Zell-Matrix-Wechselwirkungen bleiben auch im adulten Organismus dynamisch reguliert. So belegen jüngere Befunde, dass die mechanischen Eigenschaften der EZM, wie Steifheit und Flexibilität, die Transkription in den umgebenden Zellen verändern und dadurch wesentliche zelluläre Eigenschaften wie Proliferation, Wanderungsverhalten oder Differenzierung der Zellen beeinflussen. Dieses Zusammenspiel von mechanischen und biochemischen Signalen wird aktuell intensiv erforscht. Daraus folgt eine Bedeutung der EZM für fast alle pathogenetischen Mechanismen von angeborenen, entzündlichen, neoplastischen oder degenerativen Erkrankungen. Der funktionellen Vielfalt und der ubiquitären Verteilung entsprechend ist die EZM auf molekularer und supramolekularer Ebene komplex organisiert und teilt vielzellige Organismen in Kompartimente auf, zwischen welchen sie sowohl Barriere- als auch Vermittlerfunktion wahrnimmt. Die Proteine der EZM sind in der Regel Glycoproteine mit hoher Molekularmasse, die Multimere aus einem vielfältigen Set von Modulen bilden können. Diese Komplexität wird durch zahlreiche co-und posttranslationale Modifikationsreaktionen und die Fähigkeit zur streng kontrollierten Selbstassemblierung erhöht.

Schwerpunkte

71.1 Aufbau der extrazellulären Matrix
- Eigenschaften und Biosynthese von Kollagenen
- Fibrilläre und nicht-fibrilläre Kollagene
- Elastin und Fibrillin als Bausteine elastischer Fasern
- Proteoglycane als Regulatoren der Kollagenfibrillenbildung sowie als Corezeptoren für Wachstumsfaktoren
- Fibronectin und Laminin als Mediatoren von Zelladhäsion, -migration, -differenzierung und Proliferation
- Integrine als Rezeptoren für EZM – Proteine, Mediatoren des Actincytoskeletts und Aktivatoren von Proteinkinasen und Signaltransduktionswegen

71.2 Abbau der extrazellulären Matrix
- Modulation der extrazellulären Matrix durch Metalloproteinasen und Serinproteasen

71.3 Pathobiochemie
- Schwere Erkrankungen aufgrund von Gen-Mutationen bei Kollagenen und Lamininen

71.1 Aufbau der extrazellulären Matrix (EZM)

Die verschiedenen Formen des Bindegewebes leiten sich vom embryonalen Bindegewebe, dem Mesenchym ab. Die Bindegewebszellen im engeren Sinne sind die **Fibroblasten/Fibrocyten**. Verwandt damit sind die **Chondroblasten/Chondrocyten** des Knorpels und die **Osteoblasten/Osteocyten** des Knochens sowie die retikulären Fibroblasten der primären und sekundären lymphoiden

Ergänzende Information Die elektronische Version dieses Kapitels enthält Zusatzmaterial, auf das über folgenden Link zugegriffen werden kann https://doi.org/10.1007/978-3-662-60266-9_71. Die Videos lassen sich durch Anklicken des DOI Links in der Legende einer entsprechenden Abbildung abspielen, oder indem Sie diesen Link mit der SN More Media App scannen.

© Springer-Verlag GmbH Deutschland, ein Teil von Springer Nature 2022
P. C. Heinrich et al. (Hrsg.), *Löffler/Petrides Biochemie und Pathobiochemie*, https://doi.org/10.1007/978-3-662-60266-9_71

Organe. Diese Zelltypen synthetisieren den größten Teil der extrazellulären Matrix hauptsächlich in Form von Fasern, Fibrillen und Mikrofibrillen, die lockere Netzwerk-Strukturen bilden und als **interstitielle Matrix** des Gewebe-Stromas bezeichnet werden. Darüber hinaus produzieren Epithel- und Endothelzellen sowie Skelettmuskel- und glatte Muskelzellen, Nerven und selbst Adipozyten mit ihren **Basalmembranen** eine Reihe ganz anderer EZM-Suprastrukturen, oft gemeinsam mit den Fibroblasten des umgebenden Gewebes, bei denen die EZM-Bestandteile dicht geflochtene Netze ausbilden. Alle Matrix-Suprastrukturen bestehen aus drei Gruppen von sezernierten Proteinen:

- **Faserproteine**
  - **Kollagene**. Sie sind die strukturgebenden Proteine von Haut, Sehnen, Bändern sowie der organischen Grundsubstanz von Hartgeweben und der Basalmembranen und stellen die quantitativ bedeutendsten Proteine des Organismus dar.
  - **Elastin** verleiht Strukturen elastische Eigenschaften, z. B. in der Aortenwand.
  - **Fibrillin** ist für die Bildung von elastischen Fasern notwendig.
- **Glycoproteine**. Diese Gruppe umfasst eine Vielzahl von Molekülen, die für die Zellfunktion essenziell sind. Die bekanntesten Moleküle dieser Gruppe sind die **Laminine** und das Fibronectin.
- **Proteoglycane**. Diese Proteinklasse ist wesentlich durch ihren Kohlenhydratanteil definiert. Durch Anheften von sauren repetitiven Disaccharideinheiten (▶ Abschn. 3.1 und 16.2) stellen sie Polyanionen dar und sind sowohl für die Schaffung von elastischen wassergefüllten Kompartimenten (z. B. Knorpel) notwendig als auch für die Regulation der Kollagenfibrillenbildung. Proteoglycane sind als zelloberflächenassoziierte Corezeptoren essenziell (z. B. Kooperation von Syndecanen mit Integrinen, Beteiligung verschiedener Heparansulfat-Proteoglycane an der Aktivierung der Signaltransduktion durch Wnt, ◘ Tab. 53.1, und Hedgehog, FGF, TGF-β).

71.1.1 Kollagene – Bildung fester Strukturen

Das Strukturmerkmal aller Kollagene ist mindestens eine Domäne mit dem Motiv der Kollagen-Tripelhelix (▶ Abschn. 5.2.2). Diese Konformation ist durch monoton wiederholte Tripletsequenzen aus Gly-X-Y bedingt, wobei X und Y häufig Prolin bzw. Hydroxyprolin sind. Ferner tritt in Y-Position bisweilen das für covalente Quervernetzungen und kollagentypische Glycosylierung wichtige Hydroxylysin auf (s. u.). Durch Kombination tripelhelicaler und globulärer Domänen

entsteht eine Vielzahl von Matrixproteinen mit unterschiedlichen Eigenschaften

Zurzeit sind mindestens 41 verschiedene Kollagenketten bekannt, die zu distinkten trimeren Kollagenmolekülen assemblieren können. Daneben gibt es eine Reihe weiterer Proteine, welche das Strukturmotiv der Kollagen-Tripelhelix enthalten, jedoch nicht den Kollagenen zugerechnet werden. Die einzelnen Kollagentypen unterscheiden sich strukturell in der Länge der tripelhelicalen Abschnitte, kurzen Unterbrechungen in der Tripelhelix und/oder in der Existenz zusätzlicher globulärer Domänen. Durch die Kombination dieser Module und Merkmale erhalten die Kollagene ihre spezifischen biologischen Eigenschaften. Einige Vertreter der Familie sind in ◘ Tab. 71.1 aufgelistet.

71.1.2 Fibrilläre Kollagene

> Fibrilläre Kollagene sind die Hauptkollagene der Extrazellulärmatrix von Haut, Knochen, Knorpel, Sehnen und Bändern. Sie repräsentieren zudem einen Großteil der EZM der primären und sekundären lymphatischen Gewebe. Sie können miteinander zu charakteristischen Faserstrukturen aggregieren.

Die wichtigsten fibrillären Kollagene sind die Typen I, II, III, V und XI (◘ Tab. 71.1). Ihre Aufgabe ist die Bildung von festen, zugbelastbaren Fasern. Diese lassen im Elektronenmikroskop einen Aufbau aus quergestreiften **Fibrillen** mit einer Gewebs-abhängigen **Periodizität von 64–67 nm** erkennen (◘ Abb. 71.1 und 71.4). Die Dicken und die 3-dimensionalen Anordnungen sind in verschiedenen Geweben unterschiedlich und den Anforderungen entsprechend optimiert. In Sehnen beispielsweise sind alle Fibrillen parallel angeordnet, sodass sie maximale Stabilität gegen Zugbelastung besitzen, während sie in der Haut gebündelt kreuz und quer liegen, um eine Dehnung in alle Richtungen zu ermöglichen. Knorpel hingegen besitzt Fasern, die ein dreidimensionales Netzwerk ausbilden. Diese Unterschiede in der Morphologie von Kollagenfibrillen beruhen auf unterschiedlicher, legierungsähnlicher Copolymerisation von verschiedenen Kollagentypen, Glycoproteinen und Proteoglycanen. Dadurch wird die Dicke, die Anordnung und der Abstand der Fibrillen sowie deren Wechselwirkung mit anderen Matrixsuprastrukturen kontrolliert (s. u.).

Die Polypeptidketten der fibrillären Kollagene besitzen homologe Aminosäuresequenzen und nahezu identische Domänenstrukturen (◘ Abb. 71.2), unabhängig davon, ob diese fibrilläre Strukturen oder Netzwerke ausbilden. Das charakteristische Strukturmerkmal ist eine große zentrale, **tripelhelicale Domäne**, welche aus über 300 Gly-X-Y-*repeats* in ununterbrochener Reihenfolge besteht. Diese wird von zwei etwa 20 Aminosäu-

◻ **Tab. 71.1** Kollagentypen (Auswahl) und repräsentative Expressionsorte

Typ	Typische Molekülzusammensetzung	Typisches Vorkommen	Charakteristische Merkmale
Fibrillenbildende Kollagene			
I	$[\alpha1(I)]_2\alpha2(I)$	Haut, Knochen, Sehnen, Bänder	Häufigstes Kollagen, bildet besonders zugfeste Fibrillen
II	$[\alpha1(II)]_3$	Knorpel, Glaskörper	Häufigstes Knorpelkollagen
III	$[\alpha1(III)]_3$	Dehnbare Gewebe wie Haut, Gefäße	Vorkommen zumeist zusammen mit Kollagen I
V	$[\alpha1(V)]_2\alpha3(V)$	Haut, Cornea	Nebenkomponente, zusammen mit Kollagen I exprimiert
XI	$\alpha1(XI)\ \alpha2(XI)\alpha3(XI)$, $[\alpha1(XI)]_2\alpha2(V)$	Knorpel, Knochen, Glaskörper in der embryonalen Entwicklung ubiquitär	Nebenkomponente, zusammen mit Kollagen I und II exprimiert
Basalmembrankollagene			
IV	$[\alpha1(IV)]_2\alpha2(IV)$	Fast alle Basalmembranen	Flächiges Netzwerk, Hauptstrukturprotein der Basalmembran
	$\alpha3(IV)\ \alpha4(IV)\ \alpha5(IV)$	Nierenglomeruli, Cornea, Innenohr	
	$[\alpha5(IV)]_2\alpha6(IV)$	Bowmann-Kapsel, Glia limitans und spezialisierte epitheliale Basalmembranen	
Multiplexine, Basalmembran-assoziierte Kollagene			
XV	$[\alpha1(XV)]_3$	Vor allem vaskuläre und epitheliale Basalmembranen	C-terminales Fragment hemmt Angiogenese
XVIII	$[\alpha1(XVIII)]_3$		C-terminales Fragment (=Endostatin) hemmt Angiogenese, Mutationen führen zur Erblindung
Fibrillenassoziierte (FACIT) Kollagene			
IX	$\alpha1(IX)\ \alpha2(IX)\ \alpha3(IX)$	Bestandteil von Knorpelfibrillen	Knockout-Mäuse entwickeln Arthrose und milde Wachstumsdefekte
XII	$[\alpha1(XII)]_3$	Ubiquitäres Fibrillenprotein	Bindung an EZM-Moleküle (Proteoglycane), Regulation der Fibrillenbildung/Modifikation der Interaktion zwischen Fibrillen
XIV	$[\alpha1(XIV)]_3$		
Netzwerk-bildende Kollagene			
VIII	$[\alpha1(VIII)]_2\alpha2(VIII)$	Endothel, Descemet Membran (Auge)	Bildung hexagonaler Netzwerke
X	$[\alpha1(X)]_3$	Hypertrophierender Knorpel	
Transmembrankollagene			
XIII	$[\alpha1(XIII)]_3$	Breite Gewebsverteilung	Zell-Zell- und Zell-Matrix-Verankerung
XVII	$[\alpha1(XVII)]_3$	Hemidesmosomen der Haut	Adhäsion von Keratinocyten an die Basalmembran, Mutationen führen zur Epidermolysis bullosa junctionalis
XXV (CLAC-P)	$[\alpha1(XXV)]_3$	Neurone	Bindung von Amyloid-β-Peptiden, nicht aber des β-Amyloid-Präkursorproteins
Sonstige			
VI	$\alpha1(VI)\alpha2(VI)\alpha3(VI)$	Ubiquitär	Bildet Mikrofibrillen
VII	$[\alpha1(VII)]_3$	Ankerfibrillen	Exprimiert an der Dermis-Epidermis-Grenze, Verankerung der Basalmembran im interstitiellen Bindegewebe

ren langen nicht-tripelhelicalen **Telopeptiden** flankiert, welche für die enzymatisch induzierte und covalente Quervernetzung von Kollagenmolekülen essenziell sind. Neu synthetisierte Kollagenmoleküle enthalten noch zusätzliche Domänen an den Enden, das **N-Propeptid** bzw. **C-Propeptid**, die je nach Kollagentyp im reifen Molekül jedoch nicht mehr oder nur noch teilweise vorhanden sind. Zusätzlich besitzen die Ketten noch ein Signalpeptid zur Translokation ins endoplasmatische Retikulum (▶ Abschn. 49.2.1).

Biosynthese der fibrillären Kollagene am Beispiel von Kollagen I

- Intrazelluläre Biosyntheseschritte

❯ In der Zelle wird der Präkursor Prokollagen gebildet, der posttranslational intensiv modifiziert wird.

Am rauhen endoplasmatischen Retikulum (RER) wird zunächst der Präkursor Prä-Prokollagen gebildet und in dessen Lumen transloziert. Noch während der Vervollständigung der Polypeptidsynthese werden die Signalpeptide abgespalten, wodurch Prokollagenketten

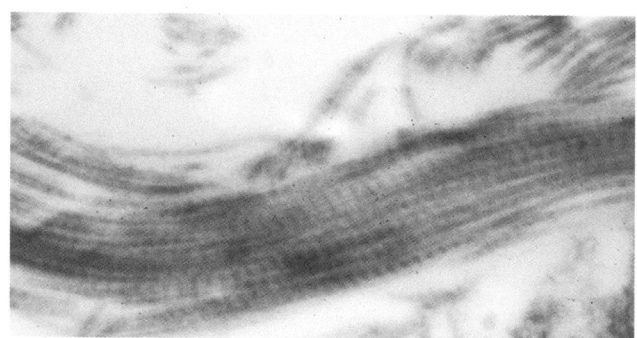

◻ **Abb. 71.1 Transmissionselektronenmikroskopie** der Kollagenfasern des Bindegewebes in der Haut. (Mit freundlicher Genehmigung: courtesy of Dr. Hansen, WWU Münster)

entstehen. Noch im RER beginnt eine Reihe von enzymkatalysierten, posttranslationalen Modifikationsreaktionen am entstehenden Prokollagen. Diese müssen vor der Faltung zum tripelhelicalen Prokollagen abgeschlossen sein, weil dieses für die intrazellulären Modifikationsenzyme kein Substrat mehr ist (◻ Abb. 71.3):

❯ Die Hydroxylierung ist für die Strukturfunktion des Kollagens essenziell.

Nahezu alle in der Y-Position der Gly-X-Y-Triplets vorkommenden Prolinreste und einige der Y-Lysylreste werden durch Prolyl-Hydroxylasen bzw. Lysyl-Hydroxylasen zu 4-Hydroxyprolin bzw. 5-Hydroxylysin umgewandelt (Ziffer 1) (◻ Abb. 71.3A). Alle Hydroxylasen benötigen α-Ketoglutarat und Sauerstoff als Cosubstrate und enthalten im aktiven Zentrum ein obligates Fe^{2+}-Ion. Dieses wird in einer Nebenreaktion zuweilen zu Fe^{3+} oxidiert. Vitamin C kann solche Fe^{3+}-Ionen zu Fe^{2+} reduzieren und damit die Enzymaktivität wiederherstellen. Der Verbrauch des Vitamins ist deshalb nicht stöchiometrisch mit der Bildung von Hydroxyprolin und Hydroxylysin. **Skorbut** ist die Folge eines **Vitamin-C-Mangels** und wird durch das **Fehlen von neugebildetem Kollagen** verursacht.

Die sekundären Aminosäuren Prolin und Hydroxyprolin (◻ Abb. 3.12) sind für die Stabilität der Kollagen-Tripelhelix verantwortlich. Wegen ihrer Ringkonformation erhöhen Prolin in X bzw. Hydroxyprolin in Y-Positionen der Gly-X-Y-Triplets die Denaturierungs-Temperaturen der Kollagene. Diese entsprechen wegen des Einbaus geeigneter anderer Aminosäuren in die X- und Y-Positionen ungefähr der mittleren Körpertemperatur. Kollagene sind somit abbaubar, was einen homöodynamischen Gewebsumsatz ermöglicht. Kollagen mit weniger Prolin und Hydroxyprolin kommt bei Organismen vor, die in kaltem Wasser leben. Dieses besitzt eine niedrige Denaturierungs-Temperatur, würde

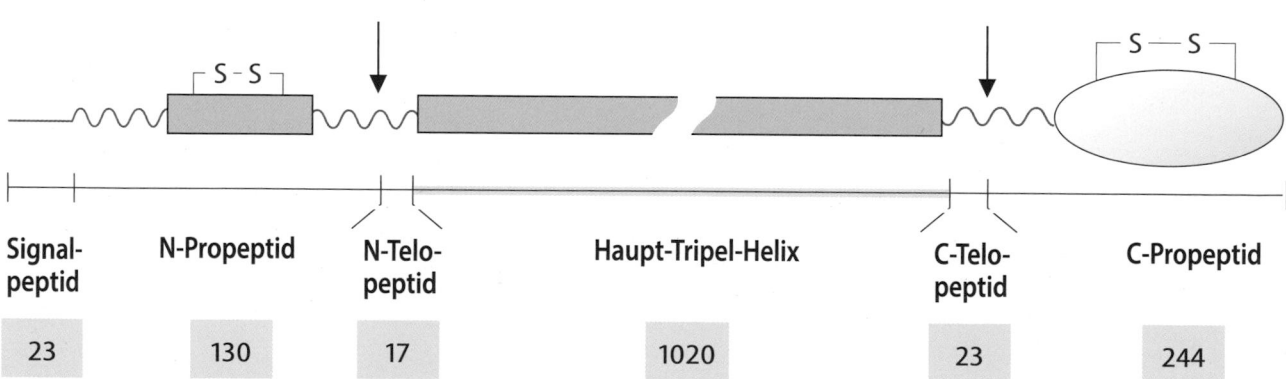

Signal-peptid	N-Propeptid	N-Telo-peptid	Haupt-Tripel-Helix	C-Telo-peptid	C-Propeptid
23	130	17	1020	23	244

71

◻ **Abb. 71.2 Schematische Darstellung der Struktur der Polypeptidkette von fibrillären Kollagenen am Beispiel der α1(III)-Kette.** „Tripelhelicale" Bereiche sind *hellblau* dargestellt, die Spaltstellen für die N- und C-Propeptidasen sind durch *Pfeile* gekennzeichnet. Die Zahlen geben die Anzahl der Aminosäuren in den einzelnen Domänen an

sich also bei der Biosynthese im Menschen nicht falten und daher abgebaut werden.

Zwei Glycosyltransferasen (Ziffer 2) (◨ Abb. 71.3A) katalysieren die Bildung von O-glycosidischen Hydroxyprolin-O-Gal bzw. Hydroxylysin-O-Gal-Glc. Das Ausmaß der Bildung von glycosyliertem Hydroxylysin ist vom Gewebe und Entwicklungsstadium abhängig.

Nach der Freisetzung der neu synthetisierten Prokollagen-Polypeptide bilden sich die Disulfidbrücken innerhalb der C-Propeptide (Ziffer 3). Die Selektion und Assoziation von drei Polypeptidketten erfolgt durch Wechselwirkung zwischen den C-Propeptiden, deren Struktur die angemessene Kettenauswahl der Homo- bzw. Heterotrimere bestimmt (Ziffer 4) und die Faltung vom C-terminalen zum N-terminalen Ende einleitet (Ziffer 5).

Extrazelluläre Biosyntheseschritte An die intrazelluläre Assemblierung der Prokollagenmoleküle schließt sich die Abspaltung der C- und N-Propeptide durch entsprechende Prokollagen-Proteinasen an (Ziffer 1) (◨ Abb. 71.3B), wobei die fertigen Kollagenmoleküle (früher Tropokollagen oder Kollagen-Monomer genannt) entstehen. Diese Prozessierung erfolgt entweder in den letzten intrazellulären Kompartimenten oder extrazellulär in Taschen der Plasmamembran (◨ Abb. 71.3C) und ist eine Voraussetzung für die Assemblierung von Kollagenfibrillen (Ziffer 2) (◨ Abb. 71.3B). Die Fibrillen werden anschließend covalent quervernetzt (Ziffer 3). Gewebsabhängig können Fibrillen in extrazellulären Kompartimenten weiter zu Fasern fusionieren.

❯ Die axiale Versetzung (D-Periodizität) von Kollagenmolekülen in Fibrillen wird durch die charakteristische Verteilung von hydrophoben und polaren geladenen Aminosäuren bestimmt.

Die miteinander wechselwirkenden Aminosäuren der Kollagenmoleküle sind in vier homologen, je ca. 67 nm langen Regionen (D1–D4) angeordnet (◨ Abb. 71.4). Daher lagern sich die Moleküle jeweils um 67 nm versetzt (D-Periodizität = 67 nm) aneinander, um maximale hydrophobe und elektrostatische Wechselwirkungen mit den Nachbarmolekülen zu erreichen. Diese Anordnung erklärt auch die elektronenmikroskopisch zu beobachtende **Querstreifung**. Da die Länge fibrillärer Kollagenmoleküle (300 nm) kein ganzzahliges Vielfaches der D-Periode ist, treten in regulären Abständen von 67 nm entlang der Fibrillen Lücken auf, in die Fibrillen-assoziierte Makromoleküle oder das Kontrastmittel bei Negativ-*staining* eingelagert werden können. Durch die Glycosylierung von Hydroxylysin-Resten wird der virtuelle Umfang der Kollagenmoleküle erhöht und die laterale Packung in den Fibrillen moduliert, besonders wenn glycosylierte Hydroxylysin-Reste

außerhalb der Lücken vorkommen. Deshalb gibt es in den Überlappungsbereichen von sehr dicht gepackten Fibrillen der Sehnen sehr wenige Hydroxylysin-O-Glc- oder Hydroxylysin-O-Glc-Gal-Reste, aber zahlreiche in den eher lose gepackten Fibrillen der Cornea.

❯ Die Kollagenfibrillen werden zur Stabilisierung miteinander quervernetzt.

Die Quervernetzungen bilden sich zwischen Lysin-/Hydroxylysinresten im N-terminalen Telopeptid und dem benachbarten Bereich der Tripelhelix mit entsprechenden Resten im C-terminalen Telopeptid und dem davor liegenden Teil der Tripelhelix. Voraussetzung für die Ausbildung der *cross-links* ist die oxidative Deaminierung eines Teils der Lysin-/Hydroxylysinreste zu Allysin (◨ Abb. 71.5A) durch das Kupfer-abhängige Enzym **Lysyloxidase**. Allysinreste benachbarter Polypeptidketten können durch Aldolkondensation covalente Quervernetzungen der Seitenketten ausbilden oder mit einem Lysinrest zu einer Schiff'schen-Base kondensieren (◨ Abb. 71.5B). Ist an der Kondensation Hydroxylysin-Aldehyd beteiligt, kann das Reaktionsprodukt durch die **Amadori-Umlagerung** (◨ Abb. 71.5C) zu einem nicht mehr säureempfindlichen Produkt umgelagert werden. *In vivo* reagieren die Halbacetale oder Schiff-Basen häufig weiter zu trivalenten Quervernetzungen wie den Pyridinolinen (nicht gezeigt). Ähnliche Reaktionen finden auch bei der Quervernetzung von Elastin statt (s. u.). Die Bestimmung von Pyridinolinen und anderen *cross-links* im Urin besitzt auch klinische Bedeutung zur Erfassung des Kollagenstoffwechsels, z. B. bei verstärktem Knochenabbau bei Osteoporose.

❯ Kollagenmoleküle werden teilweise bereits in extrazellulären Kompartimenten von Fibroblasten zu fibrillären Strukturen aneinandergelagert.

Die intrazellulär synthetisierten Prokollagenmoleküle werden nicht einfach in den Extrazellulärraum sezerniert, vielmehr beginnt die situationsabhängige Bildung von dünnen, prototypischen Fibrillen in **extrazellulären Kompartimenten**, welche als zelluläre Taschen tief in die Fibroblasten hineinreichen können (◨ Abb. 71.3C). Alternativ entstehen z. B. bei der Entwicklung embryonaler Sehnen prototypische Fibrillen – intra- und extrazelluläre Bereiche überspannend – an den Spitzen fingerartiger Ausstülpungen (Fibripositoren), um danach in extrazellulären Hohlräumen zwischen zusammengelagerten Tenocyten zu dickeren Faserbündeln zu reifen. In beiden Situationen fusionieren kollagenhaltige, sekretorische Kompartimente miteinander und mit der Zellmembran, sodass lange, enge Kanäle entstehen, in denen die ersten Schritte der Fibrillenbildung ablaufen. Im

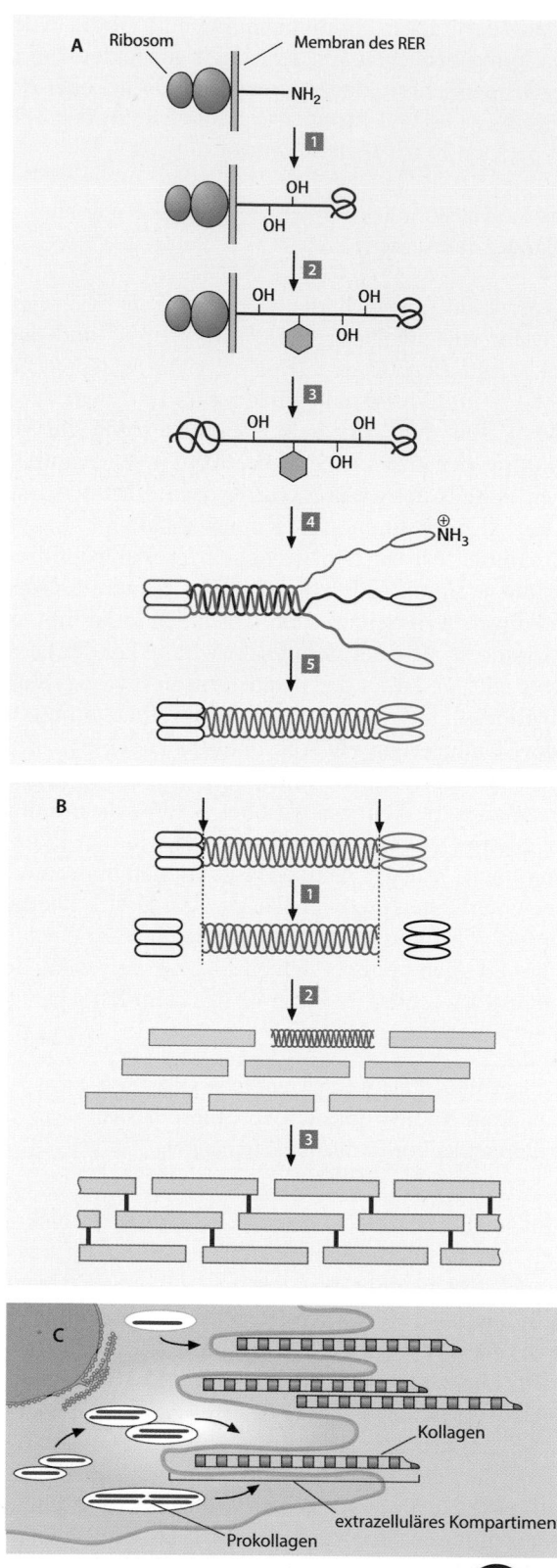

Extrazellulärraum erfolgt dann eine gewebsspezifische Aneinanderlagerung prototypischer Fibrillen zu übergeordneten Suprastrukturen (◘ Abb. 71.1).

Dicke, Zusammensetzung und Organisation von Kollagenfibrillen

❯ Natürlich vorkommende Fibrillen sind „heterotypisch": Sie enthalten mehr als einen Kollagentyp.

Da die tripelhelicalen Abschnitte der fibrillären Kollagentypen nahezu gleiche Länge besitzen, können sie in die gleiche Fibrille eingebaut werden. So enthalten heterotypische Fibrillen der Cornea z. B. eine Mischung der Kollagene I und V. Sehnen enthalten Kollagen I mit geringeren Beimischungen der Typen III und V, während die Fibrillen der Haut Amalgamate der Kollagene I, III, V und XII sind. Knorpel hingegen enthält heterotypische, dünne Fibrillen der Typen II, IX und XI. Die Kollagene V und XI sind unverzichtbare Starter der Bildung von amalgamierten Kollagenfibrillen. So führt der genetisch bedingte Verlust von Kollagen V zu schweren Bindegewebserkrankungen (Ehlers-Danlos-Syndrom, ▶ Abschn. 71.3 und ▶ Abschn. 73.4). Die homozygote Defizienz von α1(XI)-Ketten des Kollagens XI ist wegen schwerster Organmissbildungen sogar mit dem Leben unvereinbar.

❯ Wichtige Regulatoren der Matrix-Assemblierung sind Glycoproteine und Proteoglycane.

Zum Teil beruht die unterschiedliche Fibrillenstärke darauf, dass bei den Kollagenen III, V und XI die **N-terminalen Propeptide nur zum Teil abgespalten werden**. Daneben interagieren Fibrillen aber mit einer Vielzahl von Glycoproteinen und Proteoglycanen. Diese sind nicht nur wichtig für die Durchmesserkontrolle der Fibrillen, sondern sie vermitteln auch deren Integration in Fasern, Fibrillennetzwerke oder von Proteoglycan- und Glycoproteinaggregaten außerhalb der Fibrillen (▶ Abschn. 71.1.5). Das kleine Proteoglycan Decorin und weitere strukturell verwandte Proteoglycane sind wichtige fibrillenassoziierte Regulatoren der Matrix-Assemblierung. Ferner modulieren mehrere Dutzend nicht-kollagener Glyco-

---

◘ **Abb. 71.3** (Video 71.1) **Biosynthese und Sekretion der fibrillären Kollagene. A** Intrazelluläre Schritte: (1) cotranslationale Hydroxylierung von Prolin- und Lysinresten; (2) Glycosylierung einzelner Hydroxylysinreste; (3) Freisetzung der Polypeptidkette mit Disulfid-verbrückten und N-glycosylierten Propeptiden; (4) Zusammenlagerung dreier Polypeptidketten über die C-Propeptide und Beginn der Tripelhelixbildung; (5) Bildung des fertigen tripelhelicalen Prokollagenmoleküls. **B** Extrazelluläre Schritte. (1) Abspaltung der Propeptide; (2) Aggregation zu Mikrofibrillen; (3) covalente Quervernetzung. **C** Procollagenmoleküle werden in spezielle extrazelluläre Taschen der Fibroblastenmembran sezerniert. In diesem Extrazellularraum werden sie zu langen Fibrillen zusammengelagert. (s. auch animierte Abbildung) (▶ https://doi.org/10.1007/000-5s2)

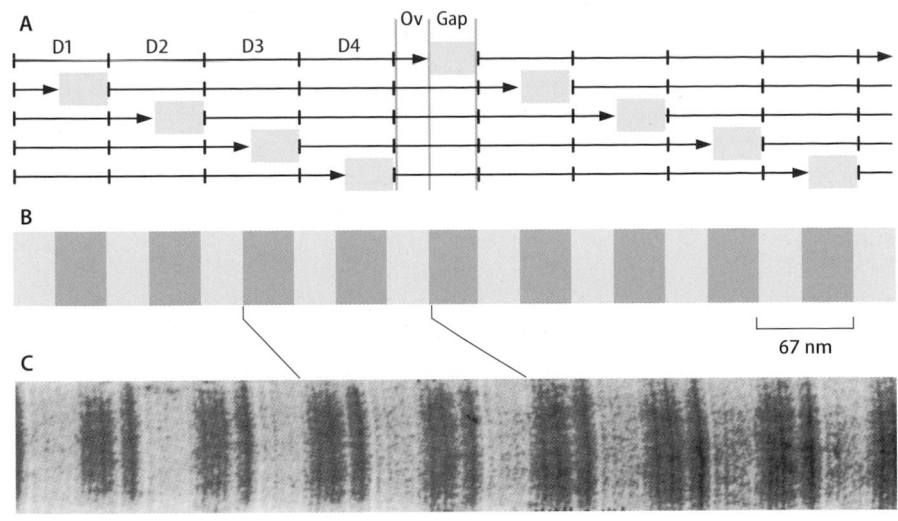

■ **Abb. 71.4** **Zustandekommen der Querstreifung von Kollagenfibrillen. A** *D-stagger (Ov: Overlap)*, **B** Negativ-*staining*: Dunkelfärbung der Fibrillen, **C** Elektronenmikroskopische Aufnahme mit Negativkontrast

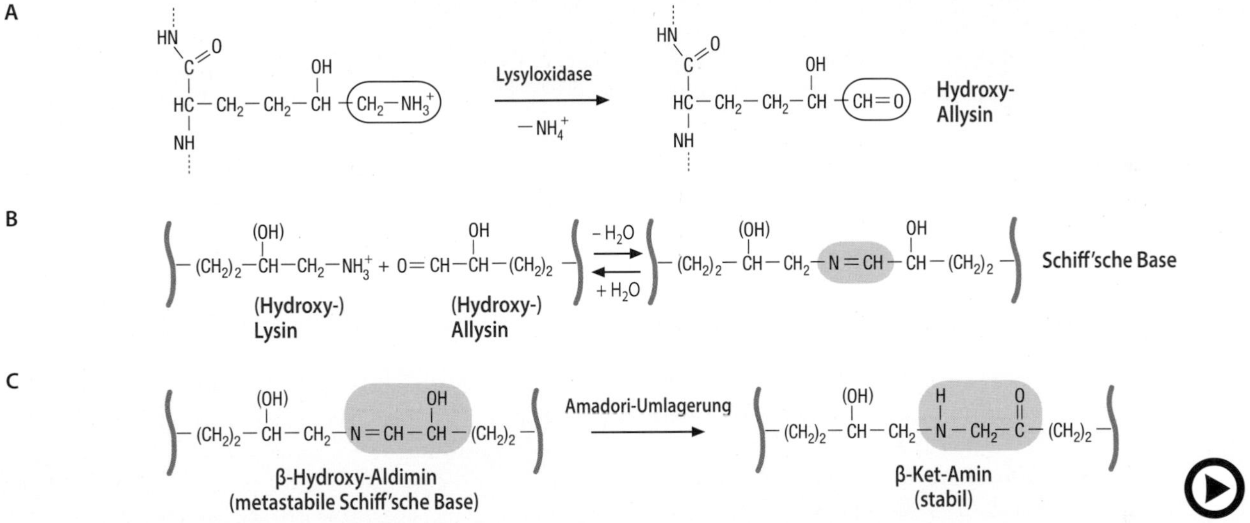

■ **Abb. 71.5** (Video 71.2) **Grundlegende Quervernetzungsreaktionen zwischen Lysin- und Allysinresten von Kollagenpolypeptidketten. A** Bildung von Hydroxy-Allysin durch Oxidation von Lysinresten in der Peptidkette durch Lysyloxidase **B** Bildung von Schiff-Basen zwischen der ε-Aminogruppe und der Aldehydgruppe eines Lysin- bzw. eines Allysinrestes. **C** Stabilisierung von Schiff'schen-Basen durch Amadori-Umlagerung im Falle einer Quervernetzung mit hydroxyliertem Allysin (▶ https://doi.org/10.1007/000-5rz)

proteine wie Thrombospondin-5 (= *cartilage oligomeric matrix protein*, COMP) und Tenascin-X die Gewebs- und Entwicklungsstadium-abhängige Aggregation zu Matrix-Suprastrukturen (▶ Abschn. 71.1.6).

⊙ Zellen sind Katalysatoren der Matrix-Assemblierung.

Fibroblasten in der Zellkultur kontrahieren Gele aus lockeren Netzwerken von Kollagenfibrillen, in welche sie eingebettet wurden, bis auf einen kleinen Bruchteil des Ausgangsvolumens. Dieses einfache Experiment suggeriert, dass Fibroblasten die Organisation von Kollagenfibrillen zu Bündeln beschleunigen können. Dafür sind

Integrine (▶ Abschn. 71.1.7) in der Plasmamembran der Fibroblasten erforderlich. Sehr wahrscheinlich werden an der Oberfläche der Fibroblasten Integrin-abhängig zunächst Fibronectinfibrillen (▶ Abschn. 71.1.6) assembliert, an die dann Kollagenfibrillen fest gebunden werden. Integrine sind auch Rezeptoren für Fibronectin und verbinden dieses Matrixmolekül mit dem zellulären Cytoskelett. Über die Integrine können so von intrazellulären Actin-Myosin-Filamenten entwickelte Kräfte auf extrazelluläre Matrixstrukturen übertragen werden (▶ Abschn. 71.1.7), die eine Verkürzung fibrillärer Strukturen ermöglichen. Solche Prozesse dürften u. a. auch für **die Kontraktion von Wundrändern essenziell** sein.

71.1.3 Nicht-fibrilläre Kollagene

> Nicht-fibrilläre Kollagene bilden eine Vielzahl von Strukturen mit unterschiedlichen Aufgaben.

Im Gegensatz zu den fibrillären Kollagenen bilden die übrigen Kollagene eine sehr heterogene Gruppe. Einige Strukturen sind in ◻ Abb. 71.6 dargestellt. Die für die fibrillären Kollagene typische Prozessierung von Propeptiden findet hier oft nicht statt. Die tripelhelicalen Segmente weisen unterschiedliche Längen auf und sind z. T. durch längere nicht-tripelhelicale Segmente unterbrochen, welche die Moleküle flexibler machen. Weitere Kennzeichen sind zahlreiche nicht-kollagene Domänen. Beispielsweise enthält Kollagen VI zahlreiche Kopien von Domänen, die zu Sequenzabschnitten des von Willebrand-Faktors homolog sind, während Kollagen VII eine Anzahl von Fibronectin-Typ-III-Domänen enthält. Solche nicht-kollagenen Domänen verleihen biologische Eigenschaften, die über Strukturfunktionen hinausgehen, wie z. B. Regulation der Angiogenese (Kollagen XVIII, s. u.). Wichtige nicht-fibrilläre Kollagene sind:

- **FACIT-Kollagene** (*fibril associated collagens with interrupted triple helices*). Diese Gruppe umfasst neben den in ◻ Tab. 71.1 aufgeführten Kollagenen Typ IX, XII und XIV noch eine Reihe weiterer, z. T. noch nicht näher charakterisierter Kollagene (XVI, XIX bis XXIII). Für Kollagen IX wurde gezeigt, dass es in regelmäßigen Abständen in einen Teil der Kollagen-II/XI-Fibrillen integriert ist (◻ Abb. 71.6E). Zusätzlich trägt Kollagen IX häufig eine Chondroitinsulfat-Seitenkette, sodass die Oberfläche von Knorpelfibrillen einen hydrophilen Charakter besitzt. Interessanterweise erkrankten Mäuse mit inaktiviertem Kollagen-IX-Gen im Alter von einigen Monaten an Arthrose, was auf die Stabilisierung der Knorpelfibrillen und damit der Knorpelmatrix durch Kollagen IX hinweist.
- Die beiden Kollagene XII und XIV hingegen sind überwiegend mit Kollagen-I-haltigen Fibrillen assoziiert. Sie besitzen eine ähnliche Struktur, bestehend aus einer C-terminalen, kollagenbindenden Domäne und einer großen nicht-kollagenen N-terminalen Domäne mit der Fähigkeit an Glycosaminoglycane und andere EZM-Strukturen zu binden. Man nimmt an, dass die Funktion der beiden Kollagene darin besteht, den Aufbau der EZM-Struktur zu modulieren.
- **Kollagen IV** (◻ Abb. 71.6) kommt in Basalmembranen vor und ist für alle tierischen Vielzeller lebenswichtig. Es besitzt eine fast 400 nm lange tripelhelicale Domäne und zusätzlich eine globuläre Domäne (NC1) am C-terminalen Ende. Durch zahlreiche, nur wenige Aminosäuren lange Unterbrechungen der Tripelhelix ist das Molekül flexibler als die fibrillären Kollagene. Kollagen IV aggregiert zu **dreidimensionalen Netzwerken**: Durch covalente Verknüpfungen

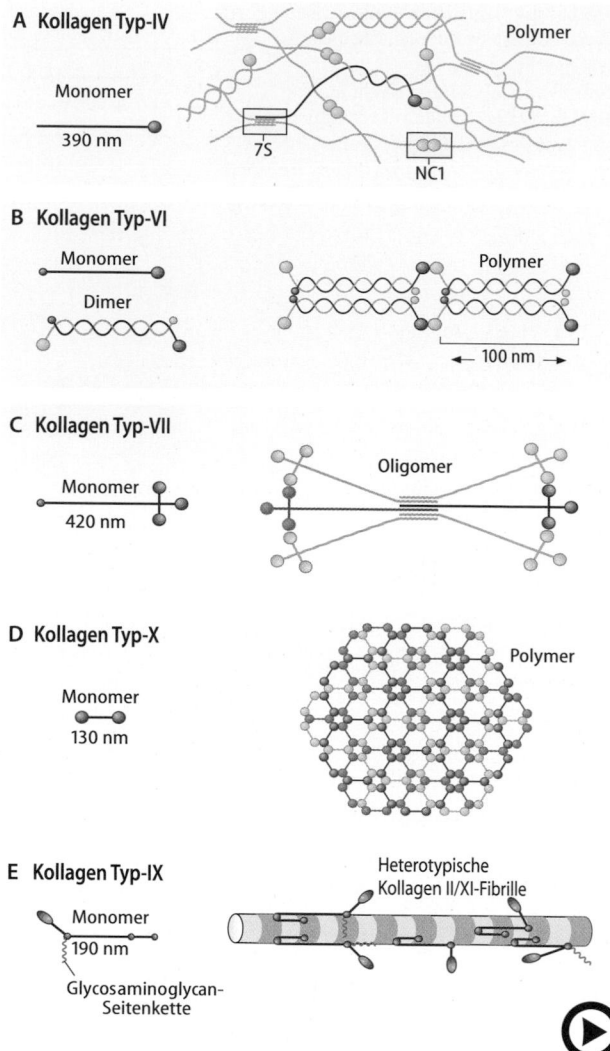

◻ **Abb. 71.6** (Video 71.3) **Schematische Darstellung der Struktur einiger ausgewählter nicht-fibrillärer Kollagene. A** Kollagen IV (*NC1:* C-terminale nicht-kollagene Domäne; *7 S:* N-terminale Quervernetzungsdomäne); **B** Kollagen VI; **C** Kollagen VII; **D** Kollagen X, **E** Kollagen IX (► https://doi.org/10.1007/000-5s0)

über die C-terminalen globulären Domänen werden Dimere gebildet, die lateral miteinander aggregieren können. Zusätzlich können Moleküle über N-terminale Abschnitte der Tripelhelix (sog. 7S-Domäne) aggregieren, sodass eine Struktur entsteht, wie sie in ◻ Abb. 71.6 dargestellt ist. Daneben finden sich aber auch nicht-covalente Bindungen zwischen Kollagen-Typ-IV-Molekülen, die erklären könnten, warum Leukocyten manche Basalmembranen leichter durchdringen können als andere. Insgesamt existieren sechs verschiedene α-Ketten. In den meisten Basalmembranen hat Kollagen IV die Zusammensetzung [α1(IV)]$_2$α2(IV), in einigen Basalmembranen findet man jedoch auch andere Kombinationen (◻ Tab. 71.1). So enthalten die Basalmembranen der

Glomeruli überwiegend Moleküle der Zusammensetzung α3(IV)α4(IV)α5(IV), die funktionell nicht durch die α1- und α2-Ketten ersetzt werden können, wie die Analyse von Gen-Defekten zeigt (s. u.). In jüngster Zeit hat sich herausgestellt, dass Mutationen in den Kollagenketten α1(IV) und α2(IV) mit cerebralen Einblutungen assoziiert sind und heute als „*small vessel disease*" bezeichnet werden, einem Phänotyp der vielfältigen Demenz-Erkrankungen. Dieser Befund war wegen des breiten Vorkommens der Kollagen-IV-Isoform [α1(IV)]$_2$α2(IV) *in vivo* überraschend, und gibt Anlass zu Spekulationen, ob andere Kollagen-IV-Isoformen eine größere Verbreitung haben als ursprünglich angenommen.

— Mit Basalmembranen assoziiert sind die beiden homologen **Kollagene XV** und **XVIII**. Sie kommen in den epithelialen und endothelialen Basalmembranen einer Reihe von Geweben vor. Ca. 20 kDa große Spaltprodukte der C-terminalen Domäne (**Endostatin** im Falle von Kollagen-XVIII) hemmen die **Angiogenese**. Mutationen im Gen für Kollagen-XVIII führen aus noch unbekannten Gründen zu okzipitaler Schädelmissbildung (Enzephalocele, also einer Fehlbildung mit Vorwölbung von Anteilen des Gehirns durch Lücken im Schädel) sowie verschiedenen Augenerkrankungen (starke Kurzsichtigkeit, Katarakt, Linsendislokationen, vitreoretinale Degeneration, Netzhautablösung). Gefäßmissbildungen oder Erkrankungen scheinen nicht Bestandteil des Syndroms zu sein.

— **Kollagen VI** (◘ Abb. 71.6B) ist ein in den meisten interstitiellen Bindegeweben vorkommendes Kollagen. Es ist der Hauptbestandteil von Mikrofibrillen mit einer 100nm-Periodizität. Diese Mikrofibrillen werden völlig anders als gebänderte Kollagenfibrillen gebildet. Zunächst lagern sich intrazellulär zwei monomere Moleküle antiparallel zu Dimeren zusammen, die weiter zu Tetrameren aggregieren. Diese Tetramere polymerisieren extrazellulär über die globulären Enden zu Mikrofibrillen. Dies ist besonders in der Skelettmuskulatur von Bedeutung, denn Mutationen im Kollagen VI resultieren in einer Muskeldystrophie vom Typ Ullrich oder einer Bethlem-Myopathie.

— **Kollagen VII** (◘ Abb. 71.6C) polymerisiert zu Verankerungsfibrillen der dermoepidermalen Junktionszone. Nach Abspaltung einer C-terminalen, 30 kDa großen globulären Domäne bildet Kollagen VII antiparallele Dimere, die zu Verankerungsfibrillen aggregieren, welche sich ihrerseits mit einem Ende in die Basalmembran-Kollagennetzwerke und mit dem anderen in klassische Kollagenfibrillen der papillären Dermis integrieren.

— **Kollagen X** (◘ Abb. 71.6D) wird nur in **hypertrophierendem Knorpel** exprimiert und stellt daher ein wichtiges Markerprotein dar. Das monomere Molekül

besitzt die Form einer Hantel und polymerisiert zu einem hexagonalen Netzwerk. Ähnlich aufgebaut ist **Kollagen VIII**, das aber eine breitere Verteilung besitzt, und besonders reichlich in der Descemet-Membran der Cornea und in der subendothelialen Matrix vorkommt.

— **Transmembrankollagene**. Nicht alle Kollagene werden sezerniert, einige besitzen Transmembrandomänen (Typen XIII, XVII, XXIII, XXV, Gliomedine). Eine Funktion der Transmembrankollagene ist die Stabilisierung von Zell-Zell- und Zell-Matrix-Interaktionen. **Kollagen XVII** ist ein Bestandteil der Hemidesmosomen und bindet an Laminin- und α6-Integrin-Aggregate. Mutationen führen zu Erkrankungen (Epidermolysis bullosa junctionalis, s. u.). Eine interessante Eigenschaft von **Kollagen XXV** (CLAC = *collagen-like Alzheimer amyloid plaque component*) ist die stabilisierende Copolymerisation mit Amyloid-β in Amyloid-Plaques bei der Alzheimer-Erkrankung (► Abschn. 74.5.1).

Zusammenfassung

Kollagene sind die wichtigsten Strukturproteine des Körpers, inzwischen sind mindestens 28 verschiedene Typen bekannt.

Alle Kollagenmoleküle bestehen aus drei Polypeptidketten. Gemeinsames Strukturmerkmal sind vielfach wiederholte Gly-X-Y-Sequenzen, wobei X und Y häufig Prolin bzw. Hydroxyprolin darstellen. Hydroxyprolin erhöht den Schmelzpunkt der Tripelhelix auf über 40 °C. Die cotranslational erfolgende Hydroxylierung von Prolin und Lysin ist Vitamin-C-abhängig. Weitere für Kollagen typische modifizierte Aminosäuren sind Hydroxylysin und Allysin.

Die häufigsten Kollagene sind die fibrillären Kollagene (Typen I, II, III, V, und XI), die gebänderte Fibrillen bilden (z. B. in Sehnen, Bändern, Haut und Knorpel). Sie kommen in Form von Mischfibrillen vor. Die einzelnen Kollagenpolypeptidketten lagern sich zu tripelhelicalen Prokollagenmolekülen zusammen, die nach Abspaltung der C-Propeptide zu fibrillären Strukturen assemblieren. Die Fibrillen werden durch Quervernetzung zwischen Lysin- und Allysinresten stabilisiert und durch Fibroblasten in einer organspezifischen Architektur deponiert.

Fibrillenassoziierte Kollagene modifizieren die Oberflächen von Fibrillen. So verleiht das Kollagen IX den Typ-II-Fibrillen des Knorpels den hydrophilen Charakter (wichtig für die Gelenkfunktion).

Viele Kollagene bilden keine Fibrillen und sind nicht mit Fibrillen assoziiert. Ein besonders wichtiger Vertreter dieser Gruppe ist das Kollagen IV, ein essenzieller Bestandteil aller Basalmembranen.

71.1.4 Elastin und Fibrillin – Bildung elastischer Fasern

Aufgrund ihrer starren Tripelhelix sind die Kollagene nicht geeignet, Strukturen (z. B. Wände der großen Arterien, Lunge) elastische Eigenschaften zu verleihen. Dafür haben die Vertebraten spezielle elastische Fasern entwickelt, die je nach Gewebetyp in morphologisch unterscheidbaren Netzwerken vorkommen.

Der Kern der elastischen Fasern besteht aus **Elastin**. Weil im Elektronenmikroskop keine geordnete Struktur des Elastin-Kerns erkennbar ist, wird dieser als „amorph" bezeichnet. Er ist jedoch von perlenschnurartigen Mikrofibrillen mit einer Periodizität von 55 nm umgeben, deren mengenmäßige Hauptkomponenten die **Fibrilline 1** und/oder **2** sind. Während der Biosynthese der elastischen Fasern copolymerisieren die Fibrilline mit einer Reihe weiterer Proteine, wie z. B. **m**ikrofibrillen**a**ssoziierte **G**lyco**p**roteine (MAGPs), Emiline, Fibuline und Proteoglycane. Diese Proteinamalgamate gewährleisten die gewebsspezifisch korrekte Architektur der jeweiligen elastischen Fasern. Damit die Elastizität der elastischen Fasern erhalten bleibt, wird unter Zugbelastung die Periodizität der Mikrofibrillen unter Überwindung einer Rückstellkraft reversibel bis auf einen nahezu dreifachen Wert gestreckt (s. u. und ◘ Abb. 71.7).

❯ Elastin verleiht den Geweben elastische Eigenschaften.

Elastin ist ein unlösliches, quervernetztes Polymer aus monomerem Elastin, dem **Tropoelastin**. Dieses 70 kDa große Protein setzt sich zum großen Teil aus alternierenden **hydrophoben** Bereichen und α-helicalen **Quervernetzungsdomänen** zusammen (◘ Abb. 71.8A).

Die **hydrophoben Bereiche** sind reich an Glycin, Alanin, Valin und Prolin. Sie besitzen einen hohen Anteil an β-Faltblattstrukturen und β-*turns*. Diese Strukturen können in mehreren, leicht ineinander überführbaren Konformationen vorliegen, besitzen also eine hohe **Flexibilität**. In dieser Hinsicht ist Tropoelastin ein atypisches Protein, denn normalerweise liegen die hydrophoben Domänen im Inneren der Proteine verborgen und besitzen eine weniger elastische Struktur. Eine zweite atypische Eigenschaft besteht darin, dass die hydrophoben Bereiche des Tropoelastins von einem **Wassermantel** umgeben sind. Diese Hydratisierung wird als wesentlich für das **elastische Verhalten** erachtet: Bei Dehnung der Peptidkette werden mehr hydrophobe Seitenketten der Aminosäuren dem Wasser ausgesetzt, sodass das Wasser eine geordnetere Struktur (= Entropieabnahme) einnehmen muss (wie bei der Grenzfläche zu einem Öltröpfchen; ▶ Abschn. 1.1; ◘ Abb. 1.6). Wenn die Zugbelastung nachlässt, können die hydrophoben

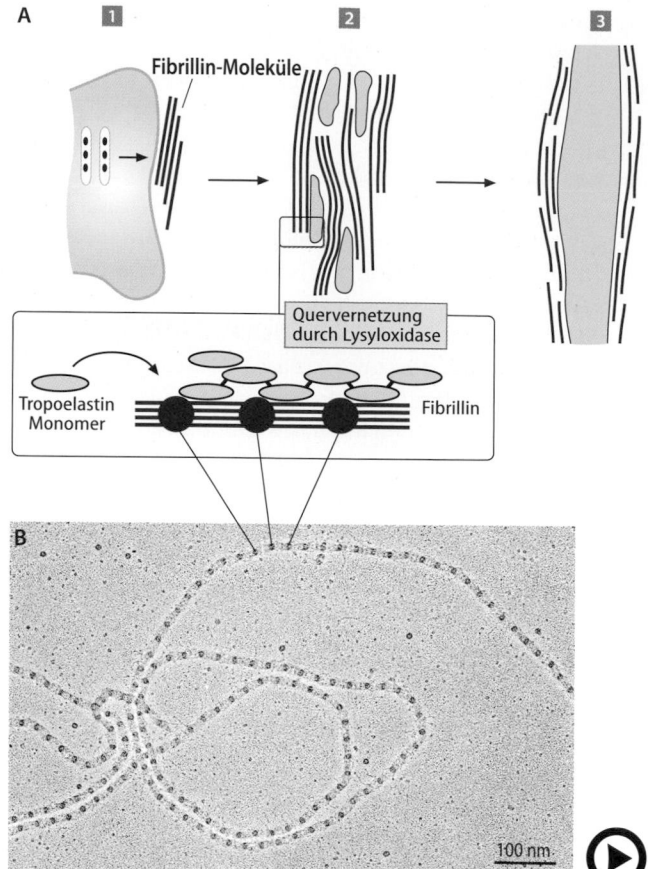

◘ **Abb. 71.7** (Video 71.4) **Architektur und Biosynthese elastischer Fasern. A** Fibrillinmoleküle (*rot*) lagern sich an der Zelloberfläche zusammen und reifen zu Mikrofibrillen (1), danach werden Tropoelastinmoleküle (*grün*) an die Mikrofibrillen angelagert und durch Lysyloxidase quervernetzt (2). Die Polymere aus Elastin wachsen später zusammen und drängen die Mikrofibrillen zum Rand (3). **B** Elektronenmikroskopische Aufnahme nach Rotationskegelbedampfung von Mikrofibrillen aus Fibrillin (B Aus Ren 1991, mit freundlicher Genehmigung von Elsevier) (▶ https://doi.org/10.1007/000-5s1)

Seitenketten wieder stärker miteinander interagieren, die geordnete Hydrathülle kann sich wieder statistisch orientieren (= Entropiezunahme), sodass eine weitere Komponente der elastischen Rückstellkraft resultiert.

Die **Quervernetzungsdomänen** enthalten 40 Lysinreste, von denen etwa 35 durch **Lysyloxidasen** zu **Allysin** oxidiert werden, nach dem gleichen Mechanismus wie bei Kollagen (s. o.). Die Mehrzahl der Allysinreste bildet *cross-links* mit verbliebenen Lysinresten. Dabei entstehen z. T. die gleichen Produkte wie beim Kollagen, zusätzlich werden aber auch elastinspezifische ringförmige Moleküle wie **Desmosin** und **Isodesmosin** (◘ Abb. 71.8B) aufgebaut.

Die Quervernetzungen erfolgen intra- und intermolekular. Dabei entsteht ein hochelastisches und u. a. gegen Proteinase-Einwirkung äußerst resistentes Polymer, das bei einem gesunden Menschen zeitlebens erhalten bleibt. Im Vergleich mit den Mikrofibrillen ist über die Anordnung des Tropoelastins im Polymer weniger bekannt. Eine Strukturanalyse von monomerem Tropoelastin durch 2D-Kernresonanzspektroskopie oder Röntgenbeugung war aufgrund seiner **Flexibilität** bisher nicht möglich.

❯ Mikrofibrillen aus Fibrillin sind für die Funktion der elastischen Fasern unentbehrlich.

Fibrillin Während Elastin nur bei Vertebraten vorkommt, werden Fibrilline auch von allen Invertebraten gebildet, sind also evolutionär älter. Fibrillin besitzt eine Molekülmasse von etwa 350 kDa und existiert in drei Isoformen. Fibrillinmonomere polymerisieren zu charakteristischen **Filamenten** (◻ Abb. 71.7B). Die Assemblierung der Monomeren und Reifung der Filamente zu den Mikrofibrillen mit den typischen, periodischen Verdickungen wird durch transiente Bindung der Monomere an die Zelloberfläche und Copolymerisation mit den anderen Komponenten gefördert. Zu den Fibrillinen rechnet man auch die strukturell sehr ähnlich aufgebauten **LTBPs** (*latent TGF-β binding proteins*). Eine weitere wichtige Eigenschaft der LTBPs ist ihre Fähigkeit, latente TGF-β-Komplexe (LAP) zu binden und an den Mikrofibrillen in einem inaktiven Zustand als Reservoir zu sequestrieren. Die Dehnung der elastischen Fasern führt zu einer Freisetzung der LAPs mit nachfolgender Aktivierung des in den LAP gebundenen TGF-β. In der Tat zeigen Mäuse mit inaktiviertem Fibrillin-1-Gen erhöhte Aktivität an TFG-β. Darüber hinaus kann Fibrillin selbst mit BMPs (*bone morphogenetic proteins*), eine Familie von wachstumsregulierenden Proteinen (s. u.), interagieren.

Mikrofibrillen aus Fibrillin besitzen bereits für sich alleine elastische Eigenschaften und kommen auch als eigenständige Strukturen im Organismus vor, z. B. in den Zonulafasern des Auges. In der Regel sind sie aber mit Elastin assoziiert.

Defekte im Gen für Fibrillin 1 sind die Ursache des **Marfan-Syndroms** (▶ Abschn. 73.4). Das Marfan-Syndrom ist durch Hochwuchs, Arachnodaktylie (= „Spinnenfingrigkeit"; lange und sehr flexible Finger) und Luxation der Augenlinsen (Zonulafasern sind fibrillinhaltige Mikrofibrillen) gekennzeichnet. Die charakteristische Verlängerung der Gliedmaßen beruht vermutlich auf unangemessenen hohen Spiegeln von aktiven TGF-β und BMPs. Schwerwiegendste Konsequenz der Krankheit ist jedoch die Hyperelastizität von Gefäßwänden. Es kommt zur Bildung von Aneurysmen, typischerweise zur extremen Dilatation des Aortenstamms mit der häufigen Folge von fatalen Rupturen. Defekte im Gen für Fibrillin 2 sind in analoger Weise Ursache der angeborenen Arachnodaktylie mit Gelenkkontrakturen, einer Variante des Marfan-Syndroms. Andere Mutationen des Fibrillin-2-Gens rufen das Weill-Marchesani-Syndrom hervor, welches – im Gegensatz zum Marfan-Syndrom – mit Zwergwuchs und Hypoelastizität von Gelenken und Blutgefäßen einhergeht. In diesem Fall ist die Konsequenz der Fibrillin-2-Genmutation eine festere Bindung und verminderte Bioverfügbarkeit von Faktoren der TGF-β-Familie.

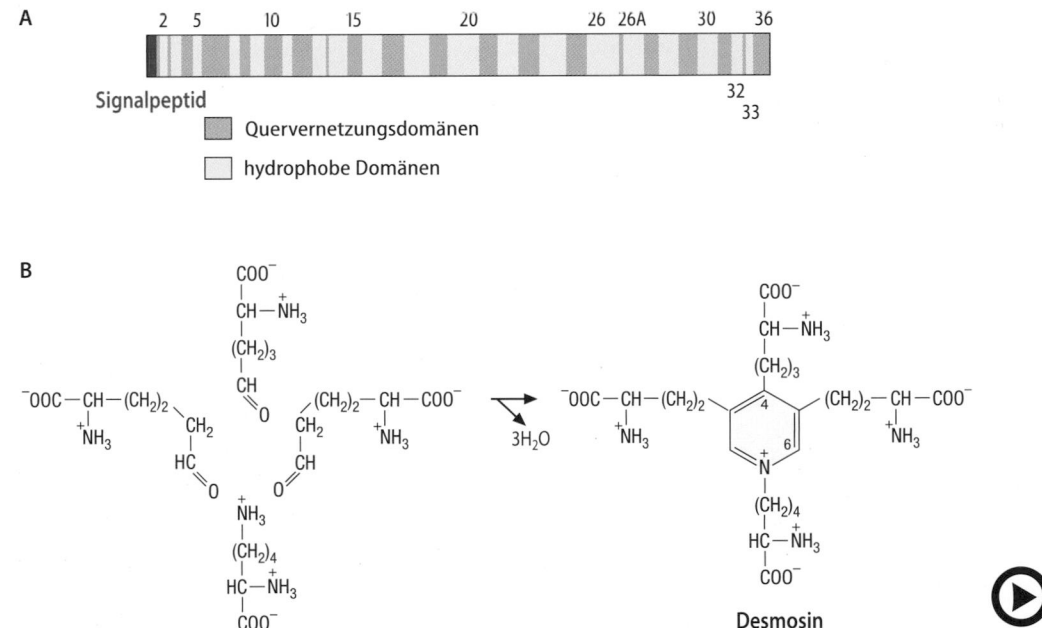

◻ **Abb. 71.8** (Video 71.5) **Tropoelastin. A** Schematische Darstellung der Proteinstruktur, bestehend aus alternierenden hydrophoben Domänen und Quervernetzungsdomänen. Jede Domäne wird von einem separaten Exon codiert. Die Nummerierung orientiert sich am Tropoelastin des Rindes, die Exons 34 und 35 fehlen beim Protein des Menschen. **B** Struktur des durch Kondensation von drei Allysinen und einem Lysin entstehenden, elastinspezifischen Desmosins. Wird der Substituent in Position 4 des Pyridinrings nach Position 6 verschoben, erhält man Isodesmosin (▶ https://doi.org/10.1007/000-5ry)

Historische Persönlichkeiten, die vermutlich an Marfan-Syndrom litten, sind der amerikanische Präsident Abraham Lincoln sowie der berühmte Violinist und Komponist Nicolo Paganini. Bei Letzterem wird spekuliert, dass seine überlangen und hyperelastischen Finger seinem extrem virtuosen Geigenspiel entgegenkamen. Dasselbe Syndrom hat auch schon plötzliche Todesfälle von professionellen Basketball- oder Volleyballspielern verursacht, die wegen ihrer weit überdurchschnittlichen Körpergröße für diesen Sport besonders prädestiniert erschienen.

Biosynthese der elastischen Fasern Zunächst entstehen Mikrofibrillen, die später mit Elastin zusammenwachsen, das die Hauptkomponente in den ausgereiften elastischen Fasern darstellt (◘ Abb. 71.7). Der Elastinanteil ist allerdings von Gewebe zu Gewebe unterschiedlich. Man nimmt an, dass die Tropoelastinmoleküle durch Bindung an Mikrofibrillen eine Konformation einnehmen, in der die durch Einwirkung der Lysyloxidase entstehenden Allysinreste in der richtigen Position für die Quervernetzung mit entsprechenden Lysinresten liegen. Für die Assemblierung des Elastins sind noch weitere Proteine wie die Emiline und Fibuline erforderlich.

Elastische Fasern werden hauptsächlich während der **Wachstumsphase der Organe** angelegt, später nur noch in begrenztem Umfang. Dies erklärt, warum bei degenerativen oder entzündlichen Reaktionen, bei denen Elastin durch z. B. von Leukocyten gebildete **Elastasen** degradiert wird, die elastischen Eigenschaften weitgehend verloren gehen.

Zusammenfassung

Elastische Fasern erlauben eine reversible Dehnung und Kontraktion. Elastische Fasern enthalten mengenmäßig vorwiegend Elastin in ihrem Kern und Fibrilline im die Fasern stabilisierenden Mantel:

— Elastin ist ein Polymer, das durch Quervernetzung von monomeren Tropoelastineinheiten entsteht. Die Quervernetzung erfolgt wie beim Kollagen über Lysin/Allysin, dabei entstehen u. a. die elastinspezifischen Produkte Desmosin und Isodesmosin.
— Fibrillin bildet Mikrofibrillen, die für die Organisation des Elastins notwendig sind, aber auch isoliert vorkommen. Fibrillin kommt in drei Isoformen vor und interagiert mit einer Reihe weiterer extrazellulärer Proteine, darunter das latente TGF-β-bindende LTBP, das ähnlich aufgebaut ist wie Fibrillin.

Defekte in den Genen für Fibrilline können zu Marfan-Syndrom oder verwandten Bindegewebserkrankungen führen.

71.1.5 Glycosaminoglycane und Proteoglycane

❯ Glycosaminoglycane (GAG) sind stark polyanionische, lineare Kohlenhydrate unterschiedlichster Länge, die große Wassermengen in der extrazellulären Matrix binden.

Glycosaminoglycane sind Polydisaccharide, die entweder frei im extrazellulären Raum oder als N- oder O-glycosidische Glycanseitenketten an Glycoproteine gebunden vorkommen. Sie bestehen mit Ausnahme der Protein-Anbindungsregionen aus einer alternierenden Abfolge von negativ geladenen Uronsäuren und – daher der Name – Glycosaminderivaten. Während der Biosynthese können bereits synthetisierte GAG-Polydisaccharide erheblich weiter modifiziert werden. Der polyanionische Charakter wird durch fakultative Sulfatierung an beiden Monosacchariduntereinheiten weiter verstärkt. Die daraus resultierende Colloid-osmotische Immobilisierung von Wasser definiert entscheidende biomechanische Gewebseigenschaften. Details der Strukturformeln und der Biosynthese von GAGs finden sich in ▶ Abschn. 3.1 und 16.1.5.

Als Uronsäuren kommen entweder D-Glucuronsäure (GlcUA) oder L-Iduronsäure (IdoUA) vor. IdoUA kann wahlweise in jeder Disacchariduntereinheit des bereits assemblierten GAGs durch Epimerisierung von GlcUA entstehen. Als Glycosamine kommen N-Acetyl-Glucosamin (GlcNAc) oder Galactosamin (GalNAc) vor, wobei GlcNAc deacetyliert und zu Glucosamin-N-Sulfat (Glc-N-SO$_3^-$) sulfatiert werden kann, welches noch einmal die negative Gesamtladung steigert. Alle nicht an den glycosidischen Bindungen beteiligten Hydroxylgruppen der GAGs sind prinzipiell durch spezifische Sulfotransferasen situationsabhängig in Form von Sulfatestern sulfatierbar.

Die GAGs werden entsprechend der Funktion und der Struktur der Grundbausteine unterteilt in:

■ **Freie, nicht-covalent Protein-gebundene GAGs**

❯ Hyaluronan: (früher auch Hyaluronsäure genannt) Strukturformel (-GlcUA β1→3 GlcNac β1→4)$_n$.

Hyaluronan ist das einzige nicht-sulfatierte GAG und kommt ubiquitär als Hauptbestandteil (z. B. im Glaskörper des Auges) oder als Glycocalix der Zelloberflächen im Übergang zur extrazellulären Matrix vor. Es wird – anders als alle anderen Polysaccharide, einschließlich der übrigen GAGs – nicht im endoplasmatischen Retikulum oder im Golgi-Apparat, sondern durch membrangebundene Hyaluronansynthasen an der Innenseite der Zelloberfläche gebildet und wahrscheinlich über ABC-Transportmoleküle aus der Zelle exportiert. Nach

Bindung an Hyaluronanrezeptoren an der äußeren Zelloberfläche wird die Verlängerung der entstehenden Ketten gedrosselt und erst nach Dissoziation von den Rezeptoren wieder aufgenommen. Hyaluronan kann sehr hohe Molekularmassen von bis zu mehreren MDa besitzen und bildet in wässriger Umgebung stark hydratisierte Gele, die u. a. die freie Diffusion von löslichen Stoffen limitieren. Es erleichtert die Zellwanderung und ist u. a. der Wundheilung, aber auch der Metastasierung von Tumorzellen förderlich. Daneben ist Hyaluronan ein wichtiges Schmiermittel in der Gelenkflüssigkeit, wo es eine reibungsarme Artikulation der Gelenke ermöglicht. Hyaluronan unterliegt dem Abbau durch Hyaluronidasen und hat einen funktionsabhängig erheblichen Gewebs-*turnover*. Eine wichtige Rolle spielt Hyaluronan ferner als wirksamer Sauerstoffradikalfänger, z. B. in entzündeten Geweben. Schließlich findet Hyaluronan zunehmend technische Verwendung als Biomaterial in der Chirurgie, etwa bei Augenoperationen oder durch arthroskopische Injektion in die Gelenkflüssigkeit zur Abmilderung arthrotisch bedingter Schmerzzustände sowie in der plastischen und rekonstruktiven Chirurgie nach Unfall oder Tumorresektion.

❯ Heparin: Strukturformel (L-IdoUA $\alpha1\rightarrow4$ GlcNac $\alpha1\rightarrow4)_n$, z. T. auch (-GlcUA $\beta1\rightarrow4$ GlcNac $\alpha1\rightarrow4)_n$, sowohl an L-IdoUa als auch an GlcN sehr stark sulfatiertes GAG.

Heparin wird vorwiegend in Mastzellen gebildet und gespeichert. Es entsteht durch Prozessierung von Proteoglycanen (s. u.). Heparin wird bei Degranulation aktivierter Mastzellen in das Blutplasma freigesetzt, wo es seine Wirkung entfaltet. Das GAG besitzt im Plasma eine Halbwertszeit von nur wenigen Minuten, weil es nach Freisetzung sofort in die Leber aufgenommen (daher der Name) und dort abgebaut wird. Seine blutgerinnungshemmenden Eigenschaften erlangt Heparin durch die Stabilisierung der Bindung der Gerinnungsaktivatoren Thrombin und Faktor X an Antithrombin III. Heparin bremst somit die Umwandlung von Fibrinogen zu Fibrin. Die antithrombotische Wirkung von Heparin nach intravenöser Gabe wird klinisch intensiv genutzt, wobei oft synthetisch modifizierte Heparinderivate mit kurzer Kettenlänge und verlängerter biologischer Lebensdauer zum Einsatz kommen. Ferner kann Heparin die Aktivität bestimmter Wachstumsfaktoren durch kompetitive Hemmung von deren Heparansulfatbindung (s. u.) modulieren.

■ **Proteingebundene GAGs**
Eine Reihe von GAGs kommt in proteingebundener Form vor. Es handelt sich um:
– Heparansulfat (strukturell ähnlich aufgebaut wie Heparin): (-GlcUA $\beta1\rightarrow4$ GlcNac $\alpha1\rightarrow4)_n$
– Chondroitinsulfat: (-GlcUA $\beta1\rightarrow3$ GalNac $\beta1\rightarrow4)_n$

– aus Chondroitinsulfat entsteht durch Epimerisierung Dermatansulfat: (-IdoUA $\alpha1\rightarrow3$ GalNac $\beta1\rightarrow4)_n$. Durch die Epimerisierung wird ein D-Zucker (D-GlucUA) in einen L-Zucker (L-IdoUA) überführt.
– Keratansulfat: (-Gal $\beta1\rightarrow4$ GlcNac $\beta1\rightarrow3)_n$

❯ Proteoglycane sind eine heterogene Gruppe von Proteinen, die durch Glycosaminoglycan-(GAG)-Seitenketten modifiziert sind.

Proteoglycane sind vielfältige, ubiquitäre Zelloberflächen- und extrazelluläre Matrix-Makromoleküle, die sowohl in der interstitiellen Matrix wie auch in Basalmembranen vorkommen. Im Unterschied zu den meisten Proteinen, die aufgrund ihrer Aminosäuresequenz in verschiedene Familien eingeteilt werden, sind die Proteoglycane durch covalent mit dem Proteingerüst verknüpfte GAG-Seitenketten definiert. Eine große Anzahl polarer Gruppen und negativer Ladungen in den zahllosen GAG-Seitenketten ist für die meisten Funktionen der Proteoglykane verantwortlich: neben der Fähigkeit, Wasser einzulagern, sind hier die Bindung von Wachstumsfaktoren und Cytokinen zu nennen, die die Proteoglykane zu lokalen Speichern dieser wichtigen Morphogene machen, und dadurch eine Vielzahl von zellulären Funktionen beeinflussen.

Proteoglycane zeigen eine fast unüberschaubare Strukturvielfalt, die – neben alternativem Spleißen der mRNAs für die *core*-Proteine – durch fakultative Modifikationen bedingt ist:
– Sulfatierung der GAG-Seitenketten
– Epimerisierung von Glucuronsäure

Durch beide Modifikationsreaktionen entstehen – analog der Primärstruktur von Proteinen – Strukturmotive der GAG, welche die Bindung von Liganden, z. B. die Bindung und Sequestrierung von Wachstumsfaktoren in der extrazellulären Matrix kontrollieren. Viele Funktionen der Proteoglycane lassen sich mit den **biophysikalischen Eigenschaften** – dem polaren Charakter und den negativen Ladungen durch Uron- und Sulfonsäuren der Glycanketten – erklären. Aufgrund der negativen Ladungen stellen Proteoglycane eine **Filtrationsbarriere** in den Glomeruli der Niere dar. Das Heparansulfatproteoglycan **Perlecan** hemmt den Durchtritt mehrheitlich anionischer Serumproteine in den Urin. Eine weitere Funktion ist die Bildung wassergefüllter gelartiger Kompartimente, z. B. im Knorpel. Die GAG-Ketten besitzen je nach Typ eine bis vier Sulfatgruppen pro Disaccharideinheit, was eine Ladungsdichte von 1–5 Ladungen pro nm ergibt. Die **Sulfatreste sind bei physiologischen pH-Werten voll ionisiert**, die fixierten negativen Ladungen ziehen Gegenionen an, vor allem Na^+- und

Ca^{2+}-Ionen. Die hohe lokale Ionenkonzentration verursacht einen **osmotisch bedingten Wassereinstrom** aus den umliegenden Regionen und ist die Ursache für den hohen Schwelldruck (**Turgor**) des Gelenkknorpels, der durch die zugbelastbaren Kollagenfibrillen balanciert wird. Das Ausmaß hängt stark von der Konzentration ab, die in verschiedenen Kompartimenten sehr unterschiedlich ist. Im Knorpel etwa beträgt die extrazelluläre Na$^+$-Konzentration 250–350 mM und die Osmolalität 350–450 mosm, verglichen mit etwa 290 mosm der normalen Extrazellulärflüssigkeit.

❯ Proteoglycane besitzen eine Vielzahl von Proteingerüsten.

Die *core*-Proteine der Proteoglycane werden von mehr als 100 Genen codiert. Die Größe der Polypeptidketten reicht von etwa 10 kDa bis über 400 kDa, sie besitzen daher eine große Strukturvielfalt. So bilden Proteoglycane typische Aggregate der EZM außerhalb von Kollagenfibrillen oder Glycoprotein-Netzwerken. Einige Vertreter sind auch Komponenten dieser Suprastrukturen, wo sie Interaktionen zu der Proteoglycanmatrix vermitteln. Schließlich sind ein Teil der Proteoglycane Membran-assoziiert und wirken als Rezeptoren oder Corezeptoren für eine Vielzahl von Liganden (z. B. Lipoproteinlipase, ▶ Abschn. 24.2).

❯ Aggrecan ist ein unentbehrlicher Knorpelbaustein. Es ist essenziell für die Funktion des Knorpels als druckbelastbare Struktur.

Aggrecan ist das am häufigsten vorkommende Proteoglycan des Knorpels. Das *core*-Protein hat eine Größe von etwa 250 kDa. Die N- und C-terminalen Bereiche bilden globuläre Domänen, der Mittelteil hingegen besitzt eine gestreckte Struktur, die mit etwa 30 Keratansulfat- und ungefähr 100 (!) Chondroitinsulfatseitenketten substituiert ist, sodass das komplette Protein eine Molekülmasse von etwa 3 MDa besitzt und eine hohe Zahl an negativen Ladungen aufweist (◘ Abb. 71.9B). Aggrecan kommt im Knorpel nicht isoliert vor, sondern bildet Aggregate mit hochmolekularem Hyaluronan aus bis zu 25.000 Disaccharideinheiten (◘ Abb. 71.9A). Dabei bilden die N-terminale globuläre Domäne des Aggrecans und das *link*-Protein, welches der Hyaluronanbindenden Domäne des Aggrecans strukturell ähnlich ist, ternäre Komplexe mit Hyaluronan. Mutationen in Aggrecan und *link*-Protein, die zu nicht-funktionellen Proteinen führen, sind letal. Embryonen von Hühnchen und neugeborene Mäuse zeigen eine stark verminderte Knorpel- und Knochenbildung und sterben postnatal an Atemversagen. Ein ähnlicher Phänotyp tritt bei Mangel an Sulfotransferasen auf, weil durch Fehlen der sulfatierten Zucker die Ladungsdichte erniedrigt ist und

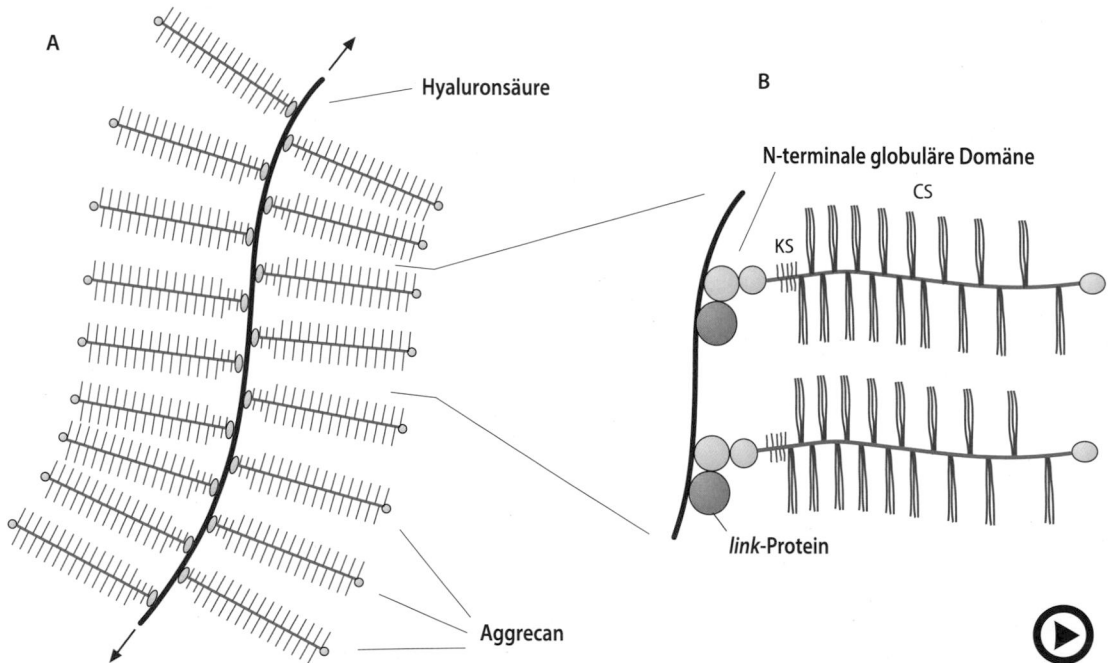

◘ **Abb. 71.9** (Video 71.6) **Schematische Darstellung der Aggregate des Proteoglycans Aggrecan mit Hyaluronsäure. A** Aggrecan bindet in vielen Kopien entlang des Hyaluronsäurefadens und schafft so ein wässriges, elastisches Kompartiment. **B** Aggrecanmoleküle binden über ihre N-terminale globuläre Domäne an Hyaluronsäure. Die Bindung wird durch ein sog. *link*-Protein verstärkt. *KS:* Keratansulfat; *CS:* Chondroitinsulfat (▶ https://doi.org/10.1007/000-5s3)

71

so die Bildung eines hyperosmotischen (s. o.), reversibel deformierbaren Gels verhindert wird. Ein strukturell mit Aggrecan verwandtes großes Proteoglycan ist das in vielen extrazellulären Matrices vorkommende Versican.

❯ Heparansulfatproteoglycane wie Agrin und Perlecan kommen hauptsächlich in Basalmembranen vor.

Agrin ermöglicht effiziente Neurotransmission in den neuromuskulären Synapsen.

Agrin ist ein Heparansulfatproteoglycan, das in verschiedenen Basalmembranen vorkommt, und für das eine zentrale Rolle der Basalmembran an den neuromuskulären Synapsen bekannt ist. Es kontrolliert die Clusterbildung des Acetylcholinrezeptors, der dadurch effizient stimulierbar wird. Deshalb führt das Fehlen dieses Proteoglycans zu einer Muskelschwäche. Das zweite wichtige Heparansulfat-Proteoglycan ist **Perlecan**, das in den meisten Basalmembranen vorkommt, aber auch die einzelnen Chondrocyten im Knorpel umhüllt. Die genetische Elimination von Perlecan in Mäusen resultierte aber in einem verblüffend milden Phänotyp, bei dem neben einer Chondrodysplasie auch die Barriere-Eigenschaften einzelner Basalmembranen kompromittiert, die Wirkungen aber erstaunlich gering waren. Deshalb wird vermutet, dass die Proteoglycane ihre Funktionen gegenseitig kompensieren können, ein Verlust von Perlecan also durch Agrin oder kleine Proteoglycane aufgefangen werden könnte.

❯ Proteoglycane wie Decorin, Biglycan, Fibromodulin und Lumican modulieren die Struktur von Matrixaggregaten (Fibrillen, Netzwerke etc.) und beeinflussen zelluläre Funktionen.

Die kleinen Proteoglycane mit leucinreichen Domänen (engl. *small leucine-rich proteoglycans:* SLRPs) besitzen etwa 40 kDa große *core*-Proteine mit einer N-terminalen, die Glycosaminoglycan-Seitenkettentragende Domäne, gefolgt von einer Domäne, die aus leucinreichen *repeats* besteht. Eine wichtige Funktion dieser Proteine ist die Organisation von Kollagenfibrillen. Das *core*-Protein **Decorin** kann in die *gap*-Region (◻ Abb. 71.4) von Kollagenfibrillen integriert werden, während die Glycosaminoglycan-Seitenkette nach außen gerichtet ist. Dies moduliert die weitere Anlagerung von Kollagenmolekülen und verhindert oder fördert die laterale Fusion von Fibrillen. Entsprechend besitzen Decorin-*knockout*-Mäuse eine gestörte Kollagenfibrillen-Morphologie in der Haut, die eine deutlich reduzierte mechanische Belastbarkeit zeigt. In der Cornea führt das Fehlen von Biglycan und Decorin zu Verdickung der Fibrillen durch unangemessene laterale Fusion, und damit zum Sehverlust durch Trübung der Hornhaut.

Weiterhin ist bekannt, dass ektopische Expression von z. B. Decorin das Wachstum von Tumorzellen inhibiert. Dies erfolgt u. a. durch Bindung an EGF-(*epidermal growth factor*)-Rezeptoren und Induktion von Inhibitoren des Zellzyklus (▶ Abschn. 43.3). Weiterhin bindet Decorin TGF-β (*transforming growth factor beta*) und kann so die Signaltransduktion dieses Wachstumsfaktors inhibieren, dient aber auch als Reservoir von TGF-β und kann so in bestimmten Situationen die TGF-β-Wirkung verstärken. Biglycan moduliert als sog. Gefahrensignal die Aktivität von Rezeptoren des angeborenen Immunsystems (Toll-*like receptors*, Adenosinrezeptoren) (▶ Abschn. 70.2).

❯ Membrangebundene Proteoglycane: Aktivatoren von Wachstumsfaktor-Kaskaden und EZM-Rezeptoren.

Zellkulturuntersuchungen aus den frühen 90er Jahren haben gezeigt, dass die Wirkung von **FGF** (*fibroblast growth factor*, ▶ Abschn. 34.2) in Abwesenheit von Heparansulfat drastisch reduziert ist. Röntgenstrukturanalysen haben inzwischen die molekulare Ursache geklärt. Eine Heparansulfatseitenkette, die für eine hochaffine Bindung noch ein spezielles Sulfatierungsmuster besitzt, bindet zwei Ligand-Rezeptor-Komplexe und hält sie so in der richtigen Konformation, dass die intrazelluläre Tyrosinkinase-Aktivität des FGF-Rezeptors, eines typischen Tyrosinkinaserezeptors (▶ Abschn. 35.4) durch Autophosphorylierung aktiviert werden kann. Neben FGF sind eine Reihe anderer Wachstum und Differenzierung regulierender Faktoren (TGF-β, Wnt, *hedgehog*) auf zellgebundene Proteoglycane als Cofaktoren angewiesen. Dies können entweder Membranproteine sein wie **Betaglycan** und die **Syndecane**, oder über einen Lipidanker befestigte Moleküle wie **Glypican**. Betaglycan bildet über sein *core*-Protein mit TGF-β (◻ Tab. 34.2) einen Komplex, der mit dem TGF-Rezeptor (▶ Abschn. 35.4.4) interagiert. Die Aktivierung von Wachstumsfaktoren durch Syndecane und Glypicane hingegen erfordert die Interaktion mit den Heparansulfatketten.

Nicht nur Zelloberflächenproteine binden Wachstumsfaktoren, sondern auch einige sezernierte Proteoglycane der EZM. Wachstumsfaktoren werden auf diese Weise gespeichert und können bei Bedarf nach Abbau der Proteoglycane wieder freigesetzt werden. Seit langem ist der **wachstumshemmende Effekt von Heparin** (eine nicht-proteingebundene und stärker sulfatierte Form von Heparansulfat) bekannt. Dieser beruht unter anderem auf der Konkurrenz von Heparin und Heparansulfat-haltigen Proteoglycanen der extrazellulären Matrix bei der Bindung von Wachstumsfaktoren, wodurch die Konzentration an freien Cytokinen reguliert werden kann. Dies erinnert an die wachstumsregulierende Funktion der kleinen leucinreichen Proteoglycane (s. o.), die jedoch ihre Wirkung über ihre *core*-Proteine ausüben.

> **Zusammenfassung**
>
> Glycosaminoglycane sind stark negativ geladene, lineare Kohlenhydrat-Polymere. Ihre alternierenden Protomere, Uronsäuren und Hexosamine, können in unterschiedlichem Ausmaß sulfatiert sein. Man unterscheidet vier Klassen: Chondroitinsulfat, Keratansulfat, Dermatansulfat, Heparansulfat/Heparin.
>
> Proteoglycane sind eine heterogene Gruppe von Proteinen, die mit Glycosaminoglycanen substituiert sind. Viele Funktionen der Proteoglycane ergeben sich aus den biophysikalischen Eigenschaften der negativ geladenen Zuckerketten, z. B. Filtrationsbarriere in den Glomeruli (z. B. durch Perlecan), druckbelastbare Hydrogele (z. B. durch Hyaluronan und Aggrecan im Knorpel).
>
> - Proteoglycane (z. B. Decorin, Biglycan, Lumican, Perlecan, Agrin) regulieren:
>   - die Morphogenese von Suprastrukturen der extrazellulären Matrix
>   - die Wirkung von Wachstumsfaktoren und Entzündungsmediatoren.
>
> Membrangebundene Proteoglycane (z. B. Syndecane) können als Corezeptoren für Wachstumsfaktoren (FGF, TGF-β) oder für die Zelladhäsion fungieren.

71.1.6 Zelladhäsive Glycoproteine der extrazellulären Matrix

Die extrazelluläre Matrix besitzt nicht nur Strukturfunktionen, sondern sie reguliert auch zelluläre Funktionen.

> Die extrazelluläre Matrix (EZM) dient als Substrat für Zelladhäsion und Zellwanderung.

Mit Ausnahme einiger hämatopoetischer Zellen sind alle Zellen des Organismus ständig an Substrate wie Basalmembranen oder die interstitielle EZM gebunden. Die Bindung erfolgt über spezifische Matrixrezeptoren, v. a. die **Integrine** (s. u.), aber auch über andere membranständige Rezeptoren wie z. B. Dystroglycan, MCAM (*melanoma cell adhesion molecule*) und BCAM (*basal cell adhesion molecule*, auch Lutheran-Blutgruppen-Antigen genannt). Bei der Gastrulation z. B. wandern die Mesodermzellen über eine Schicht aus **Fibronectin** (s. u.), das gleichsam als Leitschiene für die Zellen dient. Ähnliche Vorgänge spielen bei der Angiogenese eine Rolle, bei der einzelne Endothelzellen über eine provisorische EZM aus Fibronectin neue Blutgefäße ausbilden. Zellwanderungen finden aber auch im adulten Organismus statt, z. B. im Falle der Fibroblasten, in pathologischen Situa-

tionen wie Wundheilung oder bei der Rekrutierung von Leukocyten in Entzündungsherde. In diesen Situationen spielt weniger das Fibronectin, sondern andere Glycoproteine wie die Familie der Laminine (s. u.) der Basalmembranen eine herausragende Rolle.

> Die extrazelluläre Matrix beeinflusst Zellfunktion, Zelldifferenzierung, Zellproliferation und Apoptose.

Zellen müssen in der richtigen Umgebung angesiedelt sein und die richtige Polarität (apikal-basale Polarität bei Epithel und Endothelzellen) besitzen, um ihre korrekten Funktionen ausüben zu können. Dies erfordert die Ausbildung spezifischer Zell-Zell- und Zell-Matrix-Kontakte. Die wichtigsten Rezeptoren für extrazelluläre Matrixmoleküle sind die Integrine, die die EZM mit dem zellulären Cytoskelett verbinden. Diese Verbindung ist für die Veränderung der Zellform und der Zellwanderung ebenso essenziell wie für die Aktivierung von Signalkaskaden, die die Differenzierung und Proliferation von Zellen über eine Änderung der Genexpression beeinflussen. Diese Aktivierung bestimmter Integrine bewirkt oft erst eine effektive Wirkung von Cytokinen und Hormonen (Synergismus). Darüber hinaus können allein die biomechanischen Eigenschaften der EZM-Moleküle die Genexpression durch bislang nicht definierte Mechanismen beeinflussen.

Welche spezifische Antwort die Aktivierung der Integrine in der Zelle auslöst, hängt maßgeblich von der jeweiligen Isoform und dem interagierenden extrazellulären Matrixmolekül ab. Aus der Vielfalt an Faktoren (◘ Tab. 71.2) werden in den folgenden Unterkapiteln die Zelladhäsionsproteine **Fibronectin** und die Familie der **Laminine**, vorgestellt. Im Anschluss werden die **Integrine**, die wichtigste EZM-Rezeptorfamilie besprochen.

> Matrizelluläre Proteine sind Mediatoren der Zellfunktion.

Matrizelluläre Proteine stellen eine Gruppe strukturell nicht verwandter Proteine der EZM dar, die nicht immer eine Strukturfunktion besitzen und in vielen Situationen auch nicht zelladhäsiv sind (◘ Tab. 71.2). Vielmehr sind sie Mediatoren der Zellfunktion, die entweder direkt mit Zellen interagieren oder die Aktivität von Wachstumsfaktoren, Proteasen und anderen EZM-Proteinen regulieren, also die Eigenschaft der extrazellulären Matrix den Erfordernissen entsprechend modifizieren. Sie sind in der Embryonalentwicklung stark exprimiert, während die Expression im adulten Organismus besonders bei der Wundheilung und Gewebserneuerung, allerdings auch beim Tumorwachstum verstärkt wird. Beim Tumorwachstum ist die Wechselwirkung von malignen Zellen und dem umgebenden Stroma von großer Bedeutung: Tumore modifizieren die extrazelluläre Matrix so, dass diese ihr Wachstum

◘ Tab. 71.2 Matrixglycoproteine, die Zellfunktionen beeinflussen (Auswahl)

Protein(-Typ)	Biologische Wirkungen (Auswahl)
Zelladhäsive Proteine	
Fibronectin	Wichtigstes Zelladhäsionsmolekül in der interstitiellen EZM, Einzelheiten s. Text
Laminine	Wichtigstes Zelladhäsionsmolekül der Basalmembran, Einzelheiten s. Text
Vitronectin	Vorkommen im Blut und in der EZM, beteiligt an der Regulation der Blutgerinnung und dem proteolytischen Abbau der EZM, bindet mehrere Integrine, vor allem $\alpha_v\beta3$ (Modulation von Zellwanderung, Angiogenese)
Matrizelluläre Proteine	
SPARC[a] (= BM40, Osteonectin)	Knockout-Phänotyp: Linsentrübung, erhöhte Adipogenese, Störung der Kollagenfibrillenbildung, Osteopenie; Überexpression korreliert mit der Aggressivität von Melanomen
Thrombospondine	Aktivierung von TGF-β, Regulation der Kollagenfibrillenbildung, Regulation der Angiogenese, Plättchenaggregation
Tenascin-C, -X, -R, -Y, -W	Hohe Expression während der Gewebsbildung in der Embryonalentwicklung, Reexpression während Wundheilung und Tumorbildung, Kollagenfibrillenbildung (TN-X). Bei Ausfall: geringe neurologische Defekte (TN-C, -R), erhöhte Aktivität an MMPs und verstärkte Tumormetastasierung (TN-X)
Osteopontin	Regulation der Calcifizierung, Bindung an Hydroxylapatit
bone sialoprotein	Regulation der Calcifizierung, Bindung an Hydroxylapatit

[a]*SPARC: secreted protein acidic and rich in cysteine*

effizienter unterstützt. Matrizelluläre Proteine können beispielsweise die Zelladhäsion schwächen und TGF-β aktivieren (→ Förderung der Metastasierung).

❯ Fibronectin, ein essenzielles zellbindendes Protein der extrazellulären Matrix.

Fibronectin ist ein Heterodimer aus zwei etwa 230 kDa großen Polypeptidketten, die nahe am C-terminalen Ende durch Disulfidbrücken verbunden sind (◘ Abb. 71.10). Durch alternatives Spleißen der mRNA

aus einem einzigen Gen entstehen Moleküle mit unterschiedlichen Eigenschaften:

— In der Leber wird die als lösliches **Plasmafibronectin** bezeichnete Spleißvariante synthetisiert und sezerniert. Das Protein liegt im Plasma in einer Konzentration von ca. 300 mg/l vor, ist ein wichtiges **Opsonin** (▶ Abschn. 67.3) und spielt eine wichtige Rolle bei der **Wundheilung**. Bei der Blutgerinnung wird Fibronectin in das Fibringerinnsel eingebaut, sodass der Blutpfropf nicht nur die defekte Stelle verschließt, sondern gleichzeitig auch ein Zelladhäsionsmolekül enthält, das von Keratinocyten, Fibroblasten und Zellen des Immunsystems erkannt wird, um so gleichzeitig die Regeneration zu stimulieren.

— Fibroblasten hingegen bilden eine andere Spleißvariante, **unlösliches Fibronectin**, das in die extrazelluläre Matrix in Form von unlöslichen Fibrillen eingelagert wird. Dieses Fibronectin steuert die Assemblierung/Organisation von EZM-Proteinen wie z. B. Kollagen (s. o.). Es ist in dieser Form ein Hauptbestandteil der interstitiellen Matrix im Bindegewebe und der frühen embryonalen EZM. Es kann eine **Brückenfunktion** zwischen EZM-Molekülen und Zelloberflächen haben, wie auch **Adhäsionsmolekül** für verschiedene Fibroblasten-ähnliche Stromazellen sein. Dadurch reguliert es Zellmigration und -differenzierung, hauptsächlich während der Embryonalentwicklung.

Den verschiedenen biologischen Funktionen entsprechend besitzt Fibronectin eine Reihe von spezifischen Bindungsstellen für extrazelluläre Proteine (Fibrin, Heparin, Kollagen) und je nach Spleißvariante eine oder mehrere Zellbindungsregionen, die Integrine in der Plasmamembran der adhärierenden Zelle aktivieren und so eine Signaltransduktionskette auslösen. Eine Arginin-Glycin-Aspartat(RGD)-Sequenz zwischen EDB und EDA (extracellular domain B und A) wird durch das Integrin α5β1, aber auch durch αvβ3 und αvβ1 erkannt und gebunden (◘ Abb. 71.10). Darüber hinaus existiert in der Domäne IIICS eine Bindungsstelle für das Integrin α4β1.

Die Bedeutung der Fibronectin-vermittelten Zell-Matrix-Interaktion für den Organismus zeigt am deutlichsten die Tatsache, dass die Inaktivierung des Fibronectin-Gens embryonal letal ist: Die Gastrulation ist gehemmt, da bei der normalen Gastrulation die Mesodermzellen über eine Fibronectin enthaltende Matrix auswandern. Die mutierten Embryonen zeigen eine erheblich gestörte Morphogenese mesodermaler Organe, weil Integrin-vermittelte Signale fehlen. Die Inaktivierung des Gens für das Integrin α5β1 hat ganz ähnliche Effekte. Dieser Befund zeigt, dass zumindest in der Embryonalentwicklung Integrin α5β1 der physiologisch relevante Fibronectin-Rezeptor ist.

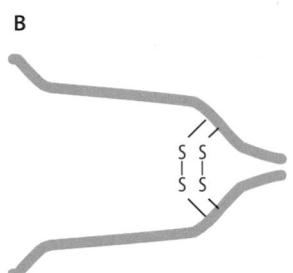

A

Fibrin, Heparin   Kollagen   Zell-Bindung   Heparin   Zell-Bindung   Fibrin

NH$_2$ COOH

EDB   EDA   IIICS

COOH

Typ I   Typ II   Typ III

B

○ **Abb. 71.10 Struktur von Fibronectin. A** Schematische Darstellung des modularen Aufbaus einer Fibronectinuntereinheit. Die Polypeptidkette (ca. 230 kDa) besteht aus einer Vielzahl 40–90 Aminosäuren langer Domänen, die aufgrund ihrer Homologie in drei verschiedene Strukturtypen (Typ I, Typ II, Typ III) eingeteilt werden. EDA, EDB und IIICS sind Module, die alternativ gespleißt werden können. Entlang der Polypeptidkette befinden sich verschiedene Bindungsregionen für weitere EZM- und Zelloberflächenmoleküle. **B** Sezerniertes Fibronectin besteht aus zwei über C-terminale Disulfidbrücken verknüpften Untereinheiten

❯ Laminine: Multiple Isoformen verleihen Basalmembranen organspezifische Funktionen.

Während sich die Fibronectine aus einem Gen durch alternatives Spleißen ableiten und in der EZM deponiert werden, stellen die Laminine eine **Multigenfamilie** dar und werden in **Basalmembranen** eingebaut (○ Abb. 71.11). Die Laminine sind Heterotrimere, bestehend aus je einer α-, β- und γ-Kette. In Vertebraten sind bisher fünf α-, drei β- und drei γ-Ketten bekannt, die mindestens 16 unterschiedliche Lamininvarianten bilden. Die am längsten bekannte und am besten charakterisierte Form besteht aus der α1-, β1- und γ1-Kette und wird deshalb als Laminin 111 bezeichnet. Die Mehrzahl der Laminin-Isoformen besitzt eine asymmetrische kreuzförmige Struktur aus drei kurzen, N-terminalen, und einem langen, C-terminalen Arm, die gemeinsam die typische Domänenstruktur dieses großen EZM-Proteins (etwa 400–900 kDa) ausbilden (○ Abb. 71.12). Alle Isoformen weisen eine C-terminale globuläre Domäne auf, die allein durch die Aminosäure-Sequenz der alpha-Ketten geformt wird, und die die wichtigsten Bindungsstellen der hauptsächlichen *integrin*- und *non integrin*-Rezeptoren enthält.

❯ Die Laminin-alpha-Ketten sind somit ausschließlich für die biologische Wirkung der Laminine verantwortlich.

Einige Laminin-Moleküle besitzen verkürzte Ketten und zeigen daher abweichende Formen, darunter Laminin 332, eine wichtige Isoform in der Haut, die nur noch rudimentäre kurze Arme besitzt. Auf ähnliche Weise findet sich Laminin 411/421 in den meisten Basalmembranen der Blutgefäß-Endothelien und weist N-terminale Verkürzungen in der alpha-4-Kette auf. Es hat dadurch eher eine Y-Form als eine Kreuzform in der „*rotary shadowing*"-Elektronenmikroskopie (○ Abb. 71.12). Laminin 511 ist ebenso ungewöhnlich, weil es eine außergewöhnlich lange alpha-Kette mit zusätzlichen EGF-*repeats* in der N-terminalen Domäne besitzt (○ Abb. 71.12); dadurch existiert hier eine besondere RGD-Bindungsstelle für zelluläre Rezeptoren, die nur in Laminin-Isoformen mit der alpha-5-Kette existiert. Diese zusätzliche Bindungsstelle könnte eine Erklärung dafür sein, warum diese Laminin-Isoformen (Laminin 511 und 521) eine extrem hohe Bindungsfähigkeit für Zellen besitzen (s. u.). Laminine stellen die **nicht-kollagene Hauptkomponente** in allen Basalmembranen dar. Sie polymerisieren nicht-covalent über die drei terminalen Domänen der drei kurzen Arme sowie durch laterale Überlagerung zu einem Netzwerk. Der Einbau von Laminin-Isoformen mit verkürzten Armen oder ganz ohne kurzen Arm wie die Laminine 322 oder 411/421 verändert die Bindungskräfte des Laminin-Netzes und damit die mechanischen Eigenschaften der jeweiligen Basalmembranen. Das Protein **Nidogen** (ehemals „Entactin") wird in die Lamininnetzwerke integriert und kommt auch als Komponente der Kollagen-IV-haltigen Basalmembrannetzwerke vor. Dennoch werden die beiden Basalmembrannetzwerke nicht über Nidogen, sondern wie durch eine „Punktschweißung"

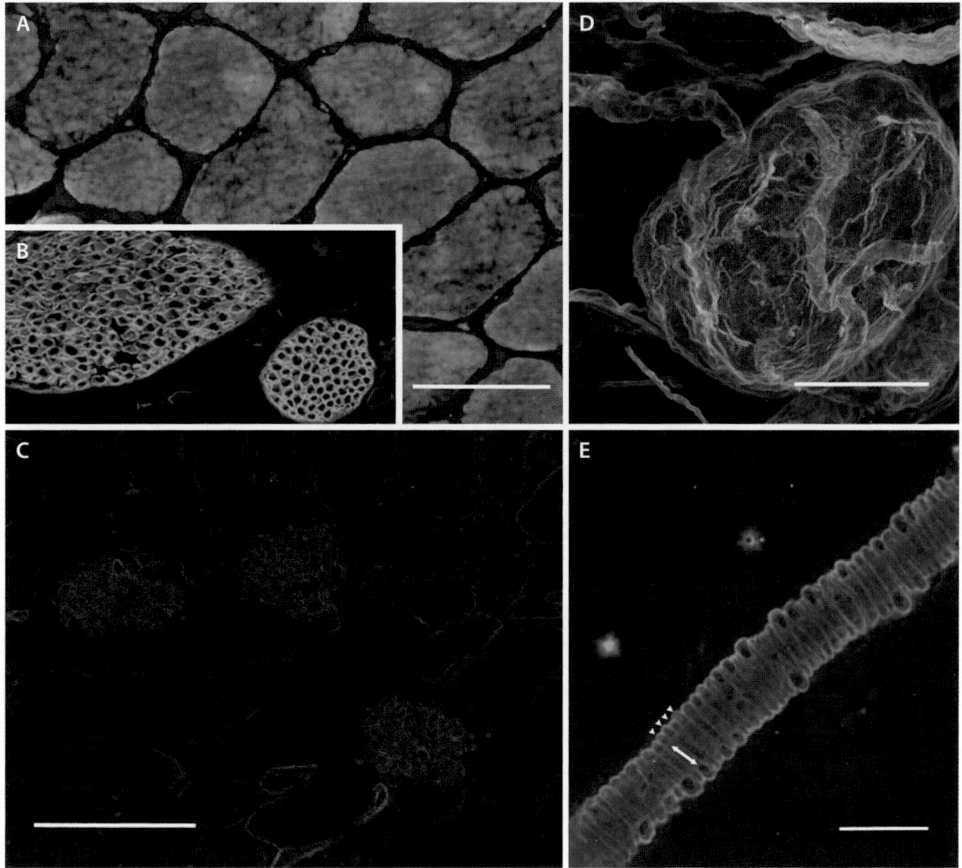

über Perlecan-haltige Aggregate miteinander verbun-den.

Die Laminine werden entwicklungs- und organspezi-fisch exprimiert. Laminin 111 (α1β1γ1) ist vorwiegend in embryonalen epithelialen Basalmembranen zu finden. Laminin 211 (α2β1γ1) ist die dominierende Isoform in Muskel und peripheren Nerven, neuromuskuläre Syn-apsen hingegen enthalten Laminin 121 (α1β2γ1). In der epidermalen Basalmembran der Haut findet sich ein Co-polymer von Laminin 511, Laminin 521 und Laminin 332. Auch in anderen epithelialen Basalmembranen im ausgewachsenen Organismus ist Laminin 511 die do-minierende Isoform. Laminin 411 (α4β1γ1) ist die haupt-sächliche Isoform des Fettgewebes und der Basalmem-branen der Blutgefäße, wo abhängig vom Gefäßtyp die Isoform 511 gemeinsam mit 411 das Laminin-Netzwerk bilden. Entsprechend der Vielzahl an Lamininen existie-ren auch mehrere Integrine als Lamininrezeptoren, die für eine isoformspezifische Signaltransduktion wichtig sind. Allerdings sind in bestimmten Geweben spezielle *non integrin*-Rezeptoren bekannt. Besonders wich-tig ist das Dystroglycan als ein Element des größeren Dystrophin-Glycoprotein-Komplexes, der im Skelett-muskel genau beschrieben ist (▶ Abschn. 63.5.1), und dort einen wichtigen Rezeptor für das Laminin 211 darstellt. MCAM und BCAM (Lutheran-Blutgrup-pen-Glycoprotein) sind Mitglieder der Immunglobu-lin-Superfamilie, die spezifische Rezeptoren für Lami-nin 411 bzw. für Laminin 511 sind. Es ist unbekannt, ob für die übrigen Laminin-Isoformen ebenso *non in-tegrin*-Rezeptoren existieren. Es gibt aber eine Reihe von Befunden, die eine unterschiedliche Signalwirkung von Lamininen durch die Bindung an verschiedene In-tegrin- und *non integrin*-Rezeptoren auf zelluläre Funk-tionen aufzeigen. So kommt in der Blut-Hirn-Schranke (▶ Abschn. 74.3.2) eine für Lymphocyten durchlässige

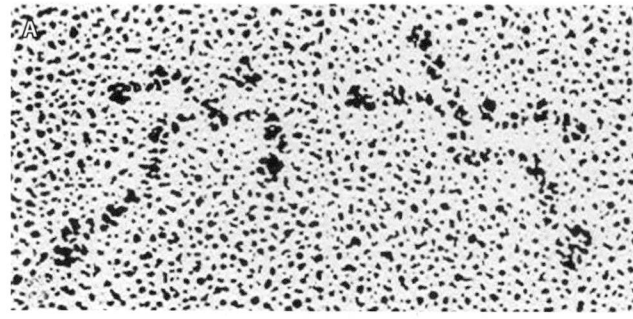

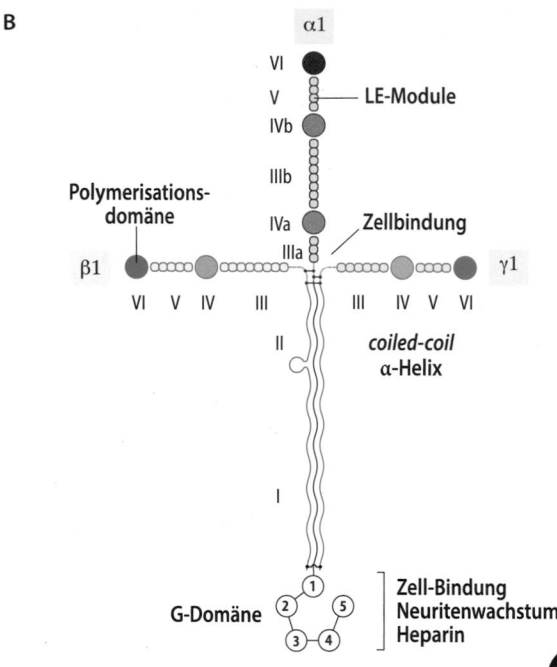

◻ Abb. 71.12 (Video 71.7) **Typische Struktur von Lamininen, dargestellt am Beispiel von Laminin 111. A** Elektronenmikroskopische Aufnahme (nach Rotary Shadowing) von Laminin 111 aus einem Maus-Tumor. (Aufnahme von J. Engel, Basel). **B** Schematische Darstellung des Aufbaus der kreuzförmigen Struktur aus drei unterschiedlichen Polypeptidketten mit Molekularmassen zwischen 220 und 440 kDa. Alle drei Ketten zeigen einen homologen Aufbau aus sechs unterschiedlichen globulären und stäbchenförmigen Domänen (I–VI). Die stäbchenförmigen Domänen der kurzen Arme sind aus einer Vielzahl je acht Cysteinreste enthaltender LE-Module (EGF-ähnliche Lamininmodule) aufgebaut. Der Stab des langen Arms besitzt eine *coiled-coil*-Struktur. Zusätzlich enthält die α1-Kette noch eine große C-terminale globuläre Domäne. Einige wichtige biologisch aktive Regionen sind in der Abbildung gekennzeichnet. *G-Domäne:* globuläre C-terminale Domäne (▶ https://doi.org/10.1007/000-5s4)

Basalmembran mit hohem Laminin-α4- und niedrigem Laminin-α5-Gehalt vor. Mäuse mit einer gezielten Inaktivierung des Gens für Laminin-α4-Ketten besitzen in der Blut-Hirn-Schranke eine Basalmembran, welche nur Laminin-α5-Ketten enthält und deshalb für Lymphocyten deutlich weniger passierbar ist. Solche Mäuse sind

vor einer Autoimmunenzephalitis mit Ähnlichkeiten zur menschlichen Krankheit **multiple Sklerose** geschützt.

> Die einzelnen Laminin-Isoformen können sich funktionell nicht gegenseitig ersetzen. Der Ausfall jeder der bisher untersuchten Laminketten erzeugt schwerste Defekte oder ist embryonal letal.

So führt z. B. das Fehlen der α2-Kette zur Muskeldystrophie, das Fehlen der β2-Kette zur Blockierung der neuromuskulären Signalübertragung, da die Schwann-Zellen entlang der veränderten Basalmembran in den synaptischen Spalt hineinwachsen. Inaktivierung des Laminin-*α3*-Gens resultiert in schweren Schädigungen der Haut; der Defekt führt häufig zu perinataler Letalität. Inaktivierung des Gens der in fast allen Isoformen vorkommenden γ1-Kette ist bereits im frühen Blastocystenstadium letal. Diese Ergebnisse zeigen, wie wichtig die korrekte Proteinzusammensetzung der Basalmembran für die Entwicklung und die Funktion der adhärierenden Zellen ist, und macht die elementare Funktion von Laminin in der Gewebehomöostase deutlich.

71.1.7 Integrine – wichtigste Rezeptorfamilie der EZM

Man kennt eine Reihe zellulärer Rezeptoren, die EZM-Proteine binden, darunter die vor allem als Corezeptoren agierenden **membrangebundenen Proteoglycane** (▶ Abschn. 71.1.5) und das **Dystroglycan** sowie die o. g. Laminin-spezifischen Rezeptoren MCAM und BCAM. Die am besten untersuchten universellen Rezeptoren stellen jedoch die Integrine dar (◻ Abb. 71.13).

> Integrine sind die größte Rezeptorfamilie für EZM-Moleküle.

Alle Integrine sind heterodimere, aus einer α- und einer β-Untereinheit bestehende Transmembranproteine. Beide Ketten sind nicht-covalent miteinander assoziiert und besitzen Molmassen im Bereich zwischen 100 und 200 kDa. Es gibt mindestens **18 α-Ketten und 8 β-Ketten**. Aus der Vielzahl der theoretisch möglichen Kombinationen werden jedoch nur 24 verschiedene Integrine gebildet. Die Rezeptoren für EZM-Moleküle sind meist Heterodimere der **Integrin β1-Kette** mit verschiedenen α-Ketten. So ist das Integrin α2β1 ein Kollagenrezeptor, α5β1 ein Fibronectinrezeptor und α6β1 ein typischer Lamininrezeptor.

Die Integrine müssen eine Vielzahl von Liganden erkennen. Häufig enthalten diese einen Aspartatrest in der Bindungsregion. Die β-Ketten besitzen nämlich N-terminal eine sog. βA-Domäne (eine von Willebrand-

Extrazelluläre Matrix – Struktur und Funktion

Typ-A-Domäne, ein weitverbreitetes Strukturmotiv das erstmals im von Willebrand-Faktor beschrieben wurde) mit einem unvollständig koordinierten Kation, in der Regel Mg^{2+}. Die Koordination wird durch Bindung des Aspartatrests vervollständigt (◘ Abb. 71.13A). Einige – aber nicht alle – α-Ketten besitzen im N-terminalen Bereich eine Insertion (I-Domäne, ebenso eine von Willebrand-Faktor-Typ-A-Domäne). Wie bereits oben für Fibronectin und Laminin 511 besprochen (▶ Abschn. 71.1.6), ist für die Bindung an die heterodimeren Integrine in einigen Fällen die Tripeptidsequenz Arg-Gly-Asp (sog. **RGD-Sequenz**) des Liganden ausreichend. Meist interagieren aber komplexere Strukturen mit beiden Integrin-Untereinheiten.

Nicht alle Integrine sind Rezeptoren für EZM-Moleküle. So ist zum Beispiel αIIbβ3 der wichtigste Rezeptor auf Blutplättchen für Fibrinogen (▶ Abschn. 69.1), und β2-Integrine vermitteln die Interaktion von Leukocyten mit Endothelzellen, z. B. bei der Extravasation an Entzündungsherden (▶ Abschn. 70.10.3).

Integrine sind bidirektionale Rezeptoren. Viele Integrinrezeptoren liegen normalerweise in einer inaktiven Konformation vor, wie z. B. das Integrin αIIbβ3 auf der Oberfläche von Thrombocyten. Erst bei Aktivierung dieser Thrombocyten nach Gefäßverletzungen (u. a. durch Bindung von subendothelialem Kollagen an das ständig aktive α2β1-Integrin) wird der Rezeptor über eine intrazelluläre Signaltransduktionskette in die bindungskompetente Konformation überführt (*inside-out-signaling*). Die bedarfsabhängige Aktivierung von αIIbβ3 verhindert in diesem Falle eine unkontrollierte Blutgerinnung. Demgegenüber ist das *outside-in-signaling* durch Bindung von extrazellulären Liganden wie den EZM-Molekülen an Integrine der normale Signalübertragungsweg von außen in die Zelle hinein.

❯ Integrine erfüllen lebensnotwendige Aufgaben.

In der Regel resultiert die Inaktivierung der Gene für einzelne Integrin-Untereinheiten in charakteristischen Missbildungen von Organen oder Störungen der Gewebsbildung, die meist embryonal oder perinatal letal sind; z. B. führt das Fehlen der β1- und α5-Untereinheiten zum Absterben des Embryos im Blastozystenstadium bzw. aufgrund von Defekten der Mesodermentwicklung, während die Knockouts der α3- oder der α8-Kette u. a. zu letalen Defekten in der Nierenentwicklung führen. Überraschenderweise führt der Verlust von Integrin α6 hauptsächlich zu einem Hautphänotyp, obwohl dieses Integrin diverse Laminin-Isoformen binden soll. Da die Laminine in den meisten Geweben vielfältig repräsentiert sind, scheinen entweder mehrere Integrine und/oder *non integrin*-Rezeptoren an der Erkennung der unterschiedlichen Laminin-Isoformen beteiligt zu sein.

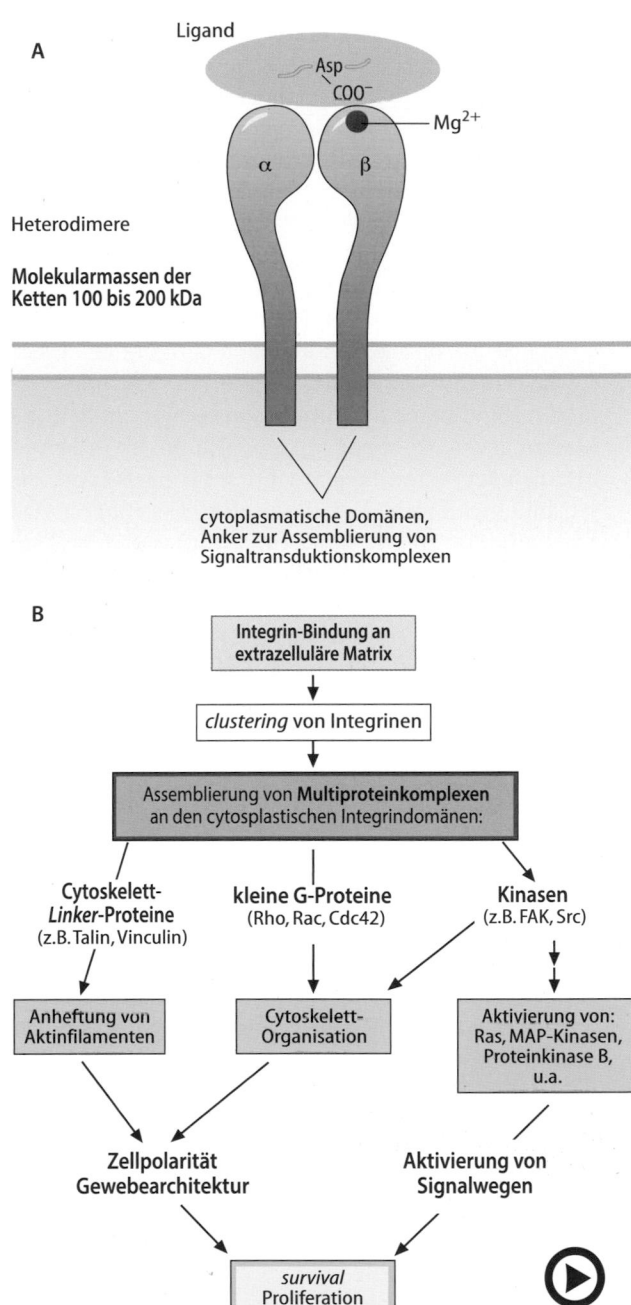

◘ **Abb. 71.13** (Video 71.8) **Struktur und Signaltransduktion der Integrine. A** Schematische Darstellung der Struktur eines Integrins, bestehend aus einer α- und einer β-Untereinheit. An der Ligandenbindung sind die N-terminalen Domänen beider Untereinheiten beteiligt, die Ligandenbindungsregion der β-Untereinheit enthält ein zweiwertiges Kation (Mg^{2+}), das einen Aspartatrest in der Bindungsregion des Liganden bindet. **B** Schematische Darstellung der durch Aktivierung der Integrine ausgelösten Signalwege. (Einzelheiten s. Text) (▶ https://doi.org/10.1007/000-5s5)

❯ Integrine sind essenzielle Komponenten der Signaltransduktion von adhäsiven Suprastrukturen der Zelloberflächen über das Cytoskelett zum Zellkern.

Die Integrine besitzen nur kurze cytoplasmatische Domänen, die keinerlei eigene enzymatische Aktivitäten aufweisen. Entsprechend läuft die Signaltransduktion auch anders ab als bei „konventionellen" Rezeptoren. Die cytoplasmatischen Domänen dienen als Rekrutierungsstellen für die Assemblierung von Multiproteinkomplexen. Die wichtigsten Reaktionen sind in ◘ Abb. 71.13B zusammengefasst:

— Adhärieren mesenchymale Zellen an **immobilisierte** Moleküle in der EZM, lagern sich die vorher mehr oder weniger frei in der Membran diffundierenden Integrine an den Kontaktstellen zusammen. Über *linker*-Proteine wie **Kindlin, Talin** und **Vinculin** werden Verbindungen zu **Actinfilamenten** hergestellt. Es kommt also sowohl zur *cluster*-Bildung der Integrine als auch der Actinfilamente. Dieser Prozess führt zur Ausbildung der sog. **Fokalkontakte** (*focal adhesions*): Dies sind Aggregate von Integrinen mit Cytoskelett-*linker*-Proteinen und Signaltransduktionsproteinen (s. u.), die sich lichtmikroskopisch (!) darstellen lassen. ◘ Abb. 71.14 zeigt als Beispiel eine glatte Muskelzelle, bei der *focal adhesions* mit einem Rhodamin-gekoppelten, gegen das Integrin β1 gerichteten Antikörper sichtbar gemacht wurden (*rot*). Zusätzlich wurde Actin in Mikrofilamenten mit einem Fluorescein-gekoppelten Phalloidin (*grün*) sichtbar gemacht (▶ Abschn. 13.1). Man erkennt, dass ein großer Teil der Mikrofilamente in den *focal adhesions* endet. Die Actinfasern bilden dicke Bündel, die straff aufgespannt erscheinen. Diese Fasern werden **Stressfasern** genannt. Sie enthalten nicht nur Actin, sondern auch Myosin. Daher können diese Fasern wie beim glatten Muskel verkürzt und somit gespannt werden, was z. B. bei der Zellwanderung, aber auch beim Aufbau der Zellarchitektur wichtig ist.

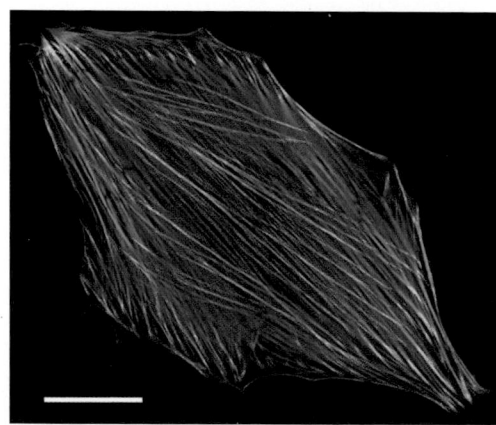

◘ **Abb. 71.14 Fokalkontakte und Mikrofilamente in einer glatten Muskelzelle.** Fluoreszeinmarkiertes Phalloidin (*grün*) und rhodaminkonjugierte Anti-integrin b1-Antikörper (*rot*) wurden benutzt. An den Fokalkontakten treffen Rot- und Grünfärbung zusammen, sodass eine Orangefärbung eintritt. Nuclei in *blau* (DAPI). (Bar: 10 µm) (Mit freundlicher Genehmigung von courtesy of Dr. Lema Yousif, WWU Münster)

— Die Bildung von Strukturen wie der Stressfasern erfordert:
  1. Anheften von Actin(-Myosin)-Filamenten an Integrine
  2. Neubildung von Actinfilamenten und
  3. Straffen der Filamente
— Diese komplexen Prozesse werden von kleinen **GTP-bindenden Proteinen** aus der Rho-Familie reguliert, die an die Kontaktstellen rekrutiert und dort durch Guaninnucleotid-Austauschfaktoren GEFs (▶ Abschn. 33.4.4) aktiviert werden.
— Durch ähnliche Mechanismen werden bei wandernden Zellen die etwas kleineren fokalen Komplexe gebildet, von denen aus Actinfasern zu Strukturen wie **Lamellipodien** und **Filopodien** organisiert werden.
— In die Fokalkontakte werden weitere Signalmoleküle eingelagert (◘ Abb. 71.13B). Darunter sind **Tyrosinkinasen der src-Familie** und die *focal-adhesion-kinase* **(FAK)**. Letztere kommt nur in Fokalkontakten vor, und ihre Aktivierung ist strikt an die Bildung solcher Adhäsionsplaques gekoppelt. Diese Kinasen können Tyrosinreste von Proteinen in den Adhäsionsplaques phosphorylieren. An diese binden (über SH2-Domänen) Adapterproteine, die häufig mehrere *SH2*- und **SH3-Domänen** enthalten und so eine Reihe von Signaltransduktionsprozessen initiieren können (▶ Abschn. 33.4.3 und 35.4.1).

❯ Hemidesmosomen sind neben den Fokalkontakten besondere Adhäsions-Suprastrukturen von Epithelzellen.

In Epithelzellen der Haut und einigen anderen Epithelien wird die stabile Verankerung und Signaltransduktion durch einen zweiten Mechanismus, der Bildung von Hemidesmosomen bewerkstelligt (▶ Abschn. 73.2). Hemidesmosomen sind verankernde Multiprotein-Suprastrukturen an der basalen Oberfläche von Epithelzellen. Einige ihrer Komponenten wurden als Antigene bei blasenbildenden Autoimmunerkrankungen der Haut, dem bullösen Pemphigoid, erkannt. Hemidesmosomen enthalten neben dem Bullous Pemphigoid Antigen 230 das Bullous Pemphigoid Antigen 180, auch bekannt als das Membran-durchspannende Kollagen XVII, sowie das α6β4-Integrin. Hemidesmosomen interagieren nicht mit dem Actincytoskelett, sondern mit Intermediärfilamenten aus Keratinen über eine Reihe von Adaptorproteinen, einschließlich der **Plakine Plectin, Desmoplakin, Envoplakin** und **Periplakin**. Alle diese Proteine sind für die Adhäsion von Epithelzellen auf der unterliegenden Basalmembran essenziell, wie durch die Krankheit bullöses Pemphigoid und auch anhand von Knockout-Mäusen deutlich wird. Während der Wundheilung wandern Epithelzellen über das de-epithelialisierte Wundgewebe ein. Die Zellen werden durch einen Zerfall der Hemidesmosomen zur Wanderung befähigt, nachdem ein *shedding* u. a. von Kollagen XVII, d. h. eine limitierte Proteolyse zwischen der Transmembran- und extrazellulären Domäne erfolgt ist. Dadurch zerfallen die Hemidesmosomen, was die Zellen zur Wanderung befähigt.

Dieses etwas ungewöhnliche Zusammenspiel der Rekrutierung von Signaltransduktions-Molekülen und der Wirkungen auf das Cytoskelett resultiert in folgender Besonderheit der Signaltransduktion:

❯ Typisch für Integrine ist die Kopplung der Signaltransduktion an ein organisiertes Cytoskelett.

Diese Kopplung soll vermutlich sicherstellen, dass eine Zelle im richtigen Kontext funktioniert. Beispielsweise sollten Epithelzellen nur im Zellverband, d. h. an der Basalmembran verankert und im Kontakt zu den Nachbarzellen funktionieren.

Der Integrin-vermittelte Kontakt zur Basalmembran ist essenziell für die Ausbildung der korrekten **Zellarchitektur** und der **Zellpolarität**. Wird dieser Kontakt verhindert, degeneriert die Zelle. Das eindrucksvollste Beispiel ist sicherlich die Degeneration des Embryos, wenn die Integrin-abhängige Ausbildung der Basalmembran zwischen dem primitiven Ekto- und Endoderm unterbleibt. Es kommt nicht zur Bildung der zweiblättrigen Keimscheibe!

Auch weitere durch Integrine stimulierte Reaktionen lassen sich mit der Annahme, dass ein *priming* der Zelle durch Integrin-abhängige Zelladhäsion erforderlich ist, erklären:

- **Integrine wirken synergistisch mit Wachstumsfaktoren.** Einige Integrine können ebenso wie Wachstumsfaktoren (▶ Abschn. 35.4.1) über SH2/SH3-Adapterproteine *Ras* aktivieren. Die Zellen müssen adhärent sein, damit die Wachstumsfaktoren wirken können. In Suspension teilen sich nicht-transformierte Zellen nicht.
- **Integrine sind permissiv für die Zelldifferenzierung.** In einigen Zelltypen bewirkt die Adhäsion Austritt aus dem Zellzyklus und Differenzierung.

> **Zusammenfassung**
>
> Nicht-kollagene Glycoproteine der EZM wie Fibronectin und Laminin sind wichtige Mediatoren
> - für Zelladhäsion und -wanderung.
> - Sie beeinflussen Zellfunktion, -differenzierung und -proliferation.
>
> Fibronectin kommt in zahlreichen Spleißvarianten vor. Es bindet
> - sowohl an andere EZM-Moleküle wie Kollagen und Heparin als auch

- über Integrine an Zellen.

Im adulten Organismus ist Fibronectin von Bedeutung
- bei der Wundheilung und
- der Regulation der Aktivität von Bindegewebszellen. Während der Embryonalentwicklung ist Fibronectin u. a. essenziell für die Bildung mesodermaler Strukturen.

Laminine sind Heterotrimere und bilden eine große Molekülfamilie. Die meisten Lamininmoleküle besitzen eine typische kreuzförmige Struktur.
Laminine
- sind obligatorische Bestandteile der Basalmembran und
- werden gewebs- und entwicklungsspezifisch exprimiert.

Der Ausfall der verschiedenen Isoformen hat einen charakteristischen, oft letalen Phänotyp.
Integrine
- sind wichtige Zelloberflächen-Rezeptoren für EZM-Moleküle,
- bilden eine große Familie von heterodimeren Molekülen aus je einer α- und einer β-Kette,
- können in verschiedenen Kombinationen unterschiedliche Liganden binden,
- binden an die EZM, was für die Ausbildung der Fokalkontakte wichtig ist. Dabei organisieren Integrine das Actincytoskelett, führen zur Aktivierung von Proteinkinasen und beeinflussen dadurch Signaltransduktionswege und den Funktionszustand der Zellen.

Inaktivierung von Integrin-Genen verursacht schwerste Schäden.

Hemidesmosomen sind die zweite wichtige Adhäsions-Suprastruktur von Epithelzellen. Ihre Komponenten sind bedeutend für die Wundheilung (Re-Epithelialisierung) und sind oft Autoantigene beim bullösen Pemphigoid, einer blasenbildenden Autoimmunerkrankung der Haut.

71.2 Proteolytische Aktivierung und Abbau der extrazellulären Matrix

Die extrazelluläre Matrix des Erwachsenen besitzt in der Regel einen sehr geringen Stoffumsatz. So beträgt die Halbwertszeit des Kollagens in der Haut ca. 15 Jahre, im gesunden Gelenkknorpel über 100 Jahre. Auch der Umsatz an Lamininen ist in der Gewebs-Homöostase extrem niedrig, wie mithilfe von Genexpressionsstudien anhand der mRNA-Spiegel der verschiedenen Lamininketten gezeigt werden konnte. In bestimmten Situationen ist jedoch ein schneller Abbau bzw. Umbau erforderlich. Großflächige Umstrukturierungen finden z. B. bei der Rückbildung des Uterus nach der Geburt und bei der Wundheilung statt. In anderen Situationen ermöglicht eine selektive Spaltung von EZM-Molekülen die Wanderung von Zellen in pathologischen Situationen wie bei der Leukocyten-Auswanderung im Falle von Entzündungen (▶ Abschn. 70.10.3). Dabei kommt es gerade nicht zu einem vollständigen Umbau der EZM. Der Abbau und die selektive Spaltung von EZM-Molekülen werden durch spezifische Proteasen vermittelt. Einige davon sind **Serinproteasen**, die meisten gehören jedoch zur Familie der **Metalloproteinasen**:

— Zwei für den Abbau der EZM wichtige Serinproteasen sind **tPA** (*tissue-type-plasminogen activator*) und **uPA** (*urokinase-type-plasminogen-activator*). Beide wandeln durch Spaltung einer einzigen Peptidbindung Plasminogen in **Plasmin** um. Plasminogen/Plasmin sind wegen ihrer Rolle bei der Auflösung von Blutgerinnseln durch Spaltung von Fibrin bekannt (▶ Abschn. 69.1.5), sind aber auch an Umbauprozessen der EZM wie z. B. im Rahmen der Wundheilung und potenziell auch an der Tumor-Metastasierung beteiligt. Plasmin ist in der Lage, verschiedene EZM-Proteine wie Fibronectin und Laminin proteolytisch zu spalten. Eine Besonderheit von uPA besteht darin, dass durch Bindung an den Zelloberflächen-Rezeptor uPAR gezielt die EZM in der direkten Umgebung dieser Zelle verdaut werden kann.

— Die **Matrixmetalloproteinasen** (**MMPs**) stellen eine Familie von inzwischen über 20 **zinkabhängigen Proteasen** dar, die entweder sezerniert werden oder in der Membran verankert sind. Alle Enzyme besitzen eine konservierte Proteasedomäne, in der drei Histidinreste das **Zinkion** im katalytischen Zentrum komplexieren. Zusätzlich finden sich bei den meisten Mitgliedern noch eine oder mehrere C-terminale Domänen, die für Substraterkennung und -bindung wichtig sind. Basierend auf früheren Studien wurde angenommen, dass die MMPs eine Reihe unterschiedlicher EZM-Moleküle abbauen können. Neuere Studien, in denen Gene verschiedener MMPs in Mäusen eliminiert wurden, belegen dagegen, dass diese Enzyme im Organismus eine sehr spezifische Rolle haben. Die meisten MMPs spalten an definierten Aminosäureabfolgen nicht nur spezifische EZM-Proteine, sondern interessanterweise auch deren Rezeptoren, und beeinflussen dadurch die Interaktion zwischen Zelle und EZM. Darüber hinaus konnte mithilfe moderner Massenspektrometrie nachgewiesen werden, dass MMPs durch Spaltung von Cytokinen und Chemokinen diese aktivieren bzw. inaktivieren können. Da die EZM einen wesentlichen Anteil an der Speicherung von Cytokinen und Chemokinen hat (▶ Abschn. 71.1.5), scheinen die MMPs somit eher die Konzentration ungebundener Morphogene zu verändern.

❯ Die Matrixmetalloproteinasen werden als inaktive Proformen (Zymogene) gebildet.

Die Proform enthält eine N-terminale Domäne, die Prodomäne, die das katalytische Zentrum blockiert. Die Aktivierung der Protease erfolgt durch proteolytische Abspaltung des Propeptids im Extrazellulärraum – ein sehr schneller Prozess, der sowohl zu schneller Aktivierung wie auch zu rascher Inaktivierung der MMPs führen kann. Lediglich **Stromelysin-3** und die **membrangebundenen MMPs** (,*membrane-targeted*', MT-MMPs) werden bereits im Golgi-Apparat aktiviert.

❯ Wie bei nahezu allen Proteasen wird auch die Aktivität von EZM-degradierenden MMPs und Serinproteasen durch physiologische Inhibitoren begrenzt.

Eine überschießende Reaktion würde leicht zu einer Gewebszerstörung führen. Daher erfolgt die Aktivierung lokal begrenzt an der Zelloberfläche von Fibroblasten. Gelatinase wird bei Bedarf durch die membranständige MT1-MMP aktiviert, die gleichzeitig einen Rezeptor für das aktive Enzym darstellt. Darüber hinaus gibt es vier, als *TIMP1–4* bezeichnete Inhibitoren der MMPs (**TIMP**: *tissue inhibitor of metalloproteinases*). Normalerweise herrscht ein fein reguliertes Gleichgewicht zwischen den MMPs und TIMPs (◘ Abb. 72.10). Störungen des Gleichgewichts führen zu einem erhöhten Kollagenabbau (z. B. bei Metastasierungen oder bei Arthrose (▶ Abschn. 72.7.3)) oder zu erniedrigtem Kollagenabbau (Fibrose). Plasmin wird durch das Leberprodukt Antiplasmin inhibiert, die Plasminogenaktivatoren durch die jeweils spezifischen Inhibitoren PAI (*plasminogen activator inhibitor*).

Zusammenfassung

Der Abbau und Umbau der extrazellulären Matrix ist strikt reguliert, da ansonsten Fibrosen entstehen oder Gewebe zerstört werden. Diese Aufgabe erfüllen Serinproteasen wie *tissue-type-plasminogen activator* (tPA) und *urokinase-type-plasminogen activator* (uPA), vor allem jedoch die Matrixmetalloproteinasen (MMPs).

Die MMPs sind eine Molekülfamilie zinkabhängiger Proteasen, die als inaktive Proformen gebildet und durch Abspaltung eines Propeptids (extrazellulär oder im Golgi-Apparat) aktiviert werden. Die MMPs besitzen z. T. eine hohe Substratspezifität, z. B. für verschiedene Kollagentypen. Die Aktivität wird durch die Inhibitoren TIMP1–4 (*tissue inhibitors of metalloproteinases*) reguliert.

Matrixmetalloproteinasen spielen eine wesentliche Rolle auch bei der proteolytischen Aktivierung von inaktiven Vorläuferstufen zahlreicher, auch nicht EZM-typischer Proteine.

71

71.3 Pathobiochemie: Angeborene Erkrankungen des Kollagen- und des Laminin-Stoffwechsels

Störungen der Kollagenexpression können auf unterschiedlichen Ebenen auftreten:

- Störung der Regulation einzelner Gene, wodurch die gewebsspezifische Zusammensetzung der einzelnen Kollagentypen verändert wird.
- Mutationen von Kollagenen und Enzymen für die post-translationalen Modifikationen. Dies führt meist zu Defekten in der makromolekularen Organisation des Kollagens und somit zur Veränderung der biomechanischen Eigenschaften, die letztlich für die klinischen Symptome verantwortlich sind.

Osteogenesis imperfecta (OI) Die meist dominant vererbte Erkrankung beruht auf einer Synthesestörung von Kollagen I. Betroffen sind alle kollagenreichen Organe, dominant ist jedoch der Knochenphänotyp (wiederholte, zu schweren Skelettdeformationen führende Knochenbrüche bei Belastung). Man unterscheidet verschiedene Formen der OI, die schwerste Form führt zum Tod im Mutterleib oder kurz nach der Geburt. Über 200 verschiedene Mutationen sind beschrieben, darunter Deletionen, Insertionen und Spleißvarianten. Die meisten Mutationen bestehen in einer Substitution von Glycinen im Gly-X-Y-Triplet. Dies kann zur Folge haben, dass die Tripelhclixbildung verlangsamt wird, sodass die Ketten im Fibroblasten abgebaut werden. Andere Mutationen verursachen Knicke in der Tripelhelix und interferieren so mit dem Wachstum der Fibrillen. Neuerdings wurden auch rezessiv vererbte OI-Varianten entdeckt. Sie sind auf Mutationen von Chaperon-Proteinen zurückzuführen, die bei der Tripelhelixfaltung eine wichtige Rolle spielen. Diese Formen von OI sind im Menschen ebenfalls perinatal letal. Dagegen führt der Funktionsverlust der Proteine bei Mäusen oder Pferden zu Bindegewebsdefekten, ist aber mit dem Leben noch vereinbar.

Ehlers-Danlos-Syndrom (EDS) Die verschiedenen Typen des **Ehlers-Danlos-Syndroms** sind gemeinsam durch Überdehnbarkeit der Haut und Überstreckbarkeit der Gelenke charakterisiert. Trotz der relativ einheitlichen Symptomatik liegen der Erkrankung sehr heterogene Ursachen zugrunde, und man unterscheidet nach einer neueren Einteilung sechs verschiedene Haupttypen, denen Mutationen in Kollagenketten und Kollagen-modifizierenden Enzymen zugrunde liegen, z. B.:

- **Typ I und II** beruht auf Defekten in der Kollagen-V-Synthese. Da Kollagen V *in vivo* für die Assemblierung von Kollagen-I-enthaltenden Fibrillen essenzi-

ell ist, werden bei Störungen der Kollagen-V-Synthese entsprechend weniger Kollagen-I-Fibrillen gebildet.
- **Typ IV (Gefäßtyp)** beruht auf Defekten in der Kollagen-III-Synthese. Da Blutgefäße, besonders die großen Arterien, einen hohen Anteil an Kollagen III besitzen, besteht Neigung zu oft schon in jungem Alter auftretenden Gefäßaneurysmen und -Dissektionen sowie tödlich verlaufenden Gefäßrupturen.
- **Typ VI** beruht auf einer Störung der Quervernetzung von Kollagenfibrillen, in diesem Fall jedoch aufgrund einer defekten Lysylhydroxylase.
- **Typ VII** beruht auf einer gestörten Abspaltung der Propeptide, indem entweder die Peptidasen inaktiv oder wenig aktiv sind oder die Erkennungsstelle in den Kollagenen für die Proteasen mutiert ist.

Alport-Syndrom Das **Alport-Syndrom** stellt eine progressive Erbkrankheit dar, die durch Mutationen in den α3-, α4-Ketten, besonders aber in der α5-Kette des Kollagens IV verursacht wird. Die Folge ist eine Verschlechterung der Nierenfunktion mit Hämaturie und Proteinurie aufgrund von Strukturveränderungen der glomerulären Basalmembran. Zusätzlich ist die Erkrankung durch Innenohrschwerhörigkeit und Augenveränderungen gekennzeichnet. Das **Goodpasture-Syndrom** ist eine progressiv verlaufende Nieren- und Lungenerkrankung und beruht auf einer Autoimmunität gegen die α3-, α4-, oder α5-Kette des Kollagens IV.

Chondrodysplasien Eine Vielzahl von Mutationen im Kollagen-II-Gen korreliert mit einer Reihe von **Chondrodysplasien**, die zu Zwergwuchs, Gelenkdeformationen oder anderen Skelettfehlbildungen führen können, da es aufgrund von Kollagen-II-Synthesestörungen zu Störungen in der Knorpelbildung und damit zu Störungen der enchondralen Ossifikation kommt. Mutationen des Kollagens X sind die Ursache für die **Chondrodysplasia metaphysaria vom Typ Schmid**, klinische Symptome sind Verkürzung der Gliedmaßen und verkrümmte Beine. Mutationen in Kollagen XI, dem Starterkollagen der Fibrillogenese im Knorpel, führen zum **Stickler-Syndrom/Marschall-Syndrom**, einer weiteren Form von Skelettdysplasie. Das Fehlen von Kollagen XI ist mit dem Leben unvereinbar.

Störungen der Laminin-Expression führen je nach Laminin-Isoform zu Pathologien im Muskel (congene Muskeldystrophie) oder anderen Geweben, wie z. B. der Epidemolysis bullosa in der Haut (▶ Abschn. 73.4). Eine Epidermolysis bullosa kann eine Vielzahl von Ursachen haben, so auch einen Defekt des Kollagens VII oder XVII, die einen Hautphänotyp zeigen (▶ Abschn. 71.1.3 und ▶ Abschn. 73.4).

Zusammenfassung

Defekte in den Kollagen- oder Laminin-Genen führen zu einer Reihe von Erkrankungen wie Osteogenesis imperfecta und Ehlers-Danlos-Syndrom (Mutationen bzw. Defekte in der Prozessierung von Kollagen I), Alport Syndrom (Defekte im Kollagen IV) und Chondrodysplasien (Defekte in den Kollagenen II und XI), Muskeldystrophien und Pathologien der Haut (Epidermolysis bullosa).

Weiterführende Literatur

Agrawal S, Anderson P, Durbeej M, van Rooijen N, Ivars F, Opdenakker G, Sorokin LM (2006) Dystroglycan is selectively cleaved at the parenchymal basement membrane at sites of leukocyte extravasation in experimental autoimmune encephalomyelitis. J Exp Med 203:1007–1019

Campbell ID, Humphries MJ (2011) Integrin structure, activation and interactions. Cold Spring Harb Perspect Biol 3:15

Hallmann R, Horn N, Selg M, Wendler O, Pausch F, Sorokin LM (2005) Expression and function of laminins in the embryonic and mature vasculature. Physiol Rev 85:979–1000

Hannocks MJ, Zhang X, Gerwien H, Chashchina A, Burmeister M, Korpos E, Song J, Sorokin LM (2017) The gelatinases, MMP-2 and MMP-9, as fine tuners of neuroinflammatory processes. Matrix Biol 75–76:102–113

Jeanne M, Gould DB (2017) Genotype-phenotype correlations in pathology caused by collagen type IV alpha 1 and 2 mutations. Matrix Biol 57–58:29–44

Lamande BJ (2018) Collagen VI disorders: insights on form and function in the extracellular matrix and beyond. Matrix Biol 71–72:348–367

Ren ZX, Brewton RG, Mayne R (1991) An analysis by rotary shadowing of the structure of the mammalian vitreous humor and zonular apparatus. J Struct Biol 106:57–66

Ricard-Blum S (2011) The collagen family. Cold Spring Harb Perspect Biol 3:a004978

Swift J, Ivanovska IL, Buxboim A, Harada T, Dingal PC, Pinter J, Pajerowski JD, Spinler KR, Shin JW, Tewari M, Rehfeldt F, Speicher DW, Discher DE (2013) Nuclear lamin-A scales with tissue stiffness and enhances matrix-directed differentiation. Science 341:1240104

Vanacore RM, Shanmugasundararaj S, Friedman DB, Bondar O, Hudson BG, Sundaramoorthy M (2004) The alpha1.alpha2 network of collagen IV. Reinforced stabilization of the noncollagenous domain-1 by noncovalent forces and the absence of Met-Lys cross-links. J Biol Chem 279:44730–44730

71

Knorpel- und Knochengewebe

Peter C. Heinrich, Hans-Hartmut Peter und Peter Bruckner

Knorpel und Knochen sind die beiden Gewebskomponenten des Skeletts. Die Funktion dieser Gewebe wird besonders stark durch die extrazelluläre Matrix (EZM) definiert, die im Knochen besonders auch von anorganischem Mineral gekennzeichnet ist. Dieses verleiht den Geweben die charakteristische Härte und Druckbelastbarkeit. Daneben dient die Mineralphase des Knochens als wichtiger Speicher von Calcium und Phosphat im gesamten Körper. Der Auf- und Abbau des Mineralspeichers im Knochen unterliegt einer strengen Kontrolle sowohl durch hormonal systemische als auch durch lokale Gewebsfaktoren. Gebildet werden Knorpel und Knochen durch Chondrocyten bzw. durch Osteoblasten, einer spezialisierten Form von Fibroblasten. Für den Abbau von Knorpel und Knochen sind die Makrophagen-ähnlichen Chondroklasten bzw. Osteoklasten verantwortlich, die dem Knochenmark entstammen. Knorpel ist ein avaskuläres und nicht innerviertes Gewebe, das entweder als permanentes Gewebe oder als Ersatzknorpel vorkommt. Der permanente Gelenkknorpel gewährleistet eine reibungsarme Beweglichkeit von miteinander artikulierenden Knochen. Die Kollagenfibrillen des Gelenkknorpels sind die zugbelastbaren Gewebselemente. Sie werden während der gesamten Lebensdauer kaum umgebaut bzw. repariert, was eine der Erklärungen für die Häufigkeit von degenerativen Gelenkserkrankungen ist. Dagegen verläuft der Gewebsumbau von knorpeligen Knochenvorstufen relativ rasch und unterliegt einer komplexen Kontrolle durch Hormone und Gewebsfaktoren. Diese greifen verzögernd oder beschleunigend in die Einzelschritte der Proliferations- und Differenzierungskaskade der enchondralen Ossifikation ein.

Schwerpunkte

72.1 Aufbau und Biosynthese von Knorpel und Knochen
- Aufbau des hyalinen Knorpels aus Hyaluronsäure, den Proteoglycanen und Knorpelkollagenfibrillen
- Komponenten des Knochengewebes: EZM aus Hydroxylapatit und Kollagen-I-haltigen Fasern
- Transkriptionsfaktoren für die Synthese von Chondrocyten und Osteoklasten
- Knorpel- und Knochen-spezifische Zellen: Chondrocyten, Osteoblasten und Osteoklasten
- Schlüsselfunktion der BMPs (bone morphogenic proteins) und FGFs (fibroblast growth factors) in in allen Stadien der Chondrocytendifferenzierung

72.2 Regulation der Chondrogenese und Osteogenese durch Hormone
- Parathormon (PTH), Calcitonin und 1,25-Dihydroxycholecalciferol (Calcitriol, Vitamin D3) regulieren den
  - Calciumhaushalt
  - Wachstumshormone (GH, Synonym: Somatotropin) und *insulin-like growth factors*-1, -2 (IGF)
  - Schilddrüsenhormone
  - Steroidhormone

72.3 Osteoklasten – Abbau und Umbau von Knochen
- Makrophagen sind Osteoklasten-Vorläufer
- M-CSF und RANKL stimulieren die Osteoklastogenese
- Resorptions-Lakunen

72.4 Knochenwachstum bis zur Pubertät
- Die Geschwindigkeit des postnatalen Skelettwachstums wird durch das Wachstums-Hormon (*growth hormone*, GH) reguliert

72.5 Homöostase von Knochengewebe
- Nach Beendigung des Wachstums bleibt das Skelettsystem sehr aktiv, d. h. es findet ein steter Umbau des Knochens statt

72.6 Knochenumbau durch Cytokine und Steroidhormone
- Cytokine wie IL-1β stimulieren Proliferation, Differenzierung und Aktivierung von Osteoklasten

Ergänzende Information Die elektronische Version dieses Kapitels enthält Zusatzmaterial, auf das über folgenden Link zugegriffen werden kann https://doi.org/10.1007/978-3-662-60266-9_72. Die Videos lassen sich durch Anklicken des DOI Links in der Legende einer entsprechenden Abbildung abspielen, oder indem Sie diesen Link mit der SN More Media App scannen.

72

- Östrogene und Androgene bewirken eine positive Bilanz der Knochendichte und wirken anti-osteoporotisch
- Glucocorticoide führen zur Entmineralisierung des Knochens

72.7 Pathobiochemie
- Osteoporose und Therapie
- Paget-Krankheit
- Rheumatoide Arthritis: Pathogenese und Therapieansätze

72.1 Aufbau und Biosynthese von Knorpel und Knochen

Knorpel Knorpel findet sich als permanentes Gewebe an den Stellen, wo elastische, aber druckresistente Strukturen benötigt werden. Er hat als hyaliner Gelenkknorpel und faserreiche Zwischenwirbelscheibe mechanische Aufgaben. Darüber hinaus erfüllt er als Faserknorpel strukturbildende Funktionen z.B. im Ohr-, Nasen-, Rippen-, Kehlkopf- und Trachealknorpel. Als transientes Gewebe bildet Knorpel im Embryo und juvenilen Organismus die Vorstufe für das durch enchondrale Ossifikation entstehende Knochenskelett. Die extrazelluläre Matrix des Knorpels wird von Chondrocyten gebildet, die von ihren eigenen Syntheseprodukten eingeschlossen werden, sodass sie nur noch durch Diffusion von außen ernährt werden können, denn Knorpel ist nicht vaskularisiert. Die Knorpelmatrix stellt im Wesentlichen ein **faserverstärktes Gel** dar. Der Gelcharakter ist durch polyanionische Aggregate aus **Hyaluronsäure** mit **Proteoglycanen** (**Aggrecan**) bedingt (▶ Abschn. 3.1.4 und 71.1.5), die zu hohen osmotischen Drücken führen. Daher besitzt Knorpel die Fähigkeit anzuschwellen, der Wasseranteil beträgt etwa 70–80 %. Das Hydrogel aus Proteoglycanen und Wasser wird durch Fibrillen in der Art von armiertem Eisenbeton in Form gehalten. Diese Fibrillen besitzen Metall-Legierungs-ähnliche Eigenschaften. In der territorialen Matrix in der Nähe der Chondrocyten liegt ein Geflecht von dünnen, zur Zelloberfläche mehrheitlich parallel ausgerichteten Fibrillen vor, welche die stark quervernetzten **Kollagene II**, IX und XI, aber kein **Decorin** (▶ Abschn. 71.1.5) enthalten. Weiter entfernt von den Zellen, in der inter-territorialen Matrix, kommen ähnliche Fibrillen vor, dazu jedoch auch dicke Fasern, welche die Kollagene II und XI sowie Decorin enthalten. Diese dicken Fibrillen ordnen sich entlang der Längsachse des entstehenden Knochens an. Kollagen II ist das mengenmäßig dominierende Knorpelkollagen, welches jedoch nur durch Copolymerisation mit geringeren Mengen an Kollagen XI zur Fibrillenbildung überhaupt befähigt ist.

Diese Fibrillenorganisationen sind für die mechanischen Gewebseigenschaften wichtig. In der territorialen Matrix findet man mit den Knorpelfibrillen vergesellschaftete Mikrofibrillen des **Kollagens VI**, welche die Kommunikation zwischen Fibrillen und Proteoglycanmatrix modulieren und vermitteln (▶ Abschn. 71.1.3).

Zusätzlich zu den Kollagenen und Proteoglycanen enthält die Korpelmatrix noch weitere Proteine, darunter **Protease-Inhibitoren**, **COMP** (*cartilage oligomeric matrix-protein*) und die in vier Isoformen bekannten **Matriline** (auch *cartilage matrix protein* genannt), welche an das Kollagen IX der Knorpelfibrillen binden und damit möglicherweise die Assemblierung der Knorpelmatrix vermitteln. Ein Teil der Chondrodysplasien beruht auf Mutationen in Matrilin-Genen.

Knorpel ist meist von einem Perichondrium (Knorpelhaut) umgeben, dies trifft jedoch nicht zu für die Gelenkflächen, die Knorpel-Knochen-Grenze der Gelenke und die Wachstumszone. Im **Perichondrium finden sich Fibrillen der Kollagene I, III und V**.

Knochen Im Gegensatz zum Knorpel ist der Knochen gut durchblutet und innerviert. Die eigentlichen Knochenzellen sind die Knochenmatrix synthetisierenden **Osteoblasten/Osteocyten** und die Knochenmatrix ab-/umbauenden **Osteoklasten**. Der Knochen erfüllt mehrere Funktionen. Zum einen ist er ein hochdifferenziertes **Stützgewebe**, das für die Bewegungen des Körpers und zum Schutz von Organen wie dem Gehirn essenziell ist, zum anderen dient er als **Speicher für Calcium- und Phosphationen**. Darüber hinaus beherbergt der Knochen das **Knochenmark** als Stätte der Blutbildung. Das anorganische Knochenmaterial setzt sich vorwiegend aus Calciumphosphaten zusammen, die sehr dem **Hydroxylapatit** ($Ca_5 [PO_4]_3 OH$) ähneln. Die physiologisch in der Gewebsflüssigkeit vorkommenden Konzentrationen von Ca^{2+}, PO_4^{3-} und OH^- führen zu einer Überschreitung des Löslichkeitsproduktes von Hydroxylapatit um mehrere Größenordnungen. Deshalb ist die Mineralisierung der meisten Gewebe durch unterschiedliche Mechanismen weitestgehend unterdrückt (s. u.), kann aber pathologisch auftreten, z. B. in künstlichen Herzklappen aus devitalisiertem tierischem Gewebe oder in atherosklerotischen Gefäßplaques. Zusammen mit 10 % Wasser machen die anorganischen Bestandteile des Knochens etwa 80 % aus. Die restlichen 20 % entfallen auf organisches Material. Die Hauptkomponente stellen heterotypische Fibrillen der **Kollagene I, III und V/XI** dar, die das Knochenmineral organisieren und dem Knochen eine elastische Festigkeit verleihen. Die anorganische Matrix alleine wäre zu brüchig, um Belastungen Stand zu halten, sie bildet mit dem Kollagen zusammen eine Art „Verbundwerkstoff". Nicht-kollagene Proteine machen nur etwa 10 % der organischen Matrix aus, sind aber dennoch für die Knochenentwicklung und Homöostase wichtig. Zu den nicht-kollagenen Proteinen gehören **Proteoglycane** wie Decorin und Biglycan und Zelladhäsionsproteine wie **Fibronectin**. Weiterhin enthält Knochen eine Reihe von **matrizellulären Proteinen** (◨ Tab. 71.2) wie Tenascin, Thrombospondin, Osteopontin und *bone sialoprotein*. Diese auch in der extrazellulären Matrix von Nicht-Knochengewebe weit verbreiteten Proteine unterstützen u. a. die Differenzierung/Funktion von Osteoblasten und Osteoklasten. Das Fehlen dieser Proteine äußert sich u. a. in einer erhöhten Knochenbrüchigkeit und einer verlangsamten Heilung von Knochenbrüchen. Osteopontin und *bone sialoprotein* sind Integrin-bindende, phosphorylierte und sulfatierte Glykoproteine, denen aufgrund ihrer Fähigkeit, Hydroxylapatit zu binden, eine Funktion in der Mineralisierung zugeschrieben wird. Wichtig für die Ossifikation sind auch Proteine mit Vitamin-K-abhängig gebildeten γ-Carboxyglutamatresten (= Gla), z. B. **Matrix-GLA-Protein** und **Osteocalcin** (▶ Abschn. 58.5). Mäuse mit inaktivierten Genen für Matrix-GLA-Protein und Osteocalcin zeigen überraschenderweise eine verstärkte (!) Knochenbildung. Mäuse ohne GLA-Protein sterben in den ersten beiden Monaten nach der Geburt aufgrund einer exzessiven ektopischen Calzifizierung der Arterien. GLA-Protein ist damit eine der Komponenten der Unterdrückung der Mineralisierung, weshalb das Protein auch in vielen Organen außerhalb des Skeletts vorkommt. Ein weiteres negatives Kontrollelement der Mineralisierung besteht in der Tatsache, dass Zellen Pyrophosphationen ausscheiden, die ein „Vergifter" der Hydroxylapatit-Kristallbildung sind. Ist diese Fähigkeit der Zellen durch Mutationen in den Pyrophosphattransportern der zellulären Membranen beeinträchtigt, kommt es ebenfalls zu ausgedehnter Mineralisierung großer Blutgefäße schon im Kindesalter.

Im Einklang mit diesen Sachverhalten steht die Tatsache, dass die Knochenmineralisierung vorwiegend durch das Parathyroidhormon PTH und weniger durch das Calcitonin geregelt wird (s. u. und ▶ Abschn. 72.2). PTH ist für die Ca^{2+}-Freisetzung und Calcitonin für den Calciumeinbau in die Knochen verantwortlich.

Ein wichtiges Markerenzym für die Osteoblastenaktivität ist eine knochenspezifische alkalische Phosphatase, deren physiologische Funktion allerdings noch nicht genau bekannt ist.

Chondroblasten und Osteoblasten leiten sich von mesenchymalen Stammzellen ab, aus denen in anderen Differenzierungsprogrammen auch Fibroblasten, Myoblasten und Adipocyten entstehen. Sie sind die beiden zentralen Zelltypen, welche die Knochen- und Knorpelsubstanz aufbauen.

Knorpelbildung   An der Bildung der Knorpelsubstanz sind lediglich die Chondroblasten und Chondrocyten (in Knorpelmatrix eingebettete Chondroblasten) beteiligt.

Sie synthetisieren die charakteristischen Knorpelbestandteile wie die Knorpelkollagene und Aggrecan.

Knochenbildung   Die Bildung des Knochens verläuft wesentlich komplexer. Bei der **direkten oder desmalen Ossifikation** differenzieren mesenchymale Zellen direkt zu Osteoblasten. Zunächst wird eine **Osteoid** genannte organische Matrix aus Kollagenen, Proteoglycanen, Mucinen und weiteren nicht-kollagenen Proteinen wie Osteocalcin und Osteopontin abgelagert, die anschließend verkalkt. Die Osteoblasten werden in diese verkalkte Substanz eingemauert und differenzieren zu Osteocyten, bleiben aber über Zellfortsätze (Canaliculi) miteinander in Kontakt. Diese Art der Knochenbildung ist relativ beschränkt, wie z. B. bei der Bildung des Schädeldachs oder des cortikalen Teils der Röhrenknochen. Die häufigere Art der Knochenbildung ist die **indirekte oder enchondrale Ossifikation**. Einen Überblick gibt ◨ Abb. 72.1. Eingeleitet wird sie durch Kondensation von Mesenchymzellen. Während die Zellen an der Peripherie sich direkt zu Osteoblasten entwickeln und das Perichondrium bilden, differenzieren die Zellen im Zentrum zu Knorpelzellen. Im Gegensatz zur Chondrogenese bleibt die Differenzierung aber nicht auf der Stufe der Chondrocyten stehen, sondern sie differenzieren über verschiedene Zwischenstadien zu hypertrophen Zellen. Diese weisen in ihrem Proteinbiosynthese-Programm viele Ähnlichkeiten mit Osteoblasten auf, zu welchen sie entweder weiterdifferenzieren oder durch Apoptose zugrunde gehen. Die Hypertrophierung ist durch **Umschalten der Synthese der Kollagene II, IX und XI auf Kollagen X** und schließlich durch die Mineralisierung der Knorpelmatrix gekennzeichnet. Von den hypertrophen Knorpelzellen sezernierter **VEGF** (= *vascular endothelial growth factor*) führt zur Vaskularisierung der mineralisierten Knorpelmatrix. Mit den Blutgefäßen dringen Zellen ein, die zu Chondroklasten werden und die Knorpelreste abbauen. Schließlich leiten eingewanderte **Osteoblastenprogenitorzellen** die endgültige Ossifikation des trabekulären Knochens ein.

Die Knochenmatrix-synthetisierenden Osteoblasten sind epithelähnliche Zellen, die auf der Oberfläche der Knochentrabekel (Knochen-Bälkchen) sitzen und Osteoid zu der basalen Seite hin ablagern. Einige werden schließlich in die Knochenmatrix eingebettet und differenzieren zu den nicht mehr teilungsfähigen Osteocyten, die kaum noch Osteoid synthetisieren. Andere sterben durch Apoptose ab.

Auf molekularer Ebene werden Chondrogenese und Osteogenese durch eine Reihe von Transkriptionsfaktoren, Wachstumsfaktoren und Hormonen reguliert. Die wichtigsten Effektoren sind im Folgenden kurz dargestellt.

❯ Die wichtigsten Transkriptionsfaktoren für die Bildung von Chondrocyten und Osteoblasten sind Sox9 und Cbfa1 (Runx2).

72

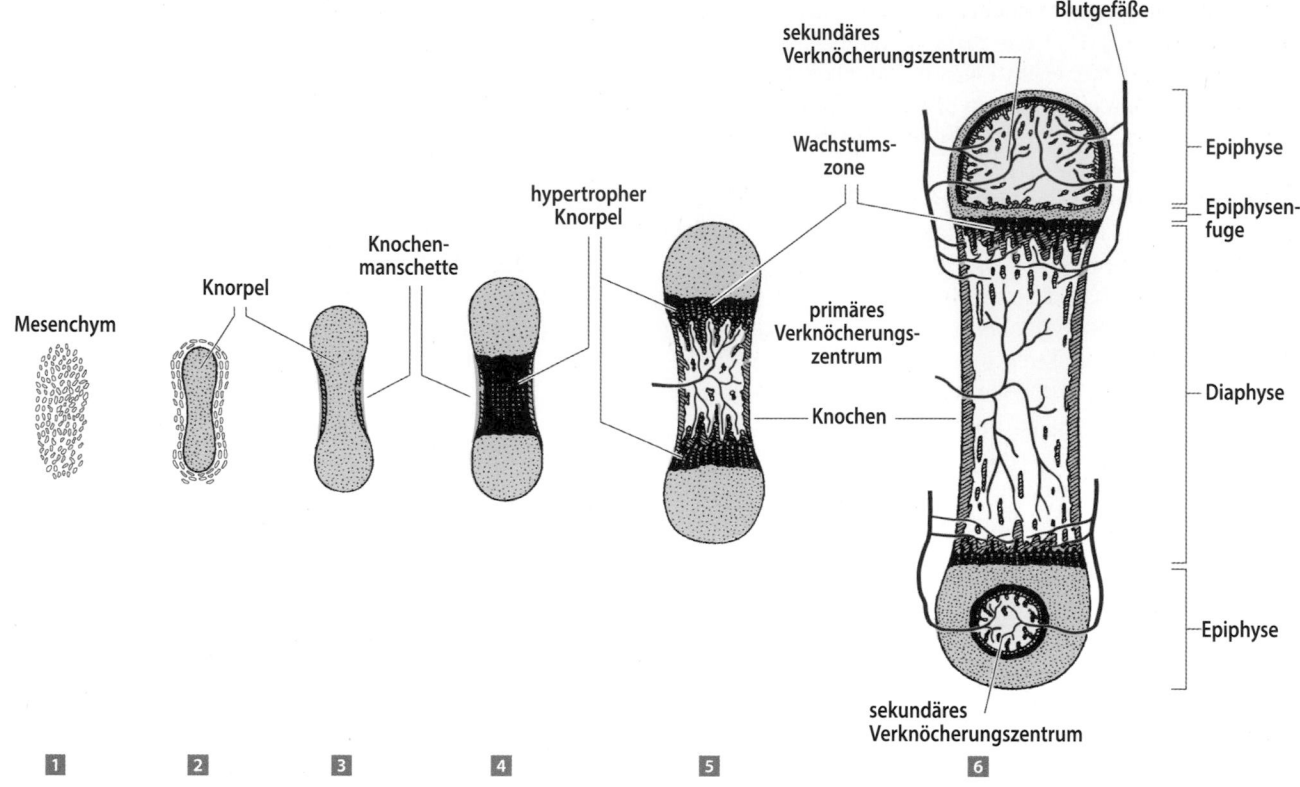

☐ Abb. 72.1   Schematische Darstellung der enchondralen Ossifikation von Röhrenknochen. Mesenchymale Zellen (1) kondensieren zu einer Knorpelanlage (Knorpelblastem) (2), das Knorpelmodell erhält eine perichondrale Knochenmanschette (3), die umschlossenen Chondrocyten hypertrophieren, verkalken und gehen durch Apoptose zugrunde (4), Blutgefäße wandern ein und mit ihnen Chondroklasten, welche die Reste der Knorpelzellen abbauen (5). In die entstandene Markhöhle wandern Osteoblastenvorläuferzellen ein und leiten die primäre Ossifikation ein. Das Längenwachstum erfolgt an der Wachstumszone zu beiden Seiten der Markhöhle. In späteren Entwicklungsstadien, vor allem nach der Geburt, entsteht in den Epiphysen das sekundäre Ossifikationszentrum (6), dargestellt sind zwei sekundäre Ossifikationszentren in unterschiedlichen Entwicklungsstadien

Sox9 reguliert die frühe Differenzierung der kondensierenden **Mesenchymzellen zu Knorpelzellen** und die folgenden Differenzierungsstadien. Sox9 stimuliert zusammen mit weiteren Mitgliedern der Sox-Familie die Transkription einer Reihe von Matrix-Genen, darunter Kollagen II und Aggrecan.

Cbfa1(= *core-binding factor-1*), Synonym: **Runx2**(= *runt-related-transcription factor-2*) reguliert die späte Differenzierung von Chondrocyten zu hypertrophen Chondrocyten. **Cbfa1** ist gleichzeitig der Schlüsseltranskriptionsfaktor für die **Differenzierung von Mesenchymzellen zu Osteoblasten** und die Expression von osteoblastenspezifischen Genen.

❯ Parakrin sezernierte Faktoren aus den Familien der BMPs und FGFs besitzen eine Schlüsselfunktion bei allen Stadien der Chondrocytendifferenzierung.

Die *bone morphogenetic proteins* (**BMPs**) aus der TGF-β-Superfamilie wurden aufgrund ihrer Fähigkeit entdeckt, enchondrale Knochenbildung ektopisch (= an einer unangemessenen anatomischen Lokalisation) zu induzieren, wenn sie intramuskulär in Mäuse injiziert wurden. BMPs sind für die Kondensation der Mesenchymzellen wichtig (für jeden Knochen muss eine Anlage von aggregierten Mesenchymzellen gebildet werden), halten die Sox-Expression aufrecht und sind auch an den weiteren Schritten der Chondrogenese beteiligt, wobei in jedem Stadium ein charakteristisches Muster an BMPs exprimiert wird.

Darüber hinaus sind BMP-Proteine auch für die Osteoblastenentwicklung essenziell, von der Differenzierung der Mesenchymzellen über die Reifung der Osteoblasten bis hin zur Apoptose von Osteocyten.

Die *fibroblast growth factors* (**FGFs**) stellen eine Gruppe von Cytokinen dar, die mit Tyrosinkinase-Rezeptoren (**FGFRs**) der Zielzelle interagieren. Eine der bekanntesten FGF-Wirkungen ist die Induktion der Extremitätenknospen sowie die Regulation des proximal-distalen Wachstums und legt so die Grundlagen für die Arm- und Beinentwicklung.

Störungen der FGF-Signaltransduktion sind verantwortlich für häufige erblich bedingte Fehlregulationen der Knochenbildung: Die **Achondrodysplasie**, die häufigste Form von Zwergwuchs, wird durch aktivierende *gain of function (GOF)* Mutationen des FGF-Rezeptors-3 (FGFR3) verursacht, was zu einer verfrühten terminalen Differenzierung der Chondroblasten führt.

Die **Kraniosynostose** ist die vorzeitige Verknöcherung der Schädelnähte. Sie wird meist durch aktivierende Mutationen des FGF-Rezeptors-2 (FGFR2) verursacht. Übermäßig starkes *signaling* durch FGF stimuliert die Differenzierung von Osteoblasten.

Wachstumsfaktoren aus den **TGF-β/BMP- und FGF-Familien** werden auch im reifen Knochen gebildet und in der Knochenmatrix gespeichert. Sie spielen eine wichtige Rolle bei Umbau- und Regenerationsprozessen.

❯ Regulation der Chondrocyten-Differenzierung in der Epiphysenfuge durch parakrine Faktoren.

Das Längenwachstum der Röhrenknochen erfolgt an den Wachstumsfugen und ist durch eine charakteristische Abfolge ruhender, proliferierender und hypertrophierender Chondrocyten gekennzeichnet. Die verschiedenen Differenzierungsschritte müssen strikt reguliert und koordiniert werden. Wenn z. B. unter pathologischen Bedingungen Chondrocyten zu einem vorzeitigen Übergang von der proliferativen Phase zum hypertrophierten Zustand stimuliert werden, wird das Längenwachstum des Knochens verlangsamt, mit Zwergwuchs als Folge.

Die kontrollierte Abfolge von Reifungsprozessen wird durch komplexe Regelkreise gesteuert. Neben dem Wachstumshormon und IGF (▶ Abschn. 72.2, 34.2 und 42.1), sowie weiteren Hormonen (z. B. die Schilddrüsenhormone, ▶ Kap. 41) sind insbesondere die im Folgenden kurz vorgestellten lokal wirkenden Faktoren essenziell:

BMPs werden in proliferierenden und hypertrophierenden Chondrocyten sowie im Perichondrium exprimiert. Sie **fördern die Proliferation von Chondrocyten und verzögern/inhibieren ihre terminale Differenzierung**. Sie stimulieren die Expression von I*ndian* h*edgeh*og (Ihh, s. u.). **FGFs hingegen vermindern die Proliferation von Chondrocyten und beschleunigen die Differenzierung** von hypertrophen Chondrocyten zu terminal differenzierten Chondrocyten. Daher ist das Knochenwachstum vom richtigen Verhältnis der beiden Cytokine abhängig.

Ein wichtiger Regelkreis zur Kontrolle der Chondrocytenproliferation und -reifung wird durch *Indian hedgehog* und p*arath*ormone-*r*elated-*p*eptide (**PTHrP**) gebildet.

Ihh ist ein Mitglied der *hedgehog*-Familie von lokal wirkenden, sezernierten Proteinen. Es wird in prähyper-

trophen und frühen hypertrophen Chondrocyten exprimiert. Ihh stimuliert die **Proliferation** der zum Gelenkende hin gelegenen Chondrocyten. Eine weitere wichtige Funktion von Ihh ist die Förderung der Bildung von **Osteoblasten** in der primären Spongiosa und der Knochenmanschette.

PTHrP bindet an den gleichen Rezeptor wie PTH und wurde in der Tat auch als Faktor entdeckt, der die Hypercalcämie bei bestimmten Tumoren bewirkt. Erst später wurde seine Bedeutung bei der Knochenentwicklung erkannt. PTHrP hält die **Chondrocyten im proliferierenden Zustand**. Unter der Kontrolle von Ihh aus spätproliferativen Knorpelzellen wird PTHrP von Perichondriumzellen und frühen proliferativen Chondrocyten exprimiert, hemmt aber gleichzeitig die Synthese von Ihh. Dieser Regelkreis reguliert in einer Rückkkoppelung die Länge der proliferativen Zone. Die Bedeutung des Ihh/PTHrP-Systems erkennt man am besten an der Tatsache, dass das Fehlen von Ihh zu schwersten Wachstumsstörungen führt: Das Wachstum der Röhrenknochen ist praktisch komplett inhibiert, und es werden keine Osteoblasten gebildet.

72.2 Regulation der Chondrogenese und Osteogenese durch Hormone

An der Entwicklung und Homöostase von Knorpel/ Knochengewebe ist eine Reihe von Hormonen beteiligt: **Parathormon (PTH), Calcitonin und 1,25-Dihydroxycholecalciferol (Calcitriol, Vitamin D3) regulieren den Calciumhaushalt** ▶ Abschn. 58.3.

Wachstumshormon (GH, Synonym: Somatotropin) und die *insulin-like growth factors-1, -2* (**IGF**) sind die wichtigsten Hormone, die das Längenwachstum während der Embryonalentwicklung und der Kindheit regulieren (▶ Abschn. 42.1 und 42.1.2).

Schilddrüsenhormone (▶ Abschn. 41.3) fördern die hypertrophe Differenzierung von Chondrocyten und stimulieren die Transkription von Wachstumshormon und IGF. Ein Mangel an Schilddrüsenhormonen führt zur Wachstumsverlangsamung, ein Überschuss zu beschleunigtem Wachstum.

Glucocorticoide (▶ Abschn. 40.2.5) hemmen die Osteoblastenproliferation und Knochenmatrixproduktion. Sie fördern die Differenzierung von Osteoblasten und die Knochenresorption (▶ Abschn. 72.6).

Während des Heranwachsens gewinnen die **Androgene** und **Östrogene** an Bedeutung. Sowohl Chondrocyten als auch Osteoblasten besitzen Rezeptoren für diese Hormone (▶ Abschn. 72.6).

72

72.3 Osteoklasten – Abbau und Umbau von Knochen

Osteoklasten sind die Zellen, die die Knochensubstanz – sowohl den anorganischen als auch den organischen Anteil – auflösen und so für den Umbau des Skelettsystems unentbehrlich sind (s. u.).

❯ Im Gegensatz zu den Chondroblasten und Osteoblasten leiten sich die Osteoklasten von Vorläuferzellen der Makrophagen ab.

Die Osteoklasten durchlaufen bis auf die terminale Differenzierung den gleichen Differenzierungsweg wie die Makrophagen. Progenitorzellen werden über die Blutzirkulation rekrutiert und durch Fusion von einkernigen Vorläufern entstehen schließlich die reifen, **vielkernigen Osteoklasten** (◻ Abb. 72.2).

❯ Zwei Osteoblastenproteine, M-CSF und RANKL, sind notwendig und hinreichend, um die Osteoklastogenese zu stimulieren.

Aufgrund der gleichen Abstammung ist es nicht verwunderlich, dass der Wachstumsfaktor **M-CSF (m**acro**p**hage **c**olony-**s**timulating **f**actor), der die Proliferation und Differenzierung der Makrophagen-Vorläuferzellen

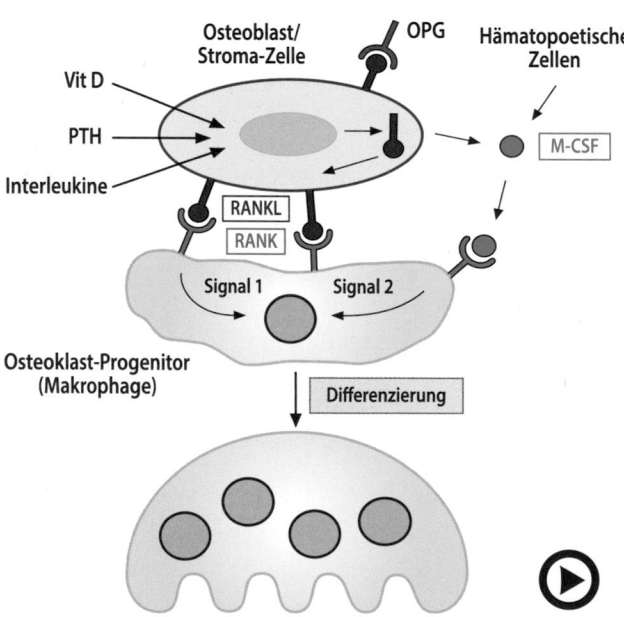

◻ **Abb. 72.2** (Video 72.1) **Mechanismus der Differenzierung von Osteoklasten aus Makrophagen-ähnlichen Vorläufern.** Es werden zwei Signale benötigt: *Signal 1:* direkte Interaktion von RANKL auf der Oberfläche von Osteoblasten/Stromazellen mit dem Rezeptor RANK auf dem Makrophagen; *Signal 2:* Bindung von M-CSF an seinen Rezeptor auf der Vorläuferzelle. *OPG:* Osteoprotegerin; *Vit D:* Vitamin D; *PTH:* Parathormon; *M-CSF:* macrophage colony-stimulating factor. (Einzelheiten s. Text) (▶ https://doi.org/10.1007/000-5s9)

stimuliert und auch die Osteoklastenbildung reguliert. M-CSF kann von Osteoblasten gebildet werden oder auf dem Blutweg den Knochen erreichen (◻ Abb. 72.2).

Zusätzlich ist ein **direkter Kontakt zwischen Osteoblasten und Osteoklasten-Progenitorzellen** zwingend erforderlich. Ohne die Anwesenheit von Osteoblasten werden keine Osteoklasten gebildet. Auf diese Weise werden Knochenabbau und -aufbau miteinander gekoppelt, und einem überschießenden Knochenabbau kann weitgehend vorgebeugt werden.

Osteoblasten stimulieren die Osteoklastenbildung über das in der Cytoplasmamembran verankerte Protein **RANKL** (Ligand für RANK, alternativ auch TRANCE genannt). RANKL bindet an den Rezeptor **RANK** (**r**eceptor for **a**ctivation of **n**uclear factor **k**appa B), der auf den Osteoklasten-/Makrophagenvorläuferzellen exprimiert wird. Aktivierung von RANK durch RANKL führt zur terminalen Differenzierung und Aktivierung der Makrophagen. RANKL und RANK sind Mitglieder der **t**umor-**n**ecrosis-**f**actor (**TNF**)- und **t**umor-**n**ecrosis-**f**actor-**r**eceptor-(**TNFR**)-**Familien**. Wie bei diesen assoziiert RANK mit TNF-Rezeptor-assoziierten Proteinen (TRAFs), die letztlich zu einer Aktivierung von NFκB und MAP-Kinasen führen (▶ Abschn. 35.5.3).

Der Knockout der Gene für RANK oder RANKL in der Maus führt neben schwerwiegenden Störungen im Immunsystem zur vollständigen Unterdrückung der Osteoklastogenese. Ein natürlicher Antagonist von RANKL ist das **OPG (Osteoprotegerin)**, welches Strukturähnlichkeit mit RANK besitzt. OPG konkurriert mit dem eigentlichen Rezeptor RANK um die Bindung von RANKL, vermag aber als frei lösliches Protein keine Signaltransduktion auszulösen und inhibiert so die Wirkung von RANKL. In Mäusen kann man durch Variation der Expression des Rezeptors RANK, des Liganden RANKL und des kompetitiven Inhibitors OPG die Osteoklastenbildung regulieren und alle Zustände von schwerer Osteopetrose bis zur massiven Osteoporose (▶ Abschn. 72.7) erzeugen. Viele Mediatoren wie PTH, Vitamin D und Prostaglandine führen zu einer Erhöhung der Expression von RANKL. Daher nimmt man an, dass dieser Weg den gemeinsamen Endpunkt für viele Osteoklasten-aktivierende Prozesse darstellt.

❯ Osteoklasten erzeugen ein abgeschlossenes extrazelluläres Kompartiment, in dem die Knochenmatrix resorbiert wird.

Der erste Schritt im Knochenabbau besteht in der Anheftung der Osteoklasten an die Knochenoberfläche. Dies ist mit einer **Polarisierung** der Zelle verbunden. Die Plasmamembran gegenüber der Knochenmatrix faltet sich mehrfach ein, wodurch die resorbierende Oberfläche vergrößert wird, während der äußere Rand eine umlaufende dichte Verbindung zwischen Kno-

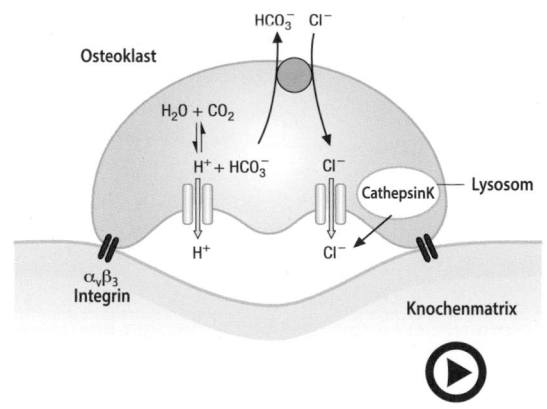

▣ **Abb. 72.3** (Video 72.2) **Mechanismus der Knochenresorption durch Osteoklasten.** (Einzelheiten s. Text) (▶ https://doi.org/10.1007/000-5s7)

chen und Zelle aufbaut, sodass ein **isoliertes extrazelluläres Kompartiment** (Resorptionslakune) entsteht, in dem der Knochenabbau vonstattengeht (▣ Abb. 72.3). Diese Abdichtung wird durch Bindung des Integrins $\alpha v\beta 3$ an EZM-Moleküle vermittelt. Das Integrin bindet an ein RGD-Motiv des Osteopontins in der Knochenmatrix. $\alpha v\beta 3$-defiziente Osteoklasten können Knochen nur unvollständig auflösen, was mit einer Erhöhung der Skelettmasse und einem niedrigen Blutcalciumspiegel verbunden ist. Ähnlich vermag die PTH-stimulierte Osteoklastogenese die Knochenresorption in Osteopontindefizienten Mäusen nicht zu steigern, was die Rolle von Osteopontin als „Brückenkopf" in der Knochenmatrix für die Osteoklastenbindung bestätigt. Die Bedeutung der Erzeugung eines abgeschlossenen extrazellulären Kompartimentes wird klar, wenn man den Mechanismus der Resorption betrachtet (▣ Abb. 72.3). Zunächst muss die anorganische Knochenmatrix abgebaut werden. Dies geschieht durch **pH-Erniedrigung** in den Resorptionslakunen, wodurch der Hydroxylapatit in Lösung geht. Die Ansäuerung erfolgt ähnlich wie bei der Sekretion von HCl im Magen durch Sekretion von H^+-Ionen durch eine Protonen-ATPase, wobei die Elektroneutralität durch einen ladungsgekoppelten Chloridkanal gewahrt bleibt (▶ Abschn. 61.1.2). Der intrazelluläre pH wird durch HCO_3^-/Cl^--Antiport auf der dem Knochen abgewandten Seite des Osteoklasten aufrechterhalten. Daraufhin wird die entmineralisierte Knochenmatrix durch lysosomale Proteasen abgebaut, eine Schlüsselstellung nimmt dabei **Cathepsin K** ein.

72.4 Knochenwachstum bis zur Pubertät

❯ Die Geschwindigkeit des postnatalen Skelettwachstums wird durch das Wachstumshormon (GH) aus der Hypophyse reguliert

Aktivierung von GH-Rezeptoren auf Chondrocyten der Wachstumsfuge führt zur lokalen Produktion von IGF-1 (▶ Abschn. 42.1), das an den IGF-Rezeptor, eine Rezeptor-Tyrosinkinase der Chondrocyten bindet. Inwieweit systemisch in der Leber unter Einfluss von GH gebildetes IGF-1 am Knochen eine Rolle spielt, ist noch umstritten. IGF-1 stimuliert die Proliferation von Chondrocyten und deren **Größenwachstum** (= Zunahme des Zellvolumens). Zusätzlich scheint GH auch direkte Effekte zu besitzen, indem es Chondrocyten der Ruhezone zur Proliferation anregt. Ein Fehlen von IGF-1 führt zu Zwergwuchs, die Proportionen des Skeletts bleiben dabei jedoch erhalten.

Im Gegensatz zum postnatalen Wachstum wird in der Embryonalentwicklung die Chondrocytenproliferation vor allem durch unabhängig von GH gebildetes IGF-1 und IGF-2 vermittelt.

Für den Wachstumsschub während der Pubertät und die geschlechtsspezifische Ausprägung des Körperbaus sind die Sexualhormone (Testosteron und Östrogen, ▶ Abschn. 40.4 und 40.5) verantwortlich. Das Längenwachstum der Knochen endet mit **Schließung der Epiphysenfuge** während der Pubertät, ebenfalls unter dem Einfluss von Sexualhormonen.

❯ Die Schließung der Epiphysenfuge wird beim Mann und der Frau durch Östrogen vermittelt.

Indiz dafür ist z. B., dass bei einem 28-jährigen Mann mit defektem Östrogenrezeptor (ER), aber normalem Testosteronspiegel, die Epiphysenfugen noch nicht vollständig geschlossen waren. Ähnliche Effekte waren bei Mäusen mit inaktiviertem Östrogenrezeptor-α-(ERα)-Gen und bei männlichen Ratten, bei denen durch Gabe von Aromatase-Inhibitoren die Bildung von Östrogenen inhibiert worden war, zu beobachten.

72.5 Homöostase von Knochengewebe

In der Wachstumsphase steht durch die Aktivität der Hormone und der verschiedenen Wachstums-/Differenzierungsfaktoren die Bildung neuer Knochensubstanz im Vordergrund. Nach Beendigung des Wachstums geht das Skelettsystem nicht in einen ruhenden Zustand über, sondern bleibt nach wie vor sehr aktiv, denn es erfolgt ein **steter Umbau** des Knochens.

Dies ist erforderlich, da die Knochen einerseits als **Calciumspeicher** fungieren und bei Bedarf Calcium freigesetzt werden muss. Zum anderen wird das Skelettsystem den **mechanischen Erfordernissen** angepasst, die Knochenbälkchen werden in Richtung der maximalen Belastung angeordnet. Ständig wird Knochensubstanz durch die Osteoklasten abgebaut und gleichzeitig neue Knochensubstanz durch die Osteoblasten hergestellt.

Man schätzt, dass dies im menschlichen Skelett an etwa 1–2 Millionen Stellen gleichzeitig geschieht. **Etwa alle 10 Jahre ist das Skelettsystem einmal erneuert.** Beim jungen Erwachsenen sind Aufbau und Abbau exakt ausbalanciert, mit zunehmendem Alter verschiebt sich das Gleichgewicht jedoch zugunsten der Osteoklasten, es kommt zur **Osteoporose** (▶ Abschn. 72.7), die ein großes gesundheitliches Problem darstellt, insbesondere bei Frauen nach der Menopause.

72.6 Knochenumbau durch Cytokine und Steroidhormone

Regulation durch Cytokine Der Einfluss von Cytokinen auf die Knochenbildung wurde aufgrund der Beobachtung entdeckt, dass stimulierte Monocyten Faktoren ins Blut ausschütten, die die Knochenresorption fördern.

❯ Cytokine stimulieren die Knochenresorption und fördern so die Osteoporose.

Interleukin-1β (IL-1β) aktiviert als einer der wichtigsten proinflammatorischen Faktoren auch Osteoklasten und damit den Abbau von Knochen. Außerdem wurde eine Vielzahl von weiteren Cytokinen entdeckt, die die Knochenresorption **stimulieren** (darunter TNF-α, IL-6, IL-11, IL-15 und IL-17). Es wurden aber auch andere Interleukine gefunden, die die Knochenresorption **inhibieren** (IL-4, IL-10, IL-13, IL-18, IFN-γ). TGF-β und Prostaglandine können sowohl inhibieren als auch stimulieren, je nach Funktionszustand der Zellen. Die Wirkung am Knochen von Interleukinen und anderen Cytokinen, die eigentlich aufgrund ihrer Funktion bei der Immunabwehr bekannt sind, wird leichter verständlich, seit man weiß, dass die Osteoklasten sich von den Makrophagen ableiten.

Die Cytokine werden teils in den Stromazellen/Osteoblasten, teils in den hämatopoetischen Zellen/Osteoklasten exprimiert und bilden im Knochen ein komplexes Netzwerk. IL-1β kann z. B. durch autokrine und parakrine Mechanismen seine eigene Biosynthese und die von weiteren Interleukinen wie IL-6 stimulieren. Als Resultat der Cytokinwirkungen kommt es zu einer Stimulierung der Proliferation, Differenzierung und Aktivierung von Osteoklasten. Die Aktivierung der Osteoklasten kann auf zwei verschiedenen Wegen erfolgen:

— Cytokine können **direkt** an Rezeptoren auf Osteoklasten binden und intrazelluläre Signale auslösen.
— Sie können auf **indirektem** Wege wirken, indem die verschiedenen Interleukin-vermittelten Reaktionen in die Bildung von M-CSF und RANKL einmünden, die dann, wie bereits diskutiert, die Osteoklasten aktivieren.

Regulation durch Steroidhormone **Steroidhormone** besitzen einen großen Einfluss auf die Homöostase des Skelettsystems. Von großer Bedeutung sind vor allem zwei Gruppen von Hormonen, die **Sexualhormone** und die **Glucocorticoide**.

❯ Östrogene und Androgene bewirken bei Mann und Frau eine positive Bilanz der Knochendichte mit verbesserten biomechanischen Eigenschaften.

Die Sexualhormone wirken wahrscheinlich primär an den Osteoblasten, obwohl auch Osteoklasten Rezeptoren für Östrogene bzw. Androgene besitzen. Die Wirkungen auf Proliferation und Differenzierung der Osteoblasten sind komplex und molekular noch nicht gut verstanden, da Osteoblasten bzw. deren Vorläuferzellen je nach Differenzierungszustand und Umgebung unterschiedlich auf Sexualhormone ansprechen. Neben der positiven Wirkung auf die Knochendichte sind die Sexualhormone, wie in ▶ Abschn. 72.4 dargelegt, auch für die geschlechtsspezifische Ausprägung des Knochenbaus und für die Schließung der Epiphysenfugen verantwortlich.

❯ Östrogene und Androgene verhindern ein Überschießen der Osteoklastentätigkeit und wirken so anti-osteoporotisch.

Östrogene und Androgene inhibieren die Transkription einer Reihe von den Knochenabbau stimulierenden Cytokinen (s. o.) wie IL-1, IL-6, TNF-α, CSF und Prostaglandin E2. Die Effekte werden durch die gleichzeitige Inhibition der Expression von Cytokinrezeptoren noch verstärkt, wie im Falle des IL-6-Rezeptors gezeigt worden ist. Zusätzlich können Östrogene die durch RANKL vermittelte Aktivierung von Osteoklasten blockieren. Darüber hinaus kann Östrogen die Apoptose von Osteoklasten fördern. Es wird angenommen, dass an diesem Prozess TGF-β beteiligt ist, dessen Transkription im Gegensatz zu den meisten Cytokinen durch Sexualhormone erhöht wird.

In der Summe führen die Effekte der Sexualhormone daher zu einer Verminderung der Osteoklastentätigkeit und wirken so einer Osteoporose entgegen.

❯ Hohe Spiegel an Glucocorticoiden führen zur Entmineralisierung des Knochens.

Über die physiologische Rolle der Glucocorticoide im Knochenstoffwechsel weiß man noch wenig. Dagegen sind die durch Hormonüberschuss verursachten Effekte gut untersucht, wie im Falle des Cushing-Syndroms oder heute häufiger bei Einsatz von Cortisolderivaten als Immunsuppressiva. Zielzelle der Hormonwirkung ist der **Osteoblast**. Dieser besitzt Rezeptoren für Glucocorticoide, in Osteoklasten hingegen sind bisher noch keine Glucocorticoid-Rezeptoren nachgewiesen worden. Glucocorticoide hemmen die Bildung und Aktivierung von Osteoblasten und damit auch die Neubildung von Osteoklasten (▶ Abschn. 72.3). Zusätzlich ist die Apoptoserate der Osteoblasten und Osteocyten erhöht. Als Teil der entzündungshemmenden Wirkung der Glucocorticoide wird die Expression von Kollagenase und Interleukin-6 inhibiert. Diese Effekte sollten zu einer Verminderung des Knochenabbaus führen. Dennoch kommt es wegen einer verstärkten Aktivierung der vorhandenen Osteoklasten letztlich zur Osteoporose. Ein Effekt, der dabei eine Rolle spielt, ist eine verminderte Transkription der mRNA für Osteoprotegerin bei gleichzeitiger Erhöhung der Transkription seines Liganden (▶ Abschn. 72.3).

72.7 Pathobiochemie: Knochenerkrankungen

Das Skelettsystem ist einer Reihe pathophysiologischer Veränderungen unterworfen, beginnend von angeborenen Fehlbildungen bis hin zu erworbenen Schädigungen durch Fehlhaltung und falsche Belastung und Störungen der Knochenhomöostase. Aufgrund der damit verbundenen langfristigen gesundheitlichen Beeinträchtigung sind Knochenerkrankungen deshalb von großer volkswirtschaftlicher Bedeutung. Im Folgenden sollen einige Krankheiten im Zusammenhang mit Störungen der Knochenhomöostase dargestellt werden.

72.7.1 Osteoporose

Diese Erkrankung ist gekennzeichnet durch eine Abnahme der Knochendichte, verbunden mit einer Verschlechterung der Knochenarchitektur. Dadurch wird der Knochen anfällig für Frakturen. Ursache ist ein übermäßig rascher Abbau der Knochensubstanz (▶ Abschn. 72.3). Die Osteoporose stellt ein großes, im Allgemeinen mit der Alterung assoziiertes Gesundheitsproblem dar und beginnt im vierten oder fünften Lebensjahrzehnt. Bereits ein 10 %iger Verlust an Knochenmasse verdoppelt das Risiko eines Knochenbruchs. Man hat abgeschätzt, dass allein in den Vereinigten Staaten mehr als 25 % der Frauen in der Postmenopause eine um 10–25 % reduzierte Knochendichte besitzen und etwa 5 Millionen Frauen bereits einen Knochenbruch erlitten haben. Die häufigste Ursache der Osteoporose bei Frauen ist der Abfall an Östrogen in der Menopause. Da Östrogene den Spiegel an Cytokinen wie IL-1, IL-6 und TNF-α senken, führt ein Abfall des Östrogenspiegels natürlich zu einer Erhöhung der Cytokinspiegel und damit zu verstärktem Knochenabbau (▶ Abschn. 72.3). Nicht nur Frauen,

auch Männer im fortgeschrittenen Alter leiden unter fortschreitender Osteoporose, vermutlich bedingt durch einen Abfall an Sexualhormonen. Eine wesentliche Rolle spielt sicher auch die Tatsache, dass mit zunehmendem Alter immer weniger teilungsfähige fibroblastenartige Zellen vorhanden sind. Die dritthäufigste Ursache ist inzwischen die Behandlung mit Cortisonpräparaten. Weitere Ursachen sind Multiple Myelomatose, Hyperparathyreoidismus und Hyperthyreoidismus sowie ein Mangel an Vitamin D.

Therapiemöglichkeiten Zur Behandlung der nach der Menopause auftretenden Osteoporose werden in erster Linie Östrogene gegeben, um den Abfall des Hormonspiegels zu kompensieren. Da eine Östrogenbehandlung mit einem erhöhten Risiko für Unterleibskrebs verbunden ist, wird es in Verbindung mit einem Gestagen verabreicht. In den letzten Jahren wurden Agenzien entwickelt, die die Wirkung von Östrogen ganz oder teilweise nachahmen können, sog. **selektive Östrogen-Rezeptor-Modulatoren (SERMs)**. Der erste Vertreter dieser Substanzklasse war das Triphenylethylenderivat **Tamoxifen**. Mit derartigen Wirkstoffen wird es in der Zukunft wahrscheinlich gelingen, die positive Wirkung von Östrogen am Knochen zu substituieren, ohne die negativen Effekte in Kauf nehmen zu müssen. Eine andere Klasse von anti-osteo-porotisch wirkenden Substanzen sind die **Bisphosphonate**, in denen der Sauerstoff von Pyrophosphat (PO_3^{2-}–O–PO_3^{2-}) durch eine Methylengruppe (PO_3^{2-}–CH_2–PO_3^{2-}) mit verschiedenen Seitenketten ersetzt ist. Durch die Anlagerung an die Knochenoberfläche hemmen sie einerseits die Mineralisation der Knochensubstanz. Andererseits werden diese Substanzen von Osteoklasten aufgenommen und wirken wahrscheinlich durch Inhibition der Farnesylpyrophosphatsynthase (▶ Abschn. 23.2) und hemmen so die Prenylierung und damit die Membranverankerung von kleinen G-Proteinen wie Rho, Rab und Cdc42 (◘ Tab. 35.1), die für die Aktivierung und das Überleben der Osteoklasten wichtig sind. Aufgrund ihres Wirkungsmechanismus können die Bisphosphonate Knochenresorption unabhängig von der Ursache verhindern.

72.7.2 Paget-Krankheit

Diese Erkrankung betrifft etwa 3 % der über 40-jährigen Nordeuropäer und der weißen Bevölkerung Nordamerikas. Die Erkrankung ist durch Verkrümmung und Verdickung einzelner Röhrenknochen mit Neigung zu Spontanfrakturen gekennzeichnet. Die Ursache ist noch nicht vollends geklärt, beruht aber vermutlich auf einer Infektion mit Paramyxoviren, zu denen auch das Masernvirus gehört. *In vitro* konnte durch Transfektion von Osteoklasten-Vorläuferzellen mit retroviralen Vektoren, die das Gen für Masern-Nucleocapsid-Protein trugen, eine Aktivierung der Expression von RANK, Aktivierung von NFκB und erhöhte Empfindlichkeit gegenüber Vitamin D beobachtet werden. Dafür spricht auch, dass

bei einer autosomal dominanten juvenilen Variante der Paget-Krankheit aktivierende Mutationen des RANK-Gens nachgewiesen wurden.

Übrigens

Knochenstoffwechsel. Seit seinem 14. Lebensjahr war der großartige Maler Henri Toulouse-Lautrec (1864–1901) nicht mehr gewachsen. Er blieb 1,52 m groß und wurde zu einem deformierten Zwerg. Seine Beine waren die eines Kindes, beim Gehen war er behindert und musste einen Stock benutzen. Er sagte: „Ich gehe schlecht wie ein Enterich." Im Zoo stellte er vor den Pinguinen fest: „Die watscheln ja genau wie ich!" Sein Leiden war eine seltene Erbkrankheit der Skelettentwicklung mit der Bezeichnung Pyknodysostose. Man weiß inzwischen, dass diese Erkrank-ungen auf *loss of func-* *tion (LOF)* Mutationen im Gen für Cathepsin K beruht. Dies führt zu einem gestörten Abbau der organischen Knochenmatrix. Die Resorptionslakunen der Osteoklasten enthalten große Mengen unverdauter Kollagenfibrillen. Es resultiert zwar eine röntgenologisch vermehrte Knochendichte, jedoch kommt es zur abnorm gesteigerten Brüchigkeit. Die Ursache von Lautrecs zwergenhafter Gestalt war also nicht, wie oft behauptet, schlecht verheilte Knochenbrüche, sondern eine rezessiv-autosomal erbliche Skelettdysplasie. Der später weltberühmte Maler ist im 37. Lebensjahr gestorben.

72.7.3 Rheumatoide Arthritis (RA): Pathogenese und Therapieansätze

Definition   Die rheumatoide Arthritis (RA) ist eine systemische, chronisch-entzündliche Autoimmunerkrankung, von welcher grundsätzlich viele Gelenke betroffen sein können. Die RA kann in jedem Alter beginnen, der Altersgipfel liegt zwischen 40 und 55 Jahren. Frauen sind 2–3 Mal häufiger betroffen als Männer. Der Krankheitsverlauf ist in über 90 % der Fälle schubweise und progredient; in weniger als 10 % der Fälle kommt der Entzündungsprozess nach einem Schub spontan zum Stillstand und kann über Jahre oder dauerhaft in Remission verharren. Die Prävalenz der RA in amerikanischen Indianerstämmen ist mit 6 % besonders hoch, verglichen mit 0 % der ländlichen Bevölkerung Nigerias. In Nordamerika und Europa liegt die Prävalenz konstant bei 0,8–1 %, die Schwere der Verläufe ist rückläufig dank verbesserter Therapiemöglichkeiten. Die RA als häufigste autoimmune Arthritis soll hier paradigmatisch für zahlreiche andere Arthritis-Entitäten behandelt werden.

Die initialen Symptome sind Morgensteifigkeit, Schmerz, symmetrische Schwellung, Rötung und Überwärmung vor allem der kleinen Hand- und Fußgelenke, aber auch Ellenbogen, Schultern, Knie, Sprunggelenke und Halswirbelsäule können betroffen sein. Die quälenden, schneidenden Schmerzen führen zu gravierenden Funktionseinschränkungen im täglichen Leben. Dass die rheumatische Entzündung nicht auf die Gelenke beschränkt bleibt, sondern auch systemisch wirkt, ist erkennbar an der ausgeprägten Akut-Phase-Reaktion (hohe Blutsenkungsgeschwindigkeit, erhöhtes C-reaktives Protein (CRP) und Serumamyloid A), einer Eisenmangelanämie, Thrombocytose, Müdigkeit, Gewichtsverlust, Osteoporose, Muskelatrophie und erhöhten kardiovaskulären Risiken. Im Endstadium der RA kommt es durch die chronische Entzündung zu einer weitgehenden Zerstörung von Gelenkknorpel und angrenzendem Knochen. Dies resultiert in einer **Gelenkversteifung durch Verknöcherung (Ankylose)** mit schwersten Behinderungen. Dank der Möglichkeiten der modernen Rheumatherapie können diese Spätschäden heute meistens vermieden werden. Voraussetzung dafür ist eine möglichst frühe Diagnose und ein sofortiger Beginn einer aggressiven entzündungshemmenden und schmerzlindernden Therapie begleitet von einer intensiven Physiotherapie und gelenkkühlenden Maßnahmen (Kryopaks).

Klinische Diagnosesicherung   2010 wurden neue RA-Klassifikationskriterien gemeinsam von dem *American College of Rheumatology* (ACR) und der europäischen Rheumaliga (EULAR) vereinbart. Diese basieren auf einem Punktesystem (0–10) aus klinischen Gelenksymptomen und serologischen Befunden (ACPA, Höhe des CRP). Radiologische Symptome, die typische Spätmanifestationen der RA darstellen, werden folgerichtig in den neuen ACR/EULAR Früh-RA Kriterien nicht mehr berücksichtigt. Ein Punktwert von 6 und größer erlaubt mit großer Verlässlichkeit die Diagnose einer RA und damit den sofortigen Beginn einer entzündungshemmenden anti-rheumatischen Therapie.

Wie bereits oben erwähnt, ist eine manifeste RA nicht nur auf die Gelenke beschränkt, sondern kann als langjährige systemische Entzündung neben Anämie, Kachexie und subfebrilen Temperaturen auch Symptome an Haut (Ulzerationen), Auge (Skleritis), Blutgefäßen (Vaskulitis) und Niere (Amyloidose) verursachen. Die Blutwerte der Patienten sind in Richtung Entzündungsreaktion verändert, d. h. erhöhte Blutsenkungsgeschwindigkeit, erhöhte Akutphase-Proteine (C-reaktives Protein, Serum-Amyloid A, Caeruloplasmin, Hepcidin, Ferritin, Fibrinogen, C3), erniedrigte

Hämoglobin-Spiegel, positiver Rheumafaktor, sowie bei 2/3 der RA-Patienten die RA-spezifischen Antikörper gegen **citrullinierte Peptide/Proteine** (**ACPA** – **a**nti **c**itrullinated **p**eptide/**p**rotein **a**ntibodies).

Gelenkanatomie und Pathogenese Ein typisches Beispiel für den Aufbau eines gesunden Gelenks ist das in ◘ Abb. 72.4 (*linker Teil*) schematisch dargestellte Kniegelenk, bestehend aus knöchernen und knorpeligen Anteilen, die von einer bindegewebigen Gelenkkapsel umhüllt werden. Die Innenseite der Gelenkkapsel ist von der **Synovialis** ausgekleidet, einer einzelligen Schicht synovialer Deckzellen (**Synoviocyten**) mit darunterliegendem gefäßreichem Bindegewebe, das sich ohne Basalmembran direkt anschließt und von der äußeren Gelenkkapsel umschlossen wird. Die physiologische Aufgabe der Gelenke besteht in der Gewährleistung einer reibungslosen Artikulation bei gleichzeitiger Übertragung von großen Druckkräften, wobei der Gelenkknorpel eine wichtige Stoßdämpferfunktion ausübt. Im Normalzustand besteht die Synovialis aus einer Mischung von spezialisierten, ortsständigen **synovialen Fibroblasten (SF)** und über die Blutbahn eingewanderten **synovialen Makrophagen (SM)**. Von der Synovialis wird die Gelenkflüssigkeit (**Synovia**) gebildet, welche reich an hochmolekularen Hyaluronaten, Chondroitinsulfaten und Lubricin ist. Die Synovia ist eine visköse Gleitflüssigkeit, welche im nicht-entzündeten Zustand des Gelenks zellfrei ist. Außerdem dient die Synovia der kontinuierlichen Er-

nährung des gefäßlosen Knorpels. Im Verlauf der Gelenkentzündung verdickt sich die Synovialis durch Proliferation ortsständiger SF und Immigration aktivierter SM zu einer mehrzelligen Deckschicht. Die genauen Auslöser und Perpetuatoren („Fortsetzer") der RA sind noch ungeklärt. Gesichert ist, dass bereits geringe Entzündungsprozesse in der Tiefe der gefäßreichen Synovialis innerhalb von Minuten bis Stunden ein massives entzündliches Synovia-Exsudat induzieren können. Dieses ist reich an aktivierten SM, SF und Granulocyten und besitzt durch **Matrix-Metalloproteinasen (MMPs)** (produziert von SF) ein hohes proteolytisches Potenzial für den Abbau der extrazellulären Matrix (EZM). Weiterhin infiltrieren Zellen des adaptiven Immunsystems (T-Zellen, B-Zellen) das gefäßreiche subsynoviale Bindegewebe und bilden zusammen mit dendritischen Zellen (DZ) Keimzentrums-ähnliche Strukturen, in denen Autoantikörper (Rheumafaktoren) gebildet werden; hierdurch entstehen Immunkomplexe, die das Komplementsystem aktivieren.

An der rheumatischen Gelenkentzündung sind neben aktivierten Zellen des angeborenen und adaptiven Immunsystems, Komplement-Proteasen und EZM abbauende MMPs auch sehr viele proinflammatorische Mediatoren, Cytokine, Chemokine und Hormone beteiligt. Hinzu kommen Umweltnoxen, die zusammen zur Bildung RA-spezifischer Autoantiköper gegen citrullinierte Protein/Peptid-Antigene (**ACPAs**, epigenetische Genregulation) beitragen. Zu den Einflüssen aus

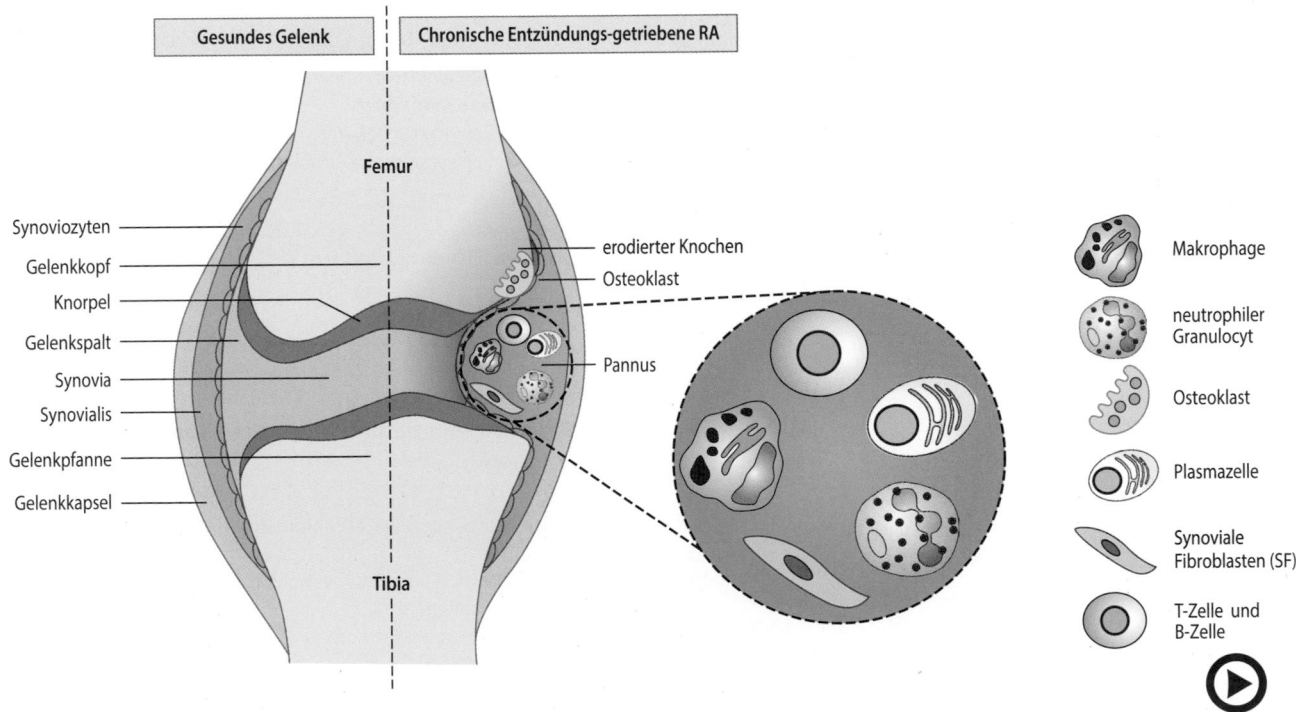

◘ **Abb. 72.4**   (Video 72.3) **Schematische Darstellung der Anatomie des Kniegelenks.** *Links*: gesundes Gelenk. *Rechts*: Zustand bei der chronisch etablierten RA. Die Menisken sind nicht dargestellt (▶ https://doi.org/10.1007/000-5s8)

der Umwelt zählen z. B. Zigarettenrauch, Textilstaub, Nanomaterial, das Mikrobiom des Darmtraktes und re-active oxygen intermediates (ROI).

Seit längerem ist bekannt, dass lange vor Beginn der Gelenkerkrankung in RA-Patienten diese ACPAs und die weniger spezifischen klassischen **Rheumafaktoren (RF, IgM-anti IgG-Fc)** im Serum nachgewiesen werden können. Neueste vergleichende epigenetische Analysen von Lymphknoten-Stromazellen gesunder Kontrollen, ACPA-positiver prä-rheumatischer Personen (präklinische Phase) und manifester RA-Patienten unterstützen auch auf der Ebene des Epigenoms ein schrittweises Modell für die Krankheitsentwicklung der RA.

Der Verlauf der RA wird gerne in folgende Phasen unterteilt (◘ Abb. 72.5):
- Die **präklinische Phase** kann Monate bis Jahre dauern.
- Es folgen die **frühen klinischen Ereignisse.**
- Das Endstadium ist durch die **chronisch etablierte RA** präsentiert.

Liegen ACPAs und Autoantiköper gegen Fc-Ig Epitope (RF) vor, was in 70–80 % der Fälle zutrifft, so spricht man von seropositiven RA-Patienten. Diese Verlaufsformen gelten als aggressiver verglichen mit seronegativen, sprechen aber besser auf das anti-CD20-Biologikum Rituximab an, welches eine vorübergehende Depletion CD20-exprimierender B-Zellen bewirkt. Die Synthese der ACPA- und RF-Autoantikörper erfolgt intra-artikulär in der Synovialis. Aufgrund ihrer hohen Spezifität sind insbesondere die ACPA-Autoantikörper diagnostisch sehr hilfreich.

Die Mechanismen, die der Entwicklung von ACPA-seronegativer RA zugrunde liegen, sind weniger gut verstanden. Diese Form der RA ist charakterisiert durch dysregulierte Cytokin-Netzwerke.

Biosynthese von Epitopen citrullinierter *self*-Proteine „*self*-Proteine" sind körpereigene Proteine, welche die Epitope der RA-Autoantikörper enthalten. Nach Stimulation von *Toll-like*-Rezeptoren (TLRs, besonders TLR-4) in Granulocyten und Makrophagen wird das Enzym **Peptidyl-Arginin-Deiminase (PAD)** exprimiert und sezerniert. Das aktivierte Enzym katalysiert in benachbarten *self*-Proteinen Calcium-abhängig unter Abspaltung von Ammonium-Ionen die Umwandlung der positiv-geladenen Arginin-Seitenkette zur neutralen polaren Citrullin-Seitenkette (◘ Abb. 72.6, ▶ Abschn. 49.3.7). Es entsteht ein citrulliniertes Epitop auf dem *self*-Zielprotein. Die Citrullinierung ist ein irreversibler Prozess, da „decitrullinierende" Vorgänge bisher nicht bekannt sind.

Bei einer Proteom-Analyse von zellulären und löslichen Komponenten des Synoviums von RA-Patienten wurden mehr als 100 citrullinierte Proteine identifiziert.

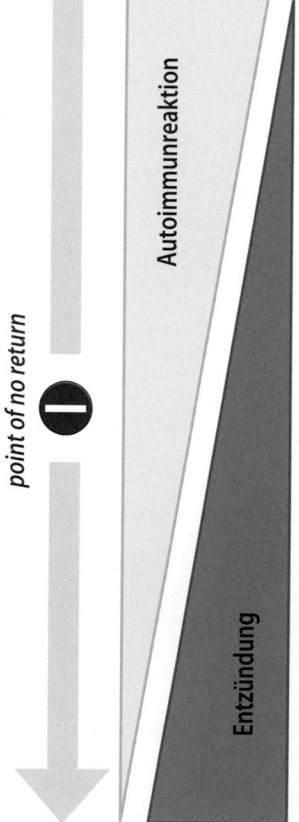

◘ Abb. 72.5 (Video 72.4) **Verlauf der RA.** *NET: neutrophil extracellular trap* (▶ https://doi.org/10.1007/000-5s6)

point of no return

Autoimmunreaktion

Entzündung

Präklinische Phase
- Protein-Citrullinierung
- **ACPA** – **a**nti **c**itrullinated **p**eptide/**p**rotein **a**ntibodies
- Zytokine von B- und T-Zellen
- Aktivierung von Makrophagen
- Aktivierung von synovialen Fibroblasten

Frühe klinische Ereignisse
Schlecht definierte Prozesse:
- Hyper-Aktivierung des Immunsystems
- ROI (*reactive oxygen intermediate*)–Freisetzung
- NETosis
- Verstärkung und Progression durch positive Rückkopplung

Chronische Entzündungs-getriebene RA
- Erhöhte Expression und Aktivierung von Matrix-Metalloproteinasen
- Pannus, Gelenkentzündung
- Knorpel- und Knochen-Erosion
- Funktionsverlust
- Begleiterkrankungen:
  - vaskuläre Dysfunktion
  - Osteoporose

Diese stellen das sogenannte **„RA-Citrullinom"** dar. Ob für jedes Protein im RA-Citrullinom ein ACPA Antikörper existiert, ist nicht bekannt. Identifizierte citrullinierte *self*-Proteine sind Fibrin, Vimentin, Fibronectin, Epstein-Barr-Nuclear-Antigen-1 (EBNA-1), α-Enolase, Kollagen II und Histone. Osteoklasten und Osteoklasten-Vorläufer scheinen die Hauptzelltypen zu sein, die citrullinierte Antigene auf ihrer Oberfläche exprimieren. Diese Vorläuferzellen sind daher wichtige Zielstrukturen für zirkulierende ACPAs (■ Abb. 72.7, *oben*). Es ist unklar, warum die Citrullinierung als physiologischer Prozess ein *key target* einer pathologischen Immunantwort im Gelenk ist, während für andere Gewebe, wie z. B. die Haut, wo es viele physiologisch citrullinierte Proteine gibt, bisher keine pathologische ACPA-Bildung beschrieben wurde.

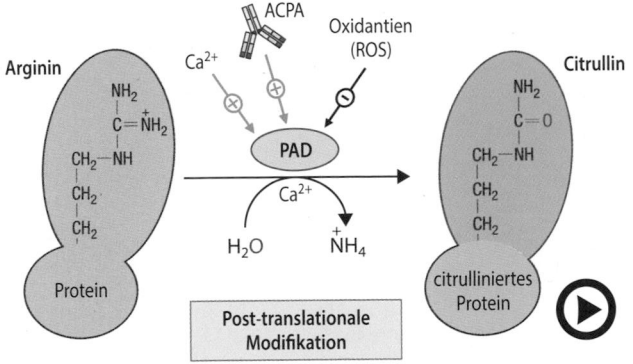

Regulation der PAD Der Verlust der positiven Ladung durch die Bildung von Citrullin (Citrullinierung) führt zu erhöhter Protein-Hydrophobizität und einer partiellen Entfaltung des Proteins. Dadurch wird die Interaktionsfreudigkeit des Enzyms PAD mit weiteren Arginin-Resten reduziert. Wichtig für die Enzymaktivität von PAD sind Calcium-Ionen (■ Abb. 72.6). Da das PAD-Enzym in seinem aktiven Zentrum ein freies Thiol-Cystein benötigt, fungieren Oxidantien wie ROS (**r**eactive **o**xygen **s**pecies) als PAD-Inhibitoren.

■ **Abb. 72.6** (Video 72.5) **Post-translationale Modifikation durch *self*-Protein Citrullinierung**. *ACPA*: anti-citrullinierter Protein/Peptid-Antikörper; *PAD*: Peptidyl-Arginin-Deiminase; *ROS*: *reactive oxygen speci*es (► https://doi.org/10.1007/000-5sa)

■ **Abb. 72.7** (Video 72.6) **Biosynthese der Antikörper gegen citrullinierte *self*-Antigene (ACPA)**. *APC*: Antigen-präsentierende Zelle; *ACPA: anti-citrullinated peptide/protein antibody*; *PC*: Plasmazelle; *MHC: major histocompatibility complex*; *TCR*: T-Zell-Rezeptor (► https://doi.org/10.1007/000-5sb)

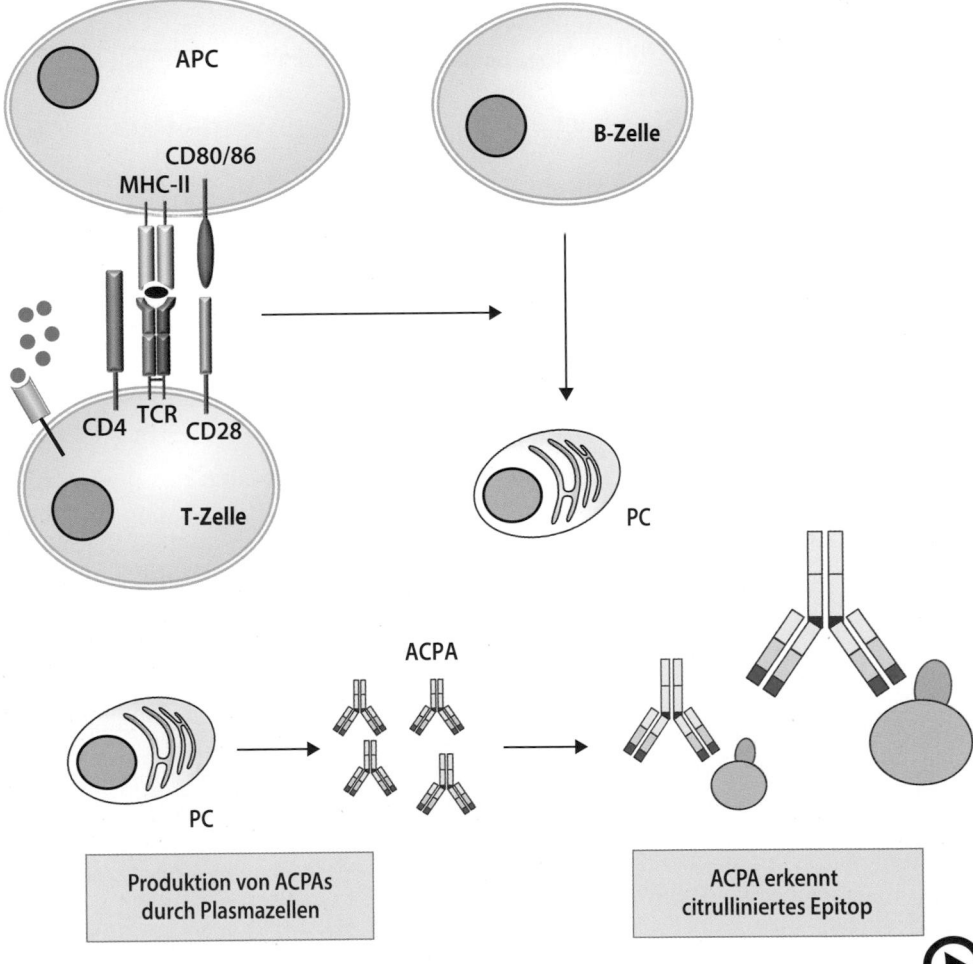

72

Wie entstehen Antikörper gegen citrullinierte *self*-**Antigene?** Von vielen Forschern wird das adaptive Immunsystem für die RA-Pathogenese mitverantwortlich gemacht. CD4-positive-T-Zellen unterstützten die Autoantikörper-Synthese und die Ausbildung der gestörten Immunreaktion. Wichtige **Antigen-präsentierende Zellen (APCs)** in der RA-Pathogenese sind B-Zellen, Makrophagen und dendritische Zellen (DZ). Sie präsentieren die citrullinierten Neo-Antigene über MHC-II-Moleküle den Antigen-spezifischen T-Zellen. Die genetische Assoziation der RA mit bestimmten MHC-II-Allelen (*HLA-DRB1.0401,.0101,.0404*) könnte hier ihre Erklärung finden. Die T-Helfer-Zellen stimulieren die B-Zellen zur Differenzierung in Plasmazellen und zur Synthese von ACPAs (◘ Abb. 72.7, *unten*). Dieser Prozess erfolgt über einen längeren Zeitraum in der Synovialis und den drainierenden lymphatischen Geweben, bevor die Antikörper ins Blut gelangen.

Nach Bindung an ein Oberflächen-exprimiertes citrunilliertes Protein stimulieren die ACPAs über die Aktivierung des NFkB-Signalweges in Monocyten und Makrophagen die TNFα-, IL-1 und IL-6-Produktion. Makrophagen spielen durch ihre Ausschüttung dieser pro-inflammatorischen Cytokine eine zentrale Rolle bei der Aufrechterhaltung der Erkrankungspathogenese. Daher sind TNFα und IL-6-Inhibitoren besonders potente neue Antirheumatika (◘ Tab. 72.1).

Neben IL-6 und TNFα spielt auch das Chemokin CXCL8 (CXCL8 ist die neue Bezeichnung für IL-8, da letzteres kein Interleukin, sondern ein Chemokin ist, ▶ Abschn. 34.2.4) im Knorpel- und Knochen-Abbau eine wichtige Rolle. Es wird von aktivierten SM, SF und Neutrophilen sezerniert und aktiviert effizient Osteoklasten (◘ Abb. 72.8).

Knorpelabbau In RA-Patienten stimulieren Entzündungssignale Chondrocyten und SF, die daraufhin unkontrolliert pro-inflammatorische Cytokine und Proteinasen, wie Matrix-Metalloproteinasen (MMPs), deren Inhibitoren **t**issue **i**nhibitors **o**f **m**etallo**p**rotei**n**ases **(TIMPs)** und Cathepsine synthetisieren und freisetzen (◘ Abb. 72.8 [Ziffer 1], ◘ Abb. 72.9). In der RA kommt es zur Dysbalance von TIMPs und MMPs (◘ Abb. 72.10), d. h. die MMP-Aktivität ist größer als die der TIMPs. Hauptsächlich die MMPs-1 und 13 werden für den Abbau von Kollagenen II, IX, XI und von Proteoglykanen im Knorpel verantwortlich gemacht. Aggrecan wird auch durch die „Aggrecanasen" ADAMTS (**a** **d**isintegrin-like **a**nd **m**etalloprotease with **t**hrombospondin type 1 motif, **s**oluble) 4 und 5 degradiert. Hierdurch wird die Gewebezerstörung eingeleitet. Trotz grundsätzlich vorhandenem Regenerationspotenzial der Chondrocyten regeneriert Knorpel im entzündeten Mi-

◘ **Tab. 72.1** Lizensierte monoklonale Antikörper zur Behandlung der rheumatoiden Arthritis

Markenname	Trivialname	Struktur
Target **Tumornekrosefaktor α**		
Humira®	Adalimumab	Humaner monoklonaler AK
Enbrel®	Etanercept	Dimeres Konstrukt aus humanem TNFR2 und humaner *Fc*-Untereinheit
Remicade®	Infliximab	Chimärer, human-muriner monoklonaler AK
Simponi®	Golimumab	Humaner monoklonaler Antikörper
Cimiza®	Certolizumab	PEG*yliertes humanisiertes monoklonales *Fab*-Fragment
Target **Interleukin-1-Rezeptor, IL-1β**		
Kineret®	Anakinra	IL-1-R Antagonist**
Ilaris®	Canakinumab	Humaner monoklonaler Antikörper gegen IL-1β
Arcalyst®	Rilonacept	Dimeres Fusionsprotein aus IL-1-R1, akzessorischem Protein und humaner *Fc*-Ig1-Untereinheit
Target **Interleukin-6-Rezeptor-α**		
RoActemra®	Tocilizumab	Humanisierter monoklonaler AK gegen IL-6-R-α
Target **CTLA-4 (T-Zellen)**		
Orencia®	Abatacept	Dimeres Konstrukt aus der extrazellulären CTLA-4 Domäne und humaner *Fc*-Untereinheit
Target **CD-20 (B-Zellen)**		
Mabthera®	Rituximab	Chimärer IgG1k-AK

*PEG = Polyethylenglykol
**Der endogene IL-1-Rezeptor-Antagonist (IL-1-ra, Anakinra) – erstmals aus humanem Urin isoliert und kloniert – wird von RA-Patienten sehr gut toleriert

lieu schlecht. Daher wird nach Knorpelabbau der Gelenkspalt enger. Dieser Prozess ist im nativen Röntgenbild und im Computertomogramm sehr gut zu verfolgen. Mit der modernen Technik der Magnetresonanztomographie sieht man darüber hinaus auch das entzündliche Ödem im angrenzenden subchondralen Knochengewebe; dieses bildet sich unter einer effektiven antirheumatischen Therapie zurück.

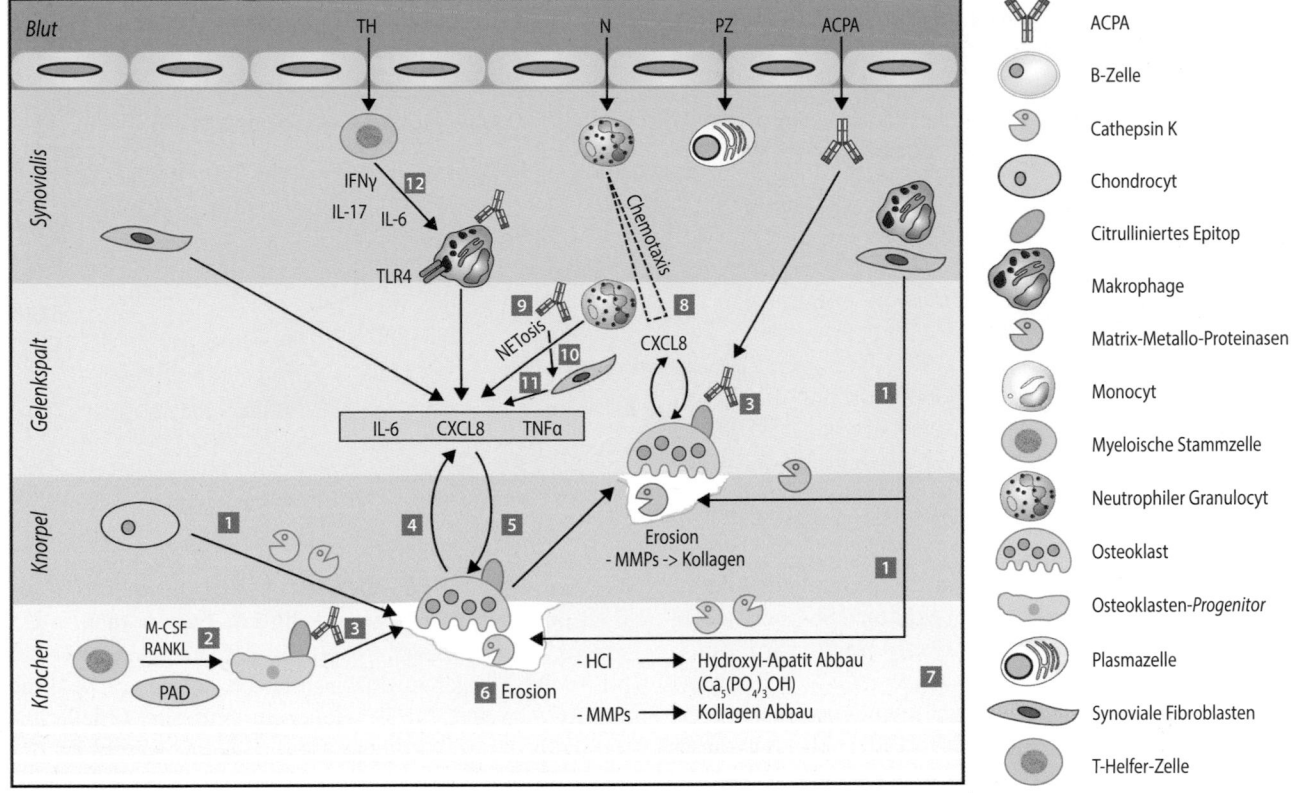

Abb. 72.8 Signaltransduktionskaskaden in der RA. *ACPA: anti-citrullinated peptide/protein antibodies*; *APC*: Antigen-präsentierende Zellen; *CXCL8*: Chemokin-8; *IFN*: Interferon; *M-CSF: macrophage colony stimulating factor*; *MMP*: Matrix-Metalloproteinasen; *N*: Neutrophiler Granulocyt; *NET*: neutrophile extrazelluläre *traps*; *PAD*: Peptidyl-Arginin-Deiminase; *PC*: Plasmazelle; *RANKL*: *receptor activator of nuclear factor κB ligand*; *TH*: T-Helfer-Zelle; *TLR*: Toll-*like* Rezeptor; *TNF*: Tumornekrosefaktor

Abb. 72.9 (Video 72.7)
Regulation der Aktivität von Matrix-Metalloproteinasen.
EZM: extrazelluläre Matrix;
IL: Interleukin;
MMPs: Matrix-Metalloproteinasen;
TGF: transforming growth factor;
TIMP: tissue inhibitor of metalloproteinases;
TNF: Tumornekrosefaktor
(▶ https://doi.org/10.1007/000-5sc)

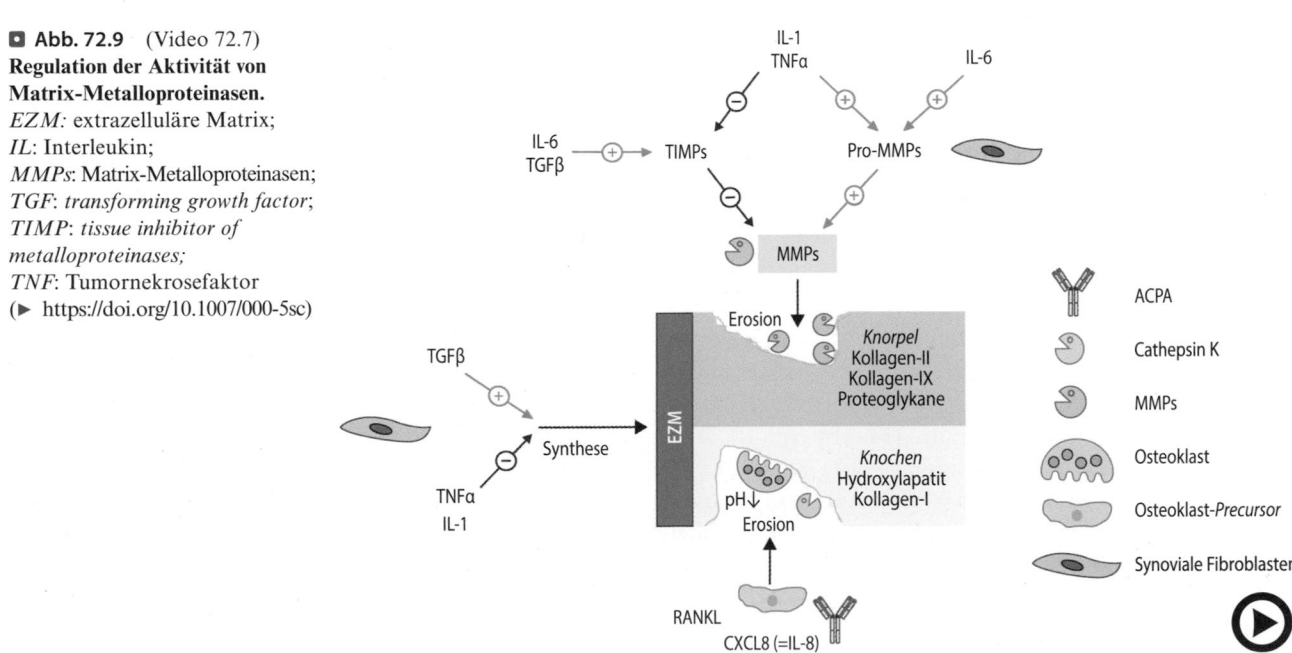

72

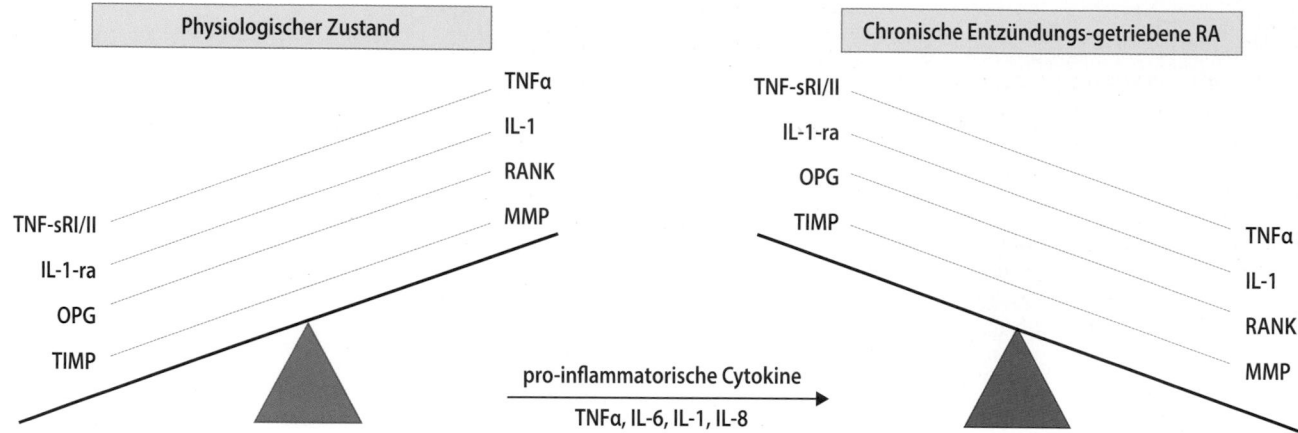

| Physiologischer Zustand | Chronische Entzündungs-getriebene RA |

TNFα
IL-1
RANK
MMP

TNF-sRI/II
IL-1-ra
OPG
TIMP

TNF-sRI/II
IL-1-ra
OPG
TIMP

TNFα
IL-1
RANK
MMP

pro-inflammatorische Cytokine
TNFα, IL-6, IL-1, IL-8

Abb. 72.10 **Dysbalance zwischen pro- und anti-inflammatorischen Parametern.** *IL*: Interleukin; *IL-1-ra*: IL-1-Rezeptor-Antagonist; *MMP*: Matrix-Metalloproteinase; *OPG:* Osteoprotegerin; *RANK*: receptor activator of nuclear factor κB; *TIMP*: tissue inhibitor of metalloproteinases; *TNF*: Tumornekrosefaktor; *TNF-sR*: TNF-soluble receptor

Knochen-Abbau Im Knochenmark befindliche Osteoklasten-Vorläufer (myeloische Stammzelle) entwickeln sich zu reifen Osteoklasten. Die Reifung wird durch RANKL (**r**eceptor **a**ctivator of **n**uclear factor **κB** ligand) und M-CSF (**m**acrophage **c**olony **s**timulating **f**actor) vermittelt (◘ Abb. 72.2 und 72.8 [Ziffer 2]). Bei dieser Differenzierung und Reifung in Calcium-reicher Mikroumgebung spielt ebenfalls das Enzym Peptidyl-Arginin-Deiminase (PAD) eine wichtige Rolle. Die Osteoklasten-Differenzierung ist begleitet von einer induzierten Expression und Aktivierung der PAD. Von den Zelltypen, die bisher untersucht wurden – SF, T- und B-Zellen – sind nur die Osteoklasten abhängig von PADs. Die genaue Rolle von PADs bei der Citrullinierung während der Osteoklasten-Differenzierung ist noch unklar. Es entstehen citrullinierte Epitope auf der Osteoklasten-Oberfläche, die von den ACPAs (anti-citrullinierte Protein/Peptid-Antikörper) erkannt werden. Einige ACPAs binden an ihre Epitope [Ziffer 3] und stimulieren die Osteoklasten zur Sekretion von CXCL8 [Ziffer 4], welches in einem positiven autokrinen *loop* auf die Osteoklasten-Differenzierung und -Reifung zurückwirkt [Ziffer 5] (◘ Abb. 72.8). Die CXCL8-abhängige Differenzierung von Osteoklasten wird somit durch ACPAs verstärkt.

Mit der Osteoklasten-Aktivierung ist eine Knochen-Resorption verbunden [Ziffer 6], die mit der Bildung von Resorptionslakunen beginnt (◘ Abb. 72.3). Dies sind extrazelluläre Kompartimente, in denen durch Ansäuerung mit Salzsäure die Auflösung des anorganischen Knochenbestandteils, Hydroxylapatit, erfolgt [Ziffer 7]. Erst dann kann die Protease Cathepsin K mit dem Verdau der Kollagenfibrillen, den Proteoglykanen und Glycoproteinen beginnen.

Das von Osteoklasten sezernierte, chemotaktisch wirkende CXCL8 befördert die Infiltration inflammatorischer Zellen, insbesondere Neutrophile, in die Synovialis ([Ziffer 8], ◘ Abb. 72.8). Diese setzen sogenannte neutrophile extrazelluläre Fallen (*neutrophil extracellular traps*) [Ziffer 9] (NETs, s.u. Übrigens) frei (**NETosis**), ausgelöst durch inflammatorische Cytokine und ACPAs. Die NETs wiederum sind eine Quelle auto-citrullinierter Antigene. Durch die Anwesenheit der NETs werden SF zur Sezernierung von CXCL8 [Ziffer 10] und IL-6 angeregt und befeuern dadurch die arthritische Entzündung [Ziffer 11]. Ähnliche entzündungsfördernde Beiträge leisten aktivierte T-Zellen durch die Freisetzung der Cytokine IL-6, IL-17 und IFNγ [Ziffer 12]. Ein direkter Effekt von hohen IL-6 Konzentrationen besteht in der Überaktivierung von Osteoklasten und mit nachfolgendem Knochenverlust.

Übrigens

NETs (*neutrophil extracellular traps*). NETs sind Netzwerke extrazellulärer Fasern, die primär aus der DNA neutrophiler Granulocyten bestehen. Sie gehören zum angeborenen Immunsystem und dienen der Abwehr von Bakterien, die in den NETs gefangen werden. Ihre Wirkungsmechanismen sind nur teilweise geklärt. Es gibt einen Bezug zur Protein-Arginin-Deiminase (PAD), die für die Citrullinierung von Histonen verantwortlich ist und in der Folge zu einer Dekondensation des Chromatins führt. Bei der Autoimmunkrankheit Lupus erythematodes wird die Bedeutung der NETs für die extrazelluläre Exposition von Histonen diskutiert.

Die chronische etablierte RA In das Synovialkompartiment eingedrungene Leukocyten (Neutrophile, Basophile) führen zu einer raschen Verflüssigung der hochviskösen

Synovialflüssigkeit, die nun mit pro-inflammatorischen Mediatoren und proteolytischen Enzymen überschwemmt wird. Dieser Prozess ist durchaus reversibel. Erst durch eine Aktivierung und Proliferation lokaler SM und SF sowie durch die chemotaktisch gesteuerte Einwanderung zirkulierender pro-inflammatorischer Zellen des angeborenen Immunsystems (Monocyten, Neutrophile Granulocyten, DZ und NK-Zellen) und von Lymphocyten des adaptiven Immunsystems (T- und B-Zellen) in die Synovialis, entsteht eine chronische Entzündungsreaktion. Lokal im Bereich der Gelenke finden sich die klassischen Entzündungssymptome *„calor, dolor, tumor, rubor* und *functio laesa“* (Überwärmung, Schmerz, Schwellung, Rötung, Funktionseinschränkung). Schwellung und Erwärmung haben ihr patho-anatomisches Substrat in einer hyperplastischen Proliferation der SF und SM in der Synovialis (verdickte Synovialmembran = **Pannus**) und einem entzündlichen Exsudat im Gelenkspalt (◨ Abb. 72.4, *rechter Teil*). Der entzündliche Pannus wächst vom Rand her über den Knorpel weg, verdaut ihn sukzessiv und unterhält über die Aktivierung von Osteoklasten ein subchondrales Knochenödem mit Ausbildung einer Gelenk-nahen Osteoporose, knöchernen Ursuren (Erosionen) und subchondralen Knochenzysten. Ohne effektive Unterbindung dieses rheumatischen Entzündungsprozesses kommt es unaufhaltsam zur kompletten Gelenkzerstörung mit knöcherner Ankylose (vollständige Gelenksteife). Erst dann klingt die Entzündung ab als Hinweis darauf, dass die Zielstrukturen der rheumatischen Autoaggression im Knorpel liegen. Reaktive, postinfektiöse Gelenkentzündungen teilen mit der RA den starken lokalen und systemischen Entzündungsprozess, führen aber niemals zur irreversiblen Knorpeldestruktion.

❯ Systemische Wirkungen der rheumatischen Entzündung aufgrund hoher IL-6-Konzentrationen.

In der chronischen RA werden im entzündeten Synovium überschießende Mengen an IL-6 produziert. Dies führt im entzündeten Gelenk zur Rekrutierung und Aktivierung von SFs, T-Zellen, B-Zellen und Endothelzellen in die Synovialis und von Osteoblasten und Osteoklasten in den angrenzenden subchondralen Knochen. Alle setzen autokrin weiteres IL-6 frei. Erhöhte Spiegel an zirkulierendem IL-6 führen zu einer Reihe von systemischen Wirkungen: In der Leber exprimieren und sezernieren stimulierte Hepatocyten Akutphase-Proteine (z. B. CRP, siehe oben) (◨ Abb. 62.5). Zu diesen gehört auch das Peptid **Hepcidin** (*hepatic bactericidal protein* – bestehend aus 25 Aminosäuren), dessen Hauptregulator IL-6 ist. Hepcidin sequestriert Eisen-Ionen in Makrophagen und blockiert die Eisen-Absorption im Magen-Darm-Trakt. Dies bedeutet ein Eisenmangel-induziertes Absinken der Hämoglobin-Konzentration verbunden mit einer Anämie. Weitere systemische

Effekte von erhöhten IL-6-Spiegeln sind: Osteoporose, Müdigkeit und Amyloidose (extrazelluläre Ablagerungen abnormaler Proteine, z. B. Serum-Amyloid A).

Eine IL-6-Blockade mit dem monoklonalen Antikörper Tocilizumab führt bei RA-Patienten erwartungsgemäß sowohl zu einem Abschwellen der Gelenke als auch zu einer raschen Normalisierung der systemischen Entzündungszeichen.

72.7.4 Prinzipien der antirheumatischen Therapie

Nicht-steroidale Antirheumatika (NSARs) Diese Schmerz- und Entzündungs-lindernden Cyclooxygenasehemmer haben unverändert einen Stellenwert in der kurzzeitigen symptomatischen Schmerzbehandlung aller entzündlichen und degenerativen Gelenkserkrankungen. Bevorzugt werden heute aufgrund des günstigen Nebenwirkungsprofils Ibuprofen oder Diclofenac (◨ Abb. 25.1) verordnet.

Corticosteroide (Prednison, Prednisolon) Diese haben vergleichbare entzündungshemmende Effekte wie TNFα- und IL-6-Inhibitoren und galten nach ihrer Einführung in der 50-iger Jahren des 19. Jahrhunderts als das Wundermittel für die RA. Leider zeigten alle behandelten Patienten schwere dosisanhängige Nebenwirkungen wie Osteoporose, Infektanfälligkeit, Fettstoffwechselstörungen, Muskelabbau und Diabetes. Zur Linderung akuter Entzündungsschübe sind kurzfristige Corticosteroidgaben weiter zulässig; bei Langzeittherapien sollte rasch auf Dosen <5 mg Prednison/Tag reduziert werden. Eine häufige praktizierte Anwendungsform von Corticosteroiden ist die intra-artikuläre Injektion einzelner besonders entzündeter und schmerzhafter Gelenke.

Disease-modifying antirheumatic drugs (**DMARDs**) Sie unterteilen sich in die konventionellen synthetischen (csDMARDs), die Biologika (bDMARDs) und die neuen *targeted synthetic* (tsDMARDS).

Conventional synthetic **DMARDs (csDMARDs)** Alle heute verwendeten Substanzen sind durch Zufall bei der Behandlung anderer Krankheiten als antirheumatisch wirksam entdeckt worden: Hydoxychloroquin (HCQ) war ein Malariamittel, Methotrexat (MTX) wurde in der Tumortherapie eingesetzt, Sulfasalazin (SSZ) bei entzündlichen Darmerkrankungen, Goldsalze bei der Syphilis (heute bei der RA obsolet). Leflunomid, ein blockierendes Pharmakon für die Dihydro-Orotat-Dehydrogenase (DHODH), wurde als erstes csDMARD gezielt für die Behandlung entzündlicher rheumatischer Krankheiten entwickelt. Es gehört heute neben MTX und HCQ zu den bewährtesten

72

Erstlinien csDMARDs bei entzündlich-rheumatischen Systemerkrankungen. Sulfasalazin hat noch seinen Platz bei den entzündlichen Darmerkrankungen, wird aber bei der RA nur noch selten eingesetzt.

Biological **DMARDs (bDMARDs)**   Das heutige Ziel einer aggressiven Therapie der Früharthritis ist ein „*treat to target*"-Konzept, das einsetzt, bevor nennenswerte strukturelle Gelenk- und Knorpelschäden aufgetreten sind und noch die Hoffnung auf eine weitgehende Heilung besteht. Dieses Ziel wurde realisierbar durch die Verwendung von monoklonalen Antikörpern gegen zentrale pro-inflammatorische Zytokine (TNFα, IL-1, IL-6, IL-5, IL-17, GM-CSF u. a.) und B-Zellen (Rituximab) oder blockierende Rezeptorkonstrukte (Etanercept, Abatacept). Der Einsatz des ersten monoklonalen TNFα-Blockers Infliximab um die Jahrtausendwende hat die Rheumatherapie revolutioniert. Die klinischen Beschwerden besserten sich rasch und was besonders neu war: Die radiologische Progression der Gelenkzerstörung wurde durch die bDMARDS nachhaltig gestoppt, was mit keinem csDMARD bis dato gelang. Inzwischen überblickt die Rheumatologie 20 Jahre Therapieerfahrung mit vielfältigen monoklonalen Antikörpern (◘ Tab. 72.1) und sie wurde zum Vorreiter für den Einsatz von Biologika/*Biologicals* in vielen anderen Bereichen der Medizin.

Die heutigen Therapie-Leitlinien für die RA sehen vor, dass nach frühestmöglicher Diagnosesicherung die Patienten zunächst mit MTX oder Leflunomid und niedrigen Steroiddosen behandelt werden. Ist das Therapieziel einer deutlich rückläufigen Entzündungsaktivität nach spätestens 24 Wochen nicht erreicht, so kommen die Eskalationsstrategien zum Tragen. Typischerweise werden zunächst TNFα-Blocker subkutan injiziert. 2/3 der RA-Patienten reagieren mit deutlich rückläufiger Entzündungsaktivität. Bei Therapieversagen bieten sich zahlreiche alternative bDMARDs an (◘ Tab. 72.1), bei deren Auswahl Kosten, mögliche Nebenwirkungen und Anwendungskomfort u. Ä. bedacht werden müssen. Der komplett humane monoklonale TNFα-Antikörper Adalimumab (Humira®) ist weltweit mit 13,5 Millionen **geschätzten Tagesdosen** das meist verkaufte Medikament.

Targeted synthetic **DMARDs (tsDMARDs)** Die neueste DMARD-Entwicklung geht wieder weg von monoklonalen Antikörpertherapien und erforscht gezielt synthetische *small molecules* auf ihre Fähigkeit bestimmte intrazelluläre Signalwege in Entzündungszellen zu blockieren. Für die RA-Therapie zugelassen sind inzwischen vier JAK (Januskinase, ► Abschn. 35.5.1)-Inhibitoren **Tofecitinib (Xeljanz), Barecitinib (Olumiant) Upadacitinib (Rinvoq) und Filgotinib (Jyseleca)**, die neben einem schnellen Wirkungseintritt und kurzer Halbwertszeit bei etwaigen Nebenwirkun-

gen Vorteile gegenüber den csDMARDs und bDMARDs haben. Ein weiteres tsDMARD ist der selektive Phosphodiesterase-4 (PDE4) Inhibitor **Apremilast**, der kürzlich als erste orale Therapie für die schwere Plaque-Psoriasis und die Psoriasis-Arthritis zugelassen wurde.

Zusammenfassung

Knorpel und Knochen besitzen eine sehr spezialisierte extrazelluläre Matrix (EZM):

— Knorpel stellt im Wesentlichen ein elastisches hydratisiertes Gel dar, das aus riesigen Komplexen zwischen Hyaluronsäure und dem Proteoglycan Aggrecan besteht und durch heterotypische Knorpelkollagenfibrillen in Form gehalten wird.

— Knochen besitzt eine aus Hydroxylapatit aufgebaute EZM, die durch Kollagen-Fasern ihre Stabilität erlangt.

— Darüber hinaus enthalten Knochen und Knorpel noch eine Reihe von anderen, nicht-kollagenen Proteinen, die z. T. für die Interaktion der Zellen mit der EZM von Bedeutung sind.

Knochen- und knorpelspezifische Zellen sind die Chondrocyten, Osteoblasten/Osteocyten und die Osteoklasten:

— Chondrocyten und Osteoblasten leiten sich von Fibroblasten ab. Die Differenzierung ist von Transkriptionsfaktoren wie Sox9 und Cbfa1 und Wachstums-/Differenzierungsfaktoren wie Ihh und PTHrP und verschiedenen Isoformen aus den TGF-β/BMP- und FGF-Familien abhängig. Zusätzlich sind eine Reihe von Hormonen (GH, IGF, Trijodthyronin (T3), Glucocorticoide) involviert.

— Osteoklasten leiten sich von der Monocyten-/Makrophagenlinie ab. Die Differenzierung erfordert das Zusammenwirken zweier unterschiedlicher Signale:

 – sezernierte Faktoren: Bindung von M-CSF an Rezeptoren auf den Vorläuferzellen,

 – direkte Zell-Zell-Kontakte mit Osteoblasten: Interaktion des Zellmembranproteins RANKL auf Osteoblasten mit RANK auf den Präkursorzellen.

Osteoklasten bauen Knochen durch Erzeugung eines abgeschlossenen extrazellulären Kompartiments ab, in das HCl und lysosomale Enzyme sezerniert werden.

Die Homöostase des Skelettsystems erfordert eine komplexe hormonelle Regulation:

- Knochenwachstum unter Einfluss von Wachstumshormonen (GH und IGF), Schließung der Epiphysenfuge in der Pubertät unter Einfluss von Östrogen.
- Hormone des Calciumstoffwechsels (PTH, Vitamin D, Calcitonin): Mineralisation und Demineralisation.
- Androgene und Östrogene: positive Bilanz, geschlechtsspezifische Ausprägung.
- Glucocorticoide: hohe Spiegel bewirken Entmineralisierung.
- Cytokine (Interleukine): stimulieren Knochenabbau.

Das Skelettsystem ist einer Reihe von pathophysiologischen Veränderungen unterworfen. Am bedeutendsten sind:

- Osteoporose, besonders in der Postmenopause bei Frauen.
- Rheumatoide Arthritis (RA), eine chronisch entzündliche und destruktive Autoimmunerkrankung. Im Endstadium kommt es durch die chronische Entzündung zur Zerstörung von Knorpel und Knochen, zur Gelenkversteifung und schwerwiegenden Behinderung. Die genauen Ursachen der RA sind noch ungeklärt.

Weiterführende Literatur

Choy EH, Panayi GS (2001) Cytokine pathways and joint inflammation in rheumatoid arthritis. N Engl J Med 344(12):907–916

Darrah E, Andrade F (2018) Rheumatoid arthritis and citrullination. Curr Opin Rheumatol 30(1):72–78

Firestein GS, McInnes IB (2017) Immunopathogenesis of rheumatoid arthritis. Immunity 46(2):183–196. https://doi.org/10.1016/j.immuni.2017.02.006

Guo Q, Wang Y, Xu D, Nossent J, Pavlos NJ, Xu J (2018) Rheumatoid arthritis: pathological mechanisms and modern pharmacologic therapies. Bone Res 6:15

Karouzakis E et al (2019) Molecular characterization of human lymph node stromal cells during the earliest phases of rheumatoid arthritis. Front Immunol 10:1863

Khandpur R, Carmona-Rivera C, Vivekanandan-Giri A, Gizinski A, Yalavarthi S, Knight JS, Friday S, Li S, Patel RM, Subramanian V, Thompson P, Chen P, Fox DA, Pennathur S, Kaplan MJ (2013) NETs are a source of citrullinated autoantigens and stimulate inflammatory responses in rheumatoid arthritis. Sci Transl Med 5:178

Malmström V, Catrina AI, Klareskog L (2017) The immunopathogenesis of seropositive rheumatoid arthritis: from triggering to targeting. Nat Rev Immunol 17:60–75

McInnes IB, Schett G (2007) Cytokines in the pathogenesis of rheumatoid arthritis. Nat Rev Immunol 7:429–442

Ridgley LA et al (2018) What are the dominant cytokines in early rheumatoid arthritis? Curr Opin Rheumatol 30(2):207–214. https://doi.org/10.1097/BOR.0000000000000470

Schneider M et al (2019) Interdisziplinäre S3 Leitlinie Frühe rheumatoide Arthritis. AWMF-060-002l_S3_Fruehe_Rheumatoide-Arthritis_2019-12_01.pdf

Smolen JS, Steiner G (2003) Therapeutic strategies for rheumatoid arthritis. Nat Rev Drug Discov 2(6):473–488

Haut

Cristina Has, Sabine Müller, Philipp R. Esser und Stefan F. Martin

Die Haut hat multiple unterschiedliche Funktionen. Sie dient hauptsächlich als Grenze zwischen Körper und der Umwelt. Diese Barrierefunktion der Haut wird durch den Zusammenhalt der Hautschichten und durch die spezialisierte Hornschicht gewährleistet. Die Haut schützt gegen schädliche Umwelteinflüsse (z. B. mechanisch, chemisch, biologisch, ultraviolette Strahlen) sowie gegen den Verlust von Substanzen wie Wasser. Durch die verschiedenen Immunzellen dient die Haut auch als Immunorgan. Des Weiteren vermittelt das kutane Nervensystem die Außentemperatur, Druck-, Tast- und Schmerzreize. Die wichtigsten molekularen Komponenten sowie einige Beispiele der Funktionsstörungen der Haut werden in diesem Kapitel beschrieben.

Schwerpunkte

73.1 Aufbau und Funktionen der Haut
- Epidermis, Dermis, Subkutis
- Funktionen der Haut

73.2 Epidermis
- Stratum basale und Stratum corneum
- Zellhülle
- Keratine
- Zell-Zell- und Zell-Matrix-Adhäsionen
- Dermoepidermale Junktionszone

73.3 Dermis
- Kollagene
- Elastin und Fibrilline
- Glykosaminoglykane und Proteoglykane

73.4 Pathobiochemie der Haut
- Verhornungsstörungen
- Blasenbildende Krankheiten
- Bindegewebskrankheiten
- Autoimmunkrankheiten

73.5 Immunologie der Haut
- Mikrobiom
- Entzündung

- Angeborene und adaptive Immunantwort
- Allergische Kontaktdermatitis

73.1 Aufbau und Funktionen der Haut

Aufbau Die Haut eines Erwachsenen wiegt ca. 5–10 kg und hat eine Fläche von etwa 1,6–2 m^2; damit ist sie das **größte Organ des menschlichen Organismus**. Die Haut besteht aus Epidermis, Dermis und Subkutis (Hypoderm), in denen die Hautadnexen (Hautanhangsgebilde) – Haare, Talgdrüsen, Schweißdrüsen und Nägel – eingebettet sind (◨ Abb. 73.1).

- Die **Epidermis** ist ein differenziertes vielschichtiges Plattenepithel, das sich permanent erneuert. Sie besteht überwiegend aus **Keratinocyten**. Außerdem enthält die Epidermis **Melanocyten**, die pigmentbildenden Zellen, **Langerhans Zellen**, immunologisch aktive Zellen und neuroendokrine **Merkel-Zellen** in der Basalschicht. Die **dermoepidermale Junktionszone** ist eine spezialisierte Basalmembranzone, die die Epidermis mit der Dermis verbindet.
- Die **Dermis** ist ein weiches Bindegewebe, bestehend aus Zellen, hauptsächlich Fibroblasten, extrazellulärer Matrix und Fasern (Kollagen, Elastin).
- Die **Subkutis** besteht aus Fettgewebe (Adipocyten) sowie lockerem Bindegewebe und verbindet die Haut mit darunterliegenden Strukturen.

In der Dermis und Subkutis befinden sich die arteriellen, venösen und lymphatischen Gefäße, zahlreiche Immunzellen und Nerven sowie auch Hautanhangsgebilde wie Haarfollikel und Drüsen.

Abhängig von Alter, Geschlecht und Körperstelle gibt es physiologische Unterschiede in Aufbau und Struktur der Haut, z. B. Breite der Epidermis und Hornschicht, Verteilung der Melanocyten, Struktur der Dermis, Verteilung und Anzahl der Talgdrüsen, Haarfollikel und Schweißdrüsen.

Ergänzende Information Die elektronische Version dieses Kapitels enthält Zusatzmaterial, auf das über folgenden Link zugegriffen werden kann https://doi.org/10.1007/978-3-662-60266-9_73. Die Videos lassen sich durch Anklicken des DOI Links in der Legende einer entsprechenden Abbildung abspielen, oder indem Sie diesen Link mit der SN More Media App scannen.

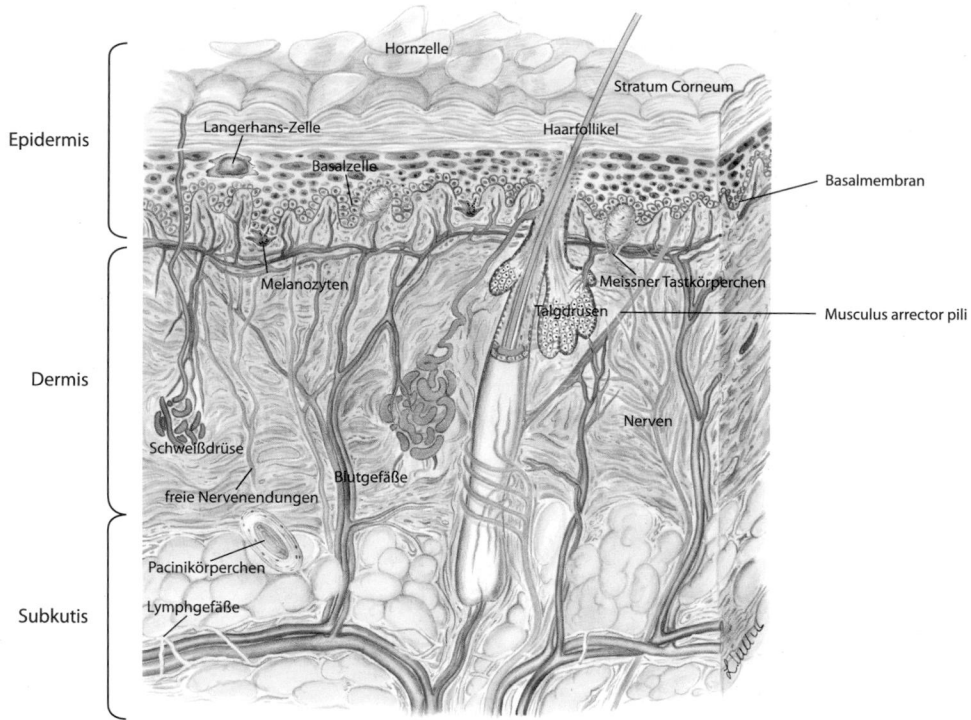

Abb. 73.1 Querschnitt durch die Haut. Die Haut wird von der Kutis, bestehend aus Epidermis und Dermis, sowie der Subkutis gebildet. (Mit freundlicher Genehmigung von Michael Hertl in Braun-Falco's Dermatologie: Kap. 1 „Dermatologische Grundlagen", Springer-Verlag Berlin Heidelberg)

Funktionen Die Haut erfüllt lebenswichtige Funktionen:
- Als Grenzfläche zur Umwelt hat sie eine vielseitige **Barrierefunktion** und schützt gegen mechanische, chemische und mikrobiologische Noxen sowie gegen ultraviolette Strahlen.
- **Schutz vor Wasserverlust**
- **Immunologische Abwehr**
- **Sinnesfunktion** (Temperatur, Druck, Tast- und Schmerzreize)
- **Thermoregulation**
- **Energiespeicher** durch die Adipocyten der Subkutis
- Vitamin-D-Synthese

73.2 Epidermis

Die Epidermis ist ein vielschichtiges Plattenepithel (■ Abb. 73.2), von innen nach außen bestehend aus:
- Stratum basale (oder germinativum, Basalschicht)
- Stratum spinosum
- Stratum granulosum
- Stratum corneum (Hornschicht)

Im **Stratum basale** befinden sich die epidermalen interfollikulären Stammzellen, welche die Fähigkeit haben, sich langfristig zu teilen. Die direkt aus epidermalen Stammzellen hervorgehenden transient amplifizierenden Zellen können sich vier- bis fünfmal teilen. Die daraus entstehenden **Keratinocyten** differenzieren sich; dabei erlangen sie eine neue Morphologie, exprimieren andere Proteine und bilden sequenziell die oberen Hautschichten. An der Hautoberfläche bildet das **Stratum corneum** mit der Zellhülle, den komplexen Lipidstrukturen und den antimikrobiellen Peptiden die Haut-Barriere. Es entsteht damit ein schwer zu durchdringender, protektiver Schutzwall gegen potenziell schädliche Umweltfaktoren. Dieser Prozess verläuft in einem 28-Tage-Rhythmus. Die Adhäsion der Keratinocyten untereinander und an der Basalmembran gewährleistet die mechanische Stabilität der Haut und erzeugt eine weitere Ebene der Barriere zwischen Körper und Umwelt.

Die **Zellhülle** (■ Abb. 73.2) ist membranartig, dicht und befindet sich an der inneren Seite der Zellmembran der **Korneocyten**. Sie besteht aus zahlreichen eng vernetzten Proteinen. Hierzu gehören: **Filaggrine, Involukrin, Lorikrin** und die **kleinen prolinreichen Proteine (KPP)**. Diese Proteine werden durch Isopeptidbindungen zwischen Glutaminyl- und Lysylresten stabilisiert, die durch die **Transglutaminasen 1, 3 und 5** katalysiert werden (▶ Abschn. 49.3.2). **Filaggrin 1** ist ein 37 kDa histidinreiches kationisches Protein und Hauptbestandteil der Keratohyalin-Granula (Filaggrin-Granula) des

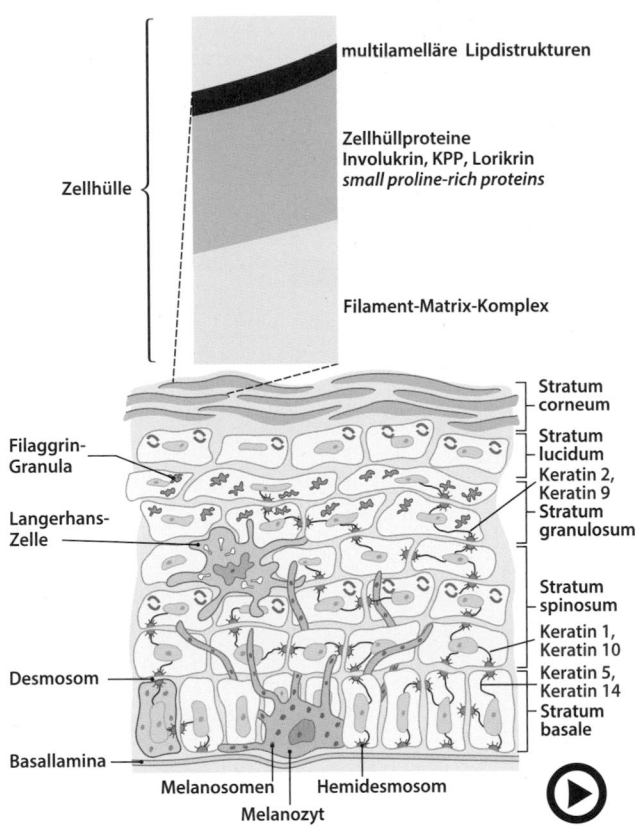

multilamelläre Lipdistrukturen

Zellhülle

Zellhüllproteine
Involukrin, KPP, Lorikrin
small proline-rich proteins

Filament-Matrix-Komplex

Filaggrin-
Granula

Langerhans-
Zelle

Desmosom

Basallamina

Melanosomen   Hemidesmosom
Melanozyt

Stratum
corneum
Stratum
lucidum
Keratin 2,
Keratin 9
Stratum
granulosum

Stratum
spinosum
Keratin 1,
Keratin 10
Keratin 5,
Keratin 14
Stratum
basale

Abb. 73.2 (Video 73.1) **Aufbau der Epidermis und Verteilung der Keratine.** K5 und K14 in den Keratinocyten im Stratum basale, K1 und K10 im Stratum spinosum, K2 und K9 im Stratum granulosum. Diese Keratine bilden die Intermediärfilamente, die den Zellkern umschließen und mit den Desmosomen der Zellmembran verbinden. Im Zuge der Differenzierung treten die Keratinintermediärfilamente mit Filaggrin, einem Matrixprotein, zu einer hochorganisierten Struktur zusammen. **Insert** zeigt die schematische Struktur der Zellhülle, die aus multilamellären Lipidstrukturen, Zellhüllproteinen und dem Filament-Matrix-Komplex besteht. *KPP*: kleine prolinreiche Proteine (▶ https://doi.org/10.1007/000-5sd)

oberen Stratum granulosum; Profilaggrin 1 wird proteolytisch in jeweils 10–12 Filaggrin 1-Polypeptide gespalten.

Keratine   Keratine sind eine Gruppe von wasserunlöslichen Proteinen, die in Haut, Haaren und Nägeln vorkommen. Sie sind die Hauptkomponente der Keratinocyten und der Intermediärfilamente (IF, 10 nm Durchmesser) (▶ Abschn. 13.4), die das Cytoskelett bilden. Sie verleihen den Zellen Formbeständigkeit und tragen zu deren Zusammenhalt im Geweberverband bei. Basierend auf der Aminosäuresequenz unterscheidet man zwischen sauren Keratinen des **Typs I** (relative Molekülmasse 40–64 kDa) und neutralen/basischen Keratinen des **Typs II** (relative Molekülmasse 52–68 kDa) (■ Abb. 73.3). Keratinfilamente sind immer Heterodimere aus der gleichen Anzahl von Keratinen des Typs I und II. In der Epidermis werden während der Differenzierung der Keratinocyten unterschiedliche Keratine exprimiert: Keratin 5 und 14 bilden Heterodimere im Stratum basale, Keratin 1 und 10 im Stratum spinosum und Keratin 2 kommt im Stratum granulosum vor (■ Abb. 73.2). Keratin 9 wird zusammen mit Keratin 1 ausschließlich an der Epidermis der Handflächen und Fußsohlen exprimiert. Keratin 6 bildet Heterodimere mit Keratin 16 oder 17 und wird in Haarfollikeln, Nagelbett und Zungenepithel sowie in der Epidermis der Handflächen und Fußsohlen exprimiert.

Zell-Zell-Adhäsionen   **Die Zell-Zell-Adhäsionen** der Haut werden vermittelt durch die Desmosomen, *adherens junctions, tight junctions, gap junctions* und Corneodesmosomen (▶ Abschn. 12.1). Die **Desmosomen** bestehen aus intrazellulären – **Desmoplakin, Plakoglobin** und **Plakophilin 1** – und transmembranären Proteinen – **Desmogleine (1 und 3)** und **Desmocolline (1 und 3)** (▶ Abschn. 12.1 und 71.1) (■ Abb. 73.4). *Adherens junctions* enthalten

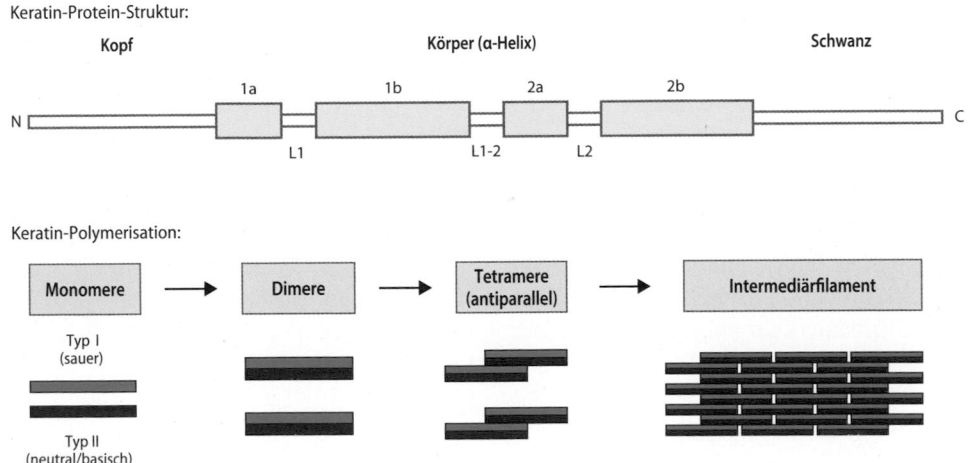

Keratin-Protein-Struktur:

Kopf   Körper (α-Helix)   Schwanz

1a   1b   2a   2b

N   C

L1   L1-2   L2

Keratin-Polymerisation:

| Monomere | → | Dimere | → | Tetramere (antiparallel) | → | Intermediärfilament |

Typ I
(sauer)

Typ II
(neutral/basisch)

Abb. 73.3   Aufbau der Typ-I- und Typ-II-Keratine. (1a, 1b, 2a, 2b helicale Abschnitte; L1, L1–2, L2 nicht-helicale Abschnitte) parallele Anordnung zum Heterodimer, anti-parallele Anordnung zum Protofilament. Supramolekulare Assoziation zur Protofibrille und zum Intermediärfilament

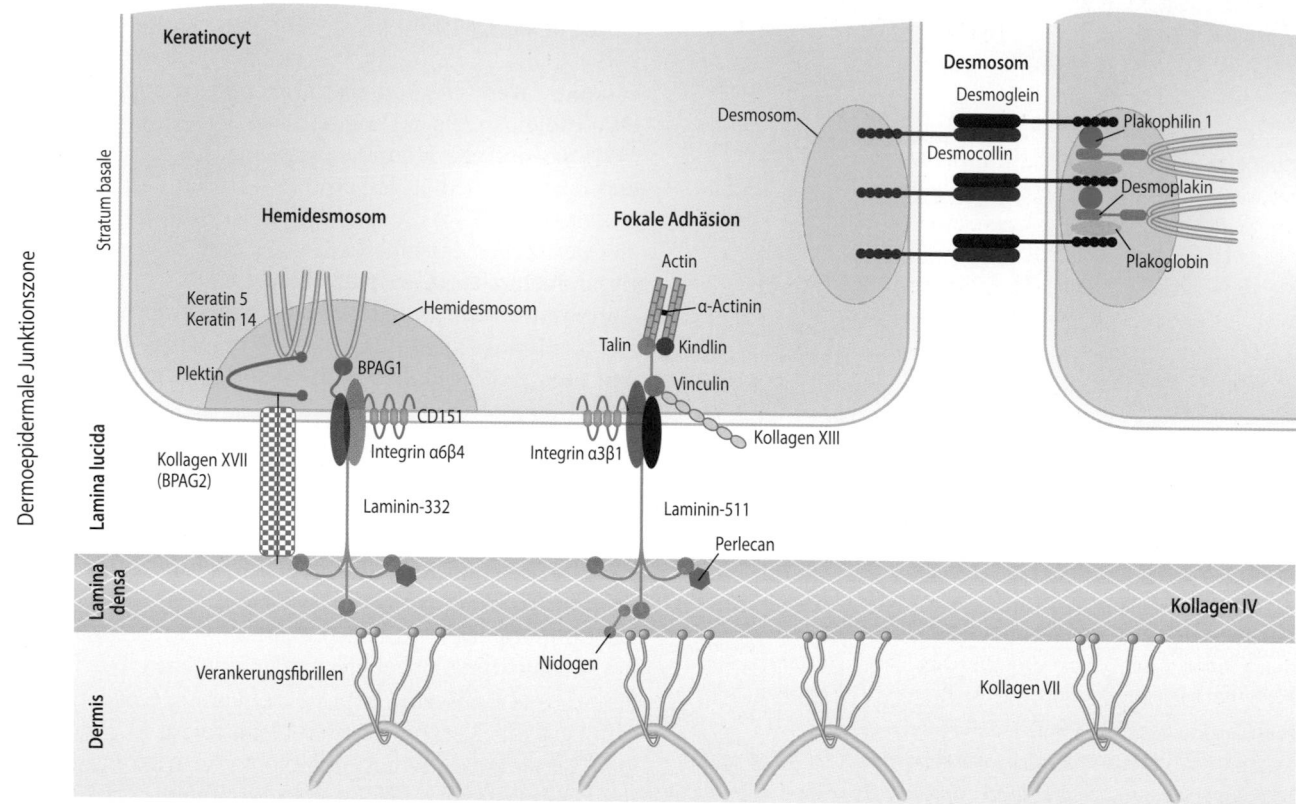

◻ Abb. 73.4 Schematische Darstellung der dermoepidermalen Junktion und der Desmosomen. Der basale Keratinocyt sitzt auf einer zweischichtigen Basalmembran, bestehend aus einer elektronenoptisch hellen Zone, Lamina lucida, und aus einer elektronenoptisch dunklen Zone, Lamina densa. Die intrazellulären Intermediärfila-

mente docken an den knopfförmigen Hemidesmosomen an. Zwischen zwei benachbarten Keratinocyten befinden sich Desmosomen. Die wichtigsten Proteine sind schematisch dargestellt. (Graphik erstellt von Sarah Büchel)

E-Cadherin (▶ Abschn. 12.1), das mit verschiedenen Ankerproteinen (Catenine, **Vinculin** und **α-Actinin**) mit dem Actin-Cytoskelett verbunden ist. Die *gap junctions* bestehen aus **Connexinen** (in der Haut: Connexin 26, 30.3, 31, 43), die Halbkanäle zwischen benachbarten Zellen bilden und den Austausch von Substanzen (z. B. Ionen, Aminosäuren, Wasser, Glucose) ermöglichen. *Tight junctions* enthalten Transmembranproteine wie **Occludine** und **Claudine** und sorgen für einen Verschluss des Substanz-armen Interzellularraums. Die **Corneodesmosomen** spielen für die Zell-Zell-Adhäsion im Stratum corneum eine wichtige Rolle. Sie bestehen aus **Corneodesmosin** und **Desmoglein 1** und werden während der Desquamation der Korneocyten abgebaut. Die Desquamation (Desquamatio insensibilis) ist der physiologische Prozess, bei dem Korneocyten permanent, unbemerkbar abgeschilfert werden.

Zell-Matrix-Adhäsionen „An den Zell-Matrix-Adhäsionen am basalen Pol der basalen Keratinocyten sind Hemidesmosomen und fokale Adhäsionen beteiligt (◻ Abb. 73.4)." Die Hemidesmosomen sind verankernde Multiprotein-Suprastrukturen an der basalen Oberfläche von Epithelzellen und enthalten intrazelluläre Plaque-Pro-

teine, **Plektin** und **bullöses Pemphigoid-Antigen 1 (BPAG1),** an denen die Keratinfilamente und die transmembranären Proteine **Integrin α6β4, Kollagen XVII** und **CD151** (Tetraspanin 24) verankert sind. Diese binden über ihre extrazellulären Domänen an **Laminin-332** (▶ Abschn. 71.1.6). Die fokalen Adhäsionen beinhalten **Integrin α3β1** als transmembranäre Komponente, die intrazellulär über eine große Anzahl von Adapter-Proteinen mit dem Actin-Cytoskelett verbunden ist. Darunter sind **Talin** und **Kindlin-1** und **-2** für die Aktivierung und Bindung von Integrin α3β1 an extrazelluläre Liganden (wie **Laminin-511**) verantwortlich.

Die **dermoepidermale Junktionszone** ist eine spezialisierte Basalmembran-Zone, die sowohl die Trennung als auch den Zusammenhalt zwischen der Epidermis und der Dermis gewährleistet (◻ Abb. 73.4). Sie filtriert Moleküle anhand ihrer Größe und Ladung und ermöglicht unter gewissen Umständen die Passage bestimmter Zellen, z. B. der Langerhans-Zellen oder der Lymphocyten. Des Weiteren beeinflusst sie die Proliferation, Differenzierung und Migration der basalen Keratinocyten und spielt eine wichtige Rolle während der Wundheilung.

Die basalen Keratinocyten werden über Hemidesmosomen und fokale Adhäsionen an der Basalmembran verankert. Die Basalmembran und ihre einzelnen Schichten sind nur elektronenmikroskopisch erkennbar: (i) An die Plasmamembran der basalen Keratinocyten grenzt die 20–40 nm dicke **Lamina lucida**, die u. a. aus **Lamininen** (hauptsächlich Laminin-332) und **Fibronektin** besteht und sich ultrastrukturell transparent darstellt; (ii) darauf folgt die 30–50 nm dicke, elektronendichte **Lamina densa** (Basallamina), die überwiegend aus **Kollagen IV** besteht. Die elektronenmikroskopisch transparente Sublamina densa enthält Bündel elastischer Mikrofibrillen, Verankerungsfibrillen und Glycoproteine. Die Verankerungsfibrillen beinhalten hauptsächlich **Kollagen VII** (▶ Abschn. 71.1.3).

73.3 Dermis

Die Dermis ist ein fibroelastisches Bindegewebe, Träger der Gefäße und Nerven, die die Epidermis versorgen. Sie enthält mehrere fibröse Netzwerke, die mechanische Resistenz und Elastizität gewährleisten. In der Dermis finden sich mehrere Zellpopulationen, hauptsächlich Fibroblasten, aber auch Mastzellen, Makrophagen und Lymphocyten.

Die Dermis enthält verschiedene Kollagentypen (◘ Tab. 71.1). Die **Kollagenfibrillen** der Dermis sind Mischfibrillen, die mehrere Kollagene und nicht-kollagene Komponenten enthalten, z. B. das ubiquitäre Kollagen I, gemischt mit etwa 10–15 % Kollagen III, sowie den Typen V und XII. Kollagen V spielt eine essenzielle Rolle in der Fibrillenbildung und Kollagen XII in deren räumlicher Organisation. Andere Kollagene (IV, VII, VIII, XVII und XVIII) sind Bestandteile der epithelialen und vaskulären Basalmembranzonen.

Die **elastischen Fasern** sind für die Elastizität der Haut verantwortlich und haben unterschiedliche Zusammensetzung in den verschiedenen Dermis-Schichten. Die zwei elektronenmikroskopisch erkennbaren Komponenten sind eine amorphe Masse aus Elastin und 10–12 nm dicken Mikrofibrillen, die hauptsächlich aus Fibrillinen bestehen. Elastin ist ein stark quervernetztes Protein mit β-Faltblatt-Elementen. Fibrillin 1 bildet makromolekulare Strukturen mit anderen Proteinen wie Fibrillin 2 und LTBP (*latent transforming growth factor β-binding protein*) (▶ Abschn. 71.1.4).

Die Grundsubstanz der Dermis ist eine amorphe **extrafibrilläre Matrix,** die hauptsächlich Wasser, Proteoglycane (wie z. B. **Versican, Perlecan, Decorin, Biglycan**), Hyaluronan und Glykoproteine beinhaltet. Die extrafibrilläre Matrix (▶ Abschn. 71.1.5) hat eine wichtige Füll- und Stützfunktion und ist ein Speicher für viele Modulatoren von Wachstumsfaktoren (z. B. FGF- und TGF-β-Familien).

Die dermalen Glykoproteine sind Adhäsionsmoleküle, die weitere Rollen in der Regulation der Fibrillenbildung und zellulären Funktionen spielen. Ein wichtiges multifunktionelles Glykoprotein ist **Fibronectin** (▶ Abschn. 71.1.6), das löslich im Plasma und zu Fibrillen polymerisiert in der extrazellulären Matrix der Dermis vorkommt.

73.4 Pathobiochemie der Haut

Die Funktionen vieler Strukturproteine der Haut konnten anhand der molekularen Pathologie verschiedener Erkrankungen entschlüsselt werden. Insbesondere sind genetische Erkrankungen gute Modelle. Beispiele sind Verhornungsstörungen, Epidermolysis bullosa und Bindegewebs-Erkrankungen. Diese werden im Folgenden kurz beschrieben. Die herkömmliche Klassifikation der Krankheitsbilder folgt klinischen und nicht molekularen Kriterien.

■ **Verhornungsstörungen**

Anomalien der Proteine der **Zellhülle** (wie z. B. **Filaggrin, Lorikrin**) sowie auch verschiedener Enzyme, die die Lipidsynthese in der Epidermis kontrollieren (z. B. Steroidsulphatase, welche Steroid-Sulfatester-Bindungen spaltet und Lipoxigenasen, Synonym Lipoxidasen, die mehrfach ungesättigte Fettsäuren oxidieren), führen zu verschiedenen Formen der **Ichthyosen**. Bei dieser Krankheitsgruppe ist die gesamte Haut trocken und schuppig; außerdem wird die Hyperkeratose der palmaren und plantaren Haut als Palmoplantar-Keratose bezeichnet. Die häufigste Form (1:200) ist die Ichthyosis vulgaris, die durch defiziente Menge an Filaggrin verursacht wird. Charakteristisch für die Ichthyosis vulgaris sind: Beginn im ersten Lebensjahr (nicht bei Geburt), trockene Haut mit feinen weißen Schuppen, Hyperlinearität der Handflächen und Fußsohlen und eine Neigung zu atopischem Ekzem. Dagegen sind autosomal-rezessive kongenitale Ichthyosen sehr selten. Deren häufigste Ursache sind Defekte der Transglutaminase 1 (▶ Abschn. 69.1 und 73.2). Charakteristisch für autosomal-rezessive kongenitale Ichthyosen ist die sogenannte Kollodium-Membran bei Geburt (eine großflächige gelbliche Schuppung) sowie generalisierte lamelläre Schuppen und Rötung der Haut in der späteren Entwicklung.

■ **Keratinopathien**

Mutationen in Genen verschiedener Keratine führen zu einer mechanischen Verletzlichkeit der Keratinocyten und resultieren in unterschiedlichen Krankheitsbildern. Die meisten Mutationen bestehen aus Substitutionen einzelner Aminosäuren und werden autosomal-dominant vererbt. Mutationen in Kera-

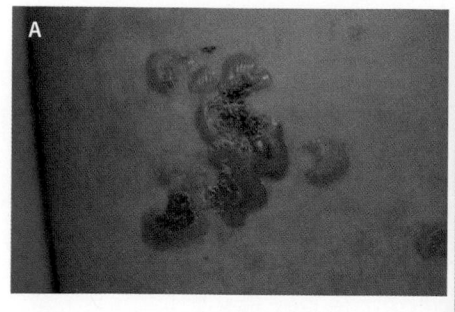
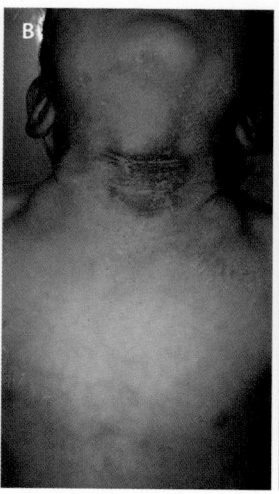
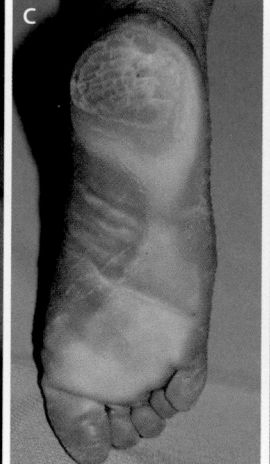
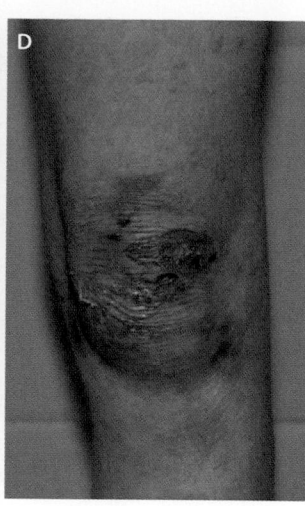

■ **Abb. 73.5   Klinische Manifestationen von genetischen Hautkrankheiten.** Mutationen in den Genen für Strukturproteine der Haut können vielfältige Hautveränderungen verursachen. Typische Beispiele sind in **A–D** dargestellt. **A** Blasen bei Epidermolysis bullosa simplex. **B** Hyperkeratosen bei einer epidermolytischen Ichthyose. **C** Plantar-Keratosen. **D** Narben an mechanisch belasteten Arealen bei Epidermolysis bullosa dystrophica mit Kollagen-VII-Mutation

tin-5- oder -14-Genen führen zu einer Fragilität der basalen Keratinocyten und zur **Epidermolysis bullosa simplex.** Die Betroffenen entwickeln nach mechanischer Belastung der Haut Blasen und Erosionen, die ohne Narbenbildung abheilen (■ Abb. 73.5A). Mit dem Alter kommt es spontan zu einer Besserung. Keratin-1-, -2- oder -10-Mutationen führen zu einer oberflächlichen Blasenbildung, die sich relativ rasch zurückbildet; es entwickelt sich das klinische Bild einer Verhornungsstörung (Ichthyose). Aufgrund dieser Kombination von Symptomen wird die Krankheitsgruppe als **epidermolytische Ichthyose** bezeichnet (■ Abb. 73.5B). Mutationen im Gen für Keratin 9 führen zur häufigsten Form der **Palmoplantar-Keratosen,** einer Verhornungsstörung, die mit Verdickung der Epidermis an Handflächen und Fußsohlen einhergeht (■ Abb. 73.5C). Mutationen in den Keratin-6, -16 und -17- Genen führen zu Verhornungsstörungen der Nägel, die als **Pachyonychia congenita** bezeichnet werden.

■ **Anomalien der Zell-Zell-Adhäsionen**

Mutationen, die zum Verlust von Desmoplakin oder Plakoglobin (■ Abb. 12.3b) führen, verursachen Erkrankungen mit begleitender Hautfragilität: Nach minimaler mechanischer Belastung entstehen oberflächliche Blasen und Erosionen, wie z. B. bei der **akantholytischen Epidermolysis bullosa** (■ Tab. 73.1). Interessanterweise verursachen spezifische mono-allelische Mutationen **Palmoplantar-Keratosen.** Aufgrund der Expression von Desmoplakin und Plakoglobin im Myokard kann eine **arrhythmogene Kardiomyopathie** assoziiert sein. Die

Haare sind meistens in Form von dünnen, gekräuselten Wollhaaren auch betroffen.

■ **Anomalien der Zell-Matrix-Adhäsionen**

Verluste der Proteine wie Plektin, BPAG1, Kollagen XVII, Integrin α6β4, Laminin-332 oder Kollagen VII führen zu verschiedenen Typen der **hereditären Epidermolysis bullosa** (■ Tab. 73.1). Bei dieser Krankheitsgruppe bilden sich nach minimaler Belastung der Haut Blasen, die Erosionen und tiefere Ulcerationen hinterlassen. Aufgrund der dermalen Spaltbildungsebene führt dies bei der Epidermolysis bullosa dystrophica (Mutationen im Kollagen-VII-Gen) zu Vernarbungen (■ Abb. 73.5D). Da manche Proteine auch in extrakutanen Geweben exprimiert werden, kommt es zu extrakutanen Manifestationen, z. B. **Muskeldystrophie** bei Plektin-Mutationen; **Pylorus-Atresie** bei Integrin-α6β4-Mutationen.

Interessanterweise sind Zell-Zell- und Zell-Matrix-Adhäsionsproteine der Haut auch Autoantigene bei **autoimmunen blasenbildenden Erkrankungen – Pemphigus, Pemphigoid und Epidermolysis bullosa acquisita** (■ Tab. 73.1).

■ **Hereditäre Bindegewebskrankheiten**

Mutationen in den Genen für die Hautkollagene, für Elastin sowie für die Fibrilline führen zu erblichen Erkrankungen: dem **Ehlers-Danlos-Syndrom,** dem **Marfan-Syndrom** und der **Cutis laxa.** Beim Ehlers-Danlos-Syndrom liegen die Mutationen in den Genen für Kollagen I, III oder V oder in Enzymen vor, die für die posttranslationalen Modifikationen (z. B. Lysylhydroxylase 1) der Kollagene verantwortlich sind. Das Kolla-

◻ Tab. 73.1 Beispiele von Erkrankungen mit Störungen der Strukturproteine der Epidermis und der dermoepidermalen Junktionszone

Zielprotein	Erkrankung	Pathomechanismus	Klinische Manifestationen
Plakophilin 1	Ektodermale Dysplasie – Hautfragilität	Plakophilin-1-Mutationen, Fehlen des Proteins	Erosionen, Palmoplantar-Keratosen, Wollhaare
Plakoglobin	Akantholytische Epidermolysis bullosa	Bi-allelische Plakoglobin-Mutationen, Fehlen des Proteins	Großflächige Erosionen, perinatal letal
	Naxos-Erkrankung	Bi-allelische Plakoglobin-Mutationen	Palmoplantar-Keratosen und arrhythmogene Kardiomyopathie
Desmoplakin	Akantholytische Epidermolysis bullosa	Bi-allelische Desmoplakin-Mutationen, Fehlen des Proteins	Großflächige Erosionen, perinatal letal
	Palmoplantarkeratosis striata	Mono-allelische Desmoplakin-Mutationen	Palmoplantar-Keratosen
Desmoglein 1	SAM-Syndrom	Bi-allelische Desmoglein-1-Mutationen, Fehlen des Proteins	Multiple Allergien, Palmoplantar-Keratosen
	Palmoplantarkeratosis striata	Mono-allelische Desmoglein-1-Mutationen	Palmoplantarkeratosen
	Staphylococcal scalded skin syndrome	Staphylokokken-Toxin	Oberflächliches Abschälen der Haut, Erythem
	Pemphigus superficialis	Anti-Desmoglein-1-Antikörper	Erytheme und oberflächliche Erosionen
Desmoglein 3	Mundschleimhautfragilität	Bi-allelische Desmoglein-3-Mutationen, Fehlen des Proteins	Blasen der Mundschleimhaut und Larynx
	Pemphigus vulgaris	Anti-Desmoglein-3-Antikörper	Blasen und oberflächliche Erosionen, Erytheme
Keratin 1/2/10	Epidermolytische Ichthyose	Mono-allelische Mutationen	Oberflächliche Blasen, Erosionen, Schuppung
Keratin 5/14	Epidermolysis bullosa simplex	Mono-allelische Keratin-5- oder -14-Mutationen (Aminosäurenaustausch)	Blasen, Nagelanomalien, Plantar-Keratosen
Plektin	Epidermolysis bullosa simplex mit Muskeldystrophie	Bi-allelische Plektin-Mutationen, Fehlen des Proteins	Blasen, Nagelanomalien, Plantar-Keratosen, Muskelschwäche
Kollagen XVII	Epidermolysis bullosa junctionalis	Bi-allelische Kollagen-XVII-Mutationen, meistens Fehlen des Proteins	Blasen, Nagelanomalien, vernarbende Alopezie, Amelogenesis imperfecta
	Bullöses Pemphigoid	Anti-Kollagen-XVII-Antikörper	Blasen, Juckreiz
Integrin α6β4	Epidermolysis bullosa junctionalis	Bi-allelische Integrin-α6β4-Mutationen, meistens Fehlen des Proteins	Blasen, Nagelanomalien, Plantar-Keratosen, Pylorusatresie
Laminin-332	Epidermolysis bullosa junctionalis	Bi-allelische Laminin-332-Mutationen, Reduktion oder Fehlen des Proteins	Blasen, Nagelanomalien, Amelogenesis imperfecta
	Schleimhautpemphigoid	Anti-Laminin-332-Antikörper	Blasen und Erosionen der Mund- und Augenschleimhaut, die mit Vernarbung abheilen
Kollagen VII	Epidermolysis bullosa dystrophica	Mono- oder bi-allelische Kollagen-VII-Mutationen, Reduktion oder Fehlen des Proteins	Blasen, Nagelanomalien, Schleimhautbeteiligung, Vernarbung
	Epidermolysis bullosa acquisita	Anti-Kollagen-VII-Antikörper	Blasen, Nagelanomalien, Vernarbung

gen-modifizierende Enzym Lysylhydroxylase 1 spielt eine wichtige Rolle in der Kollagenbiosynthese – in der Hydroxylierung von Lysin zu Hydroxylysin und in der Bildung von intra- und intermolekularen Kollagenvernetzungen. Die abnormale Struktur der kollagenhaltigen Fasern verursacht eine stark erhöhte Dehnbarkeit und eine verminderte Reißfestigkeit der Dermis. In ähnlicher Weise sind Mutationen im Fibrillin-1-Gen eine Ursache für das Marfan-Syndrom. Bei dieser autosomal-dominanten Multiorganerkrankung kommt es durch Degeneration der elastischen Fasern zu Anomalien von Auge, Skelett, kardiovaskulärem System und Haut. Elastin-Mutationen verursachen autosomal-dominante Formen der Cutis laxa mit von der Unterlage abhebbarer, nicht verdünnter Haut und groben, schlaffen Hautfalten am gesamten Integument.

73.5 Immunologie der Haut

Die Haut bildet nicht nur eine physikalische Barriere zur Außenwelt, sie ist auch ein wichtiger Teil des Immunsystems und schützt vor Infektionen. Das Immunsystem hat dabei nicht nur eine Schutzfunktion. Es ist auch verantwortlich für akute oder chronisch-entzündliche Erkrankungen, darunter Kontaktekzeme, Urticaria, atopische Dermatitis oder Autoimmunkrankheiten (◘ Tab. 73.1).

In der Haut finden sich verschiedene Zelltypen des Immunsystems. Im Normalzustand enthält die Epidermis Langerhans-Zellen, wenige T-Zellen (v. a. CD8 und bei Mäusen dendritische epidermale T-Zellen (DETCs). In der Dermis findet man Mastzellen, Makrophagen, Dendritische Zellen (DCs), *innate lymphoid cells* (ILCs), CD4- und CD8-T-Zellen, $\gamma\delta$ T-Zellen sowie NK (*natural killer*)-T-Zellen. Die Mehrheit der T-Zellen in der Haut sind Antigen-spezifische Gedächtniszellen, die Haut-resident sind (T_{RM}, *tissue-resident memory T-cells*) und lang-anhaltende lokale Immunität gewährleisten, aber auch eine wichtige Rolle bei Hautkrebs und Autoimmunerkrankungen spielen. Dabei finden sich CD8 T_{RM} in der Epidermis und CD4 T_{RM} in der Dermis. Daneben gibt es auch Gedächtniszellen, die die Haut verlassen und rezirkulieren. Bei Immunreaktionen werden weitere Immunzellen aus dem Blut rekrutiert, so z. B. neutrophile Granulocyten, Monocyten und zusätzliche T-Zellen.

Die Haut ist mit **kommensalen Bakterien und Pilzen** besiedelt, die als Haut-**Mikrobiom** bezeichnet werden. Kommensale besiedeln Haut und Schleimhäute, ernähren sich von Produkten des Wirts und stellen im Gegenzug essenzielle Stoffe, z. B. Vitamine und kurzkettige Fettsäuren zu Verfügung. Die Zusammensetzung des Mikrobioms (► Abschn. 61.5.1) ist nicht nur individuell verschieden, sondern variiert je nach Körperregion. Die aktive Interaktion zwischen dem Mikrobiom und dem Immunsystem der Haut ist essenziell für die Aufrechterhaltung der Homöostase. *Staphylococcus aureus, Candida albicans* und *Malassezia species* sind Bestandteile des normalen Hautmikrobioms. Wenn es zur Dysregulation des Gleichgewichts kommt, z. B. durch Verletzung oder andere Barriere-Defekte, können diese Kommensalen durch Vermehrung pathogen werden.

Bei viralen oder bakteriellen Infektionen, z. B. als Folge einer Verletzung, wird zuerst das **angeborene Immunsystem** der Haut aktiviert. Dabei bestimmt die Art des Stimulus den Typ der resultierenden Immunreaktion. Moduliert wird diese Reaktion durch individuelle genetische und epigenetische Faktoren sowie durch Umwelteinflüsse. Im Allgemeinen kommt es bei einer Infektion zur Stimulation sogenannter Muster-Erkennungs-Rezeptoren (*pattern recognition receptors*, **PRRs**) durch Pathogen-assoziierte molekulare Muster (*pathogen associated molecular patterns*, **PAMPs**), d. h. Bestandteile von Bakterien, Viren oder Pilzen. Dies können Proteine, Lipide, Polysaccharide oder Nucleinsäuren sein. Hierbei ist wichtig, dass PRRs nicht nur von Immunzellen, sondern auch von Struktur-bildenden Zellen der Haut wie Keratinocyten und Fibroblasten exprimiert werden. Diese sind daher auch ein wichtiger Bestandteil des angeborenen Immunsystems der Haut und spielen durch ihre Kommunikation mit weiteren angeborenen und adaptiven Immunzellen eine essenzielle Rolle bei der Orchestrierung von Immunantworten.

Beispiele für PRRs sind die Toll-*like* Rezeptoren (TLRs, ► Abschn. 70.2.2), *nucleotide-binding oligomerization domain* (NOD)-*like* Rezeptoren (**NLRs**) sowie die *retinoic acid-inducible gene* (RIG)-I *like* Rezeptoren (**RLRs**) und C-Typ-Lectin-Rezeptoren (**CLRs**). Daneben gibt es im Zytosol das *cyclic* GMP-AMP-Synthase (**cGAS/cGAMP**)-System, das Fremd-DNA erkennt. Oft werden simultan verschiedene PRRs aktiviert, die dann kooperieren (◘ Abb. 73.6). So kommt es durch Kooperation von TLRs mit dem NLRP3[1]-Inflammasom nach Aktivierung von Caspase 1 zur Bildung von reifem und sezerniertem IL-1β und IL-18. Ein typisches Szenario ist in ◘ Abb. 73.6 gezeigt. Mikrobielle PAMPs oder körpereigene TLR-Liganden, sog. Schaden-assoziierte molekulare Muster (*damage associated molecular patterns*, **DAMPs**), die z. B. aus gestressten oder geschädigten Zellen bei Entzündung freigesetzt werden, aktivieren TLRs. Die Signaltransduktion erfolgt bei TLR 4

---

1   *Neuronal Apoptosis inhibitor protein*, **C**2TA (*class 2 transcription activator* of the MHC), **HET-E** (*heteroraryon incompatibility*) and **T**P1 (*telomerase-associated protein* 1) (NACHT), *Leucine Rich Repeat* (LRR) and **P**Yrin **D**omain (PYD)-containing protein 3.

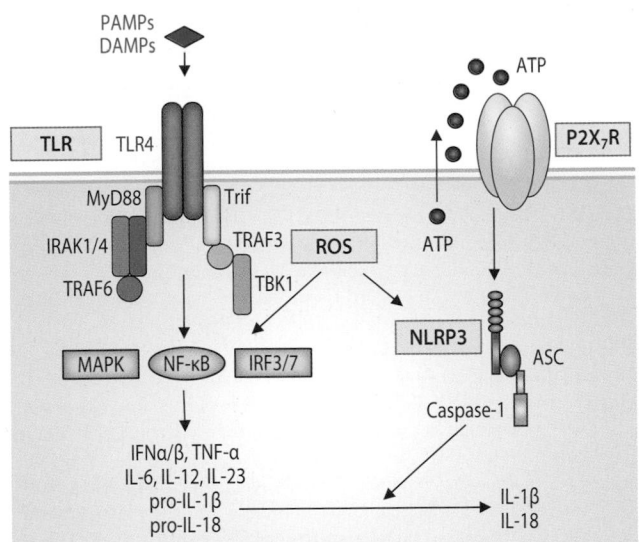

Abb. 73.6 Bei der Orchestrierung angeborener Immunantworten kommt es oft zur Kooperation verschiedener PRRs und Beteiligung von Gefahrensignalen (*danger signals*) **wie ROS oder extrazellulärem ATP.** Ein typisches Szenario, wie es z. B. der Hautentzündung bei Kontaktallergie zugrunde liegt, ist die Aktivierung von Toll-*like* Rezeptoren (TLRs), die über die Aktivierung des Transkriptionsfaktors NF-κB z. B. zur Bildung von Cytokinen wie Typ I Interferonen, IL-6, IL-12, IL-23 und TNF-α und auch von unreifen Pro-formen wie Pro-IL-1β und Pro-IL-18 führen. Die daran gekoppelte Aktivierung des NLRP3 (NACHT, LRR and PYD *domains-containing protein 3*)-Inflammasoms resultiert in der Aktivierung der Caspase-1, die dann die unreifen Pro-Formen zu reifem, bioaktivem IL-1β und IL-18 prozessiert. An der Aktivierung von NF-κB und des NLRP3-Inflammasoms sind auch ROS und in manchen Fällen extrazelluläres ATP, das über den purinergen Rezeptor P2X₇R wirkt, beteiligt. ASC: apoptosis-associated speck-like protein containing CARD (caspase recruitment domain)

über die Adapterproteine MyD88 und Trif (TLR 3: nur über Trif, übrige TLRs: nur MyD88) (■ Abb. 35.26, ▶ Abschn. 35.5.4) und eine Kinase-Kaskade. Dies führt zur Aktivierung des Transkriptionsfaktors NF-κB, von MAP Kinasen (**MAPK**) und *interferon regulatory factors* **IRF3/7** und in der Folge zur Synthese und Sekretion von proinflammatorischen Cytokinen wie IL-6 und TNF-α und unreifem pro-IL-1β und pro-IL18. Gleichzeitig wird NLRP3 aktiviert, das mit dem Adapterprotein ASC einen Multiproteinkomplex, das sog. NLRP3-Inflammasom bildet, welches die Caspase-1 aktiviert (▶ Abschn. 51.1). Caspase-1 ist eine Protease, die unreifes pro-IL-1β und pro-IL-18 spaltet und somit die reifen Cytokine produziert, die dann sezerniert werden. An der Aktivierung des Inflammasoms sind neben mikrobiellen Bestandteilen auch körpereigene Faktoren wie intrazelluläre reaktive Sauerstoffspezies (*reactive oxygen species*, ROS) und extrazelluläres Adenosintriphosphat (**ATP**) beteiligt. Diese werden bei Infektion oder z. B. Kontaktallergie von gestressten oder geschädigten Zellen wie z. B. dendritischen Zellen gebildet bzw. freigesetzt. Dabei aktiviert ATP den purinergen Rezeptor P2X₇R, einen Ionenkanal (■ Abb. 74.11). Die

resultierende Erniedrigung des Kalium- und Erhöhung des Natrium- und Calciumspiegels der Zelle trägt zur Inflammasom-Aktivierung bei.

Nach PRR Aktivierung sezernieren Zellen proinflammatorische Cytokine wie IL-6, TNF-α und pro-IL1β, Chemokine wie CCL2, CCL3 und RANTES, sowie antimikrobielle Peptide wie Cathelicidine und Defensine. Dies führt zur Rekrutierung von angeborenen Immunzellen, wie z. B. neutrophilen Granulocyten aus dem Blut. Es resultiert eine Hautentzündung. Die Entzündung bewirkt die vollständige Aktivierung von myeloiden Zellen der Haut, den epidermalen Langerhans-Zellen, die heute als spezialisierte Makrophagen angesehen werden und den dermalen dendritischen Zellen (DCs). Aktivierte Langerhans-Zellen und DCs wandern aus der Haut in die lokalen Lymphknoten, präsentieren Antigene auf ihren MHC-Molekülen und aktivieren naive Antigen-spezifische T-Zellen. Dabei ist die Expression co-stimulatorischer Moleküle wie CD80 und CD86, die auf den DCs durch die Aktivierung infolge der Entzündungsreaktion vermehrt exprimiert werden, essenziell. Die Entzündung ist somit unerlässlich, um Antigen-spezifische T- und B-Zellen, die Akteure des **adaptiven Immunsystems**, zu aktivieren, damit diese dann effizient und hochspezifisch Erreger bekämpfen können. Je nach Art des Stimulus, der zur Aktivierung der DCs führt, kommt es zur Expression spezifischer Cytokin-Kombinationen, die dann im Lymphknoten zur Polarisierung von T-Zellantworten, d. h. zur Differenzierung von sog. Th0-Zellen zu bestimmten T-Zell-Subsets mit spezifischen Funktionen führen. Das heißt, dass CD4 Th0 (T *helper*) Zellen zu TH1-, TH2-, TH17- und Treg-Lymphozyten), Tfh (T *follicular helper cell*) und anderen Subsets differenzieren können, die die Art der resultierenden Immunantwort determinieren.

Neben der erfolgreichen Infektabwehr kann es aber auch zu unerwünschten, sog. adversen Reaktionen kommen. Diese bedingen sterile entzündliche, z. T. autoimmune Hautkrankheiten, bei denen das Immunsystem eine wichtige Rolle spielt. Beispiele sind die Kontaktdermatitis, atopische Dermatitis, Psoriasis, Pemphigus vulgaris, Epidermolysis bullosa acquisita, bullöses Pemphigoid, Lupus erythematosus. Auch adverse Arzneimittelreaktionen manifestieren sich oft in der Haut. Bei diesen Erkrankungen, die in der Regel nicht durch Infektionen verursacht werden, kommt es dennoch primär zur Aktivierung des angeborenen Immunsystems und zur Entzündung der Haut. Auch hier ist das die Voraussetzung zur Auslösung Allergen-spezifischer oder autoimmuner T- und B-Zellantworten. Dies ist möglich, da zelluläre Stressantworten und Gewebeschäden entstehen, die zur Bildung und Freisetzung von **DAMPs** führen. Das können zelluläre Bestandteile wie körpereigene DNA, RNA, S100-Proteine oder *high mobility group box protein 1* (HMGB1), aber auch Bestandteile der extrazellulären Matrix wie Hyaluronsäure-Fragmente oder

73

Biglycan sein. Diese sind in der Lage, PRRs zu aktivieren. Hier spielen auch Gefahrensignale (danger signals) wie ROS und extrazelluläres ATP eine Rolle (◼ Abb. 73.6).

Die Aufklärung der immunologischen Pathomechanismen solcher Hautkrankheiten erlaubt die Entwicklung spezifischer, gezielter **Immuntherapien**, z. B. durch die Blockade der Wirkung bestimmter Cytokine wie IL-4 und IL-13 bei Atopie oder von IL-17 oder IL-23 bei Psoriasis. Hier kommen **Biologika (***biologicals***)** zum Einsatz. Das sind in der Regel **monoklonale Antikörper**, die z. B. die α-Kette des IL-4-Rezeptors, die auch ein Bestandteil des IL-13-Rezeptors ist, blockieren, IL-17 neutralisieren oder die p19-Untereinheit des heterodimeren Cytokins IL-23 blockieren und bei Allergien bzw. Schuppenflechte (Psoriasis) sehr wirksam sind.

Zusammenfassung

Die Haut ist ein komplexes Organ bestehend aus multiplen Zellpopulationen, die miteinander interagieren und Signale austauschen, um die Schutzfunktion für den Körper zu gewährleisten. Spezialisierte Zellen der Haut sind Keratinocyten mit entsprechenden Adhäsionsproteinen und Fibroblasten, die die extrazelluläre Matrix synthetisieren. Zusätzlich sind verschiedene Moleküle, kommensale Bakterien und Populationen von Immunzellen für die angeborenen und adaptiven Immunantworten zuständig. Anomalien und Dysregulationen der Barrierefunktion der Haut verursachen ein breites Spektrum von Erkrankungen, die mit Entzündung und Infektionspotenzial einhergehen. Die Aufklärung der Reaktionsmuster der Haut ermöglicht gezielte Therapien der entzündlichen Hauterkrankungen.

Weiterführende Literatur

Ablasser A, Chen ZJ (2019) cGAS in action: expanding roles in immunity and inflammation. Science 363(6431). pii: eaat8657

Akiyama M (2017) Corneocyte lipid envelope (CLE), the key structure for skin barrier function and ichthyosis pathogenesis. J Dermatol Sci. 88(1):3–9

Byrd AL, Belkaid Y, Segre JA (2018) The human skin microbiome. Nat Rev Microbiol. 16(3):143–155

Gebhardt T, Palendira U, Tscharke DC, Bedoui S (2018) Tissue-resident memory T cells in tissue homeostasis, persistent infection, and cancer surveillance. Immunol Rev. 283(1):54–76

Has C, Nyström A (2015) Epidermal basement membrane in health and disease. Curr Top Membr. 76:117–170

Hawkes JE, Chan TC, Krueger JG (2017) Psoriasis pathogenesis and the development of novel targeted immune therapies. J Allergy Clin Immunol. 140(3):645–653

Jones JC, Kam CY, Harmon RM, Woychek AV, Hopkinson SB, Green KJ (2017) Intermediate filaments and the plasma membrane. Cold Spring Harb Perspect Biol. 9(1):1–19

Kaufman BP, Alexis AF (2018) Biologics and small molecule agents in allergic and immunologic skin diseases. Curr Allergy Asthma Rep. 18(10):55

Martin SF (2015) New concepts in cutaneous allergy. Contact Dermatitis. 72(1):2–10

Rübsam M, Broussard JA, Wickström SA, Nekrasova O, Green KJ, Niessen CM (2018) Adherens junctions and desmosomes coordinate mechanics and signaling to orchestrate tissue morphogenesis and function: an evolutionary perspective. Cold Spring Harb Perspect Biol 10(11). pii: a029207

Nervensystem

Petra May, Cord-Michael Becker und Hans H. Bock

Das Nervensystem des Menschen überwacht und steuert sämtliche Körperfunktionen. Es ist für die Verarbeitung sensorischer Information aus der Umwelt und dem Organismus selbst sowie für die Aktivierung und Koordination der Motorik verantwortlich. Die Anteile, die Information von außen und aus dem Bewegungsapparat erhalten bzw. die Skelettmuskulatur steuern, werden als somatisches Nervensystem bezeichnet. Diejenigen dagegen, die Information aus den inneren Organen empfangen und deren Aktivität sowie die der glatten Eingeweidemuskulatur regulieren, werden als vegetatives Nervensystem zusammengefasst. Somatische und vegetative Anteile finden sich sowohl im Zentralnervensystem (ZNS, Gehirn und Rückenmark) als auch im peripheren Nervensystem (PNS, periphere Nerven mit Spinal- und vegetativen Ganglien). Die Nervenzellen (Neuronen) mit ihren Fortsätzen stellen die erregbare Zellpopulation im Nervensystem dar. Ionenströme durch Ionenkanäle führen zur elektrischen Erregung der Zelle und der Erregungsausbreitung entlang ihrer Membran. Die Weitergabe des Signals an andere Neurone oder an Effektorzellen (z. B. Muskelzellen) erfolgt in der Regel chemisch durch die Freisetzung von Transmittersubstanzen. In der empfangenden Zelle bewirkt die Bindung des Transmitters an den entsprechenden Rezeptor wiederum die Öffnung von Ionenkanälen und damit die elektrische Erregung oder Hemmung der nachgeschalteten Zelle. Die Signalübertragung wird beendet, indem der Transmitter entweder abgebaut oder aber in das Zellinnere aufgenommen wird. Zur Aufrechterhaltung des Membranpotenzials und damit der Erregbarkeit der Zelle sind aktive Ionentransportvorgänge mittels ATP-abhängiger Membranpumpen notwendig. Der Energieverbrauch des Zentralnervensystems, der hauptsächlich durch Glucose gedeckt werden muss, ist daher erheblich. Außer Neuronen enthält das Nervensystem Gliazellen. Zu ihren spezialisierten Aufgaben gehört u. a. die Bildung von Markscheiden (Myelinscheiden) um die Axone der Neurone. Diese diskontinuierliche Isolierschicht ermöglicht eine wesentlich schnellere saltatorische Erregungsleitung. Die Blutgefäße des Zentralnervensystems sind mit einem dichten Endothel ausgestattet, dessen Zellen über *tight junctions* verbunden sind und den freien Stoffaustausch mit dem ZNS zu dessen Schutz unterbinden („Blut-Hirn-Schranke"). Für vom ZNS benötigte Stoffe bestehen spezielle Transportsysteme in den Endothelzellen. Das Zentralnervensystem in der Schädelhöhle bzw. dem Wirbelkanal ist umgeben von Liquor cerebrospinalis, der im Plexus choroideus vom Blutplasma abfiltriert und von spezialisierten Gefäßstrukturen der weichen Hirnhäute, den Arachnoidalzotten, rückresorbiert wird. Der Liquor ist durch Punktion des Spinalkanals der Diagnostik zugänglich. Funktionsstörungen des Nervensystems können sowohl strukturell (z. B. entwicklungsbedingt wie Lissenzephalie, erworben etwa durch ein Trauma) als auch funktionell (z. B. metabolische Enzephalopathien) bedingt sein.

Schwerpunkte

74.1 Neurone, Erregungsleitung und -übertragung
- Synapsen, elektrische und chemische Signalübertragung
- Neurotransmitter und Kanäle

74.2 Glia
- Gliazellen und Markscheiden

74.3 Blutgefäße und Liquor
- Aufrechterhaltung der Homöostase des Gehirns

74.4 Stoffwechsel des Gehirns
- Hoher Energieverbrauch und Abhängigkeit von Glucose

74.5 Neurodegenerative Erkrankungen
- Morbus Alzheimer, Morbus Parkinson u. a.

74.1 Neurone, Erregungsleitung und -übertragung

74.1.1 Aufbau von Neuronen

> Neurone weisen stark verzweigte Fortsätze auf, über die sie mit anderen Zellen in Kontakt stehen.

Ergänzende Information Die elektronische Version dieses Kapitels enthält Zusatzmaterial, auf das über folgenden Link zugegriffen werden kann https://doi.org/10.1007/978-3-662-60266-9_74 Die Videos lassen sich durch Anklicken des DOI Links in der Legende einer entsprechenden Abbildung abspielen, oder indem Sie diesen Link mit der SN More Media App scannen.

© Springer-Verlag GmbH Deutschland, ein Teil von Springer Nature 2022
P. C. Heinrich et al. (Hrsg.), *Löffler/Petrides Biochemie und Pathobiochemie*, https://doi.org/10.1007/978-3-662-60266-9_74

Neurone zeigen lichtmikroskopisch einen charakteristischen Aufbau aus Zellkörper (Soma) und zahlreichen verzweigten Zellfortsätzen. Durch Unterschiede in der Größe des Zellkörpers sowie der Anordnung und Länge der Fortsätze mit ihren Verzweigungen ergibt sich eine ausgeprägte morphologische Vielfalt der Nervenzellen, deren Zahl im menschlichen Gehirn auf ca. 10^{11} geschätzt wird. Unter den Fortsätzen der Neurone werden die in der Regel stark verzweigten Dendriten, die Signale anderer Zellen empfangen, und das meist erst terminal verästelte Axon, das die Erregung weitergibt, unterschieden (◙ Abb. 74.1).

Neurone enthalten grundsätzlich die gleichen Organellen wie alle anderen Körperzellen. Sie weisen jedoch spezialisierte Strukturen im Kontakt mit anderen Zellen auf. Dies sind einerseits die Kontaktstellen mit anderen Neuronen (Synapsen) und Effektorzellen (z. B. motorische Endplatte), an denen die Erregungsübertragung erfolgt. Andererseits sind die Axone der Nervenzellen zu einem großen Teil von Segmenten einer speziellen Isolierschicht umgeben, die von Gliazellen gebildet und in ihrer Gesamtheit als Markscheiden bezeichnet werden (▶ Abschn. 74.2).

Ebenfalls hochspezialisiert ist das Cytoskelett der Neurone, das ihre charakteristische Morphologie ermöglicht. Außer Neuron-spezifischen Intermediärfilamenten enthalten sie zahlreiche Actinfilamente, die für das Neuritenwachstum notwendig sind, und Mikrotubuli, die zusammen mit Motorproteinen (▶ Abschn. 13.5) vor allem im Axon angereichert sind. Entlang der Mikrotubuli erfolgt mithilfe der Motorproteine der Transport aus dem Zellkörper in die Nervenendigung (anterograder Transport, z. B. von im Soma synthetisierten und in Vesikeln verpackten Proteinen) bzw. der Transport in umgekehrter Richtung (retrograder Transport, z. B. von an der Nervenendigung endocytiertem Material wie Wachstumsfaktoren oder auch Viren bei einer Infektion).

Neurone sind terminal differenziert und können sich daher nicht mehr teilen. Jedoch wurden auch im erwachsenen Gehirn in Arealen wie dem Hippocampus Vorläuferzellen nachgewiesen, aus denen neue Neurone entstehen können. Die Regeneration von zerstörtem Hirngewebe, z. B. nach Schlaganfall oder Hirntrauma, ist hierdurch allerdings nicht möglich. Vielmehr scheint die Neurogenese im adulten Gehirn in Zusammenhang mit bestimmten Gedächtnisleistungen wie dem Erinnerungsvermögen zu stehen.

74.1.2 Membranpotenzial und elektrische Erregbarkeit

❯ Das Ruhemembranpotenzial kann durch das Kaliumgleichgewichtspotenzial angenähert werden.

Das Ruhemembranpotenzial von Nervenzellen beträgt ca. −70 mV wie das Membranpotenzial anderer Zellen auch (s. Lehrbücher der Physiologie). Es handelt sich im Wesentlichen um ein Diffusionsgleichgewichtspotenzial, das dadurch zustande kommt, dass Natrium-, Kalium- und Chloridionen sowie Proteinanionen intra- und extrazellulär in unterschiedlicher Konzentration vorliegen (◙ Tab. 74.1) und Intra- und Extrazellulärraum durch eine Membran von selektiver Permeabilität, nämlich die Plasmamembran mit ihren Ionenkanälen, getrennt sind. Im Ruhezustand ist die Membran der Neurone hauptsächlich für Kaliumionen permeabel, die durch entsprechende die Membran durchspannende Kanalproteine hindurchtreten können. Gemäß ihrem chemischen Konzentrationsgradienten strömen Kaliumionen in den Extrazellulärraum. Da der Zelle hierdurch positive Ladung verloren geht, entsteht ein dem weiteren Kaliumausstrom entgegen gerichteter, zum Zellinneren hin negativer elektrischer Gradient. Wenn beide Kräfte im Gleichgewicht sind, findet kein Nettoausstrom von Kalium mehr statt und der dann erreichte elektrische Gradient entspricht dem Gleichgewichtspotenzial (beschrieben in

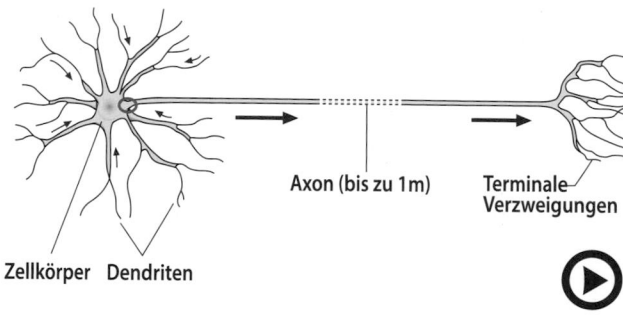

◙ **Abb. 74.1** (Video 74.1) **Erregungsfortleitung im Neuron.** Dendriten empfangen erregende und hemmende Signale von anderen Neuronen (afferente Erregungsleitung). Diese werden am Axonhügel (*grün* markiert) aufsummiert. Das Axon leitet Aktionspotenziale (*dicke rote Pfeile*) vom Zellkörper zu den präsynaptischen Nervenendigungen (efferente Erregungsleitung) (▶ https://doi.org/10.1007/000-5sv)

◙ **Tab. 74.1**   Ionenkonzentrationen intra- und extrazellulär

Ion	Intraneuronale Konzentration (mmol/l)	Interstitielle Konzentration (mmol/l)	Gleichgewichtspotenzial (aus Nernst-Gleichung) (mV)
Na^+	12	145	ca. +65
K^+	155	4	ca. −95
Ca^{2+}	10^{-7}	2,5	ca. +135
Cl^-	7	120	ca. −80

der Nernst-Gleichung (▶ Abschn. 4.1)). Das Ruhepotenzial von Gliazellen entspricht dem Kaliumgleichgewichtspotenzial. Zum etwas positiveren Ruhepotenzial von Neuronen tragen außer dem Kalium- auch das Natrium- und Chloridgleichgewichtspotenzial bei, da die Plasmamembran auch für Chlorid- und Natriumionen unter Ruhebedingungen geöffnete Kanäle aufweist. Demgegenüber besitzen Gliazellen mit Ausnahme der Mikroglia ein reines Kaliumgleichgewichtspotenzial.

> Aktiver Ionentransport wirkt Leckströmen entgegen und hält das Membranpotenzial aufrecht.

Die oben genannten Gleichgewichtspotenziale liefern einen guten Annäherungswert des Membranruhepotenzials, jedoch herrschen in der Realität eigentlich keine Gleichgewichtsbedingungen vor, da weitere Kräfte wirken. Die Plasmamembran der Neurone weist nämlich auch unter Ruhebedingungen eine gewisse, wenn auch geringe, Leitfähigkeit für Natriumionen auf, die aufgrund des großen chemischen Konzentrationsgradienten zu einem Leckstrom von Natriumionen in das Zellinnere führt. Hierdurch würde die negative Ladung des Zellinneren gegenüber dem Extrazellulärraum allmählich ausgeglichen und das Membranpotenzial zusammenbrechen, wenn nicht durch den aktiven, d. h. unter Verbrauch von ATP ausgeführten, Transport durch die Na$^+$/K$^+$-ATPase (▶ Abschn. 11.5) gegengesteuert würde. Die membranständige Pumpe transportiert pro verbrauchtem Molekül ATP gegen den Konzentrationsgradienten drei Natriumionen nach extrazellulär und zwei Kaliumionen nach intrazellulär. Da hierbei ein Nettotransport von einer positiven Ladung nach außen erfolgt, trägt die Na$^+$/K$^+$-ATPase auch direkt zum Aufbau des Membranpotenzials bei. Dieser Effekt ist jedoch im Vergleich zu den Gleichgewichtspotenzialen eher gering. Die eigentliche Bedeutung der Na$^+$/K$^+$-Ionenpumpe liegt in der Aufrechterhaltung der Natrium- und Kaliumionenkonzentrationsgradienten. Dieser aktive Transportvorgang ist für bis zu zwei Drittel des Gesamtenergiebedarfs eines Neurons verantwortlich und bildet, da er das Membranruhepotenzial aufrechterhält, auch eine wesentliche Grundlage der Erregbarkeit von Neuronen.

Unter Erregung einer Zelle wird die spezifisch ausgelöste und zeitlich begrenzte Depolarisation, d. h. Verminderung des negativen Membranpotenzials, verstanden. Die Depolarisation ist gebunden an das Vorhandensein eines Ruhepotenzials und Ionenkanäle, die regulierbar geöffnet werden können und die depolarisierende Ströme vermitteln.

74.1.3 Erregungsleitung

> Es wird die elektrotonische Erregungsleitung von der Weiterleitung durch Aktionspotenziale unterschieden.

Zwei verschiedene Arten der Erregung bzw. Erregungsleitung sind möglich. Zum einen gibt es langsame Potenzialänderungen, d. h. lokalisierte De- oder Hyperpolarisationen, deren Amplitude von der Intensität des auslösenden Signals abhängt. Sie beruhen auf der ligandenabhängigen Öffnung von nichtspannungsabhängigen Ionenkanälen. Sie treten beispielsweise postsynaptisch auf und werden, ohne ein Aktionspotenzial auszulösen, über die Dendriten zum Zellsoma weitergeleitet (elektrotonische Erregungsleitung). Verschiedene Potenziale dieser Art können gegeneinander verrechnet werden. Während der Fortleitung an der Membran werden sie allmählich schwächer.

Im Gegensatz hierzu erfolgt die Erregungsleitung über Aktionspotenziale, wie sie für die Axone der Neurone typisch ist, rasch und ohne Abnahme der Amplitude, da die Fortleitung auf der Auslösung eines neuen gleichförmigen Aktionspotenzials im benachbarten Abschnitt der Zellmembran beruht. Auslöser von Aktionspotenzialen ist eine Depolarisation der Membran über einen gewissen Schwellenwert hinaus, z. B. wenn langsame Potenziale am Axonhügel eintreffen. Die Depolarisation führt zur Öffnung von spannungsabhängigen Natriumkanälen, durch die ein Einstrom von Natriumionen in die Zelle und damit die weitere Depolarisation erfolgt. Hierdurch werden ebenfalls spannungsabhängige Kaliumkanäle geöffnet, durch die ein rascher Ausstrom von Kalium in den Extrazellulärraum erfolgt, sodass die Membran repolarisiert wird. Durch die Aktivität der Na$^+$/K$^+$-ATPase werden dann wieder Natriumionen in den Extrazellulärraum und Kaliumionen in die Zelle gepumpt, um die Ionenkonzentrationsgradienten aufrechtzuhalten.

Die Weiterleitung der Erregung entlang des Axons erfolgt durch lokale elektrotonische Ausbreitung der Depolarisation in der Umgebung des Aktionspotenzials, sodass in benachbarten Membranabschnitten wiederum der Schwellenwert für die Öffnung der spannungsabhängigen Natriumkanäle erreicht wird. Da diese Kanäle nach einer Aktivierung für einige Zeit („Refraktärperiode") nicht erneut geöffnet werden können, erfolgt die Weiterleitung der Aktionspotenziale gerichtet zum distalen Ende des Axons.

In myelinisierten Axonen sind die erregbaren Membranabschnitte, zwischen denen sich die Depolarisation ausbreitet, die sog. Ranvier-Schnürringe, durch die isolierende Myelinschicht getrennt (◩ Abb. 74.2), sodass bei der Auslösung des nächsten Aktionspotenzials ein Membranabschnitt übersprungen wird (saltatorische Erregungsleitung). Dadurch wird die Erregungsleitung beschleunigt und energiesparender gestaltet. In der Membran der Ranvier-Schnürringe findet man besonders hohe Konzentrationen der spannungsabhängigen Natriumkanäle und der Na$^+$/K$^+$-ATPase.

74

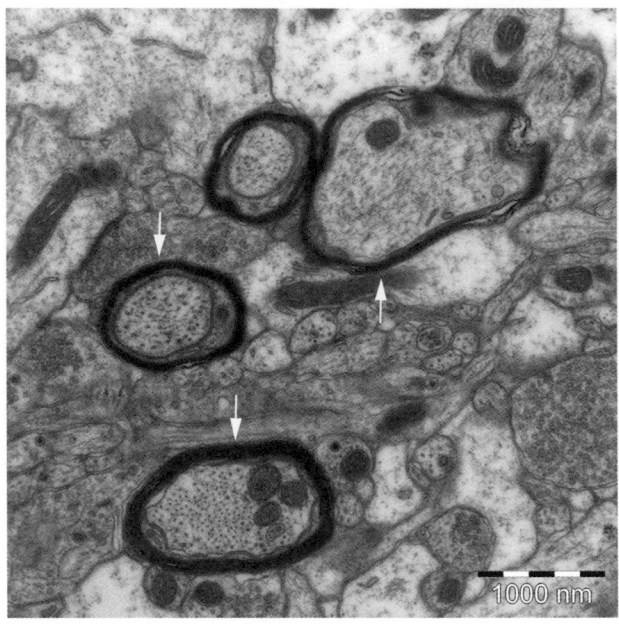

74.1.4 Ionenkanäle

❯ Ionenkanäle sind Transmembranproteine, die eine
Pore für Ionenströme über die Zellmembran bilden.

Sowohl für das Membranruhepotenzial als auch für die
elektrische Erregbarkeit und die Erregungsleitung mittels langsamer Potenziale und Aktionspotenziale sind
Ionenkanäle von fundamentaler Bedeutung. Es handelt
sich hierbei um transmembranäre Proteinkomplexe, die
durch die Lipidschichten der Zellmembran eine Pore mit
wässrigem Lumen bilden. Durch die Pore ist ein schneller
Fluss von Ionen möglich. Von der Architektur des Kanals
hängt ab, welche Ionen passieren können. Es gibt wenig
selektive Kanäle, durch die verschiedene Ionen mit gleicher Ladung gelangen können (Kationen- und Anionen-
kanäle). Viele Kanäle zeigen jedoch eine Selektivität für
Ionen einer bestimmten Größe und Ladung (Kalium-,
Natrium-, Calcium-, Chloridkanäle). Weiterhin unterscheidet man Kanäle, die auch im Ruhezustand, also
konstitutiv geöffnet sind, wie die für die Entstehung des
Membranpotenzials wesentlichen Kaliumkanäle (*leak
channels*), von Kanälen, deren Poren reguliert geöffnet
werden (*gated channels*). Bei spannungsabhängigen Kanälen (*voltage-gated ion channels*) erfolgt die Öffnung in
Abhängigkeit vom aktuellen Membranpotenzial. Bei ligandengesteuerten Kanälen löst die Bindung von Neurotransmittern oder Pharmaka die Öffnung aus. Hier

werden exemplarisch häufig vorkommende Kalium-,
Natrium- und Calciumkanäle beschrieben.

❯ Spannungsabhängige Ionenkanäle.

Die Superfamilie der spannungsabhängigen Ionenkanäle spielt für die Entstehung des Aktionspotenzials
eine entscheidende Rolle. Zu ihnen gehören die Familien
spannungsabhängiger Kalium-, Natrium- und Calciumkanäle.

Der Aufbau der Hauptgruppen der verschiedenen
spannungsabhängigen Kanäle erfolgt jeweils nach ähnlichen Strukturprinzipien (■ Abb. 74.3). Am Eingang
in die Kanalpore findet sich ein durch geladene Aminosäurereste gebildeter Selektivitätsfilter. Geladene Teilstrukturen im Inneren des Kanalproteins ermöglichen
die spannungsabhängige Konformationsänderung, die
zum Öffnen bzw. Schließen der Kanalpore führt. Die
molekularen Grundlagen dieser Funktionen konnten
durch die Isolierung der Kanalproteine und durch die
Klonierung ihrer Gene entschlüsselt werden.

Die spannungsabhängigen Natrium- und Calciumkanäle bestehen aus vier Domänen, die Kaliumkanäle
aus 4 Untereinheiten. Alle Domänen bzw. Untereinheiten enthalten 6 Transmembransegmente (S1–S6) sowie
zusätzliche, strukturell nicht verwandte auxiliäre (Hilfs-)
Untereinheiten, die nicht an der Bildung der Kanalpore
beteiligt sind (■ Abb. 74.4).

Die spannungsabhängigen Natriumkanäle setzen
sich aus einer Hauptuntereinheit (α-Untereinheit),
d. h. einem Glycoprotein von 260 kDa, das aus vier
Domänen (D1–D4) mit jeweils 6 Transmembran-

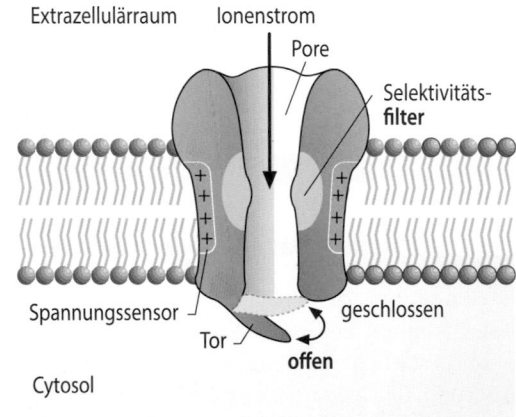

■ **Abb. 74.3 Schematisches Modell eines spannungsregulierten Ionenkanals.** Der in der Lipidmembran liegende Spannungssensor aus
positiv geladenen Aminosäuren bewirkt bei Änderungen des Mem-
branpotentials eine Konformationsänderung des Kanalproteins und
induziert so das Öffnen und Schließen eines den Ionenfluss regulierenden Tores. Ein in der Porenregion liegender Selektivitätsfilter ist
für die Unterscheidung unterschiedlicher Ionensorten verantwortlich

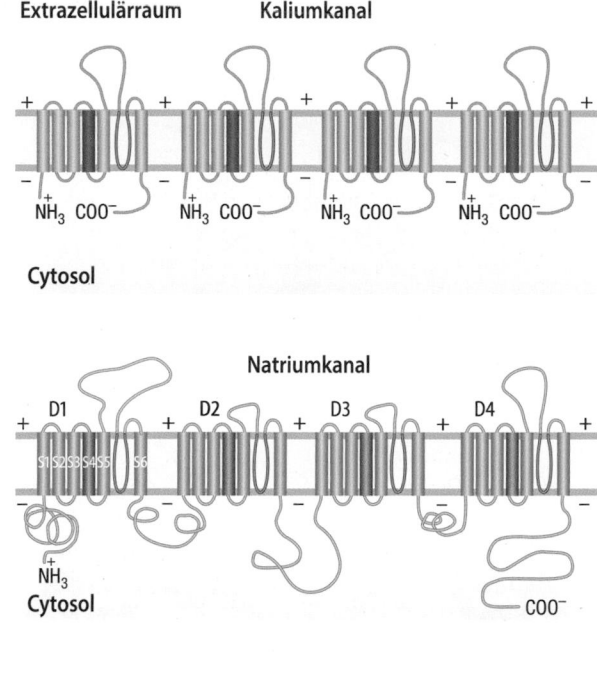

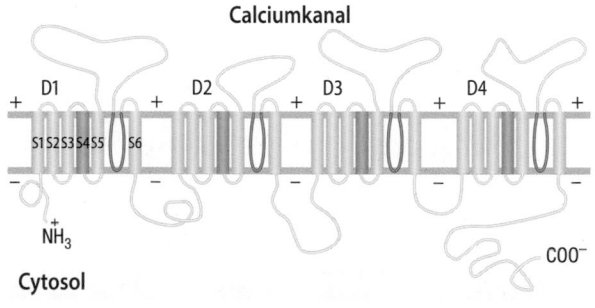

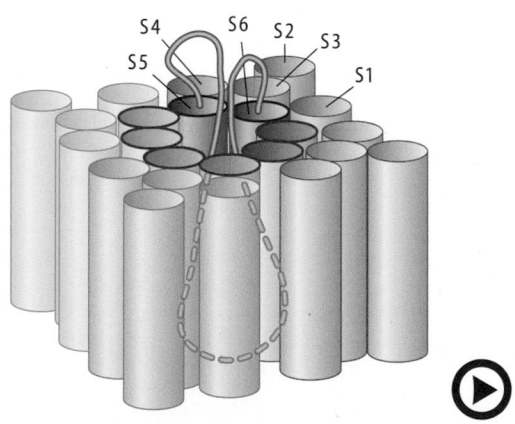

Abb. 74.4 (Video 74.2) **Schematische Darstellung der Membrantopologie von spannungsregulierten Ionenkanälen.** *Oben*: Spannungsregulierte Kaliumkanäle sind aus vier gleichen oder auch unterschiedlichen
Untereinheiten aufgebaut, die je sechs Transmembransegmente (S1–S6)
besitzen. Zwischen den Transmembranhelices S5 und S6 befindet sich
eine in die Membran schleifenförmig eingelagerte Porensequenz
(P-Schleife, *rot*), die den Ionenkanal auskleidet. Natrium- und Calcium-
kanalproteine bestehen jeweils aus einer sehr langen Polypeptidkette,
die vier zu Kaliumkanaluntereinheiten homologe Domänen (D1–D4)
umfasst. *Unten*: Durch Assoziation der vier P-Schleifenregionen wird
die zentrale Pore des Ionenkanals gebildet. Aus Gründen der Übersichtlichkeit ist nur eine Schleife gezeigt (▶ https://doi.org/10.1007/000-5sf)

segmenten (6-TM-Motiv) besteht, und β1- sowie β2-
Hilfsuntereinheiten (nicht dargestellt) zusammen. Die
Segmente 5 und 6 (S5 und S6) der vier Domänen einer
α-Untereinheit bilden zusammen die Kanalpore. Die
beiden Segmente S5 und S6 sind durch eine Peptidschleife verbunden (*P-loop*), die den Selektivitätsfilter
am Kanaleingang bildet. Die 21 Aminosäuren lange
Peptidschleife hat eine β-Haarnadelstruktur und die
Haarnadeln der vier Domänen bilden zusammen eine
fassförmige Struktur, ein sog. β-*barrel*, das die Pore
des Ionenkanals darstellt, durch die die passenden
Ionen, in diesem Falle die Natriumionen, hindurchtreten können. Mutationsanalysen zeigten, dass jeweils zwei geladene Aminosäuren in den P-loops die
Natriumselektivität vermitteln. Durch experimentelle
Mutation dieser Aminosäuren in diejenigen, die in
entsprechender Position in spannungsabhängigen
Calciumkanälen vorhanden sind, wird die Natriumselektivität zu Calciumselektivität gewandelt.

Die spannungsabhängige Regulation der Kanalöff-
nung wird von den S4-Segmenten vermittelt. Sie bestehen aus sich wiederholenden Triplets von zwei hydrophoben und einer positiv geladenen Aminosäure
(◘ Abb. 74.5). Jedes Segment bildet eine α-Helix, die
sich aufgrund der positiven Ladung bei Spannungsän-
derungen im elektrischen Feld bewegt. Diese Bewegung
führt zu einer Konformationsänderung der gesamten
Domänen und ermöglicht damit das Öffnen des Kanals
bei der Membrandepolarisation.

Die Inaktivierung des Natriumkanals folgt rasch auf
die Öffnung und wird durch die Peptidschleife, die Domäne 3 und Domäne 4 der α-Untereinheit verbindet,
vermittelt. Drei hydrophobe Aminosäuren (IFM) in dieser cytosolischen Schleife sind essenziell dafür, dass sie
deckelartig die innere Öffnung der Kanalpore verschließt. In diesem Zustand ist keine unmittelbare Wie-
deraktivierung des Kanals möglich (Refraktärperiode),
vielmehr muss hierzu zunächst Segment S4 wieder seine
Ruheposition einnehmen und die innere Pore freigege-
ben werden (◘ Abb. 74.5).

Die **spannungsabhängigen Calciumkanäle** besitzen eine Hauptuntereinheit (α1-Untereinheit), die der
α-Untereinheit der spannungsabhängigen Natriumkanäle strukturell sehr ähnlich ist und wie Letztere
aus vier Domänen mit jeweils sechs Transmembran-
abschnitten besteht (◘ Abb. 74.4). Der Mechanismus
des Selektivitätsfilters in den *P-loops*, des Spannungs-
sensors in den Segmenten S4 und der Inaktivierung
durch eine cytosolische Schleife zwischen D3 und D4
entspricht dem der spannungsabhängigen Natriumkanäle. Die auxiliären Untereinheiten der Calciumkanäle
(α2- und δ-Transmembranproteine sowie eine zusätzliche transmembranäre γ-Untereinheit der Calciumkanäle im Skelettmuskel) weisen jedoch keine strukturelle
Ähnlichkeit zu den β-Untereinheiten der Natriumkanäle auf.

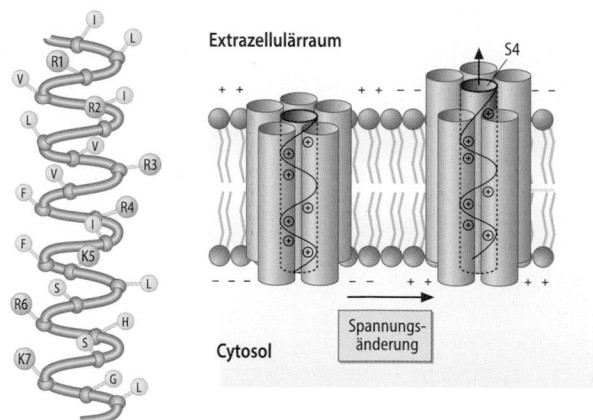

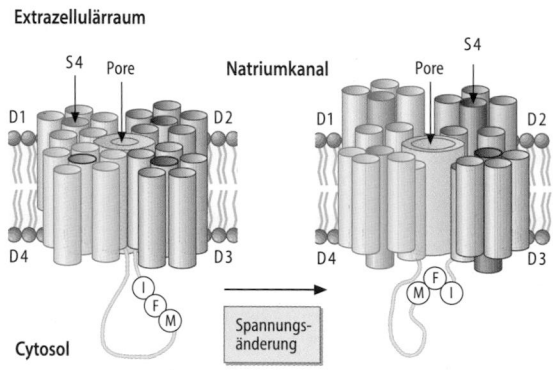

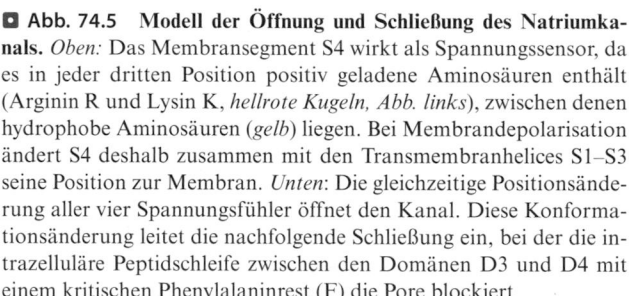

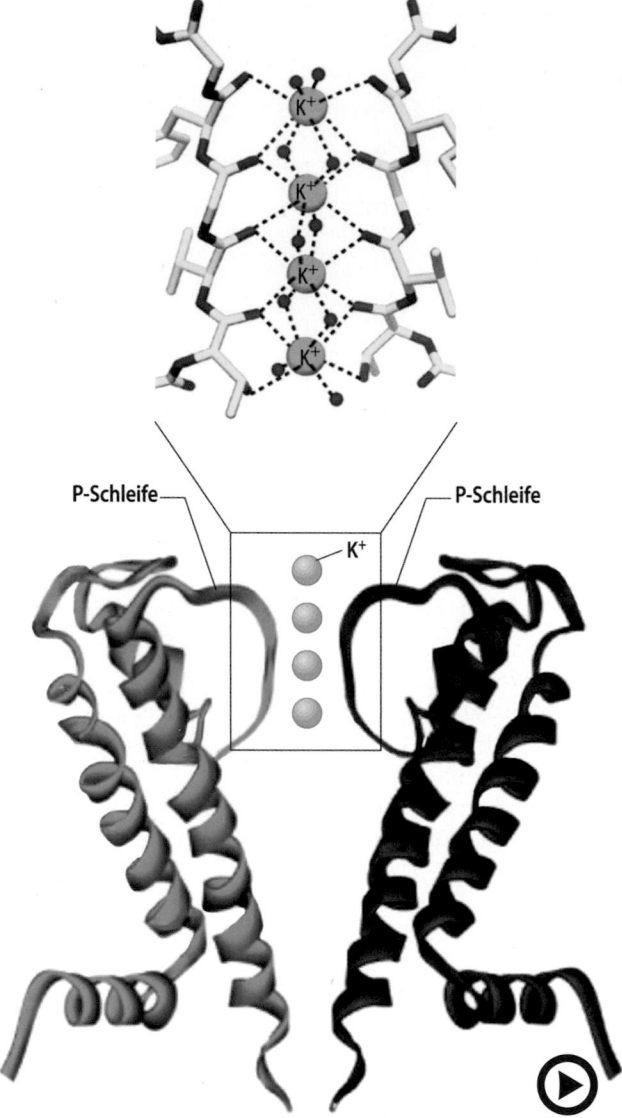

☐ **Abb. 74.5 Modell der Öffnung und Schließung des Natriumkanals.** *Oben:* Das Membransegment S4 wirkt als Spannungssensor, da es in jeder dritten Position positiv geladene Aminosäuren enthält (Arginin R und Lysin K, *hellrote Kugeln, Abb. links*), zwischen denen hydrophobe Aminosäuren (*gelb*) liegen. Bei Membrandepolarisation ändert S4 deshalb zusammen mit den Transmembranhelices S1–S3 seine Position zur Membran. *Unten*: Die gleichzeitige Positionierung aller vier Spannungsfühler öffnet den Kanal. Diese Konformationsänderung leitet die nachfolgende Schließung ein, bei der die intrazelluläre Peptidschleife zwischen den Domänen D3 und D4 mit einem kritischen Phenylalaninrest (F) die Pore blockiert

☐ **Abb. 74.6** (Video 74.3) **Selektivitätsfilter des K⁺ Kanals.** Die Abbildung zeigt die zentrale Kristallstruktur eines bakteriellen Kaliumkanalproteins, das seine Organisation mit neuronalen Kaliumkanälen teilt. *Unten*: Die P-Schleifen bilden die Engstelle in der Kanalpore zwischen den S5 und S6 entsprechenden Transmembranhelices. *Oben*: Vergrößerung der P-Schleifenregion mit gebundenen K⁺-Ionen. Interaktionen mit Carbonylgruppen (*rot*) des Polypeptidgerüsts vermitteln die Ionenselektivität und Entfernung der Hydrathülle für durchtretende K⁺-Ionen (▶ https://doi.org/10.1007/000-5sg)

Die **spannungsabhängigen Kaliumkanäle** bestehen im Gegensatz zu den Natrium- und Calciumkanälen aus einem Tetramer von Kanalproteinen, wobei das einzelne Kanalprotein homolog zu je einer der vier Domänen der Natrium- und Calciumkanal-α1-Untereinheit ist (☐ Abb. 74.5). Auxiliäre Untereinheiten kommen ebenfalls vor. Auch bei den Kaliumkanälen stellen die *P-loops* den Selektivitätsfilter dar (☐ Abb. 74.6) und die S4-Segmente den Spannungssensor. Der Inaktivierungsmechanismus ist prinzipiell dem der Na⁺- und Ca²⁺-Kanäle ähnlich, strukturell aber etwas unterschiedlich. Der intrazelluläre N-Terminus jedes der Kanalproteinmonomere bildet mit etwas Abstand von der Membran eine kugelige Struktur, von denen einer nach der Membrandepolarisation die innere Kanalpore verschließt (*ball and chain*-Mechanismus). Hierfür sind außer hydrophoben auch geladene Aminosäuren des N-Terminus wichtig.

⟩ Die Ionenkanäle im menschlichen Organismus sind sehr vielfältig.

Insgesamt gibt es im menschlichen Genom über 140 Gene, die für Proteine aus der Superfamilie der spannungsabhängigen Ionenkanäle codieren. Neben den spannungsabhängigen Natriumkanälen (im Wesentlichen eine Familie), Calciumkanälen (3 Unterfamilien) und Kaliumkanälen (12 Unterfamilien) gehören hierzu auch die Kalium-*leak channels* und die einwärts gerichteten Gleichrichterkaliumkanäle (K_{ir}, 7 Unterfamilien), die beide für die Entstehung des Membranpotenzials wesentlich sind. Auch die calciumaktivierten Kaliumkanäle und die durch zyklische Nucleotide aktivierten Calciumkanäle (*cyclic nucleotide-gated*, CNG) weisen eine verwandte Struktur auf ebenso wie die für Natrium- und Calcium-Ionen durchlässigen TRP (*transient receptor potential*)-Kanäle, die z. B. an der Schmerz- und der Geschmackswahrnehmung beteiligt sind.

Darüber hinaus gibt es jedoch noch eine Vielzahl von Ionenkanälen, die keinerlei strukturelle Ähnlichkeit mit den spannungsabhängigen Kanälen haben, u. a. die große Gruppe der ligandenabhängigen Ionenkanäle, deren Mitglieder auch untereinander strukturell verschieden sind. Viele dieser Kanäle sind an der Entstehung langsamer Potenziale an der Synapse oder in sensorischen Zellen beteiligt und einige weisen eine breitere Ionenselektivität auf als die spannungsabhängigen Kanäle.

Die Aktivität fast aller Ionenkanäle kann durch posttranslationale Modifikation moduliert werden. So enthalten die meisten Ionenkanalproteine Tyrosin-, Serin- oder Threoninreste, die z. B. gesteuert durch Hormone oder Wachstumsfaktoren, phosphoryliert bzw. dephosphoryliert werden können (Abb. 74.7).

■ Pathobiochemie

Die Funktionsstörung von Ionenkanälen führt zu Krankheiten, die primär die Organe betreffen, in denen das betreffende Kanalprotein exprimiert wird. Dies kön-

nen außer dem Nervensystem auch Herz- und Skelettmuskel sowie endokrine Drüsen, Sinnesorgane und Nieren sein. Angeborene Krankheiten, die auf Mutationen in Ionenkanalproteingenen zurückzuführen sind, werden als Ionenkanalkrankheiten (*channelopathies*) bezeichnet. Hierzu gehören bestimmte angeborene Formen der Epilepsie, die familiäre hemiplegische Migräne, die Myotonia congenita, das zu malignen Herzrhythmusstörungen prädisponierende Long-QT-Syndrom sowie viele weitere (Tab. 74.2).

74.1.5 Synaptische Erregungsübertragung

> Synapsen sind spezialisierte Kontaktstellen zwischen Neuronen, an denen die Erregungsübertragung zumeist chemisch, d. h. über Neurotransmitter oder seltener elektrisch durch *gap junctions*, erfolgt.

Die Erregungsübertragung von Zelle zu Zelle findet an spezialisierten Kontaktstellen, den Synapsen, statt. Es kann grundsätzlich eine direkte elektrische Erregungsübertragung erfolgen (elektrische Synapsen) oder aber die elektrische Erregung der sendenden Zelle in ein chemisches Signal umgewandelt werden, das an der empfangenden Zelle wiederum ein elektrisches Signal aus-

 Tab. 74.2 Beispiele für Ionenkanal-Krankheiten

Ionenkanal	Mutiertes Gen	Betroffene Untereinheit	Krankheitsbild
Cl^-	CLCN1	α	Myotonia congenita
Cl^-	CFTR		Mucoviszidose (Zystische Fibrose)
Ca^{2+}	CACNA1A	α1A	Familiäre hemiplegische Migräne Spinozerebelläre Ataxie (SCA6)
Ca^{2+}	CACNA1S	α1S	Maligne Hyperthermie
K^+	KCNQ1	α(Kv7.1)	Long QT-Syndrom
K^+	KCNA1	α(Kv1.1)	Episodische Ataxie Typ 1
Na^+	SCN1A	α1	Epilepsie mit Fieberkrämpfen
Na^+	SCN1B	β1	Epilepsie mit Fieberkrämpfen

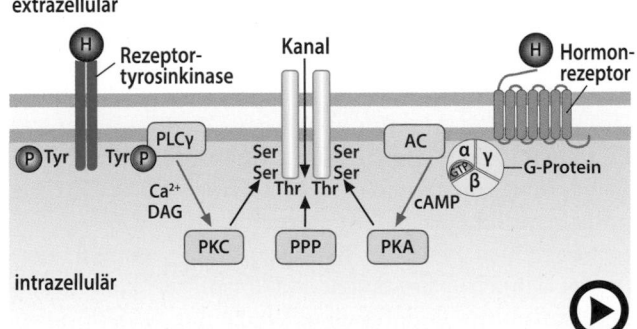

 Abb. 74.7 (Video 74.4) **Regulation von Ionenkanälen durch Phosphorylierung.** Die Proteinkinasen A und C regulieren den Ionenfluss durch covalente Modifikation von Serin- und Threoninresten, während Phosphoproteinphosphatasen covalent gebundenes Phosphat entfernen. *AC*: Adenylatcyclase; *DAG*: Diacylglycerine; *H*: Hormon; *PKA*: Proteinkinase A; *PKC*: Proteinkinase C; *PLCγ*: Phospholipase C-γ; *PPP*: Phosphoprotein Phosphatase (► https://doi.org/10.1007/000-5sh)

löst (chemische Synapsen). Chemische Synapsen sind weitaus häufiger als elektrische und als die Hauptform der Signaltransmission zwischen Neuronen anzusehen.

Elektrische Synapsen entstehen zwischen benachbarten Zellen durch Ausbildung von Poren, den sog. *gap junctions* (▶ Abschn. 12.1.1). Diese kommen nicht nur zwischen Neuronen, sondern z. B. auch zwischen Gliazellen und glatten Muskelzellen vor. Sie haben einen hexameren Aufbau aus bestimmten Transmembranproteinen, den Connexinen, die sich zu einem sog. Connexon mit zentraler Pore zusammenlegen. Die Connexone zweier benachbarter Zellen bilden eine *gap junction* (◘ Abb. 12.3). Die *gap junctions* erlauben die direkte Weiterleitung von elektrischen Strömen. Aber nicht nur Ionenflüsse sind möglich, auch andere Moleküle bis zu einer Größe von 1 kDa können durch die Poren hindurchtreten, wodurch auch der Austausch von *second messengers* wie z. B. cAMP ermöglicht wird. Der Fluss durch die Pore ist in beide Richtungen möglich, d. h. die elektrische Synapse ist bidirektional. Die Öffnungswahrscheinlichkeit der Kanalpore kann spannungsabhängig, aber auch durch posttranslationale Modifikation der Connexine, pH-abhängig und durch andere Faktoren reguliert werden. Elektrische Synapsen ermöglichen im Nervensystem die rasche Synchronisation von Neuronengruppen, was z. B. in Kleinhirnkernen genutzt wird.

An den **chemischen Synapsen** wird das an der Nervenendigung der präsynaptischen Zelle ankommende Aktionspotenzial in ein chemisches Signal übersetzt, indem es einen Calciumeinstrom durch spannungsabhängige Calciumkanäle bewirkt, der zur Freisetzung eines in Vesikeln gespeicherten chemischen Überträgerstoffes (Transmitter) in den synaptischen Spalt führt. Die Transmittermoleküle diffundieren zur postsynaptischen Membran, wo sie an spezifische Rezeptoren binden und in der postsynaptischen Zelle eine Änderung des Membranpotenzials bewirken. Die Übertragung wird durch Abbau des Transmitters oder seine Wiederaufnahme in die präsynaptische Zelle oder in Gliazellen beendet (◘ Abb. 74.8). Die chemische Transmission findet nicht nur zwischen Neuronen, sondern z. B. auch an der motorischen Endplatte von Neuronen auf Skelettmuskelzellen statt (▶ Abschn. 63.2.2).

Die chemische Signalübertragung kann grundsätzlich eine Erregung oder Hemmung der nachgeschalteten, also empfangenden Zelle bewirken (exzitatorische oder inhibitorische Synapse).

Eine weitere Einteilung der chemischen Synapsen kann gemäß ihrer anatomischen Struktur erfolgen. Grundsätzlich bilden die verzweigten Axon-Enden des präsynaptischen Neurons terminal kleine Auftreibungen (*boutons*), die mit spezialisierten Membranabschnitten der nachgeschalteten Neurone in Kontakt treten. Zwischen der präsynaptischen Membran der *boutons*

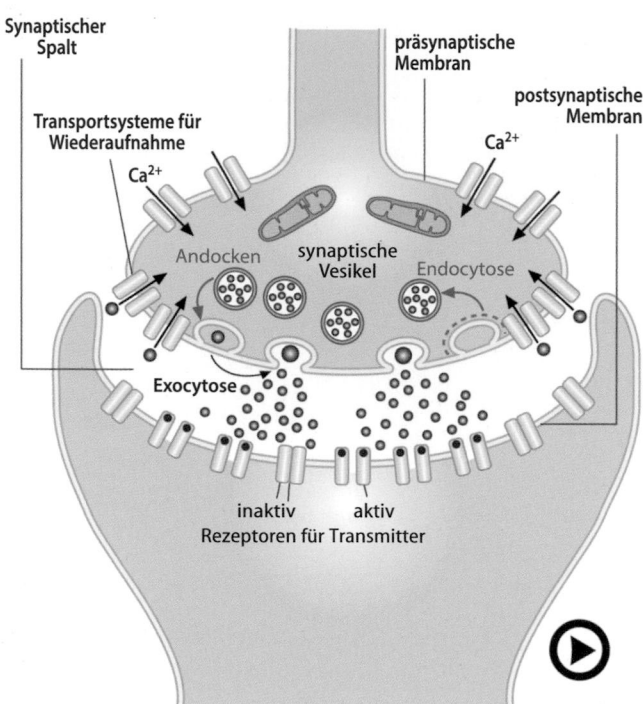

◘ **Abb. 74.8** (Video 74.5) **Schematischer Schnitt durch eine chemische Synapse.** In der präsynaptischen Nervenendigung finden sich neben Mitochondrien in großer Zahl synaptische Vesikel, die mit einem oder verschiedenen Transmittern gefüllt sind. Einige dieser Vesikel sind an der präsynaptischen Plasmamembran angedockt. Die Depolarisierung der präsynaptischen Nervenendigung führt zur Öffnung spannungsregulierter Calciumkanäle und löst so die Exocytose der Transmitter aus synaptischen Vesikeln aus. Im synaptischen Spalt werden dadurch schnell hohe Konzentrationen des Transmitters erreicht, der Transmitter wird von entsprechenden Rezeptoren in der postsynaptischen Membran gebunden, wodurch die Erregung fortgeleitet wird. Anschließend wird die Vesikelmembran durch Clathrin-vermittelte Endocytose (▶ Abschn. 12.2) der Wiederverwendung zugeführt (▶ https://doi.org/10.1007/000-5sj)

und der postsynaptischen Membran befindet sich der ca. 20 nm breite synaptische Spalt, der mit dem Extrazellulärraum in Verbindung steht. Je nachdem, wo ein *Bouton* die postsynaptische Stelle kontaktiert, spricht man von axodendritischen Synapsen (an den Dendriten), *Spines* (an Ausstülpungen der Dendriten, den sog. Dornfortsätzen, engl. *spines*), axosomatischen (am Soma) und axoaxonalen (am Beginn des Axons der postsynaptischen Zelle) Synapsen.

Schließlich werden Synapsen auch gemäß dem (hauptsächlich) verwendeten Transmitter klassifiziert. Die Transmitter finden sich in Vesikeln nahe der präsynaptischen Membran (Aktivzone). Es handelt sich teilweise um niedermolekulare Substanzen, die als Neurotransmitter Verwendung finden (Acetylcholin), um Aminosäuren (Glutamat, GABA und Glycin) sowie um Derivate von Aminosäuren (biogene Amine: Katecholamine, Serotonin) und auch um diverse Peptide (z. B. Substanz P, Neurotensin, Somatostatin).

> ❯ Neurotransmitter werden in präsynaptischen Vesikeln gespeichert und bei Eintreffen von Aktionspotenzialen durch Exocytose in den synaptischen Spalt ausgeschüttet.

Die Transmitter werden nach ihrer Synthese im Cytosol mittels sekundär aktivem Transport über einen spezifischen Transmitter-Protonen-Antiport in die synaptischen Vesikel aufgenommen (◉ Abb. 74.9). Der Protonengradient, der den Antrieb für diesen Transport liefert, wird durch eine protonenpumpende V-Typ-ATPase (*vacuolar-type ATPase*) erzeugt, die für einen intravesikulären pH von ca. 5,5 sorgt. Meist wird mehr als ein Transmitter in die Vesikel aufgenommen, z. B. enthalten die Vesikel häufig Peptide oder ATP. ATP kann selbst als Transmitter wirken, zusammen mit einer der anderen Substanzen. Die spezifischen Antiports in der Vesikelmembran können durch pharmakologische Substanzen gehemmt werden. Das Reserveantihypertonikum Reserpin z. B. hemmt die Aufnahme von Katecholaminen in die synaptischen Vesikel.

Im Ruhezustand werden die synaptischen Vesikel durch das Protein Synapsin an Actinfilamenten des Cytoskeletts fixiert. Der durch das ankommende Aktionspotenzial ausgelöste Calciumeinstrom in die Nervenendigung führt zur Phosphorylierung von Synapsin, wodurch die Fixierung aufgehoben wird und die

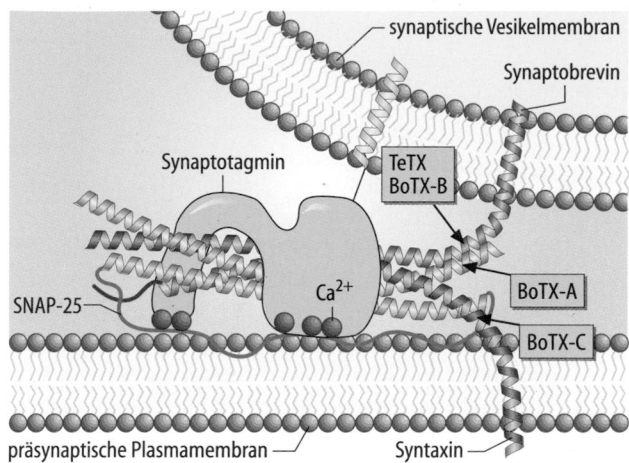

◉ **Abb. 74.10 Der synaptische Vesikel-Andockungskomplex.** Das v-SNARE Synaptobrevin (*blau*) und die t-SNARE-Proteine Syntaxin (*rot*) und SNAP-25 (*grün*) bilden einen sehr stabilen Komplex aus vier α-Helices (sog. tetrahelicales Bündel), der die Vesikelmembran dicht an die Plasmamembran anlagert. Der „angedockte" SNARE-Komplex wird durch das Calciumsensorprotein Synaptotagmin stabilisiert. Bei Erregung der Nervenendigung einströmendes Calcium bindet an Synaptotagmin und löst dadurch eine Konformationsänderung aus, welche die exocytotische Membranfusion einleitet. Tetanustoxin (TeTX) und verschiedene Botulinumtoxine (BoTX) hemmen die Neurotransmitterfreisetzung, indem sie die SNARE-Proteine an den angezeigten Positionen spalten

Vesikel mit der Zellmembran fusionieren können, um ihren Inhalt durch Exocytose in den synaptischen Spalt auszuschütten. Dic Fusion findet dabei an einem spezialisierten Membranabschnitt, der Aktivzone, statt (◉ Abb. 74.10). Sie wird ausgelöst durch eine calciumabhängige Konformationsänderung des Vesikeltransmembranproteins Synaptotagmin, das somit als Calciumsensor fungiert. An der eigentlichen Fusion sind wie in allen eukaryontischen Zellen SNARE (*soluble N-ethylmaleimide sensitive fusion protein attachment protein receptor*)-Proteine beteiligt. Vesikuläres SNARE-Protein (v-SNARE) ist Synaptobrevin (auch VAMP genannt), das mit seinen Zielproteinen, den *target*-SNARE-Proteinen (t-SNAREs) Syntaxin und SNAP25, in der präsynaptischen Membran einen stabilen Komplex bildet. Die durch Synaptotagmin übertragene calciumabhängige Konformationsänderung dieser Proteine löst die Membranfusion und damit die Transmitterfreisetzung aus. Durch Clathrin-vermittelte Endocytose (▸ Abschn. 12.2) werden anschließend, d. h. innerhalb von Sekunden, die Vesikel (Membran und Membranproteine) zurückgewonnen, indem sich zunächst ein *clathrin-coated pit* und anschließend durch Absondern von der Membran ein *clathrin-coated vesicle* bildet. Der Clathrinbesatz wird unter ATP-Verbrauch entfernt und das wiedergewonnene Vesikel fusioniert mit den frühen Endosomen. Anschließend wird

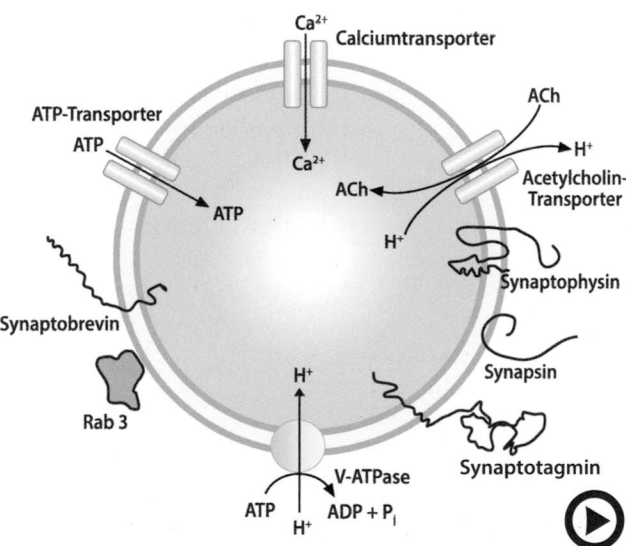

◉ **Abb. 74.9** (Video 74.6) **Aufbau synaptischer Vesikel.** Die Membran synaptischer Vesikel enthält Transporter für die Aufnahme von Transmittern, eine Protonen-ATPase, die den energieliefernden Gradienten für den Transmittertransport erzeugt, und Calcium- und ATP-Transporter. Synapsin fixiert die Vesikel am Cytoskelett. Synaptobrevin und die GTPase Rab 3 sind für das Andocken an der Plasmamembran notwendig. Synaptotagmin dient als Calciumsensor. Synaptophysin ist ein Vesikelmembranprotein ungeklärter Funktion (▸ https://doi.org/10.1007/000-5sk)

74

es wieder mit Neurotransmittern gefüllt und gelangt erneut in den Bereich der aktiven Zone, wo es durch ein ankommendes Aktionspotenzial bzw. den dadurch ausgelösten Calciumeinstrom rasch freigesetzt werden kann und somit wieder einen neuen Vesikelzyklus durchläuft.

Im Gegensatz zu der sehr raschen Freisetzung der Neurotransmitter aus Vesikeln, die an der motorischen Endplatte bereits durch ein einzelnes Aktionspotenzial ausgelöst wird, erfolgt die Abgabe von Peptiden und Proteinen an den Auftreibungen der Nerven meist erst nach wiederholter oder bei hochfrequenter Erregung. Proteine werden im Gegensatz zu den in die Vesikel aufgenommenen Transmittern nicht lokal in der Nervenendigung, sondern im Soma synthetisiert und dort in sekretorische Granula verpackt und entlang des Axons in die Nervenendigung transportiert. Demgegenüber können einige kurze Peptide nicht nur im endoplasmatischen Retikulum, sondern in den Nervenendigungen synthetisiert werden. Die Freisetzung dieser Granula erfolgt außerhalb der Aktivzone. Peptidhaltige Granula kommen in vielen Nervenendigungen zusätzlich zu den Transmittervesikeln vor und die später und langsamer freigesetzten Peptide können die Antwort der postsynaptischen Zelle auf die schnelle Transmitterfreisetzung modulieren.

■ **Pathobiochemie**

Die bakteriellen Toxine Tetanospasmin (Tetanustoxin, freigesetzt von Clostridium tetani) und Botulinumtoxin (freigesetzt von Clostridium botulinum) hemmen die Abgabe von Neurotransmittern durch die enzymatische Spaltung von Synaptobrevin (Tetanustoxin und Botulinumtoxin B) bzw. SNAP25 (Botulinumtoxin A und E) und Syntaxin (Botulinumtoxin C). Beide Toxine bestehen aus einer schweren Kette, die für die selektive Bindung an und Aufnahme in bestimmte Neurone verantwortlich ist, und aus einer leichten Kette, die als Metalloprotease die toxische Wirkung entfaltet. Tetanospasmin hemmt die Freisetzung von GABA und Glycin aus dem präsynaptischen Neuron an den inhibitorischen Synapsen der spinalen Motoneurone. Hierdurch kommt es zu einer unkontrollierten Erregung dieser Zellen und daraus resultierenden generalisierten Muskelkrämpfen.

Botulinumtoxin dagegen verhindert an der motorischen Endplatte die Abgabe von Acetylcholin aus dem Motoneuron und bewirkt damit eine Lähmung der gesamten Skelettmuskulatur. Die therapeutische Nutzung von Botulinumtoxin durch zielgerichtete Injektion in pathologisch kontrahierte Muskeln (z. B. beim Blepharospasmus (= Lidkrampf) ist möglich. Außerdem wird Botulinumtoxin („Botox") aus kosmetischen Gründen zur Glättung von Falten in die Gesichtsmuskulatur injiziert. Dies führt zu Entspannung des Falten-bildenden Unterhaut-Muskels.

Postsynaptisch existieren für die freigesetzten Transmitter spezifische Rezeptoren in hoher Dichte. Es handelt sich bei einem großen Teil dieser Rezeptoren um ligandengesteuerte Ionenkanäle (ionotrope Rezeptoren), jedoch kommen auch Rezeptoren vor, die andere Mechanismen der intrazellulären Signalweitergabe nutzen (metabotrope Rezeptoren) wie G-Protein-gekoppelte Rezeptoren (► Abschn. 35.3) und Rezeptoren mit Tyrosinkinaseaktivität (► Abschn. 35.4.1).

74.1.6 Glutamat

❯ Glutamat ist der wichtigste exzitatorische Neurotransmitter des Gehirns und wirkt über verschiedenartige Rezeptoren.

Die Aminosäure Glutamat ist der wichtigste exzitatorische Transmitter des Gehirns. Etwa 80–90 % der Synapsen des Gehirns sind glutamaterg und bis zu 90 % der Neurone nutzen Glutamat als Haupttransmitter.

Die **Synthese von Glutamat** erfolgt aus Glucose, die aus der Blutbahn aufgenommen wird, und aus ebenfalls über die Blut-Hirn-Schranke transportierten Aminosäuren, die als Aminogruppendonoren dienen. Die Glucose wird in der Glycolyse und dem Citratzyklus zu α-Ketoglutarat (◻ Abb. 18.2) umgesetzt, welches dann durch Übernahme einer Aminogruppe einer anderen Aminosäure in Glutamat überführt wird. Als wichtige Quelle von Glutamat werden die verzweigtkettigen, glucogenen Aminosäuren Valin und Isoleucin angesehen. Allerdings wird nur ein Teil des in den Vesikeln gespeicherten Glutamats tatsächlich so neu synthetisiert. Eine weitere wichtige Quelle des neuronalen Glutamats ist der sog. Glutaminzyklus: Das an der Nervenendigung freigesetzte Glutamat wird teilweise von Astrocyten in der Umgebung der Synapse aufgenommen. Astrocyten besitzen im Gegensatz zu Neuronen das cytosolische Enzym Glutaminsynthetase. Unter ATP-Verbrauch vermittelt es die Reaktion von Glutamat und NH_4^+ zu Glutamin. Das neugebildete Glutamin wird in den Extrazellulärraum abgegeben und von Neuronen wieder aufgenommen. Im Neuron wird es durch die mitochondriale Glutaminase zu Glutamat rekonvertiert, wodurch der Glutaminzyklus zwischen Neuron und Astrocyt geschlossen wird.

Die **Aufnahme von Glutamat in die Vesikel der Nervenendigung** erfolgt durch vesikuläre Glutamattransporter (VGLUT), Protonen-Glutamat-Antiporter. Eine V(*vacuolar*)-Typ H^+-ATPase baut unter ATP-Verbrauch einen Protonengradienten über die Vesikelmembran auf, der die Energie für die Aufnahme von Glutamat im Austausch gegen Protonen liefert.

Die **Wirkung des in den synaptischen Spalt freigesetzten Glutamats** wird durch unterschiedliche Rezeptoren vermittelt. Es gibt drei Klassen von ionotropen Glutamatrezeptoren, bei denen die Bindung von Glutamat zum Einstrom von Natrium- und Calciumionen in das Neuron führt. Bei diesen Rezeptoren handelt es sich also um ligandengesteuerte Ionenkanäle. Daneben existieren sog. metabotrope Glutamatrezeptoren, die zu den G-Protein-gekoppelten Rezeptoren gehören, die intrazelluläre *second messenger* aktivieren.

Beendet wird die **Glutamatwirkung** schließlich durch die Wiederaufnahme sowohl in das freisetzende Neuron als auch in angrenzende Astrocyten über Glutamat-Transporter (EAAT – *excitatory amino acid transporter*), die die Energie für den Transport aus dem Natriumgradienten über die Zellmembran beziehen.

> Man unterscheidet ionotrope Glutamatrezeptoren (ligandengesteuerte Ionenkanäle) von metabotropen Glutamatrezeptoren (G-Protein-gekoppelte Rezeptoren).

Die **ionotropen Glutamatrezeptoren** lassen sich aufgrund der Bindung synthetischer Agonisten in drei Klassen einteilen:
- NMDA(N-Methyl-D-Aspartat)-Rezeptoren
- AMPA (*α-amino-3-hydroxy-5-methyl-4-isoaxole proprionic acid*)-Rezeptoren und
- Kainat (2-Carboxy-3-Carboxymethyl-4-Isopropylpyrrolidin)-Rezeptoren

Bei den Rezeptoren aller drei Klassen handelt es sich um Tetramere (◨ Abb. 74.11), die teils aus gleichen, teils aus unterschiedlichen Untereinheiten aufgebaut sind. Alle verwendeten Untereinheiten sind strukturell verwandte Proteine mit 4 Membrandomänen. Es sind 16 Gene, die für Untereinheiten der ionotropen Glutamatrezeptoren codieren, identifiziert worden. Durch die Zusammensetzung der Untereinheiten werden die funktionellen Eigenschaften der Rezeptoren bestimmt.

Alle ionotropen Glutamatrezeptoren vermitteln nach Bindung ihrer Liganden den Einstrom von Natrium- und Calciumionen, wobei die Ionenselektivität durch die Zusammensetzung der Untereinheit bestimmt wird. AMPA-Rezeptoren, die die editierte Form der GluR2-Untereinheit enthalten, sind nur für Na^+-Ionen durchlässig, wohingegen die uneditierte GluR2-Untereinheit und alle in den NMDA-Rezeptoren vorkommenden Untereinheiten neben der Durchlässigkeit für Natriumionen auch eine Calciumselektivität vermitteln. Die Ionenselektivität der AMPA-Rezeptoren erfolgt also über die Editierung der mRNA für die GluR2-Untereinheit.

Die Struktur von Untereinheiten der ionotropen Glutamatrezeptoren führt zu einem Liganden-Bindungsmechanismus, der an das Schließen einer „Venusfliegenfalle" erinnert. Die Ligandenbindung erfolgt bei allen

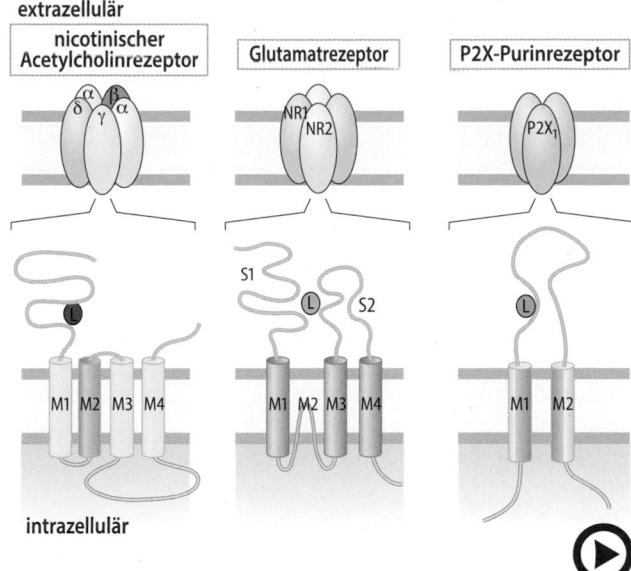

◨ **Abb. 74.11** (Video 74.7) **Schematische Darstellung der Quartärstruktur neurotransmittergesteuerter Ionenkanäle und der Membrantopologien der zugehörigen Rezeptoruntereinheiten.** *Oben*: Ionenkanalrezeptoren vom Typ des nicotinischen Acetylcholin-Rezeptors (Cys-*Loop*-Rezeptoren) sind pentamere Membranproteine, die bis zu vier verschiedene Untereinheiten enthalten können (zwei α- und je eine β-, γ- und δ-Untereinheit, ◨ Abb. 74.14A). Glutamatrezeptoren vom AMPA-, Kainat- und NMDA-Subtyp bestehen aus vier identischen oder unterschiedlichen Untereinheiten (z. B. NR1 und NR2). ATP-gesteuerte Ionenkanäle des P2X-Typs sind (homo- oder hetero-)trimere Transmembranproteine, z. B. aus der Untereinheit P2X1. *Unten*: Die Untereinheiten von Cys-Loop-Rezeptoren (nicotinische Acetylcholin-Rezeptorfamilie) besitzen vier Transmembransegmente; das zweite Transmembransegment (*orange*) kleidet den Ionenkanal aus. Glutamatrezeptor-Untereinheiten besitzen ebenfalls vier Membrandomänen; hier wird der Kationenkanal ähnlich wie bei den spannungsregulierten Ionenkanälen von der schleifenförmig in die postsynaptische Membran eintretenden Domäne M2 (*orange*) gebildet. Bei den P2X-Rezeptoren ist die Kanalregion noch nicht genau bekannt; wahrscheinlich tragen beide Transmembranregionen der Untereinheiten (teilweise *orange*) zur Pore bei. Die Neurotransmitter-Bindungsstellen (L) liegen bei den Cys-Loop-Rezeptoren und den P2X-Rezeptoren zwischen den extrazellulären Domänen zweier benachbarter Untereinheiten, während bei Glutamatrezeptoren die extrazellulären Domänen S1 und S2 einer einzelnen Untereinheit das Glutamatmolekül wie Muschelschalen umschließen. Die cytoplasmatischen Domänen der Rezeptoruntereinheiten sind u. a. für den intrazellulären Transport und die synaptische Verankerung der Rezeptoren wichtig (► https://doi.org/10.1007/000-5sm)

Untereinheiten in einer Tasche, die durch den extrazellulären N-Terminus und eine extrazelluläre Schleife zwischen den Membrandomänen 3 und 4 gebildet wird. Die Ligandenbindungsdomäne entspricht also zwei gegenüberliegenden Muschelschalen. Durch die Neurotransmitterbindung wird eine Konformationsänderung der Rezeptoruntereinheiten ausgelöst, die zur Öffnung des von ihnen gebildeten Ionenkanals und zur Entstehung eines exzitatorischen postsynaptischen Potenzials führt.

74

Die **NMDA-Rezeptoren** unterscheiden sich von den AMPA- und Kainatrezeptoren dadurch, dass zu ihrer Aktivierung die Bindung von Glutamat alleine nicht ausreicht. Es ist vielmehr die gleichzeitige Anwesenheit von Glutamat und Glycin notwendig, weshalb die beiden Aminosäuren auch als Coliganden der NMDA-Rezeptoren bezeichnet werden. NMDA-Rezeptoren enthalten auch zahlreiche regulatorische Domänen. Eine der wichtigsten ist die vom Zellinneren zugängliche Bindungsstelle für Magnesiumionen im Rezeptorkanal, die die Membranpotenzial-abhängige Blockierung durch Magnesiumionen erlaubt: Bei negativem Membranpotenzial kann Magnesium den Calciumionen-Einstrom durch den geöffneten Ionenkanal trotz Anwesenheit der Liganden Glutamat und Glycin verhindern. Bei Membrandepolarisation nimmt die Affinität von Mg^{2+} zur Bindungsstelle jedoch ab, sodass unter diesen Umständen die Blockierung aufgehoben wird.

NMDA-Rezeptoren spielen eine wichtige Rolle für die synaptische Plastizität, d. h. für die Modulierbarkeit der Stärke der synaptischen Übertragung, von der angenommen wird, dass sie eine Grundlage des Lernens bzw. der Gedächtnisbildung darstellt.

Bei den **metabotropen Glutamatrezeptoren** handelt es sich um G-Protein-gekoppelte Rezeptoren, die unterschiedliche intrazelluläre Signalwege aktivieren. Bei einigen Rezeptoren führt die Ligandenbindung zur Aktivierung der Phospholipase C und der Freisetzung von Calcium aus intrazellulären Speichern. Andere signalisieren über eine Hemmung der Adenylatcyclase. Insgesamt führt die Aktivierung postsynaptischer metabotroper Glutamatrezeptoren zur Modulation der Aktivität zahlreicher Ionenkanäle und damit der synaptischen Übertragung. Auch präsynaptisch kommen metabotrope Glutamatrezeptoren vor und ihre Aktivierung kann zu einer präsynaptischen Hemmung führen.

■ **Pathobiochemie**

Durch Zelluntergang und -schädigung, wie sie z. B. bei Schädel-Hirn-Trauma, aber auch beim Schlaganfall vorkommen, wird unkontrolliert Glutamat in den Extrazellulärraum freigesetzt. Hohe Glutamatkonzentrationen führen durch Überstimulation der ionotropen Glutamatrezeptoren zu einem exzessiven Calciumeinstrom in Neurone. Durch die hohe intrazelluläre Calciumkonzentration wird der apoptotische Untergang der Zelle ausgelöst. Hierdurch weitet sich die Schädigung auf primär nicht betroffene Areale aus. Dieser Vorgang wird Exzitotoxizität genannt.

74.1.7 GABA und Glycin

❯ GABA und Glycin sind inhibitorische Neurotransmitter, GABA vor allem im Gehirn und Glycin in Rückenmark und Hirnstamm.

Die Synthese von GABA (*γ-aminobutyric acid* oder γ-Aminobuttersäure) erfolgt hauptsächlich aus Glucose und findet zusammen mit dem Abbau im sog. GABA-*shunt* (◨ Abb. 74.12) statt: Zunächst wird α-Ketoglutarat, das im Rahmen des Glucoseabbaus im Citratzyklus gebildet wird, durch die GABA-α-Ketoglutarat-Transaminase (GABA-T) in L-Glutamat umgewandelt. Im nächsten Schritt katalysiert die Glutamatdecarboxylase (GAD) dessen Decarboxylierung zu GABA. Die GAD kommt in zwei Isoformen vor: GAD1 (= GAD67) und GAD2 (= GAD65). Obwohl beide Formen im Gehirn vorhanden sind, ist GAD1 hauptsächlich für die GABA-Bildung dort verantwortlich. Auch in peripheren Geweben kommen beide Isoenzyme vor, z. B. im Pankreas, wo GABA die Glucagonsekretion herabreguliert.

In Anwesenheit von α-Ketoglutarat kann GABA über die GABA-T abgebaut werden, indem es durch Übertragung seiner γ-Aminogruppe zu Succinat-Semialdehyd katabolisiert und aus α-Ketoglutarat Glutamat synthetisiert wird. Somit entsteht wieder der GABA-Vorläufer Glutamat und der GABA-*shunt* wird geschlossen, indem Succinatsemialdehyd durch

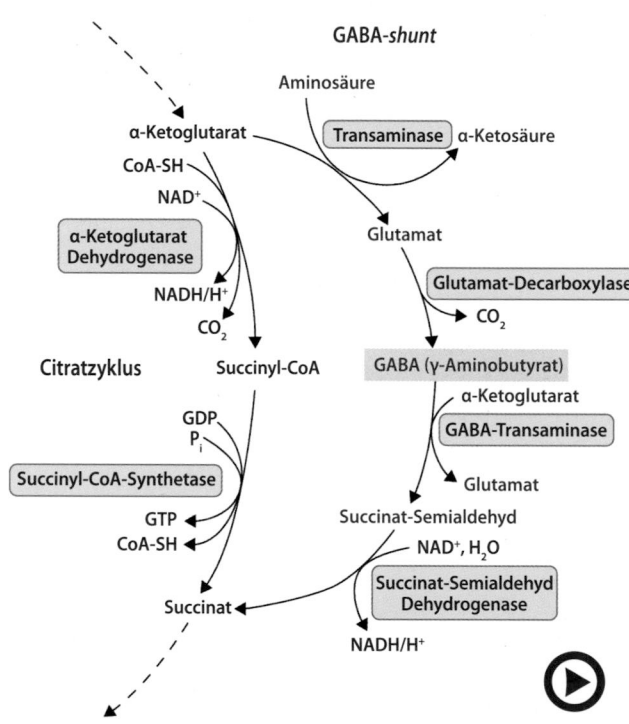

◨ **Abb. 74.12** (Video 74.8) **GABA-*shunt*.** α-Ketoglutarat, das im Rahmen des Glucoseabbaus im Citratzyklus entsteht, wird durch die GABA-α-Ketoglutarat-Transaminase (GABA-T) in L-Glutamat umgewandelt. Im nächsten Schritt katalysiert die Glutamatdecarboxylase (GAD) dessen Decarboxylierung zu GABA. In Anwesenheit von α-Ketoglutarat kann GABA über die GABA-T abgebaut werden, sodass wieder der GABA-Vorläufer Glutamat und Succinatsemialdehyd entstehen. Succinatsemialdehyd wird durch die Succinatsemialdehyd-Dehydrogenase (*SSADH*) zu Succinat oxidiert, das wieder in den Citratzyklus eingeschleust werden kann (▶ https://doi.org/10.1007/000-5sn)

die Succinatsemialdehyd-Dehydrogenase (SSADH) zu Succinat oxidiert wird, das wieder in den Citratzyklus eingeschleust werden kann. Von einem *shunt* spricht man, da im Citratzyklus die durch die α-Ketoglutaratdehydrogenase vermittelte dehydrierende Decarboxylierung von α-Ketoglutarat zu Succinyl-CoA umgangen wird (◘ Abb. 74.12).

Nach der Synthese wird GABA durch einen vesikulären Protonen-GABA-Antiporter (VGAT, *vesicular GABA transporter*), der auch die Aufnahme von Glycin vermitteln kann, in die synaptischen Vesikel aufgenommen. Die Freisetzung von GABA erfolgt nach Depolarisation des präsynaptischen Neurons in den synaptischen Spalt, wo es an spezifische Rezeptoren bindet. Die Wiederaufnahme von GABA in das präsynaptische Neuron und umgebende Gliazellen beendet seine Wirkung und wird von einer Familie Natrium- und Chlorid-abhängiger Transporter mit 12 Transmembrandomänen bewerkstelligt. Sie beziehen die Energie für den Transport hauptsächlich aus dem elektrochemischen Natriumgradienten, zu einem geringeren Teil auch aus dem des Chlorids und arbeiten vermutlich mit einer Stöchiometrie von 1 GABA : 2 Na^+ : 1 Cl^-

❯ Bei den GABA-Rezeptoren handelt es sich einerseits um ligandengesteuerte Ionenkanäle bzw. ionotrope Rezeptoren (GABA$_A$ und GABA$_C$), andererseits um metabotrope, G-Protein-gekoppelte Rezeptoren (GABA$_B$-Rezeptor).

Die **ionotropen GABA-Rezeptoren** (GABA$_{A/C}$-Rezeptor) sind Heteropentamere, deren 5 Untereinheiten je 4 Transmembrandomänen und eine Cysteinschleife haben. In der alten Literatur wurde zwischen Benzodiazepin-sensitiven (siehe unten) GABA$_A$ und den GABA$_C$-Rezeptoren unterschieden, jetzt werden sie aber als GABA$_A$-Rezeptoren zusammengefasst. Sie bilden einen für Chlorid durchlässigen Ionenkanal. Die Bindung von GABA bewirkt die Öffnung des Kanals und den Einstrom von Chloridionen und damit die Hyperpolarisation der Membran, also ein inhibitorisches postsynaptisches Potenzial. Die Bindungsstellen für Agonisten wie GABA liegen auf den extrazellulären Domänen der α-Untereinheiten zwischen zwei Untereinheiten, wie bei allen Cys-Loop-Rezeptoren.

Die Untereinheiten des GABA$_A$-Rezeptors (im Gehirn meist 2 α-, 2 β- und 1 γ-Untereinheit) weisen außer den Bindungsstellen für GABA allosterische Bindungsstellen für mehrere pharmakologisch wichtige Substanzen auf: Benzodiazepine und Barbiturate erhöhen die Öffnungswahrscheinlichkeit des Chloridkanals und auch Alkohol und manche Inhalationsanästhetika (z. B. Halothan) aktivieren den GABA$_A$-Rezeptor. Hierdurch erklärt sich die sedative, hypnotische und teilweise anxiolytische und antikonvulsive Wirkung dieser Substanzen.

Der **metabotrope GABA$_B$-Rezeptor** ist G-Protein-gekoppelt und signalisiert über verschiedene intrazelluläre Signalwege (z. B. cAMP und IP$_3$/DAG), was z. B. zur Modulation der Aktivität von Ionenkanälen und damit auch zu einem inhibitorischen Effekt auf die Erregbarkeit des Neurons führt. Pharmakologisch bedeutsam ist die Aktivierung des GABA$_B$-Rezeptors durch das Muskelrelaxans Baclofen.

Glycin wirkt ebenfalls über einen ligandengesteuerten Chloridkanal, der vier Transmembranregionen und eine Cysteinschleife pro Untereinheit besitzt. Dieses pentamere Makromolekül entspricht den ionotropen GABA-Rezeptoren. Die Wirkung von Glycin wird durch Wiederaufnahme aus dem synaptischen Spalt beendet.

■ **Pathobiochemie**

Das giftige Alkaloid Strychnin ist ein kompetitiver Antagonist des Glycins am Glycinrezeptor. Therapeutisch wird die inhibitorische Wirkung des GABA-Transmittersystems u. a. in der Narkosevorbereitung sowie in der Epilepsie- bzw. Anfallsbehandlung genutzt. Benzodiazepine wirken durch allosterische Bindung an den GABA$_A$-Rezeptor. Die Wirkung von Benzodiazepinen kann durch den reversiblen kompetitiven Antagonisten Flumazenil aufgehoben werden. Auch andere Sedativa, Narkotika und Antiepileptika wie z. B. Barbiturate binden an den GABA$_A$-Rezeptor. Beim *stiff person*-Syndrom (früher: *stiff man*-Syndrom) treten häufig Antikörper gegen GAD2 auf.

74.1.8 Acetylcholin

❯ Der Neurotransmitter Acetylcholin ist kein Aminosäure-Derivat, sondern ein Essigsäureester.

1921 konnte Otto Loewi nachweisen, dass die Übertragung eines Nervenimpulses auf das isolierte Froschherz durch eine chemische Substanz (von ihm „Vagusstoff" genannt) erfolgt, die später von Henry Dale als Acetylcholin (ACh) identifiziert wurde (1936 Nobelpreis für Medizin oder Physiologie für die „Entdeckung der chemischen Übertragung von Nervenimpulsen"). Es handelt sich also um den ersten identifizierten Neurotransmitter. Die Synthese von Acetylcholin (ACh) aus Acetyl-CoA und Cholin wird durch das Enzym **Cholinacetyltransferase** (ChAT) katalysiert, das als Markerprotein für cholinerge Neurone gilt. Neurochemisch handelt es sich nicht wie bei den meisten Neurotransmittern um eine Aminosäure bzw. Aminosäurederivat, sondern um einen Ester. Die Aufnahme des primären Alkohols Cholin in die Nervenzellen wird durch ein natriumabhängiges Transportprotein reguliert (◘ Abb. 74.13). Ein vesikulärer Acetylcholintransporter steuert die Aufnahme

74

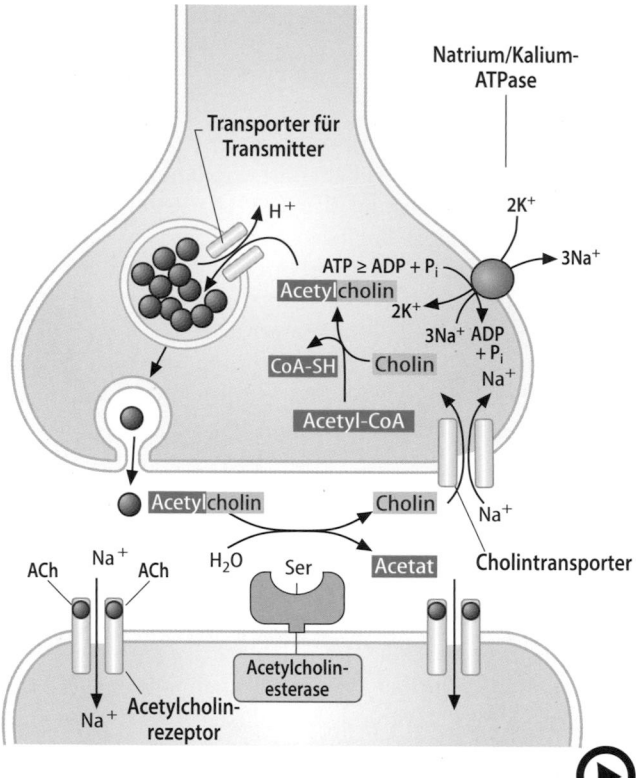

■ **Abb. 74.13** (Video 74.9) **Abbau und Wiederaufnahme von Acetyl-cholin.** Die für den Acetylcholinabbau benötigten Acetylcholineste-rasen sind membrangebundene, meist oligomere Enzyme. Sie sind je nach Typ der Synapse über eine Kollagentripelhelix oder einen GPI-Anker in der Membran verankert. Cholin wird durch entsprechende Transporter in die präsynaptische Nervenendigung transportiert, durch das Enzym Cholinacetyltransferase mit Acetyl-CoA verestert und dann in synaptische Vesikel aufgenommen, aus denen Acetylcholin wieder freigesetzt werden kann. Der katalytische Serinrest im aktiven Zentrum der Acetylcholinesterase ist eingezeichnet (▶ https://doi.org/10.1007/000-5sp)

des im Cytosol der Nervenendigungen synthetisierten Neurotransmitters in die präsynaptischen Vesikel, die bis zu 10.000 Acetylcholinmoleküle enthalten. Cholinerge Neurotransmission findet an der neuromuskulären Endplatte und in verschiedenen Arealen des zentralen Nervensystems statt. Im vegetativen (autonomen) Nervensystem erfolgt sie an der Synapse des präganglionären Neurons sowohl des sympathischen als auch des parasympathischen Nervensystems, bei Letzterem auch an der Synapse des postganglionären Neurons. Im Gegensatz zu anderen Neurotransmittern erfolgt die Inaktivierung der Acetylcholinwirkung an der Synapse nicht durch einen Wiederaufnahme-Mechanismus, sondern über die Inaktivierung im synaptischen Spalt durch das Enzym Acetyl**ch**olinesterase (AChE), die das ACh wieder zu Acetat und Cholin hydrolysiert. Letzteres wird dann durch den Na$^+$/Cholin-Symporter in die präsynaptische Nervenendigung wieder aufgenommen.

Verschiedene Substanzen hemmen die Acetylcholineste-rase reversibel oder irreversibel und stimulieren dadurch die cholinergen Synapsen indirekt („indirekte Parasym-pathikomimetika"). Hierzu zählen das pharmazeutisch angewendete Neostigmin, das als Insektizid verwendete und inzwischen verbotene Organophosphat (Phosphor-säureester) E605 sowie das geächtete Nervengas Sarin.

❯ Nicotinerge und muskarinerge Rezeptoren vermitteln die Wirkung des Acetylcholins.

Seine Wirkung entfaltet ACh, das in hohen Konzentrationen auch in Hornissengift vorkommt, durch die Bindung an postsynaptische ACh-Rezeptoren, bei denen zwischen nicotinergen und muskarinergen Rezeptoren unterschieden wird. Erstere, benannt nach ihrer Stimulierbarkeit durch das Pflanzenalkaloid und Psychostimulans Nicotin, bestehen aus fünf Untereinheiten (2α, β, γ und δ), die jeweils viermal die Membran durchspannen (Tetraspanine) und um einen zentralen Kanal angeordnet sind (■ Abb. 74.14A). Es handelt sich um klassische ligandengesteuerte Ionenkanäle, deren fünf Untereinheiten je eine Cysteinschleife besitzen. Sie gehören damit zu den Cys-Loop-Rezeptoren oder pentameren Ionenkanalrezeptoren (■ Abb. 74.14). Von der α-Untereinheit sind acht, von der β-Untereinheit vier Isoformen bekannt, die in unterschiedlicher Kombination in verschiedenen Organen vorkommen. Die neuronale Form besteht in der Regel nur aus α- und β-Untereinheiten (2α:3β). Beide α-Untereinheiten müssen ACh (oder einen anderen aktivierenden Liganden wie Nicotin oder das hemmende Schlangengift α-Bungarotoxin) binden, um die Öffnung des Rezeptorkanals zu bewirken, weshalb relativ hohe Neurotransmitter-Konzentrationen für eine Aktivierung erforderlich sind. Durch die ACh-Bindung kommt es zu einer Konformationsänderung des Rezeptors und Öffnung der Kanalpore, die den unselektiven Durchtritt von Kationen erlaubt: Calcium- und Natriumionen strömen in die Zelle ein, Kalium strömt in geringerem Maß aus, was zur Depolarisation der Zelle führt.

Die **Myasthenia gravis** ist eine Autoimmunerkrankung, bei der Autoantikörper gegen nicotinerge ACh-Rezeptoren zu einer gestörten neuromuskulären Erregungsübertragung mit belastungsabhängiger, überwiegend okulärer Muskelschwäche führen; die symptomatische Behandlung erfolgt mit Cholinesterasehemmern. Das Pfeilgift **Curare** wirkt als kompetitiver Antagonist nicotinerger ACh-Rezeptoren und verursacht eine schlaffe Lähmung der Skelettmuskulatur, die unbehandelt zum Tod durch Atemlähmung führt.

Im Gegensatz zu den nicotinergen Rezeptoren sind die muskarinergen ACh-Rezeptoren (benannt nach ihrer Aktivierbarkeit durch das Fliegenpilzalkaloid Muskarin) metabotrop. Es handelt sich um G-Protein-

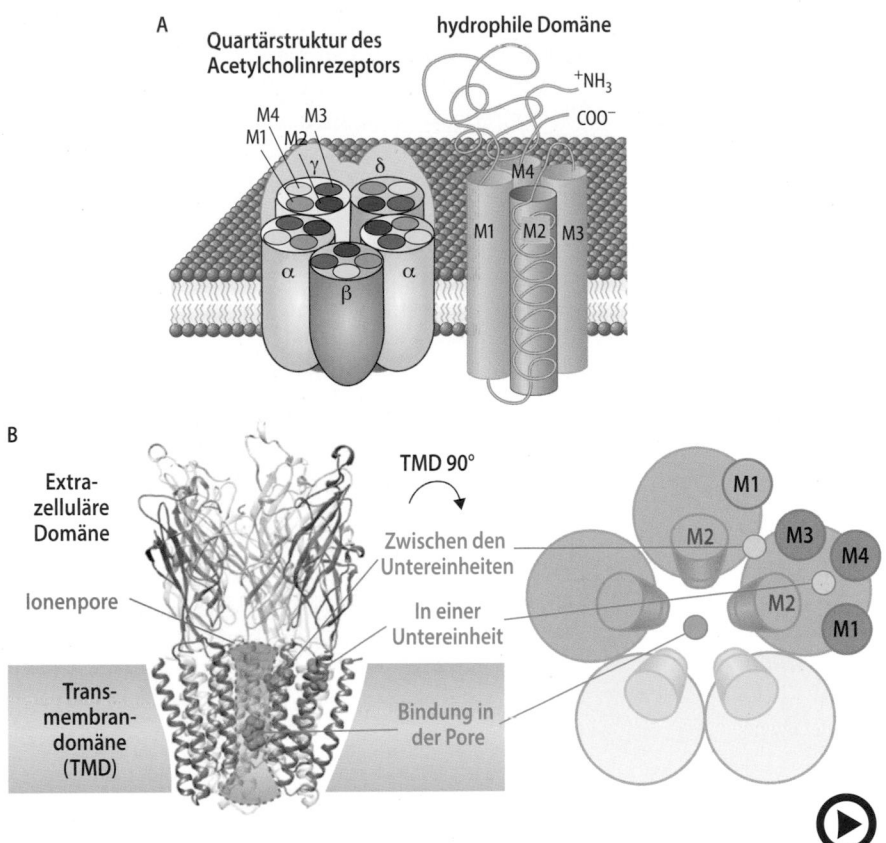

A   **Quartärstruktur des Acetylcholinrezeptors**   hydrophile Domäne

$^+NH_3$

COO$^-$

M4 M3
M1 M2
γ   δ

M4

M1 M2 M3

α   α
β

B   Extra-zelluläre Domäne

TMD 90°

Ionenpore

Zwischen den Untereinheiten

In einer Untereinheit

M1
M2   M3
M4

M2
M1

Trans-membran-domäne (TMD)

Bindung in der Pore

◻ **Abb. 74.14** (Video 74.10) **Molekülstruktur des nicotinischen Acetylcholin-Rezeptors an der neuromuskulären Endplatte. A** Die fünf Untereinheiten (2α,β,γ,δ) sind pseudosymmetrisch um den zentralen Kationenkanal angeordnet. Jede Untereinheit besitzt eine lange extrazelluläre Domäne und vier Transmembransegmente M1–M4. Der Ionenkanal entsteht durch Assoziation der fünf M2-Helices (*rot*). Die α-Untereinheiten sind für die Bindung von Acetylcholin besonders wichtig. **B** Struktur einer Untereinheit von Cys-Loop-Rezeptoren. Jeweils fünf Untereinheiten bilden zusammen einen Ionenkanal. Alle Untereinheiten sind an der zentralen Ionenpore beteiligt. Die Transmembrandomänen M2 der fünf Untereinheiten bilden die Innenauskleidung der eigentlichen Ionenpore. Bindungsstellen für Transmitter findet man zwischen den Untereinheiten, wobei immer eine α-Untereinheit daran beteiligt ist (reprinted from Fourati et al., Cell Reports 23(4):993–1004 (2018). ► https://doi.org/10.1007/000-5sq)

gekoppelte heptahelicale Transmembranproteine, die eine Phospholipase C (PLC$_\beta$)-abhängige Signaltransduktionskaskade aktivieren. Von den bekannten Isoformen (M1 bis M5) wird der M1-Rezeptor im Gehirn exprimiert und beeinflusst kognitive Leistungen. Bei der Alzheimer-Demenz (► Abschn. 74.5.1) kommt es in relativ frühen Stadien zu einer Abnahme der ACh-Konzentration im Gehirn, sodass der Cholinesterasehemmstoff Rivastigmin zur Behandlung leichter und mittelschwerer Krankheitsverläufe zugelassen ist. Muskarinerge Rezeptoren finden sich auch am Herzen, an der glatten Muskulatur (u. a. Bronchien, Gefäßwand) und Drüsen.

74.1.9 Katecholamine

❯ Die Katecholamine Adrenalin, Noradrenalin und Dopamin sind Derivate der Aminosäure Tyrosin.

Die Neurotransmitter und Hormone Adrenalin, Noradrenalin und Dopamin werden im Organismus aus der Aminosäure Tyrosin synthetisiert und unter dem Begriff der Katecholamine zusammengefasst (► Abschn. 37.2). Im Einzelnen entsteht durch die Einwirkung der Tyrosinhydroxylase zunächst die Zwischenstufe L-DOPA (Levodopa). Da L-DOPA im Gegensatz zu Dopamin die Blut-Hirn-Schranke passieren kann, wird diese nicht-proteinogene Aminosäure als oral verfügbare Dopaminvorstufe (*prodrug*) therapeutisch zur Behandlung des Morbus Parkinson (► Abschn. 74.5.2), einer Dopaminmangelerkrankung der Basalganglien, eingesetzt. Durch DOPA-Decarboxylase entsteht Dopamin, das durch Dopaminhydroxylase weiter zu Noradrenalin umgesetzt werden kann (◻ Abb. 37.5). Eine N-Methyltransferase katalysiert die weitere Methylierung von Noradrenalin zu Adrenalin (= Epinephrin). Eine rasche Inaktivierung der Katecholamine erfolgt enzymatisch über die **Catechol-O-M**ethyltransferase (COMT)

74

und **M**ono**a**mino-**O**xidase (MAO). Über weitere Zwischenschritte entstehen Abbauprodukte, u. a. Vanillinmandelsäure, die im Urin ausgeschieden und dort zu diagnostischen Zwecken nachgewiesen werden können. Hauptsyntheseort für Noradrenalin und Adrenalin ist das Nebennierenmark (▶ Abschn. 37.2.2). Beide Katecholamine können die Blut-Hirn-Schranke nicht passieren. Insbesondere Noradrenalin wird jedoch auch im zentralen Nervensystem, und zwar überwiegend im Locus coeruleus des Rautenhirns, synthetisiert. Selektive Noradrenalin-Wiederaufnahme-Hemmer werden therapeutisch als Antidepressiva eingesetzt. Im peripheren Nervensystem ist Noradrenalin eine wichtige Überträgersubstanz des sympathischen Nervensystems, während Adrenalin nur eine nachgeordnete Rolle als Neurotransmitter besitzt. Die adrenergen Rezeptoren sind heptahelicale G-Protein-gekoppelte Rezeptoren, die in α- und β-Adrenozeptoren eingeteilt werden und zu den klinisch wichtigsten pharmakologischen Zielstrukturen überhaupt gehören. Im zentralen und peripheren Nervensystem werden überwiegend α2-Adrenozeptoren exprimiert, und zwar sowohl prä- als auch postsynaptisch.

■ **Pathobiochemie**

❯ Dopamin-Agonisten als Pharmaka.

Dopamin wird überwiegend in Neuronen des Mittelhirns synthetisiert. Von der Substantia nigra projizieren dopaminerge Neurone zu den Basalganglien (Striatum; nigrostriatale Projektion) und sind wesentlich an der Regulation des extrapyramidal-motorischen Systems beteiligt. Beim Morbus Parkinson kommt es durch die Degeneration dopaminerger Neurone der Pars compacta der Substantia nigra zu einem relativen Dopaminmangel im Projektionsgebiet dieser Neurone in den Basalganglien. Dies führt letztlich zu einem Überwiegen hemmender Impulse mit den klinischen Kardinalsymptomen Rigor (Muskelstarre), Brady- bis Akinese (Bewegungsarmut) und Tremor (Muskelzittern) (▶ Abschn. 74.5.2). L-DOPA als *prodrug*, Dopaminrezeptoragonisten wie Bromocriptin oder Inhibitoren der Dopamin-metabolisierenden Enzyme COMT oder MAO-B werden zur medikamentösen Therapie des Morbus Parkinson eingesetzt. Da Bromocriptin über die D2-Isoform der Dopaminrezeptoren in der Hypophyse die Ausschüttung von Prolactin hemmt, wird es auch zum Abstillen (Absetzen der Muttermilch) verwendet. D2-Antagonisten wie Metoclopramid werden hingegen als Antiemetika (Mittel gegen Erbrechen) und Prokinetika eingesetzt.

❯ Insgesamt unterscheidet man fünf Dopaminrezeptor-Untergruppen (D1 bis D5).

Wie bei den Adrenozeptoren handelt es sich um heptahelicale Transmembranproteine, die über inhibitorische oder stimulatorische G-Proteine wirken und in unterschiedlichen Gehirnregionen exprimiert werden. Störungen des ebenfalls dopaminergen mesolimbischen und des mesocortikalen Systems (Projektionen vom Mittelhirn in den Hippocampus und die Amygdala bzw. in den Cortex) sind an der Pathogenese von Suchterkrankungen beteiligt. Therapeutisch eingesetzte Antipsychotika (Neuroleptika) wirken modulierend auf den Dopaminhaushalt. Euphorisierende Rauschmittel wie Kokain und Methamphetamin sind Katecholamin-Wiederaufnahmehemmer, die die Dopaminkonzentration am synaptischen Spalt erhöhen.

74.1.10 Serotonin

❯ Serotonin ist das hydroxylierte biogene Amin der essenziellen Aminosäure Tryptophan.

Serotonin (5-Hydroxytryptamin, 5-HT) ist ein biogenes Amin, dessen Biosynthese aus der essenziellen Aminosäure Tryptophan erfolgt (◨ Abb. 74.15). Durch die Tryptophanhydroxlase entsteht zunächst im geschwindigkeitsbestimmenden Schritt 5-Hydroxytryptophan, das im zweiten Schritt enzymatisch decarboxyliert wird. Wie die meisten biogenen Amine ist Serotonin ein Gewebshormon, das insbesondere im Magen-Darm-Trakt, der mehr als 90 % der Gesamtmenge des Organismus enthält, und in Thrombocyten gespeichert wird. Im Gastrointestinaltrakt ist es überwiegend in den enterochromaffinen Zellen der Darmschleimhaut sowie in enterischen Neuronen lokalisiert. Neuroendokrine Tumore der enterochromaffinen Zellen, die. Karzinoide, produzieren große Mengen an Serotonin, die bei Lebermetastasierung eine charakteristische Symptomatik (Durchfälle, anfallsweises Erröten der Haut = *flush*) auslösen. Bestimmte Früchte enthalten ebenfalls viel Serotonin (z. B. Walnüsse, Bananen, Kiwis, Kakao). Im zentralen Nervensystem wirkt Serotonin als Neurotransmitter. Hier ist es überwiegend in Kernen der Raphe-Region des Hirnstamms lokalisiert, die in das Vorderhirn projizieren und an der Regulation des Schlaf-Wach-Verhaltens, des Appetits und emotionaler Verhaltensweisen beteiligt sind (Serotonin als „Glückshormon"). Da Serotonin die Blut-Hirn-Schranke nicht passieren kann, erfolgt die Biosynthese lokal nach Aufnahme der Vorstufe Tryptophan durch ein Transportprotein der neuronalen Plasmamembran. Nach Freisetzung in den synaptischen Spalt wird die Neurotransmitterwirkung von Serotonin durch die aktive transportproteinvermittelte Wiederaufnahme in die Nervenendigungen serotonerger Neurone terminiert. Der Abbau von Serotonin wird von der **Mo**-

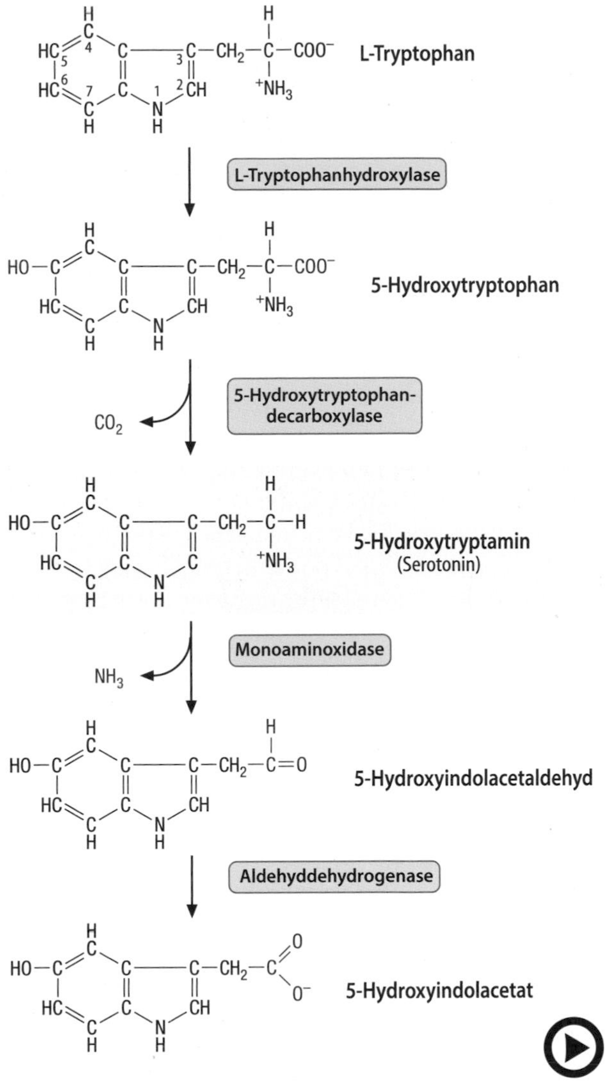

■ **Abb. 74.15** (Video 74.11) **Biosynthese und Abbau von Serotonin** (▶ https://doi.org/10.1007/000-5sr)

noamino-**O**xidase (MAO) und Aldehyddehydrogenase katalysiert; das Abbauprodukt 5-Hydroxyindolacetat (■ Abb. 74.15) wird mit dem Urin ausgeschieden. Die vermehrte Urinausscheidung dieses Metaboliten bei Karzinoiden wird diagnostisch genutzt.

Serotoninrezeptoren Serotonin bindet an unterschiedliche Rezeptoren, die nach ihren pharmakologischen Eigenschaften und ihrer molekularen Struktur in 7 Unterfamilien eingeteilt werden (5-HT$_1$ bis 5-HT$_7$), die ihrerseits zum Teil jeweils mehrere Mitglieder umfassen. Es handelt sich um metabotrope, G-Protein-gekoppelte heptahelicale Rezeptoren, die über *second messenger* (i.d.R. cAMP) intrazelluläre Signalkaskaden auslösen. Eine Ausnahme stellen die 5-HT$_3$-Rezeptoren dar, die ligandengesteuerte pentamere Kationenkanäle sind (Cys-Loop-Rezeptoren) und ausschließlich neuronal exprimiert werden. 5-HT$_3$-

Rezeptorantagonisten (z.B. Ondansetron, Granisetron) werden klinisch zur Prophylaxe und Behandlung des cytostatikainduzierten Erbrechens eingesetzt. Mitglieder der übrigen Unterfamilien vermitteln im Nervensystem eine Reihe von vegetativen, motorischen und emotionalen Effekten, weshalb Serotoninrezeptor-modulierende Substanzen wichtige Psychopharmaka sind. Allerdings werden bestimmte Rezeptor-Subtypen auch in peripheren Organen und im Blutgefäßsystem, 5-HT$_{2a}$-Rezeptoren auch in Thrombocyten exprimiert. Insbesondere die 5-HT$_4$-Rezeptoren spielen bei der lokalen Regulation der Darmmotilität eine wichtige Rolle.

■ **Pathobiochemie**

❯ Serotonin-agonistisch wirkende Substanzen sind wichtige Psychopharmaka.

Da Serotonin die Blut-Hirn-Schranke nicht passiert, kann die Substanz selbst nicht für die Behandlung zentralnervöser Erkrankungen eingesetzt werden. Eine Reihe von Substanzen interferieren jedoch mit dem Stoffwechsel von Scrotonin, die aufgrund der vielfältigen Wirkungen von Serotonin im Gehirn pharmakologisch genutzt werden. In erster Linie seien hier die selektiven Serotonin-Wiederaufnahmehemmer (SSRI, für *selective serotonine reuptake inhibitors*) genannt, die den Serotonintransporter hemmen und auf diese Weise die Verweildauer des Serotonins im synaptischen Spalt erhöhen, was ihre antidepressive Wirkung erklärt (z. B. Fluoxetin). Einen ähnlichen Effekt haben MAO-Inhibitoren, indem sie den Abbau von Serotonin und anderen biogenen Aminen hemmen und somit zu einer erhöhten Verfügbarkeit im synaptischen Spalt führen. Einige Substanzen greifen direkt am Rezeptor an; so wurde der 5-HT$_{2C}$-Rezeptoragonist Fenfluramin als Appetitzügler eingesetzt, bis seine Zulassung aufgrund schwerer Nebenwirkungen (pulmonale Hypertonie aufgrund seiner peripheren Wirkung an 5-HT$_{2B}$-Rezeptoren) zurückgezogen wurde. Auch Triptane, die zur Behandlung akuter Migräneattacken eingesetzt werden, wirken als Serotoninrezeptor-Agonisten. Die Wirkung von Lysergsäurediäthylamid (LSD) wird ebenfalls über serotonerge Rezeptoren vermittelt.

Die gleichzeitige Verordnung von SSRI mit anderen Substanzen, die die Serotoninkonzentration erhöhen oder die Serotoninwirkung verstärken, z. B. mit MAO-Hemmern, Triptanen oder dem Schmerzmittel Tramadol, kann zum potenziell lebensbedrohlichen Serotonin-Syndrom führen. Es äußert sich durch vegetative (Tachykardie, Schwitzen, Hyperventilation, Übelkeit), kognitive und neuromuskuläre Symptome (Tremor, Hyperreflexie) sowie Unruhe- und Erregungszustände und kann als klassisches Beispiel einer unerwünschten Arzneimittel-Interaktion angesehen werden.

Übrigens

Melatonin. Serotonin ist auch Vorstufe des Hormons Melatonin, das in der Retina und in der Zirbeldrüse (Epiphyse, Corpus pineale) durch N-Acetylierung und Methylierung von 5-HT entsteht (◻ Abb. 74.16). Der erste Schritt der Biosynthese und die Sekretion unterliegen einer circadianen Rhythmik. Die Melatoninkonzentration ist nachts bzw. bei geringem Tageslicht (jahreszeitlich im Winter, bei Zeitumstellungen durch Schichtarbeit oder bei Fernreisen) besonders hoch. Die G-Protein-gekoppelten Melatoninrezeptoren vom Typ1A sind in der Pars tuberalis der Hypophyse und im suprachiasmatischen Kerngebiet des Hypothalamus lokalisiert, wo sie die antigonadotrope Wirkung des Melatonins und seinen Effekt auf die circadiane

Rhythmik vermitteln. Der Typ1B-Rezeptor wird in der Retina und in verschiedenen Gehirnregionen exprimiert. Die Wirksamkeit therapeutischer Anwendungen von Melatoninpräparaten ist umstritten.

74.1.11 Histamin

❯ Histamin ist ein weit verbreitetes Gewebshormon, das auch als Neurotransmitter vorkommt.

Histamin ist ein Imidazolamin und gehört damit wie Serotonin und die Katecholamine zu den biogenen Aminen. Es entfaltet seine Wirkung über Histaminrezeptoren (H_1 bis H_4), die zur Gruppe der heptahelicalen G-Protein-gekoppelten Transmembranrezeptoren gehören. Seine Biosynthese erfolgt durch Decarboxylierung aus der Aminosäure Histidin (▶ Abschn. 27.2.7). Die Katabolisierung im ZNS erfolgt durch eine enzymatische Methylierung gefolgt von einem oxidativen Abbau durch Monoamino-Oxidase. Die höchsten Histaminkonzentrationen im ZNS finden sich im Hypothalamus. Über die Bindung an H_1-Rezeptoren reguliert Histamin den Schlaf-Wach-Rhythmus und die Auslösung zentralen Erbrechens; aus diesem Grund haben antihistaminerge Substanzen, die die Blut-Hirn-Schranke passieren können, eine sedative und antiemetische Wirkung. Präsynaptisch lokalisierte H_3-Rezeptoren regulieren die Freisetzung anderer biogener Amine, die als Neurotransmitter wirken, einschließlich des Histamins selbst. In der Peripherie wird Histamin in Mastzellen, basophilen Granulocyten und spezialisierten Schleimhautzellen gespeichert (▶ Abschn. 27.2.7). Die Aktivierung von Schmerzrezeptoren (Nozizeptoren) nach Gewebeschädigung führt u. a. zur Freisetzung von Histamin als Entzündungsmediator aus Mastzellen, das seinerseits die Sensitivität der Nozizeptoren erhöht, was zur Verstärkung des Schmerzreizes führt (Hyperalgesie).

74.1.12 Purinderivate

❯ Purinnucleotide modifizieren die Transmitterwirkung über spezifische Purinrezeptoren und können selbst als Transmitter dienen.

Die Purinnucleotide ATP und UTP spielen nicht nur eine zentrale Rolle im Energiemetabolismus der Zelle (▶ Abschn. 19.1), sondern fungieren im Organismus auch als auto- oder parakrine Botenstoffe bzw. als klassische Neurotransmitter im ZNS, die in sekretorischen Vesikeln gespeichert und durch Aktionspotenziale frei-

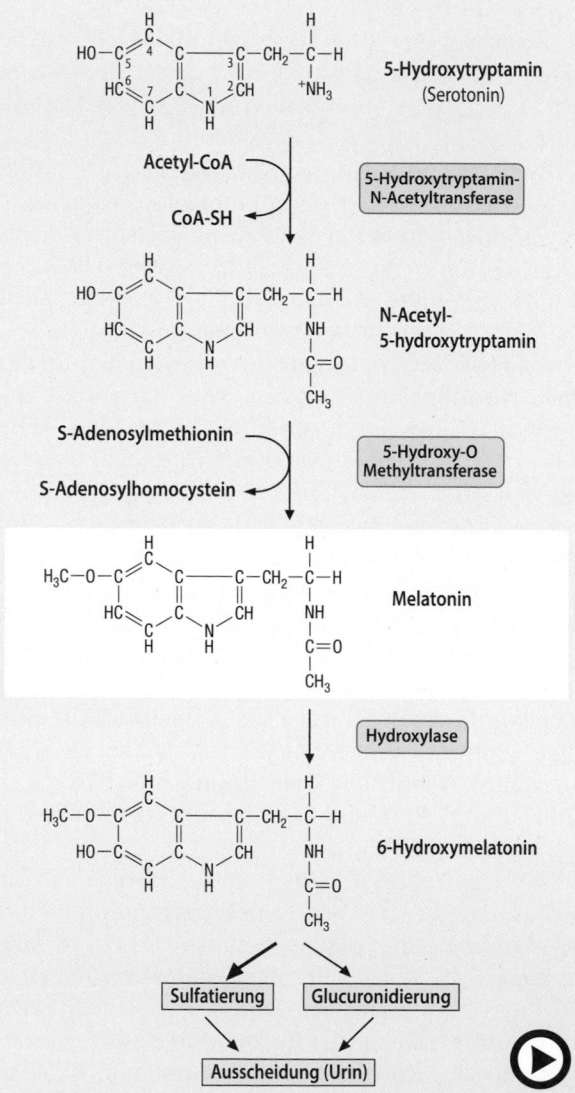

◻ **Abb. 74.16** (Video 74.12) **Biosynthese und Abbau von Melatonin** (▶ https://doi.org/10.1007/000-5ss)

gesetzt werden. Sie entfalten ihre Wirkung in Zielzellen durch Bindung an purinerge Rezeptoren, die unter anderem eine wichtige Rolle bei der Berührungsempfindung und Schmerzwahrnehmung haben. Durch die Aktivität von Ektoenzymen werden freigesetzte extrazelluläre Nucleotide rasch inaktiviert, wobei die Metaboliten ebenfalls zum Teil an purinerge Rezeptoren binden. Ektonucleotidasen katalysieren die Dephosphorylierung von ATP zu Adenosin, das im zentralen Nervensystem eine inhibitorische Wirkung entfaltet. Es bindet an G-Protein-gekoppelte P1-Rezeptoren und wird durch Coffein antagonisiert, was dessen stimulierenden und schlafunterdrückenden Effekt bedingt. Bei den P2-Rezeptoren, die ATP bzw. UTP binden, werden ligandengesteuerte ionotrope Rezeptoren der P2X-Familie von G-Protein-gekoppelten metabotropen P2Y-Rezeptoren unterschieden.

74.1.13 Neuropeptide

❯ Viele Peptidhormone kommen im ZNS vor und wirken hier als Neuromodulatoren.

Neben den „konventionellen" Neurotransmittern, bei denen es sich überwiegend um Aminosäuren oder Derivate von Aminosäuren handelt, spielen auch Peptide bei der Modulation der Erregungsübertragung an chemischen Synapsen eine wichtige Rolle. Viele dieser sog. Neuropeptide wurden initial als Hormone der Hypophyse, des Hypothalamus oder des Gastrointestinaltraktes identifiziert (▶ Abschn. 61.2). Beispielsweise hemmt hypothalamisch sezerniertes Somatostatin die Ausschüttung von Wachstumshormon im Hypophysenvorderlappen, während es im Magen-Darm-Trakt sekretions- und motilitätshemmend wirkt. Im Gehirn wird Somatostatin von einer Untergruppe GABA-erger, also hemmender, Interneurone exprimiert.

❯ Neuropeptide entstehen durch proteolytische Prozessierung von Vorläuferproteinen.

Die im Verlauf der Evolution bereits früh anzutreffende neuronale Kommunikation über peptiderge Neurotransmitter weist einige Besonderheiten auf, die sie von den konventionellen Transmittersubstanzen grundlegend unterscheidet. Dies betrifft ihre Biosynthese, Speicherung, Freisetzung und Inaktivierung. Neuropeptide entstehen aus ribosomal synthetisierten inaktiven Vorläuferpolypeptiden, die durch sequenzielle posttranslationale Prozessierungsschritte in ihre aktive Form überführt werden. Hierzu zählen die proteolytische Spaltung durch Exo- und Endopeptidasen sowie die anschließende enzymatische Modifikation der carboxyl- oder aminoterminalen Aminosäure. Die endoproteolytische

Spaltung durch Mitglieder der Familie der Prohormon-Konvertasen, meist an zwei aufeinander folgenden basischen Aminosäureresten (Lysin, Arginin), ist häufig der geschwindigkeitsbestimmende Schritt bei der Synthese von Neuropeptiden. Durch gewebespezifische Unterschiede in der enzymatischen Modifikation können dabei aus derselben Peptidvorstufe, beispielsweise dem Proopiomelanocortin (POMC), ganz unterschiedliche bioaktive Neuropeptide entstehen.

❯ Neuropeptide und klassische Neurotransmitter kommen in den selben Neuronen vor.

Während die Peptide die geschilderten Reifungsschritte durchlaufen, gelangen sie durch axonalen Transport über den sekretorischen *pathway* in die Nervenendigungen. Dort werden sie im Gegensatz zu konventionellen Neurotransmittern nicht aus kleinen sekretorischen Vesikeln (**SSV**: *small secretory vesicles*), sondern aus großen, elektronendichten Vesikeln (**LDCV**: *large dense core vesicles*) freigesetzt, wofür deutlich niedrigere Erhöhungen der cytosolischen Calciumkonzentration erforderlich sind. Nach ihrer Freisetzung binden Neuropeptide an spezifische Rezeptoren auf responsiven Zellen. Bei den meisten Neuropeptidrezeptoren handelt es sich um G-Protein-gekoppelte Sieben-Transmembrandomänen-(heptahelicale) Rezeptoren. Aufgrund ihrer höheren Rezeptoraffinität können Neuropeptide trotz geringerer Gewebekonzentrationen als klassische Neurotransmitter ihre biologische Aktivität im Gehirn entfalten. Die simultane Freisetzung von konventionellen Neurotransmittern und Neuropeptiden, die im gleichen Neuron co-exprimiert werden, erlaubt die Auslösung sehr schneller (im Millisekundenbereich, ionotrope Neurotransmitter) und langsamerer (im Sekundenbereich, Neuropeptide) Übertragungsvorgänge an der Synapse. Die Inaktivierung der sezernierten Neuropeptide erfolgt durch Proteolyse; Hemmung der Transmitterwirkung durch Wiederaufnahme in die präsynaptische Nervenendigung wie bei vielen klassischen Neurotransmittern wird hingegen nicht beobachtet.

❯ Endorphine sind endogene (körpereigene) Liganden für Opiatrezeptoren.

Neuropeptide werden nach strukturellen und funktionellen Aspekten klassifiziert. Aus den Vorläuferpeptiden Proopiomelanocortin (POMC) (◌ Abb. 74.17), Prodynorphin und Proenkephalin entstehen durch sequenzielle Prozessierungsschritte β-Endorphine, Dynorphin und Enkephaline. Diese körpereigenen Opioide sind durch ein gemeinsames aminoterminales Tyr-Gly-Gly-Phe-Motiv charakterisiert und weisen unterschiedliche Bindungsaffinitäten für die Opioidrezeptoren μ, κ und δ auf, die neben ihrer analgetischen Wirkung Funktionen

74

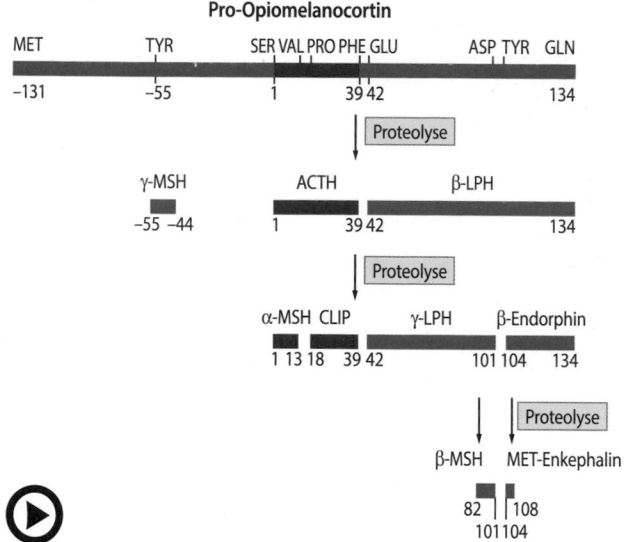

Pro-Opiomelanocortin

Abb. 74.17 (Video 74.13) **Entstehung von Endorphinen durch limitierte Proteolyse von Proopiomelanocortin.** Neben ACTH und β-LPH werden kleine Peptidhormone inklusive β-Endorphin und MET-Enkephalin gebildet. *ACTH*: Adrenocorticotropes Hormon; *MSH*: Melanocyten-stimulierendes Hormon; *CLIP*: *corticotropin-like peptide*; *LPH*: Lipotropin (▶ https://doi.org/10.1007/000-5st)

des autonomen Nervensystems regulieren und die Steuerung des zentralnervösen Belohnungssystems bzw. Suchtverhalten beeinflussen. Ein weiteres wichtiges Neuropeptid, das die Schmerzwahrnehmung moduliert, ist die Substanz P. Es wird in Spinalganglien des Rückenmarks sezerniert.

74.1.14   Gase als Neurotransmitter

> Wasserlösliche Gase als Neurotransmitter können schnell und ungehindert Nervenmembranen passieren.

Die durch Calciumeinstrom induzierbare NADPH-abhängige Aktivierung der Stickstoffmonoxid-Synthase (NOS) führt zur Freisetzung des kurzlebigen Gases Stickstoffmonoxid (NO) aus Arginin (▶ Abschn. 35.6.1 und 27.2.2). Ursprünglich als endothelial produzierter Botenstoff identifiziert, der die vasodilatierende Wirkung von Acetylcholin auf Blutgefäße durch Relaxation glatter Gefäßmuskulatur vermittelt, konnte die NO-Synthase auch in neuronalen (nNOS) und gliären Zellen (induzierbare Form, iNOS) des zentralen Nervensystems nachgewiesen werden. Durch Erhöhung der cGMP-Expression in Neurone kann NO die synaptische Übertragung modulieren.

Zwar wird NO ähnlich wie klassische Neurotransmitter aus einer Aminosäure synthetisiert; allerdings

ergeben sich durch den gasförmigen Aggregatzustand dieses Botenstoffes einige Besonderheiten. Zum einen kann NO nicht in Vesikeln gespeichert werden, sondern wird unmittelbar nach der Synthese durch Diffusion freigesetzt. Zum anderen gibt es keinen spezifischen membranständigen Rezeptor, sodass sämtliche Nervenzellen in einem weiteren Umkreis der Freisetzungsstelle, die die NO-responsive Guanylzyklase exprimieren, als Zielzellen in Betracht kommen. Weitere gasförmige Neuromodulatoren („Gasotransmitter") im zentralen Nervensystem sind Kohlenstoffmonoxid (CO) und Schwefelwasserstoff (H_2S). Allgemein entfalten Gasotransmitter ihre Wirkung u.a. über die Modulation der Aktivität von Enzymen, Transportern, Ionenkanälen, Neurotransmitter-Rezeptoren oder Beeinflussung des Redoxstatus der Zelle.

Zusammenfassung

- Neurone sind erregbare Zellen, die ihr Membranpotenzial mithilfe von Ionenkanälen und der Na^+/K^+-ATPase aufrechterhalten. Sie verfügen über verzweigte Fortsätze, über die sie miteinander und mit Effektorzellen spezialisierte Kontakte bilden.
- Elektrische Impulse werden meist über die Dendriten oder den Zellkörper empfangen und elektrotonisch zum Axon fortgeleitet. Dort wird bei Überschreiten der Depolarisationsschwelle durch die Aktivierung von spannungsabhängigen Natriumkanälen ein Aktionspotenzial ausgelöst, das gerichtet entlang des Axons zur Synapse fortgeleitet wird.
- An chemischen Synapsen erfolgt die Signalübertragung auf das nachgeschaltete Neuron, indem das eingehende Aktionspotenzial die Freisetzung von in präsynaptischen Vesikeln gespeicherten Neurotransmittern bewirkt.
- Die Transmittermoleküle werden durch Exocytose in den synaptischen Spalt freigesetzt und binden an Rezeptoren auf dem postsynaptischen Neuron. Eine Rückwirkung auf das präsynaptische Neuron über dort lokalisierte Rezeptoren erfolgt ebenfalls.
- Bei den Rezeptoren handelt es sich um ligandengesteuerte Ionenkanäle und G-Protein-gekoppelte Rezeptoren.
- Die Wirkung der Neurotransmitter wird durch ihren Abbau oder die Wiederaufnahme in das freisetzende Neuron oder in Gliazellen beendet.
- Sowohl die V-Typ-ATPasen, die die aktive Aufnahme des neu synthetisierten Transmitters in die präsynaptischen Vesikel vermitteln, als auch die Transporter, die für die Wiederaufnahme aus dem synaptischen Spalt verantwortlich sind, lassen sich pharmakologisch beeinflussen. Auch direkte Ago-

nisten oder Antagonisten der Transmitterrezeptoren und Hemmstoffe der Transmitter-abbauenden Enzyme finden teilweise therapeutische Verwendung.

74.2 Glia

74.2.1 Gliazellen

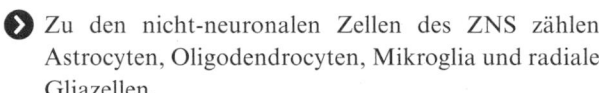

> Zu den nicht-neuronalen Zellen des ZNS zählen Astrocyten, Oligodendrocyten, Mikroglia und radiale Gliazellen.

Unter dem Begriff Gliazellen fasst man die nicht-neuronalen Zellen des Nervensystems zusammen, die im menschlichen Gehirn etwa 10-mal häufiger als Nervenzellen sind. Die Gliazellen des peripheren Nervensystems stammen aus den Neuralleisten, die Gliazellen des ZNS entstehen aus neuroektodermalen Zellen des Neuralrohrs. Zu den wichtigsten Zelltypen zählen die Astroglia, die Oligodendroglia, Mikroglia und Radialgliazellen sowie neuronale Stammzellen. Die Bedeutung der **Astroglia** (Astrocyten) für die Aufrechterhaltung der Blut-Hirn-Schranke, den Metabolismus und Energiestoffwechsel der Nervenzellen und die Aufrechterhaltung der Flüssigkeits- und Ionenhomöostase des Gehirns wird in den nachfolgenden Abschnitten genauer erläutert (► Abschn. 74.3 und 74.4). Neben dieser trophischen (die Ernährung betreffenden) Funktion sind Astrocyten an der Transporter-vermittelten Wiederaufnahme von synaptisch freigesetzten Neurotransmittern, insbesondere von Glutamat, beteiligt. Sie greifen direkt in die Regulation der synaptischen Übertragung ein, indem astrozytäre Fortsätze sowohl mit den prä- als auch postsynaptischen Nervenendigungen kommunizieren und selbst Neurotransmitter freisetzen können. Dieses Konzept der „dreigeteilten Synapse" impliziert eine aktive Kontrolle der synaptischen Übertragung durch Astrocyten, die über eine reine Stütz- und Ernährungsfunktion dieses Zelltyps hinausgeht. Den **Oligodendrocyten** des zentralen Nervensystems entsprechen die **Schwann-Zellen** des peripheren Nervensystems. Beide Zelltypen sind entscheidend an der Ausbildung der axonalen Myelinscheiden beteiligt und werden im folgenden Abschnitt näher beschrieben (► Abschn. 74.2.2). Bei der **Mikroglia** handelt es sich um Zellen mesodermalen Ursprungs, die der Immunabwehr des ZNS dienen und eine makrophagenähnliche Funktion haben; darüber hinaus wirken sie an der Beseitigung abgestorbener Zellen durch Phagocytose mit. Bei **Radialgliazellen** handelt es sich um einen Zelltyp, dessen namengebende radiäre Zellfortsätze während der Entwicklung des Nervensystems als Leitschienen für unreife Neurone dienen, die von ihrem Ursprungsort in den ventrikelnahen Proliferationszonen an ihre endgültige Position migrieren. Außerdem haben radiale Gliazellen Vorläuferzell-Charakter und generieren sowohl Neurone als auch Astrocyten. In Hirnarealen, in denen adulte Neurogenese stattfindet, liegen radiale Gliazellen auch im ausgereiften Gehirn in geringer Zahl vor; bestimmte spezialisierte Zelltypen im adulten Kleinhirn (Bergmann-Glia) sowie der Retina (Müller-Zellen) behalten ebenfalls eine radiäre Morphologie und exprimieren charakteristische gliäre Markerproteine (GFAP, ***g**lial **f**ibrillary **a**cidic **p**rotein,* und BLBP, ***b**rain **l**ipid **b**inding **p**rotein*).

Viele Tumoren des ZNS, die **Gliome**, entstehen aus den sich teilenden Gliazellen. Gliome weisen häufig Mutationen der Isocitrat-Dehydrogenasen 1 und 2 auf, Isoenzymen im Zitronensäure-Zyklus. Daneben kommt es noch in jedem der Tumoren zu einer weiteren Mutation. Diese Mutation ist für Astrocytome, die sich von Astrocyten ableiten, und für Oligodendrogliome, die von Oligodendrozyten stammen, jeweils unterschiedlich.

74.2.2 Myelin und Myelinscheiden

> Myelinscheiden sind essenziell für die elektrische Erregungsübertragung.

Die Axone markhaltiger Nerven sind von Myelinscheiden umgeben, die von den Plasmamembranen der Oligodendrocyten des zentralen Nervensystems bzw. der Schwann-Zellen des peripheren Nervensystems gebildet werden (◘ Abb. 74.2). Die lipidreichen Myelinhüllen isolieren die Axone elektrisch und sind in regelmäßigen Abständen von freiliegenden nichtmyelinisierten Abschnitten, den sog. Ranvier-Schnürringen, unterbrochen. Die saltatorische (springende) Erregungsübertragung zwischen den Schnürringen ermöglicht erst die für Wirbeltiere charakteristischen hohen Nervenleitgeschwindigkeiten von bis zu 120 m/s. Im Gegensatz zu den Schwann-Zellen, die jeweils nur ein Axon mit Myelinscheiden versorgen, umwickeln die Fortsätze der Oligodendrocyten spiralförmig mehrere Axone. Dabei sind die einzelnen Lagen der Plasmamembran so eng gepackt, dass kaum Cytosol in den Fortsätzen verbleibt.

> Die Myelinscheiden weisen eine besondere biochemische Zusammensetzung auf.

Die Plasmamembranen der Myelinscheiden weisen einen besonders hohen Lipidgehalt von 75 % auf und unterscheiden sich von denen anderer Zellen durch ihre Proteine. Die für die Markscheiden des ZNS charakteristischen Proteine werden von Oligodendrocyten synthetisiert: Proteolipidprotein (**PLP**), das häufigste Protein der zentralen Markscheide, und seine Spleißvariante **DM20** bestehen überwiegend aus hydrophoben Aminosäuren. PLP ist ein Transmembranprotein, das eine hohe phylogenetische Konservierung aufweist, an der Kompaktierung der Axonumwicklung durch Markscheiden beteiligt ist und zur Stabilität und Aufrechterhaltung der Myelinscheiden beiträgt. Myelin-assoziiertes Glycoprotein und Myelin-Oligodendrocyten-Glycoprotein (**MAG** und **MOG**) vermitteln den Kontakt zwischen dem Axon und den Blättern der Myelinscheide, wobei MAG bei der Nervenregeneration inhibitorisch zu wirken scheint. Die von den Schwann-Zellen produzierte Myelinscheide peripherer Nerven unterscheidet sich von der des ZNS durch ihr Protein-Expressionsmuster. Protein Null (**P0** oder MPZ, *myelin protein zero*), ein integrales Membranprotein, ist die Hauptstrukturproteinkomponente des peripheren Myelins und weist eine immunglobulinähnliche extrazelluläre Domäne auf, wodurch es als Adhäsionsmolekül die Blätter der Myelinscheide zusammenhält und stabilisiert. Das ebenfalls in Schwann-Zellen vorkommende periphere Myelinprotein 22 (**PMP-22**) besitzt 4 Transmembranregionen. Weitere Proteine, die sowohl in zentralen wie auch in peripheren Myelinscheiden exprimiert werden, sind das basische Myelinprotein (**MBP**, *myelin basic protein*), das *gap junction*-Protein Connexin-32 und die **CNPase** (*2′,3′-cyclic nucleotide 3′-phospho-diesterase*). Das MBP ist auf der cytoplasmatischen Seite der Oligodendrocytenmembran lokalisiert. Sein Anteil am Gesamtmyelinprotein beträgt etwa ein Drittel. Die Immunisierung von Versuchstieren mit MBP verursacht eine experimentelle autoimmune (früher auch: allergische) Enzephalomyelitis (EAE), die als Tiermodell zur Erforschung der Pathogenese und Therapie der Multiplen Sklerose dient. Auch andere Myelinproteine wie PLP oder MOG rufen als Immunogene eine EAE hervor. Die physiologische Rolle der CNPase in der Markscheide ist nicht bekannt, das Enzym ist möglicherweise für die Bindung an Tubulin und den Erhalt der Ranvierschen Schnürringe erforderlich.

■ Pathobiochemie

❯ Demyelinisierende Erkrankungen und erbliche periphere Neuropathien.

Immunologische, genetische oder metabolische Störungen der Myelinisierung führen zu neurologischen Erkrankungen. Die häufigste demyelinisierende Erkrankung ist die Multiple Sklerose (MS), eine schubweise verlaufende chronisch-entzündliche Erkrankung. Durch

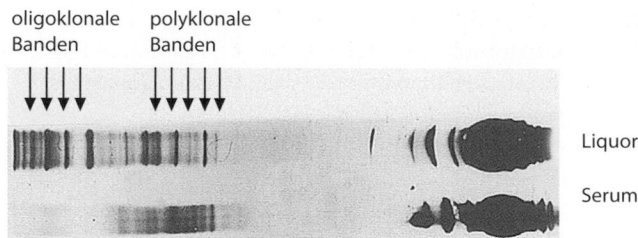

□ Abb. 74.18   Liquorproteine. Bei der Liquoruntersuchung durch isoelektrische Fokussierung werden oligoklonale Banden sichtbar, während im Serum polyklonale Banden vorherrschen. Dieser für Entzündungen des ZNS typische Befund weist auf eine lokale Synthese von Immunglobulinen im Liquorraum hin. (Aus Poeck und Hacke 2001, Neurologie, Springer-Verlag)

disseminierten und progredienten Verlust an Markscheiden im ZNS mit reaktiver Gliose kommt es in Abhängigkeit von der Lokalisation der Entmarkungsherde zu einem variablen klinischen Erscheinungsbild. Die genauen Ursachen der Entzündungsreaktion sind nicht geklärt. Es wird jedoch angenommen, dass es sich um eine Autoimmunreaktion gegen Proteine der Myelinscheide handelt, möglicherweise als Kreuzreaktion gegen virale oder bakterielle Erreger, wobei genetische Faktoren prädisponierend wirken. Diagnostisch lassen sich im Liquor durch isoelektrische Fokussierung sog. oligoklonale Banden (□ Abb. 74.18) als Ausdruck der intrathekalen Antikörperbildung im Rahmen der chronischen Entzündung bei fast allen Patienten nachweisen.

Vitamin-B_{12}-Mangel beeinträchtigt die Myelinsynthese vorwiegend in den Hinterstrang- und Pyramidenbahnen des Rückenmarks, was zum Krankheitsbild der funikulären Myelose mit gestörter Propriozeption (Tiefensensibilität), sensorischen Symptomen und Paresen führt. Die Pathomechanismen sind nicht eindeutig geklärt, möglicherweise liegt eine Störung der Methylmalonyl-CoA-Mutase zugrunde (▶ Abschn. 59.9 und □ Abb. 59.15).

Die hereditäre motorisch-sensible Neuropathie (HMSN) Typ I (früher auch als Charcot-Marie-Tooth-Krankheit (CMT) bezeichnet) ist ein Beispiel für eine erbliche Myelinopathie. Bei der HMSN vom Typ I führt die Duplikation des peripheren Myelinprotein PMP-22 codierenden Gens auf Chromosom 17 zur Schädigung der Myelinscheiden mit konsekutiver axonaler Degeneration und Atrophie der initial normal ausgebildeten innervierten Muskulatur. Die Erkrankung manifestiert sich zwischen der 2. bis 3. Lebensdekade mit zunächst distal betonter progredienter Muskelschwäche (Fußheberparese) bei abnehmender Nervenleitgeschwindigkeit. Zahlreiche andere Gendefekte führen zu vergleichbaren demyelinisierenden Neuropathien vom Typ I der HMSN. Der Variante CMT1B liegen Mutationen des Protein P0 codierenden Gens zugrunde. Bei der selteneren Form CMTX der Krankheit ist das Gen für das X-chromosomal vererbte *gap junction*-Protein Connexin-32 betroffen.

Zusammenfassung

Zu den nicht-neuronalen Zellen des zentralen Nervensystems zählen Astrocyten, Oligodendrocyten, Mikroglia, Endothelzellen und Immunzellen des ZNS sowie radiale Gliazellen.

Radiale Gliazellen kommen überwiegend im sich entwickelnden Nervensystem vor, dienen als Stützzellen für migrierende unreife Neurone und haben Vorläuferzelleigenschaften.

Die Astrocyten sind gemeinsam mit Pericyten und Endothelzellen maßgeblich an der Ausbildung der Blut-Hirn-Schranke beteiligt. Außerdem nehmen sie trophische (ernährende) Funktionen für Nervenzellen wahr und spielen eine wichtige Rolle im Neurotransmitter-Stoffwechsel.

Die Oligodendrocyten bilden die lipidreichen Myelinscheiden der Axone. Ihnen entsprechen die Schwann-Zellen des peripheren Nervensystems. Störungen der Myelinisierung führen zu schweren neurologischen Krankheitsbildern.

74.3 Blutgefäße und Liquor

74.3.1 Durchblutung des Gehirns

❯ Das Gehirn weist eine geringe Ischämietoleranz auf.

Aufgrund des hohen basalen Energie- und Sauerstoffbedarfs des Gehirns bei begrenzten endogenen Energiereserven und seiner Abhängigkeit von einer überwiegend aeroben Energiegewinnung weist die Blutversorgung dieses Organs einige Besonderheiten auf, die seine hohe Vulnerabilität für ischämische Ereignisse bedingt. So beträgt die warme Ischämietoleranz, also der Zeitraum nach Unterbrechung der Durchblutung eines Gewebes, der bei normaler Körpertemperatur ohne bleibende Schäden toleriert werden kann, beim Gehirn nur wenige Minuten, während diese Spanne für die meisten peripheren Organe bei einer halben Stunde oder länger liegt. Als Autoregulation bezeichnet man die Fähigkeit des Gehirns, seinen Perfusionsdruck (Differenz aus systemischem Blutdruck und intrakraniellem Druck) über einen weiten Bereich des systemischen Blutdrucks annähernd konstant zu halten. Bei Unterschreitung dieses Limits kommt es zu einer globalen zerebralen Ischämie. Zur Aufrechterhaltung der Autoregulation tragen die Freisetzung vasoaktiver Substanzen (u. a. Protonen) und Stoffwechselmetabolite durch das

Gehirn bei, die den Vasotonus der hirnversorgenden Gefäße steuern. Hierdurch wird auch eine stärkere Durchblutung metabolisch aktiver Hirnareale gewährleistet, was als neurovaskuläre Kopplung bezeichnet wird. Eine besondere Bedeutung für die Steuerung der Hirndurchblutung besitzt daher Kohlendioxid, das als Gas wie andere niedermolekulare und lipophile Substanzen nahezu ungehindert die Blut-Hirn-Schranke passieren kann und über das Kohlensäure-Bicarbonat-Puffersystem (▶ Abschn. 1.5 und 66.1.3) den pH-Wert des Liquors und damit den Gefäßtonus entscheidend mitreguliert, während der Austausch von Hydrogencarbonat durch die Blut-Hirn-Schranke reguliert ist. Eine erhöhte CO_2-Konzentration im Blut (Hyperkapnie) führt daher zu einem Abfall des Liquor-pH, während nicht-respiratorisch bedingte Änderungen der Hydrogencarbonat-Konzentration des Blutes zunächst kaum Einfluss auf den intrazerebralen pH-Wert haben. Störungen der Blutzufuhr entweder durch Gefäßverschlüsse oder durch intrakranielle Blutungen (z. B. durch Überschreiten der oberen Grenze der Autoregulation bei hypertensiver Krise) führen zu neurologischen Ausfallserscheinungen, die von der Lokalisation des betroffenen Hirnareals abhängen. Durch den Einfluss des intrakraniellen Drucks auf die Hirnperfusion kommt der Regulation der Wasserhomöostase des Gehirns eine besondere Bedeutung zu. Die Begrenzung des Austauschs osmotisch wirksamer Substanzen über die Blut-Hirn-Schranke verhindert den Aufbau eines osmotischen Gradienten mit Wassereinstrom ins Hirnparenchym und schützt somit vor der Entwicklung eines vasogenen Hirnödems.

74.3.2 Blut-Hirn-Schranke und Blut-Liquor-Schranke

❯ Die anatomische Grundlage der Blut-Hirn-Schranke wird durch die Kapillaren des Gehirns und des Plexus choroideus gebildet.

Das Gehirn wird durch die Blut-Hirn-Schranke (zwischen dem Lumen von Hirngefäßen und dem Hirnparenchym) und die Blut-Liquor-Schranke (zwischen den Blutgefäßen des Plexus choroideus und den Liquorräumen) vom Blutkreislauf und damit von den übrigen Organen des Körpers getrennt (◉ Abb. 74.19). Eine weitere Barrierefunktion übernehmen die Meningen (Hirnhäute), die die Oberfläche des Gehirns und Rückenmarks umgeben. Diese Barrieren schützen das Gehirn vor dem Eintritt von Blutzellen und zirkulierenden Pathogenen. Außerdem verhindern sie die passive Diffusion von Elektrolyten sowie die unkontrollierte Passage von Proteinen und Metaboliten und steuern über regu-

74

Blut-Hirn-Schranke

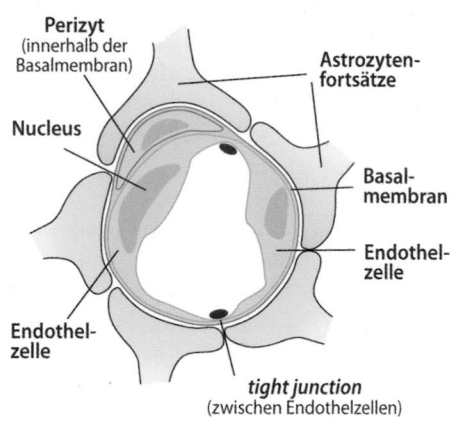

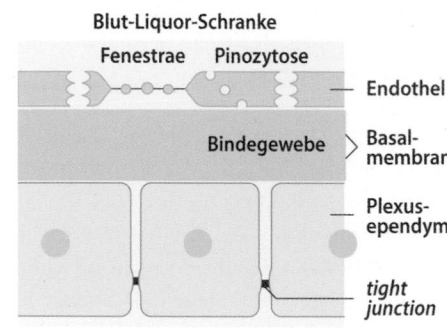

Blut-Liquor-Schranke

◨ Abb. 74.19 Kompartimente der Blut-Hirn- Schranke. Schematische Darstellung der Flüssigkeitskompartimente im Gehirn und ihrer wechselseitigen Beziehungen. Die Neubildung von Liquor erfolgt durch Filtration am Plexus choroideus, ein weiterer Stoffaustausch erfolgt an den Hirnkapillaren. Über die Pacchioni-Granulationen wird der Liquor in die Sinus und damit ins venöse Blut drainiert. Links: Blut-Hirn-Schranke mit Querschnitt durch eine Hirnkapillare. Die Endothelzellen bilden eine geschlossene Begrenzung der Kapillare; zwischen Endothelzellen und Pericyten bzw. Astrocyten liegt eine kontinuierliche Basalmembran (*grün*). Rechts: Querschnitt durch die mehrschichtige Blut-Liquor-Schranke mit Endothel der Plexuskapillaren, Basalmembran und über *tight junctions* (*rot*) verbundene Plexusepithelien. Das Endothel vermittelt einen regen Stofftransport durch Pinocytose

lierbare Transportsysteme aktiv die Homöostase und Funktion des Gehirns. Störungen der Blut-Hirn-Schranke können im Gefolge neurodegenerativer, entzündlicher oder infektiöser Erkrankungen (z. B. Morbus Alzheimer, Multiple Sklerose, HIV-Infektion, siehe unten) auftreten.

Die Barrierefunktion der Blut-Hirn-Schranke ergibt sich aus ihrem besonderen Aufbau aus spezialisierten Endothelzellen, die einer Basallamina aus extrazellulären Matrixproteinen aufsitzen, die auch die Pericyten umschließt. In engem Kontakt zu den Endothelzellen und Pericyten befinden sich die Endfüßchen von Astrocyten, die selber keine direkte Schrankenfunktion haben, aber für die Induktion der speziellen Eigenschaften des zerebralen Endothels eine wichtige Rolle spielen. Außerdem sind sie an der Ionen- und Wasserhomöostase des Hirnparenchyms entscheidend beteiligt und können über die Ausschüttung von Cytokinen die Barrierefunktion der Blut-Hirn-Schranke regulieren. Die Endothelzellen sind durch apikale *tight junctions* („Schlussleisten"; Zonulae occludentes) und darunter liegende *adherens junctions* als Diffusionsbarrieren sowie das Fehlen von Fenestrierungen und Zwischenzellspalten gekennzeichnet, wie sie für Endothelzellen peripherer Kapillaren typisch sind (◨ Abb. 74.19). Die *tight junctions* bestehen aus integralen Membranproteinen, deren Hauptkomponenten – die Claudine und Okkludine (▶ Abschn. 12.1.1) – über ihre Extrazellulärdomänen mit Transmembranproteinen benachbarter Zellen interagieren, während die intrazellulären Abschnitte über cytoplasmatische Adapterproteine (u. a. Zona-oc-

cludens-Proteine) mit dem endothelialen Actincytoskelett und Signalproteinen verknüpft sind. Die Endothelzellen stehen über *gap junctions* (Zell-Zell-Kanäle) mit dem Cytoplasma der Pericyten in Verbindung, die aufgrund ihrer kontraktilen Eigenschaften die lokale Durchblutung beeinflussen können. Sie sind außerdem an der Immunabwehr des Gehirns beteiligt und weisen Eigenschaften pluripotenter Stammzellen auf.

❯ Spezifische Transportsysteme regulieren die Durchgängigkeit der Blut-Hirn-Schranke.

Während die Blut-Hirn-Schranke für Gase wie Sauerstoff und Kohlendioxid sowie kleine (<400 Da) lipophile Substanzen frei durchgängig ist, unterliegt die Passage von hydrophilen oder geladenen Substanzen wie Glucose oder Aminosäuren, Elektrolyten und Neurotransmittern der Regulation durch spezifische Transportsysteme der apikalen oder basolateralen Endothelmembran. Die hohe Permeabilität für freies Wasser in beide Richtungen erklärt sich durch die Expression spezifischer Kanalproteine, der Aquaporine (▶ Abschn. 1.2 und 65.5.2). Kleine polare Moleküle wie Glucose, Aminosäuren und Monocarbonsäuren (z. B. Lactat, Pyruvat) können mithilfe spezifischer Transportproteine, von denen viele der *solute carrier* (SLC)-Proteinfamilie angehören (▶ Abschn. 11.5), die Endothelmembranen mittels erleichterter Diffusion passiv, also ohne Energieaufwand passieren. Bekanntester Vertreter ist der Glucosetransporter GLUT-1. Andere Transportsysteme ermöglichen einen Stofftransport auch gegen ein Konzentrationsgefälle; dieser sog. „aktiver Transport" ist ATP-abhängig und wird von Transmembranproteinen vermittelt, die in den meisten Fällen der großen Familie der ABC-Transporter angehören (▶ Abschn. 11.5). Je nach Transportrichtung spricht man von Efflux- oder Influxpumpen. Ein wichtiges Beispiel für eine Effluxpumpe ist das P-Glycoprotein, das an der apikalen Endothelmembran der Blut-Hirn-Schranke lokalisiert ist und neurotoxische Substanzen und Xenobiotika (zu denen aber auch zahlreiche Medikamente gehören, deren Transport in das Gehirnparenchym therapeutisch beabsichtigt ist) in den Blutkreislauf zurücktransportiert. Andere Nährstoffe, Transportproteine (z. B. LDL) oder Peptidhormone werden durch Rezeptoren, beispielsweise über clathrinabhängige rezeptorvermittelte Endocytose oder Transcytose, über die Blut-Hirn-Schranke transportiert.

Das ultrastrukturelle Korrelat der Blut-Liquor-Schranke stellen die *tight junctions* der Ependymzellen des Plexus choroideus dar, dessen Kapillaren im Gegensatz zur Blut-Hirn-Schranke über ein fenestriertes, durchlässiges Endothel verfügen. Die Ependymzellen sind epithelartig und exprimieren apikale Ionenpumpen, insbesondere die Na^+/K^+-ATPase, die an der Bildung des Liquors (zerebrospinale Flüssigkeit) beteiligt sind.

74.3.3 Liquor cerebrospinalis

> Die Liquorflüssigkeit bietet dem Gehirn mechanischen Schutz und dient der Konstanthaltung des extrazellulären Milieus.

Pro Tag werden etwa 600 ml Liquorflüssigkeit gebildet (0,3–0,4 ml/min). Bei einem Liquorvolumen von etwa 100–200 ml wird der Liquor also mehrmals täglich umgesetzt. Der Liquor ist eine klare, protein- und zellarme (<5 Zellen/μl) Flüssigkeit, die in ihrer Zusammensetzung der mit ihr kommunizierenden interstitiellen Flüssigkeit des Hirnparenchyms entspricht und in erster Linie der Polsterung des Gehirns und Rückenmarks in der starren Umhüllung der Schädelkalotte bzw. des Wirbelkanals dient. Außerdem trägt er zur Konstanthaltung des extrazellulären Milieus des zentralen Nervensystems bei, das beispielsweise für die Aufrechterhaltung des Transmembranpotenzials der Neurone auf eine konstant niedrige Kaliumkonzentration (2,8 mmol/l vs. 3,5–5,0 mmol/l im Blutplasma) angewiesen ist. Der Liquor entsteht überwiegend durch Ultrafiltration aus dem Plasma der Kapillaren des Plexus choroideus in den Hirnventrikeln (innere Liquorräume), wobei zusätzlich die Na^+/K^+-ATPase der Ependymzellen über den Aufbau eines osmotischen Gradienten einen Wassereinstrom in den Liquor erzeugt. Während große Proteine und Viren das fenestrierte Endothel noch passieren können, werden sie durch die nachgeschaltete Basalmembran und die Barriere der über Schlussleisten verbundenen Ependymzellen zurückgehalten. Aus dem Subarachnoidalraum (äußerer Liquorraum) wird die Liquorflüssigkeit von Arachnoidalzotten (Pacchioni-Granulationen) der Hirnhäute resorbiert und über die venösen Sinus sowie die perivaskulären Räume zerebraler Arterien und Venen (Virchow-Robin-Räume) bzw. im Bereich des Rückenmarks entlang der Hirn- und Spinalnerven schließlich über das periphere Lymphsystem abgeleitet. Störungen dieses Gleichgewichts zwischen Produktion und Resorption, beispielsweise durch Verklebungen der Hirnhäute nach infektiöser Hirnhautentzündung (Meningitis), führen zu einem Hydrocephalus (Wasserkopf) mit Anstieg des Hirndrucks. Geschieht dies akut, sind Einklemmungen des Hirnstamms mit evtl. letalem Ausgang die Folge; bei chronischer Genese kann es zu einem langsamen Untergang von Hirngewebe mit neurodegenerativen Folgeerscheinungen kommen.

▪ Pathobiochemie
Liquordiagnostik

Krankheiten des ZNS können sich durch Veränderungen der Liquor-Zusammensetzung äußern, sodass die laborchemische, mikrobiologische und cytopathologische Analyse des Liquor cerebrospinalis diagnostische Bedeutung hat. Durch Infektionen der Hirnhäute (Meningitis) oder des Hirnparenchyms kommt es zu einem Anstieg der Zellzahl (Pleocytose) und der Eiweißkonzentration, Abnahme der Glucosekonzentration und Anstieg des Lactats. Als Ausdruck der hierbei gestörten Schrankenfunktion findet sich häufig ein erhöhter Proteingehalt, der sich als Albuminquotient ausdrücken lässt (Q_{ALB}, Albuminkonzentration im Liquor/Serum, normal <0,006) und auch bei Verlegungen des Liquorraums durch Tumoren erhöht ist (sog. Stauungsliquor). Analog lässt sich ein Immunglobulinquotient (Q_{IgG}) bestimmen. Eine Erhöhung des Q_{IgG}, wie sie bei Infektionen, Autoimmunerkrankungen und Multipler Sklerose auftritt, spricht für eine Produktion des Immunglobulins im Liquorraum, wenn der IgG-Index (Quotient aus Q_{IgG} und Q_{ALB}, normal 0,3–0,6) erhöht ist. Das bedeutet, dass das IgG im Liquor stärker ansteigt, als es vom Spiegel des Albumins zu erwarten gewesen wäre. Durch isoelektrische Fokussierung lassen sich im Liquor sog. oligoklonale Banden mit einem vom Serum abweichenden Bandenmuster als Ausdruck der intrathekalen IgG-Produktion nachweisen, die eine hohe Sensitivität (>90 %) bei der Diagnose der Multiplen Sklerose haben (◻ Abb. 74.18).

Bei bakterieller Genese der Entzündung lassen sich vorwiegend Granulocyten nachweisen, die zu einer Trübung (bei einer Zellzahl >1000/μl) des üblicherweise kristallklaren Liquors führen können, während für virale Erkrankungen ein Anstieg der Lymphocytenzahl typisch ist. Eine Verfärbung (Xanthochromie) des normalerweise farblosen Liquors findet man bei Einblutungen in den Subarachnoidalraum, kann aber auch bei ausgeprägtem Ikterus oder Erhöhung des Proteingehalts auf >150 mg/dl beobachtet werden. Hirntumore können zu einer isolierten Störung der Schrankenfunktion führen; bei Infiltration der Hirnhäute durch solide Tumoren oder hämatologische Neoplasien (Lymphome, Leukämien) finden sich entsprechende Tumorzellen sowie ggf. eine Erhöhung von Tumormarkern (Carcinoembryonales Antigen/CEA bei Metastasen, β2-Mikroglobulin bei zerebralen Lymphomen) in der Liquorflüssigkeit. Begleitend findet man einen Lactatanstieg bei gleichzeitig erniedrigter Glucosekonzentration. Während eine Erhöhung der Neuronen-spezifischen Enolase (NSE) im Liquor als Zeichen einer akuten neuronalen Schädigung (Hirninfarkt, globale Hypoxie, Schädel-Hirn-Trauma) als relativ unspezifischer Parameter anzusehen ist, finden sich bei neurodegenerativen Erkrankungen Veränderungen in der Konzentration bestimmter Markerproteine, z. B. Tau-Erhöhung bei gleichzeitiger Erniedrigung des Amyloid-β42-Gehaltes bei dementiellen Syndromen.

> **Zusammenfassung**
> - Mittels Autoregulation hält das Gehirn über einen weiten Bereich des systemischen Blutdrucks seinen Perfusionsdruck konstant.
> - Aufgrund des überwiegend aeroben Stoffwechsels ist die Ischämietoleranz des Gehirns im Vergleich zu anderen Körperorganen gering.
> - Die Blut-Hirn-Schranke weist einen besonderen Aufbau auf, der die Grundlage ihrer physiologischen Barrierefunktion zwischen Gehirn und systemischem Blutkreislauf darstellt.
> - Spezialisierte Transportsysteme regulieren den Austausch von Stoffen zwischen den Kompartimenten. Hierdurch ist das Gehirn einerseits vor im Blut zirkulierenden schädigenden Substanzen geschützt, andererseits erschwert die Barrierefunktion die Zuführung von Substanzen zu therapeutischen Zwecken.
> - Der Liquor cerebrospinalis stellt eine Art Ultrafiltrat dar, das kontinuierlich aus den Kapillaren des Plexus choroideus abgepresst wird. Der Liquor erfüllt einerseits eine mechanische Schutzfunktion für das starr ummantelte zentrale Nervensystem (Gehirn und Rückenmark), andererseits ist er an der Aufrechterhaltung der chemischen Homöostase des ZNS beteiligt.
> - Entzündliche und tumoröse Erkrankungen des ZNS äußern sich in Änderungen der Zusammensetzung des Liquors, die diagnostische Aussagekraft haben.

74.4 Stoffwechsel des Gehirns

Entsprechend seiner herausgehobenen Bedeutung für die Homöostase des Gesamtorganismus beansprucht das Gehirn einen hohen Anteil am Energiestoffwechsel des Körpers. Obwohl das Gehirn beim Erwachsenen mit 1,4 kg nur einen Anteil von etwa 2 % am Körpergewicht besitzt, entspricht seine Durchblutung 15 % des Herzminutenvolumens und sein Anteil am Energiestoffwechsel des Gesamtorganismus beträgt 20 %. Der überwiegende Anteil des Energieverbrauchs ist auf die Erzeugung von Ruhe- und Aktionspotenzialen sowie auf Signaltransduktionsvorgänge zurückzuführen, während etwa ein Viertel der Energie für basale zelluläre Prozesse wie Proteinsynthese und -degradation, Membran-*recycling* und axonale Transportvorgänge aufgewendet wird. Weil das zentrale Nervensystem (ZNS) kaum Glycogen speichert, hängt es von einer kontinuierlichen Glucosezufuhr ab. Im Hungerzustand kann das Gehirn Ketonkörper oxidieren und auf diese Weise Glucose als Energielieferant weitgehend, aber nicht vollständig ersetzen.

74.4.1 Energiestoffwechsel des Gehirns

> Das Gehirn hat einen hohen metabolischen Bedarf, der überwiegend durch Glucose gedeckt wird.

Der respiratorische Quotient (Kohlendioxidproduktion bezogen auf Sauerstoffverbrauch) des Gehirns von 0,97 weist darauf hin, dass das Gehirn normalerweise hauptsächlich Kohlenhydrate verstoffwechselt (▶ Abschn. 56.1). Hauptenergiequelle ist Glucose, die überwiegend durch Glycolyse (▶ Abschn. 14.1.1) zu Pyruvat verstoffwechselt wird, das anschließend über den Citratzyklus (▶ Abschn. 18.2, ◻ Abb. 18.2) metabolisiert wird. Aufgrund der hohen Sauerstoffextraktion bereits unter Ruhebedingungen (über 50 % des zerebralen arteriellen Sauerstoffgehaltes) reagiert einerseits das Gehirn besonders empfindlich auf Unterbrechungen der Blutversorgung, zum anderen kann ein Sauerstoffmehrbedarf aufgrund erhöhter neuronaler Aktivität nur durch eine Erhöhung der Durchblutungsrate gewährleistet werden. Dieser Umstand wird bei der funktionellen Magnetresonanz-Tomographie (fMRI, *functional magnetic resonance imaging*) ausgenutzt, bei der Änderungen der Durchblutung einzelner Hirnregionen zeitlich dynamisch dargestellt und als Ausdruck ihrer Beteiligung an bestimmten komplexen Hirnleistungen, beispielsweise motorischer, emotionaler oder kognitiver Art, interpretiert werden können. Durch Verwendung von [18]**F-markierter Desoxyglucose (FDG)** als Marker kann der Energieverbrauch über die regionale Glucoseaufnahme nuclearmedizinisch mittels Positronenemissions-Tomographie direkt visualisiert werden (FDG-PET). Hierbei wirkt ^{18}F-2-Desoxyglucose als Antimetabolit, der durch Hexokinase zwar phosphoryliert, aber nicht weiter durch Glycolyse verstoffwechselt werden kann, sodass das im Gewebe akkumulierende ^{18}F-2-Desoxyglucose-6-Phosphat als Maß für die Glucosestoffwechselaktivität herangezogen werden kann.

Die Versorgung mit Glucose aus der Zirkulation über die Blut-Hirn-Schranke hinweg wird durch den Glucosetransporter GLUT-1 gewährleistet, der von Endothelzellen des Gehirns und Astrocyten exprimiert wird, während Nervenzellen GLUT-3 exprimieren. Infolge der Abhängigkeit des Gehirns von kontinuierlicher Glucosezufuhr kann ein Abfall des Blutglucosespiegels, wie er beispielsweise aufgrund unbeabsichtigter Insulinüberdosierung bei Diabetikern auftreten kann, zu Bewusstlosigkeit sowie ggf. irreversiblen Funktionsausfällen bis zum Tod führen.

Der spezifische Glycogengehalt des Gehirns liegt nur bei etwa 1–2 % der Glycogenreserven der Leber (◘ Tab. 14.3); dennoch hat Glycogen als kurzfristig verfügbarer Energiespeicher eine wichtige Funktion, die durch endogene Transmitter (vasoaktives intestinales Peptid, Noradrenalin) und zirkulierende Hormone (Insulin) reguliert wird. Im adulten Gehirn wird Glycogen von Astrocyten synthetisiert und gespeichert und Neuronen via Glycogenolyse (▶ Abschn. 14.2.2) und Glycolyse (▶ Abschn. 14.1.1) in Form von Lactat über die Monocarboxylat-Transporter MCT1 und MCT2 zur Energiegewinnung zur Verfügung gestellt.

Bei verminderter Glucosezufuhr können Aminosäuren (Glutamin, Glutamat) über α-Ketoglutarat und Oxalacetat in den Citratzyklus eingeschleust und als Substrate zur Energiegewinnung herangezogen werden. Auch Leucin kann zur Energiegewinnung oxidiert werden.

❯ Bei längerem Fasten verstoffwechselt das Gehirn vermehrt Ketonkörper.

Bei längerem Fasten kann sich das Gehirn auf die Verwertung von Ketonkörpern umstellen: Im Hungerzustand entstehen in der Leber aus Fettsäuren über Acetyl-CoA die Ketonkörper Acetoacetat und β-Hydroxybutyrat (▶ Abschn. 21.2.2), die durch Monocarboxylat-Transporter über die Blut-Hirn-Schranke aufgenommen werden. Die im Gehirn exprimierten Enzyme β-Hydroxybutyratdehydrogenase, Succinyl-CoA-Acetoacetyl-Transferase und Acetoacetyl-CoA-Thiolase überführen die Ketonkörper bei ansteigenden Blutkonzentrationen effektiv in Acetyl-CoA, das in den Citratzyklus eingeschleust werden kann. Auch während der Stillzeit verwendet das Säuglingsgehirn aufgrund einer gesteigerten Aktivität der beteiligten Enzyme Ketonkörper effizient, was durch den hohen Fettanteil an der Gesamtenergie der Muttermilch bedingt ist. Neugeborene und Frühgeborene können daher sogar sehr geringe Blutglucosespiegel (20–30 mg/dl ≈ 1,2–1,8 mmol/l) symptomlos tolerieren.

Die Stoffwechselaktivität des Gehirns schwankt bei gesunden Menschen trotz regionaler Unterschiede nur wenig und bleibt auch im Schlaf hoch. Im Koma nimmt der Stoffwechsel deutlich ab; dagegen ist die Glucoseaufnahme bei einem epileptischen Anfall infolge der erhöhten neuronalen Aktivität massiv gesteigert.

74.4.2 Aminosäuren als Substrate des Gehirnstoffwechsels

❯ Aminosäuren fungieren im Nervensystem nicht nur als Bausteine von Peptiden und Proteinen sowie als Substrate für wichtige metabolische Reaktionen, sondern haben auch eine essenzielle Funktion als Neurotransmitter oder als Vorstufen für Neurotransmitter.

So ist Glutamat nicht nur der wichtigste exzitatorische (erregende) Neurotransmitter im ZNS, sondern dient auch als Vorläufer des wichtigsten inhibitorischen (hemmenden) Neurotransmitters γ-Aminobutyrat (*γ-aminobutyric acid*, GABA). Beide Transmitter werden in den präsynaptischen Vesikeln der Neurone in hohen Konzentrationen (bis zu 100 mmol/l) gespeichert. An Synapsen freigesetztes Glutamat wird hauptsächlich von Gliazellen aufgenommen und durch die Glutaminsynthetase in Glutamin überführt, das anschließend erneut von glutamatergen Neuronen aufgenommen und durch mitochondriale phosphatabhängige Glutaminase zu Glutamat umgesetzt wird (Glutamat-Glutamin-Zyklus) (▶ Abschn. 74.1.6). Über den Citratzyklus kann Glutamat auch aus Glucose synthetisiert werden (GABA-*shunt*, ▶ Abschn. 74.1.7, ◘ Abb. 74.12).

■ Pathobiochemie
Metabolische Enzephalopathien

Akute oder chronische Stoffwechselstörungen können neurologische Ausfälle nach sich ziehen, die auf eine generalisierte Hemmung von Hirnfunktionen zurückzuführen sind und sich in fortgeschrittenen Stadien mit Bewusstseinsstörungen bis zum Koma, Krampfanfällen und Atemdepression durch Schädigung des Hirnstamms manifestieren. Metabolische Enzephalopathien können durch Substratmangel (z. B. Hypoglykämie, Hypoxämie) verursacht werden. Die initialen neurologischen Symptome sind weniger durch den Energiemangel als

74

durch Störungen des Neurotransmitter-Stoffwechsels bedingt, der mit dem zerebralen Energiestoffwechsel eng verknüpft ist. Im weiteren Sinne gehört hierzu auch der Mangel an metabolischen Cofaktoren, wie er beim Wernicke-Korsakow-Syndrom auftritt. Bei unzureichender Vitamin-B$_1$-Zufuhr aufgrund von Fehl- oder Mangelernährung (bei alkoholabhängigen Patienten oder als Beri-Beri bei einseitiger Ernährung mit poliertem Reis) kommt es durch einen Mangel an Thiaminpyrophosphat, einem essenziellen Cofaktor der α-Ketoglutarat-Dehydrogenase, der Pyruvat-Dehydrogenase und dem Verzweigtketten-Dehydrogenase-Komplex zunächst zu einer verminderten Neurotransmitter-Synthese, im weiteren Verlauf dann zu Lactat-Akkumulation, verminderter ATP-Produktion und schließlich Zelluntergang. Vitamin-B$_{12}$-Mangel (malnutritiv oder durch verminderte Aufnahme aufgrund mangelnder Produktion des *intrinsic-factor* bei Autoimmungastritis) führt neben einer megaloblastären Anämie zu polyneuropathischen Sensibilitäts- und motorischen Störungen, die durch eine Demyelinisierung der Hinterstrang- und Pyramidenbahnen des Rückenmarks bedingt sind (funikuläre Myelose).

Eine weitere Gruppe metabolischer Enzephalopathien ist auf die Anhäufung toxischer Stoffwechselprodukte bei akutem oder chronischem Versagen peripherer Organe zurückzuführen. Bei der hepatischen Enzephalopathie (▶ Abschn. 62.6.1, „Übrigens") kommt es zu einem charakteristischen muskulären Tonusverlust (*flapping tremor*) und Bewusstseinsstörungen bis zum sog. Leberausfallkoma. Pathophysiologisch spielt u. a. ein Ungleichgewicht exzitatorischer und inhibitorischer Neurotransmitter eine wichtige Rolle. Infolge einer mangelnden Entgiftung von Ammoniak als Zwischenprodukt des Aminosäurestoffwechsels in der Leber kommt es zur Störung des GABA-Glutamin-Glutamat-Zyklus zwischen Neuronen und Astrocyten. Zur Steigerung der Ammoniak-Entgiftung und Verbesserung des gestörten Aminosäuregleichgewichts werden deshalb therapeutisch L-Ornithin-Aspartat und verzweigtkettige Aminosäuren verabreicht. Akutes oder chronisches Nierenversagen führt zur urämischen Enzephalopathie durch Harnstoffretention und Akkumulation weiterer neurotoxischer Substanzen, was eine Störung der Blut-Hirn-Schranke zur Folge hat.

Zusammenfassung
- Das Gehirn beansprucht einen hohen relativen Anteil des Energiestoffwechsels des Körpers.
- Es deckt unter normalen Umständen seinen Energiebedarf durch aerobe Glycolyse und ist daher auf eine kontinuierliche Glucosezufuhr angewiesen.

- Nach längerem Fasten kann jedoch ein Großteil des Energiebedarfs durch Ketonkörper abgedeckt werden.
- Aminosäuren haben im ZNS eine wichtige Rolle nicht nur als Vorläufer für die Peptid- und Proteinbiosynthese, sondern auch als Neurotransmitter (Glutamat, Glycin) oder Vorstufen von Neurotransmittern (biogene Amine).
- Akute oder chronische Stoffwechselstörungen können zu schweren neurologischen Ausfallserscheinungen führen.

74.5 Neurodegenerative Erkrankungen

 Neurodegenerative Erkrankungen sind Krankheiten des adulten Nervensystems, bei denen ein fortschreitender Verlust an Neuronen auftritt.

Sie sind durch die Degeneration spezifischer Neuronenpopulationen gekennzeichnet, die die jeweilige klinische Symptomatik bestimmen. Die häufigste altersabhängige neurodegenerative Erkrankung ist Morbus Alzheimer, gefolgt von der Parkinson-Krankheit und der Lewy-Körper-Demenz. Eine Gemeinsamkeit vieler neurodegenerativer Krankheiten ist die extra- oder intrazelluläre Ablagerung dysfunktioneller Proteine, die Aggregate bilden, denen man eine ursächliche pathophysiologische Rolle zuschreibt. Neben diesen sich im Erwachsenenalter manifestierenden neurodegenerativen Erkrankungen gibt es eine Reihe von seltenen genetisch bedingten Krankheiten, die zu Schädigungen des noch nicht ausgereiften Nervensystems führen und sich daher bereits im Neugeborenen- oder frühkindlichen Alter manifestieren. Hierbei handelt es sich um Defekte des Aminosäurestoffwechsels (z. B. Phenylketonurie), des Kohlenhydratstoffwechsels (z. B. Typ-I-Glycogenose = von Gierke-Erkrankung), des Fettstoffwechsels (z. B. Defekte der Fettsäureoxidation) und auch lysosomale (z. B. Morbus Fabry, Morbus Gaucher) oder peroxisomale Stoffwechselkrankheiten (z. B. Zellweger-Syndrom). Diese metabolischen Erkrankungen werden in den entsprechenden Kapiteln besprochen.

74.5.1 Morbus Alzheimer

 Die Alzheimer-Erkrankung ist die am häufigsten auftretende Demenz.

Bei der Alzheimer-Demenz wird die familiäre von der sporadischen Form unterschieden. Die familiäre Form tritt vor der 6. Lebensdekade auf, wird autosomal-dominant und mit hoher Penetranz vererbt und stellt <5 % der Fälle dar. Die sporadische Form manifestiert sich in der Regel nach dem 60. Lebensjahr und ist durch multiple genetische Risikofaktoren mit niedriger Penetranz, jedoch hoher Prävalenz und durch zusätzliche nicht-genetische Einflussfaktoren bedingt. Die Erkrankung beginnt schleichend mit leichten kognitiven Einschränkungen und schreitet über Jahre bis zum klinischen Vollbild der Demenz fort. In Deutschland leiden gegenwärtig über 1 Mio. Patienten an der Erkrankung; aufgrund der demographischen Entwicklung ist in den nächsten Jahren jedoch mit einer drastischen Zunahme an Erkrankungsfällen zu rechnen. Neuropathologisch ist die Erkrankung durch das vermehrte Auftreten extrazellulärer Amyloid-Plaques und intrazellulärer neurofibrillärer Bündel definiert, die als Hauptkomponente hyperphosphoryliertes Tau, ein Mikrotubuli-assoziiertes Cytoskelettprotein, enthalten. Zu den am meisten betroffenen Hirnregionen und Neuronenpopulationen zählen der Hippokampus, cholinerge Schaltkreise des Vorderhirns und im weiteren Verlauf der Neocortex.

> Das β-Amyloid-Peptid ist Hauptbestandteil der Alzheimer-Plaques und entsteht durch proteolytische Prozessierung aus dem Amyloid-Vorläuferprotein APP.

Bei der Aufklärung der beteiligten molekularen Mechanismen spielte die Identifzierung und Charakterisierung der für die familiären Formen der Alzheimer-Erkrankung verantwortlichen Gendefekte (Mutationen der *APP-, PS1- und PS2*-Gene) eine entscheidende Rolle. Das APP-Gen codiert für das Amyloid-Vorläufer-Protein (***amyloid precursor protein***), ein neuronales Transmembranprotein, über dessen physiologische Funktionen wenig bekannt ist. Präsenilin 1 und 2 (PS1 und PS2) sind die enzymatisch wirksamen Komponenten der γ-Sekretase. Dieser membrangebundene Multiproteinkomplex besitzt Aspartylprotease-Aktivität und spaltet eine Reihe von Transmembranproteinen als letzten Schritt einer proteolytischen Prozessierungssequenz (◘ Abb. 74.20) innerhalb des Membransegments. Dabei wird APP entweder von α- und γ-Sekretase oder β- und γ-Sekretase gespalten. Das Spaltprodukt der β- und γ-Sekretase-abhängigen Prozessierung von APP, Amyloid-β (Aβ, Beta-Amyloid-Peptid) ist ein 40–43 Aminosäuren großes Peptid ($A\beta_{40-43}$), dessen aggregierte, unlösliche Form den Hauptbestandteil der Amyloid-Plaques ausmacht. Die initiale APP-Spaltung durch α-Sekretase resultiert in Peptidfragmenten, die neurotrophe Eigenschaften haben und keine Amyloid-Plaques bilden. Mutationen des APP oder der Präsenilin-Gene führen zur vermehrten Bildung von Amyloid-β oder zur bevorzugten Bildung des besonders amyloidogenen $A\beta_{42}$-Peptids, was das vermehrte Auftreten von Amyloid-Plaques mit Neuritendegeneration, inflammatorischer Reaktion und neuronalem Zelltod bei Alzheimer-Patienten zur Folge hat. Offensichtlich haben jedoch auch die noch löslichen Amyloid-β-Oligomere als Vorstufen der Amyloid-Plaques neurotoxische Eigenschaften, indem sie die glutamaterge Transmission an exzitatorischen Synapsen hemmen. Unter den zahlreichen Proteinen, die Amyloid-ß binden, finden sich

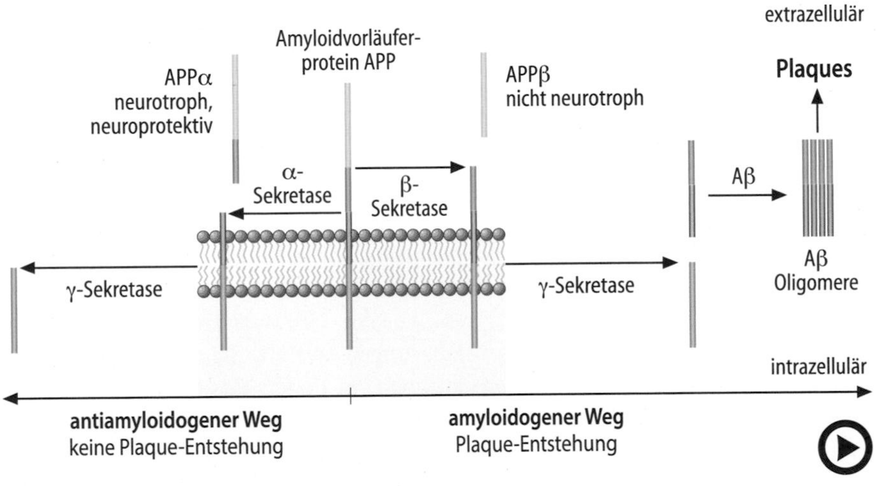

◘ **Abb. 74.20** (Video 74.14) **Proteolytische Prozessierung des β-Amyloid-Vorläuferproteins (APP).** APP ist ein integrales Membranprotein, dessen Funktion nicht bekannt ist. Durch eine als α-Sekretase bezeichnete Protease wird ein lösliches extrazelluläres Fragment von APP, APPα, erzeugt, das neuroprotektiv ist und im Plasma nachgewiesen werden kann. APP kann durch zwei weitere Enzyme, die β- und γ-Sekretasen, gespalten werden. Während die α- und β-Sekretasen extrazellulär schneiden, liegt die γ-Sekretaseschnittstelle im Transmembransegment von APP. Nur die kombinierte Spaltung durch β- und γ-Sekretase führt zur Entstehung der krankheitserzeugenden Aβ-Peptide, die sich zu extrazellulären Amyloid-Plaques zusammenlagern. (Mit freundlicher Erlaubnis von Christian Haass, LMU, München) (▶ https://doi.org/10.1007/000-5se)

Rezeptoren, z.B. Mitglieder der LDL-Rezeptorfamilie oder das zelluläre Prionprotein PrPᶜ, die durch Internalisierung und lysosomalen Abbau oder Transcytose die Anhäufung von Aβ im Gehirn verhindern können und somit als mögliche therapeutische Zielstrukturen diskutiert werden.

Weitere experimentelle therapeutische Ansätze zielen daher auf eine Stimulation der anti-amyloidogenen Spaltung durch die α-Sekretase, Hemmung der β- oder γ-Sekretase oder Immunisierung gegen Amyloid-β ab, ohne dass bislang nachhaltige Erfolge erzielt werden konnten.

❯ Der bedeutendste genetische Risikofaktor für die sporadische Form der Alzheimer-Krankheit ist das ε4-Allel des Apolipoprotein-E-Gens (ApoE4).

Als mögliche Pathomechanismen werden hier eine isoformabhängige Beeinflussung der Amyloid-β-Aggregation, der Lipoproteinrezeptor-vermittelten Endocytose toxischer Aβ-Multimere sowie eine ApoE-Rezeptor-abhängige Modulation der glutamatergen Synapsenfunktion über das neuronale Signalmolekül Reelin diskutiert. Dieses Protein, das nach einer Mausmutante benannt wurde, reguliert die Schichtung des Cortex von Großhirn und Kleinhirn.

Zu den neuropathologischen Kennzeichen der Alzheimer-Erkrankung zählen neben den Amyloid-Plaques die bereits erwähnten intraneuronalen Neurofibrillenbündel aus aggregiertem hyperphosphoryliertem Tau, die axonale Transportprozesse behindern. Das Tauprotein bindet an Mikrotubuli des ZNS. Ähnliche charakteristische Tau-Ablagerungen findet man bei weiteren neurodegenerativen Erkrankungen, z. B. bei der corticobasalen Degeneration, dem Morbus Pick oder der progressiven supranucleären Blickparese, die auf dysfunktionales, hyperphosphoryliertes oder fehlreguliertes Tau-Protein zurückzuführen sind und deshalb unter dem Begriff „Tauopathien" zusammengefasst werden. Ebenfalls zu den Tauopathien gehört die frontotemporale Demenz mit Parkinsonismus, bei der Mutationen des Tau-Gens nachgewiesen wurden, das beim Menschen in sechs Isoformen vorkommt.

74.5.2 Morbus Parkinson

❯ Die Parkinson-Erkrankung ist eine Dopaminmangel-Erkrankung des extrapyramidal-motorischen Systems.

Bei der Parkinson-Erkrankung führt der Untergang der dopaminergen Neurone in der Substantia nigra auf-grund eines Dopaminmangels in den Zielgebieten des Putamens und des Nucleus caudatus zu einer hypokinetischen Bewegungsstörung mit Rigor und Tremor. Charakteristisch für die degenerierenden Neurone sind die durch Ubiquitinfärbung darstellbaren Lewy-Körperchen. Diese intrazellulären Einschlüsse finden sich auch bei der sog. Lewy-Körperchen-Krankheit. Beim Morbus Parkinson konnte das ubiquitinierte Protein α-Synuclein als Bestandteil der Lewy-Körperchen identifiziert werden. Familiäre Formen sind mit Mutationen im Parkin-Gen, das für eine Ubiquitin-Ligase codiert, dem α-Synuclein-Gen, sowie weiteren Gen-Loci, die u. a. für mitochondriale Proteine codieren, assoziiert. Lewy-Körperchen findet man bei weiteren neurodegenerativen Erkrankungen, die als α-Synucleinopathien zusammengefasst werden. Zu diesen gehört neben dem Morbus Parkinson die oben erwähnte, relativ häufige Lewy-Körper-Demenz. Auch bei der Alzheimer-Krankheit, insbesondere den familiären Formen, treten gelegentlich Lewy-Körperchen auf.

74.5.3 Polyglutaminkrankheiten

❯ Die pathologische Verlängerung von Polyglutamineinheiten führt zu einem verminderten proteasomalen Abbau der betroffenen Proteine, die intraneuronal aggregieren und Krankheitssymptome verursachen.

Zu den Polyglutaminkrankheiten zählen die Chorea Huntington, die spinobulbäre Muskelatrophie, die dentatorubro-pallido-luysianische Atrophie (DRPLA) und bestimmte spinozerebelläre Ataxien (Typ 1–3, 6, 7 und 17). Charakteristisch für diese neurodegenerativen Erkrankungen sind intraneuronale Einschlüsse, bei denen es sich um intrazelluläre Ablagerungen mutierter Proteine mit verlängerten CAG-Trinucleotid-Wiederholungen handelt, die mittels Ubiquitinfärbung darstellbar sind. Das Trinucleotid CAG codiert für die Aminosäure Glutamin; erbliche Verlängerungen dieses Motivs führen zu Polyglutamin-(Trinucleotid-)Erkrankungen. Das Auftreten der ubiquitinylierten Ablagerungen lässt sich als frustraner Versuch des Neurons interpretieren, die pathologischen Proteine über den Ubiquitin-Proteasom-Weg (▶ Abschn. 50.3) abzubauen. Die intrazellulären Ablagerungen stören die Funktion der Nervenzellpopulationen, in denen das betroffene Gen stark exprimiert wird. Dabei korreliert die Zahl der Polyglutaminwiederholungen mit dem Schweregrad und früheren Auftreten der Erkrankung. Das bei der Chorea Huntington, einer autosomal-dominant vererbten hyperkinetischen Bewegungsstörung, mutierte Protein wird Huntingtin genannt und ist vor allem in striatalen Neuronen exprimiert, was das charakteristische Krankheitsbild erklärt. Die Aggregation des mutierten Proteins bewirkt eine Hemmung seines proteolytischen Abbaus, was zu toxischer *gain-of-function* führt. Über seine physiologische Funktion ist wenig bekannt; gemäß des derzeitigen Erkenntnisstandes spielt Huntingtin eine Rolle während der Neuronalentwicklung, beim axonalen Transport und in der Regulation des programmierten Zelltods.

74.5.4 Motoneuron-Erkrankungen

❯ Die häufigste degenerative Motoneuron-Erkrankung ist die amyotrophe Lateralsklerose (ALS).

Bei der ALS sind sowohl cortikale als auch spinale Motoneurone (1. und 2. Motoneuron) betroffen. In etwa 5–10 % ist die Erkrankung familiär und folgt einem autosomal-dominanten Vererbungsmuster. Mutationen des Superoxiddismutase-1-Gens (SOD1) sind Ursache für die familiäre ALS-Typ 1, hier lässt sich mutiertes SOD1 in intraneuronalen Aggregaten betroffener Motoneurone nachweisen. Weitere krankheitsverursachende Mutationen betreffen Proteine, die an der Regulation intrazellulärer Transportprozesse beteiligt sind. Es wird angenommen, dass defekte Transportmechanismen, u. a. aufgrund verminderter trophischer Unterstützung durch defekten retrograden axonalen Transport, wesentlich zu der durch Apoptose vermittelten Motoneuronen-Degeneration beitragen.

74.5.5 Prionkrankheiten

❯ Prionen sind infektiöse Partikel, die keine Nucleinsäuren enthalten. Die pathogenen Eigenschaften sind in der anormalen Konformation der Prionproteine hinterlegt.

In gesunden Geweben kommen Prionproteine in der monomeren, nicht-pathogenen Form (PrP^c, **pr**ion **p**rotein **c**ellular = zelluläres Prionprotein) in überwiegend α-helicaler Konformation vor. Die Prionproteine können jedoch durch eine Konformationsänderung extrazelluläre Aggregate bilden, die wichtige Zellfunktionen stören und schließlich zur Apoptose von Nervenzellen führen. Die pathogene Konformation des oligomeren Prionproteins (PrP^{Sc}, *prion protein Scrapie* nach der pathogenen Form, die zuerst bei an Scrapie erkrankten Tieren identifiziert wurde) weist einen hohen Anteil an β-Faltblattstrukturen auf, was eine hohe Resistenz gegenüber Proteasen verleiht.

Gemäß der *protein only*-Hypothese induziert PrP^{Sc} die Konformationsänderung von nicht-pathogenem PrP^c in die pathologische PrP^{Sc}-Konformation (◻ Abb. 74.21); PrP^{Sc}-Partikel sind somit übertragbare Entitäten, deren Infektiosität nicht an das Vorhandensein von Nucleinsäuren gebunden ist (Prion, abgeleitet von *proteinaceous infectious particle*). Für die Entdeckung dieses neuartigen Infektionsprinzips erhielt Stanley Prusiner 1997 den Nobelpreis für Physiologie oder Medizin.

Übrigens

Übertragbare spongiforme Enzephalopathien. Prionkrankheiten treten als sporadische, erbliche oder infektiöse Formen auf. Die Kuru-Krankheit in Papua-Neuguinea wird auf die Übertragung infektiöser Prionproteinpartikel durch rituellen kannibalistischen Verzehr von infiziertem menschlichem Gehirn zurückgeführt. Zu den sporadisch oder durch autosomal-dominante Mutationen des Prionprotein-Gens ausgelösten Prionenerkrankungen gehören die Creutzfeldt-Jakob-Krankheit (CJD), das Gerstmann-Sträussler-Scheinker-Syndrom und die tödliche familiäre Schlaflosigkeit (fatale familiäre Insomnie). Diese Krankheiten sind durch eine rasch progessive Neurodegeneration mit letalem Ausgang gekennzeichnet. Neuropathologisch finden sich eine schwammartige Veränderung des Hirngewebes, die zu dem Namen „spongiöse Enzephalopathie" geführt hat, und PrP-haltige Amyloid-Plaques. Da das fehlgefaltete Prionprotein sehr stabil und damit resistent gegen thermische oder chemische Denaturierung ist, besteht nach Kontakt mit infiziertem Gewebe die Gefahr der Übertragung durch Gewebespenden (Dura mater, hypophysäre Wachstumshormonextrakte), chirurgische Instrumente oder EEG-Tiefenelektroden (iatrogene CJD). Bei Tieren treten spongiöse Enzephalopathien als Scrapie der Schafe oder als bovine spongiforme Enzephalopathie (BSE, „Rinderwahnsinn") bei Rindern auf. Durch Fütterung mit Tiermehl, das durch Scrapie-infizierte Schafe kontaminiert war, wurde in den 80er- und 90er-Jahren des letzten Jahrhunderts in Großbritannien eine große Zahl an Rindern infiziert, von denen in Einzelfällen die Erkrankung auch auf Menschen übertragen wurde, die dann unter einer besonders raschen Neurodegeneration litten, die als *variant Creutzfeldt-Jakob disease* (vCJD) bezeichnet wurde.

74

A

B

PrP^C   PrP^Sc   PrP^Sc-Aggregat

⬛ **Abb. 74.21** (Video 74.15) **Entstehungsmechanismus von Prionaggregaten bei spongiformen Enzephalopathien. A** Normales Prionprotein PrP^C wird durch Konformationsänderung zu PrP^Sc, das unlösliche Proteinaggregate bildet, umgewandelt. Das fehlgefaltete PrP^Sc stößt wiederum die Fehlfaltung des normalen PrP^C zu PrP^Sc an und induziert damit neurodegenerative Veränderungen (*protein only*-Hypothese). Diese Kaskade kann durch spontane Konformationsänderung, eine Konformationsänderungen begünstigende Mutation oder externe Zufuhr von PrP^Sc ausgelöst werden. **B** Monomeres PrP^C besitzt eine überwiegend α-helicale Struktur, die sich durch Konformationsänderung in das β-Faltblatt-reiche Protein PrP^Sc umlagert. Wahrscheinlich bildet PrP^Sc Trimere, die sich zu sehr stabilen Aggregaten aufschichten. (Modellierung von Heike Meisenbach u. Heinrich Sticht. Daten von Govaerts et al. 2004) (► https://doi.org/10.1007/000-5sw)

Zusammenfassung

- Neurodegenerative Erkrankungen führen durch den fortschreitenden Verlust von Nervenzellen zu neurologischen Symptomen, deren Manifestation von dem durch die Erkrankung in erster Linie betroffenen Hirnareal bzw. funktionellen System abhängt.

- So kommt es bei Morbus Parkinson durch das Absterben dopaminerger Neurone im Mittelhirn zu extrapyramidal-motorischen Symptomen.

- Vielen neurodegenerativen Erkrankungen ist gemeinsam, dass ihnen intra- oder extrazelluläre Ablagerungen fehlgefalteter körpereigener Proteine zugrunde liegen, beispielsweise Amyloid-Plaques bei der Alzheimer-Demenz, Neurofibrillen aus hyperphosphoryliertem Tau-Protein, oder ubiquitinierte Proteine als Polyglutaminaggregate oder als Lewy-Körperchen.

- Prionerkrankungen können infektiöser Natur sein, wobei das pathogene Agens keine Nucleinsäuren als Erbsubstanz benötigt. Stattdessen ist die krankmachende Information in der Konformation des abnorm gefalteten Prionproteins enthalten, das bei Übertragung die Fehlfaltung endogener Proteine induzieren kann.

Weiterführende Literatur

Übersichtsarbeiten

Angulo MC, Le Meur K, Kozlov AS, Charpak S, Audinat E (2008) GABA, a forgotten gliotransmitter. Prog Neurobiol 86:297–303

Colby DW, Prusiner SB (2011) Prions. Cold Spring Harb Perspect Biol 3:a006833

Dutertre S, Becker CM, Betz H (2012) Inhibitory glycine receptors: an update. J Biol Chem 287:40216–40223

Frotscher M, Seress L, Abraham H, Heimrich B (2001) Early generated Cajal-Retzius cells have different functions in cortical development. Symp Soc Exp Biol 53:43–49

Goedert M (2015) Alzheimer's and Parkinson's diseases: the prion concept in relation to assembled Aβ, tau, and α-synuclein. Science 349:1255555-1-9

Govaerts C, Wille H, Prusiner SB et al (2004) Evidence for assembly of prions with left-handed beta-helices into trimers. Proc Natl Acad Sci 101:8342–8347

Jarosz-Griffiths HH, Noble E, Rushworth JV, Hooper NM (2016) Amyloid-β receptors: the good, the bad, and the prion protein. J Biol Chem 291:3174–3183

Jordan SD, Könner AC, Brüning JC (2010) Sensing the fuels: glucose and lipid signaling in the CNS controlling energy homeostasis. Cell Mol Life Sci 67:3255–3273

Kumar J, Mayer ML (2013) Functional insights from glutamate receptor ion channel structures. Annu Rev Physiol 75:313–337

Masters CL, Selkoe DJ (2012) Biochemistry of amyloid β-protein and amyloid deposits in Alzheimer disease. Cold Spring Harb Perspect Med 2:a006262

May P, Herz J, Bock HH (2005) Molecular mechanisms of lipoprotein receptor signalling. Cell Mol Life Sci 62:2325–2338

Namba T, Nardelli J, Gressens P, Huttner WB (2021) Metabolic Regulation of Neocortical Expansion in Development and Evolution. Neuron 103:408–419

Palmada M, Centelles JJ (1998) Excitatory amino acid neurotransmission. Pathways for metabolism, storage and reuptake of glutamate in brain. Front Biosci 3:d701–d718

Ptacek LJ, Johnson KJ, Griggs RC (1993) Genetics and physiology of the myotonic muscle disorders. N Engl J Med 328:482–489

Sala Frigerio C, De Strooper B (2016) Alzheimer's disease mechanisms and emerging roads to novel therapeutics. Annu Rev Neurosci 39:57–79

Schultz W (2007) Multiple dopamine functions at different time courses. Annu Rev Neurosci 30:259–288

Sherman DL, Brophy PJ (2005) Mechanisms of axon ensheathment and myelin growth. Nat Rev Neurosci 6:683–690

Strittmatter WJ, Saunders AM, Schmechel D, Pericak-Vance M, Enghild J, Salvesen GS, Roses AD (1993) Apolipoprotein E: high-avidity binding to beta-amyloid and increased frequency of type 4 allele in late-onset familial Alzheimer disease. Proc Natl Acad Sci USA 90:1977–1981

Südhof TC (2013) Neurotransmitter release: the last millisecond in the life of a synaptic vesicle. Neuron 80:675–690

Trimmer JS, Rhodes KJ (2004) Localization of voltage-gated ion channels in mammalian brain. Annu Rev Physiol 66:477–519

van den Pol AN (2012) Neuropeptide transmission in brain circuits. Neuron 76:98–115

Woolf NJ, Butcher LL (2011) Cholinergic systems mediate action from movement to higher consciousness. Behav Brain Res 221:488–498

Lehrbücher

Brady S, Siegel G, Albers RW, Price D (2011) Basic neurochemistry, 8. Aufl. Academic Press, Waltham

Hacke W (Herausgeber) (2015) Neurologie, 14. Auflage Springer Heidelberg

Kandel ER, Schwartz JH, Jessell TM, Siegelbaum SA, Hudspeth AJ (2012) Principles of neural science, 5. Aufl. Mc Graw-Hill, New York

Lodish H, Berk A, Kaiser CA, Krieger M, Bretscher A, Ploegh H, Amon A, Martin KC (2016) Molecular cell biology, 8. Aufl. Macmillan Education, London

Serviceteil

© Springer-Verlag GmbH Deutschland, ein Teil von Springer Nature 2022
P. C. Heinrich et al. (Hrsg.), *Löffler/Petrides Biochemie und Pathobiochemie*,
https://doi.org/10.1007/978-3-662-60266-9

Wichtige Tabellen und Formeln

Der Genetische Code

		2. Position							
		U		**C**		**A**		**G**	
U	UUU UUC	Phe	UCU UCC	Ser	UAU UAC	Tyr	UGU UGC	Cys	**U** **C**
	UUA UUG	Leu	UCA UCG		**UAA*** **UAG***	**stop** **stop**	**UGA*** UGG	**stop** Trp	**A** **G**
C	CUU CUC	Leu	CCU CCC	Pro	CAU CAC	His	CGU CGC	Arg	**U** **C**
	CUA CUG		CCA CCG		CAA CAG	Gln	CGA CGG		**A** **G**
A	AUU AUC	Ile	ACU ACC	Thr	AAU AAC	Asn	AGU AGC	Ser	**U** **C**
	AUA AUG	Met	ACA ACG		AAA AAG	Lys	AGA AGG	Arg	**A** **G**
G	GUU GUC	Val	GCU GCC	Ala	GAU GAC	Asp	GGU GGC	Gly	**U** **C**
	GUA GUG		GCA GCG		GAA GAG	Glu	GGA GGG		**A** **G**

1. Position (5´- Ende) — 3. Position (3´- Ende)

Wichtige Gleichungen

- **Massenwirkungsgesetz**

$$A + B \rightleftarrows C + D$$

$$K = \frac{k_{hin}}{k_{rück}} = \frac{[C][D]}{[A][B]}$$

- **pH- und pK$_s$-Wert**

$$pH = -\log\left[H_3O^+\right]$$

$$pK_S = -\log K_S$$

- **Henderson-Hasselbalch-Gleichung**

$$pH = pK_s + \log\frac{[A^-]}{[HA]}$$

- **Energetik**

$$\Delta G = \Delta H - T\Delta S$$

$$\Delta G = \Delta G^o + RT \ln K$$

- **Michaelis-Menten-Gleichung**

$$V = V_{max}\frac{[S]}{K_M + [S]}$$

- **Änderung der freien Enthalpie unter Nichtstandard-bedingungen**

$$\Delta G = \Delta G^{0'} + RT \ln\frac{[C][D]}{[A][B]}$$

Abkürzungen der klassischen proteinogenen Aminosäuren

Aminosäure	3 Buchstaben-Abkürzung	1 Buchstaben-Code
Alanin	Ala	A
Arginin	Arg	R
Asparagin	Asn	N
Aspartat	Asp	D
Cystein	Cys	C
Glutamin	Gln	Q
Glutamat	Glu	E
Glycin	Gly	G
Histidin	His	H
Isoleucin	Ile	I
Leucin	Leu	L
Lysin	Lys	K
Methionin	Met	M
Phenylalanin	Phe	F
Prolin	Pro	P
Serin	Ser	S
Threonin	Thr	T
Tryptophan	Trp	W
Tyrosin	Tyr	Y
Valin	Val	V

Griechisches Alphabet

Name	Buchstabe klein (groß)	Name	Buchstabe klein (groß)
Alpha	α (A)	Nü	ν (N)
Beta	β (B)	Xi	ξ (Ξ)
Gamma	γ (Γ)	Omikron	o (O)
Delta	δ (Δ)	Pi	π (Π)
Epsilon	ε (E)	Rho	ρ (P)
Zeta	ζ (Z)	Sigma	σ (Σ)
Eta	η (H)	Tau	τ (T)
Theta	θ (Θ)	Ypsilon	υ (Υ)
Iota	ι (I)	Phi	φ (Φ)
Kappa	κ (K)	Chi	χ (X)
Lambda	λ (Λ)	Psi	ψ (Ψ)
Mü	μ (M)	Omega	ω (Ω)

Werte physikalischer Konstanten

Avogadro-Zahl N	$6{,}022 \cdot 10^{23}$ mol^{-1}
Faraday-Konstante F	$9{,}649 \cdot 10^{4}$ C mol^{-1}
	$= 96{,}49$ kJ mol^{-1} V^{-1}
Gaskonstante R	$8{,}315$ J mol^{-1} K^{-1}
Lichtgeschwindigkeit im Vakuum c	$2{,}998 \cdot 10^{8}$ ms^{-1}

Logarithmisches Rechnen

$$n = a^b$$

$$b = \log_a n$$

$$\log (n \cdot m) = \log n + \log m$$

$$\log \left(\frac{n}{m} \right) = \log n - \log m$$

Abkürzungsverzeichnis

AAA	*ATPases associated with various cellular activities*	BCAM	*basal cell adhesion molecule*
ABC	ATP *binding cassette*	BCL	*B-cell lymphoma*
ACAT	Acyl-CoA-Cholesterin-Acyltransferase	BCR	*B-cell receptor*
ACE	*Angiotensin-I-converting-enzyme*	Bcr-Abl1	*breakpoint cluster region-Abelson-murine leukemia homologue*
AChE	Acetylcholinesterase		
ACTH	Adrenocorticotropes Hormon	Bid	*BH3 interacting domain death agonist*
ADAM	*A Disintegrin And Metalloproteinase*	Bim	*BH3 interacting motif*
ADCC	*Antibody dependent cellular cytotoxicity*	BMI	*body mass index*
ADH	antidiuretisches Hormon	BMP	*bone morphogenic protein*
ADP	Adenosindiphosphat	bp	Basenpaare, *base pairs*
AFM	*atomic force microscopy*	BPG	Bisphosphoglycerat
AGE	*advanced glycation endproducts*	BSE	Bovine Spongiforme Encephalopathie
AgRP	*Agouti-Related-Protein*		
Ala	Alanin (A)	CAD	Caspase-aktivierte DNase
δ-ALA	δ-Aminolävulinat	Cak	Cdk-aktivierende Kinase
ALT	Alanin-Aminotransferase	CaM	Calmodulin
AMP	Adenosinmonophosphat	CAM	*cell adhesion molecule*
AMPA	*α-amino-3-hydroxy-5-methyl-4-isoaxole propionic acid*	cAMP	3′,5′-cyclo-AMP
		CAP	*catabolite activating protein*
AMPK	AMP-abhängige Proteinkinase	CART	*cocaine and amphetamine-regulated transcript*
ANF/ANP	atrialer natriuretischer Faktor/Peptid	CBC	*cap-binding complex*
Apaf	*apoptotic protease activating factor*	CBG	corticosteroidbindendes Globulin
APC	Aktiviertes Protein C	CCD	*charge coupled device*
APC/C	*anaphase promoting complex*	CCK/PZ	Cholecystokinin/Pankreozymin
APP	*amyloid precursor protein*	CD	Differenzierungscluster (*cluster of differentiation*)
ARE	*adenine-uracil-rich element*		
Arg	Arginin (R)	Cdk	Cyclin-abhängige Proteinkinase (*cyclin dependent kinase*)
AST	Aspartat-Aminotransferase		
Asn	Asparagin (N)	cDNA	komplementäre DNA
Asp	Asparaginsäure (D)	CDP	Cytidindiphosphat
ATGL	*adipose triglyceride lipase*	CEA	carcinoembryonales Antigen
ATP	Adenosintriphosphat	CETP	Cholesterinester-Transferprotein
ATPase	Adenosintriphosphatase	CFTR	*cystic fibrosis transmembrane conductance regulator*
AVP	Arginin-Vasopressin		
AZT	3′-Azido-3′-Desoxy-Thymidin	CFU	*colony-forming unit*
		cGMP	3′,5′-cyclo-GMP
Bad	*Bcl-2 antagonist of cell death*	CGRP	*calcitonin gene related product*
Bak	*Bcl-2 homologous antagonist kill*er	ChAT	Cholinacetyltransferase
Bax	*Bcl-2 associated X protein*	ChIP	*chromatin immune precipitation*
BBP	*branch point binding protein*	Chk	*checkpoint-homologue kinase*
BCAA	*branched-chain amino acids*	CHO	*Chinese Hamster Ovary*

ChREBP	*carbohydrate response element binding protein*	DED	*death effector domain/direct electron detector*
Cip/Kip	*cyclin inhibitor protein/kinase inhibitor protein*	DGAT	Diacylglycerin-Acyltransferase
CJD	*Creutzfeldt-Jakob disease*	DHEA	Dehydroepiandrosteron
CK	Kreatinkinase (*creatine kinase*)	DHF	Dihydrofolat
CLC	*cardiotrophin-like cytokine*	DHPR	Dihydropyridinrezeptor
CLIP	*class II-associated invariant chain peptide*	DISC	*death-inducing signaling complex*
CML	chronisch-myeloische Leukämie	DMT	divalenter Metall-Transporter
CMP	Cytidinmonophosphat	DNA	Desoxyribonucleinsäure
CNPase	*2′,3′-cyclic nucleotide 3′-phospho-diesterase*	DNase	Desoxyribonuclease
CNTF	*ciliary neurotrophic factor*	Dopa	Dihydroxyphenylalanin
CoA	Coenzym A	Dopamin	Dihydroxyphenylethylamin
COMT	Katechol-O-methyltransferase	DUOX	Duale Oxygenase
COP	*coat protein/coatamer protein*		
CoQ	Coenzym Q (Ubichinon)	EBNA-1	Epstein-Barr-Nuclear-Antigen-1
COX	Cyclooxygenase	ECL	*entero-chromaffine-like*
cPLA	cytosolische Ca^{2+}-abhängige PLA	eIF	eukaryontischer Initiationsfaktor
cPKC	konventionelle PKC	EDRF	*endothelium-derived releasing factor*
CPS	Carbamylphosphat-Synthetase	EDTA	Ethylendiamin-Tetra-Acetat
CPSF	*cleavage and polyadenylation specificity factor*	eEF	eukaryontischer Elongationsfaktor
CR	Chylomikronen-*remnants*	EGF	*epidermal growth factor*
cRBP	zelluläres Retinol-Bindungsprotein	ELISA	*enzyme-linked immunosorbent assay*
CRE	*cAMP-response-element*	ENaC	*epithelial* Na^+ *channel*
CREB	*cAMP response-element binding protein*	EPA	Eicosapentaensäure
CRH	*corticotropin releasing hormone*	EPO	Erythropoietin
CRISPR	*clustered regularly interspaced short palindromic repeats*	ER	endoplasmatisches Reticulum
		ERAD	*ER-associated degradation*
CRISPR/Cas	*clustered regularly interspaced short palindromic repeats/CRISPR associated protein*	eRF	*eukaryotic release factor*
		ERGIC	*ER-Golgi intermediate compartment*
CRP	C-reaktives Protein	ERK	*extracellular signal-regulated kinase*
CSP	*cold shock protein*	ERMES	*ER – Mitochondria Encounter Structure*
CSF	*colony-stimulating factors*	ESCORT	*endosomal sorting complex required for transport*
CstF	*cleavage stimulation factor*	ESI	*electrospray ionization*
CT-1	*cardiotrophin-1*	EST	*expressed sequence tags*
CTGF	*connective tissue growth factor*	ETF	*electron transfering flavoprotein*
CTLA-4	*cytotoxic T lymphocyte antigen-4*	EZM	extrazelluläre Matrix
CTP	Cytidintriphosphat		
CURL	*compartment of uncoupling of receptor and ligand*	FACS	*fluorescence-activated cell sorting*
		FAD	Flavinadenindinucleotid
Cys	Cystein (C)	FADD	Fas associated *death domain containing protein*
CYP	Cytochrom P450	FAK	*focal adhesion kinase*
		FAT	*fatty acid translocase*
Da	Dalton	FATP	*fatty acid transport protein*
DAG	Diacylglycerin	FBPase	Fructose-2,6-Bisphosphatase
DAMPs	*danger-associated molecular patterns*	F_c	*fragment crystallizable of immunoglobulins*
dcc	*deleted in colorectal carcinomas*	FGF	fibroblast growth factor
DD	*death domain*	FMN	Flavinmononucleotid

FoxO	*forkhead box O transcription factor*
FPC	*fork protection complex*
FRET	Förster-Resonanzenergietransfer/*fluorescence-resonance energy transfer*
Fru	Fructose
Fuc	Fucose
FXR	Farnesoid-X-Rezeptor
GC	Glutaminylcyclase
GCS	Glycin-spaltendes System (*glycine-cleavage system*)
G-CSF	*granulocyte colony-stimulating factor*
GABA	γ-Aminobutyrat
Gal	Galactose
GAP	GTPase-aktivierendes Protein
GDI	*guanine nucleotide dissociation inhibitors*
GDP	Guanosindiphosphat
GEF	*guanine nucleotide-exchange factors*
GFAP	*glial fibrillary acidic protein*
GFP	*green fluorescent protein*
GFR	Glomeruläre Filtrationsrate
GH	Wachstumshormon (*growth hormone*)
GHBP	GH-bindendes Protein
GIP	gastrisches inhibitorisches Peptid (*gastric insulinotropic polypeptide*)
GK	Glucokinase
GKRP	Glucokinase-Regulatorprotein
Glc	Glucose
GlcN	Glucosamin
GlcNA	N-Acetyl-Glucosamin
GLDH	Glutamatdehydrogenase
GLP	*glucagon-like peptide*
Gln	Glutamin (Q)
Glu	Glutaminsäure (E)
GLUT	Glucose-Transporter
Gly	Glycin (G)
GM-CSF	*granulocyte macrophage colony-stimulating factor*
GMP	Guanosinmonophosphat
GOT	Glutamat-Oxalacetat-Transaminase
GPAT	Glycerin-3-Phosphat-Acyltransferase
GPCR	*G-protein-coupled receptor*
GPDH	Glycerin-3-Phosphatdehydrogenase
GPI	Glycosyl-Phosphatidyl-Inositol
GPT	Glutamat-Pyruvat-Transaminase
GR	Glucocorticoidrezeptor
GRE	*glucocorticoid responsive element*

GRK	G-Protein-gekoppelte Rezeptorkinase
GRP	*gastrin releasing peptide*
G_s	stimulatorisches G-Protein
GSH	Glutathion
GSSG	Glutathion-Disulfid
GST	Glutathion-S-Transferase
GTP	Guanosintriphosphat
Hb	Hämoglobin
hCG	humanes Choriongonadotropin
HDL	*high density lipoprotein*
HGF	*hepatocyte growth factor*
HGPRT	Hypoxanthin-Guanin-Phosphoribosyl-Transferase
HIF	*hypoxia-inducible factor*
His	Histidin (H)
HIV	humanes Immundefizienz-Virus
HK	Hexokinase
HLA	humanes Leukozytenantigen
HMBG1	*high mobility group box protein 1*
HMG-CoA	β-Hydroxy-β-Methylglutaryl-CoA
HMO	*human milk oligosaccharides*
HMT	*histone methyl transferase*
hnRNA	*heterogeneous nuclear* RNA
HPA	*hypothalamus-pituitary-adrenal*
HPETE	Hydroperoxyeicosatetraensäuren
HPG	*hypothalamus-pituitary-gonad*
HPLC	Hochleistungsflüssigkeits-Chromatographie (*high performance liquid chromatography*)
HPT	*hypophalamus-pituitary-thyroid*
HPTE	5-Hydroperoxyeicosatetraenoat
HSF	*heat shock transcription factor*
HSL	*hormone sensitive lipase*
Hsp	*heat shock protein*
Hyp	Hydroxyprolin
IκB	Inhibitor von NFκB
IAP	*inhibitor of apoptosis*
ICAD	*inhibitor of caspase-activated DNAse*
ICAM 1	*intercellular adhesion molecule 1*
I-CliPs	*intramembrane cleaving proteases*
IDL	*intermediate density lipoprotein*
IDO	Indolamin-2,3-Dioxygenase
IEF	isoelektrische Fokussierung
IF	*intrinsic factor*
IFN	Interferon

Ig	Immunglobulin	MAP	*microtubule-associated protein*
IGF	*insulin-like growth factor*	MAPK	Mitogen aktivierte Proteinkinase
IGF-BP	IGF-Bindungsprotein	MAPKAPK2	*MAP kinase-activated protein kinase 2*
IL	Interleukin	MAPKK	MAP Kinase Kinase
Ile	Isoleucin (I)	MBP	Myelin-basisches Protein/*major basic protein*
IMAC	*immobilized metal affinity chromatography*	MCAM	*melanoma cell adhesion molecule*
IMP	Inosinmonophosphat	MCP	*monocyte chemoattractant protein*
Insig	*insulin induced gene*	M-CSF	*Macrophage colony-stimulating factor*
IP_3	Inositol-(1,4,5)-Trisphosphat	MCV	*mean corpuscular volume*
IRF	*interferon regulatory factor*	MDR	Multidrug-Resistenz (*multidrug resistance transporter*)
IRP	*iron responsive element binding protein*		
IRS	Insulinrezeptorsubstrat	MEKK	*mitogen-activated extracellular signal activated kinase kinase*
ITAM	*immunoreceptor tyrosine-based activation motif*		
		MEOS	mikrosomales Ethanol-oxidierendes System
Jak	Januskinase	Met	Methionin (M)
JNK	c-Jun N-terminale Kinase	MHC	*major histocompatibility complex*
		MLCK	Myosin-leichte-Ketten-Kinase
Kainat	Carboxy-3-Carboxymethyl-4-Isopropylpyrrolidin	MLCP	Myosin-leichte-Ketten-Phosphatase
		MMP	Matrix-Metalloproteinase
K_M	Michaeliskonstante	MOF	*multi organ failure*
		MOG	Myelin-Oligodendrozyten-assoziierte Glycoproteine
LacY	Lactosepermease		
LacZ	β-Galactosidase	MPF	*mitosis-promoting factor*
LBD	Ligandenbindedomäne	MPL	*murine myeloproliferative leukemia*
LCAT	Lecithin-Cholesterin-Acyltransferase	MPP	*mitochondrial processing peptidase*
LDH	Lactat-Dehydrogenase	mRNA	*messenger*-RNA
LDL	*low density lipoprotein*	MRP	*multidrug resistance-related protein*
Leu	Leucin (L)	miRNA	Mikro-RNA
LFA 1	*lymphocyte function-associated antigen 1*	MS	Massenspektrometrie (*mass spectrometry*)
LH	luteotropes Hormon	MSH	Melanozyten-stimulierendes Hormon/ *MutS-homologues*
LH-RH	LH-releasing hormone		
LIF	*leukemia inhibitory factor*	MTHFR	Methylen-THF-Reduktase
LKB1	*liver kinase B1*	MT-MMP	*membrane-type* MMP
LPAAT	Lysophosphatidat-Acyltransferase	mTOR	*mammalian target of rapamycin*
LPL	Lipoproteinlipase	MVB	*multivesicular bodies*
LPS	Lipopolysaccharid	MYPT	*myosin phosphatase targeting subunit 1*
LRP	*LDL-receptor related protein*		
Lt	Leukotrien	NAD^+	Nicotinamid-Adenin-Dinucleotid
Lys	Lysin (K)	$NADP^+$	Nicotinamid-Adenin-Dinucleotid-Phosphat
		NAFLD	*non-alcoholic fatty liver disease*
MAC	*mammalian artificial chromosome / membrane attack complex*	NANA	N-Acetyl-Neuraminsäure
		NASH	*non-alcoholic steatohepatitis*
MALDI	*matrix-assisted laser desorption/ionization*	ncRNA	*non-coding RNA*
MAMP	*microbe-associated molecular pattern*	NEF	*nucleotide-exchange factor*
Man	Mannose	NES	*nuclear export signal*
MAO	Monoamino-Oxidase		

NF-κB	*nuclear factor kappa B*		PET	Positronen-Emissionstomographie
NGF	*nerve growth factor*		PFK	Phosphofructokinase
NLS	*nuclear localization signal*		PG	Prostaglandin
NMDA	N-Methyl-D-Aspartat		PGHS	Prostaglandin-G/H-Synthase
NMR	Magnetische Kernresonanz (*nuclear magnetic resonance*)		Phe	Phenylalanin (F)
			pI	isoelektrischer Punkt
NO	Stickstoffmonoxid		PI	Phosphatidylinositol
NOE	*nuclear Overhauser effect*		PI3K	Phosphatidylinositol-3-Kinase
NOS	NO-Synthase		PIP_2	Phosphatidylinositol-4,5-bisphosphat
NPC	*nuclear pore complexes*		PKA	Proteinkinase A
NPC1L1	Niemann-Pick C1-*like* Protein-1		PKB	Proteinkinase B
nPKC	neue PKC		PKC	Proteinkinase C
NSAID	*non-steroidal anti-inflammatory drugs*		PKU	Phenylketonurie
NSF	*N-ethylmaleimide sensitive factor*		PLA	Phospholipase A
NTA	*nitrilotriacetic acid*		PLC	Phospholipase C
NUP	Nucleoporin		pO_2	Sauerstoff-Partialdruck
			POMC	Proopiomelanocortin
OGTT	oraler Glucosetoleranztest		PP2a	Protein Phosphatase 2a
OPG	Osteoprotegerin		PPAR	*peroxisome proliferator-activated receptor*
OPGL	Osteoprotegerin Ligand		PP_i	anorganisches Pyrophosphat
ORC	*origin recognition complex*		PPZ	Pentosephosphatzyklus
ORF	*open reading frame*		PRL	Prolactin
Ori	*origins of replication*		PRLR	Prolactin-Rezeptor
OXM	Oxyntomodulin		Pro	Prolin (P)
			PrP	Prionprotein
P_i	anorganisches Orthophosphat		PrP_c	*prion protein cellular*
PABP	*Poly[A] binding protein*		PRPP	Phosphoribosyl-Pyrophosphat
PAF	*platelet activating factor*		PrP_{Sc}	*prion protein Scrapie*
PAGE	Polyacrylamid-Gelelektrophorese		PTB	*phosphotyrosine binding domains*
PALP	Pyridoxalphosphat		PTH	Parathormon
PAMP	Pyridoxaminphosphat, *pathogen-associated molecular pattern*		PTHrP	*parathormone-related protein*
			PTZ	Peptidyltransferasezentrum
PAPS	2′-Phosphoadenosin-5′-Phosphosulfat		PUFA	*polyunsaturated fatty acids*
PCNA	*proliferating cell nuclear antigen*		PUMA	*p53 upregulated modulator of apoptosis*
PCR	Polymerase-Kettenreaktion (*polymerase chain reaction*)		PXR	*pregnane-X receptor*
PD-1	*programmed cell death protein-1*			
PDB	*protein data bank*		RAAS	Renin-Angiotensin-Aldosteron-System
PDE	Phosphodiesterase		RAG	*recombination activating genes/proteins*
PDGF	*platelet-derived growth factor*		RAGE	*receptors for AGE*
PDH	Pyruvat Dehydrogenase		Ran	*ras-like nuclear*
PDK1	*phospholipid-dependent kinase 1*		Ran-GAP	*Ran-GTPase activating protein*
PDI	Proteindisulfid-Isomerase		Ran-GEF	*Ran-guanine nucleotide exchange factor*
PECAM 1	*platelet/endothelial cell adhesion molecule 1*		RANK	*receptor for activation of nuclear factor kappa B*
PEP	Phosphoenolpyruvat		RANKL	RANK Ligand
PEPCK	Phosphoenolpyruvat Carboxykinase		RAR	Retinsäure-Rezeptor (*retinoic acid receptor*)

rER	raues endoplasmatisches Retikulum		snRNA	*small nuclear RNA*
RFLP	Restriktionsfragmentlängen-Polymorphismus		snRNP	*small nuclear ribonucleoprotein*
RH	*Release*-Hormon		SOCS	*suppressors of cytokine signaling*
RIP	*regulated intramembrane proteolysis*		SOD	Superoxiddismutase
RISC	*RNA-induced silencing complex*		SODD	*silencer of death domains*
RNA	Ribonucleinsäure		SOS	*son of sevenless*
RNase	Ribonuclease		SR	Sarkoplasmatisches Retikulum
RNC	*ribosome nascent chain complex*		SRE	*sterol regulatory element*
rRNA	ribosomale RNA		SREBP	*sterol regulatory element binding proteins*
ROCs	*receptor operated calcium channels*		SRF	*serum-response factor*
ROS	*reactive oxygen species*		SR-IB	*scavenger receptor B type I*
RP-HPLC	*reversed phase HPLC*		SRIH	*somatotropin-release-inhibiting-hormone*
RTK	Rezeptortyrosinkinase		SSB	*single strand binding protein*
Runx2	*runt-related-transcription factor-2*		SSt	Somatostatin
RXR	Retinoid-X-Rezeptor		STAT	*signal transducer and activator of transcription*
RyR	Ryanodinrezeptor		STH	somatotropes Hormon
			SRP	*signal recognition particle*
S	Svedberg-Einheit		STAR	*steroidogenic acute regulatory*
S2Ps	*site 2 proteases*		SUMO	*small ubiquitin like modifier*
SAM	S-Adenosylmethionin			
Saposine	*Sphingolipid activator proteins*		T_3	Trijodthyronin
SCAP	*SREBP cleavage-activating protein*		T_4	Thyroxin
SCF	*stem cell factor*		TACE	*TNF-alpha converting enzyme*
SCID	*severe combined immunodeficiency*		TAK	*TGF-β activated kinase*
scRNA	*small cytoplasmic RNA*		Taq	*Thermus aquaticus*
SDF-1	*stromal cell-derived factor-1*		TBP	TATA-Box Bindungsprotein
SDS	Natriumdodecylsulfat (*sodium dodecyl sulfate*)		TCR	*T-cell receptor*
SECIS	*selenocystein insertion sequence*		TEV	*tobacco etch virus*
Ser	Serin (S)		TF	Transkriptionsfaktor, *tissue factor*
SERPINE	Serinproteaseinhibitoren		TfR1	Transferrin-Rezeptor 1
SF1	*steroidogenic factor 1*		Tg	Thyreoglobulin
SGLT1	*sodium dependent glucose transporter-1*		TGF	*transforming growth factor*
SH	Src-Homologiedomäne		TGN	*trans*-Golgi-Netzwerk
SHBG	Sexhormonbindendes Globulin		T_H	T-Helferzellen
SHMT	Serin-Hydroxymethyl-Transferase		THB	Tetrahydrobiopterin
SHP	*small heterodimer partner*		THC	Tetrahydrocannabinol
sHps	kleine (*small*) Hitzeschockproteine		THF	Tetrahydrofolat
SI	*Système International d'Unites*		Thr	Threonin (T)
siRNA	*small interfering RNA*		TIM	*translocase of the inner mitochondrial membrane*
SIRS	*systemic inflammatory response syndrome*		TIMP	*tissue inhibitors of metalloproteinase*
SLC	*solute carrier*		TKI	Tyrosinkinase-Inhibitor
Smac	*second mitochondria-derived activator of caspases*		TLR	*toll-like receptor*
SMC	*structural maintenance of chromosome*		TMP	Thymidinmonophosphat
SNAP	*soluble NSF-attachment protein*		TNF	Tumornekrose-Faktor
SNARE	*soluble N-ethylmaleimide-sensitive-factor attachment receptor*		TOM	*translocase of the outer mitochondrial membrane*

tPA	*tissue plasminogen activator*		UMP	Uridinmonophosphat
TPO	Thrombopoietin		uPA	*urokinase-type plasminogen activator*
TPP	Thiaminpyrophosphat		UTP	Uridintriphosphat
TRADD	*TNFR1 associated death domain containing protein*		UTR	*untranslated region*
TRAIL	*TNF-related apoptosis inducing ligand*			
TRH	*thyreotropin-releasing hormone*		Val	Valin (V)
T_{RM}	*tissue-resident memory T-cell*		VDBP	Vitamin-D-Bindungsprotein
tRNA	transfer-RNA		VCAM 1	*vascular cell adhesion molecule 1*
Trp	Tryptophan (W)		VEGF	*vascular endothelial growth factor*
TRP	*transient receptor potential*		VIP	*vasoactive intestinal peptide*
TSE	*transmissible spongiform encephalopathy*		VLCAD	*very long chain acyl-CoA-dehydrogenase*
TSH	Thyreoidea-stimulierendes Hormon		VLDL	*very low density lipoprotein*
TTP	Thymidintriphosphat		V_{max}	maximale Reaktions-Geschwindigkeit
TTR	Transthyretin		VOCs	*voltage operated calcium channels*
Tx	Thromboxan		vWF	von-Willebrand-Faktor
Tyr	Tyrosin (Y)			
			WNT	*wingless-related integration site*
UCP1	*Uncoupling protein 1*			
UDP	Uridindiphosphat		XOR	Xanthinoxidoreduktase
UDP-Glc	Uridindiphosphat-Glucose			
UGT	UDP-Glucuronat-Transferase		YAC	*yeast artificial chromosome*

Stichwortverzeichnis

Stichwortverzeichnis

Stichwortverzeichnis

W